Dubbel – Taschenbuch für den Maschinenbau

Dubbel

Taschenbuch für den Maschinenbau

17., neubearbeitete Auflage

Herausgegeben von

W. Beitz und K.-H. Küttner

Mit 2607 Bildern und 511 Tabellen

Springer-Verlag Berlin Heidelberg New York
London Paris Tokyo Hong Kong Barcelona

Herausgeber

Professor Dr.-Ing. **Wolfgang Beitz**
Technische Universität Berlin

Professor Dipl.-Ing. **Karl-Heinz Küttner**
Technische Fachhochschule Berlin

ISBN 3-540-52381-2 17. Aufl. Springer-Verlag Berlin Heidelberg New York
ISBN 0-387-52381-2 17th ed. Springer-Verlag New York Berlin Heidelberg

ISBN 3-540-18009-5 16. Aufl. Springer-Verlag Berlin Heidelberg New York
ISBN 0-387-18009-5 16th ed. Springer-Verlag New York Berlin Heidelberg

CIP-Kurztitelaufnahme der Deutschen Bibliothek:
Taschenbuch für den Maschinenbau / Dubbel. Hrsg. von W. Beitz und K.-H. Küttner. – 17., neu-
bearb. Aufl. – Berlin ; Heidelberg ; New York ; London ; Paris ; Tokyo ; Barcelona : Springer,
1990
ISBN 3-540-52381-2 (Berlin ...)
ISBN 0-387-52381-2 (New York ...)
NE: Dubbel, Heinrich [Begr.]; Beitz, Wolfgang [Hrsg.]

Satz: Universitätsdruckerei H. Stürtz AG, Würzburg.
Druck: ADV - Augsburger Druck- und Verlagshaus GmbH, Augsburg;
Bindearbeiten: Lüderitz & Bauer-GmbH, Berlin
2160/3020-5432 – Gedruckt auf säurefreiem Papier

Mitarbeiter

Wegen der durch die Hochschulgesetzgebung der Bundesländer vorliegenden unterschiedlichen Regelungen zur Titelgebung werden die Professorentitel der Autoren undifferenziert angegeben.

Behr, B., Dipl.-Ing., Rheinisch-Westfälische Technische Hochschule Aachen

Beitz, W., Dr.-Ing., Prof., Technische Universität Berlin

Bohnet, M., Dr.-Ing., Prof., Technische Universität Braunschweig

Burr, A., Dr.-Ing., Prof., Fachhochschule Heilbronn

Busse, L., Dr.-Ing., ASEA Brown Boveri, Mannheim

Böttcher, C., Ing. (grad.), Brandi Ingenieure GmbH, Köln

Czichos, H., Dr.-Ing., Prof., Bundesanstalt für Materialforschung und -prüfung (BAM), Berlin

Dannenmann, E., Dipl.-Ing., Universität Stuttgart

Dibelius, G., Dr.-Ing., Prof., Rheinisch-Westfälische Technische Hochschule Aachen

Dorn, L., Dr.-Ing., Prof., Technische Universität Berlin

Ebert, K.-A. †, Dr.-Ing., Hattersheim

Ehrlenspiel, K., Dr.-Ing., Prof., Technische Universität München

Föller, D., Dr.-Ing., Prof., Battelle-Institut e.V., Frankfurt a.M.

Gašparović, N., Dr.-Ing., Prof., Technische Universität Berlin

Gelbe, H., Dr.-Ing., Prof., Technische Universität Berlin

Gevatter, H.-J., Dr.-Ing., Prof., Technische Universität Berlin

Grabowski, H., Dr.-Ing. Dr. h.c., Prof., Universität Karlsruhe

Habig, K.-H., Dr.-Ing., Prof., Bundesanstalt für Materialforschung und -prüfung (BAM), Berlin

Hager, M., Dr.-Ing., Prof., Universität Hannover

Harsch, G., Dipl.-Ing., Prof., Fachhochschule Heilbronn

Herfurth, K., Dr.-Ing. habil., Verein Deutscher Gießereifachleute VDG, Düsseldorf

Jäger, B., Dr., Prof., Siemens AG, Berlin

Jarecki, U., Dipl.-Ing., Prof., Technische Fachhochschule Berlin

Jünemann, R., Dr.-Ing., Prof., Universität Dortmund

Kerle, H., Dr.-Ing., Technische Universität Braunschweig

Kiesewetter, L., Dr.-Ing., Prof., Technische Universität Berlin

Klepper, H., Dr.-Ing., ASEA Brown Boveri, Mannheim

Kloos, K.H., Dr.-Ing., Prof., Technische Hochschule Darmstadt

Küttner, K.-H., Dipl.-Ing., Prof., Technische Fachhochschule Berlin

Ladwig, J., Dipl.-Ing., Universität Stuttgart

Lüdtke, K., Dipl.-Ing., Deutsche Babcock Borsig AG, Berlin

Mareske, A., Dr.-Ing., BEWAG, Berlin

Mauer, G., Dipl.-Ing., Rheinisch-Westfälische Technische Hochschule Aachen

Mersmann, A., Dr.-Ing., Prof., Technische Universität München

Mertens, H., Dr.-Ing., Prof., Technische Universität Berlin

Mollenhauer, K., Dr.-Ing., Prof., Technische Universität Berlin

Müller, H.W., Dr.-Ing., Prof., Technische Hochschule Darmstadt

Nordmann, R., Dr.-Ing., Prof., Universität Kaiserslautern

Pahl, G., Dr.-Ing. Dr. h.c., Prof., Technische Hochschule Darmstadt

Peeken, H., Dr.-Ing., Prof., Rheinisch-Westfälische Technische Hochschule Aachen

Poppy, W., Dr.-Ing., Prof., Technische Universität Berlin

Pritschow, G., Dr.-Ing., Prof., Universität Stuttgart

Rákóczy, T., Dr.-Ing., Brandi Ingenieure GmbH, Köln

Reuter, W., Dipl.-Ing., Rheinisch-Westfälische Technische Hochschule Aachen

Röper, R., Dr.-Ing., Prof., Universität Dortmund

Ruge, J., Dr.-Ing., Prof., Technische Universität Braunschweig

Rumpel, G., Dr.-Ing., Prof., Technische Fachhochschule Berlin

Schulz, H.-J., Dr.-Ing., Prof., Technische Fachhochschule Berlin

Schwedes, J., Dr.-Ing., Prof., Technische Universität Braunschweig

Seliger, G., Dr.-Ing., Prof., Technische Universität Berlin

Severin, D., Dr.-Ing., Prof., Technische Universität Berlin

Siegert, K., Dr.-Ing., Universität Stuttgart

Siekmann, H., Dr.-Ing., Prof., Technische Universität Berlin

Sondershausen, H.D., Dipl.-Ing., Prof., Technische Fachhochschule Berlin

Spur, G., Dr.-Ing. Dr. h.c. Dr.-Ing. E.h., Prof., Technische Universität Berlin

Stephan, K., Dr.-Ing., Prof., Universität Stuttgart

Stiebler, M., Dr.-Ing., Prof., Technische Universität Berlin

Tönshoff, H.K., Dr.-Ing., Prof., Universität Hannover

Warnecke, H.-J., Dr.-Ing. Dr. h.c. Dr.-Ing. E.h., Prof., Universität Stuttgart

Weber, R., Dr.-Ing., Prof., Universität Hannover

Weck, M., Dr.-Ing., Prof., Rheinisch-Westfälische Technische Hochschule Aachen

Werle, T., Dipl.-Ing., Universität Stuttgart

Winter, H., Dr.-Ing., Prof., Technische Universität München

Wösle, H., Dipl.-Ing., Technische Universität Braunschweig

Vorwort zur siebzehnten Auflage

Der Dubbel ist seit 1914 für Generationen von Studenten und in der Praxis tätigen Ingenieuren das Standardwerk für die produkt- und fertigungsorientierten Fachgebiete des Maschinenbaus. Er dient gleichermaßen als Lehrbuch und Nachschlagewerk für Technische Universitäten, Technische Hochschulen, Gesamthochschulen, Fachhochschulen, Ingenieurakademien und andere Lehranstalten sowie als Arbeitsunterlage für die Praxis zur Lösung konkreter Ingenieuraufgaben. Diese Breite des Leserkreises spiegelt sich auch in den Erfahrungen der Herausgeber und Autoren wider, die ausgewogen aus einer Lehr- und Forschungstätigkeit oder verantwortlichen Industrietätigkeit kommen.

Die Vielfalt des Maschinenbaus hinsichtlich Ingenieurtätigkeiten und Fachgebieten, der enorme Erkenntniszuwachs sowie das Erfüllen der vielschichtigen Zielsetzung des Buches erforderten bei der Stoffzusammenstellung eine enge Zusammenarbeit zwischen Herausgebern und Autoren. Hierbei mußten die wesentlichen Grundlagen und die unbedingt erforderlichen, allgemein anwendbaren und gesicherten Aussagen der einzelnen Fachgebiete ausgewählt werden. Trotz der im Hinblick auf die Umfangsbeschränkung erforderlichen Konzentration auf das Wesentliche und Allgemeingültige, werden auch neueste Forschungsergebnisse und Entwicklungen behandelt, ohne die eine umfassende Anwendung eines solchen Buches in Praxis und Lehre nicht mehr auskommt. Die Stoffauswahl wurde so getroffen, daß der Studierende in der Lage ist, sich problemlos ein erforderliches Mindestwissen von der gesamten Breite des Maschinenbaus anzueignen. Der Ingenieur in der Praxis soll darüber hinaus ein weitgehend vollständiges Arbeitsmittel zur Lösung seiner Ingenieuraufgaben erhalten. Ihm soll auch ein schneller Einblick vor allem in solche Fachgebiete gegeben werden, in denen er kein Spezialist ist. So sind zum Beispiel die Ausführungen über Fertigungstechnik nicht in erster Linie für den Betriebsingenieur gedacht, sondern beispielsweise für den Konstrukteur, der fertigungsorientiert gestalten muß; die Fördertechnik soll nicht nur den Konstrukteur für Hebezeuge ansprechen, sondern vor allem auch den Betriebsingenieur, der seine Fördermittel mitgestalten und auswählen muß.

Das Buch will allen Bereichen der Herstellung und Anwendung maschinenbaulicher Produkte (Anlagen, Maschinen, Apparate und Geräte) bei der Lösung ihrer Probleme helfen, angefangen vom technischen Vertrieb über Produktplanung, Forschung, Entwicklung, Konstruktion, Arbeitsvorbereitung, Normung, Materialwirtschaft, Fertigung, Montage und Qualitätssicherung bis zur Bedienung, Überwachung, Instandsetzung und Recycling.

Der DUBBEL wurde laufend überarbeitet und damit auf dem aktuellen Stand der Technik gehalten. Vorliegende Neuauflage vollzieht durch eine weitgehende Überarbeitung aller bisherigen Fächer und eine Neuaufnahme von Fachgebieten, die zunehmende Bedeutung für den Maschinenbau haben, den Schritt in die neunziger Jahre. Für diese Auflage konnten 30 herausragende Autoren aus der Wissenschaft und Industriepraxis neu gewonnen werden, die gemeinsam mit 28 Autoren der früheren Auflagen den bewährten Standard des DUBBEL gewährleisten.

Die Gliederung der letzten Auflagen wurde geringfügig modifiziert. „Mathematik", „Mechanik", „Festigkeitslehre", „Thermodynamik", „Werkstofftechnik" und die „Grundlagen der Konstruktionstechnik", bilden wie gewohnt die Basis der nachfolgenden stärker anwendungsorientierten Teile. Diese beginnen mit den „Mechanischen Konstruktionskomponenten", den „Fluidischen Antrieben", den „Elektronischen Konstruktionskomponenten" und den „Komponenten des Thermischen Apparatebaus". Es folgen die spezieller ausgerichteten Teile „Energietechnik", „Klimatechnik", „Grundlagen der Verfahrenstechnik", „Maschinendynamik", „Kolbenmaschinen", „Strömungsmaschinen", „Fertigungsverfahren", „Fertigungsmittel" und „Fördertechnik". Den Abschluß bilden wiederum mehr querschnittsorientierte Teile „Elektrotechnik", „Meßtechnik", „Regelungstechnik", „Elektronische Datenverarbeitung" und „Allgemeine Tabellen". Gegenüber der letzten Auflage neubearbeitete bzw. neuhinzugekommene Schwerpunkte sind: In der Mathematik Methoden zur Darstellung analytisch nicht beschreibbarer geometrischer Objekte als wichtige Grundlage für geometrieverarbeitende CAD-Systeme und parametrische Optimierungsverfahren sowie in der Festigkeitslehre die Boundary-Elemente-Methode zur rechnerunterstützten Strukturanalyse und -optimierung. Weiterhin: Kunststoffe und Tribologie im

Rahmen einer erweiterten Werkstofftechnik, Elektronische Konstruktionskomponenten als Basis für den Einsatz der Mikroelektronik im Maschinenbau, Mechanische und Thermische Verfahrenstechnik als Grundlage für wichtige Produkte des Maschinenbaus sowie Fertigungsverfahren der Feinwerktechnik, Industrieroboter und Montagetechnologien als wichtige Erweiterungen der Fertigungstechnik. Von den klassischen Fachgebieten wurden insbesondere die Thermodynamik, Energietechnik, Schwingungen, Kraftfahrzeugtechnik, Fördertechnik, Elektrotechnik und Meßtechnik entsprechend den starken Veränderungen in Lehre und Praxis völlig neu konzipiert. Auch schon im Hinblick auf den Umfang konnten trotzdem nicht alle Gebiete des Maschinenbaus berücksichtigt werden, so zum Beispiel die Druckerei-, Verpackungs- und Textilmaschinen sowie Gebiete der Luftfahrt, Raumfahrt und Schiffstechnik. Für die Stoffauswahl war letztlich auch die historische Entwicklung des DUBBEL maßgebend.

Entsprechend den Zielsetzungen eines Nachschlagewerkes bzw. Taschenbuches wurden im Text und in einem Anhang am Schluß jedes Teils umfangreiche quantitative Angaben (Stoff- und Richtwerte) in Form von Arbeitstabellen und -diagrammen, Auszügen aus Normen und sonstigen Arbeitsunterlagen gemacht. Diese Angaben können im Rahmen des Werkes weder vollständig noch für alle Anforderungen der Lehre und Praxis ausreichend sein. Dem Leser muß deshalb zugemutet werden, im Einzelfall Handbücher und Tabellenwerke, insbesondere über Normen und physikalisch/chemische Stoffwerte hinzuzuziehen.

Die Literaturangaben wurden als „allgemeine" Literatur den Teilen vorangestellt und als „spezielle" Literatur, geordnet nach den Kapiteln, am Schluß der Teile zusammengefaßt. Dabei soll die allgemeine Literatur dem Leser eine Zusammenstellung von Grundlagen-, Übersichts- und Standardwerken des jeweiligen Fachgebietes geben und der spezielle Teil inhaltlich dieses Gebiet vervollständigen. Auf Fußnoten konnte dadurch verzichtet werden. Die Literaturangaben werden jedoch zum Gebrauch dieses Arbeitsbuches, insbesondere zur Anwendung von Berechnungsverfahren, nicht benötigt. Sie sollen vielmehr für Studierende eine umfassende Information über den Erkenntnisstand des jeweiligen Fachgebietes geben. Die Allgemeinen Tabellen am Schluß des Werkes wurden durch eine Zusammenstellung der wichtigsten Fachzeitschriften ergänzt.

Die englischen Übersetzungen der numerierten Überschriften mögen dem studierenden Leser und dem Praktiker eine Hilfe beim Verstehen englischsprachiger Literatur sein sowie dem ausländischen Leser die Benutzung des DUBBEL erleichtern. Die Benutzungsanleitung soll helfen, die zahlreichen Hinweise und Querverweise zwischen den einzelnen Teilen und Kapiteln zu nutzen sowie die Abkürzungen und die gewählte Buchstruktur einschließlich des Anhanges zu verstehen. Infolge der Uneinheitlichkeit nationaler und internationaler Normen sowie der Gewohnheiten einzelner Fachgebiete ließen sich in wenigen Fällen unterschiedliche Bezeichnungen für gleiche Begriffe nicht vermeiden.

Am Ende des Taschenbuches befinden sich „Informationen aus der Industrie" mit technisch relevanten Anzeigen bekannter Firmen. Ihre Aufgabe ist es, industrielle Ausführungsformen zu zeigen und auf Bezugsquellen hinzuweisen. Diese Anzeigen tragen außerdem dazu bei, den Preis des Buches stabil zu halten.

Der bei der 16. Auflage bewährte drucktechnische Aufbau wurde nur geringfügig geändert. Hinweise, Vorschläge und konstruktive Kritik unserer Leser wurden dankbar verwertet. Wir sind auch weiterhin sehr an Anregungen und Hinweisen interessiert. Wenn dennoch nicht alle Wünsche berücksichtigt werden konnten oder können, so bitten wir um Verständnis.

Die Herausgeber danken allen am Werk Beteiligten: den Autoren für ihre Umsicht und Kompromißbereitschaft bei der Abfassung ihrer Beiträge unter den starken Restriktionen hinsichtlich Umfang und Abstimmung mit anderen Kapiteln, den beteiligten Mitarbeitern des Springer-Verlages für die engagierte und sachkundige Zusammenarbeit bei der redaktionellen Bearbeitung der schwierigen Text- und Bildvorlagen sowie für die Ausstattung des Buches, der Druckerei für die Sorgfalt in den einzelnen Phasen der Herstellung. Abschließend sei auch den vorangegangenen Generationen von Herausgebern und Autoren gedankt, die durch ihre gewissenhafte Arbeit die Anerkennung des DUBBEL begründet haben, die mit der jetzt vorliegenden 17. Auflage gefestigt und ausgebaut werden soll.

Berlin, im Herbst 1990   W. Beitz   K.-H. Küttner

Inhaltsverzeichnis

Hinweise zur Benutzung

Gliederung. Das Werk umfaßt 24 Teile, die in Kapitel, Abschnitte und Unterabschnitte gegliedert sind. Die Teile sind durch große Buchstaben gekennzeichnet und ihre Seiten werden, jeweils mit eins beginnend, getrennt durchgezählt. Zum leichteren Aufsuchen sind die Buchstaben am Buchrand aufgedruckt. Bei den Untergliederungen bezeichnet die erste Ziffer das Kapitel, die zweite den Abschnitt und die dritte den Unterabschnitt. Sie stehen jeweils vor ihrer Überschrift, die ins Englische übersetzt ist.

Weitere Unterteilungen werden durch fette (unnumerierte) Überschriften sowie fette und kursive Zeilenanfänge (sog. Spitzmarken) vorgenommen. Sie sollen dem Leser das schnelle Auffinden spezieller Themen erleichtern.

Kolumnentitel oder Seitenüberschriften enthalten auf den linken Seiten (gerade Endziffern) die Namen der Teile und Kapitel, auf den rechten die Ab- bzw. Unterabschnitte.

Kleindruck. Er wurde für Bildunterschriften und Tabellenüberschriften sowie für Beispiele und längere Bildbeschreibungen angewandt, um diese Teile besser vom übrigen Text abzuheben und Druckraum zu sparen.

Inhalts- und Sachverzeichnis sind zur Erleichterung der Benutzung des Werkes ausführlich gestaltet. Sie enthalten ebenfalls die Seitenbezeichnung nach Teilen.

Kapitel. Es bildet die Grundeinheit, in der Gleichungen, Bilder und Tabellen jeweils wieder von 1 ab numeriert sind. Fett gesetzte Bild- und Tabellenbezeichnungen sollen ein schnelles Erkennen der Zuordnung von Bildern und Tabellen zum Text ermöglichen.

Anhang. Am Ende fast aller Teile befinden sich die Kapitel „Anhang: Diagramme und Tabellen" und „Spezielle Literatur". Sie enthalten die für die praktische Zahlenrechnung notwendigen Kenn- und Stoffwerte sowie Sinnbilder und Normenauszüge des betreffenden Fachgebietes und das Schrifttum für Sonderprobleme. Am Ende des Werkes liegt der Teil Z „Allgemeine Tabellen". Er enthält die wichtigsten physikalischen Konstanten, die Umrechnungsfaktoren für die Einheiten und das periodische System der Elemente, häufig vorkommende Akronyme (Buchstabenwörter) sowie ein Verzeichnis von Bezugsquellen und der wichtigsten technischen Zeitschriften. Außerdem sind die Grundgrößen von Gebieten, deren ausführliche Behandlung den Rahmen des Buches sprengen würden, aufgeführt. Hierzu zählen die Kern-, Licht-, Schall- und Umwelttechnik.

Numerierung und Verweise. Die *Numerierung* der Bilder, Tabellen, Gleichungen und Literatur gilt für das jeweilige Kapitel. Gleichungsnummern stehen in runden ( ), Literaturziffern in eckigen [ ] Klammern.

Bei *Verweisen* auf ein anderes Kapitel stehen vor den Bezeichnungen zusätzlich der Buchstabe des Teils und die Nummer des Kapitels, z.B.: **C1 Tab. 4**; **G1 Bild 6**; **Anh. X 5 Tab. 1**; B 3 Gl. (22) bzw. B 1.7 bei Textabschnitten. Für die „Allgemeinen Tabellen" am Buchende gilt **Z Tab. 7**.

Bilder. Hierzu gehören konstruktive und Funktionsdarstellungen, Diagramme, Flußbilder und Schaltpläne.

Bildgruppen. Sie sind, soweit notwendig, in Teilbilder untergliedert, die zusätzlich zur Bildnummer mit kleinen Buchstaben **a, b, c** usw. bezeichnet sind (z.B. **U 2 Bild 2**). Sind diese nicht in der Bildunterschrift erläutert, so befinden sich die betreffenden Erläuterungen im Text (z.B. **B6 Bild 12 a–e**). Kompliziertere Bauteile oder Pläne enthalten Positionen, die entweder im Text (z.B. **P 2 Bild 25**) oder in der Unterschrift erläutert sind (z.B. **L 5 Bild 5**).

Sinnbilder für Schaltpläne von Leitungen, Schaltern, Maschinen und ihren Teilen sowie für Aggregate sind nach Möglichkeit den zugeordneten DIN-Normen oder den Richtlinien entnommen. In Einzelfällen wurde von den Zeichnungsnormen abgewichen, um die Übersicht der Bilder zu verbessern.

Tabellen. Sie ermöglichen es, Zahlenwerte mathematischer und physikalischer Funktionen schnell aufzufinden. In den Beispielen sollen sie den Rechnungsgang einprägsam erläutern und die Ergebnisse übersichtlich darstellen. Aber auch Gleichungen, Sinnbilder und Diagramme sind zum besseren Vergleich bestimmter Verfahren tabellarisch zusammengefaßt.

Literatur. *Spezielle Literatur.* Sie ist auf das Sachgebiet eines Kapitels bezogen, eine Ziffer in eckiger [ ] Klammer weist im Text auf das entsprechende Zitat hin. Diese Verzeichnisse, die häufig auch grundlegende Normen, Richtlinien und Sicherheitsbestimmungen enthalten, befinden sich am Ende der Teile nach Kapiteln geordnet.

Allgemeine Literatur. Sie steht am Anfang des Teils in der Reihenfolge der Kapitel und enthält die betreffenden Grundlagenwerke.

Sachverzeichnis. Neben wichtigen Einzelstichwörtern sind die Stichworte für allgemeine, mehrere Kapitel umfassende Begriffe wie z.B. „Arbeit", „Federn" und „Steuerungen" zusammengefaßt. Zur besseren Übersicht ersetzt ein Querstrich nur ein Wort. In diesen Gruppen sind nur die wichtigsten Begriffe auch als Einzelstichwörter aufgeführt. Dieses raumsparende Verfahren läßt natürlich immer einige berechtigte Wünsche der Leser offen, vermeidet aber ein zu langes und daher unübersichtliches Verzeichnis.

Gleichungen. Sie sind der Vorteile wegen als Größengleichungen geschrieben. Sind Zahlenwertgleichungen, wie z.B. bei empirischen Gesetzen oder bei sehr häufig vorkommenden Berechnungen erforderlich, so erhalten sie den Zusatz „Zgl." und die gesondert aufgeführten Einheiten den Zusatz „in". Für einfachere Zahlenwertgleichungen werden gelegentlich auch zugeschnittene Größengleichungen benutzt. Exponentialfunktionen sind meist in der Form „$\exp(x)$" geschrieben. Wo möglich, wurden aus Platzgründen schräge statt waagerechte Bruchstriche verwendet.

Formelzeichen. Sie wurden in der Regel nach DIN 1304 gewählt. Dies ließ sich aber nicht konsequent durchführen, da die einzelnen Fachnormenausschüsse unabhängig sind und eine laufende Anpassung an die internationale Normung erfolgt. Daher mußten in einzelnen Fachgebieten gleiche Größen mit verschiedenen Buchstaben gekennzeichnet werden. Aus diesen Gründen, aber auch um lästiges Umblättern zu ersparen, wurden die in jeder Gleichung vorkommenden Größen meist in ihrer unmittelbaren Nähe erläutert. Bei Verweisen werden innerhalb eines Kapitels in den angezogenen Gleichungen erfolgten Erläuterungen nicht wiederholt. Wurden Kompromisse bei Formelzeichen der einzelnen Normen notwendig, so ist dies an den betreffenden Stellen vermerkt.
Zeichen, die sich auf die Zeiteinheit beziehen, tragen einen Punkt. Beispiel: D 10 Gl. (2).
Variable sind kursiv, Vektoren und Matrizen fett kursiv und Einheiten steil gesetzt.

Einheiten. In diesem Werk ist das Internationale bzw. das SI-Einheitensystem (Système international) verbindlich. Eingeführt ist es durch das „Gesetz über Einheiten im Meßwesen" vom 2.7.1969 mit seiner Ausführungsverordnung vom 26.6.1970. Außer seinen sechs Basiseinheiten m, kg, s, A, K und cd werden auch die abgeleiteten Einheiten N, Pa, J, W und Pa s benutzt. Unzweckmäßige Zahlenwerte können dabei nach DIN 1301 durch Vorsätze für dezimale Vielfache und Teile nach **Z Tab. 7** ersetzt werden. Hierzu läßt auch die Ausführungsverordnung folgende Einheiten bzw. Namen zu:

Masse	1 t	$= 1\,000\,\mathrm{kg}$	Zeit	1 h	$= 60\,\mathrm{min} = 3\,600\,\mathrm{s}$
Volumen	1 l	$= 10^{-3}\,\mathrm{m}^3$	Temperaturdifferenz	$1\,°\mathrm{C}$	$= 1\,\mathrm{K}$
Druck	1 bar	$= 10^5\,\mathrm{Pa}$	Winkel	$1°$	$= \pi\,\mathrm{rad}/180$

Für die Einheit $1\,\mathrm{rad} = 1\,\mathrm{m/m}$ darf nach DIN 1301 bei Zahlenrechnungen auch 1 stehen.
Da ältere Urkunden, Verträge und älteres Schrifttum noch die früheren Einheitensysteme enthalten, sind ihre Umrechnungsfaktoren für das internationale Maßsystem in **Z Tab. 3** aufgeführt.

Druck. Nach DIN 1314 wird der Druck p meist in der Einheit bar angegeben und zählt vom Nullpunkt aus. Druckdifferenzen werden durch die Formelzeichen, nicht aber durch die Einheit gekennzeichnet. Dies gilt besonders für die Manometerablesungen bzw. atmosphärischen Druckdifferenzen. Früher wurden sie mit dem Zusatz ü und u zur Einheit für den Über- bzw. Unterdruck bezeichnet.

DIN-Normen. Hier sind die bei Abschluß der Manuskripte gültigen Ausgaben maßgebend. Dies gilt auch für die dort gegebenen Definitionen und für die angezogenen Richtlinien.

Chronik des Taschenbuchs

Der Plan eines Taschenbuchs für den Maschinenbau geht auf eine Anregung von Heinrich Dubbel, Dozent und später Professor an der Berliner Beuth-Schule, der namhaftesten deutschen Ingenieurschule, im Jahre 1912 zurück. Die Diskussion mit Julius Springer, dem für die technische Literatur zuständigen Teilhaber der „Verlagsbuchhandlung Julius Springer" (wie die Firma damals hieß), dem Dubbel bereits durch mehrere Fachveröffentlichungen verbunden war, führte rasch zu einem positiven Ergebnis. Dubbel übernahm die Herausgeberschaft, stellte die – in ihren Grundzügen bis heute unverändert gebliebene – Gliederung auf und gewann, soweit er die Bearbeitung nicht selbst durchführte, geeignete Autoren, zum erheblichen Teil Kollegen aus der Beuth-Schule. Bereits Mitte 1914 konnte die 1. Auflage erscheinen.

Zunächst war der Absatz unbefriedigend, da der 1. Weltkrieg ausbrach. Das besserte sich aber nach Kriegsende und schon im Jahre 1919 erschien die 2. Auflage, dicht gefolgt von weiteren in den Jahren 1920, 1924, 1929, 1934, 1939, 1941 und 1943. Am 1. 3. 1933 wurde das Taschenbuch als „Lehrbuch an den Preußischen Ingenieurschulen" anerkannt.

H. Dubbel bearbeitete sein Taschenbuch bis zur 9. Auflage im Jahre 1943 selbst. Die 10. Auflage, die Dubbel noch vorbereitete, deren Erscheinen er aber nicht mehr erlebte, war im wesentlichen ein Nachdruck der 9. Auflage.

Nach dem Krieg ergab sich bei der Planung der 11. Auflage der Wunsch, das Taschenbuch gleichermaßen bei den Technischen Hochschulen und den Ingenieurschulen zu verankern. In diesem Sinn wurden gemeinsam Prof. Dr.-Ing. Fr. Sass, Ordinarius für Dieselmaschinen an der Technischen Universität Berlin, und Baudirektor Dipl.-Ing. Charles Bouché, Direktor der Beuth-Schule, unter Mitwirkung des Oberingenieurs Dr.-Ing. Alois Leitner, als Herausgeber gewonnen. Durch Spezialwerke standen Sass und Bouché schon mit dem Springer-Verlag in Verbindung; Fr. Sass durch seine „Dieselmaschinen", Ch. Bouché durch seine „Kolbenverdichter". Das gesamte Taschenbuch wurde nach der bewährten Disposition H. Dubbels neu bearbeitet und mehrere Fachgebiete neu eingeführt: Ähnlichkeitsmechanik, Gasdynamik, Gaserzeuger und Kältetechnik. So gelang es, den technischen Fortschritt zu berücksichtigen und eine breitere Absatzbasis für das Taschenbuch zu schaffen.

In der 13. Auflage wurden im Vorgriff auf das Einheitengesetz das technische und das internationale Maßsystem nebeneinander benutzt. In dieser Auflage wurde Prof. Dr.-Ing. Egon Martyrer von der Technischen Universität Hannover als Mitherausgeber herangezogen. Am 26. 2. 1968 verstarb Fr. Sass, am 5. 11. 1975 E. Martyrer, am 6. 2. 1978 Ch. Bouché.

Die 14. Auflage wurde von den heutigen Herausgebern und Autoren vollständig neubearbeitet und erschien 1981, also 67 Jahre nach der ersten. Auch hier wurde im Prinzip die Disposition und die Art der Auswahl der Autoren und Herausgeber beibehalten. Inzwischen haben aber besonders die Computertechnik, die Elektronik, die Regelung und die Statistik den Maschinenbau beeinflußt. So wurden umfangreichere Berechnungs- und Steuerverfahren entwickelt, und es entstanden sogar neue Spezialgebiete. Eine Auswahl unter der erforderlichen Berücksichtigung des klassischen Maschinenbaus und bei der notwendigen Beschränkung der Seitenzahl zu treffen, die der Kritik standhält, ist eine außerordentlich schwierige Aufgabe. Der Umfang des unbedingt nötigen Stoffes führte zu zweispaltiger Darstellung bei Vergrößerung des Satzspiegels. So ist wohl die unveränderte Bezeichnung „Taschenbuch" in der Tradition und nicht im Format begründet.

Die hier vorliegende 17. Auflage wurde weitgehend überarbeitet und durch neue Fachgebiete, wie Verfahrenstechnik, Elektronik und Roboter, erweitert.

Von 1914 bis 1990 wurden ca. 870000 Exemplare des Taschenbuches verkauft, davon 185000 der von H. Dubbel selbst bearbeiteten Auflagen. Die 1. Auflage war die kleinste. Die 11. und 12. Auflage von 1953 bis 1961 bzw. von 1961 bis 1970 waren mit je 160000 Exemplaren (einschließlich der Neudrucke) am erfolgreichsten.

Das Ansehen, dessen sich das Taschenbuch überall erfreute, führte im Lauf der Jahre auch zu verschiedenen Übersetzungen in fremde Sprachen. Eine erste russische Ausgabe veranstaltete in den zwanziger Jahren der Springer-Verlag selbst, eine weitere erschien unautorisiert. Nach dem 2. Weltkrieg wurden Lizenzen für griechische, italienische, jugoslawische, portugiesische, spanische und tschechische Ausgaben erteilt.

Der DUBBEL, wie er kurz und respektvoll von seinen Benutzern genannt wurde, erwies sich aufgrund seiner klaren praxisnahen Darstellung und der Zuverlässigkeit der gebrachten Daten von der 1. Auflage an als hervorragendes Ausbildungsbuch und Nachschlagewerk für die Maschinenbauer. Dieses Ergebnis war möglich durch den Einsatz der Herausgeber und Autoren, der sorgfältigen Bearbeitung im Verlag und der exakten drucktechnischen Herstellung.

Biographische Daten über H. Dubbel

Heinrich Dubbel, der Schöpfer des Taschenbuches, wurde am 8. 4. 1873 als Sohn eines Ingenieurs in Aachen geboren. Dort studierte er an der Technischen Hochschule Maschinenbau und arbeitete in der väterlichen Fabrik als Konstrukteur, nachdem er in Ohio/USA Auslandserfahrungen gesammelt hatte. Vom Jahre 1899 ab lehrte er an den Maschinenbau-Schulen in Köln, Aachen und Essen. Im Jahre 1911 ging er an die Berliner Beuth-Schule, wo er nach fünf Jahren den Titel Professor erhielt. 1934 trat er wegen politischer Differenzen mit den Behörden aus dem öffentlichen Dienst aus und widmete sich in den folgenden Jahren vorwiegend der Beratung des Springer-Verlages auf dem Gebiet des Maschinenbaus. Er starb am 24. 5. 1947 in Berlin.

Dubbel hat sich in hohem Maße auf literarischem Gebiet betätigt. Seine Aufsätze und Bücher, insbesondere über Dampfmaschinen und ihre Steuerungen, Dampfturbinen, Öl- und Gasmaschinen und Fabrikbetrieb genossen großes Ansehen.

Durch das „Taschenbuch für den Maschinenbau" wird sein Name noch bei mancher Ingenieurgeneration in wohlverdienter Erinnerung bleiben.

A | Mathematik
Mathematics

U. Jarecki und H.-J. Schulz, Berlin

Allgemeine Literatur

zu A1 Mengen, Funktionen und Boolesche Algebra
Bücher: *Birkhoff, G.; Bartee, T.:* Angewandte Algebra. München: Oldenbourg 1973. – *Johnston; Price; v. Fleck:* Mengen, Funktionen, Wahrscheinlichkeit, Bd. I. München: Oldenbourg 1974. – *Klaua, D:* Allgemeine Mengenlehre, Teil I. Berlin: Akademie-Verlag 1968. – *v. Mangoldt; Knopp; Lösch:* Einführung in die höhere Mathematik. Bd. I u. IV. Stuttgart: Hirzel 1973/74. – *Schorn, G.:* Mengen und algebraische Strukturen. München: Oldenbourg 1976. – *Weyh, U.:* Elemente der Schaltungsalgebra. 7. Aufl. München: Oldenbourg 1972.

Normen und Richtlinien: *DIN 1302:* Mathematische Zeichen.

zu A2 Zahlen
Bücher: *Behnke, H.:* Vorlesungen über Zahlentheorie, 7. Aufl. Münster: Aschendorff 1967. – *Böhme, G.:* Anwendungsorientierte Mathamatik; Bd. I Algebra, 5. Aufl. Berlin: Springer 1987. – *Hasse, H:* Zahlentheorie, 3. Aufl. Berlin: Akademie-Verlag 1969. – *v. Mangoldt; Knopp; Lösch:* Einführung in die höhere Mathematik, Bd. I. Stuttgart: Hirzel 1974.

Normen und Richtlinien: *DIN 5473:* Zeichen der Mengenlehre. – *DIN 5474:* Zeichen der mathematischen Logik. – *DIN 5475:* Komplexe Größen.

zu A3 Lineare Algebra
Bücher: *Bachmann, W.; Haacke, R.:* Matrizenrechnung für Ingenieure. Berlin: Springer 1982. – *Boseck, H.:* Einführung in die Theorie der linearen Vektorräume, 4. Aufl. Berlin: Dt. Verl. d. Wiss. 1977. – *Brisley, W.:* Grundbegriffe der linearen Algebra. Göttingen: Vandenhoeck 1977. – *Grotemeyer, Tschampel:* Lineare Algebra. Mannheim: Bibl. Inst. 1970. – *Kochendörffer, R.:* Determinanten und Matrizen. Stuttgart: Teubner 1970. – *Kowalsky, H.-J.:* Einführung in die lineare Algebra 3. Aufl. Berlin: de Gruyter 1977. – *Kowalsky, H.-J.:* Lineare Algebra, 7. Aufl. Berlin: de Gruyter 1975. – *Peschl, E.:* Analytische Geometrie und lineare Algebra. Mannheim: Bibl. Inst. 1968. – *Zurmühl, R., Falk, S.:* Matrizen und ihre Anwendungen, 5. Aufl. Teil 1 und 2. Berlin: Springer 1984 und 1986.

Normen: *DIN 1303:* Schreibweise von Tensoren (Vektoren). – *DIN 5486:* Schreibweise von Matrizen.

zu A4 Geometrie
Bücher: *Böhm, J., u.a.:* Geometrie I u. II. Mathematik für Lehrer, Bd. 6 u. 7. Berlin: VEB Dt. Verl. d. Wiss. 1975. – *Efimow, N.W.:* Höhere Mathematik I u. II, uni-text. Braunschweig: Vieweg 1970. – *Fucke, R.; Kirch, K.; Nickel, H.:* Darstellende Geometrie. Leipzig: VEB Fachbuchverlag 1975. – *Haack, W.:* Darstellende Geometrie (3 Bde.). Sammlg. Göschen Nr. 4142, 4143, 4144. Berlin: de Gruyter 1969–71. – *Hessenberg, G.; Diller, J.:* Grundlagen der Geometrie, 2. Aufl. Sammlg. Göschen Nr. 17. Berlin: de Gruyter 1967. – *Hilbert, Barnays:* Grundlagen der Geometrie, 10. Aufl. Stuttgart: Teubner 1968. – *Klein, F.:* Das Erlanger Programm. Ostw. Klass. d. exakten Wiss. Nr. 253. Frankfurt a. M.: Akad. Verl.-ges. Geest & Portig 1974. – *Klotzek, B.:* Geometrie. Berlin: VEB Dt. Verl. d. Wiss. 1971. – *Müller, E.; Kruppa, E.:* Lehrbuch der Darstellenden Geometrie. Wien: Springer 1961. – *Rehbock, F.:* Darstellende Geometrie. Heidelb. Taschenb. Bd. 64. Berlin: Springer 1969. – *Reutter, F.:* Darstellende Geometrie. Karlsruhe: Verl. Wiss. u. Tech. G. Braun 1975. – *Schreiber, P.:* Theorie der geometrischen Konstruktionen. Studienbüch. Math. Berlin: VEB Dt. Verl. d. Wiss. 1975. – *Sigl, R.:* Ebene und sphärische Trigonometrie. Frankfurt a.M.: Akad. Verl.-ges. Geest & Portig 1969. – *Wunderlich, W.:* Darstellende Geometrie (2 Bde.). BI Hochschultaschenbücher Bd. 96 u. 133. Mannheim: Bibliogr. Inst. 1966/67.

Normen und Richtlinien: *DIN 5:* Zeichnungen; Axonometrische Projektionen; Teil 1: Isometrische Projektion: Teil 2: Dimetrische Projektion. – *DIN 6:* Darstellungen in Zeichnungen; Ansichten, Schnitte, besondere Darstellungen. – *DIN 1312:* Geometrische Orientierung. – *DIN 1315:* Winkel; Begriffe, Einheiten.

zu A5 Analytische Geometrie
Bücher: *Brehmer, S.; Belkner, H.:* Einführung in die analytische Geometrie und Algebra. Berlin: Dt. Verl. d. Wiss. 1972. – *Bieberbach, L.:* Analytische Geometrie. Stuttgart: Teubner 1957. – *Coons, S.A.:* Surface patches and B-spline curves. In: Barnhill, R.E.; Riesenfeld, R.F. (eds.): Computer-aided geometric design. New York: Academic Press 1974. – *Ferguson, J.:* Multivariable curve interpolation. J. ACM, Vol. 11, No 2, 221–228 – *Grieger, I.:* Graphische Datenverarbeitung. Mathematische Methoden (Hochschultext). Berlin: Springer 1987. – *Grotemeyer, K.P.:* Analytische Geometrie. Berlin: de Gruyter 1969. – *Keller, O.-H.:* Analytische Geometrie und lineare Algebra. Berlin: Dt. Verl. d. Wiss. 1968. – *Kowalewski, G.:* Einführung in die analytische Geometrie, 4. Aufl. Berlin: de Gruyter 1953. – *Luther, W.; Ohsmann, M.:* Mathematische Grundlagen der Computergraphik, 2. Auflage. Braunschweig: Vieweg 1989. – *Mangoldt, von; Knopp; Lösch:* Einführung in die höhere Mathematik; Bd. I: Zahlen, Funktionen, Grenzwerte, Analytische Geometrie, Algebra, Mengenlehre, 15. Aufl. Stuttgart: Hirzel 1974. – *Meier, A.:* Methoden der grafischen und geometrischen Datenverarbeitung. Stuttgart: Teubner 1986. – *Peschl, E.:* Analytische Geometrie und lineare Algebra. Mannheim: Bibl. Inst. 1968. – *Schwaiger, L.:* CAD-Begriffe. Ein Lexikon. Berlin: Springer 1987. – *Spur, G.; Krause, F.-L.:* CAD-Technik. München: Hanser 1984.

A

zu A6 Differential- und Integralrechnung
Bücher: *Courant, R.:* Vorlesungen über Differential- und Integralrechnung; Bd. I: Funktionen einer Veränderlichen, 4. Aufl. 1971; Bd. II: Funktionen mehrerer Veränderlicher, 4. Aufl. 1972. Berlin: Springer 1971/72. – *Duschek, A.:* Vorlesungen über höhere Mathematik; Bd. I: Integration und Differentiation einer Veränderlichen, 4. Aufl. 1965; Bd. II: Integration und Differentiation der Funktionen von mehreren Veränderlichen, 3. Aufl. 1963. Wien: Springer 1965/63. – *Gröbner, Hofreiter:* Integraltafel, Teile 1 u. 2. Wien: Springer 1975/73. – *Laugwitz, D.:* Ingenieur-Mathematik Bd. I–III. Mannheim: Bibl. Inst. 1964. – *Mangoldt, von; Knopp; Lösch:* Einführung in die höhere Mathematik; Bd. II: Differentialrechnung, Unendliche Reihen, Elemente der Differentialgeometrie und der Funktionentheorie, 14. Aufl. 1974; Bd. III: Integralrechnung und ihre Anwendungen, Funktionentheorie, Differentialgleichungen, 14. Aufl. 1975. Stuttgart: Hirzel 1974/75. – *Meyer zur Capellen, W.:* Integraltafeln. Sammlung unbestimmter Integrale elementarer Funktionen. Berlin: Springer 1950. – *Sauer, R.:* Ingenieurmathematik, Bd. I: Differential- und Integralrechnung, 4. Aufl. Berlin: Springer 1969. –*Stein, S.; Sherman, K.:* Einführungskurs in die höhere Mathematik: Grundlagen, Beispiele, Aufgaben. Berlin: Springer 1979.

Normen und Richtlinien: *DIN 5487:* Fourier-Transformation und Laplace-Transformation.

zu A7 Kurven und Flächen, Vektoranalysis
Bücher: *Behnke; Holmann:* Vorlesungen über Differentialgeometrie, 7. Aufl. Münster: Aschendorff 1966. – *Borne; Kendall:* Vektoranalysis. Stuttgart: Teubner 1973. – *Grauert; Lieb; Fischer:* Differential- und Integralrechnung, Bd. III: Integrationstheorie, Kurven- und Flächenintegrale, Vektoranalysis, 2. Aufl. Berlin: Springer 1977. – *Klingenberg, W.:* Eine Vorlesung über Differentialgeometrie. Berlin: Springer 1973. – *Kowalsky, H.-J.:* Vektoranalysis, Bd. I. Berlin: de Gruyter 1974. – *Laugwitz, D.:* Differentialgeometrie, 3. Aufl. Stuttgart: Teubner 1977. – *Mangoldt, von; Knopp; Lösch:* Einführung in die höhere Mathematik; Bd. II: Differentialrechnung, Unendliche Reihen, Elemente der Differentialgeometrie und der Funktionentheorie, 14. Aufl. 1974; Bd. III: Integralrechnung und ihre Anwendungen, Funktionentheorie, Differentialgleichungen, 14. Aufl. 1975. Stuttgart: Hirzel 1974/75. – *Reichardt, H.:* Vorlesungen über Vektor- und Tensorrechnung, Berlin: Dt. Verl. d. Wiss. 1968.

zu A8 Differentialgleichungen
Bücher: *Bräuning, G.:* Gewöhnliche Differentialgleichungen. Frankfurt a.M.: Deutsch 1972. – *Braun, M.:* Differentialgleichungen und ihre Anwendungen. Berlin: Springer 1980. – *Collatz, L.:* Differentialgleichungen, 5. Aufl. Stuttgart: Teubner 1973. – *Collatz, L.:* Eigenwertaufgaben mit technischen Anwendungen, 2. Aufl. Leipzig: Akad. Verlagsges. 1963. – *Courant; Hilbert:* Methoden der mathematischen Physik; Bd. I, 3. Aufl.; Bd. II, 2. Aufl. Berlin: Springer 1968. – *Duschek, A.:* Vorlesungen über höhere Mathematik; Bd. III: Gewöhnliche und partielle Differentialgleichungen, Variationsrechnung, Funktionen einer komplexen Veränderlichen, 2. Aufl. Wien: Springer 1960. – *Jörgens; Rellich:* Eigenwerttheorie gewöhnlicher Differentialgleichungen. Berlin: Springer 1976. – *Pontrjagin, L.S.:* Gewöhnliche Differentialgleichungen. Berlin: Dt. Verl. d. Wiss. 1970. – *Sauer, R.:* Ingenieurmathematik, Bd. II: Differentialgleichungen und Funktionstheorie, 3. Aufl. Berlin: Springer 1968. – *Schäfke; Schmidt:* Gewöhnliche Differentialgleichungen. Berlin: Springer 1973. – *Stepanow, W.W.:* Lehrbuch der Differentialgleichungen, 4. Aufl. Berlin: Dt. Verl. d. Wiss. 1975. – *Wladimirow, W.S.:* Gleichungen der mathematischen Physik. Berlin: Dt. Verl. d. Wiss. 1973.

zu A9 Auswertung von Beobachtungen und Messungen
Bücher: *Barth, Bergold, Haller:* Stochastik I u. II. München: Ehrenwirth 1973/74. – *Butzer, P.L.; Scherer, K.:* Approximationsprozesse und Interpolationsmethoden. Mannheim: Bibl. Inst. 1968. – *Fisz, M.:* Wahrscheinlichkeitsrechnung und mathematische Statistik, 10. Aufl. Berlin: Dt. Verl. d. Wiss. 1980. – *Gnedenko, B.W.:* Lehrbuch der Wahrscheinlichkeitsrechnung. Frankfurt a.M.: Deutsch 1978. – *Gnedenko, B.W.; Chintschin, A.:* Elementare Einführung in die Wahrscheinlichkeitsrechnung. Berlin: Dt. Verlag d. Wiss. 1955. – *Graf, Kenning, Stange:* Formeln und Tabellen der mathematischen Statistik. Berlin: Springer 1966. – *Kreyszig, E.:* Statistische Methoden und ihre Anwendungen, 6. Aufl. Göttingen: Vandenhoeck 1977. – *Meschkowski, H.:* Wahrscheinlichkeitsrechnung. Mannheim: Bibl. Inst. 1968. – *von Mises, R.:* Wahrscheinlichkeitsrechnung. New York: Rosenberg 1945. – *Morgenstern, D.:* Einführung in die Wahrscheinlichkeitsrechnung und mathematische Statistik, 2. Aufl. Berlin: Springer 1968. – *Papoulis, A.:* Probability, Random Variables and Stochastic Processes. New York: McGraw Hill 1965. – *von Steinecke, V.:* Das Lebensdauernetz. Berlin: Beuth 1975. – *van der Waerden, B.L.:* Mathematische Statistik, 3. Aufl. Berlin: Springer 1971.

Normen und Richtlinien: *DIN 1319T3:* Grundbegriffe der Meßtechnik; Begriffe für die Fehler beim Messen. – *DIN 55302T1:* Statistische Auswertungsverfahren; Häufigkeitsverteilung, Mittelwert und Streuung, Grundbegriffe und allgemeine Rechenverfahren.

zu A10 Praktische Mathematik
Bücher: *Abramowitz, M.; Stegun, I.A.:* Handbook of Mathematical Functions. New York: Dover Publ. 1970. – *Autorenkollektiv:* Ausgewählte Kapitel der Mathematik, 8. Aufl. Leipzig: VEB Fachbuchverlag 1974. – *Björk, A.; Dahlquist, G.:* Numerische Methoden. München: Oldenbourg 1972. – *Collatz, I.; Wetterling, W.:* Optimierungsaufgaben, 2. Aufl. Berlin: Springer 1971. – *Dantzig, G.B.:* Lineare Programmierung und Erweiterungen. Berlin: Springer 1966. – *Grigorieff, R.D.:* Numerik gewöhnlicher Differentialgleichungen, Bd. 1, 2. Stuttgart: Teubner 1972, 1977. – *Jentsch, W.:* Digitale Simulation analoger Systeme. München: Oldenbourg 1969. – *Künzi, H.P.; Tan, S.T.:* Lineare Optimierung großer Systeme. Lecture Notes in Mathematics, Vol. 27. Berlin: Springer 1966. – *Meyer zur Capellen, W.:* Leitfaden der Nomographie. Berlin: Springer 1953. – *Otto, E.:* Nomography. New York: Macmillan 1963. – *von Pirani, M.:* Graphische Darstellungen in Wissenschaft und Technik, 3. Aufl. Sammlung Göschen Bd. 728. Berlin: de Gruyter 1957. – *Ralston, A.; Wilf, H.S.:* Mathematische Methoden für Digitalrechner: Bd. 1, 2. Aufl. 1972; Bd. 2, 2 Aufl. 1979. München: Oldenbourg 1972/79. – *Stummel, F.; Hainer, K.:* Praktische Mathematik. Stuttgart: Teubner 1971. – *Werner, H.:* Praktische Mathematik. Bd.1: Methoden der linearen Algebra, 2. Aufl. 1975; *Werner, H.; Schaback, R.:* Bd.2: Methoden der Analysis, 1. Aufl. 1972. Berlin: Springer 1975/72. – *Zurmühl, R:* Praktische Mathematik für Ingenieure und Physiker, 5. Aufl. Berlin: Springer 1965.

Normen und Richtlinien: *DIN 461:* Graphische Darstellung in Koordinatensystemen. – *DIN 5478:* Maßstäbe in graphischen Darstellungen.

A

1 Mengen, Funktionen und Boolesche Algebra
Sets, functions and Boolean algebra

U. Jarecki, Berlin

1.1 Mengen. Sets

1.1.1 Mengenbegriff. Concept of sets

Die Menge ist als eine Gesamtheit von verschiedenen Objekten mit gemeinsamen Eigenschaften erklärt. Die grundlegende Beziehung zwischen Mengen M und ihren Elementen m ist die Relation des Enthaltenseins mit dem Symbol $\in$:

$m \in M$ m ist Element von M,
$m \notin M$ m ist nicht Element von M.

Endliche Mengen können durch Aufzählung ihrer Elemente in einer Mengenklammer erklärt sein, z.B. $M = \{1,2,3\}$. Einelementige Mengen, z.B. $\{a\}$, sind von ihrem Element, z.B. a, zu unterscheiden. Die leere Menge $\{\ \}$ oder $\emptyset$ enthält kein Element.

Unendliche Mengen werden durch die Eigenschaften ihrer Elemente gekennzeichnet. Bedeutet $G(x)$ die Aussageform „x ist gerade Zahl", so wird die Menge G der geraden Zahlen dargestellt durch

$G = \{x \mid G(x)\} = \{x \mid x \text{ ist gerade Zahl}\}$.

Mengen werden durch Punktmengen in der Ebene, z.B. Kreise (**Bild 1**), veranschaulicht (Venn-Diagramm). Auf **Bild 1a** ist der Punkt a ein Element der Menge A, während der Punkt b nicht zu A gehört.

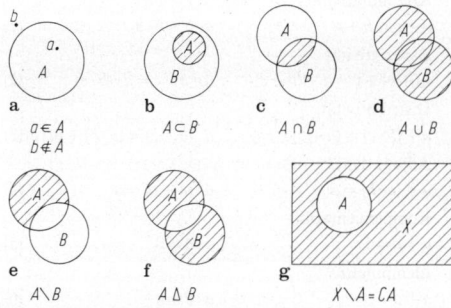

a
$a \in A$
$b \notin A$

b
$A \subset B$

c
$A \cap B$

d
$A \cup B$

e
$A \setminus B$

f
$A \triangle B$

g
$X \setminus A = CA$

Bild 1a–g. Venn-Diagramm

1.1.2 Mengenrelationen. Relationships between sets

Teilmengenrelation $A \subset B$ **(Bild 1b).** A ist Teilmenge von B oder B ist Obermenge von A, wenn jedes Element von A auch Element von B ist. So ist die Menge der natürlichen Zahlen Teilmenge der ganzen Zahlen. Es gelten die Eigenschaften

$\emptyset \subset A$, $A \subset A$; aus $A \subset B$ und $B \subset C$ folgt $A \subset C$.

Gleichheitsrelation $A = B$. Die Mengen A und B heißen gleich, wenn sie die gleichen Elemente enthalten. Jedes Element von A ist in B und jedes Element von B ist in A enthalten. Also $A = B$ genau dann, wenn $A \subset B$ und $B \subset A$.

Beispiele:
$\{1;2\} = \{2;1\} = \{x \mid (x-1)(x-2) = 0\}$,
$\{x \mid x^2 > 1\} = \{x \mid x > 1 \text{ oder } x < -1\}$.

Potenzmenge $\mathfrak{P}(X)$. Sie ist definiert als Menge aller Teilmengen von X, also $A \in \mathfrak{P}(X)$ ist gleichbedeutend mit $A \subset X$.

1.1.3 Mengenverknüpfungen. Combination of sets

Durchschnitt $A \cap B$ **(Bild 1c).** Er ist die Menge aller Elemente, die sowohl zu A als auch zu B gehören.

$A \cap B = \{x \mid x \in A \text{ und } x \in B\}$.

Beispiele:
$\{a,b,c\} \cap \{b,d\} = \{b\}$,
$\{x \mid x \geq 1\} \cap \{x \mid x \leq 2\} = \{x \mid 1 \leq x \leq 2\}$.

Vereinigung $A \cup B$ **(Bild 1d).** Sie ist die Menge aller Elemente, die mindestens in einer der beiden Mengen A und B enthalten sind.

$A \cup B = \{x \mid x \in A \text{ oder } x \in B\}$.

Beispiele:
$\{a,b,c\} \cup \{a,d\} = \{a,b,c,d\}$,
$\{x \mid 0 \leq x \leq 2\} \cup \{x \mid -1 \leq x \leq 1\} = \{x \mid -1 \leq x \leq 2\}$.

Differenz $A \setminus B$ **(Bild 1e).** Sie ist die Menge aller Elemente, die zu A und nicht zu B gehören.

$A \setminus B = \{x \mid x \in A \text{ und } x \notin B\}$.

Beispiele:
$\{a,b,c\} \setminus \{b,d\} = \{a,c\}$,
$\{x \mid x \leq 1\} \setminus \{x \mid x < 0\} = \{x \mid 0 \leq x \leq 1\}$.

Diskrepanz $A \triangle B$ **(Bild 1f)** oder symmetrische Differenz. Sie ist die Menge aller Elemente, die zu A und nicht zu B oder die zu B und nicht zu A gehören.

$A \triangle B = (A \setminus B) \cup (B \setminus A)$

Komplement CA **(Bild 1g).** Ist A Teilmenge einer Grundmenge X, so ist $CA = X \setminus A$.

Beispiel: Bedeutet $\mathbb{R}$ die Menge der reellen Zahlen und ist $A = \{x \mid x \leq 0\} \subset \mathbb{R}$, dann lautet das Komplement

$CA = \mathbb{R} \setminus A = \{x \mid x > 0\}$.

1.1.4 Das kartesische oder Kreuzprodukt
Cartesian or cross product

Das Kreuzprodukt $A \times B$ zweier Mengen A und B ist erklärt als die Menge aller geordneten Paare (a,b) mit $a \in A$ und $b \in B$,

$A \times B = \{(a,b) \mid a \in A \text{ und } b \in B\}$,

wobei A und B als Faktoren bezeichnet werden. Im allgemeinen ist $A \times B \neq B \times A$. a und b heißen Koordinaten des Paares (a,b). Zwei Paare (a,b) und (x,y) sind genau dann gleich, wenn $x = a$ und $y = b$.

Beispiel: Ist $\mathbb{R}$ die Menge der reellen Zahlen, dann besteht die Menge

$\mathbb{R}^2 = \mathbb{R} \times \mathbb{R} = \{(x,y) \mid x \in \mathbb{R} \text{ und } y \in \mathbb{R}\}$

aus den geordneten Zahlenpaaren (x,y), die als Punkte in der Ebene dargestellt werden können, wobei x und y die kartesischen Koordinaten des Punktes (x,y) bedeuten.

Das Kreuzprodukt aus den n-Mengen $A_1, A_2, A_3, \ldots, A_n$ ist erklärt durch

$A_1 \times A_2 \times \ldots \times A_n = \{(a_1, a_2, \ldots, a_n) \mid a_1 \in A_1$ und $a_2 \in A_2 \ldots$ und $a_n \in A_n\}$.

Seine Elemente $(a_1, a_2, \ldots, a_n)$ heißen geordnete n-Tupel mit den Koordinaten $a_1, a_2, \ldots, a_n$. Zwei n-Tupel sind genau dann gleich, wenn ihre Koordinaten gleich sind. Sind alle n Faktoren gleich A, so ist

$A \times A \times A \times \ldots \times A = A^n$.

1.2 Funktionen. Functions

Ist jedem Element einer Menge X genau ein Element einer Menge Y zugeordnet, so wird eine solche Zuordnung als eine Funktion f auf der Menge X mit Werten in der Menge Y bezeichnet und geschrieben

$$f : X \longrightarrow Y \quad \text{oder} \quad X \overset{f}{\longrightarrow} Y \quad (f \text{ bildet } X \text{ in } Y \text{ ab}).$$

Funktion und Abbildung sind synonyme Begriffe. Für $Y = X$ bildet f die Menge X in sich ab. X ist die Definitions-, Urbild- oder Argumentmenge von f, ihre Elemente heißen Urbilder, Argumente oder auch unabhängige Veränderliche (Variable). Das jedem Element $x \in X$ durch die Funktion f eindeutig zugeordnete Element $y \in Y$ heißt Wert oder Bild der Funktion an der Stelle x und wird mit $f(x)$ bezeichnet. Symbolisch wird dies ausgedrückt durch $x \mapsto f(x)$ oder $x \mapsto y = f(x)$. Bild der Funktion f auf X ist die Menge

$$B(f) = \{f(x) | x \in X\} \subset Y.$$

Sie enthält alle Bilder oder Werte der Funktion f auf X. Graph $[f]$ einer Funktion f auf X mit Werten in Y ist die Menge $[f] = \{(x, y) | x \in X \text{ und } y = f(x)\} = \{(x, f(x) | x \in X\}$. Sie enthält als Elemente alle geordneten Paare (x, y), bei denen die erste Koordinate x Argument von f und die zweite Koordinate y Wert von f an der Stelle x ist.
Sind insbesondere X und Y Teilmengen der reellen Zahlen, $X \subset \mathbb{R}$ und $Y \subset \mathbb{R}$, so ist der Graph $[f]$ eine Menge von geordneten Zahlenpaaren, die als Punkte in der Ebene veranschaulicht werden können. Dies ist ein gebräuchliches Verfahren, um eine reellwertige Funktion mit reellem Argument graphisch als Punktemenge darzustellen.

Beispiel: Durch die Gleichung $y = e^x$ ist jeder reellen Zahl x genau eine reelle Zahl y zugeordnet. Hierdurch wird die Exponentialfunktion exp definiert. Definitionsmenge ist die Menge $\mathbb{R}$ der reellen Zahlen. Die Werte der Funktion sind ebenfalls reelle Zahlen. Die symbolische Darstellung der Funktion bzw. ihrer Bild- oder Wertemenge lautet also exp: $\mathbb{R} \longrightarrow \mathbb{R}$ oder $\mathbb{R} \overset{\text{exp}}{\longrightarrow} \mathbb{R}$ bzw. $B(\text{exp}) = \{y \mid y > 0\} \subset \mathbb{R}$. Der Graph der Exponentialfunktion exp lautet $[\text{exp}] = \{(x, y) | x \in \mathbb{R} \text{ und } y = \exp(x)\} = \{(x, \exp(x)) | x \in \mathbb{R}\}$.

Zwischen einer Funktion $f : X \to Y$, die X in Y abbildet, und ihren Werten $f(x)$ muß klar unterschieden werden. Für die Funktion f gilt:

Bild $f(A)$ der Menge $A \subset X$ (**Bild 2**) heißt die Menge $f(A) = \{y \mid y = f(x) \text{ und } x \in A\} = \{f(x) | x \in A\} \subset Y$. Sie enthält alle Elemente $y \in Y$, die Bild eines Elements $x \in A$ sind. Für $f(X) = Y$ heißt die Funktion f surjektiv.

Urbild oder inverses Bild $f^{-1}(B)$ von $B \subset Y$ (**Bild 3**) ist die Menge $f^{-1}(B) = \{x | f(x) \in B\} \subset X$. Sie enthält alle Urbilder x, deren Bild $f(x)$ Element von B ist. Für den Sonderfall, daß $B = \{b\}$ eine einelementige Menge ist, lautet das Urbild $f^{-1}(\{b\})$ oder kürzer $f^{-1}(b) = \{x \mid f(x) = b\}$ (Menge aller Urbilder x mit dem Bild b). Enthält $f^{-1}(y)$ für jedes $y \in Y$ höchstens ein Element, so heißt die Funktion f eineindeutig, eindeutig umkehrbar oder injektiv.
Surjektive und injektive Funktionen heißen bijektiv. Bei einer bijektiven Funktion $f : X \to Y$ ist jedem Element $y \in Y$

genau ein Urbild $x \in X$ mit $y = f(x)$ zugeordnet. Dem entspricht eine Funktion auf Y mit Werten in X. Diese Funktion heißt inverse Funktion oder Umkehrfunktion von f und wird symbolisch ausgedrückt durch $f^{-1} : Y \to X$. Ihre Definitionsmenge ist die Bildmenge von f, und ihre Bildmenge ist die Definitionsmenge von f. Es gelten die Identitäten

$$f^{-1}(f(x)) = x \quad \text{für alle } x \in X,$$
$$f(f^{-1}(y)) = y \quad \text{für alle } y \in Y.$$

Zwei Funktionen heißen gleich, wenn sie den gleichen Definitionsbereich und für jedes Argument die gleichen Werte haben.

Beispiel: Ist $\mathbb{R}$ die Menge der reellen Zahlen und $\mathbb{R}_+$ die Menge der positiven reellen Zahlen, so ist die Exponentialfunktion exp: $\mathbb{R} \to \mathbb{R}_+$ eine eineindeutige Abbildung der Menge der reellen Zahlen auf die Menge der positiven reellen Zahlen und hat dementsprechend eine Umkehrfunktion $\exp^{-1} : \mathbb{R}_+ \to \mathbb{R}$, die als Logarithmusfunktion bezeichnet und mit dem Symbol „ln" gekennzeichnet wird.

1.3 Boolesche Algebra. Boolean algebra

1.3.1 Grundbegriffe. Basic concepts

Einer Booleschen Algebra liegt eine Menge B mit mindestens zwei ausgezeichneten Elementen 0 und 1 zugrunde, auf der eine unäre Verknüpfung, die Komplementierung mit dem Symbol „¯", zwei binäre Verknüpfungen, die Addition mit Symbol „+" und die Multiplikation mit dem Symbol „·", erklärt sind, so daß für beliebige Elemente $a, b, c \in B$ die Eigenschaften gelten:

Kommutativität		
$a + b = b + a$	$a \cdot b = b \cdot a$	(1)
Assoziativität		
$(a + b) + c = a + (b + c)$	$(a \cdot b) \cdot c = a \cdot (b \cdot c)$	(2)
Distributivität		
$a + (b \cdot c) = (a + b) \cdot (a + c)$	$a \cdot (b + c) = (a \cdot b) + (a \cdot c)$	(3)
Adjunktivität		
$a + (a \cdot b) = a$	$a \cdot (a + b) = a$	(4)
Komplementarität		
$a + \bar{a} = 1$	$a \cdot \bar{a} = 0$	(5)
Idempotenz		
$a + a = a$	$a \cdot a = a$	(6)
Regel von de Morgan	$\overline{a + b} = \bar{a} \cdot \bar{b}$	$\overline{a \cdot b} = \bar{a} + \bar{b}$	(7)
	$a + 0 = a$	$a \cdot 1 = a$	(8)
	$a + 1 = 1$	$a \cdot 0 = 0$	(9)
	$\bar{0} = 1$	$\bar{1} = 0$	(10)
	$\overline{(\bar{a})} = a$		(11)

Jede der Gln. (1) bis (10) hat ihre „duale" Form, die durch Tausch der Verknüpfungssymbole „+" und „·" einerseits und der ausgezeichneten Elemente 0 und 1 andererseits entsteht. Dieses Dualitätsprinzip gilt für alle Gleichheiten und Sätze der Booleschen Algebra, die sich ebenso wie die Gln. (6) bis (11) aus den Gln. (1) bis (5) ableiten lassen.
Ein Beispiel für eine Boolesche Algebra ist die Potenzmenge $\mathfrak{P}(X)$ einer beliebigen Grundmenge X, auf der die unäre Verknüpfung als Komplement einer Menge aus $\mathfrak{P}(X)$ und die beiden binären Verknüpfungen als Durchschnitt und Vereinigung von zwei Mengen aus $\mathfrak{P}(X)$ erklärt sind. Die ausgezeichneten Elemente sind die leere Menge $\emptyset$ und die Grundmenge X.

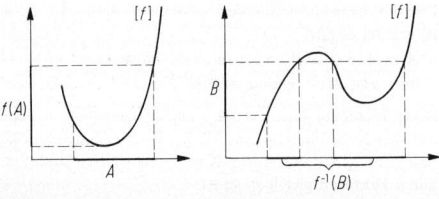

Bild 2. Bild $f(A)$ **Bild 3.** Urbild $f^{-1}(B)$

1.3.2 Zweielementige Boolesche Algebra
Binary (Boolean) algebra

Es wird eine Menge B mit zwei Elementen, die dann notwendig die ausgezeichneten Elemente 0 und 1 sind, zugrunde gelegt. Konkrete Modelle sind die Aussagen- und die Schaltalgebra, wobei die Elemente 0 und 1 die Aussagenwerte „falsch" und „wahr" bzw. die Schaltwerte „aus" und „ein" bedeuten.

Schaltalgebra

Hier werden die ausgezeichneten Elemente mit 0 und L bezeichnet, so daß $B = \{0, L\}$. Ein Buchstabe, z.B. x, der durch die Elemente 0 oder L ersetzt werden kann, heißt Schaltvariable. Folgende Bezeichnungen und Symbole werden verwendet:

Komplementierung ($^-$) :
Negation „$^-$" oder „$\neg$".
Addition (+) :
Oder-Verknüpfung oder Disjunktion „$\vee$".
Multiplikation ($\cdot$) :
Und-Verknüpfung oder Konjunktion „$\wedge$".

Ihre Definitionen auf der Menge $B = \{0, L\}$ ergeben sich aus den Gln. (8) bis (10). Siehe **Tab. 1**. Der Schaltalgebra liegen Netzwerke zugrunde, bei denen eine Anzahl von Schaltern mit den Variablen $E_i \in \{0, L\}$ ($i = 1, 2, 3, \dots, n$) teils parallel, hintereinander geschaltet oder gekoppelt ist. Dem entspricht eine n-stellige Verknüpfung der Schaltvariablen E_i durch die Symbole „$\wedge$", „$\vee$", „$^-$", über die jedem n-Tupel $(E_1, E_2, \dots, E_n)$ mit $E_i \in \{0, L\}$ genau einer der Werte aus $\{0, L\}$, nämlich der Schaltwert des Netzwerks, zugeordnet ist. Ein solches Netzwerk wird durch eine Schaltfunktion $A = f(E_1, E_2, \dots, E_n)$ mit den Eingangsgrößen $E_i \in \{0, L\}$ und der Ausgangsgröße $A \in \{0, L\}$ beschrieben. Daher heißt die Negation auch Nicht-, die Disjunktion Oder- und die Konjunktion Und-Funktion (s. **Anh. Y 3 Tab. 1**).

Beispiel: Die durch $A = f(E_1, E_2, E_3) = (\overline{E_1 \vee E_2}) \wedge E_3$ definierte Funktion f ordnet dem Wertetripel (L,0,L) den Funktionswert $A = f(L, 0, L) = (\overline{L \vee 0}) \wedge L = \overline{(0 \vee 0)} \wedge L = \overline{0} \wedge L = L \wedge L = L$ zu.

Allgemein wird als n-stellige Boolesche Funktion f auf der Menge $B = \{0, L\}$ eine Abbildung aller n-Tupel $(E_1, E_2, \dots, E_n)$ mit $E_i \in B$ in die Menge B bezeichnet, symbolisch

$$f : \underbrace{B \times B \times B \times \dots \times B}_{n\text{-mal}} \to B.$$

Tabelle 1. Boolesche Funktionen

Negation ($^-$) ($\bar{a}$: nicht a)		Disjunktion ($\vee$) ($a \vee b$: a oder b)			Konjunktion ($\wedge$) ($a \wedge b$: a und b)		
a	$\bar{a}$	a	b	$a \vee b$	a	b	$a \wedge b$
0	L	0	0	0	0	0	0
L	0	0	L	L	0	L	0
		L	0	L	L	0	0
		L	L	L	L	L	L

Da die E_i ($i = 1, 2, \dots, n$) nur die beiden Werte 0 oder L annehmen, enthält die Definitionsmenge 2^n verschiedene n-Tupel, denen durch f genau einer der beiden Werte 0 oder L zugeordnet ist. Es gibt also $2^{(2^n)}$ verschiedene n-stellige Boolesche Funktionen auf B.
Für $n = 2$ ergeben sich 16 zweistellige Boolesche Funktionen. Von ihnen sind außer der Oder-Funktion $f(a, b) = a \vee b$ und der Und-Funktion $f(a, b) = a \wedge b$ noch von Bedeutung: (s. **Tab. 2**).
Hiernach ist die Nand-Verknüpfung die Negation der Und-Verknüpfung und die Nor-Verknüpfung die Negation der Oder-Verknüpfung. Die vorstehenden Funktionen lassen sich mit Hilfe der Grundverknüpfungen „$^-$", „$\vee$", „$\wedge$" folgendermaßen darstellen:

Nand-Funktion $\quad a \bar{\wedge} b = \overline{a \wedge b} = \bar{a} \vee \bar{b}$,
Nor-Funktion $\quad a \bar{\vee} b = \overline{a \vee b} = \bar{a} \wedge \bar{b}$,
Implikation $\quad a \supset b = \bar{a} \vee b$,
Äquivalenz $\quad a \equiv b = (a \wedge b) \vee (\bar{a} \wedge \bar{b})$,
Antivalenz $\quad a \not\equiv b = \overline{a \equiv b} = (\bar{a} \vee \bar{b}) \wedge (a \vee b)$
$\qquad\qquad\qquad = (a \wedge \bar{b}) \vee (\bar{a} \wedge b)$.

Allgemein ist jede n-stellige Boolesche Funktion auf $B = \{0, L\}$ mit Hilfe der Grundverknüpfungen darstellbar. Sind $E_1, E_2, E_3, \dots, E_n$ die Variablen einer n-stelligen Funktion, dann heißen

$$X_1 \wedge X_2 \wedge X_3 \wedge \dots \wedge X_n \quad \text{bzw.} \quad X_1 \vee X_2 \vee X_3 \vee \dots \vee X_n,$$

bei denen an Stelle von X_i entweder E_i oder $\bar{E}_i$ steht, ihr konjunktives bzw. disjunktives Elementarglied. Sie nehmen genau für eine Belegung der Variablen mit 0 oder L den Wert L bzw. 0 an. So nimmt das konjunktive bzw. disjunktive Elementarglied $\bar{E}_1 \wedge E_2 \wedge \bar{E}_3$ bzw. $\bar{E}_1 \vee E_2 \vee \bar{E}_3$ genau den Wert L bzw. 0 an, wenn $E_1 = 0$, $E_2 = L$, $E_3 = 0$ bzw. $E_1 = L$, $E_2 = 0$, $E_3 = L$ oder kürzer, wenn $(E_1, E_2, E_3) = (0, L, 0)$ bzw. $(E_1, E_2, E_3) = (L, 0, L)$.
Ist nun f eine Funktion, die mindestens für eine Belegung der Variablen den Wert L annimmt, so werden für alle n-Tupel $(E_1, E_2, \dots, E_n)$ mit $f(E_1, E_2, \dots, E_n) = L$ die konjunktiven Elementarglieder gebildet, so daß diese genau für ihre entsprechenden n-Tupel den Wert L annehmen. Die disjunktive Verknüpfung dieser Elementarglieder stellt dann die Funktion f dar. Diese Darstellung heißt disjunktive Normalform der Funktion f. Vollkommen analog läßt sich eine Funktion, die mindestens einmal den Wert 0 annimmt, in der konjunktiven Normalform darstellen, die aus der Konjunktion von disjunktiven Elementargliedern besteht.

Beispiel: Die dreistellige Boolesche Funktion f auf $B = \{0, L\}$ sei durch die Tabelle erklärt.

E_1	E_2	E_3	$f(E_1, E_2, E_3)$
0	0	0	0
0	0	L	L
0	L	0	0
L	0	0	L
0	L	L	0
L	0	L	L
L	L	0	L
L	L	L	0

Tabelle 2. Weitere Boolesche Funktionen

Nand-Verknüpfung ($\bar{\wedge}$) ($a \bar{\wedge} b$: a nand b)			Nor-Verknüpfung ($\bar{\vee}$) ($a \bar{\vee} b$: a nor b)			Implikation ($\supset$) ($a \supset b$: a impliziert b)			Äquivalenz ($\equiv$) ($a \equiv b$: a äquivalent b)			Antivalenz ($\not\equiv$) ($a \not\equiv b$: a antivalent b)		
a	b	$a \bar{\wedge} b$	a	b	$a \bar{\vee} b$	a	b	$a \supset b$	a	b	$a \equiv b$	a	b	$a \not\equiv b$
0	0	L	0	0	L	0	0	L	0	0	L	0	0	0
0	L	L	0	L	0	0	L	L	0	L	0	0	L	L
L	0	L	L	0	0	L	0	0	L	0	0	L	0	L
L	L	0	L	L	0	L	L	L	L	L	L	L	L	0

Sie nimmt für die folgenden 3-Tupel (0,0,L), (L,0,0), (L,L,0) den Wert L an. Die entsprechenden konjunktiven Elementarglieder lauten $\bar{E}_1 \wedge \bar{E}_2 \wedge \bar{E}_3$, $E_1 \wedge \bar{E}_2 \wedge \bar{E}_3$, $E_1 \wedge E_2 \wedge \bar{E}_3$. Die disjunktive Verknüpfung dieser Elementarglieder liefert die disjunktive Normalform der Funktion f.

$$f(E_1, E_2, E_3) = (\bar{E}_1 \wedge \bar{E}_2 \wedge \bar{E}_3) \vee (E_1 \wedge \bar{E}_2 \wedge \bar{E}_3) \vee (E_1 \wedge E_2 \wedge \bar{E}_3).$$

Für die konjunktive Normalform werden alle 3-Tupel mit dem Funktionswert 0 betrachtet. Diese sind

$$(0,0,0), (0,L,0), (0,L,L), (L,0,L), (L,L,L).$$

Die entsprechenden disjunktiven Elementarglieder sind

$$E_1 \vee E_2 \vee E_3, \quad E_1 \vee \bar{E}_2 \vee E_3, \quad E_1 \vee \bar{E}_2 \vee \bar{E}_3,$$
$$\bar{E}_1 \vee E_2 \vee \bar{E}_3, \quad \bar{E}_1 \vee \bar{E}_2 \vee \bar{E}_3.$$

Ihre konjunktive Verknüpfung liefert die konjunktive Normalform

$$f(E_1, E_2, E_3) = (E_1 \vee E_2 \vee E_3) \wedge (E_1 \vee \bar{E}_2 \wedge E_3) \wedge (E_1 \vee \bar{E}_2 \wedge \bar{E}_3)$$
$$\wedge (\bar{E}_1 \wedge E_2 \wedge \bar{E}_3) \wedge (\bar{E}_1 \vee \bar{E}_2 \vee \bar{E}_3).$$

Die Funktion f in der disjunktiven Normalform wird wie folgt vereinfacht:

$$f(E_1, E_2, E_3) = (\bar{E}_1 \wedge \bar{E}_2 \wedge \bar{E}_3) \vee (E_1 \wedge \bar{E}_2 \wedge \bar{E}_3)$$
$$\vee (E_1 \wedge E_2 \wedge \bar{E}_3)$$
$$= (\bar{E}_1 \wedge \bar{E}_2 \wedge \bar{E}_3) \vee [(E_1 \wedge \bar{E}_3) \wedge (E_2 \vee \bar{E}_2)]$$

s. Distributivität $a(b+c) = ab + ac$

mit $a = E_1 \wedge \bar{E}_3, b = E_2$ und $c = \bar{E}_2$;

$$= (\bar{E}_1 \wedge \bar{E}_2 \wedge \bar{E}_3) \vee [(E_1 \wedge \bar{E}_3) \wedge L]$$

s. Komplementarität $a + \bar{a} = 1$;

$$= (\bar{E}_1 \wedge \bar{E} \wedge E_3) \vee (E_1 \wedge \bar{E}_3)$$

aus $a \cdot 1 = 1$ mit $a = E_1 \wedge \bar{E}_3$.

---

2 Zahlen. Numbers

U. Jarecki, Berlin

2.1 Reelle Zahlen. Real numbers

2.1.1 Einführung. Introduction

Die reellen Zahlen zeichnen sich durch Grundeigenschaften aus, nämlich eine algebraische, eine Ordnungs- und eine topologische Eigenschaft, die auf der Zahlengeraden (**Bild 1**) deutbar sind. Jeder reellen Zahl a kann genau ein

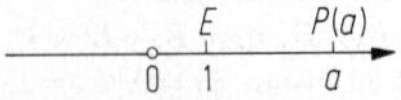

$$\begin{array}{c} E \quad P(a) \\ \hline 0 \quad 1 \quad\quad a \end{array}$$

Bild 1. Zahlengerade

Punkt $P(a)$ oder kurz a auf der Zahlengeraden zugeordnet werden, wobei insbesondere der Zahl 0 der Ursprung O und der Zahl 1 der Einheitspunkt E entspricht. Umgekehrt entspricht jedem Punkt P auf der Geraden genau eine reelle Zahl, die die Koordinate des Punkts P heißt. Die Menge der reellen Zahlen wird mit $\mathbb{R}$ bezeichnet. Besondere Teilmengen von $\mathbb{R}$ sind

$\mathbb{N} = \{1, 2, 3, \dots\}$ natürliche Zahlen,

$\mathbb{Z} = \{0, \pm 1, \pm 2, \dots\}$ ganze Zahlen,

$\mathbb{Q} = \{p/q | p \in \mathbb{Z}$ und $q \in \mathbb{N}$,

p und q teilerfremd$\}$ rationale Zahlen.

2.1.2 Grundgesetze der reellen Zahlen. Basic laws

Algebraische Eigenschaft. Auf der Menge $\mathbb{R}$ der reellen Zahlen sind die folgenden Verknüpfungen zweier Zahlen a und b definiert:

Addition (+) mit der Summe $a + b \in \mathbb{R}$, wobei die Eigenschaften gelten:
für beliebige Zahlen a, b, c

$$a + b = b + a, \quad (a + b) + c = a + (b + c);$$

zu zwei beliebigen Zahlen a und b gibt es genau eine Zahl x, so daß gilt:

$$a + x = b, \quad x = b - a \text{ heißt die Differenz von } b \text{ und } a.$$

Multiplikation ($\cdot$) mit dem Produkt $a \cdot b = ab \in \mathbb{R}$, wobei die Eigenschaften gelten:
für beliebige Zahlen a, b, c

$$ab = ba, \quad (ab)c = a(bc), \quad a(b + c) = ab + ac;$$

zu jeder Zahl $a \neq 0$ und zu jeder Zeit b gibt es genau eine Zahl x, so daß gilt:

$$ax = b, \quad x = b/a \text{ heißt der Quotient von } b \text{ und } a.$$

Hieraus ergeben sich alle elementaren Rechenregeln wie

$$b + (-a) = b - a, \quad -(a - b + c) = -a + b - c, \quad a + (-a) = 0,$$
$$a \cdot 0 = 0, \quad a \cdot 1 = a, \quad a(b - c) = ab - ac;$$

$ab = 0$ genau dann, wenn $a = 0$ oder $b = 0$;

$$\frac{a}{b} : c = \frac{a}{bc}, \quad \frac{a}{b} \cdot \frac{c}{d} = \frac{ac}{bd}, \quad \frac{a}{b} : \frac{c}{d} = \frac{a}{b} \cdot \frac{d}{c} = \frac{ad}{bc},$$
$$\frac{a}{b} \pm \frac{c}{b} = \frac{a \pm c}{b}, \quad \frac{a}{b} \pm \frac{c}{d} = \frac{ad \pm bc}{bd}.$$

Ordnungseigenschaft. In der Menge $\mathbb{R}$ ist eine Ordnungsrelation $\leq$ (kleiner oder gleich) definiert mit den Eigenschaften

$a \leq a$ Reflexivität,

Wenn $a \leq b$ und $b \leq a$, so $a = b$ Antisymmetrie.

Wenn $a \leq b$ und $b \leq c$, so $a \leq c$ Transitivität.

Für beliebige $a, b \in \mathbb{R}$ gilt $a \leq b$ oder $b \leq a$.

$a < b$ (a kleiner b) ist erklärt durch $a \leq b$ und $a \neq b$.

Ist $a \geq 0$ bzw. $a > 0$,

dann heißt a nichtnegativ bzw. positiv.

Ist $a \leq 0$ bzw. $a < 0$,

dann heißt a nichtpositiv bzw. negativ.

In Verbindung mit den algebraischen Verknüpfungen gilt:

Wenn $a \leq b$, so $a + c \leq b + c$ für beliebiges c.

Wenn $0 \leq a$ und $0 \leq b$, so $0 \leq a \cdot b$.

Hieraus folgt z.B.

$a^2 \geq 0$ für beliebige $a \in \mathbb{R}$.

Wenn $a < b$ und $c > 0$, so $ac < bc$.

Wenn $a < b$ und $c < 0$, so $ac > bc$.

Topologische Eigenschaft. Jede Intervallschachtelung bestimmt genau eine reelle Zahl.

Sind $a \leq b$ zwei reelle Zahlen, dann heißen die Zahlenmengen

$\{x | a \leq x \leq b\} = [a, b]$ abgeschlossene,

$\{x | a < x < b\} = (a, b)$ offene,

$\{x | a \leq x < b\} = [a, b)$ und

$\{x | a < x \leq b\} = (a, b]$ halboffene Intervalle.

a und b sind ihre Randpunkte, und $b - a$ ist ihre Länge.

Für eine beliebige reelle Zahl a heißen die Zahlenmengen

$\{x | a \leq x\} = [a, \infty)$ und $\{x | x \leq a\} = (-\infty, a]$

unbeschränkte halboffene, sowie

$\{x | a < x\} = (a, \infty)$ und $\{x | x < a = (-\infty, a)$

unbeschränkte offene Intervalle.

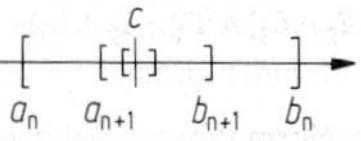

Bild 2. Intervallschachtelung

Eine Intervallschachtelung ist eine Folge von abgeschlossenen Intervallen $I_n = [a_n, b_n]$ mit $a_n \leq a_{n+1} \leq b_{n+1} \leq b_n$ für jedes $n \in N$, wobei die Intervallängen $b_n - a_n$ eine Nullfolge bilden. Auf der Zahlengeraden schrumpfen die Intervalle auf einen Punkt zusammen (**Bild 2**), dem eine reelle Zahle c zugeordnet ist.

Beispiel: Die Folge mit den Intervallen $I_n = [(1 + 1/n)^n, (1 + 1/n)^{n+1}]$ $n = 1, 2, 3, \ldots$ ist eine Intervallschachtelung, welche die Zahl $e = 2{,}7182818 \ldots$ bestimmt, so daß für alle $n \in \mathbb{N}$ $(1 + 1/n)^n \leq e \leq (1 + 1/n)^{n+1}$ gilt. Die Randpunkte der Intervalle sind rationale Zahlen; sie sind approximative Werte für die irrationale Zahl e.

2.1.3 Der absolute Betrag. The absolute value (Modulus)

Der absolute Betrag (Modul) einer reellen Zahl a ist definiert durch

$$|a| = \begin{cases} a & \text{für } a \geq 0 \\ -a & \text{für } a \leq 0 \end{cases} \quad \text{oder} \quad |a| = \max(-a, a),$$

wobei $\max(a, b)$ die größte der beiden Zahlen a und b bedeutet. Geometrisch kennzeichnet $|a|$ den Abstand des Punkts a vom Ursprung und $|b - a|$ den Abstand der beiden Punkte a und b. Es gelten $|a| \geq 0$ für alle $a \in \mathbb{R}$ und $|a| = 0$ genau dann, wenn $a = 0$.

$$|-a| = |a|, \quad |ab| = |a||b|, \quad |a : b| = |a| : |b|,$$
$$-|a| \leq a \leq |a|, \quad ||a| - |b|| \leq |a + b| \leq |a| + |b|;$$

$|a| < c$ genau dann, wenn $-c < a < c$ $(c > 0)$.

2.1.4 Mittelwerte und Ungleichungen
Mean values and inequalities

Sind a_i für $i = 1, 2, 3, \ldots, n$ mit $n \geq 2$ positive Zahlen, so sind für sie die Mittelwerte erklärt:

arithmetisch $\quad A(a_i) = (a_1 + a_2 + \ldots + a_n)/n$,

geometrisch $\quad G(a_i) = \sqrt[n]{a_1 a_2 a_3 \ldots a_n}$,

harmonisch $\quad H(a_i) = \left[\dfrac{1}{n} \left(\dfrac{1}{a_1} + \dfrac{1}{a_2} + \ldots + \dfrac{1}{a_n} \right) \right]^{-1}$,

quadratisch $\quad Q(a_i) = \sqrt{(a_1^2 + a_2^2 + \ldots + a_n^2)/n}$.

Für sie gelten die Ungleichungen

$$H(a_i) \leq G(a_i) \leq A(a_i) \leq Q(a_i).$$

Ist min a_i die kleinste und max a_i die größte der Zahlen a_i, so gilt min $a_i \leq H(a_i)$ und $Q(a_i) \leq$ max a_i.
Bernoullische und Cauchy-Schwarzsche Ungleichungen:

$$(1 + x)^n \geq 1 + nx \quad \text{für } 1 + x \geq 0 \text{ und } n = 1, 2, 3, \ldots,$$
$$(1 + x)^n > 1 + nx \quad \text{für } 1 + x > 0 \text{ und } n = 2, 3, 4, \ldots, \text{ und}$$
$$(a_1 b_1 + a_2 b_2 + \ldots + a_n b_n)^2$$
$$\leq (a_1^2 + a_2^2 + \ldots + a_n^2)(b_1^2 + b_2^2 + \ldots + b_n^2).$$

2.1.5 Potenzen, Wurzeln und Logarithmen
Powers, roots and logarithms

Potenzen. Für die Potenzsymbole a^b ist vorauszusetzen, daß $a > 0$ und $b \in \mathbb{R}$ oder $a \neq 0$ und $b \in \mathbb{Z}$ oder $a \in \mathbb{R}$ und $b \in \mathbb{N}$. Es gilt

$$a^1 = a, \quad a^0 = 1, \quad 1^b = 1, \quad a^{-b} = 1/a^b;$$
$$a^b \cdot a^c = a^{b+c}, \quad (a \cdot b)^c = a^c b^c, \quad (a^b)^c = a^{bc};$$
$$a^b : a^c = a^{b-c}, \quad (a : b)^c = a^c : b^c.$$

Wurzeln. Ist $b \neq 0$, so gibt es zu jeder positiven Zahl c genau eine positive Zahl a, so daß $a^b = c$. Diese Zahl $a = \sqrt[b]{c}$ heißt b-te Wurzel aus a, wobei b der Wurzelexponent und

c der Radikand bedeuten. Also ist

$$a^b = c \quad \text{äquivalent} \quad a = \sqrt[b]{c} \quad \text{für } b \neq 0 \text{ und } c > 0.$$

Es gilt

$$\sqrt[a]{1} = 1, \quad \sqrt[b]{c^b} = c, \quad \sqrt[b]{a^c} = \sqrt[b]{a^c} = a^{c/b},$$
$$\sqrt[bq]{a^{cp}} = \sqrt[b]{a^c}, \quad \sqrt[bc]{a} = \sqrt[b]{\sqrt[c]{a}}, \quad \sqrt[c]{ab} = \sqrt[c]{a}\sqrt[c]{b},$$
$$\sqrt[c]{a : b} = \sqrt[c]{a} : \sqrt[c]{b}.$$

Logarithmen. Ist $a > 1$, so gibt es zu jeder positiven Zahl c genau eine Zahl b, so daß $a^b = c$. Diese Zahl $b = \log_a c$ heißt der Logarithmus von c zur Basis a, wobei a die Basis und c der Logarithmand oder Numerus bedeuten. Also ist

$$a^b = c \quad \text{äquivalent} \quad b = \log_a c \quad \text{für } a > 1 \text{ und } c > 0.$$

Bevorzugte Logarithmen sind der dekadische mit der Basis 10, der natürliche mit der Basis e und der binäre mit der Basis 2. Es gilt

$$a^{\log_a c} = c, \quad b = \log_a a^b, \quad \log_a 1 = 0,$$
$$e^{\ln c} = c, \quad b = \ln e^b, \quad \ln 1 = 0.$$
$$\log_a(bc) = \log_a b + \log_a c, \quad \log_a(b : c) = \log_a b - \log_a c,$$
$$\log_a(1/b) = -\log_a b, \quad \log_a b^c = c \log_a b,$$
$$\log_a \sqrt[c]{b} = (1/c)\log_a b.$$
$$\log_a c = \log_a b \cdot \log_b c, \quad \lg a = \lg e \cdot \ln a \text{ mit } \lg e = 0{,}43429$$

(s. **Anh. A 10 Tab. 1**).

2.1.6 Zahlendarstellung in Stellenwertsystemen
Representation of numbers in various bases

Hierzu dient meist das Dezimalsystem mit der Basis (Grundzahl) 10 und den zehn Ziffern $0, 1, 2, \ldots, 9$. Jeder natürlichen Zahl n wird dann eine endliche Folge von Ziffern zugeordnet, wobei jedes Glied der Folge neben seinem Ziffern- noch einen Stellenwert hat (z.B. $9021 = 9 \cdot 10^3 + 0 \cdot 10^2 + 2 \cdot 10^1 + 1 \cdot 10^0)$. Ist $g > 1$ eine natürliche Zahl und $\{0, 1, 2, \ldots, g - 1\}$ eine Ziffernmenge, so läßt sich jede natürliche Zahl n als Ziffernfolge im Stellenwertsystem mit der Basis g eindeutig darstellen.

$$n = (a_m a_{m-1} a_{m-2} \ldots a_1 a_0)_g = \sum_{i=0}^{m} a_i g^i$$

für $a_i \in \{0, 1, 2, \ldots, g - 1\}$.

Das Binär- oder Dualsystem (s. Y 3.1.3) hat die Basis 2 und die Ziffernmenge $\{0, 1\}$. Die Darstellung der natürlichen Zahl 18 ist z.B. $(10010)_2 = 1 \cdot 2^4 + 0 \cdot 2^3 + 0 \cdot 2^2 + 1 \cdot 2^1 + 0 \cdot 2^0 = (18)_{10} = 18$. Da das Binärsystem ebenso wie das Dezimalsystem ein Stellenwertsystem ist, sind die für das Rechnen mit Stellenwerten gültigen Regeln übertragbar. Lediglich das kleine Einspluseins und Einmaleins sind verschieden. Im Binärsystem gilt:

Addition $\quad 0 + 0 = 0; 0 + 1 = 1; 1 + 0 = 1; 1 + 1 = 10.$

Multiplikation $\quad 0 \cdot 0 = 0; 0 \cdot 1 = 0; 1 \cdot 0 = 0; 1 \cdot 1 = 1.$

Beispiel: Addition bzw. Multiplikation von Dezimalzahlen im Binärsystem.

$41 + 13$		$13 \cdot 5$
		$1101 \cdot 101$
		1101
		0000
101001		1101
$+ \quad 1101$		
$\underline{1 \quad 1}$	Überträge	$\underline{111}$
$110110 \ (= 54)$		$1000001 \ (= 65)$

Das Hexadezimalsystem hat die Basis 16 und die Ziffernmenge $\{0, 1, 2, \ldots, 9, A, B, C, D, F\}$. Dabei entsprechen die hexadezimalen Ziffern A, B, $\ldots$, F den Dezimalzahlen 10, 11, $\ldots$, 15. So ist

$$(940)_{10} = 3 \cdot 16^2 + 10 \cdot 16^1 + 12 \cdot 16^0 = (3AC)_{16}.$$

A

2.1.7 Endliche Folgen und Reihen. Binomischer Lehrsatz
Finite sequences and series, binomial theorem

Eine endliche reelle Zahlenfolge ist durch eine reellwertige Funktion auf einer endlichen Menge $I = \{1, 2, 3, \ldots, n\}$, der Indexmenge, erklärt, die jedem $k \in I$ genau eine reelle Zahl a_k zuordnet. Sie wird dargestellt durch $(a_k)_{k \in I}$ oder $(a_1, a_2, \ldots, a_n)$ oder (a_k) für $k \in I$. Die Zahlen a_k heißen Glieder der Folge. Folgen können durch verschiedenartige Zuordnungsvorschriften erklärt sein. Oft lassen sie sich als Funktionsgleichungen $a_k = f(k)$ darstellen.

Arithmetische Folgen

Bei einer Folge (a_k) für $k \in I = \{1, 2, \ldots, n\}$ heißt die Differenz (s. A 10.6.3)

$\Delta^1 a_k = a_{k+1} - a_k$
für $k \in \{1, 2, \ldots, n-1\}$ von 1. Ordnung,

$\Delta^2 a_k = \Delta^1 a_{k+1} - \Delta^1 a_k$
für $k \in \{1, 2, \ldots, n-2\}$ von 2. Ordnung,
....

$\Delta^j a_k = \Delta^{j-1} a_{k+1} - \Delta^{j-1} a_k$
für $k \in \{1, 2, \ldots, n-j\}$ von j-ter Ordnung.
....

Haben für jedes $k \in \{1, 2, \ldots, n-j\}$ die Differenzen j-ter Ordnung den gleichen Wert, dann heißt die Folge (a_k) arithmetische Folge j-ter Ordnung. Einfache Beispiele für arithmetische Folgen 1., 2. und 3. Ordnung sind $(1, 2, 3, 4, \ldots, n)$ mit $\Delta^1 a_k = 1$, $(1, 4, 9, 16, \ldots, n^2)$ mit $\Delta^2 a_k = 2$, $(1, 8, 27, 64, \ldots, n^3)$ mit $\Delta^3 a_k = 6$. Insbesondere ist jede *arithmetische Folge 1. Ordnung* darstellbar durch die Gleichung

$a_k = a + (k-1)d$ für $k \in I = \{1, 2, 3, \ldots, n\}$

(a Anfangsglied und d Differenz der Folge).

Geometrische Folge. Bei ihr hat der Quotient a_{k+1}/a_k von zwei aufeinanderfolgenden Gliedern stets den gleichen Wert q. Mit dem Anfangsglied a wird

$a_k = a q^{k-1}$ für $k \in I = \{1, 2, \ldots, n\}$.

Reihen. Ist (a_k) für $k \in \{1, 2, 3, \ldots, n\}$ eine reelle Zahlenfolge, dann heißt der Ausdruck

$$a_1 + a_2 + a_3 + \ldots + a_n = \sum_{k=1}^{n} a_k.$$

endliche reelle Reihe mit den Gliedern $a_1, a_2, \ldots, a_n$. a_1 bzw. a_n sind das Anfangs- bzw. Endglied.
Für das Rechnen mit dem Summenzeichen gelten die Regeln

$$\sum_{k=1}^{n} c \cdot a_k = c \sum_{k=1}^{n} a_k, \quad \sum_{k=1}^{n} (a_k + b_k) = \sum_{k=1}^{n} a_k + \sum_{k=1}^{n} b_k,$$

$$\sum_{k=1}^{n} a_k = \sum_{k=1}^{m} a_k + \sum_{k=m+1}^{n} a_k \quad \text{(Zerlegung)},$$

$$\sum_{k=1}^{n} a_k = \sum_{k=1+j}^{n+j} a_{k-j} \quad \text{(Indexverschiebung)}, \quad j \in \mathbb{Z}$$

$$\sum_{k=1}^{n} 1 = n, \quad \sum_{k=m}^{m} a_k = a_m.$$

m und n sind natürliche Zahlen, wobei $1 \leq m < n$.

Arithmetische Reihen. Sie sind aus den Gliedern einer arithmetischen Folge aufgebaut. Die Summenformel für die arithmetische Reihe 1. Ordnung lautet

$$a + (a+d) + (a+2d) + \ldots + [a + (n-1)d]$$
$$= \sum_{k=1}^{n} [a + (k-1)d] = (n/2)[2a + (n-1)d].$$

Sonderfälle von arithmetischen Reihen 1., 2. und 3. Ordnung sind

$$\sum_{k=1}^{n} k = n(n+1)/2, \quad \sum_{k=1}^{n} k^2 = n(n+1)(2n+1)/6,$$

$$\sum_{k=1}^{n} k^3 = [n(n+1)/2]^2.$$

Geometrische Reihe. Sie besteht aus den Gliedern einer geometrischen Folge und hat die Summenformel

$$a + aq + aq^2 + \ldots + aq^{n-1}$$
$$= \sum_{k=1}^{n} a q^{k-1} = \begin{cases} na & \text{für } q = 1, \\ a\dfrac{1-q^n}{1-q} & \text{für } q \neq 1 \end{cases}$$

(a Anfangsglied und q Quotient der Reihe). Wird a durch b^{n-1} und q durch a/b ersetzt, so ergibt sich für $a \neq b$

$$b^{n-1} + ab^{n-2} + a^2 b^{n-3} + \ldots + a^{n-2} b + a^{n-1}$$
$$= \sum_{k=1}^{n} a^{k-1} b^{n-k} = \frac{b^n - a^n}{b - a} \quad \text{oder}$$

$$b^n - a^n = (b-a)(b^{n-1} + ab^{n-2} + a^2 b^{n-3} + \ldots + a^{n-2} b + a^{n-1}).$$

Binomischer Lehrsatz

Das Zeichen $n!$ (n-Fakultät) ist erklärt durch

$$n! = 1 \cdot 2 \cdot 3 \cdot \ldots \cdot n \quad \text{für } n \in \mathbb{N} \quad \text{und} \quad 0! = 1.$$

Es hat nur für nichtnegative ganze Zahlen einen Sinn. So ist $4! = 1 \cdot 2 \cdot 3 \cdot 4 = 24$.

Der Binomialkoeffizient $\binom{c}{k}$ (c über k), wobei c eine beliebige reelle Zahl und k eine nichtnegative ganze Zahl ist, ist erklärt durch

$$\binom{c}{k} = \frac{c(c-1)(c-2)\ldots[c-(k-1)]}{k!} \quad \text{für } k \in \mathbb{N} \quad \text{und}$$

$$\binom{c}{0} = 1,$$

z.B. $\displaystyle \binom{-\frac{1}{2}}{3} = \frac{(-\frac{1}{2})(-\frac{1}{2}-1)(-\frac{1}{2}-2)}{3!} = -\frac{5}{16}$.

Ist insbesondere c eine positive ganze Zahl n, so ergibt sich hieraus $\displaystyle \binom{n}{k} = \frac{n!}{k!(n-k)!}$, für $n \geq k > 0$, $\displaystyle \binom{n}{0} = 1$

und $\displaystyle \binom{n}{k} = 0$ für $0 < n < k$.

$$
\begin{array}{ccccccccc}
& & & & 1 & & & & \\
& & & 1 & & 1 & & & \\
& & 1 & & 2 & & 1 & & \\
& 1 & & 3 & & 3 & & 1 & \\
1 & & 4 & & 6 & & 4 & & 1
\end{array}
$$

$$
\begin{array}{ccccccccc}
& & & & \binom{0}{0} & & & & \\
& & & \binom{1}{0} & & \binom{1}{1} & & & \\
& & \binom{2}{0} & & \binom{2}{1} & & \binom{2}{2} & & \\
& \binom{3}{0} & & \binom{3}{1} & & \binom{3}{2} & & \binom{3}{3} & \\
\binom{4}{0} & & \binom{4}{1} & & \binom{4}{2} & & \binom{4}{3} & & \binom{4}{4}
\end{array}
$$

Bild 3. Pascalsches Zahlendreieck

Diese Binomialkoeffizienten werden anschaulich durch das Pascalsche Zahlendreieck wiedergegeben (**Bild 3**), aus dem sich

$$\binom{n}{k} = \binom{n}{n-k} \quad \text{und} \quad \binom{n}{k} + \binom{n}{k+1} = \binom{n+1}{k+1}$$

ablesen lassen. Hiermit kann durch vollständige Induktion der binomische Lehrsatz bewiesen werden.

$$(a+b)^n = \sum_{k=0}^{n} \binom{n}{k} a^{n-k} b^k, \quad n \geq 0, \quad \text{ganz};$$

z.B.

$$(a \pm b)^3 = \binom{3}{0} a^3 + \binom{3}{1} a^2 (\pm b) + \binom{3}{2} a(\pm b)^2 + \binom{3}{3} (\pm b)^3$$
$$= a^3 \pm 3a^2 b + 3ab^2 \pm b^3.$$

2.1.8 Unendliche reelle Zahlenfolgen und Zahlenreihen
Infinite sequences and series of real numbers

Eine reellwertige Funktion auf der Menge $\mathbb{N}$ der natürlichen Zahlen, durch die jedem $n \in \mathbb{N}$ genau eine reelle Zahl

$a_n \in \mathbb{R}$ zugeordnet wird, heißt unendliche reelle Zahlenfolge auf $\mathbb{N}$ und wird dargestellt durch

$$(a_n)_{n \in \mathbb{N}} \quad \text{oder} \quad (a_1, a_2, a_3, \ldots) \quad \text{oder} \quad (a_n) \quad \text{für } n \in \mathbb{N}.$$

Es heißen $\mathbb{N}$ die Indexmenge und a_n das allgemeine Glied der Folge.

Grenzwerte. Eine Zahl a heißt Grenzwert der Folge (a_n) auf $\mathbb{N}$ oder (a_n) konvergiert gegen a oder ist eine a-Folge; in Zeichen $\lim_{n\to\infty} a_n = a$ oder $a_n \to a$ für $n \to \infty$, wenn es zu jeder Zahl $\varepsilon > 0$ ein $N \in \mathbb{N}$ gibt, so daß $|a_n - a| < \varepsilon$ für alle $n > N$. Konvergente Folgen mit dem Grenzwert 0 heißen Null-Folgen.

Beispiele: Die harmonische Folge $(1/n)$ für $n \in \mathbb{N}$ ist Nullfolge, d.h. $\lim_{n\to\infty}(1/n) = 0$, da $|1/n| = 1/n < \varepsilon$ für alle $n > 1/\varepsilon = N$. Die geometrische Folge (q^{n-1}) für $n \in \mathbb{N}$ und $|q| < 1, q \neq 0$ ist Nullfolge, d.h. $\lim_{n\to\infty} q^{n-1} = 0$, da $|q^{n-1}| = |q|^{n-1} < \varepsilon$ für alle $n > 1 + (\lg\varepsilon/\lg|q|) = N$ ($\lg|q| < 0!$).

Folgen, die keinen Grenzwert haben, heißen divergent. Eine Folge (a_n) auf $\mathbb{N}$ heißt divergent gegen plus bzw. minus unendlich, in Zeichen $\lim_{n\to\infty} a_n = \pm\infty$, wenn es zu jeder Zahl M ein $N \in \mathbb{N}$ gibt, so daß $M < a_n$ bzw. $a_n < M$ für alle $n > N$.

Jede monotone und beschränkte Folge hat einen Grenzwert. Sind die Folgen (a_n) und (b_n) konvergent, und gibt es ein $N \in \mathbb{N}$, so daß $a_n \leqq b_n$ für alle $n > N$, dann ist $\lim_{n\to\infty} a_n \leqq \lim_{n\to\infty} b_n$.

Aus $\lim_{n\to\infty} a_n = a$ und $\lim_{n\to\infty} b_n = b$ folgen $\lim|a_n| = |a|$, $\lim(ca_n) = ca$ für jedes $c \in \mathbb{R}$,

$$\lim(a_n \pm b_n) = a \pm b, \quad \lim(a_n b_n) = ab,$$
$$\lim a_n/b_n = a/b, \quad b_n, b \neq 0.$$

Reihen

Ist (a_n) eine unendliche reelle Zahlenfolge auf $\mathbb{N}$, dann ist mit der Folge der Partialsummen

$$s_n = a_1 + a_2 + \ldots + a_n = \sum_{k=1}^{n} a_k \quad (n \in \mathbb{N})$$

eine unendliche reelle Zahlenfolge (s_n) auf $\mathbb{N}$ erklärt, die unendliche reelle Zahlenreihe heißt

$$\sum_{k=1}^{\infty} a_k = a_1 + a_2 + \ldots + a_n + \ldots$$

Konvergiert die Folge (s_n) gegen den Grenzwert s, so heißt die Reihe konvergent und s ist ihre Summe

$$s = \sum_{k=1}^{\infty} a_k = \lim_{n\to\infty} \sum_{k=1}^{n} a_k = \lim_{n\to\infty} s_n.$$

Eine Reihe, die nicht konvergiert, heißt divergent.

Beispiel: Die unendliche geometrische Reihe. Ihre n-te Partialsumme lautet $s_n = \sum_{k=1}^{n} aq^{k-1} = a\dfrac{1-q^n}{1-q}$, $q \neq 1$. Wegen $\lim_{n\to\infty} q^n = 0$ für $|q| < 1$, ist $\lim s_n = a/(1-q)$, und damit ergibt sich

$$s = \sum_{n=1}^{\infty} aq^{n-1} = a/(1-q) \quad \text{für } |q| < 1.$$

Für $|q| \geqq 1$ ist die geometrische Reihe divergent.

Die Reihe $\sum\limits_{n=1}^{\infty} \dfrac{1}{n(n+1)}$. Wegen $\dfrac{1}{k(k+1)} = \dfrac{1}{k} - \dfrac{1}{k+1}$ lautet die n-te Partialsumme $s_n = \sum\limits_{k=1}^{n} \dfrac{1}{k(k+1)} = \left(1 - \dfrac{1}{2}\right) + \left(\dfrac{1}{2} - \dfrac{1}{3}\right) + \ldots + \left(\dfrac{1}{n} - \dfrac{1}{n+1}\right) = 1 - \dfrac{1}{n+1}$ und damit

$$s = \sum_{k=1}^{\infty} \frac{1}{k(k+1)} = \lim_{n\to\infty}\left(1 - \frac{1}{n+1}\right) = 1.$$

Eine notwendige Bedingung für die Konvergenz einer Reihe ist $\lim_{n\to\infty} a_n = 0$. Für konvergente Reihen mit $\sum_{1}^{\infty} a_n = A$ und $\sum_{1}^{\infty} b_n = B$ gilt: $\sum_{1}^{\infty} ca_n = c\sum_{1}^{\infty} a_n = cA$;

$$\sum_{1}^{\infty}(a_n \pm b_n) = \sum_{1}^{\infty} a_n \pm \sum_{1}^{\infty} b_n = A \pm B.$$

Konvergenzkriterium von Leibniz. Ist die Folge (a_n) auf $\mathbb{N}$ mit $a_n > 0$ eine monotone Nullfolge, dann ist die alternierende Reihe $\sum_{1}^{\infty}(-1)^n a_n$ konvergent.

Beispiel: Die Reihe $\sum_{1}^{\infty}(-1)^{n+1}(1/n)$ ist konvergent, weil die Folge $(1/n)$ auf $\mathbb{N}$ eine monotone Nullfolge ist. Es gilt $\sum_{1}^{\infty}(-1)^{n+1}(1/n) =$

Eine Reihe $\sum_{1}^{\infty} a_n$ heißt absolut konvergent, wenn die Reihe $\sum_{1}^{\infty} |a_n|$ konvergent ist. Jede absolut konvergente Reihe $\sum_{1}^{\infty} a_n$ ist konvergent, und es gilt

$$\left| \sum_{1}^{\infty} a_n \right| \leqq \sum_{1}^{\infty} |a_n|.$$

Eine Reihe $\sum_{1}^{\infty} c_n$ mit $c_n \geqq 0$ für alle $n \in \mathbb{N}$ heißt bezüglich $\sum_{1}^{\infty} a_n$

– (konvergente) Majorante, wenn es einen Index $N \in \mathbb{N}$ gibt, so daß $|a_n| \leqq c_n$ für alle $n \geqq N$, und wenn sie konvergiert;

– (divergente) Minorante, wenn es einen Index $N \in \mathbb{N}$ gibt, so daß $|a_n| \geqq c_n$ für alle $n \geqq N$, und wenn sie divergiert.

Majoranten- und Minorantenkriterium. Besitzt eine Reihe eine (konvergente) Majorante, dann ist sie absolut konvergent. Besitzt sie eine (divergente) Minorante, dann ist sie nicht absolut konvergent. Demnach sind Reihen mit nichtnegativen Gliedern, die eine (divergente) Minorante besitzen, divergent.

Die verallgemeinerte harmonische Reihe $\sum_{1}^{\infty} 1/n^\alpha$ ist für $\alpha > 1$ konvergent und für $\alpha \leqq 1$ divergent.

Beispiel: Die Reihe $\sum_{1}^{\infty} 1/\sqrt{n(n+1)}$ ist divergent, da wegen $1/\sqrt{n(n+1)} > 1/(n+1)$ die Reihe $\sum_{1}^{\infty} 1/(n+1)$ eine (divergente) Minorante ist.

Wurzel- und Quotientenkriterium. Existieren die Grenzwerte $\lim_{n\to\infty} \sqrt[n]{|a_n|}$ bzw. $\lim_{n\to\infty} \left|\dfrac{a_{n+1}}{a_n}\right|$, dann ist die Reihe $\sum_{1}^{\infty} a_n$

für $\lim_{n\to\infty} \sqrt[n]{|a_n|} < 1$ bzw. $\lim_{n\to\infty} \left|\dfrac{a_{n+1}}{a_n}\right| < 1$ konvergent und

für $\lim_{n\to\infty} \sqrt[n]{|a_n|} > 1$ bzw. $\lim_{n\to\infty} \left|\dfrac{a_{n+1}}{a_n}\right| > 1$ divergent.

Existieren die Grenzwerte nicht oder sind sie gleich 1, dann sind die Kriterien auf die Reihe nicht anwendbar.

2.2 Komplexe Zahlen. Complex numbers

2.2.1 Komplexe Zahlen und ihre geometrische Darstellung
Complex numbers and the Argand diagram

Die Menge $\mathbb{C}$ der komplexen Zahlen ist eine Erweiterung der Menge $\mathbb{R}$ der reellen Zahlen. Die komplexen Zahlen sind als geordnete Paare von reellen Zahlen definiert:

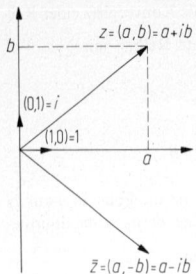

Bild 4. Gaußsche Zahlenebene

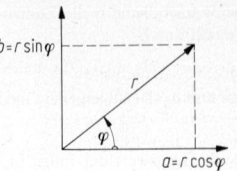

Bild 5. Polarkoordinaten

$z = (a,b)$, wobei $a = \mathrm{Re}(z) \in \mathbb{R}$ der Realteil von z und $b = \mathrm{Im}(z) \in \mathbb{R}$ der Imaginärteil von z heißt. Sie können daher in einem ebenen Koordinatensystem (**Bild 4**) als Punkte der Gaußschen oder komplexen Zahlenebene oder als Zeiger dargestellt werden.

Die Gleichheit zweier komplexer Zahlen ist erklärt durch: $(a_1,b_1) = (a_2,b_2)$ genau dann, wenn $a_1 = a_2$ und $b_1 = b_2$. Ist $z = (a,b)$, dann heißt $\bar{z} = (a,-b)$ konjugiert zu z.

2.2.2 Addition und Multiplikation
Addition and multiplication

Addition:
$$z_1 + z_2 = (a_1,b_1) + (a_2,b_2)$$
$$= (a_1 + a_2, b_1 + b_2),$$

Multiplikation:
$$z_1 \cdot z_2 = (a_1,b_1)(a_2,b_2)$$
$$= (a_1 a_2 - b_1 b_2, a_1 b_2 + b_1 a_2).$$

Wegen $(a,b) = (a,0) + (0,b) = (a,0) + (b,0)(0,1)$ gilt mit $(a,0) = a$ und $(0,1) = \mathrm{i}$

$$z = (a,b) = a + b\,\mathrm{i}, \quad \text{wobei } \mathrm{i}^2 = \mathrm{i} \cdot \mathrm{i} = -1.$$

Rechenregeln

Addition:
$$(a_1 + b_1\mathrm{i}) + (a_2 + b_2\mathrm{i})$$
$$= (a_1 + a_2) + (b_1 + b_2)\,\mathrm{i},$$

Subtraktion:
$$(a_1 + b_1\mathrm{i}) - (a_2 + b_2\mathrm{i})$$
$$= (a_1 - a_2) + (b_1 - b_2)\,\mathrm{i},$$

Multiplikation:
$$(a_1 + b_1\mathrm{i})(a_2 + b_2\mathrm{i})$$
$$= (a_1 a_2 - b_1 b_2) + (a_1 b_2 + b_1 a_2)\,\mathrm{i},$$

Division:
$$\frac{a_1 + b_1\mathrm{i}}{a_2 + b_2\mathrm{i}} = \frac{(a_1 + b_1\mathrm{i})(a_2 - b_2\mathrm{i})}{(a_2 + b_2\,\mathrm{i})(a_2 - b_2\mathrm{i})}$$
$$= \frac{(a_1 a_2 + b_1 b_2) + (b_1 a_2 - a_1 b_2)\,\mathrm{i}}{a_2^2 + b_2^2}$$
$$= \frac{a_1 a_2 + b_1 b_2}{a_2^2 + b_2^2} + \frac{b_1 a_2 - a_1 b_2}{a_2^2 + b_2^2}\,\mathrm{i}$$
$$a_2^2 + b_2^2 > 0$$

Konjugiert komplexe Zahl zu $z = a + b\,\mathrm{i}$ ist $\bar{z} = a - b\,\mathrm{i}$. Es gilt

$$\overline{(\bar{z})} = z, \ \overline{z_1 \pm z_2} = \bar{z}_1 \pm \bar{z}_2, \ \overline{z_1 z_2} = \bar{z}_1\, \bar{z}_2, \ \overline{z_1/z_2} = \bar{z}_1/\bar{z}_2.$$

2.2.3 Darstellung in Polarkoordinaten.
Absoluter Betrag. Representation in polar coordinates, absolute value (modulus)

Mit $a = r\cos\varphi$ und $b = r\sin\varphi$ ist $z = a + b\,\mathrm{i} = r(\cos\varphi + \mathrm{i}\sin\varphi)$. Geometrisch (**Bild 5**) bedeutet r die Länge des Zeigers z und φ den Winkel zwischen dem Zeiger z und dem positiven Teil der reellen Achse. $r = |z|$ heißt absoluter Betrag oder Modul und $\varphi = \mathrm{Arg}(z)$ das Argument von z. Es gilt

$$r = |z| = \sqrt{a^2 + b^2}; \quad \cos\varphi = a/r, \quad \sin\varphi = b/r.$$

Der Winkel φ mit $-\pi < \varphi \leqq \pi$ heißt Hauptwert von $\mathrm{Arg}(z)$.

Multiplikation und Division. Mit $z_1 = r_1(\cos\varphi_1 + \mathrm{i}\sin\varphi_1)$ und $z_2 = r_2(\cos\varphi_2 + \mathrm{i}\sin\varphi_2)$ gilt

$$z_1 z_2 = r_1 r_2[\cos(\varphi_1 + \varphi_2) + \mathrm{i}\sin(\varphi_1 + \varphi_2)] \quad \text{und}$$
$$z_1/z_2 = (r_1/r_2)[\cos(\varphi_1 - \varphi_2) + \mathrm{i}\sin(\varphi_1 - \varphi_2)].$$

Für $z = r(\cos\varphi + \mathrm{i}\sin\varphi)$ lautet die konjugiert komplexe Zahl $\bar{z} = r[\cos(-\varphi) + \mathrm{i}\sin(-\varphi)] = r(\cos\varphi - \mathrm{i}\sin\varphi)$, und es gilt $z \cdot \bar{z} = r^2$ oder $r = \sqrt{z \cdot \bar{z}} = |z|$.

Moivresche Formel. Die Multiplikationsregel liefert mit

$$z = r(\cos\varphi + \mathrm{i}\sin\varphi)$$
$$z^n = r^n[\cos(n\varphi) + \mathrm{i}\sin(n\varphi)], \quad n \in \mathbb{N}.$$

Absoluter Betrag. Es ist $|z| \geqq 0$ für alle $z \in \mathbb{C}$ und $|z| = 0$ genau dann, wenn $z = 0$;

$$|z_1 z_2| = |z_1||z_2|, \quad |z_1/z_2| = |z_1|/|z_2|,$$
$$||z_1| - |z_2|| \leqq |z_1 + z_2| \leqq |z_1| + |z_2| \quad \text{(Dreiecksungleichung).}$$

2.2.4 Potenzen und Wurzeln. Powers and roots

Ist $z = r(\cos\varphi + \mathrm{i}\sin\varphi) \neq 0$ und a eine beliebige reelle Zahl, dann ist

$$z^a = [r(\cos\varphi + \mathrm{i}\sin\varphi)]^a$$
$$= r^a\{\cos[a(\varphi + 2k\pi)] + \mathrm{i}\sin[a(\varphi + 2k\pi)]\}$$

mit $k \in \mathbb{Z} = \{0, \pm1, \pm2, \pm3, \dots\}$. Für $k = 0$ ergibt sich der Hauptwert $z^a = r^a[\cos(a\varphi) + \mathrm{i}\sin(a\varphi)]$.

Für $a > 0$ wird $0^a = 0$ festgesetzt. Ist $a = n$ eine ganze Zahl, dann ist $\cos[n(\varphi + 2k\pi)] = \cos(n\varphi)$ und $\sin[n(\varphi + 2k\pi)] = \sin(n\varphi)$, so daß gilt

$$z^n = r^n[\cos(n\varphi) + \mathrm{i}\sin(n\varphi)], \quad n \in \mathbb{Z}.$$

Für $a = 1/n$ mit $n \in \mathbb{N}$ wird festgesetzt $z^{1/n} = \sqrt[n]{z}$, so daß

$$\sqrt[n]{z} = z^{1/n} = r^{1/n}\left(\cos\frac{\varphi + 2k\pi}{n} + \mathrm{i}\sin\frac{\varphi + 2k\pi}{n}\right)$$
$$= \sqrt[n]{r}\left(\cos\frac{\varphi + 2k\pi}{n} + \mathrm{i}\sin\frac{\varphi + 2k\pi}{n}\right),$$
$$k \in \{0, 1, 2, 3, \dots, n-1\}.$$

Hierbei hat $\sqrt[n]{z}$ für $r > 0$ genau n verschiedene Werte mit dem gleichen Betrag $\sqrt[n]{r}$. Sie liegen in der Gaußschen Zahlenebene in den Eckpunkten eines regelmäßigen n-Ecks.

Beispiel: Wertemenge von $\sqrt[3]{-1}$. Wegen $-1 = \cos\pi + \mathrm{i}\sin\pi$ ist

$$\sqrt[3]{-1} = 1^{1/3}(\cos\pi + \mathrm{i}\sin\pi)^{1/3} = \sqrt[3]{1}\left(\cos\frac{\pi + 2k\pi}{3} + \mathrm{i}\sin\frac{\pi + 2k\pi}{3}\right)$$

für $k \in \{0, 1, 2\}$. Somit gilt $\sqrt[3]{-1} = \left\{\frac{1}{2} + \mathrm{i}\frac{\sqrt{3}}{2}, -1, \frac{1}{2} - \mathrm{i}\frac{\sqrt{3}}{2}\right\}$.

2.3 Gleichungen. Equations

2.3.1 Algebraische Gleichungen. Algebraic equations

$a_0 z^n + a_1 z^{n-1} + a_2 z^{n-2} + \dots + a_{n-1} z + a_n = 0$ mit $n = 0, 1, 2, \dots$, wobei $a_0, a_1, a_2, \dots, a_n$ Konstante (Koeffizienten der Gleichung) und z eine Variable (Unbekannte) bedeuten, heißt für $a_0 \neq 0$ eine algebraische Gleichung n-ten Grades.

Fundamentalsatz der Algebra. Jede algebraische Gleichung n-ten Grades ($n \geq 1$) hat in der Menge der komplexen Zahlen mindestens eine Lösung oder Wurzel. Sind die Koeffizienten reell, dann ist die zu einer Lösung konjugiert komplexe Zahl ebenfalls eine Lösung.

Lösungsformeln für algebraische Gleichungen

1. Grades (lineare Gleichung) $a_0 z + a_1 = 0$: $z = -a_1/a_0$.

2. Grades (quadratische Gleichung) $a_0 z^2 + a_1 z + a_2 = 0$:

$$z = -\frac{a_1}{2a_0} \pm \sqrt{\left(\frac{a_1}{2a_0}\right)^2 - \frac{a_2}{a_0}} = \frac{-a_1 \pm \sqrt{a_1^2 - 4a_0 a_2}}{2a_0}.$$

Von der komplexen Wurzel $\sqrt{a_1^2 - 4a_0 a_2}$ ist stets der Hauptwert zu nehmen.

Für reelle Koeffizienten bestimmt die Diskriminante $\Delta = a_1^2 - 4a_0 a_2$ der quadratischen Gleichung Anzahl und Art der Lösungen, und zwar für

$\Delta > 0$ zwei reelle $(-a_1 \pm \sqrt{a_1^2 - 4a_0 a_2})/2a_0$,

$\Delta = 0$ eine reelle $-a_1/2a_0$,

$\Delta < 0$ zwei konjugiert komplexe
$(-a_1 \pm \mathrm{i}\sqrt{4a_0 a_2 - a_1^2})/2a_0$.

Beispiel: Die Gleichung $4z^2 + 4z + 5 = 0$ hat die Diskriminante $\Delta = -4$, und ihre Lösungsformel lautet

$z = -(1/2) \pm \mathrm{i}$.

3. Grades (kubische Gleichung) $a_0 z^3 + a_1 z^2 + a_2 z + a_3 = 0$: Die Koeffizienten a_0, a_1, a_2, a_3 werden als reell vorausgesetzt. Die Gleichung wird durch die Substitution $z = y - (a_1/3a_0)$ und anschließende Division durch a_0 auf die reduzierte Form

$$y^3 + py + q = 0$$

gebracht. Diese Gleichung 3. Grades hat die Lösungsformeln $y = u + v$, $y = \varepsilon u + \varepsilon^2 v$, $y = \varepsilon^2 u + \varepsilon v$, wobei

$$u = \sqrt[3]{-q/2 + \sqrt{(q/2)^2 + (p/3)^3}} \quad \text{und}$$

$$v = \sqrt[3]{-q/2 - \sqrt{(q/2)^2 + (p/3)^3}},$$

$$\varepsilon = \cos 120° + \mathrm{i}\sin 120° = -\frac{1}{2} + \frac{\sqrt{3}}{2}\mathrm{i} \quad \text{und}$$

$$\varepsilon^2 = \cos(-120°) + \mathrm{i}\sin(-120°) = -\frac{1}{2} - \frac{\sqrt{3}}{2}\mathrm{i}.$$

Von den komplexen Wurzeln ist stets der Hauptwert zu nehmen. Die Gleichung $y^3 + py + q = 0$ hat für

$(q/2)^2 + (p/3)^3 > 0$ eine reelle und zwei konjugiert komplexe Lösungen,

$(q/2)^2 + (p/3)^3 = 0$ zwei verschiedene reelle Lösungen, wobei $p \neq 0$ und $q \neq 0$,

$(q/2)^2 + (p/3)^3 < 0$ drei verschiedene reelle Lösungen.

Beispiel: Die Gleichung $z^3 + 9z^2 + 18z + 9 = 0$ geht durch die Substitution $z = y - 3$ über in

$y^3 - 9y + 9 = 0$.

Für die einzelnen Ausdrücke ergeben sich die Werte

$(q/2)^2 + (p/3)^3 = -27/4$, $\sqrt{(q/2)^2 + (p/3)^3} = 3\sqrt{3}\mathrm{i}/2$,

$-q/2 \pm \sqrt{(q/2)^2 + (p/3)^3} = \sqrt{3}^3(-\sqrt{3}/2 \pm 1/2\mathrm{i})$

$= \sqrt{3}^3[\cos(\pm 150°) + \mathrm{i}\sin(\pm 150°)]$

und damit

$u = \sqrt{3}(\cos 50° + \mathrm{i}\sin 50°)$, $v = \sqrt{3}[\cos(-50°) + \mathrm{i}\sin(-50°)]$;

$\varepsilon u = \sqrt{3}(\cos 170° + \mathrm{i}\sin 170°)$, $\varepsilon v = \sqrt{3}(\cos 70° + \mathrm{i}\sin 70°)$;

$\varepsilon^2 u = \sqrt{3}[\cos(-70°) + \mathrm{i}\sin(-70°)]$,

$\varepsilon^2 v = \sqrt{3}[\cos(-170°) + \mathrm{i}\sin(-170°)]$.

Für y ergeben sich dann $y = 2\sqrt{3}\cos 50°$, $y = 2\sqrt{3}\cos 170°$, $y = 2\sqrt{3}\cos 70°$, woraus wegen $z = y - 3$ die Formeln für die Ausgleichsgleichung folgen.

2.3.2 Polynome. Polynomials

$P_n(z) = a_0 z^n + a_1 z^{n-1} + a_2 z^{n-2} + \ldots + a_{n-1}z + a_n$ mit $a_0 \neq 0$. P_n heißt Polynom oder ganze rationale Funktion n-ten Grades. Die Konstanten $a_0, a_1, a_2, \ldots, a_n$ heißen die Koeffizienten und n der Grad des Polynoms, $n = \operatorname{Grad} P_n$. Die Koeffizienten sind hier stets reell, während für die Variable z auch komplexe Zahlen zugelassen werden. Beim Null-Polynom sind alle Koeffizienten Null. Die Werte z, die Lösungen der algebraischen Gleichung n-ten Grades $P_n(z) = 0$ sind, heißen Nullstellen des Polynoms P_n.

Zerlegung eines Polynoms in Linearfaktoren. Für eine beliebige Zahl λ läßt sich das Polynom auch darstellen durch $P_n(z) = Q_{n-1}(z)(z - \lambda) + P_n(\lambda)$. Hierbei ist $Q_{n-1}(z)$ ein Polynom $(n-1)$-ten Grades.

$$Q_{n-1}(z) = b_0 z^{n-1} + b_1 z^{n-2} + \ldots + b_{n-2}z + b_{n-1}.$$

Seine Koeffizienten $b_0, b_1, b_2, \ldots, b_{n-1}$ lassen sich durch die Koeffizienten von $P_n(z)$ und durch λ gemäß den Rekursionsformeln ausdrücken.

$$b_0 = a_0, \quad b_k = b_{k-1}\lambda + a_k, \quad \text{wobei } b_n = P_n(\lambda).$$

Sie können leicht mit Hilfe des Horner-Schemas berechnet werden (s. A 10.4.5).

Zerlegungssatz: Jedes Polynom n-ten Grades mit $n \geq 1$ läßt sich als Produkt von n Linearfaktoren und dem Faktor a_0 darstellen.

$$P_n(z) = a_0 z^n + a_1 z^{n-1} + \ldots + a_{n-1}z + a_n$$
$$= a_0(z - z_1)(z - z_2)(z - z_3)\ldots(z - z_n).$$

Das System der Zahlen $z_1, z_2, z_3, \ldots, z_n$, die nicht notwendig voneinander verschieden sind, heißt ein vollständiges System von Nullstellen des Polynoms P_n.

Beispiel: Das Polynom $P_4(z) = (1/2)z^4 - (3/2)z^3 + 2z^2 - 4$ hat die vier Nullstellen $z_1 = -1, z_2 = 2, z_3 = 1 + \mathrm{i}\sqrt{3}, z_4 = 1 - \mathrm{i}\sqrt{3}$. Seine Produktdarstellung mit Linearfaktoren lautet demnach

$$P_4(z) = (1/2)(z + 1)(z - 2)[z - (1 + \mathrm{i}\sqrt{3})][z - (1 - \mathrm{i}\sqrt{3})].$$

Aus dem Zerlegungssatz folgt: Ein Polynom n-ten Grades hat höchstens n Nullstellen. Hat es mehr, so ist es das Nullpolynom.

Identitätssatz: Zwei Polynome sind dann und nur dann identisch gleich, wenn ihre Koeffizienten gleich sind.

Vietasche Formeln (Wurzelsatz von Vieta). Bilden $z_1, z_2, z_3, \ldots, z_n$ ein vollständiges System von Nullstellen, dann gilt nach dem Zerlegungssatz

$$a_0 z^n + a_1 z^{n-1} + \ldots + a_{n-1}z + a_n$$
$$\equiv a_0(z - z_1)(z - z_2)\ldots(z - z_n).$$

Hieraus ergeben sich durch Multiplikation der Linearfaktoren und Koeffizientenvergleich

$$a_0(z_1 + z_2 + z_3 + \ldots + z_{n-1} + z_n) = -a_1,$$
$$a_0(z_1 z_2 + z_1 z_3 + \ldots + z_1 z_n + z_2 z_3 + \ldots + z_{n-1}z_n) = a_2,$$
$$\vdots$$
$$a_0(z_1 z_2 z_3 \ldots z_n) = (-1)^n a_n.$$

Insbesondere gilt für ein Polynom 3. Grades

$$P_3(z) = a_0 z^3 + a_1 z^2 + a_2 z + a_3 = a_0(z - z_1)(z - z_2)(z - z_3),$$
$$a_0(z_1 + z_2 + z_3) = a_1, \quad a_0(z_1 z_2 + z_1 z_3 + z_2 z_3) = a_2,$$
$$a_0 z_1 z_2 z_3 = -a_3.$$

Rechnen mit Polynomen. Die Summe bzw. Differenz zweier Polynome $P_n(x)$ und $Q_m(x)$ vom Grad n und m ist wieder ein Polynom, dessen Grad höchstens max(n, m) ist. Ebenso ist ihr Produkt aus

$$P_n(x) = \sum_{i=0}^{n} a_i s^{n-i} \quad \text{und} \quad Q_m(x) = \sum_{j=0}^{m} b_j x^{m-j}$$

$$P_n(x) Q_m(x) = a_0 b_0 x^{n+m}$$
$$+ (a_0 b_1 + a_1 + a_1 b_0) x^{n+m-1} + \ldots + a_n b_m$$

ein Polynom vom Grad $n + m$. Ist P_n nicht das Nullpolynom, so kann der Quotient $Q_m(x)/P_n(x)$ gebildet werden. Er bestimmt eine rationale Funktion, die für alle reellen Zahlen x mit $P_n(x) \neq 0$ definiert ist. Sie heißt für $m < n$ echt gebrochen und für $m \geqq n$ unecht gebrochen. Jede unechte gebrochene rationale Funktion läßt sich nach dem Divisionsalgorithmus für Polynome in eine Summe aus einer ganzen rationalen und einer echt gebrochenen rationalen Funktion zerlegen: $Q_m(x)/P_n(x) = R_{m-n}(x) + r(x)$, wobei die ganze rationale Funktion R_{m-n} vom Grad $m - n$ ist.

Beispiel: $Q_4(x) = 4x^4 + 2x^2 - x + 1$ und $P_2(x) = 2x^2 + 3$. Nach dem Divisionsalgorithmus

$$(4x^4 + 2x^2 - x + 1) : (2x^2 + 3) = 2x^2 - 2$$
$$\underline{4x^4 + 6x^2}$$
$$-4x^2 - x + 1$$
$$\underline{-4x^2 \qquad -6}$$
$$-x + 7$$

ergibt sich

$$\frac{Q_4(x)}{P_2(x)} = \frac{4x^2 + 2x^2 - x + 1}{2x^2 + 3} = 2x^2 - 2 + \frac{-x + 7}{2x^2 + 3}.$$

2.3.3 Transzendente Gleichungen
Transcendental equations

Sie sind nicht algebraisch, wie

$$\sin^2 x - \cos x = 0 \quad \text{oder} \quad e^{2x} - x = 0.$$

Bis auf einige einfache Sonderfälle müssen ihre Lösungen mittels Näherungsverfahren bestimmt werden. Als Definitionsmenge der Gleichungen wird eine zulässige Teilmenge der reellen Zahlen zugrunde gelegt.

Goniometrische Gleichungen. Bei ihnen tritt die Variable x im Argument von trigonometrischen Funktionen oder deren Umkehrfunktionen auf.

Beispiel: $\cos(2x) - 3 \sin x - 2 = 0$. Mit der Formel $\cos(2x) = 1 - 2\sin^2 x$ und der Substitution $z = \sin x$ ergibt sich die quadratische Gleichung für z zu $z^2 + 1{,}5z + 0{,}5 = 0$ mit der Lösungsformel $z = \sin x = -0{,}75 \pm 0{,}25$, also $\sin x = -1$ bzw. $x = -90° + n_1 \cdot 360°$ oder

$$\sin x = -0{,}5 \text{ bzw. } x = \begin{cases} -30° + n_2 \cdot 360° \\ -150° + n_3 \cdot 360° \end{cases}, \text{ d.h.}$$

$x \in \{-30° + n_1 \cdot 360°; \; -90° + n_2 \cdot 360°;$
$-150° + n_3 \cdot 360° | n_1, n_2, n_3 \in \mathbb{Z}\}$.

Exponentialgleichungen. Hier tritt die Variable x mindestens einmal im Exponenten einer Potenz auf.

Beispiel: $5^x - 2 \cdot 5^{-x} - 1 = 0$. Die Substitution $z = 5^x$ führt auf die quadratische Gleichung $z^2 - z - 2 = 0$ mit den Lösungen $z = 5^x = 2$ oder $z = 5^x = -1$. Aus der ersten Gleichung folgt $x = \log_5 2 = \dfrac{\lg 2}{\lg 5} = 0{,}4307$. Wegen $5^x > 0$ für $x \in \mathbb{R}$ hat die zweite Gleichung keine reelle Lösung.

Logarithmische Gleichungen. Die Variable x tritt hier im Argument eines Logarithmus auf.

Beispiel: $\lg(2x + 3) = \lg(x - 1) + 1$. Die Definitionsmenge der Gleichung ist durch $2x + 3 > 0$ und $x - 1 > 0$, d.h. $x > 1$, bestimmt. Aus der Gleichung folgt $\lg \dfrac{2x + 3}{x - 1} = 1$, also $(2x + 3)/(x - 1) = 10^1$ oder $x = 13/8$.

---

3 Lineare Algebra. Linear algebra

U. Jarecki, Berlin

3.1 Vektoralgebra. Vector algebra

3.1.1 Vektoren und ihre Eigenschaften
Vectors and their properties

In der Physik und Technik treten häufig Größen auf, die als Vektoren bezeichnet und in unserem Anschauungsraum als gerichtete Strecken dargestellt werden. Hierzu gehören z.B. die Kraft, die Geschwindigkeit und die Feldstärke.

Eine gerichtete Strecke $\overrightarrow{AB}$ (**Bild 1a**) ist ein geordnetes Punktepaar mit dem Anfangspunkt A und dem Endpunkt B. Ihre Länge wird mit $|\overrightarrow{AB}|$ bezeichnet. Die Zusammenfassung oder Klasse aller gerichteten Strecken, die durch eine Parallelverschiebung auseinander hervorgehen und somit die gleiche Länge und Richtung sowie den gleichen Richtungssinn haben, heißt Vektor und wird symbolisch durch a gekennzeichnet. Er wird durch einen Länge, Richtung und Richtungssinn bestimmenden Pfeil (**Bild 1b**) dargestellt.

Wird im Raum ein Punkt O, der Bezugspunkt, ausgezeichnet, dann heißen die in O abgetragenen Vektoren $\overrightarrow{OP} = a$ und $\overrightarrow{OQ} = b$ Ortsvektoren (**Bild 1c**). Jedem Punkt des Raums kann damit umkehrbar eindeutig ein Vektor zugeordnet werden. Wenn $\overrightarrow{AB} = \overrightarrow{A'B'} = a$, dann ist $|a| = |\overrightarrow{AB}| = |\overrightarrow{A'B'}|$ die Länge, der Betrag oder die Norm des Vektors. Einheitsvektoren oder normierte Vektoren

haben die Länge 1. Der Vektor mit der Länge 0 heißt Nullvektor $\mathbf{0}$. Zu jedem Vektor a gibt es genau einen Vektor, der die gleiche Länge, die gleiche Richtung und den entgegengesetzten Richtungssinn hat. Er heißt entgegengesetzter Vektor $-a$ (**Bild 1d**).

Addition und Subtraktion von Vektoren. Werden zwei Vektoren a und b so zusammengeheftet, daß der Endpunkt von a mit dem Anfangspunkt von b zusammenfällt, dann ist durch den Anfangspunkt von a und den Endpunkt von b eindeutig ein Vektor erklärt, der als Summe $a + b$ der beiden Vektoren a und b bezeichnet wird (**Bild 2a**).

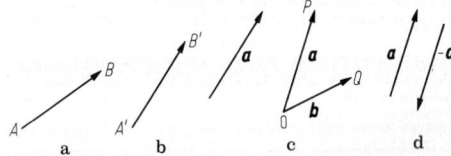

Bild 1. Vektoren. **a** gerichtete Strecke $\overrightarrow{AB}$; **b** $\overrightarrow{A'B'} = a$; **c** Ortsvektoren; **d** entgegengesetzter Vektor

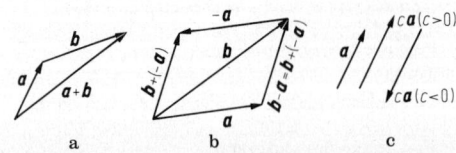

Bild 2. a Summe $a + b$; **b** Differenz $b - a = b + (-a)$; **c** Produkt ca

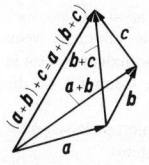
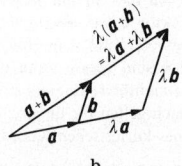

a   b

Bild 3. a Assoziativ-Gesetz; **b** Distributiv-Gesetz

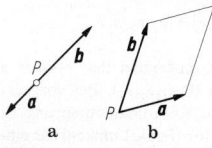
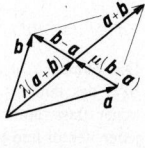

a   b

Bild 4   **Bild 5**

Bild 4. a kollineare Vektoren; **b** nichtkollineare Vektoren

Bild 5. Parallelogramm-Satz (Beispiel)

Die Differenz zweier Vektoren ist erklärt durch $b - a = b + (-a)$ (**Bild 2b**). Sie kann auch durch die gerichtete Strecke dargestellt werden, deren Anfangspunkt mit dem Endpunkt von a und deren Endpunkt mit dem Endpunkt von b zusammenfällt, wenn a und b mit ihren Anfangspunkten zusammengeheftet sind. Diese Differenzbildung heißt Subtraktion.

Multiplikation eines Vektors mit einer reellen Zahl (Bild 2c). Das Produkt eines Vektors a mit einer reellen Zahl c ist ein Vektor $ca = ac$. Seine Länge ist das $|c|$-fache von $|a|$, d.h. $|ca| = |c||a|$, und seine Richtung stimmt mit der von a überein. Der Richtungssinn von ca ist für $c > 0$ dem von a gleich und für $c < 0$ entgegengesetzt. Ist $c = 0$ oder $a = 0$, dann ist ca der Nullvektor, d.h. $0 \cdot a = c \cdot 0 = 0$. Ist $a \neq 0$, dann ist der Vektor

$$\frac{1}{|a|} a = \frac{a}{|a|} = a^0 \quad \text{wegen} \quad \left|\frac{a}{|a|}\right| = \frac{|a|}{|a|} = 1$$

ein Einheits- oder normierter Vektor.

Vektoreigenschaften. Für die Verknüpfungen „Addition zweier Vektoren" und „Multiplikation eines Vektors mit einer Zahl" gelten die Eigenschaften (**Bild 3a** und **b**)

$$a + b = b + a, \qquad\qquad 1 \cdot a = a,$$
$$a + (b + c) = (a + b) + c, \quad \alpha(\beta a) = (\alpha\beta)a,$$
$$a + 0 = a, \qquad\qquad \alpha(a + b) = \alpha a + \alpha b,$$
$$a + (-a) = 0, \qquad\qquad (\alpha + \beta)a = \alpha a + \beta a.$$

Die griechischen Buchstaben kennzeichnen hierbei die Zahlenvariablen.

Hieraus folgen alle weiteren Vektoreigenschaften wie

$$(-1) \cdot a = -a, \quad -(-a) = a, \quad -(a - b - c) = -a + b + c,$$
$$a + x = b \quad \text{genau dann, wenn} \quad x = b - a.$$

Für die Norm (Betrag, Länge) eines Vektors gilt

$|a| \geqq 0$ und $|a| = 0$ genau dann, wenn $a = 0$;

$|\alpha a| = |\alpha| |a|$;

$||a| - |b|| \leqq |a + b| \leqq |a| + |b|$ (Dreiecksungleichung).

3.1.2 Lineare Abhängigkeit und Basis
Linear dependance; base vectors

Zwei Vektoren a und b heißen linear abhängig oder kollinear (**Bild 4a**), wenn es zwei Zahlen α und β gibt, mit denen

$$\alpha a + \beta b = 0 \quad \text{und} \quad \alpha^2 + \beta^2 > 0$$

gilt. Dies bedeutet anschaulich, daß a und b die gleiche Richtung haben oder – falls sie in einem Punkt zusammengeheftet sind – auf einer Geraden liegen. Zwei nicht linear abhängige Vektoren a und b heißen linear unabhängig. Werden sie in einem Punkt P zusammengeheftet, dann spannen sie ein Parallelogramm auf (**Bild 4b**), und die Gleichung $\alpha a + \beta b = 0$ ist nur dann erfüllt, wenn $\alpha = 0$ und $\beta = 0$.

Beispiel: Beweis eines Satzes, nach dem sich die Diagonalen eines Parallelogramms gegenseitig halbieren. – Nach **Bild 5** gilt $\lambda(a + b) = a + \mu(b - a)$ oder $(\lambda + \mu - 1)a + (\lambda - \mu)b = 0$. Da a und b linear un-

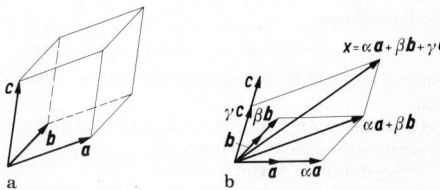

a   b

Bild 6. a nichtkomplanare Vektoren; **b** Zerlegung in Komponenten

abhängig sind, folgen $\lambda + \mu - 1 = 0$ und $\lambda - \mu = 0$ oder $\lambda = \mu = 1/2$. Die Diagonalen halbieren einander also.

Allgemein heißen n Vektoren $a_1, a_2, \ldots, a_n$ linear abhängig, wenn es n Zahlen $\alpha_1, \alpha_2, \ldots, \alpha_n$ gibt, so daß $\alpha_1 a_1 + \alpha_2 a_2 + \ldots + \alpha_n a_n = 0$ und $\alpha_1^2 + \alpha_2^2 + \ldots + \alpha_n^2 > 0$, sonst heißen sie linear unabhängig.

Drei linear abhängige Vektoren heißen komplanar. Werden sie in einem Punkt des Raumes zusammengeheftet, dann liegen sie in einer Ebene.

Im Raum (**Bild 6**) gibt es stets drei nichtkomplanare oder linear unabhängige Vektoren a, b, c, die – von einem Punkt aus abgetragen – einen Spat (Parallelepiped) aufspannen. Jeder Vektor x des Raums läßt sich dann eindeutig als Linearkombination dieser Vektoren darstellen, d.h., es gibt genau ein geordnetes Zahlentripel α, β, γ, so daß

$$x = \alpha a + \beta b + \gamma c$$

gilt. Mehr als drei Vektoren im Raum sind linear abhängig. Drei linear unabhängige Vektoren a, b, c des Raums heißen Basisvektoren, und ihre Gesamtheit wird als Basis bezeichnet. In der Darstellung des Vektors x durch die Basisvektoren a, b, c heißen α, β, γ die Koordinaten und $\alpha a, \beta b, \gamma c$ die Komponenten von x in bezug zur Basis a, b, c.

Eine Basis mit den Vektoren a, b, c ist ein Rechtssystem oder ist rechtsorientiert, wenn die Vektoren in der angegebenen Reihenfolge dem gespreizten Daumen, Zeigefinger und Mittelfinger der rechten Hand zugeordnet werden können, wie dies bei a, b und c auf **Bild 6a** der Fall ist. Andernfalls ist sie ein Linkssystem. Sind die Basisvektoren normiert (Länge 1) und orthogonal (senkrecht) zueinander, dann heißen sie bzw. ihre Basis orthonormiert.

3.1.3 Koordinatendarstellung von Vektoren
Components of a vector

In den Anwendungen werden rechtsorientierte und orthonormierte Basen bevorzugt, deren Basisvektoren gewöhnlich mit i, j, k oder e_1, e_2, e_3 bezeichnet werden. Ein räumliches kartesisches Koordinaten-System $(0; e_1, e_2, e_3)$ ist durch eine solche Basis und den Anfangspunkt O festgelegt (**Bild 7a**). Die Endpunkte E_1, E_2, E_3 der Ortsvektoren $\overrightarrow{OE_1} = e_1$, $\overrightarrow{OE_2} = e_2$, $\overrightarrow{OE_3} = e_3$ heißen Einheits-Punkte auf den Koordinatenachsen.

Jeder Vektor a bzw. jeder Ortsvektor $\overrightarrow{OP} = a$ mit dem Endpunkt P (**Bild 7a**) läßt sich eindeutig als Linearkombination der Basisvektoren darstellen.

$$a = a_1 e_1 + a_2 e_2 + a_3 e_3 = \sum_{i=1}^{3} a_i e_i = (a_1, a_2, a_3).$$

Die Zahlen a_1, a_2, a_3 heißen Koordinaten des Vektors a bzw. des Punktes P bezüglich $(0; e_1, e_2, e_3)$. Bei vorgegebener Basis und vorgegebenem Koordinatenursprung ist jeder Vektor und jeder Ortsvektor (Punkt) umkehrbar eindeutig durch ein geordnetes Zahlentripel, das gewöhnlich als Spalte bzw. Zeile geschrieben und als Spalten- oder Zeilenvektor bezeichnet wird, darstellbar. Letztere werden hier wegen der Platzersparnis bevorzugt.

Der Nullvektor $\mathbf{0}$ und die Basisvektoren e_1, e_2, e_3 haben die Darstellungen

$$\mathbf{0} = (0,0,0); \quad e_1 = (1,0,0); \quad e_2 = (0,1,0); \quad e_3 = (0,0,1).$$

Für das Rechnen mit Zeilenvektoren gelten die Definitionen
– Gleichheit zweier Vektoren: $(a_1, a_2, a_3) = (b_1, b_2, b_3)$ genau dann, wenn $a_i = b_i$ $(i = 1, 2, 3)$;
– entgegengesetzter Vektor:
$$-(a_1, a_2, a_3) = (-a_1, -a_2, -a_3);$$
– Summe zweier Vektoren:
$$(a_1, a_2, a_3) + (b_1, b_2, b_3) = (a_1 + b_1, a_2 + b_2, a_3 + b_3);$$
– Produkt eines Vektors mit einer Zahl:
$$\lambda(a_1, a_2, a_3) = (\lambda a_1, \lambda a_2, \lambda a_3).$$

Bei einer orthonormierten Basis hat nach dem pythagoreischen Lehrsatz der Vektor $a = a_1 e_1 + a_2 e_2 + a_3 e_3$ die Länge $|a| = \sqrt{a_1^2 + a_2^2 + a_3^2}$.

3.1.4 Inneres oder skalares Produkt
Inner, dot, or scalar product

Das innere Produkt $a \cdot b = ab = (a, b)$ zweier Vektoren a und b ist eine Zahl, die für $a = 0$ oder $b = 0$ Null ist oder die, falls keiner der Vektoren der Nullvektor ist, definiert ist durch

$$a \cdot b = |a||b| \cos\varphi \quad \text{und} \quad 0 \leq \varphi \leq \pi,$$

wobei φ der von a und b eingeschlossene Winkel ist, wenn beide Vektoren in einem Punkt zusammengeheftet sind (**Bild 7b**). $|b| \cos\varphi$ heißt die Projektion von b auf a. Eigenschaften des inneren Produkts sind:

Kommutativität $\qquad a \cdot b = b \cdot a$,
Assoziativität bezüglich der $\quad (\alpha a) \cdot b = \alpha(a \cdot b)$,
Multiplikation mit einer Zahl
Distributivität $\qquad a \cdot (b + c) = a \cdot b + a \cdot c$.

Die Distributivität folgt aus dem Projektionssatz (**Bild 7c**), wonach die Projektion der Summe $b + c$ auf a gleich der Summe aus der Projektion von b auf a und der von c auf a ist.

Für $b = a$ $(\varphi = 0)$ gilt $a \cdot a = a^2$ oder $|a| = \sqrt{a \cdot a} = \sqrt{a^2}$. Ein Vektor e hat also genau dann die Länge 1, wenn $e \cdot e = e^2 = 1$. Zwei vom Nullvektor verschiedene Vektoren a und b sind genau dann orthogonal, wenn für sie die *Orthogonalitätsbedingung* $a \cdot b = 0$ gilt.

Demnach gelten für die drei orthonormierten Basisvektoren eines kartesischen Koordinaten-Systems

$$e_1 \cdot e_1 = e_2 \cdot e_2 = e_3 \cdot e_3 = 1 \text{ und } e_1 \cdot e_2 = e_2 \cdot e_3 = e_3 \cdot e_1 = 0$$

oder kürzer mit dem Kronecker-Symbol δ_{ij}

$$e_i \cdot e_j = \delta_{ij} = \begin{cases} 1 & \text{für } i = j \\ 0 & \text{für } i \neq j \end{cases} \quad (i, j = 1, 2, 3).$$

Für $a = (a_1, a_2, a_3)$ und $b = (b_1, b_2, b_3)$ gilt dann

$$a \cdot b = |a||b| \cos\varphi = a_1 b_1 + a_2 b_2 + a_3 b_3.$$

Für den Betrag von a und für den von b eingeschlossenen Winkel φ folgen hieraus

$$|a| = \sqrt{a^2} = \sqrt{a_1^2 + a_2^2 + a_3^2} \quad \text{und}$$
$$\cos\varphi = \frac{a \cdot b}{|a||b|} = \frac{a_1 b_1 + a_2 b_2 + a_3 b_3}{\sqrt{a_1^2 + a_2^2 + a_3^2}\sqrt{b_1^2 + b_2^2 + b_3^2}}.$$

Die Richtungskosinusse eines Vektors a, der mit dem Basisvektor e_i den Winkel α_i einschließt, sind

$$\cos\alpha_i = \frac{a \cdot e_i}{|a|} = \frac{a}{|a|} \cdot e_i = a^0 \cdot e_i = \frac{a_i}{\sqrt{a_1^2 + a_2^2 + a_3^2}} \quad (i = 1, 2, 3).$$

3.1.5 Äußeres oder vektorielles Produkt
Cross or vector product

Das äußere Produkt $a \times b$ zweier Vektoren a und b (**Bild 8**) ist ein Vektor, für den Länge, Richtung und Richtungssinn wie folgt erklärt sind:

$$|a \times b| = |a||b| \sin\varphi \quad (0 \leq \varphi \leq \pi),$$

das ist der Inhalt der von a und b aufgespannten Parallelogrammfläche, $a \times b$ steht senkrecht auf a und b; die Vektoren $a, b, a \times b$ bilden in dieser Reihenfolge ein Rechtssystem.

Aus dieser Definition ergeben sich die Eigenschaften des äußeren Produkts:

Antikommutativität $\qquad a \times b = -(b \times a)$,
Assoziativität bezüglich der $\quad \lambda(a \times b) = (\lambda a) \times b$,
Multiplikation mit einer Zahl
Distributivität $\qquad a \times (b + c) = a \times b + a \times c$.

Zwei Vektoren $a \neq 0$ und $b \neq 0$ sind genau dann linear abhängig oder kollinear, wenn $a \times b = 0$. Für die rechtsorientierten und orthonormierten Basisvektoren e_1, e_2, e_3 gelten:

$$e_1 \times e_2 = e_3, \quad e_3 \times e_1 = e_2, \quad e_2 \times e_3 = e_1.$$

Mit $a = a_1 e_1 + a_2 e_2 + a_3 e_3$ und $b = b_1 e_1 + b_2 e_2 + b_3 e_3$ wird dann

$$\begin{aligned}
a \times b &= (a_2 b_3 - a_3 b_2) e_1 + (a_3 b_1 - a_1 b_3) e_2 \\
&\quad + (a_1 b_2 - a_2 b_1) e_3 \\
&= \begin{vmatrix} a_2 & a_3 \\ b_2 & b_3 \end{vmatrix} e_1 + \begin{vmatrix} a_3 & a_1 \\ b_3 & b_1 \end{vmatrix} e_2 + \begin{vmatrix} a_1 & a_2 \\ b_1 & b_2 \end{vmatrix} e_3 \\
&= \begin{vmatrix} e_1 & e_2 & e_3 \\ a_1 & a_2 & a_3 \\ b_1 & b_2 & b_3 \end{vmatrix}.
\end{aligned}$$

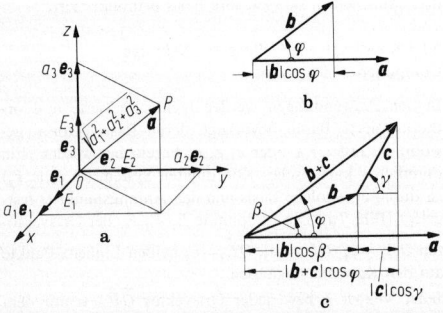

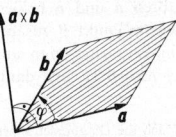 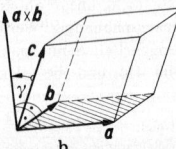

Bild 7. a kartesisches Koordinatensystem; **b** skalares Produkt; **c** Projektionssatz

Bild 8. a äußeres Produkt $a \times b$; **b** Spatprodukt (a, b, c)

3.1.6 Spatprodukt. Triple scalar product

Das Spatprodukt (a,b,c) dreier Vektoren a,b,c ist definiert durch

$$(a,b,c) = (a \times b)c.$$

Es stellt geometrisch das (orientierte) Volumen V eines Spates oder Parallelepipeds dar, das von den drei Vektoren a,b,c aufgespannt wird (**Bild 8**). Es ist

$$V = |a \times b||c| \cos\gamma = (a \times b)c = (a,b,c).$$

Die möglichen sechs Produkte der Vektoren a,b,c unterscheiden sich höchstens im Vorzeichen. Sind die Vektoren des Produkts (a,b,c) in der Reihenfolge des Produkts rechtsorientiert (**Bild 8b**), also $\cos\gamma > 0$, dann ist $(a,b,c) > 0$, anderenfalls ($\cos\gamma < 0$) ist $(a,b,c) < 0$. Für komplanare Vektoren a,b,c ist $\cos\gamma = 0$, und es gilt: Drei Vektoren a,b,c sind genau dann linear abhängig oder komplanar, wenn $(a,b,c) = 0$.

Eigenschaften des Spatprodukts:

$$(a,b,c) = (c,a,b) = (b,c,a)$$
$$= -(b,a,c) = -(c,b,a) = -(a,c,b),$$
$$(\lambda a,b,c) = \lambda(a,b,c),$$
$$(a+b,c,d) = (a,c,d) + (b,c,d).$$

Für die rechtsorientierten und orthonormierten Basisvektoren gilt $(e_1,e_2,e_3) = 1$.

Für $a = (a_1,a_2,a_3)$, $b = (b_1,b_2,b_3)$, $c = (c_1,c_2,c_3)$ gilt

$$(a,b,c) = \begin{vmatrix} a_1 & a_2 & a_3 \\ b_1 & b_2 & b_3 \\ c_1 & c_2 & c_3 \end{vmatrix}.$$

3.1.7 Entwicklungssatz und mehrfache Produkte
Triple vector product, multiple products

Der Vektor $a \times (b \times c)$ steht senkrecht (orthogonal) auf a und $b \times c$, er ist somit komplanar mit den Vektoren b und c. Nach dem Entwicklungssatz gilt

$$a \times (b \times c) = (a \cdot c)b - (a \cdot b)c.$$

Hiermit ist es möglich, mehrfache Produkte auf einfache zurückzuführen, z.B.

$$(a \times b) \times (c \times d) = (a,c,d)b - (b,c,d)a$$
$$= (a,b,d)c - (a,b,c)d.$$

Hieraus folgt weiter die Identität für vier Vektoren a,b,c,d.

$$(a,b,c)d - (a,b,d)c + (a,c,d)b - (b,c,d)a = 0.$$

Ist $(a,b,c) \neq 0$, sind also a,b,c nicht komplanar, so gilt für jeden Vektor d die Darstellung

$$d = \frac{(d,b,c)}{(a,b,c)}a + \frac{(a,d,c)}{(a,b,c)}b + \frac{(a,b,d)}{(a,b,c)}c.$$

Es gelten ferner die Identitäten

$$(a \times b)(c \times d) = (a \cdot c)(b \cdot d) - (a \cdot d)(b \cdot c) \quad \text{(Laplace)},$$
$$(a \times b)^2 = a^2 b^2 - (ab)^2 \quad \text{(Lagrange)}.$$

3.2 Der reelle n-dimensionale Vektorraum $\mathbb{R}^n$
The real n-dimensional vector-space $\mathbb{R}^n$

Zugrunde gelegt wird die Menge $\mathbb{R} \times \mathbb{R} \times \ldots \times \mathbb{R} = \mathbb{R}^n$, d.h. die Menge aller geordneten n-Tupel reeller Zahlen. Die n-Tupel werden als Spalten geschrieben und kurz dargestellt durch

$$a = \begin{pmatrix} a_1 \\ a_2 \\ \vdots \\ a_n \end{pmatrix} \quad \text{mit } a_i \in \mathbb{R} \ (i = 1,2,\ldots,n) \quad \text{und} \quad a \in \mathbb{R}^n.$$

Die reellen Zahlen a_i ($i = 1,2,\ldots,n$) heißen Koordinaten von a. Zwei Elemente $a \in \mathbb{R}^n$ und $b \in \mathbb{R}^n$ heißen gleich, $a = b$, wenn ihre Koordinaten gleich sind; Addition und Multiplikation mit einer reellen Zahl sind in der Menge $\mathbb{R}^n$ definiert durch

$$a + b = \begin{pmatrix} a_1 \\ a_2 \\ \vdots \\ a_n \end{pmatrix} + \begin{pmatrix} b_1 \\ b_2 \\ \vdots \\ b_n \end{pmatrix} = \begin{pmatrix} a_1 + b_1 \\ a_2 + b_2 \\ \vdots \\ a_n + b_n \end{pmatrix} \in \mathbb{R}^n,$$

$$\lambda a = \lambda \begin{pmatrix} a_1 \\ a_2 \\ \vdots \\ a_n \end{pmatrix} = \begin{pmatrix} \lambda a_1 \\ \lambda a_2 \\ \vdots \\ \lambda a_n \end{pmatrix} \in \mathbb{R}^n.$$

Die Menge $\mathbb{R}^n$ heißt n-dimensionaler Vektorraum und ihre Elemente Vektoren. Es gilt

$$a + b = b + a, \quad a + (b + c) = (a + b) + c,$$
$$1 \cdot a = a, \quad \lambda(\mu a) = (\lambda\mu)a,$$
$$\lambda(a + b) = \lambda a + \lambda b, \quad (\lambda + \mu)a = \lambda a + \mu a.$$

Zu jedem $a \in \mathbb{R}^n$ und zu jedem $b \in \mathbb{R}^n$ gibt es genau ein $x \in \mathbb{R}^n$, so daß $a + x = b$ gilt. Dieser Vektor x, der zu a addiert b ergibt, wird durch $x = b - a$ gekennzeichnet und heißt Differenz von b und a.

Nullvektor und entgegengesetzte Vektoren sind

$$0 = \begin{pmatrix} 0 \\ 0 \\ \vdots \\ 0 \end{pmatrix} \quad \text{und} \quad a = \begin{pmatrix} a_1 \\ a_2 \\ \vdots \\ a_n \end{pmatrix}, \quad -a = \begin{pmatrix} -a_1 \\ -a_2 \\ \vdots \\ -a_n \end{pmatrix}.$$

Es gilt $a + 0 = a$, $a + (-a) = 0$, $b + (-a) = b - a$.

Bei Koordinateneinheitsvektoren ist eine Koordinate 1, und alle übrigen sind 0, also

$$e_1 = \begin{pmatrix} 1 \\ 0 \\ 0 \\ \vdots \\ \vdots \\ 0 \end{pmatrix}, \quad e_2 = \begin{pmatrix} 0 \\ 1 \\ 0 \\ \vdots \\ \vdots \\ 0 \end{pmatrix}, \ldots, e_n = \begin{pmatrix} 0 \\ \vdots \\ \vdots \\ 0 \\ 0 \\ 1 \end{pmatrix}.$$

Sind $a_1, a_2, \ldots, a_m$ m Vektoren und $\lambda_1, \lambda_2, \ldots, \lambda_m$ m reelle Zahlen, dann heißt die Summe $\lambda_1 a_1 + \lambda_2 a_2 + \ldots + \lambda_m a_m$ eine Linearkombination der Vektoren $a_1, a_2, \ldots, a_m$. Die Vektoren $a_1, a_2, \ldots, a_m$ heißen linear abhängig, wenn es Zahlen $\alpha_1, \alpha_2, \ldots, \alpha_m$ gibt, so daß

$$\alpha_1 a_1 + \alpha_2 a_2 + \ldots + \alpha_m a_m = 0 \quad \text{und} \quad \alpha_1^2 + \alpha_2^2 + \ldots + \alpha_m^2 > 0$$

gilt. Anderenfalls heißen sie linear unabhängig.

Beispiel: Die drei Vektoren des $\mathbb{R}^3$

$$a_1 = \begin{pmatrix} -3 \\ 1 \\ -1 \end{pmatrix}, \quad a_2 = \begin{pmatrix} 2 \\ -1 \\ 1 \end{pmatrix}, \quad a_3 = \begin{pmatrix} 0 \\ -1 \\ 1 \end{pmatrix}$$

sind linear abhängig, denn es gilt $2a_1 + 3a_2 + (-1)a_3 = 0$ und $2^2 + 3^2 + (-1)^2 > 0$.

3.2.1 Der reelle Euklidische Raum
The real Euclidean space

Skalares oder inneres Produkt. Für zwei Vektoren a und b ist es erklärt durch

$$a \cdot b = ab = a_1 b_1 + a_2 b_2 + \ldots + a_n b_n = \sum_{i=1}^{n} a_i b_i \in \mathbb{R}.$$

Es hat die Eigenschaften $ab = ba$, $(\lambda a)b = \lambda(ab)$, $a(b + c) = ab + ac$. Der Vektorraum $\mathbb{R}^n$ mit diesem Skalarprodukt heißt reeller Euklidischer Raum. Zwei Vektoren a,b heißen orthogonal, wenn $ab = 0$ ist.

Norm oder absoluter Betrag von a heißt die reelle Zahl

$$\|a\| = \sqrt{a \cdot a} = \sqrt{a_1^2 + a_2^2 + \ldots + a_n^2} = \sqrt{\sum_{i=1}^{n} a_i^2}.$$

Eigenschaften der Norm:

$\|a\| \geq 0$ und $\|a\| = 0$ genau dann, wenn $a = 0$;

$\|\lambda a\| = |\lambda| \|a\|$ $(\lambda \in \mathbb{R})$;

$\|\,\|b\| - \|a\|\,\| \leq \|a + b\| \leq \|a\| + \|b\|$

(Dreiecksungleichung).

Für beliebige Vektoren $a, b \in \mathbb{R}^n$ gilt die *Ungleichung von Cauchy-Schwarz:* $|ab| \leq \|a\| \|b\|$.

Normierte Vektoren. Sie haben die Norm 1. Orthonormierte Vektoren sind normiert und orthogonal. Die Koordinateneinheitsvektoren e_i sind orthonormiert, und es gilt

$$e_i e_j = \delta_{ij} = \begin{cases} 1 & \text{für } i = j, \\ 0 & \text{für } i \neq j. \end{cases}$$

3.2.2 Determinanten. Determinants

Sind $a_1 = \begin{pmatrix} a_{11} \\ a_{21} \\ a_{31} \\ \vdots \\ a_{n1} \end{pmatrix}$, $a_2 = \begin{pmatrix} a_{12} \\ a_{22} \\ a_{32} \\ \vdots \\ a_{n2} \end{pmatrix}$, ..., $a_n = \begin{pmatrix} a_{1n} \\ a_{2n} \\ a_{3n} \\ \vdots \\ a_{nn} \end{pmatrix}$ n Vektoren

des $\mathbb{R}^n$, so ordnet die Determinante n-ter Ordnung

$$\text{Det}(a_1, a_2, \ldots, a_n) = \begin{vmatrix} a_{11} & a_{12} & a_{13} \ldots a_{1n} \\ a_{21} & a_{22} & a_{23} \ldots a_{2n} \\ a_{31} & a_{32} & a_{33} \ldots a_{3n} \\ \vdots & \vdots & \vdots \quad \vdots \\ a_{n1} & a_{n2} & a_{n3} \ldots a_{nn} \end{vmatrix} = |a_{ij}|_n$$

den n Vektoren $a_1, a_2, \ldots, a_n$ genau eine reelle Zahl zu, wobei die folgenden Eigenschaften gelten:

1. $\text{Det}(a_1, \ldots, \lambda a_k, \ldots, a_n) = \lambda \text{Det}(a_1, \ldots, a_k, \ldots, a_n)$,
2. $\text{Det}(a_1, \ldots, a_{k-1}, b + c, a_{k+1}, \ldots, a_n)$
   $= \text{Det}(a_1, \ldots, a_{k-1}, b, a_{k+1}, \ldots, a_n)$
   $+ \text{Det}(a_1, \ldots, a_{k-1}, c, a_{k+1}, \ldots, a_n)$,
3. $\text{Det}(\ldots, a_{i-1}, a_i, a_{i+1}, \ldots, a_{j-1}, a_j, a_{j+1}, \ldots)$
   $= -\text{Det}(\ldots, a_{i-1}, a_j, a_{i+1}, \ldots, a_{j-1}, a_i, a_{j+1}, \ldots)$ und
4. $\text{Det}(e_1, e_2, \ldots, e_n) = 1$.

Hiermit ist eine Determinante n-ter Ordnung eindeutig bestimmt. Ihre wichtigsten Eigenschaften sind:

– Haben die Elemente einer Spalte einen gemeinsamen Faktor, so darf er vor das Determinantenzeichen gezogen werden (Homogenität).

– Besteht eine Spalte aus der Koordinatensumme zweier Vektoren, so läßt sich die Determinante in eine Summe aus zwei Determinanten zerlegen, von denen jede an Stelle der Koordinatensumme jeweils die Koordinaten eines Vektors enthält (Additivität).

– Beim Tausch zweier Spalten kehrt sich das Vorzeichen der Determinante um (Antisymmetrie).

– Die Determinante aus den Koordinateneinheitsvektoren ist 1.

– Sind zwei Spalten gleich, dann ist die Determinante 0.

– Sind alle Elemente einer Spalte 0, so ist die Determinante 0.

– Wird zu einer Spalte ein Vielfaches einer anderen Spalte addiert, so ändert sich der Wert der Determinante nicht.

– Werden alle Spalten mit den entsprechenden Zeilen vertauscht, so ändert sich der Wert der Determinante nicht.

Wegen der letzten Eigenschaft können alle für die Spalten gültigen Regeln auf die Zeilen übertragen werden. Dem Tausch der Spalten mit den Zeilen entspricht ein Spiegeln (Stürzen) der Elemente an der Hauptdiagonale.

Determinantenberechnung

Determinante 2. Ordnung. Mit $a_1 = \begin{pmatrix} a_{11} \\ a_{21} \end{pmatrix} = a_{11} e_1 + a_{21} e_2$

und $a_2 = \begin{pmatrix} a_{12} \\ a_{22} \end{pmatrix} = a_{12} e_1 + a_{22} e_2$ ergibt sich

$$\begin{aligned}
&\text{Det}(a_1, a_2) \\
&= \text{Det}(a_{11} e_1 + a_{21} e_2, a_2) \\
&= a_{11} \text{Det}(e_1, a_{12} e_1 + a_{22} e_2) \\
&\quad + a_{21} \text{Det}(e_2, a_{12} e_1 + a_{22} e_2) \\
&= a_{11} a_{12} \text{Det}(e_1, e_1) + a_{11} a_{22} \text{Det}(e_1, e_2) \\
&\quad + a_{21} a_{12} \text{Det}(e_2, e_1) + a_{22} a_{22} \text{Det}(e_2, e_2) \\
&= (a_{11} a_{22} - a_{21} a_{12}) \text{Det}(e_1, e_2) \\
&= a_{11} a_{22} - a_{21} a_{12},
\end{aligned}$$

d.h. $\begin{vmatrix} a_{11} & a_{12} \\ a_{21} & a_{22} \end{vmatrix} = a_{11} a_{22} - a_{12} a_{21}$.

Determinante 3. Ordnung. Eine entsprechende Rechnung ergibt

$$\begin{vmatrix} a_{11} & a_{12} & a_{13} \\ a_{21} & a_{22} & a_{23} \\ a_{31} & a_{32} & a_{33} \end{vmatrix} = \begin{array}{l} a_{11} a_{22} a_{33} + a_{12} a_{23} a_{31} + a_{13} a_{21} a_{32} \\ - a_{13} a_{22} a_{31} - a_{11} a_{23} a_{32} - a_{12} a_{21} a_{33} \end{array}.$$

Eine Determinante 3. Ordnung, aber auch nur sie, kann mit Hilfe der Regel von Sarrus, die durch das folgende Schema gekennzeichnet ist, berechnet werden.

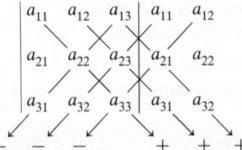

Entwicklungssatz von Laplace. Werden in der Determinante

$$D = \begin{vmatrix} a_{11} & a_{12} \ldots a_{1k} \ldots a_{1n} \\ a_{21} & a_{22} \ldots a_{2k} \ldots a_{2n} \\ \vdots & \vdots \quad \vdots \quad \vdots \\ a_{i1} & a_{i2} \ldots a_{ik} \ldots a_{in} \\ \vdots & \vdots \quad \vdots \quad \vdots \\ a_{n1} & a_{n2} \ldots a_{nk} \ldots a_{nn} \end{vmatrix} \begin{array}{l} \\ \\ \\ i \\ \\ \end{array}$$

wie angedeutet, die i-te Zeile und die k-te Spalte gestrichen, so wird die Determinante $(n-1)$-ter Ordnung aus den restlichen Elementen als Unterdeterminante D_{ik} bezeichnet. Der Ausdruck $A_{ik} = (-1)^{i+k} D_{ik}$ heißt dann adjungierte Unterdeterminante oder Adjunkte des Elements a_{ik}. Damit lautet der Entwicklungssatz

$$D = a_{1k} A_{1k} + a_{2k} A_{2k} + \ldots + a_{nk} A_{nk}, \quad k = 1, 2, 3, \ldots, n.$$

Dies wird als Entwicklung der Determinante nach den Elementen der k-ten Spalte bezeichnet.

Werden die Elemente einer Spalte mit den Adjunkten der Elemente einer anderen Spalte multipliziert, z.B. die Elemente der i-ten Spalte mit den Adjunkten der Elemente der k-ten Spalte, dann gilt für die Summe dieser Produkte

$$a_{1i} A_{1k} + a_{2i} A_{2k} + a_{3i} A_{3k} + \ldots + a_{ni} A_{nk}$$
$$= \sum_{l=1}^{n} a_{li} A_{lk} = 0 \quad \text{für } i \neq k,$$

da die zugehörige Determinante zwei gleiche Spalten enthält.

Allgemein lautet der Entwicklungssatz für die Spalten bzw. Zeilen

$$\sum_{l=1}^{n} a_{li}A_{lk} = D\delta_{ik} \quad \text{bzw.} \quad \sum_{l=1}^{n} a_{il}A_{kl} = d\delta_{ik}$$

$$\text{mit} \quad \delta_{ik} = \begin{cases} 1 & \text{für } i = k \\ 0 & \text{für } i \neq k \end{cases} \quad i,k = 1,2,\dots,n.$$

Beispiel: Entwicklung einer Determinante 3. Ordnung nach den Elementen der 2. Spalte.

$$\begin{vmatrix} 1 & -2 & 2 \\ -1 & 0 & -2 \\ 2 & 3 & 1 \end{vmatrix} = -(-2)\begin{vmatrix} -1 & -2 \\ 2 & 1 \end{vmatrix} + 0\begin{vmatrix} 1 & 2 \\ 2 & 1 \end{vmatrix} - 3\begin{vmatrix} 1 & 2 \\ -1 & -2 \end{vmatrix} = 6$$

Mehrfache Anwendung des Entwicklungssatzes auf Determinanten mit oberer (unterer) Dreiecksform ergibt

$$\begin{vmatrix} a_{11} & a_{12} & a_{13}\dots a_{1n} \\ 0 & a_{22} & a_{23}\dots a_{2n} \\ 0 & 0 & a_{33}\dots a_{3n} \\ & & \ddots & \vdots \\ 0 & & & a_{nn} \end{vmatrix} = a_{11}a_{22}a_{33}\dots a_{nn}.$$

Jede Determinante kann auf eine solche Form gebracht werden mit Hilfe der „elementaren Umformungen": Tausch zweier Zeilen (Spalten), Addition eines Vielfachen einer Zeile (Spalte) zu einer anderen Zeile (Spalte).

Beispiel:

$$\begin{vmatrix} 1 & -1 & -2 \\ -2 & 0 & 1 \\ -1 & 3 & -4 \end{vmatrix}$$

$$= \begin{vmatrix} 1 & -1 & -2 \\ 0 & -2 & -3 \\ 0 & 2 & -6 \end{vmatrix} \quad \text{1. Umformung}$$

$$= \begin{vmatrix} 1 & -1 & -2 \\ 0 & -2 & -3 \\ 0 & 0 & -9 \end{vmatrix} \quad \text{2. Umformung}$$

$$= 1(-2)(-9) = 18$$

1. Umformung
a) 1. Zeile wird mit 2 multipliziert und zur 2. Zeile addiert;
b) 1. Zeile wird zur 3. Zeile addiert;
2. Umformung
a) 2. Zeile wird zur 3. Zeile addiert.

3.2.3 Cramer-Regel. Cramer's rule

Zugrunde gelegt wird ein lineares Gleichungssystem aus n Gleichungen mit n Unbekannten $x_1, x_2, \dots, x_n$

$$a_{11}x_1 + a_{12}x_2 + a_{13}x_3 + \dots + a_{1n}x_n = b_1,$$
$$a_{21}x_1 + a_{22}x_2 + a_{23}x_3 + \dots + a_{2n}x_n = b_2,$$
$$\dots\dots\dots\dots\dots\dots\dots\dots\dots\dots,$$
$$a_{n1}x_1 + a_{2n}x_2 + a_{n3}x_3 + \dots + a_{nn}x_n = b_n.$$

Mit den Vektoren

$$a_i = \begin{pmatrix} a_{1i} \\ a_{2i} \\ \vdots \\ a_{ni} \end{pmatrix} \in \mathbb{R}^n, \quad b = \begin{pmatrix} b_1 \\ b_2 \\ \vdots \\ b_n \end{pmatrix} \in \mathbb{R}^n$$

lautet das Gleichungssystem

$$x_1 a_1 + x_2 a_2 + x_3 a_3 + \dots + x_n a_n = b.$$

Das Gleichungssystem heißt regulär, wenn die Systemdeterminante $\text{Det}(a_1, a_2, a_3, \dots, a_n) \neq 0$, sonst singulär.

Werden bei einem regulären Gleichungssystem alle n Determinanten gebildet, die aus der System-Determinante dadurch hervorgehen, daß jeweils ein Vektor a_i

$(i = 1, 2, \dots, n)$ durch den Vektor b ersetzt wird, so ergibt sich unter Beachtung der Determinanteneigenschaften

$$\text{Det}(\dots, a_{i-1}, b, a_{i+1}, \dots)$$
$$= \text{Det}\left(\dots, a_{i-1}, \sum_{l=1}^{n} x_l a_l, a_{i+1}, \dots\right)$$
$$= x_i \text{Det}(a_1, a_2, \dots, a_{i-1}, a_i, a_{i+1}, \dots, a_n) \quad \text{oder}$$
$$x_i = \frac{\text{Det}(a_1, a_2, \dots, a_{i-1}, b, a_{i+1}, \dots, a_n)}{\text{Det}(a_1, a_2, \dots, a_{i-1}, a_i, a_{i+1}, \dots, a_n)} \quad (i = 1, 2, 3, \dots, n)$$

Diese n Gleichungen geben die Cramer-Regel zur Lösung eines regulären Gleichungssystems wieder. Praktische Lösungen nach dem Gaußschen Verfahren s. A 10.5.1. Für homogene Gleichungssysteme ($b = 0$) folgt aus der Cramer-Regel, daß $x_i = 0$ für $i = 1, 2, \dots, n$. Dies bedeutet, daß die Vektoren $a_1, a_2, \dots, a_n$ linear unabhängig sind. Daher gilt: Ist $\text{Det}(a_1, a_2, \dots, a_n) \neq 0$, so sind die Vektoren $a_1, a_2, \dots, a_n \in \mathbb{R}^n$ linear unabhängig.

Beispiel:

$$x_1 - 3x_2 + 2x_3 = -1$$
$$-x_1 + 2x_2 - x_3 = 0 \quad \text{oder} \quad x_1 a_1 + x_2 a_2 + x_3 a_3 = b, \quad \text{wobei}$$
$$2x_1 - x_2 + 3x_3 = 2$$

$$a_1 = \begin{pmatrix} 1 \\ -1 \\ 2 \end{pmatrix}, \quad a_2 = \begin{pmatrix} -3 \\ 2 \\ -1 \end{pmatrix}, \quad a_3 = \begin{pmatrix} 2 \\ -1 \\ 3 \end{pmatrix}, \quad b = \begin{pmatrix} -1 \\ 0 \\ 2 \end{pmatrix}.$$

Das Gleichungssystem ist regulär, da die System-Determinante

$$\text{Det}(a_1, a_2, a_3) = \begin{vmatrix} 1 & -3 & 2 \\ -1 & 2 & -1 \\ 2 & -1 & 3 \end{vmatrix} = -4 \neq 0.$$

Die Berechnung der einzelnen Determinanten ergibt

$$\text{Det}(b, a_2, a_3) = -7, \quad \text{Det}(a_1, b, a_3) = -3, \quad \text{Det}(a_1, a_2, b) = 1,$$

so daß $x_1 = 7/4$, $x_2 = 3/4$, $x_3 = -1/4$.

3.2.4 Matrizen und lineare Abbildungen
Matrices and linear transformations

Durch ein lineares Gleichungssystem mit reellen Koeffizienten

$$y_1 = a_{11}x_1 + a_{12}x_2 + a_{13}x_3 + \dots + a_{1n}x_n,$$
$$y_2 = a_{21}x_1 + a_{22}x_2 + a_{23}x_3 + \dots + a_{2n}x_n,$$
$$\dots\dots\dots\dots\dots\dots\dots\dots\dots\dots\dots,$$
$$y_m = a_{m1}x_1 + a_{m2}x_2 + a_{m3}x_3 + \dots + a_{mn}x_n$$

ist eine Abbildung A des Vektorraums $\mathbb{R}^n$ in den Vektorraum $\mathbb{R}^m$ definiert.

$$A : \mathbb{R}^n \to \mathbb{R}^m,$$

die jedem Vektor x genau einen Vektor $y = Ax \in \mathbb{R}^m$ zuordnet, wobei

$$x = \begin{pmatrix} x_1 \\ x_2 \\ \vdots \\ x_n \end{pmatrix} \in \mathbb{R}^n, \quad y = \begin{pmatrix} y_1 \\ y_2 \\ \vdots \\ y_m \end{pmatrix} \in \mathbb{R}^m.$$

$y = Ax$ heißt das Bild von x bei der Abbildung A. Um die Abhängigkeit der Abbildung A von den Koeffizienten a_{ik} ($i = 1, 2, \dots, m; k = 1, 2, \dots, n$) hervorzuheben, wird A als eine Matrix vom Typ (m, n), also mit m Zeilen und n Spalten, geschrieben. Die Abbildungsgleichung $y = Ax$ lautet dann

$$\begin{pmatrix} y_1 \\ y_2 \\ \vdots \\ y_m \end{pmatrix} = \begin{pmatrix} a_{11} & a_{12} & a_{13}\dots a_{1n} \\ a_{21} & a_{22} & a_{23}\dots a_{2n} \\ \dots\dots\dots\dots\dots\dots \\ a_{m1} & a_{m2} & a_{m3}\dots a_{mn} \end{pmatrix} \begin{pmatrix} x_1 \\ x_2 \\ \vdots \\ x_n \end{pmatrix}$$

Hierbei ist die i-te Koordinate von $y = Ax$ bestimmt durch

$$y_i = \sum_{k=1}^{n} a_{ik}x_k = a_{i1}x_1 + a_{i2}x_2 + a_{i3}x_3 + \dots + a_{in}x_n.$$

Es wird also jedes Element a_{ik} der i-ten Zeile von A mit der entsprechenden Koordinate x_k des Vektors x multipliziert und dann die Summe über alle Produkte gebildet.

Beispiel:

$$\begin{pmatrix} -2 & 3 & 2 \\ 3 & 0 & -1 \end{pmatrix} \begin{pmatrix} -1 \\ 1 \\ 2 \end{pmatrix} = \begin{pmatrix} (-2)(-1)+3 \cdot 1+2 \cdot 2 \\ 3(-1) +0 \cdot 1+(-1)2 \end{pmatrix} = \begin{pmatrix} 9 \\ -5 \end{pmatrix},$$

d.h., das Bild des Vektors $\begin{pmatrix} -1 \\ 1 \\ 2 \end{pmatrix} \in \mathbb{R}^3$ bei der Abbildung

$A = \begin{pmatrix} -2 & 3 & 2 \\ 3 & 0 & -1 \end{pmatrix}$ ist der Vektor $\begin{pmatrix} 9 \\ -5 \end{pmatrix} \in \mathbb{R}^2$.

Das Bild des Koordinateneinheitsvektors e_i lautet

$$Ae_i = \begin{pmatrix} a_{11} & a_{12} & a_{13} \cdots a_{1i} \cdots a_{1n} \\ a_{21} & a_{22} & a_{23} \cdots a_{2i} \cdots a_{2n} \\ a_{31} & a_{32} & a_{33} \cdots a_{3i} \cdots a_{3n} \\ \cdots \cdots \cdots \cdots \cdots \cdots \\ a_{m1} & a_{m2} & a_{m3} \cdots a_{mi} \cdots a_{mn} \end{pmatrix} \begin{pmatrix} 0 \\ 0 \\ \vdots \\ 1 \\ \vdots \\ 0 \\ 0 \end{pmatrix} \leftarrow i$$

$$= \begin{pmatrix} a_{1i} \\ a_{2i} \\ a_{3i} \\ \vdots \\ \vdots \\ a_{mi} \end{pmatrix} = a_i \in \mathbb{R}^m.$$

Die Elemente der i-ten Spalte von A sind also die Koordinaten des Bildvektors $Ae_i = a_i$, und die Matrix A wird dementsprechend auch dargestellt durch

$$A = (a_1, a_2, a_3, \ldots, a_n) \quad \text{mit} \quad a_i \in \mathbb{R}^m \ (i = 1, 2, 3, \ldots, n).$$

Ist A eine Matrix vom Typ (m,n) und sind x, y beliebige Vektoren aus $\mathbb{R}^n$, dann gelten

$$A(x + y) = Ax + Ay, \quad A(\lambda x) = \lambda(Ax) \ (\lambda \in \mathbb{R}).$$

Die Matrix A ist also eine *lineare* Abbildung des Raumes $\mathbb{R}^n$ in den Raum $\mathbb{R}^m$.

Matrizen mit der gleichen Spalten- und Zeilenanzahl n, die also vom Typ (n,n) sind, heißen n-reihige quadratische Matrizen. Sie bestimmen eine lineare Abbildung des Raums $\mathbb{R}^n$ in sich. Zwei Matrizen $A = (a_{ik})_{(m,n)}$ und $B = (b_{ik})_{(m,n)}$ vom gleichen Typ heißen gleich ($A = B$), wenn $a_{ik} = b_{ik}$ für alle $i = 1, 2, 3, \ldots, m$ und $k = 1, 2, 3, \ldots, n$. Dies ist gleichbedeutend mit $Ax = Bx$ für alle $x \in \mathbb{R}^n$.

In der Menge der Matrizen vom gleichen Typ (m,n) sind die Verknüpfungen erklärt:

Multiplikation einer Matrix mit einer reellen Zahl.

$$\lambda A = \lambda(a_{ik})_{(m,n)} = (\lambda a_{ik})_{(m,n)}$$

Jedes Element von A wird mit λ multipliziert.

Beispiel: $3 \cdot \begin{pmatrix} -2 & 1 & 3 \\ 1 & -1 & 0 \end{pmatrix} = \begin{pmatrix} -6 & 3 & 9 \\ 3 & -3 & 0 \end{pmatrix}$

Addition zweier Matrizen. Die Summe $A + B$ der Matrizen $A = (a_{ik})_{(m,n)}$ und $B = (b_{ik})_{(m,n)}$ ist erklärt durch

$$A + B = (a_{ik})_{(m,n)} + (b_{ik})_{(m,n)} = (a_{ik} + b_{ik})_{(m,n)}.$$

Matrizen werden elementweise addiert.

Beispiel: $\begin{pmatrix} -2 & 2 & -1 \\ 3 & -1 & 0 \end{pmatrix} + \begin{pmatrix} 1 & -1 & 2 \\ 1 & 0 & 1 \end{pmatrix} = \begin{pmatrix} -1 & 1 & 1 \\ 4 & -1 & 1 \end{pmatrix}$

Für diese beiden Verknüpfungen gelten folgende Eigenschaften:

$$A + B = B + A, \quad (A + B) + C = A + (B + C).$$

Zu jeder Matrix A und zu jeder Matrix B gibt es genau eine Matrix X, so daß $A + X = B$ gilt. Diese Matrix X, die zu A addiert B ergibt, wird durch $X = B - A$ gekennzeichnet und heißt Differenz von B und A.

$$1 \cdot A = A, \quad \lambda(\mu A) = (\lambda \mu) A, \\ \lambda(A + B) = \lambda A + \lambda B, \quad (\lambda + \mu)A = \lambda A + \mu A \Big\} \lambda, \mu \in \mathbb{R}.$$

Die Matrix, deren Elemente Null sind, heißt Nullmatrix **0**. Für sie gilt $A + 0 = A$.

Die Matrix, deren Elemente das entgegengesetzte Vorzeichen der Elemente einer Matrix A haben, heißt die zu A entgegengesetzte Matrix $-A$. Für sie gilt $A + (-A) = 0$.

Multiplikation von Matrizen. Durch die beiden linearen Gleichungssysteme

$$z_1 = b_{11}y_1 + b_{12}y_2 + b_{13}y_3 + \ldots + b_{1m}y_m$$
$$z_2 = b_{21}y_1 + b_{22}y_2 + b_{23}y_3 + \ldots + b_{2m}y_m$$
$$z_3 = b_{31}y_1 + b_{32}y_2 + b_{33}y_3 + \ldots + b_{3m}y_m$$
$$\cdots \cdots \cdots \cdots \cdots \cdots \cdots \cdots$$
$$z_1 = b_{11}y_1 + b_{12}y_2 + b_{13}y_3 + \ldots + b_{1m}y_m$$

$$y_1 = a_{11}x_1 + a_{12}x_2 + a_{13}x_3 + \ldots + a_{1n}x_n$$
$$y_2 = a_{21}x_1 + a_{22}x_2 + a_{23}x_3 + \ldots + a_{2n}x_n$$
$$y_3 = a_{31}x_1 + a_{32}x_2 + a_{33}x_3 + \ldots + a_{3n}x_n$$
$$\cdots \cdots \cdots \cdots \cdots \cdots \cdots \cdots$$
$$y_m = a_{m1}x_1 + a_{m2}x_2 + a_{m3}x_3 + \ldots + a_{mn}x_n$$

sind zwei lineare Abbildungen erklärt.

$$z = By, \quad B : \mathbb{R}^m \to \mathbb{R}^l \quad \text{und} \quad y = Ax, \quad A : \mathbb{R}^n \to \mathbb{R}^m$$

mit den Matrizen $B = (b_{ij})_{(l,m)}$ und $A = (a_{jk})_{(m,n)}$. Die Zusammensetzung oder Komposition der beiden Abbildungen – zuerst A, dann B – bestimmt wieder eine lineare Abbildung: die Produktabbildung mit dem Symbol $B \cdot A$ oder BA.

$$BA : \mathbb{R}^n \to \mathbb{R}^l, \quad z = (BA)x = B(Ax).$$

Hiernach erhält man das Bild $(BA)x$ des Vektors $x \in \mathbb{R}^n$ bei der Abbildung BA dadurch, daß zuerst das Bild Ax von $x \in \mathbb{R}^n$ bei der Abbildung A und dann das Bild $B(Ax)$ des Vektors $Ax \in \mathbb{R}^m$ bei der Abbildung B bestimmt wird. Die zugehörige Matrix BA wird als das Produkt der Matrizen $B = (b_{ij})_{(l,m)}$ und $A = (a_{jk})_{(m,n)}$ bezeichnet; es ist eine Matrix vom Typ (l,n) mit den Elementen

$$c_{ik} = \sum_{j=1}^{m} b_{ij}a_{jk} \quad i = 1, 2, \ldots, l; \ k = 1, 2, 3, \ldots, n.$$

Diese Summe heißt das „Produkt aus der i-ten Zeile von B und der k-ten Spalte von A". Das Produkt BA ist nur für Matrizen erklärt, bei denen die Anzahl der Spalten von B mit der Anzahl der Zeilen von A übereinstimmt.

Beispiel: $BA = C$.

$$\begin{pmatrix} -1 & 0 & 3 \\ 2 & 1 & 1 \end{pmatrix} \begin{pmatrix} 1 & 0 & 2 & 3 \\ 0 & -1 & -1 & -2 \\ 1 & 1 & 0 & 0 \end{pmatrix} = \begin{pmatrix} 2 & 3 & -2 & -3 \\ 3 & 0 & 3 & 4 \end{pmatrix}$$

$$c_{24} = b_{21}a_{14} + b_{22}a_{24} + b_{23}a_{34} = 2 \cdot 3 + 1(-2) + 1 \cdot 0 = 4.$$

Wird der Vektor $x = \begin{pmatrix} x_1 \\ x_2 \\ \vdots \\ x_n \end{pmatrix}$ entsprechend seiner Schreib-

weise als Matrix vom Typ $(n, 1)$ aufgefaßt, so läßt sich der Vektor $Ax \in \mathbb{R}^m$ auch als Produkt aus der Matrix $A = (a_{ik})_{(m,n)}$ vom Typ (m,n) und der Matrix x vom Typ $(n, 1)$ darstellen.

Im allgemeinen sind in einem Matrizenprodukt die Matrizen nicht vertauschbar. Die Matrizenmultiplikation besitzt aber die Eigenschaften der Assoziativität und der Distributivität (bezüglich der Matrizenaddition), d.h., es gelten die Gleichungen

$$(AB)C = A(BC), \quad (A + B)C = AC + BC,$$
$$A(B + C) = AB + AC.$$

Gestürzte oder transponierte Matrix A^T. Sie geht aus der Matrix A dadurch hervor, daß deren Spalten und Zeilen vertauscht werden.

$$A = \begin{pmatrix} a_{11} & a_{12} & a_{13} \cdots a_{1n} \\ a_{21} & a_{22} & a_{23} \cdots a_{2n} \\ \cdots\cdots\cdots\cdots\cdots\cdots \\ a_{m1} & a_{m2} & a_{m3} \cdots a_{mn} \end{pmatrix},$$

$$A^T = \begin{pmatrix} a_{11} & a_{21} \cdots a_{m1} \\ a_{12} & a_{22} \cdots a_{m2} \\ a_{13} & a_{23} \cdots a_{m3} \\ \cdots\cdots\cdots\cdots\cdots \\ a_{1n} & a_{2n} \cdots a_{mn} \end{pmatrix}.$$

Rang einer Matrix. Werden in der Matrix

$$A = (a_{ij})_{(m,n)} = (a_1, a_2, a_3, \ldots, a_n), \quad a_i \in \mathbb{R}^m,$$

$m - k$ verschiedene Zeilen und $n - k$ verschiedene Spalten gestrichen, wobei $1 \leq k \leq \min(m,n)$, so bilden die übrigen Elemente ein quadratisches Schema aus k Zeilen und k Spalten. Die Determinante aus diesen Elementen heißt eine Unterdeterminante k-ter Ordnung der Matrix A. Besitzt A eine von Null verschiedene Unterdeterminante r-ter Ordnung und haben alle Unterdeterminanten, deren Ordnung größer als r ist, den Wert 0, so heißt r Rang der Matrix A; $\mathrm{Rg}(A) = r$.
Der Rang einer Matrix ist invariant gegenüber elementaren Umformungen.
Elementare Umformungen einer Matrix A sind:
– Vertauschen von beliebig vielen Spalten (Zeilen), Multiplikation von Spalten (Zeilen) mit einer von Null verschiedenen Zahl,
– Addition eines Vielfachen einer Spalte (Zeile) zu einer anderen Spalte (Zeile),
– Vertauschen von Zeilen und Spalten (Stürzen).
Bei einer Matrix mit dem Rang r sind genau r ihrer Spaltenvektoren (Zeilenvektoren) linear unabhängig.

Quadratische Matrizen. Eine quadratische Matrix A mit n Zeilen und Spalten heißt n-reihig.

$$A = (a_{ij})_n = (a_1, a_2, a_3, \ldots, a_n)$$

Ihre Determinante ist $|A| = \mathrm{Det}(a_1, a_2, a_3, \ldots, a_n)$.
Quadratische Matrizen A mit $|A| \neq 0$ heißen regulär sonst singulär. Für die n-reihige Einheitsmatrix

$$E = \begin{pmatrix} 1 & & & \\ & 1 & & \text{\Large 0} \\ & & 1 & \\ & & & \ddots \\ \text{\Large 0} & & & 1 \end{pmatrix} = (\delta_{ik})_n, \quad \delta_{ik} = \begin{cases} 1 \text{ für } i = k \\ 0 \text{ für } i \neq k \end{cases},$$

gilt $|E| = 1$ und $AE = EA = A$.
Ist $A = (a_{il})_n$ eine reguläre Matrix, also $|A| \neq 0$, so folgt aus dem Entwicklungssatz von Laplace (s. A 3.2.2)

$$\sum_{l=1}^n a_{il} b_{lk} = \delta_{ik} \quad \text{mit } b_{lk} = \frac{A_{kl}}{|A|} \quad \text{und} \quad i,k,l = 1,2,3,\ldots,n;$$

oder $AB = E$, wobei $B = (b_{lk})_n$ inverse Matrix von A heißt und das Symbol A^{-1} hat.

$$A^{-1} = \frac{1}{|A|} \begin{pmatrix} A_{11} & A_{21} & A_{31} \cdots A_{n1} \\ A_{12} & A_{22} & A_{32} \cdots A_{n2} \\ \cdots\cdots\cdots\cdots\cdots\cdots \\ A_{1n} & A_{2n} & A_{3n} \cdots A_{nn} \end{pmatrix}$$

mit $AA^{-1} = A^{-1}A = E$.

Hierbei ist $|A|$ die Determinante von A und A_{ij} die Adjunkte des Elements a_{ij}.

Beispiel:

$$A = \begin{pmatrix} a_{11} & a_{12} \\ a_{21} & a_{22} \end{pmatrix}, \quad |A| = \begin{vmatrix} a_{11} & a_{12} \\ a_{21} & a_{22} \end{vmatrix} = a_{11}a_{22} - a_{12}a_{21} \neq 0,$$

$$A^{-1} = \frac{1}{a_{11}a_{22} - a_{12}a_{21}} \begin{pmatrix} a_{22} & -a_{12} \\ -a_{21} & a_{11} \end{pmatrix}.$$

3.2.5 Lineare Gleichungssysteme
Systems of linear equations

Zugrunde gelegt wird ein lineares Gleichungssystem aus m linearen Gleichungen mit n Unbekannten $x_1, x_2, \ldots, x_n$.

$$a_{11}x_1 + a_{12}x_2 + a_{13}x_3 + \ldots + a_{1n}x_n = b_1$$
$$a_{21}x_1 + a_{22}x_2 + a_{23}x_3 + \ldots + a_{2n}x_n = b_2$$
$$\cdots\cdots\cdots\cdots\cdots\cdots\cdots\cdots\cdots$$
$$a_{m1}x_1 + a_{m2}x_2 + a_{m3}x_3 + \ldots + a_{mn}x_n = b_m$$

bzw. $Ax = b$, wobei

$$A = (a_{ij})_{(m,n)} = (a_1, a_2, a_3, \ldots, a_n), \quad a_i \in \mathbb{R}^m$$
$$(i = 1, 2, \ldots, n).$$

Die Matrix, die aus A durch Erweiterung mit den Koordinaten b_i des Vektors b hervorgeht, heißt erweiterte Koeffizientenmatrix und wird ausgedrückt durch

$$(A, b) = (a_1, a_2, a_3, \ldots, a_n, b).$$

Das Gleichungssystem heißt homogen, wenn $b = 0$, sonst inhomogen. Wird die Matrix A als eine lineare Abbildung des Raumes $\mathbb{R}^n$ in den Raum $\mathbb{R}^m$ aufgefaßt, so besteht die Lösungsmenge des Gleichungssystems aus allen Vektoren $x \in \mathbb{R}^n$, deren Bild Ax der Vektor b ist.
Das lineare Gleichungssystem $Ax = b$ ist genau dann lösbar, wenn der Rang der Matrix A gleich dem Rang der erweiterten Matrix (A, b) ist, d.h., wenn $\mathrm{Rg}(A) = \mathrm{Rg}(A, b)$.
Für den Sonderfall, daß A regulär ist, also die inverse Matrix A^{-1} existiert, folgt unmittelbar aus $Ax = b$ die Lösungsformel $x = A^{-1}b$. Die Koordinaten x_i $(i = 1, 2, 3, \ldots, n)$ des Lösungsvektors x sind dann gemäß der Cramer-Regel (s. A 3.2.3) bestimmt durch

$$x_i = \frac{\mathrm{Det}(a_1, a_2, \ldots, b, \ldots, a_n)}{\mathrm{Det}(a_1, a_2, \ldots, a_i, \ldots, a_n)}, \quad (i = 1, 2, \ldots, n).$$

Homogenes Gleichungssystem $Ax = 0$
Hat die Koeffizientenmatrix vom Typ (m,n) den Rang r, dann hat das homogene Gleichungssystem $Ax = 0$ für $r = n$ als einzige Lösung den Nullvektor $\mathbf{0}$ (triviale Lösung) für $r < n$ $n - r$ linear unabhängige Lösungsvektoren $x_1, x_2, \ldots, x_{n-r}$, und jede Lösung x ist eine Linearkombination dieser Vektoren

$$x = \lambda_1 x_1 + \lambda x_2 + \ldots + \lambda_{n-r} x_{n-r}, \quad \lambda_i \in \mathbb{R}.$$

Die Gesamtheit der Linearkombinationen heißt allgemeine Lösung der homogenen Gleichung.

Beispiel:

$$\begin{matrix} -2x_1 + x_2 & & + 2x_4 = 0 \\ x_1 + x_2 - 2x_3 & + 3x_4 = 0 & \text{oder} \\ 3x_2 - 4x_3 & + 8x_4 = 0 \end{matrix}$$

$$\begin{pmatrix} -2 & 1 & 0 & 2 \\ 1 & 1 & -2 & 3 \\ 0 & 3 & -4 & 8 \end{pmatrix} \begin{pmatrix} x_1 \\ x_2 \\ x_3 \\ x_4 \end{pmatrix} = \begin{pmatrix} 0 \\ 0 \\ 0 \end{pmatrix}.$$

Alle vier Unterdeterminanten 3. Ordnung der Koeffizientenmatrix sind Null. Da $\begin{vmatrix} -2 & 1 \\ 1 & 1 \end{vmatrix} = -3 \neq 0$ ist, hat die Koeffizientenmatrix den Rang 2 und es gibt $4 - 2 = 2$ linear unabhängige Lösungsvektoren x_1, x_2. Da die dritte Gleichung des Systems eine Linearkombination der beiden ersten Gleichungen und damit überflüssig ist, werden diese beiden Vektoren aus den beiden ersten Gleichungen bestimmt.

$$\begin{matrix} -2x_1 + x_2 & + 2x_4 = 0 \\ x_1 + x_2 - 2x_3 + 3x_4 = 0 \end{matrix} \quad \text{oder} \quad \begin{matrix} -2x_1 + x_2 = & -2x_4 \\ x_1 + x_2 = 2x_3 - 3x_4 \end{matrix}.$$

Hieraus ergeben sich nach der Cramer-Regel (s. A 3.2.3) für $x_3 = 1$ und $x_4 = 0$ bzw. für $x_3 = 0$ und $x_4 = 1$ die Lösungen $x_1 = 2/3$ und $x_2 = 4/3$ bzw. $x_1 = -1/3$ und $x_2 = -8/3$, so daß

$$x_1 = \begin{pmatrix} 2/3 \\ 4/3 \\ 1 \\ 0 \end{pmatrix} = 1/3 \begin{pmatrix} 2 \\ 4 \\ 3 \\ 0 \end{pmatrix} \quad \text{und} \quad x_2 = \begin{pmatrix} -1/3 \\ -8/3 \\ 0 \\ 1 \end{pmatrix} = 1/3 \begin{pmatrix} -1 \\ -8 \\ 0 \\ 3 \end{pmatrix}$$

zwei linear unabhängige Lösungsvektoren sind, mit denen die allgemeine Lösung $x = \lambda_1 x_1 + \lambda_2 x_2$ für beliebige $\lambda_1, \lambda_2 \in \mathbb{R}$ ist.

Inhomogenes Gleichungssystem $Ax=b$ $(b \neq 0)$

Die Lösbarkeitsbedingung $\mathrm{Rg}(A) = \mathrm{Rg}(A,b)$ sei erfüllt. Aus den linearen Eigenschaften der Abbildung A folgt unmittelbar: Die allgemeine Lösung des inhomogenen Gleichungssystems ist gleich der Summe aus der allgemeinen Lösung des homogenen Gleichungssystems und einer speziellen Lösung des inhomogenen Gleichungssystems.

Beispiel:

$$-2x_1 + x_2 \quad\ + 2x_4 = 1$$
$$x_1 + x_2 - 2x_3 + 3x_4 = 0 \quad \text{oder}$$
$$3x_2 - 4x_3 + 8x_4 = 1$$

$$\begin{pmatrix} -2 & 1 & 0 & 2 \\ 1 & 1 & -2 & 3 \\ 0 & 3 & -4 & 8 \end{pmatrix} \begin{pmatrix} x_1 \\ x_2 \\ x_3 \\ x_4 \end{pmatrix} = \begin{pmatrix} 1 \\ 0 \\ 1 \end{pmatrix}.$$

Die Lösbarkeitsbedingung ist erfüllt. Die zugehörige homogene Gleichung stimmt mit der Gleichung des letzten Beispiels überein,

so daß deren allgemeine Lösung

$$x_{\mathrm{H}} = \lambda_1 \begin{pmatrix} 2 \\ 4 \\ 3 \\ 0 \end{pmatrix} + \lambda_2 \begin{pmatrix} -1 \\ -8 \\ 0 \\ 3 \end{pmatrix}, \quad \lambda_1, \lambda_2 \in \mathbb{R}$$

ist. Die dritte Gleichung ist wieder eine Linearkombination der beiden ersten Gleichungen und damit überflüssig. Mit $x_1 = 0$ und $x_2 = 0$ lauten die beiden ersten Gleichungen

$$\begin{matrix} 2x_4 = 1 \\ -2x_3 + 3x_4 = 0 \end{matrix}, \text{ woraus } \begin{matrix} x_3 = 3/4 \\ x_4 = 1/2 \end{matrix} \text{ folgt, so daß}$$

$$x_{\mathrm{P}} = \begin{pmatrix} 0 \\ 0 \\ 3/4 \\ 1/2 \end{pmatrix} = \frac{1}{4} \begin{pmatrix} 0 \\ 0 \\ 3 \\ 2 \end{pmatrix}$$

eine partikuläre Lösung der inhomogenen Gleichung ist. Die allgemeine Lösung lautet somit

$$x = \lambda_1 \begin{pmatrix} 2 \\ 4 \\ 3 \\ 0 \end{pmatrix} + \lambda_2 \begin{pmatrix} -1 \\ -8 \\ 0 \\ 3 \end{pmatrix} + \frac{1}{4} \begin{pmatrix} 0 \\ 0 \\ 3 \\ 2 \end{pmatrix} \quad \text{für beliebige } \lambda_1, \lambda_2 \in \mathbb{R}.$$

4 Geometrie. Geometry

H.-J. Schulz, Berlin

Bemerkungen zur elementaren Geometrie

In der Geometrie werden – ausgehend von durch Abstraktion gewonnenen Grundfiguren (Punkt, Gerade, Ebene) und Grundrelationen (Inzidenz, Symbol $\in$; Anordnung, Symbole $<$, $=$ und $>$; Deckungsgleichheit=Kongruenz, Symbol $\cong$; Stetigkeit=dichte Anordnung der Punkte) – Axiome aufgestellt, die unmittelbar verständlich und nicht anderweitig zu beweisen sind.

4.1 Planimetrie. Plane geometry

In der Planimetrie (Flächenmessung) wird eine unendlich ausgedehnte Ebene als gegeben vorausgesetzt. In Bildern sind nur endliche Ausschnitte darstellbar.

4.1.1 Punkt, Gerade, Strahl, Strecke, Streckenzug
Point, straight line, ray, line segment, polygon

Parallelen. Zwei Geraden heißen parallel, wenn sie keinen oder alle Punkte gemeinsam haben. Aus den Axiomen folgt für die Schnittpunkte mehrerer Geraden:
– Zwei verschiedene, nichtparallele Geraden haben genau einen Punkt gemeinsam: den Schnittpunkt. n verschiedene, nicht paarweise parallele Geraden ergeben $n(n-1)/2$ Schnittpunkte (z.B. haben vier Geraden sechs Schnittpunkte).
– Durch einen Punkt einer Ebene lassen sich unendlich viele Geraden legen. Sie bilden ein Geradenbüschel; der Schnittpunkt heißt Träger des Büschels.
– Die Gesamtheit aller zu einer gegebenen Geraden parallelen Geraden bildet ein Parallelenbüschel oder eine Richtung. Der Träger des Parallelenbüschels liegt im Unendlichen.
– Durch drei verschiedene Punkte, die nicht auf einer Geraden liegen, lassen sich genau drei verschiedene Geraden durch je zwei Punkte legen. Sie bestimmen eine Ebene im Raum.

Halbgerade. Ein Punkt A auf der Geraden teilt diese in zwei Halbgeraden.

Achse. Eine orientierte Gerade heißt Achse. Die Orientierung (der Richtungssinn) einer Geraden wird durch einen

Pfeil, der den Durchlaufsinn angibt, oder ein geordnetes Punktepaar kenntlich gemacht, dessen erster Punkt z.B. der Anfangspunkt der Halbgeraden ist.

Strahl. Eine orientierte Halbgerade mit Anfangspunkt heißt Strahl.

Strecke. Zwei verschiedene Punkte A, B auf einer Geraden definieren die Strecke $\overline{AB}$ durch ihre Endpunkte. Zum Vergleich verschiedener Strecken mit Hilfe der Kongruenzaxiome werden Abbildungen der Ebene auf sich definiert, die die Abstände und Anordnungen der Punkte einer Figur in sich nicht ändern, mit denen man aber Figuren „übereinanderschieben" und auf Deckung vergleichen kann. Diese Abbildungen sind anschaulich mit den Bewegungen Parallelverschiebung, Drehung um einen Punkt und Spiegelung an einer Geraden zu beschreiben.

Streckenzug. Eine zusammenhängende Folge von Strecken verschiedener Richtung heißt Streckenzug (Polygonzug: Polygon=Vieleck). Die je zwei Strecken gemeinsamen Punkte werden Eckpunkte genannt. Ist der Polygonzug geschlossen, d.h. fallen Anfangspunkt der ersten Strecke und Endpunkt der n-ten Strecke zusammen, so bildet der Polygonzug den Rand eines n-Ecks mit den Strecken als *Seiten.* Die Verbindungsstrecken zweier Eckpunkte, die nicht Seiten sind, heißen Diagonalen. Ein Polygon ist konvex, wenn für zwei beliebige Punkte des Polygons auch alle Punkte der Verbindungsstrecke zum Polygon gehören, anderenfalls ist es konkav.

4.1.2 Orientierung einer Ebene. Orientation of a plane

Eine Gerade g zerlegt eine Ebene π in eine positive (π^+) und negative (π^-) Halbebene; sie ist Rand für jede dieser Halbebenen. Wird die Gerade orientiert mit der Wahl eines Strahls g^+, so markiert die Kreislinie mit Durchlaufsinn die Orientierung der Ebene, die durch den Punkt $B \in g^+$ entsteht, wenn g^+ in π^+ hineingedreht wird. Der mathematisch positive Drehsinn einer Ebene ist entgegen dem Uhrzeigersinn (**Bild 1**).

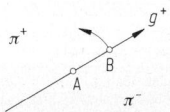

Bild 1. Orientierung einer Ebene

A

4.1.3 Winkel. Angles

Zwei Strahlen a^+, b^+ (**Bild 2a**) mit gemeinsamem Anfangspunkt S (Scheitel) bilden die Schenkel zweier ungerichteter Winkel (Pfeilbögen *1* und *2*). So ist der Winkel $\sphericalangle ASB$ oder $\sphericalangle(a^+, b^+)$ mit den Pfeilen *1* und *2* entgegen dem Uhrzeigersinn mathematisch positiv. Er ist durch Zahlenwert und Richtung bestimmt. Nach der Größe (**Bild 2b**) werden α spitze, β rechte, γ stumpfe, δ gestreckte, ε überstumpfe und ζ volle Winkel unterschieden (Einheiten s. DIN 1315).

Winkel an zwei einander schneidenden Geraden (Bild 2c).
Nebenwinkel sind α und β, β und γ, γ und δ, δ and α. Es gilt $\alpha + \beta = 180°$; α hat mit β einen Schenkel gemeinsam. Scheitelwinkel sind α und γ, β und δ. Es gilt $\alpha = \gamma$ und $\beta = \delta$. Supplementwinkel haben die Winkelsumme $180°$, Komplementwinkel $90°$.

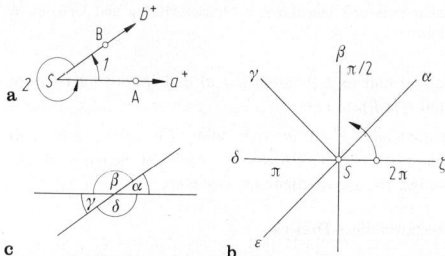

Bild 2. Ebene Winkel. **a** Richtungssinn; **b** Bezeichnungen; **c** Paarungen

4.1.4 Strahlensätze. Theorems on intersecting lines

Werden zwei parallele Geraden von einer dritten geschnitten, so gelten für die dabei entstehenden Winkel (**Bild 3**):
- Stufenwinkel (α, α'), (γ, γ'), (β, β') und (δ, δ) sowie Wechselwinkel (α, γ'), (α', γ), (β, δ') und (β', δ) sind gleich.
- Entgegengesetzt liegende Winkel (α, δ'), (α', δ), (β, γ') und (β', γ) sind Supplementwinkel mit der Summe $180°$.

Jede dieser Eigenschaften ist notwendig und hinreichend dafür, daß zwei von einer dritten geschnittene Gerade parallel sind.

Abstand. Vor allen Verbindungsstrecken $\overline{PA_i}$ (**Bild 4**) zwischen einem Punkt P und einer Geraden g, mit $P \notin g$ und beliebigen Punkten $A_i \in g$, heißt die Strecke mit der kleinsten Länge $|\overline{PA_l}| = \min|\overline{PA_i}|$ der Abstand d des Punkts P von der Geraden. Der Punkt A_l liegt auf der zu g senkrechten Geraden durch P.
Für viele Konstruktions- und Meßaufgaben sind folgende Sätze wichtig:

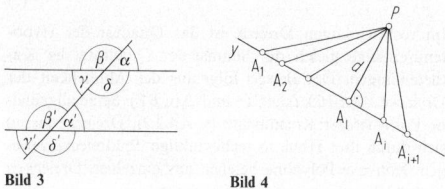

Bild 3   **Bild 4**

Bild 3. Winkel an Parallelen, die von einer Geraden geschnitten werden

Bild 4. Abstand des Punkts P von der Geraden g; $d = |\overline{PA_l}| = \min|\overline{PA_i}|$; $i = 1, 2, \ldots, l, \ldots$

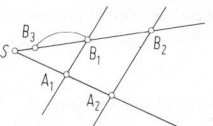

Bild 5. Strahlensätze

1. Strahlensatz (Thales). Werden zwei von einem Punkt ausgehende Strahlen von (zwei) Parallelen geschnitten, so verhalten sich die Abschnitte (Streckenlängen) auf dem einen Strahl wie die entsprechenden Abschnitte auf dem anderen Strahl. Nach **Bild 5** ist

$$|\overline{SB_1}| : |\overline{B_1B_2}| = |\overline{SA_1}| : |\overline{A_1A_2}| \quad \text{und}$$
$$|\overline{SB_1}| : |\overline{SB_2}| = |\overline{SA_1}| : |\overline{SA_2}|. \tag{1}$$

Ferner gilt die Umkehrung des 1. Strahlensatzes (Beispiel s. A 4.1.6).

2. Strahlensatz. Werden zwei von einem Punkt S ausgehende Strahlen von (zwei) Parallelen geschnitten, so verhalten sich die Abschnitte auf den Parallelen wie die entsprechenden von S aus gemessenen Abschnitte auf jedem Strahl. Mit **Bild 5** gelten also

$$|\overline{A_1B_1}| : |\overline{A_2B_2}| = |\overline{SA_1}| : |\overline{SA_2}| \quad \text{und}$$
$$|\overline{A_1B_1}| : |\overline{A_2B_2}| = |\overline{SB_1}| : |\overline{SB_2}|. \tag{2}$$

Die Umkehrung des 2. Strahlensatzes ist nicht eindeutig, wenn $|\overline{A_1B_1}| < |\overline{SA_1}|$ ist. Dann ist zwar $|\overline{A_1B_3}| : |\overline{A_2B_2}| = |\overline{SA_1}| : |\overline{SA_2}|$, aber $\overline{A_1B_3} \nparallel \overline{A_2B_2}$.

4.1.5 Ähnlichkeit. Similarity

Zwei Polygone heißen ähnlich, wenn durch geeignete Drehung oder Spiegelung einander entsprechende Seiten parallele Geraden werden, d.h., wenn die Figuren in der Form – also in Anordnung und Größe aller Winkel –, jedoch nicht in den Seitenlängen übereinstimmen. Weiterhin folgt mit den beiden Strahlensätzen, daß in ähnlichen Polygonen die einander entsprechenden Seitenlängen proportional sind.

Beispiel: Aus

$$|\overline{BC}| : |\overline{B'C'}| = |\overline{BS}| : |\overline{B'S}| \quad \text{und} \quad |\overline{BA}| : |\overline{B'A'}| = |\overline{BS}| : |\overline{B'S}|$$

(2. Strahlensatz; **Bild 6**) folgt $|\overline{BC}| : |\overline{B'C'}| = |\overline{BA}| : |\overline{B'A'}|$ und $|\overline{BC}| : |\overline{BA}| = |\overline{B'C'}| : |\overline{B'A}|$; also sind die Dreiecke $\triangle(ABC)$ und $\triangle(A'B'C')$ ähnlich.

Speziell für Dreiecke ergeben sich Ähnlichkeitssätze, bei denen nicht alle Winkel bzw. Proportionen geprüft werden müssen. Dreiecke sind ähnlich, wenn sie übereinstimmen in zwei Seitenverhältnissen, im Verhältnis zweier Seiten und in dem von diesen Seiten eingeschlossenen Winkel, in

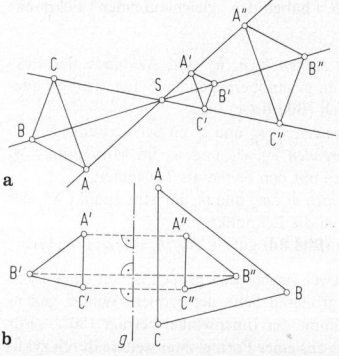

Bild 6. Ähnliche Dreiecke. **a** Parallellage; **b** Spiegellage

zwei gleichliegenden Innenwinkeln, im Verhältnis zweier Seiten und dem der größeren Seite gegenüberliegenden Winkel.

4.1.6 Teilung von Strecken. Division of line segments

Die Aufgabe, eine gegebene Strecke $\overline{AB}$ in einem beliebigen reellen Verhältnis $v = m : n$ mit $|v| = |\overline{AT}| : |\overline{TB}|$ zu teilen, ist mit Hilfe der Strahlensätze lösbar (**Bild 7a**).

Äußere und innere Teilung. Liegt der Teilungspunkt T_i zwischen A und B, so liegt eine innere Teilung vor; es sei $v > 0$. Liegt T_a außerhalb der Strecke $\overline{AB}$, so ist es die äußere Teilung mit $v < 0$.

Harmonische Teilung. Hier sind die Beträge der äußeren und inneren Teilung gleich, also $|\overline{AT_a}| : |\overline{T_aB}| = |\overline{AT_i}| : |\overline{T_iB}|$.

Goldener Schnitt. Er heißt auch stetige Teilung (**Bild 7b**) und stellt die innere Teilung dar, für die $|\overline{AB}| : |\overline{AT}| = |\overline{AT}| : |\overline{TB}|$ ist.

Beispiel: Gegeben ist die Strecke $\overline{AB}$. Gesucht werden T_i für $v = 3 : 5$ und T_a für $v = -3 : 5$. – Die Geraden durch (A, D) und (B, C) sind beliebige Parallelen. Mit Hilfe weiterer Parallelen (gestrichelt) ist die Strecke $\overline{AB}$ in $n + m$ gleich große Strecken zu teilen (**Bild 7a**).

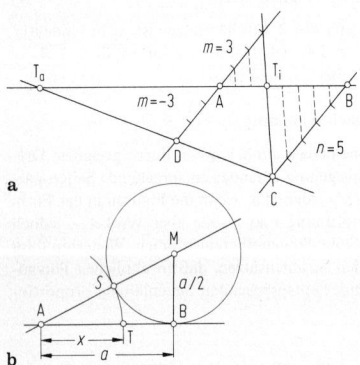

Bild 7. Teilung der Strecke $\overline{AB}$. **a** äußere und innere Teilung; **b** stetige Teilung (Goldener Schnitt)

4.1.7 Pythagoreische Sätze. Pythagoras' theorem

Allgemeine Dreiecke

Nach **Bild 8** sind *Eckpunkte A, B, C* im mathematisch positiven Umlaufsinn zu definieren ($\triangle ABC$). Die *Seiten a, b, c* liegen gegenüber den gleichlautenden Eckpunkten, und die *Innenwinkel* α, β, γ haben den „gleichlautenden" Eckpunkt als Scheitel.

Bezeichnungen. *Höhen* h_a, h_b, h_c sind Abstände der Eckpunkte von ihren gegenüberliegenden Seiten. Insbesondere schneiden sich (**Bild 8a–c**) die:
a *Seitenhalbierenden* s_a, s_b und s_c im Schwerpunkt S,
b *Winkelhalbierenden* w_α, w_β und w_γ im Mittelpunkt M_i des Innenkreises mit den Seiten als Tangenten,
c *Mittelsenkrechten* m_a, m_b und m_c im Mittelpunkt M_u des Umkreises durch die Eckpunkte.
Für die Höhen (**Bild 8d**) gilt: $h_a : h_b : h_c = 1/a : 1/b : 1/c$.

Sätze: Von je zwei verschieden großen Seiten eines Dreiecks liegt der größeren Seite der größere Winkel gegenüber. – Die Summe der Innenwinkel beträgt 180°. – Für Dreiecke folgen aus einer Formel zwei weitere durch zyklische Vertauschungen, also durch Ersetzen der Zahlentripel

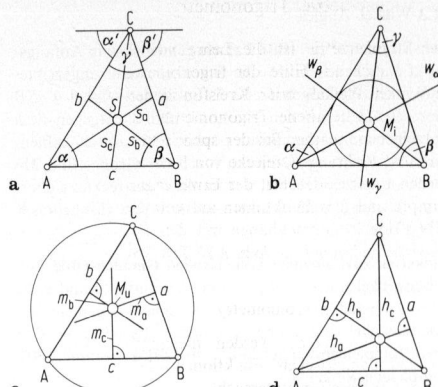

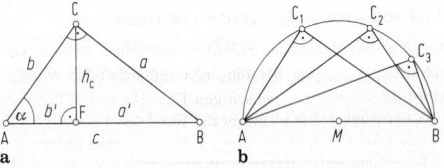

Bild 8. Dreieck. **a** Seitenhalbierende und Schwerpunkt; **b** Winkelhalbierende und Innenkreis; **c** Mittelsenkrechte und Umkreis; **d** Höhen

(a, b, c) und (α, β, γ) durch (b, c, a) und (β, γ, α) oder (c, a, b) und (γ, α, β).

Einteilung. Sie erfolgt nach Winkeln in spitz-, recht- und stumpfwinklige Dreiecke sowie nach den Seiten in gleichseitige und gleichschenklige Dreiecke.

Rechtwinkliges Dreieck

Hier heißen die Schenkel des rechten Winkels Katheten (a und b in **Bild 9a**) und die ihm gegenüberliegende Seite Hypotenuse (c).

Bild 9. Sätze des rechtwinkligen Dreiecks. **a** Pythagoras und Höhensatz; **b** Thales

Satz von Thales. Der geometrische Ort aller Dreieckpunkte C_i, die mit einer gegebenen Strecke $\overline{AB}$ ein rechtwinkliges Dreieck bilden, ist der Kreis durch A und B mit Mittelpunkt M auf der Strecke $\overline{AB}$ (**Bild 9b**). Im rechtwinkligen Dreieck mit den Katheten a und b teilt der Fußpunkt F der Höhe h_c die Hypotenuse c in die Abschnitte a' und b', die Projektionen der Katheten auf die Hypotenuse.

Höhensatz, Sätze von Euklid und Pythagoras. Sie lauten

$$h_c^2 = a'b'; \tag{3}$$
$$a^2 = a'c, \quad b^2 = b'c; \tag{4}$$
$$a^2 + b^2 = c^2. \tag{5}$$

Im rechtwinkligen Dreieck ist das Quadrat der Hypotenusenlänge gleich der Summe der Quadrate der Kathetenlängen. Der Beweis folgt aus der Ähnlichkeit der Dreiecke $\triangle(ABC), \triangle(ACF)$ und $\triangle(CBF)$. Seine allgemeine Form ist der Kosinussatz (s. A4.2.2). Dreiecke lassen sich durch ihre Höhe in rechtwinklige Teildreiecke zerlegen. Konvexe Polygone betehen aus einzelnen Dreiecken (s. A4.2.2).

Beispiel: Beweis für die Konstruktion des goldenen Schnitts. – Nach **Bild 7b** mit $|\overline{AB}| = a, |\overline{AT}| = x = |\overline{AS}|, |\overline{TB}| = a - x$ und $|\overline{MB}| = a/2$ gilt im Dreieck $\triangle ABM$ der Satz des Pythagoras: $a^2 + a^2/4 = (x + a/2)^2$ bzw. $a : x = x : (a - x)$, also stetige Teilung.

4.2 Trigonometrie. Trigonometry

Die Trigonometrie ist die Lehre von der Berechnung der Dreiecke mit Hilfe der trigonometrischen Funktionen, auch Winkel- oder Kreisfunktionen genannt. Die hier behandelte ebene Trigonometrie setzt das Dreieck in der Ebene voraus. Bei der sphärischen Trigonometrie dagegen werden die Dreiecke von Kreisbögen auf Kugeloberflächen gebildet. Mit der Erweiterung der Definition trigonometrischer Funktionen auf komplexe Variable ergeben sich Zusammenhänge mit den Exponential- und Hyperbelfunktionen (s. **Anh. A 10 Tab. 2 u. 3**).

4.2.1 Goniometrie. Goniometry

In der Goniometrie werden diejenigen Beziehungen der trigonometrischen Funktionen, die allein Winkel (s. A 4.1.3) betreffen, untersucht.

Trigonometrische Funktionen

Sie sind zunächst für ungerichtete spitze Winkel im rechtwinkligen Dreieck als Verhältnisse von Seitenlängen definiert. Entsprechend **Bild 9a** gilt mit der Ankathete b, der Gegenkathete a und der Hypotenuse c

Sinus:	$\sin\alpha = a/c = 1/\operatorname{cosec}\alpha$;	(6)
Kosinus:	$\cos\alpha = b/c = 1/\sec\alpha$;	(7)
Tangens:	$\tan\alpha = a/b,\ \alpha \neq 90°$;	(8)
Kotangens:	$\cot\alpha = b/a,\ \alpha \neq 0°$.	(9)

Trigonometrischer Satz von Pythagoras

$$\sin^2\alpha + \cos^2\alpha = 1; \qquad (10)$$
$$\tan\alpha = 1/\cot\alpha = \sin\alpha/\cos\alpha,$$
$$1 + \tan^2\alpha = 1/\cos^2\alpha, \quad 1 + \cot^2\alpha = 1/\sin^2\alpha \qquad (11)$$
$$\sin(90° - \alpha) = \cos\alpha, \quad \cos(90° - \alpha) = \sin\alpha,$$
$$\tan(90° - \alpha) = \cot\alpha, \quad \cot(90° - \alpha) = \tan\alpha. \qquad (12)$$

Die Anwendung der Definitionen auf rechtwinklige Dreiecke als Teile von gleichseitigen Dreiecken oder Quadraten der Kantenlänge 1 ergibt die Werte für einige wichtige Winkel:

α	$0°$	$30°$	$45°$	$60°$	$90°$
$\sin\alpha$	0	1/2	$(1/2)\sqrt{2}$	$(1/2)\sqrt{3}$	1
$\cos\alpha$	1	$(1/2)\sqrt{3}$	$(1/2)\sqrt{2}$	1/2	0
$\tan\alpha$	0	$(1/3)\sqrt{3}$	1	$\sqrt{3}$	∞
$\cot\alpha$	∞	$\sqrt{3}$	1	$(1/3)\sqrt{3}$	0

Funktionen beliebiger Winkel. Bild 10a zeigt die für einen auf dem Kreis umlaufenden Punkt $P = (x, y)$ geltenden Zuordnungen für beliebige Winkel φ. Die trigonometrischen Funktionen (**Bild 10b**) – als Menge von Punktpaaren (x, y) im Sinne der Abbildung einer Menge $\{x\}$ ($x = \varphi/\mathrm{rad}$ Zahlenwert des Winkels, s. A 4.1.3) – sind

$$\left.\begin{aligned} [\sin] &= \{(x, y) | x \in \mathbb{R},\ y \in [-1, 1],\ x \mapsto y = \sin x\}; \\ [\cos] &= \{(x, y) | x \in \mathbb{R},\ y \in [-1, 1],\ x \mapsto y = \cos x\}; \\ [\tan] &= \{(x, y) | x \in \mathbb{R} \setminus \{(2n+1)\pi/2 | n \in \mathbb{Z}\}, \\ & \qquad x \mapsto y = \tan x\}, \\ [\cot] &= \{(x, y) | x \in \mathbb{R} \setminus \{n\pi | n \in \mathbb{Z}\},\ x \mapsto y = \cot x\}. \end{aligned}\right\} \quad (13)$$

cos- und sin-Funktionen sind beschränkt und periodisch mit der Periode 2π, d.h. $\sin(x + 2\pi n) = \sin x$, $\cos(x + 2\pi n) = \cos x$; $n \in \mathbb{Z}$. tan- und cot-Funktionen sind unbeschränkt und periodisch mit der Periode π, d.h. $\tan(x + \pi n) = \tan x$, $\cot(x + \pi n) = \cot x$, $n \in \mathbb{Z}$. Sie haben Unstetigkeitsstellen (s. Gln. (13)).
Nullstellen der Funktionen für $k \in \mathbb{Z}$:
$$\sin x = \tan x = 0 \quad \text{für} \quad x = x_k = k\pi,$$
$$\cos x = \cot x = 0 \quad \text{für} \quad x = x_k = (2k+1)\pi/2.$$

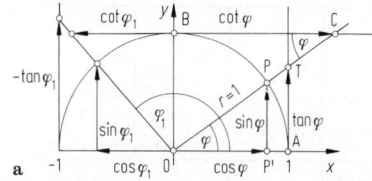

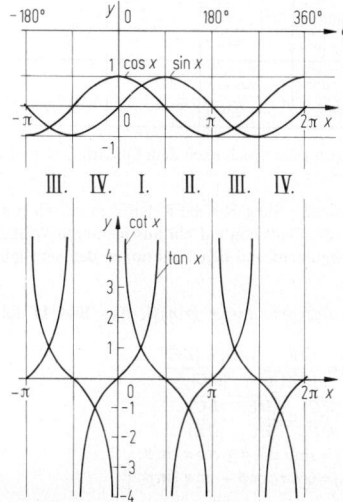

Bild 10. Trigonometrische Funktionen. **a** Einheitskreis; **b** Darstellung

Ungerade Funktionen:
$$\sin(-x) = -\sin x, \quad \tan(-x) = -\tan x,$$
$$\cot(-x) = -\cot x.$$

Gerade Funktion: $\cos(-x) = \cos x$.
Die Beträge aller Funktionswerte sind aus dem Intervall $0 \leq x \leq \pi/2$ (I. Quadrant) zu entnehmen und daher in Tabellen nur für dieses Intervall angegeben. *Zur Reduktion auf das Intervall* $0 \leq x \leq \pi/2$ gelten die Beziehungen sinngemäß auch für den Winkel φ in Grad, d.h. $0 \leq \varphi \leq 90°$, daher auch als Quadrantenrelationen bezeichnet

$z =$	$\pm x$	$\pi/2 \pm x$	$\pi \pm x$	$3\pi/2 \pm x$	$2\pi - x$	
$\sin z =$	$\pm\sin x$	$+\cos x$	$\mp\sin x$	$-\cos x$	$-\sin x$	
$\cos z =$	$+\cos x$	$\mp\sin x$	$-\cos x$	$\pm\sin x$	$+\cos x$	(14)
$\tan z =$	$\pm\tan x$	$\mp\cot x$	$\pm\tan x$	$\mp\cot x$	$-\tan x$	
$\cot z =$	$\pm\cot x$	$\mp\tan x$	$\pm\cot x$	$\mp\tan x$	$-\cot x$	

Für Argumente $|x| > 2\pi$ ist zuerst die Restklasse
$$z = x \bmod(2\pi) = \operatorname{sign}(x)\{|x| - 2\pi \cdot \operatorname{ent}[|x|/(2\pi)]\}$$
zu bilden, d.h. von $|x|$ das größte ganzzahlige Vielfache von 2π, das kleiner bzw. gleich $|x|$ ist, zu subtrahieren. Hierbei ist $\operatorname{ent}(x)$ die größte ganze Zahl kleiner bzw. gleich x.

Funktionen desselben Arguments. Sie ergeben sich aus den in **Bild 10a** benutzten Dreiecken mit dem Satz von Pythagoras (s. Gln. (10) bis (12)).

gege-ben gesucht	$\sin x$	$\cos x$	$\tan x$	$\cot x$
$\sin x =$	–	$\pm\sqrt{1-\cos^2 x}$	$\pm\dfrac{\tan x}{\sqrt{1+\tan^2 x}}$	$\pm\dfrac{1}{\sqrt{1+\cot^2 x}}$
$\cos x =$	$\pm\sqrt{1-\sin^2 x}$	–	$\pm\dfrac{1}{\sqrt{1+\tan^2 x}}$	$\pm\dfrac{\cot x}{\sqrt{1+\cot^2 x}}$
$\tan x =$	$\dfrac{\sin x}{\sqrt{1-\sin^2 x}}$	$\pm\dfrac{\sqrt{1-\cos^2 x}}{\cos x}$	–	$\dfrac{1}{\cot x}$
$\cot x =$	$\pm\dfrac{\sqrt{1-\sin^2 x}}{\sin x}$	$\pm\dfrac{\cos x}{\sqrt{1-\cos^2 x}}$	$\dfrac{1}{\tan x}$	–

$$(15)$$

Das Vorzeichen richtet sich nach dem Quadranten, in dem x liegt.

Additionstheoreme. Sie geben die Relationen zwischen der Anwendung der Funktion auf ein aus mehreren Winkeln gebildetes Argument und den Funktionen der beteiligten Winkel an.

Summe und Differenz zweier Winkel. Aus **Bild 11** folgt z.B.

$$\sin(\alpha+\beta) = \frac{|\overline{AE}|}{|\overline{OE}|} = \frac{|\overline{AD}|+|\overline{DE}|}{|\overline{OE}|}$$

$$= \frac{|\overline{CB}|}{|\overline{OC}|}\cdot\frac{|\overline{OC}|}{|\overline{OE}|} + \frac{|\overline{DE}|}{|\overline{EC}|}\cdot\frac{|\overline{EC}|}{|\overline{OE}|},$$

$$\left.\begin{aligned}
\sin(\alpha\pm\beta) &= \sin\alpha\cos\beta\pm\cos\alpha\sin\beta;\\
\cos(\alpha\pm\beta) &= \cos\alpha\cos\beta\mp\sin\alpha\sin\beta;\\
\tan(\alpha\pm\beta) &= \frac{\tan\alpha\pm\tan\beta}{1\mp\tan\alpha\tan\beta},\\
\cot(\alpha\pm\beta) &= \frac{\cot\alpha\cot\beta\mp1}{\cot\beta\pm\cot\alpha}.
\end{aligned}\right\} \quad (16)$$

$$\left.\begin{aligned}
\sin(\alpha+\beta)+\sin(\alpha-\beta) &= 2\sin\alpha\cos\beta,\\
\sin(\alpha+\beta)-\sin(\alpha-\beta) &= 2\cos\alpha\sin\beta;\\
\cos(\alpha+\beta)+\cos(\alpha-\beta) &= 2\cos\alpha\cos\beta,\\
\cos(\alpha+\beta)-\cos(\alpha-\beta) &= -2\sin\alpha\sin\beta;\\
\sin(\alpha+\beta)\sin(\alpha-\beta) &= \cos^2\beta-\cos^2\alpha\\
&= \sin^2\alpha-\sin^2\beta;\\
\cos(\alpha+\beta)\cos(\alpha-\beta) &= \cos^2\beta-\sin^2\alpha\\
&= \cos^2\alpha-\sin^2\beta.
\end{aligned}\right\} \quad (17)$$

Vielfache und Teile eines Winkels. Mit $\beta=\alpha$ oder $\alpha/2$ folgen

$$\left.\begin{aligned}
\sin2\alpha &= 2\sin\alpha\cos\alpha, \quad \sin\alpha = 2\sin(\alpha/2)\cos(\alpha/2);\\
\cos2\alpha &= \cos^2\alpha-\sin^2\alpha,\\
\cos\alpha &= \cos^2(\alpha/2)-\sin^2(\alpha/2);\\
\tan2\alpha &= \frac{2\tan\alpha}{1-\tan^2\alpha}, \quad \tan\alpha = \frac{2\tan(\alpha/2)}{1-\tan^2(\alpha/2)};\\
\cot2\alpha &= \frac{\cot^2\alpha-1}{2\cot\alpha}, \quad \cot\alpha = \frac{\cot^2(\alpha/2)-1}{2\cot(\alpha/2)}.
\end{aligned}\right\} \quad (18)$$

$$\left.\begin{aligned}
\sin3\alpha &= 3\sin\alpha-4\sin^3\alpha,\\
\sin4\alpha &= 8\sin\alpha\cos^3\alpha-4\sin\alpha\cos\alpha;\\
\cos3\alpha &= 4\cos^3\alpha-3\cos\alpha,\\
\cos4\alpha &= 8\cos^4\alpha-8\cos^2\alpha+1.
\end{aligned}\right\} \quad (19)$$

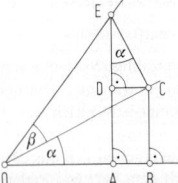

Bild 11. Zur Ableitung der Additionstheoreme

$$\sin(n\alpha) = \binom{n}{1}\sin\alpha\cos^{n-1}\alpha - \binom{n}{3}\sin^3\alpha\cos^{n-3}\alpha$$

$$+ \binom{n}{5}\sin^5\alpha\cos^{n-5}\alpha - +\dots;$$

$$\cos(n\alpha) = \binom{n}{0}\cos^n\alpha - \binom{n}{2}\sin^2\alpha\cos^{n-2}\alpha$$

$$+ \binom{n}{4}\sin^4\alpha\cos^{n-4}\alpha - +\dots$$

Satz von Euler und Moivre. Für komplexe Zahlen (s. A 2.2.3) gilt $\exp(\mathrm{i}\alpha) = \cos\alpha + \mathrm{i}\sin\alpha$ und $(\cos\alpha + \mathrm{i}\sin\alpha)^n = \cos(n\alpha) + \mathrm{i}\sin(n\alpha) = \exp(n\,\mathrm{i}\alpha)$.

Potenzen der Funktionen. Die Umformung der Gln. (18) liefert

$$\left.\begin{aligned}
\sin^2\alpha &= (1-\cos2\alpha)/2, \quad \cos^2\alpha = (1+\cos2\alpha)/2,\\
\sin^3\alpha &= (3\sin\alpha-\sin3\alpha)/4,\\
\cos^3\alpha &= (3\cos\alpha+\cos3\alpha)/4.
\end{aligned}\right\} \quad (20)$$

Summen und Differenzen der Funktionen. Sie ergeben sich aus den Gln. (16) mit $\alpha'+\beta'=\beta$ und $\alpha'-\beta'=\alpha$ zu

$$\left.\begin{aligned}
\sin\alpha\pm\sin\beta &= 2\sin\frac{\alpha\pm\beta}{2}\cdot\cos\frac{\alpha\mp\beta}{2},\\
\cos\alpha+\cos\beta &= 2\cos\frac{\alpha+\beta}{2}\cdot\cos\frac{\alpha-\beta}{2},\\
\cos\alpha-\cos\beta &= -2\sin\frac{\alpha+\beta}{2}\cdot\sin\frac{\alpha-\beta}{2}.
\end{aligned}\right\} \quad (21)$$

Zyklometrische Funktionen

Sie werden auch Arcus- oder Bogenfunktionen genannt und sind die Umkehrfunktionen (Inversen) der trigonometrischen Funktionen. Die Spiegelung der trigonometrischen Funktionskurven an der Geraden $y=x$ ergibt die Kurven der zyklometrischen Funktionen (**Bild 12**) in dem mit „Hauptwerte" gekennzeichneten Bereich. Die implizierte Form der Umkehrfunktion zum Sinus ist $x=\sin y$, die explizite $y=\arcsin x$. Letztere besagt, daß am Einheitskreis y der Zahlenwert des Bogens ist, dessen Sinus gleich x ist. Im **Bild 13** sind y und z Winkel; y ist im positiven Sinn, z entgegengesetzt skaliert. Damit gilt

$$\left.\begin{aligned}
&[\arcsin] = \{(x,y)\,|\,x\in[-1,1], y\in[-\pi/2,\pi/2],\\
&\quad x\mapsto y=\arcsin x\},\\
&[\arccos] = \{(x,y)\,|\,x\in[-1,1], y\in[0,\pi],\\
&\quad x\mapsto y=\arccos x\},\\
&[\arctan] = \{(x,y)\,|\,x\in\mathbb{R}, y\in(-\pi/2,\pi/2),\\
&\quad x\mapsto y=\arctan x\},\\
&[\mathrm{arccot}] = \{(x,y)\,|\,x\in\mathbb{R}, y\in(0,\pi),\\
&\quad x\mapsto y=\mathrm{arccot}\,x\}.
\end{aligned}\right\} \quad (22)$$

Im angelsächsischen Sprachgebrauch gelten für diese Funktionen die Bezeichnungen $\sin^{-1}$, $\cos^{-1}$, $\tan^{-1}$ und $\cot^{-1}$ (z.B. auf Taschenrechnern).

Die Gln. (22) erklären zusammen mit den Gln. (13) die Umkehridentitäten:

$$\left.\begin{aligned}
\sin(\arcsin x) &\equiv x &&\text{für } x\in[-1,1],\\
\arcsin(\sin x) &\equiv x &&\text{für } x\in[-\pi/2,\pi/2];\\
\cos(\arccos x) &\equiv x &&\text{für } x\in[-1,1],\\
\arccos(\cos x) &\equiv x &&\text{für } x\in[0,\pi];\\
\tan(\arctan x) &\equiv x &&\text{für } x\in\mathbb{R},\\
\arctan(\tan x) &\equiv x &&\text{für } x\in(-\pi/2,\pi/2);\\
\cot(\mathrm{arccot}\,x) &\equiv x &&\text{für } x\in\mathbb{R},\\
\mathrm{arccot}(\cot x) &\equiv x &&\text{für } x\in(0,\pi).
\end{aligned}\right\} \quad (23)$$

Eigenschaften. Alle vier zyklometrischen Funktionen sind im Bereich der Hauptwerte beschränkt.
Nullstellen: $\arcsin x = 0$ für $x=0$, $\arccos x = 0$ für $x=1$ und $\arctan x = 0$ für $x=0$.
Ungerade Funktionen: $\arcsin(-x) = -\arcsin x$, $\arctan(-x) = -\arctan x$.

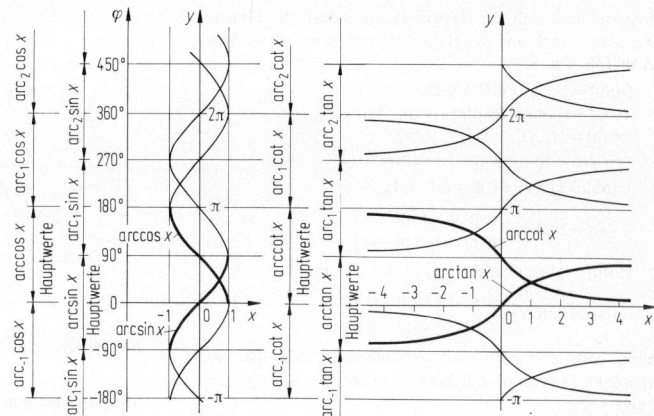

Bild 12. Zyklometrische Funktionen

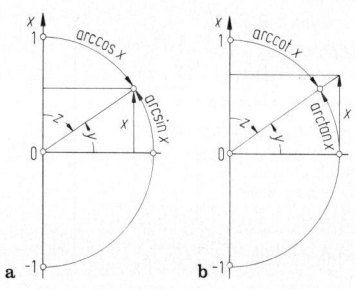

a -1 **b** -1

x	y	z	x	y	z
1	$\pi/2$	0	1	$\pi/4$	$\pi/4$
0	0	$\pi/2$	0	0	$\pi/2$
-1	$-\pi/2$	π	-1	$-\pi/4$	$3\pi/4$

Bild 13. Bogenfunktionswerte am Einheitskreis. **a** für $y = \arcsin x$ und $z = \arccos x$; **b** für $y = \arctan x$ und $z = \text{arccot}\, x$

Negative Argumente: $\arccos(-x) = \pi - \arccos x$, $\text{arccot}(-x) = \pi - \text{arccot}\, x$.

k-ter Monotoniebereich der Sinus-Funktion: Mit $-\pi/2 + k\pi \leqq x \leqq \pi/2 + k\pi$ ist die Umkehrfunktion für diesen Bereich der k-te Nebenwert $\text{arc}_k \sin x$ für $k \in \mathbb{Z}$. Damit wird

$y = \text{arc}_k \sin x = k\pi + (-1)^k \arcsin x$
für $y \in [-\pi/2 + k\pi, k\pi + \pi/2]$,

$y = \begin{cases} k\pi + \arccos x & \text{für } k \text{ gerade} \\ (k+1)\pi - \arccos x & \text{für } k \text{ ungerade} \end{cases}$
und $y \in [k\pi, (k+1)\pi]$,

$y = \text{arc}_k \tan x = k\pi + \arctan x$
für $y \in (-\pi/2 + k\pi, k\pi + \pi/2)$,

$y = \text{arc}_k \cot x = k\pi + \text{arccot}\, x$ für $y \in (k\pi, (k+1)\pi)$;

$k = 0$ liefert die Hauptwerte.

Beispiel: $0{,}1(x-4)^2 + \sin x = 0$. – Einer Skizze entnimmt man den Schnittpunkt der Parabel $y = -0{,}1(x-4)^2$ mit der Sinuskurve und daß ein Wert $x \in (\pi, 4)$ sein muß. Will man mit dem Iterationsverfahren (s. A 9.2.1) x_{i+1} aus x_i berechnen, so ist

$$x_{i+1} = \pi - \arcsin[-(x_i - 4)^2/10] = \pi + \arcsin[(x_i - 4)^2/10]$$

zu bilden und damit auf den für die Inversion gültigen Monotoniebereich zu reduzieren. Mit $x_0 = 3{,}2$ erhält man nach einigen Schritten $x_i = 3{,}20486$ als brauchbare Näherungslösung.

Beziehungen im Bereich der Hauptwerte. Es gelten:

$$\left.\begin{aligned} &\arcsin x = \pi/2 - \arccos x = \arctan(x/\sqrt{1-x^2}),\\ &\arccos x = \pi/2 - \arcsin x = \arccos(x/\sqrt{1-x^2}),\\ &\arctan x = \pi/2 - \text{arccot}\, x = \arcsin(x/\sqrt{1+x^2}),\\ &\text{arccot}\, x = \pi/2 - \arctan x = \arccos(x/\sqrt{1+x^2}),\\ &\text{arccot}\, x = \begin{cases} \arctan(1/x) & \text{für } x > 0,\\ \pi + \arctan(1/x) & \text{für } x < 0. \end{cases} \end{aligned}\right\} \quad (24)$$

Hyperbelfunktionen

Sie sind spezielle Linearkombinationen der Exponentialfunktion (**Bild 14a**), die sich als Lösung einer Reihe technischer Probleme ergeben, wie der Hyperbelsinus (sinus

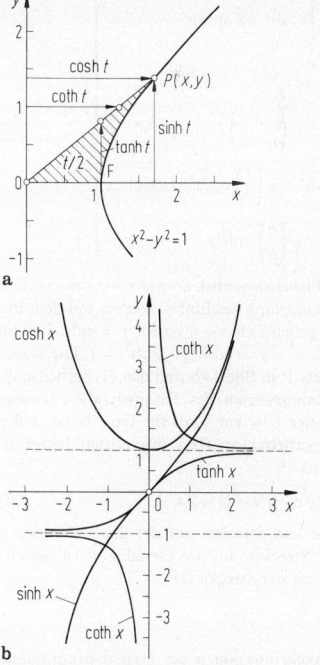

Bild 14. a Einheitshyperbel mit Sektor $t/2$ schraffiert; **b** Funktionsverlauf (Graph)

hyperbolicus) sinh, der Hyperbelkosinus cosh, der Hyperbeltangens tanh und der Hyperbelkotangens coth (s. **Anh. A 10 Tab. 4 u. 5**).

$$
\left.
\begin{aligned}
&[\sinh] = \{(x,y)|x \in \mathbb{R}, y \in \mathbb{R}, \\
&x \mapsto y = \sinh x = [\exp(x) - \exp(-x)]/2\}; \\
&[\cosh] = \{(x,y)|x \in \mathbb{R}, y \in [1,\infty), \\
&x \mapsto y = \cosh x = [\exp(x) + \exp(-x)]/2\}; \\
&[\tanh] = \Big\{(x,y)|x \in \mathbb{R}, y \in (-1,1), \\
&x \mapsto y = \tanh x = \frac{\exp(x) - \exp(-x)}{\exp(x) + \exp(-x)} \Big\}; \\
&[\coth] = \Big\{(x,y)|x \in \mathbb{R} \setminus \{0\}, y \in \mathbb{R} \setminus (-1,1), \\
&x \mapsto y = \coth x = \frac{\exp(x) + \exp(-x)}{\exp(x) - \exp(-x)} \Big\}.
\end{aligned}
\right\} \quad (25)
$$

sinh, cosh und coth sind unbeschränkt, tanh ist beschränkt. tanh und coth haben horizontale Asymptoten bei $y = \pm 1$.
Nullstellen: $\sinh x = 0$ für $x = 0$, $\tanh x = 0$ für $x = 0$.
Gerade Funktion: $\cosh(-x) = \cosh x$.
Ungerade Funktionen: $\sinh(-x) = -\sinh x$,

$$\tanh(-x) = -\tanh x, \quad \coth(-x) = -\coth x.$$

Definitionsgemäß ist

$$
\left.
\begin{aligned}
&\tanh x = \sinh x/\cosh x = 1/\coth x, \\
&\sinh x + \cosh x = \exp(x), \\
&\sinh x - \cosh x = -\exp(-x), \\
&\cosh^2 x - \sinh^2 x = 1, \quad 1 - \tanh^2 x = 1/\cosh^2 x, \\
&\coth^2 x - 1 = 1/\sinh^2 x.
\end{aligned}
\right\} \quad (26)
$$

Additionstheoreme. Analog den Kreisfunktionen gilt

$$
\left.
\begin{aligned}
&\sinh(x \pm y) = \sinh x \cosh y \pm \cosh x \sinh y, \\
&\cosh(x \pm y) = \cosh x \cosh y \pm \sinh x \sinh y, \\
&\tanh(x \pm y) = \frac{\tanh x \pm \tanh y}{1 \pm \tanh x \tanh y}, \\
&\coth(x \pm y) = \frac{1 \pm \coth x \coth y}{\coth x \pm \coth y}.
\end{aligned}
\right\} \quad (27)
$$

$$
\left.
\begin{aligned}
\sinh(nx) &= \binom{n}{1} \cosh^{n-1} x \sinh x \\
&+ \binom{n}{3} \cosh^{n-3} x \sinh^3 x \\
&+ \ldots + \binom{n}{n-1} \cosh x \sinh^{n-1} x, \\
\cosh(nx) &= \cosh^n x + \binom{n}{2} \cosh^{n-2} x \sinh^2 x \\
&+ \ldots + \binom{n}{n} \sinh^n x.
\end{aligned}
\right\} \quad (28)
$$

Deutung an der Einheitshyperbel. So wie $x = \cos \varphi, y = \sin \varphi$ eine Parameterdarstellung des Einheitskreises mit dem Parameter φ ist, ergeben sich $x = \pm \cosh t$, $y = \sinh t$ für die Einheitshyperbel. $x^2 - y^2 = \cosh^2 t - \sinh^2 t = 1$. Die Koordinaten des Punkts P in **Bild 14b** sind den Hyperbelsinus- und Hyperbelkosinuswerten des Parameters t zuzuordnen. Der Parameter t ist ein Maß für die Fläche A des schraffierten Hyperbelsektors OPF, wie mittels Integration nachweisbar ist.

$$t = \ln(\cosh t + \sqrt{\cosh^2 t - 1}) = 2A. \quad (29)$$

Die tanh-t-Werte sind Strecken auf der Scheiteltangente, die coth-t-Werte Strecken auf der Geraden $y = 1$, jeweils bis zum Schnitt mit der Strecke $\overline{OP}$.

Areafunktionen

Sie sind die Umkehrfunktionen der Hyperbelfunktionen (**Bild 15**). Der Name (area=Fläche) erklärt sich aus der Deutung der Hyperbelfunktion (**Bild 14b**) an der Ein-

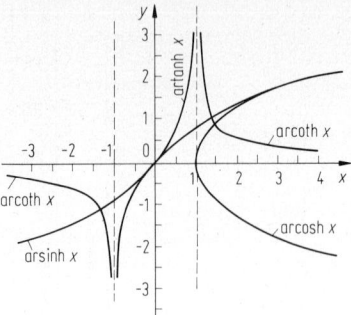

Bild 15. Areafunktionen

heitshyperbel. Für den Hyperbelsinus (überall streng monoton) $y = \sinh x$ ergibt sich als Inverse in impliziter Form $x = \sinh y$ bzw. explizit $y = \operatorname{arsinh} x$. Für die Graphen der Areafunktionen gilt

$$
\left.
\begin{aligned}
&[\operatorname{arsinh}] = \{(x,y)|x \in \mathbb{R}, y \in \mathbb{R}, \\
&x \mapsto y = \operatorname{arsinh} x = \ln(x + \sqrt{x^2 + 1})\}; \\
&[\operatorname{arcosh}] = \{(x,y)|x \in [1,\infty), y \in [0,+\infty), \\
&x \mapsto y = \operatorname{arcosh} x = +\ln(x + \sqrt{x^2 - 1})\}; \\
&[\operatorname{artanh}] = \Big\{(x,y)|x \in (-1,1), y \in \mathbb{R}, \\
&x \mapsto y = \operatorname{artanh} x = \tfrac{1}{2} \ln \frac{1+x}{1-x} \Big\}; \\
&[\operatorname{arcoth}] = \Big\{(x,y)|x \in \mathbb{R} \setminus [-1,1], y \in \mathbb{R} \setminus \{0\}, \\
&x \mapsto y = \operatorname{arcoth} x = \tfrac{1}{2} \ln \frac{x+1}{x-1} \Big\}.
\end{aligned}
\right\} \quad (30)
$$

So folgt aus Gl. (29) $2A = t = \ln(x + \sqrt{x^2 - 1}) = \operatorname{arcosh} x$ mit $x = \cosh t$.

Umkehridentitäten. Sie sind mithin

$$
\left.
\begin{aligned}
&\sinh(\operatorname{arsinh} x) \equiv x \equiv \operatorname{arsinh}(\sinh x) \quad \text{für } x \in \mathbb{R}, \\
&\cosh(\operatorname{arcosh} x) \equiv x \quad \text{für } x \in [1,\infty) \quad \text{und} \\
&\operatorname{arcosh}(\cosh x) \equiv x \quad \text{für } x \in [0,\infty), \\
&\tanh(\operatorname{artanh} x) \equiv x \quad \text{für } x \in (-1,1) \quad \text{und} \\
&\operatorname{artanh}(\tanh x) \equiv x \quad \text{für } x \in \mathbb{R}, \\
&\coth(\operatorname{arcoth} x) = x \quad \text{für } x \in \mathbb{R} \setminus [-1,1] \quad \text{und} \\
&\operatorname{arcoth}(\coth x) = x \in \mathbb{R} \setminus \{0\}.
\end{aligned}
\right\} \quad (31)
$$

Eigenschaften. Ungerade Funktionen sind

$$\operatorname{arsinh}(-x) = -\operatorname{arsinh} x, \quad \operatorname{artanh}(-x) = -\operatorname{artanh} x,$$
$$\operatorname{arcoth}(-x) = -\operatorname{arcoth} x.$$

Weiterhin gilt

$$
\left.
\begin{aligned}
\operatorname{arsinh} x &= \begin{cases} \operatorname{arcosh}(\sqrt{x^2 + 1}) & \text{für } x > 0, \\ -\operatorname{arcosh}(\sqrt{x^2 + 1}) & \text{für } x < 0, \\ \operatorname{artanh} \dfrac{x}{\sqrt{x^2 + 1}} = \operatorname{arcoth} \dfrac{\sqrt{x^2 + 1}}{x}; \end{cases} \\
\operatorname{arcosh} x &= \pm \operatorname{arsinh}(\sqrt{x^2 - 1}) \\
&= \pm \operatorname{artanh} \left(\frac{\sqrt{x^2 - 1}}{x} \right) \\
&= \pm \operatorname{arcoth} \left(\frac{x}{\sqrt{x^2 - 1}} \right).
\end{aligned}
\right\} \quad (32)
$$

4.2.2 Berechnung von Dreiecken und Flächen
Calculation of triangles and areas

Die Berechnung fehlender Bestimmungsstücke eines Dreiecks aus gegebenen kann mit Hilfe der trigonometrischen Funktionen über den in A 4.1.7 dargestellten Umfang für rechtwinklige Dreiecke hinaus erweitert werden. Das Problem ist gelöst, wenn aus drei gegebenen Größen drei andere berechnet werden können.

Rechtwinkliges Dreieck. Hier (**Bild 9a**) gelten nach dem Satz von Pythagoras mit den trigonometrischen Funktionen die Lösungen in **Tab. 1** für die fünf Grundaufgaben.

Tabelle 1. Grundaufgaben für rechtwinklige Dreiecke ($\gamma = 90°$)

Fall	gegeben	gesucht		
SWS	a, γ, b	$c = \sqrt{a^2 + b^2}$	$\tan\alpha = a/b$	$\tan\beta = b/a$
SSW	c, a, γ	$b = \sqrt{c^2 - a^2}$	$\sin\alpha = a/c$	$\cos\beta = a/c$
WSW	α, c, γ	$a = \sqrt{c^2 - b^2}$	$c = b/\cos\alpha$	$\beta = 90° - \alpha$
SWW	c, γ, α	$a = c\sin\alpha$	$b = c\cos\alpha$	$\beta = 90° - \alpha$
SWW	a, γ, α	$c = a/\sin\alpha$	$b = a/\tan\alpha$	$\beta = 90° - \alpha$

S Seite, W Winkel

Schiefwinkliges Dreieck. In ihm gelten die folgenden Sätze (zyklische Vertauschungen sind gekennzeichnet mit $\curvearrowright$):

$Sinussatz:\ \dfrac{a}{\sin\alpha} = \dfrac{b}{\sin\beta} = \dfrac{c}{\sin\gamma} = 2r.$ (33)

Kosinussatz oder verallgemeinerter Satz von Pythagoras:

$$\left.\begin{array}{l} a^2 = b^2 + c^2 - 2bc\,\cos\alpha; \\ \text{zyklische Vertauschung führt zu} \\ b^2 = c^2 + a^2 - 2ca\,\cos\beta \quad\text{und} \\ c^2 = a^2 + b^2 - 2ab\,\cos\gamma. \end{array}\right\}$$ (34)

Bedingte Identitäten für die Winkelfunktionen: Wegen $\alpha + \beta + \gamma = 180°$ folgen aus den Additionstheoremen

$\sin\alpha = \sin(\beta + \gamma),$
$\sin(\alpha/2) = \cos[(\beta + \gamma)/2], \quad \cos\alpha = -\cos(\beta + \gamma),$
$\cos(\alpha/2) = \sin[(\beta + \gamma)/2] \quad\text{und} \quad \curvearrowright.$

Summe der Projektionen. Jede Seite läßt sich aus den beiden anderen Seiten berechnen; $a = b\cos\gamma + c\cos\beta$ und $\curvearrowright$.

Tangenssatz oder Ne_persche Formel:

$\tan\dfrac{\alpha - \beta}{2} = \dfrac{a - b}{a + b} \cdot \tan\dfrac{\alpha + \beta}{2}$

mit $\dfrac{\alpha + \beta}{2} = \dfrac{180° - \gamma}{2}$ und $\curvearrowright$. (35)

Mollweidesche Formeln:

$$\left.\begin{array}{l} (b + c)\sin(\alpha/2) = a\cos[(\beta - \gamma)/2] \quad\text{und} \\ (b - c)\cos(\alpha/2) = a\sin[(\beta - \gamma)2] \quad\text{sowie} \quad \curvearrowright. \end{array}\right\}$$ (36)

Halbwinkelsatz:

$\tan\dfrac{\alpha}{2} = \sqrt{\dfrac{(s - b)(s - c)}{s(s - a)}}$ und $\curvearrowright$. (37)

Lösung der Grundaufgaben im schiefwinkligen Dreieck s. **Tab. 2**.

Flächenberechnung s. **Tab. 4**.

Tabelle 2. Grundaufgaben für schiefwinklige Dreiecke

Fall	gegeben	gesucht
SSS	a, b, c	$\cos\alpha = (b^2 + c^2 - a^2)/(2bc); \ s = (a + b + c)/2;$ $\tan\alpha/2 = \sqrt{(s - b)(s - c)/[s(s - a)]}$ und $\curvearrowright$
SWS	a, b, γ	$c = \sqrt{a^2 + b^2 - 2ab\cos\gamma}; \ \sin\beta = b\sin\gamma/c;$ $\sin\alpha = a\sin\gamma/c; \ (\alpha + \beta)/2 = 90° - \gamma/2;$ $\tan(\alpha - \beta)/2 = (a - b)\tan(90° - \gamma/2)/(a + b);$ $\alpha = (\alpha + \beta)/2 + (\alpha - \beta)/2; \ \beta = (\alpha + \beta)/2 - (\alpha - \beta)/2;$ $c = [(a + b)\sin\gamma/2]/\cos((\alpha - \beta)/2)$
SSW	$a, b, \alpha^{a)}$	$\sin\beta = b\sin\alpha/a; \ \gamma = 180° - (\alpha + \beta);$ $c = a\sin\gamma/\sin\alpha$
WSW	α, β, c	$\gamma = 180° - (\alpha + \beta); \ a = c\sin\alpha/\sin\gamma;$ $b = c\sin\beta/\sin\gamma$
SWW	c, α, γ	s. WSW

a) Siehe Tab. 3 Merkmale für SSW.

Tabelle 3. Merkmale für SSW

Nr.	Fall		Lösung
1	$a > b$	$0 < \alpha < 180°$	eindeutig, $\beta < 90°$
2	$a = b$	$\alpha < 90°$	eindeutig, $\beta = \alpha$
3	$a < b$	$\alpha < 90°, \ a = b\sin\alpha$	eindeutig, $\beta = 90°$
4	$a < b$	$\alpha < 90°, a > b\sin\alpha$	zweideutig, $\beta_1, \beta_2 = 180° - \beta_1$

4.3 Stereometrie. Stereometry

Die Stereometrie ist die Erweiterung der in A 4.1 und A 4.2 dargestellten euklidischen Geometrie der Ebene auf den dreidimensionalen Raum, in dem die Betrachtung auf die Punkte, die nicht in einer Ebene liegen, ausgedehnt wird. Dieser Raum wird mit R^3 bezeichnet und durch ein Volumenmaß gemessen. Die Dimension eines Raums, die in der Vektoralgebra mit der Zahl der linear unabhängigen Basisvektoren definiert wird, ist in der axiomatischen Geometrie mit der Zahl der Maße zur Messung von Eigenschaften der Punktmengen erklärbar.

4.3.1 Punkt, Gerade und Ebene im Raum
Point, straight line and plane in the space

Punkt, Gerade und Ebene sind die Grundelemente des Raums. Innerhalb jeder Ebene des Raums gelten die Gesetze der Planimetrie. Die Erweiterung der Axiome und des Parallelenbegriffs ergeben mit den Symbolen $\in$ Element der Menge, $\subset$ Teilmenge, $\cap$ Durchschnitt, $\wedge$ und, $\Rightarrow$ folglich (s. A 1.1) sowie $\parallel$ parallel, $\nparallel$ nicht parallel und $\times$ windschief:

– Zwei Geraden (**Bild 16**) im Raum heißen parallel, wenn sie in einer Ebene liegen (komplanar sind) und keine oder alle Punkte gemeinsam haben. Nicht in einer Ebene liegende Geraden heißen windschief. Es gilt

  $k_{12} \parallel g \Rightarrow k_{12} \subset E_1 \wedge g \subset E_1$ und $a \times g$.

– Eine Gerade hat mit einer Ebene gemeinsam: alle Punkte $(g \subset E_1)$, den Durchstoßpunkt D $(a, b, c, d$ mit der Ebene $E_2)$ und keine Punkte (a und E_1). Hier ist $k_{12} \subset E_2$ und $D \in a \wedge D \in E_2$.

– Zwei Ebenen im Raum heißen parallel, wenn sie keine oder alle Punkte gemeinsam haben. Zwei nichtparallele Ebenen haben alle Punkte einer Geraden, der Schnittgeraden oder Kante, gemeinsam. Es ist $E_2 \parallel E_3; E_1 \nparallel E_2 \Rightarrow k_{12} = E_1 \cap E_2 =$ Kante.

– Durch einen Punkt P im Raum lassen sich unendlich viele Geraden legen. Sie bilden ein Bündel mit dem Träger D und den Elementen a, b, c und d.

– Durch einen Punkt P im Raum (**Bild 17**) lassen sich unendlich viele verschiedene Ebenen legen. Sie bilden ein Ebenenbündel mit den Elementen E_1 bis E_4 und dem Träger $k = E_1 \cap E_2 \cap E_3$. Durch mindestens drei

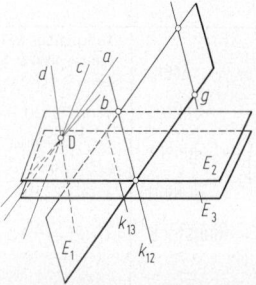

Bild 16. Geraden und Ebenen im Raum

Tabelle 4. Umfang und Fläche der wichtigsten ebenen Figuren

Allgemeine Bezeichnungen:
Seiten a, b, c, d; Innenwinkel $\alpha, \beta, \gamma, \delta$; Diagonalen e, f; Radien r_i, r_u (i innen, u außen)
h_a, h_b Höhen auf Seiten a, b; Fläche A; Umfang U

Dreiecke	
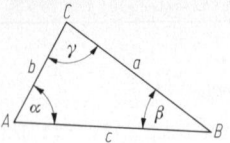	$s = (a+b+c)/2$; $A = \sqrt{s(s-a)(s-b)(s-c)}$ Heronsche Formel $h_a = b\sin\gamma$; $A = a h_a/2 = (ab\sin\gamma)/2$; $\alpha+\beta+\gamma = 180°$ $h_b = c\sin\alpha$; $A = b h_b/2 = (bc\sin\alpha)/2$ $h_c = a\sin\beta$; $A = c h_c/2 = (ca\sin\beta)/2$

konvexe Vierecke mit Sonderfällen

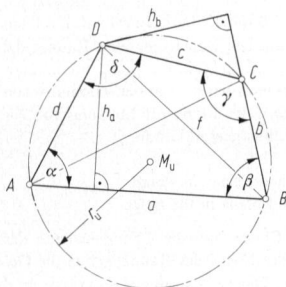

$\alpha+\beta+\gamma+\delta = 360°$; $s = (a+b+c+d)/2$; $\varepsilon = (\alpha+\gamma)/2$
$A = (a h_a + b h_b)/2 = \sqrt{(s-a)(s-b)(s-c)(s-d) - abcd\cos^2\varepsilon}$

Sehnenviereck $\alpha+\gamma = \beta+\delta = 180°$; $A = \sqrt{(s-a)(s-b)(s-c)(s-d)}$

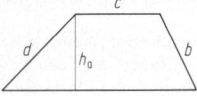 Trapez	$a \parallel c$; $m = (a+c)/2$; $A = m h_a$
Parallelogramm	$a \parallel c$; $b \parallel d$; $\alpha = \gamma$; $\beta = \delta$; $A = a h_a$
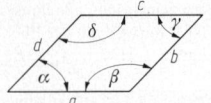 Rhombus	$a = b = c = d$; $\alpha = \gamma$; $\beta = \delta$; $A = a h_a$
Rechteck	$a = c$; $b = d$; $\alpha = \beta = \gamma = \delta = 90°$; $A = ab$; $U = 2(a+b)$
Quadrat	$a = b = c = d$; $\alpha = \beta = \gamma = \delta = 90°$; $A = a^2$; $U = 4a$

regelmäßige n-Ecke

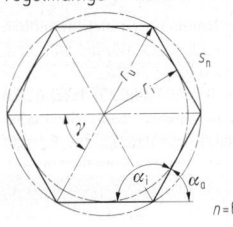

Außen-, Innenwinkel α_a, α_i; Mittelpunktswinkel γ
$\alpha_i = 90° \cdot (2n-4)/n$; $\alpha_a = 360°/n$
$s_n = 2\sqrt{r_u^2 - r_i^2}$; $r_i = \sqrt{4r_u^2 - s_n^2}/2$
$\gamma = 180° - \alpha_i$
$A = n s_n r_i/2 = 0{,}25\, n s_n \sqrt{4r_u^2 - s_n^2} = n r_u^2 \sin\gamma/2$

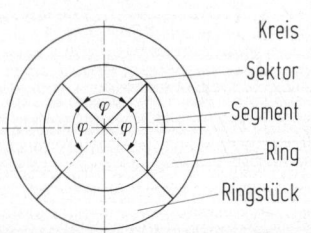 Kreis	Außenradius R, Innenradius r, Bogenlänge b, Zentriwinkel φ, Sehnenlänge s, Segmenthöhe h $A = \pi r^2$; $U = 2\pi r$
Sektor	$A = \pi r^2 \varphi/360° = r^2\varphi/2$; $b = r\varphi$
Segment	$A = r^2(\varphi - \sin\varphi)/2 = [br - s(r-h)]/2$; $s = 2\sqrt{2hr - h^2}$; $h = r - \sqrt{4r^2 - s^2}/2$ für $r < h$
Ring	$A = \pi(R^2 - r^2)$
Ringstück	$A = (R^2 - r^2)\varphi/2$

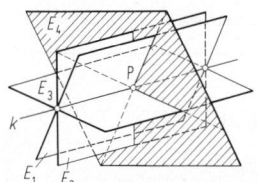

Bild 17. Ebenenbündel

Ebenen, die einen Punkt $P = E_1 \cap E_3 \cap E_4$ gemeinsam haben, wird in P eine körperliche Ecke gebildet.
- Die mathematisch positive Orientierung des Raumes entspricht einer Rechtsschraube. Die Winkel als geometrische Figuren werden durch ihre Größen ($\alpha, \beta, \gamma, \ldots$) gekennzeichnet.

4.3.2 Körper, Volumenmessung. Body, volume

Ein *Körper* ist eine abgeschlossene, einfach zusammenhängende Teilmenge des Raumes, dessen Randpunkte die *Oberfläche* des Körpers bilden, die die inneren Punkte des Körpers vollständig umschließt. Die Menge aller inneren Punkte bildet das *Volumen* (den Rauminhalt) des Körpers. Besteht die Oberfläche nur aus ebenen Flächen (Polygonen), so wird der Körper *Vielflächner* (Polyeder) genannt (z.B. Vierflächner=Tetraeder). Je zwei Polygone haben eine Seite, d.h. eine Kante des Körpers, gemeinsam. n Polygone ($n \in \mathbb{N}, n \geq 3$) haben einen Eckpunkt des Körpers gemeinsam; sie bilden eine n-kantige Ecke. Ist der Körper von krummen Oberflächen begrenzt, so heißt er *Krummflächner*. Kanten an einem Krummflächner entstehen entlang der Raumkurve, in der sich zwei Oberflächen schneiden (z.B. Kegelmantel und Grundfläche).

4.3.3 Polyeder. Polyhedra

Polyeder sind konvex, wenn für zwei beliebige Punkte des Innern oder Randes auch alle Punkte der Verbindungsstrecke zum Polyeder gehören, d.h., wenn es keine „nach innen springenden" Ecken gibt.

Satz von Euler. Bezeichnet e die Anzahl der Ecken, f die Anzahl der Flächen und k die Anzahl der Kanten, so gilt im konvexen Polyeder $e + f - k = 2$ (z.B. für den Würfel mit $e = 8$, $f = 6$ ist $k = 12$, da $8 + 6 - 12 = 2$).

Kantenwinkelsatz. An einer n-kantigen körperlichen Ecke ist die Summe aller Kantenwinkel kleiner als $360°$.

Regelmäßige Polyeder (platonische Körper) heißen die konvexen Polyeder, deren Begrenzungsflächen regelmäßige kongruente Polygone sind. Es gibt nur die folgenden fünf regelmäßigen Polyeder (s. **Tab. 5**): Tetraeder aus vier gleichseitigen Dreiecken, Hexaeder oder Würfel aus sechs Quadraten, Oktaeder aus acht gleichseitigen Dreiecken, Pentagondodekaeder aus zwölf gleichseitigen Fünfecken und Ikosaeder aus 20 gleichseitigen Dreiecken.

Abwicklung. Die längentreue Abbildung einer Fläche in eine Ebene heißt Abwicklung. Beim Polyeder ist die Abwicklung der Begrenzungsfläche durch „Aufschneiden" entlang einer ausreichenden Zahl von Kanten und „Umklappen" in ein zusammenhängendes System von Begrenzungsflächen, Netz genannt, anschaulich beschreibbar. Mit Hilfe der Abwicklung lassen sich Oberflächenmaße von Körpern und Wege zwischen Punkten auf diesem Körperrand berechnen. Als *Weg* bezeichnet man die Länge aller Teilstrecken, die eine Verbindungslinie zwischen zwei Punkten auf den Begrenzungsflächen herstellen.

4.3.4 Oberfläche und Volumen von Polyedern
Surface area and volume of polyhedra

Die Summe aller Flächeninhalte der Begrenzungspolygone eines Körpers heißt Oberfläche O. Der Rauminhalt V von Körpern ergibt sich als Produkt dreier geeigneter Strecken oder als Produkt von Grundfläche und Höhe, jeweils versehen mit einem Zahlenfaktor, der die vom Würfel abweichende Form berücksichtigt (s. **Tab. 5**).

Satz von Cavalieri. Körper mit parallelen, gleich großen Grundflächen und gleichen Höhen haben gleiches Volumen, wenn sie in gleichen Höhen über der Grundfläche flächengleiche, zur Grundfläche parallele Querschnitte haben.

4.3.5 Oberfläche und Volumen von einfachen Rotationskörpern. Surface area and volume of simple bodies of revolution

Bei der Drehung um eine Gerade im Raum, Drehachse genannt, beschreibt jeder Punkt, der nicht auf der Geraden liegt, einen Kreisbogen. Hierbei entstehen Zylinder, Kegel, Kugeln, Paraboloide, Ellipsoide und Hyperboloide als Körper (**Tab. 5**).

4.3.6 Guldinsche Regeln. Rules of Guldin

Die Guldinschen Regeln ermöglichen die Berechnung komplizierter geformter Rotationskörper. Ihre Richtigkeit ist mit den Mitteln der Integralrechnung beweisbar.

1. Guldinsche Regel zur Flächenberechnung. Der Flächeninhalt einer Rotationsfläche ist gleich dem Produkt aus der Bogenlänge s der sie erzeugenden Kurve und dem Umfang des Kreises, den der Schwerpunkt der Kurve bei einer vollen Umdrehung beschreibt (y_0 Schwerpunktabstand von der Drehachse).

$$A = 2\pi y_0 s \tag{38}$$

2. Guldinsche Regel zur Volumenberechnung. Der Rauminhalt eines Rotationskörpers ist gleich dem Produkt aus dem Flächeninhalt A der den Körper erzeugenden Fläche und dem Umfang des Kreises, den der Schwerpunkt der Fläche bei einer vollen Umdrehung beschreibt.

$$V = 2\pi y_0 A. \tag{39}$$

4.4 Darstellende Geometrie. Descriptive geometry

Die Darstellende Geometrie hat die Aufgabe, räumliche Körper und Figuren in *einer Zeichenebene* so anschaulich darzustellen, daß alle wichtigen geometrischen Maße erkennbar oder maßstabgerecht abnehmbar sind. Wegen der Informationsreduktion auf die zwei Dimensionen der Ebene sind beide Forderungen nicht gleich gut zu erfüllen; zu verwenden ist die am besten geeignete Methode.

Zentralprojektion. Die geometrischen Strahlen projizieren wie das Licht im Bild des Gegenstands. Das Projektionszentrum Z liegt in endlicher Entfernung vom Objekt O und der Bildebene π wie beim Schattenwurf mit einer punktförmigen Lampe (**Bild 18a**).

Parallelprojektion. Das Bild wird maßhaltig, wenn das Projektionszentrum Z ins Unendliche gelegt wird wie beim Schattenwurf durch die Sonne (**Bild 18b**). Gegenüber der Fotografie hat die geometrische Konstruktion den Vorteil, unsichtbare Körperkanten mittels gestrichelter Linien erkennbar zu machen.

Tabelle 5. Oberfläche und Volumen von Polyedern und Rotationskörpern; V Volumen, A_O Oberfläche, A_M Mantelfläche, A_G Grundfläche, U Umfang, h Höhe, r_u Radius der um-, r_i Radius der einbeschriebenen Kugel

Prisma	gerade	schief	Grund- und Deckfläche kongruente n-Ecke, Seitenflächen Parallelogramme $V = A_G h$; $A_O = 2 A_G + U h$; $A_M = U h$ *Quader*: gerades Prisma mit Rechteck ab, Grundfläche, Kanten a, b, c $V = abc$; $A_O = 2(ab + ac + bc)$; $A_M = 2(ac + bc)$

Pyramide		*Pyramide*: G_1 ist ein n-Eck, Seitenflächen sind Dreiecke mit Spitze in Höhe h $V = A_{G1} h/3$ gerade, regelmäßig, viereckig mit Grundkante a $V = a^2 h/3$; $A_O = a^2 + 2a\sqrt{h^2 + a^2/4}$; $A_M = 2a\sqrt{h^2 + a^2/4}$ *Pyramidenstumpf*: Deckfläche $G_2 \parallel G_1$ mit Grundkante a $V = h_s(a^2 + ab + b^2)/3$; $A_O = a^2 + b^2 + 2(a+b)\sqrt{h_s^2 + (a-b)^2/4}$; $A_M = 2(a+b)\sqrt{h_s^2 + (a-b)^2/4}$

Tetraeder		4 gleichseitige Dreiecke $V = a^3\sqrt{2}/12$; $A_O = a^2\sqrt{3}$; $r_u = a\sqrt{6}/4$; $r_i = a\sqrt{6}/12$

Hexaeder (Würfel)		6 Quadrate $V = a^3$; $A_O = 6a^2$; $r_u = a\sqrt{3}/2$; $r_i = a/2$

Oktaeder		8 gleichseitige Dreiecke $V = a^3\sqrt{2}/3$; $A_O = 2a^2\sqrt{3}$; $r_u = a\sqrt{2}/2$; $r_i = a\sqrt{6}/6$

Pentagon-Dodekaeder		12 gleichseitige Fünfecke $V = a^3(15 + 7\sqrt{5})/4$; $A_O = 3a^2\sqrt{5(5 + 2\sqrt{5})}$; $r_u = a\sqrt{3}(1 + \sqrt{5})/4$; $r_i = a\sqrt{10(25 + 11\sqrt{5})}/20$

Ikosaeder		20 gleichseitige Dreiecke $V = 5a^3(3 + \sqrt{5})/12$; $A_O = 5a^2\sqrt{3}$; $r_u = a\sqrt{2(5 + \sqrt{5})}/4$; $r_i = a\sqrt{3(3 + \sqrt{5})}/12$

A

Tabelle 5 (Fortsetzung)

Keil 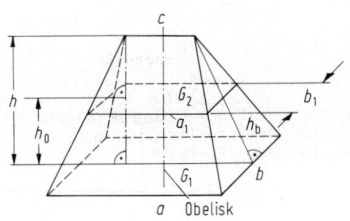	Keil: Grundfläche rechteckig, Kanten a, b, Gratkante c $V = (2a+c)\,bh/6$; $h_T = \sqrt{h^2 + b^2/4}$; $h_b = \sqrt{h^2 + (a-c)^2/4}$; $A_O = ab + (a+c)\,h_T + b\,h_b$; Obelisk: abgeschnittener Keil; $G_1 \parallel G_2$ $V = h_0[ab + (a+a_1)(b+b_1) + a_1 b_1]/6$; $A_O = ab + a_1 b_1 + (a+a_1)\sqrt{h_0^2 + (b-b_1)^2/4} + (b+b_1)\sqrt{h_0^2 + (a-a_1)^2/4}$
Kreiszylinder, gerade 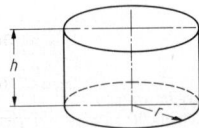	$V = \pi r^2 h$; $A_O = 2\pi r^2 + 2\pi rh$; $A_M = 2\pi rh$
schief abgeschnittener Kreiszylinder 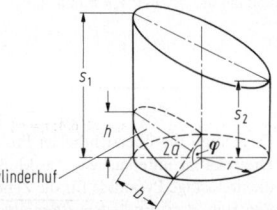	s_1 längste, s_2 kürzeste Mantellinie $V = \pi r^2 (s_1 + s_2)/2$; $A_O = \pi r(s_1 + s_2 + r + \sqrt{r^2 + (s_1 - s_2)^2/4})$; $A_M = \pi r(s_1 + s_2)$ Zylinderhuf $V = (h/(3b))[a(3r^2 - a^2) + 3r^2(b-r)\,\varphi/2]$; $A_M = (2rh/b)[(b-r)\,\varphi/2 + a]$
Kegel, gerade 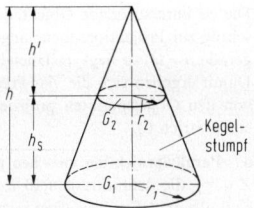	$V = \pi r_1^2 h/3$; $s_1 = \sqrt{r_1^2 + h^2}$; $A_O = \pi r_1 s + \pi r^2$; $A_M = \pi r_1 s_1$ Kegelstumpf: in der Höhe h_S abgeschnittener Kegel; $G_1 \parallel G_2$ $V = \pi h_S(r_1^2 + r_1 r_2 + r_2^2)/3$; $s_2 = \sqrt{h_S^2 + (r_1 - r_2)^2}$; $A_O = \pi[r_1^2 + r_2^2 + s_2(r_1 + r_2)]$; $A_M = \pi s_2(r_1 + r_2)$
Kugel 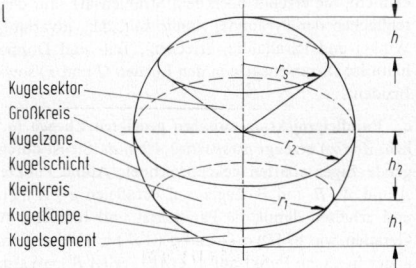	Kugel: $V = 4\pi r^3/3$; $A_O = 4\pi r^2$ Segment: $V = \pi h_1^2(3r - h_1)/3$; $\quad A_O = 2\pi r h_1 + \pi r_1^2$ (Kappe + Kleinkreis) Schicht: $V = \pi h_2(3r_1^2 + 3r_2^2 + h_2^2)/6$; $\quad A_O = \pi(2rh_2 + r_1^2 + r_2^2)$ (Zone + 2 Kleinkreise) Sektor: $V = 2\pi r^2 h/3$; $A_O = 2\pi rh + \pi r r_S$ (Kappe + Kegelmantel)
Rotationsparaboloid 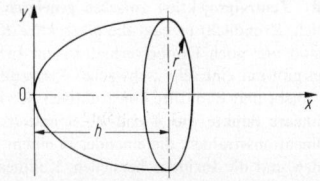	Erzeugende: $y = \sqrt{x}$, $x \in [0, h]$, Drehung um x-Achse $V_x = \pi r^2 h/2$; $A_M = 4\pi[(h+1/4)^{3/2} - (1/4)^{3/2}]/3$

Tabelle 5 (Fortsetzung)

Rotationsellipsoid	
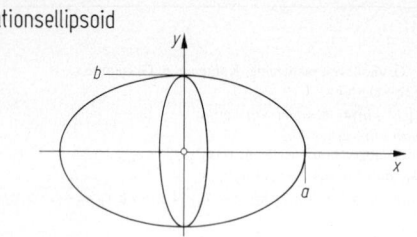	Erzeugende: $y = b\sqrt{1 - x^2/a^2}$; $x \in [-a, a]$ Drehung um x-Achse: $V_x = 4\pi ab^2/3$ Drehung um y-Achse: $V_y = 4\pi a^2 b/3$

Rotationshyperboloid	
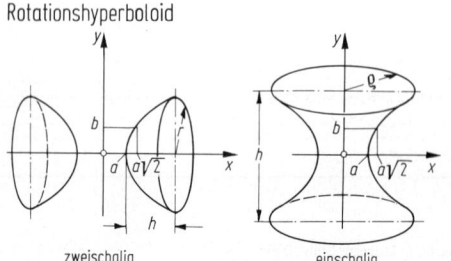 zweischalig einschalig	Erzeugende: $y = \pm b\sqrt{x^2/a^2 - 1}$ Rotation um die x-Achse: $x \in [-(a+h); -a] \cup [(a+h); a]$: $V_x = \pi h(3r^2 - b^2 h^2/a^2)/3$ (zweischalig); $r = b\sqrt{(a+h)^2/a^2 - 1}$ Rotation um die y-Achse: $V_y = \pi h(2a^2 + \rho^2)/3$ (einschalig)

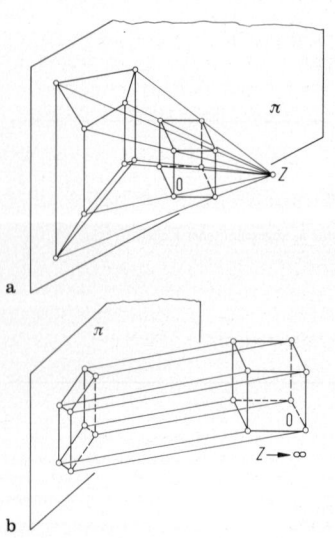

Bild 18. Würfel (O Objekt). **a** Zentral-, **b** Parallelprojektion

4.4.1 Vergleich der Projektionsarten
Comparison of different types of projections

Die Zentral- und die Parallelprojektion werden einzeln dadurch modifiziert, daß die Projektionsrichtungen senkrecht oder schräg zur Projektionsebene π orientiert sind. Die „Güte" der Abbildung ergibt sich aus der Invarianz (Unveränderlichkeit) der geometrischen Maße oder Maßverhältnisse des Objekts wie die Erhaltung der folgenden acht Größen und Eigenschaften: Strecken, Winkel, Flächen, Parallelität, Streckenverhältnisse, Teilungsverhältnisse für Strecken zwischen drei Punkten auf einer Geraden (s. A 3.1.6), Doppelverhältnisse für Strecken zwischen vier geordneten Punkten A, B, C und D auf einer Geraden, also $\overline{AC} : \overline{BC} = \overline{AD} : \overline{BD}$, und der Zugehörigkeit von Punkten zu einer Geraden (Inzidenz).

Es genügt, die übersichtlichen Projektionen eines ebenen Dreiecks zu untersuchen. Als Modelle eignen sich dafür die dreieckige Pyramide für die Zentralprojektion mit dem Zentrum Z im Endlichen (Pyramidenspitze) und das dreieckige Prisma für die Parallelprojektion mit Z im Unendlichen, deren Seitenkanten die Projektionsstrahlen sind. Die zu untersuchende Objektebene Ω kann parallel oder schräg zur Projektionsebene angeordnet sein; die Schnittgerade $a = \Omega \cap \pi$ liegt im Unendlichen bzw. in Endlichen. Damit ergeben sich die vier Projektionen in **Bild 19**. Die von den Objektpunkten projizierten Bildpunkte erhalten einen Strich (').

a **Parallelprojektion zwischen parallelen Ebenen** ($a = \infty$, $Z = \infty$), die definitionsgemäß *Kongruenz* erzeugt. Hierbei sind alle acht Eigenschaften invariant.

b **Zentralprojektion zwischen parallelen Ebenen** ($a = \infty$, Z endlich). Sie erzeugt nach dem Strahlensatz (auf den Seitenflächen der Pyramide) *Ähnlichkeit*, d.h., invariant sind Winkel und Parallelität, Strecken-, Teil- und Doppelverhältnisse (Strahlensätze in den Ebenen Ω und π) sowie die Inzidenz.

c **Parallelprojektion zwischen geneigten Ebenen** (a endlich, $Z = \infty$) erzeugt *perspektive Affinität*. Sie ist durch folgende Eigenschaften gekennzeichnet: Affine Punkte wie A und A', B und B' liegen auf Parallelen $g(AA') \| g(BB')$ und erhalten damit die Parallelität und Inzidenz. Affine Geraden wie $g(AB) \subset \Omega$ und $g'(A'B') \subset \pi$ schneiden einander in einem Punkt auf a; $g(AB) \cap g'(A'B') = S \in a$. Die Strahlensätze, etwa für $\sphericalangle(B'SB)$, erhalten die Teilungsverhältnisse.

d **Zentralprojektion zwischen geneigten Ebenen** (a endlich, Z endlich) erzeugt die *perspektive Kollineation*. Hier sind nur noch Doppelverhältnis und Inzidenz invariant; es gibt nur eine sehr „schwache" Verwandtschaft zwischen Objekt und Bild. Ihre konstruktiven Merkmale sind: Kollineare Punkte wie A und A', B und B' liegen auf Kollineationsstrahlen, die einander in einem Punkt Z schneiden und die Inzidenz herstellen. Kollineare Geraden wie $g(AB) \subset \Omega$ und $g'(A'B') \subset \pi$ schneiden einander auf der

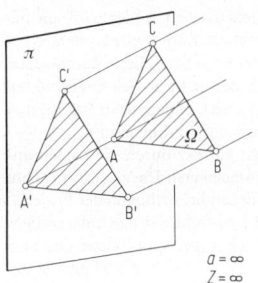

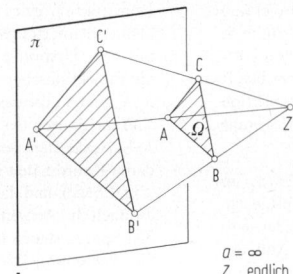

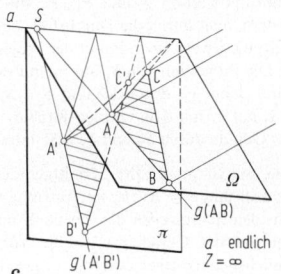

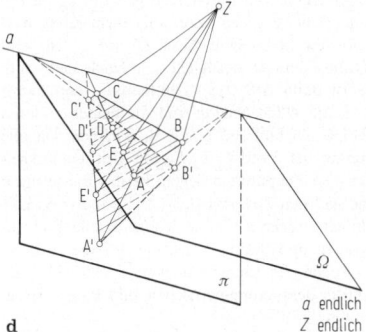

Bild 19a–d. Projektionsarten

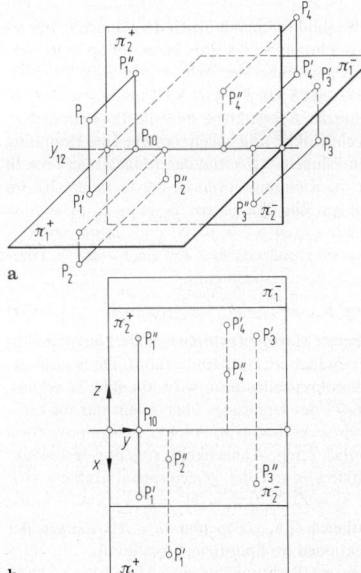

Bild 20. Orthogonale Zweitafelprojektion. **a** Schrägbild; **b** ebenes Bild

Kollineationsachse $a = \Omega \cap \pi$. Die Erhaltung des Doppelverhältnisses folgt aus dem Sinussatz, etwa für $|\overline{CD}| : |\overline{DE}| = |\overline{CA}| : |\overline{EA}|$ in der Ebene durch $C'Z\,A'$.
Aus diesen Projektionen werden die für den Anwendungsfall geeigneten Konstruktionen ausgewählt. Höchste Ansprüche an Maßhaltigkeit und Ähnlichkeit erfüllt die orthogonale Parallelprojektion auf mehrere Bildebenen bei Werkstattzeichnungen und Bauplänen. Bessere Anschau-

lichkeit ergibt die schräge Parallelprojektion auf eine Tafel. Dem visuellen Eindruck am ähnlichsten ist die Perspektive der Zentralprojektion mit dem größten Verlust an Maßhaltigkeit.

4.4.2 Orthogonale Zweitafelprojektion
Orthogonal projection onto two planes

Die orthogonale Zweitafelprojektion ist eine senkrechte Parallelprojektion des Objekts auf zwei senkrecht zueinander angeordnete Projektionsebenen π_1 und π_2, die um die ihnen gemeinsame Schnittgerade y_{12} geklappt und so in die Zeichenebene gelegt werden (**Bild 20**). Dabei soll die vordere positive Grundrißebene π_1^+ zusammen mit der in sie hineingeklappten negativen Aufrißebene π_2^- unterhalb von y_{12} liegen. Aus der Zweitafelprojektion ergibt sich, daß der Punkt P_1 senkrecht über P_1' in der Höhe $P_{10}P_1''$ angeordnet ist.
Es wird festgelegt, daß bei Gesamtansichten das abzubildende Objekt vollständig im I. Raum-Quadranten liegt und somit nur π_1^+ unterhalb y_{12} und π_2^+ oberhalb y_{12} in der Zeichenebene benötigt werden. Beim Klappvorgang bewegen sich die projizierten Punkte auf ebenen, zu y_{12} senkrechten Kreisbögen, deren Projektionen die in **Bild 20 b** gestrichelten Geraden senkrecht auf y_{12} sind und die *Ordner* der Punkte P_i genannt und mit $o(P_i)$ bezeichnet werden. Die *Ordnerbedingung* ist dann $o(P_1) \perp y_{12}$ und $o(P_1') = o(P_1'')$.

Darstellung von Gerade und Ebene

Gerade. Eine Gerade g, die in allgemeiner Lage in einer Ebene E liegt (**Bild 21**), hat als Projektionen die Geraden g' und g''. Die Gerade kann gegeben sein durch zwei beliebige Punkte P_1 und P_2, deren Projektionen P_1', P_2' die

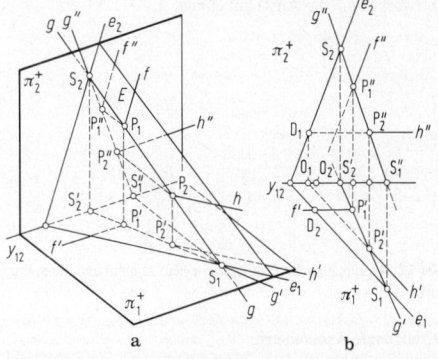

Bild 21. Orthogonale Zweitafelprojektion von Geraden und einer Ebene. **a** Schrägbild; **b** ebenes Bild

Grundrißprojektion g' und P_1'', P_2'' die Aufrißprojektion g'' liefern, oder durch die Durchstoß- oder Spurpunkte S_1 und S_2, die jeweils einen Punkt der Projektionen von g liefern. Die Projektion von S_1 auf π_2 mit dem Ordner liefert S_1'' und damit g'' durch S_1'' und $S_2 = S_2''$. Die Projektion von S_2 auf π_1 mit dem Ordner durch S_2 liefert S_2', woraus g' als Gerade durch S_2' und $S_1 = S_1'$ folgt.

Ebene. Sie ist durch ihre Schnittgeraden $e_1 = E \cap \pi_1$ im Grundriß und $e_2 = E \cap \pi_2$ im Aufriß eindeutig festgelegt. Sie heißen *Spurgeraden* der Ebene E und schneiden einander auf der Geraden y_{12}. Eine Vorstellung von der räumlichen Lage einer durch e_1, e_2 gegebenen Ebene entsteht durch Aufklappen der Aufrißebene senkrecht zur Grundrißebene und Legen der Ebene durch die einander schneidenden Geraden e_1, e_2 in den Raum.

Höhengerade h ist jede Gerade parallel zur Grundrißebene π_1. Ihre Projektion h'' im Aufriß ist eine Parallele zu y_{12}. Liegt h in einer durch ihre Spuren gegebenen Ebene, so muß ihre Projektion h' im Grundriß eine Parallele zu e_1 sein, die die y_{12}-Achse im Ordnerfußpunkt O_1 zum Durchstoßpunkt D_1 der Höhengeraden durch π_2 schneidet.

$$h'' \| y_{12} \wedge h' \| e_1 \wedge h' \cap y_{12} = y_{12} \cap o(h \cap \pi_2);$$

es gilt $h \cap \pi_2 = h'' \cap e_2$.

Frontgerade f ist jede Gerade parallel zur Aufrißebene π_2. Ihre Projektion f' im Grundriß ist eine Parallele zu y_{12}. Liegt f auf einer durch ihre Spuren e_1, e_2 gegebenen Ebene, so ist ihre Projektion f'' im Aufriß eine Parallele zu e_2, die die y_{12}-Achse im Ordnerfußpunkt O_2 zum Durchstoßpunkt D_2 der Frontgeraden durch π_1 schneidet.

$$f' \| y_{12} \wedge f'' \| e_2 \wedge f'' \cap y_{12} = y_{12} \cap o(f \cap \pi_1);$$

es gilt $f \cap \pi_1 = f' \cap e_1$.

Diese beiden Begriffe bieten die Möglichkeit festzustellen, ob ein Punkt P auf einer durch ihre Spuren gegebenen Ebene liegt, indem man prüft, ob P' auch auf h' liegt, wenn man $h'' \| y_{12}$ durch P'' konstruiert und $h' \| e_1$ mit Hilfe von $o(h \cap \pi_2)$ gewonnen hat.

Die Darstellung eines ebenflächig begrenzten Körpers wird in **Bild 25a** mit der axonometrischen Projektion verglichen.

4.4.3 Axonometrische Projektionen
Axonometric projections

Axonometrische Projektionen sind orthogonale oder schräge Parallelprojektionen (**Bild 22**) des Körpers zusammen mit einem angepaßten räumlichen Achsenkreuz auf eine Projektionsebene, die gegenüber den orthogonalen Ein- und Mehrtafelprojektionen folgenden Vorteil hat: *Eine* Zeichnung zeigt drei Ansichten, erspart also Arbeit und verbessert die Anschaulichkeit.

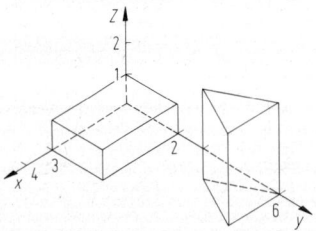

Bild 22. Axonometrische Darstellung eines Quaders und eines Prismas

Orthogonale Axonometrie

Bei der orthogonalen Axonometrie (**Bild 23**) ist die Projektionsrichtung senkrecht zur Zeichenebene orientiert. Zur Konstruktion eines axonometrischen Bildes wird ein beliebig orientiertes rechtwinkliges Koordinatensystem x, y, z mit dem Ursprung O benutzt. Die Achsen durchstoßen die Projektionsebene (Zeichenebene) π in den Spurpunkten S_x, S_y und S_z, die das Spurdreieck bilden, denn seine Seiten sind die Spuren der xy-, xz- und yz-Ebene in π.

Jede Achse steht senkrecht auf der durch die beiden anderen Koordinaten gekennzeichneten Ebene (z.B. y-Achse $\perp xz$-Ebene), und damit müssen bei orthogonaler Projektion auch die Achsenbilder senkrecht auf den entsprechenden Spuren stehen (z.B. $y' \perp s_{xz}$). Im Spurdreieck sind also die Achsenprojektionen x', y', z' durch die Höhen gegeben; ihr gemeinsamer Schnittpunkt O' ist das Bild des Ursprungs. Die wahre Größe des rechtwinkligen Dreiecks $\Delta(S_x O S_z)$ ergibt sich durch Klappen um s_{xz} in die Zeichenebene. O bewegt sich dabei auf einem Kreis, dessen Projektion die Senkrechte durch O' auf s_{xz} ist, also auf dem Ordner von O bezüglich s_{xz}. Nach dem Satz von Thales ist dann $\Delta(S_x O_1 S_z)$ rechtwinklig und damit kongruent zu $\Delta(S_x O S_z)$. Analog sind die beiden anderen Dreiecke $\Delta(S_x O_2 S_y)$ und $\Delta(S_y O_3 S_z)$ zu zeichnen. Da alle drei Fußpunkte der Lote F_1, F_2, F_3 auf den Dreiecksseiten zwischen den Eckpunkten liegen, ist das Spurdreieck spitzwinklig. Auf den Strecken $\overline{O_1 S_x}$, $\overline{O_1 S_z}$ und $\overline{O_2 S_y}$ läßt sich die Einheitsstrecke e für die Koordinatenachsen im Objekt abtragen und durch Projektion auf die Achsenbilder die Größen der Einheitsstrecken e_x', e_y', e_z' für jede Achsrichtung in dem axonometrischen Bild konstruieren. Die Quotienten

$$m_x = e_x'/e = \cos\alpha, \quad m_y = e_y'/e = \cos\beta \quad \text{und}$$
$$m_z = e_z'/e = \cos\gamma \tag{40}$$

sind die Maßstabfaktoren, mit denen die Längen in der jeweiligen Achsrichtung bei der Projektion multipliziert werden. Die Neigungswinkel der Achsen gegen die Zeichenebene sind $\alpha = \sphericalangle(O' S_x O)$, $\beta = \sphericalangle(O' S_y O)$ und $\gamma = \sphericalangle(O' S_z O)$. Da das räumliche Achsenkreuz und die Projektionsrichtung zu π rechtwinklig sein sollen, besteht eine Kopplung zwischen den Winkeln α, β, γ und den Maßstabfaktoren in Gl. (40). Für die Richtungskosinusse der Geraden $\overline{OO'}$ in x, y, z-System von **Bild 23a** gilt $\cos^2\delta_1 + \cos^2\delta_2 + \cos^2\delta_3 = 1$. Aus $\Delta(OS_x O')$ folgt $\alpha + \delta_1 = 90°$ und mithin $\cos\delta_1 = \cos(90° - \alpha) = \sin\alpha$ und $\cos^2\delta_1 = \sin^2\alpha = 1 - \cos^2\alpha$. Hieraus folgt die Kopplungsbedingung

$$\cos^2\alpha + \cos^2\beta + \cos^2\gamma = m_x^2 + m_y^2 + m_z^2 = 2. \tag{41}$$

Bei vorgegebenen Maßstabfaktoren sind die Neigungswinkel α, β, γ der Achsen aus Gl. (40) bekannt. Die Konstruktion des Achsenkreuzbilds dazu wird mit **Bild 24** erklärt. Die Höhe $|\overline{OO'}|$ des Ursprungs über π legt nur die Größe des Spurdreiecks fest (vgl. A 4.4.1; Zentralprojektion $a = \infty$, Z endlich ergibt Ähnlichkeit). Aus drei rechtwinkligen Hilfsdreiecken mit der gemeinsamen Kathete $\overline{OO'}$ werden mit $\alpha_1 = 90° - \alpha$, $\beta_1 = 90° - \beta$, $\gamma_1 = 90° - \gamma$ die anderen Katheten $\overline{O'S_x}$, $\overline{O'S_y}$ und $\overline{O'S_z}$ als Längen der Achsenprojektionen im Spurdreieck bestimmt.

Nach Wahl einer z-Richtung und eines Ursprungs O' kann das zu $\Delta(\overline{O'}\,\overline{O}\,\overline{S}_z)$ kongruente Dreieck $\Delta(O'OS_z)$ an die z-Achse gezeichnet werden. Es ist das um $\overline{O'S}_z$ in die Zeichenebene geklappte Stützdreieck z-Achse, die senkrecht auf x, y-Ebene steht. Deshalb schneidet die Senkrechte in O auf $\overline{S_z O}$ die verlängerte z-Achse im Fußpunkt F_3, einem Punkt der Spur s_{xy}, die senkrecht auf der z-Achse steht (**Bild 23**). Die Kreissektoren um O' mit $|\overline{O'\,\overline{S}_x}|$ und $|\overline{O'\,\overline{S}_z}|$ schneiden diese Spur s_{xy} in den Punkten S_x und S_y, womit das Achsenkreuz vollständig bestimmt ist. Die Dreiecke $\Delta(\overline{O'}\,\overline{O}\,\overline{S}_x)$ und $\Delta(\overline{O'}\,\overline{O}\,\overline{S}_y)$ sind zu den Stützdreiecken $\Delta(O'OS_x)$ der x-Achse und $\Delta(O'OS_y)$ der y-Achse kongruent.

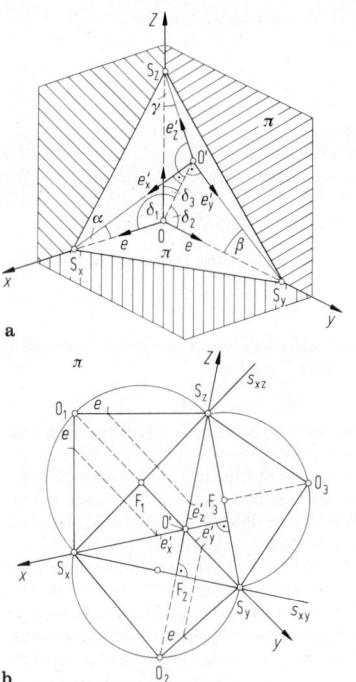

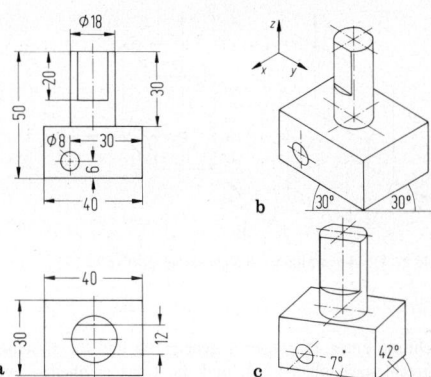

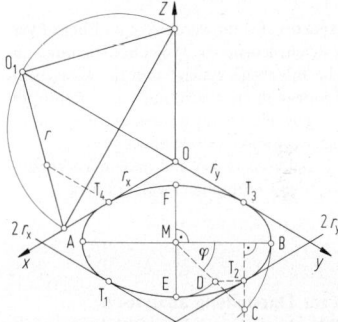

Bild 25. Maschinenteil. **a** orthogonale Zweitafelprojektion; **b** isometrische Axonometrie; **c** dimetrische Axonometrie

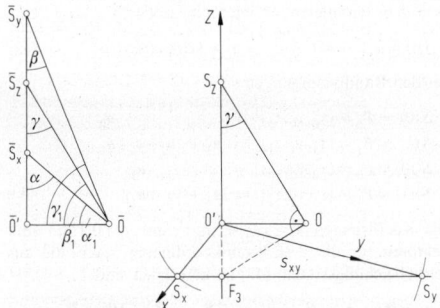

Bild 23. Beziehungen im Spurdreieck der orthogonalen Axonometrie. **a** räumliche Darstellung; **b** Punkt O in die Ebene π geklappt

Bild 26. Ellipse als Kleinbild in isometrischer Axonometrie

Für die Iso- und Dimetrie gibt es Liniennetze, die die Zeichenarbeit erleichtern. (In den Beispielen wird auf das Kennzeichen ' für Projektionsbilder verzichtet.)

Beispiel: Isometrische Konstruktion der Ellipse als Bild eines Kreises (Radius r), der in der x, y-Ebene liegt (**Bild 26**). – Durch Abtragen der Radien $r_x = r_y$ auf den Achsen können der Mittelpunkt M und das achsenparallele Parallelogramm, das die Ellipse umschließt, gezeichnet werden. Die Parallelen durch M liefern die Berührungspunkte T_1 bis T_4. Die Hauptachse muß vom wahren Durchmesser $2r$ des Kreises sein. Damit liegt auf der Senkrechten zur z-Achse die Strecke $|\overline{AB}| = 2r$. Eine Senkrechte darauf durch den Ellipsenpunkt T_2 schneidet den Hauptachsenkreis in C. Die Gerade $\overline{MC}$ schneidet die Parallele zur Hauptachse durch T_2 in D und liefert damit die Länge der Nebenachse $|\overline{MD}| = b$ bzw. $|\overline{EF}| = 2b$. Diese Achsenkonstruktion benutzt die Parameterdarstellung der Ellipse, für die in einem ξ, η-System mit Ursprung in M $\eta_{T2} = b \sin \varphi$ gilt. Nun ist die Ellipse punktweise oder mit Hilfe der Scheitelkrümmungskreise konstruierbar.

Bild 24. Konstruktion des orthogonalen axonometrischen Achsenkreuzes

In der Praxis bzw. von der Norm werden nicht die Maßstabfaktoren selbst, sondern ihre Verhältnisse vorgegeben:

Isometrie. $m_x : m_y : m_z = 1 : 1 : 1$. Die Neigungen der drei Achsen sind gleich. Mit Gl. (41) folgt $\cos \alpha = \cos \beta = \cos \gamma = \sqrt{2/3}$, $\alpha = \beta = \gamma = 35,26°$. Die positiven Strahlen der Achsenprojektionen bilden drei Winkel zu je 120° (**Bild 25 b**). Die z-Achse ist parallel zur Vertikalen.

Dimetrie. $m_x : m_y : m_z = 0,5 : 1 : 1$. Die Neigungen der y- und z-Achse sind gleich; aus $\cos \beta = \cos \gamma = 2\sqrt{2}/3$ folgt $\beta = \gamma = 19,47°$. Für die x-Achse ist $\cos \alpha = \sqrt{2}/3$, $\alpha = 61,87°$. Zwischen den positiven Achsenstrahlen ergeben sich nach der beschriebenen Konstruktion die Winkel $\sphericalangle(x, y) = 131,42°$, $\sphericalangle(x, z) = 131,42°$ und $\sphericalangle(y, z) = 97,18°$ (**Bild 25 c**).

Trimetrie. $m_x : m_y : m_z = a : b : c$ mit $a \neq b \neq c \neq a$, d.h., alle drei Achsen haben verschiedene Neigungen.

Schräge Axonometrie

Bei der schrägen Axonometrie ist die in Gl. (41) angegebene Kopplung der Maßstabfaktoren aufgehoben. Für beliebige Wahl der Achsenrichtungen und der Einheitslängen darauf besteht eine Projektionsrichtung, die ein rechtwinkliges, räumliches Achsenkreuz auf das gewählte Bild projiziert. Diesem Vorteil steht der Nachteil entgegen, daß Bilder von Kugeln Ellipsen werden, deren Hauptachsen nicht als Schatten spezieller Durchmesser einfach zu finden sind. Praktische Anwendung finden zwei spezielle schiefe Axonometrien (**Bild 27**):

a   Militärperspektive. Bei ihr werden die x, y-Ebene (Grundriß) parallel zur Zeichenebene, die Projektions-

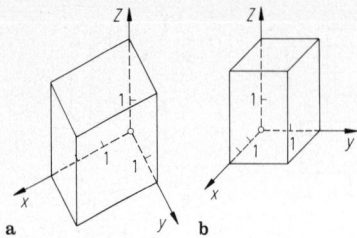

Bild 27. Quader. **a** Militär-; **b** Kavalierperspektive

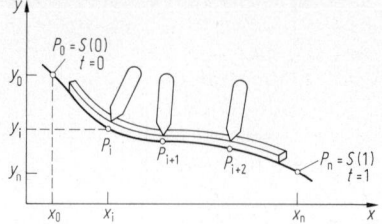

Bild 28. Straklatte als physikalischer Spline und mathematische Nachbildung

richtung unter 45° gegen π geneigt, so daß die z-Achse lotrecht nach oben weist, und die Längeneinheiten auf allen Achsen gleich groß gewählt. Damit werden alle zum Grundriß parallelen Flächen in wahrer Größe, die lotrechten Strecken untereinander parallel und in wahrer Größe abgebildet (z.B. Stadtansicht auf Stadtplan).

b Kavalierperspektive. Bei ihr werden die yz-Ebene (Aufriß) parallel zur Zeichenebene, die Projektionsrichtung unter 45° gegen die Bildebene geneigt und die Längeneinheiten auf den y-, z-Achsen gleich, auf der x-Achse mit $m_x = 0,5$ verkürzt gewählt. Damit werden alle zum Aufriß parallelen Flächen in wahrer Größe abgebildet.
Für beliebigen Projektionswinkel und andere Verkürzungen ist die Bezeichnung Frontalperspektive üblich.

4.5 Methoden zur Darstellung analytisch nicht beschreibbarer geometrischer Objekte
Methods for the representation of non-analytic geometrical objects

4.5.1 Problemstellung. Formulating the problem

Beim Bau von Fahrzeugen, Maschinen und Werkzeugen besteht das Bedürfnis, „glatte" Oberflächen durch eine diskrete Anzahl von Stützpunkten (Knoten) zu legen, die aus Messungen oder numerischen Berechnungen bekannt sind. Polynominterpolation nach A 10 Gl. (25) erzeugt dabei große Welligkeiten, wenn der Grad des Polynoms größer als drei wird, während Approximationen mit einem Grad, der wesentlich kleiner als die Zahl der Stützpunkte ist, diese nicht mehr genau darstellt. Der Körper kann durch Raumkurven, Flächen- oder Körperelemente dargestellt werden. Die Konstrukteure zeichneten früher solche Kurven mit Hilfe dünner Straklatten aus Holz oder Kunststoff (engl.: spline), die durch Strakgewichte in den Stützpunkten fixiert wurden. Die Entwicklung moderner CAD-Verfahren (s. C 8) machte die mathematische Nachbildung des physikalischen Strakens erforderlich, um rechnergesteuertes Zeichnen und interaktives Gestalten der Flächen zu ermöglichen.
Für die dünne Straklatte (**Bild 28**) gilt nach C2 Gl. (39) vereinfacht mit $y' \ll 1$, daß für die Biegelinie die Formänderungsenergie

$$W = 0,5 \cdot \int (M^2(x)/E \cdot I) \cdot y''\, dx$$

minimiert werden muß. Dies wird durch Polynome 3. Grads des Parameters $t \in [0;1]$ gelöst, die kubische Kurvensegmente zwischen den Stützpunkten P_j, P_{j+1} mit $j = 0,1,2,...,n$ darstellen. Diese Kurven gehen für die Randwerte von t durch die Stützpunkte und stimmen dort in der Tangentenrichtung und der Krümmung überein.

4.5.2 Darstellung einer Raumkurve durch $n+1$ Stützpunkte mit Hilfe von Spline-Funktionen
Splines describing a curve given by $n + 1$ nodes

Eine Funktion, die sich stückweise aus Polynomen vom Grade k zusammensetzt, die $(k-1)$mal stetig differenzierbar ist und durch die Stützpunkte geht, heißt interpolierende Spline-Funktion vom Grade k. Bevorzugt werden kubische Splines ($k = 3$) (**Bild 29**) gewählt, da sie bei niedrigstem Grad einen Wendepunkt enthalten.
Eine kubische Funktion wird durch vier Koeffizienten eindeutig festgelegt. Nach Ferguson werden zu ihrer Bestimmung die Koordinaten zweier Punkte und die zugehörigen ersten Ableitungen gewählt, wodurch stückweise aneinandergesetzte Kurvenstücke stetig differenzierbar anschließen.
Im Intervall $t \in [0;1]$ gilt für das Polynom 3. Grads:
(Zur besseren Unterscheidung des Polynoms von den Stützpunkten P wird es mit $S(t)$ bezeichnet. Die Ableitung nach dem Parameter t ist hier mit $'$ notiert.)

$$S(t) = a_3 t^3 + a_2 t^2 + a_1 t + a_0 = (x(t), y(t), z(t))^T \qquad (42)$$

mit den Randbedingungen

$$
\begin{aligned}
S(0) &= P_0 = (x_0, y_0, z_0)^T = & a_0, \\
S(1) &= P_1 = (x_1, y_1, z_1)^T = a_3 + & a_2 + a_1 + a_0, \\
S'(0) &= P'_0 = (x'_0, y'_0, z'_0)^T = & a_1, \\
S'(1) &= P'_1 = (x'_1, y'_1, z'_1)^T = 3a_3 + 2a_2 + a_1.
\end{aligned} \qquad (43)
$$

Die Koeffizienten $a_j = (a_{jx}, a_{jy}, a_{jz})^T$ mit $j = 0,1,2,3$ sind Vektoren für die drei Raumkoordinaten x, y, z, die aus dem Gleichungssystem (43) zu berechnen sind

$$
\begin{aligned}
a_0 &= P_0, \quad a_1 = P'_0, \quad a_2 = -3P_0 - 3P_1 - 2P'_0 - P'_1, \\
a_3 &= 2P_0 - 2P_1 + P'_0 + P'_1.
\end{aligned}
$$

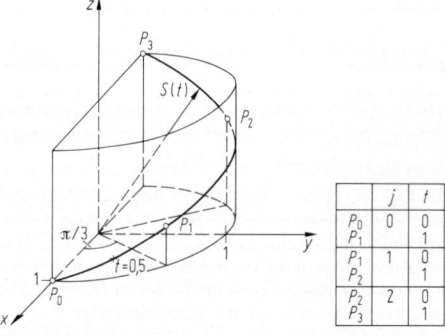

Bild 29. Zylindrische Schraubenlinie $Z(t)$ approximiert durch eine Spline-Funktion $S(t)$

Eingesetzt in Gl. (42) und nach den gegebenen Werten umsortiert ergibt sich die Form

$$S(t) = P_0(2t^3 - 3t^2 + 1) + P_1(-2t^3 + 3t^2) \\ + P_0'(t^3 - 2t^2 + t) + P_1'(t^3 - t^2).$$

Für die Kurvensegmente zwischen den Punkten P_{j-1}, P_j mit $j = 1,2,\dots,(n-1)$ ergeben sich $(n-1)$ Polynome

$$S_j(t) = P_{j-1}(2t^3 - 3t^2 + 1) + P_j(-2t^3 + 3t^2) \\ + P_{j-1}'(t^3 - 2t^2 + t) + P_j'(t^3 - t^2) \qquad (44)$$

für die gilt:

$$S_j(0) = P_{j-1}, \quad S_j(1) = P_j, \quad S_{j-1}'(1) = S_j'(0),$$
$$S_{j-1}''(1) = S_j''(0). \qquad (45)$$

Aus Gl. (44) und (45) folgen die Ableitungswerte P_j' bei gegebenen Punktkoordinaten. Gl. (44) zweimal nach t differenziert ergibt, mit den Randbedingungen Gl. (45) für die inneren Segmente von P_1 bis P_{n-1}, $(n-1)$ lineare Gleichungen, die sich rekursiv lösen lassen

$$P_{j-1}' + 4P_j' + P_{j+1}' = -3P_{j-1} + 3P_{j+1}$$

für $j = 1,2,\dots,(n-1)$. $\qquad (46)$

Für die beiden äußeren Segmente können die Randbedingungen für zwei bevorzugte Fälle aufgestellt werden:

Fall I. Die Enden sind frei, d.h. die Krümmung verschwindet in den äußeren Punkten: $S_1''(0) = 0 = S_n''(1)$ also folgt damit

$$2P_0' + P_1' = -3P_0 + 3P_1$$
und
$$P_{n-1}' + 2P_n' = -3P_{n-1} + 3P_n. \qquad (47)$$

Fall II. Die Enden sind eingespannt, d.h. die ersten Ableitungen sind in den Endpunkten vorgegeben:

$$S_1'(0) = P_0' \quad \text{und} \quad S_n'(1) = P_n'. \qquad (48)$$

Damit lassen sich für jedes Segment beliebige Zwischenpunkte nach Gl. (44) ausrechnen und zeichnen.

Beispiel: Gegeben sei ein Stück einer zylindrischen Schraubenlinie, die exakt durch die Gleichung $Z(\sigma) = (\cos(\sigma), \sin(\sigma), \sigma)^T$ im Intervall $\sigma \in [0,\pi]$ beschrieben wird, und das an $(n+1) = 4$ Stützpunkten zum Vergleich der Darstellungsgüte durch eine Spline-Funktion $S(t)$ approximiert werden soll (s. **Bild 29**, **Tab. 6**).
Die Steigungen in den Endpunkten sind bekannt, so daß der Fall II vorliegt (Gl. (48)):

$$P_0' = Z_1'(0) = (x_0', y_0', z_0')^T = (0,1,1)^T$$
$$P_3' = Z_3'(1) = (x_3', y_3', z_3')^T = (0,-1,1)^T.$$

Aus Gl. (48) und (46) folgt

(48) $: x_0'$ $= 0$
(46) $j = 1: x_0' + 4x_1' + x_2'$ $= -3 \cdot 1 + 3 \cdot (-0,5) = -4,5$
$ j = 2:$ $x_1' + 4x_2' + x_3' = -3 \cdot 0,5 + 3 \cdot (-1) = -4,5$
(48) $:$ $x_3' = 0.$

Aufgelöst ergeben sich die Werte $x_0' = 0$; $x_1' = -0,9$; $x_2' = -0,9$; $x_3' = 0$, die zusammen mit den Punktkoordinaten in Gl. (44) eingesetzt werden:

$$x_1(t) = 1 \cdot (2t^3 - 3t^2 + 1) + 0,5 \cdot (-2t^3 + 3t^2) - 0,9 \cdot (t^3 - t^2).$$

Durch Umsortieren nach Potenzen von t folgen auch die Koeffizienten a_{jx} der Gl. (42) für das erste Segment, nämlich

$$x_1(t) = 0,1 \cdot t^3 - 0,6 \cdot t^2 + 1,$$

Tabelle 6. Stützpunkte P_j

j	σ/rad	$x(\sigma)$	$y(\sigma)$	$z(\sigma)$
0	0	1	0	0
1	$\pi/3$	0,5	0,866	1,047
2	$2\pi/3$	-0,5	0,866	2,094
3	π	-1	0	3,142

Tabelle 7. Berechnete Steigungswerte $P_j' = (x_j', y_j', z_j')^T$

j	x_j'	y_j'	z_j'	
0	0	1	1	Die Randwerte für $t = 0$ und $t = 1$ stimmen mit den Stützpunkten überein. In den weiteren Spalten sind die Werte für $t = 0,5$ berechnet und die Abstände zum Sollwert x_{Sj} angegeben.
1	-0,9	0,5327	1,0566	
2	-0,9	-0,5327	1,0566	
3	0	-1	1	

$$\delta = x_j(0,5) - x_{Sj}$$

j	a_{3x}	a_{2x}	a_{1x}	a_{0x}	$x_j(0,5)$	x_{Sj}	$\delta \cdot 10^3$
1	0,1	-0,6	0	1	0,8625	0,86603	-3,5
2	0,2	-0,3	-0,9	0,5	0	0	0
3	0,1	0,3	-0,9	-0,5	-0,8625	-0,86603	3,5

also

$$a_{3x} = 0,1; \quad a_{2x} = -0,6; \quad a_{1x} = 0; \quad a_{0x} = 1.$$

Analog lassen sich die Gleichungen für die anderen Segmente und für die y- bzw. z-Koordinaten aufschreiben. Die Ergebnisse sind in **Tab. 7** zusammengefaßt.
Die Abweichungen sind graphisch nicht darstellbar.

Dieser einfachen Anwendbarkeit der Spline-Funktion steht der Nachteil gegenüber, daß die Änderung eines Stützpunkts vollständige Neuberechnung erfordert. Kurvenzüge mit beabsichtigten Knicken (Unstetigkeiten der ersten Ableitung) oder sprunghafter Änderung der Krümmung (Unstetigkeiten der zweiten Ableitung) werden in Bereiche zerlegt, für die jeweils eigene Spline-Funktionen berechnet werden.

4.5.3 Bezier-Kurven. Bezier curves

Die in Gl. (44) auftretenden Hermite-Polynome des Parameters t heißen Binde- oder Basisfunktionen (blending-functions). Durch die Wahl anderer Bindefunktionen kann das Verhalten der approximierenden glatten Kurve beeinflußt werden. Das gibt dem interaktiv arbeitenden Konstrukteur die Möglichkeit, durch einen Polygonzug das Verhalten im Groben vorzugeben. Bevorzugt werden die Punkte zur Bestimmung des Polygons gewählt. Bei $(n+1)$ Polygoneckpunkten P_j mit $j = 0,1,\dots,n$ im Parameterintervall $t \in [0,1]$ erfolgt die Darstellung der Bezier-Kurve durch

$$S(t) = \sum_{j=0}^{n} P_j \cdot B_j^n(t),$$

wobei als Basisfunktionen $B_j^n(t)$ die Bernsteinfunktionen dienen. Sie lauten

$$B_j^n(t) = \binom{n}{j} t^j \cdot (1-t)^{n-j} \quad \text{mit der Eigenschaft}$$

$$\sum_{j=0}^{n} B_j^n(t) \equiv 1. \qquad (49)$$

So ist $B_0^1 = 1 - t$ und $B_1^1 = t$, ferner $B_0^3 = (1-t)^3$, $B_1^3 = 3t \cdot (1-t)^2$, $B_2^3 = 3t^2 \cdot (1-t)$ und $B_3^3 = t^3$, wie in **Bild 30 a, b** für $n = 1$ und $n = 3$ graphisch dargestellt.

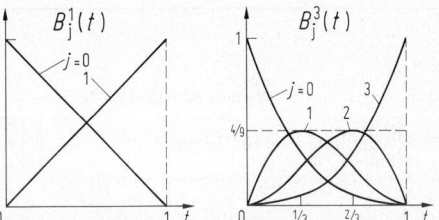

Bild 30. Bezier-Kurven für $n = 1$ und $n = 3$

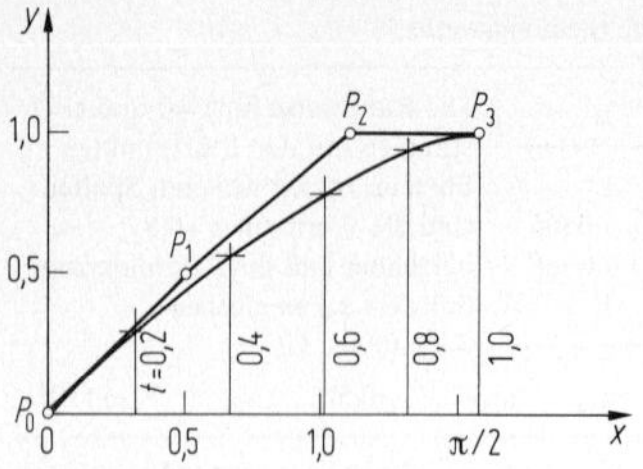

Bild 31. Definierendes Polygon P_0, P_1, P_2, P_3 und Sinuskurve angenähert als Bezier-Kurve (vgl. **Tab. 8**)

Tabelle 8. Bezier-Interpolation

Gegebene P_j			Interpolierte Punkte und ihre Abweichung von den exakten Werten				
j	x_j	y_i	t	$x(t)$	δ_x in %	$y(t)$	δ_y in %
0	0	0	0	0	0	0	0
1	0,5	0,5	0,2	0,3198	1,8	0,296	−5,8
2	1,2	1	0,4	0,6621	5,4	0,568	−7,6
3	π/2	1	0,6	1,0017	6,3	0,792	−6,0
			0,8	1,3130	4,5	0,944	−2,3
			1	1,5708	0	1	0

Beispiel: Es soll die Sinuskurve im ersten Quadranten mittels des Polygons durch die willkürlich gewählten Punkte P_0, P_1, P_2, P_3 nach **Bild 31** als Bezier-Kurve $\boldsymbol{S}(t)$ approximiert werden (**Tab. 8**).

$$\boldsymbol{S}(t) = \begin{pmatrix} x(t) \\ y(t) \end{pmatrix} \quad \text{mit} \quad x(t) = \sum_{j=0}^{3} x_j \cdot B_j^3(t) \quad \text{und} \quad y(t) = \sum_{j=0}^{3} y_j \cdot B_j^3(t)$$

$$x(t) = 0{,}5 \cdot 3t(1-t)^2 + 1{,}2 \cdot 3t^2(1-t) + (\pi/2) \cdot t^3$$
$$y(t) = 0{,}5 \cdot 3t(1-t)^2 + 3t^2(1-t) + t^3$$
$$\delta_x = 100(x(t) - t\,\pi/2)/(t\,\pi/2) \ \%$$
$$\delta_y = 100(y(t) - \sin(x(t)))/\sin(x(t)) \ \%.$$

Die Genauigkeit ist für graphische Anwendungen wohl ausreichend.

4.5.4 B-spline-Kurven. B-spline curves

Für die B-spline-Kurve werden spezielle, nur stückweise definierte Polynome, die **Basis-splines**, als Bindefunktionen gewählt. Sie verbinden die $(n+1)$ Ecken $\boldsymbol{P}_j$ eines die gewünschte Kurve umschreibenden Polygons. Das Intervall des Parameters u wird – anders als bisher – durch den Knotenvektor $\boldsymbol{U} = (u_0, u_1, \ldots, u_n)$ mit $u_j \leqq u_{j+1}$ in ganzzahlige Segmente $u \in [j, j+1] = [u_j, u_{j+1}]$ zerlegt. Wie bei den Bezier-Kurven gilt die Darstellung $\boldsymbol{S}(u) = \sum_{j=0}^{n} \boldsymbol{P}_j \cdot N_j^k(u)$ mit den normierten Basisfunktionen der Ordnung k, die rekursiv berechnet werden:

$$N_j^1(u) = \begin{cases} 1 & \text{für } u \in [j, j+1] \\ 0 & \text{für } u \notin [j, j+1] \end{cases}$$

und

$$N_j^k(u) = \frac{u-j}{k-1} N_j^{k-1}(u) + \frac{j+k-u}{k-1} N_{j+1}^{k-1}(u). \qquad (50)$$

Tabelle 9. B-spline-Polynome der Ordnung k und ihre Kurven. (Es werden nur die in den Parameterabschnitten von Null verschiedenen Funktionen angegeben)

j	k	$N_j^k(u)$	für u $[\ldots, \ldots+1]$	Bild
0	1	$N_0^1 = 1$	[0, 1]	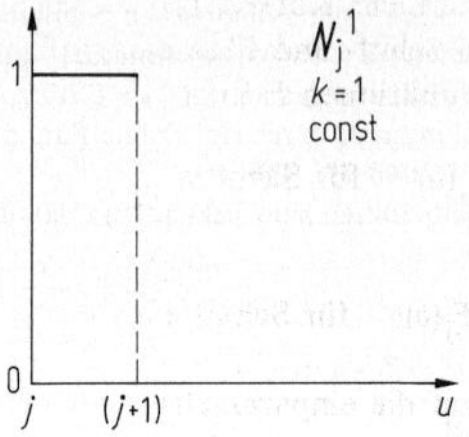
1	1	$N_1^1 = 1$	[1, 2]	
0	2	$N_0^2 = (u/1) \cdot N_0^1 + ((2-u)/1) \cdot N_1^1$		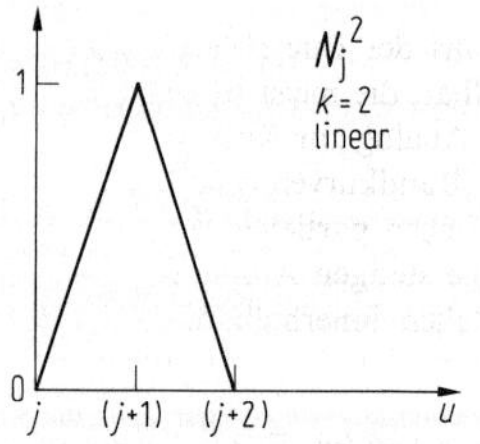
j		$N_j^2 = \begin{cases} u-j \\ j+2-u \end{cases}$	$[j, j+1]$ $[j+1, j+2]$	
0	3	$N_0^3 = (u/2) \cdot N_0^2 + ((3-u)/2) \cdot N_1^2$		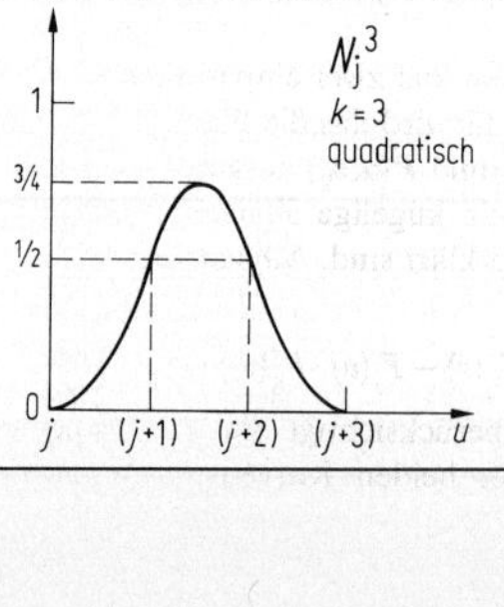
		$N_j^3 = \begin{cases} 0{,}5(u-j)^2 \\ 0{,}5[(u-j)(j+2-u) + (j+3-u)(u-j-1)] \\ 0{,}5(j+3-u)^2 \end{cases}$	$[j, j+1]$ $[j+1, j+2]$ $[j+2, j+3]$	

Die Basisfunktion $N_j^k(u)$ ist ein Polynom vom Grade $(k-1)$, das gerade das Intervall $[j, j+k]$ überspannt und $(k-2)$mal stetig differenzierbar ist (**Tab. 9**).

Damit wird erreicht, daß eine Ecke die Gestalt der Kurve nur lokal beeinflußt und die Kurve Knicke, Wendepunkte oder Schleifen nachbilden kann, wenn das Polygon diese Eigenschaften aufweist. Das definierende Polygon wird durch die Ordnung $k=2$ nachgebildet. Für höhere Ordnungen fällt die Kurve steifer aus. Die Kurve liegt in der konvexen Hülle des k-Ecks der Stützstellen $P_j, \dots P_{j+k-1}$. Mit einfachen Knoten ergibt die Aneinanderreihung der B-splines periodische Basisfunktionen mit der Periode k. Werden m Knoten an der Stelle u_j zusammengelegt, wird die Reichweite der Basisfunktionen verringert und die Differenzierbarkeit an der Stelle u_j auf $(k-m-2)$ reduziert. so ergeben sich nichtperiodische Basisfunktionen, die – im Sonderfall des Knotenvektors aus je k-fachem Anfangs- und Endknoten – eine Bernstein-Basis darstellen.

Für die B-splines kann auch das umgekehrte Verfahren entwickelt werden: Sind am Anfang des Entwurfs einige Punkte der gesuchten Kurve bekannt, so kann mit dem zugehörigen Polygon so lange gearbeitet werden, bis die gewünschte Form erreicht ist.

4.5.5 Flächendarstellung. Representation of surfaces

Die Darstellung einer Fläche erfolgt durch Linien, die auf der Fläche liegen, so daß die Techniken für Kurven passend in den dreidimensionalen Raum übertragen werden.

Ein Raumpunkt auf der Fläche kann durch zwei unabhängige Parameter u, v mittels dreier Funktionen für die Koordinaten beschrieben werden durch die allgemeine Form $P = (x, y, z) = (x(u,v), y(u,v), z(u,v))$. Es werden drei Kategorien von Flächen unterschieden:

Strakflächen, dargestellt durch die Kurven ebener Schnitte mit der Fläche, z.B. Höhenlinien in Landkarten, Wasserlinien und dazu parallele Kurven im Schiffbau oder Rumpfquerschnitte im Schiff- und Flugzeugbau.

Mit geeigneten Bindefunktionen F folgt

$$P(u,v) = \sum_{j=0}^{n} P(u_j, v) \cdot F_j(u) \qquad \text{für Schnitte } u_j = \text{const}$$

oder

$$P(u,v) = \sum_{k=0}^{m} P(u, v_k) \cdot F_j(v) \qquad \text{für Schnitte } v_k = \text{const}, \quad (51)$$

womit das Problem auf die einparametrische Kurvendarstellung reduziert ist.

Produktflächen sind aus der Interpolation von diskreten Stützpunkten darstellbar, die meist in einem Rechteckraster angeordnet sind. Analog zur Kurvendarstellung nach Ferguson werden über Randkurven ringförmig zusammengefügt. Die parametrischen partiellen Ableitungen in den Stützstellen sichern die stetigen Anschlüsse, um die Kurven an beliebigen Stellen innerhalb dieses Rahmens zu interpolieren

$$P(u,v) = \sum_{j=0}^{n} \sum_{k=0}^{m} P(u_j, v_k) \cdot F_j(u) \cdot F_k(v). \qquad (52)$$

Summenflächen werden aus zwei einparametrischen Kurvenfamilien gebildet. Es wird das die Fläche überspannende Liniennetz $P(u_j, v)$ und $P(u, v_k)$ aufgebaut, die ebenfalls über rechteckigen (für kugelige Flächen auch dreieckigen) Flächenrastern erklärt sind. Allgemein ergibt sich die Darstellung

$$P(u,v) = (F_j(u) + F_k(v) - F_j(u) \cdot F_k(v)) \cdot P_{j,k}(u,v). \qquad (53)$$

Der negative Term berücksichtigt die Tatsache, daß bei der Kombination der beiden Kurvenscharen die Werte

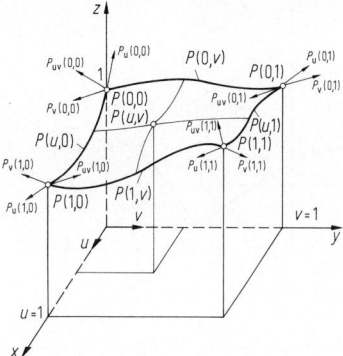

Bild 32. Flächenstück über rechteckigem Raster, dargestellt durch vier Stützpunkte, Randkurven und partiellen Ableitungen in den Stützpunkten

der Schnittpunkte doppelt vorhanden sind und daher die Mittelebene subtrahiert werden muß.

Für die Summenfläche nach Coons folgt mit den Bezeichnungen des **Bildes 32** das Flächenstück über dem rechteckigen Raster mit den vier Randkurven $P(0,v), P(1,v), P(u,0), P(u,1)$ im ebenen Parameterbereich $(u,v) \in [0;1] \times [0;1]$.

$$\begin{aligned}
P(u,v) = {} & P(0,v) \cdot F_0(u) + P(1,v) \cdot F_1(u) \\
& + P(u,0) \cdot F_0(v) + P(u,1) \cdot F_1(v) \\
& - P(0,0) \cdot F_0(u) \cdot F_0(v) - P(0,1) \cdot F_0(u) \cdot F_1(v) \\
& - P(1,0) \cdot F_1(u) \cdot F_0(v) \\
& - P(1,1) \cdot F_1(u) \cdot F_1(v).
\end{aligned} \qquad (54)$$

Die $F_j(u), F_k(v)$ sind wieder geeignete Bindefunktionen mit Eigenschaften, die die Stetigkeitsforderungen zum jeweils benachbarten Flächenstück erfüllen.

Im einfachsten Fall der linearen Coonsschen Fläche leisten die linearen Lagrange-Polynome (A 10 Gl. (24)) den stetigen Anschluß an die Nachbarflächen, wobei allerdings Knicke auftreten können

$$F_0(u) = 1 - u, \quad F_1(u) = u,$$
$$F_0(v) = 1 - v, \quad F_1(v) = v. \qquad (55)$$

Um dies zu vermeiden, muß die Stetigkeit der ersten partiellen Ableitungen und die gemischte zweite Ableitung (Twistvektor genannt) durch Bindefunktionen eingeführt werden

$$P_u = \partial P / \partial u; \quad P_v = \partial P / \partial v; \quad P_{uv} = \partial^2 P / \partial u \, \partial v.$$

Damit folgt nach umfangreicher Schreibarbeit für die bikubische Coonsche Fläche, mit den Hermite-Polynomen

$$F_0(u) = 2u^3 - 3u^2 + 1, \quad F_1(u) = -2u^3 + 3u^2,$$
$$G_0(u) = u^3 - 2u^2 + u, \quad G_1(u) = u^3 - u^2 \qquad (56)$$

mit $u \in [0,1]$ und analog für $v \in [0,1]$ den Randkurven $P(0,v)$, $P(1,v)$, $P(u,0)$, $P(u,1)$ sowie den partiellen Ableitungen P_u, P_v, P_{uv} in Matrixschreibweise

$$P(u,v) = \begin{bmatrix} F_0(u) \\ F_1(u) \\ G_0(u) \\ G_1(u) \end{bmatrix}^T \begin{bmatrix} P(0,0) & P(0,1) & | & P_v(0,0) & P_v(0,1) \\ P(1,0) & P(1,1) & | & P_v(1,0) & P_v(1,1) \\ \hline P_u(0,0) & P_u(0,1) & | & P_{uv}(0,0) & P_{uv}(0,1) \\ P_u(1,0) & P_u(1,1) & | & P_{uv}(1,0) & P_{uv}(1,1) \end{bmatrix}$$
$$\cdot \begin{bmatrix} F_0(v) \\ F_1(v) \\ G_0(v) \\ G_1(v) \end{bmatrix}. \qquad (57)$$

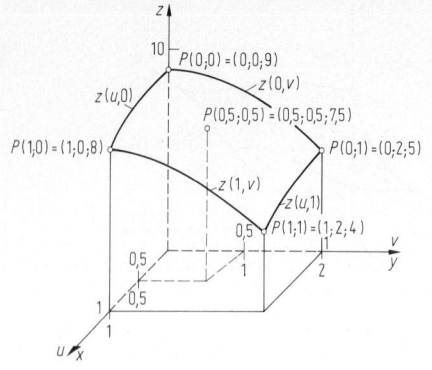

Bild 33. Bikubische Coonssche Fläche $P(u,v) = (x(u,v); y(u,v); z(u,v))$

Die Bestimmung des Twistvektors macht in der Praxis die meisten Schwierigkeiten und er wird für nicht zu hohe Ansprüche oft zu Null gesetzt. Es gibt dann etwas flach wirkende Flächen.

Beispiel: Mit einer längeren Rechnung an der Fläche von **Bild 33** mit den untenstehenden Daten im Rechteck $0 \leqq x \leqq 1$ und $0 \leqq y \leqq 2$ soll die Berechnung der Coonsschen Fläche demonstriert werden:

$$P(0,0) = (0,0,9), \quad P_u(0,0) = (1,0,1), \quad P_v(0,0) = (0,1,1)$$
$$P(0,1) = (0,2,5), \quad P_u(0,1) = (1,0,1), \quad P_v(0,1) = (0,1,-4)$$
$$P(1,0) = (1,0,8), \quad P_u(1,0) = (1,0,-2), \quad P_v(1,0) = (0,1,1)$$
$$P(1,1) = (1,2,4), \quad P_u(1,1) = (1,0,-2), \quad P_v(1,1) = (0,1,-4)$$

und verschwindendem Twistvektor $P_{uv} \equiv (0,0,0)$.
Aus Gl. (57) folgt

$$x(u,v) = \begin{bmatrix} F_0(u) \\ F_1(u) \\ G_0(u) \\ G_1(u) \end{bmatrix}^T \cdot \begin{bmatrix} 0 & 0 & 0 & 0 \\ 1 & 1 & 0 & 0 \\ 1 & 1 & 0 & 0 \\ 1 & 1 & 0 & 0 \end{bmatrix} \cdot \begin{bmatrix} 2v^3 - 3v^2 + 1 \\ -2v^3 + 3v^2 \\ v^3 - 2v^2 + v \\ v^3 - v^2 \end{bmatrix}$$

$$= \begin{bmatrix} 2u^3 - 3u^2 + 1 \\ -2u^3 + 3u^2 \\ u^3 - 2u^2 + u \\ u^3 - u^2 \end{bmatrix}^T \cdot \begin{bmatrix} 0 \\ 1 \\ 1 \\ 1 \end{bmatrix} = u.$$

Analog ergeben sich

$$y(u,v) = -2v^3 + 3v^2 + v$$

und

$$z(u,v) = u^3 - 3u^2 + u + 5v^3 - 10v^2 + v + 9.$$

Die Randkurven sind

$$z(u,0) = u^3 - 3u^2 + u + 9,$$
$$z(u,1) = u^3 - 3u^2 + u + 5,$$
$$z(0,v) = 5v^3 - 10v^2 + v + 9,$$
$$z(1,v) = 5v^3 - 10v^2 + v + 8.$$

In entsprechender Weise können auch Bezier- und B-spline-Flächen entwickelt werden.

---

5 Analytische Geometrie
Coordinate geometry

U. Jarecki, Berlin

5.1 Analytische Geometrie der Ebene
Plane coordinate geometry

5.1.1 Das kartesische Koordinatensystem
The system of Cartesian coordinates

Zugrunde gelegt wird ein orthogonales kartesisches Koordinatensystem (O, e_1, e_2) in der positiv orientierten Ebene (**Bild 1**). In einem Punkt O (Ursprung, Nullpunkt oder Anfangspunkt) sind zwei Vektoren e_1 und e_2 der Länge 1 (Normiertheit) senkrecht zueinander angeheftet (Orthogonalität). e_1 wird durch eine Drehung entgegen dem Uhrzeigersinn um $\pi/2$ mit e_2 zur Deckung gebracht (positive Orientierung). Die durch O verlaufenden und entsprechend e_1 und e_2 orientierten Geraden heißen Koordinatenachsen: die x- oder Abszissen-Achse und die y- oder Ordinaten-Achse.
Jeder Vektor a der Ebene läßt sich eindeutig als Linearkombination der Vektoren e_1 und e_2 darstellen: $a = a_x e_1 + a_y e_2 = (a_x, a_y)$, wobei a_x und a_y seine Koordinaten sind. Durch die Auszeichnung eines Punkts O als Koordinatenursprung kann außerdem jedem Punkt P der Ebene (**Bild 1**) umkehrbar eindeutig ein geordnetes Zah-

lenpaar (x, y) bzw. ein Ortsvektor $r = \overrightarrow{OP} = x e_1 + y e_2$ mit den Punktkoordinaten x und y zugeordnet werden, wobei x Abszisse und y Ordinate von P bzw. r heißen. Punkt und Ortsvektor werden im folgenden als synonyme Begriffe verwendet und häufig mit demselben Symbol bezeichnet.

5.1.2 Strecke. Straight line segments

Die Punkte $r_1 = (x_1, y_1)$ und $r_2 = (x_2, y_2)$ seien Anfangs- und Endpunkt der (gerichteten) Strecke $\overrightarrow{P_1 P_2}$ (**Bild 2a**) Ein Punkt $r = (x, y)$ liegt genau dann auf $\overrightarrow{P_1 P_2}$, wenn für $t \in [0,1]$ gilt $r = r_1 + t(r_2 - r_1)$ oder $x = x_1 + t(x_2 - x_1)$ und $y = y_1 + t(y_2 - y_1)$. Wird $t = t_2$ und $1 - t = t_1$ gesetzt, so lassen sich diese Gleichungen auch schreiben

$$r = t_1 r_1 + t_2 r_2 \quad \text{oder} \quad \begin{cases} x = t_1 x_1 + t_2 x_2 \\ y = t_1 y_1 + t_2 y_2 \end{cases} \text{für } \begin{matrix} t_1 + t_2 = 1 \\ 0 \leqq t_1, t_2 \end{matrix}$$

Länge. Sie beträgt

$$|\overrightarrow{P_1 P_2}| = |r_2 - r_1| = \sqrt{(x_2 - x_1)^2 + (y_2 - y_1)^2} = l.$$

Richtung (Bild 2a). Sie ist bestimmt durch den orientierten Winkel $\alpha = \sphericalangle(e_1, \overrightarrow{P_1 P_2})$, um den e_1 gedreht werden muß, damit er die gleiche Richtung und den gleichen Richtungssinn wie $\overrightarrow{P_1 P_2}$ hat. α ist bis auf Vielfache von π bestimmt

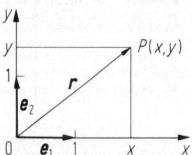

Bild 1. Ebenes kartesisches Koordinatensystem

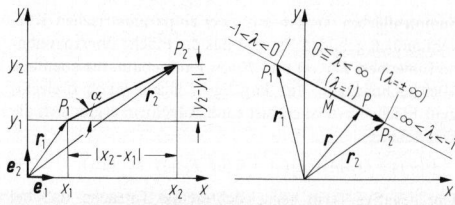

Bild 2. Strecke $\overrightarrow{P_1 P_2}$. **a** Darstellung; **b** Teilung

durch

$$\cos\alpha = (x_2 - x_1)/l, \quad \sin\alpha = (y_2 - y_1)/l.$$

Im allgemeinen wird derjenige Winkel α gewählt, dessen Betrag den kleinsten Wert hat. Die Steigung m der Strecke $\overrightarrow{P_1P_2}$ ist:

$$\tan\alpha = m = (y_2 - y_1)/(x_2 - x_1), \quad \text{wenn } x_1 \neq x_2.$$

Teilung (Bild 2b). Ein Punkt P mit dem Ortsvektor $r = (x, y)$ teilt die Strecke $\overrightarrow{P_1P_2}$ im Verhältnis λ mit $1 + \lambda \neq 0$, wenn gilt

$$r - r_1 = \lambda(r_2 - r) \quad \text{bzw.} \quad r = (r_1 + \lambda r_2)/(1 + \lambda) \quad \text{oder}$$

$$x = \frac{x_1 + \lambda x_2}{1 + \lambda} \quad \text{und} \quad y = \frac{y_1 + \lambda y_2}{1 + \lambda}.$$

Der Punkt P liegt für $\lambda \geqq 0$ auf und für $\lambda < 0$ außerhalb der Strecke (innere und äußere Teilung). Für $\lambda = 1$ ist P *Mittelpunkt* M der Strecke $\overrightarrow{P_1P_2}$.

$$r_M = (r_1 + r_2)/2 \quad \text{oder}$$

$$x_M = (x_1 + x_2)/2 \quad \text{und} \quad y_M = (y_1 + y_2)/2.$$

5.1.3 Dreieck. Triangle

Die Eckpunkte **(Bild 3)** eines Dreiecks $\triangle(P_1, P_2, P_3)$ seien r_1, r_2, r_3. Ein Punkt r ist genau dann ein Punkt dieses Dreiecks, wenn

$$r = t_1 r_1 + t_2 r_2 + t_3 r_3 \quad \text{oder}$$

$$\begin{matrix} x = t_1 x_1 + t_2 x_2 + t_3 x_3 \\ y = t_1 y_1 + t_2 y_2 + t_3 y_3 \end{matrix} \quad \text{für} \quad \begin{matrix} t_1 + t_2 + t_3 = 1 \\ 0 \leqq t_1, t_2, t_3. \end{matrix}$$

Für $t_1, t_2, t_3 > 0$ ist r innerer Punkt des Dreiecks. Für $t_1 = 0$ ist r Randpunkt und liegt auf der Dreiecksseite $\overrightarrow{P_2P_3}$. Der Mittelpunkt M und der Flächeninhalt A des Dreiecks sind

$$r_M = (r_1 + r_2 + r_3)/3 \quad \text{oder}$$

$$x_M = (x_1 + x_2 + x_3)/3 \quad \text{und} \quad y_M = (y_1 + y_2 + y_3)/3,$$

$$A = (1/2) \cdot \begin{vmatrix} x_2 - x_1 & x_3 - x_1 \\ y_2 - y_1 & y_3 - y_1 \end{vmatrix} = (1/2) \cdot \begin{vmatrix} x_1 & x_2 & x_3 \\ y_1 & y_2 & y_3 \\ 1 & 1 & 1 \end{vmatrix}$$

$$= (1/2) \cdot [x_1(y_2 - y_3) + x_2(y_3 - y_1) + x_3(y_1 - y_2)].$$

Wird der Rand des Dreiecks $\triangle(P_1, P_2, P_3)$ in der Punktfolge P_1, P_2, P_3 durchlaufen, so ist der Flächeninhalt positiv, wenn die Dreieckfläche wie in **Bild 3** zur Linken liegt, sonst negativ.

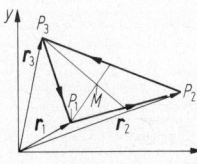

Bild 3. Dreieck mit Mittelpunkt M

5.1.4 Winkel. Angle

Sind $a = (a_x, a_y)$ und $b = (b_x, b_y)$ zwei Vektoren, so ist der orientierte Winkel $\varphi = \sphericalangle(a, b)$ durch den Drehwinkel erklärt, um den der Vektor a gedreht werden muß, damit er die gleiche Richtung und den gleichen Richtungssinn wie b hat **(Bild 4)**. Er ist bis auf Vielfache von 2π durch die beiden Gleichungen

$$\cos\varphi = \frac{a_x b_x + a_y b_y}{\sqrt{a_x^2 + a_y^2}\sqrt{b_x^2 + b_y^2}} \quad \text{und}$$

$$\sin\varphi = \frac{a_x b_y - a_y b_x}{\sqrt{a_x^2 + a_y^2}\sqrt{b_x^2 + b_y^2}}$$

bestimmt. Im allgemeinen wird derjenige Winkel gewählt, dessen Betrag den kleinsten Wert hat, d.h. $-\pi < \varphi \leqq \pi$.

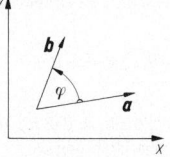

Bild 4. Orientierter Winkel φ

5.1.5 Gerade. Straight line

Punktrichtungs- und Zweipunktegleichung. Eine Gerade g **(Bild 5a)** sei bestimmt durch einen ihrer Punkte r_1 und ihren Richtungsvektor v oder zwei ihrer Punkte r_1 und r_2. Für jeden Punkt r von g gilt dann mit einem Parameter $t \in \mathbb{R}$

$$r = r_1 + tv \quad \text{oder} \quad x = x_1 + tv_x \quad \text{und} \quad y = y_1 + tv_y \quad \text{bzw.}$$
$$r = r_1 + t(r_2 - r_1) \quad \text{oder} \quad x = x_1 + t(x_2 - x_1) \quad \text{und}$$
$$y = y_1 + t(y_2 - y_1).$$

Parameterfreie Darstellung: Elimination von t ergibt

$$(x - x_1)v_y - (y - y_1)v_x = 0 \quad \text{bzw.}$$

$$(x - x_1)(y_2 - y_1) - (y - y_1)(x_2 - x_1) = \begin{vmatrix} x_1 & x_2 & x \\ y_1 & y_2 & y \\ 1 & 1 & 1 \end{vmatrix} = 0.$$

Für $v_x \neq 0$ bzw. $x_2 - x_1 \neq 0$ liegt Gerade g nicht parallel zur y-Achse, und es ergeben sich hieraus die expliziten Darstellungen

$$y = y_1 + m(x - x_1) \quad \text{bzw.} \quad y = y_1 + \frac{y_2 - y_1}{x_2 - x_1} \cdot (x - x_1).$$

$v_y/v_x = (y_2 - y_1)/(x_2 - x_1) = m = \tan\varphi$ heißt Steigung der Geraden g, wobei φ mit $-\pi/2 < \varphi < \pi/2$ den Steigungswinkel von g bedeutet.

Sonderfälle: *Hauptgleichung* $y = mx + b$. Gerade mit der Steigung m durch (O, b); b Abschnitt auf der y-Achse.

Abschnittsgleichung $x/a + y/b = 1$. Gerade durch (a, O) und (O, b); a und b Abschnitte auf der x- bzw. y-Achse.

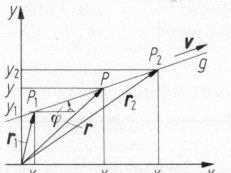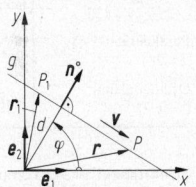

Bild 5. Gerade. **a** allgemeine Form; **b** Hessesche Normalform

Hessesche Normalform **(Bild 5b).** Eine Gerade g sei in der Punktrichtungsdarstellung gegeben. $g: r = r_1 + tv, \ t \in \mathbb{R}$. Normal- oder Stellungsvektor n^0 von g ist ein Einheitsvektor, der orthogonal zu v ist und der vom Ursprung O aus zur Geraden g weist (verläuft g durch O, dann ist der Richtungssinn beliebig wählbar). Mit dem orientierten Winkel $\varphi = \sphericalangle(e_1, n^0)$ gilt dann $n^0 = e_1 \cos\varphi + e_2 \sin\varphi$. Skalare Multiplikation der Punktrichtungsgleichung von g mit n^0 führt auf die Hessesche Normalform von g

$$r n^0 - d = 0 \quad \text{oder} \quad x \cos\varphi + y \sin\varphi - d = 0,$$

wobei $d = r_1 n^0 \geqq 0$ den Abstand des Ursprungs O von g angibt.

Allgemeine Geradengleichung. Jede Geradengleichung läßt sich auf eine lineare Gleichung der Form

$$Ax + Bx + C = 0 \quad \text{mit} \quad A^2 + B^2 > 0$$

zurückführen. Nach Division durch $\pm\sqrt{A^2+B^2}$ ergibt sich die Hessesche Normalform, wobei

$$\cos\varphi = A/(\pm\sqrt{A^2+B^2}), \quad \sin\varphi = B/(\pm\sqrt{A^2+B^2}),$$
$$d = -C/(\pm\sqrt{A^2+B^2})$$

sowie „+" für $C<0$ und „−" für $C>0$ gilt, so daß $d>0$. Für $C=0$ verläuft Gerade g durch den Ursprung O.

Abstand Punkt – Gerade. Er wird zweckmäßig mit Hilfe der Hesseschen Normalform bestimmt. $g: r n^0 - d = 0$ oder $x\cos\varphi + y\sin\varphi - d = 0$. Für einen beliebigen Punkt P_0 mit dem Ortsvektor $r_0 = (x_0, y_0)$ ist sein Abstand a von g gegeben mit

$$a = |r_0 n^0 - d| \quad \text{oder} \quad |x_0\cos\varphi + y_0\sin\varphi - d|.$$

Falls g nicht durch den Ursprung O verläuft, gilt außerdem:

für $r_0 n^0 - d > 0$ liegen P_0 und O auf verschiedenen Seiten von g,

für $r_0 n^0 - d < 0$ liegen P_0 und O auf derselben Seite von g,

für $r_0 n^0 - d = 0$ liegt P_0 auf g.

Beispiel: $g: 3x + 4y - 10 = 0$ und $r_0 = (4,3)$, so daß $\sqrt{A^2+B^2} = 5$. – Hessesche Normalform von g ist $(3/5)x + (4/5)y - 2 = 0$, so daß $r_0 n^0 - d = (3/5) \cdot 4 + (4/5) \cdot 3 - 2 = 2{,}8$. P_0 hat von g den Abstand $2{,}8$. P_0 und O liegen auf verschiedenen Seiten von g.

Lagebeziehung zweier Geraden. Sind g_1 und g_2 zwei einander schneidende Geraden, so ist ihr Schnittwinkel $\gamma = \measuredangle(g_1, g_2)$ derjenige (orientierte) Winkel, um den die Gerade g_1 auf dem kürzesten Weg gedreht werden muß, damit sie mit g_2 zur Deckung kommt. Dieser Winkel ist für $-\pi/2 < \gamma < \pi/2$ eindeutig durch seinen Tangens bestimmt (**Tab. 1**).

Tabelle 1. Lagebeziehungen zweier Geraden in der Ebene

Geradengleichung	$g_1:$ $\quad y = m_1 x + b_1$	$A_1 x + B_1 y + C_1 = 0$
	$g_2:$ $\quad y = m_2 x + b_2$	$A_2 x + B_2 y + C_2 = 0$
Schnittwinkel $(-\pi/2 < \gamma < \pi/2)$	$\tan\gamma = \dfrac{m_2 - m_1}{1 + m_1 m_2}$	$\tan\gamma = \dfrac{A_1 B_2 - A_2 B_1}{A_1 A_2 + B_1 B_2}$
Parallelität $(\gamma = 0)$	$m_1 = m_2$	$A_1 B_2 = A_2 B_1$
Orthogonalität $(\gamma = \pi/2)$	$1 + m_1 m_2 = 0$	$A_1 A_2 + B_1 B_2 = 0$

Schnittpunkt zweier Geraden. Der Schnittpunkt $S = (x_S, y_S)$ zweier nichtparalleler Geraden in der allgemeinen Darstellung $g_1: A_1 x + B_1 y + C_1 = 0$ und $g_2: A_2 x + B_2 y + C_2 = 0$ mit $A_1 B_2 - A_2 B_1 \neq 0$ ist bestimmt durch die Lösung dieses linearen Gleichungssystems, die nach der Cramer-Regel (s. A 3.2.3) lautet

$$x_S = \begin{vmatrix} -C_1 & B_1 \\ -C_2 & B_2 \end{vmatrix} : \begin{vmatrix} A_1 & B_1 \\ A_2 & B_2 \end{vmatrix} \quad \text{und}$$

$$y_S = \begin{vmatrix} A_1 & -C_1 \\ A_2 & -C_2 \end{vmatrix} : \begin{vmatrix} A_1 & B_1 \\ A_2 & B_2 \end{vmatrix}.$$

5.1.6 Koordinatentransformationen
Transformation of coordinates

Parallelverschiebung (Bild 6). Sie ist gekennzeichnet durch einen Verschiebungsvektor v, durch den das Koordinatensystem $(O; e_1, e_2)$ in das Koordinatensystem $(O'; e_1, e_2)$ übergeführt wird. Für einen Punkt P in der Ebene gilt dann $\overrightarrow{OP} = \overrightarrow{OO'} + \overrightarrow{O'P}$, wobei $\overrightarrow{OO'} = v$ der Verschiebungsvektor ist. Mit $\overrightarrow{OP} = xe_1 + ye_2$, $\overrightarrow{OO'} = v = ae_1 + be_2$ und

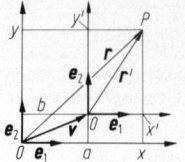
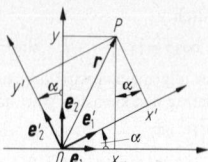

Bild 6. Parallelverschiebung   **Bild 7.** Drehung

$\overrightarrow{O'P} = x'e_1 + y'e_2$ lautet dann die Koordinatendarstellung der Parallelverschiebung

$$x = x' + a, \quad y = y' + b \quad \text{oder}$$
$$(x, y) = (x', y') + (a, b) = (x' + a, y' + b).$$

Drehung (Bild 7). Das Koordinatensystem $(O; e_1, e_2)$ wird durch eine Drehung um den Winkel $\alpha = \measuredangle(e_1, e_1')$ in das Koordinatensystem $(O; e_1', e_2')$ übergeführt. Dann ist $e_1' = \cos\alpha e_1 + \sin\alpha e_2$ und $e_2' = -\sin\alpha e_1 + \cos\alpha e_2$. Für einen beliebigen Punkt $P = (x, y)$ gilt $\overrightarrow{OP} = xe_1 + ye_2 = x'e_1' + y'e_2'$. Hieraus ergibt sich die Koordinatendarstellung der Drehung um α bzw. ihre Matrixform

$$x = x'\cos\alpha - y'\sin\alpha \quad \text{und}$$
$$y = x'\sin\alpha + y'\cos\alpha \quad \text{bzw.}$$
$$\begin{pmatrix} x \\ y \end{pmatrix} = \begin{pmatrix} \cos\alpha & -\sin\alpha \\ \sin\alpha & \cos\alpha \end{pmatrix} \begin{pmatrix} x' \\ y' \end{pmatrix}, \quad \text{wobei}$$
$$\begin{vmatrix} \cos\alpha & -\sin\alpha \\ \sin\alpha & \cos\alpha \end{vmatrix} = 1.$$

5.1.7 Kegelschnitte. Conic sections

Grundbegriffe und allgemeine Eigenschaften

Wird ein Kreiskegel von einer Ebene geschnitten, so werden die Schnittkurven als Kegelschnitte bezeichnet.

Numerische Exzentrizität. Sie ist das bei jedem echten Kegelschnitt konstante Verhältnis $\varepsilon = r/d$. Hierbei sind r und d die Abstände (**Bild 8a**) eines seiner Punkte vom Brennpunkt F bzw. von der Leitlinie l. Damit ist zugleich eine Konstruktionsvorschrift gegeben: In den Abständen $d_1, d_2, d_3 \ldots$ werden Parallelen zur Leitlinie l gezogen, und um den Brennpunkt F werden Kreise mit den Radien

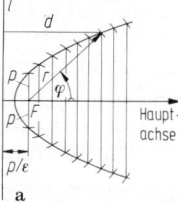

a

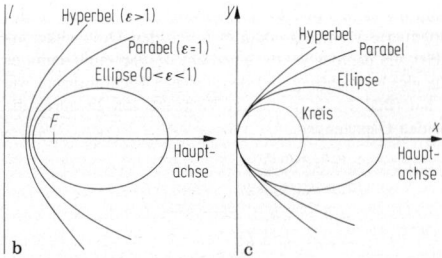

Bild 8. Kegelschnitte. **a** Polarkoordinaten; **b** gemeinsamer Brennpunkt; **c** gemeinsamer Scheitelpunkt

$\varepsilon d_1, \varepsilon d_2, \varepsilon d_3 \ldots$ gezeichnet; ihre Schnittpunkte mit den entsprechenden Parallelen sind Punkte des Kegelschnitts. Die zur Leitlinie l senkrechte Gerade durch F heißt Hauptachse. Die Länge der Sehne durch den Brennpunkt F und senkrecht zur Hauptachse heißt der Parameter $2p$. F hat dann von l den Abstand p/ε.

Polarkoordinaten (Bild 8a). Wenn der Pol mit F zusammenfällt und die Polarachse mit der Hauptachse gleichgerichtet ist, dann gilt

$$r = \frac{p}{1 - \varepsilon \cos\varphi}; \quad \begin{array}{l} \varepsilon = 0 \ \text{Kreis}, \ 0 < \varepsilon < 1 \ \text{Ellipse}, \\ \varepsilon = 1 \ \text{Parabel}, \ \varepsilon > 1 \ \text{Hyperbel}. \end{array}$$

Im **Bild 8b** sind für einen Brennpunkt F und eine Leitlinie l jeweils eine Ellipse, eine Parabel und eine Hyperbel dargestellt. Bei einem Kreis ($\varepsilon = 0$) liegt die Leitlinie im Unendlichen, und der Brennpunkt F ist sein Mittelpunkt.

Scheitelpunktgleichung (Bild 8c). In einem kartesischen Koordinatensystem, dessen Ursprung mit dem linken Scheitelpunkt und dessen x-Achse mit der Hauptachse der Kegelschnitte zusammenfällt, lautet sie

$$y^2 = 2px - x^2(1 - \varepsilon^2)$$

mit dem Brennpunkt $F = \left(\dfrac{p}{1 + \varepsilon}, 0\right)$,

mit der Leitlinie $\quad x = -\dfrac{p}{\varepsilon(1 + \varepsilon)}$.

Kreis

Er ist der geometrische Ort aller Punkte der Ebene, die von einem Punkt M, dem Mittelpunkt, den gleichen Abstand R haben. R heißt Radius des Kreises.

Gleichungen. Für den Mittelpunkt M und den Radius R gelten:

Kartesische Koordinaten **(Bild 9a)**

Allgemeine Form mit $M(a,b)$: $\quad (x - a)^2 + (y - b)^2 = R^2$,
Scheitelpunktsform mit $M(R,0)$: $x^2 - 2Rx + y^2 = 0$,
Mittelpunktsform mit $M(0,0)$: $\quad x^2 + y^2 = R^2$.

Polarkoordinaten **(Bild 9b)**
Allgemeine Form mit $M(r_0, \varphi_0)$:

$$r^2 - 2rr_0 \cos(\varphi - \varphi_0) + r_0^2 = R^2,$$

Scheitelpunktsform mit $M(R,0)$:

$$r = 2R \cos\varphi, \quad \varphi \in (-\pi/2, \pi/2).$$

Tangente und Normale (t **und** n; **Bild 9c).** Für den Kreis $k : (x - a)^2 + (y - b)^2 = R^2$ mit dem Kreispunkt $P_0(x_0, y_0)$ gilt

für t: $(x - a)(x_0 - a) + (y - b)(y_0 - b) = R^2$,

für n: $(y - y_0)(x_0 - a) - (x - x_0)(y_0 - b) = 0$.

Spiegelung an einem Kreis (Bild 9c). Zwei Punkte P_0 und $\bar{P}_0$ der Ebene heißen Spiegelpunkte des Kreises mit dem Mittelpunkt M und dem Radius R, wenn sie auf der Halbgeraden hg mit dem Anfangspunkt M liegen und für ihre Abstände r und $\bar{r}$ von M gilt: $r\bar{r} = R^2$.

Polare des Poles P_0 bezüglich des Kreises **(Bild 9d)** ist eine Gerade, die durch den Spiegelpunkt $\bar{P}_0$ des Poles P_0 verläuft und senkrecht auf der Halbgeraden hg durch $\bar{P}_0$ mit dem Anfangspunkt M steht. Liegt der Pol P_0 außerhalb des Kreises wie auf **Bild 9d**, so sind die Schnittpunkte P_1 und P_2 der Polaren mit dem Kreis die Berührungspunkte der Kreistangenten durch P_0. Mit der Kreisgleichung $(x - a)^2 + (y - b)^2 = R^2$ lautet die Gleichung der Polaren des Punkts $P_0(x_0, y_0)$

$$(x - a)(x_0 - a) + (y - b)(y_0 - b) = R^2.$$

Parabel

Sie ist der geometrische Ort aller Punkte der Ebene, deren Abstände von einem Punkt F, dem Brennpunkt, und einer Geraden l, der Leitlinie, gleich sind ($\varepsilon = 1$). Ihr Halbparameter p ist der Abstand des Brennpunkts F von l.

Konstruktion. Für die Parabelpunkte und ihre Tangenten **(Bild 10a)** gilt:
In einem Punkt A auf l wird das Lot und auf der Verbindungsstrecke $\overline{AF}$ die Mittelsenkrechte errichtet, die das Lot in einem Parabelpunkt P schneidet und zugleich Tangente in P ist. Hieraus geht hervor, daß jeder parallel zur Hauptachse einfallende Strahl nach Spiegelung an der Parabel durch den Brennpunkt F geht.

Gleichungen (Bild 10b). In Polar- bzw. kartesischen Koordinaten ist $r = p/(1 - \cos\varphi)$ bzw. $y^2 = 2px$ mit Brennpunkt $F : (p/2, 0)$ und Leitlinie $l : x = -p/2$.

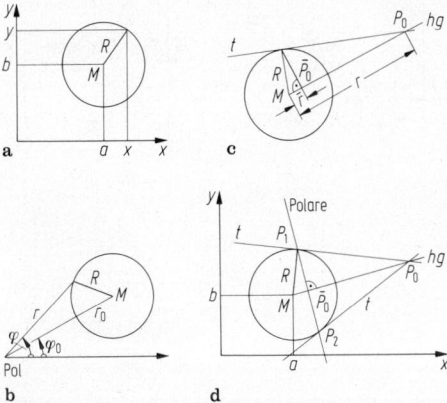

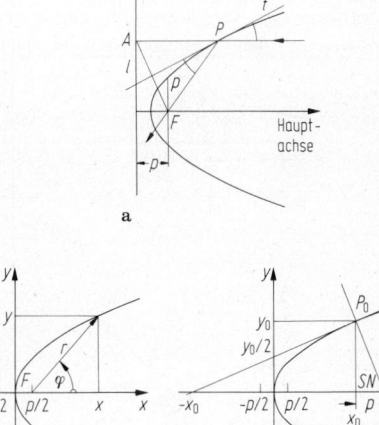

Bild 9. Kreis. **a** kartesische, **b** Polarkoordinaten; **c** Spiegelung; **d** Pol und Polare

Bild 10. Parabel. **a** Konstruktion; **b** Koordinaten; **c** Tangente t und Normale n

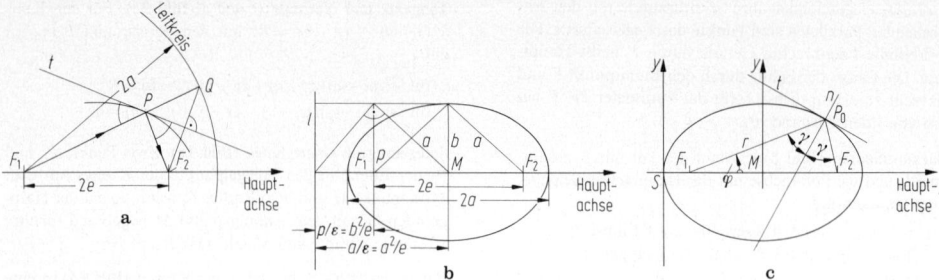

Bild 11. Ellipse. **a** Konstruktion; **b** Größen; **c** Koordinaten

Tangente und Normale (*t* und *n*; Bild 10c). In der Scheitelpunktdarstellung $y^2 = 2px$ mit dem Parabelpunkt $P_0(x_0, y_0)$ gilt für t: $yy_0 = p(x + x_0)$ und für n: $p(y - y_0) + y_0(x - x_0) = 0$. Die Tangente t schneidet die y-Achse bei $y_0/2$ und die x-Achse bei $-x_0$. Die Länge der Subnormalen SN ist stets p.

Ellipse

Sie ist der geometrische Ort aller Punkte der Ebene (**Bild 11a**) mit konstanter Summe ihrer Abstände von zwei Punkten F_1 und F_2, den Brennpunkten. Der Abstand der beiden Brennpunkte wird mit $2e$ und die Abstandssumme für die Ellipsenpunkte P mit $2a$ bezeichnet: $\overline{F_1 F_2} = 2e$ und $\overline{F_1 P} + \overline{F_2 P} = 2a$, wobei $e < a$.

Konstruktion. Für die Ellipse und ihre Tangenten (**Bild 11a**) wird mit dem Radius $2a$ um F_1 ein Kreis, der Leitkreis, gezeichnet und einer seiner Punkte Q mit F_1 und F_2 verbunden. Die Mittelsenkrechte der Strecke $\overline{QF_2}$ schneidet die Strecke $\overline{QF_1}$ im Ellipsenpunkt P und ist zugleich Tangente in P. Hiernach geht jeder vom Brennpunkt F_1 ausgehende Strahl nach der Spiegelung an der Ellipse durch den anderen Brennpunkt F_2.

Charakteristische Größen (Bild 11b). Diese sind die lineare Exzentrizität e, die numerische Exzentrizität $\varepsilon = e/a < 1$, die große und die kleine Halbachse a und b sowie der Halbparameter $p = b^2/a$. Der Brennpunkt F_1 bzw. der Mit-

telpunkt M hat von der Leitlinie l den Abstand $p/\varepsilon = b^2/e$ bzw. $a/\varepsilon = a^2/e$.

Gleichungen (Bild 11c). In *Polarkoordinaten* (Pol fällt mit F_1 zusammen, und die Polachse geht durch F_2) ist

$$r = \frac{p}{1 - \varepsilon \cos\varphi} = \frac{a^2 - e^2}{a - e\cos\varphi}, \quad \varepsilon = e/a < 1.$$

Kartesische Koordinaten:

Scheitelpunkt S liegt im Ursprung

$$y^2 = 2px - x^2(1 - \varepsilon^2) = 2\frac{b^2}{a}x - \frac{b^2}{a^2}x^2 \quad \text{oder}$$

$$\frac{(x - a)^2}{a^2} + \frac{y^2}{b^2} = 1,$$

Mittelpunkt M liegt im Ursprung

$$\frac{x^2}{a^2} + \frac{y^2}{b^2} = 1 \quad \text{oder} \quad y = \pm\frac{b}{a} - \sqrt{a^2 - x^2}.$$

Tangente und Normale (*t* und *n*; Bild 11b). In der Mittelpunktdarstellung mit dem Ellipsenpunkt $P_0(x_0, y_0)$ gilt

für t: $\dfrac{xx_0}{a^2} + \dfrac{yy_0}{b^2} = 1$,

für n: $\dfrac{(x - x_0)y_0}{b^2} - \dfrac{(y - y_0)x_0}{a^2} = 0$.

Hyperbel

Sie ist der geometrische Ort aller Punkte der Ebene mit konstanter Differenz ihrer Abstände von zwei Brennpunk-

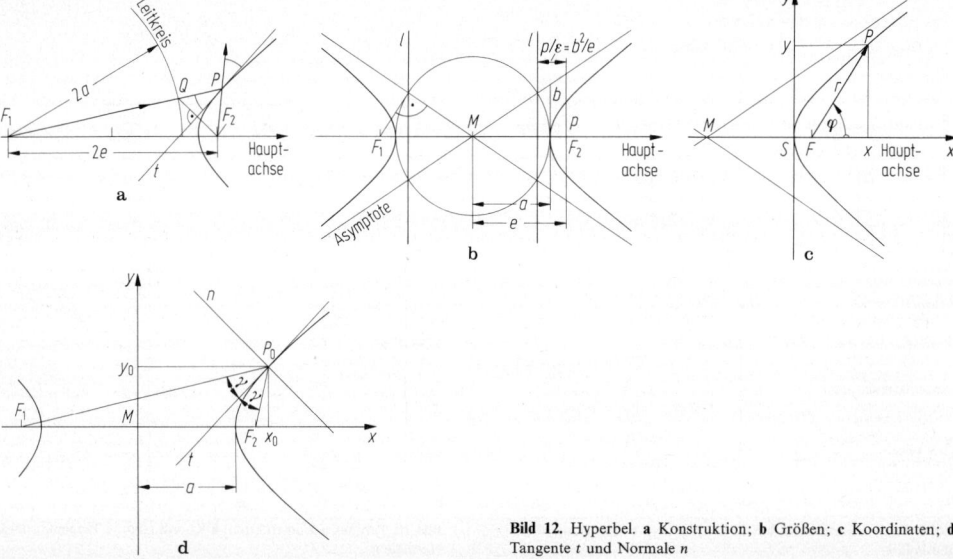

Bild 12. Hyperbel. **a** Konstruktion; **b** Größen; **c** Koordinaten; **d** Tangente t und Normale n

ten F_1 und F_2. Der Abstand der Brennpunkte wird mit $2e$ und die Abstandsdifferenz für einen Hyperbelpunkt P mit $2a$ bezeichnet.

$$\overline{F_1F_2}=2e, \quad \overline{F_1P}-\overline{F_2P}=2a, \quad \text{wobei} \quad e>a.$$

Konstruktion (Bild 12a). Hierzu wird um F_1 mit dem Radius $2a$ ein Kreis, der Leitkreis, gezeichnet. Ein Punkt Q auf dem Leitkreis wird mit F_2 verbunden. Die Mittelsenkrechte auf $\overline{QF_2}$ schneidet die verlängerte Strecke $\overline{F_1Q}$ in dem Hyperbelpunkt P und ist zugleich Tangente in P. Für diesen Punkt P ist $\overline{F_1P}-\overline{F_2P}=2a$. Hieraus folgt, daß jeder vom Brennpunkt F_1 ausgehende Strahl nach seiner Spiegelung an der Hyperbel mit seiner rückwärtigen Verlängerung durch den zweiten Brennpunkt F_2 verläuft.

Charakteristische Größen (Bild 12b). Diese sind die lineare Exzentrizität e, die numerische Exzentrizität $\varepsilon=e/a>1$, die reelle Halbachse a und die imaginäre Halbachse $b=\sqrt{e^2-a^2}$ sowie der Halbparameter $p=b^2/a$. Der Brennpunkt F_2 bzw. der Mittelpunkt M hat von der Leitlinie l den Abstand $p/\varepsilon=b^2/e$ bzw. $a/\varepsilon=a^2/e$. Die Geraden durch M, die bezüglich der Hauptachse die Steigung $\pm b/a$ haben, sind Asymptoten der Hyperbel.

Gleichungen. In Polarkoordinaten (Pol fällt mit F zusammen, und die Polarachse ist mit der Hauptachse gleichgerichtet; **Bild 12c**) ist

$$r=\frac{p}{1-\varepsilon\cos\varphi}=\frac{e^2-a^2}{a-e\cos\varphi}, \quad \varepsilon=\frac{e}{a}>1.$$

Kartesische Koordinaten. Die x-Achse mit der Orientierung von links nach rechts geht durch F_1 und F_2.

Scheitelpunkt S, **Bild 12c** liegt im Ursprung

$$y^2=2px-x^2(1-\varepsilon^2) \quad \text{oder} \quad \frac{(x+a)^2}{a^2}-\frac{y^2}{b^2}=1,$$

Mittelpunkt M, **Bild 12d** liegt im Ursprung

$$\frac{x^2}{a^2}-\frac{y^2}{b^2}=1 \quad \text{oder} \quad y=\pm\frac{b}{a}\sqrt{x^2-a^2}.$$

Tangente und Normale (t und n; Bild 12d). In der Mittelpunktdarstellung mit dem Hyperbelpunkt $P_0(x_0,y_0)$ gilt

für t: $\dfrac{x_0x}{a^2}-\dfrac{y_0y}{b^2}=1,$

für n: $\dfrac{(x-x_0)y_0}{b^2}+\dfrac{(y-y_0)x_0}{a^2}=0.$

5.1.8 Allgemeine Kegelschnittgleichung
General equation of cone sections

Jeder Kegelschnitt ist eine Kurve 2. Ordnung, d.h., daß er in einem kartesischen Koordinatensystem durch eine Gleichung 2. Grades darstellbar ist:

$$F(x,y)=Ax^2+2Bxy+Cy^2+2Dx+2Ey+F=0,$$
$$A^2+B^2+C^2>0.$$
$$\varDelta=\begin{vmatrix}A & B & D\\B & C & E\\D & E & F\end{vmatrix}, \quad \delta=\begin{vmatrix}A & B\\B & C\end{vmatrix}. \tag{1}$$

Die Diskriminante $\varDelta$ der Gleichung und die Diskriminante δ der quadratischen Glieder bestimmen im wesentlichen die Art des Kegelschnitts (**Tab. 2**).

Tabelle 2. Kegelschnitte

$\varDelta$ \ δ	>0	<0	$=0$
$\neq 0$	Ellipse (reell oder imaginär)	Hyperbel	Parabel
$=0$	Punkt	Geradenpaar nicht parallel	Geradenpaar parallel (reell oder imaginär)

Transformation der allgemeinen Kegelschnittgleichung auf Hauptachsen

Drehung des Koordinatensystems. Sie ist nur dann erforderlich, wenn in Gl. (1) $B\neq 0$. Ohne Einschränkung wird vorausgesetzt, daß $B>0$ (anderenfalls Multiplikation der Gleichung mit -1). Durch eine Drehung um den Winkel α gemäß den Transformationsgleichungen $x=x'\cos\alpha-y'\sin\alpha$, $y=x'\sin\alpha+y'\cos\alpha$ geht Gl. (1) über in

$$A'x'^2+2B'x'y'+C'y'^2+2D'x'+2E'y'+F'=0, \tag{2}$$

wobei die Koeffizienten mit einem Strich durch die Matrizengleichung

$$\begin{pmatrix}A' & B' & D'\\B' & C' & E'\\D' & E' & F'\end{pmatrix}=$$

$$\begin{pmatrix}\cos\alpha & \sin\alpha & 0\\-\sin\alpha & \cos\alpha & 0\\0 & 0 & 1\end{pmatrix}\begin{pmatrix}A & B & D\\B & C & E\\D & E & F\end{pmatrix}\begin{pmatrix}\cos\alpha & -\sin\alpha & 0\\\sin\alpha & \cos\alpha & 0\\0 & 0 & 1\end{pmatrix}$$

bestimmt sind. Hierbei ist

$$\begin{vmatrix}A' & B' & D'\\B' & C' & E'\\D' & E' & F'\end{vmatrix}=\begin{vmatrix}A & B & D\\B & C & E\\D & E & F\end{vmatrix}=\varDelta,$$

$$\begin{vmatrix}A' & B'\\B' & C'\end{vmatrix}=\begin{vmatrix}A & B\\B & C\end{vmatrix}=\delta,$$

$$A'+C'=A+C, \quad F'=F.$$

Der Drehwinkel α wird nun so bestimmt, daß

$$B'=(C-A)\sin\alpha\cos\alpha+B(\cos^2\alpha-\sin^2\alpha)$$
$$=(1/2)(C-A)\sin 2\alpha+B\cos 2\alpha=0$$

oder

$$(A-C)\sin 2\alpha=2B\cos 2\alpha,$$

woraus folgt

$$\tan 2\alpha=2B/(A-C) \quad \text{für} \quad A\neq C \quad \text{oder}$$
$$\cos 2\alpha=0 \quad \text{für} \quad A=C.$$

Hieraus ist α bis auf ganzzahlige Vielfache von $\pi/2$ bestimmt. Mit $\alpha\in(0,\pi/2)$ gilt

$$A'=(1/2)(A+C)+(1/2)\sqrt{(A-C)^2+4B^2},$$
$$C'=(1/2)(A+C)-(1/2)\sqrt{(A-C)^2+4B^2} \quad \text{oder}$$
$$A'+C'=A+C,$$
$$A'C'=AC-B^2=\delta.$$

A' und C' sind damit Lösungen der quadratischen Gleichung

$$\begin{vmatrix}A-\lambda & B\\B & C-\lambda\end{vmatrix}=\lambda^2-(A+C)\lambda+AC-B^2=0.$$

Wegen $B'=0$ lautet dann Gl. (2) im gedrehten Koordinatensystem

$$A'x'^2+C'y'^2+2D'x'+2E'y'+F'=0. \tag{3}$$

Parallelverschiebung. Gleichung (3) läßt sich durch eine Parallelverschiebung des Koordinatensystems weiter vereinfachen. Hierbei sind im wesentlichen die Fälle $\delta\neq 0$ und $\delta=0$ zu unterscheiden.

Fall $\delta\neq 0$

$$\delta=\begin{vmatrix}A & B\\B & C\end{vmatrix}=A'C'\neq 0.$$

Wegen $A'\neq 0$ und $C'\neq 0$ kann Gl. (3) durch quadratische Ergänzung auf die Form gebracht werden:

$$A'(x'+D'/A')^2+C'(y'+E'/C')^2+\varDelta/\delta=0. \tag{4}$$

Die Parallelverschiebung $\xi = x' + D'/A'$, $\eta = y' + E'/C'$ liefert die *Hauptachsengleichung einer Hyperbel oder Ellipse*

$$A'\xi^2 + C'\eta^2 + \Delta/\delta = 0 \qquad (5)$$

($\Delta = 0$: ausgeartete Hyperbel oder Ellipse).

Fall $\delta = 0$

$$\delta = \begin{vmatrix} A & B \\ B & C \end{vmatrix} = A'C' = 0.$$

Es sei $C' = 0$ und $A' \neq 0$ (der andere mögliche Fall, $A' = 0$ und $C' \neq 0$, läßt sich entsprechend behandeln). Dann ist

$$\Delta = \begin{vmatrix} A & B & D \\ B & C & E \\ D & E & F \end{vmatrix} = \begin{vmatrix} A' & 0 & D' \\ 0 & 0 & E' \\ D' & E' & F' \end{vmatrix} = -A'E'^2,$$

woraus folgt, daß $E' = 0$ genau dann, wenn $\Delta = 0$. Mit $C' = 0$ lautet Gl.(3) $A'x'^2 + 2D'x' + 2E'y' + F' = 0$ oder nach quadratischer Ergänzung

$$A'(x' + D'/A')^2 + 2E'y' + \overline{F} = 0 \quad \text{mit}$$
$$\overline{F} = F' - D'^2/A'. \qquad (6)$$

Unterfall $E' \neq 0$. Hier wird $\Delta \neq 0$ und

$$A'(x' + D'/A')^2 + 2E'(y' + \overline{F}/2E') = 0.$$

Die Parallelverschiebung $\xi = x' + D'/A'$, $\eta = y' + \overline{F}/(2E')$ liefert die *Hauptachsengleichung der Parabel*

$$A'\xi^2 + 2E'\eta = 0 \quad \text{oder} \quad \xi^2 = -(2E'/A')\eta = p\eta. \qquad (7)$$

Unterfall $E' = 0$. Hier wird $\Delta = 0$ und

$$A'(x' + D'/A')^2 + \overline{F} = 0.$$

Die Parallelverschiebung $\xi = x' + D'/A'$, $\eta = y'$ liefert die *Hauptachsengleichung der ausgearteten Parabel*

$$A'\xi^2 + \overline{F} = 0 \quad \text{oder} \quad \xi^2 = -\overline{F}/A'. \qquad (8)$$

Beispiel 1: $3x^2 - 2xy + 3y^2 - 4x - 4y - 12 = 0$. − Wegen $\delta = 8 > 0$, $\Delta = -128 \neq 0$ und $\Delta/\delta = -16$ ist der Kegelschnitt eine reelle Ellipse. Da $A = C$, ist $\cos 2\alpha = 0$ oder $\alpha = \pi/4$. Mit den Transformationsgleichungen für die Drehung,

$$x = x'\cos(\pi/4) - y'\sin(\pi/4) = (1/\sqrt{2})(x' - y'),$$
$$y = x'\sin(\pi/4) + y'\cos(\pi/4) = (1/\sqrt{2})(x' + y'),$$

lautet die Kegelschnittgleichung im gedrehten System $2x'^2 + 4y'^2 - 4\sqrt{2}x' - 12 = 0$. Die quadratische Ergänzung ergibt $2(x' - \sqrt{2})^2 + 4y'^2 - 16 = 0$. Die Parallelverschiebung $\xi = x' - \sqrt{2}$, $\eta = y'$ liefert die Hauptachsengleichung $\xi^2/8 + \eta^2/4 = 1$.

Beispiel 2: $x^2 - 4xy + 4y^2 - 6x + 12y + 8 = 0$. − Wegen $\delta = 0$ und $\Delta = 0$ ist der Kegelschnitt eine ausgeartete Parabel. Es ist $\tan 2\alpha = 4/3$ oder $\cos\alpha = 2/\sqrt{5}$ und $\sin\alpha = 1/\sqrt{5}$. Mit den Transformationsgleichungen für die Drehung,

$$x = x'\cos\alpha - y'\sin\alpha = 1/\sqrt{5}(2x' - y'),$$
$$y = x'\sin\alpha + y'\cos\alpha = 1/\sqrt{5}(x' + 2y'),$$

lautet die Kegelschnittgleichung im gedrehten System

$$5y'^2 + 6\sqrt{5}y' + 8 = 0 \quad \text{oder} \quad (y' + 3/\sqrt{5})^2 = 1/5.$$

Die Parallelverschiebung $\eta = y' + 3/\sqrt{5}$, $\xi = x'$ liefert die Hauptachsengleichung $\eta = \pm\sqrt{1/5}$.
Die ausgeartete Parabel ist also ein Paar von reellen parallelen Geraden.

5.2 Analytische Geometrie des Raumes
Three-dimensional coordinate geometry

5.2.1 Das kartesische Koordinatensystem
The system of cartesian coordinates

Zugrunde gelegt wird ein räumliches Koordinatensystem $(O; e_1, e_2, e_3)$ im positiv orientierten Raum (**Bild 13**). In einem Punkt O, dem Ursprung, Nullpunkt oder Koordina-

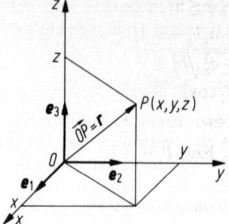

Bild 13. Räumliches kartesisches Koordinatensystem

tenanfangspunkt, sind drei orthonormierte Basisvektoren e_1, e_2, e_3 angeheftet, die in der angegebenen Reihenfolge eine Rechtsschraube bilden (positive Orientierung).

Jeder Vektor a des Raums bzw. jeder Ortsvektor $\overrightarrow{OP} = r$ eines Raumpunkts P läßt sich eindeutig als Linearkombination der Basisvektoren darstellen,

$$a = a_x e_1 + a_y e_2 + a_z e_3 = (a_x, a_y, a_z) \quad \text{bzw.}$$

$$r = \overrightarrow{OP} = x e_1 + y e_2 + z e_3 = (x, y, z),$$

wobei a_x, a_y, a_z bzw. x, y, z Koordinaten des Vektors a bzw. des Punkts P heißen.

5.2.2 Strecke. Line segments

Die Punkte r_1 und r_2 seien Anfangs- und Endpunkt der (orientierten) Strecke $\overrightarrow{P_1 P_2} = r_2 - r_1$ (**Bild 14**). Ein Punkt r liegt genau dann auf der Strecke $\overrightarrow{P_1 P_2}$, wenn

$$r = r_1 + t(r_2 - r_1) \quad \text{für} \quad t \in [0,1] \quad \text{oder}$$

$$r = t_1 r_1 + t_2 r_2 \quad \text{für} \quad \begin{matrix} t_1 + t_2 = 1, \\ 0 \leq t_1, t_2. \end{matrix}$$

Länge der Strecke $\overrightarrow{P_1 P_2}$:

$$l = |\overrightarrow{P_1 P_2}| = |r_2 - r_1|$$
$$= \sqrt{(x_2 - x_1)^2 + (y_2 - y_1)^2 + (z_2 - z_1)^2}.$$

Richtung der Strecke $\overrightarrow{P_1 P_2}$: Sie ist bestimmt durch die Winkel α, β, γ, die der Vektor $\overrightarrow{P_1 P_2} = r_2 - r_1$ mit den Basisvektoren einschließt, wobei ihre Kosinuswerte Richtungskosinusse heißen. Mit dem Einheitsvektor

$$e^0 = (r_2 - r_1)/|r_2 - r_1| \quad \text{gilt}$$
$$\cos\alpha = e^0 e_1 = (x_2 - x_1)/l, \quad \cos\beta = e^0 e_2 = (y_2 - y_1)/l,$$
$$\cos\gamma = e^0 e_3 = (z_2 - z_1)/l; \quad \cos^2\alpha + \cos^2\beta + \cos^2\gamma = 1.$$

Winkel zwischen zwei gerichteten Strecken: Der von den beiden gerichteten Strecken oder Vektoren

$$a = \overrightarrow{P_1 P_2} = r_2 - r_1 = (a_x, a_y, a_z) \quad \text{und}$$

$$b = \overrightarrow{P_3 P_4} = r_4 - r_3 = (b_x, b_y, b_z)$$

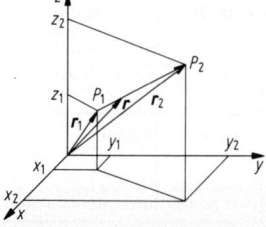

Bild 14. Strecke $\overrightarrow{P_1 P_2}$

eingeschlossene Winkel φ ($0 \leq \varphi \leq \pi$) ist bestimmt durch

$$\cos \varphi = \frac{\boldsymbol{a} \cdot \boldsymbol{b}}{|\boldsymbol{a}||\boldsymbol{b}|} = \frac{a_x b_x + a_y b_y + a_z b_z}{\sqrt{a_x^2 + a_y^2 + a_z^2}\sqrt{b_x^2 + b_y^2 + b_z^2}}$$
$$= \cos \alpha_1 \cos \alpha_2 + \cos \beta_1 \cos \beta_2 + \cos \gamma_1 \cos \gamma_2,$$

wobei $\cos\alpha_1, \cos\beta_1, \cos\gamma_1$ bzw. $\cos\alpha_2, \cos\beta_2, \cos\gamma_2$ die Richtungskosinusse von $\overrightarrow{P_1 P_2}$ bzw. $\overrightarrow{P_3 P_4}$ sind.

5.2.3 Dreieck und Tetraeder. Triangle and tetrahedron

Bilden die drei Punkte P_1, P_2 und P_3 mit den Ortsvektoren $r_1 = (x_1, y_1, z_1), r_2 = (x_2, y_2, z_2)$ und $r_3 = (x_3, y_3, z_3)$ die Eckpunkte eines Dreiecks (**Bild 15**) und ist durch die Punktfolge P_1, P_2, P_3 ein Umlaufsinn des Dreiecks festgelegt, so heißt das vektorielle Produkt $(\overrightarrow{P_1 P_2} \times \overrightarrow{P_2 P_3})/2$ orientierte Dreieckfläche mit dem Flächeninhalt

$$0{,}5 \cdot |(r_2 - r_1) \times (r_3 - r_2)| =$$
$$0{,}5 \sqrt{\begin{vmatrix} x_1 & x_2 & x_3 \\ y_1 & y_2 & y_3 \\ 1 & 1 & 1 \end{vmatrix}^2 + \begin{vmatrix} y_1 & y_2 & y_3 \\ z_1 & z_2 & z_3 \\ 1 & 1 & 1 \end{vmatrix}^2 + \begin{vmatrix} z_1 & z_2 & z_3 \\ x_1 & x_2 & x_3 \\ 1 & 1 & 1 \end{vmatrix}^2}.$$

Bilden die vier Punkte P_0, P_1, P_2 und P_3 mit den Ortsvektoren r_0, r_1, r_2 und r_3 die Eckpunkte eines Tetraeders (**Bild 16**), so ist dessen (orientiertes) Volumen bestimmt durch das Spatprodukt

$$(1/6)(\overrightarrow{P_0 P_1}, \overrightarrow{P_0 P_2}, \overrightarrow{P_0 P_3}) = (1/6)(\overrightarrow{P_0 P_1} \times \overrightarrow{P_0 P_2}) \cdot \overrightarrow{P_0 P_3} \text{ bzw.}$$
$$V = (1/6)[(r_1 - r_0) \times (r_2 - r_0)] \cdot (r_3 - r_0)$$
$$= \frac{1}{6} \begin{vmatrix} x_0 & y_0 & z_0 & 1 \\ x_1 & y_1 & z_1 & 1 \\ x_2 & y_2 & z_2 & 1 \\ x_3 & y_3 & z_3 & 1 \end{vmatrix}.$$

Das Volumen hat positives Vorzeichen, wenn $\overrightarrow{P_0 P_1}, \overrightarrow{P_0 P_2}, \overrightarrow{P_0 P_3}$ in dieser Reihenfolge positiv orientiert sind.

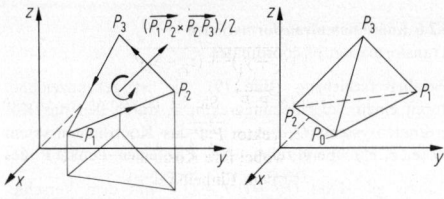

Bild 15. Dreieck   **Bild 16.** Tetraeder

5.2.4 Gerade. Straight line

Zweipunkte- und Punktrichtungsgleichung. Eine Gerade g (**Bild 17**) sei bestimmt durch zwei ihrer Punkte r_1 und r_2 bzw. durch einen ihrer Punkte r_1 und ihren Richtungsvektor $\boldsymbol{v} = (v_x, v_y, v_z)$. Für jeden Punkt r der Geraden g gilt mit dem Parameter $t \in \mathbb{R}$

$$r = r_1 + t(r_2 - r_1) \quad \text{oder}$$
$$x = x_1 + t(x_2 - x_1), \quad y = y_1 + t(y_2 - y_1),$$
$$z = z_1 + t(z_2 - z_1)$$

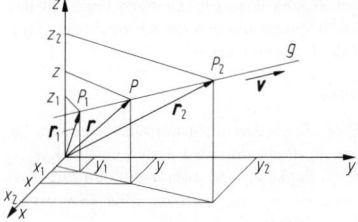

Bild 17. Gerade

bzw.
$$r = r_1 + tv \quad \text{oder}$$
$$x = x_1 + tv_x, \quad y = y_1 + tv_y, \quad z = z_1 + tv_z.$$

Vektorielle Multiplikation beider Gleichungen mit $r_2 - r_1$ bzw. v führt auf die folgenden parameterfreien Darstellungen:

Zweipunktegleichung
$$(r - r_1) \times (r_2 - r_1) = \boldsymbol{0},$$
$$(x - x_1)(y_2 - y_1) = (y - y_1)(x_2 - x_1),$$
$$(y - y_1)(z_2 - z_1) = (z - z_1)(y_2 - y_1),$$
$$(z - z_1)(x_2 - x_1) = (x - x_1)(z_2 - z_1),$$

Punktrichtungsgleichung
$$(r - r_1) \times v = \boldsymbol{0},$$
$$(x - x_1)v_y = (y - y_1)v_x,$$
$$(y - y_1)v_z = (z - z_1)v_y,$$
$$(z - z_1)v_x = (x - x_1)v_z.$$

Falls die im Nenner auftretenden Größen von Null verschieden sind, lauten diese Gleichungen in der *kanonischen Form*

$$\frac{x - x_1}{x_2 - x_1} = \frac{y - y_1}{y_2 - y_1} = \frac{z - z_1}{z_2 - z_1} \quad \text{bzw.}$$
$$\frac{x - x_1}{v_x} = \frac{y - y_1}{v_y} = \frac{z - z_1}{v_z}.$$

Allgemeine Darstellung einer Geraden. Sie ist bestimmt durch die Schnittgerade zweier Ebenen mit den linearen Gleichungen

$$A_1 x + B_1 y + C_1 z + D_1 = 0 \quad \text{und}$$
$$A_2 x + B_2 y + C_2 z + D_2 = 0$$

mit Rang $\begin{pmatrix} A_1 & B_1 & C_1 \\ A_2 & B_2 & C_2 \end{pmatrix} = 2$, d.h., von

$$\begin{vmatrix} A_1 & B_1 \\ A_2 & B_2 \end{vmatrix}, \begin{vmatrix} A_1 & C_1 \\ A_2 & C_2 \end{vmatrix}, \begin{vmatrix} B_1 & D_1 \\ B_2 & C_2 \end{vmatrix}$$

ist mindestens eine Determinante von Null verschieden. Für die Schnittgerade der beiden Ebenen ist dann nach A 5.2.5 der Richtungsvektor

$$v = \begin{vmatrix} B_1 & C_1 \\ B_2 & C_2 \end{vmatrix} e_1 + \begin{vmatrix} C_1 & A_1 \\ C_2 & A_2 \end{vmatrix} e_2 + \begin{vmatrix} A_1 & B_1 \\ A_2 & B_2 \end{vmatrix} e_3 \neq \boldsymbol{0}.$$

Lagebeziehungen zweier Geraden. Die Geraden seien durch ihre Punktrichtungsgleichungen gegeben.

$$g_1 : r = r_1 + t_1 v_1, \quad g_2 : r = r_2 + t_2 v_2; \quad t_1, t_2 \in \mathbb{R}.$$

Tabelle 3. Lagebeziehungen zweier Geraden im Raum

parallel $v_1 \times v_2 = 0$		nicht parallel $v_1 \times v_2 \neq 0$	
gleich $v_1 \times (r_2 - r_1) = 0$	verschieden $v_1 \times (r_2 - r_1) \neq 0$	schneiden einander $(r_2 - r_1)(v_1 \times v_2) = 0$	windschief $(r_2 - r_1)(v_1 \times v_2) \neq 0$
	Abstand $d = \dfrac{|v_1 \times (r_2 - r_1)|}{|v_1|}$		Abstand $d = \dfrac{|(r_2 - r_1)(v_1 \times v_2)|}{|v_1 \times v_2|}$

Die vier Möglichkeiten ihrer gegenseitigen Lage mit den entsprechenden Bedingungen und die Abstände der Geraden sind in **Tab. 3** zusammengefaßt.

5.2.5 Ebene. Plane

Die Ebene E sei durch drei nicht auf einer Geraden liegenden Punkte P_0, P_1, P_2 mit den Ortsvektoren r_0, r_1, r_2 bzw. durch einen Punkt P_0 und zwei nichtkollineare Vektoren $v = r_1 - r_0$, $w = r_2 - r_0$ bestimmt (**Bild 18a**), wobei $(r_1 - r_0) \times (r_2 - r_0) \neq 0$ bzw. $v \times w \neq 0$.

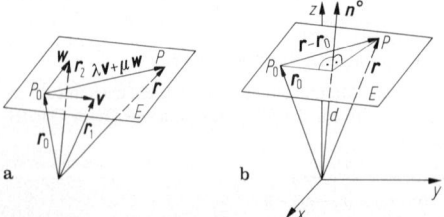

Bild 18. Ebene. **a** Parameterdarstellung; **b** Hessesche Normalform

Parameterdarstellung. Mit den Parametern λ, μ lautet sie

$$r = r_0 + \lambda(r_1 - r_0) + \mu(r_2 - r_0) \quad \text{bzw.}$$
$$r = r_0 + \lambda v + \mu w. \tag{9}$$

Parameterfreie Form. Skalare Multiplikation der Gl.(9) mit $(r_1 - r_0) \times (r_2 - r_0)$ bzw. $v \times w$ ergibt

$$(r - r_0)[(r_1 - r_0) \times (r_2 - r_0)] = 0 \quad \text{bzw.}$$
$$(r - r_0)(v \times w) = 0$$

oder in Koordinatenschreibweise

$$\begin{vmatrix} x - x_0 & y - y_0 & z - z_0 \\ x_1 - x_0 & y_1 - y_0 & z_1 - z_0 \\ x_2 - x_0 & y_2 - y_0 & z_2 - z_0 \end{vmatrix} = \begin{vmatrix} x & y & z & 1 \\ x_0 & y_0 & z_0 & 1 \\ x_1 & y_1 & z_0 & 1 \\ x_2 & y_2 & z_2 & 1 \end{vmatrix} = 0$$

bzw.

$$\begin{vmatrix} x - x_0 & y - y_0 & z - z_0 \\ v_x & v_y & v_z \\ w_x & w_y & w_z \end{vmatrix} = 0.$$

Hessesche Normalform. Die Ebene E sei durch einen ihrer Punkte P_0 mit dem Ortsvektor r_0 und durch ihren Stellungsvektor n_0 festgelegt (**Bild 18b**). n^0 ist ein zur Ebene E senkrechter Einheitsvektor, dessen Richtungssinn vom Ursprung O aus zur Ebene weist, falls O nicht auf E liegt. Sonst ist sein Richtungssinn beliebig wählbar. Für jeden Punkt r von E gilt dann

$$n^0(r - r_0) = 0 \quad \text{oder} \quad n^0 r - d = 0,$$

wobei $d = n^0 r_0 \geqq 0$ der Abstand des Ursprungs O von der Ebene E ist. Mit $n^0 = (\cos\alpha, \cos\beta, \cos\gamma)$ und $r = (x, y, z)$, wobei $\cos\alpha, \cos\beta$ und $\cos\gamma$ die Richtungskosinusse von n^0 sind, lautet die Koordinatendarstellung der Hesseschen Normalform

$$x\cos\alpha + y\cos\beta + z\cos\gamma - d = 0.$$

Allgemeine Ebenengleichung. Sie hat die lineare Form

$$Ax + By + Cz + D = 0, \quad \text{wobei} \quad A^2 + B^2 + C^2 > 0.$$

Einige Sonderfälle sind:

$Ax + By + Cz = 0$	Ebene geht durch den Ursprung O,
$By + Cz + D = 0$	Ebene parallel zur x-Achse,
$Cz + D = 0$	Ebene parallel zur x,y-Ebene,
$z = 0$	Ebene fällt mit x,y-Ebene zusammen.

Abschnittsgleichung (Ebene geht durch die Punkte $(a,0,0)$, $(0,b,0)$ und $(0,0,c)$):

$$x/a + y/b + z/c = 1.$$

Abstand eines Punkts von einer Ebene. Er wird zweckmäßig mit Hilfe der Hesseschen Normalform bestimmt.

$$E: rn^0 - d = 0 \quad \text{bzw.} \quad x\cos\alpha + y\cos\beta + z\cos\gamma - d = 0.$$

Für einen beliebigen Punkt P_0 mit dem Ortsvektor $r_0 = (x_0, y_0, z_0)$ ist der Abstand a von E gegeben durch

$$a = |n^0 r_0 - d| \quad \text{bzw.}$$
$$a = |x_0\cos\alpha + y_0\cos\beta + z_0\cos\gamma - d|.$$

Falls die Ebene E nicht durch den Ursprung O geht, gilt für:

$n^0 r_0 - d > 0$ P_0 und O auf verschiedenen Seiten von E,
$n^0 r_0 - d < 0$ P_0 und O auf derselben Seite von E,
$n^0 r_0 - d = 0$ P_0 liegt auf E.

Lagebeziehungen zweier Ebenen. Die Gleichungen zweier Ebenen E_1 und E_2 seien

$$E_1: A_1 x + B_1 y + C_1 z + D_1 = 0 \quad (A_1^2 + B_1^2 + C_1^2 > 0) \quad \text{bzw.}$$
$$n_1^0 r - d_1 = 0,$$
$$E_2: A_2 x + B_2 y + C_2 z + D_2 = 0 \quad (A_2^2 + B_2^2 + C_2^2 > 0) \quad \text{bzw.}$$
$$n_2^0 r - d_2 = 0.$$

Die Ebenen schneiden einander genau dann in einer Geraden, wenn Rang $\begin{pmatrix} A_1 & B_1 & C_1 \\ A_2 & B_2 & C_2 \end{pmatrix} = 2$ (s. A5.2.4) bzw. $n_1^0 \times n_2^0 \neq 0$.
Der Schnittwinkel φ_0 der beiden Ebenen ist durch den von den Stellungsvektoren n_1^0 und n_2^0 eingeschlossenen Winkel φ erklärt.

$$\cos\varphi = n_1^0 n_2^0 = \frac{A_1 A_2 + B_1 B_2 + C_1 C_2}{\sqrt{A_1^2 + B_1^2 + C_1^2}\sqrt{A_2^2 + B_2^2 + C_2^2}}$$

5.2.6 Koordinatentransformationen
Transformation of coordinates

Parallelverschiebung (Bild 19). Sie ist gekennzeichnet durch einen Verschiebungsvektor v, durch den das Koordinatensystem $(O; e_1, e_2, e_3)$ in das Koordinatensystem (O', e_1, e_2, e_3) übergeführt wird. Für einen Punkt P des Raums gilt dann $\overrightarrow{OP} = \overrightarrow{OO'} + \overrightarrow{O'P}$ mit dem Verschiebungsvektor $v = \overrightarrow{OO'}$. Für $\overrightarrow{OP} = xe_1 + ye_2 + ze_3$, $\overrightarrow{OO'} = ae_1 + be_2 + ce_3$, $\overrightarrow{O'P} = x'e_1 + y'e_2 + z'e_3$ hat die Parallelverschiebung die Koordinatendarstellung

$$(x, y, z) = (x', y', z') + (a, b, c) = (x' + a, y' + b, z' + c).$$

Drehung (Bild 20). Durch sie wird das Koordinatensystem $(O; e_1, e_2, e_3)$ in $(O; e_1', e_2', e_3')$ übergeführt. Für die orthonor-

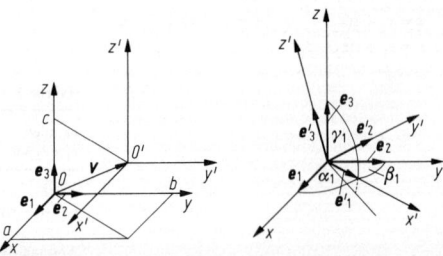

Bild 19. Parallelverschiebung   **Bild 20.** Drehung

mierten Basisvektoren e'_1, e'_2, e'_3, die in dieser Reihenfolge positiv orientiert sind, gelten die Gleichungen

$$e'_1 = \cos\alpha_1 e_1 + \cos\beta_1 e_2 + \cos\gamma_1 e_3,$$
$$e'_2 = \cos\alpha_2 e_1 + \cos\beta_2 e_2 + \cos\gamma_2 e_3,$$
$$e'_3 = \cos\alpha_3 e_1 + \cos\beta_3 e_2 + \cos\gamma_3 e_3,$$

wobei $\cos\alpha_i = e'_i e_1$, $\cos\beta_i = e'_i e_2$, $\cos\gamma_i = e'_i e_3$ $(i=1,2,3)$ die Richtungskosinusse von e'_i sind (auf **Bild 20** sind nur die Winkel $\alpha_1, \beta_1, \gamma_1$ angegeben, die der Basisvektor e'_1 mit den Basisvektoren e_1, e_2, e_3 des Ausgangssystems einschließt). Für einen beliebigen Raumpunkt P gilt dann

$$\overrightarrow{OP} = r = x'e'_1 + y'e'_2 + z'e'_3 = xe_1 + ye_2 + ze_3.$$

Skalare Multiplikation dieser Gleichung mit e'_1, e'_2, e'_3 liefert die Transformationsgleichungen für eine Drehung.

$$x' = \cos\alpha_1 x + \cos\beta_1 y + \cos\gamma_1 z,$$
$$y' = \cos\alpha_2 x + \cos\beta_2 y + \cos\gamma_2 z,$$
$$z' = \cos\alpha_3 x + \cos\beta_3 y + \cos\gamma_3 z;$$

$$\begin{pmatrix} x' \\ y' \\ z' \end{pmatrix} = \begin{pmatrix} \cos\alpha_1 & \cos\beta_1 & \cos\gamma_1 \\ \cos\alpha_2 & \cos\beta_2 & \cos\gamma_2 \\ \cos\alpha_2 & \cos\beta_3 & \cos\gamma_3 \end{pmatrix} \begin{pmatrix} x \\ y \\ z \end{pmatrix} = A \begin{pmatrix} x \\ y \\ z \end{pmatrix}.$$

Da die Basisvektoren e'_1, e'_2, e'_3 orthonormiert sind, gilt die Matrizengleichung $AA^T = E$ bzw. $A^T = A^{-1}$, wobei A^T die transponierte und A^{-1} die inverse Matrix von A ist (s. A 3.2.4). Matrizen mit dieser Eigenschaft heißen orthogonal. Da außerdem die Basisvektoren e'_1, e'_2, e'_3 positiv orientiert sind, gilt $\mathrm{Det}A = |A| = 1$. Matrizen A mit den Eigenschaften $AA^T = E$ und $|A| = 1$ heißen „eigentlich orthogonal". Damit ist jede Drehung durch eine eigentlich orthogonale Matrix charakterisiert.

6 Differential- und Integralrechnung
Differential and integral calculus

U. Jarecki, Berlin

6.1 Reellwertige Funktionen einer reellen Variablen
Real valued functions of a real variable

6.1.1 Grundbegriffe. Basic concepts

Urbild- und Bildmenge. Ist D eine Teilmenge der reellen Zahlen, $D \subset \mathbb{R}$, und ist jedem $x \in D$ genau eine reelle Zahl $y \in \mathbb{R}$ zugeordnet, dann ist auf D eine reellwertige Funktion f definiert, symbolisch ausgedrückt

$$f : D \to \mathbb{R} \quad \text{oder} \quad y = f(x) \quad \text{für } x \in D.$$

D heißt Definitions-, Argument- oder Urbildmenge von f. Das dem Argument oder Urbild $x \in D$ zugeordnete Element $y = f(x)$ heißt Bild von x oder Funktionswert $f(x)$. Die Menge $B(f)$ aller Bilder $f(x)$ heißt Bildmenge:

$$B(f) = \{f(x) | x \in D\} = \{y | y = f(x) \text{ für } x \in D\}.$$

Graph der Funktion f, in Zeichen $[f]$, ist die Menge aller geordneten Paare $(x, f(x))$:

$$[f] = \{(x, f(x)) | x \in D\} = \{(x, y) | y = f(x) \text{ für } x \in D\}.$$

Die geometrische Darstellung der geordneten Zahlenpaare $(x, f(x))$ als Punkte in einem kartesischen Koordinatensystem gibt das graphische Bild von f wieder. Zwei Funktionen f und g heißen gleich, in Zeichen $f = g$, wenn sie die gleiche Definitionsmenge D haben und $f(x) = g(x)$ für alle $x \in D$. Funktionen können durch Zahlengleichungen mit zwei Variablen x und y, Wertetabellen, ihr graphisches Bild oder dergleichen erklärt sein.

Beispiel 1: $y = 1/x$ (**Bild 1a**). – Diese Funktion ist explizit durch eine Gleichung erklärt mit $D = \mathbb{R} \setminus \{0\}$ und $B(f) = \mathbb{R} \setminus \{0\}$.

Beispiel 2: $F(x, y) = x^2 + y^2 - 1 = 0$ und $y \geqq 0$. – Diese Funktion (**Bild 1b**) ist implizit durch eine Gleichung und explizit durch eine Ungleichung erklärt. Sie ist mit der Funktion gleich, die explizit durch die Gleichung $y = \sqrt{1 - x^2}$ erklärt ist. $D = [-1, 1], B(f) = [0, 1]$.

Beispiel 3: $y = \begin{cases} x^2 & \text{für } 0 \leqq x \leqq 1 \\ -x + 2 & \text{für } 1 < x \leqq 2. \end{cases}$ – Die Funktion (**Bild 1c**) ist explizit durch zwei Gleichungen erklärt. $D = [0, 2], B(f) = [0, 1]$.

Beispiel 4: $y = 0$, wenn x eine rationale Zahl ist, und $y = 1$, wenn x eine irrationale Zahl ist. – Diese Funktion, die auch Dirichlet-Funktion heißt, ist durch eine mit Worten ausgedrückte Zuordnungsvorschrift erklärt. $D = \mathbb{R}, B(f) = \{0, 1\}$. Das graphische Bild der Funktion ist nicht darstellbar.

Beschränktheit. Eine Funktion f auf D heißt beschränkt, wenn es eine untere und eine obere Schranke m und M gibt, so daß $m \leqq f(x) \leqq M$ für alle $x \in D$. Untere Grenze von f ist die größte untere Schranke, und obere Grenze von f ist die kleinste obere Schranke.

Beispiel 1: Die Funktion $y = \sin x$ für $x \in \mathbb{R}$ ist beschränkt und hat die obere Grenze 1 und die untere Grenze -1.

Beispiel 2. Die Funktion $y = 1/x$ für $x > 0$ ist nicht beschränkt, da sie keine obere Schranke besitzt. Sie ist aber nach unten beschränkt und hat die untere Grenze 0.

Eine Funktion f heißt gerade bzw. ungerade, wenn $f(-x) = f(x)$ bzw. $f(-x) = -f(x)$. So ist die Funktion $y = f(x) = x^2$ für $x \in \mathbb{R}$ gerade und $y = f(x) = x^3$ für $x \in \mathbb{R}$ ungerade.

Periodizität. Die Funktion f auf D heißt periodisch mit der Periode λ, wenn $f(x + \lambda) = f(x)$ für alle $x \in D$. So ist die Funktion $y = \tan x$ periodisch mit der Periode π.

Monotonie. Gilt für eine Funktion f auf D für alle $x_1 \in D$ und $x_2 \in D$: Wenn $x_1 < x_2$, so $f(x_1) \leqq f(x_2)$ bzw. wenn $x_1 < x_2$, so $f(x_2) \leqq f(x_1)$, dann heißt sie monoton steigend bzw. fallend. Gilt statt „$\leqq$" die Relation „$<$", so ist die Monotonie streng.

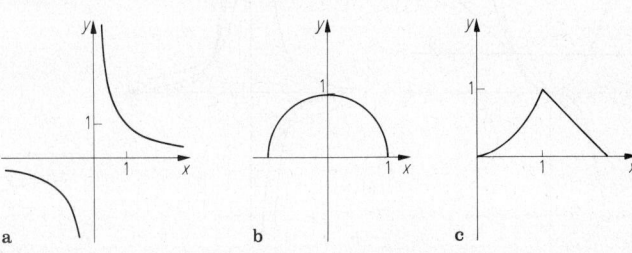

Bild 1. Funktion mit zwei Variablen. **a** $y = 1/x$; **b** $y = \sqrt{1 - x^2}$; **c** $y = \begin{cases} x^2 & 0 \leqq x \leqq 1 \\ -x + 2 & 1 \leqq x \leqq 2 \end{cases}$

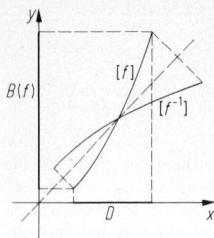

Bild 2. Inverse Funktion

Eindeutigkeit. Die Funktion f auf D heißt umkehrbar eindeutig oder eineindeutig, wenn für alle $x_1, x_1 \in D$ gilt: Wenn $x_1 \neq x_2$, so $f(x_1) \neq f(x_2)$ oder wenn $f(x_1) = f(x_2)$, so $x_1 = x_2$. Jede streng monotone Funktion ist umkehrbar eindeutig.

Umkehrbarkeit. Ist f eine umkehrbar eindeutige Funktion auf D, so hat jedes Element $y \in B(f)$ genau ein Urbild $x \in D$. Inverse Funktion oder Umkehrfunktion von f ist dann diejenige Funktion, die jedem Bild $y = f(x)$ sein Urbild x zuordnet. Sie hat das Symbol f^{-1}, und es gilt die Äquivalenz $y = f(x)$ genau dann, wenn $x = f^{-1}(y)$. f ist auch inverse Funktion von f^{-1}.
Werden – wie üblich – die Argumente mit x und die Bilder mit y bezeichnet, dann lautet die Darstellung für die inverse Funktion $y = f^{-1}(x)$, wobei $x \in B(f)$ und $y \in D$. Durch den Tausch der Variablen x und y geht das Paar (x, y) aus $[f]$ in das Paar (y, x) über. Dies bedeutet, daß das graphische Bild von f^{-1} aus dem graphischen Bild von f durch Spiegelung an der Geraden $y = x$ hervorgeht (**Bild 2**).

6.1.2 Grundfunktionen. Basic functions

Potenzfunktionen

Die Potenzfunktion $y = x^\alpha$ ist im allgemeinen Fall nur für positive Argumente x erklärt.

α nichtnegative ganze Zahl. $y = x^n$ $(n = 0, 1, 2 \ldots)$ ist für alle reellen Argumente x erklärt, wobei $x^0 \equiv 1$. Sie ist für alle geraden Exponenten eine gerade und für alle ungeraden Exponenten eine ungerade Funktion. Ihre Bilder sind Parabeln (**Bild 3a**) durch den Punkt (1,1).

α negative ganze Zahl. $y = x^{-n}$ $(n = 1, 2, 3 \ldots)$ ist für alle Argumente $x \neq 0$ erklärt. Sie ist für gerades n eine gerade und für ungerades n eine ungerade Funktion. Ihre Bilder sind Hyperbeln (**Bild 3b**) durch den Punkt (1,1).

α rationale Zahl. $y = x^{1/n} = \sqrt[n]{x}$ $(n = 2, 3, 4 \ldots)$ ist für alle Argumente $x \geq 0$ erklärt. Sie heißt auch Wurzelfunktion und ist Inverse von $y = x^n$ für $x \geq 0$. Ihr Bild ist eine Halbparabel durch den Punkt (1,1). Sie kann für gerades bzw. ungerades n durch die Funktion $y = -\sqrt[n]{x}$ mit $x \geq 0$ bzw. $y = -\sqrt[n]{-x}$ mit $x \leq 0$ zu einer Vollparabel mit der Gleichung $y^n = x$ ergänzt werden. Im **Bild 3c** sind die ergänzenden Halbparabeln getrichelt.

Funktion $y = x^{-1/n} = 1/\sqrt[n]{x}$, $n = 2, 3, 4 \ldots$. Sie ist für alle Argumente $x > 0$ erklärt. Sie ist die inverse Funktion von $y = x^{-n}$ mit $x > 0$. Ihr Bild ist eine Halbhyperbel durch den Punkt (1, 1). Sie kann für gerades bzw. ungerades n durch die Funktion $y = -x^{-1/n}$ mit $x > 0$ bzw. $y = -(-x)^{-1/n}$ mit $x < 0$ zu einer Vollhyperbel $y^{-n} = x$ ergänzt werden. Im **Bild 3d** sind die ergänzenden Halbhyperbeln gestrichelt.

Funktion $y = x^{3/2} = x\sqrt{x}$ (**Bild 3e**). Sie ist für $x \geq 0$ erklärt. Ihr Bild ist der positive Ast p der Neilschen Parabel $y^2 = x^3$, deren negativer Ast n Bild von $y = -x^{3/2} = -x\sqrt{x}$ mit $x > 0$ ist.

Exponential- und Logarithmusfunktion (Bild 4)

Exponentialfunktion. Definitionsgleichung: $y = \exp(x) = e^x$. $D(\exp) = (-\infty, \infty) = \mathbb{R}$, $B(\exp) = (0, \infty) = \mathbb{R}_+$ (s. **Anh. A 10 Tab. 6**).

Logarithmusfunktion. Definitionsgleichung: $y = \ln x$. $D(\ln) = (0, \infty) = \mathbb{R}_+$, $B(\ln) = (-\infty, \infty) = \mathbb{R}$.
Beide Funktionen sind streng monoton wachsend und zueinander invers.

Hyperbel- und Areafunktionen sowie trigonometrische und zyklometrische (arcus-)Funktionen (s. A 4.2)

Hilfsfunktionen (Bild 5a–c), die häufig benutzt werden, sind

a) $y = |x| = \begin{cases} x & \text{für } x \geq 0 \\ -x & \text{für } x \leq 0, \end{cases}$

b) $y = \text{sgn}(x) = \begin{cases} 1 & \text{für } x > 0 \\ 0 & \text{für } x = 0 \\ -1 & \text{für } x < 0, \end{cases}$ und

c) $y = [x] = n \in \mathbb{Z}$, wenn $n \leq x < n + 1$.

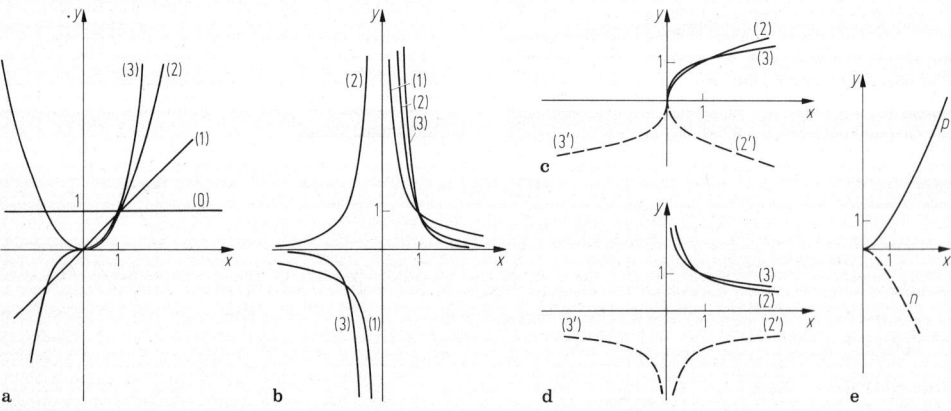

Bild 3. Potenzfunktionen. **a** $y = x^n$, $n = 0, 1, 2 \ldots$; **b** $y = x^{-n}$, $n = 1, 2, 3 \ldots$; **c** $y = \sqrt[n]{x} = x^{1/n}$, $n = 2, 3, 4 \ldots$; **d** $y = 1/\sqrt[n]{x} = x^{-1/n}$, $n = 2, 3, 4 \ldots$; **e** Neilsche Parabel $y^2 = x^3$

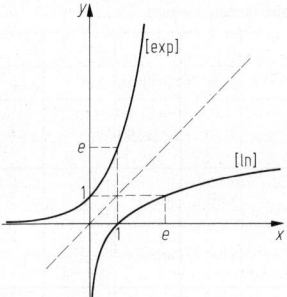

Bild 4. Exponential- und Logarithmusfunktion

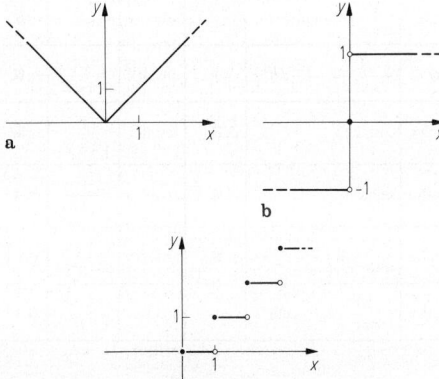

Bild 5. Hilfsfunktionen. **a** $y = x$; **b** $y = \operatorname{sgn}(x)$; **c** $y = [x]$

6.1.3 Einteilung der Funktionen
Classification of functions

Algebraische Funktionen

Eine Funktion $y = f(x)$ heißt algebraisch, wenn sie eine Lösung der Gleichung

$$P_n(x)y^n + P_{n-1}(x)y^{n-1} + \ldots + P_1(x)y + P_0(x) = 0$$

ist, wobei die Ausdrücke $P_i(x)$ $(i = 0, 1, 2, \ldots, n)$ Polynome in x sind. So ist die Funktion $y = x - \sqrt{2x - 1}$ algebraisch, da sie eine Lösung der Gleichung $y^2 - 2xy + x^2 - 2x + 1 = 0$ ist.
Sonderfälle von algebraischen Funktionen sind:

ganzrationale Funktionen oder *Polynome n-ten Grades*

$$y = P_n(x) \quad a_0 \neq 0$$
$$= a_0 x^n + a_1 x^{n-1} + a_2 x^{n-2} + \ldots + a_{n-1} x + a_n$$

gebrochenrationale Funktionen

$$y = \frac{Q_m(x)}{P_n(x)}$$
$$= \frac{b_0 x^m + b_1 x^{m-1} + b_2 x^{m-2} + \ldots + b_{m-1} x + b_m}{a_0 x^n + a_1 x^{n-1} + a_2 x^{n-2} + \ldots + a_{n-1} x + a_n}.$$

Für $m \geq n$ heißen sie unecht, für $m < n$ echt gebrochen.
Algebraische Funktionen, die nicht rational sind heißen irrational (z.B. $y = \sqrt{x}$).

Transzendente Funktionen

Sie sind nicht algebraisch. Zu ihnen gehören beispielsweise die trigonometrischen Funktionen (s. A 4.2).

6.1.4 Grenzwert und Stetigkeit. Limit and continuity

Grundbegriffe. Es werden die Umgebungs-Definitionen eingeführt.

$$U_\delta^-(a) = \{x \mid a - \delta < x \leq a\} = (a - \delta, a], \quad \text{links bzw.}$$
$$U_\delta^+(a) = \{x \mid a \leq x < a + \delta\} = [a, a + \delta) \quad \text{rechtsseitige}$$
$$U_\delta(a) = \{x \mid |x - a| < \delta\} \quad\quad\quad \text{Umgebung}$$
$$= \{x \mid a - \delta < x < a + \delta\} \quad\quad \text{von } a$$
$$= (a - \delta, a + \delta)$$
$$U_M(\infty) = \{x \mid M < x\} = (M, \infty), \quad\quad \text{Umgebung}$$
$$U_M(-\infty) = \{x \mid x < -M\} = (-\infty, -M) \quad \text{von } \pm \infty$$

Hierbei bedeuten δ und M beliebige positive Zahlen. Wird die Zahl a bei der (links-, rechtsseitigen) Umgebung von a ausgeschlossen, so heißt die Restmenge gelochte oder punktierte (links-, rechtsseitige) Umgebung von a.

Grenzwert. Der Definitionsbereich D der Funktion f besitze einen Häufungswert x_0, der auch uneigentlich sein kann. Eine Zahl g heißt (links-, rechtsseitiger) Grenzwert der Funktion f auf D für x gegen x_0 $(x \to x_0)$, wenn es zu jeder Umgebung V von g eine (links-, rechtsseitige) Umgebung U von x_0 gibt, so daß $f(x) \in V$ für alle $x \in U$ und $x \neq x_0$. g kann hierbei auch ∞ oder $-\infty$ sein und heißt dann uneigentlicher Grenzwert. Ist g der Grenzwert schlechthin oder der links- bzw. rechtsseitige Grenzwert, so wird symbolisch geschrieben

$$\lim_{x \to x_0} f(x) = g, \quad \lim_{x \to x_0 - 0} f(x) = g = f(x_0 - 0),$$
$$\lim_{x \to x_0 + 0} f(x) = g = f(x_0 + 0).$$

Beispiel 1: Die Funktion $f(x) = (x^2 - 1)/(x + 1)$ auf $D = \mathbb{R} \setminus \{-1\}$ hat wegen $(x^2 - 1)/(x + 1) = x - 1$ $(x \neq -1)$ den Grenzwert -2 für $x \to -1$, d.h. $\lim\limits_{x \to -1} f(x) = -2$.

Beispiel 2: Die Signum-Funktion (**Bild 5 b**) $\operatorname{sgn}(x) = \begin{cases} 1 & \text{für } x > 0 \\ 0 & \text{für } x = 0 \\ -1 & \text{für } x < 0 \end{cases}$

hat für $x \to 0$ keinen Grenzwert. Es existieren aber die einseitigen Grenzwerte

$$\lim_{x \to +0} \operatorname{sgn}(x) = 1 = \operatorname{sgn}(+0) \quad \text{und} \quad \lim_{x \to -0} \operatorname{sgn}(x) = -1 = \operatorname{sgn}(-0).$$

Beispiel 3: Die Tangens-Funktion $f(x) = \tan x$ auf $(-\pi/2, \pi/2)$ hat in den Randpunkten des Intervalls die einseitigen uneigentlichen Grenzwerte

$$\lim_{x \to \pi/2 - 0} \tan x = \infty = \tan(\pi/2 - 0) \quad \text{bzw.}$$
$$\lim_{x \to -\pi/2 + 0} \tan x = -\infty = \tan(-\pi/2 + 0).$$

Beispiel 4: Die auf $\mathbb{R}$ definierte Funktion $f(x) = \begin{cases} e^{-1/x} & \text{für } x \neq 0 \\ 0 & \text{für } x = 0 \end{cases}$

hat für $x \to 0$ keinen Grenzwert, den rechtsseitigen Grenzwert $\lim\limits_{x \to +0} f(x) = 0$ und den linksseitigen uneigentlichen Grenzwert $\lim\limits_{x \to -0} f(x) = \infty$. Für $x \to \infty$ und $x \to -\infty$ existiert der Grenzwert $\lim\limits_{x \to \pm\infty} f(x) = 1$.

Grenzwertsätze („lim" steht für „$\lim\limits_{x \to x_0}$"). Existieren die Grenzwerte $\lim f(x) = a$ und $\lim g(x) = b$, dann gilt

$$\lim \alpha f(x) = \alpha \lim f(x) = \alpha a,$$
$$\lim(f(x) \pm g(x)) = \lim f(x) \pm \lim g(x) = a \pm b,$$
$$\lim(f(x) \cdot g(x)) = \lim f(x) \cdot \lim g(x) = ab,$$
$$\lim \frac{f(x)}{g(x)} = \frac{\lim f(x)}{\lim g(x)} = \frac{a}{b}; \quad (b \neq 0).$$

Die Sätze gelten auch für einseitige Grenzwerte und für $x \to \pm\infty$.

Stetigkeit. Die Funktion f auf D heißt in $x_0 \in D$ oder an der Stelle $x_0 \in D$ (links-, rechtsseitig) stetig, wenn gilt: Zu jeder Umgebung V von $f(x_0)$ gibt es eine (links-, rechtsseitige) Umgebung U von x_0, so daß $f(x) \in V$ für alle $x \in U$ oder: Es gibt zu jedem $\varepsilon > 0$ ein $\delta > 0$, so daß $|f(x) - f(x_0)| < \varepsilon$ für alle x mit $|x - x_0| < \delta$. Die Funktion

f auf D ist in $x_0 \in D$ genau dann stetig, wenn $\lim\limits_{x \to x_0} f(x) = f(x_0)$. f heißt stetig auf D, wenn f an jeder Stelle $x \in D$ stetig ist.

6.1.5 Ableitung einer Funktion. Derivative of a function

Differenzenquotient. Er ist erklärt für die Funktion f auf D durch

$$\frac{f(x) - f(x_0)}{x - x_0} = \frac{f(x_0 + \Delta x) - f(x_0)}{\Delta x} = \frac{\Delta f(x_0)}{\Delta x}$$

mit $x, x_0 \in D$ und $\Delta x = x - x_0 \neq 0$.

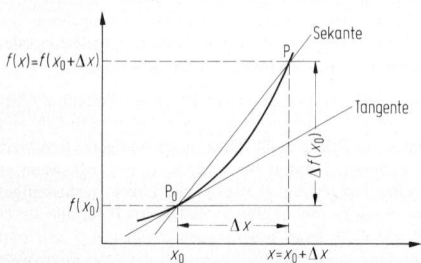

Bild 6. Geometrische Deutung der Ableitung

Differenzierbarkeit. Die Funktion f heißt in $x_0 \in D$ differenzierbar, wenn der Differenzenquotient für $x \to x_0$ bzw. für $\Delta x \to 0$ einen Grenzwert (**Bild 6**), in Zeichen $f'(x_0)$, besitzt.

$$\lim\limits_{x \to x_0} \frac{f(x) - f(x_0)}{x - x_0} = \lim\limits_{\Delta x \to 0} \frac{f(x_0 + \Delta x) - f(x_0)}{\Delta x}$$
$$= \lim\limits_{\Delta x \to 0} \frac{\Delta f(x_0)}{\Delta x} = f'(x_0)$$

$f'(x_0)$ heißt die Ableitung der Funktion f in x_0. Für das Ableitungssymbol f' sind auch die Zeichen $\mathrm{d}f/\mathrm{d}x$ oder $\mathrm{D}f$ üblich.

Beispiel: $f(x) = 3x^2 + 2$. – Der Differenzenquotient lautet mit $x = x_0 + \Delta x$

$$\frac{f(x) - f(x_0)}{x - x_0} = \frac{3x^2 - 3x_0^2}{x - x_0} = \frac{3(x - x_0)(x + x_0)}{x - x_0} = 3(x + x_0)$$
$$= 3(2x_0 + \Delta x); \quad x \neq x_0, \ \Delta x \neq 0.$$

Ableitung von f in x_0 ist

$$f'(x_0) = \mathrm{D}f(x_0) = \frac{\mathrm{d}f}{\mathrm{d}x}(x_0) = \lim\limits_{x \to x_0} 3(x + x_0)$$
$$= \lim\limits_{\Delta x \to 0} 3(2x_0 + \Delta x) = 6x_0.$$

Eine Funktion f heißt auf D differenzierbar, wenn sie an jeder Stelle $x \in D$ eine Ableitung $f'(x)$ besitzt. Die dann auf D erklärte Funktion f' wird als abgeleitete Funktion oder kurz als Ableitung von f bezeichnet. Ableitungen der Grundfunktionen s. **Tab. 1**.

Ableitungsregeln. Sind die Funktionen f und g auf D in $x \in D$ differenzierbar, dann gilt

$(\alpha f(x))' = \alpha f'(x), \quad \alpha \in \mathbb{R};$

$(f(x) + g(x))' = f'(x) + g'(x);$

$(f(x) \cdot g(x))' = f'(x) \cdot g(x) + f(x) \cdot g'(x);$

$\left(\dfrac{f(x)}{g(x)} \right)' = \dfrac{f'(x) \cdot g(x) - f(x) \cdot g'(x)}{g^2(x)}, \quad g(x) \neq 0.$

Beispiele:

$\mathrm{d}(2x^3 - 3x + 1)/\mathrm{d}x = 6x^2 - 3,$

$\mathrm{d}(x \ln x)/\mathrm{d}x = \ln x + 1,$

$\dfrac{\mathrm{d}}{\mathrm{d}x}\left(\dfrac{\sinh x}{\cosh x} \right) = \dfrac{\cosh^2 x - \sinh^2 x}{\cosh^2 x} = \dfrac{1}{\cosh^2 x}.$

Tabelle 1. Ableitungen der Grundfunktionen

$f(x)$	$f'(x)$	D	$f(x)$	$f'(x)$	D
c	0	$x \in \mathbb{R}$	$x^n (n \in \mathbb{N})$	$n x^{n-1}$	$x \in \mathbb{R}$
$\sqrt[n]{x}$ $(n \in \mathbb{N})$	$\dfrac{1}{n \sqrt[n]{x^{n-1}}}$	$x > 0$	$x^\alpha (\alpha \in \mathbb{R})$	$\alpha x^{\alpha-1}$	$x > 0$
$\exp x$	$\exp x$	$x \in \mathbb{R}$	$\ln x$	$\dfrac{1}{x}$	$x > 0$
$\sin x$	$\cos x$	$x \in \mathbb{R}$	$\arcsin x$	$\dfrac{1}{\sqrt{1-x^2}}$	$|x| < 1$
$\cos x$	$-\sin x$	$x \in \mathbb{R}$	$\arccos x$	$-\dfrac{1}{\sqrt{1-x^2}}$	$|x| < 1$
$\tan x$	$\dfrac{1}{\cos^2 x} = 1 + \tan^2 x$	$x \neq \pi/2 + n\pi$	$\arctan x$	$\dfrac{1}{1+x^2}$	$x \in \mathbb{R}$
$\cot x$	$-\dfrac{1}{\sin^2 x} = -1 - \cot^2 x$	$x \neq n\pi$	$\text{arccot}\, x$	$-\dfrac{1}{1+x^2}$	$x \in \mathbb{R}$
$\sinh x$	$\cosh x$	$x \in \mathbb{R}$	$\text{arsinh}\, x$	$\dfrac{1}{\sqrt{1+x^2}}$	$x \in \mathbb{R}$
$\cosh x$	$\sinh x$	$x \in \mathbb{R}$	$\text{arcosh}\, x$	$\dfrac{1}{\sqrt{x^2-1}}$	$x > 1$
$\tanh x$	$\dfrac{1}{\cosh^2 x} = 1 - \tanh^2 x$	$x \in \mathbb{R}$	$\text{artanh}\, x$	$\dfrac{1}{1-x^2}$	$|x| < 1$
$\coth x$	$-\dfrac{1}{\sinh^2 x} = 1 - \coth^2 x$	$x \neq 0$	$\text{arcoth}\, x$	$\dfrac{1}{1-x^2}$	$|x| > 1$

Kettenregel. Ist die Funktion f in x und die Funktion g in $z = f(x)$ differenzierbar, so ist die zusammengesetzte Funktion $g \circ f$ in x differenzierbar, und es gilt

$$(g(f(x)))' = g'(z) \cdot f'(x) \quad \text{mit } z = f(x).$$

Beispiel: $g(f(x)) = \ln \cos x, \ x \in (-\pi/2, \pi/2)$. – $z = f(x) = \cos x$,

$g(z) = \ln z, \quad g'(z) = 1/z, \quad f'(x) = -\sin x.$

$\mathrm{d}(\ln \cos x)/\mathrm{d}x = (1/\cos x) \cdot (-\sin x) = -\tan x.$

Logarithmische Ableitung. Nach der Kettenregel gilt für die Ableitung der zusammengesetzten Funktion $y = \ln f(x)$ mit $f(x) > 0$

$$(\ln f(x))' = f'(x)/f(x) \quad \text{oder} \quad f'(x) = (\ln f(x))' \cdot f(x).$$

Beispiel: $f(x) = (2x - 1)\sqrt{x}/(x + 1)$,

$\ln f(x) = \ln(2x - 1) + (1/2)\ln x - \ln(x + 1).$

$f'(x) = \left(\dfrac{2}{2x-1} + \dfrac{1}{2x} - \dfrac{1}{x+1} \right) \dfrac{(2x-1)\sqrt{x}}{x+1}.$

Ableitung inverser Funktionen. Ist f eine auf D stetige, streng monotone und in $x \in D$ differenzierbare Funktion mit $f'(x) \neq 0$, dann ist die inverse Funktion f^{-1} in $y = f(x)$ differenzierbar, und es gilt

$$f^{-1\prime}(y) = 1/f'(x) \quad \text{mit } x = f^{-1}(y).$$

Beispiel: $y = f(x) = \sin x, x \in (-\pi/2, \pi/2); x = f^{-1}(y) = \arcsin y.$

$f'(x) = \cos x = \sqrt{1 - y^2}.$ Damit ist

$$f^{-1\prime}(y) = \mathrm{d}(\arcsin y)/\mathrm{d}y = 1/f'(x) = 1/\cos x = 1/\sqrt{1 - y^2}.$$

Ableitungen höherer Ordnung. Die n-te Ableitung einer Funktion f auf D ist die 1. Ableitung der Ableitung $(n-1)$-ter Ordnung.

$$f^{(n)} = \frac{\mathrm{d}^n f}{\mathrm{d}x^n} = \mathrm{D}^n f \quad (n = 0, 1, 2 \ldots)$$

Die Ableitung nullter Ordnung ist dabei die Funktion f. Die 1. bis 3. Ableitung wird mit f', f'' bzw. f''' gekennzeichnet.

Beispiel: $f^{(0)}(x) = f(x) = x^4 + 3x^2 - x. - f'(x) = 4x^3 + 6x - 1,$

$$f''(x) = 12x^2 + 6, \quad f'''(x) = 24x, \quad f^{(4)}(x) = 24,$$
$$f^{(n)}(x) = 0 \quad \text{für } n \geq 5.$$

Formel von Leibniz:

$$(f(x) \cdot g(x))^{(n)} = \sum_{k=0}^{n} \binom{n}{k} f^{(n-k)}(x) \cdot g^{(k)}(x).$$

6.1.6 Differentiale. Differentials

Funktionsdifferential. Ist die Funktion f auf D in $x \in D$ differenzierbar und $\Delta x = h$ der Zuwachs des Arguments, dann ist $f'(x) \cdot \Delta x = f'(x) \cdot h = df(x)$ das Funktionsdifferential. Wegen $\Delta x = h = dx$ für $f(x) = x$ gilt $df(x) = f'(x)dx$, so daß $f'(x) = df(x)/dx$ wird, wobei $f'(x) = df(x)/dx$ Differentialquotient heißt. Bei einer in x differenzierbaren Funktion f gilt für den Funktionszuwachs

$$\Delta f(x) = df(x) + \eta(x, \Delta x) \cdot \Delta x \quad \text{mit} \quad \lim_{\Delta x \to 0} \eta(x, \Delta x) = 0.$$

Beispiel 1: $f(x) = 1 + \sin x. -$

$$df(x) = d(1 + \sin x) = (1 + \sin x)' dx = \cos x \, dx.$$

Insbesondere ergibt sich hieraus für das Funktionsdifferential in $\pi/3$ mit dem Argumentzuwachs 0,5 der Wert $\cos \pi/3 \cdot 0,5 = 0,25$.

Beispiel 2. Für das Differential einer zusammengesetzten Funktion $h = g \circ f$ mit $h(x) = g(f(x))$ ergibt sich

$$dh(x) = d(g(f(x))) = g'(f(x)) \cdot f'(x)dx = g'(f(x))df(x).$$

Für hinreichend kleine $\Delta x = h$ gilt die Näherungsformel

$$\Delta f(dx) \approx df(x) \quad \text{oder} \quad f(x + \Delta x) - f(x) \approx f'(x)\Delta x.$$

Beispiel: Näherungsformel für e^h bei kleinem h. - Es ist $\Delta e^x = e^{x+h} - e^h$ und $de^x = e^x h$. Für $|h| \ll 1$ gilt $e^{x+h} - e^h \approx e^x h$ oder $e^h \approx 1 + h$ mit $x = 0$. Für $h = -0,012$ ergibt sich hieraus $e^{-0,012} \approx 1 - 0,012 = 0,988$ (Tabellenwert $e^{-0,012} = 0,98807$).

Differentiale höherer Ordnung. Für eine Funktion f auf D, die in $x \in D$ n-mal differenzierbar ist, ist das Differential n-ter Ordnung $d^n f(x)$ in x mit dem Argumentzuwachs dx erklärt durch

$$d^n f(x) = f^{(n)}(x) dx^n.$$

Beispiel: $y = f(x) = x^n$, $x \in \mathbb{R}$ und $n \in \mathbb{N}$. -

$$d^k x^n = \begin{cases} n(n-1)(n-2)\ldots(n-k+1)dx^{n-k}dx^k & 1 \leq k < n \\ n! dx^n & k = n \\ 0 & k > n. \end{cases}$$

Hieraus ergibt sich für $y = x^3$, $x = 2$, $dx = 0,5$

$$y' = 3x^2, \quad dy = 12 \cdot 0,5 = 6; \quad y'' = 6x, \quad d^2 y = 12 \cdot 0,5^2 = 3;$$
$$y''' = 6, \quad d^3 y = 6 \cdot 0,5^3 = 0,75; \quad y^{(n)} = 0, \quad d^n y = 0 \quad \text{für } n \geq 4.$$

6.1.7 Sätze über differenzierbare Funktionen
Theorems of differentiable functions

Satz von Rolle (Bild 7). Ist f eine auf dem abgeschlossenen Intervall $[a,b]$ stetige und auf dem offenen Intervall (a,b) differenzierbare Funktion mit $f(a) = f(b)$, dann gibt es eine Stelle $c \in (a,b)$ mit $f'(c) = 0$.

Mittelwertsatz (Bild 8). Ist f eine auf dem abgeschlossenen Intervall $[a,b]$ stetige und auf dem offenen Intervall (a,b) differenzierbare Funktion, dann gibt es ein $c \in (a,b)$ oder ein $\vartheta \in (0,1)$, so daß

$$f'(c) = f'(a + \vartheta(b-a)) = \frac{f(b) - f(a)}{b - a}$$

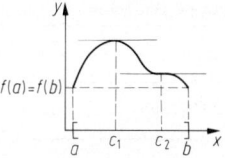

Bild 7. Satz von Rolle

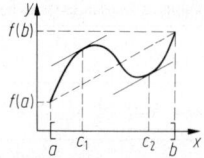

Bild 8. Mittelwertsatz

ist. Hieraus folgt: Ist die Ableitung der auf (a,b) differenzierbaren Funktionen f überall Null, dann ist f auf (a,b) eine konstante Funktion. Besitzen die auf (a,b) differenzierbaren Funktionen f und g die gleiche Ableitung, dann unterscheiden sie sich auf (a,b) höchstens durch eine additive Konstante.

Beispiel: Die beiden Funktionen $f(x) = \arcsin x$ und $g(x) = -\arccos x$ haben auf $(-1,1)$ die gleiche Ableitung $f'(x) = g'(x) = 1/\sqrt{1-x^2}$. - Wegen $f(x) - g(x) = \arcsin x + \arccos x = \pi/2$ unterscheiden sich beide Funktionen auf $(-1,1)$ durch die additive Konstante $\pi/2$.

Verallgemeinerter Mittelwertsatz. Sind f und g auf $[a,b]$ stetige und auf (a,b) differenzierbare Funktionen und ist $g'(x) \neq 0$ für $x \in (a,b)$, dann gibt es ein $c \in (a,b)$ oder ein $\vartheta \in (0,1)$, so daß gilt

$$\frac{f'(c)}{g'(c)} = \frac{f'(a + \vartheta(b-a))}{g'(a + \vartheta(b-a))} = \frac{f(b) - f(a)}{g(b) - g(a)}.$$

Taylorsche Formel. Ist f in der Umgebung $U_\delta(x_0) = (x_0 - \delta, x_0 + \delta)$ $(n+1)$-mal differenzierbar, dann gibt es zu jedem h mit $x_0 + h \in U_\delta(x_0)$ eine solche Zahl $\vartheta \in (0,1)$, so daß

$$f(x_0 + h) = f(x_0) + \frac{f'(x_0)}{1!} h + \frac{f''(x_0)}{2!} h^2 + \ldots$$
$$+ \frac{f^{(n)}(x_0)}{n!} h^n + R_n(x_0, h),$$

gilt, wobei

$$R_n(x_0, h) = \frac{f^{(n+1)}(x_0 + \vartheta h)}{(n+1)!} h^{n+1}.$$

Diese Gleichung heißt Taylorsche Formel mit dem Restglied (von Lagrange) $R_n(x_0, h)$.
Mit der Substitution $x_0 + h = x$ lautet die Taylorsche Formel

$$f(x) = f(x_0) + \frac{f'(x_0)}{1!}(x - x_0) + \frac{f''(x_0)}{2!}(x - x_0)^2 + \ldots$$
$$+ \frac{f^{(n)}(x_0)}{n!}(x - x_0)^n + R_n(x_0, x),$$

wobei $R_n(x_0, x) = \dfrac{f^{(n+1)}(x_0 + \vartheta(x - x_0))}{(n+1)!}(x - x_0)^{n+1}.$

Formel von Maclaurin. Für $x_0 = 0$ ergibt sich

$$f(x) = f(0) + \frac{f'(0)}{1!} x + \frac{f''(0)}{2!} x^2 + \ldots$$
$$+ \frac{f^{(n)}(0)}{n!} x^n + \frac{f^{(n+1)}(\vartheta x)}{(n+1)!} x^{n+1}$$

mit $0 < \vartheta < 1$.
Mit der Taylor und Maclaurin-Formel (s. **Tab. 2**) können Funktionen durch Polynome approximiert werden, wobei das Restglied eine globale Abschätzung des Fehlers für die Umgebung $U_\delta(x_0)$ ermöglicht.

Beispiel 1: $f(x) = \sin x$. - Die k-te Ableitung der Sinus-Funktion lautet $\sin^{(k)}(x) = \sin(x + k \cdot \pi/2)$. Hieraus ergibt sich für $x = 0$

$$\sin^{(k)}(0) = \sin(k \cdot \pi/2) = \begin{cases} 0 & \text{für } k = 0, 2, 4 \ldots \\ 1 & \text{für } k = 1, 5, 9 \ldots \\ -1 & \text{für } k = 3, 7, 11 \ldots \end{cases}$$

A

Tabelle 2. Maclaurin-Darstellung einiger Funktionen

$\exp x = 1 + \dfrac{x}{1!} + \dfrac{x^2}{2!} + \dfrac{x^3}{3!} + \ldots + \dfrac{x^n}{n!} + R_n(x)$	$R_n(x) = \dfrac{\exp(\vartheta x)}{(n+1)!}\, x^{n+1}$
$\sin x = x - \dfrac{x^3}{3!} + \dfrac{x^5}{5!} - \dfrac{x^7}{7!} + \ldots + \dfrac{\sin(n\pi/2)}{n!}\, x^n + R_n(x)$	$R_n(x) = \dfrac{\sin(\vartheta x + (n+1)\pi/2)}{(n+1)!}\, x^{n+1}$
$\cos x = 1 - \dfrac{x^2}{2!} + \dfrac{x^4}{4!} - \ldots + \dfrac{\cos(n\pi/2)}{n!}\, x^n + R_n(x)$	$R_n(x) = \dfrac{\cos(\vartheta x + (n+1)\pi/2)}{(n+1)!}\, x^{n+1}$
$\ln(1+x) = x - \dfrac{x^2}{2} + \dfrac{x^3}{3} - \ldots + (-1)^{n-1}\dfrac{x^n}{n} + R_n(x) \quad (x > -1)$	$R_n(x) = \dfrac{(-1)^n}{(n+1)}\dfrac{x^{n+1}}{(1+\vartheta x)^{n+1}}$
$(1+x)^\alpha = 1 + \binom{\alpha}{1}x + \binom{\alpha}{2}x^2 + \ldots + \binom{\alpha}{n}x^n + R_n(x) \quad (x > -1)$	$R_n(x) = \binom{\alpha}{n+1}\dfrac{x^{n+1}}{(1+\vartheta x)^{n+1-\alpha}}$

Damit ergibt sich aus der Maclaurin-Formel für die Sinus-Funktion die Darstellung:

$$\sin x = x - \frac{x^3}{3!} + \frac{x^5}{5!} - \ldots + R_n \quad \text{mit}$$
$$R_n = \frac{\sin(\vartheta x + (n+1)\pi/2)}{(n+1)!}\, x^{n+1}.$$

Beispiel 2: Die Zahl e soll mit einer Genauigkeit von 10^{-5} bestimmt werden. − Für $x = 1$ ergibt sich aus der Maclaurin-Formel für die exp-Funktion $e = 1 + \dfrac{1}{1!} + \dfrac{1}{2!} + \ldots + \dfrac{1}{n!} + R_n$ mit $R_n = \dfrac{\exp(\vartheta)}{(n+1)!}$, $0 < \vartheta < 1$, oder $0 < e - \sum\limits_{k=0}^{n}\dfrac{1}{k!} = R_n = \dfrac{\exp(\vartheta)}{(n+1)!} < \dfrac{e}{(n+1)!} < \dfrac{3}{(n+1)!}$.

Für $n = 8$ ist $\dfrac{3}{(n+1)!} = \dfrac{3}{9!} < 10^{-5}$, so daß die Abschätzung

$$0 < e - \sum_{k=0}^{8}\frac{1}{k!} < 10^{-5} \quad \text{oder} \quad \sum_{k=0}^{8}\frac{1}{k!} < e < \sum_{k=0}^{8}\frac{1}{k!} + 10^{-5}$$

gilt. Es ist $\sum\limits_{k=0}^{8}\dfrac{1}{k!} \approx 2{,}7182788$, während für e mit derselben Stellenzahl $e \approx 2{,}7182818$ gilt.

6.1.8 Monotonie, Konvexität und Extrema von differenzierbaren Funktionen

Monotonic functions, convexity, maximum and minimum values of differentiable functions

Monotonie. Aus dem Mittelwertsatz folgt: Ist die Funktion f auf dem offenen Intervall (a,b) differenzierbar und ist dort überall $f'(x) > 0$ bzw. $f'(x) < 0$, dann ist f auf dem Intervall streng monoton wachsend bzw. fallend (**Bild 9 a, b**).

Beispiel: $f(x) = \ln x, x \in (0,\infty)$. − Wegen $f'(x) = 1/x > 0$ für $0 < x$ ist die Logarithmus-Funktion auf dem Intervall $(0,\infty)$ streng monoton wachsend.

Konvexität. Die Funktion f heißt auf dem Intervall (a,b) streng konvex, wenn für je zwei Stellen $x_1 \in (a,b)$ und $x_2 \in (a,b)$ mit $x_1 < x < x_2$ die Ungleichung

$$f(x) < f(x_1) + \frac{f(x_2) - f(x_1)}{x_2 - x_1}(x - x_1) = s(x)$$

für alle $x \in (x_1, x_2)$ gilt. Die Ordinate $s(x)$ der Sekanten durch $(x_1, f(x_1))$ und $(x_2, f(x_2))$ für $x_1 < x < x_2$ ist also größer als die Ordinate $f(x)$ des graphischen Bilds von f. Mit der Substitution $x = t_1 x_1 + t_2 x_2$ läßt sich die Ungleichung auch schreiben

$$f(t_1 x_1 + t_2 x_2) < t_1 f(x_1) + t_2 f(x_2),$$

wobei $t_1 + t_2 = 1$ und $t_1, t_2 > 0$ ist.
Die Funktion f heißt auf (a,b) streng konkav, wenn die Funktion $-f$ auf (a,b) streng konvex ist. Ist die Funktion f auf dem Intervall (a,b) zweimal differenzierbar und ist dort überall $f''(x) > 0$ bzw. $f''(x) < 0$, dann ist f auf (a,b) streng konvex bzw. streng konkav (**Bild 9c, d**). So ist $f(x) = \ln x$, $x \in (0,\infty)$, wegen $f''(x) = -1/x^2 < 0$ eine streng konkave Funktion auf $(0,\infty)$. Die Definitionen der Konvexität und Konkavität sind nicht einheitlich.

Maxima und Minima (gemeinsam heißen sie auch Extrema; **Bild 10**). Für eine Funktion f auf dem Intervall I heißt $f(x_0)$ strenges oder eigentliches Maximum bzw. Minimum, wenn es eine ganze in I enthaltene Umgebung $U_\delta(x_0) = (x_0 - \delta, x_0 + \delta) \subset I$ gibt, so daß gilt:

$$f(x) < f(x_0) \quad \text{bzw.} \quad f(x) > f(x_0)$$

für alle $x \in U_\delta(x_0)$ und $x \neq x_0$. Diese Extrema sind relative oder lokale Maxima oder Minima. Zur Unterscheidung hiervon heißt das eventuell existierende Maximum bzw. Minimum der Funktion f auf I absolutes oder globales Extremum.
Besitzt die Funktion f in x_0 ein Extremum und existiert dort die 1. Ableitung $f'(x_0)$, dann ist $f'(x_0) = 0$. Bei differenzierbaren Funktionen sind die Tangentensteigungen (**Bild 11**) in Extrempunkten notwendig Null.

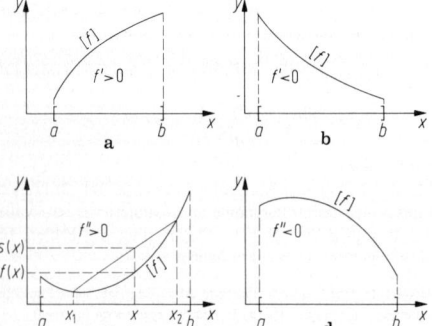

Bild 9. Funktionsverlauf. **a** streng monoton wachsend; **b** streng monoton fallend; **c** streng konvex; **d** streng konkav

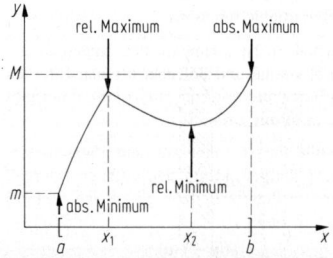

Bild 10. Extrema

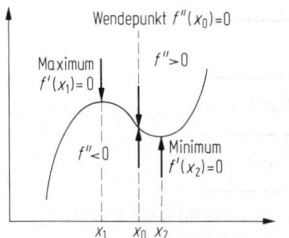

Bild 11. Extrema und Wendepunkte

Hinreichendes Kriterium für ein strenges Maximum oder Minimum, das meist ausreicht, ist: Besitzt die Funktion f in einer Umgebung von x_0 eine stetige 2. Ableitung, dann hat die Funktion f in x_0 ein

strenges Maximum, wenn $f'(x_0) = 0$ und $f''(x_0) < 0$,
strenges Minimum, wenn $f'(x_0) = 0$ und $f''(x_0) > 0$.

Das Kriterium ist für $f''(x_0) = 0$ nicht anwendbar.

Beispiel: $f(x) = x \ln x, 0 < x; f'(x) = \ln x + 1, f''(x) = 1/x$. – Aus $f'(x) = \ln x + 1 = 0$ folgt $x = 1/e$, d.h., wenn f auf $(0, \infty)$ ein Extremum besitzt, so kann es nur in $1/e$ sein. Nun ist $f''(1/e) > 0$. Aus $f'(1/e) = 0$ und $f''(1/e) > 0$ folgt nach dem hinreichenden Kriterium, daß die Funktion f in $1/e$ das strenge Minimum $f(1/e) = -1/e$ besitzt.

Allgemeines Kriterium. Hat die Funktion f in einer Umgebung von x_0 eine stetige Ableitung $(n+1)$-ter Ordnung und ist $f'(x_0) = f''(x_0) = \ldots = f^{(n)}(x_0) = 0$ und $f^{(n+1)}(x_0) \neq 0$ für eine ungerade Zahl n, dann hat die Funktion f in x_0 ein

strenges Maximum   für $f^{(n+1)}(x_0) < 0$,
strenges Minimum   für $f^{(n+1)}(x_0) > 0$.

Beispiel: Die Funktion $f(x) = x^4$ besitzt in 0 offensichtlich das strenge und sogar absolute Minimum $f(0) = 0$, und es ist

$$f'(0) = f''(0) = f'''(0) = 0 \quad \text{und} \quad f^{(4)}(0) = 24 > 0.$$

Wendepunkt. Ein Punkt $(x_0, f(x_0))$ des Graphen von f heißt Wendepunkt (**Bild 12**) oder die Funktion f hat in x_0 einen Wendepunkt, wenn die abgeleitete Funktion f' in x_0 ein strenges Extremum besitzt.
Hat also die Funktion f in einer Umgebung von x_0 eine stetige Ableitung $(n+1)$-ter Ordnung und gilt

$$f''(x_0) = f'''(x_0) = \ldots = f^{(n)}(x_0) \quad \text{und}$$
$$f^{(n+1)}(x_0) \neq 0$$

für eine gerade Zahl n, dann hat f in x_0 einen *Wendepunkt*. Dies gilt besonders, wenn $f''(x_0) = 0$ und $f'''(x_0) \neq 0$ ist.

Beispiel: $f(x) = x^2 \ln x; f'(x) = 2x \ln x + x, f''(x) = 2 \ln x + 3, f'''(x) = 2/x$ für $x > 0$. – Aus der notwendigen Bedingung für einen Wendepunkt $f''(x) = 2 \ln x + 3 = 0$ ergibt sich $x_0 = \exp(-1,5)$. Ferner ist $f'''(x_0) = 2 \exp(1,5) \neq 0$. Die Funktion f hat in $\exp(-1,5)$ den einzigen Wendepunkt auf $(0, \infty)$.

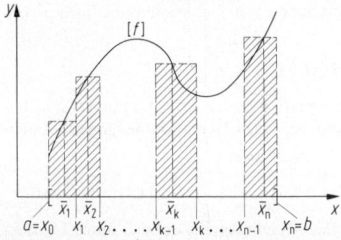

Bild 12. Riemann-Summe

6.1.9 Grenzwertbestimmung durch Differenzieren. Regel von de l'Hospital
Indeterminate forms, de l'Hospital's rule

Das Zeichen „lim" steht abkürzend für „$\lim\limits_{x \to x_0}$", wobei x_0 eigentlicher oder uneigentlicher Häufungswert $\pm \infty$ ist (s. A 6.1.4).

Unbestimmter Ausdruck 0/0. Erste Regel von de l'Hospital: Ist $\lim f(x) = 0$ und $\lim g(x) = 0$, dann gilt $\lim \dfrac{f(x)}{g(x)} = \lim \dfrac{f'(x)}{g'(x)}$, falls der letzte Grenzwert eigentlich oder uneigentlich existiert. Sind f' und g' in x_0 stetig und $g'(x_0) \neq 0$, dann ist nach den Grenzwertsätzen (s. A 6.1.4)

$$\lim \frac{f(x)}{g(x)} = \frac{f'(x_0)}{g'(x_0)}.$$

Ist $\lim f'(x) = 0$ und $\lim g'(x) = 0$, dann kann dieselbe Regel noch einmal angewandt werden.

Beispiel: $\lim\limits_{x \to 0} \dfrac{1 - \cos x}{x^2} = \lim\limits_{x \to 0} \dfrac{\sin x}{2x} = \lim\limits_{x \to 0} \dfrac{\cos x}{2} = \dfrac{1}{2}$.

Unbestimmter Ausdruck ∞/∞. Zweite Regel von de l'Hospital: Ist $\lim f(x) = \infty$ und $\lim g(x) = \infty$, dann gilt $\lim \dfrac{f(x)}{g(x)} = \lim \dfrac{f'(x)}{g'(x)}$, falls der letzte Grenzwert eigentlich oder uneigentlich existiert. Ist $\lim f'(x) = \infty$ und $\lim g'(x) = \infty$, dann kann dieselbe Regel noch einmal angewandt werden.

Beispiel: $\lim\limits_{x \to \infty} \dfrac{x}{\ln x} = \lim\limits_{x \to \infty} \dfrac{1}{1/x} = \infty$.

Sonderformen. Die Ausdrücke $0 \cdot \infty, \infty - \infty, 1^\infty, 0^0, \infty^0$ werden auf $0/0$ oder ∞/∞ zurückgeführt.

$$0 \cdot \infty : \lim_{x \to +0} x \cdot \ln x = \lim_{x \to +0} \frac{\ln x}{1/x} = \lim_{x \to +0} \frac{1/x}{-1/x^2} = \lim_{x \to +0} (-x) = 0.$$

$$\infty - \infty : \lim_{x \to 0} \left(\frac{1}{\sin x} - \frac{1}{x} \right) = \lim_{x \to 0} \frac{x - \sin x}{x \sin x} = \lim_{x \to 0} \frac{1 - \cos x}{\sin x + x \cos x}$$
$$= \lim_{x \to 0} \frac{\sin x}{2 \cos x - x \sin x} = \frac{0}{2} = 0.$$

$$1^\infty : \lim_{x \to \infty} (1 + 3/x)^x = \lim_{x \to \infty} \exp(x \ln(1 + 3/x))$$
$$= \exp \left(\lim_{x \to \infty} \frac{\ln(1 + 3/x)}{1/x} \right) = \exp 3.$$

$$0^0 : \lim_{x \to +0} \sqrt{x}^x = \lim_{x \to +0} \exp(x \ln \sqrt{x})$$
$$= \exp(0,5 \cdot \lim_{x \to +0} (x \ln x)) = \exp 0 = 1.$$

$$\infty^0 : \lim_{x \to \infty} x^{1/x} = \lim_{x \to \infty} \exp(1/x \ln x) = \exp(\lim_{x \to \infty} \ln x/x) = \exp 0 = 1.$$

6.1.10 Das bestimmte Integral. The definite integral

Definition. Zugrunde gelegt wird eine auf einem abgeschlossenen Intervall $I = [a, b]$ definierte und dort beschränkte Funktion f. Durch eine Zerlegung $Z : x_0 = a < x_1 < x_2 < x_3 < \ldots < x_{n-1} < x_n = b$ mit den Teilungspunkten $x_1, x_2, x_3, \ldots, x_{n-1}$ wird das Intervall I in n Teilintervalle $I_1 = [x_0, x_1], I_2 = [x_1, x_2], \ldots, I_n = [x_{n-1}, x_n]$ mit den Längen $\Delta x_1 = x_1 - x_0, \Delta x_2 = x_2 - x_1, \ldots, \Delta x_n = x_n - x_{n-1}$ zerlegt. Die maximale Länge $d(Z) = \max\limits_{1 \leq k \leq n} \Delta x_k$ heißt Feinheit der Zerlegung Z. In jedem Teilintervall I_k $(k = 1, 2, \ldots, n)$ wird ein beliebiger Punkt $\bar{x}_k \in I_k = [x_{k-1}, x_k]$ gewählt. Die Folge $(\bar{x}_k)_{1 \leq k \leq n}$ heißt Belegung B der Teilintervalle.
Für die Zerlegung Z und die Belegung B wird die Riemann-Summe

$$S(Z, B) = f(\bar{x}_1) \Delta x_1 + f(\bar{x}_2) \Delta x_2 + \ldots$$
$$+ f(\bar{x}_n) \Delta x_n = \sum_{k=1}^{n} f(\bar{x}_k) \Delta x_k$$

gebildet. Ist f überall positiv, dann gibt die Riemann-Summe geometrisch die Summe der Inhalte von Rechtecken

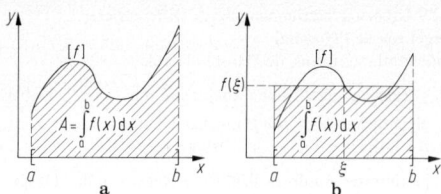

Bild 13. Bestimmtes Integral. **a** Flächeninhalt; **b** Mittelwertsatz

wieder (**Bild 12**). Ihr Grenzwert für $d(Z) \to 0$ wird als bestimmtes (Riemann-)Integral der Funktion f im Intervall $[a,b]$ bezeichnet:

$$\lim_{n \to \infty} \sum_{k=1}^{n} f(\bar{x}_k) \Delta x_k = \int_{a}^{b} f(x) dx.$$

Bei dem bestimmten Integral heißen f Integrand, x Integrationsvariable, a untere und b obere Integrationsgrenze, wobei $a < b$. Für eine auf dem abgeschlossenen Intervall $[a,b]$ monotone oder stetige Funktion f existiert dieser Grenzwert, und f ist über $[a,b]$ integrierbar.

Geometrische Deutung. Die Riemann-Summe stellt bei positiven oder auch nichtnegativen Funktionen f geometrisch eine Summe von Rechteckinhalten (**Bild 12**) dar, wobei die Rechtecke die Fläche zwischen dem graphischen Bild von f und der x-Achse um so besser approximieren, je feiner die Zerlegung des Intervalls $[a,b]$ ist. Ist also die Funktion f auf $[a,b]$ nichtnegativ und über $[a,b]$ integrierbar, dann beträgt der Inhalt A der Fläche unter dem Graph von f (**Bild 13a**)

$$A = \int_{a}^{b} f(x) \, dx.$$

Eigenschaften. Mit den Definitionen

$$\int_{a}^{a} f(x) \, dx = 0 \quad \text{und} \quad \int_{a}^{b} f(x) \, dx = - \int_{b}^{a} f(x) \, dx \quad \text{für } b < a$$

gilt für beliebige Zahlen a,b und c eines abgeschlossenen Integrationsintervalls

$$\int_{a}^{b} f(x) \, dx + \int_{b}^{c} f(x) \, dx + \int_{c}^{a} f(x) \, dx = 0,$$

$$\int_{a}^{b} c f(x) \, dx = c \int_{a}^{b} f(x) \, dx \quad \text{mit } c \in \mathbb{R}$$

$$\int_{a}^{b} (f(x) \pm g(x)) \, dx = \int_{a}^{b} f(x) \, dx \pm \int_{a}^{b} g(x) \, dx.$$

Ungleichungen. Für $a < b$ gelten

$$\left| \int_{a}^{b} f(x) \, dx \right| \leq \int_{a}^{b} |f(x)| \, dx,$$

$$\int_{a}^{b} f(x) \, dx \leq \int_{a}^{b} g(x) \, dx, \quad \text{wenn} \quad f(x) \leq g(x).$$

$$\left(\int_{a}^{b} f(x) g(x) \, dx \right)^{2} \leq \int_{a}^{b} f^{2}(x) \, dx \cdot \int_{a}^{b} g^{2}(x) \, dx,$$

$$\left| \int_{a}^{b} (f(x) + g(x)) \, dx \right| \leq \int_{a}^{b} |f(x)| \, dx + \int_{a}^{b} |g(x)| \, dx.$$

Die beiden letzten heißen auch Schwarzsche und Dreiecks-Ungleichung.

Mittelwertsatz der Integralrechnung (Bild 13b). Ist f eine auf dem abgeschlossenen Intervall $[a,b]$ stetige Funktion,

dann gibt es eine Stelle $\xi \in [a,b]$, so daß

$$\int_{a}^{b} f(x) \, dx = f(\xi)(b - a) \quad \text{oder} \quad f(\xi) = \frac{1}{b-a} \int_{a}^{b} f(x) \, dx$$

gilt. $f(\xi)$ heißt Mittelwert der Funktion f im Intervall $[a,b]$.

6.1.11 Integralfunktion, Stammfunktin und Hauptsatz der Differential- und Integralrechnung. Integrands, fundamental theorems for differentiation and integration

Integralfunktion. Ist die Funktion f über dem abgeschlossenen Intervall $[a,b]$ integrierbar und ist x_0 ein beliebiger aber fester Wert aus $[a,b]$, dann ist ihre Integralfunktion

$$F(x) = \int_{x_0}^{x} f(t) \, dt \quad \text{mit} \quad x \in [a,b].$$

Jede Integralfunktion einer auf $[a,b]$ stetigen Funktion f ist differenzierbar, und es gilt

$$F'(x) = \frac{d}{dx} \int_{x_0}^{x} f(t) \, dt = f(x) \quad \text{für alle} \quad x \in [a,b].$$

Stammfunktion. Eine auf einem Intervall I differenzierbare Funktion F heißt Stammfunktion der Funktion f auf I, wenn

$$F'(x) = f(x) \quad \text{für alle} \quad x \in I.$$

Sind F_1 und F_2 zwei Stammfunktionen von f auf I, dann ist

$$F_2'(x) - F_1'(x) = d(F_2(x) - F_1(x))/dx = 0 \quad \text{oder}$$
$$F_2(x) - F_1(x) = c$$

für alle $x \in I$ (c Konstante). Zwei Stammfunktionen einer Funktion f unterscheiden sich also höchstens durch eine Konstante.

Beispiel: Die beiden Funktionen

$$F_1(x) = -\cos x \quad \text{und} \quad F_2(x) = 2\sin^{2}(x/2)$$

sind wegen $F_1'(x) = F_2'(x) = \sin x$ Stammfunktionen von $f(x) = \sin x$. Sie unterscheiden sich auf $\mathbb{R}$ durch die additive Konstante 1.

Hauptsatz der Differential- und Integralrechnung. Ist f eine auf dem abgeschlossenen Intervall $[a,b]$ stetige Funktion und F eine Stammfunktion von f auf $[a,b]$, dann gilt

$$\int_{a}^{b} f(x) \, dx = [F(x)]_{a}^{b} = F(x)|_{a}^{b} = F(b) - F(a),$$

wobei $F'(x) = f(x)$.

6.1.12 Das unbestimmte Integral. The indefinite integral

Ist f eine auf einem Intervall I definierte Funktion der Variablen x, dann heißt die Gesamtheit oder die Menge aller Stammfunktionen von f unbestimmtes Integral von f auf I.

$$\int f(x) \, dx = F(x) + C,$$

wobei F eine Stammfunktion, $F'(x) = f(x)$ und C eine beliebige Konstante ist. Nach Definition des unbestimmten Integrals gilt

$$\frac{d}{dx} \left(\int f(x) \, dx \right) = f(x) \quad \text{oder} \quad d \int f(x) \, dx = f(x) \, dx.$$

Tab. 3 enthält die Grundintegrale, die sich durch Umkehrung der Ableitungsformeln aus **Tab. 2** ergeben.

Tabelle 3. Grundintegrale

$\int 0 \, dx = C$	$\int \sin x \, dx = -\cos x + C$
$\int x^\alpha \, dx = \dfrac{x^{\alpha+1}}{\alpha+1} + C, \ \alpha \neq -1$	$\int \cos x \, dx = \sin x + C$
$\int \dfrac{1}{x} \, dx = \ln|x| + C = \begin{cases} \ln x, & x > 0 \\ \ln(-x), & x < 0 \end{cases}$	$\int \dfrac{1}{\cos^2 x} \, dx = \tan x \, dx + C$
$\int \dfrac{1}{1+x^2} \, dx = \begin{cases} \arctan x + C \\ -\text{arccot } x + C \end{cases}$	$\int \dfrac{1}{\sin^2 x} \, dx = -\cot x + C$
$\int \dfrac{1}{1-x^2} \, dx = \begin{cases} \text{artanh } x + C, \ |x| < 1 \\ \text{arcoth } x + C, \ |x| > 1 \end{cases}$	$\int \exp x \, dx = \exp x + C$
$\int \dfrac{1}{\sqrt{1+x^2}} \, dx = \text{arsinh } x + C$	$\int \sinh x \, dx = \cosh x + C$
	$\int \cosh x \, dx = \sinh x + C$
$\int \dfrac{1}{\sqrt{1-x^2}} \, dx = \begin{cases} \arcsin x + C \\ -\arccos x + C \end{cases}$	$\int \dfrac{1}{\cosh^2 x} \, dx = \tanh x + C$
$\int \dfrac{1}{\sqrt{x^2-1}} \, dx = \text{arcosh } x + C$	$\int \dfrac{1}{\sinh^2 x} \, dx = -\coth x + C$

6.1.13 Integrationsmethoden. Methods of integration

Grundformeln. Sind f und g stetige Funktionen auf einem Intervall I, dann gilt mit $\alpha \in \mathbb{R}$ und $x \in I$

$$\int \alpha f(x) \, dx = \alpha \int f(x) \, dx \quad \text{und}$$
$$\int (f(x) \pm g(x)) \, dx = \int f(x) \, dx \pm \int g(x) \, dx.$$

Beispiel: $\int (3/x + 1) \, dx = \int 3/x \, dx + \int 1 \, dx = 3\ln x + x + C, \ x > 0.$

Partielle Integration (Produktintegration). Sind die Funktionen f und g auf einem Intervall I stetig differenzierbar, dann gilt

$$\int f'(x)g(x) \, dx = f(x)g(x) - \int f(x)g'(x) \, dx, \quad x \in I.$$

Hiermit ist es oft möglich, Integrale mit einem Parameter n auf ein Integral desselben Typs mit dem Parameter $n-1$ oder $n-2$ zurückzuführen. Dadurch ergibt sich eine Rekursionsformel, mit der das Integral schrittweise berechnet wird.

Beispiel 1:

$$\int \ln x \, dx = \int 1 \cdot \ln x \, dx = x\ln x - \int x(1/x) \, dx = x\ln x - x + C,$$
$x > 0.$

Beispiel 2: $I_n = \int \exp(x) x^n \, dx, n = 1, 2, 3, \ldots$ – Partielle Integration mit $f'(x) = \exp x$ und $g(x) = x^n$ führt auf

$$I_n = \exp x \cdot x^n - n \int \exp x \cdot x^{n-1} dx = \exp x \cdot x^n - nI_{n-1}.$$

Also gilt die Rekursionsformel

$$I_n = \exp x \cdot x^n - nI_{n-1} \quad \text{mit} \quad I_0 = \int \exp x \, dx = \exp x + C.$$

Integration durch Substitution. Ist f eine stetige Funktion und g eine in einem Intervall I stetig differenzierbare Funktion, dann gilt

$$\left(\int f(x) \, dx \right)_{x=g(t)} = \int f(g(t)) g'(t) \, dt, \quad t \in I.$$

Wird also die Integrationsvariable x gemäß $x = g(t)$ durch t substituiert, dann ist dx durch $g'(t) \, dt$ zu ersetzen.

Beispiel 1: $I = \int \dfrac{dx}{2\sqrt{x}(1+\sqrt[3]{x})}$ für $x > 0$

$$I = \int \frac{6t^5 dt}{2t^3(1+t^2)} = 3\int \frac{t^2}{1+t^2} \, dt = 3\int \left(1 - \frac{1}{1+t^2}\right) dt$$
$$= 3(t - \arctan t) + C = 3(\sqrt[6]{x} - \arctan \sqrt[6]{x}) + C.$$

Hier wurden mit $x = g(t) = t^6$ für $t > 0$ und $dx = 6t^5 dt$ die Wurzelausdrücke beseitigt.

Beispiel 2:

$$\int \exp(t^2) t \, dt = 0.5 \int \exp x \, dx = 0.5 \cdot \exp x + C = 0.5 \cdot \exp(t^2) + C.$$

Hier wurde die Substitution $g(t) = t^2 = x$, also $dx = g'(t) \, dt = 2t \, dt$ bzw. $t \, dt = dx/2$ mit $t \in \mathbb{R}$ verwendet.

6.1.14 Integration rationaler Funktionen
Integration of rational functions

Jede ganze rationale Funktion $y = P_n(x) = \sum_{i=0}^{n} a_i x^{n-i}$ kann mit Hilfe der Grundformeln und des Grundintegrals für Potenzfunktionen integriert werden. Echt gebrochene rationale Funktionen sind allgemein mit der Partialbruchzerlegung integrierbar.

Partialbruchzerlegung. Vorausgesetzt wird eine echt gebrochene rationale Funktion $r(x) = Q_m(x)/P_n(x)$, wobei Q_m und P_n Polynome m-ten und n-ten Grades mit $m < n$ sind.

Nenner-Polynom $P_n(x) = a_0 x^n + a_1 x^{n-1} + \ldots + a_{n-1}x + a_n$. Es läßt sich nach dem Zerlegungssatz für reelle Polynome (s. A2.3.2) als Produkt mit Faktoren 1. und 2. Grades darstellen: $P_n(x) = a_0 \ldots (x-a)^r \ldots (x^2 + px + q)^s \ldots$, wobei a eine reelle r-fache Nullstelle von P_n ist und $x^2 + px + q$ wegen $p^2 - 4q < 0$ nur konjugiert komplexe Nullstellen besitzt und im Reellen nicht mehr zerlegbar, also irreduzibel, ist. Die übrigen nicht angegebenen Faktoren von P_n haben einen entsprechenden Aufbau.

Partialbrüche 1. und 2. Art. Es sind Ausdrücke der Form $A/(x-a)^r$ und $(Bx+C)/(x^2+px+q)^s$, wobei $A, B, C \in \mathbb{R}$ und $r, s \in \mathbb{N}$. Jede echt gebrochene rationale Funktion kann als Summe dieser Partialbrüche 1. und 2. Art dargestellt werden:

$$r(x) = \frac{Q_m(x)}{P_n(x)} = \frac{1}{a_0}\left[\frac{Q_m(x)}{\ldots(x-a)^r \ldots (x^2 px + q)^s} \right]$$
$$= \frac{1}{a_0}\left[\ldots + \frac{A_1}{x-a} + \frac{A_2}{(x-a)^2} + \ldots + \frac{A_r}{(x-a)^r} + \ldots \right.$$
$$+ \frac{B_1 x + C_1}{x^2 + px + q} + \frac{B_2 x + C_2}{(x^2 + px + q)^2} + \ldots$$
$$\left. + \frac{B_s x + C_s}{(x^2 + px + q)^s} + \ldots \right].$$

Koeffizientenbestimmung. Die Koeffizienten $A_1, B_1, C_1 \ldots, A_2, B_2, C_2 \ldots$ können nach folgenden Verfahren eindeutig bestimmt werden: Wird die Gleichung mit $P_n(x)$ multipliziert, dann steht auf der rechten Seite ein Polynom $(n-1)$-ten Grades, dessen Koeffizienten Linearkombinationen der n Unbekannten $A_1, B_1, C_1 \ldots$ sind. Der Vergleich dieser Koeffizienten mit denen des Polynoms Q_m nach dem Identitätssatz für Polynome (s. A2.3.2) ergibt n lineare Gleichungen für die n Unbekannten $A_1, B_1, C_1 \ldots$ (s. A3.2.3).

Beispiel: $\dfrac{2x+4}{3(x-1)^2(x^2+1)} = \dfrac{1}{3}\left[\dfrac{A_1}{x-1} + \dfrac{A_2}{(x-1)^2} + \dfrac{B_1 x + C_1}{x^2+1} \right].$ –

Multiplikation mit dem Nennerpolynom ergibt

$$2x+4 = A_1(x-1)(x^2+1) + A_2(x^2+1) + (B_1 x + C_1)(x-1)^2 \quad \text{oder}$$
$$2x+4 = (A_1 + B_1)x^3 + (-A_1 + A_2 - 2B_1 + C_1)x^2$$
$$+ (A_1 + B_1 - 2C_1)x + (-A_1 + A_2 + C_1).$$

Koeffizientenvergleich führt auf die vier linearen Gleichungen

$$\begin{array}{llll}
A_1 & + B_1 & = 0, & \text{mit den Lösungen} \\
-A_1 + A_2 - 2B_1 & + C_1 = 0, & A_1 = -2, & B_1 = 2, \\
A_1 & + B_1 - 2C_1 = 2, & A_2 = 3, & C_1 = -1. \\
-A_1 + A_2 & + C_1 = 4 & &
\end{array}$$

Damit lautet die Partialbruchzerlegung

$$\frac{2x+4}{3(x-1)^2(x^2+1)} = \frac{1}{3}\left[\frac{-2}{x-1} + \frac{3}{(x-1)^2} + \frac{2x-1}{x^2+1} \right].$$

Durch die Partialbruchzerlegung ist nunmehr die Integration einer echt gebrochenen rationalen Funktion auf die Integration von Partialbrüchen 1. und 2. Art zurückgeführt. Für diese gelten die

Integrationsformeln

$$\int \frac{A}{(x-a)^n}\,dx = \begin{cases} A\ln|x-a| + C & \text{für } n=1 \\ \dfrac{A}{1-n}(x-a)^{1-n} + C & \text{für } n=2,3,4\ldots, \end{cases}$$

$$\int \frac{Ax+B}{(x^2+px+q)^n}\,dx$$
$$= \frac{A}{2}\ln|x^2+px+q| + \frac{2B-Ap}{\sqrt{4q-p^2}}\arctan\frac{2x+p}{\sqrt{4q-p^2}} + C$$
$$\text{für } n=1$$
$$= \frac{A}{2(1-n)}(x^2+px+q)^{1-n} + \frac{2B-Ap}{2}\int\frac{dx}{(x^2+px+q)^n}$$
$$\text{für } n=2,3,4\ldots.$$

Hierbei gilt für das Integral $I_n = \int \dfrac{dx}{(x^2+px+q)^n}$ die Rekursionsformel

$$I_n = \frac{1}{(n-1)(4q-p^2)}\frac{2x+p}{(x^2+px+q)^{n-1}}$$
$$+ \frac{2(2n-3)}{(n-1)(4q-p^2)}I_{n-1} \quad (n=2,3,4\ldots) \quad \text{mit}$$
$$I_1 = \int \frac{dx}{x^2+px+q} = \frac{2}{\sqrt{4q-p^2}}\arctan\frac{2x+p}{\sqrt{4q-p^2}} + C.$$

6.1.15 Integration von irrationalen algebraischen und transzendenten Funktionen. Integration of irrational algebraic functions and transcendental functions

Spezielle Integrale dieses Typs (**Tab. 4** und **5**) können durch geeignete Substitutionen auf Integrale mit einem rationalen Integranden zurückgeführt werden. Für einige Integrale sind in **Tab. 4** solche Substitutionen angegeben. Hierbei bedeuten $R(x,X)$, $R(u)$ bzw. $R(u,v)$ rationale Funktionen in x und X, u bzw. u und v.

Tabelle 5. Integrationsformeln

Rationale Funktionen

$$\int (ax+b)^n\,dx = \begin{cases} \dfrac{1}{a(n+1)}(ax+b)^{n+1}, & n\ne -1 \\ \dfrac{1}{a}\ln|ax+b|, & n=-1 \end{cases}$$

$$\int \frac{1}{a^2+x^2}\,dx = \frac{1}{a}\arctan\frac{x}{a}$$

$$\int \frac{1}{a^2-x^2}\,dx = \frac{1}{2a}\ln\left|\frac{a+x}{a-x}\right| = \begin{cases} \dfrac{1}{a}\operatorname{artanh}\dfrac{x}{a}, & |x|<a \\ \dfrac{1}{a}\operatorname{arcoth}\dfrac{x}{a}, & |x|>a \end{cases} \quad a>0$$

$$\int \frac{1}{ax^2+bx+c}\,dx = \begin{cases} \dfrac{2}{\sqrt{\Delta}}\arctan\dfrac{2ax+b}{\sqrt{\Delta}} & \Delta>0 \\ -\dfrac{2}{2ax+b} & \Delta=0, \quad \Delta=4ac-b^2 \\ \dfrac{1}{\sqrt{-\Delta}}\ln\left|\dfrac{2ax+b-\sqrt{-\Delta}}{2ax+b+\sqrt{-\Delta}}\right| & \Delta<0 \end{cases}$$

Irrationale Funktionen

$$\int \frac{1}{\sqrt{a^2-x^2}}\,dx = \begin{cases} \arcsin x/a \\ -\arccos x/a \end{cases}$$

$$\int \frac{1}{\sqrt{x^2+a^2}}\,dx = \ln(x+\sqrt{x^2+a^2}) = \operatorname{arsinh} x/a$$

$$\int \frac{1}{\sqrt{x^2-a^2}}\,dx = \ln(x+\sqrt{x^2-a^2}) = \operatorname{arcosh} x/a$$

$$\int \sqrt{a^2-x^2}\,dx = (x/2)\sqrt{a^2-x^2} + (a^2/2)\arcsin x/a$$

$$\int \sqrt{x^2+a^2}\,dx = (x/2)\sqrt{x^2+a^2} + (a^2/2)\begin{cases} \ln(x+\sqrt{x^2+a^2}) \\ \operatorname{arsinh} x/a \end{cases}$$

$$\int \sqrt{x^2-a^2}\,dx = (x/2)\sqrt{x^2-a^2} - (a^2/2)\begin{cases} \ln(x+\sqrt{x^2-a^2}) \\ \operatorname{arcosh} x/a \end{cases}$$

Tabelle 4. Substitutionen

Typ	Integral	Substitution		
1	$\int R\left(x,\sqrt[n]{\dfrac{ax+b}{cx+d}}\right)dx$	$t=\sqrt[n]{\dfrac{ax+b}{cx+d}}$		
2	$\int R(x,\sqrt{1-x^2})\,dx$	$x=\dfrac{1-t^2}{1+t^2}, \quad dx=-\dfrac{4t}{(1+t^2)^2}\,dt$		
3	$\int R(x,\sqrt{x^2-1})\,dx$	$x=\dfrac{1+t^2}{1-t^2}, \quad dx=\dfrac{4t}{(1-t^2)^2}\,dt$		
4	$\int R(x,\sqrt{x^2+1})\,dx$	$x=\dfrac{t^2-1}{2t}, \quad dx=\dfrac{t^2+1}{2t^2}\,dt$		
5	$\int R(x,\sqrt{ax^2+bx+c})\,dx$	$\Delta>0$	$t=\dfrac{2ax+b}{\sqrt{\Delta}}$ führt für	$a<0$ auf Typ 2 $a>0$ auf Typ 3
	$\Delta=b^2-4ac\ne 0$	$\Delta<0$	$t=\dfrac{2ax+b}{\sqrt{-\Delta}}$ führt auf Typ 4	
6	$\int R(\exp x)\,dx$	$\exp x=t, \quad dx=\dfrac{dt}{t}, \quad x=\ln t$		
7	$\int R(\tan x)\,dx$	$\tan x=t, \quad dx=\dfrac{dt}{1+t^2}, \quad x=\arctan t$		
8	$\int R(\sin x,\cos x)\,dx$	$\tan(x/2)=t, \quad dx=\dfrac{2\,dt}{1+t^2}, \quad \sin x=\dfrac{2t}{1+t^2}, \quad \cos x=\dfrac{1-t^2}{1+t^2}$		

Tabelle 5 (Fortsetzung)

Transzendente Funktionen

$$\int \sin^2 x\, dx = \frac{x}{2} - \frac{1}{4}\sin 2x \qquad \int \cos^2 x\, dx = \frac{x}{2} + \frac{1}{4}\sin 2x$$

$$\int \frac{1}{\sin x}\, dx = \ln\left|\tan\frac{x}{2}\right| \qquad \int \frac{1}{\cos x}\, dx = \ln\left|\tan\left(\frac{x}{2}+\frac{\pi}{4}\right)\right|$$

$$\int \frac{1}{1+\cos x}\, dx = \tan\frac{x}{2} \qquad \int \frac{1}{1-\cos x}\, dx = -\cot\frac{x}{2}$$

$$\int \tan x\, dx = -\ln|\cos x| \qquad \int \cot x\, dx = \ln|\sin x|$$

$$\int \sin mx \cos nx\, dx = -\frac{\cos(m-n)x}{2(m-n)} - \frac{\cos(m+n)x}{2(m+n)}$$

$$\int \sin mx \sin nx\, dx = \frac{\sin(m-n)x}{2(m-n)} - \frac{\sin(m+n)x}{2(m+n)} \qquad \begin{array}{l} m,n \in \mathbb{Z} \\ m \neq n,\, m \neq -n \end{array}$$

$$\int \cos mx \cos nx\, dx = \frac{\sin(m-n)x}{2(m-n)} + \frac{\sin(m+n)x}{2(m+n)}$$

$$\int \sin^n x\, dx = -\frac{1}{n}\cos x \sin^{n-1} x + \frac{n-1}{n}\int \sin^{n-2} x\, dx$$

$$\int \cos^n x\, dx = \frac{1}{n}\sin x \cos^{n-1} x + \frac{n-1}{n}\int \cos^{n-2} x\, dx \qquad n=2,3,4\ldots$$

$$\int \tan^n x\, dx = \frac{\tan^{n-1} x}{n-1} - \int \tan^{n-2} x\, dx$$

$$\int \cot^n x\, dx = -\frac{\cot^{n-1} x}{n-1} - \int \cot^{n-2} x\, dx$$

$$\int x^n \sin x\, dx = -x^n \cos x + n\int x^{n-1}\cos x\, dx \qquad n=1,2,3\ldots$$
$$\int x^n \cos x\, dx = x^n \sin x - n\int x^{n-1}\sin x\, dx$$

$$\int \exp ax \sin bx\, dx = \frac{a\sin bx - b\cos bx}{a^2+b^2}\exp ax$$

$$\int \exp ax \cos bx\, dx = \frac{a\cos bx + b\sin bx}{a^2+b^2}\exp ax$$

$$\int \arcsin x\, dx = x\arcsin x + \sqrt{1-x^2}$$

$$\int \arccos x\, dx = x\arccos x - \sqrt{1-x^2}$$

$$\int \arctan x\, dx = x\arctan x - \frac{1}{2}\ln(1+x^2)$$

$$\int \operatorname{arccot} x\, dx = x\operatorname{arccot} x + \frac{1}{2}\ln(1+x^2)$$

$$\int \sinh^2 x\, dx = -\frac{x}{2} + \frac{1}{4}\sinh 2x \qquad \int \cosh^2 x\, dx = \frac{x}{2} + \frac{1}{4}\sinh 2x$$

$$\int \frac{1}{\sinh x}\, dx = \ln\tanh\frac{x}{2} \qquad \int \frac{1}{\cosh x}\, dx = 2\arctan\left(\tanh\frac{x}{2}\right)$$

$$\int \ln x\, dx = x\ln x - x \qquad \int \frac{\ln x}{x}\, dx = \frac{1}{2}(\ln x)^2$$

$$\int \frac{1}{x\ln x}\, dx = \ln|\ln x| \qquad \int \frac{(\ln x)^n}{x}\, dx = \frac{1}{n+1}(\ln x)^{n+1},\ n \neq -1$$

$$\int (\ln x)^n\, dx = x(\ln x)^n - n\int (\ln x)^{n-1}\, dx \qquad n=1,2,3\ldots$$

$$\int x^n \ln x\, dx = \frac{x^{n+1}}{n+1}\ln x - \frac{x^{n-1}}{(n+1)^2} \qquad n \neq -1$$

$$\int x^n \exp x\, dx = x^n \exp x - n\int x^{n-1}\exp x\, dx \quad n=1,2,3\ldots$$

6.1.16 Uneigentliche Integrale. Improper integrals

Unbeschränktes Integrationsintervall. Ist die Funktion f für alle $x \geqq a$ erklärt und über jedem abgeschlossenen Intervall $[a,b]$ integrierbar, dann heißt $\int\limits_a^\infty f(x)\, dx$ uneigent-

liches Integral über $[a,\infty)$. Es heißt konvergent, oder die Funktion f heißt über $[a,\infty)$ uneigentlich integrierbar, wenn der Grenzwert $\lim\limits_{b\to\infty}\int\limits_a^b f(x)\, dx = \int\limits_a^\infty f(x)\, dx$ existiert. Entsprechendes gilt für die unbeschränkten Integrationsintervalle $(-\infty,b]$ und $(-\infty,\infty)$.

$$\int\limits_{-\infty}^b f(x)\, dx = \lim_{a\to-\infty}\int\limits_a^b f(x)\, dx;$$

$$\int\limits_{-\infty}^\infty f(x)\, dx = \lim_{\substack{b\to\infty \\ a\to-\infty}}\int\limits_a^b f(x)\, dx$$

$$= \lim_{a\to-\infty}\int\limits_a^c f(x)\, dx + \lim_{b\to\infty}\int\limits_c^b f(x)\, dx.$$

Beispiele:

$$\int\limits_2^\infty 1/x^2\, dx = \lim_{b\to\infty}\int\limits_2^b 1/x^2\, dx = \lim_{b\to\infty}(-1/b+1/2) = 1/2.$$

$$\int\limits_{-\infty}^\infty \frac{1}{1+x^2}\, dx = \lim_{\substack{b\to\infty \\ a\to-\infty}}\int\limits_a^b \frac{1}{1+x^2}\, dx = \lim_{\substack{b\to\infty \\ a\to-\infty}}[\arctan x]_a^b$$

$$= \lim_{\substack{b\to\infty \\ a\to-\infty}}(\arctan b - \arctan a) = \pi/2 - (-\pi/2) = \pi.$$

$$\int\limits_1^\infty 1/x\, dx \text{ ist divergent wegen } \lim_{b\to\infty}\int\limits_1^b 1/x\, dx = \lim_{b\to\infty}\ln b = \infty.$$

Unbeschränkter Integrand. Ist Funktion f im Intervall $[a,b]$ unbeschränkt und auf jedem abgeschlossenen Teilintervall $[a,b-\varepsilon]$ mit $\varepsilon > 0$ integrierbar, dann heißt $\int\limits_a^b f(x)\, dx$ uneigentliches Integral bezüglich der oberen Grenze. Es heißt konvergent auf $[a,b]$, wenn für $\varepsilon > 0$ der Grenzwert

$$\lim_{\varepsilon\to 0}\int\limits_a^{b-\varepsilon} f(x)\, dx = \int\limits_a^b f(x)\, dx \text{ existiert.}$$

Entsprechendes gilt auch für die untere Grenze.

Beispiele:

$$\int\limits_0^4 \frac{1}{\sqrt{x}}\, dx = \lim_{\varepsilon\to 0}\int\limits_\varepsilon^4 \frac{1}{\sqrt{x}}\, dx = \lim_{\varepsilon\to 0}[2\sqrt{x}]_\varepsilon^4 = \lim_{\varepsilon\to 0}(4-2\sqrt{\varepsilon}) = 4.$$

$$\int\limits_{-1}^1 \frac{1}{\sqrt{1-x^2}}\, dx = \lim_{\varepsilon_1\to 0}\int\limits_{-1+\varepsilon_1}^0 \frac{1}{\sqrt{1-x^2}}\, dx + \lim_{\varepsilon_2\to 0}\int\limits_0^{1-\varepsilon_2} \frac{1}{\sqrt{1-x^2}}\, dx$$

$$= \lim_{\varepsilon_1\to 0}(-\arcsin(-1+\varepsilon_1)) + \lim_{\varepsilon_2\to 0}(\arcsin(1-\varepsilon_2))$$

$$= -(-\pi/2) + \pi/2 = \pi.$$

Weitere uneigentliche Integrale enthält **Tab. 6**.

6.1.17 Geometrische Anwendungen der Differential- und Integralrechnung. Geometric applications of the differential and integral calculus

(S. **Tab. 7**.)

6.1.18 Unendliche Funktionenreihen
Infinite series of functions

Sind die Glieder einer unendlichen Reihe Funktionen $f_n(x)$ ($n = 1,2,3\ldots$) auf dem gleichen Definitionsbereich I, dann ist die Funktionsreihe erklärt als die Folge der Partialsummen

$$s_n(x) = f_1(x) + f_2(x) + \ldots + f_n(x).$$

Konvergenzbereich. Dieser ist die Menge K der Urbilder $x \in I$, für die zugehörige Zahlenreihe konvergiert. Auf ihm ist dann eine Funktion S erklärt, die als die Summe der Reihe bezeichnet wird.

Tabelle 6. Bestimmte eigentliche und uneigentliche Integrale

$$\int_{-a}^{a} \sin\frac{m\pi x}{a}\sin\frac{n\pi x}{a}\,dx = \int_{-a}^{a} \cos\frac{m\pi x}{a}\cos\frac{n\pi x}{a}\,dx = \begin{cases} 0 & m\neq n \\ a & m=n \end{cases} \quad m,n=1,2,3\ldots$$

$$\int_{-a}^{a} \sin\frac{m\pi x}{a}\cos\frac{n\pi x}{a}\,dx = 0 \quad m,n=1,2,3\ldots$$

$$\int_{0}^{a} \frac{1}{\sqrt{a^2-x^2}}\,dx = \pi/2 \qquad\qquad \int_{-\infty}^{\infty} \frac{1}{1+x^2}\,dx = \pi$$

$$\int_{0}^{a} \frac{1}{x^m}\,dx = \frac{a^{1-m}}{1-m},\quad \begin{array}{l} a>0 \\ m<1 \end{array} \qquad \int_{a}^{\infty} \frac{1}{x^m}\,dx = \frac{1}{(m-1)a^{m-1}},\quad \begin{array}{l} a>0 \\ m>1 \end{array}$$

$$\int_{0}^{\infty} \exp(-kx)\,dx = \frac{1}{k},\quad k>0 \qquad \int_{0}^{\infty} \exp(-x^2)\,dx = \frac{1}{2}\sqrt{\pi}$$

$$\int_{0}^{\infty} x^n \exp(-kx)\,dx = \frac{n!}{k^{n+1}},\quad \begin{array}{l} k>0 \\ n=0,1,2\ldots \end{array} \qquad \int_{0}^{\infty} \frac{x^{n-1}}{x+1}\,dx = \frac{\pi}{\sin n\pi},\quad 0<n<1$$

$$\int_{0}^{\infty} \frac{\sin kx}{x}\,dx = \int_{0}^{\infty} \frac{\tan kx}{x}\,dx = \pi/2,\quad k>0 \qquad \int_{0}^{\infty} \sin(x^2)\,dx = \int_{0}^{\infty} \cos(x^2)\,dx = \frac{1}{2}\sqrt{\frac{\pi}{2}}$$

$$\int_{0}^{\infty} \exp(-ax)\sin(bx+\varphi)\,dx = \frac{b\cos\varphi + a\sin\varphi}{a^2+b^2},\quad a>0$$

$$\int_{0}^{\infty} \exp(-ax)\cos(bx+\varphi)\,dx = \frac{a\cos\varphi - b\sin\varphi}{a^2+b^2},\quad a>0$$

$$\int_{0}^{\infty} \frac{\sin\alpha x}{x}\,dx = \begin{cases} \pi/2, & \alpha>0 \\ -\pi/2, & \alpha<0 \end{cases}$$

Tabelle 7. Geometrische Anwendungen der Integralrechnung

Inhalt A ebener Flächen

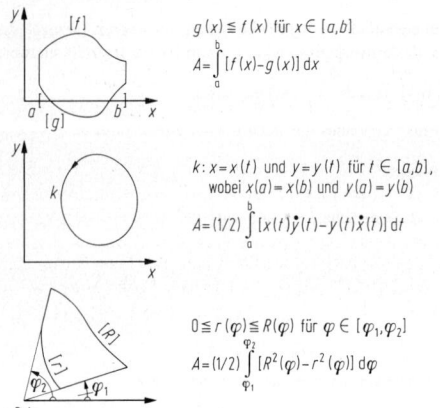

$g(x) \leqq f(x)$ für $x \in [a,b]$

$$A = \int_{a}^{b} [f(x)-g(x)]\,dx$$

$k: x=x(t)$ und $y=y(t)$ für $t \in [a,b]$, wobei $x(a)=x(b)$ und $y(a)=y(b)$

$$A = (1/2)\int_{a}^{b} [x(t)\dot{y}(t) - y(t)\dot{x}(t)]\,dt$$

$0 \leqq r(\varphi) \leqq R(\varphi)$ für $\varphi \in [\varphi_1, \varphi_2]$

$$A = (1/2)\int_{\varphi_1}^{\varphi_2} [R^2(\varphi) - r^2(\varphi)]\,d\varphi$$

Bogenlänge L ebener Kurven

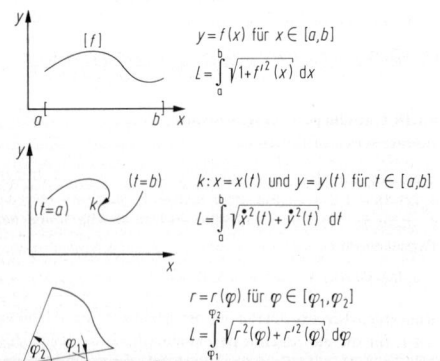

$y = f(x)$ für $x \in [a,b]$

$$L = \int_{a}^{b} \sqrt{1+f'^2(x)}\,dx$$

$k: x=x(t)$ und $y=y(t)$ für $t \in [a,b]$

$$L = \int_{a}^{b} \sqrt{\dot{x}^2(t)+\dot{y}^2(t)}\,dt$$

$r = r(\varphi)$ für $\varphi \in [\varphi_1, \varphi_2]$

$$L = \int_{\varphi_1}^{\varphi_2} \sqrt{r^2(\varphi)+r'^2(\varphi)}\,d\varphi$$

Tabelle 7 (Fortsetzung)

Volumen V und Oberfläche O von Rotationskörpern

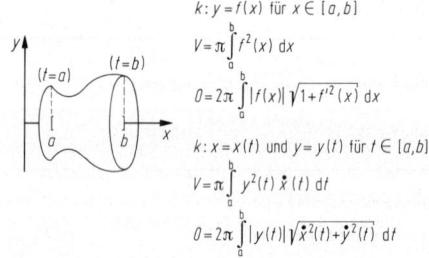

$k: y=f(x)$ für $x \in [a,b]$

$$V = \pi\int_{a}^{b} f^2(x)\,dx$$

$$O = 2\pi\int_{a}^{b} |f(x)|\sqrt{1+f'^2(x)}\,dx$$

$k: x=x(t)$ und $y=y(t)$ für $t \in [a,b]$

$$V = \pi\int_{a}^{b} y^2(t)\,\dot{x}(t)\,dt$$

$$O = 2\pi\int_{a}^{b} |y(t)|\sqrt{\dot{x}^2(t)+\dot{y}^2(t)}\,dt$$

$$S(x) = \sum_{n=1}^{\infty} f_n(x) = \lim_{n\to\infty} \sum_{k=1}^{n} f_k(x) \quad \text{für } x \in K.$$

Die Differenz $R_n(x) = S(x) - s_n(x)$ heißt Rest der Reihe.

Absolute Konvergenz. Die Funktionenreihe $\sum_{n=1}^{\infty} f_n(x)$ heißt auf K absolut konvergent, wenn die Reihe $\sum_{n=1}^{\infty} |f_n(x)|$ für alle $x \in K$ konvergiert.

Beispiel: $\sum_{n=1}^{\infty} x(1-x^2)^{n-1}$ ist eine geometrische Reihe mit dem Anfangsglied $a=x$ und dem Quotienten $q=1-x^2$. – Sie konvergiert für $x=0$ und im Fall $x\neq 0$ für $|1-x^2|<1$, was mit $0<x^2<2$ gleichbedeutend ist. Sie hat für $x=0$ die Summe $S(0)=0$ und für $|1-x^2|<1$ die Summe $S(x)=x/[1-(1-x^2)]=1/x$. Damit ist auf dem Konvergenzbereich $K=(-\sqrt{2},\sqrt{2})$ der unendlichen Funktionenreihe die Funktion S erklärt durch

$$S(x) = \sum_{n=1}^{\infty} x(1-x^2)^{n-1} = \begin{cases} 1/x & \text{für } -\sqrt{2}<x<0 \text{ oder } 0<x<\sqrt{2} \\ 0 & \text{für } x=0. \end{cases}$$

Gleichmäßige Konvergenz. Die unendliche Reihe $\sum_{n=1}^{\infty} f_n(x)$ heißt auf K gleichmäßig gegen die Summe $S(x)$ konver-

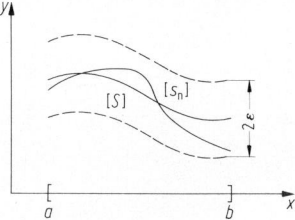

Bild 14. Gleichmäßige Konvergenz

gent, wenn es zu jedem $\varepsilon > 0$ eine natürliche Zahl N gibt, so daß $\left| \sum\limits_{n=1}^{\infty} f_n(x) - S(x) \right| < \varepsilon$ bzw. $|R_n(x)| < \varepsilon$ für alle $n \geqq N$ und alle $x \in K$. Bei der geometrischen Deutung (**Bild 14**) kommt die gleichmäßige Konvergenz dadurch zum Ausdruck, daß für hinreichend große n das graphische Bild der Partialsummen $s_n(x)$ innerhalb eines Streifens von der Breite 2ε mit dem graphischen Bild von $S(x)$ als Mittellinie verläuft.

Potenzreihe. Sie ist eine Funktionenreihe der Form

$$a_0 + a_1(x - x_0) + a_2(x - x_0)^2 + \ldots + a_n(x - x_0)^n + \ldots,$$

wobei x_0 die Entwicklungsstelle und die Konstanten $a_0, a_1, a_2 \ldots$ die Koeffizienten der Reihe heißen. Es genügt, Potenzreihen mit der Entwicklungsstelle $x_0 = 0$ zu untersuchen, da jede Potenzreihe durch die Substitution $x - x_0 = y$ auf eine solche zurückgeführt werden kann. Für die Potenzreihe

$$a_0 + a_1 x + a_2 x^2 + \ldots + a_b x^n + \ldots$$

sind zu unterscheiden:

– Es existiert eine positive Zahl r, so daß für alle $|x| < r$ die Reihe absolut konvergent und für alle $|x| > r$ divergent ist. Hierbei heißen r der Konvergenzradius und das offene Intervall $(-r, r)$ der Konvergenzbereich der Reihe.
– Die Reihe konvergiert für alle $x \in \mathbb{R}$. Sie heißt dann überall oder beständig konvergent, und es ist $r = \infty$.
– Die Reihe divergiert für alle $x \neq 0$ (für $x = 0$ konvergiert sie trivialerweise). Sie heißt dann nirgends konvergent, und es ist $r = 0$.

Existiert der Grenzwert

$$\lim_{n \to \infty} \sqrt[n]{a_n} = g \quad \text{oder} \quad \lim_{n \to \infty} \left| \frac{a_{n+1}}{a_n} \right| = g,$$

wobei auch der uneigentliche Grenzwert ∞ zugelassen ist, dann gilt $r = 1/g$ für $0 < g < \infty$, $r = \infty$ für $g = 0$ und $r = 0$ für $g = \infty$.

Beispiele:
Die Reihe $\sum\limits_{n=0}^{\infty} \dfrac{x^n}{n!}$ hat wegen

$$\lim_{n \to \infty} \left| \frac{a_{n+1}}{a_n} \right| = \lim_{n \to \infty} \frac{n!}{(n+1)!} = \lim_{n \to \infty} \frac{1}{n+1} = 0$$

den Konvergenzradius $r = \infty$. Sie ist beständig konvergent. Die Reihe $\sum\limits_{n=0}^{\infty} n! x^n$ hat wegen

$$\lim_{n \to \infty} \left| \frac{a_{n+1}}{a_n} \right| = \lim_{n \to \infty} \frac{(n+1)!}{n!} = \lim_{n \to \infty} (n+1) = \infty$$

den Konvergenzradius $r = 0$. Sie ist nirgends konvergent. Die Reihe $\sum\limits_{n=0}^{\infty} \dfrac{x^n}{3^n (n+1)}$ hat wegen

$$\lim_{n \to \infty} \left| \frac{a_{n+1}}{a_n} \right| = \lim_{n \to \infty} \frac{3^n (n+1)}{3^{n+1} (n+2)} = 1/3 \text{ den Konvergenzradius } r = 3.$$

Sie ist für $|x| < 3$ absolut konvergent und für $|x| > 3$ divergent. Sie konvergiert in der Randstelle -3 und divergiert in der Randstelle $+3$.

Taylor- und Maclaurin-Reihen. Nach der Taylor-Formel (s. A 6.1.7) ist

$$\left| f(x) - \sum_{k=0}^{n} \frac{f^{(k)}(x_0)}{k!} (x - x_0)^k \right| = |R_n(x_0, x)|$$

$$= \left| \frac{f^{(n+1)}(x_0 + \vartheta(x - x_0))}{(n+1)!} (x - x_0)^{n+1} \right| \quad \text{und} \quad 0 < \vartheta < 1.$$

Hieraus folgt: Ist die Funktion f auf einer Umgebung $U_\delta(x_0) = (x_0 - \delta, x_0 + \delta)$ von x_0 beliebig oft differenzierbar und ist $\lim\limits_{n \to \infty} R_n(x_0, x) = 0$ für alle $x \in U_\delta(x_0)$, dann gilt

$$f(x) = \sum_{n=0}^{\infty} \frac{f^{(n)}(x_0)}{n!} (x - x_0)^n \quad \text{für } x \in U_\delta(x_0).$$

Die Reihe für $f(x)$ heißt *Taylor-Reihe* der Funktion f mit der Entwicklungsstelle oder dem Mittelpunkt x_0. Unter diesen Voraussetzungen läßt sich also eine Funktion f in einer gewissen Umgebung von x_0 in eine Potenzreihe mit den Koeffizienten $a_n = f^{(n)}(x_0)/n!$ $(n = 0, 1, 2 \ldots)$ entwickeln. Die Taylor-Reihe mit der Entwicklungsstelle $x_0 = 0$ heißt *Maclaurin-Reihe* (s. **Tab. 8**).

$$f(x) = \sum_{n=0}^{\infty} \frac{f^{(n)}(0)}{n!} x^n.$$

Beispiel: Die Exponential-Funktion $f(x) = \exp x$ ist auf $\mathbb{R}$ beliebig oft differenzierbar, wobei $f^{(n)}(x) = \exp x$ und $f^{(n)}(0) = 1$. – Gemäß der Maclaurin-Formel gilt

$$\exp x = 1 + \frac{x}{1!} + \frac{x^2}{2!} + \frac{x^3}{3!} + \ldots + \frac{x^n}{n!} + R_n(x),$$

wobei $R_n(x) = \exp(\vartheta x) \dfrac{x^{n+1}}{(n+1)!}$ für $0 < \vartheta < 1$. Wegen $\lim\limits_{n \to \infty} \dfrac{x^{n+1}}{(n+1)!} = 0$ konvergiert das Restglied $R_n(x)$ für jedes $x \in \mathbb{R}$ gegen 0. Damit lautet die Darstellung der exp-Funktion durch eine Maclaurin-Reihe

$$\exp x = 1 + \frac{x}{1!} + \frac{x^2}{2!} + \frac{x^3}{3!} + \ldots + \frac{x^n}{n!} + \ldots = \sum_{n=0}^{\infty} \frac{x^n}{n!} \quad \text{für } x \in \mathbb{R}.$$

Fourier-Reihen

Periodische Funktionen. Eine Funktion f auf D heißt periodisch mit der Periode λ, wenn $f(x + \lambda) = f(x)$ für alle $x \in D$. Mit λ ist auch $n\lambda$ für $n \in \mathbb{N}$ eine Periode. Jede Funktion f mit einer Periode λ läßt sich durch die Substitution $x = 0.5 \cdot \lambda t / \pi$ bzw. $t = 2\pi x / \lambda$ auf eine Funktion mit der Periode 2π zurückführen. Ist f eine integrierbare Funktion mit der Periode 2π, dann gilt für beliebige a und b

$$\int_a^b f(x)\,dx = \int_{a+2\pi}^{b+2\pi} f(x)\,dx \quad \text{und}$$

$$\int_a^{a+2\pi} f(x)\,dx = \int_b^{b+2\pi} f(x)\,dx.$$

Ist die Funktion f mit der Periode 2π gerade, also $f(x) = f(-x)$, bzw. ungerade, also $f(-x) = -f(x)$, dann gilt

$$\int_{-\pi}^{\pi} f(x)\,dx = 2 \int_0^{\pi} f(x)\,dx \quad \text{bzw.} \quad \int_{-\pi}^{\pi} f(x)\,dx = 0.$$

Trigonometrisches Fundamentalsystem heißt das System der Funktionen 1, $\cos x$, $\sin x$, $\cos 2x$, $\sin 2x \ldots \cos nx$, $\sin nx \ldots$

Orthogonalitätsrelationen. Sie gelten für diese Funktionen mit $m, n \in \mathbb{N}$:

$$\int_{-\pi}^{\pi} \cos mx \cos nx\,dx = \pi \delta_{mn}, \quad \int_{-\pi}^{\pi} \sin mx \sin nx\,dx = \pi \delta_{mn},$$

$$\int_{-\pi}^{\pi} \sin mx \cos nx\,dx = 0, \quad \text{wobei} \quad \delta_{mn} = \begin{cases} 1, & m = n \\ 0, & m \neq n. \end{cases}$$

Tabelle 8. Maclaurin-Reihen

$$(1+x)^{\alpha} = \sum_{n=0}^{\infty} \binom{\alpha}{n} x^n = 1 + \alpha x + \frac{\alpha(\alpha-1)}{2!} x^2 + \frac{\alpha(\alpha-1)(\alpha-2)}{3!} x^3 + \ldots$$

$|x|<1$ für $\alpha \in \mathbb{R}$
$-1 < x \leqq 1$ für $-1 < \alpha$
$-1 \leqq x \leqq 1$ für $0 < \alpha$
x beliebig für $\alpha \in \mathbb{N}$

$$\frac{1}{1+x} = \sum_{n=0}^{\infty} (-1)^n x^n = 1 - x + x^2 - x^3 + \ldots$$

$|x|<1$

$$\sqrt{1+x} = \sum_{n=0}^{\infty} \binom{1/2}{n} x^n = 1 + \frac{1}{2} x - \frac{1}{8} x^2 + \frac{1}{16} x^3 + \ldots$$

$|x| \leqq 1$

$$\frac{1}{\sqrt{1+x}} = \sum_{n=0}^{\infty} \binom{-1/2}{n} x^n = 1 - \frac{1}{2} x + \frac{3}{8} x^2 - \frac{5}{16} x^3 + \ldots$$

$-1 < x \leqq 1$

$$\sqrt[3]{1+x} = \sum_{n=0}^{\infty} \binom{1/3}{n} x^n = 1 + \frac{1}{3} x - \frac{1}{9} x^2 + \frac{5}{81} x^3 + \ldots$$

$|x| \leqq 1$

$$\exp x = \sum_{n=0}^{\infty} \frac{x^n}{n!} = 1 + x + \frac{x^2}{2!} + \frac{x^3}{3!} + \frac{x^4}{4!} + \ldots$$

$|x| < \infty$

$$\ln(1+x) = \sum_{n=1}^{\infty} (-1)^{n+1} \frac{x^n}{n} = x - \frac{x^2}{2} + \frac{x^3}{3} - \frac{x^4}{4} + \ldots$$

$-1 < x \leqq 1$

$$\sin x = \sum_{n=0}^{\infty} (-1)^n \frac{x^{2n+1}}{(2n+1)!} = x - \frac{x^3}{3!} + \frac{x^5}{5!} - \frac{x^7}{7!} + \ldots$$

$|x| < \infty$

$$\cos x = \sum_{n=0}^{\infty} (-1)^n \frac{x^{2n}}{(2n)!} = 1 - \frac{x^2}{2!} + \frac{x^4}{4!} - \frac{x^6}{6!} + \ldots$$

$|x| < \infty$

$$\tan x = x + \frac{1}{3} x^3 + \frac{2}{3 \cdot 5} x^5 + \frac{17}{3^2 \cdot 5 \cdot 7} x^7 + \frac{62}{3^2 \cdot 5 \cdot 7 \cdot 9} x^9 + \ldots$$

$|x| < \pi/2$ *

$$x \cot x = 1 - \frac{1}{3} x^2 - \frac{1}{3^2 \cdot 5} x^4 - \frac{2}{3^3 \cdot 5 \cdot 7} x^6 - \frac{1}{3^3 \cdot 5^2 \cdot 7} x^8 - \ldots$$

$|x| < \pi$ *

$$\arcsin x = \sum_{n=0}^{\infty} \frac{(2n)! \, x^{2n+1}}{4^n (n!)^2 (2n+1)} = x + \frac{1}{6} x^3 + \frac{3}{40} x^5 + \ldots$$

$|x| < 1$

$$\arctan x = \sum_{n=0}^{\infty} (-1)^n \frac{x^{2n+1}}{2n+1} = x - \frac{x^3}{3} + \frac{x^5}{5} - \frac{x^7}{7} + \ldots$$

$|x| \leqq 1$

$$\sinh x = \sum_{n=0}^{\infty} \frac{x^{2n+1}}{(2n+1)!} = x + \frac{x^3}{3!} + \frac{x^5}{5!} + \frac{x^7}{7!} + \ldots$$

$|x| < \infty$

$$\cosh x = \sum_{n=0}^{\infty} \frac{x^{2n}}{(2n)!} = 1 + \frac{x^2}{2!} + \frac{x^4}{4!} + \frac{x^6}{6!} + \ldots$$

$|x| < \infty$

$$\tanh x = x - \frac{1}{3} x^3 + \frac{2}{3 \cdot 5} x^5 - \frac{17}{3^2 \cdot 5 \cdot 7} x^7 + \frac{62}{3^2 \cdot 5 \cdot 7 \cdot 9} x^9 - \ldots$$

$|x| < \pi/2$ *

$$x \coth x = 1 + \frac{1}{3} x^2 - \frac{1}{3^2 \cdot 5} x^4 + \frac{2}{3^3 \cdot 5 \cdot 7} x^6 - \frac{1}{3^3 \cdot 5^2 \cdot 7} x^7 + \ldots$$

$|x| < \pi$ *

* Die Koeffizienten werden mit Hilfe der Bernoullischen Zahlen berechnet.

Trigonometrisches Polynom (n-ten Grades). So heißt eine Linearkombination von Funktionen des trigonometrischen Fundamentalsystems:

$$T_n(x) = a_0/2 + a_1 \cos x + b_1 \sin x + a_2 \cos 2x$$
$$+ b_2 \sin 2x + \ldots + a_n \cos nx + b_n \sin nx$$
$$= a_0/2 + \sum_{k=1}^{n} (a_k \cos kx + b_k \sin kx).$$

Trigonometrische Reihe. Sie wird dargestellt durch

$$a_0/2 + \sum_{n=1}^{\infty} (a_n \cos nx + b_n \sin nx)$$

und ist erklärt als Folge $(T_n(x))_{n \in \mathbb{N}}$ von trigonometrischen Polynomen $T_n(x)$. Ist die Reihe $\sum_{n=1}^{\infty} (|a_n| + |b_n|)$ konvergent, dann ist die trigonometrische Reihe gleichmäßig

und absolut konvergent, und ihre Summe ist eine stetige periodische Funktion mit der Periode 2π.

$$f(x) = a_2/2 + \sum_{n=1}^{\infty} (a_n \cos nx + b_n \sin nx).$$

Fourierkoeffizienten. Wird die vorstehende Gleichung nacheinander mit 1, $\cos(mx)$ und $\sin(mx)$ multipliziert und über $[-\pi, \pi]$ gliedweise integriert, so ergeben sich mit den Orthogonalitätsrelationen

$$a_n = 1/\pi \int_{-\pi}^{\pi} f(x) \cos nx \, dx \quad (n = 0, 1, 2 \ldots) \quad \text{und}$$

$$b_n = 1/\pi \int_{-\pi}^{\pi} f(x) \sin nx \, dx \quad (n = 1, 2, 3 \ldots).$$

Ist nun f eine beliebige Funktion mit der Periode 2π, die über $[-\pi, \pi]$ integrierbar ist, dann heißen die Zahlen a_n

Tabelle 9. Fourier-Reihen

$f(x)=|\sin x|=\begin{cases}-\sin x, & -\pi\leq x\leq 0\\ \sin x, & 0\leq x\leq\pi\end{cases}$

$f(x+2\pi)=f(x)$

$f(x)=\dfrac{2}{\pi}-\dfrac{4}{\pi}\sum\limits_{n=1}^{\infty}\dfrac{\cos 2nx}{4n^2-1}=\dfrac{2}{\pi}-\dfrac{4}{\pi}\left(\dfrac{\cos 2x}{1\cdot 3}+\dfrac{\cos 4x}{3\cdot 5}+\dfrac{\cos 6x}{5\cdot 7}+...\right)$

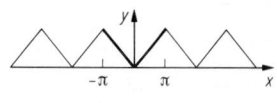

$f(x)=\begin{cases}-x, & -\pi\leq x\leq 0\\ x & 0\leq x\leq\pi\end{cases}$

$f(x+2\pi)=f(x)$

$f(x)=\dfrac{\pi}{2}-\dfrac{4}{\pi}\sum\limits_{n=1}^{\infty}\dfrac{\cos(2n-1)x}{(2n-1)^2}=\dfrac{\pi}{2}-\dfrac{4}{\pi}\left(\cos x+\dfrac{\cos 3x}{3^2}+\dfrac{\cos 5x}{5^2}+...\right)$

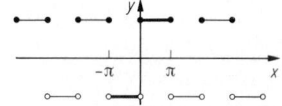

$f(x)=\begin{cases}-1, & -\pi<x<0\\ 1, & 0\leq x\leq\pi\end{cases}$

$f(x+2\pi)=f(x)$

$f(x)=\dfrac{4}{\pi}\sum\limits_{n=1}^{\infty}\dfrac{\sin(2n-1)x}{2n-1}=\dfrac{4}{\pi}\left(\sin x+\dfrac{\sin 3x}{3}+\dfrac{\sin 5x}{5}+...\right),\quad x\neq n\pi\quad\text{für }n\in\mathbb{Z}.$

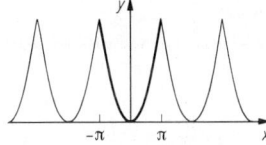

$f(x)=x^2\quad\text{für }-\pi\leq x\leq\pi$

$f(x+2\pi)=f(x)$

$f(x)=\dfrac{\pi^2}{3}+4\sum\limits_{n=1}^{\infty}(-1)^n\dfrac{\cos nx}{n^2}=\dfrac{\pi^2}{3}-4\left(\cos x-\dfrac{\cos 2x}{2^2}+\dfrac{\cos 3x}{3^2}+...\right)$

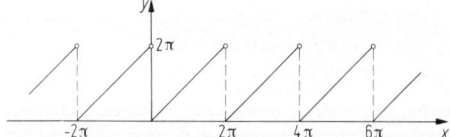

und b_n Fourierkoeffizienten der Funktion f und die mit ihnen gebildete Reihe **Fourier-Reihe (Tab. 9)**.

$$a_0/2+\sum_{n=1}^{\infty}(a_n\cos nx+b_n\sin nx),$$

wobei ihre n-te Partialsumme als Fourier-Polynom n-ten Grades bezeichnet wird.

f sei eine auf $[-\pi,\pi]$ integrierbare Funktion mit der Periode 2π. Ist sie gerade, also $f(-x)=f(x)$, dann gilt

$$a_n=2/\pi\int_0^{\pi}f(x)\cos nx\,dx\quad\text{und}\quad b_n=0;$$

ist sie ungerade, also $f(-x)=-f(x)$, dann gilt

$$a_n=0\quad\text{und}\quad b_n=2/\pi\int_0^{\pi}f(x)\sin nx\,dx.$$

Die Fourier-Reihe einer geraden Funktion ist eine reine Kosinusreihe, die Fourier-Reihe einer ungeraden Funktion eine reine Sinusreihe.

Fourier-Reihen von stückweise glatten Funktionen. Eine Funktion f heißt auf $[a,b]$ stückweise glatt, wenn sie auf $[a,b]$ stückweise stetig ist und auf $[a,b]$ eine stückweise stetige Ableitung f' besitzt. Ist f periodisch mit 2π und auf $[-\pi,\pi]$ stückweise glatt, dann konvergiert die Fourier-Reihe von f in jedem abgeschlossenen Intervall, auf dem f stetig ist, gleichmäßig gegen f. An jeder Sprungstelle x von f konvergiert die Fourier-Reihe gegen das arithmetische Mittel $0{,}5\cdot[f(x+0)+f(x-0)]$ aus dem links- und rechtsseitigen Grenzwert.

Beispiel: Sägezahnkurve (**Bild 15**).

$$f(x)=\begin{cases}x & \text{für }0\leq x<2\pi\\ 0 & \text{für }x=2\pi\end{cases}$$

und $f(x+2\pi)=f(x)$. – Die Gleichungen für die Fourierkoeffizienten lauten $a_n=1/\pi\int_0^{2\pi}x\cos(nx)\,dx\ (n=0,1,2...)$ und $b_n=1/\pi\int_0^{2\pi}x\sin(nx)\,dx\ (n=1,2,3...)$.

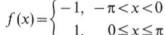

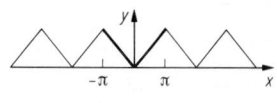

Bild 15. Sägezahnkurve

Die Berechnung der Integrale ergibt $a_0=2\pi,a_n=0$ für $n=1,2,3...$ und $b_n=-2/n$. Für alle Stetigkeitsstellen $x\neq 2n\pi\ (n\in\mathbb{Z})$ der Funktion f lautet damit die Darstellung der Funktion f durch ihre Fourier-Reihe

$$f(x)=\pi-2\left(\frac{\sin x}{1}+\frac{\sin(2x)}{2}+...+\frac{\sin(nx)}{n}+...\right)$$

$$=\pi-2\sum_{n=1}^{\infty}\frac{\sin(nx)}{n},\quad x\neq 2n\pi.$$

In den Sprungstellen $x=2n\pi\ (n\in\mathbb{Z})$ konvergiert die Fourier-Reihe gegen π.

6.2 Reellwertige Funktionen mehrerer reeller Variablen
Real functions of two or more real variables

6.2.1 Grundbegriffe. Basic concepts

Wegen der geometrischen Darstellbarkeit werden – wenn nicht anders betont – reellwertige Funktionen von zwei reellen Variablen betrachtet. Viele Aussagen über sie lassen sich auf Funktionen von mehr als zwei Variablen übertragen. Zugrunde gelegt wird ein ebenes kartesisches Koordinatensystem. Jedes geordnete Zahlenpaar $(x,y)\in\mathbb{R}^2$ wird dann als Punkt $P(x,y)$ der Ebene oder durch seinen Ortsvektor $\boldsymbol{r}(x,y)$ dargestellt. Teilmengen von $\mathbb{R}^2$ werden daher auch als ebene Punktmengen bezeichnet.

Abstand zweier Punkte $\boldsymbol{r}_2(x_2,y_2)$ und $\boldsymbol{r}_1(x_1,y_1)$ ist definiert durch

$$|\boldsymbol{r}_2-\boldsymbol{r}_1|=\sqrt{(x_2-x_1)^2+(y_2-y_1)^2}.$$

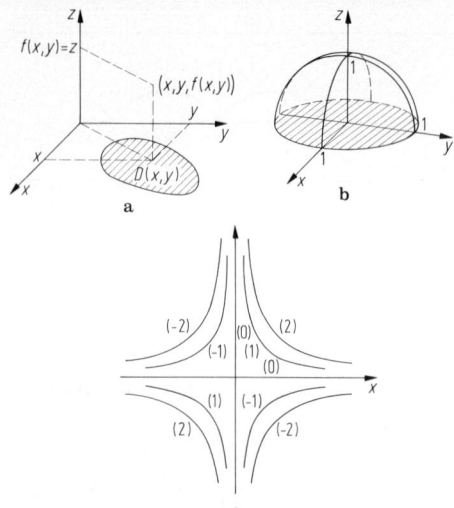

Bild 16. Funktionen mit zwei Veränderlichen. **a** geometrische Deutung von $z = f(x, y)$; **b** Kugeloberfläche $z = \sqrt{1 - x^2 - y^2}$; **c** Niveaulinien

(ρ-)Umgebung. Für einen Punkt $r_0(x_0, y_0)$ ist sie eine offene Kreisscheibe mit dem Mittelpunkt r_0.

$$U_\rho(r_0) = \{r \,|\, |r - r_0| < \rho\}$$
$$= \{(x, y) \,|\, \sqrt{(x - x_0)^2 + (x - y_0)^2} < \rho\},$$
wobei $\rho > 0$.

Reellwertige Funktion zweier reeller Variablen. Sie ist eine Abbildung f einer Teilmenge von $\mathbb{R}^2$ in $\mathbb{R}$

$f: D \to \mathbb{R}$ für $D \subset \mathbb{R}^2$ oder $z = f(x, y)$
für $(x, y) \in D \subset \mathbb{R}^2$.

Graph. Für die reellwertige Funktion f auf $D \subset \mathbb{R}^2$ wird er dargestellt durch die Menge

$$[f] = \{(x, y, z) \,|\, z = f(x, y) \text{ für } (x, y) \in D\}$$
$$= \{(r, z) \,|\, f(r) = z \text{ für } r \in D\}.$$

Das geordnete Zahlentripel $(x, y, z) \in [f] \subset \mathbb{R}^3$ kann in einem räumlichen kartesischen Koordinatensystem als Punkt des Raums dargestellt werden (**Bild 16a**). Die Punkte (x, y, z) von $[f]$ bilden i. allg. eine Fläche. Der Graph $[f]$ wird daher auch häufig als Fläche und die Gleichung $z = f(x, y) = f(r)$ als Gleichung einer Fläche bezeichnet.

Beispiel: Die Funktion $z = f(x, y) = \sqrt{1 - x^2 - y^2}$ für $x^2 + y^2 \leq 1$ stellt geometrisch die obere Hälfte einer Kugelfläche mit dem Radius 1 und dem Mittelpunkt $(0, 0, 0)$ dar (**Bild 16b**).

Niveaulinien. Eine andere geometrische Deutung einer reellwertigen Funktion f auf $D \subset \mathbb{R}^2$ mit $z = f(x, y)$ besteht in ihrer Darstellung durch Niveaulinien: $f(x, y) = c$ (c Konstante). Eine Niveaulinie besteht dabei aus der Menge aller Punkte (Urbilder) $(x, y) \in D$ in der Koordinatenebene, die das Bild oder das „Niveau" c haben und somit die Gl. $f(x, y) = c$ erfüllen.

Beispiel: $z = f(x, y) = xy$ für $(x, y) \in \mathbb{R}^2$ (**Bild 16c**). − Die Niveaulinien sind für $z \neq 0$ Hyperbeln und für $z = 0$ die Koordinatenachsen.

6.2.2 Grenzwerte und Stetigkeit. Limits and continuity

Grenzwerte. Ist f eine reellwertige Funktion auf D und r_0 Häufungspunkt von D, dann heißt die Zahl g Grenzwert der Funktion f für $r \to r_0$, wenn es zu jedem $\varepsilon > 0$ ein $\delta > 0$

gibt, so daß $|f(r) - g| < \varepsilon$ für alle $r \in D$ mit $0 < |r - r_0| < \delta$. Anschaulich bedeutet dies, daß für alle Punkte $r \in D$, die hinreichend nahe bei r_0 liegen und von r_0 verschieden sind, die Bilder $f(r)$ beliebig nahe bei g liegen, symbolisch:

$$\lim_{r \to r_0} f(r) = g \quad \text{oder} \quad \lim_{(x, y) \to (x_0, y_0)} f(x, y) = g.$$

Stetigkeit. Die Funktion f auf D heißt in $r_0 \in D$ stetig, wenn es zu jedem $\varepsilon > 0$ ein $\delta > 0$ gibt, so daß $|f(r) - f(r_0)| < \varepsilon$ für alle $r \in D$ mit $|r - r_0| < \delta$ oder $r \in U_\delta(r_0)$. Ist r_0 Häufungspunkt von D, so ist dies gleichbedeutend mit $\lim\limits_{r \to r_0} f(r) = f(r_0)$.

Die Funktion f heißt stetig auf D, wenn sie in jedem Punkt von D stetig ist.

6.2.3 Partielle Ableitungen. Partial derivatives

Die reellwertige Funktion f auf $D \subset \mathbb{R}^2$ heißt in $(x_0, y_0) \in D$ partiell nach x bzw. y differenzierbar, wenn der Grenzwert

$$\lim_{h \to 0} \frac{f(x_0 + h, y_0) - f(x_0, y_0)}{h}$$
$$= \frac{\partial f}{\partial x}(x_0, y_0) = f_x(x_0, y_0) = \frac{\partial}{\partial x} f(x_0, y_0) \quad \text{bzw.}$$

$$\lim_{k \to 0} \frac{f(x_0, y_0 + k) - f(x_0, y_0)}{k}$$
$$= \frac{\partial f}{\partial y}(x_0, y_0) = f_y(x_0, y_0) = \frac{\partial}{\partial y} f(x_0, y_0)$$

existiert. Dieser Grenzwert heißt partielle Ableitung nach x bzw. y.

Für $y = y_0 = \text{const}$ stellt der Graph von $z = f(x, y_0)$ die Schnittkurve der Ebene $y = y_0$ mit der Fläche $z = f(x, y)$ dar, und die partielle Ableitung von f nach x ist dann die Steigung der Tangente im Punkt $(x_0, y_0, f(x_0, y_0))$ der Schnittkurve. Entsprechendes gilt für die partielle Ableitung nach y (**Bild 17**).

Beispiel: $z = f(x, y) = x^y$ für $(x, y) \in D = \{(x, y) \,|\, x > 0 \text{ und } y \in \mathbb{R}\}$. −

$$\frac{\partial f}{\partial x}(x, y) = f_x(x, y) = yx^{y-1}; \quad \frac{\partial f}{\partial y}(x, y) = f_y(x, y) = x^y \ln x.$$

Höhere partielle Ableitungen. Ist die reellwertige Funktion f in einem Gebiet $G \subset \mathbb{R}^2$ partiell nach x und y differenzierbar, dann stellen die partiellen Ableitungen f_x und f_y Funktionen auf G dar, die selbst wieder partiell nach x und y differenzierbar sein können. Diese partiellen Ableitungen 2. Ordnung werden ausgedrückt durch

$$\frac{\partial^2 f}{\partial x^2}(x, y) = \frac{\partial}{\partial x}\left(\frac{\partial f}{\partial x}(x, y)\right) = f_{xx}(x, y),$$

$$\frac{\partial^2 f}{\partial y^2}(x, y) = \frac{\partial}{\partial y}\left(\frac{\partial f}{\partial y}(x, y)\right) = f_{yy}(x, y),$$

$$\frac{\partial^2 f}{\partial x \, \partial y}(x, y) = \frac{\partial}{\partial x}\left(\frac{\partial f}{\partial y}(x, y)\right) = f_{yx}(x, y),$$

$$\frac{\partial^2 f}{\partial y \, \partial x}(x, y) = \frac{\partial}{\partial y}\left(\frac{\partial f}{\partial x}(x, y)\right) = f_{xy}(x, y).$$

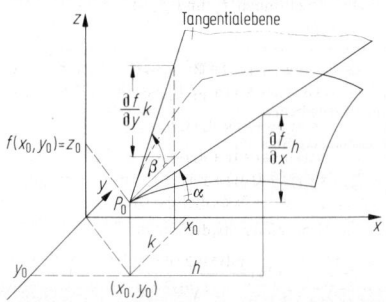

Bild 17. Geometrische Deutung der partiellen Ableitungen

Alle weiteren partiellen Ableitungen höherer Ordnung werden analog erklärt.

Beispiel: $z = f(x, y) = x \exp(xy), D = \mathbb{R}^2$. –

$$f_x(x, y) = (1 + xy) \exp(xy), \qquad f_y(x, y) = x^2 \exp(xy)$$
$$f_{xx}(x, y) = (2y + xy) \exp(xy), \qquad f_{yy}(x, y) = x^3 \exp(xy),$$
$$f_{xy}(x, y) = (2x + x^2 y) \exp(xy), \qquad f_{yx}(x, y) = (2x + x^2 y) \exp(xy).$$

Sätze über partiell differenzierbare Funktionen. Besitzt die reellwertige Funktion f im Gebiet $G \subset \mathbb{R}^2$ beschränkte partielle Ableitungen f_x und f_y, d.h., gibt es eine solche positive Zahl m, so daß

$$|f_x(x, y)| \leq m \quad \text{und} \quad |f_y(x, y)| \leq m \quad \text{für alle} \ (x, y) \in G$$

gilt, dann ist f auf G stetig.

Satz von Schwarz: Besitzt die Funktion in dem Gebiet G die partiellen Ableitungen f_x, f_y, f_{xy} und f_{yx} und sind f_{xy} und f_{yx} stetige Funktionen auf G, dann ist $f_{xy} = f_{yx}$. Bei stetigen gemischten Ableitungen darf also die Reihenfolge der partiellen Ableitungen vertauscht werden.

Differenzierbarkeit. Eine reellwertige Funktion f auf dem Gebiet $G \subset \mathbb{R}^2$ heißt in $(x_0, y_0) \in G$ (total) differenzierbar, wenn es zwei Zahlen A und B und zu jedem $\varepsilon > 0$ ein $\delta > 0$ gibt, so daß

$$\left| \frac{f(x_0 + h, y_0 + k) - f(x_0, y_0) - (Ah + Bk)}{\sqrt{h^2 + k^2}} \right| < \varepsilon$$

für $\sqrt{h^2 + k^2} < \delta$.

Eine notwendige Bedingung für die (totale) Differenzierbarkeit von f in (x_0, y_0) ist die Existenz der partiellen Ableitungen in (x_0, y_0), wobei $A = \dfrac{\partial f}{\partial x}(x_0, y_0)$ und $B = \dfrac{\partial f}{\partial y}(x_0, y_0)$. Damit gilt für eine in (x_0, y_0) total differenzierbare Funktion f

$$f(x_0 + h, y_0 + k) - f(x_0, y_0)$$
$$= f_x(x_0, y_0) h + f_y(x_0, y_0) k + \eta(h, k) \sqrt{h^2 + k^2}$$

mit $\lim \eta(h, k) = 0$ für $(h, k) \to (0, 0)$. Für den Zuwachs h bzw. k ist auch die Bezeichnung Δx bzw. Δy und dx bzw. dy gebräuchlich.

Totales Differential. So heißt der in h und k bzw. dx und dy lineare Ausdruck

$$df(x, y) = f_x(x, y) \, dx + f_y(x, y) \, dy.$$

Mit der Bezeichnung $\Delta f(x, y) = f(x + dx, y + dy) - f(x, y)$ für den Funktionszuwachs läßt sich die Bedingung für die (totale) Differenzierbarkeit der Funktion f in (x, y) auch angeben:

$$\lim \frac{\Delta f(x, y) - df(x, y)}{\sqrt{dx^2 + dy^2}} = 0 \quad \text{für} \ (dx, dy) \to (0, 0).$$

Besitzt die reellwertige Funktion f in dem Gebiet $G \subset \mathbb{R}^2$ stetige partielle Ableitungen f_x und f_y, dann ist sie in G total differenzierbar.

Beispiel: $z = f(x, y) = x^2 y + y, (x, y) \in \mathbb{R}^2$. – Mit $f_x(x, y) = 2xy$ und $f_y(x, y) = x^2 + 1$ lautet das totale Differential $df(x, y) = 2xy \, dx + (x^2 + 1) \, dy$. Der Funktionszuwachs $\Delta f(x, y)$ ist

$$\Delta f(x, y) = (x + dx)^2 (y + dy) + (y + dy) - (x^2 y + y)$$
$$= (2xy \, dx + (x^2 + 1) \, dy) + y \, dx^2 + 2xy \, dx \, dy + dx^2 \, dy$$
$$= df(x, y) + y \, dx^2 + 2x \, dx \, dy + dx^2 \, dy.$$

Es ist leicht einzusehen, daß für $(dx, dy) \to (0, 0)$

$$\lim \frac{\Delta f(x, y) - df(x, y)}{\sqrt{dx^2 + dy^2}} = \lim \frac{y \, dx^2 + 2x \, dx \, dy + dx^2 dy}{\sqrt{dx^2 + dy^2}} = 0$$

für alle $(x, y) \in \mathbb{R}^2$.

Dies bedeutet, daß f in jedem $(x, y) \in \mathbb{R}^2$ (total) differenzierbar ist.

Geometrische Deutung. Wird in der Gleichung

$$f(x_0 + dx, y_0 + dy) = f(x_0, y_0) + f_x(x_0, y_0) \, dx$$
$$+ f_y(x_0, y_0) \, dy + \eta(dx, dy) \sqrt{dx^2 + dy^2}$$

das Glied $\eta(dx, dy) \sqrt{dx^2 + dy^2}$ vernachlässigt und $x_0 + dx = x$, $y_0 + dy = y$, $f(x_0, y_0) = z_0$ sowie $f(x, y) = z$ gesetzt, dann lautet sie

$$z = z_0 + f_x(x_0, y_0)(x - x_0) + f_y(x_0, y_0)(y - y_0).$$

Diese Gleichung stellt geometrisch die Tangentialebene im Punkt $(x_0, y_0, f(x_0, y_0))$ der Fläche $z = f(x, y)$ dar. Sie enthält die beiden Tangenten mit den Steigungen $f_x(x_0, y_0)$ und $f_y(x_0, y_0)$, **Bild 17.** Geometrisch bedeutet demnach die totale Differenzierbarkeit von f in (x_0, y_0), daß sich die Fläche $z = f(x, y)$ in einer Umgebung von (x_0, y_0) durch eine Tangentialebene approximieren läßt.

Ableitung von zusammengesetzten Funktionen

Kettenregel. Ist f eine reellwertige Funktion, die in einem Gebiet $G \subset \mathbb{R}^2$ stetige partielle Ableitungen f_x und f_y besitzt, und ist $r(t) = (x(t), y(t))$ eine differenzierbare ebene Kurve, die für $t \in [a, b]$ ganz in G verläuft, dann ist die zusammengesetzte Funktion $f(r(t)) = F(t)$ nach t differenzierbar, und es gilt – wenn der Punkt die Ableitung nach t kennzeichnet –

$$\dot{F}(t) = \frac{df(r(t))}{dt} = f_x(x(t), y(t)) \dot{x}(t) + f_y(x(t), y(t)) \dot{y}(t).$$

Dies ist die Kettenregel für Funktionen von zwei Variablen, die von einem Parameter abhängen. Sie läßt sich auf Funktionen mehrerer Variablen und auf mehrere Parameter verallgemeinern. Werden bei der Funktion $z = f(x, y)$ gemäß $x = x(u, v)$ und $y = y(u, v)$ die neuen Variablen u und v eingeführt, so gilt $z = f(x(u, v), y(u, v)) = F(u, v)$. Werden nacheinander v und u als Konstanten behandelt, so kann die Funktion F nach der Kettenregel partiell nach u und v differenziert werden, und die partiellen Ableitungen lauten

$$\frac{\partial F}{\partial u} = \frac{\partial f}{\partial x} \frac{\partial x}{\partial u} + \frac{\partial f}{\partial y} \frac{\partial y}{\partial u} \quad \text{und} \quad \frac{\partial F}{\partial v} = \frac{\partial f}{\partial x} \frac{\partial x}{\partial v} + \frac{\partial f}{\partial y} \frac{\partial y}{\partial v}.$$

Implizite Funktionen. Eine Funktion $y = f(x)$ einer Variablen, die durch eine Gleichung der Form $F(x, y) = 0$ definiert ist, heißt implizite Funktion. Ist die Funktion F in dem Gebiet $G \subset \mathbb{R}^2$ stetig und besitzt sie in G stetige partielle Ableitungen F_x und F_y und ist

$$F(x_0, y_0) = 0 \quad \text{und} \quad F_y(x_0, y_0) \neq 0 \quad \text{für} \ (x_0, y_0) \in G,$$

dann gibt es eine Umgebung $U_\delta(x_0) \subset \mathbb{R}$ von x_0 und genau eine Funktion f auf $U_\delta(x_0)$, für die

$$y_0 = f(x_0), \quad F(x, f(x)) = 0 \quad \text{für alle} \ x \in U_\delta(x_0),$$

f und f' stetig auf $U_\delta(x_0)$

und $\quad f'(x) = -\dfrac{F_x(x, f(x))}{F_y(x, f(x))}$.

Die letzte Eigenschaft heißt Ableitungsregel für implizite Funktionen.

Bei entsprechenden Voraussetzungen haben implizite Funktionen $z = f(x, y)$, die durch eine Gleichung der Form $F(x, y, z) = 0$ definiert sind, analoge Eigenschaften. Anwendung der Kettenregel auf die Identität $F(x, y, f(x, y)) \equiv 0$ führt auf die Gleichungen

$$F_x + F_z f_x = 0 \quad \text{und} \quad F_y + F_z f_y = 0.$$

Taylor-Formel. Hier treten zur abkürzenden Schreibweise Ausdrücke auf, die wie Potenzen eines Binoms behandelt werden:

$$\left(h\frac{\partial}{\partial x}+k\frac{\partial}{\partial y}\right)^n \quad \text{für } n=0,1,2\dots, \quad \text{z.B.}$$

$$\left(h\frac{\partial}{\partial x}+k\frac{\partial}{\partial y}\right)^2 f(x,y)$$

$$=h^2\frac{\partial^2 f}{\partial x^2}(x,y)+2hk\frac{\partial^2 f}{\partial x\,\partial y}(x,y)+k^2\frac{\partial^2 f}{\partial y^2}(x,y).$$

Besitzt die Funktion auf dem Gebiet $G\subset\mathbb{R}^2$ stetige partielle Ableitungen bis zur Ordnung $n+1$, dann ist

$$f(x+h,y+k)=f(x,y)+\left(h\frac{\partial}{\partial x}+k\frac{\partial}{\partial y}\right)f(x,y)$$

$$+\frac{1}{2!}\left(h\frac{\partial}{\partial x}+k\frac{\partial}{\partial y}\right)^2 f(x,y)+\dots$$

$$+\frac{1}{n!}\left(h\frac{\partial}{\partial x}+k\frac{\partial}{\partial y}\right)^n f(x,y)$$

$$+\frac{1}{(n+1)!}\left(h\frac{\partial}{\partial x}+k\frac{\partial}{\partial y}\right)^{n+1} f(x+\vartheta h,y+\vartheta k)$$

für $(x,y)\in G$ und $(x+h,y+k)\in G$, wobei $0<\vartheta<1$. Dies ist die Taylor-Formel für Funktionen zweier Variablen. Aus ihr ergibt sich für $n=0$ der Mittelwertsatz

$$f(x+h,y+k)=f(x,y)+h\frac{\partial f}{\partial x}(x+\vartheta h,y+\vartheta k)$$

$$+k\frac{\partial f}{\partial y}(x+\vartheta h,y+\vartheta k),\quad 0<\vartheta<1.$$

Für die Untersuchung von Funktionen f auf lokale Extremwerte ist noch der Fall $n=1$ von Bedeutung.

$$f(x+h,y+k)=f(x,y)+hf_x(x,y)+kf_y(x,y)$$

$$+0{,}5\cdot(h^2 f_{xx}(\xi,\eta)+2hkf_{xy}(\xi,\eta)+k^2 f_{yy}(\xi,\eta)),$$

wobei $\xi=x+\vartheta h,\eta=y+\vartheta k$ und $0<\vartheta<1$.

Lokale Extremwerte von Funktionen zweier Variablen

f sei eine Funktion auf $D\subset\mathbb{R}^2$ und $r_0=(x_0,y_0)$ innerer Punkt von D. $f(r_0)$ heißt lokales Maximum bzw. Minimum, wenn es eine Umgebung $U_\rho(r_0)\in D$ gibt, so daß $f(r)\leq f(r_0)$ bzw. $f(r)\geq f(r_0)$ für alle $r\in U_\rho(r_0)$ gilt. Gelten die Ungleichungen für $r\neq r_0$ auch ohne Gleichheitszeichen, dann heißt $f(r_0)$ strenges lokales Extremum.

Notwendige Bedingung. Besitzt die Funktion f auf $D\subset\mathbb{R}^2$ in einem inneren Punkt $r_0\in D$ ein lokales Extremum und existieren in r_0 die partiellen Ableitungen $f_x(r_0)$ und $f_y(r_0)$, dann ist

$$f_x(r_0)=0 \quad \text{und} \quad f_y(r_0)=0.$$

Hinreichende Bedingung. Besitzt die Funktion f auf $D\subset\mathbb{R}^2$ in einer Umgebung $U_\rho(r_0)\subset D$ von r_0 stetige partielle Ableitungen 2. Ordnung und gilt

$$f_x(r_0)=0 \quad \text{und} \quad f_y(r_0)=0 \quad \text{sowie}$$

$$f_{xx}(r_0)f_{yy}(r_0)-f_{xy}^2(r_0)>0,$$

dann ist $f(r_0)$ ein strenges lokales Extremum, und zwar

ein Maximum, wenn $f_{xx}(r_0)<0$,
und ein Minimum, wenn $f_{xx}(r_0)>0$.

Ist $f_{xx}(r_0)f_{yy}(r_0)-f_{xy}^2(r_0)<0$, dann ist $f(r_0)$ kein lokales Extremum (Sattelpunkt). Für $f_{xx}(r_0)f_{yy}(r_0)-f_{xy}(r_0)=0$ läßt sich keine eindeutige Aussage darüber machen, ob $f(r_0)$ lokales Extremum ist oder nicht.

Beispiel 1: $z=f(r)=f(x,y)=x^2-xy+y^2+9x-6y+20.$ – $f_x(r)=2x-y+9, f_y(r)=-x+2y-6, f_{xy}(r)=f_{yx}(r)=-1, f_{xx}(r)=f_{yy}(r)=2.$ Aus $f_x(r)=0$ und $f_y(r)=0$ folgen die notwendigen Bedingungen $2x-y+9=0$ und $-x+2y-6=0$, also $r_0=(x_0,y_0)=(-4;1).$ Damit ist $f_{xx}(r)=f_{xx}(-4;1)=2>0$ und $f_{xx}(-4;1)\,f_{yy}(-4;1)-f_{xy}^2(-4;1)=3>0.$ Die Funktion f besitzt demnach in $(-4;1)$ das strenge lokale Minimum $z=f(r_0)=f(-4;1)=-1.$

Beispiel 2: $z=f(r)=f(x,y)=y^2-x^2.$ – $f_x(r)=-2x, f_y(r)=2y, f_{xy}(r)=f_{yx}(r)=0, f_{xx}(r)=-2, f_{yy}(r)=2.$ Aus $-2x=0$ und $2y=0$ folgt $r_0=(x_0,y_0)=(0,0)$ und $f_{xx}(0,0)f_{yy}(0,0)-f_{xy}^2(0,0)=-4<0.$ Die Funktion f hat also in $r_0=(0,0)$ einen Sattelpunkt.

Besitzt die Funktion f auf $D\subset\mathbb{R}^n$ in einem inneren Punkt $r_0=(x_1^0,x_2^0,x_3^0\dots x_n^0)\in D$ ein lokales Extremum und existieren in r_0 die partiellen Ableitungen $\partial f(r_0)/\partial x_i$, dann ist

$$\frac{\partial f}{\partial x_i}(r_0)=0 \quad \text{für } i=1,2,3,\dots,n.$$

Bedingte lokale Extrema. Zugrunde gelegt sei eine Funktion f auf $D\subset\mathbb{R}^2$, deren Variablen x und y noch einer Nebenbedingung $g(r)=g(x,y)=0$ unterworfen sind. $f(r_0)=f(x_0,y_0)$ heißt ein bedingtes lokales Maximum bzw. Minimum (beide gemeinsam: bedingtes lokales Extremum) von f in r_0, wenn es eine Umgebung $U_\rho(r_0)\subset D$ gibt, so daß

$$f(r)\leq f(r_0) \quad \text{bzw.} \quad f(r)\geq f(r_0)$$

für alle $r\in U_\rho(r_0)$ und $g(r)=0$ gilt.

Notwendige Bedingung. Besitzt die Funktion f auf D in $r_0\in D$ ein bedingtes lokales Extremum $f(r_0)$ mit der Nebenbedingung $g(r)=0$, und haben die Funktionen f und g in einer Umgebung von r_0 stetige partielle Ableitungen 1. Ordnung, wobei

$$g_x(r_0)\neq 0 \quad \text{oder} \quad g_y(r_0)\neq 0 \quad \text{und} \quad g(r_0)=0,$$

dann gibt es eine Zahl λ, so daß

$$f_x(r_0)+\lambda g_x(r_0)=0 \quad \text{und} \quad f_y(r_0)+\lambda g_y(r_0)=0.$$

Die Punkte (x,y), in denen die Funktion f bedingte lokale Extrema besitzt, befinden sich demnach unter den Lösungen (x,y,λ) des Gleichungssystems

$$f_x(x,y)+\lambda g_x(x,y)=0,$$
$$f_y(x,y)+\lambda g_y(x,y)=0,$$
$$g(x,y)=0.$$

Multiplikatorregel von Lagrange. Hiernach ergeben sich für bedingte lokale Extrema durch Einführung der Funktion $F(x,y,\lambda)=f(x,y)+\lambda g(x,y)$ mit dem Multiplikator λ die notwendigen Bedingungen

$$F_x(x,y,\lambda)=f_x(x,y)+\lambda g_x(x,y)=0,$$
$$F_y(x,y,\lambda)=f_y(x,y)+\lambda g_y(x,y)=0,$$
$$F_\lambda(x,y,\lambda)=g(x,y)=0.$$

Beispiel: Gesucht sind die Punkte auf der Hyperbel $g(x,y)=x^2-y^2-4=0$, die vom Punkt $(0;2)$ einen lokalen extremalen Abstand haben. – Das Abstandsquadrat eines Hyperbelpunkts (x,y) vom Punkt $(0;2)$ ist $f(x,y)=x^2+(y-2)^2$ mit der Nebenbedingung $g(x,y)=x^2-y^2-4=0$. Aus dem Ansatz

$$F(x,y,\lambda)=x^2+(y-2)^2+\lambda(x^2-y^2-4)$$

folgen die Bedingungsgleichungen für ein lokales Extremum:

$$F_x(x,y,\lambda)=2x+2\lambda x=0,\quad F_y(x,y,\lambda)=2(y-2)-2\lambda y=0,$$
$$F_\lambda(x,y,\lambda)=x^2-y^2-4=0.$$

Für $\lambda=-1$ hat die Funktion f in den Punkten $(-\sqrt{5},1)$ und $(\sqrt{5},1)$ ein bedingtes lokales Extremum (Minimum).

Richtungsableitung und Gradient

f sei eine Funktion auf $D\subset\mathbb{R}^2$, die in einer Umgebung des inneren Punkts $r_0=(x_0,y_0)\in D$ stetige partielle Ableitungen besitzt.

Richtungsvektor. Durch den Einheitsvektor

$$t=\cos\alpha e_1+\sin\alpha e_2$$

sei eine Richtung in der x,y-Ebene festgelegt, wobei e_1 und e_2 die Koordinaten-Einheitsvektoren sind. Für einen

Punkt $r = (x, y)$ der Halbgeraden, die von dem Punkt r_0 in Richtung des Einheitsvektors t ausgeht, gilt

$$x = x_0 + t \cos\alpha \quad \text{und} \quad y = y_0 + t \sin\alpha \quad \text{für } t \geqq 0.$$

Richtungsableitung. Sie ist für die Funktion f in r_0 nach der durch t festgelegten Richtung definiert durch

$$\frac{\partial f}{\partial t}(r_0) = \lim_{t \to 0} \frac{F(t) - F(0)}{t} = F'(0),$$

wobei $F(t) = f(x_0 + t \cos\alpha, y_0 + t \sin\alpha)$. Aus der Kettenregel folgt $F'(0) = f_x(r_0) \cos\alpha + f_y(r_0) \sin\alpha$. Damit lautet die Richtungsableitung der Funktion f in r_0 nach der durch $t = \cos\alpha e_1 + \sin\alpha e_2$ festgelegten Richtung

$$\frac{\partial f}{\partial t}(r_0) = f_x(r_0) \cos\alpha + f_y(r_0) \sin\alpha.$$

Gradient. Der Vektor $\operatorname{grad} f(r_0) = f_x(r_0) e_1 + f_y(r_0) e_2$ heißt Gradient von f in r_0.
Die Richtungsableitung ist also das skalare Produkt des Gradienten von f und des Richtungsvektors t

$$\frac{\partial f}{\partial t}(r_0) = f_x(r_0) \cos\alpha + f_y(r_0) \sin\alpha = \operatorname{grad} f(r_0) \cdot t$$

$$= |\operatorname{grad} f(r_0)| \cos\varphi,$$

wobei φ der Winkel zwischen den Vektoren $\operatorname{grad} f(r_0)$ und t ist.
Für $\cos\varphi = 1$, d.h., wenn t und $\operatorname{grad} f(r_0)$ die gleiche Richtung und den gleichen Richtungssinn haben, wird die Richtungsableitung am größten, nämlich

$$\frac{\partial f}{\partial t}(r_0) = |\operatorname{grad} f(r_0)| = \sqrt{f_x^2(r_0) + f_y^2(r_0)}.$$

Dies bedeutet, daß $\operatorname{grad} f(r_0)$ die Richtung in r_0 angibt, in der die Funktion f am stärksten zunimmt. Wird f durch ihre Niveaulinien $f(r) = \text{const}$ dargestellt und ist r_0 ein Punkt einer Niveaulinie, so steht $\operatorname{grad} f(r_0)$ in r_0 auf dieser Niveaulinie senkrecht und zeigt in die Richtung des Niveauanstiegs.

Beispiel: $z = f(r) = f(x, y) = x^2 + y^2$. – Die Niveaulinien sind konzentrische Kreise in der x, y-Ebene mit dem Zentrum $(0, 0)$. Der Punkt $r_0 = (\sqrt{3}, -1)$ liegt auf dem Kreis mit dem Radius 2, der das Niveau $z = 4$ besitzt. Es ist

$$\operatorname{grad} f(r) = 2x e_1 + 2y e_2 \quad \text{und} \quad \operatorname{grad} f(\sqrt{3}, -1) = 2\sqrt{3} e_1 - 2 e_2.$$

Als größter Anstieg von f in $(\sqrt{3}, -1)$ ergibt sich damit

$$|\operatorname{grad} f(\sqrt{3}, -1)| = \sqrt{12 + 4} = 4.$$

Die Richtungsableitung der Funktion f in $(\sqrt{3}, -1)$ nach der durch $t = \cos 30° \, e_1 + \sin 30° \, e_2$ festgelegten Richtung hat den Wert

$$\frac{\partial f}{\partial t}(\sqrt{3}, -1) = (2\sqrt{3} e_1 - 2 e_2)(0{,}5\sqrt{3} e_1 + 0{,}5 e_2) = 2.$$

6.2.4 Integraldarstellung von Funktionen und Doppelintegrale. Integral representation of functions, repeated integration

Die Funktion f sei auf einem Rechteck $a \leqq x \leqq b$ und $c \leqq y \leqq d$ erklärt und für jedes y über $[a, b]$ integrierbar.

Dann ist durch $F(y) = \int\limits_a^b f(x, y) \, dx$ eine Funktion f auf $[c, d]$ erklärt, die als eine Integraldarstellung bezeichnet wird. Die Variable y heißt Parameter des Integrals. F ist stetig, wenn f es ist.
Existiert außerdem die stetige partielle Ableitung $f_y(x, y)$ auf dem Rechteck, so ist F in $[c, d]$ differenzierbar, und es gilt

$$F'(y) = \int\limits_a^b f_y(x, y) \, dx.$$

Ableitungsformel von Leibniz. Sind die Grenzen des bestimmten Integrals selbst noch differenzierbare Funktio-

nen der Variablen y, also $a = g(y)$ und $b = h(y)$, dann gilt für

$$F(y) = \int\limits_{g(y)}^{h(y)} f(x, y) \, dx$$

$$F'(y) = \int\limits_{g(y)}^{h(y)} f_y(x, y) \, dx + f(h(y), y) h'(y) - f(g(y), y) g'(y).$$

Doppelintegral. Es heißt auch iteriertes Integral und hat die Form

$$\int\limits_c^d \left(\int\limits_{g(y)}^{h(y)} f(x, y) \, dx \right) dy \quad \text{oder kürzer}$$

$$\int\limits_c^d \int\limits_{g(y)}^{h(y)} f(x, y) \, dx \, dy.$$

6.2.5 Flächen- und Raumintegrale
Double and triple integrals

Flächenintegrale

Zugrunde gelegt wird ein beschränktes Gebiet G der Ebene, dessen Rand aus einer geschlossenen, stückweise glatten Kurve besteht. Auf G sei eine stetige beschränkte Funktion f definiert: $z = f(x, y)$ für $(x, y) \in G$. Das Gebiet G wird in eine endliche Zahl von Teilgebieten G_i ($i = 1, 2, 3, \ldots, n$) zerlegt (**Bild 18 a, b**). Oft besteht eine solche Zerlegung in einer Unterteilung des Gebiets G durch Parallelen zur x- und y-Achse (**Bild 18 b**). Zur geometrischen Deutung sei speziell vorausgesetzt, daß $f(x, y) \geqq 0$ für $(x, y) \in G$.
Ist (x_i, y_i) ein Punkt des Teilgebiets G_i und ΔS_i der Flächeninhalt von G_i, dann stellt das Produkt $f(x_i, y_i) \cdot \Delta S_i$ das Volumen einer Säule mit der Grundfläche G_i und der Höhe $f(x_i, y_i)$ dar (**Bild 18 c**). Die Summe $\sum\limits_{i=1}^n f(x_i, y_i) \Delta S_i$, die auch als Riemann-Summe bezeichnet wird, gibt dann annähernd das Volumen des Zylinders mit der ebenen Grundfläche G und der Deckfläche $[f] = \{(x, y, z) | z = f(x, y) \text{ für } (x, y) \in G\}$ wieder. Unter gewissen Vorausset-

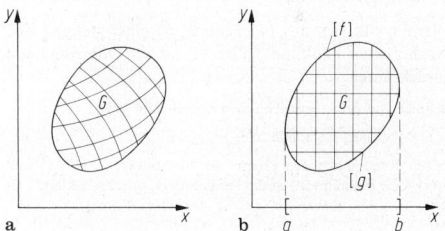

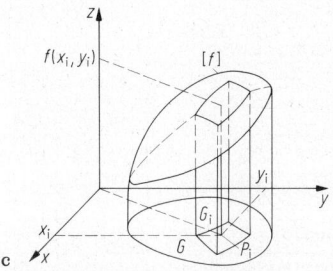

Bild 18. Flächenintegral. **a** und **b** Zerlegung eines Gebiets G; **c** geometrische Deutung

zungen haben die Riemann-Summen bei Verfeinerung der Zerlegung von G einen Grenzwert, der Flächenintegral der Funktion f über G heißt:

$$\iint\limits_{G} f(x,y)\, dS \quad \text{oder} \quad \iint\limits_{G} f(x,y)\, d(x,y) \quad \text{oder} \quad \iint\limits_{G} f(r)\, dr.$$

Ist $f(x,y) \geqq 0$ für $(x,y) \in G$, so wird das Flächenintegral geometrisch als das Volumen des Zylinders mit der Grundfläche G und der Deckfläche $[f]$ definiert. Ist insbesondere $f(x,y) = 1$ für $(x,y) \in G$, so bestimmt das Flächenintegral

$$\iint\limits_{G} 1\, dS = \iint\limits_{G} dS = \iint\limits_{G} d(x,y)$$

den Flächeninhalt des Gebiets G.

Mittelwertsatz. Ist f eine auf dem abgeschlossenen Gebiet G stetige Funktion mit dem Kleinstwert m und dem Größtwert M, dann ist

$$\iint\limits_{G} f(x,y)\, d(x,y) = \mu \iint\limits_{G} d(x,y), \quad \text{wobei} \quad m \leqq \mu \leqq M.$$

μ heißt der Mittelwert von f auf G.

Berechnung. G sei ein beschränktes Gebiet mit einer geschlossenen und doppelpunktfreien Randkurve. Jede Parallele zur x- bzw. y-Achse soll die Randkurve in höchstens zwei Punkten schneiden. Das kleinste abgeschlossene Rechteck (**Bild 19a**), das G umschließt, sei bestimmt durch $a \leqq x \leqq b$ und $c \leqq y \leqq d$. Hierdurch wird die Randkurve des Gebiets G wie folgt zerlegt:

oberes und unteres Kurvenstück
$ABC: y = y_2(x)$, $\quad CDA: y = y_1(x)$ für $x \in [a,b]$;
linkes und rechtes Kurvenstück
$BCD: x = x_1(y)$, $\quad DAB: x = x_2(y)$ für $y \in [c,d]$.

Hiermit gilt für eine stetige und beschränkte Funktion f auf G

$$\iint\limits_{G} f(x,y)\, d(x,y)$$
$$= \int\limits_{a}^{b} \left(\int\limits_{y_1(x)}^{y_2(x)} f(x,y)\, dy \right) dx$$
$$= \int\limits_{c}^{d} \left(\int\limits_{x_1(y)}^{x_2(y)} f(x,y)\, dx \right) dy.$$

Hiermit läßt sich das Flächenintegral einer stetigen und beschränkten Funktion f über G auf ein Doppelintegral zurückführen.

Beispiel: Auf dem abgeschlossenen Gebiet (**Bild 19b**)

$$G = \{(x,y) | 0 \leqq x \leqq 1 \text{ und } x^2 \leqq y \leqq \sqrt{x}\},$$

dessen Rand durch den Graph der Funktionen $y_1(x) = x^2$ und $y_2(x) = \sqrt{x}$ bestimmt ist, ist die Funktion $f(x,y) = 2xy$ erklärt. − Es ist

$$\iint\limits_{G} 2xy\, d(x,y) = \int\limits_{0}^{1} \left(\int\limits_{x^2}^{\sqrt{x}} 2xy\, dy \right) dx = \int\limits_{0}^{1} x[y^2]_{x^2}^{\sqrt{x}}\, dx$$
$$= \int\limits_{0}^{1} x(x - x^4)\, dx = 1/6.$$

Substitutionsregel. F sei ein ebenes abgeschlossenes Gebiet, dessen Rand eine stückweise glatte Kurve ist. Auf einem F umfassenden Gebiet seien zwei Funktionen $x = \varphi(u,v)$ und $y = \psi(u,v)$ mit stetigen partiellen Ableitungen 1. Ordnung gegeben, die das Innere von F eineindeutig auf ein ebenes Gebiet G abbilden (**Bild 20a**). Für jeden inneren Punkt (u,v) von F sei die Funktionaldeterminante der beiden Funktionen φ und ψ verschieden von Null.

$$\frac{\partial(x,y)}{\partial(u,v)} = \begin{vmatrix} \varphi_u(u,v) & \psi_u(u,v) \\ \varphi_v(u,v) & \psi_v(u,v) \end{vmatrix} \neq 0.$$

Dann gilt für jede auf G stetige Funktion f die Substitutionsregel für Flächenintegrale:

$$\iint\limits_{G} f(x,y)\, d(x,y)$$
$$= \iint\limits_{F} f(\varphi(u,v), \psi(u,v)) \left| \frac{\partial(x,y)}{\partial(u,v)} \right| d(u,v).$$

Beispiel (Bild 20b): In der x,y-Ebene sei das abgeschlossene Gebiet $G = \{(x,y) | 0 < a \leqq \sqrt{x^2 + y^2} \leqq 1 \text{ und } y \geqq 0\}$ gegeben, das die Form eines halben Kreisrings mit dem Außendurchmesser 1 und dem Innendurchmesser a hat. Auf G ist die Funktion $z = f(x,y) = \sqrt{1 - x^2 - y^2}$ für $(x,y) \in G$ erklärt. − Durch die Substitution $x = \varphi(r,\alpha) = r\cos\alpha$ und $y = \psi(r,\alpha) = r\sin\alpha$ wird das abgeschlossene Gebiet $F = \{(r,\alpha) | 0 < a \leqq r \leqq 1 \text{ und } 0 \leqq \alpha \leqq \pi\}$ eineindeutig auf das abgeschlossene Gebiet G abgebildet. Mit der Funktionaldeterminante der beiden Funktionen φ und ψ

$$\frac{\partial(x,y)}{\partial(r,\alpha)} = \begin{vmatrix} \cos\alpha & \sin\alpha \\ -r\sin\alpha & r\cos\alpha \end{vmatrix} = r > 0$$

ergibt sich für das Flächenintegral der Funktion f über G

$$\iint\limits_{G} \sqrt{1 - x^2 - y^2}\, d(x,y) = \iint\limits_{F} \sqrt{1 - r^2}\, r\, d(r,\alpha)$$
$$= \int\limits_{a}^{1} \left(\int\limits_{0}^{x} \sqrt{1 - r^2}\, r\, d\alpha \right) dr = \pi \int\limits_{a}^{1} \sqrt{1 - r^2}\, r\, dr = \pi/3 \sqrt{1 - a^2}^{3}.$$

Raumintegrale

Zugrunde gelegt wird ein räumliches abgeschlossenes Gebiet $G = \{(x,y,z) | (x,y) \in B \text{ und } f_1(x,y) \leqq z \leqq f_2(x,y)\}$, wobei B ein ebenes abgeschlossenes Gebiet mit stückweise glattem Rand ist und f_1, f_2 stetige Funktionen auf B sind. G ist demnach ein zylindrischer Körper, dessen Projektion auf die x,y-Ebene B ist und der oben von der Fläche $z = f_2(x,y)$ und unten von der Fläche $z = f_1(x,y)$ begrenzt wird. Ist f eine stetige Funktion auf G, dann ist das Raum-

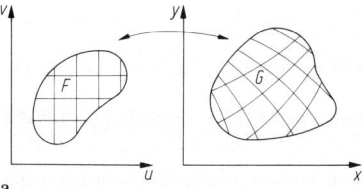

a

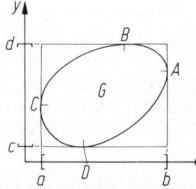

a

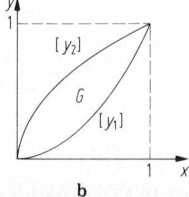

b

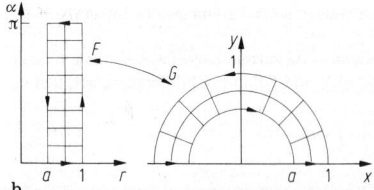

b

Bild 19. Ebenes Gebiet G. **a** Begrenzungen; **b** $y_1(x) = x^2$, $y_2(x) = \sqrt{x}$

Bild 20a und **b.** Abbildung eines Gebiets F auf ein Gebiet G

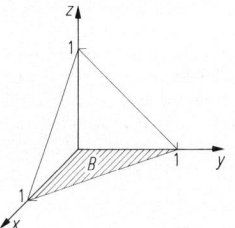

Bild 21. Tetraeder als räumlich abgeschlossenes Gebiet

integral der Funktion f über G erklärt durch das iterierte Integral

$$\iiint_G f(x,y,z)\,d(x,y,z) = \iiint_G f(\mathbf{r})\,d\mathbf{r}$$

$$= \iint_B d(x,y) \int_{f_1(x,y)}^{f_2(x,y)} f(x,y,z)\,dz.$$

Der Ausdruck $d(x,y,z) = dx\,dy\,dz = d\mathbf{r} = dV$ heißt Volumenelement in kartesischen Koordinaten. Durch das Raumintegral mit $f(x,y,z) \equiv 1$ ist das Volumen von G definiert.

Beispiel (Bild 21): Das räumliche abgeschlossene Gebiet G ist ein Tetraeder, das von den vier Ebenen $x=0, y=0, z=0$ und $x+y+z=1$ begrenzt wird, so daß $B = \{(x,y)|0 \leq x \leq 1$ und $0 \leq y \leq 1-x\}$ und $G = \{(x,y,z)|(x,y) \in B$ und $0 \leq z \leq 1-x-y\}$. Auf G ist die Funktion $f(x,y,z) = 1/(1+x+y+z)^2$ erklärt. − Das Raumintegral der Funktion f über G lautet

$$\iiint_G \frac{1}{(1+x+y+z)^2}\,d(x,y,z)$$

$$= \iint_B d(x,y) \int_0^{1-x-y} \frac{1}{(1+x+y+z)^2}\,dz.$$

Integration des einfachen Integrals ergibt

$$\int_0^{1-x-y} \frac{1}{(1+x+y+z)^2}\,dz = -\left[\frac{1}{1+x+y+z}\right]_0^{1-x-y}$$

$$= -\left(\frac{1}{2} - \frac{1}{1+x+y}\right).$$

Für die Bestimmung des Raumintegrals ist jetzt nur noch das Flächenintegral zu berechnen, das sich wieder auf ein iteriertes Integral zurückführen läßt.

$$\iint_B \left(\frac{1}{1+x+y} - \frac{1}{2}\right) d(x,y) = \int_0^1 dx \int_0^{1-x} \left(\frac{1}{1+x+y} - \frac{1}{2}\right) dy$$

$$= \int_0^1 dx \left[\ln(1+x+y) - \frac{1}{2}y\right]_0^{1-x}$$

$$= \int_0^1 (\ln 2 - (1-x)/2 - \ln(1+x))\,dx = 3/4 - \ln 2.$$

Substitutionsregel. Sind $x = x(u,v,w)$, $y = y(u,v,w)$ und $z = z(u,v,w)$ Funktionen mit stetigen partiellen Ableitungen

1. Ordnung, die ein räumliches Gebiet F mit den Variablen u,v,w auf ein räumliches Gebiet G mit den Variablen x,y,z abbilden, und ist die Funktionaldeterminante der Transformation

$$\frac{\partial(x,y,z)}{\partial(u,v,w)} = \begin{vmatrix} x_u & x_v & x_w \\ y_u & y_v & y_w \\ z_u & z_v & z_w \end{vmatrix} \neq 0 \quad \text{für } (u,v,w) \in F,$$

dann gilt für eine auf G stetige Funktion f die Substitutionsregel für Raumintegrale:

$$\iiint_G f(x,y,z)\,d(x,y,z)$$

$$= \iiint_F f(x(u,v,w), y(u,v,w), z(u,v,w)) \left|\frac{\partial(x,y,z)}{\partial(u,v,w)}\right| d(u,v,w).$$

Koordinatentransformationen. Häufig treten auf:

Zylinderkoordinaten (**Bild 22**)

$$\begin{aligned} x &= r\cos\varphi \\ y &= r\sin\varphi, \quad \text{für } \begin{array}{l} 0 \leq r \\ 0 \leq \varphi \leq 2\pi \end{array} \\ z &= z \end{aligned}$$

$$\frac{\partial(x,y,z)}{\partial(r,\varphi,z)} = \begin{vmatrix} \cos\varphi & -r\sin\varphi & 0 \\ \sin\varphi & r\cos\varphi & 0 \\ 0 & 0 & 1 \end{vmatrix} = r,$$

$$\iiint_G f(x,y,z)\,d(x,y,z)$$

$$= \iiint_F f(r\cos\varphi, r\sin\varphi, z) r\,d(r,\varphi,z).$$

Kugelkoordinaten (**Bild 23**)

$$\begin{aligned} x &= r\cos\vartheta\,\cos\varphi \quad & 0 \leq r \\ y &= r\cos\vartheta\,\sin\varphi \quad & \text{für } -\pi/2 \leq \vartheta \leq \pi/2 \\ z &= r\sin\vartheta \quad & 0 \leq \varphi \leq 2\pi \end{aligned}$$

$$\frac{\partial(x,y,z)}{\partial(r,\varphi,\vartheta)} = \begin{vmatrix} \cos\vartheta\cos\varphi & -r\cos\vartheta\sin\varphi & -r\sin\vartheta\cos\varphi \\ \cos\vartheta\sin\varphi & r\cos\vartheta\cos\varphi & -r\sin\vartheta\sin\varphi \\ \sin\vartheta & 0 & r\cos\vartheta \end{vmatrix}$$

$$= r^2\cos\vartheta;$$

$$\iiint_G f(\mathbf{r})\,d\mathbf{r}$$

$$= \iiint_F f(r\cos\vartheta\cos\varphi, r\cos\vartheta\sin\varphi, r\sin\vartheta) r^2\cos\vartheta\,d(r,\varphi,\vartheta).$$

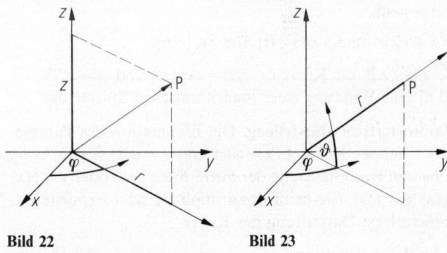

Bild 22   **Bild 23**

Bild 22. Zylinderkoordinaten r, φ, z

Bild 23. Kugelkoordinaten r, φ, ϑ

7 Kurven und Flächen, Vektoranalysis
Curves and surfaces, vector analysis

U. Jarecki, Berlin

7.1 Kurven in der Ebene. Plane curves

7.1.1 Grundbegriffe. Basic concepts

Parameterdarstellung. Eine ebene Kurve k ist durch ein System aus zwei Gleichungen erklärt: $x = x(t)$ und $y = y(t)$

für $t \in [a,b]$, wobei $x(t)$ und $y(t)$ stetige Funktionen auf dem abgeschlossenen Intervall $I = [a,b]$ sind. t heißt Kurvenparameter und I Parameterintervall. Beide Gleichungen ordnen jedem Parameterwert t genau einen Punkt oder Ortsvektor der Kurve k zu (**Bild 1**).

$$\mathbf{r}(t) = (x(t), y(t)) = x(t)\mathbf{e}_1 + y(t)\mathbf{e}_2 \quad \text{für } t \in I = [ab].$$

Der Durchlaufsinn, mit dem der Punkt $\mathbf{r}(t)$ mit wachsenden Parameterwerten t die Kurve k durchläuft, heißt Orientierung von k, so daß $\mathbf{r}(a)$ den Anfangs- und $\mathbf{r}(b)$ den

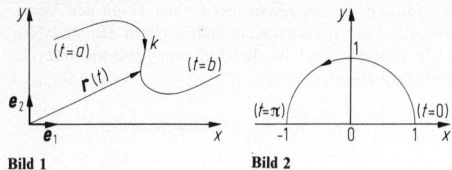

Bild 1

Bild 2

Bild 1. Kurve k; $x = x(t)$, $y = y(t)$ für $t \in [a,b]$

Bild 2. Halbkreis; $x = \cos t$, $y = \sin t$ für $t \in [0,\pi]$

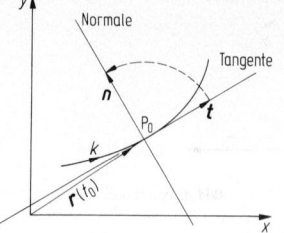

Bild 3. Tangenten- und Normaleneinheitsvektor t und n

Endpunkt der Kurve kennzeichnen. Die Kurve k heißt geschlossen, wenn $r(a) = r(b)$.

Bei einer Substitution des Parameters t gemäß $t = \varphi(\tau)$ für $\tau \in [\alpha, \beta]$ und $\varphi(\alpha) = a$, $\varphi(\beta) = b$, wobei φ eine streng monoton wachsende Funktion auf $[\alpha, \beta]$ ist, bleiben Gestalt und Orientierung der Kurve erhalten.

$$r(t) \text{ für } t \in [a,b] \quad \text{und} \quad \tilde{r}(\tau) = r(\varphi(\tau)) \quad \text{für} \quad \tau \in [\alpha, \beta]$$

heißen dann äquivalente Darstellungen der Kurve k.

Beispiel (Bild 2): Durch die Gleichungen $x = \cos t$ und $y = \sin t$ oder $r(t) = (\cos t, \sin t)$ für $t \in [0,\pi]$ ist ein Halbkreis mit dem Radius 1, dessen Orientierung dem Uhrzeigersinn entgegengesetzt ist, erklärt. Äquivalente Darstellungen dieser Kurve sind $x = \tilde{x}(\tau) = 2\cos^2 \tau - 1$ und $y = \tilde{y}(\tau) = 2\sin\tau \cdot \cos\tau$ für $\tau \in [0, \pi/2]$, wobei $t = \varphi(\tau) = 2\tau$, $\tau \in [0, \pi/2]$, oder $x = \tilde{x}(\tau) = -\tau$ und $y = \tilde{y}(\tau) = \sqrt{1 - \tau^2}$ für $\tau \in [-1,1]$, wobei $t = \pi - \arccos \tau$.

Unter $-k$ ist eine Kurve erklärt, die aus k durch Umkehrung des Durchlaufsinns hervorgeht. Sind k_1 und k_2 zwei Kurven, bei denen der Anfangspunkt von k_2 mit dem Endpunkt von k_1 zusammenfällt, dann ist durch die Summe $k_1 + k_2$ eine Kurve erklärt, bei der nacheinander die Kurven k_1 und k_2 durchlaufen werden.

Beispiel:

$$k_1: \ r_1(t) = (-t, \sqrt{1 - t^2}) \quad \text{für} \quad t \in [-1,1],$$
$$k_2: \ r_2(t) = (t - 2, 0) \quad \text{für} \quad t \in [1,3],$$
$$k_1 + k_2: \ r(t) = \begin{cases} r_1(t) & \text{für } t \in [-1,1], \\ r_2(t) & \text{für } t \in [1,3]. \end{cases}$$

Häufig wird eine Kurve k in Polarkoordinaten r und φ dargestellt.

$$r = r(t) \quad \text{und} \quad \varphi = \varphi(t) \quad \text{für} \quad t \in [a,b].$$

So stellt z.B. die Kurve $r = r(t) = \exp(\alpha t)$ und $\varphi = 2t$ für $t \in [0,\pi]$ eine Windung einer logarithmischen Spirale dar.

Parameterfreie Darstellung. Die Elimination des Parameters t bei der Kurve k, $x = \varphi(t)$ und $y = \psi(t)$ für $t \in [\alpha, b]$, führt auf eine Gleichung der Form $F(x,y) = 0$ oder $y = f(x)$ bzw. $g = f(y)$. Sie heißt dann implizite oder parameterfreie Darstellung der Kurve.

Beispiel: Der Einheitskreis $x = \cos t$ und $y = \sin t$ für $t \in [0, 2\pi]$ hat wegen $\cos^2 t + \sin^2 t = 1$ die implizite Darstellung $F(x,y) = x^2 + y^2 - 1 = 0$. Für $t \in [0,\pi]$, also $y \geq 0$, lautet die explizite Darstellung des oberen Halbkreises $y = f(x) = \sqrt{1 - x^2}$.

Bei Kurven in Polarkoordinaten $r = r(t)$ und $\varphi = \varphi(t)$ für $t \in [a,b]$ lautet die parameterfreie Darstellung explizit und implizit

$$r = f(\varphi) \text{ für } \varphi \in [\alpha, \beta] \quad \text{oder} \quad \varphi = g(r) \text{ für } r \in [a,b],$$
$$F(r, \varphi) = 0.$$

7.1.2 Tangenten und Normalen. Tangents and normals

Differenzierbare Kurven. Eine Kurve k heißt differenzierbar, wenn sie eine Parameterdarstellung besitzt,

$$r = r(t) = (x(t), y(t)) \quad \text{für} \quad t \in [a,b],$$

bei der die Funktionen $x(t)$ und $y(t)$ in $[a,b]$ differenzierbar sind. Die Ableitung eine Kurve wird dann ausgedrückt durch

$$\frac{dr}{dt}(t) = r'(t) = (\dot{x}(t), \dot{y}(t)) = \dot{x}(t)e_1 + \dot{y}(t)e_2 \quad \text{für} \quad t \in [a,b].$$

Vektoren. In einem Kurvenpunkt $r(t_0)$ mit $r'(t_0) \neq 0 = (0,0)$ beträgt für $t_0 \in [a,b]$ der Tangentenvektor

$$r'(t_0) = (\dot{x}(t_0), \dot{y}(t_0)).$$

Tangenteneinheitsvektor. Er ist der normierte Tangentenvektor (**Bild 3**)

$$\frac{r'(t_0)}{|r'(t_0)|} = t = \frac{1}{\sqrt{\dot{x}^2(t_0) + \dot{y}^2(t_0)}} (\dot{x}(t_0), \dot{y}(t_0)).$$

Normaleneinheitsvektor. Er ergibt sich nach (**Bild 3**) aus t durch Drehung um $\pi/2$ im positiven Sinn.

$$n = \frac{1}{\sqrt{\dot{x}^2(t_0) + \dot{y}^2(t_0)}} (-\dot{y}(t_0), \dot{x}(t_0))$$

Gleichungen

Kartesische Koordinaten. Für eine Kurve k mit $r(t)$ für $t \in [a,b]$ werden ihre Tangente bzw. Normale durch die orientierte Gerade mit dem Parameter $\lambda \in \mathbb{R}$ im Kurvenpunkt $r(t_0)$ dargestellt (s. **Tab. 1**).

$$\lambda \in \mathbb{R}: \ r = r(t_0) + \lambda t \quad \text{bzw.} \quad r = r(t_0) + \lambda n$$

Beispiel: $r(t) = (2\sqrt{3}\cos t, 2\sin t)$ für $t \in [0, 2\pi]$ ist eine Darstellung der orientierten Ellipse mit den Halbachsen $2\sqrt{3}$ und 2. – Es ist $r'(t) = (-2\sqrt{3}\sin t, 2\cos t)$ für $t \in [0, 2\pi]$. Für den Kurvenpunkt $r(\pi/6)$ gilt $r(\pi/6) = (3;1)$, $r'(\pi/6) = (-\sqrt{3}, \sqrt{3})$, $|r'(\pi/6)| = \sqrt{6}$. Damit lautet der Tangenteneinheitsvektor in $r'(\pi/6)$

$$t = \frac{r'(\pi/6)}{|r'(\pi/6)|} = \frac{1}{\sqrt{6}} (-\sqrt{3}, \sqrt{3}) = (-1/\sqrt{2}, 1/\sqrt{2})$$

und die Gleichung der (orientierten) Tangente $r = r(t) = (3;1) + \lambda(-1;1)$ oder in Koordinatenschreibweise $x = 3 - \lambda$ und $y = 1 + \lambda$ bzw. explizit $y = -x + 4$.

Tabelle 1. Tangenten

Kurvendarstellung	Tangenten-steigung	Tangentengleichung
$y = f(x)$ $y_0 = f(x_0)$	$f'(x_0)$	$y - y_0 = f'(x_0)(x - x_0)$
$x = x(t)$; $y = y(t)$ $x_0 = x(t_0)$; $y_0 = y(t_0)$	$\dfrac{\dot{y}(t_0)}{\dot{x}(t_0)}$	$\dot{y}(t_0)(x - x_0) - \dot{x}(t_0)(y - y_0) = 0$
$F(x,y) = 0$ $F(x_0, y_0) = 0$	$-\dfrac{F_x(x_0, y_0)}{F_y(x_0, y_0)}$	$F_x(x_0, y_0)(x - x_0)$ $+ F_y(x_0, y_0)(y - y_0) = 0$

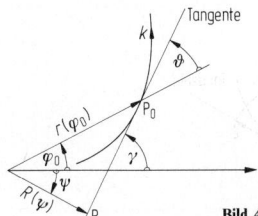

Bild 4. Polarkoordinaten, Tangente

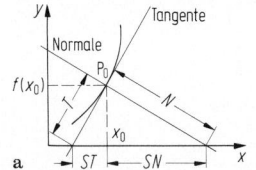

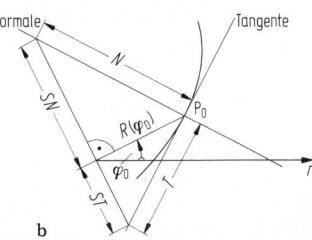

Bild 5. Strecken an einer Kurve. **a** kartesische Koordinaten; **b** Polarkoordinaten

Polarkoordinaten. Ist eine Kurve k (**Bild 4**) durch eine explizite Darstellung in Polarkoordinaten r und φ gegeben,

$$r = r(\varphi) \quad \text{für} \quad \varphi \in [\alpha, \beta]$$

und ist $r_0 = (\varphi_0, r(\varphi_0))$ ein Punkt der Kurve, so wird die Tangentenrichtung durch den Winkel γ zwischen Tangente und Polarachse oder durch den Winkel ϑ zwischen Tangente und verlängertem Ortsvektor des Punkts r_0 angegeben. Es ist

$$\tan \gamma = \frac{r'(\varphi_0) \sin \varphi_0 + r(\varphi_0) \cos \varphi_0}{r'(\varphi_0) \cos \varphi_0 - r(\varphi_0) \sin \varphi_0} \quad \text{bzw.}$$

$$\tan \vartheta = \frac{r(\varphi_0)}{r'(\varphi_0)}.$$

Die Gleichung der Tangente an k in r_0 lautet in Polarkoordinaten R und ψ

$$R = R(\psi) = \frac{r^2(\varphi_0)}{r(\varphi_0) \cos(\psi - \varphi_0) - r'(\varphi_0) \sin(\psi - \varphi_0)}.$$

Die Abschnitte T und N der Tangenten und der Normalen sowie ihre Projektionen, die Subtangente ST und Subnormale SN, sind in **Tab. 2** und **Bild 5** angegeben.

Tabelle 2. Strecken an einer Kurve

Kurve / Strecke	$y = f(x)$	$r = R(\varphi)$
Tangentenabschnitt T	$\left\|\dfrac{f(x_0)}{f'(x_0)}\right\| \sqrt{1 + f'^2(x_0)}$	$\dfrac{R(\varphi_0)}{\|R'(\varphi_0)\|} \sqrt{R^2(\varphi_0) + R'^2(\varphi_0)}$
Normalenabschnitt N	$\|f(x_0)\| \sqrt{1 + f'^2(x_0)}$	$\sqrt{R^2(\varphi_0) + R'^2(\varphi_0)}$
Subtangente ST	$\left\|\dfrac{f(x_0)}{f'(x_0)}\right\|$	$\dfrac{R^2(\varphi_0)}{\|R'(\varphi_0)\|}$
Subnormale SN	$\|f(x_0) f'(x_0)\|$	$\|R'(\varphi_0)\|$

Beispiel: Logarithmische Spirale $r = r(\varphi) = A \exp(\varphi/m)$. – Mit $r'(\varphi) = (A/m) \exp(\varphi/m)$ ergibt sich $\tan \vartheta = r(\varphi)/r'(\varphi) = m$, d.h., daß hier der Winkel zwischen der Tangente und der Verlängerung des Ortsvektors konstant ist.

Glatte Kurven. Eine Kurve k heißt glatt, wenn sie eine Parameterdarstellung

$$r = r(t) = (x(t), y(t)) \quad \text{für} \quad t \in [a, b]$$

besitzt, die auf $[a, b]$ stetig differenzierbar ist und bei der $r'(t) \neq 0$ für alle $t \in [a, b]$ ist. Ist die Kurve geschlossen, dann gilt außerdem $r'(a) = r'(b)$. Eine glatte Kurve hat demnach in jedem Punkt eine Tangente.

7.1.3 Bogenlänge. Length of arc

Vorausgesetzt wird eine glatte oder stückweise glatte Kurve k.

$$r = r(t) = (x(t), y(t)) \quad \text{für} \quad t \in [a, b]$$

Ihre Bogenlänge ist – mit dem Bogenelement $ds = |r'(t)| \, dt$ –

$$L = \int_a^b |r'(t)| \, dt = \int_a^b \sqrt{\dot{x}^2(t) + \dot{y}^2(t)} \, dt.$$

Kartesische und Polarkoordinaten. Hier ergibt die explizite Darstellung

$$\begin{aligned} y &= f(x) \\ x &\in [a, b] \end{aligned} \qquad L = \int_a^b \sqrt{1 + f'^2(x)} \, dx$$

$$\begin{aligned} r &= r(\varphi) \\ \varphi &\in [\varphi_1, \varphi_2] \end{aligned} \qquad L = \int_{\varphi_1}^{\varphi_2} \sqrt{r^2(\varphi) + r'^2(\varphi)} \, d\varphi$$

Bogenelement. Das Element $ds = |r'(t)| \, dt$ lautet in kartesischen bzw. Polarkoordinaten

$$ds = \sqrt{(dx)^2 + (dy)^2} \quad \text{bzw.} \quad ds = \sqrt{(dr)^2 + (r \, d\varphi)^2}.$$

Beispiel 1: Bogenlänge einer gewöhnlichen Zykloide; $k : x = a(t - \sin t), y = a(1 - \cos t)$ für $t \in [0, 2\pi]$. – $\dot{x}(t) = a(1 - \cos t), \dot{y}(t) = a \sin t$,

$$ds = \sqrt{\dot{x}^2(t) + \dot{y}^2(t)} \, dt = 2a \, |\sin(t/2)| \, dt = 2a \sin(t/2) \, dt,$$

$$L = 2a \int_0^{2\pi} \sin(t/2) \, dt = 8a.$$

Beispiel 2: Windung einer logarithmischen Spirale; $k : r = r(\varphi) = A \exp(\alpha \varphi)$ für $\varphi \in [0, 2\pi]$ und $A > 0$. – $r'(\varphi) = \alpha A \exp(\alpha \varphi)$,

$$ds = \sqrt{r^2(\varphi) + r'^2(\varphi)} \, d\varphi = \sqrt{A^2 \exp(\alpha \varphi) + \alpha^2 A^2 \exp(\alpha \varphi)} \, d\varphi$$

$$= A\sqrt{1 + \alpha^2} \exp(\alpha \varphi) \, d\varphi,$$

$$L = A\sqrt{1 + \alpha^2} \int_0^{2\pi} \exp(\alpha \varphi) \, d\varphi = A/\alpha \sqrt{1 + \alpha^2} (\exp(2\pi\alpha) - 1).$$

7.1.4 Krümmung. Curvature

Im **Bild 6a** ist ein Teil einer (orientierten) Kurve k dargestellt. Beim Durchlaufen der Kurve wird sich im allgemeinen der Steigungswinkel α der (orientierten) Tangente ändern. Ist $\Delta\alpha$ der Zuwachs des Steigungswinkels beim Durchlaufen des Kurvenbogens $\overset{\frown}{PQ}$ der Länge Δs, dann ist die Krümmung κ der Kurve im Kurvenpunkt P (**Tab. 3**)

$$\kappa = \frac{d\alpha}{ds} = \lim_{\Delta s \to 0} \frac{\Delta\alpha}{\Delta s}.$$

Kurvenpunkte, in denen die Krümmung ein lokales Extremum besitzt, heißen Scheitelpunkte. Der Kehrwert des

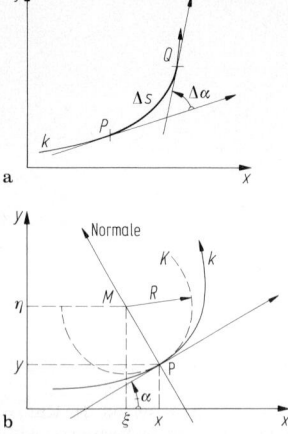

Bild 6. a Krümmung; **b** Krümmungskreis

Tabelle 3. Krümmung

Kurven-darstellung	Krümmung	Krümmungsmittelpunkt (ξ, η)
$y = f(x)$	$\dfrac{f''(x)}{(1+f'^2(x))^{3/2}}$	$\xi = x - \dfrac{1+f'^2(x)}{f''(x)} f'(x)$
		$\eta = f(x) + \dfrac{1+f'^2(x)}{f''(x)}$
$x = x(t)$ $y = y(t)$	$\dfrac{\dot{x}\ddot{y} - \dot{y}\ddot{x}}{(\dot{x}^2 + \dot{y}^2)^{3/2}}$	$\xi = x - \dfrac{\dot{x}^2 + \dot{y}^2}{\dot{x}\ddot{y} - \dot{y}\ddot{x}} \dot{y}$
		$\eta = y + \dfrac{\dot{x}^2 + \dot{y}^2}{\dot{x}\ddot{y} - \dot{y}\ddot{x}} \dot{x}$
$r = R(\varphi)$	$\dfrac{r^2 + 2r'^2 - rr''}{(r^2 + r'^2)^{3/2}}$	$\xi = r\cos\varphi - \dfrac{(r^2 + r'^2)(r\cos\varphi + r'\sin\varphi)}{r^2 + 2r'^2 - rr''}$
		$\eta = r\sin\varphi - \dfrac{(r^2 + r'^2)(r\sin\varphi - r'\cos\varphi)}{r^2 + 2r'^2 - rr''}$

Betrags der Krümmung heißt Krümmungsradius

$$R = 1/|\kappa|.$$

K heißt der zum Kurvenpunkt $P(x,y)$ gehörende Krümmungskreis (**Bild 6b**), wenn der Punkt P auf dem Kreis K liegt, der Kreis K und die Kurve k in P die gleiche Tangente besitzen, der Radius R des Kreises mit dem Krümmungsradius der Kurve in P übereinstimmt.

Krümmungsmittelpunkt. Er ist der Mittelpunkt $M(\xi, \eta)$ des Krümmungskreises K (**Tab. 3**) und liegt auf der Normalen in P. Seine Koordinaten sind

$$\xi = x - R\sin\alpha = x - R\frac{dy}{ds}, \quad \eta = y + R\cos\alpha = y + R\frac{dx}{ds}.$$

Evolute und Evolvente. Die Kurve, deren Punkte die Krümmungsmittelpunkte M einer Kurve k sind, heißt Evolute der Kurve k (**Bild 7a**). Sie ist Einhüllende der Normalenschar von k. Evolvente einer Kurve k ist eine Kurve, deren Evolute die Kurve k ist (**Bild 7b**). Die Evolvente einer Kurve k schneidet die Tangenten von k senkrecht.

Beispiel: Eine Parameterdarstellung der Kreisevolvente lautet $x = r\cos t + rt\sin t, y = r\sin t - rt\cos t$ für $t \geqq 0$. − Hieraus folgt $\dot{x}\ddot{y} - \ddot{x}\dot{y} = r^2 t^2$ und $\dot{x}^2 + \dot{y}^2 = r^2 t^2$, so daß ihre Krümmung und ihr Krümmungsradius nach **Tab. 3** $\kappa = 1/(rt)$ und $R = rt$ sind. Ihre Krümmungsmittelpunkte haben die Koordinaten $\xi = r\cos t$ und $\eta = r\sin t$. Die Evolute der Kreisevolvente ist also ein Kreis mit dem Radius r.

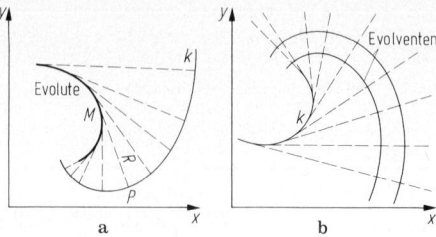

Bild 7. a Evolute; **b** Evolvente

7.1.5 Einhüllende einer Kurvenschar
Envelope of a family of curves

Eine Gleichung der Form $F(x,y,c) = 0$ mit den drei Zahlenvariablen x, y und c, wobei x und y kartesische Koordinaten sind und c ein Parameter ist, stellt für jeden Wert c eines gewissen Bereichs eine ebene Kurve dar. Die Gesamtheit aller Kurven heißt einparametrige Kurvenschar mit dem Scharparameter c. So stellt die Gleichung $F(x,y,c) = (x-c)^2 + y^2 - c^2 = 0$ für $c \in \mathbb{R}$ eine einparametrige Schar von Kreisen mit dem Radius c dar, deren Mittelpunkte auf der x-Achse liegen und die die y-Achse berühren (**Bild 8**). Häufig besitzt eine solche Kurvenschar eine Einhüllende oder Enveloppe (**Bild 9a**), die jede Kurve der Schar in einem Punkt berührt und nur aus solchen Berührungspunkten besteht.

Ist $F(x,y,c)$ eine in einer Umgebung von (x_0, y_0, c_0) definierte Funktion mit stetigen partiellen Ableitungen 2. Ordnung und ist

$$F(x_0, y_0, c_0) = 0,$$
$$F_c(x_0, y_0, c_0) = 0, \quad \text{und}$$
$$F_{cc}(x_0, y_0, c_0) \neq 0$$
$$\begin{vmatrix} F_x(x_0, y_0, c_0) & F_y(x_0, y_0, c_0) \\ F_{cx}(x_0, y_0, c_0) & F_{cy}(x_0, y_0, c_0) \end{vmatrix} \neq 0,$$

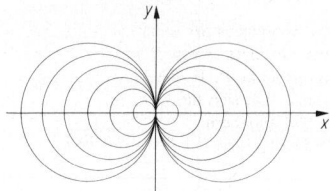

Bild 8. Einparametrige Kurvenschar

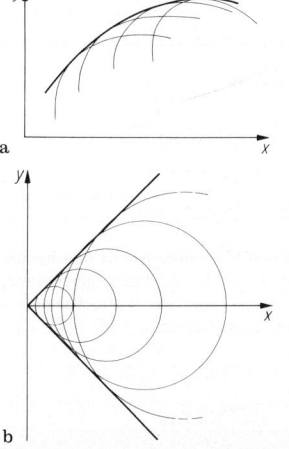

Bild 9. Enveloppe. **a** allgemein; **b** einer Kreisschar

dann besitzt die einparametrige Kurvenschar $F(x,y,c)=0$ eine Einhüllende $x=\varphi(c)$ und $y=\psi(c)$, die sich durch Auflösen von $F(x,y,c)=0$ und $F_c(x,y,c)=0$ ergibt.

Beispiel (Bild 9b): Einparametrige Kreisschar. $F(x,y,c)=(x-\sqrt{2}c)^2+y^2-c^2=0$ für $c\geq 0, F_c(x,y,c)=-2\sqrt{2}(x-\sqrt{2}c)-2c=0$. – Aus diesen beiden Gleichungen ergibt sich die Einhüllende $x=\varphi(c)=c/\sqrt{2}$ und $y=\pm c/\sqrt{2}$ oder $y=\pm x$ für $x\geq 0$.

7.1.6 Spezielle ebene Kurven. Special plane curves

Potenzkurven. In den Anwendungen treten die Potenzfunktionen (s. A6.1.2) meist in Verbindung mit einem Faktor auf: Ihre Gleichungen lauten dann $y=ax^\alpha$.

Konstruktion (Bild 10). Ausgegangen wird dabei von zwei Punkten $P_1=(x_1,y_1)$ und $P_2(x_2,y_2)$, wobei $y_1=ax_1^\alpha$ und $y_2=ax_2^\alpha$ mit $x_1\neq x_2$. Im Koordinatenursprung werden zwei Strahlen angetragen, die mit der x- bzw. y-Achse jeweils einen beliebigen Winkel γ bzw. δ bilden. Werden von den Punkten P_1 und P_2 die Lote auf die Koordinatenachsen gefällt, so schneiden diese die Koordinatenachsen und die Strahlen in den Punkten Q_1 und R_1, Q_2 und R_2 bzw. S_1 und T_1, S_2 und T_2. Zu den Strecken $\overline{Q_1R_2}$ bzw. $\overline{S_1T_2}$ werden die parallelen Strecken $\overline{Q_2R_3}$ bzw. $\overline{S_2T_3}$ gezogen. Der Schnittpunkt der Lote von R_3 auf die y-Achse und von T_3 auf die x-Achse ergibt dann einen Punkt der Potenzkurve. Durch Fortsetzung dieses Verfahrens können - wie in Bild 10 angedeutet – weitere Punkte gewonnen werden.

Schleppkurve (Traktrix). Bei der Schleppkurve (**Bild 11**) ist der Tangentenabschnitt für jeden Kurvenpunkt gleich einer Konstanten a. Eine Parameterdarstellung lautet

$x=a\ln\tan(t/2)+a\cos t$ und
$y=a\sin t$ für $t\in(0,\pi)$.

Der Punkt $S=(0,a)$ für $t=\pi/2$ ist wegen $\dot{x}(\pi/2)=\dot{y}(\pi/2)=0$ singulärer Punkt (Umkehrpunkt).

Kettenlinie. Sie ist die Evolute der Traktrix (**Bild 12**) und es gilt mit $t\in(0,\pi)$ bzw. $x\in\mathbb{R}$ (s. B1.9.1)

$x=a\ln\tan(t/2)$ und $y=a/\sin t$ bzw.
$y=a/2[\exp(x/a)+\exp(-x/a)]$.

Die Länge des Kurvenbogens $\hat{SP}$ ist gleich der Länge R der Projektion der Ordinate y von P auf die Tangente mit dem Berührungspunkt P. In der Nachbarschaft ihres Scheitelpunktes S läßt sich die Kettenlinie durch die Parabel $=a+x^2/(2a)$ annähern.

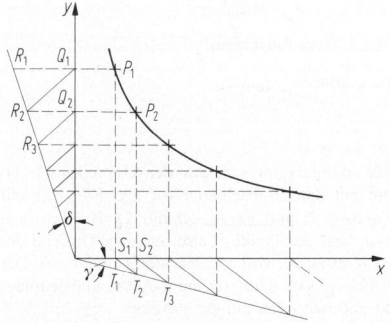

Bild 10. Konstruktion von $y=ax^\alpha$

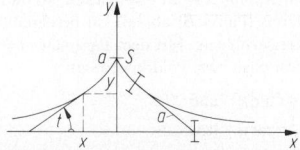

Bild 11. Schleppkurve (Traktrix)

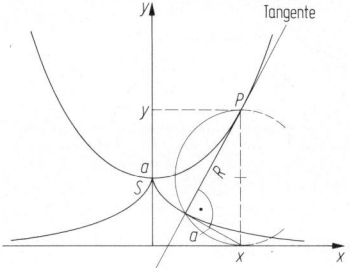

Bild 12. Kettenlinie

Zykloiden

Gewöhnliche Zykloiden (Bild 13a). Sie wird beim Abrollen eines Kreises mit dem Radius r auf einer Geraden von einem festen Punkt P auf dem Umfang des Kreises beschrieben und hat die Parameterdarstellung

$x=r(t-\sin t)$ und $y=r(1-\cos t)$,

wobei der Parameter t den Wälzwinkel $\sphericalangle AMP$ darstellt. Länge eines Zykloidenbogens $L=8r$, Fläche unter einem Zykloidenbogen $A=3\pi r^2$, Krümmungsradius $R=4r\sin(t/2)$.

Verkürzte und verlängerte Zykloide (Bilder 13b und c). Hierbei liegt der Punkt P, der fest mit dem auf der Geraden abrollenden Kreis verbunden ist, im Abstand a von dessen Mittelpunkt. Die Parameterdarstellung für die verkürzte ($a<r$) und die verlängerte Zykloide ($a>r$) lautet

$x=rt-a\sin t$ und $y=r-a\cos t$.

Epizykloide (Bild 13d). Rollt ein Kreis mit dem Radius r auf der Außenseite eines Kreises mit dem Radius R, so beschreibt ein fester Punkt P des rollenden Kreises eine Epizykloide. Ist a der Abstand des Punkts P vom Mittelpunkt M des rollenden Kreises, so heißt die Epizykloide gewöhnlich, wenn $a=r$, verkürzt, wenn $a<r$ und verlängert, wenn $a>r$ ist. Die allgemeine Parameterdarstellung lautet

$$x=(R+r)\cos\left(\frac{r}{R}t\right)-a\cos\left(\frac{R+r}{R}t\right) \quad\text{und}$$
$$y=(R+r)\sin\left(\frac{r}{R}t\right)-a\sin\left(\frac{R+r}{R}t\right),$$

wobei $t=\sphericalangle AMP$ der Wälzwinkel und $rt/R=\sphericalangle AOB$ der Drehwinkel ist.

Hypozykloide (Bild 13e). Rollt der Kreis mit dem Radius r auf der Innenseite des Kreises mit dem Radius $R(r<R)$, so beschreibt der feste Punkt P auf dem rollenden Kreis eine Hypozykloide. Ihre Parameterdarstellung lautet

$$x=(R-r)\cos\left(\frac{r}{R}t\right)+a\cos\left(\frac{R-r}{R}t\right) \quad\text{und}$$
$$y=(R-r)\sin\left(\frac{r}{R}t\right)-a\sin\left(\frac{R-r}{R}t\right).$$

Sie ergibt sich aus der Parameterdarstellung der Epizykloidem, indem dort r durch $-r$, a durch $-a$ und t durch $-t$ ersetzt wird. Bei der gewöhnlichen Hypozykloide ist $a=r$.

Einige Sonderfälle der Epi- und Hypozykloiden.

Herzkurve oder *Kardioide* heißt die Epyzykloide mit $r=R=a$ (**Bild 13f**). Hier gilt in Parameterdarstellung bzw. implizit

$x=a[2\cos t-\cos(2t)]$ und $y=a[2\sin t-\sin(2t)]$ bzw.
$(x^2+y^2-a^2)^2=4a^2[(x-a)^2+y^2]$.

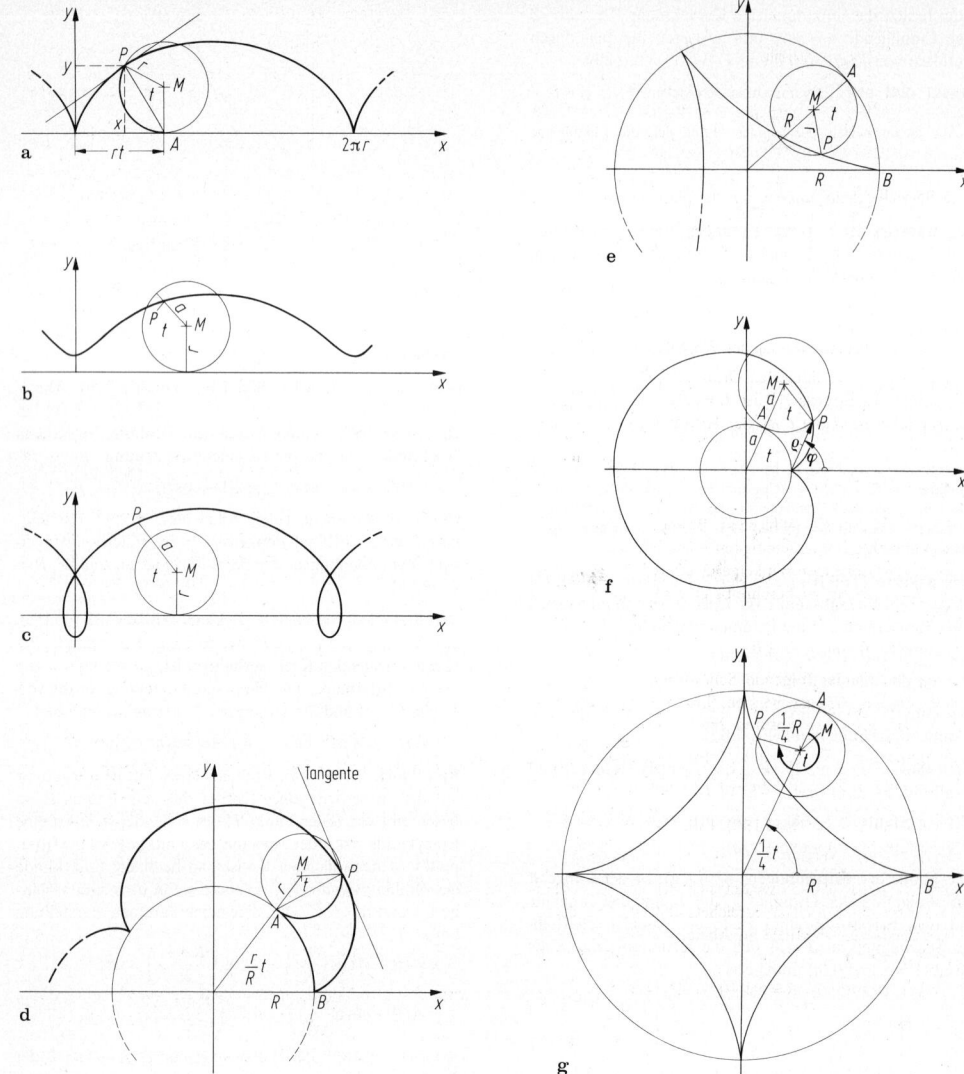

Bild 13. Zykloiden. **a** gemeine; **b** verkürzte; **c** verlängerte; **d** Epi-, **e** Hypo-, **f** Kardioide; **g** Astroide

Mit $x = y + \rho\cos\varphi$ und $y = \rho\sin\varphi$ folgt hieraus die Darstellung in Polarkoordinaten ρ und φ.

$$\rho = 2a(1 - \cos\varphi)$$

Der Umfang der Kardioide hat die Länge $u = 16a$, die von ihr eingeschlossene Fläche den Inhalt $A = 6\pi a^2$.

Astroide oder *Sternkurve* heißt die Hypozykloide mit $r = a = R/4$ (**Bild 13**). Es gilt

$$x = (3/4)R\cos(t/4) + (1/4)R\cos(3t/4) = R\cos^3(t/4) \text{ und}$$
$$y = 3/4)R\sin(t/4) - (1/4)R\sin(3t/4) = R\sin^3(t/4) \quad \text{bzw.}$$
$$(x^2 + y^2 - R^2)^3 + 27R^2x^2y^2 = 0 \quad \text{oder}$$
$$x^{2/3} + y^{2/3} = R^{2/3}.$$

Der Umfang der Astroide ist $u = 6R$, die von ihr eingeschlossene Fläche $A = (3/8)\pi R^2$. Die Astroide ist Einhüllende aller Strecken mit der Länge R, deren Endpunkte auf der x- und y-Achse liegen.

Ist $R = 2r$, dann ergibt sich aus der Hypozykloide eine Ellipse mit den Halbachsen $r + a$ und $r - a$. Es gilt $x = (r + a)\cos(t/2)$ und $y = (r - a)\sin(t/2)$. Ist außerdem noch $r = a$, liegt der Punkt P also auf dem Umfang des rollenden Kreises, so wird $x = 2r\cos(t/2)$ und $y = 0$. Der Punkt P bewegt sich dann auf der x-Achse und sein Gegenpunkt auf dem Kreis auf der y-Achse.

Kreisevolvente (**Bild 14**). Wird ein biegsamer Faden von einem Kreis mit dem Radius a straff abgewickelt, so daß er tangential vom Kreis (Punkt B) abläuft, so beschreibt sein Ende P eine Kreisevolvente. Mit dem Parameter $t = \sphericalangle AOB$ folgt in kartesischen bzw. Polarkoordinaten

$$x = x(t) = a(\cos t + t\sin t) \quad \text{und}$$
$$y = y(t) = a(\sin t - t\cos t) \quad \text{bzw.}$$

$$r = r(t) = a\sqrt{1 + t^2} \quad \text{und} \quad \varphi = \varphi(t) = t - \arctan t.$$

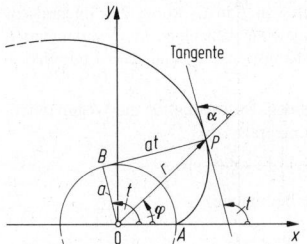

Bild 14. Kreisevolvente

Hierbei ist $\alpha = \arctan t = t - \varphi$ der Winkel, den die Tangente in P mit dem verlängerten Ortsvektor $\overrightarrow{OP}$ einschließt. Die Länge des Bogens $\widehat{AP}$ ist $L = at^2/2$, der Inhalt des Sektors OPA ist $A = a^2 t^3/6$, der Krümmungsradius in P ist $R = at$.

Spiralen

Archimedische Spirale (Bild 15a). Bewegt sich ein Punkt P mit konstanter Geschwindigkeit v auf einem Strahl, der sich mit gleichförmiger Winkelgeschwindigkeit ω um den festen Pol O dreht, so beschreibt er eine Archimedische Spirale

$$r = a\varphi, \quad a > 0 \quad \text{und} \quad \varphi \geqq 0$$

Je zwei aufeinander folgende Schnittpunkte eines beliebigen, vom Pol O ausgehenden Strahls mit der Spirale haben den konstanten Abstand $2\pi a$.

Bogenlänge: $L = a(\varphi\sqrt{1+\varphi^2} + \operatorname{arsinh}\varphi)/2$,
Krümmungsradius: $R = (a^2 + r^2)^{3/2}/(2a^2 + r^2)$.

Hyperbolische Spirale (Bild 15b). Ihre Gleichung lautet

$$r\varphi = a, \quad a > 0, \quad \varphi > 0$$

Wegen $r \to 0$ für $\varphi \to \infty$ windet sich die Kurve um den Pol O, ohne ihn jedoch zu erreichen. Pol O ist asymptotischer Punkt. Die Parallele im Abstand a zur Polarachse ist Asymptote.

Krümmungsradius: $R = r(1 + r^2/a^2)^{3/2}$.

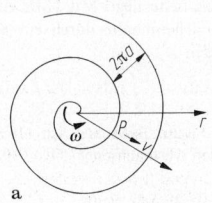

a

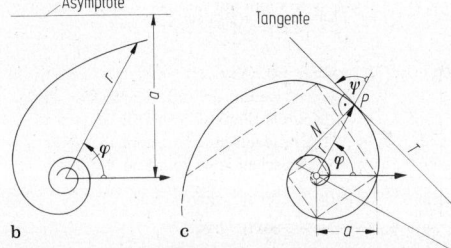

b   c

Bild 15. Spiralen. **a** archimedisch; **b** hyperbolisch; **c** logarithmisch

Logarithmische Spirale (Bild 15c). Ihre Gleichung lautet

$$r = a\exp(m\varphi) \quad a, m > 0.$$

Wegen $r \to 0$ für $\varphi \to -\infty$ windet sich die Kurve um den Pol O, ohne ihn jedoch zu erreichen, d.h., der Pol O ist asymptotischer Punkt. Für den Winkel ψ zwischen dem verlängerten Ortsvektor $\overrightarrow{OP}$ und der zugehörige Tangente gilt $\tan\psi = 1/m$. Dies bedeutet, daß die Spirale alle vom Pol O ausgehenden Halbgeraden unter dem konstanten Winkel $\psi = \arctan(1/m)$ schneidet. Der Krümmungsradius bzw. die Länge des Normalenabschnitts beträgt

$$R = N = r\sqrt{1 + m^2},$$

die Länge des Bogens $\widehat{OP}$ bzw. des Tangentenabschnitts T ist $L = r\sqrt{1 + m^{-2}}$.

7.1.7 Kurvenintegrale. Line integrals

Die Kurvenintegrale sind eine Erweiterung des gewöhnlichen Riemann-Integrals, indem bei ihnen an die Stelle eines Integrationsintervalls eine Integrationskurve oder ein Integrationsweg k tritt. Der Einfachheit halber wird vorausgesetzt, daß die in Betracht kommenden Kurven (stückweise) glatt und die im Integranden auftretenden Funktionen stetig sind.

Nichtorientiertes Kurvenintegral. Seine symbolische Schreibweise für eine Funktion f auf k ist

$$\int_k f(\mathbf{r})\,ds = \int_k f(x, y)\,ds.$$

Ist die Kurve k durch die Parameterdarstellung $k: \mathbf{r} = \mathbf{r}(t) = (x(t), y(t))$ für $t \in [a, b]$ gegeben so läßt sich das Kurvenintegral durch ein gewöhnliches Riemann-Integral ausdrücken.

$$\int_k f(\mathbf{r})\,ds = \int_a^b f(\mathbf{r}(t))|\mathbf{r}'(t)|\,dt$$

$$= \int_a^b f(x(t), y(t))\sqrt{\dot{x}^2(t) + \dot{y}(t)}\,dt$$

Im Kurvenintegral ist also $\mathbf{r}$ durch die Kurvenpunkte $\mathbf{r}(t)$ und ds durch das Bogenelement $|\mathbf{r}'(t)|\,dt$ zu ersetzen.

Beispiel 1: $\int_k x^2\,ds$, wobei $k: \mathbf{r} = \mathbf{r}(t) = a(\cos t, \sin t)$ für $t \in [0, \pi]$. – Die Kurve k stellt in der x, y-Ebene einen Halbkreis mit dem Radius a dar, dessen Mittelpunkt im Koordinatenursprung liegt. Mit $ds = a\,dt$ gilt

$$\int_k x^2\,ds = \int_0^\pi a^2\cos^2 t\, a\,dt = a^3\int_0^\pi \cos^2 t\,dt = (\pi/2)a^3.$$

Beispiel 2: $\int_k (x^2 + y^2)^{-3/2}\,ds$, wobei $k: r = r(\varphi) = 1/\varphi$ für $\sqrt{3} \leqq \varphi \leqq 2\sqrt{2}$. – Die Kurve k stellt einen Teil der hyperbolischen Spirale dar. Wegen $x = r\cos\varphi = \cos\varphi/\varphi$ und $y = r\sin\varphi = \sin\varphi/\varphi$ gilt $(x^2 + y^2)^{-3/2} = \varphi^3$. Für das Bogenelement ds in Polarkoordinaten ergibt sich $ds = \sqrt{r^2 + r'^2}\,d\varphi = \sqrt{1 + \varphi^2}/\varphi^2\,d\varphi$, und damit ist

$$\int_k (x^2 + y^2)^{-3/2}\,ds = \int_{\sqrt{3}}^{2\sqrt{2}} \varphi\sqrt{1 + \varphi^2}\,d\varphi = 19/3.$$

Orientiertes Kurvenintegral. Auf der Kurve k sind zwei stetige Funktionen P und Q erklärt, die zu einer vektoriellen Funktion $\mathbf{f}$ zusammengefaßt sind.

$$\mathbf{f}(\mathbf{r}) = (P(\mathbf{r}), Q(\mathbf{r})) \quad \text{für } \mathbf{r} \in k$$

Das orientierte Kurvenintegral der Funktion f über k wird symbolisch ausgedrückt durch

$$\int_k f(r)\,dr = \int_k P(r)\,dx + Q(r)\,dy$$
$$= \int_k P(x,y)\,dx + Q(x,y)\,dy.$$

Ist die Kurve k durch eine Parameterdarstellung gegeben, $r = r(t) = (x(t), y(t))$ für $t \in [a,b]$, so läßt sich das orientierte Kurvenintegral auf ein gewöhnliches Riemann-Integral

$$\int_k f(r)\,dr = \int_a^b f(r(t)) \cdot r'(t)\,dt$$
$$= \int_a^b (P(r(t))\dot{x}(t) + Q(r(t))\dot{y}(t))\,dt$$

zurückführen. Bedeutet $f(r)$ eine Kraft im Kurvenpunkt r, dann stellt das orientierte Kurvenintegral die Arbeit längs der Kurve k dar.

Eigenschaften des orientierten Kurvenintegrals:

$$\int_{-k} f(r)\,dr = -\int_k f(r)\,dr,$$
$$\int_k cf(r)\,dr = c\int_k f(r)\,dr, \quad c \in \mathbb{R},$$
$$\int_k (f_1(r) + f_2(r))\,dr = \int_k f_1(r)\,dr + \int_k f_2(r)\,dr,$$
$$\int_{k_1 + k_2} f(r)\,dr = \int_{k_1} f(r)\,dr + \int_{k_2} f(r)\,dr.$$

Beispiel: $\int_k (x+y)\,dx + (x-y)\,dy = \int_k f(r)\,dr$ mit $f(r) = (x+y, x-y)$.

− Die Kurve k soll ein orientierter Bogen der Parabel $y = x^2$ mit dem Anfangspunkt $a = (-1, 1)$ und dem Endpunkt $b = (1,1)$ sein. Eine Parameterdarstellung der Kurve k lautet $r = r(t) = (t, t^2)$ für $t \in [-1, 1]$. Es ist $f(r(t)) = (t + t^2, t - t^2)$ und $dr = r'(t)\,dt = (1, 2t)\,dt$. Damit ergibt sich

$$\int_k (x+y)\,dx + (x-y)\,dy = \int_{-1}^1 ((t+t^2) + (2t^2 - 2t^3))\,dt$$
$$= \int_{-1}^1 (-2t^3 + 3t^2 + t)\,dt = 2.$$

Wegunabhängigkeit des Kurvenintegrals. Auf dem ebenen Gebiet G sei eine Funktion $f(r) = (P(r), Q(r))$ erklärt, wobei P und Q stetige Funktionen sind. Das orientierte Kurvenintegral $\int_k f(r)\,dr$ heißt im Gebiet G wegunabhängig, wenn für je zwei Punkte $a \in G$ und $b \in G$ sowie für jede ganz in G verlaufende und die Punkte a und b verbindende Kurve k das Kurvenintegral $\int_k f(r)\,dr$ stets denselben Wert besitzt. Dies ist gleichbedeutend damit, daß für jede ganz in G verlaufende geschlossene Kurve k gilt:

$$\oint_k f(r)\,dr = 0.$$

Eine auf G definierte Funktion $g(r)$ heißt *Stammfunktion* von $f(r) = (P(r), Q(r))$ in G, wenn für alle $r \in G$

$$\frac{\partial g}{\partial x}(r) = P(r) \quad \text{und} \quad \frac{\partial g}{\partial y}(r) = Q(r) \quad \text{oder} \quad \text{grad } g(r) = f(r)$$

gilt. Ist g eine Stammfunkion von f im Gebiet G und sind a und b zwei Punkte aus G, dann gilt für jede ganz in G verlaufende Kurve k mit dem Anfangspunkt a und dem Endpunkt b

$$\int_k f(r)\,dr = g(b) - g(a).$$

Ist das Kurvenintegral wegunabhängig im Gebiet G, dann ist bei festem $x_0 \in G$

$$g(x) = \int_{x_0}^x f(r)\,dr \quad \text{für } x \in G$$

eine Stammfunktion von f in G, wobei das Integral ein Kurvenintegral längs einer beliebigen in G verlaufenden Kurve mit dem Anfangspunkt x_0 und dem Endpunkt x bedeutet.

Integrabilitätsbedingung. Notwendig für die Wegunabhängigkeit des Kurvenintegrals

$$\int f(r)\,dr = \int P(x,y)\,dx + Q(x,y)\,dy$$

im Gebiet G ist die Bedingung

$$\frac{\partial P}{\partial y}(r) = \frac{\partial Q}{\partial x}(r) \quad \text{für } r \in G.$$

Ist das Gebiet G einfach zusammenhängend, dann ist sie auch hinreichend für die Wegunabhängigkeit des Kurvenintegrals.

Beispiel: $f(r) = (6xy - 4y^2, 3x^2 - 8xy)$ oder $P(r) = 6xy - 4y^2$ und $Q(r) = 3x^2 - 8xy$. − Wegen $\frac{\partial P}{\partial y}(r) = \frac{\partial Q}{\partial x}(r) = 6x - 8y$ ist die Integrabilitätsbedingung in der ganzen Ebene (einfach zusammenhängendes Gebiet G) erfüllt, d.h., das Kurvenintegral $\int f(r)\,dr$ ist in der ganzen Ebene wegunabhängig oder gleichbedeutend damit, die Funktion f besitzt eine Stammfunktion g. Mit dem festen Punkt $(0,0)$ und dem variablen Punkt (x', y') der Ebene ist dann durch

$$g(x', y') = \int_{(0,0)}^{(x',y')} f(r)\,dr$$ eine Stammfunktion g von f auf $\mathbb{R}$ erklärt.

Wird als Kurve k eine gerichtete Strecke mit dem Anfangspunkt $(0,0)$ und dem Endpunkt (x', y') gewählt, $r = r(t) = (tx', ty')$ für $t \in [0,1]$, so ist wegen

$$f(r(t)) = (6t^2 x'y' - 4t^2 y'^2, 3t^2 x'^2 - 8t^2 x'y') \quad \text{und} \quad r'(t) = (x', y')$$

$$g(x', y') = \int_0^1 (9x'^2 y' - 12x'y'^2)t^2\,dt = (9x'^2 y' - 12x'y'^2)[t^3/3]_0^1$$
$$= 3x'^2 y' - 4x'y'^2$$

die Funktion $g(x,y) = g(r) = 3x^2 y - 4xy^2$ eine Stammfunktion von $f(r) = (6xy - 4y^2, 3x^2 - 8xy)$. Die Gesamtheit alle Stammfunktionen von f ergibt sich durch Addition einer beliebigen Konstanten C zu g.

Gaußscher Integralsatz der Ebene (Bild 16). Ist G ein ebenes Gebiet, dessen Rand R aus ein oder mehreren stückweise glatten Kurven besteht, und sind P und Q zwei auf G und R erklärte Funktionen mit stetigen partiellen Ableitungen 1. Ordnung, dann gilt

$$\iint_G \left(\frac{\partial Q}{\partial x} - \frac{\partial P}{\partial y}\right) d(x,y) = \int_R P\,dx + Q\,dy.$$

Die Randkurven sind dabei so orientiert, daß das Gebiet G stets zur linken Seite liegt. Mit Hilfe des Gaußschen Satzes können Flächeninhalte durch ein Kurvenintegral ausgedrückt werden.

$$\iint_G d(x,y) = \int_R x\,dy = -\int_R y\,dx = 1/2 \int_R x\,dy - y\,dx$$

Beispiel: Inhalt der Fläche, die von der Astroide begrenzt wird. − Randkurve: $x = a\cos^3 t$ und $y = a\sin^3 t$ für $t \in (0, 2\pi]$. Flächeninhalt:

$$A = \iint_G d(x,y) = (1/2)\int_R x\,dy - y\,dx$$

$$= (3/2)a^2 \int_0^{2\pi} \sin^2 t \cos^2 t\,dt = (3/8)\pi a^2.$$

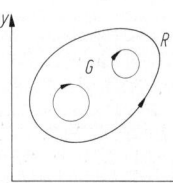

Bild 16. Orientierung der Randkurve eines Gebiets G

7.2 Kurven im Raum. Curves in space

7.2.1 Grundbegriffe. Basic concepts

Zugrunde gelegt wird ein räumliches kartesisches Koordinatensystem $(0; e_1, e_2, e_3)$ im positiv orientierten Raum. Eine (stetige) Kurve k wird dargestellt durch eine stetige Funktion

$$r = r(t) = (x(t), y(t), z(t))$$
$$= x(t)e_1 + y(t)e_2 + z(t)e_3 \quad \text{für } t \in [a, b],$$

wobei $x(t)$, $y(t)$ und $z(t)$ reellwertige stetige Funktionen des Parameters t auf dem Parameterintervall $[a, b]$ sind. $r(a)$ bzw. $r(b)$ heißt Anfangs- und Endpunkt von k. Fallen Anfangs- und Endpunkt zusammen, d.h. $r(a) = r(b)$, dann heißt die Kurve geschlossen.

Ist bei der Darstellung der Kurve k $r = r(t) = (x(t), y(t), z(t))$ für $t \in [a, b]$ z.B. die Funktion $x = x(t)$ auf $[a, b]$ umkehrbar mit $t = t(x)$ für $x \in [x_1, x_2]$, dann heißt $y = y(t(x)) = \bar{y}(x)$ und $z = z(t(x)) = \bar{z}(x)$ oder $r = \bar{r}(x) = (x, \bar{y}(x), \bar{z}(x))$ für $x \in [x_1, x_2]$ eine parameterfreie Darstellung der Kurve k.

7.2.2 Tangente und Bogenlänge. Tangents and arc length

Differenzierbare Kurven. Eine Kurve k heißt differenzierbar, wenn sie eine differenzierbare Parameterdarstellung besitzt.

$$r = r(t) = (x(t), y(t), z(t)) \quad \text{für } t \in [a, b],$$

wobei $x(t)$, $y(t)$ und $z(t)$ differenzierbare Funktionen sind. Es ist dann

$$r'(t) = \frac{dr}{dt} = (\dot{x}(t), \dot{y}(t), \dot{z}(t)) = \lim_{\Delta t \to 0} \frac{r(t + \Delta t) - r(t)}{\Delta t}.$$

Die Kurve k heißt stetig differenzierbar, wenn $\dot{x}(t)$, $\dot{y}(t)$ und $\dot{z}(t)$ auf $[a, b]$ stetig sind. Höhere Ableitungen sind entsprechend erklärt.

Tangente. Ist bei der differenzierbaren Kurve k $r = r(t)$, $t \in [a, b]$, $r'(t_0) = (\dot{x}(t_0), \dot{y}(t_0), \dot{z}(t_0)) \neq 0 = (0, 0, 0)$, dann heißt $r'(t_0)$ Tangentialvektor im Kurvenpunkt $r(t_0)$. Sein Richtungssinn stimmt mit der Orientierung der Kurve überein. Der normierte Tangentialvektor $t = r'(t_0)/|r'(t_0)|$ heißt Tangenteneinheitsvektor. Die Gerade $r = r(t_0) + s r'(t_0)$ mit $r'(t_0) \neq 0$, wobei s Parameter der Geraden ist, heißt Tangente an k im Kurvenpunkt $r(t_0)$. Eine stetig differenzierbare Kurve k, $r = r(t)$ für $t \in [a, b]$, bei der $r'(t_0) \neq 0$ für jedes $t \in [a, b]$, heißt glatt. Sie besitzt also in jedem Kurvenpunkt eine Tangente.

Bogenlänge. Für eine auf $[a, b]$ stetig differenzierbare Kurve k, $r = r(t) = (x(t), y(t), z(t))$, beträgt sie

$$L = \int_a^b |r'(t)| \, dt = \int_a^b \sqrt{\dot{x}^2(t) + \dot{y}^2(t) + \dot{z}^2(t)} \, dt.$$

Beispiel: Schraubenlinie $r = r(t) = (a \cos t, a \sin t, ct)$ für $t \in [0, 2\pi]$. − Für $c > 0$ ist die Schraubenlinie rechtsgängig. Sie hat die Ganghöhe $h = 2\pi c$. Ihre Projektion auf die x, z- bzw. y, z-Ebene ist durch die Gleichungen $x = a \cos t, z = ct$ oder $x = a \cos(z/c)$ bzw. $y = a \sin t, z = ct$ oder $y = a \sin(z/c)$ bestimmt. Der Tangential- bzw. Tangenteneinheitsvektor ist

$$r'(t) = (-a \sin t, a \cos t, c) \quad \text{bzw.}$$
$$t = \frac{r'(t)}{|r'(t)|} = \frac{1}{\sqrt{a^2 + c^2}} (-a \sin t, a \cos t, c).$$

Der Tangentialvektor schließt mit der z-Achse den konstanten Winkel γ ein, wobei $\cos \gamma = c/\sqrt{a^2 + c^2}$. Die Länge einer Schraubenwindung ist $L = \int_0^{2\pi} \sqrt{a^2 + c^2} \, dt = 2\pi \sqrt{a^2 + c^2}$.

7.2.3 Kurvenintegrale. Line integrals

Die Kurvenintegrale im Raum sind entsprechend denen in der Ebene definiert. Vorausgesetzt wird, daß die in Be-

tracht kommenden Kurven glatt und die im Integranden auftretenden Funktionen stetig sind.

Nichtorientiertes Kurvenintegral. Es ist für eine Funktion f auf k, $r = r(t)$ mit $t \in [a, b]$, erklärt durch

$$\int_k f(r) \, ds = \int_k f(x, y, z) \, ds = \int_a^b f(r(t)) |r'(t)| \, dt$$
$$= \int_a^b f(x(t), y(t), z(t)) \sqrt{\dot{x}^2(t) + \dot{y}^2(t) + \dot{z}^2(t)} \, dt.$$

Sein Wert ist unabhängig von der Kurvenorientierung. $ds = |r'(t)| \, dt$ heißt nichtorientiertes Bogenelement.

Orientiertes Kurvenintegral. Es ist für eine Vektorfunktion $v(r) = v(x, y, z) = (P(r), Q(r), R(r))$ auf k, $r = r(t)$ mit $t \in [a, b]$, definiert durch

$$\int_k v(r) \, dr = \int_a^b v(r(t)) r'(t) \, dt$$
$$= \int_k P(r) \, dx + Q(r) \, dy + R(r) \, dz$$
$$= \int_a^b (P(r(t))\dot{x}(t) + Q(r(t))\dot{y}(t) + R(r(t))\dot{z}(t)) \, dt.$$

Bei entgegengesetzter Orientierung (Kurve $-k$) ändert sich das Vorzeichen des Integrals. Kurvenintegrale, bei denen die Integrationskurve k geschlossen ist, werden gewöhnlich durch das Zeichen $\oint$ gekennzeichnet.

Beispiel: Schraubenwindung; k: $r = r(t) = (a \cos t, a \sin t, ct)$ für $t \in [0, 2\pi]$. − $v(r) = (y, z, x)$ oder $P(x, y, z) = y, Q(x, y, z) = z, R(x, y, z) = x$. Hieraus ergibt sich $v(r(t)) = (a \sin t, ct, a \cos t)$, $r'(t) = (-a \sin t, a \cos t, c)$ und damit $v(r(t)) \cdot r'(t) = -a^2 \sin^2 t + act \cos t + ac \cos t$. Das Kurvenintegral der Funktion v längs k lautet dann

$$\int_k v(r) \, dr = \int_0^{2\pi} v(r(t)) \cdot r'(t) \, dt$$
$$= \int_0^{2\pi} (-a^2 \sin^2 t + act \cos t + ac \cos t) \, dt = -\pi a^2.$$

Wegunabhängigkeit. Die vektorielle Funktion $v = v(r)$ sei in einem räumlichen Gebiet G erklärt und dort stetig. Das orientierte Kurvenintegral heißt wegunabhängig in G, wenn für jede geschlossene, ganz in G verlaufende Kurve

$$\oint v(r) \, dr = 0$$

gilt. Für jede, zwei beliebige Punkte des Gebiets G verbindende und ganz in G verlaufende Kurve k hat damit das Kurvenintegral der Funktion v längs k denselben Wert.

Stammfunktion. Eine auf G stetig differenzierbare, reellwertige Funktion $f(r)$ heißt Stammfunktion von $v(r) = (P(r), Q(r), R(r))$, wenn

$$\text{grad} f(r) = v(r) \quad \text{oder}$$
$$\frac{\partial f}{\partial x}(r) = P(r), \quad \frac{\partial f}{\partial y}(r) = Q(r), \quad \frac{\partial f}{\partial z}(r) = R(r).$$

Die Existenz einer Stammfunktion von v bedeutet zugleich, daß $v(r) \, dr = P(r) \, dx + Q(r) \, dy + R(r) \, dz$ ein totales Differential ist. Ist nun f eine Stammfunktion von v in G und k, $r = r(t)$ für $t \in [a, b]$, eine beliebige, ganz in G verlaufende und stetig differenzierbare Kurve mit $a = r(a)$ als Anfangs- und $b = r(b)$ als Endpunkt, dann ergibt sich

$$\int_k v(r) \, dr = \int_a^b \text{grad} f(r(t)) \cdot r'(t) \, dt$$
$$= \int_a^b \frac{df}{dt}(r(t)) \, dt = f(r(b)) - f(r(a)) = f(b) - f(a);$$

das Kurvenintegral ist also wegunabhängig.

Integrabilitätsbedingungen. Ist die Funktion $v(r) = (P(r), Q(r), R(r))$ in G stetig differenzierbar und besitzt sie dort eine Stammfunktion $f(r)$, dann folgt aus $\mathrm{grad}\,f(r) = v(r)$, d.h. $\dfrac{\partial f}{\partial x}(r) = P(r)$, $\dfrac{\partial f}{\partial y}(r) = Q(r)$, $\dfrac{\partial f}{\partial z}(r) = R(r)$, unter Beachtung der Vertauschbarkeit der partiellen Ableitungen die notwendige Bedingung für die Wegunabhängigkeit des Kurvenintegrals bzw. für die Existenz einer Stammfunktion von v.

$$\frac{\partial P}{\partial y}(r) = \frac{\partial Q}{\partial x}(r), \quad \frac{\partial Q}{\partial z}(r) = \frac{\partial R}{\partial y}(r), \quad \frac{\partial R}{\partial x}(r) = \frac{\partial P}{\partial z}(r).$$

Diese Gleichungen heißen Integrabilitätsbedingungen.

Beispiel: Feldstärke in Gravitationsfeld einer Masse m.

$$F(r) = -k\frac{m}{r^3}(x, y, z) = -k\frac{m}{r^3}r, \quad G = \{(x, y, z)\,|\,x^2 + y^2 + z^2 > 0\},$$

$$r = |r| = \sqrt{x^2 + y^2 + z^2}.$$

Mit $P(r) = -k\dfrac{m}{r^3}x$, $Q(r) = -k\dfrac{m}{r^3}y$, $R(r) = -k\dfrac{m}{r^3}z$ sind die Integrabilitätsbedingungen erfüllt, und die reellwertige Funktion $g(r) = k\dfrac{m}{r}$ ist eine Stammfunktion von $F(r)$. Für jede die Punkte $r_1 = (x_1, y_1, z_1)$ und $r_2 = (x_2, y_2, z_2)$ aus G und ganz in G verlaufende Kurve k ist

$$\int_k F(r)\,dr = km\left(\frac{1}{r_2} - \frac{1}{r_1}\right) \text{ mit } r_1 = |r_1| \text{ und } r_2 = |r_2|.$$

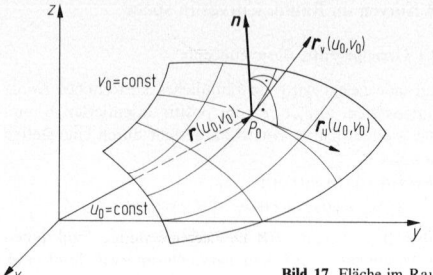

Bild 17. Fläche im Raum

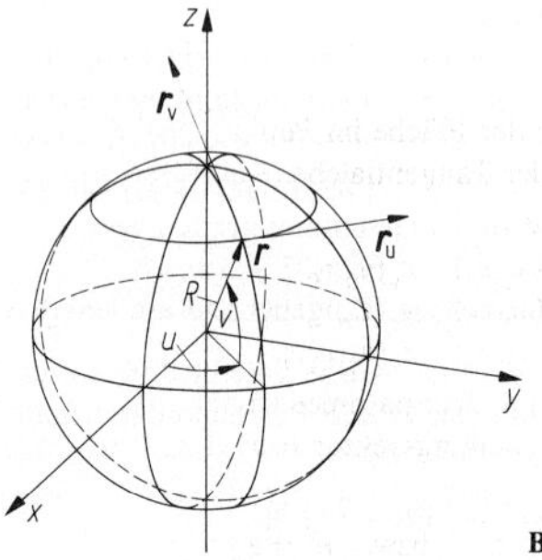

Bild 18. Kugeloberfläche

7.3 Fläche. Surface

7.3.1 Grundbegriffe. Basic concepts

Parameterstellung. Eine Fläche A wird mit den Parametern u und v dargestellt durch

$$r = r(u, v) = (x(u, v), y(u, v), z(u, v))$$
$$= x(u, v)e_1 + y(u, v)e_2 + z(u, v)e_3 \quad \text{für } (u, v) \in G,$$

wobei der Definitionsbereich G ein ebenes Gebiet mit stückweise glattem Rang in der u, v-Ebene ist und die reellwertigen Funktionen $x(u, v)$, $y(u, v)$ und $z(u, v)$ stetig auf G sind.

Glatte Fläche. Die Fläche heißt glatt, wenn die Funktion $r(u, v)$ stetig differenzierbar ist, d.h., wenn die Funktionen $x(u, v)$, $y(u, v)$ und $z(u, v)$ stetige partielle Ableitungen 1. Ordnung besitzen, und wenn außerdem

$$r_u(u, v) \times r_v(u, v) \neq 0 \quad \text{bzw.}$$
$$|r_u(u, v) \times r_v(u, v)| > 0 \quad \text{für } (u, v) \in G,$$

wobei $r_u = \dfrac{\partial r}{\partial u} = (x_u, y_u, z_u)$ und $r_v = \dfrac{\partial r}{\partial v} = (x_v, y_v, z_v)$. Dies ist gleichbedeutend damit, daß mindestens eine der Determinanten

$$\begin{vmatrix} y_v & y_u \\ z_v & z_u \end{vmatrix}, \quad \begin{vmatrix} z_v & z_u \\ x_v & x_u \end{vmatrix}, \quad \begin{vmatrix} x_v & x_u \\ y_v & y_u \end{vmatrix}$$

für alle $(u, v) \in G$ verschieden von Null ist.
Singulär heißt ein Flächenpunkt $r(u, v)$ mit $(u, v) \in G$, wenn $r_u(u, v) \times r_v(u, v) = 0$. Die einfachen glatten Flächen können geschlossen sein oder einen stückweise glatten Rand besitzen.

Koordinatenlinien. So heißen die Kurven

$$r(u, v_0) = (x(u, v_0), y(u, v_0), z(u, v_0)), \quad v_0 = \text{const};$$
$$r(u_0, v) = (x(u_0, v), y(u_0, v), z(u_0, v)) \quad u_0 = \text{const}$$

auf der Fläche. Sie bilden ein krummliniges Netz (**Bild 17**) mit den Koordinaten u und v. Ihre Tangentialvektoren sind

$$r_u = \frac{\partial r}{\partial u} = (x_u, y_u, z_u) \quad \text{und} \quad r_v = \frac{\partial r}{\partial v} = (x_v, y_v, z_v).$$

Durch jeden Flächenpunkt geht genau eine u- und v-Linie, die einander dort schneiden. Sind insbesondere die

Tangentialvektoren der Koordinatenlinien in jedem Flächenpunkt orthogonal, d.h., $r_u \cdot r_v = 0$, dann heißt das Koordinatennetz orthogonal.

Beispiel: Oberfläche einer Kugel mit dem Radius R (**Bild 18**). −
$r = r(u, v) = R(\cos v \cdot \cos u, \cos v \cdot \sin u, \sin v)$, $u \in [0, 2\pi]$, $v \in [-\pi/2, \pi/2]$. Die u-Linien ($v = \text{const}$) sind die Breitenkreise und die v-Linien ($u = \text{const}$) sind die Längenkreise. Ihre Tangentialvektoren sind

$$r_u = R(-\cos v \cdot \sin u, \cos v \cdot \cos u, 0) \quad \text{und}$$
$$r_v = R(-\sin v \cdot \cos u, -\sin v \cdot \sin u, \cos v).$$

Hieraus ergibt sich $r_u \times r_v = R^2(\cos^2 v \cdot \cos u, \cos^2 v \cdot \sin u, \cos v \cdot \sin v) = R\cos v \cdot r(u, v)$. Die Pole ($v = -\pi/2$ oder $v = \pi/2$) sind wegen $r_v \times r_u = 0$ singuläre Flächenpunkte. Das Koordinatennetz ist orthogonal, da $r_u \cdot r_v = 0$ ist.

Parameterfreie Darstellung. Sie erfolgt in der Form $F(x, y, z) = 0$, wobei die Funktion F stetige partielle Ableitungen 1. Ordnung F_x, F_y und F_z besitzt und $F_x^2(x, y, z) + F_y^2(x, y, z) + F_z^2(x, y, z) > 0$. Punkte (x, y, z) mit $F_x^2 + F_y^2 + F_z^2 = 0$ heißen singulär. Ein Sonderfall einer parameterfreien Darstellung ist $F(x, y, z) = f(x, y) - z = 0$ oder $z = f(x, y)$ bzw. $r = r(x, y) = (x, y, f(x, y))$.

Beispiel: Kugeloberfläche mit dem Radius R. − Elimination der Parameter u und v aus den letzten Beispiel führt auf die Gleichung $F(x, y, z) = x^2 + y^2 + z^2 - R^2 = 0$. Insbesondere ergibt sich hieraus für die Darstellung der oberen Hälften der Kugeloberfläche
$(z \geq 0)\; z = f(x, y) = \sqrt{R^2 - x^2 - y^2}$ für $x^2 + y^2 \leq R^2$.

7.3.2 Tangentialebene. Tangent plane

Gleichungen. Die Fläche sei in der Parameterdarstellung gegeben, $r = r(u, v)$. Ist $r_0 = (x_0, y_0, z_0) = (x(u_0, v_0), y(u_0, v_0), z(u_0, v_0)) = r(u_0, v_0)$ ein Punkt der Fläche, dann spannen die Tangentialvektoren $r_u(u_0, v_0)$ und $r_v(u_0, v_0)$ der Koordinatenlinien im Punkt $r(u_0, v_0)$ die Tangentialebene der Fläche in r_0 auf. Ihr Stellungsvektor (**Bild 17**) ist

$$n = r_u(u_0, v_0) \times r_v(u_0, v_0) \neq 0.$$

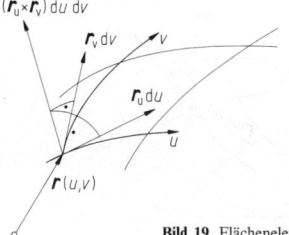

$(r_u \times r_v)\, du\, dv$

$r_v\, dv$ v

$r_u\, du$

u

$r\,(u,v)$

Bild 19. Flächenelement

Der normierte Stellungsvektor

$$n^0 = \frac{r_u \times r_v}{|r_u \times r_v|}$$

heißt Normalvektor der Fläche im Punkt r_0.
Für einen Punkt r der Tangentialebene gilt:

$(r - r_0)n = 0$ bzw.

$$\begin{vmatrix} x - x(u_0,v_0) & x_u(u_0,v_0) & x_v(u_0,v_0) \\ y - y(u_0,v_0) & y_u(u_0,v_0) & y_v(u_0,v_0) \\ z - z(u_0,v_0) & z_u(u_0,v_0) & z_v(u_0,v_0) \end{vmatrix} = 0.$$

Bei einer Fläche in der parameterfreien Darstellung $F(x,y,z) = 0$ ist der Stellungsvektor bzw. der Normalvektor

$n = \mathrm{grad}\, F = (F_x, F_y, F_z)$ bzw. $n^0 = \mathrm{grad}\, F / |\mathrm{grad}\, F|$.

Für die Tangentialebene gilt

$(r - r_0)\mathrm{grad}\, F = 0$ bzw. $F_x(x_0,y_0,z_0)(x - x_0)$
$+ F_y(x_0,y_0,z_0)(y - y_0) + F_z(x_0,y_0,z_0)(z - z_0) = 0.$

Flächeninhalt. Die tangential zu den Koordinatenlinien der Fläche $r = r(u,v)$ gerichteten Vektoren $r_u\, du$ und $r_v\, dv$ mit $r_u \times r_v \neq 0$ spannen ein Parallelogramm auf (**Bild 19**). Es heißen $dS = (r_u \times r_v)\, du\, dv$ vektorielles oder orientiertes Flächenelement, $dS = |r_u \times r_v|\, du\, dv$ skalares Flächenelement.
Ist G ein Gebiet mit stückweise glattem Rand der u,v-Ebene, dann ist der Inhalt der Fläche $r = r(u,v)$ für $(u,v) \in G$ bestimmt durch

$$\iint\limits_G |r_u \times r_v|\, du\, dv = \iint\limits_G \sqrt{r_u^2 \cdot r_v^2 - (r_u \cdot r_v)^2}\, du\, dv.$$

$E = r_u^2 = x_u^2 + y_u^2 + z_u^2$, $G = r_v^2 = x_v^2 + y_v^2 + z_v^2$, $F = r_u \cdot r_v = x_u x_v + y_u y_v + z_u z_v$ heißen Gaußsche Koeffizienten der Fläche. Für die Fläche mit der Gleichung $z = f(x,y)$ für $(x,y) \in G$ lautet der Flächeninhalt

$$\iint\limits_G \sqrt{1 + f_x^2 + f_y^2}\, dx\, dy.$$

Beispiel: Inhalt der Kugeloberfläche (s. A 7.3.1). – Es ist $|r_u \times r_v| = |R\cos v\, r(u,v)| = R^2 \cos v$ für $0 \le u \le 2\pi, -\pi/2 \le v \le \pi/2$.

$$\iint\limits_G R^2 \cos v\, du\, dv$$
$$= R^2 \int\limits_{-\pi/2}^{\pi/2} \cos v\, dv \int\limits_0^{2\pi} du = 2\pi R^2 [\sin v]_{-\pi/2}^{\pi/2} = 4\pi R^2.$$

7.3.3 Oberflächenintegrale. Surface integrals

Nichtorientiertes Oberflächenintegral. Auf der Punktemenge der Fläche $A, r = r(u,v)$ für $(u,v) \in G$, sei die stetige Funktion $F(r) = F(x,y,z)$ erklärt. Das nichtorientierte Oberflächenintegral ist definiert durch

$$\iint\limits_A F(r)\, dS = \iint\limits_G F(r(u,v))|r_u \times r_v|\, du\, dv.$$

Hiermit wird es auf ein gewöhnliches Flächenintegral zurückgeführt, wobei $dS = |r_u \times r_v|\, du\, dv$ das skalare Flächenelement ist.
Für die Fläche A mit der Darstellung $z = f(x,y)$ für $(x,y) \in G$ lautet das Oberflächenintegral

$$\iint\limits_A F(r)\, dS$$
$$= \iint\limits_G F(x,y,f(x,y))\sqrt{1 + f_x^2(x,y) + f_y^2(x,y)}\, dx\, dy.$$

Beispiel: Trägheitsmoment einer Kugeloberfläche bezüglich eines Kugeldurchmessers (z-Achse). – Gleichung der Kugeloberfläche: $r = r(u,v) = R(\cos v \cdot \cos u, \cos v \cdot \sin u, \sin v)$ für $0 \le u \le 2\pi, -\pi/2 \le v \le \pi/2$. Das skalare Flächenelement der Kugeloberfläche lautet $dS = |r_u \times r_v|\, du\, dv = R^2 \cos v\, du\, dv$. Trägheitsmoment bezüglich der z-Achse:

$$\iint\limits_A (x^2 + y^2)\, dS = \iint\limits_G R^2 \cos^2 v R^2 \cos v\, du\, dv$$
$$= R^4 \int\limits_0^{2\pi} du \int\limits_{-\pi/2}^{\pi/2} \cos^3 v\, dv = \frac{8\pi}{3} R^4.$$

Orientiertes Oberflächenintegral. Auf der Punktmenge der Fläche $A, r = r(u,v)$ für $(u,v) \in G$, sei die stetige vektorielle Funktion erklärt: $F(r) = (P(r), Q(r), R(r))$. Das orientierte Oberflächenintegral ist dann definiert durch

$$\iint\limits_A F(r)\, dS = \iint\limits_G F(r(u,v)) \cdot (r_u \times r_v)\, du\, dv,$$

wobei $dS = (r_u \times r_v)\, du\, dv$ das orientierte Flächenelement ist. Mit dem Normalenvektor der Fläche A,

$$n^0 = (r_u \times r_v)/|r_u \times r_v|,$$

lautet es,

$$\iint\limits_A F(r)\, dS = \iint\limits_G F(r(u,v)) \cdot n^0 |r_u \times r_v|\, du\, dv$$
$$= \iint F(r) \cdot n^0\, dS.$$

Sind $\cos\alpha, \cos\beta$ und $\cos\gamma$ die Richtungscosinusse von n^0, dann ist

$$\iint\limits_A F(r)\, dS = \iint\limits_A (P(r)\cos\alpha + Q(r)\cos b + R(r)\cos\gamma)\, dS$$
$$= \iint\limits_A P(r)\, dy\, dz + Q(r)\, dz\, dx + R(r)\, dx\, dy.$$

Wird der Richtungssinn der Flächennormalen umgekehrt, dann ändert sich das Vorzeichen des Integrals.

7.4 Vektoranalysis. Vector analysis

7.4.1 Grundbegriffe. Basic concepts

Zugrunde gelegt wird ein räumliches kartesisches Koordinaten-System $(0; e_1, e_2, e_3)$ mit positiver Orientierung (Rechtssystem), so daß jeder Punkt des Raums eindeutig durch seinen Ortsvektor $\overrightarrow{OP} = r = xe_1 + ye_2 + ze_3$ dargestellt wird. Punkte werden auch kurz mit r gekennzeichnet.

Skalarfeld

Ist jedem Punkt r eines Raumgebiets G genau eine skalare Größe $f(r) = f(x,y,z)$, z.B. Temperatur, zugeordnet, dann heißt die Funktion f Skalarfeld auf G, z.B. Temperaturfeld, wobei die Flächen $f(r) = C = \mathrm{const}$ als Niveauflächen von f bezeichnet werden.

Vektorfeld

Ist jedem Punkt r eines Raumgebiets G genau eine vektorielle Größe $F(r)$, z.B. Kraft oder Geschwindigkeit, zugeordnet, dann heißt die vektorielle Funktion F Vektorfeld auf G, z.B. Kraftfeld oder Geschwindigkeitsfeld. Eine solche vektorielle Funktion F wird durch drei reellwertige Funktionen F_x, F_y und F_z dargestellt.

$$F(r) = F_x(r)e_1 + F_y(r)e_2 + F_z(r)e_3$$
$$= (F_x(r), F_y(r), F_z(r)).$$

Feldlinie heißt eine Raumkurve k, $r = r(t)$, in einem Vektorfeld F, wenn $F(r) \times dr/dt = 0$, d.h., wenn ihre Tangentialvektoren dr/dt mit den Vektoren $F(r)$ in den Kurvenpunkten $r(t)$ kollinear sind.

Fluß eines Vektorfelds F durch eine Fläche A. Er ist definiert durch das orientierte Oberflächenintegral

$$\iint\limits_A F(r)\, dS.$$

Zirkulation eines Vektorfelds F längs einer geschlossenen Kurve k. Sie ist definiert durch das orientierte Kurvenintegral

$$\oint\limits_k F(r)\, dr.$$

Gradient. So heißt das Vektorfeld

$$\operatorname{grad} f(r) = \frac{\partial f}{\partial x}(r)e_1 + \frac{\partial f}{\partial y}(r)e_2 + \frac{\partial f}{\partial z}(r)e_3$$
$$= \left(\frac{\partial f}{\partial x}, \frac{\partial f}{\partial y}, \frac{\partial f}{\partial z}\right).$$

Richtungsableitung. Sie ist für eine Skalarfunktion f und einen eine Richtung kennzeichnenden Einheitsvektor

$$l = \cos\alpha\, e_1 + \cos\beta\, e_2 + \cos\gamma\, e_3$$

mit $\cos^2\alpha + \cos^2\beta + \cos^2\gamma = 1$ definiert durch

$$\frac{\partial f}{\partial l} = \operatorname{grad} f \cdot l = \frac{\partial f}{\partial x}\cos\alpha + \frac{\partial f}{\partial y}\cos\beta + \frac{\partial f}{\partial z}\cos\gamma.$$

$$|\operatorname{grad} f| = \sqrt{\left(\frac{\partial f}{\partial x}\right)^2 + \left(\frac{\partial f}{\partial y}\right)^2 + \left(\frac{\partial f}{\partial z}\right)^2}.$$

Dabei ist $|\operatorname{grad} f|$ die größte Richtungsableitung, wenn $\operatorname{grad} f$ und l gleichgerichtet sind.

Beispiel: $f(r) = 1/\sqrt{x^2 + y^2 + z^2} = 1/r$ mit $r = \sqrt{x^2 + y^2 + z^2}$. – Die Niveauflächen von f sind Kugeloberflächen mit dem Ursprung O als Mittelpunkt. Es ist $\frac{\partial f}{\partial x} = -x/r^3$, $\frac{\partial f}{\partial y}(r) = -y/r^3$, $\frac{\partial f}{\partial z}(r) = -z/r^3$. Damit ergibt sich $\operatorname{grad} f(r) = (-1/r^3)r$ und $|\operatorname{grad} f(r)| = 1/r^2$.

Divergenz. Zur koordinatenunabhängigen Definition der Divergenz eines Vektorfelds F in einem Raumpunkt r wird ein Gebiet G mit dem Punkt r betrachtet, dessen Rand aus einer geschlossenen, einfachen, stückweise glatten Fläche $Rd(G)$ besteht. Die Divergenz des Vektorfelds F im Raumpunkt r ist definiert durch

$$\lim_{V \to 0} \frac{\oiint F(r)\, dS}{V} = \operatorname{div} F(r),$$

wobei $\oiint F(r)\, dS$ den Fluß des Vektorfelds F durch die Fläche $Rd(G)$ darstellt und V das Volumen des von der Fläche $Rd(G)$ eingeschlossenen Gebiets G ist. Beim Grenzübergang schrumpft die geschlossene Fläche F auf den Punkt r zusammen. In kartesischen Koordinaten lautet die Divergenz des Vektorfelds

$$F(r) = F_x(r)e_1 + F_y(r)e_2 + F_z(r)e_3,$$
$$\operatorname{div} F(r) = \frac{\partial F_x}{\partial x}(r) + \frac{\partial F_y}{\partial y}(r) + \frac{\partial F_z}{\partial z}(r).$$

Rotation. Die Rotation $\operatorname{rot} F$ eines Vektorfelds F ist ein Vektorfeld. Zur koordinatenunabhängigen Definition von

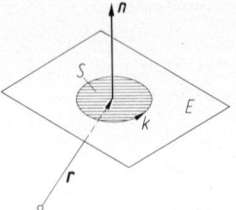

Bild 20. Orientierung zur Rotation eines Vektorfelds

$\operatorname{rot} F(r)$ in einem Raumpunkt r wird durch einen normierten Vektor n eine beliebige Richtung im Raum vorgegeben. In einer zu n senkrechten Ebene (**Bild 20**) mit dem Punkt r ist dieser von einer einfachen, stückweise glatten Kurve k umschlossen, deren Innenfläche den Inhalt S hat. Die Orientierungen der Kurve k und des Richtungsvektors n bilden ein Rechtssystem. Gebildet wird der Grenzwert des Quotienten aus der Zirkulation des Vektorfelds F längs k und dem Flächeninhalt S, wobei die Kurve k auf den Punkt r zusammenschrumpft. Dieser Grenzwert liefert die Projektion des Vektors $\operatorname{rot} F(r)$ auf die Richtung n.

$$\operatorname{rot} F(r) \cdot n = \lim_{S \to 0} \frac{\oint F(r)\, dr}{S}.$$

In kartesischen Koordinaten lautet die Rotation des Vektorfelds

$$F(r) = F_x(r)e_1 + F_y(r)e_2 + F_z(r)e_3,$$
$$\operatorname{rot} F(r) = \left(\frac{\partial F_z}{\partial y} - \frac{\partial F_y}{\partial z}\right)e_1 + \left(\frac{\partial F_x}{\partial z} - \frac{\partial F_z}{\partial x}\right)e_2$$
$$+ \left(\frac{\partial F_y}{\partial x} - \frac{\partial F_x}{\partial y}\right)e_3 = \begin{vmatrix} e_1 & \dfrac{\partial}{\partial x} & F_x \\ e_2 & \dfrac{\partial}{\partial y} & F_y \\ e_3 & \dfrac{\partial}{\partial z} & F_z \end{vmatrix}.$$

7.4.2 Der ∇-(Nabla-)Operator. The Nabla operator ∇

Als ∇-Operator ist der symbolische Vektor

$$\nabla = e_1 \frac{\partial}{\partial x} + e_2 \frac{\partial}{\partial y} + e_3 \frac{\partial}{\partial z} = \left(\frac{\partial}{\partial x}, \frac{\partial}{\partial y}, \frac{\partial}{\partial z}\right)$$

definiert. Mit ihm lassen sich Gradient, Divergenz und Rotation auch $\operatorname{grad} f = \nabla f$, $\operatorname{div} F = \nabla \cdot F$, $\operatorname{rot} F = \nabla \times F$ schreiben.
In Verbindung mit dem ∇-Operator werden noch weitere Differentialoperatoren eingeführt:

Ableitung nach einer Richtung $l = \cos\alpha\, e_1 + \cos\beta\, e_2 + \cos\gamma\, e_3$ mit $\cos^2\alpha + \cos^2\beta + \cos^2\gamma = 1$.

$$\frac{\partial}{\partial l} = l \cdot \nabla = \cos\alpha \frac{\partial}{\partial x} + \cos\beta \frac{\partial}{\partial y} + \cos\gamma \frac{\partial}{\partial z}$$

So ist die Ableitung des Skalarfelds f nach der Richtung l

$$\frac{\partial f}{\partial l} = (l \cdot \nabla)f = \left(\cos\alpha \frac{\partial}{\partial x} + \cos\beta \frac{\partial}{\partial y} + \cos\gamma \frac{\partial}{\partial z}\right)f$$
$$= \cos\alpha \frac{\partial f}{\partial x} + \cos\beta \frac{\partial f}{\partial y} + \cos\gamma \frac{\partial f}{\partial z} = l \cdot \nabla f = l \cdot \operatorname{grad} f.$$

Ableitung nach einem Vektorfeld $v = v_x e_1 + v_y e_2 + v_z e_3$.

$$\frac{d}{dv} = v \cdot \nabla = v_x \frac{\partial}{\partial x} + v_y \frac{\partial}{\partial y} + v_z \frac{\partial}{\partial z}.$$

So ist die Ableitung des Vektorfelds $F = F_x e_1 + F_y e_2 + F_z e_3$ nach dem Vektorfeld v

$$\frac{dF}{dv} = (v \cdot \nabla)F = (v \cdot \nabla F_x)e_1 + (v \cdot \nabla F_y)e_2 + (v \cdot \nabla F_z)e_3$$
$$= (v \cdot \text{grad}F_x)e_1 + (v \cdot \text{grad}F_y)e_2 + (v \cdot \text{grad}F_z)e_3.$$

Laplace-Operator $\Delta = \nabla \cdot \nabla = \nabla^2 = \dfrac{\partial^2}{\partial x^2} + \dfrac{\partial^2}{\partial y^2} + \dfrac{\partial^2}{\partial z^2}.$

7.4.3 Integralsätze. Integral theorems

Satz von Stokes. Ist $F = F(r)$ ein Vektorfeld mit stetigen partiellen Ableitungen 1. Ordnung und ist A eine stückweise glatte Fläche mit stückweise glattem Rand, wobei die Orientierung der Randkurve Rd(A) und der Fläche ein Rechtssystem bilden, dann gilt (s. auch A 7.4.1)

$$\oint_{\text{Rd}(A)} F(r)\, dr = \iint_A \text{rot}F(r)\, dS.$$

Beispiel: Gegeben sind das Vektorfeld $F = F(r) = (z - y, x - z, y - x)$ nach **Bild 21** und die Kurve k, die aus dem Rand eines Dreiecks mit den Eckpunkten $A = (a,0,0), B = (0,a,0)$ und $C = (0,0,a)$ besteht. Es soll die Zirkulation längs k mit Hilfe des Satzes von Stokes berechnet werden. − Die Rotation des Vektorfelds F in r ist $\text{rot}F(r) = (2,2,2)$, s. A 7.4.1. Die Dreiecksfläche ist bestimmt durch $r = r(x,y) = (x,y,a-x-y)$ für $0 \leq x \leq a$ und $0 \leq y \leq a - x$. Ihr Normalenvektor n^0 muß entsprechend der Kurvenorientierung so orientiert sein, daß er vom Ursprung O aus zur Fläche weist, d.h., daß seine Projektion auf die z-Achse positiv ist. Wegen $\partial r/\partial x = (1,0,-1)$ und $\partial r/\partial y = (0,1,-1)$ gilt für das orientierte Flächenelement $dS = \left(\dfrac{\partial r}{\partial x} \times \dfrac{\partial r}{\partial y}\right)dx\,dy = (1,1,1)\,dx\,dy$. Nach dem Satz von

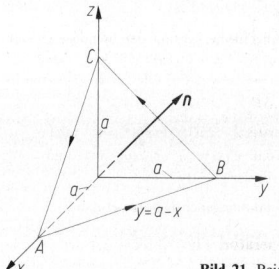

Bild 21. Beispiel zum Satz von Stokes

Stokes ist dann

$$\oint F(r)\, dr = \iint \text{rot}F(r)\, dS = \iint 6\,dx\,dy$$
$$= 6 \int_0^a dx \int_0^{a-x} dy = 6 \int_0^a (a - x)\, dx = 3a^2.$$

Satz von Gauß. Ist $F = F(r)$ ein Vektorfeld mit stetigen partiellen Ableitungen 1. Ordnung und ist G das Innengebiet einer geschlossenen, stückweise glatten Fläche Rd(G) mit nach außen orientiertem Normalenvektor, dann gilt

$$\oiint_{\text{Rd}(G)} F(r)\, dS = \iiint_G \text{div}F(r)\, dV.$$

Beispiel: Der Fluß des Vektorfelds $F = F(r) = x^3 e_1 + y^3 e_2 + z^3 e_3$ durch die Kugeloberfläche Rd(K), $x^2 + y^2 + z^2 = R^2$, soll berechnet werden. − F hat in r die Divergenz $\text{div}F(r) = 3x^2 + 3y^2 + 3z^2$. Die Anwendung des Satzes von Gauß ergibt

$$\oiint_{\text{Rd}(K)} F(r)\, dS = 3 \iiint_K (x^2 + y^2 + z^2)\, dV.$$

Die Einführung von Kugelkoordinaten

$$x = r \cos \vartheta \cdot \cos \varphi, \quad y = r \cos \vartheta \cdot \sin \varphi, \quad z = r \sin \vartheta$$

mit $dV = \dfrac{\partial(x,y,z)}{\partial(r,\varphi,\vartheta)}\, dr\, d\varphi\, d\vartheta = r^2 \cos \vartheta \cdot dr\, d\varphi\, d\vartheta$ führt auf das Er-

gebnis $\displaystyle \oiint_{\text{Rd}(K)} F(r)\, dS = 3 \int_0^R r^4\, dr \int_{-\pi/2}^{\pi/2} \cos \vartheta\, d\vartheta \int_0^{2\pi} d\varphi = (12/5)\pi R^5.$

Greensche Formeln. Sie ergeben sich, wenn im Satz von Gauß das Vektorfeld F durch $\varphi\, \text{grad}\, \psi$ bzw. $\psi\, \text{grad}\, \varphi$ ersetzt wird.

$$\oiint_{\text{Rd}(G)} \varphi\, \text{grad}\, \psi\, dS = \iiint_G (\text{grad}\, \varphi \cdot \text{grad}\, \psi + \varphi\, \Delta\psi)\, dV,$$

$$\oiint_{\text{Rd}(G)} (\varphi\, \text{grad}\, \psi - \psi\, \text{grad}\, \varphi)\, dS = \iiint_G (\varphi\, \Delta\psi - \psi\, \Delta\varphi)\, dV,$$

$$\oiint_{\text{Rd}(G)} \text{grad}\, \psi\, dS = \iiint_G \Delta\psi\, dV.$$

Weitere Integralformeln. Mit Hilfe des Satzes von Gauß lassen sich die weiteren Integralformeln nachweisen:

$$\oiint_{\text{Rd}(G)} f(r)\, dS = \iiint_G \text{grad}f\, dV,$$

$$\oiint_{\text{Rd}(G)} F \times dS = \iint_{\text{Rd}(G)} (F \times n^0)\, dS = -\iiint_V \text{rot}F\, dV.$$

8 Differentialgleichungen
Differential equations

U. Jarecki, Berlin

8.1 Gewöhnliche Differentialgleichungen
Ordinary differential equations

8.1.1 Grundbegriffe. Basic concepts

Eine gewöhnliche Differentialgleichung (Dgl.) n-ter Ordnung hat die Form

$$F(x, y, y', y'', \ldots, y^{(n)}) = 0, \tag{1}$$

wobei y eine unbekannte Funktion einer Variablen x ist und $y^{(n)}$ die höchste in F auftretende Ableitung bedeutet. Ist die Gleichung nach $y^{(n)}$ auflösbar, so heißt

$$y^{(n)} = f(x, y, y', y'', \ldots, y^{(n-1)}) \tag{2}$$

Normal- oder explizite Form. Eine Funktion $y = g(x)$, welche die Dgl. identisch erfüllt, heißt partikuläre (spezielle) Lösung, Integral oder Integralkurve der Dgl.
Bei Anfangswert-Aufgaben oder -Problemen sind noch Anfangsbedingungen zu erfüllen, bei denen für einen festen Wert x_0 die Werte der Funktion y nebst ihren Ableitungen bis zur $(n-1)$-ten Ordnung vorgegeben sind.

$$y(x_0) = a_1, \ y'(x_0) = a_2, \ y''(x_0) = a_3, \ldots, y^{(n-1)}(x_0) = a_n. \tag{3}$$

Existenz und Eindeutigkeit von Lösungen. Ist die Funktion $f(x, y, y', y'', \ldots, y^{(n-1)})$ in einer Umgebung des Punkts $(x_0, a_1, a_2, \ldots, a_n) \in \mathbb{R}^{(n+1)}$ stetig und besitzt sie dort stetige partielle Ableitungen 1. Ordnung nach $y, y', y'', \ldots, y^{(n-1)}$, dann hat die Dgl. $y^{(n)} = f(x, y, y', y'', \ldots, y^{(n-1)})$ in einer hinreichend kleinen Umgebung dieses Punkts genau eine Lösung $y = g(x)$ mit $g(x_0) = a_1, g'(x_0) = a_2, \ldots, g^{(n-1)}(x_0) = a_n$.

Da die n Anfangswerte $a_1, a_2, \ldots, a_n$ beliebige Konstanten (Parameter) sind, stellt die Funktion g eine (n-parametrische) Schar von Lösungen dar.

Allgemeine Lösung. Sie lautet für die Dgl. (2) mit n beliebigen Konstanten $C_1, C_2, \ldots, C_n$

$$y = g(x, C_1, C_2, \ldots, C_n), \qquad (4)$$

wenn es für jede durch den Existenz- und Eindeutigkeitssatz gesicherte Anfangsbedingung Zahlenwerte für die Konstanten $C_1, C_2, \ldots, C_n$ gibt, so daß die Funktion g diese Anfangsbedingung erfüllt.

Partikuläre Lösung. Ist $y = g(x, C_1, C_2, \ldots, C_n)$ eine allgemeine Lösung der Dgl. (2), so kann hieraus eine partikuläre Lösung gewonnen werden, welche die Anfangsbedingung (3) erfüllt. Hierzu folgen die Konstanten $C_1, C_2, \ldots, C_n$ aus dem Gleichungssystem

$$g(x_0, C_1, C_2, \ldots, C_n) = a_1,$$
$$g'(x_0, C_1, C_2, \ldots, C_n) = a_2,$$
$$\ldots\ldots\ldots\ldots\ldots\ldots\ldots\ldots$$
$$g^{(n-1)}(x_0, C_1, C_1, \ldots, C_n) = a_n.$$

8.1.2 Differentialgleichung 1. Ordnung
First order differential equations

Normalform $y' = f(x, y)$

Geometrische Deutung. Durch $y' = f(x, y)$ wird jedem Punkt (x, y) von f eine Steigung $m = y' = f(x, y)$ zugeordnet, die durch eine kurze Strecke, das Richtungselement, gekennzeichnet wird. Ihre Gesamtheit heißt Richtungsfeld.

Integralkurven. Sie bilden Lösungen der Dgl., wenn sie auf das Richtungsfeld passen. Sind in einem gewissen Gebiet G die Voraussetzungen nach A 8.1.1 erfüllt, dann verläuft durch jeden Punkt dieses Gebiets genau eine Integralkurve.

Isoklinenschar. Wird y' durch eine Konstante C ersetzt, so stellt $C = f(x, y)$ eine einparametrische Kurvenschar dar, in deren Punkten die Richtungselemente gleichgerichtet sind ($y' = C$).

Differentialgleichungen mit getrennten Variablen

$$y' = f(x)g(y) \qquad (5)$$

f und g seien stetig für $x \in (a, b)$ und $y \in (c, d)$. Ist $g(y) \neq 0$ für $y \in (c, d)$, dann folgt durch Trennen der Variablen $dy/g(y) = f(x)\,dx$. Quadratur liefert eine Lösung mit der beliebigen Konstanten C: $\int dy/g(y) = \int f(x)\,dx + C$. Ist $g(y_0) = 0$ für ein $y_0 \in (c, d)$, dann ist außerdem noch $y = y_0$ eine partikuläre Lösung.

Beispiel: $y' = y^2$; $f(x) \equiv 1$ und $g(y) = y^2$, $(x, y) \in \mathbb{R}^2$. − Für $y \neq 0$ folgt, wenn C beliebig ist, $\int dy/y^2 = \int dx + C$, also ist $-1/y = x + C$ oder $y = -1/(x + C)$. Wegen $g(y) = y^2 = 0$ für $y = 0$ gibt es noch die partikuläre Lösung $y \equiv 0$. Durch jeden Punkt (x, y) der Ebene geht genau eine Integralkurve. Mit der Anfangsbedingung $y(1) = -1$ ergibt sich $C = 0$ aus $-1 = -1/(1 + C)$, und die Integralkurve durch $(1, -1)$ hat die Gleichung $y = -1/x$.

Homogene oder gleichgradige Dgl. $y' = g(y/x)$.   (6)

Eine Dgl. $y' = f(x, y)$ heißt homogen, wenn $f(x, y)$ eine homogene Funktion 0-ten Grads ist, d.h., wenn $f(tx, ty) = f(x, y)$ ist. $f(x, y)$ läßt sich dann in der Form $g(y/x)$ darstellen. Zur Lösung von Gl. (6) wird die neue Funktion $z(x)$ gemäß $z(x) = y(x)/x$ eingeführt. Mit $y' = z + xz'$ ergibt sich dann eine Dgl. mit getrennten Variablen, $z' = [g(z) - z]/x$, wie Dgl. (5).

Beispiel: $y' = (y - x)/x = (y/x) - 1 = g(y/x)$. − Die Substitution $y = xz$ mit $y' = xz' + z$ führt auf $xz' + z = z - 1$ oder $z' = -1/x$, deren

---

Integration die Lösung $z = y/x = -\ln|x| + C$ oder $y = x(-\ln|x| + C)$ ergibt.

Lineare Differentialgleichung $y' + p(x)y = q(x)$.   (7)

Die Funktionen p und q seien in einem Intervall (a, b) stetig. Für $q(x) \equiv 0$ heißt die Dgl. linear homogen, sonst linear inhomogen. Ist $y_H(x)$ die allgemeine Lösung der homogenen und $y_P(x)$ eine partikuläre Lösung der inhomogenen Dgl., dann ist die allgemeine Lösung der inhomogenen Dgl.

$$y(x) = y_H(x) + y_P(x).$$

Die allgemeine Lösung der homogenen Dgl. $y' + p(x)y = 0$ kann durch Trennen der Variablen bestimmt werden. Sie lautet

$$y_H(x) = C \exp\left(- \int p(x)\,dx\right).$$

Variation der Konstanten. Sie dient dazu, eine partikuläre Lösung der inhomogenen Dgl. zu gewinnen. Hier wird $y_P(x) = C(x) \exp\left(-\int p(x)\,dx\right)$ in die inhomogene Dgl. eingesetzt und die unbekannte Funktion $C(x)$ so bestimmt, daß $y_P(x)$ eine ihrer Lösungen ist. Dann ist

$$C(x) = \int q(x) \exp\left(\int p(x)\,dx\right) dx \quad \text{und}$$
$$y_P(x) = \exp\left(-\int p(x)\,dx\right) \cdot \int q(x) \exp\left(\int p(x)\,dx\right) dx.$$

Allgemeine Lösung der inhomogenen Dgl. $y' + p(x)y = q(x)$. Sie lautet

$$y(x) = y_H(x) + y_P(x)$$
$$= \exp\left(-\int p(x)\,dx\right)\left\{C + \int q(x) \exp\left(\int p(x)\,dx\right) dx\right\},$$

wobei C eine beliebige Konstante ist.

Beispiel: $y' - 2xy = x$. − Allgemeine Lösung der homogenen Dgl. $y' - 2xy = 0$ ist $y_H(x) = C \exp(x^2)$ mit $C \in \mathbb{R}$. Mit dem Ansatz zur partikulären Lösung, $y_P(x) = C(x)\exp(x^2)$, folgt nach Einsetzen in die inhomogene Dgl. (7)

$C'(x)\exp(x^2) + 2xC(x)\exp(x^2) - 2xC(x)\exp(x^2) = x$ oder $C'(x) = x \exp(-x^2)$, so daß $C(x) = -(1/2)\exp(-x^2)$ und $y_P(x) = -(1/2)\exp(-x^2)\exp(x^2) = -1/2$.

die allgemeine Lösung der inhomogenen Dgl. lautet damit

$y(x) = y_H(x) + y_P(x) = C\exp(x^2) - 1/2$, $C \in \mathbb{R}$.

Bernoullische Differentialgleichung

$$y' + P(x)y = Q(x)y^n. \qquad (8)$$

Sie ist eine Verallgemeinerung einer linearen Dgl., da sie für $n = 0$ oder $n = 1$ linear wird. Es sei daher $n \neq 0$; 1. Division beider Seiten der Gleichung durch y^n ergibt $y^{-n}y' + P(x)y^{1-n} = Q(x)$. Die Substitution $z(x) = y^{1-n}(x)$ führt auf eine lineare Dgl. für z, $z' + p(x)z = q(x)$ mit $p(x) = (1 - n)P(x)$ und $q(x) = (1 - n)Q(x)$, die wie Dgl. (7) behandelt wird.

Riccatische Differentialgleichung

$$y' + p(x)y + q(x)y^2 + r(x) = 0. \qquad (9)$$

Ihre Integration läßt sich allgemein nicht mit Quadraturen durchführen. Ist jedoch eine partikuläre Lösung $y_P = u(x)$ bekannt, führt die Substitution $y(x) = u(x) + 1/z(x)$ auf die lineare Dgl. $z' - [p(x) + 2u(x)q(x)]z = q(x)$ für z, die wie Dgl. (7) integriert wird.

Exakte Differentialgleichung

Jede Dgl. 1. Ordnung in der Normalform $y' = f(x, y)$ läßt sich als Gleichung mit Differentialen $dy = f(x, y)\,dx$ oder allgemeiner schreiben.

$$P(x, y)\,dx + Q(x, y)\,dy = 0. \qquad (10)$$

Integrabilitätsbedingung. Die Dgl. (10) heißt exakt oder total, wenn ihre linke Seite das vollständige Differential einer Funktion $F(x,y)$ ist, wenn also die Integrabilitätsbedingung $\partial P(x,y)/\partial y = \partial Q(x,y)/\partial x$ gilt

Allgemeine Lösung. Sie ist dann $F(x,y) = C$, wobei $\partial F(x,y)/\partial x = P(x,y)$ und $\partial F(x,y)/\partial y = Q(x,y)$, oder ausführlicher

$$\int P(x,y)\,\mathrm{d}x + \int \left[Q(x,y) - \int \frac{\partial P(x,y)}{\partial y}\,\mathrm{d}x \right]\mathrm{d}y = C$$

oder

$$\int Q(x,y)\,\mathrm{d}y + \int \left[P(x,y) - \int \frac{\partial Q(x,y)}{\partial x}\,\mathrm{d}y \right]\mathrm{d}x = C.$$

Beispiel: $4xy\,\mathrm{d}x + (2x^2 - 3y^2)\,\mathrm{d}y = 0$. – Es ist $P(x,y) = 4xy, Q(x,y) = 2x^2 - 3y^2$, $\partial P/\partial y = \partial Q/\partial x = 4x$, d.h., die Integrabilitätsbedingung ist erfüllt. Aus $\partial F/\partial x = P(x,y) = 4xy$ folgt $F(x,y) = 2x^2 y + f(y)$. Wegen $\partial F/\partial y = Q(x,y)$ gilt $2x^2 + f'(y) = 2x^2 - 3y^2$ oder $f'(y) = -3y^2$, woraus $f(y) = -y^3 + C_1$ folgt, so daß die allgemeine Lösung $F(x,y) = 2x^2 y - y^3 = C$ lautet.

Integrierender Faktor. Ist $\partial P/\partial y \neq \partial Q/\partial x$, so gibt es unter gewissen, sehr allgemeinen Voraussetzungen eine Funktion $\mu(x,y)$, den integrierenden Faktor, so daß die Dgl. $\mu(x,y)P(x,y)\,\mathrm{d}x + \mu(x,y)Q(x,y)\,\mathrm{d}y = 0$ exakt ist. Einfache Sonderfälle sind:

Ist $\dfrac{\dfrac{\partial P}{\partial y} - \dfrac{\partial Q}{\partial x}}{Q} = p(x)$, so ist $\mu(x) = \exp\left(\int p(x)\,\mathrm{d}x \right)$;

ist $\dfrac{\dfrac{\partial Q}{\partial x} - \dfrac{\partial P}{\partial y}}{P} = q(y)$, so ist $\mu(y) = \exp\left(\int q(y)\,\mathrm{d}y \right).$

Beispiel: Die lineare Dgl. $y' - 2xy = x$ (s. Beispiel unter lineare Dgl.) läßt sich auch schreiben $(-2xy - x)\,\mathrm{d}x + \mathrm{d}y = 0$ mit $P(x,y) = -2xy - x$ und $Q(x,y) = 1$. – Wegen $\partial P/\partial y = -2x$ und $\partial Q/\partial x = 0$ ist sie nicht exakt. Da $(P_y - Q_x)/Q = -2x$, ist $\mu(x) = \exp(-\int 2x\,\mathrm{d}x) = \exp(-x^2)$ ein integrierender Faktor und die Dgl. $(-2xy - x)\cdot\exp(-x^2)\,\mathrm{d}x + \exp(-x^2)\,\mathrm{d}y = 0$ exakt.

Implizite Differentialgleichung $F(x,y,y') = 0$ (11)

Besitzt sie in einem ebenen Gebiet m verschiedene reelle Wurzeln $y' = f_i(x,y)$, $i = 1,2,\ldots,m$, so stellt jede die explizite Dgl. der bereits behandelten Art dar; ihre Lösung besteht i. allg. aus m verschiedenen einparametrischen Kurvenscharen.

Beispiel: Die implizite Dgl. $F(x,y,y') = y'^2 - 2xy' = 0$ besitzt die beiden Wurzeln $y' = 0$ und $y' = 2x$, also die beiden einparametrigen Kurvenscharen $y = C_1$ und $y = x^2 + C_2$ als Lösung. Durch jeden Punkte der Ebene verlaufen genau zwei Integralkurven.

Integration durch Differentiation. In der speziellen impliziten Form $y = f(x,y')$ wird $y' = p$ gesetzt und die Dgl. nach x differenziert. Es ist dann $y = f(x,p)$ und $p = \partial f(x,p)/\partial x + [\partial f(x,p)/\partial p]p'$. Die letzte Gleichung läßt sich als explizite Dgl. für die Funktion $p(x)$ darstellen. Hat sie die allgemeine Lösung $p = g(x,C)$, dann ist $y = f(x,g(x,C))$ eine allgemeine Lösung von $y = f(x,y')$.

Beispiel: Clairautsche Dgl. $y = xy' + h(y')$. – $y' = p$ gesetzt und Differentiation liefern $y = xp + h(p)$ und $p = p + xp' + h'(p)p'$. Für die funktion p gilt $p'[x + h'(p)] = 0$. Aus $p' = 0$ folgt $p(x) = C$. Somit ist die allgemeine Lösung $y = Cx + h(C)$. Sie stellt geometrisch eine einparametrische Geradenschar dar.

Singuläre Lösungen. *Explizite Dgl.* $y' = f(x,y)$. Singulär heißt eine Integralkurve $v = g(x)$ der Dgl. $y' = f(x,y)$, wenn durch jeden ihrer Punkte $(x,g(x))$ noch eine andere Integralkurve der Dgl. verläuft. In keinem Punkt einer singulären Lösung sind also die Bedingungen für die Eindeutigkeit erfüllt. Singuläre Lösungen müssen daher aus solchen Punkten der Ebene bestehen, in denen die Vor-

aussetzungen des Existenz- und Eindeutigkeitssatzes nicht erfüllt sind.

Beispiel: $y' = \sqrt[3]{y^2} = f(x,y)$. – Die Funktion $f(x,y) = \sqrt[3]{y^2}$ ist für alle Punkte (x,y) der Ebene erklärt und dort stetig. Ihre partielle Ableitung $f_y(x,y)$ dagegen existiert nur für alle Punkte (x,y), für die $y \neq 0$, und ist dort unbeschränkt. Eine allgemeine Lösung ist die einparametrische Schar von kubischen Parabeln $y = (x/3 + C)^3$. Außerdem ist $y = 0$ eine partikuläre Lösung. Sie ist singulär, da durch jeden Punkt auf der x-Achse zwei Integralkurven der Dgl. verlaufen.

Implizite Dgl. $F(x,y,y') = 0$. Falls eine singuläre Lösung existiert, so ergibt sie sich durch Elimination $p = y'$ aus $F(x,y,p) = 0$ und $\partial F(x,y,p)/\partial p = 0$ oder, wenn $G(x,y,C) = 0$ eine allgemeine Lösung der Dgl. ist, durch Elimination von C aus $G(x,y,C) = 0$ und $\partial G(x,y,C)/\partial C = 0$. Geometrisch bedeutet die singuläre Lösung die Enveloppe (Einhüllende) einer Schar von Integralkurven.

Beispiel: $F(x,y,y') = y'^2 - y = 0$. – Elimination von p aus den Gleichungen $F(x,y,p) = p^2 - y = 0$ und $\partial F(x,y,p)/\partial p = 2p = 0$ liefert $y = 0$, eine singuläre Lösung. Die allgemeine Lösung $y = (x/2 + C)^2$, die eine einparametrische Schar von Parabeln darstellt, deren Scheitelpunkte auf der x-Achse liegen. Die x-Achse ist Enveloppe dieser Schar.

Orthogonale Trajektorien. $F(x,y,C) = 0$ sei eine einparametrische Kurvenschar und $y' = f(x,y)$ ihre Dgl. Dann heißen die Kurven der Schar $G(x,y,B) = 0$ mit dem Parameter B, die Lösungen der Dgl. $y' = -1/f(x,y)$ sind, orthogonale Trajektorien der Schar $F(x,y,C) = 0$, da die Kurven der beiden Scharen einander unter einem rechten Winkel schneiden.

Beispiel: Durch die Gleichung $y = Cx^2$ mit dem Parameter C wird eine Schar von Parabeln beschrieben, deren Scheitelpunkte im Ursprung des Koordinatensystems liegen. – Durch Elimination des Parameters C aus den beiden Gleichungen $y = Cx^2$ und $y' = 2Cx$ ergibt sich die Dgl. der Schar $y = Cx^2$ zu $y' = 2y/x$. Die Dgl. der orthogonalen Trajektorien lautet dann $y' = -x/(2y)$ mit der allgemeinen Lösung $y^2 + (x^2/2) = B$, die eine Schar von Ellipsen darstellt.

8.1.3 Differentialgleichungen n-ter Ordnung
Differential equations of higher order

Spezielle Differentialgleichungen n-ter Ordnung

$$y^{(n)} = f(x). \tag{12}$$

Sie wird durch wiederholte Quadraturen gelöst. Für das Anfangswertproblem mit

$$y(x_0) = y'(x_0) = y''(x_0) = \ldots = y^{(n-1)}(x_0) = 0$$

gilt nach Cauchy

$$y(x) = (1/(n-1)!) \int_{x_0}^{x} (x-t)^{n-1} f(t)\,\mathrm{d}t.$$

Addition des Polynoms

$$P_{n-1}(x) = y_0 + y_0'(x - x_0)$$
$$+ \frac{y_0''}{2!}(x - x_0)^2 + \ldots + \frac{y_0^{(n-1)}}{(n-1)!}(x - x_0)^{n-1}$$

auf der rechten Seite der Formel von Cauchy liefert die Lösung mit den allgemeinen Anfangsbedingungen

$$y(x_0) = y_0, \quad y'(x_0) = y_0',$$
$$y''(x_0) = y_0'', \ldots, \quad y^{(n-1)}(x_0) = y_0^{(n-1)}.$$

$$F(x, y^{(n)}, y^{(n-1)}) = 0. \tag{13}$$

Die Gleichung sei nach $y^{(n)}$ auflösbar. $y^{(n)} = f(x, y^{(n-1)})$. Die Substitution $z = y^{(n-1)}$ führt auf $z' = f(x,z)$. Ist $z = g(x, C_1)$ ihre allgemeine Lösung, so läßt sich hieraus y durch wiederholte Quadraturen betimmen.

$$F(y^{(n-2)}, y^{(n)}) = 0. \tag{14}$$

Die Dgl. sei nach $y^{(n)}$ auflösbar; $y^{(n)} = f(y^{(n-2)})$. Durch die Substitution $z = y^{(n-2)}$ wird sie auf eine Dgl. 2. Ordnung für z zurückgeführt: $z'' = f(z)$. Multiplikation dieser Gleichung mit $dz = z' \, dx$ führt auf $z'' z' \, dx = f(z) z' \, dx$ oder $z' \, dz = f(z) \, dz$. Integration ergibt die Dgl. 1. Ordnung für z, $z'^2 = 2 \int f(z) \, dz + C_1) = g(z) + C_1$, aus der dann $z = y^{(n-2)}$ als Funktion von x mit zwei beliebigen Konstanten C_1 und C_2 bestimmt wird.

8.1.4 Lineare Differentialgleichungen
Linear differential equations

Grundbegriffe

Linearer Differentialausdruck. Er hat für die Ordnung n die Form

$$L[y] = y^{(n)} + p_{n-1}(x) y^{(n-1)}$$
$$+ p_{n-2}(x) y^{(n-2)} + \ldots + p_1(x) y' + p_0(x) y.$$

L heißt dabei linearer Differentialoperator und hat die Eigenschaften der Additivität und Homogenität.

$$L[y_1 + y_2] = L[y_1] + L[y_2]; L[\alpha y] = \alpha L[y], \quad \alpha \in \mathbb{R}. \quad (15)$$

Eine lineare Differentialgleichung hat die Form

$$L[y] = y^{(n)} + p_{n-1}(x) y^{(n-1)}$$
$$+ p_{n-2}(x) y^{(n-2)} + \ldots + p_0(x) y = f(x). \quad (16)$$

Ist die Störungsfunktion $f(x) \equiv 0$, so heißt sie homogen, sonst inhomogen. Sind die Funktionen $p_0, p_1, \ldots, p_{n-1}$ und f auf $(a, b) \subset \mathbb{R}$ stetig, dann gibt es zu jedem $x_0 \in (a, b)$ und für n beliebige Zahlen $a_1, a_2, \ldots, a_n$ genau eine Lösung $y = y(x)$ der Dgl., die die Anfangsbedingung erfüllt:

$$y(x_0) = a_1, y'(x_0) = a_2, y''(x_0) = a_3, \ldots, y^{(n-1)}(x_0) = a_n.$$

Lineare Abhängigkeit. Die auf einem Intervall $(a, b) \subset \mathbb{R}$ definierten Funktionen $f_1(x), f_2(x), \ldots, f_k(x)$ heißen linear abhängig, wenn es k Zahlen $\alpha_1, \alpha_2, \ldots \alpha_k$ mit $\alpha_1^2 + \alpha_2^2 + \alpha_3^2 + \ldots + \alpha_k^2 > 0$ gibt, so daß $\alpha_1 f_1(x) + \alpha_2 f_2(x) + \alpha_3 f_3(x) + \ldots + \alpha_k f_k(x) = 0$ für alle $x \in (a, b)$. Anderenfalls heißen sie linear unabhängig. So sind die drei auf $\mathbb{R}$ definierten Funktionen $f_1(x) = 1$, $f_2(x) = \cos 2x$, $f_3(x) = \sin^2 x$ wegen $\cos 2x + 2 \sin^2 x + (-1) = 0$ mit $x \in \mathbb{R}$ linear abhängig.

Wronski-Determinante. Sie ist für k Funktionen $f_1, f_2, \ldots, f_k$ definiert durch

$$W(x) = W(f_1, f_2, \ldots, f_k)(x)$$
$$= \begin{vmatrix} f_1(x) & f_2(x) & \ldots f_k(x) \\ f_1'(x) & f_2'(x) & \ldots f_k'(x) \\ \ldots \ldots \ldots \ldots \ldots \ldots \ldots \ldots \ldots \\ f_1^{(k-1)}(x) & f_2^{(k-1)}(x) \ldots f_k^{(k-1)}(x) \end{vmatrix} \quad (17)$$

Sind die auf (a, b) definierten Funktionen $f_1, f_2, \ldots, f_k$ linear abhängig und besitzen sie dort stetige Ableitungen bis zur Ordnung $(k-1)$, dann ist $W(x) = 0$ für alle $x \in (a, b)$.

Homogene lineare Differentialgleichung

Sie wird im folgenden kurz mit $L[y] = 0$ bezeichnet. Sind $y_1(x), y_2(x), \ldots, y_k(x)$ Lösungen von $L[y] = 0$, dann ist es auch ihre Linearkombination $C_1 y_1(x) + C_2 y_2(x) + \ldots + C_k y_k(x)$. Zu jeder homogenen linearen Dgl. n-ter Ordnung gibt es ein Fundamentalsystem von n linear unabhängigen Lösungen. Bilden $y_1(x), y_2(x), \ldots, y_n(x)$ ein Fundamentalsystem, dann ist $W(y_1, y_2, \ldots, y_n)(x) \neq 0$, und die allgemeine Lösung der Dgl. $L[y] = 0$ lautet $y(x) = C_1 y_1(x) + C_2 y_2(x) + \ldots + C_n y_n(x)$ mit den willkürlichen Konstanten $C_1, C_2, \ldots, C_n$.

Beispiel: $y'' - \dfrac{x}{x-1} y' + \dfrac{1}{x-1} y = 0$ für $x \in (1, \infty)$. − $y_1(x) = x$ und $y_2(x) = \exp x$ sind für $x \in (1, \infty)$ partikuläre Lösungen mit der Wron-

ski-Determinante $W(x) = \begin{vmatrix} x & \exp x \\ 1 & \exp x \end{vmatrix} = (x-1) \exp x \neq 0$. Sie bilden somit ein Fundamentalsystem, und die allgemeine Lösung lautet $y(x) = C_1 x + C_2 \exp x$.

Inhomogene lineare Differentialgleichung

Bilden die Funktionen $y_1(x), y_2(x), \ldots, y_n(x)$ ein Fundamentalsystem von $L[y] = 0$ und ist $y_P(x)$ eine partikuläre Lösung der inhomogenen linearen Dgl. $L[y] = f(x)$, dann ist ihre allgemeine Lösung $y(x) = C_1 y_1(x) + C_2 y_2(x) + \ldots + C_n y_n(x) + y_P(x)$ mit beliebigen $C_1, C_2, \ldots, C_n$.

Variation der Konstanten. Durch sie kann mit Hilfe der Fundamentallösungen $y_1(x), y_2(x), \ldots, y_n(x)$ von $L[y] = 0$ eine partikuläre Lösung von $L[y] = f(x)$ gewonnen werden. Hierzu werden in der allgemeinen Lösung der homogenen Dgl. $L[y] = 0$, $y_H(x) = C_1 y_1(x) + C_2 y_2(x) + \ldots + C_n y_n(x)$, die Konstanten durch Funktionen $C_1(x), C_2(x), \ldots, C_n(x)$ ersetzt, die so bestimmt werden, daß $y_P(x) = C_1(x) y_1(x) + C_2(x) y_2(x) + \ldots + C_n(x) y_n(x)$ eine partikuläre Lösung der inhomogenen Dgl. $L[y] = f(x)$ ist. Dies ist dann der Fall, wenn die Funktionen $C_1(x), C_2(x), \ldots, C_n(x)$ das Gleichungssystem

$$C_1'(x) y_1(x) + C_2'(x) y_2(x) \ldots + C_n'(x) y_n(x) = 0,$$
$$C_1'(x) y_1'(x) + C_2'(x) y_2'(x) \ldots + C_n'(x) y_n'(x) = 0,$$
$$\cdots\cdots\cdots\cdots\cdots\cdots\cdots\cdots\cdots\cdots\cdots\cdots$$
$$C_1'(x) y_1^{(n-1)}(x) + C_2'(x) y_2^{(n-1)}(x) + \ldots + C_n'(x) y_n^{(n-1)}(x) = f(x)$$

erfüllen. Da die Determinante dieses Gleichungssystems die von Null verschiedene Wronski-Determinante der Fundamentallösungen ist, lassen sich hieraus $C_1'(x), C_2'(x), \ldots, C_n'(x)$ und damit $C_1(x), C_2(x), \ldots, C_n(x)$ durch Quadraturen bestimmen.

Beispiel: $L[y] = y'' - y = 4 \exp x$. − Es bilden $y_1(x) = \exp x$ und $y_2(x) = \exp(-x)$ auf $\mathbb{R}$ ein Fundamentalsystem von $L[y] = 0$ mit $W(x) = \begin{vmatrix} \exp x & \exp(-x) \\ \exp x & -\exp(-x) \end{vmatrix} = -2 \neq 0$. Die allgemeine Lösung von $L[y] = 0$ lautet daher $y_H(x) = C_1 \exp x + C_2 \exp(-x)$. Der Ansatz $y_P(x) = C_1(x) \exp x + C_2(x) \exp(-x)$ führt auf das Gleichungssystem

$$C_1'(x) \exp x + C_2'(x) \exp(-x) = 0,$$
$$C_1'(x) \exp x - C_2'(x) \exp(-x) = 4 \exp x.$$

Aus ihm folgt $C_1'(x) = 2, C_2'(x) = -\exp(2x)$ und integriert $C_1(x) = 2x, C_2(x) = -\frac{1}{2} \exp(2x)$. Damit lautet eine partikuläre Lösung der inhomogenen Dgl. $L[y] = 4 \exp x$

$$y_P(x) = C_1(x) \exp x + C_2(x) \exp(-x) = (2x - 1) \exp x.$$

Mit ihr ergibt sich die allgemeine Lösung

$$y(x) = y_H(x) + y_P(x)$$
$$= C_1 \exp x + C_2 \exp(-x) + (2x - 1) \exp x, \quad C_1, C_2 \in \mathbb{R}.$$

Superpositionsprinzip. Sind $y_{P1}(x)$ und $y_{P2}(x)$ partikuläre Lösungen der inhomogenen Dgln. $L[y] = f_1(x)$ und $L[y] = f_2(x)$, dann ist $y_{P1}(x) + y_{P2}(x)$ eine partikuläre Lösung der inhomogenen Dgl. $L[y] = f_1(x) + f_2(x)$.

8.1.5 Lineare Differentialgleichungen mit konstanten Koeffizienten. Linear differential equations with constant coefficients

Bei ihnen treten an die Stelle der Funktionen $p_0(x)$, $p_1(x), \ldots, p_{n-1}(x)$ aus Gl. (16) die Konstanten $a_0, a_1, a_2, \ldots, a_{n-1} \in \mathbb{R}$, so daß

$$L[y] = y^{(n)} + a_{n-1} y^{(n-1)} + a_{n-2} y^{(n-2)} + \ldots$$
$$+ a_1 y' + a_0 y = f(x). \quad (18)$$

Homogene Differentialgleichung

Charakteristische Gleichung und Fundamentalsystem. Durch Einsetzen von $y(x) = \exp(\lambda x)$ in die homogene Dgl.

$L[y] = 0$ ergibt sich die charakteristische Gleichung zu

$$P_n(\lambda) = \lambda^n + a_{n-1}\lambda^{n-1} + a_{n-2}\lambda^{n-2} + \ldots$$
$$+ a_1\lambda + a_0 = 0. \qquad (19)$$

Die linke Seite ist ein Polynom n-ten Grads (s. A2.3.2). Die n Zahlen $\lambda_1, \lambda_2, \lambda_3, \ldots, \lambda_n$ mögen ein vollständiges System von Nullstellen des Polynoms P_n bzw. von Wurzeln der charakteristischen Gleichung bilden. Es sind zu unterscheiden:

Verschiedene Wurzeln. Alle $\lambda_1, \lambda_2, \lambda_3, \ldots, \lambda_n$ sind voneinander verschieden. Ein Fundamentalsystem der homogenen Dgl. (18) besteht dann aus den Funktionen $y_1(x) = \exp(\lambda_1 x)$, $y_2(x) = \exp(\lambda_2 x)$, ..., $y_n(x) = \exp(\lambda_n x)$.

Mehrfache Wurzeln. Unter den $\lambda_1, \lambda_2, \lambda_3, \ldots, \lambda_n$ treten einige mehrfache auf. Ist λ_i in dem vollständigen System der Wurzeln k-mal enthalten (k-fache Wurzel), so treten für diese Wurzel λ_i im Fundamentalsystem die k Funktionen $y_1(x) = \exp(\lambda_i x)$, $y_2(x) = x\exp(\lambda_i x)$, ..., $y_k(x) = x^{k-1}\exp(\lambda_i x)$ auf.

Sind einige der Wurzeln des vollständigen Systems komplex, z.B. $\lambda_j = \alpha + i\beta$, dann treten auch die konjugiert komplexen $\bar{\lambda}_j = \lambda_k = \alpha - i\beta$ mit der gleichen Vielfachheit auf. Die Funktionen

$$\exp(\lambda_j x) = \exp(\alpha + i\beta)x \quad \text{und} \quad \exp(\bar{\lambda}_j x) = \exp(\alpha - i\beta)x$$

können aufgrund der Euler-Formel $\exp(i\varphi) = \cos\varphi + i\sin\varphi$ durch $\exp(\alpha x)\cos(\beta x)$ und $\exp(\alpha x)\sin(\beta x)$ ersetzt werden, so daß das Fundamentalsystem nur reellwertige Funktionen enthält.

Beispiel: $L[y] = y'' + 2ay' + by = 0$. Charakteristische Gleichung $\lambda^2 + 2a\lambda + b = 0$ mit der Diskriminanten $D = a^2 - b$.

$D > 0$. Es existieren zwei verschiedene reelle Wurzeln $\lambda_1 = -a + \sqrt{D}$ oder $\lambda_2 = -a - \sqrt{D}$. Das Fundamentalsystem besteht aus

$$y_1(x) = \exp(-ax)\exp(\sqrt{D}x), \quad y_2(x) = \exp(-ax)\exp(-\sqrt{D}x).$$

Die allgemeine Lösung ist

$$y(x) = \exp(-ax)[C_1\exp(\sqrt{D}x) + C_2\exp(-\sqrt{D}x)].$$

$D = 0$. Es existiert eine doppelte reelle Wurzel $\lambda_1 = \lambda_2 = -a$. Das Fundamentalsystem besteht aus $y_1(x) = \exp(-ax)$, $y_2(x) = x\exp(-ax)$. Die allgemeine Lösung ist $y(x) = \exp(-ax)(C_1 + C_2 x)$.

$D < 0$. Es existieren zwei konjugiert komplexe Wurzeln $\lambda_1 = -a + i\sqrt{-D}$ oder $\lambda_2 = -a - i\sqrt{-D}$.

Das Fundamentalsystem besteht aus

$$y_1(x) = \exp(-ax)\exp(i\sqrt{-D}x), \quad y_2(x) = \exp(-ax)\exp(-i\sqrt{-D}x)$$

oder

$$y_1(x) = \exp(-ax)\cos\sqrt{-D}x, \quad y_2(x) = \exp(-ax)\sin\sqrt{-D}x.$$

Die allgemeine Lösung lautet in komplexer bzw. reeller Darstellung

$$y(x) = \exp(-ax)(C_1\exp(i\sqrt{-D}x) + C_2\exp(-i\sqrt{-D}x)),$$
$$y(x) = \exp(-ax)(C_1\cos\sqrt{-D}x + C_2\sin\sqrt{-D}x).$$

Inhomogene Differentialgleichung

Sie lautet $L[y] = f(x)$. Ist ein Fundamentalsystem der homogenen Dgl. $L[y] = 0$ bekannt, so kann durch Variation der Konstanten stets eine partikuläre Lösung von $L[y] = f(x)$ bestimmt werden (s. A8.1.4 u. Y2.2.1).

Störfunktion. In den meisten Anwendungsfällen lautet sie

$$f(x) = (P_n^{(1)}(x)\cos bx + P_m^{(2)}(x)\sin bx)\exp(ax); \qquad (20)$$

a und b sind reelle Zahlen, die auch Null sein können. $P_n^{(1)}$ und $P_m^{(2)}$ sind Polynome mit dem Grad n bzw. m, wobei auch ein Polynom identisch Null sein kann. Für diese Störfunktion f ergibt sich eine partikuläre Lösung

von $L[y] = f(x)$ einfacher durch den Ansatz

$$y_P(x) = x^r(Q_M^{(1)}(x)\cos bx + Q_M^{(2)}(x)\sin bx)\exp(ax). \qquad (21)$$

$Q_M^{(1)}$ und $Q_M^{(2)}$ sind zwei Polynome mit dem Grad $M = \max(m,n)$, und $r \geq 0$ gibt die Vielfachheit von $a \pm ib$ als Wurzel der charakteristischen Gl. (19) an. $r = 0$ bedeutet, daß $a \pm ib$ keine Wurzel ist. Die in diesem Ansatz auftretenden unbestimmten Koeffizienten der Polynome $Q_M^{(1)}$ und $Q_M^{(2)}$ werden nach Einsetzen von $y_P(x)$ in die Dgl. durch Koeffizientenvergleich bestimmt. Ein Ersatz der Funktionen $\cos bx$ und $\sin bx$ in Gl. (20) nach der Euler-Formel mit

$$\cos bx = (1/2)[\exp(ibx) + \exp(-ibx)] \quad \text{und}$$
$$\sin bx = \frac{1}{2i}[\exp(ibx) - \exp(-ibx)]$$

bringt oft Vereinfachungen der Gl. (21).

Beispiel: $L[y] = y'' + y = x\sin x$. – Es gilt $a = 0$ und $b = 1$, d.h. $a \pm ib = \pm i$. Aus der charakteristischen Gleichung $\lambda^2 + 1 = 0$ folgt $\lambda = \pm i$, so daß $a \pm ib$ einfache Wurzeln der charakteristischen Gleichung sind, also $r = 1$. Da außerdem $M = 1$ ist, lautet der Ansatz für eine partikuläre Lösung

$$y_P(x) = x[(A_0 + A_1 x)\cos x + (B_0 + B_1 x)\sin x].$$

Einsetzen von $y_P(x)$ in die Dgl. führt auf

$$L[y_P] = (2B_0 + 2A_1)\cos x + 4B_1 x\cos x + (-2A_0 + 2B_1)\sin x$$
$$- 4A_1 x\sin x = x\sin x.$$

Koeffizientenvergleich ergibt $2B_0 + 2A_1 = 0$, $4B_1 = 0$, $-2A_0 + 2B_1 = 0$, $-4A_1 = 1$, so daß $A_0 = B_1 = 0$, $A_1 = -1/4$, $B_0 = 1/4$. Damit lautet eine partikuläre Lösung $y_P(x) = -(1/4)x^2\cos x + (1/4)x\sin x$.

Stabilitätskriterium von Hurwitz

Viele physikalischen System werden durch lineare Dgln. mit konstanten Koeffizienten beschrieben. Soll das System stabil sein, so muß die Lösung der homogenen Dgl. mit wachsendem Argument gegen Null abklingen. Diese Lösung ist aber eine Summe von Funktionen der Form

$$x^r[P(x)\cos\beta x + Q(x)\sin\beta x]\exp(\alpha x),$$

wobei P und Q Polynome sind, $r \geq 0$ ganzzahlig ist und $\alpha \pm i\beta$ Wurzeln der charakteristischen Gleichung sind. Diese Funktionen nehmen mit wachsendem Argument x genau dann gegen Null ab, wenn der Realteil der Wurzeln negativ ist.

Die Wurzeln der Gleichung $a_0\lambda^n + a_1\lambda^{n-1} + a_2\lambda^{n-2} + a_3\lambda^{n-3} + \ldots + a_{n-1}\lambda + a_n = 0$ ($a_0 > 0, a_i \in \mathbb{R}$) besitzen genau dann negative Realteile, wenn die Determinanten positiv sind:

$$D_1 = a_1, \quad D_2 = \begin{vmatrix} a_1 & a_0 \\ a_3 & a_2 \end{vmatrix},$$

$$D_3 = \begin{vmatrix} a_1 & a_0 & 0 \\ a_3 & a_2 & a_1 \\ a_5 & a_4 & a_3 \end{vmatrix}, \quad D_4 = \begin{vmatrix} a_1 & a_0 & 0 & 0 \\ a_3 & a_2 & a_1 & a_0 \\ a_5 & a_4 & a_3 & a_2 \\ a_7 & a_6 & a_5 & a_4 \end{vmatrix}$$

$$D_n = \begin{vmatrix} a_1 & a_0 & 0 & 0 & 0 & 0\ldots0 \\ a_3 & a_2 & a_1 & a_0 & 0 & 0\ldots0 \\ a_5 & a_4 & a_3 & a_2 & a_1 & a_0\ldots0 \\ \cdots & \cdots & \cdots & \cdots & \cdots & \cdots \\ a_{2n-1} & a_{2n-2} & a_{2n-3} & \cdots & \cdots & a_n \end{vmatrix}$$

($a_k = 0$ für $k > n$).

Beispiel: $y''' + 3y'' + 4y' + 2y = 0$. – Charakteristische Gleichung $\lambda^3 + 3\lambda^2 + 4\lambda + 2 = 0, a_0 = 1 > 0$. Es gilt $D_1 = 3 > 0$, $D_2 = \begin{vmatrix} 3 & 1 \\ 2 & 4 \end{vmatrix} = 10 > 0$, $D_3 = \begin{vmatrix} 3 & 1 & 0 \\ 2 & 4 & 3 \\ 0 & 0 & 2 \end{vmatrix} = 20 > 0$, d.h., alle Wurzeln haben negative Realteile und lauten $\lambda_1 = -1 + i$, $\lambda_2 = -1 - i$, $\lambda_3 = -1$.

A

8.1.6 Systeme von linearen Differentialgleichungen mit konstanten Koeffizienten. Systems of linear differential equations with constant coefficients

Solche Systeme lassen sich auf ein Normalsystem von linearen Dgln. 1. Ordnung mit konstanten Koeffizienten zurückführen.

$$y_1' = a_{11}y_1 + a_{12}y_2 + a_{13}y_3 + \ldots + a_{1n}y_n + f_1(x)$$
$$y_2' = a_{21}y_1 + a_{22}y_2 + a_{23}y_3 + \ldots + a_{2n}y_n + f_2(x)$$
$$\ldots\ldots\ldots\ldots\ldots\ldots\ldots\ldots\ldots\ldots\ldots\ldots\ldots\ldots$$
$$y_n' = a_{n1}y_1 + a_{n2}y_2 + a_{n3}y_3 + \ldots + a_{nn}y_n + f_n(x)$$
$$a_{ik} \in \mathbb{R} \quad (i,k = 1,2,3,\ldots,n)$$
oder $\quad y' = Ay + f(x)$. (22)

Die Dgl. für die Vektorfunktion y heißt homogen, wenn $f(x) \equiv 0$, sonst inhomogen.

Homogene Differentialgleichung

Sie lautet

$$y' = Ay. \tag{23}$$

Fundamentalsystem. Bilden die Vektorfunktionen

$$y_1(x) = \begin{pmatrix} y_{11}(x) \\ y_{21}(x) \\ \vdots \\ y_{n1}(x) \end{pmatrix},$$

$$y_2(x) = \begin{pmatrix} y_{12}(x) \\ y_{22}(x) \\ \vdots \\ y_{n2}(x) \end{pmatrix}, \ldots, y_n(x) = \begin{pmatrix} y_{1n}(x) \\ y_{2n}(x) \\ \vdots \\ y_{nn}(x) \end{pmatrix} \tag{24}$$

ein System von n Lösungen der Dgl. (23) und ist für alle $x \in \mathbb{R}$ die Determinante

$$W(x) = D(y_1(x), y_2(x), \ldots, y_n(x))$$
$$= \begin{vmatrix} y_{11}(x) & y_{12}(x) & y_{13}(x) \ldots y_{1n}(x) \\ y_{21}(x) & y_{22}(x) & y_{23}(x) \ldots y_{2n}(x) \\ \ldots\ldots\ldots\ldots\ldots\ldots\ldots\ldots\ldots \\ y_{n1}(x) & y_{n2}(x) & y_{n3}(x) \ldots y_{nn}(x) \end{vmatrix} \neq 0,$$

dann heißt dieses System ein Fundamentalsystem von Lösungen.

Allgemeine Lösung. Sie lautet mit Gl. (24)

$$y(x) = C_1 y_1(x) + C_2 y_2(x) + C_3 y_3(x) + \ldots + C_n y_n(x).$$

Für jede Anfangsbedingung $y(x_0) = b$ mit $x_0 \in \mathbb{R}$ und $b \in \mathbb{R}^n$ können dann die Konstanten $C_1, C_2, \ldots, C_n$ aus der allgemeinen Lösung eindeutig bestimmt werden. Zur Ermittlung eines Fundamentalsystems wird $y(x) = c\exp(\lambda x)$ mit

$$c = \begin{pmatrix} c_1 \\ c_2 \\ \vdots \\ c_n \end{pmatrix} \text{ angesetzt, wobei } c_1, c_2, \ldots, c_n \text{ und } \lambda \text{ unbestimmte}$$

Konstanten sind. Einsetzen in Gl. (23) führt auf die Vektorgleichung $Ac = \lambda c$ oder $(A - \lambda E)c = 0$ mit E als Einheitsmatrix. Sie stellt ein lineares homogenes Gleichungssystem mit n Gleichungen und n Unbekannten $c_1, c_2, \ldots, c_n$ dar und hat nur dann vom Nullvektor verschiedene Lösungsvektoren c, wenn die Determinante der Matrix $A - \lambda E$ Null ist (s. Gl. (25)).

Charakteristische Gleichung. Für die Dgl. $y' = Ay$ bzw. die Matrix A lautet sie

$$\text{Det}(A - \lambda E) = |A - \lambda E|$$
$$= \begin{vmatrix} a_{11} - \lambda & a_{12} & a_{13} & a_{14} \ldots a_{1n} \\ a_{21} & a_{22} - \lambda & a_{23} & a_{24} \ldots a_{2n} \\ \ldots\ldots\ldots\ldots\ldots\ldots\ldots\ldots\ldots\ldots\ldots \\ a_{n1} & a_{n2} & a_{n3} & a_{n4} \ldots a_{nn} - \lambda \end{vmatrix} = 0. \tag{25}$$

Sie ist eine algebraische Gleichung n-ten Grads in λ. Bilden $\lambda_1, \lambda_2, \lambda_3, \ldots, \lambda_n$ ein vollständiges System von Wurzeln dieser Gleichung, so sind zwei Fälle zu unterscheiden:

Verschiedene Wurzeln. $\lambda_1, \lambda_2, \ldots, \lambda_n$ unterscheiden sich voneinander. Für jedes λ_i $(i = 1, 2, 3, \ldots, n)$ liefert die Gleichung $(A - \lambda_i E)c = 0$ einen Lösungsvektor c_i. Die Lösungsvektoren $c_1, c_2, \ldots, c_n$ sind voneinander linear unabhängig, und die Vektorfunktionen $y_1(x) = c_1 \exp(\lambda_1 x)$, $y_2(x) = c_2 \exp(\lambda_2 x)$, ..., $y_n(x) = c_n \exp(\lambda_n x)$ bilden ein Fundamentalsystem, so daß die allgemeine Lösung

$$y(x) = C_1 c_1 \exp(\lambda_1 x) + C_2 c_2 \exp(\lambda_2 x) + \ldots$$
$$+ C_n c_n \exp(\lambda_n x)$$

lautet.

Tritt in dem vollständigen System der Wurzeln eine komplexe Wurzel auf, z.B. $\lambda_1 = \alpha + i\beta$, dann ist in dem System auch die konjugiert komplexe Wurzel, z.B. $\lambda_2 = \bar{\lambda}_1 = \alpha - i\beta$, enthalten. Mit $y_1 = c_1 \exp(\lambda_1 x)$ ist dann auch die konjugiert komplexe Vektorfunktion $\bar{y}_1(x) = y_2(x)$ eine Lösung bezüglich der Wurzel $\alpha - i\beta$. Diese beiden komplexen Lösungen können durch die beiden reellen Lösungsvektoren

$$\text{Re}(y_1(x)) = \frac{y_1(x) + y_2(x)}{2} \quad \text{und}$$

$$\text{Im}(y_1(x)) = \frac{y_1(x) - y_2(x)}{2i}$$

ersetzt werden, die dem Real- und Imaginärteil von $y_1(x)$ entsprechen.

Beispiel: $\begin{matrix} y_1' = & y_1 + y_2 \\ y_2' = & -2y_1 - y_2 \end{matrix}$ oder $y' = Ay$ mit $A = \begin{pmatrix} 1 & 1 \\ -2 & -1 \end{pmatrix}$. − Die charakteristische Gleichung lautet $|A - \lambda E| = \begin{vmatrix} 1 - \lambda & 1 \\ -2 & -1 - \lambda \end{vmatrix} = \lambda^2 + 1$ und hat die Wurzeln $\lambda_{1,2} = \pm i$. Die Vektoren c ergeben sich aus $(A - iE)c = 0$ bzw. $(A + iE)c = 0$ oder ausführlicher

$$\begin{matrix} (1-i)c_1 + & c_2 & = 0, \\ -2c_1 & +(-1-i)c_2 & = 0, \end{matrix} \quad \text{bzw.} \quad \begin{matrix} (1+i)c_1 + & c_2 & = 0, \\ -2c_1 & +(-1+i)c_2 & = 0. \end{matrix}$$

Bei beiden Gleichungssystemen folgt jeweils eine Gleichung aus der anderen, so daß eine der Größen c_1 und c_2 beliebig wählbar ist. Mit $c_1 = 1$ ergeben sich dann $c_1 = \begin{pmatrix} 1 \\ -1+i \end{pmatrix}$ und $c_2 = \begin{pmatrix} 1 \\ -1-i \end{pmatrix}$ und damit $y_1(x) = \begin{pmatrix} 1 \\ -1+i \end{pmatrix} \exp(ix)$ und $y_2(x) = \begin{pmatrix} 1 \\ -1-i \end{pmatrix} \exp(-ix)$.

Die Lösungsvektoren $y_1(x)$ und $y_2(x)$ bilden ein Fundamentalsystem. Die Lösung $y_2(x)$ kann auch direkt aus $y_1(x)$ durch Ersetzen von i durch −i gewonnen werden. Aus den beiden Lösungen lassen sich die beiden reellen Darstellungen herleiten.

$$\tilde{y}_1(x) = \text{Re}(y_1(x)) = \begin{pmatrix} 1 \\ -1 \end{pmatrix} \cos x - \begin{pmatrix} 0 \\ 1 \end{pmatrix} \sin x = \begin{pmatrix} \cos x \\ -\cos x - \sin x \end{pmatrix},$$

$$\tilde{y}_2(x) = \text{Im}(y_1(x)) = \begin{pmatrix} 1 \\ -1 \end{pmatrix} \sin x + \begin{pmatrix} 0 \\ 1 \end{pmatrix} \cos x = \begin{pmatrix} \sin x \\ -\sin x + \cos x \end{pmatrix}.$$

Für die Determinante aus beiden Lösungen gilt

$$\text{Det}(\tilde{y}_1(x), \tilde{y}_2(x)) = \begin{vmatrix} \cos x & \sin x \\ -\cos x - \sin x & -\sin x + \cos x \end{vmatrix} = 1.$$

Die allgemeine Lösung der Dgl. lautet

$$y(x) = C_1 \begin{pmatrix} \cos x \\ -\cos x - \sin x \end{pmatrix} + C_2 \begin{pmatrix} \sin x \\ -\sin x + \cos x \end{pmatrix}.$$

Mehrfache Wurzeln. Die Wurzel λ_i tritt r-mal auf. Die Lösungen, die der r-fachen Wurzel λ_i im Fundamentalsystem entsprechen, folgen aus dem Ansatz

$$y(x) = (c_0 + c_1 x + c_2 x^2 + \ldots + c_{r-1} x^{r-1}) \exp(\lambda_i x),$$

wobei $c_0, c_1, \ldots, c_{r-1}$ unbestimmte Vektoren sind. Wird die Funktion $y(x)$ in Dgl. (23) eingesetzt, so ergibt sich ein algebraisches System von linearen Gleichungen für die Vektorkoordinaten, von denen r entsprechend der Vielfachheit der Wurzel λ_i beliebig wählbar sind.

Beispiel: $\begin{matrix} y_1' = & y_2 \\ y_2' = & y_3 \\ y_3' = & -y_2 + 2y_3 \end{matrix}$ oder $y' = \begin{pmatrix} 0 & 1 & 0 \\ 0 & 0 & 1 \\ 0 & -1 & 2 \end{pmatrix} y.$ – Die charakteri-

stische Gleichung lautet $|A - \lambda E| = \begin{vmatrix} -\lambda & 1 & 0 \\ 0 & -\lambda & 1 \\ 0 & -1 & 2 - \lambda \end{vmatrix} = -\lambda(\lambda - 1)^2 = 0$

und hat das vollständige System der Wurzeln $\lambda_1 = 0, \lambda_{2,3} = 1$ mit 1 als Doppelwurzel.

Der einfachen Wurzel 0 entspricht der Lösungsansatz $y_1(x) = c =$

$\begin{pmatrix} c_1 \\ c_2 \\ c_3 \end{pmatrix}$ mit der Gleichung $Ac = \begin{pmatrix} 0 & 1 & 0 \\ 0 & 0 & 1 \\ 0 & -1 & 2 \end{pmatrix} \begin{pmatrix} c_1 \\ c_2 \\ c_3 \end{pmatrix} = \begin{pmatrix} 0 \\ 0 \\ 0 \end{pmatrix}$. Hieraus

folgt $c_2 = 0, c_3 = 0$ und c_1 beliebig, so daß $c = \begin{pmatrix} c_1 \\ 0 \\ 0 \end{pmatrix} = c_1 \begin{pmatrix} 1 \\ 0 \\ 0 \end{pmatrix}$ mit

beliebigem c_1. Für $c_1 = 1$ ergibt sich damit die partikuläre Lösung

$y_1(x) = \begin{pmatrix} 1 \\ 0 \\ 0 \end{pmatrix}.$

Für die Doppelwurzel wird der Ansatz gemacht

$y(x) = (a + bx)\exp x = \begin{pmatrix} a_1 + b_1 x \\ a_2 + b_2 x \\ a_3 + b_3 x \end{pmatrix} \exp x.$

Einsetzen in die Dgl. führt auf die Gleichung

$\begin{pmatrix} b_1 \\ b_2 \\ b_3 \end{pmatrix} \exp x + \begin{pmatrix} a_1 + b_1 x \\ a_2 + b_2 x \\ a_3 + b_3 x \end{pmatrix} \exp x = \begin{pmatrix} 0 & 1 & 0 \\ 0 & 0 & 1 \\ 0 & -1 & 2 \end{pmatrix} \begin{pmatrix} a_1 + b_1 x \\ a_2 + b_2 x \\ a_3 + b_3 x \end{pmatrix} \exp x$

oder

$\begin{pmatrix} a_1 + b_1 \\ a_2 + b_2 \\ a_3 + b_3 \end{pmatrix} \exp x + \begin{pmatrix} b_1 \\ b_2 \\ b_3 \end{pmatrix} x \exp x$

$= \begin{pmatrix} a_2 \\ a_3 \\ -a_2 + 2a_3 \end{pmatrix} \exp x + \begin{pmatrix} b_2 \\ b_3 \\ -b_2 + 2b_3 \end{pmatrix} x \exp x.$

Koeffizientenvergleich führt auf das algebraische lineare Gleichungssystem mit sechs Gleichungen und sechs Unbestimmten.

$a_1 + b_1 = a_2, \ a_2 + b_2 = a_3, \ a_3 + b_3 = -a_2 + 2a_3,$
$b_1 = b_2, \ b_2 = b_3, \ b_3 = -b_2 + 2b_3.$

Aus den letzten drei Gleichungen folgt $b_1 = b_2, b_3 = b_2$ mit beliebi-

gem b_2, so daß $b = \begin{pmatrix} b_2 \\ b_2 \\ b_2 \end{pmatrix} = b_2 \begin{pmatrix} 1 \\ 1 \\ 1 \end{pmatrix}$ mit beliebigem b_2.

Die übrigen drei Gleichungen lauten damit $a_1 - a_2 + b_2 = 0$, $a_2 - a_3 + b_2 = 0$, $a_2 - a_3 + b_2 = 0$, woraus sich ergibt $a_1 = a_2 - b_2$, $a_3 = a_2 + b_2$ mit beliebigen a_2, b_2, so daß

$a = \begin{pmatrix} a_1 \\ a_2 \\ a_3 \end{pmatrix} = \begin{pmatrix} a_2 - b_2 \\ a_2 \\ a_2 + b_2 \end{pmatrix} = a_2 \begin{pmatrix} 1 \\ 1 \\ 1 \end{pmatrix} + b_2 \begin{pmatrix} -1 \\ 0 \\ 1 \end{pmatrix}.$

Damit ergibt sich für $y(x)$ die Darstellung

$y(x) = (a + bx)\exp x = a_2 \begin{pmatrix} 1 \\ 1 \\ 1 \end{pmatrix} \exp x + b_2 \begin{pmatrix} -1 + x \\ x \\ 1 + x \end{pmatrix} \exp x.$

Die Fundamentallösungen zur Doppelwurzel 1 lauten damit

$y_2(x) = \begin{pmatrix} 1 \\ 1 \\ 1 \end{pmatrix} \exp x, \ y_3(x) = \begin{pmatrix} -1 + x \\ x \\ 1 + x \end{pmatrix} \exp x.$

Zusammen mit $y_1(x)$ bilden sie ein Fundamentalsystem, und die allgemeine Lösung der Dgl. ist

$y(x) = C_1 \begin{pmatrix} 1 \\ 0 \\ 0 \end{pmatrix} + C_2 \begin{pmatrix} 1 \\ 1 \\ 1 \end{pmatrix} \exp x + C_3 \begin{pmatrix} -1 + x \\ x \\ 1 + x \end{pmatrix} \exp x.$

Inhomogene Differentialgleichung

Sie lautet

$$y' = Ay + f(x). \tag{26}$$

Ist $y_H(x)$ die allgemeine Lösung der homogenen Dgl. $y' = Ay$ und $y_P(x)$ eine partikuläre Lösung der inhomogenen Dgl. $y' = Ay + f(x)$, dann ist $y(x) = y_H(x) + y_P(x)$

eine allgemeine Lösung der inhomogenen Dgl. Bilden die Funktionen $y_1(x), y_2(x), \ldots, y_n(x)$ ein Fundamentalsystem von Lösungen der homogenen Dgl., so lautet $y_P(x) = C_1(x)y_1(x) + C_2(x)y_2(x) + \ldots + C_n(x)y_n(x)$, wobei die Funktionen $C_1(x), C_2(x), \ldots, C_n(x)$ gemäß der Variation der Konstanten durch die Gleichung

$C_1'(x)y_1(x) + C_2'(x)y_2(x) + C_3'(x)y_3(x) + \ldots + C_n'(x)y_n(x) = f(x)$

bestimmt sind.

Beispiel: $\begin{matrix} y_1' = y_2 + & 2 \\ y_2' = y_1 + & 2\exp x \end{matrix}$ oder $y' = \begin{pmatrix} 0 & 1 \\ 1 & 0 \end{pmatrix} y + \begin{pmatrix} 2 \\ 2\exp x \end{pmatrix}.$ –

$y_1(x) = \begin{pmatrix} 1 \\ 1 \end{pmatrix} \exp x$ und $y_2(x) = \begin{pmatrix} 1 \\ -1 \end{pmatrix} \exp(-x)$

bilden ein Fundamentalsystem von Lösungen der homogenen Dgl. Die Funktionen $C_1(x)$ und $C_2(x)$ bestimmen sich aus der Gleichung

$C_1'(x) \begin{pmatrix} 1 \\ 1 \end{pmatrix} \exp x + C_2'(x) \begin{pmatrix} 1 \\ -1 \end{pmatrix} \exp(-x) = \begin{pmatrix} 2 \\ 2\exp x \end{pmatrix}$ oder

$C_1'(x)\exp x + C_2'(x)\exp(-x) = 2$ und
$C_1'(x)\exp x - C_2'(x)\exp(-x) = 2\exp x.$

Hieraus folgen

$C_1'(x) = \exp(-x) + 1, \ C_2'(x) = \exp x - \exp 2x,$
$C_1(x) = x - \exp(-x), \ C_2(x) = \exp x - (1/2)\exp 2x.$

Damit lautet eine partikuläre Lösung der inhomogenen Dgl.

$y_P(x) = [x - \exp(-x)]\exp x \begin{pmatrix} 1 \\ 1 \end{pmatrix}$

$+ [\exp x - (1/2)\exp 2x]\exp(-x) \begin{pmatrix} 1 \\ -1 \end{pmatrix}$

$= \begin{pmatrix} x \exp x - (1/2)\exp x \\ x \exp x + (1/2)\exp x - 2 \end{pmatrix}.$

8.1.7 Randwertaufgabe. Boundary-value problems

Sie besteht darin, Lösungen $y(x)$ für eine Dgl. der Ordnung n zu bestimmen, die mit ihren Ableiten $y^{(i)}(x)$, $1 \leq i \leq n - 1$, in zwei Randstellen $x = a$ und $x = b$ oder auch mehr, n voneinander unabhängige Randbedingungen erfüllen. Sie kann keine oder genau eine Lösung oder mehrere (sogar unendlich viele) Lösungen haben.

Beispiel: Die Dgl. $y'' + y = 0$ hat für die Randbedingungen
$y(0) = 0$ und $y(\pi) = 1$ keine Lösung,
$y(0) = 0$ und $y(\pi/2) = 1$ genau eine Lösung $y(x) = \sin x$,
$y(0) = 0$ und $y(\pi) = 0$ unendliche viele Lösungen $y = C\sin x$.

Lineare Randwertaufgabe. Bei ihr sind die Dgl. sowie die Randbedingungen linear in y und deren Ableitungen. Eine besonders häufige Aufgabe für eine Dgl. 2. Ordnung lautet $L[y] = y'' + p(x)y' + q(x)y = f(x)$ mit den Randbedingungen $R_1[y(a)] = a_1 y(a) + a_2 y'(a) = A$, $R_2[y(b)] = b_1 y(b) + b_2 y'(b) = B$, wobei p, q und f stetige Funktionen auf $[a, b]$ und a_1, a_2, b_1, b_2, A, B Konstanten sind. Die Randwertaufgabe heißt homogen, falls $A = B = 0$ und $f(x) = 0$, sonst inhomogen. Die Funktionen $y_1(x)$ und $y_2(x)$ sollen ein Fundamentalsystem von Lösungen der homogenen Dgl. $L[y] = 0$ bilden, deren allgemeine Lösung $y_H(x) = C_1 y_1(x) + C_2 y_2(x)$ ist, wobei C_1, C_2 beliebige Konstanten sind.

Homogene Randwertaufgabe

$L[y] = 0, \ R_1[y(a)] = R_2[y(b)] = 0.$

Einsetzen der allgemeinen Lösung

$y_H(x) = C_1 y_1(x) + C_2 y_2(x)$

von $L[y] = 0$ in die Randbedingungen führt auf das Gleichungssystem

$C_1 R_1[y_1(a)] + C_2 R_1[y_2(a)] = 0,$
$C_1 R_2[y_1(b)] + C_2 R_2[y_2(b)] = 0$

A

mit der Systemdeterminante

$$D = \begin{vmatrix} R_1[y_1(a)] & R_1[y_2(a)] \\ R_2[y_1(b)] & R_2[y_2(b)] \end{vmatrix}.$$

Es hat stets die Lösungen $C_1 = C_2 = 0$, so daß $y(x) \equiv 0$ stets eine triviale Lösung der homogenen Randwertaufgabe ist. Nichttriviale Lösungen gibt es genau dann, wenn $D = 0$ ist.

Beispiel: $L[y] = y'' + y = 0$, $R_1[y(0)] = y(0) = 0$, $R_2[y(\pi)] = y(\pi) = 0$. – Die Funktionen $y_1(x) = \cos x$ und $y_2(x) = \sin x$ bilden ein Fundamentalsystem, so daß die allgemeine Lösung $y(x) = C_1 \cos x + C_2 \sin x$ lautet. Einsetzen in die Randbedingungen R_1 und R_2 führt auf die Gleichungen $R_1[y(0)] = y(0) = C_1 \cdot 1 + C_2 \cdot 0 = 0$, $R_2[y(\pi)] = y(\pi) = C_1(-1) + C_2 \cdot 0 = 0$, woraus $C_1 = 0$ folgt, so daß $y(x) = C_2 \sin x$ für beliebiges C_2 eine Lösung ist.

Inhomogene Randwertaufgabe. $L[y] = f(x)$, $R_1[y(a)] = A$, $R_2[y(b)] = B$. Es sei $y_P(x)$ eine partikuläre Lösung der inhomogenen Dgl. $L[y] = f(x)$, so daß deren allgemeine Lösung $y(x) = C_1 y_1(x) + C_2 y_2(x) + y_P(x)$ für beliebige C_1, C_2 ist. Einsetzen von $y(x)$ in die Randbedingungen führt auf das Gleichungssystem

$$C_1 R_1[y_1(a)] + C_2 R_1[y_2(a)] = A - y_P(a),$$
$$C_1 R_2[y_1(b)] + C_2 R_2[y_2(b)] = B - y_P(b)$$

mit der Systemdeterminante

$$D = \begin{vmatrix} R_1[y_1(a)] & R_1[y_2(a)] \\ R_2[y_1(b)] & R_2[y_2(b)] \end{vmatrix}.$$

Ist $D \neq 0$, so gibt es ein Lösungspaar (C_1, C_2), und die inhomogene Randwertaufgabe hat genau eine Lösung. Für $D = 0$ existieren nur in Sonderfällen Lösungen.

8.1.8 Eigenwertaufgabe. Eigenvalue problems

Eine homogene Randwertaufgabe heißt Eigenwertaufgabe, wenn die Dgl. oder die Randbedingungen noch einen Parameter λ enthalten. Parameterwerte, für die nichttriviale Lösungen existieren, heißen Eigenwerte und die entsprechenden Lösungen Eigenfunktionen.

Beispiel: $L[y] = y'' + \lambda y = 0$, $R_1[y(0)] = y(0) = 0$, $R_2[y(\pi)] = y(\pi) = 0$. Fallunterscheidung:

$\lambda > 0$. Fundamentalsystem $y_1(x) = \cos \sqrt{\lambda} x$, $y_2(x) = \sin \sqrt{\lambda} x$. Allgemeine Lösung $y(x) = C_1 \cos \sqrt{\lambda} x + C_2 \sin \sqrt{\lambda} x$. Randbedingungen liefern $y(0) = C_1 = 0$, $y(\pi) = C_1 \cos \sqrt{\lambda} \pi + C_2 \sin \sqrt{\lambda} \pi = 0$, woraus $C_2 \sin \sqrt{\lambda} \pi = 0$ folgt. Damit die Eigenwertaufgabe nichttriviale Lösungen besitzt, muß $C_2 \neq 0$ und $\sin \sqrt{\lambda} \pi = 0$ oder $\sqrt{\lambda} \pi = n\pi$ sein, d.h. $\lambda_n = n^2 (n = 1, 2, 3, \ldots)$. Sie hat also für $\lambda > 0$ die Eigenwerte $\lambda_n = n^2$ und die Eigenfunktionen $y_n(x) = C_n \sin nx$.

$\lambda = 0$ und damit $L[y] = y'' = 0$. Fundamentalsystem $y_1(x) = 1$, $y_2(x) = x$. Allgemeine Lösung der Dgl. $y(x) = C_1 + C_2 x$. Randbedingungen liefern $y(0) = C_1 = 0$, $y(\pi) = C_1 + C_2 \pi = 0$. Hieraus folgt $C_1 = 0$ und $C_2 = 0$, d.h. es existiert nur die triviale Lösung.

$\lambda < 0$. Fundamentalsystem

$$y_1(x) = \exp(\sqrt{-\lambda} x), \quad y_2(x) = \exp(-\sqrt{-\lambda} x).$$

Allgemeine Lösung der Dgl.

$$y(x) = C_1 \exp(\sqrt{-\lambda} x) + C_2 \exp(-\sqrt{-\lambda} x).$$

Randbedingungen liefern

$$y(0) = C_1 + C_2 = 0, \quad y(\pi) = C_1 \exp(\sqrt{-\lambda} \pi) + C_2 \exp(-\sqrt{-\lambda} \pi) = 0.$$

Dieses Gleichungssystem hat wegen $D \neq 0$ nur die Lösungen $C_1 = 0$ und $C_2 = 0$ d.h. für $\lambda < 0$ existiert nur die triviale Lösung. Die Eigenwertaufgabe besitzt also nichttriviale Lösungen nur für $\lambda > 0$.

8.2 Partielle Differentialgleichungen
Partial differential equations

8.2.1 Lineare partielle Differentialgleichungen 2. Ordnung
Linear partial differential equations of the second order

Allgemeine Form

Sie lautet für eine Funktion u mit den beiden Argumenten x und y

$$L[u] = A(x,y) \frac{\partial^2 u}{\partial x^2} + 2B(x,y) \frac{\partial^2 u}{\partial x \partial y} + C(x,y) \frac{\partial^2 u}{\partial y^2}$$
$$+ D(x,y) \frac{\partial u}{\partial x} + E(x,y) \frac{\partial u}{\partial y} + F(x,y) u$$
$$= f(x,y). \tag{27}$$

Sie heißt homogen, wenn $f(x,y) \equiv 0$, sonst inhomogen.

Diskriminante. Sie lautet für Gl. (27)

$$\Delta = \begin{vmatrix} A(x,y) & B(x,y) \\ B(x,y) & C(x,y) \end{vmatrix} = A(x,y) C(x,y) - B^2(x,y).$$

Charakteristische Dgl. So heißt die der partiellen Dgl. (27) zugeordnete gewöhnliche Dgl.

$$A(x,y) y'^2 - 2B(x,y) y' + C(x,y) = 0. \tag{28}$$

Sie läßt sich in zwei lineare Dgln. 1. Ordnung zerlegen und besitzt zwei einparametrische Lösungen, die Charakteristiken $\varphi(x,y) = C_1$ und $\psi(x,y) = C_2$ mit den Parametern C_1 und C_2.

Elliptischer Typus $\Delta > 0$. Die Charakteristiken sind konjugiert komplex. Durch die Transformation $\varphi(x,y) = \xi + i\eta$ und $\psi(x,y) = \xi - i\eta$ wird die Dgl. (27) in die Normalform übergeführt

$$\frac{\partial^2 u}{\partial \xi^2} + \frac{\partial^2 u}{\partial \eta^2} + a(\xi,\eta) \frac{\partial u}{\partial \xi} + b(\xi,\eta) \frac{\partial u}{\partial \eta} + c(\xi,\eta) u = g(\xi,\eta).$$

Parabolischer Typus $\Delta = 0$. Die beiden Charakteristiken stimmen überein. Durch die Transformation mit

$$\xi = \varphi(x,y) = \psi(x,y) \quad \text{und} \quad \eta = \eta(x,y),$$

und

$$\frac{\partial(\varphi,\eta)}{\partial(x,y)} = \begin{vmatrix} \varphi_x & \eta_x \\ \varphi_y & \eta_y \end{vmatrix} \neq 0,$$

wobei η eine beliebige Funktion ist, wird die Dgl. (27) in die Normalform übergeführt,

$$\frac{\partial^2 u}{\partial \eta^2} + a(\xi,\eta) \frac{\partial u}{\partial \xi} + b(\xi,\eta) \frac{\partial u}{\partial \eta} + c(\xi,\eta) u = g(\xi,\eta).$$

Hyperbolischer Typus $\Delta < 0$. Die Charakteristiken sind reell und verschieden. Durch die Transformation

$$\xi = \varphi(x,y) \quad \text{und} \quad \eta = \psi(x,y) \quad \text{bzw.}$$
$$\xi = \varphi(x,y) + \psi(x,y) \quad \text{und} \quad \eta = \varphi(x,y) - \psi(x,y)$$

wird die partielle Dgl. (27) in die Normalform übergeführt,

$$\frac{\partial^2 u}{\partial \xi \partial \eta} + a(\xi,\eta) \frac{\partial u}{\partial \xi} + b(\xi,\eta) \frac{\partial u}{\partial \eta} + c(\xi,\eta) u = g(\xi,\eta) \quad \text{bzw.}$$
$$\frac{\partial^2 u}{\partial \xi^2} - \frac{\partial^2 u}{\partial \eta^2} + a(\xi,\eta) \frac{\partial u}{\partial \xi} + b(\xi,\eta) \frac{\partial u}{\partial \eta} + c(\xi,\eta) u = g(\xi,\eta).$$

Gleichung 2. Ordnung mit konstanten Koeffizienten

Normalform. Sie lautet für die lineare Dgl. (27) mit konstanten Koeffizienten

$$A \frac{\partial^2 u}{\partial x^2} + 2B \frac{\partial^2 u}{\partial x \partial y} + C \frac{\partial^2 u}{\partial y^2} + E \frac{\partial u}{\partial y} + D \frac{\partial u}{\partial y} + F u = f(x,y),$$

wobei A, B, C, D, E, F Konstanten sind.

Charakteristiken. Es sind in diesem Fall die Geraden

$$y = \frac{B + \sqrt{B^2 - AC}}{A}\, x + C_1 \quad \text{und}$$

$$y = \frac{B - \sqrt{B^2 + AC}}{A}\, x + C_2.$$

Durch entsprechende Transformation der Koordinaten kann die Dgl. in die Normalform übergeführt werden. Dabei sind die Koeffizienten a, b und c Konstanten. Wird gemäß der Gleichung

$$u(\xi, \eta) = v(\xi, \eta) \exp(\alpha\xi + \beta\eta)$$

die neue Funktion v eingeführt, so können nach Einsetzen von u in die Dgl. die Größen α und β so bestimmt werden, daß zwei Koeffizienten (z.B. die der partielle Ableitungen 1. Ordnung) für v verschwinden. Damit ergeben sich für eine lineare partielle Dgl. 2. Ordnung mit konstanten Koeffizienten in den ursprünglichen Bezeichnungen die Normalformen

elliptischer Typus $\quad \dfrac{\partial^2 u}{\partial x^2} + \dfrac{\partial^2 u}{\partial y^2} + au = f(x, y);$

hyperbolischer Typus $\quad \dfrac{\partial^2 u}{\partial x\, \partial y} + au = f(x, y),$

$\qquad\qquad\qquad\quad \dfrac{\partial^2 u}{\partial x^2} - \dfrac{\partial^2 u}{\partial y^2} + au = f(x, y);$

parabolischer Typus $\quad \dfrac{\partial^2 u}{\partial x^2} + a\dfrac{\partial u}{\partial y} = f(x, y).$

8.2.2 Trennung der Veränderlichen
Separation of variables

Eine homogene lineare partielle Dgl. für eine Funktion $u(x_1, x_2, \ldots, x_n)$ kann oft nach dem Fourierschen Verfahren der Trennung der Veränderlichen mit dem Produktansatz $u(x_1, x_2, \ldots, x_n) = U_1(x_1) U_2(x_2) \ldots U_n(x_n)$ auf gewöhnliche Dgln. zurückgeführt werden. Durch Einsetzen der Funktion u in die Dgl. und Division durch u wird die Dgl. auf die Form

$$F_1(x_1, U_1, U_1', U_1'')$$
$$+ F(x_2, x_3, \ldots, x_n, U_2, U_2', U_2'', U_3, U_3', U_3'', \ldots) = 0$$

gebracht, wobei genau eine der Variablen $x_1, x_2, \ldots, x_n$, z.B. x_1, nur unter F_1 und nicht unter F vorkommt. Damit gilt

$$F_1(x_1, U_1, U_1', U_1'')$$
$$= -F(x_2, x_3, \ldots, x_n, U_2, U_2', U_2'', \ldots) = \lambda_1 = \text{const}.$$

Dann ist $F_1(x_1, U_1, U_1', U_1'') = \lambda_1$ eine gewöhnliche Dgl. für die Funktion U_1. Für die 2. Gleichung

$$F(x_2, x_3, \ldots, x_n, U_2, U_2', U_2'', \ldots) = -\lambda_1$$

wird eine entsprechende Zerlegung gesucht, usw. Auf diese Weise wird eine Lösung mit $n - 1$ beliebigen Separationskonstanten $\lambda_1, \lambda_2, \ldots, \lambda_{n-1}$ gewonnen.

8.2.3 Anfangs- und Randbedingungen
Initial and boundary conditions

Zur vollständigen Beschreibung eines physikalischen Vorgangs sind neben der Dgl. noch der Anfangszustand und der Zustand am Rand des räumlichen Gebiets, in dem der Vorgang stattfindet, zu berücksichtigen. Dies geschieht durch Vorgabe von Anfangs- und Randbedingungen.

Beispiel 1: Freie Schwingung einer begrenzten und beidseitig eingespannten Saite. – Für die Auslenkung u lautet die Dgl.

$$\frac{\partial^2 u}{\partial t^2} = a^2 \frac{\partial^2 u}{\partial x^2} \quad \text{(hyperbolischer Typus).} \tag{29}$$

Randbedingung: $u(0, t) = u(l, t) = 0$ (feste Einspannung an den Enden $x = 0$ und $x = l$). Anfangsbedingung: $u(x, 0) = f(x)$ und $\dfrac{\partial u}{\partial t}(x, 0) =$

$g(x)$ (Auslenkung und Geschwindigkeit für $t = 0$). Produktansatz zur Lösung der Dgl.: $u(x, t) = X(x) T(t)$.

Einsetzen in die Dgl. (29) führt auf $T''(t) X(x) = a^2 X''(x) T(t)$ oder $T''/(a^2 T) = X''/X = -\lambda$ mit λ als Separationskonstante. Hieraus ergeben sich $T'' + a^2\lambda T = 0$ und $X'' + \lambda X = 0$.

Berücksichtigung der Randbedingungen: $u(0, t) = u(l, t) = 0$ oder $X(0) T(t) = 0$ und $X(l) T(t) = 0$ ergibt wegen $T(t) \not\equiv 0$ die Randbedingung $X(0) = X(l) = 0$, so daß für die Funktion X die Eigenwertaufgabe (s. A.8.1.7) vorliegt; $X'' + \lambda X = 0$ mit $X(0) = X(l) = 0$. Diese besitzt nur für die positiven Eigenwerte $\lambda_n = (n\pi/l)^2$ nichttriviale Eigenfunktionen; $X_n(x) = \sin\dfrac{n\pi}{l} x$ $(n = 1, 2, 3, \ldots, n)$.

Für jeden dieser Eigenwerte ergibt sich die Dgl. für die Funktion T; $T'' + (n\pi a/l)^2 T = 0$ mit der allgemeinen Lösung $T_n(t) = A_n \cos\dfrac{n\pi a}{l} t + B_n \sin\dfrac{n\pi a}{l} t$.

Die unendlichen vielen Funktionen

$$u_n(x, t) = \left(A_n \cos\frac{n\pi a}{l} t + B_n \sin\frac{n\pi a}{l} t\right) \sin\frac{n\pi}{l} x, \quad n = 1, 2, 3, \ldots, n$$

sind dann Lösungen der Dgl. (29) und erfüllen die Randbedingungen. Aufgrund der Linearität und Homogenität der partiellen Dgl. sowie der Randbedingungen gilt dies auch unter gewissen Voraussetzungen für die unendliche Funktionenreihe

$$u(x, t) = \sum_{n=1}^{\infty} \left(A_n \cos\frac{n\pi a}{l} t + B_n \sin\frac{n\pi a}{l} t\right) \sin\frac{n\pi}{l} x. \tag{30}$$

Die Anfangsbedingungen führen auf die Gleichungen

$$f(x) = u(x, 0) = \sum_{n=1}^{\infty} A_n \sin\frac{n\pi}{l} x,$$

$$g(x) = \frac{\partial u}{\partial t}(x, 0) = \sum_{n=1}^{\infty} \frac{n\pi a}{l} B_n \sin\frac{n\pi}{l} x.$$

Werden beide Seiten dieser Gleichungen mit $\sin\dfrac{m\pi}{l} x$ multipliziert und über x von 0 bis l integriert, so ergeben sich wegen

$$\int_0^l \sin\frac{n\pi}{l} x \sin\frac{m\pi}{l} x \, dx = \begin{cases} 0 & \text{für } m \neq n \\ l/2 & \text{für } m = n \end{cases}$$

die Gleichungen für die Koeffizienten A_n und B_n.

$$A_n = (2/l) \int_0^l f(x) \sin\frac{n\pi}{l} x \, dx \quad \text{und} \quad B_n = \frac{2}{n\pi a} \int_0^l g(x) \sin\frac{n\pi}{l} x \, dx.$$

Mit diesen Koeffizienten ist dann die Funktion u gemäß Gl. (30) die Lösung der Aufgabe.

Beispiel 2: Wärmeleitung in einem Stab von endlicher Länge. – Die Wärmeleitung in einem Stab wird beschrieben durch eine partielle Dgl. der Form

$$L[u] = \frac{\partial u}{\partial t} - a^2 \frac{\partial^2 u}{\partial x^2} = 0 \quad \text{(parabolischer Typus).} \tag{31}$$

An den Enden des Stabs $x = 0$ und $x = l$ seien die konstanten Temperaturen U_1 und U_2 vorgegeben, so daß die Randbedingung $u(0, t) = U_1$ und $u(l, t) = U_2$ lautet.

Die Temperaturverteilung längs des Stabs zum Zeitpunkt $t = 0$ sei durch die Anfangsbedingung $u(x, 0) = f(x)$ bestimmt.

Zur Lösung wird $u(x, t) = v(x) + w(x, t)$ angesetzt, wobei für die Funktion v die Bedingung $L[v] = v'' = 0, v(0) = U_1, v(l) = U_2$ und für die Funktion w die Bedingungen $L[w] = \dfrac{\partial w}{\partial t} - a^2 \dfrac{\partial^2 w}{\partial x^2} = 0$, $w(0, t) = w(l, t) = 0$, $w(x, 0) = f(x) - v(x)$ bestehen. Für die Funktion $u(x, t) = v(x) + w(x, t)$ gelten dann die Bedingungen der Aufgabe.

Die Lösung der Randwertaufgabe für v lautet

$$v(x) = \frac{U_2 - U_1}{l} x + U_1.$$

Zur Lösung der Randwert- und Anfangswertaufgabe für die Funktion w wird der Produktansatz $w(x, t) = X(x) T(t)$ gemacht. Er führt auf die Gleichung mit getrennten Variablen $\dfrac{T'(t)}{a^2 T(t)} = \dfrac{X''(x)}{X(x)} = -\lambda$ mit λ als Separationskonstante, so daß sich die beiden gewöhnlichen Dgln. $X''(x) + \lambda X(x) = 0$ und $T'(t) + \lambda a^2 T(t) = 0$ ergeben.

Die Eigenwertaufgabe für die Funktion X führt wie im Beispiel 1 auf die Eigenwerte $\lambda_n = (n\pi/l)^2$ und auf die nichttrivialen Eigenfunktionen $X_n(x) = \sin\dfrac{n\pi}{l} x$ für $n = 1, 2, 3, \ldots$. Dementsprechend ergibt sich für jedes $n = 1, 2, 3, \ldots$ die Dgl. $T' + (n\pi a/l)^2 T = 0$ mit der allgemeinen Lösung $T_n(t) = A_n \exp[-(n\pi a/l)^2 t]$, so daß die un-

A

endlich vielen Funktionen

$$w_n(x,t) = T_n(t)X_n(x) = A_n \sin \frac{n\pi}{l} x \exp\left[-\left(\frac{n\pi a}{l}\right)^2 t\right]$$

Lösungen der Dgl. $L[w] = 0$ sind, die der Randbedingung $w(0,t) = w(l,t) = 0$ genügen. Dies gilt unter gewissen Voraussetzungen auch für die Funktionenreihe

$$w(x,t) = \sum_{n=1}^{\infty} w_n(x,t) = \sum_{n=1}^{\infty} A_n \sin \frac{n\pi}{l} x \exp\left[-\left(\frac{n\pi a}{l}\right)^2 t\right]. \quad (32)$$

Aufgrund der Anfangsbedingung gilt

$$w(x,0) = \sum_{n=1}^{\infty} A_n \sin \frac{n\pi}{l} x = f(x) - v(x)$$

$$= f(x) - \left(\frac{U_2 - U_1}{l} x + U_1\right) = F(x),$$

woraus entsprechend Beispiel 1

$$A_n = \frac{2}{l} \int_0^l F(x) \sin \frac{n\pi}{l} x \, dx$$

$$= \frac{2}{l} \int_0^l \left[f(x) - \left(\frac{U_2 - U_1}{l} x + U_1\right)\right] \sin \frac{n\pi}{l} x \, dx$$

folgt. Damit lautet die Lösung der Anfangswert- und Randwertaufgabe

$$u(x,t) = v(x) + w(x,t)$$

$$= \frac{U_2 - U_1}{l} x + U_1 + \sum_{n=1}^{\infty} A_n \sin \frac{n\pi}{l} x \exp[-(n\pi a/l)^2 t].$$

9 Auswertung von Beobachtungen und Messungen. Analysis of experimental observations and measurements

H.-J. Schulz, Berlin

9.1 Kombinatorik. Combinatorial analysis

Die Kombinatorik untersucht die Möglichkeiten zur Anordnung von beliebig gegebenen, endlich vielen Elementen einer Menge. Als Symbole für die Elemente dienen Buchstaben und Ziffern.

Komplexionen. So heißen die Zusammenstellungen der Elemente: Permutation, Variation und Kombination. Hierbei wird unterschieden a) nach der Zahl der Elemente, b) nach den Elementen bei gleicher Zahl, c) nach der Anordnung bei gleichen Elementen und d) nach der Zulässigkeit der Wiederholung von Elementen. Die Vorschriften zur Unterscheidung der Komplexionen sind mit der technischen Aufgabenstellung festgelegt.

Beispiel: Wieviel Schraubentypen können mit vier Farben (z.B. rot, grün, blau, weiß) gekennzeichnet werden? Alle nach a) vereinbarten Positionen sollen besetzt sein. – **Tab. 1**.

9.1.1 Permutationen. Permutations

Permutation. Die Komplexion, die aus allen n Elementen ($n \in \mathbb{N}$) einer endlichen Menge M in irgendeiner Anordnung gebildet werden kann, heißt Permutation der n Elemente. Zwei Permutationen sind genau dann gleich, wenn sie in der Reihenfolge der Elemente übereinstimmen. Ihre Anzahl bei n untereinander verschiedenen Elementen ist

$$P_n = 1 \cdot 2 \cdot 3 \cdot \ldots \cdot (n-1) \cdot n = n!. \quad (1)$$

Die Darstellung der verschiedenen Permutationen erfolgt nach der natürlichen Reihenfolge der Elemente (1, 2, 3... oder a, b, c...) in einer lexikographischen Anordnung.

Inversion. Stehen in einer Permutation zwei Elemente in ihrer natürlichen Reihenfolge vertauscht, so bilden sie eine Inversion. Ist die Zahl der Inversionen gerade (ungerade), so bezeichnet man die Permutation als gerade (ungerade). Der Vertauschungsvorgang zwischen zwei Elementen heißt *Transposition*.

Tritt in der Permutation ein Element n_1-mal auf, so reduziert sich die Anzahl um das $1/n_1!$-fache.

Die verschiedenen Permutationen für n Elemente mit m verschiedenen Arten und den Wiederholungszahlen $n_1, n_2, \ldots, n_m$ für jede Art sind

$$P_n^{(n_1, n_2, \ldots, n_m)} = \frac{n!}{n_1! n_2! \ldots n_m!}. \quad (2)$$

Beispiel 1: $n = 2$; $M = \{1, 2\}$. – $P_2 = 1 \cdot 2 = 2$; Permutationen; 12, 21.

Beispiel 2: $n = 3$; $M = \{1, 2, 3\}$. – Jedes der drei Elemente kann an der ersten Stelle stehen, dahinter folgen die Permutationen der restlichen zwei Elemente. Also ergibt sich durch vollständige Induktion, dem Schluß von n auf $n+1$ nach Prüfen des Anfangswerts, $P_3 = 3 \cdot P_2 = 1 \cdot 2 \cdot 3 = 3! = 6$.

Beispiel 3: $M = \{r, g, b\} = \{b, g, r\}$. – Lexikographische Anordnung der Permutation zu drei Elementen: *bgr*, *brg*; *gbr*, *grb*; *rbg*, *rgb*. In der letzten Permutation stehen r vor g und b sowie g vor b. Sie enthält also drei Inversionen und ist ungerade.

Beispiel 4: $M = \{a, b, c, c\}$; $m = 3$; $n_1 = n_2 = 1$, $n_3 = 2$. – $P_4^{(1,1,2)} = 4!/(1! \, 1! \, 2!) = 12$.

9.1.2 Variationen. Variations

Eine Zusammenstellung von k verschiedenen Elementen aus einer Menge mit n verschiedenen Elementen, bei der es auf die Anordnung ankommt, heißt *Variation* von n Elementen zur k-ten Klasse oder Ordnung ohne Wiederholung. Ihre Anzahl ist

$$V_n^{(k)} = \frac{n!}{(n-k)!} \quad \text{mit } k \leq n. \quad (3)$$

Tabelle 1. Komplexionen von vier Farben (r rot, g grün, b blau, w weiß)

Fall	Unterscheidung nach	Mögliche Komplexionen	Anzahl	Bezeichnung der Komplexionen
1	a) 2 Farben b) nach den Farben	rg, rb, rw, gb, gw, bw	6	Kombinationen o.W.
2	a), b), d) mit Wiederholung	wie 1 und rr, bb, gg, ww	10	Kombinationen m.W.
3	a), b), c) mit Anordnung	wie 1 und gr, br, wr, bg, wg, wb	12	Variationen o.W.
4	a) b) c) d)	wie 3 und rr, bb, gg, ww	16	Variationen m.W.
5	a) 4 Farben, b), c)	rgbw, rgwb, rbgw, rbwg, rwgb, rwbg grbw, grwb, gbrw, gbwr, gwrb, gwbr brgw, brwg, bgrw, bgwr, bwrg, bwgr wrgb, wrbg, wgrb, wgbr, wbrg, wbgr	24	Permutationen

o.W. bzw. m.W. ohne bzw. mit Wiederholung

Kann jedes Element bis zu k-mal wiederholt auftreten, ist die Anzahl

$$Vw_n^{(k)} = n^k \quad \text{mit } k \leqq n \quad \text{oder} \quad k > n. \tag{4}$$

Beispiel 1: Aus den zehn Ziffern $0, 1, 2 \ldots 9$ kann man $V_{10}^{(4)} = 10!/6! = 5040$ vierstellige Zahlen bilden, in denen jede Ziffer nur einmal vorkommt.

Beispiel 2: Beim Fußballtoto gibt es $n = 3$ verschiedene Elemente $(0, 1, 2)$, die auf $k = 11$ verschiedenen Positionen mit Wiederholungen in richtiger Reihenfolge angegeben werden müssen. – Es gibt $Vw_3^{(11)} = 3^{11} = 177147$ Möglichkeiten.

9.1.3 Kombinationen. Combinations

Komplexionen von k verschiedenen Elementen aus einer Menge von n verschiedenen Elementen ohne Berücksichtigung der Anordnung heißen Kombinationen von n Elementen zur k-ten Klasse ohne Wiederholung. Ihre Anzahl ist

$$C_n^{(k)} = \binom{n}{k} = \frac{n!}{k!(n-k)!}$$
$$= \frac{n(n-1)(n-2)\ldots(n-k+2)(n-k+1)}{1 \cdot 2 \cdot 3 \cdot \ldots \cdot (k-1) \cdot k}. \tag{5}$$

Kann jedes Element bis zu k-mal wiederholt auftreten, ist die Zahl

$$Cw_n^{(k)} = \binom{n+k-1}{k}. \tag{6}$$

Beispiel 1: Beim Zahlenlotto 6 aus 49 gibt es
$$C_{49}^{(6)} = \binom{49}{6} = \frac{49 \cdot 48 \cdot 47 \cdot 46 \cdot 45 \cdot 44}{1 \cdot 2 \cdot 3 \cdot 4 \cdot 5 \cdot 6} = 13983816 \text{ Kombinationen}$$

Beispiel 2: Die Zahl der Abstimmungskombinationen eines vierköpfigen Gremiums $(k = 4)$ mit drei Stimmöglichkeiten (ja, nein, enthalten; $n = 3$) ist $Cw_3^{(4)} = \binom{6}{4} = 15$.

9.2 Fehlerrechnung. Calculation of errors

9.2.1 Fehlerarten. Types of errors

Jedes Meßergebnis ist durch Fehler verfälscht (s. DIN 1319 Bl. 3).

Vermeidbare Fehler, durch Irrtum oder Wahl eines ungeeigneten Verfahrens entstanden, werden von der Fehlerrechnung nicht behandelt und müssen mittels geeigneter Kontrollen vermieden werden.

Systematische Fehler, durch Unvollkommenheiten der Meßgeräte und Umwelteinflüsse entstanden, sind nicht immer vermeidbar, jedoch regelmäßig bei wiederholten Messungen. Sofern sie in Vergleichen mit anderen Verfahren erfaßbar sind, müssen sie rechnerisch korrigiert werden.

Zufällige Fehler, verursacht durch nicht erkennbare und nicht beeinflußbare Änderungen des Meßgeräts oder -gegenstands wie Abnutzung, Reibung oder Rauschen, sind unvermeidbar. Sie schwanken bei wiederholten Messungen unter gleichen Bedingungen unregelmäßig in ihrer Größe und im Vorzeichen.

Meßunsicherheit. Hiermit werden die systematischen und zufälligen Fehler zusammengefaßt, deren Größe aber mit den Methoden der Ausgleichsrechnung (s. A 9.3) und der Statistik (s. A 9.5) desto zuverlässiger abgeschätzt werden kann, je größer die Zahl der wiederholten Messungen ist.

Wahrer Fehler. Er ist die Differenz aus Meßwert x_M und wahrem Wert x_W der zu messenden Größe;

$$\varepsilon = x_M - x_W. \tag{7}$$

Da er nicht bekannt ist, wird ersatzweise der geschätzte Fehlerwert Δx aus erfaßbaren systematischen Fehlern und statistischen Schwankungen der Meßwerte bestimmt. Der wahre Wert liegt dann mit großer Wahrscheinlichkeit im Intervall $x_M - |\Delta x| < x_W < x_M + |\Delta x|$ und wird in der Form $x_W = x_M \pm \Delta x$ angegeben.

Absoluter und relativer Fehler. Zum Vergleich der Genauigkeit von Meßverfahren dient nicht der absolute Fehler $|\Delta x|$, sondern der relative Fehler

$$\varepsilon/x_W \approx \Delta x/x_M = (\Delta x/x_M) \cdot 100\%. \tag{8}$$

Weitere Fehler. Sie ergeben sich aus den statistischen Bildungsgesetzen (s. A 9.3 und A 9.5). Die Begriffe „Beobachtungswert, -fehler" werden in der Literatur mit derselben Bedeutung wie „Meßwert, -fehler" benutzt. Die Anzahl der Stellen bei Zahlenwerten von Fehlern muß so beschaffen sein, daß Rundungsfehler kleiner als die Meßunsicherheit ausfallen, ohne daß eine falsche Genauigkeit vorgetäuscht wird.

9.2.2 Fehlerfortpflanzung bei systematischen Fehlern
Propagation of systematic errors

Für eine Größe y, die von n unabhängigen Meßgrößen $x_1, x_2, \ldots, x_n$ mit systematischen Fehlern $\Delta x_1, \Delta x_2, \ldots, \Delta x_n$ gemäß $y = f(x_1, x_2, \ldots, x_n)$ abhängt, ergibt sich der Fehler Δy an der Stelle der Meßwerte mit dem totalen Differential

$$dy = \sum_{i=1}^{n} f_{xi} dx_i \quad \text{zu} \quad \Delta y = \sum_{i=1}^{n} f_{xi} \cdot \Delta x_i. \tag{9}$$

Die Differentiale und die wahren Größenwerte werden durch die hinreichend kleinen Fehler und die gemessenen Werte ersetzt. Sind die Vorzeichen der Δx_i nicht bekannt, gilt der absolute Maximalfehler $\Delta y_{max} = \sum_{i=1}^{n} |f_{xi} \cdot \Delta x_i|$ als ungünstigster Fall (s. **Tab. 2**).
Umgekehrt läßt sich aus der Vorgabe eines zulässigen Fehlers Δy mit Gl. (9) abschätzen, welche Meßfehler Δx_i einzuhalten sind, um danach die Meßgeräte und das Meßverfahren auszuwählen. Gleichung (9) ist auch für die Abschätzung des Einflusses von Rundungsfehlern beim Zahlenrechnen geeignet, da durch die gerundete Stelle ein systematischer Fehler für die einzelnen Zahlen eingeführt wird.

Beispiel: In einem Dreieck werden die Seite $a \approx 120$ mm sowie die Winkel $\alpha \approx 40°$ und $\beta \approx 70°$ gemessen, um die Seite b nach dem Sinussatz zu berechnen. Wie genau müssen die Größen gemessen werden, damit der relative Maximalfehler $|\Delta b_{max}/b| \leqq 3 \cdot 10^{-3}$

Tabelle 2. Sonderfälle für die Funktion $y = f(x_1, x_2)$

		y	Δy_{max}	$\Delta y_{max}/y$
1	Summe Differenz	$x_1 \pm x_2$	$|\Delta x_1| + |\Delta x_2|$	$\dfrac{|\Delta x_1| + |\Delta x_2|}{|x_1 \pm x_2|}$
2	Produkt	$x_1 x_2$	$|x_2 \cdot \Delta x_1| + |x_1 \cdot \Delta x_2|$	$\left|\dfrac{\Delta x_1}{x_1}\right| + \left|\dfrac{\Delta x_2}{x_2}\right|$
3	Quotient	x_1/x_2	$\dfrac{|x_2 \cdot \Delta x_1| + |x_1 \cdot \Delta x_2|}{|x_2^2|}$	$\left|\dfrac{\Delta x_1}{x_1}\right| + \left|\dfrac{\Delta x_2}{x_2}\right|$
4	Potenz	x_1^n	$n x_1^{n-1} \cdot \Delta x_1$	$n \cdot \left|\dfrac{\Delta x_1}{x_1}\right|$

wird? – Es gilt $b = a \sin\beta/\sin\alpha$. Logarithmisches Differenzieren ergibt $\ln b = \ln a + \ln\sin\beta - \ln\sin\alpha$; $\Delta b/b = \Delta a/a + \Delta\sin\beta/\sin\beta - \Delta\sin\alpha/\sin\alpha$, $\Delta\sin\beta = \Delta\beta\cos\beta$; $|\Delta b_{max}/b| = |\Delta a/a + \Delta\beta\cdot\cot\beta| + |\Delta\alpha\cdot\cot\alpha| \leq 3\cdot10^{-3}$. Diese Gleichung genügt nicht zur Bestimmung der höchstens zulässigen Meßfehler. Sie zeigt aber, daß bei kleinen Winkeln Fehler mit großen Werten aus der cot-Funktion multipliziert werden. Im Bereich der mittleren Winkel ist der relative Fehler gleichmäßig auf alle drei Terme zu verteilen. Man erhält $\Delta a < 120\,\text{m}\cdot10^{-3} = 0,12\,\text{m}$. $\Delta\beta < 10^{-3}/\cot70° = 2,7\cdot10^{-3} = 9,5'$ und $\Delta\alpha < 10^{-3}/\cot40° = 8,4\cdot10^{-4} = 2,9'$ also relativ leicht unterschreitbare Meßfehlergrenzen.

9.3 Ausgleichsrechnung nach der Methode der kleinsten Quadrate. Method of least squares

9.3.1 Grundlagen. Fundamentals

Wahrscheinlichkeitsdichte. Jeder Meßwert ist eine Zufallsgröße X, die durch die Gaußsche Wahrscheinlichkeitsdichtefunktion oder die zugehörige Gauß-Verteilungsfunktion charakterisiert wird. Die Dichte dafür, daß der Meßwert x_M gemessen wird, ist (s. A 9.4.4)

$$f(x_M) = \frac{1}{\sqrt{2\pi\sigma^2}}\cdot\exp\left(-\frac{(x_M-x)^2}{2\sigma^2}\right), \tag{10}$$

wobei σ^2 die Varianz und x der Erwartungswert der „sehr großen" Grundgesamtheit bedeuten und nicht bekannt sind.

Methode der kleinsten Quadrate. Bei n Messungen unter gleichen Bedingungen (Stichprobe vom Umfang n) ist die Dichte für das Auftreten der Meßwerte $x_{M1}, x_{M2},\ldots, x_{Mn}$ nach dem Multiplikationssatz, Gl. (29), mit

$$f(x_{M1}-x, x_{M2}-x,\ldots, x_{Mn}-x)$$
$$= \frac{1}{(\sqrt{2\pi\sigma^2})^n}\cdot\exp\left(-\frac{1}{2\sigma^2}\sum_{i=1}^{n}(x_{Mi}-x)^2\right) \tag{11}$$

gegeben. Für den unbekannten Erwartungswert x wird aus den x_{Mi} der wahrscheinlichste Schätzwert $\bar{x}$ berechnet, für den die Dichte f in Gl. (11) maximal ist, also für

$$\sum_{i=1}^{n}(x_{Mi}-\bar{x})^2 = \text{Mimimum}. \tag{12}$$

Dies wird als Gaußsche Methode der kleinsten Quadrate bezeichnet. Sie findet auch vielfältige Anwendung in der Approximationstheorie.

9.3.2 Ausgleich direkter Messungen gleicher Genauigkeit
Adjustment of direct measurements of equal accuracy

Dies ist der mit Gl. (11) beschriebene Fall von n direkten Messungen unter gleichen Meßbedingungen.

Mittelwert und Fehler. Aus Gl. (12) folgt durch Differenzieren nach x_{Mi} und Nullsetzen

$$\bar{x} = \frac{1}{n}\sum_{i=1}^{n}x_{Mi}. \tag{13}$$

Der arithmetische Mittelwert $\bar{x}$ (s. A 2.1.4) ist der wahrscheinlichste Wert für die wahre Größe x. Die Differenz $x_{Mi} - \bar{x} = v_i$ heißt wahrscheinlicher Fehler. Als Rechenprobe für richtige Mittelwertbildung ist $\sum v_i = 0$ geeignet. Zur Kennzeichnung der Genauigkeit des Mittelwerts $\bar{x}$ ist der Mittelwert $\bar{v} = 0$ der wahrscheinlichen Fehler ungeeignet. Die Summe der wahren Fehler $\sum\varepsilon_i = \sum(x_{Mi}-x) = n(\bar{x}-x)$ ist nicht bekannt, jedoch ist auch ihr Erwartungswert (s. Gl. (36)) $E(\sum\varepsilon_i) = 0$, weil $E\bar{x} = x$ ist.

Varianz der Stichprobe. Aus dem Erwartungswert für die Summe der Fehlerquadrate folgt $E(\sum v_i^2) = (n-1)\sigma^2$. An

Tabelle 3. Statistische Sicherheit P

k Werte	Außerhalb des Bereichs	Sicherheit P
317	$\bar{x}\pm1\,\sigma$	$P = 68,3\,\%$
50	$\bar{x}\pm1,96\,\sigma$	$P = 95\,\%$
46	$\bar{x}+2\,\sigma$	$P = 95,4\,\%$
10	$\bar{x}\pm2,58\,\sigma$	$P = 99\,\%$
3	$\bar{x}+3\,\sigma$	$P = 99,7\,\%$

Tabelle 4. Korrekturfaktor t (t-Verteilung nach Student; s. **Tab. 9**); f Freiheitsgrad, n Anzahl der Messungen, m Anzahl der Meßgrößen, $f = n - m$

f	$P = 68,3\,\%$	$95\,\%$	$99\,\%$	$99,73\,\%$
4	1,15	2,8	4,6	6,6
10	1,06	2,3	3,2	4,1
20	1,03	2,1	2,9	3,4
50	1,01	2,0	2,7	3,1
100	1,00	1,97	2,6	3,04
200	1,00	1,96	2,58	3,0

die Stelle der unbekannten Varianz σ^2 der Grundgesamtheit tritt als Schätzwert die Varianz s^2 der Stichprobe:

$$s^2 = \frac{1}{n-1}\sum_{i=1}^{n}v_i^2 = \frac{1}{n-1}\sum_{i=1}^{n}(x_{Mi}-\bar{x})^2$$
$$= \frac{1}{n-1}\left(\sum x_{Mi}^2 - \bar{x}\sum x_{Mi}\right). \tag{14}$$

Standardabweichung. Sie wird zur Kennzeichnung der Genauigkeit herangezogen und lautet mit Gl. (14)

$$s = \sqrt{\frac{1}{n-1}\left(\sum_{i=1}^{n}x_{Mi}^2 - \bar{x}\sum_{i=1}^{n}x_{Mi}\right)}. \tag{15}$$

Sie nähert sich σ für große Werte von n. Ist σ für eine Gauß-Verteilung bekannt, so gilt: Von 1000 Einzelmessungen fallen im Mittel k Werte außerhalb des Bereichs entsprechend **Tab. 3**.

Vertrauensbereich. Die Anwendung der Fehlerfortpflanzung für zufällige Fehler (s. A 9.3.3) auf die Folge der n Einzelmessungen ergibt als Vertrauensbereich für den arithmetischen Mittelwert $\bar{x}$

$$m_{\bar{x}} = \pm\alpha_P\sigma/\sqrt{n}, \tag{16}$$

wobei α_P der zur gewählten statistischen Sicherheit P gehörende Faktor von σ des zugehörigen Bereichs ist. Ist σ nicht bekannt, so wird $\alpha_P\sigma$ durch ts ersetzt, wobei der Korrekturfaktor t von n und P nach **Tab. 4** abhängt, also

$$m_{\bar{x}} = \pm\frac{ts}{\sqrt{n}} = \pm t\sqrt{\frac{\sum_{i=1}^{n}(x_{Mi}-\bar{x})^2}{n(n-1)}} \tag{17}$$

ist. Wenn $\bar{x}_E$ der nach Gl. (9) von systematischen Meßfehlern befreite Mittelwert ist, lautet das Ergebnis der n Einzelmessungen $x = \bar{x}_E \pm m_{\bar{x}}$ für die statistische Sicherheit P (s. **Tab. 4**).
Eine Steigerung der Zahl n wirkt proportional zu $1/\sqrt{n}$ auf den Vertrauensbereich ein, d.h., mit der Steigerung von n auf große Werte (> 10) wird die Verbesserung des Vertrauensbereichs immer geringer. Daher ist mindestens $n = 10$ zu wählen.

Weitere Bezeichnungen. In der Literatur sind noch häufig zu finden:

für *Standardabweichung*: mittlerer Fehler der Einzelmessung, mittlerer quadratischer Fehler, mittlere quadratische Abweichung, Streuung;

Tabelle 5. Meßwerte, Fehler und Fehlerquadrate eines Schwingungsvorgangs

i	T_i	v	v^2
	s	s	s^2
1	26,0	−0,04	0,0016
2	27,4	1,36	1,8511
3	25,4	−0,64	0,4096
4	25,2	−0,84	0,7056
5	26,2	0,16	0,0256
	26,04		2,9935

für *Vertrauensbereich* bei $\alpha_P = 1$: mittlerer Fehler des Mittelwerts;

für *Varianz*: Streuungsquadrat und

für $\sum\limits_{i=1}^{n} x_i = [x]$ *Gaußsche Summenkonvention*.

Beispiel: Die Periodendauer eines Schwingungsvorgangs wurde gemessen (**Tab. 5**).
Hierbei gilt $T_i \hateq x$ und $v = x - x_i$. Die Standardabweichung ist nach
Gl. (14) $s = \sqrt{2,9935\ s^2/(5-1)} = 0,86\ s$. Der Vertrauensbereich ist
mit $t = 1,15$ für $f = 5 - 1 = 4$, die statistische Sicherheit $P = 68,3\%$
(**Tab. 4**) und mit Gl. (17) $m_{\bar{x}} = 1,15 \cdot 0,86\ s/\sqrt{5} = 0,44\ s$. Das Meßergebnis soll keine weiteren systematischen Fehler haben und lautet
$T = (\bar{T} + m_{\bar{x}}) = (26,04 \pm 0,44)\ s = 26,04\ s \pm 1,7\%$.

9.3.3 Fehlerfortpflanzung bei zufälligen Fehlergrößen
Propagation of random errors

Für eine von zwei voneinander unabhängigen Meßgrößen
x, y abhängige Größe $z = f(x, y)$ wird zur Berechnung
von s_z als Schätzwert für die Standardabweichung das
totale Differential gebildet und quadriert. Für praktische
Zwecke sind für die Variablen die Meßwerte x_{Mi}, y_{Mi}, $i =$
1, 2,..., n, und für dx, dy, dz die kleinen wahrscheinlichen
Fehler v_{xi}, v_{yi}, v_{zi} einzusetzen und zu summieren.

$$\sum_{i=1}^{n} v_{zi}^2 = \sum_{i=1}^{n} \left(\frac{\partial f}{\partial x}\right)^2 v_{xi}^2 + \sum_{i=1}^{n} \left(\frac{\partial f}{\partial y}\right)^2 v_{yi}^2 \qquad (18)$$

mit $\sum\limits_{i=1}^{n} \dfrac{\partial f}{\partial x} \cdot \dfrac{\partial f}{\partial y} v_{xi} v_{yi} = 0$,

weil v_{xi} und v_{yi} gleich wahrscheinlich positiv und negativ
sind. Division durch $(n-1)$ und Wurzelziehen ergeben
einen Schätzwert

$$s_z = \sqrt{\left(\frac{\partial f}{\partial x}\right)^2 s_x^2 + \left(\frac{\partial f}{\partial y}\right)^2 s_y^2} \qquad (19)$$

für die Standardabweichung. Dies ist das Gaußsche Gesetz der *Fehlerfortpflanzung bei zufälligen Fehlergrößen*,
das auf mehr als zwei Variable sinngemäß erweitert werden kann.

Beispiel: Bei der Messung der Fallbeschleunigung $g = 4\pi^2 l/T^2$ mit
dem Fadenpendel wurde für die Pendellänge $\bar{l} = 84,93$ cm mit $s_l =$
$2,8 \cdot 10^{-3}$ cm die Schwingungsdauer $\bar{T} = 1,849$ s mit $s_T = 3 \cdot 10^{-4}$ s ermittelt. Mit Gl. (19) sowie $\partial g/\partial l = 4\pi^2/T^2$ und $\partial g/\partial T = -8\pi^2 l/T^3$
wird dann

$$s_g = \sqrt{(4\pi^2/\bar{T}^2)^2 s_l^2 + (8\pi^2 \bar{l}/\bar{T}^3)^2 s_T^2}$$
$$= \sqrt{(4\pi^2 \cdot 2,8 \cdot 10^{-3}\ cm/1,849^2 \cdot s^2)^2}$$
$$\overline{+ (8\pi^2 \cdot 84,93\ cm \cdot 3 \cdot 10^{-4}\ s/1,849^3 s^3)^2} = 0,32\ cm/s^2.$$

9.3.4 Ausgleich direkter Messungen
ungleicher Genauigkeit. Analysis of direct
measurements of differing accuracy

Soll der Mittelwert einer Meßgröße x aus Messungen nach
verschiedenen Methoden gewonnen oder aus Mittelwerten

von Meßreihen gleicher Genauigkeit mit unterschiedlichen
Stichprobenumfängen errechnet werden, so haben die x_{Mi}
oder $\bar{x}_i$ verschiedenes Gewicht.

Gewichtsfaktor. Hierzu dient die Dichte nach Gl. (11), in
der mit jedem Meßwert x_{Mi} die zum Meßverfahren gehörende Standardabweichung σ_i einzusetzen ist. Die Methode der kleinsten Quadrate, Gl. (12), und die Gewichtsfaktoren lauten

$$\sum_{i=1}^{n} (x_{Mi} - \bar{x})/\sigma_i^2 = \text{Minimum} \quad \text{und}$$
$$p_i = \sigma^2/\sigma_i^2 \approx s^2/s_i^2. \qquad (19)$$

Gewichtsfaktoren gelten für beliebiges σ^2 und sind als Varianzverhältnisse so definiert, daß dem Meßergebnis mit
der größten Genauigkeit, also mit der kleinsten Standardabweichung s_i, das größte Gewicht zukommt. Dabei wird
s^2 so gewählt, daß ein $p_i = 1$ wird.

Gewogener Mittelwert. Er ergibt sich aus der Minimumforderung als wahrscheinlichster Wert

$$\bar{x} = \sum_{i=1}^{n} p_i x_{Mi} \Big/ \sum_{i=1}^{n} p_i. \qquad (20)$$

Ausgeglichene Standardabweichung. Sie beträgt mit dem
Mittelwert

$$s = \sqrt{\frac{1}{n-1} \sum_{i=1}^{n} p_i (x_{Mi} - \bar{x})^2} = \sqrt{\frac{1}{n-1} \sum_{i=1}^{n} p_i v_i^2}. \qquad (21)$$

Vertrauensbereich. Für den gewogenen Mittelwert gilt

$$m_{\bar{x}} = ts \Big/ \sqrt{\sum_{i=1}^{n} p_i}. \qquad (22)$$

Beispiel: Die Fläche eines Dreiecks wurde nach verschiedenen Verfahren mehrfach gemessen, so daß folgende Mittelwerte und Standardabweichungen vorliegen: $A_1 = 238,0$ cm^2, $s_1 = 2,1$ cm^2, $A_2 =$
$240,5$ cm^2, $s_2 = 3,2$ cm^2, $A_3 = 239,5$ cm^2, $s_3 = 1,5$ cm^2. Man berechne $\bar{A}$ und $m_{\bar{A}}$. – Für $p_1 = 1$ folgt mit Gl. (19)

$$p_2/p_1 = (s^2/s_2^2)/(s^2/s_1^2) = s_1^2/s_2^2 \approx 0,4; \quad p_3 = 2,1^2/1,5^2 \approx 2,0$$

(s. **Tab. 6**).

$\bar{A} = 813,2$ cm$^2/3,4 = 239,2$ cm^2 nach Gl. (20), $s = \sqrt{2,27/2}$ cm$^2 =$
$1,1$ cm^2 mit Gl. (21), $m_{\bar{A}} = 1,32\ s/\sqrt{3,4} = 0,8$ cm^2 aus Gl. (22) mit
$t = 1,32$ für $n = 3$, $P = 68,3\%$. Das gewogene Meßergebnis lautet
$A = (239,2 \pm 0,8)$ cm^2 für $P = 68,3\%$.

Tabelle 6. Ausgleich der Messung von Dreieckflächen ungleicher
Genauigkeit

p_i	$x_{Mi} = A_i$	$p_i\,x_{Mi}$	$v_i = \bar{A}_i - A_i$	$p_i\,v_i$	$p_i\,v_i^2$
	cm^2	cm^2	cm^2	cm^2	cm^4
1,0	238,0	238,0	−1,2	−1,2	1,44
0,4	240,5	96,2	1,3	0,5	0,65
2,0	239,5	479,0	0,3	0,6	0,18
3,4	–	813,2	–	$-0,1 \approx 0$	2,27

9.4 Wahrscheinlichkeitsrechnung
Calculation of probability

Die Wahrscheinlichkeitsrechnung dient zur Aufdeckung
von Gesetzmäßigkeiten zufälliger Ereignisse (mit großen
Buchstaben bezeichnet). *Zufällig* ist das Ergebnis eines
Versuchs, das – bei festgelegten Bedingungen – eintreten kann, aber nicht muß. Zur empirischen Überprüfung
der Gesetzmäßigkeiten ist die Analyse einer großen Zahl
von Versuchen unter gleichen Bedingungen erforderlich
(s. A 5.9).

9.4.1 Definitionen und Rechengesetze der Wahrscheinlichkeit
Definitions and principles of probability

Klassische Definition (P.S. de Laplace). Die Wahrscheinlichkeit P für das Eintreten des Ereignisses A ist das Verhältnis aus der Zahl g der günstigen Fälle zur Zahl m der möglichen Fälle unter der Annahme, daß alle Fälle gleich wahrscheinlich sind.

$$P(A) = g/m. \tag{23}$$

Die Berechnung erfolgt durch Abzählen mit Hilfe der Kombinatorik oder Simulieren des Experiments mittels Zufallszahlen.

Statistische Definition (R. v. Mises). Bezeichnet n die Anzahl der Versuche eines unter gleichen Bedingungen ausgeführten Experiments und tritt dabei m-mal das Ereignis A auf, so ist $h(A) = m/n$ die *relative Häufigkeit* des Ereignisses A. Der Grenzwert

$$\lim_{n \to \infty} h(A) = \lim_{n \to \infty} (m/n) = P(A) \tag{24}$$

ist die (statistische) Wahrscheinlichkeit von A (Gesetz der großen Zahl). Offenbar folgt aus beiden Definitionen $0 \leq P(A) \leq 1$. Für das *sichere* Ereignis S gilt $P(S) = 1$. Für das *unmögliche* Ereignis Φ gilt $P(\Phi) = 0$.

Beispiel 1: Aus einem gut gemischten Skatspiel wird zufällig eine Karte gezogen. Wie groß ist die Wahrscheinlichkeit dafür, daß dabei a) der Kreuz-Bube, b) ein Bube, c) eine Kreuzkarte gezogen wird? – **Tab. 7.**

Beispiel 2: Für den Versuch des Ziehens einer Skatkarte a) 100mal, b) 500mal, c) 1000mal wurden a) 4mal, b) 14mal, c) 31mal der Kreuzbube gezogen. – Die relativen Häufigkeiten sind a) $h(A)=0{,}0400$, b) $h(A)=0{,}0280$ und c) $h(A)=0{,}0310$. Sie nähern sich mit wachsendem n dem Wert $P(A)=0{,}03125=1/32$.

Der Grenzwert $P(A)$ muß unabhängig von der Auswahl der einzelnen Versuchsreihen gleich sein, wenn nur n genügend groß gewählt wird. Da er sich analytisch nicht beweisen läßt, wird die Wahrscheinlichkeit axiomatisch definiert.

Axiomatische Definition (A.N. Kolmogorow). Zugrunde gelegt wird der Ergebnisraum M, bestehend aus allen möglichen elementaren Ergebnissen des Experiments als Elementarereignissen. M ist in ein System B von Teilmengen zerlegbar. Die Elemente dieses Borelschen Mengenkörpers B sind die zufälligen Ereignisse $E_1, E_2, \ldots$, und es gilt (s. A1.1 bis 1.3)

$$M \in B, \ \Phi \in B, \ E_1 \in B \wedge E_2 \in B \Rightarrow (E_1 \cup E_2) \in B,$$
$$E_1 \in B \Rightarrow \neg E_1 \in B. \tag{25}$$

Beispiel 1: Beim idealen Würfel sind die Elementarereignisse durch das Auftreten der Zahlen 1 bis 6 gekennzeichnet; $M = \{1,2,3,4,5,6\}$. – Für die Ereignisse $E_1 = \{1\}$, d.h. „Zahl 1", und $E_2 = \{2,4\}$, d.h. „Zahl 2 oder Zahl 4", ergeben sich als Elemente von B (damit die Eigenschaften nach Gl. (25) erfüllbar sind) $E_0 = \Phi$, $E_1 = \{1\}$, $E_2 = \{2,4\}$, $E_3 = E_1 \cup E_2 = \{1,2,4\}$, $E_4 = \neg E_1 = \{2,3,4,5,6\}$, $E_5 = \neg E_2 = \{1,3,5,6\}$, $E_6 = \neg E_3 = \{3,5,6\}$, $E_7 = M = \{1,2,3,4,5,6\}$.

Zwei Ereignisse heißen unvereinbar (disjunkt), wenn ihr Durchschnitt leer ist; z.B. $E_1 \cap E_2 = \Phi$. Das zu E entgegengesetzte (komplementäre) Ereignis ist $\neg E = M \setminus E$ (z.B. zu E_1 ist entgegengesetzt $\neg E_1 = E_4$). Das *unmögliche* Ereignis ist die leere Menge Φ (z.B.: Eine andere Zahl als 1, 2, 3, 4, 5 oder 6 kann nicht auftreten). Das *sichere* Ereignis ist die vollständige Menge M der Elementarereignisse (z.B.: Eine der Zahlen 1 bis 6 tritt gewiß auf).
Die abzählbar vielen Ereignisse $E_1, E_2, \ldots, E_n, \ldots$ bilden dann ein *vollständiges* System, wenn sie paarweise disjunkt sind, $E_i \cap E_j = \Phi$ für $i \neq j$, und wenn ihre Vereinigungsmenge (Summe) $E_1 \cup E_2 \cup \ldots E_n \cup \ldots = M$ das sichere Ereignis ist. So bilden E_1, E_2, E_6 ein vollständige System. Für die

Tabelle 7. Wahrscheinlichkeiten beim Ziehen von Karten

		a)	b)	c)
Zahl der günstigen Fälle	g	1	4	8
Zahl der möglichen Fälle	m	32	32	32
Wahrscheinlichkeit	P	1/32	1/8	1/4

elemente des Borelschen Mengenkörpers (auch Borelsches Ereignisfeld oder Boolescher σ-Körper genannt) definierte Kolmogorow ein Wahrscheinlichkeitsmaß P mit Hilfe der drei Axiome *Nichtnegativität* $P(E) \geq 0$, *Normierung* $P(M) = 1$ ist sicheres Ereignis und *Additivität* $E_1 \cap E_2 = \Phi \Rightarrow P(E_1 \cup E_2) = P(E_1) + P(E_2)$, d.h., für paarweise unvereinbare Ereignisse $E_1, E_2 \in B$ addieren sich die Wahrscheinlichkeiten für das Auftreten von E_1 oder E_2.

Beispiel 2: „Wappen" und „Zahl" beim Werfen einer Münze sind unvereinbar, ihre Wahrscheinlichkeiten P(Wappen)$=P$(Zahl)$=1/2$. – Das Auftreten des Ereignisses „Wappen oder Zahl", P(Wappen oder Zahl)$=P(W \cup Z) = 1/2 + 1/2 = 1$ nach dem Additivitätsaxiom, ist das sichere Ereignis.

Rechengesetze für Wahrscheinlichkeiten

Entgegengesetzte Ereignisse. Für $E \in M$ ist

$$\neg E = M \setminus E \quad \text{und}$$
$$P(M) = P(E \cup \neg E) = P(E) + P(\neg E) = 1, \tag{26}$$

d.h., die Summe der Wahrscheinlichkeiten entgegengesetzter Ereignisse ist gleich eins (z.B. Münzwurfexperiment). Speziell für $E = M$ folgt $P(\Phi) = 0$, wie es sich für das unmögliche Ereignis ergeben muß. Gilt für zwei Ereignisse $E_1 \subseteq E_2$, so folgt $P(E_1) \leq P(E_2)$ (Monotonie); ist $E_2 = M$, folgt $0 \leq P(E_1) \leq 1$.

Beispiel: Im Borelschen Mengenkörper für das Würfeln ist $E_6 \subset E_5$. – Die Wahrscheinlichkeit für das Auftreten von 3 oder 5 oder 6 ist also $P(E_6) = P(3 \cup 5 \cup 6) = P(3) + P(5) + P(6) = 3/6$. Für das Auftreten von 1 oder 3 oder 5 oder 6 ist $P(E_5) = 4/6 > P(E_6)$.

Vereinbare Ereignisse. Sind $E_1, E_2 \in B$ beliebige, miteinander vereinbare Ereignisse, so berechnet sich die Wahrscheinlichkeit $P(E_1 \cup E_2)$ für das Auftreten wenigstens eines der Ereignisse vermöge einer Zerlegung in unvereinbare Ereignisse. Es gilt $E_1 \cup E_2 = E_1 \cup (\neg E_1 \cap E_2)$ mit $E_1 \cap (\neg E_1 \cap E_2) = \Phi$ und $E_2 = (E_1 \cap E_2) \cup (\neg E_1 \cap E_2)$ mit $(E_1 \cap E_2) \cap (\neg E_1 \cap E_2) = \Phi$. Zweimaliges Anwenden des Additivitätsaxioms und Subtrahieren liefern

$$P(E_1 \cup E_2) = P(E_1) + P(E_2) - P(E_1 \cap E_2). \tag{27}$$

Beispiel: Beim Ziehen einer Skatkarte sei E_1 das Ziehen einer Kreuzkarte mit $P(E_1) = 8/32$ und E_2 das Ziehen eines Buben mit $P(E_2) = 4/32$. Wie groß ist die Wahrscheinlichkeit $P(E_1 \cup E_2)$ dafür, daß die gezogene Karte eine Kreuzkarte oder ein Bube ist? Die Ereignisse E_1, E_2 sind miteinander vereinbar. Das Ereignis $E_1 \cap E_2$ ist das Ziehen des Kreuzbuben mit $P(E_1 \cap E_2) = 1/32$. Also folgt aus Gl. (27) $P(E_1 \cup E_2) = 8/32 + 4/32 - 1/32 = 11/32 = 0{,}34375$.

Bedingte Wahrscheinlichkeit. Sind $E_1, E_2 \in B$ mit $P(E_1) > 0$, so ist $P(E_2|E_1)$ die Wahrscheinlichkeit dafür, daß E_2 unter der Bedingung E_1 auftritt. Es gilt

$$P(E_2|E_1) = P(E_2 \cap E_1)/P(E_1). \tag{28}$$

Die bedingte Wahrscheinlichkeit erfüllt die drei Axiome.

Beispiel: Zwei Betriebe I und II produzieren 45000 und 30000 Stück eines Getriebes, die in einem dritten Betrieb weiterverarbeitet werden. Dabei werden von I 4000 und von II 6000 Stück mit leichten Mängeln geliefert. Wie groß ist die Wahrscheinlichkeit $P(E_2|E_1)$ dafür, daß die Getriebe aus der Gesamtlieferung von I und II aus dem Betrieb I stammt unter der Bedingung, daß es leichte Mängel hat? – E_1 Getriebe hat leichte Mängel, E_2 Getriebe stammt aus Betrieb I. $P(E_1) = (4000 + 6000)/(45000 + 30000) = 2/15$. $P(E_2) = 45000/75000 = 9/15$. Das Ereignis $E_1 \cap E_2$ heißt, daß das

Getriebe sowohl aus Betrieb I stammt als auch leichte Mängel hat. Es ist daher $P(E_1 \cap E_2) = 4000/75000 = 4/75$. Das Ergebnis lautet $P(E_2|E_1) = 4 \cdot 15/(75 \cdot 2) = 2/5 = 0,4$.

Unabhängige Ereignisse. Aus Gl. (28) folgt der *Multiplikationssatz* für die Wahrscheinlichkeit des Eintretens *sowohl* von E_1 als *auch* von E_2.

$$P(E_1 \cap E_2) = P(E_1) \cdot P(E_2|E_1). \tag{29}$$

Zwei Ereignisse E_1 und E_2 heißen *unabhängig* voneinander, wenn $P(E_2|E_1) = P(E_2)$ und $P(E_1|E_2) = P(E_1)$ ist, d.h., wenn das Eintreten des einen Ereignisses von dem anderen nicht beeinflußt wird. Für unabhängige Ereignisse E_1, E_2 geht der Multiplikationssatz über in

$$P(E_1 \cap E_2) = P(E_1) \cdot P(E_2). \tag{30}$$

Totale Wahrscheinlichkeit. Die Ereignisse $E_1, E_2, \ldots, E_n$ und A seien Elemente von B, und die E_i sollen ein vollständiges System von Ereignissen bilden. Wegen $A = A \cap M = A \cap (E_1 \cup E_2 \cup \ldots) = (A \cap E_1) \cup (A \cap E_2) \cup \ldots$ gilt

$$P(A) = \sum_{i=1}^{n} P(A \cap E_i) = \sum_{i=1}^{n} P(E_i) P(A|E_i). \tag{31}$$

$P(A)$ ist die Wahrscheinlichkeit für das Ereignis A, unabhängig davon, mit welchem Ereignis E_i es zusammentrifft.

Bayessche Formel. Für die umgekehrte Fragestellung, nämlich nach der Wahrscheinlichkeit für das Eintreten von E_i aus einem vollständigen System unter der Bedingung, daß das Ereignis A eingetreten ist, gilt

$$P(E_i|A) = \frac{P(E_i) P(A|E_i)}{P(A)} = \frac{P(E_i) P(A|E_i)}{\sum\limits_{j=1}^{n} P(E_j) P(A|E_j)};$$

$$i = 1, 2, \ldots n. \tag{32}$$

Beispiel: Es stehen zwei Urnen zum Ziehen einer Kugel bereit. In Urne I sind drei weiße und zwei schwarze Kugeln, in Urne II drei weiße und fünf schwarze Kugeln. Wie groß ist die Wahrscheinlichkeit dafür, daß aus einer beliebig gewählten Urne eine schwarze Kugel entnommen wird? – Ereignis A Entnehmen der schwarzen Kugel, Ereignis E_1 Entnehmen der Kugel aus Urne I, Ereignis E_2 Entnehmen der Kugel aus Urne II. Die unbedingten Wahrscheinlichkeiten sind $P(E_1) = P(E_2) = 1/2$. Die bedingten Wahrscheinlichkeiten sind $P(A|E_1) = 2/5$, $P(A|E_2) = 5/8$. Mit Gl. (31) folgt $P(A) = P(E_1) \cdot P(A|E_1) + P(E_2) \cdot P(A|E_2) = (1/2)(2/5) + (1/2)(5/8) = 41/80$. Wie groß ist die Wahrscheinlichkeit dafür, daß eine Kugel aus der Urne I (oder II) genommen wird, unter der Bedingung, daß es eine schwarze Kugel ist? – Mit Gl. (32) ergibt sich

für Urne I
$$P(E_1|A) = \frac{P(E_1) \cdot P(A|E_1)}{P(A)} = (1/2)(2/5)(80/41) = 16/41,$$
für Urne II
$$P(E_2|A) = \frac{P(E_2) \cdot P(A|E_2)}{P(A)} = (1/2)(5/8)(80/41) = 25/41.$$

Bernoullische Formel. Ein Bernoulli-Experiment ist durch den Borelschen Mengenkörper $B = \{\Phi, E, -E, M\}$ gekennzeichnet, d.h., nur die beiden zueinander komplementären Ereignisse E und $\neg E$ sind interessant.

Beispiel: Beim Entnehmen eines Stückes aus der Massenproduktion tritt entweder das Ereignis $E=$das Stück ist in Ordnung=Treffer oder das Ereignis $\neg E=$das Stück ist Ausschuß=Niete ein.

Ist die Wahrscheinlichkeit $P(E) = p$, so ist nach Gl. (26) $P(\neg E) = 1 - p$. Für die n-fache Wiederholung voneinander unabhängiger Bernoulli-Experimente ist die Wahrscheinlichkeit für das k-malige Eintreffen des Ereignisses E gegeben durch die Bernoullische Formel

$$P(E, n, k) = \binom{n}{k} p^k (1-p)^{n-k}, \tag{33}$$

da man $\binom{n}{k}$ Möglichkeiten hat, die k Treffer auf n Plätzen anzuordnen (s. A 9.1.3) und sich die Wahrscheinlichkeiten der unabhängigen Ereignisse multiplizieren (s. Gl. (30)). Für die praktische Anwendung gibt es Tabellen.

Beispiel: Die Ausschußwahrscheinlichkeit einer Massenproduktion sei $p = 0,05 = 5\%$. Welches Ereignis ist wahrscheinlicher: $E_1=$unter zehn zufällig herausgegriffenen Stücken ist kein defektes, $E_2=$unter 20 zufällig herausgegriffenen Stücken ist genau ein defektes, $E_3=$unter 20 zufällig herausgegriffenen Stücken ist mindestens ein defektes? –

$$P(E_1, 10, 0) = \binom{10}{0} \cdot (5 \cdot 10^{-2})^0 \cdot (1 - 5 \cdot 10^{-2})^{10}$$
$$= 1 \cdot 1 \cdot 0,95^{10} = 0,599;$$

$$P(E_2, 20, 1) = \binom{20}{1} \cdot (5 \cdot 10^{-2})^1 \cdot (1 - 5 \cdot 10^{-2})^{19}$$
$$= 20 \cdot 0,05 \cdot 0,95^{19} = 0,377;$$

$$P(E_3) = 1 - P(E, 20, 0) = 1 - \binom{20}{0} \cdot (5 \cdot 10^{-2})^0 \cdot 0,95^{20} = 0,642.$$

9.4.2 Zufallsvariable und Verteilungsfunktion
Random variable and distribution-function

Eine eindeutige Abbildung der zufälligen Ereignisse E_i in die Menge der reellen Zahlen $x \in \mathbb{R}$ definiert eine Zufallsgröße X. Sie wird mit einem großen, ihr Zahlenwert mit einem kleinen Buchstaben bezeichnet. Eine *diskrete* Zufallsgröße kann endlich oder abzählbar unendlich viele Werte $x_1, x_2, \ldots, x_n, \ldots$ annehmen. Eine *stetige* Zufallsgröße X kann alle Werte eines gegebenen, endlichen oder unendlichen Intervalls der reellen Zahlen annehmen.

Beispiel 1: Beim Würfeln kann die diskrete Zufallsvariable die Zahlen 1 oder 2 oder ...6 annehmen. – $X : \{E_i\} \mapsto \{X | X \in \{1, 2, 3, 4, 5, 6\}\}$.

Beispiel 2: Beim Messen der Länge von Abstandshülsen eines Typs kann die Länge l alle Werte des Toleranzbereichs $((l_0 - \varepsilon), (l_0 + \varepsilon))$ annehmen. – Bezeichnet E das zufällige Ereignis, daß die Länge l gemessen wird, so kann die stetige Zufallsvariable durch $X : \{E\} \mapsto \{X | X \in (l_0 - \varepsilon, l_0 + \varepsilon)\}$ charakterisiert werden.

Die Menge der möglichen Ereignisse bilden Definitions- und diejenige der reellen Zahlen den Wertebereich der die Zufallsgröße definierenden Abbildung. Es gilt $F(x) = P(X < x)$, d.h., der Wert der Verteilungsfunktion $F(x)$ gibt die Wahrscheinlichkeit dafür an, daß der Wert der Zufallsgröße kleiner als die reelle Zahl x ist. Hieraus folgen die *Eigenschaften der Verteilungsfunktion:* Für $x_2 > x_1$ gilt $P(x_1 \leqq X < x_2) = F(x_2) - F(x_1)$. Für $x_2 \geqq x_1$ gilt $F(x_2) \geqq F(x_1)$, also ist $F(x)$ monoton nichtfallend. Für beliebige x gilt $0 \leqq F(x) \leqq 1$. Es ist $\lim\limits_{x \to -\infty} F(x) = 0$ für das unmögliche Ereignis (Φ) und $\lim\limits_{x \to \infty} F(x) = 1$ für das sichere Ereignis (S).

Die Verteilungsfunktion einer diskreten Zufallsvariablen ist

$$F(x) = \sum_{x_i < x} P(X = x_i) = \sum_{i=1}^{n} p_i \text{ mit } p_i = P(X = x_i), \tag{34}$$

und die einer kontinuierlichen Zufallsvariablen ist

$$F(x) = \int_{-\infty}^{x} p(t) \, dt \text{ mit } p(x) \, dx = P(x < X < x + dx), \tag{35}$$

wobei $p(x)$ *Wahrscheinlichkeitsdichte* heißt.

Beispiel: Beim Spielen mit zwei unabhängigen Würfeln (**Bild 1**) sind als Elementarereignisse die Augensummenzahlen $2, 3, \ldots, 12$ möglich, die durch verschiedene Augenkombinationen gebildet werden können. – Elementarereignis $E_i=$Auftreten der Augensumme $i \in \{2, \ldots, 12\}$ (s. **Tab. 8**).

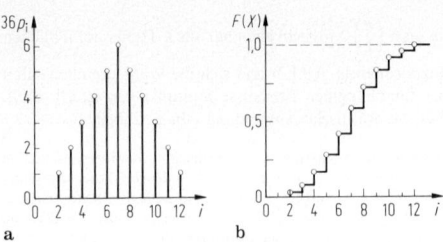

a   **b**

Bild 1. Zwei-Würfelspiel. **a** Wahrscheinlichkeitsdiagramm; **b** Verteilungsfunktion der diskreten Zufallsvariablen X

Tabelle 8. Verteilungsfunktion nach Gl. (34)

Zufallsvariable $X = i$	2	3	4	5	6	7	8	9	10	11	12
Zahl der Möglichkeiten	1	2	3	4	5	6	5	4	3	2	1
Wahrscheinlichkeiten $P(X = i) = p_i$	$\frac{1}{36}$	$\frac{2}{36}$	$\frac{3}{36}$	$\frac{4}{36}$	$\frac{5}{36}$	$\frac{6}{36}$	$\frac{5}{36}$	$\frac{4}{36}$	$\frac{3}{36}$	$\frac{2}{36}$	$\frac{1}{36}$
Verteilungsfkt. $F(x) = P(X \leqq i)$	$\frac{1}{36}$	$\frac{3}{36}$	$\frac{6}{36}$	$\frac{10}{36}$	$\frac{15}{36}$	$\frac{21}{36}$	$\frac{26}{36}$	$\frac{30}{36}$	$\frac{33}{36}$	$\frac{35}{36}$	$\frac{36}{36}$

9.4.3 Parameter der Verteilungsfunktion
Parameters of the distribution-function

Parameter sind charakteristische Meßzahlen, von denen häufig einige zur Beurteilung der Wahrscheinlichkeitsverteilung genügen (s. **Tab. 9**, S. A 98).

Erwartungswert. Er lautet, wenn die Summe und das Integral absolut konvergieren,

$$EX = \mu = \sum_{i=1}^{n} x_i p_i, \quad EX = \mu = \int_{-\infty}^{\infty} x p(x)\, dx. \tag{36}$$

Varianz (Dispersion oder Streuung). Ihre Wurzel ist die Standardabweichung σ.

$$D^2 X = \sigma^2 = E(X - EX)^2$$
$$= \sum_{i=1}^{n} (x_i - \mu)^2 p_i = \sum_{i=1}^{n} x_i^2 p_i - \mu^2,$$
$$= \int_{-\infty}^{\infty} (x - \mu)^2 p(x)\, dx = \int_{-\infty}^{\infty} x^2 p(x)\, dx - \mu^2. \tag{37}$$

Beispiel: Für das Zwei-Würfelspiel mit der **Tab. 8** folgt nach Gl. (36) als Erwartungswert $EX = \mu = \sum_{i=2}^{12} x_i p_i = 7{,}00$; d.h., bei sehr vielen Ver-

Tabelle 10. Normierte Wahrscheinlichkeitsdichte $\varphi(t)$ und normierte Verteilungsfunktion $\Phi(t)$ der Normalverteilung

$$\varphi(t) = \frac{1}{\sqrt{2\pi}} e^{-\frac{t^2}{2}} \qquad\qquad \Phi(t) = \int_{-\infty}^{t} \frac{1}{\sqrt{2\pi}} \cdot e^{-\frac{\tau^2}{2}}\, d\tau$$

t	0	2	4	6	8	t	0	2	4	6	8
0,0	0,3989	3989	3986	3982	3977	0,0	0,5000	5080	5160	5239	5319
0,1	3970	3961	3951	3939	3925	0,1	5398	5478	5557	5636	5714
0,2	3910	3894	3976	3857	3836	0,2	5793	5871	5948	6026	6103
0,3	3814	3790	3765	3739	3712	0,3	6179	6255	6331	6406	6480
0,4	3683	3653	3621	3589	3555	0,4	6554	6628	6700	6772	6844
0,5	3521	3485	3448	3410	3372	0,5	6915	6985	7054	7123	7190
0,4	3332	3292	3251	3209	3166	0,6	7257	7324	7389	7454	7517
0,7	3123	3079	3034	2989	2943	0,7	7580	7642	7703	7764	7823
0,8	2897	2850	2803	2756	2709	0,8	7881	7939	7995	8051	8106
0,9	2661	2613	2565	2516	2468	0,9	8159	8212	8264	8315	8365
1,0	0,2420	2371	2323	2275	2227	1,0	0,8413	8461	8508	8554	8599
1,1	2179	2131	2083	2036	1989	1,1	8643	8686	8729	8770	8810
1,2	1942	1895	1849	1804	1758	1,2	8849	8888	8925	8962	8997
1,3	1714	1669	1626	1582	1539	1,3	9032	9066	9099	9131	9162
1,4	1497	1456	1415	1374	1334	1,4	9192	9222	9251	9279	9306
1,5	1295	1257	1219	1182	1145	1,5	9332	9357	9382	9406	9429
1,6	1109	1074	1040	1006	0973	1,6	9452	9474	9495	9515	9535
1,7	0940	0909	0878	0848	0818	1,7	9554	9573	9591	9608	9625
1,8	0790	0761	0734	0707	0681	1,8	9641	9656	9671	9686	9699
1,9	0656	0632	0608	0584	0562	1,9	9713	9726	9738	9750	9761
2,0	0,0540	0519	0498	0478	0459	2,0	0,9772	9783	9793	9803	9812
2,1	0440	0422	0404	0387	0371	2,1	9821	9830	9838	9846	9854
2,2	0355	0339	0325	0310	0297	2,2	9861	9868	9875	9881	9887
2,3	0283	0270	0258	0246	0235	2,3	9893	9898	9904	9909	9913
2,4	0224	0213	0203	0194	0184	2,4	9918	9922	9927	9931	9934
2,5	0175	0167	0158	0151	0143	2,5	9938	9941	9945	9948	9951
2,6	0136	0129	0122	0116	0110	2,6	9953	9956	9959	9961	9963
2,7	0104	0099	0093	0088	0084	2,7	9965	9967	9969	9971	9973
2,8	0079	0075	0071	0067	0063	2,8	9974	9976	9977	9979	9980
2,9	0060	0056	0053	0050	0047	2,9	9981	9982	9984	9985	9986
3,0	0,0044	0042	0039	0037	0035	3,0	0,9987	9987	9988	9989	9990
3,1	0033	0031	0029	0027	0025	3,1	9990	9991	9992	9992	9993
3,2	0024	0022	0021	0020	0018	3,2	9993	9994	9994	9994	9995
3,3	0017	0016	0015	0014	0013	3,3	9995	9996	9996	9996	9996
3,4	0012	0012	0011	0010	0009						
3,5	0009	0008	0008	0007	0007						
3,6	0006	0006	0005	0005	0005						
3,7	0004	0004	0004	0003	0003						
3,8	0003	0003	0003	0002	0002						
3,9	0002	0002	0002	0002	0001						

Einige besonders häufig benötigte Werte:
$\Phi(1{,}282) = 0{,}9000$ $\Phi(2{,}326) = 0{,}9900$
$\Phi(1{,}645) = 0{,}9500$ $\Phi(2{,}576) = 0{,}9950$
$\Phi(1{,}960) = 0{,}9750$ $\Phi(3{,}090) = 0{,}9990$
                      $\Phi(3{,}291) = 0{,}9995$

suchen ergibt sich die mittlere Augensumme 7 pro Wurf. Die Varianz ist nach Gl. (37) $D^2 X = \sigma^2 = \sum\limits_{i=2}^{12} x_i^2 p_i - \mu^2 = 54{,}8\overline{3}\ldots - 49 = 5{,}8\overline{3}\ldots$ und damit die Standardabweichung $\sigma = 2{,}42$. Aus der ersten Eigenschaft der Verteilungsfunktion folgt so, daß mit der Wahrscheinlichkeit $F(10) - F(4) = 75\%$ die Augenzahl im Intervall $\mu \pm \sigma = 7 \pm 2{,}4$ liegen wird.

Moment r-ter Ordnung. Es ist $m_r = E X^r = \int\limits_{-\infty}^{\infty} x^r p(x)\, dx, r = 0, 1, 2, \ldots$. Das Moment nullter Ordnung existiert für jede Zufallsvariable und ist gleich 1; das ist die Normierung für die Wahrscheinlichkeit des sicheren Ereignisses. Für $r = 1$ ist das Moment $m_1 = \mu$ mit dem Erwartungswert identisch. Das *zentrale* Moment r-ter Ordnung ist $\mu_r = E(X - EX)^r$. Es ist gleich der Varianz für $r = 2$.

Quantil p-ter Ordnung. Es ist der Wert x_p der Zufallsvariablen X, für den $P(X \leqq x_p) \geqq p$ und $P(X \geqq x_p) \geqq 1 - p$ gilt. Der Median oder Zentralwert gilt für $p = 0{,}5$. für die Tabellierung der Wahrscheinlichkeitsdichte und der Verteilungsfunktion wird die normierte Variable

$$Y = (X - \mu)/\sigma \qquad (38)$$

verwendet. Dafür wird $EY = \mu = 0$ und $D^2 Y = \sigma^2 = 1$ (Beispiele s. A 9.5.2).

Spannweite. So heißt die Differenz der Zufallsvariablen zwischen dem größten und dem kleinsten Wert von x.

Beispiel: Für die beiden Zufallsgrößen X und Y

X	2	4	8	Y	3	6	9
$P(X = x_i) = p_i$	2/10	5/10	3/10	$P(Y = y_i) = p_i$	6/10	2/10	2/10

mit den Erwartungswerten $EX = EY = 4{,}8$ ergeben sich die Varianten $D^2 X = 28{,}00$ und $D^2 y = 36{,}00$; also die Standardabweichungen $\sigma_x = 5{,}29$ und $\sigma_y = 6{,}00$.

9.4.4 Einige spezielle Verteilungsfunktionen
Some special distributions-functions

Die wichtigsten Funktionen sind in **Tab. 9** zusammengefaßt und mit den folgenden Beispielen erläutert (s. auch **Tab. 10**).

Beispiel 1: Eine Münze wird $n = 100$mal unabhängig geworfen. Das beobachtete Ereignis ist $E = $ Zahl oben. Es ist $p = 0{,}5$; mithin ist der Erwartungswert für das i-malige Obenliegen der Zahl $EX = \mu = 50$, und die Standardabweichung ist $\sigma = 5$. Die Wahrscheinlichkeit $P(45 \leqq E \leqq 55)$ ist nach der ersten Eigenschaft der Verteilungsfunktion (s. A 9.4.2) gegeben durch $P(45 \leqq X \leqq 55) = F(55) - F(45) = 0{,}8444 - 0{,}1841 = 0{,}6603$. Die Wahrscheinlichkeit dafür, daß höchstens 50mal die Zahl oben liegt, ist $P(X \leqq 50) = F(50) = 0{,}5398$ (**Tab. 11**).

Beispiel 2: Wie groß ist die Wahrscheinlichkeit dafür, daß eine normalverteilte Zufallsgröße X mit dem Erwartungswert $\mu = 20{,}00$ mm und der Standardabweichung $\sigma = 0{,}02$ mm einen Wert a) im Intervall [19,99 mm; 20,01 mm], b) oberhalb 20,03 mm, c) unterhalb 19,95 mm gemessen wird? – Für alle Größen in mm gilt mit **Tab. 10**.
a) $p(|X - 20{,}00|/0{,}02 < 1/2) = \Phi(0{,}5) - \Phi(-0{,}5) = 2\Phi(0{,}5) - 1 = 2 \cdot 0{,}6915 - 1 = 0{,}383 = 38{,}3\%$.
b) $P(20{,}03 < X < \infty) = 1 - \Phi[(20{,}03 - 20{,}00)/0{,}02] = 1 - \Phi(1{,}5) = 1 - 0{,}9332 = 0{,}0668 = 6{,}7\%$.
c) $P(X < 19{,}95) = \Phi[(19{,}95 - 20{,}00)/0{,}02] = \Phi(-2{,}5) = 1 - 0{,}9938 = 0{,}6\%$.

Beispiel 3: Für die fünf Messungen der Schwingungsdauer im Beispiel von A 9.3.2 ergab sich die Standardabweichung der Stichprobe $s = 0{,}86$s. Für $P = 95\%$ liegt σ der Grundgesamtheit im Bereich $s/\lambda_0 \leqq \sigma \leqq s/\lambda_u$; mit **Tab. 12** für $m = 4$ folgt $0{,}86s/1{,}17 \leqq \sigma \leqq 0{,}86s/0{,}35$; also $0{,}74s \leqq \sigma \leqq 2{,}46s$.

Tabelle 11. Binomialverteilung $F(x)$ zur Dichte $P(X = i) = \binom{n}{i} p^i (1-p)^{n-i}$. Auszug für $n = 100$

i	$p = 0{,}1$	0,25	0,5
5	0,0576	0,0000	
10	0,5832	0,0001	
15	0,9601	0,0111	
25	1,0000	0,5535	
30		0,8962	0,0000
35		0,9906	0,0018
40		0,9997	0,0284
45		1,0000	0,1841
50			0,5398
55			0,8644
60			0,9824
65			0,9991
70			1,0000

Tabelle 12. Fraktilen für die Standardabweichung aus der χ^2-Verteilung; Freiheitsgrad m

m	$P = 95\%$		$P = 99\%$	
	λ_u	λ_0	λ_u	λ_0
4	0,35	1,17	0,23	1,93
10	0,57	1,43	0,46	1,59
20	0,69	1,31	0,61	1,41
50	0,80	1,20	0,75	1,26
∞	1,00	1,00	1,00	1,00

9.5 Statistik. Statistics

Die wichtigsten Anwendungsbereiche sind die statistische Qualitätskontrolle (s. DIN 55302 Blatt 1), die Ermittlung von medizinischen, ökonomischen oder politischen Merkmalen der Bevölkerung sowie die Fehlerrechnung (s. A 9.2).

Grundgesamtheit (Population). So heißt die Menge aller möglichen Ereignisse mit der in einer statistischen Untersuchung (Messung, Beobachtung) erfaßten Eigenschaft.

Stichprobe. Für den Umfang n stellt sie die n-fache Realisierung mittels der Beobachtungswerte $x_1, x_2, \ldots, x_n$ für die durch die Zufallsvariable X zu beschreibende Grundgesamtheit dar.

Urliste. Sie ist die Liste der ursprünglichen Werte x_i. Aufgabe der Statistik ist es, aus den Eigenschaften der Stichprobe auf die Verteilungsfunktion der Grundgesamtheit zu schließen.

9.5.1 Häufigkeitsverteilung. Frequency-distribution

Klasseneinteilung. Zur Analyse der in einer Urliste erfaßten Werte $x_i, i = 1, 2, \ldots, n$ ist für $n > 50$ eine Einteilung des Wertebereichs x_{min} bis x_{max} in k vorzugsweise gleich breite, abgeschlossene Klassen vorzunehmen. Dabei ist etwa $k \geqq 10$ für $n \leqq 100$ und $k \geqq 20$ für $n \leqq 10^5$ zu wählen. Die Klassenmitten x_j, $j = 1, 2, \ldots, k$, sind die arithmetischen Mittelwerte der Klassengrenzen. Die Besetzungszahlen n_j geben an, wieviel Werte der Urliste in die j-te Klasse fallen (absolute Häufigkeit).

Relative Häufigkeit. Für das Auftreten des Werts x_j (meist mit Rundungsfehlern) gilt

$$h_j = n_j/n \quad \text{mit} \quad \sum_{j=1}^{k} n_j = n \quad \text{und} \quad \sum_{j=1}^{k} h_j = 1. \qquad (39)$$

Tabelle 9. Einige spezielle Wahrscheinlichkeitsverteilungen

Name der Verteilung Anwendungsgebiet	Variable und Parameter	Wahrscheinlichkeitsdichte $f(x)$ bzw. p_i bei diskretem X / Verteilungsfunktion $F(x) = \int_{-\infty}^{x} f(t)\,dt$	Erwartungswert Varianz	
1. Binomialverteilung Wahrscheinlichkeit für das i-malige Eintreten von E bei n-maliger Ausführung mit $\mathbb{B} = \{\Phi, E, -E, M\}$	$i = 0, 1, 2, \dots, n$ $0 < p < 1$	$p_i = P(X=i) = \binom{n}{i} p^i (1-p)^{n-i}$ $F(x) = \sum_{x_i < x} P(X=i) = \begin{cases} 0 & \text{für } x \leq 0 \\ \sum_{j=0}^{i} \binom{n}{j} p^j (1-p)^{n-j} & \text{für } 0 < x \leq n \\ 1 & \text{für } x > n \end{cases}$	$EX = \mu = np$ $D^2 X = \sigma^2 = np(1-p)$	
2. Poisson-Verteilung Wie 1. für $n \to \infty$, Radioaktiver Zerfall, Verkehrsunfälle, Gesprächszahl bei Telefonzentrale	$i = 0, 1, 2, \dots$ $\mu = np = \text{const}$ $p \ll 1$ $\mu > 0$	$p_i = P(E, n \to \infty, i) \approx \mu^i\, e^{-\mu}/i!$ $F(x) = \sum_{x_i < x} P(X=i) = e^{-\mu} \sum_{j=0}^{i} \mu^j/j!$	$EX = \mu = np$ $D^2 X = \sigma^2 = np = \mu$	
3. Normal- oder Gauß-Verteilung Meßfehleranalyse, Verteilung von Eigenschaften auf Populationen	$x \in \mathbb{R}$ $\mu, \sigma \in \mathbb{R}$ $\sigma > 0$	$f(x) = \dfrac{1}{\sqrt{2\pi}\,\sigma} \exp\left(-\dfrac{1}{2}\left(\dfrac{x-\mu}{\sigma}\right)^2\right) = \varphi(x, \mu, \sigma)$ $F(x) = \dfrac{1}{\sqrt{2\pi}\,\sigma} \int_{-\infty}^{x} \exp\left(-\dfrac{1}{2}\left(\dfrac{t-\mu}{\sigma}\right)^2\right) dt$ normiert für $\mu = 0$; $\sigma^2 = 1$	$EX = \mu$ $D^2 X = \sigma^2$	

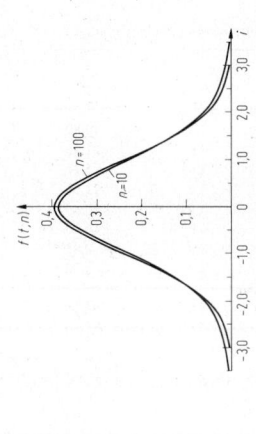

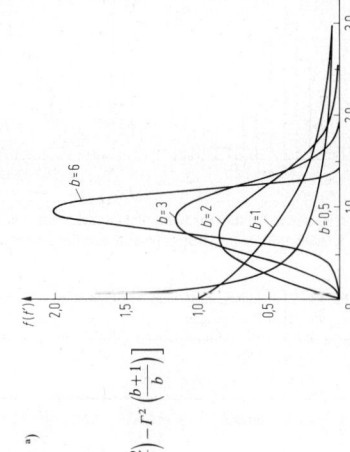

4. Student- oder t-Verteilung

Vertrauensgrenzen für den Erwartungswert μ

$(n-1)$ Freiheitsgrade für Stichproben vom Umfang n einer normalverteilten Grundgesamtheit

$t \in \mathbb{R}$
$n \in \mathbb{N}$

$t = \frac{\bar{x} - \mu}{s}\sqrt{n}$

$s = \sqrt{\sum(x_i - \bar{x})^2/(n-1)}$

$$f(t,n) = \frac{1}{\sqrt{(n-1)\pi}} \frac{\Gamma\left(\frac{n}{2}\right)}{\Gamma\left(\frac{n-1}{2}\right)} \left(1 + \frac{t^2}{n-1}\right)^{n/2}$$ a)

$$F(t,n) = \frac{1}{\sqrt{(n-1)\pi}} \frac{\Gamma\left(\frac{n}{2}\right)}{\Gamma\left(\frac{n-1}{2}\right)} \int_{-\infty}^{t} \frac{d\tau}{\left(1 + \frac{\tau^2}{n-1}\right)^{n/2}}$$

für $n \leqq 2$ ET existiert nicht
für $n > 2$ $ET = 0$

für $n \leqq 3$ $D^2 T$ existiert nicht
für $n > 3$ $D^2 T = \sigma_t^2 = \frac{n-1}{n-3}$

5. χ^2-Verteilung

Vertrauensgrenzen für Varianz s^2 einer Stichprobe mit Freiheitsgrad m einer normalverteilten Gesamtheit mit σ, μ

$\chi^2 = \frac{(n-1)s^2}{\sigma^2}$

$m = n-1$

$\chi^2 \geqq 0$

$$f(\chi^2, m) = \frac{1}{2^{m/2}\,\Gamma\left(\frac{m}{2}\right)} (\chi^2)^{(m-2)/2} \exp(-\chi^2/2)$$ a)

$$F(\chi^2, m) = \frac{1}{2^{m/2}\,\Gamma\left(\frac{m}{2}\right)} \int_0^{\chi^2} \tau^{(m-2)/2} \exp(-\tau/2)\, d\tau$$

$E\chi^2 = m = n-1$

$D^2 \chi^2 = 2m$

6. Weibull-Verteilung

Lebensdaueranalyse

T charakt. Lebensdauer
b Ausfallsteilheit
t_0 Ausgangszeit
$T - t_0 \geqq 0$
$b > 0$

$$f(t, T, t_0, b) = \frac{b}{(T-t_0)^b}(t-t_0)^{b-1} \exp\left(\left(\frac{t-t_0}{T-t_0}\right)^b\right)$$

$t' = \frac{t-t_0}{T-t_0}$

$$F(t, T, t_0, b) = 1 - \exp\left(-\left(\frac{t-t_0}{T-t_0}\right)^b\right)$$

$E(t-t_0) = (T-t_0)\,\Gamma\left(\frac{b+1}{b}\right)$ a)

$$D^2(t-t_0) = (T-t_0)^2\left[\Gamma\left(\frac{b+2}{b}\right) - \Gamma^2\left(\frac{b+1}{b}\right)\right]$$

---

a) Gammafunktion

$\Gamma(x) = \int_0^\infty e^{-t} t^{x-1} \, dt$ für $x \in \mathbb{R}^+$

$\Gamma(n+1) = n\Gamma(n) = n!$ $\Gamma(1) = 1$ für $n \in \mathbb{N}$

Nach Abramowitz, M.; Stegun, I.A. (s. Allg. Literatur zu A10).

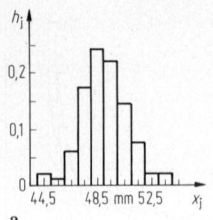
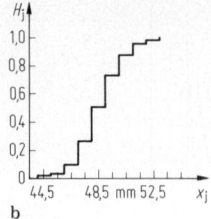

Bild 2. a relative Häufigkeitsdichte; **b** Summenhäufigkeit für eine in zehn Klassen unterteilte Stichprobe vom Umfang $n=90$

Tabelle 13. Klasseneinteilung und Häufigkeiten aus einer Urliste von $n = 90$ Längenmessungen

j	x_u bis unter x_0 mm	x_j mm	n_j	h_j	H_j
1	44 bis unter 45	44,50	2	0,022	0,022
2	45 ,, ,, 46	45,50	1	0,011	0,033
3	46 ,, ,, 47	46,50	6	0,067	0,10
4	47 ,, ,, 48	47,50	15	0,167	0,267
5	48 ,, ,, 49	48,50	22	0,244	0,511
6	49 ,, ,, 50	49,50	20	0,222	0,733
7	50 ,, ,, 51	50,50	13	0,144	0,877
8	51 ,, ,, 52	51,50	7	0,078	0,955
9	52 ,, ,, 53	52,50	2	0,022	0,977
$k = 10$	53 ,, ,, 54	53,50	2	0,022	0,999
			90	0,999	

Histogramm. So heißt die Darstellung der relativen Häufigkeit als Funktion der Klassenmitten durch eine Treppenkurve (**Bild 2a**) der Häufigkeitsdichte der Stichprobe. Sie stellt eine Näherung für die Wahrscheinlichkeitsdichte der Grundgesamtheit dar. Aus den Teilsummen $G_j = \sum\limits_{i=1}^{j} n_i$ werden die Häufigkeitssummen $H_j = G_j/n = \sum\limits_{i=1}^{j} h_i$ ermittelt, die – aufgetragen zwischen den Klassengrenzen – ein Bild der Häufigkeitsverteilung als Näherung für die Verteilungsfunktion ergeben (**Bild 2b** und **Tab. 13**).

9.5.2 Arithmetischer Mittelwert, Varianz und Standardabweichung
Mean value, variance and standard deviation

Der arithmetische Mittelwert $\bar{x}$ der Stichprobe ist ein erwartungstreuer Schätzwert für den Erwartungswert μ der Verteilung (s. A9.3.1 u. A9.3.2). Analoges gilt von der Varianz s^2 der Stichprobe für die Varianz σ^2 der $N(\mu,\sigma)$-normalverteilten Grundgesamtheit.

Standardabweichung. Sie ist die Wurzel aus der Varianz s^2. Zur Berechnung aus den Einzelwerten der Urliste dienen die Gln. (13) und (14). Vereinfacht gilt für einen runden Hilfswert $x_0 \approx \bar{x}$ mit $d_i = x_i - x_0$ bzw. mit Gl. (14)

$$\bar{x} = x_0 + \frac{1}{n}\sum_{i=1}^{n}(x_i - x_0) = x_0 + \bar{d}. \tag{40}$$

Durch Einsetzen in die Varianzdefinition und Umformen folgt

$$s^2 = \frac{1}{n-1}\sum_{i=1}^{n}(x_i - \bar{x})^2 = \frac{1}{n-1}\left[\sum_{i=1}^{n}d_i^2 - n\bar{d}^2\right]. \tag{41}$$

Beispiel: Für die Messung von Wirkungsgraden η von acht Dampfkesseln ergab sich die Urliste (**Tab. 14**). Mit $n_0 = 86\%$ folgt aus Gl. (40) $\bar{\eta} = (86,0 + 25,8/8)\% = 89,2\%$. Für die Varianz ergibt sich ohne

Tabelle 14. Urliste von Dampfkessel-Wirkungsgraden

	η %	d_i %	d_i^2 $\%^2$
1	89,3	3,3	10,89
2	90,6	4,6	21,16
3	89,9	3,9	15,21
4	89,4	3,4	11,56
5	89,3	3,3	10,89
6	90,0	4,0	16,00
7	86,9	0,9	0,81
8	88,4	2,4	5,76
		25,8	92,28

Angabe der Einheit nach Gl. (41) $s^2 = [92,28 - 8(89,23 - 86,0)^2]/7 = 1,26$.

Häufigkeitstabelle. Bei gleich breiten Klassen werden zur Auswertung die Klassenmitten x_j mit ihren Häufigkeiten als Gewichtsfaktoren multipliziert. Damit folgen

$$Mittelwert\; \bar{x} = \frac{1}{n}\sum_{j=1}^{k}n_j x_j = \sum_{j=1}^{k}h_j x_j, \tag{42}$$

$$Varianz\; s^2 = \frac{1}{n-1}\sum_{j=1}^{k}n_j(x_j - \bar{x})^2. \tag{43}$$

Mit den Hilfsgrößen x_0 und $d_j = x_j - x_0$ ergeben sich

$$\bar{x} = \frac{1}{n}\sum_{j=1}^{k}n_j(x_j - x_0) = x_0 + \bar{d}, \tag{44}$$

$$s^2 = \frac{1}{n-1}\left[\sum_{j=1}^{k}n_j d_j^2 - n\bar{d}^2\right]. \tag{45}$$

Variationskoeffizient. So heißt die relative Standardabweichung $v_r = s/\bar{x}$.

Beispiel: Aus **Tab. 13** ergeben sich

$$\bar{x} = \left(\sum_{j=1}^{10}n_j x_j\right)\Big/90 = 4412,00\,\text{mm}/90 = 49,02\,\text{mm}$$

als Mittelwert und

$$s^2 = \left[\sum_{j=1}^{10}n_j(x_j - 49,02)^2\right]\Big/89 = 272,46\,\text{mm}^2/89 = 3,06\,\text{mm}^2$$

für die Varianz aus den Gl. (42) und (43). Die Anwendung der Hilfsgröße $x_0 = 44,5$ mm liefert **Tab. 15**. Damit folgen nach Gl. (44)

$$\bar{x} = (44,5 + 407,0/90)\,\text{mm} = (44,5 + 4,52)\,\text{mm} = 49,02\,\text{mm}$$

und nach Gl. (45)

$$s^2 = [(2113,0 - 90 \cdot 407,0^2/90^2)/89]\,\text{mm}^2 = 3,06\,\text{mm}^2$$

Tabelle 15. Rechenschema für den Mittelwert und die Standardabweichung

j	x_j mm	n_j	$x_j - x_0$ mm	$n_j(x_j - x_0)^2$ mm^2
1	44,5	2	0,0	0,0
2	45,5	1	1,0	1,0
3	46,5	6	2,0	24,0
4	47,5	15	3,0	135,0
5	48,5	22	4,0	352,0
6	49,5	20	5,0	500,0
7	50,5	13	6,0	468,0
8	51,5	7	7,0	343,0
9	52,5	2	8,0	128,0
10	53,5	2	9,0	162,0
		90	407,0	2113,0

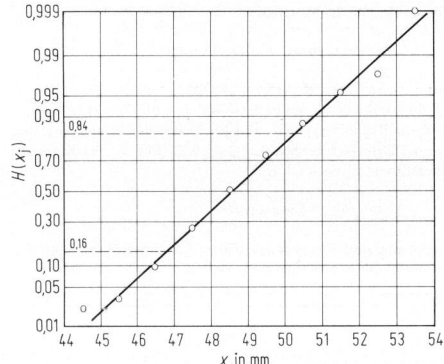

Bild 3. Darstellung der Summenhäufigkeit im Wahrscheinlichkeitsnetz

sowie $s = 1{,}75$ mm. Die relativen Häufigkeitssummen sind in **Bild 3** (s. **Tab. 9**) dargestellt. Man entnimmt die Werte $\bar{x} = 48{,}6$ mm und $s = (50{,}3 - 46{,}8)$ mm$/2 = 1{,}75$ mm. Die graphische Lösung macht die Ausreißer an den Rändern des Meßbereichs – im Gegensatz zur Rechnung – erkennbar.

Die Abweichungen der Meßpunkte von der Geraden sind für eine Urliste abhängig von der Wahl der Klassenbreiten und ihrer Anzahl k sowie von der Lage der Klassenmitten. Die Übereinstimmung wächst mit dem Stichprobenumfang n.

9.5.3 Regression und Korrelation
Regression and correlation

Regression. Aufgabe der Regressionsrechnung ist die Ermittlung des funktionalen Zusammenhangs $y = f(x)$ zwischen einer unabhängigen (X) und einer abhängigen (Y) Zufallsvariablen aus den Wertepaaren (x_i, y_i), $i = 1, 2, \ldots, n$, einer Stichprobe vom Umfang n. Dabei wird verlangt, daß die Meßwerte (x_i, y_i) jeweils an gleichen i-ten Element der zu untersuchenden Objekte bestimmt worden sind und daß die Zufallsvariable Y normalverteilt ist mit dem Erwartungswert $EY = f(x)$ und der Varianz σ^2. Als Ansatz für die theoretische Regressionsfunktion $f(x)$ wird meist ein Polynom k-ten Grads gewählt, dessen Koeffizienten a_j, $j = 0, 1, \ldots, k$, zu bestimmen sind.

Im Fall eines linearen Zusammenhangs gibt die nach „Augenmaß" gezeichnete Ausgleichsgerade durch die im kartesischen Kooordinatensystem dargestellten Punkte der (x_i, y_i)-Werte oft eine brauchbare Näherung (**Bild 4**). Die Berechnung der Koeffizienten a_j als Schätzwerte für die theoretischen a_j erfolgt nach der Gaußschen Methode der kleinsten Quadrate (s. A 9.3.1).

$$\sum_{i=1}^{n} (y_i - f(x_i))^2 = \sum_{i=1}^{n} \left(y_i - \sum_{j=0}^{k} a_j x_i^j \right)^2$$
$$= g(a_0, a_1, \ldots, a_k) = \text{Minimum.} \tag{46}$$

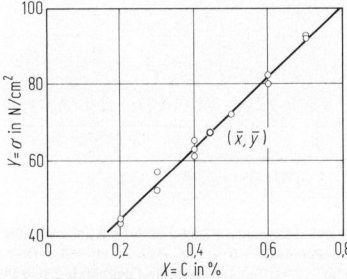

Bild 4. Zur linearen Regression

Aus den partiellen Ableitungen $\partial g/\partial a_j = 0$ ergeben sich $(k+1)$ lineare Gleichungen für die $(k+1)$ unbekannten Koeffizienten des Polynoms, die mit den Methoden für lineare Gleichungssysteme gelöst werden können.

Regressionsgerade. Für den linearen Fall ($k = 1$ und $y = a_0 + a_1 x$) folgen aus Gl. (46) mit den Mittelwerten die Regressionskoeffizienten für die Regressionsgerade.

$$\bar{x} = \frac{1}{n} \sum x_i, \quad \bar{y} = \frac{1}{n} \sum y_i, \quad a_0 = \bar{y} - a_1 \bar{x},$$
$$\text{oder} \quad y - \bar{y} = a_1 (x - \bar{x});$$
$$a_1 = \left(\sum x_i y_i - n \bar{x} \bar{y} \right) / \left(\sum x_i^2 - n \bar{x}^2 \right). \tag{47}$$

Varianzen. Sie betragen

$$s_x^2 = \frac{1}{n-1} \left[\sum x_i^2 - \left(\sum x_i \right)^2 / n \right], \tag{48}$$

$$s_y^2 = \frac{1}{n-1} \left[\sum y_i^2 - \left(\sum y_i \right)^2 / n \right], \tag{49}$$

Kovarianz. Es gilt

$$s_{xy} = \frac{1}{n-1} \sum (x_i - \bar{x})(y_i - \bar{y}) = \frac{1}{n-1} \left(\sum x_i y_i - n \bar{x} \bar{y} \right). \tag{50}$$

Hiermit wird dann mit den Gln. (46), (49) und (50)

$$a_1 = s_{xy} / s_x^2. \tag{51}$$

Wenn alle Meßpunkte auf der Regressionsgeraden liegen, gilt

$$s_{xy}^2 = s_x^2 s_y^2. \tag{52}$$

Die Koeffizienten a_0, a_1 sind Schätzwerte für die Koeffizienten der theoretischen Geraden $Y = \alpha_0 + \alpha_1 X$ der Zufallsvariablen X, Y. Unter der Voraussetzung der $N(Y(X), \sigma)$-Normalverteilung läßt sich der Vertrauensbereich für a_0, a_1 zu einer vorgegebenen statistischen Sicherheit bestimmen.

Korrelation. Gibt es keine erkennbaren Gründe für eine funktionale Abhängigkeit der Zufallsvariablen Y von der als unabhängig angenommenen Variablen X, so dient die Korrelationsrechnung (Korrelation=Wechselbeziehung) zur Prüfung der Güte eines unterstellten funktionalen Zusammenhangs.

Korrelationskoeffizient. Als Maß für eine lineare Abhängigkeit dient der Koeffizient r_{xy} aus den Gln. (49) bis (51) für den Wertebereich $-1 \le r_{xy} \le 1$ und die Geraden

$$r_{xy} = s_{xy} / s_x s_y, \tag{53}$$
$$Y = a_0 + a_1 X \quad \text{und} \quad X = b_0 + b_1 Y \tag{54}$$

mit $a_1 = s_{xy} / s_x^2$ und $b_1 = s_{xy} / s_y^2$. Die Geraden beschreiben die Stichprobenwerte x_i, y_i, $i = 1, 2, \ldots, n$, und sind identisch für $a_1 b_1 = 1 = r_{xy}^2$. Alle Punkte liegen dann auf $Y = a_0 + a_1 X$. Für $r_{xy} = 0$ gelten X, Y als unabhängige Zufalls-

Tabelle 16. Zur Berechnung der Regression der Zugfestigkeit von Stahlstäben

i	x_i	y_i	$x_i y_i$	x_i^2	y_i^2
1	0,20	43,4	8,68	0,04	1 853,56
2	0,20	44,5	8,90	0,04	1 980,25
3	0,30	52,2	15,66	0,09	2 724,84
4	0,30	56,8	17,04	0,09	3 226,24
5	0,40	61,0	24,40	0,16	3 721,00
6	0,40	62,5	25,00	0,16	3 906,25
7	0,40	65,0	26,00	0,16	4 225,00
8	0,50	72,1	36,05	0,25	5 198,41
9	0,60	80,0	48,00	0,36	6 400,00
10	0,60	82,2	49,32	0,36	6 756,84
11	0,70	92,9	65,03	0,49	8 630,41
12	0,70	92,3	64,61	0,49	8 519,29
	5,30	804,9	388,69	2,69	57 172,09

variablen. $r_{xy} < 0$ ist die negative (ungleichsinnige) Korrelation, weil zu großen Werten von X kleine Werte von Y gehören und umgekehrt. Bei $|r_{xy}| < 1$ schneiden die beiden Geraden einander im Schwerpunkt $S = (\bar{x}, \bar{y})$ des Punkthaufens. Die Größe $B = r_{xy}^2$ heißt *Bestimmtheitsmaß.*

Beispiel: Regression und Korrelation der Zugfestigkeit als Funktion des Kohlenstoffgehalts von Stahlstäben. Y stellt die Zugfestigkeit in N/cm^2 und X den Kohlenstoffgehalt in % dar. – **Tab. 16.** $\bar{x} = 0{,}442$, $\bar{y} = 67{,}075$. – Aus den Gln. (49) folgen (ohne Angabe der Einheiten) die Varianzen

$$s_x^2 = (2{,}69 - 5{,}30^2/12)/11 = 0{,}032,$$
$$s_y^2 = (57172{,}09 - 804{,}9^2/12)/11 = 289{,}40$$

und aus Gl. (50) die Kovarianz

$$s_{xy} = (388{,}69 - 12 \cdot 0{,}442 \cdot 67{,}075)/11 = 2{,}99.$$

Damit wird der Regressionskoeffizient nach Gl. (51) $a_1 = 2{,}993/0{,}032 = 94{,}29$ und nach Gl. (47) $a_0 = 67{,}075 - 94{,}29 \cdot 0{,}442 = 25{,}40$, die Regressionsgerade also $y = 25{,}40 + 94{,}29x$ mit $y = \sigma$ und $x = c$ im Definitionsbereich $0{,}20 \leq x \leq 0{,}70$ (**Bild 4**). Der Korrelationskoeffizient ist nach Gl. (53)

$$r_{xy} = 2{,}993/\sqrt{0{,}032 \cdot 289{,}4} = 0{,}98;$$

er zeigt eine stark korrelierende lineare Abhängigkeit der Zugfestigkeit des Stahls vom Kohlenstoffgehalt an.

10 Praktische Mathematik
Applied mathematics

H.-J. Schulz, Berlin

10.1 Graphische Darstellung von Funktionen
Graphical representation of functions

Funktionen werden anschaulich durch Zuordnung zu geometrischen Bildern dargestellt. Sie dienen
– zur übersichtlichen Darstellung und Beurteilung funktionaler Zusammenhänge besonders von Rechenergebnissen,
– als Hilfsmittel für numerische Rechnungen von begrenzter Genauigkeit wie die Nomographie (s. A 10.2).
Hierbei beschränken sich A 10.1.1 bis A 10.1.3 auf die Darstellung von reellen Funktionen in ebenen Vorlagen.

10.1.1 Graph einer Funktion. Graph of a function

Der Graph einer Funktion, die verbal formuliert oder als Wertetabelle gegeben ist, entsteht durch Aufzeichnen der Elemente des Definitions- und Wertebereichs sowie durch die Zuordnung mit Pfeilen. So erhalten alle Schablonen (**Bild 1a**) eines gegebenen Satzes mit genau einer geraden Seite die Codenummer 2, alle anderen die Nummer 1.

10.1.2 Funktionsskalen. Scales

Für analytisch gegebene Funktionen $f = \{x,y) | x \in X, x \in Y, x \longmapsto y = f(x)\}$ entsteht eine eindimensionale graphische Darstellung durch Abtragen von Skalenstrichen für ausgewählte x-Werte entlang eines Skalenträgers. Die Abstände der Striche sind der Differenz der zugehörigen Funktionswerte proportional zu wählen (**Bild 1b**).

Skalenträger. Am häufigsten sind die Gerade und der Kreis (z.B. Lineal, Winkelmesser). Die Länge L einer Skala ist für das gegebene Intervall des Definitionsbereichs für $x \in [a,b]$

$$L = m \, (\max f(x) - \min f(x)) \quad \text{bzw.} \quad L = m \, |f(a) - f(b)| \quad (1)$$

für streng monotone Funktionen.

Maßstabfaktor. Er heißt auch Modul m; seine Einheit ist $[m] = [L]/[f(x)]$, wenn $f(x)$ eine physikalische Größe ist. Für den Abstand l eines Funktionswerts $f(x)$ vom Skalenanfang gilt mit $x \in [a,b]$

$$l = m \, (f(x) - \min f(x)). \quad (2)$$

Beispiel: Geradlinige Skale mit $L = 50$ mm für die Funktion $y = \lg(x)$ im Intervall $[1, 10]$ (**Bild 1c**). – min $\lg(x) = \lg(1) = 0$, max $\lg(x) = \lg(10) = 1 \Rightarrow m = 50$ mm$/(1 - 0) = 50$ mm.

Werden auf der einen Seite des Skalenträgers das Intervall des Definitionsbereichs $[a,b]$ und auf der anderen Seite – mit gleichem Modul und gleichem Anfangspunkt – der zugehörige Wertebereich einer Funktion f abgetragen, so ergibt sich eine Doppelskale (Funktionsleiter) mit den Werten der Funktion zu beliebigen Argumenten als graphisches Analogon zur Wertetabelle. Bei Vertauschen der Bedeutung von Wertebereich und Definitionsbereich ist für streng monotone Funktionen auch die Umkehrfunktion dargestellt (**Bild 1c**).

10.1.3 Funktionskurven in ebenen, rechtwinkligen Koordinatensystemen (Diagramme)
Plane curves on cartesian axes, diagrams

Koordinatenachsen (s. A 5.1) sind Funktionsskalen. Zur graphischen Darstellung der Funktion $y = f(x)$ dient je eine Funktionsskale für den Definitions- und Wertebereich, die als Koordinatensystem in der Ebene senkrecht zueinander angeordnet sind. Diejenigen Punkte $P(x,y)$, deren

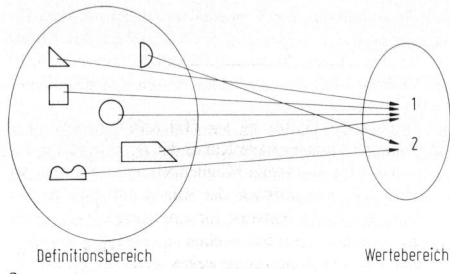

Definitionsbereich   Wertebereich

a

b

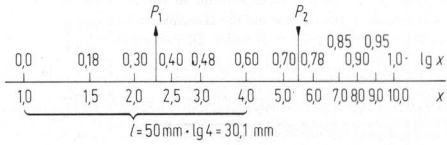

c

Bild 1. Graph. **a** verbal formulierte Funktion; **b** Funktionsskale für $y = x^2$, $m = 5$ mm, $|P_0 P_1| \approx 1^2 - 0^2 = 1$, $|P_0 P_2| \approx 2^2 - 0^2 = 4$; **c** Doppelskale für $y = \lg x$, $x \in [1,10]$, $m = 50$ mm, lg-Funktion lg $2{,}3 = 0{,}36$ (s. Punkt P_1), Umkehrfunktion $10^{0{,}74} = 5{,}5$ (s. Punkt P_2)

Tabelle 1. Möglichkeiten zur Anpassung der Koordinatenskalen an die Funktionskurve

Maßnahme	Funktionstyp/Beispiel	Diagramm
Nullpunktunter-drückung bei der Abszisse, gleiche Moduln, lineare Skalen	$y = f(x + a)$ $y = 2(x - 100)$ $x \in [95, 110]$	
Nullpunktunter-drückung bei der Ordinate, gleiche Moduln, lineare Skalen	$y = f(x) + a$ $y = 2x - 100$ $x \in [-5, 10]$	
Wahl verschiedener Moduln, lineare Skalen	$y = af(x)$ $m_x = am_y$ $y = 100x$ $x \in [-5, 10]$ $m_x = 0{,}5$ mm $m_y = 0{,}005$ mm	
Wahl verschiedener Skalenteilungen, gleiche Moduln. Die Anpassung der Zahlenbereiche gelingt durch Skalieren der x-Achse mit der gegebenen Funktion oder der y-Achse mit der Umkehrfunktion	$x_{max} - x_{min} \gg y_{max} - y_{min}$ oder $y_{max} - y_{min} \gg x_{max} - x_{min}$ $y = 10^x, \; x \in [-5, 10]$ $m_x = m_y = 0{,}5$ mm $l_x = m_x[x - (-5)]$ $l_y = m_y(\lg y - \lg y_{min})$	

Koordinaten die Gleichung $y = f(x)$ erfüllen, stellen die der Funktion f zugeordnete Kurve dar (s. **Tab. 1**). Umgekehrt bietet eine Kurve die Möglichkeit, eine Funktion zu definieren. Die Konstruktion der Kurve erfolgt durch Berechnung der Funktionswerte für eine geeignete Auswahl von Elementen – den Stützstellen x_i, $i \in \mathbb{N}$ – mit einer Wertetabelle und durch punktweises Zeichnen. Das Diagramm besteht aus Koordinatensystem, Funktionskurve und Beschriftung. Die Darstellung wird in kartesischen oder Polarkoordinaten bzw. in Parameterform vorgenommen (s. A 5.1).

Beispiel 1: Gegeben ist die Spirale $f = \{(r, \varphi) | r \in \mathbb{R}^+, \varphi \in [0, 2\pi], \varphi \mapsto r = \varphi/2\}$ (**Bild 2**).

Beispiel 2: Die arcsin-Funktion muß in ihrem Wertebereich aus Gründen der Eindeutigkeit auf die Hauptwerte beschränkt werden: arcsin $= \{(x, y) | x \in [-1, 1], y \in [-\pi/2, \pi/2], x \mapsto y = \arcsin(x)\}$. – Durch

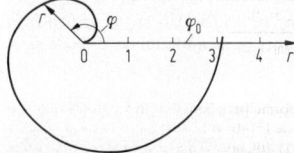

Bild 2. Archimedische Spirale $r = \varphi/2$ im Polarkoordinatensystem

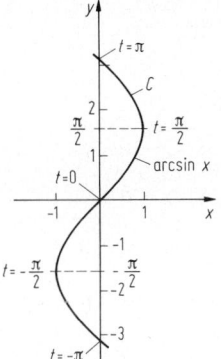

Bild 3. arcsin-Funktion und ihre Fortsetzung in Parameterform

die Parameterform ist die Kurve C als Skalenträger für t, für beliebige y-Werte eindeutig beschreibbar. $C = \{(x, y) | x, y, t \in \mathbb{R}, t \mapsto x = \sin t, t \mapsto y = t\}$ (**Bild 3**).

10.2 Einführung in die Nomographie
Introduction to nomography

Ein Nomogramm ist ein graphisches Rechenhilfsmittel mit einfacher Handhabung, häufiger Anwendbarkeit für ähnliche Probleme und der Verringerung von Fehlermöglichkeiten. Hierzu zählen auch die Bilder im Abschn. A 10.1.

10.2.1 Nomogramme für zwei Veränderliche
Nomograms for two variables

Die einer Wertetabelle analoge graphische Darstellung einer Funktion $y = f(x)$ ist die in A 10.1.2 beschriebene Funktionsskale (Funktionsleiter). Zum Rechnen werden die nicht durch Skalenstriche angegebenen Werte nach Augenmaß linear interpoliert.

10.2.2 Nomogramme für drei Veränderliche
Nomograms for three variables

Eine für jeden Zusammenhang der Form $f(x, y, z) = 0$ geeignete Einteilung der Skalen ist für eine ebene Darstellung nicht bekannt. Daher besteht eine Sammlung von Nomogrammtypen, die für spezielle Formen – die Schlüsselgleichungen – besonders geeignet sind. Hieraus folgen die Bestimmungsgleichungen für die meist rechtwinkligen Koordinaten X, Y der Funktion $f(x, y, z)$. Die Werte ihrer Variablen x, y, z stellen in den Nomogrammen entweder Linien oder Punkte dar.

Netznomogramme oder Netztafeln

Drei einander schneidende Kurvenscharen einer Funktion $f(x, y, z) = 0$ mit $x \in [x_0, x_1]$, $y \in [y_0, y_m]$, $z \in [z_0, z_n]$ heißen Netznomogramme (**Bild 4a**). Jede Schar repräsentiert eine der Variablen durch die Kurven $x = x_i$, $i \in [0, l]$ bzw. $y = y_j$, $j \in [0, m]$ bzw. $z = z_k$, $k \in [0, n]$. Anwendung finden Netze, bei denen jeweils zwei der Variablen (x, y) oder (x, z) oder (y, z) die Geradenscharen der rechtwinkligen Koordinaten bilden, es gilt also $X = g_1(x)$, $Y = g_2(y)$ oder $X = g_1(x)$, $Y = g_2(z)$ oder $X = g_1(y)$, $Y = g_2(z)$. Die dritte Schar wird dann jeweils durch $f(x, y, z_k) = 0$ oder $f(x, z, y_j) = 0$ oder $f(y, z, x_i) = 0$ beschrieben. X, Y haben die Bedeutung von l, der Skalenlänge für den Wert x in Gl. (2).

Beispiel: Gesucht sei das Nomogramm der Funktion $z = x^y$ (**Bild 4b**) in den Intervallen $x \in [1, 10]$, $y \in [0, (0, 1), 1]$. Durch Logarith-

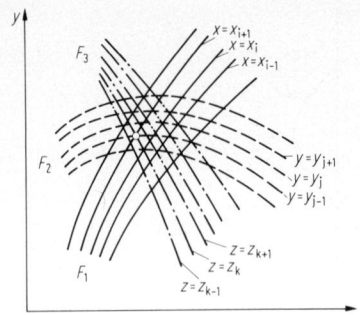

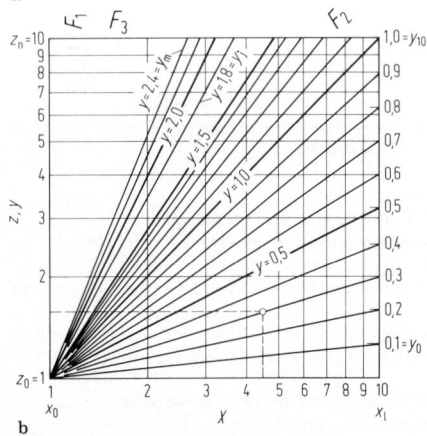

Bild 4. Netznomogramm. **a** Schema; **b** $z = x^y$

mieren wird $\lg z = y \lg x$. Dieses Netznomogramm ist durch drei Geradenscharen darstellbar, indem man mit $X = \lg x$ und $Y = \lg z$ die Koordinaten logarithmisch skaliert. Die dritte Geradenschar ist durch $Y = y_j X$ gegeben. Sie geht durch den Punkt für $x = 1 \Rightarrow X = 0$ und $z = 1 \Rightarrow Y = 0$, da $1^y = 1$, $y \in \mathbb{R}^+$ ist. Im doppeltlogarithmischen oder Potenzpapier sind diese Koordinatenscharen bereits vorhanden. Wegen $Y = y_j \lg x$ wird auf der Geraden für $x = 10$ eine zweite gleichförmige (lineare) Skale für y_j mit $\Delta y = 0,1$ so aufgetragen, daß $y_{10} = 1$ für den Punkt $Y = 1 \cdot (m_z \lg 10) = 46,0 \text{ mm} \cdot \lg 10 = 46,0 \text{ mm}$ erreicht wird, denn es ist $10^1 = 10 = Z_{\max}$. Ablesebeispiel am Punkt 0: $x = 4,5$; $y = 0,3$; $z = 4,5^{0,3} = 1,58$; mit Rechenmaschine $4,5^{0,3} = 1,570$.

Schlüsselgleichung. Unter Verwendung der Koordinaten X, Y lassen sich die Kurvenscharen in **Bild 4a** durch das Gleichungssystem

$$F_1 = (X, Y, x) = 0, \quad F_2 = (X, Y, y) = 0 \quad \text{und}$$
$$F_3 = (X, Y, z) = 0 \tag{3}$$

beschreiben. Für den wichtigen Spezialfall, daß alle F_i linear in den Argumenten X, Y sind, folgen Nomogramme, in denen die Kurvenscharen Geraden sind. Damit lassen sich die Gln. (3) als homogenes lineares Gleichungssystem für $(X, Y, 1)$ darstellen.

$$g_{11}(x)X + g_{12}(x)Y + g_{13}(x) \cdot 1 = 0,$$
$$g_{21}(y)X + g_{22}(y)Y + g_{23}(y) \cdot 1 = 0,$$
$$g_{31}(z)X + g_{32}(z)Y + g_{33}(z) \cdot 1 = 0. \tag{4}$$

Es ist lösbar, wenn die Koeffizientendeterminante

$$\Delta = \begin{vmatrix} g_{11}(x) & g_{12}(x) & g_{13}(x) \\ g_{21}(y) & g_{22}(y) & g_{23}(y) \\ g_{31}(z) & g_{32}(z) & g_{33}(z) \end{vmatrix} = 0 \tag{5}$$

ist. Dies ist die allgemeine Schlüsselgleichung für geradlinige Netze.

Fluchtliniennomogramme

Sie heißen auch Skalennomogramme oder Fluchtlinientafeln. Hier erscheinen die Werte der Variablen x, y, z als Punkte auf den Fluchtlinien mit meist krummlinigen Funktionsskalen. Auf den Fluchtlinien (**Bild 5**) liegen je drei Werte x_i, y_i, z_i, für die $f(x_i, y_i, z_i) = 0$ ist, auf einer Geraden.

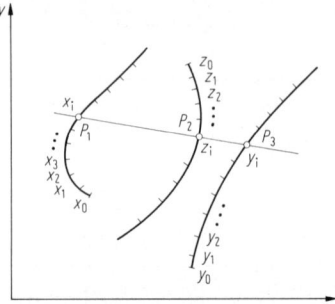

Bild 5. Schema eines Fluchtliniennomogramms

Soreausche Determinante. Die Skalenlinien für x, y, z werden in der Parameterform für die Koordinaten X, Y dargestellt durch die Skalen für

$$x: \quad X = g_{11}(x), \quad Y = g_{12}(x),$$
$$y: \quad X = g_{21}(y), \quad Y = g_{22}(y), \tag{6}$$
$$z: \quad X = g_{31}(z), \quad Y = g_{32}(z).$$

$$\begin{vmatrix} g_{11}(x) & g_{12}(x) & 1 \\ g_{21}(y) & g_{22}(y) & 1 \\ g_{31}(z) & g_{32}(z) & 1 \end{vmatrix} = 0. \tag{7}$$

Diese Determinante besagt, daß das Dreieck $P_1 P_2 P_3$ (**Bild 5**) die Fläche Null hat, also die drei Punkte auf der Fluchtgeraden liegen oder $X_1(Y_2 - Y_3) + X_2(Y_3 - Y_1) + X_3(Y_1 - Y_2) = 0$ ist. Sie ist die Schlüsselgleichung für ein aus drei krummlinigen Skalen bestehendes Fluchtliniendiagramm. Die Funktion $f(x, y, z) = 0$ ist nomographierbar, wenn es eine, aber auch gleich unendlich viele solche Determinanten gibt. Wenn zu gegebenen x, y-Werten der z-Wert der Fluchtlinientafel entnommen werden soll, wird zur Erhöhung der Ablesegenauigkeit die z-Skale zwischen die beiden anderen gelegt.

Die Typen der Nomogramme werden nach der Zahl der krummlinigen Skalen in Gattungen geteilt:

Nomogramme nullter Gattung. *Paralleltafel.* Bei drei geraden parallelen Skalen (**Bild 6a**) folgt ihre Schlüsselgleichung aus Gl. (7) zu

$$\begin{vmatrix} 0 & g_{12}(x) & 1 \\ (a+b) & g_{22}(y) & 1 \\ a & g_{32}(z) & 1 \end{vmatrix}$$

$$= -b g_{12}(x) + (a+b) g_{32}(z) - a g_{22}(y) = 0, \quad \text{d.h.},$$
$$f_3(z) = f_1(x) + f_2(y) \tag{8}$$

sind die mit diesem Typ nomographierbaren Funktionen, die oft erst durch Logarithmieren hierauf umzuformen sind. Bei geeigneter freier Wahl der Moduln m_x, m_y ergibt sich nach **Bild 6a** $m_x/m_z = (a+b)/b$, $m_y/m_z = (a+b)/a$ und $m_x/m_y = a/b$; mithin für den Modul der z-Skale $m_z = m_x m_y/(m_x + m_y)$.

Beispiel: Gegebene Funktion (**Bild 6b**) $z = \sqrt{0,2\sqrt{x} + \lg y}$ mit $x \in [0,25]$, $X_{\max} \approx 51$ mm, $y \in [1,10]$; $Y_{\max} = 51$ mm. – Mit $m_x = m_y = 51,0$ mm folgt $m_z = 25,5$ mm und $Z_{\max} = m_z = m_z \cdot 2 = 51,0$ mm, $a/b = 1$. Für $a = b = 1$ gibt es die Skalen in Parameterform für $x: X = 0$,

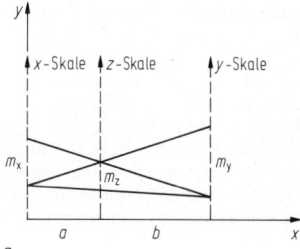

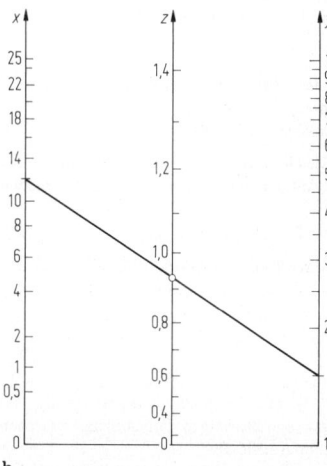

Bild 6. Paralleltafel. **a** Schema; **b** $z = 0,2 \cdot x + \lg y$

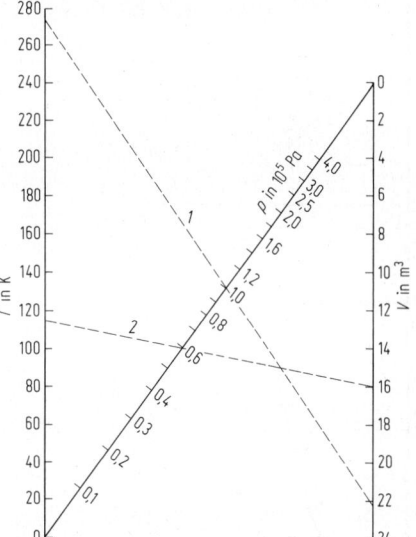

Bild 7. N-Tafel für das ideale Gasgesetz; Ablesebeispiel 1 ($T = 273,2$ K, $V = 22,4$ m³ und $p = 1,0 \cdot 10^5$ Pa) und 2 ($T = 115$ K, $p = 0,6 \cdot 10^5$ Pa und $V = 16,0$ m³)

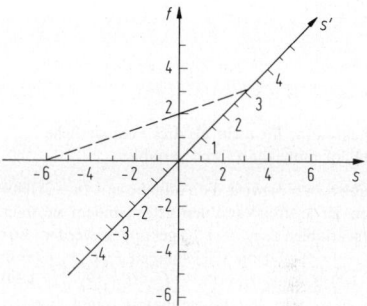

Bild 8. Strahlentafel für dünne Linsen; Ablesebeispiel $1/3 = 1/2 - 1/6$, also $f = 2$, $s = -6$, $s' = 3$

$Y = 51,0$ mm $\cdot 0,2\sqrt{x}$, für y: $X = 40$ mm, $Y = 51,0$ mm $\cdot \lg y$ und für z: $X = 20$ mm, $Y = 25,5$ mm $\cdot z^2$. Ablesebeispiel: $\sqrt{0,2 \cdot \sqrt{12} + \lg 1,5} = z = 0,93$; Rechnerwert $z = 0,932$.

N- oder Z-Tafel. Wenn eine gerade Skale (z.B. für Z) die anderen zwei parallelen Skalen mit der Steigung m schneidet, folgt aus Gl. (7)

$$\begin{vmatrix} 0 & g_{12}(x) & 1 \\ a & g_{22}(y) & 1 \\ g_{31}(z) & mg_{31}(z) & 1 \end{vmatrix}$$

$$= -g_{12}(x)[a - g_{31}(z)] + g_{31}(z)[am - g_{22}(y)] = 0$$

bzw. die nomographierbaren Gleichungen

$$f_1(x) = f_2(y) \cdot f_3(z) \quad \text{oder} \quad f_3(z) = f_1(x) : f_2(y). \qquad (9)$$

Beispiel: Das ideale Gasgesetz für ein Kilomol lautet $pV = RT$ mit $p = 1,0133$ bar, $V = 22,4$ m³ $= 1$ kmol, $R = 8309$ Pa $\cdot$ m³$/K$, $T = 273,2$ K für den Normalzustand. – Hieraus folgt die Zahlenwertgleichung $pV = 8309 \cdot T$ mit p in Pa, V in m³ und T in K. Mit den Zahlenwertgleichungen $f_1(x) = 8309 \cdot T$, $f_2(y) = V$ und $f_3(z) = p$ mit T in K, V in kmol und p in Pa folgt das Nomogramm **Bild 7**. Die Konstruktion der p-Skale erfolgt durch projektive Teilung der Verbindungsline von $T = 0$ nach $V = 0$ nach der Wahl der V- und T-Skalen.

Strahlentafel. Hier schneiden alle drei Skalen einander in einem Punkt. Die Schlüsselgleichung ist

$$1/f_3 = 1/f_1 + 1/f_2. \qquad (10)$$

Beispiel: Für die Abbildung mit einer dünnen Linse gilt $1/s' = 1/f + 1/s$, wobei f Brennweite der Linse, s Objektabstand und s' Bildabstand von der Linse ($s \leqq 0$, wenn von der Linse zum Objekt gegen die Lichtrichtung gemessen wird). Mit $f_3 = s'$, $f_1 = f$, $f_2 = s$ ergibt sich **Bild 8**.

Nomogramme 1. Gattung. Häufigste Anwendung findet die Paralleltafel mit einer krummlinigen Skale in der Mitte. Aus Gl. (5) und **Bild 9a** folgt die Schlüsselgleichung

$$\begin{vmatrix} 0 & m_x f_1(x) & 1 \\ g_1(z) & g_2(z) & 1 \\ a & m_y f_2(y) & 1 \end{vmatrix} = 0 \quad \text{bzw.}$$

$$f_4(z) = f_1(x) + f_2(y) \cdot f_3(z). \qquad (11)$$

Durch Umformen ergibt sich für die Parameterdarstellung der z-Skale $X = g_1(z) = m_x a f_3(z)/[m_y + m_x f_3(z)]$, $Y = g_2(z) = m_x m_y f_4(z)/[m_y + m_x f_3(z)]$.

Beispiel: Für die Zylinderoberfläche gilt $A = 2\pi r^2 + 2\pi rh$, also umgeformt $2\pi r^2 = A - 2\pi rh$. Mit $f_1(A) = A$, $f_2(h) = h$, $f_3(r) = 2\pi r$, $f_4(r) = 2\pi r^2$ ergibt sich für $r \in [0,10]$, $h \in [0,10]$ **Bild 9b**, das nur die physikalisch sinnvollen, positiven Wurzeln liefert. Ablesebeispiel: $h = 4$, $A = 200$ ergibt $r = 4$; Rechnerwert $r = 3,99$ (gemessen in beliebigen aber gleichen Längeneinheiten).

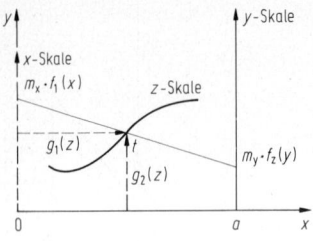

a

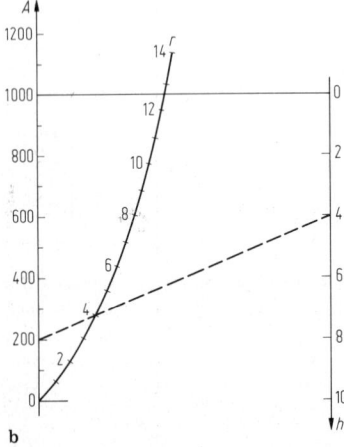

b

Bild 9. Nomogramme 1. Gattung. **a** Schema; **b** Zylinderoberfläche

10.2.3 Nomogramme für mehr als drei Veränderliche
Nomograms for more than three variables

Bei n Variablen $(n > 3)$ wird die Aufgabe mit $(n-2)$ Nomogrammen für je drei Variable gelöst, indem sie über $(n-3)$ Hilfsvariablen $t_3, t_4, \ldots, t_{n-1}$ gekoppelt werden. Für $F(x_1, x_2, \ldots, x_n) = 0$ oder die Gleichungen $f_1(x_1, x_2, t_3) = 0$, $F_2(t_3, x_3, t_4) = 0$, $f_3(t_4, x_4, t_5) = 0, \ldots, f_{n-2}(t_{n-1}, x_{n-1}, x_n) = 0$ wird je ein Netz- oder Fluchtliniennomogramm angefertigt. Die Netze bzw. Skalen für die Hilfsvariablen – Zapfenlinien genannt – gestatten die schrittweise Berechnung der gewünschten Funktion von n Variablen. So geht man mit dem Wert für t_3 aus dem f_1-Diagramm in das f_2-Diagramm und bestimmt dort mit dem gegebenen Wert für x_3 die neue Zwischengröße t_4 usw.

10.3 Numerische Berechnung von Wurzeln nichtlinearer Gleichungen. Numerical calculation of the roots of nonlinear equations

Die Lösung x einer transzendenten oder einer algebraischen Gleichung $f(x) = 0$ von mehr als 4. Grad – Wurzel der Gleichung genannt – ist meist nicht explizit angebbar. Daher sind schrittweise bestimmte Näherungswerte x_i der Wurzel mit der Genauigkeit ε numerisch so zu berechnen, daß $\lim_{i \to \infty} |x_i - x| < \varepsilon$.
Wichtig sind hierbei die geeigneten Anfangswerte x_0, $x_1, \ldots$, die schnelle Konvergenz des Verfahrens (s. A 10.3.1 bis 10.3.4) und die erreichbare Genauigkeit ε (s. A 10.3.5). Die Lösung von $f(x) = 0$ ist äquivalent der Nullstelle z von $f = f\{x, y\} | x \in [a, b] \subseteq \mathbb{R}, y \in \mathbb{R}, x \to y = f(x)\}$, wobei $f(z) = 0$ für $x = z \in [a, b]$ gilt. Es werden nur reelle Funktionen einer Variablen, die im Intervall $[a, b]$ stetig differenzierbar sind und mindestens eine einfache Nullstelle haben, betrachtet.
Ein geeigneter Anfangswert x_0 ergibt sich häufig aus der Abszisse des Schnittpunkts der Kurve mit der x-Achse, welche oft durch die Umformung $f(x) = 0 \Leftrightarrow g_1(x) = g_2(x)$ leichter zu finden ist. Für Rechenanlagen ist es vorteilhaft, daß zu beiden Seiten der Nullstelle mit $a_0 < z < b_0$ ein Vorzeichenwechsel zwischen $f(a_0)$ und $f(b_0)$ auftritt, also $f(a_0) \cdot f(b_0) < 0$ gilt. Besteht an den äquidistanten Stützstellen x_j und x_{j+1} des Intervalls $[a, b]$ der Vorzeichenwechsel gemäß $f(x_j) \cdot f(x_{j+1}) < 0$, so liegt die Nullstelle im Teilintervall $[x_j, x_{j+1}]$, dessen Grenzen zwei meist geeignete Anfangswerte sind; sonst ist die Schrittweite $h = x_{j+1} - x_j$ zu verkleinern.

10.3.1 Methode der schrittweisen Näherung (Iterationsverfahren)
Method of successive approximation

Die gegebene Gleichung $f(x) = 0$ wird umgeformt in $x = g(x)$. Für einen Anfangswert x_0 und $i = 1, 2, 3, \ldots$ ergeben sich die x_i aus

$$x_{i+1} = g(x_i). \tag{12}$$

Diese Folge konvergiert gegen die Nullstelle z, d.h., $\lim_{i \to \infty} x_i = z$, wenn für alle x_i die hinreichende Konvergenzbedingung

$$|g'(x_i)| \leqq m < 1 \tag{13}$$

erfüllt ist. Geometrisch bedeutet dies, den Schnittpunkt der Geraden $y = x$ mit der Kurve $y = g(x)$ entlang eines treppen- bzw. spiralförmigen Polygonzugs zwischen beiden zu bestimmen (**Bild 10**).
Die Konvergenzbedingung stellt sicher, daß beim Übergang von der Kurve zur Geraden die Abszissendifferenz $|x_{i+1} - x_i|$ größer als die Ordinatendifferenz $|g(x_{i+1}) - x_i|$ ist (vgl. **Bild 10 a, b** mit **Bild 10 c, d**). Ist die Konvergenzbedingung verletzt, so hilft für Funktionen g, die in der Umgebung von z streng monoton sind, die Umkehrfunktion $g^{(-1)}$ weiter, da durch Spiegelung der Funktion g an der Geraden $y = x$ die Ableitung der Umkehrfunktion $|(g^{(-1)})'| < 1$ wird, der Schnittpunkt jedoch erhalten bleibt. Die konvergierende Funktion $g(x)$ heißt Einpunkt-Iterationsfunktion, da nur Informationen eines Punkts genutzt werden.

Beispiel: Gegeben ist $\exp x + \sin x = 0$. Eine grobe Handskizze der Kurven $y = \exp x$ und $y = -\sin x$ liefert einen Näherungswert $x_0 = -0,6$ für die betragkleinste Nullstelle, die hier genügt, so daß $f(x) = \exp x + \sin x = 0$ im Intervall $[-1, -0,5]$ untersucht werden kann. Eine Umformung nach Gl. (12) ist $x = \ln(-\sin x)$ mit $g(x) = \ln(-\sin x)$ im ausgewählten Intervall. $g'(x) = \cot x$ nach Gl. (13) liefert $|\cot(-0,6)| = 1,46 > 1$, also keine Konvergenz. Die Umkehrfunktion $g^{(-1)}(x) = \arcsin(-\exp x)$ hat die Ableitung $(g^{(-1)})' = -\exp x / \sqrt{1 - \exp(2x)}$ mit $(g^{(-1)})'(0,6) = 0,657 < 1$; sie konvergiert mit $x_{i+1} = \arcsin(-\exp x_i)$ von $x_0 = -0,6$ an. $g^{(-1)}(x)$ ist die zweite Möglichkeit zum Umformen nach Gl. (12); s. **Tab. 2**, Spalte 3.

10.3.2 Newtonsches Näherungsverfahren
Newton's iteration-method

Hierbei wird in der Nähe der Nullstelle z der gegebenen Funktion f die Kurve durch ihre Tangente im Näherungswert x_0 ersetzt und deren Schnittpunkt mit der x-Achse als verbesserter Näherungswert x_1 bestimmt (**Bild 11 a**). Damit folgt die Newtonsche Näherungsformel

$$x_{i+1} = x_i - f(x_i)/f'(x_i). \tag{14}$$

Wird hier die rechte Seite als Iterationsfunktion $g(x_i)$ bezeichnet, so zeigt Gl. (12), daß das Newton-Verfahren eine

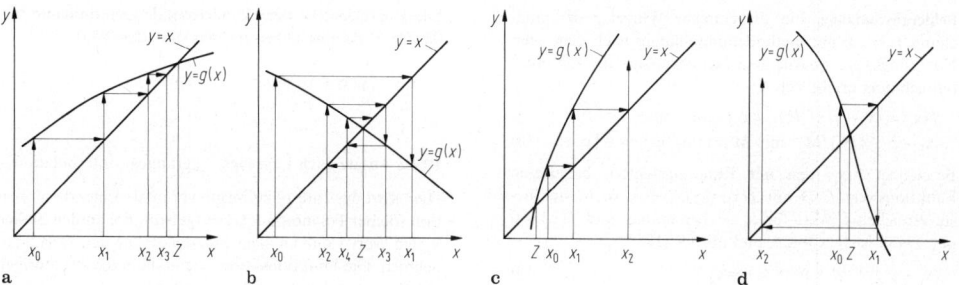

Bild 10. Verfahren der schrittweisen Näherung. **a** und **b** konvergente, **c** und **d** divergente Umformungen $x = g(x)$

Tabelle 2. Vergleich der Iterationsverfahren zur Nullstellenbestimmung am Beispiel $f(x) = \exp x + \sin x = 0$ im Intervall $[-1, -0,5]$. $z = -0,588532744 \pm 5 \cdot 10^{-10}$, $|x_i - x_{i-1}| < 10^{-3}$

i	x_i	Iterations-verfahren Gl. (12)	Newtonsches Verfahren Gl. (14)	Regula falsi Gl. (16)
0	−0,6			
1		−0,58094	−0,58848	−0,5
2		−0,59363	−0,58853	−0,58892
3		−0,58515		−0,58855
4		−0,59080		
5		−0,58702		
6		−0,58954		
7		−0,58786		
8		−0,58898		
9		−0,58823		

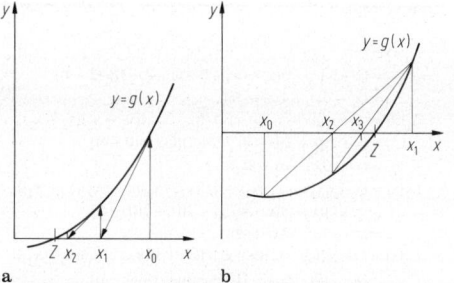

Bild 11. Näherungsverfahren. **a** nach Newton; **b** Regula falsi

schrittweise Näherung für die spezielle Einpunkt-Iterationsfunktion $g(x_i) = x_i - f(x_i)/f'(x_i)$ ist mit $f'(x_i) \neq 0$. Die Konvergenzbedingung ist mit Gl. (13)

$$|g'(x_i)| = |f(x_i) f''(x_i)/f'^2(x_i)| \leq m < 1. \tag{15}$$

Beispiel: Für $\exp x + \sin x = 0$ mit dem Anfangswert $x_0 = -0,6$ und dem Intervall $[-1, -0,5]$ ergibt sich nach Gl. (15) $f(x) = e^x + \sin x$, $f'(x) = e^x + \cos x$, $f''(x) = e^x - \sin x$. $|g'(-0,6)| = 0,0093 < 1$, also Konvergenz (s. **Tab. 2**, Spalte 4)

10.3.3 Sekantenverfahren und Regula falsi
Method of secants and regula falsi

Anstelle der Funktionskurve wird eine Sekante durch zwei in der Nähe der Nullstelle gelegene Punkte $(x_0, f(x_0))$ und $(x_1, f(x_1))$ gelegt. Ihr Schnittpunkt mit der x-Achse liefert einen neuen Näherungswert x_3 für die Nullstelle (**Bild 11 b**). Hier wurde also die 1. Ableitung in Gl. (14) – Newton-Verfahren – durch den Differenzenquotienten ersetzt.

Mithin gilt

$$x_{i+1} = x_i - f(x_i)(x_i - x_{i-1})/[f(x_i) - f(x_{i-1})], \tag{16}$$

beginnend mit bekannten Werten x_0, x_1. Die rechte Seite stellt die Einpunkt-Iterationsfunktion $g(x_i, x_{i-1})$ „mit Gedächtnis" dar, welche die Information des vorherigen Punkts wiederverwendet. Liegt das Intervall $[x_{i-1}, x_i]$ so, daß es den Vorzeichenwechsel von f enthält, also $f(x_i) \cdot f(x_{i-1}) < 0$ gilt, so ist Gl. (16) die *Regula falsi* und die Interpolationsgerade eine Sekante. Für x_0, x_1 ist dies durch den in der Einleitung von A 10.3 beschriebenen Suchalgorithmus gegeben. Für die weiteren Iterationen ist immer zu erreichen, daß die Nullstelle zwischen den beiden Näherungswerten liegt, da entweder $f(x_0) \cdot f(x_2) < 0$ oder $f(x_2) \cdot f(x_1) < 0$ gilt. Die Regula falsi konvergiert immer für die als stetig vorausgesetzten Funktionen. Als Beispiel s. **Tab. 2**, Spalte 5, mit den Werten des Beispiels in A 10.3.1.

10.3.4 Konvergenzordnung. Order of convergence

Der Aufwand zur Ermittlung der Nullstelle mit vorgegebener Genauigkeit ist für die Verfahren sehr verschieden (s. **Tab. 2**). Neben ihm ist vor allem die Zahl der Schritte ausschlaggebend. Sie ist um so kleiner, je größer die Konvergenzordnung p ist.

$$\lim_{i \to \infty} |x_{i+1} - z|/|x_i - z|^p = c \quad \text{mit} \begin{cases} |c| < 1 & \text{für } p = 1 \\ |c| < \infty & \text{für } p > 1. \end{cases} \tag{17}$$

Dabei ist c die asymptotische Fehlerkonstante. Mit Hilfe der Taylorentwicklung an der Nullstelle z folgt für eine gegen z konvergierende Einpunkt-Iterationsfunktion: Ist $g(x)$ p-mal stetig differenzierbar und gilt $z = g(z)$ sowie $|g'(z)| < 1$, falls $p = 1$, bzw. $g'(z) = g''(z) = \ldots g^{(p-1)}(z) = 0$ und $g^{(p)}(z) \neq 0$, so hat das durch $x_{i+1} = g(x_i)$ definierte Iterationsverfahren die Konvergenzordnung p.

Einfache Iteration. Nach Gl. (12) ist hierbei $g(x) = x - f(x)$, also folgt aus $|g'(x)| = |1 - f'(x)| < 1$ die Konvergenzanordnung $p = 1$.

Newton-Verfahren. Hier ist $g(x) = x - f(x)/f'(x)$; bei Konvergenz nach Gl. (15) also $g'(z) = f(z) \cdot f''(z)/f'^2(z) = 0$ und $g''(z)$, das meist unbekannt ist. Hier ist also $p \geq 2$.

Sekanten-Verfahren und Regula falsi. Sie sind Einpunkt-Iterationsfunktionen „mit Gedächtnis", für die $p \approx 1,62$ bzw. 1 ist.

10.3.5 Probleme der Genauigkeit. Problems of accuracy

Abbruchfehler ε_a. Er entsteht durch Abbruch der Berechnung weiterer Folgeelemente vor Erreichen des Grenzwerts z, selbst wenn unendlich viele Stellen für die Zahlendarstellung benutzbar wären.

Rundungsfehler ε_r. Er ergibt sich selbst bei unendlich vielen Folgeelementen durch die begrenzte Stellenzahl.

Fehlerabschätzung. Für die einfache Wurzel z der Gleichung $f(x) = 0$ gilt methodenunabhängig nach dem i-ten Näherungswert x_i: Aus dem Mittelwertsatz der Differentialrechnung ergibt sich

$$f(x_i) = (x_i - z) \cdot f'(\xi); \quad \xi \in [x_i, z], \quad \text{also}$$
$$|x_i - z| \leqq f(x_i)/M \quad \text{mit } M = \min f'(x), \ x \in [x_i, z]. \quad (18)$$

Bezeichnet $\bar{f}(x_i)$ den mit Rundungsfehlern behafteten Funktionswert $f(x_i)$ mit $\bar{f}(x_i) \leqq f(x_i) + \delta$, so ist der beste erreichbare Wert für x_i so beschaffen, daß $\bar{f}(x_i) = 0$ gilt. Dann ist $|f(x_i)| \leqq \delta$, und Gl. (18) folgt

$$|x_i - z| \leqq \delta/M \approx \delta/|f'(z)| = \varepsilon_g \quad (19)$$

für die Grenzgenauigkeit, die durch die Funktion f und die Stellenzahl der Rechenanlage bestimmt ist. Innerhalb des Intervalls ist $\bar{f}(x_i) = 0$, und die neuen Iterationswerte sind mit schwankenden Rundungsfehlern behaftet. Um diese Genauigkeit, die meist vorher nicht bekannt ist, auszunutzen, wird eine relativ grobe Schranke ε vorgegeben und als Abbruchkriterium gefordert, daß

$$|x_{i+1} - x_i| \geqq |x_i - x_{i-1}| \quad \text{und} \quad |x_i - x_{i-1}| < \varepsilon \quad (20)$$

ist, um x_i als Wurzel anzuerkennen.

Beispiel: $f(x) = e^x + 1/(10x) = 0$; die Nullstelle mit neun Dezimalen ist $z = -3{,}577152064$. Für eine sechsstellige Gleitkommaarithmetik ist $\delta = 5 \cdot 10^{-7}$, $f'(z) = 0{,}020$, also nach Gl. (19) $\varepsilon_g \approx \delta/f'(z) = 2{.}5 \cdot 10^{-5}$, d.h., für alle $x_i \in [-3{,}57717, -3{,}57713]$ ist $\bar{f}(x_i) = 0$. Eine größere Genauigkeit $\varepsilon < \varepsilon_g$ ist sinnlos.

x_i	$f(x_i)$	$\bar{f}(x_i)$
−3,57718	$-5{,}6 \cdot 10^{-7} > \delta$	< 0
−3,57717	$-3{,}6 \cdot 10^{-7} < \delta$	$= 0$
⋮	⋮	
−3,57713	$4{,}4 \cdot 10^{-7} < \delta$	$= 0$
−3,57712	$6{,}5 \cdot 10^{-7} > \delta$	> 0

10.4 Interpolationsverfahren
Methods of interpolation

Die Darstellung beschränkt sich auf reelle Funktionen einer unabhängigen Variablen in einem abgeschlossenen Intervall.

10.4.1 Aufgabenstellung, Existenz und Eindeutigkeit der Lösung. Formulation of the problem, existence and uniquenes of the solution

Die Aufgabe, für eine Anzahl von Meßwerten $y_0, y_1, \ldots, y_n$ zu bekannten, paarweise verschiedenen Argumentwerten $\{x_0, x_1, \ldots, x_n\} \in [a,b] \in \mathbb{R}$, den Stützstellen, einen funktionalen Zusammenhang zu formulieren, und die Ermittlung von Zwischenwerten in Tafeln angegebener Funktionen werden vorzugsweise durch Interpolationspolynome gelöst. Dabei soll das gesuchte Polynom n-ten Grades $P_n(x) = \sum_{i=0}^{n} a_i x^i$ an allen $(n+1)$ Stützstellen x_j, $j = 0,1,2,\ldots,n$, genau die Funktionswerte y_j annehmen, also $P_n(x_j) = y_j$ sein. Durch Einsetzen aller Zahlenpaare (x_j, y_j) in den *direkten Ansatz* für $P_n(x)$ folgt das inhomogene, lineare Gleichungssystem für die gesuchten Koeffizienten a_i.

$$a_0 + a_1 x_0 + a_2 x_0^2 + a_3 x_0^3 + \ldots + a_n x_0^n = y_0,$$
$$a_0 + a_1 x_1 + a_2 x_1^2 + a_3 x_1^3 + \ldots + a_n x_1^n = y_1,$$
$$\vdots \qquad\qquad (21)$$
$$a_0 + a_1 x_n + a_2 x_n^2 + a_3 x_n^3 + \ldots + a_n x_n^n = y_n.$$

Die Koeffizienten- bzw. Vandermonde-Determinante hat, da alle x_i paarweise verschieden sind, den Wert

$$|x_j^i| = \prod_{\substack{j=0 \\ i>j}}^{n} (x_i - x_j) \neq 0. \quad (22)$$

10.4.2 Ansatz nach Lagrange. Lagrangean interpolation

Hier wird das Interpolationspolynom als Linearkombination solcher Polynome $L_j(x)$ aufgebaut, die an den Stellen x_j den Wert 1 und an allen anderen Stellen den Wert 0 annehmen. Die Funktionswerte y_j sind dann die zugehörigen Koeffizienten der Polynome. Es gilt also

$$L_j(x_k) = \delta_{jk} = \begin{cases} 1 & \text{für } j = k \\ 0 & \text{für } j \neq k \end{cases} \quad \text{und}$$
$$P_n(x) = \sum_{j=0}^{n} y_j L_j(x). \quad (23)$$

Einsetzen bestätigt, daß $L_j(x)$ in Gl. (24) diese Eigenschaften hat.

$$L_j(x) = \prod_{\substack{k=0 \\ k\neq j}}^{n} (x - x_k) \Big/ \prod_{\substack{k=0 \\ k\neq j}}^{n} (x_j - x_k). \quad (24)$$

Beispiel: Berechnung eines Interpolationspolynoms 3. Grads nach Lagrange. Gegeben: s. **Tab. 3.**

Tabelle 3. Wertepaare für Interpolationspolynom

		j	0	1	2	3
Stützstellen	x_j		−2	0	1	4
Funktionswerte	y_j		−26	−4	−2	40

$$L_0(x) = (x - x_1)(x - x_2)(x - x_3)/[(x_0 - x_1)(x_0 - x_2)(x_0 - x_3)]$$
$$= (x - 0)(x - 1)(x - 4)/[(-2 - 0)(-2 - 1)(-2 - 4)]$$
$$= (x^3 - 5x^2 + 4x)/(-36),$$
$$L_1(x) = (x - x_0)(x - x_2)(x - x_3)/[(x_1 - x_0)(x_1 - x_2)(x_1 - x_3)]$$
$$= (x + 2)(x - 1)(x - 4)/[(0 + 2)(0 - 1)(0 - 4)]$$
$$= (x^3 - 3x^2 - 6x + 8)/8,$$
$$L_2(x) = (x - x_0)(x - x_1)(x - x_3)/[(x_2 - x_0)(x_2 - x_1)(x_2 - x_3)]$$
$$= (x + 2)(x - 0)(x - 4)/[(1 + 2)(1 - 0)(1 - 4)]$$
$$= (x^3 - 2x^2 - 8x)/(-9),$$
$$L_3(x) = (x - x_0)(x - x_1)(x - x_2)/[(x_3 - x_0)(x_3 - x_1)(x_3 - x_2)]$$
$$= (x + 2)(x - 0)(x - 1)/[(4 + 2)(4 - 0)(4 - 1)]$$
$$= (x^3 + x^2 - 2x)/72,$$
$$P_3(x) = y_0 L_0(x) + y_1 L_1(x) + y_2 L_2(x) + y_3 L_3(x)$$
$$= [-26(-2x^3 + 10x^2 - 8x) - 4(9x^3 - 27x^2 - 54x + 72)$$
$$- 2(-8x^3 + 16x^2 + 64x) + 40(x^3 + x^2 - 2x)]/72$$
$$= x^3 - 2x^2 + 3x - 4.$$

10.4.3 Ansatz nach Newton. Newtonian interpolation

Bei diesem Ansatz für das Interpolationspolynom

$$P_n(x) = c_0 + \sum_{i=1}^{n} c_i \prod_{j=0}^{i-1} (x - x_j) \quad (25)$$

hat das inhomogene lineare Gleichungssystem für die Koeffizienten c_i Dreiecksgestalt und kann schrittweise aufgelöst werden. Nach Einsetzen der Wertepaare (x_j, y_j) folgt

$$c_0 = y_0,$$
$$c_0 + c_1(x_1 - x_0) = y_1,$$
$$c_0 + c_1(x_2 - x_0) + c_2(x_2 - x_0)(x_2 - x_1) = y_2,$$
$$\vdots \qquad\qquad (26)$$
$$c_0 + c_1(x_n - x_0) + \ldots + c_n \prod_{j=0}^{n-1} (x_n - x_j) = y_n.$$

x_i	y_i	Gesuchte Differenzenquotienten der Ordnung			
		1	2	3	4
x_0	$\underline{y_0 = c_0}$				
		$\underline{f[x_0, x_1] = c_1}$			
x_1	y_1		$\underline{f[x_0, x_1, x_2] = c_2}$		
		$f[x_1, x_2]$		$\underline{f[x_0, x_1, x_2, x_3] = c_3}$	
x_2	y_2		$f[x_1, x_2, x_3]$		$\underline{f[x_0, x_1, x_2, x_3, x_4] = c_4}$
		$f[x_2, x_3]$		$f[x_1, x_2, x_3, x_4]$	
x_3	y_3		$\vdots$		
$\vdots$		$\vdots$	$f[x_{i-2}, x_{i-1}, x_i]$	$\vdots$	
		$f[x_{i-1}, x_i]$			
x_i	y_i				

Die Koeffizienten $c_0, c_1, c_2, \ldots, c_n$ behalten ihren Wert, wenn der Grad des Polynoms vergrößert wird. Der Wert der Koeffizientendeterminante, gegeben durch das Produkt der Hauptdiagonalelemente, stimmt mit Gl. (22) überein. Schrittweises Auflösen ergibt eine Rekursionsformel für die c_i, die mit dem Differenzenquotienten i-ter Ordnung übereinstimmt und „dividierte Differenz" heißt (s. A 10.6.3).

$$c_0 = y_0,$$

$$c_1 = \frac{y_1 - y_0}{x_1 - x_0} = \frac{y_0 - y_1}{x_0 - x_1} = f[x_0, x_1],$$

$$c_2 = \frac{\left[y_2 - y_0 - \frac{y_1 - y_0}{x_1 - x_0}(x_2 - x_0) \right]}{(x_2 - x_0)(x_2 - x_1)}$$

$$= \frac{\frac{y_2 - y_1}{x_2 - x_1} - \frac{y_1 - y_0}{x_1 - x_0} \cdot \frac{x_2 - x_0}{x_2 - x_1} + \frac{y_1 - y_0}{x_2 - x_1}}{(x_2 - x_0)},$$

$$= \frac{f[x_0, x_1] - f[x_1, x_2]}{(x_0 - x_2)} = f[x_0, x_1, x_2], \qquad (27)$$

$$\vdots \qquad\qquad \vdots$$

$$c_i = \frac{f[x_0, x_1, \ldots x_{i-1}] - f[x_1, x_2, \ldots x_i]}{x_0 = x_i}.$$

Die Richtigkeit der Rekursionsformel ist durch vollständige Induktion zu zeigen.

Berechnungsschema. Für die Ermittlung der Polynomkoeffizienten als Differenzenquotienten i-ter Ordnung hat sich das unten dargestellte Schema bewährt.
Den Zähler der Differenzenquotienten bildet jeweils die Differenz der Nachbarelemente der vorstehenden Spalte. Den Nenner bilden die an den linken Enden der zugehörigen Diagonalen befindlichen Werte x_j und x_{j+k}. Die unterstrichenen Differenzenquotienten ergeben nach Gl. (27) die Koeffizienten c_i des Newtonschen Interpolationspolynoms $P_n(x)$.

Beispiel: Berechnung eines Polynoms nach Newton aus **Tab. 3**. Nach Gl. (27) sind die Differenzenquotienten der i-ten Ordnung

x_i	y_i	1.	2.	3.
-2	$\underline{-26}$			
		$\underline{11}$		
0	-4		$\underline{-3}$	
		2		1
1	-2		$+3$	
		14		
4	40			

und damit folgen $y_1 = -26$ und $c_1 = \frac{y_1 - y_0}{x_1 - x_0} = \frac{-4 - (-26)}{0 - (-2)} = 11$.

Mit $f[x_0, x_1] = c_1$ und $f[x_1, x_2] = \frac{y_2 - y_1}{x_2 - x_1} = \frac{-2 + 4}{1} = 2$ wird $c_2 = \frac{f[x_0, x_1] - f[x_1, x_2]}{x_0 - x_2} = \frac{11 - 2}{-2 - 1} = -3$ und $c_3 = \frac{-3 - 3}{-2 - 4} = 1$.

Die Konstanten sind in der vorstehenden Tabelle unterstrichen. Mit Gl. (25) ergibt sich $P_n(x) = -26 + 11(x + 2) - 3(x + 2)(x - 0) + 1(x + 2)(x - 0)(x - 1) = x^3 - 2x^2 + 3x - 4$ (s. auch die Lösung nach Lagrange des Beispiels in A 10.4.2).

Abbruchfehler. Bei der Interpolation nach Newton folgt der Fehler $R_n(x)$ aus dem Vergleich der beiden Interpolationspolynome $P_{n+1}(x) = P_n(x) + R_n(x)$ für die Funktion $f(x)$ im Intervall $[a, b]$. Als Restglied ergibt sich

$$R_n(x) = f^{(n+1)}(z)(x - x_0)(x - x_1) \ldots (x - x_n)/(n+1)!,$$
$$z \in [a, b]. \qquad (28)$$

Beispiel: Die Entladungskurve eines Kondensators ist durch ein Polynom 2. Grads im Intervall $[0, 2T]$ zu interpolieren ($T = RC$ Zeitkonstante). Wie genau muß die Spannung für $t_j = jT$, $j = 0, 1, 2$, gemessen werden, damit der Meßfehler von der Größenordnung des Abbruchfehlers wird? – Die Entladungskurve wird beschrieben durch $u = u_0 \cdot \exp(-t/T)$. Das Restglied ist nach Gl. (28) $R_2(t) = -u_0/(3!T^3) \cdot \exp(-z/T)(t - 0)(t - T)(t - 2T), z \in [0, 2T]$. Es wird nach oben abgeschätzt durch

$$|R_2(t)| \leqq u_0/(3!T^3) \cdot \max[\exp(-\bar{t}/T)] \cdot \max[t(t - T)(t - 2T)],$$

dabei wird

$$\max[\exp(-\bar{t}/T)] = 1 \quad \text{für } \bar{t} = 0 \quad \text{und}$$
$$\max[t(t - T)(t - 2T)] = 0{,}38 T^3 \quad \text{für } t = (t \pm 1/\sqrt{3})T$$

nach A 6.1.8, also $|R_2(t)| \leqq 0{,}38 u_0/6 \approx 0{,}06 u_0$. Die Spannung muß mit mindestens 6% der Ausgangsspannung u_0 gemessen werden also mit einem Meßgerät der Güteklasse 5.

10.4.4 Polynomberechnung nach dem Horner-Schema
Evaluation of polynomials by Horner's method

Die Newtonsche Polynomdarstellung

$$P_n(x) = \sum_{j=0}^{n} c_i \prod_{j=0}^{i=1} (x - x_j)$$

und die Normalform $P_n = \sum_{i=0}^{n} a_i x^i$ lassen sich für die Berechnung verbessern. Aus Gl. (25) folgt

$$P_n(x) = c_0 + (x - x_0)(c_1 + (x - x_1)(c_2 + (x - x_2)$$
$$\cdot (c_3 + \ldots (x - x_{n-1})c_n) \ldots))$$
$$= a_0 + x(a_1 + x(a_2 + x(a_3 + \ldots + x(a_{n-1} + xa_n) \ldots)). \qquad (29)$$

Für ein numerisch gegebenes $\bar{x}$ sind die Klammern von innen heraus mit der folgenden Rekursionsformel berechenbar. Für $i = 0, 1, 2, \ldots, n$ gilt in beiden Fällen

$$b_n = c_n, \quad b_{n-i} = (\bar{x} - x_{n-i})b_{n-i+1} + c_{n-i} \quad \text{bzw.}$$
$$b_n = a_n, \quad b_{n-i} = xb_{n-i+1} + a_{n-i} \quad \text{und} \quad P_n(\bar{x}) = b_0. \quad (30)$$

Horner-Schema. Es wird für diese leicht programmierbaren Formeln wie folgt angewendet.

a_n	a_{n-1}	a_{n-2}	$\ldots a_2$	a_1	a_0
$\bar{x}$	$b_n \bar{x}$	$b_{n-1}x$	$\ldots b_3 \bar{x}$		
b_n	b_{n-1}	b_{n-2}	$\ldots b_2$	b_1	$b_0 = P_n(\bar{x})$

Die Pfeile deuten den Fortgang der Rechnung an. Beginnend mit $b_n = a_n$ werden die Produkte $b_{n-1}\bar{x}$ in die benachbarte Spalte geschrieben und die darüber stehenden Koeffizienten addiert. Die Fortsetzung des Horner-Schemas mit den gerade gewonnenen b_{n-1} als Koeffizienten des Polynoms $P_{n-1}(\bar{x})$ liefert die erste Ableitung des Polynoms $P_n(\bar{x})$. Für weitere Fortsetzungen gilt $P_{n-i}(\bar{x}) = P^{(i)}(\bar{x})/i!$.

Beispiel: Gegeben ist das Polynom $P_4(x) = 2x^4 + 5x^2 - 7$. Das vollständige Horner-Schema lautet für $x = 8$.

Nr.	$P_4(x)$	x	a_4	a_3	a_2	a_1	a_0
			2	0	5	0	-7
1		8	16	128	1064	8512	
			2	16	133	1064	$8505 = b_0 = P_4(8)$
2		8	16	256	3112		
			2	32	389	$4176 = P_4'(8)/1!$	
		8	16	384			
3			2	48	$773 = P_4''(8)/2!$		
		8	16				
4			2	64	$= P_4'''(8)/3!$		
5			$2 = P_4^{(4)}(8)/4!$				

Es ist $P_4'(x) = 8x^3 + 10x$, $P_4''(x) = 24x^2 + 10$ und $P_4'''(x) = 48x$, also $P_4(8) = 8505$, $P_4'(8) = 4175$, $P_4''(8) = 773 \cdot 2!$ und $P_4'''(8) = 384 = 64 \cdot 3!$.

10.5 Auflösung linearer Gleichungen
Solution of linear equations

Die Lösung linearer Gleichungen (s. A 3.2.5) ist eine der häufigsten Aufgaben der praktischen Mathematik. Für allgemeine, inhomogene lineare Gleichungssysteme $Ax = b$ mit einer $(n \cdot n)$-Matrix A (s. A 3.2.4) ohne besondere Eigenschaften ist das Gaußsche Eliminationsverfahren allen anderen überlegen. Darüber hinaus ermöglicht es die Berechnung der Inversen A^{-1}, der Determinanten $|A|$, des Ranges $r(A)$ und von Lösungen zu „beliebig vielen" rechten Seiten b. Praktisch anwendbar ist es bis $n \approx 100$.

10.5.1 Gaußsches Eliminationsverfahren. Gauß' algorithm

Das Gaußsche Eliminationsverfahren wird hier für lineare inhomogene Gleichungssysteme mit reellen Koeffizienten dargestellt. Dabei wird durch sukzessives Eliminieren der Unbekannten ein gestaffeltes Gleichungssystem erzeugt, aus dem die Unbekannten rekursiv ermittelt werden.

$$a_{11}^{(0)}x_1 + a_{12}^{(0)}x_2 + \ldots + a_{1n}^{(0)}x_n = b_1^{(0)}$$
$$a_{21}^{(0)}x_1 + a_{22}^{(0)}x_2 + \ldots + a_{2n}^{(0)}x_n = b_2^{(0)}$$
$$\vdots \qquad\qquad \text{bzw.} \quad A^{(0)} \cdot x = b^{(0)}$$
$$a_{n1}^{(0)}x_1 + a_{n2}^{(0)}x_2 + \ldots + a_{nn}^{(0)}x_n = b_n^{(0)} \qquad (31)$$

Ist die Matrix $A^{(0)} = (a_{ij}^{(0)})$ nichtsingulär, so existiert für beliebige $b_i^{(0)}$, die nicht alle gleichzeitig verschwinden, eine nichttriviale Lösung. Ist $a_{11}^{(0)} \neq 0$, läßt sich die Unbekannte x_1 aus den letzten $(n-1)$ Gleichungen eliminieren, indem von der i-ten Gleichung das m_{i1}-fache der ersten Gleichung subtrahiert wird. Dabei ist

$$m_{i1} = a_{i1}^{(0)}/a_{11}^{(0)}, \quad i = 2, 3, \ldots, n, \qquad (32)$$

und von der 2. bis zur n-ten Zeile entsteht ein neues Gleichungssystem mit $(n-1)$ Unbekannten und den Koeffizienten der Matrix

$$A^{(1)} = (a_{ij}^{(0)}), \quad i = 2, 3 \ldots n, \quad j = 2, 3 \ldots n;$$
$$a_{ij}^{(1)} = a_{ij}^{(0)} - (a_{i1}^{(0)}/a_{11}^{(0)}) \cdot a_{1j}^{(0)} \qquad (33a)$$

sowie den rechten Seiten

$$b_i^{(1)} = b_i^{(0)} - b_1^{(0)} a_i^{(0)}/a_{11}^{(0)}. \qquad (33b)$$

Ist das neue Element $a_{22}^{(1)} \neq 0$, kann diese Operation – Gln. (32) bis (33b) – für $i, j = 3, 4, \ldots$ wiederholt und ein neues System mit $(n-2)$ Unbekannten gebildet werden. Bei $(n-1)$-maliger Anwendung entsteht das gestaffelte Gleichungssystem

$$a_{11}^{(0)}x_1 + a_{12}^{(0)}x_2 + a_{13}^{(0)}x_3 + \ldots + a_{1n}^{(0)}x_n = b_1^{(0)}$$
$$a_{22}^{(1)}x_2 + a_{23}^{(1)}x_3 + \ldots + a_{2n}^{(1)}x_n = b_2^{(1)}$$
$$a_{33}^{(2)}x_3 + \ldots + a_{3n}^{(2)}x_n = b_3^{(2)}$$
$$\vdots$$
$$a_{nn}^{(n-1)}x_n = b_n^{(n-1)}. \qquad (34)$$

Es ist zu dem gegebenen algebraisch äquivalent. Die $x_n, x_{n-1}, \ldots, x_1$ werden damit durch „Rückwärts-Auflösen" für $i = 0, 1, 2, \ldots, (n-1)$ berechnet.

$$x_{n-i} = \left(b_{n-i}^{(n-1-i)} - \sum_{j=0}^{i} a_{n-i, n-j}^{(n-1-i)} x_{n-j} \right) \Big/ a_{n-i, n-i}^{(n-1-i)},$$
$$i = 0, 1, 2, \ldots, (n-1). \qquad (35)$$

Die bisherige Voraussetzung, daß die Pivotelemente $a_{i,i}^{(i-1)} \neq 0$ sind, ist kein Hindernis. Da die Lösungen nicht von der Reihenfolge der Gleichungen abhängen, kann ein $a_{ki}^{(i-1)} \neq 0$ gefunden werden, denn die Matrix $A^{(0)}$ ist nichtsingulär. Durch Vertauschen der Zeilen i und k wird das ursprüngliche $a_{ki}^{(i-1)}$ zum $a_{ii}^{(i-1)}$ erklärt. Ist für ein $l \leq n$ kein $a_{ll}^{(l-1)} \neq 0$ zu finden, sind also $a_{ll}^{(l-1)} = a_{l,l+1}^{(l-1)} = \ldots = a_{ln}^{(l-1)} = 0$, dient dieses Verfahren zur Bestimmung des Ranges $r(A) = l - 1$ der Matrix $A^{(0)}$. Diese nur bei Nullelementen erforderliche Umsortierung ist wichtig für die Minimierung von Rundungsfehlern. Ist $a_{11}^{(0)} = \varepsilon \ll 1$, so ist bei gegebener Stellenzahl der relative Rundungsfehler von $a_{11}^{(0)}$ groß, und alle Koeffizienten, die nach Gl. (32) mit $1/a_{11}^{(0)}$ multipliziert werden, sind verfälscht. Daher gilt für das Pivotelement des k-ten Schrittes:

Teilweise Pivotierung

$$a_{kk}^{(k-1)} = \max |a_{ik}^{(k-1)}|, \quad k \leq i \leq n. \qquad (36)$$

Das betraggrößte Element der k-ten Spalte liegt in der i-ten Zeile; die Zeilen i und k werden vertauscht.

Vollständige Pivotierung

$$a_{kk}^{(k-1)} = \max |a_{ij}^{(k-1)}|, \quad k \leq i \leq n, \; k \leq j \leq n. \qquad (37)$$

Das betraggrößte Element der noch zu bearbeitenden Matrix $A^{(k-1)}$ liegt in der i-ten Zeile und j-ten Spalte. Die i-te Zeile ist mit der k-ten sowie die j-te Spalte mit der k-ten zu vertauschen. Damit ändert man die Reihenfolge der Unbekannten x_j und x_k (darüber ist eine zusätzliche Buchführung nötig, damit nach dem „Rückwärts-Auflösen" die ursprüngliche Reihenfolge wieder hergestellt werden kann). Das Umsortieren bewirkt, daß die Rechenoperation immer mit dem Pivotelement ausgeführt wird, das mit dem relativ kleinsten Rundungsfehler behaftet ist.

Beispiel: Für die $(4 \cdot 4)$-Matrix $A^{(0)}x = b$ wird das Gaußsche Eliminationsverfahren mit teilweiser Pivotierung auf fünf Stellen gerundet dargestellt (s. **Tab. 4**).
Dabei sind links vom Doppelstrich die Zahlen in der in den Formeln benutzten allgemeinen Form mit Indizierung angeführt und

Tabelle 4. Beispiel für das Gaußsche Eliminationsverfahren

										S_i
1	a_{11}^0	a_{12}^0	a_{13}^0	a_{14}^0	b_1^0	1,0000	2,0000	3,0000	5,0000	7,0000	18,0000
2	a_{21}^0	a_{22}^0	a_{23}^0	a_{24}^0	b_2^0	11,000	13,000	17,000	19,000	23,000	83,0000
3	a_{31}^0	a_{32}^0	a_{33}^0	a_{34}^0	b_3^0	29,000	31,000	37,000	41,000	43,000	181,0000
4	a_{41}^0	a_{42}^0	a_{43}^0	a_{44}^0	b_4^0	47,000	53,000	59,000	61,000	67,000	287,0000
1'	a_{11}^0	a_{12}^0	a_{13}^0	a_{14}^0	b_1^0	47,000	53,000	59,000	61,000	67,000	287,0000
2'	m_{21}	a_{22}^1	a_{23}^1	a_{24}^1	b_2^1	0,23404	0,59574	3,1915	4,7234	7,3191	15,8298
3'	m_{31}	a_{32}^1	a_{33}^1	a_{34}^1	b_3^1	0,61702	−1,7021	0,59574	3,3617	1,6596	3,9149
4'	m_{41}	a_{42}^1	a_{43}^1	a_{44}^1	b_4^1	0,02127$_7$	0,87234	1,7447	3,7021	5,5745	11,8936
2''		a_{22}^1	a_{23}^1	a_{24}^1	b_2^1		−1,7021	0,59574	3,3617	1,6596	3,9149
3''		m_{32}	a_{33}^2	a_{34}^2	b_3^2		−0,35000	3,4000	5,9000	7,9000	17,2000
4''		m_{42}	a_{43}^2	a_{44}^2	b_4^2		−0,51251	2,0500	5,4250	6,4251	13,9000
3'''			a_{33}^2	a_{34}^2	b_3^2			3,4000	5,9000	7,9000	17,2000
4'''			m_{43}	a_{44}^3	b_4^3			0,60294	1,8676	1,6619	3,5294

rechts vom Doppelstrich an entsprechender Stelle im Schema die Zahlen des Beispiels. So ist $a_{22}^0 = 13$ und $b_4^0 = 67$. Die betraggrößten Elemente der zu untersuchenden Spalten sind unterstrichen. Durch Vertauschen der zugehörigen Zeile mit der jeweiligen ersten Zeile werden sie zu Pivotelementen. Ergänzt man die Matrix rechts um die Spalte s_i, in der die Summe aller Zeilenelemente steht, und behandelt die Elemente s_i genauso wie die anderen Matrixelemente, so muß auch in den transformierten Matrizen bis auf Rundungsfehler wieder die Zeilensumme stehen (Zeilensummenkontrolle für die Rechnung „von Hand"). „Rückwärts-Auflösen" ergibt die Lösungen nach Gl. (35) und **Tab. 4**:

> aus Zeile 4''' $\quad x_4 = 1,6619/1,8676 = 0,8898$;
> aus Zeile 3''' $\quad x_3 = (7,9000 - 5,9000 \cdot 0,88982)/3,4000 = 0,7794$;
> aus Zeile 2'' $\quad x_2 = (1,6596 - 3,3617 \cdot 0,88982$
> $\qquad\qquad - 0,59574 \cdot 0,77943)/(-1,7021) = 1,0552$;
> aus Zeile 1' $\quad x_1 = (67,000 - 61,000 \cdot 0,88982 - 59,000 \cdot 0,77943$
> $\qquad\qquad - 53,000 \cdot 1,0552)/47,000 = -1,8977$.

10.6 Integrationsverfahren
Methods of numerical integration

Die Aufgabe, ein bestimmtes Integral $\int_a^b f(x)\,dx$ numerisch auszuwerten, stellt sich hauptsächlich, wenn durch das Integral eine neue Funktion $F(b)$ definiert wird, die analytisch nicht anders darstellbar ist, oder der Integrand $f(x)$ nur an bestimmten Stützstellen x_i, $i = 0, 1, 2 \ldots n$, (z.B. aus Messungen) bekannt ist. Der Grundgedanke ist die Approximation des Integranden durch eine einfachere Funktion, die dann ersatzweise integriert wird.

Integrationsformeln. Sie heißen auch Quadraturformeln und werden in zwei Gruppen aufgeteilt:

Newton-Cotes-Formeln. Hier ist die Lage der Stützstellen äquidistant.

Gauß- und Tschebyscheff-Formeln. Die Stützstellen sind ungleichmäßig verteilt. Hierbei ist es immer möglich, die Formel für das ganze, endliche Integrationsintervall $[a,b]$ anzugeben oder es in Teilintervalle aufzuteilen, für die die Formel wiederholt angewendet wird.

10.6.1 Newton-Cotes-Formeln. Newton-Cotes formulas
Die Stützstellen x_i, $i = 0, 1, 2, \ldots, n$, sind äquidistant; es gilt $x_i = a + ih$ mit $h = (b-a)/n$ als Schrittweite. Die Funktionswerte des Integranden werden mit $y_i = f(x_i)$ bezeichnet.

Durch die $(n+1)$ Punkte (x_i, y_i) ist ein Interpolationspolynom n-ten Grads bestimmt nach den Gln. (23) und (24).

$$P_n(x) = y_0 L_0(x) + y_1 L_1(x) + y_2 L_2(x) + \ldots + y_n L_n(x). \tag{38}$$

Anstatt über $f(x)$ wird nun das Integral über $P_n(x)$ als Näherungswert berechnet. Er stimmt exakt für Integranden aus Polynomen bis zum Grad n.

$$\int_a^b f(x)\,dx \approx \int_a^b P_n(x)\,dx$$
$$= \sum_{i=0}^n y_i \int_a^b L_i(x)\,dx = \sum_{i=0}^n y_i w_i. \tag{39}$$

Dabei sind die Gewichtsfaktoren w_i bestimmt durch die Integration des i-ten Lagrange-Polynoms, das zum Ansatz für P_n gehört.

$$w_i = \int_a^b L_i(x)\,dx \quad \text{für} \quad i = 0, 1, 2, \ldots, n. \tag{40}$$

Formeln 1. Ordnung. Für $n = 1$ ist

$$L_0(x) = (x-b)/(a-b), \quad L_1(x) = (x-a)/(b-a),$$

mit Gl. (39) sind

$$w_0 = \int_a^b (x-b)/(a-b)\,dx = (a-b)(-1/2) = h/2 \quad \text{und}$$

$$w_1 = \int_a^b (x-a)/(b-a)\,dx = (b-a)(1/2) = h/2.$$

Trapezformel. Sie ergibt sich mit Gl. (39) zu

$$\int_a^b f(x)\,dx = h(y_0 + y_1)/2 - h^3 f''(z)/12; \quad z \in (a,b). \tag{41}$$

Das letzte Glied ist der Fehlerterm, der die Trapezformel zu einer exakten Gleichung ergänzt. Ihr Name rührt von der geometrischen Deutung des Integrals her. Durch das Interpolationspolynom vom Grad $n = 1$ – einer Geraden – wird die krummlinig von $f(x)$ begrenzte Fläche ersetzt durch das Trapez mit der Verbindungsgeraden durch die Punkte (a, y_0) und (b, y_1).

Formeln 2. Ordnung. Für $n = 2$ ergeben sich mit $b - a = 2h$, $x_0 = a$, $x_1 = a + h$, $x_2 = a + 2h = b$ die Lagrange-Polynome

$$L_0(x) = [x - (a+h)][x - (a+2h)]/$$
$$\{[a - (a+h)][a - (a+2h)]\},$$
$$L_1(x) = (x-a)[x - (a+2h)]/$$
$$\{(a+h-a)[a+h-(a+2h)]\},$$
$$L_2(x) = (x-a)[x - (a+h)]/$$
$$\{(a+2h-a)[a+2h-(a+h)]\}.$$

Durch die Transformation $x = z(b-a) + a = 2hz + a$, die das Intervall $[a,b]$ für x auf das Intervall $[0,1]$ für z abbildet, vereinfacht sich die Integration der Gewichtsfaktoren zu

$$w_0 = \int_a^b L_0(x)\,dx$$
$$= 2h \int_0^1 (2hz - h)(2hz - h)/(2h^2)\,dz = h/3,$$

$$w_1 = \int_a^b L_1(x)\,dx$$
$$= 2h \int_0^1 [2hz(2hz - 2h)]/(-h^2)\,dz = 4h/3,$$

$$w_2 = \int_a^b L_2(x)\,dx$$
$$= 2h \int_0^1 2hz(2hz - 2h)/(2h^2)\,dz = h/3.$$

Simpsonsche Formel. Sie heißt auch Keplersche Faßregel und folgt durch Einsetzen dieser Werte in Gl. (39). Mit Fehlerterm lautet sie

$$\int_a^b f(x)\,dx = h(y_0 + 4y_1 + y_2)/3 - h^5 f^{(4)}(z)/90;$$
$$z \in (a,b). \tag{42}$$

Formeln höherer Ordnung. Für $n > 2$ wird der Näherungswert nur unwesentlich verbessert. Deswegen ist die Simpsonsche Formel (42) auch die am häufigsten verwendete. Eine höhere Genauigkeit ergibt sich durch Einteilen des Intervalls $[a,b]$ in m gleich breite Streifen. Auf jeden Streifen wird Gl. (41) oder (42) angewendet. Es gilt dann $h = (b-a)/(mn)$, $x_k = a + kh$, $k = 0,1,2,\dots,(mn)$; mit Gl. (39) für $a_j = a + j(b-a)/m$ folgt dann

$$\int_a^b f(x)\,dx = \sum_{j=0}^{m-1} \sum_{i=0}^{n} w_i f(a_j + ih) = \sum_{k=0}^{mn} \bar{w}_k y_k. \tag{43}$$

Trapezregel. Sie ergibt sich wegen $n = 1$ zu

$$\int_a^b f(x)\,dx \approx h(y_0 + 2y_1 + 2y_2 + \dots + 2y_{m-1} + y_m)/2. \tag{44}$$

Zusammengesetzte Simpson-Formel. Aus Gl. (42) folgt mit $n = 2$, also für m Streifen der Breite $2h$,

$$\int_a^b f(x)\,dx \approx h(y_0 + 4y_1 + 2y_2 + 4y_3 + \dots$$
$$+ 2y_{2m-2} + 4y_{2m-1} + y_{2m})/3. \tag{45}$$

Fehlerterme. Sie gelten bei den Gln. (44) und (45) jetzt für jeden der m Streifen. Der Gesamtfehler ist ihre Summe, wobei die Zwischenstelle z in den jeweiligen Streifen zu legen ist. Mit

$$\sum_{j=1}^{m} f''(z_j) = m f''(z),$$
$$z_j \in (a + j(b-a)/m, \quad a + (j+1)(b-a)/m)$$

und $z \in (a,b)$ gilt für die Trapezregel und die zusammengesetzte Simpson-Formel mit $2mh = b - a$

$$F_T = -mh^3 f''(z)/12 = -(b-a)h^2 f''(z)/12, \tag{46}$$
$$F_S = -h^5 m f^{(4)}(z)/90 = -h^4(b-a)f^{(4)}(z)/180. \tag{47}$$

Eine beliebige Vergrößerung der Streifenanzahl m ist ebenfalls nicht möglich, da damit die Zahl der Rechenoperationen zunimmt und Rundungsfehler dem Genauigkeitsgewinn entgegenwirken.

Beispiel: Man berechne $\int_0^1 x\,e^x\,dx = 1$ näherungsweise nach der Trapez- und Simpson-Formel für $m = 1,2,4$. – Vorbetrachtung: Die Fehlerterme nach Gl. (46) sind $f_T = -h^2(b-a)f''(z)/12$ und $F_S = -h^4(b-a)f^{(4)}(z)/180$; sie werden nach oben abgeschätzt. Es ist $f(x) = xe^x + 2e^x$ und $f^{(4)}(x) = x\,e^x + 4e^x$, die ihre Maximalwerte M für $x = 1$ annehmen. Es ist $M_2 = 3e \approx 8,2$ und $M_4 = 5e \approx 13,6$. Für die kleinste Schrittweite $h_{mn} = (b-a)/2m = 0,125$ ist also $0,125^2 \cdot 1 \cdot 8,2/12 = 0,0107$ sowie $|F_S| \leq (0,125)^4 \cdot 13,6/180 = 1,8 \cdot 10^{-5}$ und für die größte Schrittweite $h_{max} = 0,5$ ist $|F_S| \leq (0,5)^2 \cdot 8,2/12 = 0,171$ und $|F_S| \leq (0,5)^4 \cdot 13,6/180 = 0,0047$. Für die Trapezregel (44) ist das Rechnen mit drei Stellen, für die Simpson-Formel (45) mit sechs Stellen nach dem Komma ausreichend, um Rundungsfehler kleiner als die Verfahrensfehler F_T bzw. F_S zu halten.

i	x_i	$f(x_i)$	m	Trapez-Formel mit drei Stellen	Simpson-Formel mit sechs Stellen
0	0,0	0,0000000			
1	0,125	0,1416436			
2	0,25	0,3210064	1	1,092	1,002621
3	0,375	0,5456218	2	1,023	1,000169
4	0,5	0,8243606	4	1,006	1,000011
5	0,625	1,1676537			
6	0,75	1,5877500			
7	0,875	2,0990159			
8	1,000	2,7182818			

Richardson-Extrapolation. Ergibt die Trapezregel für die Schrittweite h die Näherung $T(h)$, so gilt mit den Gln. (41) und (46) sowie $z \in [a,b]$ $J = \int_a^b f(x)\,dx = h(f_0 + 2f_1 + 2f_2 + \dots + 2f_{m-1} + f_m)/2 - (b-a)h^2 f''(z)/12 = T(h) + a_1 h^2$, also $T(h) = J - a_1 h^2$ und für die doppelte Schrittweite $T(2h) = J - 4a_2 h^2$, wobei für die Näherungsformel $a_1 \approx a_2 = a$ gesetzt wird. Subtraktion und Auflösen nach ah^2 liefern $ah^2 = [T(h) - T(2h)]/3$ und damit eine Verbesserung der Trapezformel.

$$J = T^*(h) = T(h) + ah^2 = T(h) + [T(h) - T(2h)]/3. \tag{48}$$

Da bei der Berechnung von $T(h)$ alle für $T(2h)$ erforderlichen Werte bekannt sind, ist die Verbesserung einfach. Dieses Verfahren heißt Richardson-Extrapolation, seine wiederholte Anwendung auf die Trapezregel unter Verwendung weiterer Potenzen von h für den Fehlerterm wird Romberg-Integrationsverfahren genannt.

Für $\int_0^1 x\,e^x\,dx$ gilt nach dem letzten Beispiel

	$[T(h) - T(2h)]/3$	$T^*(h)$
für $m = 4$: $T(h) = 1,006$		
$m = 2$: $T(2h) = 1,023$	$-0,006$	$1,000$
$m = 1$: $T(4h) = 1,092$	$-0,023$	$1,000$

Da beide Werte in der letzten Spalte übereinstimmen, ergibt sich schon nach einem Schritt das im Rahmen der erwünschten Rechengenauigkeit liegende Ergebnis.

10.6.2 Graphisches Integrationsverfahren
Graphical integration

Für orientierende Untersuchungen von Kurven, die zu Integralen mit veränderlicher oberer Grenze gehören, also zu

$$F(x) = \int_a^x f(z)\,dz, \text{ genügt oft eine graphische Lösung. Das}$$

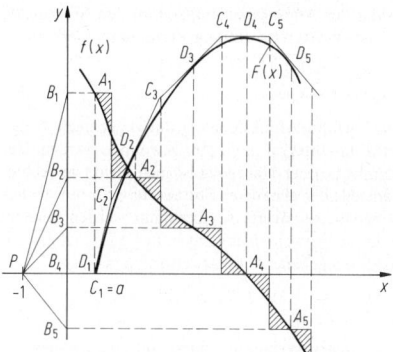

Bild 12. Graphische Integration

ren gelten die kommutativen und assoziativen Gesetze der Addition und Multiplikation.
Es ergeben sich z.B. folgende Anwendungen:

Taylor-Reihe. Aus der üblichen Form

$$f(x+h) = f(x) + hf'(x) + h^2 f''(x)/2! + h^3 f'''(x)/3! + \ldots$$

folgt mit Operatoren

$$Ef(x) = [1 + hD + (hD)^2/2! + (hD)^3/3! + \ldots]f(x). \quad (51)$$

Exponential-Funktion. Aus dem Klammerausdruck in Gl. (51) folgt die Reihenentwicklung für die Exponentialfunktion. $E = \exp(hD)$. Die Identität $f(x+h) = f(x+h) - f(x) + f(x)$ ergibt die Beziehung $Ef(x) = \Delta f(x) + f(x) \Rightarrow E = \Delta + 1 = \exp(hD)$.

Binomial-Satz. Die 2. Potenz des Vorwärtsdifferenzoperators von

$$\Delta^2 f(x) = \Delta(\Delta f(x)) = \Delta(f(x+h) - f(x))$$
$$= [f(x+2h) - f(x+h)] - [f(x+h) - f(x)],$$

also

$$\Delta^2 f(x) = f(x+2h) - 2f(x+h) + f(x),$$

erinnert an den Binomialsatz. Mit $E = \Delta + 1$ folgt $\Delta^2 = (E-1)^2$ und für beliebige Potenzen $\Delta^k = (E-1)^k$.

Newtonsche Interpolationsformel. Für die dividierten Differenzen $f[x_0, x_1] = (y_0 - y_1)/(x_0 - x_1)$ nach Gl. (27) folgt mit den äquidistanten Stützstellen $x_i = x_0 + ih$, $y_i = f(x_i)$ durch vollständige Induktion

$$f[x_i, x_{i+1}, \ldots, x_{i+j}] = \Delta^j f(x_i)/(h^j j!). \quad (52)$$

Die Newtonsche Interpolationsformel lautet dann für $0 \leq p \leq n$

$$P_n(x) = f(x_0 + ph)$$
$$= f(x_0) + \sum_{i=1}^{n}\left[\Delta^i f(x_0) \cdot \prod_{j=0}^{i-1}(p-j)\right]\bigg/ i!. \quad (53)$$

Rechenschema. Zur Berechnung der Vorwärts- bzw. Rückwärtsdifferenzen empfiehlt sich die Verwendung der folgenden Schemata. Bei dem Schema für den Vorwärtsdifferenz-Operator ergeben die Differenzen benachbarter Werte einer Spalte die nächsthöhere Potenz von Δ in der Spalte rechts daneben.

Konstruktionsverfahren ist dabei die geometrische Darstellung der Rechteckformel (Newton-Cotes-Formel für $n = 0$), bei der die Funktionskurve ersetzt wird durch einen Treppenzug mit zur Abszisse parallelen Stufen. Die Stützstellen werden dabei so gewählt, daß die im **Bild 12** zu beiden Seiten der Kurve $f(x)$ liegenden, schraffierten Zipfel einer Stufe flächengleich werden. Die Ordinatenwerte der Stufenpunkte $A_1, A_2, \ldots, A_5$ werden auf die y-Achse übertragen und die so gewonnenen Punkte $B_1, B_2, \ldots, B_5$ mit dem Pol $P = (-1;0)$ verbunden. Diese Verbindungsgeraden stellen die Steigungen der Tangenten an die gesuchte Funktion $F(x)$ dar, deren Ableitung der Integrand $f(x)$ ist. Die Parallelen zu den Verbindungslinien PB_i, beginnend mit PB_1 durch den Punkt C_1, PB_2 durch C_2 usw., ergeben einen Polygonzug von Tangenten an die Integralkurve mit den Berührungspunkten $D_1, D_2, \ldots, D_5$.

10.6.3 Differenzenoperatoren. Finite difference operators

Differenzenbildungen sind bei der numerischen Integration, Differentiation und Lösung von Differentialgleichungen hilfreich. Hierzu dient eine Reihe von Differenzenoperatoren, die auf Zahlenfolgen oder Funktionen anwendbar sind. Für die Operatoren gelten die Rechenregeln der Algebra. Die Funktionen seien im Reellen unendlich oft differenzierbar, $f \in \mathbb{C}^\infty(\mathbb{R})$.

Definition. Es gibt Operatoren für

Verschiebung $Ef = f(x+h)$,

Vorwärtsdifferenz $\Delta f = f(x+h) - f(x)$,

Rückwärts-
differenz $\nabla f = f(x) - f(x-h)$,

zentrale Differenz $\delta f = f(x+h/2) - f(x-h/2)$,

Differentiation $Df = f'(x)$,

Mittelwert $\mu f = [f(x+h/2) + f(x-h/2)]/2$. $\quad (49)$

Diese Operatoren sind linear, da für beliebige Konstanten $a, b \in \mathbb{R}$ und Funktionen f, g gilt:

$$P(af + bg) = a \cdot Pf + b \cdot Pg.$$

Für zwei beliebige lineare Operatoren P, Q sind die Summe, das Produkt und die Potenz erklärt:

$$(P+Q)f = Pf + Qf;$$
$$(P-Q)f = Pf - Qf;$$
$$(PQ)f = P(Qf); \quad (50)$$
$$(aP)f = a(Pf), \quad a \in \mathbb{R};$$
$$P^n f = (P \cdot P \cdot \ldots \cdot P)f \quad \text{mit } n \text{ Faktoren}.$$

Zwei Operatoren P, Q sind gleich, also $P = Q$, wenn $Pf = Qf$ für alle Funktionen f gilt. Für die linearen Operato-

x	$f(x)$	$\Delta f(x)$	$\Delta^2 f(x)$	$\Delta^3 f(x)$	$\Delta^4 f(x)$
x_0	$f(x_0)$				
		$\Delta f(x_0)$			
$x_0 + h$	$f(x_0 + h)$		$\Delta^2 f(x_0)$		
		$\Delta f(x_0 + h)$		$\Delta^3 f(x_0)$	
$x_0 + 2h$	$f(x_0 + 2h)$		$\Delta^2 f(x_0 + h)$		$\Delta^4 f(x_0)$
		$\Delta f(x_0 + 2h)$		$\Delta^3 f(x_0 + h)$	
$x_0 + 3h$	$f(x_0 + 3h)$		$\Delta^2 f(x_0 + 2h)$		
		$\Delta f(x_0 + 3h)$			
$x_0 + 4h$	$f(x_0 + 4h)$				

Durch Umnumerierung der Argumente gewinnt man mit demselben Schema die Rückwärtsdifferenzen.

x	$f(x)$	$\nabla f(x)$	$\nabla^2 f(x)$	$\nabla^3 f(x)$	$\nabla^4 f(x)$
$x_0 - 4h$	$f(x_0 - 4h)$				
		$\nabla f(x_0 - 3h)$			
$x_0 - 3h$	$f(x_0 - 3h)$		$\nabla^2 f(x_0 - 2h)$		
		$\nabla f(x_0 - 2h)$		$\nabla^3 f(x_0 - h)$	
$x_0 - 2h$	$f(x_0 - 2h)$		$\nabla^2 f(x_0 - h)$		$\nabla^4 f(x_0)$
		$\nabla f(x_0 - h)$		$\nabla^3 f(x_0)$	
$x_0 - h$	$f(x_0 - h)$		$\nabla^2 f(x_0)$		
		$\nabla f(x_0)$			
x_0	$f(x_0)$				

Anwendung auf die Newtonsche Interpolationsformel (53) für äquidistante Stützstellen

x	$f(x)$	$\Delta f(x)$	$\Delta^2 f(x)$	$\Delta^3 f(x)$
1	0			
		2		
2	2		2	
		4		0
3	6		2	
		6		
4	12			

Mit Gl. (53) folgt für $n = 3$

$$f(x_0 + ph) = f(x_0) + p\Delta f(x_0) + p(p-1)\Delta^2 f(x_0)/2!$$
$$+ p(p-1)(p-2)\Delta^3 f(x_0)/3!.$$

Mit $x_0 = 1$, $h = 1$, $f(x_0) = 0$, $\Delta^1 f(x_0) \Delta^2 f(x_0) = 2$, $\Delta^3 f(x_0) = 0$ wird

$$f(1+p) = 0 + 2p/1! + 2(p-1)/2! + 0 \cdot p(p-1)(p-2)/3!$$
$$= 2p + p(p-1).$$

Mit der Substitution $1 + p = x \Rightarrow p = x - 1$ ergibt sich $f(x) = 2(x-1) + (x-1)(x-2) = (x-1) \cdot x$ als Interpolationspolynom.

10.7 Numerische Lösungsverfahren für Differentialgleichungen
Numerical solution of differential equations

Zahlreiche Probleme lassen sich durch Differentialgleichungen oder Systeme derselben beschreiben. Die meisten sind nicht analytisch lösbar. Da Differentialgleichungen höherer Ordnung auf Systeme von Gleichungen 1. Ordnung zurückgeführt werden können, die mit der Vektorschreibweise durch eine Gleichung darstellbar sind, werden hier nur die einfachsten Methoden zur Lösung von Anfangswertproblemen für Gleichungen 1. Ordnung vorgestellt.

10.7.1 Aufgabenstellung des Anfangswertproblems
Formulation of the initial-value problem

Gegeben sei ein beschränktes, abgeschlossenes Intervall $I = [a, b]$ der reellen Zahlen und eine reelle Funktion $f(x, y)$ zweier Veränderlicher. Gesucht ist eine Lösung $y(x)$ der gewöhnlichen Differentialgleichung

$$y' = f(x, y), \quad x \in [a, b], \quad (x, y) \in I \times \mathbb{R}, \quad y_0 \in \mathbb{R} \quad (54)$$

mit der Anfangsbedingung $y(a) = y_0$. (Für ein System von n gewöhnlichen Differentialgleichungen 1. Ordnung sind die Größen y, f und y_0 als n-dimensionale Vektoren aufzufassen.) Die Funktion f erfülle die Lipschitz-Bedingung, so daß das Anfangswertproblem eine eindeutige Lösung hat.
Besteht im Intervall ein Gitter von äquidistanten Stützstellen mit

$$x_i + a + ih, \quad h > 0, \quad i = 0, 1, 2, \dots, n, \quad \text{und} \quad x_n \leqq b, \quad (55)$$

so sind für stetig differenzierbare Funktionen $y(x)$ die Differentialquotienten $y'(x_i)$ näherungsweise durch ihre Vorwärtsdifferenzenquotienten zu ersetzen. Integration der Differentialgleichung $y' = f(x, y)$ von x_i bis $x_i + h$ und Division durch h ergeben

$$(1/h)[y(x_i + h) - y(x_i)] = (1/h) \int_{x_i}^{x_i + h} f(t, y(t)) \, dt,$$

$$y(x_0) = y_0. \quad (56)$$

Als Lösung der Anfangswertaufgabe an den Stützstellen x_i ist die Folge diskreter Anfangswertaufgaben erklärt,

$$y(x_0) = y_0, \quad (1/h)[y(x_i + h) - y(x_i)]$$
$$= f_h(x_i, y(x_i)) + r_h(x_i), \quad (57)$$

wobei die Verfahrensfunktionen f_h durch geeignete Näherungen für das Integral in Gl. (56) gewonnen werden. Der Fehlerterm $r_h(x_i)$ der Näherung ist nicht exakt angebbar, so daß anstelle der genaueren Stützwerte $y(x_i)$ nur die numerisch genäherten Werte $y_{h,i}$ bestimmt werden können, die von der Schrittweite h abhängen. In Gl. (57) eingesetzt, folgt für das gegebene Anfangswertproblem

$$y_{h,0} = y_0, \quad y_{h,i+1} = y_{h,i} + hf_h(x_i, y_{h,i}),$$
$$i = 0, 1, 2 \dots (n - 1). \quad (58)$$

Dieses „Einschrittverfahren" nutzt zur Berechnung an der Stelle x_{i+1} nur die Information des vorangegangenen Schrittes an der Stelle x_i.

10.7.2 Das Eulersche Streckenzugverfahren
Euler's polygon method

Im einfachsten Fall ersetzt man in Gl. (58) die Verfahrensfunktion $f_h(x_i, y_{h,i})$ durch die Funktion $f(x, y)$ selbst. Dadurch entsteht die nach Euler benannte Rekursionsformel

$$y_{h,i+1} = y_{h,i} + h \cdot f(x_i, y_{h,i}); \quad y_{h,0} = y_0. \quad (59)$$

Diese anschauliche geometrische Lösung (**Bild 13**) zeigt die Forderungen an Näherungsverfahren. Aus $y' = f(x, y)$ folgt durch Einsetzen des Anfangspunkts (x_0, y_0) in die rechte Seite die Steigung der Tangente nach Gl. (59) an die Lösungskurve im Anfangspunkt. Durch Fortschreiten um h zur Stelle x_1 ergibt sich für den exakten Wert $x_1, y(x_1)$ eine Näherung $(x_1, y_{h,1})$, mit der das Verfahren wiederholt wird. Die richtige Lösungskurve $y(x)$ wird durch den Streckenzug durch die Punkte $(x_0, y_0), (x_1, y_{h,1}), (x_2, y_{h,2}), \dots$ ersetzt. Hierbei treten ein lokaler und ein globaler Fehler (**Bild 13**) $e_i = h \cdot r_h(x_i)$ und $d_h(x_i) = y_{h,i} - y(x_i)$ auf.

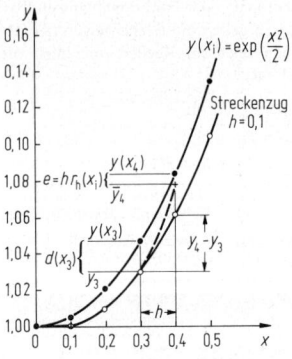

Bild 13. Lösung des Anfangswertproblems $y' = xy$

Das Eulersche Streckenzugverfahren ist stabil und konvergent, wenn die rechte Seite von $f(x, y)$ die Lipschitz-Bedingung erfüllt. Aus einer Taylor-Reihenentwicklung für $y(x_i + h)$ folgt, daß der praktisch geringe globale Fehler des Euler-Verfahrens $d_h(x_i) \sim h$ ist.

Beispiel: Für $y' = xy, x \in [0, 0.5], y(0) = 1.0$ ist die Lösung nach dem Eulerschen Streckenzugverfahren (vgl. **Bild 13**) für Schrittweiten $h_1 = 0.1$ und $h_2 = 0.01$ an den Stellen $x = 0; 0.1; 0.2 : 0.3; 0.4$ und 0.5

zu ermitteln. – Die exakte Lösung ist $y = \exp(x^2/2)$. Die Ergebnisse der Rechnung sind

i	x_i	exakt $y(x_i)$	$h = 0,1$ y_i	Fehler $d(x_i)$	$h = 0,01$ y_i	Fehler $d(x_i)$
0	0	1,0000	1,0000	0,0000	1,0000	0,0000
1	0,1	1,0050	1,0000	0,0050	1,0045	0,0005
2	0,2	1,0202	1,0100	0,0102	1,0192	0,0010
3	0,3	1,0460	1,0302	0,0158	1,0444	0,0016
4	0,4	1,0833	1,0611	0,0222	1,0810	0,0023
5	0,5	1,1331	1,1036	0,0295	1,1301	0,0030

Aus Gl. (59) folgt mit $f(x_i, y_{h,i}) = x_i y_i$

$$y_{i+1} = y_i + h x_i y_i = y_i(1 + h x_i).$$

Für $i = 3$ und $h = 0,1$ ist dann laut vorstehender Tabelle $y_4 = 1,032(1 + 0,1 \cdot 0,3) = 1,0611$. Für $h = 0,01$ sind keine Zwischenwerte angegeben.

10.7.3 Runge-Kutta-Verfahren. Runga-Kutta method

Von großer praktischer Bedeutung sind Runge-Kutta-Verfahren und davon abgeleitete Varianten.

Verfahren 2. Ordnung. Für dieses nach Heun benannte Verfahren gelten

$$k_1 = h \cdot f(x_i, y_i), \quad k_2 = h \cdot f(x_{i+1}, y_i + k_1),$$
$$y_{i+1} = y_i + (k_1 + k_2)/2. \tag{60}$$

Weil der globale Fehler mit h^2 gegen Null strebt, heißt es Verfahren 2. Ordnung

Verfahren 4. Ordnung. Für dieses bekannteste Verfahren gilt

$$k_1 = h \cdot f(x_i, y_i), \quad k_2 = h \cdot f(x_i + h/2, y_i + k_1/2),$$
$$k_3 = h \cdot f(x_i + h/2, y_i + k_2/2),$$
$$k_4 = h \cdot f(x_i + h, y_i + k_3),$$
$$y_{i+1} = y_i + (k_1 + 2k_2 + 2k_3 + k_4)/6. \tag{61}$$

Die Gleichungen ergeben, wenn f von y unabhängig ist und h durch $h/2$ ersetzt wird, die Simpson-Formel (45). Die Gln. (61) stellen ein Verfahren 4. Ordnung dar, weil der Fehler mit h^4 gegen Null strebt, mithin gute Konvergenz ergibt.

Rechenschema. Für die Berechnung „von Hand" empfiehlt sich 5, welche die Gln. (61) widerspiegelt, die auch für Rechenanlagen geeignet sind.

Tabelle 5. Rechenschema für das Verfahren 4. Ordnung von Runge-Kutta

x	y	$f(x,y)$	$k = h \cdot f(x,y)$	q
x_i	y_i	$f(x_i, y_i)$	k_1	$(k_1+k_4)/2$
$x_i+h/2$	$y_i+k_1/2$	$f(x_i+h/2, y_i+k_1/2)$	k_2	k_2+k_3 $\quad k_1-k_2$
$x_i+h/2$	$y_i+k_2/2$	$f(x_i+h/2, y_i+k_2/2)$	k_3	k_1-k_2
x_i+h	y_i+k_3	$f(x_i+h, y_i+k_3)$	k_4	$\sum/3$
x_{i+1}	y_{i+1}	...	...	...

Beispiel: Das Anfangswertproblem $y' = (x + y - 1)^2$ mit $y(0) = 1$ soll im Intervall $[0; 1,2]$ nach dem Runge-Kutta-Verfahren gelöst und mit der exakten Lösung $y_{ex} = 1 - x + \tan x$ verglichen werden. – Nach den Gln. (61) ergibt sich für $h = 0,3$ (s. Schema unten).

10.8 Lineare Optimierung. Linear programming

Zur optimalen Entscheidungsfindung bei wirtschaftlichen und technischen Problemen wird bei der linearen Optimierung das Maximum oder Minimum einer linearen Funktion mehrerer Variablen mit eingeschränkten Bereichen bestimmt. Die aus der Differentialrechnung bekannten Extremwertverfahren versagen hier, weil lineare Funktionen Extremwerte nur auf den Rändern der Definitionsbereiche annehmen können. Wegen der einfachen aber aufwendigen Lösungsverfahren ist oft die Verwendung von Rechenanlagen (s. Y 2 und 3) erforderlich. Die lineare Programmierung wird angewendet bei Transport-, Mischungs- und Zuschnittproblemen.

Verallgemeinerung der linearen Optimierung. Für n Entscheidungsvariablen x_j und n Konstanten c_j, $j = 1, 2, \ldots, n$, deren Wahl durch das Optimierungskriterien entschieden wird, ergibt die Zielfunktion

$$z = c_1 x_1 + c_2 x_2 + \ldots + c_n x_n = \sum_{j=1}^{n} c_j x_j \to \text{Optimum.} \tag{62}$$

Die Kennzahlen der Spalten 2 und 3 in **Tab. 6** seien mit a_{ij} und die mit der rechten Spalte dieser Tabelle korrespondierenden Gesamtmengen der zur Verfügung stehenden Einsatzgrößen, die im Normalfall ebenfalls nicht negativ sein müssen, seien mit $b_i \geq 0$ bezeichnet. Damit lauten im Normalfall die m Nebenbedingungen mit den Nichtnegativitätsbedingungen

$$x_1 \geq 0, x_2 \geq 0, \ldots, x_n \geq 0 \tag{63}$$

i	x	y	$f(x,y) = (x+y-1)^2$		$k = hf(x,y)$	k_1+k_4, k_2+k_3 $y_{i+1}-y_i$	y_{ex}
1	0,00	1,000000	0,000000	1	0,000000	0,014143	1,000000
	0,15	1,000000	0,022500	2	0,006750	0,013807	
	0,15	1,003375	0,023524	3	0,007057		
	0,30	1,007057	0,094284	4	0,028285	0,009317	
2	0,30	1,009317	0,095677	1	0,028703	0,084166	1,009336
	0,45	1,023668	0,224361	2	0,067308	0,140214	
	0,45	1,042971	0,243020	3	0,072906		
	0,60	1,082223	0,465428	4	0,139628	0,074793	
3	0,60	1,084110	0,468006	1	0,140402	0,307864	1,084137
	0,75	1,154311	0,817778	2	0,245333	0,519960	
	0,75	1,206777	0,915422	3	0,274627		
	0,90	1,358737	1,584418	4	0,475325	0,275941	
4	0,90	1,360051	1,587729	1	0,476319	1,214367	1,360158
	1,05	1,598211	2,716598	2	0,814979	1,806016	
	1,05	1,767541	3,303455	3	0,991037		
	1,20	2,351088	6,508049	4	1,952415	1,006794	
5	1,20	2,366845					2,372152

$$\begin{array}{lr}
\text{für Max.} & \text{für Min.} \\
a_{11}x_1 + a_{12}x_2 + \ldots + a_{1n}x_n \leqq b_1 & \geqq b_1 \\
a_{21}x_1 + a_{22}x_2 + \ldots + a_{2n}x_n \leqq b_2 & \geqq b_2. \\
a_{m1}x_1 + a_{m2}x_2 + \ldots + a_{mn}x_n \leqq b_m & \geqq b_m
\end{array} \quad (64)$$

In der Matrixschreibweise ergeben sich mit dem Zeilen-vektor $c = (c_1, c_2, \ldots, c_n)$, den Spaltenvektoren

$$x = \begin{pmatrix} x_1 \\ x_2 \\ \cdot \\ \cdot \\ \cdot \\ x_n \end{pmatrix}, \quad b = \begin{pmatrix} b_1 \\ b_2 \\ \cdot \\ \cdot \\ \cdot \\ b_m \end{pmatrix} \quad \text{und} \quad 0 = \begin{pmatrix} 0 \\ 0 \\ \cdot \\ \cdot \\ \cdot \\ 0 \end{pmatrix}$$

sowie der Matrix $A_{mn} = (a_{ij})$ im Normalfall für die Ziel-funktion, die Neben- und Nichtnegativitätsbedingungen

$$z = c \cdot x \to \text{Optimum},$$
$$A \cdot x \begin{cases} \leqq b \text{ für Maximum} \\ \geqq b \text{ für Minimum} \end{cases} \text{mit } b \geqq 0 \text{ und } x \geqq 0. \quad (65)$$

Hierbei gelten die Vektorungleichungen komponentenwei-se, und der Nullvektor 0 erhält jeweils gleich viele Kom-ponenten.

10.8.1 Graphisches Verfahren für zwei Variablen
Graphical method for two variables

Der Sonderfall von m linearen Ungleichungen für nur zwei Variablen läßt sich in der Ebene graphisch darstellen und bildet die Grundlage zur anschaulichen Deutung des Lösungswegs beim n-dimensionalen Problem.
Die graphische Lösungsmethode veranschaulicht noch fol-gende Aussagen (**Bild 14a–f**):

Begrenzende Geraden. Die den Bereich der zulässigen Lö-sungen begrenzenden Geraden können aus den Neben-bedingungen geschlossene und offene Polygone – mithin beschränkte und unbeschränkte Punktmengen – ergeben. Die optimale Lösung liegt immer auf dem Rand des Ge-biets, meist auf einem Eckpunkt (s. **Bild 14d**).

Überflüssige Forderungen. Sie werden von allen Lösungen erfüllt, ohne daß die ihnen zugeordnete Gerade zum Rand des Lösungsgebiets gehört. Entweder ist im **Bild 14c** die Nebenbedingung zu g_1 überflüssig oder die zu g_3 falsch. Analoges gilt für g_2 und g_4.

Konvexe Polygone. Sie bilden nach außen gewölbte Punkt-mengen. Werden also zwei im Inneren oder auf dem Rand des Lösungsbereichs liegende Punkte gewählt, so gehören auch alle Punkte der Verbindungsgeraden zum Bereich.

Zielfunktionsgeraden. Sind diese parallel zu einer begren-zenden Geraden auf der der optimale Lösungspunkt liegt, so gibt es unendlich viele Varianten der optimalen Lösung mit dem gleichen Zielfunktionswert, die alle auf dieser Po-lygonkante liegen.

Abweichungen vom Normalfall. Sie ergeben sich, wenn z.B. beim Maximieren auch Größer-Gleich-Relationen bei den Nebenbedingungen auftreten. Dann kann die Lösungs-menge infolge einander widersprechender Nebenbedin-gungen leer sein.

Nebenbedingung mit Gleichheitszeichen. Ist dieses vorge-schrieben (z.B. g_2), so reduziert sich der Lösungsbereich auf die Punktmenge, die dem in dem Polygon liegenden Teil der Geraden (g_2) zuzuordnen ist (s. **Bild 14f**).

10.8.2 Simplexverfahren. Simplex method

Die im graphischen Verfahren für zwei Variablen gewon-nenen Einsichten lassen sich zwar auf n-dimensionale Pro-bleme übertragen, praktischer sind jedoch analytische Lö-

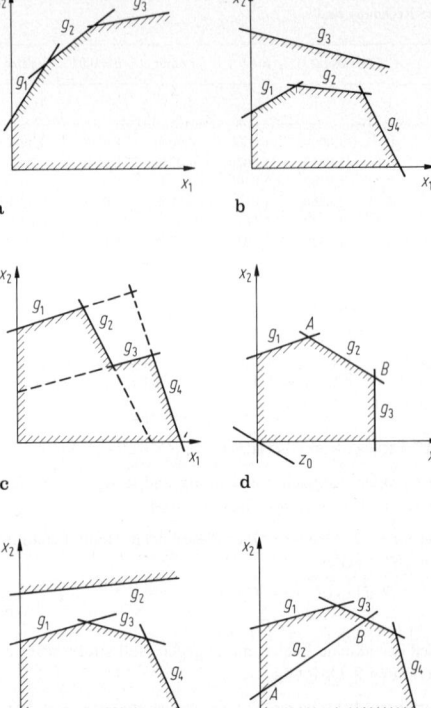

Bild 14a–f. Schematische Darstellung der aus der graphischen Lö-sungsmethode folgenden allgemeinen Aussagen

sungsverfahren. Dabei wird aus dem konvexen Polynom im $\mathbb{R}^2$ ein von Ebenen begrenztes konvexes Polyeder (Viel-fach) im $\mathbb{R}^3$. Für $n \in \mathbb{N}$ verallgemeinert, heißt dies: Die Menge der zulässigen Lösungen des Problems Gln.(65) im $\mathbb{R}^n$ ist ein von Hyperebenen begrenztes konvexes Polyeder. Die lineare Zielfunktion der n Variablen nimmt ihr Opti-mum in mindestens einer Ecke des durch die Nebenbedin-gungen bestimmten konvexen Polyeders an (Eckenprinzip von Dantzig).
Während im graphischen Verfahren jede Nebenbedingung unabhängig von den anderen gezeichnet werden kann, muß im analytischen Lösungsverfahren das System der Ungleichungen geschlossen behandelt werden, indem es durch Hinzufügen von *Schlupfvariablen* in ein Gleichungs-system verwandelt wird.

Standard-Maximum-Problem

Zielfunktion. Sie lautet

$$z = c \cdot x \to \text{Maximum}, \quad A \cdot x \leqq b, \quad b \geqq 0, \quad x \geqq 0. \quad (66)$$

Nebenbedingungen. Mit dem Differenzvektor $b - A \cdot x = y$ können die Nebenbedingungen in Form des unterbe-stimmten linearen, inhomogenen Gleichungssystems von m linear unabhängigen Gleichungen mit $(n+m)$ Variablen geschrieben werden;

$$A \cdot x + y = b \quad \text{mit } y \geqq 0. \quad (67)$$

Die m Komponenten von y heißen Schlupfvariablen. Glei-chung (67) lautet ausgeschrieben

$$a_{11}x_1 + a_{12}x_2 + \ldots + a_{1n}x_n + y_1 = b_1,$$
$$a_{21}x_1 + a_{22}x_2 + \ldots + a_{2n}x_n + y_2 = b_2,$$
$$\vdots \qquad \vdots \qquad \vdots \qquad \vdots$$
$$a_{m1}x_1 + a_{m2}x_2 + \ldots + a_{mn}x_n \qquad + y_m = b_m, \tag{68}$$

ergänzt um die Zielfunktion in der Form

$$c_1x_1 + c_2x_2 + \ldots + c_nx_n \qquad - z = 0.$$

Basislösung. Das System der ersten m Gleichungen hat unendlich viele Lösungen. Hierzu werden n beliebige Variablen (z.B. x_1 bis x_n) frei gewählt und die restlichen m Variablen als deren Linearkombinationen dargestellt.

$$y_i = -\sum_{j=1}^{n} a_{ij}x_j + b_i, \quad i = 1, 2, \ldots m. \tag{69}$$

Eine zulässige Lösung $X = (x_1, x_2, \ldots, x_n;\ y_1, \ldots, y_m)^T$ (s. A 3.2.4) heißt Basislösung, wenn die n frei gewählten Variablen alle den Wert Null haben und die daraus bestimmten m Variablen größer als Null sind. Die von Null verschiedenen m Variablen größer als Null sind. Die von Null verschiedenen m Elemente von X heißen Basisvariablen, die übrigen werden als Nichtbasisvariablen bezeichnet. Für jede Basislösung ist das n-Tupel der Entscheidungsvariablen $(x_1, x_2, \ldots, x_n)$ einer Ecke des konvexen Polyeders zuzuordnen, das den Bereich der zulässigen Lösungen begrenzt.

Simplex-Verfahren von Dantzig

Das nach dem konvexen Polyeder im $\mathbb{R}^n$ mit $(n+1)$ Eckpunkten (z.B. Dreieck im $\mathbb{R}^2$) benannte Verfahren findet den optimalen Lösungspunkt, indem es schrittweise von einer Ecke oder einer Basislösung zur nächsten mit verbessertem Zielfunktionswert fortschreitet. Dabei wird in jedem Schritt eine Basis- gegen eine Nichtbasisvariable ausgetauscht, die die Zielfunktion vergrößert. Zur Überwachung kommt die $(m+1)$-te Gleichung für die Zielfunktion in Gl. (68) hinzu, und z wird ständige Basisvariable des erweiterten Systems. Jeder Basistausch bedeutet eine Transformation der aus den Gln. (68) gebildeten Matrix

$$S = \begin{pmatrix} A & b \\ c & -z \end{pmatrix} = (s_{ij}).$$

Verfahrensschritte. Sie sind in der nachstehenden Reihenfolge auszuführen:

Wahl der Anfangslösung (1. Basislösung) wie in den Gln. (69) angegeben, also alle Schlupfvariablen y_i als Basisvariablen und alle Entscheidungsvariablen x_j als Nichtbasisvariablen mit dem Wert Null. Der Wert der Zielfunktion ist $z = 0$.

Prüfung der Zielfunktion auf Optimalität, die sich so lange vergrößern läßt, wie in der $(m+1)$-ten Zeile der Gln. (68) Elemente $s_{m+1,j} > 0$ (also $c_j > 0$ für die Anfangslösung) vorhanden sind. Damit ergibt sich als Abbruchkriterium $s_{m+1,j} \leqq 0$, $j = 1, 2, \ldots, n$.

Bestimmung der auszutauschenden Nichtbasisvariablen aus der $(m+1)$-ten Zeile für die Zielfunktion, die durch das größte Element $s_{m+1,jp} = \max(s_{m+1,j})$, $j = 1, 2, \ldots, n$ (also c_{jp} für die Anfangslösung) am stärksten vergrößert wird; jp wird die das Pivotelement enthaltende Schlüsselspalte (Pivotspalte).

Wahl der auszutauschenden Basisvariablen aus der Schlüsselspalte jp. Aus allen Quotienten $q = s_{i,n+1}/s_{i,jp}$ (also $b_i/a_{i,jp}$ für die Anfangslösung) für $i = 1, 2, \ldots, m$ wird die durch das kleinste $q > 0$ gekennzeichnete Basisvariable mit Index ip zum Austausch gewählt, damit wieder ei-

ne Basislösung entsteht. Nach dem Basistausch müssen die nach Gl. (71) bzw. (75) transformierten Elemente $b_i' = b_i - (b_{ip} \cdot a_{i,jp})/a_{ip,jp} > 0$ sein. Ist also in einer Schlüsselspalte mit $s_{m+1,jp} > 0$ kein Pivotelement $s_{i,jp} > 0$ zu finden, so gibt es keine obere Schranke für die Zielfunktion und damit keine Lösung.

Austausch der Variablen bedeutet, daß in der durch ip bestimmten Schlüsselzeile die durch sie gegebene Gleichung nach der neuen Basisvariablen $y_{ip} \to x_{jp}$ aufgelöst wird und dieses Ergebnis in die anderen Gleichungen von (69) eingesetzt wird. Es ergibt sich für die Schlüsselzeile für die Anfangslösung

$$y_{ip} \to x_{jp} = \frac{1}{a_{ip,jp}} \left(-y_{ip} - \sum_{\substack{j=1 \\ j \neq jp}}^{n} a_{ip,j}x_j + b_{ip} \right) \tag{70}$$

und für die anderen Zeilen $i = 1, 2, \ldots m, m+1$ mit $i \neq ip$

$$y_i = -\sum_{\substack{j=1 \\ j \neq jp}}^{n} \left(a_{ij} - \frac{a_{i,jp}}{a_{ip,jp}} a_{ip,j} \right) x_j$$
$$- \frac{a_{i,jp}}{-a_{ip,jp}} y_{ip} + \left(b_i - \frac{a_{i,jp}}{a_{ip,jp}} b_{ip} \right). \tag{71}$$

Daraus lassen sich die vier Regeln des Austauschverfahrens für die Transformation der Matrix S in die Matrix S' ableiten:

Regel I: Das Pivotelement geht in sein Reziprokes über entsprechend dem Faktor von y_{ip} in Gl. (70), das durch Tausch zum x_{jp} wird.

$$s_{ip,jp}' = 1/s_{ip,jp} \tag{72}$$

Regel II: Alle anderen Elemente der Pivotzeile ip werden durch das Pivotelement $s_{ip,jp}$ dividiert gemäß dem Faktor von x_j in Gl. (70).

$$s_{ip,j}' = s_{ip,j}/s_{ip,jp} \tag{73}$$

Regel III: Alle anderen Elemente der Pivotspalte jp werden durch das negative Pivotelement dividiert entsprechend dem Faktor von y_{ip} in Gl. (71), das durch den Tausch zum x_{jp} wird.

$$s_{i,jp}' = -s_{i,jp}/s_{ip,jp} \tag{74}$$

Regel IV: Alle anderen Matrixelemente werden transformiert nach den Klammerausdrücken in Gl. (71).

$$s_{ij}' = s_{ij} - \frac{s_{i,jp}}{s_{ip,jp}} \cdot s_{ip,j};$$
$$i = 1, 2, \ldots, m+1 \neq i_p;\ j = 1, 2, \ldots, n+1 \neq j_p. \tag{75}$$

Es ist noch zu zeigen, daß diese Formel auch für die $(m+1)$-te Zeile mit der Zielfunktion gilt. – Für die 1. Basislösung ist $\sum_{j=1}^{n} c_jx_j - z = 0$. Setzt man Gl. (70) ein und faßt zusammen, so folgt

$$\sum_{\substack{j=1 \\ j \neq jp}}^{n} \left(c_j - \frac{c_{jp}}{a_{ip,jp}} \cdot a_{ip,j} \right) x_j + \frac{c_{jp}}{-a_{ip,jp}} \cdot y_{ip}$$
$$- \left(z - \frac{c_{jp}}{a_{ip,jp}} \cdot b_{ip} \right) = 0, \tag{76}$$

womit die Gleichartigkeit der Transformation auch für die Elemente der $(m+1)$-ten Zeile bewiesen ist.

Weiterverwendung der Basislösung. Die so gewonnene neue Basislösung mit vergrößerter Zielfunktion wird vom 2. Schritt an wieder genauso behandelt.

Simplextabelle. Sie ist ein Matrix-Schema für Rechnungen „von Hand". Dabei ist es nicht nötig, die Gln. (70) und (71) auszuschreiben.

A

Beispiel: Eine Fabrik plane die Herstellung zweier Produkte P_1 und P_2. Für einen Planungszeitraum gilt folgende Aufstellung:

Abteilung	Durchlaufzeit für		verfügbare Fertigungszeiten
	P_1	P_2	
1. Teilefertigung	2,0 h/St.	1,0 h/St.	600 h
2. Vormontage	1,0 h/St.	− h/St.	250 h
3. Endmontage	0,5 h/St.	1,0 h/St.	400 h
Reingewinn	DM 15,--	DM 10,--	pro Stück

Wie viele Exemplare jedes Produkts müssen hergestellt werden, damit der Reingewinn des Gesamtprogramms ein Maximum wird?

Mathematische Formulierung. Ziel der Optimierung ist nach **Tab. 6** ein Maximum des Reingewinns, der erkennbar linear von den gesuchten Stückzahlen x_1, x_2 für jedes Produkt, den Entscheidungsvariablen, abhängt. Für den Reingewinn gilt die Zielfunktion nach Gl. (62) $z = 15x_1 + 10x_2 \rightarrow$ Maximum.
Die Bereiche für die Entscheidungsvariablen sind durch die Fertigungskapazität begrenzt. Die Nebenbedingungen nach Gl. (64) sind mit den Zeilen 1 bis 3 der Aufstellung $2x_1 + x_2 \leq 600$, $x_1 \leq 250$, $0,5 \cdot x_1 + x_2 \leq 400$. Negative Werte für x_1, x_2 sind sinnlos, da verschwindende Produkteinheiten eine Gewinnsteigerung ausschließen (s. Nichtnegativitätsbedingungen (63)).

Graphisches Verfahren. In dem Koordinatensystem x_1, x_2 (**Bild 15**) folgt die Gerade g_1 aus der ersten Nebenbedingung $2x_1 + x_2 \leq 600 \Rightarrow x_2 \leq -2x_1 + 600$. Die Lösungsmenge dieser Ungleichung ist dann durch die von der Geraden g_1 begrenzten (schraffierten) Halbebene gegeben. Wegen der Nichtnegativitätsbedingung ist sie auf den ersten Quadranten beschränkt und liegt auf der durch die Geraden $x_1 = 0$, $x_2 = 0$ und $x_2 = -2x_1 + 600$ begrenzten Fläche. Die weiteren Nebenbedingungen, die Geraden g_2 mit $x_1 = 250$ und g_3 mit $x_2 = -0,5 \cdot x_1 + 400$, schränken die zulässigen Lösungen auf das Polygon $0ABCD$ ein. Die Zielfunktion $z = 15x_1 + 10x_2$ oder $x_2 = -1,5 \cdot x_1 + z/10$ ist eine Schar paralleler Geraden der Steigung $m = -1,5$ mit z als Scharparameter.
Dabei ist die Zielfunktion z auf der x_2-Achse ablesbar. Im Bereich der zulässigen Lösungen liegt der kleinste Wert $z = 0$ auf der Geraden durch den Punkt 0 des Polygons. Alle Punkte (x_1, x_2) auf einer solchen Geraden für ein $z = z_1$, die innerhalb des Polygons liegen, repräsentieren zulässige Lösungen, die größte liegt im Schnittpunkt $B = (400/3, 1000/3)$ der zwei Geraden g_1 und g_3. Aus der Zeichnung folgt das optimale Programm $x_1 = 400/3 = 133,3$; $x_2 = 1000/3 = 333,3$; $z_{max} = 16000/3 = 5333,3$.
Also bringen 133,3 Stück des Produkts P_1 und 333,3 Stück des Produkts P_2 im Planungszeitraum den maximalen Gewinn DM 5333,30. Die Abteilungen Teilefertigung und Endmontage sind voll ausgelastet, da der Lösungspunkt B auf den Geraden g_1 und g_3 liegt. Die Abteilung Vormontage (vertreten durch die Gerade g_2) ist mit $x_1 = 133,3 < 250$ nur zu 53,3% ihrer Kapazität ausgelastet.

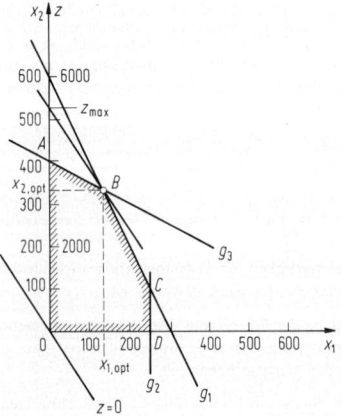

Bild 15. Graphische Lösung des Lineare-Optimierung-Problems für zwei Variablen

Tabelle 6. Simplextabelle der Beispiele, für die gewöhnliche als auch für die parametrische Optimierung. Für die Erklärung der Zeilen z_u, z_v und $z(t)$ s. A 10.8.3

Basisvariablen	Nichtbasisvariablen			$q_i = \dfrac{b_i}{a_{i,jp}}$
	x_1	x_2	b_i	
	i $j=1$	2	3	
y_1	1 2	1	600	300
y_2	2 $\boxed{1}$	0	250	$\underline{250}$
y_3	3 0,5	1	400	800
$-z = -z_u$	4 $\underline{15}$	10	0	Ecke O
$-z_v$	5 7,5	−4	0	Fall II:

aus $-15 - 7,5\,t \leq 0$ folgt $t \geq 15/(-7,5) = -2$
aus $10 - 4\,t \leq 0$ folgt $t \geq 2,5$, also $t_u = 2,5$.

	i y_2	x_2	b_i	q_i
y_1	1 −2	$\boxed{1}$	100	$\underline{100}$
x_1	2 1	0	250	−
y_3	3 −0,5	1	275	275
$-z = -z_u$	4 −15	$\underline{10}$	−3750	Ecke D
$-z_v$	5 −7,5	−4	−1875	Fall I:
$-z(2,5)$	−33,75	0	−8437,5	

	i y_2	y_1	b_i	q_i
x_2	1 −2	1	100	−50
x_1	2 1	0	250	250
y_3	3 $\boxed{1,5}$	−1	175	$\underline{116,6}$
$-z = -z_u$	4 $\underline{5}$	−10	−4750	Ecke C
$-z_v$	5 −15,5	4	−1475	Fall I:

aus $5 - 15,5\,t \leq 0$ folgt $t_u = 0,3226$
aus $-10 + 4\,t \leq 0$ folgt $t_o = 2,5$.

$-z(2,5)$	−33,75	0	−8437,5	
$-z(0,32)$	0	−8,71	−5225,8	

	i y_3	y_1	b_i	q_i
x_2	1 1,33	0,33	333,3	250	1000
x_1	2 −0,67	$\boxed{0,67}$*	133,3	−200	$\underline{200}$*
y_2	3 0,67 #	−0,67	116,6	175 #	−175
$-z = -z_u$	4 −3,33	−6,67	$\underline{-5333,3}$	Ecke B
$-z_v$	5 10,33	$\underline{-6,33}$	333,3	Fall I:

aus $-3,33 + 10,33\,t \leq 0$ folgt $t_o = 0,3226$
aus $-6,67 - 6,33\,t \leq 0$ folgt $t_u = -1,0526$.

$-z(0,32)$	0 #	−8,71	−5225,8	
$-z(-1,05)$	−14,21	0*	−5684,2	

	i y_3	x_1	b_i	q_i
x_2	1 1,67	−0,5	266,7	
y_1	2 −1	1,5	200	
y_2	3 0	1	250	
$-z = -z_u$	4 −10	10	−4000	Ecke A
$-z_v$	5 4	9,5	1600	Fall I:

aus $-10 + 4\,t \leq 0$ folgt $t_o \leq 2,5$
aus $10 + 9,5\,t \leq 0$ folgt $t_u \leq -1,0526$

$-z(2,5)$	0	33,75	0	
$-z(-1,05)$	−14,2	0	−5684,2	

Simplexverfahren. Die Matrix S ist für $m = 2$, $n = 3$ (s. **Tab. 6**)

$$S = \begin{pmatrix} 2 & 1 & 600 \\ 1 & 0 & 250 \\ 0,5 & 1 & 400 \\ 15 & 10 & 0 \end{pmatrix}.$$

1. Schritt: Alle Schlupfvariablen y_i werden Basisvariablen, alle Entscheidungsvariablen x_i Nichtbasisvariablen. Damit ist

$$X_1 = \begin{pmatrix} x_1 \\ x_2 \\ y_1 \\ y_2 \\ y_3 \end{pmatrix} = \begin{pmatrix} 0 \\ 0 \\ 600 \\ 250 \\ 400 \end{pmatrix}$$

die erste Basislösung mit $-z = 0$. Ursprung in **Bild 15**.

2. Schritt: $z = 0$ ist nicht optimal, da in der $(m+1)$-ten, also vierten, Zeile der Matrix S noch Elemente größer Null sind.

3. Schritt: $s_{41} = 15$ ist größtes Element, $jp = 1$ wird Pivotspalte.

4. Schritt: $q_2 = 250$ ist kleinster Quotient größer Null. Also wird $ip = 2$ Pivotzeile. $s_{21} = 1 > 0$ wird Pivotelement.

5. Schritt: x_1 wird neue Basisvariable und tauscht mit y_2 den Platz. Die Matrix S wird transformiert zu S'.

Regel I: $s'_{21} = 1/s_{21} = 1$,

Regel II: $s'_{2j} = s_{2j}/s_{21}$ für die 2. Zeile,

Regel III: $s'_{i1} = -s_{i1}/s_{21}$ für die 1. Spalte,

Regel IV: $s'_{ij} = s_{ij} - (s_{i1}/s_{21})s_{2j}$, z.B. $s_{32} = 1 - (0,5/1) \cdot 0 = 1$.

Die neue Basislösung $X_2 = (x_1, x_2, y_1, y_2, y_3)^T = (250, 0, 100, 0, 275)^T$ entspricht dem Punkt D in **Bild 15** mit $-z = -3750$.

6. Schritt: Die Matrix S' wird vom 2. Schritt an genau so transformiert. Das Pivotelement, und die dritte Basislösung $X_3 = (x_1, x_2, y_1, y_2, y_3)^T = (250, 100, 0, 0, 175)^T$, repräsentiert durch den Punkt C in **Bild 15**, mit $-z = -4750$ für die Zielfunktion. Erst die vierte Basislösung $X_4 = (133, 33; 333; 0; 116,67; 0)^T$ führt zum Endergebnis $-z = -5333,3$, weil alle Elemente der vierten Zeile negativ sind.

Die nicht verschwindende Schlupfvariable $y_2 = 116,67$ gibt wieder den Hinweis auf die nicht ausgeschöpfte Kapazität der durch die zweite Zeile beschriebenen Nebenbedingung, hier direkt als „Schlupf" $116,67/250 = 0,47 = 47\%$, die nicht genutzt werden, sichtbar.

10.8.3 Parametrische lineare Optimierung
Parametric linear programming

Beim allgemeinen parametrischen linearen Optimierungsproblem hängen die Koeffizienten des Standard-Maximum-Problems Gl. (68) noch von einem Parameter $t \in \mathbb{R}$ ab. Seine optimale Lösung x_{opt} und die Zielfunktion z_{opt} sind Funktionen des Parameters t, der oft die Zeit darstellt.

Geschlossene Theorien für derart allgemein gehaltene parametrische Probleme stehen nicht zur Verfügung, so daß hier nur der praktische, exakt lösbare Fall der von t abhängigen Zielfunktion beschrieben wird.

Lineare Optimierung mit einparametrischer Zielfunktion, LOz(t). Nur die gegebenen Koeffizienten $c_i = c_i(t) = u_i + u_i + v_i t$ mit $i = 1, \ldots, n$ hängen linear von $t \in \mathbb{R}$ ab. Dieses LOz(t) hat als Standard-Maximum-Problem folgende Eigenschaften:
1. Existiert eine optimale Lösung $x_{opt} = x_{opt}(t)$ für einen Parameterwert t, so gibt es einen Stabilitätsbereich $t \in [t_k; t_{k+1}] \subset \mathbb{R}$, in dem diese Ecke optimal ist. Ferner existieren solche charakteristischen Stabilitätsbereiche für jede der $k = 0, 1, \ldots, \mu$ Ecken.
2. Die optimale Zielfunktion $z(t)$ ist stetig, von oben konkav und ist ein Polygonzug über dem Parameterintervall der Lösungen. Die Knickstellen sind die charakteristischen t_k-Werte.

Lösungsverfahren: Es basiert auf dem Simplexverfahren, indem für jede Ecke (BL_k) die Grenzen t_k, t_{k+1} des zugehörigen Stabilitätsbereichs bestimmt werden. Dazu wird die Zielfunktionszeile in ihre zwei Anteilzeilen aufgespalten, die erste enthält die konstanten Koeffizienten u_i und die zweite die Parameterkoeffizienten v_i. Beim Basistausch werden sie wie normale Zielfunktionszeilen behandelt. Damit schreibt sich Gl. (68) in Matrixform

$$S = \begin{pmatrix} A & b \\ u & -z_u \\ v & -z_v \end{pmatrix} = (s_{i,j}) \quad \text{mit } z(t) = z_u + z_v t.$$

Obere Grenze t_0 des Stabilitätsbereichs. Gesucht wird das Maximum für beliebig großes t, d.h. ausschlaggebend für die Wahl der Pivotspalte j_p sind die Elemente $v_j \neq 0$ der Steuerzeile und nur dort, wo die $v_j = 0$ sind werden die $u_j \neq 0$ berücksichtigt. Beim Ausführen der Simplexschritte können zwei Fälle auftreten:

Fall I: Es sind alle $v_j \leq 0$ und bei $v_j = 0$ gilt stets $u_j \leq 0$. Der Stabilitätsbereich dieser Ecke reicht bis $t_0 = \infty$. Im weiteren wird dann die „untere Grenze des Stabilitätsbereichs" ermittelt.

Fall II: Es sind nicht alle $v_j \leq 0$. Für diejenigen Spalten $k \in \{1, 2, \ldots, n\}$, für die alle Matrixelemente $a_{ik} \leq 0$ sind, wird aus den Ungleichungen $u_k + v_k t \leq 0$ das zugehörige größte $t_{+1} = t_0$ bestimmt. Findet sich keines, so existiert kein Parameterwert, für den das LOz(t) eine optimale Lösung hat. Mit diesem t_{+1} wird die Steuerzeile $(u_i + v_i t_{+1})$ berechnet und ein neues Simplextableau aufgestellt. Ergibt sich damit eine optimale Lösung, so stellt t_{+1} die obere Grenze des Stabilitätsbereichs dieser Ecke dar. Es ist mit der Bestimmung der unteren Grenze fortzufahren. Anderenfalls ist wieder der Fall II eingetreten und die Prozedur muß wiederholt werden, bis entweder die obere Grenze gefunden wird oder entschieden werden kann, daß die Aufgabe unlösbar ist.

Untere Grenze t_u des Stabilitätsbereichs. Bekannt ist die obere Grenze $t_{\mu+1} = t_0$ einer optimalen Basislösung (BL_μ) und die zugehörige Simplextabelle. Der größte untere Parametergrenzwert t_u ergibt sich aus der Forderung, daß alle $(u_i + v_i t) \leq 0$ sein müssen. Gibt es kein $t_u \leq t_{\mu+1}$, so ist das LOz(t) nicht lösbar. Wiederholungen des Verfahrens für alle existierenden Ecken des Lösungsbereichs liefern alle charakteristischen Parameterwerte, für die das LOz(t) Lösungen hat.

Beispiel: Die Zielfunktion des Beispiels aus A 10.8.2 soll zum Studium von Gewinnschwankungen, etwa durch Inflation, geändert werden in $z(t) = 15(1 + 0,5t)x_1 + 10(1 - 0,4t)x_2$, d.h. $t = 0$ reproduziert das vorhandene Beispiel. Zunächst sei der Stabilitätsbereich für t an der graphischen Lösung von **Bild 15** für die Ecke B dargestellt: Aus $z_{opt} = 15x_1 + 10x_2 = 5333,33$ folgt die Gerade $x_2 = -1,5x_1 + 533,33$. Die Ecke wird aus $g_1: x_2 = -2x_1 + 600$ und $g_3: x_2 = -0,5x_1 + 400$ gebildet. Die parametrisierte Zielfunktion stellt sich als Gerade $g_t: x_2 = x_1(-15 + 7,5t)/(10 - 4t) + z(t)/(10 - 4t)$ dar. Die Ecke ist also solange optimal, wie die Steigung von g_t kleiner als die von g_3 und größer als die von g_1 ist. Für die untere Grenze ergibt sich $t_u = -1,0526$ und für die obere Grenze $t_0 = 0,3226$. Für t-Werte außerhalb dieses Intervalls werden die Ecken A bzw. C optimal (s. **Tab. 6**).

Das Simplexverfahren wird wie in A 10.8.2 abgewickelt, wobei die Wahl der Pivotelemente weiterhin durch die $(z = z_u)$-Zeile bestimmt wird:

1. Schritt: z_u, z_v sind Null bzw. es gilt der Fall II.

2. Schritt: Für großes t ist $z(t) > 0$, also optimal auch für $t \Rightarrow \infty$. Folglich ist $t_{\mu+1} = \infty$ und, wie in **Tab. 6** vorgerechnet, $t_u = 2,5$. Dazu gehört $x_{opt} = (250; 0; 100; 0; 275)^T$ sowie $z(t) = 3750 + 1875t$ im Intervall t $[2,5; \infty]$, also $z(2,5) = 8437,5$ und $z(\infty) = \infty$, das mathematisch den unendlichen Reingewinn für das Produkt P_1 zuläßt. Die weitere Vorgehensweise ist in **Tab. 6** zu verfolgen, bis sich als vierte Basislösung die Zielfunktion $z(t) = 5333{,}3 + 333{,}3t$ im Intervall $t \in [-1{,}0526; 0{,}3226]$ ergibt. Danach kann das Programm beendet werden, wenn die Regel aus A 10.8.2 für die z_u-Zeile angewendet wird. Zur Bestimmung der Pivotelements aus den $z(t)$-Zeilen läßt sich die jeweils die Null enthaltende Spalte verwenden. Das ergibt zwei q_i-Spalten, wie es hier nur für die vierte Basislösung dargestellt ist. Die mit # gekennzeichnete Version schlägt den Tausch von y_2 gegen y_3 vor, was die darüberstehende Lösung reproduziert. Die mit * angegebene zweite Möglichkeit findet die Ecke A mit einem Parameterintervall, der an die Ecke B anschließt und bis $t_u = -\infty$ reicht, was $z_{opt}(-\infty) = \infty$ für das Produkt P_2 bedeutet. Die charakteristischen Parameterwerte $t_u = t_0, t_1, \ldots, t_{\mu+1} = t_o$ sind also $-\infty; -1{,}0526; 0{,}3226; 2{,}5; +\infty$ mit Zielfunktionswerten $z(t_k) = +\infty; 5684{,}2; 5225{,}8; 8437{,}5; +\infty$.

10.9 Nichtlineare Optimierung
Nonlinear programming

10.9.1 Problemstellung. Formulating the problem

Ist auch nur eine der Gleichungen des Systems für das Standard-Maximum-Problem (68) nichtlinear, so liegt ein nichtlineares Optimierungsproblem vor. Die Vielfalt der denkbaren Aufgabentypen ist daher unübersehbar groß und eine allgemeine Behandlung z.Z. nicht verfügbar, so daß man auf die Behandlung bestimmter Aufgabentypen angewiesen ist. Charakteristisch dafür sind numerische Algorithmen, die Näherungen für das gesuchte Optimum liefern.

Allgemeine nichtlineare Optimierung im $\mathbb{R}^n$

Zielfunktion: $z = f(x_1, x_2, \ldots, x_n) \rightarrow \text{Optimum}$,

Nebenbedingungen: $g_i(x_1, x_2, \ldots, x_n) \leqq b_i$,   (77)

$i = 1, 2, \ldots, m$, mindestens eine der reellen Funktionen g_i, f ist nicht linear.
Die Menge aller x, die die Nebenbedingungen erfüllen, heißt zulässiger Bereich $\mathbb{B}$.

Konvexe Optimierung. Sie liegt vor, wenn alle Funktionen der allgemeinen Aufgabe Gl. (77) konvex sind. Sie zieht ihre besondere Bedeutung aus dem Satz, daß ein lokales Minimum einer konvexen Funktion über einer konvexen Menge auch das globale Minimum ist, also das globale Minimum mit lokalen Methoden gesucht werden kann. Die grundlegenden theoretischen Ergebnisse über Existenz und Eindeutigkeit der Lösungen werden durch die Sätze von Farkas und Kuhn-Tucker formuliert, die jedoch hier nicht dargestellt werden sollen.

Kombinatorische Optimierung. Sie geht aus der allgemeinen Optimierung hervor, durch die zusätzliche Forderung, daß der zulässige Bereich nur aus endlich vielen Punkten

besteht. Eine praktisch bedeutende Klasse dieser Aufgaben bilden die ganzzahligen Optimierungsprobleme.

10.9.2 Einige spezielle Algorithmen
Some special algorithms

Näherungslösung durch stückweise Linearisierung. Häufig ist nur die Zielfunktion $z = f(x_1, \ldots, x_n)$ nichtlinear. Man kann sie in eine Taylor-Reihe entwickeln, die nach dem linearen Glied abgebrochen wird: $\tilde{f}(x) = f(x_0) + (x - x_0)^T f'(x_0)$. Nur in der Umgebung des Entwicklungspunktes $x_0 = (x_{01}, x_{02}, \ldots, x_{0n})^T$ ist eine vertretbare Übereinstimmung zwischen der Tangentialhyperebene $\tilde{f}$ und der Zielfunktion f zu erwarten. Man muß daher den zulässigen Bereich $\mathbb{B}$ durch eine endliche Anzahl von Teilbereichen $\mathbb{B}_1, \ldots, \mathbb{B}_r$ überdecken, für jeden Teilbereich die Taylor-Reihe um einen Punkt $x_{0j} \in \mathbb{B}_j$ bestimmen und die so erzeugten r linearen Optimierungsprobleme lösen. Das Optimum aus der Menge der Teillösungen ist eine brauchbare Näherung für das Ausgangsproblem.
Die Taylorentwicklung setzt die analytische Darstellung und die Differenzierbarkeit von $f(x)$ voraus. Ist $f(x)$ nur an $(n+1)$ diskreten Stützstellen $x_i \in \mathbb{B}_j$, $i = 1, 2, \ldots, (n+1)$ bekannt, so kann auch linear interpoliert werden: $f(x) = a_0 + a^T x$ mit dem linearen Gleichungssystem $a_0 + a^T x_i = f(x_i)$ zur Bestimmung der $(n+1)$-Koeffizienten

$$a_0, a^T = (a_1, a_2, \ldots, a_n).$$

Man erkennt, daß eine Steigerung der Genauigkeit durch feinere Unterteilung des zulässigen Bereichs $\mathbb{B}$ nur mit erhöhtem Rechenaufwand erkauft werden kann, so daß diesem Verfahren von daher Grenzen gesetzt sind.
Die Genauigkeit der Annäherung ist auch von der Wahl des jeweiligen Entwicklungspunkts x_0 abhängig. Bei praktischen Problemen hat man häufig keine Anhaltspunkte für einen sinnvollen Start. Man muß daher mehrere verschiedene Bereichsaufteilungen erproben und wenn die Zielfunktion analytisch bekannt ist, die Lösungsvorschläge einsetzen, um die Fehler der Taylorentwicklung zu berücksichtigen.

Anstiegsverfahren. Ihnen liegt die Idee zugrunde, daß man Funktionen von zwei Variablen als „Gebirge" darstellen kann. Von einem gegebenen Startpunkt gelangt man zum Gipfel, indem man in einer „brauchbaren" Richtung solange fortschreitet wie es „bergan" geht (Brauchbarkeitsgrenze). Dann muß eine neue „brauchbare" Richtung eingeschlagen werden. Führen in einem Punkt alle Richtungen „bergab", so ist das Maximum erreicht. (Für Minima ist entsprechend „bergab" zu schreiten.)

„Brauchbare" Richtung. Gegeben ist $f(x) \rightarrow \text{Max}$. Der Vektor $r = (r_1, r_2, \ldots, r_n)^T$ heißt „brauchbare" Richtung

Tabelle 7. Beispiel zum Gradientenverfahren

Anzahl d. Richtg.	x	y	z	$\dfrac{\partial f}{\partial x}$	$\dfrac{\partial f}{\partial y}$	λ	x	y	z	Anzahl d. Schritte
1	1,00	0,5	0,71	−0,35	−0,70	0,5	0,83	0,15	0,90	1
						1,0	0,65	−0,20	0,92	2
2	0,65	−0,20	0,92	−0,18	0,22	0,5	0,56	−0,09	0,96	1
						1,0	0,47	0,02	0,97	2
						1,5	0,38	0,13	0,97	3
3	0,38	0,13	0,97	−0,10	−0,14	1,0	0,28	−0,01	0,99	1
						2,0	0,18	−0,15	0,98	2
4	0,18	−0,15	0,98	−0,05	0,15	1,0	0,13	0,00	1,00	1
						2,0	0,08	0,15	0,99	2
5	0,08	0,15	0,99	−0,02	−0,15	1,0	0,06	0,00	1,00	1
						2,0	0,04	−0,15	0,99	2

im Punkt x_0, wenn für $\lambda_G > 0$ und alle $\lambda \in (0, \lambda_G]$ gilt: $F(x_0 + \lambda r) > F(x_0)$. Dabei ist λ_G der größte aller möglichen λ-Werte und heißt Brauchbarkeitsgrenze. Ihre Ausnutzung ist für die Konvergenz der Verfahren wichtig, jedoch ist ihre Bestimmung häufig sehr aufwendig, so daß oft sicherheitshalber mit kleineren Schrittweiten probiert wird.

Relaxation (Anstieg in Koordinatenrichtung). Die Richtungen jeder Koordinatenachse werden in zyklischer Reihenfolge auf Brauchbarkeit getestet und, wenn sie brauchbar sind, bis zur Brauchbarkeitsgrenze benutzt. Sind keine brauchbaren Koordinatenrichtungen mehr zu finden, so ist das Maximum erreicht.

Gradientenverfahren (Methode des steilsten Anstiegs). Hierbei muß die Funktion $f(x)$ differenzierbar sein, da ihr Gradient g als brauchbare Richtung benutzt wird und somit der steilste Anstieg gegeben wird. Man bestimmt für den Startpunkt x_0 den Gradienten $g_0 = \mathrm{grad} f(x_0)$ und berechnet den neuen Punkt $x_1 = x_0 + \lambda_0 g_0$, der wieder als Startpunkt dient. Wenn möglich, wird $\lambda_0 = \lambda_G$ gewählt. Bei $g(x) = 0$ ist das Maximum erreicht. Dieses Verfahren konvergiert nahezu linear, doch treten in der Nähe des Maximums häufig numerische Instabilitäten auf, die eine genaue Bestimmung stören und ein geeignetes Abbruchkriterium erfordern.

Beispiel: Gegeben sei das Rotationsellipsoid mit der großen Halbachse $a = 2$ in x-Richtung, der kleinen Halbachse $b = 1$ in y-Richtung und dem Pol im Ursprung:

$$z = f(x, y) = 0,5\sqrt{4 - x^2 - 4y^2} \Rightarrow \text{Max}$$

und den Nebenbedingungen $x \leq 2$, $-x \leq 2$, $y \leq 0,5\sqrt{4 - x^2}$, $-y \leq 0,5\sqrt{4 - x^2}$. Startpunkt für das Gradientenverfahren sei $x_0 =$

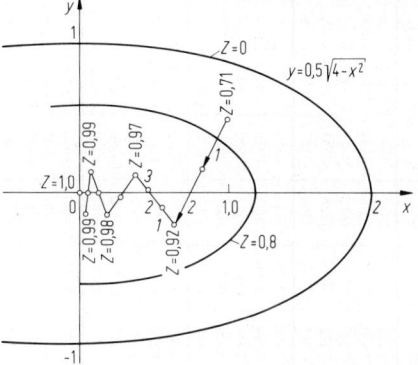

Bild 16. Gradientenverfahren am Beispiel des Rotationsellipsoids mit den eingezeichneten Höhenlinien $z = 0$ und $z = 0,8$. Schritte wie in **Tab. 7**.

$(1; 0,5)$. Die Gradientenrichtung ist $g = \left(\dfrac{\partial f}{\partial x}, \dfrac{\partial f}{\partial y}\right)^T$, also

$$\frac{\partial f}{\partial x} = \frac{-x}{4z} \quad \text{und} \quad \frac{\partial f}{\partial y} = \frac{-y}{z}.$$

Der neue Punkt $x_1 = x_0 + \lambda \cdot g$ ist also aus $x_1 = x_0 + \lambda \dfrac{\partial f(x_0)}{\partial x}$, $y_1 = y_0 + \lambda \dfrac{\partial f(x_0)}{\partial y}$ zu berechnen.

Die Annäherung an die exakte Lösung $z_{max} = f(0,0) = 1$ ist in **Bild 16** und **Tab. 7** zu verfolgen. Zur Veranschaulichung der Instabilität wurde nur zweistellig gerechnet und die Brauchbarkeitsgrenze für λ nicht strapaziert. Ferner wurde willkürlich abgebrochen, um das Bild nicht zu überlasten.

A

Anh. A 10 Tabelle 1. Vierstellige Mantissen der Briggsschen Logarithmen von 100 bis 999

Zahl	0	1	2	3	4	5	6	7	8	9	D
10	0000	0043	0086	0128	0170	0212	0253	0294	0334	0374	40
11	0414	0453	0492	0531	0569	0607	0645	0682	0719	0755	37
12	0792	0828	0864	0899	0934	0969	1004	1038	1072	1106	33
13	1139	1173	1206	1239	1271	1303	1335	1367	1399	1430	31
14	1461	1492	1523	1553	1584	1614	1644	1673	1703	1732	29
15	1761	1790	1818	1847	1875	1903	1931	1959	1987	2014	27
16	2041	2068	2095	2122	2148	2175	2201	2227	2253	2279	25
17	2304	2330	2355	2380	2405	2430	2455	2480	2504	2529	24
18	2553	2577	2601	2625	2648	2672	2695	2718	2742	2765	23
19	2788	2810	2833	2856	2878	2900	2923	2945	2967	2989	21
20	3010	3032	3054	3075	3096	3118	3139	3160	3181	3201	21
21	3222	3243	3263	3284	3304	3324	3345	3365	3385	3404	20
22	3424	3444	3464	3483	3502	3522	3541	3560	3579	3598	19
23	3617	3636	3655	3674	3692	3711	3729	3747	3766	3784	18
24	3802	3820	3838	3856	3874	3892	3909	3927	3945	3962	17
25	3979	3997	4014	4031	4048	4065	4082	4099	4116	4133	17
26	4150	4166	4183	4200	4216	4232	4249	4265	4281	4298	16
27	4314	4330	4346	4362	4378	4393	4409	4425	4440	4456	16
28	4472	4487	4502	4518	4533	4548	4564	4579	4594	4609	15
29	4624	4639	4654	4669	4683	4698	4713	4728	4742	4757	14
30	4771	4786	4800	4814	4829	4843	4857	4871	4886	4900	14
31	4914	4928	4942	4955	4969	4983	4997	5011	5024	5038	13
32	5051	5065	5079	5092	5105	5119	5132	5145	5159	5172	13
33	5185	5198	5211	5224	5237	5250	5263	5276	5289	5302	13
34	5315	5328	5340	5353	5366	5378	5391	5403	5416	5428	13
35	5441	5453	5465	5478	5490	5502	5514	5527	5539	5551	12
36	5563	5575	5587	5599	5611	5623	5635	5647	5658	5670	12
37	5682	5694	5705	5717	5729	5740	5752	5763	5775	5786	12
38	5798	5809	5821	5832	5843	5855	5866	5877	5888	5899	12
39	5911	5922	5933	5944	5955	5966	5977	5988	5999	6010	11
40	6021	6031	6042	6053	6064	6075	6085	6096	6107	6117	11
41	6128	6138	6149	6160	6170	6180	6191	6201	6212	6222	10
42	6232	6243	6253	6263	6274	6284	6294	6304	6314	6325	10
43	6335	6345	6355	6365	6375	6385	6395	6405	6415	6425	10
44	6435	6444	6454	6464	6474	6484	6493	6503	6513	6522	10
45	6532	6542	6551	6561	6571	6580	6590	6599	6609	6618	10
46	6628	6637	6646	6656	6665	6675	6684	6693	6702	6712	9
47	6721	6730	6739	6749	6758	6767	6776	6785	6794	6803	9
48	6812	6821	6830	6839	6848	6857	6866	6875	6884	6893	9
49	6902	6911	6920	6928	6937	6946	6955	6964	6972	6981	9
50	6990	6998	7007	7016	7024	7033	7042	7050	7059	7067	9
51	7076	7084	7093	7101	7110	7118	7126	7135	7143	7152	8
52	7160	7168	7177	7185	7193	7202	7210	7218	7226	7235	8
53	7243	7251	7259	7267	7275	7284	7292	7300	7308	7316	8
54	7324	7332	7340	7348	7356	7364	7372	7380	7388	7396	8

Zahl	0	1	2	3	4	5	6	7	8	9	D
55	7404	7412	7419	7427	7435	7443	7451	7459	7466	7474	8
56	7482	7490	7497	7505	7513	7520	7528	7536	7543	7551	8
57	7559	7566	7574	7582	7589	7597	7604	7612	7619	7627	8
58	7634	7642	7649	7657	7664	7672	7679	7686	7694	7701	7
59	7709	7716	7723	7731	7738	7745	7752	7760	7767	7774	8
60	7782	7789	7796	7803	7810	7818	7825	7832	7839	7846	7
61	7853	7860	7868	7875	7882	7889	7896	7903	7910	7917	7
62	7924	7931	7938	7945	7952	7959	7966	7973	7980	7987	6
63	7993	8000	8007	8014	8021	8028	8035	8041	8048	8055	7
64	8062	8069	8075	8082	8089	8096	8102	8109	8116	8122	7
65	8129	8136	8142	8149	8156	8162	8169	8176	8182	8189	6
66	8195	8202	8209	8215	8222	8228	8235	8241	8248	8254	7
67	8261	8267	8274	8280	8287	8293	8299	8306	8312	8319	6
68	8325	8331	8338	8344	8351	8357	8363	8370	8376	8382	6
69	8388	8395	8401	8407	8414	8420	8426	8432	8439	8445	6
70	8451	8457	8463	8470	8476	8482	8488	8494	8500	8506	7
71	8513	8519	8525	8531	8537	8543	8549	8555	8561	8567	6
72	8573	8579	8585	8591	8597	8603	8609	8615	8621	8627	6
73	8633	8639	8645	8651	8657	8663	8669	8675	8681	8686	6
74	8692	8698	8704	8710	8716	8722	8727	8733	8739	8745	6
75	8751	8756	8762	8768	8774	8779	8785	8791	8797	8802	6
76	8808	8814	8820	8825	8831	8837	8842	8848	8854	8859	6
77	8865	8871	8876	8882	8887	8893	8899	8904	8910	8915	6
78	8921	8927	8932	8938	8943	8949	8954	8960	8965	8971	5
79	8976	8982	8987	8993	8998	9004	9009	9015	9020	9025	6
80	9031	9036	9042	9047	9053	9058	9063	9069	9074	9079	6
81	9085	9090	9096	9101	9106	9112	9117	9122	9128	9133	5
82	9138	9143	9149	9154	9159	9165	9170	9175	9180	9186	5
83	9191	9196	9201	9206	9212	9217	9222	9227	9232	9238	5
84	9243	9248	9253	9258	9263	9269	9274	9279	9284	9289	5
85	9294	9299	9304	9309	9315	9320	9325	9330	9335	9340	5
86	9345	9350	9355	9360	9365	9370	9375	9380	9385	9390	5
87	9395	9400	9405	9410	9415	9420	9425	9430	9435	9440	5
88	9445	9450	9455	9460	9465	9469	9474	9479	9484	9489	5
89	9494	9499	9504	9509	9513	9518	9523	9528	9533	9538	4
90	9542	9547	9552	9557	9562	9566	9571	9576	9581	9586	4
91	9590	9595	9600	9605	9609	9614	9619	9624	9628	9633	5
92	9638	9643	9647	9652	9657	9661	9666	9671	9675	9680	5
93	9685	9689	9694	9699	9703	9708	9713	9717	9722	9727	5
94	9731	9736	9741	9745	9750	9754	9759	9763	9768	9773	4
95	9777	9782	9786	9791	9795	9800	9805	9809	9814	9818	5
96	9823	9827	9832	9836	9841	9845	9850	9854	9859	9863	5
97	9868	9872	9877	9881	9886	9890	9894	9899	9903	9908	4
98	9912	9917	9921	9926	9930	9934	9939	9943	9948	9952	4
99	9956	9961	9965	9969	9974	9978	9983	9987	9991	9996	5

Spalte D enthält die Differenz des letzten lg mit dem ersten der folgenden Zeile.

	Min.	0	6	12	18	24	30	36	42	48	54	60		
sin	Grd	,0	,1	,2	,3	,4	,5	,6	,7	,8	,9	1,0		
0°	0	0,0000	0017	0035	0052	0070	0087	0105	0122	0140	0157	0175	89	
↓	1	0175	0192	0209	0227	0244	0262	0279	0297	0314	0332	0349	88	
45°	2	0349	0366	0384	0401	0419	0436	0454	0471	0488	0506	0523	87	
	3	0523	0541	0558	0576	0593	0610	0628	0645	0663	0680	0698	86	
	4	0698	0715	0732	0750	0767	0785	0802	0819	0837	0854	0872	85	
	5	0,0872	0889	0906	0924	0941	0958	0976	0993	1011	1028	1045	84	
	6	1045	1063	1080	1097	1115	1132	1149	1167	1184	1201	1219	83	
	7	1219	1236	1253	1271	1288	1305	1323	1340	1357	1374	1392	82	
	8	1392	1409	1426	1444	1461	1478	1495	1513	1530	1547	1564	81	
	9	1564	1582	1599	1616	1633	1650	1668	1685	1702	1719	1736	80	
	10	0,1736	1754	1771	1788	1805	1822	1840	1857	1874	1891	1908	79	
	11	1908	1925	1942	1959	1977	1994	2011	2028	2045	2062	2079	78	
	12	2079	2096	2113	2130	2147	2164	2181	2198	2215	2233	2250	77	
	13	2250	2267	2284	2300	2317	2334	2351	2368	2385	2402	2419	76	
	14	2419	2436	2453	2470	2487	2504	2521	2538	2554	2571	2588	75	
	15	0,2588	2605	2622	2639	2656	2672	2689	2706	2723	2740	2756	74	
	16	2756	2773	2790	2807	2823	2840	2857	2874	2890	2907	2924	73	
	17	2924	2940	2957	2974	2990	3007	3024	3040	3057	3074	3090	72	
	18	3090	3107	3123	3140	3156	3173	3190	3206	3223	3239	3256	71	
	19	3256	3272	3289	3305	3322	3338	3355	3371	3387	3404	3420	70	
	20	0,3420	3437	3453	3469	3486	3502	3518	3535	3551	3567	3584	69	
	21	3584	3600	3616	3633	3649	3665	3681	3697	3714	3730	3746	68	
	22	3746	3762	3778	3795	3811	3827	3843	3859	3875	3891	3907	67	
	23	3907	3923	3939	3955	3971	3987	4003	4019	4035	4051	4067	66	
	24	4067	4083	4099	4115	4131	4147	4163	4179	4195	4210	4226	65	
	25	0,4226	4242	4258	4274	4289	4305	4321	4337	4352	4368	4384	64	
	26	4384	4399	4415	4431	4446	4462	4478	4493	4509	4524	4540	63	
	27	4540	4555	4571	4586	4602	4617	4633	4648	4664	4679	4695	62	
	28	4695	4710	4726	4741	4756	4772	4787	4802	4818	4833	4848	61	
	29	4848	4863	4879	4894	4909	4924	4939	4955	4970	4985	5000	60	
	30	0,5000	5015	5030	5045	5060	5075	5090	5105	5120	5135	5150	59	
	31	5150	5165	5180	5195	5210	5225	5240	5255	5270	5284	5299	58	
	32	5299	5314	5329	5344	5358	5373	5388	5402	5417	5432	5446	57	
	33	5446	5461	5476	5490	5505	5519	5534	5548	5563	5577	5592	56	
	34	5592	5606	5621	5635	5650	5664	5678	5693	5707	5721	5736	55	
	35	0,5736	5750	5764	5779	5793	5807	5821	5835	5850	5864	5878	54	
	36	5878	5892	5906	5920	5934	5948	5962	5976	5990	6004	6018	53	
	37	6018	6032	6046	6060	6074	6088	6101	6115	6129	6143	6157	52	
	38	6157	6170	6184	6198	6211	6225	6239	6252	6266	6280	6293	51	
	39	6293	6307	6320	6334	6347	6361	6374	6388	6401	6414	6428	50	
	40	0,6428	6441	6455	6468	6481	6494	6508	6521	6534	6547	6561	49	
	41	6561	6574	6587	6600	6613	6626	6639	6652	6665	6678	6691	48	
	42	6691	6704	6717	6730	6743	6756	6769	6782	6794	6807	6820	47	90°
	43	6820	6833	6845	6858	6871	6884	6896	6909	6921	6934	6947	46	↑
	44	0,6947	6959	6972	6984	6997	7009	7022	7034	7046	7059	7071	45	45°
		1,0	,9	,8	,7	,6	,5	,4	,3	,2	,1	,0	Grd	cos
		60	54	48	42	36	30	24	18	12	6	0	Min	

	Min	0	6	12	18	24	30	36	42	48	54	60		
sin	Grd	,0	,1	,2	,3	,4	,5	,6	,7	,8	,9	1,0		
45°	45	0,7071	7083	7096	7108	7120	7133	7145	7157	7169	7181	7193	44	
↓	46	7193	7206	7218	7230	7242	7254	7266	7278	7290	7302	7314	43	
90°	47	7314	7325	7337	7349	7361	7373	7385	7396	7408	7420	7431	42	
	48	7431	7443	7455	7466	7478	7490	7501	7513	7524	7536	7547	41	
	49	7547	7559	7570	7581	7593	7604	7615	7627	7638	7649	7660	40	
	50	0,7660	7672	7683	7694	7705	7716	7727	7738	7749	7760	7771	39	
	51	7771	7782	7793	7804	7815	7826	7837	7848	7859	7869	7880	38	
	52	7880	7891	7902	7912	7923	7934	7944	7955	7965	7976	7986	37	
	53	7986	7997	8007	8018	8028	8039	8049	8059	8070	8080	8090	36	
	54	8090	8100	8111	8121	8131	8141	8151	8161	8171	8181	8192	35	
	55	0,8192	8202	8211	8221	8231	8241	8251	8261	8271	8281	8290	34	
	56	8290	8300	8310	8320	8329	8339	8348	8358	8468	8377	8387	33	
	57	8387	8396	8406	8415	8425	8434	8443	8453	8462	8471	8480	32	
	58	8480	8490	8499	8508	8517	8526	8536	8545	8554	8563	8572	31	
	59	8572	8581	8590	8599	8607	8616	8625	8634	8643	8652	8660	30	
	60	0,8660	8669	8678	8686	8695	8704	8712	8721	8729	8738	8746	29	
	61	8746	8755	8763	8771	8780	8788	8796	8805	8813	8821	8829	28	
	62	8829	8838	8846	8854	8862	8870	8878	8886	8894	8902	8910	27	
	63	8910	8918	8926	8934	8942	89499	8957	8965	8973	8980	8988	26	
	64	8988	8996	9003	9011	9018	9026	9033	9041	9048	9056	9063	25	
	65	0,9063	9070	9078	9085	9092	9100	9107	9114	9121	9128	9135	24	
	66	9135	9143	9150	9157	9164	9171	9178	9184	9191	9198	9205	23	
	67	9205	9212	9219	9225	9232	9239	9245	9252	9259	9265	9272	22	
	68	9272	9278	9285	9291	9298	9304	9311	9317	9323	9330	9336	21	
	69	9336	9342	9348	9354	9361	9367	9373	9379	9385	9391	9397	20	
	70	0,9397	9403	9409	9415	9421	9426	9432	9438	9444	9449	9455	19	
	71	9455	9461	9466	9472	9478	9483	9489	9494	9500	9505	9511	18	
	72	9511	9516	9521	9527	9532	9537	9542	9548	9553	9558	9563	17	
	73	9563	9568	9573	9578	9583	9588	9593	9598	9603	9608	9613	16	
	74	9613	9617	9622	9627	9632	9639	9641	9646	9650	9655	9659	15	
	75	0,9659	9664	9668	9673	9677	9681	9686	9690	9694	9699	9703	14	
	76	9703	9707	9711	9715	9720	9724	9728	97732	9736	9740	9744	13	
	77	9744	9748	9751	9755	9759	9763	9767	9770	9774	9778	9781	12	
	78	9781	9785	9789	9792	9796	9799	9803	9806	9810	9813	9816	11	
	79	9816	9820	9823	9826	9829	9833	9836	9839	9842	9845	9848	10	
	80	0,9848	9851	9854	9857	9860	9863	9866	9869	9871	9874	9877	9	
	81	9877	9880	9882	9885	9888	9890	9893	9895	9898	9900	9903	8	
	82	9903	9905	9907	9910	9912	9914	9917	9919	9921	9923	9925	7	
	83	9925	9928	9930	9932	9934	9936	9938	9940	9942	9943	9945	6	
	84	9945	9947	9949	9951	9952	9954	9956	9957	9959	9960	9962	5	
	85	0,9962	9963	9965	9966	9968	9969	9971	9972	9973	9974	9976	4	
	86	9976	9977	9978	9979	9980	9981	9982	9983	9984	9985	9986	3	
	87	9986	9987	9988	9989	9990	9990	9991	9992	9993	9993	9994	2	45°
	88	9994	9995	9995	9996	9996	9997	9997	9997	9998	9998	9998	1	↑
	89	0,9998	9999	9999	9999	9999	1,0	1,0	1,0	1,0	1,0	1,0	0	0°
		1,0	,9	,8	,7	,6	,5	,4	,3	,2	,1	,0	Grd	cos
		60	54	48	42	36	30	24	18	12	0	0	Min	

A

A

Anh. A10 Tabelle 3. Vierstellige trigonometrische Funktion tan α und cot α für α = 0…90°

Teil I (45° → 90°, tan; 45° ← 0°, cot)

Spaltenköpfe Minuten: 60 (1,0) · 54 (,9) · 48 (,8) · 42 (,7) · 36 (,6) · 30 (,5) · 24 (,4) · 18 (,3) · 12 (,2) · 6 (,1) · 0 (,0)

Min	60	54	48	42	36	30	24	18	12	6	0	Grd
44	1,036	1,032	1,028	1,025	1,021	1,018	1,014	1,011	1,007	1,003	1,000	45
43	1,072	1,069	1,065	1,061	1,057	1,054	1,050	1,046	1,043	1,039	1,036	46
42	1,111	1,107	1,103	1,099	1,095	1,091	1,087	1,084	1,080	1,076	1,072	47
41	1,150	1,146	1,142	1,138	1,134	1,130	1,126	1,122	1,118	1,115	1,111	48
40	1,192	1,188	1,183	1,179	1,175	1,171	1,167	1,163	1,159	1,154	1,150	49
39	1,235	1,230	1,226	1,222	1,217	1,213	1,209	1,205	1,200	1,196	1,192	**50**
38	1,280	1,275	1,271	1,266	1,262	1,257	1,253	1,248	1,244	1,239	1,235	51
37	1,327	1,322	1,317	1,313	1,308	1,303	1,299	1,294	1,289	1,285	1,280	52
36	1,376	1,371	1,366	1,361	1,356	1,351	1,347	1,342	1,337	1,332	1,327	53
35	1,428	1,423	1,418	1,412	1,407	1,402	1,397	1,392	1,387	1,381	1,376	54
34	1,483	1,477	1,471	1,466	1,460	1,455	1,450	1,444	1,439	1,433	1,428	55
33	1,540	1,534	1,528	1,522	1,517	1,511	1,505	1,499	1,494	1,488	1,483	56
32	1,600	1,594	1,588	1,582	1,576	1,570	1,564	1,558	1,552	1,546	1,540	57
31	1,664	1,658	1,651	1,645	1,638	1,632	1,625	1,619	1,613	1,607	1,600	58
30	1,732	1,725	1,718	1,711	1,704	1,698	1,691	1,684	1,678	1,671	1,664	59
29	1,804	1,797	1,789	1,782	1,775	1,767	1,760	1,753	1,746	1,739	1,732	**60**
28	1,881	1,873	1,865	1,857	1,849	1,842	1,834	1,827	1,819	1,811	1,804	61
27	1,963	1,954	1,946	1,937	1,929	1,921	1,913	1,905	1,897	1,889	1,881	62
26	2,050	2,041	2,032	2,023	2,014	2,006	1,997	1,988	1,980	1,971	1,963	63
25	2,145	2,135	2,125	2,116	2,106	2,097	2,087	2,078	2,069	2,059	2,050	64
24	2,246	2,236	2,225	2,215	2,204	2,194	2,184	2,174	2,164	2,154	2,145	65
23	2,356	2,344	2,333	2,322	2,311	2,300	2,289	2,278	2,267	2,257	2,246	66
22	2,475	2,463	2,450	2,438	2,426	2,414	2,402	2,391	2,379	2,367	2,356	67
21	2,605	2,592	2,578	2,565	2,552	2,539	2,526	2,513	2,500	2,488	2,475	68
20	2,747	2,733	2,718	2,703	2,689	2,675	2,660	2,646	2,633	2,619	2,605	69
19	2,904	2,888	2,872	2,856	2,840	2,824	2,808	2,793	2,778	2,762	2,747	**70**
18	3,078	3,060	3,042	3,024	3,006	2,989	2,971	2,954	2,937	2,921	2,904	71
17	3,271	3,251	3,230	3,211	3,191	3,172	3,152	3,133	3,115	3,096	3,078	72
16	3,487	3,465	3,442	3,420	3,398	3,376	3,354	3,333	3,312	3,291	3,271	73
15	3,732	3,706	3,681	3,655	3,630	3,606	3,582	3,558	3,534	3,511	3,487	74
14	4,011	3,981	3,952	3,923	3,895	3,867	3,839	3,812	3,785	3,758	3,732	75
13	4,331	4,297	4,264	4,230	4,198	4,165	4,134	4,102	4,071	4,041	4,011	76
12	4,705	4,665	4,625	4,586	4,548	4,511	4,474	4,437	4,402	4,366	4,331	77
11	5,145	5,097	5,050	5,005	4,959	4,915	4,872	4,829	4,787	4,745	4,705	78
10	5,671	5,614	5,558	5,503	5,449	5,396	5,343	5,292	5,242	5,193	5,145	79
9	6,314	6,243	6,174	6,107	6,041	5,976	5,912	5,850	5,789	5,730	5,671	**80**
8	7,115	7,026	6,940	6,855	6,772	6,691	6,612	6,535	6,460	6,386	6,314	81
7	8,144	8,028	7,916	7,806	7,700	7,596	7,495	7,396	7,300	7,207	7,115	82
6	9,514	9,357	9,205	9,058	8,915	8,777	8,643	8,513	8,386	8,264	8,144	83
5	11,43	11,20	10,99	10,78	10,58	10,39	10,20	10,02	9,845	9,677	9,514	84
4	14,30	13,95	13,62	13,30	13,00	12,71	12,43	12,16	11,91	11,66	11,43	85
3	19,08	18,46	17,89	17,34	16,83	16,35	15,89	15,46	15,06	14,67	14,30	86
2	28,64	27,27	26,03	24,90	23,86	22,90	22,02	21,20	20,45	19,74	19,08	87
1	57,29	52,08	47,74	44,07	40,92	38,19	35,80	33,69	31,82	30,14	28,64	88
0	∞	573,0	286,5	191,0	143,2	114,6	95,49	81,85	71,62	62,66	57,29	89

tan 45° → 90° | cot 45° ← 0°

Teil II (0° → 45°, tan; 90° ← 45°, cot)

Spaltenköpfe Minuten: 0 (,0) · 6 (,1) · 12 (,2) · 18 (,3) · 24 (,4) · 30 (,5) · 36 (,6) · 42 (,7) · 48 (,8) · 54 (,9) · 60 (1,0)

Grd	0	6	12	18	24	30	36	42	48	54	60	Grd
0	0,0000	0017	0035	0052	0070	0087	0105	0122	0140	0157	0175	89
1	0175	0192	0209	0227	0244	0262	0279	0297	0314	0332	0349	88
2	0349	0367	0384	0402	0419	0437	0454	0472	0489	0507	0524	87
3	0524	0542	0559	0577	0594	0612	0629	0647	0664	0682	0699	86
4	0699	0717	0734	0752	0769	0787	0805	0822	0840	0857	0875	85
5	0,0875	0892	0910	0928	0945	0963	0981	0998	1016	1033	1051	84
6	1051	1069	1086	1104	1122	1139	1157	1175	1192	1210	1228	83
7	1228	1246	1263	1281	1299	1317	1334	1352	1370	1388	1405	82
8	1405	1423	1441	1459	1477	1495	1512	1530	1548	1566	1584	81
9	1584	1602	1620	1638	1655	1673	1691	1709	1727	1745	1763	**80**
10	0,1763	1781	1799	1817	1835	1853	1871	1890	1908	1926	1944	79
11	1944	1962	1980	1998	2016	2035	2053	2071	2089	2107	2126	78
12	2126	2144	2162	2180	2199	2217	2235	2254	2272	2290	2309	77
13	2309	2327	2345	2364	2382	2401	2419	2438	2456	2475	2493	76
14	2493	2512	2530	2549	2568	2586	2605	2623	2642	2661	2679	75
15	0,2679	2698	2717	2736	2754	2773	2792	2811	2830	2849	2867	74
16	2867	2886	2905	2924	2943	2962	2981	3000	3019	3038	3057	73
17	3057	3076	3096	3115	3134	3153	3172	3191	3211	3230	3249	72
18	3249	3269	3288	3307	3327	3346	3365	3385	3404	3424	3443	71
19	3443	3463	3482	3502	3522	3541	3561	3581	3600	3620	3640	**70**
20	0,3640	3659	3679	3699	3719	3739	3759	3779	3799	3819	3839	69
21	3839	3859	3879	3899	3919	3939	3959	3979	4000	4020	4040	68
22	4040	4061	4081	4101	4122	4142	4163	4183	4204	4224	4245	67
23	4245	4265	4286	4307	4327	4348	4369	4390	4411	4431	4452	66
24	4452	4473	4494	4515	4536	4557	4578	4599	4621	4642	4663	65
25	0,4663	4684	4706	4727	4748	4770	4791	4813	4834	4856	4877	64
26	4877	4899	4921	4942	4964	4986	5008	5029	5051	5073	5095	63
27	5095	5117	5139	5161	5184	5206	5228	5250	5272	5295	5317	62
28	5317	5340	5362	5384	5407	5430	5452	5475	5498	5520	5543	61
29	5543	5566	5589	5612	5635	5658	5681	5704	5727	5750	5774	**60**
30	0,5774	5797	5820	5844	5867	5890	5914	5938	5961	5985	6009	59
31	6009	6032	6056	6080	6104	6128	6152	6176	6200	6224	6249	58
32	6249	6273	6297	6322	6346	6371	6395	6420	6445	6469	6494	57
33	6494	6519	6544	6569	6594	6619	6644	6669	6694	6720	6745	56
34	6745	6771	6796	6822	6847	6873	6899	6924	6950	6976	7002	55
35	0,7002	7028	7054	7080	7107	7133	7159	7186	7212	7239	7265	54
36	7265	7292	7319	7346	7373	7400	7427	7454	7481	7508	7536	53
37	7536	7563	7590	7618	7646	7673	7701	7729	7757	7785	7813	52
38	7813	7841	7869	7898	7926	7954	7983	8012	8040	8069	8098	51
39	8098	8127	8156	8185	8214	8243	8273	8302	8332	8361	8391	**50**
40	0,8391	8421	8451	8481	8511	8541	8571	8601	8632	8662	8693	49
41	8693	8724	8754	8785	8816	8847	8878	8910	8941	8972	9004	48
42	9004	9036	9067	9099	9131	9163	9195	9228	9260	9293	9325	47
43	9325	9358	9391	9424	9457	9490	9523	9556	9590	9623	9657	46
44	9657	9691	9725	9759	9793	9827	9861	9896	9930	9965	1,0	45

tan 0° → 45° | cot 90° ← 45°

Anh. A 10 Tabelle 4. Hyperbelfunktionen für $x = 0...5,9$; a) $\sinh x$ und b) $\cosh x$ (nach Hayashi, K.: Fünfstellige Tafeln der Kreis- und Hyperbelfunktionen sowie der Funktionen e^x und e^{-x}. Berlin: de Gruyter 1960)

a)

x	0	1	2	3	4	5	6	7	8	9	D
0,0	0,0000	0100	0200	0300	0400	0500	0600	0701	0801	0901	101
0,1	0,1002	1102	1203	1304	1405	1506	1607	1708	1810	1912	102
0,2	0,2013	2116	2218	2320	2423	2526	2629	2733	2837	2941	104
0,3	0,3045	3150	3255	3360	3466	3572	3678	3785	3892	4000	108
0,4	0,4108	4216	4325	4434	4543	4653	4764	4875	4987	5098	113
0,5	0,5211	5324	5438	5552	5666	5782	5897	6014	6131	6248	119
0,6	0,6367	6485	6605	6725	6846	6968	7090	7213	7336	7461	125
0,7	0,7586	7712	7838	7966	8094	8223	8353	8484	8615	8748	133
0,8	0,8881	9015	9150	9286	9423	9561	9700	9840	9985	*0122	143
0,9	1,0265	0409	0554	0700	0847	0995	1144	1294	1446	1598	154
1,0	1,1752	1907	2063	2220	2379	2539	2700	2862	3025	3190	167
1,1	1,3357	3524	3693	3863	4035	4208	4382	4558	4736	4914	181
1,2	1,5095	5276	5460	5645	5831	6019	6209	6400	6593	6788	196
1,3	1,6984	7182	7381	7583	7786	7991	8198	8406	8617	8829	214
1,4	1,9043	9259	9477	9697	9919	*0143	*0369	*0597	*0827	*1059	234
1,5	2,1293	1529	1768	2008	2251	2496	2743	2993	3245	3499	257
1,6	2,3756	4015	4276	4540	4806	5075	5346	5620	5896	6175	281
1,7	2,6456	6741	7027	7317	7609	7904	8202	8503	8806	9113	309
1,8	2,9422	9734	*0049	*0367	*0689	*1013	*1340	*1671	*2005	*2342	340
1,9	3,2682	3025	3372	3722	4075	4432	4792	5156	5523	5894	375
2,0	3,6269	6647	7028	7414	7803	8196	8593	8993	9398	9806	413
2,1	4,0219	0635	1056	1480	1909	2342	2779	3221	3666	4117	454
2,2	4,4571	5030	5494	5962	6434	6912	7394	7880	8372	8868	502
2,3	4,9370	9876	*0387	*0903	*1425	*1951	*2483	*3020	*3562	*4109	553
2,4	5,4662	5221	5785	6354	6929	7510	8097	8689	9288	9892	610
2,5	6,0502	1118	1741	2369	3004	3645	4293	4946	5607	6274	673
2,6	6,6947	7628	8315	9009	9709	*0417	*1132	*1854	*2583	*3319	744
2,7	7,4063	4814	5572	6338	7112	7894	8683	9480	*0285	*1098	821
2,8	8,1919	2749	3586	4432	5287	6150	7021	7902	8791	9689	907
2,9	9,0596	1512	2437	3371	4315	5268	6231	7203	8185	9177	1002
3,0	10,0179	1191	2212	3245	4287	5340	6403	7477	8562	9658	1107
3,1	11,0765	1882	3011	4151	5303	6466	7641	8827	*0026	*1236	1223
3,2	12,2459	3694	4941	6201	7473	8758	*0056	*1367	*2691	*4028	1351
3,3	13,5379	6743	8121	9513	*0919	*2338	*3772	*5221	*6684	*8161	1493
3,4	14,965	15,116	15,268	15,422	15,577	15,734	15,893	16,053	16,214	16,378	165
3,5	16,543	16,709	16,877	17,047	17,219	17,392	17,567	17,744	17,923	18,103	182
3,6	18,285	18,470	18,655	18,843	19,033	19,224	19,418	19,613	19,811	20,010	201
3,7	20,211	20,415	20,620	20,828	21,037	21,249	21,463	21,679	21,897	22,117	222
3,8	22,339	22,564	22,791	23,020	23,252	23,486	23,722	23,961	24,202	24,445	246
3,9	24,691	24,939	25,190	25,444	25,700	25,958	26,219	26,483	26,749	27,018	272
4,0	27,290	27,564	27,842	28,122	28,404	28,690	28,979	29,270	29,564	29,862	300
4,1	30,162	30,465	30,772	31,081	31,393	31,709	32,028	32,350	32,675	33,004	332
4,2	33,336	33,671	34,009	34,351	34,697	35,046	35,398	35,754	36,113	36,476	367
4,3	36,843	37,214	37,588	37,966	38,347	38,733	39,122	39,515	39,913	40,314	405
4,4	40,719	41,129	41,542	41,960	42,382	42,808	43,238	43,673	33,112	44,555	448
4,5	45,003	45,455	45,912	46,374	46,840	47,311	47,787	48,267	48,752	49,242	495
4,6	49,737	50,237	50,742	51,252	51,767	52,288	52,813	53,344	53,880	54,422	547
4,7	54,969	55,522	56,080	56,643	57,213	57,788	58,369	58,955	59,548	60,147	604
4,8	60,751	61,362	61,979	62,601	63,231	63,866	64,508	65,157	65,812	66,473	668
4,9	67,141	67,816	68,498	69,186	69,882	70,584	71,293	72,010	72,734	73,465	738
5,0	74,203	74,949	75,702	76,463	77,232	78,008	78,792	79,584	80,384	81,192	816
5,1	82,008	82,832	83,665	84,506	85,355	86,213	87,079	87,955	88,839	89,732	901
5,2	90,633	91,544	92,464	93,394	94,332	95,281	96,238	97,205	98,182	99,169	997
5,3	100,166	101,173	102,189	103,217	104,254	105,302	106,360	107,429	108,509	109,599	1102
5,4	110,701	111,814	112,938	114,072	115,219	116,377	117,547	118,728	119,921	121,127	1217
5,5	122,344	123,574	124,816	126,070	127,337	128,617	129,910	131,215	132,534	133,866	1345
5,6	135,211	136,570	137,943	139,329	140,730	142,144	143,573	145,016	146,473	147,945	1487
5,7	149,432	150,934	152,451	153,983	155,531	157,094	158,673	160,267	161,878	163,505	1643
5,8	165,148	166,808	168,485	170,178	171,888	173,616	175,361	177,123	178,903	180,701	1816
5,9	182,517	184,352	186,205	188,076	189,966	191,875	193,804	195,752	197,719	199,706	2007

* Übergang zur nächsten ganzen Zahl vor dem Komma.

Anh. A 10 Tabelle 4 (Fortsetzung)

b)

x	0	1	2	3	4	5	6	7	8	9	D
0,0	1,0000	0001	0002	0005	0008	0013	0018	0025	0032	0041	9
0,1	1,0050	0061	0072	0085	0098	0113	0128	0145	0162	0181	20
0,2	1,0201	0221	0243	0266	0289	0314	0340	0367	0395	0424	29
0,3	1,0453	0484	516	0550	0584	0619	0655	0692	0731	0770	41
0,4	1,0811	0852	0895	0939	0984	1030	1077	1125	1174	1225	51
0,5	1,1276	1329	1383	1438	1494	1551	1609	1669	1730	1792	63
0,6	1,1855	1919	1984	2051	2119	2188	2258	2330	2403	2477	75
0,7	1,2552	2628	2706	2785	2865	2947	3030	3114	3199	3286	88
0,8	1,3374	3464	3555	3647	3740	3835	3932	4029	4128	4229	102
0,9	1,4331	4434	4539	4645	4753	4862	4973	5085	5199	5314	117
1,0	1,5431	5549	5669	5790	5913	6038	6164	6292	6421	6553	132
1,1	1,6685	6820	6956	7093	7233	7374	7517	7662	7808	7957	150
1,2	1,8107	8258	8412	8568	8725	8884	9045	9208	9373	9540	169
1,3	1,9709	9880	*0053	*0228	*0404	*0583	*0764	*0947	*1132	*1320	189
1,4	2,1509	1701	1894	2090	2288	2488	2691	2896	3103	3312	212
1,5	2,3524	3738	3955	4174	4395	4619	4845	5074	5305	5538	237
1,6	2,5775	6014	6255	6499	6746	6995	7247	7502	7760	8020	263
1,7	2,8283	8549	8818	9090	9364	9642	9922	*0206	*0493	*0782	293
1,8	3,1075	1371	1669	1972	2277	2585	2897	3212	3531	3852	325
1,9	3,4177	4506	4838	5173	5512	5855	6201	6551	6904	7261	361
2,0	3,7622	7987	8355	8727	9103	9483	9867	*0255	*0647	*1043	400
2,1	4,1443	1847	2256	2669	3086	3507	3932	4362	4797	5236	443
2,2	4,5679	6127	6580	7037	7499	7966	8437	8914	9395	9881	491
2,3	5,0372	0868	1370	1876	2388	2905	3427	3954	4487	5026	544
2,4	5,5570	6119	6674	7235	7801	8373	8951	9535	*0125	*0721	602
2,5	6,1323	1931	2545	3166	3793	4426	5066	5712	6365	7024	666
2,6	6,7690	8363	9043	9729	*0423	*1123	*1831	*2546	*3268	*3998	737
2,7	7,4735	5479	6231	6990	7758	8533	9316	*0107	*0905	*1712	815
2,8	8,2527	3351	4182	5022	5871	6728	7594	8469	9352	*0244	902
2,9	9,1146	2056	2976	3905	4844	5792	6749	7716	8693	9680	997
3,0	10,0677	1684	2701	3728	4765	5814	6872	7942	9022	*0113	1102
3,1	11,1215	2328	3453	4589	5736	6895	8065	9247	*0442	*1648	1219
3,2	12,2867	4097	5340	6596	7864	9146	*0440	*1747	*3067	*4401	1347
3,3	13,5748	7108	8483	9871	*1273	*2689	*4120	*5565	*7024	*8498	1489
3,4	14,999	15,149	15,301	15,455	15,610	15,766	15,924	16,084	16,245	16,408	165
3,5	16,573	16,739	16,907	17,077	17,248	17,421	17,596	17,772	17,951	18,131	182
3,6	18,313	18,497	18,682	18,870	19,059	19,250	19,444	19,639	19,836	20,035	201
3,7	20,236	20,439	20,644	20,852	21,061	21,272	21,486	21,702	21,919	22,140	222
3,8	22,362	22,586	22,813	23,042	23,273	23,507	23,743	23,982	24,222	24,466	245
3,9	24,711	24,960	25,210	25,463	25,719	25,977	26,238	26,502	26,768	27,037	271
4,0	27,308	27,583	27,860	28,139	28,422	28,707	28,996	29,287	29,581	29,878	300
4,1	30,178	30,482	30,788	31,097	31,409	31,725	32,044	32,365	32,691	33,019	332
4,2	33,351	33,686	34,024	34,366	34,711	35,060	35,412	35,768	36,127	36,490	367
4,3	36,857	37,227	37,601	37,979	38,360	38,746	39,135	39,528	39,925	40,326	406
4,4	40,732	41,141	41,554	41,972	42,393	42,819	43,250	43,684	44,123	44,566	448
4,5	45,014	45,466	45,923	46,385	46,851	47,321	47,797	48,277	48,762	49,252	495
4,6	49,747	50,247	50,752	51,262	51,777	52,297	52,823	53,351	53,890	54,431	547
4,7	54,978	55,531	56,089	56,652	57,221	57,796	58,377	58,964	59,556	60,155	604
4,8	60,759	61,370	61,987	62,609	63,239	63,874	64,516	65,164	65,819	66,481	668
4,9	67,149	67,823	68,505	69,193	69,889	70,591	71,300	72,017	72,741	73,472	738
5,0	74,210	74,956	75,709	76,470	77,238	78,014	78,798	79,590	80,390	81,198	816
5,1	82,014	82,838	83,671	84,512	85,361	86,219	87,085	87,960	88,844	89,737	902
5,2	90,639	91,550	92,470	93,399	94,338	95,286	96,243	97,211	98,187	99,174	997
5,3	100,171	101,178	102,194	103,221	104,259	105,307	106,365	107,434	108,513	109,604	1101
5,4	110,706	111,818	112,942	114,077	115,223	116,381	117,551	118,732	119,925	121,131	1217
5,5	122,348	123,578	124,820	126,074	127,341	128,621	129,913	131,219	132,538	133,870	1345
5,6	135,215	136,574	137,947	139,333	140,733	142,147	143,576	145,019	146,476	147,949	1486
5,7	149,435	150,937	152,454	153,986	155,534	157,097	158,676	160,270	161,881	163,508	1643
5,8	165,151	166,811	168,488	170,181	171,891	173,619	175,364	177,126	178,906	180,704	1816
5,9	182,520	184,354	186,207	188,079	189,969	191,878	193,806	195,754	197,721	199,709	2007

Anh. A 10 Tabelle 5. Hyperbelfunktion $\tanh x$ für $x = 0 \ldots 2{,}89$

x	0	1	2	3	4	5	6	7	8	9	D
0,0	0,0000	0100	0200	0300	0400	0500	0599	0699	0798	0898	99
0,1	0,0997	1096	1194	1293	1391	1489	1587	1684	1781	1878	96
0,2	0,1974	2070	2165	2260	2335	2449	2543	2636	2729	2821	92
0,3	0,2913	3004	3095	3185	3275	3364	3452	3540	3627	3714	86
0,4	0,3800	3885	3969	4053	4136	4219	4301	4382	4462	4542	79
0,5	0,4621	4700	4777	4854	4930	5005	5080	5154	5227	5299	71
0,6	0,5371	5441	5511	5581	5649	5717	5784	5850	5915	5980	64
0,7	0,6044	6107	6169	6231	6291	6352	6411	6469	6527	6584	56
0,8	0,6640	6696	6751	6805	6858	6911	6963	7014	7064	7114	49
0,9	0,7163	7211	7259	7306	7352	7398	7443	7487	7531	7574	42
1,0	0,7616	7658	7699	7739	7779	7818	7857	7895	7932	7969	36
1,1	0,8005	8041	8076	8110	8144	8178	8210	8243	8275	8306	31
1,2	0,8337	8367	8397	8426	8455	8483	8511	8538	8565	8591	26
1,3	0,8617	8643	8668	8693	8717	8741	8764	8787	8810	8832	22
1,4	0,8854	8875	8896	8917	8937	8957	8977	8996	9015	9033	19
1,5	0,9052	9069	9087	9104	9121	9138	9154	9170	9186	9202	15
1,6	0,9217	9232	9246	9261	9275	9289	9302	9316	9329	9342	12
1,7	0,9354	9367	9379	9391	9402	9414	9425	9436	9447	9458	10
1,8	0,9468	9478	9488	9498	9508	9518	9527	9536	9545	9554	8
1,9	0,9562	9571	9579	9587	9595	9603	9611	9619	9626	9633	7
2,0	0,9640	9647	9654	9661	9668	9674	9680	9687	9693	9699	6
2,1	0,9705	9710	9716	9722	9727	9732	9738	9743	9748	9753	4
2,2	0,9757	9762	9767	9771	9776	9780	9785	9789	9793	9797	4
2,3	0,9801	9805	9809	9812	9816	9820	9823	9827	9830	9834	3
2,4	0,9837	9840	9843	9846	9849	9852	9855	9858	9861	9864	2
2,5	0,9866	9869	9871	9874	9876	9879	9881	9884	9886	9888	2
2,6	0,9890	9892	9895	9897	9899	9901	9903	9905	9906	9908	2
2,7	0,9910	9912	9914	9915	9917	9919	9920	9922	9923	9925	1
2,8	0,9926	9928	9929	9931	9932	9933	9935	9936	9937	9938	2

Anh. A 10 Tabelle 6. Exponentialfunktion $\exp x$ für $x = -7 \ldots +7$

x	e^x	e^{-x}	x	e^x	e^{-x}	x	e^x	e^{-x}
0,00	1,00000	1,00000	0,20	1,22140	0,81873	0,40	1,49182	0,67032
01	1,01005	0,99005	21	1,23368	0,81058	41	1,50682	0,66365
02	1,02020	0,98020	22	1,24608	0,80252	42	1,52196	0,65705
03	1,03045	0,97045	23	1,25860	0,79453	43	1,53726	0,65051
04	1,04081	0,96079	24	1,27125	0,78663	44	1,55271	0,64404
05	1,05127	0,95123	25	1,28403	0,77880	45	1,56831	0,63763
06	1,06184	0,94176	26	1,29693	0,77105	46	1,58407	0,63128
07	1,07251	0,93239	27	1,30996	0,76338	47	1,59999	0,62500
08	1,08329	0,92312	27	1,32313	0,75578	48	1,61607	0,61878
09	1,09417	0,91393	29	1,33643	0,74826	49	1,63232	0,61263
0,10	1,10517	0,90484	0,30	1,34986	0,74082	0,50	1,64872	0,60653
11	1,11628	0,89583	31	1,36343	0,73345	51	1,66529	0,60050
12	1,12750	0,88692	32	1,37713	0,72615	52	1,68203	0,59452
13	1,13883	0,87810	33	1,39097	0,71892	53	1,69893	0,58860
14	1,15027	0,86936	34	1,40495	0,71177	54	1,71601	0,58275
15	1,16183	0,86071	35	1,41907	0,70469	55	1,73325	0,57695
16	1,17351	0,85214	36	1,43333	0,69768	56	1,75067	0,57121
17	1,18530	0,84366	37	1,44773	0,69073	57	1,76827	0,56553
18	1,19722	0,83527	38	1,46228	0,68386	58	1,78604	0,55990
19	1,20925	0,82696	39	1,47698	0,67706	59	1,80399	0,55433
0,20	1,22140	0,81873	0,40	1,49182	0,67032	0,60	1,82212	0,54881

Anh. A 10 Tabelle 6 (Fortsetzung)

x	e^x	e^{-x}	x	e^x	e^{-x}	x	e^x	e^{-x}
0,60	1,82212	0,54881	1,10	3,00417	0,33287	2,00	7,38906	0,13534
61	1,84043	0,54335	11	3,03436	0,32956	10	8,16617	0,12246
62	1,85893	0,53794	12	3,06485	0,32628	20	9,02501	0,11080
63	1,87761	0,53259	13	3,09566	0,32303	30	9,97418	0,10026
64	1,89648	0,52729	14	3,12677	0,31982	40	11,02318	0,09072
65	1,91544	0,52205	15	3,15819	0,31664	50	12,18249	0,08208
66	1,93479	0,51685	16	3,18993	0,31349	60	13,46374	0,07427
67	1,95424	0,51171	17	3,22199	0,31037	70	14,87973	0,06721
68	1,97388	0,50662	18	3,25437	0,30728	80	16,44465	0,06081
69	1,99372	0,50158	19	3,28708	0,30422	90	18,17415	0,05502
0,70	2,01375	0,49659	1,20	3,32012	0,30119	3,00	20,08554	0,04979
71	2,03399	0,49164	21	3,35348	0,29820	10	22,19795	0,04505
72	2,05443	0,48675	22	3,38718	0,29523	20	24,53253	0,04076
73	2,07508	0,48191	23	3,42123	0,29229	30	27,11264	0,03688
74	2,09594	0,47711	24	3,45561	0,28938	40	29,96410	0,03337
75	2,11700	0,47237	25	3,49034	0,28650	50	33,11545	0,03020
76	2,13828	0,46767	26	3,52542	0,28365	60	36,59823	0,02732
77	2,15977	0,46301	27	3,56085	0,28083	70	40,44730	0,02472
78	2,18147	0,45841	28	3,59664	0,27804	80	44,70118	0,02237
79	2,20340	0,45384	29	3,63279	0,27527	90	49,40245	0,02024
0,80	2,22554	0,44933	1,30	3,66930	0,27253	4,00	54,59815	0,01832
81	2,24791	0,44486	31	3,70617	0,26982	10	60,34029	0,01657
82	2,27050	0,44043	32	3,74342	0,26714	20	66,68633	0,01500
83	2,29332	0,43605	33	3,78104	0,26448	30	73,69979	0,01357
84	2,31637	0,43171	34	3,81904	0,26185	40	81,45087	0,01228
85	2,33965	0,42741	35	3,85743	0,25924	50	90,01713	0,01111
86	2,36316	0,42316	36	3,89619	0,25666	60	99,48432	0,01005
87	2,38691	0,41895	37	3,93535	0,25411	70	109,9472	0,00910
88	2,41090	0,41478	38	3,97490	0,25158	80	121,5104	0,00923
89	2,43513	0,41066	39	4,01485	0,24906	90	134,2898	0,00745
0,90	2,45960	0,40657	1,40	4,05520	0,24660	5,00	148,4132	0,00674
91	2,48432	0,40252	41	4,09596	0,24414	10	164,0219	0,00610
92	2,50929	0,39852	42	4,13712	0,24171	20	181,2722	0,00552
93	2,53451	0,39455	43	4,17870	0,23931	30	200,3368	0,00499
94	2,55998	0,39063	44	4,22070	0,23693	40	221,4064	0,00452
95	2,58571	0,38674	45	4,26311	0,23457	50	244,6919	0,00409
96	2,61170	0,38289	46	4,30596	0,23224	60	270,4264	0,00370
97	2,63794	0,37908	47	4,34924	0,22993	70	298,8674	0,00335
98	2,66446	0,37531	48	4,39295	0,22764	80	330,2996	0,00303
99	2,69123	0,37158	49	4,43710	0,22537	90	365,0375	0,00274
1,00	2,71828	0,36788	1,50	4,48169	0,22313	6,00	403,4288	0,00248
01	2,74560	0,36422	55	4,71147	0,21225	10	445,8578	0,00224
02	2,77319	0,36059	60	4,95303	0,20190	20	492,7490	0,00203
03	2,80107	0,35701	65	5,20698	0,19205	30	544,5719	0,00184
04	2,82922	0,35345	70	5,47395	0,18268	40	601,8450	0,00166
05	2,85765	0,34994	75	5,75460	0,17377	50	665,1416	0,00150
06	2,88637	0,34646	80	6,04965	0,16530	60	735,0952	0,00136
07	2,91538	0,34301	85	6,35982	0,15724	70	812,4058	0,00123
08	2,94468	0,33960	90	6,68589	0,14957	80	897,8473	0,00111
09	2,97427	0,33622	95	7,02869	0,14227	90	992,2747	0,00101
1,10	3,00417	0,33287	2,00	7,38906	0,13534	7,00	1096,6332	0,00091

Anh. A 10 Tabelle 7. Primzahlen und Faktoren der Zahlen 1 bis 1000

	0	1	2	3	4	5	6	7	8	9
0					2^2		$2\cdot3$		2^3	3^2
1	$2\cdot5$		$2^2\cdot3$		$2\cdot7$	$3\cdot5$	2^4		$2\cdot3^2$	
2	$2^2\cdot5$	$3\cdot7$	$2\cdot11$		$2^3\cdot3$	5^2	$2\cdot13$	3^3	$2^2\cdot7$	
3	$2\cdot3\cdot5$		2^6	$3\cdot11$	$2\cdot17$	$5\cdot7$	$2^2\cdot3^2$		$2\cdot19$	$3\cdot13$
4	$2^3\cdot5$		$2\cdot3\cdot7$		$2^2\cdot11$	$3^2\cdot5$	$2\cdot23$		$2^4\cdot3$	7^2
5	$2\cdot5^2$	$3\cdot17$	$2^2\cdot13$		$2\cdot3^3$	$5\cdot11$	$2^3\cdot7$	$3\cdot19$	$2\cdot29$	
6	$2^2\cdot3\cdot5$		$2\cdot31$	$3^2\cdot7$	2^6	$5\cdot13$	$2\cdot3\cdot11$		$2^2\cdot17$	$3\cdot23$
7	$2\cdot5\cdot7$		$2^3\cdot3^2$		$2\cdot37$	$3\cdot5^2$	$2^2\cdot19$	$7\cdot11$	$2\cdot3\cdot13$	
8	$2^4\cdot5$	3^4	$2\cdot41$		$2^2\cdot3\cdot7$	$5\cdot17$	$2\cdot43$	$3\cdot29$	$2^3\cdot11$	
9	$2\cdot3^2\cdot5$	$7\cdot13$	$2^2\cdot23$	$3\cdot31$	$2\cdot47$	$5\cdot19$	$2^5\cdot3$		$2\cdot7^2$	$3^2\cdot11$
10	$2^2\cdot5^2$		$2\cdot3\cdot17$		$2^3\cdot13$	$3\cdot5\cdot7$	$2\cdot53$		$2^2\cdot3^3$	
11	$2\cdot5\cdot11$	$3\cdot37$	$2^4\cdot7$		$2\cdot3\cdot19$	$5\cdot23$	$2^2\cdot29$	$3^2\cdot13$	$2\cdot59$	$7\cdot17$
12	$2^3\cdot3\cdot5$	11^2	$2\cdot61$	$3\cdot41$	$2^2\cdot31$	5^3	$2\cdot3^2\cdot7$		2^7	$3\cdot43$
13	$2\cdot5\cdot13$		$2^2\cdot3\cdot11$	$7\cdot19$	$2\cdot67$	$3^3\cdot5$	$2^3\cdot17$		$2\cdot3\cdot23$	
14	$2^2\cdot5\cdot7$	$3\cdot47$	$2\cdot71$	$11\cdot13$	$2^4\cdot3^2$	$5\cdot29$	$2\cdot73$	$3\cdot7^2$	$2^2\cdot37$	
15	$2\cdot3\cdot5^2$		$2^3\cdot19$	$3^2\cdot17$	$2\cdot7\cdot11$	$5\cdot31$	$2^2\cdot3\cdot13$		$2\cdot79$	$3\cdot53$
16	$2^5\cdot5$	$7\cdot23$	$2\cdot3^4$		$2^2\cdot41$	$3\cdot5\cdot11$	$2\cdot83$		$2^3\cdot3\cdot7$	13^2
17	$2\cdot5\cdot17$	$3^2\cdot19$	$2^2\cdot43$		$2\cdot3\cdot29$	$5^2\cdot7$	$2^4\cdot11$	$3\cdot59$	$2\cdot89$	
18	$2^2\cdot3^2\cdot5$		$2\cdot7\cdot13$	$3\cdot61$	$2^3\cdot23$	$5\cdot37$	$2\cdot3\cdot31$	$11\cdot17$	$2^2\cdot47$	$3^3\cdot7$
19	$2\cdot5\cdot19$		$2^6\cdot3$		$2\cdot97$	$3\cdot5\cdot13$	$2^2\cdot7^2$		$2\cdot3^2\cdot11$	
20	$2^3\cdot5^2$	$3\cdot67$	$2\cdot101$	$7\cdot29$	$2^2\cdot3\cdot17$	$5\cdot41$	$2\cdot103$	$3^2\cdot23$	$2^4\cdot13$	$11\cdot19$
21	$2\cdot3\cdot5\cdot7$		$2^2\cdot53$	$3\cdot71$	$2\cdot107$	$5\cdot43$	$2^3\cdot3^3$	$7\cdot31$	$2\cdot109$	$3\cdot73$
22	$2^2\cdot5\cdot11$	$13\cdot17$	$2\cdot3\cdot37$		$2^5\cdot7$	$3^2\cdot5^2$	$2\cdot113$		$2^2\cdot3\cdot19$	
23	$2\cdot5\cdot23$	$3\cdot7\cdot11$	$2^3\cdot29$		$2\cdot3^2\cdot13$	$5\cdot47$	$2^2\cdot59$	$3\cdot79$	$2\cdot7\cdot17$	
24	$2^4\cdot3\cdot5$		$2\cdot11^2$	3^5	$2^2\cdot61$	$5\cdot7^2$	$2\cdot3\cdot41$	$13\cdot19$	$2^3\cdot31$	$3\cdot83$
25	$2\cdot5^3$		$2^2\cdot3^2\cdot7$	$11\cdot23$	$2\cdot127$	$3\cdot5\cdot17$	2^8		$2\cdot3\cdot43$	$7\cdot37$
26	$2^2\cdot5\cdot13$	$3^2\cdot29$	$2\cdot131$		$2^3\cdot3\cdot11$	$5\cdot53$	$2\cdot7\cdot19$	$3\cdot89$	$2^2\cdot67$	
27	$2\cdot3^3\cdot5$		$2^4\cdot17$	$3\cdot7\cdot13$	$2\cdot137$	$5^2\cdot11$	$2^2\cdot3\cdot23$		$2\cdot139$	$3^2\cdot31$
28	$2^3\cdot5\cdot7$		$2\cdot3\cdot47$		$2^2\cdot71$	$3\cdot5\cdot19$	$2\cdot11\cdot13$	$7\cdot41$	$2^5\cdot3^2$	17^2
29	$2\cdot5\cdot29$	$3\cdot97$	$2^2\cdot73$		$2\cdot3\cdot7^2$	$5\cdot59$	$2^3\cdot37$	$3^3\cdot11$	$2\cdot149$	$13\cdot23$
30	$2^2\cdot3\cdot5^2$	$7\cdot43$	$2\cdot151$	$3\cdot101$	$2^4\cdot19$	$5\cdot61$	$2\cdot3^2\cdot17$		$2^2\cdot7\cdot11$	$3\cdot103$
31	$2\cdot5\cdot31$		$2^3\cdot3\cdot13$		$2\cdot157$	$3^2\cdot5\cdot7$	$2^2\cdot79$		$2\cdot3\cdot53$	$11\cdot29$
32	$2^6\cdot5$	$3\cdot107$	$2\cdot7\cdot23$	$17\cdot19$	$2^2\cdot3^4$	$5^2\cdot13$	$2\cdot163$	$3\cdot109$	$2^3\cdot41$	$7\cdot47$
33	$2\cdot3\cdot5\cdot11$		$2^2\cdot83$	$3^2\cdot37$	$2\cdot167$	$5\cdot67$	$2^4\cdot3\cdot7$		$2\cdot13^2$	$3\cdot113$
34	$2^2\cdot5\cdot17$	$11\cdot31$	$2\cdot3^2\cdot19$	7^3	$2^3\cdot43$	$3\cdot5\cdot23$	$2\cdot173$		$2^2\cdot3\cdot29$	
35	$2\cdot5^2\cdot7$	$3^3\cdot13$	$2^5\cdot11$		$2\cdot3\cdot59$	$5\cdot71$	$2^2\cdot89$	$3\cdot7\cdot17$	$2\cdot179$	
36	$2^3\cdot3^2\cdot5$	19^2	$2\cdot181$	$3\cdot11^2$	$2^2\cdot7\cdot13$	$5\cdot73$	$2\cdot3\cdot61$		$2^4\cdot23$	$3^2\cdot41$
37	$2\cdot5\cdot37$	$7\cdot53$	$2^2\cdot3\cdot31$		$2\cdot11\cdot17$	$3\cdot5^3$	$2^3\cdot47$	$13\cdot29$	$2\cdot3^3\cdot7$	
38	$2^2\cdot5\cdot19$	$3\cdot127$	$2\cdot191$		$2^7\cdot3$	$5\cdot7\cdot11$	$2\cdot193$	$3^2\cdot43$	$2^2\cdot97$	
39	$2\cdot3\cdot5\cdot13$	$17\cdot23$	$2^3\cdot7^2$	$3\cdot131$	$2\cdot197$	$5\cdot79$	$2^2\cdot3^2\cdot11$		$2\cdot199$	$3\cdot7\cdot19$
40	$2^4\cdot5^2$		$2\cdot3\cdot67$	$13\cdot31$	$2^2\cdot101$	$3^4\cdot5$	$2\cdot7\cdot29$	$11\cdot37$	$2^3\cdot3\cdot17$	
41	$2\cdot5\cdot41$	$3\cdot137$	$2^2\cdot103$	$7\cdot59$	$2\cdot3^2\cdot23$	$5\cdot83$	$2^5\cdot13$	$3\cdot139$	$2\cdot11\cdot19$	
42	$2^2\cdot3\cdot5\cdot7$		$2\cdot211$	$3^2\cdot47$	$2^3\cdot53$	$5^2\cdot17$	$2\cdot3\cdot71$	$7\cdot61$	$2^2\cdot107$	$3\cdot11\cdot13$
43	$2\cdot5\cdot43$		$2^4\cdot3^3$		$2\cdot7\cdot31$	$3\cdot5\cdot29$	$2^2\cdot109$	$19\cdot23$	$2\cdot3\cdot73$	
44	$2^3\cdot5\cdot11$	$3^2\cdot7^2$	$2\cdot13\cdot17$		$2^2\cdot3\cdot37$	$5\cdot89$	$2\cdot223$	$3\cdot149$	$2^6\cdot7$	
45	$2\cdot3^2\cdot5^2$	$11\cdot41$	$2^2\cdot113$	$3\cdot151$	$2\cdot227$	$5\cdot7\cdot13$	$2^3\cdot3\cdot19$		$2\cdot229$	$3^3\cdot17$
46	$2^2\cdot5\cdot23$		$2\cdot3\cdot7\cdot11$		$2^4\cdot29$	$3\cdot5\cdot31$	$2\cdot233$		$2^2\cdot3^2\cdot13$	$7\cdot67$
47	$2\cdot5\cdot47$	$3\cdot157$	$2^3\cdot59$	$11\cdot43$	$2\cdot3\cdot79$	$5^2\cdot19$	$2^2\cdot7\cdot17$	$3^2\cdot53$	$2\cdot239$	
48	$2^5\cdot3\cdot5$	$13\cdot37$	$2\cdot241$	$3\cdot7\cdot23$	$2^2\cdot11^2$	$5\cdot97$	$2\cdot3^5$		$2^3\cdot61$	$3\cdot163$
49	$2\cdot5\cdot7^2$		$2^2\cdot3\cdot41$	$17\cdot29$	$2\cdot13\cdot19$	$3^2\cdot5\cdot11$	$2^4\cdot31$	$7\cdot71$	$2\cdot3\cdot83$	
50	$2^2\cdot5^3$	$3\cdot167$	$2\cdot251$		$2^3\cdot3^2\cdot7$	$5\cdot101$	$2\cdot11\cdot23$	$3\cdot13^2$	$2^2\cdot127$	
51	$2\cdot3\cdot5\cdot17$	$7\cdot73$	2^9	$3^3\cdot19$	$2\cdot257$	$5\cdot103$	$2^2\cdot3\cdot43$	$11\cdot47$	$2\cdot7\cdot37$	$3\cdot173$
52	$2^3\cdot5\cdot13$		$2\cdot3^2\cdot29$		$2^2\cdot131$	$3\cdot5^2\cdot7$	$2\cdot263$	$17\cdot31$	$2^4\cdot3\cdot11$	23^2
53	$2\cdot5\cdot53$	$3^2\cdot59$	$2^2\cdot7\cdot19$	$13\cdot41$	$2\cdot3\cdot89$	$5\cdot107$	$2^3\cdot67$	$3\cdot179$	$2\cdot269$	$7^2\cdot11$
54	$2^2\cdot3^3\cdot5$		$2\cdot271$	$3\cdot181$	$2^5\cdot17$	$5\cdot109$	$2\cdot3\cdot7\cdot13$		$2^2\cdot137$	$3^2\cdot61$
55	$2\cdot5^2\cdot11$	$19\cdot29$	$2^3\cdot3\cdot23$	$7\cdot79$	$2\cdot277$	$3\cdot5\cdot37$	$2^2\cdot139$		$2\cdot3^2\cdot31$	$13\cdot43$
56	$2^4\cdot5\cdot7$	$3\cdot11\cdot17$	$2\cdot281$		$2^2\cdot3\cdot47$	$5\cdot113$	$2\cdot283$	$3^4\cdot7$	$2^3\cdot71$	
57	$2\cdot3\cdot5\cdot19$		$2^2\cdot11\cdot13$	$3\cdot191$	$2\cdot7\cdot41$	$5^2\cdot23$	$2^6\cdot3^2$		$2\cdot17^2$	$3\cdot193$
58	$2^2\cdot5\cdot29$	$7\cdot83$	$2\cdot3\cdot97$	$11\cdot53$	$2^3\cdot73$	$3^2\cdot5\cdot13$	$2\cdot293$		$2^2\cdot3\cdot7^2$	$19\cdot31$
59	$2\cdot5\cdot59$	$3\cdot197$	$2^4\cdot37$		$2\cdot3^3\cdot11$	$5\cdot7\cdot17$	$2^2\cdot149$	$3\cdot199$	$2\cdot13\cdot23$	

A

Anh. A 10 Tabelle 7 (Fortsetzung)

	0	1	2	3	4	5	6	7	8	9
60	$2^3\cdot3\cdot5^2$		$2\cdot7\cdot43$	$3^2\cdot67$	$2^2\cdot151$	$5\cdot11^2$	$2\cdot3\cdot101$		$2^5\cdot19$	$3\cdot7\cdot29$
61	$2\cdot5\cdot61$	$13\cdot47$	$2^2\cdot3^2\cdot17$		$2\cdot307$	$3\cdot5\cdot41$	$2^3\cdot7\cdot11$		$2\cdot3\cdot103$	
62	$2^2\cdot5\cdot31$	$3^3\cdot23$	$2\cdot311$	$7\cdot89$	$2^4\cdot3\cdot13$	5^4	$2\cdot313$	$3\cdot11\cdot19$	$2^2\cdot157$	$17\cdot37$
63	$2\cdot3^2\cdot5\cdot7$		$2^3\cdot79$	$3\cdot211$	$2\cdot317$	$5\cdot127$	$2^2\cdot3\cdot53$	$7^2\cdot13$	$2\cdot11\cdot29$	$3^2\cdot71$
64	$2^7\cdot5$		$2\cdot3\cdot107$		$2^2\cdot7\cdot23$	$3\cdot5\cdot43$	$2\cdot17\cdot19$		$2^4\cdot3^4$	$11\cdot59$
65	$2\cdot5^2\cdot13$	$3\cdot7\cdot31$	$2^2\cdot163$		$2\cdot3\cdot109$	$5\cdot131$	$2^4\cdot41$	$3^2\cdot73$	$2\cdot7\cdot47$	
66	$2^2\cdot3\cdot5\cdot11$		$2\cdot331$	$3\cdot13\cdot17$	$2^3\cdot83$	$5\cdot7\cdot19$	$2\cdot3^2\cdot37$	$23\cdot29$	$2^2\cdot167$	$3\cdot223$
67	$2\cdot5\cdot67$	$11\cdot61$	$2^5\cdot3\cdot7$		$2\cdot337$	$3^3\cdot5^2$	$2^2\cdot13^2$		$2\cdot3\cdot113$	$7\cdot97$
68	$2^3\cdot5\cdot17$	$3\cdot227$	$2\cdot11\cdot31$		$2^2\cdot3^2\cdot19$	$5\cdot137$	$2\cdot7^3$	$3\cdot229$	$2^4\cdot43$	
69	$2\cdot3\cdot5\cdot23$		$2^2\cdot173$	$3^2\cdot7\cdot11$	$2\cdot347$	$5\cdot139$	$2^3\cdot3\cdot29$	$17\cdot41$	$2\cdot349$	$3\cdot233$
70	$2^2\cdot5^2\cdot7$		$2\cdot3^3\cdot13$	$19\cdot37$	$2^6\cdot11$	$3\cdot5\cdot47$	$2\cdot353$	$7\cdot101$	$2^2\cdot3\cdot59$	
71	$2\cdot5\cdot71$	$3^2\cdot79$	$2^3\cdot89$	$23\cdot31$	$2\cdot3\cdot7\cdot17$	$5\cdot11\cdot13$	$2^2\cdot179$	$3\cdot239$	$2\cdot359$	
72	$2^4\cdot3^2\cdot5$	$7\cdot103$	$2\cdot19^2$	$3\cdot241$	$2^2\cdot181$	$5^2\cdot29$	$2\cdot3\cdot11^2$		$2^3\cdot7\cdot13$	3^6
73	$2\cdot5\cdot73$	$17\cdot43$	$2^2\cdot3\cdot61$		$2\cdot367$	$3\cdot5\cdot7^2$	$2^5\cdot23$	$11\cdot67$	$2\cdot3^2\cdot41$	
74	$2^2\cdot5\cdot37$	$3\cdot13\cdot19$	$2\cdot7\cdot53$		$2^3\cdot3\cdot31$	$5\cdot149$	$2\cdot373$	$3^2\cdot83$	$2^2\cdot11\cdot17$	$7\cdot107$
75	$2\cdot3\cdot5^3$		$2^4\cdot47$	$3\cdot251$	$2\cdot13\cdot29$	$5\cdot151$	$2^2\cdot3^3\cdot7$		$2\cdot379$	$3\cdot11\cdot23$
76	$2^3\cdot5\cdot19$		$2\cdot3\cdot127$	$7\cdot109$	$2^2\cdot191$	$3^2\cdot5\cdot17$	$2\cdot383$	$13\cdot59$	$2^8\cdot3$	
77	$2\cdot5\cdot7\cdot11$	$3\cdot257$	$2^2\cdot193$		$2\cdot3^2\cdot43$	$5^2\cdot31$	$2^3\cdot97$	$3\cdot7\cdot37$	$2\cdot389$	$19\cdot41$
78	$2^3\cdot3\cdot5\cdot13$	$11\cdot71$	$2\cdot17\cdot23$	$3^3\cdot29$	$2^4\cdot7^2$	$5\cdot157$	$2\cdot3\cdot131$		$2^2\cdot197$	$3\cdot263$
79	$2\cdot5\cdot79$	$7\cdot113$	$2^3\cdot3^2\cdot11$	$13\cdot61$	$2\cdot397$	$3\cdot5\cdot53$	$2^2\cdot199$		$2\cdot3\cdot7\cdot19$	$17\cdot47$
80	$2^5\cdot5^2$	$3^2\cdot89$	$2\cdot401$	$11\cdot73$	$2^2\cdot3\cdot67$	$5\cdot7\cdot23$	$2\cdot13\cdot31$	$3\cdot269$	$2^3\cdot101$	
81	$2\cdot3^4\cdot5$		$2^2\cdot7\cdot29$	$3\cdot271$	$2\cdot11\cdot37$	$5\cdot163$	$2^4\cdot3\cdot17$	$19\cdot43$	$2\cdot409$	$3^2\cdot7\cdot13$
82	$2^2\cdot5\cdot41$		$2\cdot3\cdot137$		$2^3\cdot103$	$3\cdot5^2\cdot11$	$2\cdot7\cdot59$		$2^2\cdot3^2\cdot23$	
83	$2\cdot5\cdot83$	$3\cdot277$	$2^6\cdot13$	$7^2\cdot17$	$2\cdot3\cdot139$	$5\cdot167$	$2^2\cdot11\cdot19$	$3^3\cdot31$	$2\cdot419$	
84	$2^3\cdot3\cdot5\cdot7$	29^2	$2\cdot421$	$3\cdot281$	$2^2\cdot211$	$5\cdot13^2$	$2\cdot3^2\cdot47$	$7\cdot11^2$	$2^4\cdot53$	$3\cdot283$
85	$2\cdot5^2\cdot17$	$23\cdot37$	$2^2\cdot3\cdot71$		$2\cdot7\cdot61$	$3^2\cdot5\cdot19$	$2^3\cdot107$		$2\cdot3\cdot11\cdot13$	
86	$2^2\cdot5\cdot43$	$3\cdot7\cdot41$	$2\cdot431$		$2^5\cdot3^3$	$5\cdot173$	$2\cdot433$	$3\cdot17^2$	$2^2\cdot7\cdot31$	$11\cdot79$
87	$2\cdot3\cdot5\cdot29$	$13\cdot67$	$2^3\cdot109$	$3^2\cdot97$	$2\cdot19\cdot23$	$5^3\cdot7$	$2^2\cdot3\cdot73$		$2\cdot439$	$3\cdot293$
88	$2^4\cdot5\cdot11$		$2\cdot3^2\cdot7^2$		$2^2\cdot13\cdot17$	$3\cdot5\cdot59$	$2\cdot443$		$2^3\cdot3\cdot37$	$7\cdot127$
89	$2\cdot5\cdot89$	$3^4\cdot11$	$2^2\cdot223$	$19\cdot47$	$2\cdot3\cdot149$	$5\cdot179$	$2^7\cdot7$	$3\cdot13\cdot23$	$2\cdot449$	$29\cdot31$
90	$2^2\cdot3^2\cdot5^2$	$17\cdot53$	$2\cdot11\cdot41$	$3\cdot7\cdot43$	$2^3\cdot113$	$5\cdot181$	$2\cdot3\cdot151$		$2^2\cdot227$	$3^2\cdot101$
91	$2\cdot5\cdot7\cdot13$		$2^4\cdot3\cdot19$	$11\cdot83$	$2\cdot457$	$3\cdot5\cdot61$	$2^2\cdot229$	$7\cdot131$	$2\cdot3^3\cdot17$	
92	$2^3\cdot5\cdot23$	$3\cdot307$	$2\cdot461$	$13\cdot71$	$2^2\cdot3\cdot7\cdot11$	$5^2\cdot37$	$2\cdot463$	$3^2\cdot103$	$2^5\cdot29$	
93	$2\cdot3\cdot5\cdot31$	$7^2\cdot19$	$2^2\cdot233$	$3\cdot311$	$2\cdot467$	$5\cdot11\cdot17$	$2^3\cdot3^2\cdot13$		$2\cdot7\cdot67$	$3\cdot313$
94	$2^2\cdot5\cdot47$		$2\cdot3\cdot157$	$23\cdot41$	$2^4\cdot59$	$3^3\cdot5\cdot7$	$2\cdot11\cdot43$		$2^2\cdot3\cdot79$	$13\cdot73$
95	$2\cdot5^2\cdot19$	$3\cdot317$	$2^3\cdot7\cdot17$		$2\cdot3^2\cdot53$	$5\cdot191$	$2^2\cdot239$	$3\cdot11\cdot29$	$2\cdot479$	$7\cdot137$
96	$2^6\cdot3\cdot5$	31^2	$2\cdot13\cdot37$	$3^2\cdot107$	$2^2\cdot241$	$5\cdot193$	$2\cdot3\cdot7\cdot23$		$2^3\cdot11^2$	$3\cdot17\cdot19$
97	$2\cdot5\cdot97$		$2^2\cdot3^5$	$7\cdot139$	$2\cdot487$	$3\cdot5^2\cdot13$	$2^4\cdot61$		$2\cdot3\cdot163$	$11\cdot89$
98	$2^3\cdot5\cdot7^2$	$3^2\cdot109$	$2\cdot491$		$2^3\cdot3\cdot41$	$5\cdot197$	$2\cdot17\cdot29$	$3\cdot7\cdot47$	$2^2\cdot13\cdot19$	$23\cdot43$
99	$2\cdot3^2\cdot5\cdot11$		$2^5\cdot31$	$3\cdot331$	$2\cdot7\cdot71$	$5\cdot199$	$2^2\cdot3\cdot83$		$2\cdot499$	$3^3\cdot37$
100	$2^3\cdot5^3$	$7\cdot11\cdot13$	$2\cdot3\cdot167$	$17\cdot59$	$2^2\cdot251$	$3\cdot5\cdot67$	$2\cdot503$	$19\cdot53$	$2^4\cdot3^2\cdot7$	

Anh. A 10 Tabelle 8. Evolventenfunktion $\mathrm{ev}\alpha = \tan\alpha - \mathrm{arc}\alpha$ (neue Schreibweise: $\mathrm{inv}\alpha = \tan\alpha - \mathrm{arc}\alpha$)

α°	0′	10′	20′	30′	40′	50′
12	0,003117	0,003250	0,003387	0,003528	0,003673	0,003822
13	0,003975	4132	4294	4459	4629	4803
14	0,004982	5165	5353	5545	5742	5943
15	0,006150	6361	6577	6798	7025	7256
16	0,007493	7735	7982	8234	8492	8756
17	0,009025	9299	9580	9866	10158	10456
18	0,010760	11071	11387	11709	12038	12373
19	0,012715	13063	13418	13779	14148	14523
20	0,014904	0,015293	0,015689	0,016092	0,016502	0,016920
21	0,017345	17777	18217	18665	19120	19583
22	0,020054	20533	21019	21514	22018	22529
23	0,023049	23577	24114	24660	25214	25777
24	0,026350	26931	27521	28121	28729	29348
25	0,029975	30613	31260	31917	32583	33260
26	0,033947	34644	35352	36069	36798	37537
27	0,038287	39047	39819	40602	41395	42201
28	0,043017	43845	44685	45537	46400	47276
29	0,048164	49064	49976	50901	51838	52788
30	0,053751	0,054728	0,055717	0,056720	0,057736	0,058765

Anh. A 10 Tabelle 9. Wichtige Zahlenwerte (g in ms^{-2})

π	3,14159	$\sqrt[3]{\pi}$	1,46459	g	9,81	π^2	9,86960	90:π	28,64790	1:g²	0,01039
π:2	1,57080	$\sqrt[3]{2\pi}$	1,84526		(9,80665)	$4\pi^2$	39,47842	180:π	57,29580	$1:\sqrt{g}$	0,31928
π:3	1,04720	$\pi\sqrt[3]{\pi}$	4,60115	g²	96,2361	$\pi^2:4$	2,46740	1:π²	0,10132	$\pi:\sqrt{g}$	1,00303
π:4	0,78540	$\sqrt[3]{\pi^2}$	2,14503	$\sqrt{g}$	3,13209	$\pi^2:16$	0,61685	1:π³	0,03225	$\pi:\sqrt{2g}$	0,70925
π:6	0,52360	$\pi\sqrt[3]{\pi^2}$	6,73881	$2\sqrt{g}$	6,26418	π^3	31,00628	1:π⁴	0,01027	e	2,71828
π:12	0,26180	$\sqrt[3]{\pi:2}$	1,16245	$\pi\sqrt{g}$	9,83976	π^4	97,40909	$\sqrt{1:\pi}$	0,56419	e²	7,38906
π:16	0,19635	1:π	0,31831	$\sqrt{2g}$	4,42945	$\sqrt{\pi}$	1,77245	$\sqrt{2:\pi}$	0,79789	1:e	0,36788
π:32	0,09818	2:π	0,63662	$\pi\sqrt{2g}$	13,91536	$\sqrt{2\pi}$	2,50663	$\sqrt{3:\pi}$	0,97721	1:e²	0,13534
π:64	0,04909	16:π	5,09296	1:g	0,10194	$2\sqrt{\pi}$	3,54491	$\sqrt[3]{1:\pi}$	0,68278	$\sqrt{e}$	1,64872
π:90	0,03491	32:π	10,18592	1:2g	0,05097	$\sqrt{\pi:2}$	1,25331	$\sqrt[3]{2:\pi}$	0,86025	$\sqrt[3]{e}$	1,39561
π:180	0,01745	64:π	20,37184	$\pi^2:g$	1,00608	$\pi\sqrt{\pi}$	5,56833	$\sqrt[3]{3:\pi}$	0,98475		

B | Mechanik
Mechanics

G. **Rumpel** und H.D. **Sondershausen,** Berlin

Allgemeine Literatur zu B1 bis B7
Bücher: *Falk, S.:* Lehrbuch der Technischen Mechanik, Band 1–3. Berlin: Springer 1967, 1968, 1969. – *Gross, D.; Hauger, W.; Schnell, W.:* Technische Mechanik, Bd. 1–3. Heidelberger Taschenbücher Bd. 215–217. Berlin: Springer 1986. – *Gummert, P.; Reckling, K.-A.:* Mechanik, Braunschweig/Wiesbaden: Vieweg&Sohn 1986. – *Holzmann, Meyer, Schumpich:* Technische Mechanik, Teil 1–3, 5. bzw. 6. Aufl. Stuttgart: Teubner 1986. – *Marguerre, K.:* Technische Mechanik, Teil I–III. Berlin: Springer 1967, 1968. – *Neuber, H.:* Technische Mechanik, Teil I–III. Berlin: Springer 1967, 1971, 1974. – *Pestel, E.:* Technische Mechanik, Teil 1–3. Mannheim: Bibliographisches Institut, 1969, 1971. – *Szabó, I.:* Einführung in die Technische Mechanik, 8. Aufl. Berlin: Springer 1975, Nachdruck 1984. – *Szabó, I.:* Höhere Technische Mechanik, 5. Aufl. Berlin: Springer 1972, Nachdruck 1985. – *Szabó, I.:* Repertorium zur Technischen Mechanik, 3. Aufl. Berlin: Springer 1972, Nachdruck 1985. – *Ziegler, F.:* Technische Mechanik der festen und flüssigen Körper, Wien: Springer 1985.

Normen und Richtlinien: *DIN 1305:* Masse, Gewicht, Gewichtskraft, Fallbeschleunigung, Begriffe. – *DIN 1311:* Schwingungslehre. – *DIN 1342:* Viskosität Newtonscher Flüssigkeiten. – *DIN 5492:* Formelzeichen der Strömungsmechanik. – *DIN 5497:* Mechanik; starre Körper; Formelzeichen.

1 Statik starrer Körper
Statics of rigid bodies

1.1 Allgemeines. Introduction

Statik ist die Lehre vom Gleichgewicht am starren Körper oder an Systemen von starren Körpern. Gleichgewicht herrscht, wenn sich ein Gebilde in Ruhe oder in gleichförmiger geradliniger Bewegung befindet. *Starre Körper* im Sinne der Statik sind Gebilde, deren Deformationen so klein sind, daß die Kraftangriffspunkte vernachlässigbar kleine Verschiebungen erfahren.

Kräfte sind linienflüchtige, auf ihrer Wirkungslinie verschiebbare Vektoren (s. A 3.1), die Bewegungs- oder Formänderungen von Körpern bewirken. Ihre Bestimmungsstücke sind Größe, Richtung und Lage (**Bild 1a**).

$$\boldsymbol{F} = \boldsymbol{F}_x + \boldsymbol{F}_y + \boldsymbol{F}_z = F_x\boldsymbol{e}_x + F_y\boldsymbol{e}_y + F_z\boldsymbol{e}_z$$
$$= (F\cos\alpha)\boldsymbol{e}_x + (F\cos\beta)\boldsymbol{e}_y + (F\cos\gamma)\boldsymbol{e}_z, \quad (1)$$

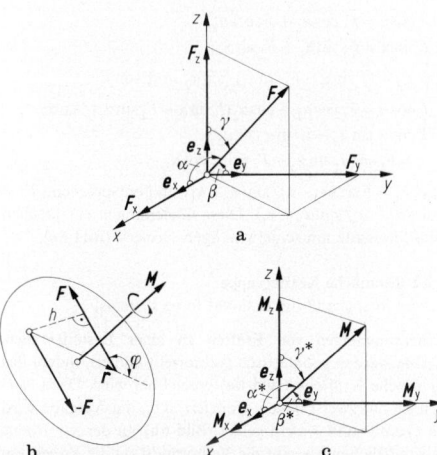

Bild 1. Vektordarstellung. **a** Kraft; **b** Kräftepaar; **c** Moment

wobei

$$F = |\boldsymbol{F}| = \sqrt{F_x^2 + F_y^2 + F_z^2}. \quad (2)$$

Für die Richtungskosinusse der Kraft gilt $\cos\alpha = F_x/F$, $\cos\beta = F_y/F$, $\cos\gamma = F_z/F$ sowie $\cos^2\alpha + \cos^2\beta + \cos^2\gamma = 1$.

Es gibt eingeprägte Kräfte und Reaktionskräfte sowie äußere und innere Kräfte. Äußere Kräfte sind alle von außen auf einen freigemachten Körper (s. B1.5) einwirkenden Kräfte (Belastungen und Auflagerkräfte). Innere Kräfte sind alle im Inneren eines Systems auftretenden Schnitt- und Verbindungskräfte.

Momente oder Kräftepaare bestehen aus zwei gleich großen, entgegengesetzt gerichteten Kräften mit parallelen Wirkungslinien (**Bild 1b**) oder einem Vektor, der auf ihrer Wirkungsebene senkrecht steht. Dabei bilden $\boldsymbol{r}$, $\boldsymbol{F}$, $\boldsymbol{M}$ eine Rechtsschraube (Rechtssystem). Kräftepaare sind in ihrer Wirkungsebene und senkrecht zu dieser beliebig verschiebbar, d.h. der Momentenvektor ist ein freier Vektor, festgelegt durch das Vektorprodukt

$$\boldsymbol{M} = \boldsymbol{r} \times \boldsymbol{F} = \boldsymbol{M}_x + \boldsymbol{M}_y + \boldsymbol{M}_z = M_x\boldsymbol{e}_x + M_y\boldsymbol{e}_y + M_z\boldsymbol{e}_z$$
$$= (M\cos\alpha^*)\boldsymbol{e}_x + (M\cos\beta^*)\boldsymbol{e}_y + (M\cos\gamma^*)\boldsymbol{e}_z. \quad (3)$$
$$M = |\boldsymbol{M}| = |\boldsymbol{r}| \cdot |\boldsymbol{F}| \cdot \sin\varphi = Fh = \sqrt{M_x^2 + M_y^2 + M_z^2}. \quad (4)$$

M heißt Größe oder Betrag des Moments und bedeutet anschaulich den Flächeninhalt des von $\boldsymbol{r}$ und $\boldsymbol{F}$ gebildeten Parallelogramms. Dabei ist h der senkrecht zu $\boldsymbol{F}$ stehende Hebelarm. Für die Richtungskosinusse gilt (**Bild 1c**) $\cos\alpha^* = M_x/M$, $\cos\beta^* = M_y/M$, $\cos\gamma^* = M_z/M$.

Moment einer Kraft bezüglich eines Punktes (Versetzungsmoment). Die Wirkung einer Einzelkraft mit beliebigem Angriffspunkt bezüglich eines Punkts O wird mit dem Hinzufügen eines Nullvektors, d.h. zweier gleich großer, entgegengesetzt gerichteter Kräfte $\boldsymbol{F}$ und $-\boldsymbol{F}$ im Punkt O (**Bild 2a**) deutlich. Es ergibt sich eine Einzelkraft $\boldsymbol{F}$ im Punkt O und ein Kräftepaar bzw. Moment $\boldsymbol{M}$ (Versetzungsmoment), dessen Vektor auf der von $\boldsymbol{r}$ und $\boldsymbol{F}$ gebildeten Ebene senkrecht steht. Sind $\boldsymbol{r}$ und $\boldsymbol{F}$ in Komponenten x, y, z bzw. F_x, F_y, F_z gegeben (**Bild 2b**), so gilt

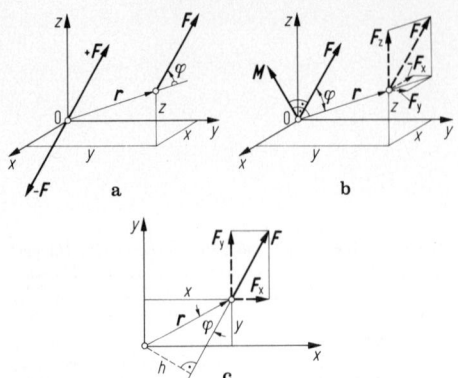

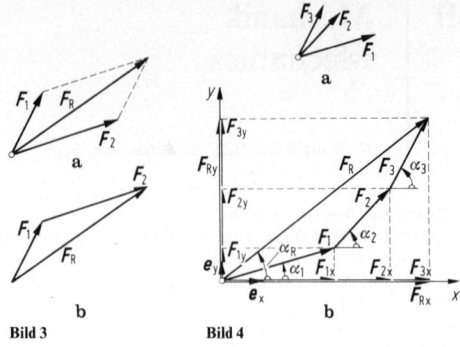

Bild 2. Kraft und Moment. **a** und **b** Kraftversetzung; **c** Moment in der Ebene

Bild 3

Bild 4

Bild 3. Zusammensetzen zweier Kräfte in der Ebene. **a** mit Kräfteparallelogramm; **b** mit Kräftedreieck

Bild 4. Zusammensetzen mehrerer Kräfte in der Ebene. **a** Lageplan; **b** Kräftepolygon

$$M = r \times F = \begin{vmatrix} e_x & e_y & e_z \\ x & y & z \\ F_x & F_y & F_z \end{vmatrix}$$
$$= (F_z y - F_y z)e_x + (F_x z - F_z x)e_y + (F_y x - F_x y)e_z$$
$$= M_x e_x + M_y e_y + M_z e_z. \tag{5}$$

Für die Komponenten, den Betrag des Momentenvektors und die Richtungskosinusse gilt

$$M_x = F_z y - F_y z, \quad M_y = F_x z - F_z x, \quad M_z = F_y x - F_x y;$$
$$M = |M| = |r| \cdot |F| \cdot \sin \varphi = Fh = \sqrt{M_x^2 + M_y^2 + M_z^2};$$
$$\cos \alpha^* = M_x / M, \quad \cos \beta^* = M_y / M, \quad \cos \gamma^* = M_z / M.$$

Liegt der Kraftvektor in der x, y-Ebene, d.h., sind z und F_z gleich null, so folgt (**Bild 2c**)

$$M = M_z = (F_y x - F_x y)e_z;$$
$$M = |M| = M_z = F_y x - F_x y = Fr \sin \varphi = Fh.$$

Projektion eines Momentenvektors auf eine gegebene Achse (Richtung): Ist ψ der Winkel zwischen Vektor und Achse und e_1 der Einheitsvektor der Achse, so ergibt sich aus dem Skalarprodukt: $M_1 = M e_1 = M \cos \psi$.

1.2 Zusammensetzen und Zerlegen von Kräften mit gemeinsamem Angriffspunkt. Combination and resolution of concurrent forces

1.2.1 Ebene Kräftegruppe. Systems of coplanar forces

Zusammensetzen von Kräften zu einer Resultierenden. Kräfte werden geometrisch (vektoriell) addiert, und zwar zwei Kräfte mit dem Kräfteparallelogramm oder Kräftedreieck (**Bild 3**), mehrere Kräfte mit dem Kräftepolygon oder Krafteck (**Bild 4**, Kräftemaßstab 1 cm $\hat{=}$ κ N). Die rechnerische Lösung lautet

$$F_R = \sum_{i=1}^{n} F_i = \sum_{i=1}^{n} F_{ix} e_x + \sum_{i=1}^{n} F_{iy} e_y$$
$$= F_{Rx} e_x + F_{Ry} e_y \tag{6}$$

mit $F_{ix} = F_i \cos \alpha_i$, $F_{iy} = F_i \sin \alpha_i$. Größe und Richtung der Resultierenden:

$$F_R = \sqrt{F_{Rx}^2 + F_{Ry}^2}, \quad \tan \alpha_R = F_{Ry} / F_{Rx}. \tag{7}$$

Zerlegen einer Kraft ist in der Ebene eindeutig nur nach zwei Richtungen möglich, nach drei und mehr Richtungen ist die Lösung vieldeutig (statisch unbestimmt). Graphische Lösung s. **Bild 5a, b**.

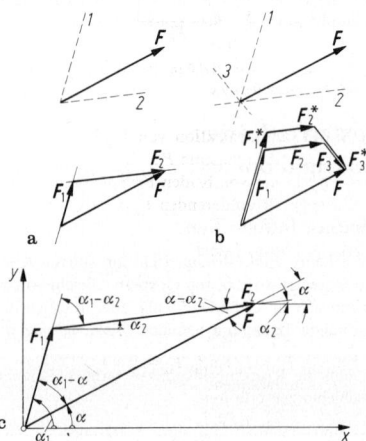

Bild 5. Zerlegen einer Kraft in der Ebene. **a** in zwei Richtungen (eindeutig); **b** in drei Richtungen (vieldeutig); **c** rechnerisch

Rechnerische Lösung (**Bild 5c**): $F = F_1 + F_2$ bzw. in Komponenten

$$F \cos \alpha = F_1 \cos \alpha_1 + F_2 \cos \alpha_2,$$
$$F \sin \alpha = F_1 \sin \alpha_1 + F_2 \sin \alpha_2;$$

d.h. $F_2 = (F \sin \alpha - F_1 \sin \alpha_1) / \sin \alpha_2$ und somit

$$F \cos \alpha = F_1 \cos \alpha_1 + \cos \alpha_2 (F \sin \alpha - F_1 \sin \alpha_1) / \sin \alpha_2.$$
$$F \cos \alpha \sin \alpha_2 - F \sin \alpha \cos \alpha_2$$
$$= F_1 \cos \alpha_1 \sin \alpha_2 - F_1 \sin \alpha_1 \cos \alpha_2,$$

also $F_1 = F \sin(\alpha_2 - \alpha) / \sin(\alpha_2 - \alpha_1)$ und entsprechend $F_2 = F \sin(\alpha_1 - \alpha) / \sin(\alpha_2 - \alpha_1)$. Diese Gleichungen entsprechen dem Sinussatz am schiefwinkligen Dreieck (**Bild 5c**).

1.2.2 Räumliche Kräftegruppe
Forces in space (3-dimensional force systems)

Zusammensetzen von Kräften zu einer Resultierenden. Kräfte werden geometrisch (vektoriell) addiert, indem das räumliche Krafteck (**Bild 6a**) gezeichnet wird. Dazu werden sie auf zwei Ebenen projiziert, d.h., die Aufgabe wird im Grund- und Aufriß gelöst (**Bild 6a**). In der x, y-Ebene (Grundrißebene) ergibt die Vektoraddition die Projektion F_R' der Resultierenden F_R, in der y, z-Ebene (Aufrißebe-

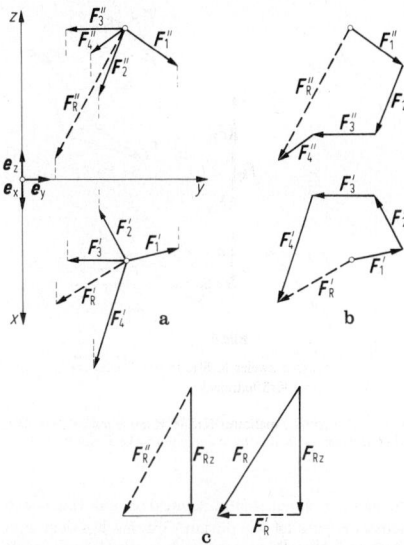

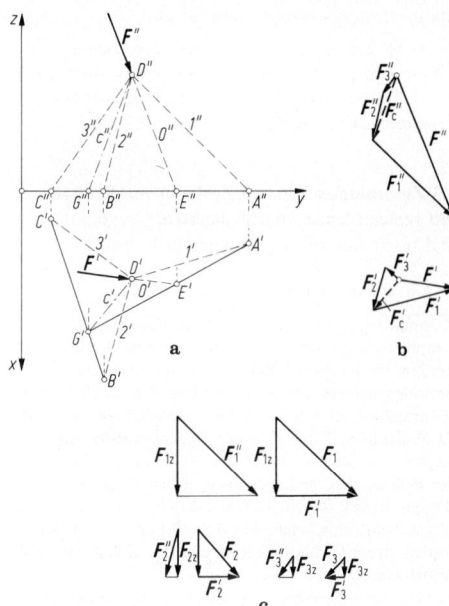

Bild 6. Zusammensetzen von Kräften im Raum. **a** Lageplan; **b** Krafteck; **c** Gesamtresultierende

Bild 7. Zerlegen einer Kraft im Raum. **a** Lageplan; **b** Krafteck; **c** endgültige Kräfte

ne) F_R'' (**Bild 6b**). Die Projektion von F_R'' in z-Richtung ergibt die wirkliche Komponente F_{Rz} der Resultierenden. F_{Rz} wird mit F_R' in der von beiden Komponenten aufgespannten Ebene zur Resultierenden F_R zusammengesetzt (**Bild 6c**).

Die rechnerische Lösung lautet

$$F_R = \sum_{i=1}^{n} F_i = \sum_{i=1}^{n} F_{ix}e_x + \sum_{i=1}^{n} F_{iy}e_y + \sum_{i=1}^{n} F_{iz}e_z$$
$$= F_{Rx}e_x + F_{Ry}e_y + F_{Rz}e_z; \qquad (8)$$

mit $F_{ix} = F_i \cos\alpha_i$, $F_{iy} = F_i \cos\beta_i$, $F_{iz} = F_i \cos\gamma_i$. Größe und Richtung der Resultierenden:

$$F = \sqrt{F_{Rx}^2 + F_{Ry}^2 + F_{Rz}^2};$$
$$\cos\alpha_R = F_{Rx}/F, \quad \cos\beta_R = F_{Ry}/F, \quad \cos\gamma_R = F_{Rz}/F. \qquad (9)$$

Zerlegen einer Kraft ist im Raum eindeutig nur nach drei Richtungen möglich; nach vier und mehr Richtungen ist die Lösung vieldeutig (statisch unbestimmt). Bei der graphischen Lösung (**Bild 7a, b**) bestimmt man zunächst den Spurpunkt E der Kraft F (Wirkungslinie O) im Aufriß und damit im Grundriß die von O und 1 aufgespannte Ebene $A'D'E'$. Sie schneidet die von 2 und 3 gebildete Ebene $B'C'D'$ im Grundriß in der Schnittgeraden c' mit dem Spurpunkt G'. Die Projektion von G' in den Aufriß liefert G'' und damit c''. Nun zerlegt man die Kraft F im Grundriß und Aufriß in die Richtungen 1 und c, die in zwei verschiedenen Ebenen, nämlich in ABD und BCD, liegen. F_c ist die sogenannte Culmannsche Hilfskraft, die anschließend in die Richtungen 2 und 3 im Grundriß und Aufriß zerlegt wird. Die endgültige Größe von F_1 erhält man, indem man die aus dem Aufriß zu entnehmende Komponente F_{1z} mit der aus dem Grundriß zu entnehmenden Kraft F_1' in der von diesen beiden Kräften aufgespannten Ebene zusammensetzt. Entsprechendes gilt für F_2 und F_3 (**Bild 7c**).

Die rechnerische Lösung lautet $F_1 + F_2 + F_3 = F$; $F_{1x} + F_{2x} + F_{3x} = F_x$, $F_{1y} + F_{2y} + F_{3y} = F_y$, $F_{1z} + F_{2z} + F_{3z} = F_z$. Gemäß **Bild 8** gilt für die Richtungskosinusse der drei gegebenen Richtungen

$$\cos\alpha_i = x_i/\sqrt{x_i^2 + y_i^2 + z_i^2}, \quad \cos\beta_i = y_i/\sqrt{x_i^2 + y_i^2 + z_i^2},$$
$$\cos\gamma_i = z_i/\sqrt{x_i^2 + y_i^2 + z_i^2}.$$

Damit folgt

$$F_1 \cos\alpha_1 + F_2 \cos\alpha_2 + F_3 \cos\alpha_3 = F \cos\alpha,$$
$$F_1 \cos\beta_1 + F_2 \cos\beta_2 + F_3 \cos\beta_3 = F \cos\beta,$$
$$F_1 \cos\gamma_1 + F_2 \cos\gamma_2 + F_3 \cos\gamma_3 = F \cos\gamma.$$

Diese drei linearen Gleichungen für die drei unbekannten Kräfte F_1, F_2 und F_3 haben nur dann eine eindeutige Lösung, wenn ihre Systemdeterminante nicht null wird (s. A 3.2.3), d.h., wenn die drei Richtungsvektoren nicht in einer Ebene liegen. Gemäß **Bild 8** gilt $F_1 e_1 + F_2 e_2 + F_3 e_3 = F$ und nach Multiplikation mit $e_2 \times e_3$

$$F_1 e_1(e_2 \times e_3) + F_2 e_2(e_2 \times e_3) + F_3 e_3(e_2 \times e_3) = F(e_2 \times e_3).$$

Da der Vektor $(e_2 \times e_3)$ sowohl auf e_2 als auch auf e_3 senkrecht steht, werden die Skalarprodukte null, und es folgt

$$F_1 e_1(e_2 \times e_3) = F(e_2 \times e_3) \quad \text{bzw.}$$
$$F_1 = F e_2 e_3/(e_1 e_2 e_3),$$
$$F_2 = e_1 F e_3/(e_1 e_2 e_3), \quad F_3 = e_1 e_2 F/(e_1 e_2 e_3). \qquad (10)$$

$F e_2 e_3$, $e_1 e_2 e_3$ usw. sind Spatprodukte, d.h. Skalare, deren Größe der Rauminhalt des von drei Vektoren gebildeten Spats festlegt. Die Lösung ist eindeutig, wenn das Spatprodukt $e_1 e_2 e_3 \neq 0$ ist, d.h., die drei Vektoren dürfen nicht in einer Ebene liegen (s. A 3.1.6).

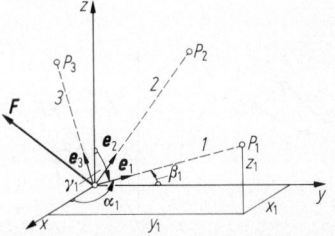

Bild 8. Rechnerische Zerlegung einer Kraft im Raum

B

Mit $e_i = \cos\alpha_i e_x + \cos\beta_i e_y + \cos\gamma_i e_z$ wird

$$F_1 = \begin{vmatrix} F\cos\alpha & \cos\alpha_2 & \cos\alpha_3 \\ F\cos\beta & \cos\beta_2 & \cos\beta_3 \\ F\cos\gamma & \cos\gamma_2 & \cos\gamma_3 \end{vmatrix} : \begin{vmatrix} \cos\alpha_1 & \cos\alpha_2 & \cos\alpha_3 \\ \cos\beta_1 & \cos\beta_2 & \cos\beta_3 \\ \cos\gamma_1 & \cos\gamma_2 & \cos\gamma_3 \end{vmatrix}. \quad (11)$$

Entsprechend F_2 und F_3.

1.3 Zusammensetzen und Zerlegen von Kräften mit verschiedenen Angriffspunkten. Combination and resolution of non-concurrent forces

1.3.1 Kräfte in der Ebene. Coplanar forces

Zusammensetzen mehrerer Kräfte zu einer Resultierenden. Graphisches Verfahren mit Kraft- und Seileck: die Kräfte werden im Krafteck (**Bild 9b**) geometrisch zur Resultierenden addiert, ein beliebiger Pol P gewählt und die Polstrahlen *1* bis *n* gezogen. Die Parallelen hierzu werden als Seilstrahlen *1'* bis *n'* in den Lageplan (**Bild 9a**) übertragen, und zwar so, daß die Kräfte eines Kräftedreiecks des Polecks sich im Lageplan in einem Punkt schneiden (Punkt-Dreieck-Regel). Der Schnittpunkt des ersten und letzten Seilstrahls liefert den Angriffspunkt der Resultierenden, deren Größe und Richtung aus dem Krafteck zu entnehmen ist.
Rechnerisches Verfahren: Bezüglich des Nullpunkts ergibt die ebene Kräftegruppe eine resultierende Kraft und ein resultierendes (Versetzungs-)Moment (**Bild 10a**)

$$F_R = \sum_{i=1}^{n} F_i, \quad M_R = \sum_{i=1}^{n} M_i \quad \text{bzw.} \quad F_{Rx} = \sum_{i=1}^{n} F_{ix},$$

$$F_{Ry} = \sum_{i=1}^{n} F_{iy}, \quad M_R = \sum_{i=1}^{n}(F_{iy}x_i - F_{ix}y_i) = \sum_{i=1}^{n} F_i h_i.$$

Für einen beliebigen Punkt ist die Wirkung der Kräftegruppe gleich der ihrer Resultierenden. Wird die Resultierende parallel aus dem Nullpunkt soweit verschoben, daß M_R null wird, so folgt für ihre Lage aus $M_R = F_R h_R$ usw. (**Bild 10b**)

$$h_R = M_R / F_R \quad \text{bzw.} \quad x_R = M_R / F_{Ry} \quad \text{bzw.}$$
$$y_R = -M_R / F_{Rx}.$$

Zerlegen einer Kraft. Die Zerlegung einer Kraft ist in der Ebene eindeutig möglich nach drei gegebenen Richtungen,

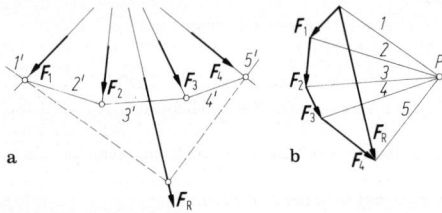

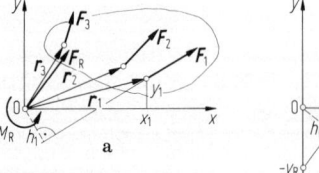

a

b

Bild 9. Zusammensetzen mehrerer Kräfte in der Ebene. **a** Lageplan (Seileck); **b** Krafteck (Poleck)

Bild 10. Resultierende von Kräften in der Ebene

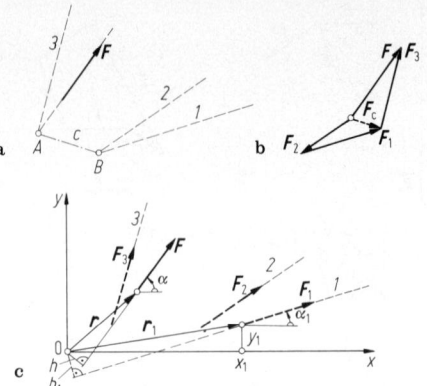

Bild 11. Zerlegen einer Kraft in der Ebene. **a** Lageplan mit Culmannscher Geraden c; **b** Krafteck; **c** rechnerische Lösung

die sich nicht in einem Punkt schneiden und von denen höchstens zwei parallel sein dürfen. Graphisch zerlegt man eine Kraft mit Hilfe der Culmannschen Hilfsgeraden (**Bild 11a, b**). Dazu sind die Kraft F mit einer der drei Wirkungslinien und die beiden anderen Wirkungslinien untereinander zum Schnitt zu bringen. Die Verbindunglinie der Schnittpunkte A und B ist die sogenannte Culmannsche Hilfsgerade c. Nach Zerlegen der Kraft F im Krafteck in die Richtungen *3* und c ergeben sich F_3 und F_c. Die Kraft F_c wird dann weiter zerlegt in die Richtungen *1* und *2*, was zu F_1 und F_2 führt.
Die rechnerische Lösung folgt aus der Bedingung, daß Kraft- und Momentenwirkung der Einzelkräfte F_i und der Kraft F bezüglich des Nullpunktes gleich sein müssen (**Bild 11c**):

$$\sum_{i=1}^{n} F_i = F, \quad \sum_{i=1}^{n}(r_i \times F_i) = r \times F, \quad \text{d.h.}$$

$$F_1 \cos\alpha_1 + F_2 \cos\alpha_2 + F_3 \cos\alpha_3 = F\cos\alpha,$$
$$F_1 \sin\alpha_1 + F_2 \sin\alpha_2 + F_3 \sin\alpha_3 = F\sin\alpha;$$
$$F_1(x_1\sin\alpha_1 - y_1\cos\alpha_1) + F_2(x_2\sin\alpha_2 - y_2\cos\alpha_2)$$
$$+ F_3(x_3\sin\alpha_3 - y_3\cos\alpha_3) = F(x\sin\alpha - y\cos\alpha)$$

oder an Stelle der letzten Gleichung $F_1 h_1 + F_2 h_2 + F_3 h_3 = Fh$, wobei entgegen dem Uhrzeigersinn drehende Momente positiv sind. Das sind drei Gleichungen für die drei Unbekannten F_1, F_2, F_3. Ihre Nennerdeterminante darf nicht null werden, d.h., es müssen die bei der graphischen Lösung angeführten Bedingungen bezüglich der Lage der Wirkungslinien der Kräfte erfüllt sein, wenn die Lösung eindeutig sein soll.

1.3.2 Kräfte im Raum. Forces in space

Kräftezusammenfassung (Reduktion). Eine räumliche Kräftegruppe, bestehend aus den Kräften $F_i = (F_{ix}; F_{iy}; F_{iz})$, deren Angriffspunkte durch die Radiusvektoren $r_i = (x_i; y_i; z_i)$ gegeben sind, kann bezüglich eines beliebigen Punkts zu einer resultierenden Kraft F_R und zu einem resultierenden Moment M_R zusammengefaßt (reduziert) werden. Die umständliche graphische Lösung erfolgt in drei Projektionsebenen [1]. Die rechnerische Lösung (**Bild 12**) lautet, bezogen auf den Nullpunkt

$$F_R = \sum_{i=1}^{n} F_i,$$

$$M_R = \sum_{i=1}^{n}(r_i \times F_i) = \sum_{i=1}^{n} \begin{vmatrix} e_x & e_y & e_z \\ x_i & y_i & z_i \\ F_{ix} & F_{iy} & F_{iz} \end{vmatrix} \quad \text{bzw.}$$

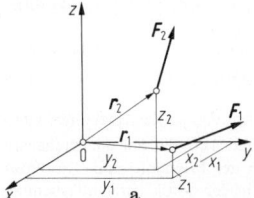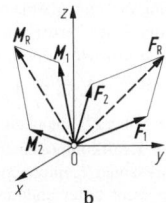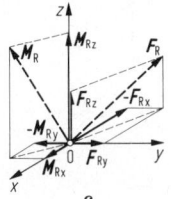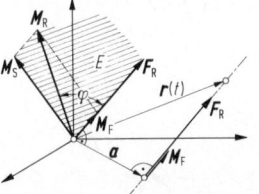

Bild 12. Räumliche Kräftereduktion. **a** Lageplan; **b** Kraft- und Momentenresultierende; **c** Kraft- und Momentenkomponenten

Bild 13. Kraftschraube (Dyname)

$$F_{Rx} = \sum_{i=1}^{n} F_{ix}, \quad F_{Ry} = \sum_{i=1}^{n} F_{iy}, \quad F_{Rz} = \sum_{i=1}^{n} F_{iz};$$

$$M_{Rx} = \sum_{i=1}^{n} (F_{iz}y_i - F_{iy}z_i), \quad M_{Ry} = \sum_{i=1}^{n} (F_{ix}z_i - F_{iz}x_i),$$

$$M_{Rz} = \sum_{i=1}^{n} (F_{iy}x_i - F_{ix}y_i).$$

Kraftschraube oder Dyname. Eine weitere Vereinfachung des reduzierten Kräftesystems ist insofern möglich, als es eine Achse mit bestimmter Lage gibt, auf der Kraftvektor und Momentvektor parallel zueinander liegen (**Bild 13**). Diese Achse heißt Zentralachse. Sie ergibt sich durch Zerlegen von M_R in der durch M_R und F_R gebildeten Ebene E in die Komponenten $M_F = M_R \cos\varphi$ (parallel zu F_R) und $M_S = M_R \sin\varphi$ (senkrecht zu F_R). Hierbei folgt φ aus dem Skalarprodukt $M_R \cdot F_R = M_R F_R \cos\varphi$, d.h. $\cos\varphi = M_R \cdot F_R/(M_R F_R)$. Anschließend wird M_S durch Versetzen von F_R senkrecht zur Ebene E um den Betrag $a = M_S/F_R$ zu null gemacht. Der dazu gehörige Vektor ist $a = (F_R \times M_R)/F_R^2$, da sein Betrag $|a| = a = F_R M_R \sin\varphi/F_R^2 = M_S/F_R$ ist. Die Vektorgleichung der Zentralachse, in deren Richtung F_R und M_F wirken, lautet dann mit t als Parameter $r(t) = a + F_R \cdot t$.

Kraftzerlegung im Raum. Eine Kraft läßt sich im Raum nach sechs gegebenen Richtungen eindeutig zerlegen. Sind die Richtungen durch ihre Richtungskosinusse gegeben und heißen die Kräfte $F_1 \dots F_6$, so gilt

$$\sum_{i=1}^{6} F_i \cos\alpha_i = F\cos\alpha, \quad \sum_{i=1}^{6} F_i \cos\beta_i = F\cos\beta,$$

$$\sum_{i=1}^{6} F_i \cos\gamma_i = F\cos\gamma;$$

$$\sum_{i=1}^{6} F_i(y_i \cos\gamma_i - z_i \cos\beta_i) = F(y\cos\gamma - z\cos\beta),$$

$$\sum_{i=1}^{6} F_i(z_i \cos\alpha_i - x_i \cos\gamma_i) = F(z\cos\alpha - x\cos\gamma),$$

$$\sum_{i=1}^{6} F_i(x_i \cos\beta_i - y_i \cos\alpha_i) = F(x\cos\beta - y\cos\alpha).$$

Aus diesen sechs linearen Gleichungen erhält man eine eindeutige Lösung, wenn die Nennerdeterminante ungleich null ist (s. A 3.2.3).

1.4 Gleichgewicht und Gleichgewichtsbedingungen
Conditions of equilibrium

Ein Körper ist im Gleichgewicht, wenn er sich in Ruhe oder in gleichförmiger geradliniger Bewegung befindet. Da dann alle Beschleunigungen null sind, folgt aus den Grundgesetzen der Dynamik, daß am Körper keine resultierende Kraft und kein resultierendes Moment auftreten.

1.4.1 Kräftesystem im Raum. System of forces in space

Die Gleichgewichtsbedingungen lauten

$$F_R = \sum F_i = 0 \quad \text{und} \quad M_R = \sum M_i = 0 \qquad (12)$$

bzw. in Komponenten

$$\sum F_{ix} = 0, \quad \sum F_{iy} = 0, \quad \sum F_{iz} = 0;$$
$$\sum M_{ix} = 0, \quad \sum M_{iy} = 0, \quad \sum M_{iz} = 0. \qquad (13)$$

Jede der drei Gleichgewichtsbedingungen für die Kräfte kann durch eine weitere für die Momente um eine beliebige andere Achse, die nicht durch den Ursprung O gehen darf, ersetzt werden.

Aus den sechs Gleichgewichtsbedingungen lassen sich sechs unbekannte Größen (Kräfte oder Momente) berechnen. Sind mehr als sechs Unbekannte vorhanden, nennt man das Problem statisch unbestimmt. Seine Lösung ist nur unter Heranziehung der Verformungen möglich (s. C2.7). Liegen Kräfte mit *gemeinsamem Angriffspunkt* vor, so sind die Momentenbedingungen nach Gl. (13) bezüglich des Schnittpunkts (und damit auch für alle anderen Punkte, da M_R ein freier Vektor ist) identisch erfüllt. Dann gelten nur die Kräftegleichgewichtsbedingungen von Gl. (13), aus denen drei unbekannte Kräfte ermittelt werden können. Für die graphische Lösung muß sich in diesem Fall wegen $F_R = \sum F_i = 0$ das räumliche Kraftteck schließen (Durchführung in Grund- und Aufriß entsprechend **Bild 7**).

1.4.2 Kräftesystem in der Ebene
Systems of coplanar forces

Das Gleichungssystem (13) reduziert sich auf drei Gleichgewichtsbedingungen:

$$\sum F_{ix} = 0, \quad \sum F_{iy} = 0, \quad \sum M_{iz} = 0. \qquad (14)$$

Die beiden Kräftegleichgewichtsbedingungen können durch zwei weitere Momentenbedingungen ersetzt werden. Die drei Bezugspunkte für die drei Momentengleichungen dürfen nicht auf einer Geraden liegen. Aus den drei Gleichgewichtsbedingungen der Ebene lassen sich drei unbekannte Größen (Kräfte oder Momente) ermitteln. Sind mehr Unbekannte vorhanden, so ist das ebene Problem statisch unbestimmt.
Die graphische Lösung für das Gleichgewicht in der Ebene folgt aus dem Satz, daß sich Kraft- und Seileck schließen müssen (**Bild 14**). Schließt sich das Krafteck, das Seileck

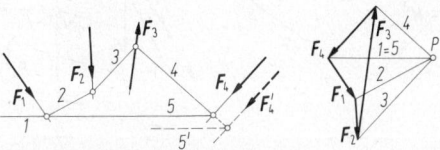

Bild 14. Graphische Gleichgewichtsbedingungen

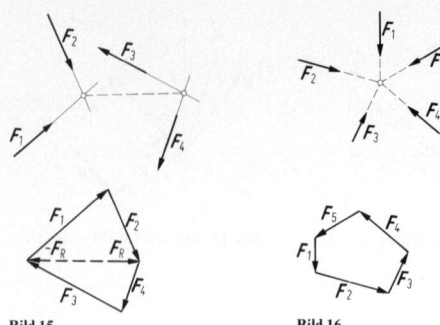

Bild 15   **Bild 16**

Bild 15. Gleichgewicht von vier Kräften in der Ebene

Bild 16. Gleichgewicht von Kräften mit gemeinsamem Angriffspunkt

aber nicht, so herrscht kein Gleichgewicht; ein Kräftepaar bleibt übrig (s. **Bild 14**, Kraft F_4' und Kräftepaar, bestehend aus Seilkräften 1 und $5'$). Sonderfälle: Zwei Kräfte sind im Gleichgewicht, wenn sie auf gleicher Wirkungslinie liegen, gleich groß und entgegengesetzt gerichtet sind. Drei Kräfte müssen sich in einem Punkt schneiden, und das Krafteck muß sich schließen. Bei vier Kräften muß sich das Krafteck schließen, und die Resultierenden von je zweien müssen auf derselben Wirkungslinie liegen, gleich groß und entgegengesetzt gerichtet sein (**Bild 15**).

Für *Kräfte mit gemeinsamem Angriffspunkt in der Ebene* ist die Momentenbedingung in Gl. (14) identisch erfüllt, es bleiben nur die beiden Kräftebedingungen

$$\sum F_{ix} = 0, \quad \sum F_{iy} = 0. \tag{15}$$

Die graphische Lösung folgt aus der Vektorgleichung $F_R = 0$, d.h., das Krafteck muß sich schließen (**Bild 16**).

1.4.3 Prinzip der virtuellen Arbeiten
Principle of virtual work

Das Prinzip tritt an die Stelle der Gleichgewichtsbedingungen und lautet: Erteilt man einem starren Körper eine mit seinen geometrischen Bindungen verträgliche kleine (virtuelle) Verrückung, und ist der Körper im Gleichgewicht (**Bild 17**), so ist die virtuelle Gesamtarbeit aller eingeprägten äußeren Kräfte und Momente – durch (e) hochgestellt gekennzeichnet – gleich null:

$$\delta W^{(e)} = \sum F_i^{(e)} \delta r_i + \sum M_i^{(e)} \delta \varphi_i = 0 \tag{16}$$

bzw. in Komponenten

$$\delta W^{(e)} = \sum (F_{ix}^{(e)} \delta x_i + F_{iy}^{(e)} \delta y_i + F_{iz}^{(e)} \delta z_i)$$
$$+ \sum (M_{ix}^{(e)} \delta \varphi_{ix} + M_{iy}^{(e)} \delta \varphi_{iy} + M_{iz}^{(e)} \delta \varphi_{iz}) = 0;$$

$r_i = (x_i; y_i; z_i)$ Ortsvektoren zu den Kraftangriffspunkten; $\delta r_i = (\delta x_i; \delta y_i; \delta z_i)$ Variationen (mathematisch ausgedrückt Vektordifferentiale) der Ortsvektoren, die sich durch Bil-

dung der ersten Ableitung ergeben; $\delta \varphi_i$ Drehwinkeldifferentiale der Verdrehungen φ_i.

In natürlichen Koordinaten nimmt das Prinzip die Form

$$\delta W^{(e)} = \sum F_{is}^{(e)} \delta s_i + \sum M_{i\varphi}^{(e)} \delta \varphi_i = 0 \tag{17}$$

an, wobei $F_{is}^{(e)}$ die in die Richtung der Verschiebung zeigenden Kraftkomponenten und $M_{i\varphi}^{(e)}$ die um die Drehachse wirksamen Komponenten der Momente sind. Das Prinzip dient unter anderem in der Statik zur Untersuchung des Gleichgewichts an verschieblichen Systemen und zur Berechnung des Einflusses von Wanderlasten auf Schnitt- und Auflagerkräfte (Einflußlinien).

Beispiel: Bei einer Zeichenmaschine sind Gegengewicht F_Q und sein Hebelarm l so zu bestimmen, daß sich die Zeichenmaschine vom Eigengewicht F_G in jeder Lage im Gleichgewicht befindet (**Bild 18**). – Das System hat zwei verschiedene Freiheitsgrade φ und ψ.

$$r_G = (-l \sin \varphi + b \sin \psi; \; b \cos \psi - c \cos \varphi),$$
$$r_Q = (l \sin \varphi - a \sin \psi; \; -a \cos \psi + l \cos \varphi),$$
$$\delta r_G = (-c \cos \varphi \, \delta \varphi + b \cos \psi \, \delta \psi; \; -b \sin \psi \, \delta \psi + c \sin \varphi \, \delta \varphi),$$
$$\delta r_Q = (l \cos \varphi \, \delta \varphi - a \cos \psi \, \delta \psi; \; a \sin \psi \, \delta \psi - l \sin \varphi \, \delta \varphi).$$

Mit $F_G = (0; -F_G)$ und $F_Q = (0; -F_Q)$ wird

$$\delta W^{(e)} = \sum F_i^{(e)} \delta r_i = -F_G(-b \sin \psi \, \delta \psi + c \sin \varphi \, \delta \varphi)$$
$$- F_Q(a \sin \psi \, \delta \psi - l \sin \varphi \, \delta \varphi)$$
$$= \sin \psi \, \delta \psi (F_G b - F_Q a) + \sin \varphi \, \delta \varphi (-F_G c + F_Q l).$$

Aus $\delta W^{(e)} = 0$ folgt wegen der Beliebigkeit von φ und ψ

$$F_G b - F_Q a = 0 \quad \text{und} \quad -F_G c + F_Q l = 0$$

und damit

$$F_Q = F_G b/a \quad \text{und} \quad l = c \, F_G/F_Q = ca/b.$$

Ferner wird

$$\delta^2 W^{(e)} = \cos \psi \, \delta \psi^2 (F_G b - F_Q a) + \cos \varphi \, \delta \varphi^2 (-F_G c + F_Q l).$$

Hieraus folgt mit den ermittelten Lösungswerten $\delta^2 W^{(e)} = 0$, d.h., es liegt indifferentes Gleichgewicht vor (s. B 1.4.4).

1.4.4 Arten des Gleichgewichts. Types of equilibrium

Man unterscheidet stabiles, labiles und indifferentes Gleichgewicht (s. **Bild 19**). Stabiles Gleichgewicht herrscht, wenn ein Körper bei einer mit seinen geometrischen Bindungen verträglichen Verschiebung in seine Ausgangslage zurückzukehren trachtet, labiles Gleichgewicht, wenn er sie zu verlassen sucht, und indifferentes Gleichgewicht, wenn jede benachbarte Lage eine neue

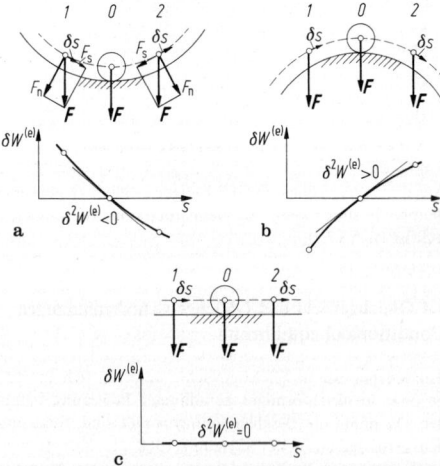

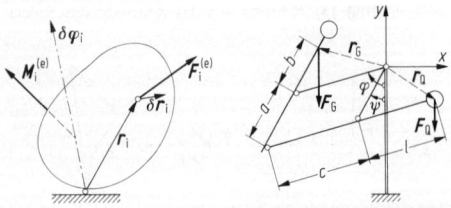

Bild 17. Prinzip virtueller Verrückungen **Bild 18.** Zeichenmaschine

Bild 19. Gleichgewichtsarten. **a** stabil; **b** labil; **c** indifferent

Gleichgewichtslage ist. Wird entsprechend B 1.4.3 die kleine Verschiebung als virtuelle aufgefaßt, so gilt nach dem Prinzip der virtuellen Arbeiten für die Gleichgewichtslage $\delta W^{(e)} = 0$. Bewegt man den Körper gemäß **Bild 19a** aus einer Lage *1* in eine Lage *2* über die Gleichgewichtslage *0* hinweg, so ist im Bereich *1* bis *0* die Arbeit $\delta W^{(e)} = F_s \delta s > 0$, d.h. positiv, im Bereich *0* bis *2* $\delta W^{(e)} < 0$, d.h. negativ. Aus der Funktion $\delta W^{(e)} = f(s)$ geht hervor, daß die Steigung von $\delta W^{(e)}$ negativ ist, d.h. $\delta^2 W^{(e)} < 0$, wenn stabiles Gleichgewicht. Allgemein, gilt für das Gleichgewicht: stabil $\delta^2 W^{(e)} < 0$, labil $\delta^2 W^{(e)} > 0$, indifferent $\delta^2 W^{(e)} = 0$.

Handelt es sich um Probleme, bei denen nur Gewichtskräfte eine Rolle spielen, dann gilt mit dem Potential $U = F_G z$ bzw. $\delta U = F_G \delta z$

$$\delta W^{(e)} = F^{(e)} \delta r = (0;0;-F_G)(\delta x;\delta y;\delta z)$$
$$= -F_G \delta z = -\delta U$$

und $\delta^2 W^{(e)} = -\delta^2 U$, d.h., bei stabilem Gleichgewicht ist $\delta^2 U > 0$ und somit die potentielle Energie U ein Minimum, bei labilem Gleichgewicht $\delta^2 U < 0$ und die potentielle Energie ein Maximum.

1.4.5 Standsicherheit. Stability

Bei Körpern, deren Auflagerungen nur Druckkräfte aufnehmen können, besteht die Gefahr des Umkippens. Es wird verhindert, wenn um die möglichen Kippkanten *A* oder *B* (**Bild 20**) die Summe der Standmomente größer ist als die Summe der Kippmomente, d.h., wenn die Resultierende des Kräftesystems innerhalb der Kippkanten die Standfläche schneidet. Standsicherheit ist das Verhältnis der Summe aller Standmomente zur Summe aller Kippmomente bezüglich einer Kippkante: $S = \sum M_S / \sum M_K$. Für $S \geq 1$ herrscht Standsicherheit und Gleichgewicht.

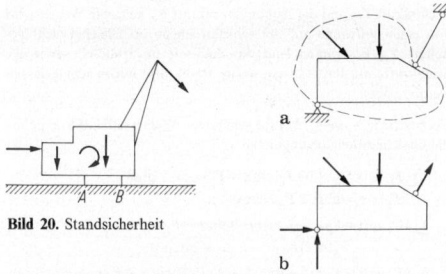

Bild 20. Standsicherheit

Bild 21. Freimachungsprinzip. **a** gestützter Körper mit geschlossener Schnittlinie; **b** freigemachter Körper

1.5 Lagerungsarten, Freimachungsprinzip
Types of support, the "free body"

Körper werden durch sog. Lager abgestützt. Die Stützkräfte wirken als Reaktionskräfte zu den äußeren eingeprägten Kräften auf den Körper. Je nach Bauart der Lager können im räumlichen Fall maximal drei Kräfte und maximal drei Momente übertragen werden. Die Reaktionskräfte und -momente werden durch das sogenannte „Freimachen" eines Körpers zu äußeren Kräften. Ein Körper wird freigemacht, indem man ihn mittels eines geschlossenen Schnitts durch alle Lager von seiner Umgebung trennt und die Lagerkräfte als äußere Kräfte am Körper anbringt (**Bild 21**, Freimachungsprinzip). Auf die Lager wirken dann nach „actio = reactio" (3. Newtonsches Axiom) gleich große, entgegengesetzt gerichtete Kräfte.

Je nach Bauart und Anzahl der Reaktionsgrößen eines Lagers unterscheidet man ein- bis sechswertige Lager (**Bild 22**).

1.6 Auflagerreaktionen an Körpern
Support reactions

1.6.1 Körper in der Ebene. Plane problems

In der Ebene hat ein Körper drei Freiheitsgrade hinsichtlich seiner Bewegungsmöglichkeiten (Verschiebung in *x*- und *y*-Richtung, Drehung um die *z*-Achse). Er benötigt daher eine insgesamt 3wertige Lagerung für eine stabile und statisch bestimmte Festhaltung. Diese kann aus einer festen Einspannung oder aus einem Fest- und Loslager oder aus drei Loslagern (Gleitlagern) bestehen (im letzten Fall dürfen sich die drei Wirkungslinien der Reaktionskräfte nicht in einem Punkt schneiden). Ist die Lagerung *n*-wertig ($n > 3$), so ist das System $(n-3)$fach statisch unbestimmt gelagert. Ist die Lagerung weniger als 3wertig, so ist das System statisch unterbestimmt, d.h. instabil und beweglich. Die Berechnung der Auflagerreaktionen erfolgt durch Freimachen und Ansetzen der Gleichgewichtsbedingungen.

Beispiel: Welle (**Bild 23a**). Gesucht werden die Auflagerkräfte in *A* und *B* infolge der gegebenen Kräfte F_1 und F_2.

Rechnerische Lösung. An der freigemachten Welle (**Bild 23b**) gilt

$$\sum M_{iA} = 0 = -F_1 a + F_B l - F_2(l + c), \quad \text{also}$$
$$F_B = [F_1 a + F_2(l + c)]/l;$$
$$\sum M_{iB} = 0 = -F_{Ay} l + F_1 b - F_2 c, \quad \text{also} \quad F_{Ay} = (F_1 b - F_2 c)/l;$$
$$\sum F_{ix} = 0 = F_{Ax}.$$

Bauart	Symbol	Reaktionsgrößen in der Ebene	im Raum	Wertig-keit	
Loslager:					
Querlager		F_{Ay}	F_{Ay}, F_{Az}	1	2
Gleitlager		F_{Ay}	F_{Az}	1	1
Rollenlager		F_{Ay}	$(F_{Ay}), F_{Az}$	1	(2)
Pendelstab, Seil		F_A	F_A	1	1
Festlager:					
Quer- und Längslager		F_{Ax}, F_{Ay}	F_{Ax}, F_{Ay}, F_{Az}	2	3
festes Gelenk		F_{Ax}, F_{Ay}	F_{Ax}, F_{Ay}, F_{Az}	2	3
feste Einspannung		F_{Ax}, F_{Ay}, M_E	M_{Ex}, M_{Ey}, M_{Ez} F_{Ax}, F_{Ay}, F_{Az}	3	6

Bild 22. Lagerungsarten

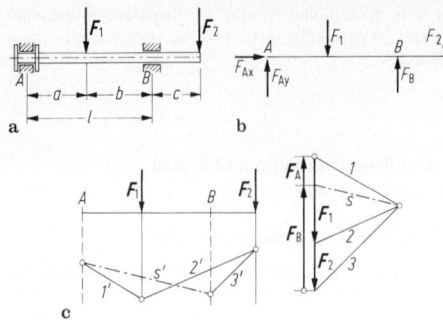

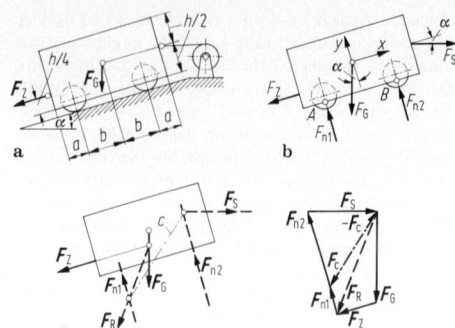

Bild 23. Welle. a System; b Freimachung; c graphische Lösung

Bild 25. Wagen auf schiefer Ebene. a System; b Freimachung; c graphische Lösung

Die Gleichgewichtsbedingung $\sum F_{iy} = 0$ muß ebenfalls erfüllt sein und kann als Kontrollgleichung benutzt werden.

$$\sum F_{iy} = F_{Ay} - F_1 + F_B - F_2$$
$$= (F_1 b - F_2 c)/l - F_1 + [F_1 a + F_2(l+c)]/l - F_2$$
$$= F_1(a+b-l)/l + F_2(-c+l+c-l)/l = 0.$$

Graphische Lösung (**Bild 23c**): Mit den Kräften F_1 und F_2 läßt sich das Kraft- und Poleck sowie das zugehörige Seileck zeichnen. Die Schnittpunkte der beiden äußeren Seilstrahlen $1'$ und $3'$ mit den bekannten Wirkungslinien beider Auflagerkräfte (da hier $F_{Ax} = 0$ ist) liefert die Schlußlinie s', die das Seileck zum „Schließen" bringt. Ihre Parallelübertragung in das Poleck ergibt die beiden Auflagerkräfte F_A und F_B unter Einhaltung der Punkt-Dreieck-Regel (s. B 1.3.1). Damit sind dann Seileck und Krafteck geschlossen, d.h., es herrscht Gleichgewicht unter den Kräften F_1, F_2, F_B, F_A.

Beispiel: Abgewinkelter Träger (**Bild 24a**). Für den durch zwei Einzelkräfte F_1 und F_2 und die konstante Streckenlast q belasteten abgewinkelten Träger ist die Auflagerkraft im Festlager A und die Kraft im Pendelstab bei B zu bestimmen.

Rechnerische Lösung: Mit der Resultierenden der Streckenlast $F_q = qc$ wird (**Bild 24b**)

$$\sum M_{iA} = 0 = -F_1 \sin\alpha_1 a - qc(a+b+c/2)$$
$$- F_2 e + F_S \cos\alpha_S l + F_S \sin\alpha_S h$$

und daraus

$$F_S = [F_1 \sin\alpha_1 a + qc(a+b+c/2) + F_2 e]/(l\cos\alpha_S + h\sin\alpha_S).$$

Aus

$$\sum F_{ix} = 0 = F_{Ax} + F_1 \cos\alpha_1 + F_2 - F_S \sin\alpha_S \quad \text{und}$$
$$\sum F_{iy} = 0 = F_{Ay} - F_1 \sin\alpha_1 - qc + F_S \cos\alpha_S$$

folgen

$$F_{Ax} = -F_1 \cos\alpha_1 - F_2 + F_S \sin\alpha_S \quad \text{und}$$
$$F_{Ay} = F_1 \sin\alpha_1 + qc - F_S \cos\alpha_S,$$

wobei der vorstehend errechnete Wert für F_S einzusetzen ist.

Graphische Lösung (**Bild 24c**): Nach Zeichnen des Kraftecks aus den gegebenen Kräften F_1, F_2 und F_q und des Polecks wird das zugehörige Seileck konstruiert, wobei der erste Seilstrahl $1'$ durch das Festlager A gelegt werden muß, da es der einzige bekannte Punkt der Wirkungslinie von F_A ist. Der Schnittpunkt des letzten Seilstrahls $4'$ mit der (bekannten) Wirkungslinie von F_S liefert die Schlußlinie s', die das Seileck schließt. Ihre Übertragung in das Poleck liefert – unter Einhaltung der Punkt-Dreieck-Regel (s. B 1.3.1) – zunächst F_S und dann durch Schließen des Kraftecks die Kraft F_A.

Beispiel: Wagen auf schiefer Ebene (**Bild 25a**). Der durch die Gewichtskraft F_G und die Anhängerzugkraft F_Z belastete Wagen wird von einer Seilwinde auf der schiefen Ebene im Gleichgewicht gehalten. Zu bestimmen sind die Zugkraft im Halteseil sowie die Stützkräfte an den Rädern, wobei Reibkräfte außer acht gelassen werden sollen.

Rechnerische Lösung: Am freigemachten Wagen (**Bild 25b**) ergeben die Gleichgewichtsbedingungen

$$\sum F_{ix} = 0 = -F_Z - F_G \sin\alpha + F_S \cos\alpha, \quad \text{also}$$
$$F_S = F_G \tan\alpha + F_Z / \cos\alpha;$$
$$\sum M_{iA} = 0 = F_Z h/4 + F_G(h/2)\sin\alpha - F_G b\cos\alpha + 2F_{n2} b$$
$$- F_S(h/2)\cos\alpha - F_S(a+2b)\sin\alpha;$$
$$\sum M_{iB} = 0 = F_Z h/4 - 2F_{n1} b + F_G(h/2)\sin\alpha + F_G b\cos\alpha$$
$$- F_S(h/2)\cos\alpha - F_S a\sin\alpha.$$

Hieraus folgen

$$F_{n2} = -F_Z h/(8b) - F_G[(h/2)\sin\alpha - b\cos\alpha]/(2b)$$
$$+ F_S[(h/2)\cos\alpha + (a+2b)\sin\alpha]/(2b) \quad \text{und}$$
$$F_{n1} = F_Z h/(8b) + F_G[(h/2)\sin\alpha + b\cos\alpha]/(2b)$$
$$- F_S[(h/2)\cos\alpha + a\sin\alpha]/(2b),$$

wobei der errechnete Wert von F_S einzusetzen ist. Die Bedingung $\sum F_{iy} = 0 = F_{n1} + F_{n2} - F_G \cos\alpha - F_S \sin\alpha$ kann dann als Kontrollgleichung benutzt werden.

Graphische Lösung (**Bild 25c**): Die eingeprägten Kräfte F_G und F_Z werden zur resultierenden eingeprägten Kraft F_R zusammengesetzt, deren Lage mit dem Schnittpunkt der Wirkungslinien von F_G und F_Z gegeben ist. Das Gleichgewicht zwischen den vier Kräften F_R, F_S, F_{n1}, F_{n2} erfordert, daß die Resultierenden je zweier Kräfte (z.B. F_R und F_{n1} bzw. F_{n2} und F_S) Gegenkräfte sein müssen (s. B 1.4.2). Die Schnittpunkte der Wirkungslinien von F_R und F_{n1} bzw. von F_{n2} und F_S ergeben die Culmannsche Hilfsgerade c, in der die beiden Resultierenden als Gegenkräfte liegen müssen. Im Krafteck läßt sich F_R mit F_{n1} zu F_c zusammensetzen und anschließend die Gegenkraft $-F_c$ in F_{n2} und F_S zerlegen.

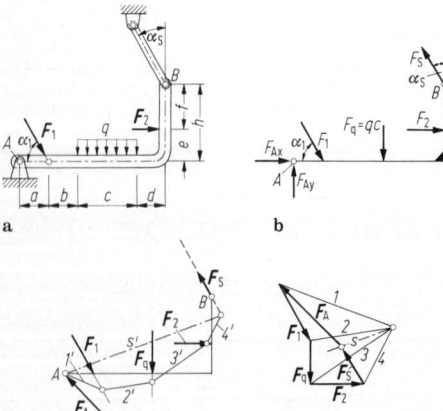

Bild 24. Abgewinkelter Träger. a System; b Freimachung; c graphische Lösung

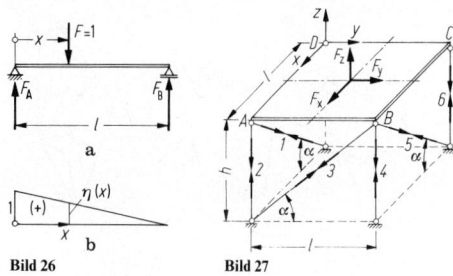

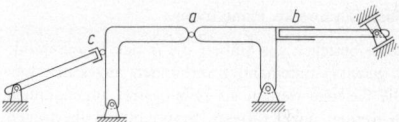

Bild 26. Träger mit Wanderlast. **a** System; **b** Einflußlinie

Bild 27. Räumlich durch sechs Stäbe abgestützte Platte

Beispiel: Träger unter Wanderlast. Einflußlinie (**Bild 26a**). Die Auflagerkraft F_A für eine Kraft F in einer beliebigen Laststellung x ergibt sich aus $\sum M_{iB} = 0 = -F_A l + F(l - x)$ zu $F_A = F(l - x)/l = F\eta(x)$. Für $F = 1$ folgt $F_A = \eta(x) = (l - x)/l$. Diese Funktion ist eine Gerade (**Bild 26b**), deren Ordinaten den Einfluß der Wanderlast $F = 1$ auf die Auflagerkraft F_A darstellen. Sie heißt Einflußlinie der Auflagerkraft F_A. Steht z.B. eine Kraft $F_1 = 300$ N an der Stelle $x_1 = 3/4$, so ergibt sich $F_A = F_1\eta(x_1) = 300$ N$(1/4) = 75$ N. Für mehrere Einzelkräfte F_i an den Stellen x_i folgt demgemäß $F_A = \sum F_i \eta(x_i)$. Bei einer Streckenlast $q(x)$ im Bereich $a \leqq x \leqq b$ ist

$$F_A = \int\limits_{x=a}^{b} q(x)\eta(x)\, \mathrm{d}x.$$ Für konstante Streckenlast q_0 auf der gesamten Trägerlänge folgt

$$F_A = q_0 \int\limits_{x=0}^{l} \eta(x)\mathrm{d}x = (q_0/l) \int\limits_{x=0}^{l} (l-x)\mathrm{d}x$$
$$= (q_0/l)[lx - x^2/2]_{x=0}^{l} = q_0 l/2.$$

Die maximale Ordinate der Einflußlinie gibt die ungünstigste Laststellung für die Auflagerkraft an.

1.6.2 Körper im Raum. Body in space

Im Raum hat ein Körper sechs Freiheitsgrade (drei Verschiebungen und drei Drehungen). Er benötigt daher für eine stabile Festhaltung eine insgesamt 6wertige Lagerung. Ist die Lagerung n-wertig ($n > 6$), so ist das System ($n - 6$)fach statisch unbestimmt gelagert. Ist $n < 6$, so ist es statisch unterbestimmt, also beweglich und instabil.

Beispiel: Räumlich durch sechs Stäbe abgestützte Platte. Die Stabkräfte F_1 bis F_6 sind rechnerisch zu bestimmen (**Bild 27**). Die Gleichgewichtsbedingungen werden in Form von Kräfte- oder Momentengleichungen möglichst so angesetzt, daß nur eine Unbekannte enthalten ist.

$\sum F_{iy} = 0$ ergibt $F_3 = F_y/\cos\alpha$;
$\sum M_{iBz} = 0$ ergibt $F_1 = (F_x - F_y)/(2\cos\alpha)$;
$\sum F_{ix} = 0$ ergibt $F_5 = (F_x + F_y)/(2\cos\alpha)$;
$\sum M_{iBx} = 0$ ergibt $F_2 = F_z/2 - [(F_x - F_y)\tan\alpha]/2$;
$\sum M_{iAy} = 0$ ergibt $F_6 = F_z/2$.
$\sum M_{i,\overline{AC}} = 0 = F_4 l \sin 45° + F_3 l \sin\alpha \sin 45° + F_5 l \sin\alpha \sin 45°$,
ergibt $F_4 = -[(F_x + 3F_y)\tan\alpha]/2$.

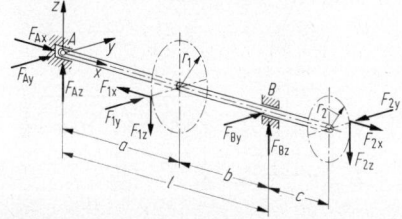

Bild 28. Welle mit Schrägverzahnung

Kontrolle:

$$\sum F_{iz} = -F_1 \sin\alpha - F_2 - F_3 \sin\alpha - F_4 - F_5 \sin\alpha - F_6 + F_z = \ldots = 0.$$

Beispiel: Welle mit Schrägverzahnung (**Bild 28**). Die Auflagerkräfte der Welle sind zu berechnen. – Die Welle kann sich um die x-Achse drehen, d.h. $\sum M_{ix} = 0$ entfällt. Die restlichen fünf Gleichgewichtsbedingungen:

$\sum F_{ix} = 0$ ergibt $F_{Ax} = F_{1x} - F_{2x}$;
$\sum M_{iBz} = 0$ ergibt $F_{Ay} = -(F_{1x}r_1 + F_{1y}b + F_{2x}r_2 + F_{2y}c)/l$;
$\sum M_{iBy} = 0$ ergibt $F_{Az} = (F_{1z}b - F_{2z}c)/l$;
$\sum M_{iAz} = 0$ ergibt $F_{By} = [F_{1x}r_1 - F_{1y}a + F_{2x}r_2 + F_{2y}(l+c)]/l$;
$\sum M_{iAy} = 0$ ergibt $F_{Bz} = [F_{1z}a + F_{2z}(l+c)]/l$.

Die Bedingungen $\sum F_{iy} = 0$ und $\sum F_{iz} = 0$ können als Kontrollen verwendet werden.

1.7 Systeme starrer Körper
Systems of rigid bodies

Sie bestehen aus mehreren Körpern, die durch Verbindungselemente, d.h. Gelenke a oder Führungen b oder auch durch gelenkig angeschlossene Führungen c, miteinander verbunden sind (**Bild 29**). Ein Gelenk überträgt Kräfte in zwei Richtungen, aber kein Moment; eine Führung überträgt eine Kraft quer zur Führung und ein Moment, aber keine Kraft parallel zur Führung; eine gelenkige Führung überträgt eine Kraft quer zur Führung, aber keine Kraft parallel zur Führung und kein Moment. Man spricht daher von zweiwertigen oder einwertigen Verbindungselementen. Ist i die Summe der Wertigkeiten der Auflager und j die Summe der Wertigkeiten der Verbindungselemente, so muß bei einem System aus k Körpern mit $3k$ Gleichgewichtsbedingungen in der Ebene die Bedingung $i + j = 3k$ erfüllt sein, wenn ein stabiles System statisch bestimmt sein soll.

Bild 29. System aus starren Körpern

Ist $i + j > 3k$, so ist das System statisch unbestimmt, d.h., wenn $i + j = 3k + n$, ist es n-fach statisch unbestimmt. Ist $i + j < 3k$, so ist das System statisch unterbestimmt und auf jeden Fall labil. Für das stabile System nach **Bild 29** ist $i + j = 7 + 5 = 12$ und $3k = 3 \cdot 4 = 12$, d.h., das System ist statisch bestimmt. Bei statisch bestimmten Systemen werden die Auflagerreaktionen und Reaktionen in den Verbindungselementen ermittelt, indem die Gleichgewichtsbedingungen für die freigemachten Einzelkörper erfüllt werden.

Beispiel: Dreigelenkrahmen oder Dreigelenkbogen (Bild 30a).

Rechnerische Lösung: Nach Freimachen der beiden Einzelkörper (**Bild 30b**) Gleichgewichtsbedingungen für Körper *I*:

$\sum F_{ix} = 0$ ergibt $F_{Ax} = F_{Cx} - F_{1x}$;   (18a)
$\sum F_{iy} = 0$ ergibt $F_{Ay} = F_{1y} + F_2 - F_{Cy}$;   (18b)
$\sum M_{iA} = 0 = F_{Cx}H + F_{Cy}a - F_{1x}y_1 - F_{1y}x_1 - F_2 x_2$;   (18c)

und für Körper *II*:

$\sum F_{ix} = 0$ ergibt $F_{Bx} = F_{Cx} - F_{3x}$;   (18d)
$\sum F_{iy} = 0$ ergibt $F_{By} = F_{Cy} + F_{3y}$;   (18e)
$\sum M_{iB} = 0 = -F_{Cx}h + F_{Cy}b + F_{3x}[y_3 - (H-h)] + F_{3y}(l - x_3)$.   (18f)

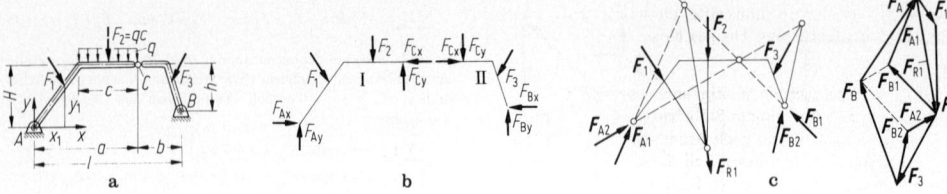

a   b   c

Bild 30. Dreigelenkrahmen. **a** System; **b** Freimachung; **c** graphische Lösung

Aus den Gln. (18c und f) ergeben sich die Gelenkkräfte F_{Cx} und F_{Cy}, eingesetzt in die Gln. (18a, b, d und e) dann die Auflagerkräfte F_{Ax}, F_{Ay}, F_{Bx}, F_{By}. Zur Kontrolle verwendet man $\sum M_{iC} = 0$ am Gesamtsystem.

Graphische Lösung (**Bild 30c**): Für jeden Körper werden die Resultierenden F_{R1} und F_{R2} der eingeprägten Kräfte gebildet und deren Wirkung nacheinander untersucht. F_{R1} muß mit den Kräften F_{A1} und F_{B1} in den Lagern A und B im Gleichgewicht stehen. Dabei muß die Wirkungslinie von F_{B1} durch die Punkte B und C gehen, da am zunächst noch als lastfrei betrachteten Körper II Momentengleichgewicht für beliebige Punkte herrschen muß. Durch den Schnittpunkt D dieser Wirkungslinie mit F_{R1} muß aber auch die Wirkungslinie von F_{A1} gehen, wenn zwischen den drei Kräften F_{R1}, F_{A1} und F_{B1} Gleichgewicht bestehen soll (s. B 1.4.2). Aus dem nun zu zeichnenden Krafteck ergeben sich die Größen von F_{A1} und F_{B1}. Anschließend folgen aus der analogen Konstruktion für F_{R2} (wobei im Krafteck F_{R2} zweckmäßig an F_{R1} angetragen wird) die Kräfte F_{A2} und F_{B2}. Die vektorielle Addition von F_{A1} und F_{A2} liefert F_A, die von F_{B1} und F_{B2} liefert F_B. Am Ende ist im Krafteck die Gleichgewichtsbedingung $F_1 + F_2 + F_3 + F_B + F_A = 0$ wie erforderlich erfüllt.

1.8 Fachwerke. Pin-jointed frames

1.8.1 Ebene Fachwerke. Plane frames

Fachwerke bestehen aus Stäben, die in den Knotenpunkten als gelenkig miteinander verbunden angesehen werden. Die Gelenke werden als reibungsfrei angenommen, d.h., es werden nur Kräfte in Stabrichtung übertragen. Die in Wirklichkeit in den Knotenpunkten vorhandenen Reibungsmomente und biegesteifen Anschlüsse führen zu Nebenspannungen, die in der Regel vernachlässigbar sind. Die äußeren Kräfte greifen in den Knotenpunkten an oder werden nach dem Hebelgesetz am Stab auf diese verteilt.

Hat ein Fachwerk n Knoten und s Stäbe und ist es äußerlich statisch bestimmt mit drei Auflagerkräften gelagert, so gilt, da es für jeden Knoten zwei Gleichgewichtsbedingungen gibt, für ein statisch bestimmtes und stabiles Fachwerk (**Bild 31a**) $2n = s + 3$, $s = 2n − 3$, d.h., aus den $2n − 3$ Gleichgewichtsbedingungen sind s unbekannte Stabkräfte berechenbar. Ein Fachwerk mit $s < 2n − 3$ Stäben ist statisch unterbestimmt und kinematisch instabil (**Bild 31b**), ein Fachwerk mit $s > 2n − 3$ Stäben ist innerlich statisch unbestimmt (**Bild 31c**). Für die Bildung statisch bestimmter und stabiler Fachwerke gelten folgende Bildungsgesetze:
– Ausgehend von einem stabilen Grunddreieck werden nacheinander neue Knotenpunkte mit zwei Stäben angeschlossen **Bilder 31a, 32a**.
– Aus zwei statisch bestimmten Fachwerken wird ein neues gebildet durch drei Verbindungsstäbe, deren Wirkungslinien keinen gemeinsamen Schnittpunkt haben (**Bild 32b**). Dabei können zwei Stäbe durch einen den beiden Fachwerken gemeinsamen Knoten ersetzt werden (**Bild 32b**, rechts).

– Durch Stabvertauschung kann jedes nach diesen Regeln gebildete Fachwerk in ein anderes statisch bestimmtes und stabiles umgebildet werden, wenn der Tauschstab zwischen zwei Punkte eingebaut wird, die sich nach seiner Entfernung gegeneinander bewegen könnten (**Bild 32c**).
– Aus mehreren stabilen Fachwerken können nach den Regeln der Starrkörpersysteme gemäß B 1.7 neue stabile Fachwerksysteme gebildet werden (**Bild 32d**).

Ermittlung der Stabkräfte

Knotenschnittverfahren. Allgemein ergeben sich die s Stabkräfte und die drei Auflagerkräfte für ein statisch bestimmtes Fachwerk nach Aufstellen der Gleichgewichtsbedingungen $\sum F_{ix} = 0$ und $\sum F_{iy} = 0$ an allen durch Rundschnitt freigemachten n Knoten. Man erhält $2n$ lineare Gleichungen. Ist die Nennerdeterminate des Gleichungssystems ungleich null, so ist das Fachwerk stabil, ist sie gleich null, so ist es instabil (verschieblich) [1]. Häufig gibt es (z.B. nachdem man vorher die Auflagerkräfte aus den Gleichgewichtsbedingungen am Gesamtsystem ermittelt) einen Ausgangsknoten mit nur zwei unbekannten Stabkräften, dem sich weitere Knoten mit nur jeweils zwei Unbekannten anschließen, so daß sie nacheinander aus den Gleichgewichtsbedingungen berechnet werden können, ohne ein Gleichungssystem lösen zu müssen. Bei der graphischen Lösung führt dies zum sogenannten

Cremonaplan. Gibt es von Knoten zu Knoten fortschreitend nur zwei Unbekannte, so werden diese aus dem sich schließenden Krafteck graphisch bestimmt. Die Aneinanderreihung der Kraftecke ergibt den Cremonaplan,

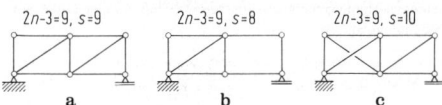

$2n-3=9, s=9$ $2n-3=9, s=8$ $2n-3=9, s=10$

a   b   c

Bild 31. Fachwerk. **a** statisch bestimmt; **b** statisch unterbestimmt; **c** statisch unbestimmt

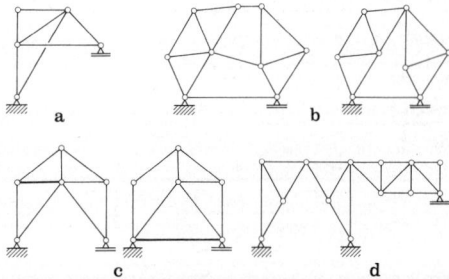

a   b

c   d

Bild 32. Fachwerke. **a** bis **d** zum 1. bis 4. Bildungsgesetz

B

indem man alle Knoten im selben Drehsinn nacheinander umfährt. Dabei liefern Stabkräfte, die an einem Knoten angreifen, im Kräfteplan ein geschlossenes Krafteck (s. Beispiel).

Rittersches Schnittverfahren. Ein analytisches Verfahren, bei dem durch Schnitt dreier Stäbe ein ganzer Fachwerkteil freigemacht wird und nach Ansatz der drei Gleichgewichtsbedingungen für diesen Teil die drei unbekannten Stabkräfte berechnet werden (s. Beispiel).

Stabvertauschungsverfahren nach Henneberg. Kompliziert aufgebaute Fachwerke lassen sich durch Stabvertauschung auf einfache zurückzuführen. Die Stabkraft im Ersatzstab infolge äußerer Last und der Kraft des Vertauschungsstabs muß insgesamt null sein; daraus ergibt sich die Kraft im Vertauschungsstab. Die Methode ist auch gut geeignet zur Feststellung der Stabilität eines Fachwerks, da im Fall der Labilität die Kraft im Vertauschungsstab gegen Unendlich geht.

Einflußlinien infolge von Wanderlasten

Die Berechnung einer Stabkraft F_{Si} als Funktion von x infolge einer Wanderlast $F = 1$ liefert die Einflußfunktion $\eta(x)$; ihre graphische Darstellung heißt Einflußlinie. Die Auswertung für mehrere Einzellasten F_j liefert die Stabkraft $F_{Si} = \sum F_j \eta(x_j)$ (s. Beispiel).

Beispiel: Fachwerkausleger (**Bild 33a**). Gegeben: $F_1 = 5$ kN, $F_2 = 10$ kN, $F_3 = 20$ kN, $a = 2$ m, $b = 3$ m, $h = 2$ m, $\alpha = 45°$, $\beta = 33,69°$. Gesucht: Stabkräfte.

Knotenschnittverfahren. Die unbekannten Stabkräfte F_{Si} werden als Zugkräfte positiv angesetzt (**Bild 33b**). Für Knoten E gilt:

$\sum F_{iy} = 0$ ergibt $F_{S_2} = -F_2/\sin\alpha = -14,14$ kN, also Druck;

$\sum F_{ix} = 0$ ergibt $F_{S_1} = F_1 - F_{S_2}\cos\alpha = +15,00$ kN, also Zug.

Für Knoten C gilt:

$\sum F_{ix} = 0$ ergibt $F_{S4} = F_{S_1} = +15,00$ kN (Zug);

$\sum F_{iy} = 0$ ergibt $F_{S3} = -F_3 = -20,00$ kN (Druck).

Für Knoten D gilt:

$\sum F_{iy} = 0$ ergibt $F_{S5} = -(F_{S_2}\sin\alpha + F_{S_3})/\sin\beta$
$= +54,08$ kN (Zug);

$\sum F_{ix} = 0$ ergibt $F_{S6} = F_{S_2}\cos\alpha - F_{S5}\cos\beta$
$= -55,00$ kN (Druck).

Für Knoten B gilt:

$\sum F_{iy} = 0$ ergibt $F_{S7} = 0$;

$\sum F_{ix} = 0$ ergibt $F_B = -F_{S6} = 55,00$ kN.

Für Knoten A gilt:

$\sum F_{ix} = 0$ ergibt $F_{Ax} = F_{S4} + F_{S5}\cos\beta = 60,00$ kN;

$\sum F_{iy} = 0$ ergibt $F_{Ay} = F_{S5}\sin\beta + F_{S7} = 30,00$ kN.

Diese Auflagerkräfte folgen auch aus den Gleichgewichtsbedingungen am (ungeschnittenen) Gesamtsystem.

Cremonaplan (**Bild 33c**). Umfahren im Uhrzeigersinn.

Ritterscher Schnitt. Die Stabkräfte F_{S4}, F_{S5} und F_{S6} werden durch einen Ritterschen Schnitt (**Bild 33d**) ermittelt.

$\sum M_{iD} = 0$ ergibt $F_{S4} = (F_2 + F_1 h)/h = +15,00$ kN;

$\sum M_{iA} = 0$ ergibt $F_{S6} = -[F_2(a+b) + F_3 b]/h = -55,00$ kN;

$\sum F_{iy} = 0$ ergibt $F_{S5} = (F_2 + F_3)/\sin\beta = +54,08$ kN.

Einflußlinie für Stabkraft F_{S6}. Untersucht wird der Einfluß einer vertikalen Wanderlast F_y (in beliebiger Stellung x auf dem Obergurt) auf die Stabkraft F_{S6} (**Bild 33e**). Aus

$\sum M_{iA} = 0 = F_y(a + b - x) + F_{S6}h$

folgt mit $F_y = 1$

$\eta(x) = -1 \cdot (a + b - x)/h = -5/2 + x/(2\text{ m})$

also eine Gerade (**Bild 33f**). Ihre Auswertung für die gegebenen Lasten liefert, da F_1 keinen Einfluß auf F_{S6} hat (s. $\sum M_{iA} = 0$),

$F_{S6} = F_2\eta(x = 0) + F_3\eta(x = a)$
$= 10\text{ kN}(-5/2) + 20\text{ kN}(-3/2) = -55\text{ kN}.$

1.8.2 Räumliche Fachwerke. Space frames

Da im Raum pro Knoten drei Gleichgewichtsbedingungen bestehen und sechs Lagerkräfte zur stabilen, statisch bestimmten Lagerung des Gesamtfachwerks erforderlich sind, gilt das Abzählkriterium $3n = s + 6$ bzw. $s = 3n - 6$. Im übrigen gelten den ebenen Fachwerken analoge Methoden für die Stabkraftberechnung usw. [2].

1.9 Seile und Ketten. Cables and chains

Seile und Ketten werden als biegeweich angesehen, d.h., sie können nur Zugkräfte übertragen. Vernachlässigt man die Längsdehnungen der einzelnen Elemente (Theorie 1. Ordnung), so folgt für das ebene Problem infolge vertikaler Streckenlast aus den Gleichgewichtsbedingungen am Seilelement (**Bild 34a**)

bei gegebener Belastung $q(s)$:
$\sum F_{ix} = 0$, d.h. $dF_H = 0$, $\sum F_{iy} = 0$, d.h. $dF_V = q(s)\,ds$, also $F_H = $const und $dF_V/ds = q(s)$. Gemäß **Bild 34a** gilt ferner $\tan\varphi = y' = F_V/F_H$, d.h. $F_V = F_H y'$ bzw. $F_V' = dF_V/dx = F_H y''$.

Mit $ds = \sqrt{1 + y'^2}\,dx$ wird hieraus

$dF_V/ds = (dF_V/dx)(dx/ds) = F_H y''/\sqrt{1 + y'^2} = q(s).$

Folglich ist

$$y'' = [q(s)/F_H]\sqrt{1 + y'^2}; \tag{19}$$

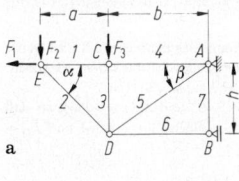

a

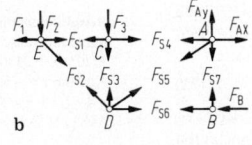

b

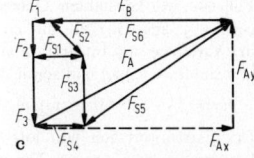

c

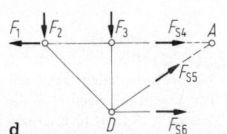

d

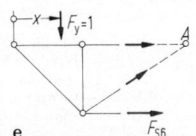

e

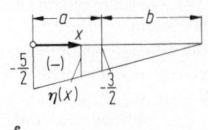

f

Bild 33. Fachwerkausleger. **a** System; **b** Knotenschnitte; **c** Cremonaplan; **d** Ritterscher Schnitt; **e** Wanderlast; **f** Einflußlinie

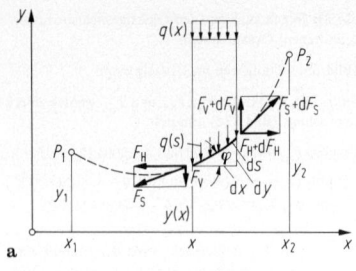

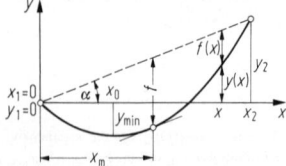

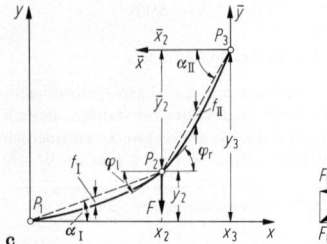

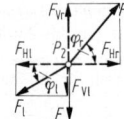

a

b

c

Bild 34. Seil. **a** Element; **b** Seil unter Eigengewicht; **c** Seil unter Einzellast

bei gegebener Belastung q(x):
gemäß **Bild 34 a** gilt $q(s)\,\mathrm{d}s = q(x)\,\mathrm{d}x$, d.h.

$$q(s) = q(x)\,\mathrm{d}x/\mathrm{d}s = q(x)\cos\varphi = q(x)/\sqrt{1+y'^2}$$

und damit nach Gl. (19)

$$y'' = q(x)/F_\mathrm{H}. \qquad (20)$$

Die Lösungen dieser Differentialgleichungen ergeben die Seilkurve $y(x)$. Die dabei auftretenden zwei Integrationskonstanten sowie der unbekannte (konstante) Horizontalzug F_H folgen aus den Randbedingungen $y(x=x_1)=y_1$ und $y(x=x_2)=y_2$ sowie aus der gegebenen Seillänge $L=\int \mathrm{d}s = \int \sqrt{1+y'^2}\,\mathrm{d}x$.

1.9.1 Seil unter Eigengewicht (Kettenlinie). The catenary

Für ein Seil konstanten Querschnitts folgt mit $q(s) = $ const $= q$ aus Gl. (19) mit $a = F_\mathrm{H}/q$ nach Trennung der Variablen und Integration $\mathrm{arsinh}\,y' = (x-x_0)/a$ bzw. $y' = \sinh[(x-x_0)/a]$ und somit die *Kettenlinie*

$$y(x) = y_0 + a\cosh[(x-x_0)/a]. \qquad (21)$$

Der Extremwert von $y(x)$ folgt aus $y'=0$ an der Stelle $x=x_0$ zu $y_\mathrm{min}=y_0+a$. Die unbekannten Konstanten x_0, y_0 und $a=F_\mathrm{H}/q$ ergeben sich aus den drei Bedingungen **(Bild 34 b)**

$$y(x_1=0)=0=y_0+a\cosh(x_0/a),$$
$$y(x=x_2)=y_2=y_0+a\cosh[(x_2-x_0)/a],$$
$$L=\int\limits_{x=0}^{x_2}\sqrt{1+\sinh^2[(x-x_0)/a]}\,\mathrm{d}x$$
$$=a\sinh[(x_2-x_0)/a]+a\sinh(x_0/a).$$

Hieraus ergeben sich

$$y_0=-a\cosh(x_0/a), \quad x_0=x_2/2-a\,\mathrm{artanh}(y_2/L) \quad \text{und}$$
$$\sinh(x_2/2a)=\sqrt{L^2-y_2^2}/(2a).$$

Aus der letzten (transzendenten) Gleichung kann a, anschließend können x_0 und y_0 berechnet werden. Der maximale Durchhang f gegenüber der Sehne folgt an der Stelle $x_\mathrm{m}=x_0+a\,\mathrm{arsinh}(y_2/x_2)$ zu $f=y_2x_\mathrm{m}/x_2-y(x_\mathrm{m})$. Für die Kräfte gilt

$$F_\mathrm{H}=aq=\text{const}, \quad F_\mathrm{V}(x)=F_\mathrm{H}y'(x),$$
$$F_\mathrm{S}(x)=\sqrt{F_\mathrm{H}^2+F_\mathrm{V}^2(x)}. \qquad (22)$$

Die größte Seilkraft tritt an der Stelle auf, wo y' zum Maximum wird, d.h. in einem der Befestigungspunkte.

Beispiel: Kettenlinie. Befestigungspunkte $P_1(0;\,0)$ und $P_2(300\,\mathrm{m};\,-50\,\mathrm{m})$. Seillänge $L=340\,\mathrm{m}$, Belastung $q(s)=30\,\mathrm{N/m}$. – Aus der transzendenten Gleichung ergibt sich nach iterativer Rechnung $a=179,2\,\mathrm{m}$ und damit $x_0=176,5\,\mathrm{m}$ und $y_0=-273,4\,\mathrm{m}$, womit nach Gl. (21) die Kettenlinie bestimmt ist. Der maximale Durchhang gegenüber der Sehne tritt an der Stelle $x_\mathrm{m}=146,8\,\mathrm{m}$ auf und hat die Größe $f=67,3\,\mathrm{m}$. Der Horizontalzug beträgt $F_\mathrm{H}=aq=5,375\,\mathrm{kN}=$ const. Die größte Seilkraft tritt im Punkt P_1 auf: $F_\mathrm{V}(x=0)=F_\mathrm{H}\cdot|y'(x=0)|=6,192\,\mathrm{kN}$ und somit $F_{\mathrm{S,max}}=F_\mathrm{S}(x=0)=8,20\,\mathrm{kN}$.

1.9.2 Seil unter konstanter Streckenlast
Cable with uniform load over the span

Hierunter fallen neben Seilen mit angehängter konstanter Streckenlast $q(x)=$ const auch solche mit flachem Durchhang unter Eigengewicht, da bei $q(s)=q_0=$ const wegen $q(s)\sqrt{1+y'^2}=q_0/\cos\varphi=q(x)$ mit $\cos\varphi\approx\cos\alpha=$ const auch $q(x)=$ const $=q$ wird. Zweimalige Integration der Gl. (20) liefert $y(x)=(q/F_\mathrm{H})x^2/2+C_1x+C_2$; Randbedingungen mit gegebenem Durchhang f in der Mitte: $y(x_1=0)=0$, $y(x=x_2)=y_2$, $y(x=x_2/2)=y_2/2-f$. Hieraus $C_2=0$, $C_1=(y_2-4f)/x_2$, $F_\mathrm{H}=qx_2^2/(8f)$ und damit $y(x)=(y_2/x_2)x-(4f/x_2^2)(x_2x-x^2)=(y_2/x_2)x-f(x)$, wobei $f(x)$ der Durchhang gegenüber der Sehne ist **(Bild 34 b)**. Ferner gilt $F_\mathrm{V}(x)=F_\mathrm{H}y'(x)$ und $F_\mathrm{S}(x)=\sqrt{F_\mathrm{H}^2+F_\mathrm{V}^2(x)}$; $F_{\mathrm{S,max}}$ an der Stelle der maximalen Steigung.
Die Länge L des Seils folgt aus $L=\int\limits_{x=0}^{x_2}\sqrt{1+y'^2}\,\mathrm{d}x$ mit $a=F_\mathrm{H}/q$ zu

$$L=(a/2)[(C_1+x_2/a)\sqrt{1+(C_1+x_2/a)^2}$$
$$+\ln(C_1+x_2/a+\sqrt{1+(C_1+x_2/a)^2})$$
$$-C_1\sqrt{1+C_1^2}-\ln(C_1+\sqrt{1+C_1^2})].$$

Für Seile mit flachem Durchhang gilt mit der Sehnenlänge $l=\sqrt{x_2^2+y_2^2}$ die Näherungsformel

$$L\approx l[1+8x_2^2f^2/(3l^4)]. \qquad (23)$$

Beispiel: Seil mit flachem Durchhang. Das Beispiel aus B 1.9.1 werde näherungsweise als flach durchhängendes Seil berechnet. Gegeben: $P_1(0;\,0)$, $P_2(300\,\mathrm{m};\,-50\,\mathrm{m})$, $f=67,3\,\mathrm{m}$, $q_0=30\,\mathrm{N/m}$. – Aus $\tan\alpha=-50/300$ folgt $\alpha=-9,46°$ und $\cos\alpha=0,9864$, so daß $q\approx q_0/\cos\alpha=30,41\,\mathrm{N/m}$ wird. Es folgen $C_1=-1,064$ und $F_\mathrm{H}=5,083\,\mathrm{kN}$. Somit ist die Seillinie

$$y(x)=-0,1667\cdot x-0,003\,\mathrm{m}^{-1}(300\,\mathrm{m}\cdot x-x^2)$$
$$=-1,064\cdot x+0,003\,\mathrm{m}^{-1}\cdot x^2.$$

An der Stelle $x=0$ wird $y'_\mathrm{max}=|y'(0)|=1,064$, also $F_{\mathrm{V,max}}=F_\mathrm{H}y'_\mathrm{max}=5,408\,\mathrm{kN}$ und somit $F_{\mathrm{S,max}}=7,42\,\mathrm{kN}$. Die Näherungsformel Gl. (23) für die Seillänge liefert dann mit $l=304,1\,\mathrm{m}$ den Wert $L\approx342,7\,\mathrm{m}$. Die Ergebnisse zeigen, daß die Näherungslösung von den exakten Werten (s. B 1.9.1) nicht erheblich abweicht, obwohl der „flache" Durchhang hier nur in geringem Maße zutrifft.

1.9.3 Seil mit Einzellast. Cable with point load

Betrachtet wird nur das Seil mit flachen Durchhängen gegenüber den Sehnen (**Bild 34c**, links). Sind x_2, y_2, x_3, y_3 gegeben, so gelten mit $F_{HI} = F_{HII} = F_H$ die Beziehungen

$$q_I = q_0/\cos\alpha_I, \quad q_{II} = q_0/\cos\alpha_{II},$$
$$f_I = q_I x_2^2/(8F_H), \quad f_{II} = q_{II}\bar{x}_2^2/(8F_H),$$
$$y(x) = (y_2/x_2)x - (q_I/2F_H)(x_2 x - x^2),$$
$$\bar{y}(\bar{x}) = (\bar{y}_2/\bar{x}_2)\bar{x} - (q_{II}/2F_H)(\bar{x}_2\bar{x} - \bar{x}^2),$$
$$y'(x) = (y_2/x_2) - (q_I/2F_H)(x_2 - 2x),$$
$$\bar{y}'(\bar{x}) = (\bar{y}_2/\bar{x}_2) - (q_{II}/2F_H)(\bar{x}_2 - 2\bar{x}).$$

Aus der Gleichgewichtsbedingung $\sum F_{iy} = 0 = F_{VI} + F - F_{Vr}$ am Knoten P_2 (**Bild 34c**, rechts) folgt mit $F_V = F_H \cdot |y'|$ unter Beachtung, daß $\bar{y}'$ negativ ist und somit $|y'| = -y'$,

$$F_H y_2/x_2 + q_I x_2/2 + F + F_H \bar{y}_2/\bar{x}_2 + q_{II}\bar{x}_2/2 = 0, \quad \text{d.h.}$$
$$F_H = [-q_I x_2 - q_{II}\bar{x}_2 - 2F]/[2(y_2/x_2 + \bar{y}_2/\bar{x}_2)].$$

Hiermit können f_I und f_{II}, wie angegeben, $F_V(x)$ und $F_S(x)$ nach Gl. (22) sowie L_I und L_{II} nach Gl. (23) berechnet werden.

1.10 Schwerpunkt (Massenmittelpunkt)
Center of gravity

An einem Körper der Masse m wirken an den Massenelementen dm die Gewichtskräfte $dF_G = dm\,g$, die alle zueinander parallel sind. Den Angriffspunkt ihrer Resultierenden $F_G = \int dF_G$ nennt man den Schwerpunkt (**Bild 35a**). Seine Lage ist festgelegt durch die Bedingung, daß das Moment der Resultierenden gleich dem der Einzelkräfte sein muß, d.h.

$$r_S \times F_G = \int r \times dF_G \quad \text{bzw. mit} \quad dF_G = dF_G e$$
$$(r_S F_G - \int r\, dF_G) \times e = 0, \quad \text{d.h.}$$
$$r_S = (\int r\, dF_G)/F_G \quad \text{bzw. in Komponenten}$$
$$x_S = (1/F_G)\int x\, dF_G, \quad y_S = (1/F_G)\int y\, dF_G,$$
$$z_S = (1/F_G)\int z\, dF_G. \tag{24}$$

Analog gilt bei konstanter Fallbeschleunigung g für den Massenmittelpunkt, bei konstanter Dichte ρ für den Vo-

Tabelle 1. Schwerpunkte von homogenen Körpern

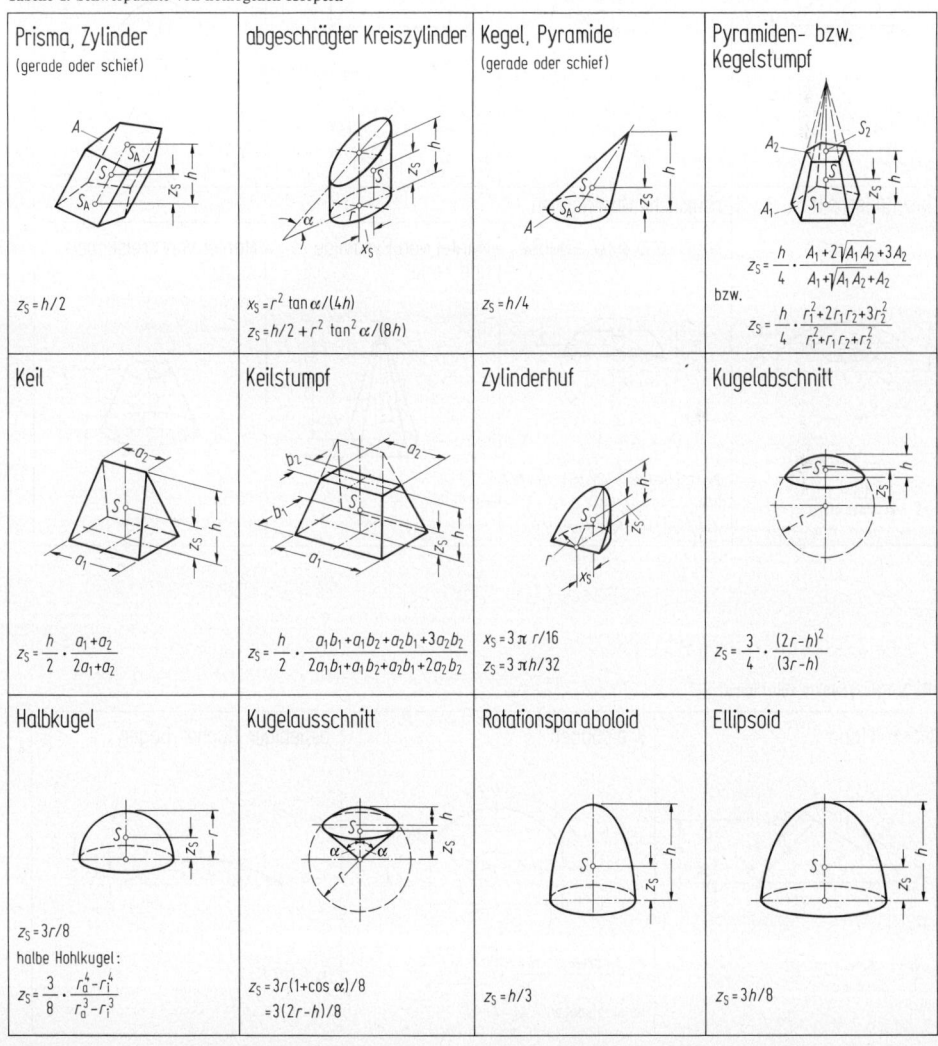

Prisma, Zylinder (gerade oder schief)	abgeschrägter Kreiszylinder	Kegel, Pyramide (gerade oder schief)	Pyramiden- bzw. Kegelstumpf
$z_S = h/2$	$x_S = r^2 \tan\alpha/(4h)$ $z_S = h/2 + r^2 \tan^2\alpha/(8h)$	$z_S = h/4$	$z_S = \dfrac{h}{4}\cdot\dfrac{A_1 + 2\sqrt{A_1 A_2} + 3A_2}{A_1 + \sqrt{A_1 A_2} + A_2}$ bzw. $z_S = \dfrac{h}{4}\cdot\dfrac{r_1^2 + 2r_1 r_2 + 3r_2^2}{r_1^2 + r_1 r_2 + r_2^2}$
Keil	**Keilstumpf**	**Zylinderhuf**	**Kugelabschnitt**
$z_S = \dfrac{h}{2}\cdot\dfrac{a_1 + a_2}{2a_1 + a_2}$	$z_S = \dfrac{h}{2}\cdot\dfrac{a_1 b_1 + a_1 b_2 + a_2 b_1 + 3a_2 b_2}{2a_1 b_1 + a_1 b_2 + a_2 b_1 + 2a_2 b_2}$	$x_S = 3\pi r/16$ $z_S = 3\pi h/32$	$z_S = \dfrac{3}{4}\cdot\dfrac{(2r-h)^2}{(3r-h)}$
Halbkugel	**Kugelausschnitt**	**Rotationsparaboloid**	**Ellipsoid**
$z_S = 3r/8$ halbe Hohlkugel: $z_S = \dfrac{3}{8}\cdot\dfrac{r_a^4 - r_i^4}{r_a^3 - r_i^3}$	$z_S = 3r(1 + \cos\alpha)/8$ $= 3(2r - h)/8$	$z_S = h/3$	$z_S = 3h/8$

Tabelle 2. Schwerpunkte von Flächen

ebene Flächen

Dreieck	Parallelogramm	Trapez	Kreisausschnitt
$y_S = h/3$	$y_S = h/2$	$y_S = \dfrac{h}{3} \cdot \dfrac{a+2b}{a+b}$	$y_S = 2r\sin\alpha/(3\alpha)$ $= 2rl/(3b)$ Halbkreisfläche: $y_S = 4r/(3\pi)$

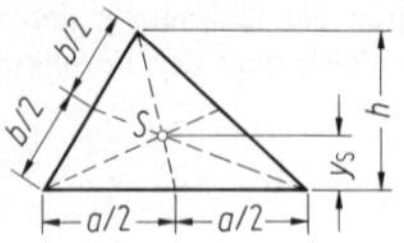

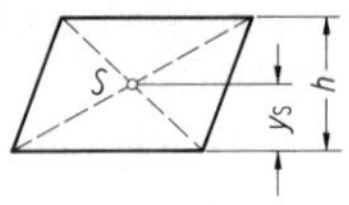

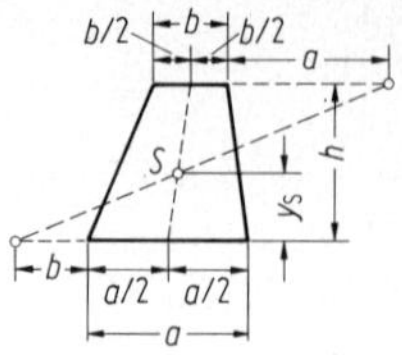

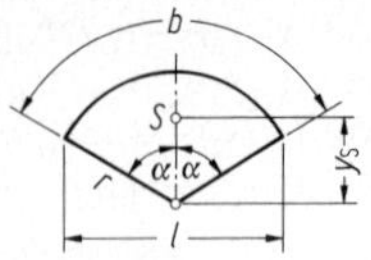

Kreisabschnitt	Kreisringstück	Parabelflächen	Parabelabschnitt
$y_S = \dfrac{2}{3} \cdot \dfrac{r\sin^3\alpha}{\alpha - \sin\alpha\cos\alpha}$ Halbkreisfläche: $y_S = 4r/(3\pi)$	$y_S = \dfrac{2}{3} \cdot \dfrac{(r_a^3 - r_i^3)\sin\alpha}{(r_a^2 - r_i^2)\alpha}$	$x_{S1} = 3a/8 \quad y_{S1} = 2h/5$ $x_{S2} = 3a/4 \quad y_{S2} = 3h/10$	$y_S = 2h/5$

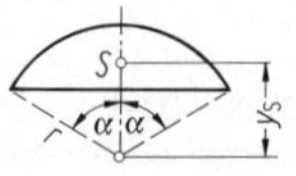

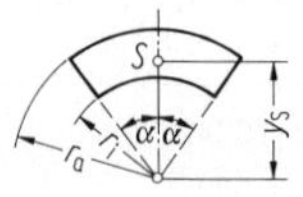

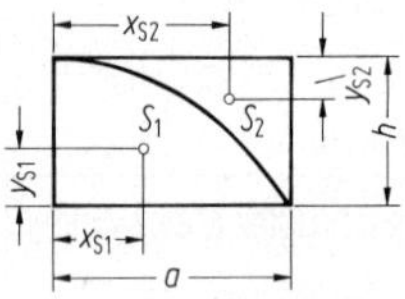

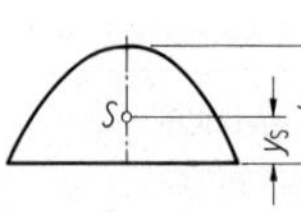

Ellipsenabschnitt	räumliche Oberflächen		
	Kugelzone bzw. -haube	Mantel von Pyramide und Kegel	Mantel von Kreiskegelstumpf
$y_S = \dfrac{2}{3} \cdot \dfrac{b\sin^3\alpha}{\alpha - \sin\alpha\cos\alpha}$	$z_S = (r/2)(\cos\alpha_1 + \cos\alpha_2) = h_0 + h/2$ bzw. $z_S = (r/2)(1+\cos\alpha_2) = (h_0 + r)/2$	$z_S = h/3$	$z_S = \dfrac{h}{3} \cdot \dfrac{r_1 + 2r_2}{r_1 + r_2}$

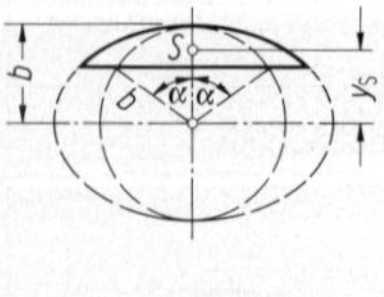

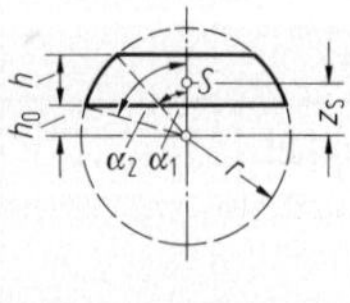

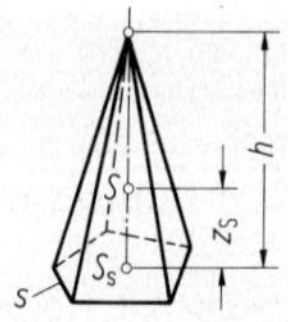

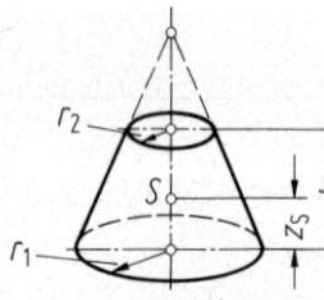

Tabelle 3. Schwerpunkte von Linien

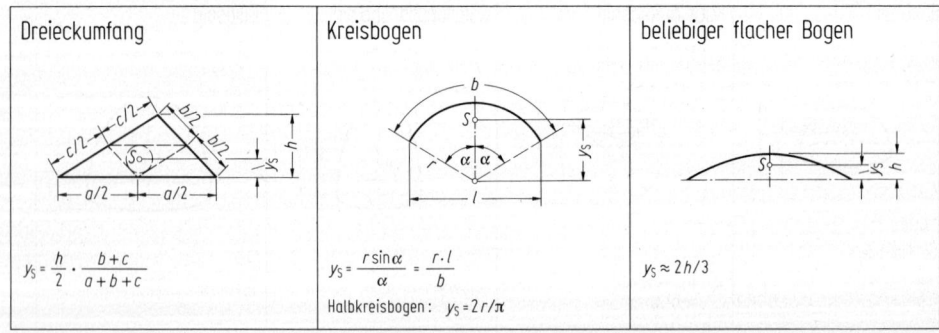

Dreieckumfang	Kreisbogen	beliebiger flacher Bogen
$y_S = \dfrac{h}{2} \cdot \dfrac{b+c}{a+b+c}$	$y_S = \dfrac{r\sin\alpha}{\alpha} = \dfrac{r \cdot l}{b}$ Halbkreisbogen: $y_S = 2r/\pi$	$y_S \approx 2h/3$

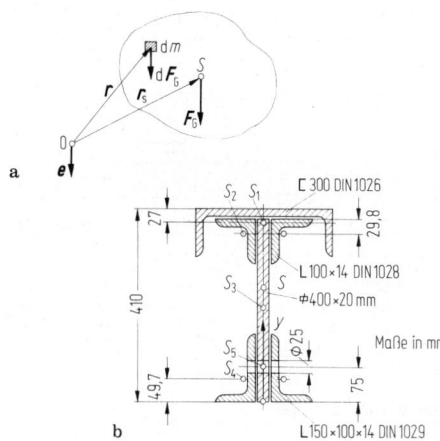

a

b

Bild 35. Schwerpunkt. a eines Körpers; b eines Trägerquerschnitts

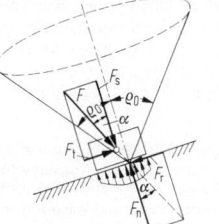

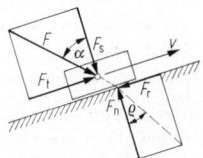

Bild 36. Haftreibung   **Bild 37.** Gleitreibung

lumenschwerpunkt sowie für den Flächen- und Linien-schwerpunkt in vektorieller Form

$$r_S = (1/m) \int r \, dm; \quad r_S = (1/V) \int r \, dV;$$
$$r_S = (1/A) \int r \, dA \quad \text{und} \quad r_S = (1/s) \int r \, ds. \tag{25}$$

Bestehen die Gebilde aus endlich vielen Teilen mit bekannten Teilschwerpunkten, so gilt in Komponenten z.B. für den Flächenschwerpunkt

$$x_S = (1/A) \sum x_i A_i;$$
$$y_S = (1/A) \sum y_i A_i; \tag{26}$$
$$z_S = (1/A) \sum z_i A_i.$$

Die Größen $\int x \, dA$ bzw. $\sum x_i A_i$ usw. bezeichnet man als statische Momente. Sind sie null, so folgt auch $x_S = 0$ usw., d.h., das statische Moment bezüglich einer Achse durch den Schwerpunkt (Schwerlinie) ist stets gleich null. Alle Symmetrieachsen erfüllen diese Bedingung, d.h., sie sind stets Schwerlinien.
Die durch Integration ermittelten Schwerpunkte von homogenen Körpern sowie von Flächen und Linien sind in den **Tab. 1** bis **3** angegeben.

Beispiel: Schwerpunkt eines Trägerquerschnitts. Für den zusammengesetzten Trägerquerschnitt ist der Flächenschwerpunkt zu ermitteln (**Bild 35 b**). – Der Schwerpunkt liegt auf der Symmetrieachse. Ermittlung von y_S tabellarisch, wobei die Bohrung als „negative Fläche" angesetzt wird.

Fläche	A_i cm^2	y_i cm	$y_i A_i$ cm^3
1) U 300	58,8	38,30	2252,0
2) 2L 100 × 14	2 × 26,2	37,02	1939,8
3) ☐ 400 × 20	80,0	20,00	1600,0
4) 2L 150 × 100 × 14	2 × 33,2	4,97	330,0
5) Bohrung ⌀25	−12,0	7,50	−90,0
	$\sum$ 245,6		$\sum$ 6031,8

$y_S = 6031,8 \text{ cm}^3/245,6 \text{ cm}^2 = 24,56 \text{ cm}$

1.11 Reibung. Friction

1.11.1 Haft- und Gleitreibung. Static and sliding friction

Haftreibung (Reibung der Ruhe). Bleibt ein Körper unter Einwirkung einer resultierenden Kraft F, die ihn gegen ei-

ne Unterlage preßt, in Ruhe, so liegt Haftreibung vor (**Bild 36**). Die Verteilung der Flächenpressung zwischen Körper und Unterlage ist meist unbekannt und wird durch die Reaktionskraft F_n ersetzt. Aus Gleichgewichtsgründen ist $F_n = F_s = F \cos\alpha$ und $F_r = F_t = F \sin\alpha$, d.h. $F_r = F_n \tan\alpha$. Der Körper bleibt so lange in Ruhe, bis die Reaktionskraft F_r den Grenzwert $F_{r0} = F_n \tan\rho_0 = F_n \mu_0$ erreicht, d.h. solange F – räumlich betrachtet – innerhalb des sogenannten Reibungskegels mit dem Öffnungswinkel $2\rho_0$ liegt. Für die Reaktionskraft F_r gilt die Ungleichung

$$F_r \leqq F_n \tan\rho_0 = F_n \mu_0. \tag{27}$$

Der Haftreibungskoeffizient μ_0 hängt ab von den aneinander gepreßten Werkstoffen, deren Oberflächenbeschaffenheit, von einer Fremdschicht (Schmierschicht), von Temperatur und Feuchtigkeit, von der Flächenpressung und von der Größe der Normalkraft; μ_0 schwankt daher zwischen bestimmten Grenzen und ist gegebenenfals experimentell zu bestimmen [3]. Anhaltswerte für μ_0 s. **Tab. 4**.

Gleitreibung (Reibung der Bewegung). Wird die Haftreibung überwunden, und setzt sich der Körper in Bewegung, so gilt für die Reibkraft das Coulombsche Gleitreibungsgesetz (**Bild 37**)

$$F_r/F_n = \text{const} = \tan\rho = \mu \quad \text{bzw.} \quad F_r = \mu F_n. \tag{28}$$

Die Gleitreibungskraft ist eine eingeprägte Kraft, die dem Geschwindigkeits- bzw. Verschiebungsvektor entgegengesetzt gerichtet ist. Der Gleitreibungskoeffizient

Tabelle 4. Haft- und Gleitreibungswerte

Stoffpaar	Haftreibungszahl μ_0		Gleitreibungszahl μ	
	trocken	geschmiert	trocken	geschmiert
Eisen-Eisen			1,0	
Kupfer-Kupfer			0,60…1,0	
Stahl-Stahl	0,45…0,80	0,10	0,40…0,70	0,10
Chrom-Chrom			0,41	
Nickel-Nickel			0,39…0,70	
Aluminiumlegierung-Aluminiumlegierung			0,15…0,60	
St.37-St.37 poliert			0,15	
Stahl-Grauguß	0,18…0,24	0,10	0,17…0,24	0,02…0,21
Stahl-Weißmetall			0,21	
Stahl-Blei			0,50	
Stahl-Zinn			0,60	
Stahl-Kupfer			0,23…0,29	
Bremsbelag-Stahl			0,50…0,60	0,20…0,50
Lederdichtung-Metall	0,60	0,20	0,20…0,25	0,12
Stahl-Polytetra-fluoräthylen (PTFE)			0,04…0,22	
Stahl-Polyamid			0,32…0,45	0,10
Holz-Metall	0,50…0,65	0,10	0,20…0,50	0,02…0,10
Holz-Holz	0,40…0,65	0,16…0,20	0,20…0,40	0,04…0,16
Stahl-Eis	0,027		0,014	

B

μ (bzw. Gleitreibungswinkel ρ) hängt neben den unter Haftreibung beschriebenen Einflüssen vornehmlich von den Schmierungsverhältnissen (Trockenreibung, Mischreibung, Flüssigkeitsreibung; s. E 5.1) ab, zum Teil aber auch von der Gleitgeschwindigkeit [4, 5]. Anhaltswerte für μ s. **Tab. 4.**

Beispiel: Standsicherheit einer Leiter (**Bild 38**). Wie weit darf eine Person (Gewichtskraft F_Q) eine Leiter (Länge l, Neigungswinkel β, Gewicht vernachlässigbar) besteigen, ohne daß diese abrutscht, wenn die Haftreibungswinkel zwischen Leiter und Wand bzw. Boden ρ_0 ist? Wie groß sind dann die Kräfte im oberen und unteren Berührungspunkt? – An Kopf- und Fußpunkt wird der Reibungskegel eingezeichnet. Solange die Kraft F_Q innerhalb der schraffierten Fläche liegt, kann sie auf unendlich vielfache Weise so zerlegt werden, daß die Kräfte F_o und F_u an Kopf- und Fußpunkt innerhalb des Reibungskegels liegen, so daß Gleichgewicht herrscht (d.h., das Problem ist statisch unbestimmt, die Kräfte sind so nicht bestimmbar). Der Grenzwert ist erreicht, wenn F_Q durch Punkt A geht (**Bild 38**). Die Ergebnisse folgen aus der Abbildung (wegen des rechten Winkels zwischen oberer und linker Mantellinie).

$$a = l\cos(\beta + \rho_0), \quad x = a\cos\rho_0 = l\cos\rho_0\cos(\beta + \rho_0).$$

Aus dem Krafteck liest man ab

$$F_o = F_Q\sin\rho_0, \quad F_{no} = F_Q\sin\rho_0\cos\rho_0, \quad F_{ro} = F_Q\sin^2\rho_0,$$

$$F_u = F_Q\cos\rho_0, \quad F_{nu} = F_Q\cos^2\rho_0, \quad F_{ru} = F_Q\sin\rho_0\cos\rho_0.$$

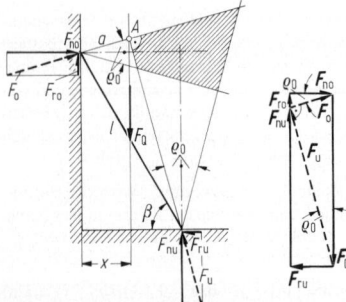

Bild 38. Leiter mit Reibungskegeln

1.11.2 Anwendungen zur Haft- und Gleitreibung
Applications of static and sliding friction

Reibung am Keil. Gesucht wird die Kraft F, die zum Heben und Senken einer Last mit konstanter Geschwindigkeit erforderlich ist. Die Lösung folgt am einfachsten aus dem Sinussatz am Krafteck, z.B. für das Heben der Last nach **Bild 39**

$$\frac{F_2}{F_Q} = \frac{\sin(90° + \rho_3)}{\sin[90° - (\alpha + \rho_2 + \rho_3)]}, \quad \frac{F}{F_2} = \frac{\sin(\alpha + \rho_1 + \rho_2)}{\sin(90° - \rho_1)};$$

hieraus

$$F = F_Q\frac{\tan(\alpha + \rho_2) + \tan\rho_1}{1 - \tan(\alpha + \rho_2)\tan\rho_3}. \quad \text{Entsprechend}$$

$$F = F_Q\frac{\tan(\alpha - \rho_2) - \tan\rho_1}{1 + \tan(\alpha - \rho_2)\tan\rho_3} \tag{29}$$

für das Senken der Last. Wird $F \leq 0$, so tritt Selbsthemmung auf; dann ist

$$\tan(\alpha - \rho_2) \leq \tan\rho_1 \quad \text{bzw.} \quad \alpha \leq \rho_1 + \rho_2.$$

Der Keil muß dann herausgezogen bzw. von der anderen Seite hinausgedrückt werden. Der Wirkungsgrad des Keilgetriebes beim Heben der Last ist $\eta = F_0/F$; hierbei ist $F_0 = F_Q \cdot \tan\alpha$ die erforderliche Kraft ohne Reibung. Für $\rho_1 = \rho_2 = \rho_3 = \rho$ gilt $F = F_Q\tan(\alpha \pm 2\rho)$; Selbsthemmung für $\alpha \leq 2\rho$, Wirkungsgrad $\eta = \tan\alpha/\tan(\alpha + 2\rho)$. Bei Selbsthemmung wird $\eta = \tan 2\rho/\tan 4\rho = 0,5 - 0,5\tan^2 2\rho < 0,5$.

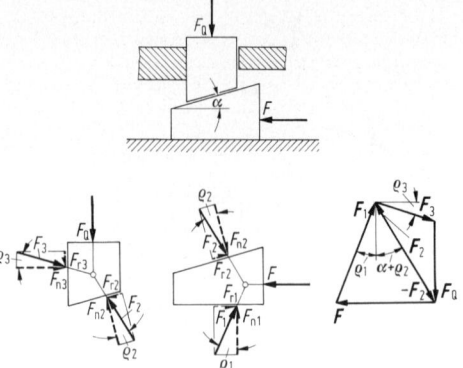

Bild 39. Reibung am Keil

Schraube (Bewegungsschraube).

Rechteckgewinde (flachgängige Schraube, **Bild 40a**). Gesucht ist das Drehmoment M zum gleichförmigen Heben und Senken der Last.

$$\sum F_{iz} = 0 = \int dF\cos(\alpha + \rho) - F_Q, \quad F = F_Q/\cos(\alpha + \rho),$$

$$\sum M_{iz} = 0 = M - \int dF\sin(\alpha + \rho)r_m, \quad M = F_Q r_m\tan(\alpha + \rho)$$

Wirkungsgrad beim Heben $\eta = M_0/M = \tan\alpha/\tan(\alpha + \rho)$; M_0 erforderliches Moment ohne Reibung. Beim Senken tritt $-\rho$ an Stelle von ρ; $M = F_Q r_m\tan(\alpha - \rho)$. Selbsthemmung für $M \leq 0$, d.h. $\tan(\alpha - \rho) \leq 0$, also $\alpha \leq \rho$. Dann ist zum Senken der Last ein negatives Moment erforderlich. Für $\alpha = \rho$ folgt $\eta = \tan\rho/\tan 2\rho = 0,5 - 0,5\tan^2\rho < 0,5$.

Trapez- und Dreieckgewinde (scharfgängige Schraube) (**Bild 40b**). Es gelten dieselben Gleichungen wie für Rechteckgewinde, wenn anstelle von $\mu = \tan\rho$ die Reibzahl $\mu' = \tan\rho' = \mu/\cos(\beta/2)$, d.h. anstelle von ρ der Reibwinkel $\rho' = \arctan[\mu/\cos(\beta/2)]$ eingesetzt wird. Beweis gemäß **Bild 40b**, da anstelle von dF_n die Kraft $dF_n' = dF_n/\cos(\beta/2)$ und anstelle von $dF_r = \mu dF_n$ die Kraft $dF_r' = \mu dF_n' = [\mu/\cos(\beta/2)]dF_n = \mu'dF_n$ tritt. Hierbei ist β der Flankenwinkel des Gewindes. Bemerkung: Für Befestigungsschrauben ist Selbsthemmung, d.h. $\alpha \leq \rho_0'$, erforderlich.

Seilreibung (Umschlingungsreibung) (**Bild 41**). Gleitreibung tritt auf bei relativer Bewegung zwischen Seil und

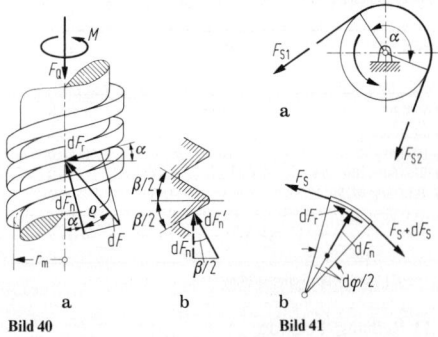

Bild 40. Reibung an **a** flachgängiger und **b** scharfgängiger Schraube

Bild 41. Seilreibung. **a** Kräfte; **b** Element

Scheibe (Bandbremse, Schiffspoller bei laufendem Seil), Haftreibung bei Ruhe zwischen Seil und Scheibe (Riementrieb, Bandbremse als Haltebremse, Schiffspoller bei ruhendem Seil). Dementsprechend ist μ oder μ_0 als Reibungskoeffizient anzusetzen. Gleichgewicht in Normal- und Tangentialrichtung am Seilelement (**Bild 41b**) ergibt $dF_n = F_S d\varphi$, $dF_S = dF_r$; mit $dF_r = \mu dF_n$ folgt $dF_S = \mu F_S d\varphi$. Nach Integration über den Umschlingungswinkel α folgt die Eulersche Seilreibungsformel

$$F_{S2} = F_{S1} \cdot \exp \mu\alpha. \tag{30}$$

Die Reibkraft ergibt sich aus $F_r = F_{S2} - F_{S1}$ und das Reibmoment aus $M_r = F_r r$.

Bei nicht vernachlässigbarer Geschwindigkeit des Seils (z.B. beim Riementrieb) treten Fliehkräfte $q_F = m^* v^2/r$ (m^* Masse pro Längeneinheit des Seils) am Seil auf. Dann ist F_S durch $F_S - m^* v^2$) zu ersetzen.

1.11.3 Rollwiderstand. Rolling resistance

Rollt ein zylindrischer o.ä. Körper auf einer Unterlage (**Bild 42a**), so ergibt sich wegen der Verformung der Unterlage und des Körpers eine schräg gerichtete Resultierende, deren Horizontalkomponente die Widerstandskraft F_w ist. Ihr muß bei gleichförmiger Bewegung die Antriebskraft F_a das Gleichgewicht halten. Mit $F_n = F_Q$ und $f \ll r$, d.h. $\tan\alpha \approx \sin\alpha = f/r$, folgt

$$F_w = F_Q f/r = F_Q \mu_r$$

und als sog. Moment der rollenden Reibung $M_w = F_w r = \mu_r F_Q r = F_Q f$, wobei $\mu_r = f/r$ der Koeffizient der Rollreibung ist. Der Hebelarm f der Rollreibung ist empirisch zu ermitteln. Für Stahlräder auf Schienen ist $f \approx 0,05$ cm, für Wälzlager $f \approx 0,0005...0,001$ cm.

Als *Fahrwiderstand* (**Bild 42b**) bezeichnet man die Summe aus Rollwiderstand und Lagerreibungswiderstand,

$$F_{w, ges} = (F_Q + F_G) f/r + F_Q \mu_z r_1/r$$

(F_G Gewichtskraft des Rads, μ_z Zapfenreibungszahl s. Q 2.1.1).

1.11.4 Widerstand an Seilrollen. Resistance at pulleys

Infolge Biegesteifigkeit der Seile erfolgt an der Auflaufstelle ein „Abheben" um a_2 (s. **Bild 42c**) und an der Ablaufstelle ein „Anschmiegen" um a_1. Unter gleichzeitiger Berücksichtigung der Lagerreibung folgt bei gleichmäßiger Geschwindigkeit für die

Feste Rolle (**Bild 42c**): Beim Heben

$$\sum M_A = 0 = F(r - a_1) - F_Q(r + a_2) - (F + F_Q)r_z, \text{ d.h.}$$
$$F = F_Q(r + a_2 + r_z)/(r - a_1 - r_z) = F_Q/\eta.$$

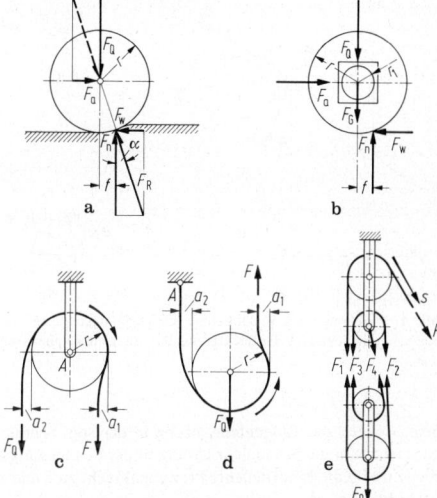

Bild 42. Widerstände. **a** Rollwiderstand; **b** Fahrwiderstand; **c** feste und **d** lose Seilrolle; **e** Flaschenzug

η ist der Wirkungsgrad der festen Rolle beim Heben ($\eta \approx 0,95$). Beim Senken ist η durch $1/\eta$ zu ersetzen. (r_z Radius der Zapfenreibung.)

Lose Rolle (**Bild 42d**): Beim Heben

$$\sum M_A = 0 = F(2r + a_2 - a_1) - F_Q(r + a_2 + r_z), \text{ d.h.}$$
$$F = (F_Q/2)(r + a_2 + r_z)/(r + a_2/2 - a_1/2) = (F_Q/2)/\eta.$$

$\eta = $ Nutzarbeit/zugeführte Arbeit $= (F_Q s/2)/(Fs)$. Näherungsweise wird ebenfalls $\eta \approx 0,95$ gesetzt. Beim Senken ist η durch $1/\eta$ zu ersetzen.

Rollenzug (**Bild 42e**): Mit den Ergebnissen für die feste und die lose Rolle ist $F_1 = \eta F$, $F_2 = \eta F_1 = \eta^2 F$ usw. Gleichgewicht für die freigemachte untere Flasche führt zu $\sum F_y = 0 = F_1 + F_2 + F_3 + F_4 - F_Q$, d.h. $F(\eta + \eta^2 + \eta^3 + \eta^4) = F_Q$. Mit

$$1 + \eta + \eta^2 + \eta^3 = (1 - \eta^4)/(1 - \eta) \quad \text{folgt}$$
$$F = F_Q/[\eta(1 - \eta^4)/(1 - \eta)].$$

Bei n tragenden Seilsträngen werden die Kraft und der Gesamtwirkungsgrad für das Heben

$$F = F_Q/[\eta(1 - \eta^n)/(1 - \eta)] \quad \text{und}$$
$$\eta_{ges} = W_n/W_z = (F_Q s/n)/(Fs) = \eta(1 - \eta^n)/[(1 - \eta)n].$$

Beim Senken ist η wieder durch $1/\eta$ zu ersetzen.

2 Kinematik. Kinematics

Die Kinematik ist die Lehre von der geometrischen und analytischen Beschreibung der Bewegungszustände von Punkten und Körpern. Sie berücksichtigt nicht die Kräfte und Momente als Ursachen der Bewegung.

2.1 Bewegung eines Punkts
The motion of a particle

2.1.1 Allgemeines. Introduction

Bahnkurve. Ein Punkt bewegt sich in Abhängigkeit von der Zeit im Raum längs einer Bahnkurve. Die Ortskoordinate des Punkts ist durch den Ortsvektor (**Bild 1a**)

$$r(t) = x(t)e_x + y(t)e_y + z(t)e_z = (x(t); y(t); z(t)) \tag{1}$$

festgelegt. Ein Punkt hat im Raum drei Freiheitsgrade, bei geführter Bewegung längs einer Fläche zwei und längs einer Linie einen Freiheitsgrad.

Geschwindigkeit. Der Geschwindigkeitsvektor ergibt sich durch Ableitung des Ortsvektors nach der Zeit:

$$v(t) = dr/dt = \dot{r}(t) = \dot{x}(t)e_x + \dot{y}(t)e_y + \dot{z}(t)e_z$$
$$= (\dot{x}(t); \dot{y}(t); \dot{z}(t)) = (v_x; v_y; v_z). \tag{2}$$

Der Geschwindigkeitsvektor tangiert stets die Bahnkurve, da in natürlichen Koordinaten t, n, b (begleitendes Drei-

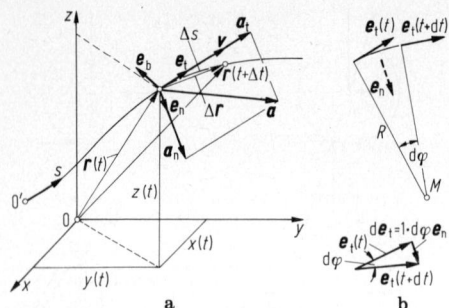

Bild 1. Punktbewegung. **a** Bahnkurve, Geschwindigkeits- und Beschleunigungsvektor; **b** Differentiation des Tangenteneinheitsvektors

bein, wobei t die Tangentenrichtung in der sog. Schmiegungsebene, n die Normalenrichtung in der Schmiegungsebene und b die Binormalenrichtung senkrecht zu t und n ist; s. **Bild 1a**)

$$v(t) = \frac{dr(t)}{dt} = \frac{dr}{ds}\frac{ds}{dt} = e_t v \qquad (3)$$

gilt (e_t Tangenteneinheitsvektor). Der Betrag der Geschwindigkeit ist

$$|v| = v = ds/dt = \dot{s} = \sqrt{v_x^2 + v_y^2 + v_z^2} = \sqrt{\dot{x}^2 + \dot{y}^2 + \dot{z}^2}. \quad (4)$$

Beschleunigung. Der Beschleunigungsvektor ergibt sich durch Ableitung des Geschwindigkeitsvektors nach der Zeit:

$$a(t) = \frac{dv}{dt} = \frac{d^2 r}{dt^2} = \ddot{r}(t) = \ddot{x}(t)e_x + \ddot{y}(t)e_y + \ddot{z}(t)e_z$$
$$= (\ddot{x}(t); \ddot{y}(t); \ddot{z}(t)) = (a_x; a_y; a_z) \qquad (5)$$

bzw. in natürlichen Koordinaten

$$a(t) = \frac{d}{dt}(ve_t) = \frac{dv}{dt}e_t + v \cdot \frac{de_t}{dt}.$$

Mit $\dfrac{de_t}{dt} = \dfrac{de_t}{ds}\dfrac{ds}{dt} = \dfrac{d\varphi\, e_n}{ds}v = \dfrac{1}{R}e_n v$ (s. **Bild 1b**) folgt

$$a(t) = \dot{v}e_t + (v^2/R)e_n = a_t + a_n, \qquad (6)$$

d.h., der Beschleunigungsvektor liegt stets in der Schmiegungsebene (**Bild 1a**). Seine Komponenten in Tangential-

und Normalenrichtung heißen Tangential- und Normalbeschleunigung

$$a_t = dv/dt = \dot{v}(t) = \ddot{s}(t) \qquad (7)$$

und

$$a_n = v^2/R, \qquad (8)$$

wobei R der Krümmungsradius der Bahnkurve ist. Die Normalbeschleunigung ist stets zum Krümmungsmittelpunkt M gerichtet, also immer eine Zentripetalbeschleunigung. Für die Größe des (resultierenden) Beschleunigungsvektors gilt

$$a = |a| = \sqrt{a_x^2 + a_y^2 + a_z^2} = \sqrt{a_t^2 + a_n^2}. \qquad (9)$$

Gleichförmige Bewegung liegt vor, wenn $v(t) = \dot{s}(t) = v_0 =$ const ist. Durch Integration folgt

$$s(t) = \int \dot{s}(t)\, dt = v_0 t + C_1$$

bzw. mit der Anfangsbedingung $s(t = t_1) = s_1$ hieraus $C_1 = s_1 - v_0 t_1$ und somit

$$s(t) = v_0(t - t_1) + s_1.$$

Graphische Darstellungen von $v(t)$ und $s(t)$ liefern das Geschwindigkeits-Zeit-Diagramm und das Weg-Zeit-Diagramm (**Bild 2**). Aus $s(t)$ folgt umgekehrt durch Differentiation $v(t)$.

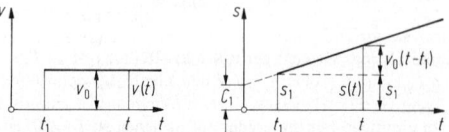

Bild 2. Gleichförmige Bewegung, Bewegungsdiagramme

Gleichmäßig beschleunigte (und verzögerte) Bewegung (Bild 3a) liegt vor, wenn

$$a_t(t) = \dot{v}(t) = \ddot{s}(t) = a_{t0} = \text{const}, \quad \text{d.h.}$$
$$v(t) = a_{t0}t + C_1 \quad \text{und} \quad s(t) = a_{t0}t^2/2 + C_1 t + C_2.$$

Hieraus folgen mit den Anfangsbedingungen $v(t = t_1) = v_1$ und $s(t = t_1) = s_1$ die Konstanten

$$C_1 = v_1 - a_{t0}t_1 \quad \text{und} \quad C_2 = s_1 - v_1 t_1 + a_{t0}t_1^2/2$$

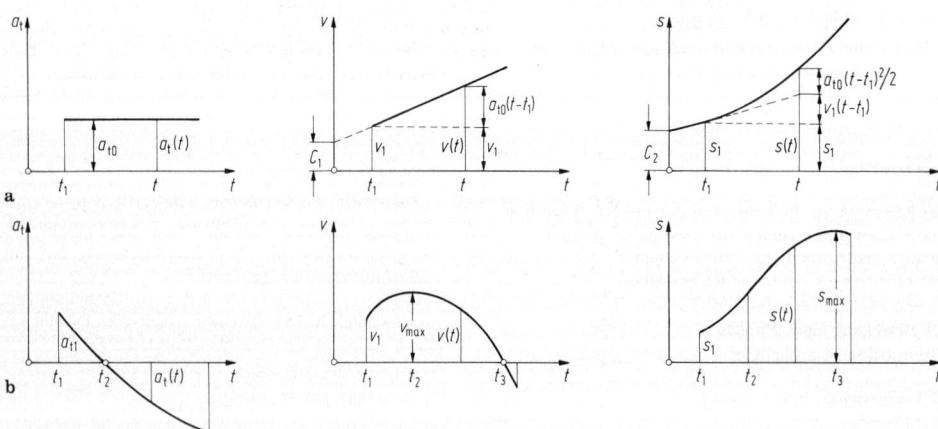

Bild 3. Beschleunigte Bewegung. **a** gleichmäßig; **b** ungleichmäßig

und somit

$$a_t(t) = a_{t0} = \text{const}, \quad v(t) = a_{t0}(t - t_1) + v_1,$$
$$s(t) = a_{t0}(t - t_1)^2/2 + v_1(t - t_1) + s_1.$$

Nach Elimination von $(t - t_1)$ ergeben sich die Beziehungen

$$t - t_1 = (v - v_1)/a_{t0}, \quad a_{t0} = (v^2 - v_1^2)/[2(s - s_1)],$$
$$v = \sqrt{v_1^2 + 2a_{t0}(s - s_1)}, \quad s = (v^2 - v_1^2)/(2a_{t0}) + s_1.$$

Für den Sonderfall $t_1 = 0$, $v_1 = 0$, $s_1 = 0$ folgen

$$v(t) = a_{t0}t, \quad s(t) = a_{t0}t^2/2, \quad t = v/a_{t0},$$
$$a_{t0} = v^2/(2s), \quad v = \sqrt{2a_{t0}s}, \quad s = v^2/(2a_{t0}).$$

Die mittlere Geschwindigkeit ergibt sich zu

$$v_m = \int_{t_1}^{t_2} v(t)\mathrm{d}t/(t_2 - t_1) = (s_2 - s_1)/(t_2 - t_1) = (v_1 + v_2)/2.$$

In allen Gleichungen kann a_t positiv oder negativ sein: Positives a_t bedeutet Beschleunigung bei Bewegung eines Punkts in positiver s-Richtung, aber Verzögerung bei Bewegung in negativer s-Richtung; negatives a_t bedeutet Verzögerung bei Bewegung in positiver s-Richtung, aber Beschleunigung bei Bewegung in negativer s-Richtung. Ist $s(t)$ gegeben, so erhält man durch Differentiation $v(t)$ und $a_t(t)$.

Ungleichmäßig beschleunigte (und verzögerte) Bewegung liegt vor, wenn $a_t(t) = f_1(t)$ ist (**Bild 3 b**). Integration führt zu

$$v(t) = \int a_t(t)\mathrm{d}t = \int f_1(t)\mathrm{d}t = f_2(t) + C_1 \quad \text{und}$$
$$s(t) = \int v(t)\mathrm{d}t = \int [f_2(t) + C_1]\mathrm{d}t = f_3(t) + C_1 t + C_2.$$

Die Konstanten werden aus den Anfangsbedingungen $v(t = t_1) = v_1$ und $s(t = t_1) = s_1$ oder äquivalenten Bedingungen ermittelt. Aus $\dot{v} = a_t(t)$ folgt, daß dort, wo $v(t)$ einen Extremwert annimmt (wo $\dot{v} = 0$ wird), im a_t, t-Diagramm die Funktion $a_t(t)$ durch Null geht. Analog folgt aus $\dot{s}(t) = v(t)$, daß $s(t)$ dort ein Extremum hat, wo $v(t)$ im v, t-Diagramm durch Null geht. Die mittlere Geschwindigkeit ergibt sich zu $v_m = (s_2 - s_1)/(t_2 - t_1)$. Entsprechend der anschaulichen Deutung des Integrals als Flächeninhalt lassen sich bei gegebenem $a_t(t)$ die Größen $v(t)$ und $s(t)$ auch mit den Methoden der graphischen oder numerischen Integration (s. A 10.6) bestimmen.

2.1.2 Ebene Bewegung. Plane motion

Bahnkurve (Weg), Geschwindigkeit, Beschleunigung. Es gelten die Formeln von B 2.1.1, reduziert auf die beiden Komponenten x und y (**Bild 4 a**):

$$r(t) = x(t)e_x + y(t)e_y = (x(t); y(t)),$$
$$v(t) = \dot{x}(t)e_x + \dot{y}(t)e_y = (\dot{x}(t); \dot{y}(t)) = (v_x; v_y),$$
$$a(t) = \ddot{x}(t)e_x + \ddot{y}(t)e_y = (\ddot{x}(t); \ddot{y}(t)) = (a_x; a_y)$$

bzw. in natürlichen Koordinaten t und n:

$$a(t) = \dot{v}(t)e_t + (v^2/R)e_n = (\dot{v}(t); v^2/R) = (a_t; a_n).$$

Ist die Bahnkurve mit $y(x)$ und die Lage des Punkts mit $s(t)$ gegeben, so ergibt sich ein Zusammenhang zwischen t und x über die Bogenlänge $s(x) = \int \sqrt{1 + y'^2}\mathrm{d}x$ aus $s(x) = s(t)$. Hieraus ist $t(x)$ bzw. $x(t)$ nur in einfachen Fällen explizit berechenbar (s. nächstes Beispiel).

Beispiel: Bewegung auf einer Bahnkurve $y(x)$ (**Bild 4 b**). Untersucht wird die Bewegung eines Punkts auf der Kreisbahn $y(x) = \sqrt{r^2 - x^2}$ gemäß dem Weg-Zeit-Gesetz $s(t) = At^2$. – Nach den Gln. (4), (7) und (8) ergeben sich

$$v(t) = \dot{s} = 2At, \quad a_t(t) = \dot{v} = \ddot{s} = 2A \quad \text{und} \quad a_n(t) = v^2/R = 4A^2t^2/r$$

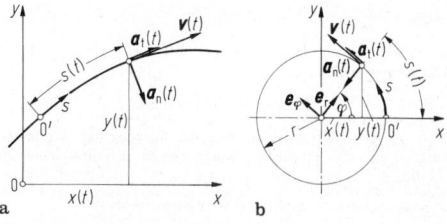

Bild 4. Ebene Bewegung. **a** allgemein; **b** Kreis

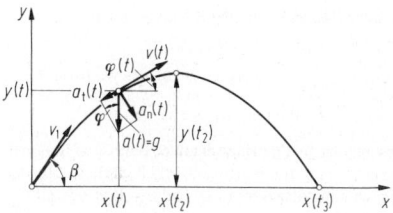

Bild 5. Schiefer Wurf, Wurfbahn

und somit $a(t) = \sqrt{a_t^2 + a_n^2} = 2A\sqrt{1 + 4A^2t^4/r^2}$. Für die Kreisbahn ergibt sich mit $y' = -x/\sqrt{r^2 - x^2}$ die Bogenlänge zu

$$s(x) = \int_{x=x}^{r} \sqrt{1 + y'^2}\mathrm{d}x = \int_{x}^{r} \sqrt{r^2/(r^2 - x^2)}\mathrm{d}x = r\arccos(x/r),$$

woraus mit

$$s(x) = s(t) = At^2$$
$$t(x) = \sqrt{r\arccos(x/r)/A} \quad \text{bzw.} \quad x(t) = r\cos(At^2/r)$$

folgt. Damit wird

$$s(x) = r\arccos(x/r), \quad v(x) = 2\sqrt{Ar\arccos(x/r)}, \quad a_t(x) = 2A,$$
$$a_n(x) = 4A\arccos(x/r), \quad a(x) = 2A\sqrt{1 + 4[\arccos(x/r)]^2}.$$

Lösung dieser Aufgabe in Parameterdarstellung:

$$x(t) = r\cos(At^2/r), \quad y(t) = \sqrt{r^2 - x^2} = r\sin(At^2/r),$$
$$v_x(t) = \dot{x}(t) = -2At\sin(At^2/r), \quad v_y = \dot{y}(t) = 2At\cos(At^2/r),$$

somit ist

$$v(t) = \sqrt{v_x^2 + v_y^2} = 2At\sqrt{\sin^2(At^2/r) + \cos^2(At^2/r)} = 2At,$$
$$a_x(t) = \dot{v}_x(t) = \ddot{x}(t) = -2A[\sin(At^2/r) + (2t^2A/r)\cos(At^2/r)],$$
$$a_y(t) = \dot{v}_y(t) = \ddot{y}(t) = 2A[\cos(At^2/r) - (2t^2A/r)\sin(At^2/r)],$$

woraus

$$a(t) = \sqrt{a_x^2 + a_y^2} = 2A\sqrt{1 + (2t^2A/r)^2} \quad \text{folgt.}$$

Beispiel: Der schiefe Wurf (**Bild 5**). Ungleichmäßig beschleunigte Bewegung. Abwurfgeschwindigkeit v_1 unter Abwurfwinkel β. – Unter Vernachlässigung des Luftwiderstands ist die Schwerkraft die einzige wirkende Kraft. Deshalb wird $a_x(t) = 0$ und $a_y(t) = -g = \text{const}$. Integration liefert

$$v_x(t) = C_1, \quad x(t) = C_1 t + C_2$$

sowie

$$v_y(t) = -gt + C_3, \quad y(t) = -gt^2/2 + C_3 t + C_4.$$

Anfangsbedingungen

$$x(0) = 0, \quad y(0) = 0, \quad v_x(0) = v_1\cos\beta, \quad v_y(0) = v_1\sin\beta$$

ergeben $C_2 = 0$, $C_4 = 0$, $C_1 = v_1\cos\beta$, $C_3 = v_1\sin\beta$ und somit

$$x(t) = v_1 t\cos\beta, \quad y(t) = v_1 t\sin\beta - gt^2/2$$

(Bahnkurve in Parameterdarstellung).

Elimination von t ergibt Bahnkurve $y = f(x)$:

$$y(x) = x\tan\beta - x^2 g/(2v_1^2\cos^2\beta) \quad \text{(Wurfparabel)}.$$

Geschwindigkeit $v_x(t) = \dot{x}(t) = v_1 \cos\beta$, $v_y(t) = \dot{y}(t) = v_1 \sin\beta - gt$,

$$v(t) = \sqrt{(v_1 \cos\beta)^2 + (v_1 \sin\beta - gt)^2}.$$

Beschleunigung $a_x(t) = \ddot{x}(t) = 0$, $a_y(t) = \ddot{y}(t) = -g$,

$$a(t) = \sqrt{0 + g^2} = g = \text{const}.$$

Aus $v_y/v_x = \tan\varphi(t)$ erhält man die Steigung der Bahnkurve und damit die natürlichen Komponenten der Beschleunigung (s. **Bild 5**):

$$a_n(t) = g\cos\varphi(t) \quad \text{und} \quad a_t(t) = -g\sin\varphi(t) \neq \text{const}!$$

Steigzeit und Wurfhöhe aus $v_y(t_2) = 0$:

$$t_2 = v_1 \sin\beta/g, \quad y(t_2) = v_1^2 \sin^2\beta/(2g).$$

Wurfdauer und Wurfweite aus $y(t_3) = 0$:

$$t_3 = 2v_1 \sin\beta/g = 2t_2, \quad x(t_3) = v_1^2 \sin 2\beta/g.$$

Wegen $\sin(180° - 2\beta) = \sin 2\beta$ ergibt sich dieselbe Wurfweite für die Abwurfwinkel β und $(90° - \beta)$. Die größte Wurfweite bei gegebenem v_1 wird mit dem Abwurfwinkel $\beta = 45°$ erzielt.

Ebene Bewegung in Polarkoordinaten. Bahn und Lage eines Punkts werden durch $r(t)$ und $\varphi(t)$ festgelegt. Mit den begleitenden Einheitsvektoren e_r und e_φ (**Bild 6a**) gilt

$$r(t) = r(t)e_r. \tag{10}$$

Hieraus folgt durch Ableitung der Geschwindigkeitsvektor

$$v(t) = \dot{r}(t) = \dot{r}(t)e_r + r(t)\dot{e}_r = \dot{r}e_r + \dot{\varphi}re_\varphi = v_r + v_\varphi, \tag{11}$$

da gemäß **Bild 6c** $\dot{e}_r = de_r/dt = 1 \cdot d\varphi \cdot e_\varphi/dt = \dot{\varphi}e_\varphi$ ist. Hierbei ist $\dot{\varphi} = d\varphi/dt$ die Drehgeschwindigkeit des Radiusvektors r, genannt Winkelgeschwindigkeit ω.
Die Ableitung des Geschwindigkeitsvektors ergibt die Beschleunigung (**Bild 6b**):

$$a(t) = \dot{v}(t) = \ddot{r}(t) = \dot{r}\dot{e}_r + \ddot{r}e_r + \dot{\varphi}r\dot{e}_r + (\dot{\varphi}\dot{r} + \ddot{\varphi}r)e_\varphi$$
$$= (\ddot{r} - \dot{\varphi}^2 r)e_r + (\ddot{\varphi}r + 2\dot{r}\dot{\varphi})e_\varphi = a_r + a_\varphi \tag{12}$$

mit $\dot{e}_\varphi = de_\varphi/dt = -1 \cdot d\varphi \cdot e_r/dt = -\dot{\varphi}e_r$ gemäß **Bild 6c**. Hierbei ist $\ddot{\varphi} = \dot{\omega}$ die Änderung der Winkelgeschwindigkeit des Radiusvektors r mit der Zeit, genannt Winkelbeschleunigung α.
Zusammenhang mit kartesischen Koordinaten (**Bild 6a, b**):

$$r(t) = r\cos\varphi\, e_x + r\sin\varphi\, e_y = x(t)e_x + y(t)e_y, \tag{13}$$

$$v(t) = \dot{r}(t) = (\dot{r}\cos\varphi - r\dot{\varphi}\sin\varphi)e_x + (\dot{r}\sin\varphi + r\dot{\varphi}\cos\varphi)e_y$$
$$= v_x e_x + v_y e_y, \tag{14}$$

$$a(t) = \dot{v}(t) = (\ddot{r}\cos\varphi - 2\dot{r}\dot{\varphi}\sin\varphi - r\dot{\varphi}^2\cos\varphi - r\ddot{\varphi}\sin\varphi)e_x$$
$$\quad + (\ddot{r}\sin\varphi + 2\dot{r}\dot{\varphi}\cos\varphi - r\dot{\varphi}^2\sin\varphi + r\ddot{\varphi}\cos\varphi)e_y$$
$$= a_x e_x + a_y e_y. \tag{15}$$

Zusammenhang zwischen Komponenten in r,φ- und x,y-Richtung (**Bild 6b**):

$$v_r = v_x \cos\varphi + v_y \sin\varphi, \quad v_\varphi = -v_x \sin\varphi + v_y \cos\varphi,$$
$$v_x = v_r \cos\varphi - v_\varphi \sin\varphi, \quad v_y = v_r \sin\varphi + v_\varphi \cos\varphi.$$

Analoge Gleichungen gelten für die Beschleunigung a. Resultierende Geschwindigkeit und Beschleunigung:

$$v = \sqrt{v_r^2 + v_\varphi^2} = \sqrt{v_x^2 + v_y^2}, \quad a = \sqrt{a_r^2 + a_\varphi^2} = \sqrt{a_x^2 + a_y^2}.$$

Der Beschleunigungsvektor a läßt sich auch in die natürlichen Komponenten a_t und a_n zerlegen, da die Richtung t durch den Geschwindigkeitsvektor und die Richtung n als Senkrechte dazu gegeben sind (**Bild 6b**).

Ebene Kreisbewegung (Bild 4b). Aus der Darstellung in Polarkoordinaten folgen mit $r = \text{const}$, also mit $\dot{r} = \ddot{r} = 0$ und da jetzt die e_φ- und e_r-Richtung mit der e_t- und der negativen e_n-Richtung zusammenfallen,

$$v(t) = \dot{\varphi}re_\varphi = \omega re_t \quad \text{und}$$
$$a(t) = -\dot{\varphi}^2 re_r + r\ddot{\varphi}e_\varphi = \omega^2 re_n + r\alpha e_t. \tag{16}$$

$$v = \omega r, \tag{17}$$

$$a_t = \ddot{\varphi}r = \dot{\omega}r = \alpha r, \tag{18}$$

$$a_n = \dot{\varphi}^2 r = \omega^2 r, \tag{19}$$

$$a = |a| = \sqrt{a_t^2 + a_n^2} = r\sqrt{\alpha^2 + \omega^4}. \tag{20}$$

2.1.3 Räumliche Bewegung. Motion in space

Es gelten die Gleichungen von B2.1.1. Als Anwendung wird die *Bewegung auf einer zylindrischen Schraubenlinie* behandelt (**Bild 7a**; s. hierzu auch Beispiel in B3.2.4). Lösung in Zylinderkoordinaten: $r_0(t), \varphi(t), z(t)$.
Mit $r_0(t) = r_0 = \text{const}$, einer beliebigen Funktion $\varphi(t)$ sowie $z(t) = \varphi(t)h/2\pi$ wird $r(t) = r_0 e_r + z(t)e_z$. Hieraus folgt analog Gl. (11) bzw. (12) mit $\dot{r}_0 = 0$, $\ddot{r}_0 = 0$

$$v(t) = v_r + v_\varphi + v_z = \dot{\varphi}r_0 e_\varphi + \dot{z}e_z = \dot{\varphi}r_0 e_\varphi + (\dot{\varphi}h/2\pi)e_z$$

bzw.

$$a(t) = a_r + a_\varphi + a_z = -\dot{\varphi}^2 r_0 e_r + \ddot{\varphi}r_0 e_\varphi + \ddot{z}e_z$$
$$= -\dot{\varphi}^2 r_0 e_r + \ddot{\varphi}r_0 e_\varphi + (\ddot{\varphi}h/2\pi)e_z.$$

Für die Größen von Geschwindigkeit, Weg und Beschleunigung ergibt sich mit dem Steigungswinkel

$$\beta = \arctan[h/(2\pi r_0)]$$
$$v = |v| = \sqrt{v_r^2 + v_\varphi^2 + v_z^2} = r_0\dot{\varphi}\sqrt{1 + h^2/(2\pi r_0)^2}$$
$$= r_0\dot{\varphi}/\cos\beta; \quad s(t) = r_0\varphi/\cos\beta,$$
$$a = |a| = \sqrt{a_r^2 + a_\varphi^2 + a_z^2} = r_0\sqrt{\dot{\varphi}^4 + \ddot{\varphi}^2[1 + h^2/(2\pi r_0)^2]}$$
$$= r_0\sqrt{\dot{\varphi}^4 + (\ddot{\varphi}/\cos\beta)^2}.$$

Natürliche Komponenten der Beschleunigung: Für die Komponente senkrecht zur Steigung der Schraubenlinie (**Bild 7b**) gilt

$$-a_\varphi \sin\beta + a_z \cos\beta = -\ddot{\varphi}r_0 \sin\beta + (\ddot{\varphi}h/2\pi)\cos\beta$$
$$= -\ddot{\varphi}r_0 \sin\beta + \ddot{\varphi}r_0 \tan\beta\cos\beta = 0.$$

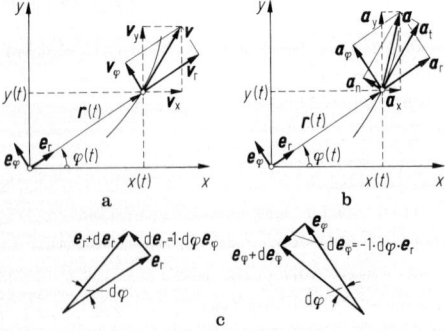

Bild 6. Polarkoordinaten. **a** Geschwindigkeiten; **b** Beschleunigungen; **c** Differentiation der Einheitsvektoren

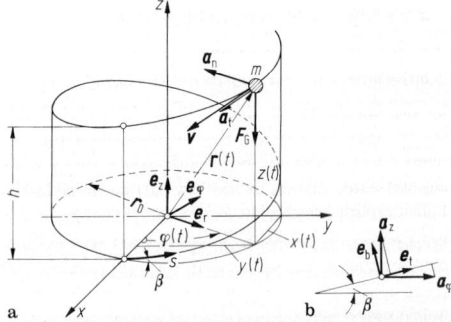

Bild 7a und b. Massenpunkt auf Schraubenlinie

In dieser Richtung liegt demnach die Binormale e_b, in der es gemäß B2.1.1 keine Beschleunigung gibt. Also muß $e_n = -e_r$ und damit $a_n = a_r = r_0 \dot\varphi^2$ sein.
Ferner wird (s. **Bild 7b**)

$$a_t = a_\varphi \cos\beta + a_z \sin\beta = \ddot\varphi r_0 \cos\beta + \ddot\varphi r_0 \tan\beta \sin\beta$$
$$= r_0 \ddot\varphi / \cos\beta = r_0 \ddot\varphi \sqrt{1 + h^2/(2\pi r_0)^2}.$$

Lösung in kartesischen Koordinaten:

$$r(t) = x(t)e_x + y(t)e_y + z(t)e_z$$
$$= r_0 \cos\varphi e_x + r_0 \sin\varphi e_y + (\varphi h/2\pi)e_z.$$

Analog den Gln. (14) und (15) gilt

$$v(t) = v_x e_x + v_y e_y + v_z e_z$$
$$= -r_0 \dot\varphi \sin\varphi e_x + r_0 \dot\varphi \cos\varphi e_y + (\dot\varphi h/2\pi)e_z,$$
$$a(t) = a_x e_x + a_y e_y + a_z e_z = -(r_0 \dot\varphi^2 \cos\varphi + r_0 \ddot\varphi \sin\varphi)e_x$$
$$+ (r_0 \ddot\varphi \cos\varphi - r_0 \dot\varphi^2 \sin\varphi)e_y + (\ddot\varphi h/2\pi)e_z,$$

woraus wieder

$$v = |v| = \sqrt{v_x^2 + v_y^2 + v_z^2} = r_0 \dot\varphi \sqrt{1 + h^2/(2\pi r_0)^2} \quad \text{und}$$
$$a = |a| = \sqrt{a_x^2 + a_y^2 + a_z^2} = r_0 \sqrt{\dot\varphi^4 + \ddot\varphi^2 [1 + h^2/(2\pi r_0)^2]}$$

folgen.

2.2 Bewegung starrer Körper
The motion of a rigid body

2.2.1 Translation (Parallelverschiebung, Schiebung)
Rigid body translation

Alle Punkte beschreiben kongruente Bahnen (**Bild 8a**), d.h., der Körper führt keinerlei Drehung aus. Die Gesetze und Gleichungen der Punktbewegung nach B2.1 gelten auch für die Translation, da die Bewegung *eines* Körperpunkts zur Beschreibung ausreicht.

2.2.2 Rotation (Drehbewegung, Drehung)
Rigid body rotation

Unter Rotation versteht man die Drehung eines starren Körpers um eine raumfeste Achse (**Bild 8b**).

Vektorielle Darstellung. Wird der Winkelgeschwindigkeit der Vektor $\omega = \omega e$ zugeordnet, d.h., dreht sich die Ebene OPO' mit ω, so beschreiben der Punkt P und somit alle

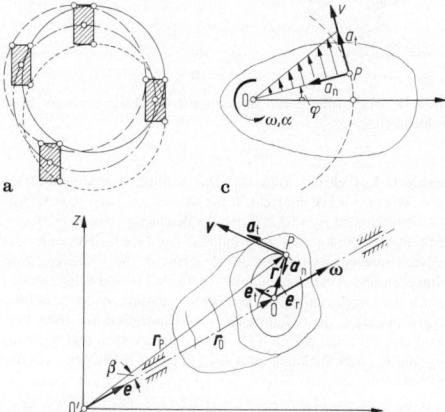

Bild 8. Bewegung starrer Körper. **a** Translation; **b** Rotation im Raum; **c** Rotation in der Ebene

Punkte Kreisbahnen. Der Vektor der Umfangsgeschwindigkeit v ergibt sich aus dem Vektorprodukt

$$v = \dot r_P = \omega e \times r_P \quad \text{mit} \quad |v| = v = \omega r_P \sin\beta = \omega r; \quad (21)$$

v ist ein im Sinne einer Rechtsschraube auf e und r_P senkrecht stehender Vektor. Mit $r_P = r_0 + r$ folgt

$$v = \omega e \times (r_0 + r) = \omega e \times r_0 + \omega e \times r.$$

Da e und r_0 zueinander parallel sind, gilt $e \times r_0 = 0$, d.h., $v = \omega e \times r$ mit $|v| = v = \omega r \sin 90° = \omega r$. Damit ist

$$v = \omega r e_t. \quad (22)$$

In kartesischen Koordinaten ist

$$v = \omega e \times r_P = \omega \times r_P = \begin{vmatrix} e_x & e_y & e_z \\ \omega_x & \omega_y & \omega_z \\ x & y & z \end{vmatrix}$$
$$= (\omega_y z - \omega_z y)e_x + (\omega_z x - \omega_x z)e_y + (\omega_x y - \omega_y x)e_z$$
$$= v_x e_x + v_y e_y + v_z e_z. \quad (23)$$

Beschleunigung von Punkt P:

$$a = \dot v = \ddot r_P = (\omega e \times \dot r_P) + (\dot\omega e \times r_P)$$
$$= (\omega e \times v) + (\dot\omega e \times r_P). \quad (24a)$$

Mit $\dot\omega = \alpha$ (Winkelbeschleunigung) ist in natürlichen Koordinaten

$$a = -\omega v e_r + \alpha r_P \sin\beta e_t = -\omega^2 r e_r + \alpha r e_t$$
$$= -a_n e_r + a_t e_t. \quad (24b)$$

In kartesischen Koordinaten ergibt sich aus Gl. (23) durch Differentiation

$$a = [-(\omega_y^2 + \omega_z^2)x + (\omega_x \omega_y - \alpha_z)y + (\omega_x \omega_z + \alpha_y)z]e_x$$
$$+ [(\omega_x \omega_y + \alpha_z)x - (\omega_x^2 + \omega_z^2)y + (\omega_y \omega_z - \alpha_x)z]e_y$$
$$+ [(\omega_x \omega_z - \alpha_y)x + (\omega_y \omega_z + \alpha_x)y - (\omega_x^2 + \omega_y^2)z]e_z$$

bzw. bei alleiniger Drehung um die z-Achse $\quad (25a)$

$$a = (-\omega_z^2 x - \alpha_z y)e_x + (\alpha_z x - \omega_z^2 y)e_y. \quad (25b)$$

Da bei Rotation alle Punkte Kreisbahnen in Ebenen senkrecht zur Drehachse beschreiben, genügt die

Ebene Darstellung (Bild 8c). Hierbei geht die Drehachse senkrecht zur Zeichenebene durch den Punkt O. Es gilt

$$s(t) = r\varphi(t); \quad v(t) = r\dot\varphi(t) = r\omega(t);$$
$$a_t(t) = r\ddot\varphi(t) = r\dot\omega(t) = r\alpha(t); \quad a_n(t) = r\dot\varphi^2(t) = r\omega^2(t), \quad (26)$$

d.h., alle Größen nehmen linear mit r zu, so daß zur Beschreibung der Drehbewegung (Rotation) eines starren Körpers der Drehwinkel $\varphi(t)$, die Winkelgeschwindigkeit $\omega(t) = \dot\varphi(t)$ und die Winkelbeschleunigung $\alpha(t) = \dot\omega(t) = \ddot\varphi(t)$ ausreichen. In den Anwendungen wird häufig mit der Drehzahl n gerechnet; dann ist $\omega = 2\pi n$ und $v = 2\pi r n$. Für die Umlaufzeit bei $\omega = \text{const}$ gilt $T = 2\pi/\omega$. Für die gleichförmige und ungleichförmige Rotation gelten die Gesetze der Punktbewegung und die zugehörigen Diagramme gemäß B2.1.1, wenn dort a_t durch α, v durch ω und s durch φ ersetzt wird.

2.2.3 Allgemeine Bewegung des starren Körpers
General rigid body motion

Räumliche Bewegung. Ein Körper hat im Raum sechs Freiheitsgrade: drei der Translation (Verschiebung in x-, y- und z-Richtung) und drei der Rotation (Drehung um die x-, y- und z-Achse). Die beliebige Bewegung jedes Körperpunkts läßt sich daher aus Translation und Rotation zusammensetzen (zusammengesetzte Bewegung). Für die Translation genügt die Kenntnis der Bahnkurve eines einzigen körperfesten Punkts, z.B. des Schwerpunkts (s. B2.2.1) zur ausreichenden Beschreibung, d.h. die Kenntnis des Ortsvektors $r_0(t)$. Für die Rotation genügt die Beschreibung der Drehung durch den Winkelgeschwin-

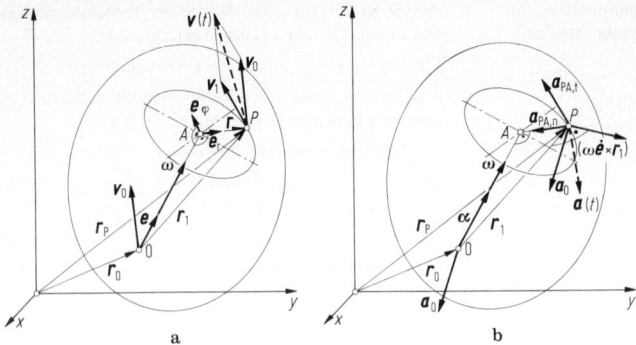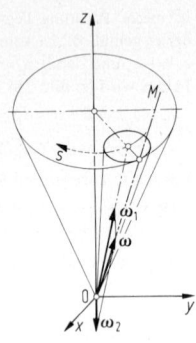

a   b   **Bild 10.** Sphärische Bewegung

Bild 9. Räumliche Bewegung. **a** Geschwindigkeiten; **b** Beschleunigungen

digkeitsvektors ω um den körperfesten Punkt (s. B 2.2.2), d.h., ω ist ein freier Vektor. Es gelten (**Bild 9a**)

$$r_P(t) = r_0 + r_1(t), \tag{27}$$

$$\begin{aligned} v(t) &= \dot{r}_P(t) = \dot{r}_0 + \dot{r}_1 = \dot{r}_0 + \omega(t)e \times r_1 \\ &= v_0(t) + \omega r e_\varphi = v_0(t) + v_1(t). \end{aligned} \tag{28}$$

Hierbei ist v_0 der aus der Translation herrührende, v_1 der aus der Rotation herrührende Anteil (Eulersche Geschwindigkeitsformel). Aus Gl. (28) folgt nach Multiplikation mit dt

$$dr_P = dr_0 + d\varphi e \times r_1 = dr_0 + r\,d\varphi e_\varphi. \tag{29}$$

Diese Gleichung (Eulersche Formel) besagt, daß eine sehr kleine Lageänderung eines Punkts sich aus einer Verschiebung dr_0 und aus einer mit dem Betrag $ds = r\,d\varphi$ (entstehend aus Drehung um die ω-Achse) zusammensetzen läßt. Für die Beschleunigung des Punkts P des Körpers folgt aus Gl. (28)

$$\left.\begin{aligned} a(t) &= \dot{v}(t) = \ddot{r}_P(t) \\ &= \ddot{r}_0(t) + \omega(t)e \times \dot{r}_1 + (\dot\omega e + \omega \dot e) \times r_1 \\ &= a_0(t) + \omega e \times (\omega e \times r_1) + \dot\omega e \times r_1 + \omega \dot e \times r_1 \\ &= a_0(t) + \omega e \times \omega r e_\varphi + \dot\omega r e_\varphi + \omega \dot e \times r_1 \\ &= a_0 - \omega^2 r e_r + \alpha r e_\varphi + \omega \dot e \times r_1 \\ &= a_0 + a_{PA,n} + a_{PA,t} + (\omega \dot e \times r_1), \end{aligned}\right\} \tag{30}$$

d.h., die Gesamtbeschleunigung setzt sich zusammen aus dem Translationsanteil a_0, dem Normalbeschleunigungsanteil $a_{PA,n}$ bei Drehung um O, dem Tangentialbeschleunigungsanteil $a_{PA,t}$ bei Drehung um O und dem Anteil aus der Richtungsänderung der Drehachse (**Bild 9b**).

Drehung um einen Punkt (sphärische Bewegung). In diesem Fall hat der Körper nur drei Rotationsfreiheitsgrade, d.h., in den Gln. (27) bis (30) entfallen r_0, v_0 und a_0, wenn man den Punkt O in **Bild 9** als Bezugspunkt wählt. Der Winkelgeschwindigkeitsvektor ist jetzt ein linienflüchtiger Vektor, d.h., nur in seiner Wirkungslinie verschiebbar. Die augenblickliche Drehachse (Momentanachse $\overline{OM}$) beschreibt bei der Bewegung des Körpers bezüglich eines raumfesten Koordinatensystems den Rastpolkegel (Spurkegel) und bezüglich des körperfesten Koordinatensystems den Gangpolkegel (Rollkegel), der auf dem Rastpolkegel abrollt. Für die Winkelgeschwindigkeit bezüglich der Momentanachse gilt $\omega = \omega_1 + \omega_2$ (**Bild 10**).

Ebene Bewegung. Ein Körper hat bei der ebenen Bewegung drei Freiheitsgrade: zwei der Translation (Verschiebung in x- und y-Richtung) und einen der Rotation (Drehung um die z-Achse senkrecht zur Zeichenebene). Wie bei der räumlichen Bewegung erhält man die beliebige ebene Bewegung durch Überlagerung von Translation und Rotation. Da bei der ebenen Bewegung der Vektor e stets

senkrecht zur Zeichenebene steht und seine Richtung nicht ändert, folgt aus den Gl (27) bis (30) mit $\dot e = 0$ und den Bezeichnungen gemäß **Bild 11**

$$r_B(t) = r_A(t) + r_{AB}(t), \tag{31}$$

$$\begin{aligned} v_B &= \dot{r}_B = \dot{r}_A + \omega e_z \times r_{AB} \\ &= v_A + \omega r_{AB} e_t = v_A + v_{BA}, \end{aligned} \tag{32}$$

$$\begin{aligned} a_B &= \ddot{r}_B = a_A - \omega^2 r_{AB} e_r + \alpha r_{AB} e_t \\ &= a_A + a_{BA,n} + a_{BA,t}. \end{aligned} \tag{33}$$

Die Gln. (32) und (33) sind der *Eulersche Geschwindigkeitssatz* und der *Eulersche Beschleunigungssatz*. Danach ergibt sich die Geschwindigkeit der Punkte einer eben bewegten Scheibe gemäß Gl. (32), wenn man die Geschwindigkeit eines Punkts A und die Winkelgeschwindigkeit ω der Scheibe kennt, und die Beschleunigung gemäß Gl. (33), wenn die Beschleunigung eines Punkts A sowie die Winkelgeschwindigkeit und Winkelbeschleunigung α der Scheibe bekannt sind. Die Vektoren v_B und a_B werden häufig graphisch bestimmt, da die rechnerische Lösung komplizierter ist.

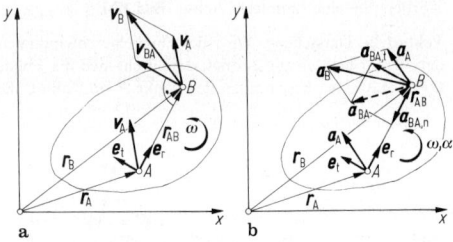

a   b

Bild 11. Allgemeine ebene Bewegung. **a** Geschwindigkeiten; **b** Beschleunigungen

Beispiel: Kurbeltrieb (**Bild 12**). Der Kolben A des Kurbeltriebs ($l = 500\ mm, r = 100\ mm$) hat in der skizzierten Lage ($\varphi = 35°$) die Geschwindigkeit $v_A = 1,2\ m/s$ und die Beschleunigung $a_A = 20\ m/s^2$. Für diese Stellung sind zu ermitteln: der Geschwindigkeits- und Beschleunigungsvektor des Kurbelzapfens B, die Winkelgeschwindigkeiten und -beschleunigungen von Kurbel K und Schubstange S sowie der Geschwindigkeits- und Beschleunigungsvektor eines beliebigen Punkts C der Schubstange. – Geschwindigkeiten (**Bild 12a**): Von den Vektoren der Gl. (32) sind v_A nach Größe und Richtung, v_B und v_{BA} der Richtung nach ($v_B \perp r$, $v_{BA} \perp l$) bekannt. Aus dem Geschwindigkeits-Eck folgen $v_B = 1,4\ m/s$, $v_{BA} = 1,2\ m/s$ und hieraus $\omega_K = v_B/r = 14\ s^{-1}$, $\omega_S = v_{BA}/l = 2,4\ s^{-1}$. Die Geschwindigkeit des Punkts C wird dann gemäß Gl. (32) zu $v_C = v_A + v_{CA}$, wobei $v_{CA} = \omega_S \cdot \overline{AC} = v_{BA} \cdot \overline{AC}/l$ ist und sich geometrisch aus dem Strahlensatz ergibt. Beschleunigungen (**Bild 12b**): Der Eulersche Beschleunigungssatz Gl. (33) nimmt, da sich B auf einer Kreis-

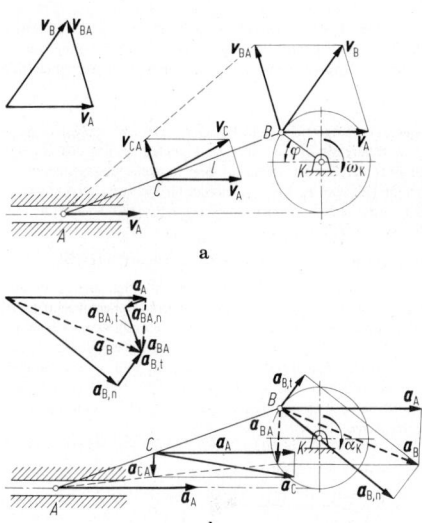

a

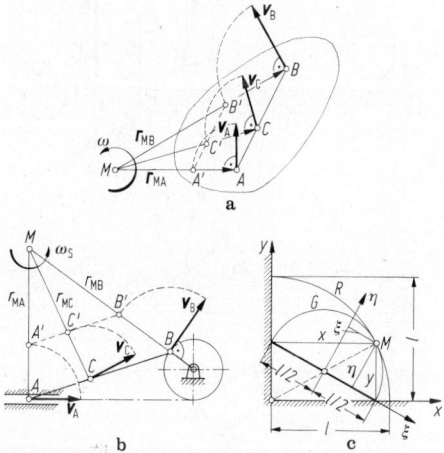

b

Bild 12. Kurbeltrieb. **a** Geschwindigkeiten; **b** Beschleunigungen

bahn bewegt, die Form $a_{B,n} + a_{B,t} = a_A + a_{BA,n} + a_{BA,t}$ an. Davon sind bekannt $a_{B,n}$ nach Größe ($a_{B,n} = r\omega_K^2 = 19{,}6\,\text{m/s}^2$) und Richtung (in Richtung von r), von $a_{B,t}$ die Richtung ($\perp r$), a_A nach Größe und Richtung ($a_A = 20\,\text{m/s}^2$ gegeben), $a_{BA,n}$ nach Größe ($a_{BA,n} = l\omega_S^2 = 2{,}88\,\text{m/s}^2$) und Richtung (in Richtung von l), von $a_{BA,t}$ die Richtung ($\perp l$). Aus dem Beschleunigungs-Eck erhält man $a_{B,t} = 5{,}3\,\text{m/s}^2$, $a_{BA,t} = 6{,}5\,\text{m/s}^2$ und damit $\alpha_K = a_{B,t}/r = 53\,\text{s}^{-2}$, $\alpha_S = a_{BA,t}/l = 13\,\text{s}^{-2}$. Die Beschleunigung des Punkts C ist $a_C = a_A + a_{CA,n} + a_{CA,t}$, wobei $a_{CA,n} = \omega_S^2 \cdot \overline{AC}$ und $a_{CA,t} = \alpha_S \cdot \overline{AC}$ jeweils linear mit $\overline{AC}$ wachsen, so daß auch $a_{CA} = a_{CA,n} + a_{CA,t}$ linear mit $\overline{AC}$ zunimmt und parallel zum Vektor a_{BA} sein muß. Nach dem Strahlensatz erhält man a_{CA}, und die geometrische Zusammensetzung mit a_A ergibt a_C.

Momentanzentrum. Es gibt stets einen Punkt, um den die ebene Bewegung momentan als reine Drehung aufgefaßt werden kann (Momentanzentrum oder Geschwindigkeitspol), d.h., einen Punkt, der momentan in Ruhe ist. Man erhält ihn als Schnittpunkt der Normalen zweier Geschwindigkeitsrichtungen (**Bild 13a**). Ist neben den zwei

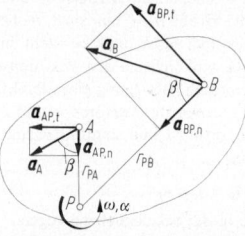

Geschwindigkeitsrichtungen die Größe einer Geschwindigkeit gegeben, (z.B. v_A), so ist die momentane Winkelgeschwindigkeit $\omega = v_A/r_{MA}$, ferner

$$v_B = \omega r_{MB} = v_A r_{MB}/r_{MA} \quad \text{und} \quad v_C = \omega r_{MC} = v_A r_{MC}/r_{MA}$$

usw. Graphisch erhält man die Größe der Geschwindigkeiten mit der Methode der „gedrehten" Geschwindigkeiten, d.h., man dreht v_A um 90° in Richtung r_{MA} und zieht die Parallele zur Strecke $\overline{AB}$. Die auf den Radien r_{MB} und r_{MC} abgeschnittenen Strecken $\overline{BB'}$ und $\overline{CC'}$ liefern die Größen der Geschwindigkeiten v_B und v_C (Strahlensatz).

Als Anwendung werden die Geschwindigkeiten des Beispiels Kurbeltrieb untersucht: Aus **Bild 13b** erhält man bei gegebenen Richtungen von v_A und v_B das Momentanzentrum M zu $r_{MA} = 495$ mm, damit $\omega_S = v_A/r_{MA} = (1{,}2\,\text{m/s})/0{,}495\,\text{m} = 2{,}42\,\text{s}^{-1}$ und mit $r_{MB} = 580$ mm dann $v_B = \omega_S r_{MB} = 1{,}40$ m/s. Die graphische Konstruktion mittels der gedrehten Geschwindigkeiten liefert dieselben Ergebnisse.

Das Momentanzentrum beschreibt bei der Bewegung bezüglich eines raumfesten Koordinatensystems die Rastpolkurve (Spurkurve, Polhodie) und bezüglich eines körperfesten Koordinatensystems die Gangpolkurve (Rollkurve, Herpolhodie). Bei der Bewegung rollt die Gangpolkurve auf der Rastpolkurve ab. **Bild 13c** zeigt einen abrutschenden Stab. Im raumfesten Koordinatensystem lautet die Gleichung der Rastpolkurve (R) $x^2 + y^2 = l^2$ und im körperfesten ξ, η-System die der Gangpolkurve (G) $\xi^2 + \eta^2 = (l/2)^2$, d.h., die beiden Polbahnen sind Kreise.

Beschleunigungspol. Es ist der Punkt P, der momentan keine Beschleunigung hat. Dann gilt für andere Punkte A und B (**Bild 14**) $a_A = a_{AP,t} + a_{AP,n}$ mit $a_{AP,t} = \alpha r_{PA}$ und $a_{AP,n} = \omega^2 r_{PA}$ sowie $a_{AP,t}/a_{AP,n} = \alpha/\omega^2 = \tan\beta$, ferner $a_B = a_{BP,t} + a_{BP,n}$ mit $a_{BP,t} = \alpha r_{PB}$ und $a_{BP,n} = \omega^2 r_{PB}$ sowie $a_{BP,t}/a_{BP,n} = \alpha/\omega^2 = \tan\beta$. Der Beschleunigungspol ist also der Schnittpunkt zweier Radien, die unter dem Winkel β zu zwei gegebenen Beschleunigungsvektoren stehen.

a

b   c

Bild 13. Momentanzentrum. **a** „gedrehte" Geschwindigkeiten; **b** Kurbeltrieb; **c** Polkurven

Bild 14. Beschleunigungspol

Relativbewegung. Bewegt sich ein Punkt P mit der Relativgeschwindigkeit v_r bzw. Relativbeschleunigung a_r auf gegebener Bahn relativ zu einem Körper, dessen räumliche Bewegung durch Translation des körperfesten Punkts O und die Rotation um diesen Punkt (s. räumliche Bewegung, **Bild 9**) festgelegt ist, so unterscheidet sich das Problem von dem der Körperbewegung dadurch, daß jetzt der Vektor $r_1(t)$ nicht nur infolge Fahrzeugdrehung seine Richtung, sondern zusätzlich infolge Relativbewegung seine Richtung und Größe ändert. Entsprechend der Darstellung für die räumliche Körperbewegung gemäß den Gln. (27) bis (30) gilt hier (**Bild 15a**)

$$r_P(t) = r_0(t) + r_1(t), \tag{34}$$

$$v(t) = \dot{r}_P(t) = \dot{r}_0(t) + \dot{r}_1(t)$$
$$= \dot{r}_0(t) + \omega(t)e \times r_1 + d_r r_1/dt = v_F + v_r. \tag{35}$$

Hierbei ist $d_r r_1/dt = v_r$ die Relativgeschwindigkeit des Punkts gegenüber dem Fahrzeug und $\dot{r}_0 + \omega e \times r_1 = v_F$

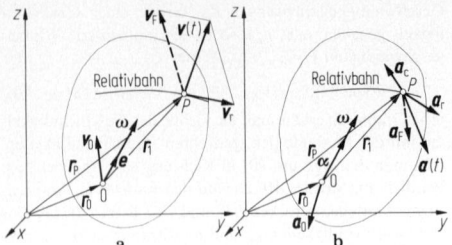

Bild 15. Relativbewegung. **a** Geschwindigkeiten; **b** Beschleunigungen

die Führungs- oder Fahrzeuggeschwindigkeit. Gleichung (35) enthält die Regel: Die Ableitung $\dot{r}_1$ einen Vektors im körperfesten System nach der Zeit enthält den Anteil $\omega e \times r_1$ von der Drehung des Systems und die sogenannte relative Ableitung im System selbst. Entsprechend ergibt sich für die Beschleunigung (**Bild 15 b**)

$$a(t) = \dot{v}(t) = \dot{v}_F + \dot{v}_r = \ddot{r}_0 + \frac{d}{dt}(\omega e \times r_1) + \frac{d}{dt}v_r$$
$$= \ddot{r}_0 + [(\dot{\omega}e + \omega\dot{e}) \times r_1] + \omega e \times \dot{r}_1 + \dot{v}_r.$$

Mit $\dot{r}_1$ aus Gl. (35) und $\dot{v}_r = \omega e \times v_r + d_r v_r/dt = \omega e \times v_r + d_r^2 r_1/dt^2 = \omega e \times v_r + a_r$ folgt

$$a(t) = \ddot{r}_0 + [(\dot{\omega}e + \omega\dot{e}) \times r_1] + \omega e \times (\omega e \times r_1)$$
$$+ d_r^2 r_1/dt^2 + 2\omega e \times v_r = a_F + a_r + a_C. \qquad (36)$$

Die ersten drei Glieder dieser Gleichung stimmen mit denen der räumlichen Bewegung des starren Körpers gemäß Gl. (30) überein, stellen also die Führungs- oder Fahrzeugbeschleunigung a_F dar. Das vierte Glied ist die Relativbeschleunigung a_r, und das letzte Glied ist die sogenannte Coriolisbeschleunigung a_C, die sich infolge Relativbewegung zusätzlich ergibt. Sie wird zu null, wenn $\omega = 0$ ist (d.h., wenn das Fahrzeug eine reine Translation ausführt) oder e und v_r parallel zueinander sind (Relativgeschwindigkeit in Richtung der momentanen Drehachse) oder wenn $v_r = 0$ ist. Sie hat die Größe $a_C = 2\omega v_r \sin\beta$, wobei β der Winkel zwischen ω und v_r ist, und sie steht im Sinne einer Rechtsschraube senkrecht zu den Vektoren e und v_r. Bei der *ebenen Bewegung* (Bewegung eines Punkts auf einer ebenen Scheibe) stehen die Vektoren e und v_r senkrecht zueinander, d.h., $\sin\beta = 1$ und somit $a_C = 2\omega v_r$. Im übrigen gelten auch hier

$$v = v_F + v_r \quad \text{und} \quad a = a_F + a_r + a_C, \qquad (37)$$

wobei dann alle Vektoren in der Scheibenebene liegen.

Beispiel: Bewegung im rotierenden Rohr (**Bild 16**). In einem Rohr, das sich nach dem (beliebig) vorgegebenen $\varphi(t)$-Gesetz dreht, bewegt sich relativ ein Massenpunkt nach dem ebenfalls gegebenen Weg-Zeit-Gesetz $s_r(t)$ nach außen. Für einen beliebigen Zeitpunkt t sind Absolutgeschwindigkeit und -beschleunigung des Massenpunkts zu ermitteln. – Aus $s_r(t)$ erhält man für Relativgeschwindigkeit und -beschleunigung $v_r(t) = \dot{s}_r$ und $a_r(t) = \ddot{s}_r$, während die Führungsbewegung mit $v_F(t) = s_r(t)\omega(t)$ sowie $a_{Ft}(t) = s_r(t)\alpha(t)$, $a_{Fn}(t) = s_r(t)\omega^2(t)$ mit $\omega(t) = \dot{\varphi}$ und $\alpha(t) = \ddot{\varphi}$ beschrieben wird. Die Co-

riolisbeschleunigung wird dann $a_C = 2\omega(t)v_r(t)$ mit der Richtung senkrecht v_r. Absolutgeschwindigkeit und -beschleunigung werden gemäß Gl. (37) durch geometrische Zusammensetzung erhalten (**Bild 16**).

Beispiel: Umlaufgetriebe (**Bild 17**). Die mit der Winkelgeschwindigkeit ω_1 rotierende Kurbel führt das Planetenrad, das sich mit $\omega_{2,1}$ gegenüber der Kurbel dreht, auf dem feststehenden Sonnenrad. – Nach Gl. (37) wird $v_P = v_F + v_r$ mit der Größe $v_P = \omega_1(l + r) + \omega_{2,1}r$ und entsprechend $v_{P'} = \omega_1(l - r) - \omega_{2,1}r$. Da das Sonnenrad feststeht, ist $v_{P'} = 0$, woraus

$$\omega_{2,1} = \omega_1(l - r)/r \quad \text{und} \quad v_P = \omega_1(l + r) + \omega_1(l - r) = 2\omega_1 l$$

folgen. Die Bewegung des Planetenrads läßt sich deuten als eine Drehung mit $\omega_2 = \omega_1 + \omega_{2,1} = \omega_1 l/r$ um sein Momentanzentrum P' (Berührungspunkt von Planeten- mit Sonnenrad), woraus ebenfalls $v_P = \omega_2 2r = 2\omega_1 l$ folgt. Hieraus ergibt sich allgemein, daß die Resultierende zweier Winkelgeschwindigkeiten ω_1 und ω_2 um parallele Achsen im Abstand L so wie bei zwei Kräften (Hebelgesetz) gefunden wird, nämlich zu $\omega_{res} = \omega_1 + \omega_2$ im Abstand $l_1 = L\omega_2/(\omega_1 + \omega_2)$ von der Achse von ω_1.

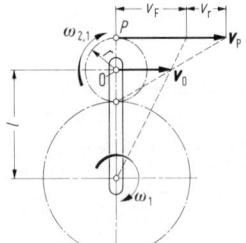

Bild 17. Umlaufgetriebe

Beispiel: Rotation zweier Scheiben um parallele Achsen (**Bild 18**). Ein um das feste Lager B rotierender Stab hat die Winkelgeschwindigkeit ω_1 und die Winkelbeschleunigung α_1. In seinem Punkt O ist eine Scheibe gelagert, die sich im selben Moment ihm gegenüber mit $\omega_{2,1} > \omega_1$ und $\alpha_{2,1}$ dreht. Gesucht sind die momentanen Geschwindigkeits- und Beschleunigungsvektoren eines beliebigen Punkts P. – Für Punkt A ist nach Gl. (37)

$$v_A = v_{A,F} + v_{A,r} \quad \text{mit} \quad v_{A,r} = \omega_{2,1} \cdot \overline{OA} \quad \text{und}$$
$$v_{A,F} = \omega_1 \cdot \overline{BA} = \omega_1 \cdot \overline{BO} + \omega_1 \cdot \overline{OA} = v_0 + \omega_1 \cdot \overline{OA},$$

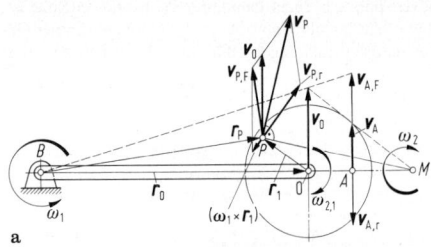

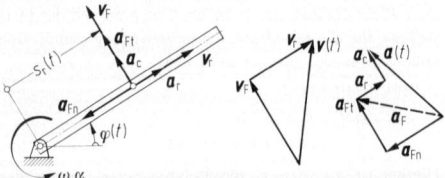

Bild 16. Bewegung im rotierenden Rohr

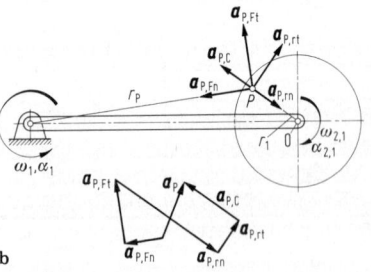

Bild 18. Rotation zweier Scheiben. **a** Geschwindigkeiten; **b** Beschleunigungen

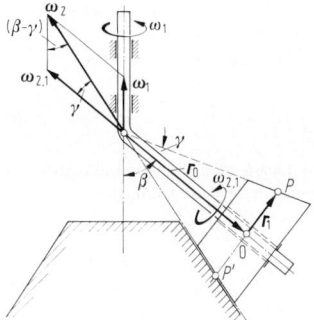

Bild 19. Kegelrad

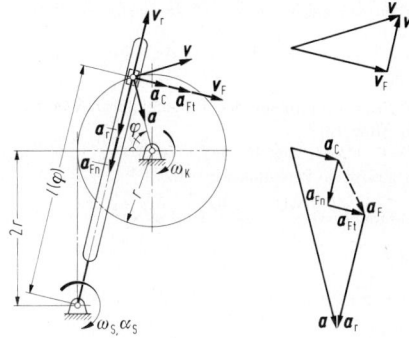

Bild 20. Umlaufende Kurbelschleife

so daß

$$v_A = v_{A,F} - v_{A,r} = v_0 - (\omega_{2,1} - \omega_1) \cdot \overline{OA}$$

wird. Mit $\omega_{2,1} - \omega_1 = \omega_2$ sowie $v_0/\omega_2 = l_2 = \overline{OM}$ wird

$$v_A = \omega_2(\overline{OM} - \overline{OA}) = \omega_2 \overline{MA},$$

d.h. eine reine Drehgeschwindigkeit um das Momentanzentrum M (**Bild 18a**). Da $v_0 = r_0\omega_1$ und somit $l_2 = r_0\omega_1/(\omega_{2,1} - \omega_1)$ gilt, ist das eine Bestätigung des Satzes über die Zusammensetzung von Winkelgeschwindigkeiten für parallele Achsen, wobei im Fall gegenläufiger Drehungen für ω_{res} die Differenz der beiden Winkelgeschwindigkeiten anzusetzen ist und ihre Achse außerhalb der beiden gegebenen Achsen liegt. Sind beide Winkelgeschwindigkeiten entgegengesetzt gleich groß, wird $\omega_{res} = 0$, die Scheibe führt eine reine Translation (hier mit v_0) aus. Für den beliebigen Punkt P gilt nach Gl. (37) $v_P = v_{P,F} + v_{P,r}$, wobei gemäß Gl. (35)

$$v_{P,F} = \dot{r}_0 + \omega_1 \times r_1 = v_0 + \omega_1 \times r_1 \quad \text{bzw. auch}$$
$$v_{P,F} = \omega \times (r_0 + r_1) = \omega \times r_P \quad \text{und} \quad v_{P,r} = d_r r_1/dt = \omega_{2,1} \times r_1$$

sind. Dieses Ergebnis ergibt sich auch aus der reinen Drehung um M zu $|v_P| = \omega_2 \cdot \overline{MP}$, wobei $v_P \perp \overline{MP}$ ist (**Bild 18a**). Die Beschleunigung von Punkt P folgt aus Gl. (37) bzw. (36) $a_P = a_{P,F} + a_{P,r} + a_{P,C}$. Dabei ist $a_{P,F} = a_{P,Fn} + a_{P,Ft}$ mit $a_{P,Fn} = \omega_1^2 r_P$ und $a_{P,Ft} = \alpha_1 r_P$, $a_{P,r} = a_{P,rn} + a_{P,rt}$ mit $a_{P,rn} = \omega_{2,1}^2 r_1$ und $a_{P,rt} = \alpha_{2,1} r_1$ sowie $a_{P,C} = 2\omega_1 \times v_{P,r}$ mit dem Betrag $a_{P,C} = 2\omega_1 v_{P,r} = 2\omega_1 \omega_{2,1} r_1$. Die geometrische Zusammensetzung liefert dann a_P (**Bild 18b**).

Beispiel: Drehung um zwei einander schneidende Achsen (**Bild 19**). Eine abgewinkelte Achse rotiert mit ω_1 und führt ein Kegelrad, das sich mit $\omega_{2,1}$ relativ zu dieser Achse dreht und auf einem festen Kegel abrollt. Nach Gl. (35) ist dann

$$v_P = v_F + v_r = (v_0 + \omega_1 \times r_1) + \omega_{2,1} \times r_1$$
$$= (\omega_1 \times r_0 + \omega_1 \times r_1) + \omega_{2,1} \times r_1 \quad \text{mit dem Betrag}$$
$$v_P = \omega_1 r_0 \sin\beta + \omega_1 r_1 \sin(90° - \beta) + \omega_{2,1} r_1$$
$$= \omega_1 r_0 \sin\beta + \omega_1 r_1 \cos\beta + \omega_{2,1} r_1$$

und entsprechend

$$v_{P'} = \omega_1 r_0 \sin\beta - \omega_1 r_1 \cos\beta - \omega_{2,1} r_1.$$

Aus $v_{P'} = 0$ folgt mit $\cot\gamma = r_0/r_1$ der Zusammenhang zwischen den Winkelgeschwindigkeiten (Zwanglauf)

$$\omega_{2,1} = \omega_1(\cot\gamma \sin\beta - \cos\beta) = \omega_1 \sin(\beta - \gamma)/\sin\gamma.$$

Das bedeutet, daß man die Winkelgeschwindigkeiten ω_1 und $\omega_{2,1}$ zu einer Resultierenden ω_2 gemäß $\omega_2 = \omega_1 + \omega_{2,1}$ zusammensetzen darf (**Bild 19**), denn der Sinussatz für das Vektoreneck liefert das vorstehende Ergebnis. Die Bewegung des Kegelrads kann also als reine Drehung mit ω_2 um die Berührungslinie als Momentanachse beschrieben werden. Zwei Winkelgeschwindigkeiten ω_1 und ω_2 um zwei einander schneidende Achsen ergeben allgemein eine Resultierende $\omega_{res} = \omega_1 + \omega_2$.

Beispiel: Umlaufende Kurbelschleife (**Bild 20**). Die Kurbel ($r = 150\,\text{mm}$) dreht sich mit $\omega_K = 4\,\text{s}^{-1} = \text{const}$. Für die Stellung $\varphi = 75°$ sind Winkelgeschwindigkeit ω_S und -beschleunigung α_S der Schleife zu ermitteln. — Der Kulissenstein P führt gegenüber der Schleife eine Relativbewegung aus. Seine Absolutbewegung ist durch die Kurbelbewegung gegeben: $v = \omega_K r = 0,60\,\text{m/s}$, $a = a_n = \omega_K^2 r = 2,40\,\text{m/s}^2$, da wegen $\omega_K = \text{const}$, also $\alpha_K = 0$, $a_t = \alpha_K r = 0$ ist. Da die Relativbewegung geradlinig ist, haben Relativgeschwindigkeit v_r und -beschleunigung a_r die Richtung der Relativbahn, also die der Schleife. Gemäß Gl. (37) $v = v_F + v_r$ folgt mit bekanntem Vektor v und den bekannten Richtungen von v_F ($\perp$ Schleife) und v_r ($\parallel$ Schleife) aus dem Geschwindigkeits-Eck (**Bild 20**) $v_r = 0,29\,\text{m/s}$ und $v_F = 0,52\,\text{m/s}$. Mit $l(\varphi = 75°) \approx 460\,\text{mm}$ wird die Winkelgeschwindigkeit der Schleife $\omega_S = v_F/l = 1,13\,\text{s}^{-1}$ und somit $a_{Fn} = l\omega_S^2 = 0,59\,\text{m/s}^2$ (Richtung $\parallel$ Schleife). Die Coriolisbeschleunigung $a_C = 2\omega_S v_r = 0,66\,\text{m/s}^2$ steht senkrecht auf der Schleife, so daß bei bekanntem Vektor a und den bekannten Richtungen von a_{Ft} ($\perp$ Schleife) und a_r ($\parallel$ Schleife) gemäß Gl. (37) $a = a_{Fn} + a_{Ft} + a_r + a_C$ aus dem Beschleunigungs-Eck (**Bild 20**) $a_r = 1,45\,\text{m/s}^2$ und $a_{Ft} = 0,50\,\text{m/s}^2$ zu erhalten ist, woraus dann $\alpha_S = a_{Ft}/l = 1,09\,\text{s}^{-2}$ folgt.

3 Kinetik. Dynamics

Die Kinetik untersucht die Bewegung von Massenpunkten, Massenpunktsystemen, Körpern und Körpersystemen als Folge der auf sie wirkenden Kräfte und Momente unter Berücksichtigung der Gesetze der Kinematik.

3.1 Energetische Grundbegriffe – Arbeit, Leistung, Wirkungsgrad. Basic concepts of energy, work, power, efficiency

Arbeit. Das Arbeitsdifferential ist definiert als Skalarprodukt aus Kraftvektor und Vektor des Wegelements (**Bild**

1a). $dW = F\,dr = F\,ds\cos\beta = F_t\,ds$. Demnach verrichtet nur die Tangentialkomponente einer Kraft Arbeit. Die Ge-

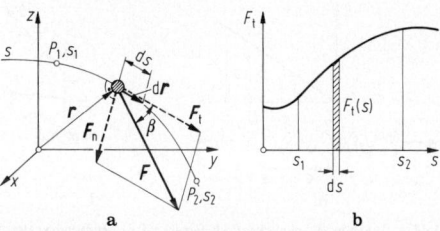

Bild 1. a Arbeit einer Kraft; **b** Tangentialkraft-Weg-Diagramm

samtarbeit ergibt sich mit $dW = F_x dx + F_y dy + F_z dz$ zu

$$W = \int\limits_{s_1}^{s_2} \boldsymbol{F}(s)d\boldsymbol{r} = \int\limits_{s_1}^{s_2} F_t(s)ds = \int\limits_{(P_1)}^{(P_2)} (F_x dx + F_y dy + F_z dz).\quad(1)$$

Sie ist gleich dem Inhalt des Tangentialkraft-Weg-Diagramms (**Bild 1 b**).
Für $F = F_0 = \text{const}$ folgt $W = F_0(s_2 - s_1)$.
Haben Kräfte ein Potential, d.h., ist

$$\boldsymbol{F} = -\text{grad}\, U = -\frac{\partial U}{\partial x}\boldsymbol{e}_x - \frac{\partial U}{\partial y}\boldsymbol{e}_y - \frac{\partial U}{\partial z}\boldsymbol{e}_z,$$

so folgt

$$W = -\int\limits_{(P_1)}^{(P_2)} \left(\frac{\partial U}{\partial x}dx + \frac{\partial U}{\partial y}dy + \frac{\partial U}{\partial z}dz \right)$$

$$= -\int\limits_{(P_1)}^{(P_2)} dU = U_1 - U_2. \quad(2)$$

Die Arbeit ist dann vom Integrationsweg unabhängig und gleich der Differenz der Potentiale zwischen Anfangspunkt P_1 und Endpunkt P_2. Kräfte mit Potential sind Schwerkräfte und Federkräfte (elastische Formänderungskräfte).

Spezielle Arbeiten (Bild 2 a–d):

a) *Schwerkraft.* Potential (potentielle Energie) $U = F_G z$,

$\quad$ Arbeit $\quad W_G = U_1 - U_2 = F_G(z_1 - z_2).$ $\quad(3)$

b) *Federkraft.* Potential (potentielle Federenergie) $U = cs^2/2$, Federkraft $\boldsymbol{F}_c = -\text{grad}\, U = -\frac{\partial U}{\partial s}\boldsymbol{e} = -cs\boldsymbol{e}$ bzw. $|\boldsymbol{F}_c| = F = cs$ (c Federrate),

$\quad$ Arbeit $\quad W_c = \int\limits_{s_1}^{s_2} cs\, ds = c(s_2^2 - s_1^2)/2.$ $\quad(4)$

c) *Reibungskraft.* Kein Potential, da Reibungsarbeit in Form von Wärme verlorengeht.

$\quad$ Arbeit $\quad W_r = \int\limits_{s_1}^{s_2} \boldsymbol{F}_r(s)\,d\boldsymbol{r} = \int\limits_{s_1}^{s_2} F_r(s)\cos 180°\, ds$

$$= -\int\limits_{s_1}^{s_2} F_r(s)\,ds. \quad(5)$$

Für $F_r = \text{const} = F_{r0}$ wird $W_r = -F_{r0}(s_2 - s_1)$.

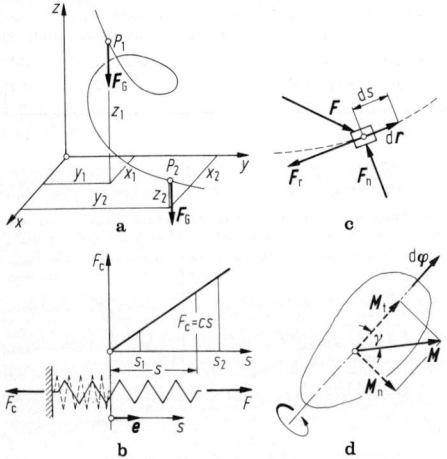

Bild 2. Arbeiten. **a** Schwerkraft; **b** Federkraft; **c** Reibungskraft; **d** Drehmoment

d) *Drehmoment.*

$\quad$ Arbeit $\quad W_M = \int\limits_{\varphi_1}^{\varphi_2} \boldsymbol{M}(\varphi)\,d\boldsymbol{\varphi} = \int\limits_{\varphi_1}^{\varphi_2} M(\varphi)\cos\gamma\,d\varphi$

$$= \int\limits_{\varphi_1}^{\varphi_2} M_t(\varphi)\,d\varphi, \quad(6)$$

d.h., nur die zur Drehachse parallele Momentkomponente M_t verrichtet Arbeit. Für $M = \text{const} = M_0$ gilt

$$W_M = M_0 \cos\gamma(\varphi_2 - \varphi_1) = M_{t0}(\varphi_2 - \varphi_1).$$

Gesamtarbeit. Wirken an einem Körper Kräfte und Momente, so gilt

$$W = \int\limits_{s_1}^{s_2} (\textstyle\sum \boldsymbol{F}_i\, d\boldsymbol{r}_i) + \int\limits_{\varphi_1}^{\varphi_2} (\textstyle\sum \boldsymbol{M}_i\, d\boldsymbol{\varphi}_i)$$

$$= \int\limits_{s_1}^{s_2} (\textstyle\sum F_i \cos\beta_i\, ds_i) + \int\limits_{\varphi_1}^{\varphi_2} (\textstyle\sum M_i \cos\gamma_i\, d\varphi_i)$$

$$= \int\limits_{s_1}^{s_2} (\textstyle\sum F_{ti}\, ds_i) + \int\limits_{\varphi_1}^{\varphi_2} (\textstyle\sum M_{ti}\, d\varphi_i) \quad(7)$$

bzw. für $F_i = \text{const} = F_{i0}$ und $M_i = \text{const} = M_{i0}$
Arbeit $W = \sum [F_{i0}(s_{i2} - s_{i1})] + \sum [M_{i0}(\varphi_{i2} - \varphi_{i1})].$

Leistung ist Arbeit pro Zeiteinheit.

$$P(t) = dW/dt = \textstyle\sum \boldsymbol{F}_i \boldsymbol{v}_i + \sum \boldsymbol{M}_i \boldsymbol{\omega}_i = \sum F_{ti} v_i + \sum M_{ti} \omega_i$$

$$= \textstyle\sum (F_{xi} v_{xi} + F_{yi} v_{yi} + F_{zi} v_{zi})$$

$$+ \textstyle\sum (M_{xi} \omega_{xi} + M_{yi} \omega_{yi} + M_{zi} \omega_{zi}). \quad(8)$$

Also ist für *eine* Kraft $P = F_t v$ und für *ein* Moment $P = M\omega$. Integration über die Zeit ergibt die Arbeit

$$W = \int\limits_{t_1}^{t_2} dW = \int\limits_{t_1}^{t_2} P(t)\,dt = P_m(t_2 - t_1).$$

Mittlere Leistung:

$$P_m = \int\limits_{t_1}^{t_2} P(t)\,dt/(t_2 - t_1) = W/(t_2 - t_1). \quad(9)$$

Wirkungsgrad ist das Verhältnis von Nutzarbeit zu zugeführter Arbeit, wobei letztere aus Nutz- und Verlustarbeit besteht:

$$\eta_m = W_n/W_z = W_n/(W_n + W_v) \quad(10)$$

η_m mittlerer Wirkungsgrad (Arbeit ist mit der Zeit veränderlich). Augenblicklicher Wirkungsgrad

$$\eta = \frac{dW_n}{dW_z} = \frac{dW_n}{dt} \bigg/ \frac{dW_z}{dt} = P_n/P_z = P_n/(P_n + P_v). \quad(11)$$

Sind mehrere Teile am Prozeß beteiligt, so gilt

$$\eta = \eta_1 \eta_2 \eta_3 \cdots$$

3.2 Kinetik des Massenpunkts und des translatorisch bewegten Körpers. Particle dynamics, straight line motion of rigid bodies

3.2.1 Dynamisches Grundgesetz von Newton (2. Newtonsches Axiom). Newton's law of motion

Wirken auf einen freigemachten Massenpunkt (Massenelement, translatorisch bewegten Körper) eine Anzahl äußerer Kräfte, so ist die resultierende Kraft F_R gleich der zeitlichen Änderung des Impulsvektors $\boldsymbol{p} = m\boldsymbol{v}$ bzw., wenn die Masse m konstant ist, gleich dem Produkt aus Masse m und Beschleunigungsvektor $\boldsymbol{a}$ (**Bild 3a**):

$$\boldsymbol{F}_{Res}^{(a)} = \boldsymbol{F}_R^{(a)} = \textstyle\sum \boldsymbol{F}_i = \frac{d}{dt}(m\boldsymbol{v}), \quad(12)$$

$$\boldsymbol{F}_R^{(a)} = \textstyle\sum \boldsymbol{F}_i = m\boldsymbol{a} = m\,d\boldsymbol{v}/dt. \quad(13)$$

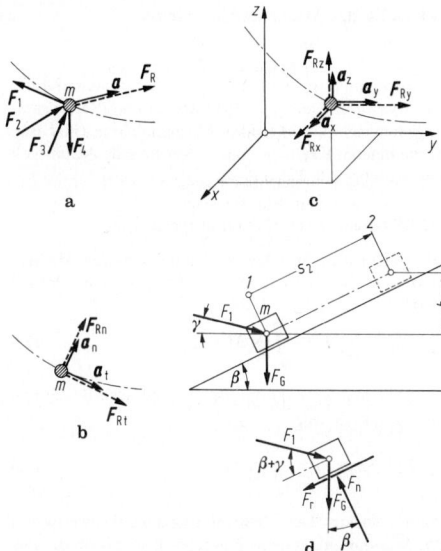

Bild 3. Dynamisches Grundgesetz. **a** vektoriell; **b** in natürlichen Koordinaten; **c** in kartesischen Koordinaten; **d** Massenpunkt auf schiefer Ebene

Die Komponenten in natürlichen bzw. kartesischen Koordinaten (**Bild 3b, c**) sind

$$\left.\begin{array}{l} F_{Rt}^{(a)} = \sum F_{it} = ma_t, \quad F_{Rn}^{(a)} = \sum F_{in} = ma_n \quad \text{bzw.} \\ F_{Rx}^{(a)} = \sum F_{ix} = ma_x, \quad F_{Ry}^{(a)} = \sum F_{iy} = ma_y, \\ F_{Rz}^{(a)} = \sum F_{iz} = ma_z. \end{array}\right\} \quad (14)$$

Bei der Lösung von Aufgaben mit dem Newtonschen Grundgesetz muß der Massenpunkt bzw. translatorisch bewegte Körper freigemacht werden, d.h., alle eingeprägten Kräfte und alle Reaktionskräfte sind als äußere Kräfte anzubringen.

Beispiel: Massenpunkt auf schiefer Ebene (**Bild 3d**). Die Masse $m = 2,5$ kg wird aus der Ruhelage *1* von der Kraft $F_1 = 50$ N ($\gamma = 15°$) die schiefe Ebene ($\beta = 25°$) hinaufbewegt (Gleitreibungszahl $\mu = 0,3$). Zu bestimmen sind Beschleunigung, Zeit und Geschwindigkeit beim Erreichen der Lage *2* ($s_2 = 4$ m). – Da die Bewegung geradlinig ist, muß $a_n = 0$ sein. Nach Gl. (14) gilt $F_{Rn}^{(a)} = \sum F_{in} = 0$, also

$$F_n = m g \cos\beta + F_1 \sin(\beta + \gamma) = 54,37 \text{ N}$$

sowie

$$ma_t = F_{Rt}^{(a)} = \sum F_{it} = F_1 \cos(\beta + \gamma) - F_G \sin\beta - F_r,$$

woraus mit $F_r = \mu F_n = 16,31$ N dann $ma_t = 11,63$ N und $a_t = 4,65$ m/s² folgen.
Mit den Gesetzen der gleichmäßig beschleunigten Bewegung aus der Ruhelage (s. B2.1.1) ergeben sich

$$t_2 = \sqrt{2 s_2 / a_t} = 1,31 \text{ s} \quad \text{und} \quad v_2 = \sqrt{2 a_t s_2} = 6,10 \text{ m/s}.$$

3.2.2 Arbeits- und Energiesatz. Energy equation

Aus Gl. (13) folgt nach Multiplikation mit d*r* und Integration der Arbeitssatz

$$W_{1,2} = \int_{(r_1)}^{(r_2)} F_R \, dr = \int_{(r_1)}^{(r_2)} m \frac{dv}{dt} \, dr = \int_{v_1}^{v_2} mv \, dv$$

$$= \frac{m}{2} v_2^2 - \frac{m}{2} v_1^2 = E_2 - E_1, \quad (15)$$

d.h., die Arbeit ist gleich der Differenz der kinetischen Energien. Haben alle am Vorgang beteiligten Kräfte ein Potential, verläuft der Vorgang also ohne Energieverluste, so gilt $W_{1,2} = U_1 - U_2$ (s. B3.1), und aus Gl. (15) folgt der Energiesatz

$$U_1 + E_1 = U_2 + E_2 = \text{const.} \quad (16)$$

Beispiel: Massenpunkt auf schiefer Ebene (**Bild 3d**). Für das Beispiel in B3.2.1 ist die Geschwindigkeit v_2 nach dem Arbeitssatz zu ermitteln. – Mit $v_1 = 0$, d.h. $E_1 = 0$, wird

$$mv_2^2/2 = W_{1,2} = F_1 \cos(\beta + \gamma) s_2 - F_r s_2 - F_G h = 46,51 \text{ Nm}.$$

Somit ist

$$v_2 = \sqrt{2 \cdot 46,51 \text{ Nm}/2,5 \text{ kg}} = 6,10 \text{ m/s}.$$

3.2.3 Impulssatz. Momentum equation

Aus Gl. (13) folgt nach Multiplikation mit d*t* und Integration für konstante Masse *m*

$$p_{1,2} = \int_{t_1}^{t_2} F_R \, dt = \int_{v_1}^{v_2} m \, dv = mv_2 - mv_1 = p_2 - p_1. \quad (17)$$

Das Zeitintegral der Kraft, der sog. Antrieb, ist also gleich der Differenz der Impulse.

3.2.4 Prinzip von d'Alembert und geführte Bewegungen
D'Alembert's principle

Aus dem Newtonschen Grundgesetz folgt für den Massenpunkt $F_R - ma = 0$, d.h., äußere Kräfte und Trägheitskraft (negative Massenbeschleunigung, d'Alembertsche Hilfskraft) bilden einen „Gleichgewichtszustand". Im Fall der geführten Bewegung setzt sich die Resultierende F_R aus den eingeprägten Kräften F_e, den Zwangskräften F_z und den Reibungskräften F_r zusammen:

$$F_e + F_z + F_r - ma = 0. \quad (18)$$

Wird auf dieses „Gleichgewichtssystem" das Prinzip der virtuellen Arbeiten (s. B1.4.3) angewendet, so folgt (**Bild 4**) $\delta W = (F_e + F_z + F_r - ma)\delta r = 0$. Hierbei ist δr eine mit der Führung geometrisch verträgliche Verrückung tangential zur Bahn. Da die Führungskräfte F_z normal zur Bahn stehen und somit keine Arbeit verrichten, gilt

$$\delta W = (F_e + F_r - ma)\delta r = 0 \quad (19)$$

bzw. in kartesischen Koordinaten

$$\delta W = (F_{ex} + F_{rx} - ma_x)\delta x + (F_{ey} + F_{ry} - ma_y)\delta y + (F_{ez} + F_{rz} - ma_z)\delta z = 0 \quad (20)$$

bzw. in natürlichen Koordinaten

$$\delta W = (F_{et} - F_r - ma_t)\delta s = 0 \quad (21)$$

(entsprechend in Zylinderkoordinaten usw.; s. folgendes Beispiel). Die Gln. (19) bis (21) stellen das d'Alembertsche Prinzip in der Lagrangeschen Fassung dar. Das Prinzip eignet sich besonders für Aufgaben ohne Reibung, da es die Berechnung der Zwangskräfte erspart.

Beispiel: Massenpunkt auf Schraubenlinie (s. B2 Bild 7). Die Masse *m* bewege sich reibungsfrei infolge ihrer Gewichtskraft eine zylindrische Schraubenlinie hinunter, die durch Zylinderkoordinaten

$$r_0(t) = r_0 = \text{const}, \quad \varphi(t) \quad \text{und} \quad z(t) = (h/2\pi)\varphi(t)$$

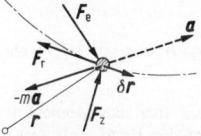

Bild 4. Zum Prinzip von d'Alembert

beschrieben ist (s. B2.1.3). – Aus

$$r(t) = r_0 e_r + 0 \cdot e_\varphi + z(t) e_z \quad \text{folgt} \quad \delta r = r_0 \delta \varphi \, e_\varphi + \delta z e_z.$$

Mit $F_e = F_G = -mg e_z$ sowie $a(t) = -\dot\varphi^2 r_0 e_r + \ddot r_0 e_\varphi + \ddot\varphi (h/2\pi) e_z$ gemäß B2.1.3 wird nach Gl. (19)

$$\delta W = (F_e - ma)\delta r = -mg\,\delta z - mr_0^2 \ddot\varphi\,\delta\varphi - m\ddot\varphi(h/2\pi)\delta z = 0$$

und mit $\delta z = (h/2\pi)\delta\varphi$

$$m\,\delta\varphi[gh/2\pi + r_0^2 \ddot\varphi + h^2/(2\pi)^2 \cdot \ddot\varphi] = 0,$$

woraus $\ddot\varphi = -\dfrac{gh/(2\pi r_0^2)}{1 + h^2/(2\pi r_0)^2} = \text{const} = -A$ folgt. Die Integration

ergibt $\dot\varphi(t) = -At + C_1$ und $\varphi(t) = -At^2/2 + C_1 t + C_2$, wobei die Integrationskonstanten aus Anfangsbedingungen zu ermitteln sind. Die Gln. in B2.1.3 liefern dann mit $\beta = \arctan[h/(2\pi r_0)]$ die Bewegungsgesetze des Massenpunkts:

$$s(t) = r_0(-At^2/2 + C_1 t + C_2)/\cos\beta, \quad v(t) = r_0(-At + C_1)/\cos\beta,$$
$$a_n(t) = r_0(-At + C_1)^2, \quad a_t(t) = -r_0 A/\cos\beta = \text{const},$$

also eine gleichmäßig beschleunigte (rückläufige) Bewegung.

3.2.5 Impulsmomenten- (Flächen-) und Drehimpulssatz
Angular momentum equation

Nach vektorieller Multiplikation mit einem Radiusvektor r folgt aus Gl. (13) $r \times F_R = M_R = r \times ma$. Wegen $v \times mv = 0$ gilt

$$M_R = \frac{d}{dt}(r \times mv) = \frac{dD}{dt} \tag{22}$$

Impulsmomentensatz: Die zeitliche Änderung des Impulsmoments $D = r \times mv$ (auch Drehimpuls oder Drall genannt) ist gleich dem resultierenden Moment.

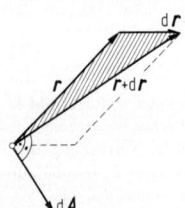

Bild 5. Impulsmomentensatz (Flächensatz)

Nun ist $r \times mv = m(r \times dr/dt)$ und $r \times dr = 2dA$ ein Vektor, dessen Betrag gleich ist dem doppelten Flächeninhalt der vom Vektor r überstrichenen Fläche (**Bild 5**). Damit nimmt Gl. (22) die Form an

$$M_R = \frac{d}{dt}\left(2m\frac{dA}{dt}\right) = 2m\frac{d^2A}{dt^2} \tag{23}$$

Flächensatz: Das resultierende Moment ist gleich dem Produkt aus doppelter Masse und der Ableitung der Flächengeschwindigkeit dA/dt. Ist F_R eine Zentralkraft, d.h. stets in Richtung von r gerichtet, so wird $M_R = r \times F_R = 0$ und damit nach Gl. (23) $dA/dt = \text{const}$, d.h., die Flächengeschwindigkeit ist konstant, der Radiusvektor überstreicht in gleichen Zeiten gleiche Flächen (2. Keplersches Gesetz).
Aus Gl. (22) folgt

$$\int_{t_1}^{t_2} M_R dt = \int_{t_1}^{t_2} d(r \times mv) = \int_{t_1}^{t_2} dD = D_2 - D_1 \tag{24}$$

Drehimpulssatz: Das Zeitintegral über das Moment ist gleich der Differenz der Drehimpulse. Ist $M_R = 0$, so gilt $D_1 = D_2 = \text{const}$.

3.3 Kinetik des Massenpunktsystems
Dynamics of systems of particles

Ein Massenpunktsystem ist ein aufgrund innerer Kräfte (z.B. Massenanziehung, Federkräfte, Stabkräfte) zusammengehaltener Verband von n Massenpunkten (**Bild 6a**). Für die inneren Kräfte gilt das 3. Newtonsche Axiom von actio = reactio, d.h. $F_{ik}^{(i)} = F_{ki}^{(i)}$.

3.3.1 Schwerpunktsatz. Motion of the centroid

Das Newtonsche Grundgesetz für freigemachte Massenpunkte und die Summation über den gesamten Verband liefert

$$\sum_{i=1}^{n} F_{Ri}^{(a)} + \sum_{i,k=1}^{n} F_{ik}^{(i)} = \sum_{i=1}^{n} m_i a_i. \tag{25}$$

Da für die inneren Kräfte $\sum F_{ik}^{(i)} = 0$ und nach B1 Gl.(25) $\ddot r_S m = \sum m_i \ddot r_i$ ist, folgt

$$\sum_{i=1}^{n} F_{Ri}^{(a)} = ma_S \tag{26}$$

Schwerpunktsatz: Der Massenmittelpunkt (Schwerpunkt) eines Massenpunktsystems bewegt sich so, als ob die Gesamtmasse in ihm vereinigt wäre und alle äußeren Kräfte an ihm angreifen würden.

3.3.2 Arbeits- und Energiesatz. Energy equation

Aus Gl. (25) folgt nach Multiplikation mit dr_i (differentiell kleiner Verschiebungsvektor des i-ten Massenpunkts) und nach Integration zwischen zwei Zeitpunkten *1* und *2*

$$\sum \int_{(1)}^{(2)} F_{Ri}^{(a)} dr_i + \sum \int_{(1)}^{(2)} F_{ik}^{(i)} dr_i = \sum \int_{(1)}^{(2)} m_i v_i dv_i \quad \text{bzw.}$$
$$W_{1,2}^{(a)} + W_{1,2}^{(i)} = \sum(m_i/2)(v_{i2}^2 - v_{i1}^2) \tag{27}$$

Arbeitssatz: Die Arbeit der äußeren und inneren Kräfte am Massenpunktsystem (wobei die der Zwangskräfte wieder null ist) ist gleich der Differenz der kinetischen Energien. Die inneren Kräfte verrichten bei starren Verbindungen der Massenpunkte keine Arbeit.
Haben alle beteiligten Kräfte ein Potential, so gilt der Energiesatz Gl. (16).

Beispiel: Punktmassen auf schiefen Ebenen (**Bild 6b**). Die beiden über ein nichtdehnbares Seil verbundenen Massen werden aus der Ruhelage von der Kraft F die schiefen Ebenen entlang gezogen. Gesucht sind ihre Geschwindigkeiten nach Zurücklegen einer Strecke s_1. – Nach dem Freimachen ergeben sich die Normaldruckkräfte (Zwangskräfte) zu $F_{n2} = F_{G2}\cos\beta_2$ und $F_{n1} = F_{G1}\cos\beta_1 - F\sin\beta_1$, wobei als Voraussetzung des Nichthebens $F \leqq F_{G1}\cot\beta_1$ sein muß. Sind die Reibungskräfte $F_{r2} = \mu_2 F_{n2}$ und $F_{r1} = \mu_1 F_{n1}$. Der Arbeitssatz Gl. (27) liefert

$$F\cos\beta_1 s_1 + F_{G1} h_1 - F_{r1} s_1 - F_S s_1 + F_S s_2 - F_{G2} h_2 - F_{r2} s_2$$
$$= m_1 v_1^2/2 + m_2 v_2^2/2,$$

und mit $s_2 = s_1, v_2 = v_1$ (nichtdehnbares Seil!) sowie $h_1 = s_1 \sin\beta_1$ und $h_2 = s_2 \sin\beta_2$ ist dann

$$v_1^2 = 2s_1 [F\cos\beta_1 + F_{G1}\sin\beta_1 - \mu_1(F_{G1}\cos\beta_1 - F\sin\beta_1)$$
$$- F_{G2}\sin\beta_2 - \mu_2 F_{G2}\cos\beta_2]/(m_1 + m_2).$$

3.3.3 Impulssatz. Momentum equation

Aus Gl. (25) folgt nach Multiplikation mit dt und Integration

$$\sum \int_{t_1}^{t_2} F_{Ri}^{(a)} dt + \sum \int_{t_1}^{t_2} F_{ik}^{(i)} dt = \sum \int_{t_1}^{t_2} m_i \frac{dv_i}{dt} dt$$
$$= \sum m_i(v_{i2} - v_{i1}) = p_2 - p_1.$$

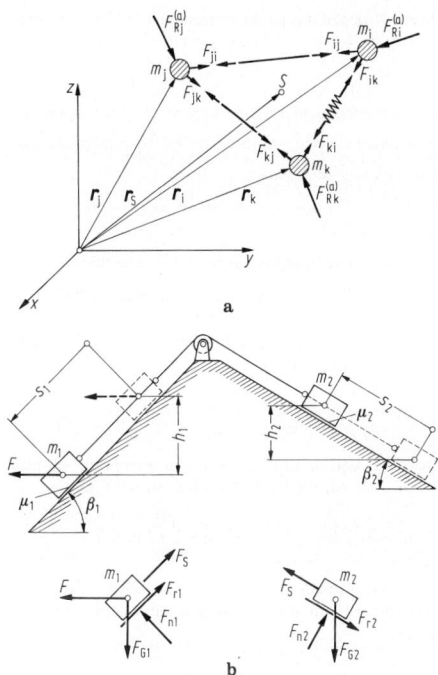

a

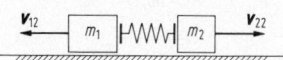

b

Bild 6. Massenpunktsystem. **a** allgemein; **b** zwei Massen

Da $\sum \int_{t_1}^{t_2} F_{ik}^{(i)} dt = 0$ und nach B1 Gl. (25) $m v_S = \sum m_i v_i$ ist, ergibt sich

$$p_2 - p_1 = \sum \int_{t_1}^{t_2} F_{Ri}^{(a)} dt = \sum m_i (v_{i2} - v_{i1}) = m(v_{S2} - v_{S1}) \ (28)$$

Impulssatz: Das Zeitintegral über die äußeren Kräfte des Systems ist gleich der Differenz aller Impulse bzw. gleich der Differenz der Schwerpunktimpulse. – Sind keine äußeren Kräfte vorhanden, so folgt aus Gl. (28)

$$\sum m_i v_{i1} = \sum m_i v_{i2} = \text{const} \quad \text{bzw.}$$
$$m v_{S1} = m v_{S2} = \text{const}, \qquad (29)$$

d.h., der Gesamtimpuls bleibt erhalten.

Beispiel: Massenpunktsystem und Impulssatz (**Bild 7**). Eine Feder (Federrate c), die um den Betrag s_1 vorgespannt war, schleudert die Massen m_1 und m_2 auseinander. Zu ermitteln sind deren Geschwindigkeiten. – Unter Vernachlässigung von Reibungskräften während des Entspannungsvorgangs der Feder wirken am System keine äußeren Kräfte in Bewegungsrichtung, so daß mit $v_{11} = 0$ und $v_{21} = 0$ aus Gl. (29) $m_1 v_{12} - m_2 v_{22} = 0$, also $m_1 v_{12} = m_2 v_{22}$, folgt. Hiermit liefert der Energiesatz, Gl. (16), $c s_1^2/2 = +m_1 v_{12}^2/2 + m_2 v_{22}^2/2$ dann

$$v_{12} = \sqrt{c s_1^2/(m_1 + m_1^2/m_2)} \quad \text{und} \quad v_{22} = \sqrt{c s_1^2/(m_2 + m_2^2/m_1)}.$$

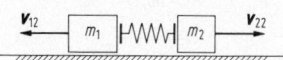

Bild 7. Zum Impuls- und Energiesatz

3.3.4 Prinzip von d'Alembert und geführte Bewegungen
D'Alembert's principle, constrained motion

Aus Gl. (25) folgt $\sum F_{Ri}^{(a)} + (-\sum m_i a_i) = -\sum F_{ik}^{(i)}$. Wegen $\sum F_{ik}^{(i)} = 0$ sind die verlorenen Kräfte, das ist die Gesamt-

heit der äußeren Kräfte zuzüglich der Trägheitskräfte (negative Massenbeschleunigungen), am Massenpunktsystem im Gleichgewicht:

$$\sum F_{Ri}^{(a)} + (-\sum m_i a_i) = 0. \qquad (30)$$

Das Prinzip eignet sich in dieser Fassung besonders zur Berechnung der Schnittlasten dynamisch beanspruchter Systeme, wobei man die Schnittlasten als äußere Kräfte einführt. Im Fall geführter Bewegungen setzt sich die Resultierende der äußeren Kräfte an den einzelnen Massenpunkten aus den eingeprägten Kräften $F_i^{(e)}$, den Führungs- oder Zwangskräften $F_i^{(z)}$ und den Reibungskräften $F_i^{(r)}$ zusammen. Für starre Systeme erhält man mit dem Gleichgewichtsprinzip der virtuellen Arbeiten (s. B1.4.3), indem man jedem Massenpunkt eine mit den geometrischen Bindungen verträgliche Verrückung δr_i erteilt, dann aus Gl. (30)

$$\sum [F_{Ri}^{(e)} + F_{Ri}^{(z)} + F_{Ri}^{(r)} + (-m_i a_i)] \delta r_i = 0.$$

Da die Zwangskräfte bei Verrückungen keine Arbeit verrichten, folgt das d'Alembertsche Prinzip in Lagrangescher Fassung:

$$\sum [F_{Ri}^{(e)} + F_{Ri}^{(r)} + (-m_i a_i)] \delta r_i = 0. \qquad (31)$$

In kartesischen bzw. natürlichen Koordinaten lautet Gl. (31) entsprechend den Gln. (20) und (21) für den Massenpunkt. Dieses Prinzip ist besonders zur Berechnung des Beschleunigungszustands von geführten Bewegungen ohne Reibung geeignet, da es die Berechnung der Zwangskräfte erspart.

Beispiel: Physikalisches Pendel (**Bild 8**). – Für die aus zwei punktförmigen Massen m_1 und m_2 an „masselosen" Stangen (gegeben r_1, r_2, h und somit $\beta = \arcsin(h/r_2)$) bestehende Pendel wird die Schwingungsdifferentialgleichung aufgestellt. Bei fehlenden Reibungskräften nimmt das d'Alembertsche Prinzip in Lagrangescher Fassung in natürlichen Koordinaten analog Gl. (21) die Form

$$\delta W = \sum (F_{ti}^{(e)} - m_i a_{ti}) \delta s_i = 0$$

an; damit wird

$$\delta W = (-F_{G1} \sin \varphi - m_1 a_{t1}) \delta s_1 + (-F_{G2} \sin(\beta + \varphi) - m_2 a_{t2}) \delta s_2 = 0.$$

Mit $\delta s_1 = r_1 \delta \varphi$, $\delta s_2 = r_2 \delta \varphi$ sowie $a_{t1} = r_1 \ddot{\varphi}$, $a_{t2} = r_2 \ddot{\varphi}$ erhält man $[m_1(g r_1 \sin \varphi + r_1^2 \ddot{\varphi}) + m_2(g r_2 \sin(\beta + \varphi) + r_2^2 \ddot{\varphi})] \delta \varphi = 0$, woraus die nichtlineare Differentialgleichung dieser Pendelschwingung folgt: $\ddot{\varphi}(m_1 r_1^2 + m_2 r_2^2) + m_1 g r_1 \sin \varphi + m_2 g r_2 \sin(\varphi + \beta) = 0$. Für kleine Auslenkungen φ nimmt sie wegen $\sin \varphi \approx \varphi$ und $\sin(\varphi + \beta) \approx \varphi \cos \beta + \sin \beta$ die Form $\ddot{\varphi}(m_1 r_1^2 + m_2 r_2^2) + \varphi(m_1 g r_1 + m_2 g r_2 \cos \beta) = -m_2 g r_2 \sin \beta$ an, deren Lösung in B4 beschrieben wird.

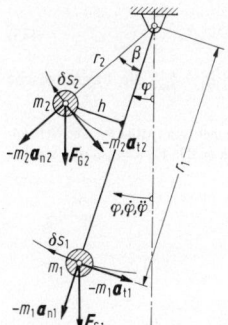

Bild 8. Physikalisches Pendel

3.3.5 Impulsmomenten- und Drehimpulssatz
Angular momentum equation

Aus dem Newtonschen Grundgesetz $F_{Ri}^{(a)} + F_{ik}^{(i)} = m_i a_i$ folgt nach vektorieller Multiplikation mit einem Radiusvektor r_i und Summation über das gesamte Massenpunktsystem

$$\sum (r_i \times F_{Ri}^{(a)}) + \sum (r_i \times F_{ik}^{(i)}) = \sum (r_i \times m_i a_i).$$

Hieraus folgt analog der Ableitung von Gl. (22)

$$M_R^{(a)} = \sum (r_i \times F_{Ri}^{(a)}) = \frac{d}{dt} \sum (r_i \times m_i v_i) = \frac{dD}{dt} \qquad (32)$$

Impulsmomenten- oder Drallsatz: Die zeitliche Änderung des Dralls (Drehimpulses) $D = \sum (r_i \times m_i v_i)$ ist gleich dem resultierenden Moment der äußeren Kräfte am Massenpunktsystem.

Gleichung (32) gilt bezüglich eines raumfesten Punkts oder bezüglich des beliebig bewegten Schwerpunkts. Aus ihr folgt nach Integration über die Zeit der Drehimpulssatz analog Gl. (24).

3.3.6 Lagrangesche Gleichungen. Lagrange's equations

Sie liefern durch Differentiationsprozesse über die kinetische Energie die Bewegungsgleichungen des Systems. Ein System mit n Massenpunkten kann zwar $3n$ Freiheitsgrade haben, jedoch bestehen häufig zwischen einigen Koordinaten aufgrund mechanischer Bindungen Abhängigkeiten, wodurch die Zahl der Freiheitsgrade auf m (im Grenzfall bis auf $m=1$) reduziert wird. Handelt es sich um holonome Systeme, bei denen die Beziehungen zwischen den Koordinaten in endlicher Form und nicht in Differentialform darstellbar sind, dann gelten die Lagrangeschen Gleichungen (2. Art):

$$\frac{d}{dt}\left(\frac{\partial E}{\partial \dot{q}_k}\right) - \frac{\partial E}{\partial q_k} = Q_k \qquad (k=1,2,\dots,m). \qquad (33)$$

Hierbei ist E die gesamte kinetische Energie des Systems, q_k sind die generalisierten Koordinaten der m Freiheitsgrade, Q_k die generalisierten Kräfte. Ist q_k eine Länge, so ist das zugehörige Q_k eine Kraft; ist q_k ein Winkel, so ist das dazu gehörige Q_k ein Moment.

Die Lagrangesche Kraft Q_k erhält man aus

$$Q_k \delta q_k = \sum F_i^{(a)} \delta s_i \quad \text{bzw.} \quad Q_k = (\sum F_i^{(a)} \delta s_i)/\delta q_k, \qquad (34)$$

wobei δs_i Verschiebungen des Systems infolge alleiniger Änderung (Variation) der Koordinate q_k sind ($\delta q_i = 0$, $i \neq k$).

Haben die beteiligten Kräfte ein Potential, so gilt $Q_k = -\dfrac{\partial U}{\partial q_k}$ und $\dfrac{\partial U}{\partial \dot{q}_k} = 0$. Damit folgt aus Gl. (33)

$$\frac{d}{dt}\left(\frac{\partial E}{\partial \dot{q}_k}\right) - \frac{\partial E}{\partial q_k} = -\frac{\partial U}{\partial q_k} \quad \text{bzw.}$$

$$\frac{d}{dt}\left(\frac{\partial L}{\partial \dot{q}_k}\right) - \frac{\partial L}{\partial q_k} = 0, \qquad (35)$$

wobei $L = E - U = L(q_1 \dots q_m; \dot{q}_1 \dots \dot{q}_m)$ die Lagrangesche Funktion ist.

Beispiel: Schwinger mit einem Freiheitsgrad (**Bild 9**). Die Schwingung wird für kleine Auslenkungen φ, d.h. für $x = l_1 \varphi$ und $y = l_2 \varphi$,

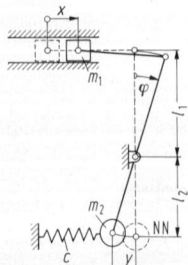

Bild 9. Schwinger

und unter Vernachlässigung der Stangen- und Federmassen untersucht. – Es gilt $E = m_1 \dot{x}^2/2 + m_2 \dot{y}^2/2 = m_1 l_1^2 \dot{\varphi}^2/2 + m_2 l_2^2 \dot{\varphi}^2/2$, also

$$\frac{\partial E}{\partial \varphi} = 0 \text{ und } \frac{\partial E}{\partial \dot{\varphi}} = (m_1 l_1^2 + m_2 l_2^2)\dot{\varphi}, \text{ d.h. } \frac{d}{dt}\left(\frac{\partial E}{\partial \dot{\varphi}}\right) = (m_1 l_1^2 + m_2 l_2^2)\ddot{\varphi}.$$

Ferner ist $U = m_1 g(l_1 + l_2) + m_2 g l_2 (1 - \cos\varphi) + c(l_2 \varphi)^2/2$, d.h.

$$\frac{\partial U}{\partial \varphi} = m_2 g l_2 \sin\varphi + c l_2^2 \varphi. \text{ Mit } \sin\varphi \approx \varphi \text{ wird } \frac{\partial U}{\partial \varphi} = (m_2 g l_2 + c l_2^2)\varphi.$$

Aus Gl. (35) folgt dann mit $q_k = \varphi$

$$\ddot{\varphi}(m_1 l_1^2 + m_2 l_2^2) + \varphi(m_2 g l_2 + c l_2^2) = 0 \quad \text{(Lösung s. B4)}.$$

3.3.7 Prinzip von Hamilton. Hamilton's principle

Während die Lagrangeschen Gleichungen ein Differentialprinzip darstellen, handelt es sich hier um ein Integralprinzip (aus dem sich auch die Lagrangeschen Gleichungen herleiten lassen). Es lautet

$$\int_{t_1}^{t_2} (\delta W^{(e)} + \delta E)\,dt = 0.$$

Haben die eingeprägten Kräfte ein Potential, ist also $\delta W^{(e)} = -\delta U$ ein totales Differential, so wird daraus

$$\int_{t_1}^{t_2} (\delta E - \delta U)\,dt = \delta \int_{t_1}^{t_2} (E - U)\,dt = \delta \int_{t_1}^{t_2} L\,dt = 0,$$

d.h., die Variation des Zeitintegrals über die Lagrangesche Funktion wird null, das Zeitintegral nimmt einen Extremwert an.

3.3.8 Systeme mit veränderlicher Masse
Systems with variable mass

Grundgleichung des Raketenantriebs: Infolge des ausgestoßenen Massenstroms $\dot{\mu}(t)$ mit der Relativgeschwindigkeit $v_r(t)$ (Relativbewegung) ist die Raketenmasse $m(t)$ veränderlich. Aus dem dynamischen Grundgesetz, Gl. (12), folgt dann $F_R^{(a)} = \dfrac{d}{dt}[m(t)v(t)] = \dot{m}(t)v(t) + m(t)\dot{v}(t)$.

Nun ist $\dot{m}(t) = -\dot{\mu}(t)v_r(t)$ (die Masse nimmt ab) und somit $F_R^{(a)} = m(t)a(t) - \dot{\mu}(t)v_r(t)$ bzw. $m(t)a(t) = F_R^{(a)} + \dot{\mu}(t)v_r(t)$. Wirken keine äußeren Kräfte ($F_R^{(a)} = 0$), so gilt

$$m(t)a(t) = \dot{\mu}(t)v_r(t) = F_S(t), \qquad (36)$$

d.h., a ist parallel zu v_r, und $F_S(t)$ ist der Schub der Rakete.

Ist ferner $\dot{\mu} = \dot{\mu}_0 = \text{const}, v_r = v_{r0} = \text{const}$ v_r parallel zu v, so wird die Bahn eine Gerade. Dann gilt $m(t)a_t(t) = \dot{\mu}_0 v_{r0} = F_{S0}$. Die verlorene Masse bis zur Zeit t ist $\mu(t) = \dot{\mu}_0 t$ und somit $m(t) = m_0 - \dot{\mu}_0 t$. Mit $a_t = dv/dt$ wird dann

$$\frac{dv}{dt} = \frac{\dot{\mu}_0 v_{r0}}{m_0 - \dot{\mu}_0 t} = \frac{\dot{\mu}_0 v_{r0}}{m_0[1 - (\dot{\mu}_0/m_0)t]}.$$

Die Integration mit den Anfangsbedingungen $v(t=0) = 0$ und $s(t=0) = 0$ liefert

$$v(t) = -v_{r0} \ln\left(1 - \frac{\dot{\mu}_0}{m_0}t\right) \quad \text{und}$$

$$s(t) = \frac{m_0 v_{r0}}{\dot{\mu}_0}\left[\left(1 - \frac{\dot{\mu}_0}{m_0}t\right)\ln\left(1 - \frac{\dot{\mu}_0}{m_0}t\right) + \frac{\dot{\mu}_0}{m_0}t\right].$$

3.4 Kinetik starrer Körper
Dynamics of a rigid body

Ein starrer Körper ist ein kontinuierliches Massenpunktsystem mit unendlich vielen starr miteinander verbundenen Massenelementen. Die kinematischen Grundlagen sind in B 2.2 beschrieben. Ein starrer Körper kann eine Translation, eine Rotation oder eine allgemeine ebene bzw. räumliche Bewegung ausführen.

3.4.1 Rotation eines starren Körpers um eine feste Achse
Rigid body rotation about a fixed axis

Entsprechend Gl. (26) für das Massenpunktsystem gilt hier bei Integration über den ganzen Körper der Schwerpunktsatz

$$F_R^{(a)} = F_R^{(e)} + F_R^{(z)} = \sum F_i^{(a)} = m a_S \tag{37}$$

bzw. in Komponenten (bei Drehung um die z-Achse, **Bild 10a**)

$$\left. \begin{aligned} F_{Rx}^{(e)} + F_{Rx}^{(z)} &= \sum F_{ix}^{(e)} + F_{Ax} + F_{Bx} = m a_{Sx}, \\ F_{Ry}^{(e)} + F_{Ry}^{(z)} &= \sum F_{iy}^{(e)} + F_{Ay} + F_{By} = m a_{Sy}, \\ F_{Rz}^{(e)} + F_{Rz}^{(z)} &= \sum F_{iz}^{(e)} + F_{Az} = 0 \end{aligned} \right\} \tag{38a–c}$$

mit $a_{Sx} = -\omega_z^2 x_S - \alpha_z y_S$ und $a_{Sy} = \alpha_z x_S - \omega_z^2 y_S$ [s. B2, Gl. (25b)].
Diese Gleichungen gelten sowohl für ein raumfestes als auch für ein mitdrehendes körperfestes System mit Nullpunkt auf der Drehachse. Ferner gilt analog dem Massenpunktsystem der Drallsatz

$$M_R^{(a)} = M_R^{(e)} + M_R^{(z)} = \frac{\mathrm{d}}{\mathrm{d}t} \int (r \times v) \mathrm{d}m = \frac{\mathrm{d}D}{\mathrm{d}t}. \tag{39}$$

Gemäß B2 Gl. (23) gilt in kartesischen Koordinaten (bei Drehung um die z-Achse, d.h. mit $\omega_x = \omega_y = 0$)

$$\begin{aligned} v_x &= (\omega_y z - \omega_z y) = -\omega_z y, & v_y &= (\omega_z x - \omega_x z) = \omega_z x, \\ v_z &= (\omega_x y - \omega_y x) = 0. \end{aligned} \tag{40}$$

Aus Gl. (39) wird hiermit

$$\begin{aligned} M_R^{(e)} + M_R^{(z)} &= \frac{\mathrm{d}}{\mathrm{d}t} \int \begin{vmatrix} e_x & e_y & e_z \\ x & y & z \\ v_x & v_y & 0 \end{vmatrix} \mathrm{d}m = \frac{\mathrm{d}}{\mathrm{d}t} [\int -\omega_z xz\, \mathrm{d}m e_x \\ &+ \int -\omega_z yz\, \mathrm{d}m e_y + \int \omega_z (x^2 + y^2)\, \mathrm{d}m e_z] \\ &= \frac{\mathrm{d}}{\mathrm{d}t} [-\omega_z J_{xz} e_x - \omega_z J_{yz} e_y + \omega_z J_z e_z]; \end{aligned} \tag{41}$$

$J_{xz} = \int xz\, \mathrm{d}m$, $J_{yz} = \int yz\, \mathrm{d}m$ Deviations- oder Zentrifugalmomente, $J_z = \int (x^2 + y^2)\, \mathrm{d}m = \int r_z^2 \mathrm{d}m$ axiales Massenträgheitsmoment. In Komponenten

$$\left. \begin{aligned} M_{Rx}^{(e)} + M_{Rx}^{(z)} &= \sum M_{ix}^{(e)} + F_{Ay} l_1 - F_{By} l_2 \\ &= -\mathrm{d}(\omega_z J_{xz})/\mathrm{d}t = -J_{xz} \alpha_z + \omega_z^2 J_{yz}, \\ M_{Ry}^{(e)} + M_{Ry}^{(z)} &= \sum M_{iy}^{(e)} + F_{Bx} l_2 - F_{Ax} l_1 \\ &= -\mathrm{d}(\omega_z J_{yz})/\mathrm{d}t = -J_{yz} \alpha_z - \omega_z^2 J_{xz}, \\ M_{Rz}^{(e)} &= \sum M_{iz}^{(e)} = \mathrm{d}(\omega_z J_z)/\mathrm{d}t = J_z \alpha_z. \end{aligned} \right\} \tag{42a–c}$$

Diese Gleichungen gelten sowohl für ein raumfestes als auch für ein mitdrehendes Koordinatensystem x, y, z mit Nullpunkt auf der Drehachse. Im ersten Fall sind J_{xz}

und J_{yz} zeitlich veränderlich, im zweiten Fall konstant. Die Gln. (38a–c) und (42a, b) liefern die unbekannten fünf Auflagerreaktionen, wobei α_z und ω_z aus Gl. (42c) folgen. Dabei ergeben die eingeprägten Kräfte $F_i^{(e)}$ und Momente $M_{ix}^{(e)}$ und $M_{iy}^{(e)}$ die rein statischen Auflagerreaktionen, während die kinetischen Auflagerreaktionen sich mit $F_i^{(e)} = 0$, $M_{ix}^{(e)} = M_{iy}^{(e)} = 0$ aus

$$F_{Ax}^{(k)} + F_{Bx}^{(k)} = m a_{Sx}, \quad F_{Ay}^{(k)} + F_{By}^{(k)} = m a_{Sy}, \quad F_{Az}^{(k)} = 0, \tag{43}$$

$$\begin{aligned} F_{Ay}^{(k)} l_1 - F_{By}^{(k)} l_2 &= -J_{xz} \alpha_z + \omega_z^2 J_{yz}, \\ F_{Bx}^{(k)} l_2 - F_{Ax}^{(k)} l_1 &= -J_{yz} \alpha_z - \omega_z^2 J_{xz} \end{aligned} \tag{44}$$

berechnen lassen. Nach diesen Gleichungen verschwinden sie, wenn $a_S = 0$ wird, also die Drehachse durch den Schwerpunkt geht und wenn sie eine Hauptträgheitsachse ist, d.h., die Zentrifugalmomente J_{xz} und J_{yz} null werden. Die Drehachse heißt dann freie Achse. Für sie gehen die Gln. (38a–c) sowie (42a, b) in die bekannten Gleichgewichtsbedingungen über, während das *dynamische Grundgesetz für die Drehbewegung* nach Gl. (42c) lautet

$$M_R^{(e)} = \sum M_i^{(e)} = J\alpha \tag{45}$$

$$J = \int r^2 \mathrm{d}m, \text{ wobei } r \text{ der Abstand senkrecht zur Drehachse ist.}$$

Arbeits- und Drehimpulssatz. Aus Gl. (45) folgen

$$\begin{aligned} W_{1,2} &= \int_{\varphi_1}^{\varphi_2} M_R^{(e)} \mathrm{d}\varphi = \int_{\varphi_1}^{\varphi_2} J \frac{\mathrm{d}\omega}{\mathrm{d}t} \mathrm{d}\varphi \\ &= J \int_{\omega_1}^{\omega_2} \omega\, \mathrm{d}\omega = \frac{J}{2} (\omega_2^2 - \omega_1^2), \end{aligned} \tag{46}$$

$$\begin{aligned} D_2 - D_1 &= \int_{t_1}^{t_2} M_R^{(e)} \mathrm{d}t = \int_{t_1}^{t_2} J \frac{\mathrm{d}\omega}{\mathrm{d}t} \mathrm{d}t \\ &= J \int_{\omega_1}^{\omega_2} \mathrm{d}\omega = J(\omega_2 - \omega_1). \end{aligned} \tag{47}$$

Beispiel: Welle mit schiefsitzender Scheibe (**Bild 10b**). Auf einer mit $\omega_z = \text{const} = \omega_0$ rotierenden Welle ist eine vollzylindrische Scheibe (Radius r, Dicke h, Masse m) unter dem Winkel ψ geneigt aufgekeilt. Zu ermitteln sind die Auflagerkräfte. – Als einzige eingeprägte Kraft erzeugt die zentrische Gewichtskraft $F_G = m\, g$ keine Momente, so daß die Gln. (38a–c) und (42a, b) mit $a_{Sx} = a_{Sy} = 0$ und (wegen $\omega_z = \text{const}$) $\alpha_z = 0$ $F_{Ax} + F_{Bx} = 0, F_{Ay} + F_{By} = 0$, $-F_G + F_{Az} = 0$, $F_{Ay} l_1 - F_{By} l_2 = \omega_0^2 J_{yz}$, $F_{Bx} l_2 - F_{Ax} l_1 = -\omega_0^2 J_{xz}$ ergeben. Mit den Richtungswinkeln der x-Achse gegenüber den Hauptachsen ξ, η, ζ (s. B3.4.2) $\alpha_1 = 0, \beta_1 = 90°, \gamma_1 = 90°$, mit denen der y-Achse $\alpha_2 = 90°, \beta_2 = \psi, \gamma_2 = 90° + \psi$ und denen der z-Achse $\alpha_3 = 90°, \beta_3 = 90° - \psi, \gamma_3 = \psi$ erhält man gemäß Gl. (52)

$$\begin{aligned} J_{yz} &= -J_1 \cos\alpha_2 \cos\alpha_3 - J_2 \cos\beta_2 \cos\beta_3 - J_3 \cos\gamma_2 \cos\gamma_3 \\ &= -J_2 \cos\psi \sin\psi + J_3 \sin\psi \cos\psi \end{aligned}$$

und entsprechend $J_{xz} = 0$. Nach **Tab. 1** ist $J_2 = J_\eta = m(3r^2 + h^2)/12$, $J_3 = J_\zeta = mr^2/2$ und somit $J_{yz} = [m(3r^2 - h^2)/24] \sin 2\psi$, so daß sich die Auflagerkräfte

$$\begin{aligned} F_{Ax} &= F_{Bx} = 0, \quad F_{Az} = F_G, \\ F_{Ay} &= -F_{By} = \{\omega_0^2 m(3r^2 - h^2)/[24(l_1 + l_2)]\} \sin 2\psi \end{aligned}$$

ergeben.

3.4.2 Allgemeines über Massenträgheitsmomente (Bild 11)
Moment of inertia

Axiale Trägheitsmomente:

$$\left. \begin{aligned} J_x &= \int (y^2 + z^2) \mathrm{d}m = \int r_x^2 \mathrm{d}m, \\ J_y &= \int (x^2 + z^2) \mathrm{d}m = \int r_y^2 \mathrm{d}m, \\ J_z &= \int (x^2 + y^2) \mathrm{d}m = \int r_z^2 \mathrm{d}m. \end{aligned} \right\} \tag{48}$$

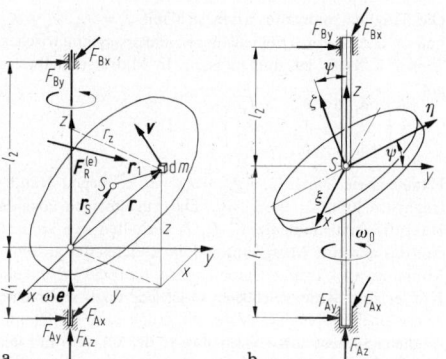

Bild 10. Kinetische Lagerdrücke. **a** allgemein; **b** Welle mit schiefsitzender Scheibe

Tabelle 1. Massenträgheitsmomente homogener Körper

Kreiszylinder	Hohlzylinder	Kugel	Kreiskegel
$m = \varrho \pi r^2 h$	$m = \varrho \pi (r_0^2 - r_1^2) h$	$m = \varrho \frac{4}{3} \pi r^3$	$m = \varrho \pi r^2 h / 3$
$J_x = \dfrac{mr^2}{2} \quad J_y = J_z = \dfrac{m(3r^2 + h^2)}{12}$	$J_x = \dfrac{m(r_0^2 + r_1^2)}{2} \quad J_y = J_z = \dfrac{m(r_0^2 + r_1^2 + h^2/3)}{4}$	$J_x = J_y = J_z = \dfrac{2}{5} mr^2$	$J_x = \dfrac{3}{10} mr^2 \quad J_y = \dfrac{3m(4r^2 + h^2)}{80}$
Zylinderschale Wanddicke $\delta \ll r$:		Kugelschale Wanddicke $\delta \ll r$:	Kegelschale Wanddicke $\delta \ll r$:
$m = \varrho 2\pi r h \delta$		$m = \varrho 4\pi r^2 \delta$	$m = \varrho \pi r s \delta$
$J_x = mr^2 \quad J_y = J_z = \dfrac{m(6r^2 + h^2)}{12}$		$J_x = J_y = J_z = \dfrac{2}{3} mr^2$	$J_x = \dfrac{mr^2}{2}$

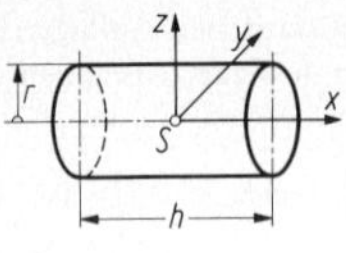

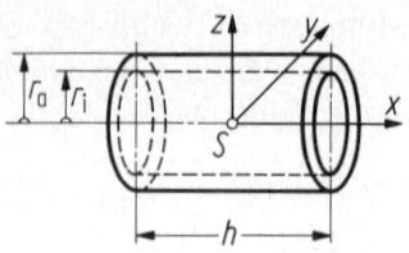

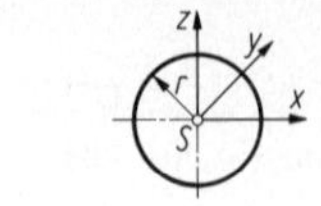

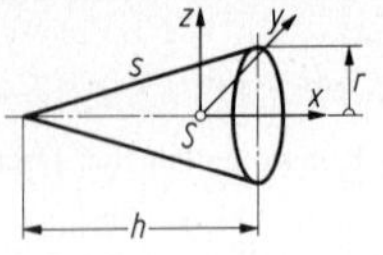

Quader	Dünner Stab	Hohlkugel	Kreiskegelstumpf
$m = \varrho abc$	$m = \varrho Al$	$m = \varrho \frac{4}{3} \pi (r_0^3 - r_1^3)$	$m = \varrho \frac{1}{3} \pi h (r_2^2 + r_2 r_1 + r_1^2)$
$J_x = \dfrac{m(b^2 + c^2)}{12} \quad J_y = \dfrac{m(a^2 + c^2)}{12}$	$J_y = J_z = \dfrac{ml^2}{12}$	$J_x = J_y = J_z = \dfrac{2}{5} m \dfrac{r_0^5 - r_1^5}{r_0^3 - r_1^3}$	$J_x = \dfrac{3}{10} m \dfrac{r_2^5 - r_1^5}{r_2^3 - r_1^3}$
$J_z = \dfrac{m(a^2 + b^2)}{12}$			

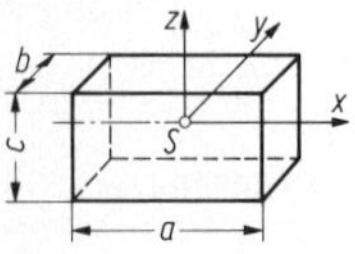

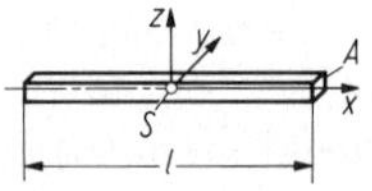

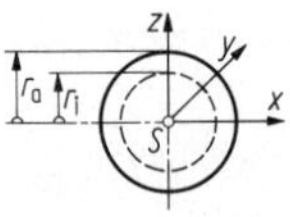

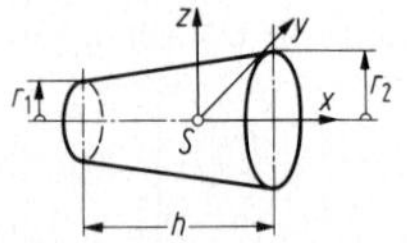

Rechteck–Pyramide	Kreistorus	Halbkugel	Beliebiger Rotationskörper
$m = \varrho abh / 3$	$m = \varrho 2\pi^2 r^2 R$	$m = \varrho \frac{2}{3} \pi r^3$	$m = \varrho \pi \displaystyle\int_{x_1}^{x_2} r^2(x) \, dx$
$J_x = \dfrac{m(a^2 + b^2)}{20} \quad J_y = \dfrac{m(b^2 + \frac{3}{4} h^2)}{20}$	$J_x = J_y = \dfrac{m(4R^2 + 5r^2)}{8}$	$J_x = J_y = \dfrac{83}{320} mr^2 \quad J_z = \dfrac{2}{5} mr^2$	$J_x = \dfrac{1}{2} \varrho \pi \displaystyle\int_{x_1}^{x_2} r^4(x) \, dx$
$J_z = \dfrac{m(a^2 + \frac{3}{4} h^2)}{20}$	$J_z = \dfrac{m(4R^2 + 3r^2)}{4}$		

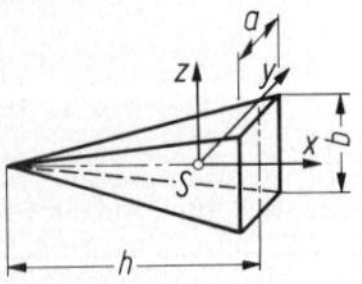

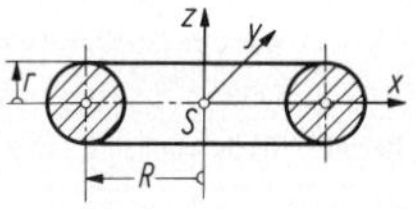

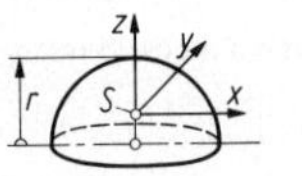

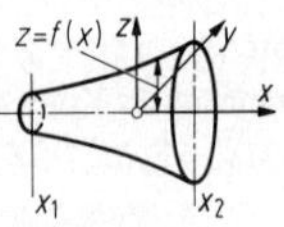

Polares Trägheitsmoment sowie Deviations- oder Zentrifugalmomente:

$$J_p = \int r^2 dm = \int (x^2 + y^2 + z^2) \, dm = (J_x + J_y + J_z)/2;$$

$$J_{xy} = \int xy \, dm, \quad J_{xz} = \int xz \, dm, \quad J_{yz} = \int yz \, dm. \qquad (49)$$

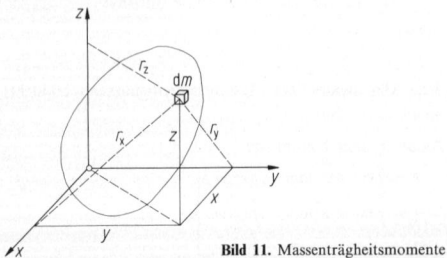

Bild 11. Massenträgheitsmomente

Die Trägheitsmomente lassen sich mit $J_x = J_{xx}$, $J_y = J_{yy}$ und $J_z = J_{zz}$ zum Trägheitstensor, einem symmetrischen Tensor 2. Stufe, zusammenfassen. In Matrixschreibweise gilt

$$\mathbf{J} = \begin{pmatrix} J_{xx} & -J_{xy} & -J_{xz} \\ -J_{yx} & J_{yy} & -J_{yz} \\ -J_{zx} & -J_{zy} & J_{zz} \end{pmatrix}.$$

Hauptachsen. Wird $J_{\xi\eta} = J_{\xi\zeta} = J_{\eta\zeta} = 0$, so liegen Hauptträgheitsachsen ξ, η, ζ vor. Die zugehörigen axialen Hauptträgheitsmomente J_1, J_2, J_3 verhalten sich so, daß eins das absolute Maximum und ein anderes das absolute Minimum aller Trägheitsmomente des Körpers ist. Hat ein Körper eine Symmetrieebene, so ist jede dazu senkrechte Achse eine Hauptachse. Allgemein erhält man die Hauptträgheitsmomente als Extremalwerte der Gl. (50) mit der Nebenbedingung $h = \cos^2 \alpha + \cos^2 \beta + \cos^2 \gamma - 1 = 0$. Mit den Abkürzungen $\cos \alpha = \lambda$, $\cos \beta = \mu$, $\cos \gamma = \nu$ folgen mit $J = J_x \lambda^2 + J_y \mu^2 + J_z \nu^2 - 2J_{xy} \lambda\mu - 2J_{yz} \mu\nu - 2J_{xz} \lambda\nu$ und

$f = J - ch$ aus $\partial f/\partial \lambda = 0$ usw. drei homogene lineare Gleichungen für λ, μ, ν, die nur dann eine nichttriviale Lösung haben, wenn ihre Koeffizientendeterminante null wird. Daraus erhält man die kubische Gleichung für c mit den Lösungen $c_1 = J_1$, $c_2 = J_2$ und $c_3 = J_3$.

Trägheitsellipsoid. Trägt man in Richtung der Achsen x, y, z die Größen $1/\sqrt{J_x}$, $1/\sqrt{J_y}$, $1/\sqrt{J_z}$ ab, so liegen die Endpunkte auf dem Trägheitsellipsoid mit den Hauptachsen $1/\sqrt{J_1}$ usw. und der Gleichung $J_1\xi^2 + J_2\eta^2 + J_3\zeta^2 = 1$. Liegt hierbei der Koordinatenanfangspunkt im Schwerpunkt, spricht man vom Zentralellipsoid; die zugehörigen Hauptachsen sind dann freie Achsen.

Trägheitsmomente bezüglich gedrehter Achsen. Für eine unter den Winkeln α, β, γ gegen x, y, z geneigte Achse $\bar{x}$ folgt mit $e_{\bar{x}} = (\cos\alpha, \cos\beta, \cos\gamma)$ aus $J_{\bar{x}} = e_{\bar{x}} J e_{\bar{x}}^T$ (s. A 3.2.4) sowie mit $J_{xy} = J_{yx}$ usw.

$$J_{\bar{x}} = -J_x \cos^2\alpha + J_y \cos^2\beta + J_z \cos^2\gamma$$
$$- 2J_{xy}\cos\alpha\cos\beta - 2J_{yz}\cos\beta\cos\gamma$$
$$- 2J_{xz}\cos\alpha\cos\gamma. \tag{50}$$

Sind dagegen α_1, β_1, γ_1 die Richtungswinkel der x-Achse gegenüber den Hauptachsen ξ, η, ζ, so gilt für das axiale Trägheitsmoment

$$J_x = J_1\cos^2\alpha_1 + J_2\cos^2\beta_1 + J_3\cos^2\gamma_1 ; \tag{51}$$

J_y, J_z entsprechend mit den Richtungswinkeln α_2, β_2, γ_2 bzw. α_3, β_3, γ_3 der y- bzw. z-Achse gegenüber den Hauptachsen. Die zugehörigen Deviationsmomente sind (für J_{xz} und J_{yz} entsprechend)

$$J_{xy} = J_1\cos\alpha_1\cos\alpha_2 - J_2\cos\beta_1\cos\beta_2$$
$$- J_3\cos\gamma_1\cos\gamma_2. \tag{52}$$

Satz von Steiner. Für parallele Achsen gilt

$$J_x = J_{\bar{x}} + x_S^2 m, \qquad J_y = J_{\bar{y}} + y_S^2 m, \quad J_z = J_{\bar{z}} + z_S^2 m,$$
$$J_{xy} = J_{\bar{x}\bar{y}} + x_S y_S m, \quad J_{xz} = J_{\bar{x}\bar{z}} + x_S z_S m,$$
$$J_{yz} = J_{\bar{y}\bar{z}} + y_S z_S m; \tag{53}$$

$\bar{x}$, $\bar{y}$, $\bar{z}$ sind zu x, y, z parallele Achsen durch den Schwerpunkt.

Trägheitsradius. Wird die Gesamtmasse in Entfernung i von der Drehachse (bei gegebenem J und m) vereinigt, so gilt $J = i^2 m$ bzw. $i = \sqrt{J/m}$.

Reduzierte Masse. Denkt man sich die Masse m_{red} in beliebiger Entfernung d von der Drehachse angebracht (bei gegebenem J), so gilt $J = d^2 m_{red}$ bzw. $m_{red} = J/d^2$.

Berechnung der Massenträgheitsmomente. Für Einzelkörper mittels dreifacher Integrale

$$J_x = \int r_{\bar{x}}^2 dm = \int\int\int \rho(y^2 + z^2)\, dx\, dy\, dz.$$

Je nach Körperform verwendet man auch Zylinder- oder Kugelkoordinaten. Zum Beispiel wird für den vollen Kreiszylinder (s. **Tab. 1**)

$$J_x = \int_{r=0}^{r_a}\int_{\varphi=0}^{2\pi}\int_{z=-h/2}^{+h/2} \rho r^2 (r\, d\varphi\, dr\, dz)$$
$$= \rho(r_a^4/4)2\pi h = m r_a^2/2.$$

Für zusammengesetzte Körper gilt mit dem Satz von Steiner $J_x = \sum(J_{\bar{x}i} + m_i x_{Si}^2)$ usw.

3.4.3 Allgemeine ebene Bewegung starrer Körper
General plane motion of a rigid body

Ebene Bewegung bedeutet $z = $ const bzw. $v_z = \omega_x = \omega_y = 0$ und $a_z = \alpha_x = \alpha_y = 0$. Wie beim Massenpunktsystem gelten

Schwerpunktsatz und *Drallsatz* (Momentensatz)

$$F_R^{(a)} = \sum F_i^{(a)} = m a_S, \tag{54}$$

$$M_R^{(a)} = \sum M_i^{(a)} = \frac{d}{dt}\int (r \times v)dm$$

$$= \frac{d}{dt}\int \begin{vmatrix} e_x & e_y & e_z \\ x & y & z \\ \dot{x} & \dot{y} & 0 \end{vmatrix} dm = \frac{dD}{dt}. \tag{55}$$

(Der Momentensatz gilt bezüglich eines raumfesten Punkts oder des beliebig bewegten Schwerpunkts.)
In kartesischen Koordinaten

$$F_{Rx}^{(a)} = \sum F_{ix}^{(a)} = m a_{Sx}, \quad F_{Ry}^{(a)} = \sum F_{iy}^{(a)} = m a_{Sy},$$

$$\left. \begin{aligned} F_{Rz}^{(a)} &= \sum F_{iz}^{(a)} = 0, \\ M_{Rx}^{(a)} &= -\frac{d}{dt}\int z\dot{y}\, dm = -\frac{d^2}{dt^2}\int zy\, dm = -\frac{d^2 J_{yz}}{dt^2}, \\ M_{Ry}^{(a)} &= \frac{d}{dt}\int z\dot{x}\, dm = \frac{d^2}{dt^2}\int zx\, dm = \frac{d^2 J_{xz}}{dt^2}, \\ M_{Rz}^{(a)} &= \frac{d}{dt}\int (x\dot{y} - \dot{x}y)\, dm \end{aligned} \right\} \tag{56}$$

bzw. mit Gl. (40) und $\omega_z = \omega$

$$M_{Rz}^{(a)} = \frac{d}{dt}\int \omega(x^2 + y^2)\, dm = \frac{d}{dt}\int \omega r_z^2 dm = \frac{d}{dt}(\omega J_z).$$

$M_{Rx}^{(a)}$ und $M_{Ry}^{(a)}$ sind die zur Erzwingung der ebenen Bewegung nötigen äußeren Momente, wenn z keine Hauptträgheitsachse ist. Ist z eine Hauptträgheitsachse ($J_{yz} = J_{xz} = 0$), so folgen $M_{Rx}^{(a)} = 0$, $M_{Ry}^{(a)} = 0$, $M_{Rz}^{(a)} = \frac{d}{dt}(\omega J_z)$ bzw. bezüglich des körperfesten Schwerpunkts mit $J_S = $ const

$$M_{RS}^{(a)} = \sum M_{iS}^{(a)} = J_S \alpha. \tag{57}$$

Arbeitssatz:

$$W_{1,2} = \int F_R^{(a)} dr + \int M_{RS}^{(a)} d\varphi = \left(\frac{m}{2}v_{S2}^2 + \frac{J_S}{2}\omega_2^2\right)$$
$$- \left(\frac{m}{2}v_{S1}^2 + \frac{J_S}{2}\omega_1^2\right) = E_2 - E_1 \tag{58}$$

Haben die äußeren Kräfte und Momente ein Potential, so gilt der *Energiesatz* $U_1 + E_1 = U_2 + E_2 = $ const.

Impuls- und *Drehimpulssatz:*

$$p_2 - p_1 = \int_{t_1}^{t_2} F_R^{(a)} dt = m(v_{S2} - v_{S1}) \tag{59}$$

$$D_2 - D_1 = \int_{t_1}^{t_2} M_{RS}^{(a)} dt = J_S(\omega_2 - \omega_1) \tag{60}$$

D'Alembertsches Prinzip. Die verlorenen Kräfte, d.h. die Summe aus eingeprägten Kräften und Trägheitskräften, halten sich am Gesamtkörper das Gleichgewicht. Mit dem Gleichgewichtsprinzip der virtuellen Verrückungen gilt dann in Lagrangescher Fassung

$$(F_R^{(e)} - m a_S)\,\delta r_S + (M_{RS}^{(e)} - J_S \alpha)\,\delta\varphi = 0. \tag{61}$$

Beispiel: Rollbewegung auf schiefer Ebene (**Bild 12**). Aus der Ruhelage soll ein zylindrischer Körper (r, m, J_S) von der Kraft F die schiefe Ebene (Neigungswinkel β) hinaufgerollt werden ohne zu gleiten. Zu ermitteln sind seine Schwerpunktbeschleunigung sowie Zeit und Geschwindigkeit bei Erreichen der Lage 2 nach Zurücklegen des Wegs s_2. – Da der Schwerpunkt eine geradlinige Bewegung ausführt, fällt sein Beschleunigungsvektor in die Bewegungsrichtung. Schwerpunktsatz, Gl. (54), und Momentensatz, Gl. (57), liefern (**Bild Bild 12a**) $m a_S = F\cos\beta - F_G\sin\beta - F_r$ und $J_S\alpha = F_r r$, woraus mit $\alpha = a_S/r$ wegen des reinen Rollens

$$a_S = (F\cos\beta - F_G\sin\beta)/(m + J_S/r^2)$$

folgt. Mit den Gesetzen der gleichmäßig beschleunigten Bewegung aus der Ruhelage (s. B 2.1.1) ergeben sich $v_{S2} = \sqrt{2a_S s_2}$ und $t_2 = v_{S2}/a_S$. Der Arbeitssatz, Gl. (58),

$$(F\cos\beta - F_G\sin\beta)s_2 = m v_{S2}^2/2 + J_S\omega_2^2/2$$

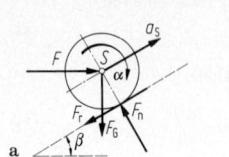 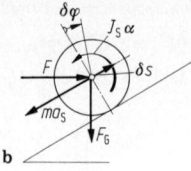

a   b

Bild 12a und **b.** Rollbewegung auf schiefer Ebene

liefert mit $\omega_2 = v_{S2}/r$ wiederum

$$v_{S2} = \sqrt{2(F\cos\beta - F_G\sin\beta)s_2/(m + J_S/r^2)}.$$

Impulssatz und Drehimpulssatz, Gln. (59), (60),

$$(F\cos\beta - F_G\sin\beta - F_r)t_2 = mv_{S2} \quad \text{und} \quad F_r r t_2 = J_S\omega_2$$

ergeben ebenfalls

$$t_2 = v_{S2}(m + J_S/r^2)/(F\cos\beta - F_G\sin\beta) = v_{S2}/a_S.$$

Das d'Alembertsche Prinzip in der Lagrangeschen Fassung nach Gl. (61) führt zu (**Bild 12b**)

$$(F\cos\beta - F_G\sin\beta - ma_S)\,\delta s + (0 - J_S\alpha)\,\delta\varphi = 0;$$

mit $\alpha = a_S/r$, $\delta\varphi = \delta s/r$ folgt

$$\delta s[F\cos\beta - F_G\sin\beta - ma_S - J_S a_S/r^2] = 0, \quad \text{also wieder}$$
$$a_S = (F\cos\beta - F_G\sin\beta)/(m + J_S/r^2).$$

Ebene Starrkörpersysteme. Die Bewegung läßt sich auf verschiedene Weise berechnen:

– Freimachen jedes Einzelkörpers und Ansatz von Schwerpunktsatz, Gl. (54), und Momentensatz, Gl. (57), wenn z Hauptträgheitsachse ist;

– Anwenden des d'Alembertschen Prinzips, Gl. (61), auf das aus n Körpern bestehende System

$$\sum(\boldsymbol{F}_{Ri}^{(e)} - m_i\boldsymbol{a}_{iS})\,\delta\boldsymbol{r}_{iS} + \sum(\boldsymbol{M}_{Ri}^{(e)} - J_{iS}\boldsymbol{\alpha}_i)\,\delta\boldsymbol{\varphi}_i = 0; \qquad (62)$$

– Anwenden der Lagrangeschen Bewegungsgleichungen Gln. (33–35).

Beispiel: Beschleunigungen eines Starrkörpersystems (**Bild 13**). Das System bewege sich in den angedeuteten Richtungen, wobei in der Führung von m_1 die Reibkraft F_{r1} wirkt und die Walze eine reine Rollbewegung ausführt. – Das d'Alembertsche Prinzip in der Lagrangeschen Fassung, Gl. (62), liefert

$$(F_{G1} - F_{r1} - m_1 a_1)\,\delta z - J_2\alpha_2\,\delta\varphi - (F_{G3}\sin\beta + m_3 a_{3S})\,\delta s$$
$$- J_{3S}\alpha_3\,\delta\psi = 0.$$

Mit

$$\delta z = r_a\,\delta\varphi, \quad \delta s = r_i\,\delta\varphi \quad \text{und} \quad \delta\psi = \delta s/r_3 = \delta\varphi r_i/r_3$$

bzw.

$$a_1 = \ddot{z} = r_a\ddot{\varphi} = r_a\alpha_2, \quad a_{3S} = \ddot{s} = r_i\ddot{\varphi} = r_i\alpha_2 \quad \text{und}$$
$$\alpha_3 = \ddot{\psi} = \ddot{s}/r_3 = \alpha_2 r_i/r_3$$

wird

$$\delta\varphi[(F_{G1} - F_{r1})r_a - m_1 r_a^2\alpha_2 - J_2\alpha_2 - F_{G3}r_i\sin\beta$$
$$- m_3 r_i^2\alpha_2 - J_{3S}(r_i/r_3)^2\alpha_2] = 0.$$

Die Winkelbeschleunigung der Seilscheibe ist also

$$\alpha_2 = [(F_{G1} - F_{r1})r_a - F_{G3}r_i\sin\beta]/[m_1 r_a^2 + J_2 + m_3 r_i^2 + J_{3S}(r_i/r_3)^2],$$

womit auch $a_1 = r_a\alpha_2$, $a_{3S} = r_i\alpha_2$ und $\alpha_3 = \alpha_2 r_i/r_3$ bestimmt sind.

3.4.4 Allgemeine räumliche Bewegung
General motion in space

Bewegungsgleichungen sind mit dem Schwerpunktsatz und dem Drall- oder Momentensatz gegeben:

$$\boldsymbol{F}_R^{(a)} = \sum\boldsymbol{F}_i^{(a)} = m\boldsymbol{a}_S \qquad (63)$$

$$\boldsymbol{M}_R^{(a)} = \sum\boldsymbol{M}_i^{(a)} = \frac{d\boldsymbol{D}}{dt} = \frac{d}{dt}\int(\boldsymbol{r}\times\boldsymbol{v})\,dm \qquad (64)$$

(Erläuterungen s. Gln. (26) und (32)).

Der Momentensatz gilt bezüglich eines raumfesten Punkts oder des beliebig bewegten Schwerpunkts. In kartesischen Koordinaten mit $\boldsymbol{v}$ gemäß B2 Gl. (23) wird

$$\boldsymbol{M}_R^{(a)} = \frac{d}{dt}\int\begin{vmatrix}\boldsymbol{e}_x & \boldsymbol{e}_y & \boldsymbol{e}_z \\ x & y & z \\ v_x & v_y & v_z\end{vmatrix}dm$$
$$= \frac{d}{dt}[(\omega_x J_x - \omega_y J_{xy} - \omega_z J_{xz})\boldsymbol{e}_x$$
$$+ (\omega_y J_y - \omega_x J_{xy} - \omega_z J_{yz})\boldsymbol{e}_y$$
$$+ (\omega_z J_z - \omega_x J_{xz} - \omega_y J_{yz})\boldsymbol{e}_z]. \qquad (65)$$

Diese Gleichung bezieht sich auf ein raumfestes Koordinatensystem x, y, z (**Bild 14**), dessen Koordinatenanfangspunkt auch im Schwerpunkt liegen kann, d.h., die Größen J_x, J_{xy} usw. sind zeitabhängig, da sich die Lage des Körpers ändert.

Wird nach Euler ein körperfestes, mitbewegtes Koordinatensystem ξ, η, ζ eingeführt (der Einfachheit halber in Richtung der Hauptträgheitsachsen des Körpers) und der Winkelgeschwindigkeitsvektor $\boldsymbol{\omega} = \omega_1\boldsymbol{e}_1 + \omega_2\boldsymbol{e}_2 + \omega_3\boldsymbol{e}_3$ in seine Komponenten zerlegt, so nimmt Gl. (65) die Form

$$\boldsymbol{M}_R^{(a)} = \frac{d}{dt}[\omega_1 J_1\boldsymbol{e}_1 + \omega_2 J_2\boldsymbol{e}_2 + \omega_3 J_3\boldsymbol{e}_3] \qquad (66)$$

an, wobei jetzt J_1, J_2, J_3 konstant und $\omega_1 J_1$ usw. die Komponenten des Drallvektors $\boldsymbol{D}$ im bewegten Koordinatensystem sind. Mit der Regel für die Ableitung eines Vektors im bewegten Koordinatensystem (s. B2 Gl. (35)) wird $d\boldsymbol{D}/dt = d_r\boldsymbol{D}/dt + \boldsymbol{\omega}\times\boldsymbol{D}$, wobei $d_r\boldsymbol{D}/dt$ die Ableitung des Vektors $\boldsymbol{D}$ relativ zum mitbewegten Koordinatensystem ist. Aus Gl. (66) folgt in Komponenten

$$\left.\begin{aligned}M_{R\xi}^{(a)} &= [\dot\omega_1 J_1 + \omega_2\omega_3(J_3 - J_2)], \\ M_{R\eta}^{(a)} &= [\dot\omega_2 J_2 + \omega_1\omega_3(J_1 - J_3)], \\ M_{R\zeta}^{(a)} &= [\dot\omega_3 J_3 + \omega_1\omega_2(J_2 - J_1)].\end{aligned}\right\} \qquad (67)$$

Das sind die *Eulerschen Bewegungsgleichungen* eines Körpers im Raum bezüglich der Hauptachsen mit einem raumfesten Punkt oder den beliebig bewegten Schwerpunkt als Ursprung. Aus den drei gekoppelten Differentialgleichungen ergeben sich jedoch nur die Winkelgeschwindigkeiten $\omega_1(t)$, $\omega_2(t)$, $\omega_3(t)$ bezüglich des mitbe-

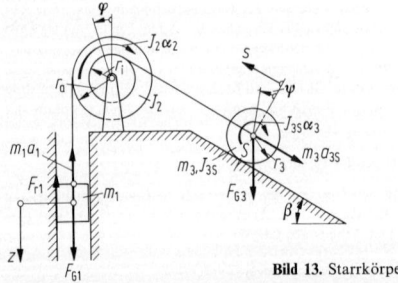

Bild 13. Starrkörpersystem

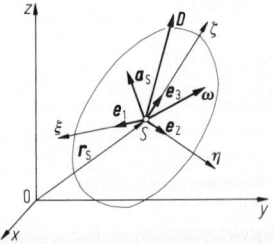

Bild 14. Allgemeine räumliche Bewegung

wegten Koordinatensystems, nicht aber die Lage des Körpers gegenüber den raumfesten Richtungen x, y, z. Hierzu ist die Einführung der Eulerschen Winkel φ, ψ, ϑ erforderlich [1]. Die Lage des Schwerpunkts eines im Raum frei bewegten Körpers ist aus dem Schwerpunktsatz, Gl. (63), wie für einen Massenpunkt (s. B3.2) berechenbar.

$$Drehimpulssatz: \int_{t_1}^{t_2} \boldsymbol{M}_R^{(a)} \, dt = \int_{t_1}^{t_2} d\boldsymbol{D} = \boldsymbol{D}_2 - \boldsymbol{D}_1$$

Für $\boldsymbol{M}_R^{(a)} = 0$ wird $\boldsymbol{D}_2 = \boldsymbol{D}_1$, d.h., ohne Einwirkung äußerer Momente behält der Drallvektor seine Richtung im Raum bei.

Energiesatz: Haben die einwirkenden Kräfte ein Potential, so gilt

$$U_1 + E_1 = U_2 + E_2 = \text{const}.$$

Kinetische Energie $E = m v_S^2 / 2 + (J_1 \omega_1^2 + J_2 \omega_2^2 + J_3 \omega_3^2)/2$

Kreiselbewegung (Bild 15). Hierunter versteht man die Drehung eines starren Körpers um einen festen Punkt. Es gelten die Eulerschen Bewegungsgleichungen, Gl. (67).

Kräftefreier Kreisel. Sind alle Momente der äußeren Kräfte null, d.h. Lagerung im Schwerpunkt (**Bild 15a**), und wirken sonst keine Kräfte und Momente, so ist die Bewegung kräftefrei; der Drallvektor behält seine Richtung und Größe im Raum bei. Dabei ergeben sich die möglichen Bewegungsformen des Kreisels aus

$$J_1 \dot{\omega}_1 = (J_2 - J_3) \omega_2 \omega_3, \quad J_2 \dot{\omega}_2 = (J_3 - J_1) \omega_1 \omega_3,$$
$$J_3 \dot{\omega}_3 = (J_1 - J_2) \omega_1 \omega_2;$$

also entweder

$$\omega_1 = \text{const}, \quad \omega_2 = \omega_3 = 0 \quad \text{oder}$$
$$\omega_2 = \text{const}, \quad \omega_1 = \omega_3 = 0 \quad \text{oder}$$
$$\omega_3 = \text{const}, \quad \omega_1 = \omega_2 = 0,$$

d.h. jeweils Drehung um eine Hauptträgheitsachse (Bewegung stabil, falls Drehung um die Achse des größten oder kleinsten Trägheitsmoments).

Für den *symmetrischen Kreisel* folgen mit $J_1 = J_2$ die Gleichungen s. [2, 3]

$$\omega_3 = \text{const}, \quad \ddot{\omega}_1 + \lambda^2 \omega_1 = 0 \quad \text{und} \quad \ddot{\omega}_2 + \lambda^2 \omega_2 = 0$$

mit den Lösungen

$$\omega_1 = c \sin(\lambda t - \alpha) \quad \text{und} \quad \omega_2 = c \cos(\lambda t - \alpha),$$

wobei $\lambda = (J_3/J_1 - 1)\omega_3$.

Mit $\omega_1^2 + \omega_2^2 = c^2 = \text{const}$ folgt, daß der Winkelgeschwindigkeitsvektor $\boldsymbol{\omega} = \omega_1 \boldsymbol{e}_\xi + \omega_2 \boldsymbol{e}_\eta + \omega_3 \boldsymbol{e}_\zeta$ (die momentane Drehachse) im körperfesten System, den Gangpolkegel, beschreibt, der auf dem Rastpolkegel, dessen Achse der feste Drallvektor ist, abrollt (**Bild 15a**). Die Figurenachse ζ beschreibt dabei den Präzessionskegel (reguläre Präzession).

Schwerer Kreisel. Hier sei speziell der schnell umlaufende symmetrische Kreisel unter Eigengewicht betrachtet (**Bild 15b**). Beim schnellen Kreisel ist $\boldsymbol{D} \approx \omega_3 J_3 \boldsymbol{e}_\zeta$, d.h., Drallvektor und Figurenachse fallen näherungsweise zusammen. Aus dem Drallsatz folgt $d\boldsymbol{D} = \boldsymbol{M}_R^{(a)} \, dt = (\boldsymbol{r} \times \boldsymbol{F}_G) \, dt$, d.h. der Kreisel trachtet, seine Figurenachse parallel und gleichsinnig zu dem auf ihn wirkenden Moment einzustellen (Satz von Poinsot). Nach **Bild 15b** gilt $M = F_G r \sin \vartheta$, $dD = D \sin \vartheta \cdot d\varphi$. Aus $dD = M \, dt$ folgt $\omega_P = d\varphi/dt = F_G r/D \approx F_G r/(J_3 \omega_3)$. ω_P ist die Winkelgeschwindigkeit der Präzession des Kreisels. Wegen ω_P fällt der Drallvektor nicht genau in die Figurenachse, daher überlagert sich der Präzession noch die Nutation [2, 3].

Geführter Kreisel. Er ist ein umlaufender, in der Regel rotationssymmetrischer Körper, dem Führungskräfte eine Änderung des Drallvektors aufzwingen, wodurch das Moment der Kreiselwirkung und damit verbunden zum Teil erhebliche Auflagerkräfte entstehen (Kollergang, Schwenken von Radsätzen und Schiffswellen usw.). Für ein Fahrzeug in der Kurve liefert die Kreiselwirkung der Räder ein zusätzliches Kippmoment. Umgekehrt finden geführte Kreisel als Stabilisierungselemente für Schiffe, Einschienenbahnen usw. Verwendung. Beim horizontal schwimmend angeordneten Kreiselkompaß wird die Drallachse durch die Erddrehung in Nord-Süd-Richtung gezwungen.

Für den in **Bild 15c** dargestellten und mit ω_F geführten Rotationskörper gilt

$$\boldsymbol{M}^{(a)} = \frac{d\boldsymbol{D}}{dt} = \boldsymbol{\omega}_F \times \boldsymbol{D} = \begin{vmatrix} \boldsymbol{e}_\xi & \boldsymbol{e}_\eta & \boldsymbol{e}_\zeta \\ 0 & 0 & \omega_F \\ \omega_1 J_1 & 0 & \omega_F J_3 \end{vmatrix} = \omega_F \omega_1 J_1 \boldsymbol{e}_\eta$$

bzw. $M^{(a)} = F_A^{(k)} l = \omega_F \omega_1 J_1$, d.h. $F_A^{(k)} = \omega_F \omega_1 J_1 / l$. Das Moment der Kreiselwirkung erzeugt in den Lagern die zu $F_A^{(k)}$ entgegengesetzten Auflagerdrücke.

3.5 Kinetik der Relativbewegung
Dynamics of relative motion

Bei einer geführten Relativbewegung gilt für die Beschleunigung B2 Gl. (36) und damit für das Newtonsche Grundgesetz

$$\boldsymbol{F}_R^{(a)} = m \boldsymbol{a}_F + m \boldsymbol{a}_r + m \boldsymbol{a}_C. \tag{68}$$

Für einen auf dem Fahrzeug befindlichen Beobachter ist nur die Relativbeschleunigung wahrnehmbar

$$m \boldsymbol{a}_r = \boldsymbol{F}_R^{(a)} - m \boldsymbol{a}_F - m \boldsymbol{a}_C = \boldsymbol{F}_R^{(a)} + \boldsymbol{F}_F + \boldsymbol{F}_C, \tag{69}$$

d.h., den äußeren Kräften sind die Führungskraft und die Corioliskraft hinzuzufügen.

Beispiel: Bewegung in rotierendem Rohr (**Bild 16**). In einem Rohr, das um eine vertikale Achse mit $\alpha_F(t)$ und $\omega_F(t)$ rotiert, wird

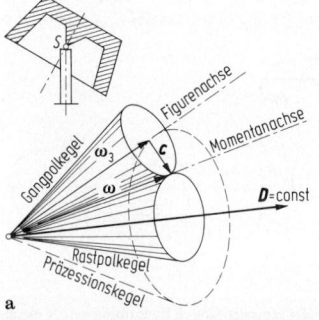
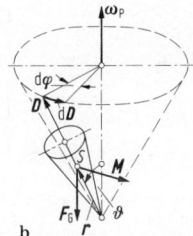
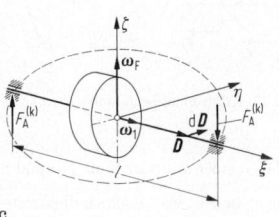

Bild 15. Kreisel. **a** kräftefreier; **b** schwerer; **c** geführter

B

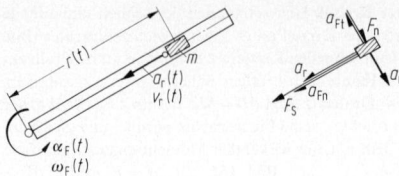

Bild 16. Relativbewegung

mittels eines Fadens die Masse m mit der Relativbeschleunigung $a_r(t)$ und der Relativgeschwindigkeit $v_r(t)$ reibungsfrei nach innen gezogen. Für eine beliebige Lage $r(t)$ sind die Fadenkraft sowie die Normalkraft zwischen Masse und Rohr zu bestimmen. – Mit $\boldsymbol{a}_F = \boldsymbol{a}_{Fn} + \boldsymbol{a}_{Ft}$ ($a_{Fn} = r\omega_F^2$, $a_{Ft} = r\alpha_F$) und $\boldsymbol{a}_C = 2\omega_F v_r$ erhält man an der freigemachten Masse nach Gl. (68)

$$F_S = m(a_r + a_{Fn}) = m(a_r + r\omega_F^2) \quad \text{und}$$
$$F_n = m(a_C - a_{Ft}) = m(2\omega_F v_r - r\alpha_F).$$

3.6 Der Stoß. The impact

Beim Stoß zweier Körper gegeneinander werden in kurzer Zeit relativ große Kräfte wirksam, denen gegenüber andere Kräfte wie Gewichtskraft und Reibung vernachlässigbar sind. Die Normale der Berührungsflächen heißt Stoßnormale. Geht sie durch die Schwerpunkte beider Körper, so nennt man den Stoß zentrisch, sonst exzentrisch. Liegen die Geschwindigkeiten in Richtung der Stoßnormalen, so ist ein gerader, sonst ein schiefer Stoß. Über die während des Stoßes in der Berührungsfläche übertragene Kraft und die Stoßdauer liegen nur wenige Ergebnisse vor [4, 5]. Der Stoßvorgang wird unterteilt in die Kompressionsperiode K, während der die Stoßkraft zunimmt, bis beide Körper die gemeinsame Geschwindigkeit u erreicht haben, und in die Restitutionsperiode R, in der die Stoßkraft abnimmt und die Körper ihre unterschiedlichen Endgeschwindigkeiten c_1 und c_2 erreichen (**Bild 17**). Stoßimpulse oder Kraftstöße in der Kompressionsperiode und in der Restitutionsperiode:

$$p_K = \int_{t_1}^{t_2} F_K(t)\,dt, \quad p_R = \int_{t_2}^{t_3} F_R(t)\,dt \qquad (70)$$

p_K und p_R werden mittels der Newtonschen Stoßhypothese zueinander in Beziehung gesetzt:

$$p_R = kp_K, \qquad (71)$$

wobei $k \leqq 1$ die Stoßziffer ist. Vollelastischer Stoß: $k = 1$, teilelastischer Stoß: $k < 1$, unelastischer oder plastischer Stoß: $k = 0$. Mittlere Stoßkraft $F_m = (p_K + p_R)/\Delta t$.

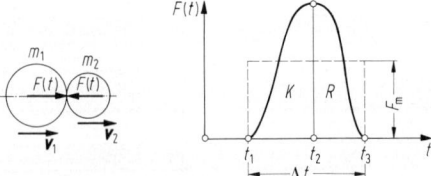

Bild 17. Kraftverlauf beim Stoß

3.6.1 Gerader zentraler Stoß. Normal impact

Mit v_1 und v_2 als Geschwindigkeiten beider Körper vor dem Stoß (**Bild 17**), u und c_1 bzw. c_2 wie erläutert, folgt aus den Gln. (70) und (71)

$$u = (m_1 v_1 + m_2 v_2)/(m_1 + m_2),$$
$$c_1 = [m_1 v_1 + m_2 v_2 - km_2(v_1 - v_2)]/(m_1 + m_2),$$
$$c_2 = [m_1 v_1 + m_2 v_2 + km_1(v_1 - v_2)]/(m_1 + m_2),$$
$$k = p_R/p_K = (c_2 - c_1)/(v_1 - v_2).$$

Energieverlust beim Stoß

$$\Delta E = \frac{m_1 m_2}{2(m_1 + m_2)}(v_1 - v_2)^2 (1 - k^2).$$

Sonderfälle:

$m_1 = m_2, \ k = 1:$ $\qquad u = (v_1 + v_2)/2, \ c_1 = v_2, \ c_2 = v_1;$

$m_1 = m_2, \ k = 0:$ $\qquad u = c_1 = c_2 = (v_1 + v_2)/2;$

$m_2 \to \infty, \ v_2 = 0, \ k = 1: \ u = 0, \ c_1 = -v_1, \ c_2 = 0;$

$m_2 \to \infty, \ v_2 = 0, \ k = 0: \ u = 0, \ c_1 = 0, \ c_2 = 0.$

Ermittlung der Stoßziffer: Bei freiem Fall gegen unendlich große Masse m_2 gilt $k = (c_2 - c_1)/(v_1 - v_2) = \sqrt{h_2/h_1}$; h_1 Fallhöhe vor dem Stoß, h_2 Steighöhe nach dem Stoß. k abhängig von Auftreffgeschwindigkeit, bei $v \approx 2{,}8$ m/s für Elfenbein $k = 8/9$, Stahl $k = 5/9$, Glas $k = 15/16$, Holz $k = 1/2$.

Stoßkraft und Stoßdauer. Für den rein elastischen Stoß zweier Kugeln mit den Radien r_1 und r_2 hat Hertz [4] $\max F = k_1 v^{6/5}$ abgeleitet, wobei v die relative Geschwindigkeit und $k_1 = [1{,}25 \cdot m_1 m_2/(m_1 + m_2)]^{3/5} c_1^{2/5}$ ist, mit

$$c_1 = (16/3)/[\sqrt{1/r_1 + 1/r_2}(\vartheta_1 + \vartheta_2)]; \quad \vartheta = (2/G)(1 - v),$$

G Schubmodul, v Querdehnzahl. Ferner für die Stoßdauer

$$T = k_2/\sqrt[5]{v} \quad \text{mit} \quad k_2 = 2{,}943 \left(\frac{5}{4c_1}\frac{m_1 m_2}{m_1 + m_2}\right)^{2/5}.$$

3.6.2 Schiefer zentraler Stoß. Oblique impact

Mit den Bezeichnungen nach **Bild 18a** gelten die Gleichungen

$$v_1 \sin\alpha = c_1 \sin\alpha', \quad v_2 \sin\beta = c_2 \sin\beta',$$
$$c_1 \cos\alpha' = v_1 \cos\alpha$$
$$\qquad - [(v_1 \cos\alpha - v_2 \cos\beta)(1 + k)/(1 + m_1/m_2)],$$
$$c_2 \cos\beta' = v_2 \cos\beta$$
$$\qquad - [(v_2 \cos\beta - v_1 \cos\alpha)(1 + k)/(1 + m_2/m_1)],$$

aus denen man α', β', c_1 und c_2 erhält.

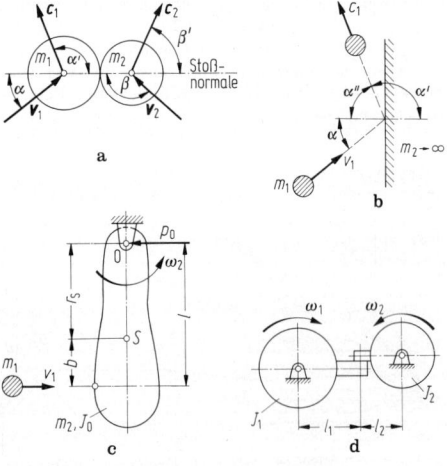

Bild 18. Stoß. **a** schiefer zentraler Stoß; **b** Reflexionsgesetz; **c** exzentrischer Stoß; **d** Drehstoß

Beispiel: Stoß einer Kugel gegen eine Wand (**Bild 18b**). — Mit $v_2 = c_2 = 0$ und $m_2 \to \infty$ folgt aus den vorstehenden Gleichungen

$$c_1 \cos\alpha' = -kv_1 \cos\alpha, \quad -\tan\alpha' = \tan\alpha'' = (\tan\alpha)/k \quad \text{sowie}$$

$$c_1 = -kv_1 \cos\alpha / \cos\alpha' = -v_1 \cos\alpha\sqrt{k^2 + \tan^2\alpha}.$$

Für $k = 1$ wird $\alpha' = \pi - \alpha$ bzw. $\alpha'' = \alpha$ und $c_1 = v_1$, d.h. Einfallswinkel gleich Ausfallswinkel (Reflexionsgesetz) bei gleichbleibender Geschwindigkeit.

3.6.3 Exzentrischer Stoß. Eccentric impact

Stößt eine Masse m_1 gegen einen pendelnd aufgehängten Körper (**Bild 18c**) mit dem Trägheitsmoment J_0 um den Drehpunkt 0, so gelten alle Formeln für den geraden zentralen Stoß, wenn dort die reduzierte Masse $m_{2\text{red}} = J_0/l^2$ ersetzt wird. Ferner gelten die kinematischen Beziehungen $v_2 = \omega_2 l$ usw. Für den Kraftstoß auf den

Aufhängepunkt gilt (wenn $\omega_2 = 0$)

$$p_0 = (1 + k)m_1 v_1(J_0 - m_2 l r_S)/(J_0 + m_1 l^2).$$

Dieser Impuls wird null für

$$l = l_r = J_0/(m_2 r_S) \quad \text{bzw.} \quad r_S = r_{Sr} = J_S/(m_2 b).$$

l_r oder r_{Sr} geben die Lage des Stoßmittelpunkts an, der beim Stoß kraftfrei bleibt bzw. um den sich (Momentanzentrum) ein freier angestoßener Körper dreht. l_r ist gleichzeitig die reduzierte Pendellänge bei Ersatz durch ein mathematisches Fadenpendel.

3.6.4 Drehstoß. Rotary impact

Für zwei rotierende zusammenstoßende Körper (**Bild 18d**) setzt man $m_1 = J_1/l_1^2$, $m_2 = J_2/l_2^2$, $v_1 = \omega_1 l_1$, $v_2 = \omega_2 l_2$ usw. und führt damit das Problem auf den geraden zentralen Stoß zurück. Dann gelten die Formeln in B 3.6.1.

4 Schwingungslehre
Mechanical vibrations

4.1 Systeme mit einem Freiheitsgrad
One-degree-of-freedom systems

Beispiele hierfür sind das Feder-Masse-System, das physikalische Pendel, ein durch Bindungen auf einen Freiheitsgrad reduziertes Starrkörpersystem (**Bild 1**). Zunächst werden nur lineare Systeme untersucht; bei ihnen sind die Differentialgleichungen selbst und die Koeffizienten linear. Voraussetzung dafür ist eine lineare Federkennlinie $F_c = cs$ (**Bild 2b**).

4.1.1 Freie ungedämpfte Schwingung
Free undamped vibrations

Feder-Masse-System (Bild 1a). Aus dem dynamischen Grundgesetz folgt mit der Auslenkung $\bar{s}$ aus der Nullage und der Federrate c die Differentialgleichung

$$F_G - c\bar{s} = m\ddot{\bar{s}} \quad \text{bzw.} \quad \ddot{\bar{s}} + \omega_1^2\bar{s} = g \quad \text{mit} \quad \omega_1^2 = c/m.$$

Sie ergibt sich auch aus dem Energiesatz $U + E = \text{const}$ bzw. aus

$$\frac{d}{dt}(U + E) = \frac{d}{dt}\left[mg(h - \bar{s}) + \frac{c}{2}\bar{s}^2 + \frac{m}{2}\dot{\bar{s}}^2\right] = 0,$$

d.h. $-mg\dot{\bar{s}} + c\bar{s}\dot{\bar{s}} + m\dot{\bar{s}}\ddot{\bar{s}} = 0$, also

$$\ddot{\bar{s}} + (c/m)\bar{s} = g. \tag{1}$$

Die Lösung ist $\bar{s}(t) = C_1 \cos\omega_1 t + C_2 \sin\omega_1 t + mg/c$. Die partikuläre Lösung mg/c entspricht der statischen Auslenkung $\bar{s}_{\text{st}} = F_G/c$; die Schwingung findet also um die statische Ruhelage statt:

$$s(t) = \bar{s}(t) - \bar{s}_{\text{st}}(t) = C_1 \cos\omega_1 t + C_2 \sin\omega_1 t$$
$$= A\sin(\omega_1 t + \beta). \tag{2}$$

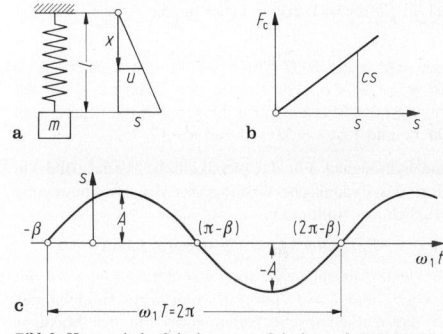

Bild 2. Harmonische Schwingung. **a** Schwinger; **b** Federkennlinie; **c** Weg-Zeit-Funktion

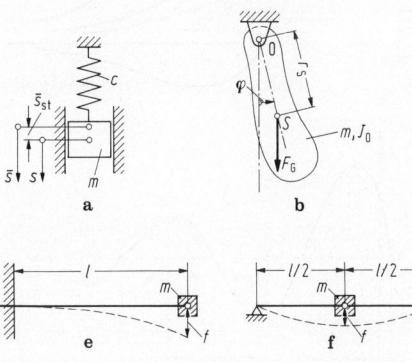

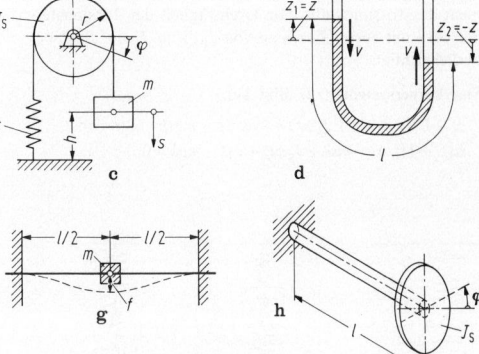

Bild 1. Schwinger mit einem Freiheitsgrad. **a** Feder-Masse-System; **b** physikalisches Pendel; **c** Starrkörpersystem; **d** schwingende Wassersäule; **e** einseitig eingespannter, **f** gelenkig gelagerter und **g** beidseitig eingespannter Balken mit Einzelmasse; **h** Drehschwinger

Dabei ist die Amplitude der Schwingung $A = \sqrt{C_1^2 + C_2^2}$ und die Phasenverschiebung $\beta = \arctan(C_1/C_2)$. C_1 und C_2 bzw. A und β sind aus den Anfangsbedingungen zu bestimmen; z.B. $s(t=0)=s_1$ und $\dot{s}(t=0)=0$ liefern $C_2=0$ und $C_1=s_1$ bzw. $A=s_1$ und $\beta=\pi/2$.
Die Schwingung ist eine harmonische Bewegung mit der Eigen- bzw. Kreisfrequenz (Anzahl der Schwingungen in 2π Sekunden) $\omega_1 = \sqrt{c/m}$ bzw. der Hertzschen Frequenz $\nu_1 = \omega_1/2\pi$ und der Schwingungsdauer $T = 1/\nu_1 = 2\pi/\omega_1$ (**Bild 2c**).
Größtwerte: Geschwindigkeit $v = A\omega_1$, Beschleunigung $a = A\omega_1^2$, Federkraft $F_c = cA$.
Für die Kreisfrequenz gilt mit der statischen Auslenkung $\bar{s}_{st} = F_G/c$, d.h. $c = mg/\bar{s}_{st}$, auch $\omega_1 = \sqrt{g/\bar{s}_{st}}$.

Bestimmung der Federrate. Jedes elastische System stellt eine Feder dar. Die Federrate ist $c = F/f$, wenn f die Auslenkung der Masse infolge der Kraft F ist. Für die Federn nach **Bild 1e–g** ist $c = F/(Fl^3/3EI_y) = 3EI_y/l^3$, $c = 48EI_y/l^3$ und $c = 192EI_y/l^3$.

Schaltungen von Federn. Parallelschaltung (**Bild 3a, b**):

$$c = c_1 + c_2 + c_3 + \ldots = \sum c_i \qquad (3)$$

Reihen- oder Hintereinanderschaltung (**Bild 3c**):

$$1/c = 1/c_1 + 1/c_2 + \ldots = \sum 1/c_i \qquad (4)$$

Berücksichtigung der Federmasse. Unter der Annahme, daß die Verschiebungen denen bei statischer Auslenkung gleich sind, d.h. $u(x) = (s/l)x$ (**Bild 2a**), folgt mit $\mathrm{d}m = (m_F/l)\mathrm{d}x$ durch Gleichsetzen der kinetischen Energien

$$(1/2)\int \dot{u}^2 \mathrm{d}m = (1/2)\dot{s}^2 \int_{x=0}^{l} (x^2/l^3)m_F\mathrm{d}x$$
$$= (\dot{s}^2/2)(m_F/3) = \kappa m_F \dot{s}^2/2$$

also $\kappa = 1/3$; d.h., ein Drittel der Federmasse ist der schwingenden Masse m zuzuschlagen. Für die Federn nach **Bild 1e** und **f** ist $\kappa = 33/140$ und $\kappa = 17/35$.

Pendelschwingung. Für das physikalische Pendel (**Bild 1b**) liefert das dynamische Grundgesetz der Drehbewegung bezüglich des Nullpunkts

$$J_0\ddot{\varphi} = -F_G r_S \sin\varphi \quad \text{bzw.} \quad \ddot{\varphi} + (mgr_S/J_0)\sin\varphi = 0.$$

Für kleine Ausschläge ist $\sin\varphi \approx \varphi$, d.h. $\ddot{\varphi} + \omega_1^2\varphi = 0$ mit $\omega_1^2 = g/l_r$ und $l_r = J_0/(mr_S)$ (l_r reduzierte Pendellänge). Für das mathematische Fadenpendel mit der Masse m am Ende wird $r_S = l$, $J_0 = ml^2$ und $\omega_1^2 = g/l$.

Drehschwingung. Für die Scheibe gemäß **Bild 1h** liefert B 3 Gl. (45) $J_S\ddot{\varphi} = -M_t = -(GI_t/l)\varphi$ bzw. $\ddot{\varphi} + \omega_1^2\varphi = 0$ mit $\omega_1 = \sqrt{GI_t/(lJ_S)}$. Hierbei ist I_t das Torsionsflächenmoment des Torsionsstabs. Die Drehträgheit der Torsionsfeder wird mit einem Zuschlag von $J_F/3$ zu J_S der Scheibe berücksichtigt.

Starrkörpersysteme (z.B. **Bild 1c**).

$$E + U = m\dot{s}^2/2 + J_S\dot{\varphi}^2/2 + cs^2/2 + mg(h-s) = \text{const},$$
$$\mathrm{d}(E+U)/\mathrm{d}t = m\dot{s}\ddot{s} + J_S\dot{\varphi}\ddot{\varphi} + cs\dot{s} - mg\dot{s} = 0.$$

Hieraus ergibt sich mit $\varphi = s/r$, $\dot{\varphi} = \dot{s}/r$ und $\ddot{\varphi} = \ddot{s}/r$

$$\ddot{s} + \omega_1^2 s = mg/(m + J_S/r^2),$$

wobei $\omega_1^2 = c/(m + J_S/r^2)$ ist. Weitere Lösung wie beim Feder-Masse-System.

4.1.2 Freie gedämpfte Schwingung
Free damped vibrations

Dämpfung durch konstante Reibungskraft (Coulombsche Reibkraft). Für das Feder-Masse-System gilt

$$\ddot{s} + \omega_1^2 s = \mp F_r/m.$$

(Minus bei Hingang und Plus bei Rückgang.) Die Lösung für den ersten Rückgang mit den Anfangsbedingungen $s(t_0=0)=s_0$, $\dot{s}(t_0=0)=0$ lautet $s(t) = (s_0 - F_r/c)\cos\omega_1 t + F_r/c$. Erste Umkehr für $\omega_1 t_1 = \pi$ an der Stelle $s_1 = -(s_0 - 2F_r/c)$, entsprechend folgen $s_2 = +(s_0 - 4F_r/c)$ und $|s_n| = s_0 - n\cdot 2F_r/c$. Die Schwingung bleibt erhalten, solange $c|s_n| \geq F_r$ ist, d.h. für $n \leq (cs_0 - F_r)/(2F_r)$. Die Schwingungsamplituden nehmen linear mit der Zeit ab, also $A_n - A_{n-1} = 2F_r/c = \text{const}$; die Amplituden bilden eine arithmetische Reihe.

Geschwindigkeitsproportionale Dämpfung. In Schwingungsdämpfern (Gas- oder Flüssigkeitsdämpfern) tritt eine Reibungskraft $F_r = kv = k\dot{s}$ auf. Für das Feder-Masse-System gilt (**Bild 4a**)

$$\ddot{s} + (k/m)\dot{s} + (c/m)s = 0 \quad \text{bzw.} \quad \ddot{s} + 2\delta\dot{s} + \omega_1^2 s = 0 \qquad (5)$$

k Dämpfungskonstante, $\delta = k/(2m)$.
Lösung für *schwache Dämpfung*, also für $\lambda^2 = \omega_1^2 - \delta^2 > 0$: $s(t) = Ae^{-\delta t}\sin(\lambda t + \beta)$, d.h. eine Schwingung mit gemäß $e^{-\delta t}$ abklingender Amplitude und der Kreisfrequenz $\lambda = \sqrt{\omega_1^2 - \delta^2}$ (**Bild 4b**). Die Eigenfrequenz wird mit zunehmender Dämpfung kleiner, die Schwingungsdauer $T = 2\pi/\lambda$ entsprechend größer.
Nullstellen von $s(t)$ bei $t = (n\pi - \beta)/\lambda$,
Extremwerte bei $t_n = [\arctan(\lambda/\delta) + n\pi - \beta]/\lambda$,
Berührungspunkte bei $t'_n = [(2n+1)\pi/2 - \beta]/\lambda$,

$$t'_n - t_n = \text{const} = [\arctan(\delta/\lambda)]/\lambda.$$

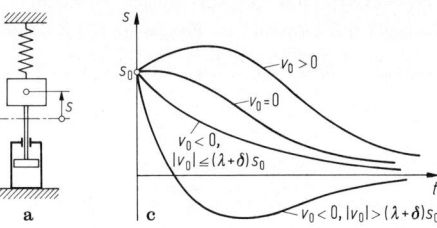

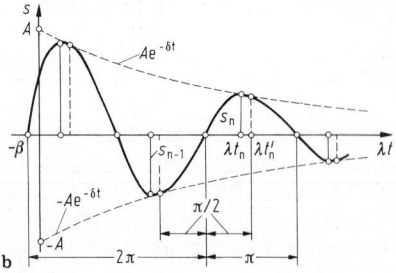

Bild 4. Gedämpfte freie Schwingung. **a** Schwinger; **b** schwache und **c** starke Dämpfung

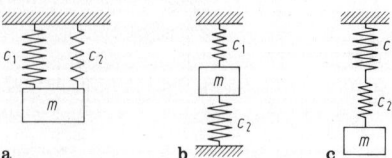

Bild 3. Federn. **a** und **b** Parallelschaltung; **c** Reihenschaltung

Verhältnis der Amplituden

$$|s_{n-1}|/|s_n| = \text{const} = e^{\delta\pi/\lambda} = e^{\delta T/2} = q.$$

Logarithmisches Dekrement $\vartheta = \ln q = \delta T/2$ liefert $\delta = 2\vartheta/T$ bzw. $k = 2m\delta$ aus Messung der Schwingungsdauer.
Bei *starker Dämpfung*, also $\lambda^2 = \delta^2 - \omega_1^2 \gtreqqless 0$, stellt sich eine aperiodische Bewegung ein mit den Lösungen

$$s(t) = e^{-\delta t}(C_1 e^{\lambda t} + C_2 e^{-\lambda t}) \quad \text{für } \lambda^2 > 0 \quad \text{und}$$
$$s(t) = e^{-\delta t}(C_1 + C_2 t) \quad \text{für } \lambda^2 = 0.$$

Gemäß den jeweiligen Anfangsbedingungen (s_0, v_0) ergeben sich unterschiedliche Bewegungsabläufe (**Bild 4c**).

4.1.3 Ungedämpfte erzwungene Schwingung
Forced undamped vibrations

Erzwungene Schwingungen haben ihre Ursache in kinematischer Fremderregung (z.B. Bewegung des Aufhängepunkts) oder dynamischer Fremderregung (Unwuchtkräfte an der Masse).
Bei kinematischer Erregung (z.B. nach **Bild 5a**) gilt

$$m\ddot{s} + c(s - r\sin\omega t) = 0, \quad \text{d.h.} \quad \ddot{s} + \omega_1^2 s = \omega_1^2 r\sin\omega t, \quad (6)$$

bei dynamischer Erregung (z.B. nach **Bild 5b**)

$$(m + 2m_1)\ddot{s} + cs = 2m_1 e\omega^2 \sin\omega t, \quad \text{d.h.}$$
$$\ddot{s} + \omega_1^2 s = \omega^2 R\sin\omega t, \quad (7)$$

mit $\omega_1^2 = c/(m + 2m_1)$, $R = 2m_1 e/(m + 2m_1)$. Die beiden Gleichungen unterscheiden sich nur durch den Faktor auf der rechten Seite.
Für beliebige periodische Erregungen $f(t)$ gilt

$$\ddot{s} + \omega_1^2 s = f(t), \quad (8)$$

wobei $f(t)$ durch eine Fourierreihe (harmonische Entwicklung) darstellbar ist (s. A6.1.18):

$$f(t) = \sum(a_j \cos j\omega t + b_j \sin j\omega t), \quad \omega = 2\pi/T, \quad (9)$$

mit den Fourierkoeffizienten $a_j = (2/T)\int_0^T f(t)\cos j\omega t\, dt$, $b_j = (2/T)\int_0^T f(t)\sin j\omega t\, dt$. Ist $s_j(t)$ eine Lösung der Differentialgleichung $\ddot{s}_j + \omega_1^2 s_j = a_j \cos j\omega t + b_j \sin j\omega t$, so ist die Gesamtlösung $s(t) = \sum s_j(t)$.
Die Untersuchung des Grundfalls $\ddot{s} + \omega_1^2 s = b\sin\omega t$ zeigt, daß sich die Lösung aus einem homogenen und einem partikulären Anteil zusammensetzt (s. A8.1.4),

$$s(t) = s_h(t) + s_p(t) = A\sin(\omega_1 t + \beta) + [b/(\omega_1^2 - \omega^2)]\sin\omega t.$$

Für die Anfangsbedingungen $s(t = 0) = 0$ und $\dot{s}(t = 0) = 0$ ergibt sich

$$s(t) = [b/(\omega_1^2 - \omega^2)][\sin\omega t - (\omega/\omega_1)\sin\omega_1 t],$$

d.h. die Überlagerung der harmonischen Eigenschwingung mit der harmonischen Erregerschwingung. Für $\omega \approx \omega_1$ stellt der Verlauf von $s(t)$ eine Schwebung (**Bild 5c**) dar. Diese Lösung versagt im Resonanzfall $\omega = \omega_1$. Sie lautet dann

$$s(t) = A\sin(\omega t + \beta) - (b/\omega)t\cos\omega t$$

bzw. für $s(t = 0) = 0$ und $\dot{s}(t = 0) = 0$

$$s(t) = (b/\omega^2)(\sin\omega t - \omega t\cos\omega t);$$

d.h., die Ausschläge gehen im Resonanzfall mit der Zeit gegen unendlich (**Bild 5d**). Wirkt die Erregerfunktion gemäß Gl. (9), so tritt auch Resonanz ein für $\omega_1 = 2\omega, 3\omega\ldots$.

4.1.4 Gedämpfte erzwungene Schwingung
Forced damped vibrations

Bei geschwindigkeitsproportionaler Dämpfung und harmonischer Erregung (s. B4.1.3) gilt

$$\ddot{s} + 2\delta\dot{s} + \omega_1^2 s = b\sin\omega t \quad \text{bzw.}$$
$$s(t) = Ae^{-\delta t}\sin(\lambda t + \beta) + C\sin(\omega t - \psi). \quad (10)$$

Der erste Teil, die gedämpfte Eigenschwingung, klingt mit der Zeit ab (Einschwingvorgang). Danach hat die erzwungene Schwingung dieselbe Frequenz wie die Erregung (**Bild 5e**). Faktor C und Phasenverschiebung ψ im zweiten Teil (erregte Schwingung bzw. partikuläre Lösung) ergeben sich nach Einsetzen in die Differentialgleichung und Koeffizientenvergleich zu

$$C = b/\sqrt{(\omega_1^2 - \omega^2)^2 + 4\delta^2\omega^2} \quad \text{und}$$
$$\psi = \arctan[2\delta\omega/(\omega_1^2 - \omega^2)]. \quad (11)$$

Mit $b = \omega_1^2 r$ bei kinematischer und $b = \omega^2 R$ bei dynamischer Erregung ergeben sich die Vergrößerungsfaktoren (**Bild 6a, b**)

$$V_k = 1/\sqrt{(1 - \omega^2/\omega_1^2)^2 + (2\delta\omega/\omega_1^2)^2} \quad \text{und}$$
$$V_d = V_k(\omega/\omega_1)^2.$$

Aus $dV_k/d\omega = 0$ folgt für die Resonanzstellen ω^* bei kinematischer Erregung $\omega^*/\omega_1 = \sqrt{1 - 2\delta^2/\omega_1^2}$ bzw. bei dynamischer Erregung $\omega^*/\omega_1 = 1/\sqrt{1 - 2\delta^2/\omega_1^2}$. Die Resonanzpunkte liegen also bei kinematischer Erregung im unterkritischen, bei dynamischer Erregung im überkritischen Bereich (**Bild 6a, b**). Die Resonanzamplitude ist $C^* = (b/2\delta)/\sqrt{\omega_1^2 - \delta^2}$. Für den Phasenwinkel ψ nach Gl. (11) gilt für beide Erregungsarten **Bild 6c**. Für $\omega < \omega_1$ ist $\psi < \pi/2$, für $\omega > \omega_1$ ist $\psi > \pi/2$. Ohne Reibung ($\delta = 0$)

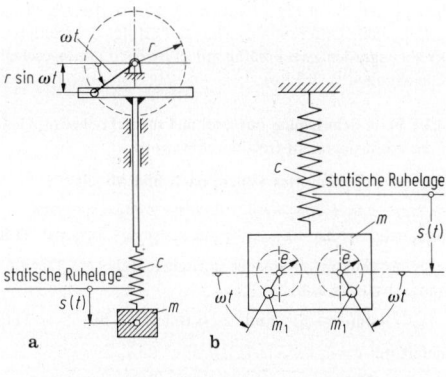

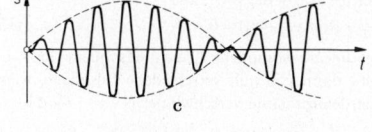

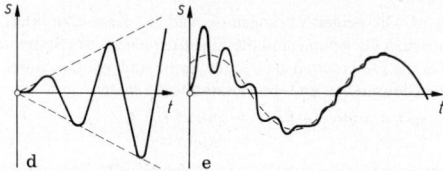

Bild 5. Erzwungene Schwingung. **a** kinematische und **b** dynamische Erregung; **c** Schwebung; **d** Resonanzverhalten; **e** Einschwingvorgang

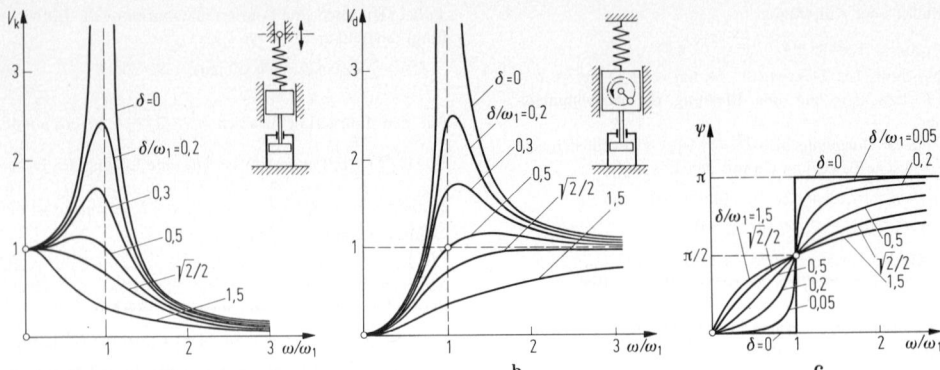

Bild 6. Gedämpfte erzwungene Schwingung. **a** Vergrößerungsfaktor bei kinematischer und **b** dynamischer Erregung; **c** Phasenwinkel ψ

sind für $\omega < \omega_1$ Erregung und Ausschlag in Phase, für $\omega > \omega_1$ sind sie entgegengesetzt gerichtet.

4.1.5 Kritische Drehzahl und Biegeschwingung der einfach besetzten Welle. Critical speed of shafts, whirling

Kritische Drehzahl und (Hertzsche) Biegeeigenfrequenz sind identisch (wenn die Kreiselwirkung bei nicht in der Mitte der Stützweite sitzender Scheibe (**Bild 7a**) und die Federungseigenschaft der Lager vernachlässigt wird [1, 2]). Für die Biegeeigenfrequenz gilt $\omega_1 = \sqrt{c/m_1}$ (bei Vernachlässigung der Wellenmasse) mit $c = 3EI_y l/(a^2 b^2)$ (s. B4.1.1 und C2 **Tab. 5a**). Ist e die Exzentrizität der Scheibe und w_1 die elastische Verformung infolge der Fliehkräfte, so folgt aus dem Gleichgewicht zwischen elastischer Rückstell- und Fliehkraft

$$cw_1 = m_1\omega^2(e + w_1), \quad w_1 = e\frac{(\omega/\omega_1)^2}{1 - (\omega/\omega_1)^2}. \quad (12)$$

Für $\omega = \omega_1$ folgt $w_1 \to \infty$, also Resonanz (**Bild 7b**). Dagegen stellt sich für $\omega/\omega_1 \to \infty$ der Wert $w_1 = -e$ ein, d.h., die Welle zentriert sich oberhalb ω_1 selbst, der Schwerpunkt liegt für $\omega \to \infty$ genau auf der Verbindungslinie der Auflager. Für $e = 0$ folgt aus Gl. (12) $w_1(c - m_1\omega^2) = 0$,

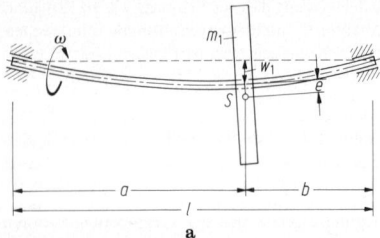

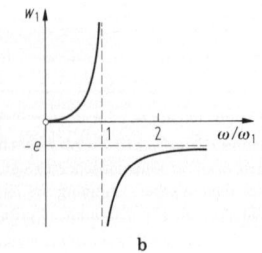

Bild 7. Kritische Drehzahl. **a** einfach besetzte Welle; **b** Resonanzbild

d.h. $w_1 \neq 0$ für $\omega = \sqrt{c/m_1} = \omega_1$, also kritische Drehzahl $n = \omega/(2\pi) = \omega_1/(2\pi) = \nu_1$.
Für andere Lagerungsarten ist ein entsprechendes c einzusetzen (s. B4.1.1). Die Dämpfung ist in der Regel für umlaufende Wellen sehr gering und hat kaum Einfluß auf die kritische Drehzahl.

4.2 Systeme mit mehreren Freiheitsgraden (Koppelschwingungen). Multi-degree-of-freedom systems (coupled vibrations)

Auf **Bild 8a–e** sind ein Ein-Massensystem mit drei Freiheitsgraden in der Ebene und mehrere Zwei-Massensysteme mit zwei Freiheitsgraden dargestellt, die elastisch usw. verbunden bzw. gekoppelt sind. Ein System mit n Freiheitsgraden hat n Eigenfrequenzen. Die Herleitung der n gekoppelten Differentialgleichungen erfolgt bei mehreren Freiheitsgraden zweckmäßig mit Hilfe der Lagrangeschen Gleichungen (s. B3.3.6).

4.2.1 Freie Schwingung mit zwei und mehr Freiheitsgraden Free multi-degree-of-freedom vibrations

Für ein ungedämpftes System nach **Bild 8b** gilt

$$m_1\ddot{s}_1 = -c_1 s_1 + c_2(s_2 - s_1), \quad m_2\ddot{s}_2 = -c_2(s_2 - s_1) \quad \text{bzw.}$$
$$m_1\ddot{s}_1 + (c_1 + c_2)s_1 - c_2 s_2 = 0, \quad m_2\ddot{s}_2 + c_2 s_2 - c_2 s_1 = 0; \quad (13)$$

s_1, s_2 Auslenkungen aus der statischen Ruhelage. Der Lösungsansatz (s. B4.1.1)

$$s_1 = A\sin(\omega t + \beta) \quad \text{und} \quad s_2 = B\sin(\omega t + \beta) \quad (14)$$

liefert mit $c = c_1 + c_2$

$$A(m_1\omega^2 - c) + Bc_2 = 0 \quad \text{und}$$
$$Ac_2 + B(m_2\omega^2 - c_2) = 0. \quad (15a, b)$$

Dieses lineare homogene Gleichungssystem für A und B hat nur dann von null verschiedene Lösungen, wenn die Nennerdeterminante verschwindet (s. A8.1.6), d.h.

$$m_1 m_2\omega^4 - (m_1 c_2 + m_2 c)\omega^2 + (cc_2 - c_2^2) = 0$$

wird. Die beiden Lösungen ω_1 und ω_2 dieser charakteristischen Gleichung sind die Eigenfrequenzen des Systems. Da die Differentialgleichungen linear sind, gilt das Superpositionsgesetz, und die Gesamtlösung lautet

$$s_1 = A_1\sin(\omega_1 t + \beta_1) + A_2\sin(\omega_2 t + \beta_2),$$
$$s_2 = B_1\sin(\omega_1 t + \beta_1) + B_2\sin(\omega_2 t + \beta_2). \quad (16a, b)$$

Nach Gl. (15a) gilt $A_1/B_1 = c_2/(c - m_1\omega_1^2) = 1/\kappa_1$ bzw. $A_2/B_2 = c_2/(c - m_1\omega_2^2) = 1/\kappa_2$ und damit aus Gl. (16b)

$$s_2 = \kappa_1 A_1\sin(\omega_1 t + \beta_1) + \kappa_2 A_2\sin(\omega_2 t + \beta_2). \quad (16c)$$

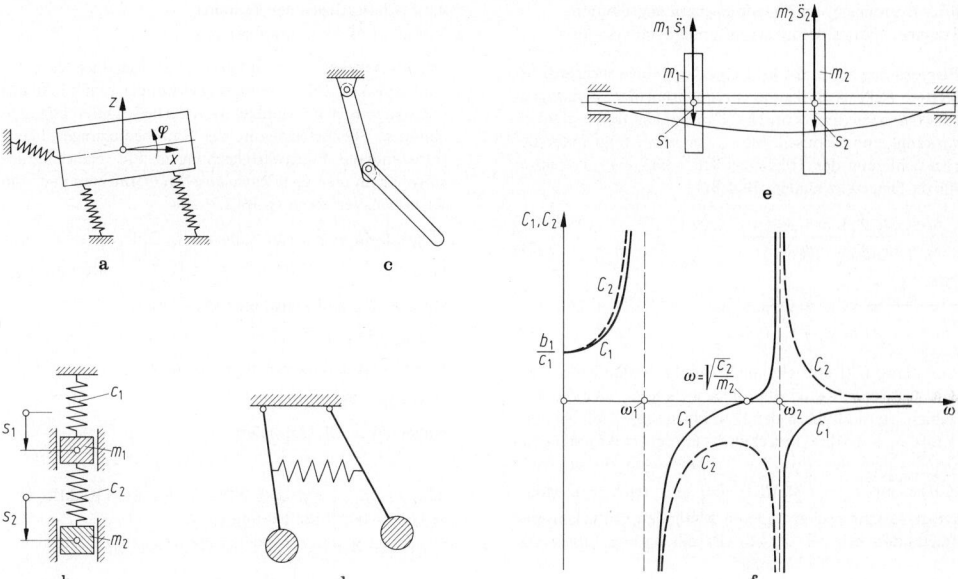

Bild 8. Koppelschwingungen. **a** drei und **b** bis **e** zwei Freiheitsgrade; **f** Resonanzkurven bei zwei Freiheitsgraden

Die Gln. (16a und c) enthalten vier Konstanten A_1, A_2, β_1, β_2 zur Anpassung an die vier Anfangsbedingungen. Der Schwingungsvorgang ist nur dann periodisch, wenn ω_1 und ω_2 in einem rationalen Verhältnis zueinander stehen. Wenn $\omega_1 \approx \omega_2$ ist, treten Schwebungen auf.

Bei mehr als zwei Freiheitsgraden ist für jeden ein Ansatz gemäß Gl. (14) zu machen. Aus der gleich Null gesetzten Koeffizientendeterminante ergibt sich eine charakteristische Gleichung n-ten Grads, aus der die n Eigenfrequenzen folgen.

Für die gedämpfte Schwingung lauten die Differentialgleichungen bei zwei Freiheitsgraden für das System nach **Bild 8b**

$$m_1 \ddot{s}_1 + k_1 \dot{s}_1 + (c_1 + c_2)s_1 - c_2 s_2 = 0,$$
$$m_2 \ddot{s}_2 + k_2 \dot{s}_2 + c_2 s_2 - c_2 s_1 = 0.$$

Mit dem Ansatz $s_1 = \bar{A}e^{\kappa t}$ und $s_2 = \bar{B}e^{\kappa t}$ ergibt sich wieder eine Gleichung vierten Grads mit paarweise konjugiert komplexen Wurzeln $\kappa_1 = -\rho_1 + i\omega_1$ usw. und damit die endgültige Lösung

$$s_1(t) = e^{-\rho_1 t}A_1 \sin(\omega_1 t + \beta_1) + e^{-\rho_2 t}A_2 \sin(\omega_2 t + \beta_2),$$
$$s_2(t) = e^{-\rho_1 t}B_1 \sin(\omega_1 t + \beta_1) + e^{-\rho_2 t}B_2 \sin(\omega_2 t + \beta_2).$$

Zwischen A_1 und B_1 bzw. A_2 und B_2 besteht wieder ein linearer Zusammenhang analog zur ungedämpften Schwingung.

4.2.2 Erzwungene Schwingung mit zwei und mehr Freiheitsgraden
Forced multi-degree-of-freedom vibrations

Für ein *ungedämpftes System* nach **Bild 8b** mit kinematischer oder dynamischer Erregung $b_1 \sin \omega t$ der Masse m_1 gilt

$$m_1 \ddot{s}_1 + (c_1 + c_2)s_1 - c_2 s_2 = b_1 \sin \omega t,$$
$$m_2 \ddot{s}_2 + c_2 s_2 - c_2 s_1 = 0. \qquad (17)$$

Da der homogene Lösungsanteil infolge der stets vorhandenen schwachen Dämpfung während des Einschwingvor-

gangs abklingt, genügt die Betrachtung der partikulären Lösung. Hierfür folgen mit dem Ansatz

$$s_1 = C_1 \sin(\omega t - \psi_1), \quad s_2 = C_2 \sin(\omega t - \psi_2) \qquad (18)$$

durch Einsetzen in Gl. (17) und Koeffizientenvergleich $\psi_1 = 0$, $\psi_2 = 0$ sowie mit $c_1 + c_2 = c$

$$C_1(m_1\omega^2 - c) + C_2 c_2 = -b_1,$$
$$C_1 c_2 + C_2(m_2\omega^2 - c_2) = 0. \qquad (19)$$

Hieraus $C_1 = Z_1/N$ und $C_2 = Z_2/N$, wobei die Nennerdeterminante $N = m_1 m_2 \omega^4 - (m_1 c_2 + m_2 c)\omega^2 + (cc_2 - c_2^2)$ mit der charakteristischen Gleichung in B4.2.1 übereinstimmt. Resonanz tritt auf, wenn $N = 0$ wird, d.h. für Eigenfrequenzen ω_1 und ω_2 des freien Schwingers. Die Zählerdeterminanten sind $Z_1 = b_1(c_2 - m_2\omega^2)$, $Z_2 = b_1 c_2$. Für kinematische Erregung ($b_1 = \omega_1^2 r$) sind in **Bild 8f** die Amplituden C_1 und C_2 als Funktion von ω dargestellt. Für $\omega = \sqrt{c_2/m_2}$ wird $C_1 = 0$ und C_2 relativ klein, d.h. die Masse m_1 ist in Ruhe (Masse m_2 wirkt als Schwingungstilger). Bei n Massen treten Resonanzen bei den n Eigenfrequenzen auf. Dabei müssen die Ausschläge nicht immer gegen unendlich gehen, einige können auch endlich bleiben (Scheinresonanz [1]).

Für die *gedämpfte erzwungene Schwingung* nimmt z.B. die Gl. (17) die Form

$$m_1 \ddot{s}_1 + k\dot{s}_1 + cs_1 - c_2 s_2 = b_1 \sin \omega t,$$
$$m_2 \ddot{s}_2 + c_2 s_2 - c_2 s_1 = 0 \qquad (20)$$

an ($c = c_1 + c_2$). Ohne den Einschwingvorgang, d.h. den homogenen Lösungsteil, und mit dem erzwungenen (partikulären) Teil der Lösung nach Gl. (18) folgen nach Einsetzen in Gl. (20) und Koeffizientenvergleich die Werte für die Amplituden C_1, C_2 und die Phasenwinkel ψ_1, ψ_2. Resonanz ist vorhanden, wenn $C_1 - C_2 = \text{Extr.}$, d.h. ω_1 und ω_2 folgen aus $d(C_1 - C_2)/dt = 0$.

Bei einem System von n Massen wird der Rechenaufwand sehr groß. Daher begnügt man sich bei schwacher Dämpfung mit der Ermittlung der Eigenfrequenzen für das ungedämpfte System.

4.2.3 Berechnung von Eigenfrequenzen ungedämpfter Systeme. Natural frequency of undamped systems

Biegeschwingungen und kritische Drehzahlen mehrfach besetzter Wellen. Hertzsche Frequenzen der Biegeeigenschwingungen und kritische Drehzahlen (ohne Kreiselwirkung) sind identisch. Mit $s_i = w_i \sin \omega t$ folgt unter Berücksichtigung der Trägheitskräfte $-m_i \ddot{s}_i = m_i \omega^2 w_i \sin \omega t$ für die Biegeschwingung (**Bild 8e**)

$$s_1 = -\alpha_{11} m_1 \ddot{s}_1 - \alpha_{12} m_2 \ddot{s}_2,$$
$$s_2 = -\alpha_{21} m_1 \ddot{s}_1 - \alpha_{22} m_2 \ddot{s}_2 \qquad (21)$$

bzw.

$$w_1 = \alpha_{11} m_1 \omega^2 w_1 + \alpha_{12} m_2 \omega^2 w_2,$$
$$w_2 = \alpha_{21} m_1 \omega^2 w_1 + \alpha_{22} m_2 \omega^2 w_2. \qquad (22)$$

Gleichung (22) entsteht auch für die umlaufende Welle mit den Zentrifugalkräften $m_i \omega^2 w_i$. Die α_{ik} sind Einflußzahlen; sie sind gleich der Durchbiegung w_i infolge einer Kraft $F_k = 1$. Ihre Berechnung erfolgt zweckmäßig mit dem Prinzip der virtuellen Verrückungen für elastische Körper aus $\alpha_{ik} = \int M_i M_k \, dx / EI_y$ oder nach dem Mohrschen Verfahren oder anderen Methoden (Tabellenwerte, Integration usw.; s. C2.4.8). Es gilt $\alpha_{ik} = \alpha_{ki}$ (Satz von Maxwell). Aus Gl. (22) folgt

$$w_1(\alpha_{11} m_1 - 1/\omega^2) + w_2 \alpha_{12} m_2 = 0,$$
$$w_1 \alpha_{21} m_1 + w_2(\alpha_{22} m_2 - 1/\omega^2) = 0. \qquad (23)$$

Sie haben nur nichttriviale Lösungen, wenn die Determinante null wird, d.h. (mit $1/\omega^2 = \Omega$), wenn

$$\Omega^2 - (m_1 \alpha_{11} + m_2 \alpha_{22})\Omega + (\alpha_{11}\alpha_{22} - \alpha_{12}\alpha_{21}) m_1 m_2 = 0$$

ist. Hieraus folgen zwei Lösungen $\Omega_{1,2}$ bzw. $\omega_{1,2}$ für die Eigenfrequenzen. Für das Verhältnis der Amplituden ergibt sich aus Gl. (23) $w_2/w_1 = (1/\omega^2 - \alpha_{11} m_1)/(\alpha_{12} m_2)$. Für die n-fach besetzte Welle erhält man analog n Eigenfrequenzen aus einer Gleichung n-ten Grades.

Näherungswerte mit dem Rayleighschen Quotienten. Aus $U_{max} = E_{max} = \omega^2 \bar{E}_{max}$ folgt der Rayleighsche Quotient

$$R = \omega^2 = U_{max}/\bar{E}_{max}. \qquad (24)$$
$$U_{max} = (1/2) \int M_b^2(x) \, dx / (EI_y),$$
$$\bar{E}_{max} = (1/2) \int w^2(x) \, dm + (1/2) \sum m_i w_i^2.$$

$w(x)$ und $M_b(x) = EI_y w''(x)$ sind Biegelinie und Biegemomentenlinie bei Schwingung. Für die wirkliche Biegelinie (Eigenfunktion) wird R zum Minimum. Für eine die Randbedingungen befriedigende Vergleichsfunktion (z.B. Biegelinie und Biegemomentenlinie infolge Eigengewichts) ergeben sich gute Näherungen für R_1 bzw. ω_1 (erste Eigenfrequenz). Der Näherungswert ist stets größer als der wirkliche Wert. Durch einen Ritzschen Ansatz mehrerer Funktionen $w(x) = \sum c_k v_k(x)$ folgen aus

$$I = U_{max} - \omega^2 \bar{E}_{max} = (1/2) \int [EI_y w''^2(x)$$
$$- \omega^2 w^2(x)\rho A] dx - (1/2)\omega^2 \sum m_i w_i^2 = \text{Extr.},$$

d.h. $\partial I/\partial c_j = 0$ $(j = 1,2,\dots,n)$, n homogene lineare Gleichungen und durch Nullsetzen der Determinante eine Gleichung n-ten Grades für die n Eigenfrequenzen als Näherung. Möglich ist auch, die Eigenfunktion für jeden höheren Eigenwert für sich zu schätzen, ihn aus Gl. (24) direkt zu ermitteln und gegebenenfalls schrittweise zu verbessern [1–3].

Drehschwingungen der mehrfach besetzten Welle. Verfügbar sind ähnliche Verfahren wie bei Biegeschwingungen (s. O2.7).

4.2.4 Schwingungen der Kontinua. Vibration of continuous systems

Ein massebehaftetes Kontinuum hat unendlich viele Eigenfrequenzen. Als Bewegungsgleichungen erhält man aus den dynamischen Grundgesetzen partielle Differentialgleichungen. Die Befriedigung der Randbedingungen liefert transzendente Eigenwertgleichungen. Für Näherungslösungen geht man vom Rayleighschen Quotienten und vom Ritzschen Verfahren (s. B4.2.3) aus.

Biegeschwingungen von Stäben. Die Differentialgleichung lautet $\rho A \dfrac{\partial^2 w}{\partial t^2} = -p(x,t) - \dfrac{\partial^2}{\partial x^2}\left[EI_y \dfrac{\partial^2 w}{\partial x^2}\right]$ bzw. für freie Schwingung und konstanten Querschnitt

$$\partial^2 w/\partial t^2 = -c^2 \partial^4 w/\partial x^4, \quad c^2 = EI_y/(\rho A). \qquad (25)$$

Der Produktansatz von Bernoulli (s. A8.2.2)

$$w(x,t) = X(x)T(t)$$

eingesetzt in Gl. (25) liefert

$$X\ddot{T} = -c^2 X^{(4)} T \quad \text{bzw.} \quad \ddot{T}/T = -c^2 X^{(4)}/X = -\omega^2,$$

d.h. $\ddot{T} + \omega^2 T = 0$ und $X^{(4)} - (\omega^2/c^2)X = 0$. Mit $\lambda^4 = (\omega^2/c^2)l^4$ lautet die Lösung

$$w(x,t) = A\sin(\omega t + \beta)[C_1 \cos(\lambda x/l) + C_2 \sin(\lambda x/l)$$
$$+ C_3 \cosh(\lambda x/l) + C_4 \sinh(\lambda x/l)]. \qquad (26)$$

Für den Stab nach **Bild 9a** lauten die Randbedingungen $X(0) = 0$, $X'(0) = 0$, $X''(l) = 0$, $X'''(l) = 0$. Damit folgt aus Gl. (26) die Eigenwertgleichung $\cosh \lambda \cos \lambda = -1$ mit den Eigenwerten $\lambda_1 = 1{,}875$; $\lambda_2 = 4{,}694$; $\lambda_3 = 7{,}855$ usw. Für die Stäbe nach **Bild 9b–d** ergeben sich die ersten drei Eigenwerte zu $\lambda_1 = \pi$; $3{,}927$; $4{,}730$; $\lambda_2 = 2\pi$; $7{,}069$; $7{,}853$; $\lambda_3 = 3\pi$; $10{,}210$; $10{,}996$. Für Stäbe mit zusätzlichen Einzelmassen ist die Lösung Gl. (26) für jeden Abschnitt anzusetzen. Nach Erfüllen der Übergangsbedingungen usw. erhält man die Frequenzgleichung. Da der Aufwand groß ist, wird die Näherung mit dem Rayleighschen Quotienten und dem Ritzschen Verfahren (s. B4.2.3) verwendet.

Längsschwingungen von Stäben. Die Differentialgleichung lautet $\rho A \dfrac{\partial^2 u}{\partial t^2} = \dfrac{\partial}{\partial x}\left[EA \dfrac{\partial u}{\partial x}\right]$ bzw. für $A = \text{const}$

$$\partial^2 u/\partial t^2 = c^2 \partial^2 u/\partial x^2, \quad c^2 = E/\rho, \qquad (27)$$

mit der Lösung

$$u(x,t) = A\sin(\omega t + \beta)[C_1 \cos(\omega x/c) + C_2 \sin(\omega x/c)]. \qquad (28)$$

Nach Erfüllen der Randbedingungen ergeben sich folgende Eigenfrequenzen:
Stab an einem Ende fest, am anderen frei:

$$\omega_k = (k - 1/2)\pi c/l \quad (k = 1,2,\dots);$$

Stab an beiden Enden fest: $\omega_k = k\pi c/l$ $(k = 1,2,\dots)$;

Stab an beiden Enden frei: $\omega_k = k\pi c/l$ $(k = 1,2,\dots)$.

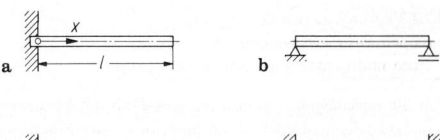

Bild 9. Biegeschwingung von Stäben. **a** einseitig eingespannt; **b** gelenkig gelagert; **c** gelenkig gelagert und eingespannt; **d** beidseitig eingespannt

Bei zusätzlich mit Einzelmassen besetztem Stab gelten die für Biegeschwingungen gemachten Bemerkungen entsprechend. Der Rayleighsche Quotient ist

$$R = \omega^2 = U_{max}/\bar{E}_{max} \quad \text{mit}$$
$$U_{max} = (1/2) \int E A f'^2(x)\, dx, \quad \bar{E} = (1/2) \int \rho A f^2(x)\, dx,$$

wenn $f(x)$ eine die Randbedingungen erfüllende Vergleichsfunktion ist (s. auch B4.2.3).

Torsionsschwingungen von Stäben. Hier gilt

$$J \frac{\partial^2 \varphi}{\partial t^2} = \frac{\partial}{\partial x}\left[G I_t \frac{\partial \varphi}{\partial x} \right]$$

bzw. für $I_t = \text{const}$

$$\partial^2 \varphi / \partial t^2 = c^2 \partial^2 \varphi / \partial x^2, \quad c^2 = G I_t / J. \tag{29}$$

Lösung und Eigenwerte wie bei Längsschwingungen. Bei zusätzlich mit Drehmassen besetzten Stäben gelten entsprechende Bemerkungen wie bei Biegeschwingungen. Der Rayleighsche Quotient ist $R = \omega^2 = U_{max}/\bar{E}_{max}$ mit

$$U_{max} = (1/2) \int G I_t f'^2(x)\, dx, \quad \bar{E} = (1/2) \int (J/l) f^2(x)\, dx.$$

Schwingungen von Saiten (straff gespannte Seile). Hier gilt

$$\partial^2 w / \partial t^2 = c^2 \partial^2 w / \partial x^2, \quad c^2 = S/\mu \tag{30}$$

(S Spannkraft, μ Masse pro Längeneinheit). Lösung von Gl. (30) s. Gl. (28). Eigenfrequenzen $\omega_k = k\pi c/l$ ($k = 1, 2, \ldots$), l Saitenlänge. Rayleighscher Quotient $R = \omega^2 = U_{max}/\bar{E}_{max}$ mit $U_{max} = (1/2) S \int f'^2(x)\, dx$, $\bar{E}_{max} = (1/2)\mu \int f^2(x)\, dx$.

$f(x)$ ist eine die Randbedingungen befriedigende Vergleichsfunktion (s. auch B4.2.3).

Schwingungen von Membranen. Für die *Rechteckmembran* gilt

$$S(\partial^2 w / \partial x^2 + \partial^2 w / \partial y^2) = \mu\, \partial^2 w / \partial t^2 \tag{31}$$

(S Spannkraft je Längeneinheit, μ Masse je Flächeneinheit) mit der Lösung

$$w(x, y, t) = A \sin(\omega t + \beta)[C_1 \cos \lambda x + C_2 \sin \lambda x]$$
$$\cdot [D_1 \cos \kappa y + D_2 \sin \kappa y]. \tag{32}$$

Mit a und b als Seitenlängen gilt für Eigenwerte $\lambda_j = j\pi/a$, $\kappa_k = k\pi/b$ ($j, k = 1, 2, \ldots$). Eigenfrequenzen:

$$\omega_{jk} = \pi \sqrt{(S/\mu)[j^2/a^2 + k^2/b^2]} \quad (j, k = 1, 2, \ldots).$$

Rayleighscher Quotient: $R = \omega^2 = U_{max}/\bar{E}_{max}$ mit

$$U_{max} = (S/2) \iint \left[\left(\frac{\partial f}{\partial x}\right)^2 + \left(\frac{\partial f}{\partial y}\right)^2 \right] dx\, dy,$$
$$\bar{E}_{max} = (\mu/2) \iint f^2(x, y)\, dx\, dy.$$

$f(x, y)$ ist eine die Randbedingungen erfüllende Vergleichsfunktion (s. auch B4.2.3).
Für die *Kreismembran* gilt in Polarkoordinaten mit $c^2 = S/\mu$

$$\frac{\partial^2 w}{\partial t^2} = c^2 \left(\frac{\partial^2 w}{\partial r^2} + \frac{1}{r}\frac{\partial w}{\partial r} + \frac{1}{r^2}\frac{\partial^2 w}{\partial \varphi^2} \right) \tag{33}$$

mit der Lösung

$$w(r, \varphi, t) = A \sin(\omega t + \beta)(C \cos n\varphi + D \sin n\varphi) \cdot J_n(\omega r/c)$$
$$(n = 0, 1, 2, \ldots). \tag{34}$$

$J_n(\omega r/c)$ sind Besselsche Funktionen erster Art [4]. (Für rotationssymmetrische Schwingungen ist $n = 0$.) Eigenwerte $\omega_{nj} = (c/a) x_{nj}$ (a Radius der Membran, x_{nj} Nullstellen der Besselschen Funktionen): $x_{01} = 2{,}405$; $x_{02} = 5{,}520$; $x_{11} = 3{,}832$; $x_{12} = 7{,}016$; $x_{21} = 5{,}135$ usw.

Rayleighscher Quotient: $R = \omega^2 = U_{max}/\bar{E}_{max}$.
Für rotationssymmetrische Schwingungen ist

$$U_{max} = (S/2) \int \left(\frac{df}{dr} \right)^2 2\pi r\, dr \quad \text{und}$$
$$\bar{E}_{max} = (\mu/2) \int f^2(r) 2\pi r\, dr.$$

Biegeschwingungen von Platten. Die Differentialgleichung lautet mit $N = E h^3 / [12(1 - v^2)]$ für die *Rechteckplatte*

$$\frac{\partial^2 w}{\partial t^2} = -\frac{N}{\rho h} \Delta\Delta w = -\frac{N}{\rho h}\left(\frac{\partial^4 w}{\partial x^4} + 2\frac{\partial^4 w}{\partial x^2 \partial y^2} + \frac{\partial^4 w}{\partial y^4} \right). \tag{35}$$

Mit a und b als Seitenlängen gilt für die gelenkig gelagerte Platte

$$w(x, y, t) = A \sin(\omega t + \beta) \sin(j\pi x/a) \sin(k\pi y/b). \tag{36}$$

Eigenwerte: $\omega_{jk} = (j^2/a^2 + k^2/b^2)\pi^2 \sqrt{N/(\rho h)}$ ($j, k = 1, 2, \ldots$).
Rayleighscher Quotient: $R = \omega^2 = U_{max}/\bar{E}_{max}$ mit

$$U_{max} = (N/2) \iint \left[\left(\frac{\partial^2 f}{\partial x^2} + \frac{\partial^2 f}{\partial y^2} \right)^2 \right.$$
$$\left. - 2(1 - v)\left(\frac{\partial^2 f}{\partial x^2}\frac{\partial^2 f}{\partial y^2} - \left(\frac{\partial^2 f}{\partial x\, \partial y} \right)^2 \right) \right] dx\, dy \quad \text{und}$$
$$\bar{E}_{max} = (\rho h/2) \iint f^2(x, y)\, dx\, dy.$$

$f(x, y)$ ist eine die Randbedingungen befriedigende Vergleichsfunktion (s. B4.2.3).
Für die *Kreisplatte* ist bei rotationssymmetrischer Schwingung $w = w(r, t) = f(r) \sin(\omega t + \beta)$ und somit nach Gl. (35) $(\omega^2 \rho h / N) f(r) = \lambda^4 f(r) = \Delta\Delta f(r)$, d.h. $\Delta\Delta f - \lambda^4 f = 0$ bzw. $(\Delta + \lambda^2)(\Delta - \lambda^2)[f] = 0$. Hieraus folgen die Differentialgleichungen

$$\Delta f + \lambda^2 f = 0 \quad \text{und} \quad \Delta f - \lambda^2 f = 0 \tag{37}$$
bzw. $d^2 f / dr^2 + (1/r)\, df/dr + \lambda^2 f = 0$
und $d^2 f / dr^2 + (1/r)\, df/dr - \lambda^2 f = 0$.

Superponierte Lösungen der Besselschen Differentialgln. (37) sind

$$f(r) = C_1 J_0(\lambda r) + C_2 N_0(\lambda r) + C_3 I_0(\lambda r) + C_4 K_0(\lambda r) \tag{38}$$

(N_0 Neumannsche Funktion, I_0 und K_0 modifizierte Besselsche Funktionen [8]).
Für die gelenkig gelagerte Platte mit Radius a folgt aus Gl. (38) die Eigenwertgleichung

$$J_0(\lambda a)\left[I_0(\lambda a) - \frac{I_1(\lambda a)}{\lambda a} \right] + I_0(\lambda a)\left[J_0(\lambda a) - \frac{J_1(\lambda a)}{\lambda a} \right] = 0 \tag{39}$$

mit den Lösungen $\lambda_1 a = 2{,}108$; $\lambda_2 a = 5{,}42$; $\lambda_3 a = 8{,}59$. Hieraus $\omega = \lambda^2 \sqrt{N/(\rho h)}$.
Für die eingespannte Kreisplatte folgt aus Gl. (38) die Eigenwertgleichung $J_0(\lambda a) I_1(\lambda a) + I_0(\lambda a) J_1(\lambda a) = 0$ mit den Lösungen $\lambda_1 a = 3{,}190$; $\lambda_2 a = 6{,}306$; $\lambda_3 a = 9{,}425$. Hieraus $\omega = \lambda^2 \sqrt{N/(\rho h)}$.
Rayleighscher Quotient $R = \omega^2 = U_{max}/\bar{E}_{max}$. Für rotationssymmetrische Schwingung ist

$$U_{max} = (N/2) \int \left[\left(\frac{d^2 f}{dr^2} + \frac{1}{r}\frac{df}{dr} \right)^2 \right.$$
$$\left. - 2(1 - v)\frac{1}{r}\frac{df}{dr}\frac{d^2 f}{dr^2} \right] 2\pi r\, dr \quad \text{und}$$
$$\bar{E}_{max} = (\rho h/2) \int f^2(r) 2\pi r\, dr.$$

4.3 Nichtlineare Schwingungen
Non-linear vibrations

Schwingungsprobleme dieser Art führen auf nichtlineare Differentialgleichungen. Nichtlineare Schwingungen ent-

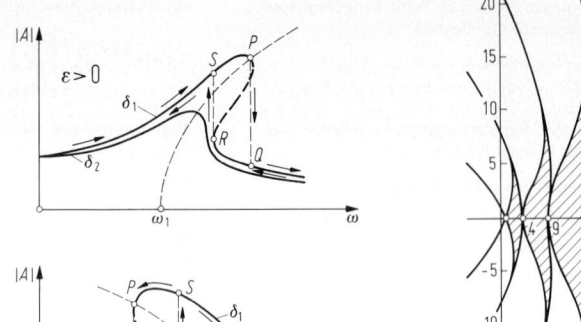
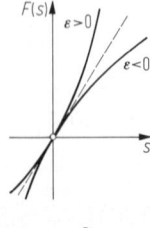
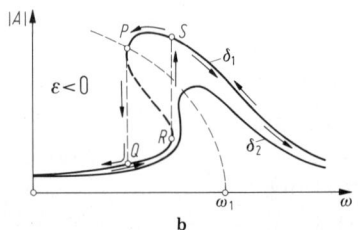
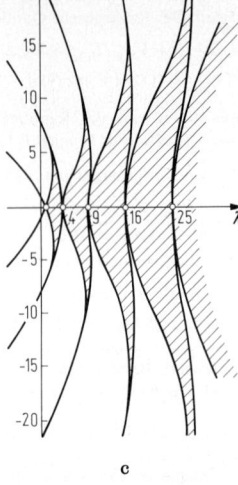

a   b   c

Bild 10. Nichtlineare Schwingungen. **a** Federkennlinien; **b** Resonanzdiagramme; **c** Struttsche Karte (schraffierte Lösungsgebiete sind stabil)

stehen z.B. durch nichtlineare Federkennlinien oder Rückstellkräfte (physikalisches Pendel mit großen Ausschlägen) oder durch nicht nur vom Ausschlag, sondern auch von der Zeit abhängige Rückstellkräfte (z.B. Pendel mit bewegtem Aufhängepunkt).

4.3.1 Schwinger mit nichtlinearer Federkennlinie oder Rückstellkraft
Systems with non-linear spring characteristics

Es gilt $m\ddot{s} = F(s)$ (**Bild 10a**), näherungsweise

$$F(s) = -cs(1 + \varepsilon s^2)$$

($\varepsilon > 0$ überlineare, $\varepsilon < 0$ unterlineare Kennlinie).

Freie ungedämpfte Schwingung. Die Differentialgleichung lautet

$$\ddot{s} + \omega_1^2 s(1 + \varepsilon s^2) = 0 \quad \text{bzw.} \quad \ddot{s} + \omega_1^2 s + \omega_1^2 \varepsilon s^3 = 0. \quad (40)$$

Multiplikation mit $\dot{s}$ liefert $\dot{s}\ddot{s} + \omega_1^2 s\dot{s} + \omega_1^2 \varepsilon s^3\dot{s} = 0$ und hieraus nach Integration mit den Anfangsbedingungen $s(t=0) = s_0$, $\dot{s}(t=0) = v_0$ und Trennen der Variablen

$$\dot{s}^2 + \omega_1^2(s^2 + \varepsilon s^4/2) = v_0^2 + \omega_1^2(s_0^2 + \varepsilon s_0^4/2) = C^2, \quad (41)$$

$$t(s) = \int_{s_0}^{s} \mathrm{d}s / \sqrt{C^2 - \omega_1^2 s^2 - \omega_1^2 \varepsilon s^4/2}. \quad (42)$$

Das Integral ergibt nach Umformung [5, 6] ein elliptisches Integral 1. Gattung [7]. Schwingungsdauer und Frequenz werden abhängig vom Größtausschlag. Für kleine Ausschläge ergibt sich durch schrittweise Näherung [1] für die Frequenz $\omega = \sqrt{\omega_1^2(1 + 0{,}75\varepsilon A^2)}$; A Amplitude des Schwingungsausschlags.
Das physikalische Pendel läßt sich mit der reduzierten Pendellänge $l = J_0/(mr_S)$ (s. B 3.6.3) auf ein mathematisches mit $\ddot{\varphi} + (g/l)\sin\varphi = 0$ zurückführen. Die Lösung führt wieder auf ein elliptisches Integral 1. Gattung mit der Schwingungsdauer $T = \sqrt{l/g}\, F(\pi/2, \kappa)$ für das hin- und herschwingende Pendel ($\kappa^2 = \omega_1^2 l/(4g) < 1$). Für kleinere Ausschläge ergibt sich die Näherungslösung [1]

$$T = 2\pi\sqrt{l/g}(1 + A^2/16).$$

Erzwungene Schwingungen. Die Differentialgleichung lautet

$$\ddot{s} + 2\delta\dot{s} + \omega_1^2(1 + \varepsilon s^2)s = a_0\cos(\omega t + \beta) \quad (43)$$

für geschwindigkeitsproportionale Dämpfung und periodische Erregerkraft. Mit $s = A\cos\omega t$ folgt aus Gl. (43) nach Koeffizientenvergleich

$$[(\omega_1^2 - \omega^2 + 0{,}75\omega_1^2\varepsilon A^2)^2 + 4\delta^2\omega^2]A^2 = a_0^2. \quad (44)$$

Bild 10b zeigt Amplituden als Funktion der Erregerfrequenz ω (Resonanzkurven) für $\varepsilon > 0$ und $\varepsilon < 0$. In bestimmten Bereichen gibt es mehrdeutige Lösungen. Der mittlere gestrichelte Ast ist nicht stabil und wird nicht durchlaufen. Je nachdem, ob ω größer oder kleiner wird, tritt in den Punkten P, Q, R, S ein Sprung in der Amplitude (Kippung) ein [5].

4.3.2 Schwingungen mit periodischen Koeffizienten (rheolineare Schwingungen)
Vibration of systems with periodically varying parameters (Parametrically excited vibrations)

Hier ist die Rückstellkraft nicht nur vom Ausschlag abhängig, sondern auch von einem veränderlichen Koeffizienten $c = c(t)$ (z.B. Pendel mit bewegter Aufhängung, Lokomotivstangenschwingung [1]). Für die ungedämpfte Schwingung gilt $m\ddot{s} + [c - f(t)]s = 0$. Diese Gleichung heißt Hillsche Differentialgleichung, wenn $\Phi(t)$ periodisch ist [8]. Eine Sonderform dieser Gleichung ist die Mathieusche Differentialgleichung [1, 5, 8]

$$\ddot{s} + (\lambda - 2h\cos 2t)s = 0. \quad (45)$$

(Sie gilt z.B. für Pendelschwingungen mit periodisch bewegtem Aufhängepunkt oder für Biegeschwingungen eines Stabs unter pulsierender Axiallast.) Lösungen mit Mathieuschen Funktionen usw. s. [8]. $s(t)$ zeigt als Funktion von λ und h Gebiete stabilen und instabilen Verhaltens, d.h., ob Ausschläge kleiner oder größer werden. Stabile und instabile Gebiete wurden von Strutt ermittelt und in der nach ihm benannten Struttschen Karte dargestellt (**Bild 10c**).

5 Hydrostatik (Statik der Flüssigkeiten). Hydrostatics

Flüssigkeiten und Gase unterscheiden sich im wesentlichen durch ihre geringe bzw. starke Kompressibilität. Sie haben viele gemeinsame Eigenschaften und werden einheitlich als Fluide bezeichnet. Sie sind leicht verschieblich und nehmen jede äußere Form ohne wesentlichen Widerstand an; meist können sie als homogenes Kontinuum angesehen werden.

Druck. $p = dF/dA$ ist in ruhenden Flüssigkeiten richtungsunabhängig, d.h. eine skalare Ortsfunktion, da aus dem Newtonschen Schubspannungsansatz

$$\tau_{xy} = \eta(\partial v_x/\partial y + \partial v_y/\partial x)$$

für $v_x = v_y = 0$ sich $\tau_{xy} = 0$ und entsprechend $\tau_{xz} = \tau_{yz} = 0$ ergibt. Damit folgt aus den Gleichgewichtsbedingungen $p_x = p_y = p_z = p(x,y,z)$. An den Begrenzungsflächen steht p wegen $\tau = 0$ senkrecht zur Fläche.

Dichte. $\rho = dm/dV$. Flüssigkeiten sind geringfügig kompressibel; es gilt $dV/V = dp/E$ bzw. $\rho = \rho_0/(1 - \Delta p/E)$. Elastizitätsmodul E bei $0\,°C$: für Wasser $2{,}1 \cdot 10^5\,\mathrm{N/cm^2}$, für Benzol $1{,}2 \cdot 10^5\,\mathrm{N/cm^2}$, für Quecksilber $2{,}9 \cdot 10^6\,\mathrm{N/cm^2}$ (dagegen für Stahl $2{,}1 \cdot 10^7\,\mathrm{N/cm^2}$). Für die meisten Probleme können Flüssigkeiten als inkompressibel angesehen werden. Gase sind kompressibel, d.h., die Dichte ändert sich gemäß $\rho = p/(RT)$ (s. D 6.1.1).

Kapillarität und Oberflächenspannung. Flüssigkeiten steigen oder sinken in Kapillaren als Folge der Molekularkräfte zwischen Flüssigkeit und Wand bzw. zwischen Flüssigkeit und Luft. Molekularkräfte erzeugen Oberflächenspannungen σ (z.B. bei $20\,°C$ für Wasser gegen Luft $0{,}073\,\mathrm{N/m}$, für Alkohol gegen Luft $0{,}025\,\mathrm{N/m}$ und für Quecksilber gegen Luft $0{,}47\,\mathrm{N/m}$). Die kapillare Steighöhe beträgt $h = 4\sigma/(d\rho g)$ (d Kapillarendurchmesser). Bei nicht benetzenden Flüssigkeiten (z.B. Quecksilber) sinkt der Spiegel in der Kapillare.

Druckverteilung in der Flüssigkeit. Wegen des Gleichgewichts für ein Element (**Bild 1a**) gilt

$$p\,dA + \rho g\,dA\,dz - (p + dp)\,dA = 0, \quad \text{d.h.} \quad dp/dz = \rho g$$

bzw. nach Integration

$$p = p(x,y,z) = \rho gz + C.$$

Mit $p(z=0) = p_0$ folgt

$$p = p(z) = p_0 + \rho gz, \tag{1}$$

d.h., der Druck hängt linear von der Tiefe z ab und ist von x und y unabhängig. Für $\rho g = 0$, d.h. ohne Berücksichtigung des Gewichts, folgt aus Gl. (1) $p(x,y,z) = p_0$,

d.h., der Preßdruck p_0 pflanzt sich nach allen Orten hin gleich groß fort (Gesetz von Pascal).

Druck auf ebene Wände. Für einen Behälter mit Überdruck $p_{\ddot{u}}$ (**Bild 1b**) berechnet man zunächst die Ersatzspiegelhöhe $h_{\ddot{u}} = p_{\ddot{u}}/(\rho g)$. Von ihr werden die Koordinaten z und η gezählt ($z = \eta \sin \beta$). Die resultierende Druckkraft

$$F = \int \rho gz\,dA = \rho g A z_S \tag{2}$$

greift im Druckmittelpunkt M an. Die Lage des Druckmittelpunkts ist gegeben durch

$$e_{\bar{y}} = I_{\bar{x}}/(A\eta_S), \quad e_{\bar{x}} = I_{\bar{x}\bar{y}}/(A\eta_S); \tag{3}$$

$I_{\bar{x}}$ axiales Flächenmoment 2. Ordnung, $I_{\bar{x}\bar{y}}$ zentrifugales oder gemischtes Flächenmoment 2. Ordnung, $\bar{x}$ und $\bar{y}$ Achsen durch den Flächenschwerpunkt. Für symmetrische Flächen ist $I_{\bar{x}\bar{y}} = 0$. Für Fälle nach **Bild 1c** gilt mit $\beta = 90°$

- Wand: $I_{\bar{x}} = bh^3/12$, $F = \rho gbh^2/2$, $e_{\bar{y}} = h/6$;
- Rechteckklappe:
  $I_{\bar{x}} = bh^3/12$, $F = \rho gbhz_S$, $e_{\bar{y}} = h^2/(12z_S)$;
- Kreisklappe:
  $I_{\bar{x}} = \pi d^4/64$, $F = \rho gz_S \pi d^2/4$, $e_{\bar{y}} = d^2/(16z_S)$.

Beispiel: Behälter mit Ablaßklappe. Gegeben: $p_{\ddot{u}} = 0{,}5$ bar; $H = 2$ m, $\beta = 60°$. Zu berechnen ist die Größe und Lage der resultierenden Druckkraft auf eine kreisförmige Klappe vom Durchmesser $d = 500$ mm. – Mit

$$h_{\ddot{u}} = p_{\ddot{u}}/(\rho g) = (0{,}5 \cdot 10^5\,\mathrm{N/m^2})/(1\,000\,\mathrm{kg/m^3} \cdot 9{,}81\,\mathrm{m/s^2})$$
$$= 5{,}097\,\mathrm{m}$$

wird $z_S = H + h_{\ddot{u}} = 7{,}097$ m, nach Gl. (2) $F = \rho g(\pi d^2/4)z_S = 13{,}67$ kN und gemäß Gl. (3) $e_{\bar{y}} = (\pi d^4/64)/[(\pi d^2/4)z_S/\sin \beta] = 1{,}9$ mm.

Druck auf gekrümmte Wände (Bild 2a). Die Kraftkomponenten sind

$$F_x = \rho g \int z\,dA_x = \rho gz_{Sx}A_x, \quad F_y = \rho g \int z\,dA_y = \rho gz_{Sy}A_y,$$
$$F_z = \rho g \int z\,dA_z = \rho g \int dV = \rho gV. \tag{4}$$

Hierbei sind A_x und A_y die Projektionsflächen der gekrümmten Fläche auf die y,z- bzw. x,z-Ebene. F_z ist die Gewichtskraft, die im Volumenschwerpunkt angreift. Die drei Kräfte gehen bei beliebigen Flächen nicht durch einen Punkt. Bei Kugel- oder Zylinderflächen genügt die Projektion auf die y,z-Ebene. F_x und F_z liegen dann in einer Ebene und haben die Resultierende $F_R = \sqrt{F_{\bar{x}}^2 + F_z^2}$ (**Bild 2b**). Gemäß Gl. (4) ist die horizontale Druckkraft auf eine gekrümmte Fläche in beliebiger Richtung so groß, wie auf eine senkrecht zur Kraftrichtung stehende projizierte ebene Fläche. Der Angriffspunkt der Druckkräfte ergibt sich gemäß Gl. (3) zu $e_{\bar{x}}$ und $e_{\bar{y}}$, wenn $\bar{x}$ und $\bar{y}$ die Achsen durch den Schwerpunkt der jeweiligen Projektionsfläche

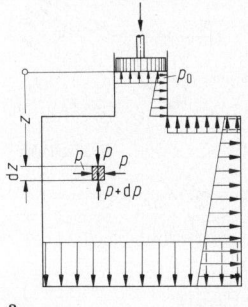
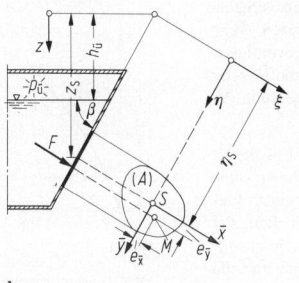
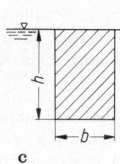
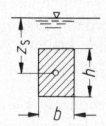
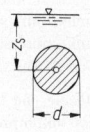

a b c

Bild 1. Hydrostatischer Druck. **a** Verteilung; **b** auf geneigte und **c** auf vertikale Wände

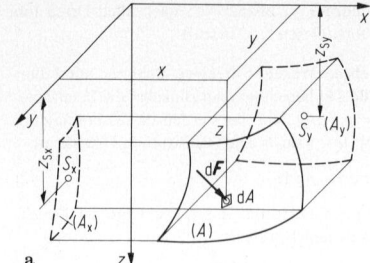

a

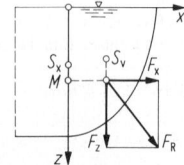

b

Bild 2. Druck auf gekrümmte Wände. **a** allgemein; **b** Zylinder- und Kugelflächen

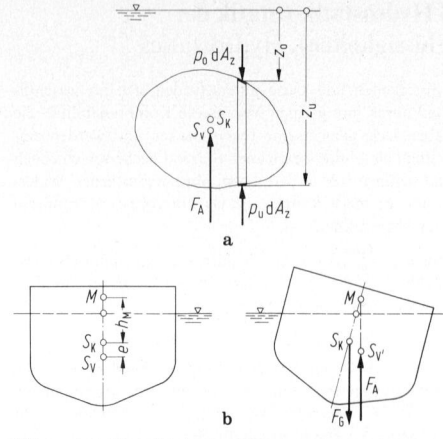

a

b

Bild 3. a Auftrieb; **b** Schwimmstabilität

sind. Bei Kugel- und Kreiszylinderflächen geht die Resultierende F_R stets durch den Krümmungsmittelpunkt.

Auftrieb (Bild 3a). Für einen ganz (oder teilweise) eingetauchten Körper wirkt auf ein oben liegendes Flächenelement die Kraft $dF = p_o\,dA_x e_x + p_o\,dA_y e_y + p_o\,dA_z e_z$. Da sich die Komponenten dF_x und dF_y am geschlossenen Körper das Gleichgewicht halten, d.h. $F_x = 0$ und $F_y = 0$ ist, bleibt nur eine Kraft in z-Richtung:

$$F_A = F_z = \int dF_z = \int (p_u - p_o)\,dA_z$$
$$= \int \rho\,g(z_u - z_o)\,dA_z = \rho\,g V. \qquad (5)$$

Diese Auftriebskraft ist gleich dem Gewicht der verdrängten Flüssigkeit. Sie greift im Volumenschwerpunkt der

verdrängten Flüssigkeit an (und nicht im Körperschwerpunkt; bei homogenen Körpern fallen beide Schwerpunkte zusammen).

Stabilität schwimmender Körper (Bild 3 b). Ein eingetauchter Körper schwimmt, wenn $F_G = F_A$ ist. Er schwimmt stabil, wenn das Metazentrum M über dem Körperschwerpunkt S_K liegt, labil, wenn es darunter liegt, und indifferent, wenn beide zusammenfallen. Für die metazentrische Höhe gilt

$$h_M = (I_x/V) - e.$$

Hierbei ist I_x das Flächenmoment 2. Ordnung der Schwimmfläche (Wasserlinienquerschnitt) um die Längsachse, V das verdrängte Volumen und e der Abstand zwischen Körper- und Volumenschwerpunkt. Bei schwebenden Körpern (U-Boot) ist $I_x = 0$ und $h_M = -e$. Wird e negativ, d.h., liegt der Körperschwerpunkt unter dem Volumenschwerpunkt, so folgt $h_M > 0$, und der schwebende Körper schwimmt stabil.

6 Hydro- und Aerodynamik (Strömungslehre, Dynamik der Fluide)
Hydrodynamics and aerodynamics (dynamics of fluids)

Aufgabe der Strömungslehre ist die Untersuchung der Größen Geschwindigkeit, Druck und Dichte eines Fluids als Funktion der Ortskoordinaten x, y, z bzw. bei eindimensionalen Problemen (z.B. Rohrströmungen) als Funktion der Bogenlänge s. Bei vielen Strömungsvorgängen ist die Kompression auch bei gasförmigen Fluiden vernachlässigbar (z.B., wenn Körper von Luft normaler Temperatur und weniger als 0,5facher Schallgeschwindigkeit umströmt werden). Dann gelten auch dafür die Gesetze inkompressibler Medien (Strömungen mit Änderung des Volumens s. D 7.2).

Ideale und nichtideale Flüssigkeit. Eine ideale Flüssigkeit ist inkompressibel und reibungsfrei, d.h., es treten keine Schubspannungen auf ($\tau_{xy} = 0$). Der Druck an einem Element ist nach allen Richtungen gleich groß (s. B 5). Bei nichtidealer oder zäher Flüssigkeit treten vom Geschwindigkeitsgefälle abhängige Schubspannungen auf, und die Drücke p_x, p_y, p_z sind unterschiedlich. Hängen die Schubspannungen linear vom Geschwindigkeitsgefälle senkrecht

zur Strömungsrichtung ab (**Bild 1**), gilt also $\tau = \eta(dv/dz)$, so liegt eine Newtonsche Flüssigkeit vor (z.B. Wasser, Luft und Öl). Hierbei ist η die absolute oder dynamische Zähigkeit. Nicht-Newtonsche Flüssigkeiten mit nichtlinearem Fließgesetz sind z.B. Suspensionen, Pasten und thixotrope Flüssigkeiten.

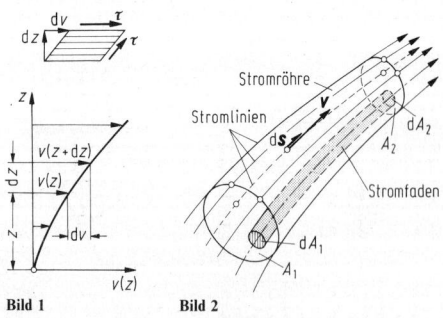

Bild 1   **Bild 2**

Bild 1. Schubspannung in einer Flüssigkeit

Bild 2. Stromröhre und Stromfaden

Stationäre und nichtstationäre Strömung. Bei stationärer Strömung hängen die Größen Geschwindigkeit v, Druck p und Dichte ρ nur von den Ortskoordinaten ab, d.h., es ist $v = v(x, y, z)$ usw. Bei instationärer Strömung ändert sich die Strömung an einem Ort auch mit der Zeit, d.h., es ist $v = v(x, y, z, t)$ usw.

Stromlinie, Stromröhre, Stromfaden. Die Stromlinie ist die Linie, die in einem bestimmten Augenblick an jeder Stelle von den Geschwindigkeitsvektoren tangiert wird (**Bild 2**); es gilt $v_x : v_y : v_z = \mathrm{d}x : \mathrm{d}y : \mathrm{d}z$. Bei stationären Strömungen ist die Stromlinie eine ortsfeste Raumkurve; sie ist außerdem mit der Bahnkurve des einzelnen Teilchens identisch. Bei instationären Strömungen ändern die Stromlinien ihre Lage im Raum mit der Zeit; sie sind nicht mit den Bahnkurven der Teilchen identisch. Ein Bündel von Stromlinien, das von einer geschlossenen Kurve umschlungen wird, heißt Stromröhre (**Bild 2**). Teile der Stromröhre mit Querschnitt $\mathrm{d}A$, über die p und v als konstant anzusehen sind, bilden einen Stromfaden. Bei Rohrströmungen idealer Flüssigkeiten sind p und v über den Gesamtquerschnitt A näherungsweise konstant, d.h., der gesamte Rohrinhalt bildet einen Stromfaden.

6.1 Eindimensionale Strömungen idealer Flüssigkeiten
One-dimensional flow of ideal fluids

Eulersche Gleichung für den Stromfaden. Für ein Element $\mathrm{d}m$ längs der in **Bild 3a** skizzierten Stromlinie lautet die Eulersche Bewegungsgleichung (in Tangentialrichtung)

$$a_\mathrm{t} = \frac{\mathrm{d}v}{\mathrm{d}t} = \frac{\partial v}{\partial t} + \frac{\partial v}{\partial s}\frac{\mathrm{d}s}{\mathrm{d}t} = -\mathrm{g}\frac{\partial z}{\partial s} - \frac{1}{\rho}\frac{\partial p}{\partial s} \quad \text{bzw. mit } \frac{\mathrm{d}s}{\mathrm{d}t} = v$$

$$\frac{\partial}{\partial s}\left(\frac{v^2}{2} + \frac{p}{\rho} + \mathrm{g}z\right) + \frac{\partial v}{\partial t} = 0. \quad (1)$$

Im Fall stationärer Strömung ist $\partial v/\partial t = 0$.
Für die Normalenrichtung gilt

$$a_\mathrm{n} = \frac{v^2}{r} = -\frac{1}{\rho}\frac{\partial p}{\partial n} - \mathrm{g}\frac{\partial z}{\partial n} \quad \text{oder} \quad \frac{\partial p}{\partial n} = -\rho\frac{v^2}{r} - \rho\mathrm{g}\frac{\partial z}{\partial n}$$

bzw. bei Vernachlässigung des Eigengewichts $\partial p/\partial n = -\rho v^2/r$. Der Druck nimmt also von der konkaven zur konvexen Seite des Stromfadens zu.

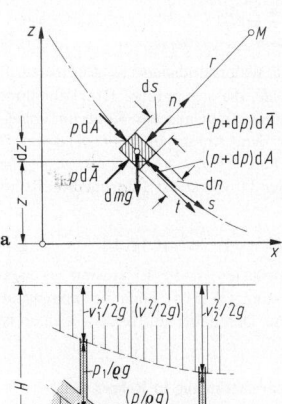

Bild 3. Stromfaden. **a** Element; **b** Bernoullische Höhen

Bernoullische Gleichung für den Stromfaden. Aus Gl. (1) längs des Stromfadens folgt für die instationäre Strömung

$$\rho v^2/2 + p + \rho \mathrm{g}z + \rho \int \frac{\partial v}{\partial t}\,\mathrm{d}s = \text{const} \quad (2\,\mathrm{a})$$

bzw.

$$\rho v_1^2/2 + p_1 + \rho \mathrm{g}z_1 = \rho v_2^2/2 + p_2 + \rho \mathrm{g}z_2 + \rho \int_{s_1}^{s_2} \frac{\partial v}{\partial t}\,\mathrm{d}s. \quad (2\,\mathrm{b})$$

Für den stationären Fall ($\partial v/\partial t = 0$) gilt

$$\rho v_1^2/2 + p_1 + \rho \mathrm{g}z_1 = \rho v_2^2/2 + p_2 + \rho \mathrm{g}z_2 = \text{const}. \quad (3)$$

Danach bleibt die Gesamtenergie, bestehend aus kinetischer, Druck- und potentieller Energie, für die Masseneinheit längs des Stromfadens bzw. der Stromlinie erhalten. Aus Gl. (3) ergibt sich nach Division durch $\rho \mathrm{g}$

$$\begin{aligned} v_1^2/(2\mathrm{g}) + p_1/(\rho \mathrm{g}) + z_1 \\ = v_2^2/(2\mathrm{g}) + p_2/(\rho \mathrm{g}) + z_2 = \text{const} = H, \end{aligned} \quad (4)$$

d.h., die gesamte Energiehöhe H, bestehend aus Geschwindigkeits-, Druck- und Ortshöhe, bleibt konstant (Bernoullische Gleichung; **Bild 3b**).

Kontinuitätsgleichung. Für einen Stromfaden muß die durch jeden Querschnitt strömende Masse pro Zeiteinheit (Massenstrom) konstant sein:

$$\mathrm{d}\dot{m} = \rho v\,\mathrm{d}A = \rho_1 v_1\,\mathrm{d}A_1 = \rho_2 v_2\,\mathrm{d}A_2 = \text{const}. \quad (5)$$

Bei inkompressiblen Medien ($\rho = \text{const}$) muß der Volumenstrom konstant sein:

$$\mathrm{d}\dot{V} = v\,\mathrm{d}A = v_1\,\mathrm{d}A_1 = v_2\,\mathrm{d}A_2 = \text{const}. \quad (6)$$

Bei Stromröhren mit über dem Querschnitt A konstanter mittlerer Geschwindigkeit v folgt aus Gln. (5) und (6)

$$\dot{m} = \rho v A = \text{const}. \quad \text{bzw.} \quad \dot{V} = v A = \text{const}.$$

6.1.1 Anwendungen der Bernoullischen Gleichung für den stationären Fall
Use of Bernoulli's equation for steady flow problems

Staudruck. Beim Auftreffen einer Strömung auf ein festes Hindernis entsteht der Staudruck (**Bild 4a**). Die Bernoullische Gl. (3) hat ohne Höhenglied die Form

$$\rho v_1^2/2 + p_1 = \rho v_2^2/2 + p_2. \quad (7)$$

Hieraus folgt mit $v_2 = 0$ $p_2 = p_1 + \rho v_1^2/2$. In einem Staupunkt setzt sich der Druck zusammen aus dem statischen Druck $p_\mathrm{st} = p_1$ und dem (dynamischen) Staudruck $p_\mathrm{dyn} = \rho v_1^2/2$.

Beispiel: Staudruck bei Wind gegen eine Wand. – Bei der Windgeschwindigkeit $v = 100\,\text{km/h} = 27{,}8\,\text{m/s}$ ergibt sich mit $\rho_\text{Luft} = 1{,}2\,\text{kg/m}^3$ der Staudruck $p_\mathrm{dyn} = \rho v^2/2 = 464\,\text{N/m}^2$.

Pitotrohr. Zur Messung der Strömungsgeschwindigkeit in offenen Gerinnen eignet sich das Pitotrohr (**Bild 4b**). Für Punkt 1 gilt gemäß B5 Gl. (1) $p_1 = p_\mathrm{L} + \rho \mathrm{g}z_1$. Für die

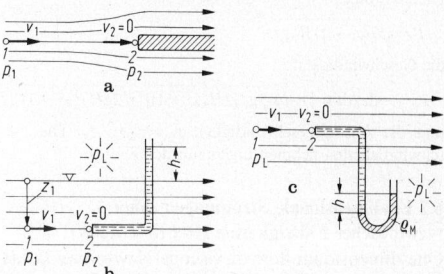

Bild 4. Staudruck. **a** Staupunkt; **b** Pitotrohr für Flüssigkeiten und **c** Gase

B

Stromlinie *1–2* gilt $p_1 + \rho v_1^2/2 = p_2$, also $p_2 = p_L + \rho g z_1 + \rho v_1^2/2$. Der hydrostatische Druck im Pitotrohr ist $p_2 = p_L + \rho g(z_1 + h)$ und so ist $\rho v_1^2/2 = \rho g h$ oder $v_1 = \sqrt{2gh}$. Die Steighöhe h ist ein Maß für die Strömungsgeschwindigkeit. Für die Messung der Luftgeschwindigkeit ist die Anordnung auf **Bild 4c** geeignet. Ist ρ_M die Dichte der Manometerflüssigkeit, so gilt für Punkt 2 $p_{dyn} = \rho v_1^2/2 = \rho_M g h$, also $v_1 = \sqrt{2(\rho_M/\rho)gh}$.

Venturirohr. Es dient zur Messung der Strömungsgeschwindigkeit in Rohrleitungen (**Bild 5**). Die Bernoullische Gl. (7) zwischen den Stellen *1* und *2* lautet $\rho v_1^2/2 + p_1 = \rho v_2^2/2 + p_2$ und die Kontinuitätsgleichung $v_1 A_1 = v_2 A_2$. Hieraus ergibt sich

$$\Delta p = p_2 - p_1 = (\rho v_1^2/2)[(A_1/A_2)^2 - 1]$$

bzw. mit $\Delta p = (\rho_M - \rho)gh$

$$v_1 = \sqrt{2gh(\rho_M/\rho - 1)/[(A_1/A_2)^2 - 1]}.$$

In Wirklichkeit ist zwischen den Stellen *1* und *2* noch der Druckverlust infolge Reibung zu berücksichtigen (s. B 6.2 ff.).

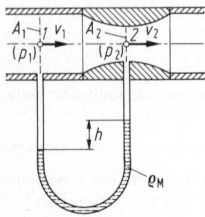

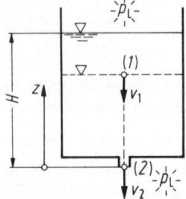

Bild 5. Venturirohr   **Bild 6.** Instationärer Ausfluß

6.1.2 Anwendung der Bernoullischen Gleichung für den instationären Fall
Use of Bernoulli's equation for unsteady flow problems

Untersucht wird der Ausfluß aus einem Behälter bei abnehmender Spiegelhöhe unter Vernachlässigung der Reibung (**Bild 6**). Lösung: Aus den Gln. (2) und (6) folgt

$$v_1 = \sqrt{2g\left(z - \frac{1}{g}\int_{s_1}^{s_2}\frac{\partial v}{\partial t}ds\right)\bigg/[(A_1/A_2)^2 - 1]}.$$

Mit $v_1 = -dz/dt$, $A_1/A_2 = \alpha$ und Vernachlässigung des Integrals (klein im Vergleich zu z) folgt aus Gl. (2b) $v_1 = -dz/dt = \sqrt{2gz/(\alpha^2 - 1)}$ und hieraus nach Integration $t = -\sqrt{2(\alpha^2 - 1)z/g} + C$. Für $z(t = 0) = H$ wird $C = \sqrt{2(\alpha^2 - 1)H/g}$ und somit

$$t = (1 - \sqrt{z/H})\sqrt{2(\alpha^2 - 1)H/g} \quad \text{oder}$$

$$z = H\{1 - t\sqrt{g/[2H(\alpha^2 - 1)]}\}^2.$$

Hieraus folgen für $z = 0$ die Ausflußzeit

$$T = \sqrt{2(\alpha^2 - 1)H/g},$$

die Geschwindigkeit

$$v_1 = -dz/dt = \{1 - t\sqrt{g/[2H(\alpha^2 - 1)]}\}\sqrt{2gH/(\alpha^2 - 1)}$$

und die Ausflußgeschwindigkeit $v_2 = v_1 A_1/A_2$. Die Geschwindigkeiten nehmen linear mit der Zeit ab.

6.2 Eindimensionale Strömungen zäher Newtonscher Flüssigkeiten (Rohrhydraulik)
One-dimensional flow of viscous Newtonian fluids

Bei *laminarer Strömung* bewegen sich die Teilchen in parallelen Bahnen (Schichten), bei *turbulenter Strömung* über-

lagern sich der Hauptströmung zusätzliche Geschwindigkeitskomponenten in x-, y- und z-Richtung (Wirbelbewegung). Übergang von laminarer zu turbulenter Strömung tritt ein, wenn die Reynoldssche Zahl $Re = vd/v$ den kritischen Wert erreicht (z.B. $Re_k = 2320$ für Rohre mit Kreisquerschnitt).

Bei *laminarer Strömung* gilt für die Schubspannung zwischen den Teilchen der Newtonsche Ansatz

$$\tau = \eta(dv/dz) \tag{8}$$

(**Bild 1**). Hierbei ist η die *dynamische Zähigkeit* oder *Viskosität*. Sie ist temperaturabhängig, bei Gasen auch druckabhängig (was jedoch vernachlässigbar ist, solange nicht größere Dichteänderungen auftreten).

Bei *turbulenter Strömung* gilt nach Prandtl und v. Kármán [1, 11, 12] angenähert der Schubspannungsansatz $\tau = \eta \, dv/dz + \rho l^2 (dv/dz)^2$. l ist dabei die freie Weglänge eines Teilchens.

Infolge der Schubspannungen treten Druckverluste (Energieverluste) längs des Stromfadens auf.

Kinematische Zähigkeit. Sie ist $v = \eta/\rho$. Für Wasser von $20\,°C$ ist $\eta = 10^{-3}$ Ns/m² und $v = 10^{-6}$ m²/s (weitere Werte s. **Anh. D 10 Tab. 2** und **Anh. E 6 Bild 1** und **2**).

Bernoullische Gleichung mit Verlustglied. Findet zwischen zwei Punkten *1* und *2* keine Energiezufuhr oder -abfuhr statt (z.B. durch Pumpe oder Turbine), so lautet die Bernoullische Gleichung

$$\rho v_1^2/2 + p_1 + \rho g z_1$$
$$= \rho v_2^2/2 + p_2 + \rho g z_2 + \Delta p_V + \rho \int_{s_1}^{s_2}\frac{\partial v}{\partial t}ds. \tag{9}$$

Für den stationären Fall ist $\partial v/\partial t = 0$, und das letzte Glied entfällt. Hierbei ist Δp_V der Druckverlust zwischen den Stellen *1* und *2* infolge von Rohrreibung, Einbauwiderständen usw. Dividiert man Gl. (9) durch ρg, so ergibt sich

$$v_1^2/(2g) + p_1/(\rho g) + z_1 = v_2^2/(2g) + p_2/(\rho g) + z_2 + h_V. \tag{10}$$

Darin bedeuten die einzelnen Glieder Energiehöhen und $h_V = \Delta p_V/(\rho g)$ die Verlusthöhe.

Druckverlust und Verlusthöhe (Bild 16). Zwischen zwei Stellen *1* und *2* sei der Rohrdurchmesser d konstant. Dann gilt

$$\Delta p_V = (\lambda l/d)\rho v^2/2 + \sum \zeta \rho v^2/2 \quad \text{bzw.}$$
$$h_V = (\lambda l/d)v^2/(2g) + \sum \zeta v^2/(2g); \tag{11a, b}$$

λ Rohrreibungszahl, ζ Widerstandsbeiwerte Einbauten. Für *kompressible Fluide*, die sich infolge Druckabnahme von *1* nach *2* ausdehnen, folgt aus der Kontinuitätsgleichung (5) sowie aus dem Ansatz $dp = -(\lambda/d)dx \, \rho v^2/2$ für den isothermen Fall, $p_1/\rho_1 = p/\rho = \text{const}$, $p_1^2 - p_2^2 = \lambda v_1^2 \rho_1 p_1/d$, d.h. für den Druckverlust aufgrund von Rohrreibung

$$\Delta p_V = p_1 - p_2 = p_1[1 - \sqrt{1 - \lambda v_1^2 \rho_1 l/(p_1 d)}]. \tag{12}$$

Bei geringen Druckverlusten ist die Expansion vernachlässigbar, und man kann Gl. (11a) auch für kompressible Fluide verwenden. Der dabei auftretende Fehler ist $f \approx 0,5 \cdot \Delta p_V/p_1$ [6].

6.2.1 Stationäre laminare Strömung in Rohren mit Kreisquerschnitt
Steady laminar flow in pipes of circular cross-section

Gemäß **Bild 7a** folgt aus $\sum F_{ix} = 0 = (p_1 - p_2)\pi r^2 - \tau \cdot 2\pi r l$ mit $\tau = -\eta \, dv/dr$ und der Haftungsbedingung $v(r = d/2) = 0$ nach Integration $v(r) = \Delta p_V(d^2/4 - r^2)/(4\eta l)$. Die Geschwindigkeitsverteilung ist also parabolisch (Gesetz von

Stokes). Für die Schubspannungen ergibt sich $\tau(r) = -\eta\, dv/dr = \Delta p_V r/(2l)$; sie nehmen also linear nach außen zu. Für den Volumenstrom gilt

$$\dot{V} = \int_{r=0}^{d/2} v(r)\, 2\pi r\, dr = \Delta p_V \pi d^4/(128\eta l)$$

(Formel von Hagen-Poiseuille) und damit für die mittlere Geschwindigkeit und den Druckverlust $v_m = v = \dot{V}/A = \Delta p_V d^2/(32\eta l)$ und $\Delta p_V = v_m 32\eta l/d^2$. Der Druckverlust und somit auch die Schubspannungen nehmen also linear mit der Geschwindigkeit zu. Mit der Reynoldsschen Zahl $Re = vd/v$ ergibt sich $\Delta p_V = (64/Re)(l/d)(\rho v^2/2)$ und $h_V = (64/Re)(l/d)(v^2/2g)$. Demnach ist nach Gl. (11a, b) die Rohrreibungszahl $\lambda = 64/Re$, d.h. bei laminarer Strömung unabhängig von der Rauhigkeit der Rohrwand.

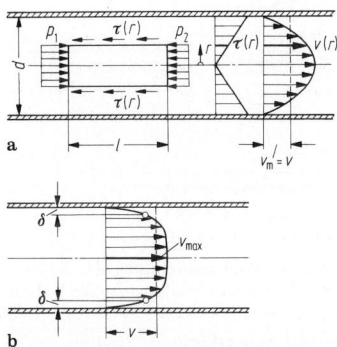

Bild 7. Rohrströmung. **a** laminar; **b** turbulent

6.2.2 Stationäre turbulente Strömung in Rohren mit Kreisquerschnitt
Steady turbulent flow in pipes of circular cross-section

Bei $Re > 2320$ erfolgt Übergang in turbulente Strömung. Die Rohrreibungszahl λ hängt von der Rohrrauhigkeit k (Wanderhebungen in mm, s. **Tab.** 1) und von Re ab. Das Geschwindigkeitsprofil ist wesentlich flacher (**Bild 7b**) als bei laminarer Strömung. Es besteht im Randbereich aus einer laminaren Grenzschicht der Dicke $\delta = 34,2d/(0,5Re)^{0,875}$ (nach Prandtl). Die Geschwindigkeitsverteilung hängt ebenfalls von Re und k ab; sie ist nach Nikuradse mittels $v(r) = v_{max}(1 - 2r/d)^n$ darstellbar (z.B. $n = 1/7$ für $Re = 10^5$). Exponent n nimmt mit der Rohrrauhigkeit zu. Das Verhältnis $v/v_{max} = 2/[(1 + n)\cdot(2 + n)]$ ist im Mittel etwa 0,84. Die Reibungskräfte, d.h. Druckverlust bzw. Verlusthöhe, nehmen bei turbulenter Strömung quadratisch mit der Geschwindigkeit zu.

Ermittlung der Rohrreibungszahl

Hydraulisch glatte Rohre liegen vor, wenn die Grenzschichtdicke größer als die Wanderhebung ist, d.h. für $\delta/k \geqq 1$ bzw. $Re < 65d/k$.
Formel von Blasius (gültig für $2320 < Re < 10^5$):

$$\lambda = 0,3164/\sqrt[4]{Re}.$$

Formel von Nikuradse (gültig für $10^5 < Re < 10^8$):

$$\lambda = 0,0032 + 0,221/Re^{0,237}.$$

Formel von Prandtl und v. Kármán (gültig für den gesamten turbulenten Bereich, aber wegen impliziter Form umständlich): $\lambda = 1/[2\lg(Re\sqrt{\lambda}/2,51)]^2$. An ihrer Stelle kann die Näherungsformel $\lambda = 0,309/[\lg(Re/7)]^2$ verwendet werden.

Tabelle 1. Anhaltswerte für Wandrauhigkeiten [2]

Werkstoff und Rohrart	Zustand der Rohre	k in mm
neue gezogene u. gepreßte Rohre aus Cu, Ms, Bronze, Al, sonstigen Leichtmetallen, Glas, Kunststoff	technisch glatt	0,001 … 0,0015
neuer Gummidruckschlauch	technisch glatt	ca. 0,0016
Rohre aus Gußeisen	neu, handelsüblich	0,25 … 0,5
	angerostet	1,0 … 1,5
	verkrustet	1,5 … 5,0
neue nahtlose Stahlrohre, gewalzt oder gezogen	mit Walzhaut	0,02 … 0,06
	gebeizt	0,03 … 0,04
	bei engen Rohren	bis 0,1
neue längsgeschweißte Stahlrohre	mit Walzhaut	0,04 … 0,1
neue Stahlrohre mit Überzug	Metallspritzüberzug	0,08 … 0,09
	tauchverzinkt	0,07 … 0,1
	handelsüblich verzinkt	0,1 … 0,16
	bitumiert	ca. 0,05
	zementiert	ca. 0,18
	galvanisiert	ca. 0,008
gebrauchte Stahlrohre	gleichmäßige Rostnarben	ca. 0,15
	leichte Verkrustung	0,15 … 0,4
	mittlere Verkrustung	ca. 1,5
	starke Verkrustung	2,0 … 4,0
Asbest-Zementrohre	neu, handelsüblich	0,03 … 0,1
Betonrohre neu	handelsüblicher Glattstrich	0,3 … 0,8
	handelsüblich mittelglatt	1,0 … 2,0
	handelsüblich rauh	2,0 … 3,0
Betonrohre nach mehrjährigem Betrieb m. Wasser		0,2 … 0,3
Holzverkleidung rauh		1,0 … 2,5
roher Stein		8 … 15
Mittelwert für Rohrstrecken ohne Stöße		0,2
Mittelwert für Rohrstrecken mit Stößen		2,0

Hydraulisch rauhe Rohre liegen vor, wenn die Wanderhebungen größer als die Grenzschichtdicke sind, d.h. für $\delta/k < 1$ bzw. $Re > 1300d/k$. Die Rohrreibungszahl λ ist nur abhängig von der relativen Rauhigkeit d/k, und es gilt die Formel von Nikuradse

$$\lambda = 1/[2\lg(3,71d/k)]^2$$

für den oberhalb der Grenzkurve liegenden Bereich (**Bild 8**). Die Grenzkurve ist mittels $\lambda = [(200d/k)/Re]^2$ festgelegt.

Rohre im Übergangsgebiet liegen vor, wenn $65d/k < Re < 1300d/k$, d.h. in dem auf **Bild 8** unter der Grenzkurve liegenden Bereich. Die Rohrreibungszahl λ ist von Re und d/k abhängig. Als gute Näherung gilt

$$\lambda = 1\left/\left[2\lg\left(\frac{2,51}{Re\sqrt{\lambda}} + \frac{0,27}{d/k}\right)\right]^2\right.$$

(Formel von Colebrook). Sie bezieht sich auf Rohre mit technischer Rauhigkeit. Für Rohre mit aufgeklebten Sandkörnern gleicher Körnung wurden von Nikuradse die in **Bild 8** gestrichelt eingetragenen Kurven gemessen.

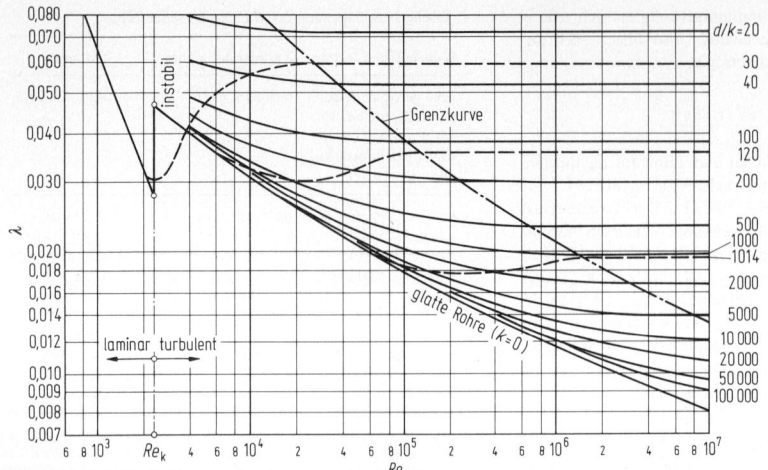

Bild 8. Rohrreibungszahl λ nach Colebrook und (gestrichelt) nach Nikuradse

Diagramm von Colebrook-Nikuradse. Die vorstehenden Formeln sind graphisch in **Bild 8** dargestellt, so daß λ als Funktion von Re und d/k abgelesen und bei Bedarf nachgerechnet bzw. verbessert werden kann (weitere Verfeinerungen s. [1, 3]). Ist λ bekannt, berechnet man den Druckverlust bzw. die Verlusthöhe nach Gl. (11) bzw. (12) und anschließend den zu untersuchenden Rohrleitungsabschnitt mit der Bernoullischen Gleichung mit Verlustglied gemäß Gl. (9) oder (10).

Beispiel: Durch ein Stahlrohr (gebraucht, $k=0{,}15$ mm) vom Durchmesser $d=150$ mm und der Länge $l=1\,400$ m werden $\dot V=400$ m³/h Preßluft gefördert. Druck und Dichte im Kessel: $p_1=6$ bar, $\rho_1=6{,}75$ kg/m³. Zu ermitteln ist der Druckverlust am Ende der Leitung.
– Mit der Fördergeschwindigkeit

$v=\dot V/A=\dot V/(\pi d^2/4)=6{,}29$ m/s und
$v=\eta/\rho=(2\cdot10^{-5}\,\mathrm{Ns/m^2})/(6{,}75\ \mathrm{kg/m^3})=2{,}963\cdot10^{-6}\ \mathrm{m^2/s}$

wird $Re=vd/v=318427$. Mit $d/k=150/0{,}15=1\,000$ ergibt sich aus **Bild 8** bzw. der Formel von Colebrook $\lambda=0{,}0205$. Aus Gl. (12) folgt für den Druckverlust am Ende der Leitung

$$\Delta p_{\mathrm V}=p_1\left[1-\sqrt{1-\lambda v^2\rho_1 l/(p_1 d)}\right]=0{,}261\ \text{bar}.$$

Bei Vernachlässigung der Expansion infolge der Druckabnahme ergibt Gl. (11a) $\Delta p_{\mathrm V}=(\lambda l/d)\rho v^2/2=25\,550$ N/m² $=0{,}256$ bar, d.h. einen Fehler $f=(0{,}261-0{,}256)/0{,}261=1{,}92\%$, der auch mit der Abschätzformel $f=0{,}5\cdot\Delta p_{\mathrm V}/p_1=2{,}13\%$ gut übereinstimmt. Die Dichteänderung der Preßluft hat also kaum Einfluß.

6.2.3 Strömung in Leitungen mit nicht vollkreisförmigen Querschnitten
Flow in pipes of non-circular cross-section

Nach Einführen des hydraulischen Durchmessers $d_{\mathrm h}=4A/U$ (A Querschnittsfläche, U benetzter Umfang) wird wie in B 6.2.1 und B 6.2.2 gerechnet. Allerdings ist bei laminarer Strömung $\lambda=\varphi\cdot64/Re$ zu setzen [5]. Für Kreisring- und Rechteckquerschnitt gilt

Kreisring	$d_{\mathrm a}/d_{\mathrm i}$	1	5	10	20	50	100
	φ	1,50	1,45	1,40	1,35	1,28	1,25

Rechteck	h/b	0	0,1	0,3	0,5	0,8	1,0
	φ	1,50	1,34	1,10	0,97	0,90	0,88

6.2.4 Strömungsverluste durch spezielle Rohrleitungselemente und Einbauten
Loss factors for pipe fittings and bends

Zusätzlich zu den Wandreibungsverlusten der Rohrleitungselemente gilt für den Druckverlust bzw. die Verlusthöhe

$$\Delta p_{\mathrm V}=\zeta\rho v^2/2 \quad\text{bzw.}\quad h_{\mathrm V}=\zeta v^2/(2g).$$

Widerstandsbeiwerte ζ für Krümmer (Bild 9) [5]

a) Kreiskrümmer:
$\varphi=90°$ für $\varphi\neq90°:\ \zeta=k\zeta_{90°}$

R/d	1	2	4	6	10
$\zeta_{90°}$ glatt	0,21	0,14	0,11	0,09	0,11
rauh	0,51	0,30	0,23	0,18	0,20

φ	30°	60°	120°	150°	180°
k	0,4	0,7	1,25	1,5	1,7

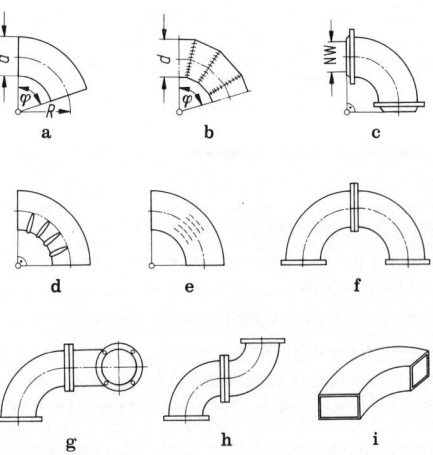

Bild 9a–i. Krümmer

B

b) Segmentkrümmer:

φ	30°	45°	60°	90°
Anzahl der Nähte	2	3	3	3
ζ	0,10	0,15	0,20	0,25

c) Graugußkrümmer 90°:

NW	50	100	200	300	400	500
ζ	1,3	1,5	1,8	2,1	2,2	2,2

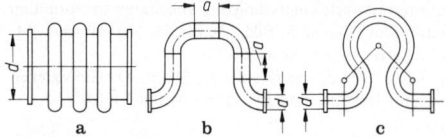

Bild 11a–c. Dehnungsausgleicher

d) Faltrohrkrümmer: $\zeta = 0,4$
e) Krümmer mit Umlenkschaufeln: $\zeta = 0,15 \ldots 0,20$ [1]
f) Doppelkrümmer: $\zeta = 2\zeta_{90°}$
g) Raumkrümmer: $\zeta = 3\zeta_{90°}$
h) Etagenkrümmer: $\zeta = 4\zeta_{90°}$
i) Krümmer mit Rechteckquerschnitt: Für $h/b < 1$ ist $\zeta = \zeta_0 h/b$, für $h/b > 1$ ist $\zeta = \zeta_0 \sqrt{h/b}$. ζ_0 wie für Krümmer mit Kreisquerschnitt, wenn für d der Wert $d_h = 2bh/(b+h)$ eingesetzt wird.

Kniestücke [5]
mit Kreisquerschnitt (δ Abknickwinkel):

δ	22,5°	30°	45°	60°	90°
ζ glatt	0,07	0,11	0,24	0,47	1,13
ζ rauh	0,11	0,17	0,32	0,68	1,27

mit Rechteckquerschnitt:

δ	30°	45°	60°	75°	90°
ζ	0,15	0,52	1,08	1,48	1,60

Rohrverzweigungen und -vereinigungen [6]
$\dot{V}$ Gesamtstrom, $\dot{V}_a$ ab- bzw. zufließender Strom, ζ_d Widerstand im Hauptrohr, ζ_a Widerstand im Abzweigrohr. Minuszeichen bedeutet Druckgewinn.

	Trennung				Vereinigung			
	Bild 10a		Bild 10b		Bild 10c		Bild 10d	
$\dot{V}_a/\dot{V}$	ζ_a	ζ_d	ζ_a	ζ_d	ζ_a	ζ_d	ζ_a	ζ_a
0	0,95	0,04	0,90	0,04	−1,2	0,04	−0,92	0,04
0,2	0,88	−0,08	0,68	−0,06	−0,4	0,17	−0,38	0,17
0,4	0,89	−0,05	0,50	−0,04	0,08	0,30	0,00	0,19
0,6	0,95	0,07	0,38	0,07	0,47	0,41	0,22	0,09
0,8	1,10	0,21	0,35	0,20	0,72	0,51	0,37	−0,17
1,0	1,28	0,35	0,48	0,33	0,91	0,60	0,37	−0,54

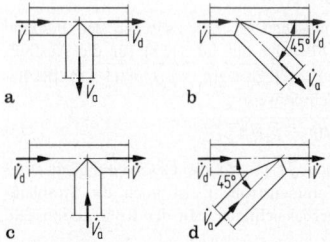

Bild 10a–d. Rohrverzweigungen und -vereinigungen

Dehnungsausgleicher (Bild 11) [5]
a) Wellrohrkompensator: $\zeta = 0,20$ pro Welle (kann bei Einbau eines Leitrohrs fast zu Null gemacht werden).
b) U-Bogen:

a/d	0	2	5	10
ζ	0,33	0,21	0,21	0,21

c) Lyrabogen: Glattrohrbogen $\zeta = 0,7$; Faltrohrbogen $\zeta = 1,4$.

Rohreinläufe (Bild 12a–e)
a) scharfkantig $\zeta = 0,5$; gebrochen $\zeta = 0,25$.
b) und c) scharfkantig $\zeta = 3,0$; gebrochen $\zeta = 0,6 \ldots 1,0$.
d) je nach Wandrauhigkeit $\zeta = 0,01 \ldots 0,05$.

e) $(d/d_e)^2$	1	1,25	2	5	10
ζ	0,5	1,17	5,45	54	245

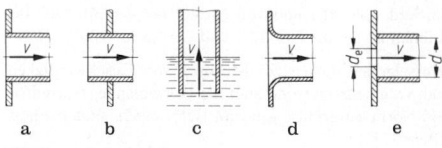

Bild 12a–e. Rohreinläufe

Querschnittsänderung von A_1 auf A_2 (Bild 13)
a) Unstetige Erweiterung. Der Verlustbeiwert läßt sich aus der Bernoullischen Gleichung und dem Impulssatz (s. B 6.4) herleiten: $\zeta = (A_2/A_1 - 1)^2$.
b) Stetige Erweiterung (Diffusor). Der Verlustbeiwert für durchschnittlich rauhe Rohre kann dem Diagramm **Bild 13b** entnommen werden [5].
c) Unstetige Verengung. Aus der Bernoullischen Gleichung und dem Impulssatz folgt $\zeta = (A_2/A_0 - 1)^2$. Da

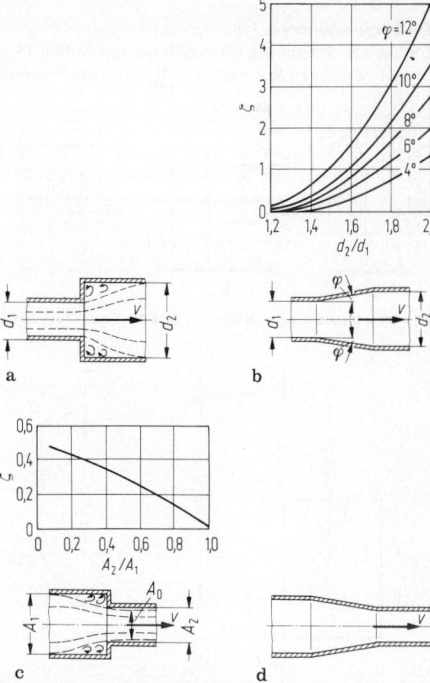

Bild 13a–d. Querschnittsänderungen

B

der eingeschnürte Querschnitt A_0 unbekannt ist, entnimmt man ζ dem Diagramm **Bild 13c** für das Verhältnis A_2/A_1 bei scharfkantigem Anschluß [5].
d) Stetige Verengung (Konfusor, Düse). Die Energieverluste aus Reibung sind gering. Im Mittel $\zeta = 0,05$.

Absperr- und Regelorgane
Schieber, offen, ohne Leitrohr: $\zeta = 0,2\ldots0,3$; mit Leitrohr: $\zeta \approx 0,1$. Schieber bei verschiedenen Öffnungsverhältnissen s. [5].
Ventile: Die Widerstandsbeiwerte schwanken je nach Ventilbauart zwischen $\zeta = 0,6$ (Freiflußventil) und $\zeta = 4,8$ (DIN-Ventil). Die Angaben in der Literatur sind unterschiedlich [1, 2, 4−6]. Bei teilweise geöffneten Ventilen sind die Widerstandsbeiwerte größer.
Rückschlagklappen, Drosselklappen, Hähne: Der Widerstandsbeiwert von Rückschlagklappen beträgt nach [5] $\zeta = 0,8$ bei NW 200 und $\zeta = 1,4$ bei NW 50. Bei Drosselklappen treten Werte von $\zeta = 0,5$ in fast voll geöffnetem Zustand ($\varphi = 10°$) und von $\zeta = 4,0$ bei $\varphi = 30°$ auf. Bei Hähnen ist $\zeta = 0,3$ ($\varphi = 10°$) und $\zeta = 5,5$ ($\varphi = 30°$) [5].

Drosselgeräte dienen zur Messung von Geschwindigkeit und Volumenstrom und sind als Normblende, Normdüse und Normventuridüse genormt (DIN 1952). Widerstandsziffern s. [2].

Rundstabgitter, Siebe und Saugkörbe [5]
Rundstabgitter gemäß **Bild 14a**: $\zeta = \dfrac{0,8 s/t}{(1 - s/t)^2}$

Siebe gemäß **Bild 14b**:

s	2	2	2,5	3,1	mm
t	20	25	25	25	mm
ζ	0,34	0,27	0,32	0,39	

Saugkörbe: für handelsübliche Saugkörbe mit Fußventil am Anfang einer Rohrleitung $\zeta = 4\ldots5$.

Festkörperschüttungen [5]
Für die Durchströmung der Schüttung gemäß **Bild 15** gilt $\zeta = \lambda_F l_k/d_k$. Bis zu $Re_k = v d_k/v = 10$ (v mittlere Geschwin-

digkeit im leeren Rohr) liegt laminare Strömung vor, und es ist $\lambda_F = 2000/Re_k$. Für $Re_k > 10$ (turbulente Strömung) hängt λ_F nur noch von d/d_k ab:

d/d_k	25	17	8	3,5
λ_F	50	40	30	15

Beispiel: Rohrleitung mit speziellen Widerständen (**Bild 16**). Durch eine Rohrleitung sollen $\dot{V} = 8$ Liter/Sekunde Wasser gefördert werden. Zu ermitteln ist der erforderliche Druck p_0 im Druckbehälter. Gegeben: $h_1 = 7$ m, $h_2 = 5$ m, $l_1 = 35$ m, $l_2 = 25$ m, $l_3 = 13$ m, $l_4 = 25$ m, $d_1 = d_6 = 80$ mm, $d_2 = 60$ mm, Wandrauhigkeit $k = 0,04$ mm (neues, längsgeschweißtes Stahlrohr). Widerstandsbeiwerte: Rohreinlauf $\zeta_1 = 0,5$; Konfusor $\zeta_2 = 0,05$; Kniestücke ($\delta = 22,5°$) $\zeta_3 = \zeta_4 = 0,11$; Diffusor $\zeta_5 = 0,3$. Kinematische Zähigkeit bei $20°$C: $v = 10^{-6}$ m^2/s. Luftdruck: $p_L = 1$ bar. − Aus der Kontinuitätsgleichung (6) folgt für die Strömungsgeschwindigkeiten $v_1 = v_6 = \dot{V}/A_1 = \dot{V}/(\pi d_1^2/4) = 1,59$ m/s und $v_2 = \dot{V}/A_2 = \dot{V}/(\pi d_2^2/4) = 2,83$ m/s. Mit den Reynoldsschen Zahlen $Re_1 = v_1 d_1/v = 127\,200$, $Re_2 = v_2 d_2/v = 169\,800$ und den relativen Rauhigkeiten $d_1/k = 2000$, $d_2/k = 1\,500$ folgen aus der Formel bzw. dem Diagramm von Colebrook (**Bild 8**) die Rohrreibungszahlen $\lambda_1 = 0,0197$ und $\lambda_2 = 0,0200$. Hiermit ergeben sich nach Gl. (11 b) die Verlusthöhen

$h_{V1} = \zeta_1 v_1^2/(2\,g) = 0,06$ m;
$h_{V2} = h_{V1} + (\lambda_1 l_1/d_1) v_1^2/(2\,g) + \zeta_2 v_2^2/(2\,g)$
$\quad = (0,06 + 1,11 + 0,02)$ m $= 1,19$ m;
$h_{V3} = h_{V2} + (\lambda_2 l_2/d_2) v_2^2/(2\,g) + \zeta_3 v_2^2/(2\,g)$
$\quad = (1,19 + 3,40 + 0,04)$ m $= 4,63$ m;
$h_{V4} = h_{V3} + (\lambda_2 l_3/d_2) v_2^2/(2\,g) + \zeta_4 v_2^2/(2\,g)$
$\quad = (4,63 + 1,77 + 0,04)$ m $= 6,44$ m;
$h_{V5} = h_{V4} + (\lambda_2 l_4/d_2) v_2^2/(2\,g) = (6,44 + 3,40)$ m $= 9,84$ m;
$h_{V6} = h_{V5} + \zeta_5 v_6^2/(2\,g) = (9,84 + 0,04)$ m $= 9,88$ m.

Die Bernoullische Gl. (10) zwischen den Punkten 0 und 6 ergibt dann mit $v_0 \approx 0$ (wegen $A_0 \gg A_6$)

$p_0/(\rho\,g) + h_1 = v_6^2/(2\,g) + p_L/(\rho\,g) + h_2 + h_{V6}$, also
$p_0 = p_L + \rho v_6^2/2 + \rho\,g(h_2 + h_V - h_1)$
$\quad = p_L + 1264\,\text{N/m}^2 + 77303\ \text{N/m}^2 = 1,786$ bar.

Mit den Geschwindigkeitshöhen
$v_1^2/(2\,g) = v_6^2/(2\,g) = 0,13$ m, $v_2^2/(2\,g) = 0,41$ m
und den Druckhöhen $p_0/(\rho\,g) = 18,21$ m, $p_L/(\rho\,g) = 10,19$ m lassen sich dann die Bernoullischen Höhen zeichnen (**Bild 16**).

6.2.5 Stationärer Ausfluß aus Behältern
Steady flow from vessels

Aus der Bernoullischen Gl. (10) zwischen den Punkten 1 und 2 (**Bild 17**) folgt mit Gl. (11 b) für die Ausflußgeschwindigkeit $v = \sqrt{[2gh + 2(p_1 - p_2)/\rho]/(1 + \zeta)}$. Bei Behältern ist die Schreibweise

$$v = \varphi\sqrt{2gh + 2(p_1 - p_2)/\rho} \tag{13}$$

üblich, wobei $\varphi = \sqrt{1/(1 + \zeta)}$ die Geschwindigkeitsziffer ist. Für den Volumenstrom $\dot{V}$ ist noch die Strahleinschnürung zu berücksichtigen. Mit der Kontraktionszahl

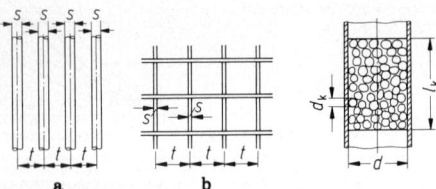

Bild 14. a Rundstabgitter; **b** Sieb   **Bild 15.** Festkörperschüttung

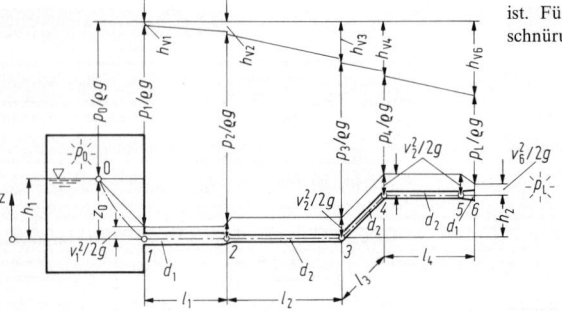

Bild 16. Rohrleitung

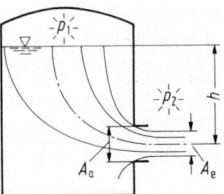

Bild 17. Ausfluß der Behälter

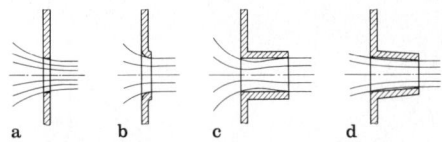

Bild 18a–d. Mündungsformen

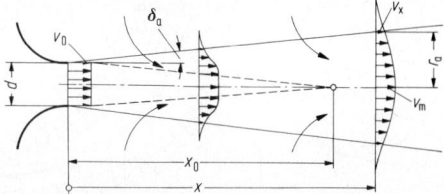

Bild 19. Freier Strahl

$\alpha = A_e / A_a$ ergibt sich

$$\dot{V} = \alpha\varphi A_a \sqrt{2gh + 2(p_1 - p_2)/\rho}$$
$$= \mu A_a \sqrt{2gh + 2(p_1 - p_2)/\rho}. \qquad (14)$$

$\mu = \alpha\varphi$ ist die Ausflußzahl. Für φ, α und μ gelten folgende Werte (**Bild 18**):

a) scharfkantige Mündung:

$\varphi = 0,97$; $\alpha = 0,61...0,64$; $\mu = 0,59...0,62$;

b) abgerundete Mündung:

$\varphi = 0,97...0,99$; $\alpha = 1$; $\mu = 0,97...0,99$;

c) zylindrisches Ansatzrohr $l/d = 2...3$:

$\varphi = 0,82$; $\alpha = 1$; $\mu = 0,82$;

d) konisches Ansatzrohr: $\varphi = 0,95...0,97$;

$(d_2/d_1)^2$	0,1	0,2	0,4	0,6	0,8	1,0
α	0,83	0,84	0,87	0,90	0,94	1,0

Die Gln. (13) und (14) gelten für kleine Ausflußquerschnitte, bei denen v über den Querschnitt konstant ist. Bei großen Öffnungen ist für einen Stromfaden in der Tiefe z (ohne Überdruck) $v = \sqrt{2gz}$, der Volumenstrom ist $\dot{V} = \mu \int_{z_1}^{z_2} b(z) \sqrt{2gz} \, dz$, z.B. für eine Rechtecköffnung $\dot{V} = 2\mu b \sqrt{2g}(z_2^{3/2} - z_1^{3/2})/3$. Die Ausflußziffer liegt bei $\mu = 0,60$ für scharfkantige und bei $\mu = 0,75$ für abgerundete Öffnungen.

6.2.6 Stationäre Strömung durch offene Gerinne
Steady flow in open channels

Bei stationärer Strömung sind Spiegel- und Sohlengefälle parallel. Aus der Bernoullischen Gl. (10) folgt

$z_1 - z_2 = h_V$ bzw. $(z_1 - z_2)/l = \sin\alpha = (\lambda/d_h)v^2/(2g)$. (15)

Ist hierbei d_h der hydraulische Durchmesser gemäß B 6.2.3, so gelten die Formeln der Rohrströmung gemäß B 6.2.1 bis B 6.2.4. v ist die mittlere Geschwindigkeit, d.h., es gilt $\dot{V} = vA$ bzw. $v = \dot{V}/A$. Sind $\dot{V}$ bzw. v bekannt, so folgt aus Gl. (15) das erforderliche Gefälle bzw. bei bekanntem Gefälle die Strömungsgeschwindigkeit v [Anhaltswerte für k s. **Tab. 1**].

6.2.7 Instationäre Strömung zäher Newtonscher Flüssigkeiten
Non-steady flow of viscous Newtonian fluids

Die für diesen Fall gültigen Gleichungen sind mit der Bernoullischen Gleichung in Form von Gl. (9) unter Beachtung von Gl. (11a) und der Kontinuitätsgleichung in Form von Gl. (5) oder (6) gegeben.

6.2.8 Der freie Strahl. The free jet

Strömt ein Strahl mit konstantem Geschwindigkeitsprofil aus einer Öffnung in ein umgebendes, ruhendes Fluid gleicher Art aus (**Bild 19**), so werden an den Rändern Teilchen der Umgebung aufgrund der Reibung mitgeris-

sen. Mit der Strahllänge nimmt also der Volumenstrom zu und die Geschwindigkeit ab. Dabei tritt eine Strahlausbreitung ein. Der Druck im Inneren des Strahls ist gleich dem Umgebungsdruck, d.h., der Impuls ist in jedem Strahlquerschnitt konstant: $I = \int_{-\infty}^{+\infty} \rho v^2 dA = \text{const}$.

Der kegelförmige Strahlkern, in dem $v = \text{const}$ ist, löst sich längs des Wegs x_0 auf. Danach sind die Geschwindigkeitsprofile zueinander affin. Ergebnisse für den runden Strahl [1]: Kernlänge $x_0 = d/m$ mit $m = 0,1$ für laminaren und $m = 0,3$ für vollständig turbulenten Strahl ($0,1 < m < 0,3$). Mittengeschwindigkeit $v_m = v_0 x_0 / x$. Energieabnahme $E = 0,667 E_0 x_0 / x$ (E_0 kinetische Energie am Austritt). Strahlausbreitung

$$r_a = m\sqrt{0,5 \ln 2} \cdot x = 0,5887 mx,$$

wobei am Ausbreitungsrand $v_x = 0,5 v_m$ ist. Strahlausbreitungswinkel

$$\delta_a = \arctan[0,707 m \sqrt{\ln(v_m/v_x)}],$$

d.h., für $v_x/v_m = 0,5$ und $m = 0,3$ ergibt sich $\delta_a = 10°$. Der Volumenstrom ist $\dot{V} = 2m\dot{V}_0 x/d$ [1, 3].

6.3 Eindimensionale Strömung Nicht-Newtonscher Flüssigkeiten
One-dimensional flow of non-Newtonian fluids

Bei Nicht-Newtonschen Flüssigkeiten ist *kein* linearer Zusammenhang zwischen der Schubspannung τ und der Schergeschwindigkeit dv/dz gemäß Gl. (8) gegeben [9]. Für diese rheologischen Stoffe unterscheidet man folgende Fließgesetze (**Bild 20**):

Dilatante Flüssigkeiten. Die Zähigkeit nimmt mit steigender Schergeschwindigkeit $\dot{\gamma}$ zu (z.B. Anstrichfarben, Glasurmassen). $\dot{\gamma} = dv/dz = k\tau^m$, $m < 1$ (Formel von Ostwald-de Waele [7]). k ist der Fluiditätsfaktor und m der Fließbeiwert. Dilatante Flüssigkeiten lassen sich auch mit der Formel von Prandtl-Eyring erfassen: $\dot{\gamma} = dv/dz = c \sinh(\tau/a)$, wobei c und a stoffabhängige Konstanten sind.

Strukturviskose Flüssigkeiten. Die Zähigkeit nimmt mit wachsender Schergeschwindigkeit ab (z.B. Silikone, Spinn-

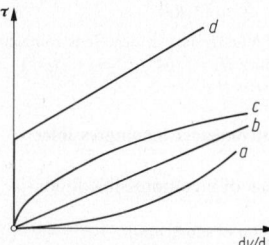

Bild 20. Fließkurven. *a* dilatante, *b* Newtonsche und *c* strukturviskose Flüssigkeit, *d* Bingham-Medium

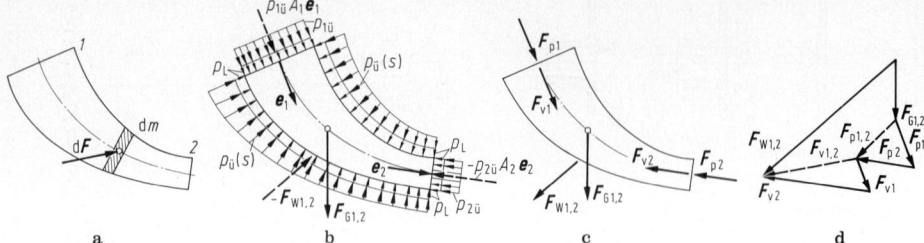

Bild 21 a–d. Kraftwirkung einer strömenden Flüssigkeit

lösungen, Staufferfett). Es gelten die vorstehenden Gesetze, aber mit $m > 1$ sowie entsprechenden Konstanten c und a.

Bingham-Medium. Das Material beginnt erst bei Überschreiten der Fließgrenze τ_F zu fließen. Unterhalb von τ_F verhält es sich wie ein elastischer Körper, darüber wie eine Newtonsche Flüssigkeit (z.B. Zahnpasta, Abwasserschlamm, körnige Suspensionen). $\dot\gamma = dv/dz = k(\tau - \tau_F)$ (Gesetz von Bingham).

Elastoviskose Stoffe (Maxwell-Medium). Sie haben sowohl die Eigenschaften zäher Flüssigkeiten als auch elastischer Körper (z.B. Teig, Polyethylen-Harze). Die Schubspannung ist zeitabhängig, also auch dann noch vorhanden, wenn $\dot\gamma$ bereits Null ist. $\dot\gamma = dv/dz = (\tau/\eta) + (1/G)(d\tau/dt)$ (Gesetz von Maxwell).

Thixotrope und rheopexe Flüssigkeiten. Auch hier sind die Schubspannungen zeitabhängig, außerdem verändert sich das Fließverhalten mit der mechanischen Beanspruchung. Bei thixotropen Flüssigkeiten steigt das Fließvermögen mit der Dauer (z.B. beim Rühren oder Streichen), bei rheopexen Flüssigkeiten verringert es sich mit der Größe der mechanischen Beanspruchung (z.B. Gipsbrei). Fließgesetze sind bisher nicht bekannt.

Berechnung von Rohrströmungen
Für *dilatante und strukturviskose Flüssigkeiten* läßt sich der Druckabfall gemäß Gl. (11 a) nach Metzner [7] wie für Newtonsche Flüssigkeiten mit der verallgemeinerten Reynoldsschen Zahl berechnen:

$$Re^* = v^{(2m-1)/m} d^{1/m} \rho / \eta^*;$$
$$\eta^* = 8^{(1-m)/m}(1/k^m)[(3+m)/4]^{1/m}.$$

Im laminaren Bereich ($Re^* < 2300$) gilt $\lambda = 64/Re^*$, im turbulenten Bereich ($Re^* > 3000$)

$$\lambda = 0{,}0056 + 0{,}5/(Re^*)^{0,32}.$$

Für *Bingham-Medien* ergibt sich der Druckabfall aus Gl. (11 a) mit der Rohrreibungszahl [7]

$$\lambda = \frac{64}{Re} + \frac{32}{3}\frac{He}{Re^2} - \frac{4096}{3}\frac{1}{\lambda^3}\left(\frac{He}{Re^2}\right)^4,$$

wobei der Einfluß der Fließgrenze in der Hedströmzahl He zum Ausdruck kommt: $He = \tau_F \rho d^2/\eta^2 = \tau_F d^2/(\rho v^2)$.

6.4 Kraftwirkungen strömender inkompressibler Flüssigkeiten
Forces due to the flow of incompressible fluids

6.4.1 Impulssatz. Equation of momentum

Aus dem Newtonschen Grundgesetz folgt für das Massenelement $dm = \rho A \, ds$ der Stromröhre auf **Bild 21 a**

$$dF = \frac{d}{dt}(dmv) = \frac{d(dm)}{dt}v + dm\frac{dv}{dt}.$$

Für inkompressible Flüssigkeiten ist $d(dm)/dt = 0$, und mit $v = v(s,t)$ gilt für die instationäre Strömung

$$dF = dm\left(\frac{\partial v}{\partial t} + \frac{\partial v}{\partial s}\frac{ds}{dt}\right)$$

bzw. für die stationäre Strömung mit $\partial v/\partial t = 0$

$$dF = dm\frac{\partial v}{\partial s}v = \rho A v \, dv = \rho \dot V \, dv.$$

Für den gesamten Kontrollraum zwischen *1* und *2* folgt nach Integration

$$F_{1,2} = \rho \dot V(v_2 - v_1). \tag{16}$$

Hierbei ist $F_{1,2}$ die auf die im Kontrollraum eingeschlossene Flüssigkeit wirksame Kraft. Sie setzt sich zusammen aus den Anteilen gemäß **Bild 21 b**, wobei die Resultierende des Luftdrucks Null ist. Mit $-F_{W1,2}$ als Resultierender des Überdrucks $p_{\ddot u}(s)$ gilt $F_{1,2} = -F_{W1,2} + F_{G1,2} + p_{1\ddot u}A_1 e_1 - p_{2\ddot u}A_2 e_2$. Daraus folgt für die von der Flüssigkeit auf die „Wand" ausgeübte Kraft mit Gl. (16)

$$\begin{aligned}F_{W1,2} &= F_{G1,2} + (p_{1\ddot u}A_1 e_1 - p_{2\ddot u}A_2 e_2) + (\rho \dot V v_1 e_1 - \rho \dot V v_2 e_2)\\ &= F_{G1,2} + (F_{p1} + F_{p2}) + (F_{v1} + F_{v2})\\ &= F_{G1,2} + F_{p1,2} + F_{v1,2}.\end{aligned} \tag{17}$$

Die Wandkraft setzt sich aus Gewichtsanteil $F_{G1,2}$, Druckanteil $F_{p1,2}$ und Geschwindigkeitsanteil $F_{v1,2}$ zusammen (**Bild 21 c** und **d**).

6.4.2 Anwendungen. Applications (Bild 22)

a) *Strahlstoßkraft gegen Wände.* Unter Vernachlässigung des Eigengewichts und unter Beachtung, daß im Innern des Strahls der Druck überall gleich dem Luftdruck ist (also $p_{\ddot u} = 0$, s. B6.2.8), folgt aus Gl. (17) für die x-Richtung und den Kontrollraum *1-2-3*

$$F_{Wx} = (\rho \dot V_1 v_1 e_1 - \rho \dot V_2 v_2 e_2 - \rho \dot V_3 v_3 e_3)e_x = \rho \dot V v_1 \cos\beta.$$

Für die y-Richtung folgt aus Gl. (17)

$$F_{Wy} = 0 = (\rho \dot V_1 v_1 e_1 - \rho \dot V_2 v_2 e_2 - \rho \dot V_3 v_3 e_3)e_y,$$

d.h. $\dot V v_1 \sin\beta - \dot V_2 v_2 + \dot V_3 v_3 = 0$. Mit $v_1 = v_2 = v_3$ aus der Bernoullischen Gleichung und $\dot V = \dot V_2 + \dot V_3$ aus der Kontinuitätsgleichung ergibt sich

$$\dot V_2/\dot V_3 = (1 + \sin\beta)/(1 - \sin\beta).$$

Für $\beta = 0$ (Stoß gegen senkrechte Wand) gilt

$$F_{Wx} = \rho \dot V v_1 = \rho A_1 v_1^2 \quad \text{und} \quad \dot V_2/\dot V_3 = 1.$$

Bewegt sich die senkrechte Wand mit der Geschwindigkeit u in x-Richtung, so wird

$$F_{Wx} = \rho \dot V(v_1 - u) = \rho A_1 v_1(v_1 - u).$$

Für die gewölbte Platte läßt sich entsprechend $F_{Wx} = \rho \dot V v_1(1 + \cos\beta)$ ableiten. Bewegt sich die gewölbte Plat-

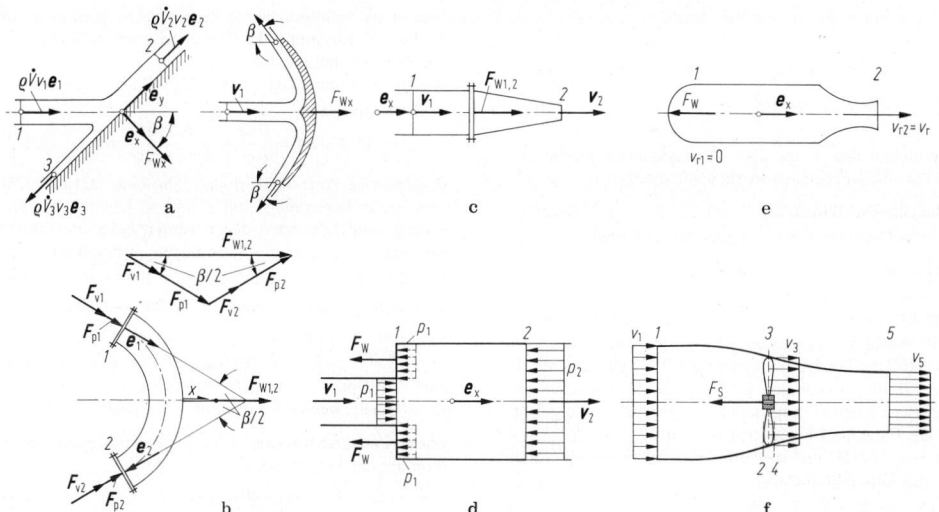

Bild 22 a–f. Anwendungen zur Kraftwirkung

te mit der Geschwindigkeit u (Freistrahlturbine), so gilt $F_{Wx} = \rho \dot{V}(v_1 - u)(1 + \cos\beta)$.

b) *Kraft auf Rohrkrümmer.* Aus Gl. (17) folgt bei Vernachlässigung des Eigengewichts und mit $A_1 = A_2 = A$ bzw. $v_1 = v_2 = v$ bzw. $p_{1\ddot{u}} = p_{2\ddot{u}} = p_{\ddot{u}}$

$$F_{W1,2} = (p_{\ddot{u}}A + \rho\dot{V}v)e_1 - (p_{\ddot{u}}A + \rho\dot{V}v)e_2 \quad \text{und}$$

$$|F_{W1,2}| = F_{W1,2} = F_x = 2(p_{\ddot{u}}A + \rho\dot{V}v)\cos(\beta/2).$$

Als Reaktionskräfte wirken Zugkräfte in den Flanschverschraubungen.

c) *Kraft auf Düse.* Mit $p_{2\ddot{u}} = 0$ sowie $v_2 = v_1 A_1/A_2 = v_1\alpha$ und $p_{1\ddot{u}} = \rho(v_2^2 - v_1^2)/2$ folgt aus Gl. (17)

$$F_{W1,2} = (\rho/2)v_1^2 A_1(\alpha - 1)^2 e_x.$$

Als Reaktionskräfte wirken Zugkräfte in der Flanschverschraubung.

d) *Kraft bei plötzlicher Rohrerweiterung.* Nach Carnot wird die Wandkraft dadurch festgelegt, daß der Druck p über den Querschnitt *1* konstant gleich p_1 (wie im engeren Querschnitt) gesetzt wird: $F_W = -p_1(A_2 - A_1)e_x$. Dann gilt für den Kontrollbereich *1-2* entsprechend Gl. (17)

$$F_{W1,2} = -p_1(A_2 - A_1)e_x$$
$$= (p_1 A_1 + \rho v_1^2 A_1 - p_2 A_2 - \rho v_2^2 A_2)e_x.$$

Mit $v_1 = v_2 A_2/A_1 = v_2\alpha$ folgt hieraus $p_1 = -\rho v_2^2 \alpha + p_2 + \rho v_2^2$.
Aus Gl. (9) ergibt sich für den stationären Fall mit $z_1 = z_2$ und $\Delta p_V = \zeta \rho v^2/2$ für den Verlustbeiwert $\zeta = (\alpha - 1)^2$ (Borda-Carnotsche Gleichung).

e) *Raketenschubkraft.* Mit den Relativgeschwindigkeiten $v_{r1} = 0$ und $v_{r2} = v_r$ folgt aus Gl. (17) für die Schubkraft $F_W = \rho\dot{V}(0 - v_{r2}) = -\rho\dot{V}v_r e_x = -\rho A_2 v_r^2 e_x$.

f) *Propellerschubkraft.* Bei Drehung eines Propellers oder einer Schraube wird das Fluid angesaugt und beschleunigt. Die Stromröhre wird so gewählt, daß $v_1 A_1 = v_3 A_3 = v_5 A_5$ wird. v_1 ist die Fahrzeuggeschwindigkeit und damit die Zuströmgeschwindigkeit des Fluids. Aus dem Impulssatz (17) ergibt sich die Schubkraft

$$F_S = \rho\dot{V}(v_5 - v_1) = \rho A_3 v_3(v_5 - v_1).$$

Aus der Bernoullischen Gleichung für die Bereiche *1-2* und *4-5* folgt mit $p_1 = p_5$ (Freistrahl) der Druckunterschied $p_4 - p_2 = \rho(v_5^2 - v_1^2)/2$ und damit $F_S = \rho A_3(v_5^2 - v_1^2)/2$. Gleichsetzen der Ausdrücke für F_S führt zu $v_3 = (v_1 + v_5)/2$ und damit zu $F_S = c_S \rho v_1^2 A_3/2$, wobei $c_S = (v_5/v_1)^2 - 1$ der Schubbelastungsgrad ist. Ist die zugeführte Leistung $P_z = F_S v_3$ und die Nutzleistung $P_n = F_S v_1$, so ist der theoretische Wirkungsgrad des Propellers $\eta = P_n/P_z = v_1/v_3$. Ferner gilt mit $k = 2P_z/(\rho v_1^3 A_3)$ die Gleichung $k = 4(1 - \eta)/\eta^3$ sowie $\eta = 2/(1 + \sqrt{1 + c_S})$. Hieraus ergeben sich bei gegebenem P_z und v_1 die Größen k, η, F_S usw.

6.5 Mehrdimensionale Strömung idealer Flüssigkeiten
Multidimensional flow of inviscid fluids

6.5.1 Allgemeine Grundgleichungen. Fundamentals

Eulersche Bewegungsgleichungen. Sie folgen aus dem Newtonschen Grundgesetz in x-Richtung (analog für y- und z-Richtung) mit der auf das Element bezogenen Massenkraft $F = (X; Y; Z)$ zu

$$\frac{dv_x}{dt} = \frac{\partial v_x}{\partial t} + v_x\frac{\partial v_x}{\partial x} + v_y\frac{\partial v_x}{\partial y} + v_z\frac{\partial v_x}{\partial z} = X - \frac{1}{\rho}\frac{\partial p}{\partial x}. \quad (18)$$

Die Geschwindigkeitsänderung $\partial v_x/\partial t$ mit der Zeit an einem festen Ort heißt lokal, diejenige $(v_x\partial v_x/\partial x + v_y\partial v_x/\partial y + v_z\partial v_x/\partial z)$ zu einer bestimmten Zeit bei Ortsänderung konvektiv. Vektoriell gilt

$$\frac{dv}{dt} = \frac{\partial v}{\partial t} + (v\nabla)v = F - \frac{1}{\rho}\operatorname{grad}p, \quad (19)$$

wobei mit dem Nablaoperator ∇ und $\operatorname{rot}v = \nabla \times v$ (s. A 7.4) $(v\nabla)v = \operatorname{grad}v^2/2 - v \times \operatorname{rot}v$ ist. Dabei ist $(1/2)\operatorname{rot}v = w$ die Winkelgeschwindigkeit, mit der einzelne Flüssigkeitsteilchen rotieren (wirbeln). Ist eine Strömung rotorfrei, d.h. $\operatorname{rot}v = 0$, so liegt eine Potentialströmung vor. Linien, die von $\operatorname{rot}v$ tangiert werden, heißen Wirbellinien, mehrere dieser Linien bilden die Wirbelröhre.

Zirkulation einer Strömung. Sie ist das Linienintegral über das Skalarprodukt $v\,dr$ längs einer geschlossenen Kurve:

B

$$\Gamma = \oint_{(C)} \boldsymbol{v}\, d\boldsymbol{r} = \oint_{(C)} (v_x dx + v_y dy + v_z dz).$$

Diese Gleichung läßt sich mit dem Satz von Stokes auch

$$\Gamma = \oint_{(C)} \boldsymbol{v}\, d\boldsymbol{r} = \iint_{(A)} \mathrm{rot}\, \boldsymbol{v}\, d\boldsymbol{A} \tag{20}$$

schreiben, wobei A eine über C aufgespannte Fläche ist. Bei Potentialströmungen ist $\mathrm{rot}\, \boldsymbol{v} = 0$, d.h. $\Gamma = 0$.

Helmholtzsche Wirbelsätze. Wird Gl. (20) auf Wirbelröhren umschließende Kurven angewendet, so folgt

$$\Gamma_1 = \oint_{(C_1)} \boldsymbol{v}\, d\boldsymbol{r} = \Gamma_2 = \oint_{(C_2)} \boldsymbol{v}\, d\boldsymbol{r} = \mathrm{const}.$$

1. Helmholtzscher Satz: Die Zirkulation hat für jede eine Wirbelröhre umschließende Kurve denselben Wert, d.h., Wirbelröhren können im Innern eines Flüssigkeitsbereichs weder beginnen noch enden (sie bilden also entweder geschlossene Röhren – sogenannte Ringwirbel – oder gehen bis ans Ende des Flüssigkeitsbereichs).
Für $\boldsymbol{F} = -\mathrm{grad}\, U$ und barotrope Flüssigkeit $\rho = \rho(p)$ folgt aus den Gln. (19) und (20)

$$\frac{d\Gamma}{dt} = \oint \frac{d\boldsymbol{v}}{dt}\, d\boldsymbol{r} = \iint \mathrm{rot}\, \frac{d\boldsymbol{v}}{dt}\, d\boldsymbol{A} = 0.$$

2. Helmholtzscher Satz: Die Zirkulation hat einen zeitlich unveränderlichen Wert, wenn die Massenkräfte ein Potential haben und das Fluid barotrop ist (d.h. z.B., Potentialströmungen bleiben stets Potentialströmungen; s. A 7.4.3).

Kontinuitätsgleichung. Die in ein Element $dx\, dy\, dz$ einströmende Masse muß gleich der lokalen Dichteänderung zuzüglich der ausströmenden Masse sein:

$$\frac{\partial \rho}{\partial t} + \frac{\partial (\rho v_x)}{\partial x} + \frac{\partial (\rho v_y)}{\partial y} + \frac{\partial (\rho v_z)}{\partial z} = 0$$

bzw. in vektorieller Form

$$\frac{\partial \rho}{\partial t} + \nabla (\rho \boldsymbol{v}) = \frac{\partial \rho}{\partial t} + \mathrm{div}(\rho \boldsymbol{v}) = 0.$$

Für inkompressible Flüssigkeiten ($\rho = \mathrm{const}$) folgt

$$\frac{\partial v_x}{\partial x} + \frac{\partial v_y}{\partial y} + \frac{\partial v_z}{\partial z} = \mathrm{div}\, \boldsymbol{v} = 0. \tag{21}$$

Die Gln. (19) und (21) bilden vier gekoppelte partielle Differentialgleichungen zur Berechnung der vier Unbekannten v_x, v_y, v_z und p einer Strömung. Lösungen lassen sich im allgemeinen nur für Potentialströmungen angeben, d.h., wenn $\mathrm{rot}\, \boldsymbol{v} = 0$ ist.

6.5.2 Potentialströmungen. Potential flows

Die Eulerschen Gleichungen lassen sich integrieren, wenn der Vektor $\boldsymbol{v}$ ein Geschwindigkeitspotential $\Phi(x,y,z)$ hat, d.h., wenn

$$\boldsymbol{v} = \mathrm{grad}\, \Phi = \frac{\partial \Phi}{\partial x} \boldsymbol{e}_x + \frac{\partial \Phi}{\partial y} \boldsymbol{e}_y + \frac{\partial \Phi}{\partial z} \boldsymbol{e}_z$$

ist und $\boldsymbol{F}$ ebenfalls ein Potential hat, also

$$\boldsymbol{F} = -\mathrm{grad}\, U = -\frac{\partial U}{\partial x} \boldsymbol{e}_x - \frac{\partial U}{\partial y} \boldsymbol{e}_y - \frac{\partial U}{\partial z} \boldsymbol{e}_z$$

ist. Somit folgt für die Potentialströmung $\mathrm{rot}\, \boldsymbol{v} = \mathrm{rot}\, \mathrm{grad}\, \Phi = \nabla \times \nabla \Phi = 0$ und aus Gl. (19) nach Integration

$$\mathrm{grad} \left[\frac{\partial \Phi}{\partial t} + \frac{v^2}{2} + \frac{p}{\rho} + U \right] = 0 \quad \text{und}$$

$$\frac{\partial \Phi}{\partial t} + \frac{v^2}{2} + \frac{p}{\rho} + U = C(t)$$

bzw. für die stationäre Strömung

$$v^2/2 + p/\rho + U = C = \mathrm{const}. \tag{22}$$

Das ist die verallgemeinerte Bernoullische Gleichung für die Potentialströmung, die für das gesamte Strömungsfeld dieselbe Konstante C hat.
Aus der Kontinuitätsgleichung (21) folgt

$$\mathrm{div}\, \boldsymbol{v} = \mathrm{div}\, \mathrm{grad}\, \Phi$$
$$= \nabla \nabla \Phi = \Delta \Phi = \frac{\partial^2 \Phi}{\partial x^2} + \frac{\partial^2 \Phi}{\partial y^2} + \frac{\partial^2 \Phi}{\partial z^2} = 0 \tag{23}$$

(Laplacesche Potentialgleichung). Die Gln. (22) und (23) dienen zur Berechnung von p und v. Letztere hat unendlich viele Lösungen; daher werden bekannte Lösungen untersucht und als Strömungen interpretiert. Zum Beispiel ist $\Phi(x,y,z) = C/r = C/\sqrt{x^2 + y^2 + z^2}$ eine Lösung. Hieraus erhält man $v_x = \partial \Phi / \partial x = -Cx/\sqrt{r^3}$, $v_y = \partial \Phi / \partial y = -Cy/\sqrt{r^3}$ und $v_z = \partial \Phi / \partial z = -Cz/\sqrt{r^3}$ sowie $v = \sqrt{v_x^2 + v_y^2 + v_z^2} = C/r$. Es handelt sich um eine radial zum Mittelpunkt gerichtete Strömung, also eine Senke (bzw. Quelle, wenn man C durch $-C$ ersetzt).

Ebene Potentialströmung. Hier bilden alle analytischen (komplexen) Funktionen Lösungen, denn

$$w = f(z) = f(x + \mathrm{i}y) = \Phi(x,y) + \mathrm{i}\Psi(x,y) \tag{24}$$

genügen als analytische Funktionen den Cauchy-Riemannschen Differentialgleichungen

$$\partial \Phi / \partial x = \partial \Psi / \partial y \quad \text{und} \quad \partial \Phi / \partial y = -\partial \Psi / \partial x \tag{25}$$

und somit auch den Potentialgleichungen

$$\frac{\partial^2 \Phi}{\partial x^2} + \frac{\partial^2 \Phi}{\partial y^2} = 0 \quad \text{und} \quad \frac{\partial^2 \Psi}{\partial x^2} + \frac{\partial^2 \Psi}{\partial y^2} = 0. \tag{26}$$

$\Phi(x,y) = \mathrm{const}$ sind die Potentiallinien, auf denen der Geschwindigkeitsvektor senkrecht steht, und $\Psi(x,y) = \mathrm{const}$ die Stromlinien, die vom Geschwindigkeitsvektor tangiert werden, d.h., beide Kurvenscharen stehen senkrecht zueinander. Aus den Gln. (24) und (25) folgt

$$f'(z) = \frac{dw}{dz} = \frac{\partial \Phi}{\partial x} + \mathrm{i}\frac{\partial \Psi}{\partial x} = v_x - \mathrm{i}v_y = \bar{v} \quad \text{d.h.} \tag{27a}$$

$$v = \overline{f'(z)} = \partial \Phi / \partial x - \mathrm{i}\partial \Psi / \partial x = v_x + \mathrm{i}v_y. \tag{27b}$$

Der Querstrich oben bedeutet den konjugiert komplexen Wert. $w = f(z)$ wird komplexes Geschwindigkeitspotential genannt. Wenn s und n Koordinaten tangential und senkrecht zur Potentiallinie Φ sind (**Bild 23**), ist der Volumenstrom

$$\dot{V} = \int_{(1)}^{(2)} v_n ds = \int_{(1)}^{(2)} \frac{\partial \Phi}{\partial n} ds = \int_{(1)}^{(2)} \frac{\partial \Psi}{\partial s} ds = \Psi_2 - \Psi_1;$$

er ist also gleich der Differenz der Stromlinienwerte. Die Geschwindigkeit ist umgekehrt proportional dem Abstand der Stromlinien. Einige Beispiele für komplexe Geschwindigkeitspontiale zeigt **Bild 24**:

a) *Parallelströmung.* Aus dem Geschwindigkeitspontial $w = v_0 z = v_0 x + \mathrm{i}v_0 y = \Phi + \mathrm{i}\Psi$ folgen die Potentiallinien zu $\Phi = v_0 x = \mathrm{const}$, d.h. $x = \mathrm{const}$; die Potentiallinien sind also Geraden parallel zur y-Achse. Die Stromlinien sind wegen $\Psi = v_0 y = \mathrm{const}$, d.h. $y = \mathrm{const}$, Geraden parallel zur x-Achse. Ferner gilt $v_x = \partial \Phi / \partial x = v_0$ und $v_y = \partial \Phi / \partial y = 0$.

b) *Wirbellinienströmung* (Potentialwirbel). C sei reell. $w = \mathrm{i}C \log z = -C\arctan(y/x) + \mathrm{i}(C/2)\ln(x^2 + y^2) = \Phi + \mathrm{i}\Psi$ bzw. $\Phi = -C\arctan(y/x) = \mathrm{const}$ ergibt $y = cx$; die Potentiallinien sind also Geraden. $\Psi = (1/2)C\ln(x^2 + y^2) = \mathrm{const}$ liefert $x^2 + y^2 = c$; die Stromlinien sind also Kreise.

$$f'(z) = \frac{\mathrm{i}C}{z} = \frac{\mathrm{i}C}{x + \mathrm{i}y} = \frac{\mathrm{i}C(x - \mathrm{i}y)}{x^2 + y^2} = C\frac{y}{x^2 + y^2} + \mathrm{i}C\frac{x}{x^2 + y^2}$$
$$= \frac{Cy}{r^2} + \mathrm{i}\frac{Cx}{r^2} = v_x - \mathrm{i}v_y,$$

d.h., v_x ist im ersten Quadranten positiv und v_y negativ. Die Strömung läuft also im Uhrzeigersinn um.

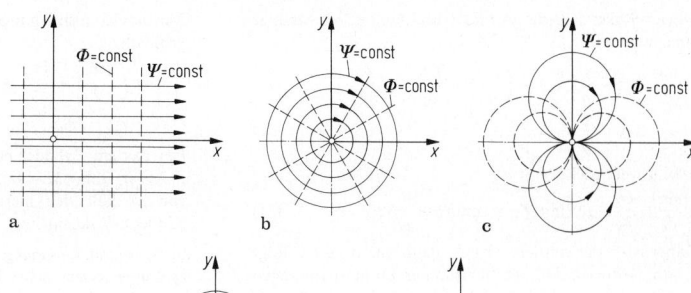

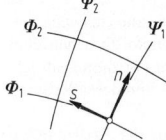

Bild 23. Potential- und Stromlinien   **Bild 24a–e.** Potentialströmungen

$$v = |v| = \sqrt{v_x^2 + v_y^2} = \sqrt{C^2(x^2 + y^2)/r^4} = C/r.$$

Trotz des vorhandenen Potentials existiert eine Zirkulation

$$\Gamma = \oint v\,\mathrm{d}r = \oint v\,\mathrm{d}s\cos\beta = -(C/r)2\pi r = -2\pi C.$$

c) *Dipolströmung*

$$w = \frac{\mu}{z} = \frac{\mu x}{x^2 + y^2} + \mathrm{i}\frac{-\mu y}{x^2 + y^2} = \Phi + \mathrm{i}\Psi.$$

$\Phi = \mu x/(x^2 + y^2) = \text{const}$ ergibt $x^2 + y^2 = cx$ bzw. $(x - c/2)^2 + y^2 = (c/2)^2$; die Potentiallinien sind also Kreise mit Mittelpunkt auf der x-Achse. $\Psi = -\mu y/(x^2 + y^2) = \text{const}$ ergibt $x^2 + y^2 = cy$ bzw. $x^2 + (y - c/2)^2 = (c/2)^2$; die Stromlinien sind also Kreise mit Mittelpunkt auf der y-Achse. Alle Kreise gehen durch den Nullpunkt. Der Betrag der Geschwindigkeit $v = |w'(z)| = \mu/z^2 = \mu/(x^2 + y^2) = \mu/r^2$ nimmt nach außen mit $1/r^2$ ab.

d) *Parallelanströmung eines Kreiszylinders*. Bei Überlagerung der Parallel- und Dipolströmung ergibt sich für den Zylinder mit Radius a $w = f(z) = v_0(z + a^2/z)$. Für $z \to \pm\infty$ ergibt sich die Parallelströmung. Weiter gilt

$$\Phi + \mathrm{i}\Psi = \left(v_0 x + \frac{v_0 a^2 x}{x^2 + y^2}\right) + \mathrm{i}\left(v_0 y - \frac{v_0 a^2 y}{x^2 + y^2}\right).$$

Für $\Psi = 0$ wird $v_0 y[1 - a^2/(x^2 + y^2)] = 0$, d.h., $y = 0$ (x-Achse) und $x^2 + y^2 = a^2$ (Berandung des Zylinders) bilden eine Stromlinie. Die Geschwindigkeit der Strömung folgt aus $f'(z) = v_0(1 - a^2/z^2) = v_x - \mathrm{i}v_y$ zu

$$v = |f'(z)| = |v_0(1 - a^2/z^2)|.$$

Für $z = \pm a$ wird $v = 0$ (Staupunkte) und für $z = \pm\mathrm{i}a$ wird $v = 2v_0$ (Scheitelpunkte); die Geschwindigkeit ist also zur Vertikalachse symmetrisch. Dann folgt aus Gl. (22) auch eine zur Vertikalachse symmetrische Druckverteilung, d.h., die auf den Körper bei Umströmung durch eine ideale Flüssigkeit in Strömungsrichtung wirkende Kraft ist gleich Null (d'Alembertsches hydrodynamisches Paradoxon). Strömungskräfte entstehen nur durch die Reibung der Flüssigkeiten.

e) *Unsymmetrische Umströmung eines Kreiszylinders*. Überlagert man der Umströmung gemäß d) den Potentialwirbel gemäß b), so erhält man

$$w = f(z) = v_0(z + a^2/z) + \mathrm{i}C\log z,$$

$$\Psi = v_0 y\left(1 - \frac{a^2}{x^2 + y^2}\right) + \frac{C}{2}\ln(x^2 + y^2),$$

$$\Phi = v_0 x\left(1 + \frac{a^2}{x^2 + y^2}\right) - C\arctan(y/x).$$

Die Stromfunkion Ψ ist symmetrisch zur y-Achse, nicht aber zur x-Achse, d.h., durch Integration des Drucks längs des Umrisses ergibt sich eine Kraft in y-Richtung. Diese „Auftriebskraft" läßt sich berechnen zu

$$F_A = \rho v_0 \Gamma = \rho v_0 2\pi C$$

(Satz von Kutta-Joukowski); sie ist nur abhängig von der Anströmgeschwindigkeit und der Zirkulation, nicht aber von der Kontur des Zylinders.

Konforme Abbildung des Kreises. Mit der Methode der konformen Abbildung kann man den Kreis auf beliebige andere, einfach zusammenhängende Konturen abbilden und umgekehrt und damit, da die beliebige Strömung um den Kreis bekannt ist, die Strömung um diese Konturen ermitteln [3].

6.6 Mehrdimensionale Strömung zäher Flüssigkeiten
Multidimensional flow of viscous fluids

6.6.1 Bewegungsgleichungen von Navier-Stokes
Navier Stokes' equations

Bei räumlicher Strömung Newtonscher Flüssigkeiten gelten für die infolge Reibung auftretenden Zusatzspannungen als Verallgemeinerung des Newtonschen Schubspannungsansatzes die Gleichungen (mit der zusätzlichen Zähigkeitskonstante η^* [3])

$$\sigma_x = 2\eta\frac{\partial v_x}{\partial x} + \eta^*\,\mathrm{div}\,v, \quad \sigma_y = 2\eta\frac{\partial v_y}{\partial y} + \eta^*\,\mathrm{div}\,v,$$

$$\sigma_z = 2\eta\frac{\partial v_z}{\partial z} + \eta^*\,\mathrm{div}\,v, \tag{28a}$$

$$\tau_{xy} = \eta\left(\frac{\partial v_x}{\partial y} + \frac{\partial v_y}{\partial x}\right), \quad \tau_{xz} = \eta\left(\frac{\partial v_x}{\partial z} + \frac{\partial v_z}{\partial x}\right),$$

$$\tau_{yz} = \eta\left(\frac{\partial v_y}{\partial z} + \frac{\partial v_z}{\partial y}\right). \tag{28b}$$

Das Newtonsche Grundgesetz für ein Flüssigkeitselement lautet für die x-Richtung

$$\frac{\mathrm{d}v_x}{\mathrm{d}t} = \frac{\partial v_x}{\partial t} + \frac{\partial v_x}{\partial x}v_x + \frac{\partial v_x}{\partial y}v_y + \frac{\partial v_x}{\partial z}v_z$$

$$= X - \frac{1}{\rho}\frac{\partial p}{\partial x} + \frac{1}{\rho}\left(\frac{\partial\sigma_x}{\partial x} + \frac{\partial\tau_{xy}}{\partial y} + \frac{\partial\tau_{xz}}{\partial z}\right). \tag{29}$$

Aus den Gln. (28) und (29) folgen für inkompressible Flüssigkeiten (div $v = 0$) die Bewegungsgleichungen von

Navier-Stokes (für die y- und z-Richtung gelten analoge Gleichungen):

$$\frac{dv_x}{dt} = X - \frac{1}{\rho}\frac{\partial p}{\partial x} + \frac{\eta}{\rho}\left(\frac{\partial^2 v_x}{\partial x^2} + \frac{\partial^2 v_x}{\partial y^2} + \frac{\partial^2 v_x}{\partial z^2}\right)$$
$$= X - \frac{1}{\rho}\frac{\partial p}{\partial x} + \frac{\eta}{\rho}\Delta v_x \tag{30}$$

bzw. in vektorieller Form

$$\frac{d\boldsymbol{v}}{dt} = \frac{\partial \boldsymbol{v}}{\partial t} + (\boldsymbol{v}\nabla)\boldsymbol{v} = \boldsymbol{F} - \frac{1}{\rho}\operatorname{grad} p + \frac{\eta}{\rho}\Delta\boldsymbol{v}. \tag{31}$$

Dabei ist p der mittlere Druck, denn aus $\operatorname{div}\boldsymbol{v} = 0$ folgt $\sigma_x + \sigma_y + \sigma_z = 0$, d.h., die Summe der Zusatzspannungen $\sigma_x, \sigma_y, \sigma_z$ zum mittleren Druck p ist Null. Die Gln. (28) bis (31) gelten für laminare Strömung; für den turbulenten Fall ist als weiteres Glied die Turbulenzkraft einzuführen [3]. Lösungen der Navier-Stokesschen Gleichungen liegen nur für wenige Spezialfälle (s. B 6.6.2) für kleine Reynoldssche Zahlen vor. Bei großen Reynoldsschen Zahlen, also kleinen Zähigkeiten, werden viele Probleme mit der „Grenzschichttheorie" gelöst, deren Ursprung auf Prandtl zurückgeht. Dabei wird die stets am Körper der Haftbedingung unterworfene, strömende zähe Flüssigkeit nur in einer dünnen Grenzschicht als reibungsbehaftet, sonst aber als ideal angesehen.

6.6.2 Einige Lösungen für kleine Reynoldssche Zahlen (laminare Strömung). Some solutions at low Reynold's number (laminar flow) **Bild 25a–c** [10]

a) *Couette-Strömung.* Um einen ruhenden Kern dreht sich ein äußerer Zylinder gleichförmig, angetrieben durch ein äußeres Drehmoment M. Die Navier-Stokessche Gl. (31) nimmt in hier zweckmäßigen Polarkoordinaten in r- und φ-Richtung (mit $v_r = 0$, $v_\varphi = v(r)$, $p = p(r)$ aus Symmetriegründen und $\boldsymbol{F} = 0$) die Form $-\frac{v^2}{r} = -\frac{1}{\rho}\frac{\partial p}{\partial r}$ und

$$\frac{\eta}{\rho}\left(\frac{d^2 v}{dr^2} + \frac{1}{r}\frac{dv}{dr} - \frac{v}{r^2}\right) = \frac{\eta}{\rho}\frac{d}{dr}\left[\frac{1}{r}\frac{d}{dr}(rv)\right] = 0 \text{ an.}$$

Hieraus ergibt sich nach Integration $v = C_1 r/2 + C_2/r$. Die Konstanten C_1 und C_2 erhält man aus $v(r_i) = 0$ und $v(r_a) = \omega r_a$ zu $C_2 = -C_1 r_i^2/2$ und $C_1 = 2\omega r_a^2/(r_a^2 - r_i^2)$; damit ist $v = \frac{\omega r_a^2}{r_a^2 - r_i^2}\left(r - \frac{r_i^2}{r}\right)$.

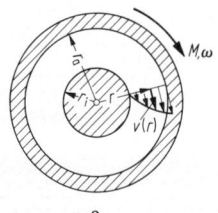

a

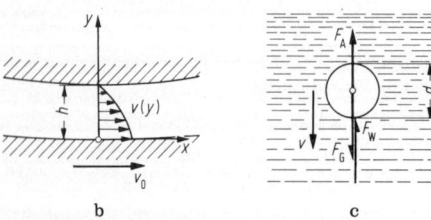

b   c

Bild 25a–c. Strömungen zäher Flüssigkeiten

Für die Schubspannungen gilt Gl. (28) analog in Polarkoordinaten:

$$\tau = \eta\left(\frac{1}{r}\frac{\partial v_r}{\partial \varphi} + \frac{\partial v_\varphi}{\partial r} - \frac{v_\varphi}{r}\right) = \eta\left(\frac{dv}{dr} - \frac{v}{r}\right) = \frac{2\eta\omega r_a^2}{r_a^2 - r_i^2}\frac{r_i^2}{r^2},$$
$$\tau(r = r_a) = 2\eta\omega r_i^2/(r_a^2 - r_i^2).$$

Für das am Zylinder erforderliche äußere Moment $M = \tau \cdot 2\pi r_a l r_a$ folgt $M = 4\pi\eta\omega l r_a^2 r_i^2/(r_a^2 - r_i^2)$. Durch Messung von M läßt sich hieraus die Viskosität η bestimmen (Couette-Viskosimeter).

b) *Schmiermittelreibung.* Bewegt sich eine schwach gekrümmte (oder ebene) Platte bei kleinem Zwischenraum parallel zu einer anderen, so entsteht ein Strömungsdruck, der eine Berührung der beiden Flächen und deren Reibung aufeinander verhindert. Mit $v_y \approx 0$, $\partial v_y/\partial y \approx 0$, $v_x = v$ folgt aus der Kontinuitätsgleichung (21) $\partial v/\partial x = -\partial v_y/\partial y = 0$, d.h. $\partial^2 v/\partial x^2 = 0$. Wegen $\partial v_x/\partial t = 0$ ergibt sich aus Gl. (29) und (30) $\partial p/\partial x = \eta\,\partial^2 v/\partial y^2$ mit der Lösung $v(y) = \frac{1}{\eta}\frac{\partial p}{\partial x}\frac{y^2}{2} + C_1 y + C_2$. Mit C_1 und C_2 aus der Bedingung, daß die Flüssigkeit an den Platten haftet, ergibt sich

$$v(y) = \frac{1}{\eta}\frac{\partial p}{\partial x}\frac{y}{2}(y - h) + v_0\left(1 - \frac{y}{h}\right).$$

Aus $\dot{V} = \int v\,dy = \text{const}$ folgt $\frac{\partial p}{\partial x} = \frac{6\eta}{h^3}v_0(h - h_0)$ mit $\partial p/\partial x = 0$ für $h = h_0$. Für die Schubspannung bei $y = 0$ gilt $\tau = \eta v_0(3h_0 - 4h)/h^2$.

c) *Stokessche Widerstandsformel für die Kugel.* Bei kleiner Reynoldsscher Zahl ($Re \leq 1$), d.h. schleichender Strömung, werde eine Kugel umströmt. Die Widerstandskraft ergibt sich nach Stokes zu

$$F_W = 3\pi\eta\,dv_0. \tag{32}$$

Diese Formel wurde von Oseen unter Berücksichtigung der Beschleunigungsanteile verbessert zu

$$F_W = 3\pi\eta\,dv_0[1 + (3/8)Re].$$

Beispiel: Viskositätsbestimmung. – Fällt eine Kugel mit $v = \text{const}$ durch eine zähe Flüssigkeit, so gilt $F_G - F_W - F_A = 0$, d.h. $\rho_K g\pi d^3/6 - 3\pi\eta\,dv - \rho_F g\pi d^3/6 = 0$ und hieraus $\eta = gd^2(\rho_K - \rho_F)/(18v)$.

6.6.3 Grenzschichttheorie. Boundary layer theory Umströmt ein Stoff kleiner Zähigkeit (Luft, Wasser) einen Körper, so bildet sich aufgrund des Haftens des Fluids an der Körperoberfläche eine Grenzschicht von der Dicke $\delta(x)$, in der ein starkes Geschwindigkeitsgefälle und somit große Schubspannungen vorhanden sind. Außerhalb dieser Schicht ist das Geschwindigkeitsgefälle klein, somit sind bei kleinem η die Schubspannungen vernachlässigbar, d.h. die Flüssigkeit als ideal anzusehen. In der Regel ist der Anfangsbereich der Grenzschicht laminar und geht dann im Umschlagpunkt in turbulente Strömung mit erhöhten Schubspannungen über. Näherungsweise liegt der Umschlagpunkt an der Stelle des Druckminimums der Außenströmung [8]. Aus der Navier-Stokesschen Gl. (31) folgt für den ebenen Fall, bei stationärer Strömung und ohne Massenkräfte mit der Kontinuitätsgleichung (21) und den Vereinfachungen $v_y \ll v_x$; $\partial v_y/\partial x \ll \partial v_x/\partial y$; $\partial p/\partial y \approx 0$

$$\rho v_x\frac{\partial v_x}{\partial x} = -\frac{dp}{dx} + \eta\frac{\partial^2 v_x}{\partial x^2}. \tag{33}$$

Bei einem schwach gekrümmten Profil (**Bild 26**) folgt für die Wand $y = 0$ mit $v_x = 0$ (Haftung) aus Gl. (33)

$$\frac{dp}{dx} = \eta\left(\frac{\partial^2 v_x}{\partial y^2}\right)_{y=0}. \tag{34}$$

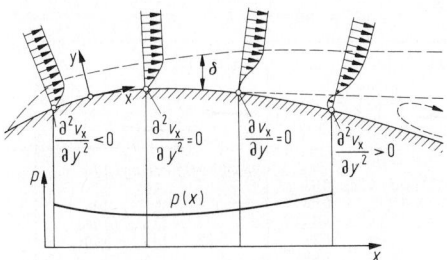

Bild 26. Grenzschicht

Ist $dp/dx < 0$ (Anfangsbereich **Bild 26**), so folgt aus Gl. (34) $\partial^2 v_x/\partial y^2 < 0$; das Geschwindigkeitsprofil ist also konvex. Für $dp/dx = 0$ wird $\partial^2 v_x/\partial y^2 = 0$; das Geschwindigkeitsprofil hat also keine Krümmung. Für $dp/dx > 0$ wird $\partial^2 v_x/\partial y^2 > 0$; das Profil ist also konkav gekrümmt, und es wird eine Stelle erreicht, wo $\partial v_x/\partial y = 0$ ist. Anschließend wird v_x negativ, d.h., es setzt eine rückläufige Strömung ein, die in Einzelwirbel übergeht. Wegen der Wirbel entsteht hinter dem Körper ein Unterdruck, der zusammen mit den Schubspannungen längs der Grenzschicht den Gesamtströmungswiderstand des Körpers ergibt [3, 8, 10].

6.6.4 Strömungswiderstand von Körpern
Drag of solid bodies

Der aus den Schubspannungen längs der Grenzschicht entstehende Widerstand wird Reibungswiderstand, der infolge des durch Strömungsablösung und Wirbelbildung hinter dem Körper verursachten Unterdrucks entstehende Widerstand wird Druckwiderstand genannt. Beide zusammen ergeben den Gesamtwiderstand. Während der Reibungswiderstand mit Hilfe der Grenzschichttheorie weitgehend berechenbar ist, muß der theoretisch schwierig erfaßbare Druckwiderstand im wesentlichen experimentell bestimmt werden. Je nach Körperform überwiegt der Reibungs- oder der Druckwiderstand. Für die Körper auf **Bild 27** beträgt deren Verhältnis a) 100:0, b) 90:10, c) 10:90 bzw. d) 0:100 in Prozent.

Reibungswiderstand. Bei sehr schlanken und stromlinienförmigen Körpern umhüllt die Grenzschicht den ganzen Körper, d.h., es gibt keine Wirbel und keinen Druckwiderstand, sondern nur einen Reibungswiderstand.

$$F_r = c_r (\rho v_0^2/2) A_0$$

(A_0 Oberfläche des umströmten Körpers). Für den Reibungsbeiwert c_r gelten ähnliche Abhängigkeiten wie bei durchströmten Rohren. Zugrunde gelegt werden die Ergebnisse für die umströmte dünne Platte der Länge l (**Bild 27a**): Der Übergang von laminarer zu turbulenter Strömung tritt bei $Re_k = 5 \cdot 10^5$ ein. Hierbei ist $Re = v_0 l/v$.

Der Umschlagpunkt von laminarer in turbulente Strömung auf der Platte liegt also bei $x_u = v Re_k/v_0$. Die Dicke der laminaren Grenzschicht beträgt $\delta = 5 \cdot \sqrt{vx/v_0}$, die der turbulenten Grenzschicht $\delta = 0{,}37 \sqrt[5]{vx^4/v_0}$. Reibungsbeiwerte $c_r = 1{,}327/\sqrt{Re}$ für laminare Strömung, $c_r = 0{,}074/\sqrt[5]{Re}$ für turbulente Strömung-glatte Platte, $c_r = 0{,}418/[2 + \lg(l/k)]^{2,53}$ für turbulente Strömung-rauhe Platte ($k = 0{,}001$ mm für polierte Oberfläche, $k = 0{,}05$ mm für gegossene Oberfläche). Für $k \leq 100 l/Re$ ist die Platte als hydraulisch glatt anzusehen. Diagramm s. [3].

Druckwiderstand (Formwiderstand). Er ergibt sich durch Integration über die Druckkomponenten in Strömungsrichtung vor und hinter dem Körper. Man faßt ihn zusammen zu

$$F_d = c_d (\rho v_0^2/2) A_p$$

(A_p Projektionsfläche des Körpers, auch Schattenfläche genannt). c_d ist durch Messung der Druckverteilung bestimmbar. In der Regel führen die Messungen jedoch sofort zum Gesamtwiderstand.

Gesamtwiderstand. Er setzt sich aus Reibungs- und Druckwiderstand zusammen:

$$F_W = c_w (\rho v_0^2/2) A_p. \tag{35}$$

Für Körper mit rascher Strahlablösung (praktisch reiner Druckwiderstand) hängt c_w nur von der Körperform, für alle anderen Körper von der Reynoldsschen Zahl ab. Für einige Körper können die Widerstandszahlen c_w **Tab. 2** entnommen werden.

Winddruck auf Bauwerke. Die maßgebenden Windgeschwindigkeiten sowie Beiwerte c_w sind DIN 1055 Blatt 4 zu entnehmen.

Luftwiderstand von Kraftfahrzeugen. Der Widerstand wird aus Gl. (35) berechnet, wobei die Widerstandszahlen c_w Tabellen zu entnehmen sind (s. Q2.1.2).

Schwebegeschwindigkeit von Teilchen. Wird ein fallendes Teilchen von unten nach oben mit Luft der Geschwindigkeit v angeblasen, so tritt Schweben ein (**Bild 28**), wenn $F_G = F_A + F_W$, d.h. $\rho_K V g = \rho V g + c_w (\rho_F v^2/2) A_p$ und hieraus $v = \sqrt{4d(\rho_K - \rho_F)g/(3c_w \rho_F)}$ ist.

Reibungswiderstand an rotierenden Scheiben. Bewegt sich eine rotierende dünne Scheibe mit der Winkelgeschwindigkeit ω in einer Flüssigkeit, so bildet sich eine Grenzschicht aus, deren Teilchen an der Oberfläche der Scheibe haften. Die an beiden Seiten auftretenden Reibungskräfte erzeugen ein der Bewegung entgegengesetzt wirkendes Drehmoment (**Bild 29**):

$$M = 2 \int r \, dF_r = 2 \int r c_F \frac{\rho v^2}{2} \, dA = \int_0^{d/2} r c_F \rho \omega^2 r^2 2\pi r \, dr$$

$$= \frac{4\pi c_F}{5} \left(\frac{\rho \omega^2}{2}\right) \left(\frac{d}{2}\right)^5 = c_M \frac{\rho \omega^2}{2} \left(\frac{d}{2}\right)^5.$$

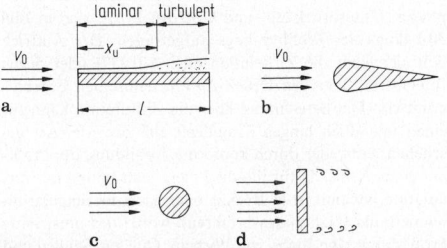

Bild 27 a–d. Strömungswiderstände

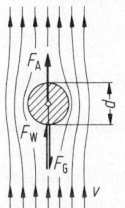

Bild 28. Schwebezustand

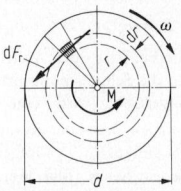

Bild 29. Radscheibenreibung

Tabelle 2. Widerstandszahlen c_w angeströmter Körper

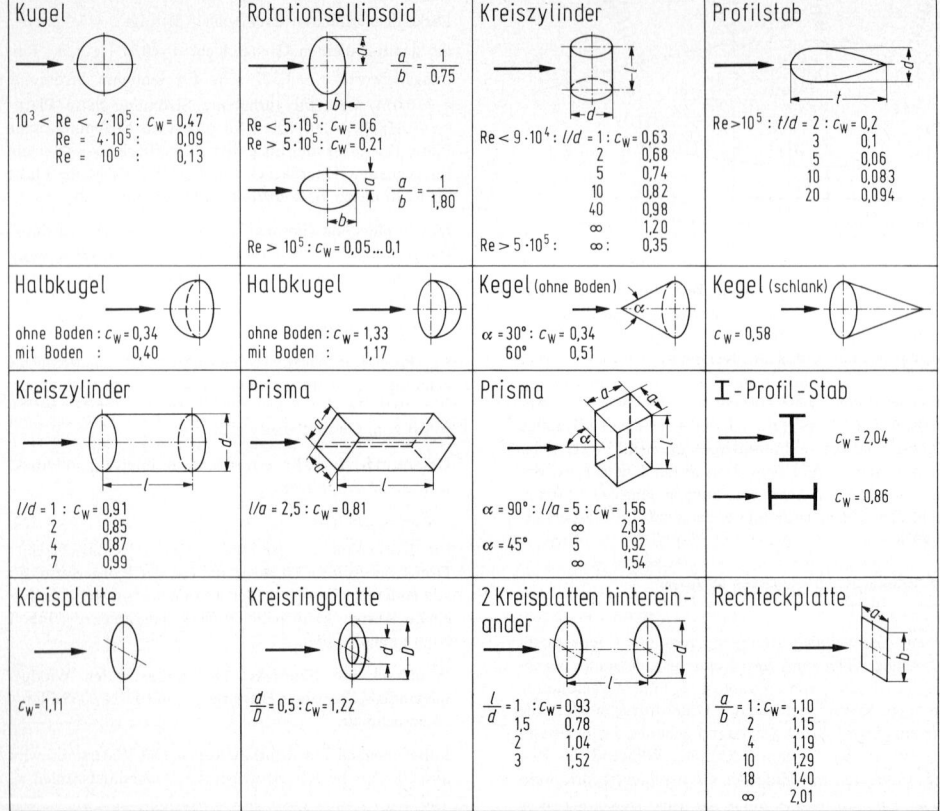

Kugel	Rotationsellipsoid	Kreiszylinder	Profilstab
$10^3 < Re < 2\cdot10^5$: $c_W = 0{,}47$ $\quad Re = 4\cdot10^5$: $\quad0{,}09$ $\quad Re = 10^6$: $\quad0{,}13$	$\frac{a}{b} = \frac{1}{0{,}75}$ $Re < 5\cdot10^5$: $c_W = 0{,}6$ $Re > 5\cdot10^5$: $c_W = 0{,}21$ $\frac{a}{b} = \frac{1}{1{,}80}$ $Re > 10^5$: $c_W = 0{,}05...0{,}1$	$Re < 9\cdot10^4$: $l/d = 1$: $c_W = 0{,}63$ $\quad\quad 2\quad 0{,}68$ $\quad\quad 5\quad 0{,}74$ $\quad\quad 10\quad 0{,}82$ $\quad\quad 40\quad 0{,}98$ $\quad\quad \infty\quad 1{,}20$ $Re > 5\cdot10^5$: $\quad\infty$: $\quad0{,}35$	$Re > 10^5$: $t/d = 2$: $c_W = 0{,}2$ $\quad\quad\quad 3\quad 0{,}1$ $\quad\quad\quad 5\quad 0{,}06$ $\quad\quad\quad 10\quad 0{,}083$ $\quad\quad\quad 20\quad 0{,}094$

Halbkugel	Halbkugel	Kegel (ohne Boden)	Kegel (schlank)
ohne Boden : $c_W = 0{,}34$ mit Boden : $\quad0{,}40$	ohne Boden : $c_W = 1{,}33$ mit Boden : $\quad1{,}17$	$\alpha = 30°$: $c_W = 0{,}34$ $\quad 60°\quad 0{,}51$	$c_W = 0{,}58$

Kreiszylinder	Prisma	Prisma	I - Profil - Stab
$l/d = 1$: $c_W = 0{,}91$ $\quad\quad 2\quad 0{,}85$ $\quad\quad 4\quad 0{,}87$ $\quad\quad 7\quad 0{,}99$	$l/a = 2{,}5$: $c_W = 0{,}81$	$\alpha = 90°$: $l/a = 5$: $c_W = 1{,}56$ $\quad\quad\quad\quad \infty\quad 2{,}03$ $\alpha = 45°\quad 5\quad 0{,}92$ $\quad\quad\quad\quad \infty\quad 1{,}54$	$c_W = 2{,}04$ $c_W = 0{,}86$

Kreisplatte	Kreisringplatte	2 Kreisplatten hintereinander	Rechteckplatte
$c_W = 1{,}11$	$\frac{d}{D} = 0{,}5$: $c_W = 1{,}22$	$\frac{l}{d} = 1$: $c_W = 0{,}93$ $\quad\quad 1{,}5\quad 0{,}78$ $\quad\quad 2\quad 1{,}04$ $\quad\quad 3\quad 1{,}52$	$\frac{a}{b} = 1$: $c_W = 1{,}10$ $\quad\quad 2\quad 1{,}15$ $\quad\quad 4\quad 1{,}19$ $\quad\quad 10\quad 1{,}29$ $\quad\quad 18\quad 1{,}40$ $\quad\quad \infty\quad 2{,}01$

Für den Drehmomentenbeiwert c_M gilt in Abhängigkeit von der Reynoldsschen Zahl $Re = \omega d^2/(2\nu)$ nach [1] bei:

ausgedehnten ruhenden Flüssigkeiten

für $Re < 5\cdot10^5$ (laminare Strömung) $\quad c_M = 5{,}2/\sqrt{Re}$,

für $Re > 5\cdot10^5$ (turbulente Strömung) $c_M = 0{,}168/\sqrt[5]{Re}$,

Flüssigkeiten in Gehäusen (hier ist s der Abstand zwischen Scheibe und Gehäusewand)

für $\;Re < 3\cdot10^4 \quad\quad c_M = 2\pi d/(sRe)$,

für $\;3\cdot10^4 < Re < 6\cdot10^5 \;\; c_M = 3{,}78/\sqrt{Re}$,

für $\;Re > 6\cdot10^5 \quad\quad c_M = 0{,}0714/\sqrt[5]{Re}$.

6.6.5 Tragflügel und Schaufeln. Aerofoils and blades

Ein unter dem Anstellwinkel α mit v_0 angeströmter Tragflügel erfährt eine Auftriebskraft F_A senkrecht zur Anströmrichtung und eine Widerstandskraft F_W parallel zur Strömungsrichtung (**Bild 30a, b**):

$$F_A = c_a(\rho v_0^2/2)A, \quad F_W = c_w(\rho v_0^2/2)A. \quad\quad (36a, b)$$

Hierbei ist c_a der Auftriebsbeiwert und A die senkrecht auf die Sehne l projizierte Flügelfläche.
Angestrebt wird eine möglichst günstige Gleitzahl $\varepsilon = c_w/c_a$. Aus der Resultierenden $F_R = \sqrt{F_A^2 + F_W^2}$ sowie $\beta = \arctan(F_W/F_A)$ folgen die Kräfte normal und tangential zur Sehne (**Bild 30c**):

$$F_n = F_R\cos(\beta - \alpha), \quad F_t = F_R\sin(\beta - \alpha).$$

Die Lage des Angriffspunkts der Resultierenden auf der Sehne (Druckpunkt D) wird durch die Entfernung s vom Anfangspunkt der Sehne bzw. durch den Momentenbeiwert c_m festgelegt: $F_n s = F_n' l = c_m(\rho v_0^2/2)Al$ (F_n' ist eine gedachte, an der Hinterkante wirksame Kraft). Mit $F_n \approx F_A = c_a(\rho v_0^2/2)A$ ergibt sich $s = (c_m/c_a)l$.

Auftrieb. Allein maßgebend für den Auftrieb ist nach dem Satz von Kutta-Joukowski (s. B6.5.2) die Zirkulation Γ :

$$F_A = \rho v_0 \Gamma = \rho v_0 2\pi C = c_a(\rho v_0^2/2)A. \quad\quad (37)$$

Die Konstante C wird so bestimmt, daß die Strömung an der Hinterkante glatt abfließt (Kuttasche Abflußbedingung; die Hinterkante wird nicht umströmt). Infolge der Zirkulation wird die Strömung auf der Oberseite (Saugseite) schneller und auf der Unterseite (Druckseite) langsamer, d.h., entsprechend der Bernoullischen Gleichung $\rho v^2/2 + p = $ const wird der Druck oben kleiner und unten größer. Unterdruck Δp_1 und Überdruck Δp_2 sind in **Bild 30d** längs des Profilumfangs aufgetragen. Der Auftrieb läßt sich über die Zirkulation nach Gl. (37) oder durch Integration über den Druck Δp mit demselben Ergebnis ermitteln. Die Berechnung über die Zirkulation kann für einen unendlich langen Tragflügel auf zweierlei Art geschehen: entweder durch konforme Abbildung des Profils auf einen Kreis, da für ihn die Potentialströmung mit Zirkulation bekannt ist (s. B6.5.2), oder nach der Singularitätenmethode (Näherungsverfahren), wobei das umströmte Profil durch eine Reihe von Wirbeln, Quellen, Senken und Dipolen angenähert wird [3].

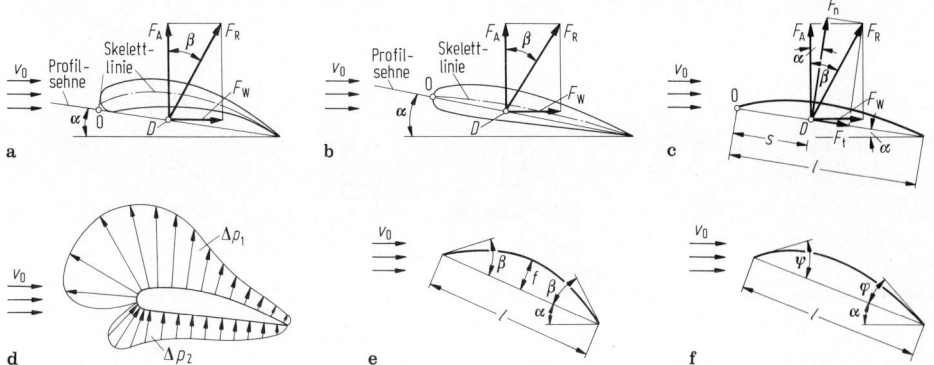

Bild 30. Tragflügel. **a** gewölbtes Profil; **b** Tropfenprofil; **c** Kraftzerlegung; **d** Druckverteilung; **e** und **f** dünnwandige Profile

Mit diesen Methoden ergibt sich für ein Kreisbogenprofil der Wölbung f (**Bild 30e**) der Auftriebsbeiwert $c_a = 2\pi\sin(\alpha + \beta/2) \approx 2\pi(\alpha + 2f/l)$ und für ein beliebig gekrümmtes Profil mit den Endwinkeln ψ und φ (**Bild 30f**) $c_a = 2\pi\sin(\alpha + \psi/8 + 3\varphi/8)$. Das Ergebnis für das Kreisbogenprofil kann als gute Näherung für alle Profile verwendet werden, wenn der Anstellwinkel nicht zu groß ist. Der Auftrieb wächst also linear mit dem Anstellwinkel und der relativen Wölbung f/l. Für $\alpha_0 = -2f/l$ wird der Auftrieb Null.

Bei Tragflügeln endlicher Länge erzwingt der Druckunterschied zwischen Unter- und Oberseite eine Strömung zu den Flügelenden hin, da dort der Druckunterschied Null sein muß (**Bild 31**), d.h., es liegt eine räumliche Strömung vor, die nicht mehr mit den Methoden der ebenen Potentialtheorie erfaßbar ist. Dabei nimmt der Auftrieb (und damit die Zirkulation) von der Mitte zu den Enden hin stetig auf Null ab und zwar angenähert ellipsenförmig.

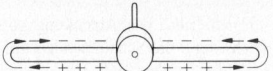

Bild 31. Querströmung am Tragflügel

Am Flügelende entsteht dabei dauernd eine Zirkulation, die in Form freier Wirbel abschwimmt und aufgrund ihres Energieverbrauchs den „induzierten Widerstand" hervorruft.

Widerstandskraft. Der Gesamtwiderstand nach Gl. (36b) setzt sich aus dem Reibungs- und Druckwiderstand (s. B6.6.4) sowie dem induzierten Widerstand infolge Wirbelbildung an den Flügelenden zusammen: $F_W = F_{Wo} + F_{Wi}$, $c_w = c_{wo} + c_{wi}$. Für den Beiwert des induzierten Widerstands gilt bei elliptischer Auftriebsverteilung nach Prandtl

$$c_{wi} = \lambda c_a^2/\pi, \tag{38}$$

wobei $\lambda = A/b^2$ das sogenannte Seitenverhältnis und b die Spannweite des Flügels ist. Der induzierte Widerstand nimmt also quadratisch mit dem Auftrieb bzw. linear mit dem Seitenverhältnis zu. Der Profilwiderstandsbeiwert c_{wo} ist unabhängig von λ und ändert sich nur geringfügig mit c_a bzw. α.

Polardiagramm. Die errechneten oder gemessenen Werte c_a, c_w und c_m werden im Polardiagramm aufgetragen, in **Bild 32a** z.B. für das Göttinger Profil 593 mit $\lambda = 1:5$. Hierbei bilden die Koeffizienten c_w und c_m die Abszisse und der Koeffizient c_a die Ordinate. Die zu den einzelnen Werten gehörenden Anstellwinkel α sind ebenfalls eingetragen. Strichpunktiert ist die Parabel des induzierten Widerstands nach Gl. (38) dargestellt. Die Gerade g zu einem Punkt der c_w-Kurve hat die Steigung $\tan\gamma = c_w/c_a = \varepsilon$. Der Winkel γ kann als Gleitwinkel eines antriebslosen Flugzeugs (**Bild 32b**) gedeutet werden. **Bild 32c** zeigt für

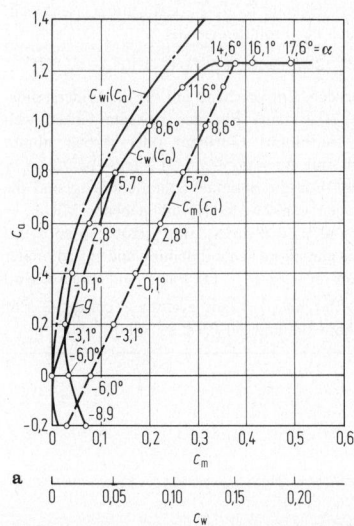

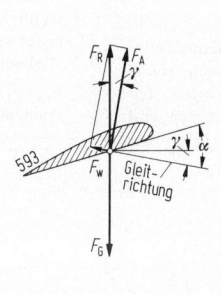

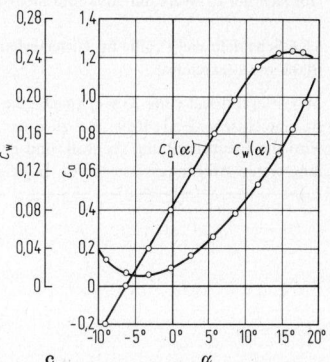

Bild 32. Tragflügel-Theorie. **a** Polardiagramm; **b** Gleitwinkel; **c** Auftriebs- und Widerstandsbeiwert

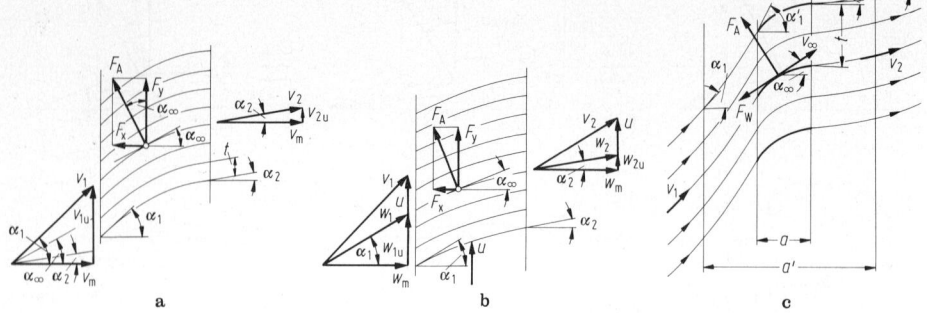

Bild 33a–c. Schaufelgitter

dasselbe Profil die Werte c_a und c_w als Funktion des Anstellwinkels α. Bis etwa $13°$ nimmt der Auftrieb linear mit dem Anstellwinkel zu, er erreicht bei $15°$ seinen Höhepunkt und nimmt dann wieder ab. Die Ursache für diese Abnahme ist im Abreißen der Strömung auf der Oberseite des Profils zu finden, das einer Verkleinerung des Anstellwinkels gleichzusetzen ist. Der Widerstandskoeffizient c_w ist für den Anstellwinkel $\alpha = -4°$ minimal; er nimmt nach beiden Seiten quadratisch zu.

Allgemeine Ergebnisse. Vergleicht man geometrisch ähnliche Profile, so gelten für c_a, c_w und α

$$c_{a2} = c_{a1} = c_a, \quad c_{w2} = c_{w1} + (c_a^2/\pi)(A_2/b_2^2 - A_1/b_1^2),$$
$$\alpha_2 = \alpha_1 + (c_a/\pi)(A_2/b_2^2 - A_1/b_1^2). \tag{39}$$

Der Auftrieb, aber auch der Profilwiderstand, nehmen bei gleichem Skelett mit wachsender Profildicke zu. Bei gleicher Dicke wird der Auftrieb mit zunehmender Wölbung größer. Unterhalb $Re = vl/v = 60000...80000$ (unterkritischer Bereich) sind Profile wesentlich ungünstiger als Schaufeln. Der Auftrieb nimmt bis maximal $c_a = 0,3...0,4$ ab, je nach Dicke der Profile, während der Widerstand stark zunimmt. Im überkritischen Bereich wird der Auftrieb mit Re bei mäßig gewölbten Profilen größer, bei stark gewölbten Profilen kleiner. Klappen am hinteren Ende und Vorflügel vergrößern den Auftrieb erheblich, ebenso Absaugen der Luft oder Ausblasen von Gasstrahlen am Flügelende. Bei großen Re-Zahlen ist der laminare Reibungswiderstand wesentlich kleiner als der turbulente. Bei geeigneter Formgebung wird der Umschlagpunkt möglichst weit ans Ende des Profils verlegt (Laminarflügel), z.B., indem die dickste Stelle des Profils nach hinten verschoben und die Grenzschicht abgesaugt wird. Hierdurch läßt sich der c_w-Wert um 50% und mehr vermindern.

6.6.6 Schaufeln und Profile im Gitterverband
Blade rows (cascades)

Im Gitterverband (**Bild 33a–c**) spielen die Reibungsverluste eine entscheidende Rolle. Bei zu enger Schaufelteilung wird die Flächenreibung zu groß, und bei zu weiter Teilung treten Ablösungsverluste auf. In beiden Fällen wird

der Wirkungsgrad verschlechtert. Die günstigste Schaufelteilung wird nach den Ergebnissen von Zweifel [1] ermittelt. Nachfolgend werden Gitter ohne Reibungsverluste betrachtet:

a) *ruhendes Gitter mit unendlicher Schaufelzahl.* Aus der Kontinuitätsgleichung folgt $v_m = v_1 \cos\alpha_1 = v_2 \cos\alpha_2 = \text{const}$, und aus dem Impulssatz und der Bernoullischen Gleichung folgen

$$F_y = bt\rho v_m(v_{1u} - v_{2u}), \quad F_x = bt\rho(v_1^2 - v_2^2)/2 \tag{40}$$

(b Gittertiefe senkrecht zur Zeichenebene). Ferner gilt

$$\tan\alpha_\infty = F_x/F_y = \left(\frac{v_{1u} + v_{2u}}{2}\right)\Big/ v_m, \quad F_A = \sqrt{F_x^2 + F_y^2}. \tag{41}$$

b) *bewegtes Gitter mit unendlicher Schaufelzahl.* Bewegt sich das Gitter mit der Geschwindigkeit u, so gelten die Gln. (40) und (41), wenn man dort die Absolutgeschwindigkeiten v durch die Relativgeschwindigkeiten w ersetzt. Die Kraft F_y erbringt die Leistung

$$P = F_y u = bt\rho w_m u(w_{1u} - w_{2u}).$$

c) *Gitter mit endlicher Schaufelzahl.* Die Ablenkung von α_1 nach α_2 ist nur möglich, wenn die Schaufelenden aufgewinkelt oder so ausgebildet werden, daß $\alpha_1 < \alpha_1'$ und $\alpha_2 > \alpha_2'$. Die Gln. (40) und (41) gelten für die ausgeglichene Strömung, d.h. für die Ersatzgitterbreite a'. Die auf eine Schaufel wirkende Kraft F_A steht auf α_∞ senkrecht und kann nach der Profiltheorie aus

$$F_A = c_a(\rho v_\infty^2/2)bl \quad \text{und} \quad v_\infty = \sqrt{v_m^2 + [(v_{1u} + v_{2u})/2]^2}$$

berechnet werden. Entsprechend gilt für die Widerstandskraft $F_W = c_w(\rho v_\infty^2/2)bl$. Für das bewegte Gitter, welches Arbeit aufnimmt (Turbine) oder Arbeit abgibt (Pumpe), gilt mit $\Delta p = (p_2 + \rho v_2^2/2) - (p_1 + \rho v_1^2/2)$ $c_a = 2t\Delta p/(uw_\infty\rho l)$. Für die optimale Schaufelteilung sind die Untersuchungen von Zweifel [1] maßgebend: Mit $F_A = \psi_A(\rho w_2^2/2)l$ und $\psi_A = (2\sin^2\alpha_2/\sin\alpha_\infty)(\cot\alpha_2 - \cot\alpha_1)t/l$ ergibt sich die günstigste Schaufelteilung und ein optimaler Wirkungsgrad für $0,9 < \psi_A < 1,0$. Für F_y gilt entsprechend $F_y = \psi_T(\rho w_2^2/2)a$ mit $\psi_T = 2\sin^2\alpha_2(\cot\alpha_2 - \cot\alpha_1)t/a$. Für optimale Schaufelteilung gilt $0,9 < \psi_T < 1,0$.

7 Ähnlichkeitsmechanik
Similarity mechanics

7.1 Allgemeines. Introduction

Die Ähnlichkeitsmechanik hat die Aufgabe, Gesetze aufzustellen, nach denen am (in der Regel verkleinerten) Modell gewonnene Versuchsergebnisse auf die wirkliche Ausführung (Hauptausführung) übertragen werden können. Modellversuche sind erforderlich, wenn eine exakte mathematisch-physikalische Lösung eines technischen Problems nicht möglich ist, oder wenn es gilt, theoretische Grundlagen und Arbeitshypothesen in Versuchen zu bestätigen. Die Modellgesetze der Ähnlichkeitsmechanik bilden somit die Grundlage für das umfangreiche Versuchswesen in der Statik, Festigkeitslehre, Schwingungslehre, Strömungslehre, dem Schiffs- und Schiffsmaschinenbau, Flugzeugbau, Wasser- und Wasserturbinenbau, für wärmetechnische Probleme usw.

Physikalische Ähnlichkeit [1]. Voraussetzung ist die geometrisch ähnliche, d.h. winkeltreue (formtreue) Ausführung des Modells (Winkel haben keine Einheit, daher ist ihr Übertragungsmaßstab stets gleich 1). Vollkommene mechanische Ähnlichkeit liegt vor, wenn alle am physikalischen Prozeß beteiligten Größen wie Wege, Zeiten, Kräfte, Spannungen, Geschwindigkeiten, Drücke, Arbeiten usw. entsprechend den physikalischen Gesetzen ähnlich übertragen werden. Dies ist jedoch im allgemeinen nicht möglich, da zur Übertragung nur die SI-Basiseinheiten m, kg, s und K bzw. deren Maßstabsfaktoren zur Verfügung stehen, ergänzt durch Stoffparameter wie Dichte ρ, Elastizitätsmodul E usw. Daraus folgt, daß nur eine beschränkte Anzahl physikalischer Grundgleichungen ähnlich übertragbar ist, d.h., nur unvollkommene Ähnlichkeit ist in der Regel realisierbar.

Maßstabsfaktoren. Für die Grundgrößen Länge l, Zeit t, Kraft F und Temperatur T besteht zwischen der wirklichen Ausführung (H) und dem Modell (M) geometrische, zeitliche, dynamische oder thermische Ähnlichkeit, wenn

$$l_M/l_H = l_V, \quad t_M/t_H = t_V, \quad F_M/F_H = F_V \quad \text{oder}$$
$$T_M/T_H = T_V$$

für alle Punkte des Systems eingehalten wird (l_V, t_V, F_V und T_V sind Verhältniszahlen, die sog. Maßstabsfaktoren).

Einheiten. Hat eine physikalische Größe $B = F^{n_1} l^{n_2} t^{n_3} T^{n_4}$ die Einheit $N^{n_1} m^{n_2} s^{n_3} K^{n_4}$, so folgt der Übertragungsmaßstab $B_V = B_M/B_H$ direkt aus der Einheit zu $B_V = F_V^{n_1} l_V^{n_2} t_V^{n_3} T_V^{n_4}$. Zum Beispiel ergibt sich das Übertragungsgesetz für die mechanische Arbeit W direkt aus der Einheit Nm zu $W_V/W_H = F_V l_V$ anstelle der umständlicheren Form $W_M/W_H = (F_M l_M)/(F_H l_H) = F_V l_V$.

Kennzahlen. Die an einem Vorgang maßgeblich beteiligten, mit Einheiten behafteten Einflußgrößen lassen sich in Form von Potenzprodukten zu Kennzahlen zusammenfassen, die keine Einheit haben (z.B. Froudesche Kennzahl, Reynoldssche Kennzahl). Dadurch wird die Zahl der Veränderlichen reduziert, und jede maßgebliche Vorgang bestimmende Gleichung bzw. Differentialgleichung läßt sich in eine Funktion der einheitenlosen Kennzahlen umformen. Dabei gilt nach [1]: Das Verhältnis zweier Größen beliebiger Art läßt sich ersetzen durch das Verhältnis beliebiger anderer Größen, sofern die neuen Größen auf dieselben Einheiten führen wie die ersten.

Erweiterte Ähnlichkeit. Häufig läßt sich strenge Ähnlichkeit wegen der großen Zahl der Einflußgrößen nicht erzie-

len. Man beschränkt sich dann (auch aus Ersparnisgründen) auf die Ähnlichkeit der bei einem Vorgang dominierenden Größen und verfügt über die restlichen frei.

7.2 Ähnlichkeitsgesetze (Modellgesetze)
Similarity laws

7.2.1 Statische Ähnlichkeit. Static similarity

Maßstabsfaktor für Gewichtskräfte. Für Gewichtskräfte $F_M = \rho_M V_M g_M$ am Modell und $F_H = \rho_H V_H g_H$ an der Hauptausführung (V Volumen, g Fallbeschleunigung) folgt das Übertragungsgesetz

$$F_M/F_H = \rho_M V_M g_M/(\rho_H V_H g_H), \quad \text{d.h.}$$
$$F_{V1} = (\rho_M/\rho_H) l_V^3 \tag{1}$$

(da auf der Erde $g_M = g_H$ ist). Bei freier Wahl von ρ_M, ρ_H und l_V legt diese Gleichung also den Kräftemaßstab fest.

Beispiel: Von der wirklichen Ausführung einer Stahlkonstruktion ($\rho_H = 7850 \, kg/m^3$) soll ein Modell aus Aluminium ($\rho_M = 2700 \, kg/m^3$) im Maßstab $l_V = l_M/l_H = 1:10$ hergestellt werden, welches die Eigengewichtskräfte mechanisch ähnlich wiedergibt. In welchem Verhältnis stehen dann die Eigengewichtskräfte bzw. müssen sonstige eingeprägte Kräfte stehen? In welchem Verhältnis werden die Spannungen und (Hookeschen) Formänderungen übertragen ($E_H = 210 \, kN/mm^2$, $E_M = 70 \, kN/mm^2$)? − Nach Gl. (1) wird $F_{V1} = (2{,}70/7{,}85)/10^3 = 1/2907 = F_M/F_H$, d.h., die Kräfte am Modell sind 2907mal kleiner. Für die Spannungen folgt $\sigma_M/\sigma_H = F_V/l_V^2 = 100/2907 = 1/29 = \sigma_V$. Für die Formänderungen ergibt sich aus $\Delta l = l\sigma/E$ das Verhältnis

$$\Delta l_M/\Delta l_H = \Delta l_V = l_V \sigma_V E_H/E_M = (1/10)(1/29)210/70 = 1/96{,}7.$$

Maßstabsfaktor für gleiche Dehnungen (für sog. elastische Kräfte). Sollen die elastischen (Hookeschen) Dehnungen am Modell und an der Hauptausführung gleich sein, folgt für die Kräfte aus der Bedingung

$$\varepsilon_M = F_M/(E_M A_M) = \varepsilon_H = F_H/(E_H A_H)$$
$$F_M/F_H = E_M A_M/(E_H A_H), \quad \text{d.h.} \quad F_{V2} = (E_M/E_H) l_V^2. \tag{2}$$

Hookesches Modellgesetz: Zwei Körper sind bezüglich der elastischen Dehnungen mechanisch ähnlich, wenn die Hookeschen Kennzahlen Ho übereinstimmen:

$$Ho = F_M/(E_M l_M^2) = F_H/(E_H l_H^2). \tag{3}$$

Beispiel: Von einem Knickstab aus Stahl wird ein maßstabgetreues Modell im Verhältnis $l_V = 1:8$ aus Aluminium hergestellt ($E_H = 210 \, kN/mm^2$, $E_M = 70 \, kN/mm^2$) und am Modell eine Knickkraft von 1,2 kN gemessen. Wie groß ist die Knickkraft F_K der wirklichen Ausführung, und in welchem Verhältnis stehen die Spannungen sowie Deformationen zueinander? − $F_V = (70/210)/64 = 1/192$; $F_K = 192 \cdot 1{,}2 \, kN = 230{,}4 \, kN$; $\sigma_V = \sigma_M/\sigma_H = F_V/l_V^2 = 1/3{,}0$; $\Delta l_M/\Delta l_H = l_V \sigma_V E_H/E_M = 1/8{,}0$.

Gleichzeitige Berücksichtigung von Gewichts- und elastischen Kräften. Sollen gleichzeitig Gewichtskräfte und elastische Dehnungen mechanisch ähnlich übertragen werden, so müssen die Kräftemaßstäbe nach Gl. (1) und Gl. (2) gleich sein. Aus $F_{V1} = F_{V2}$ folgt

$$(\rho_M/\rho_H) l_V^3 = (E_M/E_H) l_V^2, \quad \text{d.h.}$$
$$l_V = (E_M/E_H)(\rho_H/\rho_M). \tag{4}$$

Der Längenmaßstab ist nicht mehr frei wählbar; er hängt nur noch von den Stoffparametern ab.

Beispiel: Für das erste Beispiel in B 7.2.1 wird für mechanische Ähnlichkeit mit Gewichtskräften und Dehnungen der Maßstabsfaktor gesucht. − $l_V = (70/210)/(7850/2700) = 1:1{,}03$, d.h., eine gleichzeitige Berücksichtigung von Gewichtskräften und Dehnungen ist nur an der wirklichen Ausführung möglich. Deshalb beschränkt man sich auf die erweiterte Ähnlichkeit, indem für den Maßstab 1:10

B

die Ähnlichkeit der elastischen Kräfte erfüllt wird. Dann ergibt sich nach Gl. (2) $F_V = (70/210)/100 = 1/300 = F_M/F_H$, während die Gewichtskräfte im Verhältnis 1/2907 übertragen werden. Die Differenz der Gewichtskräfte $[(1/300)-(1/2907)] \cdot F_{GH}$ läßt sich als äußere Zusatzlast am Modell anbringen.

7.2.2 Dynamische Ähnlichkeit. Dynamic similarity

Ähnlichkeitsgesetz von Newton-Bertrand. Beschleunigte Bewegungsvorgänge genügen dem Newtonschen Grundgesetz $F = ma$. Daraus folgt für den Kräftemaßstab bei mechanischer Ähnlichkeit der Trägheitskräfte an Modell und Hauptausführung mit $a_V = l_V/t_V^2$

$$F_M/F_H = \rho_M V_M a_M/(\rho_H V_H a_H), \quad \text{d.h.}$$
$$F_{V3} = (\rho_M/\rho_H)(l_V^4/t_V^2). \tag{5}$$

Bei alleiniger Wirkung der Trägheitskräfte sowie freier Wahl von ρ_M, ρ_H, l_V und t_V legt Gl. (5) den Kräftemaßstab fest. Daraus folgt

$$F_M/[\rho_M(l_M/t_M)^2 l_M^2] = F_H/[\rho_H(l_H/t_H)^2 l_H^2]$$

und mit $l_M/t_M = v_M$ und $l_H/t_H = v_H$

$$Ne = F_M/(\rho_M v_M^2 l_M^2) = F_H/(\rho_H v_H^2 l_H^2). \tag{6}$$

Newtonsches Ähnlichkeitsgesetz: Zwei Vorgänge sind bezüglich der Trägheitskräfte ähnlich, wenn die Newtonschen Kennzahlen Ne übereinstimmen.

Beispiel: Für einen auf horizontaler Bahn bewegten Wagen aus Stahl ($\rho_H = 7850 \text{ kg/m}^3$, $V_H = 1 \text{ m}^3$, $F_H = 10 \text{ kN}$) soll ein Modell aus Holz ($\rho_M = 600 \text{ kg/m}^3$) im Maßstab 1 : 20 hergestellt werden. Welche Kräfte müssen am Modell angreifen, wenn der Zeitmaßstab $t_V = t_M/t_H = 1 : 100$ sein soll? In welchem Verhältnis werden die Geschwindigkeiten und Beschleunigungen übersetzt? – $F_{V3} = (600/7850)(100^2/20^4) = 1/209{,}3$; $F_M = F_H F_{V3} = 47{,}8 \text{ N}$; $v_M/v_H = l_V/t_V = 100/20 = 5$; $a_M/a_H = l_V/t_V^2 = 100^2/20 = 500$.

Ähnlichkeitsgesetz von Cauchy. Sind bei einem Bewegungsvorgang Trägheitskräfte und elastische Kräfte maßgeblich beteiligt, so folgt aus $F_{V3} = F_{V2}$ nach den Gln. (5) und (2)

$$t_V = l_V \sqrt{(E_H/E_M)(\rho_M/\rho_H)}; \tag{7}$$

d.h., nur der Längenmaßstab (oder der Zeitmaßstab) ist noch frei wählbar. Mit $t_V = t_M/t_H$ und $l_V = l_M/l_H$ folgt daraus $v_M/v_H = \sqrt{(E_M/E_H)(\rho_H/\rho_M)}$ bzw.

$$Ca = v_M/\sqrt{E_M/\rho_M} = v_H/\sqrt{E_H/\rho_H}. \tag{8}$$

Cauchys Ähnlichkeitsgesetz: Zwei Vorgänge, die überwiegend unter Einfluß von Trägheits- und elastischen Kräften stehen, sind mechanisch ähnlich, wenn ihre Cauchyschen Kennzahlen Ca übereinstimmen.

Ähnlichkeitsgesetz von Froude. Sind bei einem Bewegungsvorgang Trägheitskräfte und Gewichtskräfte überwiegend beteiligt, so folgt aus $F_{V1} = F_{V3}$ nach den Gln. (1) und (5)

$$t_V = \sqrt{l_V}; \tag{9}$$

d.h., nur der Längenmaßstab (oder der Zeitmaßstab) ist noch frei wählbar. Daraus folgt $t_M^2/t_H^2 = l_M/l_H$ bzw. $l_M^2/(l_M t_M^2) = l_H^2/(l_H t_H^2)$ und somit

$$Fr = v_M^2/(l_M g_M) = v_H^2/(l_H g_H). \tag{10}$$

Froudesches Modellgesetz: Zwei Vorgänge sind hinsichtlich der Trägheitskräfte und der Gewichtskräfte mechanisch ähnlich, wenn die Froudeschen Kennzahlen Fr übereinstimmen.

Beispiel: Von einem physikalischen Pendel aus Stahl ($\rho_H = 7850 \text{ kg/m}^3$) soll ein Modell aus Holz ($\rho_M = 600 \text{ kg/m}^3$) im Maßstab 1 : 4 hergestellt werden. Wie groß ist der Übertra-

gungsmaßstab t_V, wie verhalten sich Kräfte, Spannungen, Frequenzen, Geschwindigkeiten und Beschleunigungen zueinander? – $t_V = \sqrt{1/4} = 1/2$; $F_V = F_M/F_H = (600/7850)/64 = 1/837$; $\sigma_M/\sigma_H = F_V/l_V^2 = 1/52$; $\omega_M/\omega_H = t_H/t_M = 1/t_V = 2{,}0$; $v_M/v_H = l_V/t_V = 2/4 = 1/2$; $a_M/a_H = l_V/t_V^2 = 4/4 = 1{,}0$.

Ähnlichkeitsgesetz von Reynolds. Sind bei einem Bewegungsvorgang Trägheitskräfte und Reibungskräfte Newtonscher Flüssigkeiten überwiegend beteiligt, so folgt für letztere mit $F = \eta(\mathrm{d}v/\mathrm{d}z)A$ nach B6.2 Gl. (8) der Kräftemaßstab

$$\frac{F_M}{F_H} = \frac{\eta_M}{\eta_H} \cdot \frac{\mathrm{d}v_M/\mathrm{d}z_M}{\mathrm{d}v_H/\mathrm{d}z_H} \cdot \frac{A_M}{A_H}, \quad \text{d.h.} \quad F_{V4} = \frac{\eta_M}{\eta_H} \cdot \frac{l_V^2}{t_V} \tag{11}$$

und damit aus $F_{V4} = F_{V3}$ nach den Gln. (11) und (5)

$$t_V = (\rho_M/\rho_H)(\eta_H/\eta_M)l_V^2 = (v_H/v_M)l_V^2; \tag{12}$$

η absolute, $v = \eta/\rho$ kinematische Zähigkeit. Nur der Längenmaßstab ist noch frei wählbar und im Rahmen der zur Verfügung stehenden Medien der Stoffparameter v_M. Aus Gl. (12) folgt $t_M/t_H = (v_H/v_M)l_M^2/l_H^2$, d.h.

$$Re = v_M l_M/v_M = v_H l_H/v_H. \tag{13}$$

Reynoldssches Ähnlichkeitsgesetz: Zwei Strömungen zäher Newtonscher Flüssigkeiten sind unter überwiegendem Einfluß der Trägheits- und Reibungskräfte mechanisch ähnlich, wenn die Reynoldsschen Zahlen Re übereinstimmen.

Beispiel: Der Strömungswiderstand eines Einbauteils in einer Ölleitung soll im Modellversuch im Maßstab 1 : 10 mittels Messung des Druckabfalls bestimmt werden, wobei Wasser als Modellmedium vorgesehen ist. Wie verhalten sich die Strömungsgeschwindigkeiten und die Kräfte bzw. der Druckabfall ($v_M = 10^{-6} \text{ m}^2/\text{s}$; $v_H = 1{,}1 \cdot 10^{-4} \text{ m}^2/\text{s}$; $\eta_M = 10^{-3} \text{ Ns/m}^2$; $\eta_H = 10^{-1} \text{ Ns/m}^2$)? – $l_V = l_M/l_H = 1/10$; $v_V = v_M/v_H = (v_M/v_H)/l_V = (10^{-6}/1{,}1 \cdot 10^{-4})/(1/10) = 1/11$; $F_V = F_M/F_H = (\eta_M/\eta_H)l_V^2/t_V = (\eta_M/\eta_H)v_V l_V = (10^{-3}/10^{-1})(1/11)(1/10) = 1/11000$; $\Delta p_M/\Delta p_H = (F_M/F_H)/l_V^2 = 100/11000 = 1/110$.

Ähnlichkeitsgesetz von Weber. Sind an einem Vorgang neben den Trägheitskräften die Oberflächenspannungen σ, d.h. die Oberflächenkräfte $F_\sigma = \sigma l$, überwiegend beteiligt (wobei σ als Materialkonstante aufzufassen ist), so folgt als Übertragungsmaßstab für die Oberflächenkräfte

$$F_{\sigma M}/F_{\sigma H} = \sigma_M l_M/(\sigma_H l_H), \quad \text{d.h.} \quad F_{V5} = (\sigma_M/\sigma_H)l_V \tag{14}$$

und damit aus $F_{V5} = F_{V3}$ gemäß den Gln. (14) und (5)

$$(\rho_M/\sigma_M)l_M^3/t_M^2 = (\rho_H/\sigma_H)l_H^3/t_H^2 \quad \text{bzw.}$$
$$We = \rho_M v_M^2 l_M/\sigma_M = \rho_H v_H^2 l_H/\sigma_H. \tag{15}$$

Webersches Ähnlichkeitsgesetz: Vorgänge unter überwiegendem Einfluß von Trägheits- und Oberflächenkräften sind mechanisch ähnlich, wenn die Weberschen Kennzahlen We übereinstimmen.

Weitere Ähnlichkeitsgesetze für Strömungsprobleme. Eulersche Kennzahl: Bei Strömungsproblemen, bei denen die Reibung vernachlässigt werden kann, d.h. bei denen Druck- und Trägheitskräfte überwiegen (z.B. bei der Messung des Staudrucks Δp), liegt mechanische Ähnlichkeit vor, wenn die Eulerschen Kennzahlen Eu gleich sind:

$$Eu = \Delta p_M/(\rho_M v_M^2) = \Delta p_H/(\rho_H v_H^2). \tag{16}$$

Machsche Kennzahl: Bei gasförmigen Fluiden, deren Strömungsgeschwindigkeit nahe der Schallgeschwindigkeit c liegt, herrscht mechanische Ähnlichkeit, wenn die Machschen Kennzahlen Ma gleich sind:

$$Ma = v_M/c_M = v_H/c_H. \tag{17}$$

7.2.3 Thermische Ähnlichkeit. Thermal similarity

Ähnlichkeitsgesetz von Fourier. Für den instationären Wärmeleitungsvorgang gilt die Fouriersche Differentialgleichung

$$\frac{\partial T}{\partial t} = b\left(\frac{\partial^2 T}{\partial x^2} + \frac{\partial^2 T}{\partial y^2} + \frac{\partial^2 T}{\partial z^2}\right); \quad (18)$$

$b = \lambda/(c\rho)$ Temperaturleitfähigkeit, λ Wärmeleitfähigkeit, c spezifische Wärmekapazität, ρ Dichte. Nach der Regel über die Einheiten folgt

$$T_V/t_V = (b_M/b_H)(T_V/l_V^2) \quad \text{bzw.} \quad t_V = (b_H/b_M)l_V^2 \quad (19)$$

und hieraus

$$Fo = t_M b_M/l_M^2 = t_H b_H/l_H^2. \quad (20)$$

Fouriersches Ähnlichkeitsgesetz: Zwei Wärmeleitungsvorgänge sind ähnlich, wenn die Fourierschen Kennzahlen Fo übereinstimmen (s. D 10.4).

Beispiel: Für ein Modell im Maßstab 1:10 folgt bei gleichem Material ($b_M = b_H$): $t_M = (l_M/l_H)^2 t_H = (1/100)t_H$, d.h., die Temperaturverteilung im Modell ist bei 1/100 der Zeit in der Hauptausführung erreicht.

Ähnlichkeitsgesetz von Péclet. Sollen zwei Strömungsvorgänge hinsichtlich der Wärmeleitung thermisch übereinstimmen, so müssen die Pécletschen Kennzahlen Pe gleich sein:

$$Pe = v_M l_M/b_M = v_H l_H/b_H. \quad (21)$$

Ähnlichkeitsgesetz von Prandtl. Sollen zwei Strömungsvorgänge hinsichtlich der Wärmeleitung und Wärmekonvektion übereinstimmen, so müssen die Reynoldsschen und die Pécletschen Kennzahlen übereinstimmen. Daraus ergibt sich eine Gleichheit der Prandtlschen Kennzahlen Pr:

$$Pr = Pe/Re = v_M/b_M = v_H/b_H. \quad (22)$$

Ähnlichkeitsgesetz von Nußelt. Für den Wärmeübergang zwischen zwei Stoffen besteht Ähnlichkeit, wenn die Nußeltschen Kennzahlen Nu übereinstimmen:

$$Nu = \alpha_M l_M/\lambda_M = \alpha_H l_H/\lambda_H; \quad (23)$$

α Wärmeübergangskoeffizient, λ Wärmeleitfähigkeit.

7.2.4 Analyse der Einheiten (Dimensionsanalyse) und Π-Theorem. Dimensional analysis and Π-theorem

Sind die mit Einheiten behafteten Einflußgrößen eines Vorgangs bekannt, so lassen sich aus ihnen Potenzprodukte in Form einheitenloser Kennzahlen bilden. Die zur Darstellung eines Problems erforderlichen Kennzahlen bilden einen vollständigen Satz. Jede physikalisch richtige Größengleichung läßt sich als Funktion der Kennzahlen eines vollständigen Satzes darstellen (Π-Theorem von Buckingham).

Zum Beispiel kann man die Bernoullische Gleichung für die reibungsfreie Strömung $\rho v^2/2 + p + \rho g z = $ const auch schreiben bzw. $1/2 + p/(\rho v^2) + gz/v^2 = $ const auch schreiben als $1/2 + Eu + 1/Fr = $ const, d.h., die Eulersche und die Froudesche Kennzahl bilden für die reibungsfreie und temperaturunabhängige Strömung einen vollständigen Satz. Die fünf Einflußgrößen ρ, v, p, g, z lassen sich also durch zwei einheitenlose Kennzahlen ersetzen, die zur vollständigen Beschreibung des Problems ausreichen.

Eine Methode zur Ermittlung des vollständigen Satzes von Kennzahlen eines Problems – auch in Fällen, wo die physikalischen Grundgleichungen nicht bekannt sind – ist die Analyse der Einheiten unter Zugrundelegung des Buckingham-Theorems [2]. Es besagt: Gilt für n einheitenbehaftete Einflußgrößen x_i die Beziehung $f(x_1, x_2, \dots, x_n) = 0$, so läßt sie sich stets in der Form $f^*(\Pi_1, \Pi_2, \dots, \Pi_m) = 0$ schreiben, wobei Π_i die m einheitenlosen Kennzahlen sind und $m = n - q$ ist. Hierbei ist q die Anzahl der beteiligten Basiseinheiten. Für m, kg, s wird $q = 3$ bei mechanischen, und für m, kg, s, K gilt $q = 4$ bei thermischen Problemen. Mit einem Produktansatz

$$\Pi = x_1^a x_2^b x_3^c x_4^d \dots \quad (24)$$

und nach Einsetzen der Einheiten für x_i muß die Summe der Exponenten der Basiseinheiten m, kg, s und K jeweils null werden, da wegen der linken Seite auch die rechte einheitenlos sein muß. Zum Beispiel sind an der vorstehend zitierten reibungsfreien Strömung die Größen ρ, v, z, g, p beteiligt. Dann gilt

$$\Pi = (\text{kg/m}^3)^a (\text{m/s})^b (\text{m})^c (\text{m/s}^2)^d (\text{kg/m s}^2)^e. \quad (25)$$

Für die Exponenten von kg, m, s folgt dann

$$a + e = 0, \quad -3a + b + c + d - e = 0, \quad -b - 2d - 2e = 0. (26)$$

Zwei Exponenten können frei gewählt werden. Zum Beispiel sollen p und g Leitgrößen, d und e frei wählbar sein. Dann folgt aus Gl. (26) $a = -e$, $b = -2d - 2e$ und $c = d$ und somit

$$\Pi = \rho^a v^b z^c g^d p^e = \rho^{-e} v^{-2d-2e} z^d g^d p^e = (zg/v^2)^d (p/\rho v^2)^e$$

bzw. mit $d = 1$ und $e = 1$

$$\Pi = (1/Fr)Eu, \quad \text{d.h.} \quad \Pi_1 = Fr, \quad \Pi_2 = Eu. \quad (27)$$

Also ist das Problem der reibungsfreien Strömung mit $m = n - q = 5 - 3 = 2$ Kennzahlen beschreibbar, nämlich mit der Froudeschen und der Eulerschen Kennzahl. Ein funktionaler Zusammenhang in Form der Bernoullischen Gleichung läßt sich mit diesem Verfahren natürlich nicht herleiten (weitere Ausführungen s. [1–5]).

8 Spezielle Literatur
Special bibliography

zu B1 Statik starrer Körper
[1] *Föppl, A.:* Vorlesungen über technische Mechanik, Bd. I, 13. Aufl., Bd. II, 9. Aufl. München, Berlin: R. Oldenbourg 1943 und 1942. – [2] *Schlink, W.:* Technische Statik, 3. Aufl. Berlin: Springer 1946. – [3] *Drescher, H.:* Die Mechanik der Reibung zwischen festen Körpern. VDI-Z. 101 (1959) 697–707. – [4] *Krause, H.; Poll, G.:* Mechanik der Festkörperreibung, Düsseldorf: VDI 1980. – [5] *Kragelski, Dobyčin, Kombalov:* Grundlagen der Berechnung von Reibung und Verschleiß. München: Hanser 1983.

zu B3 Kinetik
[1] *Sommerfeld, A.:* Mechanik, Bd. I, 3. Aufl. Leipzig: Akad. Verlagsges. Geest u. Portig 1947. – [2] *Klein, I.; Sommerfeld, A.:* Theorie des Kreisels (4 Bde.). Leipzig: Teubner 1897–1910. – [3] *Grammel, R.:* Der Kreisel (2 Bde.), 2. Aufl. Berlin: Springer 1950. – [4] *Hertz, H.:* Über die Berührung fester elastischer Körper. J. f. reine u. angew. Math. 92 (1881). – [5] *Berger, F.:* Das Gesetz des Kraftverlaufs beim Stoß. Braunschweig: Vieweg 1924.

zu B4 Schwingungslehre
[1] *Söchting, F.:* Berechnung mechanischer Schwingungen. Wien: Springer 1951. – [2] *Biezeno, Grammel:* Technische

B

Dynamik, Bd. II, 2. Aufl. Berlin: Springer 1953. – [3] *Collatz, L.:* Eigenwertaufgaben. Leipzig: Akad. Verlagsges. Geest u. Portig 1963. – [4] *Hayashi, K.:* Tafeln für die Differenzenrechnung sowie für die Hyperbel-, Besselschen, elliptischen und anderen Funktionen. Berlin: Springer 1933. – [5] *Magnus, K.:* Schwingungen, 2. Aufl. Stuttgart: Teubner 1969. – [6] *Klotter, K.:* Technische Schwingungslehre, Bd. 1, Teil B, 3. Aufl. Berlin: Springer 1980. – [7] *Jahnke, Emde, Lösch:* Tafeln höherer Funktionen. Stuttgart 1966. – [8] *Rothe, Szabó:* Höhere Mathematik, Teil VI, 2. Aufl. Stuttgart: Teubner 1958.

zu B6 Hydro- und Aerodynamik
[1] *Eck, B.:* Technische Strömungslehre, 7. Aufl. Berlin: Springer 1966. – [2] *Kalide, W.:* Einführung in die technische Strömungslehre, 5. Aufl. München: Hanser 1980.– [3] *Truckenbrodt, E.:* Strömungsmechanik. Berlin: Springer 1968. – [4] *Jogwich, A.:* Strömungslehre. Essen: Girardet 1974. – [5] *Bohl, W.:* Technische Strömungslehre. Würzburg: Vogel 1971. – [6] *Herning, F.:* Stoffströme in Rohrleitungen, 4. Aufl. Düsseldorf: VDI-Verlag 1966. – [7] *Ullrich, H.:* Mechanische Verfahrenstechnik. Berlin:

Springer 1967. – [8] *Schlichting, H.:* Grenzschicht-Theorie, 5. Aufl. Karlsruhe: Braun 1965. – [9] *Brauer, H.:* Grundlagen der Einphasen- und Mehrphasenströmungen, Aarau und Frankfurt am Main: Sauerländer 1971. – [10] *Szabó, I.:* Höhere Technische Mechanik, 5. Aufl. Berlin: Springer 1972. – [11] *Sigloch, H.:* Technische Fluidmechanik. Hannover: Schrödel 1980. – [12] *Prandtl, Oswatitsch, Wieghardt:* Führer durch die Strömungslehre, 8. Aufl. Braunschweig: Vieweg 1984.

zu B7 Ähnlichkeitsmechanik
[1] *Weber, M.:* Das allgemeine Ähnlichkeitsprinzip in der Physik und sein Zusammenhang mit der Dimensionslehre und der Modellwissenschaft. Jahrb. Schiffbautech. Ges. 1930, S. 274–388. – [2] *Katanek, S.; Gröger, R.; Bode, C.:* Ähnlichkeitstheorie. Leipzig: VEB Deutscher Verlag f. Grundstoffindustrie 1967. – [3] *Feucht, W.:* Einführung in die Modelltechnik. Handbuch der Spannungs- und Dehnungsmessung (Fink, Rohrbach). Düsseldorf: VDI-Verlag 1958. – [4] *Zierep, J.:* Ähnlichkeitsgesetze und Modellregeln der Strömungslehre. Karlsruhe: Braun 1972. – [5] *Görtler, H.:* Dimensionsanalyse. Berlin: Springer 1975.

C Festigkeitslehre
Strength of materials

G. Rumpel und **H.D. Sondershausen**, Berlin

Allgemeine Literatur zu C1 bis C10
Bücher: *Gross, D.; Hauger, W.; Schnell, W.:* Technische Mechanik, Band 1 u. 2, Heidelberger Taschenbücher Band 215 u. 216. Berlin: Springer 1986. – *Gummert, P.; Reckling, K.A.:* Mechanik. Braunschweig: Vieweg 1986. – *Holzmann, G.; Meyer, H.; Schumpich, G.:* Technische Mechanik, Teil I u. III, 6. Aufl. Stuttgart: Teubner 1986. – *Leipholz, H.:* Festigkeitslehre für den Konstrukteur. Berlin: Springer 1969. – *Marguerre, K.:* Technische Mechanik, Teil I u. II. Berlin: Springer 1967. – *Neuber, H.:* Technische Mechanik, Teil II. Berlin: Springer 1971. – *Szabó, I.:* Einführung in die Technische Mechanik, 8. Aufl. Berlin: Springer 1975. – *Szabó, I.:* Höhere Technische Mechanik, 5. Aufl. Berlin: Springer 1977, Nachdruck 1985. – *Szabó, I.:* Repertorium und Übungsbuch der Technischen Mechanik, 3. Aufl. Berlin: Springer 1972, Nachdruck 1985. – *Wellinger, K.; Dietmann, H.:* Festigkeitsberechnung. Grundlagen und technische Anwendung, 3. Aufl. Stuttgart: Kröner 1976. – *Ziegler, F.:* Technische Mechanik der festen und flüssigen Körper. Wien: Springer 1985. – *Zurmühl, R.:* Praktische Mathematik für Ingenieure und Physiker. Berlin: Springer 1957, 5. Aufl. 1965, Nachdruck 1984. –

1 Allgemeine Grundlagen
General fundamentals

Die Festigkeitslehre soll Spannungen und Verformungen in einem Bauteil ermitteln und nachweisen, daß sie mit ausreichender Sicherheit gegen Versagen des Bauteils aufgenommen werden. Ein Versagen kann in unzulässig großen Verformungen oder Dehnungen, im Auftreten eines Bruchs oder im Instabilwerden (z.B. Knicken oder Beulen) des Bauteils bestehen. Die hierfür maßgebenden Werkstoffkennwerte sind abhängig vom Spannungszustand (ein-, zwei- oder dreiachsig), von den Spannungsarten (Zug-, Druck-, Schubspannungen), vom Belastungszustand (statisch oder dynamisch), von der Betriebstemperatur sowie von der Größe und der Oberflächenbeschaffenheit des Bauteils.

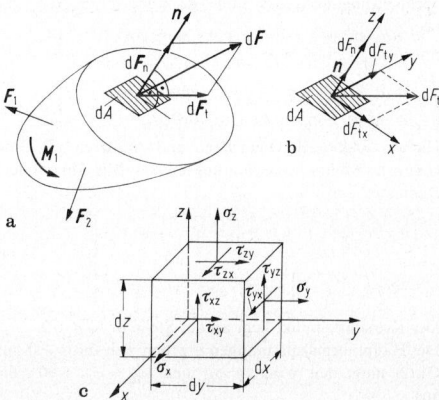

Bild 1. Spannungen. **a, b** Definition; **c** Tensor

1.1 Spannungen und Verformungen
Stress and strain

1.1.1 Spannungen. Stresses

Den äußeren Kräften und Momenten an einem Körper (sowie den Trägheitskräften bzw. den negativen Massenbeschleunigungen bei beschleunigter Bewegung) halten im Innern eines Körpers entsprechende Reaktionskräfte das Gleichgewicht. Bei homogen angenommener Massenverteilung des Körpers treten die inneren Reaktionskräfte flächenhaft verteilt auf.
Durch jeden Punkt eines Körpers lassen sich unter unendlich vielen Richtungen elementare ebene Schnittflächen dA legen, deren Richtung durch den Normalenvektor n gekennzeichnet wird (**Bild 1a**). Der Spannungsvektor $s = dF/dA$ läßt sich in eine Normalspannung $\sigma = dF_n/dA$ und in eine Tangential- oder Schubspannung $\tau = dF_t/dA$ zerlegen. In kartesischen Koordinaten (**Bild 1b**) ergeben sich eine Normalspannung $\sigma_z = dF_n/dA$ und zwei Schubspannungen $\tau_{zx} = dF_{tx}/dA$ bzw. $\tau_{zy} = dF_{ty}/dA$. Die Beschreibung des vollständigen Spannungszustands in einem Punkt erfordert drei Ebenen bzw. ein quaderförmiges Element (**Bild 1c**) mit drei Spannungsvektoren bzw. dem Spannungstensor

$$\begin{aligned} s_x &= \sigma_x e_x + \tau_{xy} e_y + \tau_{xz} e_z, \\ s_y &= \tau_{yx} e_x + \sigma_y e_y + \tau_{yz} e_z, \\ s_z &= \tau_{zx} e_x + \tau_{zy} e_y + \sigma_z e_z; \end{aligned} \quad S = \begin{pmatrix} \sigma_x & \tau_{xy} & \tau_{xz} \\ \tau_{yx} & \sigma_y & \tau_{yz} \\ \tau_{zx} & \tau_{zy} & \sigma_z \end{pmatrix}. \quad (1)$$

Aus den Momentengleichgewichtsbedingungen um die Koordinatenachsen für das Element nach **Bild 1c** folgt $\tau_{xy} = \tau_{yx}$, $\tau_{xz} = \tau_{zx}$, $\tau_{yz} = \tau_{zy}$ (Satz von der Gleichheit der zugeordneten Schubspannungen), d.h., zur vollständigen Beschreibung des Spannungszustands in einem Punkt sind drei Normalspannungen und drei Schubspannungen erforderlich.

Der einachsige Spannungszustand. Er liegt vor, wenn am quaderförmigen Element (**Bild 2a**) eine Normalspannung angreift, z.B. $\sigma_x = dF/dA$, $\sigma_y = \sigma_z = 0$, $\tau_{xy} = \tau_{xz} = \tau_{yz} = 0$. Für ein unter dem Winkel φ liegendes Flächenelement folgen die zugehörigen Spannungen σ und τ aus den Gleichgewichtsbedingungen in n- und t-Richtung zu $\sigma = (\sigma_x/2) \cdot (1 + \cos 2\varphi)$ und $\tau = -(\sigma_x/2)\sin 2\varphi$. Hieraus folgt $(\sigma - \sigma_x/2)^2 + \tau^2 = (\sigma_x/2)^2$, die Gleichung des Mohrschen Spannungskreises (**Bild 2b**). Für $2\varphi = 90°$ bzw. $\varphi = 45°$ ergibt sich die größte Schubspannung zu $\tau = -\sigma_x/2$, die zugehörige Normalspannung ebenfalls zu $\sigma_x/2$. Die größte und kleinste Normalspannung (hier $\sigma_1 = \sigma_x$ und $\sigma_2 = 0$) und die größte Schubspannung (hier $\tau_1 = -\sigma_x/2$) werden Hauptnormal- und Hauptschubspannung genannt. Linien, die überall von den Hauptnormal- bzw. Hauptschubspannungen tangiert werden, heißen Hauptnormalspannungs- bzw. Hauptschubspannungstrajektorien (**Bild 2c, d**).

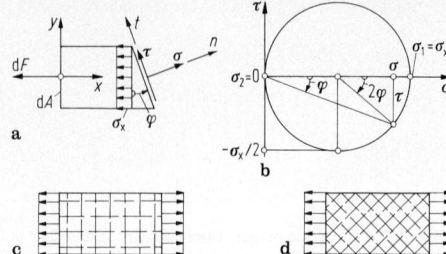

Bild 2. Einachsiger Spannungszustand. **a** Spannungen am Element; **b** Mohrscher Spannungskreis; **c, d** Trajektorien der Hauptnormal- und Hauptschubspannungen

Der zweiachsige (ebene) Spannungszustand. Treten lediglich in einer Ebene (z.B. der x, y-Ebene) Spannungen auf, so liegt ein ebener Spannungszustand vor (**Bild 3a**). Für die in der unter dem Winkel φ geneigten Schnittfläche liegenden Spannungen σ und τ folgen aus den Gleichgewichtsbedingungen in n- und t-Richtung mit $\tau_{xy} = \tau_{yx}$

$$\left.\begin{aligned}
\sigma &= \sigma_x \cos^2\varphi + \sigma_y \sin^2\varphi + 2\tau_{xy}\sin\varphi\cos\varphi \\
&= \tfrac{1}{2}(\sigma_x + \sigma_y) + \tfrac{1}{2}(\sigma_x - \sigma_y)\cos 2\varphi + \tau_{xy}\sin 2\varphi, \\
\tau &= (\sigma_y - \sigma_x)\sin\varphi\cos\varphi + \tau_{xy}(\cos^2\varphi - \sin^2\varphi) \\
&= -\tfrac{1}{2}(\sigma_x - \sigma_y)\sin 2\varphi + \tau_{xy}\cos 2\varphi.
\end{aligned}\right\} \quad (2)$$

Hieraus folgt nach Quadrieren und Addieren die Gleichung des Mohrschen Spannungskreises (**Bild 3b**) mit dem Radius r:

$$\left.\begin{aligned}
\left(\sigma - \frac{\sigma_x + \sigma_y}{2}\right)^2 + \tau^2 &= \left(\frac{\sigma_x - \sigma_y}{2}\right)^2 + \tau_{xy}^2, \\
r &= \sqrt{\left(\frac{\sigma_x - \sigma_y}{2}\right)^2 + \tau_{xy}^2}.
\end{aligned}\right\} \quad (3)$$

Der Kreismittelpunkt liegt an der Stelle $(\sigma_x + \sigma_y)/2$.
Die Hauptnormalspannungen ergeben sich mit $\tau = 0$ aus Gl. (2) unter den Winkeln φ_{01} und $\varphi_{02} = \varphi_{01} + 90°$, die aus

$$\tan 2\varphi_0 = 2\tau_{xy}/(\sigma_x - \sigma_y) \quad (4)$$

folgen, zu

$$\sigma_{1,2} = (\sigma_x + \sigma_y)/2 \pm \sqrt{[(\sigma_x - \sigma_y)/2]^2 + \tau_{xy}^2}, \quad (5)$$

Die größten Schubspannungen folgen gemäß Gl. (2) aus $d\tau/d\varphi = 0$ unter den Winkeln φ_{11} und $\varphi_{12} = \varphi_{11} + 90°$, die sich aus

$$\tan 2\varphi_1 = (\sigma_y - \sigma_x)/(2\tau_{xy}) \quad (6)$$

ergeben, wobei $\varphi_{11} = \varphi_{01} + 45°$ und $\varphi_{12} = \varphi_{02} + 45°$ ist (**Bild 3c**). Die Größe dieser Hauptschubspannungen ent-

spricht dem Radius des Mohrschen Spannungskreises, d.h.

$$\tau_{1,2} = \mp\sqrt{[(\sigma_x - \sigma_y)/2]^2 + \tau_{xy}^2}. \quad (7)$$

Die zugehörigen Normalspannungen sind für beide Winkel gleich groß, nämlich $\sigma_M = (\sigma_x + \sigma_y)/2$.
Die Richtung der Hauptnormalspannungstrajektorien folgt aus Gl. (4),

$$\tan 2\varphi_0 = \frac{2\tan\varphi_0}{1 - \tan^2\varphi_0} = \frac{2y'}{1 - y'^2} = \frac{2\tau_{xy}}{\sigma_x - \sigma_y}, \quad \text{zu}$$

$$y'_{1,2} = \frac{\sigma_y - \sigma_x}{2\tau_{xy}} \pm \sqrt{\left(\frac{\sigma_y - \sigma_x}{2\tau_{xy}}\right)^2 + 1},$$

die Richtung der dazu um 45° gedrehten Hauptschubspannungstrajektorien aus Gl. (6),

$$\tan 2\varphi_1 = \frac{2\tan\varphi_1}{1 - \tan^2\varphi_1} = \frac{2y'}{1 - y'^2} = \frac{\sigma_y - \sigma_x}{2\tau_{xy}}, \quad \text{zu}$$

$$y'_{3,4} = \frac{2\tau_{xy}}{\sigma_x - \sigma_y} \pm \sqrt{\left(\frac{2\tau_{xy}}{\sigma_x - \sigma_y}\right)^2 + 1}.$$

Der dreiachsige (räumliche) Spannungszustand. Treten in drei senkrecht zueinander liegenden Ebenen Spannungen auf, so besteht ein räumlicher Spannungszustand (**Bild 1c**). Er wird von den sechs Spannungskomponenten $\sigma_x, \sigma_y, \sigma_z, \tau_{xy} = \tau_{yx}, \tau_{xz} = \tau_{zx}$ und $\tau_{yz} = \tau_{zy}$ bestimmt. Für eine beliebige Tetraederschnittfläche, deren Stellung mit dem Normalenvektor

$$\boldsymbol{n} = \cos\alpha\, \boldsymbol{e}_x + \cos\beta\, \boldsymbol{e}_y + \cos\gamma\, \boldsymbol{e}_z = n_x \boldsymbol{e}_x + n_y \boldsymbol{e}_y + n_z \boldsymbol{e}_z$$

festgelegt ist (**Bild 4**), ergibt sich der Spannungsvektor $\boldsymbol{s} = s_x \boldsymbol{e}_x + s_y \boldsymbol{e}_y + s_z \boldsymbol{e}_z$ bzw. seine Komponenten aus den Gleichgewichtsbedingungen in x-, y-, z-Richtung zu

$$\begin{aligned}
s_x &= n_x \sigma_x + n_y \tau_{yx} + n_z \tau_{zx}, \\
s_y &= n_x \tau_{xy} + n_y \sigma_y + n_z \tau_{zy}, \quad s = \sqrt{s_x^2 + s_y^2 + s_z^2}. \quad (8) \\
s_z &= n_x \tau_{xz} + n_y \tau_{yz} + n_z \sigma_z;
\end{aligned}$$

Die zur Tetraederschnittfläche senkrecht stehende Normalspannung ist

$$\begin{aligned}
\sigma = \boldsymbol{s}\boldsymbol{n} &= s_x n_x + s_y n_y + s_z n_z = n_x^2 \sigma_x + n_y^2 \sigma_y + n_z^2 \sigma_z \\
&+ 2(n_x n_y \tau_{xy} + n_x n_z \tau_{xz} + n_y n_z \tau_{yz}).
\end{aligned}$$

Für die resultierende Schubspannung (**Bild 4**) gilt $\tau = \sqrt{s^2 - \sigma^2}$.
Die Hauptnormalspannungen treten in den drei zueinander senkrecht stehenden Flächen auf, in denen τ zu null wird. Der Spannungstensor hat dann die Form

$$\boldsymbol{S} = \begin{pmatrix} \sigma_1 & 0 & 0 \\ 0 & \sigma_2 & 0 \\ 0 & 0 & \sigma_3 \end{pmatrix},$$

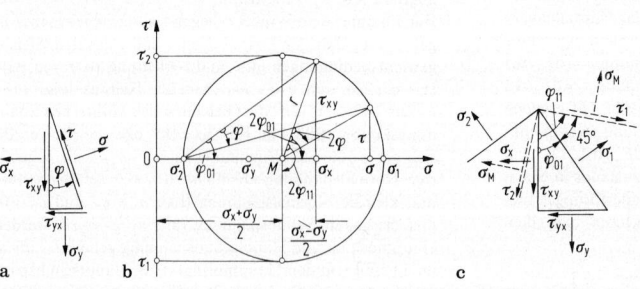

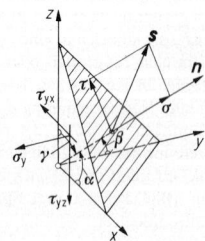

Bild 3. Ebener Spannungszustand. **a** Spannungen am Element; **b** Mohrscher Spannungskreis; **c** Hauptspannungen

Bild 4. Räumlicher Spannungszustand

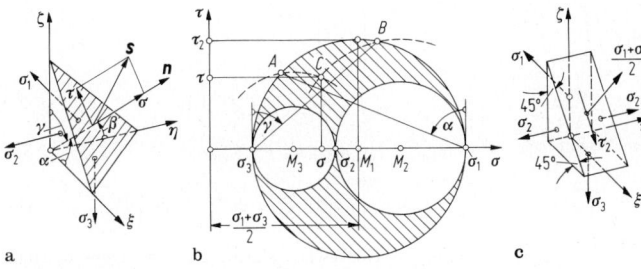

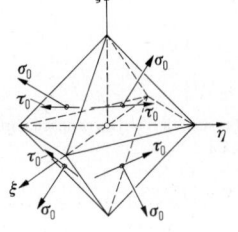

Bild 5. Räumlicher Spannungszustand. **a** Spannungshauptachsen; **b** Mohrsche Spannungskreise; **c** Hauptschubspannung

Bild 6. Oktaederspannungen

und für die Spannungsvektoren gilt $s_i = n_i \sigma_i$ $(i = 1, 2, 3)$, d.h.

$$s_{ix} = n_{ix}\sigma_i, \quad s_{iy} = n_{iy}\sigma_i, \quad s_{iz} = n_{iz}\sigma_i. \tag{9}$$

Die Gln. (8) und (9) gleichgesetzt, ergibt

$$\begin{aligned}(\sigma_x - \sigma_i)n_{ix} + \tau_{yx}n_{iy} + \tau_{zx}n_{iz} &= 0,\\ \tau_{xy}n_{ix} + (\sigma_y - \sigma_i)n_{iy} + \tau_{zy}n_{iz} &= 0,\\ \tau_{xz}n_{ix} + \tau_{yz}n_{iy} + (\sigma_z - \sigma_i)n_{iz} &= 0.\end{aligned} \tag{10}$$

Dieses lineare homogene Gleichungssystem für die Komponenten n_{ix}, n_{iy} und n_{iz} der Hauptnormalenvektoren hat nur dann eine nichttriviale Lösung, wenn die Koeffizientendeterminante null wird. Daraus folgt eine kubische Gleichung für σ_i der Form

$$\sigma_i^3 - J_1\sigma_i^2 + J_2\sigma_i - J_3 = 0 \tag{11}$$

mit

$$\begin{aligned}J_1 &= \sigma_x + \sigma_y + \sigma_z,\\ J_2 &= \sigma_x\sigma_y + \sigma_x\sigma_z + \sigma_y\sigma_z - \tau_{xy}^2 - \tau_{xz}^2 - \tau_{yz}^2,\\ J_3 &= \sigma_x\sigma_y\sigma_z - \sigma_x\tau_{yz}^2 - \sigma_y\tau_{zx}^2 - \sigma_z\tau_{xy}^2 + 2\tau_{xy}\tau_{yz}\tau_{zx}.\end{aligned}$$

J_1, J_2, J_3 sind Invariante des Spannungstensors, da sie für alle Bezugssysteme denselben Wert annehmen, d.h. für die Hauptrichtungen gilt $J_1 = \sigma_1 + \sigma_2 + \sigma_3$, $J_2 = \sigma_1\sigma_2 + \sigma_1\sigma_3 + \sigma_2\sigma_3$, $J_3 = \sigma_1\sigma_2\sigma_3$. Sind aus Gl. (11) die σ_i $(i = 1, 2, 3)$ ermittelt, so folgen aus Gl. (10) nach Einsetzen der σ_i $(i = 1, 2, 3)$ jeweils drei lineare Gleichungen für die Komponenten n_{ix}, n_{iy}, n_{iz} einer Hauptnormalenrichtung. Da jeweils zwei der drei Gleichungen linear voneinander abhängig sind, muß die stets gültige Beziehung $n_{ix}^2 + n_{iy}^2 + n_{iz}^2 = 1$ mitbenutzt werden.
Sind hieraus die Hauptnormalenvektoren n_i $(i = 1, 2, 3)$ bestimmt, so sind Größe und Richtung der Hauptnormalspannungen bekannt. Für das Spannungshauptachsensystem ξ, η, ζ (Richtungen $i = 1, 2, 3$; **Bild 5a**) ergibt sich mit $\sigma_3 = 0$ ein ebener Spannungszustand mit den Hauptspannungen σ_1 und σ_2 und der Gleichung für den Mohrschen Spannungskreis analog Gl. (3).

$$\left(\sigma - \frac{\sigma_1 + \sigma_2}{2}\right) + \tau^2 = \left(\frac{\sigma_1 - \sigma_2}{2}\right)^2.$$

Entsprechende Kreise ergeben sich für $\sigma_2 = 0$ bzw. $\sigma_1 = 0$ (**Bild 5b**).
Die Komponenten σ und τ des Spannungsvektors s für ein durch $n = (\cos\alpha; \cos\beta; \cos\gamma)$ gegebenes beliebiges Flächenelement (**Bild 5a**) folgen aus den Mohrschen Kreisen (**Bild 5b**), indem von σ_1 der Winkel α und von σ_3 der Winkel γ abgetragen wird und durch die Schnittpunkte A und B auf dem Hauptkreis zu den Nebenkreisen konzentrische Kreise eingezeichnet werden. Der Schnittpunkt C liefert die zugehörige Größe von σ und τ [1–5].
Die Spannungen für beliebige Normalenwinkel liegen stets in dem in **Bild 5b** schraffierten Bereich. Die größte Hauptschubspannung beträgt $\tau_2 = (\sigma_1 - \sigma_3)/2$. Sie liegt in der

ξ, ζ-Ebene in einem Flächenelement, dessen Normale unter 45° zur ξ- und ζ-Achse steht (**Bild 5c**). Entsprechend sind $\tau_1 = (\sigma_2 - \sigma_3)/2$ und $\tau_3 = (\sigma_1 - \sigma_2)/2$. Die Ebenen der Hauptschubspannungen stehen nicht aufeinander senkrecht, sondern bilden die Seitenflächen eines regulären Dodekaeders [4].
Für die Beurteilung komplizierter räumlicher Spannungszustände sind die *Oktaeder*schub- und -normalspannung von großer Bedeutung. Sie gehören zu den acht Schnittebenen, deren Normalen mit den drei Hauptachsen gleiche Winkel bilden und ein reguläres Oktaeder darstellen (**Bild 6**). Ihre Größe ist [4]

$$\sigma_0 = (\sigma_1 + \sigma_2 + \sigma_3)/3 = (\sigma_x + \sigma_y + \sigma_z)/3,$$
$$\begin{aligned}\tau_0 &= (1/3)\sqrt{(\sigma_1 - \sigma_2)^2 + (\sigma_2 - \sigma_3)^2 + (\sigma_1 - \sigma_3)^2},\\ &= \tfrac{1}{3}\sqrt{(\sigma_x - \sigma_y)^2 + (\sigma_y - \sigma_z)^2 + (\sigma_z - \sigma_x)^2 + 6(\tau_{xy}^2 + \tau_{yz}^2 + \tau_{xz}^2)}.\end{aligned}$$

1.1.2 Verformungen. Strains

Jeder Körper erfährt unter Einwirkung äußerer Kräfte und Momente Verformungen. Der Eckpunkt P eines quaderförmigen Elements mit den Kantenlängen dx, dy, dz (auf **Bild 7** ist nur die x, y-Ebene dargestellt) erfährt eine Verschiebung $f = ue_x + ve_y + we_z$ mit den Komponenten u, v, w. Die Kantenlängen vergrößern (oder verkleinern) sich auf dx', dy', dz', und es wird zu einem Parallelepiped verformt, wobei die Gleitwinkel γ_1, γ_2 usw. auftreten. Bei kleinen Verformungen (**Bild 7**) gilt für *Dehnungen* ε und *Gleitungen* γ

$$\varepsilon_x = \frac{dx' - dx}{dx} = \frac{\frac{\partial u}{\partial x}dx}{dx} = \frac{\partial u}{\partial x}, \quad \varepsilon_y = \frac{\partial v}{\partial y}, \quad \varepsilon_z = \frac{\partial w}{\partial z}, \tag{12}$$

$$\gamma_{xy} = \gamma_1 + \gamma_2 = \frac{\frac{\partial v}{\partial x}dx}{dx + \frac{\partial u}{\partial x}dx} + \frac{\frac{\partial u}{\partial y}dy}{dy + \frac{\partial v}{\partial y}dy} = \frac{\partial v}{\partial x} + \frac{\partial u}{\partial y},$$

$$\gamma_{xz} = \frac{\partial w}{\partial x} + \frac{\partial u}{\partial z}, \quad \gamma_{yz} = \frac{\partial w}{\partial y} + \frac{\partial v}{\partial z}. \tag{13}$$

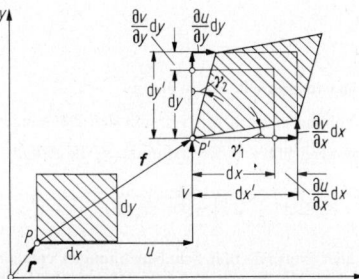

Bild 7. Verzerrungszustand

Mit

$$\varepsilon_{xy} = \left(\frac{\partial v}{\partial x} + \frac{\partial u}{\partial y}\right)\bigg/ 2, \quad \varepsilon_{xz} = \left(\frac{\partial w}{\partial x} + \frac{\partial u}{\partial z}\right)\bigg/ 2,$$

$$\varepsilon_{yz} = \left(\frac{\partial w}{\partial y} + \frac{\partial v}{\partial z}\right)\bigg/ 2$$

läßt sich der Verzerrungszustand mit dem Verzerrungstensor

$$V = \begin{pmatrix} \varepsilon_x & \varepsilon_{xy} & \varepsilon_{xz} \\ \varepsilon_{yx} & \varepsilon_y & \varepsilon_{yz} \\ \varepsilon_{zx} & \varepsilon_{zy} & \varepsilon_z \end{pmatrix}$$

beschreiben, für den ähnliche Eigenschaften und Berechnungsmethoden gelten wie für den Spannungstensor, Gl. (8). Für die Hauptdehnungen ε_1, ε_2, ε_3 ergibt sich aus

$$\begin{aligned}(\varepsilon_x - \varepsilon_i)n_{ix} + \quad & \varepsilon_{xy}n_{iy} + \quad \varepsilon_{xz}n_{iz} = 0, \\ \varepsilon_{xy}n_{ix} + (\varepsilon_y - \varepsilon_i)n_{iy} + \quad & \varepsilon_{yz}n_{iz} = 0, \\ \varepsilon_{xz}n_{ix} + \quad & \varepsilon_{yz}n_{iy} + (\varepsilon_z - \varepsilon_i)n_{iz} = 0 \end{aligned} \quad (14)$$

durch Nullsetzen der Koeffizientendeterminante die charakteristische Gleichung 3. Grades

$$\varepsilon_i^3 - J_4\varepsilon_i^2 + J_5\varepsilon_i - J_6 = 0, \quad (15)$$

wobei $J_4 = \varepsilon_x + \varepsilon_y + \varepsilon_z$, $J_5 = \varepsilon_x\varepsilon_y + \varepsilon_y\varepsilon_z + \varepsilon_z\varepsilon_x - \varepsilon_{xy}^2 - \varepsilon_{yz}^2 - \varepsilon_{zx}^2$ und $J_6 = \varepsilon_x\varepsilon_y\varepsilon_z - \varepsilon_x\varepsilon_{yz}^2 - \varepsilon_y\varepsilon_{zx}^2 - \varepsilon_z\varepsilon_{xy}^2 + 2\varepsilon_{xy}\varepsilon_{yz}\varepsilon_{zx}$ wieder Invarianten sind. Hat man die ε_i aus Gl. (15) berechnet, so erhält man aus Gl. (14) (von denen wieder zwei linear abhängig sind) mit $n_{ix}^2 + n_{iy}^2 + n_{iz}^2 = 1$ die Komponenten n_{ix}, n_{iy}, n_{iz} ($i = 1, 2, 3$) der drei Hauptdehnungsrichtungen, d.h. der Richtungen, für die es nur Dehnungen, aber keine Gleitungen gibt, und für die der Verformungstensor die Form

$$V = \begin{pmatrix} \varepsilon_1 & 0 & 0 \\ 0 & \varepsilon_2 & 0 \\ 0 & 0 & \varepsilon_3 \end{pmatrix}$$

annimmt. Die Invarianten lauten

$$J_4 = \varepsilon_1 + \varepsilon_2 + \varepsilon_3, \quad J_5 = \varepsilon_1\varepsilon_2 + \varepsilon_2\varepsilon_3 + \varepsilon_1\varepsilon_3, \quad J_6 = \varepsilon_1\varepsilon_2\varepsilon_3.$$

Für den räumlichen und ebenen Fall lassen sich wie bei den Spannungen (Mohrsche) Verzerrungskreise für die Dehnungen und Gleitungen als Funktion der Winkel α, β, γ entwickeln. Für homogenes isotropes Material, das im folgenden stets vorausgesetzt wird, fallen Hauptspannungs- und Hauptdehnungsrichtungen zusammen, d.h., Spannungs- und Verformungstensor sind koaxial. Unter *Volumendehnung* versteht man

$$\begin{aligned}\varepsilon &= \frac{dV' - dV}{dV} = \frac{dx'dy'dz'}{dx\,dy\,dz} - 1 \\ &= \frac{(1 + \varepsilon_x)dx(1 + \varepsilon_y)dy(1 + \varepsilon_z)dz}{dx\,dy\,dz} - 1 \\ &= \varepsilon_x + \varepsilon_y + \varepsilon_z + \varepsilon_x\varepsilon_y + \varepsilon_x\varepsilon_z + \varepsilon_y\varepsilon_z + \varepsilon_x\varepsilon_y\varepsilon_z \end{aligned}$$

bzw. bei Vernachlässigung der kleinen Größen höherer Ordnung

$$\varepsilon = \varepsilon_x + \varepsilon_y + \varepsilon_z. \quad (16)$$

1.1.3 Formänderungsarbeit. Strain energy

An einem Volumenelement $dx\,dy\,dz$ mit den Dehnungen $\varepsilon_x = \dfrac{\partial u}{\partial x}$ usw. verrichtet z.B. die Spannung σ_x die Arbeit

$$dW = \int \sigma_x dy\,dz\,d\left(\frac{\partial u}{\partial x}dx\right) = \int_0^{\varepsilon_x} \sigma_x d\varepsilon_x dV.$$

Als Folge aller Normal- und Schubspannungen entsteht also nach Integration über den ganzen Körper die Formänderungsarbeit

$$W = \int_{(V)} \left[\int_0^{\varepsilon_x} \sigma_x d\varepsilon_x + \int_0^{\varepsilon_y} \sigma_y d\varepsilon_y + \int_0^{\varepsilon_z} \sigma_z d\varepsilon_z + \int_0^{\gamma_{xy}} \tau_{xy} d\gamma_{xy} \right.$$

$$\left. + \int_0^{\gamma_{xz}} \tau_{xz} d\gamma_{xz} + \int_0^{\gamma_{yz}} \tau_{yz} d\gamma_{yz}\right] dV. \quad (17)$$

Für die Hauptachsen *1, 2, 3* ist

$$W = \int_{(V)} \left[\int_0^{\varepsilon_1} \sigma_1 d\varepsilon_1 + \int_0^{\varepsilon_2} \sigma_2 d\varepsilon_2 + \int_0^{\varepsilon_3} \sigma_3 d\varepsilon_3\right] dV. \quad (18)$$

Im Fall Hookeschen Materials, d.h. bei Proportionalität zwischen Spannungen σ bzw. τ und Dehnungen ε bzw. Gleitungen γ, gilt

$$W = (1/2) \int_{(V)} (\sigma_x\varepsilon_x + \sigma_y\varepsilon_y + \sigma_z\varepsilon_z$$

$$+ \tau_{xy}\gamma_{xy} + \tau_{xz}\gamma_{xz} + \tau_{yz}\gamma_{yz}) \, dV \quad (19)$$

bzw.

$$W = (1/2) \int_{(V)} (\sigma_1\varepsilon_1 + \sigma_2\varepsilon_2 + \sigma_3\varepsilon_3) \, dV. \quad (20)$$

1.2 Festigkeitsverhalten der Werkstoffe
Strength and properties of materials

Erläuterungen zu den Werkstoffkenngrößen wie Proportionalitätsgrenze, Streck- oder Fließgrenze und Bruchgrenze, die der Spannungs-Dehnungs-Linie eines Werkstoffs entnehmbar sind, s. E 2.2.

Hookesches Gesetz. Für die Normalspannungen gilt im Proportionalitätsbereich der Spannungs-Dehnungs-Linie für einen einaxial gezogenen Stab (**Bild 8a**) das Gesetz

$$\sigma = E\varepsilon. \quad (21)$$

Hierbei ist $\sigma = F/A_0$ die Spannung, $\varepsilon = \Delta l/l_0$ die Dehnung (Δl Verlängerung des Stabs) und E der Elastizitätsmodul. Bei Verlängerung erfährt der Stab eine Verringerung des Durchmessers um $\Delta d = d - d_0$. Dann ist $\varepsilon_q = \Delta d/d_0$ die Querdehnung. Zwischen der Längs- und Querdehnung besteht die Beziehung $\varepsilon_q = -\nu\varepsilon$, wobei ν die Querdehnungs- bzw. Poissonzahl nach DIN 1304 ist ($\nu_{Stahl} = 0{,}30$). In der neueren Literatur wird der Reziprokwert $m = 1/\nu$ als Poissonsche Zahl bezeichnet.

Für die Schubspannungen lautet das äquivalente Hookesche Gesetz (**Bild 8b**)

$$\tau = G\gamma, \quad (22)$$

wobei $\gamma = du/dy$ die Gleitung und G der Gleit-(Schub-)modul ist. Es besteht die Beziehung $G = E/[2(1 + \nu)]$.

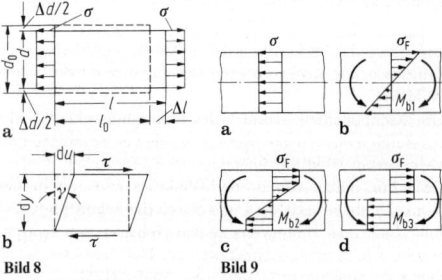

Bild 8. Hookesches Gesetz. **a** für Dehnung; **b** für Gleitung

Bild 9. Spannungsverteilung. **a** gleichmäßig; **b** ungleichmäßig; **c** teilplastisch; **d** vollplastisch

Werte für E, G und v (s. **Anh. E3**), erweiterte Hookesche Gesetze für beliebige Spannungszustände s. C3.

Sicherheit und zulässige Spannung bei ruhender Beanspruchung. Versagt eine Konstruktion aufgrund unzulässig großer Verformungen (bei Werkstoffen mit Streckgrenze), Bruch (bei sprödem Material) oder Instabilwerden (infolge Knickung, Kippung, Beulung) und tritt das Versagen bei einer Spannung $\sigma = K$ (K Werkstoffkennwert) ein, so ergibt sich die vorhandene Sicherheit bzw. die zulässige Spannung aus

$$S = \frac{K}{\sigma_{\text{vorh}}}, \quad \sigma_{\text{zul}} = \frac{K}{S}. \qquad (23)$$

Gleichmäßige Spannungsverteilung. Sind die Spannungen gleichmäßig über den Querschnitt verteilt (**Bild 9a**), so ist bei zähen Werkstoffen $K = R_e$ und bei spröden $K = R_m$ bzw. σ_{dB} zu setzen. Als Sicherheit gegen Verformen wird $S_F = 1,2\dots2,0$ gegen Bruch $S_B = 2,0\dots4,0$ und gegen Instabilität $S_K = 1,5\dots4,0$ angenommen.

Ungleichmäßige Spannungsverteilung. Bei *spröden Werkstoffen* und ungleichmäßig über den Querschnitt verteilten Spannungen (**Bild 9b**) ist im Fall von Biegung in Gl. (23) $K = \sigma_{bB}$ (Biegebruchfestigkeit) zu setzen ($\sigma_{bB} \approx 1,6\dots2,0R_m$). Im Fall der Torsionsbeanspruchung gilt $\tau_{\text{zul}} = K/S$ mit $K = 1,0\dots1,1R_m$. Bei zusammengesetzten Beanspruchungen ist K aus den Formeln für Vergleichsspannungen (s. C1.3) zu ermitteln.
Bei *zähen Werkstoffen* kann im Fall von Biegung in Gl. (23) $K = R_e$ gesetzt werden; man sieht also in erster Näherung die Verformungen bereits als unzulässig an, wenn die Faser mit der größten Spannung zu fließen beginnt. Da jedoch alle anderen Fasern noch im elastischen Bereich liegen, wird die Außenfaser aufgrund der Stützwirkung der Innenfasern am ausgeprägten Fließen gehindert, d.h., es treten noch keine unzulässig großen Verformungen auf. Man läßt daher zur besseren Ausnutzung des Querschnitts eine weitere Ausbreitung der Fließspannungen über den Querschnitt zu, bis die Randfaser eine bleibende Dehnung von 0,2% erreicht hat (**Bild 9c**; Formdehngrenzenverfahren [6–10]).
Erst bei Ausdehnung der Fließspannungen über den gesamten Querschnitt setzen wirklich unzulässig große Verformungen ein (**Bild 9d**). Zum Beispiel beträgt das gerade noch elastisch aufnehmbare Biegemoment nach **Bild 9b** bei Rechteckquerschnitt $M_{b1} = \sigma_F bh^2/6$, während das Tragmoment im vollplastischen Zustand nach **Bild 9b** $M_{b3} = \sigma_F bh^2/4$ ist, d.h. $M_{b3} = 1,5 \cdot M_{b1}$. In Wirklichkeit ist das übertragbare Moment bis zum Bruch infolge des Verfestigungsbereichs noch größer – allerdings bei unzulässig großen Verformungen. Das Verhältnis von $n_{\text{vpl}} = M_{b3}/M_{b1}$ wird vollplastische Stützziffer genannt und ist Grundlage des Traglastverfahrens im Stahlbau.
Nach dem *Formdehngrenzenverfahren* kann man in Gl. (23) den Wert $K = K_{0,2}^*$ setzen. Dabei ist der Formdehngrenzwert $K_{0,2}^*$ eine fiktive Ersatzspannung nach der Elastizitätstheorie, die (z.B. im Fall von Biegung) dasselbe Tragmoment liefert, wie die wirklichen Spannungen bei einer bleibenden Dehnung der Randfaser von 0,2%. Hierbei wird das Ebenbleiben der Querschnitte auch im plastischen Bereich vorausgesetzt. Für den Rechteckquerschnitt folgt z.B. bei einer ideal-elastisch-plastischen Spannungs-Dehnungs-Linie nach **Bild 10a** mit $\sigma_F = 210 \, \text{N/mm}^2$, d.h. $\varepsilon_{el} = 210/210000 = 0,1\%$, bei $\varepsilon_{pl} = 0,2\%$ eine Gesamtdehnung $\varepsilon = \varepsilon_{el} + \varepsilon_{pl} = 0,3\%$. Damit liegt die Dehnung der Fasern unterhalb der Höhe $h/6$ im elastischen, darüber im plastischen Bereich (**Bild 10b**), womit sich die Span-

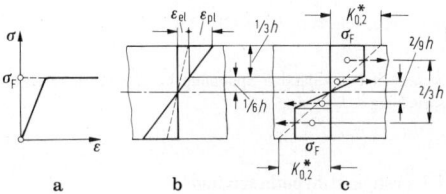

Bild 10. Formdehngrenze. **a** idealisiertes Spannungs-Dehnungs-Diagramm; **b** Dehnungen; **c** Spannungen

Tabelle 1. Dehngrenzenverhältnisse $\delta_{0,2}$

Konstruktionsteil	Querschnittsform	$\delta_{0,2}$ ($\sigma_F = 300 \, \text{N/mm}^2$)	$\delta_{0,2}$ ($R_{p0,2} = 500 \, \text{N/mm}^2$)
gerade Stäbe bei Biegung	(rechteck)	1,40	1,30
	(kreis)	1,55	1,40
	(raute)	1,75	1,55
	(I)	1,15	1,10
zylindrische Hohlstäbe bei Verdrehung	r_i/r_a		
	0	1,30	1,20
	0,4	1,25	1,17
	0,8	1,10	1,07
rotierende Scheibe mit Bohrung	r_i/r_a		
	0,2	2,00	1,70
	0,4	1,46	1,60
	0,6	1,26	1,35
	0,8	1,10	1,15
Hohlzylinder unter Innendruck	r_i/r_a		
	1,5	1,45	1,35
	2,0	1,80	1,55
	2,5	1,95	1,65
	3,0	2,05	1,75
gelochter Flachstab unter Zug/Druck	b/d		
	1,0	2,05	1,80
	2,0	2,25	2,00
	4,0	2,55	2,20
	9,0	2,70	2,35

nungsverteilung nach **Bild 10c** ergibt. Das Tragmoment ist

$$M_{b,el}^* = K_{0,2}^* bh^2/6; \quad M_{b,pl} = M_{b2} = \sigma_F \frac{bh}{3}\frac{2}{3}h + \sigma_F \frac{bh}{12}\frac{2}{9}h$$

$$= \sigma_F \frac{13}{9}\frac{bh^2}{6} = 1,44 \cdot \sigma_F \frac{bh^2}{6}.$$

Aus $M_{b,pl} = M_{b,el}^*$ folgt $K_{0,2}^* = 1,44 \cdot \sigma_F$. Die Formdehngrenzspannung $K_{0,2}^*$ ist von der Höhe der Fließgrenze und von der Form der Spannungs-Dehnungs-Linie abhängig. Das Dehngrenzenverhältnis $\delta_{0,2} = K_{0,2}^*/\sigma_F$ bzw. $\delta_{0,2} = K_{0,2}^*/R_{p0,2}$, auch Stützziffer $n_{0,2}$ genannt, ist dagegen weitgehend von der Größe der Streck- bzw. Fließgrenze unabhängig und nur noch von der Form der Spannungs-Dehnungs-Linie abhängig. In **Tab. 1** sind die Stützziffern $\delta_{0,2}$ für verschiedene Querschnitte und für zwei typische Spannungs-Dehnungs-Linien angegeben (nach [9]). Für den Festigkeitswert K in Gl. (23) gilt dann $K = K_{0,2}^{*} = \delta_{0,2}\sigma_F = \delta_{0,2}R_{p0,2}$.

Sicherheit und zulässige Spannung bei dynamischer Beanspruchung s. E 1.5 und 1.6.

1.3 Festigkeitshypothesen und Vergleichsspannungen
Failure criteria, equivalent stresses

Bei mehrachsigen Spannungszuständen ist die Zurückführung auf eine einachsige Vergleichsspannung σ_v erforderlich, da Werkstoffkennwerte für mehrachsige Zustände i.allg. nicht vorliegen. Die folgenden Festigkeitshypothesen berücksichtigen die Art der Ursache des Versagens infolge unterschiedlichen Werkstoffverhaltens.

1.3.1 Normalspannungshypothese
Maximum principal stress criterion

Sie ist anzuwenden, wenn mit einem Trennbruch senkrecht zur Hauptzugspannung zu rechnen ist, d.h. bei spröden Werkstoffen (z.B. Grauguß, aber auch bei Schweißnähten), oder wenn der Spannungszustand die Verformungsmöglichkeit des Werkstoffs einschränkt (z.B. bei dreiachsigem Zug oder stoßartiger Beanspruchung). Für den dreiachsigen (räumlichen) Spannungszustand gilt $\sigma_v = \sigma_1$ (Bestimmung von σ_1 nach C 1.1.1) und für den zweiachsigen (ebenen) Spannungszustand (s. C 1.1.1)

$$\sigma_v = \sigma_1 = 0.5[\sigma_x + \sigma_y + \sqrt{(\sigma_x - \sigma_y)^2 + 4\tau^2}].$$

1.3.2 Schubspannungshypothese
Maximum shear stress (Tresca) criterion

Führt Gleitbruch zum Versagen (z.B. bei statischer Zug- und Druckbeanspruchung verformbarer Werkstoffe und bei Druckbeanspruchung spröder Werkstoffe), so können nach Mohr dafür die Hauptschubspannungen als maßgebend angesehen werden. Die Vergleichsspannung σ_v ist dann

für den dreiachsigen (räumlichen) Spannungszustand

$$\sigma_v = 2\tau_{max} = \sigma_3 - \sigma_1$$

(wobei $\sigma_1 > \sigma_2 > \sigma_3$, s. **Bild 5b**; Bestimmung von σ_1 und σ_3 nach C 1.1.1).

Für den zweiachsigen (ebenen) Spannungszustand gilt

$$\sigma_v = 2\tau_{max} = \sqrt{(\sigma_x - \sigma_y)^2 + 4\tau^2}.$$

1.3.3 Gestaltänderungsenergiehypothese
Maximum shear strain energy criterion

Die GE-Hypothese, auch v. Mises-Hypothese genannt, vergleicht die zur Gestaltänderung (nicht Volumenänderung!) aufgrund von Gleitungen zu Beginn des Fließens erforderlichen Arbeiten beim mehrachsigen und einachsigen Spannungszustand und liefert daraus die Vergleichsspannung σ_v. Sie gilt für verformbare Werkstoffe, die bei Auftreten plastischer Deformation versagen, aber auch bei schwingender Beanspruchung mit Versagen durch Dauerbruch. Für

den dreiachsigen (räumlichen) Spannungszustand gilt

$$\sigma_v = (1/\sqrt{2})\sqrt{(\sigma_1 - \sigma_2)^2 + (\sigma_2 - \sigma_3)^2 + (\sigma_3 - \sigma_1)^2}$$
$$= \sqrt{\sigma_x^2 + \sigma_y^2 + \sigma_z^2 - (\sigma_x\sigma_y + \sigma_y\sigma_z + \sigma_x\sigma_z) + 3(\tau_{xy}^2 + \tau_{yz}^2 + \tau_{xz}^2)}$$

(Bestimmung von $\sigma_1, \sigma_2, \sigma_3$ gemäß C 1.1.1) und

für den zweiachsigen (ebenen) Spannungszustand

$$\sigma_v = \sqrt{\sigma_1^2 + \sigma_2^2 - \sigma_1\sigma_2} = \sqrt{\sigma_x^2 + \sigma_y^2 - \sigma_x\sigma_y + 3\tau^2}.$$

Erwähnt sei, daß die Hypothese auch durch Gleichsetzen der Oktaederschubspannungen (s. C 1.1.1) herleitbar ist.

1.3.4 Erweiterte Schubspannungshypothese
Mohr's criterion

Sie geht nach Mohr von verschiedenen gemessenen Grenzspannungszuständen aus. Die Einhüllende der zugehörigen Mohrschen Spannungskreise ist dann die Grenzfestigkeitskurve $\tau = f(\sigma)$ und stellt eine umfassende Werkstoffcharakteristik dar. Da meist nicht genügend Werkstoffkennwerte (besonders für räumliche Spannungszustände) vorliegen, ersetzt man die Einhüllende durch drei Geraden (**Bild 11**).

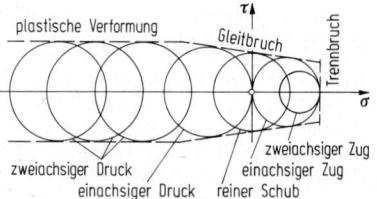

Bild 11. Grenzfestigkeit nach Mohr

1.3.5 Anstrengungsverhältnis nach Bach
Bach's correction factor

Da σ und τ häufig verschiedenen Belastungsfällen (s. E 1.1) unterliegen (z.B. σ dem Fall III und τ dem Fall I), wird τ auf den Belastungsfall von σ umgerechnet. Dazu wird τ durch $\alpha_0\tau$ ersetzt. Das Anstrengungsverhältnis ist $\alpha_0 = \sigma_{Grenz}/(\varphi\tau_{Grenz})$. Der Faktor φ ergibt sich für die jeweilige Festigkeitshypothese, wenn $\sigma = 0$ gesetzt wird, d.h. aus

$\sigma_v = \tau$　　zu $\varphi = 1$　　für die Normalspannungshypothese,

$\sigma_v = 2\tau$　　zu $\varphi = 2$　　für die Schubspannungshypothese,

$\sigma_v = \sqrt{3}\tau$　zu $\varphi = 1,73$　für die GE-Hypothese.

Für den wichtigen Beanspruchungsfall der gleichzeitigen Biegung und Torsion eines Stabs folgt für das Anstrengungsverhältnis aus den Grenzspannungen des Werkstoffs Stahl angenähert

bei Biegung wechselnd, Torsion ruhend　$\alpha_0 \approx 0,7$,

bei Biegung wechselnd, Torsion wechselnd　$\alpha_0 = 1,0$,

bei Biegung ruhend, Torsion wechselnd　$\alpha_0 \approx 1,5$,

während die Vergleichsspannungen die Form

$$\left.\begin{array}{ll} \sigma_v = 0,5[\sigma_b + \sqrt{\sigma_b^2 + 4(\alpha_0\tau_t)^2}] & \text{(Normalspannungs-} \\ & \text{hypothese),} \\ \sigma_v = \sqrt{\sigma_b^2 + 4(\alpha_0\tau_t)^2} & \text{(Schubspannungs-} \\ & \text{hypothese),} \\ \sigma_v = \sqrt{\sigma_b^2 + 3(\alpha_0\tau_t)^2} & \text{(GE-Hypothese)} \end{array}\right\} \quad (24)$$

annehmen.

2 Beanspruchung stabförmiger Bauteile. Stresses in bars and beams

2.1 Zug- und Druckbeanspruchung
Tension and compression

2.1.1 Stäbe mit konstantem Querschnitt und konstanter Längskraft. Uniform bars under constant axial load

Im Bereich konstanter Längs- oder Normalkraft $F_N = F$ gilt für Spannung, Dehnung und Verschiebung (**Bild 1a**) $\sigma = F_N/A$; $\varepsilon = du/dx = \Delta l/l = \sigma/E$; $u(x) = (\sigma/E)x$; $u(l) = \Delta l = \varepsilon l = (\sigma/E)l$. Das Hookesche Gesetz wird hier und im folgenden immer als gültig vorausgesetzt. Nach C 1.1.3 ist die Formänderungsarbeit

$$W = (1/2)\int \sigma\varepsilon\, dV = \sigma^2 Al/(2E) = F_N^2 l/(2EA).$$

Diese Gleichungen gelten für Zug- und Druckkräfte. Bei Druckkräften ist der Nachweis gegen Knicken zusätzlich erforderlich (s. C 7).

2.1.2 Stäbe mit veränderlicher Längskraft
Bars with variable axial loads

Veränderliche Längskraft F_N tritt z.B. infolge Eigengewicht (Dichte ρ) auf (**Bild 1a**). Für Querschnitt $A = $ const folgt

$$F_N(x) = \rho g V = \rho g A(l - x), \quad \sigma(x) = \rho g(l - x),$$
$$u(x) = \int du = \int \varepsilon(x)dx = \int \left(\frac{1}{E}\right)\rho g(l - x)dx$$
$$= \left(\frac{\rho g}{E}\right)(lx - x^2/2) + C;$$

$C = 0$ aus $u(x = 0) = 0$, d.h. $\Delta l = u(l) = \rho g l^2/(2E)$; Formänderungsarbeit

$$W = \frac{1}{2}\int \sigma\varepsilon\, dV = \frac{1}{2}\int_{x=0}^{l}\frac{\sigma^2}{E}A\, dx = \frac{F_G^2 l}{6EA}.$$

2.1.3 Stäbe mit veränderlichem Querschnitt
Bars of variable cross section

Die Längskraft $F_N = F$ sei konstant (**Bild 1b**).

$$\sigma(x) = F/A(x), \quad u(x) = \int \varepsilon(x)dx = \int \frac{F}{E A(x)}dx;$$
$$W = \frac{1}{2}\int \sigma\varepsilon\, dV = \frac{1}{2}\int_{x=0}^{l}\frac{F^2}{E A(x)}dx.$$

2.1.4 Stäbe mit Kerben. Bars with notches

Hier gelten zunächst die prinzipiellen Ausführungen über Gestaltfestigkeit und Kerbwirkung (s. E 1.5). Nennspannung $\sigma_n = F/A_n$, max. Spannung $\sigma_{max} = \alpha_k \sigma_n$ (Werte α_k s.

VDI 2226, Bilder 7 bis 12). Bei dynamischer Belastung ist die wirksame Spannung $\sigma_{max,\,wirks.} = \beta_k \sigma_n$. (Werte β_k oder Berechnung mit bezogenem Spannungsgefälle s. E 1.5.2.)

2.1.5 Stäbe unter Temperatureinfluß
Bars with variation of temperature

Das Hookesche Gesetz nimmt die Form $\varepsilon(x) = \sigma(x)/E + \alpha_t \Delta t$ an. Hieraus $u(x) = \int \varepsilon(x)dx$ bzw. für $\sigma = $ const: $u(l) = \Delta l = (\sigma/E + \alpha_t \Delta t)l$; α_t Temperaturausdehnungskoeffizient: (Stahl $1,2 \cdot 10^{-5}$, Gußeisen $1,05 \cdot 10^{-5}$, Aluminium $2,4 \cdot 10^{-5}$, Kupfer $1,65 \cdot 10^{-5} \mathrm{K}^{-1}$). Wird die Längsausdehnung behindert (z.B. bei Einspannung zwischen starren Wänden, Festhalten durch den Unterbau einer unendlich langen Eisenbahnschiene), so ergibt sich aus $u(l) = 0$ die zugehörige Spannung. Ist $\sigma = $ const längs des Stabs, so folgt aus $\Delta l = 0$ die Wärmespannung $\sigma = E\alpha_t \Delta t$. Zum Beispiel wird die Fließgrenze für St 37 mit $\sigma_F = 240\,\mathrm{N/mm^2}$, $E = 2,1 \cdot 10^5\,\mathrm{N/mm^2}$ und $\alpha_t = 1,2 \cdot 10^{-5}\mathrm{K}^{-1}$ erreicht bei $\Delta t = \sigma_F/(E\alpha_t) = 95,2$ K.

2.2 Abscherbeanspruchung
Transverse shear stresses

Scherbeanspruchung entsteht aufgrund zweier gleich großer, wenig gegeneinander versetzter Kräfte in Bolzen, Stiften, Schrauben, Nieten, Schweißnähten usw. (**Bild 2a–d**). Dabei sind im Fall bei Preßpassungen bei Niet-, Stift- und sonstigen Verbindungen die im Niet, Stift usw. auftretenden Biegemomente vernachlässigbar klein, da das umgebende Material die Krümmung der Verbindungselemente verhindert. Es stellt sich ein schwer berechenbarer räumlicher Spannungszustand ein. Bei Bolzen oder Schrauben, die mit Spiel eingebaut werden, ist ein zusätzlicher Nachweis auf Biegung erforderlich. Der Nachweis auf Abscheren erfolgt unter Annahme einer gleichmäßigen Verteilung der Schubspannungen (die bei Erreichen des vollplastischen Zustands bei zähen Werkstoffen auch vorhanden ist; **Bild 2e**):

$$\tau_a = F/(nmA)$$

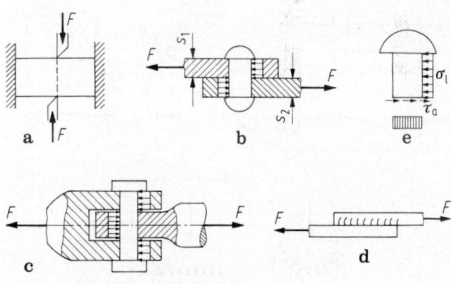

Bild 2a–e. Abscherbeanspruchungen

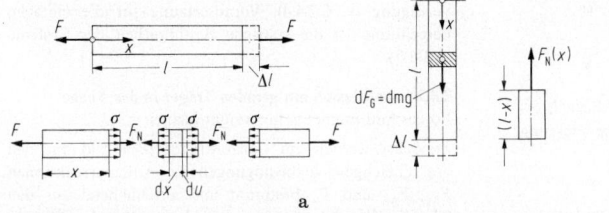

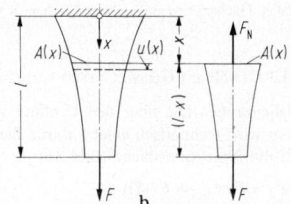

Bild 1. Stab mit **a** konstantem Querschnitt; **b** veränderlichem Querschnitt

$n = 1,2,3\ldots$ ein-, zwei- oder mehrschnittige Verbindung, $m = 1,2,3\ldots$ Anzahl der Niete, Schrauben usw. Die zulässige Scherspannung ist im Maschinenbau für zähe Werkstoffe $\tau_{a,zul} = \sigma_S/\sqrt{3S}$ mit $S \approx 1,5$ bei statischer, $S \approx 2,0$ bei schwellender und wechselnder Beanspruchung.

2.3 Flächenpressung und Lochleibung
Contact stresses and bearing pressures

Zwei gegeneinander gedrückte und einander flächenhaft berührende Teile stehen unter Flächenpressung (punktförmige Berührung s. C4).

2.3.1 Ebene Flächen. Plane surfaces

Die Verteilung der Pressung hängt von der Steifigkeit der einander berührenden Körper ab. Näherungsweise wird mit dem Mittelwert (**Bild 3a**)

$$\sigma_p = F_n/A \quad \text{bzw.} \quad \sigma_p = F_n/A_{proj}$$

gerechnet. A_{proj} ist die auf die Senkrechte zur Kraftrichtung projizierte Fläche. So gilt für den Keil nach **Bild 3a** $\sigma_{p1} = F_1/A_1 = F_1/(A/\sin\alpha)$ und wegen $F_1/F_n = \sin\beta/\sin(\alpha+\beta)$ somit

$$\sigma_{p1} = F_n \sin\alpha \sin\beta/[A\sin(\alpha+\beta)] = F_n/[A(\cot\alpha + \cot\beta)]$$
$$= F_n/(A_{1proj} + A_{2proj}) = F_n/A_{proj};$$

entsprechend gilt auch $\sigma_{p2} = F_2/A_2 = F_n/A_{proj}$.
Die zulässige Flächenpressung ist stark vom Belastungsfall (statisch, schwellend, wechselnd) abhängig. Maßgebend ist die Festigkeit des schwächeren Teils. Anhaltswerte für $\sigma_{p,zul}$: für zähe Werkstoffe $\sigma_{p,zul} \approx \sigma_{dF}/1,2$ bei ruhender und $\sigma_{p,zul} \approx \sigma_{dF}/2,0$ bei schwellender Beanspruchung, für spröde Werkstoffe $\sigma_{p,zul} \approx \sigma_{dB}/2,0$ bei ruhender und $\sigma_{p,zul} \approx \sigma_{dB}/3,0$ bei schwellender Beanspruchung. Im übrigen ist $\sigma_{p,zul}$ von Betriebsbedingungen wie Gleitgeschwindigkeit und Temperatur abhängig (s. G6.2).

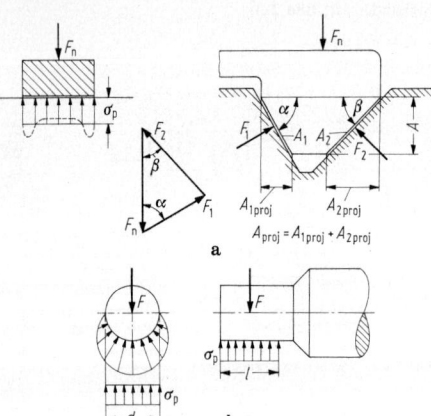

Bild 3. Flächenpressung. **a** ebene Flächen; **b** Wellenzapfen

2.3.2 Gewölbte Flächen. Curved surfaces

Wellenzapfen. Die über den Umfang veränderliche Pressung wird rechnerisch ersetzt durch die mittlere Pressung auf die Projektionsfläche (**Bild 3b**):

$$\sigma_p = F/A_{proj} = F/(dl)$$

$\sigma_{p,zul}$ je nach Betriebsbedingungen (z.B. 2 bis 30 N/mm² für große Diesel- bzw. kleine Otto-Motoren, s. G10.3.1).

Bolzen, Stifte, Niete, Schrauben. Flächenpressung wird bei Nieten und Schrauben auch als Lochleibung bezeichnet. Es gilt (**Bild 2b, c, e**), wiederum bezogen auf die Projektionsfläche,

$$\sigma_p = \sigma_l = F/A = F/(ds)$$

F auf die Übertragungsfläche A entfallender Kraftanteil, s Dicke des Materials. Im Maschinenbau $\sigma_{p,zul}$ wie bei ebenen Flächen.

2.4 Biegebeanspruchung. Bending

2.4.1 Schnittlasten: Normalkraft, Querkraft, Biegemoment. Axial force, shear force, bending moment

Stabförmige Körper, wie Balken oder Träger mit gerader, gekrümmter oder abgewinkelter Achse, die von Auflagerreaktionen im Gleichgewicht gehalten werden (s. B1.6), tragen die äußeren Belastungen (Einzelkräfte, Streckenlasten, Einzelmomente) durch innere Normal- und Schubspannungen zu den Auflagern hin ab (in **Bild 4a, b** für den ebenen Fall). Die Resultierenden dieser Spannungen ergeben in der Ebene die drei Schnittlasten M_b, F_Q, F_N, d.h. ein Biegemoment, dessen Momentenvektor in $\bar{y}$-Richtung gerichtet ist, eine Querkraft senkrecht und eine Normal- oder Längskraft tangential zur Balkenachse. Querkräfte und Biegemomente sind positiv, wenn am linken Schnittufer ihre Vektoren entgegengesetzt zu den positiven Koordinatenrichtungen $\bar{y}$ und $\bar{z}$ gerichtet sind; Normalkraft (und Torsionsmoment) wenn ihre Vektoren in positiver Koordinatenrichtung $\bar{x}$ gerichtet sind. Nach dem Newtonschen Axiom von „actio = reactio" sind die positiven Schnittlasten am rechten Schnittufer entgegengesetzt zu denen am linken Schnittufer anzusetzen (**Bild 4b**).

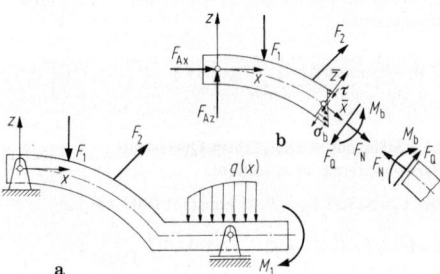

Bild 4a und **b.** Schnittlasten

In der Ebene werden die drei Schnittlasten aus den drei Gleichgewichtsbedingungen am freigemachten Teilträger berechnet:

$$\sum F_{ix} = 0, \quad \sum F_{iz} = 0, \quad \sum M_i = 0. \tag{1}$$

In der Regel wird hierbei $\sum M_i = 0$ bezüglich der Schnittstelle gebildet, damit die Unbekannten F_Q und F_N nicht in diese Gleichung eingehen. Im Raum stehen sechs Gleichgewichtsbedingungen für sechs Schnittlasten zur Verfügung (s. C2.4.4). Voraussetzung für die einfache Berechnung ist die statische Bestimmtheit der Systeme (s. B1.7).

2.4.2 Schnittlasten am geraden Träger in der Ebene
Forces and moments in straight beams

Zunächst werden am Gesamtträger (**Bild 5a**) aus den drei Gleichgewichtsbedingungen die Auflagerreaktionen F_{Ax}, F_{Az} und F_B bestimmt und anschließend aus den Gln. (1) die Schnittlasten berechnet (Standardfälle s. **Tab. 1**).

Tabelle 1. Biegemomenten- und Querkraftlinien für Standardfälle

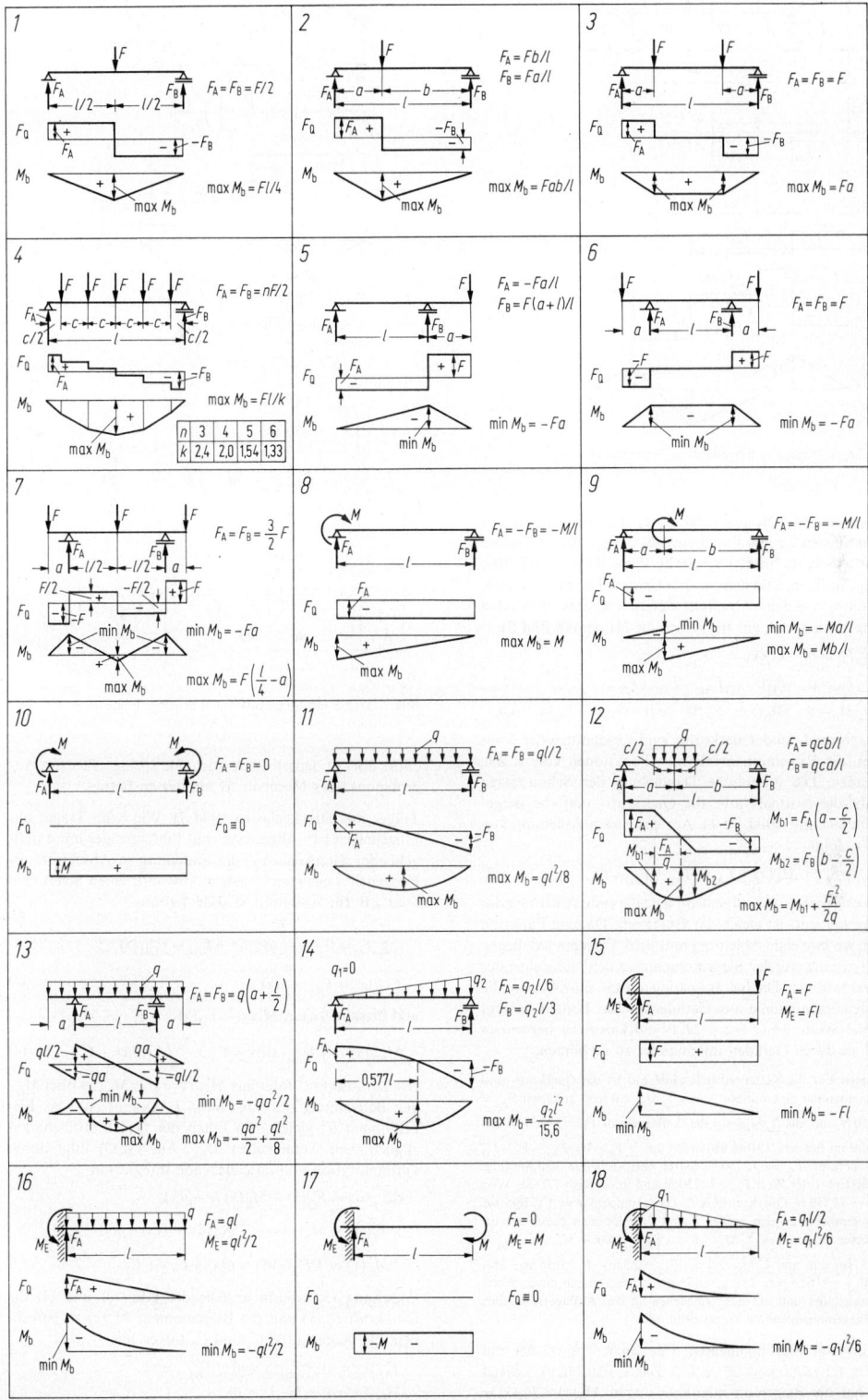

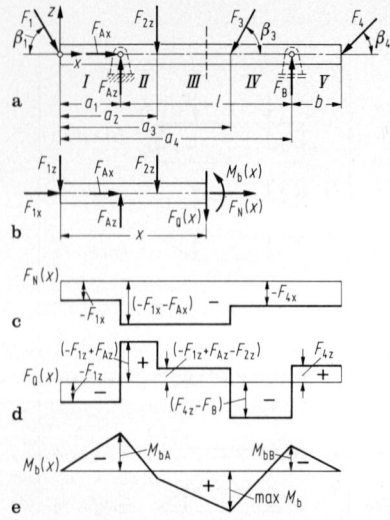

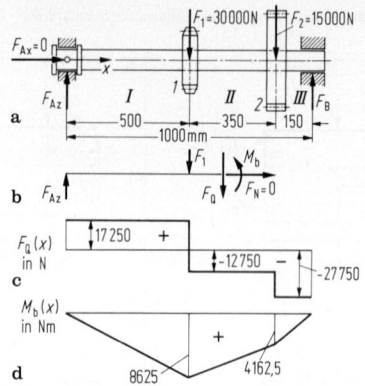

Bild 6a–d. Kettenradwelle, Schnittlasten

Bild 5a–e. Träger mit Einzelkräften, Schnittlasten

Träger mit Einzellasten (Bild 5a–e). Zur Berechnung der Schnittlasten ist eine Einteilung des Trägers in Abschnitte erforderlich, da an den Kraftangriffspunkten Querkräfte, Längskräfte und Biegemomente Unstetigkeiten aufweisen. Schnitte in jedem Abschnitt liefern die entsprechenden Schnittlasten; z.B. gilt für Abschnitt *III* gemäß **Bild 5b**

$$\sum F_{ix} = 0, \quad F_N(x) = -F_{Ax} - F_{1x};$$
$$\sum F_{iz} = 0, \quad F_Q(x) = F_{Az} - F_{1z} - F_{2z};$$
$$\sum M_i = 0, \quad M_b(x) = F_{Az}(x - a_1) - F_{1z}x - F_{2z}(x - a_2).$$

Die Normal- und Querkräfte sind abschnittsweise konstant, die Biegemomente lineare Funktionen von x, d.h. Geraden. Die graphische Darstellung der Schnittlasten ergibt die Normalkraft-, die Querkraft- und die Biegemomentenlinie (**Bild 5c–e**). Aus der ersten Ableitung von $M_b(x)$ folgt

$$\mathrm{d}M_b/\mathrm{d}x = M_b'(x) = F_{Az} - F_{1z} - F_{2z} = F_Q. \qquad (2)$$

Dieses Ergebnis gilt allgemein, d.h. die erste Ableitung des Biegemoments ist gleich der Querkraft. Da eine Funktion dort, wo ihre erste Ableitung null wird, Extrema hat, liegen die Extremwerte der Biegemomente an den Nullstellen der Querkraftlinie. Da bei Belastung durch Einzellasten die Biegemomentenlinie aus Geradenstücken besteht, genügt es, die Werte $M_b(x = a_1)$, $M_b(x = a_2)$ usw. zu berechnen und sie durch Geraden miteinander zu verbinden.

Beispiel: Für die Kettenradwelle (**Bild 6a**) ist die Querkraft- und Momentenlinie zu ermitteln. – Aus $\sum M_{iB} = 0$ folgt zunächst $F_{Az} = 17250 \,\mathrm{N}$ und aus $\sum M_{iA} = 0$ die Auflagerkraft $F_B = 27750 \,\mathrm{N}$. Ein Schnitt im Bereich *II* (**Bild 6b**) liefert aus $\sum F_{iz} = 0 = F_{Az} - F_1 - F_Q$ die Querkraft $F_Q = -12750 \,\mathrm{N}$. Durch entsprechende Schnitte folgt im Bereich *I* der Wert $F_Q = 17250 \,N$ und im Bereich *III* der Wert $F_Q = -27750 \,N$. Querkraftlinie $F_Q(x)$ („Treppenkurve") s. **Bild 6c**. Biegemomente an den Stellen *1* und *2* erhält man durch Schnitt in diesen Stellen aus $\sum M_{i1} = 0 = -F_{Az} \cdot 0{,}5\,\mathrm{m} + M_{b1}$ zu $M_{b1} =$ 8625 Nm und aus $\sum M_{i2} = 0 = -F_{Az} \cdot 0{,}85\,\mathrm{m} + F_1 \cdot 0{,}35\,\mathrm{m} + M_{b2}$ zu $M_{b2} = 4162{,}5$ Nm. Die geradlinigen Verbindungen dieser Werte untereinander und mit den Nullstellen an den Auflagern ergeben die Biegemomentenlinie $M_b(x)$ (**Bild 6d**).

Träger mit Einzelmomenten. Für einen Träger, der mit einem Einzelmoment *M* (s. C2, **Tab. 1**, Fall Nr. 9) belastet ist, hat die Biegemomentenlinie wegen $M_b'(x) = F_Q(x) =$

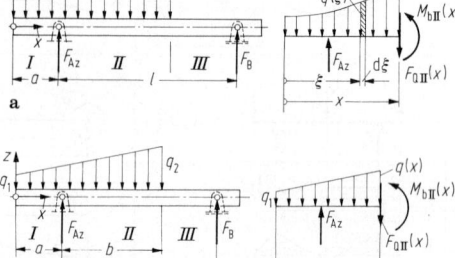

Bild 7. Träger mit Streckenlasten. **a** beliebig; **b** linear

const überall denselben Anstieg. Sie springt aber am Angriffspunkt des Moments *M* um dessen Betrag.

Träger mit Streckenlasten (Bild 7). Wie beim Träger mit Einzellasten ist – abgesehen vom Einfeldträger mit durchgehender Streckenlast – die Einteilung in Abschnitte erforderlich. Legt man in jedem Abschnitt einen Schnitt, so folgt z.B. für Abschnitt *II* (**Bild 7a**) aus

$$\sum F_{iz} = 0 = -\int_0^x q(\xi)\,\mathrm{d}\xi + F_{Az} - F_{QII}(x)$$
$$F_{QII}(x) = F_{Az} - f(x) \qquad (3)$$

und hieraus wegen $M_b'(x) = F_Q(x)$

$$M_{bII}(x) = \int F_{QII}(x)\,\mathrm{d}x = F_{Az}x - \int f(x)\,\mathrm{d}x + C. \qquad (4)$$

Die Konstante *C* folgt aus $M_{bII}(x = a) = M_{bA}$, wobei M_{bA} aus Berechnung des Abschnitts *I* bekannt ist. Das Biegemoment ist gleich dem Inhalt der Querkraftfläche zuzüglich dem Anfangswert M_{bA}. Aus Gl. (3) folgt durch Differentiation und anschließende Integration

$$\mathrm{d}F_Q/\mathrm{d}x = F_Q'(x) = M_b''(x) = -q(x),$$
$$F_Q(x) = M_b'(x) = -\int q(x)\,\mathrm{d}x = f(x) + C_1,$$
$$M_b(x) = \int F_Q(x)\,\mathrm{d}x = g(x) + C_1 x + C_2. \qquad (5)$$

Gleichung (5) erlaubt anstelle der Gln. (3) und (4) die Querkraft $F_Q(x)$ und das Biegemoment $M_b(x)$ zu berechnen. Die Konstanten C_1 und C_2 folgen aus

$$F_{QII}(x = a) = F_{QI}(x = a) + F_{Az} \quad \text{und}$$
$$M_{bII}(x = a) = M_{bI}(x = a),$$

wobei $F_{QI}(x=a)$ und $M_{bI}(x=a)$ aus der Berechnung des Abschnitts I bekannt sind. Sind die Streckenlasten konstante oder linear steigende Geraden (**Bild 7b**), so gilt z.B. für Abschnitt II

$$q(x)=q_1+\frac{q_2-q_1}{(a+b)}x, \quad F_{QII}(x)=F_{Az}-q_1x-\frac{q_2-q_1}{(a+b)}\frac{x^2}{2},$$

$$M_{bII}(x)=F_{Az}(x-a)-q_1\frac{x^2}{2}-\frac{q_2-q_1}{(a+b)}\frac{x^3}{6}.$$

Bei linear zunehmender bzw. konstanter Streckenlast sind die Biegemomentenlinien Parabeln 3. bzw. 2. Grades (s. **Tab. 1**).

Beliebig belastete gerade Träger (Bild 8). Zunächst werden aus den drei Gleichgewichtsbedingungen $\sum F_{ix}=0$, $\sum M_{iB}=0$, $\sum M_{iA}=0$ die Auflagerkräfte zu $F_{Ax}=-3,5\,\text{kN}$, $F_{Az}=3,68\,\text{kN}$ und $F_B=2,17\,\text{kN}$ ermittelt. Die Querkräfte werden zweckmäßig unmittelbar links und rechts einer Abschnittsgrenze, die Biegemomente für die Abschnittsgrenze selbst berechnet. Zum Beispiel gilt für einen Schnitt durch Abschnitt II an der linken Bereichs-

grenze, d.h. rechts vom Auflager A,

$$\sum F_{ix}=0, \quad F_{NAr}=-F_{Ax}=+3,5\,\text{kN};$$
$$\sum F_{iz}=0, \quad F_{QAr}=F_{Az}-F_1=1,68\,\text{kN};$$
$$\sum M_i=0, \quad M_{bA}=-F_1a=-2,0\,\text{kNm}.$$

Für die rechte Bereichsgrenze von Abschnitt II folgt entsprechend

$$\sum F_{ix}=0=F_{Ax}+F_{NII} \qquad F_{NII}=+3,5\,\text{kN};$$
$$\sum F_{iz}=0=-F_1+F_{Az}-qb-F_{QII} \quad F_{QII}=-1,32\,\text{kN};$$
$$\sum M_i=0=F_1(a+b)-F_{Az}b+qb^2/2+M_{bI}$$
$$M_{bI}=-1,64\,\text{kN m}.$$

Die Querkraftnullstelle im Bereich II folgt aus $F_Q(x)=0$ zu $x_0=2,12\,\text{m}$ mit dem Moment $M_b(x_0)=-1,06\,\text{kN m}$. Nach Ermittlung der Schnittlasten für die anderen Bereiche ergeben sich die in **Bild 8** dargestellten Schnittlastlinien.

Graphische Ermittlung der Biegemomente. Nach Ersatz der Streckenlasten (**Bild 9a, b**) durch Einzellasten $F_E=qc$ wird das Poleck (Kräftemaßstab $1\,\text{cm}\,\hat{=}\,\kappa\,\text{kN}$, Längenmaßstab $1\,\text{cm}\,\hat{=}\,\lambda\,\text{cm}$) gezeichnet. Übertragen der Polstrahlen in den Lageplan (Seileck) und Zeichnen der Schlußlinie nach B1.6.1 in Lage- und Polplan liefert die Auflagerkräfte F_A und F_B. Für die Schnittstelle x sind die Kräfte F_A und F_1 durch die Kräfte F_S und F_{S2} des Polplans zu ersetzen, die sich in horizontale und vertikale Komponenten zerlegen lassen (**Bild 9b**). Das Biegemoment ist dann $M_b(x)=F_Hm(x)$, wobei $F_H=\text{const}$ gemäß Polplan ist; die Werte $m(x)$ repräsentieren also die Momentenfläche. Werden F_H und $m(x)$ in cm abgelesen, so gilt

$$M_b(x)=\kappa\lambda F_Hm(x) \quad\text{in kN cm.} \tag{6}$$

2.4.3 Schnittlasten an abgewinkelten und gekrümmten ebenen Trägern. Forces and moments in plane curved beams

Abgewinkelte ebene Träger. Als Beispiel werde die Hängekonstruktion einer Laufkatze nach **Bild 10a** betrachtet. Das System wird in einzelne gerade Abschnitte (aus Symmetriegründen genügt die Betrachtung einer Hälfte) eingeteilt, und im mitlaufenden Koordinatensystem $\bar{x}, \bar{y}, \bar{z}$ werden aus $\sum F_{i\bar{x}}=0$, $\sum F_{i\bar{z}}=0$ und $\sum M_i=0$ die Schnittlasten ermittelt. So folgt z.B. für Abschnitt II (**Bild 10b**)

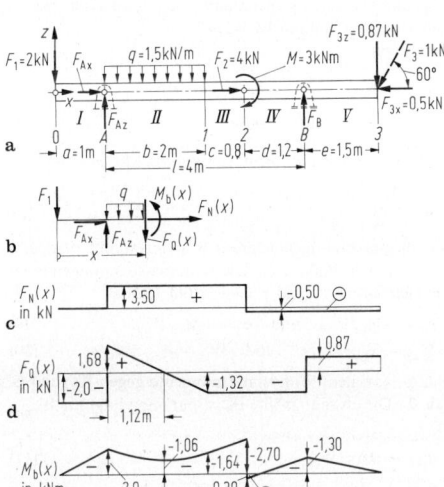

Bild 8a–e. Beliebig belasteter Träger, Schnittlasten

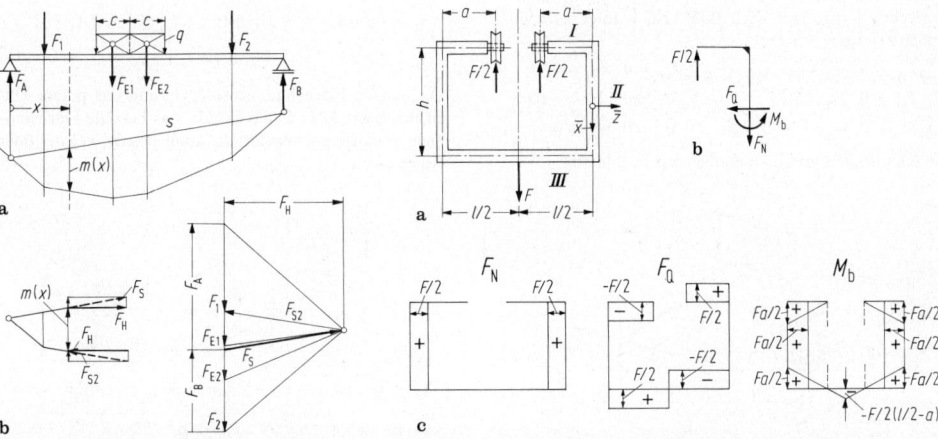

Bild 9a und b. Biegemomentenlinie, graphische Ermittlung   **Bild 10a–c.** Hängekonstruktion, Schnittlasten

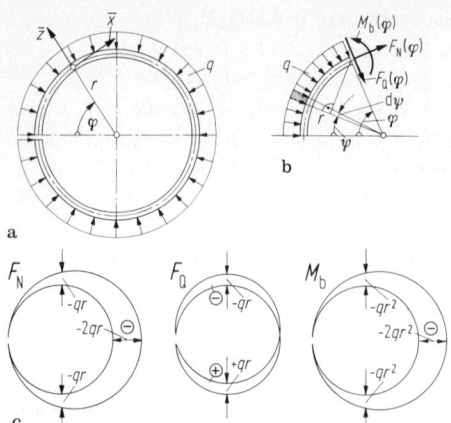

Bild 11 a–c. Kolbenring, Schnittlasten

aus $\sum F_{i\bar{x}} = 0 = F_N - F/2$: $F_N = F/2$, aus $\sum F_{i\bar{z}} = 0 = -F_Q$: $F_Q = 0$ und aus $\sum M_i = 0 = -(F/2)a + M_b$: $M_b = Fa/2$. Vollständige Ergebnisse s. **Bild 10 c**.

Gekrümmte ebene Träger. Beim geschlitzten Kreisringträger (Kolbenring) unter konstanter Radialbelastung q (**Bild 11 a**) liefert ein Schnitt unter dem Winkel φ im mitlaufenden Koordinatensystem $\bar{x}$, $\bar{y}$, $\bar{z}$ gemäß **Bild 11 b**

$$\sum F_{i\bar{x}} = 0 = \int_0^\varphi qr\sin(\varphi - \psi)\mathrm{d}\psi + F_N(\varphi),$$

$$F_N(\varphi) = -qr(1 - \cos\varphi);$$

$$\sum F_{i\bar{z}} = 0 = -\int_0^\varphi qr\cos(\varphi - \psi)\mathrm{d}\psi - F_Q(\varphi),$$

$$F_Q(\varphi) = -qr\sin\varphi;$$

$$\sum M_i = 0 = \int_0^\varphi qr^2\sin(\varphi - \psi)\mathrm{d}\psi + M_b(\varphi),$$

$$M_b(\varphi) = -qr^2(1 - \cos\varphi).$$

Graphische Darstellung der Schnittlasten s. **Bild 11 c**.

2.4.4 Schnittlasten an räumlichen Trägern
Forces and moments in beams in space

Bei statischer Bestimmtheit stehen im Raum sechs Gleichgewichtsbedingungen zur Verfügung. Daraus ergeben sich die sechs Schnittlasten F_N, $F_{Q\bar{y}}$, $F_{Q\bar{z}}$, $M_{b\bar{y}}$, $M_{b\bar{z}}$, M_t. Beim räumlichen Kragträger nach **Bild 12a, b** folgt z.B. für Bereich III aus

$$\sum F_{ix} = 0 \quad F_N = 0; \qquad \sum F_{iy} = 0 \quad F_{Qy} = 0;$$
$$\sum F_{iz} = 0 \quad F_{Qz} = F; \qquad \sum M_{ix} = 0 \quad M_t = -Fa;$$
$$\sum M_{iy} = 0 \quad M_{by} = -F(l - x); \quad \sum M_{iz} = 0 \quad M_{bz} = 0.$$

Die Schnittlasten verlaufen ähnlich wie in **Bild 10 c**.

2.4.5 Biegespannungen in geraden Balken
Bending stresses in straight beams

Einfache Biegung. Hierunter versteht man die Wirkung aller Lasten parallel zu einer Querschnittsachse, die gleichzeitig Hauptachse – s. Gl.(17) – ist. Handelt es sich um die z-Achse, so gibt es infolge der Lasten in z-Richtung nur Biegemomente M_{by} (**Bild 13a**). Unter den Voraussetzungen, daß die Lastebene durch den Schubmittelpunkt M geht (s. C 2.4.6), das Hookesche Gesetz $\sigma = E\varepsilon$ gilt und die Querschnitte eben bleiben, d.h. die Verwölbungen der Querschnitte infolge der Schubspannungen vernachlässigbar klein sind (Bernoullische Hypothese), folgt

$$\sigma = E\varepsilon = mz \tag{7}$$

und damit aus den Gleichgewichtsbedingungen

$$\sum F_{ix} = 0 = \int \sigma\,\mathrm{d}A = \int mz\,\mathrm{d}A, \quad \int z\,\mathrm{d}A = 0,$$

d.h., die Spannungsnullinie geht durch den Schwerpunkt, und

$$\sum M_{iz} = 0 = \int \sigma y\,\mathrm{d}A = \int myz\,\mathrm{d}A, \quad \int yz\,\mathrm{d}A = I_{yz} = 0,$$

d.h., das biaxiale Flächenmoment I_{yz} muß Null, bzw. y und z müssen Hauptachsen sein.
Ferner gilt

$$M_{by} = M_b = -\int \sigma z\,\mathrm{d}A = -\int mz^2\,\mathrm{d}A$$
$$= -m\int z^2\,\mathrm{d}A = -mI_y;$$

I_y axiales Flächenmoment 2. Grades. Mit $m = -M_b/I_y$ folgt aus Gl.(7)

$$\sigma = -(M_b/I_y)z. \tag{8}$$

Die Biegespannungen nehmen also linear mit dem Abstand von der Nullinie zu. Die Extremalspannungen ergeben sich für $z = e_1$ und $z = -e_2$ (**Bild 13b**) zu

$$\sigma_1 = -M_b/W_{y1} \quad \text{und} \quad \sigma_2 = +M_b/W_{y2}. \tag{9}$$
$$W_{y1} = W_{b1} = I_y/e_1 \quad \text{und} \quad W_{y2} = W_{b2} = I_y/e_2 \tag{10}$$

sind die (axialen) Widerstandsmomente gegen Biegung (s. **Tab. 2**). Die absolut größte Biegespannung folgt für $W_{y\,min}$ zu

$$\sigma_{max} = |M_b|/W_{y\,min}. \tag{11}$$

Bei zur y-Achse symmetrischen Querschnitten ist $e_1 = e_2$ und $W_{y1} = W_{y2} = W_y$.

Flächenmomente 2. Grades. In der allgemeinen Balkenbiegungstheorie werden folgende Flächenmomente 2. Grades benötigt (**Bild 14a**):

$$I_y = \int z^2\mathrm{d}A, \quad I_z = \int y^2\mathrm{d}A; \qquad I_{yz} = \int yz\,\mathrm{d}A;$$
$$I_p = \int r^2\mathrm{d}A = \int (y^2 + z^2)\mathrm{d}A = I_y + I_z. \tag{12}$$

Die axialen Flächenmomente I_y, I_z und das polare Flächenmoment I_p sind stets positiv, das biaxiale Flächenmoment (Zentrifugalmoment) I_{yz} kann positiv, negativ oder Null sein.

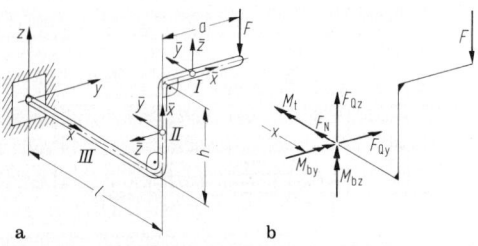

Bild 12a und **b.** Räumliche Schnittlasten

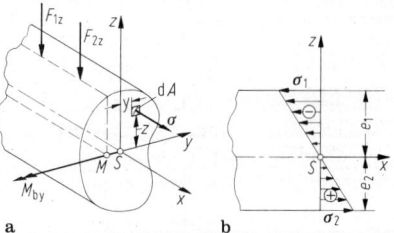

Bild 13a und **b.** Biegespannungen

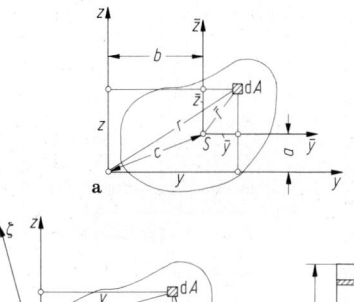

a

b

c

Bild 14. Flächenmomente für **a** parallele Achsen; **b** gedrehte Achsen; **c** Rechteckquerschnitt

Trägheitsradien:

$$i_y = \sqrt{I_y/A}, \quad i_z = \sqrt{I_z/A}, \quad i_p = \sqrt{I_p/A}. \quad (13)$$

Sätze von Steiner: Für zueinander parallele Achsensysteme y, z und $\bar{y}, \bar{z}$ (**Bild 14a**) gilt

$$I_y = \int z^2 dA = \int (\bar{z} + a)^2 dA$$
$$= \int \bar{z}^2 dA + 2a \int \bar{z}\, dA + a^2 \int dA = I_{\bar{z}} + 2aS_{\bar{y}} + a^2 A. \quad (14)$$

Wenn die Achsen $\bar{y}$ und $\bar{z}$ durch den Schwerpunkt gehen, wird das statische Moment $S_{\bar{y}}$ (und ebenso $S_{\bar{z}}$) zu Null, und es folgen (für die anderen Flächenmomente analog) die Steinerschen Sätze

$$I_y = I_{\bar{y}} + a^2 A, \quad I_z = I_{\bar{z}} + b^2 A,$$
$$I_{yz} = I_{\bar{y}\bar{z}} + ab A, \quad I_p = I_{\bar{p}} + c^2 A. \quad (15)$$

Für $a = b = c = 0$ gehen die Achsen y und z durch den Schwerpunkt, und die axialen und polaren Flächenmomente 2. Grades werden zu einem Minimum. Diese Gleichungen dienen zur Berechnung der Flächenmomente zusammengesetzter Querschnitte mit bekannten Einzelflächenmomenten.

Drehung des Koordinatensystems. Für ein gedrehtes Koordinatensystem η, ζ (**Bild 14b**) gilt

$$\left. \begin{array}{l} \eta = y\cos\varphi + z\sin\varphi, \quad \zeta = z\cos\varphi - y\sin\varphi, \\[4pt] I_\eta = \int \zeta^2 dA = (I_y + I_z)/2 \\ \qquad + [(I_y - I_z)/2]\cos 2\varphi - I_{yz}\sin 2\varphi, \\[4pt] I_\zeta = \int \eta^2 dA = (I_y + I_z)/2 \\ \qquad - [(I_y - I_z)/2]\cos 2\varphi + I_{yz}\sin 2\varphi, \\[4pt] I_{\eta\zeta} = \int \eta\zeta\, dA = [(I_y - I_z)/2]\sin 2\varphi + I_{yz}\cos 2\varphi. \end{array} \right\} \quad (16)$$

Diese Gleichungen lassen sich in Form des Mohrschen Trägheitskreises graphisch darstellen [1]. Hieraus folgen ferner die von φ unabhängigen invarianten Beziehungen $I_\eta + I_\zeta = I_y + I_z$, $I_\eta I_\zeta - I_{\eta\zeta}^2 = I_y I_z - I_{yz}^2$.

Hauptachsen und Hauptflächenmomente 2. Grades. Achsen, für die das biaxiale Moment $I_{\eta\zeta}$ zu Null wird, heißen Hauptachsen *1* und *2*. Ihr Stellungswinkel φ_0 ergibt sich für $I_{\eta\zeta} = 0$ gemäß Gl. (16) aus

$$\tan 2\varphi_0 = 2I_{yz}/(I_z - I_y). \quad (17)$$

Die zugehörigen Hauptflächenmomente I_1 und I_2 folgen mit φ_0 aus Gl. (16) oder direkt aus

$$I_{1,2} = (1/2)[I_y + I_z + \sqrt{(I_y - I_z)^2 + 4I_{yz}^2}]. \quad (18)$$

I_1 und I_2 sind das größte und kleinste Flächenmoment 2. Grades eines Querschnitts. Jede Symmetrieachse eines Querschnitts und alle zu ihr senkrechten Achsen sind stets Hauptachsen. Bei Drehung eines Hauptachsensystems um den Winkel β gilt nach Gl. (16)

$$\left. \begin{array}{l} I_\eta = (I_1 + I_2)/2 + [(I_1 - I_2)/2]\cos 2\beta, \\ I_\zeta = (I_1 + I_2)/2 - [(I_1 - I_2)/2]\cos 2\beta, \\ I_{\eta\zeta} = [(I_1 - I_2)/2]\sin 2\beta. \end{array} \right\} \quad (19)$$

Ist für einen Querschnitt $I_1 = I_2$, so folgt aus Gl. (19) $I_{\eta\zeta} = 0$ unabhängig von β, d.h., sämtliche Achsen durch den Bezugspunkt sind Hauptachsen, wobei $I_\eta = I_\zeta = I_1 = I_2 = \text{const}$. Die Änderung von I_η und I_ζ gemäß Gl. (19) läßt sich graphisch durch die Trägheitsellipse darstellen [1].

Berechnung der Flächenmomente

Für einfache Flächen, deren Berandung mathematisch erfaßbar ist, erfolgt die Berechnung durch Integration. Zum Beispiel gilt für den Rechteckquerschnitt nach **Bild 14c**

$$I_y = \int\limits_{z=-h/2}^{+h/2} bz^2 dz = [bz^3/3]_{-h/2}^{+h/2} = bh^3/12.$$

Tab. 2 enthält die Flächenmomente 2. Grades wichtiger Querschnitte (s. **Anh. C2 Tab. 1** bis **17**).
Für zusammengesetzte Querschnitte (**Bild 15**) folgt mit den Steinerschen Sätzen nach Gl. (15)

$$I_y = \sum(I_{\bar{y}i} + a_i^2 A_i), \quad I_z = \sum(I_{\bar{z}i} + b_i^2 A_i),$$
$$I_{yz} = \sum(I_{\bar{y}\bar{z},i} + a_i b_i A_i). \quad (20)$$

Hohlräume in Flächen (z.B. Fläche A_4 in **Bild 15a**) sind durch negatives I und negatives A zu berücksichtigen.

1. Beispiel: Für den Querschnitt nach **Bild 15b**, bestehend aus Profilen U240 und I200 (mit Bohrung $d = 30$ mm) berechne man die Schwerpunkthöhe z_s^* und das Flächenmoment 2. Grades I_y. – Aus Profiltabellen entnimmt man die Flächen $A_1 = 4230$ mm^2 und

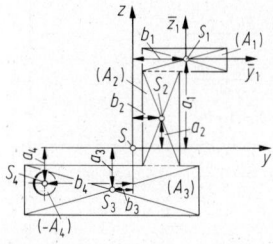

a

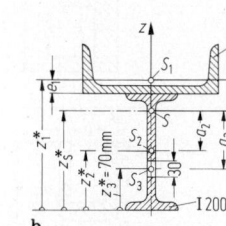

b

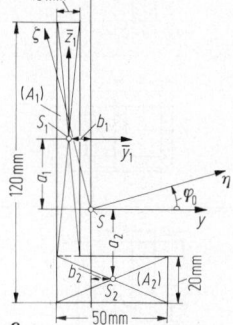

c

Bild 15a–c. Zusammengesetzte Querschnitte

Tabelle 2. Axiale Flächenmomente 2. Grades und Widerstandsmomente

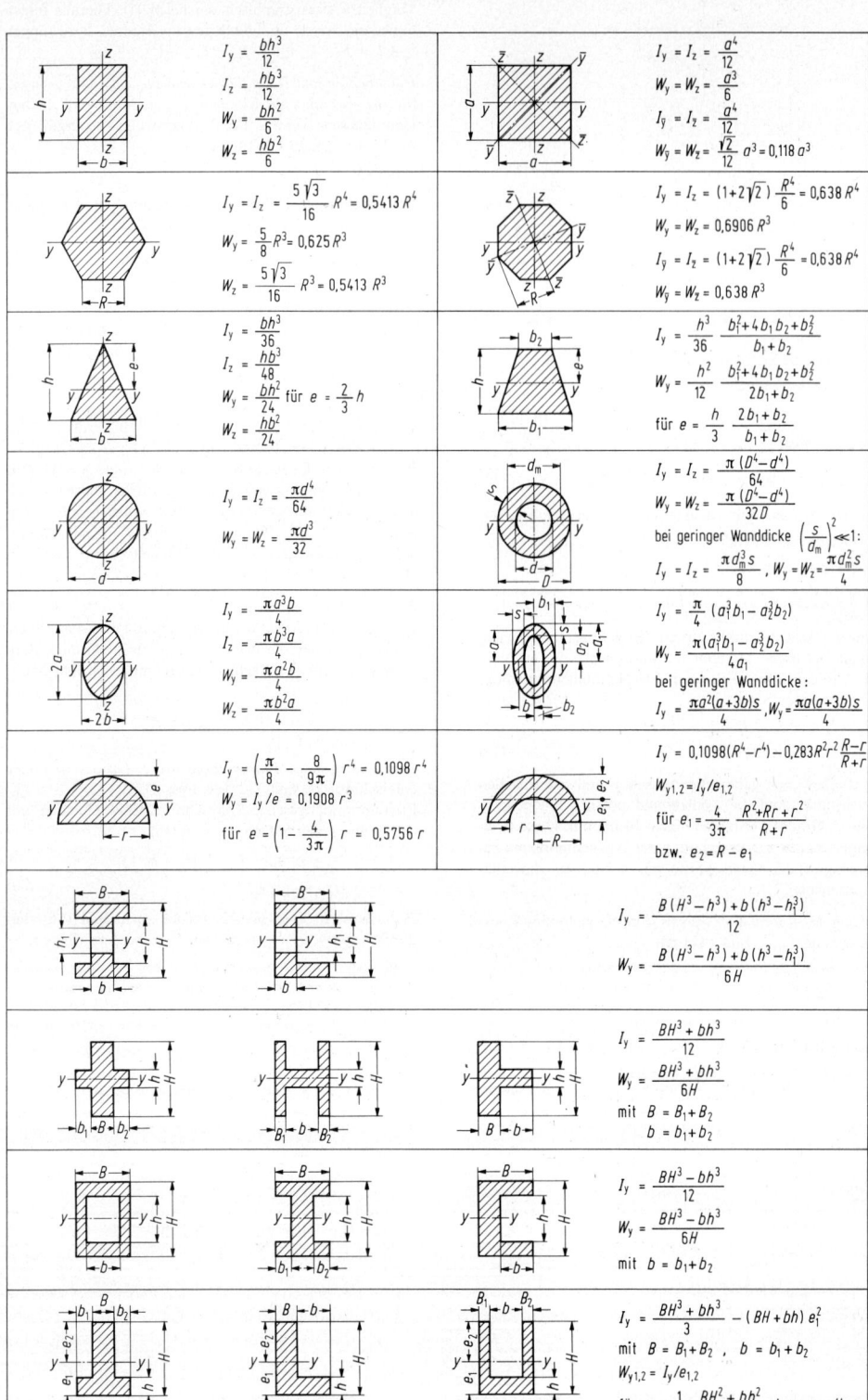

$$I_y = \frac{bh^3}{12}$$
$$I_z = \frac{hb^3}{12}$$
$$W_y = \frac{bh^2}{6}$$
$$W_z = \frac{hb^2}{6}$$

$$I_y = I_z = \frac{a^4}{12}$$
$$W_y = W_z = \frac{a^3}{6}$$
$$I_{\bar{y}} = I_{\bar{z}} = \frac{a^4}{12}$$
$$W_{\bar{y}} = W_{\bar{z}} = \frac{\sqrt{2}}{12} a^3 = 0{,}118\,a^3$$

$$I_y = I_z = \frac{5\sqrt{3}}{16} R^4 = 0{,}5413\,R^4$$
$$W_y = \frac{5}{8} R^3 = 0{,}625\,R^3$$
$$W_z = \frac{5\sqrt{3}}{16} R^3 = 0{,}5413\,R^3$$

$$I_y = I_z = (1+2\sqrt{2})\,\frac{R^4}{6} = 0{,}638\,R^4$$
$$W_y = W_z = 0{,}6906\,R^3$$
$$I_{\bar{y}} = I_{\bar{z}} = (1+2\sqrt{2})\,\frac{R^4}{6} = 0{,}638\,R^4$$
$$W_{\bar{y}} = W_{\bar{z}} = 0{,}638\,R^3$$

$$I_y = \frac{bh^3}{36}$$
$$I_z = \frac{hb^3}{48}$$
$$W_y = \frac{bh^2}{24} \text{ für } e = \frac{2}{3}h$$
$$W_z = \frac{hb^2}{24}$$

$$I_y = \frac{h^3}{36}\,\frac{b_1^2+4b_1 b_2+b_2^2}{b_1+b_2}$$
$$W_y = \frac{h^2}{12}\,\frac{b_1^2+4b_1 b_2+b_2^2}{2b_1+b_2}$$
$$\text{für } e = \frac{h}{3}\,\frac{2b_1+b_2}{b_1+b_2}$$

$$I_y = I_z = \frac{\pi d^4}{64}$$
$$W_y = W_z = \frac{\pi d^3}{32}$$

$$I_y = I_z = \frac{\pi (D^4-d^4)}{64}$$
$$W_y = W_z = \frac{\pi (D^4-d^4)}{32 D}$$
bei geringer Wanddicke $\left(\frac{s}{d_m}\right)^2 \ll 1$:
$$I_y = I_z = \frac{\pi d_m^3 s}{8}, \quad W_y = W_z = \frac{\pi d_m^2 s}{4}$$

$$I_y = \frac{\pi a^3 b}{4}$$
$$I_z = \frac{\pi b^3 a}{4}$$
$$W_y = \frac{\pi a^2 b}{4}$$
$$W_z = \frac{\pi b^2 a}{4}$$

$$I_y = \frac{\pi}{4}\,(a_1^3 b_1 - a_2^3 b_2)$$
$$W_y = \frac{\pi(a_1^3 b_1 - a_2^3 b_2)}{4 a_1}$$
bei geringer Wanddicke:
$$I_y = \frac{\pi a^2(a+3b)s}{4}, \quad W_y = \frac{\pi a(a+3b)s}{4}$$

$$I_y = \left(\frac{\pi}{8} - \frac{8}{9\pi}\right) r^4 = 0{,}1098\,r^4$$
$$W_y = I_y/e = 0{,}1908\,r^3$$
$$\text{für } e = \left(1 - \frac{4}{3\pi}\right) r = 0{,}5756\,r$$

$$I_y = 0{,}1098(R^4-r^4) - 0{,}283 R^2 r^2\,\frac{R-r}{R+r}$$
$$W_{y1,2} = I_y/e_{1,2}$$
$$\text{für } e_1 = \frac{4}{3\pi}\,\frac{R^2+Rr+r^2}{R+r}$$
$$\text{bzw. } e_2 = R - e_1$$

$$I_y = \frac{B(H^3-h^3) + b(h^3-h_1^3)}{12}$$
$$W_y = \frac{B(H^3-h^3) + b(h^3-h_1^3)}{6H}$$

$$I_y = \frac{BH^3+bh^3}{12}$$
$$W_y = \frac{BH^3+bh^3}{6H}$$
mit $B = B_1+B_2$
$b = b_1+b_2$

$$I_y = \frac{BH^3-bh^3}{12}$$
$$W_y = \frac{BH^3-bh^3}{6H}$$
mit $b = b_1+b_2$

$$I_y = \frac{BH^3+bh^3}{3} - (BH+bh)\,e_1^2$$
mit $B = B_1+B_2$, $b = b_1+b_2$
$$W_{y1,2} = I_y/e_{1,2}$$
$$\text{für } e_1 = \frac{1}{2}\,\frac{BH^2+bh^2}{BH+bh} \quad \text{bzw. } e_2 = H - e_1$$

$A_2 = 3340\ \mathrm{mm}^2$, sowie das Maß $e_1 = 22{,}3$ mm. Dann ergibt sich für die Schwerpunkthöhe gemäß B 1.10

$$z_s^* = (\textstyle\sum z_i^* A_i)/A = (4230 \cdot 222{,}3 + 3340 \cdot 100$$
$$- 7{,}5 \cdot 30 \cdot 70)\ \mathrm{mm}^3 / 7345\ \mathrm{mm}^2 = 171{,}4\ \mathrm{mm}.$$

Damit ergeben sich die Abstände a_i zu

$$a_1 = (222{,}3 - 171{,}4)\ \mathrm{mm} = 50{,}9\ \mathrm{mm},$$
$$a_2 = (100 - 171{,}4)\ \mathrm{mm} = -71{,}4\ \mathrm{mm},$$
$$a_3 = (70 - 171{,}4)\ \mathrm{mm} = -101{,}4\ \mathrm{mm}.$$

Nach den Profiltabellen ist

$$I_{\bar{y}1} = 248 \cdot 10^4\ \mathrm{mm}^4 \quad \text{und} \quad I_{\bar{y}2} = 2140 \cdot 10^4\ \mathrm{mm}^4,$$

womit aus Gl. (20) folgt

$$I_y = [248 \cdot 10^4 + 50{,}9^2 \cdot 4230 + 2140 \cdot 10^4 + 71{,}4^2 \cdot 3340$$
$$- 7{,}5 \cdot 30^3/12 - 101{,}4^2 \cdot (7{,}5 \cdot 30)]\ \mathrm{mm}^4 = 4954 \cdot 10^4\ \mathrm{mm}^4.$$

2. Beispiel: Für den Winkelquerschnitt nach **Bild 15c** sind I_y, I_z, I_{yz}, I_1, I_2, φ_0, i_1, i_2 zu berechnen. – Aufteilung in zwei Flächen $A_1 = 10 \cdot 100\ \mathrm{mm}^2 = 1000\ \mathrm{mm}^2$ und $A_2 = 50 \cdot 20\ \mathrm{mm}^2 = 1000\ \mathrm{mm}^2$ mit $a_1 = 30$ mm, $b_1 = -10$ mm, $a_2 = -30$ mm, $b_2 = 10$ mm ergibt nach Gl. (20) mit $I_{\bar{y}} = bh^3/12$ nach **Tab. 2** für den Rechteckquerschnitt

$$I_y = (10 \cdot 100^3/12 + 30^2 \cdot 1000 + 50 \cdot 20^3/12 + 30^2 \cdot 1000)\ \mathrm{mm}^4$$
$$= 266{,}7 \cdot 10^4\ \mathrm{mm}^4,$$
$$I_z = (100 \cdot 10^3/12 + 10^2 \cdot 1000 + 20 \cdot 50^3/12 + 10^2 \cdot 1000)\ \mathrm{mm}^4$$
$$= 41{,}7 \cdot 10^4\ \mathrm{mm}^4.$$

Für die Einzelrechtecke ist $I_{\bar{y}\bar{z}} = 0$, da für sie $\bar{y}$ und $\bar{z}$ Hauptachsen sind. Damit ist nach Gl. (20)

$$I_{yz} = \textstyle\sum a_i b_i A_i = [30 \cdot (-10) \cdot 1000 + (-30) \cdot 10 \cdot 1000]\ \mathrm{mm}^4$$
$$= -60 \cdot 10^4\ \mathrm{mm}^4.$$

Hauptflächenmomente nach Gl. (18)

$$I_{1,2} = 0{,}5 \cdot [(266{,}7 + 41{,}7) \cdot 10^4$$
$$\pm \sqrt{(266{,}7 - 41{,}7)^2 \cdot 10^8 + 4 \cdot 60^2 \cdot 10^8}]\ \mathrm{mm}^4$$
$$= (154{,}2 \cdot 10^4 \pm 127{,}5 \cdot 10^4)\ \mathrm{mm}^4;$$
$$I_1 = 281{,}7 \cdot 10^4\ \mathrm{mm}^4; \quad I_2 = 26{,}7 \cdot 10^4\ \mathrm{mm}^4.$$

Stellungswinkel der Hauptachsen nach Gl. (17)

$$\varphi_0 = 0{,}5 \cdot \arctan \frac{-2 \cdot 60 \cdot 10^4\ \mathrm{mm}^4}{(41{,}7 - 266{,}7) \cdot 10^4\ \mathrm{mm}^4} = 14{,}04°.$$

Trägheitsradien nach Gl. (13)

$$i_1 = \sqrt{281{,}7 \cdot 10^4/2000}\ \mathrm{mm} = 37{,}5\ \mathrm{mm};$$
$$i_2 = \sqrt{26{,}7 \cdot 10^4/2000}\ \mathrm{mm} = 11{,}6\ \mathrm{mm}.$$

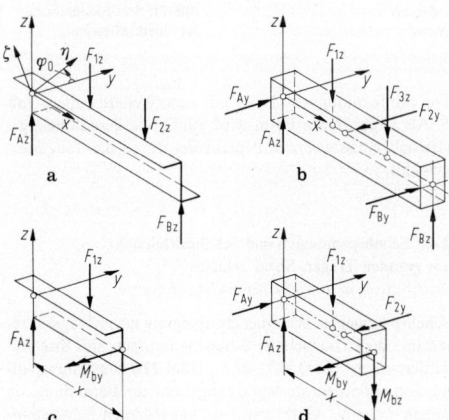

Bild 16 a–d. Schiefe Biegung

Schiefe Biegung. Liegt die Lastebene nicht parallel zu einer Hauptachse bzw. wirken Lasten in Richtung beider Hauptachsen (**Bild 16 a, b**), so spricht man von schiefer

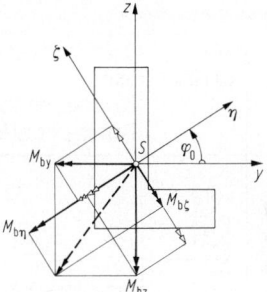

Bild 17. Momentenvektoren in Hauptachsenrichtungen

Biegung. Aus der Belastung je Lastebene ergeben sich Biegemomente, deren zugeordnete Vektoren im Sinne einer Rechtsschraube senkrecht zur Lastebene stehen. Sie sind positiv, wenn wie am linken Schnittufer entgegengesetzt zur positiven Koordinatenrichtung gerichtet (**Bild 16 c, d**). Bei nichtsymmetrischen Querschnitten ist die Ermittlung der Biegemomentenvektoren in Richtung der Hauptachsen η, ζ erforderlich. Sind M_{by} und M_{bz} bekannt, so gilt (**Bild 17**)

$$M_{b\eta} = M_{by} \cos \varphi_0 + M_{bz} \sin \varphi_0,$$
$$M_{b\zeta} = -M_{by} \sin \varphi_0 + M_{bz} \cos \varphi_0. \tag{21}$$

Unter Voraussetzung linearen Hookeschen Materialgesetzes $\sigma = E\varepsilon$ und Ebenbleiben der Querschnitte gilt für die Spannungen der Ansatz einer linearen Verteilung $\sigma = a\eta + b\zeta$ und damit für die Biegemomente

$$M_{b\eta} = -\int \sigma\zeta\, \mathrm{d}A = -\int (a\eta\zeta + b\zeta^2)\mathrm{d}A = -bI_\eta,$$
$$M_{b\zeta} = +\int \sigma\eta\, \mathrm{d}A = +\int (a\eta^2 + b\eta\zeta)\mathrm{d}A = aI_\zeta,$$

und somit für die Spannungen

$$\sigma = -(M_{b\eta}/I_\eta)\zeta + (M_{b\zeta}/I_\zeta)\eta. \tag{22}$$

Für die Spannungs-Nullinie (neutrale Faser) bzw. ihre Steigung folgt aus $\sigma = 0$

$$\zeta = (M_{b\zeta}/M_{b\eta})(I_\eta/I_\zeta)\eta \quad \text{bzw.}$$
$$\tan \alpha = (M_{b\zeta}/M_{b\eta})(I_\eta/I_\zeta). \tag{23}$$

Die maximale Spannung ergibt sich in jedem Punkt P, der den größten Abstand von der Nullinie hat (**Bild 18 a**; y und z sind dabei mit den Hauptachsen η und ζ identisch).

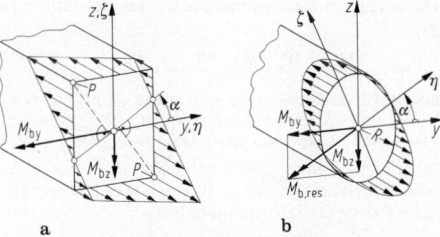

Bild 18. Spannungen bei **a** schiefer Biegung; **b** doppelter Biegung

Doppelte Biegung liegt vor für den Sonderfall des kreisförmigen Querschnitts. Da beim Kreis jede Achse Hauptachse ist, fällt $M_{b,res} = \sqrt{M_{by}^2 + M_{bz}^2}$ stets in Richtung einer Hauptachse (**Bild 18 b**). Für die Spannungen und ihre Nullinie gilt dann

$$\sigma = -(M_{b,res}/I_\eta)\zeta, \quad \tan \alpha = M_{bz}/M_{by}. \tag{24}$$

Tabelle 3. Träger gleicher Biegebeanspruchung

Belastungsfall	Querschnitte	Querschnittsverlauf, Durchbiegung f des Kraftangriffspunkts	Belastungsfall	Querschnitte	Querschnittsverlauf, Durchbiegung f des Kraftangriffspunkts
1a		$b(x) = b_0 = \text{const}$ $h(x) = h_0 \sqrt{x/l}$ (quadratische Parabel) $h_0 = \sqrt{\dfrac{6Fl}{b_0 \sigma_{zul}}}$	3		$d(x) = d_0 \sqrt[3]{x/l}$ (kubische Parabel) $d_0 = \sqrt[3]{\dfrac{32Fl}{\pi \sigma_{zul}}}$ $f = \dfrac{192\,F}{5\pi d_0 E}\left(\dfrac{l}{d_0}\right)^3$
1b		$f = \dfrac{8F}{b_0 E}\left(\dfrac{l}{h_0}\right)^3$	4		Die Fälle *1* bis *3* gelten auch für beidseitig gelenkig gelagerte Träger der Länge $l' = 2l$ unter mittiger Einzelkraft $F' = 2F$ (s.a. Bild 20)
2		$h(x) = h_0 = \text{const}$ $b(x) = b_0 x/l$ (Gerade) $b_0 = \dfrac{6Fl}{h_0^2 \sigma_{zul}}$ $f = \dfrac{6F}{b_0 E}\left(\dfrac{l}{h_0}\right)^3$	5		$b(x) = b_0 = \text{const}$ $h(x) = h_0 \sqrt{x/a_1}$ $h(\bar x) = h_0 \sqrt{\bar x/a_2}$ (quadratische Parabeln) $h_0 = \sqrt{\dfrac{6Fa_1 a_2}{b_0 l \sigma_{zul}}}$

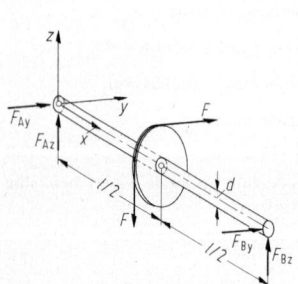

Bild 19. Welle mit doppelter Biegung

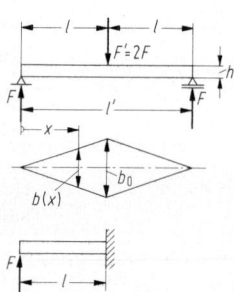

Bild 20. Träger gleicher Biegebeanspruchung

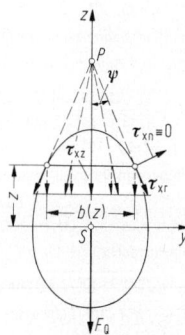

Bild 21. Schubspannungen bei Querkraftbiegung

Die extremalen Biegespannungen ergeben sich für $\zeta = \pm R$ zu

$$\sigma_{extr} = \mp M_{b,res}/W_\eta \quad \text{mit} \quad W_\eta = I_\eta/R. \tag{25}$$

Beispiel: Für die Seilrollenachse nach **Bild 19** mit $F = 7500\,$N, $l = 300\,$mm und $d = 50\,$mm berechne man $M_{by}, M_{bz}, M_{b,res}, \alpha$ und σ_{extr}. – Die Momente ergeben sich gemäß **Tab. 1** zu $M_{by} = M_{bz} = Fl/4 = 562{,}5\,$Nm. Also wird $M_{b,res} = \sqrt{562{,}5^2 + 562{,}5^2}\,$Nm $= 795{,}4\,$Nm, $\alpha = \arctan(562{,}5/562{,}5) = 45°$ und mit $W_\eta = \pi d^3/32 = 12\,272\,$mm^3 dann $\sigma_{extr} = (795\,400/12\,272)\,N/mm^2 = 64{,}8\,$N/mm^2.

Träger gleicher Biegebeanspruchung. Mit dem Ziel, Gewicht zu sparen, erhalten Träger eine Form, bei der an jeder Stelle in den Randfasern die zulässige Biegebeanspruchung σ_{zul} vorhanden ist. Zum Beispiel gilt für den beidseitig gelagerten Träger nach **Bild 20** mit konstanter Höhe h_0 und veränderlicher Breite $b(x)$ sowie der Länge $l' = 2l$ (bzw. für einen Kragträger der Länge l)

$$\sigma = M_b(x)/W_y(x) = Fx/[b(x)h_0^2/6] = \sigma_{zul} = \text{const},$$
$$b(x) = 6Fx/(h_0^2 \sigma_{zul}), \quad b_0 = b(l) = 6Fl/(h_0^2 \sigma_{zul}).$$

Die Breite nimmt also linear mit x zu. Weitere Fälle s. **Tab. 3**. Als angenäherte Form wird häufig die geradlinige, gestrichelt eingezeichnete Begrenzung durch die Tangenten gewählt.

2.4.6 Schubspannungen und Schubmittelpunkt am geraden Träger. Shear stresses distribution in straight beams, shear centre

Schubspannungen. Bei Querkraftbiegung eines Trägers treten in jedem Querschnitt Schubspannungen auf. Ihre Resultierende ist die Querkraft F_Q (**Bild 21**). Die Schubspannungen verlaufen am Rand tangential zur Berandung, da wegen $\tau_{xn} = \tau_{nx}$ (Satz von den zugeordneten Schubspannungen) bei schubbelastungsfreier Oberfläche $\tau_{nx} = \tau_{xn} = 0$ gilt. Unter der Annahme, daß alle Schubspannungen einer Höhe z durch denselben Punkt P gehen und die Komponenten τ_{xz} über die Breite $b(z)$ konstant sind (**Bild 21**), folgt aus der Gleichgewichtsbedingung für ein Trägerelement der Länge dx wegen $\tau_{zx} = \tau_{xz}$ (**Bild 22**)

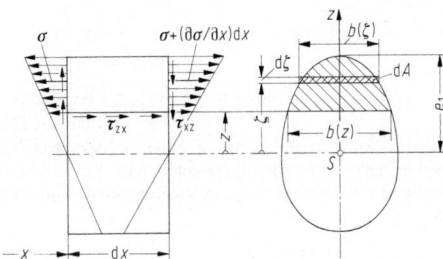

Bild 22. Spannungen am Trägerelement

$$\sum F_{ix} = 0 = \tau_{xz}b(z)\mathrm{d}x + \int_z^{e_1}(\partial\sigma/\partial x)\mathrm{d}x\,\mathrm{d}A$$

und mit $\sigma = -(M_b/I_y)\zeta$ nach Gl.(8) sowie $\mathrm{d}M_b/\mathrm{d}x = F_Q$ gemäß Gl.(2), wenn $I_y = \text{const}$ ist,

$$\tau_{xz} = \frac{F_Q}{I_y b(z)}\int_{\zeta=z}^{e_1}\zeta\,\mathrm{d}A = \frac{F_Q S_y(z)}{I_y b(z)}\quad\text{mit}$$

$$S_y(z) = \int_z^{e_1}\zeta\,\mathrm{d}A = \int_z^{e_1}\zeta b(\zeta)\mathrm{d}\zeta. \tag{26}$$

S_y ist hierbei das statische Moment des über der Höhe z liegenden Querschnittsteils in bezug auf die y-Achse. Die größte Schubspannung am Rand (**Bild 21**) ist dann jeweils $\tau_{xr} = \tau_{xz}/\cos\psi$. In Wirklichkeit sind allerdings die Schubspannungen τ_{xz} über die Breite b infolge der Querdehnung usw. nicht konstant [1, 2]. Im folgenden werden die Schubspannungsverteilungen für verschiedene Querschnitte ermittelt.

Rechteckquerschnitt (**Bild 23a**).

$$S_y(z) = \int_z^{h/2}\zeta b\,\mathrm{d}\zeta = \frac{b}{2}\left(\frac{h^2}{4}-z^2\right) = \frac{bh^2}{8}\left[1-\left(\frac{z}{h/2}\right)^2\right];$$

$$\tau_{xz} = \frac{3}{2}\frac{F_Q}{bh}\left[1-\left(\frac{z}{h/2}\right)^2\right],\quad \max\tau = \tau_{xz}(z=0) = \frac{3}{2}\frac{F_Q}{bh},$$

$$\tau_{xz}(z=\pm h/2) = 0.$$

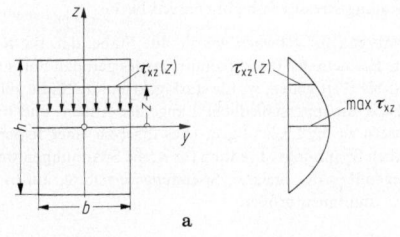

a

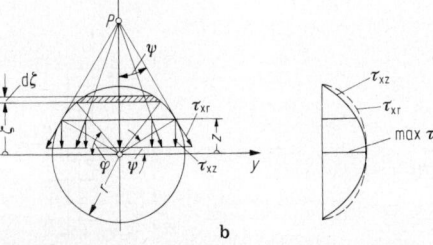

b

Bild 23. Schubspannungsverteilung bei **a** Rechteckquerschnitt; **b** Kreisquerschnitt

Die Schubspannungen verteilen sich parabolisch über die Höhe, die maximale Schubspannung ist $\max\tau = 1{,}5\cdot F_Q/A = 1{,}5\cdot\tau_m$, d.h. 50% größer als bei gleichförmiger Verteilung. Eine genauere Theorie ergibt eine Zunahme der Schubspannungen am Rand und eine Abnahme in der Mitte. Die maximale Randschubspannung für $z=0$ folgt aus $\max\tau_{xz}(z=0) = f\frac{3}{2}\frac{F_Q}{A}$ mit f gemäß

b/h	0,5	1	2	4
f	1,03	1,13	1,40	1,99

Kreisquerschnitt (**Bild 23b**). Mit $S_y(z) = \int_z^r\zeta b(\zeta)\mathrm{d}\zeta$,
$b(\zeta) = 2r\cos\varphi$, $\zeta = r\sin\varphi$, $\mathrm{d}\zeta = r\cos\varphi\,\mathrm{d}\varphi$ folgen

$$S_y(z) = \int_\psi^{\pi/2}2r^3\sin\varphi\cos^2\varphi\,\mathrm{d}\varphi = [-\tfrac{2}{3}r^3\cos^3\varphi]_\psi^{\pi/2}$$

$$= \tfrac{2}{3}r^3\cos^3\psi,$$

$$\tau_{xz} = \frac{F_Q}{(\pi r^4/4)\cdot 2r\cos\psi}\cdot\frac{2}{3}r^3\cos^3\psi = \frac{4F_Q\cos^2\psi}{3\pi r^2}$$

$$= \frac{4}{3}\frac{F_Q}{\pi r^2}\left[1-\left(\frac{z}{r}\right)^2\right],$$

$$\tau_{xr} = \tau_{xz}/\cos\psi = \frac{4F_Q}{3\pi r^2}\cos\psi = \frac{4F_Q}{3\pi r^2}\sqrt{1-\left(\frac{z}{r}\right)^2}.$$

τ_{xz} verläuft nach einer Parabel über die Höhe, τ_{xr} nach einer Ellipse längs des Rands (**Bild 23b**). Für $z=0$ folgt

$$\max\tau_{xz} = \frac{4}{3}\frac{F_Q}{\pi r^2} = \frac{4}{3}\frac{F_Q}{A} = \frac{4}{3}\tau_m.$$

Kreisringquerschnitt. Mit Innen- bzw. Außenradius r_i und r_a gilt

$$\max\tau_{xz} = \tau_{xz}(z=0) = k\frac{F_Q}{A}$$

mit

$$k = \left(\frac{4}{3}\right)\frac{r_i^2+r_i r_a+r_a^2}{r_i^2+r_a^2}.$$

Für dünnwandige Querschnitte wird mit $r_i\approx r_a\approx r$ der Wert $k=2{,}0$.

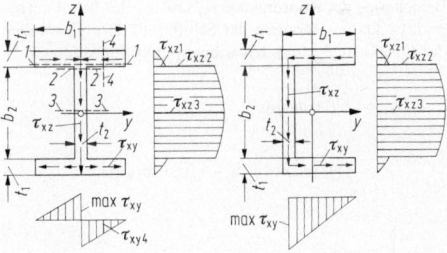

Bild 24. Schubspannungen in dünnwandigen Profilen

I-Querschnitt, [-Querschnitt und ähnliche dünnwandige Profile (**Bild 24**). Mit $A_1=b_1 t_1$, $A_2=b_2 t_2$ und $A=2A_1+A_2$ wird

$I_y = 2b_1 t_1^3/12 + 2A_1(b_2/2+t_1/2)^2 + t_2 b_2^3/12.$
$S_{y1} = A_1(b_2+t_1)/2,\quad \tau_{xz1} = F_Q S_{y1}/(I_y b_1);$
$S_{y2} = A_1(b_2+t_1)/2 = S_{y1},$
$\tau_{xz2} = F_Q S_{y1}/(I_y t_2) = \tau_{xz1}(b_1/t_2);$
$S_{y3} = S_{y1}+A_2 b_2/8,\quad \tau_{xz3} = F_Q S_{y3}/(I_y t_1) = \max\tau_{xz}.$

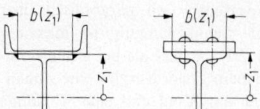

Bild 25. Zusammengesetzte Profile

Verlauf der Schubspannungen τ_{xz} s. **Bild 24**. Während τ_{xz} in den Flanschen sehr klein ist, erreicht τ_{xy} dort beachtliche Größenordnungen. Für Schnitt *4–4* gilt

$$S_{y4} = (b_1/2 - y)t_1(b_2 + t_1)/2, \quad \tau_{xy4} = F_Q S_{y4}/(I_y t_1).$$

τ_{xy} erreicht sein Maximum für $y = 0$:

$$\max S_{y4} = b_1 t_1(b_2 + t_1)/4 = A_1(b_2 + t_1)/4 = S_{y1}/2,$$
$$\max \tau_{xy} = F_Q S_{y1}/(2I_y t_1) = \tau_{xz2}(t_2/t_1)/2 \approx \tau_{xz2}/2.$$

Beim **[**-Profil wird entsprechend $\max \tau_{xy} = \tau_{xz2}(t_2/t_1) \approx \tau_{xz2}$, wenn $t_2 \approx t_1$ ist. In der Praxis genügt meist der Nachweis der maximalen Schubspannungen im Steg nach der Näherungsformel $\max \tau_{xz} = F_Q/A_{\text{Steg}}$.

Schubspannungen in Verbindungsmitteln bei zusammengesetzten Trägern. Sollen Profile mittels Gurtplatten oder anderen Profilen verstärkt werden, so sind sie durch Schweißnähte oder Niete bzw. Schrauben miteinander zu verbinden (**Bild 25**). Für den Schubfluß $T'(x)$ je Längeneinheit gilt nach Gl. (26):

$$T'(x) = \tau(x)b(z_1) = F_Q S_y(z_1)/I_y.$$

Hierbei ist $S_y(z_1)$ das statische Moment des über der Trennfläche liegenden Querschnittsteils bezüglich der Schwerachse des Gesamtquerschnitts und I_y das axiale Flächenmoment 2. Grades des Gesamtquerschnitts. Die Scherspannungen betragen in den Schweißnähten der Dicke a bzw. in Nieten oder Schrauben mit der Teilung e und der Scherfläche A.

$$\tau_a = T'/(2a) \quad \text{bzw.} \quad \tau_a = T'e/(2A). \tag{27}$$

Schubmittelpunkt. Voraussetzung für eine drillungsfreie Querkraftbiegung ist, daß die Lastebene durch den Angriffspunkt der Resultierenden der Schubspannung, d.h. durch den Schubmittelpunkt M, geht (z.B. für Belastung in Richtung der Hauptachse z durch den Punkt im Abstand y_M gemäß **Bild 26**).
Berechnung der Koordinaten y_M und z_M des Schubmittelpunkts: Da das Moment der Schubflußkräfte gleich dem der Querkraft F_{Qz} um den Schwerpunkt sein muß, gilt

$$F_{Qz}y_M = \int_0^l T'(s)h(s)\,\mathrm{d}s$$
$$= \int_0^l [T'(s)z\cos\varphi\,\mathrm{d}s + T'(s)y\sin\varphi\,\mathrm{d}s],$$

$$T'(s) = F_{Qz}S_y(s)/I_y, \quad S_y(s) = \int_0^s z\,\mathrm{d}A = \int_0^s zt\,\mathrm{d}s,$$

$$y_M = \frac{1}{I_y}\int_0^l S_y(s)h(s)\,\mathrm{d}s = \frac{1}{I_y}\int_0^l S_y(s)(y\sin\varphi + z\cos\varphi)\,\mathrm{d}s.$$

Hierbei ist $S_y(s)$ das statische Moment des über der Schnittstelle s liegenden Querschnittsteils. Entsprechend ergibt sich bei Kraftwirkung in Richtung der Hauptachse y

$$z_M = -\frac{1}{I_z}\int_0^l S_z(s)h(s)\,\mathrm{d}s$$
$$= -\frac{1}{I_z}\int_0^l S_z(s)(y\sin\varphi + z\cos\varphi)\,\mathrm{d}s,$$

$$S_z(s) = \int_0^s y\,\mathrm{d}A = \int_0^s y\,t\,\mathrm{d}s.$$

Hat ein Querschnitt eine Symmetrieachse, so liegt der Schubmittelpunkt auf dieser Achse, hat er zwei Symmetrieachsen, so fällt der Schubmittelpunkt in den Symmetriepunkt, d.h. in den Schwerpunkt. Bei aus zwei Rechtecken zusammengesetzten Querschnitten liegt er im Schnittpunkt der Mittellinien der Rechtecke (**Bild 27**).

Beispiel: **[**-Profil nach **Bild 27**. – Lage des Schwerpunkts folgt zu $e = 4,214$ cm und damit $I_y = 10\,909$ cm^4. Für den oberen Flansch gilt $S_y(s_1) = 3$ cm $\cdot 11,5$ cm $\cdot s_1 = 34,5$ cm$^2 \cdot s_1$; $S_y(s_1 = 11$ cm$) = 379,5$ cm^3; für den Steg bis zur Mitte gilt

$$S_y(s_2) = 379,5 \text{ cm}^3 + 2 \text{ cm} \cdot s_2(11,5 \text{ cm} - s_2/2) = 379,5 \text{ cm}^3$$
$$+ 23 \text{ cm}^2 \cdot s_2 - 1 \text{ cm} \cdot s_2^2; \quad S_y(s_2 = 11,5 \text{ cm}) = 511,75 \text{ cm}^3.$$

Der Querschnitt ist zur y-Achse symmetrisch, d.h., für die untere Hälfte ergeben sich analoge Werte. Somit wird

$$y_M = \frac{2}{I_y}\left[\int_0^{11\,\text{cm}} 34,5 \text{ cm}^2 \cdot s_1 \cdot 11,5 \text{ cm} \cdot \mathrm{d}s_1 + \int_0^{11,5\,\text{cm}} (379,5 \text{ cm}^3 \right.$$
$$\left. + 23 \text{ cm}^2 \cdot s_2 - 1 \text{ cm} \cdot s_2^2) \cdot 3,214 \text{ cm} \cdot \mathrm{d}s_2\right]$$
$$= \frac{2 \cdot 41\,289 \text{ cm}^5}{10\,909 \text{ cm}^4} = 7,57 \text{ cm}.$$

2.4.7 Biegespannungen in stark gekrümmten Trägern
Bending stresses in highly curved beams

Während für schwach gekrümmte Stäbe, d.h. für $R \gg d$, die Formeln der Biegespannungen des geraden Stabs (Gln. (8) bis (11)) gelten, ist für stark gekrümmte Stäbe, d.h. für $R \approx d$, die unterschiedliche Länge der Außen- und Innenfasern zu berücksichtigen. Dies führt zu einer hyperbolischen Spannungsverteilung für σ; die Spannungen werden gegenüber der linearen Spannungsverteilung außen kleiner und innen größer.

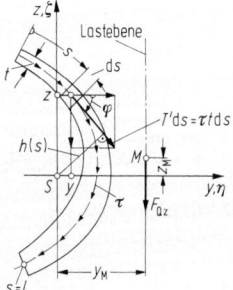

Bild 26. Schubmittelpunkt

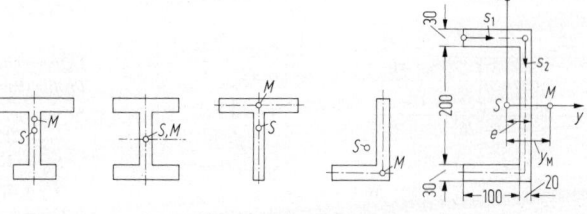

Bild 27. Schubmittelpunkt dünnwandiger Querschnitte

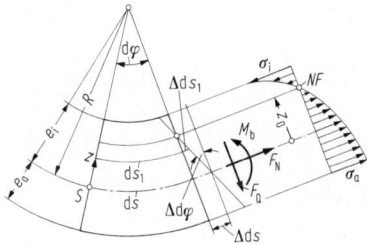

Bild 28. Biegung des stark gekrümmten Trägers

Bei Einwirkung einer Normalkraft F_N und eines Biegemoments M_b gilt (**Bild 28**) unter der Voraussetzung des Ebenbleibens der Querschnitte

$$\varepsilon(z) = \frac{\Delta ds_1}{ds_1} = \frac{\Delta ds - z\Delta\varphi}{(R-z)d\varphi} = \varepsilon_0 + \left(\varepsilon_0 - \frac{\Delta d\varphi}{d\varphi}\right)\frac{z}{R-z}.$$

Hierbei ist $\varepsilon_0 = \Delta ds/ds = \Delta ds/(R\,d\varphi)$ die Dehnung in der Schwerachse. Weiter gilt

$$\sigma(z) = E\varepsilon(z) = E\left[\varepsilon_0 + \left(\varepsilon_0 - \frac{\Delta d\varphi}{d\varphi}\right)\frac{z}{R-z}\right], \qquad (28)$$

d.h., Dehnungen und Biegespannungen verteilen sich nach einem hyperbolischen Gesetz (**Bild 28**). ε_0 und $\Delta d\varphi/d\varphi$ folgen aus

$$F_N = \int \sigma(z)dA = \varepsilon_0 EA + E\left(\varepsilon_0 - \frac{\Delta d\varphi}{d\varphi}\right)\int\frac{z}{R-z}dA, (29)$$

$$-M_b = \int \sigma(z)z\,dA = E\left(\varepsilon_0 - \frac{\Delta d\varphi}{d\varphi}\right)\int\frac{z^2}{R-z}dA. \qquad (30)$$

Mit $\int\dfrac{z}{R-z}dA = \kappa A$ und

$$\int\frac{z^2}{R-z}dA = \int\left(\frac{Rz}{R-z}-z\right)dA = R\int\frac{z}{R-z}dA = R\kappa A$$

folgt aus Gl. (30) bzw. (29)

$$\varepsilon_0 - \frac{\Delta d\varphi}{d\varphi} = -\frac{M_b}{ER\kappa A} \qquad \text{bzw.}$$

$$\varepsilon_0 = \frac{F_N}{EA} - \left(\varepsilon_0 - \frac{\Delta d\varphi}{d\varphi}\right)\kappa = \frac{F_N}{EA} + \frac{M_b}{ERA}$$

und damit aus Gl. (28)

$$\sigma(z)\frac{F_N}{A} + \frac{M_b}{RA}\left(1 - \frac{1}{\kappa}\frac{z}{R-z}\right). \qquad (31)$$

Die Spannungen in den Randfasern folgen hieraus für $z = e_i$ und $z = -e_a$. Die Spannungsnullinie folgt aus $\sigma(z) = 0$ zu

$$z_0 = \frac{F_N R + M_b}{\frac{M_b}{\kappa R} + \frac{F_N R + M_b}{R}} = \frac{\kappa R}{\kappa + \frac{1}{1 + F_N R/M_b}}.$$

Für $M_b = -F_N R$ wird $z_0 = 0$, d.h., die neutrale Faser liegt in der Schwerachse, wenn die Einzelkraft $F = F_N$ im Krümmungsmittelpunkt wirkt. Für reine Biegung ($F_N = 0$) folgt $z_0 = \kappa R/(1 + \kappa) < R$, und für reine Normalkraft ($M_b = 0$) ist $z_0 = R$, d.h., die Nullinie liegt im Krümmungsmittelpunkt. Formbeiwert κ für verschiedene Querschnitte:
Rechteck: Mit $\psi = e/R = h/(2R)$ gilt

$$\kappa = -1 + \frac{1}{2\psi}\ln\frac{1+\psi}{1-\psi} \approx \frac{\psi^2}{3} + \frac{\psi^4}{5} + \frac{\psi^6}{7}.$$

Kreis, Ellipse: Mit $\psi = e/R$ (e Halbachse in Krümmungsebene) gilt

$$\kappa \approx \psi^2/4 + \psi^4/8 + 5\psi^6/64.$$

Dreieck (gleichschenklig): Mit $\psi = e_i/R = h/(3R)$ gilt

$$\kappa = -1 + \frac{2}{3\psi}\left[\left(0{,}67 + \frac{0{,}33}{\psi}\right)\ln\frac{1+2\psi}{1-\psi} - 1\right].$$

Die Maximalspannung aus dem Biegemoment tritt stets an der Innenseite des gekrümmten Stabs auf. Der Vergleich mit der Nennspannung $\sigma_n = M_b/W_{yi}$ bei geradliniger Spannungsverteilung liefert

$$\sigma_i = \max \sigma_b = \alpha_{ki}\sigma_n. \qquad (32)$$

Die Formziffer $\alpha_{ki} = \sigma_i/\sigma_n$ ist von Querschnittsform und Krümmung abhängig (**Tab. 4**):

Tabelle 4. Formziffern α_{ki}

$\psi = e_i/R$	0,1	0,2	0,3	0,4	0,5	0,6	0,7	0,8	0,9
Kreis, Ellipse	1,05	1,17	1,29	1,43	1,61	1,89	2,28	3,0	5,0
Rechteck	1,07	1,14	1,25	1,37	1,53	1,74	2,26	2,59	3,94
gleichschenkliges Dreieck	–	–	–	1,43	1,64	1,95	2,24	2,88	4,5

Da die Formziffer von der Querschnittsform nur wenig abhängt, sind diese Werte auch für andere Querschnittsformen äquivalent zu verwenden.

2.4.8 Durchbiegung von Trägern. Deflection of beams

Elastische Linie des geraden Trägers. Unter der Annahme des Ebenbleibens der Querschnitte (Vernachlässigung der Schubspannung) gilt gemäß **Bild 29**

$$\varepsilon = \frac{ds_1 - ds}{ds} = \frac{(\rho - z)d\alpha - \rho\,d\alpha}{\rho\,d\alpha} = -\frac{z}{\rho}$$

und hieraus mit dem Hookeschen Gesetz $\varepsilon = \sigma/E$ sowie der Gl. (8)

$$k = \frac{1}{\rho} = \frac{M_b(x)}{EI_y(x)}, \qquad (33)$$

d.h., die Krümmung ist proportional dem Biegemoment $M_b(x)$ und umgekehrt proportional zur Biegesteifigkeit $EI_y(x)$. Mit der Krümmungsformel einer Kurve,

$$k = d\alpha/ds = \pm w''(x)/(1 + w'^2(x))^{3/2}$$

(s. A 7.1.4), folgt aus Gl. (33) die Differentialgleichung der Biegelinie der Balkenachse (Eulersche Elastika)

$$\frac{w''(x)}{(1 + w'^2(x))^{3/2}} = -\frac{M_b(x)}{EI_y(x)}.$$

Für kleine Durchbiegungen, d.h. $w'^2(x) \ll 1$, folgt hieraus die linearisierte Differentialgleichung der technischen Balkenbiegungslehre

$$w''(x) = -M_b(x)/(EI_y(x)). \qquad (34)$$

Für den Sonderfall konstanten axialen Flächenmoments 2. Grades, $I_y(x) = I_0$, folgt dann durch Integration

$$w'(x) \approx \alpha(x) = -\frac{1}{EI_0}\int M_b(x)dx$$

$$= -\frac{1}{EI_0}f(x) + C_1, \qquad (35a)$$

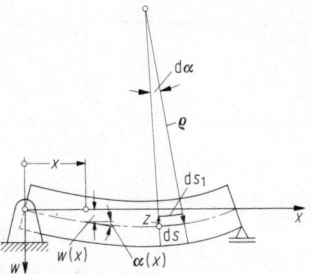

Bild 29. Durchbiegung eines geraden Trägers

Tabelle 5a. Biegelinien von statisch bestimmten Trägern mit konstantem Querschnitt

Belastungsfall	Gleichung der Biegelinie	Durchbiegung	Neigungswinkel
1	$0 \leq x \leq l/2$: $w(x) = \dfrac{Fl^3}{48EI_y}\left[3\dfrac{x}{l} - 4\left(\dfrac{x}{l}\right)^3\right]$	$f_m = \dfrac{Fl^3}{48EI_y}$	$\alpha_A = \alpha_B = \dfrac{Fl^2}{16EI_y}$
2	$0 \leq x \leq a$: $w_I(x) = \dfrac{Fab^2}{6EI_yl}\left[\left(1+\dfrac{l}{b}\right)\dfrac{x}{l} - \dfrac{x^3}{abl}\right]$ $a \leq x \leq l$: $w_{II}(x) = \dfrac{Fa^2b}{6EI_yl}\left[\left(1+\dfrac{l}{a}\right)\dfrac{l-x}{l} - \dfrac{(l-x)^3}{abl}\right]$	$f = \dfrac{Fa^2b^2}{3EI_yl}$ $a>b: f_m = \dfrac{Fb\sqrt{(l^2-b^2)^3}}{9\sqrt{3}\,EI_yl}$ in $x_m = \sqrt{(l^2-b^2)/3}$ $a<b: f_m = \dfrac{Fa\sqrt{(l^2-a^2)^3}}{9\sqrt{3}\,EI_yl}$ in $x_m = l - \sqrt{(l^2-a^2)/3}$	$\alpha_A = \dfrac{Fab(l+b)}{6EI_yl}$ $\alpha_B = \dfrac{Fab(l+a)}{6EI_yl}$
3a	$w(x) = \dfrac{Ml^2}{6EI_y}\left[2\dfrac{x}{l} - 3\left(\dfrac{x}{l}\right)^2 + \left(\dfrac{x}{l}\right)^3\right]$	$f = \dfrac{Ml^2}{16EI_y}$ in $x=\dfrac{l}{2}$ $f_m = \dfrac{Ml^2}{9\sqrt{3}\,EI_y}$ in $x_m=l-\dfrac{l}{\sqrt{3}}$	$\alpha_A = \dfrac{Ml}{3EI_y}$ $\alpha_B = \dfrac{Ml}{6EI_y}$
3b	$w(x) = \dfrac{Ml^2}{6EI_y}\left[\dfrac{x}{l} - \left(\dfrac{x}{l}\right)^3\right]$	$f = \dfrac{Ml^2}{16EI_y}$ in $x=\dfrac{l}{2}$ $f_m = \dfrac{Ml^2}{9\sqrt{3}\,EI_y}$ in $x_m=\dfrac{l}{\sqrt{3}}$	$\alpha_A = \dfrac{Ml}{6EI_y}$ $\alpha_B = \dfrac{Ml}{3EI_y}$
4	$w(x) = \dfrac{ql^4}{24EI_y}\left[\dfrac{x}{l} - 2\left(\dfrac{x}{l}\right)^3 + \left(\dfrac{x}{l}\right)^4\right]$	$f_m = \dfrac{5}{384}\dfrac{ql^4}{EI_y}$	$\alpha_A = \alpha_B = \dfrac{ql^3}{24EI_y}$
5	$w(x) = \dfrac{q_2l^4}{360EI_y}\left[7\dfrac{x}{l} - 10\left(\dfrac{x}{l}\right)^3 + 3\left(\dfrac{x}{l}\right)^5\right]$	$f_m = \dfrac{q_2l^4}{153{,}3EI_y}$ in $x_m=0{,}519\,l$	$\alpha_A = \dfrac{7}{360}\dfrac{q_2l^3}{EI_y}$ $\alpha_B = \dfrac{8}{360}\dfrac{q_2l^3}{EI_y}$
6	$w(x) = \dfrac{Fl^3}{6EI_y}\left[2 - 3\dfrac{x}{l} + \left(\dfrac{x}{l}\right)^3\right]$	$f = \dfrac{Fl^3}{3EI_y}$	$\alpha = \dfrac{Fl^2}{2EI_y}$
7	$w(x) = \dfrac{Ml^2}{2EI_y}\left[1 - 2\dfrac{x}{l} + \left(\dfrac{x}{l}\right)^2\right]$	$f = \dfrac{Ml^2}{2EI_y}$	$\alpha = \dfrac{Ml}{EI_y}$

Tabelle 5a (Fortsetzung)

Belastungsfall	Gleichung der Biegelinie	Durchbiegung	Neigungswinkel
8	$w(x) = \dfrac{ql^4}{24EI_y}\left[3 - 4\,\dfrac{x}{l} + \left(\dfrac{x}{l}\right)^4\right]$	$f = \dfrac{ql^4}{8EI_y}$	$\alpha = \dfrac{ql^3}{6EI_y}$
9	$w(x) = \dfrac{q_2 l^4}{120EI_y}\left[4 - 5\,\dfrac{x}{l} + \left(\dfrac{x}{l}\right)^5\right]$	$f = \dfrac{q_2 l^4}{30EI_y}$	$\alpha = \dfrac{q_2 l^3}{24EI_y}$
10	$w(x) = \dfrac{q_1 l^4}{120EI_y}\left[11 - 15\,\dfrac{x}{l} + 5\left(\dfrac{x}{l}\right)^4 - \left(\dfrac{x}{l}\right)^5\right]$	$f = \dfrac{11}{120}\,\dfrac{q_1 l^4}{EI_y}$	$\alpha = \dfrac{q_1 l^3}{8EI_y}$
11	$0 \leq x \leq l:$ $\quad w(x) = -\dfrac{Fal^2}{6EI_y}\left[\dfrac{x}{l} - \left(\dfrac{x}{l}\right)^3\right]$ $0 \leq \bar{x} \leq a:$ $\quad w(\bar{x}) = \dfrac{Fa^3}{6EI_y}\left[2\,\dfrac{l}{a}\,\dfrac{\bar{x}}{a} + 3\left(\dfrac{\bar{x}}{a}\right)^2 - \left(\dfrac{\bar{x}}{a}\right)^3\right]$	$f = \dfrac{Fa^2(l+a)}{3EI_y}$ $f_m = \dfrac{Fal^2}{9\sqrt{3}\,EI_y}$ in $x_m = \dfrac{l}{\sqrt{3}}$	$\alpha = \dfrac{Fa(2l+3a)}{6EI_y}$ $\alpha_A = \dfrac{Fal}{6EI_y}$ $\alpha_B = \dfrac{Fal}{3EI_y}$
12	$0 \leq x \leq l:$ $\quad w(x) = -\dfrac{qa^2 l^2}{12EI_y}\left[\dfrac{x}{l} - \left(\dfrac{x}{l}\right)^3\right]$ $0 \leq \bar{x} \leq a:$ $\quad w(\bar{x}) = \dfrac{qa^4}{24EI_y}\left[4\,\dfrac{l}{a}\,\dfrac{\bar{x}}{a} + 6\left(\dfrac{\bar{x}}{a}\right)^2 - 4\left(\dfrac{\bar{x}}{a}\right)^3 + \left(\dfrac{\bar{x}}{a}\right)^4\right]$	$f = \dfrac{qa^3(4l+3a)}{24EI_y}$ $f_m = \dfrac{qa^2 l^2}{18\sqrt{3}\,EI_y}$ in $x_m = \dfrac{l}{\sqrt{3}}$	$\alpha = \dfrac{qa^2(l+a)}{6EI_y}$ $\alpha_A = \dfrac{qa^2 l}{12EI_y}$ $\alpha_B = \dfrac{qa^2 l}{6EI_y}$

$$w(x) = \int\left[-\frac{1}{EI_0}f(x) + C_1\right]\mathrm{d}x$$
$$= -\frac{1}{EI_0}g(x) + C_1 x + C_2. \tag{35b}$$

Die Konstanten C_1 und C_2 werden aus den Randbedingungen bestimmt (**Bild 30a, b**): für den beidseitig gelenkig gelagerten Träger $w(x=0)=0$ und $w(x=l)=0$, sowie für den einseitig eingespannten Träger $w(x=0)=0$ und $w'(x=0)=0$ (bzw. $w(x=l)=0$ und $w'(x=l)=0$ bei rechtsseitiger Einspannung). Nach dieser Methode wurden die Standardfälle (**Tab. 5**) berechnet.

Erweiterte Differentialgleichung. Gemäß den Gln (2) und (5) gilt $\mathrm{d}M_b/\mathrm{d}x = F_Q(x)$ und $\mathrm{d}F_Q/\mathrm{d}x = -q(x)$. Damit folgt

aus Gl. (34)

$$\frac{\mathrm{d}}{\mathrm{d}x}[EI_y(x)w''(x)] = -\frac{\mathrm{d}M_b}{\mathrm{d}x} = -F_Q(x),$$
$$\frac{\mathrm{d}^2}{\mathrm{d}x^2}[EI_y(x)w''(x)] = -\frac{\mathrm{d}^2 M_b}{\mathrm{d}x^2} = -\frac{\mathrm{d}F_Q}{\mathrm{d}x} = q(x).$$

Für $I_y = I_0 = \text{const}$ wird

$$EI_0 w''''(x) = q(x). \tag{36}$$

Durch viermalige Integration ergibt sich hieraus

$$\left.\begin{aligned}
EI_0 w'''(x) &= -F_Q(x) = \int q(x)\mathrm{d}x = f_1(x) + C_1,\\
EI_0 w''(x) &= -M_b(x) = -\int F_Q(x)\mathrm{d}x\\
&= f_2(x) + C_1 x + C_2,\\
EI_0 w'(x) &\approx EI_0\alpha(x) = -\int M_b(x)\mathrm{d}x\\
&= f_3(x) + C_1 x^2/2 + C_2 x + C_3,\\
EI_0 w(x) &= f_4(x) + C_1 x^3/6 + C_2 x^2/2 + C_3 x + C_4.
\end{aligned}\right\} \tag{37}$$

$C_1 \dots C_4$ werden aus den Randbedingungen gemäß **Bild 30a, b** bestimmt. Greift am freien Ende des Trägers nach **Bild 30b** ein Moment M bzw. eine Kraft F an, so lautet die entsprechende Randbedingung

$$EI_0 w''(x=l) = \pm M \quad \text{bzw.} \quad EI_0 w'''(x=l) = \pm F.$$

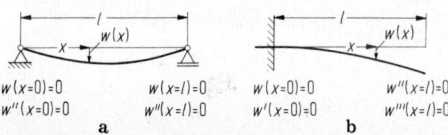

$w(x=0)=0$ $w(x=l)=0$ $w(x=0)=0$ $w''(x=0)=0$
$w''(x=0)=0$ $w''(x=l)=0$ $w'(x=0)=0$ $w'''(x=l)=0$

      a   **b**

Bild 30a und b. Randbedingungen

Tabelle 5b. Biegemomente und Biegelinien von statisch unbestimmten Trägern mit konstantem Querschnitt

Belastungsfall	Auflagerkräfte Biegemomente	Gleichung der Biegelinie	Durchbiegung	Neigungswinkel
1	$F_A = \dfrac{5}{16}F$, $F_B = \dfrac{11}{16}F$ $M_B = -\dfrac{3}{16}Fl$ $M_F = \dfrac{5}{32}Fl$	$0 \le x \le l/2:$ $w(x) = \dfrac{Fl^3}{96EI_y}\left[3\dfrac{x}{l} - 5\left(\dfrac{x}{l}\right)^3\right]$ $0 \le \bar{x} \le l/2:$ $w(\bar{x}) = \dfrac{Fl^3}{96EI_y}\left[9\left(\dfrac{\bar{x}}{l}\right)^2 - 11\left(\dfrac{\bar{x}}{l}\right)^3\right]$	$f = \dfrac{7}{768}\dfrac{Fl^3}{EI_y}$ $f_m = \dfrac{Fl^3}{48\sqrt{5}\,EI_y}$ in $x_m = \dfrac{l}{\sqrt{5}} = 0{,}447l$	$\alpha_A = \dfrac{Fl^2}{32EI_y}$
2	$F_A = F\left(\dfrac{b}{l}\right)^2\left(1 + \dfrac{a}{2l}\right)$ $F_B = F\left(\dfrac{a}{l}\right)^2\left(1 + \dfrac{b}{2l} + \dfrac{3}{2}\dfrac{b}{a}\right)$ $M_B = -F\dfrac{ab}{l}\left(1 - \dfrac{b}{2l}\right)$ $M_F = F\dfrac{ab^2}{l^2}\left(1 + \dfrac{a}{2l}\right)$	$0 \le x \le a:$ $w(x) = \dfrac{Flb^2}{4EI_y}\left[\dfrac{a}{l}\dfrac{x}{l} - \dfrac{2}{3}\left(1 + \dfrac{a}{2l}\right)\left(\dfrac{x}{l}\right)^3\right]$ $0 \le \bar{x} \le b:$ $w(\bar{x}) = \dfrac{Fl^2}{4EI_y}\left[\left(1 - \dfrac{a^2}{l^2}\right)\left(\dfrac{\bar{x}}{l}\right)^2 - \left(1 - \dfrac{a^2}{3l^2}\right)\left(\dfrac{\bar{x}}{l}\right)^3\right]$	$f = \dfrac{Fa^2b^3}{4EI_y l^2}\left(1 + \dfrac{a}{3l}\right)$ für $a \le 0{,}414l:$ $f_m = w(\bar{x}_m)$ in $\bar{x}_m = \dfrac{b(1 + l/a)}{1 + 3b/2a + b/2l}$ für $a \ge 0{,}414l:$ $f_m = w(x_m)$ in $x_m = l\sqrt{\dfrac{a/2l}{1 + a/2l}}$	$\alpha_A = \dfrac{Fab^2}{4EI_y l}$
3	$F_A = \dfrac{3}{8}ql$, $F_B = \dfrac{5}{8}ql$ $M_B = -\dfrac{1}{8}ql^2$ $M_F = \dfrac{9}{128}ql^2$ in $x_0 = \dfrac{3}{8}l$	$w(x) = \dfrac{ql^4}{48EI_y}\left[\dfrac{x}{l} - 3\left(\dfrac{x}{l}\right)^3 + 2\left(\dfrac{x}{l}\right)^4\right]$	$f_m = \dfrac{ql^4}{185EI_y}$ in $x_m = 0{,}4215l$	$\alpha_A = \dfrac{ql^3}{48EI_y}$
4	$F_A = \dfrac{1}{10}q_2 l$, $F_B = \dfrac{4}{10}q_2 l$ $M_B = -\dfrac{1}{15}q_2 l^2$ $M_F = 0{,}0298\,q_2 l^2$ in $x_0 = \dfrac{l}{\sqrt{5}} = 0{,}447l$	$w(x) = \dfrac{q_2 l^4}{120EI_y}\left[\dfrac{x}{l} - 2\left(\dfrac{x}{l}\right)^3 + \left(\dfrac{x}{l}\right)^5\right]$	$f_m = \dfrac{q_2 l^4}{419EI_y}$ in $x_m = \dfrac{l}{\sqrt{5}} = 0{,}447l$	$\alpha_A = \dfrac{q_2 l^3}{120EI_y}$
5	$F_A = \dfrac{11}{40}q_1 l$, $F_B = \dfrac{9}{40}q_1 l$ $M_B = -\dfrac{7}{120}q_1 l^2$ $M_F = 0{,}0423\,q_1 l^2$ in $x_0 = 0{,}329l$	$w(x) = \dfrac{q_1 l^4}{240EI_y}\left[3\dfrac{x}{l} - 11\left(\dfrac{x}{l}\right)^3 + 10\left(\dfrac{x}{l}\right)^4 - 2\left(\dfrac{x}{l}\right)^5\right]$	$f_m = \dfrac{q_1 l^4}{328EI_y}$ in $x_m = 0{,}4025l$	$\alpha_A = \dfrac{q_1 l^3}{80EI_y}$

Tabelle 5b (Fortsetzung)

Belastungsfall	Auflagerkräfte Biegemomente	Gleichung der Biegelinie	Durchbiegung	Neigungswinkel
6	$F_A = F_B = \frac{1}{2}F$ $M_A = M_B = -\frac{1}{8}Fl$ $M_F = \frac{1}{8}Fl$	$0 \le x \le l/2:$ $w(x) = \frac{Fl^3}{48EI_y}\left[3\left(\frac{x}{l}\right)^2 - 4\left(\frac{x}{l}\right)^3\right]$	$f_m = \frac{Fl^3}{192EI_y}$	—
7	$F_A = F\left(\frac{b}{l}\right)^2\left(1+2\frac{a}{l}\right)$ $F_B = F\left(\frac{a}{l}\right)^2\left(1+2\frac{b}{l}\right)$ $M_A = -Fa\left(\frac{b}{l}\right)^2$ $M_B = -Fb\left(\frac{a}{l}\right)^2$ $M_F = 2Fl\left(\frac{a}{l}\right)^2\left(\frac{b}{l}\right)^2$	$0 \le x \le a:$ $w(x) = \frac{Flb^2}{6EI_y}\left[3\frac{a}{l}\left(\frac{x}{l}\right)^2 - \left(1+\frac{2a}{l}\right)\left(\frac{x}{l}\right)^3\right]$ $0 \le \bar{x} \le b:$ $w(\bar{x}) = \frac{Fla^2}{6EI_y}\left[3\frac{b}{l}\left(\frac{\bar{x}}{l}\right)^2 - \left(1+\frac{2b}{l}\right)\left(\frac{\bar{x}}{l}\right)^3\right]$	$f = \frac{Fa^3b^3}{3EI_yl^3}$ $a>b: f_m = \frac{2}{3}\frac{Fa^3b^2}{EI_yl^2}\left(\frac{1}{1+2a/l}\right)^2$ in $x_m = l\frac{1}{1+l/2a}$ $a<b: f_m = \frac{2}{3}\frac{Fa^2b^3}{EI_yl^2}\left(\frac{1}{1+2b/l}\right)^2$ in $x_m = l\frac{1}{1+l/2b}$	—
8	$F_A = F_B = \frac{1}{2}ql$ $M_A = M_B = -\frac{1}{12}ql^2$ $M_F = \frac{1}{24}ql^2$	$w(x) = \frac{ql^4}{24EI_y}\left[\left(\frac{x}{l}\right)^2 - 2\left(\frac{x}{l}\right)^3 + \left(\frac{x}{l}\right)^4\right]$	$f = \frac{ql^4}{384EI_y}$	—
9	$F_A = \frac{3}{20}q_2l$ $F_B = \frac{7}{20}q_2l$ $M_A = -\frac{1}{30}q_2l^2$ $M_B = -\frac{1}{20}q_2l^2$ $M_F = 0{,}0214\,q_2l^2$ in $x_0 = l\sqrt{\frac{3}{10}} = 0{,}548l$	$w(x) = \frac{q_2l^4}{120EI_y}\left[2\left(\frac{x}{l}\right)^2 - 3\left(\frac{x}{l}\right)^3 + \left(\frac{x}{l}\right)^5\right]$	$f_m = \frac{q_2l^4}{764EI_y}$ in $x_m = 0{,}525l$	—
10	$F_A = 0, \quad F_B = F$ $M_A = \frac{1}{2}Fl$ $M_B = -\frac{1}{2}Fl$	$w(\bar{x}) = \frac{Fl^3}{12EI_y}\left[3\left(\frac{\bar{x}}{l}\right)^2 - 2\left(\frac{\bar{x}}{l}\right)^3\right]$	$f = \frac{Fl^3}{12EI_y}$	—

Superpositionsmethode. Durch geeignete Überlagerung der in **Tab. 5** niedergelegten Ergebnisse erhält man für Träger mit mehreren Einzellasten sowie Momenten und Streckenlasten die Verformungen aus $w = \sum w_i = w_1 + w_2 + w_3 + \dots$ bzw. $\alpha = \sum \alpha_i = \alpha_1 + \alpha_2 + \alpha_3 + \dots$, wobei der Index i jeweils einem in **Tab. 5** niedergelegten Fall entspricht.

Beispiel: Träger mit Kragarm (**Bild 31**). Gegeben sei $I_1 = 30\,\text{cm}^4$, $I_2 = 12\,\text{cm}^4$, $E = 2{,}1 \cdot 10^5\,\text{N/mm}^2$, $l = 600\,\text{mm}$, $a = 300\,\text{mm}$ und $F = 2\,\text{kN}$, gesucht die Durchbiegung des Kragarms. – Nach **Bild 31 b** gilt $f_1 = a \tan \alpha_{B1} \approx a\,\alpha_{B1} = Ml/(3EI_1)$ gemäß **Tab. 5a**, Fall 3 b. Die Durchbiegung f_2 infolge Kragarmkrümmung (**Bild 31 c**) folgt aus **Tab. 5a**, Fall 6, zu $f_2 = Fa^3/(3EI_2)$. Somit ist $f = f_1 + f_2 = Fa^2 l/(3EI_1) + Fa^3/(3EI_2) = (0{,}057 + 0{,}071)\,\text{cm} = 0{,}128\,\text{cm}$.

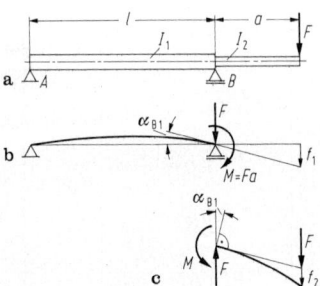

Bild 31 a–c. Superpositionsmethode

Mohrsches Verfahren. Für Träger mit veränderlichem Querschnitt oder beliebiger komplizierter Belastung bewährt sich dieses Verfahren besonders. Es beruht auf der Analogie der gegenübergestellten Gln. (5) und (34):

$$M_b''(x) = -q(x)$$
$$EI_0 w''(x) = -M_b(x) I_0/I_y(x) = -q^*(x),$$
$$M_b'(x) = F_Q(x) = -\int q(x)\,\mathrm{d}x$$
$$EI_0 w'(x) = F_Q^*(x) = -\int q^*(x)\,\mathrm{d}x,$$
$$M_b(x) = \int F_Q(x) = -\iint q(x)\,\mathrm{d}x$$
$$EI_0 w(x) = M_b^*(x) = -\iint q^*(x)\,\mathrm{d}x.$$

Belastet man also einen Träger mit der fiktiven Belastung $q^*(x) = M_b(x) I_0/I_y(x)$, so ist die zugehörige fiktive Querkraft $F_Q^*(x)$ gleich dem EI_0-einfachen Neigungswinkel $\alpha \approx \tan \alpha = w'$ und das zugehörige fiktive Biegemoment $M_b^*(x)$ gleich der EI_0-fachen Durchbiegung. Allerdings ist die fiktive Belastung $q^*(x)$ an einem Ersatzträger aufzubringen, da die Randbedingungen für die Durchbiegungen und Winkel am wirklichen Träger denen für die fiktiven Biegemomente und Querkräfte am Ersatzträger entsprechen müssen, z.B. $(w = 0) \triangleq (M_b^* = 0)$ und $(w' \neq 0) \triangleq (F_Q^* \neq 0)$. Die sich daraus ergebenden Ersatzträger zeigt **Bild 32**.

Beispiel: Für den Träger (**Bild 33a**) sind die Durchbiegungen an den Stellen 1 und 2 sowie die Neigungswinkel an den Auflagern gesucht. Gegeben sind $F_1 = 10\,\text{kN}$, $F_2 = 20\,\text{kN}$, $I_0 = 1\,000\,\text{cm}^4$,

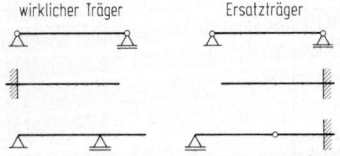

wirklicher Träger   Ersatzträger

Bild 32. Ersatzträger für Mohrsches Verfahren

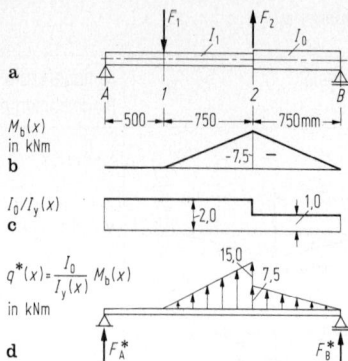

Bild 33 a–d. Mohrsches Verfahren, rechnerisch

$I_1 = 500\,\text{cm}^4$, $E = 2{,}1 \cdot 10^5\,\text{N/mm}^2$. – Aus den Gleichgewichtsbedingungen $\sum M_{iB} = 0$ und $\sum M_{iA} = 0$ folgen $F_A = 0$ und $F_B = -10\,\text{kN}$. Damit ergibt sich die in **Bild 33b** skizzierte Momentenlinie mit dem extremalen Moment $M_{b2} = F_B \cdot 0{,}75\,\text{m} = -7{,}5\,\text{kNm}$. Die Verzerrungsfunktion $I_0/I_y(x)$ hat den in **Bild 33c** dargestellten Verlauf, womit $q^*(x) = M_b(x) I_0/I_y(x)$ gemäß **Bild 33d** folgt. Für diese Belastungsfunktion berechnet man die fiktiven Auflagerkräfte zu $F_A^* = -3{,}52\,\text{kNm}^2$ und $F_B^* = -4{,}92\,\text{kNm}^2$ sowie die fiktiven Biegemomente an den Stellen 1 und 2 zu

$$M_{b1}^* = F_A^* \cdot 0{,}5\,\text{m} = -1{,}76\,\text{kNm}^3 \quad \text{und}$$
$$M_{b2}^* = F_A^* \cdot 1{,}25\,\text{m} + 0{,}5 \cdot 15\,\text{kNm} \cdot 0{,}75\,\text{m} \cdot 0{,}75\,\text{m}/3$$
$$= -2{,}99\,\text{kNm}^3.$$

Nach dem Mohrschen Verfahren ergeben sich die Auflagerwinkel zu

$$\alpha_A = F_{QA}^*/(EI_0) = F_A^*/(EI_0) = -0{,}00168 \triangleq -0{,}097° \quad \text{sowie}$$
$$\alpha_B = F_{QB}^*/(EI_0) = -F_B^*/(EI_0) = +0{,}00234 \triangleq 0{,}134°$$

und die Durchbiegungen zu $w_2 = M_{b1}^*/(EI_0) = -0{,}084\,\text{cm}$ und $w_2 = M_{b2}^*/(EI_0) = -0{,}142\,\text{cm}$.

Das graphische Mohrsche Verfahren (**Bild 34**) beruht auf der graphischen Ermittlung der Biegemomente nach C 2.4.2 (**Bild 34b**). Sie werden wie beim rechnerischen Verfahren $[I_0/I_y(x)]$-fach verzerrt (**Bild 34c**). Für diese fiktive Belastung werden nach Umwandlung der Flächen in „Einzelkräfte" A_i wiederum graphisch die fiktiven Biegemomente, d.h. die Biegelinie (**Bild 34d**), ermittelt. Mit

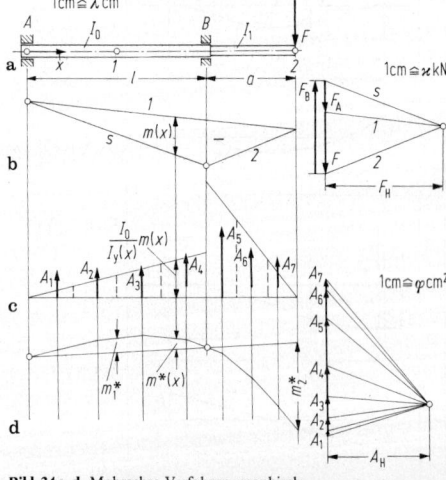

Bild 34 a–d. Mohrsches Verfahren, graphisch

dem Längenmaßstab $1\,\text{cm} \stackrel{\wedge}{=} \lambda\,\text{cm}$, dem Kräftemaßstab $1\,\text{cm} \stackrel{\wedge}{=} \kappa\,\text{kN}$ und dem A_l-Flächenmaßstab $1\,\text{cm} \stackrel{\wedge}{=} \varphi\,\text{cm}^2$ (**Bild 34a–d**) folgt die wirkliche Durchbiegung in Erweiterung von Gl. (6) aus

$$w(x) = \kappa\varphi\lambda^3 F_H A_H m^*(x)/(EI_0) \quad \text{in cm} \tag{38}$$

mit F_H, A_H und $m^*(x)$ in cm sowie EI_0 in kNcm^2.

Beispiel: Für den Träger (**Bild 31a**) ermittelte man die Durchbiegungen graphisch. – Siehe **Bild 34a–d**. Durch Einsetzen der Faktoren in Gl. (38) erhält man an der Stelle *2* den Wert $w_2 = 0{,}127$ cm, der sehr genau mit dem rechnerischen Ergebnis übereinstimmt. Für die Stelle *1*, d.h. $x = l/2$, ergibt sich $w_1 = -0{,}021$ cm.

Durchbiegung bei schiefer Biegung. Sind $M_{b\eta}(x)$ und $M_{b\zeta}(x)$ die Biegemomente um die Hauptachsen η und ζ (s. C2.4.5), so ergeben sich die Durchbiegungen $v(x)$ und $w(x)$ in Richtung η und ζ nach einem der angegebenen Verfahren. Die resultierende Verschiebung folgt aus $f(x) = \sqrt{v^2 + w^2}$ und stellt eine Raumkurve dar. $f(x)$ steht an jeder Stelle senkrecht zur entsprechenden neutralen Faser [1].

Einfluß der Schubverformungen auf die Biegelinie. Infolge der Querkräfte F_Q ergeben sich die über die Höhe eines Trägers veränderlichen Schubspannungen τ nach Gl. (26). Aus dem Hookeschen Gesetz (s. C1, Gl. (22)) und **Bild 35a** folgt für die Gleitungen $\gamma = \gamma_1 + \gamma_2 = \tau/G$. Sie sind ebenfalls über die Höhe veränderlich, d.h., die Querschnitte verwölben sich. Als Näherung dient eine gemittelte Schubspannung $\bar{\tau} = \alpha F_Q/A$, für die der Faktor α aus der Gleichheit der Formänderungsarbeiten am wirklichen und am gemittelten Spannungszustand folgt:

$$\frac{1}{2}F_Q\mathrm{d}w_S = \frac{1}{2G}\int \tau^2 \mathrm{d}V, \quad \text{also}$$

$$\frac{1}{2}F_Q\bar{\gamma}\,\mathrm{d}x = \frac{1}{2G}\int\left(\frac{F_Q S_y}{I_y b}\right)^2 \mathrm{d}A\,\mathrm{d}x, \quad \text{d.h.}$$

$$\frac{1}{2}F_Q\frac{\bar{\tau}}{G} = \frac{1}{2}\frac{F_Q^2}{AG}\alpha = \frac{F_Q^2}{2G}\int\left(\frac{S_y}{I_y b}\right)^2 \mathrm{d}A$$

und somit $\alpha = A\int\left(\dfrac{S_y}{I_y b}\right)^2 \mathrm{d}A$.

Für einen Rechteckquerschnitt ergibt sich $\alpha = 1,2$, für einen Kreisquerschnitt $\alpha = 10/9 \approx 1{,}1$. Für die Größe der Schubdurchsenkung gilt dann (**Bild 35b**)

$$\mathrm{d}w_S/\mathrm{d}x = \bar{\gamma} = \bar{\tau}/G = \alpha F_Q/(GA) \quad \text{bzw.}$$

$$w_S(x) = \frac{\alpha}{GA}\int F_Q(x)\mathrm{d}x = \frac{\alpha}{GA}M_b(x) + C.$$

Zum Beispiel gilt für einen rechts eingespannten Stab mit einer Einzelkraft am (linken) freien Ende $M_b(x) = -Fx$ und damit $w_S(x) = -(\alpha/GA)Fx + C$. Aus $w_S(x = l) = 0$ folgt $C = (\alpha/GA)Fl$ und somit $w_S(x) = (\alpha/GA)\cdot F(l - x)$ bzw. $w_S(x = 0) = (\alpha/GA)Fl$. Der entsprechende Wert aus Biegung ist $w(x = 0) = Fl^3/(3EI_y)$. Für einen Rechteckquerschnitt ergibt sich $w_S/w = (0{,}3 \cdot E/G)(h/l)^2$. Nun ist $0{,}3 \cdot E/G \approx 1$ und somit $w_S/w \approx (h/l)^2$.

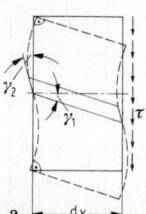
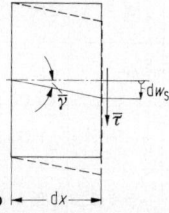

Bild 35a und **b.** Schubdurchsenkung

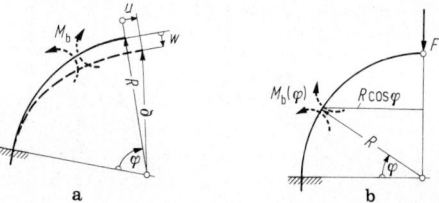

Bild 36a und **b.** Durchbiegung des schwach gekrümmten Trägers

Für $h/l = 1/5$ wird $w_S \approx 0{,}04 \cdot w$, d.h., die Schubverformungen für niedrige Träger sind gegenüber den Biegeverformungen vernachlässigbar.

Durchbiegung schwach gekrümmter Träger. Entsprechend dem Ergebnis beim geraden Träger, s. Gl. (33), wird hier die Änderung der Krümmung (**Bild 36a**)

$$\frac{1}{\rho} - \frac{1}{R} = -\frac{M_b}{EI_y}.$$

Hieraus folgt für die Radialverschiebung w eines ursprünglich kreisförmige Trägers [3, 4] die Differentialgleichung

$$\frac{\mathrm{d}^2 w}{\mathrm{d}\varphi^2} + w = \frac{R^2}{EI_y}M_b(\varphi).$$

Die Tangentialverschiebung u folgt zu

$$u(\varphi) = \int w(\varphi)\mathrm{d}\varphi.$$

Beispiel: Für den Viertelkreisträger (**Bild 36b**) berechne man die Verschiebungen des Kraftangriffspunkts. – Mit $M_b(\varphi) = -FR\cos\varphi$ erhält man die Differentialgleichung

$$w''(\varphi) + w(\varphi) = -(FR^3/EI_y)\cos\varphi$$

mit der Lösung

$$w(\varphi) = C_1\sin\varphi + C_2\cos\varphi - (FR^3/2EI_y)\varphi\sin\varphi.$$

Aus den Randbedingungen $w(0) = 0$ und $w'(0) = 0$ folgen $C_1 = C_2 = 0$ und damit $w(\varphi) = (FR^3/2EI_y)\varphi\sin\varphi$ mit $w(\pi/2) = \pi FR^3/(4EI_y)$. Mit $u(0) = 0$ wird dann

$$u(\varphi) = (FR^3/2EI_y)\int\varphi\sin\varphi\,\mathrm{d}\varphi = (FR^3/2EI_y)(\sin\varphi - \varphi\cos\varphi)$$

und $u(\pi/2) = FR^3/(2EI_y)$.

2.4.9 Formänderungsarbeit bei Biegung und Energiemethoden zur Berechnung von Einzeldurchbiegungen. Bending stain energy, energy methods for deflection analysis

Formänderungsarbeit.

$$W_b = \frac{1}{2}\int M_b\mathrm{d}\varphi = \frac{1}{2}\int\frac{M_b^2}{EI_y}\mathrm{d}s. \tag{39}$$

Satz von Castigliano. Für Systeme aus Hookeschen Material gilt (**Bild 37a**)

$$w_F = \frac{\partial W}{\partial F}, \quad \alpha_M = \frac{\partial W}{\partial M}. \tag{40}$$

Die Ableitung der Formänderungsarbeit nach einer Einzelkraft gibt die Verschiebung in Richtung der Einzelkraft, die Ableitung nach einem Moment ergibt den Drehwinkel an der Stelle des Angriffspunkts. (Sind Verschiebungen an Stellen oder in Richtungen gesucht, an denen keine Einzelkraft wirkt, so wird eine Hilfskraft $\bar{F}$ angebracht und nach Durchführung der Rechnung wieder gleich Null gesetzt; entsprechend bei Drehwinkel und Momenten.)

Beispiel: Für den Viertelkreisträger nach **Bild 36b** ist die Horizontalverschiebung u des Kraftangriffspunkts zu berechnen. – Mit der

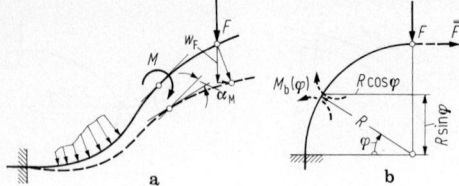

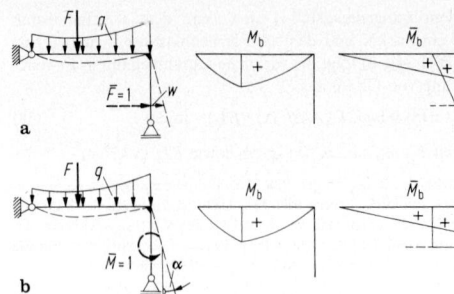

Bild 37. Satz von Castigliano. **a** allgemein; **b** Viertelkreisträger

Bild 38 a und **b.** Prinzip der virtuellen Arbeiten

Hilfskraft $\bar{F}$ in Horizontalrichtung (**Bild 37 b**) gilt für das biegemoment $M_b(\varphi) = -FR\cos\varphi - \bar{F}R(1-\sin\varphi)$ sowie für die Formänderungsarbeit und die Verschiebung

$$W = \frac{1}{2EI_y} \int_0^{\pi/2} [-FR\cos\varphi - \bar{F}R(1-\sin\varphi)]^2 Rd\varphi,$$

$$u = \frac{\partial W}{\partial \bar{F}} = -\frac{1}{EI_y} \int_0^{\pi/2} [-FR\cos\varphi - \bar{F}R(1-\sin\varphi)](1-\sin\varphi)R^2 d\varphi$$

bzw. mit $\bar{F} = 0$

$$u = +\frac{1}{EI_y} \int_0^{\pi/2} FR\cos\varphi(1-\sin\varphi)R^2 d\varphi$$

$$= \frac{FR^3}{EI_y}\left[\sin\varphi - \frac{1}{2}\sin^2\varphi\right]_0^{\pi/2} = \frac{FR^3}{2EI_y}.$$

Prinzip der virtuellen Arbeiten. Wird einem elastischen System eine beliebige (virtuelle), d.h. mit den geometrischen Gegebenheiten verträgliche Verrückung erteilt, so ist im Gleichgewichtsfall die Summe aus äußerer und innerer virtueller Arbeit gleich Null:

$$\delta W^{(a)} + \delta W^{(i)} = 0.$$

Wählt man als äußere Kraft lediglich eine virtuelle Hilfskraft $\bar{F} = 1$ und als Verrückung die wirklichen Verschiebungen (Prinzip der virtuellen Kräfte) (**Bild 38 a**), so folgt aus

$$\delta W^{(a)} = -\delta W^{(i)}$$

$$\bar{F}w = 1 \cdot w = \int \bar{M}_b d\varphi = \int \frac{\bar{M}_b M_b}{EI_y} ds. \tag{41}$$

Hieraus folgt die Verschiebung w in Richtung der Hilfskraft $\bar{F} = 1$. Dabei sind $\bar{M}_b$ die Biegemomente infolge dieser Hilfskraft und M_b die Biegemomente infolge der wirklichen Belastung. Werden als äußere Last ein virtuelles

Hilfsmoment $\bar{M} = 1$ und als Verrückung wiederum die wirklichen Verschiebungen gewählt, so gilt (**Bild 38 b**)

$$\bar{M}\alpha = 1 \cdot \alpha = \int \bar{M}_b d\varphi = \int \frac{\bar{M}_b M_b}{EI_y} ds. \tag{42}$$

Hieraus folgt der Drehwinkel an der Angriffsstelle des Hilfsmoments. Die Integrale in den Gln. (41) und (42) sind für Träger mit $EI_y = $ const nur für das Produkt $\bar{M}_b M_b$ zu bilden und für die wichtigsten Grundfälle in **Tab. 6** zusammengestellt.

Beispiel: Kragträger mit Streckenlast (**Bild 39**). Gesucht sind die Durchbiegung und der Neigungswinkel am freien Ende. – Für die Durchbiegung folgt nach **Tab. 6**, Spalte 8, Zeile b mit $i = ql^2/2$ und $k = l$

$$1 \cdot f = \int_0^l \bar{M}_b M_b \frac{dx}{EI_y} = \frac{1}{EI_y} \cdot \frac{1}{4} l\, i\, k = \frac{ql^4}{8EI_y}$$

und für den Neigungswinkel nach Zeile a mit $i = ql^2/2$ und $k = 1$

$$1 \cdot \alpha = \int_0^l \bar{M}_b M_b \frac{dx}{EI_y} = \frac{1}{EI_y} \cdot \frac{1}{3} l\, i\, k = \frac{ql^3}{6EI_y}$$

(vgl. **Tab. 5a**, Zeile 8).

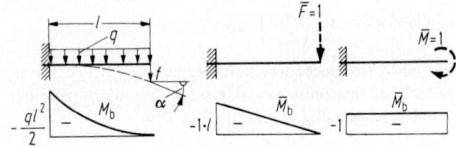

Bild 39. Verformungen eines Kragträgers

Tabelle 6. Werte für $\int \bar{M}M ds$

$\bar{M}$		1 $i \rlap{\rule{1em}{0pt}}\square i$	2	3	4	5 quadratische Parabel	6 quadratische Parabel	7 quadratische Parabel	8 quadratische Parabel	9 quadratische Parabel
a	$k\,\square\,k$	lik	$\frac{1}{2}lik$	$\frac{1}{2}lik$	$\frac{1}{2}l(i_1+i_2)k$	$\frac{2}{3}lik$	$\frac{2}{3}lik$	$\frac{2}{3}lik$	$\frac{1}{3}lik$	$\frac{1}{3}lik$
b		$\frac{1}{2}lik$	$\frac{1}{3}lik$	$\frac{1}{6}lik$	$\frac{1}{6}l(i_1+2i_2)k$	$\frac{1}{3}lik$	$\frac{5}{12}lik$	$\frac{1}{4}lik$	$\frac{1}{4}lik$	$\frac{1}{12}lik$
c	$k_1\,\square\,k_2$	$\frac{1}{2}li(k_1+k_2)$	$\frac{1}{6}li(k_1+2k_2)$	$\frac{1}{6}li(2k_1+k_2)$	$\frac{1}{6}l[i_1(2k_1+k_2) +i_2(k_1+2k_2)]$	$\frac{1}{3}li(k_1+k_2)$	$\frac{1}{12}li(3k_1+5k_2)$	$\frac{1}{12}li(5k_1+3k_2)$	$\frac{1}{12}li(k_1+3k_2)$	$\frac{1}{12}li(3k_1+k_2)$
d	$\alpha l \vdash \beta l\, k$	$\frac{1}{2}lik$	$\frac{1}{6}l(1+\alpha)ik$	$\frac{1}{6}l(1+\beta)ik$	$\frac{1}{6}l k[(1+\beta)i_1 +(1+\alpha)i_2]$	$\frac{1}{3}l(1+\alpha\beta)ik$	$\frac{1}{12}l(5-\beta^2)ik$	$\frac{1}{12}l(5-\alpha-\alpha^2)ik$	$\frac{1}{12}l(1+\alpha+\alpha^2)ik$	$\frac{1}{12}l(1+\beta+\beta^2)ik$

2.5 Torsionsbeanspruchung. Torsion

2.5.1 Stäbe mit Kreisquerschnitt und konstantem Durchmesser. Bars of circular cross section and constant diameter

Bei der Torsion von Stäben mit Kreisquerschnitt tritt keine Verwölbung ein, d.h., die Querschnitte bleiben eben. Ferner bleiben die Radien der Kreisquerschnitte geradlinig, d.h., die Querschnitte verdrehen sich als starres Ganzes. Geradlinige Mantellinien auf der Oberfläche werden zu Schraubenlinien, die aber wegen der kleinen Verformungen (**Bild 40 a**) als geradlinig aufgefaßt werden können. Mit $\gamma l = \varphi r$ und dem Hookeschen Gesetz $\gamma = \tau/G$ ergibt sich

$$\tau = (G\varphi/l)r,\qquad(43)$$

d.h., die Schubspannungen τ nehmen linear mit dem Radius r zu (**Bild 40 a**). Das Moment aller Schubspannungen um den Kreismittelpunkt muß gleich dem Torsionsmoment sein:

$$M_t = \int_0^{d/2} \tau\, r\, dA = (G\varphi/l)\int_0^{d/2} r^2 dA = (G\varphi/l)I_p,\qquad(44)$$

$$I_p = \int_0^{d/2} r^2 dA = \int_0^{d/2} r^2 2\pi r\, dr = \pi d^4/32.\qquad(45)$$

I_p ist das polare Flächenmoment 2. Grades des Kreisquerschnitts. Aus den Gln. (44) und (43) folgt für die Torsionsschubspannungen und mit dem polaren Widerstandsmoment $W_p = I_p/(d/2) = \pi d^3/16$ des Kreisquerschnitts

$$\tau(r) = (M_t/I_p)r \quad\text{bzw.}$$
$$\tau_{max} = (M_t/I_p)(d/2) = M_t/W_p.\qquad(46)$$

Für den Verdrehungswinkel und die Drillung (Verdrehung pro Längeneinheit) gilt nach Gl. (44)

$$\varphi = \frac{M_t l}{GI_p} \quad\text{und}\quad \vartheta = \frac{\varphi}{l} = \frac{M_t}{GI_p}.\qquad(47)$$

Die Formänderungsarbeit ist

$$W = \frac{1}{2}M_t\varphi = \frac{1}{2}\frac{M_t^2 l}{GI_p}.\qquad(48)$$

Wirken am Stab kontinuierlich verteilte Drehmomente $m_d(x)$, so gilt $M_t(x) = \int m_d(x)dx$,

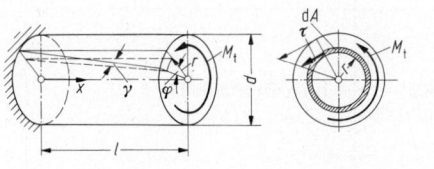

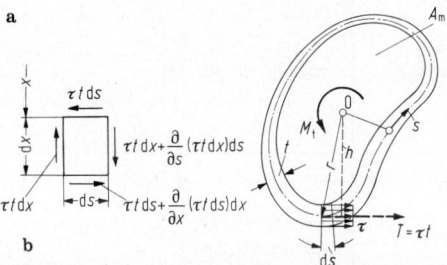

Bild 40. Torsion eines Stabs mit **a** Kreisquerschnitt; **b** dünnwandigem Hohlquerschnitt

$$\vartheta(x) = \frac{d\varphi}{dx} = \frac{M_t(x)}{GI_p},\quad \varphi(x) = \frac{1}{GI_p}\int M_t(x)dx,$$

$$W = \frac{1}{2}\int M_t(x)d\varphi = \frac{1}{2GI_p}\int M_t^2(x)dx.$$

Die Gleichungen gelten auch für kreisförmige Hohlquerschnitte mit $I_p = \pi(d_a^4 - d_i^4)/32$ und $W_p = I_p/(d_a/2)$ (s. **Tab. 7**).

Beispiel: Für die Welle nach **Bild 41 a** mit $G = 81$ kN/mm^2, $\tau_{zul} = 12$ N/mm^2 und Drehzahl $n = 1000$ 1/min sind gesucht: a) das eingeleitete bzw. die abgegebenen Drehmomente, b) die Torsionsmomentenlinie, c) die je Abschnitt erforderlichen Durchmesser, d) Drilling und Drehwinkel je Abschnitt sowie Gesamtdrehwinkel. – a) Das eingeleitete Drehmoment M_{d1} ergibt sich mit der übertragenen Leistung $P_1 = 4,4$ kW aus $P = M_d\omega$ mit $\omega = 2\pi n = 2\pi \cdot 16{,}67$ 1/s $= 104{,}7$ 1/s zu $M_{d1} = P_1/\omega = (4400$ Nm/s)/(104,7 1/s) $= 42{,}0$ Nm, die abgenommenen Drehmomente zu $M_{d2} = (1470$ W)/(104,7 1/s) $= 14{,}0$ Nm und $M_{d3} = (2930$ W)/(104,7 1/s) $= 28{,}0$ Nm.
b) Die Torsionsmomente werden damit $M_{t1,2} = M_{d1} = 42{,}0$ Nm bzw. $M_{t2,3} = M_{d1} - M_{d2} = M_{d3} = 28{,}0$ Nm (**Bild 41 b**). c) Die Durchmesser folgen aus $W_{p,erf} = \pi d^3/16 = M_t/\tau_{zul}$ zu $d_1 = \sqrt[3]{16M_{t1,2}/(\pi\tau_{zul})} = 26{,}1$ mm (gewählt 27 mm) und $d_2 = 22{,}8$ mm (gewählt 23 mm). d) Drilling $\vartheta_{1,2} = M_{t1,2}/(GI_{p1}) = M_{t1,2}/(G\pi d_1^4/32) = 0{,}99 \cdot 10^{-5}$ 1/mm, Verdrehwinkel $\varphi_{1,2} = \vartheta_{1,2}l_{1,2} = 0{,}00495 \hat{=} 0{,}284°$, entsprechend $\vartheta_{2,3} = 1{,}26 \cdot 10^{-5}$ 1/mm, $\varphi_{2,3} = 1{,}26 \cdot 10^{-5} \cdot 250 = 0{,}00315 \hat{=} 0{,}180°$. Der Gesamtdrehwinkel (**Bild 41 c**) ist dann $\varphi_{1,3} = \varphi_{1,2} + \varphi_{2,3} = 0{,}284° + 0{,}180° = 0{,}464°$.

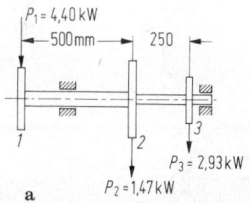

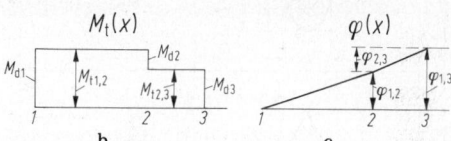

Bild 41 a–c. Torsion einer Welle

2.5.2 Stäbe mit Kreisquerschnitt und veränderlichem Durchmesser. Bars of circular cross section and variable diameter

Mit $I_p(x) = \pi d^4(x)/32$ gilt für die Drillung und den Drehwinkel näherungsweise

$$\vartheta(x) = \frac{M_t(x)}{GI_p(x)},\quad \varphi(x) = \int \frac{M_t(x)}{GI_p(x)}dx.$$

Die Spannungen werden wieder aus $\tau(r) = (M_t/I_p)r$ bzw. $\tau_{max} = M_t/W_p$ berechnet. Bei abgesetzten Wellen treten Spannungsspitzen (Kerbspannungen) auf, die mit der Formzahl α_k gemäß $\tau = \alpha_k M_t/W_p$ berücksichtigt werden (s. C 2.1.4).

2.5.3 Dünnwandige Hohlquerschnitte (Bredtsche Formeln)
Thin-walled tubes (Bredt-Batho theory)

Unter der Annahme, daß die Schubspannung τ über die Wanddicke t konstant ist, ergibt sich aus dem Gleichgewicht am Element in x-Richtung $-\tau\, t\, dx + \tau\, t\, dx + \frac{\partial}{\partial s}(\tau\, t\, dx)ds = 0$, also $\tau\, t = T = $const, d.h., der Schubfluß

Tabelle 7. Torsionsflächenmomente I_t und -widerstandsmomente W_t

Querschnitt	I_t	W_t	Bemerkungen
1	$\dfrac{\pi d^4}{32} = I_p$	$\dfrac{\pi d^3}{16} = W_p$	τ_{max} am Umfang
2	$\dfrac{\pi(d_a^4 - d_i^4)}{32} = I_p$ Für geringe Wanddicken, d.h. $\left(\dfrac{t}{d_m}\right)^2 \ll 1$: $\pi d_m^3 t/4$	$\dfrac{\pi(d_a^4 - d_i^4)}{16\,d_a} = W_p$ $\pi d_m^2 t/2$	τ_{max} am Umfang
3	$\dfrac{\pi d^4}{32} = I_p$	$\dfrac{W_p}{\lambda} = \dfrac{\pi d^3}{16\lambda}$ $\lambda = \dfrac{2-\xi}{1-2\xi^2+(16/3\pi)\xi^3}$ Für kleine ξ: $\lambda \approx 2$	τ_{max} am Kerbgrund (in P) $\xi = \dfrac{\varrho}{d/2}$
4	$\dfrac{\pi a^3 b^3}{a^2+b^2} = \dfrac{\pi n^3 b^4}{n^2+1}$	$\dfrac{\pi a b^2}{2} = \dfrac{\pi n b^3}{2}$	Voraussetzung: $a/b = n \geqslant 1$ τ_{max} in P_1 in P_2: $\tau_2 = \tau_{max}/n$
5	$\dfrac{\pi n^3(b_1^4 - b_2^4)}{n^2+1}$	$\dfrac{\pi n(b_1^4 - b_2^4)}{2 b_1}$	Voraussetzung: $a_1/b_1 = a_2/b_2 = n \geqslant 1$ τ_{max} in P_1 in P_2: $\tau_2 = \tau_{max}/n$
6	$\dfrac{b^4}{46,19} \approx \dfrac{h^4}{26}$	$\dfrac{b^3}{20} \approx \dfrac{h^3}{13}$	τ_{max} in Mitte der Seiten (P_1) in den Ecken (P_2): $\tau_2 = 0$
7	$0,133 b^2 A = 0,115 b^4$	$0,217 bA = 0,188 b^3$	τ_{max} in Mitte der Seiten (P)
8	$0,130 b^2 A = 0,108\, b^4$	$0,223\, bA = 0,185\, b^3$	τ_{max} in Mitte der Seiten (P)
9	$0,141 b^4$	$0,208 b^3$	τ_{max} in Mitte der Seiten (P_1) in den Ecken (P_2): $\tau_2 = 0$

Tabelle 7 (Fortsetzung)

Querschnitt	I_t	W_t	Bemerkungen

Zeile 10:

$I_t = c_1 h b^3 = c_1 n b^4$ $W_t = c_2 h b^2 = c_2 n b^3$

Voraussetzung: $h/b = n \geq 1$
τ_{max} in P_1
In P_2: $\tau_2 = c_3 \tau_{max}$ In P_3: $\tau_3 = 0$

$n = h/b$	1	1,5	2	3	4	6	8	10	∞
c_1	0,141	0,196	0,229	0,263	0,281	0,298	0,307	0,312	0,333
c_2	0,208	0,231	0,246	0,267	0,282	0,299	0,307	0,312	0,333
c_3	1,000	0,858	0,796	0,753	0,745	0,743	0,743	0,743	0,743

Zeile 11: dünnwandige Profile

$\dfrac{\eta}{3} \Sigma h_i t_i^3$ I_t / t_{max}

Voraussetzung: $h_i / t_i \gg 1$
τ_{max} in Mitte der Längsseite des Rechtecks
mit t_{max}

Profil	L	C	⊥	I	I PB	+
η	0,99	1,12	1,12	1,31	1,29	1,17

Zeile 12: dünnwandige Hohlquerschnitte

$\dfrac{4 A_m^2}{\oint ds / t(s)}$ $2 A_m t_{min}$

Für konstante Wanddicke t:

$4 A_m^2 t / U$ $2 A_m t$

A_m = von Mittellinie eingeschlossene Fläche,
U = Umfang der Mittellinie,
τ_{max} an Stelle, wo $t = t_{min}$.
Es gilt: $\tau(s) \cdot t(s) = M_t / 2 A_m = $ const

Zeile 12a:

$\dfrac{4(bh)^2}{2(b/t_1 + h/t_2)}$ $2 bh t_{min}$

τ_{max} dort, wo $t = t_{min}$

Zeile 12b:

$\pi d_m^3 t / 4$ $\pi d_m^2 t / 2$

T ist längs des Umfangs konstant (**Bild 40 b**). Der Zusammenhang zwischen Schubspannung und Torsionsmoment folgt aus $M_t = \oint \tau\, t\, h\, ds = \tau\, t \oint h\, ds = \tau\, t \cdot 2 A_m$ und liefert

$$\tau = M_t / (2 A_m t) \quad \text{(1. Bredtsche Formel)}$$

A_m ist die von der Mittellinie eingeschlossene Fläche des Hohlquerschnitts.
Für den Verdrehungswinkel gilt

$$\varphi = \frac{M_t l}{G I_t} \quad \text{mit} \quad I_t = \frac{4 A_m^2}{\oint \dfrac{ds}{t(s)}}.$$

I_t ist das Torsionsflächenmoment (2. Bredtsche Formel). Bei der Verdrehung bleibt der Querschnitt nicht eben, sondern es tritt eine Verwölbung in x-Richtung (Längsrichtung) auf. Die Bredtschen Formeln gelten nur für unbehinderte Verwölbung, bei der die Drehachse mit dem Schubmittelpunkt (s. C2.4.6) zusammenfällt. Bei behinderter Verwölbung treten zusätzlich Normalspannungen σ und damit veränderte Schubspannungen und Drehwinkel auf (s. C2.5.5).

2.5.4 Stäbe mit beliebigem Querschnitt
Bars of arbitrary cross section

Hier treten bei Verdrehung grundsätzlich Verwölbungen des Querschnitts auf. Im Fall unbehinderter Verwölbung gilt die Theorie von de Saint-Vénant [4]. Die Lösung des Problems wird auf eine Verwölbungsfunktion $\psi(y,z)$ oder eine Spannungsfunktion $\Psi(y,z)$ zurückgeführt, wobei $\psi(y,z)$ die Potentialgleichung $\Delta \psi = 0$ bzw. $\Psi(y,z)$ die Poissonsche Gleichung $\Delta \Psi = 1$ befriedigen muß. Exakte Lösungen liegen nur für wenige Querschnitte (z.B. Ellipse, Dreieck, Rechteck) vor. Für Verdrehungswinkel und maximale Schubspannung gilt

$$\varphi = \frac{M_t l}{G I_t}, \quad \tau_{max} = \frac{M_t}{W_t}. \tag{49}$$

Hierbei ist I_t das Torsionsflächenmoment. Es ist

$$I_t = \int \left(y^2 + z^2 + y \frac{\partial \psi}{\partial z} - z \frac{\partial \psi}{\partial y} \right) dA = -4 \int \Psi(y,z) dA,$$

d.h., I_t ist proportional dem Volumen des über dem Querschnitt aufgewölbten Spannungshügels. W_t ist das Torsi-

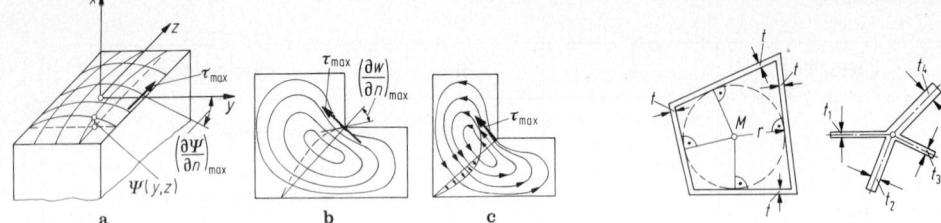

Bild 42. Beliebiger Querschnitt. **a** Torsionsfunktion; **b** Seifenhautgleichnis; **c** Strömungsgleichnis   **Bild 43.** Wölbfreie Querschnitte

onswiderstandsmoment. Es gilt

$$W_t = I_t \Big/ \left[2 \left(\frac{\partial \Psi}{\partial n} \right)_{max} \right],$$

wobei $(\partial \Psi / \partial n)_{max}$ das größte vorhandene Gefälle des Spannungshügels ist. Senkrecht auf der dazugehörigen Schnittebene durch den Spannungshügel steht dann die entsprechende Schubspannung (**Bild 42a**). Ergebnisse für I_t und W_t s. **Tab. 7**.
Die Abschätzung der Lage der größten Schubspannungen bzw. die experimentelle Ermittlung der Schubspannungen erlauben folgende Gleichnisse:

Prandtlsches Seifenhautgleichnis. Da die Differentialgleichungen für die Spannungsfunktion und eine unter Überdruck stehende Seifenhaut äquivalent sind und auch die Randbedingungen mit $\Psi = 0$ bzw. $w = 0$ übereinstimmen, entspricht das Gefälle der über einem Querschnitt gespannten Seifenhaut bzw. die Dichte der Höhenlinien der Größe der Schubspannungen, deren zugeordnete Richtung senkrecht zum Gefälle steht (**Bild 42b**).

Strömungsgleichnis. Aufgrund der Analogien der Differentialgleichungen entspricht der Stromlinienverlauf einer Potentialströmung konstanter Zirkulation in einem Gefäß gleichen Querschnitts wie dem des tordierten Stabs der Richtung der resultierenden Schubspannung. Die Dichte der Stromlinien ist dabei ein Maß für die Größe der Schubspannungen (**Bild 42c**).

2.5.5 Wölbkrafttorsion
Torsion with warping constraints

Ist bei Stäben nach C2.5.3 und C2.5.4 die Verwölbung in irgendeinem Querschnitt (z.B. durch Einspannung) behindert, so treten in Längsrichtung Normalspannungen σ_x und damit verbunden zusätzlich Schubspannungen τ_{xy} und τ_{xz} auf. Der Drehwinkel wird kleiner als bei wölbunbehinderter Torsion. Für dünnwandige offene bzw. einfach und mehrfach geschlossene Querschnitte ist das Problem weitgehend gelöst [5]. Bemerkt sei, daß u.a. die Querschnitte nach **Bild 43**, d.h. alle Kreistangentenpolygone konstanter Wanddicke und die sternförmigen Querschnitte, wölbfrei sind, also eben bleiben, so daß keine Wölbkrafttorsion auftritt. Für Vollquerschnitte liegen nur für wenige Fälle Näherungslösungen vor [4], die Wirkung der Wölbbehinderung kann hier jedoch meist vernachlässigt werden.

2.6 Zusammengesetzte Beanspruchung
Combined stresses

2.6.1 Biegung und Längskraft. Bending and axial load

In **Bild 44a** ist ein abgewinkelter Träger dargestellt, dessen vertikaler Teil durch Längs-(Normal-)kräfte und Biegemo-

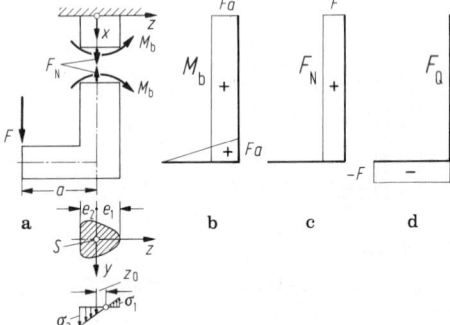

Bild 44a–d. Biegung und Längskraft

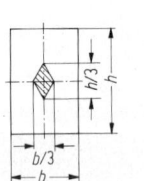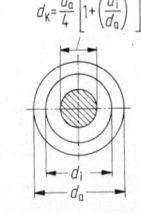

$$d_K = \frac{d_a}{4} \left[1 + \left(\frac{d_i}{d_a} \right)^2 \right]$$

Bild 45. Kern des Querschnitts

mente beansprucht wird, wie der Verlauf der Schnittlasten nach **Bild 44b–d** zeigt. Bei Biegung um eine Querschnittshauptachse gilt für die Normalspannung bzw. für die extremalen Spannungen in den Randfasern (**Bild 44a**)

$$\sigma = \sigma_N + \sigma_M = F_N/A - M_b z/I_y \quad \text{bzw.}$$
$$\sigma_{1,2} = F_N/A \mp M_b/W_{y1,2}. \tag{50}$$

Die Lage der Nullinie folgt aus dieser Gleichung mit $\sigma = 0$ zu $z_0 = F_N I_y/(M_b A)$.
Im Fall schiefer Biegung, d.h. Belastung in beiden Hauptachsenebenen, gilt mit Gl. (22) für Spannung und Nullinie

$$\sigma = \frac{F_N}{A} - \frac{M_{by}}{I_y} z + \frac{M_{bz}}{I_z} y \Bigg\}$$
$$y = \frac{M_{by}}{M_{bz}} \frac{I_z}{I_y} z - \frac{F_N}{M_{bz}} \frac{I_z}{A} \Bigg\} \tag{51}$$

Die extremalen Spannungen treten in den senkrecht zur Nullinie an weitest entfernt liegenden Punkten mit den Koordinaten (y_1, z_1) und (y_2, z_2) auf, diese werden am einfachsten graphisch-rechnerisch ermittelt.

Kern eines Querschnitts. Sollen die Spannungen im Querschnitt einerlei Vorzeichen, d.h. im Grenzfall am Rand null sein, so muß die Kraft F (**Bild 44a**) im Fall einfacher Biegung mit Längskraft und $M_b = Fa$ gemäß Gl. (50) in einer Entfernung $a_{1,2} \leq I_y/(A \cdot e_{1,2}) = W_y/A$ angreifen. Bei schiefer Biegung mit Längskraft muß sie innerhalb des Kerns (**Bild 45**) liegen. Bestimmung des Kerns [6].

2.6.2 Biegung und Schub. Bending and shear

Biegung und Schub treten in der Regel in den meisten Querschnitten von Trägern, Wellen, Achsen usw. gleichzeitig auf (ebener Spannungszustand). Da die Biegenormalspannungen σ am Rand extremal, dort aber die Schubspannungen τ null sind (**Bild 46a**), muß die Vergleichsspannung σ_V in verschiedenen Höhen nach einer der Formeln gemäß C 1.3 ermittelt werden. σ und τ ergeben sich aus den Gln. (8) und (26). Zum Beispiel sei für einen I-Querschnitt σ_V am oberen Rand, am Übergang zwischen Flansch und Steg sowie in der Mitte zu berechnen: Nach der GE-Hypothese (s. C 1.3.3) ergibt sich dann $\sigma_V = \sigma_{Rand}$ bzw. $\sigma_V = \sqrt{\sigma_{ü}^2 + 3\tau_{ü}^2}$ bzw. $\sigma_V = 1{,}73\,\tau_{Mitte}$, und es muß max $\sigma_V \leqq \sigma_{zul}$ sein. Meist ist die genaue Ermittlung von σ_V jedoch entbehrlich, und es werden Normal- und Schubspannungen getrennt ermittelt und mit σ_{zul} bzw. τ_{zul} verglichen. Bei langen Trägern ($l \geqq 4 \ldots 5h$) sind nur noch die Normalspannungen, bei kurzen Trägern ($l \leqq h$) nur noch die Schubspannungen maßgebend.

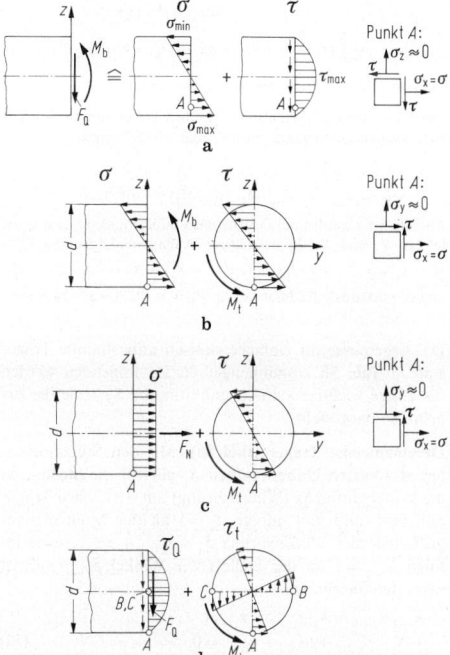

Bild 46. Zusammengesetzte Beanspruchung, **a** Biegung und Schub; **b** Biegung und Torsion; **c** Längskraft und Torsion; **d** Schub und Torsion

2.6.3 Biegung und Torsion. Bending und torsion

Bei gleichzeitiger Wirkung von Biegenormalspannungen σ und Torsionsschubspannungen τ (**Bild 46b**) liegt ein ebener Spannungszustand vor. Die Extremalwerte von σ und τ treten in der Randfaser auf. Sie werden nach den Gln. (9) und (46) bzw. (49) berechnet. Man ermittelt damit die Vergleichsspannung σ_V nach einer der Hypothesen gemäß C 1.3.

Beispiel: Die Welle nach **Bild 41a** bzw. zugehörigem Beispiel habe im Bereich *1...2* ein größtes Biegemoment $M_b = 75$ Nm zu übertragen. Man berechne σ_V. - Mit $\sigma = M_b / W_y$ und $\tau = M_t / W_p$ sowie

$W_y = \pi d^3 / 32$ und $W_p = 2W_y = \pi d^3 / 16$ folgt aus C1 Gl. (24) für σ_V nach der GE-Hypothese

$$\sigma_V = \sqrt{M_b^2 + 0{,}75\alpha_0^2 M_t^2}/W_y = M_V/W_y. \tag{52}$$

Bei wechselnder Belastung für Biegung und schwellender für Torsion ist $\alpha_0 \approx 0{,}85$. Für $d = 27$ mm wird $W_y = \pi d^3 / 32 = 1932$ mm^3 und

$$\sigma_V = \sqrt{75000^2 + 0{,}75 \cdot 0{,}85^2 \cdot 42000^2} \text{ Nmm}/1932 \text{ mm}^3 = 42 \text{ N/mm}^2.$$

2.6.4 Längskraft und Torsion. Axial load and torsion

Diese z.B. bei Dehnschrauben und Spindeln vorkommende Beanspruchung durch σ und τ entspricht einem ebenen Spannungszustand (**Bild 46c**). Die Extremalspannungen treten in der Randfaser auf, und dort wird die Vergleichsspannung σ_V nach einer der Hypothesen gemäß C 1.3 berechnet.

2.6.5 Schub und Torsion. Shear and torsion

Diese z.B. am kurzen Wellenzapfen auftretende Beanspruchung (**Bild 46d**) liefert lediglich eine resultierende maximale Schubspannung τ_Q nach Gl. (26) und τ_t nach den Gln. (46) bzw. (49);

im Punkt A $\tau_{res} = \tau_t$,
im Punkt B $\tau_{res} = \tau_Q - \tau_t$,
im Punkt C $\tau_{res} = \tau_Q + \tau_t$.

Die Umrechnung z.B. nach der GE-Hypothese auf σ_V ergibt $\sigma_V = 1{,}73 \cdot \alpha_0 \tau_{res}$.

2.6.6 Biegung mit Längskraft sowie Schub und Torsion
Combined bending, axial load, shear and torsion

In diesem Fall ergibt sich für die Punkte A, B, C nach **Bild 46d** $\sigma_A = \sigma_N + \sigma_M$, $\tau_A = \tau_t$; $\sigma_B = \sigma_N$, $\tau_B = \tau_Q - \tau_t$; $\sigma_C = \sigma_N$, $\tau_C = \tau_Q + \tau_t$. Dabei bilden σ_A, τ_A usw. jeweils einen ebenen Spannungszustand und sind nach C 1.3 zur Vergleichsspannung σ_V zusammenzufassen.

2.7 Statisch unbestimmte Systeme
Statically indeterminate systems

Man unterscheidet äußerlich und innerlich statisch unbestimmte Systeme, wobei ein System auch gleichzeitig äußerlich und innerlich unbestimmt sein kann. Äußerlich statisch unbestimmt sind Systeme, die in der Ebene durch mehr als drei bzw. im Raum durch mehr als sechs Auflagerreaktionen abgestützt werden. Ein *n*-fach abgestütztes System ist in der Ebene $m = (n - 3)$fach, im Raum $m = (n - 6)$fach äußerlich statisch unbestimmt. Ein geschlossener Rahmen als ebenes System (**Bild 47a**) 3fach innerlich, als räumliches System (**Bild 47b**) 6fach innerlich statisch unbestimmt.

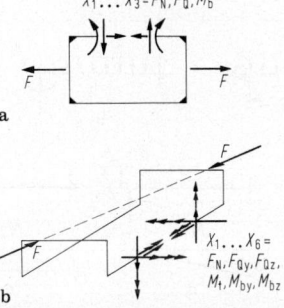

Bild 47. Geschlossener Rahmen. **a** eben; **b** räumlich

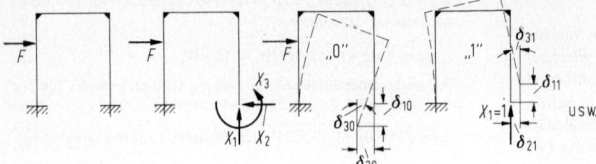

Bild 48. Kraftgrößenmethode

Die wichtigste Methode zur Berechnung statisch unbestimmter Systeme ist das *Kraftgrößenverfahren*. Das System wird durch Entfernen von Auflagerreaktionen (Kräften oder Momenten) oder durch Schnittführung z.B. nach **Bild 48** auf ein statisch bestimmtes Grundsystem zurückgeführt (zu jedem unbestimmten System gibt es mehrere mögliche Grundsysteme, von denen eines auszuwählen ist). Die entfernten Größen bezeichnet man als statisch Unbestimmte $X_1, X_2 \ldots X_m$. Der Lösung liegt folgendes Superpositionsverfahren zugrunde: 1. Berechnung der Verformungsdifferenzen $\delta_{10}, \delta_{20}, \delta_{30} \ldots$ zwischen beiden Schnittufern am Grundsystem in Richtung von $X_1, X_2, X_3 \ldots$ durch die äußere Belastung (0). (Die Verformungen sind in Richtung der statisch unbestimmten Größen positiv.) 2. Berechnung der Verformungsdifferenzen δ_{ik} $(i, k = 1, 2, 3 \ldots)$ am Grundsystem wobei i die Richtung von $X_1, X_2, X_3 \ldots$ und $k = 1, 2, 3 \ldots$ die Belastung $X_1 = 1$, $X_2 = 1$, $X_3 = 1 \ldots$ kennzeichnet. 3. Am wirklichen System müssen die Verformungsdifferenzen null sein, d.h., bei z.B. drei Unbekannten gilt

$$\left.\begin{array}{l} X_1 \delta_{11} + X_2 \delta_{12} + X_3 \delta_{13} + \delta_{10} = 0, \\ X_1 \delta_{21} + X_2 \delta_{22} + X_3 \delta_{23} + \delta_{20} = 0, \\ X_1 \delta_{31} + X_2 \delta_{32} + X_3 \delta_{33} + \delta_{30} = 0. \end{array}\right\} \quad (53)$$

Aus diesem linearen Gleichungssystem berechnet man die drei Unbekannten X_1, X_2, X_3 (beim *m*-fach unbestimmten System die Unbekannten $X_1, \ldots, X_m$) 4. Nach Überlagerung der äußeren Lasten und der statisch Unbestimmten am Grundsystem berechnet man die endgültigen Auflagerreaktionen, Biegemomente usw. Zu bemerken ist noch, daß stets $\delta_{ik} = \delta_{ki}$ gilt, wenn $i \neq k$ (Satz von Maxwell), wodurch die Anzahl der zu berechnenden δ_{ik} erheblich reduziert wird. Die Verformungsgrößen werden nach einem der in C2.4.8 und C2.4.9 angegebenen Verfahren berechnet. In einfachen, anschaulichen Fällen verwendet man die Ergebnisse nach **Tab. 5a**, bei komplizierten, unanschaulichen Fällen die Methoden nach C2.4.9. Letztere haben den Vorteil, daß sie automatisch auch die richtigen Vorzeichen der δ_{ik}-Glieder liefern.

Beispiel: Berechnung der beiden statisch Unbestimmten am beidseitig eingespannten Träger (**Bild 49a**). – Als statisch bestimmtes Grundsystem wird der einseitig eingespannte Träger gewählt (**Bild 49b**). Die Ermittlung der Verformungsgrößen δ_{ik} soll auf zwei Wegen, nämlich anschaulich nach **Tab. 5a** und allgemein mit der

Prinzip der virtuellen Arbeiten nach C2.4.9 erfolgen. Nach **Tab. 5a** wird (**Bild 49c–e**)

$$\delta_{10} = f_{10} = -ql^4/(8EI_y), \quad \delta_{20} = \alpha_{20} = -ql^3/(6EI_y),$$
$$\delta_{11} = f_{11} = l^3/(3EI_y), \quad \delta_{21} = \alpha_{21} = l^2/(2EI_y) = \delta_{12},$$
$$\delta_{22} = \alpha_{22} = l/(EI_y).$$

Mit dem Prinzip der virtuellen Kräfte gemäß den Gln. (41) und (42) sowie **Tab. 6** folgen

$$\delta_{10} = \int M_1 M_0 \,dx/(EI_y) = lik/(4EI_y) = -ql^4/(8EI_y),$$
$$\delta_{20} = \int M_2 M_0 \,dx/(EI_y) = lik/(3EI_y) = -ql^3/(6EI_y),$$
$$\delta_{11} = \int M_1 M_1 \,dx/(EI_y) = lik/(3EI_y) = l^3/(3EI_y),$$
$$\delta_{21} = \delta_{12} = \int M_1 M_2 \,dx/(EI_y) = lik/(2EI_y) = l^2/(2EI_y),$$
$$\delta_{22} = \int M_2 M_2 \,dx/(EI_y) = lik/(EI_y) = l/(EI_y).$$

Beide Verfahren ergeben also die gleichen Verformungen. Aus den zwei linearen Gleichungen entsprechend Gl. (53) folgen

$$X_1 = (-\delta_{10}\delta_{22} + \delta_{20}\delta_{12})/(\delta_{11}\delta_{22} - \delta_{12}^2) = ql/2,$$
$$X_2 = (-\delta_{11}\delta_{20} + \delta_{21}\delta_{10})/(\delta_{11}\delta_{22} - \delta_{12}^2) = -ql^2/12.$$

Anschließend werden am Grundsystem infolge äußerer Last sowie infolge X_1 und X_2 die endgültigen Auflagerreaktionen zu $F_A = ql - X_1 = ql/2 = F_B$, $M_{EA} = -ql^2/2 + X_1 l + X_2 = -ql^2/12 = M_{EB}$ und das maximale Feldmoment zu $M_F = M_b(l/2) = ql^2/24$ berechnet.

Die Ergebnisse für einfache statisch unbestimmte Träger sind in **Tab. 5b** zusammengefaßt. Im folgenden werden für einige wichtige statisch unbestimmte Systeme die Ergebnisse dargestellt:

Durchlaufender Träger (Bild 50). Mit den Stützmomenten als statisch Unbestimmten X_i gilt für die Stelle i, da die Winkeldifferenz (Winkelsprung) am wirklichen Träger null sein muß und infolge $X_i = 1$ an der Momentenangriffsstelle der Winkelsprung $\delta_{ii} = \alpha_{i,i-1} + \alpha_{i,i+1}$ sowie infolge $X_{i-1} = 1$ an der Stelle i der Winkel $\beta_{i,i-1}$ auftritt usw., die Gleichung

$$X_{i-1}\beta_{i,i-1} + X_i(\alpha_{i,i-1} + \alpha_{i,i+1})$$
$$+ X_{i+1}\beta_{i,i+1} + (\alpha_{i0,1} + \alpha_{i0,r}) = 0. \quad (54)$$

Für jedes Innenlager des *m*-fach unbestimmten Trägers ergibt sich eine solche Dreimomentengleichung (in etwas anderer Schreibweise als Clapeyronsche Dreimomenten-

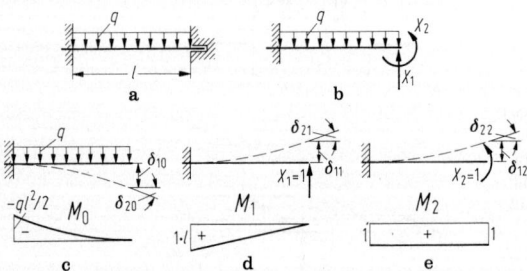

Bild 49a–e. Beidseitig eingespannter Träger

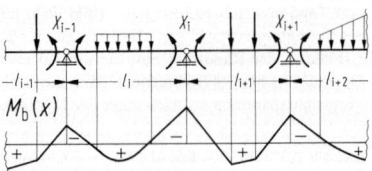

Bild 50. Durchlaufträger

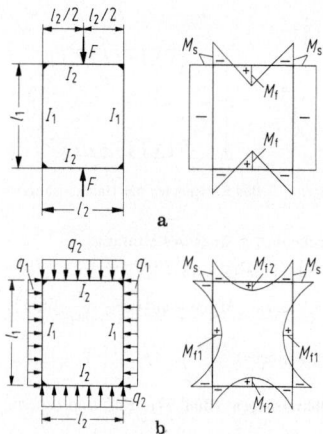

a

b

Bild 51. Geschlossener Rechteckrahmen mit **a** Einzelkräften; **b** Streckenlasten

gleichung bezeichnet). Aus dem linearen Gleichungssystem lassen sich dann die m Unbekannten $X_1 \ldots X_m$ berechnen. Die Winkel α und β zählen positiv in Richtung der X_i und können **Tab. 5a** entnommen oder mit einem der in C2.4.8 und C2.4.9 behandelten Verfahren ermittelt werden.

Geschlossener Rechteckrahmen. Für Stützmomente M_s und Feldmomente M_f ergibt sich mit $k = l_1 I_2 / (l_2 I_1)$ für Einzelkräfte (**Bild 51a**)

$$M_s = -\frac{F l_2}{8(k+1)}, \quad M_f = \frac{F l_2}{4} + M_s = \frac{F l_2 (2k+1)}{8(k+1)} \; ;$$

für Streckenlasten (**Bild 51b**)

$$M_s = -\frac{q_1 l_1^2 k + q_2 l_2^2}{12(k+1)}, \quad M_{f1} = \frac{q_1 l_1^2}{8} + M_s,$$

$$M_{f2} = \frac{q_2 l_2^2}{8} + M_s.$$

Zweigelenkrahmen (Bild 52a). Mit $k = h I_2 / (l I_1)$ gilt

$$F_{Az} = F_{Bz} = F/2, \quad F_{Ax} = F_{Bx} = \frac{3Fl}{8h(2k+3)};$$

$$M_s = -\frac{3Fl}{8(2k+3)}, \quad M_f = \frac{Fl(4k+3)}{8(2k+3)}.$$

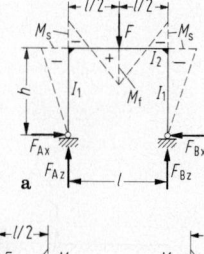

a

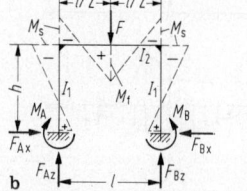

b

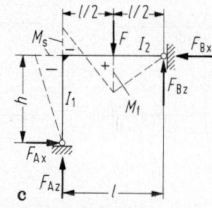

c

Bild 52a–c. Rahmen mit Einzelkraft

Eingespannter Rahmen (Bild 52b). Mit $k = h I_2 / (l I_1)$ gilt

$$F_{Az} = F_{Bz} = F/2, \quad F_{Ax} = F_{Bx} = \frac{3Fl}{8h(k+2)};$$

$$M_A = M_B = \frac{Fl}{8(k+2)}, \quad M_s = \frac{Fl}{4(k+2)},$$

$$M_f = \frac{Fl(k+1)}{4(k+2)}$$

Einhüftiger Zweigelenkrahmen (Bild 52c). Mit $k = h I_2 / (l I_1)$ gilt

$$F_{Az} = \frac{F(8k+11)}{16(k+1)}, \quad F_{Bz} = \frac{F(8k+5)}{16(k+1)},$$

$$F_{Ax} = F_{Bx} = \frac{3Fl}{16h(k+1)};$$

$$M_x = -\frac{3Fl}{16(k+1)}, \quad M_f = \frac{Fl(8k+5)}{32(k+1)}.$$

Auskragender Rahmen (Bild 53). Mit $j = a E I_1 / (l G I_t)$ gilt

$$F_{Az} = F_{Bz} = F/2, \quad M_{Ab} = M_{Bb} = Fa/2,$$

$$M_{At} = M_{Bt} = \frac{Fl}{8(1+2j)};$$

$$M_s = -\frac{Fl}{8(1+2j)j}, \quad M_f = \frac{Fl(1+4j)}{8(1+2j)}.$$

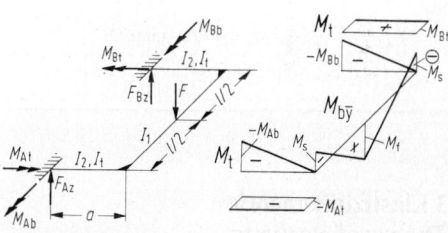

Bild 53. Rahmenträger

Trägerrost (Bild 54). Mit $k = l_1^3 I_2 / (l_2^3 I_1)$ folgt für die Stützkraft X_1 zwischen beiden Trägern (mit positiver Richtung am Träger 2 nach unten, am Träger 1 nach oben) sowie für die endgültigen Auflagerkräfte und Biegemomente

$$X_1 = \frac{5(q_1 l_1 k - q_2 l_2)}{8(k+1)}$$

$$F_A = F_B = \frac{q_1 l_1 - X_1}{2}, \quad F_C = F_D = \frac{q_2 l_2 + X_1}{2},$$

$$\min M_1 = -X_1 l_1 / 4 + q_1 l_1^2 / 8,$$
$$\max M_1 = F_A^2 / (2 q_1), \quad \max M_2 = X_1 l_2 / 4 + q_2 l_2^2 / 8.$$

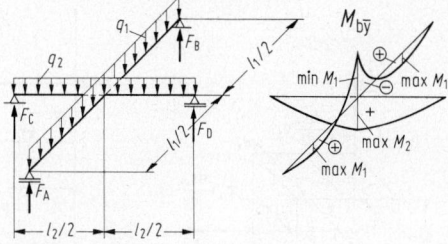

Bild 54. Trägerrost

Kreisringrahmen mit Einzelkräften belastet (**Bild 55a**)

$$M_b(\varphi) = Fr\left(\frac{1}{\pi} - \frac{1}{2}\sin\varphi\right) \quad (0° \leq \varphi \leq 180°),$$

$$M_1 = M_3 = 0{,}318 \cdot Fr, \quad M_2 = -0{,}182 \cdot Fr;$$

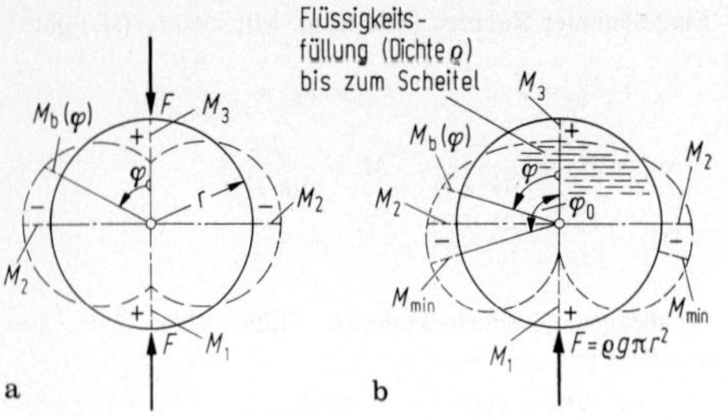

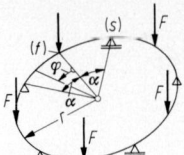

Bild 56. Kreisringträger

Bild 57. Rahmen mit Halbkreisbögen

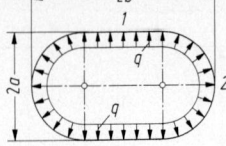

Bild 55. Kreisringrahmen mit **a** Einzelkräften; **b** Flüssigkeitsfüllung

mit Flüssigkeitsfüllung bis zum Scheitel (**Bild 55 b**) mit
$F = \rho g \pi r^2$

$M_b(\varphi) = (2 - \cos\varphi - 2\varphi \sin\varphi)Fr/(4\pi) \quad (0° \leq \varphi \leq 180°)$,
$M_1 = 0{,}75 \cdot Fr/\pi, \quad M_2 = -0{,}285 \cdot Fr/\pi, \quad M_3 = 0{,}25 \cdot Fr/\pi$,
$M_{min} = -0{,}321 \cdot Fr/\pi \quad$ bei $\varphi_0 = 105{,}2°$.

Kreisringträger. Bei n Stützen in gleichem Abstand gilt
für Auflagerkräfte, Biegemomente (Feld und Stütze) sowie Torsionsmomente mit $\alpha = \pi/n$ für Einzellasten (**Bild 56**)

$$F_A = F, \quad M_f = -M_s = (Fr/2) \cdot \tan(\alpha/2),$$
$$M_{tmax} = M_t(\varphi = \alpha/2) = (Fr/2)\left[\frac{1}{\cos(\alpha/2)} - 1\right];$$

für konstante Streckenlast q längs des Umfangs

$$F_A = q \cdot 2\pi r/n, \quad M_f = qr^2(\alpha/\sin\alpha - 1),$$
$$M_s = -qr^2(1 - \alpha/\tan\alpha), \quad M_t(\varphi) = qr^2\left(\varphi - \frac{\alpha}{\sin\alpha}\sin\varphi\right),$$

Extremwert für $\varphi_0 = \arccos\left(\dfrac{\sin\alpha}{\alpha}\right)$.

Rahmen mit Halbkreisbögen (Bild 57). Für konstanten Innendruck gilt

$$M_1 = \frac{qa^2}{2} - \frac{qa^3}{2b + (\pi - 2)a}\left[\frac{1}{3}\left(\frac{b}{a} - 1\right)^3 + \frac{\pi}{2}\left(\frac{b}{a} - 1\right)^2\right.$$
$$\left. + 3\left(\frac{b}{a} - 1\right) + \frac{\pi}{2}\right],$$

$$M_2 = \frac{qb^2}{2} - \frac{qa^3}{2b + (\pi - 2)a}\left[\frac{1}{3}\left(\frac{b}{a} - 1\right)^3 + \frac{\pi}{2}\left(\frac{b}{a} - 1\right)^2\right.$$
$$\left. + 3\left(\frac{b}{a} - 1\right) + \frac{\pi}{2}\right];$$

z.B. bei $a/b = 0{,}5 : M_1 = -0{,}76 \cdot qa^2, M_2 = +0{,}74 \cdot qa^2$.

3 Elastizitätstheorie
Theory of elasticity

3.1 Allgemeines. Introduction

Aufgabe der Elastizitätstheorie ist es, den Spannungs- und Verformungszustand eines Körpers unter Beachtung der gegebenen Randbedingungen zu berechnen, d.h. die Größen $\sigma_x, \sigma_y, \sigma_z, \tau_{xy}, \tau_{xz}, \tau_{yz}, \varepsilon_x, \varepsilon_y, \varepsilon_z, \gamma_{xy}, \gamma_{xz}, \gamma_{yz}, u, v, w$ zu ermitteln. Für diese 15 Unbekannten stehen zunächst die Gleichungen C1 Gl. (12) und C1 Gl. (13) zur Verfügung. Hinzu kommen drei Gleichgewichtsbedingungen (**Bild 1**) mit den Volumenkräften X, Y, Z.

$$\left.\begin{array}{l} \dfrac{\partial \sigma_x}{\partial x} + \dfrac{\partial \tau_{yx}}{\partial y} + \dfrac{\tau_{zx}}{\partial z} + X = 0, \\[2mm] \dfrac{\partial \tau_{xy}}{\partial x} + \dfrac{\partial \sigma_y}{\partial y} + \dfrac{\partial \tau_{zy}}{\partial z} + Y = 0, \\[2mm] \dfrac{\partial \tau_{xz}}{\partial x} + \dfrac{\partial \tau_{yz}}{\partial y} + \dfrac{\partial \sigma_z}{\partial z} + Z = 0, \end{array}\right\} \quad (1)$$

sowie für isotrope Körper die sechs verallgemeinerten Hookeschen Gesetze

$$\left.\begin{array}{ll} \varepsilon_x = [\sigma_x - \nu(\sigma_y + \sigma_z)]/E, & \varepsilon_y = [\sigma_y - \nu(\sigma_x + \sigma_z)]/E, \\[1mm] \varepsilon_z = [\sigma_z - \nu(\sigma_x + \sigma_y)]/E, \\[1mm] \gamma_{xy} = \tau_{xy}/G, & \gamma_{xz} = \tau_{xz}/G, \quad \gamma_{yz} = \tau_{yz}/G. \end{array}\right\} \quad (2)$$

Damit stehen 15 Gleichungen für 15 Unbekannte zur Verfügung. Eliminiert man aus ihnen *alle Spannungen*, so erhält man drei partielle Differentialgleichungen für die

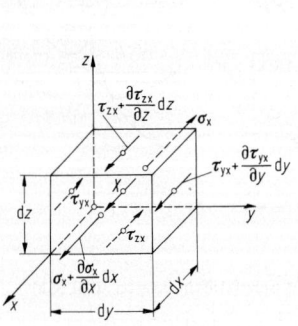

Bild 1. Gleichgewicht am Element

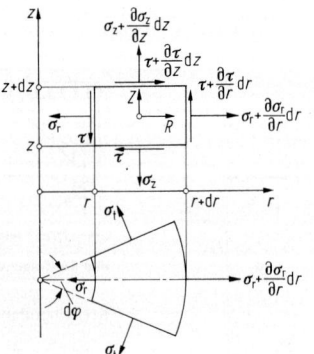

Bild 2. Rotationssymmetrischer Spannungszustand

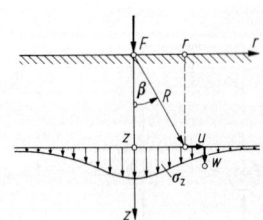

Bild 3. Einzelkraft auf Halbraum

unbekannten Verschiebungen:

$$\left.\begin{array}{l} G\left(\Delta u + \dfrac{1}{1-2v}\dfrac{\partial \varepsilon}{\partial x}\right) + X = 0, \\[2mm] G\left(\Delta v + \dfrac{1}{1-2v}\dfrac{\partial \varepsilon}{\partial y}\right) + Y = 0, \\[2mm] G\left(\Delta w + \dfrac{1}{1-2v}\dfrac{\partial \varepsilon}{\partial z}\right) + Z = 0 \end{array}\right\} \tag{3}$$

mit $\Delta u = \partial^2 u/\partial x^2 + \partial^2 u/\partial y^2 + \partial^2 u/\partial z^2$ usw.
und $\varepsilon = \varepsilon_x + \varepsilon_y + \varepsilon_z = \partial u/\partial x + \partial v/\partial y + \partial w/\partial z$.
Die Navierschen Gln. (3) eignen sich zur Lösung von Problemen, bei denen als Randbedingungen Verschiebungen vorgegeben sind. Eliminiert man aus den zitierten 15 Gleichungen *alle Verschiebungen* und deren Ableitungen, so bleiben sechs Gleichungen für die unbekannten Spannungen:

$$\Delta \sigma_x + \frac{1}{1+v}\frac{\partial^2 \sigma}{\partial x^2} + 2\frac{\partial X}{\partial x} + \frac{v}{1-v}\left(\frac{\partial X}{\partial x} + \frac{\partial Y}{\partial y} + \frac{\partial Z}{\partial z}\right) = 0 \tag{4a}$$

(entsprechend für die y- und z-Richtung) und

$$\Delta \tau_{xy} + \frac{1}{1+v}\frac{\partial^2 \sigma}{\partial x\,\partial y} + \frac{\partial X}{\partial y} + \frac{\partial Y}{\partial x} = 0 \tag{4b}$$

(entsprechend für die y- und z-Richtung).

Hierbei ist $\sigma = \sigma_x + \sigma_y + \sigma_z$. Die Beltramischen Gln. (4) eignen sich zur Lösung von Problemen, bei denen als Randbedingungen Spannungen vorgegeben sind. Bei gemischten Randbedingungen sind beide Gleichungssysteme zu benutzen. Lösungen der Differentialgleichungen (3) und (4) liegen im wesentlichen für rotationssymmetrische und ebene Probleme vor.

3.2 Der rotationssymmetrische Spannungszustand
Axisymmetric stresses

Setzt man Symmetrie zur z-Achse voraus, so treten lediglich die Spannungen $\sigma_r, \sigma_t, \sigma_z, \tau_{rz} = \tau_{zr} = \tau$ auf (**Bild 2**). Die Gleichgewichtsbedingungen in r- und z-Richtung lauten

$$\left.\begin{array}{l} \dfrac{\partial}{\partial r}(r\sigma_r) + \dfrac{\partial}{\partial z}(r\tau) - \sigma_t + rR = 0, \\[2mm] \dfrac{\partial}{\partial r}(r\tau) + \dfrac{\partial}{\partial z}(r\sigma_z) + rZ = 0. \end{array}\right\} \tag{5}$$

Die Hookeschen Gesetze haben die Form

$$\left.\begin{array}{l} \varepsilon_r = \partial u/\partial r = [\sigma_r - v(\sigma_t + \sigma_z)]/E, \\ \varepsilon_t = u/r = [\sigma_t - v(\sigma_r + \sigma_z)]/E, \\ \varepsilon_z = \partial w/\partial z = [\sigma_z - v(\sigma_r + \sigma_t)]/E, \\ \gamma_{rz} = \partial u/\partial z + \partial w/\partial r = \tau/G = 2(1+v)\tau/E. \end{array}\right\} \tag{6}$$

Ihre Auflösung nach den Spannungen liefert

$$\left.\begin{array}{ll} \sigma_r = 2G\left(\dfrac{\partial u}{\partial r} + \dfrac{v}{1-2v}\varepsilon\right), & \sigma_t = 2G\left(\dfrac{u}{r} + \dfrac{v}{1-2v}\varepsilon\right), \\[2mm] \sigma_z = 2G\left(\dfrac{\partial w}{\partial z} + \dfrac{v}{1-2v}\varepsilon\right), & \tau = G\left(\dfrac{\partial u}{\partial z} + \dfrac{\partial w}{\partial r}\right), \end{array}\right\} \tag{7}$$

wobei

$$\varepsilon = \varepsilon_r + \varepsilon_t + \varepsilon_z = \frac{\partial u}{\partial r} + \frac{u}{r} + \frac{\partial w}{\partial z}. \tag{8}$$

Wird die Lovesche Verschiebungsfunktion Φ eingeführt, so muß sie der Bipotentialgleichung

$$\left(\frac{\partial^2}{\partial z^2} + \frac{\partial^2}{\partial r^2} + \frac{1}{r}\frac{\partial}{\partial r}\right)\left(\frac{\partial^2 \Phi}{\partial z^2} + \frac{\partial^2 \Phi}{\partial r^2} + \frac{1}{r}\frac{\partial \Phi}{\partial r}\right) = \Delta\Delta\Phi = 0 \tag{9}$$

genügen. Lösungen der Bipotentialgleichung sind z.B. $\Phi = r^2$, $\ln r$, $r^2\ln r$, z, z^2 und $\sqrt{r^2 + z^2}$ sowie Linearkombinationen hiervon [1, 3]. Die Verschiebungen und Span-

nungen folgen dann aus

$$\left.\begin{array}{l} u = -\dfrac{1}{1-2v}\dfrac{\partial^2 \Phi}{\partial r\,\partial z}, \\[2mm] w = \dfrac{2(1-v)}{1-2v}\Delta\Phi - \dfrac{1}{1-2v}\dfrac{\partial^2 \Phi}{\partial z^2}, \\[2mm] \sigma_r = \dfrac{2Gv}{1-2v}\dfrac{\partial}{\partial z}\left(\Delta\Phi - \dfrac{1}{v}\dfrac{\partial^2 \Phi}{\partial r^2}\right), \\[2mm] \sigma_z = \dfrac{2(2-v)G}{1-2v}\dfrac{\partial}{\partial z}\left(\Delta\Phi - \dfrac{1}{2-v}\dfrac{\partial^2 \Phi}{\partial z^2}\right), \\[2mm] \sigma_t = \dfrac{2Gv}{1-2v}\dfrac{\partial}{\partial z}\left(\Delta\Phi - \dfrac{1}{v}\dfrac{1}{r}\dfrac{\partial \Phi}{\partial r}\right), \\[2mm] \tau = \dfrac{2(1-v)G}{1-2v}\dfrac{\partial}{\partial r}\left(\Delta\Phi - \dfrac{1}{1-v}\dfrac{\partial^2 \Phi}{\partial z^2}\right). \end{array}\right\} \tag{10}$$

Beispiel: Einzelkraft auf Halbraum (Formeln von Boussinesq)
Bild 3. – Die Randbedingungen lauten

$$\sigma_z(z = 0, r \neq 0) = 0, \quad \tau(z = 0, r \neq 0) = 0.$$

Mit dem Ansatz $\Phi = C_1 R + C_2 z \ln(z + R)$, wobei $R = \sqrt{r^2 + z^2}$ ist, folgt aus den Gln. (10)

$$\sigma_z = -2G\left[\left(C_1 - \frac{2v}{1-2v}C_2\right)\frac{z}{R^3} + \frac{3}{1-2v}(C_1 + C_2)\frac{z^3}{R^5}\right] \quad \text{und}$$

$$\tau = -2G\left[\left(C_1 - \frac{2v}{1-2v}C_2\right)\frac{r}{R^3} + \frac{3}{1-2v}(C_1 + C_2)\frac{rz^2}{R^5}\right].$$

Während die erste Randbedingung automatisch befriedigt ist, folgt aus der zweiten $C_2 = \dfrac{1-2v}{2v}C_1$ und damit $\sigma_z = -C_1\dfrac{3G}{v(1-2v)}\dfrac{z^3}{R^5}$. Aus $F = -\displaystyle\int_{r=0}^{\infty}\sigma_z 2\pi r\,dr$ ergibt sich dann $C_1 = Fv(1-2v)/(2\pi G)$ und damit aus den Gln. (10)

$$\left.\begin{array}{l} u = \dfrac{F}{4\pi G}\left[\dfrac{rz}{R^3} - (1-2v)\dfrac{r}{R(z+R)}\right], \\[2mm] w = \dfrac{F}{4\pi G}\left[2(1-v)\dfrac{1}{R} + \dfrac{z^2}{R^3}\right], \\[2mm] \sigma_z = -\dfrac{3F}{2\pi}\dfrac{z^3}{R^5}, \quad \sigma_r = \dfrac{F}{2\pi}\left[(1-2v)\dfrac{1}{R(z+R)} - 3\dfrac{zr^2}{R^5}\right], \\[2mm] \sigma_t = \dfrac{F}{2\pi}(1-2v)\left[\dfrac{z}{R^3} - \dfrac{1}{R(z+R)}\right], \quad \tau = -\dfrac{3F}{2\pi}\dfrac{rz^2}{R^5}. \end{array}\right\} \tag{11}$$

Wegen $\sigma_z/\tau = z/r$ lassen sich σ_z und τ zum Spannungsvektor $s_R = \sqrt{\sigma_z^2 + \tau^2} = 3Fz^2/(2\pi R^4)$ zusammenfassen, der stets in Richtung R zeigt. Für σ_r ergeben sich gemäß $\sigma_r = 0$ Nullstellen aus $\sin^2\beta\cos\beta(1 + \cos\beta) = (1-2v)/3$ im Fall $v = 0{,}3$ zu $\beta_1 = 15{,}4°$ und $\beta_2 = 83°$. Zwischen den durch $2\beta_1 = 30{,}8°$ und $2\beta_2 = 166°$ bestimmten Kreiskegeln wird σ_r negativ (Druckspannung), außerhalb ist es positiv (Zugspannung). Aus $\sigma_t = 0$ folgt $\cos^2\beta + \cos\beta = 1$, d.h. $\beta = 52°$. für $\beta < 52°$ wird σ_t positiv (Zugspannung), für $\beta > 52°$ negativ (Druckspannung).

3.3 Der ebene Spannungszustand. Plane stresses

Er liegt vor, wenn $\sigma_z = 0$, $Z = 0$, $\tau_{xz} = \tau_{yz} = 0$, d.h., wenn Spannungen nur in der x,y-Ebene auftreten. Die Gleichgewichtsbedingungen lauten für konstante Volumenkräfte

$$\frac{\partial \sigma_x}{\partial x} + \frac{\partial \tau_{yx}}{\partial y} + X_0 = 0, \quad \frac{\partial \sigma_y}{\partial y} + \frac{\partial \tau_{xy}}{\partial x} + Y_0 = 0. \tag{12}$$

Die Hookeschen Gesetze haben die Form

$$\left.\begin{array}{l} \varepsilon_x = (\sigma_x - v\sigma_y)/E, \quad \varepsilon_y = (\sigma_y - v\sigma_x)/E, \\ \gamma_{xy} = \tau_{xy}/G, \end{array}\right\} \tag{13}$$

und für die Formänderungen gilt

$$\frac{\partial u}{\partial x} = \varepsilon_x, \quad \frac{\partial v}{\partial y} = \varepsilon_y, \quad \frac{\partial u}{\partial y} + \frac{\partial v}{\partial x} = \gamma_{xy}. \tag{14}$$

Dies sind acht Gleichungen für acht Unbekannte. Aus Gl. (14) folgt die Kompatibilitätsbedingung

$$\frac{\partial^2 \varepsilon_x}{\partial y^2} + \frac{\partial^2 \varepsilon_y}{\partial x^2} = \frac{\partial^2 \gamma_{xy}}{\partial x\,\partial y}, \tag{15}$$

und durch Einsetzen von Gln. (13) in (15) ergibt sich

$$\frac{1}{E}\left(\frac{\partial^2\sigma_x}{\partial y^2}-v\frac{\partial^2\sigma_y}{\partial y^2}+\frac{\partial^2\sigma_y}{\partial x^2}-v\frac{\partial^2\sigma_x}{\partial x^2}\right)=\frac{1}{G}\frac{\partial^2\tau_{xy}}{\partial x\,\partial y}. \quad (16)$$

Werden nun die Gleichgewichtsbedingungen (12) durch Einführung der Airyschen Spannungsfunktion $F=F(x,y)$ derart befriedigt, daß

$$\sigma_x=\frac{\partial^2 F}{\partial y^2},\quad \sigma_y=\frac{\partial^2 F}{\partial x^2},\quad \tau_{xy}=\frac{\partial^2 F}{\partial x\,\partial y}-X_0 y-Y_0 x \quad (17)$$

ist, so folgt aus Gl. (16) für $F(x,y)$

$$\frac{\partial^4 F}{\partial x^4}+2\frac{\partial^4 F}{\partial x^2\partial y^2}+\frac{\partial^4 F}{\partial y^4}=\Delta\Delta F=0, \quad (18)$$

d.h., die Airysche Spannungsfunktion muß der Bipotentialgleichung genügen. Die Bipotentialgleichung hat unendlich viele Lösungen, z.B. $F=x,\ x^2,\ x^3,\ y,\ y^2,\ y^3,\ xy,\ x^2 y,\ x^3 y,\ xy^2,\ xy^3,\ \cos\lambda x\cdot\cosh y,\ x\cos\lambda x\cdot\cosh\lambda y$ usw., ferner biharmonische Polynome [2] sowie die Real- und Imaginärteile von analytischen Funktionen $f(z)=f(x\pm iy)$ usw. [1]. Mit dem Ansatz geeigneter Linearkombinationen dieser Lösungen versucht man die gegebenen Randbedingungen zu befriedigen und damit das ebene Problem zu lösen.

Beispiel: Halbebene unter Einzelkraft. − Zur Lösung werden Polarkoordinaten verwendet (**Bild 4a**). Dann gilt für die Airysche Spannungsfunktion

$$\Delta\Delta F=\left(\frac{\partial^2}{\partial r^2}+\frac{1}{r}\frac{\partial}{\partial r}+\frac{1}{r^2}\frac{\partial^2}{\partial\varphi^2}\right)\left(\frac{\partial^2 F}{\partial r^2}+\frac{1}{r}\frac{\partial F}{\partial r}+\frac{1}{r^2}\frac{\partial^2 F}{\partial\varphi^2}\right)=0$$

und für die Spannungen (mit $X=Y=0$)

$$\sigma_r=\frac{1}{r}\frac{\partial F}{\partial r}+\frac{1}{r^2}\frac{\partial^2 F}{\partial\varphi^2},\quad \sigma_t=\frac{\partial^2 F}{\partial r^2},\quad \tau_{rt}=-\frac{\partial}{\partial r}\left(\frac{1}{r}\frac{\partial F}{\partial\varphi}\right).$$

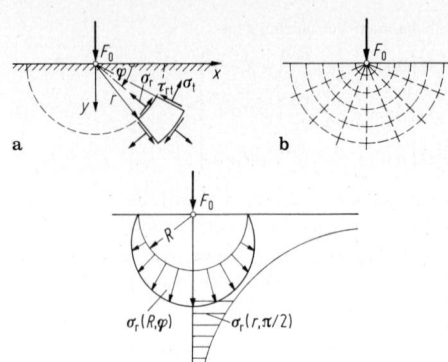

Bild 4a–c. Halbebene unter Einzelkraft

Die Randbedingungen lauten

$$\sigma_t(r,\varphi=0)=0,\quad \sigma_t(r,\varphi=\pi)=0,$$
$$\tau_{rt}(r,\varphi=0)=0,\quad \tau_{rt}(r,\varphi=\pi)=0.$$

Mit dem Ansatz $F(r,\varphi)=Cr\varphi\cos\varphi$ folgt

$$\Delta\Delta F=0,\quad \sigma_r=-C(2/r)\sin\varphi,\quad \sigma_t=0,\quad \tau_{rt}=0.$$

Die Lösung erfüllt die Randbedingungen. Mit der Scheibendicke h folgt die Konstante C aus der Gleichgewichtsbedingung $\sum F_{iy}=0=$

$$\int_0^\pi \sigma_r\sin\varphi\cdot hr\,d\varphi+F_0=0 \text{ zu } C=F_0/(\pi h).$$ Wegen $\tau_{rt}=0$ sind die σ_r und σ_t Hauptnormalspannungen, d.h., die zugehörigen Trajektorien sind Geraden durch den Nullpunkt bzw. die dazu senkrechten Kreise um den Nullpunkt (**Bild 4b**). Die Hauptschubspannungstrajektorien liegen dazu unter 45° (s. C1.1.1). Der Verlauf der Spannungen σ_r ergibt sich für $r=R=$ const zu $\sigma_r=-2F_0/(\pi hR)\cdot\sin\varphi$ bzw. für $\varphi=\pi/2$ zu $\sigma_r=-[2F_0/(\pi h)]/r$ (**Bild 4c**).

---

4 Beanspruchung bei Berührung zweier Körper (Hertzsche Formeln). Hertzian contact stresses (Formulas of Hertz)

Berühren zwei Körper einander punkt- oder linienförmig, so ergeben sich unter Einfluß von Druckkräften Verformungen und Spannungen nach der Theorie von Hertz [1, 2]. Ausgangspunkt für die Lösungen von Hertz sind die Boussinesqschen Formeln C3 Gl. (11). Vorausgesetzt wird dabei homogenes, isotropes Material und Gültigkeit des Hookeschen Gesetzes, ferner alleinige Wirkung von Normalspannungen in der Berührungsfläche. Außerdem muß die Deformation, d.h. das Maß w_0 der Annäherung (auch Abplattung genannt), beider Körper (**Bild 1a**) im Verhältnis zu den Körperabmessungen klein sein. Bei unterschiedlichem Material der berührenden Körper gilt $E=2E_1 E_2/(E_1+E_2)$. Für die Querdrehungszahl wird einheitlich $v=0,3$ angesetzt.

4.1 Kugel. Spheres

Gegen Kugel (Bild 1b). Mit $1/r=1/r_1+1/r_2$ gilt

$$\max\sigma_z=\sigma_0=-\frac{1}{\pi}\sqrt[3]{\frac{1{,}5\cdot FE^2}{r^2(1-v^2)^2}},$$

$$w_0=\sqrt[3]{\frac{2{,}25\cdot(1-v^2)^2 F^2}{E^2 r}}.$$

Die Druckspannung verteilt sich halbkugelförmig über der Druckfläche. Die Projektion der Druckfläche ist ein Kreis

vom Radius $a=\sqrt[3]{1{,}5\cdot(1-v^2)Fr/E}$. Die Spannungen σ_r und σ_t am mittleren Volumenelement der Druckfläche sind in der Mitte $\sigma_r=\sigma_t=\sigma_0(1+2v)/2=0{,}8\cdot\sigma_0$ und am Rand $\sigma_r=-\sigma_t=0{,}133\cdot\sigma_0$. Umschließt die größere Kugel (als Hohlkugel) die kleinere, so ist r_2 negativ einzusetzen.

Gegen Ebene. Mit $r_2\to\infty$, d.h. $r=r_1$, gelten diese Ergebnisse ebenfalls. Der Spannungsverlauf in z-Richtung

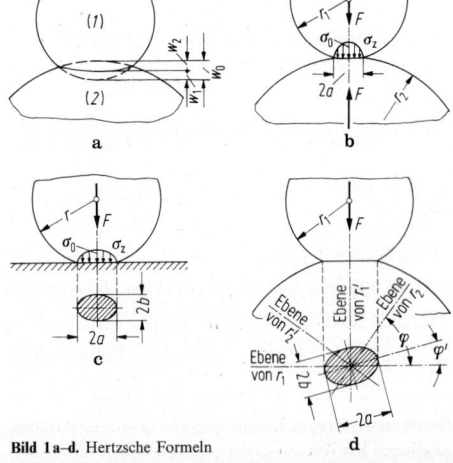

Bild 1a–d. Hertzsche Formeln

[3] liefert die größte Schubspannung für $z = 0{,}47a$ zu max $\tau = 0{,}31 \cdot \sigma_0$ und die zugehörigen Werte $\sigma_z = 0{,}8 \cdot \sigma_0$, $\sigma_r = \sigma_t = 0{,}18 \cdot \sigma_0$. Wie Föppl [3] gezeigt hat, entwickeln sich Fließlinien von der Stelle der max τ aus. Man begnügt sich jedoch üblicherweise mit dem Nachweis von max $\sigma_z = \sigma_0$.

4.2 Zylinder. Cylinders

Gegen Zylinder (Bild 1 b). Die Projektion der Druckfläche ist ein Rechteck von der Breite $2a$ und der Zylinderlänge l. Die Druckspannungen verteilen sich über die Breite $2a$ halbkreisförmig. Mit $1/r = 1/r_1 + 1/r_2$ gilt

$$\max \sigma_z = \sigma_0 = -\sqrt{\frac{FE}{2\pi r l (1 - v^2)}}, \quad a = \sqrt{\frac{8 F r (1 - v^2)}{\pi E l}}.$$

Hierbei wird vorausgesetzt, daß sich $q = F/l$ als Linienlast gleichförmig über die Länge verteilt. Die Abplattung wurde von Hertz nicht berechnet da die begrenzte Länge des Zylinders die Problemlösung erschwert. Die Spannungen σ_x und σ_y an einem Element der Druckfläche (x in Längsrichtung, y in Querrichtung) sind in Zylindermitte $\sigma_x = 2 v \sigma_z = 0{,}6 \cdot \sigma_0$, $\sigma_y = \sigma_z = \sigma_0$. Der Spannungsverlauf in z-Richtung [3] liefert die größte Schubspannung in der Tiefe $z = 0{,}78 \cdot a$ zu max $\tau = 0{,}30 \cdot \sigma_0$. Am mittleren Volumenelement der Berührungsfläche ist in der Mitte des Zylinders

$$\max \tau = 0{,}5 (\sigma_1 - \sigma_3) = 0{,}5 (\sigma_0 - 0{,}6 \cdot \sigma_0) = 0{,}2 \cdot \sigma_0$$

und am Zylinderende max $\tau = 0{,}5 \cdot \sigma_0$. Dabei liegt max τ in Flächenelementen schräg zur Oberfläche, da voraussetzungsgemäß in den Oberflächenelementen selbst und damit nach dem Satz von den zugeordneten Schubspannungen auch in Flächenelementen senkrecht dazu $\tau = 0$ ist, d.h. die Oberflächenspannungen Hauptspannungen sind.

Gegen Ebene. Mit $r_2 \to \infty$ gelten die entsprechenden Ergebnisse.

4.3 Beliebig gewölbte Fläche
Arbitrarily curved surfaces

Gegen Ebene (Bild 1 c). Sind die Hauptkrümmungsradien im Berührungspunkt r und r', so bildet sich als Projek-

tion der Druckfläche eine Ellipse mit den Halbachsen a und b in Richtung der Hauptkrümmungsebenen aus. Die Druckspannungen verteilen sich nach einem Ellipsoid. Es gilt

$$\max \sigma_z = \sigma_0 = 1{,}5 \cdot F/(\pi a b),$$
$$a = \sqrt[3]{3 \xi^3 (1 - v^2) F / [E(1/r + 1/r')]},$$
$$b = \sqrt[3]{3 \eta^3 (1 - v^2) F / [E(1/r + 1/r')]},$$
$$w_0 = 1{,}5 \cdot \psi (1 - v^2) F / E a.$$

Die Werte ξ, η, ψ sind abhängig von dem Hilfswinkel $\vartheta = \arccos[(1/r' - 1/r)/(1/r' + 1/r)]$, s. **Tab. 1**.

Tabelle 1

ϑ	90°	80°	70°	60°	50°	40°	30°	20°	10°	0°
ξ	1	1,128	1,284	1,486	1,754	2,136	2,731	3,778	6,612	∞
η	1	0,893	0,802	0,717	0,641	0,567	0,493	0,408	0,319	0
ψ	1	1,12	1,25	1,39	1,55	1,74	1,98	2,30	2,80	∞

Gegen beliebig gewölbte Fläche (Bild 1 d). Gegeben: Hauptkrümmungsradien r_1 und r_1', r_2 und r_2' ferner Winkel φ zwischen den Ebenen von r_1 und r_2 [4]. Zurückführung auf den vorstehenden Fall unter Voraussetzung von $r_1 > r_1'$ und $r_2 > r_2'$ durch Einführung von

$$1/r' + 1/r = 1/r_1' + 1/r_1 + 1/r_2' + 1/r_2, \tag{1}$$
$$\frac{1}{r'} - \frac{1}{r} =$$
$$\sqrt{\left(\frac{1}{r_1'} - \frac{1}{r_1}\right)^2 + \left(\frac{1}{r_2'} - \frac{1}{r_2}\right)^2 + 2\left(\frac{1}{r_1'} - \frac{1}{r_1}\right)\left(\frac{1}{r_2'} - \frac{1}{r_2}\right) \cos 2\varphi}. \tag{2}$$

Projektion der Druckfläche ist wiederum Ellipse mit den Halbachsen a und b. Achse a liegt zwischen den Ebenen von r_1 und r_2. Winkel φ' aus

$$(1/r' + 1/r) \sin 2\varphi' = (1/r_1' - 1/r_1) \sin 2\varphi.$$

Umschließt ein größerer Körper (Hohlprofil) den kleineren, so sind entsprechende Radien negativ einzuführen. Wert nach Gl. (2) darf dabei nicht größer werden als Wert nach Gl. (1).

---

5 Flächentragwerke. Plates and shells

5.1 Platten. Plates

Unter der Voraussetzung, daß die Plattendicke h klein zur Flächenabmessung und die Durchbiegung w ebenfalls klein ist, ergibt sich mit der Flächenbelastung $p(x, y)$ und der Plattensteifigkeit $N = E h^3 / [12(1 - v^2)]$ für die Durchbiegungen $w(x, y)$ die Bipotentialgleichung

$$\Delta \Delta w = \frac{\partial^4 w}{\partial x^4} + 2 \frac{\partial^4 w}{\partial x^2 \partial y^2} + \frac{\partial^4 w}{\partial y^4} = \frac{p(x, y)}{N}. \tag{1}$$

Die Biegemomente M_x und M_y sowie das Torsionsmoment M_{xy} folgen aus

$$M_x = -N(\partial^2 w / \partial x^2 + v \partial^2 w / \partial y^2),$$
$$M_y = -N(\partial^2 w / \partial y^2 + v \partial^2 w / \partial x^2), \tag{2}$$
$$M_{xy} = -(1 - v) N \partial^2 w / (\partial x \, \partial y).$$

Die Extremalspannungen an Plattenober- oder -unterseite ergeben sich aus

$$\sigma_x = M_x / W, \quad \sigma_y = M_y / W, \quad \tau = M_{xy} / W, \tag{3}$$

wobei das Widerstandsmoment $W = h^2 / 6$ ist. Bei rotationssmmetrisch belasteten Kreisplatten wird $w = w(r)$, und Gl. (1) geht in die gewöhnliche Eulersche Differentialgleichung

$$w''''(r) + \frac{2}{r} w'''(r) - \frac{1}{r^2} w''(r) + \frac{1}{r^3} w'(r) = \frac{p(r)}{N} \tag{4}$$

über. Ferner gilt

$$M_r = -N\left(w'' + \frac{v}{r} w'\right), \quad M_t = -N\left(v w'' + \frac{1}{r} w'\right), \tag{5}$$

$$\sigma_r = M_r / W, \quad \sigma_t = M_t / W \quad \text{mit} \quad W = h^2 / 6. \tag{6}$$

Torsionsmomente treten wegen der Rotationssymmetrie nicht auf. Im folgenden sind die wichtigsten Ergebnisse für verschiedene Plattentypen zusammengestellt (Querdehnungszahl $v = 0{,}3$).

5.1.1 Rechteckplatten. Rectangular plates

Gleichmäßig belastete Platte (Bild 1)

Ringsum gelenkig gelagerter Rand [1–3]. Die maximalen Spannungen und Durchbiegungen treten in Plattenmitte auf:

$$\sigma_x = c_1 pb^2/h^2, \quad \sigma_y = c_2 pb^2/h^2, \quad f = c_3 pb^4/Eh^3. \quad (7)$$

In den Ecken ergeben sich abhebende Einzelkräfte $F = c_4 pb^2$, die zu verankern sind (Beiwerte c_i s. **Tab. 1**).

Tabelle 1

a/b	Gelenkig gelagerte Platte				Ringsum eingespannte Platte			
	c_1	c_2	c_3	c_4	c_1	c_2	c_3	c_5
1,0	1,15	1,15	0,71	0,26	0,53	0,53	0,225	1,24
1,5	1,20	1,95	1,35	0,34	0,48	0,88	0,394	1,82
2,0	1,11	2,44	1,77	0,37	0,31	0,94	0,431	1,92
3,0	0,97	2,85	2,14	0,37	–	–	–	–
4,0	0,92	2,96	2,24	0,38	–	–	–	–
∞	0,90	3,00	2,28	0,38	0,30	1,00	0,455	2,00

Ringsum eingespannter Rand. Neben den Spannungen und Durchbiegungen in Plattenmitte nach Gl. (7) treten maximale Biegespannungen in der Mitte des langen Rands auf (c_i-Werte s. **Tab. 1**):

$$\sigma_y = c_5 pb^2/h^2, \quad \text{zugehörig } \sigma_x = 0,3\sigma_y.$$

Abhebende Auflagerkräfte in den Ecken in Form von Einzelkräften treten nicht auf. Ausführliche Darstellung aller Schnittlasten und Auflagerreaktionen in [4, 7].

Gleichmäßig belastete, unendlich ausgedehnte Platte auf Einzelstützen (Bild 2). Mit der Stützkraft $F = 4a^2 p$ sowie $2b \geq h$ ergibt sich für Spannungen und Durchbiegungen

$$\sigma_{xA} = \sigma_{yA} = 0,861 \cdot pa^2/h^2,$$
$$\sigma_{xB} = \sigma_{yB} = -0,62 \cdot F[\ln(a/b) - 0,12]/h^2,$$
$$f_A = 0,092 \cdot pa^4/N, \quad f_C = 0,069 \cdot pa^4/N.$$

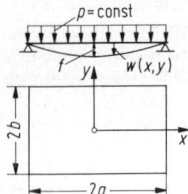

Bild 1. Rechteckplatte

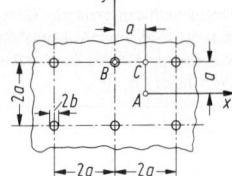

Bild 2. Platte auf Einzelstützen

5.1.2 Kreisplatten. Circular plates

Gleichmäßig belastete Platte

Gelenkig gelagerter Rand (**Bild 3a**). Die maximalen Spannungen und Durchbiegungen treten in Plattenmitte auf:
$$\sigma_r = \sigma_t = 1,24 \cdot pR^2/h^2, \quad f = 0,696 \cdot pR^4/(Eh^3).$$

Eingespannter Rand. In der Mitte
$$\sigma_r = \sigma_t = 0,488 \cdot pR^2/h^2, \quad f = 0,171 \cdot pR^4/(Eh^3);$$
am Rand
$$\sigma r = 0,75 \cdot pR^2/h^2, \quad \sigma_t = \nu \sigma_r = 0,225 \cdot pR^2/h^2.$$

Platte mit Einzellast (Bild 3b)

Für eine Kraft $F = \pi b^2 p$ in der Mitte, die gleichmäßig auf einer Kreisfläche vom Radius b verteilt ist, gilt bei

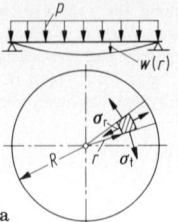

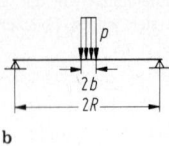

Bild 3. Kreisplatte mit **a** Flächenlast; **b** Einzellast

gelenkig gelagertem Rand: Maximale Spannungen und Durchbiegung treten in der Mitte auf
$$\sigma_r = \sigma_t = 1,95(b/R)^2[0,77 - 0,135(b/R)^2 - \ln(b/R)]pR^2/h^2,$$
$$f = 0,682(b/R)^2[2,54 - (b/R)^2(1,52 - \ln(b/R))]pR^4/(Eh^3);$$

eingespanntem Rand: In der Mitte
$$\sigma_r = \sigma_t = 1,95(b/R)^2[0,25(b/R)^2 - \ln(b/R)]pR^2/h^2,$$
$$f = 0,682(b/R)^2[1 - (b/R)^2 \cdot (0,75 - \ln(b/R))]pR^4/(Eh^3);$$
am Rand
$$\sigma_r = -0,75(b/R)^2[2 - (b/R)^2]pR^2/h^2, \quad \sigma_t = \nu \sigma_r.$$

Weitere ausführliche Ergebnisse für Kreis- und Kreisringplatten unter verschiedenen Belastungen in [5].

5.1.3 Elliptische Platten. Elliptical plates

Gleichmäßig mit p belastet

Halbachsen $a > b$ (a in x-, b in y-Richtung).

Gelenkig gelagerter Rand. Maximale Biegespannung in der Mitte $\sigma_y \approx (3,24 - 2b/a)pb^2/h^2$.

Eingespannter Rand. Mit $c_1 = 8/[3 + 2(b/a)^2 + 3(b/a)^4]$ gilt in der Mitte
$$\sigma_x = 3c_1 pb^2[(b/a)^2 + 0,3]/(8h^2),$$
$$\sigma_y = 3c_1 pb^2[1 + 0,3(b/a)^2]/(8h^2),$$
$$f = 0,171 \cdot c_1 pb^4/(Eh^3);$$
am Ende der kleinen Achse
$$\min \sigma = \sigma_y = -0,75 \cdot c_1 pb^2/h^2, \quad \sigma_x = \nu \sigma_y;$$
am Ende der großen Achse
$$\sigma_x = -0,75 \cdot c_1 pb^4/(a^2 h^2), \quad \sigma_y = \nu \sigma_x.$$

5.1.4 Gleichseitige Dreieckplatte. Triangular plate

Gleichmäßig mit p belastet

Ringsum gelenkig gelagert (**Bild 4**). Für den Plattenschwerpunkt S gilt
$$\sigma_x = \sigma_y = 0,145 \cdot pa^2/h^2, \quad f = 0,00103 \cdot pa^4/N.$$

Die Maximalspannung tritt bei $x = 0,129a$ und $y = 0$ auf und ist $\sigma_y = 0,155 \cdot pa^2/h^2$.

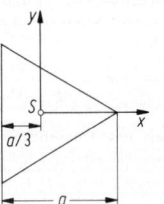

Bild 4. Dreieckplatte

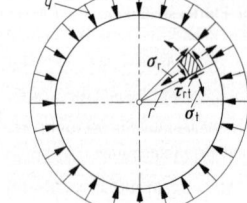

Bild 5. Kreisscheibe

5.1.5 Temperaturspannungen in Platten
Thermal stresses in plates

Bei einer Temperaturdifferenz Δt zwischen Ober- und Unterseite ergeben sich bei Platten mit allseits freien Rändern keine Spannungen, bei allseits gelenkig gelagerten Platten nach der Plattentheorie [6].
Bei allseits eingespannten Platten wird

$$\sigma_x = \sigma_y = \alpha_t \Delta t E / [2(1 - v)] = \sigma_r = \sigma_t.$$

5.2 Scheiben. Discs, plates under in-plane loads

Hierbei handelt es sich um ebene Flächentragwerke, die in ihrer Ebene belastet sind. Zur theoretischen Ermittlung der Spannungen mit der Airyschen Spannungsfunktion s. C3.3. Im folgenden werden für einige technisch wichtige Fälle die Spannungen angegeben. Die Dicke der Scheiben sei h.

5.2.1 Volle Kreisscheibe. Circular discs

Radiale gleichmäßige Streckenlast q (Bild 5)

$$\sigma_r = \sigma_t = -q/h, \quad \tau_{rt} = 0.$$

Gleichmäßige Erwärmung Δt. Bei einer Scheibe mit verschieblichem Rand ergeben sich nur Radialverschiebungen $u(r) = \alpha_t \Delta t r$, aber keine Spannungen. Bei unverschieblichem Rand $(u = 0)$ gilt

$$\sigma_r = \sigma_t = -E\alpha_t \Delta t / (1 - v), \quad \tau_{rt} = 0.$$

5.2.2 Ringförmige Scheibe. Annular discs

Radiale Streckenlast innen und außen (Bild 6a).

$$\sigma_r = -\frac{q_i r_i^2}{h(r_a^2 - r_i^2)}\left(\frac{r_a^2}{r^2} - 1\right) - \frac{q_a r_a^2}{h(r_a^2 - r_i^2)}\left(1 - \frac{r_i^2}{r^2}\right),$$

$$\sigma_t = +\frac{q_i r_i^2}{h(r_a^2 - r_i^2)}\left(\frac{r_a^2}{r^2} + 1\right) - \frac{q_a r_a^2}{h(r_a^2 - r_i^2)}\left(1 + \frac{r_i^2}{r^2}\right),$$

$$\tau_{rt} = 0.$$

Gleichmäßige Erwärmung Δt. Bei einer Scheibe mit verschieblichen Rädern ergeben sich nur Radialverschiebungen $u(r) = \alpha_t \Delta t r$, aber keine Spannungen. Bei unverschieblichem äußeren Rand $(u = 0)$ gilt

$$\sigma_r = -E\alpha_t \Delta t \frac{r_a^2}{(1-v)r_a^2 + (1+v)r_i^2}\left(1 - \frac{r_i^2}{r^2}\right),$$

$$\sigma_t = -E\alpha_t \Delta t \frac{r_a^2}{(1-v)r_a^2 + (1+v)r_i^2}\left(1 + \frac{r_i^2}{r^2}\right), \quad \tau_{rt} = 0.$$

Ringförmige Schublast (Bild 6b). Sind τ_i und $\tau_a = \tau_i r_i^2 / r_a^2$ die einwirkenden Schubspannungen, so gilt

$$\tau_{rt} = \tau_i r_i^2 / r^2, \quad \sigma_r = \sigma_t = 0.$$

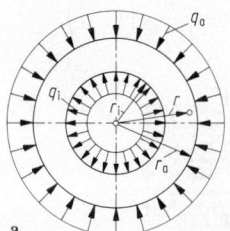
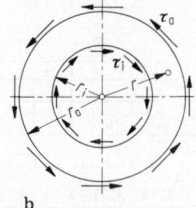

Bild 6a und b. Kreisringscheibe

5.2.3 Unendlich ausgedehnte Scheibe mit Bohrung (Bild 7)
Infinite plate with a hole

Infolge Innendrucks $p = q/h$ entstehen die Spannungen

$$\sigma_r = -pr_i^2/r^2, \quad \sigma_t = +pr_i^2/r^2, \quad \tau_{rt} = 0.$$

5.2.4 Keilförmige Scheibe unter Einzelkräften (Bild 8)
Wedge-shaped plate under point load

Für die Spannungen gilt

$$\sigma_r = -\frac{2F_1 \cos\varphi}{rh(2\beta + \sin 2\beta)} + \frac{2F_2 \sin\varphi}{rh(2\beta - \sin 2\beta)},$$

$$\sigma_t = 0, \quad \tau_{rt} = 0.$$

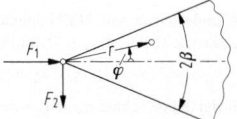

Bild 7. Scheibe mit Bohrung   **Bild 8.** Keilförmige Scheibe

5.3 Schalen. Shells

Hierbei handelt es sich um räumlich gekrümmte Bauteile, welche die Belastungen im wesentlichen durch Normalspannungen σ_x und σ_y sowie Schubspannungen τ_{xy} (bzw. bei Rotationsschalen durch σ_φ und σ_ϑ sowie $\tau_{\varphi\vartheta}$), die alle in der Schalenfläche liegen, abtragen. Diese Lastabtragung wird Membranspannungszustand genannt, da Membranen (Seifenblasen, Luftballons, dünne Metallfolien usw.), d.h. biegeschlaffe Schalen, nur auf diese Weise Belastungen aufnehmen können (**Bild 9a, b**). Dünnwandige Metallkonstruktionen genügen in der Regel in weiten Bereichen dem Membranspannungszustand. Bei gewissen Schalenformen, an Störstellen (z.B. Übergang von der Wand zum Boden) und in allen dickwandigen Schalen treten zusätzlich Biegemomente und Querkräfte auf, d.h. Biegenormal- und Querkraftschubspannungen (wie bei Platten), die zu berücksichtigen sind. Dann handelt es sich um biegesteife Schalen und den Biegespannungszustand. Dieser, d.h. die Störung des Membranspannungszustands, klingt in der Regel sehr rasch mit der Entfernung von der Störstelle ab.

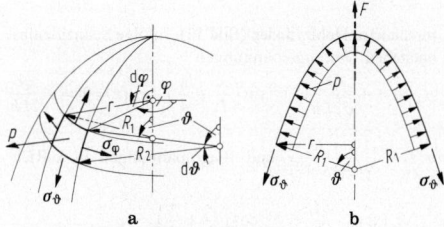

Bild 9a und b. Membranspannungszustand

5.3.1 Biegeschlaffe Rotationsschalen und Membrantheorie für Innendruck. Shells under international pressure, membrane stress theory

Die Gleichgewichtsbedingungen am Element (**Bild 9a**) in Richtung der Normalen und am Schalenabschnitt (**Bild 9b**) in Vertikalrichtung liefern

$$\sigma_\varphi/R_1 + \sigma_\vartheta/R_2 = p/h, \quad \sigma_\vartheta = F/(2\pi R_1 h \sin^2\vartheta).$$

Hierbei ist σ_ϑ die Spannung in Meridianrichtung, σ_φ die in Breitenkreisrichtung und h die Schalendicke. F ist die resultierende äußere Kraft in Vertikalrichtung, d.h.

$$F = \int_{\vartheta=0}^{\vartheta} p(\vartheta) R_2(\vartheta) \cdot 2\pi R_1(\vartheta) \cdot \sin\vartheta \cos\vartheta \, d\vartheta.$$

Bei konstantem Innendruck ist F gleich der Kraft auf die Projektionsfläche, d.h. $F = p\pi r^2 = p\pi (R_1 \sin\vartheta)^2$.

Kreiszylinderschale unter konstantem Innendruck.

$$\sigma_\varphi = pr/h = pd/(2h), \quad \sigma_\vartheta = \sigma_x = 0.$$

Kugelschale unter konstantem Innendruck.

$$\sigma_\varphi = \sigma_\vartheta = pr/(2h) = pd/(4h).$$

Zylinderschale mit Halbkugelböden unter konstantem Innendruck (Bild 10). Im Zylinder

$$\sigma_\varphi = pr/h = pd/(2h), \quad \sigma_x = pr/(2h) = pd/(4h),$$

in der Kugelschale $\sigma_\varphi = \sigma_\vartheta = pr/(2h) = pd/(4h)$.

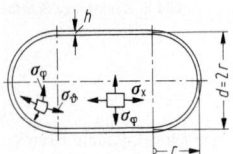

Bild 10. Geschlossene Zylinderschale

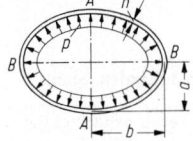

Bild 11. Elliptischer Hohlzylinder

5.3.2 Biegesteife Schalen. Bending rigid shells

Elliptischer Hohlzylinder unter Innendruck (Bild 11). Überlagert man den Membranspannungen die Biegespannungen, so ergibt sich für die Punkte A und B

$$\sigma_A = pa/h + c_1 pa^2/h^2, \quad \sigma_B = pb/h + c_2 pa^2/h^2.$$

(Tab. 2)

Tabelle 2

a/b	0,5	0,6	0,7	0,8	0,9	1,0
c_1	3,7	2,3	1,4	0,7	0,3	0
c_2	5,1	2,9	1,7	0,8	0,3	0

Umschnürter Hohlzylinder (Bild 12). Infolge Schneidenlast q entstehen Umfangsspannungen

$$\sigma_\varphi(x) = -\frac{qr}{\sqrt{2}Lh} e^{-x/L} \sin\left(\frac{x}{L} + \frac{\pi}{4}\right), \quad \sigma_\varphi(x=0) = -\frac{qr}{2Lh}$$

mit $L = \sqrt[4]{\dfrac{r^2 h^2}{3(1-\nu^2)}}$ und Biegespannungen in x-Richtung

$$\sigma_x(x) = \frac{3qL}{\sqrt{2}h^2} e^{-x/L} \cos\left(\frac{x}{L} + \frac{\pi}{4}\right),$$

$$\sigma_x(x=0) = \max \sigma_x = 1,5qL/h^2.$$

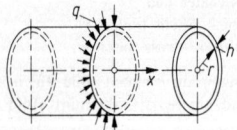

Bild 12. Umschnürter Hohlzylinder

Rohrbogen unter Innendruck (Bild 13). In Längsrichtung des Bogens ergeben sich die Spannungen $\sigma_x = pr/(2h) = pd/(4h)$, d.h. dieselben Spannungen wie beim abgeschlossenen geraden Rohr. Im Umfangsrichtung gilt

$$\sigma_\varphi = \frac{pd}{2h} \cdot \frac{R/d + 0{,}25\sin\varphi}{R/d + 0{,}5\sin\varphi}.$$

Für Bogenober- und Bogenunterseite ($\varphi = 0$ bzw. $180°$) folgt $\sigma_\varphi(0) = pd/(2h)$, d.h. Spannung wie beim kreiszylindrischen Rohr. Für Bogenaußen- bzw. Bogeninnenseite ist

$$\sigma_\varphi(90°) = \frac{pd}{2h} \cdot \frac{R/d + 0{,}25}{R/d + 0{,}50} \quad \text{bzw.}$$

$$\sigma_\varphi(-90°) = \frac{pd}{2h} \cdot \frac{R/d + 0{,}25}{R/d - 0{,}50},$$

d.h., $\sigma_\varphi(90°)$ ist kleiner, $\sigma_\varphi(-90°)$ größer als $\sigma_\varphi(0)$.

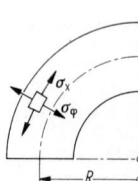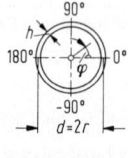

Bild 13. Rohrbogen

Gewölbter Boden unter Innendruck (Bild 14). Für die Spannungen in der kugeligen Wölbung gilt (wie bei der Kugelschale) $\sigma_\varphi = \sigma_\vartheta = p r_B/(2h)$. Für die (maximalen) Meridianspannungen in der Krempe gilt

$$\sigma_\vartheta = c_1 p r_Z/(2h) = c_1 p d_Z/(4h).$$

(Tab. 3)

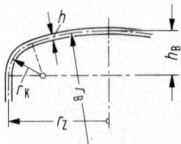

Bild 14. Gewölbter Boden

Tabelle 3

h_B/r_Z	0,2	0,4	0,6	0,8	1,0
c_1	6,7	3,8	2,0	1,3	1,0

Dickwandiger Kreiszylinder unter Innen- und Außendruck (Bild 15). Es liegt ein räumlicher Spannungszustand vor mit den Spannungen (im mittleren Zylinderbereich)

$$\sigma_x = p_i \frac{r_i^2}{r_a^2 - r_i^2} - p_a \frac{r_a^2}{r_a^2 - r_i^2},$$

$$\sigma_\varphi = p_i \frac{r_i^2}{r_a^2 - r_i^2} \left(\frac{r_a^2}{r^2} + 1\right) - p_a \frac{r_a^2}{r_a^2 - r_i^2} \left(1 + \frac{r_i^2}{r^2}\right),$$

$$\sigma_r = -p_i \frac{r_i^2}{r_a^2 - r_i^2} \left(\frac{r_a^2}{r^2} - 1\right) - p_a \frac{r_a^2}{r_a^2 - r_i^2} \left(1 - \frac{r_i^2}{r^2}\right).$$

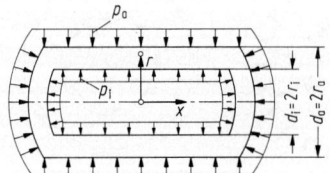

Bild 15. Dickwandiger Kreiszylinder

Bei alleinigem Innen- oder Außendruck tritt die größte Spannung an der Innenseite als $\sigma_\varphi(r=r_i)$ auf. Die Biegeeinspannung des Zylinders in den Boden ist hierbei nicht berücksichtigt.

Dickwandige Hohlkugel unter Innen- und Außendruck. Es liegt ein räumlicher Spannungszustand vor mit den Spannungen

$$\sigma_\varphi = \sigma_\vartheta = p_i \frac{r_i^3}{r_a^3-r_i^3}\left(1+\frac{r_a^3}{2r^3}\right) - p_a \frac{r_a^3}{r_a^3-r_i^3}\left(1+\frac{r_i^3}{2r^3}\right),$$

$$\sigma_r = -p_i \frac{r_i^3}{r_a^3-r_i^3}\left(\frac{r_a^3}{r^3}-1\right) - p_a \frac{r_a^3}{r_a^3-r_i^3}\left(1-\frac{r_i^3}{r^3}\right).$$

Die Maximalspannung ergibt sich aus $\sigma_\varphi(r=r_i)$.

6 Dynamische Beanspruchung umlaufender Bauteile durch Fliehkräfte. Centrifugal stresses in rotating components

Spannungen und Verformungen mit der Winkelgeschwindigkeit ω umlaufender Bauteile lassen sich nach den Regeln der Statik und Festigkeitslehre ermitteln, wenn man im Sinne des d'Alembertschen Prinzips die Fliehkräfte (Trägheitskräfte, negative Massenbeschleunigungen) $\omega^2 r\,dm = \omega^2 r\rho\,dA\,dr$ (ρ Dichte) als äußere Kräfte an den Massenelementen ansetzt. Im folgenden werden lediglich die Ergebnisse für die Spannungen (bei Scheiben für die Querdehnungszahl $v=0,3$) und für Radialverschiebungen angegeben.

6.1 Umlaufender Stab (Bild 1). Rotating bars

Mit dem Stabquerschnitt A und dem Elastizitätsmodul E gelten

$$\sigma_r(r) = \rho\omega^2(l^2-r^2)/2 + m_1\omega^2 l_1/A,$$
$$\max \sigma_r = \sigma_r(r=0) = \rho\omega^2 l^2/2 + m_1\omega^2 l_1/A,$$
$$u(r) = \rho\omega^2(3l^2 r - r^3)/(6E) + m_1\omega^2 l_1 r/(AE),$$
$$u(r=l) = \rho\omega^2 l^3/(3E) + m_1\omega^2 l_1 l/(AE).$$

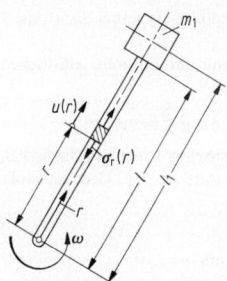

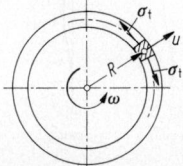

Bild 1. Umlaufender Stab

6.2 Umlaufender dünnwandiger Ring oder Hohlzylinder (Bild 2). Rotating thin rings

$$\sigma_t = \rho\omega^2 R^2, \quad u = \rho\omega^2 R^3/E.$$

Bild 2. Umlaufender Ring

6.3 Umlaufende Scheiben. Rotating discs

6.3.1 Vollscheibe konstanter Dicke (Bild 3)
Discs of uniform thickness

$$\sigma_r(r) = 0,4125\rho\omega^2 R^2(1-r^2/R^2),$$
$$\max \sigma_r = \sigma_r(r=0) = 0,4125\rho\omega^2 R^2,$$
$$\sigma_t(r) = 0,4125\rho\omega^2 R^2(1-0,576r^2/R^2),$$
$$\max \sigma_t = \sigma_t(r=0) = 0,4125\rho\omega^2 R^2,$$
$$u(r) = r[\sigma_t(r) - v\sigma_r(r)]/E,$$
$$u(r=R) = \rho\omega^2 R^3(1-v)/(4E).$$

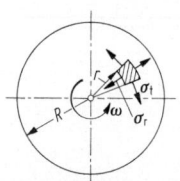

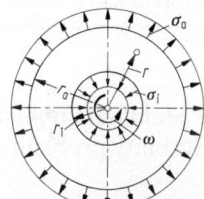

Bild 3. Umlaufende Vollscheibe   **Bild 4.** Umlaufende Ringscheibe

6.3.2 Ringförmige Scheibe konstanter Dicke (Bild 4)
Annular discs of uniform thickness

Für $\sigma_i = \sigma_a = 0$ ist

$$\sigma_r(r) = 0,4125\rho\omega^2 r_a^2(1+r_i^2/r_a^2-r_i^2/r^2-r^2/r_a^2),$$
$$\sigma_r(r=r_i) = \sigma_r(r=r_a) = 0,$$
$$\sigma_t(r) = 0,4125\rho\omega^2 r_a^2(1+r_i^2/r_a^2+r_i^2/r^2-0,576r^2/r_a^2),$$
$$\max \sigma_t = \sigma_t(r=r_i) = 0,825\rho\omega^2 r_a^2(1+0,212r_i^2/r_a^2).$$

Für $r_i \to 0$, d.h. bei sehr kleiner Bohrung, wird $\max \sigma_t = 0,825\rho\omega^2 R^2$ doppelt so groß wie bei der Vollscheibe!

$$u(r) = r[\sigma_t(r) - v\sigma_r(r)]/E,$$
$$u_i = u(r=r_i) = \rho\omega^2 r_i[2c_1 r_a^2 + (c_1-c_2)r_i^2]/E,$$
$$u_a = u(r=r_a) = \rho\omega^2 r_a[2c_1 r_i^2 + (c_1-c_2)r_a^2]/E,$$

wobei $c_1 = (3+v)/8$ und $c_2 = (1+3v)/8$.
Für beliebige σ_i und σ_a wird

$$\sigma_r(r) = A_1 + A_2/r^2 - c_1\rho\omega^2 r^2,$$
$$\sigma_t(r) = A_1 - A_2/r^2 - c_2\rho\omega^2 r^2,$$

wobei

$$A_1 = (\sigma_a r_a^2 - \sigma_i r_i^2)/(r_a^2-r_i^2) + c_1\rho\omega^2(r_a^2+r_i^2),$$
$$A_2 = -(\sigma_a-\sigma_i)r_a^2 r_i^2/(r_a^2-r_i^2) - c_1\rho\omega^2 r_a^2 r_i^2;$$

Verschiebungen $u(r)$ sowie c_1 und c_2 wie vorher.
Bei Scheiben mit Kranz und Nabe sind σ_i und σ_a statisch unbestimmte Größen, die aus den Bedingungen gleicher Verschiebung an den Stellen $r=r_i$ und $r=r_a$ bestimmt werden können [1].

6.3.3 Scheiben gleicher Festigkeit (Bild 5)
Discs of constant strength

Aus den Differentialgleichungen der rotierenden Scheiben [1] folgt für den Fall, daß $\sigma_r = \sigma_t = \sigma$ überall gleich

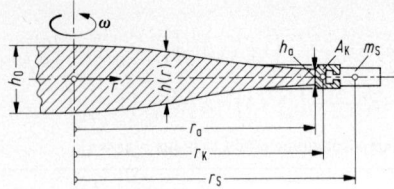

Bild 5. Scheibe gleicher Festigkeit

ist, die Scheibendicke $h(r) = h_0 e^{-\rho(\omega r)^2/(2\sigma)}$ (de Lavalsche Scheibe gleicher Festigkeit, ohne Mittelbohrung). h_0 ist die Scheibendicke bei $r = 0$. Die Profilkurve hat einen Wendepunkt für $r = \sqrt{\sigma/(\rho\omega^2)}$. Die radiale Verschiebung ist $u(r) = (1-v)\sigma r/E$, $u(r = r_a) = (1-v)\sigma r_a/E$. Die Scheibendicke $h(r = r_a) = h_a$ ergibt sich aus dem Einfluß der Schaufeln (Gesamtmasse m_S) und des Kranzes (Querschnitt A_K), an dem die Schaufeln befestigt sind, zu [1]

$$h_a = \frac{1}{r_a}\left\{\left(\frac{m_S r_S}{2\pi} + \rho r_K^2 A_K\right)\frac{\omega^2}{\sigma} - A_K\left[v + (1-v)\frac{r_a}{r_K}\right]\right\}$$

und damit wird $h_0 = h_a e^{\rho(\omega r_a)^2/(2\sigma)}$.

7 Stabilitätsprobleme
Stability problems

7.1 Knickung. Buckling of bars

Schlanke Stäbe oder Stabsysteme gehen unter Druckbeanspruchung bei Erreichen der kritischen Spannung oder Last aus der nicht ausgebogenen (instabilen) Gleichgewichtslage in eine benachbarte gebogene (stabile) Lage über. Weicht der Stab in Richtung einer Symmetrieachse aus, so liegt (Biege-)knicken vor, andernfalls handelt es sich um Biegedrillknicken (s. C 7.1.7).

7.1.1 Knicken im elastischen (Euler-)Bereich
Elastic (Euler) buckling

Betrachtet man die verformte Gleichgewichtslage des Stabs nach **Bild 1**, so lautet die Differentialgleichung für Knickung um die Querschnittshauptachse y (mit I_y als kleinerem Flächenmoment 2. Grades) im Fall kleiner Auslenkungen

$$EI_y w''(x) = -M_b(x) = -Fw(x) \quad \text{bzw.}$$

$$w''(x) + \alpha^2 w(x) = 0 \quad \text{mit} \quad \alpha = \sqrt{F/(EI_y)} \quad (1)$$

und der Lösung

$$w(x) = C_1 \sin\alpha x + C_2 \cos\alpha x. \quad (2)$$

Aus den Randbedingungen $w(x = 0) = 0$ und $w(x = l) = 0$ folgen $C_2 = 0$ und $\sin\alpha l = 0$ (Eigenwertgleichung) mit den Eigenwerten $\alpha_K = n\pi/l$; $n = 1, 2, 3, \ldots$. Somit ist nach den Gln. (1) und (2)

$$F_K = \alpha_K^2 EI_y = n^2\pi^2 EI_y/l^2, \quad w(x) = C_1 \sin(n\pi x/l). \quad (3)$$

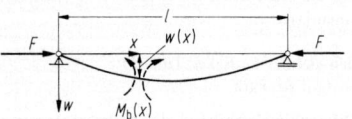

Bild 1. Knickung eines Stabs

6.3.4 Scheiben veränderlicher Dicke
Discs with varying thickness

Für Scheiben mit hyperbolischen oder konischen Profilen findet man Lösungen in [1]. Dort sind auch Näherungsverfahren für beliebige Profile dargestellt.

6.3.5 Umlaufender dickwandiger Hohlzylinder
Rotating thick-walled cylinder

Neben den Spannungen σ_r und σ_t in Radial- und Tangentialrichtung treten zusätzlich infolge der behinderten Querdehnung Spannungen σ_x in Längsrichtung auf (räumlicher Spannungszustand):

$$\sigma_r(r) = \rho\omega^2 r_a^2 \frac{3-2v}{8(1-v)}\left(1 + \frac{r_i^2}{r_a^2} - \frac{r_i^2}{r^2} - \frac{r^2}{r_a^2}\right),$$

$$\sigma_t(r) = \rho\omega^2 r_a^2 \frac{3-2v}{8(1-v)}\left(1 + \frac{r_i^2}{r_a^2} + \frac{r_i^2}{r^2} - \frac{(1+2v)r^2}{(3-2v)r_a^2}\right),$$

$$\sigma_x(r) = \rho\omega^2 r_a^2 \frac{2v}{8(1-v)}\left(1 + \frac{r_i^2}{r_a^2} - 2\frac{r^2}{r_a^2}\right).$$

Die kleinste (Eulersche) Knicklast ergibt sich für $n = 1$ zu $F_K = \pi^2 EI_y/l^2$. Für andere Lagerungsfälle ergeben sich entsprechende Eigenwerte, die sich jedoch alle mit der reduzierten oder wirksamen Knicklänge l_K (**Bild 2**) auf die Form $\alpha_K = n\pi/l_K$ zurückführen lassen. Dann gilt allgemein für die *Eulersche Knicklast*

$$F_K = \pi^2 EI_y/l_K^2. \quad (4)$$

Mit dem Trägheitsradius $i_y = \sqrt{I_y/A}$ und der Schlankheit $\lambda = l_K/i_y$ folgt als *Knickspannung*

$$\sigma_K = F_K/A = \pi^2 E/\lambda^2. \quad (5)$$

Die Funktion $\sigma_K(\lambda)$ stellt die Euler-Hyperbel dar (Linie *1* auf **Bild 3**).
Diese Gleichungen gelten nur im linearen, elastischen Werkstoffbereich, also solange

$$\sigma_K = \pi^2 E/\lambda^2 \leqq \sigma_P \quad \text{bzw.} \quad \lambda \geqq \sqrt{\pi^2 E/\sigma_P} \quad \text{ist.}$$

Der Übergang aus dem elastischen in den unelastischen (plastischen) Bereich findet statt bei der Grenzschlankheit

$$\lambda_0 = \sqrt{\pi^2 E/\sigma_P}. \quad (6)$$

Zum Beispiel wird für St 37 mit

$$R_e = 240 \, \text{N/mm}^2, \quad \sigma_P \approx 0{,}8 R_e = 192 \, \text{N/mm}^2$$

und $E = 2{,}1 \cdot 10^5 \text{N/mm}^2$ die Grenzschlankheit $\lambda_0 = 104$. Weitere Grenzschlankheiten s. **Tab. 1**.

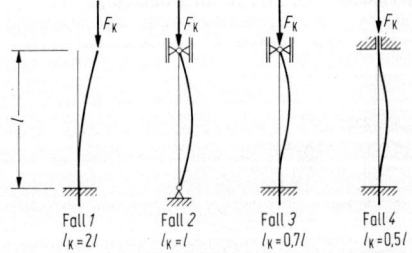

Fall 1   Fall 2   Fall 3   Fall 4
$l_K = 2l$ $l_K = l$ $l_K = 0{,}7l$ $l_K = 0{,}5l$

Bild 2. Die vier Eulerschen Knickfälle

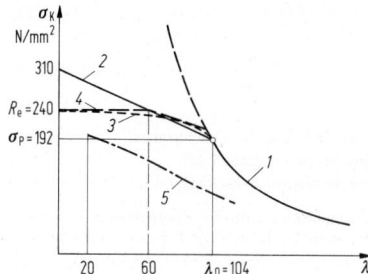

Bild 3. Knickspannungsdiagramm für St 37. *1* Euler-Hyperbel, *2* Tetmajer-Gerade, *3* Engesser-v. Kármán-Kurve, *4* v. Kármán-Geraden, *5* Traglast-Kurve nach Jäger

Tabelle 1. Werte a und b nach Tetmajer

Werkstoff	E N/mm^2	λ_0	a N/mm^2	b N/mm^2
St 37	$2{,}1 \cdot 10^5$	104	310	1,14
St 50 St 60	$2{,}1 \cdot 10^5$	89	335	0,62
5%-Ni-Stahl	$2{,}1 \cdot 10^5$	86	470	2,30
Grauguß	$1{,}0 \cdot 10^5$	80	$\sigma_K = 776 - 12\lambda + 0{,}053\lambda^2$	
Nadelholz	$1{,}0 \cdot 10^4$	100	29,3	0,194

Knicksicherheit

$$S_K = F_K / F_{\text{vorh}} \quad \text{bzw.} \quad S_K = \sigma_K / \sigma_{\text{vorh}}. \tag{7}$$

Im allgemeinen Maschinenbau ist im elastischen Bereich $S_K \approx 5 \dots 10$, im unelastischen Bereich $S_K \approx 3 \dots 8$.

Ausbiegung beim Knicken. Die Lösung der linearisierten Differentialgleichung (1) liefert zwar die Form der Biegelinie, Gl. (3), aber nicht die Größe der Auslenkung (Biegepfeil). Setzt man in Gl. (1) an Stelle von w'' den wirklichen Ausdruck für die Krümmung ein, so erhält man eine nichtlineare Differentialgleichung. Ihre Näherungslösung liefert als Biegepfeil den Wert [1]

$$f = \sqrt{8(Fl^2 - \pi^2 EI_y)/(\pi^2 F)},$$

d.h. $f(F = F_K) = 0$ und $f(F = 1{,}01 \cdot F_K) \approx 0{,}09l$; 1% Überschreitung der Knicklast liefert also bereits 9% der Stablänge als Auslenkung!

7.1.2 Knicken im unelastischen (Tetmajer-)Bereich
Inelastic buckling (Tetmajer's method)

Der Einfluß der Form (Krümmung) der Spannungs-Dehnungs-Linie in diesem Bereich wird nach der Theorie von Engesser und v. Kármán mit der Einführung des Knickmoduls $T_K < E$ berücksichtigt:

$$\sigma_K = \pi^2 T_K / \lambda^2, \quad T_K = 4TE/(\sqrt{T} + \sqrt{E})^2 \tag{8}$$

$T = T(\sigma) = \mathrm{d}\sigma/\mathrm{d}\varepsilon$ ist der Tangentenmodul und entspricht dem Anstieg der Spannungs-Dehnungs-Linie. T_K gilt für Rechteckquerschnitt, kann aber mit geringem Fehler auch für andere Querschnitte verwendet werden. Vorzugehen ist in der Weise, daß T für verschiedene σ aus der Spannungs-Dehnungs-Linie bestimmt und damit $T_K(\sigma)$ und $\lambda(\sigma_K) = \sqrt{\pi^2 T_K / \sigma_K}$ gemäß Gl. (8) berechnet werden. Die

Umkehrfunktion $\sigma_K(\lambda)$ ist dann die Knickspannungslinie *3* nach Engesser-v. Kármán auf **Bild 3.** Th. v. Kármán ersetzte die Linie durch zwei tangierende Geraden, von denen die Horizontale durch die Streckgrenze geht (Linie *4* auf **Bild 3**).

Shanley [2] hat gezeigt, daß bereits erste Auslenkungen für den Wert $\sigma_K = \pi^2 T / \lambda^2$ (1. Engesser-Formel) bei weiterer Laststeigerung möglich sind. Dieser Wert stellt somit die unterste, der Wert nach Gl. (8) die oberste Grenze der Knickspannungen im unelastischen Bereich dar.

Praktische Berechnung nach Tetmajer: Aufgrund von Versuchen erfaßte Tetmajer die Knickspannungen durch eine Gerade, die auch heute noch im Maschinenbau Verwendung findet (Linie *2* auf **Bild 3**):

$$\sigma_K = a - b\lambda. \tag{9}$$

Die Werte a, b für verschiedene Werkstoffe sind **Tab. 1** zu entnehmen.

Beispiel: Dimensionierung einer Schubstange. Man bestimme den erforderlichen Durchmesser einer Schubstange aus St 37 der Länge $l = 2000$ mm a) für die Druckkraft $F = 96$ kN bei einer Knicksicherheit $S_K = 8$, b) für $F = 300$ kN bei $S_K = 5$. – Ist die Schubstange beidseitig gelenkig angeschlossen, so liegt der 2. Euler-Fall vor, d.h. $l_K = l = 2000$ mm. Bei Annahme elastischer Knickung folgt aus den Gln. (4) und (7) im Fall a)

$$\begin{aligned}
\text{erf } I_y &= FS_K l_K^2 / (\pi^2 E) \\
&= 96 \cdot 10^3 \, \text{N} \cdot 8 \cdot 2000^2 \, \text{mm}^2 / (\pi^2 \cdot 2{,}1 \cdot 10^5 \, \text{N/mm}^2) \\
&= 148{,}2 \cdot 10^4 \, \text{mm}^4
\end{aligned}$$

und mit $I_y = \pi d^4 / 64$ dann erf $d = \sqrt[4]{64 \cdot 148{,}2 \cdot 10^4 \, \text{mm}^4 / \pi} = 74$ mm.
Mit $i_y = \sqrt{I_y / A} = d/4 = 18{,}5$ mm wird die Schlankheit

$$\lambda = l_K / i_y = 2000 \, \text{mm} / 18{,}5 \, \text{mm} = 108 > 104 = \lambda_0,$$

so daß die Annahme von elastischer Knickung berechtigt war. Im Fall b) wird unter dieser Annahme

erf $I_y = FS_K l_K^2 / (\pi^2 E) = 289{,}5 \cdot 10^4 \, \text{mm}^4$ und erf $d = 88$ mm,

also $\lambda = l_K / i_y = 91 < \lambda_0$, d.h. Knickung im unelastischen Bereich. Nach Tetmajer, Gl. (9), wird für diese Schlankheit gemäß **Tab. 1**

$$\sigma_K = (310 - 1{,}14 \cdot 91) \, \text{N/mm}^2 = 206 \, \text{N/mm}^2$$

und mit

$$\sigma_{\text{vorh}} = F/A = 300 \cdot 10^3 \, \text{N}/(\pi \cdot 88^2 / 4) \, \text{mm}^2 = 49{,}3 \, \text{N/mm}^2$$

die Knicksicherheit $S_K = \sigma_K / \sigma_{\text{vorh}} = 206/49{,}3 = 4{,}2 < 5$. Für $d = 95$ mm wird $\lambda = l_K / i_y = 84$ und $\sigma_K = a - b\lambda = 214 \, \text{N/mm}^2$, und mit $\sigma_{\text{vorh}} = F/(\pi d^2 / 4) = 42{,}3 \, \text{N/mm}^2$ ist dann $S_K = \sigma_K / \sigma_{\text{vorh}} = 5{,}06 \approx 5$.

7.1.3 Das ω-Verfahren. The omega-method

Im Kran-, Hoch- und Brückenbau ist dieses Verfahren nach DIN 4114 behördlich vorgeschrieben. Zugrunde gelegt wird im elastischen Bereich die Euler-Hyperbel und eine Knicksicherheit $S_K = 2{,}5$, für den unelastischen Bereich eine Traglastspannung (Linie *5* auf **Bild 3**), die von Jäger aufgrund einer Exzentrizität $u = i_y/20 + l_K/500$ des Kraftangriffspunkts bei ideal elastisch-plastischer Spannungs-Dehnungs-Linie ermittelt wurde, und die Sicherheit $S_K = 1{,}5$. Mit $\sigma_{K,\text{zul}} = \sigma_K / S_K$ und $F/A \le \sigma_{K,\text{zul}}$ folgt $(F/A) \cdot (\sigma_{d,\text{zul}} / \sigma_{K,\text{zul}}) \le \sigma_{d,\text{zul}}$, d.h.

$$\omega F/A \le \sigma_{d,\text{zul}}. \tag{10}$$

Werte $\omega(\lambda) = \sigma_{d,\text{zul}} / \sigma_{K,\text{zul}}$ in **Tab. 2**. Ein Druckstab ist also nachzuweisen für die ω-fachen Lasten bei Einhaltung der

Tabelle 2. Knickzahlen ω gemäß DIN 4114 und DIN 1052

λ	20	40	60	80	100	120	140	160	180	200	220	250
St 37	1,04	1,14	1,30	1,55	1,90	2,43	3,31	4,32	5,47	6,75	8,17	10,55
St 52	1,06	1,19	1,41	1,79	2,53	3,65	4,96	6,48	8,21	10,13	12,26	15,83
Holz	1,08	1,26	1,62	2,20	3,00	4,32	5,88	7,68	9,72	12,00	14,52	18,75

zulässigen Druckspannung $\sigma_{d,zul} = 140\,\text{N/mm}^2$ für St 37 und $\sigma_{d,zul} = 210\,\text{N/mm}^2$ für St 52 (DIN 18 800).

Beispiel: Bemessung einer Stütze. Eine beidseitig eingespannte Stütze aus St 52 der Länge $l = 6{,}00$ m ist für die axiale Druckkraft $F = 150$ kN als IPB-Profil zu dimensionieren. − Reduzierte Knicklänge (Lagerungsfall 4) ist $l_K = 0{,}5 \cdot l = 3{,}00$ m. Wählt man das Profil IPB 100, so wird mit $i_{min} = i_y = 2{,}53$ cm die Schlankheit $\lambda = l_K/i_y = 300/2{,}53 = 119$ und nach **Tab. 2** $\omega = 3{,}59$. Damit ist nach Gl. (10)

$$\omega F/A = 3{,}59 \cdot 150 \cdot 10^3 \, \text{N}/2\,600\,\text{mm}^2$$
$$= 207 \, \text{N/mm}^2 < 210 \, \text{N/mm}^2 = \sigma_{d,zul}.$$

7.1.4 Näherungsverfahren zur Knicklastberechnung
Approximate methods for estimating critical loads

Energiemethode: Da im Fall des Ausknickens der Stab eine stabile benachbarte Gleichgewichtslage annimmt, muß die äußere Arbeit gleich der Formänderungsarbeit sein (**Bild 4a**). Mit C2 Gl. (39) und C2 Gl. (34) folgen

$$W^{(a)} = F_K v = W = \frac{1}{2}\int_0^l M_b^2 \frac{dx}{EI_y} = \frac{1}{2}\int_0^l EI_y w''^2 dx \quad \text{und}$$

$$v = \int_0^l (ds - dx) = \int_0^l (\sqrt{1 + w'^2} - 1)dx \approx \frac{1}{2}\int_0^l w'^2 dx.$$

Somit wird der Rayleighsche Quotient

$$F_K = \frac{2W}{2v} = \frac{\int_0^l EI_y(x)w''^2(x)dx}{\int_0^l w'^2(x)dx}. \tag{11}$$

Mit der exakten Biegelinie $w(x)$ folgt aus dieser Gleichung die exakte Knickkraft für den elastischen Bereich. Bei Stäben mit veränderlichem Querschnitt ergibt der Vergleich mit der Knickkraft $F_K = \pi^2 EI_{y0}/l_K^2$ des entsprechenden Eulerfalls eines Stabs mit konstantem Querschnitt das Ersatzflächenmoment

$$I_{y0} = F_K l_K^2/(\pi^2 E).$$

Dieses gilt dann näherungsweise auch für den Knicknachweis im unelastischen Bereich.
In Wirklichkeit ist die exakte Biegelinie (Eigenfunktion) des Knickvorgangs unbekannt. Man setzt daher nach Ritz eine die Randbedingungen befriedigende Vergleichsfunktion $w(x)$ ein. Für F_K ergibt sich ein Näherungswert, der stets größer ist als die exakte Knicklast, da für die exakte Eigenfunktion die Formänderungsarbeit zum Minimum, für die Vergleichsfunktion also stets etwas zu groß wird. Als Vergleichsfunktionen kommen u.a. die Biegelinien des zugehörigen Trägers bei beliebiger Belastung in Betracht.
Weitere und verbesserte Näherungsverfahren s. [1−5].

Beispiel: Vergleichsberechnung der Knicklast für einen Stab konstanten Querschnitts und Lagerung nach Eulerfall 2 mit der Energiemethode. − Als Vergleichsfunktion wird die Biegelinie unter Einzellast gemäß C2, **Tab. 5a**, Fall 1, gewählt: $w(x) = c_1(3l^2 x - 4x^3)$ für

$0 \leq x \leq l/2$. Mit $w'(x) = c_1(3l_2 - 12x^2)$ und $w''(x) = -24c_1 x$ folgt nach Integration gemäß Gl. (11) $2W = c_1^2 \cdot 48EI_y l^3$, $2v = c_1^2 l^5 \cdot 4{,}8$ und daraus $F_K = 10{,}0EI_y/l^2$. Dieser Wert ist um 1,3% größer als das exakte Ergebnis $\pi^2 EI_y/l^2$.

7.1.5 Stäbe bei Änderung des Querschnitts bzw. der Längskraft.
Columns with variable cross section or axial load

Ihre Berechnung kann nach C 7.1.4 vorgenommen werden. In DIN 4114 Blatt 2 sind in Tafel 4 die Ersatzflächenmomente I_m für I-Querschnitte, in Tafel 5 die Ersatzknicklängen für linear und parabolisch veränderliche Längskraft angegeben. Weitere Fälle s. [4].

7.1.6 Knicken von Ringen, Rahmen und Stabsystemen
Buckling of rings, frames and systems of bars

Geschlossener Kreisringträger unter Außenbelastung q = const (Bild 4b). Für Knicken in der Belastungsebene gilt [4], wenn die Last stets senkrecht zur Stabachse steht, $q_K = 3EI_y/R^3$, und, wenn die Last ihre ursprüngliche Richtung beibehält, $q_K = 4EI_y/R^3$. Ausknicken senkrecht zur Trägerebene erfolgt für

$$q_K = 9EI_z GI_t/[R^3(4GI_t + EI_z)].$$

Geschlossener Rahmen (Bild 4c). Für das Ausknicken in der Rahmenebene ergibt sich die kritische Last $F_K = \alpha^2 EI_1$ aus der Eigenwertgleichung [4] für α:

$$\frac{\alpha l_1}{\tan(\alpha l_1)} - \frac{l_1(\alpha^2 l_2^2 I_1^2 - 36 I_2^2)}{12 l_2 I_1 I_2} = 0$$

Weitere Ergebnisse, auch für Stabsysteme, s. [2, 4].

7.1.7 Biegedrillknicken. Torsional buckling

Neben dem reinen Biegeknicken kann beim Stab unter Belastung von Längskraft (und Torsionsmoment) eine räumlich gekrümmte und tordierte Gleichgewichtslage, das Biegedrillknicken, eintreten. Auch alleiniges Drillknicken (ohne Ausbiegungen) infolge Längskraft ist möglich.

Stäbe mit Kreisquerschnitt (Wellen)

Dem Problem zugeordnete Differentialgleichungen s. [3]. Biegedrillknicken infolge Torsionsmoments tritt ein für $M_{tK1} = 2\pi EI_y/l$. Es ist nur von Bedeutung für sehr schlanke Wellen und Drähte. Wirken Längskraft F und Torsionsmoment M_t gemeinsam, so gilt für den beidseitig gelenkig gelagerten

$$F_K = \frac{\pi^2 EI_y}{l^2}\left(1 - \frac{M_t^2}{M_{tK1}^2}\right), \quad M_{tK} = M_{tK1}\sqrt{1 - \frac{Fl^2}{\pi^2 EI_y}}.$$

Stäbe mit beliebigem Querschnitt unter Längskraft

Doppelt symmetrische Querschnitte. Schubmittelpunkt und Schwerpunkt fallen zusammen, und es gelten die drei Differentialgleichungen

$$\left.\begin{array}{c} EI_y w'''' + Fw'' = 0, \quad EI_z v'''' + Fv'' = 0, \\ EC_M \varphi'''' + (Fi_p^2 - GI_t)\varphi'' = 0. \end{array}\right\} \tag{12}$$

Die ersten beiden liefern die bekannten Eulerschen Knicklasten; die dritte besagt, daß reines Drillknicken (ohne Durchbiegungen) möglich ist, und liefert für beidseitig gelenkige Lagerung aus $\varphi(x) = C \sin(\pi x/l)$, d.h. bei $\varphi = 0$ an den Enden, die Knicklast

$$F_{Kt} = (GI_t + \pi^2 EC_M/l^2)/i_p^2. \tag{13}$$

C_M ist der Wölbwiderstand infolge behinderter Verwölbung [2], z.B. für einen IPB-Querschnitt ist $C_M = I_z h^2/4$

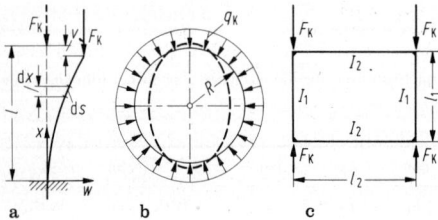

Bild 4. Knickung. **a** Energiemethode; **b** Kreisringträger; **c** Rahmen

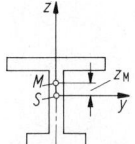

Bild 5. Biegedrillknicken

(h Abstand der Flanschmitten). Für Vollquerschnitte ist $C_M \approx 0$. Nur für kleine Knicklängen l kann F_{Kt} maßgebend werden. Für I-Normalprofile ist stets I_z, d.h. Knicken in y-Richtung, und nicht Drillknicken maßgebend.

Einfach symmetrische Querschnitte (Bild 5). Ist z die Symmetrieachse, so treten hier die zweite und dritte der Gln. (12) in gekoppelter Form auf [2, 5], d.h., Biegedrillknicken ist möglich. Für Knicken um die y-Achse (in z-Richtung) gilt die normale Eulersche Knicklast $F_{Ky} = \pi^2 E I_y / l^2$. Die beiden anderen kritischen Lasten folgen für Gabellagerung an den Enden aus

$$\frac{1}{F_K} = \frac{1}{2}\left[\frac{1}{F_{Kz}} + \frac{1}{F_{Kt}} \pm \sqrt{\left(\frac{1}{F_{Kz}} - \frac{1}{F_{Kt}}\right)^2 + \frac{4}{F_{Kz}F_{Kt}}\left(\frac{z_M}{i_M}\right)^2}\,\right];$$

F_{Kt} nach Gl. (13), $F_{Kz} = \pi^2 E I_z / l^2$, i_M polarer Trägheitsradius bezüglich Schubmittelpunkt, z_M Abstand des Schubmittelpunkts vom Schwerpunkt.

7.2 Kippung. Lateral buckling of beams

Schmale hohe Träger nehmen bei Erreichen der kritischen Last eine durch Biegung und Verdrehung gekennzeichnete benachbarte Gleichgewichtslage ein (**Bild 6a**). Die zugehörige Differentialgleichung lautet für doppeltsymmetrische Querschnitte

$$E C_M \varphi'''' - G I_t \varphi'' - (M_y^2/E I_z - M_y'' z_F)\varphi = 0; \qquad (14)$$

φ Torsionswinkel, z_F Höhenlage des Kraftangriffspunkts über dem Schubmittelpunkt (hier Schwerpunkt), C_M Wölbwiderstand. Die nichtlineare Differentialgleichung ist i. allg. nicht geschlossen lösbar. Näherungslösungen s. [1, 4, 5]. Für Vollquerschnitte ist $C_M \approx 0$.

7.2.1 Träger mit Rechteckquerschnitt
Beams with rectangular cross section

a) **Gabellagerung** und *Angriff zweier gleich großer Momente M_K an den Enden* (**Bild 6b**). Hier geht Gl. (14) über

in $\varphi''(x) + \dfrac{M_K^2}{E I_z G I_t}\varphi(x) = 0$. Mit der die Randbedingungen befriedigenden Lösung $\varphi(x) = C\sin(\pi x/l)$ folgt für das kritische Kippmoment

$$M_K = (\pi/l)\sqrt{E I_z G I_t} = (\pi/l)K.$$

Bei Berücksichtigung der Verformungen des Grundzustands [4] ergibt sich genauer $K = \sqrt{E I_z G I_t (I_y - I_z)/I_y}$.

b) **Gabellagerung** und *Einzelkraft F_K in Trägermitte* (Lastangriffspunkt in Höhe z_F)

$$F_K = \frac{16{,}93}{l^2} K\left(1 - z_F \cdot \frac{3{,}48}{l}\sqrt{\frac{E I_z}{G I_t}}\,\right).$$

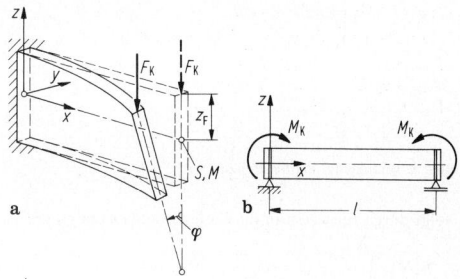

Bild 6. Kippung eines Trägers. **a** eingespannt; **b** mit Gabellagerung

c) **Kragträger** mit *Einzelkraft F_K am Ende* (Lastangriffspunkt in Höhe z_F) gemäß **Bild 6a**

$$F_K = \frac{4{,}013}{l^2} K\left(1 - \frac{z_F}{l}\sqrt{\frac{E I_z}{G I_t}}\,\right).$$

7.2.2 Träger mit I-Querschnitt. I-beams

Zu berücksichtigen ist der Wölbwiderstand $C_M \approx I_z h^2/4$.

Mit der Abkürzung $\chi = \dfrac{E I_z}{G I_t}\left(\dfrac{h}{2l}\right)^2$ gilt für die in C 7.2.1 angeführten Fälle analog (h Abstand der Flanschmitten)

a) $M_K = (\pi/l)K\beta_1$, $\beta_1 = \sqrt{1 + \pi^2\chi}$.

b) Bei Lastangriff in Schwerpunkthöhe($z_F = 0$)

$$F_K = (16{,}93/l^2)K\beta_1, \quad \beta_1 = \sqrt{1 + 10{,}2\chi};$$

bei Lastangriff am oberen oder unteren Flansch

$$F_K = (16{,}93/l^2)K\beta_1(\sqrt{1 + 3{,}24\chi/\beta_1^2} \mp 1{,}80\sqrt{\chi/\beta_1^2}).$$

c) Bei Lastangriff in Schwerpunkthöhe ($z_F = 0$)

$$F_K = (4{,}013/l^2)K\beta_1, \quad \beta_1 = \left(\frac{1 + 1{,}61\sqrt{\chi}}{1 + 0{,}32\sqrt{\chi}}\right)^2.$$

7.3 Beulung. Buckling of plates and shells

Platten und Schalen gehen bei Erreichen der kritischen Belastung in eine benachbarte (ausgebeulte) stabile Gleichgewichtslage über.

7.3.1 Beulen von Platten. Buckling of plates

Rechteckplatten (Bild 7a–c). Mit der Plattendicke h und der Plattensteifigkeit $N = Eh^3/[12(1 - v^2)]$ lautet unter Voraussetzung der Gültigkeit des Hookeschen Gesetzes die Differentialgleichung des Problems

$$N\Delta\Delta w + h\left(\sigma_x \frac{\partial^2 w}{\partial x^2} + \sigma_y \frac{\partial^2 w}{\partial y^2} + \tau \frac{\partial^2 w}{\partial x \partial y}\right) = 0. \qquad (15)$$

a) Allseits gelenkig gelagerte Platte unter Längsspannungen σ_x. Mit dem die Randbedingungen befriedigenden Produktansatz

$$w(x,y) = c_{mn}\sin(m\pi x/a)\sin(n\pi y/b)$$

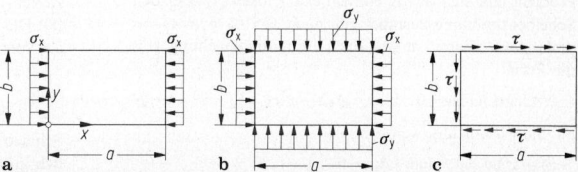

Bild 7a–c. Beulung einer Rechteckplatte   **a**

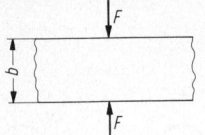

Bild 8. Beulung des Plattenstreifens

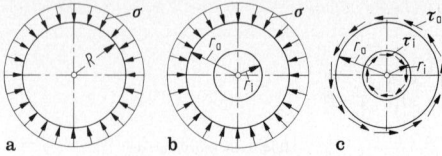

Bild 9 a–c. Beulung von Kreis- und Kreisringplatte

folgt durch Einsetzen in die Differentialgleichung (15)

$$\pi^2 N \left(\frac{m^2}{a^2} + \frac{n^2}{b^2}\right)^2 = h\sigma_x \frac{m^2}{a^2} \quad \text{bzw.}$$

$$\sigma_x = \frac{\pi^2 N}{b^2 h} \left(m\frac{b}{a} + \frac{n^2}{m}\frac{a}{b}\right)^2.$$

Hieraus folgen die (minimalen) kritischen Beulspannungen:

Für $a < b$, $m = n = 1$: $\sigma_{xK} = \frac{\pi^2 N}{b^2 h}\left(\frac{b}{a} + \frac{a}{b}\right)^2$.

Für $a = b$, $m = n = 1$: $\sigma_{xK} = \frac{4\pi^2 N}{b^2 h}$.

Für $a > b$: Bei ganzzahligem Seitenverhältnis a/b teilt sich die Platte durch Knotenlinien in einzelne Quadrate, und es gilt wiederum $\sigma_{xK} = 4\pi^2 N/(b^2 h)$. Dieser Wert wird auch für nicht ganzzahlige Seitenverhältnisse verwendet, da die wahren Werte nur geringfügig darüber liegen.

b) Allseits gelenkig gelagerte Platte unter Längsspannungen σ_x und σ_y. Mit dem Ansatz wie unter a) folgt

$$\sigma_x = \frac{\pi^2 N}{b^2 h} \frac{(m^2 b^2/a^2 + n^2)^2}{m^2 b^2/a^2 + n^2 \sigma_y/\sigma_x}.$$

Die (ganzzahligen) Werte m und n sind bei gegebenem Seitenverhältnis b/a und Spannungsverhältnis σ_y/σ_x so zu wählen, daß σ_x zum Minimum σ_{xK} wird. Für den Sonderfall allseitig gleichen Drucks $\sigma_x = \sigma_y = \sigma$ folgt

$$\sigma = \frac{\pi^2 N}{b^2 h}\left(m^2 \frac{b^2}{a^2} + n^2\right)$$

mit dem Minimum für $m = n = 1$

$$\sigma_K = \frac{\pi^2 N}{b^2 h}\left(\frac{b^2}{a^2} + 1\right).$$

c) Allseitig gelenkig gelagerte Platte unter Schubspannungen. Eine exakte Lösung liegt nicht vor. Mit einem 5gliedrigen Ritz-Ansatz erhält man über die Energiemethode, d.h. aus $\Pi = W - W^{(a)} = \text{Min}$, die Näherungsformeln (s. [4, 6]):

Für $a \leq b$: $\tau_K = \frac{\pi^2 N}{b^2 h}\left(4{,}00 + 5{,}34\frac{b^2}{a^2}\right)$,

Für $a \geq b$: $\tau_K = \frac{\pi^2 N}{b^2 h}\left(5{,}34 + 4{,}00\frac{b^2}{a^2}\right)$.

d) Unendlich langer, gelenkig gelagerter Plattenstreifen unter Einzellasten (**Bild 8**). $F_K = \frac{8b}{\pi}\frac{\pi^2 N}{b^2} = \frac{8\pi N}{b}$.

Weitere Ergebnisse für Rechteckplatten s. [4].

Kreisplatten (Bild 9 a–c)

a) Volle Kreisplatte mit konstantem Radialdruck σ. Dieses Problem läßt sich relativ einfach exakt lösen [1]. Für den Scheibenspannungszustand gilt nach C 5.2.1 $\sigma_r = \sigma_t = \sigma$ und $\tau_{rt} = 0$. Damit nimmt die Differentialgleichung (15) die Form

$$N\Delta\Delta w + h\sigma\Delta w = 0 \quad \text{bzw.} \quad \Delta(\Delta + \alpha^2)w = 0, \quad \alpha^2 = h\sigma/N$$

an. Sie wird erfüllt, wenn

$$(\Delta + \alpha^2)w = 0 \quad \text{und} \quad \Delta w = 0$$

bzw., wegen $\Delta = d^2/dr^2 + (1/r)d/dr$, wenn

$$\frac{d^2 w}{dr^2} + \frac{1}{r}\frac{dw}{dr} + \alpha^2 w = 0 \quad \text{und} \quad \frac{d^2 w}{dr^2} + \frac{1}{r}\frac{dw}{dr} = 0.$$

Die Lösung dieser Gleichungen lautet

$$w(r) = C_1 J_0(\alpha r) + C_2 N_0(\alpha r) + C_3 + C_4 \ln r$$

(J_0 und N_0 sind die Besselsche und die Neumannsche Funktion nullter Ordnung). Die Erfüllung der Randbedingungen $w(R) = 0$ und $M_r(R) = 0$ (für die gelenkig gelagerte Platte) bzw. $w(R) = 0$ und $w'(R) = 0$ (für die eingespannte Platte) sowie der Zusatzbedingungen $w'(0) = 0$ und endlichem $w(0)$ führen auf die Eigenwertgleichungen

$\alpha R J_0(\alpha R) - (1 - v)J_1(\alpha R) = 0$ (gelenkig gelagerte Platte)

und

$J_1(\alpha R) = 0$ (eingespannte Platte).

Hieraus ergeben sich die Beulspannungen

$\sigma_K = 4{,}20 N/(R^2 h)$ (gelenkig gelagerte Platte, $v = 0{,}3$)

und

$\sigma_K = 14{,}67 N/(R^2 h)$ (eingespannte Platte).

b) Kreisringplatte mit konstantem Radialdruck. Die mathematische Lösung ist komplizierter als unter a) (s. [3]). Es ergeben sich bei freiem Innenrand

$\sigma_K = c_1 N/(r_a^2 h)$ (gelenkig gelagerte Platte) und
$\sigma_K = c_2 N/(r_a^2 h)$ (eingespannte Platte) (**Tab. 3**).

Tabelle 3. Beiwerte c_1 und c_2 für $v = 0{,}3$

$r_i/r_a =$	0	0,2	0,4	0,6	0,8
c_1	4,2	3,6	2,7	1,5	2,0
c_2	14,7	13,4	18,1	≈ 40	–

c) Kreisringplatte mit Schubbeanspruchungen. Sind τ_a und $\tau_i = \tau_a r_a^2/r_i^2$ die einwirkenden Schubspannungen, so gilt für eingespannte Ränder

$$\tau_{aK} = c_3 N/(r_a^2 h).$$

Für $v = 0{,}3$ und $r_i/r_a = 0{,}1$; $0{,}2$; $0{,}3$; $0{,}4$ ist $c_3 \approx 17{,}8$; $37{,}0$; $61{,}0$; $109{,}0$.

Weitere Ergebnisse für Kreis- und Kreisringplatten s. [4].

7.3.2 Beulen von Schalen. Buckling of shells

Kugelschale unter konstantem Außendruck p. Die komplizierten Differentialgleichungen findet man u.a. in [7] und [8]. Der kleinste kritische Beuldruck (nach dieser Theorie als Verzweigungsproblem) ergibt sich zu

$$p_K = \frac{2Eh^2}{R^2\sqrt{3(1 - v^2)}}.$$

Schalen können jedoch auch durchschlagen, d.h. bei endlich großen Formänderungen benachbarte stabile Gleichgewichtslagen annehmen. Nach [9] gilt dann

$$p_K = 0,365 E h^2 / R^2,$$

d.h. diese Beullast ist nur rund ein Drittel der des Verzweigungsproblems!

Kreiszylinderschalen (Bild 10a–c)

a) Unter konstantem radialen Außendruck p. Für die unendlich lange Schale ergibt sich

$$p_K = 0,25 E h^3 / [R^3 (1 - v^2)].$$

Ergebnisse für kurze Schalen s. [4].

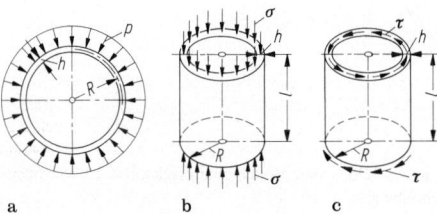

a   b   c

Bild 10a–c. Beulung der Kreiszylinderschale

b) Unter axialer Längsspannung σ. Herleitung der exakten Differentialgleichungen s. [8] und [9]. Näherungsweise gilt für die kleinste kritische Längsbelastung [9]

$$\sigma_K = E h / [R \sqrt{3(1 - v^2)}],$$

wenn sich eine genügende Anzahl von Biegewellen in Längsrichtung einstellen kann. Dies ist der Fall, wenn $l \geq 1,73 \sqrt{hR}$ (für Stoffe mit $v = 0,3$). Bei geringeren Längen ist die Schale als am Umfang gelagerter Schalenstreifen auffaßbar (Lösung s. unten). Außerdem ist bei Zylinderschalen auch das Durchschlagproblem zu beachten, das zu kleineren Beulspannungen führt. Nach [9] gilt hierfür die Näherungsformel

$$\sigma_K = \frac{0,605 + 0,000369 R/h}{1 + 0,00622 R/h} \cdot \frac{Eh}{R}.$$

Ausknicken der Schale als Ganzes, d.h. wie ein Stab großer Länge, tritt ein für $\sigma_K = \pi^2 E R^2 / (2 l^2)$.

c) Unter Torsionsschubspannungen τ. Nach [9] gilt für die Beulspannung $\tau_K = 0,747 \dfrac{E h^2}{l^2} \left(\dfrac{l}{\sqrt{Rh}} \right)^{3/2}$. Dieser Wert ist zur Berücksichtigung von Vorbeulen mit dem Faktor 0,7 zu multiplizieren.

Zylindrische Schalenstreifen (Bild 11a, b)

a) Unter Längsspannung σ bei gelenkig gelagerten Längsrändern.

Für $b/\sqrt{Rh} \leq 3,456$: $\sigma_K = \dfrac{\pi^2 E h^2}{3(1 - v^2) b^2} + \dfrac{E b^2}{4 \pi^2 R^2}$;

für $b/\sqrt{Rh} \geq 3,456$: $\sigma_K = \dfrac{2E}{\sqrt{12(1 - v^2)}} \dfrac{h}{R}$.

b) Unter Schubspannung τ bei gelenkig gelagerten Längsrändern. Die kritischen Schubspannungen ergeben sich aus

$$\tau_K = 4,82 \left(\frac{h}{b} \right)^2 E \sqrt[4]{1 + 0,0146 \frac{b^4}{R^2 h^2}}.$$

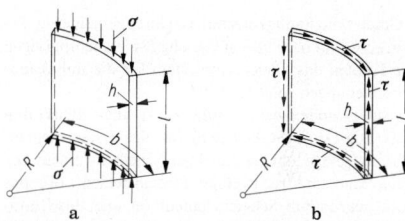

a   b

Bild 11a und b. Beulung des Schalenstreifens

7.3.3 Beulspannungen im unelastischen (plastischen) Bereich. Inelastic (plastic) buckling

Die unter C 7.3.1 und C 7.3.2 angegebenen Formeln liefern Beulspannungen unter der Voraussetzung elastischen Materialverhaltens. Sie können näherungsweise auch für den unelastischen Bereich zugrunde gelegt werden, wenn man sie im selben Verhältnis mindert, wie es sich für Knickspannungen von Stäben aus der Eulerkurve und der Engesser-v. Kármánkurve (näherungsweise Tetmajer-Gerade) ergibt. Für St 37 und St 52 s. hierzu DIN 4114 Blatt 1, Tafel 7.

8 Methode der Finiten Elemente und der Randelemente. Finite element and Boundary element methods

8.1 Finite Elemente. Finite elements

Die Finite-Elemente-Methode (FEM), d.h. die Methode der endlich großen Elemente, ist ein leistungsfähiges Verfahren zur numerischen Lösung von Festigkeitsproblemen aller Art (einschließlich Stabilitätsproblemen) im elastischen und plastischen Bereich. Es basiert auf der Lösung linearer Gleichungssysteme hoher Ordnung mit Hilfe leistungsfähiger Rechner (Computer). Wegen der Übersichtlichkeit werden die Gleichungssysteme zweckmäßigerweise mit Hilfe der Matrizenrechnung (s. A 3.2.4) aufgestellt. Das zu berechnende System, Struktur genannt, wird in passende Elemente aufgeteilt, die über Knotenpunkte miteinander verknüpft sind (**Bild 1**).

Bei der *Verschiebungsmethode* werden die Knotenverschiebungen, bei der *Kraftgrößenmethode* die Spannungen als Unbekannte eingeführt. Für jedes Element ergibt sich infolge der Einheitsverschiebungen seiner Knoten unter Beachtung des maßgeblichen Materialgesetzes (z.B. Hooke-

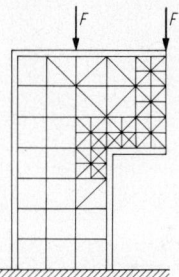

Bild 1. Maschinenständer und Finite Elemente

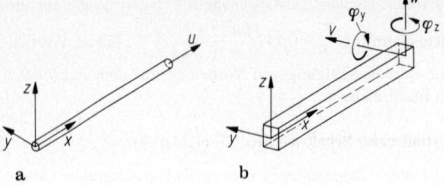

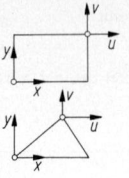

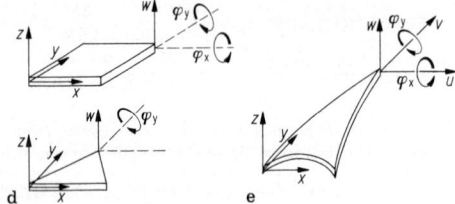

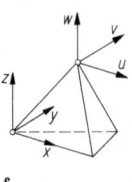

Bild 2a–f. Typen Finiter Elemente

sches Gesetz) die Steifigkeitsmatrix (verallgemeinerter Federkennwert), mit der aus den Gleichgewichtsbedingungen für alle Knoten das Gleichungssystem für die unbekannten Verschiebungen folgt [1–4].

Wichtigste Grundelemente (**Bild 2a–f**) aller Strukturen sind das Zug-Druck-Stabelement (**a**), das Balkenelement (**b**), das dreieckige und rechteckige Scheibenelement (**c**), das dreieckige und rechteckige Plattenelement (**d**), das räumlich gekrümmte Schalenelement (**e**) und das Tetraeder-Volumenelement (**f**). Im folgenden wird der ebene Spannungszustand und speziell die Aufteilung in Dreieckelemente betrachtet (**Bild 2c**):

Verschiebungen sind in erster Näherung linear für die Elementränder und das Elementinnere. Für die Einheitsverschiebung $u_1 = 1$ ist dann die Verschiebungsfunktion (**Bild 3**)

$$f_1(x,y) = \frac{1}{2A}[x(y_3 - y_2) + y(x_2 - x_3) + x_3 y_2 - x_2 y_3], \quad (1)$$

A Flächeninhalt des Elements (s. A 5.1.3). Dieselbe Funktion entsteht für $v_1 = 1$. Entsprechende Funktionen $f_2(x,y)$ und $f_3(x,y)$ folgen für $u_2 = 1$ und $v_2 = 1$ bzw. $u_3 = 1$ und $v_3 = 1$:

$$f_2(x,y) = \frac{1}{2A}[x(y_1 - y_3) + y(x_3 - x_1) + x_1 y_3 - x_3 y_1],$$

$$f_3(x,y) = \frac{1}{2A}[x(y_2 - y_1) + y(x_1 - x_2) + x_2 y_1 - x_1 y_2].$$

Für die Gesamtverschiebung im Elementinnern (und auf dem Rand) infolge der Einheitsverschiebungen gilt dann

$$\left.\begin{array}{l} u(x,y) = f_1(x,y)u_1 + f_2(x,y)u_2 + f_3(x,y)u_3, \\ v(x,y) = f_1 v_1 + f_2 v_2 + f_3 v_3. \end{array}\right\} \quad (2)$$

u und v bilden den Verschiebungsvektor $\boldsymbol{v}$. In Matrizenschreibweise

$$\begin{pmatrix} u \\ v \end{pmatrix} = \begin{pmatrix} f_1 & f_2 & f_3 & 0 & 0 & 0 \\ 0 & 0 & 0 & f_1 & f_2 & f_3 \end{pmatrix} \begin{pmatrix} u_1 \\ u_2 \\ u_3 \\ v_1 \\ v_2 \\ v_3 \end{pmatrix} \quad (3)$$

bzw. in abgekürzter Form

$$\boldsymbol{v}(x,y) = \boldsymbol{f}\,\boldsymbol{v}_k \quad (k = 1, 2, 3). \quad (4)$$

Dehnungen und Gleitungen. Aus Gl. (2) folgt für die elementweise konstanten Dehnungen und Gleitungen $\varepsilon_x, \varepsilon_y, \gamma_{xy}$ (s. C 1 Gln. (12, 13))

$$\varepsilon_x = \frac{\partial u}{\partial x} = \frac{1}{2A}[(y_3 - y_2)u_1 + (y_1 - y_3)u_2 + (y_2 - y_1)u_3]$$
$$= g_1 u_1 + g_2 u_2 + g_3 u_3,$$

$$\varepsilon_y = \frac{\partial v}{\partial y} = \frac{1}{2A}[(x_2 - x_3)v_1 + (x_3 - x_1)v_2 + (x_1 - x_2)v_3]$$
$$= g_4 v_1 + g_5 v_2 + g_6 v_3,$$

$$\gamma_{xy} = \frac{\partial u}{\partial y} + \frac{\partial v}{\partial x} = g_4 u_1 + g_5 u_2 + g_6 u_3 + g_1 v_1 + g_2 v_2 + g_3 v_3$$

bzw. in Matrizenschreibweise (s. A 3.2.4)

$$\begin{pmatrix} \varepsilon_x \\ \varepsilon_y \\ \gamma_{xy} \end{pmatrix} = \frac{1}{2A} \begin{pmatrix} g_1 & g_2 & g_3 & 0 & 0 & 0 \\ 0 & 0 & 0 & g_4 & g_5 & g_6 \\ g_4 & g_5 & g_6 & g_1 & g_2 & g_3 \end{pmatrix} \begin{pmatrix} u_1 \\ u_2 \\ u_3 \\ v_1 \\ v_2 \\ v_3 \end{pmatrix},$$

in abgekürzter Form

$$\boldsymbol{\varepsilon} = \boldsymbol{g}\,\boldsymbol{v}_k. \quad (5)$$

Spannungen. Mit einem Materialgesetz (Abhängigkeit zwischen Dehnungen und Spannungen), z.B. dem Hookeschen Gesetz (s. C 3 Gl. (13)), gilt in Matrizenform und mit Gl. (5)

$$\boldsymbol{\sigma} = \boldsymbol{E}\boldsymbol{\varepsilon} = \boldsymbol{E}\boldsymbol{g}\,\boldsymbol{v}_k. \quad (6)$$

Hierbei ist mit der Querdehnungszahl ν

$$\boldsymbol{E} = \frac{E}{1 - \nu^2} \begin{pmatrix} 1 & \nu & 0 \\ \nu & 1 & 0 \\ 0 & 0 & (1 - \nu)/2 \end{pmatrix}. \quad (7)$$

Knotenkräfte ergeben sich als Funktion der Verschiebungen $\boldsymbol{v}_k$ über das Gleichgewichtsprinzip der virtuellen Ar-

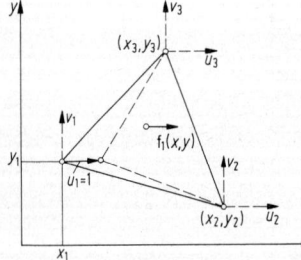

Bild 3. Ebenes Dreieckelement mit Verschiebungszustand $u_1 = 1$

beiten (s. C 2.4.9) in Matrizenschreibweise [1 bis 7]

$$F\,\delta v_\mathrm{k}^T = \iint\limits_{(A)} \boldsymbol{\sigma}\,\delta\boldsymbol{\varepsilon}^T\,h\,\mathrm{d}x\,\mathrm{d}y. \tag{8}$$

Hierbei ist $F = F_\mathrm{k} = \{F_{\mathrm{kx}}, F_{\mathrm{ky}}\}$ der Vektor der Knotenkräfte eines Elements, T die transponierte Matrix und h die Elementdicke. Mit den Gln. (5) und (6) folgt dann

$$F\,\delta v_\mathrm{k}^T = \iint\limits_{(A)} E\boldsymbol{g}v_\mathrm{k}\,\boldsymbol{g}^T\,\delta v_\mathrm{k}^T\,h\,\mathrm{d}x\,\mathrm{d}y$$

bzw., da v_k und δv_k unabhängig von x und y sind und ebenso E, g und g^T elementweise konstant sind, ergibt sich

$$F = E\boldsymbol{g}\boldsymbol{g}^T h A v_\mathrm{k} = k\,v_\mathrm{k}. \tag{9}$$

A ist der Flächeninhalt des Elements. Mit k ist die Steifigkeitsmatrix des Elements gefunden. Hieran schließt sich das Zusammensetzen der Elemente zur Gesamtstruktur unter Herstellung des Gleichgewichts an jedem Knoten. Dies geschieht entweder nach der direkten Methode durch Überlagern der Elementsteifigkeitsmatrizen, die einen Knoten betreffen, oder mathematisch durch Transformation über eine Boolesche Matrix [5]. Mit $F^{(a)}$ als Vektor der äußeren Kräfte folgt

$$F^{(a)} = Kv, \tag{10}$$

eine Matrizengleichung für n vorhandene Knotenpunkte mit $2n$ Verschiebungen, wobei K die Systemsteifigkeitsmatrix ist. Unter Berücksichtigung von m vorhandenen Verschiebungsrandbedingungen stellt Gl. (10) ein System von $2n - m$ linearen Gleichungen für die Verschiebungen der Knoten dar. Sind diese berechnet, so folgen aus Gl. (7) die zugehörigen Spannungen in den Knotenpunkten. Für die Durchführung der umfangreichen Berechnungen stehen für viele Computer Programmsysteme zur Verfügung. Einige einführende Beispiele s. [3, 4, 7], theoretische Weiterentwicklungen der FEM s. [5, 6].

Anwendungen. Die nachfolgenden Beispiele wurden ausnahmslos unter der Annahme eines linearen elastischen Materialgesetzes (Hookesches Gesetz) auf einem 386er PC berechnet.

1. Balkenelemente: Rahmen mit Halbkreisbögen (C 2.7 **Bild 57**). Gegeben: $a = 600$ mm, $b = 1200$ mm, Streckenlast $q = 18$ kN/m, Querschnittsabmessungen $B = 100$ mm, $H = 40$ mm. Als Struktur wurden 32 Balkenelemente gewählt, die durch 32 Knoten miteinander verbunden sind (**Bild 4**). Das Rechnerprogramm führte über 136 Gleichungen zu den Verschiebungen der Knoten, wobei sich folgende Extremwerte ergaben: Knoten 1 und 17 in y-Richtung 17,6 mm nach außen, Knoten 9 und 25 in x-Richtung 7,25 mm nach innen. Die aus den Verschiebungen vom Programm berechneten Spannungen haben folgende Extremwerte: am Knoten 1 und 17 außen $\sigma_\mathrm{a} = +186,1$ N/mm^2 und innen $\sigma_\mathrm{i} = -180,8$ N/mm^2, am Knoten 9 und 25 außen $\sigma_\mathrm{a} = -175,7$ N/mm^2 und innen

$\sigma_\mathrm{i} = +186,4$ N/mm^2. Zum Vergleich ergeben sich nach den Formeln von C 2.7 die Momente $M_1 = -0,76qa^2 = -4,925$ kNm, $M_2 = +0,74qa^2 = +4,795$ kNm und mit den Längskräften $F_{\mathrm{N1}} = qa = 10,8$ kN, $F_{\mathrm{N2}} = qb = 21,6$ kN sowie mit $A = BH = 4000$ mm^2, $W_\mathrm{b} = BH^2/6 = 26667$ mm^3 die Spannungen in den Knoten 1 und 17: $\sigma_{\mathrm{a,i}} = F_{\mathrm{N1}}/A \mp M_1/W_\mathrm{b} = (2,7 \pm 184,7)$ N/mm$^2 = +187,4$ N/mm^2 bzw. $-182,0$ N/mm^2 und in den Knoten 9 und 25: $\sigma_{\mathrm{a,i}} = F_{\mathrm{N2}} \mp M_2/W_\mathrm{b} = (5,4 \mp 179,8)$ N/mm$^2 = -174,4$ N/mm^2 bzw. $+185,2$ N/mm^2. Damit beträgt die größte Abweichung der FEM-Resultate gegenüber den Formelergebnissen (Knoten 9, außen) nur 0,75%.

2. Scheibenelemente: Gelochter Flachstab unter einachsiger Zugbeanspruchung (**Bild 5a**). Gegeben: $l = 480$ mm, $b = 120$ mm, $d = 60$ mm, Scheibendicke $h = 10$ mm, Zugbeanspruchung $\sigma = 80$ N/mm^2. Die Struktur wurde durch 336 Scheibenelemente aufgebaut, die durch 384 Knoten verknüpft sind (**Bild 5b**). Das Rechnerprogramm lieferte aus insgesamt 758 Gleichungen die Verschiebungen aller Knotenpunkte, wobei die Größtwerte (an den Knoten des freien Randes) $u = 0,218$ mm betragen. Die aus den Verschiebungen berechneten Spannungen aller Elemente haben ihre Größtwerte in den Knotenpunkten 1 und 209 mit $\sigma_x = 328,4$ N/mm^2, während in den Knoten 92 und 300 die Spannung $\sigma_x = 84,9$ N/mm^2 ist. Mit der Nennspannung $\sigma_\mathrm{n} = \sigma \cdot b/(b - d) = 160$ N/mm^2 folgt somit nach der FEM die Formzahl $\alpha_\mathrm{k} = \sigma_x/\sigma_\mathrm{n} = 328,4/160 = 2,05$, während sich aus dem herkömmlichen Formzahl-Diagramm nach Wellinger-Dietmann [8] für $a/b = 600/1200 = 0,5$ der Wert $\alpha_\mathrm{k} = 2,15$ ergibt. Die Verlängerung des Stabs nach dem Hookeschen Gesetz beträgt $\Delta l = l \cdot \sigma/E = 480$ mm $\cdot 80$ N/mm$^2/(2,1 \cdot 10^5$ N/mm$^2) = 0,183$ mm, wobei der Unterschied zum FEM-Ergebnis den Einfluß der Bohrung wiedergibt. Rechnet man näherungsweise längs der Bohrung mit dem Nennquerschnitt, so ergibt sich $u = (l - d) \cdot \sigma/E + d \cdot \sigma_\mathrm{n}/E = 0,16$ mm $+ 0,046$ mm $= 0,206$ mm. Diese Näherung liefert gegenüber dem sicherlich genaueren FEM-Resultat nur noch eine Abweichung von 5,5%.

3. Plattenelemente: Eingespannte Deckplatte mit Einfüllöffnung (Kreisringplatte) (**Bild 6a**). Gegeben: $d_1 = 2400$ mm, $d_2 = 600$ mm, $h = 10$ mm, Flächenlast $p = 5$ kN/m^2. Nach Aufteilung der Struktur in 216 Plattenelemente mit 240 Knoten (**Bild 6b**) lieferte das Rechnerprogramm aus 1296 Gleichungen die Verschiebungen (Durchbiegungen) aller Knotenpunkte und daraus die Spannungen an allen Elementen. Danach ergibt sich am freien Innenrad (Knoten 1) die maximale Durchbiegung zu $f = 8,02$ mm sowie die größte Umfangsspannung zu $\sigma_\mathrm{t} = 40,7$ N/mm^2 und an der Einspannung (Knoten 10) die größte Radialspannung $\sigma_\mathrm{r} = 54,2$ N/mm^2. Die Plattentheorie (s. C 5

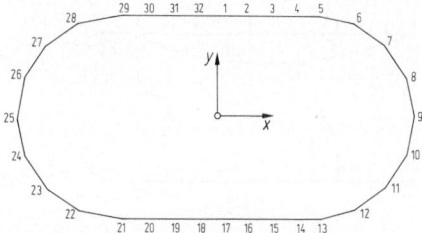

Bild 4. Rahmen nach **C 2.7 Bild 57** mit 32 Knoten

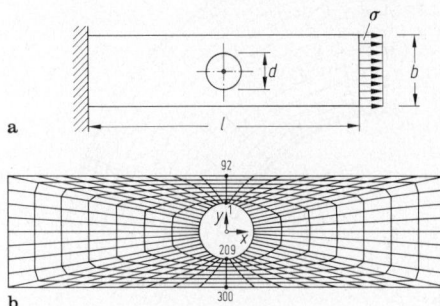

Bild 5. Gelochter Flachstab. **a** Belastungsschema; **b** Struktur der 336 Scheibenelemente und 384 Knoten

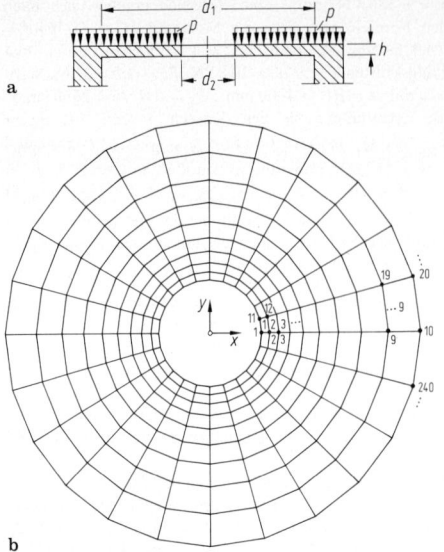

Bild 6. Kreisringplatte. **a** Aufbau und Belastung; **b** Struktur der 216 Plattenelemente und 240 Knoten

[5]) liefert für die Durchbiegung des Innenrands denselben Wert 8,02 mm und für die Spannungen am freien Rand $\sigma_t = 40,9$ N/mm² sowie am eingespannten Rand $\sigma_r = 51,1$ N/mm², so daß für letztere die Abweichung des FEM-Ergebnisses von dem der Plattentheorie 6,1% beträgt, was auf eine zu grobe Elementaufteilung zurückzuführen ist.

4. Schalenelemente: Rohrbogen unter Biegebeanspruchung (**Bild 7a**). Gegeben: Stahlrohr DN 500 mit $d_a = 508$ mm, Wanddicke $s = 6,3$ mm, $R = 762$ mm, $M = 25$ kNm. Die Struktur wurde eingeteilt in $8 \cdot 32 = 256$ Schalenelemente,

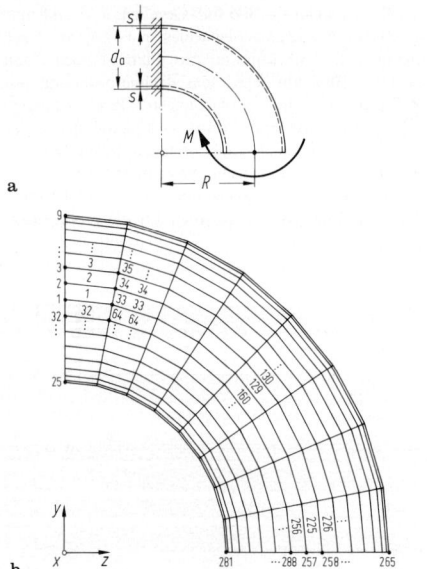

Bild 7. Rohrbogen. **a** Anordnung und Belastung; **b** Struktur mit 256 Schalenelementen und 288 Knoten

die in $9 \cdot 32 = 288$ Knotenpunkten miteinander verknüpft sind (**Bild 7b**). Mit dem Rechnerprogramm wurden aus 1 536 Gleichungen die Verschiebungen in x-, y- und z-Richtung sämtlicher Knoten und daraus die Spannungen an allen Elementen berechnet. Danach ergibt sich z.B. am freien Ende die resultierende Verschiebung des Punkts P der Rohrachse zu $f = 4,91$ mm und am Element *129* die größte auftretende Vergleichsspannung zu $\sigma_V = 149,4$ N/mm². Demgegenüber liefert die Stabstatik (Querschnitte behalten ihre Kreisform) für die Verschiebung des Punkts P den Wert $f_{St} = 0,254$ mm, woraus mit dem die Querschnittsverformung berücksichtigenden Kármán-Faktor [9] $K = Rs/(1,65 r_m^2) = 762 \cdot 6,3$ mm$/(1,65 \cdot 250,85^2$ mm²$) = 0,0462$ schließlich $f = f_{St}/K = 5,50$ mm folgt. Das Ergebnis der FEM weicht somit von diesem Wert um 10,7% ab und bedeutet, daß für derart stark gekrümmte Rohrbögen die „Kármán-Theorie" nur noch bedingt gültig ist. Hinsichtlich der Spannung erhält man aus $\sigma_V = i_{V,el} \cdot \sigma_0$, wobei $\sigma_0 = M_b/W_b$ die Nennspannung (aus der Stabstatik), mit $W_b = \pi d_m^2 s/4 = 1 245,4 \cdot 10^3$ mm³ also $\sigma_0 = 25 \cdot 10^6$ Nmm$/(1 245,4 \cdot 10^3$ mm³$) = 20,07$ N/mm² ist, den Spannungserhöhungsfaktor im elastischen Bereich zu $i_{V,el} = 149,4/20,07 = 7,44$. Für Rohrbögen läßt man i.allg. gewisse plastische Verformungen zu, was zu einer Steigerung der Tragfähigkeit (Stützziffer n, s. C9) führt und durch $i_{V,pl} = i_{V,el}/n$, d.h. durch einen verringerten Spannungserhöhungsfaktor berücksichtigt wird. Beispielsweise folgt nach ASME-Code, ANSI B31.1 (American Society of Mechanical Engineers), für $i_{V,pl} = 0,9/\sqrt[3]{h^2}$ mit $h = 4Rs/d_m^2 = 0,07629$ also $i_{V,pl} = 5,00$, so daß im vorliegenden Fall die Stützziffer $n = i_{V,el}/i_{V,pl} = 7,44/5,00 = 1,49$ beträgt, was näherungsweise mit dem Wert $n = 1,43$ für einen Rechteckquerschnitt (s. C9) übereinstimmt.

8.2 Randelemente. Boundary Elements

Die Randelementmethode (*REM*) bzw. Boundary-Element-Method (*BEM*) ist eine Integralgleichungsmethode, die in ihrem Ursprung auf die Tatsache zurückgeht, daß man die Lösung einer Differentialgleichung auf eine Integralgleichung über die Greensche Funktion und die Belastungsfunktion zurückführen kann. Die Greensche Funktion (Einflußfunktion) ist eine die Randbedingungen und die Differentialgleichung befriedigende Funktion infolge einer Einzellast $F = 1$.

Träger: Für den bekannten Fall der Balkenbiegung (s. C2.4.8) lautet die Differentialgleichung für die Durchbiegungen $w''''(x) = -q(x)/EI_y$. Im Falle eines an den Enden gelenkig gelagerten Trägers mit den Randbedingungen $w(x = 0) = w''(x = 0) = w(x = l) = w''(x = l) = 0$ (**Bild 8a**) gilt die Lösung für die Durchbiegungen in Integral-

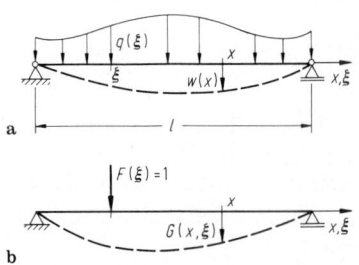

Bild 8. Einfeldträger: **a** mit Streckenlast; **b** mit Wanderlast

gleichungsform:

$$w(x) = \int_0^l G_0(x,\xi) q^*(\xi)\mathrm{d}\xi = \int_0^l \eta_0(x,\xi) q^*(\xi)\mathrm{d}\xi \qquad (11)$$

mit $q^*(x) = q(x)/EI_y$, wobei $G(x,\xi)$ die Greensche Funktion (Einflußfunktion) für die Durchbiegung an der Stelle x infolge einer Wanderlast $F = 1$ an der Stelle ξ ist (**Bild 8b**). An Stelle des griechischen Buchstaben ξ wird in der modernen Literatur für die Laufvariable y verwendet, so auch nachfolgend. Da für $F = 1$ die Diff.gl. $w''''(x) = 0$ gilt, folgt durch viermalige Integration für die Greensche Funktion eine Parabel 3. Grades, die aber auch die Randbedingungen erfüllen muß. Eine solche Funktion ist uns bereits nach **C2 Tab. 5a**, Fall 2 bekannt, wenn man dort $a = x, b = (l - x)$ und $x = y$, sowie $F = 1$ setzt. Sie lautet

$$G_0(x,y) = \eta_0(x,y) =$$
$$\frac{1}{6EI_y l}\begin{cases} x(l-x)(2l-x)y - (l-x)y^3 & \text{für } 0 \le y \le x, \\ x(l^2-x^2)(l-y) + x(l-y)^3 & \text{für } x \le y \le l. \end{cases} \qquad (12)$$

Einsetzen der Einflußfunktion (12) in Gl. (11) liefert die Biegelinie $w(x)$ für jede Lastfunktion $q(x)$. Ferner erhält man aus der Greenschen Funktion (12) durch einmalige Differentiation nach der Aufpunktkoordinate x die Einflußlinie für die Biegewinkel $\eta_\alpha(x,y) = \partial\eta_0/\partial x$, durch zweimalige Differentiation nach x die Einflußlinie für die Biegemomente $\eta_M(x,y) = EI_y \partial^2\eta_0/\partial x^2$ und durch dreimalige Differentiation nach x die Einflußlinie für die Querkräfte $\eta_Q(x,y) = -EI_y \partial^3\eta_0/\partial x^3$. Andererseits erhält man für festen Lastort $y = x$ durch Ableitung nach der Laufvariablen y aus Gl. 12 nach der ersten Ableitung die Neigungswinkelinie $\alpha(y,x)$, nach der zweiten Ableitung die Biegemomentenlinie $M_b(y) = -EI_y \partial^2\eta_0/\partial y^2$ und nach der dritten Ableitung nach y die Querkraftlinie $F_Q(y)$.

Zusammenfassung: Kennt man für Differentialgleichungsprobleme die Greensche Funktion, d.h. eine die Randbedingungen befriedigende Lösung infolge einer Wanderlast $F = 1$, die auch die Differentialgleichung erfüllt, so ist nach Gl. 11 die Lösung des Problems für jede beliebige Lastfunktion gegeben.

Scheiben, Platten und Schalen. Hier sind nur in den seltensten Fällen die Greenschen Funktionen, d.h. die Lösung z.B. für eine Platte mit einer Einzellast an beliebiger Stelle (y_1, y_2) für jeden Ort (x_1, x_2), welche die Randbedingungen erfüllt, bekannt. Dagegen sind stets sogenannte Grund- oder Fundamentallösungen für $w(x_1, x_2, y_1, y_2)$ infolge einer Einzelkraft $F = 1$ in (y_1, y_2) für Scheiben, Platten und Schalen bekannt [11], die als Lösung für eine unendlich ausgedehnte Scheibe, Platte oder Schale angesehen werden können. Hier setzt zur Lösung des wirklichen Randwert-

problems die Randelementmethode *REM* bzw. Boundary Element Method *BEM* wie folgt ein: Man denkt sich z.B. die wirkliche Platte aus dem unendlichen Gebiet Ω herausgeschnitten, bringt einmal die wirkliche Belastung $q(y_1, y_2)$ und das andere Mal die Einzelkraft $\hat{F}(x_1, x_2) = 1$ sowie jeweils alle Randschnittgrößen und Randverformungen auf (**Bild 9a, b**) und verwendet den *Satz von Betti:* Für 2 Gleichgewichtszustände eines Systems (F, M) und $(\hat{F}, \hat{M})$ mit den zugehörigen Verformungen (w, α) und $(\hat{w}, \hat{\alpha})$ gilt für die Arbeiten:

$$\sum \hat{F}w + \sum \hat{M}\alpha = \sum F\hat{w} + \sum M\hat{\alpha}, \quad \text{d.h.} \quad W_{1,2} = W_{2,1}.$$

Wendet man den Satz von Betti für die Platten nach **Bild 9a, b** an, so folgt:

$$W_{1,2} = 1 \cdot w(x_1, x_2) + \int_\Gamma (\hat{V}_n w + \hat{M}_n \alpha_n)\mathrm{d}s + \sum \hat{F}_e w_e =$$
$$W_{2,1} = \int_\Omega p\hat{w}\,\mathrm{d}\Omega + \int_\Gamma (V_n\hat{w} + M_n\hat{\alpha}_n)\mathrm{d}s + \sum F_e \hat{w}_e \qquad (13a)$$

und damit folgt für die gesuchte Durchbiegung (Einflußfunktion):

$$w(x_1, x_2) = \int_\Omega p\hat{w}\,\mathrm{d}\Omega + \int_\Gamma (V_n\hat{w} + M_n\hat{\alpha}_n)\mathrm{d}s + \sum F_e\hat{w}_e$$
$$- \int_\Gamma (\hat{V}_n w + \hat{M}_n \alpha_n)\mathrm{d}s - \sum \hat{F}_e w_e \qquad (13b)$$

bzw.

$$w(x_1, x_2) = \int_\Omega p\hat{w}\,\mathrm{d}\Omega + W_{\text{Rand }2,1} - W_{\text{Rand }1,2}. \qquad (13c)$$

Hierbei bedeutet das Integral über Ω ein Gebietsintegral und die Integrale über Γ sind Randintegrale. Dabei ist n die Richtung der Normalen am Rand und V_n bzw. M_n die Kirchhoffsche Randscherkraft (Ersatzquerkraft) und das Biegemoment in einer zu n senkrechten Randfläche.

Unendlich ausgedehnte Platte. Da die Gebietslösung infolge $\hat{F} = 1$ im Punkt (x_1, x_2) für die Durchbiegung $w(x_1, x_2, y_1, y_2)$ bekannt ist und nach [11, 12] lautet (sog. Grund- oder Fundamentallösung):

$$\hat{w}_0(r) = \hat{g}_0(r) = \frac{1}{8\pi N} \cdot r^2 \ln r, \qquad (14)$$

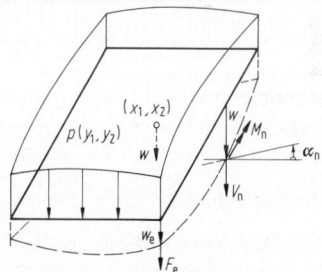

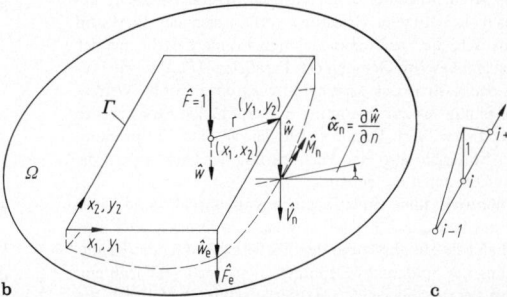

Bild 9. Rechteckplatte: **a** unter Flächenlast; **b** unter der Hilfskraft $\hat{F} = 1$; **c** Randelemente mit Dachfunktion

wobei $r = \sqrt{(y_1 - x_1)^2 + (y_2 - x_2)^2}$ den Abstand des Lastpunktes (x_1, x_2) z.B. von einem Randpunkt (y_1, y_2) bedeutet und $N = Eh^3/12(1 - v^2)$ die sog. Plattensteifigkeit ist (s. C5.1), sind durch entsprechende Differentiationen auch alle Neigungswinkel, Biegemomente und Querkräfte, d.h. auch alle in Gl. 13 mit einem „Dach" versehenen Randgrößen bekannt, wie $\hat{w}_0, \hat{\alpha}_{0n}, \hat{M}_{0n}$ und $\hat{V}_{0n}$.

Wirkliche Platte. Unbekannt sind hier von den 4 Randfunktionen w, α_n, M_n, V_n jeweils 2, während 2 durch die Randbedingungen der Platte vorgegeben sind. Z.B. sind im Falle einer allseits gelenkig gelagerten Platte die Werte α_n und V_n unbekannt, während $w = 0$ und $M_n = 0$ längs des Randes vorgegeben sind.

Die unbekannten Funktionen α_n und V_n werden nun nach der Randelementmethode numerisch für m diskrete Randknoten, die durch m Randelemente verbunden sind, ermittelt, in dem man in jedem Knoten selbst, d.h. m-mal die Einzelkraft $F_i = 1$ anbringt und m-mal den Satz von *Betti* anschreibt entsprechend Gl. 13b und dadurch m lineare Gleichungen für die $2m$ Unbekannten α_{ni} und V_{ni} bekommt ($i = 1 \ldots m$).

Weitere m Gleichungen erhält man dadurch, daß man in jedem Knoten ein Randmoment $\hat{M} = 1$ anbringt, zu dem die Grundlösung gehört:

$$\hat{g}_1(r) = \frac{\partial}{\partial r}\hat{g}_0(r) = \frac{1}{8\pi N} r(1 + 2\ln r)\frac{\partial r}{\partial n}. \tag{15}$$

womit wiederum die Randgrößen $\hat{w}_1, \hat{\alpha}_{1n}, \hat{M}_{1n}, \hat{V}_{1n}$ bekannt sind, und daß man auch dafür m-mal den Satz von *Betti* anschreibt.

Um über den Rand numerisch integrieren zu können, werden die Unbekannten α_{ni} und V_{ni} mit Elementfunktionen $\alpha_{ni}(s) = \alpha_{ni}\varphi(s)$ bzw. $V_{ni}(s) = V_{ni}\psi(s)$ verknüpft, wofür in der Regel lineare „Dachfunktionen" nach **Bild 9c** ausreichen (für Platten mit freien Elementrändern sind für w_i Hermitesche Polynome erforderlich, s. [12, 13, 14]). Sind alle Integrationen durchgeführt, hat man $2m$ Gleichungen für die $2m$ Unbekannten.

Nach Lösung (unter Zusatzbetrachtungen für die Eckkräfte) und Einsetzen in Gl. 13b erhält man die Durchbiegungen $w(x_1, x_2)$ für beliebige Punkte (x_1, x_2) und durch

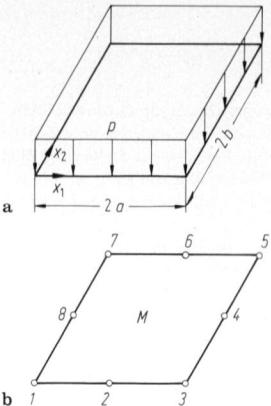

Bild 10. Allseits gelenkig gelagerte Stahlplatte: **a** mit konst. Flächenlast; **b** Randelemente mit 8 Knoten

Differentiation die Neigungswinkel und Schnittlasten. Einzelheiten der Durchführung s. [12, 13, 14].

Beispiel: Für eine gelenkig gelagerte quadratische Stahlplatte von 10 mm Dicke ($E = 2{,}1 \cdot 10^8$ kN/m²) mit konstanter Flächenlast $p = 10$ kN/m² und den Kantenlängen $2a = 2b = 1{,}0$ m sollen die Durchbiegung und die Biegemomente bzw. Biegespannungen in Plattenmitte nach dem *REM (BEM)* ermittelt werden (**Bild 10a**).
Lösung: Die Ränder werden in $m = 8$ Randelemente mit $m = 8$ Knoten unterteilt und die Berechnung mit einem *BEM*-Programm durchgeführt. Als Ergebnis erhält man für die Plattenmitte M (**Bild 10b**) die Durchbiegung $w = 2{,}19$ mm und die Biegemomente $m_{x1} = m_{x2} = 0{,}48$ kNm/m und aus letzterem die Biegespannungen $\sigma = 28{,}8$ N/mm². Zum Vergleich werden die Formeln nach C5.1.1 herangezogen: $w = f = c_3 pb^4/Eh^3$ und $\sigma = c_1 pb^2/h^2$, woraus mit den Koeffizienten $c_3 = 0{,}71$ und $c_1 = 1{,}15$ nach **C5 Tab. 1** die Werte $w = 2{,}11$ mm und $\sigma = 28{,}8$ N/mm² folgen, d.h. das Ergebnis nach *REM* weicht für w um 3,8% und für σ um 0% von den Tafelwerten ab und stellt somit bei der groben Randeinteilung ein sehr gutes Ergebnis dar.

9 Plastizitätstheorie
Theory of plasticity

9.1 Allgemeines. Introduction

Wird bei der Beanspruchung eines Werkstoffs die Elastizitätsgrenze überschritten und treten nach Entlastung bleibende Dehnungen ε_b (**Bild 1**) auf, so handelt es sich um Beanspruchungen im plastischen (unelastischen) Bereich. Bei erneuter Belastung verhält sich der Werkstoff elastisch, die Spannungs-Dehnungs-Linie besteht aus der zur Hookeschen Geraden $\overline{OP}$ Parallelen $\overline{AP_1}$, d.h., als Folge der Kaltreckung wird die Streckgrenze erhöht. Weitere Belastung bis zur Spannung σ_{P2} erhöht die Streckgrenze auf diesen Wert. Damit verbunden ist eine Versprödung des Materials, also eine Verringerung der Dehnbarkeit bis zum Eintreten des Bruchs.

Unterwirft man einen Versuchsstab anschließend einer Druckbeanspruchung, so ergibt sich im Druckbereich eine erhebliche Herabsetzung der Fließgrenze, d.h., die Krümmung der Spannungs-Dehnungs-Linie setzt sehr früh ein, und bei anschließender Wiederbelastung bildet sich die

Hysteresis-Schleife (**Bild 2**). Ihr Flächeninhalt stellt die bei einem Zyklus verlorengehende Formänderungsarbeit dar. Wird er mehrmals durchlaufen, so wird jedes Mal diese Arbeit verbraucht. Derartige dynamische Vorgänge führen häufig zum baldigen Bruch des Bauteils (Bauschinger-Effekt) und gehören zur Zeitfestigkeit.

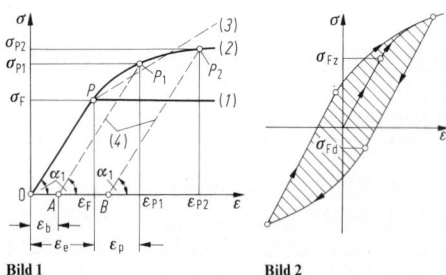

Bild 1

Bild 2

Bild 1. Spannungs-Dehnungs-Linien im plastischen Bereich

Bild 2. Hysteresis-Schleife bei Beanspruchung im plastischen Bereich

Die Plastizitätstheorie behandelt vorwiegend das Verhalten unter statischer Belastung. Nur sie ist im folgenden zugrunde gelegt. Unterschieden wird:

ideal-elastisch-plastisches Material (unlegierte Konstruktionsstähle), Kurve *1* auf **Bild 1**, hierfür gilt

$$\sigma = E\varepsilon \quad \text{für} \quad -\varepsilon_F \leqq \varepsilon \leqq \varepsilon_F,$$
$$\sigma = \sigma_F \quad \text{für} \quad \varepsilon \geqq \varepsilon_F;$$

elastisch verfestigendes Material (vergütete Stähle), Kurve *2* auf **Bild 1**, hierfür gilt

$$\sigma = E\varepsilon \quad \text{für} \quad -\varepsilon_F \leqq \varepsilon \leqq \varepsilon_F,$$
$$\sigma = A|\varepsilon|^k \quad \text{für} \quad \varepsilon \geqq \varepsilon_F$$

oder näherungsweise bei Ersatz der Kurve *2* durch eine Gerade *3* mit dem Verfestigungsmodul $E_2 = \tan\alpha_2$

$$\sigma = \sigma_F + E_2(\varepsilon - \varepsilon_F).$$

Weitere Materialgesetze s. [2, 3], für Kunststoffe [4]. Bei Entlastung des Werkstoffs gilt stets das lineare (Hookesche) Gesetz

$$\sigma = E(\varepsilon - \varepsilon_b) = \sigma_{P1} - E(\varepsilon_{P1} - \varepsilon).$$

Kriechen. Oberhalb der Kristallerholungstemperatur, bei der die Verfestigung infolge Kaltverformung aufgehoben wird (für Stahl bei $T_K \geqq 400° \, C$), tritt unter konstanter Last eine mit der Zeit zunehmende Verformung, das Kriechen, ein (bei Kunststoffen schon bei normalen Temperaturen). Als Festigkeitswerte sind dann die Zeitstandfestigkeit $R_{m/t/T}$ und die Zeitdehngrenze $R_{P1/t/T}$, die zum Bruch bzw. zur Dehnung von 1% nach $t = 100\,000$ h bei der Temperatur T führen, zu ermitteln (s. E 1.6.4).

Relaxation. Wird bei Stahl unter hohen Temperaturen ($T \geqq 400$ K) die Dehnung konstant gehalten, so werden vorhandene Zwangsspannungen mit der Zeit (durch Kriechen) abgebaut (bei Kunststoffen schon bei normalen Temperaturen).

Umformtechnik. Hierbei handelt es sich um die Vorgänge bei der spanlosen Formgebung (Walzen, Pressen, Schmieden). Die plastischen Verformungen sind hier so groß, daß die elastischen in der Theorie [3] nicht berücksichtigt werden (s. S 3).

Viskoelastizitätstheorie. Sie befaßt sich mit dem elastisch-plastischen Verhalten der Kunststoffe unter besonderer Beachtung der Zeitabhängigkeit von Deformationen und Spannungen (Kriechen und Relaxation). Grundlagen sind die Materialgesetze von Maxwell und Kelvin [4].

9.2 Anwendungen. Uses

9.2.1 Biegung des Rechteckbalkens
Bending of rectangular beams

Unter der Annahme ideal-plastischen Materials (die Ergebnisse für verfestigendes Material weichen im plastischen Anfangsdehnungsbereich nur unwesentlich ab) gilt nach **Bild 3a** bei Voraussetzung, daß die Querschnitte auch im plastischen Bereich eben bleiben (Bernoullische Hypothese), mit der Höhe h und der Breite b des Balkens

$$M_{bF} = 2 \int_0^{h/2} \sigma(z)zb\,dz \quad \text{mit} \quad \sigma(z) = \sigma_F z/a$$

für $0 \leqq z \leqq a$ und $\sigma(z) = \sigma_F$ für $a \leqq z \leqq h/2$, d.h.

$$M_{bF} = 2 \int_0^a \sigma_F(z^2/a)b\,dz + 2 \int_a^{h/2} \sigma_F zb\,dz$$
$$= 2\sigma_F ba^2/3 + \sigma_F b[(h/2)^2 - a^2]$$
$$= \sigma_F(bh^2/6)(3/2 - 2a^2/h^2)$$
$$= \sigma_F W_b[1,5 - (2a^2/h^2)] = M_{bE}n_{pl}.$$

M_{bE} ist das Tragmoment des Rechteckquerschnitts bei Verlassen des elastischen Bereichs, n_{pl} die Stützziffer, die angibt, in welchem Verhältnis sich das Tragmoment als Funktion des plastischen Ausdehnungsbereichs vergrößert. Für $a = 0$ (vollplastischer Querschnitt) wird $n_{pl} = 1,5$, d.h., die Tragfähigkeit um 50% größer als beim Verlassen des elastischen Bereichs. Für die Dehnung gilt

$$\varepsilon(z) = (\varepsilon_F/a)z = (\sigma_F z)/(Ea), \quad \varepsilon_{max} = \sigma_F h/(2Ea);$$

d.h., für $a = 0$ (vollplastischer Querschnitt) wird ε_{max} unendlich, die volle Ausschöpfung der Tragfähigkeit setzt also sehr große Deformationen voraus (an der Stelle des größten Moments bildet sich ein sog. plastisches Gelenk). Deshalb wird in der Praxis die Dehnung ε_p auf 0,2% begrenzt. Für St 37 mit $\sigma_F = 240$ N/mm^2 und $E = 2,1 \cdot 10^5$ N/mm^2 wird $\varepsilon_F = \sigma_F/E = 0,114\%$, also $\varepsilon_{max} = \varepsilon_p + \varepsilon_F = 0,314\%$ und damit $a = \sigma_F h/(2\varepsilon_{max}E) = 0,182h$. Hiermit folgt für die Stützziffer $n_{pl} = 1,5 - 2(a/h)^2 = 1,43$. Für diesen Fall, also für $\varepsilon_p = 0,2\%$, wird $n_{pl}\sigma_F = K_{0,2}^*$, also gleich dem Formdehngrenzwert nach C 1.2. Ergebnisse für verschiedene andere Querschnitte und Grundbeanspruchungsarten s. [1, 2].

Restspannung. Wird das am Querschnitt wirkende Moment M_{bF} entfernt, so ist dies gleichwertig mit dem Aufbringen eines entgegengesetzt wirkenden Moments $-M_{bF}$ (**Bild 3b**). Da der Werkstoff bei Entlastung der Hookeschen Geraden $\overline{AP_1}$ (**Bild 1**) folgt, entstehen Spannungen $\sigma_e(z) = -M_{bF}z/I_y$ mit linearer Verteilung und dem Maximalwert $\sigma_{e,max} = -M_{bF}/W_b$. Die Überlagerung mit den Spannungen $\sigma(z)$ nach **Bild 3a** ergibt die Restspannungen $\sigma_r(z) = \sigma(z) - \sigma_e(z)$ nach **Bild 3c**, die bei ungleichförmigen Spannungszuständen nach jeder Dehnung über die Fließgrenze hinaus und anschließender Entlastung übrig bleiben.

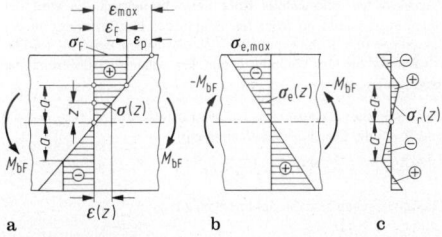

Bild 3. Biegespannungen im plastischen Bereich. **a** teilplastischer Querschnitt; **b** Spannungsüberlagerung bei Entlastung; **c** Restspannungen nach Entlastung

9.2.2 Räumlicher und ebener Spannungszustand
Three-dimensional and plane stresses

Fließbedingungen. Für ideal-elastisch-plastisches Material gilt nach **Tresca**

$$[(\sigma_1 - \sigma_2)^2 - \sigma_F^2][(\sigma_2 - \sigma_3)^2 - \sigma_F^2][(\sigma_3 - \sigma_1)^2 - \sigma_F^2] = 0.$$

Hiernach setzt Fließen ein, wenn die größte Hauptspannungsdifferenz den Wert σ_F erreicht. Sind σ_1 und σ_3 die größte und kleinste Hauptspannung, so folgt $\sigma_1 - \sigma_3 = 2\tau_{max} = \sigma_F$. Wird $\sigma_v = \sigma_F$ als einachsige Vergleichsspannung angesehen, so ist das Tresca-Gesetz identisch mit der Schubspannungshypothese (s. C1.3.2).

v. Mises setzt an

$$(\sigma_1 - \sigma_2)^2 + (\sigma_2 - \sigma_3)^2 + (\sigma_3 - \sigma_1)^2 = 2\sigma_F^2.$$

Hiernach setzt Fließen ein für

$$\sigma_V = (1/\sqrt{2})\sqrt{(\sigma_1 - \sigma_2)^2 + (\sigma_2 - \sigma_3)^2 + (\sigma_3 - \sigma_1)^2} = \sigma_F.$$

Dieses Gesetz ist identisch mit der Gestaltungsänderungsenergiehypothese (s. C1.3.3).

Spannungs-Deformations-Gesetze

Gesetz von Prandtl-Reuß. Es hat die infinite (differentielle) Form

$$dV_D = dV_{D,e} + dV_{D,p} = (dS_D + S_D d\lambda)/(2G)$$

bzw. nach Einführung der Verzerrungsgeschwindigkeiten

$$\dot{V}_D = (\dot{S}_D + S_D \cdot \dot{\lambda})/(2G).$$

Hierbei ist V_D der sog. Deviator des Verzerrungstensors V (s. C1.1.2), d.h., es gilt $V_D = V - e \cdot I$, wobei $e = (\varepsilon_x + \varepsilon_y + \varepsilon_z)/3$ und I den Einheitskugeltensor darstellt. Der Verzerrungsdeviator gibt die Gestaltänderung bei gleichbleibendem Volumen wieder. S_D ist der Deviator des Spannungstensors [5]. G ist der Schubmodul und $d\lambda$ bzw. $\dot{\lambda}$ ist ein skalarer Proportionalitätsfaktor, der sich durch Gleichsetzung der Gestaltänderungsenergien des räumlichen und des einachsigen Vergleichszustandes zu $d\lambda = \dfrac{3}{2} \dfrac{d\sigma_v}{T_p(\sigma_v)\sigma_v}$ ergibt, wobei $T_p = d\sigma_v/d\varepsilon_{vp}$ der plastische Tangentenmodul (Anstieg der σ_v-ε_{vp}-Linie) ist.

Gesetz von Hencky. Dieses hat die finite Form

$$V_D = V_{D,e} + V_{D,p} = \left(\frac{1}{2G} + \frac{1}{2G_p}\right) S_D.$$

G_p ist der variable Plastizitätsmodul, der sich durch Anwendung des Gesetzes auf den einachsigen Vergleichszustand aus $\varepsilon_{vp} = \dfrac{1}{2G_p} \cdot \dfrac{\sigma_v}{3}$ zu $G_p(\varepsilon_{vp}) = \dfrac{1}{3} \dfrac{\sigma_v}{\varepsilon_{vp}}$, d.h. aus der entsprechenden Spannungs-Dehnungs-Linie ergibt.

Geschlossenes dickwandiges Rohr unter Innendruck. Es wird der Spannungszustand im Rohr bei Beginn der Plastifizierung an der Innenfaser (d.h. Rohr gerade noch im elastischen Bereich), bei Plastifizierung bis zur Wandmitte und bei voller Plastifizierung der Wand untersucht

Voll elastischer Zustand. Aus C3 Gl. (5) folgt mit $\tau_{rz} = \tau_{zr} = \tau = 0$ und $R = 0$ die Gleichgewichtsbedingung

$$\frac{d}{dr}(r\sigma_r) - \sigma_t = r\frac{d\sigma_r}{dr} + \sigma_r - \sigma_t = 0. \tag{1}$$

Hieraus ergeben sich die Spannungen zu

$$\left.\begin{aligned}
&\sigma_r = -p \cdot \frac{r_i^2}{r_a^2 - r_i^2}\left(\frac{r_a^2}{r^2} - 1\right), \\
&\sigma_t = p \cdot \frac{r_i^2}{r_a^2 - r_i^2}\left(\frac{r_a^2}{r^2} + 1\right), \quad \sigma_z = p \cdot r_i^2/(r_a^2 - r_i^2).
\end{aligned}\right\} \tag{2}$$

Teilweise plastischer Zustand. Für ideal elastisch-plastisches Material folgt aus der v. Mises-Fließbedingung mit

$$\sigma_1 = \sigma_r, \quad \sigma_2 = \sigma_t, \quad \sigma_3 = \sigma_z = 0.5(\sigma_r + \sigma_t)$$

die Fließbedingung

$$\sigma_t - \sigma_r = 2\sigma_F/\sqrt{3}. \tag{3}$$

Für einen bis zum Radius r_p plastifizierten Zylinder lauten die Spannungsformeln im elastischen Bereich ($r \geq r_p$) gemäß Gln. (2)

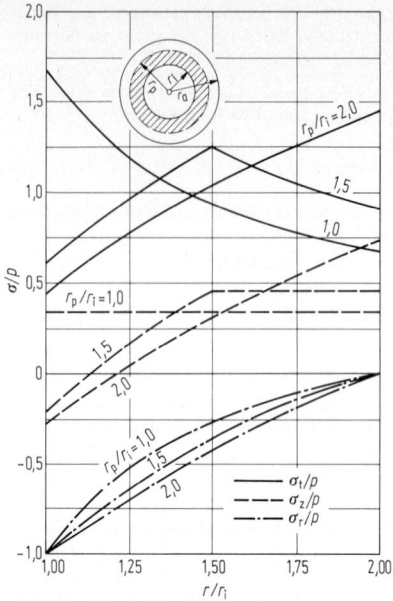

Bild 4. Spannungen im Rohr mit $r_a/r_i = 2{,}0$

$$\left.\begin{aligned}
&\sigma_r = -\frac{\sigma_F}{\sqrt{3}} \frac{r_p^2}{r_a^2}\left(\frac{r_a^2}{r^2} - 1\right), \\
&\sigma_t = \frac{\sigma_F}{\sqrt{3}} \frac{r_p^2}{r_a^2}\left(\frac{r_a^2}{r^2} + 1\right), \quad \sigma_z = \frac{\sigma_F}{\sqrt{3}} \frac{r_p^2}{r_a^2}.
\end{aligned}\right\} \tag{4}$$

Für den plastischen Bereich ($r \leq r_p$) folgt aus Gl. (1) mit Gl. (3) die Gleichgewichtsbedingung

$$r\frac{d\sigma_r}{dr} - \frac{2\sigma_F}{\sqrt{3}} = 0 \tag{5}$$

und hieraus die Spannungen

$$\sigma_r = -\frac{\sigma_F}{\sqrt{3}}\left(1 - \frac{r_p^2}{r_a^2} + 2\ln\frac{r_p}{r}\right), \tag{6a}$$

$$\sigma_t = \frac{\sigma_F}{\sqrt{3}}\left(1 + \frac{r_p^2}{r_a^2} - 2\ln\frac{r_p}{r}\right), \quad \sigma_z = \frac{\sigma_F}{\sqrt{3}}\left(\frac{r_p^2}{r_a^2} - 2\ln\frac{r_p}{r}\right). \tag{6b}$$

Für den Innendruck folgt mit $\sigma_r(r_i) = -p$ aus Gl. (6a, b)

$$p = \frac{\sigma_F}{\sqrt{3}}\left(1 - \frac{r_p^2}{r_a^2} + 2\ln\frac{r_p}{r_i}\right). \tag{7}$$

Hieraus kann der Plastifizierungsradius r_p als Funktion des Innendrucks ermittelt werden und umgekehrt. Bei Beginn der Plastifizierung am Innenrand des Zylinders, d.h. für $r_p = r_i$, folgt aus Gl. (7) der zugehörige Innendruck zu

$$p_1 = \frac{\sigma_F}{\sqrt{3}}\left(1 - \frac{r_i^2}{r_a^2}\right).$$

Für die volle Plastifizierung folgt mit $r_p = r_a$ der Innendruck zu

$$p_2 = \frac{2\sigma_F}{\sqrt{3}}\ln\frac{r_a}{r_i}.$$

Damit folgt als Steigerung der Tragfähigkeit vom elastischem zum vollplastischen Zustand für ein Rohr mit $r_a/r_i = 2$

$$p_2/p_1 = 2\ln 2/0{,}75 = 1{,}85.$$

In **Bild 4** ist der Verlauf der Spannungen für ein Rohr mit $r_a/r_i = 2{,}0$ und gerade noch elastischem Spannungszustand (d.h. $r_p = r_i$, $p = p_1 = 0{,}43\sigma_F$) bzw. mit halber Plastifizierung ($r_p = 1{,}5r_i$, $p = 0{,}72\sigma_F$) bzw. mit voller Plastifizierung ($r_p = r_a$, $p = p_2 = 0{,}80\sigma_F$) dargestellt. Man erkennt die starken Spannungsumlagerungen zwischen dem elastischen und plastischen Zustand für σ_t und σ_z, dagegen nur geringe für σ_r.

10 Anhang C: Diagramme und Tabellen
Appendix C: Diagrams and Tables

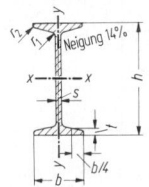

Anh. C2 Tabelle 1. Warmgewalzte I-Träger, schmale I-Träger, I-Reihe nach DIN 1025 Blatt 1 (Auszug)

I Flächenmoment 2. Grades,
W Widerstandsmoment,
i Trägheitsradius,
S_x Flächenmoment 1. Grades des halben Querschnitts,
$s_x = I_x/S_x$ Abstand Druck- und Zugmittelpunkt.

Kurz-zeichen	Maße für						Quer-schnitt A	Ge-wicht G	Für die Biegeachse						S_x	s_x
									$x-x$			$y-y$				
I	h mm	b mm	s mm	t mm	r_1 mm	r_2 mm	cm^2	kg/m	I_x cm^4	W_x cm^3	i_x cm	I_y cm^4	W_y cm^3	i_y cm	cm^3	cm
80	80	42	3,9	5,9	3,9	2,3	7,57	5,94	77,8	19,5	3,20	6,29	3,00	0,91	11,4	6,84
100	100	50	4,5	6,8	4,5	2,7	10,6	8,34	171	34,2	4,01	12,2	4,88	1,07	19,9	8,57
120	120	58	5,1	7,7	5,1	3,1	14,2	11,1	328	54,7	4,81	21,5	7,41	1,23	31,8	10,3
140	140	66	5,7	8,6	5,7	3,4	18,2	14,3	573	81,9	5,61	35,2	10,7	1,40	47,7	12,0
160	160	74	6,3	9,5	6,3	3,8	22,8	17,9	935	117	6,40	54,7	14,8	1,55	68,0	13,7
180	180	82	6,9	10,4	6,9	4,1	27,9	21,9	1450	161	7,20	81,3	19,8	1,71	93,4	15,5
200	200	90	7,5	11,3	7,5	4,5	33,4	26,2	2140	214	8,00	117	26,0	1,87	125	17,2
220	220	98	8,1	12,2	8,1	4,9	39,5	31,1	3060	278	8,80	162	33,1	2,02	162	18,9
240	240	106	8,7	13,1	8,7	5,2	46,1	36,2	4250	354	9,59	221	41,7	2,20	206	20,6
260	260	113	9,4	14,1	9,4	5,6	53,3	41,9	5740	442	10,4	288	51,0	2,32	257	22,3
280	280	119	10,1	15,2	10,1	6,1	61,0	47,9	7590	542	11,1	364	61,2	2,45	316	24,0
300	300	125	10,8	16,2	10,8	6,5	69,0	54,2	9800	653	11,9	451	72,2	2,56	381	25,7
320	320	131	11,5	17,3	11,5	6,9	77,7	61,0	12510	782	12,7	555	84,7	2,67	457	27,4
340	340	137	12,2	18,3	12,2	7,3	86,7	68,0	15700	923	13,5	674	98,4	2,80	540	29,1
360	360	143	13,0	19,5	13,0	7,8	97,0	76,1	19610	1090	14,2	818	114	2,90	638	30,7
380	380	149	13,7	20,5	13,7	8,2	107	84,0	24010	1260	15,0	975	131	3,02	741	32,4
400	400	155	14,4	21,6	14,4	8,6	118	92,4	29210	1460	15,7	1160	149	3,13	857	34,1
425	425	163	15,3	23,0	15,3	9,2	132	104	36970	1740	16,7	1440	176	3,30	1020	36,2
450	450	170	16,2	24,3	16,2	9,7	147	115	45850	2040	17,7	1730	203	3,43	1200	38,3
475	475	178	17,1	25,6	17,1	10,3	163	128	56480	2380	18,6	2090	235	3,60	1400	40,4
500	500	185	18,0	27,0	18,0	10,8	179	141	68740	2750	19,6	2480	268	3,72	1620	42,4
550	550	200	19,0	30,0	19,0	11,9	212	166	99180	3610	21,6	3490	349	4,02	2120	46,8
600	600	215	21,6	32,4	21,6	13,0	254	199	139000	4630	23,4	4670	434	4,30	2730	50,9

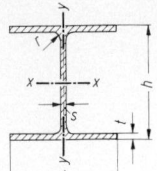

Anh. C2 Tabelle 2. Warmgewalzte I-Träger, breite I-Träger, leichte Ausführung, IPBl-Reihe nach DIN 1025 Blatt 3 (Auszug)

I Flächenmoment 2. Grades,
W Widerstandsmoment,
i Trägheitsradius,
S_x Flächenmoment 1. Grades des halben Querschnitts,
$s_x = I_x/S_x$ Abstand Druck- und Zugmittelpunkt.

| Kurz-zeichen | Maße für | | | | | Quer-schnitt A | Ge-wicht G | Für die Biegeachse | | | | | | S_x | s_x |
| | | | | | | | | $x-x$ | | | $y-y$ | | | | |
I PBl	h mm	b mm	s mm	t mm	r mm	cm²	kg/m	I_x cm⁴	W_x cm³	i_x cm	I_y cm⁴	W_y cm³	i_y cm	cm³	cm
100	96	100	5	8	12	21,2	16,7	349	72,8	4,06	134	26,8	2,51	41,5	8,41
120	114	120	5	8	12	25,3	19,9	606	106	4,89	231	38,5	3,02	59,7	10,1
140	133	140	5,5	8,5	12	31,4	24,7	1030	155	5,73	389	55,6	3,52	86,7	11,9
160	152	160	6	9	15	38,8	30,4	1670	220	6,57	616	76,9	3,98	123	13,6
180	171	180	6	9,5	15	45,3	35,5	2510	294	7,45	925	103	4,52	162	15,5
200	190	200	6,5	10	18	53,8	42,3	3690	389	8,28	1340	134	4,98	215	17,2
220	210	220	7	11	18	64,3	50,5	5410	515	9,17	1950	178	5,51	284	19,0
240	230	240	7,5	12	21	76,8	60,3	7760	675	10,1	2770	231	6,00	372	20,9
260	250	260	7,5	12,5	24	86,8	68,2	10450	836	11,0	3670	282	6,50	460	22,7
280	270	280	8	13	24	97,3	76,4	13670	1010	11,9	4760	340	7,00	556	24,6
300	290	300	8,5	14	27	112	88,3	18260	1260	12,7	6310	421	7,49	692	26,4
320	310	300	9	15,5	27	124	97,6	22930	1480	13,6	6990	466	7,49	814	28,2
340	330	300	9,5	16,5	27	133	105	27690	1680	14,4	7440	496	7,46	925	29,9
360	350	300	10	17,5	27	143	112	33090	1890	15,2	7890	526	7,43	1040	31,7
400	390	300	11	19	27	159	125	45070	2310	16,8	8560	571	7,34	1280	35,2
450	440	300	11,5	21	27	178	140	63720	2900	18,9	9470	631	7,29	1610	39,6
500	490	300	12	23	27	198	155	86970	3550	21,0	10370	691	7,24	1970	44,1
550	540	300	12,5	24	27	212	166	111900	4150	23,0	10820	721	7,15	2310	48,4
600	590	300	13	25	27	226	178	141200	4790	25,0	11270	751	7,05	2680	52,8
650	640	300	13,5	26	27	242	190	175200	5470	26,9	11720	782	6,97	3070	57,1
700	690	300	14,5	27	27	260	204	215300	6240	28,8	12180	812	6,84	3520	61,2
800	790	300	15	28	30	286	224	303400	7680	32,6	12640	843	6,65	4350	69,8
900	890	300	16	30	30	320	252	422100	9480	36,3	13550	903	6,50	5410	78,1
1000	990	300	16,5	31	30	347	272	553800	11190	40,0	14000	934	6,35	6410	86,4

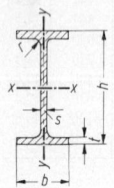

Anh. C2 Tabelle 3. Warmgewalzte I-Träger, mittelbreite I-Träger, IPE-Reihe nach DIN 1025 Blatt 5 (Auszug)

I Flächenmoment 2. Grades,
W Widerstandsmoment,
i Trägheitsradius,
S_x Flächenmoment 1. Grades des halben Querschnitts,
$s_x = I_x/S_x$ Abstand Druck- und Zugmittelpunkt.

| Kurz-zeichen | Maße für | | | | | Quer-schnitt A | Ge-wicht G | Für die Biegeachse | | | | | | S_x | s_x |
| | | | | | | | | $x-x$ | | | $y-y$ | | | | |
I PE	h mm	b mm	s mm	t mm	r mm	cm²	kg/m	I_x cm⁴	W_x cm³	i_x cm	I_y cm⁴	W_y cm³	i_y cm	cm³	cm
80	80	46	3,8	5,2	5	7,64	6,0	80,1	20,0	3,24	8,49	3,69	1,05	11,6	6,90
100	100	55	4,1	5,7	7	10,3	8,1	171	34,2	4,07	15,9	5,79	1,24	19,7	8,68
120	120	64	4,4	6,3	7	13,2	10,4	318	53,0	4,90	27,7	8,65	1,45	30,4	10,5
140	140	73	4,7	6,9	7	16,4	12,9	541	77,3	5,74	44,9	12,3	1,65	44,2	12,3
160	160	82	5,0	7,4	9	20,1	15,8	869	109	6,58	68,3	16,7	1,84	61,9	14,0
180	180	91	5,3	8,0	9	23,9	18,8	1320	146	7,42	101	22,2	2,05	83,2	15,8
200	200	100	5,6	8,5	12	28,5	22,4	1940	194	8,26	142	28,5	2,24	110	17,6
220	220	110	5,9	9,2	12	33,4	26,2	2770	252	9,11	205	37,3	2,48	143	19,4
240	240	120	6,2	9,8	15	39,1	30,7	3890	324	9,97	284	47,3	2,69	183	21,2
270	270	135	6,6	10,2	15	45,9	36,1	5790	429	11,2	420	62,2	3,02	242	23,9
300	300	150	7,1	10,7	15	53,8	42,2	8360	557	12,5	604	80,5	3,35	314	26,6
330	330	160	7,5	11,5	18	62,6	49,1	11770	713	13,7	788	98,5	3,55	402	29,3
360	360	170	8,0	12,7	18	72,7	57,1	16270	904	15,0	1040	123	3,79	510	31,9
400	400	180	8,6	13,5	21	84,5	66,3	23130	1160	16,5	1320	146	3,95	654	35,4
450	450	190	9,4	14,6	21	98,8	77,6	33740	1500	18,5	1680	176	4,12	851	39,7
500	500	200	10,2	16,0	21	116	90,7	48200	1930	20,4	2140	214	4,31	1100	43,9
550	550	210	11,1	17,2	24	134	106	67120	2440	22,3	2670	254	4,45	1390	48,2
600	600	220	12,0	19,0	24	156	122	92080	3070	24,3	3390	308	4,66	1760	52,4

Anh. C 2 Tabelle 4. Warmgewalzte I-Träger, breite I-Träger, IPB-Reihe nach DIN 1025 Blatt 2 (Auszug)

I Flächenmoment 2. Grades,
W Widerstandsmoment,
i Trägheitsradius,
S_x Flächenmoment 1. Grades des halben Querschnitts,
$s_x = I_x/S_x$ Abstand Druck- und Zugmittelpunkt.

| Kurz-zeichen | Maße für | | | | | Quer-schnitt A | Ge-wicht G | Für die Biegeachse | | | | | | S_x | s_x |
| | | | | | | | | $x-x$ | | | $y-y$ | | | | |
I PB	h mm	b mm	s mm	t mm	r_1 mm	cm²	kg/m	I_x cm⁴	W_x cm³	i_x cm	I_y cm⁴	W_y cm³	i_y cm	cm³	cm
100	100	100	6	10	12	26,0	20,4	450	89,9	4,16	167	33,5	2,53	52,1	8,63
120	120	120	6,5	11	12	34,0	26,7	864	144	5,04	318	52,9	3,06	82,6	10,5
140	140	140	7	12	12	43,0	33,7	1510	216	5,93	550	78,5	3,58	123	12,3
160	160	160	8	13	15	54,3	42,6	2490	311	6,78	889	111	4,05	177	14,1
180	180	180	8,5	14	15	65,3	51,2	3830	426	7,66	1360	151	4,57	241	15,9
200	200	200	9	15	18	78,1	61,3	5700	570	8,54	2000	200	5,07	321	17,7
220	220	220	9,5	16	18	91,0	71,5	8090	736	9,43	2840	258	5,59	414	19,6
240	240	240	10	17	21	106	83,2	11260	938	10,3	3920	327	6,08	527	21,4
260	260	260	10	17,5	24	118	93,0	14920	1150	11,2	5130	395	6,58	641	23,3
280	280	280	10,5	18	24	131	103	19270	1380	12,1	6590	471	7,09	767	25,1
300	300	300	11	19	27	149	117	25170	1680	13,0	8560	571	7,58	934	26,9
320	320	300	11,5	20,5	27	161	127	30820	1930	13,8	9240	616	7,57	1070	28,7
340	340	300	12	21,5	27	171	134	36660	2160	14,6	9690	646	7,53	1200	30,4
360	360	300	12,5	22,5	27	181	142	43190	2400	15,5	10140	676	7,49	1340	32,2
400	400	300	13,5	24	27	198	155	57680	2880	17,1	10820	721	7,40	1620	35,7
450	450	300	14	26	27	218	171	79890	3550	19,1	11720	781	7,33	1990	40,1
500	500	300	14,5	28	27	239	187	107200	4290	21,2	12620	842	7,27	2410	44,5
550	550	300	15	29	27	254	199	136700	4970	23,2	13080	872	7,17	2800	48,9
600	600	300	15,5	30	27	270	212	171000	5700	25,2	13530	902	7,08	3210	53,2
650	650	300	16	31	27	286	225	210600	6480	27,1	13980	932	6,99	3660	57,5
700	700	300	17	32	27	306	241	256900	7340	29,0	14440	963	6,87	4160	61,7
800	800	300	17,5	33	30	334	262	359100	8980	32,8	14900	994	6,68	5110	70,2
900	900	300	18,5	35	30	371	291	494100	10980	36,5	15820	1050	6,53	6290	78,5
1000	1000	300	19	36	30	400	314	644700	12890	40,1	16280	1090	6,38	7430	86,8

Anh. C 2 Tabelle 5. Blanker Rundstahl: Zulässige Abweichungen nach ISO-Toleranzfeld h8 nach DIN 670 (Auszug)
Übliche Ausführungen: $d < 45$ mm kaltgezogen (K) und anschließend geschliffen, $d \geq 45 \leq 150$ mm geschält (SH) und anschließend geschliffen

Nenndurch-messer d mm Bereich	Zulässige Abweichung von d	Zu bevorzugende Werte für d[a]
$\geq 1 \leq 3$	0...0,014	1–1,5–2–2,5–3
$> 3 \leq 6$	0...0,018	3,5–4–4,5–5–5,5–6
$> 6 \leq 10$	0...0,022	6,5–7–7,5–8–8,5–9–9,5–10
$> 10 \leq 18$	0...0,027	11–12–13–14–15–16–17–18
$> 18 \leq 30$	0...0,033	19–20–21–22–23–24–25–26–27–28–29–30
$> 30 \leq 50$	0...0,039	32–34–35–36–38–40–42–45–48–50
$> 50 \leq 80$	0...0,046	52–55–58–60–63–65–70–75–80
$> 80 \leq 120$	0...0,054	85–90–100–110–120
$> 120 \leq 150$	0...0,063	125–130–140–150

[a] Andere Nenndurchmesser sind nach Vereinbarung ebenfalls lieferbar.

Anh. C 2 Tabelle 6. Blanker Rundstahl: Zulässige Abweichungen nach ISO-Toleranzfeld h11 nach DIN 668 (Auszug)
Übliche Ausführungen: $d < 45$ mm kaltgezogen (K), $d \geq 45 \leq 200$ mm geschält (SH)

Nenndurch-messer d mm Bereich	Zulässige Abweichung von d	Zu bevorzugende Werte für d[a]
$\geq 1 \leq 3$	0...0,060	1–1,5–2–2,5–3
$> 3 \leq 6$	0...0,075	3,5–4–4,5–5–5,5–6
$> 6 \leq 10$	0...0,090	6,5–7–7,5–8–8,5–9–9,5–10
$> 10 \leq 18$	0...0,110	11–12–13–14–15–16–17–18
$> 18 \leq 30$	0...0,130	19–20–21–22–23–24–25–26–27–28–29–30
$> 30 \leq 50$	0...0,160	32–34–35–36–38–40–42–45–48–50
$> 50 \leq 80$	0...0,190	52–55–58–60–63–65–70–75–80
$> 80 \leq 120$	0...0,220	85–90–100–110–120
$> 120 \leq 180$	0...0,250	125–130–140–150–160–180
$> 180 \leq 200$	0...0,290	200

[a] Andere Nenndurchmesser sind nach Vereinbarung ebenfalls lieferbar.

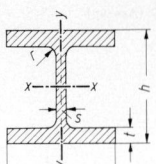

Anh. C2 Tabelle 7. Warmgewalzte I-Träger, verstärkte Ausführung, IPBv-Reihe nach DIN 1025 Blatt 4 (Auszug)

I Flächenmoment 2. Grades,
W Widerstandsmoment,
i Trägheitsradius,
S_x Flächenmoment 1. Grades des halben Querschnitts,
$s_x = I_x/S_x$ Abstand Druck- und Zugmittelpunkt.

| Kurz-zeichen | Maße für | | | | | Quer-schnitt A | Ge-wicht G | Für die Biegeachse | | | | | | S_x | s_x |
| | | | | | | | | $x-x$ | | | $y-y$ | | | | |
I PBv	h mm	b mm	s mm	t mm	r mm	cm²	kg/m	I_x cm⁴	W_x cm³	i_x cm	I_y cm⁴	W_y cm³	i_y cm	cm³	cm
100	120	106	12	20	12	53,2	41,8	1140	190	4,63	399	75,3	2,74	118	9,69
120	140	126	12,5	21	12	66,4	52,1	2020	288	5,51	703	112	3,25	175	11,5
140	160	146	13	22	12	80,6	63,2	3290	411	6,39	1140	157	3,77	247	13,3
160	180	166	14	23	15	97,1	76,2	5100	566	7,25	1760	212	4,26	337	15,1
180	200	186	14,5	24	15	113	88,9	7480	748	8,13	2580	277	4,77	442	16,9
200	220	206	15	25	18	131	103	10640	967	9,00	3650	354	5,27	568	18,7
220	240	226	15,5	26	18	149	117	14600	1220	9,89	5010	444	5,79	710	20,6
240	270	248	18	32	21	200	157	24290	1800	11,0	8150	657	6,39	1060	22,9
260	290	268	18	32,5	24	220	172	31310	2160	11,9	10450	780	6,90	1260	24,8
280	310	288	18,5	33	24	240	189	39550	2550	12,8	13160	914	7,40	1480	26,7
300	340	310	21	39	27	303	238	59200	3480	14,0	19400	1250	8,00	2040	29,0
320/305	320	305	16	29	27	225	177	40950	2560	13,5	13740	901	7,81	1460	28,0
320	359	309	21	40	27	312	245	68130	3800	14,8	19710	1280	7,95	2220	30,7
340	377	309	21	40	27	316	248	76370	4050	15,6	19710	1280	7,90	2360	32,4
360	395	308	21	40	27	319	250	84870	4300	16,3	19520	1270	7,83	2490	34,0
400	432	307	21	40	27	326	256	104100	4820	17,9	19330	1260	7,70	2790	37,4
450	478	307	21	40	27	335	263	131500	5500	19,8	19340	1260	7,59	3170	41,5
500	524	306	21	40	27	344	270	161900	6180	21,7	19150	1250	7,46	3550	45,7
550	572	306	21	40	27	354	278	198000	6920	23,6	19160	1250	7,35	3970	49,9
600	620	305	21	40	27	364	285	237400	7660	25,6	18970	1240	7,22	4390	54,1
650	668	305	21	40	27	374	293	281700	8430	27,5	18980	1240	7,13	4830	58,3
700	716	304	21	40	27	383	301	329300	9200	29,3	18800	1240	7,01	5270	62,5
800	814	303	21	40	30	404	317	442600	10870	33,1	18630	1230	6,79	6240	70,9
900	910	302	21	40	30	424	333	570400	12540	36,7	18450	1220	6,60	7220	79,0
1000	1008	302	21	40	30	444	349	722300	14330	40,3	18460	1220	6,45	8280	87,2

$b:h = 1:1$
$r_1 = s$
$r_2 = r_1/2$

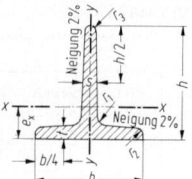

Anh. C2 Tabelle 8. Warmgewalzter rundkantiger, hochstegiger T-Stahl nach DIN 1024 (Auszug)

I Flächenmoment 2. Grades,
W Widerstandsmoment,
i Trägheitsradius.

| Kurz-zeichen | Maße für | | $s=t$ | | Quer-schnitt A | Ge-wicht G | | Für die Biegeachse | | | | | |
| | | | | | | | | $x-x$ | | | $y-y$ | | |
T	h mm	b mm	$=r_1$ mm	r_3 mm	cm²	kg/m	e_x cm	I_x cm⁴	W_x cm³	i_x cm	I_y cm⁴	W_y cm³	i_y cm
20	20	20	3	1	1,12	0,88	0,58	0,38	0,27	0,58	0,20	0,20	0,42
25	25	25	3,5	1	1,64	1,29	0,73	0,87	0,49	0,73	0,43	0,34	0,51
30	30	30	4	1	2,26	1,77	0,85	1,72	0,80	0,87	0,87	0,58	0,62
35	35	35	4,5	1	2,97	2,33	0,99	3,10	1,23	1,04	1,57	0,90	0,73
40	40	40	5	1	3,77	2,96	1,12	5,28	1,84	1,18	2,58	1,29	0,83
45	45	45	5,5	1,5	4,67	3,67	1,26	8,13	2,51	1,32	4,01	1,78	0,93
50	50	50	6	1,5	5,66	4,44	1,39	12,1	3,36	1,46	6,06	2,42	1,03
60	60	60	7	2	7,94	6,23	1,66	23,8	5,48	1,73	12,2	4,07	1,24
70	70	70	8	2	10,6	8,32	1,94	44,5	8,79	2,05	22,1	6,32	1,44
80	80	80	9	2	13,6	10,7	2,22	73,7	12,8	2,33	37,0	9,25	1,65
90	90	90	10	2,5	17,1	13,4	2,48	119	18,2	2,64	58,5	13,0	1,85
100	100	100	11	3	20,9	16,4	2,74	179	24,6	2,92	88,3	17,7	2,05
120	120	120	13	3	29,6	23,2	3,28	366	42,0	3,51	178	29,7	2,45
140	140	140	15	4	39,9	31,3	3,80	660	64,7	4,07	330	47,2	2,88

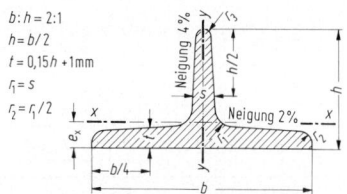

$b:h = 2:1$
$h = b/2$
$t = 0,15h + 1mm$
$r_1 = s$
$r_2 = r_1/2$

Anh. C2 Tabelle 9. Warmgewalzter rundkantiger, breitfüßiger T-Stahl nach DIN 1024 (Auszug)

I Flächenmoment 2. Grades,
W Widerstandsmoment,
i Trägheitsradius.

Kurz-zeichen	Maße für				Quer-schnitt A	Ge-wicht G		Für die Biegeachse					
								$x-x$			$y-y$		
	h	b	$s=t$ $=r_1$	r_3			e_x	I_x	W_x	i_x	I_y	W_y	i_y
TB	mm	mm	mm	mm	cm²	kg/m	cm	cm⁴	cm³	cm	cm⁴	cm³	cm
30	30	60	5,5	1,5	4,64	3,64	0,67	2,58	1,11	0,75	8,62	2,87	1,36
35	35	70	6	1,5	5,94	4,66	0,77	4,49	1,65	0,87	15,1	4,31	1,59
40	40	80	7	2	7,91	6,21	0,88	7,81	2,50	0,99	28,5	7,13	1,90
50	50	100	8,5	2	12,0	9,42	1,09	18,7	4,78	1,25	67,7	13,5	2,38
60	60	120	10	2,5	17,0	13,4	1,30	38,0	8,09	1,49	137	22,8	2,84

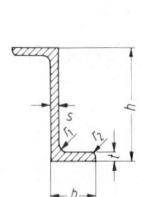
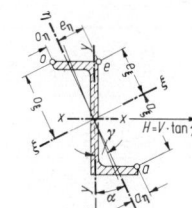

Anh. C2 Tabelle 10. Warmgewalzter rundkantiger Z-Stahl nach DIN 1027 (Auszug)

I Flächenmoment 2. Grades,
W Widerstandsmoment,
i Trägheitsradius.

Kurz-zeichen	Maße für						Quer-schnitt A	Ge-wicht G	Lage der Achse $\eta-\eta$	Abstände der Achsen $\xi-\xi$ und $\eta-\eta$					
	h	b	s	t	r_1	r_2			$\tan \alpha$	o_ξ	o_η	e_ξ	e_η	a_ξ	a_η
	mm	mm	mm	mm	mm	mm	cm²	kg/m		cm	cm	cm	cm	cm	cm
30	30	38	4	4,5	4,5	2,5	4,32	3,39	1,655	3,86	0,58	0,61	1,39	3,54	0,87
40	40	40	4,5	5	5	2,5	5,43	4,26	1,181	4,17	0,91	1,12	1,67	3,82	1,19
50	50	43	5	5,5	5,5	3	6,77	5,31	0,939	4,60	1,24	1,65	1,89	4,21	1,49
60	60	45	5	6	6	3	7,91	6,21	0,779	4,98	1,51	2,21	2,04	4,56	1,76
80	80	50	6	7	7	3,5	11,1	8,71	0,558	5,83	2,02	3,30	2,29	5,35	2,25
100	100	55	6,5	8	8	4	14,5	11,4	0,492	6,77	2,43	4,34	2,50	6,24	2,65
120	120	60	7	9	9	4,5	18,2	14,3	0,433	7,75	2,80	5,37	2,70	7,16	3,02
140	140	65	8	10	10	5	22,9	18,0	0,385	8,72	3,18	6,39	2,89	8,08	3,39
160	160	70	8,5	11	11	5,5	27,5	21,6	0,357	9,74	3,51	7,39	3,09	9,04	3,72
180	180	75	9,5	12	12	6	33,3	26,1	0,329	10,7	3,86	8,40	3,27	9,99	4,08
200	200	80	10	13	13	6,5	38,7	30,4	0,313	11,8	4,17	9,39	3,47	11,0	4,39

Kurz-zeichen	Statische Werte für die Biegeachse													Zentri-fugal-mo-ment	Bei lotrechter Belastung V und bei	
															Verhinderung seitlicher Ausbiegung durch H	freier Aus-biegung zur Seite
	$x-x$			$y-y$			$\xi-\xi$			$\eta-\eta$						
	I_x	W_x	i_x	I_y	W_y	i_y	I_ξ	W_ξ	i_ξ	I_η	W_η	i_η	I_{xy}	W_x	$\frac{H}{V} = \tan \gamma$	W
	cm⁴	cm³	cm	cm⁴	cm³	cm	cm⁴	cm³	cm	cm⁴	cm³	cm	cm⁴	cm³		cm³
30	5,96	3,97	1,17	13,7	3,80	1,78	18,1	4,69	2,04	1,54	1,11	0,60	7,35	3,97	1,227	1,26
40	13,5	6,75	1,58	17,6	4,66	1,80	28,0	6,72	2,27	3,05	1,83	0,75	12,2	6,75	0,913	2,26
50	26,3	10,5	1,97	23,8	5,88	1,88	44,9	9,76	2,57	5,23	2,76	0,88	19,6	10,5	0,752	3,64
60	44,7	14,9	2,38	30,1	7,09	1,95	67,2	13,5	2,81	7,60	3,73	0,98	28,8	14,9	0,647	5,24
80	109	27,3	3,13	47,4	10,1	2,07	142	24,4	3,58	14,7	6,44	1,15	55,6	27,3	0,509	10,1
100	222	44,4	3,91	72,5	14,0	2,24	270	39,8	4,31	24,6	9,26	1,30	97,2	44,4	0,438	16,8
120	402	67,0	4,70	106	18,8	2,42	470	60,6	5,08	37,7	12,5	1,44	158	67,0	0,392	25,6
140	676	96,6	5,43	148	24,3	2,54	768	88,0	5,79	56,4	16,6	1,57	239	96,6	0,353	38,0
160	1060	132	6,20	204	31,0	2,72	1180	121	6,57	79,5	21,4	1,70	349	132	0,330	52,9
180	1600	178	6,92	270	38,4	2,84	1760	164	7,26	110	27,0	1,82	490	178	0,307	72,4
200	2300	230	7,71	357	47,6	3,04	2510	213	8,06	147	33,4	1,95	674	230	0,293	94,1

C

Anh. C2 Tabelle 11. Warmgewalzter ungleichschenkliger rundkantiger Winkelstahl nach DIN 1029 (Auszug)

I Flächenmoment 2. Grades,
W Widerstandsmoment,
i Trägheitsradius.
Tabelle enthält nur die genormten Vorzugswerte.

Kurzzeichen	a mm	b mm	s mm	r₁ mm	r₂ mm	Querschnitt cm²	Gewicht kg/m	Mantelfläche m²/m	e_x cm	e_y cm	w_1 cm	w_2 cm	v_1 cm	v_2 cm	v_3 cm	tan α	I_x cm⁴	W_x cm³	i_x cm	I_y cm⁴	W_y cm³	i_y cm	I_ξ cm⁴	i_ξ cm	I_η cm⁴	i_η cm
L 30 × 20 × 3	30	20	3	3,5	2	1,42	1,11	0,097	0,99	0,50	2,04	1,51	0,86	1,04	0,56	0,431	1,25	0,62	0,94	0,44	0,29	0,56	1,43	1,00	0,25	0,42
30 × 20 × 4	30	20	4	3,5	2	1,85	1,45		1,03	0,54	2,02	1,52	0,91	1,03	0,58	0,423	1,59	0,81	0,93	0,55	0,38	0,55	1,81	0,99	0,33	0,42
40 × 20 × 3	40	20	3	3,5	2	1,72	1,35	0,117	1,43	0,44	2,61	1,77	0,79	1,19	0,46	0,259	2,79	1,08	1,27	0,47	0,30	0,52	2,96	1,31	0,30	0,42
40 × 20 × 4	40	20	4	4,5	2	2,25	1,77		1,47	0,48	2,57	1,80	0,83	1,18	0,50	0,252	3,59	1,42	1,26	0,60	0,39	0,52	3,79	1,30	0,39	0,42
45 × 30 × 4	45	30	4	4,5	2	2,87	2,25	0,146	1,48	0,78	3,07	2,26	1,27	1,58	0,83	0,436	5,78	1,91	1,42	2,05	0,91	0,85	6,65	1,52	1,18	0,64
45 × 30 × 5	45	30	5	4,5	2	3,53	2,77		1,52	0,82	3,05	2,27	1,32	1,58	0,85	0,430	6,99	2,35	1,41	2,47	1,11	0,84	8,02	1,51	1,44	0,64
50 × 30 × 4	50	30	4	4,5	2	3,07	2,41	0,156	1,68	0,70	3,36	2,35	1,24	1,67	0,78	0,356	7,71	2,33	1,59	2,09	0,91	0,82	8,53	1,67	1,27	0,64
50 × 30 × 5	50	30	5	4,5	2	3,78	2,96		1,73	0,74	3,33	2,38	1,28	1,66	0,80	0,353	9,41	2,88	1,58	2,54	1,12	0,82	10,4	1,66	1,56	0,64
50 × 40 × 5	50	40	5	4	2	4,27	3,35	0,177	1,56	1,07	3,49	2,88	1,73	1,84	1,27	0,625	10,4	3,02	1,56	5,89	2,01	1,18	13,3	1,76	3,02	0,84
60 × 30 × 5	60	30	5	6	3	4,29	3,37	0,175	2,15	0,68	3,90	2,67	1,20	1,77	0,72	0,256	15,6	4,04	1,90	2,60	1,12	0,78	16,5	1,96	1,69	0,63
60 × 40 × 5	60	40	5	6	3	4,79	3,76	0,195	1,96	0,97	4,08	3,01	1,68	2,09	1,10	0,437	17,2	4,25	1,89	6,11	2,02	1,13	19,8	2,03	3,50	0,86
60 × 40 × 6	60	40	6	6	3	5,68	4,46		2,00	1,01	4,06	3,02	1,72	2,08	1,12	0,433	20,1	5,03	1,88	7,12	2,38	1,12	23,1	2,02	4,12	0,85
65 × 50 × 5	65	50	5	6	3	5,54	4,35	0,224	1,99	1,25	4,52	3,61	2,08	2,38	1,50	0,583	23,1	5,11	2,04	11,9	3,18	1,47	28,8	2,28	6,21	1,06
70 × 50 × 6	70	50	6	6	3	6,88	5,40	0,235	2,24	1,25	4,82	3,68	2,20	2,52	1,42	0,497	33,5	7,04	2,21	14,3	3,81	1,44	39,9	2,41	7,94	1,07
75 × 50 × 7	75	50	7	7	3,5	8,30	6,51	0,244	2,48	1,33	5,10	4,00	2,13	2,63	1,58	0,430	46,4	9,24	2,36	16,5	4,39	1,41	53,3	2,53	9,56	1,07
75 × 55 × 5	75	55	5	7	3,5	6,30	4,95	0,254	2,31	1,41	5,16	4,02	2,27	2,71	1,62	0,530	35,5	6,84	2,37	16,2	3,89	1,60	43,1	2,61	8,68	1,17
75 × 55 × 7	75	55	7	7	3,5	8,66	6,80		2,40	1,49	5,21	4,00	2,37	2,70	1,58	0,525	47,9	9,39	2,35	21,8	5,52	1,59	57,9	2,59	11,8	1,17
80 × 40 × 6	80	40	6	8	4	6,89	5,41	0,234	2,85	0,88	5,55	3,53	1,55	2,42	0,89	0,259	44,9	8,73	2,55	7,59	2,44	1,05	47,6	2,63	4,90	0,84
80 × 40 × 8	80	40	8	8	4	9,01	7,07		2,94	0,95	5,59	3,57	1,65	2,38	1,04	0,253	57,6	11,4	2,53	9,68	3,18	1,04	60,9	2,60	6,41	0,84
80 × 60 × 7	80	60	7	8	4	9,38	7,36	0,274	2,51	1,52	6,14	4,42	2,70	2,92	1,68	0,546	59,0	10,7	2,51	28,4	6,34	1,74	72,0	2,77	15,4	1,28
80 × 65 × 8	80	65	8	7	3,5	11,0	8,66	0,283	2,47	1,73	6,11	4,65	2,79	2,94	2,05	0,645	68,1	12,3	2,49	40,1	8,41	1,91	88,0	2,82	20,3	1,36
90 × 60 × 6	90	60	6	9	4,5	8,69	6,82	0,294	2,89	1,04	6,50	4,50	2,46	2,91	1,60	0,442	71,7	11,7	2,87	25,8	5,61	1,72	82,8	3,09	14,6	1,30
90 × 60 × 8	90	60	8	9	4,5	11,4	8,96		2,97	1,13	6,43	4,54	2,56	2,95	1,69	0,437	92,5	15,4	2,85	33,0	7,31	1,70	107	3,06	19,0	1,29
100 × 50 × 8	100	50	8	9	4,5	11,5	8,99	0,292	3,49	1,20	6,83	4,39	1,91	2,98	1,15	0,263	89,7	13,8	3,20	15,3	3,86	1,32	95,2	3,30	9,78	1,06
100 × 50 × 10	100	50	10	9	4,5	14,1	11,1		3,67	1,29	6,78	4,44	2,00	2,97	1,18	0,258	116	18,0	3,18	19,5	5,04	1,31	123	3,28	12,6	1,05
100 × 65 × 7	100	65	7	10	5	11,2	8,77	0,321	3,23	1,51	6,91	4,91	2,08	3,16	1,22	0,419	113	16,6	3,16	37,6	7,54	1,84	128	3,39	15,5	1,39
100 × 65 × 9	100	65	9	10	5	14,2	11,1		3,32	1,59	6,83	4,94	2,66	3,15	1,73	0,415	141	21,0	3,17	46,7	9,52	1,82	160	3,36	21,6	1,39
100 × 75 × 9	100	75	9	10	5	15,1	11,8	0,341	3,15	1,91	8,23	5,45	2,76	3,48	1,78	0,549	148	21,5	3,15	71,0	12,7	2,29	181	3,47	27,2	1,59
120 × 80 × 8	120	80	8	11	5,5	15,5	12,2	0,391	3,83	1,87	8,18	5,99	3,22	4,20	2,22	0,441	226	27,6	3,82	80,8	13,2	2,27	261	4,10	37,8	1,72
120 × 80 × 10	120	80	10	11	5,5	19,1	15,0		3,92	1,95	8,18	6,03	3,27	4,19	2,16	0,438	276	34,1	3,80	98,1	16,2	2,27	318	4,07	45,8	1,71
120 × 80 × 12	120	80	12	11	5,5	22,7	17,8		4,00	2,03	8,50	6,06	3,37	4,18	2,19	0,433	323	40,4	3,77	114	19,1	2,25	371	4,04	56,1	1,71
130 × 65 × 8	130	65	8	11	5,5	15,1	11,9	0,381	4,56	1,37	8,43	5,71	2,49	3,86	1,47	0,263	263	31,1	4,17	44,8	8,72	1,72	280	4,31	28,6	1,38
130 × 65 × 10	130	65	10	11	5,5	18,6	14,6		4,65	1,45	8,50	5,76	2,58	3,82	1,54	0,259	321	38,4	4,15	54,2	10,7	1,71	340	4,27	35,0	1,37

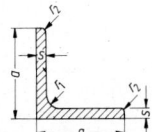 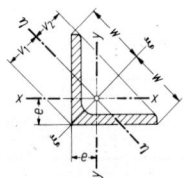

Anh. C2 Tabelle 12. Warmgewalzter gleichschenkliger rundkantiger Winkelstahl nach DIN 1028 (Auszug)

I Flächenmoment 2. Grades,
W Widerstandsmoment,
i Trägheitsradius,
Tabelle enthält nur die genormten Vorzugswerte.

Kurz-zeichen	Maße für				Quer-schnitt	Ge-wicht	Mantel-fläche	Abstände der Achsen				Statische Werte für die Biegeachse							
												$x-x=y-y$			$\xi-\xi$		$\eta-\eta$		
L	a mm	s mm	r_1 mm	r_2 mm	cm²	kg/m	m²/m	e cm	w cm	v_1 cm	v_2 cm	I_x cm⁴	W_x cm³	i_x cm	I_ξ cm⁴	i_ξ cm	I_η cm⁴	W_η cm³	i_η cm
20×3	20	3	3,5	2	1,12	0,88	0,077	0,60	1,41	0,85	0,70	0,39	0,28	0,59	0,62	0,74	0,15	0,18	0,37
25×3	25	3	3,5	2	1,42	1,12	0,097	0,73	1,77	1,03	0,87	0,79	0,45	0,75	1,27	0,95	0,31	0,30	0,47
30×3	30	3	5	2,5	1,74	1,36	0,116	0,84	2,12	1,18	1,04	1,41	0,65	0,90	2,24	1,14	0,57	0,48	0,57
35×4	35	4	5	2,5	2,67	2,1	0,136	1,00	2,47	1,41	1,24	2,96	1,18	1,05	4,68	1,33	1,24	0,88	0,68
40×4	40	4	6	3	3,08	2,42	0,155	1,12	2,83	1,58	1,40	4,48	1,55	1,21	7,09	1,52	1,86	1,18	0,78
45×5	45	5	7	3,5	4,3	3,38	0,174	1,28	3,18	1,81	1,58	7,83	2,43	1,35	12,4	1,70	3,25	1,80	0,87
50×5	50	5	7	3,5	4,8	3,77	0,194	1,40	3,54	1,98	1,76	11,0	3,05	1,51	17,4	1,90	4,59	2,32	0,98
60×6	60	6	8	4	6,91	5,42	0,233	1,69	4,24	2,39	2,11	22,8	5,29	1,82	36,1	2,29	9,43	3,95	1,17
70×7	70	7	9	4,5	9,4	7,38	0,272	1,97	4,95	2,79	2,47	42,4	8,43	2,12	67,1	2,67	17,6	6,31	1,37
80×8	80	8	10	5	12,3	9,66	0,311	2,26	5,66	3,20	2,82	72,3	12,6	2,42	115	3,06	29,6	9,25	1,55
90×9	90	9	11	5,5	15,5	12,2	0,351	2,54	6,36	3,59	3,18	116	18,0	2,74	184	3,45	47,8	13,3	1,76
100×10	100	10	12	6	19,2	15,1	0,390	2,82	7,07	3,99	3,54	177	24,7	3,04	280	3,82	73,3	18,4	1,95
110×10	110	10	12	6	21,2	16,6	0,430	3,07	7,78	4,34	3,89	239	30,1	3,36	379	4,23	98,6	22,7	2,16
120×12	120	12	13	6,5	27,5	21,6	0,469	3,40	8,49	4,80	4,26	368	42,7	3,65	584	4,60	152	31,6	2,35
150×15	150	15	16	8	43	33,8	0,586	4,25	10,6	6,01	5,33	898	83,5	4,57	1430	5,76	370	61,6	2,93
180×18	180	18	18	9	61,9	48,6	0,705	5,10	12,7	7,22	6,41	1870	145	5,49	2970	6,93	757	105	3,49
200×20	200	20	18	9	76,4	59,9	0,785	5,68	14,1	8,04	7,15	2850	199	6,11	4540	7,72	1160	144	3,89

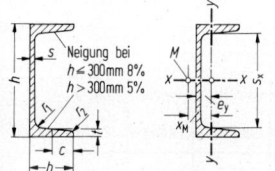

Anh. C2 Tabelle 13. Warmgewalzter rundkantiger U-Stahl nach DIN 1026 (Auszug)

I Flächenmoment 2. Grades,
W Widerstandsmoment,
i Trägheitsradius,
S_x Flächenmoment 1. Grades des halben Querschnitts,
$s_x = I_x/S_x$ Abstand Druck- und Zugmittelpunkt.
x_M Abstand des Schubmittelpunkts M von der $y-y$-Achse.

Neigung bei
$h \le 300\,\mathrm{mm}\ 8\%$
$h > 300\,\mathrm{mm}\ 5\%$

$c = b/2$ bei $h \le 300$
$c = (b-s)/2$ bei $h > 300$

Kurz-zeichen	Maße für						Quer-schnitt A	Ge-wicht G	Für die Biegeachse						S_x	s_x	Abstand der Achse $y-y$ e_y	x_M
									$x-x$			$y-y$						
U	h mm	b mm	s mm	t mm	r_1 mm	r_2 mm	cm²	kg/m	I_x cm⁴	W_x cm³	i_x cm	I_y cm⁴	W_y cm³	i_y cm	cm³	cm	cm	cm
30×15	30	15	4	4,5	4,5	2	2,21	1,74	2,53	1,69	1,07	0,38	0,39	0,42	–	–	0,52	0,74
30	30	33	5	7	7	3,5	5,44	4,27	6,39	4,26	1,08	5,33	2,68	0,99	–	–	1,31	2,22
40×20	40	20	5	5,5	5	2,5	3,66	2,87	7,58	3,79	1,44	1,14	0,86	0,56	–	–	0,67	1,01
40	40	35	5	7	7	3,5	6,21	4,87	14,1	7,05	1,50	6,68	3,08	1,04	–	–	1,33	2,32
50×25	50	25	5	6	6	3	4,92	3,86	16,8	6,73	1,85	2,49	1,48	0,71	–	–	0,81	1,34
50	50	38	5	7	7	3,5	7,12	5,59	26,4	10,6	1,92	9,12	3,75	1,13	–	–	1,37	2,47
60	60	30	6	6	6	3	6,46	5,07	31,6	10,5	2,21	4,51	2,16	0,84	–	–	0,91	1,50
65	65	42	5,5	7,5	7,5	4	9,03	7,09	57,5	17,7	2,52	14,1	5,07	1,25	–	–	1,42	2,60
80	80	45	6	8	8	4	11,0	8,64	106	26,5	3,10	19,4	6,36	1,33	15,9	6,65	1,45	2,67
100	100	50	6	8,5	8,5	4,5	13,5	10,6	206	41,2	3,91	29,3	8,49	1,47	24,5	8,42	1,55	2,93
120	120	55	7	9	9	4,5	17,0	13,4	364	60,7	4,62	43,2	11,1	1,59	36,3	10,0	1,60	3,03
140	140	60	7	10	10	5	20,4	16,0	605	86,4	5,45	62,7	14,8	1,75	51,4	11,8	1,75	3,37
160	160	65	7,5	10,5	10,5	5,5	24,0	18,8	925	116	6,21	85,3	18,3	1,89	68,8	13,3	1,84	3,56
180	180	70	8	11	11	5,5	28,0	22,0	1350	150	6,95	114	22,4	2,02	89,6	15,1	1,92	3,75
200	200	75	8,5	11,5	11,5	6	32,2	25,3	1910	191	7,70	148	27,0	2,14	114	16,8	2,01	3,94
220	220	80	9	12,5	12,5	6,5	37,4	29,4	2690	245	8,48	197	33,6	2,30	146	18,5	2,14	4,20
240	240	85	9,5	13	13	6,5	42,3	33,2	3600	300	9,22	248	39,6	2,42	179	20,1	2,23	4,39
260	260	90	10	14	14	7	48,3	37,9	4820	371	9,99	317	47,7	2,56	221	21,8	2,36	4,66
280	280	95	10	15	15	7,5	53,3	41,8	6280	448	10,9	399	57,2	2,74	266	23,6	2,53	5,02
300	300	100	10	16	16	8	58,8	46,2	8030	535	11,7	495	67,8	2,90	316	25,4	2,70	5,41
320	320	100	14	17,5	17,5	8,75	75,8	59,5	10870	679	12,1	597	80,6	2,81	413	26,3	2,60	4,82
350	350	100	14	16	16	8	77,3	60,6	12840	734	12,9	570	75,0	2,72	459	28,6	2,40	4,45
380	380	102	13,5	16	16	8	80,4	63,1	15760	829	14,0	615	78,7	2,77	507	31,1	2,38	4,58
400	400	110	14	18	18	9	91,5	71,8	20350	1020	14,9	846	102	3,04	618	32,9	2,65	5,11

Anh. C2 Tabelle 14. Warmgewalzter Flachstahl für allgemeine Verwendung nach DIN 1017 (Auszug)

Breite		Dicke s in mm											
b	Zul.	5	6	8	10	12	15	20	25	30	40	50	60
mm	Abwei-chung				$\pm 0,5$					$\pm 1,0$		$\pm 1,5$	
		Gewicht in kg/m											
20		0,785	0,942	1,26	1,57	(1,88)	(2,36)	–	–	–	–	–	–
25		0,981	1,18	1,57	1,96	(2,36)	(2,94)	–	–	–	–	–	–
30	$\pm 0,75$	1,18	1,41	1,88	2,36	2,83	3,53	4,71	–	–	–	–	–
35		1,37	1,65	2,20	2,75	(3,30)	(4,12)	(5,50)	(6,87)	–	–	–	–
40		1,57	1,88	2,51	3,14	3,77	4,71	6,28	(7,85)	(9,42)	–	–	–
45		(1,77)	(2,12)	(2,83)	(3,53)	(4,24)	(5,30)	(7,07)	(8,83)	(10,6)	–	–	–
50	$\pm 1,0$	1,96	2,36	3,14	3,93	4,71	5,89	7,85	9,81	11,8	(15,7)	–	–
60		2,36	2,83	3,77	4,71	5,65	7,07	9,42	(11,8)	14,1	(18,8)	–	–
70		2,75	3,30	4,40	5,50	6,59	8,24	11,0	(13,7)	(16,5)	(22,0)	–	–
80		3,14	3,77	5,02	6,28	7,54	9,42	12,6	(15,7)	(18,8)	(25,1)	(31,4)	(37,7)
90	$\pm 1,5$	(3,53)	(4,24)	(5,65)	(7,07)	(8,48)	(10,6)	(14,1)	(17,7)	(21,2)	(28,3)	35,3)	–
100		3,93	4,71	6,28	7,85	9,42	11,8	15,7	(19,6)	23,6	(31,4)	(39,3)	(47,1)
110		–	–	(6,91)	(8,64)	(10,4)	–	(17,3)	–	(25,9)	–	–	–
120	$\pm 2,0$	–	(5,65)	7,54	9,42	11,3	14,1	18,8	(23,6)	(28,3)	(37,7)	(47,1)	(56,5)
130		–	–	(8,16)	(10,2)	(12,2)	–	–	–	–	–	–	(66,0)
140	$\pm 2,5$	–	–	(8,79)	(11,0)	(13,2)	(16,5)	(22,0)	–	–	–	–	(66,0)
150		–	(7,06)	9,42	11,8	14,1	17,7	23,6	(29,4)	(35,3)	(47,1)	(58,9)	(70,7)

Klammer-Werte sollten nach Möglichkeit vermieden werden.

Anh. C2 Tabelle 15. Warmgewalzter Rundstahl für allgemeine Verwendung nach DIN 1013 (Auszug)

Durchmesser d in mm			Quer-schnitt	Ge-wicht	Mantel-fläche	Durchmesser d in mm			Quer-schnitt	Ge-wicht	Mantel-fläche
Reihe A[a]	Reihe B	Regel-abweichung	cm²	kg/m	cm²/m	Reihe A[a]	Reihe B	Regel-abweichung	cm²	kg/m	cm²/m
8			0,503	0,395	251	44			15,2	11,9	1380
10			0,785	0,617	314	45			15,9	12,5	1410
12		$\pm 0,4$	1,13	0,888	377		47	$\pm 0,8$	17,3	13,6	1480
	13		1,33	1,04	408		48		18,1	14,2	1510
14			1,54	1,21	440	50			19,6	15,4	1570
	15		1,77	1,39	471	52			21,2	16,7	1630
16			2,01	1,58	503		53		22,1	17,3	1670
	17		2,27	1,78	534	55			23,8	18,7	1730
18			2,54	2,00	565	60			28,3	22,2	1880
	19		2,84	2,23	597		63	± 1	31,2	24,5	1980
20		$\pm 0,5$	3,14	2,47	628	65			33,2	26,0	2040
	21		3,46	2,72	660	70			38,5	30,2	2200
22			3,80	2,98	691	75			44,2	34,7	2360
	23		4,15	3,26	723	80			50,3	39,5	2510
24			4,52	3,55	754		85		56,7	44,5	2670
25			4,91	3,85	785	90		$\pm 1,3$	63,6	49,9	2830
	26		5,31	4,17	817		95		70,9	55,6	2980
27			5,73	4,49	848	100			78,5	61,7	3140
28			6,16	4,83	880	110		$\pm 1,5$	95,0	74,6	3460
30		$\pm 0,6$	7,07	5,55	942	120			113	88,8	3770
31			7,55	5,92	974		130		133	104	4080
32			8,04	6,31	1010	140		± 2	154	121	4400
	34		9,08	7,13	1070	150			177	139	4710
35			9,62	7,55	1100	160			201	158	5030
	36		10,2	7,99	1130		170		227	178	5340
37			10,8	8,44	1160	180		$\pm 2,5$	254	200	5650
38		$\pm 0,8$	11,3	8,90	1190		190		284	223	5970
40			12,6	9,86	1260	200			314	247	6280
42			13,9	10,9	1320						

[a]) Reihe A enthält die zu bevorzugenden Durchmesser.

C

Anh. C2 Tabelle 16. Nahtlose Stahlrohre nach DIN 2448 (Auszug), Fettdruck weist Rohre der Reihe 1 in Vorzugswanddicken aus

Längenbezogene Massen in kg/m für Wanddicken in mm

Rohr-Außendurchmesser in mm Reihe 1	Reihe 2	Reihe 3	Normal-Wanddicke mm	1,6	1,8	2	2,3	2,6	2,9	3,2	3,6	4	4,5	5	5,4	5,6	6,3	7,1	8	8,8	10	11	12,5	14,2	16	17,5	20	22,2	25	28
10,2			1,6	0,339	0,373	0,404	0,448	0,487																					
13,5			2		0,519	**0,567**	0,635	0,699	0,758	0,813	0,879																		
	16		2		0,630	0,691	0,777	0,859	0,937	1,01	1,10	1,18																	
17,2			2		0,684	**0,750**	0,845	0,936	1,02	1,10	1,21	1,30	1,41																
	19		2			0,838	0,947	1,05	1,15	1,25	1,37	1,48	1,61	1,73															
		20	2			0,888	1,00	1,12	1,22	1,33	1,46	1,58	1,72	1,85															
21,3			2			**0,952**	1,08	1,20	1,32	**1,43**	1,57	**1,71**	1,86	2,01	2,12														
	25		2			1,13	1,29	1,44	1,58	1,72	1,90	2,07	2,28	2,47	2,61	2,68	2,91												
		25,4	2			1,15	1,31	1,46	1,61	1,75	1,94	2,11	2,32	2,52	2,66	2,73	2,97												
26,9			2			**1,23**	1,40	1,56	1,72	**1,87**	2,07	**2,26**	2,49	2,70	2,86	2,94	3,20	3,47											
	30		2,3				1,57	1,76	1,94	2,11	2,34	2,56	2,83	3,08	3,28	3,37	3,68	4,01	4,34										
	31,8		2,3				1,67	1,87	2,07	2,26	2,50	2,74	3,03	3,30	3,52	3,62	3,96	4,32	4,70										
33,7			2,3				**1,78**	1,99	2,20	**2,41**	2,67	2,93	**3,24**	3,54	3,77	3,88	4,26	4,66	5,07	5,40									
	38		2,6					2,27	2,51	2,75	3,05	3,35	3,72	4,07	4,34	4,47	4,93	5,41	5,92	6,34	6,91								
42,4			2,6					**2,55**	2,82	3,09	**3,44**	3,79	4,21	**4,61**	4,87	5,08	5,61	6,18	6,79	7,29	7,99	8,52							
		44,5	2,6					2,69	2,98	3,26	3,63	4,00	4,44	4,87	5,21	5,37	5,94	6,55	7,20	7,75	8,51	9,09	9,86						
48,3			2,6					**2,93**	3,25	3,56	**3,97**	4,37	4,86	**5,34**	5,71	5,90	6,53	7,21	7,95	8,57	9,45	10,1	11,0						
	51		2,6					3,10	3,44	3,77	4,21	4,64	5,16	5,67	6,07	6,27	6,94	7,69	8,48	9,16	10,1	10,9	11,9						
		54	2,6					3,29	3,65	4,01	4,47	4,93	5,49	6,04	6,47	6,68	7,41	8,21	9,08	9,81	10,9	11,7	12,8						
	57		2,9						3,87	4,25	4,74	5,23	5,83	6,41	6,87	7,10	7,88	8,74	9,67	10,5	11,6	12,5	13,7	15,0					
60,3			2,9						**4,11**	4,51	5,03	**5,55**	6,19	6,82	7,31	**7,55**	8,39	9,32	10,3	11,2	12,4	13,4	14,7	16,1	17,5				
	63,5		2,9						4,33	4,76	5,32	5,87	6,55	7,21	7,74	8,00	8,89	9,88	10,9	11,9	13,2	14,2	15,7	17,3	18,7				
	70		2,9						4,80	5,27	5,90	6,51	7,27	8,01	8,60	8,89	9,90	11,0	12,2	13,3	14,8	16,0	17,7	19,5	21,3	22,7			
		73	2,9						5,01	5,51	6,16	6,81	7,60	8,38	9,00	9,31	10,4	11,5	12,8	13,9	15,5	16,8	18,7	20,6	22,5	24,0			
76,1			2,9						**5,24**	5,75	6,44	7,11	7,95	**8,77**	9,42	9,74	10,8	**12,1**	13,4	14,6	16,3	17,7	19,6	21,7	23,7	25,3	27,7		
		82,5	3,2							6,26	7,00	7,74	8,66	9,56	10,3	10,6	11,8	13,2	14,7	16,0	17,9	19,4	21,6	23,9	26,2	28,1	30,8	33,0	
88,9			3,2							**6,76**	7,57	8,38	9,37	10,3	11,1	**11,5**	12,8	14,3	**16,0**	17,4	19,5	21,1	23,6	26,2	28,8	30,8	34,0	36,5	39,4
	101,6		3,6								8,70	9,63	10,8	11,9	12,8	13,3	14,8	16,5	18,5	20,1	22,6	24,6	27,5	30,6	33,8	36,3	40,2	43,5	47,2	50,8
		108	3,6								9,27	10,3	11,5	12,7	13,7	14,1	15,8	17,7	19,7	21,5	24,2	26,3	29,4	32,8	36,3	39,1	43,4	47,0	51,2	55,2
114,3			3,6								**9,83**	10,9	12,2	13,5	14,5	15,0	**16,8**	18,8	21,0	**22,9**	25,7	28,0	31,4	35,1	38,8	41,8	46,5	50,4	55,1	59,6
127			4									12,1	13,6	15,0	16,2	16,8	18,8	21,0	23,5	25,7	28,9	31,5	35,3	39,5	43,8	47,3	52,8	57,4	62,9	68,4

Anh. C2 Tabelle 17. Geschweißte Rohre nach DIN 2458 (Auszug). Fettdruck weist Rohre der Reihe 1 in Vorzugswanddicken aus

Längenbezogene Massen in kg/m für Wanddicken in mm

Rohr-Außendurchmesser in mm, Reihe 1	Reihe 2	Reihe 3	Normal-Wanddicke mm	1,4	1,6	1,8	2	2,3	2,6	2,9	3,2	3,6	4	4,5	5	5,4	5,6	6,3	7,1	8	8,8	10	11
10,2			1,6	0,304	**0,339**	0,373	0,404	0,448	0,487														
13,5			1,6	0,418	**0,490**	0,519	**0,567**	0,635	0,699	0,758	0,813	0,879											
	16		1,6	0,504	0,568	0,630	0,691	0,777	0,859	0,937	1,01	1,10											
17,2			1,6	0,546	**0,616**	0,684	**0,750**	0,845	0,936	1,02	1,10	1,21	1,30										
	19		1,8	0,608	0,687	0,764	0,838	0,947	1,05	1,15	1,25	1,37	1,48										
	20		1,8	0,642	0,726	0,808	0,888	1,00	1,12	1,22	1,33	1,46	1,58										
21,3			1,8	0,687	**0,777**	**0,866**	**0,952**	1,08	1,20	1,32	**1,43**	1,57	**1,71**	1,86									
	25		1,8	0,815	0,923	1,03	1,13	1,29	1,44	1,58	1,72	1,90	2,07	2,28	2,47								
		25,4	1,8	0,829	0,939	1,05	1,15	1,31	1,46	1,61	1,75	1,94	2,11	2,32	2,52								
26,9			1,8	0,880	**0,998**	**1,11**	**1,23**	1,40	1,56	1,72	**1,87**	2,07	**2,26**	2,49	2,70								
		30	2	0,987	1,12	1,25	1,38	1,57	1,76	1,94	2,11	2,34	2,56	2,83	3,08	3,28	3,37	3,68					
	31,8		2	1,05	1,19	1,33	1,47	1,67	1,87	2,07	2,26	2,50	2,74	3,03	3,30	3,52	3,62	3,96	4,32				
33,7			2	1,12	**1,27**	1,42	**1,56**	**1,78**	1,99	2,20	**2,41**	2,67	2,93	**3,24**	3,54	3,77	3,88	4,26	4,66	5,07			
	38		2,3	1,26	1,44	1,61	1,78	2,02	2,27	2,51	2,75	3,05	3,35	3,72	4,07	4,34	4,47	4,93	5,41	5,92	6,34			
42,4			2,3	1,42	**1,61**	1,80	**1,99**	**2,27**	**2,55**	2,82	3,09	**3,44**	3,79	4,21	**4,61**	4,93	5,08	5,61	6,18	6,79	7,29			
		44,5	2,3	1,49	1,69	1,90	2,10	2,39	2,69	2,98	3,26	3,63	4,00	4,44	4,87	5,21	5,37	5,94	6,55	7,20	7,75			
48,3			2,3	1,62	**1,84**	2,06	**2,28**	**2,61**	**2,93**	3,25	3,56	**3,97**	4,37	4,86	**5,34**	5,71	5,90	6,53	7,21	7,95	8,57			
	51		2,3	1,71	1,95	2,18	2,42	2,76	3,10	3,44	3,77	4,21	4,64	5,16	5,67	6,07	6,27	6,94	7,69	8,48	9,16			
		54	2,3	1,82	2,07	2,32	2,56	2,93	3,30	3,65	4,01	4,47	4,93	5,49	6,04	6,47	6,68	7,41	8,21	9,08	9,81	10,9		
	57		2,3	1,92	2,19	2,45	2,71	3,10	3,49	3,87	4,25	4,74	5,23	5,83	6,41	6,87	7,10	7,88	8,74	9,67	10,5	11,6		
60,3			2,3	2,03	**2,32**	2,60	**2,88**	**3,29**	3,70	**4,11**	4,51	5,03	**5,55**	6,19	6,82	7,31	**7,55**	8,39	9,32	10,3	11,2	12,4		
	63,5		2,3		2,44	2,74	3,03	3,47	3,90	4,33	4,76	5,32	5,87	6,55	7,21	7,74	8,00	8,89	9,88	10,9	11,9	13,2		
	70		2,6		2,70	3,03	3,35	3,84	4,32	4,80	5,27	5,90	6,51	7,27	8,01	8,60	8,89	9,90	11,0	12,2	13,3	14,8		
		73	2,6		2,82	3,16	3,50	4,01	4,51	5,01	5,51	6,16	6,81	7,60	8,38	9,00	9,31	10,4	11,5	12,8	13,9	15,5		
76,1			2,6		**2,94**	3,30	3,65	**4,19**	**4,71**	**5,24**	5,75	6,44	7,11	7,95	**8,77**	9,42	9,74	10,8	**12,1**	13,4	14,6	16,3		
		82,5	2,6		3,19	3,58	3,97	4,55	5,12	5,69	6,26	7,00	7,74	8,66	9,56	10,3	10,6	11,8	13,2	14,7	16,0	17,9		
88,9			2,9		3,44	3,87	**4,29**	4,91	5,53	**6,15**	**6,76**	7,57	8,38	9,37	10,3	11,1	**11,5**	12,8	14,3	**16,0**	17,4	19,5		
	101,6		2,9				4,91	5,63	6,35	7,06	7,77	8,70	9,63	10,8	11,9	12,8	13,3	14,8	16,5	18,5	20,1	22,6		
		108	2,9				5,23	6,00	6,76	7,52	8,27	9,27	10,3	11,5	12,7	13,7	14,1	15,8	17,7	19,7	21,5	24,2	26,3	
114,3			3,2				**5,54**	6,35	**7,16**	**7,97**	8,77	**9,83**	10,9	12,2	13,5	14,5	15,0	**16,8**	18,8	21,0	**22,9**	25,7	28,0
	127		3,2				6,17	7,07	7,98	8,88	9,77	11,0	12,1	13,6	15,0	16,2	16,8	18,8	21,0	23,5	25,7	28,9	31,5

11 Spezielle Literatur
Special bibliography

zu C1 Allgemeine Grundlagen
[1] *Leipholz, H.:* Einführung in die Elastizitätstheorie. Karlsruhe: Braun 1968. – [2] *Biezeno, C.; Grammel, R.:* Technische Dynamik, 2. Aufl. Berlin: Springer 1971. – [3] *Müller, W.:* Theorie der elastischen Verformung. Leipzig: Akad. Verlagsgesell. Geest u. Portig 1959. – [4] *Neuber, H.:* Technische Mechanik, Teil II. Berlin: Springer 1971. – [5] *Betten, J.:* Elastizitäts- und Plastizitätstheorie, 2. Aufl. Braunschweig: Vieweg 1986. – [6] *Siebel, E.:* Neue Wege der Festigkeitsrechnung. VDI – Z. 90 (1948) 135–139. – [7] *Siebel, E.; Rühl, K.:* Formdehngrenzen für die Festigkeitsberechnung. Die Technik 3 (1948) 218–223. – [8] *Siebel, E.; Schwaigerer, S.:* Das Rechnen mit Formdehngrenzen. VDI-Z: 90 (1948) 335–341. – [9] *Schwaigerer, S.:* Werkstoffkennwert und Sicherheit bei der Festigkeitsberechnung. Konstruktion 3 (1951) 233–239. – [10] *Wellinger, K.; Dietmann, H.:* Festigkeitsberechnung, 3. Aufl. Stuttgart: Kröner 1976.

zu C2 Beanspruchung stabförmiger Bauteile
[1] *Szabó, I.:* Einführung in die Technische Mechanik, 8. Aufl. Berlin: Springer 1975. – [2] *Weber, C.:* Biegung und Schub in geraden Balken. Z. angew. Math. u. Mech. 4 (1924) 334–348. – [3] *Schultz-Grunow, F.:* Einführung in die Festigkeitslehre. Düsseldorf: Werner 1949. – [4] *Szabó, I.:* Höhere Technische Mechanik, 5. Aufl. Berlin: Springer 1977. – [5] *Neuber, H.:* Technische Mechanik, Teil II. Berlin: Springer 1971. – [6] *Leipholz, H.:* Festigkeitslehre für den Konstrukteur. Berlin: Springer 1969. – [7] *Roark, Young:* Formulas for Stress and Strain, 5th ed. Singapore: McGraw-Hill 1986.

zu C3 Elastizitätstheorie
[1] *Szabó, I.:* Höhere Technische Mechanik, 5. Aufl. Berlin: Springer 1977. – [2] *Girkmann, K.:* Flächentragwerke, 3. Aufl. Wien: Springer 1954. – [3] *Timoshenko, S.; Goodier, J.N.:* Theory of Elasticity, 3rd ed. Singapore: McGraw-Hill 1982.

zu C4 Beanspruchung bei Berührung zweier Körper (Hertzsche Formeln)
[1] *Hertz, H.:* Über die Berührung fester elastischer Körper. Ges. Werke, Bd. I. Leipzig: Barth 1895. – [2] *Szabó, I.:* Höhere Technische Mechanik, 5. Aufl. Berlin: Springer 1977. – [3] *Föppl, L.:* Der Spannungszustand und die Anstrengung der Werkstoffe bei der Berührung zweier Körper. Forsch. Ing.-Wes. 7 (1936) 209–221. – [4] *Timoshenko, S.; Goodier, J.N.:* Theory of elasticity, 3rd ed. Singapore: McGraw-Hill 1982.

zu C5 Flächentragwerke
[1] *Girkmann, K.:* Flächentragwerke, 3. Aufl. Wien: Springer 1954. – [2] *Nádai, A.:* Die elastischen Platten. Berlin: Springer 1925 (Nachdruck 1968). – [3] *Wolmir, A.S.:* Biegsame Platten und Schalen. Berlin: VEB Verlag f. Bauwesen 1962. – [4] *Czerny, f.:* Tafeln für vierseitig und dreiseitig gelagerte Rechteckplatten. Betonkal. 1984, Bd. I. Berlin: Ernst 1984. – [5] *Beyer, K.:* Die Statik im Stahlbetonbau. Berlin: Springer 1948. – [6] *Worch, G.:* Elastische Platten. Betonkal 1960, Bdd. II. Berlin: Ernst 1960. – [7] *Timoshenko, S.; Woinowsky-Krieger, S.:* Theory of plates and shells, 2nd ed. Kogakusha: McGraw-Hill 1983.

zu C6 Dynamische Beanspruchung umlaufender Bauteile durch Fliehkräfte
[1] *Biezeno, C.; Grammel, R.:* Technische Dynamik, 2. Aufl. Berlin: Springer 1971.

zu C7 Stabilitätsprobleme
[1] *Szabó, I.:* Höhere Technische Mechanik, 5. Aufl. Berlin: Springer 1977. – [2] *Kollbrunner, C.F.; Meister, M.:* Knicken, Biegedrillknicken, Kippen, 2. Aufl. Berlin: Springer 1961. – [3] *Biezeno, C.; Grammel, R.:* Technische Dynamik, 2. Aufl. Berlin: Springer 1971. – [4] *Pflüger, A.:* Stabilitätsprobleme der Elastostatik. Berlin: Springer 1950. – [5] *Bürgermeister, G.; Steup, H.:* Stabilitätstheorie. Berlin: Akademie-Verlag 1959. – [6] *Timoshenko, S.:* Theory of elastic stability. New York: McGraw-Hill 1936. – [7] *Wolmir, A.S.:* Biegsame Platten und Schalen. Berlin: VEB Verlag f. Bauwesen 1962. – [8] *Flügge, W.:* Statik und Dynamik der Schalen, 2. Aufl. Berlin 1957. – [9] *Schapitz, E.:* Festigkeitslehre für den Leichtbau, 2. Aufl. Düsseldorf: VDI-Verlag 1963.

zu C8 Methode der Finiten Elemente und der Randelemente
[1] *Zienkiewicz, O.C.:* Methoden der finiten Elemente. München: Hanser 1975. – [2] *Gallagher, R.H.:* Finite-Element-Analysis. Berlin: Springer 1976. – [3] *Schwarz, H.R.:* Methode der finiten Elemente. Stuttgart: Teubner 1980. – [4] *Link, M.:* Finite Elemente in der Statik und Dynamik. Stuttgart: Teubner 1984. – [5] *Argyris, J.; Mlejnek, H.-P.:* Die Methode der finiten Elemente. Bd. I–III. Braunschweig: Vieweg 1986–1988. – [6] *Bathe, K.-J.:* Finite-Element-Methoden. Berlin: Springer 1986. – [7] *Oldenburg, W.:* Die Finite-Elemente-Methode auf dem PC. Braunschweig: Vieweg 1989. – [8] *Wellinger, K.; Dietmann, H.:* Festigkeitsberechnung, Grundlagen und technische Anwendung. 3. Aufl. Stuttgart: Kröner 1976. – [9] *Hampel, H.:* Rohrleitungsstatik, Grundlagen, Gebrauchsformeln, Beispiele. Berlin: Springer 1972. – [10] *Collatz, L.:* Numerische Behandlung von Differentialgleichungen, 2. Aufl. Berlin: Springer 1955. – [11] *Girkmann, K.:* Flächentragwerke, 3. Aufl. Wien: Springer 1954. – [12] *Hartmann, F.:* Methode der Randelemente. Berlin: Springer 1987. – [13] *Brebbia, C.A.; Telles, J.C.F.; Wrobel, L.C.:* Boundary Element Techniques, Berlin: Springer 1987. – [14] *Zotemantel, R.:* Berechnung von Platten nach der Methode der Randelemente, Dissertation 1985: Universität Dortmund.

zu C9 Plastizitätstheorie
[1] *Wellinger, K.; Dietmann, H.:* Festigkeitsberechnung. Grundlagen und technische Anwendung, 3. Aufl. Stuttgart: Kröner 1976. – [2] *Reckling, K.A.:* Plastizitätstheorie und ihre Anwendung auf Festigkeitsprobleme. Berlin: Springer 1967. – [3] *Lippmann, H.; Mahrenholtz, O.:* Plastomechanik der Umformung metallischer Werkstoffe. Berlin: Springer 1967. – [4] *Schreyer, G.:* Konstruieren mit Kunststoffen. München: Hanser 1972. – [5] *Szabó, I.:* Höhere Technische Mechanik. Korrigierter Nachdruck der 5. Aufl. Berlin: Springer 1977. – [6] *Ismar, H.; Mahrenholtz, O.:* Technische Plastomechanik, Braunschweig: Vieweg 1979. – [7] *Kreißig, R.; Drey, K.-D., Naumann, J.:* Methoden der Plastizität. München: Hanser 1980. – [8] *Lippmann, H.:* Mechanik des plastischen Fließens. Berlin: Springer 1980.

D | Thermodynamik
Thermodynamics

K. **Stephan**, Stuttgart

Allgemeine Literatur zu D1 bis D10
Bücher: *Baehr, H.D.:* Mollier-*i,x*-Diagramm für feuchte Luft in den Einheiten des Internationalen Einheitensystems. Berlin: Springer 1961. – *Baehr, H.D.:* Thermodynamik. Eine Einführung in die Grundlagen und ihre technischen Anwendungen. 6. Aufl. Berlin: Springer 1988. – *Bošnjaković, F.:* Technische Thermodynamik, Teil 1, 7. Aufl. 1988, Darmstadt: Steinkopff, Teil 2, 5. Aufl. 1971. Dresden: Steinkopff. – *Brandt, F.:* Brennstoffe und Verbrennungsrechnung. Fachverband Dampfkessel-Behälter- und Rohrleitungsbau. Fachbuchreihe, Bd. 1. Essen: Vulkan 1981. – *Brandt, F.:* Wärmeübertragung in Dampferzeugern und Wärmetauschern. Fachverband Dampfkessel-Behälter- und Rohrleitungsbau. Fachbuchreihe, Bd. 2. Essen: Vulkan 1985. – *Cammerer, J.S.:* Der Wärme- und Kälteschutz in der Industrie. 4. Aufl. Berlin: Springer 1962. – *Cerbe, G.; Hoffmann, H.-J.:* Einführung in die Wärmelehre. 4. Aufl. München: Hanser 1977. – *Eckert, E.:* Einführung in den Wärme- und Stoffaustausch. 3. Aufl. Berlin: Springer 1966. – *Grigull, U.:* Technische Thermodynamik. 3. Aufl. Berlin: de Gruyter 1977. – *Grigull, U.:* Temperaturausgleich in einfachen Körpern. Berlin: Springer 1964. – *Grigull, U.; Sandner, H.:* Wärmeleitung. Berlin: Springer 1979. – *Gröber, H.; Erk, I.; Grigull, U.:* Die Grundgesetze der Wärmeübertragung. 3. Aufl. Berlin: Springer 1963. – *Hausen, H.:* Wärmeübertragung im Gegenstrom, Gleichstrom und Kreuzstrom. 2. Aufl. Berlin: Springer 1976. – *Merker, G.P.:* Konvektiver Wärmeübergang. Berlin: Springer 1987. – *Schack, A.:* Der industrielle Wärmeübergang. 7. Aufl. Düsseldorf: Verlag Stahleisen 1969. – *Schmidt, E.:* Properties of Water and Steam in SI-Units. 2. überarbeiteter und ergänzter Neudruck, Hrsg. Grigull, U., Berlin: Springer, München: Oldenbourg 1979. – *Stephan, K.:* Wärmeübergang beim Kondensieren und beim Sieden, Berlin: Springer 1987. – *Stephan, K.; Hildwein, H.:* Recommended data of selected compounds and binary mixtures. Chemistry data series. Vol. IV, part 1+2. Frankfurt/Main: Dechema 1987. – *Stephan, K.; Mayinger, F.:* Thermodynamik. Bd. 1: Einstoffsysteme; Bd. 2: Mehrstoffsysteme und chemische Reaktionen. 12. Aufl. Berlin: Springer 1986 und 1988.

1 Aufgaben der Thermodynamik. Grundbegriffe. Scope of Thermodynamics. Definitions

Die Thermodynamik ist als Teilgebiet der Physik eine allgemeine Energielehre. Sie befaßt sich mit den verschiedenen Erscheinungsformen der Energie und deren Umwandlung ineinander. Sie stellt die allgemeinen Gesetze bereit, die jeder Energieumwandlung zugrunde liegen.

1.1 Systeme, Systemgrenzen, Umgebung
Systems, boundaries of systems, surroundings

Unter einem thermodynamischen System, kurz auch *System* genannt, versteht man dasjenige materielle Gebilde, dessen thermodynamische Eigenschaften man untersuchen möchte. Beispiele für Systeme sind eine Gasmenge, eine Flüssigkeit und ihr Dampf, ein Gemisch mehrerer Flüssigkeiten oder ein Kristall. Das System wird durch die *Systemgrenze* von seiner Umwelt, der sog. Umgebung getrennt. Eine Systemgrenze darf sich während des zu untersuchenden Vorgangs verschieben, beispielsweise wenn sich eine Gasmenge ausdehnt, und sie darf außerdem für Energie und Materie durchlässig sein. Ein System heißt *geschlossen*, wenn die Systemgrenze für Materie undurchlässig und *offen*, wenn sie für Materie durchlässig ist. Während die Masse eines geschlossenen Systems unveränderlich ist, ändert sich die Masse eines offenen Systems, wenn die während einer bestimmten Zeit in das System einströmende Masse von der ausströmenden verschieden ist. Sind einströmende und ausströmende Masse gleich, so bleibt auch die Masse des offenen Systems konstant. Beispiele für geschlossene Systeme sind feste Körper oder Massenelemente in der Mechanik, Beispiele für offene Systeme sind Turbinen, Strahltriebwerke, strömende Fluide (Gase oder Flüssigkeiten) in Kanälen. *Abgeschlossen* nennt man ein System, das von allen Einwirkungen seiner Umgebung isoliert ist, so daß weder Energie noch Materie mit der Umgebung ausgetauscht werden.

Die Unterscheidung zwischen geschlossenem und offenem System entspricht der Unterscheidung zwischen *Lagrangeschem* und *Eulerschem Bezugssystem* in der Strömungsmechanik. Im Lagrangeschen Bezugssystem, das dem geschlossenen System entspricht, untersucht man die Bewegung eines Fluids, indem man dieses in kleine Elemente von unveränderlicher Masse zerlegt und deren Bewegungsgleichung ableitet. Im Eulerschen Bezugssystem, das dem offenen System entspricht, denkt man sich im Raum ein festes Volumenelement aufgespannt und untersucht die Strömung des Fluids durch das Volumenelement hindurch. Beide Arten der Beschreibung sind einander äquivalent, und es ist oft nur eine Frage der Zweckmäßigkeit, ob man ein geschlossenes oder offenes System der Betrachtung zugrunde legt.

1.2 Beschreibung des Zustands eines Systems. Thermodynamische Prozesse. Description of the state of a system. Thermodynamic processes

Ein System wird durch bestimmte physikalische Größen charakterisiert, die man messen kann, beispielsweise Druck, Temperatur, Dichte, elektrische Leitfähigkeit, Brechungsindex und andere. Der *Zustand eines Systems* ist dadurch bestimmt, daß alle diese physikalischen Größen, die sog. *Zustandsgrößen*, feste Werte annehmen. Den Übergang eines Systems von einem Zustand in einen anderen nennt man *Zustandsänderung*.

Beispiel: Ein Ballon ist mit Gas gefüllt. Thermodynamisches System sei das Gas. Sein Volumen ist, wie die Messung zeigt, durch Druck und Temperatur bestimmt. Zustandsgrößen des Systems sind also Volumen, Druck und Temperatur, und der Zustand des Systems (Gases) ist durch ein festes Wertetripel von Volumen, Druck und

Temperatur gekennzeichnet. Den Übergang zu einem anderen festen Wertetripel, beispielsweise wenn eine gewisse Gasmenge ausströmt, nennt man Zustandsänderung.

Den mathematischen Zusammenhang zwischen Zustandsgrößen nennt man *Zustandsgleichung* oder *Zustandsfunktion*.

Beispiel: Das Volumen des Gases in einem Ballon erweist sich als eine Funktion von Druck und Temperatur. Der mathematische Zusammenhang zwischen diesen Zustandsgrößen ist eine solche Zustandsgleichung.

Zustandsgrößen unterteilt man in drei Klassen:
Intensive Zustandsgrößen sind unabhängig von der Größe des Systems und behalten somit bei einer Teilung des Systems in Untersysteme ihre Werte bei.

Beispiel: Unterteilt man einen mit Gas von einheitlicher Temperatur gefüllten Raum in kleinere Räume, so bleibt die Temperatur unverändert. Sie ist eine intensive Zustandsgröße.

Zustandsgrößen, die proportional zur Menge des Systems sind, heißen *extensive* Zustandsgrößen.

Beispiel: Das Volumen, die Energie oder die Menge selbst.

Dividiert man eine extensive Zustandsgröße X durch die Menge des Systems, so erhält man eine *spezifische* Zustandsgröße x.

Beispiel: Extensive Zustandsgröße sei das Volumen eines Gases, spezifische Zustandsgröße ist dann das *spezifische Volumen* $v = V/m$, wenn m die Masse des Gases ist. SI-Einheit des spez. Volumens ist m^3/kg.

Zustandsänderungen kommen durch Wechselwirkungen mit der Umgebung des Systems zustande, beispielsweise dadurch, daß Energie über die Systemgrenze zu- oder abgeführt wird. Zur Beschreibung einer Zustandsänderung genügt es, allein den zeitlichen Verlauf der Zustandsgrößen anzugeben. Die Beschreibung eines Prozesses erfordert zusätzlich Angaben über Größe und Art der Wechselwirkungen mit der Umgebung. Unter einem *Prozeß* versteht man somit die durch bestimmte äußere Einwirkungen hervorgerufenen Zustandsänderungen.

2 Temperaturen. Gleichgewichte
Temperatures. Equilibria

2.1 Adiabate und diatherme Wände
Adiabatic and diathermal walls

Bringt man ein System in Kontakt mit seiner Umgebung, deren Zustand wir als unveränderlich voraussetzen, so ändern sich die Zustandsgrößen des Systems mit der Zeit und erreichen nach hinreichend langer Zeit neue feste Werte. Man sagt dann, das System befinde sich im Gleichgewicht mit seiner Umgebung. Die Geschwindigkeit, mit der das System den Gleichgewichtszustand erreicht, hängt von der Art des Kontakts zur Umgebung ab. Sind System und Umgebung nur durch eine dünne Metallwand voneinander getrennt, so wird sich das Gleichgewicht rasch, sind sie durch dicke Wände aus Polystyrolschaum getrennt, so wird sich das Gleichgewicht sehr langsam einstellen. Eine Trennwand, die lediglich jeden Stoffaustausch und auch jede mechanische, magnetische oder elektrische Wechselwirkung verhindert, nennt man *diatherm*. Eine diatherme Wand ist „thermisch" leitend. Als Endzustand stellt sich *thermisches Gleichgewicht* ein.
Systeme, deren Trennwände nur den Austausch von Arbeit mit der Umgebung zulassen, heißen *adiabat*. Sie sind thermisch vollkommen von ihrer Umgebung isoliert.

2.2 Nullter Hauptsatz und empirische Temperatur
Zeroth law and empirical temperature

Herrscht thermisches Gleichgewicht zwischen den Systemen A und C und den Systemen B und C, dann befinden sich erfahrungsgemäß auch die Systeme A und B im thermischen Gleichgewicht, wenn man sie über eine diatherme Wand miteinander in Kontakt bringt. Diesen Erfahrungssatz bezeichnet man als „*nullten Hauptsatz der Thermodynamik*". Er lautet:
Zwei Systeme im thermischen Gleichgewicht mit einem dritten befinden sich auch untereinander im thermischen Gleichgewicht.
Um festzustellen, ob sich zwei Systeme A und B im thermischen Gleichgewicht befinden, bringt man sie nachein-

ander in Kontakt mit einem System C, dessen Masse klein sei im Vergleich zu derjenigen der Systeme A und B, damit Zustandsänderungen in den Systemen A und B während der Gleichgewichtseinstellung vernachlässigbar sind. Bringt man C erst mit A in Kontakt, so ändern sich bestimmte Zustandsgrößen von C, beispielsweise sein elektrischer Widerstand. Diese Zustandsgrößen bleiben beim anschließenden Kontakt zwischen B und C unverändert, wenn zuvor thermisches Gleichgewicht zwischen A und B herrschte. Mit C kann man so prüfen, ob zwischen A und B thermisches Gleichgewicht herrscht. Den Zustandsgrößen von C nach Einstellung des Gleichgewichts kann man beliebige feste Zahlen zuordnen. Diese nennt man *empirische Temperaturen*, das Meßgerät selbst ist ein *Thermometer*.

2.3 Temperaturskalen. Temperature scales

Zur Konstruktion der empirischen Temperaturskalen dient das Gasthermometer (**Bild 1**), mit dem man den Druck p mißt, der vom Gasvolumen V ausgeübt wird. Das Gasvolumen V wird durch Verändern der Höhe Δz der Quecksilbersäule konstant gehalten. Der durch die Quecksilbersäule und die Umgebung ausgeübte Druck p wird gemessen und das Produkt pV gebildet. Messungen bei verschiedenen hinreichend geringen Drücken ergeben durch Extrapolation einen Grenzwert $\lim\limits_{p\to 0} pV = A$. Diesem aus den Messungen ermittelten Wert A ordnet man eine

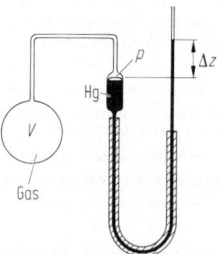

Bild 1. Gasthermometer mit Gasvolumen V im Kolben bis zur Quecksilbersäule

empirische Temperatur zu durch den linearen Ansatz

$$T = \text{const} \cdot A. \tag{1}$$

Nach Festlegung der Konstanten „const" braucht man nur jeweils den Wert A aus den Messungen zu ermitteln und kann dann aus Gl. (1) die empirische Temperatur T berechnen. Dem zur Festlegung der empirischen Temperaturskala benötigten „Fixpunkt" hat die 10. Generalkonferenz für Maße und Gewichte in Paris 1954 den Tripelpunkt des Wassers mit der Temperatur $T_{tr} = 273,16$ Kelvin (abgekürzt 273,16 K) zugeordnet. Am Tripelpunkt des Wassers stehen Dampf, flüssiges Wasser und Eis miteinander im Gleichgewicht bei einem definierten Druck von 0,006112 bar. Die so eingeführte Temperaturskala bezeichnet man als *Kelvin-Skala*. Sie ist identisch mit der *thermodynamischen Temperaturskala*. Es ist

$$T = T_{tr} A / A_{tr}, \tag{1a}$$

wenn A_{tr} der mit einem Gasthermometer am Tripelpunkt des Wassers gemessene Wert der Größe A ist. Durch Messungen findet man, daß die Temperatur $T_{tr} = 273,16$ K am Tripelpunkt des Wassers um rund 0,01 K höher liegt als die Temperatur $T = 273,15$ K am Eispunkt. Die vom Eispunkt $T = 273,15$ K gezählte Skala bezeichnet man als Celsius-Skala, deren Temperaturen t man in °C angibt. Es ist die Temperatur T in K:

$$T = t + 273,15 \text{ °C} . \tag{2}$$

Beim Druck von 0,101325 MPa des Wassers betragen die genaue Temperatur am *Eispunkt*

$$T_0 = (273,15 \pm 0,0002) \text{ K}$$

und die am *Siedepunkt*

$$T_1 = (373,1464 \pm 0,0036) \text{ K}.$$

Im Angelsächsischen ist noch die *Fahrenheit-Skala* üblich mit der Temperatur am Eispunkt des Wassers bei 32 °F und der am Siedepunkt bei 212 °F (Druck jeweils 0,101325 MPa). Zur Umrechnung einer in °F angegebenen Temperatur t_F in die Celsius-Temperatur t in °C gilt

$$t = \tfrac{5}{9}(t_F - 32). \tag{3}$$

Die zum absoluten Nullpunkt in °F gezählte Skala bezeichnet man als *Rankine-Skala* (°R). Es ist

$$T_R = \tfrac{9}{5} T, \tag{4}$$

T_R in °R, T in K. Der Eispunkt des Wassers liegt bei 491,67 °R.

2.3.1 Die Internationale Praktische Temperaturskala
The international practical temperature scale

Da die genaue Messung von Temperaturen mit Hilfe des Gasthermometers schwierig und zeitraubend ist, hat man die Internationale Praktische Temperaturskala durch Gesetz eingeführt. Sie wird vom internationalen Komitee für Maß und Gewicht so festgelegt, daß die Temperatur in ihr möglichst genau die thermodynamische Temperatur bestimmter Stoffe annähert. Die Internationale Praktische Temperaturskala ist durch die Schmelz- und Siedepunkte dieser Stoffe festgelegt, die so genau wie möglich mit Hilfe

des Gasthermometers in den wissenschaftlichen Staatsinstituten der verschiedenen Länder bestimmt wurden. Zwischen diesen Festpunkten wird durch Widerstandsthermometer, Thermoelemente und Strahlungsmeßgeräte interpoliert, wobei bestimmte Vorschriften für die Beziehungen zwischen den unmittelbar gemessenen Größen und der Temperatur gegeben werden.
Die wesentlichen, in allen Staaten gleichen Bestimmungen über die Internationale Temperaturskala lauten:

1. In der Internationalen Temperaturskala von 1948 werden die Temperaturen mit „°C" oder „°C (Int. 1948)" bezeichnet und durch das Formelzeichen t dargestellt.
2. Die Skala beruht einerseits auf einer Anzahl fester und stets wieder herstellbarer Gleichgewichtstemperaturen (Fixpunkte), denen bestimmte Zahlenwerte zugeordnet werden, andererseits auf genau festgelegten Formeln, die die Beziehungen zwischen der Temperatur und den Anzeigen von Meßinstrumenten, die bei diesen Fixpunkten kalibriert werden, herstellen.
3. Die Fixpunkte und die ihnen zugeordneten Zahlenwerte sind in Tabellen (s. **Anh. D2 Tab.** 1) zusammengestellt. Mit Ausnahme der Tripelpunkte und eines Fixpunkts des Gleichgewichtswasserstoffs (17,042 K) entsprechen die zugeordneten Temperaturen Gleichgewichtszuständen bei dem Druck der physikalischen Normalatmosphäre, d.h. per definitionem bei 0,101325 MPa.
4. Zwischen den Fixpunkttemperaturen wird mit Hilfe von Formeln interpoliert, die ebenfalls durch internationale Vereinbarungen festgelegt sind. Dadurch werden Anzeigen der sog. Normalgeräte, mit denen die Temperatur zu messen sind, Zahlenwerte der Internationalen Praktischen Temperatur zugeordnet.

Zur Erleichterung von Temperaturmessungen hat man eine Reihe weiterer thermometrischer Festpunkte von leicht genügend rein herstellbaren Stoffen so genau wie möglich an die gesetzliche Temperaturskala angeschlossen. Die wichtigsten sind im **Anh. D2 Tab.** 2 zusammengestellt. Als Normalgerät wird zwischen dem Tripelpunkt von 13,81 K ($= -259,34$ °C) des Gleichgewichtswasserstoffs und dem Erstarrungspunkt des Antimons bei 903,89 K ($=630,74$ °C) das Platinwiderstandsthermometer verwendet. Zwischen dem Erstarrungspunkt des Antimons und dem Erstarrungspunkt des Goldes von 1337,58 K ($=1064,43$ °C) benutzt man als Normalgerät ein Platinrhodium (10% Rhodium)/Platin-Thermopaar. Oberhalb des Erstarrungspunkts von Gold wird die Internationale Praktische Temperatur durch das *Plancksche Strahlungsgesetz*

$$\frac{J_t}{J_{Au}} = \frac{\exp\left[\dfrac{c_2}{\lambda(t_{Au} + T_0)}\right] - 1}{\exp\left[\dfrac{c_2}{\lambda(t + T_0)}\right] - 1} \tag{5}$$

definiert; J_t und J_{Au} bedeuten die Strahlungsenergien, die ein schwarzer Körper bei der Wellenlänge λ je Fläche, Zeit und Wellenlängenintervall bei der Temperatur t und beim Goldpunkt t_{Au} aussendet; c_2 ist der als 0,014388 Meterkelvin festgesetzte Wert der Konstante c_2; $T_0 = 273,15$ K ist der Zahlenwert der Temperatur des Eisschmelzpunkts; λ ist der Zahlenwert einer Wellenlänge des sichtbaren Spektralgebiets in m.
Praktische Temperaturmessung s. W 2.7 und [1].

3 Erster Hauptsatz. First law

3.1 Allgemeine Formulierung
General formulation

Der erste Hauptsatz ist ein *Erfahrungssatz*. Er kann nicht bewiesen werden und gilt nur deshalb, weil alle Schlußfolgerungen, die man aus ihm zieht, mit der Erfahrung

in Einklang stehen. In seiner allgemeinen Formulierung lautet er:
Jedes System besitzt eine extensive Zustandsgröße Energie. Sie ist in einem abgeschlossenen System konstant.
Vereinbart man für alle zugeführten Energien ein positives, für alle abgeführten ein negatives Vorzeichen, so kann man den ersten Hauptsatz auch so formulieren:
In einem abgeschlossenen System ist die Summe aller Energieänderungen gleich null.

3.2 Die verschiedenen Energieformen
The different forms of energy

Um den ersten Hauptsatz mathematisch formulieren zu können, muß man zwischen den verschiedenen Energieformen unterscheiden und diese definieren.

3.2.1 Arbeit. Work

In der Thermodynamik übernimmt man den Begriff der Arbeit aus der Mechanik und definiert:
Greift an einem System eine Kraft an, so ist die an dem System verrichtete Arbeit gleich dem Produkt aus der Kraft und der Verschiebung des Angriffspunkts der Kraft.
Es ist die längs eines Wegs z zwischen den Punkten 1 und 2 von der Kraft F verrichtete Arbeit

$$W_{12} = \int_1^2 F \cdot dz. \qquad (1)$$

Unter *mechanischer Arbeit* W_{m12} versteht man die Arbeit der Kräfte, die ein geschlossenes System der Masse m von der Geschwindigkeit w_1 auf w_2 beschleunigen und es im Schwerefeld gegen die Fallbeschleunigung g von der Höhe z_1 auf z_2 anheben.

$$W_{m12} = m\left(\frac{w_2^2}{2} - \frac{w_1^2}{2}\right) + mg(z_2 - z_1). \qquad (2)$$

Volumenarbeit ist die Arbeit, die man verrichten muß, um das Volumen eines Systems zu ändern. In einem System vom Volumen V, das den veränderlichen Druck p besitzt, verschiebt sich dabei ein Element dA der Oberfläche um die Strecke dz. Die verrichtete Arbeit ist

$$dW = -p \int dA \cdot dz = -p \, dV, \qquad (3)$$

und es ist

$$W_{12} = -\int_1^2 p \, dV. \qquad (4)$$

Das Minuszeichen kommt dadurch zustande, daß eine zugeführte Arbeit vereinbarungsgemäß positiv ist und zu einer Volumenverkleinerung führt. Gl. (4) gilt nur, wenn der Druck p im Inneren des Systems in jedem Augenblick der Zustandsänderung eine eindeutige Funktion des Volumens und gleich dem von der Umgebung ausgeübten Druck ist. Ein kleiner Über- oder Unterdruck der Umgebung bewirkt dann entweder eine Volumenabnahme oder

-zunahme des Systems. Man bezeichnet solche Zustandsänderungen, bei denen ein beliebig kleines „Übergewicht" genügt, um sie in der einen oder anderen Richtung ablaufen zu lassen, als *reversibel*. Gl. (4) ist daher die Volumenarbeit bei reversibler Zustandsänderung. In wirklichen Prozessen bedarf es zur Überwindung der Reibung im Inneren des Systems eines endlichen Überdrucks der Umgebung. Solche Zustandsänderungen nennt man *irreversibel*. Die zugeführte Arbeit ist um den dissipierten Anteil $(W_{diss})_{12}$ größer. Die Volumenarbeit bei irreversibler Zustandsänderung ist

$$W_{12} = -\int_1^2 p \, dV + (W_{diss})_{12}. \qquad (5)$$

Die stets positive *Dissipationsarbeit* erhöht die Energie des Systems und bewirkt einen anderen Zustandsverlauf $p(V)$ als im reversiblen Fall. Voraussetzung für die Berechnung des Integrals in Gl. (5) ist, daß p eine eindeutige Funktion von V ist. Die Gl. (5) gilt also beispielsweise nicht mehr in einem Systembereich, durch den eine Schallwelle läuft. Allgemein läßt sich Arbeit als Produkt aus einer generalisierten Kraft F_k und einer generalisierten Verschiebung dX_k herleiten. Hinzuzufügen ist bei wirklichen Prozessen die dissipierte Arbeit

$$dW = \sum F_k dX_k + dW_{diss}. \qquad (6)$$

Man erkennt: In irreversiblen Prozessen, $W_{diss} > 0$, ist mehr Arbeit aufzuwenden, oder es wird weniger Arbeit gewonnen als in reversiblen, $W_{diss} = 0$.
In **Tab. 1** sind verschiedene Formen der Arbeit aufgeführt.

Unter *technischer Arbeit* versteht man die von einer Maschine − Verdichter, Turbine, Strahltriebwerk u.a. − an einem Stoffstrom verrichtete Arbeit. Erfährt eine Masse m längs eines Wegs dz durch eine Maschine eine Druckerhöhung dp, so ist die technische Arbeit

$$dW_t = mv \, dp + dW_{diss}.$$

Werden außerdem kinetische und potentielle Energie geändert, so wird noch eine mechanische Arbeit verrichtet. Die längs des Wegs *1–2* verrichtete technische Arbeit ist

$$W_{t12} = \int_1^2 V \, dp + (W_{diss})_{12} + W_{m12}, \qquad (7)$$

mit W_{m12} nach Gl. (2).

Tabelle 1. Verschiedene Formen der Arbeit. Einheiten im Internationalen Einheitensystem sind in Klammern [] angegeben

Art der Arbeit	Generalisierte Kraft	Generalisierte Verschiebung	Verrichtete Arbeit
lineare elastische Verschiebung	Kraft F [N]	Verschiebung dz [m]	$dW = F \, dz = \sigma \, d\varepsilon \, V$ [Nm]
Drehung eines starren Körpers	Drehmoment M_d [Nm]	Drehwinkel $d\alpha$ [−]	$dW = M_d \, d\alpha$ [Nm]
Volumenarbeit	Druck p [N/m²]	Volumen dV [m³]	$dW = -p \, dV$ [Nm]
Oberflächenvergrößerung	Oberflächenspannung σ' [N/m]	Fläche A [m²]	$dW = \sigma' \, dA$ [Nm]
elektrische Arbeit	Spannung U_e [V]	Ladung Q_e [C]	$dW = U_e \, dQ_e$ [Ws] in einem linearen Leiter vom Widerstand R $dW = U_e \, I \, dt$ $= RI^2 \, dt$ $= (U^2/R) \, dt$ [Ws]
magnetische Arbeit, im Vakuum	magnetische Feldstärke H_0 [A/m]	magnetische Induktion $dB_0 = \mu_0 \, H_0$ [Vs/m²]	$dW_v = \mu_0 \, H_0 \cdot dH_0$ [Ws/m³]
Magnetisierung	magnetische Feldstärke H [A/m]	magnetische Induktion $dB = d(\mu_0 H + M)$ [Vs/m²]	$dW_v = H \cdot dB$ [Ws/m³]
elektrische Polarisation	elektrische Feldstärke E [V/m]	dielektrische Verschiebung $dD = d(\varepsilon_0 E + P)$ [As/m²]	$dW = E \cdot dD$ [Ws/m³]

3.2.2 Innere Energie. Internal energy

Außer der kinetischen und potentiellen Energie besitzt jedes System noch in seinem Inneren in Form von Translations-, Rotations- und Schwingungsenergie der Elementarteilchen *gespeicherte* Energie. Man nennt diese die innere Energie U des Systems. Sie ist eine extensive Zustandsgröße. Die gesamte Energie E eines Systems der Masse m besteht aus innerer Energie, kinetischer Energie E_{kin} und potentieller Energie E_{pot}

$$E = U + E_{kin} + E_{pot}. \tag{8}$$

3.2.3 Wärme. Heat

Durch Verrichten von Arbeit ändert sich die innere Energie eines Systems. Man kann aber auch die innere Energie eines Systems ändern, ohne daß Arbeit verrichtet wird, wenn man das System mit seiner Umgebung in Kontakt bringt.

Die ohne Verrichtung von Arbeit zwischen einem System und seiner Umgebung ausgetauschte Energie bezeichnet man als *Wärme*.

Man schreibt hierfür Q_{12}, wenn das System durch Wärme vom Zustand *1* in den Zustand *2* überführt wird. Vereinbarungsgemäß ist eine *zugeführte* Wärme *positiv*, eine *abgeführte negativ*.

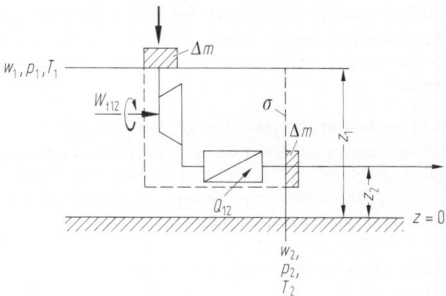

Bild 1. Arbeit am offenen System

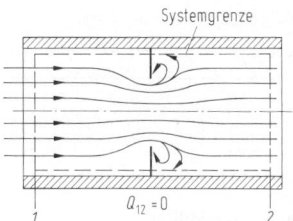

Bild 2. Adiabate Drosselung

3.3 Anwendung auf geschlossene Systeme
Application to closed systems

Die einem System während einer Zustandsänderung von *1* nach *2* zugeführte Wärme Q_{12} und Arbeit W_{12} bewirken eine Änderung der Energie E des Systems um

$$E_2 - E_1 = Q_{12} + W_{12}. \tag{9}$$

W_{12} umfaßt alle am System verrichteten Arbeiten. Wird keine mechanische Arbeit verrichtet, so wird nur die innere Energie geändert, nach Gl. (8) ist dann $E = U$. Setzt man weiter voraus, daß am System nur Volumenarbeit verrichtet wird, so lautet Gl. (9)

$$U_2 - U_1 = Q_{12} - \int_1^2 p \, dV + (W_{diss})_{12}. \tag{10}$$

3.4 Anwendung auf offene Systeme
Application to open systems

3.4.1 Stationäre Prozesse. Steady state processes

In der Technik wird meistens von einem stetig durch eine Maschine fließenden Stoffstrom Arbeit verrichtet. Ist die zeitlich verrichtete Arbeit konstant, so bezeichnet man den Prozeß als *stationären Fließprozeß*. Ein typisches Beispiel zeigt **Bild 1**: Ein Stoffstrom eines Fluids (Gas oder Flüssigkeit) vom Druck p_1 und der Temperatur T_1 ströme mit der Geschwindigkeit w_1 in das System σ ein. In einer Maschine wird Arbeit verrichtet, die als technische Arbeit W_{t12} an der Welle zugeführt wird. Das Fluid durchströmt einen Wärmeaustauscher, in dem mit der Umgebung eine Wärme Q_{12} ausgetauscht wird, und verläßt dann das System σ bei einem Druck p_2, der Temperatur T_2 und der Geschwindigkeit w_2. Verfolgt man den Weg einer konstanten Masse Δm durch das System σ, so würde ein mitbewegter Beobachter die Masse Δm als geschlossenes System ansehen. Entsprechend gilt hierfür der erste Hauptsatz, Gl. (9) für

geschlossene Systeme. Die an Δm verrichtete Arbeit setzt sich zusammen aus $\Delta m \, p_1 v_1$, um Δm aus der Umgebung über die Systemgrenze zu schieben, aus der technischen Arbeit W_{t12} und der Arbeit $-\Delta m \, p_2 v_2$, um Δm über die Systemgrenze wieder in die Umgebung zu bringen. Es ist somit die am geschlossenen System verrichtete Arbeit

$$W_{12} = W_{t12} + \Delta m(p_1 v_1 - p_2 v_2). \tag{11}$$

Den Term $\Delta m(p_1 v_1 - p_2 v_2)$ nennt man *Verschiebearbeit*. Um sie unterscheidet sich die technische Arbeit W_{t12} von der Arbeit am geschlossenen System. Der erste Hauptsatz, Gl. (9) lautet damit

$$E_2 - E_1 = Q_{12} + W_{t12} + \Delta m(p_1 v_1 - p_2 v_2) \tag{12}$$

mit E nach Gl. (8). Man definiert die Zustandsgröße *Enthalpie* H durch

$$H = U + pV \quad \text{bzw.} \quad h = u + pv \tag{13}$$

und kann damit die Gl. (12) schreiben

$$\left(h_2 + \frac{w_2^2}{2} + gz_2\right)\Delta m - \left(h_1 + \frac{w_1^2}{2} + gz_1\right)\Delta m = Q_{12} + W_{t12}. \tag{14}$$

In dieser Form verwendet man den ersten Hauptsatz für stationäre Fließprozesse offener Systeme. Häufig sind Änderungen von kinetischer und potentieller Energie vernachlässigbar. Dann gilt

$$H_2 - H_1 = Q_{12} + W_{t12}. \tag{15}$$

Sonderfälle hiervon sind:

a) *Adiabate* Zustandsänderungen, wie sie in Verdichtern, Turbinen und Triebwerken näherungsweise auftreten

$$H_2 - H_1 = W_{t12}. \tag{16}$$

b) Die *Drosselung* einer Strömung in einer adiabaten Rohrleitung durch eingebaute Hindernisse, **Bild 2**. Diese bewirken eine Druckabsenkung. Es ist

$$H_1 = H_2 \tag{17}$$

vor und nach der Drosselstelle. Bei der Drosselung bleibt die Enthalpie konstant. Man beachte, daß die Änderung der kinetischen und potentiellen Energie vernachlässigt wurde.

3.4.2 Instationäre Prozesse. Unsteady state processes

Ist im System nach **Bild 1** die während einer bestimmten Zeit zugeführte Materie Δm_1 von der während der gleichen Zeit abgeführten Materie Δm_2 verschieden, so wird Materie im Inneren des Systems gespeichert, was zu einer zeitlichen Änderung von dessen innerer Energie und u.U. auch der kinetischen und potentiellen Energie führt. Die im Inneren des Systems gespeicherte Energie ändert sich während einer Zustandsänderung 1–2 um $E_2 - E_1$, so daß an Stelle von Gl.(14) folgende Form des ersten Hauptsatzes tritt

$$\left(h_2 + \frac{w_2^2}{2} + gz_2\right)\Delta m_2 - \left(h_1 + \frac{w_1^2}{2} + gz_1\right)\Delta m_1$$
$$+ E_2 - E_1 = Q_{12} + W_{t12}. \tag{18}$$

Sind die Fluidzustände 1 beim Einströmen und 2 beim Ausströmen zeitlich veränderlich, so geht man zweckmäßigerweise zur differentiellen Schreibweise über:

$$\left(h_2 + \frac{w_2^2}{2} + gz_2\right)dm_2 - \left(h_1 + \frac{w_1^2}{2} + gz_1\right)dm_1$$
$$+ dE = dQ + dW_t. \tag{19}$$

Um das Füllen oder Entleeren von Behältern zu untersuchen, kann man meistens die Änderungen von kinetischer und potentieller Energie vernachlässigen, außerdem wird oft keine technische Arbeit verrichtet, so daß sich Gl.(19) verkürzt zu

$$h_2\,dm_2 - h_1\,dm_1 + dU = dQ \tag{20}$$

mit der (zeitlich veränderlichen) inneren Energie $U = um$ des im Behälter eingeschlossenen Stoffs. Vereinbarungsgemäß ist hierin dm_1 die dem System zugeführte, dm_2 die abgeführte Stoffmenge; wird nur Materie zugeführt, so ist $dm_2 = 0$, wird nur Materie abgeführt, so ist $dm_1 = 0$.

4 Zweiter Hauptsatz. Second law

4.1 Das Prinzip der Irreversibilität
The principle of irreversibility

Bringt man ein System mit seiner Umgebung in Kontakt, so laufen Austauschvorgänge ab, und es stellt sich nach hinreichend langer Zeit ein neuer Gleichgewichtszustand ein. Als Beispiel sei ein System mit einer Umgebung verschiedener Temperatur in Kontakt gebracht. Im Endzustand besitzen System und Umgebung gleiche Temperatur. Es hat sich thermisches Gleichgewicht eingestellt. Bis zum Erreichen des Gleichgewichts werden in kontinuierlicher Folge Nichtgleichgewichtszustände durchlaufen. Den gleichen Endzustand des Gleichgewichts könnte man auch erreichen, wenn man das System vorübergehend mit seiner Umgebung in Kontakt brächte, dann von ihr isolierte, warten würde, bis sich ein Gleichgewicht im System einstellen würde, dann erneut vorübergehend das System in Kontakt zur Umgebung brächte usw. Dabei würde eine kontinuierliche Folge von Gleichgewichtszuständen durchlaufen.

Einen Prozeß aus einer *kontinuierlichen* Folge von Gleichgewichtszuständen nennt man *reversibel*. Da das System voraussetzungsgemäß in jedem Augenblick im Gleichgewicht ist, kann eine beliebig kleine „Kraft", beispielsweise einen Überdruck oder eine Übertemperatur des umgebenden Systems, je nach deren Vorzeichen einen Prozeß sowohl in der einen wie in der anderen Richtung auslösen und beispielsweise eine Volumenabnahme oder einen Temperaturanstieg im System bewirken. Reversible Prozesse sind idealisierte Grenzfälle der wirklichen Prozesse und kommen in der Natur nicht vor. Alle *natürlichen* Prozesse sind *irreversibel*, weil es einer endlichen „Kraft" bedarf, um einen Prozeß auszulösen, beispielsweise einer endlichen Kraft, um einen Körper bei Reibung zu verschieben oder einer endlichen Temperaturdifferenz, um ihm Wärme zuzuführen. Sie laufen, bedingt durch die endliche Kraft, in einer bestimmten Richtung ab. Diese Erfahrungstatsache führt zu folgenden Formulierungen des *zweiten Hauptsatzes*:
– Alle natürlichen Prozesse sind irreversibel.
– Alle Prozesse mit Reibung sind irreversibel.
– Wärme kann nie *von selbst* von einem Körper niederer auf einen Körper höherer Temperatur übergehen.

„Von selbst" bedeutet hierbei, daß man den genannten Vorgang nicht ausführen kann, ohne daß Änderungen in der Natur zurückbleiben. Neben den oben genannten gibt es noch viele für andere spezielle Prozesse gültige Formulierungen.

4.2 Allgemeine Formulierung
General formulation

Die mathematische Formulierung des zweiten Hauptsatzes gelingt mit dem Begriff der *Entropie* als weiterer Zustandsgröße eines Systems. Daß es zweckmäßig ist, eine solche Zustandsgröße einzuführen, kann man sich am Beispiel des Wärmeaustausches zwischen einem System und seiner Umgebung verständlich machen. Nach dem ersten Hauptsatz kann ein System mit seiner Umgebung Arbeit und Wärme austauschen. Die Zufuhr von Arbeit bewirkt eine Änderung der inneren Energie dadurch, daß beispielsweise das Volumen des Systems auf Kosten des Volumens der Umgebung geändert wird. Somit ist $U = U(V, \ldots)$. Das Volumen ist eine *Austauschvariable*: Es ist eine extensive Zustandsgröße, die zwischen System und Umgebung „ausgetauscht" wird. Auch die Wärmezufuhr zwischen einem System und seiner Umgebung kann man sich so vorstellen, daß eine extensive Zustandsgröße zwischen System und Umgebung ausgetauscht wird. Damit wird lediglich die Existenz einer solchen Zustandsgröße postuliert, deren Einführung allein dadurch gerechtfertigt ist, daß alle Aussagen, die man mit dieser Größe gewinnt, mit der Erfahrung in Einklang stehen. Man nennt die neue extensive Zustandsgröße Entropie und bezeichnet sie mit S. Somit ist $U = U(V, S, \ldots)$. Wenn nur Volumenarbeit verrichtet und Wärme zugeführt wird, ist $U = U(V, S)$. Durch Differentiation folgt hieraus die *Gibbssche Fundamentalgleichung*

$$dU = T\,dS - p\,dV \tag{1}$$

mit der thermodynamischen Temperatur

$$T = (\partial U/\partial S)_V \tag{2}$$

und dem Druck

$$p = -(\partial U/\partial V)_S. \tag{3}$$

Eine der Gl.(1) äquivalente Beziehung ergibt sich, wenn man U eliminiert und durch die Enthalpie $H = U + pV$

ersetzt

$$dH = T\,dS + V\,dp. \qquad (4)$$

Man kann zeigen, daß die thermodynamische Temperatur identisch ist mit der mit dem Gasthermometer (s. D 2.3) gemessenen Temperatur.

Das Studium der Eigenschaften der Entropie ergibt, daß diese in einem abgeschlossenen System nur zunehmen kann und im Grenzfall des Gleichgewichts ein Maximum erreicht. In einem nicht abgeschlossenen System ändert sich die Entropie zusätzlich durch Wärmeaustausch mit der Umgebung. Auch mit der zugeführten Materie wird dem System Entropie zugeführt. Man bezeichnet die zeitliche Entropiezunahme $\dot{S}_i$ im Inneren des Systems als *Entropieerzeugung*, die mit der Umgebung je Zeiteinheit ausgetauschte Entropie als *Entropieströmung*. Die Entropieströmung ist positiv, wenn dem System Wärme zugeführt, negativ wenn ihm Wärme entzogen wird und gleich null bei adiabaten Systemen. Damit läßt sich der zweite Hauptsatz so formulieren:

Es existiert eine Zustandsgröße S, die Entropie eines Systems, deren zeitliche Änderung $\dot{S}$ sich aus Entropieströmung $\dot{S}_a$ und Entropieerzeugung $\dot{S}_i$ zusammensetzt,

$$\dot{S} = \dot{S}_a + \dot{S}_i. \qquad (5)$$

Für die Entropieerzeugung gilt:

$\dot{S}_i = 0$ für reversible Prozesse,

$\dot{S}_i > 0$ für irreversible Prozesse,

$\dot{S}_i < 0$ nicht möglich.   (6)

4.3 Spezielle Formulierungen. Special formulations

4.3.1 Adiabate Systeme. Adiabatic systems

Für adiabate Systeme ist $\dot{S}_a = 0$ und daher $\dot{S} = \dot{S}_i$. Es gilt also:

In adiabaten Systemen kann die Entropie niemals abnehmen, sie kann nur zunehmen bei irreversiblen oder konstant bleiben bei reversiblen Prozessen.

Setzt sich ein adiabates System aus α Untersystemen zusammen, so gilt für die Summe der Entropieänderungen

$\Delta S^{(\alpha)}$ der Untersysteme

$$\sum_\alpha \Delta S^{(\alpha)} \geq 0. \qquad (7)$$

In einem adiabaten System ist nach Gl. (1) mit $dS = dS_i$

$$dU = T\,dS_i - p\,dV.$$

Andererseits folgt aus dem ersten Hauptsatz nach D 3 Gl. (10)

$$dU = dW_{diss} - p\,dV$$

und daher

$$dW_{diss} = T\,dS_i = d\Psi \qquad (8)$$

oder

$$(W_{diss})_{12} = T(S_i)_{12} = \Psi_{12}.$$

Man nennt Ψ_{12} die während einer Zustandsänderung *1–2 dissipierte Energie*. Es gilt: Die dissipierte Energie ist stets positiv.

Diese Aussage gilt nicht nur für adiabate Systeme, sondern ganz allgemein, da die Entropieerzeugung definitionsgemäß der Anteil der Entropieänderung ist, der auftritt, wenn man das System adiabat isoliert, also $\dot{S}_a = 0$ setzt.

4.3.2 Systeme mit Wärmezufuhr
Systems with heat addition

Für Systeme mit Wärmezufuhr kann man Gl. (1) schreiben

$$dU = T\,dS_a + T\,dS_i - p\,dV = T\,dS_a + dW_{diss} - p\,dV.$$

Vergleich mit dem ersten Hauptsatz, D 3 Gl. (10), ergibt

$$dQ = T\,dS_a. \qquad (9)$$

Wärme ist demnach Energie, die mit Entropie über die Systemgrenze strömt, während Arbeit ohne Entropieaustausch übertragen wird.

Addiert man in Gl. (9) auf der rechten Seite den stets positiven Term $T\,dS_i$, so folgt die *Clausiussche Ungleichung*

$$dQ \leq T\,dS \quad \text{oder} \quad \Delta S \geq \int_1^2 \frac{dQ}{T}. \qquad (10)$$

In irreversiblen Prozessen ist die Entropieänderung größer als das Integral über alle dQ/T, nur bei reversiblen gilt das Gleichheitszeichen.

---

5 Exergie und Anergie
Exergy and anergy

Nach dem ersten Hauptsatz bleibt die Energie in einem abgeschlossenen System konstant. Da man jedes nicht abgeschlossene System durch Hinzunahme der Umgebung in ein abgeschlossenes verwandeln kann, ist es stets möglich, ein System zu bilden, in dem während eines thermodynamischen Prozesses die Energie konstant bleibt. Ein Energieverlust kann man nicht befürchten. In einem thermodynamischen Prozeß wird lediglich Energie umgewandelt. Wieviel von der in einem System gespeicherten Energie umgewandelt wird, hängt vom Zustand der Umgebung ab. Befindet sich diese im Gleichgewicht mit dem System, so wird keine Energie umgewandelt, je stärker die Abweichung vom Gleichgewicht ist, desto mehr Energie des Systems kann umgewandelt werden.

Viele thermodynamische Prozesse laufen in der irdischen Atmosphäre ab, die somit die Umgebung der meisten thermodynamischen Systeme darstellt. Die irdische Atmosphäre kann man im Vergleich zu den sehr viel kleineren thermodynamischen Systemen als ein unendlich großes System ansehen, dessen intensive Zustandsgrößen Druck,

Temperatur und Zusammensetzung sich während eines Prozesses nicht ändern, wenn man die täglich und jahreszeitlich bedingten Schwankungen der intensiven Zustandsgrößen außer acht läßt.

In vielen technischen Prozessen wird Arbeit gewonnen, indem man ein System von gegebenem Anfangszustand mit der Umgebung ins Gleichgewicht bringt. Das Maximum an Arbeit wird dann gewonnen, wenn alle Zustandsänderungen reversibel sind.

Man bezeichnet die bei Einstellung des Gleichgewichts mit der Umgebung maximal gewinnbare Arbeit als *Exergie* W_{ex}.

5.1 Exergie eines geschlossenen Systems
Exergy of a closed system

Um die Exergie eines geschlossenen Systems zu berechnen, denkt man sich dieses zunächst reversibel adiabat auf Umgebungstemperatur gebracht. Die dabei verrichtete Arbeit setzt sich zusammen aus der maximalen Arbeit W_{ex}, der Energie, die man nutzbar machen kann und der Arbeit $-p_u(V_2 - V_1)$, die zur Überwindung des Drucks der Umgebung aufgewendet werden muß, $W_{12} =$

$W_{ex} - p_u(V_2 - V_1)$. Anschließend wird Wärme reversibel bei der konstanten Temperatur T_u der Umgebung ausgetauscht $Q_{12} = T_u(S_2 - S_1)$. Nach dem ersten Hauptsatz für geschlossene Systeme, D3 Gl. (10), ist somit, wenn man die mechanische Arbeit vernachlässigt

$$U_2 - U_1 = W_{ex} - p_u(V_2 - V_1) + T_u(S_2 - S_1).$$

Im Zustand 2 ist das System im Gleichgewicht mit der Umgebung, gekennzeichnet durch den Index u. Die Exergie des geschlossenen Systems ist somit

$$-W_{ex} = U_1 - U_u - T_u(S_1 - S_u) + p_u(V_1 - V_u). \qquad (1)$$

Hat das System starre Wände, so ist $V_1 = V_u$ und der letzte Term entfällt.

Ist das System bereits im Ausgangszustand im Gleichgewicht mit der Umgebung, Zustand 1=Zustand u, so kann nach Gl. (1) keine Arbeit gewonnen werden. Es gilt also:
Die innere Energie der Umgebung kann nicht in Exergie umgewandelt werden.
Die gewaltigen in der uns umgebenden Atmosphäre gespeicherten Energien können somit nicht zum Antrieb von Fahrzeugen genützt werden.

5.2 Anergie. Anergy

Den nicht in Exergie umgewandelten Anteil einer Energie nennt man *Anergie B*.
Aus Gl. (1) folgt die Anergie B_U einer inneren Energie

$$B_U = U_u + T_u(S_1 - S_u) - p_u(V_1 - V_u),$$

und es gilt

$$U_1 = (-W_{ex}) + B_U. \qquad (2)$$

Jede Energie setzt sich aus Exergie und Anergie zusammen.

5.3 Exergie eines offenen Systems
Exergy of an open system

Die maximale technische Arbeit oder die Exergie eines Stoffstroms erhält man dadurch, daß der Stoffstrom auf reversiblem Weg durch Verrichten von Arbeit und durch Wärmezu- oder -abfuhr mit der Umgebung ins Gleichgewicht gebracht wird. Aus dem ersten Hauptsatz für stationäre Prozesse offener Systeme, D3 Gl. (14), folgt dann unter Vernachlässigung der Änderung von kinetischer und potentieller Energie

$$-W_{ex} = H_1 - H_u - T_u(S_1 - S_u). \qquad (3)$$

Von der Enthalpie H_1 wird somit nur der um $H_u + T_u(S_1 - S_u)$ verminderte Anteil in technische Arbeit umgewandelt. Wird einem Stoffstrom Wärme aus der Umgebung zugeführt, so ist $T_u(S_1 - S_u)$ negativ und die Exergie um den Anteil dieser zugeführten Wärme größer als die Änderung der Enthalpie.

5.4 Exergie einer Wärme. Exergy and heat

Einer Maschine soll Wärme Q_{12} aus einem Energiespeicher der Temperatur T zugeführt und in Arbeit W_{12} verwandelt werden, **Bild 1**. Die nicht in Arbeit umwandelbare Wärme $(Q_u)_{12}$ wird an die Umgebung abgeführt. Das Maximum an Arbeit gewinnt man, wenn alle Zustandsänderungen reversibel ablaufen. Dieses ist gleich der Exergie der Wärme. Alle Zustandsänderungen sind reversibel, wenn

$$\int_1^2 \frac{dQ}{T} + \int_1^2 \frac{dQ_u}{T_u} = 0$$

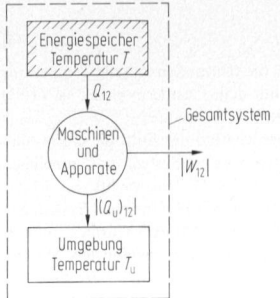

Bild 1. Zur Umwandlung von Wärme in Arbeit

mit $dQ + dQ_u + dW_{ex} = 0$ nach dem ersten Hauptsatz. Daraus ergibt sich die Exergie der den Maschinen und Apparaten zugeführten Wärmen

$$-W_{ex} = \int_1^2 \left(1 - \frac{T_u}{T}\right) dQ \qquad (4)$$

oder in differentieller Schreibweise

$$-dW_{ex} = \left(1 - \frac{T_u}{T}\right) dQ. \qquad (5)$$

In einem reversiblen Prozeß ist nur der mit dem sog. *Carnot-Faktor* $1 - (T_u/T)$ multiplizierte Anteil der zugeführten Wärme dQ in Arbeit umwandelbar. Der Anteil $dQ_u = -T_u(dQ/T)$ ist die Anergie der Wärme, sie wird wieder an die Umgebung abgegeben und kann nicht als Arbeit gewonnen werden.
Man erkennt außerdem: Wärme, die bei Umgebungstemperatur zur Verfügung steht, kann nicht in Exergie umgewandelt werden.

5.5 Exergieverluste. Exergy losses

Die dissipierte Energie ist nicht vollständig verloren, sie erhöht die Entropie und damit wegen $U(S, V)$ auch die innere Energie eines Systems. Die dissipierte Energie kann man sich auch in einem reversiblen Ersatzprozeß als Wärme von außen so zugeführt denken, daß sie die gleiche Entropieerhöhung bewirkt wie in dem irreversiblen Prozeß. Da man die zugeführte Wärme, Gl. (5), in Arbeit umwandeln kann, ist auch der Anteil

$$-dW_{ex} = \left(1 - \frac{T_u}{T}\right) d\Psi \qquad (6)$$

der dissipierten Energie $d\Psi$ als Arbeit (Exergie) gewinnbar. Der restliche Anteil $T_u d\Psi / T$ der zugeführten Dissipationsenergie muß als Wärme an die Umgebung abgeführt werden und ist nicht in Arbeit umwandelbar. Man bezeichnet ihn als *Exergieverlust*: Dieser ist gleich der Anergie der Dissipationsenergie und gegeben durch

$$(W_v)_{12} = \int_1^2 \frac{T_u}{T} d\Psi = \int_1^2 T_u dS_i. \qquad (7)$$

Für einen adiabaten Prozeß ist wegen $dS_i = dS$

$$(W_v)_{12} = \int_1^2 T_u dS = T_u(S_2 - S_1). \qquad (8)$$

Für die Exergie gilt im Gegensatz zur Energie kein Erhaltungssatz. Die einem System zugeführten Exergien sind gleich den abgeführten und den Exergieverlusten. Verluste durch Nichtumkehrbarkeiten wirken sich thermodynamisch um so ungünstiger aus je tiefer die Temperatur T ist, bei der ein Prozeß abläuft, vgl. Gl. (7).

6 Stoffthermodynamik
Thermodynamic of substances

Um mit den allgemeinen für beliebige Stoffe gültigen Hauptsätzen der Thermodynamik umgehen und um Exergien und Anergien berechnen zu können, muß man Zahlenwerte für die Zustandsgrößen U, H, S, p, V, T ermitteln. Hiervon bezeichnet man die Größen U, H, S als *kalorische* und p, V, T als *thermische* Zustandsgrößen. Die Zusammenhänge zwischen ihnen sind stoffspezifisch und können i.allg. nur durch Messungen bestimmt werden.

6.1 Thermische Zustandsgrößen von Gasen und Dämpfen
Thermal properties of gases and vapours

Eine thermische Zustandsgleichung reiner Stoffe ist von der Form

$$F(p, v, T) = 0 \tag{1}$$

oder $p = p(v, T)$, $v = v(p, T)$ und $T = T(p, v)$. Für technische Berechnungen bevorzugt man Zustandsgleichungen der Form $v = v(p, T)$, da Druck und Temperatur meistens als unabhängige Variablen vorgegeben sind.

6.1.1 Ideale Gase. Ideal gases

Von besonders einfacher Art ist die thermische Zustandsgleichung idealer Gase

$$pV = mRT \quad \text{oder} \quad pv = RT, \tag{2}$$

mit: p absoluter Druck, V Volumen, v spezifisches Volumen, R individuelle Gaskonstante, T thermodynamische Temperatur. Gase verhalten sich nur dann näherungsweise ideal, wenn ihr Druck hinreichend klein ist, $p \to 0$.

6.1.2 Gaskonstante und Gesetz von Avogadro
Gas constant and the law of Avogadro

Als Einheit der Stoffmenge definiert man das *Mol* mit dem Einheitensymbol mol.
Die Zahl der Teilchen (Moleküle, Atome, Elementarteilchen) eines Stoffs nennt man dann 1 Mol, wenn dieser Stoff aus ebenso vielen unter sich gleichen Teilchen besteht wie in genau 12 g reinen atomaren Kohlenstoffs des Nuklids ^{12}C enthalten sind.
Man bezeichnet die in einem Mol enthaltene Anzahl von unter sich gleichen Teilchen als *Avogadro-Konstante* (in der deutschsprachigen Literatur oftmals als *Loschmidt-Zahl*). Sie ist eine universelle Naturkonstante und hat den Zahlenwert

$$N_A = (6{,}0221318 \pm 0{,}0000076)10^{26}/\text{kmol}.$$

Die Masse eines Mols, also von N_A unter sich gleichen Teilchen, ist eine stoffspezifische Größe und wird Molmasse genannt (Werte s. **Anh. D6 Tab. 1**):

$$M = m/n \tag{3}$$

(SI-Einheit kg/kmol, m Masse in kg, n Molmenge in kmol). Nach Avogadro (1831) gilt: Ideale Gase enthalten bei gleichem Druck und gleicher Temperatur in gleichen Räumen gleich viel Moleküle.
Daraus folgt nach Einführen der Molmasse in die thermische Zustandsgleichung des idealen Gases, Gl. (2), daß $pV/nT = MR$ eine für alle Gase feste Größe ist.

$$MR = R. \tag{4}$$

Man nennt R die universelle Gaskonstante. Sie ist eine Naturkonstante. Es ist

$$R = 8{,}31441 \pm 0{,}00026 \ \text{kJ/kmol K}.$$

Die thermische Zustandsgleichung des idealen Gases lautet mit ihr

$$pV = nRT. \tag{5}$$

Beispiel: In einer Stahlflasche von $V_1 = 200$ l Inhalt befindet sich Wasserstoff von $p_1 = 120$ bar und $t_1 = 10\,°$C. Welchen Raum nimmt der Wasserstoff bei $p_2 = 1$ bar und $t_2 = 0\,°$C an, wenn man die geringen Abweichungen des Wasserstoffs vom Verhalten des idealen Gases vernachlässigt?
Nach Gl. (5) ist $p_1 V_1 = nRT_1$; $p_2 V_2 = nRT_2$ und somit

$$V_2 = \frac{p_1 T_2}{p_2 T_1} V_1 = \frac{120\,\text{bar} \cdot 273{,}15\,\text{K}}{1\,\text{bar} \cdot 283{,}15\,\text{K}} 0{,}2\,\text{m}^3 = 23{,}15\,\text{m}^3.$$

6.1.3 Reale Gase. Real gases

Die Zustandsgleichung des idealen Gases gilt für wirkliche Gase und Dämpfe nur als Grenzgesetz bei unendlich kleinen Drücken. Die Abweichung des Verhaltens des gasförmigen Wassers von der Zustandsgleichung der idealen Gase zeigt **Bild 1**, in dem pv/RT über t für verschiedene Drücke dargestellt ist. Der Realgasfaktor $Z = pv/RT$ ist für ideale Gase gleich eins, weicht aber für reale Gase hiervon ab. Bei Luft zwischen 0 und 200 °C und für Wasserstoff von -15 bis 200 °C erreichen die Abweichungen in Z bei Drücken von 20 bar etwa 1% vom Wert eins. Bei atmosphärischen Drücken sind bei fast allen Gasen die Abweichungen vom Gesetz des idealen Gases zu vernachlässigen. Zur Beschreibung des Zustandsverhaltens realer Gase haben sich verschiedene Arten von Zustandsgleichungen bewährt. Eine davon besteht darin, daß man den Realgasfaktor Z in Form einer Reihe darstellt und additiv an den Wert 1 für das ideale Gas Korrekturglieder anfügt

$$Z = 1 + \frac{B(T)}{v} + \frac{C(T)}{v^2} + \frac{D(T)}{v^3}. \tag{6}$$

Man nennt B den zweiten, C den dritten und D den vierten Virialkoeffizienten. Eine Zusammenstellung von zweiten Virialkoeffizienten vieler Gase findet man in Tabellenwerken [2, 3]. Die Virialgleichung mit zwei oder drei Virialkoeffizienten ist nur im Bereich mäßiger Drücke gültig. Zur Beschreibung des Zustandsverhaltens dichter Gase stellt die Zustandsgleichung von Benedict-Webb-Rubin [4] einen ausgewogenen Kompromiß zwischen rechnerischem Aufwand und erzielbarer Genauigkeit dar. Sie lautet

$$Z = 1 + \frac{B(T)}{v} + \frac{C(T)}{v^2} + \frac{a\alpha}{v^5 RT}$$
$$+ \frac{c}{v^3 RT^2}\left(1 + \frac{\gamma}{v^2}\right)\exp\left(-\frac{\gamma}{v^2}\right), \tag{7}$$

mit

$$B(T) = B_0 - \frac{A_0}{RT} - \frac{C_0}{RT^3} \quad \text{und} \quad C(T) = b - \frac{a}{RT}.$$

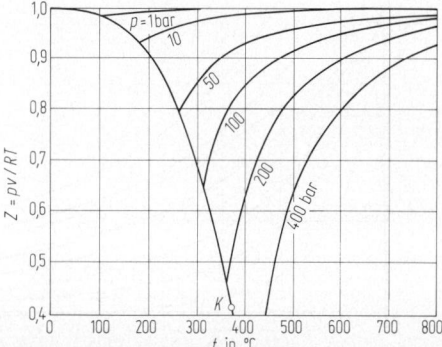

Bild 1. Realgasfaktor von Wasserdampf

Die Gleichung enthält die acht Konstanten $A_0, B_0, C_0, a, b,$ c, α, γ, die für viele Stoffe vertafelt sind [4]. Hochgenaue Zustandsgleichungen benötigt man für die in Wärmekraft- und Kälteanlagen verwendeten Arbeitsstoffe Wasser [5], Luft [6] und die Kältemittel [7]. Die Gleichungen für diese Stoffe sind aufwendiger, enthalten mehr Konstanten und sind nur mit einer elektronischen Rechenanlage auszuwerten.

6.1.4 Dämpfe. Vapours

Dämpfe sind Gase in der Nähe ihrer Verflüssigung. Man nennt einen Dampf *gesättigt*, wenn schon eine beliebig kleine Temperatursenkung ihn verflüssigt, er heißt *überhitzt*, wenn es dazu einer endlichen Temperatursenkung bedarf. Führt man einer Flüssigkeit bei konstantem Druck Wärme zu, so beginnt sich von einer bestimmten Temperatur an Dampf von gleicher Temperatur zu bilden. Dampf und Flüssigkeit befinden sich im Gleichgewicht. Man nennt diesen Zustand *Sättigungszustand*; er ist durch zueinander gehörende Werte von *Sättigungstemperatur* und *Sättigungsdruck* gekennzeichnet, deren Abhängigkeit voneinander durch die *Dampfdruckkurve* dargestellt wird, **Bild 2**. Sie beginnt am Tripelpunkt und endet am kritischen Punkt K eines Stoffs. Darunter versteht man den Zustandspunkt p_k, T_k oberhalb dessen Dampf und Flüssigkeit nicht mehr durch eine deutlich wahrnehmbare Grenze getrennt sind, sondern kontinuierlich ineinander

übergehen (s. **Anh. D6 Tab. 1**). Der kritische Punkt ist ebenso wie der Tripelpunkt, an dem Dampf, Flüssigkeit und feste Phase eines Stoffs miteinander im Gleichgewicht stehen, ein für jeden Stoff charakteristischer Punkt. Den Dampfdruck vieler Stoffe kann man vom Tripelpunkt bis zum Siedepunkt bei Atmosphärendruck durch die Antoine-Gleichung darstellen

$$\ln p = A - B/(C + T), \qquad (8)$$

in der die Größen A, B, C stoffabhängige Konstanten sind (s. **Anh. D6 Tab. 2**).
Verdichtet man überhitzten Dampf bei konstanter Temperatur durch Verkleinern des Volumens, so nimmt der Druck ähnlich wie bei einem idealen Gas nahezu nach einer Hyperbel zu. s. z.B. die *Isotherme* 300 °C in **Bild 3**. Die Kondensation beginnt, sobald der Sättigungsdruck erreicht ist, und das Volumen verkleinert sich ohne Steigen des Drucks so lange, bis aller Dampf verflüssigt ist. Bei weiterer Volumenverkleinerung steigt der Druck stark an. Die Kurvenschar von **Bild 3** ist als graphische Darstellung einer Zustandsgleichung für viele Stoffe charakteristisch. Verbindet man die spezifischen Volumina der Flüssigkeit bei Sättigungstemperaturen vor der Verdampfung und des gesättigten Dampfes, v' und v'', so erhält man zwei Kurven a und b, die linke und die rechte Grenzkurve genannt, die sich im kritischen Punkt K treffen. Ist x der Dampfgehalt, definiert als Masse des gesättigten Dampfes m'' bezogen auf die Gesamtmasse von gesättigtem Dampf m''

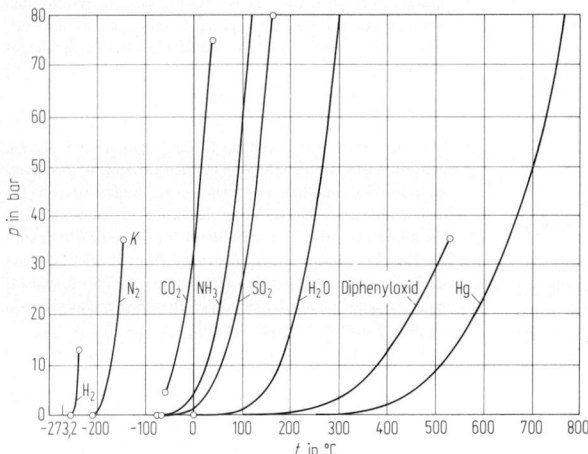

Bild 2. Dampfdruckkurven einiger Stoffe

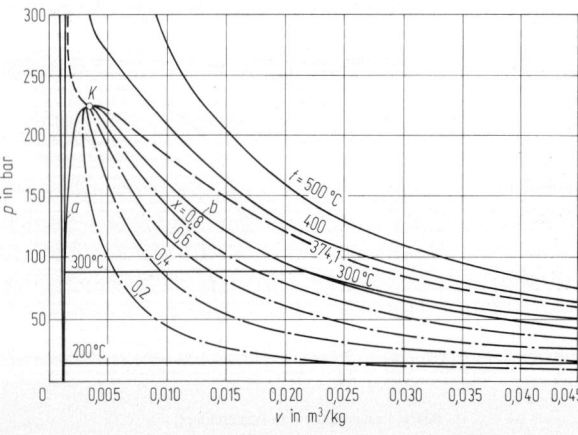

Bild 3. p,v-Diagramm des Wassers

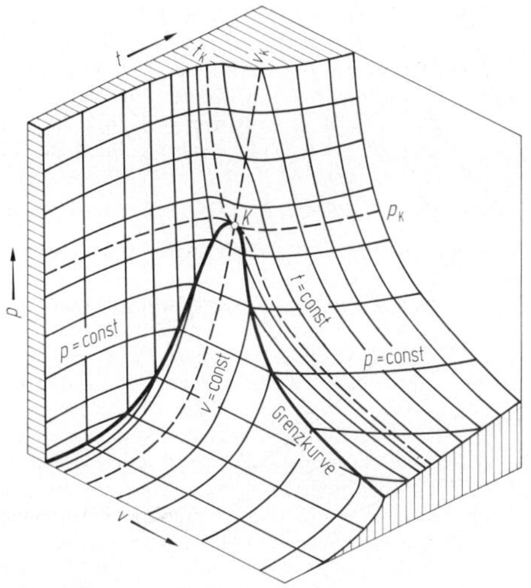

Bild 4. Zustandsfläche des Wassers in perspektivischer Darstellung

und siedender Flüssigkeit m', v' das spezifische Volumen von siedender Flüssigkeit und v'' das von Sattdampf, so gilt für Naßdampf

$$v = xv'' + (1-x)v' \qquad (9)$$

(Linien x=const zeigt **Bild 3**).

Beispiel: In einem Kessel von $2\,\text{m}^3$ Inhalt befinden sich $1000\,\text{kg}$ Wasser und Dampf von 121 bar und Sättigungstemperatur. Welches spez. Volumen hat der Dampf? Aus der Dampftafel (**Anh. D 6 Tab. 5**) findet man durch Interpolieren bei 121 bar das spez. Volumen des Dampfes $v''=0{,}01413\,\text{m}^3/\text{kg}$, das der Flüssigkeit $v'=0{,}001531\,\text{m}^3/\text{kg}$. Mit Gl. (9) folgt $x=(v-v')/(v''-v')=(0{,}002-0{,}001531)/(0{,}01413-0{,}001531)=0{,}03723=m''/m$, also $m''=1000 \cdot 0{,}03723\,\text{kg}=37{,}23\,\text{kg}$, $m'=1000-37{,}23\,\text{kg}=962{,}77\,\text{kg}$.

Man kann die Zustandsgleichung auch als eine Fläche im Raum mit den Koordinaten p, v, t darstellen, **Bild 4**. Die Projektion der Grenzkurve in die p, T-Ebene ergibt die Dampfdruckkurve, die Projektion der Fläche in die p, v-Ebene liefert die Darstellung nach **Bild 3**.

6.2 Kalorische Zustandsgrößen von Gasen und Dämpfen. Caloric properties of gases and vapours

6.2.1 Ideale Gase. Ideal gases

Die innere Energie idealer Gase hängt nur von der Temperatur ab, $u=u(T)$, infolgedessen ist auch die Enthalpie $h=u+pv=u+RT$ eine reine Temperaturfunktion $h=h(T)$. Die Ableitungen von u und h nach der Temperatur nennt man *spez. Wärmekapazitäten*. Sie steigen mit der Temperatur (s. **Anh. D 6 Tab. 3** mit Werten für Luft). Es ist

$$\mathrm{d}u/\mathrm{d}T = c_v \qquad (10)$$

und

$$\mathrm{d}h/\mathrm{d}T = c_p. \qquad (11)$$

Die Ableitung von $h-u=RT$ ergibt

$$c_p - c_v = R. \qquad (12)$$

Die Differenz der molaren Wärmekapazitäten oder Molwärmen $\bar{C}_p = Mc_p$, $\bar{C}_v = Mc_v$ ist gleich der universellen

Gaskonstanten

$$\bar{C}_p - \bar{C}_v = R.$$

Das Verhältnis $\kappa = c_p/c_v$ spielt bei reversiblen adiabaten Zustandsänderungen eine Rolle und wird daher *Adiabatenexponent* genannt. Für einatomige Gase ist recht genau $\kappa = 1{,}66$, für zweiatomige $\kappa = 1{,}40$ und für dreiatomige $\kappa = 1{,}30$. Die mittlere spezifische Wärmekapazität ist der integrale Mittelwert definiert durch

$$[c_p]_{t_1}^{t_2} = \frac{1}{t_2-t_1} \int_{t_1}^{t_2} c_p\,\mathrm{d}t; \quad [c_v]_{t_1}^{t_2} = \frac{1}{t_2-t_1} \int_{t_1}^{t_2} c_v\,\mathrm{d}t. \qquad (13)$$

Aus Gl. (10) und (11) folgen für die *Änderungen* von *innerer Energie und Enthalpie*

$$u_2 - u_1 = [c_v]_{t_1}^{t_2}(t_2-t_1) = [c_v]_0^{t_2} t_2 - [c_v]_0^{t_1} t_1 \qquad (14)$$

und

$$h_2 - h_1 = [c_p]_{t_1}^{t_2}(t_2-t_1) = [c_p]_0^{t_2} t_2 - [c_p]_0^{t_1} t_1. \qquad (15)$$

Zahlenwerte von $[c_v]_0^t$ und $[c_p]_0^t$ ermittelt man aus den im **Anh. D 6 Tab. 4** angegebenen mittleren Molwärmen. Die *Entropie* ergibt sich aus **D 4 Gl. (1)** unter Beachtung von Gl. (10)

$$\mathrm{d}s = \frac{\mathrm{d}u + p\,\mathrm{d}v}{T} = c_v \frac{\mathrm{d}T}{T} + R\frac{\mathrm{d}v}{v}$$

durch Integration mit c_v=const zu

$$s_2 - s_1 = c_v \ln\frac{T_2}{T_1} + R\ln\frac{v_2}{v_1}. \qquad (16)$$

Einen äquivalenten Ausdruck erhält man durch Integration von **D 4 Gl. (4)** mit c_p=const

$$s_2 - s_1 = c_p \ln\frac{T_2}{T_1} - R\ln\frac{p_2}{p_1}. \qquad (17)$$

6.2.2 Reale Gase und Dämpfe. Real gases and vapours

Die kalorischen Zustandsgrößen realer Gase und Dämpfe werden i.allg. aus Messungen bestimmt, können aber bis auf einen Anfangswert auch aus der thermischen Zustandsgleichung abgeleitet werden. Sie werden in Tabellen oder Diagrammen in folgender Weise dargestellt $u = u(v,T)$, $h=h(p,T)$, $s=s(p,T)$, $c_v = c_v(v,T)$, $c_p = c_p(p,T)$. Häufig verwendet man Zustandsgleichungen, deren Auswertung einen Computer erfordert.

Für *Dämpfe* gilt: Die Enthalpie h'' des gesättigten Dampfes unterscheidet sich von der Enthalpie h' der Flüssigkeit im Sättigungszustand bei p, T=const um die *Verdampfungsenthalpie*

$$r = h'' - h', \qquad (18)$$

die mit steigender Temperatur abnimmt und am kritischen Punkt, wo $h'' = h'$ ist, zu null wird. Die Enthalpie von Naßdampf ist

$$h = (1-x)h' + xh'' = h' + xr. \qquad (19)$$

Entsprechend ist die innere Energie

$$u = (1-x)u' + xu'' = u' + x(u''-u') \qquad (20)$$

und die Entropie

$$s = (1-x)s' + xs'' = s' + xr/T, \qquad (21)$$

da Verdampfungsenthalpie und Verdampfungsentropie $s'' - s'$ zusammenhängen durch

$$r = T(s'' - s'). \qquad (22)$$

Nach *Clausius-Clapeyron* ist die Verdampfungsenthalpie mit der Steigung $\mathrm{d}p/\mathrm{d}T$ der Dampfdruckkurve $p(T)$ verknüpft durch

$$r = T(v'' - v')\frac{\mathrm{d}p}{\mathrm{d}T}, \qquad (23)$$

D

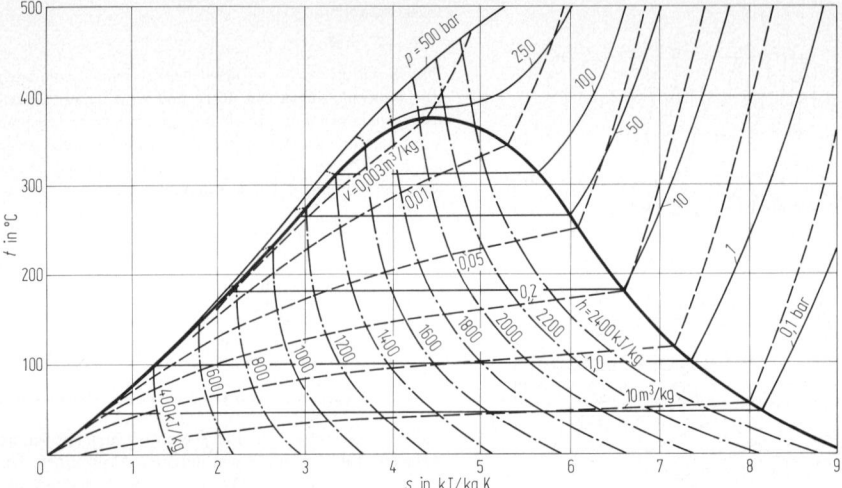

Bild 5. t,s-Diagramm des Wassers mit Kurven p=const (ausgezogen), v=const (gestrichelt) und Kurven gleicher Enthalpie (strichpunktiert)

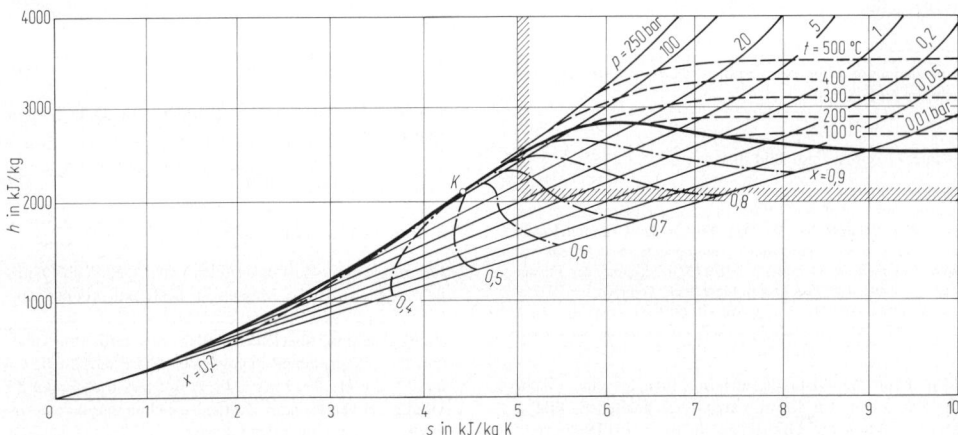

Bild 6. h,s-Diagramm des Wassers mit Kurven p=const (ausgezogen), t=const (gestrichelt) und x=const (strichpunktiert). Der für die Zwecke der Dampftechnik interessante Bereich ist durch die schraffierte Umrandung abgegrenzt

wenn T die Siedetemperatur beim Druck p ist. Man kann diese Beziehung verwenden, um aus zwei der drei Größen $r, v'' - v'$ und $\mathrm{d}p/\mathrm{d}T$ die dritte zu berechnen.

Wenn nicht häufig Zustandsgrößen zu berechnen sind oder keine leistungsfähigen Rechner zu Verfügung stehen, verwendet man für praktische Rechnungen *Dampftafeln*, in denen die Ergebnisse theoretischer und experimenteller Untersuchungen der Zustandsgrößen zusammengefaßt sind. Für die in der Technik wichtigen Arbeitsstoffe findet man Dampftafeln in **Anh. D 6 Tab. 5** bis **11**. Zur Ermittlung von Anhaltswerten und zur Darstellung von Zustandsänderungen sind Diagramme vorteilhaft, **Bild 5**. Am häufigsten verwendet man in der Praxis *Mollier-Diagramme*. Das sind solche Diagramme, die die Enthalpie als eine der Koordinaten enthalten, **Bild 6**.

Die spezifische Wärmekapazität $c_\mathrm{p} = (\partial h/\partial T)_\mathrm{p}$ eines Dampfes hängt außer von der Temperatur in erheblichem Maße vom Druck ab, ebenso hängt $c_\mathrm{v} = (\partial u/\partial T)_\mathrm{v}$ außer von der Temperatur noch vom spez. Volumen ab. Bei Annäherung an die Grenzkurve wächst c_p des überhitzten Dampfes mit abnehmender Temperatur stark an

und wird im kritischen Punkt sogar unendlich. Bei Dämpfen ist $c_\mathrm{p} - c_\mathrm{v}$ keine konstante Größe mehr wie bei idealen Gasen.

6.3 Feste Stoffe. Solid materials

6.3.1 Wärmedehnung fester Stoffe. Thermal expansion

In der Zustandsgleichung $V = V(p, T)$ fester Stoffe ist der Einfluß des Drucks auf das Volumen ebenso wie bei Flüssigkeiten meistens vernachlässigbar gering. Fast alle Feststoffe dehnen sich wie die Flüssigkeiten mit zunehmender Temperatur aus und schrumpfen bei Temperaturabnahme, ausgenommen Wasser, das bei 4 °C seine größte Dichte hat und sich sowohl bei höheren als auch bei geringeren Temperaturen als 4 °C ausdehnt. Entwickelt man die Zustandsgleichung in eine Taylorreihe nach der Temperatur und bricht nach dem linearen Glied ab, so erhält man die Volumendehnung mit dem kubischen Volumendehnungskoeffizienten γ_v (SI-Einheit 1/K)

$$V = V_0 [1 + \gamma_\mathrm{v}(t - t_0)].$$

Entsprechend ist die Flächendehnung

$$A = A_0[1 + \gamma_A(t - t_0)]$$

und die Längendehnung

$$l = l_0[1 + \gamma_L(t - t_0)].$$

Es ist $\gamma_A = (2/3)\gamma_v$ und $\gamma_L = (1/3)\gamma_v$. Werte für γ_L findet man im **Anh. D 6 Tab. 12.**

6.3.2 Schmelz- und Sublimationsdruckkurve
Melting and sublimation curve

Innerhalb gewisser Grenzen gibt es zu jedem Druck einer Flüssigkeit eine Temperatur, bei der sie mit ihrem Feststoff im Gleichgewicht steht. Dieser Zusammenhang $p(T)$ wird durch die *Schmelzdruckkurve* (**Bild 7**) festgelegt, während die *Sublimationsdruckkurve* das Gleichgewicht zwischen Gas und Feststoff wiedergibt. In **Bild 7** ist außerdem noch die *Dampfdruckkurve* eingezeichnet. Alle drei Kurven treffen sich im Tripelpunkt, in dem die feste, die flüssige und die gasförmige Phase eines Stoffs miteinander im Gleichgewicht stehen. Der Tripelpunkt des Wassers liegt definitionsgemäß bei 273,16 K, der Druck beträgt am Tripelpunkt 0,006112 bar.

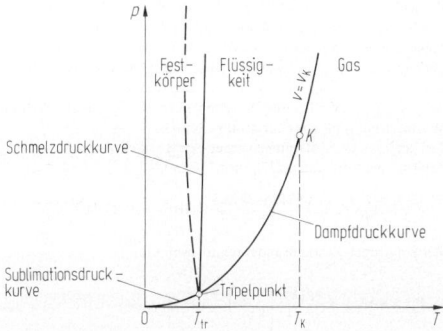

Bild 7. p, T-Diagramm mit den drei Grenzkurven der Phasen. (Die Steigung der Schmelzdruckkurve von Wasser ist negativ, gestrichelte Kurve.)

6.3.3 Kalorische Zustandsgrößen
Caloric properties of state

Beim Gefrieren einer Flüssigkeit wird die Schmelzenthalpie Δh_E (E=Erstarren) abgeführt (**Anh. D 6 Tab. 13**).

Dabei erfährt die Flüssigkeit eine Entropieabnahme $\Delta s_E = \Delta h_E/T_E$, wenn T_E die Schmelz- oder Erstarrungstemperatur ist. Nach der *Dulong-Petitschen* Regel hat oberhalb der Umgebungstemperatur die molare Wärmekapazität geteilt durch die Anzahl der Atome im Molekül ungefähr den Wert 25,9 kJ/(kmol K). Bei Annäherung an den absoluten Nullpunkt gilt diese grobe Regel nicht mehr. Dort ist die molare Wärmekapazität bei konstantem Volumen für alle festen Stoffe

$$\bar{C} = a(T/\Theta)^3, \quad \text{für} \quad T/\Theta < 0,1$$

worin $a = 472,5$ J/(mol K) und Θ die Debyetemperatur ist (**Anh. D 6 Tab. 14**).

6.4 Mischtemperatur. Bestimmung von spez. Wärmekapazitäten. Mixing temperature. Measurement of specific heat capacities

Mischt man bei konstantem Druck und ohne äußere Wärmezufuhr mehrere Stoffe verschiedener Massen m_i, Temperaturen t_i und spez. Wärmekapazitäten c_{pi} ($i = 1, 2 ...$), so stellt sich nach hinreichend langer Zeit eine Mischtemperatur t_m ein. Es ist

$$t_m = \frac{\sum m_i c_{pi} t_i}{\sum m_i c_{pi}},$$

worin die c_{pi} die mittleren spez. Wärmekapazitäten zwischen 0 °C und t_i °C sind. Durch Messen von t_m läßt sich eine unbekannte spez. Wärmekapazität berechnen, wenn alle übrigen bekannt sind.

Beispiel: In ein vollkommen gegen Wärmeverlust geschütztes Kalorimeter, das mit 0,8 kg Wasser von 15 °C, c_p =4,186 kJ/kgK gefüllt ist und das aus 0,25 kg Silber c_{pS}=0,234 kJ/kgK besteht, werden m_a=0,2 kg Aluminium von t_a=100 °C geworfen. Nach dem Ausgleich mißt man eine Mischungstemperatur von 19,24 °C. Wie groß ist die spez. Wärmekapazität von Aluminium? Es ist

$$t_m = [(mc_p + m_S c_{pS})t + m_a c_{pa} t_a]/[mc_p + m_S c_{pS} + m_a c_{pa}],$$

aufgelöst nach

$$c_{pa} = [(mc_p + m_S c_{pS})(t - t_m)]/[m_a(t_m - t_a)],$$

$$c_{pa} =$$

$$\frac{(0,8\,\text{kg}\cdot 4,186\,\text{kJ/kgK} + 0,25\,\text{kg}\cdot 0,234\,\text{kJ/kgK})(15\,°C - 19,24\,°C)}{0,2\,\text{kg}(19,24\,°C - 100\,°C)}$$

$$= 0,894\,\text{kJ/kgK}.$$

7 Zustandsänderungen von Gasen und Dämpfen
Changes of state of gases and vapours

7.1 Zustandsänderungen ruhender Gase und Dämpfe
Change of state of quiescent gases and vapours

Das thermodynamische System habe die Masse Δm, die als Ganzes nicht bewegt wird. Man unterscheidet folgende Zustandsänderungen als idealisierte Grenzfälle der wirklichen Zustandsänderungen.

Zustandsänderungen bei *konstantem Volumen* oder *isochore Zustandsänderungen.* Hierbei bleibt das Gasvolumen unverändert; z.B. wenn sich ein Gasvolumen in einem Behälter mit starren Wänden befindet. Es wird keine Arbeit verrichtet. Die zugeführte Wärme dient zur Änderung der inneren Energie.

Zustandsänderungen bei *konstantem Druck* oder *isobare Zustandsänderungen.* Um den Druck konstant zu halten, muß ein Gas bei Wärmezufuhr sein Volumen ausreichend vergrößern. Die zugeführte Wärme bewirkt bei reversibler Zustandsänderung eine Erhöhung der Enthalpie.

Zustandsänderungen bei *konstanter Temperatur* oder *isotherme Zustandsänderungen.* Damit bei der Expansion eines Gases die Temperatur konstant bleibt, muß man Wärme zuführen, bei der Kompression Wärme abführen (von einigen wenigen Ausnahmen abgesehen). Im Fall des idealen Gases ist $U(T) = $ const, und daher nach dem ersten Hauptsatz ($dQ + dW = 0$) die zugeführte Wärme gleich der abgegebenen Arbeit. Die Isotherme des idealen Gases ($pV = mRT = $ const) stellt sich im p, V-Diagramm als Hyperbel dar.

Adiabate Zustandsänderungen sind gekennzeichnet durch wärmedichten Abschluß des Systems von seiner Umgebung. Sie werden näherungsweise in Verdichtern und Ent-

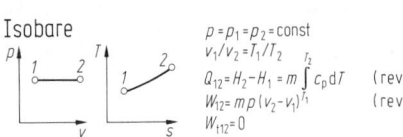

Isochore
$$v = v_1 = v_2 = \text{const}$$
$$p_1/p_2 = T_1/T_2$$
$$Q_{12} = U_2 - U_1 = m \int_{T_1}^{T_2} c_v \, dT \quad (\text{rev})$$
$$W_{12} = 0 \quad (\text{rev})$$
$$W_{t12} = m v (p_2 - p_1)$$

Isobare
$$p = p_1 = p_2 = \text{const}$$
$$v_1/v_2 = T_1/T_2$$
$$Q_{12} = H_2 - H_1 = m \int_{T_1}^{T_2} c_p \, dT \quad (\text{rev})$$
$$W_{12} = m p (v_2 - v_1) \quad (\text{rev})$$
$$W_{t12} = 0$$

Isotherme
$$T = T_1 = T_2 = \text{const}$$
$$pv = p_1 v_1 = p_2 v_2 = \text{const}$$
$$Q_{12} = m p_1 v_1 \ln (p_1/p_2) \quad (\text{rev})$$
$$W_{12} = -Q_{12} \quad (\text{rev})$$
$$W_{t12} = W_{12}$$

reversible Adiabate
$$Q_{12} = 0$$
$$s = s_1 = s_2 = \text{const} \quad (\text{rev})$$
$$pv^\varkappa = p_1 v_1^\varkappa = p_2 v_2^\varkappa = \text{const} \quad (\text{rev})$$
$$v_2/v_1 = (T_1/T_2)^{1/(\varkappa-1)} \quad (\text{rev})$$
$$T_2/T_1 = (p_2/p_1)^{(\varkappa-1)/\varkappa} \quad (\text{rev})$$

$$W_{12} = \frac{mR}{\varkappa-1} (T_2 - T_1) \quad (\text{rev})$$
$$= m \frac{1}{\varkappa-1} (p_2 v_2 - p_1 v_1) \quad (\text{rev})$$
$$= m \frac{1}{\varkappa-1} p_1 v_1 \left[\left(\frac{p_2}{p_1} \right)^{(\varkappa-1)/\varkappa} - 1 \right] (\text{rev})$$
$$W_{t12} = \varkappa W_{12}$$

Bild 1. Zustandsänderungen idealer Gase. Der Zusatz (rev.) zeigt an, daß die Zustandsänderung reversibel sein soll

spannungsmaschinen verwirklicht, weil dort Verdichtung und Entspannung der Gase so rasch ablaufen, daß während einer Zustandsänderung wenig Wärme mit der Umgebung ausgetauscht wird. Nach dem zweiten Hauptsatz (s. D 4.3.1) wird die gesamte Entropieänderung durch Irreversibilitäten im Inneren des Systems bewirkt, $\dot{S} = \dot{S}_i$. Eine reversible Adiabate verläuft bei konstanter Entropie $\dot{S} = 0$. Man nennt eine solche Zustandsänderung *isentrop*. Eine reversible Adiabate ist daher eine gleichzeitig *Isentrope*. Die Isentrope braucht aber keine Adiabate zu sein (da $\dot{S} = \dot{S}_a + \dot{S}_i = 0$ nicht auch $\dot{S}_a = 0$ zur Folge hat).
In **Bild 1** sind die verschiedenen Zustandsänderungen im p,V- und T,S-Diagramm dargestellt und die wichtigsten Zusammenhänge für Zustandsgrößen idealer Gase angegeben.

Polytrope Zustandsänderungen. Während die isotherme Zustandsänderung vollkommenen Wärmeaustausch voraussetzt, ist bei der adiabaten Zustandsänderung jeder Wärmeaustausch mit der Umgebung unterbunden. In Wirklichkeit läßt sich beides nicht völlig erreichen. Man führt daher eine polytrope Zustandsänderung ein durch die Gleichung

$$pV^n = \text{const}, \tag{1}$$

wobei n in praktischen Fällen meist zwischen 1 und $\varkappa$ liegt. Isochore, Isobare, Isotherme und reversible Adiabate sind Sonderfälle der Polytrope mit folgenden Exponenten (**Bild 2**): *Isochore:* $n = \infty$, *Isobare:* $n = 0$, *Isotherme:* $n = 1$, *reversible Adiabate:* $n = \varkappa$. Es gilt weiter

$$v_2/v_1 = (p_1/p_2)^{1/n} = (T_1/T_2)^{1/(n-1)}, \tag{2}$$

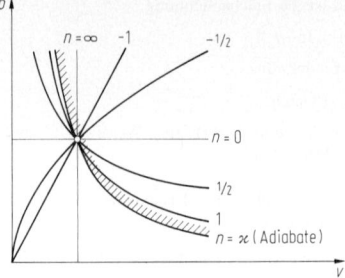

Bild 2. Polytropen mit verschiedenen Exponenten

$$W_{12} = mR(T_2 - T_1)/(n-1) = (p_2 V_2 - p_1 V_1)/(n-1)$$
$$= p_1 V_1 [(p_2/p_1)^{(n-1)/n} - 1]/(n-1)$$

und

$$W_{t12} = n W_{12}. \tag{3}$$

Die ausgetauschte Wärme ist

$$Q_{12} = m c_v (n - \varkappa)(T_2 - T_1)/(n-1). \tag{4}$$

Beispiel: Eine Druckluftanlage soll stündlich 1000 m³ₙ Druckluft von 15 bar liefern (Anmerkung: 1 m³ₙ = 1 Normkubikmeter ist das Gasvolumen umgerechnet auf 0 °C und 1,01325 bar), die bei einem Druck von $p_1 = 1$ bar und einer Temperatur von $t_1 = 20$ °C angesaugt wird. Für Luft ist $\varkappa = 1,4$. Welche Leistung ist erforderlich, wenn die Verdichtung polytrop mit $n = 1,3$ erfolgt? Welcher Wärmestrom muß dabei abgeführt werden?
Der angesaugte Luftvolumenstrom beträgt nach Aufgabenstellung 1000 m³ bei 0 °C und 1,01325 bar,

$$\dot{V}_1 = \frac{p_0 T_1}{p_1 T_0} \dot{V}_0 = \frac{1,01325 \cdot 293,15}{1 \cdot 273,15} 1000 \frac{m^3}{h} = 1087,44 \frac{m^3}{h}.$$

Bei polytroper Zustandsänderung ist nach Gl. (3)

$$P_{12} = \dot{m} W_{t12} = \frac{n p_1 \dot{V}_1}{n-1} \left[\left(\frac{p_2}{p_1} \right)^{\frac{n-1}{n}} - 1 \right]$$

$$= \frac{1,3 \cdot 10^5 \frac{N}{m^2} 1087,44 \frac{m^3}{h}}{1,3 - 1} [15^{\frac{1,3-1}{1,3}} - 1] = 113,6 \, \text{kW}.$$

Nach Gl. (4) und Gl. (3) ist

$$\frac{Q_{12}}{W_{t12}} = \frac{\dot{Q}_{12}}{P_{12}} = c_v \frac{n - \varkappa}{nR}$$

oder da

$$R = c_p - c_v \quad \text{und} \quad \varkappa = c_p/c_v$$

$$\frac{\dot{Q}_{12}}{P_{12}} = \frac{1}{n} \frac{n - \varkappa}{\varkappa - 1}.$$

Somit ist $\dot{Q}_{12} = \dfrac{1}{1,3} \cdot \dfrac{1,3 - 1,4}{1,4 - 1} 113,6 \, \text{kW} = -21,85 \, \text{kW}.$

7.2 Zustandsänderungen strömender Gase und Dämpfe
Changes of state of flowing gases and vapours

Zur Kennzeichnung der Strömung einer Fluidmasse Δm braucht man neben den thermodynamischen Zustandsgrößen noch Größe und Richtung der Geschwindigkeit an jeder Stelle des Felds. Wir beschränken uns hier auf stationäre Strömungen in Kanälen, deren Querschnitt konstant, erweitert oder verjüngt sein kann.
Neben dem ersten und dem zweiten Hauptsatz gilt zusätzlich der Satz von der Erhaltung der Masse

$$\dot{m} = A w \rho = \text{const}. \tag{5}$$

In einer Strömung, die keine Arbeit an die Umgebung abgibt, $W_{t12} = 0$, geht der erste Hauptsatz D 3 Gl. (14) über in

$$\Delta m(h_2 - h_1) + \Delta m\left(\frac{w_2^2}{2} - \frac{w_1^2}{2}\right) + \Delta mg(z_2 - z_1) = Q_{12}, \quad (6)$$

gleichgültig, ob es sich um reversible oder irreversible Strömungsvorgänge handelt. Läßt man die meist vernachlässigbare Hubarbeit weg, so gilt für eine adiabate Strömung

$$h_2 - h_1 + \frac{w_2^2}{2} - \frac{w_1^2}{2} = 0. \quad (7)$$

Eine Zunahme der kinetischen Energie ist gleich der Abnahme der Enthalpie des Fluids. Nach D4 Gl. (4) wird bei der reversibel adiabaten Strömung die Enthalpieänderung durch eine Druckänderung hervorgerufen, $dh = v\,dp$.

7.2.1 Strömung idealer Gase. Flow of ideal gases

Anwendung von Gl. (7) auf ein ideales Gas, das aus einem Behälter ausströmt (**Bild 3**), in dem das Gas den konstanten Zustand p_0, v_0, T_0 hat und $w_0 = 0$ ist, ergibt wegen $h_e - h_0 = c_p(T_e - T_0)$ und $w_0 = 0$:

$$\frac{w_e^2}{2} = c_p(T_0 - T_e) = c_p T_0\left(1 - \frac{T_e}{T_0}\right).$$

Bei reversibel adiabater Zustandsänderung ist $T_e/T_0 = (p_e/p_0)^{(\kappa-1)/\kappa}$, Gl. (2), außerdem gilt $T_0 = p_0 v_0/R$, D6 Gl. (2), und $c_p/R = \kappa/(\kappa-1)$, D6 Gl. (12). Die Austrittsgeschwindigkeit ist somit

$$w_e = \sqrt{2\frac{\kappa}{\kappa-1}p_0 v_0\left[1 - \left(\frac{p_e}{p_0}\right)^{(\kappa-1)/\kappa}\right]}. \quad (8)$$

Der ausströmende Mengenstrom $\dot m = A_e w_e/v_e$ folgt unter Beachtung von $p_0 v_0^\kappa = p_e v_e^\kappa$ zu

$$\dot m = A\Psi\sqrt{2p_0/v_0} \quad (9)$$

mit der Ausflußfunktion

$$\Psi = \sqrt{\frac{\kappa}{\kappa-1}}\sqrt{\left(\frac{p}{p_0}\right)^{2/\kappa} - \left(\frac{p}{p_0}\right)^{(\kappa+1)/\kappa}}. \quad (10)$$

Sie ist eine Funktion des Adiabatenexponenten κ und des Druckverhältnisses p/p_0 (**Bild 4**) und besitzt ein Ma-

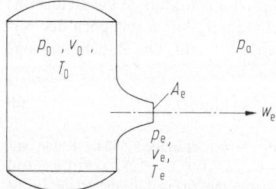

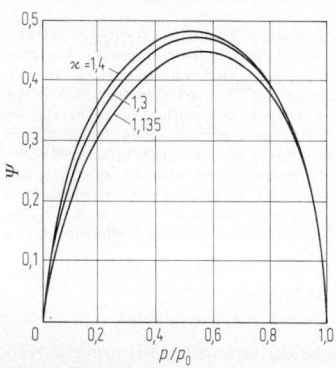

Bild 3. Ausströmen aus einem Druckbehälter

Bild 4. Ausflußfunktion Ψ

ximum Ψ_{max}, das man aus $d\Psi/d(p/p_0) = 0$ erhält. Das Maximum liegt bei einem bestimmten Druckverhältnis, das man *Laval-Druckverhältnis* nennt

$$\frac{p_S}{p_0} = \left(\frac{2}{\kappa+1}\right)^{\kappa/(\kappa-1)}. \quad (11)$$

Bei diesem Druckverhältnis ist

$$\Psi_{max} = \left(\frac{2}{\kappa+1}\right)^{\kappa/(\kappa-1)}\sqrt{\frac{\kappa}{\kappa+1}}. \quad (12)$$

Zum Druckverhältnis p_S/p_0 gehört nach Gl. (8) mit $p_e/p_0 = p_S/p_0$ eine Geschwindigkeit $w_e = w_S$. Es ist

$$w_S = \sqrt{2\frac{\kappa}{\kappa+1}p_0 v_0} = \sqrt{\kappa p_S v_S} = \sqrt{\kappa R T_S}. \quad (13)$$

Diese ist gleich der *Schallgeschwindigkeit* im Zustand p_S, v_S.
Allgemein ist die Schallgeschwindigkeit diejenige Geschwindigkeit, mit der sich Druck- und Dichteschwankungen fortpflanzen, und bei reversibler adiabater Zustandsänderung gegeben durch

$$w_S = \sqrt{(\partial p/\partial \rho)_S},$$

woraus für ideale Gase $w_S = \sqrt{\kappa R T}$ folgt. Die Schallgeschwindigkeit ist eine Zustandsgröße.

Beispiel: Ein Dampfkessel erzeugt stündlich 10 t Sattdampf von $p_0 = 15$ bar. Den Dampf kann man als ideales Gas ($\kappa = 1,3$) behandeln; wie groß muß der freie Querschnitt des Sicherheitsventils mindestens sein?
Das Sicherheitsventil muß die ganze Dampferzeugung abführen können. Da beim Ausströmen $\dot m$ in jedem Querschnitt konstant ist, ist nach Gl. (9) auch $A\Psi = $const. Da sich die Strömung mit $\dot m$, A also abnimmt, nimmt Ψ zu. Es kann höchstens den Wert Ψ_{max} erreichen. Dann ist der Gegendruck kleiner oder gleich dem Lavaldruck. Im vorliegenden Fall ist der Gegendruck der Atmosphäre von $p = 1$ bar kleiner als der Lavaldruck, den man nach Gl. (11) zu 2,7 bar errechnet. Damit ergibt sich der notwendige Querschnitt aus Gl. (9), wenn man dort $\Psi = \Psi_{max} = 0,472$ nach Gl. (12) einsetzt.
Man erhält mit $\dot m = 10 \cdot 10^3 \frac{1}{3600}$ kg/s und $v_0 = v'' = 0,1317$ m^3/kg (nach **Anh. D6 Tab. 5** bei $p_0 = 15$ bar) aus Gl. (9) $A = 12,33$ cm^2. Wegen der Strahleinschnürung, deren Größe von der Formgebung des Ventils abhängt, muß man hierauf noch einen Zuschlag machen.

7.2.2 Düsen und Diffusorströmung. Jet and diffusion flow

Nach **Bild 4** gehört bei vorgegebenem Adiabatenexponenten κ zu einem bestimmten Druckverhältnis p/p_0 ein bestimmter Wert der Ausflußfunktion Ψ. Da der Massenstrom $\dot m$ in jedem Querschnitt konstant ist, gilt nach Gl. (9) auch $A\Psi =$ const. Jedem Druckverhältnis kann man somit einen bestimmten Querschnitt A zuordnen, **Bild 5**. Es sind zwei Fälle zu unterscheiden:
a: Der Druck sinkt in Strömungsrichtung. Die Kurven Ψ, A, w werden in **Bild 5** von rechts nach links durchlaufen. Der Querschnitt A nimmt zunächst ab, dann wieder

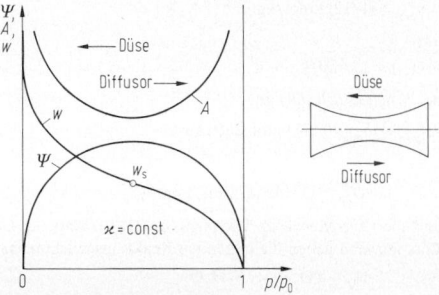

Bild 5. Düsen- und Diffusorströmung

zu. Die Geschwindigkeit steigt von Unterschall auf Überschall. Die kinetische Energie der Strömung nimmt zu. Man bezeichnet einen solchen Apparat als Düse. In einer Düse, die nur im Unterschallbereich arbeitet, nimmt der Querschnitt stets ab, im Überschallbereich nimmt er stetig zu.

In einer in Richtung der Strömung verjüngten Düse kann der Druck im Austrittsquerschnitt nicht unter den Lavaldruck sinken, auch wenn man den Druck im Außenraum beliebig klein macht. Dies folgt aus $A\Psi =$ const. Da A in Strömungsrichtung abnimmt, kann Ψ nur zunehmen. Es kann höchstens den Wert Ψ_{max} erreichen, wozu das Lavaldruckverhältnis gehört.

Senkt man den Druck am Austrittsquerschnitt einer Düse unter den zum Austrittsquerschnitt gehörenden Wert des Drucks, so expandiert der Strahl nach Verlassen der

Düse. Erhöht man den Gegendruck über den richtigen Wert, so läuft die Druckerhöhung stromaufwärts falls das Gas mit Unterschallgeschwindigkeit ausströmt. Strömt das Gas mit Schallgeschwindigkeit oder in einer erweiterten Düse mit Überschallgeschwindigkeit aus, so entsteht an der Mündung der Düse ein Verdichtungsstoß, in dem der Druck auf den Wert der Umgebung springt.

b: Der Druck nimmt in Strömungsrichtung zu. Die Kurven Ψ, A, w werden in **Bild 4** von links nach rechts durchlaufen. Der Querschnitt nimmt ebenfalls zunächst ab, dann wieder zu. Die Geschwindigkeit sinkt von Überschall auf Unterschall. Die kinetische Energie nimmt ab und der Druck zu. Man bezeichnet einen solchen Apparat als Diffusor. In einem Diffusor, der nur im Unterschallbereich arbeitet, nimmt der Querschnitt stetig zu, im Überschallbereich nimmt er stetig ab.

---

8 Thermodynamische Prozesse
Thermodynamic processes

8.1 Verbrennungsprozesse. Combustion processes

Wärme in technischen Prozessen wird heute noch größtenteils durch Verbrennung gewonnen. Verbrennung ist die chemische Reaktion eines Stoffs, i.allg. Kohlenstoff, Wasserstoff und Kohlenwasserstoffe, mit Sauerstoff, die stark exotherm, also unter Wärmefreisetzung abläuft. Die Brennstoffe können fest, flüssig oder gasförmig sein, und als Sauerstoffträger dient meistens die atmosphärische Luft. Zur Einleitung der Verbrennung muß der Brennstoff erst auf Zündtemperatur gebracht werden, die von der Art des Brennstoffs abhängt. Hauptbestandteil aller technisch wichtigen Brennstoffe sind Kohlenstoff C und Wasserstoff H, daneben ist häufig auch noch Sauerstoff O und, mit Ausnahme von Erdgas, noch eine gewisse Menge Schwefel S vorhanden, aus dem bei Verbrennung das unerwünschte Schwefeldioxid SO_2 entsteht.

8.1.1 Reaktionsgleichungen. Equations of reactions

Die in den Brennstoffen vorkommenden Elemente H, C und S werden bei vollständiger Verbrennung zu CO_2, H_2O und SO_2 verbrannt. Aus den Reaktionsgleichungen erhält man den Sauerstoffbedarf und die Stoffmenge im Rauchgas. Es ist

$$C + O_2 \qquad = CO_2$$
$$1 \text{ kmol C} + 1 \text{ kmol } O_2 = 1 \text{ kmol } CO_2$$
$$12 \text{ kg C} + 32 \text{ kg } O_2 = 44 \text{ kg } CO_2.$$

Daraus folgen der *Mindestsauerstoffbedarf*, den man zur vollständigen Verbrennung benötigt, zu

$$o_{min} = (1/12) \text{ kmol/kg C}$$

oder

$$O_{min} = 1 \text{ kmol/kmol C},$$

der *Mindestluftbedarf* zu

$$l_{min} = (o_{min}/0,21) \text{ kmol Luft/kg C}$$

oder

$$L_{min} = (O_{min}/0,21) \text{ kmol Luft/kmol C}$$

und die CO_2-Menge im Rauchgas zu $(1/12)$ kmol/kg C. Entsprechend gelten die folgenden Reaktionsgleichungen:

$$H_2 + \tfrac{1}{2} O_2 \qquad = H_2O$$
$$1 \text{ kmol } H_2 + \tfrac{1}{2} \text{kmol } O_2 = 1 \text{ kmol } H_2O$$

$$2 \text{ kg } H_2 + 16 \text{ kg } O_2 = 18 \text{ kg } H_2O$$
$$S + O_2 \qquad = SO_2$$
$$1 \text{ kmol S} + 1 \text{ kmol } O_2 = 1 \text{ kmol } SO_2$$
$$32 \text{ kg S} + 32 \text{ kg } O_2 = 64 \text{ kg } SO_2.$$

Bezeichnen c, h, s, o die Kohlenstoff-, Wasserstoff-, Schwefel- und Sauerstoffgehalte in kg je kg Brennstoff, so ist der Mindestsauerstoffbedarf entsprechend der obigen Rechnung

$$o_{min} = \left(\frac{c}{12} + \frac{h}{4} + \frac{s}{32} - \frac{o}{32} \right) \text{ kmol/kg}. \tag{1}$$

Man schreibt abkürzend

$$o_{min} = \tfrac{1}{12} c\sigma \text{ kmol/kg}, \tag{2}$$

worin σ eine Kennzahl des Brennstoffs ist (O_2-Bedarf in kmol bezogen auf die kmol C im Brennstoff) (Werte für σ im **Anh. D 8 Tab. 3** und **4**). Der tatsächliche Luftbedarf (bezogen auf 1 kg Brennstoff) ist

$$l = \lambda l_{min} = (\lambda o_{min}/0,21) \text{ kmol Luft/kg}, \tag{3}$$

λ ist die Luftüberschußzahl. In den Rauchgasen treten außer den Verbrennungsprodukten CO_2, H_2O, SO_2 noch der Wassergehalt $w/18$ (SI-Einheit kmol je kg Brennstoff) und die zugeführte Verbrennungsluft l abzüglich der verbrauchten Sauerstoffmenge o_{min} auf. Die Rauchgasmenge beträgt

$$n_R + l + \tfrac{1}{12}(3h + \tfrac{3}{8}o + \tfrac{2}{3}w) \text{ kmol/kg}. \tag{4}$$

Beispiel: In einer Feuerung werden stündlich 500 kg Kohle von der Zusammensetzung $c = 0,78, h = 0,05, o = 0,08, s = 0,01, w = 0,02$ und einem Aschegehalt $a = 0,06$ mit einem Luftüberschuß $\lambda = 1,4$ vollkommen verbrannt. Wieviel Luft muß der Feuerung zugeführt werden, wieviel Rauchgas entsteht und wie ist seine Zusammensetzung?
Der Mindestsauerstoffbedarf ist nach Gl. (1) $o_{min} = 0,78/12 + 0,05/4 + 0,01/32 - 0,08/32$ kmol/kg $= 0,0753$ kmol/kg. Der Mindestluftbedarf ist $l_{min} = o_{min}/0,21 = 0,3586$ kmol/kg, die zuzuführende Luftmenge $l = \lambda l_{min} = 1,4 \cdot 0,3586 = 0,502$ kmol/kg, also $0,502$ kmol/kg$\cdot 500$ kg/h$=251$ kmol/h. Das ergibt mit der Molmasse $M=28,953$ kg/kmol der Luft einen Luftbedarf von $0,502 \cdot 28,953$ kg/kg$=14,54$ kg/kg, also $14,54$ kg/kg$\cdot$ 500 kg/h$=7270$ kg/h. Die Rauchgasmenge ist nach Gl.(4) $n_R = 0,502+\tfrac{1}{12}$ $(3 \cdot 0,05 + \tfrac{3}{8} \cdot 0,08 + \tfrac{2}{3} \cdot 0,02)$ kmol/kg $= 0,518$ kmol/kg, also $0,518$ kmol/kg $\cdot$ 500 kg/h $=259$ kmol/h mit $0,065$ kmol CO_2/kg, $0,0261$ kmol H_2O/kg, $0,0003$ kmol SO_2/kg, $0,3966$ kmol N_2/kg und $0,0301$ kmol O_2/kg.

8.1.2 Heizwert und Brennwert
Net calorific value and gros calorific value

Heizwert ist die bei der Verbrennung frei werdende Wärme, wenn die Verbrennungsgase bis auf die Temperatur abgekühlt werden, mit der Brennstoff und Luft zugeführt werden. Das Wasser ist in den Rauchgasen als Gas enthalten. Wird der Wasserdampf kondensiert, so bezeichnet man die frei werdende Wärme als *Brennwert*. Nach DIN 51900 gelten Heiz- und Brennwertangaben für die Verbrennung bei Atmosphärendruck, wenn die beteiligten Stoffe vor und nach der Verbrennung eine Temperatur von 25 °C haben. Heiz- und Brennwert (s. **Anh. D8 Tab. 1 bis 4**) sind unabhängig von dem Luftüberschuß und nur eine Eigenschaft des Brennstoffs. Der Brennwert Δh_0 ist um die Verdampfungsenthalpie r des im Rauchgas enthaltenen Wassers größer als der Heizwert Δh_u,

$$\Delta h_0 = \Delta h_u + (8{,}937h + w)r.$$

Da das Wasser technische Feuerungen meistens als Dampf verläßt, kann häufig nur der Heizwert nutzbar gemacht werden. Der Heizwert von Heizölen läßt sich erfahrungsgemäß [8] gut wiedergeben durch die Zahlenwertgleichung

$$\Delta h_u = 54{,}04 - 13{,}29\rho - 29{,}31s \text{ MJ/kg,} \qquad (5)$$

in der ρ die Dichte des Heizöls in kg/dm^3 bei 15 °C und s der Schwefelgehalt in kg/kg sind. Heizwerte fester Brennstoffe: s. **Anh. L2 Tab. 2 bis 4.**

Beispiel: Wie groß ist der Heizwert eines leichten Heizöls der Dichte $\rho = 0{,}86$ kg/dm^3, dessen Schwefelgehalt $s = 0{,}8$ Gew.-% beträgt? Nach Gl. (5) ist $\Delta h_u = 54{,}04 - 13{,}29 \cdot 0{,}86 - 29{,}31 \cdot 0{,}8 \cdot 10^{-2} = 42{,}38$ MJ/kg.

8.1.3 Verbrennungstemperatur. Combustion temperature

Die theoretische Verbrennungstemperatur ist die Temperatur des Rauchgases bei vollkommener isobar-adiabater Verbrennung, wenn keine Dissoziation auftritt. Die bei der Verbrennung frei werdende Wärme dient der Erhöhung der inneren Energie und damit der Temperatur der Gase sowie zur Verrichtung der Verschiebearbeit. Die theoretische Verbrennungstemperatur berechnet sich aus der Bedingung gleicher Enthalpie vor und nach der Verbrennung

$$\Delta h_u(0\,°C) + [c_B]_0^{t_B} \cdot t_B + l[\bar{C}_{pL}]_0^{t_L} \cdot t_L = n_R[\bar{C}_{pR}]_0^t \cdot t. \qquad (6)$$

Es bedeuten t_B die Temperatur des Brennstoffs, t_L die der Luft, und t die theoretische Verbrennungstemperatur, $[c]_0^{t_B}$ ist die mittlere spez. Wärmekapazität des Brennstoffs, $[\bar{C}_{pL}]_0^{t_L}$ die mittlere molare Wärmekapazität der Luft und $[\bar{C}_{pR}]_0^t$ die des Rauchgases. Diese setzt sich aus den mittleren molaren Wärmekapazitäten der einzelnen Bestandteile zusammen:

$$n_R[\bar{C}_{pR}]_0^t = \frac{c}{12}[\bar{C}_{pCO_2}]_0^t + \left(\frac{h}{2} + \frac{w}{18}\right)[\bar{C}_{pH_2O}]_0^t$$
$$+ 0{,}21(\lambda - 1)l_{min}[\bar{C}_{pO_2}]_0^t + 0{,}79\lambda l_{min}[\bar{C}_{pN_2}]_0^t. \qquad (7)$$

Die theoretische Verbrennungstemperatur muß man iterativ aus Gl. (6) und (7) ermitteln.

Die wirkliche Verbrennungstemperatur ist auch bei vollkommener Verbrennung des Brennstoffs niedriger als die theoretische wegen der Wärmeabgabe an die Umgebung, hauptsächlich durch Strahlung, dem über 1500 °C beginnenden Zerfall der Moleküle und der ab 2000 °C merklichen Dissoziation. Die Dissoziationswärme wird bei Unterschreiten der Dissoziationstemperatur wieder frei.

8.2 Verbrennungskraftanlagen
Internal combustion engines

In der Verbrennungskraftanlage dient das Brenngas als Arbeitsstoff. Er durchläuft keinen in sich geschlossenen Prozeß, sondern wird als Abgas an die Umgebung abge-

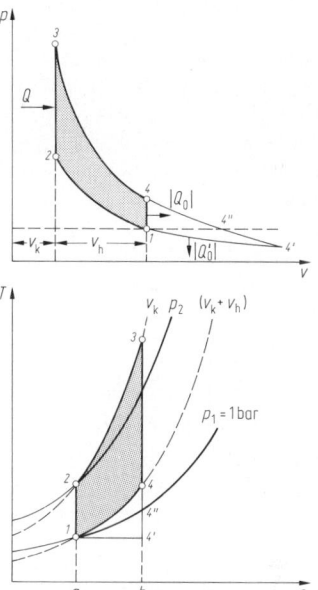

Bild 1. Theoretischer Prozeß des Ottomotors im p,V- und T,S-Diagramm

führt, nachdem er in einer Turbine oder einem Kolbenmotor Arbeit verrichtet hat. Zu den Verbrennungskraftanlagen gehören die offenen Gasturbinenanlagen und die Verbrennungsmotoren (Otto- und Dieselmotor).

In der *offenen Gasturbinenanlage* (s. R8) wird die angesaugte Luft in einem Verdichter auf hohen Druck gebracht, vorgewärmt und in einer Brennkammer durch Verbrennen des eingespritzten Brennstoffs erhitzt. Die Brenngase werden in einer Turbine unter Arbeitsleistung entspannt, geben in einem Wärmeübertrager einen Teil ihrer Restwärme zur Luftvorwärmung ab und treten ins Freie aus. In einem Stromerzeuger wird die Nutzarbeit in elektrische Energie verwandelt (s. **R8 Bild 7**).

Zur Kennzeichnung der Energieumwandlung dient der *energetische Gesamtwirkungsgrad* $\eta = -P/(\dot{m}_B \Delta h_u)$. P ist die Nutzleistung der Anlage, $\dot{m}_B$ der Massenstrom des zugeführten Brennstoffs. Der *exergetische Gesamtwirkungsgrad* $\zeta = -P/(\dot{m}_B(w_{ex})_B)$ gibt an, welcher Teil des mit dem Brennstoff zugeführten Exergiestroms in Nutzleistung umgewandelt wird. $(w_{ex})_B$ ist i.allg. nur wenig größer als der Heizwert, so daß sich η und ζ zahlenmäßig kaum unterscheiden. Für Großmotoren (Diesel) ist der Gesamtwirkungsgrad etwa 42%, für Dampfkraftwerke bis zu 40%, für Kraftfahrzeugmotoren etwa 25% und für offene Gasturbinenanlagen 20 bis 30%. Zu den Verbrennungskraftanlagen gehören insbesondere der Otto- und der Dieselmotor.

Im *Ottomotor* (s. P4.2) befindet sich der Zylinder am Ende des Saughubs im Zustandspunkt *1* (**Bild 1**), er ist mit dem brennbaren Gemisch von Umgebungstemperatur und Atmosphärendruck gefüllt. Das Gemisch wird längs der Adiabaten *1 2* vom Anfangsvolumen $V_k + V_h$ auf das Kompressionsvolumen V_k verdichtet. V_h ist das Hubvolumen. Am oberen Totpunkt *2* erfolgt meist durch elektrische Zündung die Verbrennung, wodurch der Druck von Punkt *2* auf Punkt *3* ansteigt. Im **Bild 1** ist dabei vereinfachend angenommen, daß das Gas unverändert bleibt und daß die bei der Verbrennung freiwerdende Wärme $Q_{23} = Q$ von außen zugeführt ist. Beim Zurückgehen des Kolbens

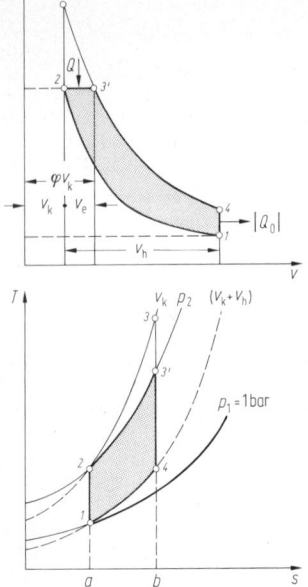

Bild 2. Theoretischer Prozeß des Dieselmotors im p,V- und im T,S-Diagramm

expandiert das Gas längs der Adiabaten *3 4 4″ 4′*. Der in *4* beginnende Auspuff ist durch Entzug einer Wärme $|Q_0|$ bei konstantem Volumen ersetzt, wobei der Druck von Punkt *4* nach Punkt *1* sinkt. In Punkt *1* müssen die Verbrennungsgase durch neues Gemisch ersetzt werden, wozu ein nicht dargestellter Doppelhub erforderlich ist. Die zugeführte Wärme ist

$$Q = Q_{23} = mc_v(T_3 - T_2),\tag{8}$$

die abgeführte

$$|Q_0| = |Q_{41}| = mc_v(T_4 - T_1),\tag{9}$$

die verrichtete Arbeit

$$|W_t| = Q - |Q_0|\tag{10}$$

und der thermische Wirkungsgrad

$$\eta = \frac{|W_t|}{Q} = 1 - \frac{T_4 - T_1}{T_3 - T_2} = 1 - \frac{T_1}{T_2} = 1 - \left(\frac{p_1}{p_2}\right)^{(\kappa-1)/\kappa}.\tag{11}$$

Der thermische Wirkungsgrad hängt also außer vom Adiabatenexponenten κ nur vom Druckverhältnis p_2/p_1 und nicht von der Größe der Wärmezufuhr ab. Je höher man verdichtet, desto besser ist die Wärme ausgenutzt. Der Verdichtungsdruck wird durch die Entzündungstemperaturen des Brennstoff-Luftgemisches begrenzt.
Die Beschränkung entfällt beim *Dieselmotor* (s. P4.2), in dem die Verbrennungsluft durch hohe Verdichtung über die Entzündungstemperatur des Brennstoffs erhitzt, und dieser in die heiße Luft eingespritzt wird. Den vereinfachten Prozeß des Dieselmotors zeigt **Bild 2**. Er besteht aus adiabater Verdichtung *1 2* der Verbrennungsluft, isobarer Verbrennung *2 3′* nach Einspritzen des Brennstoffs in die heiße, verdichtete Verbrennungsluft, adiabater Entspannung *3′ 4* und Auspuffen *4 1*, das durch eine Isochore mit Wärmezufuhr $|Q_0|$ in **Bild 2** ersetzt ist. Die zugeführte Wärme ist

$$Q'_{23} = Q = mc_p(T_{3'} - T_2),\tag{12}$$

die längs der Isochore *4 1* abgeführt gedacht Auspuffwärme ist

$$|Q_{41}| = |Q_0| = mc_v(T_4 - T_1),\tag{13}$$

die verrichtete Arbeit

$$|W_t| = Q - |Q_0|$$

und der thermische Wirkungsgrad

$$\eta = \frac{|W_t|}{Q} = 1 - \frac{1}{\kappa}\frac{T_4 - T_1}{T_{3'} - T_2} = 1 - \frac{1}{\kappa}\frac{\dfrac{T_4}{T_3}\dfrac{T_3}{T_2} - \dfrac{T_1}{T_2}}{\dfrac{T_{3'}}{T_2} - 1}.\tag{14}$$

Mit dem Verdichtungsverhältnis $\varepsilon = V_1/V_2 = (V_k + V_h)/V_k$ und dem Einspritzverhältnis $\varphi = (V_k + V_e)/V_k$ folgt für den thermischen Wirkungsgrad

$$\eta = 1 - \frac{1}{\kappa\varepsilon^{\kappa-1}}\frac{\varphi^\kappa - 1}{\varphi - 1}.\tag{15}$$

Der thermische Wirkungsgrad des Dieselprozesses hängt außer vom Adiabatenexponenten κ nur vom Verdichtungsverhältnis ε und vom Einspritzverhältnis φ ab, das sich mit steigender Belastung vergrößert.

8.3 Kreisprozesse. Cyclic processes

Ein Prozeß, der ein System wieder in seinen Ausgangszustand zurückbringt, heißt *Kreisprozeß*. Nachdem er durchlaufen ist, nehmen alle Zustandsgrößen des Systems wie Druck, Temperatur, Volumen, innere Energie und Enthalpie die Werte an, die sie im Ausgangszustand hatten. Nach dem ersten Hauptsatz, D3 Gl.(9), ist nach Durchlaufen des Prozesses $E_2 = E_1$ und daher

$$\sum Q_{ik} + \sum W_{ik} = 0.\tag{16}$$

Die gesamte verrichtete Arbeit ist $-W = -\sum W_{ik} = \sum Q_{ik}$: Die abgegebene Arbeit ist gleich dem Überschuß der aufgenommenen über die abgegebene Wärme. Nach dem zweiten Hauptsatz kann die zugeführte Wärme nicht vollständig in Arbeit verwandelt werden.
Ist die zugeführte Wärme größer als die abgegebene, so arbeitet der Prozeß als *Wärmekraftanlage* oder *Wärmekraftmaschine*, deren Zweck darin besteht, Arbeit zu liefern. Ist die abgeführte Wärme größer als die zugeführte, so muß man Arbeit zuführen. Mit einem derartigen Prozeß kann man einem Stoff bei tiefer Temperatur Wärme entziehen und sie bei höherer Temperatur, z.B. der Umgebungstemperatur, zusammen mit der zugeführten Arbeit wieder abgeben. Ein solcher Prozeß arbeitet als *Kälteprozeß*. In einem *Wärmepumpenprozeß* wird die Wärme der Umgebung entzogen und zusammen mit der zugeführten Arbeit bei höherer Temperatur abgegeben.

8.3.1 Carnot-Prozeß. Carnot cycle

In der historischen Entwicklung, wenn auch nicht für die Praxis, hat der 1824 von Carnot eingeführte Kreisprozeß eine entscheidende Rolle gespielt, **Bild 3** und **4**. Er besteht aus folgenden Zustandsänderungen (rechtsläufiger Prozeß):

1–2: Isotherme Expansion bei der Temperatur T unter Zufuhr der Wärme Q.
2–3: Adiabate Expansion vom Druck p_2 auf den Druck p_3.
3–4: Isotherme Kompression bei der Temperatur T_0 unter Abfuhr der Wärme $|Q_0|$.
4–1: Adiabate Kompression vom Druck p_4 auf den Druck p_1.

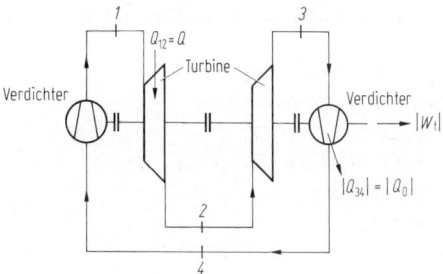

Bild 3. Schaltschema einer nach dem Carnot-Prozeß arbeitenden Wärmekraftmaschine

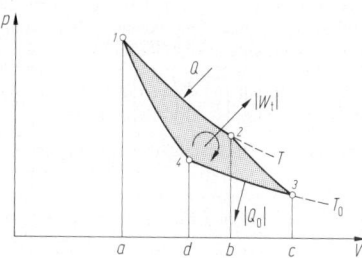

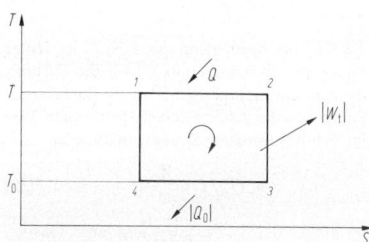

Bild 4. Carnot-Prozeß der Wärmekraftmaschine im p,V- und im T,S-Diagramm

Falls die Zustandsänderungen reversibel sind, ist die zugeführte Wärme

$$Q = mRT \ln V_2/V_1 = T(S_2 - S_1) \qquad (17)$$

und die abgeführte Wärme

$$|Q_0| = mRT_0 \ln V_3/V_4 = T_0(S_3 - S_4) = T_0(S_2 - S_1). \qquad (18)$$

Die verrichtete technische Arbeit ist $-W_t = Q - |Q_0|$ und der *thermische Wirkungsgrad*

$$\eta = |W_t|/Q = 1 - (T_0/T). \qquad (19)$$

Bei umgekehrter Reihenfolge *4–3–2–1* der Zustandsänderungen wird unter Zufuhr von technischer Arbeit W_t einem Körper der niedrigen Temperatur T_0 die Wärme Q_0 entzogen und bei höherer Temperatur T die Wärme Q abgegeben. Ein solcher linksläufig ausgeführter Carnotprozeß kann einem zu kühlenden Gut die Wärme Q_0 bei der tiefen Temperatur T_0 entziehen, also als Kältemaschine arbeiten, und die Wärme $|Q| = W_t + Q_0$ bei höherer Temperatur T wieder abgeben. Besteht der Zweck des Prozesses darin, die Wärme $|Q|$ bei der höheren Temperatur T zu Heizzwecken abzugeben, so arbeitet der Prozeß als Wärmepumpe. Carnotprozesse haben keine praktische Bedeutung erlangt, weil ihre Leistung bezogen auf das Bauvolumen sehr gering ist.

8.3.2 Wärmekraftanlagen. Thermal power plants

In ihnen wird dem Arbeitsstoff von den Verbrennungsgasen Energie als Wärme zugeführt. Der Arbeitsstoff durchläuft einen Kreisprozeß.

Der *Ackeret-Keller-Prozeß* besteht aus folgenden Zustandsänderungen, die im p,v- und T,s-Diagramm dargestellt sind; **Bild 5**:

1–2: Isotherme Kompression bei der Temperatur T_0 vom Druck p_0 auf den Druck p.

2–3: Isobare Wärmezufuhr beim Druck p.

3–4: Isotherme Expansion bei der Temperatur T vom Druck p auf den Druck p_0.

4–1: Isobare Wärmeabfuhr beim Druck p_0.

Der Prozeß geht auf einen Vorschlag des schwedischen Ingenieurs J. Ericson (1803–1899) zurück und wird daher auch als *Ericson-Prozeß* bezeichnet. Er wurde jedoch zuerst von Ackeret und Keller 1941 als Vergleichsprozeß für Gasturbinenanlagen verwendet.

Die zur isobaren Erwärmung *2–3* des verdichteten Arbeitsstoffs erforderliche Wärme wird durch isobare Abkühlung *4–1* des entspannten Arbeitsstoffs bereitgestellt, $Q_{23} = |Q_{41}|$. Der thermische Wirkungsgrad stimmt mit dem des Carnot-Prozesses überein, denn es ist

$$-W_t = Q_{34} - |Q_{21}| \qquad (20)$$

und

$$\eta = 1 - \frac{|Q_{21}|}{Q_{34}} = 1 - \frac{T_0}{T}. \qquad (21)$$

Die technische Realisierung des Prozesses ist jedoch schwierig, weil isotherme Verdichtung und Entspannung kaum zu verwirklichen sind. Da man diese nur durch mehrstufige adiabate Verdichtung mit Zwischenkühlung annähern kann, dient der Ackeret-Keller-Prozeß vor allem als Vergleichsprozeß für den Gasturbinenprozeß mit mehrstufiger Verdichtung und Entspannung.

In einer *geschlossenen Gasturbinenanlage* (**Bild 6**) wird ein Gas im Verdichter komprimiert, im Wärmeaustauscher und Gaserhitzer auf eine hohe Temperatur erwärmt, dann in einer Turbine unter Verrichtung von Arbeit entspannt und im Wärmeaustauscher und dem sich anschließenden Kühler wieder auf die Anfangstemperatur gekühlt, worauf das Gas erneut vom Verdichter angesaugt wird. Als Arbeitsstoffe kommen Luft, aber auch andere Gase wie Helium oder Stickstoff in Frage. Die geschlossene Gas-

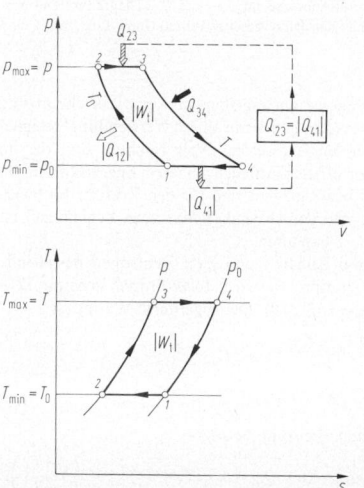

Bild 5. Ackeret-Keller-Prozeß im p,v- und im T,s-Diagramm

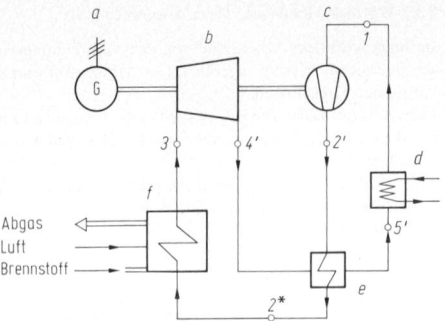

Bild 6. Gasturbinenprozeß mit geschlossenem Kreislauf. *a* Generator, *b* Turbine, *c* Verdichter, *d* Kühler, *e* Wärmeaustauscher, *f* Gaserhitzer

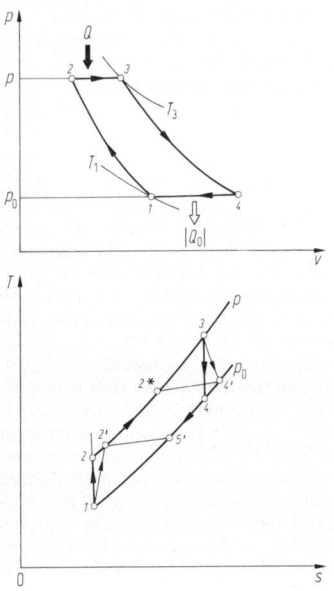

Bild 7. Gasturbinenprozeß im p,v- und T,s-Diagramm. Das p,v-Diagramm zeigt nur den reversiblen Prozeß (Joule-Prozeß) *1, 2, 3, 4*

turbinenanlage ist gut regelbar, und eine Verschmutzung der Turbinenschaufeln kann durch Verwendung geeigneter Gase vermieden werden. Von Nachteil sind die im Vergleich zu offenen Anlagen höheren Energiekosten, da ein Kühler benötigt wird und für den Erhitzer hochwertige Stähle erforderlich sind. **Bild 7** zeigt den Prozeß im p,v- und T,s-Diagramm.

Der aus zwei Isobaren und zwei Isentropen bestehende reversible Kreisprozeß wird *Joule-Prozeß* genannt (Zustandspunkte *1, 2, 3, 4*). Die zugeführte Wärme ist

$$\dot{Q} = \dot{m}c_p(T_3 - T_2), \tag{22}$$

die abgeführte

$$|\dot{Q}_0| = \dot{m}c_p(T_4 - T_1). \tag{23}$$

Die verrichtete Leistung beträgt

$$-P = -\dot{m}w_t = \dot{Q} - |\dot{Q}_0| = \dot{m}c_p(T_3 - T_2)\left(1 - \frac{T_4 - T_1}{T_3 - T_2}\right) \tag{24}$$

und der thermische Wirkungsgrad

$$\eta = \frac{|P|}{\dot{Q}} = \left(1 - \frac{T_4 - T_1}{T_3 - T_2}\right). \tag{25}$$

Wegen der Isentropengleichung

$$\left(\frac{p_0}{p}\right)^{(\kappa-1)/\kappa} = \frac{T_1}{T_2} = \frac{T_4}{T_3} \quad \text{ist}$$

$$\frac{T_4 - T_1}{T_3 - T_2} = \frac{T_1}{T_2} = \left(\frac{p_0}{p}\right)^{\frac{(\kappa-1)}{\kappa}} \tag{26}$$

und der thermische Wirkungsgrad

$$\eta = \frac{|P|}{\dot{Q}} = 1 - \left(\frac{p_0}{p}\right)^{(\kappa-1)/\kappa} \tag{27}$$

nur vom Druckverhältnis p/p_0 oder dem Temperaturverhältnis T_2/T_1 der Verdichtung abhängig. Die Verdichterleistung wächst rascher mit dem Druckverhältnis als die Turbinenleistung, so daß die gewonnene Nutzleistung nach Gl. (24) unter Beachtung von Gl. (26)

$$-P = \dot{m}c_p T_1 \left(\frac{T_3}{T_1} - \left[\frac{p}{p_0}\right]^{\frac{\kappa-1}{\kappa}}\right)\left(1 - \left[\frac{p_0}{p}\right]^{\frac{\kappa-1}{\kappa}}\right) \tag{28}$$

bei einem bestimmten Druckverhältnis für vorgegebene Werte der höchsten Temperatur T_3 und der niedrigsten Temperatur T_1 ein Maximum erreicht. Dieses optimale Druckverhältnis folgt durch Differentiation aus Gl. (28) zu

$$\left(\frac{p}{p_0}\right)^{(\kappa-1)/\kappa}_{\text{opt}} = \sqrt{(T_3/T_1)}, \tag{29}$$

was wegen Gl. (26) gleichbedeutend mit $T_4 = T_2$ ist. Unter Berücksichtigung des Wirkungsgrads η_T für die Turbine, η_V des Verdichters und des mechanischen Wirkungsgrads η_m für die Energieübertragung zwischen Turbine und Verdichter ergibt sich das optimale Druckverhältnis zu

$$\left(\frac{p}{p_0}\right)^{(\kappa-1)/\kappa}_{\text{opt}} = \sqrt{\eta_m \eta_T \eta_V (T_3/T_1)}. \tag{30}$$

Mehr als die Hälfte der Turbinenleistung einer Gasturbinenanlage wird zum Antrieb des Verdichters benötigt. Die insgesamt installierte Leistung ist daher das Vier- bis Sechsfache der Nutzleistung.

Dampfkraftanlagen werden mit einem Arbeitsstoff – meistens Wasser – betrieben, der während des Prozesses verdampft und wieder kondensiert wird. Mit ihnen wird der weitaus größte Teil der elektrischen Energie unserer Stromnetze erzeugt. Der Arbeitsprozeß in seiner einfachsten Form (**Bild 8**) ist folgender: Im Kessel *a* wird der Arbeitsstoff bei hohem Druck isobar bis zum Siedepunkt erwärmt, verdampft und anschließend im Überhitzer *b* noch überhitzt. Der Dampf wird dann in der Turbine *c* unter Verrichtung von Arbeit adiabat entspannt und im Kondensator *d* unter Wärmeabgabe verflüssigt. Die

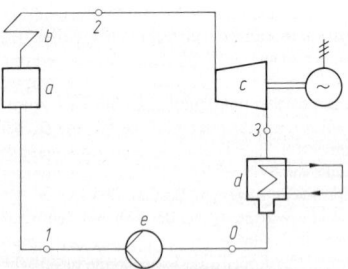

Bild 8. Dampfkraftanlage. *a* Kessel; *b* Überhitzer; *c* Turbine; *d* Kondensator; *e* Speisewasserpumpe

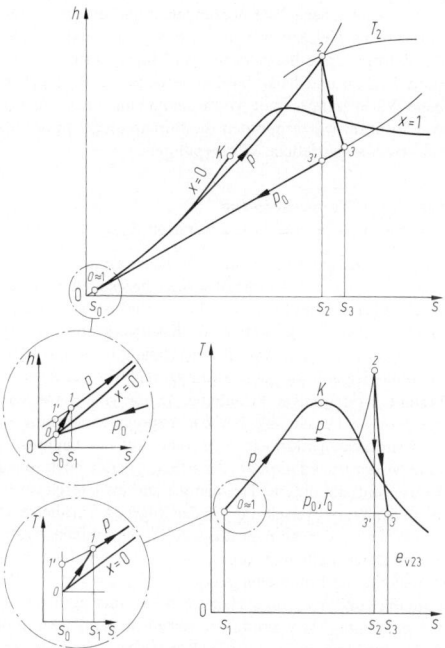

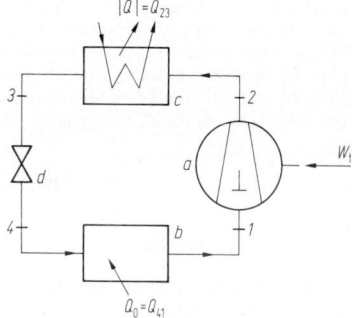

Bild 10. Schaltbild einer Kaltdampfmaschine, Erläuterungen im Text

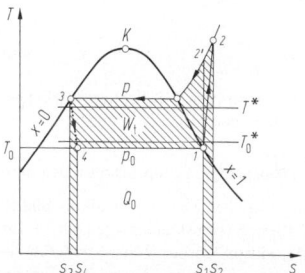

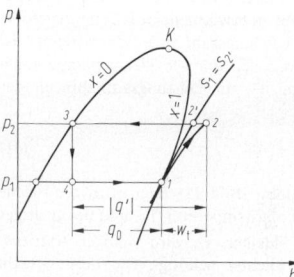

Bild 11. Kreisprozeß des Kältemittels einer Kaltdampfmaschine im T,s- und im Mollier-p,h-Diagramm

Bild 9. Zustandsänderung des Wassers beim Kreisprozeß der einfachen Dampfkraftanlage im T,s- und im h,s-Diagramm

Flüssigkeit wird von der Speisewasserpumpe e auf Kesseldruck gebracht und wieder in den Kessel gefördert. Der reversible Kreisprozeß $01'23'0$ (**Bild 9**), bestehend aus zwei Isobaren und zwei Isentropen, wird *Clausius-Rankine-Prozeß* genannt. Der wirkliche Kreisprozeß folgt den Zustandsänderungen 01230 in **Bild 9**.

Die Wärmeaufnahme im Dampferzeuger ist

$$\dot{Q}_{12} = \dot{m}(h_2 - h_1), \tag{31}$$

die Leistung der adiabaten Turbine

$$|P_{23}| = |\dot{m}w_{t23}| = \dot{m}(h_2 - h_3) = \dot{m}\eta_T(h_2 - h_3') \tag{32}$$

mit dem isentropen Turbinenwirkungsgrad η_T. Der im Kondensator abgeführte Wärmestrom ist

$$-\dot{Q}_{30} = \dot{m}(h_3 - h_0). \tag{33}$$

Die Nutzleistung des Kreisprozesses ist

$$-P = -\dot{m}w_t = -P_{23} - P_{01}, \tag{34}$$

mit der Pumpenleistung

$$P_{01} = \dot{m}(h_1 - h_0) = \dot{m}\frac{1}{\eta_V}(h_{1'} - h_0), \tag{35}$$

worin η_V der Wirkungsgrad der Speisewasserpumpe ist. Die Nutzleistung unterscheidet sich nur geringfügig von der Leistung der Turbine. Der thermische Wirkungsgrad ist

$$\eta = -\frac{\dot{m}w_t}{\dot{Q}_{12}} = \frac{(h_2 - h_3) - (h_1 - h_0)}{h_2 - h_1}. \tag{36}$$

Thermische Wirkungsgrade erreichen bei einem Gegendruck $p_0 = 0,05$ bar, einem Frischdampfdruck von 150 bar und einer Dampftemperatur von 500 °C Werte von $\eta \approx 0,42$.

8.4 Kühlen und Heizen. Cooling and Heating

8.4.1 Kompressionskälteanlage
Compression refrigeration plant

In Kältemaschinen (s. M 5) verwendet man ebenso wie in den Wärmekraftanlagen Gase oder Dämpfe als Arbeits-

stoffe. Man bezeichnet sie als *Kältemittel*. Zweck einer Kältemaschine ist es, einem Kühlgut Wärme zu entziehen. Dazu muß eine Arbeit verrichtet werden, die in Form von Wärme zusammen mit der dem Kühlgut entzogenen Wärme an die Umgebung abgegeben wird. Zur Kälteerzeugung bei Temperaturen bis etwa −100 °C dienen vorwiegend Kompressionskältemaschinen.

Das Schaltbild einer *Kompressionskältemaschine* zeigt **Bild 10**. Der Verdichter a, der für kleine Leistungen meist als Kolben-, für große Leistungen als Turboverdichter ausgebildet ist, saugt Dampf aus dem Verdampfer b beim Druck p_0 und der zugehörigen Sättigungstemperatur T_0 an und verdichtet ihn längs der Adiabaten $1 2$ (**Bild 11**) auf den Druck p. Der Dampf wird dann im Kondensator c beim Druck p verflüssigt. Das flüssige Kältemittel wird im Drosselventil d entspannt und gelangt dann wieder in den Verdampfer, wo ihm Wärme zugeführt wird. Die Kältemaschine entzieht dem Kühlgut eine Wärme Q_0, die dem Verdampfer b zugeführt wird. Im Kondensator c gibt sie die Wärme $|Q| = Q_0 + W_t$ an die Umgebung ab.

Da Wasser bei 0 °C gefriert und Wasserdampf ein unbequem großes spezifisches Volumen hat, verwendet man als

Kältemittel andere Fluide wie Ammoniak NH_3, Kohlendioxid CO_2, Methylchlorid CH_3Cl, Monofluortrichlormethan $CFCl_3$, Difluordichlormethan CF_2Cl_2, Difluormonochlormethan CHF_2Cl. Dampftafeln von Kältemitteln enthält **Anh. D 6 Tab. 7 bis 11**. Mit $\dot m$ als dem Massenstrom des umlaufenden Kältemittels ist die Kälteleistung

$$\dot Q_0 = \dot m q_0 = \dot m (h_1 - h_4) = \dot m (h_0'' - h'), \tag{37}$$

weil $h_4 = h_3 = h'$ ist. Die Antriebsleistung des Verdichters ist

$$P = \dot m w_t = \dot m (h_2 - h_1) = \dot m \frac{1}{\eta_V}(h_2' - h_0''), \tag{38}$$

worin η_V sein isentroper Wirkungsgrad ist. Der vom Kondensator abgeführte Wärmestrom ist

$$|\dot Q| = \dot m |q| = \dot m (h_2 - h_3) = \dot m (h_2 - h'). \tag{39}$$

Die Leistungszahl einer Kältemaschine ist definiert als das Verhältnis von Kälteleistung $\dot Q_0$ zur Leistungsaufnahme P des Verdichters

$$\varepsilon_{KM} = \frac{\dot Q_0}{P} = \frac{q_0}{w_t} = \eta_V \frac{h_0'' - h'}{h_2' - h_0''}. \tag{40}$$

Sie hängt außer vom isentropen Verdichtungswirkungsgrad nur noch von den beiden Drücken p und p_0 ab.

8.4.2 Kompressionswärmepumpe. Compression heat pump

Sie arbeitet nach dem gleichen Prozeß wie die in **Bild 10** und **11** dargestellte Kompressionskälteanlage (s. M 6). Ihr Zweck besteht darin, einem Körper Wärme zuzuführen. Dazu wird der Umgebung Wärme (Anergie) Q_0 entzogen und zusammen mit der verrichteten Arbeit W_t (Exergie) als Wärme dem zu erwärmenden Körper zugeführt $|Q| = Q_0 + W_t$. Die Leistungszahl einer Wärmepumpe ist definiert als Verhältnis der von der Wärmepumpe abgegebenen Heizleistung $|\dot Q|$ zur Leistungsaufnahme P des Verdichters

$$\varepsilon_{WP} = \frac{|\dot Q|}{P} = \frac{|q|}{w_t} = \eta_V \frac{h_2 - h'}{h_2' - h_0''}. \tag{41}$$

Wie das T,s-Diagramm (**Bild 11**) zeigt, wird die Fläche w_t bei hoher Umgebungstemperatur T_0^* und bei niedriger Heiztemperatur T^* kleiner. Es wird weniger Antriebsleistung für den Verdichter benötigt. Die Leistungszahl wächst. Um Wärmepumpen zur Beheizung von Wohnräumen wirtschaftlich betreiben zu können, muß man die Heiztemperatur niedrig halten, beispielsweise durch eine Fußbodenheizung, bei der $t^* \lesssim 29\,°C$ ist. Die Wärmepumpe wird außerdem bei zu tiefen Außentemperaturen unwirtschaftlich. Sinkt die Leistungszahl ε_{WP} unter Werte von rund 2,3, so spart man im Vergleich mit der konventionellen Heizung keine Primärenergie mehr ein, denn der Wirkungsgrad der Umwandlung von Primärenergie P_{Pr} im Kraftwerk in elektrische Energie P zum Antrieb der Wärmepumpe $\eta_{el} = P/P_{Pr}$ liegt bei rund 0,35. Damit ist die Heizzahl $\zeta = |\dot Q|/P_{Pr}$ mit 0,8 etwa gleich dem Wirkungsgrad einer konventionellen Heizung. Heutige elek-

trisch angetriebene Wärmepumpen erreichen im Jahresmittel selten Heizzahlen von 2,3, es sei denn man schaltet die Wärmepumpe bei zu tiefen Außentemperaturen unter rund 3 °C ab und heizt dann konventionell. Motorgetriebene Wärmepumpen mit Abwärmenutzung nutzen ebenso wie Sorptionswärmepumpen die Primärenergie besser als elektrisch angetriebene Wärmepumpen.

8.4.3 Kraft-Wärme-Kopplung
Combined power and heat generation (co-generation)

Die gleichzeitige Erzeugung von Heizwärme und elektrischer Energie in Heizkraftwerken bezeichnet man als Kraft-Wärme-Kopplung (s. L 3.2). Dabei wird die ohnehin in großer Menge anfallende Kraftwerksabwärme zu Heizzwecken genutzt. Da die zur Heizung benötigte Wärme überwiegend und zwar zu mehr als 90% aus Anergie besteht, wird weniger Primärenergie, die ja überwiegend aus Exergie besteht, als bei konventioneller Heizung in Heizwärme umgewandelt. Man führt aus der Dampfturbine Niederdruckdampf ab, der neben Anergie noch soviel Exergie enthält, daß die Heizenergie und die Exergieverluste in der Wärmeverteilung – in der Regel ein Fernheiznetz – gedeckt werden können. Gegenüber dem reinen Kraftwerksbetrieb büßt man durch die Dampfentnahme zwar Arbeit ein, der Primärenergieumsatz zur gleichzeitigen Erzeugung von Arbeit und Heizwärme ist aber geringer als zur getrennten Gewinnung der Arbeit im Kraftwerk und der Heizwärme im konventionellen Heizsystem. Eine vereinfachte Schaltung zeigt **Bild 12**. Je nach Art der Schaltung sind Heizzahlen $\zeta = |\dot Q|/P_{Pr}$ bis rund 2,2 erreichbar [9], wobei P_{Pr} der nur auf die Heizung entfallende Anteil der Primärenergie ist. Die Heizzahlen liegen deutlich über denen der meisten Wärmepumpen-Heizsysteme.

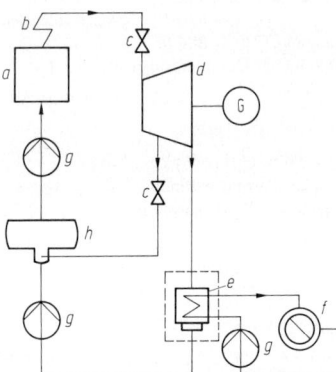

Bild 12. Schema der Kraft-Wärme-Kopplung im Entnahme-Gegendruck-Betrieb. *a* Dampferzeuger, *b* Überhitzer, *c* Drossel, *d* Turbine, G Generator, *e* Kondensator (Wärmeerzeuger), *f* Wärmeverbraucher, *g* Pumpe, *h* Speicher

9 Gemische idealer Gase
Ideal gas mixtures

9.1 Gesetz von Dalton. Thermische und kalorische Zustandsgrößen. Dalton's law. Thermal and caloric properties of state

Ein Gemisch von idealen Gasen, die miteinander nicht chemisch reagieren, verhält sich ebenfalls wie ein ideales

Gas. Es gilt die thermische Zustandsgleichung

$$pV = nRT. \tag{1}$$

Jedes einzelne Gas, Komponente genannt, verteilt sich auf den gesamten Raum V so, als ob andere Gase nicht vorhanden wären. Für jede Komponente i gilt daher

$$p_i V = n_i RT, \tag{2}$$

wobei p_i der von jedem einzelnen Gas ausgeübte Druck ist, den man als Partialdruck bezeichnet. Summiert man über alle Einzelgase, so folgt $\sum p_i V = \sum n_i RT$ oder $V \sum p_i = RT \sum n_i$. Der Vergleich mit Gl. (1) zeigt, daß

$$p = \sum p_i \qquad (3)$$

gilt: Der Gesamtdruck p des Gasgemisches ist gleich der Summe der Partialdrücke der Einzelgase, wenn diese bei der Temperatur T das Volumen V des Gemisches einnehmen (*Gesetz von Dalton*).

Die thermische Zustandsgleichung Gl. (1) eines idealen Gasgemisches kann man auch schreiben

$$pV = mRT, \qquad (4)$$

mit der Gaskonstante R des Gemisches

$$R = \sum R_i m_i / m. \qquad (5)$$

Kalorische Zustandsgrößen eines Gemisches vom Druck p und der Temperatur T ergeben sich durch Addition der kalorischen Zustandsgrößen bei gleichen Werten p, T der Einzelgase entsprechend ihrer Mengenanteile. Es ist

$$c_v = \frac{1}{m} \sum m_i c_{vi}, \quad c_p = \frac{1}{m} \sum m_i c_{pi}$$
$$u = \frac{1}{m} \sum m_i u_i, \quad h = \frac{1}{m} \sum m_i h_i. \qquad (6)$$

Eine Ausnahme bildet die Entropie, da bei der Mischung von Einzelgasen vom Zustand p, T zu einem Gemisch vom gleichen Zustand, eine Entropiezunahme auftritt. Es ist

$$s = \frac{1}{m} \left(\sum m_i s_i - \sum m_i R_i \ln \frac{n_i}{n} \right), \qquad (7)$$

wenn n_i die Molmengen der Einzelgase und n die des Gemisches sind. Es ist $n_i = m_i / M_i$ und $n = \sum n_i$, mit der Masse m_i und der Molmasse M_i der Einzelgase.

Mischungen realer Gase und Flüssigkeiten weichen besonders bei höheren Drücken von vorstehenden Beziehungen ab.

9.2 Gas-Dampf-Gemische
Mixtures of gas and vapour

Mischungen von Gasen und leicht kondensierenden Dämpfen kommen in Physik und Technik häufig vor. Die atmosphärische Luft besteht im wesentlichen aus trockener Luft und Wasserdampf. Trocknungs- und Klimatisierungsvorgänge werden durch die Anwendung der Gesetze der Dampf-Luftgemische bestimmt, ebenso die Bildung der Brennstoffdampf-Luftgemische im Verbrennungsmotor.

9.3 Feuchte Luft. Humid air

Trockene Luft besteht aus 78,04 Mol-% Stickstoff, 21,00 Mol-% Sauerstoff, 0,93 Mol-% Argon und 0,03 Mol-% Kohlendioxid. Die atmosphärische Luft kann man als Zweistoffgemisch betrachten, bestehend aus trockener Luft und Wasser, das in dampfförmiger, oder dampfförmiger und flüssiger bzw. dampfförmiger und fester Form vorliegen kann. Man bezeichnet das Gemisch auch als *feuchte* Luft. Die *trockene* Luft betrachtet man als einheitlichen Stoff. Da der Gesamtdruck bei Zustandsänderungen fast immer in der Nähe des Atmosphärendrucks liegt, kann man die feuchte Luft aus trockener Luft und Wasserdampf als ein Gemisch idealer Gase ansehen. Es ist dann für die trockene Luft bzw. für den Wasserdampf

$$p_L V = m_L R_L T \quad \text{bzw.} \quad p_W V = m_W R_W T. \qquad (8)$$

Mit $p = p_L + p_W$ folgt aus den vorstehenden Gleichungen die Wasserdampfmenge, die 1 kg trockener Luft beigemischt ist.

$$x = \frac{m_W}{m_L} = \frac{R_L p_W}{R_W (p - p_W)}. \qquad (9)$$

Man bezeichnet die Größe $x = m_W / m_L$ als *Wassergehalt*. Er kann zwischen 0 (trockene Luft) und ∞ (reines Wasser) liegen. Ist feuchte Luft der Temperatur T mit Wasserdampf gesättigt, so wird der Partialdruck des Wasserdampfes gleich dem Sättigungsdruck $p_W = p_{WS}$ bei Temperatur T und der Wassergehalt wird

$$x_S = \frac{R_L p_{WS}}{R_W (p - p_{WS})}. \qquad (10)$$

Beispiel: Man berechne den Wassergehalt x_S von gesättigter feuchter Luft bei einer Temperatur von 20 °C und einem Gesamtdruck von 1000 mbar. Es ist $R_L = 0,2872$ kJ/kgK, $R_W = 0,4615$ kJ/kgK. Aus der Wasserdampftafel **Anh. D6 Tab. 5** findet man den Dampfdruck p_{WS} (20 °C) = 23,37 mbar.
Damit wird

$$x_S = \frac{0,2872 \cdot 23,37}{0,4615(1000 - 23,37)} \cdot 10^3 \frac{g}{kg} = 14,887 \text{ g/kg}.$$

Weitere Werte x_S in **Anh. D9 Tab. 1**.

Feuchtegrad, relative Feuchte. Als relatives Maß für den Dampfgehalt definiert man den Feuchtegrad $\psi = x / x_S$. In der Meteorologie wird dagegen meistens mit der relativen Feuchte $\varphi = p_W(t) / p_{WS}(t)$ gerechnet. Beide Werte weichen in der Nähe der Sättigung nur wenig voneinander ab, denn es ist

$$\frac{x}{x_S} = \frac{p_W}{p_{WS}} \frac{(p - p_{WS})}{(p - p_W)} \quad \text{oder} \quad \psi = \varphi \frac{(p - p_{WS})}{(p - p_W)}.$$

Bei Sättigung ist $\psi = \varphi = 1$. Erhöht man den Druck oder senkt man die Temperatur gesättigter feuchter Luft, so kondensiert der überschüssige Wasserdampf. Der kondensierte Dampf fällt als Nebel oder Niederschlag (Regen) aus; bei Temperaturen unter 0 °C bilden sich Eiskristalle (Schnee). Die relative Luftfeuchte kann mit direkt anzeigenden Geräten (z.B. *Haarhygrometern*) oder mit Hilfe des *Aspirationspsychrometers* nach Assmann bestimmt werden (s. W 2.9).

Enthalpie feuchter Luft. Da bei Zustandsänderungen feuchter Luft die beteiligte Luftmenge dieselbe bleibt und sich nur die zugemischte Wassermenge durch Tauen oder Verdunsten ändert, bezieht man alle Zustandsgrößen auf 1 kg trockene Luft. Diese enthält dann $x = m_W / m_L$ kg Wasser. Für die Enthalpie h_{1+x} des Gemisches aus 1 kg trockener Luft und x kg Dampf gilt

$$h_{1+x} = c_{pL} t + x(c_{pD} t + r). \qquad (11)$$

Es sind $c_{pL} = 1,005$ kJ/kgK die isobare spez. Wärmekapazität der Luft, $c_{pD} = 1,852$ kJ/kgK die des Wasserdampfes und $r = 2501,6$ kJ/kg die Verdampfungsenthalpie des Wassers bei 0 °C. In dem interessierenden Temperaturbereich von −60 bis +100 °C kann man konstante Werte c_p annehmen. Bei Sättigung wird $x = x_S$ und $h_{1+x} = (h_{1+x})_S$. Ist der Wasseranteil $x - x_S$ in Form von Nebel oder auch als Bodenkörper in dem Gemisch enthalten, so wird

$$h_{1+x} = (h_{1+x})_S + (x - x_S) c_W t. \qquad (12)$$

Falls der Wasseranteil $x - x_S$ als Schnee oder Eis ausfällt, ist

$$h_{1+x} = (h_{1+x})_S - (x - x_S)(\Delta h_S - c_e t). \qquad (13)$$

Es ist $c_W = 4,19$ kJ/kgK die spez. Wärmekapazität des Wassers, $c_e = 2,04$ kJ/kgK die des Eises und $\Delta h_S = 333,5$ kJ/kg die Schmelzenthalpie des Eises. In **Anh. D9 Tab. 1** sind die Sättigungsdrücke, die Dampfgehalte und die Enthalpien gesättigter feuchter Luft bei Temperaturen zwischen −20 und +100 °C für einen Gesamtdruck von 1000 mbar angegeben.

9.3.1 Mollier-Diagramm der feuchten Luft
Mollier-diagram of humid air

Für die graphische Darstellung von Zustandsänderungen feuchter Luft hat Mollier ein h_{1+x}, x-Diagramm angegeben, **Bild 1a**. Darin ist die Enthalpie h_{1+x} von $(1+x)$ kg feuchter Luft in einem schiefwinkligen Koordinatensystem über dem Wassergehalt aufgetragen. Die Achse $h=0$, entsprechend feuchter Luft von 0 °C ist schräg nach unten rechts gelegt, derart, daß die 0 °C Isotherme der feuchten ungesättigten Luft waagrecht verläuft. **Bild 1b** zeigt die Konstruktion der Isothermen nach Gl. (11) und Gl. (12). Die Linien x=const sind senkrechte, die Linien h=const zur Achse h_{1+x}=0 parallele Geraden. In **Bild 1a** ist die Grenzkurve $\varphi=1$ für den Gesamtdruck 1000 mbar eingezeichnet. Sie trennt das Gebiet der ungesättigten Gemische (oben) von dem *Nebelgebiet* (unten), in dem die Feuchtigkeit teils als Dampf, teils in flüssiger (Nebel, Niederschlag) oder fester Form (Eisnebel, Schnee) im Gemisch enthalten ist. Isothermen im ungesättigten Gebiet nach Gl. (11) sind nach rechts schwach ansteigende Geraden, die an der Grenzkurve nach unten abknicken und im Nebelgebiet den Geraden konstanter Enthalpie nahezu parallel verlaufen entsprechend Gl. (12). Für einen Punkt im Nebelgebiet mit der Temperatur t und dem Wassergehalt x findet man den dampfförmigen Anteil, indem man die Isotherme t bis zum Schnitt mit der Grenzkurve verfolgt. Der im Schnittpunkt abgelesene Anteil x_S ist als Dampf und damit der Anteil $x-x_S$ als Flüssigkeit im Gemisch enthalten. Die schrägen, strahlenartigen Geradenstücke $\Delta h_{1+x}/\Delta x$ legen zusammen mit dem Nullpunkt die Richtung fest, in der man sich von einem beliebigen Diagrammpunkt aus bewegt, wenn man dem Gemisch Wasser oder Wasserdampf zusetzt, dessen Enthalpie in kJ/kg gleich den Zahlen an den Randstrahlen ist. Um die Richtung der Zustandsänderung zu finden, hat man durch den Zustandspunkt der feuchten Luft eine Parallele zur Geraden zu zeichnen, die durch den Nullpunkt ($h=0, x=0$) und den Randstrahl festgelegt ist.

9.3.2 Zustandsänderungen feuchter Luft
Changes of state of humid air

Erwärmung oder Abkühlung. Wird ein gegebenes Gemisch erwärmt, so bewegt man sich auf einer Senkrechten nach oben (*1–2* in **Bild 2a**), wird es abgekühlt, so bewegt man sich auf einer Senkrechten nach unten (*2–1*), wobei die senkrechte Entfernung zweier Zustandspunkte gemessen im Enthalpiemaßstab die ausgetauschte Wärme bezogen auf 1 kg trockene Luft ist:

$$Q_{12} = m_L(c_{pL} + c_{pD}x)(t_2 - t_1), \qquad (14)$$

mit $c_{pL}=1{,}005$ kJ/kgK und $c_{pD}=1{,}852$ kJ/kgK. Bei Abkühlung feuchter Luft unter den Taupunkt des Wassers (*1–2* in **Bild 2b**) fällt ein Niederschlag aus. Die abgeführte Wärme ist

$$Q_{12} = m_L((h_{1+x})_2 - (h_{1+x})_1), \qquad (15)$$

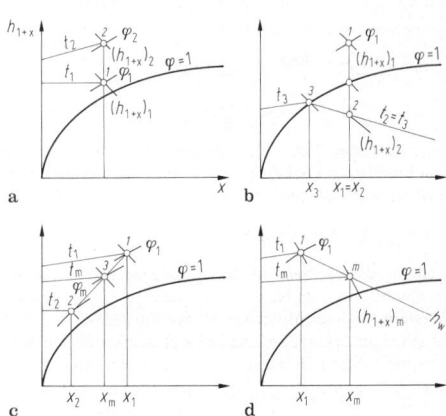

Bild 2. Zustandsänderungen feuchter Luft. **a** Erwärmung und Abkühlung; **b** Abkühlung unter den Taupunkt; **c** Mischung; **d** Zusatz von Wasser oder Wasserdampf

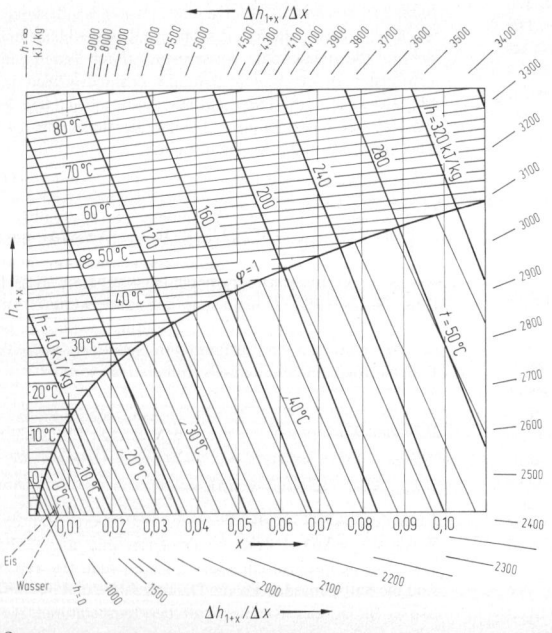
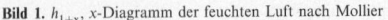

Bild 1. h_{1+x}, x-Diagramm der feuchten Luft nach Mollier

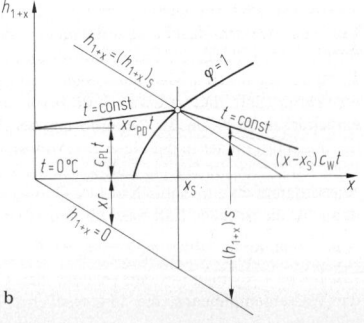

worin $(h_{1+x})_1$ durch Gl. (11) und $(h_{1+x})_2$ durch Gl. (12) gegeben ist. Es fällt eine Wassermenge

$$m_W = m_L(x_1 - x_3) \qquad (16)$$

aus.

Beispiel: 1 000 kg feuchte Luft von $t_1 = 30$ °C, $\varphi_1 = 0,6$ und $p = 1\,000$ mbar werden auf 15 °C abgekühlt. Wieviel Kondensat entsteht? Den Wassergehalt x_1 erhält man aus Gl. (9) mit $p_W = \varphi_1 p_{WS}$. Nach **Anh. D9 Tab. 1** ist p_{WS} (30 °C) $= 42,41$ mbar. Damit wird

$$x_1 = \frac{R_L(\varphi_1 p_{WS})}{R_W(p - \varphi_1 p_{WS})} = \frac{0,2872 \cdot 0,6 \cdot 42,41}{0,4615(1000 - 0,6 \cdot 42,41)}$$
$$= 16,25 \cdot 10^{-3} \text{ kg/kg} = 16,25 \text{ g/kg}.$$

Die 1 000 kg feuchte Luft bestehen aus $1000/(1+x_1) = 1000/1,01625$ kg$=984,01$ kg trockener Luft und $1000-984,01=15,99$ kg Wasserdampf. Der Wassergehalt im Punkt 3 $x_3 = x_S$ folgt aus **Anh. D9 Tab. 1** bei $t_3 = 15$ °C zu $x_3 = 10,78(41)$ g/kg. Damit wird $m_W = 984,01 \cdot (16,25 - 10,78) \cdot 10^{-3}$ kg$=5,38$ kg.

Mischung zweier Luftmengen. Mischt man zwei Luftmengen vom Zustand *1* und *2* (**Bild 1 c**) und sorgt dafür, daß mit der Umgebung keine Wärme ausgetauscht wird, so liegt der Zustand *m* nach der Mischung auf der Verbindungsgeraden *1–2*. Den Punkt *m* erhält man durch Unterteilen der Geraden *1–2* im Verhältnis der Trockenluftmengen m_{L2}/m_{L1}. Es ist

$$x_m = (m_{L1}x_1 + m_{L2}x_2)/(m_{L1} + m_{L2}). \qquad (17)$$

Mischen von gesättigten Luftmengen verschiedener Temperaturen liefert stets Nebel unter Ausscheiden der Wassermenge $x_m - x_S$, wobei x_S der Sättigungsgehalt auf der Nebelisotherme durch den Mischungspunkt ist.

Beispiel: 1 000 kg feuchte Luft von $t_1 = 30$ °C und $\varphi_1 = 0,6$ werden mit 1 500 kg gesättigter feuchter Luft von $t_2 = 10$ °C bei 1 000 mbar gemischt. Wie groß ist die Temperatur nach der Mischung? Wie im vorigen Beispiel schon berechnet, ist $x_1 = 16,25$ g/kg. Aus **Anh. D9 Tab. 1** entnimmt man bei $t_2 = 10$ °C den Wassergehalt $x_{2s} = 7,7283$ g/kg. Die Trockenluftmengen sind $m_{L1} = 1000/(1+x_1)$ kg $= 1000/(1 + 16,25 \cdot 10^{-3})$ kg $= 984,01$ kg und $m_{L2} = 1\,500/(1+x_{2s})$ kg $= 1\,500/(1 + 7,7283 \cdot 10^{-3})$ kg$=1488,5$ kg. Damit

wird

$$x_m = (984,01 \cdot 16,25 + 1488,5 \cdot 7,7283)/(984,01 + 1488,5) \text{ g/kg}$$
$$= 11,12 \text{ g/kg}.$$

Die Enthalpie berechnet man nach Gl. (11). Es ist

$$(h_{1+x})_1 = (1,005 \cdot 30 + 16,25 \cdot 10^{-3} \cdot (1,852 \cdot 30 + 2501,6)) \text{ kJ/kg}$$
$$= 71,70 \text{ kJ/kg},$$
$$(h_{1+x})_2 = (1,005 \cdot 10 + 7,7283 \cdot 10^{-3} \cdot (1,852 \cdot 10 + 2501,6)) \text{ kJ/kg}$$
$$= 29,53 \text{ kJ/kg}.$$

Die Enthalpie des Gemisches ist

$$(h_{1+x})_m = (m_{L1}(h_{1+x})_1 + m_{L2}(h_{1+x})_2)/(m_{L1} + m_{L2})$$
$$= (984,01 \cdot 71,70 + 1488,5 \cdot 29,53)/(984,01 + 1488,5) \text{ kJ/kg}$$
$$= 46,31 \text{ kJ/kg}.$$

Andererseits ist nach Gl. (11)

$$(h_{1+x})_m = (1,005 t_m + 11,12 \cdot 10^{-3}(1,852 t_m + 2501,6)) \text{ kJ/kg}.$$

Daraus folgt $t_m = 18$ °C.

Zusatz von Wasser oder Wasserdampf. Mischt man Luft mit m_W kg Wasser oder Wasserdampf, so beträgt der Wassergehalt nach der Mischung $x_m = (m_{L1}x_1 + m_W)/m_{L1}$. Die Enthalpie ist

$$(h_{1+x})_m = (m_{L1}(h_{1+x})_1 + m_W h_W)/m_{L1}. \qquad (18)$$

Im Mollier-Diagramm für feuchte Luft (**Bild 2 d**) liegt der Endzustand nach der Mischung auf derjenigen Geraden durch den Anfangszustand *1* der feuchten Luft, die parallel zu der durch den Koordinatenursprung gehenden Geraden mit der Steigung h_W verläuft, wobei $h_W = \Delta h_{1+x}/\Delta x$ durch die Geradenstücke des Randmaßstabs gegeben ist.

Kühlgrenztemperatur. Streicht ungesättigte feuchte Luft vom Zustand t_1, x_1 über eine Wasser- oder Eisoberfläche, so verdunstet bzw. sublimiert Wasser und wird von der Luft aufgenommen, wodurch deren Wassergehalt zunimmt. Hierbei sinkt die Temperatur des Wassers bzw. des Eises und erreicht nach hinreichend langer Zeit einen stationären Endwert, den man Kühlgrenztemperatur nennt. Man findet die Kühlgrenztemperatur t_g mit Hilfe des Mollier-Diagramms, indem man diejenige Nebelisotherme t_g sucht, deren Verlängerung durch den Zustandspunkt *1* geht.

---

10 Wärmeübertragung. Heat transfer

Bestehen zwischen verschiedenen, nicht voneinander isolierten Körpern oder innerhalb verschiedener Bereiche eines Körpers Temperaturunterschiede, so fließt Wärme so lange von der *höheren* zur *tieferen* Temperatur, bis sich die verschiedenen Temperaturen angeglichen haben. Man bezeichnet diesen Vorgang als Wärmeübertragung. Es sind drei Fälle der Wärmeübertragung zu unterscheiden:
– Die Wärmeübertragung durch *Leitung* in festen oder in unbewegten flüssigen und gasförmigen Körpern. Dabei wird kinetische Energie von einem Molekül oder Elementarteilchen auf seine Nachbarn übertragen.
– Die Wärmeübertragung durch Mitführung oder *Konvektion* durch bewegte flüssige oder gasförmige Körper.
– Die Wärmeübertragung durch *Strahlung*, die sich ohne materiellen Träger mit Hilfe der elektromagnetischen Wellen vollzieht.
In der Technik wirken oft alle drei Arten der Wärmeübertragung zusammen.

10.1 Stationäre Wärmeleitung
Steady state heat conduction

Stationäre Wärmeleitung durch eine ebene Wand. Werden die beiden Oberflächen einer ebenen Wand der Dicke

δ auf verschiedenen Temperaturen T_1 und T_2 gehalten, so strömt durch die Fläche A in der Zeit t nach dem *Fourierschen Gesetz* die Wärme

$$Q = \lambda A \frac{T_1 - T_2}{\delta} t.$$

Darin ist λ ein Stoffwert (SI-Einheit W/Km), den man *Wärmeleitfähigkeit* nennt (s. **Anh. D10 Tab. 1**). Man bezeichnet $Q/t = \dot{Q}$ als *Wärmestrom* (SI-Einheit W) und $Q/(tA) = \dot{q}$ (SI-Einheit W/m^2) als *Wärmestromdichte*. Es ist

$$\dot{Q} = \lambda A \frac{T_1 - T_2}{\delta} \quad \text{und} \quad \dot{q} = \lambda \frac{T_1 - T_2}{\delta}. \qquad (1)$$

Ähnlich wie bei der Elektrizitätsleitung ein Strom I nur fließt, wenn man eine Spannung U anlegt, um den Widerstand R zu überwinden ($I = U/R$), fließt ein Wärmestrom $\dot{Q}$ nur dann, wenn eine Temperaturdifferenz $\Delta T = T_1 - T_2$ vorhanden ist: $\dot{Q} = \frac{\lambda A}{\delta} \Delta T$.

In Analogie zum Ohmschen Gesetz nennt man $R_W = \delta/(\lambda A)$ einen *Wärmeleitwiderstand* (SI-Einheit K/W).

Fouriersches Gesetz. Betrachtet man statt der Wand der endlichen Dicke δ eine aus ihr senkrecht zum Wärmestrom herausgeschnittene Scheibe der Dicke dx, so erhält man das Fouriersche Gesetz in der Form

$$\dot{Q} = -\lambda A \frac{dT}{dx} \quad \text{und} \quad \dot{q} = -\lambda \frac{dT}{dx}, \tag{2}$$

wobei das negative Vorzeichen ausdrückt, daß die Wärme in Richtung abnehmender Temperatur strömt. $\dot{Q}$ ist hierbei der Wärmestrom in Richtung der x-Achse, entsprechendes gilt für $\dot{q}$. Der Wärmestrom in Richtung der drei Koordinaten x, y, z ist ein Vektor

$$\dot{q} = -\lambda \left(\frac{\partial T}{\partial x} e_x + \frac{\partial T}{\partial y} e_y + \frac{\partial T}{\partial z} e_z \right) \tag{3}$$

mit den Einheitsvektoren e_x, e_y, e_z. Gl. (3) ist zugleich die allgemeine Form des Fourierschen Gesetzes. Es gilt in dieser Form für isotrope Körper, d.h. solche, deren Wärmeleitfähigkeit in Richtung der drei Koordinatenachsen gleich groß ist.

Stationäre Wärmeleitung durch eine Rohrwand. Nach dem Fourierschen Gesetz wird durch eine Zylinderfläche vom Radius r und der Länge l ein Wärmestrom $\dot{Q} = -\lambda 2\pi r l (dT/dr)$ übertragen. Bei stationärer Wärmeleitung ist der Wärmestrom für alle Radien gleich, $\dot{Q} = \text{const}$, so daß man die Veränderlichen T und r trennen und von der inneren Oberfläche bei $r = r_i$ des Zylinders mit der Temperatur T_i bis zu einer beliebigen Stelle r mit der Temperatur T integrieren kann. Man erhält als Temperaturverlauf in einer Rohrschale der Dicke $r - r_i$:

$$T_i - T = \frac{\dot{Q}}{\lambda 2\pi l} \ln \frac{r}{r_i}.$$

Mit der Temperatur T_a der äußeren Oberfläche vom Radius r_a erhält man den Wärmestrom in einem Rohr der Dicke $r_a - r_i$ und der Länge l:

$$\dot{Q} = \lambda 2\pi l \frac{T_i - T_a}{\ln r_a/r_i}. \tag{4}$$

Um formale Übereinstimmung mit Gl. (1) zu erreichen, kann man auch

$$\dot{Q} = \lambda A_m \frac{T_i - T_a}{\delta} \tag{5}$$

mit $\delta = r_a - r_i$ und $A_m = \dfrac{A_a - A_i}{\ln A_a/A_i}$ schreiben, wenn $A_a = 2\pi r_a l$ die äußere und $A_i = 2\pi r_i l$ die innere Oberfläche des Rohrs ist. A_m ist das logarithmische Mittel zwischen äußerer und innerer Rohroberfläche. Der „Wärmeleitwiderstand" des Rohrs $R_W = \delta/(\lambda A_m)$ (SI-Einheit K/W) muß durch eine Temperaturdifferenz überwunden werden, damit ein Wärmestrom fließen kann.

10.2 Wärmeübergang und Wärmedurchgang
Heat transfer and heat transmission

Geht von einem Fluid Wärme an eine Wand über, wird darin fortgeleitet und auf der anderen Seite an ein zweites Fluid übertragen, so spricht man von *Wärmedurchgang*. Dabei sind zwei *Wärmeübergänge* und ein *Wärmeleitvorgang* hintereinander geschaltet. Die Temperatur fällt in einer Schicht unmittelbar an der Wand steil ab (**Bild 1**), während sich die Temperaturen in einiger Entfernung von der Wand nur wenig unterscheiden. Man kann vereinfachend annehmen, daß an der Wand eine dünne ruhende Fluidschicht von der Filmdicke δ_i bzw. δ_a haftet, während das Fluid außerhalb Temperaturunterschiede ausgleicht. In dem dünnen Fluidfilm wird Wärme durch Leitung übertragen, und es gilt nach Fourier für den an die linke Wandseite übertragenen Wärmestrom

$$\dot{Q} = \lambda A \frac{T_i - T_1}{\delta_i},$$

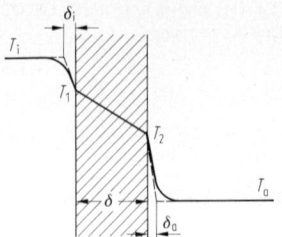

Bild 1. Wärmedurchgang durch eine ebene Wand

worin λ die Wärmeleitfähigkeit des Fluids ist. Die Filmdicke δ_i hängt von vielen Größen ab, wie Geschwindigkeit des Fluids entlang der Wand, Form und Oberflächenbeschaffenheit der Wand. Es hat sich als zweckmäßig erwiesen, statt mit der Filmdicke δ_i mit dem Quotienten $\lambda/\delta_i = \alpha$ zu rechnen. Man kommt zu dem Newtonschen Ansatz für den Wärmeübergang

$$\dot{Q} = \alpha A (T_f - T_0), \tag{6}$$

in dem allgemein T_f die Fluidtemperatur und T_0 die Oberflächentemperatur bedeuten. Die Größe α nennt man *Wärmeübergangskoeffizient* (SI-Einheit W/m² K). Größenordnungen von Wärmeübergangskoeffizienten gibt **Tab. 1**.

Tabelle 1. Wärmeübergangskoeffizienten α in W/m² K

	α	
freie Konvektion in:		
Gasen	3...	20
Wasser	100...	600
siedendem Wasser	1000...	20000
erzwungene Konvektion in:		
Gasen	10...	100
Flüssigkeiten	50...	500
Wasser	500...	10000
kondensierendem Dampf	1000...	100000

In Anlehnung an das Ohmsche Gesetz $I = (1/R) U$ nennt man $1/\alpha A = R_W$ den *Wärmeübergangswiderstand* (SI-Einheit K/W). Er muß durch die Temperaturdifferenz $\Delta T = T_f - T_0$ überwunden werden, damit der Wärmestrom $\dot{Q}$ fließen kann.
In **Bild 1** sind vom Wärmestrom drei hintereinanderliegende Einzelwiderstände zu überwinden. Diese summieren sich zum Gesamtwiderstand.

Wärmedurchgang durch ebene Wände. Der durch eine ebene Wand (**Bild 1**) durchtretende Wärmestrom ist

$$\dot{Q} = kA(T_i - T_a) \tag{7}$$

mit dem gesamten Wärmewiderstand $1/(kA)$, der sich additiv aus den Einzelwiderständen zusammensetzt:

$$\frac{1}{kA} = \frac{1}{\alpha_i A} + \frac{\delta}{\lambda A} + \frac{1}{\alpha_a A}. \tag{8}$$

Die durch Gl. (7) definierte Größe k nennt man den *Wärmedurchgangskoeffizienten* (SI-Einheit W/m² K). Besteht die Wand aus mehreren homogenen Schichten (**Bild 2**) mit den Dicken $\delta_1, \delta_2, \ldots$ und den Wärmeleitfähigkeiten $\lambda_1, \lambda_2, \ldots$, so gilt ebenfalls Gl. (7), jedoch ist jetzt der gesamte Wärmewiderstand

$$\frac{1}{kA} = \frac{1}{\alpha_i A} + \sum \frac{\delta_j}{\lambda_j A} + \frac{1}{\alpha_a A}. \tag{9}$$

Beispiel: Die Wand eines Kühlhauses besteht aus einer 5 cm dicken inneren Betonschicht ($\lambda = 1$ W/Km), einer 10 cm dicken Kork-

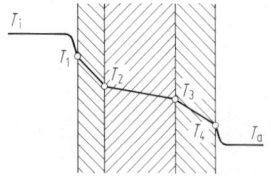

Bild 2. Wärmedurchgang durch eine ebene, mehrschichtige Wand

steinisolierung ($\lambda = 0,04$ W/Km) und einer 50 cm dicken äußeren Ziegelmauer ($\lambda = 0,75$ W/Km). Der Wärmeübergangskoeffizient auf der Innenseite ist $\alpha_i = 7$ W/m^2 K, der auf der Außenseite $\alpha_a = 20$ W/m^2 K. Wieviel Wärme strömt durch 1 m^2 Wand bei einer Innentemperatur von $-5\,^\circ$C und einer Außentemperatur von $25\,^\circ$C ? Nach Gl.(9) ist der Wärmedurchgangswiderstand

$$\frac{1}{kA} = \left(\frac{1}{7 \cdot 1} + \frac{0,05}{1 \cdot 1} + \frac{0,1}{0,04 \cdot 1} + \frac{0,5}{0,75 \cdot 1} + \frac{1}{20 \cdot 1} \right) \frac{K}{W}$$
$$= 3,41 \text{ K/W}.$$

Der Wärmestrom ist $\dot{Q} = \frac{1}{3,41}(-5-25)$W, $|\dot{Q}| = 8,8$ W.

Wärmedurchgang durch Rohre. Es gilt wiederum die Gl.(7) für den Wärmedurchgang durch ein Rohr. Der Wärmewiderstand setzt sich additiv aus den Einzelwiderständen zusammen $1/kA = 1/\alpha_i A_i + \delta/\lambda A_m + 1/\alpha_a A_a$. Es ist üblich, den Wärmedurchgangskoeffizienten k auf die meist leicht zu ermittelnde äußere Rohroberfläche $A = A_a$ zu beziehen, so daß der gesamte Wärmewiderstand gegeben ist durch

$$\frac{1}{kA_a} = \frac{1}{\alpha_i A_i} + \frac{\delta}{\lambda A_m} + \frac{1}{\alpha_a A_a} \qquad (10)$$

mit $A_m = (A_a - A_i)/\ln(A_a/A_i)$.
Besteht das Rohr aus mehreren homogenen Einzelrohren mit der Dicke $\delta_1, \delta_2, \ldots$ und den Wärmeleitfähigkeiten $\lambda_1, \lambda_2, \ldots$, so gilt wieder Gl.(7), jedoch ist jetzt der gesamte Wärmewiderstand

$$\frac{1}{kA_a} = \frac{1}{\alpha_i A_i} + \sum \frac{\delta_j}{\lambda_j A_{mj}} + \frac{1}{\alpha_a A_a}, \qquad (11)$$

wobei die Summe über alle Einzelrohre zu bilden ist und A_{mj} die mittlere logarithmische Fläche eines Einzelrohrs $A_{mj} = (A_{aj} - A_{ij})/\ln A_{aj}/A_{ij}$ ist.

10.3 Nichtstationäre Wärmeleitung
Instationary heat transmission

Bei nichtstationärer Wärmeleitung ändern sich die Temperaturen zeitabhängig. In einer ebenen Wand mit fest vorgegebenen Oberflächentemperaturen ist der Temperaturverlauf nicht mehr geradlinig, da die in eine Scheibe einströmende Wärme von der ausströmenden verschieden ist. Der Unterschied zwischen ein- und austretendem Wärmestrom bleibt als innere Energie in der Scheibe stecken und erhöht (oder erniedrigt) deren Temperatur als Funktion der Zeit. Für ebene Wände mit einem Wärmestrom in Richtung der x-Achse gilt die Fouriersche Wärmeleitgleichung

$$\frac{\partial T}{\partial t} = a \frac{\partial^2 T}{\partial x^2}. \qquad (12)$$

Bei mehrdimensionaler Wärmeleitung ist

$$\frac{\partial T}{\partial t} = a \left(\frac{\partial^2 T}{\partial x^2} + \frac{\partial^2 T}{\partial y^2} + \frac{\partial^2 T}{\partial z^2} \right). \qquad (13)$$

Beide Gleichungen setzen in dieser Form konstante Wärmeleitfähigkeit λ voraus. Die Größe $a = \lambda/(\varrho c)$ ist die Tem-

peraturleitfähigkeit (SI-Einheit m^2/s), Zahlenwerte **Anh. D 10 Tab. 2.**
Zur Lösung der Fourierschen Wärmeleitgleichung ist es zweckmäßig, wie bei anderen Problemen der Wärmeübertragung dimensionslose Größen einführen, weil sich dadurch die Zahl der Variablen verringern läßt. Um das Grundsätzliche zu zeigen, wird Gl.(12) betrachtet. Gesetzt wird $\Theta = (T - T_c)/(T_0 - T_c)$, worin T_c eine charakteristische konstante Temperatur, T_0 eine Bezugstemperatur ist. Z.B. kann T_c bei der Abkühlung einer Platte von anfänglich konstanter Temperatur T_0 in einer kalten Umgebung die Umgebungstemperatur $T_c = T_u$ bedeuten. Alle Längen bezieht man auf eine charakteristische Länge X, z.B. die halbe Plattendicke. Es ist weiter zweckmäßig, durch $Fo = at/X^2$ eine dimensionslose Zeit einzuführen, die man die *Fourier-Zahl* nennt.
Lösungen der Wärmeleitgleichung sind dann von der Form

$$\Theta = f(x/X, Fo).$$

In vielen Problemen wird die durch Leitung an die Oberfläche eines Körpers gelangende Wärme durch Konvektion an das umgebende Fluid der Temperatur T_u abgegeben. Es gilt dann die Energiebilanz an der Oberfläche (Index w=Wand)

$$-\lambda \left(\frac{\partial T}{\partial x} \right)_w = \alpha(T_w - T_u) \quad \text{oder} \quad \frac{1}{\Theta_w} \left(\frac{\partial \Theta}{\partial \zeta} \right)_w = -\frac{\alpha X}{\lambda}$$

mit $\Theta = (T - T_u)/(T_0 - T_u)$ und $\Theta_w = (T_w - T_u)/(T_0 - T_u)$. Die Lösung ist auch eine Funktion der dimensionslosen Größe $\alpha X/\lambda$: Man nennt $\alpha X/\lambda$ die *Biot-Zahl* Bi, in ihr ist λ die als konstant vorausgesetzte Wärmeleitfähigkeit des Körpers und α der Wärmeübergangskoeffizient an das umgebende Fluid. Lösungen sind von der Form

$$\Theta = f(x/X, Fo, Bi). \qquad (14)$$

10.3.1 Der halbunendliche Körper. The semi-infinite body

Die Temperaturänderungen sollen sich in einer im Vergleich zur Größe des Körpers dünnen *Randzone* abspielen. Man nennt einen solchen Körper *halbunendlich*. Betrachtet wird eine halbunendliche ebene Wand (**Bild 3**) der konstanten Anfangstemperatur T_0. Die Wandtemperatur werde zur Zeit $t = 0$ auf T_0 abgesenkt und bleibe anschließend konstant. Man erhält für verschiedene Zeiten $t_1, t_2, \ldots$ Temperaturprofile. Sie sind gegeben durch

$$\frac{T - T_u}{T_0 - T_u} = f \left(\frac{x}{2\sqrt{at}} \right) \qquad (15)$$

mit der Gaußschen Fehlerfunktion $f(x/(2\sqrt{at}))$, **Bild 4**. Die Wärmestromdichte an der Oberfläche erhält man durch Differentiation $\dot{q} = -\lambda(\partial T/\partial x)_{x=0}$ zu

$$\dot{q} = \frac{b}{\sqrt{\pi t}}(T_u - T_0) \qquad (16)$$

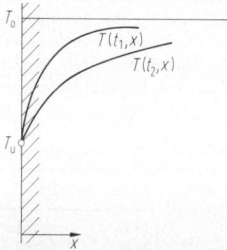

Bild 3. Halbunendlicher Körper

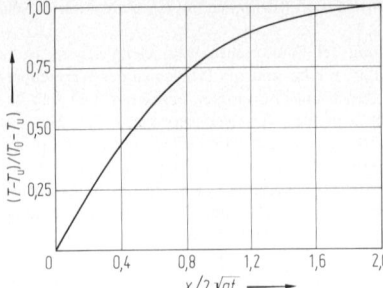

Bild 4. Temperaturverlauf in einem halbunendlichen Körper

Tabelle 2. Wärmeeindringkoeffizienten $b = \sqrt{\lambda \rho c}$ in $\text{Ws}^{\frac{1}{2}}/\text{m}^2\,\text{K}$

Kupfer	36000	Sand	1200
Eisen	15000	Holz	400
Beton	1600	Schaumstoffe	40
Wasser	1400	Gase	6

mit dem *Wärmeeindringkoeffizienten* $b = \sqrt{\lambda \rho c}$ (SI-Einheit $\text{Ws}^{\frac{1}{2}}/\text{m}^2\,\text{K}$) (**Tab. 2**), der ein Maß für die Größe des Wärmestroms ist, der zu einer bestimmten Zeit in den Körper eingedrungen ist, wenn die Oberflächentemperatur plötzlich um einen bestimmten Betrag $T_u - T_0$ gegenüber der Anfangstemperatur T_0 erhöht wurde.

Beispiel: Bei einem plötzlichen Wetterwechsel fällt die Temperatur an der Erdoberfläche von $+5$ auf $-5\,°\text{C}$. Wie tief sinkt die Temperatur in 1 m Tiefe nach 20 Tagen? Die Temperaturleitfähigkeit des Erdreichs beträgt $a = 6{,}94 \cdot 10^{-7}\,\text{m}^2/\text{s}$. Nach Gl.(15) ist

$$\frac{T-(-5)}{5-(-5)} = f\left(\frac{1}{2(6{,}94 \cdot 10^{-7} \cdot 20 \cdot 24 \cdot 3600)^{\frac{1}{2}}}\right) = f(0{,}456).$$

In **Bild 4** liest man ab $f(0{,}456) = 0{,}48$. Damit wird $T = -0{,}2\,°\text{C}$.

Endlicher Wärmeübergang an der Oberfläche. Wird an der Oberfläche des Körpers nach **Bild 3** Wärme durch Konvektion an die Umgebung übertragen, so daß an der Oberfläche $\dot{q} = -\lambda(\partial T/\partial x) = \alpha(T_w - T_u)$ gilt, wobei T_u die Umgebungstemperatur und $T_w = T(x=0)$ die zeitlich veränderliche Wandtemperatur ist, so gilt Gl.(15) nicht mehr, sondern es ist

$$\dot{q} = \frac{b}{\sqrt{\pi t}}(T_u - T_0)\Phi(z) \tag{17}$$

mit $\Phi(z) = 1 - \dfrac{1}{2z^2} + \dfrac{1 \cdot 3}{2^2 z^4} - \ldots + (-1)^{n-1} \dfrac{1 \cdot 3 \ldots (2n-3)}{2^{n-1} z^{2n-2}}$ worin $z = \alpha\sqrt{at}/\lambda$ ist.

10.3.2 Zwei halbunendliche Körper in thermischem Kontakt. Two semi-infinite bodies in thermal contact

Zwei halbunendliche Körper verschiedener, aber anfänglich konstanter Temperatur T_1 und T_2 mit den thermischen Eigenschaften λ_1, a_1 und λ_2, a_2 werden zur Zeit $t = 0$ plötzlich in Kontakt gebracht, **Bild 5**. Nach sehr kurzer Zeit stellt sich zu beiden Seiten der Kontaktfläche eine

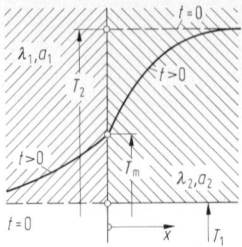

Bild 5. Kontakttemperatur T_m zwischen zwei halbunendlichen Körpern

Temperatur T_m ein, die konstant bleibt. Es ist

$$\frac{T_m - T_1}{T_2 - T_1} = \frac{b_2}{b_1 + b_2}.$$

Die Kontakttemperatur T_m liegt näher bei der Temperatur des Körpers mit dem größeren Wärmeeindringkoeffizienten b. Durch Messen von T_m kann man einen der Werte b ermitteln, wenn der andere bekannt ist.

10.3.3 Temperaturausgleich in einfachen Körpern. Temperature equalization in simple bodies

Ein einfacher Körper, worunter man eine Platte, einen Zylinder oder eine Kugel versteht, befinde sich zur Zeit $t = 0$ auf einer einheitlichen Temperatur T_0 und werde anschließend für $t > 0$ durch Wärmeübertragung an den Körper umgebendes Fluid von der Temperatur T_u gemäß der Randbedingung $-\lambda(\partial T/\partial n)_w = \alpha(T_w - T_u)$ abgekühlt oder erwärmt (n sei die Koordinate normal zur Oberfläche des Körpers).

Ebene Platte. Es gelten die Bezeichnungen in **Bild 6**, in das auch ein Temperaturprofil eingezeichnet ist.
Das Temperaturprofil wird durch eine unendliche Reihe beschrieben, kann aber für $at/X^2 \geqq 0{,}24$ ($a = \lambda/(\rho c)$ ist die Temperaturleitfähigkeit) mit einem Fehler in der Temperatur unter 1% angenähert werden durch

$$\frac{T - T_u}{T_0 - T_u} = C \exp\left(-\delta^2 \frac{at}{X^2}\right) \cos\left(\delta \frac{x}{X}\right). \tag{18}$$

Die Konstanten C und δ hängen gemäß **Tab. 3** von der Biot-Zahl $Bi = \alpha X/\lambda$ ab.

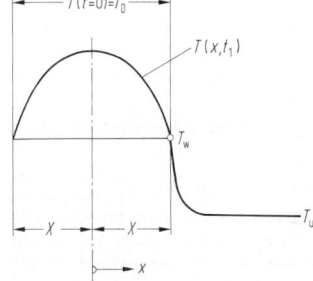

Bild 6. Abkühlung einer ebenen Platte

Tabelle 3. Konstanten C und δ in Gl.(18)

Bi	∞	10	5	2	1	0,5	0,2	0,1	0,01
C	1,2732	1,2620	1,2402	1,1784	1,1191	1,0701	1,0311	1.0161	1.0017
δ	1,5708	1,4289	1,3138	1,0769	0,8603	0,6533	0,4328	0,3111	0,0998

Tabelle 4. Konstanten C und δ in Gl. (19)

Bi	∞	10	5	2	1	0,5	0,2	0,1	0,01
C	1,6020	1,5678	1,5029	1,3386	1,2068	1,1141	1,0482	1,0245	1,0025
δ	2,4048	2,1795	1,9898	1,5994	1,2558	0,9408	0,6170	0,4417	0,1412

Tabelle 5. Konstanten C und δ in Gl. (20)

Bi	∞	10	5	2	1	0,5	0,2	0,1	0,01
C	2,0000	1,9249	1,7870	1,4793	1,2732	1,1441	1,0592	1,0298	1,0030
δ	3,1416	2,8363	2,5704	2,0288	1,5708	1,1656	0,7593	0,5423	0,1730

Die Wandtemperatur T_w erhält man aus Gl. (18), indem man $x = X$ setzt. Der Wärmestrom folgt aus $\dot{Q} = -\lambda A (\partial T / \partial x)_{x=X}$.

Zylinder. Anstelle der Ortskoordinate x in **Bild 6** tritt die radiale Koordinate r. Der Radius des Zylinders ist R. Das Temperaturprofil wird wieder durch eine unendliche Reihe beschrieben, die sich für $at/R^2 \geq 0,21$ mit einem Fehler unter 1% annähern läßt durch

$$\frac{T - T_u}{T_0 - T_u} = C \exp\left(-\delta \frac{at}{R^2}\right) I_0\left(\delta \frac{r}{R}\right). \tag{19}$$

I_0 ist eine Besselfunktion nullter Ordnung, deren Werte man in Tabellenwerken findet, z.B. [10]. Die Konstanten C und δ hängen gemäß **Tab. 4** von der Biot-Zahl ab. Die Wandtemperatur ergibt sich aus Gl. (19), wenn man $r = R$ setzt und der Wärmestrom aus $\dot{Q} = -\lambda A (\partial T / \partial r)_{r=R}$. Dabei tritt die Ableitung der Besselfunktion $I_0' = -I_1$ auf. Die Besselfunktion erster Ordnung I_1 ist ebenfalls vertafelt [10].

Kugel. Die Abkühlung oder Erwärmung einer Kugel vom Radius R wird ebenfalls durch eine unendliche Reihe beschrieben. Sie läßt sich für $at/R^2 \geq 0,18$ mit einem Fehler unter 2% annähern durch

$$\frac{T - T_u}{T_0 - T_u} = C \exp\left(-\delta \frac{at}{R^2}\right) \frac{\sin(\delta r/R)}{\delta r/R}. \tag{20}$$

Die Konstanten C und δ hängen gemäß **Tab. 5** von der Biot-Zahl ab.

10.4 Wärmeübergang durch Konvektion
Heat transfer by convection

Bei der Wärmeübertragung in strömenden Fluiden tritt zur (molekularen) Wärmeleitung noch der Energietransport durch Konvektion hinzu. Jedes Volumenelement des Fluids ist Träger von innerer Energie, die es durch Strömung weitertransportiert und im vorliegenden Fall des Wärmeübergangs durch Konvektion als Wärme an einen festen Körper überträgt.

Dimensionslose Kenngrößen. Grundlagen für die Darstellung von Vorgängen des konvektiven Übergangs bildet die Ähnlichkeitsmechanik (s. B 7). Sie erlaubt es, die Zahl der Einflußgrößen deutlich zu mindern, und man kann Wärmeübergangsgesetze allgemein für geometrisch ähnliche Körper und die verschiedensten Stoffe einheitlich formulieren. Es sind folgende dimensionslose Kennzahlen von Bedeutung:

Nußelt-Zahl	$Nu = \alpha l / \lambda$
Reynolds-Zahl	$Re = w l / v$
Prandtl-Zahl	$Pr = v / a$
Péclet-Zahl	$Pe = w l / a = Re\,Pr$

Grashof-Zahl	$Gr = l^3 g \beta \Delta T / v^2$
Stanton-Zahl	$St = \alpha / (\rho w c_p) = Nu / (Re\,Pr)$

geometrische Kenngrößen l_n/l; $n = 1, 2, \ldots$

Es bedeuten: λ Wärmeleitfähigkeit des Fluids, l eine charakteristische Abmessung des Strömungsraums $l_1, l_2, \ldots, v$ die kinematische Viskosität des Fluids, ρ seine Dichte, $a = \lambda/(\rho c_p)$ seine Temperaturleitfähigkeit, c_p die spez. Wärmekapazität des Fluids bei konstantem Druck, g die Fallbeschleunigung, $\Delta T = T_w - T_f$ die Differenz zwischen Wandtemperatur eines gekühlten oder erwärmten Körpers und T_f der mittleren Temperatur des an ihm entlang strömenden Fluids, β der thermische Ausdehnungskoeffizient bei Wandtemperatur, mit $\beta = 1/T_w$ bei idealen Gasen. Die Prandtl-Zahl ist ein Stoffwert (s. **Anh. D 10 Tab. 2**). Der Wärmeübergang bei erzwungener Konvektion wird durch Gleichungen der Form

$$Nu = f_1(Re, Pr, l_n/l) \tag{21}$$

und der bei freier Konvektion durch

$$Nu = f_2(Gr, Pr, l_n/l) \tag{22}$$

beschrieben. Den gesuchten Wärmeübergangskoeffizienten erhält man aus der Nußelt-Zahl zu $\alpha = Nu\lambda/l$. Die Funktionen f_1 und f_2 kann man nur in seltenen Fällen theoretisch ermitteln, sie müssen i. allg. durch Experimente bestimmt werden und hängen von der Form der Heiz- und Kühlfläche (eben oder gewölbt; glatt, rauh oder berippt), der Strömungsführung und auch, in wenn auch meistens geringem Umfang, von der Richtung des Wärmestroms (Erwärmung oder Kühlung des strömenden Fluids) ab.

10.4.1 Wärmeübergang ohne Phasenumwandlung
Heat transfer without change of phase

Längsangeströmte ebene Platte bei Laminarströmung. Für die mittlere Nußelt-Zahl einer Platte der Länge l gilt nach Pohlhausen

$$Nu = 0,664\, Re^{1/2} Pr^{1/3} \tag{23}$$

mit $Nu = \alpha l/\lambda$, $Re = wl/v < 10^5$ und $0,6 \leq Pr \leq 2000$. Die Stoffwerte sind bei mittlerer Fluidtemperatur $T_m = (T_w + T_\infty)/2$ einzusetzen. T_w ist die Wandtemperatur, T_∞ die Temperatur in großer Entfernung von der Wand.

Längsangeströmte ebene Platte bei turbulenter Strömung. Etwa von $Re = 5 \cdot 10^5$ an wird die Grenzschicht turbulent. Die mittlere Nußelt-Zahl einer Platte der Länge l ist

$$Nu = \frac{0,037\, Re^{0,8} Pr}{1 + 2,443\, Re^{-0,1}(Pr^{2/3} - 1)} \tag{24}$$

mit $Nu = \alpha l/\lambda$, $Re = wl/v$, $5 \cdot 10^5 < Re < 10^7$ und $0,6 \leq Pr \leq 2000$. Die Stoffwerte sind bei mittlerer Fluidtemperatur $T_m = (T_w + T_\infty)/2$ zu bilden. T_w ist die Wandtemperatur, T_∞ die Temperatur in großer Entfernung von der Wand.

Wärmeübergang bei der Strömung durch Rohre (Allgemeines). Unterhalb einer Reynolds-Zahl $Re=2300$ ($Re = wd/v$, w ist die mittlere Geschwindigkeit in einem Querschnitt, d der Rohrdurchmesser) ist die Strömung stets laminar, oberhalb von $Re = 10^4$ ist sie turbulent. Im Bereich $2300 < Re < 10^4$ hängt es von der Rauhigkeit, der Art der Zuströmung und der Form des Rohreinlaufs ab, ob die Strömung laminar oder turbulent ist. Der mittlere Wärmeübergangskoeffizient α über die Rohrlänge l ist definiert durch $\dot{q} = \alpha \Delta \vartheta$, mit der mittleren logarithmischen Temperaturdifferenz

$$\Delta \vartheta = \frac{(T_w - T_E) - (T_w - T_A)}{\ln \dfrac{T_w - T_E}{T_w - T_A}} \qquad (25)$$

T_w ist die Wandtemperatur, T_E die Temperatur im Eintritts- und T_A die im Austrittsquerschnitt.

Wärmeübergang bei laminarer Strömung durch Rohre. Eine Strömung heißt hydrodynamisch ausgebildet, wenn sich das Geschwindigkeitsprofil mit dem Strömungsweg nicht mehr ändert. In der Laminarströmung eines Fluids hoher Viskosität stellt sich schon nach kurzem Strömungsweg als Geschwindigkeitsprofil eine Poiseuillesche Parabel ein. Die mittlere Nußelt-Zahl bei konstanter Wandtemperatur läßt sich exakt durch eine unendliche Reihe berechnen (Graetz-Lösung), die jedoch schlecht konvergiert. Als Näherungslösung für die hydrodynamisch ausgebildete Laminarströmung gilt nach *Stephan*

$$Nu_0 = \frac{3{,}657}{\tanh(2{,}264 X^{1/3} + 1{,}7 X^{2/3})} + \frac{0{,}0499}{X} \tanh X. \qquad (26)$$

Mit $Nu_0 = \alpha_0 d/\lambda$, $X = l/(d\,Re\,Pr)$, $Re = wd/v$, $Pr = v/a$. Die Gleichung gilt für laminare Strömung $Re \leq 2300$ im gesamten Bereich $0 \leq X \leq \infty$, die größte Abweichung von den exakten Werten der Nußelt-Zahl beträgt 1%. Die Stoffwerte sind bei der mittleren Fluidtemperatur $T_m = (T_w + T_B)/2$ einzusetzen mit $T_B = (T_E + T_A)/2$.

Tritt ein Fluid mit annähernd konstanter Geschwindigkeit in ein Rohr ein, so ändert sich das Geschwindigkeitsprofil mit dem Strömungsweg, bis es nach einer Lauflänge von $l/(d\,Re) = 5{,}75 \cdot 10^{-2}$ in die Poiseuillesche Parabel übergeht. Für diesen Fall einer *hydrodynamisch nicht ausgebildeten Laminarströmung* gilt nach *Stephan* im Bereich $0{,}1 \leq Pr \leq \infty$:

$$\frac{Nu}{Nu_0} = \frac{1}{\tanh(2{,}43\,Pr^{1/6} X^{1/6})} \qquad (27)$$

mit $Nu = \alpha d/\lambda$ und den oben bereits definierten Größen. Der Fehler beträgt für $1 \leq Pr \leq \infty$ weniger als 5% und für $0{,}1 \leq Pr < 1$ bis zu 10%. Die Stoffwerte sind bei der mittleren Fluidtemperatur $T_m = (T_w + T_B)/2$ mit $T_B = (T_E + T_A)/2$ einzusetzen.

Wärmeübergang bei turbulenter Strömung durch Rohre. Für eine hydrodynamisch ausgebildete Strömung $l/d \geq 60$ gilt im Bereich $10^4 \leq Re \leq 10^5$ und $0{,}5 < Pr < 100$ die Gleichung von *Mc Adams*

$$Nu = 0{,}024\,Re^{0,8} Pr^{1/3}. \qquad (28)$$

Die Stoffwerte sind bei der mittleren Temperatur $T_m = (T_w + T_B)/2$ mit $T_B = (T_E + T_A)/2$ einzusetzen. Für die hydrodynamisch ausgebildete und die ausgebildete Strömung gilt im Bereich $10^4 \leq Re \leq 10^7$ und $0{,}5 \leq Pr \leq 1000$ die von Gnielinski modifizierte Gleichung von *Petukhov*

$$Nu = \frac{(Re - 1000)Pr\,\zeta/8}{1 + 12{,}7\sqrt{\zeta/8(Pr^{2/3} - 1)}}\left(1 + \left(\frac{d}{l}\right)^{2/3}\right) \qquad (29)$$

mit dem Widerstandsbeiwert $\zeta = (0{,}79 \ln Re - 1{,}64)^{-2}$. Es ist $Nu = \alpha d/\lambda$, $Re = wd/v$. Die Stoffwerte sind bei der mitt-

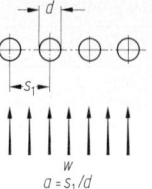

Bild 7. Querangeströmte Rohrreihe

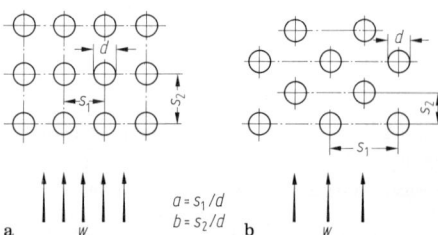

Bild 8. Anordnung von Rohren in Rohrbündeln. **a** fluchtende Rohranordnung; **b** versetzte Rohranordnung

leren Temperatur $T_m = (T_w + T_B)/2$ mit $T_B = (T_E + T_A)/2$ zu bilden.

In *Rohrkrümmern* sind unter sonst gleichen Bedingungen Wärmeübergangskoeffizienten größer als in geraden Rohren von gleicher lichter Weite. Für einen Rohrbogen mit dem Krümmungsdurchmesser D gilt nach Hausen bei turbulenter Strömung

$$\alpha = \alpha_{\text{gerade}}(1 + (21/Re^{0,14})(d/D)). \qquad (30)$$

Wärmeübergang an ein quer angeströmtes Einzelrohr. Für ein quer angeströmtes Einzelrohr erhält man mittlere Wärmeübergangskoeffizienten aus der Gleichung von *Gnielinski*

$$Nu = 0{,}3 + (Nu_l^2 + Nu_t^2)^{1/2} \qquad (31)$$

mit der Nußelt-Zahl Nu_l der laminaren Plattenströmung nach Gl. (23) und Nu_t der turbulenten Plattenströmung nach Gl. (24). Es ist $Nu = \alpha l/\lambda$, $1 < Re = wl/v < 10^7$ und $0{,}6 < Pr < 1000$. Als Länge l hat man die überströmte Länge $l = d\pi/2$ einzusetzen. Die Stoffwerte sind bei der Mitteltemperatur $T_m = (T_w + T_\infty)/2$ zu bilden, T_w ist die Wandtemperatur, T_∞ die Temperatur in großer Entfernung von der Wand. Die Gleichung gilt für einen bei technischen Anwendungen zu erwartenden mittleren Turbulenzgrad der Anströmung von 6 bis 10%.

Wärmeübergang an eine quer angeströmte Rohrreihe. Für eine quer angeströmte einzelne Rohrreihe (**Bild 7**) gilt wiederum Gl. (31). Die Reynolds-Zahl ist jedoch mit der Geschwindigkeit w_e im engsten Querschnitt zu bilden. Es ist jetzt $Re = w_e l/v$ mit $w_e = w/\psi$, worin w die Anströmungsgeschwindigkeit und $\psi = 1 - \pi/4a$ der Hohlraumanteil ist.

Wärmeübergang an ein Rohrbündel. Bei fluchtender Anordnung liegen die Achsen aller Rohre in Strömungsrichtung hintereinander, bei versetzter Anordnung sind die Achsen einer Rohrreihe gegenüber der davorliegenden Reihe verschoben, **Bild 8**. Der Wärmeübergang hängt zusätzlich von Quer- und Längsteilung der Rohre $a = s_1/d$ und $b = s_2/d$ ab. Zur Ermittlung des Wärmeübergangskoeffizienten berechnet man zunächst die Nußelt-Zahl am quer angeströmten Einzelrohr nach Gl. (31), in der die

Reynolds-Zahl mit der Geschwindigkeit im engsten Querschnitt zu bilden ist $Re = w_e l/v$ mit $w_e = w/\psi$, worin w die Anströmungsgeschwindigkeit und ψ der Hohlraumanteil $\psi = 1 - \pi/(4a)$ für $b > 1$ und $\psi = 1 - \pi/(4ab)$ für $b < 1$ ist. Die so berechnete Nußelt-Zahl Nu hat man mit einem Anordnungsfaktor f_A zu multiplizieren. Man erhält dann die Nußelt-Zahl $Nu_B = \alpha_B l/\lambda$ (mit $l = d\pi/2$) des Bündels

$$Nu_B = f_A Nu. \tag{32}$$

Bei fluchtender Anordnung ist

$$f_A = 1 + 0{,}7(b/a - 0{,}3)/(\psi^{1/2}(b/a + 0{,}7)^2) \tag{33}$$

und bei versetzter Anordnung

$$f_A = 1 + 2/(3b). \tag{34}$$

Die Wärmestromdichte ist $\dot q = \alpha \Delta \vartheta$ mit $\Delta \vartheta$ nach Gl. (25). Die Gln. (33) und (34) gelten für Rohrbündel aus 10 und mehr Rohrreihen. In Austauschern mit weniger Rohrreihen ist der Wärmeübergangskoeffizient noch mit einem Faktor $(1 + (n-1))/n$ zu multiplizieren, wobei n die Anzahl der Rohrreihen bedeutet.

Freie Konvektion. Freie Konvektion kommt durch Dichteunterschiede zustande, die i. allg. durch Temperaturunterschiede, seltener durch Druckunterschiede hervorgerufen werden. Der Wärmeübergangskoeffizient an einer senkrechten Wand berechnet sich aus der Gleichung von *Churchill* und *Chu* zu

$$Nu^{1/2} = 0{,}825$$
$$+ 0{,}387 Ra^{1/6}/(1 + (0{,}492/Pr)^{9/16})^{8/27}, \tag{35}$$

in der die mittlere Nußelt-Zahl $Nu = \alpha l/\lambda$ mit der Plattenhöhe l gebildet ist und die Rayleigh-Zahl definiert ist durch $Ra = Gr Pr$ mit der Grashof-Zahl

$$Gr = \frac{g l^3}{v^2} \frac{\rho_\infty - \rho_w}{\rho_w}$$

und der Prandtl-Zahl $Pr = v/a$.
(g Fallbeschleunigung, l Plattenhöhe, v kinematische Viskosität, ρ_∞ Dichte des Fluids außerhalb der Temperaturgrenzschicht, ρ_w Dichte des Fluids an der Wand, a Temperaturleitfähigkeit.)
Wird die freie Konvektion nur durch Temperaturunterschiede hervorgerufen, so läßt sich die Grashof-Zahl schreiben

$$Gr = \frac{g l^3}{v^2} \beta (T_w - T_\infty),$$

β ist der thermische Ausdehnungskoeffizient. Er ist bei idealen Gasen $\beta = 1/T_w$.
Die Gl. (35) gilt im Bereich $0 < Pr < \infty$ und $0 < Ra < 10^{12}$. Die Stoffwerte sind mit der Mitteltemperatur $T_m = (T_w + T_\infty)/2$ zu bilden. Eine ähnliche Gleichung gilt nach *Churchill* und *Chu* auch für die freie Konvektion um *waagrechte Zylinder*

$$Nu^{1/2} = 0{,}60 + 0{,}387 Ra^{1/6}/(1 + (0{,}559/Pr)^{9/16})^{8/27}. \tag{36}$$

Es gelten die Definitionen wie zu Gl. (35), die charakteristische Länge ist $l = d\pi/2$ und der Gültigkeitsbereich $0 < Pr < \infty$ und $10^3 < Ra < 10^{12}$. Für *waagrechte Rechteckplatten* gilt

$$Nu = 0{,}70 Ra^{1/4} \quad \text{falls} \quad Ra < 4 \cdot 10^7 \tag{37}$$

und

$$Nu = 0{,}155 Ra^{1/3} \quad \text{falls} \quad Ra \geq 4 \cdot 10^7 \tag{38}$$

mit $Nu = \alpha l/\lambda$, wenn l die kürzere Rechteckseite ist.

10.4.2 Wärmeübergang beim Kondensieren und beim Sieden. Heat transfer in condensation and in boiling

Ist die Temperatur einer Wandoberfläche niedriger als die Sättigungstemperatur von angrenzendem Dampf, so wird Dampf an der Wandoberfläche verflüssigt. Kondensat kann sich je nach Benetzungseigenschaften entweder in Form von Tropfen oder als geschlossener Flüssigkeitsfilm bilden. Bei *Tropfenkondensation* treten i. allg. größere Wärmeübergangskoeffizienten auf als bei *Filmkondensation*. Sie läßt sich aber nur unter besonderen Vorkehrungen wie Anwendung von Entnetzungsmitteln über eine bestimmte Zeit aufrechterhalten und tritt daher nur selten auf.

Filmkondensation. Läuft das Kondensat als laminarer Film an einer *senkrechten Wand* der Höhe l ab, so ist der mittlere Wärmeübergangskoeffizient α gegeben durch

$$\alpha = 0{,}943 \left(\frac{\rho g r \lambda^3}{v(T_S - T_w)} \frac{1}{l} \right)^{1/4}. \tag{39}$$

Für die Kondensation an *waagrechten Einzelrohren* vom Außendurchmesser d gilt

$$\alpha = 0{,}728 \left(\frac{\rho g r \lambda^3}{v(T_S - T_w)} \frac{1}{d} \right)^{1/4}, \tag{40}$$

mit: ρ Dichte der Flüssigkeit, g Fallbeschleunigung, r Verdampfungsenthalpie, λ Wärmeleitfähigkeit der Flüssigkeit, v kinematische Viskosität der Flüssigkeit, T_S Sättigungs-, T_w Wandtemperatur.
Die Gleichungen setzen voraus, daß vom Dampf keine merkliche Schubspannung auf den Kondensatfilm ausgeübt wird.
Bei Reynoldszahlen $Re_\delta = \bar w \delta/v$ ($\bar w$ mittlere Geschwindigkeit des Kondensats, δ Filmdicke, v kinematische Viskosität) zwischen 75 und 1200 erfolgt allmählich der Übergang zu turbulenter Strömung im Kondensatfilm. Im Übergangsgebiet ist

$$\alpha = 0{,}22 \lambda/(v^2/g)^{1/3}, \tag{41}$$

während bei turbulenter Filmströmung $Re_\delta > 1200$ nach *Grigull* folgende Beziehung gilt

$$\alpha = 0{,}003 \left(\frac{\lambda^3 g(T_S - T_w)}{\rho v^3 r} l \right)^{1/2}. \tag{42}$$

Die Gln. (41) und (42) gelten auch für senkrechte Rohre und Platten, nicht aber für waagrechte Rohre.

Verdampfung. Erhitzt man eine Flüssigkeit in einem Gefäß, so setzt nach Überschreiten der Siedetemperatur T_S Verdampfung ein. Bei kleinen Übertemperaturen $T_w - T_S$ der Wand verdampft die Flüssigkeit nur an ihrer freien Oberfläche (*stilles Sieden*). Wärme wird durch Auftriebsströmung von der Heizfläche an die Flüssigkeitsoberfläche transportiert. Bei größeren Übertemperaturen $T_w - T_S$ bilden sich an der Heizfläche Dampfblasen (*Blasensieden*) und steigen auf. Sie erhöhen die Flüssigkeitsbewegung und damit den Wärmeübergang. Mit zunehmender Übertemperatur schließen sich die Blasen immer mehr zu einem Dampffilm zusammen, wodurch der Wärmeübergang wieder vermindert wird (*Übergangssieden*), bei ausreichend großen Übertemperaturen steigt er wieder an (*Filmsieden*). **Bild 9** zeigt die verschiedenen Wärmeübergangsbereiche. Der Wärmeübergangskoeffizient α ist definiert durch

$$\alpha = \dot q/(T_w - T_S),$$

mit: $\dot q$ Wärmestromdichte in W/m^2.

Technische Verdampfer arbeiten im Bereich des stillen Siedens oder häufiger noch in dem des Blasensiedens. Im Bereich des stillen Siedens gelten die Gesetze des Wärmeübergangs der freier Konvektion, Gln. (35) und (36). Im Bereich des Blasensiedens ist

$$\alpha = c \dot q^n F(p) \quad \text{mit} \quad 0{,}5 < n < 0{,}8.$$

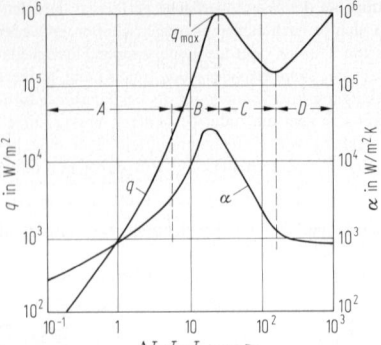

Bild 9. Bereiche des Siedens für Wasser von 1 bar. A freie Konvektion (Stilles Sieden), B Blasensieden, C Übergangssieden, D Filmsieden

Für Wasser gilt bei Siededrücken zwischen 0,5 und 20 bar nach *Fritz*

$$\alpha = 1{,}95\,\dot{q}^{0{,}72}\,p^{0{,}24},\tag{43}$$

mit α in W/m² K, $\dot{q}$ in W/m² und p in bar.
Für beliebige Flüssigkeiten gilt bei Blasenverdampfung in der Nähe des Umgebungsdrucks nach *Stephan* und *Preußer*

$$Nu = 0{,}0871 \left(\frac{\dot{q}d}{\lambda' T_S} \right)^{0{,}674} \left(\frac{\rho''}{\rho'} \right)^{0{,}156} \left(\frac{rd^2}{a'^2} \right)^{0{,}371}$$

$$\cdot \left(\frac{a'^2\rho'}{\sigma d} \right)^{0{,}350} (Pr')^{-0{,}162}.\tag{44}$$

($Nu = \alpha d/\lambda'$, d ist der Abreißdurchmesser der Dampfblasen $= 0{,}851\,\beta_0\,[2\sigma/g(\rho' - \rho'')]^{1/2}$ mit dem Randwinkel $\beta_0 = 45°$ für Wasser, 1° für tiefsiedende und 35° für andere Flüssigkeiten, λ' Wärmeleitfähigkeit der Flüssigkeit, $\dot{q}$ Wärmestromdichte, T_S Siedetemperatur, ρ'' Dampfdichte, ρ' Flüssigkeitsdichte, r Verdampfungsenthalpie, a' Temperaturleitfähigkeit der Flüssigkeit, σ Oberflächenspannung, Pr' Prandtl-Zahl der Flüssigkeit. Mit $'$ bezeichnete Größen beziehen sich auf siedende Flüssigkeit, mit $''$ bezeichnete auf gesättigten Dampf). Die vorstehenden Gleichungen gelten nicht mehr beim Sieden in erzwungener Strömung.

10.5 Wärmeübertragung durch Strahlung
Radiative heat transfer

Außer durch direkten Kontakt kann Wärme auch durch Strahlung übertragen werden. Die thermische Strahlung (Wärmestrahlung) besteht aus einem Spektrum elektromagnetischer Wellen im Wellenlängenbereich zwischen 0,76 und 360 µm und unterscheidet sich vom sichtbaren Licht durch ihre größere Wellenlänge.
Trifft ein Wärmestrom $\dot{Q}$ durch Strahlung auf einen Körper, so wird ein Bruchteil $r\dot{Q}$ reflektiert, ein anderer Teil $a\dot{Q}$ absorbiert und ein Teil $d\dot{Q}$ hindurchgelassen, wobei $r + d + a = 1$ ist. Einen Körper, der alle Strahlung reflektiert ($r = 1, d = a = 0$) nennt man einen *idealen Spiegel*, ein Körper, der alle auftreffende Strahlung absorbiert ($a = 1, r = d = 0$) heißt *schwarzer Körper*. Ein Körper heißt *diatherman* ($d = 1, r = a = 0$), wenn er alle Strahlung durchläßt. Beispiele dafür sind Gase wie O_2, N_2 und andere.

10.5.1 Gesetz von Stefan-Boltzmann
Law of Stefan-Boltzmann

Jeder Körper sendet entsprechend seiner Temperatur *Strahlung* aus. Den möglichen Höchstbetrag an Strahlung

emittiert ein schwarzer Körper. Man kann ihn versuchstechnisch annähern durch eine geschwärzte, z.B. berußte Oberfläche oder durch einen Hohlraum, dessen Wände überall gleiche Temperatur haben, und in dem man eine kleine Öffnung zum Austritt der Strahlung anbringt. Die von einem schwarzen Körper je Flächeneinheit emittierte Gesamtstrahlung ist gegeben durch

$$E_S = \sigma T^4.\tag{45}$$

E_S nennt man *Emission* (W/m²) des schwarzen Strahlers, $\sigma = 5{,}67 \cdot 10^{-8}$ W/m² K⁴ ist der *Strahlungskoeffizient*.
Ist E_n die Emission in Normalrichtung, E_φ die in der Richtung φ gegen die Normale, so gilt für schwarze Strahler das *Lambertsche Cosinusgesetz* $E_\varphi = E_n \cos\varphi$.
Die Strahlung wirklicher Körper weicht häufig hiervon ab.

10.5.2 Kirchhoffsches Gesetz. Kirchhoff's Law

Wirkliche Körper emittieren weniger als *schwarze Strahler*. Die von ihnen emittierte Energie ist

$$E = \varepsilon E_S = \varepsilon\sigma T^4,\tag{46}$$

worin $\varepsilon \le 1$ die i. allg. von der Temperatur abhängige Emissionszahl ist (s. **Anh. D 10 Tab. 3**). In begrenzten Temperaturbereichen lassen sich viele technische Oberflächen (mit Ausnahme blanker Metallflächen) als *graue Strahler* ansehen. Bei ihnen ist die gestrahlte Energie in gleicher Weise auf die Wellenlänge verteilt wie bei einem schwarzen Strahler, sie ist nur gegenüber diesem um den Faktor $\varepsilon < 1$ verkleinert. Strenggenommen ist für graue Strahler $\varepsilon = \varepsilon(T)$, in kleinen Temperaturbereichen darf man jedoch ε konstant setzen. Trifft die von der Flächeneinheit eines Strahlungssenders der Temperatur T emittierte Energie E auf einen Körper der Temperatur T' und der Oberfläche dA, so wird von diesem die Energie

$$d\dot{Q} = aE\,dA\tag{47}$$

absorbiert. Die durch diese Gleichung definierte *Absorptionszahl* ist von der Temperatur T des Strahlungssenders und der Temperatur T' des Strahlungsempfängers abhängig. Für schwarze Körper ist $a = 1$, da sie alle auftreffende Strahlung absorbieren, für nicht schwarze Oberflächen ist $a < 1$. Für graue Strahler ist $a = \varepsilon$. Nach dem Kirchhoffschen Gesetz ist für jede Fläche, die mit ihrer Umgebung im thermischen Gleichgewicht steht, so daß die Temperatur der Oberfläche sich zeitlich nicht ändert, die *Emissionszahl* gleich der Absorptionszahl, $\varepsilon = a$.

10.5.3 Wärmeaustausch durch Strahlung
Heat exchange by radiation

Zwischen zwei im Vergleich zu ihrem Abstand sehr großen schwarzen Flächen der Größe A und der Temperaturen T_1 und T_2 wird durch Strahlung ein Wärmestrom

$$\dot{Q}_{12} = \sigma A(T_1^4 - T_2^4)\tag{48}$$

ausgetauscht. Graue Strahler mit den Emissionszahlen ε_1 und ε_2 tauschen einen Wärmestrom

$$\dot{Q}_{12} = C_{12}A(T_1^4 - T_2^4)\tag{49}$$

mit der *Strahlungsaustauschzahl*

$$C_{12} = \sigma \left/ \left(\frac{1}{\varepsilon_1} + \frac{1}{\varepsilon_2} - 1 \right).\right.\tag{50}$$

Zwischen einem Innenrohr mit der äußeren Oberfläche A_1 und einem Mantelrohr mit der inneren Oberfläche A_2, die beide graue Strahler sind mit den Emissionszahlen ε_1 und ε_2, fließt ebenfalls ein Wärmestrom nach Gl. (49), jedoch ist jetzt

$$C_{12} = \sigma \left/ \left(\frac{1}{\varepsilon_1} + \frac{A_1}{A_2}\left(\frac{1}{\varepsilon_2} - 1 \right) \right).\right.\tag{51}$$

Wenn $A_1 \ll A_2$ ist, z.B. bei einer Rohrleitung in einem großen Raum, ist $C_{12} = \sigma \varepsilon_1$.
Zwischen zwei beliebig im Raum angeordneten Flächen mit den Temperaturen T_1, T_2 und den Emissionszahlen $\varepsilon_1, \varepsilon_2$ wird bei Vernachlässigung der reflektierten Strahlungsanteile ein Wärmestrom

$$Q_{12} = e_{12} A_1 \varepsilon_1 \varepsilon_2 \sigma (T_1^4 - T_2^4)$$

ausgetauscht, in der e_{12} die von der geometrischen Anordnung der Flächen abhängige Einstrahlzahl ist. Werte hierzu in [11].

10.5.4 Gasstrahlung. Radiation of gas

Die meisten Gase sind für thermische Strahlung durchlässig, sie emittieren und absorbieren keine Strahlung. Ausnahmen sind einige Gase wie Kohlendioxid, Kohlenmonoxid, Kohlenwasserstoffe, Wasserdampf, Schwefeldioxid, Ammoniak, Salzsäure und Alkohole. Sie emittieren und absorbieren Strahlung nur in bestimmten Wellenlängenbereichen. Emissions- und Absorptionszahl dieser Gase hängen nicht nur von der Temperatur, sondern auch von der geometrischen Gestalt des Gaskörpers ab.

11 Anhang D: Diagramme und Tabellen
Appendix D: Diagrams and tables

Anh. D 2 Tabelle 1. Fixpunkte der Internationalen Praktischen Temperaturskala von 1968 (IPTS-68)

Gleichgewichtszustand	Zugeordnete Werte der Internationalen Praktischen Temperatur	
	T_{68} in K	t_{68} in °C
Gleichgewicht zwischen der festen, flüssigen und dampfförmigen Phase des Gleichgewichtswasserstoffs (Tripelpunkt des Gleichgewichtswasserstoffs)	13,81	$-259,34$
Gleichgewicht zwischen der flüssigen und dampfförmigen Phase des Gleichgewichtswasserstoffs beim Druck 0,333306 bar	17,042	$-256,108$
Gleichgewicht zwischen der flüssigen und dampfförmigen Phase des Gleichgewichtswasserstoffs (Siedepunkt des Gleichgewichtswasserstoffs)	20,28	$-252,87$
Gleichgewicht zwischen der flüssigen und dampfförmigen Phase des Neons (Siedepunkt des Neons)	27,102	$-246,048$
Gleichgewicht zwischen der festen, flüssigen und dampfförmigen Phase des Sauerstoffs (Tripelpunkt des Sauerstoffs)	54,361	$-218,789$
Gleichgewicht zwischen der flüssigen und dampfförmigen Phase des Sauerstoffs (Siedepunkt des Sauerstoffs)	90,188	$-182,962$
Gleichgewicht zwischen der festen, flüssigen und dampfförmigen Phasen des Wassers (Tripelpunkt des Wassers)[a]	273,16	0,01
Gleichgewicht zwischen der flüssigen und dampfförmigen Phase des Wassers (Siedepunkt des Wassers)[a][b]	373,15	100
Gleichgewicht zwischen der festen und flüssigen Phase des Zinks (Erstarrungspunkt des Zinks)	692,73	419,58
Gleichgewicht zwischen der festen und flüssigen Phase des Silbers (Erstarrungspunkt des Silbers)	1235,08	961,93
Gleichgewicht zwischen der festen und flüssigen Phase des Goldes (Erstarrungspunkt des Goldes)	1337,58	1064,43

[a]) Das verwendete Wasser soll die Isotopenzusammensetzung von Ozeanwasser haben.
[b]) Dem Gleichgewichtszustand zwischen der festen und flüssigen Phase des Zinns (Erstarrungspunkt des Zinns) wurde der Wert $t_{68} = 231,9681$ °C zugeordnet. Dieser Gleichgewichtszustand kann anstelle des Siedepunktes des Wassers verwendet werden.

Anh. D 2 Tabelle 2. Thermometrische Festpunkte beim Druck 0,1013250 MPa. E Erstarrungspunkt, Sd Siedepunkt, Tr Tripelpunkt

		°C
Normalwasserstoff	Tr	$-259,194$
Normalwasserstoff	Sd	$-252,753$
Stickstoff	Sd	$-195,802$
Kohlendioxid	Sd	$-78,476$
Quecksilber	E	$-38,862$
Wasser (luftgesättigt)	E	0
Diphenylether	Tr	26,87
Benzoesäure	Tr	122,37
Indium	E	156,634
Wismut	E	271,442
Cadmium	E	321,108
Blei	E	327,502
Quecksilber	Sd	356,66
Schwefel	Sd	444,674
Antimon	E	630,74
Kupfer	E	1084,5
Nickel	E	1455
Palladium	E	1554
Platin	E	1772
Rhodium	E	1963
Iridium	E	2447
Wolfram	E	3387

Anh. D6 Tabelle 1. Kritische Daten einiger Stoffe, geordnet nach den kritischen Temperaturen[1])

	Zeichen	M kg/kmol	p_k bar	T_k K	v_k dm^3/kg
Quecksilber	Hg	200,59	1490	1765	0,213
Anilin	C$_6$H$_7$N	93,1283	53,1	698,7	2,941
Wasser	H$_2$O	18,0153	220,64	647,14	3,106
Benzol	C$_6$H$_6$	78,1136	48,98	562,1	3,311
Ethylalkohol	C$_2$H$_5$OH	46,0690	61,37	513,9	3,623
Diethylether	C$_4$H$_{10}$O	74,1228	36,42	466,7	3,774
Ethylchlorid	C$_2$H$_5$Cl	64,5147	52,7	460,4	2,994
Schwefeldioxid	SO$_2$	64,0588	78,84	430,7	1,901
Methylchlorid	CH$_3$Cl	50,4878	66,79	416,3	2,755
Ammoniak	NH$_3$	17,0305	113,5	405,5	4,255
Chlorwasserstoff	HCl	36,4609	83,1	324,7	2,222
Distickstoffmonoxid	N$_2$O	44,0128	72,4	309,6	2,212
Acetylen	C$_2$H$_2$	26,0379	61,39	308,3	4,329
Ethan	C$_2$H$_6$	30,0696	48,72	305,3	4,926
Kohlendioxid	CO$_2$	44,0098	73,84	304,2	2,156
Ethylen	C$_2$H$_4$	28,0528	50,39	282,3	4,651
Methan	CH$_4$	16,0428	45,95	190,6	6,173
Stickstoffmonoxid	NO	30,0061	65	180	1,901
Sauerstoff	O$_2$	31,999	50,43	154,6	2,294
Argon	Ar	39,948	48,65	150,7	1,873
Kohlenmonoxid	CO	28,0104	34,98	132,9	3,322
Luft	–	28,953	37,66	132,5	3,195
Stickstoff	N$_2$	28,0134	33,9	126,2	3,195
Wasserstoff	H$_2$	2,0159	12,97	33,2	32,26
Helium-4	He	4,0026	2,27	5,19	14,29

[1]) Zusammengestellt nach:

– Rathmann, D.; Bauer, J.; Thompson, Ph.A.: A table of miscellaneous thermodynamic properties for various substances, with emphasis on the critical properties. Max-Planck-Inst. f. Strömungsforschung, Göttingen. Bericht 6/1978.
– Atomic weight of elements 1981. Pure Appl. Chem. 55 (1983) 1102–1118.
– Ambrose, D.: Vapour-liquid critical properties. Nat. Phys. Lab., Teddington 1980.

Anh. D6 Tabelle 2. Antoine-Gleichung. Konstanten einiger Stoffe[1])

$$\log_{10} p = A - \frac{B}{C+t} . \ p \text{ in hPa, } t \text{ in } °C$$

Stoff	A	B	C
Methan	6,82051	405,42	267,777
Ethan	6,95942	663,70	256,470
Propan	6,92888	803,81	246,99
Butan	6,93386	935,86	238,73
Isobutan	7,03538	946,35	246,68
Pentan	7,00122	1075,78	233,205
Isopentan	6,95805	1040,73	235,445
Neopentan	6,72917	883,42	227,780
Hexan	6,99514	1168,72	224,210
Heptan	7,01875	1264,37	216,636
Oktan	7,03430	1349,82	209,385
Cyclopentan	7,01166	1124,162	231,361
Methylcyclopentan	6,98773	1186,059	226,042
Cyclohexan	6,96620	1201,531	222,647
Methylcyclohexan	6,94790	1270,763	221,416
Ethylen	6,87246	585,00	255,00
Propylen	6,94450	785,00	247,00
Buten-(1)	6,96780	926,10	240,00
Buten-(2) cis	6,99416	960,100	237,000
Buten-(2) trans	6,99442	960,80	240,00
Isobuten	6,96624	923,200	240,000
Penten-(1)	6,97140	1044,895	233,516
Hexen-(1)	6,99063	1152,971	225,849
Propadien	5,8386	458,06	196,07
Butadien-(1,3)	6,97489	930,546	238,854
Isopren	7,01054	1071,578	233,513
Benzol	7,03055	1211,033	220,790
Toluol	7,07954	1344,800	219,482
Ethylbenzol	7,08209	1424,255	213,206
m-Xylol	7,13398	1462,266	215,105
p-Xylol	7,11542	1453,430	215,307
Isopropylbenzol	7,06156	1460,793	207,777
Wasser (90–100 °C)	8,0732991	1656,390	226,86

[1]) Aus: Wilhoit, R.C.; Zwolinski, B.J.: Handbook of vapor pressures and heats of vaporization of hydrocarbons and related compounds. Publication 101. Thermodynamics Research Center, Dept. of Chemistry, Texas A & M University, 1971 (American Petroleum Institute Research Project 44).

Anh. D 6 Tabelle 3. Spezifische Wärmekapazität der Luft bei verschiedenen Drücken berechnet mit der Zustandsgleichung von Baehr und Schwier [6]

$p =$	1	25	50	100	150	200	300	bar
$t = \quad 0\,°C \quad c_p =$	1,0065	1,0579	1,1116	1,2156	1,3022	1,3612	1,4087	kJ/(kg K)
$t = \quad 50\,°C \quad c_p =$	1,0080	1,0395	1,0720	1,1335	1,1866	1,2288	1,2816	kJ/(kg K)
$t = 100\,°C \quad c_p =$	1,0117	1,0330	1,0549	1,0959	1,1316	1,1614	1,2045	kJ/(kg K)

Anh. D 6 Tabelle 4. Mittlere Molwärme $[\bar{C}_p]_0^t$ von idealen Gasen in kJ/(kmol K) zwischen $0\,°C$ und $t\,°C$. Die mittlere molare Wärmekapazität $[\bar{C}_v]_0^t$ erhält man durch Verkleinern der Zahlen der Tabelle um 8,3143 kJ/(kmol K). Zur Umrechnung auf 1 kg sind die Zahlen durch die in der letzten Zeile angegebenen Molmassen zu dividieren

t in °C	$[\bar{C}_p]_0^t$ in kJ/(kmol K)							
	H_2	N_2	O_2	CO	H_2O	CO_2	Luft	NH_3
0	28,6202	29,0899	29,2642	29,1063	33,4708	35,9176	29,0825	34,99
100	28,9427	29,1151	29,5266	29,1595	33,7121	38,1699	29,1547	36,37
200	29,0717	29,1992	29,9232	29,2882	34,0831	40,1275	29,3033	38,13
300	29,1362	29,3504	30,3871	29,4982	34,5388	41,8299	29,5207	40,02
400	29,1886	29,5632	30,8669	29,7697	35,0485	43,3299	29,7914	41,98
500	29,2470	29,8209	31,3244	30,0805	35,5888	44,6584	30,0927	44,04
600	29,3176	30,1066	31,7499	30,4080	36,1544	45,8462	30,4065	46,09
700	29,4083	30,4006	32,1401	30,7356	36,7415	46,9063	30,7203	48,01
800	29,5171	30,6947	32,4920	31,0519	37,3413	47,8609	31,0265	49,85
900	29,6461	30,9804	32,8151	31,3571	37,9482	48,7231	31,3205	51,53
1000	29,7892	31,2548	33,1094	31,6454	38,5570	49,5017	31,5999	53,08
1100	29,9485	31,5181	33,3781	31,9198	39,1621	50,2055	31,8638	54,50
1200	30,1158	31,7673	33,6245	32,1717	39,7583	50,8522	32,1123	55,84
1300	30,2891	31,9998	33,8548	32,4097	40,3418	51,4373	32,3458	57,06
1400	30,4705	32,2182	34,0723	32,6308	40,9127	51,9783	32,5651	58,14
1500	30,6540	32,4255	34,2771	32,8380	41,4675	52,4710	32,7713	59,19
1600	30,8394	32,6187	34,4690	33,0312	42,0042	52,9285	32,9653	60,20
1700	31,0248	32,7979	34,6513	33,2103	42,5229	53,3508	33,1482	61,12
1800	31,2103	32,9688	34,8305	33,3811	43,0254	53,7423	33,3209	61,95
1900	31,3937	33,1284	35,0000	33,5379	43,5081	54,1030	33,4843	62,75
2000	31,5751	33,2797	35,1664	33,6890	43,9745	54,4418	33,6392	63,46
M in kg/kmol	2,01588	28,01340	31,999	28,01040	18,01528	44,00980	28,953	17,03052

Anh. D 6 Tabelle 5. Wasserdampftafel. Sättigungszustand (Temperaturtafel)

t °C	p bar	v' dm³/kg	v'' m³/kg	h' kJ/kg	h'' kJ/kg	r kJ/kg	s' kJ/(kg K)	s'' kJ/(kg K)
100	1,0133	1,0437	1,673	419,06	2676,0	2256,9	1,3069	7,3554
105	1,2080	1,0477	1,419	440,17	2683,7	2243,6	1,3630	7,2962
110	1,4327	1,0519	1,210	461,32	2691,3	2230,0	1,4185	7,2388
115	1,6906	1,0562	1,036	482,50	2698,7	2216,2	1,4733	7,1832
120	1,9854	1,0606	0,8915	503,72	2706,0	2202,2	1,5276	7,1293
125	2,3210	1,0652	0,7702	524,99	2713,0	2188,0	1,5813	7,0769
130	2,7013	1,0700	0,6681	546,31	2719,9	2173,6	1,6344	7,0261
135	3,131	1,0750	0,5818	567,68	2726,6	2158,9	1,6869	6,9766
140	3,614	1,0801	0,5085	589,10	2733,1	2144,0	1,7390	6,9284
145	4,155	1,0853	0,4460	610,60	2739,3	2128,7	1,7906	6,8815
150	4,760	1,0908	0,3924	632,15	2745,4	2113,2	1,8416	6,8358
155	5,433	1,0964	0,3464	653,78	2751,2	2097,4	1,8923	6,7911
160	6,181	1,1022	0,3068	675,47	2756,7	2081,3	1,9425	6,7475
165	7,008	1,1082	0,2724	697,25	2762,0	2064,8	1,9923	6,7048
170	7,920	1,1145	0,2426	719,12	2767,1	2047,9	2,0416	6,6630
175	8,924	1,1209	0,2165	741,07	2771,8	2030,7	2,0906	6,6221
180	10,027	1,1275	0,1938	763,12	2776,3	2013,1	2,1393	6,5819
185	11,233	1,1344	0,1739	785,26	2780,4	1995,2	2,1876	6,5424
190	12,551	1,1415	0,1563	807,52	2784,3	1976,7	2,2356	6,5036
195	13,987	1,1489	0,1408	829,88	2787,8	1957,9	2,2833	6,4654
200	15,549	1,1565	0,1272	852,37	2790,9	1938,6	2,3307	6,4278
205	17,243	1,1644	0,1150	874,99	2793,8	1918,8	2,3778	6,3906
210	19,077	1,1726	0,1042	897,74	2796,2	1898,5	2,4247	6,3539
215	21,060	1,1811	0,0946	920,63	2798,3	1877,6	2,4713	6,3176
220	23,198	1,1900	0,0860	943,67	2799,9	1856,2	2,5178	6,2817
225	25,501	1,1992	0,0784	966,89	2801,2	1834,3	2,5641	6,2461
230	27,976	1,2087	0,0715	990,26	2802,0	1811,7	2,6102	6,2107
235	30,632	1,2187	0,0653	1013,8	2802,3	1788,5	2,6562	6,1756
240	33,478	1,2291	0,0597	1037,6	2802,2	1764,6	2,7020	6,1406
245	36,523	1,2399	0,0546	1061,6	2801,6	1740,0	2,7478	6,1057
250	39,776	1,2513	0,0500	1085,8	2800,4	1714,6	2,7935	6,0708
255	43,246	1,2632	0,0459	1110,2	2798,7	1688,5	2,8392	6,0359
260	46,943	1,2756	0,0421	1134,9	2796,4	1661,5	2,8848	6,0010
265	50,877	1,2887	0,0387	1159,9	2793,5	1633,6	2,9306	5,9658
270	55,058	1,3025	0,0356	1185,2	2789,9	1604,6	2,9763	5,9304
275	59,496	1,3170	0,0327	1210,9	2785,5	1574,7	3,0223	5,8947
280	64,202	1,3324	0,0301	1236,8	2780,4	1543,6	3,0683	5,8586
285	69,186	1,3487	0,0277	1263,2	2774,5	1511,3	3,1146	5,8220
290	74,461	1,3659	0,0255	1290,0	2767,6	1477,6	3,1611	5,7848
295	80,037	1,3844	0,0235	1317,3	2759,8	1442,6	3,2079	5,7469
300	85,927	1,4041	0,0217	1345,0	2751,0	1406,0	3,2552	5,7081
310	98,700	1,4480	0,0183	1402,4	2730,0	1327,6	3,3512	5,6278
320	112,89	1,4995	0,0155	1462,6	2703,7	1241,1	3,4500	5,5423
330	128,63	1,5615	0,0130	1526,5	2670,2	1143,6	3,5528	5,4490
340	146,05	1,6387	0,0108	1595,5	2626,2	1030,7	3,6616	5,3427
350	165,35	1,7411	0,0088	1671,9	2567,7	895,7	3,7800	5,2177
360	186,75	1,8959	0,0069	1764,2	2485,4	721,3	3,9210	5,0600
370	210,54	2,2136	0,0050	1890,2	2342,8	452,6	4,1108	4,8144
374,15	221,20	3,17	0,0032	2107,4	2107,4	0,0	4,4429	4,4429

t °C	p bar	v' dm³/kg	v'' m³/kg	h' kJ/kg	h'' kJ/kg	r kJ/kg	s' kJ/(kg K)	s'' kJ/(kg K)
0	0,006108	1,0002	206,3	−0,04	2501,6	2501,6	−0,0002	9,1577
2	0,007055	1,0001	179,9	8,39	2505,2	2496,8	0,0306	9,1047
4	0,008129	1,0000	157,3	16,80	2508,9	2492,1	0,0611	9,0526
6	0,009345	1,0000	137,8	25,21	2512,6	2487,4	0,0913	9,0015
8	0,010720	1,0001	121,0	33,60	2516,2	2482,6	0,1213	8,9513
10	0,012270	1,0003	106,4	41,99	2519,9	2477,9	0,1510	8,9020
12	0,014014	1,0004	93,84	50,38	2523,6	2473,2	0,1805	8,8536
14	0,015973	1,0007	82,90	58,75	2527,2	2468,5	0,2098	8,8060
16	0,018168	1,0010	73,38	67,13	2530,9	2463,8	0,2388	8,7593
18	0,02062	1,0013	65,09	75,50	2534,5	2459,0	0,2677	8,7135
20	0,02337	1,0017	57,84	83,86	2538,2	2454,3	0,2963	8,6684
22	0,02642	1,0022	51,49	92,23	2541,8	2449,6	0,3247	8,6241
24	0,02982	1,0026	45,93	100,59	2545,5	2444,9	0,3530	8,5806
26	0,03360	1,0032	41,03	108,95	2549,1	2440,2	0,3810	8,5379
28	0,03778	1,0037	36,73	117,31	2552,7	2435,4	0,4088	8,4959
30	0,04241	1,0043	32,93	125,66	2556,4	2430,7	0,4365	8,4546
32	0,04753	1,0049	29,57	134,00	2560,0	2425,9	0,4640	8,4140
34	0,05318	1,0056	26,60	142,38	2563,6	2421,2	0,4913	8,3740
36	0,05940	1,0063	23,97	150,74	2567,2	2416,4	0,5184	8,3348
38	0,06624	1,0070	21,63	159,09	2570,8	2411,7	0,5453	8,2962
40	0,07375	1,0078	19,55	167,45	2574,4	2406,9	0,5721	8,2583
42	0,08198	1,0086	17,69	175,81	2577,9	2402,1	0,5987	8,2209
44	0,09100	1,0094	16,04	184,17	2581,5	2397,3	0,6252	8,1842
46	0,10086	1,0103	14,56	192,53	2585,1	2392,5	0,6514	8,1481
48	0,11162	1,0112	13,23	200,89	2588,6	2387,7	0,6776	8,1125
50	0,12335	1,0121	12,05	209,26	2592,2	2382,9	0,7035	8,0776
52	0,13613	1,0131	10,98	217,62	2595,7	2378,1	0,7293	8,0432
54	0,15002	1,0140	10,02	225,98	2599,2	2373,2	0,7550	8,0093
56	0,16511	1,0150	9,159	234,35	2602,7	2368,4	0,7804	7,9759
58	0,18147	1,0161	8,381	242,72	2606,2	2363,5	0,8058	7,9431
60	0,19920	1,0171	7,679	251,09	2609,7	2358,6	0,8310	7,9108
62	0,2184	1,0182	7,044	259,46	2613,2	2353,7	0,8560	7,8790
64	0,2391	1,0193	6,469	267,84	2616,6	2348,8	0,8809	7,8477
66	0,2615	1,0205	5,948	276,21	2620,1	2343,9	0,9057	7,8168
68	0,2856	1,0217	5,476	284,59	2623,5	2338,9	0,9303	7,7864
70	0,3116	1,0228	5,046	292,97	2626,9	2334,0	0,9548	7,7565
72	0,3396	1,0241	4,656	301,35	2630,3	2329,0	0,9792	7,7270
74	0,3696	1,0253	4,300	309,74	2633,7	2324,0	1,0034	7,6979
76	0,4019	1,0266	3,976	318,13	2637,1	2318,9	1,0275	7,6693
78	0,4365	1,0279	3,680	326,52	2640,4	2313,9	1,0514	7,6410
80	0,4736	1,0292	3,409	334,92	2643,8	2308,8	1,0753	7,6132
82	0,5133	1,0305	3,162	343,31	2647,1	2303,8	1,0990	7,5858
84	0,5557	1,0319	2,935	351,71	2650,4	2298,7	1,1225	7,5588
86	0,6011	1,0333	2,727	360,12	2653,6	2293,5	1,1460	7,5321
88	0,6495	1,0347	2,536	368,53	2656,9	2288,4	1,1693	7,5058
90	0,7011	1,0361	2,361	376,94	2660,1	2283,2	1,1925	7,4799
92	0,7561	1,0376	2,200	385,36	2663,4	2278,0	1,2156	7,4543
94	0,8146	1,0391	2,052	393,78	2666,6	2272,8	1,2386	7,4291
96	0,8769	1,0406	1,915	402,20	2669,7	2267,5	1,2615	7,4042
98	0,9430	1,0421	1,789	410,63	2672,9	2262,2	1,2842	7,3796

Anh. D 6 Tabelle 6. Zustandsgrößen von Wasser und überhitztem Dampf [a])

t	1 bar t_s=99,63 °C			5 bar t_s=151,84 °C			10 bar t_s=179,88 °C			15 bar t_s=198,29 °C			25 bar t_s=223,94 °C		
	v''	h''	s''	v''	h''	s''	v''	h''	s''	v''	h''	s''	v''	h''	s''
	1,694	2675,4	7,3598	0,3747	2747,5	6,8192	0,1943	2776,2	6,5828	0,1317	2789,9	6,4406	0,0799	2800,9	6,2536
°C	v dm³/kg	h kJ/kg	s kJ/(kgK)	v dm³/kg	h kJ/kg	s kJ/(kgK)	v dm³/kg	h kJ/kg	s kJ/(kgK)	v dm³/kg	h kJ/kg	s kJ/(kgK)	v dm³/kg	h kJ/kg	s kJ/(kgK)
0	1,0002	0,1	−0,0001	1,0000	0,5	−0,0001	0,9997	1,0	−0,0001	0,9995	1,5	0,0000	0,9990	2,5	0,0000
20	1,0017	84,0	0,2963	1,00015	84,3	0,2962	1,0013	84,8	0,2961	1,0010	85,3	0,2960	1,0006	86,2	0,2958
40	1,0078	167,5	0,5721	1,0076	167,9	0,5719	1,0074	168,3	0,5717	1,0071	168,8	0,5715	1,0067	169,7	0,5711
60	1,0171	251,2	0,8309	1,0169	251,5	0,8307	1,0167	251,9	0,8305	1,0165	252,3	0,8302	1,0160	253,2	0,8297
100	1,696	2676,2	7,3618	1,0435	419,4	1,3066	10432	419,7	1,3062	1,0430	420,1	1,3058	1,0425	420,9	1,3050
120	1,793	2716,5	7,4670	1,0605	503,9	1,5273	1,0602	504,3	1,5269	1,0599	504,6	1,5264	1,0593	505,3	1,5255
150	1,936	2776,3	7,6137	1,0908	632,2	1,8416	1,0904	632,5	1,8410	1,0901	632,8	1,8405	1,0894	633,4	1,8394
200	2,172	2875,4	7,8349	0,4250	2855,1	7,0592	0,2059	2826,8	6,6922	0,1324	2794,7	6,4508	0,1555	852,8	2,3292
250	2,406	2974,5	8,0342	0,4744	2961,1	7,2721	0,2327	2943,0	6,9259	0,1520	2923,5	6,7099	0,0870	2879,5	6,4077
300	2,639	3074,5	8,2166	0,5226	3064,8	7,4614	0,2580	3052,1	7,1251	0,1697	3038,9	6,9207	0,0989	3010,4	6,6470
350	2,871	3175,6	8,3858	0,5701	3168,1	7,6343	0,2824	3158,5	7,3031	0,1865	3148,7	7,1044	0,1098	3128,2	6,8442
400	3,102	3278,2	8,5442	0,6172	3272,1	7,7948	0,3065	3264,4	7,4665	0,2029	3256,6	7,2709	0,1200	3240,7	7,0178
450	3,334	3382,4	8,6934	0,6640	3377,2	7,9454	0,3303	3370,8	7,6190	0,2191	3364,3	7,4253	0,1300	3351,3	7,1763
500	3,565	3488,1	8,8348	0,7108	3483,8	8,0879	0,3540	3478,3	7,7627	0,2350	3472,8	7,5703	0,1399	3461,7	7,3240
550	3,797	3595,6	8,9695	0,7574	3591,8	8,2233	0,3775	3587,1	7,8991	0,2509	3582,4	7,7077	0,1496	3572,9	7,4633
600	4,028	3704,8	9,0982	0,8039	3701,5	8,3526	0,4010	3697,4	8,0292	0,2667	3693,3	7,8385	0,1592	3685,1	7,5956
650	4,259	3815,7	9,2217	0,8504	3812,8	8,4766	0,4244	3809,3	8,1537	0,2824	3805,7	7,9636	0,1688	3798,6	7,7220
700	4,490	3928,2	9,3405	0,8968	3925,8	8,5957	0,4477	3922,7	8,2734	0,2980	3919,6	8,0838	0,1783	3913,4	7,8431
750	4,721	4042,5	9,4549	0,9432	4040,3	8,7105	0,4710	4037,6	8,3885	0,3136	4034,9	8,1993	0,1877	4029,5	7,9595
800	4,952	4158,3	9,5654	0,9896	4156,4	8,8213	0,4943	4154,1	8,4997	0,3292	4151,7	8,3108	0,1971	4147,0	8,0716

t	50 bar t_s=263,91 °C			100 br t_s=310,96 °C			150 bar t_s=342,13 °C			200 bar t_s=365,70 °C			220 bar t_s=373,69 °C		
	v''	h''	s''	v''	h''	s''	v''	h''	s''	v''	h''	s''	v''	h''	s''
	0,03943	2794,2	5,9735	0,01804	2727,7	5,6198	0,01034	2615,0	5,3178	0,00588	2418,4	4,941	0,00373	2195,6	4,5799
°C	v dm³/kg	h kJ/kg	s kJ/(kgK)	v dm³/kg	h kJ/kg	s kJ/(kgK)	v dm³/kg	h kJ/kg	s kJ/(kgK)	v dm³/kg	h kJ/kg	s kJ/(kgK)	v dm³/kg	h kJ/kg	s kJ/(kgK)
0	0,9977	5,1	0,0002	0,9953	10,1	0,0005	0,9928	15,1	0,0007	0,9904	20,1	0,0008	0,9895	22,1	0,0009
20	0,9995	88,6	0,2952	0,9972	93,2	0,2942	0,9950	97,9	0,2931	0,9929	102,5	0,2919	0,9920	104,4	0,2914
40	1,0056	171,9	0,5702	1,0034	176,3	0,5682	1,0013	180,7	0,5663	0,9992	185,1	0,5643	0,9983	186,8	0,5635
60	1,0149	255,3	0,8283	1,0127	259,4	0,8257	1,0105	263,6	0,8230	1,0083	267,8	0,8204	1,0075	269,5	0,8194
100	1,0412	422,7	1,3030	1,0386	426,5	1,2992	1,0361	430,3	1,2954	1,0337	434,0	1,2916	1,0327	435,6	1,2902
120	1,0579	507,1	1,5233	1,0551	510,6	1,5188	1,0523	514,2	1,5144	1,0497	517,7	1,5101	1,0486	519,2	1,5084
150	1,0877	635,0	1,8366	1,0843	638,1	1,8312	1,0811	641,3	1,8259	1,0779	644,5	1,8207	1,0767	645,7	1,8186
200	1,1530	853,8	2,3253	1,1480	855,9	2,3176	1,1433	858,1	2,3102	1,1387	860,4	2,3030	1,1369	861,4	2,3001
250	1,2494	1085,8	2,7910	1,2406	1085,8	2,7792	1,2324	x086,2	2,7681	1,2247	1086,7	2,7574	1,2218	1087,0	2,7532
300	0,04530	2925,5	6,2105	1,3979	1343,4	3,2488	1,3779	1338,2	3,2277	1,3606	1334,3	3,,2088	1,3543	1332,9	3,2018
350	0,05194	3071,2	6,4545	0,02242	2925,8	5,9489	0,01146	2694,8	5,4467	1,6664	1647,1	3,7310	1,6362	1637,0	3,7096
400	0,05779	3198,3	6,6508	0,02641	3099,9	6,2182	0,01566	2979,1	5,8876	0,00995	2820,5	5,5585	0,00825	2738,8	5,4102
450	0,06325	3317,5	6,8217	0,02974	3243,6	6,4243	0,01845	3159,7	6,1468	0,01271	3064,3	5,9089	0,01111	3022,3	5,8179
500	0,06849	3433,7	6,9770	0,03276	3374,6	6,5994	0,02080	3310,6	6,3487	0,01477	3241,1	6,1456	0,01312	3211,7	6,0716
550	0,07360	3549,0	7,1215	0,03560	3499,8	6,7564	0,02291	3448,3	6,5213	0,01655	3394,1	6,3374	0,01481	3371,6	6,2721
600	0,07862	3664,5	7,2578	0,03832	3622,7	6,9013	0,02488	3579,8	6,6764	0,01816	3535,5	6,5043	0,01633	3517,4	6,4441
650	0,08356	3780,7	7,3872	0,04096	3744,7	7,0373	0,02677	3708,3	6,8195	0,01967	3671,1	6,6554	0,01774	3656,1	6,5986
700	0,08845	3897,9	7,5108	0,04355	3866,8	7,1660	0,02859	3835,6	6,9536	0,02111	3803,8	6,7953	0,01907	3791,1	6,7410
750	0,09329	4016,1	7,6292	0,04608	3989,1	7,2886	0,03036	3962,1	7,0806	0,02250	3935,0	6,9267	0,02036	3924,1	6,8743
800	0,09809	4135,3	7,7431	0,04858	4112,0	7,4058	0,03209	4088,6	7,2013	0,02385	4065,3	7,0511	0,02160	4055,9	7,0001

t	230 bar			250 bar			300 bar			400 bar			500 bar		
	v dm³/kg	h kJ/kg	s kJ/(kgK)	v dm³/kg	h kkJ/kg	s kJ/(kgK)	v dm³/kg	h kJ/kg	s kJ/(kgK)	v dm³/kg	h kJ/kg	s kJ/(kgK)	v dm³/kg	h kJ/kg	s kJ/(kgK)
0	0,9890	23,1	0,0009	0,9881	25,1	0,0009	0,9857	30,0	0,0008	0,9811	39,7	0,0004	0,9768	49,3	−0,0002
20	0,9916	105,3	0,2912	0,9907	107,1	0,2907	0,9886	111,7	0,2895	0,9845	120,8	0,2870	0,9804	129,9	0,2843
40	0,9979	187,8	0,5631	0,9971	189,4	0,5623	0,9951	193,8	0,5604	0,9910	202,5	0,5565	0,9872	211,2	0,5525
60	1,0070	270,3	0,8189	1,0062	272,0	0,8178	1,0041	276,1	0,8153	1,0001	284,5	0,8102	0,9961	292,8	0,8052
100	1,0322	436,3	1,2894	1,0313	437,8	1,2879	1,0289	441,6	1,2i43	1,0244	449,2	1,2771	1,0200	456,8	1,2701
120	1,0481	519,9	1,5076	1,0470	521,3	1,5059	1,0445	524,9	1,5017	1,0395	532,1	1,4935	1,0347	539,4	1,4856
150	1,0760	646,4	1,8176	1,0748	647,7	1,8155	1,0718	650,9	1,8105	1,0660	657,4	1,8007	1,0605	664,1	1,7912
200	1,1360	861,8	2,2987	1,1343	862,8	2,2960	1,1301	865,2	2,2891	1,1220	870,2	2,2759	1,1144	875,4	2,2632
250	1,2204	1087,2	2,7512	1,2175	1087,5	2,7472	1,2107	1088,4	2,7374	1,1981	1090,8	2,7188	1,1866	1093,6	w,7015
300	1,3512	1332,3	3,1983	1,3453	1331,1	3,1916	1,3316	1328,7	3,1756	1,3077	1325,4	3,1469	1,2874	1323,7	3,1213
320	1,4304	1441,4	3,3854	1,4214	1438,9	3,3764	1,4012	1433,6	3,3556	1,3677	1425,9	3,3193	1,3406	1421,0	3,2882
340	1,5431	1563,4	3,5876	1,5273	1558,3	3,5743	1,4939	1547,7	3,5447	1,4434	1532,9	3,4965	1,4055	1523,0	3,4573
360	1,7375	1714,1	3,8296	1,6981	1701,0	3,8036	1,6285	1678,0	3,7541	1,5425	1650,5	3,6856	1,4862	1633,9	3,6355
380	4,7472	2362,5	4,8303	2,2402	1941,0	4,1757	1,8737	1837,7	4,0021	1,6818	1776,4	3,8814	1,5889	1746,8	3,8110
400	7,476	2692,3	5,3294	6,014	2582,0	5,1455	2,8306	2161,8	4,4896	1,9091	1934,1	4,1190	1,7291	1877,7	4,0083
420	8,872	2843,0	5,5502	7,580	2774,1	5,4271	4,9216	2558,0	5,0706	2,3709	2145,7	4,4285	1,9378	2026,6	4,2262
440	9,944	2953,2	5,7070	8,696	2901,7	5,6087	6,227	2754,0	5,3499	3,1997	2399,4	4,7893	2,2689	2199,7	4,4723
460	10,851	3044,0	5,8327	9,609	3002,3	5,7479	7,189	2887,7	5,5349	4,137	2617,2	5,0907	2,7470	2387,2	4,7316
480	11,659	3123,8	5,9402	10,407	3088,5	5,8640	7,985	2993,9	5,6779	4,941	2779,8	5,3097	3,3082	2565,9	4,9709
500	12,399	3196,7	6,0357	11,128	3165,9	5,9655	8,681	3085,0	5,7972	5,616	2906,8	5,4762	3,882	2723,0	5,1782
550	14,053	3360,2	6,2407	12,721	3337,0	6,1801	10,166	3277,4	6,0386	6,982	3151,6	5,7835	5,113	3021,1	5,5525
600	15,530	3508,3	6,4154	14,126	3489,9	6,3604	11,436	3443,0	6,2340	8,088	3346,4	6,0135	6,111	3248,3	5,8207
650	16,896	3648,6	6,5717	15,416	3633,4	6,5203	12,582	3595,0	6,4033	9,053	3517,0	6,2035	6,960	3438,9	6,0331
700	18,188	3784,7	6,7153	16,630	3771,9	6,6664	13,647	3739,7	6,5560	9,930	3674,8	6,3701	7,720	3610,2	6,2138
750	19,427	3918,6	6,8495	17,789	3907,5	6,8025	14,654	3880,3	6,6970	10,748	3825,5	6,5210	8,420	3770,9	6,3749
800	20,623	4051,2	6,9761	18,906	4041,9	6,9306	15,619	4018,5	6,8288	11,521	3971,7	6,6606	9,076	3925,3	6,5222

[a]) Der Strich in den Spalten der Drücke, die unterhalb des kritischen Drucks p_k=221,20 bar liegen, trennt den flüssigen (oberhalb) von dampfförmigen Zustand (unterhalb), v oberhalb des Strichs in dm³/kg, unterhalb des Strichs in m³/kg, für Drücke oberhalb des kritischen Drucks jedoch in dm³/kg, v'' in m³/kg.

Auszug aus Schmidt, E.: Properties of water and steam in SI-units. 3. Aufl. Grigull, U. (Hrsg.). Berlin: Springer 1982.

Anh. D6 Tabelle 7. Zustandsgrößen von Ammoniak, NH_3, bei Sättigung[1])

Tempe-ratur t	Druck p	Spez. Volumen der Flüssig-keit v'	des Dampfes v''	Dichte der Flüssig-keit ϱ'	des Dampfes ϱ''	Enthalpie der Flüssig-keit h'	des Dampfes h''	Ver-dampfungs-enthalpie $r = h'' - h'$	Entropie der Flüssig-keit s'	des Dampfes s''	$r/T = s'' - s'$
°C	bar	dm³/kg	dm³/kg	kg/m³	kg/m³	kJ/kg	kJ/kg	kJ/kg	kJ/kg K	kJ/kg K	kJ/kg K
−50	0,41	1,424	2626	702,1	0,3808	136,2	1552	1416	4,787	11,13	6,346
−45	0,55	1,436	2005	696,2	0,4987	158,3	1561	1402	4,885	11,03	6,146
−40	0,72	1,449	1552	690,1	0,6445	180,5	1569	1388	4,981	10,93	5,954
−35	0,93	1,462	1215	684,0	0,8228	202,8	1577	1374	5,076	10,84	5,768
−30	1,19	1,475	962,9	677,8	1,039	225,2	1584	1359	5,168	10,76	5,589
−25	1,52	1,489	770,9	671,5	1,297	247,7	1592	1344	5,260	10,68	5,415
−20	1,90	1,504	623,3	665,1	1,604	270,3	1599	1328	5,350	10,60	5,247
−15	2,36	1,518	508,5	658,6	1,967	293,1	1605	1312	5,438	10,52	5,084
−10	2,91	1,534	418,3	652,0	2,391	315,9	1612	1296	5,526	10,45	4,924
−5	3,55	1,550	346,7	645,3	2,885	338,9	1618	1279	5,612	10,38	4,770
0	4,29	1,566	289,4	638,6	3,456	362,0	1624	1262	5,697	10,32	4,619
5	5,16	1,583	243,2	631,7	4,113	385,2	1629	1244	5,781	10,25	4,471
10	6,15	1,601	205,6	624,6	4,865	408,5	1634	1225	5,863	10,19	4,327
15	7,28	1,619	174,7	617,5	5,723	432,0	1638	1206	5,945	10,13	4,186
20	8,57	1,639	149,3	610,2	6,697	455,7	1642	1186	6,025	10,07	4,047
25	10,03	1,659	128,2	602,8	7,801	479,5	1645	1166	6,105	10,02	3,910
30	11,67	1,680	110,5	595,2	9,046	503,6	1648	1145	6,184	9,960	3,775
35	13,50	1,702	95,70	587,4	10,45	527,9	1650	1122	6,263	9,905	3,643
40	15,55	1,726	83,15	579,5	12,03	552,4	1652	1099	6,341	9,852	3,511
45	17,82	1,750	72,48	571,3	13,80	577,2	1653	1076	6,418	9,799	3,381
50	20,33	1,777	63,37	562,9	15,78	602,4	1653	1051	6,495	9,746	3,251

[1]) Nach Ahrendts, J.; Baehr, H.D.: Die thermodynamischen Eigenschaften von Ammoniak. VDI-Forschungsheft 596. Düsseldorf 1979. Der Nullpunkt der inneren Energie u' liegt am Tripelpunkt (−77,6 °C, 0,0603 bar). Die Entropien sind Absolutwerte.

Anh. D6 Tabelle 8. Zustandsgrößen von Kohlendioxid, CO_2 bei Sättigung[1])

Tempe-ratur t	Druck p	Spez. Volumen der Flüssig-keit v'	des Dampfes v''	Dichte der Flüssig-keit ϱ'	des Dampfes ϱ''	Enthalpie der Flüssig-keit h'	des Dampfes h''	Ver-dampfungs-enthalpie $r = h'' - h'$	Entropie der Flüssig-keit s'	des Dampfes s''	$r/T = s'' - s'$
°C	bar	dm³/kg	dm³/kg	kg/m³	kg/m³	kJ/kg	kJ/kg	kJ/kg	kJ/kg K	kJ/kg K	kJ/kg K
−50	6,84	0,8653	55,68	1156	17,96	−201,4	139,0	340,5	2,692	4,218	1,526
−45	8,34	0,8798	45,94	1137	21,77	−191,0	140,5	331,4	2,738	4,191	1,453
−40	10,07	0,8953	38,19	1117	26,19	−180,6	141,7	322,2	2,782	4,164	1,382
−35	12,05	0,9117	31,96	1097	31,29	−170,2	142,6	312,7	2,826	4,139	1,313
−30	14,30	0,9293	26,90	1076	37,18	−159,7	143,1	302,9	2,868	4,114	1,246
−25	16,85	0,9484	22,75	1054	43,96	−149,2	143,4	292,6	2,910	4,089	1,179
−20	19,72	0,9690	19,31	1032	51,77	−138,6	143,2	281,9	2,951	4,065	1,113
−15	22,93	0,9916	16,45	1008	60,78	−127,8	142,7	270,5	2,992	4,040	1,048
−10	26,51	1,017	14,05	983,6	71,20	−116,7	141,5	258,3	3,033	4,015	0,9815
−5	30,47	1,045	12,00	957,2	83,31	−105,4	139,8	245,2	3,075	3,989	0,9145
0	34,86	1,077	10,26	928,8	97,49	−93,58	137,4	231,0	3,117	3,962	0,8457
5	39,70	1,114	8,749	897,8	114,3	−81,24	134,1	215,4	3,159	3,934	0,7743
10	45,01	1,158	7,430	863,3	134,6	−68,16	129,7	197,8	3,204	3,903	0,6987
15	50,85	1,214	6,258	823,8	159,8	−54,00	123,6	177,6	3,251	3,867	0,6164
20	57,25	1,289	5,187	776,1	192,8	−38,14	115,1	153,2	3,303	3,826	0,5227
25	64,28	1,404	4,152	712,3	240,8	−18,92	102,0	120,9	3,365	3,770	0,4054
30	72,06	1,700	2,892	588,2	345,7	12,99	72,60	59,60	3,467	3,663	0,1966
31,06	73,84	2,156	2,156	463,7	463,7	42,12	42,12	0	3,561	3,561	0

[1]) Nach Bender, E.: Equation of state exactly representing the phase behavior of pure substances. Proc. 5th Symp. Thermophys. Properties, ASME, New York (1970) 227–235 und Sievers, U.; Schulz, S.: Korrelation thermodynamischer Eigenschaften der idealen Gase Ar, CO, H_2, N_2, O_2, CO_2, H_2O, CH_4 und C_2H_4. Chem. Ing. Tech. 53 (1981) 459–461.

Anh. D 6 Tabelle 9. Zustandsgrößen von Monofluortrichlormethan, $CFCl_3$, (R11) bei Sättigung[1])

Tempe-ratur t	Druck p	Spez. Volumen		Enthalpie		Verdamp-fungs-enthalpie	Entropie	
		Flüssigkeit v'	Dampf v''	Flüssigkeit h'	Dampf h''	$r = h'' - h'$	Flüssigkeit s'	Dampf s''
°C	bar	dm³/kg	dm³/kg	kJ/kg	kJ/kg	kJ/kg	kJ/kg K	kJ/kg K
−30	0,0917	0,6250	1594,6	175,72	375,26	199,54	0,9059	1,7267
−25	0,1206	0,6292	1235,2	179,63	377,80	198,17	0,9219	1,7205
−20	0,1568	0,6335	967,9	183,60	380,36	196,76	0,9377	1,7150
−15	0,2014	0,6379	766,7	187,62	382,92	195,30	0,9534	1,7100
−10	0,2560	0,6424	613,5	191,70	385,49	193,79	0,9690	1,7055
−5	0,3221	0,6470	495,6	195,82	388,06	192,24	0,9845	1,7015
0	0,4014	0,6517	403,9	200,00	390,63	190,63	1,0000	1,6979
5	0,4958	0,6565	332,0	204,23	393,20	188,97	1,0153	1,6947
10	0,6071	0,6615	275,0	208,53	395,77	187,24	1,0306	1,6919
15	0,7376	0,6666	229,4	212,87	398,33	185,46	1,0457	1,6894
20	0,8892	0,6718	192,7	217,26	400,88	183,62	1,0608	1,6872
25	1,0644	0,6772	163,0	221,71	403,43	181,72	1,0758	1,6854
30	1,2655	0,6828	138,6	226,20	405,96	179,76	1,0907	1,6837
35	1,4950	0,6885	118,6	230,73	408,47	177,74	1,1055	1,6823
40	1,7553	0,6944	102,05	235,32	410,97	175,65	1,1202	1,6812
45	2,049	0,7005	88,22	239,95	413,45	173,50	1,1348	1,6802
50	2,379	0,7067	76,63	244,62	415,91	171,29	1,1493	1,6794

[1]) Nach Kältemaschinenregeln, 7. Aufl. Karlsruhe: Müller 1981.

Anh. D 6 Tabelle 11. Zustandsgrößen von Difluormonochlormethan, CHF_2Cl, (R22) bei Sättigung[1])

Tempe-ratur t	Druck p	Spez. Volumen		Enthalpie		Verdamp-fungs-enthalpie	Entropie	
		Flüssigkeit v'	Dampf v''	Flüssigkeit h'	Dampf h''	$r = h'' - h'$	Flüssigkeit s'	Dampf s''
°C	bar	dm³/kg	dm³/kg	kJ/kg	kJ/kg	kJ/kg	kJ/kg K	kJ/kg K
−80	0,1052	0,6594	1757,8	113,62	367,85	254,23	0,6303	1,9466
−75	0,1487	0,6649	1273,9	118,27	370,41	252,14	0,6541	1,9266
−70	0,2061	0,6706	940,1	123,02	372,97	249,95	0,6777	1,9081
−65	0,2808	0,6765	705,3	127,87	375,52	247,65	0,7013	1,8911
−60	0,3762	0,6825	537,2	132,84	378,07	245,23	0,7248	1,8754
−55	0,4966	0,6888	415,0	137,92	380,59	242,67	0,7483	1,8608
−50	0,6463	0,6954	324,8	143,11	383,09	239,98	0,7718	1,8473
−45	0,8301	0,7021	257,2	148,40	385,55	237,15	0,7952	1,8347
−40	1,0533	0,7092	205,9	153,81	387,97	234,16	0,8185	1,8229
−35	1,3213	0,7165	166,5	159,31	390,34	231,03	0,8418	1,8120
−30	1,6402	0,7241	135,9	164,90	392,65	227,75	0,8649	1,8016
−25	2,0160	0,7320	111,96	170,57	394,89	224,32	0,8879	1,7919
−20	2,4550	0,7403	92,93	176,34	397,07	220,73	0,9108	1,7828
−15	2,9640	0,7490	77,69	182,16	399,16	217,00	0,9334	1,7741
−10	3,5498	0,7581	65,40	188,06	401,18	213,12	0,9558	1,7658
−5	4,2193	0,7676	55,39	194,00	403,10	209,10	0,9780	1,7579
0	4,9797	0,7776	47,18	200,00	404,93	204,93	1,0000	1,7503
5	5,8385	0,7882	40,398	206,03	406,65	200,62	1,0216	1,7429
10	6,803	0,7994	34,754	212,11	408,27	196,16	1,0430	1,7358
15	7,881	0,8112	30,026	218,21	409,77	191,56	1,0640	1,7289
20	9,081	0,8238	26,041	224,34	411,14	186,80	1,0848	1,7221
25	10,411	0,8373	22,661	230,50	412,38	181,88	1,1053	1,7153
30	11,879	0,8517	19,779	236,69	413,48	176,79	1,1254	1,7087
35	13,495	0,8673	17,305	242,93	414,42	171,49	1,1454	1,7020
40	15,268	0,8841	15,171	249,22	415,19	165,97	1,1651	1,6952
45	17,208	0,9024	13,320	255,57	415,76	160,19	1,1847	1,6882
50	19,326	0,9226	11,704	262,03	416,11	154,08	1,2042	1,6811
55	21,635	0,9449	10,286	268,62	416,20	147,58	1,2238	1,6736
60	24,145	0,9700	9,033	275,41	415,99	140,58	1,2436	1,6656

[1]) Nach Kältemaschinenregeln, 7. Aufl. Karlsruhe: Müller 1981.

Anh. D 6 Tabelle 10. Zustandsgrößen von Difluordichlormethan, CF_2Cl_2, (R12) bei Sättigung[1])

Tempe-ratur t	Druck p	Spez. Volumen		Enthalpie		Verdamp-fungs-enthalpie	Entropie	
		Flüssigkeit v'	Dampf v''	Flüssigkeit h'	Dampf h''	$r = h'' - h'$	Flüssigkeit s'	Dampf s''
°C	bar	dm³/kg	dm³/kg	kJ/kg	kJ/kg	kJ/kg	kJ/kg K	kJ/kg K
−70	0,1227	0,6248	1128,7	137,73	319,79	182,06	0,7379	1,6341
−65	0,1681	0,6301	842,50	142,04	322,16	180,12	0,7588	1,6242
−60	0,2263	0,6355	639,13	146,36	324,53	178,17	0,7793	1,6153
−55	0,2999	0,6410	492,11	150,71	326,92	176,21	0,7995	1,6073
−50	0,3916	0,6467	384,11	155,06	329,30	174,24	0,8192	1,6001
−45	0,5045	0,6526	303,59	159,45	331,69	172,24	0,8386	1,5936
−40	0,6420	0,6587	242,72	163,85	334,07	170,22	0,8576	1,5878
−35	0,8074	0,6650	196,11	168,27	336,44	168,17	0,8763	1,5826
−30	1,0045	0,6716	160,01	172,72	338,80	166,08	0,8948	1,5779
−25	1,2374	0,6783	131,72	177,20	341,15	163,95	0,9120	1,5737
−20	1,5101	0,6853	109,34	181,70	343,48	161,78	0,9308	1,5699
−15	1,8270	0,6926	91,45	186,23	345,78	159,55	0,9485	1,5666
−10	2,1927	0,7002	77,02	190,78	348,06	157,28	0,9658	1,5636
−5	2,6117	0,7081	65,29	195,38	350,32	154,94	0,9830	1,5609
0	3,0889	0,7163	55,678	200,00	352,54	152,54	1,0000	1,5585
5	3,6294	0,7249	47,736	204,66	354,72	150,06	1,0167	1,5563
10	4,2383	0,7338	41,131	209,35	356,86	147,51	1,0333	1,5543
15	4,9208	0,7433	35,601	214,09	358,96	144,87	1,0497	1,5525
20	5,6824	0,7532	30,942	218,88	361,01	142,13	1,0660	1,5509
25	6,528	0,7637	26,934	223,72	363,00	139,28	1,0822	1,5494
30	7,465	0,7747	23,629	228,62	364,94	136,32	1,0982	1,5479
35	8,498	0,7864	20,745	233,59	366,81	133,22	1,1142	1,5466
40	9,633	0,7989	18,261	238,62	368,60	129,98	1,1301	1,5452
45	10,877	0,8122	16,110	243,75	370,31	126,56	1,1460	1,5439
50	12,236	0,8265	14,239	248,96	371,92	122,96	1,1619	1,5425

[1]) Nach Kältemaschinenregeln, 7. Aufl. Karlsruhe: Müller 1981.

Anh. D 6 Tabelle 12. Thermischer Längenausdehnungskoeffizient γ einiger fester Körper zwischen 0 °C und t in 10^{-5} 1/K, bezogen auf $l_0 = 1$ m bei °C

Stoff	0...−190	0...100	0...200	0...300	0...400	0...500	0...600	0...700	0...800	0...900	0...1000
Aluminium	−3,43	2,38	4,90	7,65	10,60	13,70	17,00				
Blei	−5,08	2,90	5,93	9,33							
Al−Cu−Mg											
[0,95 Al; 0,04 Cu + Mg, Mn, St, Fe		2,35	4,90	7,80	10,70	13,65					
Eisen-Nickel-Leg.											
[0,64 Fe; 0,36 Ni]		0,15	0,75	1,60	3,10	4,70	6,50	8,5	10,5	12,55	
Eisen-Nickel-Leg.											
[0,77 Fe; 0,23 Ni]			2,80	4,00	5,25	6,50	7,80	9,25	10,50	11,85	
Glas: Jenaer 16 III	−1,13	0,81	1,67	2,60	3,59	4,63					
Glas: Jenaer 1565 III		0,345	0,72	1,12	1,56	2,02					
Gold	−2,48	1,42	2,92	4,44	6,01	7,62	9,35	11,15	13,00	14,90	
Grauguß	−1,59	1,04	2,21	3,49	4,90	6,44	8,09	9,87	11,76		
Konstantan											
[0,60 Cu; 0,40 Ni]	−2,26	1,52	3,12	4,81	6,57	8,41					
Kupfer	−2,65	1,65	3,38	5,15	7,07	9,04	11,09				
Magnesia gesintert		2,45	3,60	4,90	6,30	7,75	9,30	10,80	12,35	13,90	
Magnesium	−4,01	2,60	5,41	8,36	11,53	14,88					
Manganbronze											
[0,85 Cu; 0,09 Mn; 0,06 Sn]	−2,84	1,75	3,58	5,50	7,51	9,61					
Manganin											
[0,84 Cu; 0,12 Mn; 0,04 Ni]		1,75	3,65	5,60	7,55	9,70	11,90	14,3	16,80		
Messing											
[0,62 Cu; 0,38 Zn]	−3,11	1,84	3,85	6,03	8,39						
Molybdän	−0,79	0,52	1,07	1,64	2,24						
Nickel	−1,89	1,30	2,75	4,30	5,95	7,60	9,27	11,05	12,89	14,80	16,80
Palladium	−1,93	1,19	2,42	3,70	5,02	6,38	7,79	9,24	10,74	12,27	13,86
Platin	−1,51	0,90	1,83	2,78	3,76	4,77	5,80	6,86	7,94	9,05	10,19
Platin-Iridium-Leg.											
[0,80 Pt; 0,20 Ir]	−1,43	0,83	1,70	2,59	3,51	4,45	5,43	6,43	7,47	8,53	9,62
Quarzglas	+0,03	0,05	0,12	0,19	0,25	0,31	0,36	0,40	0,45	0,50	0,54
Silber	−3,22	1,95	4,00	6,08	8,23	10,43	12,70	15,15	17,65		
Sinterkorund		1,30	2,00	2,75	3,60	4,45	5,30	6,25	7,15	8,15	
Stahl, weich	−1,67	1,20	2,51	3,92	5,44	7,06	8,79	10,63			
Stahl, hart	−1,64	1,17	2,45	3,83	5,31	6,91	8,60	10,40			
Zink	−1,85	1,65									
Zinn	−4,24	2,67									
Wolfram	−0,73	0,45	0,90	1,40	1,90	2,25	2,70	3,15	3,60	4,05	4,60

Anh. D6 Tabelle 13. Wärmetechnische Werte; Dichte ϱ, spezifische Wärmekapazität c_p für 0 bis 100 °C, Schmelztemperatur t_E, Schmelzenthalpie Δh_E, Siedetemperatur t_s und Verdampfungsenthalpie r

	ϱ kg/dm³	c_p kJ/(kg K)	t_E °C	Δh_E kJ/kg	t_s °C	r kJ/kg
Feste Stoffe (Metalle und Schwefel) bei 1,0132 bar						
Aluminium	2,70	0,921	660	355,9	2270	11 723
Antimon	6,69	0,209	630,5	167,5	1635	1256
Blei	11,34	0,130	327,3	23,9	1730	921
Chrom	7,19	0,506	1890	293,1	2642	6155
Eisen (rein)	7,87	0,465	1530	272,1	2500	6364
Gold	19,32	0,130	1063	67,0	2700	1758
Iridium	22,42	0,134	2454	117,2	2454	3894
Kupfer	8,96	0,385	1083	209,3	2330	4647
Magnesium	1,74	1,034	650	209,3	1100	5652
Mangan	7,3	0,507	1250	251,2	2100	4187
Molybdän	10,2	0,271	2625	–	3560	7118
Nickel	8,90	0,444	1455	293,1	3000	6197
Platin	21,45	0,134	1773	113,0	3804	2512
Quecksilber	13,55	0,138	– 38,9	11,7	357	301
Silber	10,45	0,234	960,8	104,7	1950	2177
Titan	4,54	0,471	1800	–	3000	–
Wismut	9,80	0,126	271	54,4	1560	837
Wolfram	19,3	0,134	3380	251,2	6000	4815
Zink	7,14	0,385	419,4	112,2	907	1800
Zinn	7,28	0,226	231,9	58,6	2300	2596
Schwefel (rhombisch)	2,07	0,720	112,8	39,4	444,6	293
Flüssigkeiten bei 1,0132 bar						
Ethylalkohol	0,79	2,470	– 114,5	104,7	78,3	841,6
Ethylether	0,71	2,328	– 116,3	100,5	34,5	360,1
Aceton	0,79	2,160	– 94,3	96,3	56,1	523,4
Benzol	0,88	1,738	5,5	127,3	80,1	395,7
Glycerin[a])	1,26	2,428	18,0	200,5	290,0	854,1
Kochsalzlösung (gesätt.)	1,19	3,266	– 18,0	–	108,0	–
Meerwasser (3,5% Salzgehalt)	1,03	–	– 2,0	–	100,5	–
Methylalkohol	0,79	2,470	– 98,0	100,5	64,5	1101,1
n-Heptan	0,68	2,219	– 90,6	141,5	98,4	318,2
n-Hexan	0,66	1,884	– 95,3	146,5	68,7	330,8
Terpentinöl	0,87	1,800	– 10,0	116,0	160,0	293,1
Wasser	1,00	4,183	0,0	333,5	100,0	2257,1
Gase bei 1,0132 bar und 0 °C	kg/m³					
Ammoniak	0,771	2,060	– 77,7	332,0	– 33,4	1371
Argon	1,784	0,523	– 189,4	29,3	– 185,9	163
Ethylen	1,261	1,465	– 169,5	104,3	– 103,9	523
Helium	0,178	5,234	–	37,7	– 268,9	21
Kohlendioxid	1,977	0,825	– 56,6	180,9	– 78.5[b])	574
Kohlenoxid	1,250	1,051	– 205,1	30,1	– 191,5	216
Luft	1,293	1,001	–	–	– 194,0	197
Methan	0,717	2,177	– 182,5	58,6	– 161,5	548
Sauerstoff	1,429	0,913	– 218,8	13,8	– 183,0	214
Schwefeldioxid	2,926	0,632	– 75,5	115,6	– 10,2	390
Stickstoff	1,250	1,043	– 210,0	25,5	– 195,8	198
Wasserstoff	0,09	14,235	– 259,2	58,2	– 252,8	454

[a]) Erstarrungspunkt bei 0 °C. Schmelz- und Gefrierpunkt fallen nicht immer zusammen.
[b]) CO_2 siedet nicht, sondern sublimiert bei 1,0132 bar.

Anh. D6 Tabelle 14. Debye-Temperaturen einiger Stoffe

Metall	Θ/K	Metall	Θ/K
Pb	88	Al	398
Hg	97	Fe	453
Cd	168	**Andere Stoffe**	
Na	172	KBr	177
Ag	215	KCl	230
Ca	226	NaCl	281
Zn	235	C	1860
Cu	315		

Anh. D 8 Tabelle 1. Heizwerte der einfachsten Brennstoffe bei 25 °C und 1,01325 bar

Heizwert in kJ	C	CO	H_2 (Brenn-wert)	H_2 (Heiz-wert)	S
je kmol	393510	282989	285840	241840	296900
je kg	32762	10103	141800	119972	9260

Anh. D 8 Tabelle 2. Zusammensetzung und Heizwert fester Brennstoffe

Brennstoff	Asche Gew.-%	Wasser Gew.-%	Zusammensetzung der aschefreien Trockensubstanz in Gew.-%				N	Brennwert	Heizwert
			C	H	S	O		in MJ/kg im Verwendungszustand	
Holz, lufttrocken	<0,5	10…20	50	6	0,0	43,9	0,1	15,91…18,0	14,65…16,75
Torf, lufttrocken	<15	15…35	50…60	4,5…6	0,3…2,5	30…40	1…4	13,82…16,33	11,72…15,07
Rohbraunkohle	2…8	50…60 ⎱	65…75	5…8	0,5…4	15…26	0,5…2	10,47…12,98	8,37…11,30
Braunkohlenbrikett	3…10	12…18 ⎰						20,93…21,35	19,68…20,10
Steinkohle	3…12	0…10	80…90	4…9	0,7…1,4	4…12	0,6…2	29,31…35,17	27,31…34,12
Antrazit	2…6	0…5	90…94	3…4	0,7…1	0,5…4	1…1,5	33,49…34,75	32,66…33,91
Zechenkoks	8…10	1…7	97	0,4…0,7	0,6…1	0,5…1	1…1,5	28,05…30,56	27,84…30,35

Anh. D 8 Tabelle 3. Verbrennung flüssiger Brenn- und Kraftstoffe

Brennstoff	Molmasse kg/kmol	Gehalt in Gew.-%		Kennzahl σ	Brennwert kJ/kg	Heizwert kJ/kg
		C	H			
Ethanol C_2H_5OH	46,069	52	13	1,50	29730	26960
Spiritus 95%	–	–	–	1,50	28220	25290
90%	–	–	–	1,50	26750	23860
85%	–	–	–	1,50	25250	22360
Benzol (rein) C_6H_6	78,113	92,2	7,8	1,25	41870	40150
Toluol (rein) C_7H_8	92,146	91,2	8,8	1,285	42750	40820
Xylol (rein) C_8H_{10}	106,167	90,5	9,5	1,313	43000	40780
Handelsbenzol I (90er Benzol)[a]	–	92,1	7,9	1,26	41870	40190
Handelsbenzol II (50er Benzol)[b]	–	91,6	8,4	1,30	42290	40400
Naphthalin (rein) $C_{10}H_8$ (Schmelztemp. 80 °C)	128,19	93,7	6,3	1,20	40360	38940
Tetralin (rein) $C_{10}H_{12}$	132,21	90,8	9,2	1,30	42870	40820
Pentan C_5H_{12}	72,150	83,2	16,8	1,60	49190	45430
Hexan C_6H_{14}	86,177	83,6	16,4	1,584	48360	44670
Heptan C_7H_{16}	100,103	83,9	16,1	1,571	47980	44380
Oktan C_8H_{18}	114,230	84,1	15,9	1,562	48150	44590
Benzin (Mittelwerte)	–	85	15	1,53	46050	42700

[a]) 0,84 Benzol, 0,13 Toluol, 0,03 Xylol (Massenbrüche)
[b]) 0,43 Benzol, 0,46 Toluol, 0,11 Xylol (Massenbrüche)

Anh. D 8 Tabelle 4. Verbrennung einiger einfacher Gase bei 25 °C und 1,01325 bar

Gasart	Mol-masse[a] kg/kmol	Dichte kg/m³	Kenn-zahl σ	Brenn-wert[a] MJ/kg	Heiz-wert[a] MJ/kg
Wasserstoff H_2	2,0158	0,082	∞	141,80	119,97
Kohlenoxid CO	28,0104	1,14	0,50	10,10	10,10
Methan CH_4	16,043	0,656	2,00	55,50	50,01
Ethan C_2H_6	30,069	1,24	1,75	51,88	47,49
Propan C_3H_8	44,09	1,80	1,67	50,35	46,35
Butan C_4H_{10}	58,123	2,37	1,625	49,55	45,72
Ethylen C_2H_4	28,054	1,15	1,50	50,28	47,15
Propylen C_3H_6	42,086	1,72	1,50	48,92	45,78
Butylen C_4H_8	56,107	2,90	1,50	48,43	45,29
Acetylen C_2H_2	26,038	1,07	1,25	49,91	48,22

[a]) Nach DIN 51850: Brennwerte und Heizwerte gasförmiger Brennstoffe, April 1980.

D

Anh. D 9 Tabelle 1. Teildruck p_{WS} Dampfgehalt x_s und Enthalpie h_{1+x_s} gesättigter feuchter Luft der Temperatur t, bezogen auf 1 kg trockene Luft bei einem Gesamtdruck von 1 000 mbar (unter 0 °C über Eis)

t in °C	p_{WS} in mbar	x_s in g/kg	h_{1+x_s} in kJ/kg	t in °C	p_{WS} in mbar	x_s in g/kg	h_{1+x_s} in kJ/kg
−20	1,029	0,64082	−18,52066	41	77,77	52,462	176,427
−19	1,133	0,70566	−17,3545	42	81,98	55,556	185,510
−18	1,247	0,77676	−16,1727	43	86,39	58,827	195,061
−17	1,369	0,85285	−14,9783	44	91,00	62,281	205,097
−16	1,504	0,93708	−13,7635	45	95,82	65,929	215,647
−15	1,651	1,02882	−12,5298	46	100,86	69,786	226,751
−14	1,809	1,12746	−11,2789	47	106,12	73,857	238,424
−13	1,981	1,23487	−10,0055	48	111,62	78,166	250,728
−12	2,169	1,35232	−8,7070	49	117,36	82,720	263,684
−11	2,373	1,47981	−7,3832	50	123,35	87,537	277,338
−10	2,594	1,61799	−6,0324	51	129,61	92,641	291,755
−9	2,833	1,76749	−4,6529	52	136,13	98,035	306,945
−8	3,094	1,93083	−3,2384	53	142,93	103,749	322,987
−7	3,376	2,10741	−1,7904	54	150,02	109,804	339,936
−6	3,681	2,29850	−0,3056	55	157,41	116,223	357,856
−5	4,010	2,50477	1,2177	56	165,11	123,033	376,820
−4	4,368	2,72937	2,7875	57	173,13	130,26	396,894
−3	4,754	2,97171	4,4025	58	181,47	137,926	418,141
−2	5,172	3,23436	6,0690	59	190,16	146,082	440,695
−1	5,621	3,51674	7,7859	60	199,20	154,754	464,628
0	6,108	3,8233	9,5643	61	208,6	163,98	490,042
1	6,566	4,1118	11,2986	62	218,4	173,83	517,122
2	7,055	4,4202	13,0839	63	228,6	184,36	546,020
3	7,575	4,7485	14,9202	64	239,1	195,49	576,528
4	8,129	5,0987	16,8126	65	250,1	207,48	609,333
5	8,718	5,4714	18,7629	66	261,5	220,29	644,333
6	9,345	5,8686	20,7761	67	273,3	233,97	681,666
7	10,012	6,2917	22,8558	68	285,6	248,71	721,834
8	10,720	6,7414	25,0041	69	298,4	264,59	765,054
9	11,472	7,2198	27,2263	70	311,6	281,60	811,307
10	12,270	7,7283	29,5262	71	325,3	299,95	861,150
11	13,116	8,2682	31,9071	72	339,6	319,91	915,304
12	14,014	8,8424	34,3766	73	354,3	341,36	973,461
13	14,965	9,4515	36,9364	74	369,6	364,74	1 036,790
14	15,973	10,0985	39,5942	75	385,5	390,28	1 105,909
15	17,039	10,7841	42,3520	76	401,9	418,04	1 180,988
16	18,168	11,5119	45,2192	77	418,9	448,47	1 263,231
17	19,362	12,2834	48,1998	78	436,5	481,91	1 353,550
18	20,62	13,098	51,2925	79	454,7	518,76	1 453,023
19	21,96	13,968	54,5288	80	473,6	559,72	1 563,523
20	23,37	14,887	57,8927	81	493,1	605,18	1 686,107
21	24,85	15,853	61,3794	82	513,3	656,12	1 823,400
22	26,42	16,882	65,0298	83	534,2	713,48	1 977,929
23	28,08	17,974	68,84437	84	555,7	778,11	2 151,988
24	29,82	19,122	72,80552	85	578,0	852,10	2 351,175
25	31,66	20,340	76,9492	86	601,1	937,47	2 580,917
26	33,60	21,630	81,2811	87	624,9	1 036,43	2 847,162
27	35,64	22,992	85,8014	88	649,5	1 152,84	3 160,269
28	37,78	24,426	90,5107	89	674,9	1 291,52	3 533,190
29	40,04	25,948	95,4501	90	701,1	1 459,26	3 984,164
30	42,41	27,552	100,6048	91	728,1	1 665,94	4 539,734
31	44,91	29,253	106,0137	92	756,1	1 928,61	5 245,675
32	47,53	31,045	111,6220	93	784,9	2 270,14	6 163,447
33	50,29	32,943	117,5885	94	814,6	2 733,46	7 408,356
34	53,18	34,942	123,7811	95	845,3	3 399,37	9 197,424
35	56,22	37,059	130,2839	96	876,9	4 431,70	11 970,74
36	59,40	39,288	137,0822	97	909,4	6 244,61	16 840,81
37	62,74	41,645	144,2178	98	943,0	10 292,37	27 713,906
38	66,24	44,133	151,6990	99	977,6	27 151,38	72 999,538
39	69,91	46,762	159,552	100	1 013,3	−	−
40	73,75	49,535	167,786				

Anh. D 10 Tabelle 1. Wärmeleitfähigkeiten λ in W/Km

Feste Körper bei 20 °C	
Silber	458
Kupfer, rein	393
Kupfer, Handelsware	350…370
Gold, rein	314
Aluminium (99,5%)	221
Magnesium	171
Messing	80…120
Platin, rein	71
Nickel	58,5
Eisen	67
Grauguß	42…63
Stahl 0,2% C	50
Stahl 0,6% C	46
Konstantan, 55% Cu, 45% Ni	40
V2A, 18% Cr, 8% Ni	21
Monelmetall 67% Ni, 28% Cu, 5% Fe+Mn+Si+C	25
Manganin	22,5
Graphit, mit Dichte und Reinheit steigend	12…175
Steinkohle, natürlich	0,25…0,28
Gesteine, verschiedene	1…5
Quarzglas	1,4…1,9
Beton, Stahlbeton	0,3…1,5
Feuerfeste Steine	0,5…1,7
Glas (2500)[a]	0,81
Eis, bei 0 °C	2,2
Erdreich, lehmig feucht	2,33
Erdreich, trocken	0,53
Quarzsand, trocken	0,3
Ziegelmauerwerk, trocken	0,25…0,55
Ziegelmauerwerk, feucht	0,4…1,6

Isolierstoffe bei 20 °C	
Alfol	0,03
Asbest	0,08
Asbestplatten	0,12…0,16
Glaswolle	0,04
Korkplatten (150)[a]	0,05
Kieselgursteine, gebrannt	0,08…0,13
Schlackenwolle, Steinwollmatten (120)[a]	0,035
Schlackenwolle, gestopft (250)[a]	0,045
Kunstharz − Schaumstoffe (15)[a]	0,035
Seide (100)[a]	0,055
Torfplatten, lufttrocken	0,04…0,09
Wolle	0,04

Flüssigkeiten		
Wasser[b] von 1 bar bei	0 °C	0,562
	20 °C	0,5996
	50 °C	0,6405
	80 °C	0,6668
Sättigungszustand:	99,63 °C	0,6773
Kohlendioxid	0 °C	0,109
	20 °C	0,086
Schmieröle		0,12…0,18

Gase bei 1 bar und bei der Temperatur ϑ in °C

Wasserstoff	$\lambda=0,171(1+0,0034\,\vartheta)$	$-100\ °C \leq \vartheta \leq 1\,000\ °C$
Luft	$\lambda=0,0245(1+0,00225\,\vartheta)$	$0\ °C \leq \vartheta \leq 1\,000\ °C$
Kohlendioxid	$\lambda=0,01464(1+0,005\,\vartheta)$	$0\ °C \leq \vartheta \leq 1\,000\ °C$

[a] In Klammern Dichte in kg/m^3
[b] Nach Schmidt, E.: Properties of water and steam in SI-units.
3. Aufl. Grigull, U. (Hrsg.). Berlin: Springer 1982.

Anh. D 10 Tabelle 3. Emissionszahl ε bei der Temperatur t

Stoff	Oberfläche	t °C	ε
Dachpappe	–	21	0,91
Eichenholz	gehobelt	21	0,89
Emaillelack	schneeweiß	24	0,91
Glas	glatt	22	0,94
Kalkmörtel	rau, weiß	21…83	0,93
Marmor	hellgrau, poliert	22	0,93
Porzellan	glasiert	22	0,92
Ruß	glatt	–	0,93
Schamottesteine	glasiert	1 000	0,75
Spirituslack	schwarz, glänzend	25	0,82
Ziegelsteine	rot, rauh	22	0,93…0,95
Wasser	senkrechte Strahlung	–	0,96
Öl	in dicker Schicht	–	0,82
Ölanstrich	–	–	0,78
Aluminium	roh	26	0,071…0,087
Aluminium	poliert	230	0,038
Blei	poliert	130	0,057
Grauguß	abgedreht	22	0,44
Grauguß	flüssig	1 330	0,28
Gold	poliert	630	0,035
Kupfer	poliert	23	0,049
Kupfer	gewalzt	–	0,16

Stoff	Oberfläche	t °C	ε
Messing	poliert	19	0,05
Messing	poliert	300	0,031
Messing	matt	56…338	0,22
Nickel	poliert	230	0,071
Nickel	poliert	380	0,087
Silber	poliert	230	0,021
Stahl	poliert	–	0,29
Zink	verz. Eisenblech	28	0,23
Zink	poliert	230	0,045
Zinn	blank verzinntes Blech	24	0,057…0,087
Oxidierte Metalle			
Eisen	rot angerostet	20	0,61
Eisen	ganz verrostet	20	0,69
Eisen	glatte oder rauhe		
Eisen	Gußhaut	23	0,81
Kupfer	schwarz	25	0,78
Kupfer	oxidiert	600	0,56…0,7
Nickel	oxidiert	330	0,40
Nickel	oxidiert	1 330	0,74
Stahl	matt ox.	26…356	0,96

Anh. D 10 Tabelle 2. Stoffwerte von Flüssigkeiten, Gasen und Feststoffen

	ϑ °C	ϱ kg/m³	c_p J/kgK	λ W/Km	$a \cdot 10^6$ m²/s	$\eta \cdot 10^6$ Pa·s	Pr
Flüssigkeiten und Gase bei einem Druck von 1 bar							
Quecksilber	20	13600	139	8000	4,2	1550	0,027
Natrium	100	927	1390	8600	67	710	0,0114
Blei	400	10600	147	15100	9,7	2100	0,02
Wasser	0	999,8	4217	0,562	0,133	1791,8	13,44
	5	1000	4202	0,572	0,136	519,6	11,16
	20	998,3	4183	0,5996	0,144	1002,6	6,99
	99,3	958,4	4215	0,6773	0,168	283,3	1,76
Thermalöl S	20	887	1000	0,133	0,0833	426	576
	80	835	2100	0,128	0,073	26,7	43,9
	150	822	2160	0,126	0,071	18,08	31
Luft	−20	1,3765	1006	0,02301	16,6	16,15	0,71
	0	1,2754	1006	0,02454	17,1	19,1	0,7
	20	1,1881	1007	0,02603	21,8	17,98	0,7
	100	0,9329	1012	0,03181	33,7	21,6	0,69
	200	0,7256	1026	0,03891	51,6	25,7	0,68
	300	0,6072	1046	0,04591	72,3	29,2	0,67
	400	0,5170	1069	0,05257	95,1	32,55	0,66
Wasserdampf	100	0,5895	2032	0,02478	20,7	12,28	1,01
	300	0,379	2011	0,04349	57,1	20,29	0,938
	500	0,6846	1158	0,05336	67,29	34,13	0,741
Feststoffe							
Aluminium 99,99%	20	2700	945	238	93,4		
verg. V2A-Stahl	20	8000	477	15	3,93		
Blei	20	11340	131	35,3	23,8		
Chrom	20	6900	457	69,1	21,9		
Gold (rein)	20	19290	128	295	119		
UO₂	600	11000	313	4,18	1,21		
UO₂	1000	10960	326	3,05	0,854		
UO₂	1400	10900	339	2,3	0,622		
Kiesbeton	20	2200	879	1,28	0,662		
Verputz	20	1690	800	0,79	0,58		
Tanne, radial	20	410	2700	0,14	0,13		
Korkplatten	30	190	1880	0,041	0,11		
Glaswolle	0	200	660	0,037	0,28		
Erdreich	20	2040	1840	0,59	0,16		
Quarz	20	2300	780	1,4	0,78		
Marmor	20	2600	810	2,8	1,35		
Schamotte	20	1850	840	0,85	0,52		
Wolle	20	100	1720	0,036	0,21		
Steinkohle	20	1350	1260	0,26	0,16		
Schnee (fest)	0	560	2100	0,46	0,39		
Eis	0	917	2040	2,25	1,2		
Zucker	0	1600	1250	0,58	0,29		
Graphit	20	2250	610	155	1,14		

12 Spezielle Literatur
Special bibliography

zu D1 bis D10

[1] *Knoblauch, O.; Hencky, K.:* Anleitung zu genauen technischen Temperaturmessungen. 2. Aufl., München und Berlin 1926. Sowie: VDI-Temperaturmeßregeln. Temperaturmessungen bei Abnahmeversuchen und in der Betriebsüberwachung DIN 1953. 3. Aufl. Berlin 1953. Im Juli 1964 neu erschienen als VDE/VDI-Richtlinie 3511, Technische Temperaturmessungen. − [2] *Landolt-Börnstein:* Zahlenwerte und Funktionen aus Physik, Chemie, Astronomie, Geophysik und Technik, 6. Aufl. Bd. II. Teil 1. Berlin: Springer 1971, S. 245–297. − [3] *Dymond, J.R.; Smith, E.B.:* The virial coefficients of pure gases and mixtures. Oxford; Clarendon 1980. − [4] *Reid, R.C.; Prausnitz, J.M.; Poling, B.E.:* The properties of gases and liquids. 4th ed. New York: McGraw-Hill 1986. − [5] *Schmidt, E.:* Properties of water and steam in SI-units. 3rd ed. Grigull, U. (Ed.). Berlin: Springer 1982. − [6] *Baehr, H.D.; Schwier, K.:* Die thermodynamischen Eigenschaften der Luft. Berlin: Springer 1961. − [7] *Polt, H.:* Thermochemical properties of refrigerants. Berlin: Springer 1988. − [8] *Brandt, F.:* Brennstoffe und Verbrennungsrechnung. Essen: Vulkan 1981. − [9] *Baehr, H.D.:* Zur Thermodynamik des Heizens. Brennst. Wärme Kraft 32 (1980) Teil I, S. 9–15, Teil II, S. 47–57. − [10] *Bronstein, I.N.; Semendjajew, K.A.:* Taschenbuch der Mathematik. Frankfurt/Main: Deutsch. − [11] *VDI-Wärmeatlas.* 5. Aufl. Düsseldorf: VDI-Verlag 1988.

E | Werkstofftechnik
Materials technology

A. Burr, Schwäbisch Gmünd; K.-H. Habig, Berlin; G. Harsch, Beilstein; K.H. Kloos, Darmstadt

E

Allgemeine Literatur
zu E1 Grundlagen der Werkstoff- und Bauteileigenschaften
Bücher: *Aurich, D.:* Bruchvorgänge in metallischen Werkstoffen. Karlsruhe: Werkstofftechnische Verlagsges. 1978. – *Bargel, H.J.; Schulze, G.:* Werkstoffkunde. Hannover: Schrödel 1978. – *Buch, A.:* Fatigue strength calculation. Materials Science Surveys No. 6. Switzerland, Germany, UK, USA: Trans. Tech. 1988. – *Buxbaum, O.:* Betriebsfestigkeit. Sichere und wirtschaftliche Bemessung schwingbruchgefährdeter Bauteile. Düsseldorf: Stahleisen 1986. – *Czichos, H.:* Hütte – Die Grundlagen der Ingenieurwissenschaften. Kap. D: Werkstoffe. Berlin: Springer 1989. – *Haibach, E.:* Betriebsfestigkeit. Düsseldorf: VDI-Verlag 1989. – *Heckel, K.:* Einführung in die technische Anwendung der Bruchmechanik. München: Hanser 1983. – *Hornbogen, E.:* Werkstoffkunde. Berlin: Springer 1973. – *Ilschner, B.:* Werkstoffwissenschaften. Berlin: Springer 1982. – *Neuber, H:* Kerbspannungslehre, 3. Aufl. Berlin: Springer 1985. – *Wellinger, K.; Dietmann, H.:* Festigkeitsberechnung, 3. Aufl. Stuttgart: Kröner 1976. – Werkstoffkunde Stahl, Bd. 1. Berlin: Springer 1984. – *Zammert, W.-U.:* Betriebsfestigkeitsberechnung. Braunschweig: Vieweg 1985.

zu E2 Werkstoffprüfung
Bücher: *Blumenauer, H.:* Werkstoffprüfung. Leipzig: VEB Dtsch. Verlag f. Grundstoffindustrie 1976. – *Macherauch, E.:* Praktikum in Werkstoffkunde. Braunschweig: Vieweg 1972. – *Schwalbe, K.H.:* Bruchmechanik metallischer Werkstoffe. München: Hanser 1980. – *Varga, T.:* Eisenwerkstoffe und ihre Prüfung. TR-Reihe, H. 125. Stuttgart: Techn. Rundschau 1975.

zu E3 Eigenschaften und Verwendung der Werkstoffe
Bücher: Aluminium Taschenbuch, 14. Aufl. Düsseldorf: Aluminium-Verlag 1988. – *Dettner, H.W.:* Lexikon für Metalloberflächenveredelung. Saulgau: Leuze 1973. – *Eckstein, H.J.:* Wärmebehandlung von Stahl. Leipzig: VEB Dtsch. Verlag f. Grundstoffindustrie 1970. – *Eckstein, H.J.:* Werkstoffkunde. Leipzig: VEB Dtsch. Verlag f. Grundstoffindustrie 1972. – *Graf, O.:* Die Eigenschaften des Beton, 2. Aufl. Berlin: Springer 1960. – *Guy, A.G.:* Metallkunde für Ingenieure. Frankfurt: Akademische Verlagsges. 1970. – *Kollmann, F.:* Technologie des Holzes und der Holzwerkstoffe. Berlin: Springer 1982. – *Roesch, K.; Zimmermann, K.:* Stahlguß. Düsseldorf: Stahleisen 1966. – Technische Keramik. Essen: Vulkan 1988. – Werkstoffkunde Stahl, Bd. 2: Anwendung. Berlin: Springer 1985. – Werkstoffkunde der gebräuchlichen Stähle. Teil 1 und 2. Düsseldorf: Stahleisen 1977. – *Wiegand, H.:* Eisenwerkstoffe. Weinheim: Verlag Chemie 1977.

zu E4 Kunststoffe
Bücher: *Bartnig, K.:* Prüfung hochpolymerer Werkstoffe. München: Hanser 1979. – *Batzer, H.:* Polymere Werkstoffe. Stuttgart: Thieme 1985. – *Becker/Braun (Hrsg.):* Kunststoffhandbuch. 11 Bde. München: Hanser. – *Brown, R.:* Taschenbuch Kunststoff-Prüftechnik. München: Hanser 1984. – *Carlowitz/Wierer:* Kunststoffe – Technische Daten von Handelsprodukten. Berlin: Springer 1988. – *Dolezel, B.:* Die Beständigkeit von Kunststoffen und Gummi. München: Hanser 1978. – *Dominghaus, H.:* Die Kunststoffe und ihre Eigenschaften. Düsseldorf: VDI-Verlag 1989. – *Ehrenstein/Erhard:* Konstruieren mit Polymerwerkstoffen. München: Hanser 1983. – *Frank/Biederbick:* Kunststoff-Kompendium. Würzburg: Vogel 1988. – *Gastrow:* Spritzgießwerkzeugbau in 100 Beispielen. München: Hanser 1989. – *Gnauck/Fründt:* Leichtverständliche Einführung in die Kunststoffchemie. München: Hanser 1989. – *Gohl, W.:* Elastomere, Dicht- und Konstruktionswerkstoffe. Grafenau: Lexika 1982. – *Habenicht, G.:* Kleben. Berlin: Springer 1986. – *Haenle/Gnauck/Harsch:* Praktikum der Kunststofftechnik. München: Hanser 1972. – *Hellerich/Harsch/Haenle:* Werkstoff-Führer Kunststoffe. München: Hanser 1989. – *Hensen/Knappe/Potente:* Handbuch der Kunststoff-Extrusionstechnik. München: Hanser 1989. – *Johannaber/Stöckhert:* Kunststoff-Maschinenführer. München: Hanser 1984. – *Käufer, H.:* Arbeiten mit Kunststoffen. Berlin: Springer 1981. – *Klepek:* Konstruieren mit PUR-Integral-Hartschaumstoff. München: Hanser 1980. – *Menges, G.:* Einführung in die Kunststoffverarbeitung. München: Hanser 1979. – *Menges, G.:* Werkstoffkunde der Kunststoffe. München: Hanser 1985. – *Menges, G.; Mohren:* Anleitung für den Bau von Spritzgießwerkzeugen. München: Hanser 1990. – *Moser:* Berechnung von Bauteilen aus Faser-Kunststoff-Schichtenverbund. Düsseldorf: VDI-Verlag 1989. – *Niederhöfer:* Konstruieren mit Kunststoffen. Köln: TÜV Rheinland 1989. – *Oberbach, K.:* Kunststoffkennwerte für Konstrukteure. München: Hanser 1985. – *Oberbach, K.; Müller:* Prüfung von Kunststoff-Formteilen. München: Hanser 1986. – *Saechtling, H.J.:* Kunststoff-Taschenbuch. München: Hanser 1989. – *Schwarz, O.:* Kunststoffkunde. Würzburg: Vogel 1987. – *Schwarz, O.; Ebeling:* Kunststoff-Verarbeitung, Würzburg: Vogel 1988. – *Stoeckhert:* Werkzeugbau für die Kunststoffverarbeitung. München : Hanser 1979. – *Traitsch, J.:* Brandverhalten von Kunststoffen. München: Hanser 1982. – *Walter, G.:* Kunststoffe und Elastomere in Kraftfahrzeugen. Stuttgart: Kohlhammer 1985.
Datenbanken: CAMPUS: Kunststoffdatenbank der Firmen Bakelite, BASF, Bayer, Ciba-Geigy, Ems-Chemie, Hoechst, Hüls und Solvay. – EPOS: Kunststoffdatenbank der Firma ICI. – POLYMAT: Kunststoffdatenbank des DKI Darmstadt. – RP3L: Kunststoffdatenbank der Firma Rhone-Ponlenc.

Die Eigenschaften von Bauteilen werden durch die Werkstoffwahl entscheidend beeinflußt. Eine Eigenschaftsoptimierung kann nur dadurch erreicht werden, daß die Bauteil-Endeigenschaften auf erzeugungsbedingte Werkstoffeigenschaften, gewollte oder ungewollte Veränderungen der Werkstoffeigenschaften durch Fertigungsverfahren auf der Halbzeug- und Fertigteilstufe (Urformen, Umformen, Trennen, Fügen, Beschichten, Stoffeigenschaftändern), auf die Beeinflussung der Werkstoffeigenschaften durch die konstruktive Gestaltung (äußere Spannungssysteme) sowie auf fertigungs- und belastungsinduzierte Eigenspannungen (innere Spannungssysteme) zurückgeführt werden.

Neben diesen funktionellen Gesichtspunkten für die Werkstoffauswahl können zunehmende Verknappungstendenzen auf der Energie- und Rohstoffseite weitere Entscheidungskriterien sein, wie z.B. die Steigerung der Langlebigkeit der Produkte durch verbesserten Korrosions- und Verschleißschutz, die Wiederverwendbarkeit der für Massenprodukte eingesetzten Werkstoffe und Bauteilkomponenten sowie der Einsatz energiesparender Werkstofferzeugungs- und Fertigungsverfahren. Darüber hinaus gewinnen heute Fragen des Umweltschutzes und des Arbeitsschutzes zunehmend an Bedeutung.

1 Grundlagen der Werkstoff- und Bauteileigenschaften
Fundamental properties of materials and structural parts

K.H. Kloos, Darmstadt

Eine funktionsgerechte Werkstoffauswahl basiert auf einer umfassenden rechnerischen oder experimentellen Beanspruchungsanalyse (s. C 2 bis 9) und einem Vergleich mit geeigneten Werkstoffkennwerten, die häufig unter idealisierten Bedingungen ermittelt werden. Die in der Praxis auftretenden Betriebsbeanspruchungen umfassen *mechanische, mechanisch-thermische, mechanisch-chemische* sowie *tribologische* Beanspruchungen, die entweder einzeln oder kombiniert auftreten können.

Bei Schadensfällen an Bauteilen handelt es sich daher oft um das Resultat des Zusammenwirkens mehrerer Schädigungsmechanismen.

1.1 Belastungs- und Beanspruchungsfälle
Load and stress conditions

Mechanische und mechanisch-thermische Betriebsbeanspruchungen können durch verschiedene Belastungsfälle charakterisiert werden, womit der zeitliche Verlauf aller möglichen Belastungsarten bei Raumtemperatur sowie hohen und tiefen Temperaturen bezeichnet wird.

1.1.1 Grundlastfälle. Fundamental load conditions

Als Grundlastfall wird der zeitliche Verlauf der äußeren Normalkräfte, Querkräfte und Momente bezeichnet, die in den jeweils betrachteten Querschnittsflächen innere Beanspruchungen wie Zug-, Druck-, Biege- und Torsionsspannungen bewirken, **Bild 1**.

Solange linear-elastisches Spannungs-Dehnungsverhalten vorausgesetzt werden kann, entsprechen die in **Bild 1** dargestellten Belastungs-Zeit-Verläufe auch den Spannungssowie Formänderungs-Zeit-Verläufen (s. C 1).

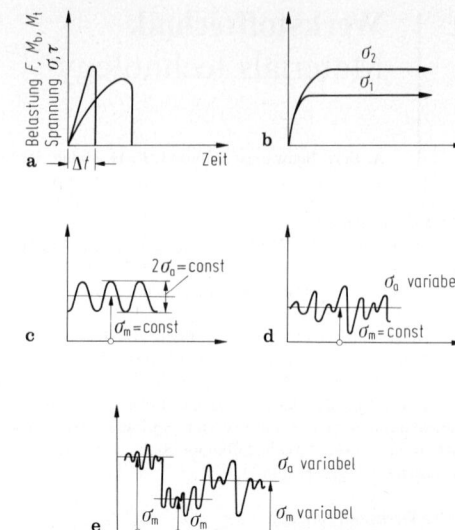

Bild 1. Verlauf der aus verschiedenen Grundlastfällen resultierenden Beanspruchungs-Zeit-Funktionen. **a** zügige Kurzzeit- oder Stoßbelastung; **b** ruhende Langzeitbelastung (Zeitstandbelastung); **c** periodische Schwingbelastung mit konstanter Vorlast und Schwinglast; **d** aperiodische Schwingbelastung mit konstanter Vorlast und variablen Schwinglasten; **e** aperiodische Schwingbelastung mit variablen Vor- und Schwinglasten

Sowohl bei Raumtemperatur als auch insbesondere bei höheren Temperaturen können Belastungszustände auftreten, bei denen der linear-elastische Zusammenhang zwischen Spannungen und Formänderungen nicht mehr vorliegt. Unter ruhenden oder wechselnden Beanspruchungen ergeben sich Spannungs- bzw. Formänderungs-Zeit-Funktionen gemäß **Bild 2**. Diese Belastungsfälle gelten für konstante Temperaturen.

1.1.2 Belastungsfälle an kräftegebundenen Oberflächen
Load conditions at surfaces under load by force

Die Grundlastfälle nach E 1.1.1 beziehen sich auf Belastungsarten, bei denen sich über die Oberfläche der betrachteten Spannungsquerschnitte keine unmittelbare Krafteinleitung vollzieht. In zahlreichen Anwendungsfällen unterliegen gepaarte Oberflächen einer kombinierten Druck-Schub-Belastung je nachdem, ob die kräftegebundenen Oberflächen ruhend oder gleitend beansprucht werden [1] (Hertzsche Pressung s. C 4, Coulombsche Reibung s. B 1.11, Preßverbände s. G. 1.4.2).

1.1.3 Belastungszustände durch Eigenspannungen
Loading states by residual stresses

In zahlreichen Anwendungsfällen der Praxis überlagern sich den äußeren Grundlastfällen durch innere Kräfte und Momente *Eigenspannungen*, die eine Reihe von Eigenschaftsänderungen insbesondere im oberflächennahen Bereich auslösen können. Eigenspannungen sind grundsätzlich statisch wirkende mehrachsige Spannungen, die häufig den gleichen Richtungscharakter wie die Hauptlastspannungen haben.

Bild 3 zeigt eine schematische Darstellung der in [2] vorgenommenen Eigenspannungsdefinition und eine Aufteilung in Eigenspannungen I., II. und III. Ordnung. Je nach der Größe der Werkstoffbereiche können die resultierenden Eigenspannungsspitzen als eine Überlagerung von

Beanspruchungs-art	Spannungs-Zeit-Funktion	Formänderungs-Zeit-Funktion

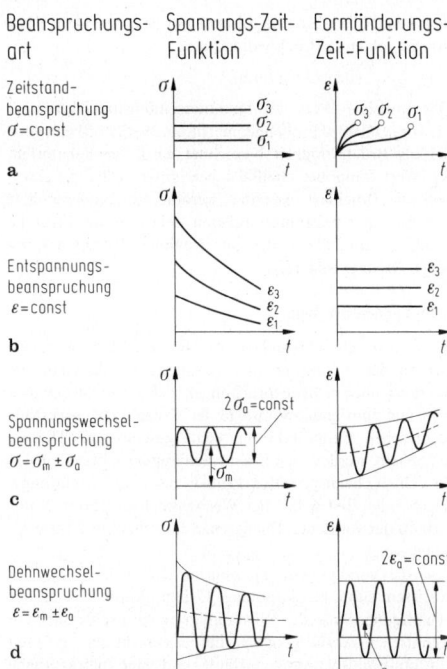

Bild 2. Grundlastfälle bei mechanisch-thermischer Beanspruchung. **a** kraftschlüssige, ruhende Beanspruchung; **b** formänderungsschlüssige, ruhende Beanspruchung; **c** kraftschlüssige Wechselbeanspruchung; **d** formänderungsschlüssige Wechselbeanspruchung

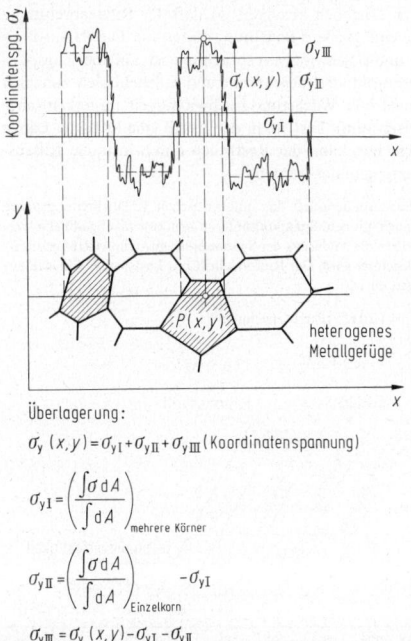

Überlagerung:

$$\sigma_y(x,y) = \sigma_{yI} + \sigma_{yII} + \sigma_{yIII} \ (\text{Koordinatenspannung})$$

$$\sigma_{yI} = \left(\frac{\int \sigma \, dA}{\int dA}\right)_{\text{mehrere Körner}}$$

$$\sigma_{yII} = \left(\frac{\int \sigma \, dA}{\int dA}\right)_{\text{Einzelkorn}} - \sigma_{yI}$$

$$\sigma_{yIII} = \sigma_y(x,y) - \sigma_{yI} - \sigma_{yII}$$

Bild 3. Überlagerung von Eigenspannungen I., II. und III. Art in heterogenem Metallgefüge [2]

Eigenspannungen erster und höherer Ordnung aufgefaßt werden. Aus dieser Darstellung wird deutlich, daß in einem heterogenen Metallgefüge die Spannungsüberhöhung einen mehrfachen Betrag des Eigenspannungszustands 1. Art erreichen kann. Da Lastspannungen in sämtlichen Grundlastfällen nur auf makroskopische Bereiche bezogen werden, können in den Berechnungsverfahren auch nur Eigenspannungen 1. Art mit Lastspannungen überlagert werden.

Die Mehrzahl der Eigenspannungszustände kann auf metallurgische Ursachen sowie auf Fertigungs- [3, 4] und Belastungsursachen zurückgeführt werden. Z.B. können bei der Eindiffusion von Metallatomen in das Grundgitter sowie bei Umwandlungsvorgängen mit einem veränderten spezifischen Volumen innerhalb der Diffusionstiefe oder Tiefenwirkung der Umwandlung Eigenspannungen mit einer bestimmten Quellenfunktion ausgebildet werden (z.B. Nitrieren, Einsatzhärten, Randschichthärten).

1.2 Versagensursachen. Causes of failure

Die Vielzahl der in der Praxis möglichen Versagensarten kann sowohl auf mechanische als auch auf komplexe Ursachen zurückgeführt werden. Durch mechanische Überbeanspruchungen verursachte Bauteilversagen liegt vor bei unzulässiger Verformung, bei Bruchvorgängen sowie bei Instabilität, wie z.B. Knicken und Beulen. Je nach Beanspruchungsart und Werkstoffzustand können die verschiedenen Bruchtypen bei zügiger Beanspruchung in *Trennbruch* oder *Gleitbruch*, bei Schwingbeanspruchung in *Ermüdungsbruch* eingeteilt werden. Dem Gleit- oder Verformungsbruch geht ein plastisches Fließen voraus, so daß der den Bruch auslösende Spannungszustand mit dem Spannungszustand des Fließbeginns nicht mehr übereinstimmt.

1.2.1 Versagen durch mechanische Beanspruchungen
Modes of failure by mechanical stress conditions

Zügige Beanspruchung

Aufgrund ihres kristallinen Aufbaus besitzen die technisch bedeutenden Metalle und Metallegierungen eine ausgeprägte Elastizität mit linearelastischem Spannungs-Dehnungsverhalten bis zur Fließgrenze (s. **E2 Bild 3**). Während die elastische Verformung auf reversiblen Gitterdehnungen, Stauchungen und Verzerrungen beruht, vollzieht sich beim Fließbeginn ein irreversibles Abgleiten ganzer Gitterbereiche in bevorzugten Gleitebenen, die bei homogenen, isotropen Werkstoffen mit der Richtung maximaler Schubspannungen übereinstimmen. Durch die Existenz eindimensionaler Gitterdefekte (Versetzungen) setzt der Beginn des Abgleitens bei wesentlich niedrigeren Schubspannungen ein, als aus der rechnerischen Abschätzung bei idealem Gitteraufbau erwartet wird. Bei entsprechender Vervielfachung der atomaren Abgleitvorgänge setzt eine makroskopische Fließfigurenbildung in Richtung der größten Schubspannung ein (s. C1). Für einen dreiachsigen Spannungszustand gilt somit ohne Berücksichtigung der mittleren Hauptnormalspannung die Fließbedingung $\sigma_1 - \sigma_3 = 2\tau_{max} = R_e \cong \sigma_F$ (R_e Bezeichnung für Fließ- bzw. Streckgrenze nach ISO).

Nach Überschreitung der Fließgrenze zeigen duktile Werkstoffe ein vom jeweiligen Spannungszustand abhängiges Formänderungsvermögen bis zum Bruch, wobei unter mehrachsigen Druckspannungszuständen ein größeres Formänderungsvermögen erreicht wird als unter Zugspannungszuständen. Im Grenzfall können mehrachsige Zugspannungen verformungslose Trennbrüche auslösen.

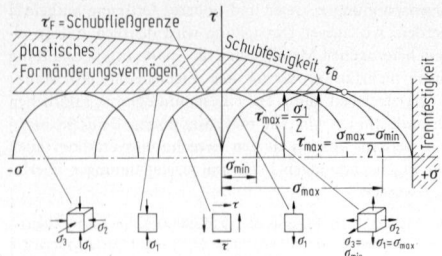

Bild 4. Einfluß des Spannungszustands auf die Schubfließgrenze τ_F und den Verlauf der Schubfestigkeit τ_B

Bild 4 zeigt den Einfluß ein- und mehrachsiger Zug- und Druckspannungszustände auf den Verlauf der Schubfließgrenze τ_F und Schubfestigkeit τ_B sowie entsprechende Mohrsche Spannungskreise für den Fließbeginn [5]. Der jeweilige Abstand zwischen τ_F und τ_B stellt ein unmittelbares Vergleichsmaß für das plastische Formänderungsvermögen dar. Oberhalb des Schnittpunkts beider Kenngrößen ist im Bereich mehrachsiger Zugspannungen mit Trennbruchgefahr zu rechnen. Bei spröden Stoffzuständen kann der Schnittpunkt zwischen τ_F und τ_B in das Druckgebiet verschoben werden.

Im Unterschied zur makroskopischen Betrachtung homogener mehrachsiger Spannungszustände wird in der Bruchmechanik von kritischen Spannungszuständen im Bereich der Rißspitze ausgegangen, die einen ausgeprägten Gradienteneinfluß haben [6, 7]. Bei zügiger Belastung können die Spannungsbedingungen an der Rißspitze zu einer instabilen Rißausbreitung bis zum Trennbruch führen. **Bild 5** zeigt den in der linear-elastischen Bruchmechanik angenommenen Spannungszustand in einer unendlichen Scheibe mit einem symmetrisch zum einachsigen Spannungszustand angenommenen Riß der Länge $2a$ sowie den Verlauf der Koordinatenspannung σ_y vor der Rißspitze. An der Rißspitze selbst stellt sich ein zweiachsiger Spannungszustand ein, wobei die Spannung σ_y in Abhängigkeit von der Scheibenbreite schnell abklingt. Die Koordinatenspannungen ergeben sich in Polarkoordinaten zu

$$\sigma_y = \frac{\sigma_1\sqrt{\pi a}}{\sqrt{2\pi r}} \cdot f(\varphi), \quad \sigma_x = \frac{\sigma_1\sqrt{\pi a}}{\sqrt{2\pi r}} \cdot f(\varphi),$$

$$\tau_{xy} = \frac{\sigma_1\sqrt{\pi a}}{\sqrt{2\pi r}} \cdot f(\varphi).$$

Für vorgegebene Scheibenspannungswerte σ_1 und die halbe Rißlänge a stellt der Zähler dieser Ausdrücke eine Kenngröße für die Intensität des Spannungszustands im Bereich der Rißspitze dar. Für Modus I der Rißausbreitung (senkrecht zur größten Hauptnormalspannung) wird der Spannungsintensitätsfaktor K definiert als $K_I = \sigma_1\sqrt{\pi a}$. Erreicht K_I eine kritische Größe, so ist mit instabiler Rißausbreitung bis zum Bruch zu rechnen. Hierfür gilt folgende Bruchbedingung:

$$K_I = K_{Ic} \text{ (Bruchkriterium)}.$$

Der kritische Wert des Spannungsintensitätsfaktors ist bei vorgegebener Probengeometrie ein Werkstoffkennwert, der als Bruchzähigkeit bezeichnet wird. Bei bekanntem K_{Ic}-Wert kann bei ebenfalls bekannter Rißlänge einerseits die Bruchlast errechnet werden, zum anderen läßt sich bei einer bekannten äußeren Belastung die kritische Rißlänge abschätzen, die zur instabilen Rißausbreitung führt. Beispiel **Bild 13**.

Schwingbeanspruchung

Schäden durch Schwingbeanspruchung gehören nach wie vor zu den häufigsten Schadensursachen, da einerseits die tatsächlichen Beanspruchungskollektive nicht bekannt sind und zum anderen infolge der Vielzahl der werkstofftechnischen Einflußfaktoren keine geschlossene Theorie aufgestellt werden kann. Den Schädigungsablauf einstufig schwingbeanspruchter Proben bis zum Ermüdungsbruch zeigt **Bild 6** [8]. Bei Wechselbeanspruchungen unterhalb der statischen Fließgrenze entstehen im Zeitfestigkeitsbereich glatter und gekerbter Proben Mikrogleitungen, die vorzugsweise im oberflächennahen Bereich zu Anrissen submikroskopischer Größe führen. Nach der Schädigungsphase der Rißvereinigung wird schließlich ein technischer Anriß gebildet, der senkrecht zur größten Hauptnormalspannung verläuft und eine beträchtliche Spannungsüberhöhung an der Rißspitze auslöst. Somit kann die Bruchlastspielzahl N_B in eine Anrißlastspielzahl N_A (technische Anrißlänge: 0,1 bis 1 mm) und eine Lastspielzahl des Rißfortschritts ΔN_F aufgeteilt werden: $N_B = N_A + \Delta N_F$. Der Quotient aus Anriß- und Bruchlastspielzahl N_A/N_B ergibt den prozentualen zeitlichen Anteil der Rißeinleitungsphase, aus dem der Anteil der Rißausbreitungsphase abgeleitet werden kann. N_A/N_B beträgt bei glatten Proben ca. 90 bis 95% und kann bei gekerbten Proben erheblich absinken, so daß der Rißausbreitungsphase eine größere Bedeutung zukommt. Die Rißausbreitung unter Schwingbeanspruchung ist auf die Zugspannungsamplituden beschränkt und vollzieht sich zunächst mit niedriger Wachstumsgeschwindigkeit (unterkritisches Rißwachstum). Erst wenn der Anriß eine kritische Länge erreicht hat, kann der Restbruch durch instabile Rißausbreitung gebildet werden.

Der Lebensdaueranteil der unterkritischen Rißausbreitungsphase kann auch mit dem Spannungsintensitätsfaktor K_I abgeschätzt werden, sofern die Änderung der Spannungsintensität pro Rißfortschritt berücksichtigt wird. Der Rißfortschritt pro Lastspiel N läßt sich abschätzen durch

$$\frac{\mathrm{d}a}{\mathrm{d}N} = C_0 \Delta K^n \text{ (Paris-Gleichung)}.$$

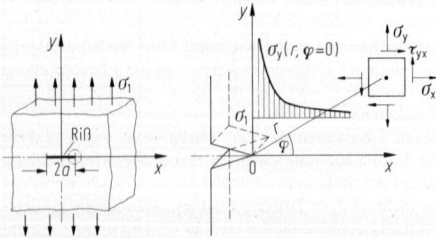

Bild 5. Spannungszustand nahe der Rißspitze bei einer einachsig belasteten unendlichen Scheibe

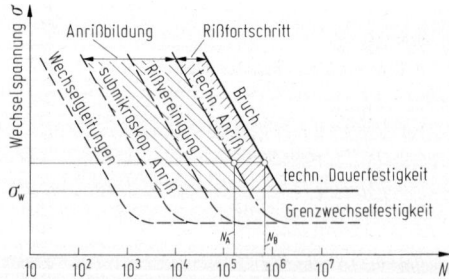

Bild 6. Schematische Darstellung des Schädigungsablaufes bei Schwingbeanspruchung

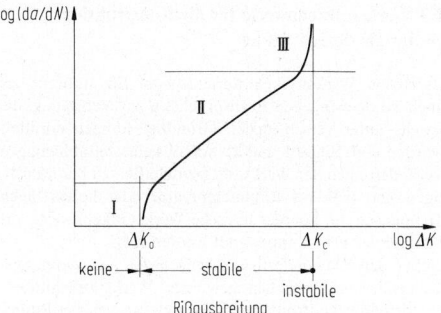

Bild 7. Rißwachstum in Abhängigkeit vom zyklischen Spannungsintensitätsfaktor

Bild 7 zeigt in einer schematischen Darstellung in doppellogarithmischer Auftragung die drei verschiedenen Stadien des Rißwachstums. Im Bereich I beginnt das unterkritische Rißwachstum erst nach Überschreiten des Schwellenwerts ΔK_0. Unterhalb dieses Werts breitet sich ein makroskopischer Ermüdungsriß nicht weiter aus. Im Bereich II findet ein stabiles Rißwachstum statt und gehorcht der Paris-Gleichung. Die Konstanten C_0 und n hängen vom Werkstoff ab. Das Steigungsmaß n für Stähle nimmt Werte von $n = 2$ bis 3 an. In weiterentwickelten Konzepten wird neben dem Einfluß der Mittelspannungen oder Eigenspannungen auch die Wirkung variabler Spannungsamplituden auf den Rißfortschritt berücksichtigt [9]. Im Bereich III läuft der Rißfortschritt beschleunigt ab und geht für $\Delta K = \Delta K_c$ in den Bruch über.

1.2.2 Festigkeitshypothesen. Strength theories

Durch Festigkeitshypothesen soll eine Vergleichbarkeit zwischen einer mehrachsigen Bauteilbeanspruchung und den meist unter einachsigen Beanspruchungsbedingungen ermittelten Festigkeitskennwerten eines Werkstoffs ermöglicht werden [10, 11] (s. C 1.3). **Bild 8** zeigt das Grundschema einer Festigkeitsberechnung. Wichtigste Versagensarten bei mechanischer Beanspruchung sind

	Werkstoffkennwert
Fließbeginn	$R_e, R_{p0,2}$ $(\sigma_s, \sigma_{0,2})$
Trennbruch	R_m (σ_B)
Ermüdungsbruch	σ_W

Sobald die Vergleichsspannung die jeweilige Festigkeitsgrenze des Werkstoffs erreicht, ist mit einem Versagen des Bauteils zu rechnen. Im Unterschied zur Versagensbedingung $\sigma_v =$ Werkstoffkennwert K wird in der Festigkeitsbedingung $\sigma_v \leqq \sigma_{zul} = K/S$ durch Angabe eines Sicherheits-

beiwerts $S > 1$ sichergestellt, daß die zulässige Spannung einen jeweils zu definierenden Abstand von der Versagens-Grenzbeanspruchung hat.

Bei *mehrachsigen Schwingbeanspruchungen* [12, 13] ist das Versagenskriterium der Ermüdungs- oder Schwingbruch, der im Regelfall von der Oberfläche ausgeht (Schwingbruchversagen nach dem Nennspannungskonzept). Der aus Mittelspannungen und Ausschlagsspannungen zusammengesetzte dreiachsige Spannungszustand ergibt sich zu $\sigma_{1,2,3} = \sigma_{m1,2,3} \pm \sigma_{a1,2,3}$. In ähnlicher Weise kann auch die Vergleichsspannung in einen statischen und dynamischen Spannungsanteil aufgegliedert werden: $\sigma_v = \sigma_{vm} \pm \sigma_{va}$.

Da die Ermüdungsrisse bei weitgehend eigenspannungsfreien Werkstoffen immer an der Oberfläche beginnen, können die Festigkeitshypothesen für Schwingbeanspruchungen auf zweiachsige Zugspannungszustände beschränkt werden. Für den Fall $\sigma_{m1,2,3} = 0$ lautet die Festigkeitsbedingung bei Schwingbeanspruchung $\sigma_{va} = K = \sigma_W$ (σ_W Zug-Druck-Wechselfestigkeit).

Für $\sigma_{m1,2,3} \neq 0$ muß berücksichtigt werden, daß die Wechselfestigkeitseigenschaften je nach Mittelspannungsempfindlichkeit vom Vorzeichen und Betrag der Mittelspannungen abhängen.

In zahlreichen Versuchen wurde nachgewiesen, daß je nach Werkstoffzustand auch bei Schwingbeanspruchungen die Berechnung der Vergleichsspannungen nach den für statische Beanspruchung aufgestellten Hypothesen erfolgen kann, wobei die Normalspannungshypothese für spröde Werkstoffe, die Schubspannungs- und Gestaltänderungsenergiehypothese für duktile Werkstoffe angewandt wird.

Für eine phasenverschobene Überlagerung mehrachsiger Schwingbeanspruchungen mit körperfesten und veränderlichen Hauptspannungsrichtungen wurden ebenfalls experimentelle Untersuchungen durchgeführt und Berechnungsansätze entwickelt [13–15].

1.2.3 Versagen unter komplexen Beanspruchungen
Modes of failure under complex stress conditions

Ein derartiges Versagen ist dadurch gekennzeichnet, daß durch Umgebungseinflüsse, wie z.B. höhere Temperaturen, feste, flüssige oder gasförmige Korrosionsmedien oder durch Verschleißvorgänge entweder die Festigkeits- und Zähigkeitseigenschaften des Grundwerkstoffs zeitabhängig verändert werden, eine Zerstörung des Werkstoffgefüges an der Oberfläche durch chemische und/oder elektrochemische Korrosionsvorgänge erfolgt, oder durch adhäsiv-abrasive Verschleißvorgänge die Bauteil-Paarungseigenschaften verändert werden. Einer quan-

**mehrachsige
Bauteilbeanspruchung**

z.B. biege- und verdrehbeanspruchte Welle

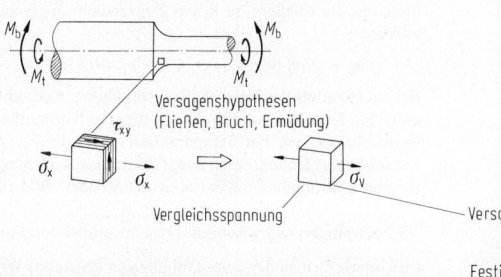

**einachsiger
Werkstoffkennwert K**

Fließgrenze, Zugfestigkeit, Zug-Druck-Wechselfestigkeit

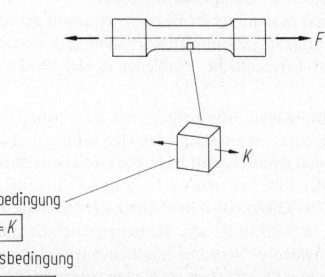

Bild 8. Grundschema einer Festigkeitsberechnung

E

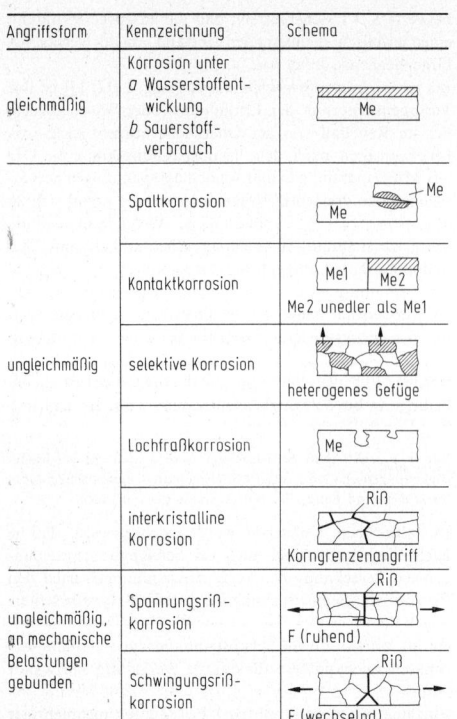

Angriffsform	Kennzeichnung	Schema
gleichmäßig	Korrosion unter a Wasserstoffent- wicklung b Sauerstoff- verbrauch	Me
ungleichmäßig	Spaltkorrosion	Me / Me
	Kontaktkorrosion	Me1 Me2 Me 2 unedler als Me1
	selektive Korrosion	heterogenes Gefüge
	Lochfraßkorrosion	Me
	interkristalline Korrosion	Riß Korngrenzenangriff
ungleichmäßig, an mechanische Belastungen gebunden	Spannungsriß- korrosion	Riß F (ruhend)
	Schwingungsriß- korrosion	Riß F (wechselnd)

Bild 9. Erscheinungsformen der elektrochemischen Korrosion

titativen Beanspruchungsanalyse sind allein mechanisch-thermische Beanspruchungen zugänglich, wenn hierbei die zeit- und temperaturabhängigen Festigkeits- und Zähigkeitseigenschaften berücksichtigt werden.
Die Erläuterung des Versagens durch korrosive Medien sowie durch tribologische Beanspruchungen muß hier auf phänomenologische Angaben beschränkt bleiben.

Korrosionsvorgänge. Sie beruhen auf Phasengrenzflächenreaktionen zwischen Metalloberflächen und festen, flüssigen oder gasförmigen Korrosionsmedien. Im Unterschied zum chemischen Korrosionsvorgang durch Nichtleiter (trockene Gase, organische Stoffe) werden insbesondere durch elektrochemische Korrosionsvorgänge in ionenleitenden flüssigen Medien vielfältige Schädigungsmechanismen ausgelöst, die sowohl zu gleichmäßigem als auch ungleichmäßigem Werkstoffabtrag und selektiven Eigenschaftsveränderungen des Werkstoffs führen können [16, 17]. Hierdurch werden insbesondere die örtlichen Spannungszustände unkontrolliert verändert.
In **Bild 9** sind die wichtigsten Schadensarten elektrochemischer Korrosionsvorgänge dargestellt, wobei insbesondere die mit mechanischen Beanspruchungen gekoppelten Schadensarten (Spannungsrißkorrosion, Schwingungsrißkorrosion) beträchtliche Probleme in der Praxis auslösen.

Verschleißvorgänge. Abweichend von den bisher erläuterten Versagensarten unterscheiden sich tribologische Beanspruchungen dadurch, daß nicht der einzelne Reibpartner, sondern die Reibpaarung unter Berücksichtigung der jeweiligen Zwischenmedien betrachtet werden muß. Im Unterschied zu Werkstoff- oder Bauteileigenschaften können die verschiedenen Verschleißmechanismen gleitreibungsbeanspruchter Oberflächen als Systemeigenschaft bezeichnet werden [18, 19] (s. E 5.4 u. G 5.1.2).

1.3 Werkstoffkennwerte für die Konstruktion
Materials design values

Es stehen Werkstoffkennwerte sowohl für statische als auch für schwingende Beanspruchung zur Verfügung, die jeweils unter verschiedenen Grundbelastungen ermittelt wurden (vgl. **Bilder 1** und **2**). Sofern keine zeitabhängigen Veränderungen der Werkstoffeigenschaften zu berücksichtigen sind (z.B. bei Raumtemperatur oder hohen/tiefen Temperaturen), können statische Werkstoffkennwerte aus Kurzzeitversuchen angewandt werden [11].
Neben den Schwingfestigkeitskennwerten aus spannungskontrollierten Versuchen gewinnen Werkstoffkennwerte aus dehnungskontrollierten Schwingversuchen bei Raumtemperatur und höheren Temperaturen zur Bestimmung von Anrißkennlinien zunehmend an Bedeutung [20].
Für bestimmte Dimensionierungsprobleme werden neben den Festigkeitseigenschaften auch Zähigkeitseigenschaften benötigt. Eine quantitative Bewertung der Sprödbruchsicherheit eines Werkstoffs unter den besonderen Spannungsbedingungen dickwandiger Bauteile wird insbesondere durch Bruchzähigkeitswerte ermöglicht [21].

1.3.1 Statische Beanspruchungen. Static stress conditions

Wichtige Werkstoffkennwerte zur Berechnung von Spannungen und Verformungen im linear-elastischen Bereich stellen die elastischen Konstanten, nämlich *E-Modul* und *Querkontraktionszahl* μ (Poissonsche Konstante $m = 1/\mu$), dar. Der E-Modul, der definitionsgemäß als eine unmittelbare Vergleichsgröße für die Steifigkeit eines Bauteils aufgefaßt werden kann, zeigt gemäß **Anh. E1 Tab. 1** eine Werkstoff- und Temperaturabhängigkeit, die bei Verbundkonstruktionen an verschiedenen Werkstoffen sowie beim Spannungsnachweis unter erhöhten Temperaturen beachtet werden muß. Bei bestimmten Legierungen mit ausgeprägter Anisotropie ist auch die Richtungsabhängigkeit des E-Moduls zu berücksichtigen.
Für Festigkeitsberechnungen bei Raumtemperatur und höheren Temperaturen werden Werkstoffkennwerte benötigt, die unter Berücksichtigung der jeweiligen Beanspruchungsart auf die Versagensfälle des Fließens und des Bruchs bezogen werden. **Anh. E1 Tab. 2** zeigt eine Übersicht über die gebräuchlichen Werkstoff-Festigkeitswerte unter verschiedenen Grundbelastungen.

Im Unterschied zur einachsigen, homogenen Zugbelastung tritt bei Biegebelastung je nach Probendicke eine 20- bis 30%ige Steigerung der Fließlastgrenze ein, wenn auf die gleiche plastische Randdehnung bezogen wird. Dieser als Stützwirkung bezeichnete Effekt führt zu einer scheinbaren Steigerung der Biegefließgrenze $\sigma_{b0,2}$, ohne daß die örtliche Fließgrenze an der maximal beanspruchten Randzone ansteigt [10] (vgl. σ_{bf}- und $R_{p0,2}$-Werte in **Anh. E1 Tab. 3**).

Die Verdrehgrenze (zweiachsige Beanspruchung) kann unter Berücksichtigung der Gestaltänderungsenergiehypothese aus der Fließgrenze R_e des Zugversuchs abgeschätzt werden:

$$\sigma_v = R_e = \sqrt{3\sigma_1^2} = \sigma_1\sqrt{3} = \tau_F\sqrt{3}; \quad \tau_F = 0{,}577R_e.$$

Bei mechanisch-thermischer Beanspruchung sind unterhalb der Kristallerholungstemperatur T_K Kurzzeitkennwerte einzusetzen, bei Temperaturen oberhalb T_K sind zeitabhängige Dehngrenzen sowie Zeitstandfestigkeitswerte unter konstanten Temperaturen anzuwenden, **Bild 10**.

1.3.2 Schwingbeanspruchungen. Dynamic stress conditions

Im Unterschied zu den zeitunabhängigen statischen Werkstoffkennwerten bei Raumtemperatur liegt bei Schwingbeanspruchungen eine eindeutige Abhängigkeit von der

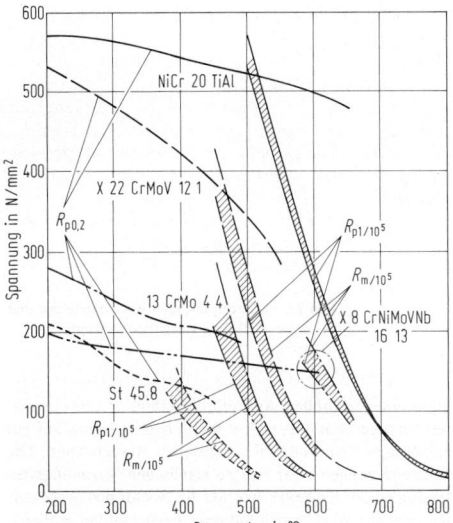

Bild 10. Werkstoffkennwerte verschiedener Stähle und einer Nickelbasislegierung bei höheren Temperaturen. Vergleich zwischen Kurzzeit- und Langzeitkennwerten

Schwingspielzahl vor. Bei kraftschlüssiger Beanspruchung werden die Werkstoffkennwerte auf Spannungsspielzahlen, bei formschlüssiger Beanspruchung auf Dehnungsspielzahlen bis zum Anriß oder Bruch bezogen.

Kraftschlüssige Schwingbeanspruchung

Eisenlegierungen zeigen bei Raumtemperatur oberhalb bestimmter Grenzlastspielzahlen (2 bis $20 \cdot 10^6$) häufig einen deutlich ausgeprägten Dauerfestigkeitsbereich. Für bestimmte Anwendungsfälle (weiche Stähle, geschweißte Konstruktionsteile) kann die Schwingspielzahl des Dauerfestigkeitsbereichs auf $2 \cdot 10^6$ Schwingspiele beschränkt werden. Je nach vorgegebener Mittelspannung wird zwischen folgenden Werkstoffkennwerten unterschieden:

Wechselfestigkeit $\sigma_W \left(\sigma_m = 0, S = \dfrac{\sigma_U}{\sigma_O} = -1 \right)$,

Schwellfestigkeit σ_{Sch} $(\sigma_m = \sigma_A, S = 0)$,

Dauerschwingfestigkeit $\sigma_D = \sigma_m \pm \sigma_A$.

Je nach Beanspruchungsart weisen metallische Werkstoffe eine unterschiedliche Mittelspannungsempfindlichkeit auf [22], die in den verschiedenen Dauerfestigkeitsschau-

bildern unmittelbar abgelesen werden kann: **Bild 11**. In beiden Schaubildern wird die zulässige Oberspannung σ_O durch die Fließgrenze $R_{p0,2}(\sigma_{0,2})$ begrenzt.

Infolge Stützwirkung ist die Biegewechselfestigkeit im Durchmesserbereich von 7 bis 15 mm etwa 10 bis 20% höher als die nahezu abmessungsunabhängige Zug-Druck-Wechselfestigkeit. Unter Anwendung der Gestaltänderungsenergiehypothese müßten die Torsionswechselfestigkeitswerte etwa 58% der Zug-Druck-Wechselfestigkeitswerte betragen. Die experimentell ermittelten Werte an Kleinproben ergeben Verhältniszahlen $\tau_W / \sigma_{zdW} = 0{,}54 \ldots 0{,}62$.

Anh. E 1 Tab. 3 zeigt am Beispiel einiger Vergütungsstähle, die jeweils Vertreter einer bestimmten Legierungsgruppe darstellen, eine Zusammenstellung statischer und dynamischer Festigkeitskennwerte für die Beanspruchungsarten Zug, Biegung und Torsion. Aus dem Vergleich der Werte geht hervor, daß zwischen den statischen und dynamischen Werkstoffkennwerten Verhältniszahlen angegeben werden können, die eine Umrechnungsmöglichkeit auf Vergütungsstähle anderer Festigkeitseigenschaften erlauben, sofern eine weitgehende Eigenspannungsfreiheit der Schwingproben gewährleistet ist, z.B. Zahlenwertgleichung $\sigma_{bW} = 0{,}383 R_m + 94 \,\text{N/mm}^2$ [24]. Weitere Dauerfestigkeitswerte s. **Anh. E 1 Bilder 1** bis **8**.

Formschlüssige Schwingbeanspruchung

Sowohl im Zeitfestigkeitsgebiet zwischen 10 und 10^4 Schwingspielen als auch insbesondere bei höheren Temperaturen ist der linear-elastische Spannungs-Dehnungsverlauf bei zyklischer Belastung nicht mehr gegeben, so daß unter elastisch-plastischer Wechselverformung geschlossene Spannungs-Dehnungs-Diagramme entstehen, die auch als Hysteresisschleifen bezeichnet werden. Derartige Beanspruchungen liegen in Bauteilen vor, die im Zeitfestigkeitsgebiet auf niedrige Schwingspielzahlen ausgelegt sind, oder bei Wechselbeanspruchungen unter höheren Temperaturen.

Unter formschlüssigen, dehnungskontrollierten Belastungen können Werkstoffe verfestigen oder entfestigen, was eine Zunahme oder Abnahme des Spannungsausschlags σ_a zur Folge hat [11]. Je nach Werkstoffzustand und Temperatur ist die Änderung des Spannungsausschlags nach etwa 10 bis 20% der Anrißschwingspielzahl abgeschlossen, so daß bis zum Makroanriß dehnwechselbeanspruchter Proben annähernd stabilisierte Hysteresisschleifen entstehen.

Bild 12 zeigt die Änderung des elastisch-plastischen Dehnungsanteils eines Werkstoffs mit Entfestigung in Abhängigkeit von der Schwingspielzahl. Der spontane Abfall des Spannungsausschlags während der Zugphase ist auf Makrorißbildung zurückzuführen. Als Anrißschwingspielzahl N_A wird üblicherweise der Schnittpunkt zwischen dem

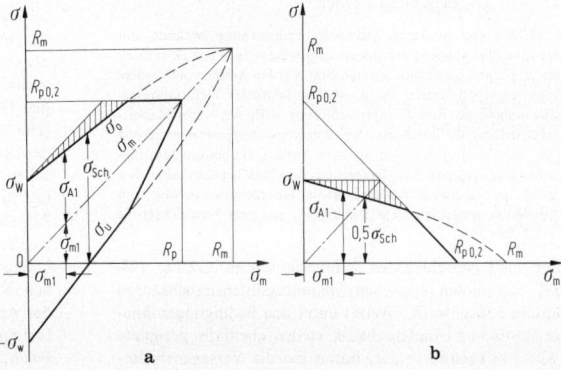

Bild 11. Dauerfestigkeitsschaubilder nach Smith (**a**) und Haigh (**b**) sowie Darstellung der Mittelspannungsempfindlichkeit (schraffierte Bereiche)

a   b

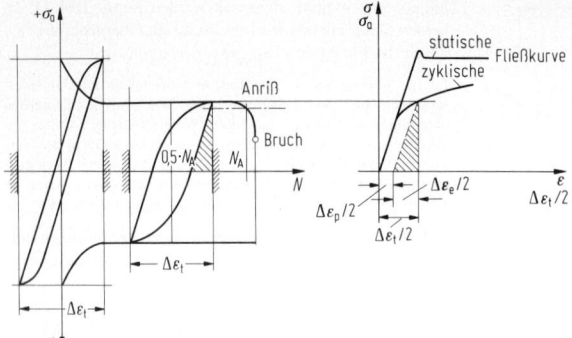

Bild 12. Elastisch-plastische Wechseldehnung und zyklische Fließkurve eines Werkstoffs mit Entfestigung

tatsächlichen Verlauf des Spannungsausschlags und einem um 5% erniedrigten Spannungswert der stabilisierten Kurve definiert.

Die aus dehnungskontrollierten Belastungen ermittelten Anrißkurven stellen wichtige Werkstoffkennwerte für die Auslegung von Bauteilen bei Raumtemperatur und höheren Temperaturen im Bereich niedriger Lastspielzahlen dar (low cycle fatigue) [25].

In neueren Bemessungskonzepten für einstufig, mehrstufig und zufallsartig beanspruchte Bauteile wird im Unterschied zum Nennspannungskonzept (s. E 1.2.2) das Kerbgrundkonzept oder „Örtliches Konzept" zur Vorhersage der Anrißlebensdauer angewandt [20]. Bei diesem Anrißkonzept werden die schadensauslösenden plastischen Wechseldehnungen im versagenskritischen Querschnitt zur Abschätzung der Anrißlebensdauer herangezogen. Der Lebensdaueranteil in der Phase der stabilen Rißausbreitung kann mit bruchmechanischen Ansätzen gemäß **Bild 7** abgeschätzt werden.

1.3.3 Zähigkeits- und Bruchzähigkeits-Kennwerte
Characteristics of ductility and fracture toughness

Neben den Werkstoffkennwerten für statische und schwingende Beanspruchung sind auch die plastischen Verformungseigenschaften eines Werkstoffs vom Fließbeginn bis zum Bruch von Bedeutung. Hierzu reichen die Kennwerte des Zugversuchs (Bruchdehnung, Brucheinschnürung) nicht aus. Unter dem Einfluß realer Spannungsbedingungen (Mehrachsigkeitsgrad, Spannungsanstiegsgeschwindigkeit, Größeneinfluß), verschiedener Umgebungsbedingungen (tiefe Temperaturen, Korrosionsmedien) sowie durch werkstoffbedingte Einflußparameter (Reinheitsgrad, Korngröße, Ausscheidungen) können erhebliche Zähigkeitseinbußen eintreten, wodurch verformungsarme Trennbrüche begünstigt werden.

Nach wie vor ist keine universelle Prüfmethode bekannt, mit der sämtliche äußeren Beanspruchungsbedingungen zur Bewertung des Sprödbruchproblems nachgeahmt werden können. Besondere Schwierigkeiten bereitet die Simulation definierter Verformungsgeschwindigkeiten. Eine Kompromißlösung stellt der Kerbschlagbiegeversuch dar, der durch seine Weiterentwicklung (Instrumentierung [26], variable Kerbschärfen bis zum Anriß [27]) bessere Informationen zur quantitativen Bewertung verschiedener Einflußgrößen ergibt. Hierbei erweist sich die Lage der Übergangstemperatur vom duktilen in den spröden Zustand als eine geeignete Vergleichsgröße (s. **E 2 Bild 7**).

Die nach verschiedenen Prüfverfahren (s. E 2.2.6) [28, 29] bestimmten kritischen Spannungsintensitätsfaktoren an der Rißspitze (K_c-Werte) unter den Bedingungen linear-elastischer Bruchmechanik stellen ebenfalls geeignete Werkstoffkennwerte dar, durch die die Versagensbedin-

gung einer instabilen Ausbreitungsfähigkeit eines Anrisses vorgegebener Geometrie und Lage in bezug auf ein einachsiges Spannungsfeld angegeben werden kann. Die Voraussetzungen einer nahezu elastischen Spannungsverteilung an der Rißspitze sind nur bei hochfesten Werkstoffen oder bei Werkstoffen mittlerer Festigkeit bei größeren Bauteilabmessungen gegeben. Durch größere Abmessungen kann an der Rißspitze ein ebener Dehnungszustand erzeugt werden, der das plastische Fließen zusätzlich behindert.

Für eine Reihe von Werkstoffen sind K_{Ic}-Werte (Grundfall I der Rißausbreitung) in Abhängigkeit von Werkstoffzustand und Prüftemperatur bekannt [30]. Aus der Grundbeziehung der Bruchmechanik

$$K_I = \sigma_I Y \sqrt{\pi a} \quad (Y \text{ Geometriefaktor})$$

läßt sich aus den drei variablen Größen K Spannungsintensitätsfaktor, σ einachsige Normalspannung außerhalb der Rißspitze und a Rißlänge bei zwei bekannten Größen die gesuchte dritte Größe berechnen. Hieraus können die wesentlichen technischen Anwendungen der Bruchmechanik abgeleitet werden [31]: Werkstoffauswahl nach höheren K_{Ic}-Werten in Abhängigkeit von der Temperatur, Berechnung der zulässigen Spannung σ_{zul} bei bekanntem K_{Ic}-Wert und experimentell bestimmten Rißlängen (mit zerstörungsfreien Prüfverfahren ermittelt), Berechnung der kritischen Rißlänge bei bekanntem Spannungszustand und K_{Ic}-Wert sowie Berechnung des Rißfortschritts unter schwingender Beanspruchung.

Bild 13 zeigt am Beispiel einiger Vergütungsstähle den Verlauf der Bruchzähigkeit in Abhängigkeit von der Prüftemperatur [30]. Infolge der Zähigkeitseigenschaften dieser Stähle sind zur Erzeugung eines ebenen Dehnungszustands sehr große Proben erforderlich (bis zu CT 5: $125 \times 300 \times 315$ mm). Aus der Gegenüberstellung der K_{Ic}-Werte bei Raumtemperatur wird deutlich, welche Verbesserung mit den höherlegierten Vergütungsstählen für große Turbinen- und Generatorwellen erreicht wurde. Unter der Annahme elliptischer Innenfehler mit einem Achsenverhältnis $a/2c = 0,1$ und einer angenommenen einachsigen Normalspannung von $\sigma = 700$ N/mm^2 wurden kritische Rißlängen berechnet, die ebenfalls die Verbesserung der Rißzähigkeit durch Steigerung der Werte der kritischen Rißlänge erkennen lassen.

Die in der linear-elastischen Bruchmechanik getroffenen Annahmen treffen nur für spröde Stoffzustände zu. Bei kleinen teilplastischen Verformungen an der Rißspitze können die Grundgleichungen der Bruchmechanik bestehen bleiben, wenn die Größe der plastischen Zone r_{pl} bei Angabe der halben Rißlänge a berücksichtigt wird. Die Spannungsintensitätsfaktoren gehen dann über in die Form $K = \sigma_I \sqrt{\pi a_{eff}} = \sigma_I \sqrt{\pi (a + r_{pl})}$.

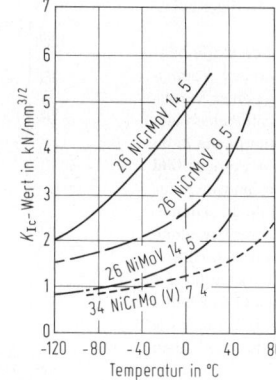

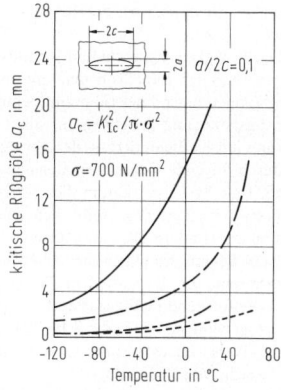

$$a_c = K_{Ic}^2 / \pi \cdot \sigma^2$$

$$\sigma = 700 \ \mathrm{N/mm^2}$$

$a/2c = 0{,}1$

Bild 13. Bruchzähigkeitswerte (K_{Ic}-Werte) und berechnete kritische Rißlängen von Stählen für Turbinen- und Generatorenwellen in Abhängigkeit von der Temperatur [30]

Sind die Bedingungen kleiner plastischer Zonen an der Rißspitze nicht mehr erfüllt, so werden verschiedene Berechnungsverfahren der Fließbruchmechanik angewandt, die insbesondere für zähe Stoffzustände geeignet sind. Bei höheren Temperaturen kann bei zügiger Beanspruchung das Kriechrißwachstum mit den Gesetzen der Kriechbruchmechanik berechnet werden [32].

1.4 Einfluß des Werkstoffaufbaus, der Fertigungsverfahren und der Umgebungseinflüsse auf das Festigkeits- und Zähigkeits-Verhalten
Effect of materials structure, manufacturing process and environmental conditions on strength and ductility behaviour

Für die Werkstoffauswahl zügig und wechselnd beanspruchter Bauteile ist je nach der konstruktiven Gestaltung (äußere Kerbwirkung) die Einhaltung eines bestimmten Festigkeits-Zähigkeitsverhältnisses erforderlich, das von einer Vielzahl werkstofflicher, fertigungstechnischer und konstruktiv bedingter Einflußgrößen abhängt.

Die Zähigkeitseigenschaften reiner Metalle hängen von der Zahl der Gleitsysteme (Gleitrichtungen, Gleitebenen) ihres Kristallgitters ab, wobei gemäß **Bild 14** insbeson-

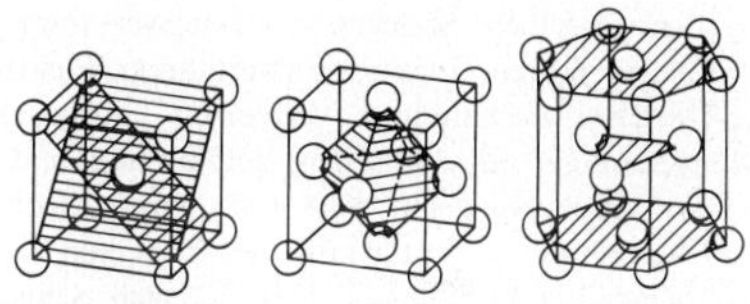

	krz	kfz	hex
Gleit-ebenen	Flächen der Raumdiagonalen	Oktaederflächen	Basisebene
Gleit-richtungen	2 pro Ebene	3 pro Ebene	3
Gleit-möglichkeiten	8	12	3

Bild 14. Einfluß des Gittertyps auf die Gleitmöglichkeiten und das Formänderungsvermögen reiner Metalle

dere kubische Gitter (z.B. γ-Fe, α-Fe) im Unterschied zu hexagonalen Gittern (z.B. Ti, Zn) wesentlich mehr Gleitmöglichkeiten und somit bessere Zähigkeitseigenschaften besitzen. Homogene Gefügezustände (Einlagerungs- oder Substitutionsmischkristalle) weisen ebenfalls bessere Zä-

Dimension der Hindernisse	Mechanismen zur Festigkeits-steigerung	Behinderung der Versetzungs-bewegung	Spannungsanteil abhängig von
0	Mischkristallbildung Fremdatome	a Substitution b Einlagerung c Leerstellen	Konzentration der Fremdatome
1	Kaltverfestigung Versetzungen	Gleitblockierung durch sich schneidende Gleitlinien	Gesamtversetzungs-dichte
2	Korngrenzen, Gleit-system (Grob- und Feinkorn), Stapelfehler	Gleichmäßige Versetzungs-bewegung wird gestört	Korndurchmesser ($\sim 1/\sqrt{d}$)
3	Ausscheidungs-härten Dispersionshärten	a Umgehungs-mechanismus b Scherung der Teilchen	Größe, Abstand und mechanische Eigenschaften der räumlichen Versetzungshindernisse

Bild 15. Grundmechanismen zur Steigerung der Festigkeit metallischer Werkstoffe

higkeitseigenschaften auf als heterogene Gefügezustände.

Die Festigkeitseigenschaften metallischer Werkstoffe hängen in erster Linie von den mikrostrukturellen Voraussetzungen einer Legierung zur Behinderung einer Versetzungsbewegung (Fließbeginn) ab. Eine Festigkeitssteigerung infolge Behinderung der Versetzungsbewegung kann
durch folgende Grundmechanismen erreicht werden: **Bild
15**. Eine Systematisierung dieser Grundmechanismen zur
Festigkeitssteigerung ergibt sich auch durch die Dimension der Hindernisse, durch die eine Versetzungsbewegung
beim Beginn des plastischen Fließens behindert wird.
Während für die statische Festigkeitseigenschaften der
Werkstoff- und Gefügezustand des gesamten Querschnitts
maßgebend ist, ist für die Schwingfestigkeit in erster Linie
der Werkstoffzustand der Oberfläche und des randnahen
Bereichs von Bedeutung.

1.4.1 Metallurgische Einflüsse. Metallurgical effects
In den einzelnen Stahlerschmelzungsverfahren (Sauer-
stoffblasverfahren, Elektrostahlverfahren, Elektroschlak-
ke-Umschmelzverfahren) verbleiben unterschiedliche
Mengenanteile an oxidischen, sulfidischen und silikati-
schen Einschlüssen im Werkstoff, deren Größe, Form
und Verteilung die Festigkeits- und Zähigkeitseigenschaften nachhaltig beeinflussen [33]. Je nach Schmelzpunkt
bzw. Erweichungspunkt der Einschlüsse können bei der
Warmumformung die nichtmetallischen Einschlüsse ihre ursprüngliche Erstarrungsform verändern und je nach
Umformgrad einen ausgeprägten Richtungscharakter annehmen (s. S 3).

Die mikrogeometrische Gestalt der Einschlüsse und ihre Lage zur
äußeren Beanspruchungsrichtung hat eine innere Kerbwirkung mit
unterschiedlichen Spannungsüberhöhungen zur Folge. Die Höhe
der Spannungsspitze hängt nicht nur von der Geometrie des Ein-
schlusses und seiner Lage in bezug auf das Lastspannungssystem,
sondern auch von der Fließgrenze des Werkstoffs ab.
Neben den Spannungsüberhöhungen durch Lastspannungen können sich noch Eigenspannungseinflüsse überlagern, die z.B. auf unterschiedliche Wärmeausdehnungskoeffizienten der Einschlüsse im
Vergleich zum Grundwerkstoff zurückzuführen sind [34].

Im Stahl-Eisen-Prüfblatt 1570-71 wurden in Anlehnung
an die von H. Diergarten entwickelte Richtreihe die verschiedenen Einschlußarten nach Art und Größe derart gestaffelt, daß die Einschlüsse der nächsthöheren Richtzahl
jeweils den doppelten Flächenanteil entsprechen. Durch
die Angabe von Gefährlichkeitsfaktoren kann somit die
Qualität einer Stahlcharge unmittelbar bewertet werden.

Durch Anwendung des Elektroschlacke-Umschmelzverfahrens oder
durch Vergießen im Vakuum können die Schwingfestigkeitseigenschaften von Vergütungsstählen im Vergleich zu konventioneller Erschmelzung im Elektroofen um 30 bis 40% verbessert werden [35].
Auch durch legierungstechnische Maßnahmen können die negativen
Auswirkungen nichtmetallischer Einschlüsse gemildert werden. So
werden beispielsweise durch Calcium- und Cer-Zusätze die sulfidischen Einschlüsse feiner verteilt und globular ausgebildet, wodurch
die innere Kerbwirkung abnimmt.
Sowohl die zügigen Festigkeitseigenschaften als auch die Schwingfestigkeitseigenschaften von Schweißverbindungen an Luft und unter Korrosion werden durch metallurgische Einflüsse, wie Seigerungszonen, Ausscheidungsvorgänge im Übergangsbereich zwischen
Naht- und Grundwerkstoff sowie durch dendritische Erstarrung des
Schweißguts beeinflußt. Unter mechanisch-chemischen Beanspruchungsbedingungen muß sichergestellt sein, daß durch die zugeführte Streckenenergie sowie durch Schweißfolge und Schmelzzo-
nenform Korngrenzenausscheidungen vermieden werden und somit
eine Gefahr für interkristalline Korrosion auszuschließen ist.

1.4.2 Technologische Einflüsse
Production-technological effects

Kaltumformung. Durch die mit einer Kaltumformung
verbundene Steigerung der *Versetzungsdichte* wird ei-

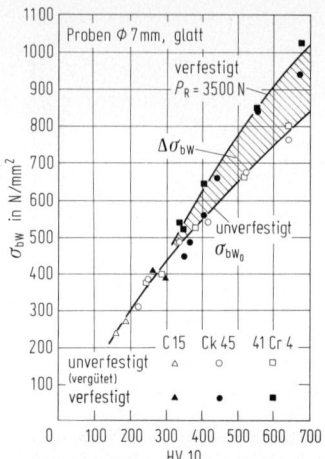

Bild 16. Umlaufbiegewechselfestigkeit von vergüteten und vergü-
tet/festgewalzten Proben in Abhängigkeit von der Randhärte [37]

ne Kaltverfestigung bewirkt, die häufig auch mit einer
Schwingfestigkeitssteigerung verbunden ist. Das Ausmaß
der Schwingfestigkeitserhöhung hängt davon ab, ob eine homogene oder partielle Kaltumformung durchgeführt
wurde und ob der Richtungssinn der Umformung mit der
Bauteil-Beanspruchungsrichtung übereinstimmt. Am Beispiel verschiedener Vergütungsstähle wurde nachgewiesen,
daß die Steigerung der Zug-Druck-Wechselfestigkeit proportional zur Steigerung der Zugfestigkeit verläuft, unabhängig davon, ob die höhere Zugfestigkeit durch eine
Vergütungsbehandlung oder durch Kaltstauchen bewirkt
wurde. Dagegen kann durch Kaltrecken die Schwingfestigkeitssteigerung vergüteter Proben nicht erreicht werden,
wenn auf die gleiche Zugfestigkeit bezogen wird [36]. Bei
partieller Kaltumformung des randnahen Bereichs (Kugelstrahlen, Festwalzen) tritt durch die Druckverformung
oberhalb eines Randhärtewerts von ca. 350 HV 10 gegenüber vergüteten Proben immer eine Steigerung
der Biegewechselfestigkeit ein, wie **Bild 16** zeigt [37]. Dieser günstige Effekt kommt bei gekerbten Bauteilen noch
stärker zur Auswirkung. Unter optimierten Festwalzbe-
dingungen können gekerbte Proben eine höhere Dauerschwingfestigkeit erreichen als ungekerbte (glatte) Proben
[38].

Wärmebehandlung. Durch eine Vergütungsbehandlung
können sowohl die statischen Festigkeits- und Zähigkeitseigenschaften als auch die Schwingfestigkeitseigenschaften von Stählen in weiten Grenzen beeinflußt werden.
Während zur Erzielung hoher statischer Festigkeitswerte eine große Tiefenwirkung der Vergütungsbehandlung
bis hin zur Durchvergütung angestrebt wird, spielen für
die Schwingfestigkeitseigenschaften von Bauteilen mit in-
homogener Spannungsverteilung vor allem die Festigkeitseigenschaften des Randbereichs eine maßgebende Rolle.

Bei der Martensithärtung von Bauteilen aus C-Stählen mit unterschiedlichem Querschnitt stellen sich bei gleichem Werkstoff und
gleichem Abschreckmedium mit zunehmendem Durchmesser eine
abnehmende Randhärte und eine geringere Einhärtungstiefe ein, die
auf probengrößenabhängige unterschiedliche Abkühlungsgeschwindigkeiten zurückzuführen sind. Das unterschiedliche Verhältnis von
Oberfläche zu Probenvolumen ist auch für eine unterschiedliche
Eigenspannungsausbildung (Wärme- und Umwandlungseigenspannungen) verantwortlich. Die Legierungselemente Mn, Cr, Cr+Mo,
Cr+Ni+Mo, Cr+V steigern in der angegebenen Reihenfolge die
Durchhärtbarkeit im Unterschied zu C-Stählen und gewährleisten

somit auch höhere Schwingfestigkeitssteigerungen bei größeren Abmessungen.

Im Unterschied zu einer konventionellen Vergütungsbehandlung können durch Umwandlungen in der Bainit-Stufe (Zwischenstufenvergütung) bessere Zähigkeits- und Schwingfestigkeitseigenschaften erreicht werden [39].

1.4.3 Oberflächeneinflüsse. Surface effects

Die mechanischen Eigenschaften bei ruhenden und schwingenden Beanspruchungen werden durch die Oberflächeneigenschaften eines Bauteils nachhaltig beeinflußt. Mit Oberflächeneigenschaften soll die Summenwirkung des Einflusses der Oberflächenfeingestalt, der Randfestigkeit und der Randeigenspannungen bezeichnet werden, deren Einzelgewichtung bisher nur in Einzelfällen untersucht wurde [40].

Kräftefreie Oberflächen. Die Oberflächeneigenschaften spielen bei zügiger Beanspruchung eine nur untergeordnete Rolle, da die Tiefenwirkung der durch Trennen oder Kaltumformung hergestellten Oberflächen im Vergleich zum Gesamtquerschnitt gering ist. Bei Schwingbeanspruchungen kommt den Eigenschaften des randnahen Bereichs eine große Bedeutung zu, da die Rißeinleitungsphase überwiegend von den Oberflächeneigenschaften abhängt, während der Rißfortschritt von spannungsmechanischen Faktoren an der Rißspitze beeinflußt wird.

Bild 17 zeigt den Einfluß fertigungsbedingter Rauhtiefenwerte auf den Oberflächenfaktor C_O von Stählen bei Zug-Druck- und Umlaufbiegebeanspruchung in Abhängigkeit von der Zugfestigkeit. Die nachgewiesenen Änderungen in den Schwingfestigkeitseigenschaften dürften im wesentlichen auf die mit zunehmender Rauhtiefe größer werdende Mikrokerbwirkung zurückzuführen sein [41].

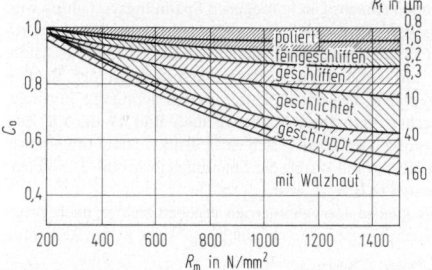

Bild 17. Oberflächeneinflußfaktor C_O für Biegung und Zug-Druck

$$C_O = \sigma_{D,R_t} / \sigma_{D,R_t \leq 1\mu m}$$

Bei verschiedenen mechanischen oder thermochemischen Oberflächen-Verfestigungsverfahren (z.B. Kugelstrahlen, Nitrieren) wird neben einer Steigerung der Randfestigkeit zugleich der Randeigenspannungszustand verändert. Treten Druckeigenspannungen auf, so wird bei Überlagerung mit Lastspannungen die Mittelspannung zu kleineren Werten hin verschoben.

Bild 18 zeigt den kombinierten Einfluß von Randfestigkeitssteigerung und Druckeigenspannungsverteilung in einem modifizierten Smith-Dauerfestigkeitsschaubild, wobei das äußere Schaubild für die verfestigte Randzone gilt. Im Unterschied zum nichtverfestigten Werkstoffzustand kann die Schwingfestigkeitssteigerung auf den Mittelspannungsverschiebungseffekt infolge Druckeigenspannungen I. Art und den Randfestigkeitssteigerungseffekt zurückgeführt werden.

Demgegenüber gibt es aber auch eine Reihe von Oberflächeneinflüssen, die zu einer Beeinträchtigung der Schwing-

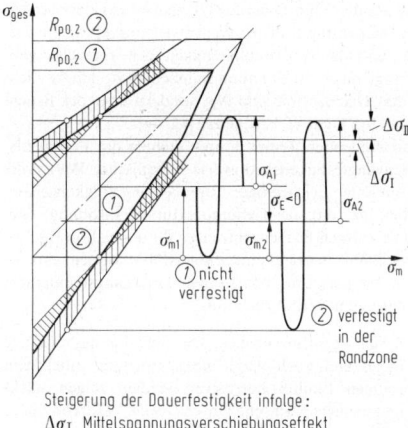

Steigerung der Dauerfestigkeit infolge:
$\Delta\sigma_I$ Mittelspannungsverschiebungseffekt
$\Delta\sigma_{II}$ Randfestigkeitssteigerungseffekt

Bild 18. Zusammenwirken von Randfestigkeitsänderung und Eigenspannungen I. Art auf die Dauerfestigkeit glatter Proben

festigkeitseigenschaften führen können (z.B. Risse in Hartchromüberzügen [42] oder Randabkohlung [43]).

Kräftegebundene Oberflächen. Die Kraftübertragung an gepaarten Oberflächen wird durch mikrogeometrische Gestaltabweichungen erheblich gestört, so daß insbesondere bei gehärteten Oberflächen mit einer erheblichen Einbuße der Wälzfestigkeit zu rechnen ist. Hierbei ist zu beachten, daß die Hertzsche Flächenpressung bei Wälzkörpern mit und ohne Gleitschlupf im Mikrobereich erheblich ansteigt. Während bei vergüteten Oberflächen durch teilplastische Rauhgipfelverformung eine fortschreitende Annäherung der wahren Flächenpressungen an die scheinbaren Flächenpressungswerte erreicht werden kann, bleiben bei gehärteten Oberflächen die hohen Mikro-Flächenpressungswerte an den elastisch verformten Rauhgipfeln weitgehend erhalten und können die Pittinggrenze beträchtlich absenken [44].

1.4.4 Umgebungseinflüsse. Environmental effects

Werkstoffkennwerte hängen in entscheidendem Maße von der Umgebungstemperatur, dem Umgebungsmedium sowie der Strahlungsbelastung ab. Der Temperatureinfluß ist in erster Linie auf veränderte Gleitmechanismen in den Gitterstrukturen homogener und heterogener Legierungen zurückzuführen und wirkt sich auf den Gesamtquerschnitt von Proben und Bauteilen aus. Im Unterschied hierzu werden unter dem Einfluß korrosiver Medien Grenzflächenreaktionen an Oberflächen ausgelöst, die zu makroskopischem und mikroskopischem Werkstoffabtrag führen, Passivschichten beschädigen oder partielle Versprödungserscheinungen durch Eindiffusion von Wasserstoff bewirken. Derartige Schädigungsmechanismen begünstigen bei überlagerten statischen oder schwingenden Beanspruchungen die Rißbildung und vermindern somit die Festigkeits- und Zähigkeitskennwerte.

Temperatureinfluß. Im Temperaturbereich von Raumtemperatur bis zu höheren Temperaturen nehmen in der Grundtendenz die statischen und dynamischen Festigkeitskennwerte metallischer Werkstoffe ab, bei gleichzeitiger Zunahme der Zähigkeitskennwerte. Bei höheren Temperaturen ist zu berücksichtigen, daß neben der Zeitstandfestigkeit auch die Schwingfestigkeitswerte infolge zeit- und temperaturabhängiger Gefügeveränderungen zeitabhängig abfallen. Ein Dauerfestigkeitswert existiert bei höheren Temperaturen nicht. Wegen der ausgeprägten Frequenz- und damit Zeitabhängigkeit der Versuchsergebnisse trägt man den Spannungsausschlag σ_a häufig nicht über der Bruchlastspielzahl N_B, sondern über der Bruchzeit $t_B = N_B/f$ auf (f Frequenz) [45, 46].

Mit abnehmenden Temperaturen steigen die Festigkeits- und Schwingfestigkeitskennwerte metallischer Werkstoffe i. allg. an unter gleichzeitiger Einbuße der Zähigkeitseigenschaften bis hin zur Tieftemperatur-Versprödung. Metalle mit kubisch-flächenzentrierter Gitterstruktur, nickellegierte Stähle sowie Feinkornbaustähle weisen eine zu tieferen Temperaturen verschobene Übergangstemperatur vom Zäh- zum Sprödbruch auf.

Einfluß von Korrosionsmedien. Die Schädigungsvorgänge bei zügiger und wechselnder Beanspruchung unter dem gleichzeitigen Einfluß korrosiver Medien zeigen werkstoff- und medienspezifische Unterschiede. Während Spannungsrißkorrosion nur bei bestimmten Legierungen und Medien auftritt, bewirkt die Schwingungsrißkorrosion bei allen Metallen eine fortschreitende Absenkung der ertragbaren Schwingamplituden im Vergleich zu den Werten an Luft und unter Vakuum. Ein Schwingfestigkeits-Grenzwert der Korrosionsermüdung konnte bisher experimentell nicht bestätigt werden. Die Schadensauslösung sowohl im aktiven als auch im passiven Werkstoffzustand dürfte auf Wechselgleitvorgänge zurückzuführen sein, da plastisch verformte Oberflächenbereiche unter der Einwirkung eines Elektrolyten als Lokalanode wirken und somit einer erhöhten Auflösungsgeschwindigkeit unterliegen [47]. Hierdurch werden Mikrokerben gebildet, die schließlich zu einer Makrorißbildung führen.

Wegen der Vielzahl der Einflußparameter bereitet die Beurteilung der Anfälligkeit eines Werkstoffs gegenüber interkristalliner Spannungsrißkorrosion große Schwierigkeiten, zumal diese Angriffsart bei der bedeutenden Gruppe der nichtrostenden austenitischen Stähle insbesondere durch Halogenid- und Hydroxilionen ausgelöst wird [48]. Der Mikrorißbildung geht eine von der Beanspruchung und der Elektrolytzusammensetzung abhängige Inkubationsphase voraus, die durch die Existenz von fertigungsbedingten Zugeigenspannungen erheblich abgekürzt werden kann. Spannungsrißkorrosionsschäden können u.U. allein durch Zugeigenspannungen ausgelöst werden.

In Laugen, Nitrat- und Carbonatlösungen sind auch unlegierte und niedriglegierte Stähle in bestimmten Potentialbereichen für interkristalline Spannungsrißkorrosion anfällig [48].

Eine besondere Form der Spannungsrißkorrosion stellt die Wasserstoffversprödung dar, die sowohl durch elektrochemische Prozesse in verschiedenen Fertigungsverfahren (z.B. Herstellung galvanischer Überzüge) als auch bei elektrochemischen Korrosionsvorgängen entstehen kann. Voraussetzung für diese Schädigungsart ist ein Wasserstoffangebot in atomarer Form. Der Wasserstoff wird im Eisengitter als Einlagerungsmischkristall gelöst und vorzugsweise an Kristallbaufehlern, Poren und Hohlräumen absorbiert [49].

Einfluß energiereicher Strahlen. Bei der Bestrahlung metallischer Werkstoffe mit Neutronen, Ionen oder Elektronen kommt es zu vielfältigen Wechselwirkungen mit den Gitteratomen des bestrahlten Werkstoffs, die zu einer Veränderung der mechanischen, physikalischen und chemischen Werkstoffeigenschaften führen können. Von besonderer Bedeutung für die Werkstoffauswahl im Reaktorbau sind bei Betriebstemperatur und Neutronenfluenz mögliche Strahlenschädigungen, die in Bestrahlungsverfestigung infolge Gleitblockierung, bestrahlungsinduziertes Kriechen bei höheren Temperaturen, in Hochtemperaturversprödung sowie in bestrahlungsinduziertes Schwellen infolge Porenbildung unterteilt werden können [50]. Die Beherrschung des letztgenannten Effekts der Porenbildung, der auf der Agglomeration von Leerstellen beruht, spielt für die Auslegung der Brennelemente in schnellen Brutreaktoren sowie heliumgekühlten Hochtemperaturreaktoren eine entscheidende Rolle.

1.5 Festigkeitseigenschaften und konstruktive Gestaltung. Strength properties and constructional design

Die Bauteil-Festigkeitseigenschaften bei statischer und schwingender Beanspruchung können nur mit gewissen Einschränkungen durch die Aufstellung von Festigkeits- und Versagensbedingungen abgeschätzt werden. Dies ist auf den Sachverhalt zurückzuführen, daß die Versagenshypothesen für homogene mehrachsige Spannungszustände gelten und einen Gradienteneinfluß bei Kerbspannungszuständen nicht erfassen. Die Bedeutung dieses Sachverhalts läßt sich daraus ableiten, daß wesentliche Konstruktionselemente des Maschinen-, Apparate- und Stahlbaus (z.B. Querschnittsübergänge, Querbohrungen, Schrumpfsitze, Schraubenverbindungen, Schweißverbindungen) typische mehrachsige Kerbspannungszustände aufweisen.

Weiterhin wird in der Festigkeitsberechnung nicht berücksichtigt, daß Bauteilgröße und Probengröße, an der der einachsige Werkstoffkennwert ermittelt wurde, nicht übereinstimmen. Schließlich ist bei der Aufstellung einer Festigkeitsbedingung für Ermüdungsbruch nicht gewährleistet, daß die Oberflächeneigenschaften des Bauteils mit den Oberflächeneigenschaften der Probestäbe zur Ermittlung des einachsigen Ermüdungskennwerts übereinstimmen.

1.5.1 Gestalteinfluß auf statische Festigkeitseigenschaften
Constructional design and static strength properties

Kerbeinfluß. Im Unterschied zu der bei Zugstäben vorliegenden einachsigen homogenen Spannungsverteilung wird das Festigkeitsverhalten von Bauteilen je nach konstruktiver Gestaltung durch mehrachsige Kerbspannungszustände mit ausgeprägten Spannungsspitzen an der Bauteiloberfläche beeinflußt. Unter Berücksichtigung linearelastischen Verhaltens können gemäß **Bild 19** die für Zug, Biegung oder Torsion sich einstellenden Spannungsspitzen im Kerbgrund durch die Spannungsformzahl α_k definiert werden (z.B. $\alpha_{k\,Zug} = \sigma_{1\,max}/\sigma_{1\,n}$).

Für gleiche Kerbgeometrie ergeben sich je nach Beanspruchungsart unterschiedliche α_k-Werte in der Reihenfolge $\alpha_{k\,Zug} > \alpha_{k\,Biegung} > \alpha_{k\,Torsion}$.

Aus rechnerischen Ansätzen (z.B. Finite-Element-Methode) sowie aus zahlreichen experimentellen Untersuchun-

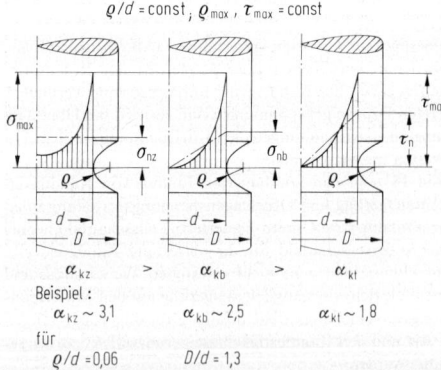

Bild 19. Spannungsformzahl − Definition für Zug-, Biege- und Torsionsbeanspruchung

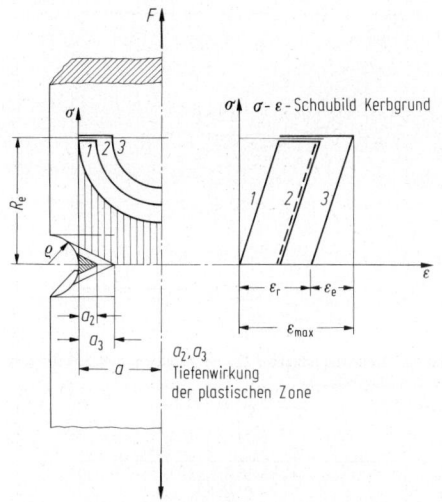

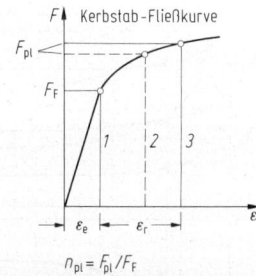

$$n_{pl} = F_{pl}/F_F$$

Bild 20. Stützwirkung in Kerbstäben bei teilplastischer Verformung

gen sind für verschiedene Kerbfälle der Konstruktionspraxis die Spannungsformzahlen α_k bekannt. Mit der in **Anh. E1 Tab. 4** angegebenen Gleichung und den zugehörigen Faktoren und Exponenten, die nach der Finite-Element-Methode ermittelt wurden, können Spannungsformzahlen an gekerbten sowie an abgesetzten Flach- und Rundstäben für verschiedene Beanspruchungsfälle errechnet werden [51].

Würde unter Verwendung eines duktilen Werkstoffs bei zügiger Beanspruchung ein Kerbstab nur bis zur Randfließgrenze R_e/α_k belastet, so ergäbe sich eine nur unvollständige Werkstoffausnutzung. Bei zähem Werkstoffzustand kann die Belastung beträchtlich über den Fließbeginn im Kerbgrund gesteigert werden, wobei ohne wesentliche Steigerung der Randfließspannung die plastische Zone eine größere Tiefenwirkung erreicht, bis sich im vollplastischen Zustand die Grenztragfähigkeit einstellt. Dies gilt zunächst für ideal-elastisch-plastischen Werkstoff ohne Kaltverfestigung, **Bild 20.**

Aus der Kerbstab-Fließkurve [52] geht hervor, daß mit zunehmender plastischer Randdehnung und größerer Tiefenwirkung der plastischen Zone die Tragfähigkeit ansteigt. Als geeignete Kenngröße einer gesteigerten Tragfähigkeit erweist sich der Quotient aus der Laststeigerung nach Beginn des Fließens F_{pl} und der Belastungsgrenze bei Fließbeginn F_F, der auch als Stützziffer n_{pl} bezeichnet wird [11]: $n_{pl} = F_{pl}/F_F > 1$.

Für spröde Stoffzustände gelten diese Überlegungen keineswegs. In diesem Fall ergibt sich keine Fließ-, sondern eine Bruchbedingung zu $R_{mk} = \sigma_{1n} = \sigma_{1max}/\alpha_k$.

Als geeignetes Kriterium zur Beurteilung des zähen oder spröden Bauteilverhaltens unter Kerbspannungszuständen erweist sich die bezogene Kerbzugfestigkeit $\gamma_k = R_{mk}/R_m$ als Funktion von α_k. Duktile Werkstoffe zeigen mit größer werdender Spannungsformzahl bezogene Kerbzugfestigkeitswerte $R_{mk}/R_m > 1$, während spröde Stoffzustände bezogene Kerbzugfestigkeitswerte $R_{mk}/R_m < 1$ ergeben. Für ideal spröden Stoffzustand ergibt sich die Grenzbedingung $R_{mk}/R_m = (\sigma_{1max}/\alpha_k)/\sigma_{1max} = 1/\alpha_k \leqq 1$.

Größeneinfluß. Zur Übertragung der an Proben ermittelten Werkstoffkennwerte muß der Größeneinfluß berücksichtigt werden. Unter der Annahme elastomechanischer Ähnlichkeit wurde an geometrisch ähnlich gekerbten Probestäben nachgewiesen, daß Fließgrenze und Fließkurve von Kerbstäben verschiedener Durchmesser für geringe plastische Verformungen einen vernachlässigbaren geometrischen Größeneinfluß aufweisen [53]. Dagegen wurde in Kerbzugversuchen im Durchmesserbereich von 6 bis 180 mm nachgewiesen, daß Kerbproben aus C 60 ($\alpha_k = 3,85 = const$) unterhalb 80 mm Außendurchmesser ein Kerbzugfestigkeitsverhältnis > 1, oberhalb 80 mm Außendurchmesser ein Kerbzugfestigkeitsverhältnis < 1 aufweisen. Dies deutet darauf hin, daß Kerbzugfestigkeitseigenschaften einen eindeutigen Größeneinfluß zeigen, und somit auch bei quasi-statischer Beanspruchung ein Übergang vom zähen zum spröden Bauteilverhalten bei bestimmten Grenzdurchmessern erfolgen kann.

1.5.2 Gestalteinfluß auf Schwingfestigkeitseigenschaften
Design of structures and dynamic strength properties

Kerbeinfluß. Unter der Annahme linear-elastischen Verhaltens im Dauerfestigkeitsbereich kann erwartet werden, daß bei Kerbstäben und gekerbten Bauteilen die Wechselspannungsamplitude im Kerbgrund um den α_k-fachen Wert der Nennspannung erhöht wird und somit die Dauerfestigkeit σ_{Dk} gekerbter Proben oder Bauteile auf den elastizitätstheoretischen Kleinstwert der Nennspannung $\sigma_{Dk} = \sigma_D/\alpha_k$ abgesenkt werden kann. In vielen Untersuchungen wurde nachgewiesen, daß die Verminderung der Dauerfestigkeit gekerbter Proben kleiner ist, als aus dem elastizitätstheoretischen Kleinstwert zu erwarten ist [54]. Je nach Kerbschärfe und Größe des Kerbgrunddurchmessers werden infolge Stützwirkung erheblich höhere Schwingfestigkeitswerte erzielt. Dies bedeutet, daß im Durchmesserbereich < 100 mm die Schwingfestigkeitseigenschaften gekerbter Proben nicht nur von der Spannungsformzahl α_k, sondern auch von weiteren Faktoren abhängen. Im Unterschied zur Spannungsformzahl α_k können mit der *Kerbwirkungszahl* β_k die Schwingfestigkeitseigenschaften summarisch erfaßt werden:

$$\sigma_{D,k} = \sigma_D/\beta_k; \quad \beta_k = \sigma_D/\sigma_{D,k}; \quad \beta_k \leqq \alpha_k.$$

Die Kerbwirkungszahl β_k kann nicht nur experimentell, sondern auch nach verschiedenen Verfahren rechnerisch bestimmt werden [55].

Die von A. Thum definierte Kerbempfindlichkeitszahl $\eta_k = (\beta_k - 1)/(\alpha_k - 1)$ läßt sich nach H. Neuber in erster Näherung mit folgendem Ansatz abschätzen [56]:

$$\eta_k = \frac{1}{1 + \sqrt{\dfrac{a}{r}}}$$

mit r Kerbradius, a Werkstoffkonstante, $a = f(R_m)$.

Bild 21 zeigt am Beispiel von Vergütungsstählen unterschiedlicher Festigkeitseigenschaften den Funktionsverlauf von $\eta_k = f(r)$. Die aus Zugfestigkeitswerten umgerechneten Härtewerte (HB $\approx R_m/3,5$) erlauben somit eine Berechnung der η_k-Werte für Zug-Druck-, Biege- und Tor-

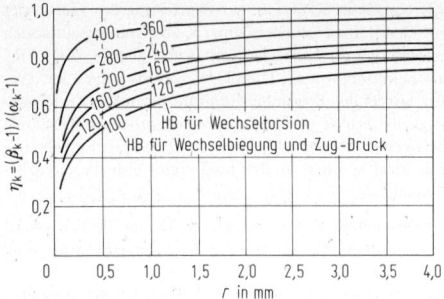

Bild 21. Kerbempfindlichkeit η_k in Abhängigkeit vom Kerbradius r

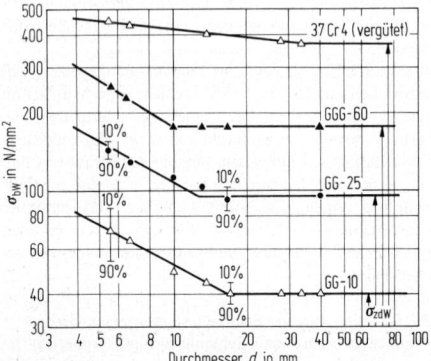

Bild 22. Biegewechselfestigkeitswerte von Eisengraphitwerkstoffen in Abhängigkeit von der Probengröße

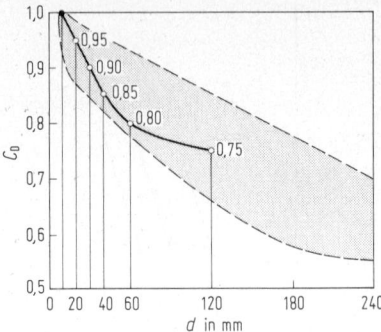

Bild 23. Größeneinflußfaktor C_D im Vergleich zum Streubereich der Versuchsergebnisse

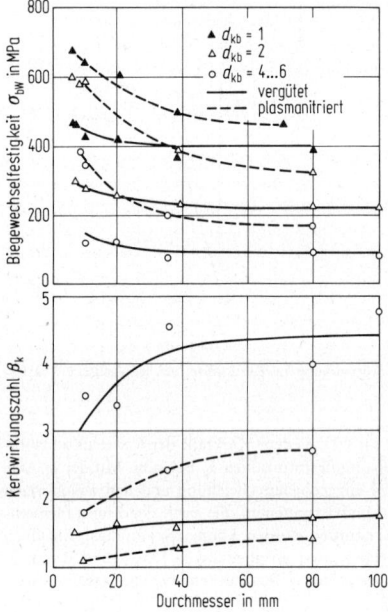

Bild 24. Biegewechselfestigkeitseigenschaften und β_k-Werte vergüteter und plasmanitrierter Proben aus 30 CrNiMo 8 ($R_m = 900\,\text{N/mm}^2$) unterschiedlicher Durchmesser. Durchgezogene Linien: vergütet; gepunktete Linien: plasmanitriert

sionsbeanspruchung an Kerbstäben mit unterschiedlicher spannungsmechanischer Stützwirkung. Ähnliche Abhängigkeiten sind auch für hochfeste Aluminiumlegierungen bekannt.

Größeneinfluß. Um die aus Einstufenversuchen ermittelten Schwingfestigkeitseigenschaften glatter und gekerbter Proben auf einstufenbeanspruchte Bauteile übertragen zu können, müssen alle maßgebenden Größeneinflußparameter bekannt sein, die in folgende Einzelmechanismen unterteilt werden können [54]: *Technologischer* Größeneinfluß, *spannungsmechanischer (geometrischer)* Größeneinfluß, *statistischer* Größeneinfluß [57] sowie *oberflächentechnischer* Größeneinfluß.

Als Einzelbeispiele zum spannungsmechanischen Größeneinfluß zeigt **Bild 22** Schwingfestigkeitseigenschaften von Eisengraphitwerkstoffen im Vergleich zu den Werten eines Vergütungsstahls in Abhängigkeit zur Probengröße [54]. Wie durch statistische Versuchsauswertung belegt werden konnte, klingt der Stützwirkungseffekt infolge Spannungsgefälle bei Eisengraphitwerkstoffen sehr rasch ab, um oberhalb 20 mm in die weitgehend durchmesserunabhängige Zug-Druck-Wechselfestigkeit überzugehen.

Bisher sind im Schrifttum nur wenige Versuchsergebnisse zur Abschätzung der Größeneinfluß-Mechanismen bekannt geworden, die eine Entkoppelung der Einzelmechanismen zuließen. **Bild 23** zeigt eine Auswertung von R. Hänchen zur Bestimmung des Größeneinflußfaktors C_D, der sowohl den spannungsmechanischen als auch den technologischen Größeneinfluß bei Vergütungsstählen bei Biege- oder Torsionsbeanspruchung berücksichtigt [58]. Eine geschlossene Deutung des oberflächentechnischen Größeneinflusses ist noch nicht möglich. Insbesondere

durch die Anwendung mechanischer oder thermochemischer Oberflächen-Verfestigungsverfahren (z.B. Festwalzen, Nitrieren, Einsatzhärten) können beträchtliche Schwingfestigkeitssteigerungen an gekerbten Bauteilen erreicht werden [59].

Bild 24 zeigt in einer Gegenüberstellung Dauerfestigkeitseigenschaften bei Umlaufbiegebelastung des Vergütungsstahls 30 CrNiMo 8 im vergüteten Zustand ($R_m = 900\,\text{N/mm}^2$ für alle untersuchten Durchmesser) sowie im plasmanitrierten Zustand (24 h bei 530 °C; mittlere Nitriertiefe 0,3 mm) in Abhängigkeit zur Probengröße im Durchmesserbereich bis 80 bis 100 mm. Insbesondere bei kleinen Probendurchmessern werden durch das Plasmanitrieren große Schwingfestigkeitssteigerungen erreicht.

1.6 Tragfähigkeit von Bauteilen
Load bearing capability of structural components

Ihre Abschätzung bei Festigkeitsberechnungen erfolgt überwiegend noch ohne Berücksichtigung von Eigenspannungszuständen. Festigkeitsberechnungen für schwingbeanspruchte Bauteile setzen voraus, daß die Oberflächeneigenschaften von Probestäben in bezug auf Randfestigkeit und Randeigenspannungszustand mit den Bauteil-Oberflächeneigenschaften übereinstimmen.

Für die Dimensionierung von Bauteilen ist die Wahl des Sicherheitsbeiwerts gegenüber Fließen, Bruch oder Instabilität von Bedeutung. Hierbei sind die Streuung der Werkstoffeigenschaften, ungenaue Berechnungsverfahren bei der Aufstellung der Vergleichsspannung sowie unsichere Lastannahmen zusätzlich zu berücksichtigen.

1.6.1 Statische Belastung. Static load

Bei dieser Belastungsart und unter mehrachsig homogener Beanspruchung wird die Festigkeitsberechnung jeweils für den höchstbeanspruchten Querschnitt durchgeführt. Mit einem Sicherheitsbeiwert S muß die berechnete Vergleichsspannung σ_v unter dem einaxialen Werkstoffkennwert K bleiben, $\sigma_v \leqq \sigma_{zul} = K/S$.

Bei Bauteilen mit einem nur geringen Inhomogenitätsgrad der mehrachsigen Spannungen (z.B. Rohr unter Innendruck) kann von einem Vergleichsspannungsmittelwert $\bar{\sigma}_v$ ausgegangen werden, der aus den mittleren Lastspannungswerten berechnet wird.

Bei Bauteilen mit ausgeprägter Inhomogenität des mehrachsigen Spannungszustands (z.B. Kerbwirkung an Querschnittsübergängen) kann bei duktilen Werkstoffen an der höchstbeanspruchten Stelle die Fließgrenze überschritten werden, so daß erst bei Annäherung an den vollplastischen Zustand die Tragfähigkeitsgrenze erreicht wird. Hierbei ist der Werkstoffkennwert K für die Fließbedingung mit der Stützziffer n_{pl}: $K = n_{pl}R_e$ (s. E1.5.1).

Die Fließgrenzbedingung lautet mit S_F als Sicherheitsbeiwert gegen Fließen $\sigma_v \leqq \sigma_{zul} = (n_{pl}R_e)/S_F$.

Wird bei gekerbten Bauteilen die zulässige Spannung auf Nennspannungen bezogen, so gilt $\sigma_{zul} = (n_{pl}R_e)/(\alpha_k S_F)$.

Bei ausreichender Verformungsfähigkeit des Werkstoffs kann der Quotient $n_{pl}/\alpha_k > 1$ gesetzt werden, d.h. die Tragfähigkeitsminderung infolge Kerbwirkung wird durch die Stützwirkung stärker kompensiert [11].

Die Stützziffer n_{pl} wird entweder rechnerisch oder aus Bauteil-Fließkurven experimentell [52] ermittelt. Unter der Annahme einer zulässigen plastischen Dehnung von 0,2% im Kerbgrund eines Bauteils kann die Stützziffer durch folgende Zahlenwertgleichung berechnet werden [55]:

$$n_{pl} = n_{0,2} \approx 1 + 0,75(\alpha_k - 1)\sqrt[4]{\frac{300}{R_e}},$$

wenn α_k als dimensionslose Kenngröße und R_e in N/mm² eingesetzt sind.

Einen Sonderfall statischer Bauteilbelastung stellt die mögliche Instabilität infolge Knickung dar (s. C7).

Die Bauteiltragfähigkeit unter ruhender Belastung kann zusätzlich durch mehrachsige Eigenspannungszustände beeinflußt werden. Je nach Tiefenwirkung der Eigenspannungsquelle bewirken mehrachsige Zugeigenspannungen eine Anhebung der Bauteilfließgrenze, wobei mit zunehmender teilplastischer Verformung der Eigenspannungszustand wieder abgebaut wird. Im Grenzfall können dreiachsige hydrostatische Zugeigenspannungszustände eine Trennbruchgefahr auslösen, die unter Anwendung der Normalspannungshypothese wie folgt abgeschätzt werden kann: $\sigma_{1\,max} = \sigma_{1\,Last} + \sigma_{1\,Eigensp.}$.

Die Superposition von Last- und Eigenspannungen setzt voraus, daß der dreiachsige Eigenspannungszustand nach Größe und Richtung des Hauptachsensystems bekannt ist.

1.6.2 Bauteil-Tragfähigkeit unter Einstufen-Schwingbelastung. Load bearing capability under one-step dynamic load

Die mit *Gestaltfestigkeit* oder *Dauerhaltbarkeit* bezeichnete Bauteil-Tragfähigkeit bei einstufiger Schwingbelastung kann unter Berücksichtigung der maßgebenden Einflußfaktoren (Kerbwirkung, Größeneinfluß, Oberflächeneinfluß) weitgehend aus den Eigenschaften gekerbter Proben berechnet werden. Die Bauteileigenschaften unter Schwingbeanspruchung werden durch stoffliche, fertigungstechnische und konstruktive Faktoren beeinflußt, wobei durch Anwendung mechanischer und thermochemischer Randschicht-Verfestigungsverfahren meistens die wirkungsvollste Steigerung der Dauerhaltbarkeit erreicht werden kann.

Die Schwingfestigkeit σ_D ungekerbter Bauteile, deren Oberfläche weder eine partielle Verfestigung noch Entfestigung (z.B. Randentkohlung) aufweist, kann bei bekannten Schwingfestigkeitseigenschaften des Werkstoffs unter Berücksichtigung des Oberflächen- und Größeneinflusses wie folgt abgeschätzt werden [24]:

$$\sigma_D = \sigma_W C_D C_O$$

mit σ_W Schwingfestigkeit des Werkstoffs, C_D Größeneinflußfaktor, C_O Oberflächenfaktor.

Der Einfluß der Oberflächengüte auf die Dauerfestigkeit ungekerbter Bauteile kann gemäß **Bild 17** durch den Oberflächenfaktor C_O bewertet werden.

Die Schwingfestigkeit gekerbter Bauteile σ_{Dk} bei Einstufenbeanspruchung läßt sich wie folgt berechnen:

$$\sigma_{Dk} = (\sigma_W C_D C_O)/\beta_{kO}$$

mit β_{kO} korrigierte Kerbwirkungszahl unter Berücksichtigung bestimmter Oberflächengütewerte.

Die korrigierte Kerbwirkungszahl ergibt sich zu

$$\beta_{kO} = 1 + (\beta_k - 1)C_O.$$

Abweichend von diesen vereinfachten Nennspannungsansätzen kann durch weitere Faktoren (z.B. Querschnittsformfaktor für nicht kreisförmige Querschnitte oder Anisotropiekoeffizient) die Schwingfestigkeitsberechnung verbessert werden [60].

Die Schwingfestigkeitseigenschaften von Maschinen und Anlagen aus dem Gesamtbereich des Maschinen-, Apparate- und Stahlbaus werden maßgebend von den Ermüdungseigenschaften einzelner Konstruktionselemente beeinflußt [61]. Hier sind in erster Linie Schraubenverbindungen und Schweißverbindungen [62] zu nennen, deren Schwingfestigkeitswerte erst in den letzten Jahren mit Methoden statistischer Versuchsauswertung belegt wurden.

Berechnungsbeispiel: Biegewechselfestigkeit einer gekerbten Welle Eine umlaufbiegebeanspruchte Welle aus dem Vergütungsstahl 37 Cr 4 ($R_m = 830$ N/mm²) weist eine umlaufende Kerbe mit dem Kerbradius $\rho = 3,6$ mm auf. Der Außendurchmesser der Welle beträgt $D = 50$ mm, der Durchmesser im Kerbgrund $d = 40$ mm. Die Oberfläche liegt im feingeschliffenen Zustand vor ($R_z \leqq 5\,\mu m$). Wie groß ist die Biegewechselfestigkeit σ_{bWk} der gekerbten Welle? Aus den Geometriedaten ergibt sich eine Spannungsformzahl von $\alpha_{kb} = 2,0$. Die Umlaufbiegewechselfestigkeit des Wellenwerkstoffs beträgt

$$\sigma_{bW} = 0,5 R_m = 415\ N/mm^2;$$
$$\sigma_{bWk} = (\sigma_{bW} C_D C_O)/\beta_{kO}.$$

Größeneinflußfaktor $C_D = 0,85$ (**Bild 23**).
Oberflächenfaktor $C_O = 0,9$ (**Bild 17**).

$\beta_{kO} = 1 + (\beta_k - 1)C_O$; β_k wird aus der Kerbempfindlichkeit bestimmt (**Bild 21**):

$$\eta_k = \frac{\beta_k - 1}{\alpha_k - 1} = 0{,}87.$$

$\beta_k = 1{,}87$; hieraus folgt $\beta_{kO} = 1{,}78.$

Ergebnis: $\sigma_{bWk} = (415 \cdot 0{,}85 \cdot 0{,}9)/1{,}78 = 178 \ \text{N/mm}^2.$

1.6.3 Bauteil-Tragfähigkeit unter zufallsbedingten Last-Zeit-Funktionen (Betriebsfestigkeit). Load bearing capability of random loaded structural components

Bauteile unterliegen unter Betriebsbedingungen meist regellosen Belastungsverläufen mit statistisch verteilten Schwingamplituden bei konstanten oder variablen Mittellasten, so daß die aus Einstufenversuchen gewonnenen Bauteil-Schwingfestigkeitseigenschaften nur begrenzt für Dimensionierungsregeln herangezogen werden können. In zahlreichen Anwendungsfällen des Maschinen- und Stahlbaus sowie insbesondere im Leichtbau müssen Schwingbeanspruchungen zugelassen werden, deren Spannungsausschlag bis über den zweifachen Betrag der Dauerschwingfestigkeit hinausgeht, wodurch Teilschädigungen durch Wechselgleitvorgänge im Zeitfestigkeitsgebiet entstehen können.

Zur quantitativen Beurteilung der Teilschädigungen im Zeitfestigkeitsgebiet (*Schadensakkumulation*) sind Zählverfahren erforderlich, die unregelmäßige Belastungsabläufe auf eine Folge von Schwinglastspielen bestimmter Größe und Häufigkeit zurückführen. Unter Anwendung verschiedener Zählverfahren (z.B. Spitzenwertverfahren, Verweildauerverfahren, Klassendurchgangsverfahren nach DIN 45667) können Häufigkeitsverteilungen sowie die Summenhäufigkeit der Betriebslasten bzw. der Nennspannungen aufgestellt werden. Durch eine derartige Kollektivbildung geht allerdings der Informationsgehalt realer Beanspruchungs-Zeit-Verläufe verloren.

In **Bild 25** sind drei unterschiedliche Spannungs-Zeit-Verläufe sowie die zugehörigen Spannungskollektive dargestellt, die nach dem Klassendurchgangsverfahren ermittelt

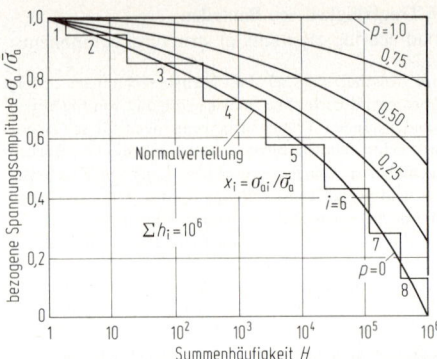

Bild 26. p-Wert-Kollektive und Aufteilungsmöglichkeit für Blockprogramm-Versuche

wurden [63]. Zur eindeutigen Kennzeichnung eines Beanspruchungskollektivs sind die Summenhäufigkeit H, die Kollektivform nach einem bestimmten statistischen Verteilungsgesetz, die Größtwerte der Ober- und Unterspannungen $\bar{\sigma}_o$, $\bar{\sigma}_u$ bzw. die größte Spannungsamplitude $\bar{\sigma}_a$ sowie die zugehörige Mittelspannung $\bar{\sigma}_m$ erforderlich.

Für Spannungs-Zeit-Funktionen können – ausgehend vom stationären Zufallsprozeß mit Normalverteilung (**Bild 26**) – die oberhalb der Normalverteilung liegenden Mischkollektive durch Normalkollektive in einem bestimmten Lastbereich angenähert werden. Die Kollektivbeiwerte p stellen das Verhältnis von minimaler und maximaler Amplitude im Kollektiv dar und liegen gemäß **Bild 26** in den Grenzen $0 \leqq p \leqq 1$. Die Lebensdauervorhersage von Bauteilen unter zufallsbedingten Last-Zeit-Funktionen kann durch Anwendung rechnerischer Verfahren sowie durch versuchstechnische Verfahren in Form von Programmversuchen oder Randomversuchen erfolgen.

Rechnerische Lebensdauervorhersage

Sie kann bei bekanntem Belastungskollektiv und experimentell bestimmter Bauteil-Wöhlerkurve im Zeit- und Dauerfestigkeitsgebiet unter Anwendung einer geeigneten Schadensakkumulationshypothese durchgeführt werden. Die von Palmgren und Miner aufgestellte Hypothese geht von einem linearen Schädigungszuwachs mit der Anzahl N_i der Schwingspiele aus, wobei je Lastspiel eine Teilschädigung von $1/N_i$ auftritt, wenn N_i die Bruchlastspielzahl für den jeweiligen Spannungsausschlag σ_{ai} ist. Wird das Belastungskollektiv gemäß **Bild 27** durch eine mehrstufige Belastung ersetzt, so summieren sich die einzelnen Schädigungsanteile n_i/N_i bei m Laststufen zu folgender Schadenssumme:

$$S = \frac{n_1}{N_1} + \frac{n_2}{N_2} + \frac{n_3}{N_3} + \ldots = \sum_{i=1}^{m} \frac{n_i}{N_i} = 1.$$

Ein Ermüdungsbruch tritt ein, wenn die Schadenssumme $S = 1$ ist.

Das Belastungskollektiv kann in eine Anzahl von Teilfolgen zerlegt werden, deren Schadenssumme je Stufe und Teilfolge $S_i = h_i/N_i$ beträgt, wobei h_i die Zahl der Schwingspiele (Teilschädigungen) je Laststufe einer Teilfolge angibt.

Die Schadenssumme bei Bruch ergibt sich mit $Z =$ Anzahl der Teilfolgen zu $S = \sum \dfrac{n_i}{N_i} = Z \sum \dfrac{h_i}{N_i}$ (bei $Z = 1$ wird $n_i = h_i$).

Das Häufigkeits-Maximum der nach Miner berechneten Schadenssumme liegt bei $S = 1$ [64]. Allerdings sind auch beträchtliche Abweichungen ($S \gtrless 1$) möglich. Scha-

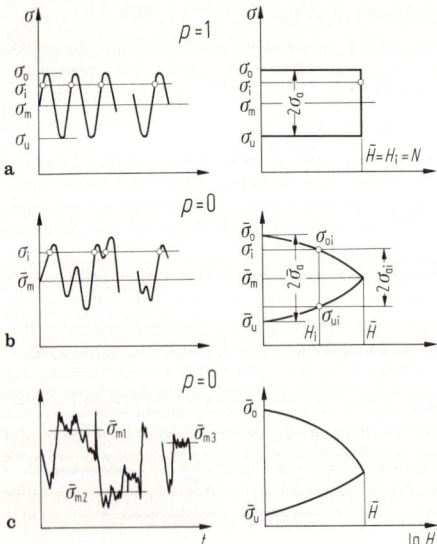

Bild 25. Einfluß verschiedener Spannungs-Zeit-Funktionen auf das Spannungskollektiv. **a** konstante Amplitude und Mittelspannung; **b** veränderliche Amplitude und konstante Mittelspannung; **c** veränderliche Amplitude und veränderliche Mittelspannung

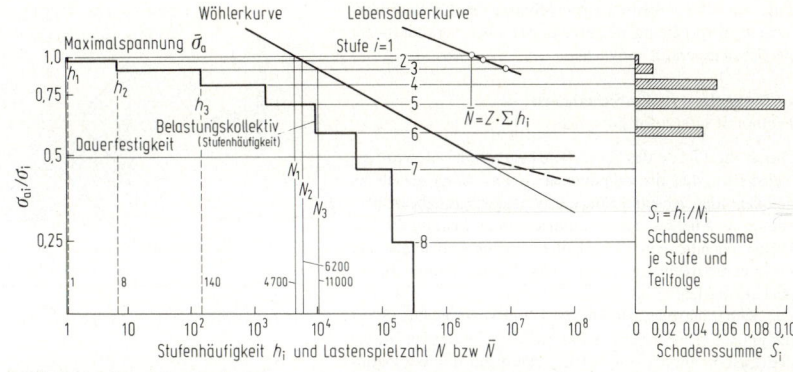

Bild 27. Berechnung der Schadenssumme nach Palmgren-Miner (8-Stufen-Versuch)

denssummenwerte von $S = 0,3$ werden häufig zur Vordimensionierung von Bauteilen empfohlen.

Um die Abweichungen zwischen der experimentell ermittelten Lebensdauer und der berechneten Lebensdauer zu verringern, wurden verschiedene Verbesserungen vorgeschlagen, wie z.B. die Verlängerung der Zeitfestigkeitsgeraden bis auf $\sigma_a = 0$ mit dem halben Neigungswinkel (s. **Bild 27** [65]).

Experimentelle Lebensdauerbestimmung

Hierzu können sowohl Programmversuche als auch Randomversuche angewandt werden. Große Bedeutung hat ein Programmversuch erlangt, bei dem das Amplitudenkollektiv in acht Stufen unterteilt wird und Teilfolgen mit jeweils $0,5 \cdot 10^6$ Lastspielen zusammengestellt werden [66]. Um eine praxisgerechte Mischung hoher und niedriger Spannungsamplituden zu erreichen, werden in jeder Teilfolge die Spannungswerte zuerst ansteigend, dann fallend durchlaufen. Die Ergebnisse eines Programmversuchs lassen sich ähnlich der Wöhlerkurve im Zeitfestigkeitsgebiet als Lebensdauerlinie darstellen.

Als *Randomversuche* werden Schwingversuche bezeichnet, bei denen eine weitgehende Nachahmung der tatsächlichen Beanspruchungs-Zeit-Funktion angestrebt wird. Sie werden unterteilt in Betriebslastenversuch (Nachfahrversuch), randomisierte Programmversuche und Random-Prozeß-Versuche [67]. In experimentellen Vergleichsuntersuchungen zwischen Programm- und Randomversuchen wurde nachgewiesen, daß Randomversuche mit wirklichkeitsnahen Beanspruchungsabläufen eine kürzere Bauteil-Lebensdauer ergeben als verschiedene Blockprogrammversuche [68].

1.6.4 Bauteil-Tragfähigkeit unter Zeitstandbeanspruchung
Load bearing capability of structural
components under creep conditions

Im Unterschied zu den Dimensionierungsansätzen bei Raumtemperatur sind für die Festigkeitsberechnung von Bauteilen bei Betriebstemperaturen oberhalb der Kristallerholungstemperatur T_k des verwendeten warmfesten Werkstoffs zeit- und temperaturabhängige Werkstoffkennwerte erforderlich. Für die Berechnung der zulässigen Spannungen ergeben sich folgende Ansätze mit T Betriebstemperatur, t Beanspruchungszeit, S_F Sicherheitsbeiwert gegen Verformen, S_B Sicherheitsbeiwert gegen Bruch:

$$T < T_k: \quad \sigma_{zul} = R_{p0,2/T}/S_F,$$
$$T > T_k: \quad \sigma_{zul} = R_{p0,2/t/T}/S_F,$$
$$\sigma_{zul} = R_{m/t/T}/S_B.$$

Unter Berücksichtigung von 100000-h-Zeitstandfestigkeitswerten bei Betriebstemperaturen oberhalb T_k können Sicherheitsbeiwerte gegen Bruch bis auf den unteren Wert von $S_B = 1,5$ gewählt werden.

Üblicherweise werden für die Festigkeitsberechnung warmbetriebener Bauteile Zeitstandfestigkeitswerte glatter Proben verwendet. Dies ist nur dann zulässig, wenn die Zeitstandfestigkeit gekerbter Proben ($R_{mk/t/T}$) auch nach langen Beanspruchungszeiten größer ist als die Zeitstandfestigkeit glatter Proben. Bei ausreichenden Zähigkeitseigenschaften des Werkstoffs wird durch konstruktiv bedingte Kerbwirkung und hierdurch ausgelöste Verformungsbehinderung infolge dreiachsiger Zugspannungszustände die Bauteilzeitstandfestigkeit im Vergleich zu glatten Proben erhöht. Dies kann durch das Zeitstand-Kerbzugfestigkeitsverhältnis γ_k von Kerbproben oder Bauteilen nachgewiesen werden:

$$\gamma_k = R_{mk/t/T}/R_{m/t/T} \geqq 1$$

mit $R_{mk/t/T}$ Zeitstandfestigkeit gekerbter Proben oder Bauteile.
Die für bestimmte Betriebszeiten bei höheren Temperaturen berechnete Bauteil-Tragfähigkeit unter Zugrundelegung von Langzeit-Festigkeitswerten (z. B. 100000-h-Zeitstandfestigkeit) gilt zunächst nur für konstant angenommene Belastung und Temperatur. Durch veränderliche Betriebsbedingungen (z. B. Temperaturüber- und -unterschreitungen) wird die Lebensdauer warmbetriebener Bauteile verändert.
In **Bild 28** sind für den Werkstoff 13 CrMo 4 4 die zulässigen Beanspruchungen $\sigma_{zul} = R_{m/t/T}/S_B$ in Abhängigkeit von der Beanspruchungsdauer bei verschiedenen Betriebstemperaturen angegeben. Liegen jeweils 10000-h- und 100000-h-Zeitstandfestigkeitswerte vor, dann können in doppel-logarithmischer Darstellung näherungsweise Geraden durch diese Punkte gezeichnet werden. Bei der Anwendung von Extrapolationsverfahren ist allerdings Vorsicht geboten, da die Kurven häufig schwach abwärts gekrümmt sind [69].

Für die Berechnung der Lebensdauer unter veränderlichen Betriebstemperaturen gilt die Regel der linearen Schadensakkumulation für warmfeste Stähle nur begrenzt [70].

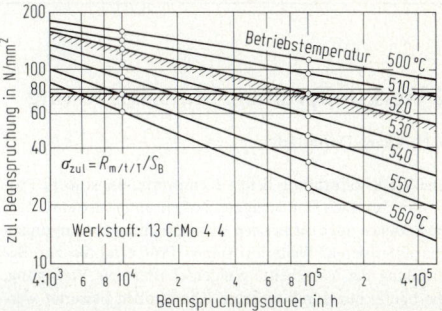

Bild 28. Ermittlung der Spannungssicherheit warmbetriebener Bauteile

Eine ähnliche Lebensdauerberechnung ist für veränderliche Beanspruchung bei konstanter oder veränderlicher Betriebstemperatur möglich.

1.6.5 Anhaltswerte für Sicherheiten
Factors of safety (for guidance)

Durch die Größe des Sicherheitsbeiwerts $S > 1$ wird gewährleistet, daß die zulässige Spannung einen jeweils zu definierenden Abstand von der Versagensgrenzbeanspruchung bei Fließbeginn, Trennbruch oder Instabilität hat. Durch Angabe von Sicherheitsbeiwerten sollen alle der Festigkeitsberechnung anhaftenden Unsicherheiten ausgeglichen werden.

Die Sicherheitsbeiwerte stellen Mindestwerte dar (S_{min}), die je nach den Unsicherheiten im Berechnungsverfahren, den Lastannahmen sowie den Streuungen der Werkstoffkennwerte zusätzlich vergrößert werden müssen. Gemäß VDI-Richtlinie 2226 [55] beträgt der Gesamt-Sicherheitsbeiwert

$$S = S_{min} \cdot S_1 \cdot S_2 \dots S_n$$

mit S_{min} Mindest-Sicherheitsbeiwert für die Grundbeanspruchungen (Fließbeginn, Bruch, Instabilität), $S_1 \dots S_n$ Unsicherheiten.
In **Tab. 1** sind Sicherheitsbeiwerte bei *statischer Beanspruchung* in Abhängigkeit von der Betriebstemperatur und der Versagensart zusammengestellt [11].

Tabelle 1. Sicherheitsbeiwerte bei statischer Beanspruchung [11]

Temperatur	Sicherheitsbeiwerte gegen		
	Fließen S_F	Bruch S_B	Instabilität S_k
$T < T_k$	1,2…2	2 …4	3…5
$T > T_k$	1 …1,5	1,5…2	3…5

Bei ihrer Wahl ist zu berücksichtigen, daß die Gefahr eines Bruchversagens um so größer ist, je geringer die plastische Verformungsreserve des verwendeten Werkstoffs ist. Umgekehrt werden mit zunehmendem plastischen Verformungsvermögen insbesondere Spannungsspitzen in Kerben infolge örtlicher Fließvorgänge weniger wirksam.
Für Bauteile, die bei höheren Temperaturen einer Zeitstandbeanspruchung ausgesetzt sind, ist neben Spannungssicherheit auch eine bestimmte Temperatursicherheit erforderlich. Sie ist die Differenz zwischen der Betriebstemperatur und jener Temperatur, bei der unter gleichbleibender Spannung die Zeitstandfestigkeit $R_{m/10^5}$ erreicht ist [11]: $S_T = T_{Bruch/10^5} - T_{Betrieb}$.
Bei Schwingbeanspruchungen werden in zunehmendem Maße Sicherheitsbeiwerte auf statistischer Grundlage an-

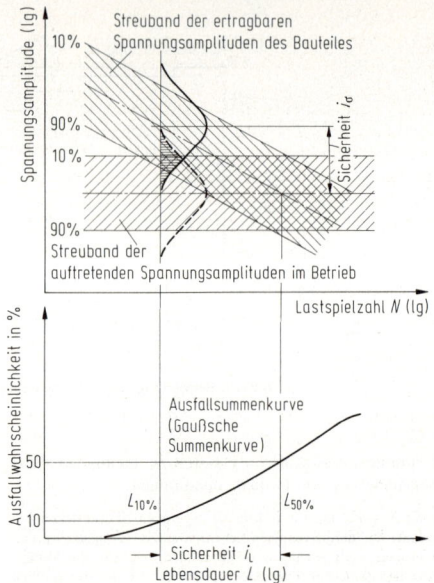

Bild 29. Sicherheit und Ausfallwahrscheinlichkeit schwingbeanspruchter Bauteile

gewandt, wobei durch Berücksichtigung der Streuungen der ertragbaren Spannungsamplituden und der im Betrieb möglichen Streuungen der Beanspruchungen eindeutige Ausfallwahrscheinlichkeiten in Abhängigkeit von der Lastwechselzahl angegeben werden können.
Bild 29 zeigt das Streuband der ertragbaren Spannungsamplitude eines Bauteils mit den Überlebenswahrscheinlichkeiten $P_ü = 90$, 50 und 10% sowie das Streuband der im Betrieb auftretenden Spannungsamplituden [71]. In Abhängigkeit von der Lastspielzahl kann die Ausfallwahrscheinlichkeit aus der Ausfallsummenkurve dargestellt und für jeden Lebensdauerwert aus dem Mittenabstand und den Standardabweichungen der beiden Streuverteilungen berechnet werden. Wie aus dem Verlauf der 50%-Werte der ertragbaren Spannungsamplituden und der Betriebsbeanspruchungen hervorgeht, verschieben sich die Streubänder der Spannungsamplituden aufeinander zu, so daß die Ausfallwahrscheinlichkeiten mit zunehmender Lebensdauer ansteigen. Nach diesem Verfahren können somit statistisch gesicherte Sicherheitsbeiwerte für schwingbeanspruchte Bauteile angegeben werden, die dem jeweiligen Mittenabstand der beiden Streuverteilungen zuzuordnen sind (s. **Bild 29**).

---

2 Werkstoffprüfung. Materials testing

K.H. Kloos, Darmstadt

Die Werkstoffprüfung liefert Kennwerte, die sowohl Probestab- als auch Bauteileigenschaften unter *mechanischen, thermischen* oder *chemischen* Beanspruchungsbedingungen charakterisieren. Weiterhin stehen Prüfverfahren zur Beurteilung der Verarbeitungseigenschaften zur Verfügung, die häufig nur durch mehrere Kenngrößen bewertet werden können. Die Werkstoffprüfverfahren dienen auch zur objektiven Bewertung der Werkstoffeigenschaften in der Eingangskontrolle, der Produkt- und Fertigungsüberwachung sowie bei der Aufklärung von Schadensfällen.

2.1 Grundlagen. Fundamentals

In den mechanischen, technologischen und chemischen Prüfverfahren werden charakteristische Betriebsbeanspruchungen nachgeahmt, bei denen häufig von idealisierten Beanspruchungsbedingungen ausgegangen wird. Hierbei bereitet die Übertragbarkeit von Werkstoffkennwerten, die an kleineren Proben gewonnen wurden, auf wirklichkeitsnahe Abmessungen oftmals größere Schwierigkeiten.

Die Prüfverfahren werden in *zerstörende* und *zerstörungsfreie* Verfahren unterteilt. Bei besonderen Sicherheitsanforderungen (z.B. Luftfahrtindustrie) ist die Stichprobenprüfung nicht mehr zulässig und muß durch die Gesamtprüfung ersetzt werden, die teilweise in den Fertigungsprozeß integriert wird. Verschiedene Bauteile aus der Reaktortechnik werden nicht nur während der Fertigung und bei der Schlußabnahme überwacht, sondern können auch während der Betriebsbeanspruchung durch festinstallierte zerstörungsfreie Prüfverfahren kontrolliert werden.

2.1.1 Probenentnahme. Sampling

Normalerschmolzene Stähle besitzen eine ausgeprägte Anisotropie in den Zähigkeitseigenschaften, so daß die Lage der Proben im Bauteil in Längs-, Quer- und Dickenrichtung anzugeben ist. In Großbauteilen können durch die Erstarrungsbedingungen größere Unterschiede zwischen den Kern- und Randfestigkeitseigenschaften auftreten. **Bild 1** zeigt am Beispiel einer Welle für Großgeneratoren verschiedene Erstarrungsbereiche des Blocks sowie Entnahmemöglichkeiten für Radial- und Axialproben zur Gütesicherung. Insbesondere im Bereich des Seigerungsgebiets von Kohlenstoff, Phosphor und Schwefel können Unterschiede in den mechanischen Eigenschaften auftreten. In mehrachsig beanspruchten Bauteilen sollte die Probenentnahme in Richtung der größten Hauptnormalspannung erfolgen. Besondere Anforderungen an die Probenentnahme sind bei der Gütesicherung gegossener Bauteile zu stellen. Die mechanischen Eigenschaften angegossener Proben können nur dann mit den Werkstoffeigenschaften des Gußteils übereinstimmen, wenn die Abkühlungsbedingungen in beiden Fällen gleich sind. Dies gilt insbesondere für Eisengraphitwerkstoffe, deren mechanische Eigenschaften in starkem Maße von der Graphitform und -verteilung abhängen.
Normen: *DIN 1605*: Mechanische Prüfung der Metalle, Allgemeines und Abnahme. – *DIN 50108*: Prüfung von Gußeisen mit Lamellengraphit, Probenahme für den Zug- und Biegeversuch.

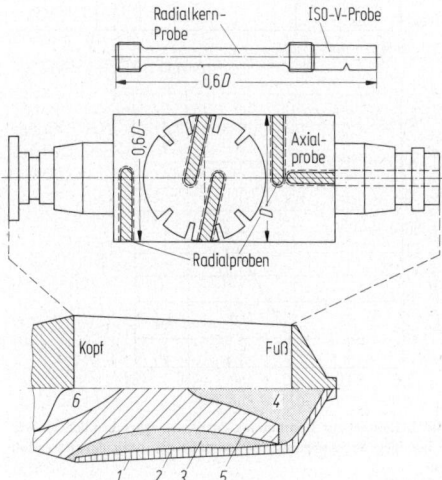

Bild 1. Probenentnahme bei großen Schmiedeteilen und erstarrungsbedingte Einflüsse auf die Gefügeausbildung sowie Seigerungsbereiche. *1* Randzone (feine Kugelkristallite), *2* Stengelkristalle, *3* Kontaktdendriten, *4* grobe Kugelkristalle, *5* Seigerungsgebiet, *6* seigerungsarme Erstarrung

2.1.2 Versuchsauswertung. Evaluation of tests

Bei der Bestimmung von Werkstoffeigenschaften ist neben dem Kennwert auch der Streubereich von Bedeutung, der durch Unterschiede in der chemischen Zusammensetzung der Proben sowie durch fertigungs- und prüftechnische Einflüsse bedingt ist. Bei der Festlegung von Sicherheitszahlen für die Festigkeitsberechnung ist es häufig erforderlich, Werkstoffkennwerte einzusetzen, die nach statistischen Grundsätzen bestimmt wurden.

Auswertungsverfahren für statische Werkstoffkennwerte

Die Mehrzahl der statischen Werkstoffkennwerte wird durch Mittelwertbildung bestimmt. Neben dem *arithmetischen Mittelwert* ist es häufig notwendig, den unteren Grenzwert (Minimalwert) anzugeben, der von keiner Probe unterschritten wird. Beim Einsetzen des Minimalwerts kann bei der Festigkeitsberechnung eines Bauteils von einer 100%igen Überlebenswahrscheinlichkeit ausgegangen werden, während bei Verwendung des arithmetischen Mittelwerts nur eine Überlebenswahrscheinlichkeit von 50% ergibt (s. A9.5).
Als leistungsfähigste Meßzahlen zur Kennzeichnung des Streubereichs von Werkstoffkennwerten haben sich die Varianz bzw. die daraus abgeleiteten Größen Standardabweichung und Variationskoeffizient erwiesen (s. A9.5).
Aus wirtschaftlichen Gründen ist es in den seltensten Fällen möglich, die Werkstoffkennwerte aus einer Grundgesamtheit zu bestimmen. Sind die oben angegebenen Größen für eine Stichprobe bekannt, so kann unter Angabe von *Vertrauensbereichen* (Vertrauensintervalle) von der Stichprobe auf die Grundgesamtheit geschlossen werden. Hierdurch kann eine bestimmte Wahrscheinlichkeit angegeben werden, so daß der wahre Mittelwert der Grundgesamtheit innerhalb eines genau definierten Intervalls um den Mittelwert der Stichprobe liegt.

Auswertungsverfahren für Schwingfestigkeitskennwerte

Infolge der großen Zahl von Schwingfestigkeits-Einflußfaktoren sollten alle maßgeblichen Dauerfestigkeitskennwerte mit der Angabe einer bestimmten *Überlebens- oder Bruchwahrscheinlichkeit* gekoppelt werden, wozu eine größere Probenzahl erforderlich ist.
Bei nur wenigen Proben pro Lasthorizont und geringer Probenzahl pro Wöhlerkurve ist eine Verbesserung des Auswerteverfahrens dadurch möglich, daß aufgrund des beobachteten Verteilungsbilds der Versuchswerte zutreffende Verteilungsgesetze mit genügender Genauigkeit formuliert werden können. Die bekanntesten Verteilungsgesetze sind die Normalverteilung nach Gauß (s. A9.4), die Extremwertverteilung nach Gumbel (die sog. Weibull-Verteilung stellt hierin einen Sonderfall dar), sowie die arcsin $\sqrt{p}$-Transformation. Um eine ausreichende Aussagewahrscheinlichkeit zu erhalten, sind je Lasthorizont mindestens zehn Proben erforderlich. Unter der Voraussetzung einer Normalverteilung werden derzeit zwei Auswerteverfahren zur Bestimmung der Dauerfestigkeit angewandt [1–4].

Treppenstufenverfahren. Hier wird eine größere Probenzahl (17 bis 35) nacheinander auf mehreren Laststufen geprüft, wobei die Beanspruchungshöhe davon abhängt, ob die vorher untersuchte Probe zu Bruch ging oder die Grenzlastspielzahl erreicht hat [2]. Im Falle eines Bruchs wird die Last um einen Stufensprung erniedrigt. Die Größe des Stufensprungs soll etwa 4 bis 5% des Spannungsausschlags bei voraussichtlich kleiner Streuung und etwa 8 bis 12% des Spannungsausschlags bei großer Streuung betragen. Als günstigste Stufenzahl hat sich die Zahl 4 erwiesen.

Tabelle 1. Rechenschema für das Treppenstufenverfahren [5]

Nr. der Spannungsstufe	Spannungsamplitude $\pm\sigma_a$ in N/mm²	Nach $2\cdot10^6$ Lastspielen gingen von 37 nacheinander untersuchten Proben		Anzahl der auf der jeweiligen Spannungsstufe		Ereignishäufigkeit[a])		
				gebrochenen Proben	nicht gebrochenen Proben	(kein Bruch)		
i	χ_i	zu Bruch o nicht zu Bruch •	r	l	f_i	if_i	i^2f_i
3	$\pm130{,}5$		2				
2	$\pm127{,}0$		8	2	2	4	8
1	$\pm123{,}5$	○ Bruch	9	7	7	7	7
0	$\pm120{,}0$	• Durchläufer		9	9		
3	3	Summe	19	18	$F=18$	$A=11$	$B=15$

Mittelwert $m = \chi_0{}^{b)} + d\left(\dfrac{A^{c)}}{F} \pm \dfrac{1}{2}\right) = 123{,}9$ N/mm²

Standardabweichung $s = 1{,}62\,d\left(\dfrac{FB - A^2}{F^2} + 0{,}029\right) = 2{,}77$ N/mm²

Kontrolle, ob die Formel für die Standardabweichung s gültig ist:

$\dfrac{FB - A^2}{F^2}$ muß $> 0{,}3$ sein: $\dfrac{FB - A^2}{F^2} = 0{,}46$

Überlebenswahrscheinlichkeit $P_{ü} = 90$ vH $\hat{=} m - s \cdot 1{,}28 = 120{,}4$ N/mm²

$P_{ü} = 10$ vH $\hat{=} m + s \cdot 1{,}28 = 127{,}4$ N/mm²

Voraussetzungen für das Treppenstufenverfahren:
1. Probenzahl genügend groß, möglichst ≥ 40
2. Stufensprung $d \geq 2s$
3. Die Häufigkeitsverteilung der Schwingfestigkeit ist eine Normalverteilung

[a]) Hier das weniger oft eingetretene Ereignis eintragen, also „nicht gebrochen".
[b]) $\chi_0 =$ unterste Stufe des weniger oft eingetretenen Ereignisses, hier also „nicht gebrochen".
[c]) + bei weniger oft eingetretenem Ereignis „nicht gebrochen", im Beispiel also +;
− bei weniger oft eingetretenem Ereignis „gebrochen".

Tab. 1 der VDI-Richtlinie 2227 [5] zeigt Rechenschema und Auswertung zur Bestimmung von Schwingfestigkeitskennwerten nach dem Treppenstufenverfahren.

Abgrenzungsverfahren. Hier wird ebenfalls zunächst eine Probe in Höhe der erwarteten Dauerfestigkeit beansprucht. Bricht die Probe, so wird die Laststufe so lange erniedrigt, bis der erste Durchläufer auftritt. Beginnt die Versuchsreihe mit einem Durchläufer, wird die Last so lange gesteigert, bis der erste Bruch eintritt. Auf dem Lasthorizont des ersten Durchläufers oder Bruchs werden anschließend mindestens acht Proben geprüft. Mit der Anzahl der Brüche r und der Gesamtzahl der Proben n kann man den zweiten Lasthorizont σ_{a2} berechnen:

$$\sigma_{a2} = \sigma_{a1} + \left(1 - \dfrac{r}{n}\right) 0{,}1\sigma_{a1} \quad \text{für } \dfrac{r}{n} \leq 0{,}5,$$

$$\sigma_{a2} = \sigma_{a1} - \dfrac{r}{n} \cdot 0{,}1\sigma_{a1} \quad \text{für } \dfrac{r}{n} \geq 0{,}5.$$

Auf dem zweiten Lasthorizont wird nach Möglichkeit die gleiche Probenzahl geprüft wie auf dem ersten. Die Bruchwahrscheinlichkeitswerte $P_B = \dfrac{3r - 1}{3n + 1} \cdot 100\%$ oder $P_B = \dfrac{r}{n + 1} \cdot 100\%$ werden für beide Lasthorizonte errechnet und in einem Wahrscheinlichkeitsnetz (z.B. Normalverteilung oder Extremwertverteilung) auf dem gewählten Lasthorizont eingetragen. Die durch beide Punkte gelegte Gerade erlaubt die Bestimmung der Lasthorizonte für Bruchwahrscheinlichkeitswerte von 10, 50 und 90% (**Bild 2**).

Normen: *DIN 1319 Bl. 1–3:* Grundbegriffe der Meßtechnik. – *DIN 53589 Bl. 1:* Statistische Auswertung an Stichproben mit Beispielen aus der Elastomer- und Kunststoffprüfung. – *DIN 55302 Bl. 1 u. 2:* Häufigkeitsverteilung, Mittelwert und Streuung. – *DIN 50100:* Dauerschwingversuch.

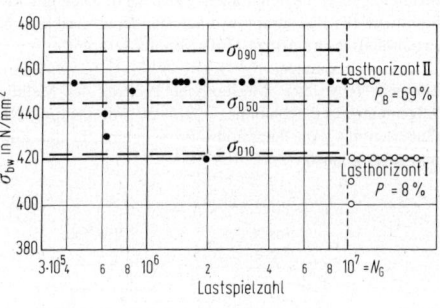

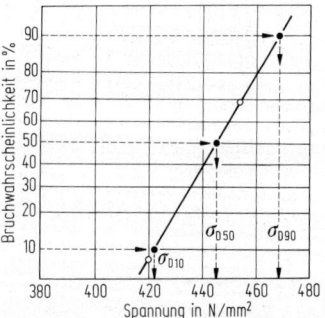

Bild 2. Beispiel zur Bestimmung der Bruchwahrscheinlichkeitswerte bei Biegewechselbeanspruchung nach dem Abgrenzungsverfahren

2.2 Prüfverfahren. Test methods

Innerhalb der Gruppe mechanischer Prüfverfahren nehmen die Festigkeits- und Zähigkeitsprüfungen sowie die

Prüfverfahren der linear-elastischen Bruchmechanik zur Bestimmung der Bruchzähigkeit eine zentrale Stellung ein. Die Mehrzahl der Festigkeitsprüfungen kann aus verschiedenen Grundlastfällen wie folgt unterteilt werden: *statische Kurzzeitprüfverfahren*: Zugversuch, Druckversuch, Biegeversuch, Verdrehversuch; *statische Langzeitprüfverfahren*: Zeitstandversuch (Kriechversuch), Entspannungsversuch (Relaxationsversuch); *dynamische Kurzzeitprüfverfahren*: Kerbschlagbiegeversuch, Schlagzerreißversuch; *dynamische Langzeitprüfverfahren*: Dauerschwingversuch, Einstufen-, Mehrstufen- und Nachfahrversuch.

2.2.1 Zugversuch. Tension test

Zweck. Er dient zur Ermittlung mechanischer Werkstoffeigenschaften unter homogenen, einachsigen Zugspannungen.

Probengeometrie. Die Kennwerte werden an Proben mit kreisförmigem, quadratischem oder rechteckigem Querschnitt ermittelt. Um die Bruchdehnungswerte vergleichen zu können, müssen bestimmte Meßlängenverhältnisse eingehalten werden. Meist wird die Meßlänge gleich dem 5- oder 10fachen des Stabdurchmessers gewählt. Bei Stäben anderer Querschnittsform ist der Durchmesser des flächengleichen Kreises für die Meßlänge maßgebend:

$$S_0 = \frac{\pi d_0^2}{4} \rightarrow d_0 = 2\sqrt{\frac{S_0}{\pi}} \quad (S_0 \text{ Anfangsquerschnitt}).$$

Im allgemeinen werden Proportionalstäbe angewandt, bei denen die Meßlänge $L_0 = 5d_0$ (kurzer Proportionalstab: $L_0 = 5,65 \cdot \sqrt{S_0}$) oder $L_0 = 10d_0$ (langer Proportionalstab: $L_0 = 11,3 \cdot \sqrt{S_0}$) festgelegt wird. Insbesondere bei der Prüfung spröder Werkstoffe muß eine biegungsfreie Einspannung sichergestellt sein.

Kennwerte

Festigkeit. Bei stetigem Übergang vom elastischen in den plastischen Bereich wird die 0,2%-Dehngrenze $R_{p0,2}$ (0,2-Grenze) bestimmt, die 0,01%-Dehngrenze wird technische Elastizitätsgrenze genannt. Bei unstetigem Übergang wird die Streckgrenze R_e bestimmt, die in untere und obere Streckgrenze unterteilt werden kann, **Bild 3**.

Die Zugfestigkeit $R_m = \dfrac{F_{max}}{S_0}$ ist die Spannung, die sich aus der auf den Anfangsquerschnitt S_0 bezogenen Höchstkraft ergibt.

Die bisher in der Praxis üblichen Bezeichnungen für Dehngrenze, Streckgrenze und Zugfestigkeit lauteten $\sigma_{0,2}$; σ_s; σ_B.

Verformung. Die Bruchdehnung A ist die auf die Anfangsmeßlänge L_0 bezogene bleibende Längenänderung nach dem Bruch der Probe:

$$A = \frac{L_u - L_0}{L_0} \cdot 100\%.$$

Die Bruchdehnung setzt sich aus Gleichmaßdehnung und Einschnürdehnung zusammen; sie hängt vom Werkstoff und der Länge der Bezugsstrecke L_0 ab. Da die Einschnürdehnung bei einer Meßlänge $L_0 = 5d_0$ im Vergleich

zur Gleichmaßdehnung prozentual stärker ins Gewicht fällt, sind die A_5-Werte größer als die A_{10}-Werte. Die Brucheinschnürung Z ergibt sich aus der Differenz zwischen Anfangsfläche und Bruchfläche, bezogen auf die Anfangsfläche,

$$Z = \frac{S_0 - S_u}{S_0} \cdot 100\%.$$

Die Brucheinschnürung stellt ein unmittelbares Vergleichsmaß für das Kaltumformvermögen eines Werkstoffs dar.

E-Modul. Nach dem Hookeschen Gesetz läßt sich der E-Modul im elastischen Bereich des Spannungs-Dehnungsschaubilds wie folgt bestimmen:

$$E = \sigma / \varepsilon_e = (F/S_0)/(\Delta L/L_0).$$

Bei Werkstoffen mit nichtlinearem Spannungs-Dehnungsverlauf (z.B. Eisen-Graphit-Werkstoffe) kann der Tangentenmodul als Steigungsmaß der σ-ε-Kurve im Punkt $\sigma = 0$ angegeben werden: $E_0 = \left|\dfrac{d\sigma}{d\varepsilon}\right|$.

Sonderprüfverfahren

Warmzugversuch. Er dient zur Ermittlung mechanischer Werkstoffeigenschaften bei erhöhten Temperaturen. Bestimmt werden Warmdehngrenze, Warmzugfestigkeit, Bruchdehnung und Brucheinschnürung. Warmdehngrenze und Warmzugfestigkeit hängen außer von der Temperatur auch von der Versuchszeit ab. Zur Reproduzierbarkeit der Kennwerte ist es erforderlich, Grenzwerte für die Spannungszunahme- und Dehngeschwindigkeit einzuhalten.

Schlagversuch. Er dient zur Ermittlung der Sprödbruchanfälligkeit glatter oder gekerbter Zugproben bei Schlaggeschwindigkeiten zwischen 5 und 15 m/s, in Ausnahmefällen bis zu 100 m/s (Hochgeschwindigkeitsumformung). Zur Ermittlung der Schlagzähigkeit wird die Brucheinschnürung der Probe bestimmt. Die Bestimmung der Schlagzugfestigkeit oder Schlagdehngrenze setzt eine dynamische Kraft- und Verformungsmessung voraus.

Normen: *DIN 50145:* Zugversuch; Begriffe, Zeichen. – *DIN 50125:* Zugproben. – *DIN 50114:* Zugversuch an Blechen. – *DIN 50140:* Zugversuch an Rohren und Rohrstreifen. – *DIN 50120:* Zugversuch an schmelzgeschweißten Stumpfnähten (Stahl). – *DIN 50123:* Prüfung von Nichteisenmetallen, Zugversuch. – *DIN 50127:* Kerbzug-, Rohr-Kerbzugprobe von schmelzgeschweißten Stumpf- und Kehlnähten. – *DIN 50148:* Zugproben für Druckguß aus Nichteisenmetallen. – *DIN 50109:* Zugversuch von Gußeisen mit Lamellengraphit. – *DIN 50149:* Zugversuch von Temperguß. – *DIN 52188:* Prüfung von Holz, Zugversuch. – *DIN 53455:* Prüfung von Kunststoffen, Zugversuch. – *DIN 53504:* Prüfung von Elastomeren, Zugversuch. – *DIN 51221:* Zugprüfmaschinen.

2.2.2 Druckversuch. Compression test

Zweck. Er dient zur Ermittlung mechanischer Werkstoffeigenschaften unter homogenen, einachsigen Druckspannungen und wird an metallischen und mineralischen Werkstoffen, Beton und sonstigen Baustoffen angewandt. Weiterhin kann der Druckversuch zur Bestimmung der Fließkurve duktiler Werkstoffe herangezogen werden.

Probengeometrie. Die Prüfung wird an runden oder prismatischen Körpern zwischen zwei planparallelen Platten durchgeführt. Im Normalfall ist die Probenlänge gleich der Probendicke. Bei der Anwendung der Feindehnungsmessung ist eine größere Probenlänge erforderlich, jedoch nicht größer als die 2,5- bis 3fache Probendicke (Knickgefahr).

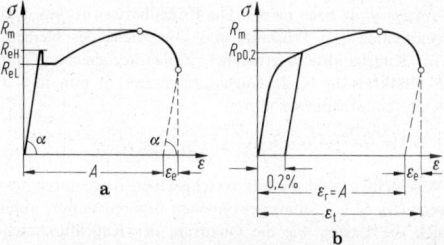

Bild 3. Festigkeits- und Verformungskennwerte im Zugversuch.
a mit ausgeprägter Streckgrenze; **b** mit Dehngrenze

Kennwerte

Spröde Werkstoffe. Die Druckfestigkeit ist die auf den Anfangsquerschnitt bezogene Höchstlast, bei der der Bruch eintritt: $\sigma_{dB} = F_B/S_0$.

Bei geometrisch ähnlichen Proben ist deren Druckfestigkeit vergleichbar. Bei gleichem Prüfdurchmesser nimmt die Druckfestigkeit mit der Probenhöhe ab infolge unterschiedlicher Stützwirkung der „Druckkegel", **Bild 4**.

Duktile Werkstoffe. Der Beginn des plastischen Fließens wird durch die Quetschgrenze σ_{dF} charakterisiert, deren Wert der Fließgrenze des Zugsversuchs entspricht. Infolge Reibung an den Krafteinleitungsflächen entsteht in der Mitte der Proben eine Ausbauchung. Totaler Probenbruch tritt nicht ein, es entstehen lediglich Trennrisse infolge Querzugspannungen.

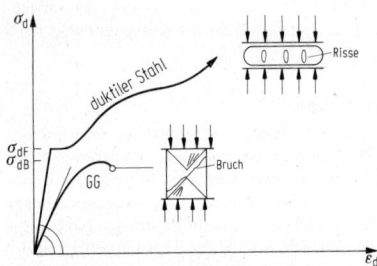

Bild 4. Spannungs-Dehnungs-Schaubild eines duktilen Stahls und eines Eisen-Graphit-Werkstoffs im Druckversuch

Sonderprüfverfahren. Zur Bestimmung der Fließspannung k_f (frühere Bezeichnung: Formänderungsfestigkeit) wird der Zylinder-Stauchversuch angewandt. Um eine einachsige Druckformänderung sicherzustellen, muß die Reibung klein gehalten werden. Die k_f-Werte ermöglichen die Berechnung des ideellen Kraft- und Arbeitsbedarfs bei Warm- und Kaltumformvorgängen.

Normen: *DIN 50106:* Druckversuch an metallischen Werkstoffen. – *DIN 1048:* Bestimmungen für Betonprüfungen bei Ausführung von Bauwerken aus Beton und Stahlbeton. – *DIN 52105:* Prüfung von Naturstein: Druckversuch. – *DIN 52185:* Prüfung von Holz: Druckversuch. – *DIN 53454:* Prüfung von Kunststoffen: Druckversuch. – *DIN 51223:* Druckprüfmaschinen.

2.2.3 Biegeversuch. Bending test

Zweck. Er dient zur Ermittlung mechanischer Werkstoffeigenschaften an Stahl, Gußwerkstoffen, Holz, Beton und Bauelementen unter inhomogenen einachsigen Biegespannungen. Bei duktilen Werkstoffen wird er zur Bestimmung der Biege-Fließgrenze und des größtmöglichen Biegewinkels, bei spröden Werkstoffen zur Bestimmung der Biegefestigkeit angewendet.

Probengeometrie. Die Prüfung wird an Probenkörpern oder Bauteilen durchgeführt. Die Probe wird an beiden Enden aufgelagert und durch eine Einzelkraft in der Mitte belastet.

Kennwerte

Spröde Werkstoffe. Die Biegefestigkeit σ_{bB} kann aus dem größten Biegemoment $M_{b\,max}$ und dem Widerstandsmoment des Probenkörpers berechnet werden. Sie wird vorzugsweise an Werkzeugstählen, Schnellarbeitsstählen, Hartmetallen und oxidkeramischen Stoffen als Werkstoff-

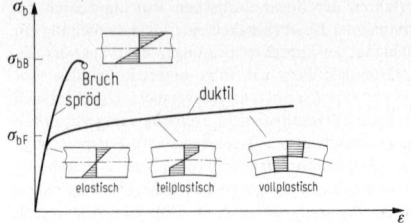

Bild 5. Spannungs-Dehnungs-Schaubild eines spröden und duktilen Stahls im Biegeversuch

kennwert ermittelt. Die Biegefestigkeit von Eisen-Graphit-Werkstoffen mit nichtlinearer Spannungs-Dehnungs-Charakteristik wird nach der gleichen Beziehung berechnet, wobei je nach Probenquerschnitt die Biegefestigkeit die Zugfestigkeit überwiegt.

Duktile Werkstoffe. Der Beginn des plastischen Fließens wird durch die Biegefließgrenze σ_{bF} bestimmt, **Bild 5**.

Sonderprüfverfahren. Kerbschlag-Biegeversuch, s. E2.2.5. Technologische Prüfungen, s. E2.2.9.

Normen: *DIN 50110:* Prüfung von Gußeisen: Biegeversuch. – *DIN 1048:* Bestimmungen für Betonprüfungen bei Ausführung von Bauwerken aus Beton und Stahlbeton. – *DIN 52186:* Prüfung von Holz: Biegeversuch. – *DIN 53452:* Prüfung von Kunststoffen: Biegeversuch. – *DIN 51227:* Biegeprüfmaschinen. – *DIN 51230:* Dynstat-Gerät zur Bestimmung von Biegefestigkeit und Schlagzähigkeit an kleinen Proben.

2.2.4 Härteprüfverfahren. Hardness test methods

Zweck. Sie können unter Berücksichtigung einiger Einschränkungen als zerstörungsfreie Prüfverfahren bezeichnet werden. Die verfahrensabhängigen Härtewerte stellen ein direktes Vergleichsmaß für den abrasiven Verschleißwiderstand eines Werkstoffs dar. Bei einzelnen Verfahren bestehen angenäherte Beziehungen zwischen den Härtewerten und der Zugfestigkeit. Darüber hinaus sind die Makro- und Mikrohärteprüfverfahren zur tendenziellen Bewertung der Zähigkeitseigenschaften in kleinen Volumenbereichen geeignet.

Verfahrensarten. Die statischen Härteprüfverfahren können als Eindringverfahren bezeichnet werden, bei denen der Eindringwiderstand definierter Körper (Kugel, Pyramide, Kegel) in eine Werkstoffoberfläche bestimmt wird. Je nach Prüfverfahren wird der Eindringwiderstand entweder als Verhältnis der Prüfkraft zur Oberfläche des Eindrucks (Brinellhärte, Vickershärte) oder als bleibende Eindringtiefe eines Eindringkörpers bestimmt (Rockwellhärte).

Kennwerte

Härteprüfung nach Brinell. Die Brinellhärte wird aus dem Quotienten von Prüfkraft und Oberfläche des bleibenden Kugeleindrucks errechnet. Zahlenwertgleichung mit F Prüfkraft in N, D Kugeldurchmesser in mm und d Kalottendurchmesser in mm:

$$HB = \frac{0{,}102 \cdot 2F}{A} = \frac{0{,}102 \cdot 2F}{\pi D(D - \sqrt{D^2 - d^2})}.$$

Vergleichbar sind die mit verschiedenen Kugeldurchmessern (10, 5, 2, 2,5 mm) gewonnenen Ergebnisse nur, wenn sich die Lasten wie die Quadrate der Kugeldurchmesser verhalten. Zahlenwertgleichung mit X Belastungsgrad:

$$F = SD^2.$$

Je nach Werkstoffhärte sind die Belastungsgrade zwischen $X = 30$ und $X = 0,5$ abgestuft. Bei verschiedenen Lasten ergeben sich abweichende Härtewerte, da die Eindrücke nicht geometrisch ähnlich sind.

Das Kurzzeichen für die Brinell-Härte setzt sich zusammen aus dem Härtewert HB, dem Kugeldurchmesser D, dem mit 0,102 multiplizierten Zahlenwert der Prüfkraft F in N und der Einwirkdauer in s,

z.B. 120 HB 5/250/30 (ohne Dimensionsangabe).

Zwischen der Brinellhärte und der Zugfestigkeit von Stahl besteht die Beziehung R_m in N/mm$^2 \approx 3,5 \cdot$ HB 30.

Härteprüfung nach Vickers. Die Vickershärte wird aus dem Quotienten von Prüfkraft und Oberfläche des bleibenden Pyramideneindrucks errechnet. Zahlenwertgleichung mit F Prüfkraft in N und d Diagonalenlänge des Eindrucks in mm:

$$HV = 0,102\, F/A = 0,190 \cdot F/d^2.$$

Gebräuchliche Lasten sind 98 und 294 N. Infolge der geometrischen Ähnlichkeit der Eindrücke ist das Vickersverfahren oberhalb 100 N lastunabhängig.

Das Kurzzeichen der Vickershärte setzt sich zusammen aus dem Härtewert HV, dem mit 0,102 multiplizierten Zahlenwert der Prüfkraft F in N und der Einwirkzeit der Prüfkraft,

z.B. 640 HV 30/10.

Die Anwendung von Prüflasten zwischen 2 und 50 N (Kleinlastbereich) ermöglicht die Härtemessung an dünnen Schichten; durch Prüflasten unter 2 N ist die Härtemessung an einzelnen Gefügebestandteilen möglich (Mikrohärteprüfung).

Härteprüfung nach Rockwell. Bei diesem Verfahren wird der Eindringkörper (Kegel oder Kugel) in zwei Laststufen in die Probe eingedrückt und die bleibende Eindringtiefe e gemessen. Die Rockwellhärte ergibt sich aus der Differenz zwischen einem Festwert A und der Eindringtiefe e. Maßeinheit für e ist 0,002 mm (DIN 50103). Bei Verwendung eines Kegel-Eindringkörpers gilt: HRC $= 100 - e$.
Für Kugel-Eindringkörper: HRB $= 130 - e$.
Eine direkte Umrechnungsmöglichkeit der Rockwellhärte in Vickershärte oder Brinellhärte besteht nicht. Durch Härtevergleichstabellen können die einzelnen Härtewerte nach allen drei Prüfverfahren angegeben werden.

Sonderprüfverfahren

Dynamische Härteprüfverfahren (Fallhärteprüfung, Rücksprunghärteprüfung). – *Härteprüfung bei höheren Temperaturen* (Warmhärteprüfung).

Normen: *DIN 50351:* Härteprüfung nach Brinell. – *DIN 50133:* Härteprüfung nach Vickers. – *DIN 50103:* Härteprüfung nach Rockwell. – *DIN 50150:* Umwertungstabelle für Vickershärte, Brinellhärte, Rockwellhärte und Zugfestigkeit. – *DIN 51200:* Härteprüfung, Richtlinien für Gestaltung von Aufnahmevorrichtungen. – *DIN 50132:* Härteprüfung nach Brinell bei Temperaturen bis 400 °C. – *DIN 51224:* Härteprüfgeräte mit Eindringtiefenmeßeinrichtung. – *DIN 51225:* Härteprüfgeräte mit optischer Eindruck-Meßeinrichtung.

2.2.5 Kerbschlag-Biegeversuch
Notched bar impact bend test

Zweck. Er dient zur Beurteilung der Zähigkeitseigenschaften metallischer Werkstoffe unter besonderen Prüfbedingungen. Durch hohe Beanspruchungsgeschwindigkeit und mehrachsige Zugspannungszustände kann der Übergang vom Zähbruch zum Sprödbruch bei bestimmten Temperaturen ermittelt werden, wobei die Lage der Übergangs-

temperatur als Vergleichsmaß für die Werkstoffzähigkeit gilt. Zur Festlegung der Übergangstemperatur haben sich verschiedene Kriterien als brauchbar erwiesen, wie z.B. ein bestimmter Wert der Kerbschlagarbeit oder ein definierter Anteil an Waben- oder Spaltbruchflächen.

Probengeometrie. Die Kennwerte werden an Proben mit überwiegend quadratischem Prüfquerschnitt ermittelt, die auf der Zugseite Kerben mit definierter Geometrie aufweisen. **Bild 6** zeigt am Beispiel der häufig angewandten DVM-Probe und ISO-Spitzkerbprobe Maße und Versuchsanordnung der Biegeprobe im Schlagwerk. Das Ähnlichkeitsgesetz gilt nicht; daher ist bei allen Kerbschlagversuchen die Angabe der Probengeometrie unbedingt erforderlich.

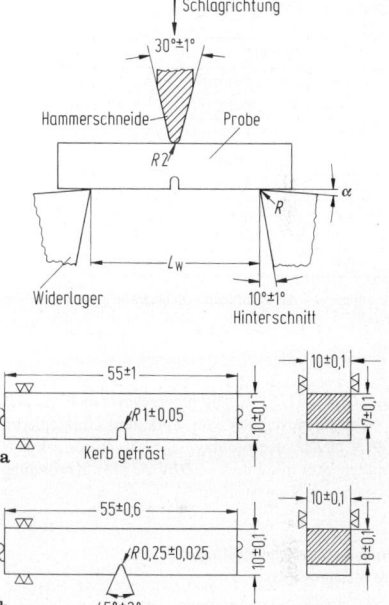

Bild 6. Maße und Versuchsanordnung von Biegeproben im Kerbschlagbiegeversuch. **a** DVM-Probe; **b** ISO-Spitzkerbprobe (ISO-V-Probe)

Kennwerte. Beim Kerbschlagbiegeversuch wird in einem Pendelschlagwerk die zum Durchbruch oder Durchziehen der Proben durch die Widerlager verbrauchte Schlagarbeit $A_v = G(h_1 - h_2)$ in der Dimension (Nm) oder Joule (J) angegeben. Bei der Angabe der Kerbschlagarbeit wird auch die Probenform hinzugefügt, z.B. A_v (DVM) $= 80$ J.
Als Kerbschlagzähigkeit a_k wird die auf den Prüfquerschnitt A bezogene verbrauchte Schlagarbeit bezeichnet: $a_k = A_v/A$.
Falls keine Prüftemperatur angegeben ist, beziehen sich die Kerbschlagzähigkeitseigenschaften auf 20 °C. Um die Übergangstemperatur $T_ü$ bestimmen zu können, sind Kerbschlagversuche bei verschiedenen Temperaturen erforderlich, **Bild 7**.
Beim Vergleich von Stählen mit verschiedenen Übergangstemperaturen erweist sich der Werkstoff mit der höchsten Übergangstemperatur als der sprödbruchgefährdetste. Zur Ermittlung der Alterungsanfälligkeit von Stählen werden Proben 10% in Querrichtung gestaucht und $1/2$ h bei 250 °C ausgelagert (künstliche Alterung).

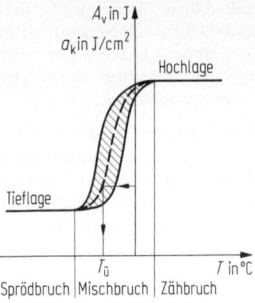

Richtung der Verschiebung des Steilabfalles	Einflußgrößen
	Werkstoff
← →	metallurgische Herstellung
← →	Wärmebehandlung
→	Kaltverformung, Alterung
	Prüfbedingungen
→	zunehmende Schlaggeschwindigkeit
→	Probengröße
→	Kerbschärfe
→	Kerbtiefe

Bild 7. Einflüsse auf die verbrauchte Schlagarbeit im Kerbschlagbiegeversuch.

Normen: *DIN 50115*: Kerbschlagbiegeversuch. − *DIN 50116*: Schlagbiegeversuch von Zink und Zinklegierungen. − *DIN 50122*: Kerbschlagbiegeversuch an schmelzgeschweißten Stumpfnähten. − *DIN 53453*: Kerbschlagbiegeversuch von Kunststoffen.

2.2.6 Bruchmechanische Prüfungen
Fracture mechanics tests

Zweck. Die Bruchmechanik [6−9] geht von der Existenz eines rißbehafteten Werkstoffs aus und versucht, Kriterien zu entwickeln, wie sich ein Riß mit bestimmten geometrischen Abmessungen unter der Einwirkung eines äußeren Spannungsfelds aufweitet, instabil wird und schließlich zur völligen Werkstofftrennung führt. Die Bruchmechanik liefert kritische Spannungsintensitätsfaktoren für die in **Bild 8** dargestellten drei Grundfälle der Rißausbreitung an Fehlern definierter Größe, bei denen ohne Erhöhung der Belastung instabiler Rißfortschritt eintritt. Unter diesen Voraussetzungen stellen die K_{Ic}-Werte für Bruchmodus I die gerade zum Bruch führenden Spannungen dar oder ermöglichen die Berechnung einer kritischen Fehlergröße, die zum instabilen Rißfortschritt führt.

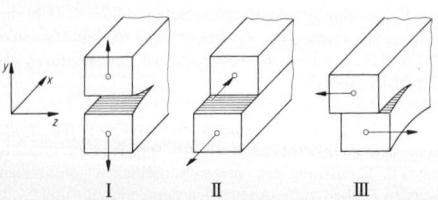

Bild 8. Grundfälle der Rißausbreitung

Probengeometrie. Die Forderung, daß bei zähen Werkstoffzuständen an der Rißspitze unter Zugbeanspruchung keine plastische Deformation auftritt, kann nur durch eine hinreichende Probengröße erfüllt werden. Hierdurch wird an der Rißspitze ein ebener Dehnungszustand eingestellt. Diese Bedingungen können durch geometrische Mindestgrößen der Proben angenähert erfüllt werden. Zahlenwertgleichung mit K_{Ic} Rißzähigkeit in $N/mm^{3/2}$ und $R_{p0,2}$ in N/mm^2:

$$\text{Probendicke: } B \geq 2,5 \left(\frac{K_{Ic}}{R_{p0,2}} \right)^2,$$

$$\text{Rißlänge: } a \geq 2,5 \left(\frac{K_{Ic}}{R_{p0,2}} \right)^2.$$

Für Bruchmechanik-Versuche werden nach **Bild 9** häufig die Dreipunkt-Biegeprobe sowie die quadratische oder runde Kompakt-Zugprobe (CT-Probe) verwendet. Ausgehend von einer spanend erzeugten Makrokerbe an der Zugseite wird in Zug-Schwellversuchen ein Ermüdungsanriß mit definierter Form und Länge erzeugt. Die hierfür erforderlichen Prüfkräfte sind festgelegt, um an der Rißspitze nur geringe plastische Wechselverformungen auszulösen.

Bild 10 zeigt für die Dreipunkt-Biegeprobe, **Bild 11** für die CT-Probe die festgelegten Abmessungen, aus denen

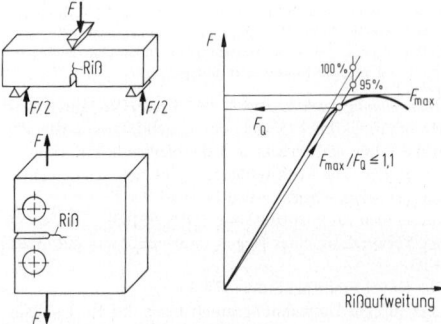

Bild 9. Probenarten für Bruchmechanikversuche (Dreipunkt-Biegeprobe, CT-Probe) und Last-Rißausbreitungs-Diagramm

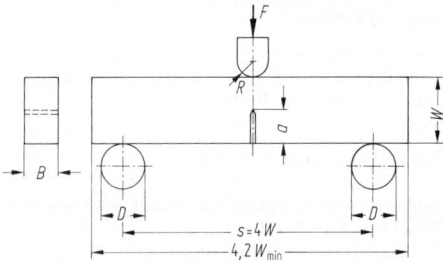

Bild 10. Standard-Biegeprobe.

$$\frac{W}{2} < D < W; \quad R \geq \frac{W}{8}; \quad B = \frac{W}{2};$$

$$K_Q = \frac{F_Q \cdot s}{B W^{3/2}} \cdot f \left(\frac{a}{W} \right)$$

$$f \left(\frac{a}{W} \right) =$$

$$\frac{3 \left(\frac{a}{W} \right)^{1/2} \left\{ 1,99 - \frac{a}{W} \left(1 - \frac{a}{W} \right) \left[2,15 - 3,93 \frac{a}{W} + 2,7 \left(\frac{a}{W} \right)^2 \right] \right\}}{2 \cdot \left(1 + 2 \frac{a}{W} \right) \cdot \left(1 - \frac{a}{W} \right)^{3/2}}.$$

Im Bereich $0 \leq \frac{a}{W} \leq 1$ ergibt sich für $s = 4W$ der Wert K_Q mit einer Genauigkeit von $\pm 0,5\%$

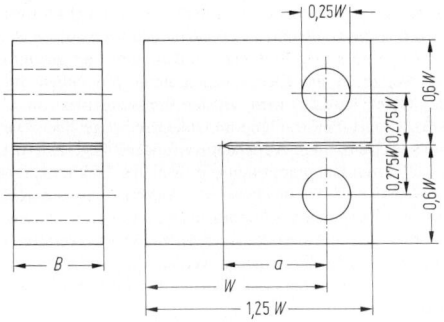

Bild 11. Standard-Kompakt-Zugprobe.

$$B = \frac{W}{2}$$

$$K_Q = \frac{F_Q}{BW^{1/2}} f\left(\frac{a}{W}\right)$$

$$f\left(\frac{a}{W}\right) =$$

$$\frac{\left(2+\frac{a}{W}\right)\left\{0{,}886+4{,}64\,\frac{a}{W} - 13{,}32\left(\frac{a}{W}\right)^2 + 14{,}72\left(\frac{a}{W}\right)^3 - 5{,}6\left(\frac{a}{W}\right)^4\right\}}{\left(1-\frac{a}{W}\right)^{3/2}}.$$

Im Bereich $0{,}2 \leqq \frac{a}{W} \leqq 1$ ergibt sich K_Q mit einer Genauigkeit von $\pm 0{,}5\%$

die Geometriefunktion $f(a/w)$ berechnet werden kann. Da ein gültiger K_{Ic}-Wert eine Reihe von Gültigkeitskriterien zu erfüllen hat, wird üblicherweise der aus einem Versuch berechnete vorläufige K_{Ic}-Wert mit K_Q bezeichnet.

Kennwerte. Der K_{Ic}-Wert entspricht dem kritischen Spannungsintensitätsfaktor des I. Grundfalls der instabilen Rißausbreitung. Der Auslösungspunkt für instabile Rißverlängerung kann durch Rißuferverschiebung, durch Messung der Probendurchbiegung, durch Potentialmessung der Rißlänge oder durch Veränderung des Ultraschallechos bestimmt werden. Häufig wird die für die instabile Rißausbreitung erforderliche Kraft F_Q aus einem gültigen Rißaufweitungsdiagramm ermittelt (s. **Bild 9**). Die Kraft F_Q und somit die Spannung σ ergibt sich als Schnittpunkt der 95%-Geraden mit der Rißaufweitungskurve. Nach dem Bruch der Probe wird die Rißlänge a exakt bestimmt, und mit einer für die verwendete Probenform bekannten Eichfunktion Y ergibt sich die Rißzähigkeit als Zahlenwertgleichung mit σ in N/mm^2 und a_{eff} in mm zu $K_{Ic} = Y \sigma \sqrt{\pi a_{eff}}$ in $N/mm^{3/2}$.

Sonderprüfverfahren. Bestimmung von K_{Ic}-Werten in Spannungsrißkorrosion auslösenden Medien. Mit Bruchmechanik-Proben können Spannungsintensitätsfaktoren ermittelt werden, bei denen unter dem Einfluß eines Elektrolyten ein Riß nicht mehr fortschreitet.

2.2.7 Chemische und physikalische Analysemethoden
Chemical and physical analysis methods

Zweck. Zur Identifizierung metallischer Werkstoffe wird deren Zusammensetzung qualitativ oder quantitativ mit chemischen und physikalischen Analysemethoden ermittelt. Bei der Analyse von metallischen sowie nichtmetallischen Legierungs- und Begleitelementen gewinnen Verfahren zur Bestimmung von Gasgehalten zunehmend an Bedeutung. Neben der Ermittlung des Legierungsaufbaus des Grundwerkstoffs ist zur Beurteilung von Korrosions- oder Verschleißvorgängen die Identifizierung von Oberflächenschichten, die durch Wechselwirkung mit der Atmo-

sphäre, korrosiven Medien oder Schmierstoffen gebildet worden sind, erforderlich.

Probenentnahme. Die Probengröße für chemische Analysen ist hinsichtlich der Menge so zu wählen, daß die Elemente entsprechend ihrer durchschnittlichen Konzentration enthalten sind. Je nach der Einwaage bzw. dem analytisch erfaßten Probenvolumen spricht man von makro-, halbmikro- und mikroanalytischen Verfahren. Unter Spurenanalyse versteht man die Bestimmung sehr kleiner Gehalte ($< 0{,}01$ bis $0{,}001\%$). **Bild 12** zeigt eine Gegenüberstellung von Analysenmethoden und den kleinsten erfaßbaren Mengen bzw. Bereichen.

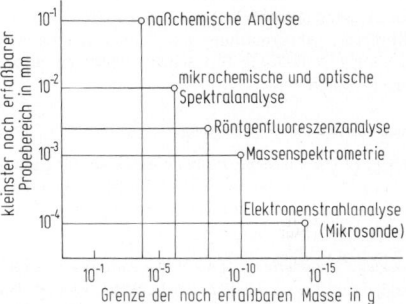

Bild 12. Kleinster erfaßbarer Probenbereich für chemische und physikalische Analysenverfahren

Analyseverfahren

Naßchemische Verfahren. Maßanalyse (Titration). Der gesuchte Stoff wird in einer Lösung durch eine Reaktion mit einem geeigneten Reagenz bestimmt. Aus der zur vollständigen Umsetzung verbrauchten Menge an Reagenzlösung läßt sich die Konzentration des Elements berechnen. Das Ende der Umsetzung wird meist visuell als Farbumschlag oder apparativ z.B. durch Leitfähigkeitsänderung erkannt.

Spektralanalyse. Bei der Emissionsspektralanalyse wird die Zusammensetzung aus den für die Elemente charakteristischen Wellenlängen im optischen Spektrum und deren Intensitäten bestimmt. Zur Anregung benutzt man Funkenentladungen, Lichtbogen oder auch Laser; für den Nachweis spaltet man das Licht durch Gitter oder Prismen in seine Komponenten auf. Zu entsprechenden Analyseverfahren läßt sich auch die Absorption charakteristischer Spektrallinien verwenden.

Röntgenfluoreszenzanalyse. Die Röntgenfluoreszenzanalyse arbeitet mit Wellenlängen im Bereich der Röntgenstrahlung, die durch Sekundäranregung beim Auftreffen harter Röntgenstrahlung von einer Probe emittiert wird. Die Zerlegung der Spektren erfolgt durch Beugung an geeigneten Einkristallen (wellenlängendispersiv) oder elektronisch mittels spezieller Halbleiterdetektoren (energiedispersiv).

Elektronenstrahl-Mikroanalyse. Dünne Oberflächenschichten werden beim Auftreffen hoch beschleunigter Elektronen zur Emission von Röntgenspektren veranlaßt. Durch Fokussierung der Elektronen in einen feinen Strahl läßt sich erreichen, daß nur ein äußerst kleiner Bereich ($\sim 1\,\mu m^3$) erfaßt wird. Nachzuweisen sind Elemente mit Ordnungszahlen ab 4 (Be).
Die Anwendung des Elektronenstrahl-Mikroanalyseverfahrens erlaubt eine Punkt-, Linien- oder rasterförmige

Flächenanalyse sowie eine Zuordnung der Ergebnisse zu metallographischen Befunden.

2.2.8 Metallographische Untersuchungen
Metallographic investigation methods

Zweck. Ziel metallographischer Untersuchungen ist, die makroskopische und mikroskopische Gefügestruktur einer Probe sichtbar zu machen, zu beschreiben und zur Deutung der Eigenschaften im weitesten Sinne heranzuziehen. Oft lassen sich nach dem Befund Voraussagen über das Verhalten einer Legierung unter bestimmten Beanspruchungsbedingungen oder bei bestimmten Verarbeitungsprozessen machen. Die Metallographie ist eine metallkundliche Untersuchungsmethode, der bei der Auswahl des für Anwendung und Fertigung günstigsten Gefüges, zur Kontrolle, zur Ermittlung von Verarbeitungsfehlern sowie bei der Aufklärung von Schadensfällen besondere Bedeutung zukommt.

Probenentnahme und Vorbereitung

Makrogefüge-Untersuchung. Probenoberflächen für fraktographische Beurteilungen sowie Querschliffe können ohne besondere Vorarbeiten makroskopisch (Vergrößerung bis zu 50fach) betrachtet werden.

Mikrogefüge-Untersuchung. Die Probenentnahme erfolgt spanend, durch Trennschleifen oder Funkenerosion, wobei die zu untersuchenden Flächen möglichst eben herzustellen sind. Erwärmung der Proben ist unbedingt zu vermeiden. Zur besseren Handhabung werden die Schliffproben oft im Rahmen mit Klemmschrauben oder in Einbettmassen eingebettet. Durch Schleifen und anschließendes Polieren (mechanisch, elektrolytisch, chemisch) wird eine spiegelblanke Metalloberfläche erzeugt.

Transmissions-Elektronenmikroskopie. Neben durchstrahlbaren Folien, die man auch aus Metallen nach verschiedenen Methoden herstellen kann, werden Oberflächenabdrücke untersucht, die man mit Lackabdruckverfahren, Aufdampfschichtverfahren, Oxidverfahren sowie Ausziehabdruckverfahren (Extraktionsabdruckverfahren) gewinnt.

Untersuchungsverfahren

Makrogefüge. Nachweis von Rissen, Poren, Dopplungen, zur Qualitätsprüfung von Schweißnähten und kaltgeformten Produkten, sowie Anwendung der Makro-Fraktographie zur Bestimmung verschiedener Bruchtypen.

Mikrogefüge. Durch chemisches Ätzen, elektrolytisch-potentiostatisches Ätzen sowie durch Vakuum-Ätzen (Ätzen durch Ionenbeschuß) wird das Metallgefüge entwickelt, wobei entweder die Korngrenzen (Korngrenzenätzung) oder die einzelnen Kristallite (Kornflächenätzung) sichtbar gemacht werden. Durch unterschiedlichen Abtrag entstehen Kontraste, durch die einfallendes Licht unterschiedlich reflektiert wird. Die Mikrogefügeprüfung ergibt Hinweise auf Zusammensetzung, Herstellungsart (z.B. Gußgefüge, Knetgefüge) sowie Wärme- und Oberflächenbehandlung und erlaubt die Bestimmung örtlicher Umformgrade in kaltgeformten Halbzeugen und Bauteilen. Die quantitativen Gefügeuntersuchungen ermöglichen die Klassifizierung von Korngrößen, nichtmetallischen Einschlüssen und Verunreinigungen (z.B. durch Richtreihen) sowie die Bestimmung von Porositätsgraden in feingegossenen Bauteilen.

Elektronenmikroskopie. Je nach Art der zur Bilderzeugung genutzten Wechselwirkung zwischen Elektronen- strahlen und Untersuchungsobjekt wird unterschieden zwischen Transmissions-, Reflexions- und Emissions-Elektronenmikroskopie. Während bei den beiden erstgenannten Verfahren die Elektronenstrahlung von außen auf das Objekt einfällt, wird bei der Emissions-Elektronenmikroskopie die Strahlung im Objekt selbst gebildet. Die untere Grenze des Auflösungsvermögens liegt z.Z. bei ca. 50^{-1} nm. Hauptanwendungsgebiete der Elektronenmikroskopie sind der Nachweis von Versetzungsstrukturen, submikroskopischen Ausscheidungen sowie von Phasengrenzen. Durch Anwendung der Ausziehabdruckverfahren können Einschlüsse freigelegt werden, die durch Elektronenbeugung in ihren Kristallstrukturen identifiziert werden können.

Rasterelektronenmikroskopie. Beim rasterförmigen Abtasten von Oberflächen mit feingebündelten Elektronenstrahlen werden Sekundärelektronen frei, die zu einem Szintillationszähler abgesaugt werden. Die gemessenen Impulse ergeben ein topographisches Bild der Oberfläche. Außer zur Untersuchung der Morphologie technischer Oberflächen und deren Veränderung durch Korrosions- oder Verschleißvorgänge wird die Rasterelektronenmikroskopie zur fraktographischen Analyse von Bruchflächen (Bestimmung z.B. von Waben- und Spaltbruchanteilen) herangezogen.

Sonderprüfverfahren

Thermoanalyse. Durch Unstetigkeiten im Temperatur-Zeitverlauf beim Erhitzen oder Abkühlen von Metallproben können Schmelz- und Erstarrungsvorgänge sowie Umwandlungen im festen Zustand (Umgitterung) nachgewiesen werden.

Dämpfungsmessungen. Bestimmung der Abklingfunktion mechanischer Schwingungen.

Dilatometermessungen. Zuordnung des Längenausdehnungsverhaltens von Metallen zu Umwandlungen im festen Zustand (z.B. Bestimmung der Härtetemperatur).

2.2.9 Technologische Prüfungen
Production-technological tests

Zweck. Als technologisch bezeichnet man Prüfungen, bei denen das Verhalten von Werkstoffen oder Bauteilen ohne Kraftmessung unter Beanspruchungen beobachtet wird, wie sie vorzugsweise bei der Weiterverarbeitung oder im Betrieb auftreten. Von besonderer Bedeutung ist die Bestimmung der Kalt- oder Warmverformungsfähigkeit von Werkstoffen und Halbzeugprodukten.

Prüfverfahren. *Faltversuch:* DIN 1605 Bl. 4; *Hin- und Herbiegeversuch* an Drähten: DIN 51211; *Verwindeversuch* von Drähten: DIN 51212; *Tiefungsversuch* an Blechen und Bändern: DIN 50101 (Breite $\geq$ 90 mm), DIN 50102 (Breite von 30 bis 90 mm); *Innendruckversuch* für Hohlkörper beliebiger Form bis zu einem bestimmten Innendruck: DIN 50104; *Aufweitversuch* an Rohren: DIN 50135; *Ringfaltversuch* an Rohren: DIN 50136; *Faltversuch* an schmelzgeschweißten Stumpfnähten: DIN 50121.

Sonderprüfverfahren. *Zerspanbarkeitsprüfungen:* Mit Zerspanbarkeit bezeichnet man die Eigenschaft eines Werkstoffs, sich durch schneidende Werkzeuge bearbeiten zu lassen (Stahl-Eisen-Prüfblatt 1160-52).
Schneidhaltigkeitsprüfung: Mit Schneidhaltigkeit bezeichnet man die Eigenschaft eines Werkzeugs, bei gegebener Schneidenform die Beanspruchung bei der Zerspanung eines Werkstoffs unter vorgegebenen Bedingungen über eine

bestimmte Zeit zu ertragen. Als Prüfverfahren werden angewandt:

Temperatur-Standzeitversuch (Stahl-Eisenprüfblatt 1161-52),
Verschleiß-Standzeitversuch (Stahl-Eisenprüfblatt 1162-52),
Einstech-Verschleißversuch (Stahl-Eisenprüfblatt 1164-52).

2.2.10 Zerstörungsfreie Werkstoffprüfung
Non-destructive testing

Zweck. Bei den zerstörungsfreien Werkstoffprüfverfahren wird die Verwendbarkeit des Prüfstücks nicht beeinträchtigt; im engeren Sinne umfassen sie die Röntgen- und Gammastrahlenprüfung, Ultraschallprüfung, Magnetpulverprüfung sowie elektrische und magnetische Untersuchungen. Durch zerstörungsfreie Gesamtprüfung verschiedener Konstruktionsteile wird im Unterschied zur Stichprobenprüfung eine erhöhte Aussagesicherheit erreicht. Zerstörungsfreie Prüfungen erstrecken sich sowohl auf Teilbereiche der Prüfstücke (z.B. Oberfläche) als auch auf deren Gesamtquerschnitt. Zum Nachweis von Fehlern (z.B. Risse, Lunker, Schlackeneinschlüsse) sowie Seigerungszonen werden verschiedene physikalische Werkstoffeigenschaften ausgenutzt (z.B. Absorption von Röntgenstrahlen, Reflexion von Ultraschallwellen, Schallemission, magnetische Eigenschaften).

Verfahrensarten

Röntgen- und Gammastrahlenprüfung (DIN 5410 und 5411). Sie beruht auf der Absorption und Streuung der Röntgenstrahlen beim Durchgang durch die Materie. Mittels Leuchtschirm, Photoplatte oder Zählrohr können Orte unterschiedlicher Strahlungsintensität, die an Fehlern auftreten, nachgewiesen werden. Die Helligkeitsunterschiede an Werkstofffehlern können erst oberhalb einer bestimmten Größe nachgewiesen werden. Als Strahlungsquelle dienen Röntgenröhren mit Beschleunigungsspannungen bis zu 400 kV, Betatron-Geräte (Elektronenschleuder) oder Gammastrahlen, die durch radioaktive Zerfallsprozesse entstehen. Die Vorteile der letztgenannten Prüfmethode liegen in der geringen Größe des Strahlers, der guten Zugänglichkeit und der Unabhängigkeit von einer Stromzufuhr. Die Durchdringungsfähigkeit von Röntgen- und Gammastrahlen nimmt mit wachsender Strahlungsenergie zu. Bei Anwendung eines Betatron können Wanddicken bis zu 500 mm geprüft werden. Hauptanwendungsgebiet der Röntgen- und Gammastrahlenprüfung ist die Fehlerkontrolle von Schweißnähten. Zur Erhöhung der Strahlenwirkung werden Röntgenfilme zwischen Verstärkerfolien gelegt, wodurch die photographische Kontrastwirkung erhöht werden kann. Zur quantitativen Bestimmung der Fehlergrößen werden in 16 Stufen unterteilte Drahtraster mit Drahtdurchmessern zwischen 0,1 und 3,2 mm verwendet.

Ultraschallprüfung (DIN 5411). Ultraschallwellen im Frequenzbereich zwischen 100 kHz und 25 MHz breiten sich in Festkörpern geradlinig und nahezu ungeschwächt aus und werden an der Grenzfläche Festkörper/Luft sowie an Fehlstellen (wie z.B. Risse, Lunker, Einschlüsse) reflektiert. Beim Durchschallungsverfahren wird das Prüfstück zwischen Schallsender und -Empfänger angeordnet. Die durch das Werkstück hindurchtretenden Schallwellen werden vom Empfänger wieder in elektrische Schwingungen umgewandelt (Piezo-Effekt) und zur Anzeige gebracht. Eine Tiefenbestimmung des Fehlers ist hierbei nicht möglich. Beim Impuls-Echo-Verfahren wird der Schallkopf als Sender und Empfänger verwendet, indem kurze Schallimpulse in das Werkstück eingesendet werden und nach vollständiger oder teilweiser Reflexion von dem gleichen Schallkopf in einen Empfängerimpuls zurückverwandelt werden. Sendeimpuls, Rückwandecho und mögliche Fehlerechos können mit einem Kathodenstrahloszillographen registriert werden, wodurch eine Tiefenbestimmung des Fehlers ermöglicht wird. Durch die Anwendung von Winkelprüfköpfen mit Einschallwinkeln zwischen 35 und 80° können insbesondere Schweißnähte geprüft werden, da die Ankoppelung außerhalb der rauhen Nahtoberfläche erfolgen kann und somit eine Ortung von Schweißfehlern möglich ist.

Schallemissionsanalyse. Sie beruht auf Empfang und Analyse von Schallimpulsen, die durch hochfrequente Werkstückschwingungen erzeugt und durch piezoelektrische Empfänger in elektrische Signale umgewandelt werden. Derartige Schallemissionen können durch plastische Verformung, Rißentstehung und Rißfortschritt ausgelöst werden. Schallemissionsanalyse-Verfahren werden insbesondere zur Abnahme geschweißter Druckbehälter angewandt. Sowohl aus der Amplitudenform als auch aus dem Frequenzspektrum werden wichtige Hinweise über plastische Verformungen an makroskopischen und mikroskopischen Spannungs-Störstellen gewonnen. Durch Anordnung mehrerer Empfänger kann aus Laufzeitunterschieden der Schallimpulse eine Ortung der Schallemission erreicht werden.

Magnetische Rißprüfung (DIN 4113). An der Oberfläche oder nahe der Oberfläche ferromagnetischer Werkstoffe können Risse, Schlackenzeilen und Poren durch Magnetfelder nachgewiesen werden, indem aufgeschwemmtes Eisenpulver an Rißoberflächen festgehalten wird. Die Anzeigegrenze dieser Methode liegt bei einer Rißbreite von 10^{-3} bis 10^{-4} mm. Bei kräftiger Magnetisierung kann eine äußere Zone bis zu etwa 8 mm Tiefe überprüft werden. Während durch eine Polmagnetisierung Oberflächenrisse nachgewiesen werden können, die quer zur Prüfkörperachse verlaufen, können durch eine Stromdurchflutung infolge des induzierten ringförmigen Magnetfelds Längsrisse nachgewiesen werden. Bei Querschnittsübergängen kann infolge Übermagnetisierung eine Scheinfehleranzeige ausgelöst werden. Ein Feldlinienaustritt kann auch bei einer sprunghaften Änderung der ferromagnetischen Eigenschaften erfolgen (z.B. Übergang von ferritischen zu austenitischen Gefügebereichen in Schweißnähten).

2.2.11 Dauerversuche. Longtime tests

Zweck. Dauerversuche werden alle Langzeitversuche unter mechanischen, mechanisch-thermischen und mechanisch-chemischen Beanspruchungen genannt, bei denen der Beanspruchungszeit oder der Spannungs-Dehnungs-Spielzahl für die Werkstoff- oder Bauteileigenschaften eine maßgebende Bedeutung zukommt. Dauerversuche sind immer dann erforderlich, wenn in Kurzzeitversuchen eine Veränderung im Schädigungsmechanismus eintritt und keine Korrelation zwischen Kurzzeit- und Langzeitbeanspruchung möglich ist. Dies gilt insbesondere für zeit-, temperatur- oder beanspruchungsabhängige Veränderungen der Werkstoffeigenschaften.

Untersuchungsverfahren

Zeitstandversuch. Er dient zur Ermittlung der Werkstoff- und Bauteileigenschaften bei ruhender Zugbeanspruchung im Temperaturbereich zwischen Raumtemperatur und 1100 °C und kann unter konstanter Temperatur bis zu einer bestimmten Verformung (Zeitdehngrenze) oder bis zum Bruch der Probe (Zeitstandfestigkeit) durchgeführt werden: DIN 50118 und 51226.

Die Zeitdehngrenze $R_{p0,2/t/T}$ bei bestimmter Prüftemperatur T ist die Prüfspannung, die nach einer bestimmten Beanspruchungsdauer t zu einer festgelegten plastischen Gesamtdehnung A_p führt.

Die Zeitstandfestigkeit $R_{m/t/T}$ bei bestimmter Prüftemperatur T ist die Prüfspannung, die nach einer bestimmten Beanspruchungsdauer t zum Bruch der Probe führt.

Die Auswertung der Versuchsergebnisse erfolgt entweder im Zeitdehn-Schaubild oder im Zeitstand-Schaubild in doppel-logarithmischer Teilung.

Zur Abkürzung der Versuchszeiten können Extrapolationsverfahren angewandt werden. Die Extrapolation wird häufig als graphische Verlängerung der isothermen Zeitstandbruchkurve oder der Zeitdehngrenzkurve im Zeitstandschaubild durchgeführt (ISO/TC 17 WG 10 ETP-SG).

Entspannungsversuch (Relaxationsversuch). In ihm wird der formschlüssig eingespannten Probe oder dem Bauteil (z.B. Schraubenverbindung) bei konstanter Temperatur eine Anfangsverformung aufgezwungen und bei Konstanthaltung dieser Verformung die zeitabhängige Abnahme der Beanspruchung gemessen.

Dauerschwingversuch. Er dient zur Ermittlung mechanischer Werkstoff- oder Bauteilkennwerte unter schwellender oder wechselnder Zug-, Biege- oder Torsionsbeanspruchung: DIN 50100 und 50113 [10]. Es werden glatte und gekerbte Proben oder Bauteile gleicher Herstellungsart verschieden hohen Schwingbeanspruchungen ausgesetzt, wobei entweder Brüche im Zeitfestigkeitsgebiet oder Durchläufer im Dauerfestigkeitsbereich von 2 bis $50 \cdot 10^6$ Lastspielen auftreten. Durch Auftragen der Spannungsausschläge über dem Logarithmus der Lastspielzahlen erhält man die Wöhlerkurve, für deren statistische Belegung im Zeit- und Dauerfestigkeitsbereich mindestens 10 bis 15 Proben pro Spannungshorizont erforderlich sind. Aus mehreren Wöhlerkurven, die an Probestäben oder Bauteilen bei verschiedenen Mittelspannungen ermittelt wurden,

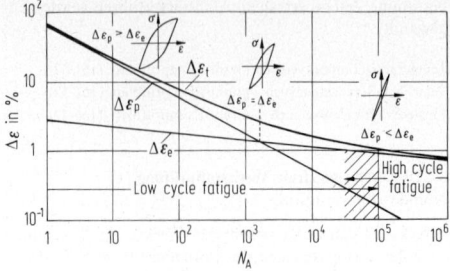

Bild 13. Anrißkurve bei Dehnwechselbeanspruchung unter niedrigen und hohen Lastspielzahlen (schematisch nach Coffin)

können vollständige Zeit- oder Dauerfestigkeitsschaubilder gewonnen werden, s. **E 1 Bild 11.**

Dehnwechselversuch. Sowohl im Zeitfestigkeitsgebiet bei Raumtemperatur als auch bei Schwingbeanspruchungen unter erhöhten Temperaturen ist der lineare Zusammenhang zwischen Spannungen und elastischen Formänderungen nicht mehr gegeben. Neben spannungskontrollierten Versuchen gewinnen Dehnwechselversuche (**Bild 13**) unter konstanten Gesamtdehnungen oder konstanten plastischen Dehnschwingbreiten zur Bestimmung der Anrißlastspielzahl N_A eine zunehmende Bedeutung.

Die bei Zug-Druck- oder Zug-Schwellbeanspruchung ertragbare Schwingbreite der Gesamtdehnung $\Delta\varepsilon_t$ läßt sich in einen elastischen Anteil $\Delta\varepsilon_e$ und einen bleibenden Anteil $\Delta\varepsilon_p$ zerlegen. Im Bereich der Dauerfestigkeit gehen die plastischen Verformungsanteile zurück, und es bleibt nur der elastische Anteil (Spannungswechselversuch). Im Zeitfestigkeitsgebiet zwischen 10^2 und 10^4 Dehnwechseln wird dagegen der Gesamtdehnungsanteil maßgeblich von dem plastischen Verformungsanteil beeinflußt. Die Anrißkennlinien metallischer Werkstoffe lassen sich im doppellogarithmischen Maßstab angenähert als Geraden darstellen.

---

3 Eigenschaften und Verwendung der Werkstoffe. Properties and Application of Materials

K.H. Kloos, Darmstadt

3.1 Eisenwerkstoffe. Iron Base Materials

Als Eisenwerkstoffe werden die für Bauteile und Werkzeuge anwendbaren Metallegierungen bezeichnet, bei denen der mittlere Gewichtsanteil an Eisen höher als der jedes anderen Legierungselements ist. Sie werden in die Gruppen der Stähle und Gußeisenwerkstoffe aufgegliedert. Beide Gruppen unterscheiden sich vor allem im Kohlenstoffgehalt und weisen teilweise sehr unterschiedliche Eigenschaften auf. Während die Stähle Eisenwerkstoffe darstellen, die sich i. allg. für die Warmumformung eignen, erfolgt die Formgebung der Gußeisenwerkstoffe durch Urformen (s. S2). Abgesehen von einigen Cr-reichen Stählen liegt der C-Gehalt der Stähle unter rd. 2%, der C-Gehalt der Gußeisenwerkstoffe über 2%. Während bei Stählen der Kohlenstoff im Eisengitter gelöst oder in chemisch gebundener Form vorliegt, tritt er im Gußeisen teilweise als Graphit auf. Stahlguß, dessen Formgebung ebenfalls durch Urformen erfolgt, wird zur Gruppe der Stähle gerechnet.

3.1.1 Das Zustandsschaubild Eisen-Kohlenstoff
Iron Carbon Constitutional Diagram

Im stabilen Eisen-Kohlenstoff-System tritt Kohlenstoff als Graphit in hexagonaler Gitterstruktur auf. Diese Gleichgewichtsphase stellt sich nur bei extrem langen Glühzeiten ein. Bei den üblichen Wärmebehandlungen der Stähle liegt Kohlenstoff in chemisch gebundener Form als Eisencarbid Fe_3C (Zementit) vor. Für technische Zwecke wird daher in der Regel statt des Systems Eisen-Kohlenstoff das metastabile System Eisen-Zementit betrachtet, wenn auch im Bereich des Gußeisens (C > rd. 2%) eine teilweise Graphitbildung erfolgt, der reale Werkstoffzustand also zwischen dem des stabilen und des metastabilen Systems liegt.

Bei Temperaturen oberhalb der Liquiduslinie ACD des metastabilen Systems (**Bild 1**) liegt eine Eisen-Kohlenstofflösung in schmelzflüssigem Zustand vor. Diese Lösung erstarrt nicht wie reine Metalle bei einer bestimmten Temperatur, sondern in einem Temperaturbereich, der zwischen der Liquiduslinie ACD und der Soliduslinie AECF liegt. Mit abnehmender Temperatur nimmt in diesem Bereich der Anteil des ausgeschiedenen Kristalls in der Schmelze zu, bis bei Erreichen der Soliduslinie die Schmelze vollständig erstarrt ist. Feste Erstarrungspunkte treten nur in den Berührungspunkten von Liquidus- und Soliduslinie (A und C) auf. In Punkt A (1536 °C) liegt der Schmelzpunkt des reinen Eisens (C = 0%), in Punkt C wird mit 1147 °C der niedrigste Schmelzpunkt des Systems Eisen-Kohlenstoff bei C = 4,3% erreicht. Das hier bei der Erstarrung entstehende Gefüge ist ein Eutektikum, das mit Ledeburit bezeichnet wird. Im übereutektischen Bereich (C > 4,3%) scheiden sich aus der

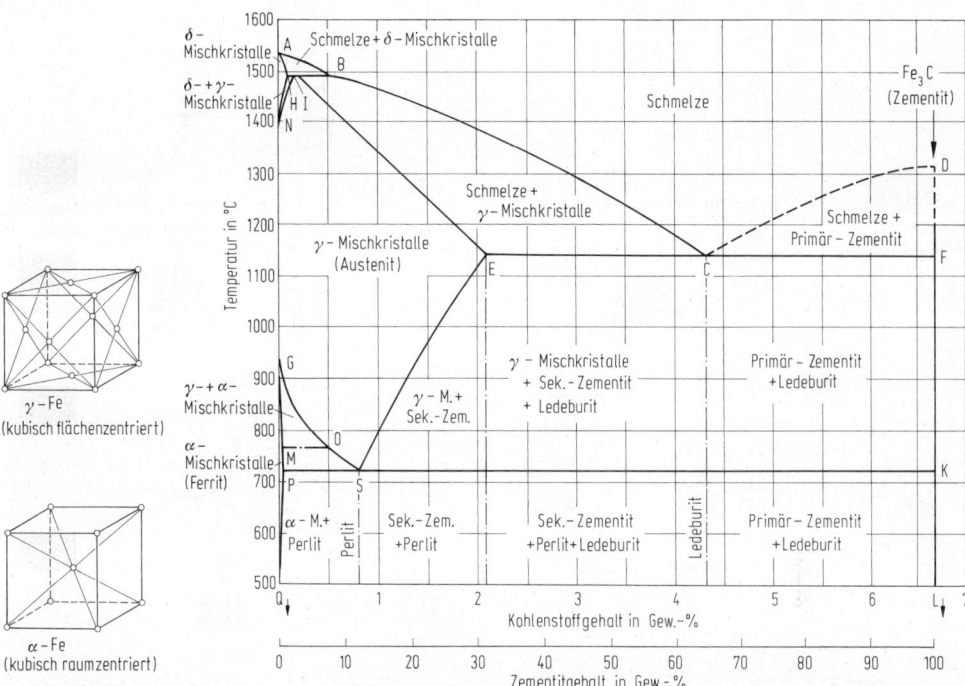

Bild 1. Metastabiles Zustandsschaubild Eisen-Kohlenstoff

Schmelze reine Eisencarbidkristalle Fe$_3$C (Primärzementit), im untereutektischen Bereich (C < 4,3%) als feste Lösung γ-Mischkristalle (Austenit: kubisch flächenzentrierte Eisenkristalle mit hohem Lösungsvermögen für Kohlenstoff) aus. Ledeburit besteht aus einem geordneten Gemenge aus beiden Phasen.

Im Zustandsfeld IESG liegt ein Gefüge vor, das ausschließlich aus Austenit besteht. Bei einem C-Gehalt von 0,86% wandelt sich der Austenit bei Unterschreiten der Umwandlungstemperatur im Punkt S (723 °C) in das Eutektoid Perlit um, das aus einem feinen Gemenge aus Ferrit (α-Mischkristalle) und Zementit besteht. Bei C > 0,86% (übereutektoide Stähle) scheidet sich entlang der Linie SE Sekundärzementit aus, bei C < 0,86% (untereutektoide Stähle) längs der Linie GOS Ferrit. Das Lösungsvermögen des Ferrits für Kohlenstoff ist sehr beschränkt (0,02% bei 723 °C, rd. 10^{-5}% bei Raumtemperatur), wie der schmale Bereich GPQ erkennen läßt. Die Linie GOSE wird als obere Umwandlungslinie bezeichnet, die auf ihr ablesbaren Umwandlungstemperaturen als A$_3$-Punkte. Bei Unterschreiten der unteren Umwandlungslinie PSK (A$_1$-Punkt) zerfallen die restlichen γ-Mischkristalle der Zweiphasengebiete unterhalb der Linien GOS und SE in Perlit, so daß untereutektoider Stahl bei

Raumtemperatur nach langsamer Abkühlung aus Ferrit und Perlit, übereutektoider Stahl aus Perlit und Sekundärzementit besteht. Oberhalb des A$_2$-Punkts (769 °C) verliert Stahl seine magnetischen Eigenschaften. Die Umwandlungspunkte A$_1$, A$_2$ und A$_3$ können bei Erwärmung oder Abkühlung je nach der Geschwindigkeit der Temperaturänderung zu höheren oder niedrigeren Temperaturen verschoben werden. Beim Erwärmen wird statt A die Bezeichnung A$_c$, bei Abkühlung die Bezeichnung A$_r$ verwendet.

3.1.2 Stahlerzeugung. Steelmaking

Stahl-Erschmelzungsverfahren

Weltweit werden heute gemäß **Bild 2** zwei wesentliche Verfahrenslinien zur Stahlerzeugung eingesetzt:
1. Roheisenerzeugung aus Erz im Hochofen und Weiterverarbeitung des Roheisens zu Rohstahl im Sauerstoffblaskonverter (möglichst on-line ohne Erstarrung im Torpedo-Wagen-Transport) sowie

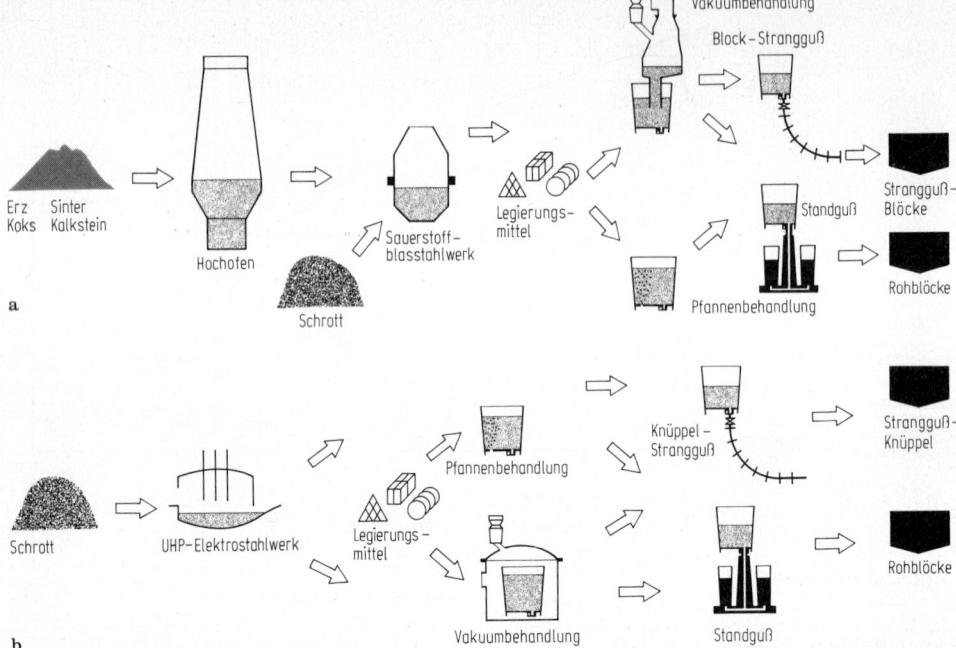

Bild 2. Bedeutendste Verfahren der Stahlerzeugung. Metallurgische Basis: **a** Roheisen/Sauerstoffblasstahlwerk; **b** Schrott/Hochleistungs-Elektrolichtbogenofen

2. Einschmelzen von sortiertem Stahlschrott zu Rohstahl im Elektro-Lichtbogenofen.

In beiden Fällen wird der Rohstahl in einer zweiten Stufe in sekundärmetallurgischen Verfahren durch Pfannen- und/oder Vakuumbehandlung hinsichtlich der gewünschten Legierungszusammensetzung, des geforderten Reinheitsgrads und der optimalen Vergießungstemperatur eingestellt.

Durch die Trennung des reinen Schmelz- bzw. Frischprozesses von den zeitaufwendigen metallurgischen Reaktionen konnten die spezifisch immer leistungsfähiger und kapazitätsmäßig größer werdenden Aggregate (Sauerstoffblaskonverter bzw. UHP-„Ultra-High-Power"-Lichtbogenöfen) wirtschaftlicher eingesetzt werden.

Diese Technologie löste die traditionellen Frischverfahren wie

– *Thomas-Verfahren* (Luftblaskonverter; ausgeprägte Alterungsanfälligkeit der Thomasstähle durch hohen N-Gehalt),
– *Siemens-Martin-Verfahren* (Herdfrisch-Verfahren mit Roheisen-Erz- oder Roheisen-Schrott-Einsatz) sowie
– *LD-Konverter-Verfahren* (Sauerstoff wird auf die Schmelze geblasen; ca. 20% Schrotteinsatz möglich)

praktisch komplett ab.

In der Bundesrepublik Deutschland wurden 1987 82,5% des Rohstahls über die Hochofen-Blasstahl-Linie und 17,5% über den Lichtbogenofen erzeugt.

Mit den heute vielfach angewandten *kombinierten Blasverfahren* (Sauerstoff wird gleichzeitig aufgeblasen *und* durch den Boden eingeblasen) lassen sich Frischleistungen bis rd. 400 t/h erzielen. Weitere Entwicklungen der Konvertertechnik zielen darauf ab, den Einsatz variabel bis hin zu 100% Schrott zu steuern, wobei Kohle zusammen mit dem Sauerstoff eingeblasen und das bei der Frischreaktion entstehende CO im oberen Konverterteil zur Wärmeerzeugung nachverbrannt wird.

In *Hochleistungs-Lichtbogenöfen* können rd. 100 t/h Schrott eingeschmolzen werden. Leistungssteigernd wirken sich hier z. B. Rechnereinsatz zur Prozeßsteuerung sowie zusätzliches Einblasen von Sauerstoff, Brennstoffen und Gas durch den Boden (Verbesserung der Durchmischung) aus.

Die wesentlichen Maßnahmen der Sekundärmetallurgie sind Vermeiden des Schlackemitlaufens, Mischen und Homogenisieren in der gespülten Pfanne, Desoxidation, Legieren und Mikrolegieren im ppm-Bereich in der Pfanne, Aufheizen in Pfannenöfen, Vakuumbehandlung und Gießstrahlabschirmung.

Sonderverfahren

Zur Verbesserung der Stahleigenschaften (insbesondere des Reinheitsgrads) werden zunehmend Vakuum- und Umschmelzverfahren eingesetzt.

Vakuum-Vergießen. Durch dieses Verfahren wird ein erneuter Luftzutritt in den flüssigen Stahl zwischen Gießpfanne und Kokille verhindert. Der Stahl wird unter Vakuum erschmolzen und abgegossen.

Elektroschlackeumschmelzverfahren (ESU). Ein zuvor konventionell hergestellter Stahlblock wird als selbstverzehrende Elektrode in einem Schlackenbad abgeschmolzen. Bei diesem Umschmelzen reagieren die entstehenden Stahltröpfchen intensiv mit der Schlacke.

Kernzonenumschmelzverfahren. Für die Herstellung möglichst fehlerfreier Rohlinge für große Schmiedestücke wird die Kernzone eines im Blockguß erzeugten Blocks durch Lochen entfernt und der hohle Block nach dem ESU-Verfahren umgeschmolzen.

Vergießen des Stahls

Das Vergießen kann auf zwei verschiedenen Wegen erfolgen (Urformtechnik):

1. Vergießen zu Vorformen (Blockguß oder Strangguß). Bereits 1987 wurden bei der Stahlerzeugung rd. 89% des Stahls als Strangguß hergestellt. Blockgießen wird im wesentlichen nur noch zur Herstellung großer Schmiedestücke angewandt.
2. Vergießen zu fertigen Formstücken (s. S2).

Plastische Formgebung

Man unterscheidet bei der Umformung von Metallen zwischen *Warm-*, *Halbwarm-* und *Kaltumformung*. Die Temperaturgrenze zwischen Kalt- und Warmumformung ist durch die Rekristallisationstemperatur gegeben und beträgt etwa die Hälfte der absoluten Schmelztemperatur (s. S 3.2).

Tendenzen

Verkürzung der Prozeßkette bzw. Annäherung der Strangquerschnitte an endabmessungsnahe Halbzeugprodukte. Anwendung von Gießmaschinen zur Anpassung an variable Querschnittsformen (z. B. Herstellung von Dünnbrammen, die in Kaltwalzgerüsten weiterverarbeitet werden können).

Pulvermetallurgie

Metallische Werkstoffe können neben der schmelzmetallurgischen Erzeugung auch auf pulvermetallurgischem Wege hergestellt werden. Bei diesem Verfahren bilden Metallpulver die Ausgangsbasis. Die Pulverherstellung ist je nach Reinheitsgrad insbesondere bei vorlegierten Pulvern sehr aufwendig. Durch mechanisches Mischen (mech. Legieren) sind zahlreiche Werkstoffkombinationen möglich, was eine weitgehende Anpassung an das Bauteil-Anforderungsprofil erlaubt.
Die Bauteilherstellung aus Metallpulvern vollzieht sich in folgenden Verfahrensschritten:
– *Pulverherstellung* (Zerkleinerungsverfahren mit Druckluft und Prallplatten, Wasserverdüsungsverfahren, Elektronenstrahlaufschmelzen und Rotationszerstäubung),
– *Pulvermischen* und *Pressen* zu sog. „Grünlingen",
– *Sintern* (z. B. Einfachsintern, Zweifachsintern, Pulverschmieden),
– *Nachbehandlung,* z. B. *Heiß-isostatisches Pressen* (HIP-Behandlung) zur Beseitigung der Mikroporosität.
Bis zu bestimmten Grenzabmessungen lassen sich auf diesem Wege Bauteile in einbaufertigem Zustand herstellen.
Die Anwendung der Pulvermetallurgie ermöglicht eine hohe Rohstoffausnutzung und erlaubt bei hochreinen Pulvern eine Bauteilherstellung mit angenähert isotropen Festigkeits- und Zähigkeitseigenschaften. Insbesondere sintergeschmiedete Bauteile weisen aufgrund ihrer hohen Dichte gute mechanische Eigenschaften auf. Auch bei der Herstellung von Werkzeugstählen wird die Pulvermetallurgie in zunehmendem Maße angewandt.
Sinterstähle gewinnen auch als Substitutionswerkstoffe für Schmiede- oder Gußwerkstoffe an Bedeutung. Die Schwingfestigkeitseigenschaften von Sinterstählen werden weitgehend von der Dichte bzw. der Porosität bestimmt. Durch nachgeschaltete mechanische Randschichtverfestigungsverfahren wie Kugelstrahlen oder Festwalzen können ähnliche Schwingfestigkeitseigenschaften wie bei Kompaktwerkstoffen erzeugt werden (s. Sinterstähle in E 3.1.4).

3.1.3 Wärmebehandlung. Heat Treatment

Ziel einer Wärmebehandlung ist es, einem Werkstoff für Anwendung oder Weiterverarbeitung erwünschte Eigen-

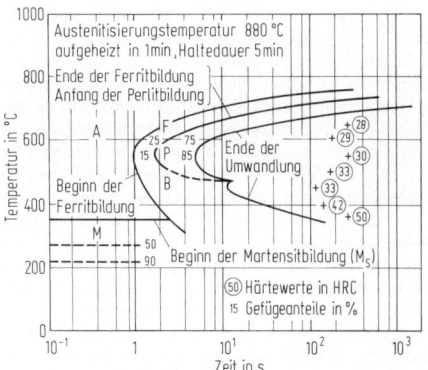

Bild 3. Isothermes Zeit-Temperatur-Umwandlungsschaubild für den Stahl Ck 45. A Austenit, F Ferrit, P Perlit, B Bainit, M Martensit

schaften zu verleihen. Dabei wird der Werkstoff bestimmten Temperatur-Zeit-Folgen und gegebenenfalls zusätzlichen thermomechanischen oder thermochemischen Behandlungen ausgesetzt. Für zahlreiche Stähle ist das temperaturabhängige Auftreten von α- und γ-Mischkristallen (Ferrit und Austenit) (**Bild 1**) mit einem unterschiedlichen Lösungsvermögen für Kohlenstoff die Grundlage für ihre in weiten Grenzen veränderbaren Eigenschaften.
Die Kinetik der Umwandlung des Austenits in andere Phasen geht aus dem isothermen Zeit-Temperatur-Umwandlungsschaubild (ZTU-Schaubild) hervor. **Bild 3** zeigt am Beispiel des Stahls Ck 45 Beginn und Ende der Umwandlung nach rascher Abkühlung des Austenits auf eine bestimmte Temperatur bei anschließendem isothermem Halten. Oberhalb der M_S-Linie setzt die Umwandlung mit einer zeitlichen Verzögerung ein, die ein Minimum bei rd. 550 °C aufweist. Letzteres beruht darauf, daß mit zunehmender Unterkühlung des Austenits einerseits dessen Umwandlungsbestreben wächst, andererseits die Abnahme der Diffusionsgeschwindigkeit die Platzwechselvorgänge der Atome bei der Neubildung des Kristallgitters behindert. Während bei Temperaturen oberhalb dieser „Nase" die Ferrit-Perlit-Umwandlung erfolgt, erhält man im Bereich unterhalb der Nase das Gefüge Bainit, das aus nadeligen Ferritkristallen mit eingelagerten Carbiden besteht. Bei rascher Unterkühlung auf Temperaturen unterhalb der M_S-Linie erfolgt ohne zeitliche Verzögerung ein diffusionsloses Umklappen des Austenit-Gitters in das Gitter des Martensits, wobei der Anteil des gebildeten Martensits mit abnehmender Haltetemperatur ansteigt. Der Verlauf der Umwandlungslinien im ZTU-Schaubild wird durch die Höhe der Austenitisierungstemperatur und die chemische Zusammensetzung des Stahls bestimmt.

Die für isotherme Umwandlung erläuterten Vorgänge spielen sich in ähnlicher Weise auch bei kontinuierlicher Abkühlung von der Austenitisierungstemperatur ab, die bei zahlreichen technischen Wärmebehandlungsverfahren auftritt. Bei rascher Abkühlung entsteht im Falle des Stahls Ck 45 ein ferritisch-perlitisches Gefüge, wie aus dem Eisen-Kohlenstoff-Schaubild zu ersehen ist. Mit zunehmender Abkühlungsgeschwindigkeit wachsen die Anteile von Bainit und Martensit im Gefüge, bis bei Überschreiten einer oberen kritischen Abkühlungsgeschwindigkeit nur noch Martensit gebildet wird.

Härten

Die Martensitbildung bewirkt eine erhebliche Härtesteigerung des Stahls. Daher bezeichnet man die Wärmebehandlung, die in mehr oder weniger großen Bereichen des Querschnitts eines Werkstücks nach Austenitisieren und Abkühlen zur Martensitbildung führt, mit *Härten* und die Temperatur, von der das Werkstück abgekühlt wird, als *Härtetemperatur*. Die Härtetemperatur liegt für untereutektoide Stähle oberhalb der Linie GOS des Fe-C-Schaubilds im Gebiet reiner γ-Mischkristalle, für übereutektoide Stähle jedoch oberhalb der Linie SK im Bereich der γ-Mischkristalle und des Sekundärzementits. Eine Auflösung des naturharten Sekundärzementits ist nicht notwendig, sofern er feinverteilt und nicht netzförmig als Korngrenzenzementit vorliegt. Die hohe Härte des Martensits beruht auf der gegenüber dem γ-Gitter geringen Lösungsfähigkeit des α-Gitters des Eisens für Kohlenstoffatome. Die bei Härtetemperatur gelösten C-Atome können bei schneller Abkühlung nicht aus dem sich umwandelnden γ-Mischkristall ausdiffundieren und führen, da sie zwangsgelöst bleiben, zu einer Verspannung des entstehenden Martensitkristalls, die sich in hoher Härte äußert. Die Verspannung wächst mit der Anzahl der zwangsgelösten C-Atome; daher nimmt die Aufhärtbarkeit eines Stahls mit dem C-Gehalt zu. Allerdings wird eine deutliche Härtesteigerung nur erreicht, wenn der C-Gehalt mindestens 0,3% beträgt.

Um auch im Inneren eines Werkstücks eine zur Martensitbildung ausreichende hohe Abkühlungsgeschwindigkeit zu erhalten, muß eine möglichst schnelle Wärmeabfuhr erfolgen. Dies wird durch Abschreckmittel wie Öl, Wasser, Eiswasser oder Salzlösungen erreicht, doch ist oberhalb bestimmter Querschnitte keine Durchhärtung mehr möglich.

Gegenüber unlegierten Stählen ist bei legierten Stählen die kritische Abkühlungsgeschwindigkeit infolge der Behinderung der Kohlenstoffdiffusion durch die im Mischkristall eingelagerten Atome der Legierungselemente vermindert. Daher sind bei legierten Stählen größere Querschnitte durchhärtbar oder mildere Abschreckmittel verwendbar, z. B. Öl statt Öl und Öl statt Wasser. Hohe Temperaturunterschiede zwischen Kern und Rand eines Werkstücks führen zu hohen Wärmeeigenspannungen, die zusammen mit den Umwandlungseigenspannungen aufgrund der Volumenvergrößerung bei der Martensitbildung Verzug und Härterisse bewirken können. Die Gefahr von Verzug und Härterissen beim Abschrecken kann z.B. durch Warmbadhärten vermindert werden, wobei zunächst ein Temperaturausgleich im Werkstück bei Temperaturen knapp oberhalb der M_S-Temperatur herbeigeführt wird, bevor die Martensitbildung bei Abkühlung auf Raumtemperatur einsetzt.

Die wichtigsten Legierungselemente zur Erhöhung der Durchhärtbarkeit von Stählen sind Mn, Cr, Mo und Ni mit Gehalten von rd. 1 bis 3%. Die Prüfung des Durchhärteverhaltens eines Werkstoffs kann mit dem Stirnabschreckversuch nach DIN 50191 vorgenommen werden.

Anlassen und Vergüten

Das beim Härten entstehende Martensitgefüge ist sehr spröde. Daher wird ein Werkstück in der Regel nach dem Härten *angelassen*, d.h. auf Temperaturen zwischen Raumtemperatur und Ac_1 erwärmt. Im unteren Anlaßtemperaturbereich (bis rd. 300 °C) wird durch Diffusion der Kohlenstoffatome die hohe Verspannung des Martensits gemildert; die Sprödigkeit wird verringert, ohne daß die Härte sich wesentlich ändert. Es erfolgt die Ausscheidung des verglichen mit Zementit kohlenstoffreicheren ε-Carbids; der im Härtungsgefüge noch verbliebene Restaustenit zerfällt.

Bei Anlaßtemperaturen über 300 °C nimmt die Zähigkeit (Bruchdehnung, Brucheinschnürung, Kerbschlagzähigkeit) sehr stark zu, während Festigkeit und Härte abnehmen (**Bild 4**). Diese Veränderungen beruhen auf dem Zerfall des Martensits zu Ferrit und der Bildung von feinverteil-

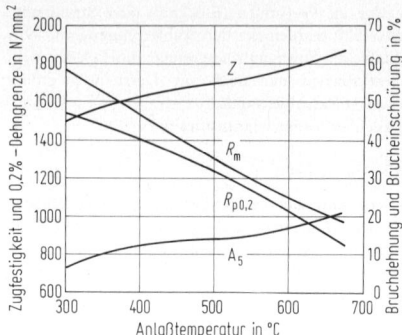

Bild 4. Vergütungsschaubild für den Werkstoff 42 CrMo 4

tem Zementit aus dem bei niedrigerer Temperatur gebildeten ε-Carbid. Im Bereich von Anlaßtemperaturen zwischen 450 °C und Ac_1 erhält man ein feinkörniges Gefüge guter Zähigkeit und hoher Festigkeit, wie es für Konstruktionsteile erwünscht ist. Den Vorgang des Härtens und Anlassens in diesem Temperaturbereich nennt man *Vergüten*. Die Vergütungsfestigkeit hängt entsprechend der Durchhärtbarkeit von der chemischen Zusammensetzung des Stahls und dem Querschnitt des Werkstücks ab.

Legierte Stähle mit vor allem Mo, W und V als Legierungselemente zeigen bei Anlaßtemperaturen zwischen rd. 450 und 600 °C eine deutliche Härte- und Festigkeitssteigerung infolge Aushärtung (*Sekundärhärtung*). Dabei bilden sich aus den nach dem Austenitisieren (Lösungsglühen) und raschen Abkühlen entstandenen übersättigten Mischkristallen infolge Entmischung fein verteilte Ausscheidungen (meist Sondercarbide oder intermetallische Phasen), die gleitblockierend wirken. Dieser Vorgang wird bei Werkzeugstählen, warmfesten und martensitaushärtenden Stählen zur Festigkeitssteigerung ausgenutzt.

Glühbehandlungen

Unter *Glühen* versteht man eine Behandlung eines Werkstücks bei einer bestimmten Temperatur mit einer bestimmten Haltedauer und nachfolgendem Abkühlen, um bestimmte Werkstoffeigenschaften zu erreichen.

Normalglühen. Es erfolgt bei einer Temperatur wenig oberhalb Ac_3 (bei übereutektoiden Stählen oberhalb Ac_1) mit anschließendem Abkühlen in ruhender Atmosphäre. Diese Glühbehandlung wird angewandt, um die grobkörnige Struktur in Stahlgußteilen und teilweise im Schweißnahtbereich (Widmannstättensches Gefüge) zu beseitigen. Auch die Wirkung einer vorangegangenen Wärmebehandlung oder Kaltumformung wird durch Normalglühen aufgehoben. Wird die Austenitisierungstemperatur zu hoch gewählt, tritt ein Wachstum der γ-Mischkristalle ein, das auch nach der Umwandlung zu grobkörnigem Gefüge führt (Feinkornbaustähle neigen weniger zur Kornvergröberung). Ebenso verursacht eine zu langsame Abkühlung ein grobes Ferritkorn.

Grobkornglühen. Bei spanender Bearbeitung weicher Stähle kann ein grobkörniges Gefüge erwünscht sein, das einen kurzbrüchigen Scherspan ergibt. Man erhält dieses Gefüge durch Glühen weit oberhalb Ac_3. Die durch Kornwachstum erhaltenen groben γ-Mischkristalle wandeln sich bei langsamer Abkühlung in ein ebenfalls grobkörniges Ferrit-Perlit-Gefüge um.

Diffusionsglühen. Es dient zur Beseitigung von Seigerungszonen in Blöcken und Strängen sowie innerhalb der Kristallite (Kristallseigerung). Die Glühbehandlung erfolgt dicht unter der Solidustemperatur mit langzeitigem Halten auf dieser Temperatur, um einen Konzentrationsausgleich durch Diffusion zu erreichen. Wird keine Warmumformung nach dem Diffusionsglühen vorgenommen, muß zur Beseitigung des groben Korns normalgeglüht werden.

Weichglühen. Um C-Stähle in ihrem Formänderungsvermögen zu verbessern, wird bei Temperaturen im Bereich um Ac_1 weichgeglüht. Bei diesen Temperaturen formen sich die im streifigen Perlit vorliegenden Zementitlamellen zu kugeliger Form um (*sphäroidisierendes Glühen*). Danach wird langsam abgekühlt, um einen möglichst spannungsarmen Zustand zu erzielen. Die Einformung der Zementitlamellen und bei übereutektoiden Stählen auch des Zementitnetzwerks wird erleichtert durch mehrmaliges kurzzeitiges Überschreiten von Ac_1 (*Pendelglühen*). Die kugelige Form des Zementits kann auch dadurch erreicht werden, daß austenitisiert und geregelt abgekühlt wird.

Spannungsarmglühen. In Werkstücken können durch ungleichmäßige Erwärmung oder Abkühlung, durch Gefügeumwandlung oder Kaltverformung Eigenspannungen auftreten, die sich den Lastspannungen überlagern. Zum Abbau dieser Eigenspannungen, z.B. nach dem Richten, Schweißen, oder zum Abbau von Eigenspannungen in Gußteilen wird ein Spannungsarmglühen durchgeführt. Die Glühtemperatur liegt meist unter 650 °C, bei vergüteten Stählen jedoch unterhalb der Anlaßtemperatur, um die Vergütungsfestigkeit des Werkstücks nicht herabzusetzen. Beim Glühen werden die inneren Spannungen im Werkstück durch plastische Verformung auf das Maß der Warmstreckgrenze reduziert.

Rekristallisationsglühen. Das Ausmaß einer Kaltumformung wird begrenzt durch die Zunahme der Verfestigung und die Abnahme der Verformungsfähigkeit eines Werkstoffs mit dem Umformgrad. Durch Rekristallisationsglühen im Anschluß an eine Kaltumformung wird eine Neubildung des Gefüges bei Temperaturen oberhalb der Rekristallisationstemperatur erreicht mit mechanischen Eigenschaften, wie sie etwa vor der Verformung vorlagen, so daß im Wechsel mit einem Rekristallisationsglühen beliebig viele Umformgänge vorgenommen werden können. Die Gefahr einer Grobkornbildung im rekristallisierten Gefüge besteht bei niedrigen Verformungsgraden, vor allem bei Stählen geringen C-Gehalts ($< 0,2\%$), bei hoher Glühtemperatur und langer Glühdauer. Die Rekristallisationstemperatur der Stähle nimmt mit dem Umformgrad ab, da die im Gitter gespeicherte Umformenergie die Kornneubildung begünstigt. Das Rekristallisationsglühen wird angewendet bei kaltgewalzten Bändern und Feinblechen, kaltgezogenem Draht und Tiefziehteilen. Zum Schutz gegen Verzunderung glüht man unter Luftabschluß in geschlossenen Behältern (*Blankglühen*).

Lösungsglühen. Es dient dem Lösen ausgeschiedener Bestandteile in Mischkristallen. Austenitische und ferritische Stähle, die keine γ-α-Umwandlung erfahren, werden zur Erzielung eines homogenen Gefüges bei rd. 950 bis 1150 °C lösungsgeglüht und anschließend abgeschreckt, um die Bildung versprödender intermetallischer Phasen bei langsamer Abkühlung zu vermeiden. Bei umwandelnden Stählen, die neben der Martensithärtung eine Ausscheidungshärtung erhalten (legierte Werkzeugstähle, warmfeste und martensitaushärtende Stähle), ist mit dem Austenitisieren gleichzeitig ein Lösungsglühen verbunden, das nach dem Abschrecken zu einer übersättigten Lösung führt, deren Entmischung durch die Bildung von Ausscheidungen während des Auslagerns erfolgt.

Mit der Lösungsglühtemperatur und der Dauer des Lösungsglühens steigt die Menge der gelösten Bestandteile an. Damit wird die Ausscheidungsfähigkeit des Gefüges beim Auslagern erhöht, so daß auch die erreichbare Festigkeit ansteigt.

Randschichthärten

Für viele Werkstücke, für die eine harte und verschleißarme Oberfläche notwendig ist, ist eine auf die Randschichten beschränkte Härtung ausreichend. Man unterscheidet bei den Randschichthärteverfahren *Flammhärten*, *Induktionshärten* und *Laseroberflächenhärten*.

Flammhärten. Bei diesem Verfahren wird eine Werkstückoberfläche mittels einer Gas-Sauerstoff-Flamme auf Austenitisierungstemperatur erwärmt und anschließend mit Wasser abgeschreckt (Wasserbrause), bevor die Erwärmung in das Werkstückinnere vorgedrungen ist. Dabei tritt nur im austenitisierten Randbereich eine Martensithärtung auf. Die Tiefe der gehärteten Randschicht wird bestimmt von der Flammtemperatur, der Anwärmzeit und der Wärmeleitfähigkeit des Stahls.

Induktionshärten. Bei diesem Verfahren wird die Randschicht in einer Hochfrequenzspule durch induzierte Ströme erhitzt und nach Erreichen der Austenitisierungstemperatur mit einer Wasserbrause oder in einem Bad abgeschreckt. Mit zunehmender Frequenz wird infolge des Skin-Effekts die Tiefe der erwärmten Randschicht geringer, so daß Einhärtetiefen von nur wenigen Zehntel-Millimetern zu erreichen sind. Für beide Härteverfahren können Vergütungsstähle mit 0,35 bis 0,55% C verwendet werden. Bei niedrigeren C-Gehalten ist die Aufhärtung zu gering, bei höheren C-Gehalten steigen Verzugs- und Härterißgefahr, zumal höhere Austenitisierungstemperaturen zu wählen sind als bei normalem Härten. Nach dem Randschichthärten wird i. allg. bei 150 bis 180 °C angelassen.

Laseroberflächenhärten. Durch kontinuierlich strahlende CO_2-Laser können einzelne Funktionsflächen von Bauteilen einer gezielten Randschichthärtung unterzogen werden. Das Laserhärten gehört zur Gruppe der Kurzzeithärteverfahren. Das Härten erfolgt durch Selbstabschreckung und kann auf die Randschichten beschränkt werden. Bei richtiger Wahl der Bestrahlungsparameter ist neben einer Oberflächenhärtung auch eine Dauerfestigkeitssteigerung möglich [1]. Wie beim Induktionshärten können für dieses Verfahren Vergütungsstähle mit 0,35 bis 0,55% C oder Werkzeugstähle verwendet werden.

Thermochemische Behandlungen

Thermochemische Behandlungen sind Wärmebehandlungen, bei denen die chemische Zusammensetzung eines Werkstoffs durch Ein- oder Ausdiffundieren eines oder mehrerer Elemente absichtlich geändert wird. Meist sollen der Randschicht eines Werkstücks bestimmte Eigenschaften wie Zunderbeständigkeit, Korrosionsbeständigkeit oder erhöhter Verschleißwiderstand verliehen werden. Da hierbei die Werkstücke längerzeitig einer hohen Temperatur ausgesetzt sind, ist auf die Veränderung der Kerneigenschaften zu achten. Gegenüber galvanischen Oberflächenbehandlungsverfahren besteht der Vorteil der Diffusionsverfahren in einer gleichmäßigen Schichtdicke über die Werkstückoberfläche, auch an Kanten, in Rillen und Bohrungen.

Einsatzhärten. Eine hohe Randschichthärte bei Teilen aus Stählen mit C-Gehalten von rd. 0,1 bis 0,25% kann durch Härten nach den thermochemischen Behandlungen Aufkohlen oder Carbonitrieren erreicht werden. Beim Aufkohlen wird die Randschicht des Werkstücks durch Glühen bei 850 bis 950 °C (oberhalb der GOS-Linie) in kohlenstoffabgebenden Mitteln mit Kohlenstoff angereichert. Nach Art des Aufkohlungsmittels wird zwischen Pulver-, Gas-, Salzbad- und Pastenaufkohlung unterschieden. Der C-Gehalt der Randschicht nach dem Aufkohlen soll nicht höher sein als rd. 0,8 bis 0,9%, um eine zu starke Zementitbildung zu vermeiden, die die Eigenschaften der Randschicht verschlechtern kann. Nach dem Aufkohlen ist die Randschicht eines Werkstücks härtbar. Wegen des höheren C-Gehalts besitzt das Gefüge der Randschicht eine niedrigere Umwandlungstemperatur als das des Kerns. Stellt man die Härtetemperatur auf den C-Gehalt der Randschicht ein, wandelt der Kern nicht vollständig um, so daß bei Stählen, die zum Kornwachstum neigen, ein infolge der langen Aufkohlungsdauer grobkörniges Gefüge im Kern zurückbleibt (*Einfachhärtung*). Eine Kernrückfeinung wird bei der *Doppelhärtung* erreicht. Hierbei wird zunächst vor einer dem C-Gehalt des Kerns entsprechenden hohen Temperatur abgekühlt, wobei eine Umkristallisation des Kerns erfolgt; anschließend wird die Randschicht gehärtet. Damit erhält man eine hohe Oberflächenhärte bei gleichzeitig höchster Zähigkeit des Kerns. Durch das mehrmalige Erwärmen und Abkühlen wird allerdings die Gefahr des Verzugs des Werkstücks vergrößert. Ihr kann durch Abschrecken im Warmbad begegnet werden.

Das Härten der aufgekohlten Randschicht kann auch unmittelbar von Aufkohlungstemperatur erfolgen (*Direkthärten*), wobei gegebenenfalls das Werkstück zuvor auf eine dem C-Gehalt der Randschicht entsprechende Härtetemperatur abgekühlt wird. Dieses Verfahren wird vorzugsweise bei Massenteilen oder bei Stählen mit geringer Neigung zum Kornwachstum (Feinkornstählen) angewendet.
Höherlegierte Einsatzstähle, wie z. B. der Werkstoff 20 NiCrMo 6 3, wurden speziell für die Direkthärtung entwickelt, um verbesserte Festigkeits- und Zähigkeitseigenschaften zu erzielen.
Beim *Carbonitrieren* wird die Randschicht eines Werkstücks gleichzeitig mit Kohlenstoff und Stickstoff angereichert. Diese Behandlung erfolgt z. B. in speziellen Cyansalzbädern bei 800 bis 830 °C. Nach dem Carbonitrieren erfolgt meistens ein Abschrecken, um die durch Nitridbildung erreichte Härte durch eine Martensitumwandlung weiter zu erhöhen.
Nach dem Einsatzhärten wird bei Temperaturen von 150 bis 250 °C angelassen.

Nitrieren. Es erfolgt eine Diffusionssättigung der Randschicht eines Werkstücks mit Stickstoff, um Härte, Verschleißwiderstand, Dauerfestigkeit oder Korrosionsbeständigkeit zu erhöhen. Im Vergleich zum Einsatzhärten ist mit der Nitrierung bei Anwesenheit sondernitridbildender Elemente eine höhere Randhärte erzielbar; der Härteabfall ins Innere des Werkstücks ist wegen der geringen Diffusionstiefe jedoch steiler. Die Randschicht besteht nach dem Nitrieren aus einer äußeren Nitridschicht (Verbindungsschicht) und einer anschließenden Schicht aus stickstoffangereicherten Mischkristallen und ausgeschiedenen Nitriden (Diffusionsschicht). Man unterscheidet zwischen Gasnitrieren im Ammoniakgasstrom bei 500 bis 550 °C, Salzbadnitrieren in Cyansalzbädern bei 520 bis 580 °C und Plasmanitrieren bei 450 bis 550 °C.

Das *Gasnitrieren* erfordert lange Nitrierzeiten (z. B. 100 h für eine Nitriertiefe von rd. 0,6 mm). Durch zusätzliche Maßnahmen wie Sauerstoffzugabe oder Ionisation des Stickstoffs durch Glimmentladung (*Plasmanitrieren*) können die Nitrierzeiten verkürzt werden. Eine weitere Verkürzung der Nitrierzeiten wird durch *Salzbadnitrieren* erreicht, doch führen die verwendeten Cyansalzbäder immer auch zu einer Aufkohlung der Randschicht, die aber bei den hier verwendeten niedrigen Badtemperaturen gering ist. Die niedrigen Badtemperaturen und die langsame Abkühlung (kein Abschrecken) führen zu sehr geringem Verzug der Werkstücke (Meßwerkzeuge).

Beim *Nitrocarburieren* enthält das Behandlungsmittel außer Stickstoff auch kohlenstoffabgebende Bestandteile. Es kann im Pulver, Salzbad, Gas oder Plasma nitrocarburiert werden. Die Gasnitrocarburierverfahren, die mit dem Sammelbegriff *Kurzzeitgasnitrieren* bezeichnet werden, benötigen gegenüber dem üblichen Gasnitrieren erheblich kürzere Behandlungsdauern. Diese liegen bei Prozeßtemperaturen von 570 bis 590 °C in der Größenordnung des Salzbadnitrierens.
Legierungselemente, die eine besonders hohe Affinität zu Stickstoff aufweisen, wie Chrom, Molybdän, Aluminium, Titan oder Vanadin ergeben besonders harte Randschichten mit hohem Verschleißwiderstand gegen Gleitreibung (Nitrierstähle). Bei vergüteten Stählen niedriger Anlaßbeständigkeit ist darauf zu achten, daß die langzeitige Nitrierbehandlung keine Festigkeitsabnahme im Kern verursacht. Durch Legierungselemente wie Chrom und Molybdän wird die Anlaßbeständigkeit erhöht, so daß mit niedriglegierten CrMo-Stählen neben hoher Randschichthärte auch hohe Kernfestigkeit erzielt werden kann.

Aluminieren. Hierunter wird allgemein die Herstellung von Al-Überzügen verstanden. Unter den Diffusionsverfahren haben sich das Kalorisieren und das Alitieren bewährt.

Beim *Kalorisieren* werden die Werkstücke (meist kleinere Teile) in einer rotierenden Reaktionstrommel bei 450 °C in Al-Pulver mit bestimmten Zusätzen geglüht. Danach erfolgt ein kurzzeitiges Glühen bei 700 bis 800 °C außerhalb der Trommel zur Verstärkung der Diffusion. Es entsteht eine spröde, festhaftende Fe-Al-Legierungsschicht (Al > 10%) unter einer harten Schicht von Al_2O_3, die eine gute Zunderbeständigkeit aufweist.
Eine weniger spröde Schutzschicht mit besserer Verformbarkeit bei gleicher Zunderbeständigkeit wird durch das *Alitieren* erzeugt. Hierbei wird die Glühung in einem Pulver aus einer Fe-Al-Legierung bei 800 bis 1200 °C vorgenommen.

Beide Verfahren sind auch bei anderen metallischen Werkstoffen als Stahl anwendbar, z. B. Kalorisieren bei Kupfer und Messing, Alitieren bei Nickellegierungen für Gasturbinenschaufeln.

Silicieren. Eine zwar spröde, aber sehr zunderbeständige Oberfläche wird bei kohlenstoffarmem Stahl durch Behandlung mit heißem $SiCl_4$-Dampf erzielt. Der Si-Gehalt der Schicht beträgt bis zu 20%.

Sherardisieren. Dieses Verfahren wird ähnlich dem Kalorisieren durchgeführt. Nach dem Beizen oder Sandstrahlen werden die Werkstücke bei 370 bis 400 °C in mit bestimmten Zusätzen versehenem Zinkstaub geglüht. Neben erhöhtem Korrosionsschutz wird ein guter Haftgrund für Anstriche erreicht.

Borieren. Durch Borieren werden harte und verschleißarme Randschichten erzeugt. Es kann in Pulver (950 bis 1050 °C), Gas und Salzbädern (550 °C) boriert werden.

Chromieren (Inchromieren). Das Verfahren wird bei rd. 1000 bis 1200 °C mit chromabgebenden Stoffen in der Gasphase oder in der Schmelze durchgeführt. Die Randschicht des Werkstücks reichert sich dabei bis auf 35% Cr an. Sie wird damit zunderbeständig bis zu Temperaturen über 800 °C. Wegen der Korrosionsbeständigkeit der Schicht kann mit dieser Behandlung der Einsatz korrosionsbeständigen Vollmaterials umgangen werden.

Sonderverfahren der Wärmebehandlung

Isothermisches Umwandeln in der Bainitstufe. Bei diesem früher als Zwischenstufenvergüten bezeichneten Verfahren wird ein Werkstück nach dem Austenitisieren rasch auf eine Temperatur abgekühlt, bei der sich während des Haltens auf dieser Temperatur die Bainitumwandlung vollzieht. Die für einen bestimmten Werkstoff geeignete Temperatur ist aus dem isothermen ZTU-Schaubild zu ersehen. Beste Festigkeits- und Zähigkeitseigenschaften ergeben sich bei Umwandlung im unteren Temperaturbereich der Bainitstufe. Neben den guten mechanischen Eigenschaften bietet das Verfahren wirtschaftliche Vorteile gegenüber dem Vergüten, da ein zweimaliges Aufheizen entfällt. Vor allem Kleinteile aus Baustählen werden nach diesem Verfahren behandelt.

Patentieren. Hierunter versteht man eine Wärmebehandlung von Draht und Band, bei der nach dem Austenitisieren schnell auf eine Temperatur oberhalb M_S abgekühlt wird, um ein für das nachfolgende Kaltumformen günstiges Gefüge zu erzielen. Üblicherweise wird bei der Drahtherstellung im Warmbad abgekühlt bei Temperaturen, die zu einem dichtstreifigen Perlit führen, da dieses Gefüge sich besonders zum Ziehen eignet.

Martensitaushärtung. In kohlenstoffarmen Fe-Ni-Legierungen mit mehr als 6 bis 7% Nickel erfolgt die Umwandlung des γ-Mischkristalls auch bei langsamer Abkühlung aus dem Austenitgebiet (820 bis 850 °C) nicht mehr durch Diffusion in Ferrit, sondern durch diffusionslose Schiebung in Nickelmartensit, einem mit Nickel (statt Kohlenstoff) übersättigten, metastabilen Mischkristall. Legierungselemente wie Ti, Nb, Al und vor allem Mo führen beim anschließenden Warmauslagern unterhalb der Reaustenitisierungstemperatur (450 bis 500 °C) durch Ausscheidung feinverteilter intermetallischer Phasen und die Einstellung von gleitbehindernden Ordnungsphasen zu einer erheblichen Steigerung der Festigkeit bei gleichzeitig guter Zähigkeit.

Thermomechanische Behandlungen

Thermomechanische Behandlungen sind eine Verbindung von Umformvorgängen mit Wärmebehandlungen, um bestimmte Werkstoffeigenschaften zu erzielen.

Austenitformhärten. Hierbei wird ein Stahl nach dem Abkühlen aus Austenitisierungstemperatur vor oder während der Austenitumwandlung umgeformt. Damit können Festigkeitssteigerungen bei gleichzeitig verbesserter Zähigkeit infolge eines verfeinerten Bainit- und Martensitgefüges erzielt werden.

Temperaturgeregelte Warmumformung. Durch geregelte Temperaturführung in den letzten, mit ausreichendem Umformgrad vorgenommenen Schritten einer Warmumformung und beim anschließenden Abkühlen wird ein Gefüge angestrebt, wie es beim Normalglühen entsteht.

Warm-Kalt-Verfestigen. Eine Umformung bei erhöhter Temperatur unterhalb der Rekristallisationsschwelle führt bei gegenüber Raumtemperatur verminderten Umformkräften zur Festigkeitssteigerung. Dieses Verfahren eignet sich besonders für austenitische Werkstoffe.

3.1.4 Stähle. Steels

Bezeichnung der Stähle

Um für die Vielzahl der heute bekannten Stahlarten bzw. Stahlsorten eine eindeutige Kennzeichnung zu schaffen, ist ein System von Kurzbezeichnungen für Stähle notwendig: DIN 17006 und EU-Norm 27-74. Die neueste Übersicht über Kurznamen und Werkstoffnummern der Eisenwerkstoffe in DIN-Normen und Stahl-Eisen-Werkstoffblättern enthält die 7. Aufl. des DIN-Normenheftes 3 (1983).

Unlegierte Stähle, die nicht für eine Wärmebehandlung bestimmt sind (*Massenstähle*), werden nach ihrer Festigkeit bezeichnet. Beim St 37 handelt es sich z. B. um einen Stahl mit einer Mindestzugfestigkeit von 360 N/mm². Die neueren schweißbaren Feinkornbaustähle sind durch ihre Mindeststreckgrenze gekennzeichnet, was mit dem

Buchstaben E deutlich gemacht wird, z. B. St E 36. Ferner können Kennbuchstaben für die Herstellungsart angegeben werden: E: Elektrostahl, R: beruhigt vergossen, U: unberuhigt vergossen.

Beispiel: R St 37-2.

Unlegierte Stähle, die für eine Wärmebehandlung bestimmt sind (*Qualitäts-, Edelstähle*), werden meist einsatzgehärtet oder vergütet. Sie werden nach der chem. Zusammensetzung benannt. Hinter das Symbol C für den Kohlenstoff setzt man das Hundertfache des mittleren Kohlenstoffgehalts in %.

Beispiel: C 10 (C-Gehalt 0,1 Gew.-%).

Ein k hinter dem Buchstaben C bedeutet niedrigeren Phosphor- und Schwefelgehalt, z. B. Ck 10.

Unlegierte Werkzeugstähle werden mit dem Symbol C und dem Hundertfachen des mittleren Kohlenstoffgehalts in % bezeichnet. Darauf folgt das Kennzeichen für die Gütestufe.

Beispiel: C 100 W 1, Werkzeugstahl 1. Güte mit einem mittleren C-Gehalt von 1 Gew.-%.

Niedriglegierte Stähle (Legierungsgehalt < 5 Gew.-%). Hier wird die chemische Zusammensetzung angegeben. Der Buchstabe C für Kohlenstoff wird weggelassen. Die Bezeichnung beginnt mit dem Hundertfachen des mittleren Kohlenstoffgehalts in %. Darauf folgen die chemischen Symbole der Legierungselemente, nach fallendem Gehalt geordnet. Am Schluß stehen Zahlen zur Kennzeichnung der mittleren Legierungsgehalte, die, um genügende Unterscheidung zu erreichen, multipliziert werden mit dem Multiplikator

    4 für die Elemente Cr, Co, Mn, Ni, Si, W
   10 für die Elemente Al, Be, Cu, Mo, Nb, Pb, Ta, Ti,
        V, Zr
  100 für die Elemente P, S, N, Ce
1 000 für Bor

Beispiele: 15 Cr 3 ist ein niedriglegierter Stahl mit einem mittleren Kohlenstoffgehalt von 0,15 Gew.-% und einem mittleren Chromgehalt von 0,75 Gew.-%.
100 V 1 ist ein niedriglegierter Werkzeugstahl mit einem mittleren Kohlenstoffgehalt von 1 Gew.-% und einem mittleren Vanadingehalt von 0,1 Gew.-%.

Hochlegierte Stähle (Legierungsgehalt > 5 Gew.-%) werden wie die niedriglegierten nach ihrer chemischen Zusammensetzung benannt. Auf Multiplikatoren wird – abgesehen vom Kohlenstoffgehalt, der dann mit dem Faktor 100 multipliziert angegeben wird – verzichtet. Hochlegierte Stähle werden durch Vorsetzen eines X gekennzeichnet.

Beispiel: X 5 CrNiMo 17 12 2 ist ein hochlegierter Stahl mit 0,05 Gew.-% Kohlenstoff, 17 Gew.-% Chrom, 12 Gew.-% Nickel und 2 Gew.-% Molybdän.

Zum Kennzeichnen zusätzlicher Merkmale sind Buchstaben festgelegt worden, die die Erschmelzungs- und Desoxidationsbedingungen sowie den Behandlungszustand betreffen.

Werkstoffnummern

DIN 17007 enthält eine systematische Werkstoffnumerierung, EU-Norm 20 weicht von DIN 17007 ab, DIN-Normenheft 3 weist auf die zukünftigen Nummern hin.

Legierungselemente

Sie beeinflussen im Stahl neben den mechanischen Eigenschaften das Verhalten bei der Wärmebehandlung (Verschiebung der Umwandlungstemperaturen, Änderung der kritischen Abkühlungsgeschwindigkeit, Erweiterung oder Verengung des γ-Gebiets).

Wirkungsweise der wichtigsten Legierungselemente (in alphabetischer Reihenfolge)

Aluminium (Al) gilt als stärkstes Desoxidations- und Denitrierungsmittel. In kleinen Zugaben unterstützt es die Feinkornbildung. Verwendung in Nitrierstählen, da es mit Stickstoff Nitride hoher Härte bildet. Es erhöht die Zunderbeständigkeit.

Blei (Pb) bildet durch feine suspensionsartige Verteilung in Automatenstählen kurze Späne und saubere Schnittflächen.

Bor (B) verbessert die Durchhärtung in Baustählen und erhöht die Kernfestigkeit in Einsatzstählen.

Chrom (Cr) erhöht die Festigkeit (ca. 80 bis 100 N/mm^2 je 1% Cr) und setzt die Dehnung nur geringfügig herab, verbessert die Warmfestigkeit, Zunderbeständigkeit und Durchhärtbarkeit. Starker Carbidbildner, deshalb Steigerung der Härte von Werkzeug- und Wälzlagerstählen. Bei Gehalten >12% werden die Stähle rostbeständig.

Kobalt (Co) bildet keine Carbide. Hemmt das Kornwachstum bei höheren Temperaturen und verbessert die Anlaßbeständigkeit und die Warmfestigkeit. Legierungselement in Schnell- und Warmarbeitsstählen, warmfesten und hochwarmfesten Werkstoffen.

Kohlenstoff (C) ist das wichtigste und einflußreichste Legierungselement in Stahl. Mit zunehmendem C-Gehalt steigen Festigkeit und Härtbarkeit des Stahls. Bruchdehnung, Schmiedbarkeit und Bearbeitbarkeit durch spanabhebende Werkzeuge werden mit höherem C-Gehalt verringert.

Kupfer (Cu) erhöht die Festigkeit des Stahls, setzt dagegen die Bruchdehnung herab. Bei niedrigen Gehalten (0,2 bis 0,5%) verbessert es den Rostwiderstand unter atmosphärischem Einfluß.

Mangan (Mn) erhöht die Festigkeit des Stahls, die Bruchdehnung wird dabei nur geringfügig verringert. Mn wirkt sich günstig auf die Schmiedbarkeit und Schweißbarkeit aus. In Verbindung mit Kohlenstoff bewirkt Mn eine Verbesserung des Verschleißwiderstands. Bis 3% Mn wird die Zugfestigkeit der Stähle um etwa 100 N/mm^2 je 1% Mn erhöht. Bei Gehalten von 3 bis 8% ist die Erhöhung geringer, und über 8% nimmt die Zugfestigkeit wieder ab. Mn erweitert das γ-Gebiet und verbessert die Durchhärtbarkeit.

Molybdän (Mo) erhöht die Zugfestigkeit und besonders die Warmfestigkeit und wirkt sich günstig auf die Schweißbarkeit aus. Mo ist ein starker Carbidbildner und wird in Schnell- und Warmarbeitsstählen, in austenitischen Stählen, in Einsatz- und Vergütungsstählen und in warmfesten Stählen verwendet. Mo verringert die Neigung zur Anlaßversprödung.

Nickel (Ni) steigert die Festigkeit bei nur geringer Einbuße an Duktilität. Ni bewirkt gute Durchhärtung. Cr-Ni-Stähle sind rost- und zunderbeständig sowie warmfest. Die Schweißbarkeit wird durch Ni nicht beeinträchtigt. Ni verbessert die Kerbschlagzähigkeit insbesondere bei tiefen Temperaturen.

Schwefel (S) macht den Stahl spröde und rotbrüchig. In Automatenstählen wird Schwefel absichtlich bis zu 0,3% zugesetzt, um die Bildung kurzer Späne zu erreichen (s. auch S. E 38).

Silicium (Si) erhöht die Zunderbeständigkeit sowie die Zugfestigkeit und die Streckgrenze des Stahls (ca. 100 N/mm^2 je 1% Si). Die Zähigkeitseigenschaften werden nur geringfügig beeinflußt.

Titan (Ti), *Tantal* (Ta) und *Niob* (Nb) sind starke Carbidbildner und werden vorwiegend in austenitischen Stählen zur Stabilisierung gegenüber interkristalliner Korrosion eingesetzt.

Vanadin (V) verbessert die Warmfestigkeit und unterdrückt die Überhitzungsempfindlichkeit. Bei Schnellarbeitsstählen erhöht es die Schneidhaltigkeit. V ist ein starker Carbidbildner. Es erhöht die Zugfestigkeit und die Streckgrenze.

Wolfram (W) ist ein starker Carbidbildner. W steigert die Festigkeit, die Härte und die Schneidhaltigkeit und erzeugt eine hohe Warmhärte. Deshalb Einsatz bei Schnell- und Warmarbeitsstählen.

Walz- und Schmiedestähle

Die Gliederung der Stähle kann nach verschiedenen Gesichtspunkten vorgenommen werden, z. B. nach dem *Erschmelzungsverfahren* (Sauerstoffblasstähle, Elektrostähle, elektroschlacke-umgeschmolzene Stähle usw.), nach der *Verwendung* (Bau- und Werkzeugstähle), nach ihrem *Legierungsgehalt* (unlegierte, niedriglegierte und hochlegierte Stähle), nach den *chemischen und physikalischen Eigenschaften* (korrosions-, hitze-, zunderbeständige, amagnetische und weichmagnetische, verschleißarme Stähle) und nach der *Gütegruppe* (Massen-, Qualitäts- und Edelstähle).
Die Walz- und Schmiedestähle werden in *Baustähle*, *Werkzeugstähle* und *Stähle für spezielle Konstruktionsteile* eingeteilt.

Allgemeine Baustähle. Diese sind unlegierte und niedriglegierte Stähle mit 0,15 bis 0,5% C, <0,045% P, 0,003 bis 0,3% S und 0,006 bis 0,014% N, die üblicherweise z. B. im warmgeformten Zustand, nach einem Normalglühen oder Vergüten oder für eine Kaltumformung nach einem Weichglühen im wesentlichen aufgrund ihrer Zugfestigkeit und Streckgrenze z. B. im Hochbau, Tiefbau, Brückenbau, Wasserbau, Behälterbau, Fahrzeug- und Maschinenbau verwendet werden: DIN 17100, **Anh. E3 Tab. 1.** Sie werden i. allg. im warmgeformten, d. h. im warmgewalzten oder im warmgeschmiedeten Zustand, geliefert. Sie dürfen weder kalt- noch rotbrüchig sein. Zur Sicherstellung ausreichender Sprödbruchunempfindlichkeit werden Kerbschlagzähigkeitswerte gewährleistet. Eine allgemeine Eignung der Stähle für die verschiedenen Schweißverfahren wird nicht gewährleistet, da das Verhalten eines Stahls beim und nach dem Schweißen nicht nur vom Werkstoff, sondern auch von den Abmessungen und der Form sowie den Fertigungs- und Betriebsbedingungen des Bauteils abhängt.

Baustähle für bestimmte Erzeugnisformen. Hinsichtlich ihrer Verwendung sind unlegierte Baustähle in bestimmtem Lieferzustand und spezifizierter Erzeugnisform genormt. Sie weichen in bezug auf ihre mechanischen und technologischen Eigenschaften und ihre chemische Zusammensetzung gegenüber den Stählen in DIN 17100 mehr oder weniger ab.

Normen. *DIN 1614:* Warmgewalztes Band und Blech aus weichen unlegierten Stählen. Die Norm gilt für kontinuierlich warmgewalztes Flachzeug (Band und Blech) bis 15 mm Dicke aus weichen unlegierten Stählen und beinhaltet die durch ihre chemische Zusammensetzung gekennzeichneten Stahlsorten, die zur Weiterverarbeitung durch Kaltwalzen zu Band oder Blech nach *DIN 1623* oder zu Kaltband nach *DIN 1624* geeignet sind, und die durch ihre mechanischen Eigenschaften gekennzeichneten Stahlsorten, die zur unmittelbaren Kaltformgebung oder zur Herstellung von geschweißten Rohren ohne Festigkeitsvorschriften bestimmt sind. Die Stahlsorten sind St 22, St 23, St 24, St W 22, St W 23 und St W 24.

DIN 1623 Teil 1: Kaltgewalztes Band und Blech aus weichen unlegierten Stählen. Die Norm gilt für kaltgewalztes Flachzeug unter 3 mm Dicke aus weichen unlegierten Stählen, das für Umformungsarbeiten und Oberflächenveredlung, aber nicht für das Einsatz- und Abschreckhärten oder Vergüten bestimmt ist. Als Stähle kommen in Frage: St 12, St 13 und St 14.

DIN 1623 Teil 2: Feinbleche aus unlegierten Stählen, Feinbleche aus allgemeinen Baustählen. Die Norm gilt für Blech unter 3 mm Dicke aus allgemeinen Baustählen nach DIN 17100, das im wesentlichen aufgrund seiner Zugfestigkeit und Streckgrenze bei klimabedingten Temperaturen im Lieferzustand verwendet wird.

DIN 1624: Kaltbänder aus weichen unlegierten Stählen. Die Norm gilt für kaltgewalzte Bänder aus weichen unlegierten Stählen, die für Kaltumformung und Oberflächenveredlung, aber nicht für Abschreckhärtung und Vergütung bestimmt sind. Einsatzhärtung ist möglich, Eignung für diese wird jedoch nur bei Kaltbändern aus Stählen nach DIN 17210, die nicht unter diese Norm fallen, gewährleistet. Als Stähle werden St 0 bis St 4 aufgeführt, und zwar in Grund-, Falz-, Zieh-, Tiefzieh- und Sondertiefziehgüte.

DIN 1652: Blanker unlegierter Stahl. In dieser Norm werden neben allgemeinen Baustählen nach DIN 17100 Einsatzstähle nach DIN 17210 und Vergütungsstähle nach DIN 17200 für Blankstahl mit Angabe des Herstellungsverfahrens, der chemischen Zusammensetzung, des Lieferzustands und der Festigkeitseigenschaften aufgeführt. Unter Blankstahl wird Stabstahl verstanden, der gegenüber dem warmgeformten Zustand durch Entzunderung und Ziehen oder durch Schälen und Polierrichten eine glatte, blanke Oberfläche aufweist.

Wetterfeste Baustähle. Festhaftende Rostschichten können durch Zugabe von 0,65% Cr, 0,4% Cu, ≦ 0,4% Ni und erhöhten Phosphorgehalt erzeugt werden. Deckschichten dieser Art verhindern das weitere Rosten dieser Stähle, die im Stahl-Eisen-Werkstoffblatt 087 aufgeführt sind (WT St 37-2, WT St 37-3 und Wt St 52-3).

Die hohen Zusätze an Cu verschlechtern jedoch die Schrottqualität (Gefahr der Rotbrüchigkeit) beim Recycling, und die rotbraune Oberfläche ist oft nicht erwünscht. Daher werden statt dessen auch Stähle mit höheren Gehalten an Cr empfohlen, z. B. X 2 Cr 11 (Werkstoff-Nr. 1.4003) oder X 7 Cr 14 (Werkstoff-Nr. 1.4001), die je nach Festigkeitsbedarf insbesondere für Brückenbau gegen die Einflüsse des sauren Regens sowie bei korrosionsgefährdeten Betonbauten angewandt werden.

Hochfeste schweißbare Baustähle (Feinkornbaustähle). Die höchste Streckgrenze der schweißbaren Baustähle nach DIN 17100 weist der St 52-3 mit 355 N/mm² auf. Höhere Streckgrenzen sind zwar durch Erhöhung des Kohlenstoffgehalts möglich, Schweißeignung und Zähigkeit des Werkstoffs werden jedoch bei C-Gehalten über 0,22% verschlechtert. Deshalb werden schweißbare Baustähle mit hoher Streckgrenze durch Verringerung der Korngröße erzeugt. Neben Aluminium wirken die Legierungselemente Niob, Titan und Vanadin kornverfeinernd und bewirken bereits bei geringen Zusätzen die Ausscheidung von Carbiden und Nitriden, die zu einer weiteren Anhebung der

Streckgrenze führen. Der Kohlenstoffgehalt kann deshalb niedrig gehalten werden (*perlitarme Feinkornbaustähle*). Temperaturgeregeltes Walzen (z. B. TMB für *thermomechanische Behandlung*) verringert die Korngröße weiter, während durch kontrolliertes Abkühlen Festigkeit und Streckgrenze zunehmen. Durch Zulegieren von kleinen Mengen Cr, Ni, Mo und Cu werden Aufhärtungsvorgänge (zum Teil durch Ausscheidungen) ermöglicht. Eine Wasservergütung nach dem Walzen (sog. Tempcore-Verfahren) kann zu einer weiteren Festigkeitssteigerung beitragen.

Beispiel: TStE 690 VA, Werkstoffnummer 1.8920 mit einer Streckgrenze $R_{eH} = 690$ N/mm².

Einige der schweißbaren Feinkornbaustähle neuerer Art sind im Stahl-Eisen-Werkstoffblatt 083 aufgeführt. Ein Beispiel ist mit einer Streckgrenze von $R_{eH} = 550$ N/mm², der durch TMB in die Dualphasen-Struktur aus Ferrit und 5 bis 35% Martensit gebracht wurde.

Schmiedeperlitische Stähle. Durch Zusätze von Niob, Titan oder Vanadin sind geschmiedete Teile nach kontrollierter Abkühlung aus der Schmiedehitze (BY) ohne weitere Wärmebehandlung einsetzbar. Ein wichtiges Anwendungsgebiet ist der Fahrzeugbau. Die Stähle wandeln in eine perlitische Struktur mit definierter Korngröße um, sind gut zerspanbar und ausreichend zäh. Schmiedeperlitische Stähle sind im Stahl-Eisen-Werkstoffblatt 101 enthalten.

Beispiel: 38 MnSiVS 6 BY.

Alterungsbeständige Stähle. Diese sind Stähle, die gegenüber dem Ausgangszustand auch bei langzeitigem Lagern nur geringfügig an Zähigkeit verlieren. Als Merkmal der Alterungsbeständigkeit gilt, daß die Kerbschlagzähigkeit nach künstlicher Alterung durch Kaltumformen um 5 oder 10% mit unmittelbar anschließendem Auslagern von $^1/_2$ h bei 250 °C bestimmte Werte nicht unterschreitet.

Alterungsbeständige Stähle sind in DIN 17135 genormt, in denen hinsichtlich der Verwendungsbereiche Kerbschlagzähigkeitswerte für Temperaturen bis zu etwa −50 °C und Streckgrenzenwerte für Temperaturen bis etwa +400 °C gewährleistet werden.

Die Stähle werden mit A St 35, A St 41, A St 45 und A St 52 bezeichnet.

Martensitaushärtende Stähle. Bei diesen handelt es sich um Nickelstähle mit extrem niedrigen Gehalten an C, Si und Mn. Sie sind daher wie die Feinkornbaustähle gut schweißbar.

Beispiel: X 2 NiCoMo 18 8 5 mit 18% Nickel, 8% Kobalt, 5% Molybdän, 0,4% Titan und 0,1% Aluminium.

Im lösungsgeglühten Anlieferungszustand besitzen diese Stähle ein Gefüge aus praktisch kohlenstofffreiem Nickelmartensit mit einer relativ geringen Festigkeit (Zugfestigkeit etwa 1 000 N/mm²).

Durch Warmauslagern bei knapp 500 °C lassen sich die Stähle durch Ausscheiden intermetallischer Verbindungen wie $Ni_3(Ti, Al)$ und Fe_2Mo aus dem Martensit auf Zugfestigkeiten um 2 200 N/mm² bei ausreichender Zähigkeit aushärten.

Vergütungsstähle. Sie erreichen ihre der jeweiligen Verwendung entsprechenden Eigenschaften durch eine geeignete Wärmebehandlung. Dies kann zum einen in Form einer Vergütung (Härten und Anlassen des gesamten Bauteils) erfolgen, wobei eine Gefügeumwandlung in die Martensitoder Bainitstufe erzielt wird. Bei unlegierten Baustählen können auch Anteile an Perlit und Ferrit als Mischgefüge entstehen. Zum anderen können bestimmte Eigenschaften mit einer alleinigen oder zusätzlichen Randschichthärtung (Flamm- oder Induktionshärten) eingestellt werden. Bei der Vergütung lassen sich bestimmte Festigkeits- (Zugfestigkeit, 0,2%-Dehngrenze) und Zähigkeitseigenschaften (Bruchdehnung, Brucheinschnürung und Kerbschlagzähigkeit) stufenlos einstellen, s. **Bild 4**.

In DIN 17200 sind die mechanischen Eigenschaften der Vergütungsstähle bis zu einem Durchmesser von 100 mm für unlegierte und einen Teil der legierten Stähle und bis zu einem Durchmesser von 250 mm für einen anderen Teil der legierten Stähle genormt, **Anh. E3 Tab. 2**.

Im Sinne dieser Norm sind Vergütungsstähle Baustähle, die sich aufgrund ihrer chemischen Zusammensetzung, besonders ihres Kohlenstoffgehalts, zum Härten eignen und die im vergüteten Zustand hohe Zähigkeit bei bestimmter Zugfestigkeit aufweisen.

Die Norm unterscheidet zwischen unlegierten Qualitätsstählen sowie unlegierten und legierten Edelstählen. Die Edelstähle unterscheiden sich von den Qualitätsstählen durch

- Mindestwerte der Kerbschlagarbeit im vergüteten Zustand (für unlegierte Stähle nur bei mittleren Massenanteilen an Kohlenstoff, $C < 0,50\%$),
- Grenzwerte der Härtbarkeit im Stirnabschreckversuch (für unlegierte Stähle nur bei mittleren Massenanteilen an Kohlenstoff, $C > 0,30\%$),
- gleichmäßigeres Ansprechen auf die Wärmebehandlung,
- begrenzten Gehalt an oxidischen Einschlüssen und
- niedrigere zulässige Gehalte an Phosphor und Schwefel.

In der Gruppe der Edelstähle sind zwei Reihen von Stahlsorten aufgeführt:

- Edelstahlreihe mit Angabe nur des Höchstwerts für den Massenanteil an Schwefel von 0,035% und
- Edelstahlreihe mit Angabe eines geregelten Massenanteils an Schwefel von 0,02 bis 0,04% zur besseren Zerspanbarkeit.

DIN 17200 enthält u.a. auch Angaben über Grenzwerte der Rockwell-C-Härte bei Prüfung auf Härtbarkeit im Stirnabschreckversuch und über gewährleistete mechanische Eigenschaften der Stähle im vergüteten und normalgeglühten (unlegierte Stähle) Zustand in Abhängigkeit von der Erzeugnisdicke.

Bei den in **Anh. E3 Tab. 2** angegebenen Stählen steigt die Härtbarkeit in der dort aufgeführten Reihenfolge. Zum Beispiel läßt sich mit dem Stahl 30 CrNiMo 8 noch bei einem Durchmesser von 200 mm die gleiche Zugfestigkeit von 900 bis 1 100 N/mm² erzielen wie mit dem Stahl 34 Cr 4 mit einem Durchmesser von nur 15 mm.

Stähle für das Randschichthärten. Bei diesen Stählen handelt es sich ebenfalls um Vergütungsstähle, die speziell zur Erzeugung einer harten, verschleißarmen Oberfläche unter Beibehaltung eines zähen Kerns entwickelt worden sind.

Bei der Randschichthärtung wird unterschieden in Flammhärten und Induktionshärten.

Stähle für das Randschichthärten sind in DIN 17212 genormt. Sie sind im wesentlichen dem Stahl-Eisen-Werkstoffblatt 083 entnommen worden und ähneln weitgehend den Sorten nach DIN 17200. Sie unterscheiden sich von ihnen nur durch bestimmte für die Eignung zum Flamm- und Induktionshärten notwendige zusätzliche Gewährleistungen, besonders durch engere Grenzen für den Kohlenstoffgehalt und niedrigere Höchstwerte für den Phosphorgehalt.

Nitrierstähle. Auch bei diesen Stählen handelt es sich grundsätzlich um Vergütungsstähle, die mit Cr, Mo und Ni auflegiert sind. Nitrierstähle sind in DIN 17211 genormt, s. **Anh. E3 Tab. 3**. Im Sinne der Norm handelt es sich um martensitisch-bainitische Stähle, die wegen der in

ihnen enthaltenen Nitridbildner wie Al und V – in bedingtem Maß auch Cr – für das Nitrieren besonders geeignet sind (außer Elementen in der Kurzbezeichnung: $\leq 0,4\%$ Si, 0,40 bis 1,10% Mn, $< 0,025\%$ P, $< 0,030\%$ S).

Die wichtigsten Nitrierverfahren sind in E 3.1.3 beschrieben.

Einsatzstähle. Diese sind Baustähle mit verhältnismäßig niedrigem Kohlenstoffgehalt, die an der Oberfläche aufgekohlt, gegebenenfalls gleichzeitig aufgestickt (carbonitriert) und anschließend gehärtet werden. Die Stähle haben nach dem Härten in der Randschicht hohe Härte und guten Verschleißwiderstand, während der Kernwerkstoff vor allem noch hohe Zähigkeit aufweist.

Die für das Einsatzhärten entwickelten Stähle sind Qualitätsstähle und Edelstähle, **Anh. E3 Tab. 4**.

In der Gruppe der Edelstähle sind einige Sorten mit einem bestimmten Mindestschwefelgehalt (0,020 Gew.-% S) genormt. Hierbei liegt der Gehalt an sulfidischen Einschlüssen durchschnittlich höher als bei den anderen Stählen, wodurch eine bessere Zerspanbarkeit gewährleistet ist.

Insbesondere die Molybdän-Chrom-Stähle sind zum Direkthärten entwickelt worden. Die Legierungselemente Mn, Cr, Mo, Ni dienen zur Erhöhung der Kernfestigkeit bei größeren Querschnitten und zur Verbesserung der Randhärtbarkeit (außer Elementen in der Kurzbezeichnung: $\leq 0,40\%$ Si, 0,30 bis 1,30% Mn, $< 0,035$ bis 0,045% P, $< 0,035$ bis 0,045% S). Die Einsatzstähle werden in folgenden Behandlungszuständen geliefert: warmgeformt (unbehandelt (U)); behandelt auf bestimmte Festigkeit (BF); behandelt auf Scherbarkeit (C); weichgeglüht (G) oder behandelt auf gute Bearbeitbarkeit (BG) mit Ferrit-Perlit-Gefüge für die Zerspanung.

Automatenstähle. Solche Stähle sind durch gute Zerspanbarkeit und gute Scherspanbildung gekennzeichnet, die im wesentlichen durch höhere Schwefelgehalte, gegebenenfalls gemeinsam mit weiteren Zusätzen, wie z.B. Blei, erzielt werden.

Die in DIN 1651 aufgeführten Stähle gliedern sich in nicht für eine Wärmebehandlung bestimmte Stähle (außer Elementen in der Kurzbezeichnung: $\leq 0,05\%$ Si, 0,90 bis 1,50% Mn, $< 0,1\%$ P), Automaten-Einsatzstähle (außer Elementen in der Kurzbezeichnung: 0,10 bis 0,30% Si, 0,70 bis 1,10% Mn, $< 0,06\%$ P) und Automaten-Vergütungsstähle (außer Elementen in der Kurzbezeichnung: 0,10 bis 0,30% Si, 0,70 bis 1,10% Mn, $< 0,06\%$ P).

Sie sind i.allg. für die Massenfertigung auf Automaten mit hohen Schnittgeschwindigkeiten gedacht. Automatenstähle werden im unbehandelten (warmgeformten), normalgeglühten, im geschälten oder kaltgezogenen Zustand geliefert. Ihre mechanischen Eigenschaften sind insbesondere für den kaltgezogenen Zustand abmessungsabhängig.

Andere Automatenstähle sind mit Ca und/oder Zr mikrolegiert, um eine kugelige Sulfidform statt der üblichen gestreckten Form zu erhalten. Dadurch wird die Querzähigkeit des Stahls wesentlich verbessert. Soll der Gehalt an S möglichst niedrig gehalten werden, wird auch Te im Bereich von ppm zugesetzt. Es bildet sich Mangan-Tellurid im Stahl, das eine gute Zerspanung gewährleistet, aber keine inhomogene Phase wie ein normales Sulfid darstellt. Tellur ist aber wie Blei toxisch, was sich besonders durch seinen hohen Dampfdruck im flüssigen Stahl auswirkt.

Nichtrostende Stähle. Im Sinne von DIN 17440 gelten solche Stähle als nichtrostend, die sich durch besondere Beständigkeit gegenüber chemisch angreifenden Stoffen auszeichnen; sie haben i.allg. einen Chromgehalt von mindestens 12 Gew.-%. Die in DIN 17440 genormten nichtrostenden Stähle sind in ferritische und martensitische sowie ferritisch-austenitische und austenitische Stähle untergliedert. Sie sind sowohl für die Kalt- wie für die Warmumformung geeignet. Außer den Stählen X 30 Cr 13, X 38 Cr 13, X 46 Cr 13 und X 45 CrMoV 15 sind die nichtrostenden Stähle zum Schweißen geeignet. Allerdings ist das Schweißen bei den kohlenstoffreicheren Stählen nur mit besonderen Vorsichtsmaßnahmen möglich. Im Lieferzustand ist die Beständigkeit gegen interkristalline Korrosion eine wichtige Eigenschaft nichtrostender Stähle. Bei den niedrig kohlenstoffhaltigen ferritischen Chromstählen ist sie i. allg. Lieferzustand gewährleistet. Im geschweißten Zustand ist dies oft nicht mehr der Fall. Nach dem normalen Schweißen sind einige ferritische und martensitische Chromstähle oder zu glühen oder neu zu vergüten. Nach einem Hochgeschwindigkeitsschweißen (z. B. Laser-Strahl-Schweißen) ist dies nicht erforderlich. Zahlenmäßige Angaben über die chemische Beständigkeit werden in DIN 17440 nicht gemacht, weil die unter Laborbedingungen ermittelten Beständigkeitswerte nicht immer für das Verhalten im Gebrauch kennzeichnend sind.

Ein nichtrostender Stahl besonderer Art ist der Dual-Phasen-Stahl X 2 CrNiMoN 22 5 (Werkstoff-Nr. 1.4462) mit ca. 50% Austenit und ca. 50% Weichmartensit bzw. Stickstoffperlit, bei dem die beiden Phasen unterschiedliche Funktionen erfüllen: Der Austenit gewährleistet den Korrosionsschutz, hier z. B. Seewasserbeständigkeit; der Weichmartensit gewährleistet die Bauteilfestigkeit.

Anh. E3 Tab. 5 gibt eine Übersicht über einige nichtrostende Stähle nach DIN 17440.

Weitere Normen. Stahl-Eisen-Werkstoffblatt 400: Nichtrostende Walz- und Schmiedestähle. Es enthält die Stähle, die in DIN 17440 wegen des begrenzten Anwendungsumfangs nicht erfaßt sind. – *DIN 17445:* Nichtrostender Stahlguß. – *SEW 410:* Nichtrostender Stahlguß. Es enthält nichtrostende Stahlgußsorten, die vornehmlich Sonderzwecken dienen. – *DIN 1694:* Austenitisches Gußeisen. – *DIN 17224:* Federdraht und Federband aus nichtrostenden Stählen. – *Stahl-Eisen-Einsatzliste 430:* Nichtrostende Stähle und Legierungen für medizinische Zwecke. – *SEE 432:* Nichtrostende Stähle für die Verwendung im Bauwesen.

Warmfeste, hochwarmfeste Stähle (Legierungen). Sie besitzen unter langzeitiger Beanspruchung bei hohen Temperaturen gute mechanische Eigenschaften wie hohe Zeitdehngrenzen und Zeitstandfestigkeiten oder hohen Relaxationswiderstand. Warmfeste Stähle weisen diese Eigenschaften bis zu einer Anwendungstemperatur von rd. 540 °C auf, hochwarmfeste Stähle bis zu einer Temperatur von rd. 800 °C. Sie werden überwiegend in der Kraftwerkstechnik und der chemischen Industrie verwendet. Zu den *warmfesten Stählen* zählen unlegierte Stähle, deren obere Anwendungstemperatur im Dauerbetrieb bei rd. 400 °C liegt und niedriglegierte Stähle mit oberen Anwendungstemperaturen von rd. 540 °C, die vom Legierungstyp her hauptsächlich zu den Mo-, CrMo-, MoV- und CrMoV-Stählen zu rechnen sind. Ihre hohe Warmfestigkeit beruht auf den im α-Mischkristall eingelagerten Atomen der Legierungselemente (Mischkristallhärtung) und auf Ausscheidungen vor allem von Mo- und V-Carbiden.

Zu den *hochwarmfesten Stählen* zählt die Gruppe der 12%-Cr-Stähle (Anwendungstemperatur bis rd. 600 °C), die Legierungszusätze von Mo, V und teilweise N und Nb zur Bildung von Ausscheidungen enthalten. Eine höhere Warmfestigkeit als die 12%-Cr-Stähle (bis rd. 650 °C) besitzen die hochwarmfesten austenitischen Stähle mit rd. 16 bis 18% Cr und 10 bis 13% Ni, da das austenitische Gitter bei hohen Temperaturen einen höheren Formände-

rungswiderstand besitzt. Zur Festigkeitssteigerung werden auch hier teilweise Mo, V, W, Nb, Ti und B zugesetzt.

Für Langzeitbeanspruchungen bei Temperaturen von 700 °C und mehr (z. B. im Gasturbinenbau oder im Chemieanlagenbau) werden neben hochlegierten Fe-Legierungen überwiegend Ni-Basis- und Co-Basis-Legierungen mit hohen Cr-Gehalten (in der Regel > 12%) zur Gewährleistung der Zunder- und Korrosionsbeständigkeit verwendet. Diese als Superlegierungen bezeichneten Werkstoffe gehören teilweise nicht mehr zur Gruppe der Eisenwerkstoffe, sollen hier aber unter diesem Anwendungsbereich miterwähnt werden.

Die Nickelbasislegierungen enthalten neben Cr vor allem Co, Mo und W zur Erhöhung der Festigkeit des Mischkristalls und üblicherweise Ti und Al zur Bildung kriechbehindernder Ausscheidungen in Form intermetallischer Phasen (Ni_3(TiAl) = γ'-Phase). Außerdem werden vielfach kleine Mengen an seltenen Erden wie Cer, Hafnium, Zirkon und Yttrium wegen ihres korrosionshemmenden Einflusses zugesetzt.

Den Co-Basis-Legierungen (kein Vakuumguß, daher kostengünstigere Herstellung) fehlt ein vergleichbar wirksamer Aushärtungsmechanismus wie den Ni-Basis-Legierungen. Daher ist ihre Zeitstandfestigkeit in der Regel niedriger. Durch Zusätze von Cr, Ni, W, Mo, V und Nb wird die Bildung komplexer Carbide und intermetallischer Phasen bewirkt.

Die Temperaturgrenzen, bei deren Überschreitung Bauteile mit den in Zeitstandversuchen ermittelten zeitabhängigen Festigkeitskennwerten (z. B. Zeitdehngrenze, Zeitstandfestigkeit) auszulegen sind statt mit Kurzzeitwerten (z. B. Warmstreckgrenze), hängen von der chemischen Zusammensetzung des Werkstoffs, der vorgegebenen Beanspruchungsdauer und den gewählten Sicherheitsbeiwerten ab.

Anwendungsbereiche der warmfesten und hochwarmfesten Stähle (Legierungen)

Kesselbleche. Die in **Anh. E3 Tab. 6** aufgeführten Stähle eignen sich in Form von Blechen zum Bau von Dampfkesselanlagen, Druckbehältern, großen Druckrohrleitungen und ähnlichen Bauteilen. Neben unlegierten Stählen (HI bis HIV) werden für höhere Temperaturen niedriglegierte Stähle eingesetzt, die teilweise auch als Röhrenstähle verwendet werden. Da die Stähle gut schmelzschweißbar sein müssen, besitzen sie einen niedrigen C-Gehalt und erhöhten Mn-Gehalt.

Normen: *DIN 17155:* Kesselbleche.

Stähle für nahtlose Rohre und Sammler (bis rd. 600 °C). Für nahtlose Rohre einschließlich Sammlerrohre für den Dampfkesselbau, Rohrleitungsbau, Druckbehälter- und Apparatebau werden bei Temperaturen bis rd. 600 °C bei gleichzeitig hohen Drücken unlegierte und legierte Stähle verwendet, die teilweise auch für Kesselbleche eingesetzt werden, **Anh. E3 Tab. 6**. Die angegebene Grenztemperatur kann sich je nach Zunderungsverhältnissen zu niedrigeren (unlegierte Stähle) oder zu höheren Temperaturen (12%-Cr-Stähle) verschieben. Führt die Warmverarbeitung zu einem einwandfreien Gefügezustand in hinreichender Gleichmäßigkeit, kann eine Wärmebehandlung entfallen, außer bei den CrMo-Stählen, die angelassen werden müssen und den Stählen 14 MoV 6 3 und X 20 CrMoV 12 1, die auf jeden Fall zu vergüten sind.

Normen: *DIN 17175:* Nahtlose Rohre und Sammler aus warmfesten Stählen.

Werkstoffe für Schrauben, Muttern und Schmiedestücke. Schrauben, Muttern und ähnliche Gewinde- und Formteile für Temperaturen ab etwa 300 °C werden in der Regel aus den in **Anh. E3 Tab. 6** angegebenen Werkstoffen hergestellt. Um den Vorspannungsverlust von Schraubenverbindungen infolge Kriechens gering zu halten, besitzen die angeführten Werkstoffe einen hohen Relaxationswiderstand. Bei höchsten Temperaturen im Dauerbetrieb ($\geqq$ 700 °C) ist die Nickelbasislegierung NiCr 20 Ti Al zu verwenden, doch wird sie zunehmend auch bei niedrigeren Temperaturen eingesetzt (kleinere Schraubenquerschnitte, schmalere Flansche).

Schmiedestücke für Dampfkesselanlagen, Rohrleitungen und Druckbehälter werden vorwiegend aus Stählen nach DIN 17243 hergestellt, die zum Teil denen in DIN 17155 und DIN 17175 entsprechen.

Für größere freigeformte Schmiedestücke des Turbinenbaus (Wellen, Scheiben) werden bei Temperaturen bis rd. 540 °C überwiegend CrMo(Ni)V-Stähle verwendet (Beispiele 21 CrMoV 5 7, 30 CrMoNiV 5 11, X 22 CrMoV 12 1), in denen der Nickelzusatz bei großen Querschnitten die Durchvergütbarkeit verbessert.

Normen: *DIN 17240:* Warmfeste und hochwarmfeste Werkstoffe für Schrauben und Muttern. – *DIN 17243:* Schmiedestücke und gewalzter oder geschmiedeter Stabstahl aus warmfesten, schweißgeeigneten Stählen. – *SEW 555:* Stähle für größere Schmiedestücke als Bauteile von Turbinen und Generatoranlagen.

Hochwarmfeste Stähle verschiedener Erzeugnisform. Im Temperaturbereich über rd. 550 °C werden hochlegierte martensitische Stähle mit rd. 12% Cr und austenitische CrNi-Stähle verwendet, die sich durch gutes Verhalten auch unter Langzeitbeanspruchung auszeichnen. Sie sind lieferbar als Stabmaterial verschiedenen Querschnitts, als Blech, Band, Rohr oder in Form von Schmiedestücken. In **Anh. E3 Tab. 6** sind einige wichtige Stähle angegeben. Die Stähle X 20 CrMoV 12 1 und X 8 CrNiMoVNb 16 13 sind auch als druckwasserstoffbeständige Stähle bekannt (SEW 590), der Stahl X 22 CrMoV 12 1 ist als Schraubenstahl in DIN 17240 aufgeführt.

Normen: *DIN 17459:* Nahtlose kreisförmige Rohre aus hochwarmfesten austenitischen Stählen. – *DIN 17460:* Hochwarmfeste Stähle. Technische Lieferbedingungen für Blech, kalt- und warmgewalztes Band, Stabstahl und Schmiedestücke. – *SEW 670:* Hochwarmfeste Stähle. – *SEL 675:* Nahtlose Rohre aus hochwarmfesten Stählen.

Hochwarmfeste Fe-, Ni- und Co-Legierungen. Im Flugzeug- und Industriegasturbinenbau, im Raketenbau und in Hochtemperaturanlagen der Chemie werden im Temperaturbereich über etwa 650 °C verschiedene hochlegierte Werkstoffe auf Fe-, Ni- und Co-Basis verwendet. Da von diesen Legierungen neben hoher Warmfestigkeit auch Beständigkeit gegen korrosive Einflüsse (z. B. durch heiße Verbrennungsgase) gefordert wird, ist die Grenze zu den hitzebeständigen Werkstoffen oft nicht eindeutig festzulegen.

Die in **Anh. E3 Tab. 7** genannten Legierungen sind als Knetlegierungen in Form von Blechen, Stangen, Rohren und/oder Schmiedestücken lieferbar; teilweise werden sie auch zu Gußteilen verarbeitet. Die Warmumformbarkeit und die mechanische Bearbeitbarkeit der Legierungen ist bei hohen Anteilen intermetallischer Phasen schwierig. In einigen Fällen ist daher nur eine Formgebung durch Gießen möglich.

Hitzebeständige Stähle. Die Hauptanforderung an hitzebeständige Stähle besteht nicht in besonders hoher Warmfestigkeit, sondern in einem ausreichenden Widerstand gegen Heißgaskorrosion im Temperaturbereich über 550 °C. Die höchste Gebrauchstemperatur eines hitzebeständigen Stahls ist abhängig von den jeweiligen Betriebsbedingungen. Als Richtwerte sind in **Anh. E3 Tab. 8** Temperaturangaben für Luft und Wasserstoffatmosphäre enthalten. Für Metall- und Salzschmelzen gelten diese Werte nicht.

Die Zundergrenztemperatur wird definiert als die Temperatur, bei der der Materialverlust in reiner Luft 0,5 mg cm^{-2} h^{-1} beträgt.

Die Zunderbeständigkeit der hitzebeständigen Stähle beruht auf der Bildung dichter, gut haftender Oberflächenschichten aus Oxiden der Legierungselemente Cr, Si und Al. Die Schutzwirkung setzt bereits bei Cr-Gehalten von 3 bis 5% ein, doch können Cr-Gehalte bis 30% zulegiert werden. Die Schutzwirkung der Schichten wird eingeschränkt durch den Angriff niedrigschmelzender Eutektika und durch Aufkohlung. Infolge Aufkohlung entstehen Chromcarbide, so daß durch Chromverarmung der Grundmasse und durch Auftreten innerer Spannungen (Aufreißen der Schichten) die Schutzwirkung abnimmt. Zur Steigerung der Warmfestigkeit wird neben Cr das Legierungselement Ni in Gehalten zugesetzt, die zu einem stabil austenitischen Gefüge führen (Cr + Ni = 25 bis 35%), doch werden neben ferritischen Stählen vom Typ Cr, Al, Si auch ferritisch-austenitische Stähle eingesetzt, **Anh. E3 Tab. 8**.

Die ferritischen Stähle können bei Cr-Gehalten von über 12% bei Temperaturen um 475 °C eine Versprödung erfahren; daher ist längeres Halten in diesem Temperaturbereich bei der Wärmebehandlung und im Betrieb zu vermeiden. Bei Temperaturen über 800 °C kann ein starkes Ferritkornwachstum einsetzen, das zum Zähigkeitsrückgang bei niedrigen Temperaturen führt. Schließlich kann bei 600 bis 850 °C und Cr-Gehalten über etwa 20% bei allen Stahltypen eine σ-Phasenausscheidung (Fe–Cr-Verbindung) erfolgen, die ebenfalls eine Versprödung bewirkt.

Ferritische hitzebeständige Stähle sind im Gegensatz zu austenitischen Stählen und Ni-Legierungen gegen reduzierende schwefelhaltige Gase beständig. Verwendet werden die hitzebeständigen Stähle im Chemie- und Industrieofenbau, z. B. für Rohre von Ethylenanlagen und Trag- und Förderteile von Durchlauföfen.

In diesem Zusammenhang sollen auch die Heizleiterlegierungen erwähnt werden, deren chemische Zusammensetzung auf Ni-Cr-, Ni-Cr-Fe- oder Fe-Cr-Al-Basis beruht (Beispiele: NiCr 80 20, NiCr 60 15, CrNi 25 20, CrAl 25 5).

Normen: *SEW 470:* Hitzebeständige Walz- und Schmiedestücke. – *Euronorm 95:* Hitzebeständige Walz- und Schmiedestücke. – *DIN 17470:* Heizleiterlegierungen.

Druckwasserstoffbeständige Stähle. In Anlagen der chemischen Industrie wie Erdöldestillieranlagen, Hydrieranlagen und Synthesebehältern sind Werkstoffe bei hohen Temperaturen gleichzeitig hohen Wasserstoffpartialdrücken ausgesetzt. Dabei diffundiert Wasserstoff in den Stahl ein und entkohlt ihn unter Bildung von Kohlenwasserstoffverbindungen wie Methan (CH_4). Es kommt zur Auflösung der Korngrenzcarbide, zu Rissen an den Korngrenzen und zur Versprödung des Werkstoffs. Durch Legieren des Stahls mit Elementen, deren Carbide bei Betriebstemperatur sehr beständig sind, läßt sich die Anfälligkeit gegen Druckwasserstoff stark vermindern. Das wichtigste Legierungselement dieser Stähle ist Chrom, daneben enthalten sie Mo und teilweise V zur Erhöhung der Warmfestigkeit und Verminderung der Anlaßversprödung (Beispiele: 25 CrMo 4, 24 CrMo 10, 17 CrMoV 10, X 20 CrMoV 12 1). Bei der Vergütung bilden sich chromreiche Sondercarbide in feiner Verteilung. Die austenitischen hochwarmfesten Stähle weisen aufgrund ihrer hohen

Legierungsgehalte eine gute Druckwasserstoffbeständigkeit in Verbindung mit hoher Warmfestigkeit bei Temperaturen über 550 °C auf (Beispiel: X 8 CrNiMoVNb 16 13).
Normen: *SEW 590:* Druckwasserstoffbeständige Stähle. – *DIN 17176:* Nahtlose kreisförmige Rohre aus druckwasserstoffbeständigen Stählen.

Kaltzähe Stähle. Mit abnehmender Temperatur wächst der Formänderungswiderstand von Stählen, d. h. Streckgrenze und Zugfestigkeit nehmen zu, während das Verformungsvermögen (Bruchdehnung, Brucheinschnürung) geringer wird. Damit steigt die Gefahr eines verformungslosen Sprödbruchs unter der Wirkung von Spannungskonzentrationen (Kerbwirkung, Eigenspannungen) mit abnehmender Temperatur. Dieses Verhalten ist bei ferritischen Stählen ausgeprägter als bei austenitischen. Ferritische Stähle zeigen einen Steilabfall in der Temperaturabhängigkeit ihrer Zähigkeitskennwerte, so daß ihr Einsatz auf Temperaturen oberhalb dieses Steilabfalls beschränkt bleibt. Austenitische Stähle zeigen dagegen nur eine allmähliche Abnahme der Zähigkeit, die ihren Einsatz selbst bei tiefsten Temperaturen ermöglicht. Dabei wird als kennzeichnender Wert für die Zähigkeit in der Regel die Kerbschlagarbeit angesehen.
Für kaltzähe Stähle nach DIN 17280 ist im Lieferzustand ein Mindestwert der Kerbschlagarbeit von 27 J (ermittelt an ISO-Spitzkerbproben in Quer- bzw. Tangentialrichtung) bei einer Temperatur von −60 °C oder tiefer zu gewährleisten. Kaltzähe niedriglegierte Stähle können bei max. −100 °C eingesetzt werden.
Kaltzähe Stähle finden Verwendung im Apparatebau der chemischen Industrie, im Behälterbau und in der Kältetechnik. Sie sind überwiegend mit Nickel legiert bei Gehalten zwischen 1,5 und 5%. Das Gefüge dieser Stähle ist ferritisch-perlitisch. Nickel bildet mit Fe Mischkristalle, die eine hohe Tieftemperaturzähigkeit aufweisen. An der Karbidbildung ist Ni nicht beteiligt. Bei höheren Anforderungen an die Zähigkeit werden hochlegierte Stähle wie X 8 Ni 9 verwendet und bei extremer Beanspruchung austenitische Stähle. Sie weisen selbst bei Temperaturen von rd. −200 °C noch eine ausreichende Kerbschlagarbeit auf. Bei den kaltzähen Stählen muß Wert auf gute Schweißbarkeit möglichst ohne Wärmenachbehandlung gelegt werden.
In **Anh. E3 Tab. 9** sind einige typische kaltzähe Stähle aufgeführt. Stähle nach DIN 17135 und DIN 17440 können auch bei Tieftemperaturbeanspruchung verwendet werden.
Normen: *DIN 17280:* Kaltzähe Stähle. – *DIN 17440:* Nichtrostende Stähle.

Werkzeugstähle

Werkzeugstähle haben wegen ihrer vielseitigen Anwendung und ihrer unterschiedlichen spezifischen Beanspruchungsbedingungen chemische Zusammensetzung und Eigenschaften, die in sehr weiten Grenzen liegen. Es gibt für Werkzeugstähle keine typischen Legierungselemente oder Eigenschaften, die sie als ausgesprochene Werkzeugstähle kennzeichnen. Selbst die Härte schwankt in weiten Grenzen, wobei der Härteunterschied in bezug auf den zu bearbeitenden oder zu verarbeitenden Werkstoff maßgebend ist. Wegen dieser Vielseitigkeit wurde die Definition für Werkzeugstähle durch ihre Anwendung in Werkzeugen festgelegt (DIN 17350).
Ein Ordnungsschema und eine Klassifizierung für die Vielzahl der Werkzeugstähle ergibt sich aus den jeweiligen Anwendungsgruppen (DIN 8580):

– *Stähle zum Trennen* (Schneiden, Stanzen und Zerspanen),
– *Stähle zum Warmumformen* (Schmieden und Pressen),
– *Stähle zum Kaltumformen* (Prägen und Fließpressen),
– *Stähle zum Warmurformen* (Druckguß, Kokillenguß und Glaspressen),
– *Stähle zum Kalturformen* (Kunststofformen),
– *Stähle für Handwerkzeuge.*

Für die verschiedenen Anwendungsfälle werden Legierungen und Wärmebehandlungszustände so gewählt, daß die Stähle unter der jeweils vorliegenden Beanspruchung nicht brechen (Zähigkeit; plastisches Verformungsvermögen), sich nicht bleibend verformen (ausreichend hohe Fließgrenze; Härte) und daß ihre Oberfläche möglichst lange unversehrt bleibt (hohe Verschleiß- und Korrosionsbeständigkeit). Die wünschenswerten Eigenschaften sind mit herkömmlichen schmiedbaren oder auch gegossenen Werkzeugstählen nicht immer zu erfüllen. Aus diesem Grunde werden bei Werkzeugstählen in zunehmenden Maße pulvermetallurgisch erzeugte Stähle (PM-Stähle) eingesetzt, die noch bei sehr hohen Legierungsgehalten verformbar sind. Darüber hinaus werden auch Oberflächenbeschichtungsverfahren zur Steigerung des Verschleißwiderstands angewendet.

Stähle zum Schneiden/Stanzen (*Trennen*) sind überwiegend ledeburitische Chromstähle mit 1,5 bis 2% C, 12% Cr und Zusätzen von Mo, W und V, die bis zu 20% Karbide enthalten. Daneben werden für Bleche ab 5 mm Dicke zähere Sorten mit 0,6 bis 1% C und Legierungsgehalten von 3 bis 6% (Chrom, Mangan, Molybdän, Wolfram, Vanadin) eingesetzt.
Zum Schneiden und Stanzen eignen sich auch Stahlsorten, die zur Zerspanungszwecke verwendet werden (Schnellarbeitsstähle). Bei pulvermetallurgisch erzeugten Stählen wendet man zum Schneiden und Stanzen verschleißbeständigere Legierungen mit 4 bis 10% V an (**Anh. E3 Tab. 10a**).

Stähle zum Zerspanen (*Trennen*) sollen hohe Härte, Anlaßbeständigkeit und Warmhärte (bis rd. 600 °C, Rotgluthärte) aufweisen. Die am häufigsten verwendete Legierung hat 0,9% C, 4% Cr, 6% W, 5% Mo und 2% V, wobei W und Mo im Verhältnis von einem Teil Molybdän zu zwei Teilen Wolfram austauschbar sind. Zusätze bis 5% Vanadium steigern den Verschleißwiderstand, Zusätze bis Kobalt (meist 5 bis 8%) Härte, Warmhärte und Anlaßbeständigkeit. Auch für Zerspanungszwecke werden PM-Stähle (z.B. Schnellarbeitsstähle) mit höheren Legierungsgehalten, insbesondere wegen ihrer guten Verarbeitbarkeit, aber auch wegen ihrer großen Bruchsicherheit, eingesetzt, **Anh. E3 Tab. 10b**.

Stähle zum Warmumformen (*Schmieden und Pressen*) werden durch Temperaturwechsel und Warmverschleiß, z.B. durch Zunder, beansprucht. Zum Schmieden mit Hämmern werden niedriglegierte Ni-Cr-V-Mo-Stähle mit 0,5 bis 0,6% C verwendet. Beim Pressen mit längeren Berührungszeiten kommen Warmarbeitsstähle mit 0,3 bis 0,4% C, 5 bis 7% Cr, 1 bis 3% Mo und bis zu 2% V zum Einsatz. Bei Temperaturbeanspruchung der Werkzeuge über 500 °C eignen sich auch austenitische hochwarmfeste Stähle für Preßwerkzeuge, **Anh. E3 Tab. 10c, d.**

Stähle zum Kaltumformen (*Prägen, Massivumformen und Fließpressen*) müssen hohe Druckfestigkeiten besitzen und haben deshalb einen Mindest-C-Gehalt von 0,5%. Meist liegt der C-Gehalt aber über 1%. Angepaßt an die erforderlichen Druckkräfte und die sich einstellenden Arbeitstemperaturen, werden mit zunehmender Beanspruchung ledeburitische Cr-Stähle (s. Stanzen) und Schnellarbeitsstähle (s. Zerspanen) verwendet (**Anh. E3 Tab. 10e**).

Stähle zum Warmurformen (*Druckgießen, Glasformen*) werden besonders durch Temperaturwechsel im Oberflächenbereich beansprucht. Für Druckgießwerkzeuge und Kokillenwerkzeuge haben sich Warmarbeitsstähle mit 0,3 bis 0,4%C, 5% Cr, 1 bis 3% Mo und bis zu 1% V bewährt. Das Werkzeugverhalten bei dieser Beanspruchung hängt sehr vom Homogenitätsgrad (Seigerungsgrad) des verwendeten Stahls ab. Glaspreßformen sind bei C-Gehalten von 0,2% wie nichtrostende Stähle mit 12,5 bis 17% Cr legiert, **Anh. E3 Tab. 10f, g**.

Stähle zum Kalturformen (*Kunststofformen*) werden bei niedrigen Temperaturen für die Kunststoffverarbeitung eingesetzt. Für einfache Kunststofformen verwendet man überwiegend vorvergütete Stähle mit einer Härte von ca. 300 HB, um Formänderungen beim Härten zu vermeiden. Am häufigsten wird ein Werkstoff mit 0,4% C, 1,5% Cr, 1,5% Mn und Molybdänzusatz verwendet. Zur Verringerung der Formänderungen verwendet man für Kunststofformen grundsätzlich gut härtbare Stähle, die höhere Ni-Gehalte von 3 bis 4% haben.

Wenn die Kunststoffe verschleißende Zusätze wie Glasfasern, Kohlefasern oder Gesteinsmehl enthalten, werden für die formgebenden Werkzeuge sehr harte, verschleißarme Stahllegierungen benötigt, wie man sie bei Stählen zum Schneiden oder zum Zerspanen anwendet. Auch pulvermetallurgische Sorten mit sehr hohem V-Gehalt werden in den Spritzmaschinen eingesetzt. Bei Kunststoffmassen, die die Werkzeuge durch Korrosion beanspruchen, sind Legierungsvarianten mit 12 bis 20% Chrom notwendig, um den Werkzeugen eine hinreichende Korrosionsbeständigkeit zu geben, **Anh. E4 Tab. 10h**.

Stähle für Handwerkzeuge. Hämmer, Zangen, Äxte etc. werden überwiegend aus unlegierten Werkzeugstählen mit 0,45 bis 0,60% C hergestellt. Werkstoffe für Sägen haben etwas höhere Kohlenstoffgehalte von 0,75 bis 0,85%. Den höchsten C-Gehalt findet man bei Feilen mit 1,2 bis 1,4%. Stähle für Schraubenschlüssel und Schraubendreher sind bei Kohlenstoffgehalten von 0,3% mit 0,3 bis 0,8% Cr und Vanadinzusatz legiert.

Stähle für Schrauben und Muttern

Schrauben und Muttern müssen aufgrund ihrer vielfältigen Anwendung eine Reihe von Anforderungen erfüllen, die bei der Werkstoffauswahl zu berücksichtigen sind. In den technischen Lieferbedingungen für mechanische Verbindungselemente sind daher je nach Anforderungsprofil an das Produkt Werkstoffmindestanforderungen festgelegt. Für einzelne Anforderungen werden jedoch auch bestimmte Werkstoffsorten angegeben. Die für die Schrauben- und Mutternfertigung in Frage kommenden Werkstoffe, die überwiegend kaltumformbar sein müssen, sind in den verschiedenen Werkstoffnormen aufgeführt:
- Die in DIN ISO 898 T 1 gestellten *Mindestanforderungen an die chemische Zusammensetzung* von Werkstoffen für Schrauben der Festigkeitsklasse 3.6 bis 12.9 können mit Stählen nach DIN 1651: Automatenstähle, DIN 1654: Kaltstauch- und Kaltfließpreßstähle, DIN 17100: allgemeine Baustähle, DIN 17111: Kohlenstoffarme unlegierte Stähle für Schrauben, Muttern und Niete, DIN 17200: Vergütungsstähle und DIN 17210: Einsatzstähle abgedeckt werden.
  Anh. E3 Tab. 11 zeigt für Schrauben unter Berücksichtigung von Festigkeitsklasse, Abmessung und Fertigungsverfahren die in der Praxis üblichen Werkstoffe. Für Muttern niedriger Festigkeitsklassen werden neben

Automatenstählen ebenfalls unlegierte Stähle wie für Schrauben eingesetzt. Ab Festigkeitsklasse 10 werden Muttern aus Vergütungsstählen gefertigt.
- *Rost- und säurebeständige Stähle* für Schrauben und Muttern nach DIN 267 T 11 sind in DIN 1654 T 5 und DIN 17440 genormt.
- In DIN 267 T 12 (*Blechschrauben*) und DIN 7500 (*Gewindefurchende Schrauben*) wird auf Einsatzstähle nach DIN 17210 und auf Vergütungsstähle nach DIN 17200 verwiesen.
- Für *kaltzähe und warmfeste Verbindungselemente* werden in DIN 267 T 13 Werkstoffe vorgeschrieben, deren Eigenschaften in DIN 17240 und DIN 17280 umfangreich beschrieben sind.
- Werkstoffe für *mechanische Verbindungselemente aus Nichteisenmetallen* sind in DIN 267 T 18 festgelegt. Ihre chemische Zusammensetzung und die erforderlichen Werkstoffeigenschaften sind den mitaufgeführten Regelwerken (Normen) für Leicht- und Schwermetalle zu entnehmen.

Federstähle

Im Sinne von DIN 17221 − Warmgewalzte Stähle für vergütbare Federn − zeichnen sich Federstähle im vergüteten Zustand durch ihre hohe Elastizitätsgrenze aus und eignen sich daher zur Herstellung von federnden Teilen aller Art besonders. Die für Federn gewünschten Eigenschaften werden durch höhere Kohlenstoffgehalte und Legierungsbestandteile wie Si, Mn, Cr, Mo und V sowie durch Wärmebehandlung, d. h. Härten in Öl oder Wasser mit nachfolgendem Anlassen, erreicht. Federstähle sind in Abhängigkeit von Erzeugnisform, Behandlungszustand und Verwendungszweck in verschiedenen DIN-Normen festgelegt. Auswahl der Federstähle: **Anh. E3 Tab. 12**. Normen: *DIN 17221*: Warmgewalzte Stähle für vergütbare Federn. Technische Lieferbedingungen. *DIN 17222*: Kaltgewalzte Stahlbänder für Federn. − *DIN 17223 T 1*: Patentiert gezogener Federdraht aus unlegierten Stählen. Die in DIN 17223 T 1 angegebenen Drahtsorten A, B, C und D sind durch ihre Zugfestigkeit gekennzeichnet, die in Abhängigkeit von der Abmessung gewährleistet wird. − *DIN E 17223 T 2*: Ölschlußvergüteter Federstahldraht aus unlegierten und legierten Stählen. − *DIN 17224*: Federdraht und Federband aus nichtrostenden Stählen. Die Norm umfaßt drei Stahlsorten, nämlich X 12 CrNi 17 7, X 7 CrNiAl 17 7 und X 5 CrNiMo 17 12 2. Im allgemeinen wird der Werkstoff X 12 CrNi 17 7 verwendet. Der Stahl X 5 CrNiMo 17 12 2 wird bei der Forderung nach erhöhter Korrosionsbeständigkeit eingesetzt, während der aushärtbare austenitisch-ferritische Stahl X 7 CrNiAl 17 7 für hochbeanspruchte Federn bei Temperaturen zwischen 20 und 350 °C Verwendung findet.

Alle Normen über Federstähle enthalten hinsichtlich Oberflächenbeschaffenheit und Randentkohlung besondere Anforderungen, da die Haltbarkeit von Federn bei wechselnder Beanspruchung im wesentlichen von einer kerbfreien und harten Oberfläche geprägt wird.

Wälzlagerstähle

Kugeln, Rollen, Nadeln, Ringe und Scheiben von Wälzlagern sind i. allg. hohen örtlichen Zug-Druck-Wechselbeanspruchungen und Verschleißeinflüssen ausgesetzt. Die verwendeten Stähle müssen deshalb frei von Fehlern wie Lunkern, Blasen, Seigerungen sowie weitgehend frei von mikroskopisch feinen nichtmetallischen Einschlüssen sein, eine gute Warm- oder Kaltverformbarkeit bzw. gute Zerspanbarkeit aufweisen, die sichere Annahme einer hohen

Härte gewährleisten und maßbeständig bei längerem Lagern sein.

Nach Stahl-Eisen-Werkstoffblatt 350 kommen Stähle wie 100 Cr 6, 100 CrMn 6 und 100 CrMo 7 mit Oberflächenhärten nach dem Vergüten von 56 bis 66 HRC in Betracht.

Für Sonderzwecke sind darüber hinaus der Vergütungsstahl 41 Cr 4 (Federrollen) und die hochlegierten Stähle X 46 Cr 13 und X 89 CrMoV 18 1 (Kugeln, Rollen, Nadeln und Ringe nichtrostender Lager) genormt, deren maximale Härte bei 58 HRC liegt. Wälzlagerstähle sind auch in der Euronorm EU 94 genormt.

Eine Sonderanwendung ist der Stahl X 75 WCrV 18 4 1, der für warmfeste Lager in Flugturbinen eingesetzt wird.

Ventilwerkstoffe

Ventile von Verbrennungsmotoren, insbesondere Auslaßventile, unterliegen neben hohen mechanischen Beanspruchungen bei hohen Temperaturen auch der Korrosionseinwirkung vor allem durch Pb, S, V und Verbrennungsrückstände in den heißen Verbrennungsgasen. Ventilwerkstoffe müssen daher beständig sein gegen Hitze, Temperaturwechsel, Dauerschwing-, Stoß-, Verschleiß-, und Korrosionsbeanspruchung; weiterhin müssen sie für die Warmformung geeignet sein. Erwünscht sind auch hohe Wärmeleitfähigkeit und geringe Wärmeausdehnung, damit Temperaturunterschiede und die mit ihnen verbundenen Wärmespannungen möglichst gering bleiben.

Heute werden für Ventile von Verbrennungsmotoren überwiegend die drei Werkstoffe X 45 CrSi 9 3, X 60 CrMnMoVNbN 21 10 und NiCr 20 TiAl verwendet.

Normen: SEW 490-52 (veraltet): Ventilstähle. – Euronorm 90-71: Stähle für Auslaßventile von Verbrennungskraftmaschinen.

Stähle für Rohre

Der Werkstoffeinsatz für Stahlrohre richtet sich nach dem Fertigungsverfahren und dem Verwendungszweck der Fertigteile.

DIN 1626: Geschweißte Stahlrohre aus unlegierten und niedriglegierten Stählen. – DIN 1629: Nahtlose Rohre aus unlegierten Stählen. – DIN 2391: Nahtlose Präzisionsstahlrohre, kaltgezogen oder kaltgewalzt. – DIN 2393: Geschweißte Präzisionsstahlrohre mit besonderer Maßgenauigkeit. – DIN 2394: Geschweißte Präzisionsstahlrohre, einmal kaltgezogen oder kaltgewalzt. – DIN 2440: Stahlrohre; mittelschwere Gewinderohre. – DIN 2441: Stahlrohre; schwere Gewinderohre. – DIN 2442: Gewinderohre mit Gütevorschrift; Nenndruck 1 bis 100. – DIN 2462: Nahtlose Rohre aus nichtrostenden Stählen. – DIN 2463: Geschweißte Rohre aus austenitischen nichtrostenden Stählen. – DIN 2464: Nahtlose Präzisionsrohre aus nichtrostenden Stählen. – DIN 2465: Geschweißte Präzisionsrohre aus austenitischen nichtrostenden Stählen. – DIN 17175: Nahtlose Rohre aus warmfesten Stählen. – DIN TAB 15: Normen für Stahlrohrleitungen.

Stähle für den Elektromaschinenbau

Bei ihnen spielen insbesondere die magnetischen Eigenschaften eine entscheidende Rolle. Für Elektrobleche und -bänder nach DIN 46400 werden Forderungen nach möglichst geringen Ummagnetisierungsverlusten und hoher magnetischer Induktion gestellt. Obwohl die chemische Zusammensetzung dieser Stähle nicht vorgeschrieben wird, werden die geforderten Eigenschaften i. allg. durch Zulegieren von Silicium erreicht. Die Bleche und Bänder

werden geglüht geliefert und dürfen bei der Verarbeitung nicht durch Hämmern, Biegen oder Richten kaltverformt werden, da sich sonst ihre magnetischen Eigenschaften verschlechtern.

Anh. E 3 Tab. 13 enthält eine Auswahl von kalt- und warmgewalzten Elektroblechen nach DIN 46400 und deren magnetische und technologische Eigenschaften.

Weitere Normen: DIN 17405: Weichmagnetische Werkstoffe für Gleichstromrelais. – DIN 17410: Dauermagnetwerkstoffe. – DIN 41301: Elektrobleche; magnetische Werkstoffe für Übertrager.

Neben Werkstoffen mit guten magnetischen Eigenschaften werden im Elektromaschinenbau auch Werkstoffe benötigt, die nicht magnetisierbar sind. Es handelt sich hierbei um Stähle mit austenitischem Gefüge. Die magnetische Permeabilität, die aus der Induktion B (in früher Gauß, heute Tesla) bei einem Feld von 100 Oersted (1 Oe = 79,58 A/m) ermittelt wird, beträgt nach Stahl-Eisen-Werkstoffblatt 390 maximal 1,08 G/Oe = 1,08 · 10^{-4} T/Oe.

Beispiele: X 120 Mn 13 (1.3802), X 40 MnCr 18 (1.3817), X 8 CrMnNi 18 8 (1.3965) sowie Stahlguß G-X 120 Mn 13 (1.3802).

Stähle für die Luft- und Raumfahrt

Diese Stähle unterliegen speziellen nationalen oder internationalen Spezifikationen. Sie stammen aus der Gruppe der Baustähle und der nichtrostenden Stähle und werden unter eigenen Werkstoffnummern geführt, z. B. 15 CrMoV 6 9 (Werkstoff-Nr. LW 1.7734), abstammend vom 14 CrMoV 6 9 (Werkstoff-Nr. 1.7735). Solche Stähle sind häufig Elektro-Schlacke- oder Elektronen-Strahl-umgeschmolzene Stähle mit extrem gutem Reinheitsgrad und geringer Seigerungsinhomogenität.

Stähle für Kernenergieanlagen

Auch hier werden besondere Spezifikationen eingesetzt. Der Stahlhersteller ist z. B. verpflichtet, die Erzeugungsdaten mindestens zehn Jahre lang dokumentationsfähig bereit zu halten, damit eine lückenlose Schadensforschung möglich ist.

Stahlguß

Unter Stahlguß versteht man Fe-C-Legierungen mit C-Gehalten bis rd. 2%, die in Formen aus Sand, seltener in Dauerformen aus Graphit oder Metall, zu Konstruktionsteilen vergossen werden. Die Erschmelzung und Legierung von Stahlguß entspricht der von Walz- und Schmiedestahl, der in Kokillen vergossen und durch Warmumformung weiterverarbeitet wird, wobei erhebliche Unterschiede der mechanischen Eigenschaften, besonders der Zähigkeit, längs und quer zur Verformungsrichtung auftreten können. Bei Stahlguß sind die Festigkeitseigenschaften weitgehend richtungsunabhängig. Stahlguß wird zur Vermeidung von Gasblasen stets beruhigt vergossen. Bei einer Erstarrung aus dem schmelzflüssigen Zustand entsteht ein grobes, inhomogenes Gefüge, dessen Zähigkeit gering ist. Durch Normalglühen oder Vergüten (teilweise nach Diffusionsglühen) wird ein Gefügeaufbau wie bei Schmiedestählen mit entsprechenden Eigenschaften erreicht. Nach Schweißen oder mechanischer Bearbeitung werden Stahlgußteile häufig spannungsarm geglüht.

Verglichen mit Gußeisen ist infolge der höheren Schmelztemperatur und der höheren Schwindung des Stahlgusses (rd. 2%) seine Vergießbarkeit schlechter und seine Lunkerungsneigung stärker, doch weist Stahlguß eine höhere Festigkeit und teilweise auch eine höhere Zähigkeit auf.

Gegenüber entsprechenden Walz- und Schmiedewerkstoffen besitzt Stahlguß häufig einen höheren C-Gehalt, um seine Vergießbarkeit durch Absenken der Liquidustemperatur zu verbessern. Wegen seiner einfachen Formgebung ergeben sich für zahlreiche Konstruktionsteile Kostenvorteile zugunsten des Stahlgusses. Verwendung findet er außerdem bei Legierungen, deren Warm- oder Kaltumformung auf Schwierigkeiten stößt (z. B. Dauermagnetguß, Manganhartstahlguß).

Die allgemeinen Angaben zu den Walz- und Schmiedestählen treffen auch für die entsprechenden Stahlgußarten zu.

Stahlguß für allgemeine Verwendungszwecke. Als *unlegierter* oder *niedriglegierter Stahlguß* umfaßt der Stahlguß für allgemeine Verwendungszwecke mit 75% den weitaus größten Anteil der Stahlgußerzeugung. Seine Festigkeit reicht je nach C-Gehalt von 370 bis 690 N/mm² bei gleichzeitig hoher Zähigkeit, **Anh. E3 Tab. 14**. Besonders bei niedrigen C-Gehalten ist er gut schweißbar. Die Sorteneinteilung beruht auf den mechanischen Eigenschaften bei Raumtemperatur. Er besitzt einen weiten Anwendungsbereich für hochbeanspruchte Bauteile. Als Wärmebehandlung kommt überwiegend Normalglühen in Frage.
Normen: *DIN 1681*: Stahlguß für allgemeine Verwendungszwecke.

Vergütungsstahlguß. Werden für ein Stahlgußteil hohe Festigkeit und Streckgrenze, gute Zähigkeit und gute Durchvergütbarkeit gefordert, so wird Vergütungsstahlguß verwendet.
Normen: *SEW 510*: Vergütungsstahlguß.

Warmfester Stahlguß wird für Gehäuse, Ventile und Flansche von Dampf- und Gasturbinenanlagen sowie für Bauteile in Hochtemperaturanlagen der Chemie verwendet. In Chemieanlagen kann je nach Beanspruchungsbedingungen hitzebeständiger oder druckwasserstoffbeständiger Stahlguß dem warmfesten Stahlguß überlegen sein, **Anh. E3 Tab. 15**.
Normen: *DIN 17245*: Warmfester ferritischer Stahlguß.

Hochwarmfeste Feingußlegierungen. Gasturbinenwerkstoffe, die als Schaufelwerkstoffe bis zu Temperaturen von rd. 1050 °C eingesetzt werden, können **Anh. E3 Tab. 7** entnommen werden.

Hitzebeständiger Stahlguß (Anh. E3 Tab. 15). Er findet wie hitzebeständiger Walz- und Schmiedestahl Anwendung im Industrieofenbau, in der Zementindustrie, der Erzaufbereitung, der Schmelz- und Gießtechnik und der chemischen Industrie.
Stahlguß für Erdöl- und Erdgasanlagen muß eine gute Beständigkeit gegen Druckwasserstoff, gegen Aufkohlung und gegen aggressive Medien (Ölsäuren, Laugen, Schwefelverbindungen) besitzen. Für diesen Einsatzbereich eignen sich zum Teil auch warmfester ferritischer Stahlguß nach DIN 17245 und hitzebeständiger Stahlguß nach SEW 471. Besonders zu erwähnen sind Schleudergußrohre aus dem häufig verwendeten Stahl G-X 40 CrNiSi 25 20 für Reformeröfen und Ethylenanlagen.
Für höchste Beanspruchungen werden Ni-Basis-Legierungen eingesetzt. In diesem Bereich werden die Übergänge zu den hochwarmfesten Stählen und Legierungen fließend.
Normen: *DIN 17465*: Hitzebeständiger Stahlguß. − *SEW 471*: Hitzebeständiger Stahlguß. − *SEW 595*: Stahlguß für Erdöl- und Erdgasanlagen.

Kaltzäher Stahlguß muß auch bei tiefen Temperaturen (unter etwa −10 °C) eine ausreichend hohe Zähigkeit aufweisen. Bei der unteren Gebrauchstemperatur einer Stahlsorte soll ein Grenzwert der Kerbschlagarbeit von 27 J (ISO-V-

Probe) nicht unterschritten werden (Beispiele: GS-Ck 24, GS-10 Ni 14, G-X 6 CrNi 18 10).
Normen: *SEW 685*: Kaltzäher Stahlguß.

Nichtrostender Stahlguß. Für Laufräder von Wasserturbinen, Ventile und Armaturen sowie für säurefeste Teile in der chemischen Industrie wird nichtrostender Stahlguß verwendet, dessen Cr-Gehalt in der Regel höher liegt als 12%. Man unterscheidet im wesentlichen zwischen perlitisch-martensitischem Stahlguß mit 13 bis 17% Cr und 0,1 bis 0,25% C und dem häufig verwendeten austenitischen CrNi-Stahlguß, der höhere Zähigkeit besitzt, **Anh. E3 Tab. 14**.
Normen: *DIN 17445, SEW 410*: Nichtrostender Stahlguß.

Verschleißfester Stahlguß. Er wird verwendet für Bauteile von Zerkleinerungsanlagen, abriebfeste Teile von Baumaschinen und Fördermaschinen sowie Werkzeuge für Kaltarbeit (Holz- und Kunststoffbearbeitung) und Warmarbeit (Walzen, Ziehringe).
Man unterscheidet zwischen den Gruppen des austenitischen Manganhartstahlgusses (C: 1,2 bis 1,5%, Mn: 12 bis 17%), des vergüteten gehärteten Stahlgusses (C: rd. 0,6%, Cr: 2 bis 3%) und des martensitisch-carbidischen Stahlgusses (C: 1,0 bis 2,0%, Cr: 12 bis 25%, für Warmarbeit Zusätze von W und V), wobei die erstgenannte Gruppe am bedeutsamsten ist.

Stahlguß für elektrotechnische Zwecke. Hierzu zählt vor allem nichtmagnetisierbarer Stahlguß mit stabil austenitischem Gefüge durch Mn oder Ni, teilweise mit festigkeitssteigernden oder korrosionshemmenden Legierungszusätzen wie Cr, Mo und V.

Beispiele: G-X 120 Mn 12, G-X 45 MnNi CrV 8 8 5, G-X 10 CrNiNb 16 13.

Für Dauermagnetguß kommen Eisenlegierungen nach DIN 17410 in Frage mit Gehalten an Al von 6 bis 13%, Ni von 13 bis 28%, Co von 0 bis 34% und Cu von 2 bis 5%. Teilweise enthalten diese Legierungen Ti-Zusätze (Beispiele für Kurznamen: AlNi 120, AlNiCo 400).
Diese Legierungen sind nicht warmumformbar und werden daher als Sandguß vergossen. Die Fertigbearbeitung erfolgt durch Schleifen.

Sinterwerkstoffe

Formteile aus Sintereisen und Sinterstahl werden aus Eisenpulver gewonnen, das in der Regel in Preßformen bei Drücken von 400 bis 700 MPa verdichtet und anschließend in elektrischen Durchsatzöfen bei 1100 bis 1300 °C gesintert wird (s. S 2.3).
Die aus Pulvern hergestellten Eisenwerkstoffe werden in drei Gruppen eingeteilt:
− *Sintereisen* mit geringem Kohlenstoffgehalt
− *Sinterstahl*, der durch seinen Gehalt an Kohlenstoff und Legierungselementen bei porenarmer Ausführung höhere Festigkeit aufweist und sich durch Wärmebehandlung in seinen mechanischen Eigenschaften verbessern läßt und
− *Eisenverbundwerkstoffe*, die ähnlich wie Gußeisen freien Kohlenstoff enthalten.
Sinterstahl wird unter höheren Drücken mit Dichten bis zu 7,3 g/cm³ und Zugfestigkeiten bis zu 1000 N/mm² erzeugt. Der kohlenstoffhaltige Sinterstahl läßt sich vergüten. Sinterstähle mit den Legierungsbestandteilen Cu, Cr, Cu-Ni und Cr-Ni haben insbesondere bei der Herstellung von Massenformteilen praktische Bedeutung erlangt. Kupferzusätze um 2% kompensieren das Schwinden der Eisenteilchen beim Sintern, was eine höhere Maßhaltig-

keit und darüber hinaus eine höhere Festigkeit der Teile bewirkt. Korrosionsbeständige Sinterstähle werden mit Cr oder Cr-Ni legiert. Eine besondere Art von Legierungen entsteht durch das Ausfüllen der Poren mit einem niedriger schmelzenden Metall (*Tränklegierungen*), z.B. Kupfer oder Kupferlegierungen, Messing oder Mangan. Dadurch lassen sich öl- und gasdichte Bauteile von hoher Festigkeit bei gleichzeitig hoher Zähigkeit herstellen. Sintereisen mit eingelagerten Graphitteilchen (Graphitanteil bis zu 20 Gew.-%) wird als Reib- und Gleitwerkstoff (Bremsbeläge, Kupplungen, Gleitlager, Kontaktstücke) verwendet.

In **Anh. E 3 Tab. 16** sind chemische Zusammensetzung sowie mechanische Eigenschaften einiger wichtiger Sinterwerkstoffe angegeben.

3.1.5 Gußeisen. Cast Iron

Unter Gußeisen versteht man alle Eisen-Kohlenstoff-Legierungen mit mehr als 2% C. Der maximale C-Gehalt liegt jedoch selten höher als 4,5%. Die Erschmelzung erfolgt in der Regel im Kupolofen oder Elektroofen durch Einsatz von Roheisen, Stahlschrott, Koks und Ferrolegierungen.

Bei schneller Abkühlung erstarrt Gußeisen nach dem metastabilen Fe-C-System, d.h. Kohlenstoff ist in Form von Carbiden an Eisen gebunden. Aufgrund des hellen Aussehens der Bruchfläche spricht man auch von weißem Gußeisen. Es ist sehr hart, spröde und nur durch Schleifen bearbeitbar.

Bei abnehmender Abkühlungsgeschwindigkeit wird Kohlenstoff in zunehmendem Maße elementar als Graphit ausgeschieden. Das Bruchbild erscheint hier dunkel, daher spricht man von grauem Gußeisen.

Neben der Abkühlungsgeschwindigkeit (abhängig von der Wanddicke) beeinflussen C-, Si- und Mn-Gehalt die Graphitausscheidung. Wie aus dem Maurer-Diagramm hervorgeht (**Bild 5**), wird mit zunehmendem C- und Si-Gehalt die Graphitbildung begünstigt. Zunehmender Mn-Gehalt fördert die Fe_3C-Ausscheidung auf Kosten des Graphitanteils.

Gußeisen ist ein sehr kostengünstiger Konstruktionswerkstoff, dessen Zähigkeit und Verformbarkeit jedoch – verglichen mit Stahl – in der Regel deutlich geringer sind.

Die Einteilung der verschiedenen Gußeisensorten (**Anh. E 3 Tab. 17**) erfolgt mittels der Zugfestigkeit von Zugproben, die aus getrennt gegossenen Probestäben unterschied-

licher Rohgußdurchmesser entnommen werden. Die Zahlenwerte (z.B. GG-35) geben die Zugfestigkeit in kp/mm² an.

Gußeisen mit Lamellengraphit (GG)

GG ist die am häufigsten verwendete Art des Gußeisens. Sein als Graphit vorliegender Kohlenstoffanteil ist weitgehend lamellar angeordnet. Infolge ihrer geringen mechanischen Festigkeit beteiligen sich die Graphitlamellen nicht an der Kraftübertragung, sondern wirken wie Hohlräume, die den tragenden Querschnitt vermindern und an ihren Rändern Spannungskonzentrationen infolge Kerbwirkung hervorrufen. Verformungsfähigkeit und Schlagzähigkeit dieses Gußeisens sind daher sehr gering. Seine Festigkeit ist um so höher, je feiner die Graphitverteilung ist. Grobe Graphitlamellen liegen im ferritischen Gußeisen vor, das langsam erstarrt ist, feine Lamellen in hochwertigem perlitischen Gußeisen mit feinstreifigem Perlit nach schnellerer Abkühlung.

Wegen des engen Zusammenhangs zwischen Abkühlungsgeschwindigkeit und Festigkeit ist bei kleineren Wanddicken mit höherer Festigkeit zu rechnen und umgekehrt.

Eine genaue Richtanalyse der chemischen Zusammensetzung wird für Gußeisensorten nicht angegeben. Die Gehalte an Si, P, S und Mn sind so einzustellen, daß die gewünschten Eigenschaften für ein Gußteil erreicht werden.

Die mechanischen und physikalischen Eigenschaften von GG werden weitgehend durch die Graphitform und das Grundgefüge bestimmt. Infolge des besonderen Gefügeaufbaus ist der E-Modul von Grauguß wesentlich niedriger als der von Stahl. Bei ferritischem Grauguß beträgt er etwa 90000 N/mm² und bei hochwertigem perlitischen Grauguß etwa 150000 N/mm². Er nimmt mit zunehmender Spannung ab, d.h., es besteht kein linearer Zusammenhang zwischen Spannung und Dehnung. Die Druckfestigkeit ist etwa viermal so hoch wie die Zugfestigkeit, die Biegefestigkeit etwa doppelt so hoch.

Durch die starke innere Kerbwirkung der Graphitlamellen ist der Einfluß äußerer Kerben auf die mechanischen Eigenschaften gering.

Grauguß besitzt eine hohe Dämpfungsfähigkeit und günstige Gleiteigenschaften, insbesondere Notlaufeigenschaften. Daher wird er z.B. für Maschinenbetten und für Laufbuchsen und Zylinderköpfe von Verbrennungsmotoren verwendet.

Bei innendruckbeanspruchten Teilen muß eine Prüfung auf Druckdichtigkeit vorgenommen werden, da zusammenhängende Graphitlamellen u.U. zu Porosität führen können.

Die Eigenschaften des Gußeisens können durch Wärmebehandlung (z.B. Härten, Vergüten) und Legierungszusätze auf bestimmte Einsatzbereiche abgestimmt werden. Festigkeitserhöhend wirken z.B. Cr, Ni, Mo und Cu in niedriglegiertem Gußeisen.

Volumenänderungen des Gußeisens durch Graphitbildung beim Zerfall der Eisencarbide bei Temperaturen über 350 °C (Wachsen des Gußeisens) können durch niedrigen Si-Gehalt, durch Legieren mit Cr und Ni und feine Graphitausbildung verhindert werden.

Normen: *DIN 1691*: Gußeisen mit Lamellengraphit (Grauguß).

Gußeisen mit Kugelgraphit (GGG)

Die Ausbildung des Graphits in kugeliger (sphärolithischer) Form führt gegenüber dem Gußeisen mit Lamellen-

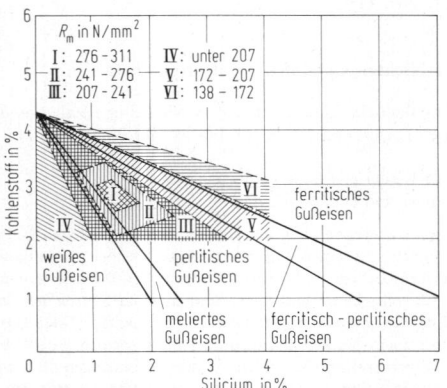

Bild 5. Strukturdiagramm des Gußeisens nach Maurer mit Angabe von Festigkeitsbereichen nach Coyle

graphit zu einer bedeutenden Erhöhung der Festigkeit und der Zähigkeit, **Anh. E3 Tab. 17**. Die kugelige Ausbildung des Graphits wird durch Zusatz von geringen Mengen an Magnesium (bis 0,5%) in Kombination mit Cer und Calcium erreicht. Das Einbringen von Magnesium geschieht durch Zusatz von Vorlegierungen oder durch Einblasen in die Schmelze mit Hilfe einer Stickstofflanze.

Die Eigenschaften des Gußeisens mit Kugelgraphit liegen zwischen denen des Gußeisens mit Lamellengraphit und denen des Stahls. Der E-Modul liegt bei rd. 175000 N/mm². Das Dämpfungsvermögen ist gegenüber Gußeisen mit Lamellengraphit vermindert, die Zerspanbarkeit ist gut. Durch Wärmebehandlung lassen sich die Eigenschaften dieser Gußeisenart in stärkerem Maß verbessern als bei grauem Gußeisen. So werden zur Erzielung höchster Schlagzähigkeit in der Regel Wärmebehandlungen vorgenommen, mit denen ein ferritisches Grundgefüge erreicht wird.

Gußeisen mit Kugelgraphit wird angewendet für Teile mit höheren Schwingbeanspruchungen, wie z.B. Walzen, Kurbelwellen und Gehäuse. Durch Legierungselemente lassen sich die Eigenschaften des Grundgefüges in entsprechender Weise verändern wie bei grauem Gußeisen.

Normen: *DIN 1693:* Gußeisen mit Kugelgraphit.

Temperguß (GT)

Teile mit komplizierter Form, die hohe Zähigkeit, Schlagfestigkeit und gute Bearbeitbarkeit besitzen müssen, werden aus Temperguß hergestellt. Dabei geht man zunächst von einem Gußeisen aus, bei dem Kohlenstoff- und Siliciumgehalt so eingestellt sind, daß das Gußstück graphitfrei erstarrt und somit der gesamte Kohlenstoff an das Eisencarbid Zementit gebunden ist. Bei einer anschließenden Glühbehandlung zerfällt der Zementit restlos. Durch eine zusätzliche Wärmebehandlung läßt sich Temperguß in bestimmten Grenzen vergüten.

Man unterscheidet zwei Arten von Temperguß (**Anh. E3 Tab. 17**):

Entkohlend geglühter (weißer) Temperguß (GTW) und *nicht entkohlend geglühter (schwarzer) Temperguß (GTS)*. Weißer Temperguß entsteht durch 50 bis 80h langes Glühen bei 1050 °C in entkohlender Atmosphäre (CO, CO_2, H_2, H_2O). Dabei wird dem Gußstück C entzogen, so daß nach Abkühlung ein rein ferritisches Gefüge im Rand des Gußstücks zurückbleibt. Bei großen Querschnitten enthält der Kern Anteile an Graphit (Temperkohle). GTW ist bei kleinen Querschnitten schweißbar, jedoch müssen S- und Si-Gehalte niedrig sein.

Der schwarze Temperguß wird erzeugt durch Glühen in neutraler Atmosphäre, zunächst rd. 30h bei 950 °C. Dabei zerfällt der Zementit des Ledeburits in Austenit und Graphit (Temperkohle), der sich flockenförmig in Nestern ausscheidet. In einer zweiten Glühung wandelt sich der Austenit bei langsamer Abkühlung von 800 auf 700 °C in Ferrit und Temperkohle um.

Das Gefüge besteht nach dem Abkühlen einheitlich aus ferritisch-perlitischem Grundgefüge mit Temperkohle, wobei der Perlitanteil durch schnellere Abkühlungsgeschwindigkeit erhöht werden kann. Damit steigen Zähigkeit und Verschleißwiderstand.

Die gegenüber GG erhöhte Festigkeit und Zähigkeit von Temperguß beruht auf der Ausscheidung des Graphits in Nestern. Dies bewirkt ähnlich wie bei Kugelgraphitguß eine gegenüber der lamellaren Graphitanordnung deutlich herabgesetzte innere Kerbwirkung.

Normen: *DIN 1692:* Temperguß.

Hartguß

Weiß erstarrtes Gußeisen bezeichnet man als Hartguß. Man unterscheidet zwischen Vollhartguß, bei dem der gesamte Querschnitt eines Gußstücks weiß erstarrt und Schalenhartguß, bei dem nur die Randschicht (zum Teil mit Hilfe von Abschreckplatten) graphitfrei bleibt, während sich zum Kern hin zunächst eine melierte Zone (meliertes Gußeisen) anschließt, in der Stellen von grauem und weißem Gußeisen nebeneinander vorliegen. Der Kern eines Gußstücks mit Schalenhartguß besteht aus grauem Gußeisen.

Die Härtetiefe, die die Dicke der weiß erstarrten Schicht angibt, hängt von der Abkühlungsgeschwindigkeit und der chemischen Zusammensetzung (Mn, Cr, Si) ab. Das Vergießen ist bei Hartguß schwieriger als bei Grauguß, besonders bei Schalenhartguß wegen unterschiedlicher Schwindung und hohen inneren Spannungen. Hartguß ist zwar sehr schlagempfindlich, besitzt aber hohen Verschleißwiderstand. Die Anwendung erfolgt daher bei stark verschleißbeanspruchten Teilen wie Walzen, Nockenwellen und Tiefziehwerkzeugen.

Sondergußeisen

Austenitisches Gußeisen. Es besitzt durch hohe Legierungsgehalte (besonders Ni und Cr) ein austenitisches Grundgefüge, in dem Kohlenstoff überwiegend als Graphit ausgeschieden ist. Je nach Graphitausbildung unterscheidet man zwischen austenitischem Gußeisen mit *Lamellengraphit* (GGL) und solchem mit *Kugelgraphit* (GGG), **Anh. E3 Tab. 17**. Austenitisches Gußeisen erfüllt vielfältige Anforderungen, z.B. Korrosionsbeständigkeit, Hitzebeständigkeit, Verschleißwiderstand, amagnetisches Verhalten, im Falle des GGG auch Kaltzähigkeit. Der Werkstoff wird verwendet z.B. für Pumpenteile, Abgasleitungen, Ofenteile und ähnliches.

Normen: *DIN 1694:* Austenitisches Gußeisen.

Siliciumsonderguß. Er enthält bis zu 18% Si. Dadurch wird die Graphitbildung begünstigt, so daß bei den hier üblichen C-Gehalten von nur rd. 0,8% bereits Graphitbildung auftritt. Diese Gußeisensorte ist beständig gegen heiße konzentrierte Salpetersäure und Schwefelsäure.

Aluminiumsonderguß. Mit Aluminiumgehalten von rd. 7% weist Aluminiumsonderguß eine gute Zunderbeständigkeit auf.

Chromsonderguß (Cr bis 35%) ist ein zunder- und säurebeständiges Gußeisen, das zusätzlich noch Ni, Cu und Al enthalten kann.

3.2 Nichteisenmetalle. Nonferrous metals

(Physikalische Eigenschaften von Nichteisenmetallen und ihren Legierungen: **Anh. E3 Tab. 39** und **Bilder 1** bis **3**)

3.2.1 Kupfer und seine Legierungen
Copper and copper alloys

Kupfer ist wegen seiner ausgezeichneten elektrischen Leitfähigkeit und seiner Wärmeleitfähigkeit, seiner plastischen Verformbarkeit und seiner Widerstandsfähigkeit gegen Luftfeuchtigkeit, Heißwasser und manche Säuren neben Eisen das zweitwichtigste Metall. Die niedrige Festigkeit von reinem Kupfer kann durch Kaltverformen erheblich gesteigert werden. Bei tiefen Temperaturen zeigen die mechanischen Eigenschaften des Kupfers keine Verschlechterung. Verunreinigungen und Zusätze vermindern die elektrische Leitfähigkeit.

Das durch die Behandlung im Flammofen und Konverter gewonnene Rohkupfer hat ebenso wie das naßmetallurgisch gewonnene Zementkupfer einen Reinheitsgrad von etwa 99%. Beide Kupfersorten werden pyrometallurgisch fertig raffiniert zu Hüttenkupfer A, B, C, D, F (99,0 bis 99,9% Reinheitsgrad). Hüttenkupfer als Anode wird durch Elektrolyse zu Kathodenelektrolyt- oder Elektrolytkupfer (KE-, E-Kupfer) umgewandelt.

Bei der Bestellung von Halbzeugen (Bänder und Bleche) aus Kupfer und seinen Legierungen können unterschiedliche Merkmale zur Charakterisierung der Eigenschaften eines Lieferzustands festgelegt werden. DIN 17670 bietet hierzu folgende Möglichkeiten:

1. Bestellung mit F-Zahl. Prüfmerkmale: Zugfestigkeit, 0,2%-Dehngrenze und Bruchdehnung.
2. Bestellung mit H-Zahl. Prüfmerkmal: Härte.
3. Bestellung mit K-Zahl. Prüfmerkmal: Korngröße.

Reinkupfer

Das flüssige Kupfer kann beachtliche Mengen Sauerstoff aufnehmen, der nach dem Erstarren fast vollständig in Form von Kupferoxiduleinschlüssen (Cu_2O) im Metall zurückbleibt. Damit ist das Kupfer empfindlich gegen eine Erhitzung in reduzierender Atmosphäre (Schweißen, Löten). Der Wasserstoff diffundiert in das Metall und reduziert das Kupferoxid. Der sich bildende Wasserdampf steht unter hohem Druck und sprengt das Gefüge (Wasserstoffkrankheit). Läßt sich die Berührung mit reduzierenden Gasen nicht vermeiden, so sind sauerstofffreie Kupfersorten zu verwenden (durch den vorangestellten Buchstaben S, z.B. SF-Cu, gekennzeichnet).

Kupfer läßt sich gut löten. Schweißen ist mit allen Verfahren möglich. Besonders geeignet sind Verfahren unter Anwendung von Schutzgas (WIG; MIG).

Werkstoffe und Eigenschaften: **Anh. E3 Tab. 18** und **19**.

Normen: *DIN 1708:* Kupfer; Kathoden und Gußformate. − *DIN 1718:* Kupferlegierungen; Begriffe. − *DIN 1787:* Kupfer; Halbzeug. − *DIN 17655:* Kupfer-Gußwerkstoffe, unlegiert und niedriglegiert; Gußstücke. − *DIN 17666:* Niedriglegierte Kupfer-Knetlegierungen; Zusammensetzung. − *DIN 17677:* Drähte aus Kupfer und Kupfer-Knetlegierungen; Eigenschaften. − *DIN 40500:* Kupfer für die Elektrotechnik.

Maßnormen: *DIN 1754:* Rohre aus Kupfer, nahtlos gezogen. − *DIN 1756:* Rundstangen aus Kupfer u. Kupferknetlegierungen, gezogen. − *DIN 1757:* Drähte aus Kupfer und Kupfer-Knetlegierungen, gezogen. − *DIN 1759:* Rechteckstangen aus Kupfer und Kupferknetlegierungen, gezogen, mit scharfen Kanten. − *DIN 1761:* Vierkantstangen aus Kupfer und Kupfer-Knetlegierungen, gezogen, mit scharfen Kanten. − *DIN 1763:* Sechskantstangen aus Kupfer und Kupfer-Knetlegierungen, gezogen, mit scharfen Kanten; Maße. − *DIN 46415:* Bänder aus Kupfer und Kupferlegierungen, kalt gewalzt, mit gerundeten (angerollten) Kanten.

Kupfer-Zink-Legierungen (Messing)

Diese in der Technik am häufigsten angewendete Kupferlegierung mit bis zu 45% Zink und bis zu 3% Blei (zur Verbesserung der Zerspanbarkeit) zeichnet sich durch gute Verformbarkeit und Korrosionsbeständigkeit aus. Legierungen mit weniger als 33% Zink werden vielfach als Tombak (Rotmessing) bezeichnet.

Die Kurzbezeichnungen der Kupferlegierungen enthalten die wichtigsten Legierungselemente in % (bei fehlender Angabe ist der Legierungsanteil i.allg. <1%). Der Rest ist der Cu-Anteil; z.B. CuZn 37: 37%Zn, ~63%Cu.

Man unterscheidet drei Gefügegruppen, die wichtige Eigenschaften maßgebend beeinflussen:
− α-Messing mit einem Zn-Gehalt <39%
− (α + β)-Messing mit einem Zn-Gehalt von 39 bis 46% und
− β-Messing mit 46 bis 50% Zn.

α-Messing läßt sich gut kaltumformen, schwieriger warmumformen und schlecht zerspanen. β-Messing ist schwierig kaltverformbar, gut warmverformbar und gut spanabhebend zu verarbeiten. Die technisch wichtigsten Legierungen sind CuZn 37 (α-Messing), CuZn 40 und CuZn 42 (α + β -Messing). Legierungen mit reinem β-Gefüge (Zn>45%) haben nur geringe technische Bedeutung. Kupfer-Zink-Legierungen sind nicht aushärtbar. Hohe Härte- und Festigkeitswerte sind nur durch Kaltumformung erreichbar.

Auswahl und Anwendungshinweise: **Anh. E3 Tab. 20**.

Beim Gießvorgang muß mit einem Schwindmaß von 1,5% (Messing) und 2% (Tombak) gerechnet werden. Abbrand ca. 10%.

Verarbeitung. Tiefziehen, Drücken, Biegen, Pressen, Prägen, Zerspanen, Gießen.

Wärmebehandlung. Weichglühen 450 bis 600°C, Entspannen 200 bis 275°C, Glühen auf bestimmte Härte 300 bis 450°C bei Haltezeiten von ca. 3 h.

Schweißen und Löten. Messing läßt sich gut weich- und hartlöten. Bei der Gas- und Schmelzschweißung ist auf Sauerstoffüberschuß zu achten. Lichtbogenschweißung führt zu starker Zinkausdampfung. Deshalb sind zinkfreie Elektroden zu verwenden. Für das Schweißen unter Schutzgas kommt ausschließlich das WIG-Verfahren (besonders für dünne Bleche geeignet) in Betracht. Die elektrische Widerstandsschweißung setzt gut regelbare Maschinen ausreichender Leistungsfähigkeit voraus. Punktschweißmaschinen müssen eine besondere Steuerung besitzen. Legierungen mit einem Zinkgehalt <20% bereiten Schwierigkeiten.

Korrosion. Besonders bei β-Messing kann unter bestimmten Korrosionsbedingungen eine örtliche „Entzinkung" auftreten, die zu einer pfropfenförmigen Herauslösung des verbleibenden roten Kupfers führt. Geringe Zusätze von Arsen und Phosphor mindern diese Erscheinung.

Im Zusammenwirken von Zugeigenspannungen und/oder Zuglastspannungen kann bei gleichzeitiger Einwirkung bestimmter aggressiver Stoffe (Quecksilber, Quecksilbersalze, Ammoniak) ein verformungsloser Bruch mit inter- oder transkristallinem Verlauf auftreten. Kupferarme Legierungen sind hinsichtlich einer solchen Schädigungsform am empfindlichsten. Diese Spannungsrißkorrosion läßt sich durch sorgfältige Entspannung der Fertigteile weitgehend vermeiden.

Mechanische Festigkeitseigenschaften. Gebräuchliche Kennwerte für wichtige Kupfer-Zink-Legierungen sind **Anh. E3 Tab. 20** zu entnehmen.

Gießen. Kupfer-Zink-Legierungen können im Sandguß (trocken und naß), Kokillenguß, Stranggruß, Schleuderguß und Druckguß vergossen werden.

Kupfer-Zink-Legierungen mit weiteren Legierungselementen (Sondermessing). Ein Zusatz von Nickel erhöht gegenüber reinen Kupfer-Zink-Legierungen Festigkeit, Härte, Dichtheit, Korrosionsbeständigkeit und Feinkörnigkeit. Aluminium wirkt ähnlich wie Nickel, erhöht jedoch zusätzlich die Zunderbeständigkeit. Mangan und Zinn steigern die Warmfestigkeit und Seewasserbeständigkeit. Silicium erhöht die Elastizität und Verschleißfestigkeit

(Federn, Gleitlager). Gleichzeitig nimmt der Formänderungswiderstand jedoch stark zu. Bleizusätze verbessern die Zerspanbarkeit. Eisen wirkt kornverfeinernd und verbessert die Gleiteigenschaften (bei Korrosionsbeanspruchung Fe < 0,5%). Phosphor und/oder Arsen verhindern die Entzinkung. Große Widerstandsfähigkeit gegenüber Seewasser besitzt z.B. CuZn 35 Ni. Zum Hartlöten benutzt man aluminium- und siliciumfreie Sondermessinge. Aluminiumfreie Sondermessinge lassen sich schmelzschweißen. Bei Aluminiumgehalten bis 2,3% ist ein befriedigendes Schweißergebnis bei Anwendung von Schutzgas mit hochfrequenzüberlagertem Wechselstrom zu erzielen.

Die mechanischen Festigkeitskennwerte einiger Sondermessinglegierungen sowie Angaben über Eigenschaften und Anwendungen sind **Anh. E 3 Tab. 21** zu entnehmen.

Guß-Messing und Guß-Sondermessing. Diese Legierungen besitzen hohe Korrosionsbeständigkeit und bei gegenüber den Kupfer-Knetlegierungen etwas niedrigerer Festigkeit und Härte eine für Gußwerkstoffe überraschend hohe Zähigkeit, **Anh. E 3 Tab. 22**. In den Kurzzeichen bedeuten G Guß, K Kokillenguß, D Druckguß und Z Schleuderguß.

Bronze

Kupferlegierungen mit mehr als 60% Cu bezeichnet man als Bronzen, wobei von den Zusätzen Zink nicht Hauptlegierungselement sein darf. Man unterscheidet nach den Hauptzusätzen Kupfer-Zinnlegierungen (Zinnbronze CuSn ...), Kupfer-Aluminiumlegierungen (Aluminiumbronze CuAl ...), Kupfer-Blei-Zinn-Gußlegierungen (Guß-Zinn-Bleibronze CuPb ... Sn) und Sonderbronzen.

Kupfer-Zinn-Legierungen (Zinnbronze). Sie verbinden hohe Härte und Duktilität mit sehr guter Korrosionsbeständigkeit. Für Knetlegierungen kommen Zinngehalte bis 9%, für Guß-Zinnbronze bis zu 20% in Betracht. Zinnbronzen sind nicht aushärtbar. Eine Verfestigung ist nur durch Kaltverformung möglich. Der Hauptteil der Kupfer-Zinnlegierungen wird durch Gießen verarbeitet. Wegen der hervorragenden Gleit- und Verschleißeigenschaften werden hieraus hochbeanspruchte Gleitlager und Schneckenräder hergestellt.

Verarbeitung. Zinnbronzen sind gut kaltumformbar, jedoch (insbesondere für Sn < 10%) schlecht warmumformbar. Spanende Bearbeitung ist möglich.

Wärmebehandlung. Homogenisierungsglühen 700 °C/3 h, Weichglühen 600 °C/3 h.

Schweißen und Löten. Kupfer-Zinnlegierungen sind nur bedingt schweißbar. Gasschweißen mit neutraler Flamme unter Verwendung von Zusatzdraht aus Sondermessing ist möglich. Zum Hart- und Weichlöten sind sie i. allg. gut geeignet.

Gießen. Das Vergießen von Kupfer-Zinnlegierungen erfolgt mittels Sand-, Kokillen-, Strang- oder Schleuderguß. Das Schwindmaß beträgt 0,75 bis 1,5%. Durch langsames Abkühlen kann Blockseigerung weitgehend vermieden werden.

Korrosion. Kupfer-Zinnlegierungen besitzen gute Korrosions- und Kavitationsbeständigkeit. Kupfer-Zinn-Zink-Gußlegierungen sind seewasserbeständig.

Mechanische Festigkeitseigenschaften und Anwendungshinweise: **Anh. E 3 Tab. 23**.

Kupfer-Aluminiumlegierungen (Aluminiumbronze). Als Knet- und Gußwerkstoffe zeichnen sich diese Legierungen mit bis zu 11% Aluminium durch hohe Warmfestigkeit, Zunderbeständigkeit und gute Korrosionsbestän

digkeit aus, da sie bei Oxidation eine festhaftende Al_2O_3-Schicht ausbilden. Mechanische Schwingungen werden gut gedämpft. Nickelhaltige Mehrstoffbronzen sind aushärtbar und können Zugfestigkeitswerte von 1 000 N/mm^2 bei einer Streckgrenze von etwa 700 N/mm^2 erreichen. Während die Warmumformung durch Schmieden, Pressen oder Ziehen i. allg. keine Probleme bereitet, ist die Kaltumformung insbesondere bei den Mehrstoffbronzen schwierig. Durch Zwischenglühen bei ca. 650 °C kann hier Abhilfe geschaffen werden.

Auch die Zerspanbarkeit ist schwierig. Löten und Schweißen werden durch die Aluminiumoxidschicht erschwert. Bei geeigneten Flußmitteln bzw. Elektrodenumhüllungen sind Aluminiumbronzen autogen und elektrisch schweißbar. Die Schweißbarkeit nimmt mit zunehmendem Al-Gehalt ab. Das Vergießen erfolgt üblicherweise als Kokillen- oder Schleuderguß bei Temperaturen von ca. 1 150 bis 1 200 °C.

Eine Übersicht über die mechanischen Eigenschaften und Hinweise für die Anwendung gibt **Anh. E 3 Tab. 24**.

Kupfer-Blei-Zinn-Gußlegierungen (Bleibronze). Diese Legierungen enthalten mindestens 60% Kupfer. Hauptlegierungszusatz ist Blei in Gehalten bis zu 35%. Daneben werden Zinn, Nickel oder Zink zulegiert. Infolge der Unterschiede im spezifischen Gewicht der Legierungselemente besteht die Neigung zur Schwerkraftseigerung. Da Blei im Kupfer unlöslich ist, ergeben die in rundlicher Form eingelagerten Bleianteile gute Schmier- und Notlaufeigenschaften. Reine CuPb-Legierungen werden wegen ihrer geringen Festigkeit nur zum Ausgießen von Stahlstützschalen benutzt. Dünne Laufschichten sind dabei besonders widerstandsfähig gegen Stoß- und Schlagbeanspruchung. Unter Zusatz von Zinn werden auch Lagerbuchsen, Gleitringe usw. aus diesen Legierungen gefertigt, **Anh. E 3 Tab. 25**.

Sonderbronzen. Kupfer-Nickellegierungen (*Nickelbronzen*) mit bis zu 44% Ni besitzen eine hohe Warmfestigkeit, gute Kavitations- und Erosionsbeständigkeit sowie hohe Seewasserbeständigkeit (Kondensator- und Kühlerrohre auf Schiffen, Anlagen der chemischen Industrie). Legierungen mit 30 bis 45% Ni und 3% Mn dienen zur Herstellung von elektrischem Widerstandsdraht. Die Legierungen CuNi 10 Fe, CuNi 20 Fe und CuNi 30 Fe sind gut schweißbar.

Kupfer-Manganlegierungen (*Manganbronzen*) mit bis zu 15% Mn dienen als Widerstandswerkstoffe in der Elektrotechnik. In der Zusammensetzung 45 bis 60% Cu, 25 bis 30% Mn und 25% Sn sind sie stark ferromagnetisch. Kupfer-Berylliumlegierungen (*Berylliumbronzen*) mit bis zu 2% Be sind aushärtbar (750 °C/W/350 °C) und erreichen in diesem Zustand Zugfestigkeitswerte von 1 400 N/mm^2. Die Aushärtung ist auch bei Gußstücken durchführbar. Berylliumbronzen dienen zur Herstellung von gut leitenden Federn, funkenfrei arbeitenden Werkzeugen, Elektroden von Punktschweißmaschinen sowie von chirurgischen Instrumenten.

Die Verarbeitung von Sonderbronzen erfolgt durch Walzen, Pressen, Ziehen oder Gießen. Weichlöten ist nach der Aushärtung, Hartlöten und Schweißen sind vor der Wärmebehandlung möglich.

Normen: *DIN 1705*: Kupfer-Zinn- und Kupfer-Zinn-Zink-Gußlegierungen (Guß-Zinnbronze und Rotguß); Gußstücke. – *DIN 1709*: Kupfer-Zink-Gußlegierungen (Guß-Messing und Guß-Sondermessing); Gußstücke. – *DIN 1714*: Kupfer-Aluminium-Gußlegierungen (Guß-Aluminiumbronze); Gußstücke. – *DIN 1716*: Kupfer-Blei-Zinn-Gußlegierungen (Guß-Zinn-Blei-Bronze); Gußstücke. – *DIN 17660*: Kupfer-Knetlegierungen; Kupfer-

Zink-Legierungen (Messing, Sondermessing); Zusammensetzung. – *DIN 17662*: Kupfer-Knetlegierungen; Kupfer-Zinn-Legierungen (Zinnbronze); Zusammensetzung. – *DIN 17663*: Kupfer-Knetlegierungen; Kupfer-Nickel-Zink-Legierungen (Neusilber); Zusammensetzung. – *DIN 17664*: Kupfer-Knetlegierungen; Kupfer-Nickel-Legierungen; Zusammensetzung. – *DIN 17665*: Kupfer-Knetlegierungen; Kupfer-Aluminium-Legierungen (Aluminiumbronze); Zusammensetzung. – *DIN 17666*: Niedriglegierte Kupfer-Knetlegierungen; Zusammensetzung.

3.2.2 Aluminium und seine Legierungen
Aluminium and aluminium alloys

Zur Herstellung von 1 t Aluminium benötigt man 2 t Tonerde bzw. 5 t Bauxit und 20000 kWh Strom. Trotz dieser energiebelastenden Herstellungsweise ist Aluminium nach Stahl der meistangewendete Werkstoff. Seine Vorteile liegen im geringen Gewicht (nur etwa ein Drittel des Stahlgewichts bei für bestimmte Legierungen fast gleicher Zugfestigkeit), in der sehr guten Wärmeleitfähigkeit und elektrischen Leitfähigkeit, der guten Korrosionsbeständigkeit gegenüber Witterungseinflüssen und schwachen alkalischen und sauren Lösungen infolge Bildung einer natürlichen Oxidhaut und der guten Verformbarkeit (Walzen, Ziehen, Pressen, Strangpressen, Fließpressen, Kaltumformen).

Der relativ niedrige Elastizitätsmodul von 70000 N/mm² ($^1/_3$ von Stahl) verursacht unter gleicher Belastung die dreifachen elastischen Verformungen im Vergleich zu Stahl, **Anh. E 3 Bild 1**. Man versucht deshalb in der Konstruktion, große Trägheitsmomente bei kleinem Querschnitt (rohr- oder kastenförmige Hohlprofile) zu verwirklichen. Auch durch versteifende Rippen, Sicken und Wülste wird das Trägheitsmoment erhöht. Die Technik des Strangpressens erlaubt die Herstellung kompliziertester Profile bis zu kleinsten Wanddicken von 1,5 mm.

Bei Reinaluminium und bei weichen Al-Legierungen können die bei der spangebenden Bearbeitung auftretenden Schwierigkeiten ("Schmierspanbildung") durch Zusätze von Pb behoben werden. Erhöhter Si-Gehalt führt zu stärkerem Werkzeugverschleiß. Wegen der zulässigen hohen Schnittgeschwindigkeiten ergeben sich kurze Bearbeitungszeiten. Zum Fügen von Al-Teilen sind alle üblichen Verfahren anwendbar. Schmelzschweißen erfolgt überwiegend nach den Schutzgas-Schweißverfahren WIG und MIG. Kleb- und Klemmverbindungen gewinnen zunehmend an Bedeutung. In Berührung mit Kupfer und dessen Legierungen besteht wegen des elektronegativen Potentials von Aluminium starke Korrosionsgefahr (Abhilfe durch isolierende Beilagen). Die Verbundbauweise von Aluminium und Stahl (z.B. im Fahrzeugbau) bietet häufig ein Optimum an Gewicht, Preis und Aussehen.

Reinaluminium

Das im Hüttenwerk gewonnene „Hüttenaluminium" kommt in Form von Masseln, Granalien oder Grieß in den Handel. „Reinaluminium" ist nichtlegiertes Aluminium mit Reinheitsgraden von 98 bis 99,9%. „Reinstaluminium" wird aus Hüttenaluminium oder Rücklaufaluminium nach einem besonderen Raffinationsverfahren gewonnen und besitzt einen Reinheitsgrad von 99,99% für die Masseln und mindestens 99,98% für das Halbzeug. Mit steigendem Reinheitsgrad geht die Festigkeit zurück, während die chemische Beständigkeit zunimmt.

Durch Kaltverformung ist eine Festigkeitssteigerung von mehr als 100% möglich (**Anh. E3 Tab. 26**). Zwischenglühen bei 300 bis 460 °C setzt die durch Kaltverformung

erreichte Festigkeit und Härte zugunsten einer besseren Verformbarkeit wieder herab.

Die Hauptanwendungsgebiete liegen im Bauwesen, im Behälter- und Gerätebau, in der chemischen Industrie und der Nahrungsmittelindustrie, im Verpackungswesen (Folien) und in der Elektrotechnik (Schienen, Kabel).

Aluminium-Knetlegierungen

Die wichtigsten Legierungselemente bei Aluminium-Knetlegierungen sind Cu, Mg, Mn, Zn und Ni.

Hauptlegierungsbestandteile werden im Kurzzeichen in %, teilweise auch gar nicht angegeben.

Die kupferhaltigen Legierungen sind korrosionsempfindlicher als die kupferfreien. Eine Reihe von Al-Legierungen läßt sich durch Aushärten auf höhere Festigkeiten bringen, ohne daß hierdurch Dehnbarkeit und Verformbarkeit wesentlich abnehmen. Die wichtigsten Vertreter dieser Gruppe sind: AlCuMg (wa u. ka), AlCuNi (wa u. ka), AlZnMg (wa u. ka) und AlMgSi (wa u. ka). Nach einem Lösungsglühen in Salzbädern oder in Glühöfen in der Nähe des Schmelzpunkts bei 500±10 °C, Abschrecken in Wasser und Auslagerung bei Raumtemperatur (Kaltaushärten: ka) oder bei Anlaßtemperaturen von 100 bis 200 °C zwischen 4 und 48 h (Warmaushärten: wa) erhalten diese Legierungen infolge von Ausscheidungsvorgängen verbesserte Festigkeitseigenschaften. Diese können jedoch durch erneutes Erwärmen auf 100 bis 200 °C (z.B. mit Schweißbrenner oder Lötlampe) verlorengehen, so daß eine Wiederholung der Aushärtung erforderlich werden kann. Die höchste Festigkeit (bis 650 N/mm²) erreicht AlZnMgCu, **Anh. E3 Tab. 27**.

Die Warmfestigkeit der Al-Legierungen ist gering. Am günstigsten verhalten sich Legierungen der Gattung AlCuNi (bei 300 °C ca. 200 N/mm² Zugfestigkeit).

Dauerfestigkeitswerte von Aluminium-Knetlegierungen: **Anh. E3 Tab. 28**.

Zum Schutz gegen Korrosion werden Cu-haltige Al-Legierungen durch Warmwalzen mit Deckschichten aus Reinaluminium, AlMg oder AlMgSi plattiert.

Weichlöten ist nach Zerstörung des Oxidfilms möglich, jedoch wenig gebräuchlich. Hartlöten (außer bei Legierungen mit 2% Mg) erfolgt bei ca. 540 bis 570 °C unter Verwendung von Aluminiumlot (L AlSi 13; L Al 80. Flußmittelreste durch Spülen beseitigen!). Widerstandsschweißungen (Punkt-, Naht-, Stumpfschweißung) ergeben etwa 80% der Festigkeit des Grundwerkstoffs. Nicht aushärtbare Legierungen lassen sich schmelzschweißen, aushärtbare Legierungen können vor dem Aushärten schmelzgeschweißt werden. Bei den Knetlegierungen ist auf das große Erstarrungsintervall zu achten (Warmrißgefahr). Schwer schweißbar sind Legierungen mit mehr als 7% Mg. Gasschmelzschweißen ist unter Verwendung von Flußmitteln möglich (Flußmittelreste durch Spülen beseitigen!). Elektrisches Lichtbogenschweißen nach dem WIG- oder MIG-Verfahren, in Ausnahmefällen auch Elektronenstrahlschweißen, kann ebenfalls durchgeführt werden.

Aluminium-Gußlegierungen

Hiervon werden z.Z. etwa 28% als Sandguß, 50% als Kokillenguß, 17% als Druckguß und 5% als Schleuder- und Verbundguß verarbeitet. Wichtigstes Legierungselement ist Si, das bei einem Anteil von 12% mit Al ein Eutektikum mit sehr guten Gießeigenschaften bildet (G-AlSi 12). Durch sog. Veredeln mit geringen Zusätzen von Natrium wird diese Legierung besonders feinkörnig. Während man durch Zulegieren von Si gute mechanische Festigkeitseigenschaften erhält, verbessert der Zusatz von

Mg die Warmfestigkeit und Korrosionsbeständigkeit. Allerdings wird hierbei die Gießbarkeit und Schmelzbarkeit herabgesetzt. Die AlCuTi-Gußlegierungen erreichen durch Aushärten die höchste Festigkeit bei gleichzeitig günstiger Dehnung (schlag- und schwingbeanspruchte Teile im Flugzeug- und Fahrzeugbau). Voraussetzung hierfür ist ein fehlerfreies, dichtes Gefüge, **Anh. E 3 Tab. 29**.

Die Kolbenlegierungen AlSi 12 CuMgNi, AlSi 18 CuMgNi und AlSi 25 CuMgNi mit niedrigem Wärmeausdehnungskoeffizient für hohe Betriebstemperaturen werden durch Gießen oder Schmieden hergestellt.

Die Teile zeichnen sich durch hohe Maßgenauigkeit, Oberflächengüte und Gleichmäßigkeit ihrer Eigenschaften aus. Wegen der zahlreichen kleinen Oxideinschlüsse ist die Dauerfestigkeit von Druckgußteilen niedriger und Schweißen unter Umständen problematisch.

Aluminium-Sinterwerkstoffe

Aus Reinaluminiumpulver mit einem Oxidgehalt von 6 bis 15% entsteht durch Pressen, Sintern und Warmumformen ein Werkstoff mit besonders guten Warmfestigkeitseigenschaften. Bei 500 °C beträgt die Zugfestigkeit 90 bis 100 N/mm^2 bei 1,5 bis 4% Bruchdehnung. Diese unter dem Namen S.A.P. auch in der Kerntechnik vielfach verwandte Legierung ist warm und kalt umformbar und mit Preßschweißverfahren schweißbar.

Pulver aus Al-Legierungen mit Zusätzen von Cu, Si und Mg ergeben nach dem Pressen und Sintern und evtl. Aushärten Zugfestigkeitswerte bis zu 410 N/mm^2 bei 18% Bruchdehnung. Diese Werkstoffe dienen vorwiegend zur Herstellung von Pleuelstangen, Kolben und Getriebeteilen.

Normen: *DIN 1712 T1*: Aluminium; Masseln. – *DIN 1712 T3*: Aluminium; Halbzeug. – *DIN 1725 T1*: Aluminiumlegierungen; Knetlegierungen. – *DIN 1725 T2*: Aluminiumlegierungen; Gußlegierungen, Sandguß, Kokillenguß, Druckguß, Feinguß. – *DIN 1746 T1*: Rohre aus Aluminium und Aluminium-Knetlegierungen; Eigenschaften. – *DIN 1749 T1*: Gesenkschmiedestücke aus Aluminium und Aluminium-Knetlegierungen; Festigkeitseigenschaften. – *DIN 17606 T1*: Freiformschmiedestücke aus Aluminium-Knetlegierungen; Festigkeitseigenschaften. – *DIN 1745 T1*: Bänder und Bleche aus Aluminium und Aluminium-Knetlegierungen mit Dicken über 0,35 mm; Eigenschaften. – *DIN 1745 T2*: Bänder und Bleche aus Aluminium und Aluminium-Knetlegierungen mit Dicken über 35 mm; Technische Lieferbedingungen. – *DIN 1788*: Bänder und Bleche aus Aluminium und Aluminium-Knetlegierungen mit Dicken von 0,021 bis 0,350 mm; Eigenschaften. – *DIN 1747 T1*: Stangen aus Aluminium und Aluminium-Knetlegierungen; Eigenschaften. – *DIN 1748 T1*: Strangpreßprofile aus Aluminium und Aluminium-Knetlegierungen; Eigenschaften.

3.2.3 Magnesiumlegierungen. Magnesium alloys

Reinmagnesium wird in beschränktem Maße für Leitungsschienen verwendet. Von den Legierungszusätzen erhöht Mangan die Schweißbarkeit und Korrosionsbeständigkeit, Zink das Formänderungsvermögen und Aluminium die Festigkeit und Aushärtbarkeit. Geringe Zusätze von Cer wirken kornverfeinernd und verbessern die Warmfestigkeit. Bei Al-Gehalten über 6% tritt ein Abfall der Festigkeitseigenschaften ein, der aber durch eine Homogenisierungsglühung (ho) bis zu Gehalten von 11% Al vermieden werden kann.

Im Vergleich zu den Al-Legierungen erreichen die Mg-Legierungen bei Raumtemperatur und erhöhter Tempe-

ratur nur geringere Festigkeitswerte, **Anh. E 3 Tab. 30**. Dem geringen Unterschied in der Dauerfestigkeit (**Anh. E 3 Tab. 28**) steht eine höhere Kerbempfindlichkeit entgegen. Riefenfreie Oberflächen und Vermeidung von Kerben sind daher für die Anwendung von Mg-Legierungen unerläßlich. Der niedrige Elastizitätsmodul macht die Mg-Legierungen unempfindlicher gegen Schlag- und Stoßbeanspruchung und gibt ihnen verbesserte Geräuschdämpfungseigenschaften (Getriebegehäuse).

Sämtliche Magnesiumlegierungen besitzen eine ausgezeichnete Spanbarkeit, jedoch ist darauf zu achten, daß nur gröbere Späne anfallen. Feine Späne und Staub neigen zu Bränden und Staubexplosionen (Löschen durch Überschütten mit Graugußspänen oder Sand, keinesfalls mit Wasser!). Zum Kühlen und Naßschleifen dürfen keine wasserhaltigen Kühlmittel verwendet werden.

Die hohe Oxidationsneigung des geschmolzenen Magnesiums erfordert besondere Maßnahmen beim Gießen und Schweißen. Gut bewährt hat sich die WIG-Schweißung, doch sind auch Gas-Schmelz-Schweißungen mit Schweißstäben gleicher Zusammensetzung wie das Werkstück unter Verwendung von Flußmittel möglich. Mittels Maschinen mit besonderer Stromrichtersteuerung lassen sich Legierungen der Gattung MgMn und MgAl 6 gut durch elektrische Widerstandsschweißung verbinden. Löten ist nicht möglich.

Die Umformung von Mg-Knetlegierungen erfolgt üblicherweise durch Strangpressen, Warmpressen, Schmieden, Walzen oder Ziehen oberhalb 210 °C. Durch den hexagonalen Gitteraufbau sind Kaltumformungen schwierig und wegen der Gefahr der Spannungsrißkorrosion möglichst zu vermeiden (Spannungsfreiglühen bei 280 bis 300 °C).

Das extrem elektronegative Potential von Mg und seinen Legierungen macht einen Korrosionsschutz gegen Feuchtigkeit und Witterungseinflüsse erforderlich, der i.allg. durch Einsprühen mit oder Eintauchen in korrosionsschützende(n) Flüssigkeiten (z.B. chromathaltige Bäder) erreicht wird. Magnesiumgußstücke, die auch nur kurzzeitig einer aggressiven Atmosphäre ausgesetzt werden, sollen mit einer porenfreien Lackierung versehen werden. Besonders ist darauf zu achten, daß bei Berührung mit anderen Werkstoffen Kontaktkorrosion vermieden wird. Stahlschrauben müssen verzinkt oder kadmiert sein.

Normen: *DIN 1729 T1*: Magnesiumlegierungen; Knetgierungen. – *DIN 1729 T2*: Magnesiumlegierungen; Gußlegierungen, Sandguß, Kokillenguß, Druckguß. – *DIN 17800*: Hüttenmagnesium. – *DIN 9715*: Halbzeug aus Magnesium-Knetlegierungen; Eigenschaften.

3.2.4 Titanlegierungen. Titanium alloys

Die Festigkeitseigenschaften der Ti-Legierungen (**Anh. E 3 Tab. 31**) sind mit den Festigkeitseigenschaften von hochvergüteten Stählen vergleichbar. Die entsprechenden Kennwerte von Ti-Legierungen sinken bis zu Temperaturen von 300 °C nur unwesentlich ab. Für die Praxis interessant sind Temperaturen bis 500 °C. Einige Legierungen sind warmaushärtbar. Die Warmumformung erfolgt durch Schmieden, Pressen, Ziehen oder Walzen bei 700 bis 1000 °C. Kaltumformung ist bei Reintitan gut, bei den Ti-Legierungen beschränkt möglich (Weichglühen bei 500 bis 600 °C). Weichlöten ist durchführbar, nachdem die Oberfläche unter Edelgas (Argon) versilbert, verkupfert oder verzinnt wurde. Hartlöten geschieht im Vakuum oder unter Edelgas mit geeigneten Flußmitteln. Schweißen wird zweckmäßigerweise mit dem MIG- oder WIG-Verfahren (auch Elektronenstrahlschweißen) durchgeführt. Verbindungen mit anderen Metallen sind wegen der Bildung spröder intermetallischer Verbindungen problematisch. Die Punktschweißung ist ohne Schutzgas möglich. Beim Zerspanen sind wegen der schlechten Wärmeleitung und der Neigung zum Fressen geringe Schnittgeschwindigkeiten bei großem Vorschub zweckmäßig (Hartmetallwerkzeug).

Ti und Ti-Legierungen sind gut korrosionsbeständig, insbesondere gegen Salpetersäure, Königswasser, Chloridlösungen, organische Säuren und Meerwasser.

Normen: *DIN 17850:* Titan; Zusammensetzung. – *DIN 17851:* Titanlegierungen; Halbzeug; Zusammensetzung. – *DIN 17860:* Bänder und Bleche aus Titan und Titanlegierungen. – *DIN 17862:* Stangen aus Titan und Titan-Knetlegierungen; Technische Lieferbedingungen. – *DIN 17863:* Drähte aus Titan. – *DIN 17864:* Schmiedestücke aus Titan und Titan-Knetlegierungen.

3.2.5 Nickel und seine Legierungen
Nickel and nickel alloys

Rein-Nickel wird in Reinheitsgraden von 98,5 bis 99,98% geliefert. Kleine Beimengungen an Fe, Cu und Si haben außer bei den elektrischen Eigenschaften kaum Einfluß. Mn erhöht die Zugfestigkeit und die Streckgrenze ohne Einbuße an Zähigkeit. Durch Berylliumzusätze bis 3% wird Nickel aushärtbar. Bei weichem Rein-Nickel liegt die Zugfestigkeit bei 400 bis 500 N/mm², die 0,2%-Dehngrenze bei 120 bis 200 N/mm² und die Bruchdehnung bei 35 bis 50% (dagegen im kaltverformten, harten Zustand: $R_{\mathrm{m}} = 750$ bis $850\ \text{N/mm}^2$; $R_{\mathrm{p}0,2} = 700$ bis $800\ \text{N/mm}^2$ und $A_5 = 2$ bis 4%).

Bis 500 °C sinkt die Festigkeit kaum ab; erst ab 800 °C zundert die Oberfläche stärker. Im Bereich tiefer Temperaturen bleibt Nickel zäh. Nickel ist bis 360 °C ferromagnetisch.

Ni ist mit Cu in jedem Verhältnis legierbar und durch Gießen, spanlose und spanabhebende Formgebung sowie durch Löten und Schweißen verarbeitbar. Legierungen mit 10 bis 45% Ni sind für elektrische Präzisionswiderstände bis 500 °C verwendbar. Sie besitzen einen besonders niedrigen Temperaturbeiwert des elektrischen Widerstands (DIN 17471). Ni-Legierungen mit 63% Ni, rd. 30% Cu, Rest Fe und Mn (*Monel-Metall*), dienen wegen ihrer hervorragenden Warmfestigkeit und Korrosionsbeständigkeit zur Herstellung von chem. Apparaten, Beizgefäßen, Dampfturbinenschaufeln und Ventilen (DIN 17743 und DIN 17730).

Ni-Cr-Legierungen zeichnen sich durch hohe Korrosionsbeständigkeit (nicht bei S-haltigen Gasen) und hohe Hitzebeständigkeit (bis 1200 °C) aus. In der Regel werden Fe, Mo und Mn zulegiert, wobei Mn die Beständigkeit gegen S erhöht (DIN 17742 und DIN 17744).

Hochwarmfeste NiCr-Legierungen: E 3.1.4, Abschnitt „warmfeste und hochwarmfeste Stähle (Legierungen)".

Die NiFe-Legierungen dienen speziellen Anwendungszwecken: Mit 25% Ni wird ein Stahl unmagnetisch, mit 30% Ni verschwindet der Temperaturbeiwert des Elastizitätsmoduls (Unruhefedern für Uhren), mit 36% Ni (*Invarstahl*) wird der Wärmeausdehnungskoeffizient ein Minimum (Meßgeräte), mit 45 bis 55% Ni erreicht er denselben Wert wie für Glas (Einschmelzdrähte für Glühlampen, DIN 17745), und mit 78% Ni entsteht eine Legierung mit höchster Permeabilität.

Wichtig ist Ni auch für weichmagnetische Legierungen (14 bis 17% Fe, DIN 17745) und für Dauermagnetlegierungen mit hoher Koerzitivkraft (Al-Ni- und Al-Ni-Co-Legierungen).

Normen: *DIN 1701:* Hüttennickel. – *DIN 17740:* Nickel in Halbzeug; Zusammensetzung. – *DIN 17741:* Niedrigle-

gierte Nickel-Knetlegierungen; Zusammensetzung. – *DIN 17742:* Nickel-Knetlegierungen mit Chrom; Zusammensetzung. – *DIN 17743:* Nickel-Knetlegierungen mit Kupfer; Zusammensetzung. – *DIN 17744:* Nickel-Knetlegierungen mit Molybdän und Chrom; Zusammensetzung. – *DIN 17745:* Knetlegierungen aus Nickel und Eisen; Zusammensetzung. – *DIN 17471:* Widerstandslegierungen. – *DIN 17730:* Nickel- und Nickel-Kupfer-Gußlegierungen. – *DIN 17750* bis *DIN 17754:* Eigenschaften der Legierungen nach DIN 17740 bis DIN 17744 in verschiedenen Erzeugnisformen.

3.2.6 Zink und seine Legierungen. Zinc and zinc alloys

Zink läßt sich gut warm- und kaltumformen (Bleche, Drähte). Unter dem Einfluß der Luftatmosphäre bilden sich festhaftende Deckschichten, die mit Ausnahme von stark saurer Atmosphäre die Oberfläche vor weiterem Angriff schützen. Im gewalzten Zustand hat Zink eine Zugfestigkeit von etwa 200 N/mm² bei einer Bruchdehnung von etwa 20%, doch neigt Zn bereits bei Raumtemperatur zum Kriechen (in Querrichtung weniger stark ausgeprägt). Zink läßt sich mit Zinn- und Cadmiumloten leicht löten. Schweißverbindungen sind nach allen Verfahren, außer mit dem Lichtbogen, möglich. Etwa 30% der Zinkproduktion wird für Bleche (Dacheindeckungen, Dachrinnen, Regenrohre, Ätzplatten, Trockenelemente) verwendet, etwa 40% für die Feuerverzinkung von Stahl.

Zn-Druckgußteile, meistens aus Legierungen von Zn mit Al und Cu (*Feinzink-Gußlegierungen*, **Anh. E 3 Tab. 32**), sind von hoher Maßgenauigkeit, jedoch empfindlicher gegen Korrosion als Reinzink.

Hauptlegierungselemente werden im Kurzzeichen in % angegeben, der Rest ergibt den Zinkanteil.

Normen: *DIN 1706:* Zink. – *DIN 1743 T1:* Feinzink-Gußlegierungen; Blockmetalle.

3.2.7 Blei. Lead

Reinblei (*Weichblei*) mit Reinheitsgraden von 99,94 bis 99,99% wird wegen seiner guten Korrosionsbeständigkeit (insbesondere gegen Schwefelsäure) häufig in der chemischen Industrie eingesetzt. Es läßt sich relativ gut verformen, schweißen, gießen (Rohre, Bleche, Folien, Drähte) und gießen (Lagerwerkstoffe, Akkumulatorenplatten). Wegen seiner hohen Ordnungszahl im periodischen System ist Pb ein sehr wirksamer Schutz gegen Röntgenstrahlung und radioaktive Strahlung.

Blei in Verbindung mit Antimon (*Hartblei*) dient zur Herstellung von Kabelmänteln, Rohren und Auskleidungen sowie zur Feuerverbleiung. Die Letternmetalle enthalten neben Antimon (bis 19%) auch Zinn (bis 31%). Blei-Druckgußteile von hoher Maßgenauigkeit.

Blei und Bleilegierungen: **Anh. E 3 Tab. 33**.

Im Kurzzeichen wird der Bleianteil in % angegeben; weitere Legierungselemente werden ohne %-Angabe genannt.

Normen: *DIN 1719:* Blei; Zusammensetzung. – *DIN 1741:* Blei-Druckgußlegierungen; Druckgußstücke. – *DIN 17640 T1:* Bleilegierungen; Legierungen für allgemeine Verwendung. – *DIN 17640 T2:* Bleilegierungen für Kabelmäntel. – *DIN 17640 T3:* Bleilegierungen; Legierungen für Akkumulatoren.

3.2.8 Zinn. Tin

Zinn mit Reinheitsgraden von 98 bis 99,90% wird wegen seines guten Korrosionsschutzes zur Herstellung von Metallüberzügen (Feuerverzinnen, galvanisches Verzinnen) auf Cu und Stahl (Weißblech) sowie zur Herstellung von

Loten verwandt. Zinnfolie (*Stanniol*) ist heute weitgehend von der Aluminiumfolie verdrängt worden.

Sn-Druckgußteile besitzen eine besonders hohe Maßgenauigkeit. Bauteile aus reinem Zinn können bei Temperaturen um den Nullpunkt zu Pulver zerfallen (Zinnpest). Zinn und Zinnlegierungen: **Anh. E3 Tab. 34**. *Im Kurzzeichen wird der Zinnanteil in % angegeben; weitere Legierungselemente werden ohne %-Angabe genannt.*

Normen: *DIN 1703*: Blei- und Zinnlegierungen für Gleitlager. − *DIN 1704*: Zinn. − *DIN 1742*: Zinn-Druckgußlegierungen; Druckgußstücke. − *DIN 17810*: Zinngerät; Zusammensetzung der Zinnlegierungen.

3.2.9 Überzüge auf Metallen. Coatings on metals

Sie dienen dem Korrosionsschutz, dem Verschleißschutz, der Erzielung einer höheren Oberflächenhärte oder eines dekorativen Aussehens, der Verbesserung der Gleiteigenschaften oder zur Materialauftragung an Verschleißstellen.

Metallische Überzüge

Diese erzielt man auf galvanischem Wege, durch Schmelztauchen, auch Metallspritzen, durch Plattieren, durch Diffusion sowie durch Gasphasenabscheidung.

Galvanische Überzüge. Sie werden durch Elektrolyse in geeigneten Bädern (Säuren oder wäßrigen Lösungen) der betreffenden Metallsalze erzeugt. Die Dicke des Überzugs hängt dabei von der Stromdichte und der Expositionszeit ab (Überzugsdicke üblicherweise bis zu $10\,\mu m$). Wegen der unterschiedlichen Stromdichte an Kanten und Einbuchtungen fällt die Überzugsdicke nicht ganz gleichmäßig aus. Voraussetzung für gutes Haften des Überzugs ist eine fett- und oxidfreie Oberfläche (Entfetten, Beizen), für wirksamen Schutz des Grundmetalls ein dichter, porenfreier Überzug. Auf galvanischem Wege werden Teile verzinnt, verkupfert, verzinkt, verkadmet, vernickelt oder verchromt.

Außer den reinen Metallen werden auch Legierungen (z.B. Messing) abgeschieden. Heute wird auch in größerem Umfang stromlos vernickelt. Wichtig für den Korrosionsschutz ist die Stellung von Grund- und Überzugsmaterial in der sog. Normalspannungsreihe, die die Metalle nach ihrem Lösungspotential, gemessen gegen Wasserstoff, ordnet. Elektronegative Metalle gelten als unedel, elektropositive als edel. In Anwesenheit eines Elektrolyten wird immer das unedlere der beiden Metalle angegriffen, wenn nicht durch Oberflächenpassivierung das ursprüngliche Potential verändert wird (bei Al z.B. zur edleren Seite). Für die Potentiale der wichtigsten Metalle gegen Wasserstoff gilt folgende Spannungsreihe (in V):

Mg $-2{,}40$ Cr $-0{,}51$ Ni $-0{,}25$ Cu $+0{,}35$
Al $-1{,}69$ Fe $-0{,}44$ Sn $-0{,}16$ H $=\pm 0$ Ag $+0{,}81$
Zn $-0{,}76$ Cd $-0{,}40$ Pb $-0{,}13$ Au $+1{,}38$

Beim dekorativen Verchromen wird in der Regel erst verkupfert, dann vernickelt und in einer Überzugsdicke von weniger als $1\,\mu m$ verchromt. Hartchromschichten (in Bädern mit größerer Stromdichte und höherer Temperatur) ergeben bei Vickers-Härtewerten von 800 bis 1000 HV einen sehr hohen Verschleißwiderstand. In dickeren Hartchromüberzügen bilden sich Zugeigenspannungen aus, die bei Rißbildung zu einer Beeinträchtigung der mechanischen Eigenschaften, insbesondere der Schwingfestigkeit, führen können.

Schmelztauchüberzüge. Durch Tauchen in flüssige Metallschmelzen (Feuerverzinnen, Feuerverzinken, Feuerverblei-

en, Feueraluminieren) werden (mit Ausnahme des Verbleiens) infolge von Diffusionsvorgängen zwischen den Metallatomen des flüssigen Überzugsmetalls und den Atomen des Grundmetalls entsprechende Legierungsschichten gebildet. Beim Herausziehen der Teile aus dem Bad befindet sich darüber eine Schicht aus reinem Überzugsmetall.

Im Vergleich zu galvanischen Überzügen ist bei Schmelztauchüberzügen die Überzugsdicke und damit die Korrosionsschutzdauer größer (Überzugsdicke beim Feuerverzinken 25 bis $100\,\mu m$, beim Feueraluminieren 25 bis $50\,\mu m$). Ein Vorteil der Schmelztauchüberzüge liegt darin, daß die Schmelze auch in Hohlräume und an schwer zugängliche Stellen gelangt.

Die Werkstücke dürfen nie vollständig geschlossene Hohlräume enthalten (Explosionsgefahr!).

Auf Breitbandblech werden heute Zn- und Al-Überzüge in kontinuierlich arbeitenden Verfahren (*Sendzimir-Verfahren*) aufgebracht. Al-Überzüge verleihen dem Stahlblech gute Hitze- und Zunderbeständigkeit bei im Vergleich zu reinem Al besseren mechanischen Eigenschaften. Sowohl Zn- als auch Al-Schichten lassen sich durch Diffusionsglühen in Fe-Zn- bzw. Fe-Al-Legierungsschichten überführen (*Galvanealing-Verfahren, Kalorisieren*).

Metall-Spritzüberzüge. Sie werden bei besonders großen oder nur örtlich zu behandelnden Werkstücken aufgebracht. Dabei wird das Metall in Draht- oder Pulverform durch ein Brenngasgemisch oder durch Lichtbogen erschmolzen und in Form feiner Tröpfchen durch Druckluft auf das zu behandelnde Werkstück geschleudert. Die Haftung auf der Oberfläche ist rein mechanisch, weshalb diese durch Sandstrahlen in mittlerer Rauhigkeit aufgerauht sein soll. Das Verfahren eignet sich für Metalle mit einem Schmelzpunkt bis zu $1600\,°C$. Zum Ausgleich der Porosität der Spritzüberzüge werden diese mit Lösungen von Kunstharzen getränkt oder durch Walzen oder Pressen verdichtet. Hauptanwendungsgebiete: Korrosionsschutz und Reparatur von Verschleißstellen.

Plattieren. Es erfolgt heute meistens nach der Methode der Walzschweißplattierung. Dabei werden entweder Grund- und Plattiermaterial in dünne Knopfbleche eingehüllt, erwärmt, ausgewalzt und die Knopfbleche durch Beizen entfernt, oder die Platine wird mit dem Plattierungsmaterial umwickelt, erwärmt und unter hohem Walzdruck ausgewalzt. Üblich ist das Plattieren von Al-Legierungen mit Reinaluminium oder von Stahl mit nichtrostendem Stahl, Kupfer, Nickel, Monel-Metall oder Aluminium. Behälter der chemischen Industrie werden mitunter durch Schweißplattierung ausgekleidet.

Diffusionsüberzüge. Sie entstehen durch Glühen der Werkstücke in Metallpulver des Überzugsmetalls (z.B. Zn, Cr, Al, W, Mn, Mo, Si) in sauerstofffreier Atmosphäre, evtl. unter Zugabe von Chloriden bei Temperaturen unterhalb des Schmelzpunkts ($400\,°C$ für Zinküberzüge beim „Sherardisieren", $1000\,°C$ für Aluminium beim „Alitieren", $1200\,°C$ für Chrom beim „Inchromieren").

Gasphasenabscheidung dünner Schichten (CVD-/PVD-Schichten)

Zur Verbesserung des Verschleiß- und/oder Korrosionsschutzes von Werkzeugen und Bauteilen können durch CVD- (*c*hemical *v*apor *d*eposition) oder PVD-Verfahren (*p*hysical *v*apor *d*eposition) Metalle, Karbide, Nitride, Boride sowie Oxide aus der Gasphase auf Werkzeug- oder Bauteiloberflächen abgeschieden werden.

Das CVD-Verfahren beruht auf der Feststoffabscheidung durch chemische Gasphasenreaktionen im Temperaturbereich zwischen 800 und $1100\,°C$ [2]. Von technischer

Bedeutung ist vor allem die Abscheidung von TiC- und TiN-Schichten als Verschleißschutzschichten. Wegen der hohen Abscheidetemperturen beim CVD-Verfahren werden bei den Schneidstoffen vorzugsweise Hartmetalle, bei den Kaltarbeitsstählen überwiegend ledeburitische Chromstähle (z.B. X 210 CrW 12) beschichtet.

Im Unterschied hierzu können bei plasmagestützten Vakuumbeschichtungstechnologien der PVD-Verfahren Abscheidetemperaturen unter 500 °C eingehalten werden, so daß beispielsweise Schnellarbeitsstähle oder Vergütungsstähle als Substratwerkstoffe eingesetzt werden können [2].

Nichtmetallische Überzüge

Oxidieren. Oxidschichten bei einer metallischen Oberfläche, eigentlich das Resultat eines Korrosionsvorgangs, können als Passivschichten einen Korrosionsschutz darstellen, wenn die Schichten ausreichend dicht sind und sich bei Verletzungen neu aufbauen (Oxidschichtbildung bei Al, Al-haltigen Cu-Legierungen, nichtrostendem Stahl). Auch auf Stahl kann man durch Erhitzen und Eintauchen in Öl (Schwarzbrennen) oder in oxidierenden Beizen (Brünieren) eine Oxidschicht von zeitweiligem Schutzwert erreichen. Die bei Al sehr dünne natürliche Oxidschicht (0,01 µm) kann durch chemische Oxidation (MBV-Verfahren) auf 1 bis 2 µm verstärkt werden (guter Anstrichhaftgrund). Beim anodischen Oxidieren (z.B. in Schwefelsäure) werden die Teile an den Pluspol einer Gleichstromquelle angeschlossen. Die bei diesem Verfahren gebildete Eloxalschicht kann infolge ihrer Porosität beliebig eingefärbt werden und ist elektrisch nichtleitend. Durch Nachverdichten in heißem Wasser werden die Poren geschlossen. Verschleißarme Harteloxalschichten besitzen bei Schichtdicken bis zu 50 µm eine Vickershärte von etwa 500 HV.

Phosphatieren und Chromatieren. Durch Eintauchen von Stahl- oder Aluminiumteilen in heiße Lösungen von Phosphorsäure und Schwermetallphosphaten (Atramentverfahren, Bonderverfahren) entstehen Schutzschichten bis zu 15 µm Dicke, deren Wirkung durch nachträgliches Einölen erhöht wird. Darüber hinaus kann die Adsorptionsfähigkeit der Schicht als Haftgrund für Lackierungen benutzt werden. Manganphosphate in dünnen Schichten verhindern das Fressen gleitender Teile (Zahnräder, Zylinderlaufbuchsen). Beim Eintauchen in oder durch Berieseln mit Natriumdichromat wird bei einer Schichtdicke <1 µm ein temporärer Korrosionsschutz erzielt. Phosphatschichten dienen in der Umformtechnik als Schmierstoffträgerschichten und sind für das Fließpressen unverzichtbar.

Emaillieren. Dieses Verfahren beschränkt sich auf Stahl- und Graugußteile. Die aus Silicaten und Fluoriden bestehende Grundemailmasse wird durch Tauchen, Angießen oder Spritzen aufgebracht und bei etwa 900 °C eingebrannt. Das Deckemail wird in Pulverform auf die erhitzten Teile aufgepudert und glattgeschmolzen. Der glasartige Überzug ist gegen viele Chemikalien sowie gegen Temperaturwechsel und Stoßbeanspruchung beständig.

Anstriche. Diese dienen außer dem Korrosionsschutz auch dekorativen Zwecken. Sie bestehen aus Bindemittel (Leinöl, Nitrozellulose, Kunstharz, Chlorkautschuk), dem Pigment (z.B. Bleiweiß, Bleimennige, Eisenoxid, Glimmer, Zinkweiß, Chromverbindungen, Graphit, Al-Pulver), dem Lösungsmittel (z.B. Terpentin, Benzin, Benzol, Alkohol) und gegebenenfalls Zusätzen zum Erzielen bestimmter Eigenschaften. Nach sorgfältiger Reinigung der Oberfläche (Sandstrahlen, Bürsten, Beizen, Entfetten) erfolgt der Anstrichaufbau in ein- oder mehrlagigen Grund- und Deckanstrichen durch Streichen, Rollen, Spritzen oder gegebenenfalls Einbrennen.

Bei aggressiver Atmosphäre haben sich Chlorkautschuklacke, bei zusätzlicher mechanischer Beanspruchung Ein- oder Zweikomponentenlacke auf Epoxid- oder Polyurethanbasis sehr gut bewährt. Für Stahl bietet das Duplexsystem (Feuerverzinken + Anstrich) große Vorteile, da ein Unterrosten bei rissigem Anstrich vermieden wird. In der Serienfertigung ist das lacksparende elektrostatische Spritzen vielfach üblich, desgleichen die Infrarottrocknung.

Schmelztauchmassen. Die aus Zellulosederivaten bestehenden Schmelztauchmassen bilden nach dem Tauchen der Gegenstände eine dichte Haut auf der Metalloberfläche und damit einen Schutz für Lagerung und Transport.

3.3 Nichtmetallische Werkstoffe
Nonmetallic materials

3.3.1 Keramische Werkstoffe. Ceramics

Neben den traditionellen silikatkeramischen Werkstoffen, wie Porzellan, Steinzeug und Glaskeramik, wurden zwei neue keramische Werkstoffgruppen,
– Oxidkeramik und
– Nichtoxidkeramik,
weiterentwickelt, die zahlreiche technische Anwendungen im Maschinen- und Apparatebau, in der Elektronik und Elektrotechnik sowie als Werkzeuge in den Fertigungshauptgruppen des Urformens, Umformens und Trennens gefunden haben. Den Vorteilen der Hochleistungskeramiken wie
– hohe Warmhärte und Druckfestigkeit,
– großer abrasiver und erosiver Verschleißwiderstand,
– hohe Korrosions- und Heißgaskorrosionsbeständigkeit,
– großer Kriechwiderstand bei höheren Temperaturen und
– niedriges spez. Gewicht
stehen allerdings auch einige Nachteile wie
– hohe Kaltsprödigkeit bei ein- und mehraxialen Zugspannungen,
– relativ große Streuung der Werkstoffkennwerte,
– aufwendige Pulverherstellungs- und Weiterverarbeitungsverfahren sowie
– komplizierte Fügetechnik mit metallischen Werkstoffen
gegenüber.

Der Herstellungsprozeß für oxidische und nichtoxidische Keramiken entspricht weitgehend dem der Pulvermetallurgie, wobei die Bauteileigenschaften in hohem Maße von den Pulvereigenschaften (Reinheit), der sog. Grünverdichtung bei der Formgebung und schließlich dem Sinterprozeß abhängen. Der Sintervorgang stellt einen Feststoffdiffusionsprozeß dar, bei dem der keramische Werkstoff durch Lösungs- und Ausscheidungsvorgänge verdichtet und rekristallisiert wird und hierdurch seine Festigkeitseigenschaften erhält. Durch eine nach dem Sintern vorgenommene *heißisostatische Preßbehandlung* (HIP-Behandlung), bei der die Mikroporosität weitgehend beseitigt wird, kann die Streubreite der Festigkeitseigenschaften erheblich verringert werden.

Oxidkeramische Werkstoffe

Der technisch wichtigste Vertreter dieser Werkstoffgruppe ist Aluminiumoxid Al_2O_3. Dichtgesintertes Aluminiumoxid zeichnet sich durch hohe Festigkeit und Härte sowie durch Temperatur- und Korrosionsbeständigkeit aus.

Zirkonoxid ZrO_2 besitzt eine hohe Biegefestigkeit bei hohen Temperaturen und wird häufig auch für Zwecke des Verschleißschutzes bei Kaltumformwerkzeugen (Drahtziehdüsen) erfolgreich eingesetzt. Aufgrund der niedrigen Wärmeleitfähigkeit wird ZrO_2 zur Wärmeisolierung im Motorenbau eingesetzt. Wichtige mechanische und physikalische Eigenschaften oxidkeramischer Werkstoffe enthält **Anh. E3 Tab. 35.**

Nichtoxidkeramische Werkstoffe

Hierzu gehören Carbide, Nitride, Boride und Silizide, die auch als Hartstoffe bezeichnet werden. Das Eigenschaftsprofil dieser Stoffgruppe ist gekennzeichnet durch hohen E-Modul, hohe Hochtemperaturfestigkeit und Härte sowie gute Wärmeleitfähigkeit und hohen Korrosionswiderstand. Neben Kompaktwerkstoffen werden nichtoxidkeramische Stoffe insbesondere zur Herstellung von Schichtverbundwerkstoffen für Schneidwerkzeuge, Umformwerkzeuge sowie für tribologisch hochbeanspruchte Bauteile eingesetzt. Zur Schichtabscheidung werden vorzugsweise CVD- und PVD-Beschichtungsverfahren angewandt (mechanische und physikalische Eigenschaften: **Anh. E3 Tab. 35**).
Eine Gesamtübersicht der wichtigsten Anwendungsmöglichkeiten von Hochleistungskeramiken im Maschinenbau zeigt **Tab. 1.**

Tabelle 1. Anwendungen von Hochleistungskeramiken im Maschinenbau

Einsatzgebiete	Bauteile	Werkstoffe
Motorenbau	Wärmeisolation im Brennraum	Aluminiumoxid
	Ventilteller	Aluminiumtitanat
	Turboladerrotor	Siliciumcarbid
	Gasturbine	Siliciumnitrid
	Zündkerzenelektroden	Zirkonoxid
Verfahrenstechnik, Fertigungstechnik	Ziehdüsen für Drähte	Zirkonoxid
	Schneidwerkzeuge	Aluminiumoxid
	Sandstrahldüsen	Borcarbid
	Fadenführungselemente	Zirkonoxid
Hochtemperatur-technik	Brenner	Siliciumnitrid
	Schweißdüsen	Siliciumcarbid
	Tiegel	Bornitid

Ziegel

Sie werden aus Lehm und Ton oder tonigen Massen mit Zusatzstoffen oder ohne Zusatzstoffe geformt und gebrannt. Der Ton darf keine Kalkeinsprengungen enthalten, da diese nach dem Brennen neu ablöschen und infolge ihrer Volumenvergrößerung den Stein sprengen können. Nach dem Vortrocknen an Luft werden die Ziegel in Tunnelöfen bei 900 bis 1 300 °C gebrannt. Durch Brennen bis zur Sinterung entstehen die hochfesten Klinker mit höheren Festigkeiten. Vollziegel Mz 4 bis Mz 28 (Druckfestigkeitsklasse 4 bis 28: Mittelwert der Druckfestigkeit 5 bis 35 N/mm^2), Vollklinker KMz 36 bis KMz 60 (60 N/mm^2). Anwendung im Hochbau und als Kanalklinker im Tiefbau (Stadtentwässerung). Zur besseren Wärmedämmung sind Hochlochziegel senkrecht, Langlochziegel parallel zur Lagerfläche mit durchgehenden Löchern versehen. Des weiteren werden Leichthochlochziegel mit einer Rohdichte von höchstens 1,0 kg/dm^3 hergestellt. Dachziegel (Biberschwänze, Falzziegel, Dachpfannen) müssen hinsichtlich Tragfähigkeit, Wasserundurchlässigkeit und Frostbeständigkeit bestimmten Anforderungen genügen.

Feuerfeste Steine

Zum Ausmauern von Hochöfen, Schmelzöfen, Glühöfen, Drehrohröfen, Destillationsöfen, Röstöfen, Feuerungen für Dampfkraft- und Müllverbrennungsanlagen usw. benötigt man Steine, die auf Grund ihrer Zusammensetzung (z.B. Kieselsäure und Tonerde) einen sehr hohen Schmelzpunkt haben (>1 500 °C).

Arten: Schamotte ($\sim 60\%$ SiO_2, $\sim 40\%$ Al_2O_3), Silica ($\sim 95\%$ SiO_2, $\sim 2\%$ Al_2O_3), Sillimanit ($\sim 90\%$ Al_2O_3), Magnesit ($\sim 88\%$ MgO, $\sim 5\%$ SiO_2), Carborundum (45 bis 80% SiC, 10 bis 25% SiO_2), Kohlenstoff ($\sim 90\%$ C). Von feuerfesten Steinen verlangt man außerdem eine hohe Druckfeuerbeständigkeit (DFB, das ist die Temperatur, bei der der Stein unter Belastung zu erweichen beginnt) und eine gute Temperaturwechselbeständigkeit (TWB). Schließlich dürfen die Steine in Schmelzöfen durch die je nach der Schmelzführung sauren oder basischen Schlacken nicht angegriffen werden.
Ein hochfeuerfester Werkstoff von zugleich höchster Säurebeständigkeit ist geschmolzener Quarz (durchsichtig: Quarzglas, durchscheinend: Quarzgut). Er hat den kleinsten Ausdehnungskoeffizient aller Werkstoffe, so daß er auch bei schroffen Temperaturwechseln standhält.

Steinzeug

Es wird aus gutem kieselsäure- und alkalioxidhaltigem fettem Steinzeugton gebrannt, dem für hochwertige Apparateteile noch Flußmittel wie Feldspat, Quarzsand oder Pegmatit zugesetzt werden. Braunes und weißes Steinzeug haben gleiche physikalische Eigenschaften. Steinzeug wird als Baumaterial in Form von Klinkerziegeln, Klinkerplatten und säurefesten Steinen geliefert. Für die chemische Industrie werden Hohlkörper aus Steinzeug für säurefeste Apparate- und Maschinenteile (Kolben- und Kreiselpumpen, Ventilatoren, Rührwerke, Mischmaschinen) hergestellt.
Festigkeits- und Zähigkeitskennwerte von normalem Steinzeug: Zugfestigkeit 6,5 bis 13 N/mm^2, Druckfestigkeit 320 bis 580 N/mm^2, Biegefestigkeit 23 bis 40 N/mm^2, Schlagzähigkeit 1,3 bis 1,9 Nmm/cm^2.

Normen: *DIN 1081 ff.:* Feuerfeste Baustoffe, feuerfeste Steine. – *DIN 51 061, 51 064, 51 067, 51 068:* Prüfverfahren für feuerfeste Baustoffe.

3.3.2 Beton. Concrete

Beton (DIN 1045) ist ein künstlicher Stein, der aus einem Gemisch von Zement, Betonzuschlag und Wasser durch Erhärten des Zementleims (Zement-Wasser-Gemisch) entsteht.
Je nach Zusammensetzung und Verarbeitung erreicht er hervorragende Festigkeitseigenschaften, ist beständig gegen Witterungseinflüsse und Frost und läßt sich durch seine nach Form und Größe uneingeschränkten Gestaltungsmöglichkeiten sehr vielseitig verwenden.

Zementarten

Das wichtigste Bindemittel für Beton ist der Portlandzement (PZ). Er wird hergestellt durch werkmäßiges Feinmahlen von Portlandzementklinkern unter Zusatz von Calciumsulfat.

Eisenportlandzement (EPZ) wird hergestellt durch gemeinsames, werkmäßiges Feinmahlen von mindestens 65 Gew.-% Portlandzementklinker und höchstens 35 Gew.-% Hüttensand (granulierte Hochofenschlacke) unter Zusatz von Calciumsulfat.

Hochofenzement (HOZ) wird hergestellt durch gemeinsames, werkmäßiges Feinmahlen von 15 bis 64 Gew.-% Portlandzementklinker und entsprechend 85 bis 36 Gew.-% Hüttensand (granulierte Hochofenschlacke) unter Zusatz von Calciumsulfat.

Traßzement wird hergestellt durch gemeinsames, werkmäßiges Feinmahlen von 60 bis 80 Gew.-% Portlandzementklinker und entsprechend 40 bis 20 Gew.-% Traß unter Zusatz von Calciumsulfat. Traß ist ein natürlicher puzzolanischer Stoff; er muß DIN 51043 entsprechen. Die Prozentangaben beziehen sich beim Traßzement stets auf das Gesamtgewicht von Portlandzementklinker und Traß, beim Eisenportland- und Hochofenzement stets auf das Gesamtgewicht von Portlandzementklinker und Hüttensand.

In DIN 1164 werden insgesamt vier Zementfestigkeitsklassen eingeführt: Z 25, 35, 45 und 55.

Es erfolgt eine weitere Unterteilung von Z 35 und Z 45 in die Gruppen L (=langsamere Anfangserhärtung) und F (=höhere Anfangsfestigkeit) sowie eine Festigkeitsbegrenzung für Z 25, Z 35 und Z 45 nach oben.

Festigkeitsklassen der Normenzemente: **Anh. E 3 Tab. 36.**

Stahlbeton

Da die Zugfestigkeit des Betons im Vergleich zu seiner Druckfestigkeit sehr niedrig ist, werden in der Stahlbetonbauweise die Gebiete, die Zugspannungen zu übertragen haben, durch Stahleinlagen bewehrt. Hierzu gehören auch die durch Querkräfte entstehenden Schubspannungen, da sie Zugspannungen unter 45° zu ihrer Wirkungsebene hervorrufen. Die für diese Verbundbauweise wichtigen Eigenschaften des Stahls sind sein hoher Elastizitätsmodul, der es gestattet, hohe Kräfte im Stahl zu übertragen, seine hohe Streckgrenze und seine im Vergleich zu Beton etwa gleiche Wärmeausdehnung. Der Stahl hat im Beton ein gutes Haftvermögen, das durch Profilierung seiner Oberfläche noch erhöht werden kann. Er wird durch ausreichend dichten Beton gegen Korrosion geschützt.

Betonstabstahl wird entsprechend DIN 488 nach folgenden Verfahren hergestellt:
- warmgewalzt, ohne Nachbehandlung (bisher RUS),
- warmgewalzt, aus der Walzhitze wärmebehandelt (bisher RTS),
- kaltverformt, durch Verwinden oder Recken des warmgewalzten Ausgangsmaterials (bisher RK).

In DIN 488 T 1 sind im wesentlichen nur noch die drei schweißgeeigneten Stahlsorten BSt 420 S (III S), BSt 500 S (IV S) und BSt 500 M (IV M) enthalten (Mindeststreckgrenze 420 bzw. 500 N/mm², Zugfestigkeit >500 bzw. 550 N/mm²). Die Sorten III S und IV S werden als gerippter Betonstahl geliefert, die Sorte IV M als geschweißte Betonstahlmatte aus gerippten Einzelstäben. Für bestimmte Liefer- und Verwendungsbedingungen wurde der sog. Bewehrungsdraht BSt 500 G (glatt) und BSt 500 P (profiliert) aufgenommen. Der glatte Betonstahl BSt 220/340 GU (IG) bleibt ebenso wie der nicht mehr hergestellte IR unberücksichtigt. An seine Stelle tritt künftig der schweißgeeignete Baustahl St 37-2 nach DIN 17100.

Normen: *DIN 488 T 1:* Betonstahl; Sorten, Eigenschaften, Kennzeichen. – *DIN 488 T 2:* Betonstahl; Betonstabstahl; Maße und Gewichte. – *DIN 488 T 3:* Betonstahl; Betonstabstahl; Prüfungen. – *DIN 488 T 4:* Betonstahlmatten und Bewehrungsdraht; Aufbau und Maße und Gewichte. – *DIN 488 T 5:* Betonstahl; Betonstahlmatten und Bewehrungsdraht; Prüfungen. – *DIN 488 T 6:* Betonstahl; Überwachung (Güteüberwachung). – *DIN 488 T 7:* Betonstahl; Nachweis der Schweißeignung von Betonstahl; Durchführung und Bewertung der Prüfungen.

Spannbeton

Eine Weiterentwicklung des Stahlbetons ist der Spannbeton, bei dem die Stahleinlagen vorgespannt sind und somit im unbelasteten Bauwerk Druckspannungen im Beton erzeugen. Dies kann so weit optimiert werden, daß bei späterer Belastung durch das Eigengewicht und durch Nutzlasten keine Zugspannungen mehr im Beton auftreten. Erst dadurch ist es möglich, die hohen Streckgrenzen hochwertiger Stähle und die hohen Druckfestigkeiten hochwertiger Betonsorten vollständig auszunutzen.

Man unterscheidet Vorspannung mit sofortigem Verbund, Vorspannung ohne Verbund und Vorspannung mit nachträglichem Verbund.

Normen: *DIN 1045:* Beton- und Stahlbetonbau; Bemessung und Ausführung.

Leichtbeton

Nach der Rohdichte werden unterschieden:
- Schwerbeton ist Beton mit einer Rohdichte von mehr als 2800 kg/m³.
- Normalbeton ist Beton mit einer Rohdichte von mehr als 2000 kg/m³ und höchstens 2800 kg/m³.
- Leichtbeton ist Beton mit einer Rohdichte von höchstens 2000 kg/m³.

Ein fester, dichter Beton mit einem Raumgewicht von 2200 bis 2400 kg/m³ leitet die Wärme verhältnismäßig gut, so daß er für Aufgaben des Wärmeschutzes (bewohnte Bauten) wenig geeignet ist. Spezifisch leichte Zuschläge, z.B. vorbehandelte organische Stoffe wie Sägemehl, Holzwolle oder Spreu, steigern die Wärmedämmfähigkeit. Insbesondere ist jedoch Luft ein schlechter Wärmeleiter, so daß Poren und Hohlräume die Wärmeschutzeigenschaften in dem Maß verbessern, wie sie das Raumgewicht verringern. Bims, Kesselschlacken, Ziegelsplitt, Hüttenbims (geschäumte Hochofenschlacke) und Sinterbims sind leichte Zuschläge, die durch ihre Eigenporigkeit in dieser Hinsicht günstig wirken. Verwendet man Körner gleicher Größe (Einkornbeton), so entstehen zusätzliche wärmedämmende Hohlräume.

Allgemein stehen bei Beton die Forderungen nach Festigkeit einerseits und geringem Gewicht und guter Wärmedämmfähigkeit andererseits im Widerspruch zueinander.

Leichtbetonarten mit einer Trockenrohdichte zwischen 300 und 500 kg/m³ besitzen keine nennenswerte Tragfähigkeit und dienen ausschließlich dem Wärmeschutz. Leichtbetonarten größer als 500 kg/m³ können für tragende Bauteile verwendet werden.

Stahlleichtbeton ist bewehrter Leichtbeton. Leichtbeton wird in Anlehnung an DIN 1045 in die Festigkeitsklassen LB 10 bis LB 55 eingeteilt. Bei Leichtbeton wird auch die Festigkeitsklasse LB 25 der Betongruppe BII nach DIN 1045 zugeordnet.

Normen: *DIN 4226 Bl. 2:* Zuschlag für Beton, Zuschlag mit porigem Gefüge (Leichtzuschlag). – *DIN 43232:* Wände aus Leichtbeton mit haufwerksporigem Gefüge; Ausführung und Bemessung.

Betonsteine und Betonplatten

Mit den verschiedenartigen Zuschlägen wird Beton auch zu Fertigteilen, großformatigen Mauersteinen in Form von Vollsteinen und Hohlblocksteinen, Wandplatten, Gehwegplatten, Bordsteinen, Dachsteinen, Betonwerksteinen, Hüttensteinen usw. verarbeitet.

Normen: *DIN 398:* Hüttensteine (Vollsteine, Lochsteine, Hohlblocksteine). – *DIN 18153:* Hohlblocksteine und T-

Hohlsteine aus Beton mit geschlossenem Gefüge. − *DIN 4165:* Gasbeton-Blocksteine. − *DIN 18151:* Hohlblocksteine aus Leichtbeton. − *DIN 18148:* Hohlwandplatten aus Leichtbeton. − *DIN 18149:* Lochsteine aus Leichtbeton. − *DIN 18150:* Formstücke aus Leichtbeton. − *DIN 485:* Gehwegplatten aus Beton. − *DIN 483:* Bordsteine. − *DIN 1115:* Betondachsteine. − *DIN 18500:* Betonwerksteine. − *DIN 18501:* Pflastersteine aus Beton.

3.3.3 Glas. Glass

Technisches Glas

Die aus Glasbildnern (z.B. Quarzsand SiO_2), Flußmitteln (z.B. Natriumoxid NaO_2) und Stabilisatoren (z.B. Erdalkali-Carbonate) bestehenden Gläser werden je nach chemischer Zusammensetzung in Kalk-Natron-Glas, Bleiglas und Borsilikatglas unterteilt. Die bei Temperaturen zwischen 1 300 und 1 500 °C erschmolzenen Gläser werden wegen der Gefahr innerer Spannungen in der Regel langsam abgekühlt. Die Verarbeitung geschieht bei etwa 1 000 °C durch Blasen, Pressen, Ziehen und Walzen. Massenteile werden auf Glasblasmaschinen in großen Stückzahlen hergestellt. Glas hat keine kristalline Struktur und geht ohne festen Schmelzpunkt in einen zähflüssigen, amorphen Zustand über.

Spannungsfreies Glas läßt sich mit Hartmetallen und Diamanten drehen, bohren, fräsen und hobeln. Die Druckfestigkeit beträgt 400 bis 1 300 N/mm², die Zugfestigkeit nur 30 bis 90 N/mm². Normale Gläser haben eine Erweichungstemperatur von etwa 500 °C, Quarzgläser von über 1 200 °C. Die Lichtdurchlässigkeit beträgt 85 bis 90%, die Wärmeleitfähigkeit 0,7 bis 1,0 W/mK, die Wärmeausdehnung 80 bis $100 \cdot 10^{-7}$ m/mK. Glas ist empfindlich gegen Stoß und schroffe Temperaturänderungen, beständig gegen Säuren mit Ausnahme der Flußsäure, weniger beständig gegen Laugen. Es hat gute dielektrische Eigenschaften (Isolatoren).

Glaserzeugnisse: Flach- und Hohlglas, Drahtglas, Glasbausteine, Isolierglas, Ornamentglas. Sehr dünne Fäden aus flüssigem Glas werden zu Glasfasern, Glaswolle und Glasgewebe verarbeitet (Wärme- und Schallschutz, glasfaserverstärkte Kunststoffe).

Sondergläser

Durch Abschrecken einer heißen Glasplatte in ihrer endgültigen Form (z.B. mit Luft) entstehen im Randbereich Druckeigenspannungen, so daß die Biegefestigkeit etwa den 3- bis 8fachen Wert normaler Gläser erreicht. Auch die Temperaturwechselfestigkeit und Schlagfestigkeit wird hierdurch beträchtlich gesteigert. Beim Bruch zerfällt vorgespanntes Glas in winzige Krümel ohne scharfe Kanten. Außer diesem einschichtigen Sicherheitsglas gibt es auf eine durchsichtige Kunststoffschicht beidseitig geklebtes Glas, bei dem im Falle eines Bruchs die Splitter an der Zwischenschicht haften bleiben (Verbundglas). Geschmolzener Quarz wird bei über 1 700 °C hergestellt und ist bis ca. 1 200 °C einsetzbar. Quarz ist weit durchlässiger für ultraviolettes Licht als alle Gläser (Höhensonnen), chemisch beständig außer gegen Laugen und besitzt ausgezeichnete Temperaturwechselbeständigkeitseigenschaften (Pyrometerschutzröhren, chemische Gefäße).

Normen: *DIN 1259:* Glas. − *DIN 1249:* Flachglas im Bauwesen. − *DIN 52290:* Angriffshemmende Verglasungen. − *DIN 52292:* Bestimmung der Biegefestigkeit und *DIN 52303:* Bestimmung der Biegefestigkeit. − *DIN 52337:* Pendelschlagversuch. − *DIN 52338:* Kugelfallversuch für Verbundglas. − *DIN 52349:* Bruchstruktur von Glas für bauliche Anlagen. − *DIN 1286:* Mehrscheiben-Isolierglas. − *DIN 52293:* Prüfung der Gasdichtheit von gasgefülltem Mehrscheiben-Isolierglas. − *DIN 52294:* Bestimmung der Beladung von Trocknungsmitteln in Mehrscheiben-Isolierglas. − *DIN 52344:* Klimawechselprüfung an Mehrscheiben-Isolierglas. − *DIN 52345:* Bestimmung der Taupunkttemperatur an Mehrscheiben-Isolierglas. − *DIN 58925 T 1:* Optisches Glas; Begriff, Einteilung. − *DIN 58925 T 2:* Optisches Glas; Begriffe der optischen Eigenschaften.

3.3.4 Holz. Wood

Wegen seines niedrigen Raumgewichts bei relativ hoher Festigkeit und seiner leichten Bearbeitbarkeit wird Holz im Bauwesen, Schiffbau, Fahrzeugbau und in der Textiltechnik in großem Umfang angewendet. Als Rohstoff dient es zur Herstellung von Zellstoff und Papier.

Aufbau und Festigkeit

Holz besteht vorwiegend aus Zellulose, Lignin, Harzen und evtl. Gerbstoffen. Es besitzt eine faserige Struktur und besteht aus Zellen, die sich radial um die Stammachse anordnen. Das jahreszeitlich verschieden schnelle Wachstum ergibt im Frühjahr weiche, helle, im Sommer und Herbst dunklere und härtere Zellen (Jahresringe). Um das im Innern des Stamms liegende abgestorbene feste Kernholz lagert sich das saftführende weiche Splintholz. Die Festigkeitseigenschaften hängen sehr stark von der Faserrichtung ab und verschlechtern sich i. allg. mit zunehmendem Feuchtigkeitsgehalt. Bei Beanspruchung in Faserrichtung werden die höchsten, quer dazu die niedrigsten Zugfestigkeiten erzielt, **Anh. E3 Tab. 37.** Wegen des Ausknickens der Fasern erreicht die Druckfestigkeit nur etwa die Hälfte der Zugfestigkeit. Aus dem gleichen Grund liegt die Biegefestigkeit von Holz niedriger als die Zugfestigkeit. Bei Schub- und Scherbeanspruchung ergeben sich naturgemäß quer zur Faserrichtung die höchsten Festigkeitswerte. Wegen der möglichen Unregelmäßigkeiten der verschiedenen Hölzer liegen die zulässigen Spannungen für Bauholz niedriger (großer Sicherheitsbeiwert), **Anh. E3 Tab. 38.** Langsam gewachsene dichte Hölzer (Hartholz) wie Eiche, Buche, Esche, Hickory und Pockholz haben hohe Härte und Festigkeit. Weiche Hölzer sind z.B. Pappel, Linde und Fichte. Harzhaltige Hölzer wie Kiefer, Lärche und Pechkiefer (Pitchpine) besitzen gute Witterungsbeständigkeit.

Das Fügen von Holz geschieht durch Zapfen, Überblatten, Zinken, Leimen, Dübeln, Nageln oder Schrauben.

Einfluß von Feuchtigkeit

Für rohe Zimmermannsarbeiten darf der Feuchtigkeitsgehalt des Holzes etwa 20 bis 25%, für Tischlerholz etwa 15%, für Möbelholz etwa 12%, für Täfelungsholz etwa 8% und für Sperrplatten etwa 6% betragen. Holz quillt oder schrumpft je nach Feuchtigkeitsaufnahme oder -abgabe in den verschiedenen Richtungen unterschiedlich stark (axial : radial : tangential = 1 : 10 : 20). Die Zugfestigkeit parallel zur Faser nimmt um 2 bis 3% je 1% Wasseraufnahme, die Druckfestigkeit um 4 bis 6% je 1% Wasseraufnahme ab bzw. bei Trocknung entsprechend zu. Holz mit 40% Feuchtigkeit hat etwa zwei Drittel der Zugfestigkeit und etwa die Hälfte der Biegefestigkeit lufttrockenen Holzes mit 10% Feuchtigkeit.

Bei ständiger Trockenheit oder ständig unter Wasser ist Holz sehr lange haltbar. Feuchte Luft und Wechsel zwischen Trockenheit und Nässe bringen das Holz zum Faulen.

Holzschutz

Zum Schutz von Holz gegen holzzerstörende Pilze und Insekten werden Holzschutzmittel mit fungiziden und insektiziden Wirkstoffen eingesetzt. Sie sind durch folgende Prüfprädikate gekennzeichnet:

P   wirksam gegen Pilze (Fäulnisschutz),

Iv   gegen Insekten vorbeugend wirksam,

Ib   gegen Insekten zur Bekämpfung,

S   zum Streichen, Spritzen (Sprühen) und Tauchen von Bauholz geeignet,

St   zum Streichen und Tauchen von Bauholz geeignet sowie zum Spritzen (Sprühen) in stationären Anlagen,

W   auch für Holz, das der Witterung ausgesetzt ist, jedoch nicht in Erdkontakt und nicht in ständigem Kontakt mit Wasser steht,

E   auch für Holz, das extremer Beanspruchung ausgesetzt ist (Erdkontakt und ständiger Kontakt mit Wasser),

K_1 behandeltes Holz, führt bei Chrom-Nickel-Stählen nicht zur Lochkorrosion.

Zur Erzielung einer ausreichenden Wirksamkeit sind Mindestmengen erforderlich, entsprechend den Schutzklassen für verbautes Holz (DIN 68800).

Es wird unterschieden zwischen wasserlöslichen (salzhaltigen) Schutzmitteln auf Wirkstoffbasis von Siliconfluoriden, Chromaten, Boraten und Kupfersalzen (und deren Kombinationen) sowie den Carbolineen (Steinkohlenteeröl) mit den öligen Holzschutzmitteln auf der Basis organischer Wirkstoffe in Lösemittelzubereitung. Gebräuchliche Wirkstoffe der öligen Schutzmittel sind Xyligen (Furmecyclox) als Fungizid und Lindan (γ-Hexachlorcyclohexan) sowie in zunehmendem Maße synthetische Pyrethroide als Insektizide.

Das früher weit verbreitete Pentachlorphenol als Fungizid ist in der Bundesrepublik Deutschland (und anderen Staaten) inzwischen verboten.

Bestimmte salzige Holzschutzmittel können korrosiv auf Metalle wirken oder Glas angreifen.

Zur Herabsetzung der Entflammbarkeit von Holz dienen durch Streichen, Sprühen oder Tauchen aufzubringende Präparate auf der Basis von Phosphaten, Carbonaten und Silicaten.

Normen: *DIN 52180 T 1:* Prüfung von Holz; Probennahme, Grundlagen. – *DIN 52175:* Holzschutz; Begriff, Grundlagen. – *DIN 68800 T 1:* Holzschutz im Hochbau; Allgemeines. – *DIN 68800 T 2:* Holzschutz im Hochbau; vorbeugende bauliche Maßnahmen. – *DIN 68800 T 3:* Holzschutz im Hochbau; vorbeugender chemischer Schutz von Vollholz. – *DIN 68800 T 4:* Holzschutz im Hochbau; Bekämpfungsmaßnahmen gegen Pilz- und Insektenbefall.

Holzwerkstoffe

Durch Sägen, Schneiden oder Rundschälen wird das Holz in dünne Furniere aufgeteilt und anschließend wieder verleimt.

Bei in der Faser gleichgerichteten Bahnen erhält man so *Schichtholz* mit in Faserrichtung guten Festigkeitseigenschaften. Werden die Bahnen um 90° (*Sperrholz*) oder 45° (*Sternholz*) versetzt (ungerade Anzahl von Bahnen), so erzielt man gleichmäßige Festigkeitseigenschaften unabhängig von der Richtung und sehr geringen Verzug. *Tischlerplatten* bestehen im Innern aus verleimten Holzleisten (meist Nadelholz) und beidseitig senkrecht dazu orientierten Deckfurnieren.

Flachpreßplatten für das Bauwesen werden unterschieden in Spanplatten, Holzspanplatten und Flachpreßplatten. *Spanplatten* werden durch das Verpressen von im wesentlichen kleinen Teilen aus Holz und/oder anderen holzartigen Faserstoffen mit Bindemitteln hergestellt. *Holzspanplatten* werden nur aus Holzspänen und Bindemitteln gefertigt. *Flachpreßplatten* sind Spanplatten, deren Späne vorzugsweise parallel zur Lattenebene liegen. Sie werden einschichtig, mehrschichtig oder mit stetigem Übergang in der Struktur hergestellt. Je nach Oberfläche werden geschliffene und ungeschliffene Platten unterschieden.

Nach der Art der Verleimung und den Holzschutzmittel-Zusätzen werden folgende Normtypen unterschieden:

– V 20:   Verleimung beständig bei Verwendung in Räumen mit i. allg. niedriger Luftfeuchtigkeit (nicht wetterbeständige Verleimung),

– V 100:   Verleimung beständig gegen hohe Luftfeuchtigkeit (begrenzt wetterbeständige Verleimung),

– V 100 G: Verleimung beständig gegen hohe Luftfeuchtigkeit (begrenzt wetterbeständige Verleimung). Mit einem Holzschutzmittel geschützt gegen holzzerstörende Pilze.

Für die Anwendung von Spanplatten im Bauwesen, insbesondere für die Bemessung und Ausführung von Holzhäusern in Tafelbauart, ist die Richtlinie über die Verwendung von Spanplatten hinsichtlich der Vermeidung unzumutbarer Formaldehydkonzentrationen in der Raumluft zu beachten. Es dürfen nur Spanplatten der Emissionsklasse E1, die u.a. deutlich mit dieser Kennzeichnung versehen sind, verwendet werden (Emissionsklasse E1 bedeutet $\leq$10 mg HCHD/100 g atro Platte).

Normen: *DIN 68705:* Sperrholz. – *DIN 68763:* Flachpreßplatten. – *DIN 68754 T 1:* Holzfaserplatten. – *DIN 68754 T 2:* Beplankte Strangpreßplatten. – *DIN 68750:* Poröse und harte Holzfaserplatten. – *DIN 1052 T 1:* Holzbauwerke; Berechnung und Ausführung. – *DIN 1052 T 2:* Holzbauwerke; Mechanische Verbindungen. – *DIN 1052 T 3:* Holzbauwerke; Holzhäuser in Tafelbauart; Berechnung und Ausführung. – *DIN 4076 T 1:* Benennung und Kurzzeichen auf dem Holzgebiet; Holzarten. – *DIN 68620:* Beurteilung von Klebstoffen zur Verbindung von Holz und Holzwerkstoffen.

3.4 Werkstoffauswahl. Materials selection

Eine *funktionsgerechte* Werkstoffauswahl dient dem Ziel, die Bauteiltragfähigkeit für eine vorgegebene Lebensdauer mit hinreichender Sicherheit zu gewährleisten. Sie erfolgt stets unter Einbeziehung der Bauteilbeanspruchung und der konstruktiven Gestaltung, wobei für die Eignung eines Werkstoffs auch mögliche Rückwirkungen des Werkstofferzeugungs- und Fertigungsverfahren maßgebend sein können [3]. Sofern noch spezifische Oberflächenbeanspruchungen zu berücksichtigen sind, muß neben der Bauteiltragfähigkeit auch ein ausreichender Korrosions- und/oder Verschleißschutz sichergestellt werden.

Die Werkstoffauswahl unterliegt bei angestrebter Eigenschaftsoptimierung vor allem dem wirtschaftlichen Grundsatz der Kostenminimierung. Bei Massenteilen wird zum Zwecke der Rohstoffsicherung die Wiederverwertbarkeit der verwendeten Werkstoffe angestrebt.

Wegen der Vielzahl der Einflußfaktoren erfolgt die Werkstoffauswahl häufig nach empirischen Grundsätzen, zumal die Bauteil- und Bauteilpaarungseigenschaften nur in begrenztem Umfang unmittelbar aus Werkstoffeigenschaften abgeleitet werden können. Sofern die Bauteileigenschaften maßgeblich durch Werkstoffeigenschaften beschrieben werden können, läßt sich die Werkstoffauswahl mit Unterstützung der elektronischen Datenverarbeitung aus gespeicherten Eigenschaftsmerkmalen durchführen [4].

3.4.1 Grundsystem der Werkstoffauswahl
Fundamental system of materials selection

Gemäß **Bild 6** kann die Entscheidungsfindung nach verschiedenen Teilschritten vollzogen werden. Sie beruht in erster Linie auf einem Vergleich zwischen den bauteilbezogenen Anforderungen bzw. dem werkstoffbezogenen Anforderungsprofil und den Eigenschaftskennwerten bestimmter Werkstoffe [5]. Die bauteilbezogenen Anforderungen in bezug auf die Tragfähigkeit als Widerstand gegen Bruch oder die Steifigkeit als Widerstand gegen Formänderungen werden in den meisten Fällen in sog. Festigkeitsnachweisen erfaßt. Für *statische Beanspruchungen* erfolgt die Werkstoffauswahl überwiegend nach der Streckgrenze oder der 0,2-%-Dehngrenze.

Bei *schwingender Beanspruchung* mit konstantem oder zufallsartigem Spannungs-Zeit-Verlauf ist die schwingspielzahlabhängige Änderung der Tragfähigkeit unter dem dominierenden Randschichteinfluß und die konstruktive Gestaltung (Kerbwirkung, Größeneinfluß) zu berücksichtigen. Diese Einflüsse können nur in begrenztem Umfang aus Werkstoffeigenschaften quantitativ abgeleitet werden.

Um eine möglichst objektive Werkstoffauswahl zu gewährleisten, ist eine Gewichtung technisch-wirtschaftlicher Eigenschaftsmerkmale durch analytische Methoden notwendig [6]. Bewährt haben sich hierfür die Methode zur Berechnung des MWC-Werts (Mean Weighted Characteristics) und die Methode des kostenbezogenen Gebrauchswertfaktors [7]. Häufig wird der Prozeß der gezielten Werkstoffauswahl während der Erarbeitung konstruktiver Lösungen mehrfach vollzogen, um zu verbesserten oder optimalen Entscheidungen zu gelangen (vgl. F 2.5).

3.4.2 Werkstoffauswahl komplex beanspruchter
Bauteile. Materials selection of structural components under complex load conditions

Unterliegen Bauteile neben mechanischen oder mechanisch-thermischen Grundwerkstoffbeanspruchungen noch zusätzlichen Oberflächenbeanspruchungen durch Korrosion und/oder Verschleiß, so sind für die Werkstoffauswahl zusätzliche Anforderungen in bezug auf ausreichenden Korrosions- und/oder Verschleißschutz zu erfüllen. Las-

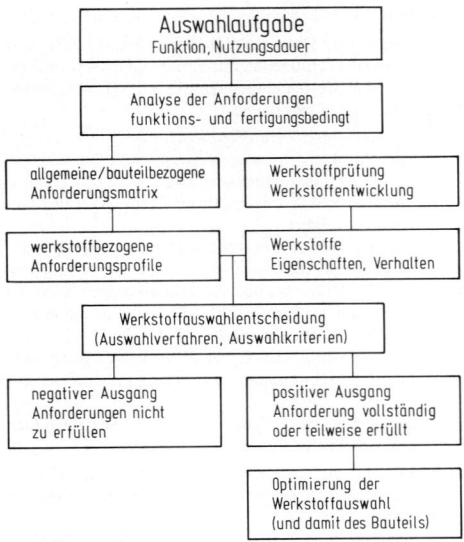

Bild 6. Grundsystem der Werkstoffauswahl [5]

sen sich diese Anforderungen nicht durch eine Kompromißlösung zwischen den Grundwerkstoff- und Oberflächeneigenschaften befriedigen, so können durch Diffusionsverfahren sowie durch Beschichtungen oder Überzüge Verbundwerkstoffe erzeugt werden, die eine optimale Anpassung an die korrosiven und/oder tribologischen Oberflächenbeanspruchungen ermöglichen [8].

Für die Werkstoffauswahl von Bauteilpaarungen unter tribologischen Beanspruchungen ist neben einer Analyse des Oberflächen-Komplexbeanspruchungszustands die Struktur des Tribosystems von Bedeutung [9–11]. Durch Randschichtverfestigungsverfahren (thermische, thermochemische Diffusionsverfahren, s. E 3.1.3) oder durch Beschichtungsverfahren (galvanische Verfahren, CVD-Verfahren, PVD-Verfahren, Flamm-Spritzschichten, Plasma-Spritzschichten, s. E 3.2.9) können verschleißarme Bauteiloberflächen erzeugt werden.

4 Kunststoffe. Plastics

A. Burr, Schwäbisch Gmünd und **G. Harsch,** Beilstein

4.1 Einführung. Introduction

Kunststoffe sind organische, hochmolekulare Werkstoffe, die überwiegend synthetisch hergestellt werden. Sie werden als *Polymere* (deshalb auch Polymerwerkstoffe genannt) aus *Monomeren* hergestellt durch *Polymerisation, Polykondensation* oder *Polyaddition.* Monomere sind Substanzen, die Kohlenstoff C, Wasserstoff H, Sauerstoff O sowie Stickstoff N, Chlor Cl, Schwefel S und Fluor F enthalten. Je nach Art der entstehenden Polymere unterscheidet sich dann das Verhalten:

Lineare Polymere sind *Thermoplaste;* vernetzte Polymere sind *Duroplaste* und mehr oder weniger weitmaschig vernetzte Polymere sind *elastische Kunststoffe,* auch *Elastomere* genannt.

Variationsmöglichkeiten bei der Herstellung der Kunststoffe ergeben eine große Vielfalt: *Kunststoffe sind Werkstoffe nach Maß.* Bei *Homopolymerisaten* beeinflußt die Kettenlänge (Polymerisationsgrad) die Eigenschaften.

Weitere Änderungen sind möglich durch *Copolymerisation,* Herstellung von *Polymermischungen* (Blends, Alloys, Polymerlegierungen). Durch die Vielfalt bei der Herstellung bringen Kunststoffe zum Teil völlig neue Eigenschaften mit, die die Verwirklichung bestimmter technischer Probleme erst ermöglichen: Schnappverbindungen, Filmscharniere, Gleitelemente, Strukturschäume, schmierungsfreie Lager und die integrale Fertigung sehr komplizierter Formteile.

Normung und Kennzeichnung von Kunststoffen: In DIN 7728 sind Kurzzeichen für Kunststoffe nach ihrer chemischen Zusammensetzung festgelegt, ebenso Angaben für verstärkte Kunststoffe. DIN 16 780 enthält die Kennzeichnung von Polymerlegierungen. In ISO 472 bzw. ISO 1043 ist ein neues Ordnungssystem für Kunststoffe beschrieben, wie es für thermoplastische Formmassenormen nach DIN Verwendung findet. Bei diesen Normbezeichnungen sind Benennungs- und Identifizierungsblöcke mit Normnummern und Merkmaldatenblöcken enthalten, in denen Angaben über den chemischen Aufbau mit Kurzzeichen, qualitative Merkmale (Verarbeitungsmöglichkeiten, Zusätze), (verschlüsselte) quantitative Eigenschaftswerte (Viskositätszahl, Dichte, Elastizitätsmodul, Festigkeiten usw.), sowie Art und Form von Füll- und Verstärkungsstoffen gemacht werden. Formmassen sind ungeformte Ausgangsprodukte, die in technischen Verarbeitungsverfahren zu Formstoffen (Halbzeuge, Formteile) verarbeitet werden. Bei den Duroplasten sind Normbezeichnungen einfacher und enthalten nur Angaben zur Harzbasis und zum Füll- und Verstärkungsstoff, zum Teil sind duroplastische Formmassen typisiert.

4.2 Aufbau und Verhalten
Structure and characteristics

Thermoplaste bestehen i.allg. aus Kettenmolekülen mit bis zu 10^6 Atomen bei einer Länge von ca. 10^{-6} bis 10^{-3} mm. Die Festigkeit der Thermoplaste ist wegen fehlender Hauptvalenzbindungen zwischen den Kettenmolekülen temperaturabhängig und wird durch „mechanische" Verschlingungen der Kettenmoleküle und die Nebenlenzkräfte zwischen den Kettenmolekülen beeinflußt. Bei *amorphen* Thermoplasten liegen die Kettenmoleküle wie in einem Wattebausch vor; die Festigkeitseigenschaften sind *isotrop*, d.h. in allen Richtungen gleich. Durch Verarbeitungsprozesse wie Extrudieren, Spritzgießen oder mechanisches Verstrecken können die Makromoleküle ausgerichtet werden, was eine *Anisotropie* ergibt. Bei *teilkristallinen* Thermoplasten liegen örtliche Ordnungen der Makromoleküle vor; in diesen geordneten, „kristallinen" Bereichen sind die Kunststoffe steif und in den amorphen „Gelenken" flexibel. Bei Thermoplasten sind die Eigenschaften abhängig vom chemischen Aufbau der Ketten, von der Kettenlänge, den kristallinen Anteilen sowie von der Art der Nebenvalenzkräfte (Dipolbindungen, Wasserstoffbrückenbindungen, Dispersionskräfte usw.).
Bei *Elastomeren* ist die Anzahl der Vernetzungspunkte maßgebend für das elastische Verhalten; weichelastisch bei wenigen Vernetzungspunkten, hartelastisch mit vielen Vernetzungspunkten. Umformen und Schweißen ist daher nicht möglich. *Thermoplastische Elastomere* (TPE) können jedoch wegen ihres anderen Aufbaus umgeformt und geschweißt werden.
Bei *Duroplasten* gibt es wegen der vollständigen Vernetzung keine Gleitmöglichkeiten, so daß diese Kunststoff-

gruppe nach der Formgebung nur noch spanend bearbeitet werden kann.
Bild 1 zeigt die Zustandsbereiche von Kunststoffen und die Verarbeitungsmöglichkeiten.

4.3 Eigenschaften. Properties

Durch den molekularen Aufbau ergeben sich bei Kunststoffen gegenüber Metallen mit atomarem Aufbau andere Eigenschaften: *Relativ niedrige Festigkeit* (ohne Verstärkungen), *niedriger Elastizitätsmodul* (geringe Steifigkeit), *Zeitabhängigkeit* der mechanischen Eigenschaften (Entspannen – Kriechen), starke *Temperaturabhängigkeit* der Eigenschaften, besonders bei Thermoplasten, sowie hohe *Wärmeausdehnung* und geringe *Wärmeleitfähigkeit*. Günstig sind gute elektrische *Isoliereigenschaften*, gute *Beständigkeit*, teilweise *physiologische Unbedenklichkeit* und zum Teil ausgezeichnete *Gleiteigenschaften*, auch ohne Schmierung.
Die Eigenschaften von Kunststoffen können auf vielfältige Weise verändert werden, so z.B. durch die *Verarbeitungsbedingungen*, *Weichmachung* (äußere bei PVC-P, innere bei PVC-HI), Herstellung von *Mischungen* (Polymerlegierungen, Blends, z.B. ABS + PC oder PBT + PC), *Copolymerisation* (SAN, ASA, ABS), *Verstärkungsstoffe* (Glas-, Kohlenstoff-, Aramidfasern), *Füllstoffe* (Holz- oder Gesteinsmehl, Glaskugeln, Talkum) oder sonstige *Hilfsstoffe* (Gleitmittel, Stabilisatoren, Farbstoffe, Pigmente, Flammschutzmittel, Treibmittel).
Anh. E4 Tab.1 gibt für wichtige Kunststoffgruppen Anhaltswerte über Eigenschaften.

4.4 Wichtige Thermoplaste
Important thermoplastics

Polyamide PA nach DIN 16773 und VDI-Richtlinie 2479 (*Akulon, Bergamid, Durethan, Rilsan, Grilamid, Grilon, Maranyl, Minlon, Nylon, Technyl, Stanyl, Ultramid, Vestamid, Zytel*). Eingesetzt werden die teilkristallinen PA46, PA6, PA66, PA610, PA11, PA12 und amorphes PA6-3-T. Milchig trübe Eigenfarbe. Starke Neigung zu Wasseraufnahme und damit Beeinflussung der Eigenschaften; mit zunehmendem Wassergehalt nehmen Zähigkeit zu und Festigkeit ab. Polyamide sind verstreckbar. Wasseraufnahme abnehmend von PA6 bis PA12. Elektrische Isoliereigenschaften abhängig von Feuchtegehalt. Einsatztemperaturen von $-40\,°C$ bis 80 bis $120\,°C$. Beständig gegen viele Lösemittel, Kraftstoffe und Öle. Nicht beständig gegen Säuren und Laugen. Meist Konditionieren der Polyamidteile notwendig.

Formteile als Konstruktionsteile bei Anforderungen an Festigkeit, Zähigkeit und Gleiteigenschaften z.B. als Gleitelemente, Zahnräder, Laufrollen; ferner für Gehäuse, Lüfterräder, Lagerbuchsen, Transportketten, Dübel, Führungen; Abschlepp- und Bergsteigerseile; technische Spielzeugbausteine. *Halbzeuge* als Tafeln, Rohre, Profile, Stangen und Folien.

Polyacetalharze POM nach DIN 16781 (*Delrin, Hostaform, Kemetal, Ultraform*). Teilkristalline Kunststoffe mit weißlicher Eigenfarbe. Praktisch keine Wasseraufnahme. Günstige Steifigkeit und Festigkeit bei ausreichender Zähigkeit und guten Federungseigenschaften. Sehr günstiges Gleit- und Verschleißverhalten. Gute elektrische Isoliereigenschaften. Einsatztemperaturen von -40 bis $100\,°C$. Sehr gute Chemikalienbeständigkeit.

Formteile als Konstruktionsteile mit hohen Anforderungen an Maßgenauigkeit, Festigkeit, Steifigkeit sowie gutem Federungs- und Gleitverhalten z.B. als Gleitlager, La-

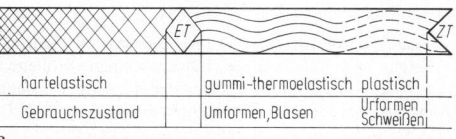

a

b

c

Bild 1. Zustandsbereiche für Kunststoffe (schematisch). **a** amorphe Thermoplaste; **b** teilkristalline Thermoplaste; **c** Duroplaste; *ET* Einfrier- bzw. Erweichungstemperaturbereich, *KSB* Kristallschmelzbereich, *ZT* Zersetzungstemperaturbereich

gerbuchsen, Steuerscheiben, Schnapp- und Federelemente, Gehäuse, Pumpenteile, Scharniere, Beschläge, Griffe. *Halbzeuge* als Tafeln, Profile, Stangen, Rohre.

Lineare Polyester PET/PBT (Polyalkylenterephthalate) nach DIN 16 779 (*Arnite, Crastin, Grilpet, Hostadur, Pocan, Techster, Ultradur, Valox, Vandar, Vestodur*). Teilkristalline Thermoplaste mit unterschiedlicher Kristallinität (PET zum Teil amorph, PBT milchigweiß). Günstige mechanische Eigenschaften, auch bei tiefen und hohen Temperaturen bis 110 °C. Günstiges Langzeitverhalten und geringer Abrieb bei guten Gleiteigenschaften. Sehr geringe Feuchteaufnahme. Kleine Wärmedehnung. Sehr gute elektrische Isoliereigenschaften. Nicht beständig gegen heißes Wasser und Dampf, Aceton und halogenhaltige Lösemittel, sowie starke Säuren und Laugen.

Formteile als Konstruktionsteile mit hoher Maßhaltigkeit bei guten Lauf- und Gleiteigenschaften im Maschinenbau, Feinwerktechnik, für Haushalt und Büromaschinen. *Halbzeuge* als Tafeln, Profile, Rohre; Folien für Audiobänder, Kondensatoren, Klebebänder, Isolierfolien; Backfolien; verstreckte Verpackungsbänder.

Polycarbonat PC nach DIN 7744 (*Makrolon, Lexan, Sinvet, Xantar*). Amorphe, glasklare Thermoplaste mit hoher Festigkeit und guter Zähigkeit. Sehr gute elektrische Isoliereigenschaften. Einsatztemperaturen von −100 bis +130 °C. Beständig gegen Fette und Öle; nicht beständig gegen Benzol und Laugen. Spannungsrißempfindlich bei bestimmten Lösemitteln.

Formteile vor allem in der Elektrotechnik als Abdeckungen für Leuchten, Sicherungskästen; Spulenkörper, Steckverbinder, Röhrenfassungen. Gehäuse für feinwerktechnische und optische Geräte; Geschirr, Schutzhelme und -schilde; Sicherheitsverglasungen, Helmvisiere; Zeichendreiecke. *Halbzeuge* als Rohre, Profile, Stangen, Tafeln, Folien.

Modifizierte Polyphenylenether PPE (*Noryl, Vestoren, Luranyl, Vestoblend*) meist mit PS oder PA modifizierte amorphe Thermoplaste mit beiger Eigenfarbe. Sehr geringe Wasseraufnahme. Hohe Festigkeit und Steifigkeit bei guter Schlagzähigkeit. Geringe Kriechneigung und gute Temperaturbeanspruchbarkeit bis 120 °C. Sehr gute elektrische Isoliereigenschaften, fast unabhängig von der Frequenz. Nicht beständig gegen aromatische, polare und chlorhaltige Kohlenwasserstoffe.

Formteile als Gehäuse in der Elektronik und Elektrotechnik bei höherer thermischer Beanspruchung; Streckverbinder, Präzisionsteile der Büromaschinen und Feinwerktechnik. *Halbzeuge* als Profile, Rohre, Stangen, Tafeln.

Polyacrylate PMMA nach DIN 7745 (*Diakon, Perspex, Plexiglas, Resartglas, Paraglas*). Amorphe Thermoplaste, glasklar mit sehr guten optischen Eigenschaften ("organisches Glas"). Hart und spröde bei hoher Festigkeit. Gute elektrische Isoliereigenschaften. Einsatztemperaturen bis +70 °C. Gut licht-, alterungs- und witterungsbeständig; nicht beständig gegen konz. Säuren, halogenierte Kohlenwasserstoffe, Benzol, Spiritus. Gut klebbar. Als niedermolekulare Typen thermoplastisch verarbeitbar, als hochmolekulare Typen nur als Halbzeug lieferbar.

Formteile vor allem für optische Anwendungen wie z.B. Brillen, Lupen, Linsen, Prismen, Rückleuchten; Verglasungen, Schaugläser, Lichtbänder. Haushaltsgeräte; Schreib- und Zeichengeräte. Dachverglasungen, Werbe- und Hinweisschilder; Badewannen, Sanitärgegenstände; Anschauungsmodelle. *Halbzeuge* als Blöcke, Tafeln, Profile, Rohre, Lichtleitfasern.

Polystyrol PS nach DIN 7741 (*Edistir, Laqrene, Lastirol, Polystyrol, Scopyrol, Vestyron*). Amorphe, glasklare Thermoplaste. Steif, hart und sehr spröde. Sehr gute elektrische Isoliereigenschaften; starke elektrostatische Aufladung. Keine hohe Temperaturbeanspruchbarkeit. Neigung zu Spannungsrißbildung bereits an Luft. Geringe Beständigkeit gegen organische Lösemittel.

Formteile: Glasklare Verpackungen, Haushaltgeräte, Schubladeneinsätze, Ordnungskästen, Diarähmchen, Film- und Fotospulen, Spulenkörper, Bauteile der Elektrotechnik, Einweggeschirr und -Besteck.

Styrol-Butadien SB nach DIN 16 771 (*Polystyrol, K-Resin, Saxerol, Styrolux, Vestyron*). Amorphe, meist aber nicht mehr durchsichtige Thermoplaste (Ausnahme z.B. Styrolux). Verbesserte Schlagzähigkeit. Gute elektrische Isoliereigenschaften, jedoch i.allg. starke elektrostatische Aufladung. Einsatztemperaturen bis +75 °C.

Formteile bei erhöhter Schlagbeanspruchung als Toilettenartikel, Stapelkästen, Diarähmchen, Schuhleisten, Absätze, Gehäuseteile. *Halbzeuge* vorwiegend als Folien für die Warmumformung.

Styrol-Acrylnitril-Copolymerisat SAN nach DIN 16 775 (*Kostil, Luran, Lustran, Vestyron*). Amorphe, glasklare Thermoplaste mit hohem Oberflächenglanz. Gute mechanische Festigkeiten, höhere Schlagzähigkeit als PS, höchster E-Modul aller Styrol-Polymere. Gute elektrische Isoliereigenschaften. Einsatztemperaturen bis +95 °C; gute Temperaturwechselbeständigkeit.

Formteile mit hoher Steifigkeit und Dimensionsstabilität, gegebenenfalls mit Durchsichtigkeit z.B. Skalenscheiben, Schaugläser, Gehäuseteile, Verpackungen, Warndreiecke.

Acrylnitril-Butadien-Styrol-Polymerisate ABS nach DIN 16 772 (*Cycolac, Lustran, Novodur, Ronfalin, Terluran, Urtal*). Amorphe, meist nicht mehr durchsichtige Thermoplaste als Polymerisatgemische oder Copolymerisate. Gute mechanische Festigkeitseigenschaften bei günstiger Schlagzähigkeit. Gute elektrische Isoliereigenschaften bei sehr geringer elektrostatischer Aufladung. Einsatztemperaturen von −45 bis 110 °C. ABS wird zu Polymerlegierungen gemischt mit PC (*Bayblend T*) oder PVC (*Ronfaloy*) mit besonderen Eigenschaften.

Formteile besonders für Gehäuse aller Art in Haushalt, Fernseh- und Videotechnik, Büromaschinen. Möbelteile aller Art, Koffer, Absätze, Schutzhelme; Sanitärinstallationsteile; Spielzeugbausteine. *Halbzeug* in Form von Tafeln, vor allem zur Warmumformung, auch zu technischen Formteilen.

ASA (*Luran S*). Dieses ist ein amorpher Thermoplast ähnlich wie ABS, jedoch bei wesentlich erhöhter Witterungsbeständigkeit, daher besonders eingesetzt für Außenanwendungen.

Celluloseabkömmlinge CA, CP und CAB nach DIN 7742 (*Bergacell, Cellidor, Saxetat*). Amorphe, durchsichtige Thermoplaste, die durch Veresterung von Cellulose mit Säuren entstehen; meist mit Weichmacher versetzt; zum Teil höhere Wasseraufnahme. Gute mechanische Eigenschaften bei hoher Zähigkeit. Einsatztemperaturen bis +100 °C. Gute chemische Beständigkeit.

Formteile mit geforderter guter Zähigkeit, und für metallische Einlegeteile, z.B. Werkzeuggriffe, Hammerköpfe, Schreib- und Zeichengeräte; Brillengestelle, Bürstengriffe, Spielzeug. *Halbzeuge* in Form von Blöcken, Profilen, Tafeln.

Polysulfone PSU/PES (*Udel, Radel, Ultrason, Victrex PES*). Amorphe Thermoplaste mit leichter Eigenfarbe. Gute Festigkeit und Steifigkeit; geringe Kriechneigung bis zu 180 °C, Einsatztemperaturen von −100 bis 180 °C. Wasseraufnahme ähnlich PA. Gute elektrische Isoliereigenschaften.

Formteile für hohe mechanische, thermische und elektrische Beanspruchungen.

Polyphenylensulfid PPS (*Craston, Fortron, Ryton, Tedur*). Teilkristalline Thermoplaste mit hohem Glasanteil. Hohe Festigkeit und Steifigkeit bei geringer Zähigkeit; geringe Kriechneigung und gute Gleiteigenschaften. Einsatztemperaturen bis 240 °C. Sehr hohe Beständigkeit gegen Chemikalien.

Formteile für hohe mechanische, thermische, elektrische und chemische Beanspruchungen, z.B. in Feinwerktechnik und Elektronik wie Steckverbinder, Kohlebürstenhalter, Gehäuse, Fassungen, Dichtelemente, Kondensatorfolien, flexible Leiterbahnen; Ummantelungen für Halbleiterbauelemente; Griffleisten für Herde.

Polyimide PI (*Kinel, Ultem, Torlon, Vespel, Kapton*). Je nach Aufbau duroplastisch vernetzt oder linear amorph. Hohe Festigkeit und Steifigkeit bei geringer Zähigkeit; sehr gutes Zeitstandverhalten. Günstiges Abrieb- und Verschleißverhalten. Sehr hohe elektrische Isolationswirkung. Sehr geringe Wärmeausdehnung. Großer Einsatztemperaturbereich, bei PI von −240 bis +260 °C. Sehr gut chemisch beständig, auch gegen energiereiche Strahlung.

Formteile für hohe mechanische, thermische und elektrische Beanspruchungen und gleitender Reibung ohne Schmierung, z.B. in Raumfahrt, Datenverarbeitung, Kernanlagen und Hochvakuumtechnik. Isolierfolien mit hoher Isolationswirkung.

Polyolefine

Polyethylen PE nach DIN 16776 (*Baylon, Eltex, Moplen, Hostalen, Lacqtene, Lotrene, Lupolen, Natene, Vestolen*). Je nach Aufbau unterschiedliche Eigenschaften; lineares PE-HD (PE hoher Dichte) mit höherer Festigkeit als verzweigtes PE-LD (PE niedriger Dichte). Teilkristalline Thermoplaste. Geringe Festigkeit bei hoher Zähigkeit (PE-LD). Gute elektrische Isolierfähigkeit. Chemisch sehr widerstandsfähig. Einsatztemperaturbereiche −50 bis 80 °C (PE-LD bis 100 °C). Ultrahochmolekulares PE (PE-UHMW) mit sehr guten mechanischen und Gleiteigenschaften kann nur noch spanend bearbeitet werden, Sondertypen sind thermoplastisch verarbeitbar.

Formteile als Griffe, Dichtungen, Verschlußstopfen, Fittinge, Flaschen, Behälter, Heizöltanks, Mülltonnen, Flaschenkästen, Kabelummantelungen, Skigleitbeläge. *Halbzeuge* in Form von Folien, Schläuchen, Rohren, Tafeln.

Polypropylen PP nach DIN 16774 (*Bergaprop, Hostalen PP, Lacqtene P, Moplen, Novolen, Propathene, Stamylan P, Vestolen P*). Teilkristalline Thermoplaste mit günstigeren mechanischen und thermischen Eigenschaften gegenüber PE. Einsatztemperaturbereich bis 110 °C.

Formteile als Transportkästen, Behälter, Koffer, Formteile mit Filmscharnieren, Batteriekästen, Drahtummantelungen, Heizkanäle, Pumpengehäuse, Seile. *Halbzeuge* in Form von Folien, Monofilen, Stangen, Rohren, Profilen, Tafeln.

Polyvinylchlorid PVC nach DIN 7746, DIN 7748 und DIN 7749 (*Benvic, Welvic, Decelith, Hostalit, Lacqvyl, Solvic, Trovidur, Varlon, Vestolit, Vinidur, Vinnol, Viplast*).

Weichmacherfreies PVC (PVC-U) (oder Hart-PVC). Amorphe, polare Thermoplaste mit guter Festigkeit und Steifigkeit. Einsatztemperaturen nur bis etwa 60 °C. Schwer entflammbar. Wegen Polarität hohe dielektrische Verluste, daher gut hochfrequenzschweißbar. Gute chemische Widerstandsfähigkeit.

Formteile als Behälter in Fotoindustrie, Chemie und Galvanik; Rohrleitungselemente, säurefeste Gehäuse und Apparateteile, Schallplatten, diffusionsdichte Einwegflaschen. *Halbzeuge* in Form von Profilen, Tafeln, Folien, Blöcken, Stangen, Rohren, Schweißzusatzstäben.

Weichmacherhaltiges PVC (PVC-P) (oder Weich-PVC). Amorphe, polare Thermoplaste mit unterschiedlicher Flexibilität, je nach Weichmachergehalt. Geringe thermische Beanspruchbarkeit. Weniger chemisch beständig als PVC-U. Wegen Weichmacher i.allg. nicht für Lebensmittelzwecke.

Formteile als Puppen, Schwimmtiere, Kabelummantelungen, Fußbodenbeläge, Taschen, Regenschuhe und -bekleidung, Schutzhandschuhe, Bucheinbände. *Halbzeuge* als Folien, Schläuche, Profile, Dichtungen, Fußbodenbeläge, Dichtungsbänder.

4.5 Fluorhaltige Kunststoffe. Plastics with fluorine

Polytetrafluorethylen PTFE (*Fluon, Hostaflon, Teflon*). Teilkristalliner Thermoelast (nicht schmelzbar, aber erweichend). Aufwendige Herstellung, z.B. durch Preßsintern aus Pulvern zu Halbzeug und so nur noch spanend bearbeitbar. Geringe Festigkeit, flexibel, starkes Kriechen („Kalter Fluß"). Stark antiadhäsiv, niedriger Gleit- und Haftreibungskoeffizient, daher kein „Stick-slip". Sehr gute elektrische Isoliereigenschaften. Großer Temperatureinsatzbereich von −200 bis +270 °C. Höchste chemische Widerstandsfähigkeit. Teuer in der Verarbeitung.

Halbzeuge in Form von Tafeln, Stangen, Rohren, Schläuchen werden durch Spanen weiterverarbeitet zu Formteilen für höchste thermische und chemische Beanspruchung wie Laborgeräte, Pumpenteile, Wellrohrkompensatoren, Kolbenringe, Gleitlager, Isolatoren. Antihaftbeschichtungen.

Fluorhaltige Thermoplaste FEP, PFA, ETFE, ECTFE, PVDF. Als teilkristalline Thermoplaste haben sie nicht ganz die extremen Eigenschaften von PTFE, können aber preisgünstiger durch Spritzgießen verarbeitet werden.

Formteile wie bei PTFE, bei teilweise etwas eingeschränkten Eigenschaften.

4.6 Duroplaste. Thermosets

Für duroplastische Formmassen gibt es ein Überwachungszeichen nach DIN 7702, in dem das Firmenkennzeichen und die Duroplasttype enthalten sind.
Duroplaste werden in Form von *Gießharzen, Formmassen* oder *vorimprägnierten Prepregs* verarbeitet.

Gießharze dienen zum Herstellen von gegossenen Formteilen oder werden mit Glas-, Kohlenstoff- oder Aramidfasern zu Harz-Faser-Verbundwerkstoffen (Laminaten) verarbeitet (GFK, CFK, RFK).

Formmassen, d.h. mit Füll- und Verstärkungsstoffen versehene Harzvorprodukte, werden durch Pressen oder Spritzgießen zu Formteilen verarbeitet. *Bulk Moulding Compounds (BMC)* als rieselfähige *Granulate* oder teigige

Formmassen werden durch Pressen oder Spritzgießen verarbeitet, *Sheet Moulding Compounds (SMC)* als flächige *Prepregs* werden meist durch Pressen zu großflächigen Formteilen verarbeitet.

Schichtpreßstoffe werden durch Verpressen von mit Harz getränkten flächenförmigen Gebilden (Papier, Gewebe, Holzfurniere usw.) hergestellt. Diese Materialien können spanend bearbeitet werden.

Phenolharze PF nach DIN 16916, DIN 7702 und DIN 7708 (*Bakelite, Resinol, Supraplast*). Vernetzte polare Duroplaste mit gelblicher Eigenfarbe. Bei der Polykondensation entstehendes Wasser beeinflußt zum Teil die elektrischen Eigenschaften. Verwendung erfolgt praktisch nur gefüllt, deshalb sind Eigenschaften sehr stark von Art und Menge des Füll- und Verstärkungsstoffs abhängig. Meist relativ spröde bei hoher Festigkeit und Steifigkeit. Gebrauchstemperaturen bis 150 °C. Gute chemische Beständigkeit; nicht für Lebensmittelzwecke zugelassen.

Formteile als Gehäuse, Griffe, elektrische Installationsteile, zum Teil mit eingepreßten Metallteilen. *Halbzeuge* als Schichtpreßstofftafeln, Profile zur spanenden Weiterverarbeitung. Harze als Lackharze, Klebstoffe, Bindemittel für Schleifmittel und Reibbeläge und Formsande.

Aminoplaste MF, UF nach DIN 7708 T3 (*Bakelite, Melbrite, Resart, Supraplast, Skanopal, Hornit, Resopal, Supraplast*). Vernetzte, polare Duroplaste; praktisch farblos, deshalb auch hellfarbig einfärbbar. Verwendung erfolgt praktisch nur gefüllt, deshalb sind Eigenschaften sehr stark von Art und Menge des Füllstoffs abhängig. Meist relativ spröde bei hoher Festigkeit und Steifigkeit. Einsatztemperatur bei MF bis 130 °C. Gute elektrische Isoliereigenschaften. Gute chemische Beständigkeit; MF Typ 152.7 für Lebensmittelzwecke zugelassen.

Formteile für hellfarbige Gehäuse, Installationsteile, Elektroisolierteile, Schalter, Steckdosen, Griffe, Eßgeschirr. Dekorative Schichtstoffplatten (HPL) im Möbelbau und als Fassadenplatten.

Ungesättigte Polyesterharze UP nach DIN 16911, DIN 16945, DIN 16946 (Harze: *Alpolit, Leguval, Palatal, Rütapal, Stratyl, Vestopal*; Formmassen als *SMC* oder *BMC: Bakelite, Keripol, Menzolit, Norsomix, Resinol, Supraplast*). Vernetzte Duroplaste von Reaktionsharzen, die meist mit Verstärkungsstoffen verarbeitet werden. Bei Laminaten sind gezielte Verstärkungen möglich. Eigenschaften abhängig vom Aufbau des Polyesters, vom Vernetzungsgrad, von der Art und Menge des Verstärkungsmaterials und vom Verarbeitungsverfahren. Hohe Festigkeiten (in Höhe von unlegierten Stählen) bei allerdings noch niedrigem E-Modul. Günstige elektrische Isoliereigenschaften. Einsatztemperaturen bis 100 °C, zum Teil bis 180 °C. Chemische Beständigkeit gut, auch bei Außenanwendungen; je nach Harz-Härter-System auch für Lebensmittelzwecke zugelassen.

Formteile als Laminate für großflächige Konstruktionsteile wie Fahrzeugbauteile, Boots- und Segelflugzeugrümpfe, Behälter, Heizöltanks, Container, Angelruten, Sportgeräte, Sitzmöbel, Verkehrsschilder. Formteile als Preß- und Spritzgußteile für technische Formteile mit hohen Anforderungen an mechanische und thermische Eigenschaften bei guten elektrischen Eigenschaften wie Zündverteiler, Spulenkörper, Steckverbinder, Schalterteile.

Epoxidharze EP nach DIN 16912, DIN 16913 DIN 16945, DIN 16946, DIN 16947 (Harze: *Araldit, Hostapox, Epikote, Eposir, Eposin, Grilonit, Lekutherm, Rütapox*; Formmassen als SMC oder BMC: *Araldit-Preßmasse, Ba-*

kelite, Melopas, Supraplast). Vernetzte Duroplaste von Reaktionsharzen, die meist mit sehr hochwertigen Verstärkungsstoffen (Kohlenstoff- und Aramidfasern) verarbeitet werden. Bei Laminaten sind gezielte Verstärkungen möglich. Eigenschaften abhängig vom Aufbau des Epoxidharzes, vom Vernetzungsgrad, von der Art und Menge des Verstärkungsstoffs und vom Verarbeitungsverfahren. Sehr hohe Festigkeiten und Steifigkeiten, vor allem bei Kohlenstoff-Fasern (CFK); wenig schlagempfindlich. Beste elektrische Isoliereigenschaften in weitem Temperaturbereich, auch bei Freiluftanwendungen. Einsatztemperaturbereiche abhängig von Verarbeitung; kaltgehärtete Systeme bis 80 °C, warmgehärtete bis 130 °C, zum Teil bis 200 °C. Gut chemisch beständig, auch für Außenanwendungen.

Formteile als Laminate für hochfeste und steife Bauteile im Flugzeug- und Raumfahrzeugbau (Leitwerke, Tragflächen, Hubschrauberrotorblätter), Kopierwerkzeuge, Gießereimodelle, Klebstoffe. Formteile als Preß- und Spritzgußteile für Konstruktionsteile mit hoher Maßhaltigkeit, vor allem in der Elektrotechnik, auch für Ummantelungen, Präzisionsteile in der Feinwerktechnik und im Gerätebau. Hochleistungssportgeräte.

4.7 Kunststoffschäume
Plastic foams (Cellular plastics)

Die Eigenschaften geschäumter Kunststoffe sind von dem verwendeten Kunststoff, von der *Zellstruktur* und von der *Rohdichte* abhängig. Schaumstoffe mit kompakter Außenhaut (Struktur- oder Integralschäume) weisen günstige Steifigkeit bei geringem Gewicht auf. Mechanische Belastbarkeit und Wärmeisolierfähigkeit hängen wesentlich von der Porosität (Rohdichten) ab. Die Rohdichten liegen bei Schäumen minimal bei 50% der ungeschäumten Kunststoffe. Grundsätzlich sind alle Kunststoffe schäumbar, besondere Bedeutung haben jedoch *Thermoplastschäume TSG* auf der Basis SB, ABS, PE, PP, PC, PPE und PVC sowie *Reaktionsschäume RSG* auf der Basis PUR. Die Zellenstruktur wird durch Einmischen von Gasen, Freiwerden von zugemischten Treibmitteln sowie Freiwerden von Treibmitteln bei der chemischen Reaktion der Ausgangsprodukte erreicht.

Expandierbares Polystyrol EPS (*Styropor, Hostapor*). Mit Rohdichten zwischen 13 und 80 kg/m^3 wird in Form von Platten, Blöcken, Folien und Formteilen für Wärme- und Trittschalldämmung eingesetzt, sowie in der Verpackungstechnik und für Auftriebskörper.

Thermoplastschaumguß TSG. Er wird als Strukturschaum meist für großflächige Formteile im Möbelbau, für Büromaschinen-, Fernseh- und Datenverarbeitungsgeräte, Transportbehälter und Sportgeräte eingesetzt.

Harte RSG-Schäume auf Basis PUR. Mit Rohdichten zwischen 200 und 800 kg/m^3 haben sie gute mechanische Steifigkeit bei geringem Gewicht. Anwendungen im Möbelbau für Büromaschinen- und Fernsehgeräte, Fensterprofile, Karosserieteile, Sportgeräte.

Weiche RSG-Schäume auf Basis PUR. Sie haben sehr gute stoßdämpfende Eigenschaften und werden z.B. für Formpolster, Lenkradumkleidungen, Stoßfängersysteme und Schuhsohlen eingesetzt.

4.8 Elastomere. Elastomers

Elastomere sind polymere Werkstoffe mit hoher Elastizität. Die Elastizitätsmoduln solcher Elastomere liegen zwischen 1 und 500 N/mm². Wegen der weitmaschigen, chemischen Vernetzung ist ein Warmumformen und Schweißen nach der Formgebung durch Vulkanisation nicht mehr möglich.

Eine Sondergruppe von Elastomeren stellen die *thermoplastisch verarbeitbaren Elastomere (TPE)* dar, die nach allen Verfahren der Thermoplastverarbeitung ver- und bearbeitet werden können. Das elastische Verhalten wird bei diesen Werkstoffen durch physikalische Vernetzungen erreicht.

Gummi. Es wird aus natürlichem oder synthetischem Kautschuk und vielen Zusatzstoffen hergestellt. Die mehr oder weniger weitmaschige Vernetzung erfolgt durch eine *Vulkanisation* mit Schwefel oder anderen Vernetzungsmitteln bei Temperaturen über 140 °C und unter Preßdruck.

Der *Kautschuk* bestimmt die mechanischen Eigenschaften und die chemische Widerstandsfähigkeit der Gummiqualität. *Vulkanisiermittel* sind Schwefel oder schwefelabgebende Stoffe (unter 3%), bei Sonderkautschuken Peroxide. Durch Schwefelbrücken erfolgt die Vernetzung der linearen Kautschukmoleküle. Die Menge des Vulkanisationsmittels bestimmt den Vernetzungsgrad und dadurch die Festigkeitseigenschaften (Hartgummi – Weichgummi). *Aktive* (verstärkende) *Füllstoffe* sind bei den schwarzen Gummisorten Gasruß, bei hellen Kieselsäure, Magnesiumcarbonat und Kaolin. Füllstoffe verbessern Festigkeit und Abriebwiderstand der Vulkanisate. *Inaktive Füllstoffe* sind Kreide, Kieselgur und Talkum; sie verbilligen die Endprodukte und erhöhen zum Teil die elektrische Isolation und die Härte. *Weichmacher* sind Mineralöle, Stearinsäure, Teer; sie verbessern die Verarbeitbarkeit. Bei größeren Mengen erhöht sich die Stoßelastizität, Härte und mechanische Festigkeit werden herabgesetzt. *Aktivatoren* wie Zinkoxid verbessern die Vulkanisation. *Beschleuniger* erhöhen die Reaktionsgeschwindigkeit bei reduziertem Schwefelgehalt; sie verbessern außerdem die Wärmebeanspruchbarkeit. *Alterungsschutzmittel* schützen die Gummiwerkstoffe gegen Alterung durch Wärme, Sauerstoff und Ozon und gegen Sonnenlicht. *Farbstoffe* können rußfreien Gummimischungen zugegeben werden.

Naturkautschuke NR (zum Teil auch Polyisopren IR als „synthetischer" Naturkautschuk). Sie besitzen hohe dynamische Festigkeit und Elastizität sowie guten Abriebwiderstand. Schlecht witterungsbeständig und Quellung in Mineralölen, Schmierfetten und Benzin. Einsatztemperaturen −60 bis +80 °C. *Anwendungen* z.B. für Lkw-Reifen, Gummifedern, Gummilager, Membranen, Scheibenwischerblätter.

Styrol-Butadien-Kautschuke SBR (*Buna*). Sie haben gegenüber NR verbesserte Abriebfestigkeit und höhere Alterungsbeständigkeit bei ungünstigerer Elastizität und schlechteren Verarbeitungseigenschaften. Quellung ähnlich NR. Einsatztemperaturen −50 bis +100 °C. *Anwendungen* z.B. für Pkw-Reifen, Faltenbälge, Schläuche, Förderbänder.

Polychloroprenkautschuke CR (*Baypren, Neoprene, Baypren*). Sie besitzen gegenüber NR sehr gute Witterungs- und Ozonbeständigkeit bei geringerer Elastizität und Kältebeständigkeit. Ausreichend beständig gegen Schmieröle und Fette, aber nicht gegen heißes Wasser und Treibstoffe. Einsatztemperaturen −30 bis +100 °C. *Anwendungen* z.B. für Bautendichtungen, Manschetten, Kabelisolationen, Bergwerksförderbänder, Brückenlager.

Acrylnitril-Butadien-Kautschuke NBR (*Hycar, Perbunan*). Auch als Nitrilkautschuk bekannt; besonders beständig gegen Öle und aliphatische Kohlenwasserstoffe, jedoch unbeständig gegen aromatische und chlorierte Kohlenwasserstoffe, sowie Bremsflüssigkeiten. Gute Abriebfestigkeit und gute Alterungsbeständigkeit. Elastizität und Kältebeständigkeit ungünstiger als NR. Einsatztemperaturen −40 bis +100 °C. *Anwendungen* z.B. für Wellendichtringe, O-Ringe, Membranen, Dichtungen, Benzinschläuche.

Acrylatkautschuke ACM. Sie besitzen gegenüber NR höhere Wärme- und chemische Beständigkeit, verhalten sich jedoch schlechter in der Kälte und sind schwieriger zu verarbeiten. Beständig gegen Mineralöle und Fette, jedoch nicht gegen heißes Wasser, Dampf und aromatische Lösemittel. Einsatztemperaturen −25 bis 150 °C. *Anwendungen* z.B. für wärmebeständige O-Ringe, Wellendichtringe und Dichtungen allgemein.

Butylkautschuke IIR (*Butyl, Polysar*). Sie haben sehr geringe Gasdurchlässigkeit und gute elektrische Isoliereigenschaften, Heißdampffestigkeit, Witterungs- und Alterungsbeständigkeit, jedoch niedrige Elastizität bei hoher innerer Dämpfung. Unbeständig gegen Mineralöle, Fette und Treibstoffe. Einsatztemperaturen −40 bis +100 °C. *Anwendungen* für Luftschläuche für Reifen, Dachabdeckungen, Heißwasserschläuche, Dämpfungselemente.

Ethylen-Propylen-Kautschuke EPM, EPDM (*Buna AP, Vistalon*), mit guter Witterungs- und Ozonbeständigkeit bei guten elektrischen Isoliereigenschaften. EPDM wird durch Peroxide vernetzt und ist schwierig zu verarbeiten. Beständig ähnlich NR, sehr gut gegen heiße Waschlaugen. Einsatztemperaturen −50 bis +120 °C. *Anwendungen* z.B. Wasch- und Geschirrspülmaschinendichtungen, Kfz-Fensterdichtungen, Kfz-Kühlwasserschläuche.

Siliconkautschuke VQM (*Elastosil, Silopren*). Sie haben ausgezeichnete Wärme-, Kälte-, Licht- und Ozonbeständigkeit, geringe Gasdurchlässigkeit und sehr gute elektrische Isoliereigenschaften, aber geringen Einreißwiderstand. Beständig gegen Fette und Öle, physiologisch unbedenklich, unbeständig gegen Treibstoffe und Wasserdampf. Antiadhäsiv. Einsatztemperaturen −100 bis 200 °C. *Anwendungen* z.B. für Dichtungen im Automobil-, Flugzeug- und Maschinenbau, für Herde und Trockenschränke, Kabelisolationen, Förderbänder für heiße Substanzen, medizinische Geräte und Schläuche.

Fluorkautschuke FKM (*Viton, Fluorel, Tecnoflon*). Sie haben ausgezeichnete Temperatur-, Öl- und Treibstoffbeständigkeit, jedoch nur geringe Kältebeständigkeit. Einsatztemperaturen −25 bis +200 °C, zum Teil bis 250 °C. *Anwendungen* z.B. für Dichtungen aller Art bei hohen Temperaturen mit hohen Härten.

Preß- und gießbare Polyurethanelastomere PUR (*Adiprene, Baytec, Elastopal, Urepan, Vulkollan*). Sie besitzen hohe mechanische Festigkeit und sehr hohe Verschleißfestigkeit bei sehr hohem Elastizitätsmodul gegenüber den Gummiwerkstoffen; starke Dämpfung. Beständig gegen Treibstoffe, unlegierte Fette und Öle; unbeständig gegen heißes Wasser und Wasserdampf; Versprödung durch UV-Strahlung. Einsatztemperaturen −25 bis +80 °C. *Anwendungen* z.B. Laufrollen, Dichtungen, Kupplungselemente, Lagerelemente, Zahnriemen, Verschleißbeläge, Schneidunterlagen, Dämpfungselemente, für Metallumformungen.

Thermoplastisch verarbeitbare Elastomere (TPE). Sie haben als Polyurethane *PUR* (*Daltomold, Desmopan, Elastollan*), Polyetheramide (*Pebax*), Polyesterelastomer (*Arnitel, Hytrel, Pibiflex, Riteflex*) und Elastomeren auf Polyolefinbasis EVA (*Levaflex, Dutral, Evatane, Lupolen V, Hostalen LD-EVA, Nordel, Santoprene*) den Vorteil, daß sie thermoplastisch verarbeitet werden können. Sie werden ähnlich eingesetzt wie die Gummisorten, haben sehr unterschiedliche Eigenschaften je nach Aufbau und Zusammensetzung, besonders bei EVA durch den variierbaren Vinylacetatgehalt. Einsatztemperaturen -60 bis $120\,°C$ je nach Typen. *Anwendungen* z.B. für Zahnräder, Kupplungs- und Dämpfungselemente, Rollenbeläge, Puffer, Dichtungen, Kabelummantelungen, Faltenbälge, Skischuhe, Schuhsohlen.

4.9 Prüfung von Kunststoffen. Testing of plastics

Die Eigenschaften von Kunststoff-Formteilen sind sehr stark abhängig von den Herstellungsbedingungen. Deshalb sind Kennwerte, die an getrennt hergestellten Probekörpern ermittelt werden, nicht ohne weiteres auf das Verhalten von Kunststoff-Formteilen zu übertragen. Bei der Kunststoffprüfung werden daher unterschieden: Prüfung von getrennt hergestellten Probekörpern, Prüfung von Probekörpern, die aus Formteilen entnommen werden, Prüfung der gesamten Formteile.

4.9.1 Kennwertermittlung an Probekörpern
Characteristics measurement on test specimens

Werkstoffkennwerte von Kunststoffen werden nach denselben Verfahren wie bei den Metallen (s. E2) ermittelt, jedoch ist besonders der Einfluß von Zeit und Temperatur zu beachten, so daß *Langzeitversuche* bei Raumtemperatur und erhöhter Temperatur wichtiger sind als bei Metallen. Bei Kunststoffen haben neben den *Verarbeitungsbedingungen* (Masse-, Werkzeugtemperatur, Drucke) außerdem noch *Umgebungseinflüsse* (Technoklima, Feuchte, Alterung, Weichmacherwanderung), *Gestalteinflüsse* (Wanddickenverteilung, Angußlage und -art), sowie *Zusatzstoffe* großen Einfluß auf die Eigenschaften.
Spannungen σ erhält man als Kraft F bezogen auf den Ausgangsquerschnitt A_0. Während bei Metallen die Verformungen ε als bleibende Verformungen ermittelt werden, d.h. nach dem Entlasten gemessen, handelt es sich bei Kunststoffen immer um *Gesamtdehnungen*, d.h. die Verformungen werden unter Last gemessen.
Die Probekörper werden getrennt hergestellt durch Spritzgießen oder Pressen bzw. werden aus Halbzeugen oder Formteilen entnommen. Es handelt sich meist um flache Probekörper.
Wegen des Temperatur- und Klimaeinflusses wird unter *Normalklima* DIN 50014 23/50 geprüft, d.h. bei 23 °C und 50% rel. Luftfeuchte.

Mechanische Eigenschaften

Die mechanischen Werkstoffkennwerte werden durch *Grenzspannungen* oder *Grenzverformungen* gekennzeichnet. Es handelt sich überwiegend um statische Kurz- oder Langzeitversuche oder um dynamische Schlag- oder Dauerversuche.
Im *Zugversuch* DIN 53455 werden Kennwerte unter einachsiger, quasistatischer Zugbeanspruchung ermittelt. Aussagekräftig ist das *Spannungs-Dehnungs-Diagramm*.
Bild 2 zeigt einige charakteristische Spannungs-Dehnungs-Diagramme mit den ermittelten *Kennwerten* (Festigkeiten in N/mm^2, Verformungen in %):

σ_{zS}	(σ_y)	Streckspannung
σ_{zM}	(σ_M)	Zugfestigkeit
σ_{zR}	(σ_R)	Zugspannung beim Bruch (Reißfestigkeit)
σ_{zx}	(σ_x)	Zugspannung bei x % Dehnung
ε_{zS}	(ε_y)	Streckdehnung
ε_{zM}	$(\varepsilon(\sigma_m))$	Dehnung bei Maximalspannung
ε_{zR}	(ε_R)	Dehnung beim Bruch (Reißdehnung)
ε_{zx}	(ε_x)	x % Dehnung

(Anmerkung: Bezeichnungen in Klammern entsprechen ISO/DP 527).

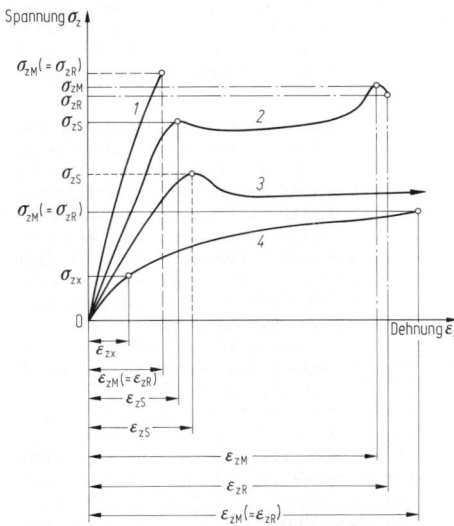

Bild 2. Zugspannungs-Dehnungs-Diagramme. *1* spröde Kunststoffe, z.B. PS, SAN, Duroplaste ($\sigma_{zM} = \sigma_{zR}$), *2* zähe Kunststoffe, z.B. PC, ABS ($\sigma_{zM} > \sigma_{zS}$ oder $\sigma_{zM} = \sigma_{zS}$), *3* verstreckbare Kunststoffe, z.B. PA, PE, PP ($\sigma_{zM} = \sigma_{zS} > \sigma_{zS}$), *4* weichgemachte Kunststoffe, z.B. PVC-P ($\sigma_{zM} = \sigma_{zR}, \sigma_{zS}$ nicht vorhanden).

Man erkennt, daß bei *spröden* Kunststoffen $\sigma_{zM} = \sigma_{zR}$ ist, bei *verformungsfähigen* Kunststoffen dagegen kann $\sigma_{zR} = \sigma_{zM} > \sigma_{zS}$ sein oder $\sigma_{zS} = \sigma_{zM} > \sigma_{zR}$.

Im *Druckversuch* DIN 53454 werden Kennwerte unter einachsiger, quasistatischer Druckbeanspruchung ermittelt. Probekörper sind so zu wählen, daß keine Knickung auftritt.
Kennwerte (Festigkeiten in N/mm^2, Verformungen in %):

σ_{dQ}	Quetschspannung
σ_{dM}	Druckfestigkeit
σ_{dR}	Druckspannung beim Bruch
σ_{dx}	Druckspannung bei x % Stauchung
ε_{dQ}	Quetschstauchung
ε_{dM}	Stauchung bei Maximalspannung σ_{dM}
ε_{dR}	Stauchung beim Bruch
ε_{dx}	x % Stauchung

Im *Biegeversuch* DIN 53453 werden die Kennwerte bei Dreipunktbiegebeanspruchung ermittelt.
Kennwerte (Festigkeiten in N/mm^2, Verformungen in %):

σ_{bM}	Biegefestigkeit
$\sigma_{b3,5}$	3,5%-Biegespannung
σ_{bR}	Biegespannung beim Bruch
ε_{bM}	Randfaserspannung bei Maximalspannung
$\varepsilon_{b3,5}$	Randfaserdehnung 3,5%
ε_{bR}	Randfaserdehnung beim Bruch

Die Ermittlung des *Elastizitätsmoduls E* erfolgt im Zug-, Druck- oder Biegeversuch. Da aber bei Kunststoffen mit wenigen Ausnahmen i.allg. keine eindeutige Hookesche

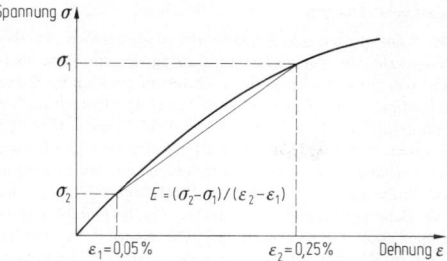

Bild 3. Ermittlung des „Sekantenmoduls" für die Dehnungsdifferenz $(\varepsilon_2 - \varepsilon_1) = 0,2\%$ $(\varepsilon_2 = 0,25\%; \varepsilon_1 = 0,05\%)$

Gerade vorliegt, wird nach DIN 53457 ein *Sekantenmodul* für die Dehnungen $\varepsilon_1 = 0,05\%$ und $\varepsilon_2 = 0,25\%$ ermittelt, **Bild 3**; für den Zugversuch gilt z.B.

$$E_t = (\sigma_2 - \sigma_1)/(\varepsilon_2 - \varepsilon_1).$$

Die Härte von Kunststoffen wird im *Kugeldruckversuch* DIN ISO 2039 oder bei weichgemachten Kunststoffen und Elastomeren nach Shore A oder D DIN 53505 bestimmt.

Kennwerte: Kugeldruckhärte H in N/mm^2 nach 30 s Prüfzeit, Shore A- oder Shore D-Härte nach 3 s Prüfzeit.

In *Schlag- bzw. Kerbschlagbiegeversuchen* DIN 53453, DIN 53753, ISO 179, ISO 180 oder im *Schlagzugversuch* DIN 53448 erhält man, vor allem durch Prüfung bei unterschiedlichen Temperaturen, eine Aussage über das Zäh-/Spröd-Verhalten bzw. über Zäh-Spröd-Übergänge. Die Kerbform (U-Kerbe, Doppel-V-Kerbe, einfache V-Kerbe) sowie die Art der Beanspruchung (beidseitige Auflage bei Charpyversuchen, bzw. einseitige Einspannung bei Izod-Versuchen) beeinflussen die Kennwerte sehr stark.

Kennwerte in kJ/m^2 oder mJ/mm^2:

a_n Schlagzähigkeit,
a_k Kerbschlagzähigkeit,
a_{zn}, a_{zk} Kerbschlagzugzähigkeit

Im *Zeitschwingversuch* werden in Anlehnung an die metallischen Werkstoffe nach DIN 50100 Kennwerte bei dynamischer Beanspruchung ermittelt. Aus Wöhlerkurven für unterschiedliche Beanspruchungsverhältnisse (s. E2.2) erhält man ein *Zeitschwingfestigkeits-Schaubild* nach Smith.

Da Kunststoffe i. allg. keine Dauerschwingfestigkeit aufweisen, wird meistens die Zeitschwingfestigkeit für 10^7 Lastwechsel ermittelt. Außerdem darf wegen der Erwärmung die Prüffrequenz höchstens 10 Hz betragen.

Kennwerte (in N/mm^2):

$\sigma_{W(10^7)}$ Zeitwechselfestigkeit für 10^7 Lastwechsel,
$\sigma_{Sch(10^7)}$ Zeitschwellfestigkeit für 10^7 Lastwechsel.

Im *Zeitstandversuch* DIN 53444 als *Retardationsversuch* werden bei konstanter Belastung *Zeitdehnlinien* $\varepsilon = f(t)$ aufgenommen. Daraus ermittelt man das *Zeitstandschaubild* $\sigma = f(t)$ und zuletzt erhält man *isochrone Spannungs-Dehnungs-Diagramme* $\sigma = f(\varepsilon)$. Aus dem isochronen Spannungs-Dehnungs-Diagramm (**Bild 4**) werden die *Kennwerte* ermittelt (in N/mm^2):

$\sigma_{\varepsilon/t}$ Zeitdehnspannung (z.B. $\sigma_{2/1000}$, ist die Spannung, die nach 1000 h zu einer Gesamtdehnung $\varepsilon = 2\%$ führt)
$\sigma_{M/t}$ Zeitstandfestigkeit,
$E_c(t, \sigma)$ Kriechmodul.

Die *Kriechmoduln* sind abhängig von der Spannung, der Zeit, und selbstverständlich der Temperatur. Heute werden die Kriechmoduln meist für Spannungen ermittelt, die zu Dehnungen $\varepsilon < 0,5\%$ führen.

Elektrische Eigenschaften

Unter unterschiedlichen elektrischen Beanspruchungen werden an Probekörpern nachstehende *Kennwerte* ermittelt:

E_D	Durchschlagfestigkeit in kV/cm	DIN/VDE0303 T2,
R_{OG}	Oberflächenwiderstand in Ω	DIN 53482,
ρ_D	spezifischer Durchgangswiderstand in $\Omega \cdot cm$	DIN 53482,
ε_r	Dielektrizitätszahl	VDE 0303 T4,
$\tan\delta$	dielektrischer Verlustfaktor	VDE 0303 T4,
CTI	Vergleichszahl der Kriechwegbildung	DIN IEC 112,
PTI	Prüfzahl der Kriechwegbildung	DIN IEC 112.

Thermische Eigenschaften

Kunststoffe als organische Werkstoffe sind sehr stark temperaturabhängig. Außerdem haben sie *geringere* Wärme-

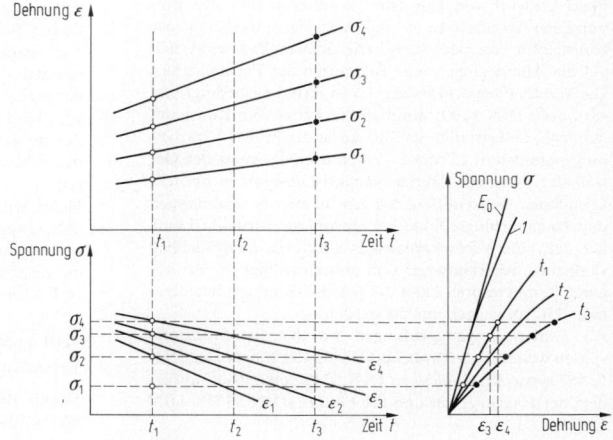

Bild 4. Versuchsergebnisse aus Zeitstandversuchen. **a** Kriechkurven $\varepsilon = f(t)$, Parameter Spannung σ; **b** Zeitstandschaubild $\sigma = f(t)$, Parameter Dehnung ε; **c** isochrone Spannungs-Dehnungs-Diagramme $\sigma = f(\varepsilon)$, Parameter Zeit t, *1* Kurzzeitversuch

leitfähigkeit und *größere* thermische Längenausdehnungskoeffizienten. Als *Kennwerte*, die aber keine Aussage über die tatsächlichen Temperaturbeanspruchbarkeit machen und i.allg. nur als Vergleichswerte dienen, werden ermittelt:

$t_{Martens}$	Formbeständigkeit in der Wärme nach Martens,
HDT/A (B, C)	Formbeständigkeitstemperatur nach Verfahren A (B, C),
VST/A (B)	Vicaterweichungstemperatur nach Verfahren A (B).

In Tabellenwerken werden oft *Gebrauchstemperaturbereiche* angegeben, die aber meist nur für geringe Belastungen gelten. Eine weitere Charakterisierungsmöglichkeit von Kunststoffen bietet die Aufnahme von *Schubmodul-Temperatur-Kurven* aus dem Torsionsschwingungsversuch DIN 53445.

Chemische Eigenschaften

Die chemische Beständigkeit der Kunststoffe hängt von ihrem Aufbau ab. *Duroplaste* sind wegen der chemischen Vernetzung weitgehend beständig gegen chemischen Angriff. Bei *Thermoplasten* sollte für jeden Kunststoff geprüft werden, ob er gegenüber den wirkenden Chemikalien beständig ist. Die Rohstoffhersteller liefern Tabellen, in denen das Verhalten der Kunststoffe gegen Chemikalien auch bei unterschiedlichen Temperaturen enthalten sind. Eine Besonderheit bei Kunststoffen ist die *Spannungsrißbildung* bei gleichzeitigem Einwirken von Eigen-, Montage- oder Betriebsspannungen und chemischen Agenzien. Es zeigen sich dabei mehr oder weniger gut erkennbare Risse, die sich über ausgeprägte Rißbildung bis zum totalen Bruch weiterentwickeln können. In DIN 53449 sind Spannungsrißuntersuchungen durch *Kugeleindruck- oder Biegestreifenverfahren* beschrieben.

Verarbeitungstechnische Eigenschaften

Zur Beurteilung des *Fließverhaltens* von Thermoplasten wird der *Schmelzindex MFI* (g/10 min) oder der *Volumenfließindex MVI* (cm³/10 min) nach DIN 53735 bestimmt. Außerdem ist die *Viskositätszahl J* für die Lösungen thermoplastischer Kunststoffe eine verarbeitungstechnische Kenngröße. Schädigungen der Kunststoffe beim Verarbeiten zeigen sich in der Änderung dieser Eigenschaften.
Bei Duroplasten gibt die *Becherschließzeit* nach DIN 53465 Aussagen über das Fließverhalten.
Beim Entwurf von Kunststoff-Formteilen und den notwendigen Werkzeugen ist das *Schwindungsverhalten* der Kunststoffe von Bedeutung. Die Schwindung wirkt sich auf die Abmessungen und Toleranzen der Formteile aus. Die *Verarbeitungsschwindung VS* ist fertigungsbedingt und wird nach DIN 16901 ermittelt; sie hängt vom Kunststoff (amorph, teilkristallin, gefüllt) ab und von den Verarbeitungsparametern (Drücke, Temperaturen), sowie der Gestalt der Formteile. Durch Nachkristallisationen bei teilkristallinen Kunststoffen, den Abbau innerer Spannungen und Nachhärtungseffekte bei Duroplasten tritt im Laufe der Zeit eine *Nachschwindung NS* auf, die hauptsächlich werkstoff-, verarbeitungs- und umweltbedingt ist. Bei höheren Temperaturen kann die Nachschwindung beschleunigt, d.h. vorweggenommen werden.
Als Materialeingangsprüfungen für Kunststoffrohstoffe spielen weiterhin *Schüttdichte* DIN 53466, *Stopfdichte* DIN 53467 sowie *Rieselfähigkeit* DIN 53492 eine Rolle, außerdem der *Feuchtegehalt* und die *Flüchte* (DIN 53713, DIN 53715).

Sonstige Prüfungen

Bei Kunststoffen als organischen Kunststoffen ist das *Brennverhalten* von großer Bedeutung. Es gibt eine Vielzahl von Prüfverfahren; die wichtigsten sind nachstehend aufgeführt. Das *Brandverhalten* fester elektrotechnischer Isolierstoffe wird nach DIN VDE 0304 T4 bzw. IEC 707 ermittelt; es handelt sich um Prüfverfahren zur Ermittlung der *Entflammbarkeit* bei unterschiedlichen Anordnungen von Probestab und Zündquelle (Verfahren BH, FH oder FV). Sehr große Bedeutung haben die *Brennbarkeitsprüfungen* nach UL-Vorschrift 94. Die Kunststoffe werden dabei in Klassen eingeteilt, z.B. bei vertikaler Probenanordnung in Klasse 94 V-0 oder 94 V-2.
Die *Farbbeurteilung* nach unterschiedlichen Verfahren ist wichtig z.B. für die Farbabmusterung und um mit Hilfe von bestimmten Lichtquellen eine objektive Farbbeurteilung zu ermöglichen.
In *Bewitterungsversuchen* (DIN 53384, DIN 53386, DIN 53387, DIN 53388) werden Abbauvorgänge bei Kunststoffen durch Witterungseinflüsse wie Sonnenstrahlung, Temperaturen, Niederschlägen und Luftsauerstoff untersucht. Solche Einflüsse können zu einer starken (negativen) Beeinflussung der Gebrauchseigenschaften von Kunststoff-Formteilen führen.

4.9.2 Prüfung von Fertigteilen. Testing of plastic parts

Können aus Kunststoff-Fertigteilen entsprechende Probekörper entnommen werden, so sind Prüfungen nach den in E 4.9.1 aufgeführten Verfahren möglich. Man spricht dann von der *Prüfung des Formstoffs im Formteil.* Die Prüfergebnisse sind allerdings i.allg. nur bedingt mit den an Normprobekörpern ermittelten Kennwerten zu vergleichen.
Interessanter ist es jedoch, das Fertigteil als *komplettes Formteil* zu prüfen (DIN 53760).

Zerstörungsfreie Prüfverfahren sind: Sichtkontrolle, Prüfung des Formteilgewichts, Maßprüfungen, spannungsoptische Untersuchungen (nur an durchsichtigen Formteilen).

Zerstörende Prüfungen sind: Warmlagerungsversuche DIN 53497, Beurteilung des Spannungsrißverhaltens DIN 53449, lichtmikroskopische Gefügeuntersuchungen an Dünnschnitten oder Dünnschliffen bei teilkristallinen Kunststoffen, Ermittlung von Füllstofforientierungen durch Auflichtbetrachtung von Schliffen, Beständigkeitsprüfungen, Stoß- und Fallversuche DIN 53443.
Bei den zerstörenden Prüfungen sind höchstens *Stichprobenprüfungen* möglich, die dann nach den Regeln der Statistik ausgewertet werden.
Durch *Gebrauchsprüfungen* der gesamten Formteile bzw. Aggregate wird das Verhalten unter Betriebsbedingungen ermittelt. Zur Zeitraffung können einzelne Prüfparameter gezielt erhöht werden, wobei allerdings zu beachten ist, daß die Versagensart bei der beschleunigten Prüfung der im praktischen Einsatz entspricht. Die entsprechenden Prüfverfahren mit den Bedingungen sind zu vereinbaren.
Heute wird angestrebt, die Fertigung so zu überwachen und zu regeln (Statistische Prozeßkontrolle SPC), daß keine Prüfungen der Fertigteile mehr notwendig sind, wenn die vorgeschriebenen Prozeßparameter eingehalten werden (s. E4.10).

4.10 Verarbeiten von Kunststoffen
Processing of plastics

Durch die niedrige Verarbeitungstemperatur (RT bis 400 °C) bei Kunststoffen wird die Herstellung selbst komplizierter Fertigteile bei geringen Investitionskosten ermöglicht. Hinzu kommt die Ersparnis an Arbeitsschritten im Vergleich zu den konventionellen Werkstoffen und die leichte Modifizierbarkeit mit Füllstoffen vielfältiger Art. Eine wirtschaftliche Herstellung dieser Formteile ist aber zumeist erst bei großen Stückzahlen gegeben, wodurch der Zwang zur Automatisierung bei Massenteilen gegeben ist. Zunehmende Bedeutung erlangt auch die Frage nach der Wiederverwendbarkeit bzw. des Recycling-Verhaltens von Polymeren.

Außer von der Charakteristik des einzelnen Kunststoffs hängt das Eigenschaftsbild u.a. noch wesentlich von den Verarbeitungsbedingungen ab. Deshalb kommt der Optimierung, Reproduzierung und Konstanz von Prozeßparametern besondere Bedeutung zu.

4.10.1 Urformen. Primary shaping

Unter Urformen versteht man die direkte Formgebung von Fertigteilen und Halbzeugen aus dem Rohstoff, der z.B. als Formmasse (Granulat, Pulver, Schnitzel u.ä.) oder als flüssiges Vorprodukt vorliegen kann (s. S2.3).

Spritzgießen. Das Spritzgießverfahren ist eine taktweise Fertigung, bei der Formteile überwiegend aus Formmassen hergestellt werden. Die im Zylinder aufbereitete homogenisierte Schmelze wird üblicherweise durch die Vorwärtsbewegung der Schnecke unter hohem Druck in das Formnest einer geteilten Stahlform eingespritzt (s. **S2 Bild 25**).

Thermoplastische Kunststoffe erstarren im Formnest durch Abkühlung. Duroplaste und Elastomere werden dagegen formstabil durch exotherme Vernetzungsreaktionen im Formnest. Sowohl komplizierte Kleinstteile (Federelemente, Zahnräder) als auch großflächige Formteile (z.B. Stoßfänger für Pkw) lassen sich als Massenware in einem Arbeitsgang ohne bzw. mit geringer Nacharbeit wirtschaftlich herstellen. Besonders hervorzuheben ist die Möglichkeit, mehrere Funktionen in einem Formteil integrieren zu können (Multifunktionalität, z.B. Schnappverbindungen und Filmscharniere).

Die mechanischen Eigenschaften und die Fertigungsgenauigkeit spritzgegossener Formteile sind nicht nur vom jeweilig gewählten Kunststoff und dessen Chargenkonstanz abhängig, sondern auch von der Formteilgestalt, Auslegung und Herstellungsqualität des Werkzeugs sowie vom Verarbeitungsprozeß.

Die einzelnen Phasen beim Spritzgießen lassen sich anschaulich anhand des angußnahen Druckverlaufs im Formnest synchron mit dem Hydraulikdruckverlauf darstellen, **Bild 5**.

Duroplastische Formmassen verarbeitet man meist auf den gleichen Spritzgießmaschinen wie thermoplastische Formmassen. Angepaßt wird lediglich die Plastifiziereinheit (Flüssigkeitstemperierung usw.). Eine nennenswerte Vernetzung der Formmasse im Zylinder ist zu vermeiden, um die Fließfähigkeit zu erhalten. Durch die verhältnismäßig niedrige Viskosität der Schmelze beim Einspritzvorgang weisen duroplastische Formteile eine hohe Gratbildung auf, die durch Nacharbeit beseitigt werden muß.

Pressen und Spritzpressen. Bedeutung besitzt das Pressen (s. S2.3.6 und S2.3.7) bei Duroplasten und Elastomeren sowie bei der Herstellung von Schichtpreßstoffen. Die Preßmasse wird bei diesem Verfahren unter Druck- und Wärmeeinwirkung plastisch und dabei der Werkzeughohlraum ausgefüllt. Duroplastische pulverförmige Preßmassen werden meist tablettiert und mittels Hochfrequenz vorgewärmt. Demnach legt man die Tablette in das beheizte Werkzeug und füllt den Werkzeughohlraum durch den Preßdruck. Eventuell auftretende Gase entweichen durch eine Werkzeug-Entlüftungsbewegung. Nach weitgehender Vernetzung der Formmasse läßt sich das nun stabile heiße Formteil entnehmen.

Während beim *Formpressen* die Formmasse direkt in den Hohlraum des Werkzeugs zwischen Stempel und Gesenk eingegeben wird, wird beim *Spritzpressen* die Masse zunächst in einem Füllraum erwärmt. Nach dem plastischen Erweichen preßt man die Masse durch Spritzkanäle in die Hohlräume der zuvor geschlossenen Form. Das Spritzpressen eignet sich besonders für Mehrfachwerkzeuge.

Beim Pressen von glasfaserverstärkten Gießharzen werden die beiden Komponenten Glasfaserverstärkung und Harz/Härter-Gemisch als Prepregs (vorgetränkte Glasfaserprodukte) oder einzeln in die Preßform gebracht.

Für großflächige Teile, z.B. Karosserieteile im Fahrzeugbau werden Polyester-Harzmatten (sog. UP-SMC-Prepregs) verwendet (SMC: Sheet Moulding Compound). Die Herstellung der Großteile erfolgt auf Unterdruck-Kurzhubpressen mit hydrostatisch gelagerter Aufspannplatte. Diese Pressen ermöglichen eine hohe Positioniergenauigkeit der Werkzeugteile. Glasmattenverstärkte Thermoplaste (GMT) werden z.B. für Untermotorraum-Steinschlagabdeckungen oder für Saalbestuhlungen mit genarbter Oberfläche eingesetzt. Als Matrix wird häufig Polypropylen mit ca. 30 Gew.-% Glasfaseranteil eingesetzt. Der Vorteil gegenüber SMC ist eine höhere Schlagzähigkeit auch bei tieferen Temperaturen bei mittlerem E-Modul.

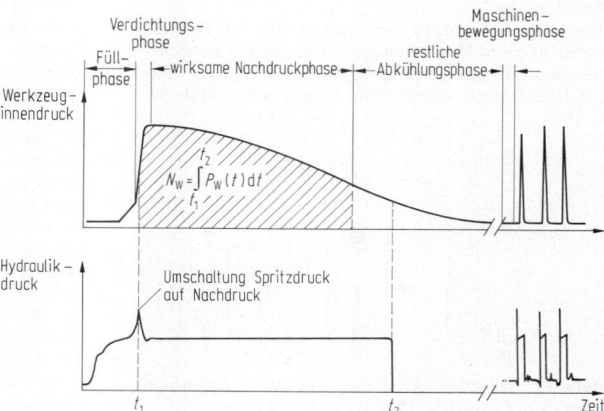

Bild 5. Synchrone Aufzeichnung von Werkzeuginnendruck (angußnah) und Hydraulikdruck, N_w Maß für Nachdruckwirkung

Kalandrieren. Unter Kalandrieren wird in der Kunststoff- und Kautschukverarbeitung das Ausformen bei der Verarbeitungstemperatur hochviskoser Mischungszubereitungen im Spalt zwischen zwei oder mehreren Walzen zur endlosen Bahn verstanden (s. **S2 Bild 24**). Besondere Bedeutung hat das Kalandrieren bei der Herstellung von Folien und Platten aus Hart- und Weich-PVC (PVC-U, PVC-P). In der Kautschukverarbeitung werden Dachbelagsfolien, Bauisolierfolien, Fußbodenbeläge, Profile, Triebriemen, Transportbänder und die Belegung von Reifencord nach dem Kalandrierverfahren hergestellt.

Extrudieren und Blasformen. Beim Extrudieren wird unter ständiger Rotation der Schnecke z. B. granulat- oder pulverförmige Formmasse aus dem Fülltrichter eingezogen und plastifiziert (s. **S2 Bild 23**). Durch den aufgebauten Förderdruck drückt man die hochviskose Masse durch ein formgebendes Werkzeug. Danach wird vor dem Erstarren der Strangmasse noch kalibriert. Rohre, Profile, Schläuche, Bänder, Tafeln, Folien und Drahtummantelungen lassen sich nach dem Extrusionsverfahren kontinuierlich herstellen.

Zu einer Extrusionsstraße gehören im wesentlichen Plastifizieranlage (Extruder), Profilwerkzeug, Kalibrierwerkzeug, Kühlvorrichtung, Abzug und Stapelvorrichtung.

Extrudierte Profile werden häufig in einer mit dem Extruder zusammengefaßten zweiten Anlage weiterverarbeitet. Dazu gehört insbesondere das *Blasformen*. Beim *Extrusionsblasformen* wird ein extrudierter Schlauch von einem Blaswerkzeug abgequetscht und mittels eines Blasdorns aufgeblasen, **Bild 6**. Diese Formteile weisen eine sichtbare Quetschnaht im Bodenbereich auf. Flaschen, Kanister, Heizöltanks sind Beispiele, die nach diesem Verfahren produziert werden. Weitere häufig angewendete Verfahrenstechniken zur Herstellung von Verpackungsteilen und Flaschen sind das Spritz- und Streckblasen.

Herstellen von faserverstärkten Formteilen. Glasfasern, Kohlenstoff-Fasern und auch synthetische Fasern, wie z. B. Aramid- und Polyethylenfasern, werden meist in eine duroplastische Matrix (Polyester-, Epoxid- oder Phenolharz) eingebettet. Neben Endlosfasern (Rovings) verwendet man auch flächige Halbzeuge wie Gewebe, Matten und Gelege.

Beim *Handlaminieren* werden Matten bzw. Gewebe in eine Form, z. B. aus Holz, eingelegt. Die Tränkung der Fasermatten wird mit einem Pinsel vorgenommen und anschließend die Matte mit einer Laminierrolle verdichtet. Eine glatte Oberfläche erreicht man durch Aufbringen einer unverstärkten, gefüllten Reinharzschicht (Gelcoat). Das Verfahren eignet sich zur Herstellung von Großteilen und Einzelstücken.

Für kleine bis mittlere Serien eignet sich das auch als automatisiertes Handlaminieren angesehene *Faserspritzverfahren*. Mit einer Faserspritzpistole werden Harz, Härter, Beschleuniger und Kurzfasern mittels Druckluft auf

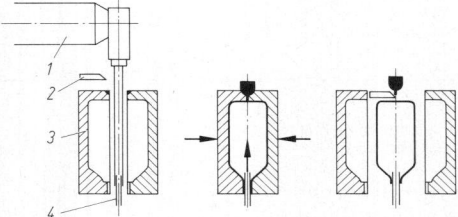

Bild 6. Extrusionsblasen (schematisch). *1* Extruder, *2* Trennmesser, *3* Werkzeug, *4* Luftzufuhr (Blasdorn)

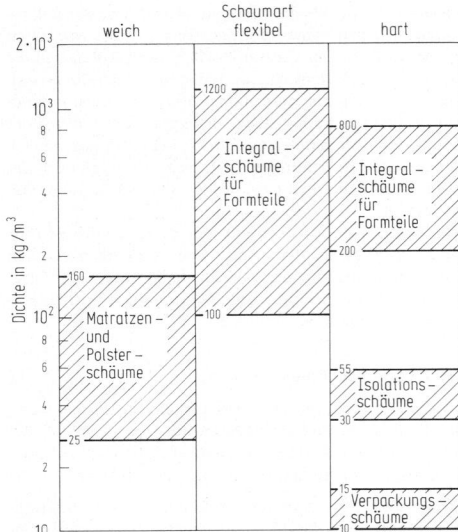

Bild 7. Anwendungsgebiete für Schäume mit unterschiedlichen Raumgewichten

die Form aufgebracht. Aus zugeführten Endlosfasern lassen sich mit einem rotierenden Schneidwerk kontinuierlich Kurzfasern erzeugen. Anwendung finden hier ausschließlich Polyesterharze. Typische Bauteile sind Badewannen, Schwimmbäder, Behälter und Dachelemente.

Hohlkörper aus faserverstärkten Kunststoffen werden in einem weitgehend automatisierten *Wickelverfahren* hergestellt. Dabei werden die Verstärkungsfasern über einen Kern gewickelt. Im Tränkbad werden die von der Schlichte verklebten Rovings aufgefächert, mit Harz benetzt und in einer sog. Walkstrecke gut durchtränkt.

Um Bauteile maximaler Festigkeit bei minimalem Eigengewicht herzustellen, müssen die Fasern möglichst exakt in der späteren Hauptbelastungsrichtung liegen und der Kern möglichst gleichmäßig bedeckt werden. Der Roving wird auf der sog. geodätischen Linie abgelegt (kürzeste Verbindung zwischen zwei Punkten auf einer gekrümmten Oberfläche).

Schäumverfahren. Im plastischen oder thermisch erweichten Zustand können Polymerwerkstoffe geschäumt werden. Der Schäumvorgang wird durch chemisch abgespaltene Gase, verdampfende Flüssigkeiten oder Gaszusatz unter Druck bewirkt (chemische bzw. physikalische Treibmittel) (s. S2.3.8).

Der E-Modul geschäumter Erzeugnisse nimmt annähernd proportional dem Feststoffgehalt ab, die Steifigkeit eines Werkstücks aber mit der dritten Potenz der Wanddicke zu. Bauteile mit poriger Struktur sind mehrfach steifer als massive Teile gleichen Gewichts. Sogenannte *Struktur-* oder *Integralschäume* besitzen eine inhomogene Dichteverteilung derart, daß der Schaumstoffkern kontinuierlich in eine dichte Außenhaut übergeht. In **Bild 7** sind einige Anwendungsgebiete für Schäume mit unterschiedlichen Raumgewichten aufgeführt.

Beim *Thermoplastschaumguß* (*TSG*) wird eine Formmasse mit geringen Mengen chemischer Treibmittel (z. B. Azodicarbonamid) im Spritzgußverfahren verarbeitet. Die mit Gas beladene Thermoplastschmelze schäumt im nicht vollständig gefüllten Formnest auf. Die Außenhaut ist dabei weitgehend kompakt. Anwendung findet dieses TSG-

Verfahren z. B. bei der Imitation von Holz in der Möbelindustrie. Weitere Verfahren sind das TSE-Extrusions- und TSB-Hohlkörperblasverfahren.

Reaktionsschaumguß (RSG) auch neuerdings als *RIM* (Reaction-Injection-Moulding) bezeichnete Verfahren besteht aus folgenden Verfahrensschritten: Dosieren der Reaktionspartner, Mischen, Einspritzen in die Werkzeugkavität, Reaktion in der Kavität unter Bildung des geschäumten Formteils, Formteilentnahme.

Ausgangsstoffe für die Polyurethan-Schaumstoffe (PUR) sind Diisocyanate und Polyhydroxylverbindungen (Polyole).

Verstärkte PUR-Strukturschaumstoff-Erzeugnisse werden im RRIM-(Reinforced Reaction-Injection-Moulding-)Verfahren gefertigt. Auch SMC-Harzmatten und BMC-Formmassen lassen sich durch mikroverkapselte physikalische Treibmittel aufschäumen.

4.10.2 Umformen und Fügen. Forming and joining

Warmformen von Thermoplasten. Zum Warmformen wird thermoplastisches Halbzeug (z. B. Folien, Platten) rasch und gleichmäßig auf die Temperatur optimalen thermoelastischen Verhaltens aufgeheizt und mittels Vakuum, Druckluft bzw. mechanischer Kräfte umgeformt und durch Abkühlung fixiert. Abgesehen von dem handwerklichen Warmformverfahren (Biegen, Ziehformen) arbeitet man meist mit automatisierten Thermoformmaschinen. Das Erwärmen des in einem Spannrahmen fest fixierten Halbzeugs erfolgt in der Regel mit Infrarot-Flächenstrahler (Keramik- oder Quarzstrahler).

Beim *Vakuumformen* unterscheidet man grundsätzlich zwischen Negativ- und Positivverfahren, **Bild 8**. Bei der Negativformung wird das erwärmte Halbzeug in den konkaven Formhohlraum, beim Positivformen auf ein Konvex-Modell (Positiv-Formkern) gesaugt. Die am Werkzeug anliegende Seite wird glatter und maßgenauer.

Die Spanne der so hergestellten Teile reicht von Verpackungsbehältern bis hin zu Großformteilen wie Schwimmbecken. Aus Tafeln werden meist großflächige Teile, wie z. B. Fassadenelemente, Sanitärzellen, Container, Kühlgerätegehäuse, wirtschaftlich warmgeformt. Außerdem ist dieses Verfahren bedeutend für Automobilteile. Für meist kleine und leichtgewichtige Teile wird die hautenge *Skinverpackungsart* eingesetzt. Hierbei wird das zu verpackende Gut auf heißsiegelfähigem Karton der erwärmten Folie zugeführt und diese mit Vakuum hauteng dem Gut angeformt. Bei der *Blister-Packung* wird das

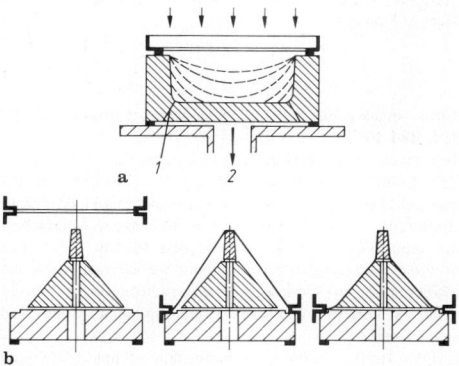

Bild 8. Vakuumformen. **a** Negativverfahren (Einsaugen in die Formhöhlung), *1* Saugkanäle, *2* Vakuum; **b** Positivverfahren (mit Vakuum und mechanischem Vorstrecken)

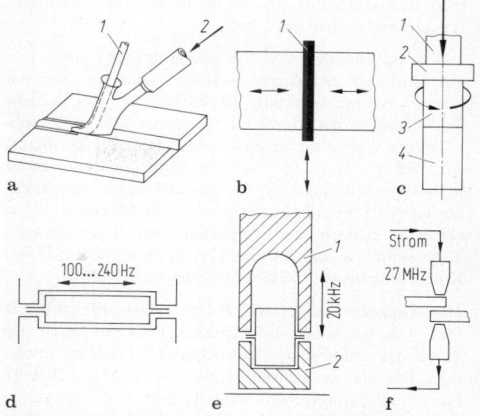

Bild 9. Schweißverfahren für Thermoplaste. **a** Warmgasschweißen, *1* Zusatzstab, *2* Warmgas; **b** Heizelementschweißen, *1* Heizelement; **c** Reibschweißen, *1* Druckgeber, *2* Mitnehmer, *3* rotierendes Teil, *4* stehendes Teil; **d** Vibrationsschweißen; **e** Ultraschallschweißen, *1* Sonotrode, *2* Amboß; **f** Hochfrequenzschweißen

Packgut in durchsichtige vorgeformte Schalen gelegt und mit einer Kartongegenlage durch Heißsiegeln verbunden. Vorzugsweise werden die amorphen Thermoplaste PVC, PS, ABS, SB, SAN, PMMA, PC und die teilkristallinen Werkstoffe PP und PE aber auch Verbundfolien eingesetzt.

Schweißen. Werkstücke aus gleichen oder ähnlichen thermoplastischen Kunststoffen werden dadurch verschweißt, daß man im Schweißbereich die Kunststoffe auf die Temperatur des viskosen Fließens erwärmt, zusammendrückt und die Verbindung unter Druck erkalten läßt (DIN 1910 Teil 3, DIN 16960 Teil 1). Eine einwandfreie Verbindung setzt meist artgleiche Werkstoffe voraus, da eine gleiche Viskosität der Schweißpartner erforderlich ist.

Warmgasschweißen W. Grund- und Zusatzwerkstoff werden durch Warmgas in den plastischen Zustand überführt und unter Druck verschweißt, **Bild 9a**. Anwendung findet dieses Verfahren bei der Musterfertigung, Einzelstückfertigung und bei großen Teilen. Apparatebauteile aus PE, PP und PVC sind oftmals mit einer V-, X- oder Kehl-Naht gefügt.

Heizelementschweißen H. Man erwärmt die Stoßflächen durch Andrücken an beschichtete metallische Heizelemente. Danach werden die plastifizierten Stoßflächen zusammengepreßt, **Bild 9b**. Dieses Verfahren eignet sich besonders für Polyolefine (PE, PP). Temperaturempfindliche Werkstoffe wie z. B. PVC und POM sind wegen der langen Erwärmzeit bei relativ hohen Temperaturen weniger geeignet.

Reibschweißen FR. Bei rotationssymmetrischen Teilen (bis ca. 100 mm Durchmesser) wird einer der Partner in Drehung versetzt und durch die Relativbewegung unter Druck ein Aufschmelzen an den Schweißflächen erreicht. Nach plötzlichem Abbremsen erkalten die Schweißflächen unter Beibehaltung eines Schweißdrucks, **Bild 9c**.

In schallgekapselten Maschinen zusammengespannte Fügeteile (bis ca. 500 mm Durchmesser, 60 bis 80 cm² Schweißfläche) werden beim *Vibrationsschweißen* durch elektromagnetisch betätigte Schwinger mit 100 oder 240 Hz Frequenz um einige Winkelgrade angular oder linear gegeneinander gerieben, **Bild 9d**. Eingesetzt wird

diese Schweißtechnik u.a. bei Kraftstofftanks, Autostoß-
fängern und Gehäusen.

Ultraschallschweißen US. Ein piezoelektrischer oder ma-
gnetostriktiver Schwingungswandler setzt die hochfrequente Wechselspannung (20000 Hz) in mechanische
Schwingungen um. Durch die Sonotrode wird die Amplitude dem Werkstück angepaßt und leitet die Schwingung
ein, **Bild 9e**. Das US-Verfahren kann vollautomatisiert
in Taktstraßen eingebaut werden und eignet sich wegen
der kurzen Schweißzeiten besonders für Massenartikel in
der Kfz-, Elektro- und Verpackungsindustrie. Amorphe
Kunststoffe bis ca. 350 mm Durchmesser, teilkristalline
Kunststoffe bis ca. 150 mm Durchmesser.

Hochfrequenzschweißen HF. Polare Kunststoffe, wie z.B.
PVC, CA, mit hohen dielektrischen Verlusten lassen sich
durch ein elektrisches Hochfrequenzfeld schnell erwärmen. Die übliche Schweißfrequenz ist 27 MHz, **Bild 9f**.
Hauptanwendungsgebiete sind flächige Formschweißun-
gen von Weich-PVC-Folien, Hüllen, Bucheinbände, Kon-
fektionsartikel, Regenbekleidung, Kfz-Armaturenbretter,
Fahrzeughimmel. Kfz-Sitzgarnituren, Türbekleidungen.

Kleben. Durch Kleben lassen sich auch unterschiedliche
Materialien (artfremde) verbinden (z.B. Glas/Kunststoff,
Keramik/Metall). Manchmal ist es das einzig mögliche
Verfahren der Verbindungstechnik (s. G 1.3).
Beim Kleben von Kunststoffen wie von Metallen müssen
eine klebgerechte Fügeteilgestaltung, eine Vorbehandlung
der Fügeteiloberflächen, eine Auswahl der Klebstoffe und
eine geeignete Auftragungstechnik erfolgen.
Von besonderer Bedeutung von Kunststoffe ist die *Vorbehandlung* der Fügeteiloberflächen. Jede Vorbehandlung
dient dazu, die Oberfläche so zu aktivieren, daß sie benetz-
bar und somit auch klebbar wird. Es werden verschiedene
mechanische (schleifen, strahlen), *chemische* (entfetten, beizen) und *physikalische* (Bestrahlung, Wärmebehandlung)
Verfahren vorgeschlagen. Eine Reinigung bzw. Entfettung
der Oberfläche kann mit Lösemitteln oder Spülmittel im
Dampf-, Tauch- oder US-Bad erfolgen. Bei Kunststoffen hat sich das Vorbehandlungsverfahren „Koronaentla-
dung“ in der Fertigung bewährt. Hierbei wird ein Luftstrom zwischen zwei Elektroden (Spannung 7 kV) durch-
geblasen und trifft als Strahl ionisierter Moleküle auf die
Kunststoffoberfläche. Eine chemische Verankerung wird
durch Haftvermittler erreicht (Silan-Haftvermittler).

4.11 Gestalten und Fertigungsgenauigkeit von
Formteilen. Design and tolerances of formed parts

Werkstoff- und fertigungsgerechtes Konstruieren von
Formteilen ist unabdingbare Voraussetzung für qualitativ
hochwertige funktionssichere Bauteile (s. VDI-Richtlinie
2001 und 2006).

Gestaltungsrichtlinien. Einfallstellen und Lunker (Vakuo-
len) im Formteil entstehen durch *Massenanhäufungen* am
Bauteil, die außerdem zur ungleichmäßigen Abkühlung
führen und die *Verzugsneigung* erhöhen (Ursache: Schwindungsdifferenzen). Ausreichende Ausrundungsradien wählen (größer als Wandstärke). *Anschnittgeometrie* und *An-
schnittlage* haben Einfluß auf die Vorzugsorientierungen
von Makromolekülen und faserartigen Zusatzstoffen und
auf die Lage von Bindenähten, Zusammenflußlinien und
Lufteinschlüssen im Formteil. Eine konstruktiv ungünstig
ausgelegte *Werkzeugtemperierung* kann zu unterschiedlichen Abkühlungsgradienten im Bauteil führen und durch
die auftretenden Schwindungsdifferenzen erheblichen Verzug am Teil verursachen. *Formteilverzug* kann oftmals

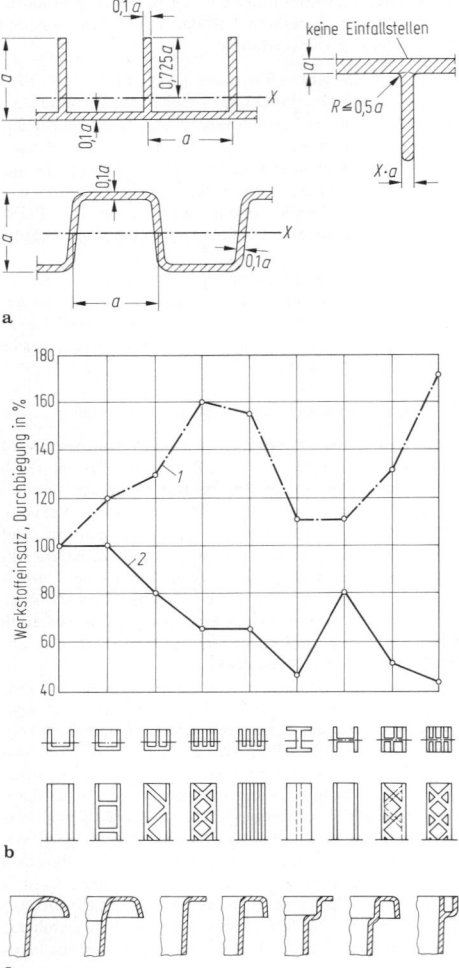

Bild 10. Versteifung von Formteilen. **a** Rippen- und Sickenkonstruk-
tion, $x \approx 0,5$ für amorphe Thermoplaste, $x \approx 0,35$ für PA unverstärkt,
$x \approx 0,25$ für PA-GF30; **b** Durchbiegung und Werkstoffeinsatz verschiedener Profilformen, *1* Werkstoffeinsatz, *2* Durchbiegung; **c** verschiedene Randgestaltung zur Erhöhung der Eigensteifigkeit großflächiger Formteile

durch verschiedene *Versteifungsgeometrien* minimiert werden, **Bild 10**.
Toleranzen und zulässige Abweichungen für Maße sind in
DIN 16901 für Spritzguß-, Spritzpreß- und Preßteile angegeben. Form-, Lage- und Profilabweichungen sind nicht
enthalten. Für die Festlegung von Toleranzen unterscheidet man nach werkzeuggebundenen Maßen (Maß nur
in einer Werkzeughälfte) und nicht werkzeuggebundenen
Maßen (z.B. in Werkzeugöffnungsrichtung bzw. beweglichen Schiebern). Die werkzeuggebundenen Maße sind
enger toleriert.
In DIN 16901 werden die verschiedenen Kunststoffe nach
ihrem Schwindungsverhalten in Toleranzgruppen eingeteilt, **Tab. 1**. Es ist zu unterscheiden nach Maßen mit
Allgemeintoleranzen (Maße ohne Toleranzangaben) und

Tabelle 1. Zuordnung von Kunststoff-Formmassen zu Toleranzgruppen (DIN 16901)

Termoplaste teilkristallin	Thermoplaste amorph	Duroplaste	Toleranzgruppen für Maße		
			Allgemeintoleranzen (ohne Toleranzangabe)	mit direkt eingetragenen Abmaßen (mit Toleranzangabe)	
				Reihe 1	Reihe 2
PA-GF, POM-GF PBT gefüllt, PES, PPS gefüllt	PS, SAN, SB, ABS, PVC hart, PMMA, PA amorph, PC, PET amorph, PPE modifiziert	PF, UF/MF, EP- und UP-Formmasse mit anorganischer Füllung	130	120	110
PP-GF (PP anorganisch gefüllt), POM (Länge <150 mm) PA 6, PA 66, PA 11, PA 12, PET kristallin, PBT	CA, CAB, CAP, CP PUR thermoplastisch über 40 Shore D	PF, UF/MF mit organischer Füllung, UP-Harzmatten	140	130	120
PE, PP, POM (Länge >150 mm) fluorhaltige Thermoplaste wie FEP, ETFE	PUR-thermoplastisch 70...90 Shore A		150	140	130

Tabelle 2. Toleranzbreiten für Maße an Kunststoff-Formteilen (DIN 16901)

Toleranzgruppe (Tab. 1)	Kennbuchstabe [a] Toleranzen und zulässige Abweichungen	Nennmaßbereiche																
	über	1	3	6	10	15	22	30	40	53	70	90	120	160	200	250	315	400
	bis	3	6	10	15	22	30	40	53	70	90	120	160	200	250	315	400	500
110	A	0,1	0,12	0,14	0,16	0,18	0,2	0,22	0,26	0,3	0,34	0,4	0,48	0,58	0,7	0,86	1,06	1,3
	B	0,2	0,22	0,24	0,26	0,28	0,3	0,32	0,36	0,4	0,44	0,5	0,58	0,68	0,8	0,96	1,16	1,4
120	A	0,14	0,16	0,18	0,2	0,22	0,26	0,3	0,34	0,4	0,48	0,58	0,7	0,86	1,04	1,3	1,6	2,0
	B	0,34	0,36	0,38	0,4	0,42	0,46	0,5	0,54	0,6	0,68	0,78	0,9	1,06	1,24	1,5	1,8	2,2
130	A	0,18	0,2	0,22	0,26	0,3	0,34	0,4	0,48	0,56	0,68	0,82	1,0	1,3	1,6	2,0	2,4	3,0
	B	0,38	0,4	0,42	0,46	0,5	0,54	0,6	0,68	0,76	0,88	1,02	1,2	1,5	1,8	2,2	2,6	3,2
140	A	0,22	0,24	0,28	0,34	0,4	0,48	0,56	0,66	0,8	1,0	1,2	1,5	1,9	2,3	2,9	3,6	4,4
	B	0,42	0,44	0,48	0,54	0,6	0,68	0,76	0,86	1,0	1,2	1,4	1,7	2,1	2,5	3,1	3,8	4,8
150	A	0,3	0,34	0,4	0,48	0,56	0,66	0,78	0,94	1,16	1,42	1,74	2,2	2,8	3,4	4,2	5,4	6,6
	B	0,5	0,54	0,6	0,68	0,76	0,86	0,98	1,14	1,36	1,62	1,94	2,4	3,0	3,6	4,4	5,6	6,8
Feinwerktechnik	A	0,06	0,07	0,08	0,1	0,12	0,14	0,16	0,18	0,21	0,25	0,3	0,4	–	–	–	–	–
	B	0,12	0,14	0,16	0,2	0,22	0,24	0,26	0,28	0,31	0,35	0,4	0,5	–	–	–	–	–

[a]) A für werkzeuggebundene Maße, B für nicht werkzeuggebundene Maße

Maßen mit *direkt eingetragenen* Toleranzen (Maße mit Toleranzangaben). Es gilt Reihe 1 für normalen Spritzguß, Reihe 2 für Präzisionsspritzguß. In **Tab. 2** sind die zugehörigen Toleranzbreiten angegeben.

Werkzeugtoleranzen, d.h. Toleranzen für die Herstellung des Werkzeugs sind DIN 16749 zu entnehmen; sie betragen max. 1/3 der Formteiltoleranzen. *Aushebeschrägen* und *Nachbearbeitungsmöglichkeiten* sind zu beachten, ebenso die *Verarbeitungsschwindung* des verwendeten Kunststoffs.

4.12 Nachbehandlung. Secondary treatments

Meist sind Formteile nach der Formgebung ohne weitere Bearbeitung einsatzfähig. Aus technischen oder dekorativen Gründen kann aber eine Nachbehandlung notwendig werden.

Oberflächenbehandlungen. Zur gezielten Veränderung der Oberflächen oder Oberflächenstruktur oder aus werbetechnischen Gründen kann nachfolgend noch *Lackieren, Bedrucken, Heißprägen, Galvanisieren, Bedampfen* und *Beflocken* durchgeführt werden.

Spangebende Bearbeitung. Kunststoffe können nach den für Metalle bekannten Verfahren spanend nachbearbeitet werden, jedoch sind besondere Werkzeuggeometrien und andere Schnittgeschwindigkeiten zu beachten. Bei Duroplasten und PTFE ist die spanende Bearbeitung die einzige Möglichkeit einer Formänderung nach der Herstellung. Bei Thermoplasten sind Rückfederungseffekte und Aufschmelzvorgänge zu beachten (s. S 4).

5 Tribologie. Tribology

K.-H. Habig, Berlin

Tribologie ist die Wissenschaft und Technik von aufeinander einwirkenden Oberflächen in Relativbewegung (DIN 50323, Teil 1). Diese Definition ist aus der englischen Originalfassung abgeleitet: Tribology – science and technology of interacting surfaces in relative motion and the practices related thereto [1]. Die Tribologie umfaßt die Teilgebiete *Reibung, Verschleiß* und *Schmierung*. Sie steht in enger Beziehung zu den Werkstoffen der beteiligten Körper, deshalb ihre Behandlung in Teil E.

5.1 Reibung. Friction

Die Reibung wirkt der Relativbewegung sich berührender Körper entgegen (DIN 50281). Sie tritt als Reibungskraft oder Reibungsenergie in Erscheinung. Das Verhältnis der Reibungskraft F_R zur wirkenden Normalkraft F_N wird als Reibungszahl oder Reibungskoeffizient f bezeichnet (s. G 4.5 und G 5.2).

In Abhängigkeit von der Bewegungsart der Reibpartner unterscheidet man zwischen verschiedenen Reibungsarten (**Bild 1**) (s. B 1.11):

Gleitreibung. Bewegungsreibung zwischen Körpern, deren Geschwindigkeit in der Berührungsfläche nach Betrag und/oder Richtung unterschiedlich ist.

Rollreibung. Idealisierte Bewegungsreibung zwischen sich punkt- oder linienförmig berührenden Körpern, deren Geschwindigkeiten im gemeinsamen Kontaktbereich nach Betrag und Richtung gleich sind und bei der mindestens ein Körper eine Drehbewegung um eine momentane, im Kontaktbereich liegende Drehachse vollführt.

Wälzreibung. Rollreibung, der eine Gleitkomponente (Schlupf) überlagert ist.

Bohrreibung. Bewegungsreibung zwischen zwei Körpern mit relativer Drehung um eine an der Berührungsstelle senkrecht zur Oberfläche stehende Achse.

In Abhängigkeit vom Kontaktzustand der Reibungspartner treten unterschiedliche Reibungszustände auf:

Festkörperreibung. Reibung bei unmittelbarem Kontakt der Reibpartner.

Grenzreibung. Sonderfall der Festkörperreibung, bei dem die Oberflächen der Reibpartner mit adsorbierten Schmierstoffmolekülen bedeckt sind.

Flüssigkeitsreibung. Reibung in einem die Reibpartner lückenlos trennenden, flüssigen Film, der hydrodynamisch oder hydrostatisch erzeugt werden kann.

Tabelle 1. Reibungszahlen bei unterschiedlichen Reibungsarten und -zuständen

Reibungsart	Reibungszustand	Reibungszahl
Gleitreibung	Festkörperreibung	0,1 … 1
	Grenzreibung	0,1 … 0,2
	Mischreibung	0,01 … 0,1
	Flüssigkeitsreibung	0,001 … 0,01
	Gasreibung	0,0001
Rollreibung	(Fettschmierung)	0,001 … 0,005

Gasreibung. Reibung in einem die Reibpartner trennenden, gasförmigen Film, der aerodynamisch oder aerostatisch erzeugt werden kann.

Mischreibung. Reibung, bei der Festkörper- und Flüssigkeits- bzw. Gasreibung nebeneinander vorliegen.

In **Tab. 1** sind Bereiche von Reibungszahlen bei unterschiedlichen Reibungsarten und -zuständen wiedergegeben. Generell ist aber anzumerken, daß die Reibungszahl kein konstanter Kennwert eines Werkstoffs oder einer Werkstoffpaarung ist, sondern von den Beanspruchungsbedingungen und den Eigenschaften aller am Reibungsvorgang beteiligten stofflichen Elemente abhängt. Welchen Einfluß Flächenpressung, Gleitgeschwindigkeit und Temperatur bei Festkörpergleitreibung haben können, ist in **Bild 2** am Beispiel der Festkörperreibung der Gleitpaarung PTFE/Stahl ersichtlich [2].

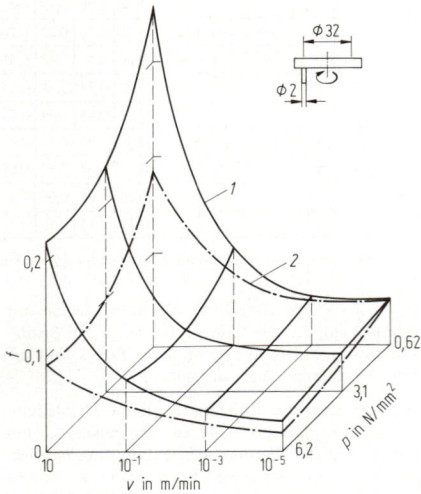

Bild 2. Reibungszahl f einer PTFE-Stahl-Gleitpaarung. p Flächenpressung, v Gleitgeschwindigkeit, Stahl: $R_z = 0,03$ µm, Umgebungsmedium: synth. Luft, 1 $T_a = 23\,°C$, 2 $T_a = 70\,°C$

5.2 Reibungszustände ölgeschmierter Gleitpaarungen. Friction states of oil lubricated sliding couples

In ölgeschmierten Gleitpaarungen mit konformem Kontakt kann der Reibungszustand durch die Stribeck-Kurve gekennzeichnet werden (s. G 5.2.1) **Bild 3**. In ihr ist die Reibungszahl über einer Parameterkombination, die im wesentlichen aus der Ölviskosität, der Gleitgeschwindigkeit und der Normalkraft besteht, aufgetragen. Ist die Summe

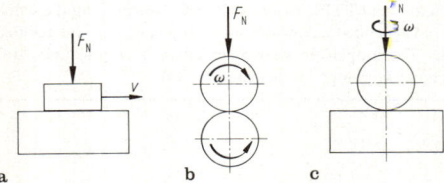

Bild 1. Bewegungsarten zwischen Reibpartnern. **a** gleiten; **b** rollen, wälzen; **c** bohren. F_N Normalkraft, v Gleitgeschwindigkeit, ω Winkelgeschwindigkeit

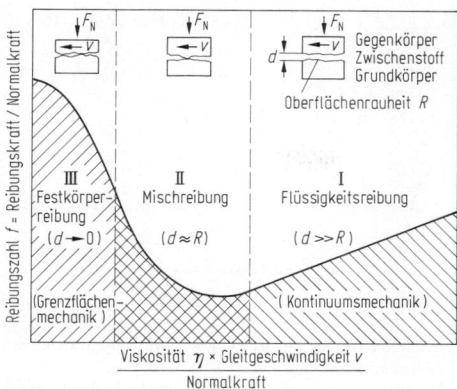

Bild 3. Die Stribeck-Kurve (schematisch)

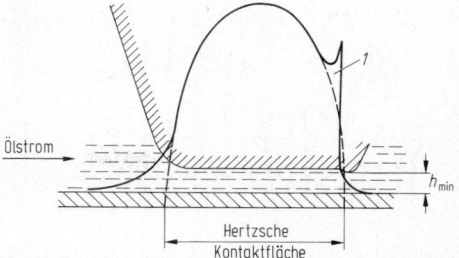

Bild 4. Druckverteilung in einem elastohydrodynamischen (EHD-) Kontakt. *1* Hertzsche Druckverteilung

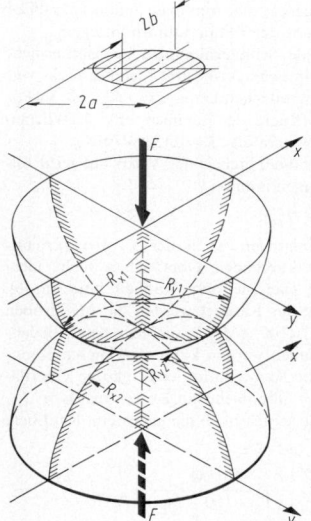

Bild 5. Kontraformer Kontakt zweier Körper

der Rauhtiefen der Gleitpartner kleiner als die Schmierfilmdicke, so herrscht reine *Flüssigkeitsreibung* bzw. *hydrodynamische Schmierung* vor. Bedingungen für diesen Reibungszustand s. G 5.2.1. Verringert sich bei konstanter Viskosität mit abnehmender Gleitgeschwindigkeit oder zunehmender Normalkraft die Dicke des Schmierfilms soweit, daß sie die Gesamtrauhtiefe beider Gleitpartner erreicht, so wird die von außen wirkende Belastung nur noch teilweise vom Schmierfilm getragen, ein anderer Teil wird von den Rauheitshügeln der Gleitpartner aufgenommen. Diesen Reibungszustand bezeichnet man als *Mischreibung*. Geht mit weiter abnehmendem Wert der Parameterkombination die Schmierfilmdicke auf Null zurück, so gelangt man in das Gebiet der *Grenzreibung*.

5.3 Elastohydrodynamische Schmierung
Elastohydrodynamic lubrication

Die bisherigen Ausführungen bezogen sich auf die Gleitreibung bei *konformem* Kontakt. Zwei Walzen oder die Zahnflanken von Zahnrädern bilden einen *kontraformen* Kontakt. In den Kontaktbereichen herrschen i. allg. wesentlich höhere Pressungen als bei konformem Kontakt. Auch für einen solchen Kontakt ist die Bildung eines trennenden Schmierfilms zwischen den Kontaktpartnern möglich, dessen Dicke mit der elastohydrodynamischen Theorie abgeschätzt werden kann [3, 4]. Diese Theorie verbindet die elastische Theorie deformierbarer Körper mit der hydrodynamischen Theorie, wobei die Zunahme der Schmierstoffviskosität mit steigendem Druck berücksichtigt wird.
Eine schematische Darstellung der Schmierfilmdicke und der Druckverteilung in einem elastohydrodynamischen Kontakt enthält **Bild 4**. Zu beachten ist die Druckspitze an der Ölaustrittsseite, unter der die Schmierfilmdicke am geringsten ist.
Unter der Annahme ideal glatter Oberflächen und isothermer Bedingungen kann die Schmierfilmdicke durch folgende Beziehungen abgeschätzt werden [5–7]:

$$H_{\min} = 3,63 U^{0,68} \cdot G^{0,49} \cdot W^{-0,073} (1 - e^{-0,68k}),$$
$$H_{\min} = h_{\min}/R_x \quad \text{(Ölstrom in } x\text{-Richtung)}.$$

Hierin sind:

$$U = \frac{\eta_0 (u_1 + u_2)}{2 E R_x}; \quad G = \alpha \cdot E; \quad W = F/(E R_x^2)$$

und $h_{\min}$ minimale Schmierfilmdicke.

Bild 5:
$$R_x = R_{x1} \cdot R_{x2}/(R_{x1} + R_{x2});$$
$$R_y = R_{y1} \cdot R_{y2}/(R_{y1} + R_{y2});$$

η_0 Ölviskosität beim Öleintritt; u_1, u_2 Oberflächengeschwindigkeiten der Körper *1* und *2*;

$$\frac{1}{E} = \frac{1}{2} \left(\frac{1 - v_1^2}{E_1} + \frac{1 - v_2^2}{E_2} \right);$$

v_1, v_2 Poissonzahlen der Körper *1* und *2*; E_1, E_2 Elastizitätsmoduli der Körper *1* und *2*; α Viskositätsdruckkoeffizient; F Normalkraft;

$$k = a/b = 1,04 \left[\frac{R_y}{R_x} \right]^{0,636}.$$

Unter realen Bedingungen muß infolge der inneren Reibung des Schmierstoffs im Schmierspalt mit einer Temperaturerhöhung gerechnet werden, wodurch die Viskosität abnimmt. Um die isotherme Theorie mit der nichtisothermen Theorie zu verknüpfen, wird ein thermischer Korrekturfaktor C_{th} eingeführt, der wiederum aus dem thermischen Belastungsfaktor L_{th} ermittelt wird [6]:

$$C_{th} = \frac{h_{\min, th}}{h_{\min, isoth}} = \frac{3,94}{3,94 + L_{th}^{0,62}},$$

mit

$$L_{th} = \eta_{0M} \frac{\alpha^* \cdot u^2}{K}.$$

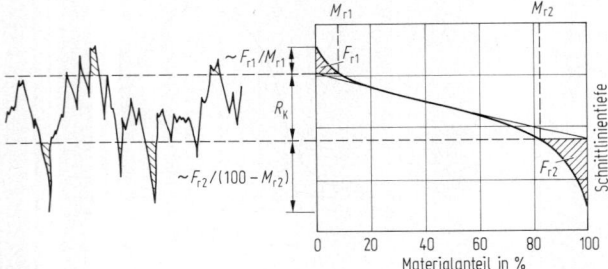

Bild 6. Rauheitskennzahlen [6]

Hierin sind $h_{\text{min, th}}$ theoretische minimale Schmierfilmdicke unter Berücksichtigung der Temperaturerhöhung, $h_{\text{min, isoth}}$ theoretische minimale Schmierfilmdicke bei isothermem Zustand, η_{0M} dynamische Viskosität beim Druck von 1 bar und Massenoberflächentemperatur T_M, α^* Viskositätstemperaturkoeffizient des Schmierstoffs, K Wärmeleitkoeffizient (für Mineralöle: $K = 0,133$ W/mK). Für die Temperaturabhängigkeit der Viskosität wird folgende Beziehung angenommen:

$$\eta_0 = \eta_{0M} e^{-\alpha^*(T_0 - T_M)}.$$

Unter realen Bedingungen ist ferner zu berücksichtigen, daß die kontaktierenden Oberflächen nicht ideal glatt sind, sondern eine meßbare Rauheit besitzen [6]. Zur Kennzeichnung der Rauheit werden die Meßgrößen F_{r1}/M_{r1}, R_K und $F_{r2}/(100 - M_{r2})$ eingeführt, deren Bedeutung **Bild 6** entnommen werden kann. Aus diesen Kennwerten wurde für die Kombination einer glatten Oberfläche mit einer rauhen Oberfläche ein Korrekturfaktor C_{RS} abgeleitet, in den zusätzlich noch die gemittelte Rauhtiefe $\bar{R}_z$ eingeht

$$C_{RS} = 0,8 \left(\frac{\bar{R}_K}{\bar{R}_z} \right)^{0,61} \left(\frac{\bar{F}_{r1}/M_{r1}}{\bar{F}_{r2}/(100 - \bar{M}_{r2})} \right)^{0,25}.$$

Die Bedingung für eine Trennung der Kontaktpartner lautet dann

$$\frac{h_{\text{min, th}}}{C_{RS}} > \bar{R}_z.$$

Dabei wird $\bar{R}_z$ aus drei am Umfang des rauhen Kontaktpartners erhaltenen Messungen arithmetisch gemittelt (s. W 2.3).

5.4 Verschleiß. Wear

Reicht die Schmierfilmdicke nicht aus, um zwei Gleit- oder Wälzpartner vollständig voneinander zu trennen, so tritt Verschleiß auf. Tribosysteme, die von vornherein ohne Schmierung betrieben werden wie z.B. Trockengleitlager, Reibungsbremsen, Transportanlagen für mineralische Stoffe u.a. unterliegen einem allmählichen Verschleiß. In DIN 50320 ist der Verschleiß definiert: *„Verschleiß ist der fortschreitende Materialverlust aus der Oberfläche eines festen Körpers, hervorgerufen durch mechanische Ursachen, d.h. Kontakt und Relativbewegung eines festen, flüssigen oder gasförmigen Gegenkörpers."*
Es folgen drei Hinweise:
– Die Beanspruchung eines festen Körpers durch Kontakt und Relativbewegung eines festen, flüssigen oder gasförmigen Gegenkörpers wird auch als tribologische Beanspruchung bezeichnet.
– Verschleiß äußert sich im Auftreten von losgelösten kleinen Teilchen (Verschleißpartikel) sowie in Stoff- und

Formänderungen der tribologisch beanspruchten Oberflächenschicht.
– In der Technik ist Verschleiß normalerweise unerwünscht, d.h. wertmindernd. In Ausnahmefällen, wie z.B. bei Einlaufvorgängen, können Verschleißvorgänge jedoch auch technisch erwünscht sein. Bearbeitungsvorgänge als wertbildende, technologische Vorgänge gelten in bezug auf das herzustellende Werkstück nicht als Verschleiß, obwohl im Grenzflächenbereich zwischen Werkzeug und Werkstück tribologische Prozesse wie beim Verschleiß ablaufen.
In DIN 50320 sind außerdem folgende, für den Verschleiß wichtige Grundbegriffe enthalten:

Verschleißarten. Unterscheidung der Verschleißvorgänge nach Art der tribologischen Beanspruchung und der beteiligten Stoffe.

Verschleißmechanismen. Beim Verschleißvorgang ablaufende physikalische und chemische Prozesse.

Verschleißerscheinungsformen. Die sich durch Verschleiß ergebenden Veränderungen der Oberflächenschicht eines Körpers sowie Art und Form der anfallenden Verschleißpartikel.

Verschleiß-Meßgrößen. Die Verschleiß-Meßgrößen kennzeichnen direkt oder indirekt die Änderung der Gestalt oder Masse eines Körpers durch Verschleiß (DIN 50321).
Verschleiß wird letztlich durch das Wirken der Verschleißmechanismen hervorgerufen. Vier Verschleißmechanismen werden als besonders wichtig angesehen [8] (s. E 1.2.3):

Adhäsion. Bildung und Trennung von atomaren Bindungen (Mikroverschweißungen) zwischen Grund- und Gegenkörper.

Tribochemische Reaktion. Chemische Reaktion von Grund- und/oder Gegenkörper mit Bestandteilen des Schmierstoffs oder Umgebungsmediums infolge einer reibbedingten, chemischen Aktivierung der beanspruchten Oberflächenbereiche.

Abrasion. Ritzung und Mikrozerspanung des Grundkörpers durch harte Rauheitshügel des Gegenkörpers oder durch harte Partikel des Zwischenstoffs.

Oberflächenzerrüttung. Rißbildung, Rißwachstum und Abtrennung von Partikeln infolge wechselnder Beanspruchungen in den Oberflächenbereichen von Grund- und Gegenkörper.
Die Verschleißmechanismen können einzeln, nacheinander oder sich überlagernd auftreten. **Tab. 2** zeigt eine Zuordnung der Verschleißmechanismen zu den unterschiedlichen Verschleißarten.

Tabelle 2. Verschleißarten und Verschleißmechanismen nach DIN 50320

Systemstruktur	Tribologische Beanspruchung (Symbole)	Verschleißart	wirkende Mechanismen (einzeln oder kombiniert)			
			Adhäsion	Abrasion	Oberfl.-zerrüttung	Tribochem. Reaktionen
Festkörper – Zwischenstoff (vollständige Film-trennung) – Festkörper	gleiten rollen wälzen prallen stoßen				×	×
Festkörper – Festkörper (bei Festkörperreibung, Grenzreibung Mischreibung)	gleiten	Gleitverschleiß	×	×	×	×
	rollen wälzen	Rollverschleiß Wälzverschleiß	×	×	×	×
	prallen Stoßen	Prallverschleiß Stoßverschleiß	×	×	×	×
	oszillieren	Schwingungs-verschleiß	×	×	×	×
Festkörper – Festkörper und Partikel	gleiten	Furchungs-verschleiß		×		
	gleiten	Korngleit-verschleiß		×		
	wälzen	Kornwälz-verschleiß		×		
Festkörper – Flüssigkeit mit Partikeln	strömen	Spülverschleiß (Erosionsverschleiß)		×	×	×
Festkörper – Gas mit Partikeln	strömen	Gleitstrahl-verschleiß (Erosionsverschleiß)		×	×	×
	prallen	Prallstrahl-Schrägstrahl-verschleiß		×	×	×
Festkörper – Flüssigkeit	strömen schwingen	Werkstoff-kavitation, Kavitationserosion			×	×
	stoßen	Tropfenschlag			×	×

5.5 Systemanalyse von Reibungs- und Verschleißvorgängen. Systems analysis of friction and wear processes

Reibung und Verschleiß hängen von einer Fülle von Einflußgrößen ab, die sich am besten mit der Methodik der Systemanalyse ordnen lassen (**Bild 7**) [9]. Danach sind Reibung und Verschleiß als Verlustgrößen eines *Tribosystems* anzusehen, in dem bestimmte Eingangsgrößen, die für das *Beanspruchungskollektiv* maßgebend sind, über die *Struktur* des Tribosystems in Nutzgrößen transformiert werden. Durch die Transformation wird die *Funktion* des Tribosystems realisiert.

5.5.1 Funktion von Tribosystemen
Function of tribosystems

Tribosysteme werden zur Verwirklichung unterschiedlicher Funktionen eingesetzt. Ein Lager hat z.B. Kräfte aufzunehmen und dabei eine Bewegung zu ermöglichen. Mit Reibungsbremsen sollen dagegen Bewegungen gehemmt werden. Getriebe dienen zur Übertragung von Drehmomenten oder zur Veränderung von Drehzahlen; mit Steuergetrieben können Informationen weitergegeben werden. Zu den möglichen Funktionen gehören auch die Gewinnung, der Transport und die Verarbeitung von Rohstoffen. Die Angabe über die Funktion von Tribosystemen ist deshalb nützlich, weil sie schon gewisse Vorstellungen über

Funktion des Tribosystems $[X] \longrightarrow [Y]$

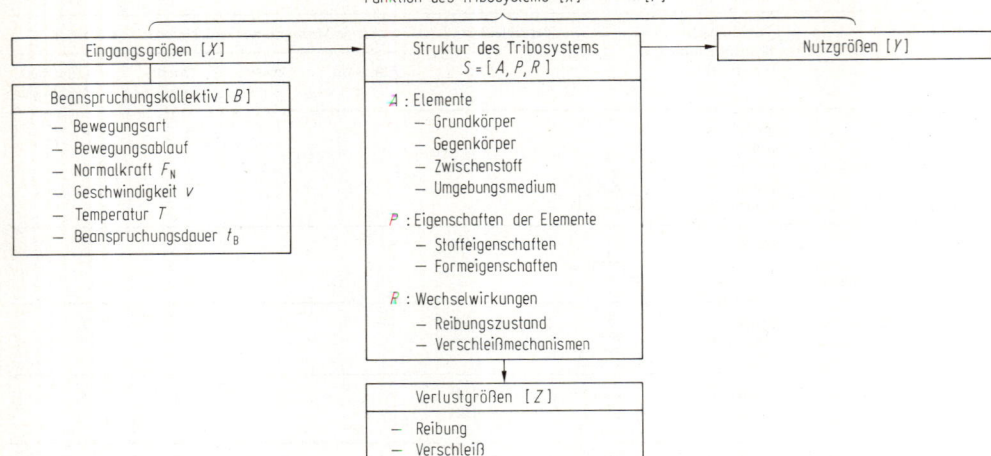

Bild 7. Schematische Darstellung eines tribologischen Systems

die Art der Bauteile und die verwendeten Werkstoffe vermittelt. Besteht die Funktion eines Tribosystems z.B. darin, einen elektrischen Stromkreis zu öffnen und zu schließen, so werden dazu häufig Schaltkontakte benötigt, die aus besonderen Kontaktwerkstoffen hergestellt werden.

5.5.2 Beanspruchungskollektiv. Operating variables

Die wichtigsten Größen des Beanspruchungskollektivs können **Bild 7** entnommen werden.
Bei den *Bewegungsarten* kann man analog zu den Reibungsarten zwischen „Gleiten, Rollen, Wälzen, Bohren" unterscheiden. Es kommen aber noch andere Arten der Bewegung, wie „Stoßen, Prallen oder Strömen" hinzu. Der *Bewegungsablauf* kann kontinuierlich, intermittierend, oszillierend oder reversierend sein. Aus der *Normalkraft* läßt sich bei Kenntnis der Abmessungen der Bauteile, der Elastizitätsmoduln der verwendeten Werkstoffe und des Reibungskoeffizienten die Werkstoffanstrengung ermitteln. Als *Geschwindigkeit* ist einerseits die Relativgeschwindigkeit zwischen Grund- und Gegenkörper von Bedeutung; für die *Wärmeabfuhr* interessiert andererseits, ob Grund- und Gegenkörper oder nur ein Körper bewegt sind. Neben der *Beanspruchungsdauer* (oder *Beanspruchungsweg*) sind auch die Stillstandszeiten zu beachten, in denen sich die Eigenschaften der Oberflächenbereiche z.B. durch Korrosion verändern können.

5.5.3 Struktur tribologischer Systeme
Structure of tribological systems

Innerhalb der *Struktur* von Tribosystemen können i.allg. vier Bauteile oder Stoffe unterschieden werden, die als Elemente bezeichnet werden (**Bild 7**).
Grund- und Gegenkörper sind in jedem Tribosystem vorhanden, während der Zwischenstoff oder das Umgebungsmedium u.U. entfällt. Zur Reibungs- und Verschleißminderung wird als Zwischenstoff in zahlreichen praktischen Anwendungen ein Schmierstoff verwendet. Der Zwischenstoff kann aber auch aus harten Partikeln bestehen, z.B. aus Erz, das in einer Kugelmühle zermahlen wird.
Für den Verschleißschutz ist häufig eine Unterscheidung zwischen *offenen* und *geschlossenen* Tribosystemen sinnvoll.

Bei offenen Systemen wird z.B. die Oberfläche eines Werkzeugs durch fortlaufend neue Oberflächenbereiche des zu bearbeitenden Werkstücks beansprucht. Seine Funktion hängt in erster Linie vom Verschleiß des als Grundkörper dienenden Werkzeugs ab, während durch den Gegenkörper die Beanspruchung erzeugt wird, ohne daß sein Verschleiß interessiert.
Bei geschlossenen Systemen, z.B. einer Nocken-Stößel-Paarung, kommen dagegen die Oberflächenbereiche beider Partner wiederholt zum Eingriff. Die Funktionsfähigkeit hängt vom Verschleiß des Nockens und des Stößels ab.

Die Elemente sind durch ihre Eigenschaften zu charakterisieren, wobei man zwischen Stoff- und Formeigenschaften sowie zwischen Volumen- und Oberflächeneigenschaften unterscheiden muß.
Reibung und Verschleiß sind letztlich durch die Wechselwirkungen zwischen den Elementen bedingt, die durch den Reibungszustand (vgl. E6.2) und die Verschleißmechanismen (vgl. E6.4) gekennzeichnet sind.

5.5.4 Tribologische Kenngrößen
Tribological characteristics

Die tribologischen Kenngrößen dienen zur quantitativen und qualitativen Kennzeichnung von Reibungs- und Verschleißvorgängen. Die Reibung wird durch die Reibungskraft F_R bzw. den Reibungskoeffizienten f charakterisiert. Die Reibungskraft F_R hängt von den Größen des Beanspruchungskollektivs B und der Systemstruktur S ab. Es gilt daher

$$F_R = f(B, S).$$

Eine ähnliche Beziehung kann man für den Verschleißbetrag W aufstellen

$$W = f(B, S).$$

Stellt man den Verschleißbetrag über der Beanspruchungsdauer dar, so ergeben sich häufig zwei unterschiedliche Kurvenverläufe, **Bild 8**. In der Einlaufphase kann ein erhöhter Einlaufverschleiß auftreten, der allmählich abklingt und in einen lang andauernden Beharrungszustand mit einem konstanten Anstieg des Verschleißbetrags (konstante Verschleißrate) übergeht, ehe ein progressiver Anstieg den Ausfall ankündigt, **Bild 8a**.

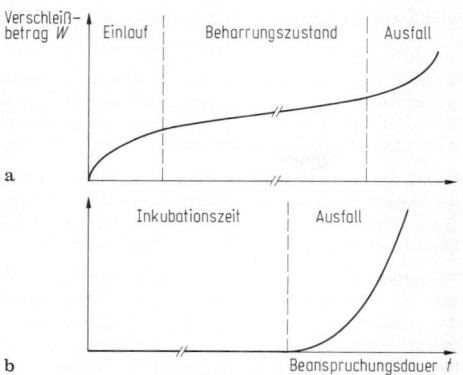

Bild 8 a und **b.** Verschleißbetrag in Abhängigkeit von der Beanspruchungsdauer

Ist primär die Oberflächenzerrüttung als Verschleißmechanismus wirksam, so tritt ein meßbarer Verschleiß häufig erst nach einer Inkubationsperiode auf, in der mikrostrukturelle Veränderungen, Rißbildung und Rißwachstum erfolgen, ehe Verschleißpartikel abgetrennt werden, **Bild 8 b**.

Da der Verschleiß immer eine Folge des Wirkens der Verschleißmechanismen ist, sollte neben der Angabe des Verschleißbetrags oder der Verschleißrate auch die Verschleißerscheinungsform in Form von licht- oder rasterelektronenmikroskopischen Aufnahmen dargestellt werden, aus denen man die Konstellation der Verschleißmechanismen entnehmen kann. Nur so ist es möglich, die Ergebnisse einer Verschleißprüfung für andere, ähnliche Fälle nutzbar zu machen.

5.5.5 Checkliste zur Erfassung der wichtigsten tribologisch relevanten Größen
Checklist for tribological characteristics

Es wurde gezeigt, daß Reibung und Verschleiß von einer Fülle von Einflußgrößen abhängen. Zur reproduzierbaren Durchführung von Reibungs- und Verschleißuntersuchungen in Betrieb und Labor ist es zweckmäßig, die wichtigsten Größen tabellarisch zu erfassen. Hierzu kann **Tab. 3** als Anleitung dienen.

5.6 Schmierstoffe. Lubricants

Schmierstoffe dienen zur Reibungs- und Verschleißminderung in tribologischen Systemen. Sie werden in unterschiedlichen Aggregatzuständen als Schmieröle, Schmierfette oder Festschmierstoffe eingesetzt. Gelegentlich werden auch Wasser oder flüssige Metalle als Schmierstoffe verwendet, wobei die Betriebsbedingungen häufig die Bildung eines die Kontaktpartner trennenden, hydrodynamisch erzeugten Films zulassen.

5.6.1 Schmieröle. Lubricating oils

Schmieröle können nach ihrer Herkunft unterteilt werden in
Mineralöle, tierische und pflanzliche Öle, synthetische Öle, sonstige.

Mineralöle, die aus Erdöl und teilweise aus Kohle gewonnen werden können, besitzen die größte Bedeutung. Sie bestehen aus Paraffinen, Naphtenen oder Aromaten. *Tierische und pflanzliche Öle* wie Rizinusöl, Fischöl, Olivenöl

Tabelle 3. Checkliste zur Erfassung der für Reibung und Verschleiß wichtigen Größen

Bezeichnung des
Tribosystems

Struktur des Tribosystems
Grundkörper
– Bezeichnung
– Abmessungen
– Werkstoff   Bezeichnung:
    Härte:
    Gefüge:
– Rauheit R_z in μm: R_a in μm:

Gegenkörper
– Bezeichnung
– Abmessungen
– Werkstoff   Bezeichnung:
    Härte:
    Gefüge:
– Rauheit R_z in μm: R_a in μm:

Zwischenstoff
– Bezeichnung
– Aggregatzustand   ☐ fest ☐ flüssig ☐ gasförmig
– Viskosität[a])   bei Raumtemperatur:
    bei Betriebstemperatur:

Umgebungsmedium
– Bezeichnung
– Aggregatzustand   ☐ flüssig ☐ gasförmig
– rel. Feuchte[b)]
– Reibungszustand: ☐ Festkörperreibung
    ☐ Grenzreibung
    ☐ Mischreibung
    ☐ Gasreibung
    ☐ Flüssigkeitsreibung

Beanspruchungskollektiv
– Bewegungsart   ☐ gleiten
    ☐ wälzen
    ☐ stoßen
– Bewegungsablauf   ☐ kontinuierlich
    ☐ intermittierend
    ☐ reversierend
    ☐ oszillierend
– Normalkraft F_N in N
– Pressung p in N/mm²
– Geschwindigkeit v in m/s
– Betriebstemperatur T in °C
– Beanspruchungsdauer t_B in h

Tribologische Kenngrößen
– Reibungszahl f
– Verschleißbetrag W_v in mm³
– Verschleißrate W_l/t in μm/h
– Verschleißerscheinungsformen

Bemerkungen

[a]) Bei flüssigem Aggregatzustand.
[b]) Bei gasförmigem Umgebungsmedium und Raumtemperatur.

u.a. werden für spezielle Anwendungen, z.B. in der Feinwerktechnik, verwendet. *Synthetische Öle* gewinnen für die Schmierung bei hohen Temperaturen und zur Reibungsminderung an Bedeutung. Hier sind besonders zu nennen: Polyetheröle (Polyalkylenglycole, Perfluorpolyalkylether, Polyphenylether), Carbonsäureester, Esteröle, Phosphorsäureester, Siliconöle, Halogenkohlenwasserstoffe.

Damit die Schmieröle ihre komplexen Aufgaben erfüllen können, müssen sie eine Reihe physikalischer und chemischer Eigenschaften besitzen [10, 11].

Eigenschaften von Schmierölen

Viskosität. Für die Erzielung eines hydrodynamischen oder elastohydrodynamischen Schmierungszustands ist die Viskosität von entscheidender Bedeutung; sie ist ein Maß für die innere Reibung des Schmieröls.

Entsprechend B 6.2 gilt für die

− *dynamische Viskosität*

$$\eta = \tau/(\mathrm{d}v/\mathrm{d}z) = \tau/D,$$

− *kinematische Viskosität*

$$v = \eta/\rho.$$

Hierin sind τ Schubspannung, die bei Scherung einer laminaren Strömung entsteht, $D = \mathrm{d}v/\mathrm{d}z$ Scher- bzw. Geschwindigkeitsgefälle, ρ Dichte des Öls.

Einheit der dynamischen Viskosität η : 1 Pa · s (= 10 Poise) und Einheit der kinematischen Viskosität v : m²/s (= 10^4 Stokes).

Die Viskosität ist keine reine Stoffkonstante, sondern i.allg. von verschiedenen Parametern wie z.B. dem Geschwindigkeits- bzw. Schergefälle D, der Zeit t, der Temperatur T und dem Druck p abhängig.

Besteht keine Abhängigkeit der Viskosität vom Schergefälle, so spricht man von *Newtonschen Flüssigkeiten* bzw. *Newtonschen Schmierölen*. Hierzu gehören reine Mineralöle sowie synthetische Öle vergleichbarer Molekülarmassen. Schmieröle, deren Viskosität vom Schergefälle abhängt, bezeichnet man als *Nichtnewtonsche Öle*. Nimmt die Viskosität mit steigendem Schergefälle ab, so handelt es sich um *strukturviskose* Öle. Der Zusatz von Additiven zu Newtonschen Grundölen kann Strukturviskosität hervorrufen, z.B. der Zusatz von Polymeren zu Motorenoder Industrieölen zur Verbesserung des sog. Viskositätsindexes.

Ist die Viskosität von der Zeit t abhängig, so ist zu unterscheiden zwischen:

Thixotropie. Abnahme der Viskosität infolge andauernder Scherbeanspruchung und Wiederzunahme nach Aufhören der Beanspruchung.

Rheopexie. Zunahme der Viskosität infolge andauernder Scherung und Wiederabnahme nach Aufhören der Beanspruchung.

Die Viskosität von Schmierölen nimmt mit steigender Temperatur ab, so daß bei jeder Viskositätsmessung die Temperatur angegeben werden muß: Die Temperaturabhängigkeit der Viskosität kann durch verschiedene Näherungsformeln angegeben werden. Für Schmieröle wird häufig die Transformation nach Ubbelohde-Walther benutzt:

$$\lg\lg(v + C) = K - m\lg T.$$

Hierbei bedeuten v die kinematische Viskosität, C eine Konstante (für Mineralöle: 0,6 bis 0,9), K eine Konstante, m die Steigung der Geraden bei einer Darstellung in entsprechend skalierten Viskositäts-Temperaturblättern und T die absolute Temperatur in K, **Anh. E 5 Bild 1, Bild 2**. Zur Beschreibung der Druckabhängigkeit der Viskosität

wird häufig die folgende Beziehung benutzt:

$$\eta_p = \eta_0 \cdot \exp(\alpha \cdot p),$$

wobei η_0 die Viskosität bei 1 bar, α den sog. Viskositätsdruckkoeffizienten und p den Druck darstellen. Die Viskosität nimmt demnach sehr stark (exponentiell) mit steigendem Druck zu, **Anh. E 5 Tab 1**.

Dichte. Sie wird für die Umrechnung der dynamischen in die kinematische Viskosität benötigt. Verschiedene Methoden zu ihrer Bestimmung sind in DIN 51 757 angegeben. Die Dichte ist temperatur- und druckabhängig (s. B 5).

Viskositätsindex. Er ist nach DIN ISO 2909 eine Maßzahl zur Charakterisierung der Temperaturabhängigkeit der Viskosität. Er wurde 1928 mit einer Skala zwischen 0 und 100 eingeführt, wobei das Öl mit der damals bekannten stärksten Temperaturabhängigkeit der Viskosität einen Viskositätsindex VI = 0 und das Öl mit der geringsten Viskositäts-Temperaturabhängigkeit den Viskositätsindex 100 hatte. Infolge verbesserter Raffinationsverfahren und der Entwicklung von synthetischen Ölen wird der Viskositätsindex von 100 heute deutlich überschritten.

Scherstabilität. Durch den Zusatz von öllöslichen Polymeren kann die Viskosität von Schmierölen erhöht bzw. ihr Viskositätsindex verbessert werden. Infolge von Scherprozessen können die Polymermoleküle zerstört werden, wodurch ein Viskositätsabfall eintritt. Um den durch Scherung bedingten irreversiblen Viskositätsabfall zu prüfen, werden Beanspruchungen im Zahnradverspannungsprüfstand, in Laborprüfständen mit Hochdruckhydraulik, in Hochdruck-Diesel-Einspritzaggregaten (nach DIN 51 382) u.a. vorgenommen.

Cloud- und Pour-Point. Die Fließfähigkeit von Schmierölen nimmt mit sinkender Temperatur ab. Der Cloud-Point gibt die Temperatur an, bei der sich ein Öl unter festgelegten Prüfbedingungen nach DIN ISO 3015 zu trüben beginnt. Der Pour-Point stellt die Temperatur dar, bei der das Öl gerade noch fließt (DIN ISO 3016).

Neutralisationsvermögen. Schmieröle können alkalische und saure Bestandteile enthalten. Saure Komponenten in Frischölen können von der Raffination oder von Schmierstoffadditiven stammen. Sie können auch während des Betriebs durch Oxidation des Schmieröls gebildet werden. Alkalisch wirkende Zusätze werden insbesondere Motorölen zugegeben, um saure Verbindungen zu neutralisieren, die durch Verbrennungsvorgänge im Motor entstehen.

Neutralisationszahl NZ. Menge an Kaliumhydroxid in mg, die notwendig ist, um die in 1 g Öl vorhandenen Säuren zu neutralisieren. Dazu wird nach DIN 51 558, Teil 1 eine 0,1 M-KOH-Lösung langsam zu einer Lösung des Öls gegeben (Titration), bis der Umschlag des Indikators p-Naphtholbenzoin die Neutralisation anzeigt.

Gesamtbasenzahl, Total base number TBN. Säuremenge, die notwendig ist, um die basischen Anteile des Öls zu neutralisieren. Sie wird angegeben in der äquivalenten Menge Kaliumhydroxid, die der Säuremenge von 1 g Öl entspricht. Die Bestimmung der TBN erfolgt nach DIN ISO 3771 durch elektrometrische Titration.

Flammpunkt. Der Flammpunkt ist die niedrigste Temperatur, bei der sich aus der zu prüfenden Ölprobe unter festgelegten Bedingungen Dämpfe in solcher Menge entwickeln, daß sie mit der über dem Flüssigkeitsspiegel liegenden Luft ein entflammbares Gemisch bilden. Liegt der Flammpunkt über 79 °C, so kann zu seiner Bestimmung die in DIN ISO 2592 genormte Methode nach Cleveland angewandt werden, bei der das Öl in einem offenen

Tabelle 4. Zusammenstellung wichtiger Schmierstoffadditive

Additiv	Aufgabe	Wirkstoffe	Wirkungsweise
Viskositätsindexverbesserer (VI-Verbesserer)	Verringerung der Viskositätsabnahme mit steigender Temperatur	polymerisierte Olefine und Isoolefine, Polymethacrylate, Polyalkylstyrole u.a.	Streckung von verknäulten Molekülen mit steigender Temperatur
Stockpunkterniedriger (Pourpointerniedriger)	Verhinderung des Stockens (Nichtfließen bei niedrigen Temp.)	Kondensationsprodukte von chloriertem Paraffin und Naphthalin, Polymethacrylate u.a.	Adsorption an den Oberflächen der Paraffinkristalle; Behinderung des Wachstums von Paraffinkristallen
Hochdruckzusätze (EP-Additive, Antiverschleiß-Additive)	Verhinderung des Fressens bzw. des adhäsiven Verschleißes bei hohen Belastungen	organische Schwefel-, Phosphor- und Chlorverbindungen und deren Kombinationen u.a.	Bildung von Reaktions-Schichten auf den tribologisch beanspruchten Oberflächen
Reibungsminderer	Verminderung der Gleitreibungszahl	Fettsäuren, Fettsäureester, Fettsäureamide, Fettsäuresalze u.a.	Bildung von Adsorptions- und Reaktionsschichten auf den tribologisch beanspruchten Oberflächen
Korrosionsinhibitoren	Einschränkung der Korrosion metallischer Werkstoffe	Fettsäuren, Stickstoff-, Phosphor-, Schwefelverbindungen u.a.	Bildung von Schutzschichten, welche den Zutritt von Sauerstoff und Wasser zur Metalloberfläche beeinträchtigen
Oxidationsinhibitoren	Verminderung der Oxidation von Schmierölen	Schwefel- und Phosphorverbindungen, Phenolderivate, Amine u.a.	Unterbrechen des Radikalkettenmechanismus der Oxidation
Detergentien	Verhinderung von Ablagerungen auf Werkstoffoberflächen	metallorganische Verbindungen wie Phenolate, Sulphonate, Phosphate, Naphtenate u.a.	Verhinderung der Koagulation von Oxidationsprodukten
Dispersants	Verhinderung der Kaltschlammbildung	Amide, Imide von mehrbasischen, organischen Säuren	Peptisation von ölunlöslichen Oxidationsprodukten
Demulgatoren	Trennung von Öl und Wasser	polare, grenzflächenaktive Verbindungen	Erhöhung der Grenzflächenspannung zwischen Öl und Wasser
Emulgatoren	Bildung von Emulsionen (für Kühlschmierstoffe)	Alkalisalze von Carbonsäuren u.a.	Herabsetzung der Grenzflächenspannung zwischen Wasser und Öl
Schaumverhütungsmittel	Verhinderung der Bildung von Schaum	Siliconpolymere u.a.	Zerstörung von Ölhäutchen, welche die Luftbläschen umgeben

Tiegel erhitzt wird. Öle mit niedrigeren Flammpunkten werden im geschlossenen Tiegel nach Abel-Pensky (DIN 57755, Flammpunkt 5 bis 65 °C) oder nach Pensky-Martens (DIN 51758, Flammpunkt 65 bis 165 °C) untersucht. Der Flammpunkt ist für das Schmierungsverhalten ohne Bedeutung.

Wärmekapazität c_p und Wärmeleitfähigkeit λ. Diese sind für die Berechnung des Wärmehaushalts und -transports von Bedeutung. Beide Größen sind temperaturabhängig, **Anh. E5 Bild 4** und **Bild 3.**

Luft im Schmieröl. Schmieröle können teilweise beträchtliche Mengen Luft lösen. Die Löslichkeit ist schwach temperatur- und stark druckabhängig. Das gelöste Luftvolumen kann nach dem Henry-Daltonschen Gesetz ermittelt werden

$$V_{Luft} = K \cdot V_{Öl} \cdot p_2 / p_1.$$

Der Bunsenkoeffizient K liegt für Mineralöle zwischen 0,07 und 0,09, für Silikonöle zwischen 0,15 und 0,25. Neben gelöster Luft können Schmieröle im Betrieb auch Luft in Form einer fein verteilten zweiten Phase enthalten, wofür die Bezeichnung Aeroemulsion, Luftemulsion oder Kugelschaum verwendet wird. Im Gegensatz zu gelöster Luft verschlechtern Aeroemulsionen das tribologische Verhalten, da Viskosität und Wärmeleitfähigkeit vermindert und Oxidationsprozesse sowie Kavitationserscheinungen verstärkt werden. Außerdem kann der Öltransport beeinträchtigt werden.
Besonders nachteilig wirkt sich ein stabiler Oberflächenschaum aus, der durch Wandern der Aeroemulsion an die Oberfläche entstehen kann. Die Bestimmung des Luftab-

scheidevermögens (Aeroemulsion) kann nach DIN 51381 und die Bestimmung des Schaumverhaltens nach DIN 51566 erfolgen.

Wasser im Schmieröl. Schmieröle sollten grundsätzlich wasserfrei sein, da Wasser die Ölalterung und die Korrosion der Werkstoffe beschleunigt sowie die Schmierfilmbildung beeinträchtigt. Die Bestimmung des Wassergehalts kann nach DIN ISO 3733 oder DIN 51777 erfolgen.

Feste Fremdstoffe im Schmieröl. Feste Fremdstoffe haben je nach ihrer Härte, Größe und Menge eine negative Wirkung, weil sie Ölbohrungen und Filter verstopfen können und Verschleiß durch Abrasion hervorrufen. Metallische Fremdpartikel beschleunigen häufig die Öloxidation. Die Bestimmung des Gehalts an Fremdstoffen erfolgt i.allg. mit einem Zentrifugierverfahren nach DIN 51365 oder einem Membranfilterverfahren.

Schmierstoffadditive. Diese sind Zusatzstoffe, die das Gebrauchsverhalten von Schmierölen verbessern. Sie können von ihrer Funktion her in zwei Gruppen eingeteilt werden (**Tab. 4**): Zusätze, die die tribologisch relevanten Eigenschaften der Schmierstoffe verbessern, wie das Viskositäts-Temperatur-Verhalten und das Reibungs- und Verschleißverhalten unter Grenz- oder Mischreibungsbedingungen und Zusätze, die andere wichtige Gebrauchseigenschaften beeinflussen, wie z.B. Oxidationsinhibitoren, Detergentien, Schaumverhütungsmittel u.a.
Additive können sich in ihrer Wirkung gegenseitig unterstützen und synergetisch wirken oder sich beeinträchtigen und somit antagonistisch wirken. Moderne Additive weisen häufig mehrere Funktionen auf, wodurch die Gefahr ihrer gegenseitigen Störung vermindert wird.

Einteilung der Schmieröle

Nach ihrer Anwendung können die Schmieröle folgendermaßen unterteilt werden:
- Maschinenschmieröle (s. G 4.4.2),
- Zylinderöle (s. P 1.5.2),
- Turbinenöle (s. R 8.5.3),
- Motorenöle,
- Getriebeöle (s. G 8.3),
- Kompressorenöle,
- Umlauföle,
- Hydrauliköle (s. H 1.2),
- Metallbearbeitungsöle, Kühlschmierstoffe (s. S 4.3.1),
- Textil- und Textilmaschinenöle.

Ausführliche Angaben zu den Ölen sind in den DIN-Taschenbüchern 20, 32, 57, 58, 192 und 228 enthalten. Die größte Gruppe der Schmieröle stellen die Motorenöle dar, die nach ihrer Viskosität klassifiziert werden. Die Klassifizierung wurde von der Society of Automative Engineers (SAE) in Zusammenarbeit mit der Society for Testing and Materials (ASTM) erstellt und von der DIN 51 511 übernommen, **Anh. E 5 Tab. 2**. Für die SAE-Viskositätsklassen 5W bis 20W sind die Viskositätswerte bei −18 und +100 °C festgelegt, für die Öle 20 bis 50 nur die Viskositätswerte bei 100 °C. Durch Kombination der Klassen 5W bis 20W mit den Klassen 20 bis 50 können sog. Mehrbereichsöle abgedeckt werden, die infolge ihres verbesserten Viskositäts-Temperaturverhaltens mehrere Viskositätsklassen überdecken und damit einen Winter- und Sommerbetrieb ermöglichen.

5.6.2 Schmierfette. Lubricating greases

Schmierfette sind feste oder halbflüssige Produkte einer Dispersion aus einem eindickenden Stoff und einem flüssigen Schmierstoff. In der Schmierungstechnik erfüllen sie vor allem folgende Aufgaben.
- Abgabe einer hinreichenden Menge von flüssigem Schmierstoff durch langsame Separation, um Reibung und Verschleiß über weite Temperaturbereiche und lange Zeiträume zu verhindern,
- Abdichtung gegen Wasser und Fremdpartikel.

Die meisten Schmierfette bestehen aus einer Seife (Alkali- oder Erdalkaliseife) mit 4 bis 20 Massen-%, dem Schmieröl mit 75 bis 95 Massen-% und Additiven mit 0 bis 5 Massen-%.

Konsistenzklassen. Nach ihrer Verformbarkeit (*Walkpenetration*) werden die Schmierfette in unterschiedliche NLGI-Konsistenzklassen eingeteilt (NLGI: National Lubrication Grease Institute), **Anh. E 5 Tab. 3** nach DIN 51818.

Die Konsistenz wird nach DIN ISO 2137 durch das Eindringen (Penetration) eines Standardkonus in eine Schmierfettprobe unter definierten Prüfbedingungen ermittelt, indem die Eindringtiefe nach einer bestimmten Eindringdauer gemessen wird.

Fließverhalten. Das Fließverhalten von Schmierfetten kann durch die Konsistenzklassen nur unzureichend beschrieben werden. Bei den Schmierfetten handelt es sich um Stoffe mit Nichtnewtonschem Fließverhalten, das von der Temperatur, dem Schergefälle, der Scherzeit und der Vor-

geschichte abhängt. Im allgemeinen nimmt die Viskosität von Schmierfetten mit steigendem Schergefälle und zunehmender Scherzeit ab.

Anwendungen. Schmierfette werden im Temperaturbereich von −70 bis ca. 350 °C zur Schmierung von Maschinenelementen wie Wälz- und Gleitlagern, Gleitbahnen, Getrieben u.a. eingesetzt, wobei sie gleichzeitig zum Abdichten dienen (s. G 4.4.3).

5.6.3 Festschmierstoffe. Solid lubricants

Festschmierstoffe liegen in festem Aggregatzustand vor. Sie werden zur Schmierung unter extremen Bedingungen wie z.B. bei sehr hohen oder sehr tiefen Temperaturen, in aggressiven Medien, im Vakuum u.a. benötigt. Festschmierstoffe bestehen aus folgenden Gruppen von Stoffen:
- Verbindungen mit *Schichtgitterstruktur*. Dazu gehören: Graphit, Molybdändisulfid, Dichalcogenide, Metallhalogenide, Graphitfluorid, hexagonales Bornitrid.
- *oxidische* und *fluoridische* Verbindungen der Übergangs- und Erdalkalimetalle. Dazu gehören: Bleioxid, Molybdänoxid, Wolframoxid, Zinkoxid, Cadmiumoxid, Kupferoxid, Titandioxid u.a., Calciumfluorid, Bariumfluorid, Strontiumfluorid, Lithiumfluorid, Natriumfluorid.
- *weiche Metalle*, wie Blei, Indium, Silber u.a.
- *Polymere*, insbesondere Polytetrafluorethylen (PTFE).

Besondere Bedeutung kommt den Festschmierstoffen zu, die vollständig oder teilweise aus Graphit oder Molybdändisulfid bestehen. Bei der Anwendung von Graphit ist darauf zu achten, daß er nur dann eine niedrige Reibung aufweist, wenn in seinem Gitter Wassermoleküle gelöst sind, die die Scherfestigkeit der hexagonalen Basisflächen herabsetzen. Im Vakuum ist Graphit daher als Festschmierstoff nicht geeignet, **Bild 9**. Dagegen besitzt Molybdändisulfid im Vakuum besonders niedrige Reibungszahlen, während es in feuchter Luft höhere Reibungszahlen hat und vor allem bei höheren Temperaturen zersetzt wird [11].

Bei der Anwendung von PTFE ist darauf zu achten, daß die Reibungszahl mit steigender Gleitgeschwindigkeit stark zunimmt, **Bild 2**.

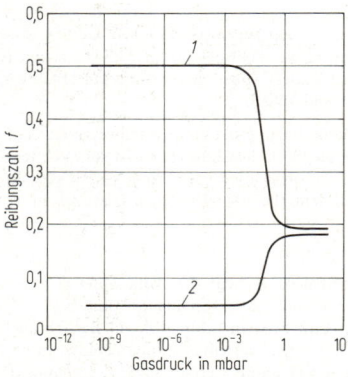

Bild 9. Reibungszahl von *1* Graphit und *2* Molybdändisulfid [12]

6 Anhang E: Diagramme und Tabellen
Appendix E: Diagrams and tables

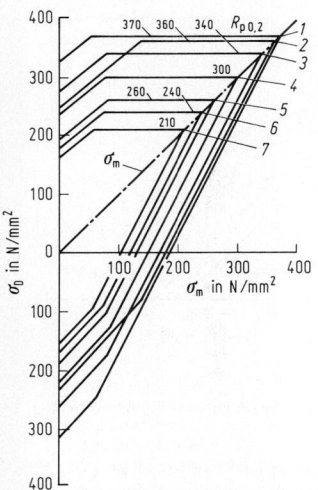

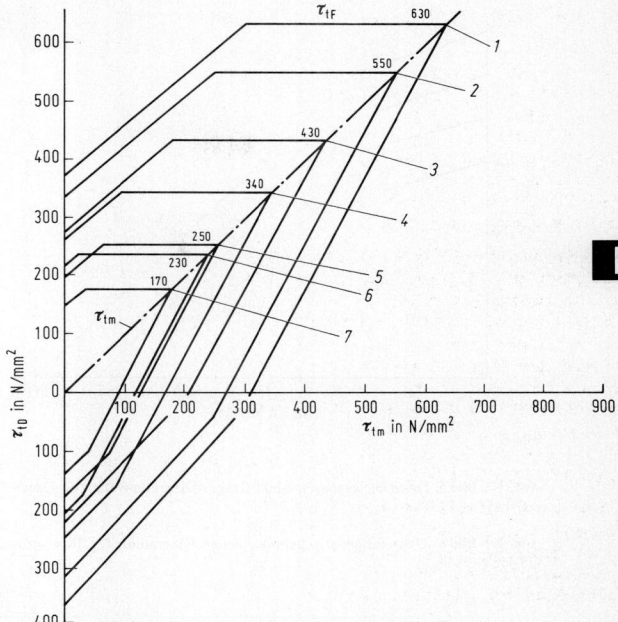

Anh. E1 Bild 1. Dauerfestigkeitsschaubild (Smith-Diagramm) für Zug-Druck-Beanspruchung [58]. Allgemeine Baustählen nach DIN 17100: *1* St 70; *2* St 52–3; *3* St 60; *4* St 50; *5* St 42; *6* St 37; *7* St 34

Anh. E1 Bild 2. Dauerfestigkeitsschaubild (Smith-Diagramm) für Torsionsbeanspruchung [58]. *1* 42 CrMo 4; *2* 34 Cr 4; *3* 16 MnCr 5; *4* C 45, Ck 45; *5* C 22, Ck 22; *6* St 60; *7* St 37

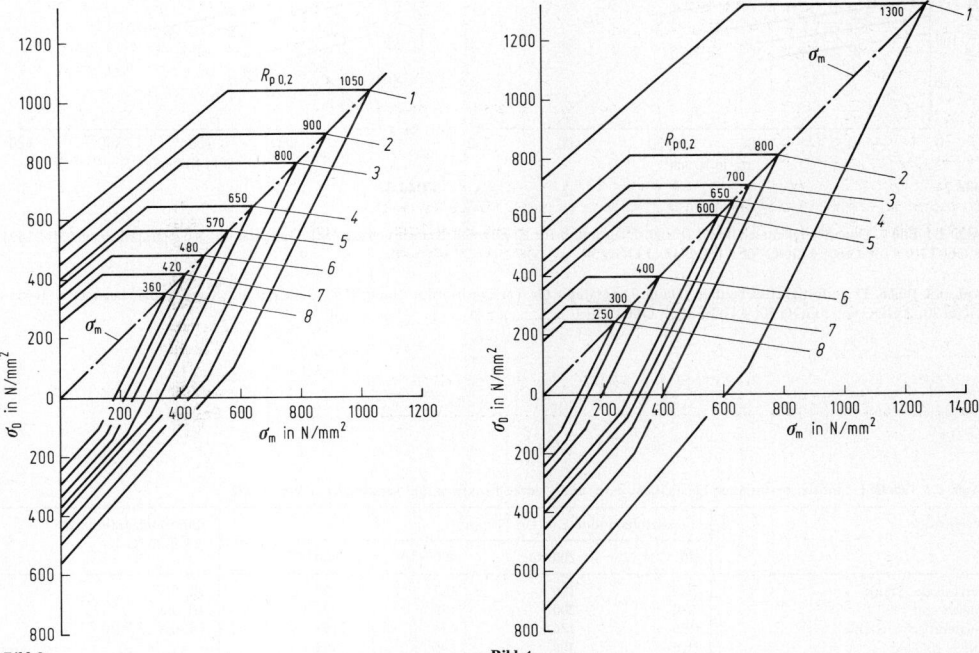

Bild 3   **Bild 4**

Anh. E1 Bild 3. Dauerfestigkeitsschaubild (Smith-Diagramm) für Zug-Druck-Beanspruchung [58]. Vergütungsstähle nach DIN 17200: *1* 30 CrMoV 9, 30 CrNiMo 8; *2* 42 MnV 7, 42 CrMo 4; 42 CrV 6, 36 CrNiMo 4; 50 CrMo 4, 50 CrV 4; 34 CrNiMo 6; *3* 37 MnSi 5, 34 Cr 4; 36 Cr 6, 41 Cr 4; 34 CrMo 4; *4* 40 Mn 4, 27 MnCr 4, 30 Mn 5, 27 MnCrV 4, 40 Mn 4; *5* C 60, Ck 60; *6* C 45, Ck 45; *7* C 35, Ck 35; *8* C 22, Ck 22

Anh. E1 Bild 4. Dauerfestigkeitsschaubild (Smith-Diagramm) für Zug-Druck-Beanspruchung [58]. Einsatzstähle nach DIN 17210: *1* 41 Cr 4; *2* 18 CrNi 8; *3* 20 MnCr 5; *4* 15 CrNi 6; *5* 16 MnCr 5; *6* 15 Cr 3; *7* C 15, Ck 15; *8* C 10, Ck 10

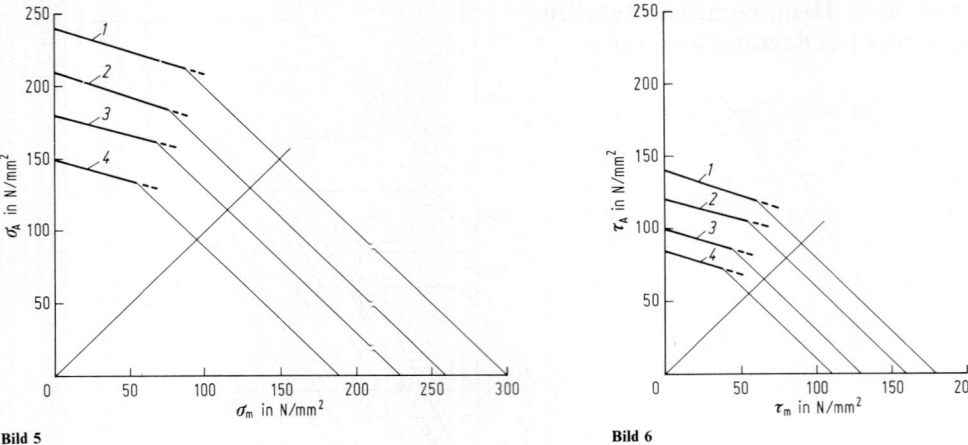

Bild 5

Bild 6

Anh. E1 Bild 5. Dauerfestigkeitsschaubild (Haigh-Diagramm) für Zug-Druck-Beanspruchung [58]. Stahlguß nach DIN 1681: *1* GS 60; *2* GS 52; *3* GS 45; *4* GS 38

Anh. E1 Bild 6. Dauerfestigkeitsschaubild (Haigh-Diagramm) für Torsionsbeanspruchung [58]. Stahlguß nach DIN 1681: *1* GS 60; *2* GS 52; *3* GS 45; *4* GS 38

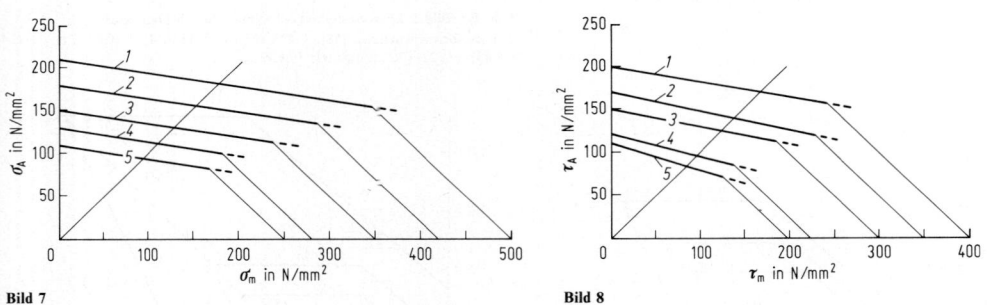

Bild 7

Bild 8

Anh. E1 Bild 7. Dauerfestigkeitsschaubild (Haigh-Diagramm) für Zug-Druck-Beanspruchung [58]. Gußeisen mit Kugelgraphit nach DIN 1693: *1* GGG 70; *2* GGG 60; *3* GGG 50; *4* GGG 42; *5* GGG 38

Anh. E1 Bild 8. Dauerfestigkeitsschaubild (Haigh-Diagramm) für Torsionsbeanspruchung [58]. Gußeisen mit Kugelgraphit nach DIN 1693: *1* GGG 70; *2* GGG 60; *3* GGG 50; *4* GGG 42; *5* GGG 38

Anh. E1 Tabelle 1. Statisch bestimmter Elastizitätsmodul und Querkontraktionszahl verschiedener Werkstoffe

Werkstoffe	Elastizitätsmodul E in 10^3 N/mm²				Querkontraktionszahl μ bei 20 °C
	20 °C	200 °C	400 °C	600 °C	
ferritische Stähle	211	196	177	127	rd. 0,3
Stähle mit ca. 12% Cr	216	200	179	127	rd. 0,3
austenitische Stähle	196	186	174	157	rd. 0,3
NiCr 20 TiAl	216	208	196	179	
Gußeisen GG-20	90…115				0,25…0,26
GG-30	110…140				0,24…0,26
GG-40	125…155				0,24…0,26
GGG-38 bis GGG-72	170…185	168…180	135…145		0,28…0,29
Aluminiumlegierungen	60… 80	54… 72			rd. 0,33
Titanlegierungen	112…130	99…113	88… 93	77…80	0,32…0,38

Anh. E1 Tabelle 2. Übersicht über Werkstoffkennwerte bei Raumtemperatur und höheren Temperaturen

Temperatur T °C	Beanspruchungs-art	Werkstoffkennwert K			
		Fließen		Bruch	
		Zeichen	Bezeichnung	Zeichen	Bezeichnung
Raumtemperatur	Zug[a]	$R_{p0,2}(\sigma_{0,2})$ $R_e(\sigma_s)$	0,2 %-Dehngrenze Streckgrenze	$R_m(\sigma_B)$	Zugfestigkeit
	Druck	σ_{dF}	Druck-Fließgrenze	σ_{dB}	Druckfestigkeit
	Biegung	$\sigma_{bF}\,\sigma_{b0,2}$	Biege-Fließgrenze	σ_{bB}	Biegefestigkeit
	Verdrehung	$\tau_F, \tau_{0,4}$	Verdreh-Fließgrenze	τ_B	Verdrehfestigkeit
höhere Temperatur	Zug[a] $T < T_K$[b]	$R_{p0,2/T}(\sigma_{0,2/T})$	Warmstreckgrenze	$R_{m/T}(\sigma_{B/T})$	Warmfestigkeit
	Zug[a] $T > T_K$[b]	$R_{p0,2/t/T}(\sigma_{0,2/t/T})$	Zeitdehngrenze	$R_{m/t/T}(\sigma_{B/t/T})$	Zeitstandfestigkeit

[a] Die in diesen Spalten angegebenen Kennzeichnungen entsprechen den Empfehlungen der „International Organisation for Standardisation" (ISO) sowie der von der Europäischen Gemeinschaft für Kohle und Stahl (EGKS) herausgegebenen Euronorm. Die früheren Kennzeichen wurden in Klammern angegeben.
[b] T_K = Rekristallisationstemperatur.

Anh. E1 Tabelle 3. Festigkeitskennwerte von Vergütungsstählen bei statischer und schwingender Beanspruchung für die Beanspruchungsarten Zug, Biegung und Torsion [23]

Werkstoff	Statische Werkstoffkennwerte in N/mm²				Schwingfestigkeitskennwerte in N/mm² (für 90 % Überlebenswahrscheinlichkeit)					
	Zug		Biegung	Torsion	Wechselfestigkeitswerte			Schwellfestigkeitswerte		
	R_m	$R_{p0,2}$	σ_{bF}	τ_F	σ_{zdW}	σ_{bW}	τ_W	σ_{zSch}	σ_{bSch}	τ_{Sch}
Ck 35	650	420	540	270	250	310	180	400	470	270
Ck 45	750	480	620	310	300	370	210	480	550	310
40 Mn 4	900	650	720	410	350	430	260	560	660	410
34 Cr 4 34 CrMo 4	1 000	800	890	450	380	490	280	620	750	450
42 CrMo 4 36 CrNiMo 4	1 100	900	980	500	420	520	310	680	800	500
50 CrV 4	1 200	1 000	1 080	520	440	550	340	720	850	520

Anh. E1 Tabelle 4. Gleichung zum Errechnen von Formzahlen an symmetrischen Kerbstäben

	Flachstab				Rundstab					
	gekerbt		abgesetzt		gekerbt			abgesetzt		
	z	b	z	b	z	b	t	z	b	t
A	0,10	0,08	0,55	0,40	0,10	0,12	0,40	0,44	0,40	0,40
B	0,7	2,2	1,1	3,8	1,6	4,0	15,0	2,0	6,0	25,0
C	0,13	0,20	0,20	0,20	0,11	0,10	0,10	0,30	0,80	0,20
k	1,00	0,66	0,80	0,66	0,55	0,45	0,35	0,60	0,40	0,45
l	2,00	2,25	2,20	2,25	2,50	2,66	2,75	2,20	2,75	2,25
m	1,25	1,33	1,33	1,33	1,50	1,20	1,50	1,60	1,50	2,00

z = Zug b = Biegung t = Torsion

$$\alpha_k = 1 + \cfrac{1}{\sqrt{\dfrac{A}{\left(\dfrac{t}{\rho}\right)^k} + B\left[\dfrac{1+\dfrac{a}{\rho}}{\dfrac{a}{\rho}\sqrt{\dfrac{a}{\rho}}}\right]^l + C\dfrac{\dfrac{a}{\rho}}{\left(\dfrac{a}{\rho}+\dfrac{t}{\rho}\right)\left(\dfrac{t}{\rho}\right)^m}}}$$

Anh. E 3 Tabelle 1. Auswahl der Baustähle nach DIN 17100

Stahlsorte		Zugfestigkeit R_m für Erzeugnisdicken in mm		Obere Streckgrenze R_{eH} für Erzeugnisdicken in mm		Probenlage	Bruchdehnung A_5 für Erzeugnisdicken in mm		Kerbschlagarbeit A_v[b]) ISO-Spitzkerbproben (längs) für Erzeugnisdicken in mm			
Kurzname	Werkstoff-Nr.	< 3	≥ 3 ≤ 100	≤ 16	> 16 ≤ 40		≥ 3 ≤ 40	> 40 ≤ 63	Behandl.-zustand[a])	Prüftemp. °C.	≥ 10 ≤ 16	> 16 ≤ 63
		N/mm²		N/mm² min			% min.				J min.	
St 33	1.0035	310...540	290	185	175[c])	längs	18	—	U, N	—	—	—
						quer	16					
St 37-2	1.0037								U, N	+20	27	—
USt 37-2	1.0036								U, N	+20	27	—
RSt 37-2	1.0038	360...510	340...470	235	225	längs	26	25	U, N	+20	27	27
						quer	24	23				
St 37-3	1.0116								U	± 0	27	27
									N	−20	27	27
St 44-2	1.0044								U, N	+20	27	27
St 44-3	1.0144	430...580	410...540	275	265	längs	22	21	U	± 0	27	27
						quer	20	19	N	−20	27	27
St 52-3	1.0570	510...680	490...630	355	345	längs	22	21	U	± 0	27	27
						quer	20	19	N	−20	27	27
St 50-2	1.0050	490...660	470...610	295	285	längs	20	19	U, N	—	—	—
						quer	18	17				
St 60-2	1.0060	590...770	570...710	335	325	längs	16	15	U, N	—	—	—
						quer	14	13				
St 70-2	1.0070	690...900	670...830	365	355	längs	11	10	U, N	—	—	—
						quer	10	9				

[a]) U umgeformt, unbehandelt; N normalgeglüht. [b]) Mittelwert aus 3 ISO-Spitzkerbproben. [c]) Dieser Wert gilt nur für Dicken bis 25 mm.

Anh. E 3 Tabelle 2. Gewährleistete Festigkeitswerte einiger Vergütungsstähle nach DIN 17200 im vergüteten Zustand

Stahlsorte		Bis 16 mm Durchmesser		Über 16...40 mm Durchmesser		Über 40...100 mm Durchmesser		Über 100...160 mm Durchmesser		Über 160...250 mm Durchmesser	
Kurzname	Werkstoff-nummer	$R_{p\,0,2\,min.}$ N/mm²	R_m N/mm²	$R_{p\,0,2\,min.}$ N/mm²	R_m N/mm²	$R_{p\,0,2\,min.}$ N/mm²	R_m N/mm²	$R_{p\,0,2\,min.}$ N/mm²	R_m N/mm²	$R_{p\,0,2\,min.}$ N/mm²	R_m N/mm²
C 35[a])	1.0501	430	630/ 780	370	600/ 750	320	550/ 700	—	—	—	—
C 45[a])	1.0503	500	700/ 850	430	650/ 800	370	630/ 780	—	—	—	—
C 60[a])	1.0601	580	850/1000	520	800/ 950	450	750/ 900	—	—	—	—
Ck 35[b])	1.1181	430	630/ 780	370	600/ 750	320	550/ 700	—	—	—	—
Ck 45[b])	1.1191	500	700/ 850	430	650/ 800	370	630/ 780	—	—	—	—
Ck 60[b])	1.1221	580	850/1000	520	800/ 950	450	750/ 900	—	—	—	—
28 Mn 6[b])	1.1170	590	780/ 930	490	690/ 840	440	640/ 790	—	—	—	—
34 Cr 4[b])	1.7033	700	900/1100	590	800/ 950	460	700/ 850	—	—	—	—
41 Cr 4[b])	1.7035	800	1000/1200	660	900/1100	560	800/ 950	—	—	—	—
34 CrMo 4[b])	1.7220	800	1000/1200	650	900/1100	550	800/ 950	500	750/ 900	450	700/ 850
42 CrMo 4[b])	1.7225	900	1100/1300	750	1000/1200	650	900/1100	550	800/ 950	500	750/ 900
34 CrNiMo 6[b])	1.6582	1000	1200/1400	900	1100/1300	800	1000/1200	700	900/1100	600	800/ 950
30 CrNiMo 8[b])	1.6580	1050	1250/1450	1050	1250/1450	900	1100/1300	800	1000/1200	700	900/1100
50 CrV 4[b])	1.8159	900	1100/1300	800	1000/1200	700	900/1100	650	850/1000	600	800/ 950

[a]) Qualitätsstahl.   [b]) Edelstahl.

Anh. E3 Tabelle 3. Nitrierstähle nach DIN 17211

Stahlsorte		Mechanische Eigenschaften im vergüteten Zustand		
Kurzname	Werk-stoff-nummer	Durch-messer mm	$R_{p\,0,2\,min.}$ N/mm²	R_m N/mm²
31 CrMo 12	1.8515	≦100 >100≦250	800 700	1000…1200 900…1100
31 CrMoV 9	1.8519	≦100 >100≦250	800 700	1000…1200 900…1100
15 CrMoV 59	1.8521	≦100 >100≦250	750 700	900…1100 850…1050
34 CrAlMo 5	1.8507	≦ 70	600	800…1000
34 CrAlNi 7	1.8550	≦100 >100≦250	650 600	850…1050 800…1000

Anh. E3 Tabelle 4. Einsatzstähle nach DIN 17210

Stahlsorte		Mechanische Eigenschaften an blindgehärteten Querschnitten		
Kurzname	Werk-stoff-nummer	Durch-messer mm	$R_{e\,min.}$ N/mm²	R_m N/mm²
C 10[a]	1.0301	11 30	390 295	640/ 780 490/ 640
Ck 15[b]	1.1141	11 30	440 355	740/ 880 590/ 780
17 Cr 3[b]	1.7016	11 30	510 440	780/1030 690/ 880
16 MnCr 5[b]	1.7131	11 30 63	635 590 440	880/1180 780/1080 640/ 930
20 MnCr 5	1.7147	11 30	735 685	1080/1360 980/1280
15 CrNi 6[b]	1.5919	11 30 63	685 635 540	960/1270 880/1180 780/1080
17 CrNiMo 6[b]	1.6587	11 30 63	835 785 685	1180/1420 1080/1320 980/1270
Cm 15[c]	1.1140	11 30	440 355	740/ 880 590/ 780
20 MoCrS 4[c]	1.7323	11 30	635 590	880/1180 780/1080

[a]) Qualitätsstahl.   [b]) Edelstahl.   [c]) Edelstahl mit gewährleisteter Spanne des Schwefelgehalts.

Anh. E3 Tabelle 5. Auswahl nichtrostender Stähle nach DIN 17440

Stahlsorte		Wärme-behandlungs-zustand	R_m N/mm²	Beständigkeit gegen interkristalline Korrosion[b]	
Kurzname	Werkstoffnummer			im Lieferzustand	im geschweißten Zustand[a]
Ferritische und martensitische Stähle					
X 20 Cr 13	1.4021	vergütet	750/950	ng	ng
X 45 CrMoV 15	1.4116	geglüht	≦900	ng	ns
X 6 CrTi 17	1.4510	geglüht	450/600	g	g
X 12 CrMoS 17	1.4104	vergütet	640/840	ng	ng
Austenitische Stähle					
X 5 CrNi 18 10	1.4301	abgeschreckt	500/700	g	g
X 6 CrNiTi 18 10	1.4541	abgeschreckt	500/730	g	g
X 6 CrNiMoTi 17 12 2	1.4571	abgeschreckt	500/730	g	g
X 2 CrNiMoN 17 12 2	1.4406	abgeschreckt	580/800	g	g

[a]) Ohne Wärmebehandlung.
[b]) g=gewährleistet; ng=nicht gewährleistet; ns=nicht schweißbar.

E

Anh. E3 Tabelle 6. Auswahl warmfester und hochwarmfester Stähle

Verwendung	Kurzname	Werkstoffnummer	$R_{p\,0,2\,min}$ N/mm²	R_m N/mm²	$A_{5\,min}$ %	$R_{m/10^5}$ N/mm² 400°C	450°C	500°C	550°C	600°C	650°C	700°C	800°C	900°C
Kesselbleche nach DIN 17155	HI (<0,16% C, 0,8% Mn)	1.0345	225[a]	350/480	23	132	69							
	17 Mn 4[b,c]	1.0844	285[a]	440/580	20	179	85	41						
	15 Mo 3[b,c]	1.5415	275[a]	420/590	19		245	93						
	13 CrMo 4 4[b,c]	1.7335	295[a]	420/590	19		285	137	49					
nahtlose Rohre und Sammler nach DIN 17175	St 35.8 (<0,17% C, 0,6% Mn)	1.0305	225[a]	360/480	25	132	69							
	10 CrMo 9 10[c]	1.7380	280[a]	450/600	20		221	125	68	34				
	14 MoV 6 3[c]	1.7715	320[a]	460/610	20			170	85					
	X 20 CrMoV 12 1[c]	1.4922	490[a]	690/840	17			235	128	59	23			
Schrauben und Muttern nach DIN 17240[f]	Ck 35 (0,65% Mn)	1.1181	280	500/650	22	138	69	34						
	24 CrMo 5	1.7258	440	600/750	18		226	36						
	21 CrMoV 5 7	1.7709	550	700/850	16		328	188	95					
	X 22 CrMoV 12 1[d]	1.4923	600	800/950	14		432	275	137	59				
	X 8 CrNiMoBNb 16 16[d,e]	1.4986	500	650/850	16						275	157		
	NiCr 20 TiAl (Nimonic 80 A)	2.4952	600	≥ 1000	12					416	272	157	75	
Rohre, Bleche, Bänder, Stabstahl, Schmiedestücke nach DIN 17459 und DIN 17460	X 6 CrNi 18 11	1.4948	185	500/700	40				192	140	89	52	28	
	X 6 CrNiMo 17 13	1.4919	205	490/690	35					175	120	69	34	
	X 8 CrNiNb 16 13	1.4961	205	510/690	35					108	64	34		
	X 8 CrNiMoVNb 16 13	1.4988	255	540/740	30					172	98			
	X 8 NiCrAlTi 32 21 (Alloy 800)	1.4959	170	500/750								46	25	9,9

a) Blechdicke oder Wanddicke > 16 ≤ 40 mm.
b) Auch in DIN 17175: Nahtlose Rohre und Sammler aus warmfesten Stählen.
c) Auch in DIN 17243: Schmiedestücke und Stabstahl aus warmfesten schweißgeeigneten Stählen.
d) Auch in SEW 670: Hochwarmfeste Stähle.
e) Warmkaltverfestigt und ausgelagert.

f) Relaxationseigenschaften: Restspannung nach $3 \cdot 10^4$ h bei einer Anfangsdehnung von 0,2%.

Temperatur in °C:		400	450	500	550	600
Werkstoff:	21 CrMoV 5 7:	250	154	56		
	X 22 CrMoV 12 1:	216	155	85	38	
	NiCr 20 TiAl:		342	310	237	149

Anh. E3 Tabelle 8. Auswahl hitzebeständiger Stähle nach SEW 470[a]

Stahltyp	Kurzname	Werkstoffnummer	$R_{p\,0,2\,min}$ N/mm²	R_m N/mm²	$A_{5\,min}$ %	$R_{m/10^5}$ N/mm² 600 °C	800 °C	900 °C	Höchste Anwendungstemperatur in Luft °C
ferritische Stähle	X 10 CrAl 7	1.4713	220	420/620	20	20	2,3	1,0	800
	X 10 Cr 13	1.4724	250	450/650	15				850
	X 10 CrAlSi 24	1.4762	280	520/720	10				1150
b)	X 15 CrNiSi 25 4	1.4821	400	600/850	16	20	2,3	1,0	1100
austenitische Stähle	X 10 CrNiTi 18 10	1.4878	210	500/700	35	65	10		850
	X 15 CrNiSi 25 20	1.4841	230	550/750	30	80	7	3	1150
	X 12 CrNiSi 35 16	1.4864	230	550/750	30	75	7	3	1100

(Die drei ferritischen Stähle sind durch eine Klammer zu den Werten 20 / 2,3 / 1,0 zusammengefasst.)

a) In gleicher oder ähnlicher Zusammensetzung auch in Euronorm 95: Hitzebeständige Stähle
b) Ferritisch-austenitischer Stahl.

E

Anh. E3 Tabelle 7. Auswahl hochwarmfester Fe-, Co- und Ni-Legierungen

Walz- und Schmiedewerkstoffe

Legierungstyp	Kurzname[a]	Werkstoffnummer	Chemische Zusammensetzung (Mittelwerte) Gewichts-%											Anhaltsangaben zu den mechanischen Eigenschaften[b]			
			C	Co	Cr	Fe	Ni	Mo	Ti	Al	W	V	Sonstige	$R_{p0,2}$ N/mm²	R_m N/mm²	A_5 %	$R_{m/10^3}$ N/mm²
Fe-Basis-Legierung	X 5 NiCrTi 26 15 (A-286)	1.4980	0,05		15,0	Rest	26,0	1,3	2,15	0,20		0,3		690	1000	25	732 °C: 145 / 700 °C: 156[f] / 800 °C: 72[f]
	X 40 CoCrNi 20 20 (S-590)[c]	1.4977	0,43	20	21	Rest	20	4,0			4,0		Nb: 4,0				600 °C: 303[f]
Co-Basis-Legierung	S-816		0,40	Rest	20,0	3,0	20,0	4,0			4,0		Nb: 4,0	485	970	35	815 °C: 145
Ni-Basis-Legierungen	NiCr 20 TiAl[d] (Nimonic 80A)	2.4952	0,06	1,0	20,5	<5,0	Rest		2,05	1,4				735	1180		700 °C: 333 / 800 °C: 118 / 900 °C: 26
	NiCo 20 Cr 15 MoAlTi (ähnl. Nimonic 115)	2.4634	0,15	20,0	15,0	<1,0	Rest	5,0	1,2	4,5				785	1180	16	700 °C: 500 / 800 °C: 250 / 900 °C: 93
	NiCr 21 Fe 18 Mo (Hastalloy X)	2.4603	0,10	1,5	22,0	18,5	Rest	9,0			0,6			360	790	43	760 °C: 128 / 871 °C: 34 / 982 °C: 16
	NiCr 23 Co 12 Mo[e] (Alloy 617)	2.4663	0,08	12,0	22,0	2,0	Rest	9,0	0,35	1,0				300	680/950	30	800 °C: 65[f] / 900 °C: 30[f] / 1000 °C: 10[f]
	Inconel 718	2.4668	0,08	1,0	19,0	17,0	Rest	3,1	0,9	0,5			Nb + Ta: 4,9	1185	1430	21	649 °C: 593 / 760 °C: 172 / 871 °C: 150
	Udimet 520		0,05	12,0	19,0		Rest	6,0	3,0	2,0	1,0			860	1310	21	649 °C: 385 / 760 °C: 345

Feingußlegierungen

Legierungstyp	Kurzname[a]	Werkstoffnummer	C	Co	Cr	Fe	Ni	Mo	Ti	Al	W	V	Sonstige	$R_{p0,2}$ N/mm²	R_m N/mm²	A_5 %	$R_{m/10^3}$ N/mm²
Co-Basis-Legierungen	X-40		0,50	Rest	25,5	2,0	10,5				7,5	0,95		525	750	9	815 °C: 352 / 982 °C: 343
	FSX 414		0,25	Rest	29,0	1,0	10				7,5			440	740	11	816 °C: 118
Ni-Basis-Legierungen	MAR-M-247		0,1	10,0	8,2	1,5	Rest	0,6	1,0	5,5	10,0		Ta: 3 Hf: 1,5 B, Zr	815	905	6	871 °C: 290 / 927 °C: 195 / 982 °C: 125
	IN-100		0,18	15,0	9,5	1,0	Rest	3,0	4,8	5,5			B, Zr	850	1010	9	760 °C: 517 / 871 °C: 255 / 982 °C: 103
	IN 713 C		0,12		12,5		Rest	4,2	0,8	6,1			Nb: 2,0 Zr: 0,1	740	850	7,9	760 °C: 448 / 871 °C: 193 / 982 °C: 90
	IN 738 LC		0,05	8,5	16,0	0,5	Rest	1,8	3,5	3,5	2,6		Ta: 1,8 Nb, Zr	950	1100	5,5	760 °C: 475 / 871 °C: 215 / 982 °C: 83

a) Zum Teil gebräuchliche Markenbezeichnungen.
b) Weitere Angaben von Werkstoffherstellern erfragen.
c) Nach „Ergebnisse deutscher Zeitstandversuche langer Dauer". Bericht FVHT/FVV Nr. 2-87, Düsseldorf 1987
d) Auch in DIN 17240: Warmfeste und hochwarmfeste Werkstoffe für Schrauben und Muttern.
e) Nach VdTÜV-Werkstoffblatt 485 ($R_{p0,2}$ und A_5: Mindestwerte).
f) $R_{m/10^4}$.

Anh. E3 Tabelle 9. Beispiele für kaltzähe Stähle nach DIN 17280 und DIN 17440

Stahltyp	Kurzname	Werkstoff-nummer	Mechanische Eigenschaften					
			$R_{p0,2}$ N/mm²	R_m N/mm²	A_5 %	Mindestkerbschlagarbeit in J		
						−80 °C	−120 °C	−195 °C
Ni-legiert	10 Ni 14	1.5637	355	470/640	20	35		
	12 Ni 19	1.5680	390	510/710	19	40	27	
	X 8 Ni 9	1.5662	490	640/840	18	50	35	27
austenitischer CrNi-Stahl	X 5 CrNi 18 10	1.4301	195	500/700	45	[1]	[1]	[1]
	X 6 CrNiTi 18 10	1.4541	200	500/730	40	[1]	[1]	[1]
	X 6 CrNiNb 18 10	1.4550	205	510/740	40	[1]	[1]	[1]

[1] Für austenitische Stähle werden in DIN 17440 keine Werte für die Mindestkerbschlagarbeit bei tiefen Temperaturen angegeben. Sie weisen jedoch bis zu Temperaturen unterhalb −200 °C hervorragende Kaltzähigkeitseigenschaften auf.

Anh. E3 Tabelle 11. Geeignete übliche Werkstoffe für Schrauben mit Festigkeitsklassen entsprechend DIN ISO 898 T 1[a]), Fertigungsverfahren und Abmessungen

Festig-keits-klasse	Fertigungsverfahren			Schrauben-abmessung	Wärmebehandlung nach		
	Kaltformen	Warmformen	Zerspanen		Kaltformen	Warmformen	Zerspanen
3.6 4.6	QSt 36-2 ≙ 1.0203 QSt 36.2 ≙ 1.0204 QSt 38-2 ≙ 1.0217 QSt 38-2 ≙ 1.0224	RSt 37-2 ≙ 1.0038 RSt 44-2 ≙ 1.0419	9 S 20 ≙ 1.0711	bis M 39	glühen	glühen	keine
4.8	QSt 36-2 ≙ 1.0203 QSt 38-2 ≙ 1.0204		9 S 20 ≙ 1.0711	üblich bis M 16	keine		keine
5.6	Cq 22 ≙ 1.1152	St 50-2 ≙ 1.0533		bis M 39	glühen	glühen	
5.8	Cq 22 ≙ 1.1152 Cq 35 ≙ 1.1172		9 SMn 28 ≙ 1.0715 10 S 20 ≙ 1.0721	bis M 39	keine		keine oder vergüten
6.8	Cq 35 ≙ 1.1172 35 B 2 ≙ 1.5511 Cq 45 ≙ 1.1192	C 45 ≙ 1.0503 46 Cr 2 ≙ 1.7006	10 S 20 ≙ 1.0721	bis M 39	keine oder vergüten	vergüten	keine oder vergüten
8.8	22 B 2 ≙ 1.5508 28 B 2 ≙ 1.5510	22 B 2 ≙ 1.5508 28 B 2 ≙ 1.5510	nicht üblich	bis M 12			
	19 MnB 4 ≙ 1.5523 35 B 2 ≙ 1.5511 Cq 35 ≙ 1.1172 Cq 45 ≙ 1.1192	C 45 ≙ 1.0503 46 Cr 1 ≙ 1.7002		bis M 22			
	34 Cr 4 ≙ 1.7033 37 Cr 4 ≙ 1.7034	46 Cr 2 ≙ 1.7006		von M 24 bis M 39			
10.9	19 MnB 4 ≙ 1.5523 35 B 2 ≙ 1.5511 Cq 35 ≙ 1.1172	19 MnB 4 ≙ 1.5523 35 B 2 ≙ 1.5511 Cq 35 ≙ 1.1172		bis M 8			
	34 Cr 4 ≙ 1.7033	41 Cr 4 ≙ 1.7035	wenig bzw. nicht üblich	ab M 8 bis M 18		vergüten	
	41 Cr 4 ≙ 1.7035 34 CrMo 4 ≙ 1.7220 42 CrMo 4 ≙ 1.7225	41 Cr 4 ≙ 1.7035 34 CrMo 4 ≙ 1.7220 42 CrMo 4 ≙ 1.7225		bis M 39			
12.9	34 CrMo 4 ≙ 1.7220 37 Cr 4 ≙ 1.7034 41 Cr 4 ≙ 1.7035	34 CrMo 4 ≙ 1.7220 37 Cr 4 ≙ 1.7034 41 Cr 4 ≙ 1.7035		bis M 18			
	42 CrMo 4 ≙ 1.7225	42 CrMo 4 ≙ 1.7225		bis M 24			
	30 CrNiMo 8 ≙ 1.6580 34 CrNiMo 6 ≙ 1.6582	30 CrNiMo 8 ≙ 1.6580 34 CrNiMo 6 ≙ 1.6582		bis M 39			

[a]) DIN ISO 898 T 1 gilt nur für Schrauben mit Nenndurchmessern bis M 39. Schrauben mit größeren Durchmessern können aus den Werkstoffen, deren Verwendung bis M 39 vorgesehen ist, gefertigt werden, wobei die mechanischen Eigenschaften den Anforderungen nach DIN ISO 898 T 1 entsprechen müssen.

Anh. E 3 Tabelle 10. Wichtige Werkzeugstähle und ihr häufigster Verwendungszweck

Stahlsorten		Härtewerte		Häufiger Verwendungszweck
Kurzname	Werkstoff-nummer	weichgeglüht HB max.	Arbeitshärte HRC	
a) Stähle zum Stanzen und Schneiden (Trennen)				
X 210 CrW 12	1.2436	255	58–64	Schneidwerkzeuge ≤ 3 mm
X 155 CrVMo 12 1	1.2379	255	58–64	Schneidwerkzeuge ≤ 6 mm
			58–60	Feinschneidewerkzeuge > 12 mm
X 100 CrMoV 5 1	1.2363	240	58–64	Schneidwerkzeuge ≤ 12 mm
90 MnCrV 8	1.2842	229	55–60	
60 WCrV 7	1.2550	229	55–60	Schneidwerkzeuge > 12 mm
45 WCrV 7	1.2542	225	48–50	Knüppelschermesser
X 220 CrVMo 13 4	1.2380	260	60–65	wie Werkstoffnr. 1.2379, jedoch verschleißfester
b) Stähle zum Zerspanen (Trennen)				
S 6-5-2	1.3343	300	64	Spiralbohrer, Sägen
S 6-5-2-5	1.3243	300	65	Fräser, Gewindebohrer
S 6-5-3	1.3344	300	65	Gewindebohrer, Senker, Reibahlen
S 10-4-3-10	1.3207	300	66	Drehlinge
S 12-1-4-5	1.3202	300	66	Formfräser
80 CrV 2	1.2235	248	42…48	Holzsägen
C 125 W	1.1663	213	63…66	Feilen
c) Stähle zum Warmumformen (Schmieden)				
55 NiCrMoV 6	1.2713	248	32…40	Hammergesenke für Stahl, Vollgesenke
56 NiCrMoV 7	1.2714	248	32…40	wie Werkstoffnr. 1.2713
145 V 33	1.2838	230	45	Hammergesenke für flache Gravuren
X 48 CrMoV 8 11	1.2360	250	45	Verschleißfeste Preßgesenke höherer Warmhärte
X 38 CrMoV 5 1	1.2343	229	42…46	Preßwerkzeuge
d) Stähle zum Warmumformen (Strangpressen)				
X 40 CrMoV 5 1	1.2344	229	42…52	Strangpreßmatrizen, Rezipienten, Preßstempel, Preßdorne, Preßwerkzeuge
X 45 CoCrWV 5 5 5	1.2678	250	44…48	Preßmatrizen, Preßwerkzeuge
X 20 CoCrWMo 10 9	1.2888	320	50…55	Preßmatrizen, Preßdorne
NiCr 19 CoMo	2.4973		[a]	Matrizen, Dorne zum Verpressen von Schwermetall
X 50 NiCrWV 13 13	1.2731		35…40	Matrizen zum Verpressen von Schwermetall
e) Stähle zum Kaltumformen (Prägen, Fließpressen und Walzen)				
60 WCrV 7	1.2550	229	58–62	Prägewerkzeuge
75 NiCrMo 5 3 3	1.2773	240	60–64	Prägewerkzeuge
S 6-5-2	1.3343	300	62–65	Fließpreßstempel, Preßbüchsen, Gewinderollen, Kaltwalzen
X 155 CrVMo 12 1	1.2379	255	59–62	Ziehstempel, Ziehringe, Gewinderollen, Arbeitswalzen in Vielrollengerüsten
85 CrMo 7	1.2304	230	61–65	Kaltwalzen
f) Stähle zum Warmurformen (Druckgießformen)				
X 38 CrMoV 5 1	1.2343	229	42…46	Druckgießformen
X 40 CrMoV 5 1	1.2344	229	42…46	
X 40 CrMoV 5 3	1.2367	229	40…46	Druckgießformen für Schwermetalle
X 20 CoCrWMo 10 9	1.2888	320	50…55	Kerne, Formeinsätze
X 3 NiCoMoTi 18 9 5	1.2709	330 [b]	50…53	Kerne, Formenteile
g) Stähle zum Warmurformen (Glasverarbeitung)		HB		
X 21 Cr 13	1.2082	220	250…300	Glasformen für niedrigschmelzende Gläser, Glaswalzen
X 23 CrNi 17	1.4057	275	220…300	wie X 21 Cr 13, jedoch größere Stückzahlen
X 16 CrNiSi 25 20	1.4841	223	ca. 200	Glasformen für hochschmelzende Gläser und hohe Stückzahlen, Glaswalzen
h) Stähle zum Kalturformen (Kunststoffverarbeitung)				
X 6 CrMo 4	1.2341	108	62	einsenkbare Formen, Vielfachformen
21 MnCr 5	1.2162	212	62	mittelgroße Formen, einsatzgehärtet
X 19 NiCrMo 4	1.2764	255	62	große Formen, einsatzgehärtet
X 45 NiCrMo 4	1.2767	262	48…56	große Formen, gut härtbar
40 CrMnMo 7	1.2311	230	32	große Formen bis 400 mm Dicke, vorvergütet
40 CrMnNiMo 8 6 4	1.2738	240	32	sehr große Formen ab 400 mm Dicke, vorvergütet
40 CrMnMoS 8 6	1.2312	230	32	große Formen, vorvergütet, gut zerspanbar
X 42 Cr 13	1.2083	225	52	Formen zur Verarbeitung von aggressiven Kunststoffen
X 36 CrMo 17	1.2316	285	27–31	Formen zur Verarbeitung von aggressiven Kunststoffen
X 20 Cr 13	1.2082	230	30	für korrosionsbeständige Formen, relativ zäh

[a] Zugfestigkeit im lösungsgeglühten und ausgehärteten Zustand 1 300 N/mm^2.

[b] Im lösungsgeglühten Zustand.

Anh. E3 Tabelle 12. Werkstoffe für Federn

Werkstoffart		Kurzname	Werk-stoff-nummer	Zugfestigkeit R_m N/mm²	E/G-Modul kN/mm²	
Warmgewalzte Stähle für vergütbare Federn DIN 17221	Edelstähle	38 SiCr 7 54 SiCr 6 60 SiCr 7 55 Cr 3 50 CrV 4 51 CrMoV 4	1.5023 1.7102 1.7108 1.7176 1.8159 1.7701		$E \approx 206$ $G \approx 80$	
Kaltgewalzte Stahlbänder für Federn DIN 17222	Qualitäts-stähle			kaltgewalzt + gehärtet + angelassen[a])		
		C 55 C 60 C 67 C 75 55 Si 7	1.0535 1.0601 1.0603 1.0605 1.0904	1150…1650 1180…1680 1230…1770 1320…1870 1300…1800	E: 206	
	Edelstähle	Ck 55 Ck 60 Ck 67 Ck 75 Ck 85 Ck 101 71 Si 7 67 SiCr 5 50 CrV 4	1.1203 1.1221 1.1231 1.1248 1.1269 1.1274 1.5029 1.7103 1.8159	1150…1650 1180…1680 1230…1770 1320…1870 1400…1950 1500…2100 1500…2200 1500…2200 1400…2000	G: 78 (nach DIN 17222, 8.5.6)	
Patentiert gezogener Federdraht aus unlegierten Stählen DIN 17223 Teil 1		A B C D		1720…1970 bei ⌀ 1 mm 1060…1230 bei ⌀ 10 mm 1980…2220 bei ⌀ 1 mm 1240…1400 bei ⌀ 10 mm 1980…2200 bei ⌀ 2 mm 1410…1570 bei ⌀ 10 mm 2230…2470 bei ⌀ 1 mm 1410…1570 bei ⌀ 10 mm	E: 206 G: 81,5 (nach DIN 17223 Teil 1.5.4.3)	
Ölschlußvergüteter Federstahldraht aus unlegierten und legierten Stählen DIN 17223 Teil 2		VD VD CrV VD SiCr		1850…2000 bei ⌀0,5 mm 1910…2060 bei ⌀0,5 mm 2080…2230 bei ⌀0,5 mm	E: 206	
		FD FD CrV FD SiCr		1900…2100 bei ⌀0,5 mm 2000…2100 bei ⌀0,5 mm 2100…2300 bei ⌀0,5 mm	(nach DIN 17223	
Federdraht u. Federband aus nichtrostenden Stählen DIN 17224		X 12 CrNi 17 7 X 7 CrNiAl 17 7 X 5 CrNiMo 17 12 2	1.4310 1.4568 1.4401	1900…2150 bis ⌀ 1 mm 1250…1500 bis ⌀10 mm 1800…2050 bis ⌀ 1 mm 1300…1550 bis ⌀ 6 mm 1500…1750 bis ⌀ 1 mm 1050…1300 bis ⌀ 8 mm	E:*) 185 (195) G: 70 (73) E: 195 (200) G: 73 (78) E: 180 (190) G: 68 (71)	

*) Werte für walzharten Zustand K (Werte für gewalzten und angelassenen bzw. warmausgelagerten Zustand K + A).

Verwendungsbeispiele, -Bereiche	Bemerkungen		
	Grenzabmessungen für Durchhärtbarkeit		
	Flacherzeugnisse (Dicke in mm)	Rundstahl (Durchmesser in mm)	
Diese Federstähle werden im allgemeinen zu vergüteten Blatt-, Drehstab-, Kegel-, Schrauben- und Tellerfedern, Federringen sowie anderen federnden Teilen aller Art verarbeitet.	– 12 14 14 20 35	$\varnothing$ 18 $\varnothing$ 22 $\varnothing$ 22 $\varnothing$ 30 $\varnothing$ 60	
Kaltgewalztes Band in Dicken ≤ 5 mm und Breiten ≤ 600 mm, vorwiegend für Federn, aber auch für andere hochbeanspruchte Teile der verschiedensten Art. Kaltgewalztes Stahlband für Federn zeichnet sich durch hohe Maßgenauigkeit und gute Oberflächenbeschaffenheit aus und bietet im kaltgewalzten + gehärteten + angelassenen Zustand (H + A) die Möglichkeit zum Erzielen hoher Härte-, Zugfestigkeits- und Elastizitätsgrenzwerte.	Banddicke, bis zu der die Zugfestigkeitswerte gelten [b]) in mm 2,0 2,0 2,5 2,5 2,0 2,0 2,0 2,5 2,5 2,5 2,0 3,0 3,0 3,0		Zweckmäßigstes Härteverfahren: Abschrecken in Öl (Randauskohlung muß vermieden werden) Federn für höchste Ansprüche sollten möglichst eine polierte Oberfläche aufweisen.
Zug-, Druck-, Dreh- und Formfedern mit geringer statischer oder seltener dynamischer Beanspruchung Zug-, Druck-, Dreh- und Formfedern mit mittlerer statischer und geringer dynamischer Beanspruchung Zug-, Druck-, Dreh- und Formfedern mit hoher statischer und geringer dynamischer Beanspruchung Zug- und Druckfedern mit hoher statischer und mittlerer dynamischer Beanspruchung sowie bei Dreh- und Formfedern mit hoher statischer und hoher dynamischer Beanspruchung	$d = (1{,}0 \dots 10\text{ mm})$ $d = (0{,}3 \dots 20\text{ mm})$ $d = (2{,}0 \ \dots 20\text{ mm})$ $d = (0{,}07 \dots 20\text{ mm})$		
hohe dynamische Torsionsbeanspruchung bei Raumtemperatur sehr hohe dynamische Torsionsbeanspruchung bis 80 °C Betriebstemperatur sehr hohe dynamische Torsionsbeanspruchung bis 100 °C Betriebstemperatur	$d = (0{,}50 \dots 10\text{ mm})$		
G 79,5 statische Beanspruchung Teil 2.5.5.3)	$d = (0{,}50 \dots 17\text{ mm})$		
Federhart gezogener Draht für Druck-, Zug-, Dreh-(Schenkel-) und Formfedern. Federhart gewalztes Band für Blatt-, Flachschenkel-, Tellerfedern und sonstige Formfedern Formfedern	Federn und federnde Teile aller Art, die Korrosionseinflüssen durch Luft, Wasserdampf oder sonstigen chemisch angreifenden Mitteln ausgesetzt sind Die Betriebstemperatur soll bei den Stählen X 12 CrNi 17 7 und X 5 CrNiMo 17 12 2 ≈ 250 °C und bei Stahl X 7 CrNiAl 17 7 ≈ 350 °C nicht überschreiten		

E

Anh. E3 Tabelle 12 (Fortsetzung)

Werkstoffart			Kurzzeichen	Werk-stoff-nummer	Zugfestigkeit R_m N/mm²	E/G-Modul kN/mm²	
Bänder und Bleche aus Kupfer-Knetlegierungen (Auswahl einiger härterer Zustände, die für Federn geeignet sind)	Kaltverfestigend	Messing	CuZn 37 F 61 c, f)	2.0321.34	min. 610 bei Dicken von 0,2 bis 2 mm	E d, e) 110 im angelassenen Zustand	
		Bronze	CuSn 6 F63	2.1020.34	min. 630 bei Dicken von 0,1 bis 2 mm	E d, e) 115 im angelassenen Zustand	
			CuSn 8 F66	2.1030.34	min. 660 bei Dicken von 0,1 bis 2 mm	E d, e) 115 im angelassenen Zustand	
			CuSn 6 Zn 6 F 76	2.1080.34	min. 760 bei Dicken von 0,1 bis 2 mm		
		Neusilber	CuNi 18 Zn 20 H 210	2.0740.34	min. 680 bei Dicken von 0,1 bis 2 mm	E d, e) 140 im angelassenen Zustand	
			CuNi 18 Zn 27 H 220	2.0742.34	min. 700 bei Dicken von 0,1 bis 2 mm		
	Aushärtbar		CuBe 1.7 F 124	2.1245.76	ausgehärtet 1240...1380 0,2–3 mm dick	E: 135	
			CuBe 2 F 131	2.1247.76	ausgehärtet 1310...1480, 0,2–3 mm dick	E: 130...135	
			CuCo 2 Be F 85	2.1285.79	ausgehärtet 850...1000, 0,2–3 mm dick	E: 138	
Runde Federdrähte aus Kupfer-Knetlegierungen DIN 17682	Kaltverfestigend	Messing	CuZn 36 F 70 f)	2.0335.39	750... 930 bei $\varnothing \geq 0,3...0,8$ mm 700... 800 bei $\varnothing$ 0,8...1,5 mm 650... 770 bei $\varnothing$ 1,5...3,0 mm n. Vereinbarung bei $\varnothing > 3,0$ mm	E: 110 d, e) G: 39 d, e)	
		Bronze	CuSn 6 F 95 f)	2.1020.39	1050...1230 bei $\varnothing$ 0,1...0,3 mm 1000...1180 bei $\varnothing$ 0,3...0,8 mm 950...1100 bei $\varnothing$ 0,8...1,5 mm 900...1020 bei $\varnothing$ 1,5...3,0 mm n. Vereinbarung bei $\varnothing > 3,0$ mm	E: 115 d, e) G: 42 d, e)	
		Neusilber	CuNi 18 Zn 20 F 83 f)	2.0740.39	860...1040 bei $\varnothing > 0,3...0,8$ mm 830... 980 bei $\varnothing$ 0,8...1,5 mm 800... 920 bei $\varnothing$ 1,5...3,0 mm n. Vereinbarung bei $\varnothing > 3,0$ mm	E: 135 d, e) G: 45 d, e)	
	Aushärtbar		CuBe 2	2.1247	420...1550 je nach Werkstoffzustand	E: 120...135 d, e) je nach Werkstoffzustand G: 47 d, e)	
			CuCoBe	2.1285	250...1000 je nach Werkstoffzustand	E: 130...138 d, e) je nach Werkstoffzustand G: 48 d, e)	

a) Hinweis: Innerhalb der hier angegebenen Zugfestigkeitsbereiche kann vom Besteller eine seinen Erfordernissen entsprechende engere Zugfestigkeitsspanne von im allgemeinen >200 N/mm² bei der Bestellung festgelegt werden. Wenn in Sonderfällen, zum Beispiel für Lieferungen für zu biegende Federn, die Einhaltung engerer Zugfestigkeitsbereiche als 200 N/mm² erforderlich ist, so sind diese bei der Bestellung besonders zu vereinbaren. Für eine vorgegebene Zugfestigkeit sollte die Stahlsorte unter Berücksichtigung vor allem der Dicke und der Einsatzbedingungen der Federn ausgesucht werden.

Verwendungsbeispiele, -Bereiche	Bemerkungen
Blattfedern, Federn aus Blechen, Bändern; bei Gefahr von Spannungsrißkorrosion andere Werkstoffe verwenden	Festigkeitseigenschaften von Kupferknetlegierungen Bleche u. Bänder: DIN 17670 Teil I Stangen: DIN 17672 Teil 1 Drähte: DIN 17677 Teil 1
Federn aller Art, insbesondere für Elektroindustrie; Membranen, Federungskörper, -Rohre	

	Zusammensetzung:
	Kupfer-Zink-Legierungen
	  (Messing) (Sondermessing): DIN 17660
	Kupfer-Zinn-Legierungen
	  (Zinnbronze): DIN 17662
	Kupfer-Nickel-Zink-Legierungen

Blattfedern	(Neusilber): DIN 17663
Federn aller Art, Membranen	
Federn aller Art: besonders bei Gefahr von Spannungsrißkorrosion. Besonders für stromführende Federn nach DIN 43801 Teil 1	
Federn aller Art, besonders bei Gefahr von Spannungsrißkorrosion. Besonders für stromführende Federn nach DIN 43801 Teil 1	
Relaisfedern	
Federn aller Art Die bei Schraubenzugfedern eingewickelte Vorspannung geht während der Aushärtung verloren	

[b]) Hinweis: Bei größeren Dicken sind die Zugfestigkeitswerte bei der Bestellung zu vereinbaren.
[c]) Es wird empfohlen, Federn aus CuZn 37 zum Herabsetzen der Empfindlichkeit gegen Spannungsrißkorrosion anzulassen.
[d]) Für die Abnahme nicht bindend.
[e]) Im allgemeinen streut der E-Modul und der Gleitmodul um $\pm 5\%$.
[f]) Die F-Zahlen im Kurzzeichen entsprechen 1/10 des Mindestwertes der Zugfestigkeit für den Durchmesserbereich über 0,8...1,5 mm.

E

Anh. E3 Tabelle 13. Magnetische und technologische Eigenschaften einiger kalt- und warmgewalzter Elektrobleche und -bänder nach DIN 46400

Stahlsorte		Nenn-dicke	Ummagneti-sierungs-verlust W/kg		Magnetische Induktion T (Tesla) mind. bei einer Feldstärke A/m				Verlust-anisotropie	Stapel-faktor	Biege-zahl	Dichte
Kurzname	Werkstoff-nummer	mm	max. bei P 1,0 P 1,5		2500 (B 25)	5000 (B 50)	10000 (B 100)	(30000)[a] (B 300)	% max.	min.	min.	kg/dm^3
		Kaltgewalzt										
V 110-35A	1.0899	0,35	1,1	2,7	1,49	1,60	1,71	(1,89)	± 14	0,95	2	7,60
V 135-50A	1.0897	0,50	1,35	3,3	1,49	1,60	1,71	(1,89)	± 14	0,97	3	7,60
V 230-50 A	1.0893	0,50	2,3	5,3	1,54	1,64	1,75	(1,97)	± 12	0,97	10	7,70
		Warmgewalzt										
V 90-35 B	1.0883	0,35	0,9	2,3	1,47	1,59	1,70	(1,88)	± 8	0,93	2	7,55
V 110-50 B	1.0879	0,50	1,1	2,7	1,47	1,59	1,70	(1,88)	± 8	0,95	2	7,55
V 200-50 B	1.0874	0,50	2,0	4,8	1,49	1,61	1,72	(1,93)	± 6	0,95	10	7,65

[a]) Die einwandfreie Messung der Werte für die Feldstärke 30000 A/m (B 300) ist wegen der auftretenden Erwärmung im 25-cm-Epsteinrahmen nur bei Anwendung besonderer Maßnahmen möglich.
Begriffe s. U 1.3.

Anh. E3 Tabelle 14. Auswahl verschiedener Stahlgußwerkstoffe

Art	Kurzname	Werkstoff-nummer	Mechanische Eigenschaften		
			$R_{p\,0,2}$ N/mm^2	R_m N/mm^2	A_5 %
Stahlguß für allgemeine Verwendung nach DIN 1681	GS-38	1.0420	200	360	25
	GS-52	1.0552	260	520	18
	GS-60	1.0558	300	600	15
Vergütungsstahlguß nach SEW 510-62	GS-Ck 25	1.1155	275	490/635	20[a]
	GS-25 CrMo 4 ⎫	1.7218	510	735/885	12[a]
	GS-42 CrMo 4 ⎬ 0,65% Mn	1.7225	665	885/1030	9[a]
	GS-40 NiCrMo 6 5 6 ⎭	1.6748	685	885/1030	11[a]
nichtrostender Stahlguß nach DIN 17445	G-X 8 CrNi 13 [b] ⎫ 1,0% Mn	1.4008	440	590/780	15
	G-X 22 CrNi 17 [b] ⎭	1.4059	590	780/980	4
	G-X 6 CrNi 18 9 [c] ⎫	1.4308	175	440/640	20
	G-X 6 CrNiMo 18 10 [c] ⎬ 1,5% Mn	1.4408	185	440/640	20
	G-X 5 CrNiMoNb 18 10 [c] ⎭	1.4581	185	440/640	20

[a]) Festigkeitsstufe II, bis 30 mm Wanddicke. [b]) Ferritischer Stahlguß. [c]) Austenitischer Stahlguß.

Anh. E3 Tabelle 15. Auswahl einiger warmfester und hitzebeständiger Stahlgußwerkstoffe

Art	Kurzname	Werk-stoff-nummer	$R_{p\,0,2}$ min. N/mm^2	R_m N/mm^2	A_5 %	Mechanische Eigenschaften $R_{m/10^5}$ N/mm^2					Höchste An-wendungs-temperatur in Luft in °C
						400 °C	450 °C	500 °C	550 °C	600 °C	
ferritischer Stahlguß	GS-C25[a])[c]) ⎫	1.069	245	440/590	22	160	83	40			500
	GS-22 Mo 4[a]) ⎪	1.549	245	440/590	22		196	92	29		530
	GS-17 CrMoV 5 11[a]) ⎬ 0,65% Mn	1.7706	440	590/780	15		275	171	96	28	540
	GS-18 CrMo 9 10[a]) ⎪	1.7379	400	590/740	18		255	142	66	29	600
	G-X 22 CrMoV 12 1[a])[c]) ⎭ 0,6% Mn	1.4931	590	690/880	15		309	207	118	49	620
						600 °C	700 °C	800 °C	900 °C	1000 °C	
ferritischer Stahlguß	G-X 30 CrSi 6[b]) ⎫ 0,75% Mn	1.4710	keine Angaben in DIN 17465 (Entw. 3.76)			25[d]	10[d]	4[d]	1,5[d]		750
	G-X 40 CrSi 23[b]) ⎭	1.4745				25[d]	10[d]	4[d]	1,5[d]		1050
austeni-tischer Stahlguß + Ni-Legierung	G-X 8 CrNiNb 19 10[c]) ⎫	1.4827	175	440/640	20	100	35				800
	G-X 40 CrNiSi 25 20[b])[c]) ⎬ 1,0% Mn	1.4848	220	440/640	8		50	25	11	4	1100
	G-X 40 CrNiSi 33 25[b])[c]) ⎭	1.4857	220	440/640	8		55	29	13	4,3	1150
	G-NiCr 50 Nb[c]) 0,5% Mn	2.4813	270	540/740	8		50	25	10	3,5	1050

[a]) Nach DIN 17245: Warmfester ferritischer Stahlguß. [c]) Nach SEW 595: Stahlguß für Erdöl- und Erdgasanlagen.
[b]) Nach DIN 17465: Hitzebeständiger Stahlguß. [d]) $R_{m/10^4}$.

Anh. E3 Tabelle 16. Chemische Zusammensetzung und mechanische Eigenschaften wichtiger Sinterwerkstoffe (Auszug aus DIN V 30910 Teil 4)

Werkstoff		Kurz-zei-chen	Zulässige Bereiche		Repräsentative Beispiele											Zug-festig-keit	Streck-grenze	Bruch-deh-nung	Härte	E-Modul
			Dichte	Porosi-tät	Dichte	Chemische Zusammensetzung (Massenanteil)														
		Sint-	ρ g/cm³	$\frac{\Delta V}{V}\cdot100$ %	ρ g/cm³	C	Cu	Ni	Mo	Sn	Cr	Fe		andere		R_m N/mm²	$R_{p\,0,1}$ N/mm²	A %	HB –	$E\cdot10^3$ N/mm²
Sintereisen		C 00	6,4…6,8	15±2,5	6,6	–	–	–	–	–	–	Rest		<0.5		130	60	4	40	100
		D 00	6,8…7,2	10±2,5	6,9											190	90	10	50	130
		E 00	>7,2	<7,5	7,3											260	130	18	65	160
Sinterstahl	Cu-haltig	C 10	6,4…6,8	15±2,5	6,6	–	1,5	–	–	–	–	Rest		<0,5		230	160	3	55	100
		D 10	6,8…7,2	10±2,5	6,9											300	210	6	85	130
		E 10	>7,2	<7,5	7,3											400	290	12	120	160
	Cu-, Ni- und Mo-haltig	C 30	6,4…6,8	15±2,5	6,6	0,3	1,5	4,0	0,5	–	–	Rest		<0,5		390	310	2	105	100
		D 30	6,8…7,2	10±2,5	6,9											510	370	3	130	130
		E 30	>7,2	<7,5	7,3											680	440	5	170	160
Rostfreier Sinterstahl	AISI316	C 40	6,4…6,8	15±2,5	6,6	0,06	–	13	2,5	–	18	Rest		<0,5		330	250	1	110	100
		D 40	6,8…7,2	10±2,5	6,9											400	320	2	135	130
Sinterbronze		C 50	7,2…7,7	15±2,5	7,4	–	Rest	–	–	10	–	–		<0,5		150	90	4	40	50
		D 50	7,7…8,1	10±2,5	7,9											220	120	6	55	70
Sinteraluminium Cu-haltig		D 73	2,45…2,55	10±2,5	2,5	–	4,5	Mg 0,6	Si 0,7	–	–	Al Rest		<0,5		160	130	1	50	50
		E 73	2,55…2,65	6±1,5	2,6											210	150	2	60	60

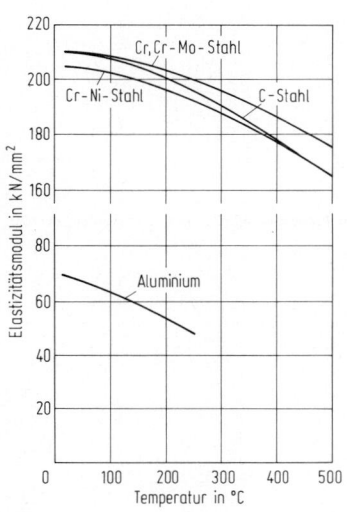

Bild 1

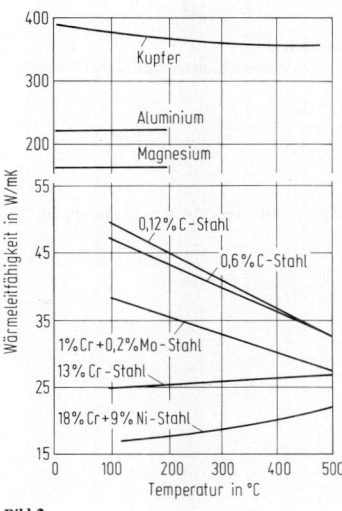

Bild 2

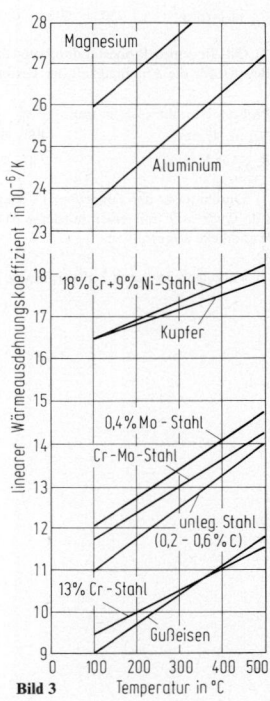

Bild 3

Anh. E3 Bild 1. Temperaturabhängigkeit des Elastizitätsmoduls von Aluminium und Stahl

Anh. E3 Bild 2. Temperaturabhängigkeit der Wärmeleitfähigkeit verschiedener Stähle und Nichteisenmetalle

Anh. E3 Bild 3. Temperaturabhängigkeit des linearen Wärmeausdehnungskoeffizienten verschiedener Nichteisenmetalle und Stähle

Anh. E3 Tabelle 17. Auswahl verschiedener Gußeisensorten

Werkstoff	Kurzname	Werkstoff-nummer	$R_{p\,0,2}$ N/mm² min.	R_m N/mm² min.	A_3 % min.	Gefüge
Gußeisen mit	GG-10	0.6010		100[a])		keine Angabe in
Lamellengraphit	GG-20	0.6020		200[a])		DIN 1691
nach DIN 1691	GG-35	0.6035		350[a])		
Gußeisen mit	GGG-40	0.7040	250[c])	390[c])	15[d])	vorwiegend ferritisch
Kugelgraphit	GGG-60	0.7060	360[c])	600[c])	2[d])	perlitisch-ferritisch
nach DIN 1693	GGG-70	0.7070	400[c])	700[c])	2[d])	vorwiegend perlitisch
weißer Temperguß nach DIN 1692	GTW-35-04	0.8035		350[b])	4	gegenüber GTW-40-05 größere Schwankungsbreiten zulässig
	GTW-45-07	0.8045	260[b])	450[b])	7	Kern: (körniger) Perlit[e]) +Temperkohle
	GTW-40-05	0.8040	220[b])	400[b])	5	Kern: (lamellarer bis körniger) Perlit + Temperkohle
schwarzer	GTS-35-10	0.8135	200[c])	350[c])	10	Ferrit + Temperkohle
Temperguß	GTS-45-06	0.8145	270[c])	450[c])	6	Perlit + Ferrit + Temperkohle
nach DIN 1692	GTS-65-02	0.8165	430[c])	650[c])	2	Perlit + Temperkohle
	GTS-70-02	0.8170	530[c])	700[c])	2	Vergütungsgefüge + Temperkohle
austenitisches	GGL-NiMn 13 7	0.6652		140/220	–	
Gußeisen mit	GGL-NiCr 20 3	0.6661		190/240	1 … 2	
Lamellengraphit	GGL-NiSiCr 30 5 5	0.6680		170/240	–	
nach DIN 1694						
austenitisches	GGG-NiMn 13 7	0.7652	210	390	15[d])	
Gußeisen mit	GGG-NiCr 20 3	0.7661	210	390	7[d])	
Kugelgraphit	GGG-NiSiCr 30 5 5	0.7680	240	390	–	
nach DIN 1694	GGG-NiCr 35 3	0.7685	210	370	7[d])	

[a]) Die Werte beziehen sich auf getrennt gegossene Probestücke mit einem Rohgußdurchmesser von 30 mm entsprechend einer Wanddicke von 15 mm.
Die im Gußstück zu erwartenden Zugfestigkeiten sind von der Wanddicke abhängig.
Beispiel GG-20:

Wanddicke in mm: 2,5…5   5…10   10…20   20…40   40…80   80…150
R_m in N/mm² :   230   205   180   155   130   115

[b]) Gilt für einen Probestabdurchmesser von 12 mm.
Beispiel für die Abhängigkeit der Festigkeit vom Probestabdurchmesser bei GTW-45-07:

Probestabdurchmesser in mm: 9   12   15
R_m in N/mm² :   400   450   480
$R_{p\,0,2}$ in N/mm² :   230   260   280

[c]) Durchmesser der Zugprobe: 12 oder 15 mm.
Für Gußstücke mit einer mittleren Wanddicke unter 6 mm können Zugproben mit anderem Probenquerschnitt verwendet werden, der der Wanddicke angepaßt ist.
[d]) A_5.
[e]) Vorzugsweise durch Luftvergütung.

E 97 on top right: 6 Anhang E: Diagramme und Tabellen

Anh. E3 Tabelle 18. Kupfer, Halbzeug. Auszug aus DIN 1787

Kurzzeichen	Werkstoffnummer	Hinweise auf Eigenschaften und Verwendung	Halbzeugarten[c])				
			Rohre	Stangen	Drähte	Gesenk-Schmiedestücke	Strang-preßprofile
Sauerstoffhaltiges Kupfer							
E-Cu 58	2.0065	Sauerstoffhaltiges (zähgepoltes) Kupfer mit einer elektrischen Leitfähigkeit im weichen Zustand von mindestens 58,0 m/$\Omega \cdot$mm^2, jedoch ohne Anforderungen an Schweiß- und Hartlötbarkeit			o		
E-Cu 57[d])	2.0060	Sauerstoffhaltiges (zähgepoltes) Kupfer mit einer elektrischen Leitfähigkeit im weichen Zustand von mindestens 57,0 m/$\Omega \cdot$mm^2, jedoch ohne Anforderungen an Schweiß- und Hartlötbarkeit	o	o	o	x	o
Sauerstofffreies Kupfer, nicht desoxidiert							
OF-Cu	2.0040	Kupfer hoher Reinheit, weitgehend frei von im Vakuum verdampfenden Elementen, mit einer elektrischen Leitfähigkeit im weichen Zustand von mindestens 58,0 m/$\Omega \cdot$mm^2 Halbzeug mit hohen Anforderungen an Wasserstoffbeständigkeit[e]), Schweiß- und Hartlötbarkeit. Für Vakuumtechnik, Elektronik	o	o	o		o
Sauerstofffreies Kupfer, mit Phosphor desoxidiert							
SE-Cu[a])	2.0070[a])	Desoxidiertes Kupfer mit niedrigem Restphosphorgehalt[b]) und hoher elektrischer Leitfähigkeit[a]). Halbzeug hoher elektrischer Leitfähigkeit mit hohen Anforderungen an Umformbarkeit, mit guter Schweiß- und Hartlötbarkeit sowie Wasserstoffbeständigkeit[e]). Für Elektronik, auch Plattierwerkstoff	o	o	o		o
SW-Cu	2.0076	Desoxidiertes Kupfer mit begrenztem, niedrigen Restphosphorgehalt. Halbzeug ohne festgelegte elektrische Leitfähigkeit (etwa 52,0 m/$\Omega \cdot$mm^2), jedoch mit guter Schweiß- und Hartlötbarkeit sowie Wasserstoffbeständigkeit[e]). Für Apparatebau, Bauwesen	x	x	x		x
SF-Cu	2.0090	Desoxidiertes Kupfer mit begrenztem, hohen Restphosphorgehalt. Halbzeug ohne Anforderungen an elektrische Leitfähigkeit, jedoch mit sehr guter Schweiß- und Hartlötbarkeit sowie Wasserstoffbeständigkeit[e]). Für Rohrleitungen, Apparatebau, Bauwesen	x	x	x	x	x

[a]) SE-Cu wird i.allg. mit einer elektrischen Leitfähigkeit im weichen Zustand von $\geq 57{,}0$ m/$\Omega \cdot$mm^2 geliefert. Auf Vereinbarung kann es auch mit einer elektrischen Leitfähigkeit von $\geq 58{,}0$ m/$\Omega \cdot$mm^2 und niedrigerem Phosphorgehalt geliefert werden.

[b]) Phosphor kann ganz oder teilweise durch andere Desoxidationsmittel ersetzt werden.

[c]) Die handelsüblichen Lieferformen sind wie folgt gekennzeichnet:

x = Halbzeug für allgemeine Verwendung nach DIN 17670 bis DIN 17674 und DIN 17677.

o = Halbzeug aus Kupfer für die Elektrotechnik nach DIN 40500.

[d]) Bisheriges Kennzeichen E–Cu (s. DIN 40500 Blatt 1 bis Blatt 3).

[e]) Die Wasserstoffbeständigkeit wird geprüft, wie in den Technischen Lieferbedingungen festgelegt. Wenn diese Prüfbedingungen den Anforderungen nicht genügen, so sind andere Prüfbedingungen bei Bestellung zu vereinbaren (s. Erläuterungen).

Anh. E3 Tabelle 19a. Bleche und Bänder aus Kupfer, nach DIN 17670

Werkstoff-		Dicke	Zug-festigkeit R_m	0,2%-Dehn-grenze $R_{p0,2}$	Bruchdehnung		Vickershärte		Brinellhärte	
Kurzzeichen	Nummer	mm	N/mm²	N/mm²	A_5 % min.	A_{10} % min.	min.	max.	min.	max.
SW-Cu	2.0076									
SF-Cu	2.0090									
F 20	.10	über 5 bis 15	200 bis 250	max. 100	42	36	–	–	–	–
H 40			–	–	–	–	–	–	40	60
F 22	.10	von 0,2 bis 5	220 bis 260	max. 140	42	36	–	–	–	–
H 40			–	–	–	–	40	70	40	65
F 24	.26	von 0,2 bis 15	240 bis 300	min. 180	15	12	–	–	–	–
H 70			–	–	–	–	70	95	65	90
F 29	.30	von 0,2 bis 10	290 bis 360	min. 250	6	–	–	–	–	–
H 90			–	–	–	–	90	110	85	105
F 36	.32	von 0,2 bis 2	min. 360	min. 320	–	–	–	–	–	–
H 110			–	–	–	–	110	–	105	–

Anh. E3 Tabelle 19b. Bleche und Bänder für die Elektrotechnik. Auszug aus DIN 40500

Kurz-zeichen	Festig-keits-zustand Kurzzeichen	Abmessungen entsprechend den Maßnormen Dicke mm	Mechanische Eigenschaften R_m N/mm²	$R_{p0,2}$ N/mm²	A_5 % min.	A_{10} % min.	$HB 10$ N/mm² Richtwert	E N/mm²	Elektrische Eigenschaften Spezifischer Widerstand bei 20°C ρ $\Omega\cdot$mm²/m max.	Leit-fähigkeit bei 20°C $\kappa = 1/\rho$ m/$\Omega\cdot$mm² min.
SE-Cu	F 20	0,1...1	200...250	max.	38	32	45 ... 70		0.01754	57
		>1 ...5		120	45	38				
	F 25	0,1...1	250...300	min.	17	14	70...90		0.01786	56
		>1 ...5		200	20	16		$11\cdot 10^4$		
E-Cu 57 SE-Cu CuAg 0,1 CuAg 0,1 P	F 30	0,1...1	300...360	min.	7	4	85...105		0.01818	55
		>1 ...5		250	8	5			0.01786	56
	F 37	0,1...1	min.	min.	3	2	95...120		0.01818	55
		>1 ...3	360	320	5	3				

Anh. E3 Tabelle 20. Kupfer-Zink-Knetlegierungen. Festigkeitseigenschaften. Auszug aus DIN 17670 und DIN 17671

Kurzzeichen		Werkstoffnummer	Dicke mm	R_m N/mm²	$R_{p\,0,2}$ N/mm²	A_5 % min.	A_{10} % min.	Hinweise auf Eigenschaften und Verwendung	Bleche	Bänder	Rohre	Stangen	Drähte	Schmied.	Profile
CuZn 28	p	2.0261.08	nach Vereinb.	ohne vorgeschriebene Festigkeitswerte				Sehr gut kaltumformbar durch Tiefziehen, Drücken, Nieten,							
	F27	.10		270…350	≤160	50	45	Bördeln; sehr gut lötbar;	×	×	×	×			
	F35	.26	0,2… 5	350…420	≥200	33	30	gut auf Stahl plattierbar.							
	F42	.30		420…520	≥340	15	12	Instrumente, Hülsen aller Art							
CuZn 33	p	2.0280.08	nach Vereinb.	ohne vorgeschriebene Festigkeitswerte				Sehr gut kaltumformbar, besonders geeignet zum							
	F28	.10	0,2… 5	280…360	≤170	50	45	Bördeln und Kaltstauchen.	×	×	×	×	×		
	F36	.26	0,2… 5	360…430	≥200	31	28	Drahtgeflecht, Kühlerbänder,							
	F43	.30	0,2… 5	430…530	≥360	13	10	Rohrniete							
	F53	.32	0,2… 2	≥530	≥480	–	–								
CuZn 36	p	2.0335.08	nach Vereinb.	ohne vorgeschriebene Festigkeitswerte				Hauptlegierung für Kaltumformen durch Tiefziehen,							
	F30	.10	0,2… 5	300…370	≤180	48	43	Drücken, Stauchen, Walzen,							
	F37	.26	0,2… 5	370…440	≥200	28	24	Gewinderollen, Prägen und							
	F44	.30	0,2… 5	440…540	≥370	12	8	Biegen;	×	×	×	×	×		
	F54	.32	0,2… 2	540…610	≥490	–	–	gut löt- und schweißbar; Metall- und Holzschrauben, Druckwalzen, Kühlerbänder, Reißverschlüsse, Blattfedern, Hohlwaren, Kugelschreiberminen							
CuZn 36 Pb 1.5	p	2.0331.08	nach Vereinb.	ohne vorgeschriebene Festigkeitswerte				Z: gut							
								U: gut kaltumformbar							
	F29	.10	0,3… 5	290…370	≤200	50	44	V: Drücken, Prägen, Spanen,	×	×	×	×			
	F37	.20	0,3… 5	370…440	≥200	28	24	Stanzen							
	F44	.30	0,3… 5	440…540	≥370	12	8								
	F54	.32	0,3… 2	≥540	≥490	–	–								
CuZn 37 Pb 0.5	p	2.0332.08	nach Vereinb.	ohne vorgeschriebene Festigkeitswerte				Z: noch ausreichend							
								U: sehr gut kaltumformbar							
	F29	.10	0,03… 5	290…370	≤200	50	44	V: Tiefziehen, Drücken	×	×	×				
	F37	.26	0,03… 5	370…440	≥200	28	24								
	F44	.30	0,03… 5	440…540	≥370	12	8								
	F54	.32	0,03… 2	≥540	≥490	–	–								
CuZn 36 Pb 3	p	2.0375.08	nach Vereinb.	ohne vorgeschriebene Festigkeitswerte				Z: gut							
								U: gut kaltumformbar							
	F34	.10	…10	≥340	≤210	40	–	V: Legierung für alle spanenden Bearbeitungsverfahren;				×	×		
	F40	.26	…10	≥400	≤210	18	–	geeignet für Automaten							
	F46	.30	… 5	≥460	≤330	10	–								
CuZn 38 Pb 1,5	p	2.0371.08	nach Vereinb.	ohne vorgeschriebene Festigkeitswerte				Z: gut							
								U: gut warmumformbar, gut kaltumformbar							
	F34	.10	0,3…15	≥340	≤240	43	38		×	×	×	×	×	×	×
	F41	.26	0,3…15	≥410	≥240	23	20	V: Biegen, Nieten, Stauchen,							
	F47	.30	0,3… 5	≥470	≥390	12	9	Legierung für alle spanenden Bearbeitungsverfahren							
	F54	.32	0,3… 2	≥540	≥490	–	–								
CuZn 39 Pb 0,5	p	2.0372.08	nach Vereinb.	ohne vorgeschriebene Festigkeitswerte				Z: ausreichend							
								U: gut warmumformbar gut kaltumformbar							
	F34	.10	0,3…15	≥340	≤240	43	38		×	×	×	×	×	×	×
	F41	.26	0,3…15	≥410	≥240	23	20	V: Biegen, Nieten, Stauchen,							
	F47	.30	0,3… 5	≥470	≥390	12	9	Bördeln							
	F54	.32	0,3… 2	≥540	≥490	–	–								
CuZn 39 Pb 3	p	2.0401.08	nach Vereinb.	ohne vorgeschriebene Festigkeitswerte				Z: sehr gut							
	zh	.20						U: gut warmumformbar, begrenzt kaltumformbar durch Biegen, Nieten,							
	F36	.10	…10	≥360	≤250	30		Bördeln		×	×	×	×	×	
	F43	.26	…10	≥430	≤250	15		V: Bohr- und Fräsqualität;							
	F50	.30	… 5	≥500	≥370	10		gut stanzbar. Uhrenmessing für Räder und Platinen							

Z = Zerspanbarkeit   U = Umformbarkeit   V = Verwendung

Anh. E3 Tabelle 20 (Fortsetzung)

Kurzzeichen		Werk-stoff-nummer	Dicke mm	R_m N/mm²	$R_{p\,0,2}$ N/mm²	A_5 % min.	A_{10} % min.	Hinweise auf Eigenschaften und Verwendung	Bleche	Bänder	Rohre	Stangen	Drähte	Schmied.	Profile
CuZn 40 Pb 2	p	2.0402.08	nach Vereinb.	ohne vorgeschriebene Festigkeitswerte				Z: sehr gut							
	zh	.20						U: gut warmumformbar, begrenzt kaltumformbar							
	F 36	.10		≧ 360	≦ 270	40	35	V: Legierung für alle spanen-	×	×	×	×	×	×	×
	F 43	.26	0,3 … 5	≧ 430	≧ 270	20	17	den Bearbeitungsver-							
	F 49	.30		≧ 490	≧ 420	9	6	fahren; Uhrenmessing für Räder und Platinen							
CuZn 40	p	2.0360.08	nach Vereinb.	ohne vorgeschriebene Festigkeitswerte				Gut warm- und kaltumform- bar (Schmiedemessing, Muntz-							
	F 34	.10	0,3 …15	≧ 340	≦ 240	43	38	metall); geeignet zum Biegen,	×	×	×	×	×	×	
	F 41	.26	0,3 … 5	≧ 410	≧ 240	23	20	Nieten, Stauchen und Bördeln							
	F 47	.30	0,3 … 5	≧ 470	≧ 390	12	9	sowie im weichen Zustand zum Prägen und auch zum Tiefziehen							

Z = Zerspanbarkeit   U = Umformbarkeit   V = Verwendung

Anh. E3 Tabelle 21. Kupfer-Zink-Legierungen mit weiteren Legierungselementen (Sondermessing). Auszug aus DIN 17670 und DIN 17671

Kurzzeichen		Werk-stoff-nummer	Dicke mm	R_m N/mm² min.	$R_{p\,0,2}$ N/mm² min.	A_5 % min.	HB 2,5/62,5 ungefähr Mittelwert	Hinweise auf Eigen-schaften und Verwendung	Bleche	Bänder	Rohre	Stangen	Drähte	Schmied.	Profile
CuZn 20 Al 2	p	2.0460.08	nach Vereinb.	ohne vorgeschriebene Festigkeitswerte				Rohre und Rohrböden							
	F 33	.10	3…15	330	90	30	85	für Kondensatoren und	×		×			×	
	F 39	.26		390	240	25	190	Wärmeübertrager							
CuZn 31 Si 1	p	2.0490.08	nach Vereinb.	ohne vorgeschriebene Festigkeitswerte				Für gleitende Bean-							
	F 44	.27	1… 8	440	200	30	120	spruchung auch bei							
	F 49	.31	1… 8	490	290	15	160	hohen Belastungen. Lagerbüchsen, Führungen und sonstige Gleitelemente			×	×	×		
CuZn 35 Ni 2	p	2.0540.08	nach Vereinb.	ohne vorgeschriebene Festigkeitswerte				Konstruktionswerkstoff							
	F 49	.27	3…12	490	290	18	130	mittlerer bis hoher							
	F 54	.31	3… 8	540	390	14	150	Festigkeit. Apparatebau, Schiffbau			×	×		×	
CuZn 40 Al 1	p	2.0561.08	nach Vereinb.	ohne vorgeschriebene Festigkeitswerte				Konstruktionswerkstoff							
	F 39	.09	3…12	390	150	25	110	mittlerer Festigkeit und							
	F 44	.27	3… 8	440	200	20	120	hoher Zähigkeit.							
	F 49	.31	3… 8	490	260	15	140	Gute Beständigkeit gegen Witterungseinflüsse. Für Gleitzwecke geeignet				×	×		×
CuZn 40 Al 2	p	2.0550.08	nach Vereinb.	ohne vorgeschriebene Festigkeitswerte				Gute Beständigkeit							
	F 54	.27	4…12	540	230	15	150	gegen Witterungs-							
	F 59	.31	4…10	590	250	10	160	einflüsse. Für erhöhte An- forderungen an gleitende Beanspruchung			×	×		×	×
CuZn 40 Mn 2	p	2.0572.08	nach Vereinb.	ohne vorgeschriebene Festigkeitswerte				Konstruktionswerkstoff							
	F 44	.27	3…12	440	180	20	125	mittlerer Festigkeit;							
	F 49	.31	3… 8	490	270	18	140	aluminiumfrei, lötbar; witterungsbeständig. Apparatebau, Architektur			×	×		×	×
CuZn 40 Mn 1 Pb	p	2.0580.08	nach Vereinb.	ohne vorgeschriebene Festigkeitswerte				Automatenlegierung							
	F 39	.09	3…12	390	150	22	110	mittlerer Festigkeit und							
	F 44	.27	3… 8	440	180	18	125	guter Zerspanbarkeit.			×	×		×	×
	F 49	.31	2… 5	490	290	15	140	Wälzlagerkäfige							

Anh. E 3 Tabelle 22. Guß-Messing und Gußsondermessing nach DIN 1709

Kurzzeichen	Werk-stoff-nummer	Lieferform	Werkstoffeigenschaften im Probestab				Dichte	Bemerkungen	Hinweise auf die Verwendung
			$R_{p\,0,2}$ N/mm² min.	R_m N/mm² min.	A_5 % min.	HB 10/1000 min.	kg/dm³ ≈		
G-CuZn 15	2.0241.01	Sandguß	70	170	25	45	8,6	Konstruktionswerkstoff; gute Meerwasserbeständigkeit; sehr gut weich- und hartlötbar; elektrische Leitfähigkeit etwa 15 m/Ω·mm²	Für zu lötende Teile, z.B. Flanschen und andere Bauteile für Schiffbau, Maschinenbau, Elektrotechnik, Feinmechanik, Optik usw.
G-CuZn 33 Pb	2.0290.01	Sandguß	70	180	12	45	8,5	Konstruktionswerkstoff; korrosionsbeständig gegenüber Gebrauchswässern bis etwa 90 °C; elektrische Leitfähigkeit etwa 10 bis 14 m/Ω·mm²	Gehäuse für Gas- und Wasserarmaturen, Konstruktions- und Beschlagteile für Maschinenbau, Elektrotechnik, Feinmechanik, Optik usw.
GD-CuZn 37 Pb GK-CuZn 37 Pb	2.0340.05 2.0340.02	Druckguß Kokillenguß	120 90	280 280	4 25	75 70	8,5	Konstruktionswerkstoff; gut spanend bearbeitbar	Beschlag- und Konstruktionsteile allgemeiner Art, Sanitär- und Stapelarmaturen; Druckgußteile für Maschinenbau, Elektrotechnik, Feinmechanik, Optik usw.
GK-CuZn 38 Al	2.0591.02	Kokillenguß	130	380	20	75	8,5	Konstruktionswerkstoff; gut gießbar, kaltzäh; korrosionsbeständig gegenüber der Atmosphäre; elektrische Leitfähigkeit etwa 12 m/Ω·mm²	Für verwickelte Konstruktionsteile jeglicher Art, vorwiegend in der Elektroindustrie und im Maschinenbau
G-CuZn 40 Fe GZ-CuZn 40 Fe	2.0590.01 2.0590.03	Sandguß Schleuderguß	130 150	300 325	15 15	75 85	8,6	Konstruktionswerkstoff; kaltzäh, gut weich- und hartlötbar; elektrische Leitfähigkeit etwa 10 m/Ω·mm²	Armaturengehäuse für hohe Gas- und Wasserdrücke, Bauteile in der Tieftemperaturtechnik
GK-CuZn 37 Al 1	2.0595.02	Kokillenguß	170	450	25	105	8,5	Konstruktionswerkstoff	Konstruktionsteile für Maschinenbau, Elektrotechnik, Feinmechanik usw.
G-CuZn 35 Al 1 GZ-CuZn 35 Al 1	2.0592.01 2.0592.03	Sandguß Schleuderguß	170 200	450 500	20 18	110 120	8,6	Konstruktionswerkstoff; mäßige Gleiteigenschaften	Druckmuttern für Walzwerke und Spindelpressen, Grund- und Stopfbuchsen, Schiffsschrauben
G-CuZn 34 Al 2 GZ-CuZn 34 Al 2	2.0596.01 2.0596.03	Sandguß Schleuderguß	250 260	600 620	15 14	140 150	8,6	Konstruktionswerkstoff mit hoher statischer Festigkeit und Härte	Statisch belastete Konstruktionsteile, Ventil- und Steuerungsteile, Sitze, Kegel
G-CuZn 25 Al 5 GZ-CuZn 25 Al 5	2.0598.01 2.0598.03	Sandguß Schleuderguß	450 480	750 750	8 5	180 190	8,2	Konstruktionswerkstoff mit sehr hoher statischer Belastbarkeit	Statisch sehr hoch belastete Konstruktionsteile, z.B. Lager bei hoher Last und geringer Umdrehungszahl, hochbeanspruchte, langsamlaufende Schneckenradkränze, Innenteile von Hochdruckarmaturen
G-CuZn 15 Si 4 GD-CuZn 15 Si 4 GK-CuZn 15 Si 4	2.0492.01 2.0492.05 2.0492.02	Sandguß Druckguß Kokillenguß	230 300 300	400 550 500	10 8 10	100 125 120	8,6	Konstruktionswerkstoff; gute Korrosions- und Meerwasserbeständigkeit; sehr gut gießbar	Hochbeanspruchte, dünnwandige verwickelte Konstruktionsteile für Maschinen- und Schiffbau, Elektroindustrie, Feinmechanik usw.

E

Anh. E3 Tabelle 23. Kupfer-Zinn-Legierungen (Zinnbronze) nach DIN 17662, DIN 17670, Guß-Zinnbronze und Rotguß nach DIN 1705

Kurzzeichen	Werk-stoff-nummer	Dicke mm	R_m N/mm²	$R_{p\,0,2}$ N/mm²	A_5 % min.	A_{10} % min.	HB 2,5/62,5	Hinweise auf Eigenschaften und Verwendung
CuSn 4 F 33	2.2016.10	0.1…5	330…380	≤190	50	45		Bänder für Metallschläuche, Rohre, stromleitende Federn
CuSn 6 F 35	2.1020.10	0,1…5	350…410	≤300	55	50		Federn aller Art, besonders für die Elektroindustrie. Fenster- und Türdichtungen, Rohre und Hülsen für Federungskörper, Schlauchrohre und Federrohre für Druckmeßgeräte, Membranen und Siebdrähte, Gongstäbe, Dämpferstäbe, Teile für chemische Industrie
F 41	.26	0,1…5	410…500	≥300	30	25		
F 48	.30	0,1…5	480…580	≥450	20	15		
F 55	.32	0,1…2	550…650	≥510	10	8		
F 63	.34	0,1…2	≥630	≥600	6	–		
CuSn 8 F 37	2.1030.10	0,1…5	370…450	≤300	60	55		Gleitelemente, besonders für dünnwandige Gleitlagerbuchsen und Gleitleisten. Holländermesser; gegenüber CuSn 6 erhöhte Abriebfestigkeit und Korrosionsbeständigkeit
F 45	.26	0,1…5	450…540	≥300	33	28		
F 54	.30	0,1…5	540…630	≥470	25	20		
F 59	.32	0,1…5	590…690	≥520	10	7		
F 66	.34	0,1…2	≥660	≥600	6	–		
CuSn 6 Zn 6 F 61	2.1080.30	0,1…2	610…690	≥570	15	12		Federn aller Art, Membranen
F 76	.34	0,1…2	≥760	≥690			225	

Kurzzeichen	Werk-stoff-nummer	Lieferform	R_m N/mm²	$R_{p\,0,2}$ N/mm²	A_5 % min.	A_{10} % min.	HB 10/1000	Hinweise auf Eigenschaften und Verwendung
G-CuSn 12	2.1052.01	Sandguß	260	140	12		80	Kuppelsteine, Spindelmuttern, Schnecken und Schraubenräder, hochbelastete Stell- und Gleitleisten. Gute Verschleißfestigkeit; korrosions- und meerwasserbeständig
GZ-CuSn 12	.03	Schleuderguß	280	150	5		95	
GC-CuSn 12	.04	Strangguß	280	150	8		90	
G-CuSn 12 Ni	2.1060.01	Sandguß	280	160	14		90	Wie Werkstoffnr. 2.1052 jedoch für höhere Festigkeit, Verschleißfestigkeit und bessere Notlaufeigenschaften. Korrosions- und meerwasserbeständig; widerstandsfähig gegen Kavitations-beanspruchung
GZ-CuSn 12 Ni	.03	Schleuderguß	300	180	8		100	
G-CuSn 12 Pb	2.1061.01	Sandguß	260	140	10		80	Gleitlager mit hohen Lastspitzen, Kolben-bolzenbuchsen, Spindelmuttern. Gute Notlaufeigenschaften und Verschleiß-festigkeit. Korrosions- und meerwasser-beständig
GZ-CuSn 12 Pb	.03	Schleuderguß	280	150	5		90	
GC-CuSn 12 Pb	.04	Strangguß	280	150	7		90	
G-CuSn 10	2.1050.01	Sandguß	270	130	18		70	Armaturen, Pumpengehäuse, Leit- und Schaufelräder. Hohe Dehnung, korrosions- und meerwasserbeständig
G-CuSn 10 Zn	2.1086.01	Sandguß	260	130	15		75	Gleitlagerschalen, mäßig beanspruchte Kuppelsteine, Stevenrohre. Meerwasserbeständig
GZ-CuSn 10 Zn	.03	Schleuderguß	270	150	7		85	
GC-CuSn 10 Zn	.04	Strangguß	270	150	7		80	
G-CuSn 7 ZnPb	2.1090.01	Sandguß	240	120	15		65	Achslagerschalen, Gleitlager, Kolbenbolzen-Buchsen, Friktionsringe, Gleit- und Stell-Leisten. Mittelharter Gleitlagerwerkstoff, meerwasserbeständig
GZ-CuSn 7 ZnPb	.03	Schleuderguß	270	130	13		75	
GC-CuSn 7 ZnPb	.04	Strangguß	270	130	16		70	
G-CuSn 6 ZnNi	2.1093.01	Sandguß	270	140	15		75	Armaturen, Pumpengehäuse, druckdichte Gußstücke. Gut gießbar, meerwasserbeständig
G-CuSn 5 ZnPb	2.1096.01	Sandguß	240	90	18		60	Wasser- und Dampfarmaturen bis 225 °C, dünnwandige verwickelte Gußstücke. Gut gießbar, weich lötbar, bedingt hart lötbar, meerwasserbeständig
G-CuSn 2 ZnPb	2.1098.01	Sandguß	210	90	18		60	Für dünnwandige Armaturen bis 225 °C. Gut gießbar, korrosionsbeständig gegen Ge-brauchswässer auch bei erhöhter Temperatur

Anh. E3 Tabelle 24. Kupfer-Aluminium-Legierungen (Aluminiumbronze) nach DIN 17665, DIN 17672 und DIN 1714

Kurzzeichen	Festig-keit	Werk-stoff-nummer	R_m N/mm² min.	$R_{p\,0,2}$ N/mm² min.	A_5 % min.	HB 2,5/62,5 ungefährer Mittelwert	Eigenschaften und Verwendung	
CuAl 8	P	2.0920.08	ohne vorgeschriebene Festigkeitswerte				Chemische Industrie, beständig vor allem gegen Schwefel- und Essigsäure	
	F 37	.10	370	120	35	90		
	F 49	.30	490	270	15	130		
CuAl 8 Fe 3	P	2.0932.08	ohne vorgeschriebene Festigkeitswerte				Kondensatorböden, Bleche; kaltumformbar	Hohe Festigkeit auch bei erhöhten Tempera-turen; hohe Dauer-wechselfestigkeit, auch bei Korrosions-beanspruchung
	F 47	.97	470	200	25	110		
	F 59	.30	590	270	10	150		
CuAl 10 Fe 3 Mn 2	P	2.0936.08	ohne vorgeschriebene Festigkeitswerte				Zunderbeständige Teile, Wellen, Schrauben	
	F 59	.97	590	250	12	150		
	F 69	.98	690	340	7	180		Gute Korrosionsbe-ständigkeit gegenüber neutralen und sauren wäßrigen Medien sowie Meerwasser
CuAl 9 Mn 2	P	2.0960.08	ohne vorgeschriebene Festigkeitswerte				Getriebe- und Schneckenräder, Ventilsitze	
	F 49	.97	490	200	25	110		
	F 59	.98	590	250	15	150		
CuAl 10 Ni 5 Fe 4	P	2.0966.08	ohne vorgeschriebene Festigkeitswerte				Kondensatorböden, Steuerteile für Hydraulik	Gute Beständigkeit gegen Verzundern, Erosion und Kavitation
	F 64	.97	640	270	15	180		
	F 74	.98	740	390	10	195		
CuAl 11 Ni 6 Fe 5	P	2.0978.08	ohne vorgeschriebene Festigkeitswerte				Teile höchster Festigkeit, Lager, Ventile	
	F 73	.97	730	440	5	210		
	F 83	.98	830	590	–	240		
						HB 10/1000 Mittelwert		
G-CuAl 10 Fe		2.0940.01	500	180	15	115	Hebel, Gehäuse, Beschläge, Ritzel, Kegelräder, nur geringe Temperaturabhängigkeit zwischen −200 und +200 °C	
GK-CuAl 10 Fe		.02	550	200	25	115		
G-CuAl 9 Ni		2.0970.01	500	200	20	110	Armaturen, Verstellpropeller, Steventeile, Beizkörbe; sehr gut schweißbar; beständig gegen Meerwasser u. nichtoxid. Säuren	
GK-CuAl 9 Ni		.02	600	250	20	120		
G-CuAl 10 Ni		2.0975.01	600	270	12	140	Hochbeanspruchte Teile, Schiffspropeller, Stevenrohre, Umkehrböden, Laufräder, Pumpengehäuse; gute Dauerschwingfestigkeit	
GK-CuAl 10 Ni		.02	600	300	12	150		
GZ-CuAl 10 Ni		.03	700	300	13	160		
GC-CuAl 10 Ni		.04	700	300	13	160		
G-CuAl 11 Ni		2.0980.01	680	320	5	170	Wie vorher, jedoch für erhöhte Anforderungen an Kavitations- u./oder Verschleißfestigkeit; Turbinen- und Pumpenlaufräder	
GK-CuAl 11 Ni		.02	680	400	5	200		
GZ-CuAl 11 Ni		.03	750	400	5	185		
G-CuAl 8 Mn		2.0962.01	440	180	18	105	Korrosionsbeanspruchte Teile mit geringer Magnetisierbarkeit und niedriger elektrischer Leitfähigkeit	
GK-CuAl 8 Mn		.02	450	200	30	105		

E

Anh. E3 Tabelle 25. Kupfer-Blei-Zinn-Gußlegierungen (Guß-Zinn-Blei-Bronze) nach DIN 1716

Kurzzeichen	Werk-stoff-nummer	$R_{p\,0,2}$ N/mm² min.	R_m N/mm² min.	A_5 % min.	HB 10/1000 min.	Eigenschaften und Verwendung
G-CuPb 5 Sn	2.1170.01	130	240	15	70	Korrosions- und säurebeständige Armaturen (verdünnte Salz- und Schwefelsäure, Fettsäuren)
G-CuPb 10 Sn GZ-CuPb 10 Sn GC-CuPb 10 Sn	2.1176.01 .03 .04	80 110 110	180 220 230	8 8 12	65 70 70	Gleitlager mit hohen Flächen-drücken, Verbundlager in Verbrennungsmotoren ($P_{max} = 10000$ N/cm²)
G-CuPb 15 Sn GZ-CuPb 15 Sn GC-CuPb 15 Sn	2.1182.01 .03 .04	90 110 110	180 220 220	8 7 8	60 65 65	Lager mit hohen Flächendrücken ($P_{max} = 5000$ N/cm²) Verbundlager für Verbrennungs-motoren ($P_{max} = 7000$ N/cm²)
G-CuPb 20 Sn	2.1188.01	90	160	6	50	Gleitlager für hohe Gleitgeschwin-digkeiten; beständig gegen Schwe-felsäure; Verbundlager, Armaturen
G-CuPb 22 Sn	2.1166.09	−	−	−	30	Hochbeanspruchte Verbundlager (Kurbelwellen-, Pleuel- und Nockenwellenlager, $P_{max} = 7000$ N/cm²)

Anh. E3 Tabelle 26. Reinstaluminium und Reinaluminium nach DIN 1790

Kurzzeichen		Werk-stoff-nummer	Draht-durch-messer mm	Zug-festigkeit R_m N/mm² min.	0,2-Grenze $R_{p\,0,2}$ N/mm² min.	Bruchdehnung		Brinell-härte HB ≈	Zustands-Hinweise
						A_{10} % min.	$A_{L=100}$ % min.		
Al 99,98 R	W4 F7 F11	3.0385.10 .26 .30	…18 …15 …10	40 70 110	− − −	25 8 4	20 6 3	15 20 25	weich gezogen gezogen
Al 99,9	W4 F7 F11	3.0305.10 .26 .30	…18 …15 …10	40 70 110	− − −	25 8 4	20 6 3	15 20 25	weich gezogen gezogen
Al 99,8	W6 F9 F12	3.0285.10 .26 .30	…18 …15 …10	55 90 120	≦ 50 60 95	23 7 4	16 5 2	18 25 30	weich gezogen gezogen
Al 99,5	W7 F10 F14	3.0255.10 .26 .30	…18 …15 …10	60 100 140	≦ 55 70 115	22 6 3	18 4 2	20 30 38	weich gezogen gezogen
Al 99	W8 F11 F15	3.0205.10 .26 .30	…18 …15 …10	75 110 150	≦ 70 80 125	18 4 2	14 2 1	22 32 40	weich gezogen gezogen

Anh. E3 Tabelle 27. Aluminium-Knetlegierungen nach DIN 1745

Eigenschaften (letzte Spalte):
(1) Sehr gut kaltverformbar; schweißbar; korrosionsbeständig.
(2) Nicht aushärtbar, sehr gut kaltverformbar, schweißbar; seewasserbeständig.
(3) Nicht aushärtbar, gut kaltverformbar, schweißbar; sehr gut seewasserbeständig.
(4) Gut kaltverformbar, gut schweißbar; korrosionsbeständig, gute Warmfestigkeit.
(5) Nicht aushärtbar; korrosionsbeständig, gute Warmfestigkeit.
(6) Gut verformbar, gut polierbar, gut anodisch oxidierbar; gut korrosionsbeständig.
(7) Kaltaushärtbare Legierung hoher Festigkeit; wenig korrosionsbeständig.
(8) Legierung hoher Festigkeit für Schweißkonstruktionen; wärmeaushärtbare Legierung höchster Festigkeit; wenig korrosionsbeständig.
(9) Hohe Verschleißfestigkeit, gute Laufeigenschaften, gute Warmfestigkeit; Kolbenlegierungen.

Zustandshinweise (vorletzte Spalte):
w weich; kg kaltgewalzt; r rückgeglüht; wg warmgewalzt; ka kaltausgehärtet; wa warmausgehärtet

Kurzzeichen		Werkstoffnummer	Dicke Bleche mm über	bis	Bänder mm über	bis	Zugfestigkeit R_m N/mm² min.	max.	0,2-Grenze $R_{p0.2}$ N/mm²	Bruchdehnung A_5 % min.	A_{10} % min.	Brinellhärte HB ≈		
AlMn 1	W 9	3.0515.10	0,35	10	0,35	3,0	90	140	35	24	21	28	w	(1)
	F 12	.24	0,35	10	0,35	3,0	120	160	90	7	5	40	kg	
	F 14	.26	0,35	10	0,35	3,0	140	180	120	5	4	45	kg	
	F 17	.30	0,35	3,0	0,35	3,0	165	205	145	4	3	50	kg	
	F 19	.32	0,35	2,5	0,35	2,0	185	–	165	3	2	55	kg	
AlRMg 1 Al 99.9 Mg 1 Al 99.85 Mg 1		3.3319 3.3318 3.3317												(2)
	W 10	.10	0,35	6,0	0,35	3,0	100	140	35...60	23	20	30	w	
	G 12	.25	0,35	3,0	0,35	3,0	120	160	70	15	12	40	r	
	G 14	.27	0,35	2,5	0,35	2,5	140	180	100	10	8	45	r	
	G 16	.31	0,35	2,0	0,35	2,0	160	200	130	8	6	50	r	
	F 18	.32	0,35	2,0	0,35	2,0	180	–	160	4	3	55	kg	
AlMg 1.5	W 13	3.3316.10	0,35	6,0	0,35	3,0	130	170	45	23	20	37	w	
	G 18	.27	0,35	3,0	0,35	3,0	175	215	130	10	8	55	r	
	F 20	.28	0,35	3,0	0,35	3,0	200	240	175	4	3	60	kg	
	F 23	.30	0,35	3,0	0,35	3,0	225	–	200	3	2	65	kg	
	G 23	.31	0,35	2,0	0,35	2,0	225	–	180	6	5	65	r	
AlMg 2.5	W 17	3.3523.10	0,35	10	0,35	3,0	170	215	60	20	17	50	w	(3)
	F 21	.24	0,35	10	0,35	3,0	210	250	160	10	8	65	kg	
	G 21	.25	0,35	10	0,35	3,0	210	250	130	12	10	65	r	
	F 23	.26	0,35	10	0,35	3,0	230	270	180	5	4	73	kg	
	G 23	.27	0,35	10	0,35	3,0	230	270	150	10	8	73	r	
	F 25	.28	0,35	4,0	0,35	3,0	250	290	210	4	3	80	kg	
	G 25	.29	0,35	4,0	0,35	3,0	250	290	180	7	6	80	r	
	F 27	.30	0,35	3,0	0,35	3,0	270	–	240	3	2	85	kg	
	G 27	.31	0,35	3,0	0,35	3,0	270		210	6	5	85	r	
AlMg 3	W 19	3.3535.10	0,35	6,0	0,35	3,0	190	230	80	20	17	50	w	
	W 19	.10	6,0	50	–	–	190	230	80	18		50	w	
	F 19	.07	25	50	–	–	190		80	12		50	wg	
	F 20	.07	10	25	–	–	200		120	10		60	wg	

Anh. E 3 Tabelle 27 (Fortsetzung)

Kurzzeichen		Werk-stoff-nummer	Dicke				Zug-festigkeit R_m N/mm²		0,2-Grenze $R_{p0,2}$	Bruch-dehnung		Bri-nell-härte HB		
			Bleche mm		Bänder mm					A_5 %	A_{10} %			
			über	bis	über	bis	min.	max.	N/mm²	min.	min.	≈		
AlMg 3	F 21	3.3535.07	5,0	10	3,0	10	210	−	140	12	−	60	wg	(3)
	F 22	.24	0,35	10	0,35	3,0	220	260	165	9	7	65	kg	
	G 22	.25	0,35	10	0,35	3,0	220	260	130	14	12	65	r	
	F 24	.26	0,35	10	0,35	3,0	240	280	190	5	4	73	kg	
	G 24	.27	0,35	10	0,35	3,0	240	280	160	10	8	73	r	
	F 27	.28	0,35	4,0	0,35	3,0	265	305	215	4	3	80	kg	
	G 27	.29	0,35	4,0	0,35	3,0	265	305	190	7	6	80	r	
	F 29	.30	0,35	3,0	0,35	3,0	290	−	250	3	2	85	kg	
AlMg 2 Mn 0.8	W 19	3.3527.10	0,35	6,0	0,35	3,0	190	230	80	20	17	50	w	(4)
	W 19	.10	6,0	50	−	−	190	230	80	18	−	50	w	
	F 19	.07	25	50	−	−	190	230	80	12	−	50	wg	
	F 20	.07	10	25	−	−	200	240	120	10	−	60	wg	
	F 21	.07	6,0	10	−	−	210	250	140	12	−	60	wg	
	F 22	.24	0,35	10	0,35	3,0	220	260	165	9	7	65	kg	
	G 22	.25	0,35	10	0,35	3,0	220	260	130	14	12	65	r	
	F 24	.26	0,35	10	0,35	3,0	240	280	190	5	4	73	kg	
	G 24	.27	0,35	10	0,35	3,0	240	280	160	10	8	73	r	
	F 27	.28	0,35	4,0	0,35	3,0	265	305	215	4	3	80	kg	
	G 27	.29	0,35	4,0	0,35	3,0	265	305	190	7	6	80	r	
	F 29	.30	0,35	3,0	0,35	3,0	290	−	250	3	2	85	kg	
AlMg 4 Mn	W 24	3.3545.10	1,0	6,0	−	−	240	310	100	18	−	65	w	(5)
	W 24	.10	6,0	50	−	−	240	310	95	17	−	60	w	
	F 28	.24	4,0	6,0	−	−	275	330	200	7	−	80	kg	
	G 28	.25	1,0	6,0	−	−	275	330	190	12	−	80	r	
	G 30	.27	1,0	6,0	−	−	300	360	230	8	−	90	r	
AlMgSi 0,8	F 20	3.2316.51	0,35	6,0	0,35	3,0	200	−	110[a]	16	14	60	ka	(6)
	F 28	.71	0,35	6,0	0,35	3,0	275	−	200	12	10	85	wa	
AlMgSi 1	W	3.2315.10	0,35	10	0,35	3,0	−	150	≦ 85	18	15	35	w	
	F 21	.51	0,35	3,0	0,35	3,0	205	−	110[a]	16	14	65	ka	
	F 21	.51	3,0	20	−	−	205	−	110	14	12	65	ka	
	F 28	.71	0,35	3,0	0,35	3,0	275	−	200	14	12	85	wa	
	F 28	.71	3,0	60	−	−	275	−	200	12	−	85	wa	
	F 32	.72	0,35	10	0,35	3,0	315	−	255	10	8	95	wa	
	F 30	.72	0,35	20	−	−	295	−	245	9	−	95	wa	
	F 30	.72	20	100	−	−	295	−	240	8	−	90	wa	

Anh. E3 Tabelle 27 (Fortsetzung)

Kurzzeichen		Werkstoffnummer	Dicke				Zugfestigkeit R_m N/mm²		0.2-Grenze $R_{p0.2}$	Bruchdehnung		Brinellhärte HB		
			Bleche mm		Bänder mm					A_5 %	A_{10} %			
			über	bis	über	bis	min.	max.	N/mm²	min.	min.	≈		
AlCuMg 1	W	3.1325.10	0.35	12	0.35	3.0		215	$\leqq 140$	13	11	50	w	(7)
	F 40	.51	0.35	3.0	0.35	3.0	395	–	265	13	11	100	ka	
	F 39	.51	3.0	12	–	–	390	–	265	13	–	100	ka	
	F 39	.51	12	60	–	–	385	–	245	12	–	95	ka	
AlCuMg 2	W	3.1355.10	0.35	12	0.35	3.0	–	220	$\leqq 140$	13	11	55	w	
	F 44	.51	0.35	3.0	0.35	3.0	440	–	290	13	11	110	ka	
AlCuSiMn	W	3.1255.10	6.0	12	–	–	–	220	$\leqq 140$	13	–	55	w	
	F 40	.51	1.5	25	–	–	400	–	250	12	–	105	ka	
	F 40	.51	25	50	–	–	400	–	250	11	–	100	ka	
	F 39	.51	50	100	–	–	390	–	250	8	–	100	ka	
	F 46	.71	1.5	25	–	–	460	–	400	7	–	125	wa	
AlZn 4.5 Mg 1	W	3.4335.10	1.5	6.0				220	$\leqq 140$	15	13	45	w	(8)
	F 35	.71	0.35	15	0.35	3.0	350	–	275	10	8	105	wa	
	F 34	.71	15	60	–	–	340	–	270	9	–	105	wa	
AlZnMgCu 0.5	F 45	3.4345.71	6.0	25	–	–	450	–	370	8	–	125	wa	
	F 45	.71	25	50	–	–	450	–	370	7	–	125	wa	
	F 43	.71	50	100	–	–	430	–	350	5	–	110	wa	
	F 41	.71	100	200	–	–	410	–	330	3	–	100	wa	
AlZnMgCu 1.5	F 53	3.4365.71	6.0	12	–	–	530	–	450	8	–	140	wa	
	F 53	.71	12	25	–	–	530	–	450	5	–	140	wa	
	F 53	.71	25	50	–	–	530	–	450	3	–	140	wa	
	F 50	.71	50	63	–	–	500	–	430	2	–	130	wa	
	F 48	.71	63	75	–	–	480	–	410	2	–	130	wa	
	F 48	.71	75	100	–	–	480	–	390	2	–	130	wa	
AlSi 12 CuMgNi[b]							370		340	1	–	125	wa	(9)
AlSi 18 CuMgNi[b]							300		260	0.5		125	wa	
AlSi 25 CuMgNi[b]							210		200	0.1		125	wa	

[a] Höchstwert 180 N/mm² mit Rücksicht auf Umformarbeiten.
[b] Nicht genormt.

Anh. E3 Tabelle 28. Dauerfestigkeit der Leichtmetall-Legierungen

Werkstoff	Legierung		$R_{p\,0,2}$ N/mm²	R_m N/mm²	Wechselfestigkeit			Schwellfestigkeit	
					Zug-Druck N/mm²	Biegung N/mm²	Verdrehung N/mm²	Zug-Druck N/mm²	Biegung N/mm²
Al-Knet-legierungen	AlMg 5	F 26	180	260	90	100	65	160	180
		F 23	140	230	80	90	60	130	150
		F 18	80	180	65	75	45	80	90
		geschweißt			45			65	
	AlMgMn	F 26	180	260	90	100	65	160	180
		F 23	140	230	80	90	60	130	150
		F 18	80	180	65	75	45	80	90
		geschweißt			45			65	
	AlMg 5	F 32	240	320	100	115	70	180	200
		F 28	180	280	90	100	65	160	180
		F 24	110	240	80	90	60	110	125
		geschweißt			45			70	
	AlMgSi 1	F 32	250	320	100	115	70	180	200
		F 28	180	280	90	90	65	150	170
		F 20	100	200	70	80	50	100	115
		geschweißt			45			70	
	AlZnMg 1	wa	280	360	100	115	70	180	200
		ka	230	320	80	100	60	150	170
		geschweißt			45			70	

Lastwechselzahl $> 10^7$; Oberfläche: Walzhaut; Wanddicke (Durchmesser) ≤ 10 mm; Schweißverbindung: Stumpfnaht unbearbeitet.

Mg-Knet-legierungen			<200 >250	$0{,}36 \cdot R_m$ $0{,}30 \cdot R_m$	$(0{,}3\ldots0{,}5)\cdot R_m$	$0{,}25\cdot R_m$ $0{,}14\cdot R_m$	$(0{,}5\ldots0{,}6)\cdot R_m$ $(0{,}4\ldots0{,}55)\cdot R_m$	$(0{,}5\ldots0{,}6)\cdot R_m$	
Al-Guß-legierungen					—		$(0{,}15\ldots0{,}3)\cdot R_m$	—	—
Mg-Guß-legierungen					$(0{,}19\ldots0{,}34)\cdot R_m$		$(0{,}17\ldots0{,}26)\cdot R_m$	$0{,}25\cdot R_m$	$(0{,}45\ldots0{,}55)\cdot R_m$

Anh. E3 Tabelle 30. Magnesiumlegierungen nach DIN 1729 und DIN 9715

Kurzzeichen		$R_{p\,0,2}$ N/mm² min.	R_m N/mm² min.	A_{10} % min.	HB 5/250 etwa	Biegewechsel-festigkeit bei $N = 50\cdot10^6$ N/mm²	Eigenschaften Verwendung
MgMn 2	F 20	145	200	1,5	40		gut schweiß- und verformbar,
MgAl 3 Zn	F 24	155	240	10	45		schweiß- und verformbar,
MgAl 6 Zn	F 27	175	270	8	55		beschränkt schweißbar,
MgAl 8 Zn	F 29	205	290	6	60		höchste Festigkeit,
G-MgAl 6		80…110	180…240	8 …12	50…65	70… 90	hohe Dehnung und Schlagzähigkeit,
GD-MgAl 6		120…150	190…230	4 … 8	55…70	50… 70	z.B. für Autofelgen
GD-MgAl 6 Zn 1		130…160	200…240	3 … 6	55…70	50… 70	schwingungsbeanspruchte Teile,
G-MgAl 8 Zn 1		90…110	160…220	2 … 6	50…65	70… 90	stoßbeanspruchte Teile,
G-MgAl 8 Zn 1	ho	90…120	240…280	8 …12	50…65	80…100	gute Gleiteigenschaften,
GK-MgAl 8 Zn 1		90…110	160…220	2 … 6	50…65	70… 90	schweißbar
GK-MgAl 8 Zn 1	ho	90…120	240…280	8 …12	50…65	80…100	
GD-MgAl 8 Zn 1		140…160	200…240	1 … 3	60…85	50… 70	
G-MgAl 9 Zn 1	ho	110…140	240…280	6 …12	55…70	80…100	höchste Werte für Zugfestigkeit
G-MgAl 9 Zn 1	wa	150…190	240…300	2 … 7	60…90	80…100	u. 0,2-Grenze, homogenisiert und
GK-MgAl 9 Zn 1	ho	120…160	240…280	6 …10	55…70	80…100	warmausgehärtet für Gußstücke
GK-MgAl 9 Zn 1	wa	150…190	240…300	2 … 7	60…90	80…100	hoher Gestaltfestigkeit;
GD-MgAl 9 Zn 1		150…170	200…250	0,5… 3,0	65…85	50… 70	gute Gleiteigenschaften, schweißbar

ho = homogenisiert und wa = warmausgehärtet

E

Anh. E3 Tabelle 29. Aluminium-Gußlegierungen nach DIN 1725 Blatt 2

Kurzzeichen		$R_{p\,0,2}$ N/mm²	R_m N/mm²	A_5 %	HB 5/250 etwa	Biegewechselfestigkeit bei $N=50\cdot10^6$ N/mm²	Gießbarkeit	Polierbarkeit	anod. Oxidation	Witterungseinflüsse	Meerwasser	Spanbarkeit	Schweißbarkeit
G-AlSi 12		70...100	160...210	5 ...10	45... 60	55... 65	×	−	−	×	×	×	×
GK-AlSi 12		80...110	180...240	6 ...12	50... 60	70... 80							
GD-AlSi 12		140...180	220...280	1 ... 3	60... 80	60... 70							
G-AlSi 12 (Cu)		80...100	150...220	1 ... 4	50... 65	60... 70	×	−	−	−	−	×	×
GK-AlSi 12 (Cu)		90...120	180...260	2 ... 4	55... 75	70... 80							
GD-AlSi 12 (Cu)		140...200	220...300	1 ... 3	60... 80	70... 80							
G-AlSi 10 Mg		80...110	170...220	2 ... 6	50... 60	65... 75	×	×	−	×	×	×	×
G-AlSi 10 Mg	wa	180...260	220...320	1 ... 4	80...110	90...110							
GK-AlSi 10 Mg		90...120	180...240	2 ... 6	60... 80	80...100							
GK-AlSi 10 Mg	wa	210...280	240...320	1 ... 4	85...115	100...110							
GD-AlSi 10 Mg		140...200	220...300	1 ... 3	70... 90	70... 90							
G-AlSi 8 Cu 3		100...150	160...200	1 ... 3	65... 90	50... 70	×	×	−	−	−	×	×
GK-AlSi 8 Cu 3		110...160	170...220	1 ... 3	70...100	60... 80							
GD-AlSi 8 Cu 3		160...240	240...310	0,5... 3	80...110	70... 90							
G-AlSi 6 Cu 4		100...150	160...200	1 ... 3	60... 80	50... 60	×	×	−	−	−	×	×
GK-AlSi 6 Cu 4		120...180	180...240	1 ... 3	70...100	60... 70							
GD-AlSi 6 Cu 4		150...220	220...300	0,5... 3	70...100	70... 90							
G-AlSi 5 Mg		100...130	140...180	1 ... 3	55... 70	60... 65	×	×	−	×	×	×	×
G-AlSi 5 Mg	ka	150...180	180...250	2 ... 5	70... 85	70... 75							
G-AlSi 5 Mg	wa	220...290	240...300	0,5... 2	80...110	70... 75							
GK-AlSi 5 Mg		120...160	160...200	1,5... 4	60... 75	70... 75							
GK-AlSi 5 Mg	ka	160...190	210...270	2 ... 8	70... 90	80... 85							
GK-AlSi 5 Mg	wa	240...290	260...320	1 ... 3	90...110	80... 85							
G-AlMg 3		70...100	140...190	3 ... 8	50... 60	60... 65	−	×	×	×	×	×	−
GK-AlMg 3		70...100	150...200	5 ...12	50... 60	70... 75							
G-AlMg 3 Si		80...100	140...190	3 ... 8	50... 60	60... 65	×	×	×	×	×	×	×
G-AlMg 3 Si	wa	120...160	200...280	2 ... 8	65... 90	75... 80							
GK-AlMg 3 Si		80...100	150...200	4 ...10	50... 65	70... 80							
GK-AlMg 3 Si	wa	120...180	220...300	3 ...10	65... 90	80... 90							
G-AlMg 5		100...120	160...220	3 ... 8	55... 70	60... 70	−	×	×	×	×	×	×
GK-AlMg 5		100...140	180...240	4 ...10	60... 75	70... 80							
G-AlMg 5 Si		110...130	160...200	2 ... 4	60... 75	60... 65	×	×	×	×	×	×	×
GK-AlMg 5 Si		110...150	180...240	2 ... 5	65... 85	70... 75							
GD-AlMg 9		140...220	200...300	1 ... 5	70...100	55... 65	×	×	×	×	×	×	
G-AlSi 9 Mg	wa	200...270	250...300	2 ... 5	75...110	70	×	−	−	×	×	×	×
GK-AlSi 9 Mg	wa	200...280	260...340	4 ... 7	80...115	80							
G-AlCu 4 Ti	ta	180...230	280...380	5 ...10	85...105	80... 90	−	×	−	−	−	×	−
G-AlCu 4 Ti	wa	200...260	300...380	3 ... 8	95...110	80... 90							
GK-AlCu 4 Ti	ta	180...230	320...400	8 ...18	90...105	90...100							
GK-AlCu 4 Ti	wa	220...270	330...400	7 ...12	95...110	90...100							
G-AlCu 4 TiMg	ka	220...280	300...400	5 ...15	90...115	80... 90	−	×	−	−	−	×	−
G-AlCu 4 TiMg	wa	240...350	350...420	3 ...10	95...125	80... 90							
GK-AlCu 4 TiMg	ka	220...300	320...420	8 ...18	95...115	90...100							
GK-AlCu 4 TiMg	wa	260...380	350...440	3 ...12	100...130	90...100							

u = unbehandelt, ta = teilausgehärtet, ka = kaltausgehärtet, wa = warmausgehärtet

Anh. E3 Tabelle 31. Titan und Titanlegierungen nach DIN 17860

Kurzzeichen	Werkstoffnummer	Zustand	$R_{p\,0,2}$ N/mm² min.	R_m N/mm² min.	A_5 % min.	HB 30 etwa	Kerbschlagarbeit (DVM) A_v mind.	Biegeradius r für Dicke $s \leq 2$ mm	$2 < s < 5$ mm	Wechselfestigkeit Zug-Druck N/mm²	Biegung N/mm²
Ti 99,8	3.7025.10	geglüht	180	290…410	30	120	60	1 s	1,5 s		
Ti 99,7	3.7035.10	geglüht	250	390…540	22	150	35	1,5 s	2 s		
Ti 99,6	3.7055.10	geglüht	320	460…590	18	170	25	2 s	2,5 s		
Ti 99,5	3.7065.10	geglüht	390	540…740	16	200	20	2,5 s	3 s		520
TiAl 6 V 4 F 89	3.7165.10	geglüht	820	890	6			4,5 s	5,5 s	580	560
TiAl 5 Sn 2 F 79	3.7115.10	geglüht	760	790	6			4 s	4,5 s	450	540
TiAl 7 Mo 4 wa	–	warmausgehärtet	1000	1080	8	300					
TiAl 6 Zr 5 wa	–	warmausgehärtet	1140	1270	6						

Anh. E3 Tabelle 32. Feinzink-Gußlegierungen nach DIN 1743

Kurzzeichen	$R_{p\,0,2}$ N/mm²	R_m N/mm²	A_5 %	HB	Biegewechselfestigkeit bei $N = 20 \cdot 10^6$ N/mm²
GD-ZnAl 4	200…230	250…300	3 …6	70… 90	6… 8
GD-ZnAl 4 Cu 1	220…250	280…350	2 …5	85…105	7…10
G-ZnAl 4 Cu 3	170…200	220…260	0,5…2	90…100	–
GK-ZnAl 4 Cu 3	200…230	240…280	1 …3	100…110	–
G-ZnAl 6 Cu 1	150…180	180…230	1 …3	80… 90	–
GK-ZnAl 6 Cu 1	170…200	220…260	1,5…3	80… 90	–

Anh. E3 Tabelle 33. Blei und Bleilegierungen nach DIN 1719, DIN 1741 und DIN 17641

Kurzzeichen	R_m N/mm²	A_5 %	HB 2,5/31,25 etwa
Pb 99,99			4
Pb 99,90			5
Pb 98,5			7
R-Pb			8
GD-Pb 95 Sb	50	15	10
GD-Pb 87 Sb	60	10	14
GD-Pb 85 SbSn	70	8	18
GD-Pb 80 SbSn	74	8	18

Anh. E3 Tabelle 34. Zinn und Zinnlegierungen nach DIN 1704 und DIN 1742

Kurzzeichen	R_m N/mm²	A_5 %	HB 2,5/31,25
GD-Sn 80 Sb	115	2,5	30
GD-Sn 60 SbPb	90	1,7	28
GD-Sn 50 SbPb	80	1,9	26

Anh. E3 Tabelle 35. Mechanische und physikalische Eigenschaften keramischer Werkstoffe

Eigenschaft	Dimension	Temperatur in °C	Oxidkeramische Werkstoffe Al_2O_3	Al_2TiO_5	ZrO_2	Nichtoxidkeramische Werkstoffe SSiC	SiSiC	SSN
Dichte	g/cm³	20	3,85	3,2	5,95	3,15	3,05	3,25
Biegefestigkeit	N/mm²	20	350	40	950	410	380	750
(4-Punkt)		1000	230	50	400	400	350	450
E-Modul	10³ N/mm²	20	370	18	200	410	350	280
Bruchwiderstand	MN/m$^{3/2}$	20	4,9	–	12	3,3	3,3	7,0
Wärmeausdehnung	10^{-6}/K	20…1000	8,0	1,0	10	4,7	4,5	3,2
Wärmeleitfähigkeit	W/mK	20	28	2,0	2,5	110	140	35
		1000	15	1,5	1,8	45	50	17

Anh. E3 Tabelle 36. Zemente nach DIN 1164

Festigkeits-klasse		Druckfestigkeit in N/mm² nach				Kennfarbe (Grund-farbe des Sackes)	Farbe des Auf-druckes
		2 Tagen	7 Tagen	28 Tagen			
		mindestens	mindestens	mindestens	maximal		
250	ª)	–	10,0	25,0	45,0	violett	schwarz
350	Lᵇ)	–	17,5	35,0	55,0	hellbraun	schwarz
	Fᶜ)	10,0	–				rot
450	Lᵇ)	10,0	–	45,0	65,0	grün	schwarz
	Fᶜ)	20,0	–				rot
550		30,0	–	55,0	–	rot	schwarz

ª) Nur für Zement mit niedriger Hydrationswärme (NW) und/ oder hohem Sulfatwiderstand (HS).

ᵇ) L=Zement mit langsamerer Anfangserhärtung.
ᶜ) F=Zement mit höherer Anfangsfestigkeit.

Anh. E3 Tabelle 37. Festigkeitseigenschaften ª) von lufttrockenen Nutzhölzern (mittlerer Feuchtigkeitsgehalt etwa 15%)

Holzart	Lage zur Faser	Raumeinheits-gewicht kg/dm³	R_m N/mm²	σ_{dB} N/mm²	Biege-festigkeit σ_{bB} N/mm²	Schub-festigkeit τ_B N/mm²	Dauerbiege-festigkeit σ_{bw} N/mm²
Eiche	‖ ⊥	0,4…0,7 …0,95	50… 90…180 5	40…50…60 10	70… 90…100	5…10…15 30	–
Esche	‖ ⊥	0,5…0,7 …0,9	30…100…220 7	30…50…60 10	50…100…180	7	35
Hickory	‖ ⊥	0,7…0,8 …1	150 10	50 10	110…120	10	–
Nußbaum (Walnuß)	‖ ⊥	0,6…0,7 …0,75	100 4	40…60…70 10	80…120…140	–	40
Ulme (Rüster)	‖ ⊥	0,5…0,7 …0,85	60… 80…210 4	30…40…60 10	50… 70…160	7 25	–
Rotbuche	‖ ⊥	0,5…0,7 …0,9	60…140…180 7	40…50…80 10	60…110…180	5…10…20 35	–
Weißbuche	‖ ⊥	0,5…0,8 …0,85	50…110…200 6	40…70…80 10	50…110…140	10 30	–
Kiefer	‖ ⊥	0,3…0,5 …0,9	40…100…190 3	30…50…80 10	40… 90…200 90	5…10…15 20	25
Pechkiefer (Pitchpine)	‖ ⊥	0,5…0,7 …0,9	100 3	30…50…80 7·	90	10	–
Fichte	‖ ⊥	0,3…0,5 …0,7	40… 90…240 3	30…50…70 5…10	40… 70…120	5…10 25	20
Tanne	‖ ⊥	0,3…0,45…0,7	50… 80…120 2	30…40…50 4	40… 60…100	5 25	–
Gabun, Okumé	‖	0,2…0,3 …0,5	20… 30…40	10…15…20	25	–	15

ª) Die mittleren von 3 angegebenen Zahlen stellen die häufigsten Werte dar.

Anh. E3 Tabelle 38. Zulässige Spannungen für Bauholz im Lastfall *H*

Zeile	Art der Beanspruchung		Zulässige Spannungen in N/mm² für					
			Nadelhölzer (europäische)			Brettschichtholz (aus europäischen Nadelhölzern verleimt) nach Abschn. 11.5.5		Eiche und Buche
			Güteklasse			Güteklasse		
			III	II	I	II	I	mittlere Güte
1	Biegung	zul σ_B	7	10	13	11	14	11
2	Zug	zul σ_Z II	0	8,5	10,5	8,5	10,5	10
3	Druck	zul σ_D II	6	8,5	11	8,5	11	10
4	Druck	zul σ_D	2	2	2	2	2	3
			2,5[a])	2,5[a])	2,5[a])	2,5[a])	2,5[a])	4[a])
5	Abscheren	zul τ	0,9	0,9	0,9	0,9	0,9	1,0
6	Schub aus Querkraft	zul τ	0,9	0,9	0,9	1,2	1,2	1,0

[a]) Bei Anwendung dieser Werte ist mit größeren Eindrückungen zu rechnen, die erforderlichenfalls konstruktiv zu berücksichtigen sind. Bei Anschlüssen mit verschiedenen Verbindungsmitteln dürfen diese Werte nicht angewendet werden.

Anh. E3 **Tabelle 39.** Physikalische Eigenschaften der Nichteisenmetalle und ihrer Legierungen

Werkstoff	Dichte g/cm³	Schmelzpunkt bzw. Erstarrungsbereich °C	Warmformgebungstemperatur °C	Lineares Schwindmaß %	Elastizitätsmodul E kN/mm²	Gleitmodul G kN/mm²	Querdehnzahl μ	Linearer Wärmeausdehnungsbeiwert 20...100 °C 10⁻⁶/K	Spezifische Wärmekapazität 20...100 °C J/g·K	Wärmeleitfähigkeit bei 20 °C J/cm·s·K	Spezifischer elektrischer Widerstand bei 20 °C Ω·mm²/m
Aluminium	2,70	660	480... 500	1	72,2	27,2	0,34	24	0,896	2,11	0,026
AlCuMg	2,8	530... 645	380... 460	1,2	71,5			22,8	0,92	1,59	0,050
AlMgSi	2,7	600... 640	450... 500	1,1	70,0			23,1	0,92	1,76	0,035
AlMg 5	2,6	580... 630	380... 420	1,2	69,5			23,5	0,92	1,17	0,060
G-AlSi 12	2,65	570... 600	–	1,1	76,0			20,5	0,88	1,59	0,048
Blei	11,34	327	–	–	16,0	5,7	0,44	29,1	0,125	0,347	0,2
Kupfer	8,93	1083	800... 950		125	46,4	0,35	16,86	0,385	3,85	0,017
Kupfer-Zink-Legierung	8,3	895...1025	700... 850	1,5	104	40	0,37	19,2	0,39	1,17	0,07
Kupfer-Zinn-Legierung	8,8	910...1040	600... 900	2,0	116	43	0,35	17	0,37	0,71	0,11
Kupfer-Beryllium-Legierung	8,9	950	600... 900	2,0	120	45	0,38	17,5		0,84	0,07
Kupfer-Aluminium-Legierung	7,73	1030...1080		2,0	123	47		17,9	0,45	0,71	0,114
Konstantan 54 Cu, 45 Ni, 1 Mn	8,9	1250	850...1100	–		–		15,2		0,21	0,50
Magnesium	1,74	650			45,15	17,7	0,33	26,0	0,102	1,575	0,045
MgMn 2	1,8	645... 650	250... 450	1,9	45		0,3	26,0	0,105	1,42	0,06
MgAl 6 Zn	1,8	430... 600	280... 320	1,4	44		0,3	26,0	0,105	0,84	0,14
GD-MgAl 6 Zn 1	1,8	400... 600	–	1,4	44		0,3	26,5	0,105	0,84	0,15
Nickel	8,86	1453	870...1150	2,0	197	75	0,31	13,3	0,444	0,92	0,069
67 Ni, 32 Cu, 1 Mn (Monel)	8,9	1300...1350		2,0	200			14	0,42	0,25	0,44
84 Ni, 9 Si, 4 Cu, 1 Cr	7,8	1100...1120			205			11	0,45	0,21	0,11
Titan	4,5	1668	700...1000		105,2	38,7	0,33	8,35	0,616	0,15	0,42
Titanlegierungen	4,45...4,6	1668			105						
Zink	7,14	419,5		1,3	94	37,9	0,25	29	0,41	1,11	0,061
GD-ZnAl 4	6,6	380... 386	200... 260	1,3	130			27	0,42	1,13	0,06
GD-ZnAl 4 Cu	6,7	380... 386			130			27	0,42	1,09	0,06
Zinn	7,29	231,9			55	20,6	0,33	21,4	0,222	0,64	0,115

E

Anh. E4 Tabelle 1. Eigenschaften wichtiger Kunststoffgruppen (Auswahl), tr trocken, f feucht, kursiv: Kennwerte für gefüllte bzw. verstärkte Kunststoffe

Kunststoff	Kurzzeichen DIN 7728	Dichte g/cm³	Festigkeitskennwerte N/mm²		Dehnungswerte %		Elastizitätsmodul N/mm²	Schlagzähigkeit ISO 180 kJ/m²
Polyamide	PA 6	1,12...1,14	60... 90 tr.	(σ_{zS})	6...12 tr.	(ε_{zS})	1 500... 3 200 tr.	o.Br. tr.
			35... 70 f.	(σ_{zS})	10...20 f.	(ε_{zS})	600... 1 600 f.	o.Br. f.
		...1,4	*150...220 tr.*	*(σ_{zM})*	*4... 6*	*(ε_{zM})*	*10000...18000 tr.*	*40...65 tr.*
			120...170 f.	*(σ_{zM})*			*5000...10000 f.*	*60...80 f.*
	PA 66	1,13...1,15	70... 90 tr.	(σ_{zS})	6...12 tr.	(ε_{zS})	2000... 3 500 tr.	o.Br. tr.
			55... 75 f.	(σ_{zS})	10...20 f.	(ε_{zS})	1200... 2100 f.	o.Br. f.
		...1,4	*180...230 tr.*	*(σ_{zM})*	*2... 5 tr.*	*(ε_{zM})*	*9000...17000 tr.*	*40...60 tr.*
			130...180 f.	*(σ_{zM})*			*6000...10000 f.*	*60...80 f.*
	PA 11	1,03...1,05	40... 60	(σ_{zS})	9...22		800... 1400	
		...1,26	*60...150*	*(σ_{zM})*			*3000... 4000*	
	PA 12	1,01...1,02	35... 50	(σ_{zS})	8...26		1200... 1600	
		...1,25	*50...120*	*(σ_{zM})*	*3... 8*		*4000... 5000*	*15...60*
Polyamid amorph	PA 6-3-T	1,04...1,12	70...110	(σ_{zS})	6...10		2800... 3000	
		...1,4	*149...160*	*(σ_{zM})*	*3*		*9000...10000*	
Polyacetalharze	POM	1,4 ...1,45	60... 80	(σ_{zS})	8...15	(ε_{zS})	2500... 3500	80...130
		...1,6	*90...140*	*(σ_{zM})*	*2... 6*	*(ε_{zM})*	*5000...12000*	*15... 40*
lineare Polyester	PET	1,31...1,37	50... 75	(σ_{zS})	3... 4	(ε_{zS})	2500... 3200	
		1,5 ...1,8	*120...180*	*(σ_{zM})*	*2... 3*		*6500...12000*	
	PBT	1,29...1,3	50... 60	(σ_{zS})	3... 4	(ε_{zS})	2600... 2900	100...170
		1,5 ...1,6	*110...160*	*(σ_{zM})*	*2... 3*	*(ε_{zM})*	*6500...11000*	*25... 60*
Polycarbonat	PC	1,2 ...1,23	55... 70	(σ_{zS})	5... 7	(ε_{zS})	2000... 2500	40... 60
		1,27...1,45	*70...150*	*(σ_{zM})*	*2... 5*	*(ε_{zM})*	*3500... 9500*	*35... 45*
Polyphenylenether	PPE	1,04...1,11	36... 70	(σ_{zS})	3... 8	(ε_{zS})	2000... 2500	30...170
		...1,38	*70...140*	*(σ_{zR})*	*1... 3*	*(ε_{zM})*	*3500... 9000*	*12... 28*
Polyacrylat	PMMA	1,17...1,2	60... 90	(σ_{zM})	2...10	(ε_{zM})	2400... 4500	
Polystyrol	PS	1,05	45... 65	(σ_{zM})	2... 4	(ε_{zM})	3000... 3600	5... 15
Styrol-Butadien	SB	1,04...1,05	15... 50	(σ_{zS})	2... 3	(ε_{zS})	1500... 3000	15... 90
Styrol-Acrylnitril	SAN	1,08	70... 80	(σ_{zM})	5	(ε_{zM})	3600	
		1,2 ...1,4	*...140*	*(σ_{zM})*	*3*	*(ε_{zM})*	*5000...10000*	
Acrylnitril-Butadien-Styrol	ABS	1,06...1,08	30... 55	(σ_{zS})	2... 3	(ε_{zS})	1500... 2900	
		1,09...1,5	*... 70*	*(σ_{zM})*	*1*	*(ε_{zS})*	*4500... 6000*	
SAN mit Acrylester	ASA	1,07	45... 60	(σ_{zM})	10...20	(ε_{zR})	2500... 2800	
Celluloseester	CA	1,22...1,35	30... 65	(σ_{zS})	3... 5	(ε_{zS})	2000... 3600	
	CP	1,19...1,24	18... 28	(σ_{zS})	3... 5	(ε_{zS})	1000... 2500	
	CAB	1,15...1,24	16... 25	(σ_{zS})	3... 5	(ε_{zS})	800... 2200	
Polysulfone	PSU	1,24	70...100	(σ_{zS})	5... 6	(ε_{zS})	2100... 2500	
	PES	1,38	85... 95	(σ_{zS})	5... 6	(ε_{zS})	2500... 3100	
Polyphenylensulfid	PPS	1,35	70... 80	(σ_{zM})	3	(ε_{zM})	3500	15... 30
		...2,06	*80...150*	*(σ_{zM})*	*1... 2*	*(ε_{zM})*	*12000...16000*	
Polyimide	PI	1,4 ...1,5	70...100	(σ_{zM})			3000... 3 500	
		...1,9	*100...200*	*(σ_{zM})*	*1... 6*	*(ε_{zR})*	*6000...30000*	
Polyethylen	PE-HD	0,94...0,96	20... 35	(σ_{zS})	12...20	(ε_{zS})	400... 1 500	
	PE-LD	0,92...0,94	8... 20	(σ_{zS})	8...14	(ε_{zS})	150... 600	
Polypropylen	PP	0,9	18... 38	(σ_{zS})	10...20	(ε_{zS})	650... 1400	50...o.Br.
		...1,32	*40... 75*	*(σ_{zM})*	*7...70*	*(ε_{zR})*	*2500... 6000*	*25... 50*
Polyvinylchlorid (hart)	PVC-U	1,32...1,45	50... 80	(σ_{zM})	3... 7	(ε_{zS})	2900... 3600	5...100
(weich)	PVC-P	1,2 ...1,35	15... 30	(σ_{zR})	50...300	(ε_{zR})	450... 600	
Fluorhaltige Kunststoffe	PTFE	2,1 ...2,2	9... 12	(σ_{zS})	250...500	(ε_{zR})	450... 750	
Fluorhaltige Thermoplaste	FEP	2,1 ...2,17	19... 22	(σ_{zS})	250...350	(ε_{zR})	350... 600	
	ETFE	1,7	27	(σ_{zS})	150...200	(ε_{zR})	800... 1400	
	PVDF	1,77	50	(σ_{zS})	20... 25	(ε_{zR})	1000... 2000	

E

Kerbschlag-zähigkeit ISO 180 kJ/m²	Schlagzähigkeit DIN 53453 kJ/m²	U-Kerbschlag-zähigkeit DIN 53453 kJ/m²	Zeitdehn-spannung $\sigma_{1/1000}$ N/mm²	Wärmeleit-fähigkeit J/(m·K)	Längenaus-dehnungs-koeffizient 10^{-5} 1/K	Ver-arbeitungs-schwindung %	Kristallit-schmelzpunkt °C	Kurz-zeichen DIN 7728
	o.Br. tr.	3...20 tr.	6 tr.	0,27...0,30	7...11 tr.	0,8...2,0 tr.	215...225	PA 6
	o.Br. f.	19...o.Br. f.	4 f.					
10...18 tr.	35...60 tr.	3...14 tr.	40...50 tr.	0,30...0,32	2... 5 tr.	0,2...1,0 tr.		
16...25 f.		12...20 f.	30...40 f.					
	o.Br. tr.	2...14 tr.	7 tr.	0,27...0,28	6...10 tr.	0,8...2,2 tr.	250...265	PA 66
	o.Br. f.	10...20 f.	6 f.					
7...12 tr.	30...40 tr.	10...14	50...60 tr.	0,28...0,30	1... 5 tr.	0,2...0,8 tr.		
12...20 f.								
	o.Br.	10...o.Br.	5	0,28	9...13	0,5...1,5	180...190	PA 11
5...28			12		2... 4	0,4...1,0		
	o.Br.	10...o.Br.	4... 5	0,27	12...15	0,5...1,5	175...185	PA 12
	50...70	7...10			3... 5			
	o.Br.	10...20	12		6... 8	0,4...0,7		PA 6-3-T
	28...32	6... 8						
4... 7	100...o.Br.	4...10	12...18	0,29...0,36	11...13	1,6...2,8	175 (Homo-Polym.)	POM
3... 5	10...30	3... 6		0,40	2... 4	0,4...1,0	165...168 (Co-Polym.)	
	o.Br.	3... 4	26	0,24...0,29	7	1,3...2,0	255...258	PET
	25...35	7...10		0,33...0,34	2... 3	0,3...0,8		
8	o.Br.	3... 5	12...15	0,21	3... 7	1,3...2,0	220...225	PBT
6...13	26...45	6...11	55	0,23...0,26	3... 4	0,3...0,8		
	o.Br.	20...36	18	0,21...0,23	6... 7	0,7...0,8		PC
10...16	30...70	6...15	40	0,23...0,25	2... 5	0,2...0,5		
9...60	15...o.Br.	15...20	18	0,17...0,22	5...10	0,5...0,7		PPE
6...12	8...10	8...10	35	0,22...0,28	3... 5	0,1...0,5		
	12...22	2... 3	15...20	0,18...0,19	7... 9	0,3...0,8		PMMA
2	5...25	2... 3	18...20	0,15...0,17	7... 8	0,4...0,7		PS
4...12	40...80...o.Br.	5...12	12	0,16...0,17	8...10	0,4...0,7		SB
	8...25	2... 3	15...25	0,15...0,17	6... 8	0,4...0,6		SAN
			60					
	50...80...o.Br.	8...25	9...15	0,15...0,17	8...11	0,4...0,8		ABS
	15	5...8	30...40		3... 4	0,1...0,4		
	o.Br.	7...20	12	0,17	10...11	0,4...0,7		ASA
	80...o.Br.	3...25	5...10	0,20...0,22	9...12	0,4...0,7		CA
	o.Br.	3...25	5...10	0,20...0,22	12...15	0,4...0,7		CP
	o.Br.	3...25	5...10	0,20...0,22	12...15	0,4...0,7		CAB
7	o.Br.	2... 4	18	0,26...0,28	5... 6	0,7...0,8		PSU
9	o.Br.	3... 5	23	0,18	5... 6	0,5...0,7		PES
					6		280...288	PPS
	4...15	3... 7	20	0,25	4	0,2		
			30 (PEI)	0,22 (PEI)	5... 6			PI
4... 8			60 (PEI-GF)		2... 3	0,1...0,5		
3...20	o.Br.	3...20...o.Br.	2... 5	...0,51	13...20	2,0...5,0	125...140	PE-HD
10...70	o.Br.	o.Br.	1... 3	0,29...0,40	18...24	1,5...3,0	105...115	PE-LD
7...15	o.Br.	4...14	5... 6	0,20...0,22	10...18	1,0...2,5	158...168	PP
2... 7	15...50	4... 8	6...20	0,25...0,51	6...10			
	20...o.Br.	4... 8	20...25	0,14...0,17	7... 8	0,5...1,0		PVC-U
	o.Br.	6...o.Br.		0,12...0,15	18...21	1,0...3,0		PVC-P
	o.Br.	13...16	1... 2	0,25	12...16		327	PTFE
				0,20...0,23	8...10	3,0...4,0	285...295	FEP
				0,24	9		270	ETFE
		20		0,14...0,15		2,0...2,5	171	PVDF

Fortsetzung Seiten E 116/E 117

Anh. E 4 Tabelle 1 (Fortsetzung)

Kunststoff	Kurz-zeichen DIN 7728	Dichte g/cm³	Festigkeits-kennwerte N/mm²		Dehnungs-werte %		Elastizitätsmodul N/mm²	Schlag-zähigkeit ISO 180 kJ/m²
Phenol-Formaldehyd	PF	1,4 ...1,9	15... 40	(σ_{zM})	... 1	(ε_{zR})	6000...10000	
Aminoplaste	UF/MF	1,5 ...2,0	15... 30	(σ_{zM})	... 1	(ε_{zR})	5000... 9000	
ungesättigte Polyester	UP	1,5 ...2,0	20... 200 Laminate ...1000	(σ_{zM}) (σ_{zM})	... 1	(ε_{zR})	3000...19000	
Epoxidharze	EP	1,5 ...1,9	60... 200 Laminate ...1000	(σ_{zM}) (σ_{zM})	2... 5	(ε_{zR})	5000...20000	
Stahl	Fe	7,8	300...1500	(R_m)	2... 30	(A_5)	210000	
Aluminium(-Legierungen)	Al	2,7	50... 500	(R_m)	2... 40	(A_5)	70000	
Kupfer(-Legierungen)	Cu	8,9	200...1200	(R_m)	2... 60	(A_5)	100000	

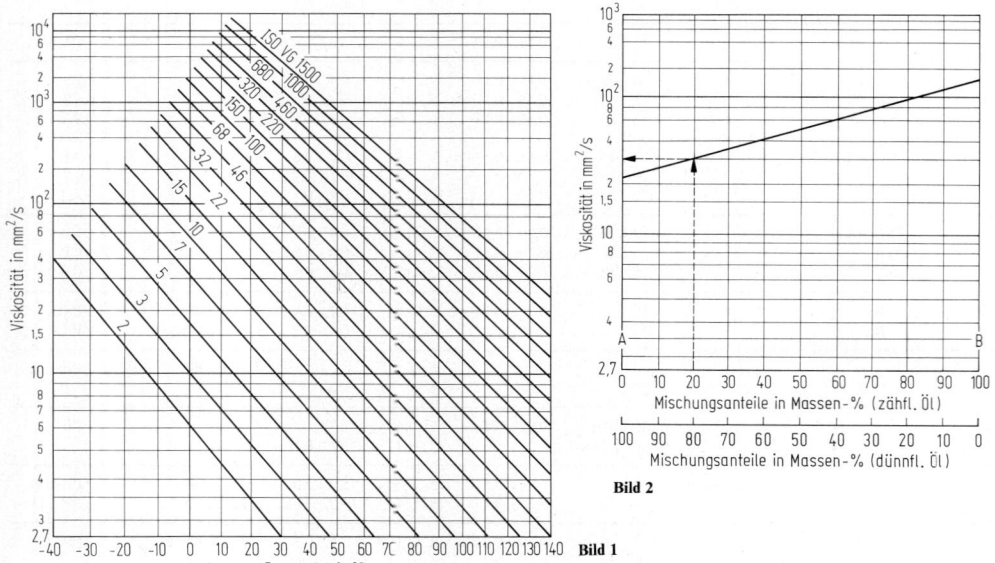

Anh. E 5 Bild 1. Viskositäts-Temperatur-Blatt (ISO VG-Reihe; Kurvenschar mit $VI = 100$)

		2	3	5	7
10	15	22	32	46	68
100	150	220	320	460	680
1000	1500				

Sog. Mittelpunktviskositäten in mm²/s bei 40 °C mit ±10% Toleranz
Gesetz: $v_{n+1} \approx 1,5 \cdot v_n$

Anh. E 5 Bild 2. Mischungsdiagramm für Mineralöle. Zur Beachtung: Es dürfen nur solche Öle in das Diagramm eingetragen werden, deren Viskositätsangaben sich auf die *gleiche Temperatur* beziehen

Kerbschlag-zähigkeit ISO 180 kJ/m²	Schlagzähigkeit DIN 53453 kJ/m²	U-Kerbschlag-zähigkeit DIN 53453 kJ/m²	Zeitdehn-spannung $\sigma_{1/1000}$ N/mm²	Wärmeleit-fähigkeit J/(m·K)	Längenaus-dehnungs-koeffizient 10^{-5} 1/K	Ver-arbeitungs-schwindung %	Kristallit-schmelzpunkt °C	Kurz-zeichen DIN 7728
	3…15	1…15		0,30…0,7	1… 5	0,2…0,8		PF
	4…18	1…10		0,35…0,70	2… 6	0,2…1,2		UF/MF
	4…40 Laminate …150	4…20 Laminate …60	Laminate 50…150	0,50…0,70	2…10	0,3…0,8		UP
	15…200	5…20 Laminate …60	Laminate 100…150	0,40…0,80	2… 6	0,0…0,5		EP
				75 230 390	1,2 2,35 1,65			Fe Al Cu

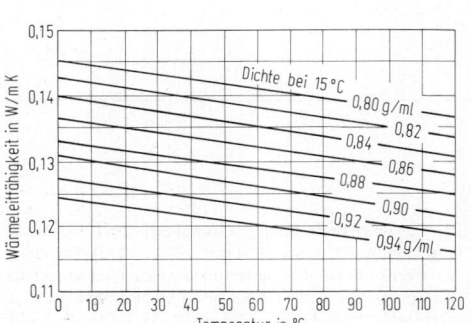

Anh. E5 Bild 3. Temperaturabhängigkeit der Wärmeleitfähigkeit von flüssigen Schmierstoffen

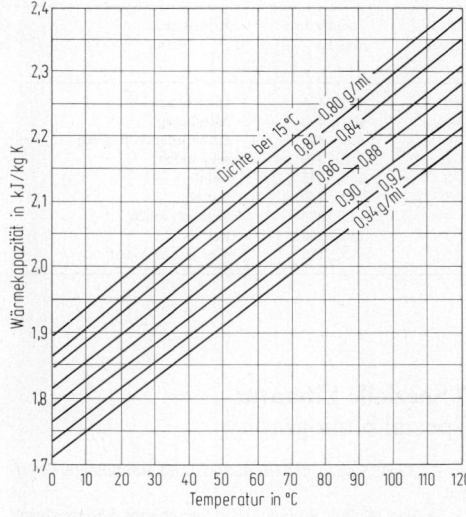

Anh. E5 Bild 4. Temperaturabhängigkeit der Wärmekapazität von flüssigen Schmierstoffen

Anh. E5 Tabelle 1. Viskositätsdruckkoeffizienten α von Schmierölen und Viskositätssteigerungen durch Druck [10]

Öltyp	$\alpha_{25°C}\cdot 10^3$ bar^{-1}	$\dfrac{\eta_{2000\,bar}}{\eta_{1\,bar}}$ bei 25 °C	$\dfrac{\eta_{2000\,bar}}{\eta_{1\,bar}}$ bei 80 °C
		ca.	ca.
Paraffinbasische Mineralöle	1,5…2,4	15…100	10…30
Naphthenbasische Mineralöle	2,5…3,5	150…800	40…70
Aromatische Solvent-Extrakte	4 …8	1000…200000	100…1000
Polyolefine	1,3…2,0	10…50	8…20
Esteröle (Diester, verzweigt)	1,5…2,0	20…50	12…20
Polyätheröle (aliph.)	1,1…1,7	9…30	7…13
Siliconöle (aliph. Subst.)	1,2…1,4	9…16	7…9
Siliconöle (arom. Subst.)	2 …2,7	300	–
Chlorparaffine (je nach Halogenierungsgrad)	0,7…5	5…20000	–

Anh. E5 Tabelle 2. SAE-Viskositätenklassen von Motoren-Schmierölen nach DIN 51511

SAE-Viskositätsklasse	Maximale scheinbare Viskosität[a]) in mPa·s bei Temperatur °C	Maximale Grenzpumptemperatur[b]) °C	Kinematische Viskosität[c]) bei 100 °C mm²/s	
			min.	max.
0 W	3250 bei −30	−35	3,8	−
5 W	3500 bei −25	−30	3,8	−
10 W	3500 bei −20	−25	4,1	−
15 W	3500 bei −15	−20	5,6	−
20 W	4500 bei −10	−15	5,6	−
25 W	6000 bei − 5	−10	9,3	−
20	−	−	5,6	unter 9,3
30	−	−	9,3	unter 12,5
40	−	−	12,5	unter 16,3
50	−	−	16,3	unter 21,9

[a]) Prüfung nach DIN 51377
[b]) Prüfung nach ASTM D 3829 und CEC L-32-T-82
[c]) Prüfung nach DIN 51550 in Verbindung mit DIN 51561 bzw. DIN 51562 Teil 1

Anh. E5 Tabelle 3. Konsistenzklassen von Schmierfetten nach DIN 51818 und Anwendungen [11]

NLGI-Klasse	Penetration mm/10	Konsistenz	Gleitlager	Wälzlager	Zentralschmieranlagen	Getriebeschmierung	Wasserpumpen	Blockfette
000	445...475	fast flüssig			×	×		
00	400...430	halbflüssig			×	×		
0	355...385	außerordentlich weich			×	×		
1	310...340	sehr weich			×	×		
2	265...295	weich	×	×				
3	220...250	mittel	×	×				
4	175...205	ziemlich weich	×				×	
5	130...160	fest					×	
6	85...115	sehr fest und steif						×

7 Spezielle Literatur
Special bibliography

zu E1 Grundlagen der Werkstoff- und Bauteileigenschaften

[1] *Kloos, K.H.; Broszeit, E.:* Verschleißschäden durch Oberflächenermüdung. VDI-Ber. 243 (1975) 189−204. − [2] *Macherauch, E.; Wohlfahrt, H.; Wolfstieg, U.:* Zur zweckmäßigen Definition von Eigenspannungen. Härterei-Techn. Mitt. 28 (1973) 200−211. − [3] *Klein, H.D.:* Eigenspannungen und ihre Verminderung in metallischen Werkstücken durch spannende Bearbeitung. Diss. TH Hannover 1969. − [4] *Staudinger, H.:* Metallurgische Vorgänge beim Schleifen von Stahl. Schweizer Archiv 23 (1957) 231−240. − [5] *Siebel, E.:* Werkstoffmechanik. VDI-Sonderheft Werkstoffe I. Düsseldorf: VDI-Verlag 1953, S. 27−33. − [6] *Heckel, K.:* Einführung in die technische Anwendung der Bruchmechanik. München: Hanser 1970. − [7] *Macherauch, E.:* Bruchmechanik. Grundlagen des Festigkeits- und Bruchverhaltens. Düsseldorf: Stahleisen 1974. − [8] *Jacoby, G.:* Schwingfestigkeit. Neuzeitliche Verfahren der Werkstoffprüfung. Düsseldorf: Stahleisen 1973. − [9] *Schütz, W.:* Versuchsmethoden der Bruchmechanik. Der Maschinenschaden 48 (1975) 137−148. − [10] *Rühl, K.:* Tragfähigkeit metallischer Baukörper. Berlin: Ernst & Sohn 1952. − [11] *Wellinger, K.; Dietmann, H.:* Festigkeitsberechnung, Grundlagen und technische Anwendung. Stuttgart: Kröner 1976. − [12] *Dietmann, H.:* Werkstoffverhalten unter mehrachsiger schwingender Beanspruchung. Teil 1: Berechnungsmöglichkeiten. Z. f. Werkstofftechnik 4 (1973) 255−263. − [13] *Troost, A.; El-Magd, E.:* Beurteilung der Schwingfestigkeit bei mehrachsiger Beanspruchung auf der Grundlage kritischer Schubspannungen. Metall 30 (1976) 37−41. − [14] *Issler, L.:* Festigkeitsverhalten metallischer Werkstoffe bei mehrachsiger phasenverschobener Schwingbeanspruchung. Diss. Univ. Stuttgart 1973. Auszug in VDI-Ber. 268: Werkstoff- und Bauteilverhalten unter Schwingbeanspruchung, S. 93−100. Düsseldorf: VDI-Verlag 1976. − [15] *Simbürger, A.:* Festigkeitsverhalten zäher Werkstoffe bei einer mehrachsigen, phasenverschobenen Schwingbeanspruchung mit körperfesten und veränderlichen Hauptspannungsrichtungen. Diss. TH Darmstadt 1975. − [16] Das Verhalten mechanisch beanspruchter Werkstoffe und Bauteile unter Korrosionseinwirkung. VDI-Ber. 235. Düsseldorf: VDI-Verlag 1975. − [17] *Spähn, H.:* Korrosionsgerechte Gestaltung. VDI-Ber. 277 (1977) 37−45. − [18] *Czichos, H.:* The principles of systems analysis and their application to tribology. ASLE Trans. 17 (1974). − [19] *Kloos, K.H.:* Material selection and material pairing. − Tribotechnical considerations. Wear 34 (1975) 95−107. − [20] *Seeger, T.:* Werkstoffmechanisches Konzept der Dauer- und Zeitfestigkeit.

In: VDI-Berichte Nr. 661. Düsseldorf: VDI-Verlag 1988. – [21] *Dahl, W.:* Grundlagen und Anwendungsmöglichkeiten der Bruchmechanik bei der Sprödbruchprüfung. Z. Metallkunde 61 (1970) 794–804. – [22] *Schütz, W.:* Schwingfestigkeit von Werkstoffen. VDI-Ber. 214 (1974) 45–57. – [23] DDR-Standard TGL 19 340, Maschinenbauteile, Dauerschwingfestigkeit. Leipzig: Verlag für Standardisierung 1983. – [24] *Buch, A.:* Einige Bemerkungen über das Einflußfaktorenverfahren zur Berechnung der Dauerfestigkeit von Maschinenbauteilen. Materialprüfung 18 (1976) 194–199. – [25] *Kloos, K.H.; Granacher, J.; Rieth, P.; Barth, H.:* Hochtemperaturhalten warmfester Stähle unter zeitlich veränderter Beanspruchung. VGB Kraftwerkstechnik 64 (1984) 1020–1034. – [26] *Schmidtmann, E.; Mall, H.P.:* Die Kennzeichnung der Sprödbruchneigung eines Stahles durch Auswertung von Kraft-Durchbiegung – Kurven aus Kerbschlagbiegeversuchen. Arch. Eisenhüttenwes. 38 (1967) 571–576. – [27] *Degenkolbe, J.; Müsgen, B.:* Studium des Rißauslösungsverhaltens von Baustählen, Versuche mit Scharfkerbbiegeproben. Materialprüfung 11 (1969) 365–372. – [28] *Dahl, W.:* Prüfung der Sprödbruchunempfindlichkeit. Neuzeitliche Verfahren der Werkstoffprüfung. Düsseldorf: Stahleisen 1973. – [29] *Schinn, R.; Schieferstein, U.:* Anforderungen und Abnahmekriterien für schwere Schmiedestücke des Turbogeneratorenbaues. VGB-Kraftwerkstechn. 53 (1973) 182–195. – [30] *Hochstein, F.:* Beitrag zur Herstellung schwerer Schmiedestücke aus Stahl, metallurgisch bedingte Eigenschaften und neuere Prüfkriterien. Stahl u. Eisen 95 (1975) 777–784. – [31] *Hagedorn, K.E.:* Meßmethoden und technische Anwendungen der Bruchmechanik. Z. Werkstofftechnik 3 (1972) 122–129. – [32] *Riedel, H.:* Fracture at high temperatures. Berlin: Springer 1987. – [33] *Buch, A.:* Einfluß der Stahlreinheit und der Stahlhärte auf die Anisotropie der mechanischen Eigenschaften von Schmiedestücken. IfL-Mitt. 6 (1967) 402–408. – [34] *Schlicht, H.:* Einfluß der Stahlherstellung auf das Ermüdungsverhalten von Bauteilen bei kräftefreier und kräftegebundener Oberfläche. VDI-Ber. 268. Düsseldorf: VDI-Verlag 1976. – [35] *Randak, A.; Stanz, A.; Verderber, W.:* Eigenschaften von nach Sonderschmelzverfahren hergestellten Werkzeug- und Wälzlagerstählen. Stahl u. Eisen 92 (1972) 891–893. – [36] *Flemming, G.:* Mechanische Eigenschaften von Stahl bei statischer und wechselnder Beanspruchung nach einer Massivformgebung. Diss. Darmstadt 1972. – [37] *Wiegand, H.; Strigens, P.:* Die Steigerung der Dauerfestigkeit durch Oberflächenverfestigung in Abhängigkeit von Werkstoff und Vergütungszustand. Draht 20 (1969) 189–194 u. 302–308. – [38] *Kloos, K.H.; Adelmann, J.:* Schwingfestigkeitssteigerung durch Festwalzen. Mat.-wiss. und Werkstofftechnik 19 (1988) 15–23. – [39] VDI-Richtlinie 2227: Festigkeit bei wiederholter Beanspruchung, Zeit- und Dauerfestigkeit metallischer Werkstoffe, insbesondere von Stählen. VDI-Handbuch Konstruktion. – [40] *Syren, B.; Wohlfahrt, H.; Macherauch, E.:* Der Einfluß von Bearbeitungseigenspannungen auf das Biegewechselfestigkeitsverhalten von Stahl Ck 45 im weichgeglühten Zustand. Arch. Eisenhüttenwes. 46 (1975) 735–739. – [41] *Tauscher, H.:* Berechnung der Dauerfestigkeit. Leipzig: Fachbuchverlag 1960. – [42] *Wiegand, H.; Fürstenberg, U.:* Hartverchromung, Eigenschaften und Auswirkungen auf den Grundwerkstoff. Frankfurt: Maschinenbau-Verlag 1968. – [43] *Funke, P.; Heye, W.; Randak, A.; Sikora, E.:* Einfluß unterschiedlicher Randentkohlungen auf die Dauerschwingfestigkeit von Federstählen. Stahl u. Eisen 96 (1976) 28–32. – [44] *Niemann, G.; Rettig, H.:* Steigerungsmöglichkeiten für die Zahnflankentragfähigkeit. Konstruktion 20 (1968) 262–267. – [45] *Hempel, M.:* Zug-Druck-Wechselfestigkeit ungekerbter und gekerbter Proben warmfester Werkstoffe im Temperaturbereich von 500 bis 700 °C. Arch. Eisenhüttenwes. 43 (1972) 479–488. – [46] *Wiegand, H.; Jahr, O.:* Langzeiteigenschaften einiger warmfester und hochwarmfester Werkstoffe. Z. f. Werkstofftechnik 7 (1976) 177–181 u. 212–219. – [47] *Spähn, H.:* Grundlagen und Erscheinungsformen der Schwingungsrißkorrosion. VDI-Ber. 235 (1975) 103–115. – [48] *Speckhardt, H.:* Grundlagen und Erscheinungsformen der Spannungsrißkorrosion, Maßnahmen zu ihrer Vermeidung. VDI-Ber. 235 (1975) – [49] *Paatsch, W.:* Probleme der Wasserstoffversprödung unter besonderer Berücksichtigung galvanotechnischer Prozesse. VDI-Ber. 235 (1975) 97–101. – [50] *Böhm, H.:* Bedeutung des Bestrahlungsverhaltens für die Auswahl und Entwicklung warmfester Legierungen im Reaktorbau. Arch. Eisenhüttenwes. 45 (1974) 821–830. – [51] *Rainer, G.:* Kerbwirkung an gekerbten und abgesetzten Flach- und Rundstäben. Diss. TH Darmstadt 1978. – [52] *Dietmann, H.:* Berechnung der Fließkurven von Bauelementen bei kleinen Verformungen. Habil. Univ. Stuttgart 1969. – [53] *Wellinger, K.; Pröger, M.:* Der Größeneffekt beim Kerbzugversuch mit Stahl. Materialprüfung 10 (1968) 401–406. – [54] *Kloos, K.H.:* Einfluß des Oberflächenzustandes und der Probengröße auf die Schwingfestigkeitseigenschaften. VDI-Ber. 268 (1976) 63–76. – [55] VDI-Richtlinie 2226: Empfehlung für die Festigkeitsberechnung metallischer Bauteile. Düsseldorf: VDI-Verlag 1965. – [56] *Neuber, H.:* Über die Berücksichtigung der Spannungskonzentration bei Festigkeitsberechnungen. Konstruktion 20 (1968) 245–251. – [57] *Heckel, H.; Köhler, G.:* Experimentelle Untersuchung des statistischen Größeneinflusses im Dauerschwingversuch an ungekerbten Stahlproben. Z. für Werkstofftechnik 6 (1975) 52–54. – [58] *Hänchen, R.; Decker, K.H.:* Neue Festigkeitsberechnungen für den Maschinenbau. München: Hanser 1967. – [59] VDI-Bericht 354: Übertragbarkeit von Versuchs- und Prüfergebnissen auf Bauteile. Düsseldorf: VDI-Verlag 1979. – [60] *Schuster, C.; Wirtgen, G.:* Aufbau und Anwendung des DDR-Standards. TGL 19 340 „Maschinenbauteile, Dauerschwingfestigkeit". IfL-Mitt. 14 (1975) 3–29. – [61] *Nowak, B.; Saal, H.; Seeger, T.:* Ein Vorschlag zur Schwingfestigkeitsbemessung von Bauteilen aus hochfesten Baustählen. Stahlbau 44 (1975) 257–268 u. 306–313. – [62] *Minner, H.H.; Seeger, T.:* Erhöhung der Schwingfestigkeiten von Schweißverbindungen aus hochfesten Feinkornbaustählen durch das WIG-Nachbehandlungsverfahren. Stahlbau 46 (1977) 257–263. – [63] *Gaßner, E.:* Betriebsfestigkeit, eine Bemessungsgrundlage für Konstruktionsteile mit statistisch wechselnden Betriebsbeanspruchungen. Konstruktion 6 (1954) 97–104. – [64] *Schütz, W.; Zenner, H.:* Schadensakkumulationshypothesen zur Lebensdauervorhersage bei schwingender Beanspruchung – ein kritischer Überblick. Z. f. Werkstofftechnik 4 (1973) 25–33 u. 97–102. – [65] *Haibach, E.:* Modifizierte lineare Schadensakkumulations-Hypothese zur Berücksichtigung des Dauerfestigkeitsabfalles mit fortschreitender Schädigung. LBF-TM Nr. 50/70. – [66] *Gaßner, E.:* Betriebsfestigkeit. In: Lueger Lexikon der Technik, Band Fahrzeugtechnik. – [67] *Jacoby, G.:* Schwingfestigkeit. Neuzeitliche Verfahren der Werkstoffprüfung. S. 80–107. Düsseldorf: Stahleisen 1973. – [68] *Jacoby, G.:* Beitrag zum Vergleich der Aussagefähigkeit von Programm- und Randomversuchen. Z. f. Flugwissenschaften 18 (1970) 253–258. – [69] Verein Deutscher Eisenhüttenleute (Hrsg.): Ergebnisse deutscher Zeitstandversuche langer Dauer. Düsseldorf 1969. – [70] *Wiegand, H.; Granacher, J.; Sander, M.:* Zeitstandbruchverhalten einiger warmfester Stähle unter rechteckzyklisch veränderter Spannung oder Temperatur. Arch. Eisenhüttenwes. 46 (1975) 533–539. – [71] *Haibach,*

E.: Beurteilung der Zuverlässigkeit schwingbeanspruchter Bauteile. Luftfahrttechnik-Raumfahrttechnik 13 (1967) 188–193.

zu E 2 Werkstoffprüfung
[1] Sachs, K.: Angewandte Statistik. Berlin: Springer 1974. − [2] Bühler, H.; Schreiber, W.: Lösung einiger Aufgaben der Dauerschwingfestigkeit mit dem Treppenstufen-Verfahren. Arch. Eisenhüttenwes. 28 (1957) 153–156. − [3] Maennig, W.-W.: Bemerkungen zur Beurteilung des Dauerschwingfestigkeitsverhaltens von Stahl und einige Untersuchungen zur Bestimmung des Dauerfestigkeitsbereiches. Materialprüfung 12 (1970) 124–131. − [4] Little, R.E.; Jebe, E.H.: Statistical Design of Fatigue Experiments. London: Applied Science Publishers. − [5] VDI-Richtlinie 2227: Festigkeit bei wiederholter Beanspruchung, Zeit- und Dauerfestigkeit metallischer Werkstoffe, insbesondere von Stählen. Düsseldorf: VDI-Verlag 1974. − [6] Heckel, K.: Einführung in die Techn. Anwendung der Bruchmechanik. München: Hanser 1970. − [7] Schütz, W.: Versuchsmethoden der Bruchmechanik. Der Maschinenschaden 48 (1975) 137–148. − [8] Schwalbe, K.H.: Bruchmechanik metallischer Werkstoffe. München: Hanser 1980. − [9] Macherauch, E.: Bruchmechanik, Grundlagen des Festigkeits- und Bruchverhaltens. Düsseldorf: Stahleisen 1974. − [10] Kloos, K.H.; Granacher, J.; Rieth, P.; Barth, H.: Hochtemperaturverhalten warmfester Stähle unter zeitlich veränderter Beanspruchung. VGB Kraftwerkstechnik 64 (1984) 1020–1034.

zu E 3 Eigenschaften und Verwendung der Werkstoffe
[1] Winderlich, B.; Brenner, B.: Bestimmende Faktoren für die Biegewechselfestigkeit laserstrahlgehärteter Proben aus Stahl C 70 W 2. HTM 44 (1989) 166–173. − [2] Gabriel, H.M.: Oberflächenschutzschichten aus der Gasphase (CVD-, PVD-Verfahren) − Stand und Entwicklungstendenzen. Z. Werkstofftechnik 14 (1983) 70–71. − [3] Wiegand, H.: Betrachtungen zur Werkstoffauswahl und Werkstoffnutzung. Z. Werkstofftechnik 4 (1973) 93–96. − [4] Grosch, J.: Einsatzmöglichkeiten der EDV für die Werkstoffauswahl. VDI-Ber. 214 (1974) 115–121. − [5] Grosch, J.: Systematische Erfassung von Anforderungen an Werkstoffe für Apparate und Anlagen − Anforderungsgerechte Auswahl von Werkstoffen. Z. Werkstofftechnik 9 (1978) 338–343. − [6] Spies, H.-J.: Beitrag zu den Grundlagen und der Methodik der Werkstoffauswahl. IFL.-Mitt. 16 (1977) 107–113. − [7] Schott, G.: Kostenbezogener Gebrauchswertfaktor als Grundlage für eine technisch und ökonomisch begründete Werkstoffauswahl. Maschinenbautechnik 24 (1975) 482–486. − [8] Gräfen, H.; Gerischer, K.; Horn, E.-M.: Die Bedeutung der Werkstoffauswahl für die Gebrauchstauglichkeit von Chemieapparaten − Auswahlkriterien und Prüfverfahren. Z. Werkstofftechnik 4 (1973) 169–186. − [9] Czichos, H.: Die systemtechnischen Grundlagen der Tribologie und ihre Anwendung zur Bearbeitung von Reibungs- und Verschleißproblemen. Schmiertechnik u. Tribologie 24 (1977) 109. − [10] Kloos, K.H.: Werkstoffauswahl und Oberflächenbehandlung unter tribotechnischen Gesichtspunkten. Z. Werkstofftechnik 10 (1979) 456–466. − [11] DIN 50320: Verschleiß; Begriffe, Systemanalyse von Verschleißvorgängen, Gliederung des Verschleißgebietes.

zu E 5 Tribologie
[1] Jost, P.: Lubrication (Tribology). London: Her Majesty's Stationary Office 1966. − [2] Mittmann, H.-U.; Czichos, H.: Reibungsmessungen und Oberflächenuntersuchungen an Kunststoff-Metall-Gleitpaarungen. Materialprüfung 17 (1975) 366–372. − [3] Dowson, D.; Higginson, G.R.: A new roller bearing lubrication formula. Engineering (London) 19 (1961) 158–159. − [4] Dowson, D.: Elastohydrodynamic lubrication − the fundamentals of roller and gear lubrication, 2nd ed. Oxford: Pergamon Press 1977. − [5] Hamrock, B.J.; Dowson, D.: Isothermal elastohydrodynamic lubrication of point contacts, Part III Fully flooded results. Trans ASME J. Lubr. Eng. 99 Ser. F (1977) 264–275. − [6] Schmidt, H.; Bodschwinna, H.; Schneider, U.: Mikro-EHD: Einfluß der Oberflächenrauheit auf die Schmierfilmbildung in realen EHD-Wälzkontakten. Antriebstechnik 26 (1987) H. 11, 55–60. Teil II: Ergebnisse und rechnerische Auslegung eines realen EHD-Wälzkontaktes. Antriebstechnik 26 (1987) H. 12, 55–60. − [7] Winer, W.O.; Cheng, H.S.: Film thickness, contact stress and surface temperatures. In: Peterson, M.B.; Winer, W.O. (Ed.): Wear Control Handbook. New York: The American Society of Mechanical Engineers 1980. − [8] Habig, K.-H.: Verschleiß und Härte von Werkstoffen. München: Hanser 1980. − [9] Czichos, H.: Tribology − a systems approach to the science and technology of friction, lubrication and wear. Amsterdam: Elsevier 1978. − [10] Klamann, D.: Schmierstoffe und verwandte Produkte − Herstellung, Eigenschaften, Anwendung. Weinheim: Verlag Chemie 1982. − [11] Möller, U.J.; Boor, U.: Schmierstoffe im Betrieb. Düsseldorf: VDI-Verlag 1987. − [12] Buckley, D.H.: Surface effects in adhesion, friction, wear, and lubrication. Amsterdam: Elsevier 1981.

Normen und Richtlinien: DIN 50281: Reibung in Lagerungen; Begriffe, Arten, Zustände, physikalische Größen. − DIN 50320: Verschleiß; Begriffe, Systemanalyse von Verschleißvorgängen, Gliederung des Verschleißgebietes. − DIN 50321: Verschleiß-Meßgrößen. − DIN 50322: Kategorien der Verschleißprüfung. − DIN 50323: Tribologie; Teil 1: Begriffe. − DIN 51365: Prüfung von Schmierstoffen; Bestimmung der Gesamtverschmutzung von gebrauchten Motorenschmierölen; Zentrifugierverfahren. − DIN 51381: Prüfung von Schmierölen, Reglerölen und Hydraulikflüssigkeiten; Bestimmung des Luftabscheidevermögens. − DIN 51558, Teil 1: Prüfung von Mineralölen; Bestimmung der Neutralisationszahl, Farbindikator-Titration. − DIN 51566: Prüfung von Schmierölen; Bestimmung des Schaumverhaltens. − DIN 51755: Prüfung von Mineralölen und anderen brennbaren Flüssigkeiten; Bestimmung des Flammpunktes im geschlossenen Tiegel nach Abel-Pensky. − DIN 51758: Prüfung von Mineralölen und anderen brennbaren Flüssigkeiten; Bestimmung des Flammpunktes im geschlossenen Tiegel nach Pensky-Martens. − DIN 51777, Teil 1: Prüfung von Mineralöl-Kohlenwasserstoffen und Lösemitteln; Bestimmung des Wassergehaltes nach Karl-Fischer; Direktes Verfahren. − DIN ISO 3733: Mineralölerzeugnisse und bituminöse Bindemittel; Bestimmung des Wassergehaltes, Destillationsverfahren. − DIN ISO 3771: Mineralölerzeugnisse; Gesamtbasenzahl; Bestimmung durch potentiometrische Perchlorsäure-Titration. − DIN-Taschenbuch 20: Mineralöle und Brennstoffe 1. Eigenschaften und Anforderungen. − DIN-Taschenbuch 32: Mineralöle und Brennstoffe 2. Prüfverfahren. − DIN-Taschenbuch 57: Mineralöle und Brennstoffe 3. Normen über Prüfverfahren. − DIN-Taschenbuch 58: Mineralöle und Brennstoffe 4. Prüfverfahren. − DIN-Taschenbuch 228: Mineralöle und Brennstoffe 5. Prüfverfahren. − DIN-Taschenbuch 192: Schmierstoffe. Normen über Eigenschaften, Anwendung, Prüfung. Berlin: Beuth 1983. − DIN-Taschenbuch 203: Schmierstoffe; Prüfung.

F | Grundlagen der Konstruktionstechnik
Fundamentals of engineering design

G. **Pahl**, Darmstadt

Allgemeine Literatur zu F1 bis F6
Bücher: *Bahrmann, H.:* Einführung in das methodische Konstruieren. Braunschweig: Vieweg 1977. – *Conrad, P.; Schiemann, H.; Vömel, P.G.:* Erfolg durch methodisches Konstruieren. Grafenau: Lexika 1977 (Bd. 1), 1978 (Bd. 2). – *DIN:* Verzeichnis der Normen und Norm-Entwürfe. Berlin: Beuth (jährlich). – *Ehrlenspiel, K.:* Kostengünstig Konstruieren. Konstruktionsbücher, Bd. 35. Berlin: Springer 1985. – *Hansen, F.:* Konstruktionssystematik, 2. Aufl. Berlin: VEB Verlag Technik 1965. – *Hansen, F.:* Konstruktionswissenschaft – Grundlagen und Methoden. München: Hanser 1974. – *Hohmann, K.:* Methodisches Konstruieren. Essen: Girardet 1977. – *Hubka, V.:* Theorie der Maschinensysteme. Berlin: Springer 1973. – *Hubka, V.:* Theorie technischer Systeme. Berlin: Springer 1984. – *Kesselring, F.:* Technische Kompositionslehre. Berlin: Springer 1954. – *Klein, M.:* Einführung in die DIN-Normen, 9. Aufl. Stuttgart: Teubner 1985. – *Koller, F.:* Konstruktionslehre für den Maschinenbau. Grundlagen, Arbeitsschritte, Prinziplösungen. Berlin: Springer 1985. – *Leyer, A.:* Maschinenkonstruktionslehre. Hefte 1–7, technica-Reihe. Basel: Birkhäuser 1977. – *Matousek, R.:* Konstruktionslehre des allgemeinen Maschinenbaues. Berlin: Springer 1957 (Reprint). – *Niemann, G.:* Maschinenelemente, Bd. 1: Konstruktion und Berechnung von Verbindungen, Lagern, Wellen. Berlin: Springer 1975. – *Pahl, G.; Beitz, W.:* Konstruktionslehre – Handbuch für Studium und Praxis (mit umfassender Literatur). 2. Aufl. Berlin: Springer 1986. – *RKW-Handbuch:* Forschung. Entwicklung, Konstruktion. Berlin: E. Schmidt 1976–78. – *Rodenacker, W.G.:* Methodisches Konstruieren. Konstruktionsbücher Bd. 27, 3. Aufl. Berlin: Springer 1984. – *Roth, K.:* Konstruieren mit Konstruktionskatalogen. Berlin: Springer 1982. – *Schlottmann, D.:* Konstruktionslehre. Berlin: VEB Velag Technik 1977. – *Tjalve, E.:* Systematische Formgebung für Industrieprodukte. Düsseldorf: VDI-Verlag 1978. – *Tochtermann, W.; Bodenstein, F.:* Konstruktionselemente des Maschinenbaues, Teil 1 u. 2, 9. Aufl. Berlin: Springer 1979. – *Tschochner, H.:* Konstruieren und Gestalten. Essen: Girardet 1954. – *Wolf, J.:* Kreatives Konstruieren. Essen: Girardet 1976. – *Zwicky, F.:* Entdecken, Erfinden, Forschen im Morphologischen Weltbild. München: Droemer-Knaur 1971.

Zeitschriften: *Konstruktion* im Maschinen-, Apparate- und Gerätebau. Berlin: Springer ab 1948. – *Pahl, G.; Beitz, W.:* Für die Konstruktionspraxis. Aufsatzreihe in der Konstruktion 24 (1972), 25 (1973) und 26 (1974).

Normen und Richtlinien: *VDI-Richtlinie 2221:* Methodik zum Entwickeln und Konstruieren technischer Systeme und Produkte. Düsseldorf: VDI-Verlag 1986. – *VDI-Richtlinie 2222:* Konzipieren technischer Produkte. Düsseldorf: VDI-Verlag 1977. – *VDI-Richtlinie 2225:* Technisch-wirtschaftliches Konstruieren. Düsseldorf: VDI-Verlag 1977.

1 Grundlagen technischer Systeme
Fundamentals of technical systems

1.1 Energie-, Stoff- und Signalumsatz
Energy, material and signal transformation

Technische Gebilde (Anlagen, Apparate, Maschinen, Geräte, Baugruppen, Einzelteile) sind künstliche und konkrete *Systeme*, die aus einer Gesamtheit geordneter und aufgrund ihrer Eigenschaften miteinander durch Beziehungen verknüpfter Elemente bestehen. Ein *System* ist dadurch gekennzeichnet, daß es von seiner Umgebung abgegrenzt ist, wobei die Verbindungen zur Umgebung – die Eingangs- und Ausgangsgrößen – von der *Systemgrenze* geschnitten werden. Ein System läßt sich in *Teilsysteme* untergliedern. Je nach Zweck können solche Systemunterteilungen nach unterschiedlichen Gesichtspunkten mehr oder weniger weit getrieben werden.

So stellt auf **Bild 1** das System „Kupplung" innerhalb einer Maschine eine Baugruppe dar, während es selbst in die beiden Teilsysteme „Elastische Kupplung" und „Schaltkupplung" wiederum als selbständige Baugruppen unterteilt sein kann. Die Teilsysteme lassen sich weiter in *Systemelemente*, hier Einzelteile, zerlegen. Diese Unterteilung orientiert sich an der Baustruktur. Es ist aber auch denkbar, sie nach Funktionen zu betrachten: Man könnte das Gesamtsystem „Kuppeln" funktionsorientiert in die Teilsysteme „Ausgleichen" und „Schalten" gliedern, letzteres

wiederum in die Untersysteme „Schaltkraft in Normalkraft wandeln" und „Reibkraft übertragen" usw.
Technische Systeme dienen einem Prozeß, in dem Energien, Stoffe und Signale geleitet und/oder verändert werden (**Bild 2**). Dabei handelt es sich um einen *Energie-, Stoff- und/oder Signalumsatz*. In technischen Prozessen ist von

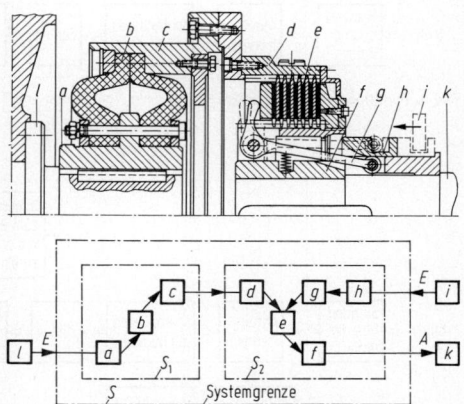

Bild 1. System „Kupplung". *a* bis *h* Systemelemente (beispielsweise), *i* bis *l* Anschlußelemente, *S* Gesamtsystem, S_1 Teilsystem „Elastische Kupplung", S_2 Teilsystem „Schaltkupplung", *E* Eingangsgrößen (Inputs), *A* Ausgangsgrößen (Outputs)

der Aufgabe oder der Art der Lösung her entweder der Energie-, Stoff- oder Signalfluß vorherrschend. Zweckmäßig ist, diesen dann als Hauptfluß zu betrachten. Meist ist ein weiterer Fluß begleitend, häufig sind alle drei beteiligt.

Bei jedem Umsatz ist die *Quantität* und *Qualität* der beteiligten Größen zu beachten, damit die Kriterien für die Präzisierung der Aufgabe sowie die Auswahl und Bewertung einer Lösung eindeutig sind.

1.2 Funktionszusammenhang
Functional interrelationship

In einem technischen System mit Energie-, Stoff- und Signalumsatz müssen sowohl eindeutige, reproduzierbare Zusammenhänge zwischen den Eingangs- und Ausgangsgrößen des Gesamtsystems, den Teilsystemen, als auch den zwischen den Teilsystemen selbst bestehen. Sie sind im Sinne der Aufgabenerfüllung stets gewollt (z.B. Drehmoment leiten, elektrische in mechanische Energie wandeln, Stoffluß sperren, Signal speichern). Solche Zusammenhänge, die zwischen Eingang und Ausgang eines Systems zur Erfüllung einer Aufgabe bestehen, nennt man *Funktion*. Die Funktion ist eine Formulierung der Aufgabe auf einer abstrakten und lösungsneutralen Ebene. Bezieht sie sich

auf die Gesamtaufgabe, so spricht man von der *Gesamtfunktion*. Sie läßt sich oft in erkennbare *Teilfunktionen* gliedern, die den Teilaufgaben innerhalb der Gesamtaufgabe entsprechen (**Bild 2**). Die Art und Weise, wie die Teilfunktionen zur Gesamtfunktion verknüpft sind, führt zur meist zwangsläufigen *Funktionsstruktur*. Häufig läßt sich schon mit der Variation der Zuordnung der Ansatz für unterschiedliche Lösungen legen. Die Verknüpfung von Teilfunktionen zur Gesamtfunktion muß sinnvoll und verträglich geschehen.

Zweckmäßig ist, zwischen Haupt- und Nebenfunktion zu unterscheiden. *Hauptfunktionen* dienen unmittelbar der Gesamtfunktion. *Nebenfunktionen* tragen nur mittelbar zur Gesamtfunktion bei; sie haben unterstützenden oder ergänzenden Charakter und sind häufig von der Art der Lösung bedingt (Beispiele: **Bilder 3** und **4**). Die Funktionen setzen zu ihrer Erfüllung ein physikalisches Geschehen voraus, wobei die physikalischen Größen von Teilfunktion zu Teilfunktion einander entsprechen müssen; anderenfalls sind Wandlungsfunktionen zwischenzuschalten.

Daneben gibt es noch logische Zusammenhänge, die eine Funktionsstruktur bestimmen bzw. beeinflussen. So werden gewisse Teilfunktionen erst erfüllt sein müssen, bevor andere sinnvollerweise eingesetzt werden dürfen (z.B. ist auf **Bild 4** die Teilfunktion „Zählen" erst nach „Kontrollieren" auf Qualität sinnvoll). Logische Zusammenhänge

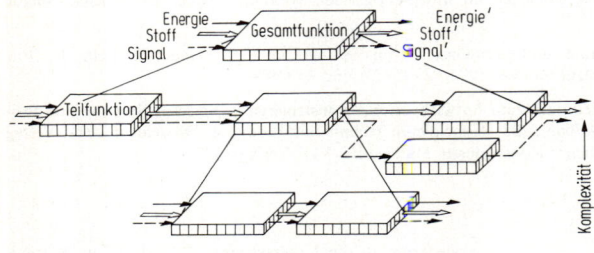

Bild 2. Bilden einer Funktionsstruktur mit Energie-, Stoff- und Signalfluß durch Gliedern einer Gesamtfunktion in Teilfunktionen

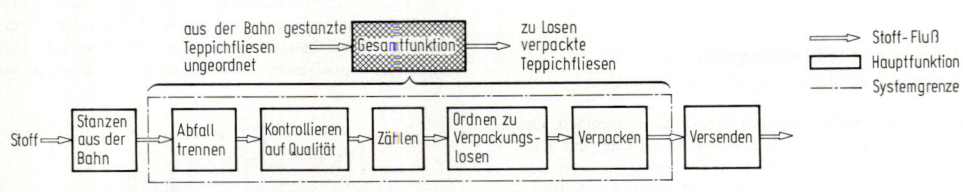

Bild 3. Funktionskette (Funktionsstruktur) beim Verarbeiten von Teppichfliesen

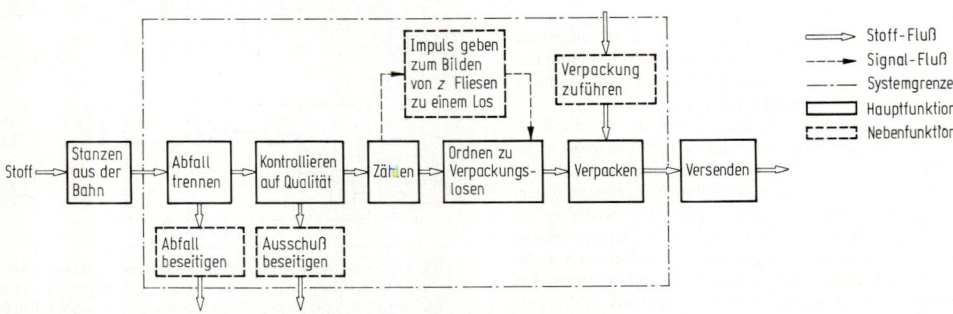

Bild 4. Funktionsstruktur beim Verarbeiten von Teppichfliesen nach **Bild 3** mit Nebenfunktionen

sind aber auch in bezug auf eine Schaltungslogik nötig. Dazu dienen *logische Funktionen*, die in einer zweiwertigen Logik Aussagen wie wahr/unwahr, ja/nein, ein/aus, erfüllt/nicht erfüllt ermöglichen. Es wird zwischen UND-, ODER- und NICHT-Funktionen sowie deren Kombination zu komplexen wie NOR- (ODER mit NICHT), NAND- (UND mit NICHT) oder Speicher-Funktionen mit Hilfe von Flip-Flops unterschieden (s. A 1.3).

1.3 Wirkzusammenhang
Working interrelationship

1.3.1 Physikalische Effekte. Physical effects

Teilfunktionen werden in der Regel vom physikalischen Geschehen erfüllt, das durch das Vorhandensein *physikalischer Effekte* ermöglicht wird. Der physikalische Effekt ist mittels physikalischer Gesetze, welche die beteiligten physikalischen Größen einander zuordnen, auch quantitativ beschreibbar. Sind diese Effekte im konkreten Fall einer Teilfunktion zugeordnet, so erhält man das *physikalische Wirkprinzip* dieser Teilfunktion (**Bild 5**). Eine Teilfunktion kann von verschiedenen physikalischen Effekten erfüllt werden (s. **F 2 Tab. 1**).

1.3.2 Geometrische und stoffliche Merkmale
Geometrical and material features

Die Stelle, an der das physikalische Geschehen zur Wirkung kommt, kennzeichnet den *Wirkort*. Die Erfüllung der Funktion bei Anwendung der physikalischen Effekte wird von der *Wirkgeometrie* (Anordnung von *Wirkflächen* und Wahl von *Wirkbewegungen*) erzwungen. Die Gestalt der Wirkfläche wird durch Art, Form, Lage, Größe und Anzahl einerseits variiert und andererseits festgelegt. In ähnlicher Weise wird die erforderliche Wirkbewegung bestimmt (s. **F 2 Tab. 2**).
Darüber hinaus muß mindestens eine prinzipielle Vorstellung über die Art des *Werkstoffs* bestehen, mit dem die Wirkgeometrie realisiert werden soll. Erst die Gemeinsamkeit von physikalischem Effekt und geometri-

schen und stofflichen Merkmalen (Wirkfläche, Wirkbewegung und Werkstoff) läßt das *Wirkprinzip* sichtbar werden (**Bild 5**).
Die Kombination mehrerer Wirkprinzipien führt zur *Wirkstruktur*, die das Prinzip der Lösung erkennen läßt.

1.4 Bauzusammenhang
Construction interrelationship

Der in der Wirkstruktur erkennbare Wirkzusammenhang ist die Grundlage bei der weiteren Konkretisierung, die zur *Baustruktur* führt. Diese berücksichtigt die Notwendigkeiten der Fertigung, der Montage u.a. In ihr werden die Bauteile, Baugruppen und ihr Zusammenhang im Erzeugnis festgelegt (**Bild 6**).

1.5 Systemzusammenhang
System interrelationship

Technische Erzeugnisse stehen nicht allein, sie sind Bestandteil eines übergeordneten Systems. In ihm wirkt vielfach der Mensch mit, indem er einwirkt. Dabei erfährt er *Rückwirkungen*, die ihn zum weiteren Handeln veranlassen. Der Mensch unterstützt so die gewollten *Zweckwirkungen* des technischen Systems. Es treten aber auch *Störwirkungen* als ungewollte Eingangsgrößen und *Nebenwirkungen* als ungewollte Ausgangsgrößen auf (**Bild 7**). Alle Wirkungen müssen beachtet werden.

1.6 Generelle Zielsetzung und Bedingungen
General objectives and constraints

Die Lösung technischer Aufgaben wird durch zu erreichende Ziele und einschränkende Bedingungen bestimmt. Dabei bestehen als *generelle Zielsetzung* stets die Erfüllung der technischen Funktion, die wirtschaftliche Realisierung sowie die Sicherheit für Mensch und Umgebung.

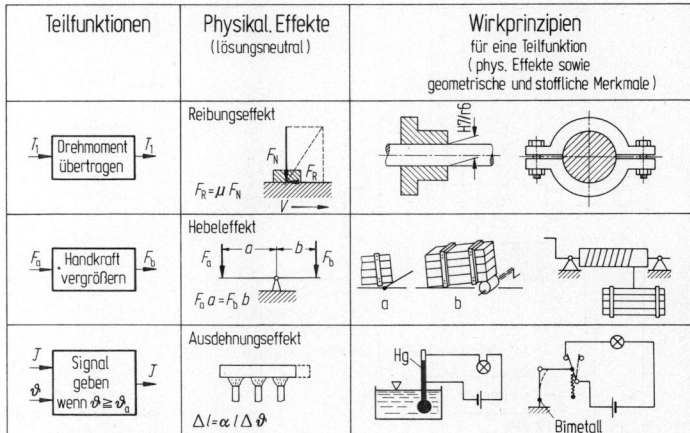

Bild 5. Erfüllen von Teilfunktionen durch Wirkprinzipien, die aus physikalischen Effekten und geometrischen und stofflichen Merkmalen aufgebaut werden

Die einschränkenden *Bedingungen* könne durch die konkrete Aufgabe (aufgabenspezifische Bedingungen), den Stand der Technik, die wirtschaftliche sowie die allgemeine Situation (allgemeine Bedingungen) gegeben sein.

Mit folgenden Merkmalen lassen sich Zielsetzung und Bedingungen übersichtlich und umfassend angeben: Funktion − Wirkprinzip − Gestaltung − Sicherheit − Ergonomie − Fertigung − Kontrolle − Montage − Transport − Gebrauch − Instandhaltung − Recycling − Aufwand.

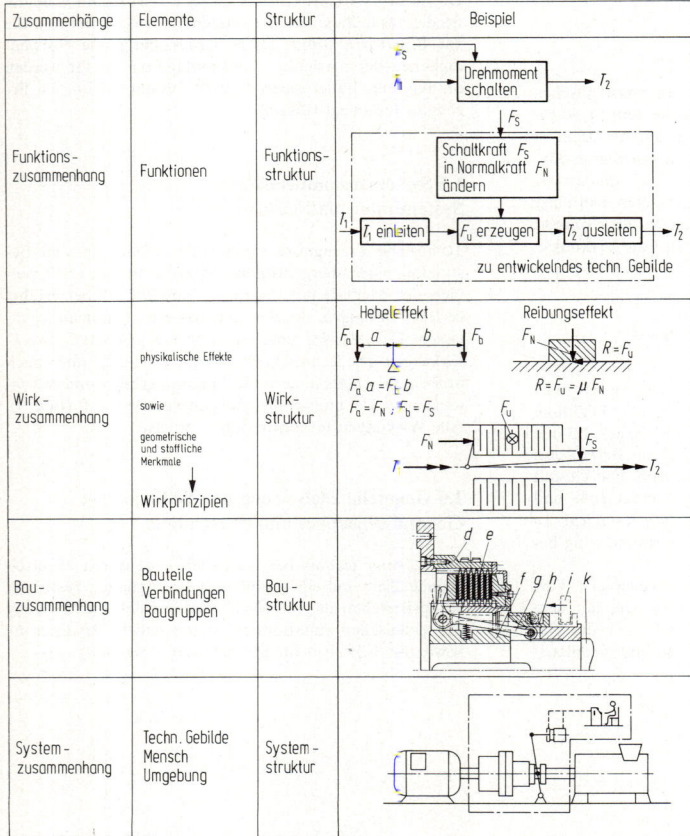

Bild 6. Zusammenhänge in technischen Systemen

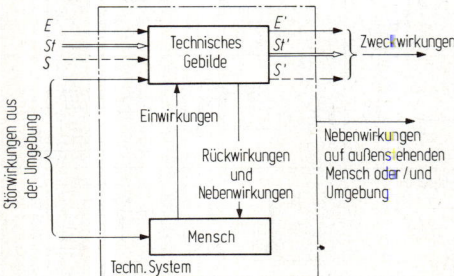

Bild 7. Zusammenhänge in technischen Systemen unter Beteiligung des Menschen

2 Grundlagen methodischen Vorgehens
Fundamentals of systematic approach

2.1 Allgemeine Arbeitsmethodik
General working method

Das Lösen von Aufgaben besteht im wesentlichen in einer Analyse und einer Synthese. *Analyse* ist in ihrem Wesen Informationsgewinnung und Zerlegen, Gliedern und Untersuchen von Eigenschaften einzelner Elemente und der Zusammenhänge zwischen ihnen. Es geht dabei um Erkennen, Definieren, Strukturieren und Einordnen. *Synthese* ist in ihrem Wesenskern Informationsverarbeitung durch Bilden von Verbindungen, Verknüpfung von Elementen mit insgesamt neuen Wirkungen und Darstellen einer zusammenfassenden Ordnung. Es ist der Vorgang des Suchens und Findens (Kreation) sowie des Zusammensetzens und Kombinierens.

Daneben müssen beim methodischen Vorgehen folgende Voraussetzungen erfüllt werden: *Motivation* für die Lösung der Aufgabe sicherstellen, *Klarstellen* von Rand- und Anfangsbedingungen, *Vorurteile* auflösen, *Varianten* suchen, *Entscheidungen* fällen.

Die Lösungssuche wird sowohl durch intuitives (einfallsbetont, überwiegend im Unterbewußtsein, kaum beeinflußbar und nachvollziehbar) als auch diskursives (bewußt, schrittweise, mitteilsam) Denken unterstützt.

Bei komplexen und umfangreichen Aufgaben ist eine Gliederung in übersehbare Teilaufgaben erforderlich. Komplexe Aufgaben löst man schrittweise, worüber Teilergebnisse durchaus intuitiv gefunden werden können oder sollen.

2.2 Allgemeiner Lösungsprozeß
General problem-solving

Der Lösungsprozeß läuft in Arbeits- und Entscheidungsschritten in der Regel vom *Qualitativen* immer konkreter werdend zum *Quantitativen* ab. Die Aufgabenstellung bewirkt im allgemeinen zunächst eine *Konfrontation* mit Problemen und (noch) nicht bekannten Realisationsmöglichkeiten.

Weitere allgemeingültige Stufen eines Lösungsprozesses bestehen in einer *Information* über die Aufgabenstellung, *Definition* der wesentlichen Probleme, *Kreation* der Lösungsideen, *Beurteilung* der Lösungen in Hinblick auf die Ziele der Aufgabenstellung und *Entscheidung* über das weitere Vorgehen [1]. Die VDI-Richtlinie 2221 [2] hat ein für viele Anwendungsgebiete geeignetes Vorgehen beim Entwickeln und Konstruieren erarbeitet (**Bild 1**).

2.3 Abstrahieren zum Erkennen der Funktionen
Abstracting to identify the functions

Beim Abstrahieren sieht man vom Individuellen und Zufälligen ab und versucht das Allgemeingültige und Wesentliche durch Analyse der Anforderungsliste zu erkennen. Eine solche Verallgemeinerung läßt den Wesenskern einer Aufgabe hervortreten. Wird dieser zutreffend formuliert, werden Gesamtfunktion (s. F 1.2) und wesentliche Bedingungen sichtbar.

2.4 Suche nach Lösungsprinzipien
Search for solution principles

2.4.1 Allgemein anwendbare Methoden
Generally applicable methods

Bei der Lösungssuche stehen Informationsgewinnung und -verarbeitung mittels Analyse und Synthese im Vordergrund. Konventionelle Hilfsmittel dazu sind *Literatur-* und *Patentrecherchen, Analyse natürlicher* und *bekannter technischer Systeme, Analogiebetrachtungen, Messungen, Modellversuche.*

Kreativitätstechniken machen von folgenden Methoden Gebrauch, so daß man sie als allgemein anwendbare Grundlage ansehen kann [3]: *gezieltes Fragen, Negation* und *Neukonzeption, bewußtes Vorwärtsschreiten, Rückwärtsschreiten, Gliederung in Teilprobleme (Faktorisierung)* und *Systematisieren.*

F

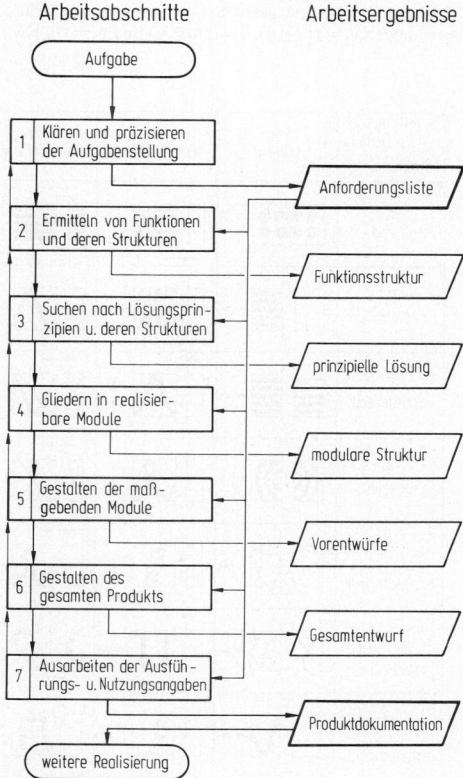

Arbeitsabschnitte   Arbeitsergebnisse

Aufgabe

1 Klären und präzisieren der Aufgabenstellung

Anforderungsliste

2 Ermitteln von Funktionen und deren Strukturen

Funktionsstruktur

3 Suchen nach Lösungsprinzipien u. deren Strukturen

prinzipielle Lösung

4 Gliedern in realisierbare Module

modulare Struktur

5 Gestalten der maßgebenden Module

Vorentwürfe

6 Gestalten des gesamten Produkts

Gesamtentwurf

7 Ausarbeiten der Ausführrungs- u. Nutzungsangaben

Produktdokumentation

weitere Realisierung

Bild 1. Generelles Vorgehen beim Entwickeln und Konstruieren nach [2]

2.4.2 Intuitiv betonte Methoden. Intuitive methods

Diese Methoden stützen sich weitgehend auf Ideenassoziation als Folge unbefangener Äußerungen von Partnern, Analogievorstellungen und gruppendynamischer Effekte. Sie sind mehr oder weniger formalisiert als *Brainstorming* [4], *Galeriemethode* [5], *Synektik* [6], *Methode 635* [7] und *Delphi-Methode* [8] bekannt geworden. Am einfachsten und wenig aufwendig ist das Brainstorming, während die Galeriemethode bei Gestaltungsproblemen besonders hilfreich ist.

2.4.3 Diskursiv betonte Methoden. Discursive methods

Diese Methoden streben eine Lösung durch bewußt schrittweises Vorgehen an, was aber die Intuition nicht ausschließt. Im wesentlichen wird zum einen eine systematische Untersuchung des beteiligten oder denkbaren physikalischen Geschehens angestellt, zum anderen werden aus bisher erkannten Zusammenhängen funktioneller, physikalischer oder gestalterischer Art *Ordnende Gesichtspunkte* abgeleitet, die in einem Suchschema (Ordnungsschema) Anregung für neue oder andere Lösungsprinzipien sein können.

Systematische Untersuchung des physikalischen Geschehens führt – besonders bei Beteiligung mehrerer physikalischer Größen – dadurch zu verschiedenen Lösungen, daß man die Beziehungen zwischen ihnen, also den Zusammenhang zwischen einer abhängigen und einer unabhängigen Veränderlichen, nacheinander analysiert, wobei die jeweils übrigen Einflußgrößen konstant gehalten werden. Für die Gleichung $y = f(u,v,w)$ werden Lösungsvarianten für die Beziehungen $y_1 = f(u,\underline{v},\underline{w})$, $y_2 = f(\underline{u},v,\underline{w})$ und $y_3 = f(\underline{u},\underline{v},w)$

gesucht, wobei die unterstrichenen Größen konstant bleiben sollen. Die sich ergebenden Zusammenhänge werden durch jeweils unterschiedliche Lösungsprinzipien, Wirkflächen oder schon bekannte Bauteile in konkreter Form realisiert [9].

Systematische Suche mit Hilfe von Ordnungsschemata. Eine systematische, geordnete Darstellung von Informationen regt zum Suchen nach weiteren Lösungen an. Sie läßt wesentliche Lösungsmerkmale erkennen, die wiederum Anregung zur Vervollständigung sein können, und ergibt einen Überblick denkbarer Möglichkeiten und Verknüpfungen. Ordnungsschemata sind beim Konstruktionsprozeß vielfältig als Suchschema, Verträglichkeitsmatrix oder Katalog verwendbar [10].

Das allgemein übliche zweidimensionale Schema besteht aus *Spalten* und *Zeilen*, denen Parameter zugeordnet werden, die von einem *Ordnenden Gesichtspunkt* abgeleitet sind. In den Schnittfeldern des Schemas (Matrix) werden die Lösungen eingetragen. Bei dem auf **Bild 2** dargestellten Beispiel ist der Ordnende Gesichtspunkt für die Zeilen die Bewegungsart des Streifens und der für die Spalten die Bewegungsart der Auftragsvorrichtung mit den Parametern ruhend, translatorisch, oszillierend und rotierend bewegt einschließlich der denkbaren Kombinationen. Hilfen zur Wahl von Ordnenden Gesichtspunkten und Parametern können die **Tab. 1** und **2** geben.

Werden in der Kopfspalte *Teilfunktionen* und in die Kopfzeile *Merkmale zur Lösungssuche* eingetragen, ergeben sich in den Schnittfeldern Lösungen zu einzelnen Teilfunktionen, die zusammengefügt jeweils die *Gesamtfunktion* erfüllen. Stehen m_1 Lösungen für die Teilfunktion F_1, m_2 für die Teilfunktion F_2 usw. zur Verfügung, so erhält man bei einer vollständigen Kombination $N = m_1 m_2 \dots m_n$ theore-

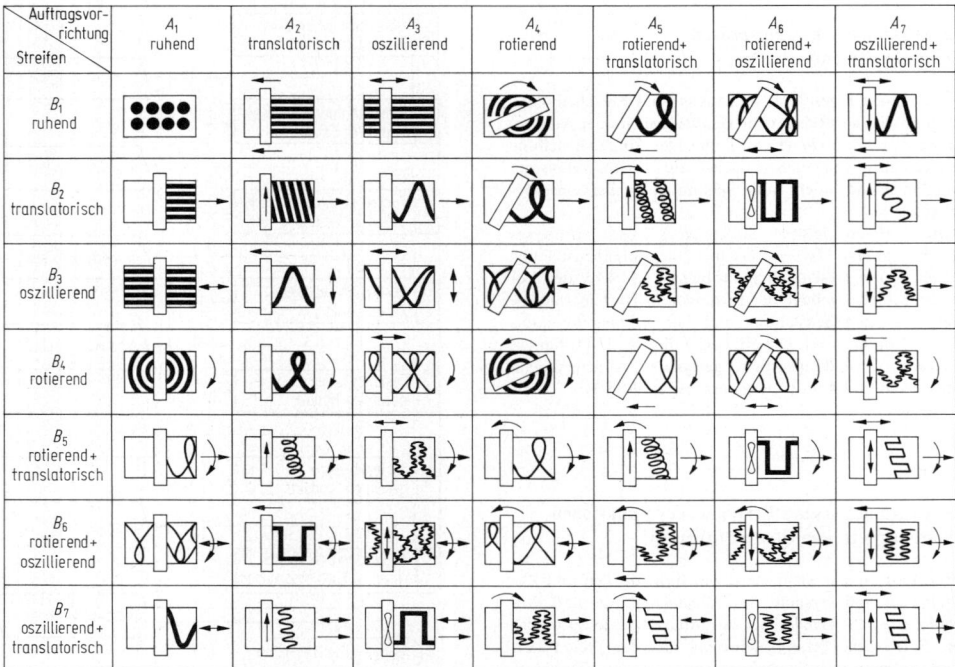

Bild 2. Möglichkeiten zum Beschichten von Teppichbahnen durch Kombination von Bewegungen der Teppichbahn (allg.: Streifen) und der Auftragsvorrichtung (Auszug)

Tabelle 1. Ordnende Gesichtspunkte und Merkmale zur Variation auf physikalischer Suchebene

Ordnende Gesichtspunkte:
Energiearten, physikalische Effekte und Erscheinungsformen

Merkmale	Beispiele
mechanisch	Gravitation, Trägheit, Fliehkraft
hydraulisch	hydrostatisch, hydrodynamisch
pneumatisch	aerostatisch, aerodynamisch
elektrisch	elektrostatisch, elektrodynamisch, induktiv, kapazitiv, piezoelektrisch, Transformation, Gleichrichtung
magnetisch	ferromagnetisch, elektromagnetisch
optisch	Reflexion, Brechung, Beugung, Interferenz, Polarisation, infrarot, sichtbar, ultraviolett
thermisch	Ausdehnung, Bimetalleffekt, Wärmespeicher, Wärmeübertragung, Wärmeleitung, Wärmeisolierung
chemisch	Verbrennung, Oxidation, Reduktion, auflösen, binden, umwandeln, Elektrolyse, exotherme, endotherme Reaktion
nuklear	Strahlung, Isotopen, Energiequelle
biologisch	Gärung, Verrottung, Zersetzung

Tabelle 2. Ordnende Gesichtspunkte und Merkmale zur Variation auf gestalterischer Suchebene

Ordnende Gesichtspunkte:
Wirkgeometrie, Wirkbewegung und prinzipielle Stoffeigenschaften

Wirkgeometrie (Wirkkörper, Wirkfläche)

Merkmale	Beispiele
Art	Punkt, Linie, Fläche, Körper
Form	Rundung, Kreis, Ellipse, Hyperbel, Parabel, Dreieck, Quadrat, Rechteck, Fünf-, Sechs-, Achteck; Zylinder, Kegel, Rhombus, Würfel, Kugel; symmetrisch, asymmetrisch
Lage	axial, radial, vertikal, horizontal; parallel, hintereinander
Größe	klein, groß, schmal, breit, hoch, niedrig
Anzahl	ungeteilt, geteilt; einfach, doppelt, mehrfach

Wirkbewegung

Merkmale	Beispiele
Art	ruhend, translatorisch, rotatorisch
Form	gleichförmig, ungleichförmig, oszillierend; eben, räumlich
Richtung	in x, y, z-Richtung und/oder um x, y, z-Achse
Betrag	Höhe der Geschwindigkeit
Anzahl	eine, mehrere, zusammengesetzte Bewegungen

Prinzipielle Stoffeigenschaften

Merkmale	Beispiele
Zustand	fest, flüssig, gasförmig
Verhalten	starr, elastisch, plastisch, zähflüssig
Form	Festkörper, Körner, Pulver, Staub

tisch mögliche Varianten für die Gesamtlösung (**Bild 3**). Selbstverständlich sind nicht alle Kombinationen sinnvoll und verträglich. Nur die aussichtsreich erscheinenden werden weiter verfolgt [11].

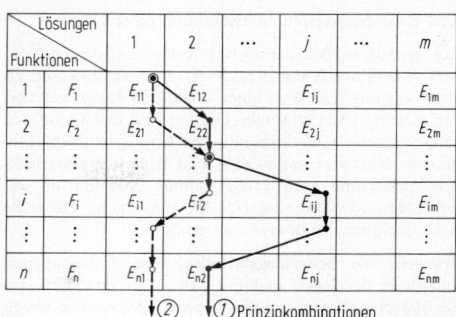

Bild 3. Kombination zu Prinzipkombinationen, welche die Gesamtfunktion durch unterschiedliche Lösungsprinzipien der einzelnen Teilfunktionen erfüllt

Systematische Suche mit Hilfe von Katalogen. Bei wiederkehrenden Aufgaben und solchen, die eine gewisse Allgemeingültigkeit aufweisen, kann sehr vorteilhaft von *Katalogen* Gebrauch gemacht werden [12]. Dies können Kataloge von Zulieferern oder auch mehr oder weniger vollständige Lösungssammlungen sein. Bei einer systematischen Zuordnung von Lösungsmerkmalen zu Bedingungen der jeweiligen Aufgabenstellung kann eine geeignete Lösung direkt übernommen oder aber weitere, neue Anregungen gewonnen werden [13].

Von besonderem Vorteil sind systematisch aufgebaute Kataloge, weil sie neben einem hohen Grad an Vollständigkeit auch noch die charakteristischen Merkmale und Eigenschaften der Lösungen im Vergleich erkennen lassen. Die so erkennbare Systematik ist aber gleichzeitig eine ausgezeichnete Grundlage für die eigene weiterführende Lösungssuche. Roth [10] hat neben einer großen Anzahl unterschiedlicher Kataloge Aufbau und Nutzung solcher *Kataloge* in ausführlicher Weise dargelegt: In der Regel soll er aus einem *Gliederungsteil* (ordnende Gesichtspunkte zur Einteilung, aus denen Umfang und Vollständigkeit ersichtlich sind), *Hauptteil* (Inhalt in Form von Objekten mit erläuternden Formeln und Skizzen) und dem *Zugriffsteil* (Eigenschaftsmerkmale, die eine sichere und einfache Auswahl ermöglichen) bestehen.

2.5 Beurteilen von Lösungen
Evaluations of solutions

2.5.1 Auswahlverfahren. Selection procedure

Ein formalisiertes Auswahlverfahren erleichtert durch *Ausscheiden* und *Bevorzugen* die Auswahl besonders bei einer großen Zahl von Vorschlägen oder Kombinationen. Grundsätzlich sollte ein solcher Auswahlvorgang nach jedem Arbeitsschritt, bei dem Varianten auftreten, durchgeführt werden. Weiterverfolgt wird nur das, was mit der Aufgabe und/oder untereinander *verträglich* ist, *Forderungen* der Anforderungsliste *erfüllt*, eine *Realisierungsmöglichkeit* hinsichtlich Wirkungshöhe, Größe, Anordnung usw. *erkennen* und einen *zulässigen Aufwand* erwarten läßt. Eine Bevorzugung läßt sich dann rechtfertigen, wenn bei noch sehr viel verbliebenen Varianten solche dabei sind, die eine *unmittelbare Sicherheitstechnik* oder günstige ergonomische Voraussetzungen bieten oder *im eigenen Bereich* mit bekanntem Know-how, Werkstoffen oder Arbeitsverfahren sowie günstiger Patentlage leicht *realisierbar* erscheinen [1].

2.5.2 Bewertungsverfahren. Evaluation procedure

Zur genaueren Beurteilung von Lösungen, die nach einem Auswahlverfahren weiter zu verfolgen sind, soll eine Bewertung den Wert einer Lösung in bezug auf vorher gestellte Ziele ermitteln. Hierbei sind technische und wirtschaftliche Gesichtspunkte zu berücksichtigen. Methoden: Nutzwertanalyse [14] und technisch-wirtschaftliche Bewertung nach VDI-Richtlinie 2225, die im wesentlichen auf Kesselring [15, 16] zurückgeht. Generelle Arbeitsschritte der Bewertungsverfahren:

Erkennen von Bewertungskriterien. Eine Zielvorstellung umfaßt in der Regel mehrere Ziele. Von ihr leiten sich die Bewertungskriterien unmittelbar ab. Sie werden wegen der späteren Zuordnung zu den Wertvorstellungen positiv formuliert (z.B. „geräuscharm" und nicht „laut"). Die Mindestforderungen und Wünsche der Anforderungsliste (erfüllte Forderungen werden nicht mehr berücksichtigt s. F 2.5.1) und allgemeine technische Eigenschaften (**Tab. 3**) geben Hinweise für die Bewertungskriterien. Die Bewertungskriterien müssen voneinander unabhängig sein, damit Doppelbewertungen vermieden werden.

Untersuchen der Bedeutung für den Gesamtwert. Wenn möglich, ist nur Gleichgewichtiges zu bewerten. Unbedeutende Bewertungskriterien werden ausgeschieden. Unterschiedliche Bedeutung ist mittels Gewichtungsfaktoren zu berücksichtigen. **Tab. 4** zeigt beide Möglichkeiten.

Zusammenstellen der Eigenschaftsgrößen. Das Zuordnen von Wertvorstellungen wird erleichtert, wenn quantitative Kennwerte für die Eigenschaftsgrößen angegeben werden können, was aber nicht immer möglich ist. Dann sind qualitative verbale Aussagen zu formulieren (**Tab. 4**).

Beurteilen nach Wertvorstellungen. Mit dem Vergeben von Werten (Punkten) geschieht die eigentliche Bewertung. Die Werte ergeben sich aus den ermittelten Eigenschaftsgrößen durch Zuordnen von Wertvorstellungen (w_{ij} bzw. wg_{ij}). Die Nutzwertanalyse benutzt ein größeres (0 = unbrauchbar bis 10 = ideal), die VDI-Richtlinie 2225 ein kleineres (0 bis 4) Spektrum. Bei der Zuordnung der Werte besteht die Gefahr subjektiver Beeinflussung. Deshalb ist die Vergabe von einer Gruppe von Beurteilenden durchzuführen, und zwar Kriterium nach Kriterium für alle Varianten (Zeile für Zeile), niemals Variante nach Variante.

Tabelle 3. Leitlinie mit Hauptmerkmalen zum Bewerten

Hauptmerkmal	Beispiele
Funktion	Eigenschaften erforderlicher Nebenfunktionsträger, die sich aus dem gewählten Lösungsprinzip oder aus der Konzeptvariante zwangsläufig ergeben
Wirkprinzip	Eigenschaften des oder der gewählten Prinzipien hinsichtlich einfacher und eindeutiger Funktionserfüllung, ausreichende Wirkung, geringe Störgrößen
Gestaltung	geringe Zahl der Komponenten, wenig Komplexität, geringer Raumbedarf, keine besonderen Werkstoff- und Auslegungsprobleme
Sicherheit	Bevorzugung der unmittelbaren Sicherheitstechnik (von Natur aus sicher), keine zusätzlichen Schutzmaßnahmen nötig; Arbeits- und Umweltsicherheit gewährleistet
Ergonomie	Mensch-Maschine-Beziehung befriedigend, keine Belastung oder Beeinträchtigung, gute Formgestaltung
Fertigung	wenige und gebräuchliche Fertigungsverfahren, keine aufwendigen Vorrichtungen, geringe Zahl einfacher Teile
Kontrolle	wenige Kontrollen oder Prüfungen notwendig, einfach aussagesicher durchführbar
Montage	leicht, bequem und schnell, keine besonderen Hilfsmittel
Transport	normale Transportmöglichkeiten, keine Risiken
Gebrauch	einfacher Betrieb, lange Lebensdauer, geringer Verschleiß, leichte und sinnfällige Bedienung
Instandhaltung	geringe und einfache Wartung und Säuberung, leichte Inspektion, problemlose Instandsetzung
Recycling	Gute Verwertbarkeit, problemlose Beseitigung
Aufwand	keine besonderen Betriebs- oder sonstige Nebenkosten, keine Terminrisiken

Bestimmen des Gesamtwerts. Die Addition der ungewichteten bzw. gewichteten Teilwerte (w_j bzw. wg_j) ergibt den Gesamtwert.

Vergleich der Varianten. Hierzu ist es zweckmäßig, die Wertigkeit der Variante zu bestimmen, indem man den Gesamtwert auf den maximal möglichen Gesamtwert (Idealwert) bezieht. In vielen Fällen empfiehlt es sich, eine

Tabelle 4. Mit Werten ergänzte Bewertungsliste, Zahlenwerte beispielsweise (Auszug)

Bewertungskriterien			Eigenschaftsgrößen		Variante V_1 (z.B. M_1)			Variante V_2 (z.B. M_V)		
Nr.		Gew.		Einh.	Eigensch. e_{i1}	Wert w_{i1}	Gew. Wert wg_{i1}	Eigensch. e_{i2}	Wert w_{i2}	Gew. Wert wg_{i2}
1	geringer Kraftstoffverbrauch	0,3	Kraftstoffverbrauch	$\frac{g}{kWh}$	240	8	2,4	300	5	1,5
2	leichte Bauart	0,15	Leistungsgewicht	$\frac{kg}{kW}$	1,7	9	1,35	2,7	4	0,6
3	einfache Fertigung	0,1	Einfachheit der Gußteile	–	kompliziert	2	0,2	mittel	5	0,5
4	hohe Lebensdauer	0,2	Lebensdauer	Fahr-km	80000	4	0,8	150000	7	1,4
⋮	⋮	⋮	⋮	⋮	⋮	⋮	⋮	⋮	⋮	⋮
i		g_i			e_{i1}	w_{i1}	wg_{i1}	e_{i2}	w_{i2}	wg_{i2}
⋮		⋮			⋮	⋮	⋮	⋮	⋮	⋮
n		g_n			e_{n1}	w_{n1}	wg_{n1}	e_{n2}	w_{n2}	wg_{n2}
		$\sum_{i=1}^{n} g_i = 1$				Gw_1 W_1	Gwg_1 Wg_1		Gw_2 W_2	Gwg_2 Wg_2

technische Wertigkeit W_t und eine wirtschaftliche Wertigkeit W_w getrennt zu ermitteln, besonders dann, wenn für letztere die Herstellkosten oder Preise bekannt sind. Die technische Wertigkeit W_t wird bestimmt nach

$$W_j = \frac{\sum\limits_{i=1}^{n} w_{ij}}{w_{max} \, n} \quad \text{(ungewichtet)} \quad \text{bzw.}$$

$$Wg_j = \frac{\sum\limits_{i=1}^{n} g_i w_{ij}}{w_{max} \sum\limits_{i=1}^{n} g_i} \quad \text{(gewichtet)}.$$

Beide Wertigkeiten lassen sich in einem Wertigkeitsdiagramm zuordnen und auf ihre gegenseitige Ausgewogenheit überprüfen [14, 15].

Abschätzen von Beurteilungsunsicherheiten. Bevor eine Entscheidung gefällt wird, ist abzuschätzen, in welchem Maße Unsicherheiten in der Wertvergabe aufgrund von Informationsmangel und unterschiedlicher Einzelbeurteilung bestehen könnten. Gegebenenfalls ist ein Wertigkeitsbereich oder eine Tendenz zusätzlich zu vermerken. Wertigkeiten geringen Unterschieds legen dabei noch keine Rangfolge fest.

Suchen nach Schwachstellen. Unterdurchschnittliche Werte bezüglich einzelner Bewertungskriterien machen Schwachstellen erkennbar. In der Regel ist eine Variante mit etwas geringerer Wertigkeit aber ausgeglichenen Einzelwerten günstiger als eine mit höherer Wertigkeit aber ausgeprägter Schwachstelle, die sich möglicherweise als nicht befriedigend herausstellen kann.

2.5.3 Ermitteln der Herstellkosten
Estimating production costs

Herstellkosten HK setzen sich aus *Materialkosten MK* (Fertigungs- und Zuliefermaterial) und *Fertigungskosten FK* zusammen [17]. $HK = MK + FK$. Gegebenenfalls werden noch Sonderkosten der Fertigung zugeschlagen.
Bei der differenzierten Zuschlagskalkulation, wie sie bei der Herstellung technischer Produkte üblich ist, ergeben sich die *Materialkosten MK* aus den Kosten für Fertigungsmaterial *FM* (ggf. zuzüglich Zuliefermaterial) und den *Materialgemeinkosten MGK*, welche die Kosten der Materialwirtschaft abdecken, sowie die *Fertigungskosten FK* aus den *Fertigungslöhnen FL* und den *Fertigungsgemeinkosten FGK*. $MK = FM + MGK$ und $FK = FL + FGK$. Materialkosten und Fertigungslohnkosten sind variable (vom Beschäftigungsgrad abhängige) Kosten. Die neben dem Fertigungslohn mit der Fertigung verbundenen zusätzlichen Kosten werden unterteilt in feste (fixe) Gemeinkosten (z.B. Amortisation der Fertigungsmittel, Raummiete, Gehälter) und mit der Fertigung unmittelbar verknüpfte, variable (proportionale) Gemeinkosten (z.B. Energiekosten, Werkzeugkosten, Instandhaltung, Hilfslöhne).
Zur Erhöhung der Kalkulationsgenauigkeit wird häufig eine *Kostenstellenkalkulation* durchgeführt, die für jede Kostenstelle aus dem dort geltenden Verhältnis von Gemeinkosten zu Einzelkosten einen gesonderten Zuschlagssatz ermittelt und berücksichtigt. Die Herstellkosten ergeben sich dann aus der Kostensumme aller Kostenstellen $FM_1 + MGK_1 + FL_1 + FGK_1 + FM_2 + MGK_2 + FL_2 + FGK_2 + \ldots = \sum FM_i (1 + g_{Mi}) + FL_i (1 + g_{Li})$. Der Fertigungslohn ergibt sich aus der Summe der Grund-, Erholungs- und Verteilzeit, gegebenenfalls noch zuzüglich Rüstzeit, multipliziert mit einem Lohnsatz (Lohngruppe) in DM/Zeiteinheit.
Eine wichtige Größe zur Preisfindung sind die *Selbstkosten*, die sich aus den Herstellkosten *HK*, den Entwicklungs- und Konstruktionskosten *EKK*, den Verwaltungsgemeinkosten *VwGK* und den Vertriebsgemeinkosten *VtGK* ergeben. $SK = HK + EKK + VwGK + VtGK$. Hinweise für die konkrete Kostenermittlung s. VDI-Richtlinie 2225 (s. S 10.4).

2.5.4 Kostenfrüherkennung. Costing

Für den Konstrukteur ist es hilfreich, Kostentendenzen bereits bei der Variation von Lösungen zu erkennen. Dabei genügt es in der Regel, nur die variablen Kosten zu betrachten. Hierfür haben sich folgende Möglichkeiten entwickelt:

Relativkostenkataloge. In diesen werden Preise bzw. Kosten auf eine Vergleichsgröße bezogen. Dadurch ist die Angabe sehr viel länger gültig als bei Absolutkosten. Gebräuchlich sind Relativkostenkataloge für Werkstoffe, Halbzeuge und Normteile. Für die Gestaltung von Relativkostenkatalogen sind in DIN 32991 Grundsätze erarbeitet worden. In [16] sind z.B. relative Werkstoffkosten zusammengestellt.

Kostenschätzung über Materialkostenanteil. Ist in einem bestimmten Anwendungsbereich das Verhältnis m von Materialkosten *MK* zu Herstellkosten *HK* bekannt und annähernd gleich, können nach [16] bei ermittelten Materialkosten die Herstellkosten abgeschätzt werden. Sie ergeben sich dann zu $H = MK/m$. Dieses Verfahren versagt allerdings bei stärkeren Änderungen der Baugröße.

Kostenschätzung mit Hilfe von Regressionsrechnungen. Durch statistische Auswertung von Kalkulationsunterlagen werden Kosten in Abhängigkeit von charakteristischen Größen (z.B. Leistung, Gewicht, Durchmesser, Achshöhe) ermittelt. Mit Hilfe der Regressionsrechnung (s. A 9.5.3) wird ein Zusammenhang gesucht, der mit Hilfe der Regressionskoeffizienten und -exponenten die Regressionsgleichung bestimmt. Mit ihr können dann die Kosten bei einer gewissen Streubreite errechnet werden. Der Aufwand zur Erstellung kann erheblich sein und ist meist nicht ohne Rechnereinsatz möglich. Die Regressionsgleichung sollte so aufgebaut werden, daß aus Gründen der Aktualisierung sich ändernde Größen, wie Stundensätze, eigene Faktoren darstellen oder in Form von Relativkosten gebracht werden. Die Exponenten und Koeffizienten der Regressionsgleichung lassen in der Regel keinen Schluß auf den kostenmäßigen Zusammenhang zu den gewählten geometrischen oder technischen Kenngrößen zu, sie haben mathematisch formalen Charakter. Weitere Angaben zum Vorgehen und Beispiele der Anwendung s. [18, 19].

Kostenschätzung mit Hilfe von Ähnlichkeitsbeziehungen. Liegen geometrisch ähnliche oder halbähnliche Bauteile in einer Baureihe (s. F 5) oder auch nur als eine Variante von schon bekannten vor, sind die Bestimmungen von Kostenwachstumsgesetzen aus Ähnlichkeitsbeziehungen zweckmäßig. Der Stufensprung der Kosten φ_{HK} stellt das Verhältnis der Kosten des *Folgeentwurfs* HK_q (gesuchte Kosten) zu denen des *Grundentwurfs* HK_0 (bekannte Kosten) dar und wird über Ähnlichkeitsberachtung ermittelt:

$$\varphi_{HK} = \frac{HK_q}{HK_0} = \frac{MK_q + \sum FK_q}{MK_0 + \sum FK_0}.$$

Das Verhältnis der Materialkosten und der einzelnen Fertigungskosten bzw. -zeiten, z.B. für Drehen, Bohren, Schleifen, zu den Herstellkosten wird am Grundentwurf berechnet:

$$a_m = MK_0/HK_0; \quad a_{F,k} = FK_{k,0}/HK_0$$

je k. Fertigungsoperation.

Tabelle 5. Exponenten für Zeiten je Einheit bei geometrischer Ähnlichkeit unterschiedlicher Fertigungsoperationen nach [22]

Maschinentyp	Verfahren	Exponent		Treff-sicher-heit
		er-rechnet	ge-rundet	
Universal-Drehbank	Außen- und Innendrehen	2	2	+ +
	Gewindedrehen	≈1	1	+
	Abstechen	≈1,5	1	+
	Nuten drehen	≈1	1	+
	Fasen drehen	≈1	1	+
Karussel-Drehmaschine	Außen- und Innendrehen	2	2	+ +
Radial-bohrmaschine	Bohren Gewindeschneiden Senken	≈1	1	0
Bohr- und Fräswerke	Drehen Bohren Fräsen	≈1	1	0
Nuten-fräsmaschine	Paßfedernuten fräsen	≈1,2	1	+
Universal-Rundschleif-maschine	Außen-rundschleifen	≈1,8	2	+ +
Kreissäge	Profile sägen	≈2	2	0
Tafelschere	Bleche scheren	1,5...1,8	2	+
Kantmaschine	Bleche kanten	≈1,25	1	+
Presse	Profile richten	1,6...1,7	2	+
Fasmaschine	Bleche fasen	1	1	+ +
Brennmaschine	Bleche brennen	1,25	1	+ +
MIG- und E-Hand-schweißen	I-Nähte V, X, Kehl-, Ecknähte	2 2,5	2 2	+ + + +
Glühen		3	3	+ +
Sandstrahlen (je nach Verrechnung über Gewicht oder Oberfläche)		2 oder 3	2 oder 3	+ +
Montage		1	1	+ +
Heften zum Schweißen		1	1	+ +
Verputzen von Hand		1	1	+ +
Lackieren		2	2	+ +

+ + Gute Treffsicherheit.
+   Geringer als bei + +.
0   Stärkere Streuungen sind möglich.

Bei bekannten Kostenwachstumsgesetzen der Einzelanteile ergibt sich das Kostenwachstumsgesetz des Ganzen mit:

$$\varphi_{HK} = a_m \varphi_{MK} + \sum_k a_{F,k} \varphi_{FK,k}.$$

In allgemeiner Form läßt sich in Abhängigkeit von einer charakteristischen Länge schreiben:

$$\varphi_{HK} = \sum_i a_i \varphi_L^{x_i}; \quad \varphi_L = L_q/L_0 \quad \text{(s. F 5.1)}$$

mit $a_i = 1$ und $a_i \geqq 0$.

Die Bestimmung der Exponenten x_i in Abhängigkeit von den entsprechenden Abmessungen (charakteristische Länge) ist für geometrisch ähnliche Teile einfach. Es kann noch mit ganzzahligen Exponenten gearbeitet werden:

Tabelle 6. Errechnung der Anteile a_i für das Kostenwachstumsgesetz an Hand des Standardablaufplans und der Einzelkosten des Grundentwurfs (Beispiel)

Operation	Kosten, mit φ_L^3 steigend	Kosten, mit φ_L^2 steigend	Kosten, mit φ_L steigend	Kon-stante Kosten
Material	800			
Brennen			60	15
Fasen (Fügen)			35	
Heften			105	
Schweißen		500		
Glühen	80			
Sandstrahlen	40			
Anreißen (mech. Bearb.)			40	
Bohrwerk			100	70
Raboma			30	15
1890 DM = H_0 =	Σ_3 (=920)	+Σ_2 (=500)	+Σ_1 (370)	+Σ_0 (100)
	Σ_3/H_0 (=0,49)	+Σ_2/H_0 (=0,26)	+Σ_1/H_0 (=0,20)	+Σ_0/H_0 (=0,05)

$$\varphi_{HK} = a_3 \varphi_L^3 + a_2 \varphi_L^2 + a_1 \varphi_L^1 + (a_0/\varphi_z)$$

mit $\varphi_z = z_q/z_0$; z Losgröße.
Für Materialkosten gilt im allgemeinen $\varphi_{MK} = \varphi_L^3$. Für die Fertigungsoperationen dient **Tab. 5**.
Die Anteile a_i werden in einem Schema (Beispiel in **Tab. 6**) aus dem Grundentwurf unter Zuordnung zu den einzelnen ganzzahligen Exponenten errechnet. Das Kostenwachstumsgesetz dieses Beispiels wäre dann

$$\varphi_{HK} = 0,49\varphi_L^3 + 0,26\varphi_L^2 + 0,20\varphi_L + 0,05.$$

Eine doppelt so große geometrisch ähnliche Variante mit $\varphi_L = 2$ würde dann eine Kostensteigerung mit Stufensprung $\varphi_{HK} = 5,41$ ergeben.
Bei halbähnlichen Varianten sind nur die sich jeweils ändernden Längen mit entsprechenden zugehörigen Exponenten einzusetzen. Die konstant bleibenden Anteile gehen dann in das letzte Glied der Gleichung. Beispiele und Anwendung auf Baugruppen sowie Ermittlung von Kostenstrukturen in [20, 21].
Regeln zur Kostenabsenkung s. [19, 22].

2.5.5 Wertanalyse. Value analysis

Die Wertanalyse ist ein planmäßiges Verfahren zur Minimierung der Kosten unter Einfluß umfassender Gesichtspunkte (DIN 69910, [23–25]). Aus den kalkulierten Kosten der Einzelteile wird festgestellt, welche Kosten zur Erfüllung der geforderten Gesamtfunktion und notwendigen Teilfunktionen entstehen. Solche „Funktionskosten" sind eine aussagefähige Grundlage zur Beurteilung von Varianten, da gleichermaßen Gesichtspunkte des Vertriebs (sind alle Funktionen unbedingt erforderlich?), der Konstruktion (Wahl geeigneter Funktionsstrukturen und Lösungskonzepte sowie notwendiger Teilfunktionen) und der Fertigung (Gestaltung der Einzelteile) erfaßt und kritisch beleuchtet werden. Aus dieser Untersuchung ergeben sich wichtige Hinweise zur Suche nach neuen Lösungen mit merklicher Kostenminderung. Die Wertanalyse nutzt bei der nachträglichen Überprüfung dieselben Methoden und Hilfsmittel wie das methodische Konstruieren. Beide sind daher miteinander verträglich und ergänzen einander.

3 Konstruktionsprozeß
The design process

Der in F2.2 dargelegte allgemeine Lösungsprozeß wird unter Anwendung von Einzelmethoden (s. F2.3 bis F2.5) und unter Beachten von Gestaltungsgrundlagen (s. F4) auf unterschiedliche Konkretisierungsstufen übertragen. Er gliedert sich in die *Hauptphasen* Klären der Aufgabenstellung, Konzipieren, Entwerfen und Ausarbeiten.

3.1 Klären der Aufgabenstellung
Defining the requirements

Diese Phase dient zur Beschaffung von Informationen über die Anforderungen, die an die Lösung gestellt werden, sowie die bestehenden Bedingungen und ihre Bedeutung. Sie führt zum Erarbeiten einer *Anforderungsliste*. Als Aufgabenstellung sind auch Lasten- oder Pflichtenhefte bekannt. Sie enthalten aber in der Regel nur Anforderungen des Kunden und sind nicht in der Sprache des Konstrukteurs gehalten.

3.1.1 Anforderungsliste. The requirements list

Sie enthält die Ziele und Bedingungen der zu lösenden Aufgabe in Form von Forderungen und Wünschen:
- *Forderungen* müssen unter allen Umständen erfüllt werden (Mindestforderungen sind zu formulieren und anzugeben, z.B. $P > 20\,kW$, $L \leq 400\,mm$).
- *Wünsche* (mit unterschiedlicher Bedeutung) sollten nach Möglichkeit berücksichtigt werden, eventuell mit dem Zugeständnis, daß ein begrenzter Mehraufwand dabei zulässig ist.

Ohne bereits eine bestimmte Lösung festzulegen, sind die Forderungen und Wünsche mit Angaben zur *Quantität* (Anzahl, Stückzahl, Losgröße usw.) und *Qualität* (zulässige Abweichungen, tropenfest usw.) zu versehen. Erst dadurch ergibt sich eine ausreichende Information. Zweckmäßigerweise wird auch die *Quelle* angegeben, aufgrund der die Forderungen oder Wünsche entstanden sind.
Änderungen und *Ergänzungen* der Aufgabenstellung wie sie sich im Laufe der Entwicklung nach besserer Kenntnis der Lösungsmöglichkeiten oder infolge zeitbedingter Verschiebung der Schwerpunkte ergeben können, müssen stets in der Anforderungsliste nachgetragen werden.

3.1.2 Aufstellung der Anforderungen
Formulation of requirements

Als Hilfe zum Erkennen von Anforderungen wird eine Hauptmerkmalliste (**Tab. 1**) empfohlen. Sie bewirkt beim Bearbeiter eine Assoziation, indem er die dort angegebenen Begriffe auf die vorliegende konkrete Problemstellung überträgt und Fragen stellt, zu denen er eine Antwort benötigt. Die notwendigen Funktionen und die spezifischen Bedingungen werden im Zusammenhang mit dem Energie-, Stoff- und Signalumsatz erfaßt (Merkmale Geometrie, Kinematik, Kräfte, Energie, Stoff, Signal). Die anderen Merkmale berücksichtigen die sonst noch bestehenden allgemeinen und spezifischen Bedingungen. Die Begriffszusammenstellung hilft, Wesentliches nicht zu vergessen.

Tabelle 1. Leitlinie mit Hauptmerkmalen zum Aufstellen einer Anforderungsliste

Hauptmerkmal	Beispiele
Geometrie	Größe, Höhe, Breite, Länge, Durchmesser, Anzahl
Kinematik	Bewegungsrichtung, Geschwindigkeit, Beschleunigung
Kräfte	Kraftrichtung, Kraftgröße, Krafthäufigkeit, Gewicht, Last
Energie	Leistung, Wirkungsgrad, Druck, Temperatur, Erwärmung, Kühlung, Anschlußenergie
Stoff	Materialfluß, Eigenschaften des Eingangs- und Ausgangsprodukts, Hilfsstoffe
Signal	Eingangs- und Ausgangsmeßgrößen, Signalform, Anzeige, Betriebs- und Überwachungsgeräte
Sicherheit	unmittelbare Sicherheitstechnik, Schutzsysteme, Arbeits- und Umweltsicherheit
Ergonomie	Mensch-Maschine-Beziehung: Bedienung, Bedienungshöhe, Bedienungsart, Beleuchtung, Formgestaltung
Fertigung	größte herstellbare Abmessung, bevorzugtes Fertigungsverfahren, Toleranzen
Kontrolle	Meß- und Prüfmöglichkeit, besondere Vorschriften (TÜV, ASME, DIN, ISO, AD-Merkblätter)
Montage	besondere Montagevorschriften, Zusammenbau, Einbau, Baustellenmontage, Fundamentierung
Transport	Begrenzung durch Hebezeuge, Bahnprofil, Transportwege nach Größe und Gewicht, Versandart und -bedingungen
Gebrauch	Geräuscharmut, Verschleißrate, Anwendung und Absatzgebiet, Einsatzort (z.B. schwefelige Atmosphäre, Tropen)
Instandhaltung	Wartungsfreiheit bzw. Anzahl und Zeitbedarf der Wartung, Inspektion, Austausch und Instandsetzung, Säuberung
Recycling	Wiederverwendung, Wiederverwertung, Endlagerung, Beseitigung
Kosten	max. zulässige Herstellkosten, Werkzeugkosten, Investition und Amortisation
Termin	Ende der Entwicklung, Netzplan für Zwischenschritte, Lieferzeit

3.2 Konzipieren. Conceptual design

Konzipieren (**Bild 1**) ist der Teil des Konstruierens, der nach Klären der Aufgabenstellung durch Abstrahieren, Aufstellen von Funktionsstrukturen und Suchen nach geeigneten Lösungsprinzipien und deren Kombination den grundsätzlichen Lösungsweg mit dem Erarbeiten eines Lösungskonzepts festlegt.
Das *Abstrahieren zum Erkennen der wesentlichen Probleme* dient dazu, den Wesenskern der Aufgabe hervortreten zu lassen und sich von festen Vorstellungen sowie konventionellen Lösungen zu befreien, damit neue und zweckmäßigere Lösungswege erkennbar werden. Die Gesamtfunktion (s. F1.2) wird dann unter Bezug auf den Energie-, Stoff- und Signalumsatz möglichst konkret mit den beteiligten Eingangs- und Ausgangsgrößen lösungsneutral definiert und in erkennbare Teilfunktionen aufgelöst (Funktionsstruktur).
Danach folgt die Suche nach den die einzelnen Teilfunktionen erfüllenden *Wirkprinzipien* (s. F1.3 u. F1.4). Diese werden dann anhand der Funktionsstruktur so *kombiniert*, daß sie verträglich sind, die Forderungen der Anforde-

F

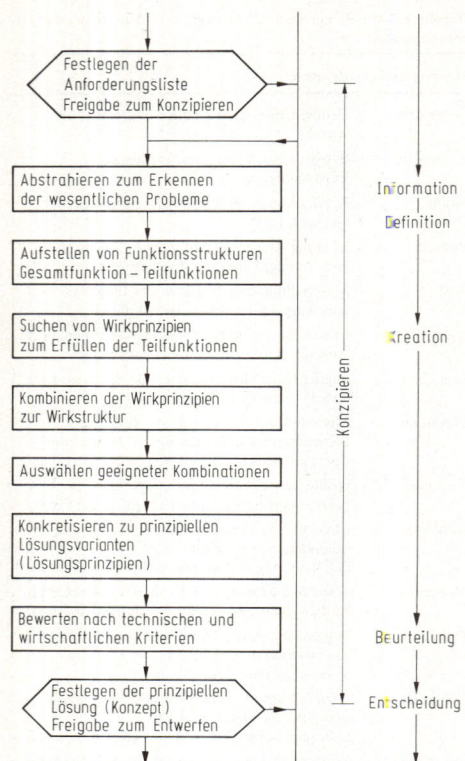

Bild 1. Arbeitsschritte beim Konzipieren

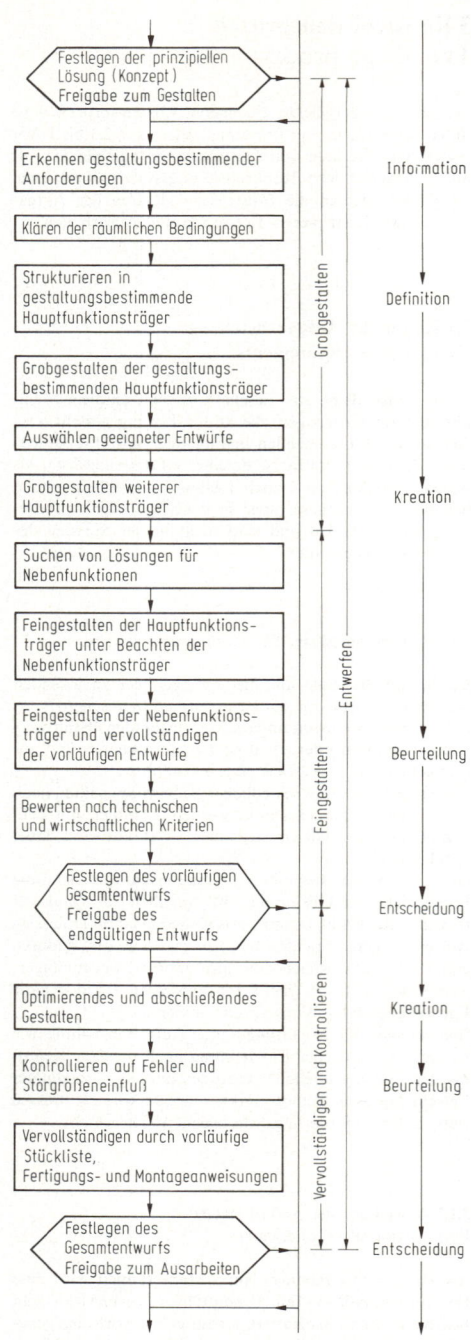

Bild 2. Arbeitsschritte beim Entwerfen. Hauptfunktionsträger: Einzelteile und Baugruppen, die eine Hauptfunktion erfüllen; Nebenfunktionsträger: Einzelteile und Baugruppen, die eine unterstützende Nebenfunktion erfüllen

rungsliste erfüllen und einen noch zulässigen Aufwand erwarten lassen. Die Auswahl erfolgt mit einem Auswahlverfahren (s. F 2.5.1). Die am geeignetsten erscheinenden Kombinationen werden anschließend so weit zu *prinzipiellen Lösungsvarianten konkretisiert*, daß sie beurteilbar und bewertbar werden (s. F 2.5.2). Dabei müssen ihre wesentlichen technischen und wirtschaftlichen Eigenschaften offenbar werden.

3.3 Entwerfen. Embodiment design

Unter Entwerfen wird der Teil des Konstruierens verstanden, der für ein technisches Gebilde von der Wirkstruktur bzw. prinzipiellen Lösung ausgehend die Baustruktur nach technischen und wirtschaftlichen Gesichtspunkten eindeutig und vollständig erarbeitet.
Die Tätigkeit des Entwerfens erfordert neben *kreativen* auch sehr viele *korrektive Arbeitsschritte*, wobei Vorgänge der Analyse und Synthese einander abwechseln. Auch hier geht man vom Qualitativen zum Quantitativen, d.h. von der *Grobgestaltung* zur *Feingestaltung*. **Bild 2** zeigt Arbeitsschritte, die je nach Komplexität des Lösungskonzepts mehr oder weniger vollständig zu durchlaufen sind.
Das Gestalten ist von einem Überlegungs- und Überprüfungsvorgang gekennzeichnet, der durch Befolgen der *Leitlinie* **Tab. 2** wirksam unterstützt wird. Das jeweils vorhergehende Hauptmerkmal sollte in der Regel erst beachtet sein, bevor das folgende intensiver bearbeitet oder

überprüft wird. Diese Reihenfolge hat nichts mit der Bedeutung der Merkmale zu tun, sondern dient arbeitssparendem Vorgehen.

Tabelle 2. Leitlinie mit Hauptmerkmalen beim Gestalten

Hauptmerkmal	Beispiele
Funktion	Wird die vorgesehene Funktion erfüllt? Welche Nebenfunktionen sind erforderlich?
Wirkprinzip	Bringen die gewählten Wirkprinzipien den gewünschten Effekt? Welche Störungen sind aus dem Prinzip zu erwarten?
Auslegung	Garantieren die gewählten Formen und Abmessungen mit dem vorgesehenen Werkstoff bei der festgelegten Gebrauchszeit und unter der auftretenden Belastung ausreichende Haltbarkeit, zulässige Formänderung, genügende Stabilität, genügende Resonanzfreiheit, störungsfreie Ausdehnung, annehmbares Korrosions- und Verschleißverhalten?
Sicherheit	Sind die Bauteil-, Funktions-, Arbeits- und Umweltsicherheit beeinflussenden Faktoren berücksichtigt?
Ergonomie	Sind die Mensch-Maschine-Beziehungen beachtet? Sind Belastungen oder Beeinträchtigungen vermieden? Wurde auf gute Formgestaltung (Design) geachtet?
Fertigung	Sind Fertigungsgesichtspunkte in technologischer und wirtschaftlicher Hinsicht berücksichtigt?
Kontrolle	Sind die notwendigen Kontrollen möglich und veranlaßt?
Montage	Können alle inner- und außerbetrieblichen Montagevorgänge einfach und eindeutig vorgenommen werden?
Transport	Sind inner- und außerbetriebliche Transportbedingungen und -risiken überprüft und berücksichtigt?
Gebrauch	Sind die beim Gebrauch oder Betrieb auftretenden Erscheinungen sowie die Handhabung beachtet?
Instandhaltung	Sind die für Wartung, Inspektion und Instandsetzung erforderlichen Maßnahmen durchführ- und kontrollierbar?
Recycling	Ist Wiederverwendung oder -verwertung ermöglicht worden?
Kosten	Sind vorgegebene Kostengrenzen einzuhalten? Entstehen zusätzliche Betriebs- oder Nebenkosten?
Termin	Sind die Termine einhaltbar? Kann eine andere Gestaltung die Terminsituation verbessern?

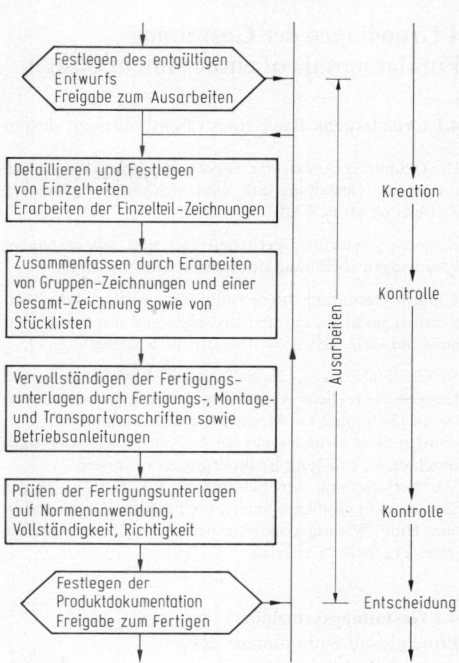

Bild 3. Arbeitsschritte beim Ausarbeiten

3.4 Ausarbeiten. Detail design

Unter Ausarbeiten wird der Teil des Konstruierens verstanden, der den Entwurf eines technischen Gebildes durch endgültige Vorschriften für Anordnung, Form, Bemessung und Oberflächenbeschaffenheit aller Einzelteile, Festlegen aller Werkstoffe, Überprüfung der Herstellungsmöglichkeiten sowie der Kosten ergänzt und die verbindlichen zeichnerischen und sonstigen Unterlagen für seine stoffliche Verwirklichung und Nutzung schafft [1].

Schwerpunkt ist das Erarbeiten der Fertigungsunterlagen, besonders der Einzelteil-Zeichnungen, ferner von Gruppen- und Gesamt-Zeichnungen sowie der Stückliste. Daneben können Vorschriften für Fertigung, Montage und Gebrauch notwendig werden. Eine Kontrolle auf Vollständigkeit und Richtigkeit sowie auf Normenanwendung schließen diese Phase ab (**Bild 3**).

Wie zwischen Konzept- und Entwurfphase überschneiden sich auch oft Arbeitsschritte der Entwurfs- und Ausarbeitungsphase.

3.5 Konstruktionsarten
Types of engineering design

Nicht immer ist das Durchlaufen aller Hauptphasen für das gesamte technische System erforderlich. Vielfach ergibt sich eine Neukonstruktion nur für bestimmte Baugruppen oder Anlagenteile. In anderen Fällen genügt eine Anpassung an andere Gegebenheiten, ohne das Lösungsprinzip ändern zu müssen, oder innerhalb eines vorausgedachten Systems nur Abmessungen oder Anordnungen zu variieren.

Hieraus leiten sich drei Konstruktionsarten ab, deren Grenzen hinsichtlich der Bearbeitung einer Aufgabe fließend sein können:

- *Neukonstruktion.* Erarbeiten eines neuen Lösungsprinzips bei gleicher, veränderter oder neuer Aufgabenstellung für ein System (Anlage, Apparat, Maschine oder Baugruppe).
- *Anpassungskonstruktion.* Anpassen der Gestaltung (Gestalt und Werkstoff) eines bekannten Systems (Lösungsprinzip bleibt gleich) an eine veränderte Aufgabenstellung; dabei auch Hinausschieben bisheriger Grenzen. Neukonstruktion einzelner Baugruppen oder -teile oft nötig.
- *Variantenkonstruktion.* Variieren von Größe und/oder Anordnung innerhalb der Grenzen vorausgedachter Systeme. Funktion, Lösungsprinzip und Gestaltung bleiben im wesentlichen erhalten.

4 Grundlagen der Gestaltung
Fundamentals of embodiment design

4.1 Grundregeln. Basic rules of embodiment design

Die Grundregeln *eindeutig, einfach* und *sicher* sind Anweisungen zur Gestaltung und leiten sich aus der generellen Zielsetzung ab (s. F 1.5).

Eindeutig: Wirkung, Verhalten klar und gut erkennbar voraussagen (Erfüllung der technischen Funktion).

Einfach: Gestaltung durch wenig zusammengesetzte, übersichtlich gestaltete Formen anstreben und den Fertigungsaufwand klein halten (wirtschaftliche Realisierung).

Sicher: Haltbarkeit, Zuverlässigkeit, Unfallfreiheit und Umweltschutz beim Gestaltungsvorgang gemeinsam erfassen (Sicherheit für Mensch und Umgebung).
Werden diese Grundregeln bei der Gestaltung zusammen beachtet, ist eine gute Realisierung zu erwarten.
Die Verknüpfung der Leitlinie (s. **F 3 Tab. 2**) mit den Grundregeln gibt Anregungen für Fragestellungen und ist eine Hilfe, Wichtiges nicht unbeachtet zu lassen und ein gutes Ergebnis zu erzielen.

4.2 Gestaltungsprinzipien
Principles of embodiment design

Gestaltungsprinzipien stellen Strategien dar, die nicht total anwendbar sind.

4.2.1 Prinzip der Aufgabenteilung
Principle of the devision of tasks

Beim Gestalten ergibt sich für die zu erfüllenden Funktionen die Frage nach der zweckmäßigen Wahl und Zuordnung von Funktionsträgern: Welche Teilfunktionen können gemeinsam mit nur einem Funktionsträger erfüllt werden und welche Teilfunktionen müssen mit einem jeweils zugeordneten, also getrennten Funktionsträger erfüllt werden?
Allgemein wird angestrebt, viele Funktionen mit nur wenigen Funktionsträgern zu verwirklichen. Funktionsanalysen, Schwachstellen- und Fehlersuche können jedoch Hinweise geben, ob Einschränkungen oder gegenseitige Behinderungen bzw. Störungen entstehen. Das ist meist der Fall, wenn *Grenzleistungen* angestrebt werden oder das *Verhalten* des Funktionsträgers hinsichtlich wichtiger Bedingungen *eindeutig* und unbeeinflußt bleiben muß. In solchen Fällen ist eine Aufgabenteilung zweckmäßig, bei der die jeweilige Funktion von einem eigenen darauf abgestimmten Funktionsträger erfüllt wird.
Das *Prinzip der Aufgabenteilung*, nach dem jeder Funktion ein besonderer Funktionsträger zugeordnet wird, ergibt eine bessere Ausnutzung aufgrund eindeutiger Berechenbarkeit (Übersichtlichkeit), eine höhere Leistungsfähigkeit durch Erreichen absoluter Grenzen, wenn diese allein maßgebend sind, ein eindeutiges Verhalten im Betrieb (Funktionserfüllung, Eigenschaften, Lebensdauer usw.) und einen besseren Fertigungs- und Montageablauf (einfacher, parallel). Von Nachteil ist, daß der bauliche Aufwand meist größer wird, was eine höhere Wirtschaftlichkeit oder Sicherheit ausgleichen muß.

Beispiel: (Bild 1) Gestaltung des Rotorkopfs eines Hubschraubers. – Die Zentrifugalkraft wird allein über das torsionsnachgiebige Glied Z vom Rotorblatt auf das mittige Herzstück geleitet. Das aus der aerodynamischen Belastung herrührende Biegemoment wird allein über Teil B auf die Rollenlager im Rotorkopf abgestützt. Damit

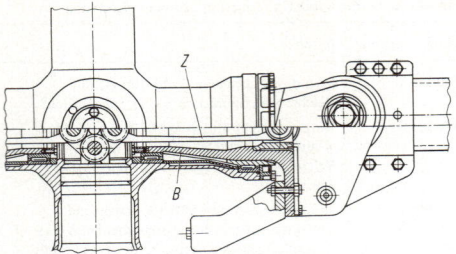

Bild 1. Rotorblattbefestigung eines Hubschraubers nach dem Prinzip der Aufgabenteilung (Bauart Messerschmitt-Bölkow)

konnte jedes Bauteil seiner Aufgabe entsprechend optimal gestaltet werden.
Weitere Beispiele sind die Trennung der Radial- und Axialkraftaufnahme bei Festlagern; die Ausführung von Behältern der Verfahrenstechnik mit austenitischem Futterrohr gegen Korrosion, kombiniert mit einer ferritischen Behälterwand zur Druckaufnahme; Keilriemen mit inneren Zugsträngen zur Zugkraftaufnahme, die in Gummi eingebettet sind und bei denen die Oberfläche dieser Schicht einen hohen Reibwert zur Leistungsübertragung aufweist.

4.2.2 Prinzip der Selbsthilfe. Principle of self-help

Nach diesem Prinzip wird versucht, im System selbst eine sich gegenseitig unterstützende Wirkung zu erzielen, die die Funktion besser zu erfüllen und bei Überlast Schäden zu vermeiden hilft.
Das Prinzip gewinnt die erforderliche *Gesamtwirkung* aus einer *Ursprungswirkung* und einer *Hilfswirkung* (Beispiel: **Bild 2**). Gleiche konstruktive Mittel können je nach Anordnung *selbsthelfend* oder *selbstschadend* wirken. Solange in dem Behälter ein gegenüber dem Außendruck höherer Druck herrscht, ist die linke Anordnung selbsthelfend. Herrscht dagegen im Behälter Unterdruck, ist die linke Anordnung selbstschadend, die rechte selbsthelfend. Man unterscheidet:

Selbstverstärkende Lösungen. Bei Normallast ergibt sich die Hilfswirkung in fester Zuordnung aus der Haupt- oder Nebengröße, wobei sich eine *verstärkende Gesamtwirkung* aus Hilfs- und Ursprungswirkung einstellt.

Selbstausgleichende Lösungen. Bei Normallast ergibt sich die Hilfswirkung aus einer begleitenden Nebengröße in fester Zuordnung zu einer Hauptgröße, wobei die Hilfswirkung der Ursprungswirkung *entgegenwirkt* und damit einen *Ausgleich* erzielt, der eine höhere Gesamtwirkung ermöglicht.

Selbstschützende Lösungen. Bei Überlast ergibt sich die Hilfswirkung aus einem neuen, meist *zusätzlichen Kraftleitungsweg* für die belastende Hauptgröße. Das führt zu einer Umverteilung und anderen Beanspruchungsart, bei der die betreffenden Teile tragfähiger sind.

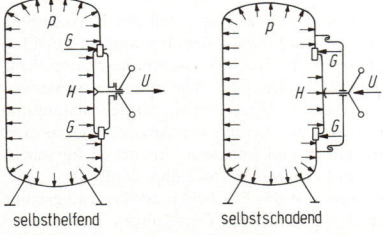

selbsthelfend   selbstschadend

Bild 2. Anordnung eines Mannlochdeckels. U Ursprungswirkung, H Hilfswirkung, G Gesamtwirkung, p Innendruck

4.2.3 Prinzipien der Kraft- und Energieleitung
Principles of force and energy transmission

Kraftleitung soll das Leiten von Biege- und Drehmomenten einschließen. Sie ist von Verformungen begleitet.

Kraftflußgerechte Gestaltung. Der Kraftfluß ist eine physikalisch nicht begründbare, aber anschauliche Vorstellung für das Leiten von Kräften. Im Querschnitt des betrachteten Bauteils stellt man sich die hindurch geleiteten Kräfte und Momente als Fluß vor. Aus diesem Modell werden folgende prinzipiellen Forderungen für eine kraftflußgerechte Gestaltung abgeleitet: Der Kraftfluß muß stets geschlossen sein (actio=reactio), scharfe Umlenkungen des Kraftflusses und schroffe Änderungen der Kraftflußdichte infolge übergangsloser Querschnittsänderungen sind zu vermeiden (Auftreten von Kerbwirkung).

Prinzip der gleichen Gestaltfestigkeit. Gleiche Ausnutzung der Festigkeit durch geeignete Wahl von Werkstoff und Form anstreben, sofern wirtschaftliche Gründe nicht dagegen sprechen (s. **C2 Tab. 3** und E 1.5).

Prinzip der direkten und kurzen Kraftleitung. Kräfte und Momente sind von einer Stelle zu einer anderen bei möglichst geringem Werkstoffaufwand zu leiten. *Kleine Verformung* fordert kurzen und direkten Weg sowie möglichst nur Zug- und Druckbeanspruchung in den beteiligten Bauteilen (Beispiel: **Bild 3**). *Große elastische Verformung* fordert lange Kraftleitungswege sowie vorzugsweise Biege- und/oder Torsionsbeanspruchung (Beispiele: Schraubendruckfeder, Rohrleitung mit biege- und torsionsbeanspruchten Ausgleichsbögen).

Prinzip der abgestimmten Verformung. Die beteiligten Komponenten sind so zu gestalten, daß unter Last eine weitgehende Anpassung mit *gleichgerichteter Verformung* bei möglichst *kleiner Relativverformung* entsteht. Ziel ist es, Spannungsüberhöhungen und Reibkorrosion zu vermeiden oder zu mildern sowie Funktionsstörungen infolge Verformungen zu beseitigen. Durch Lage, Form, Abmes-

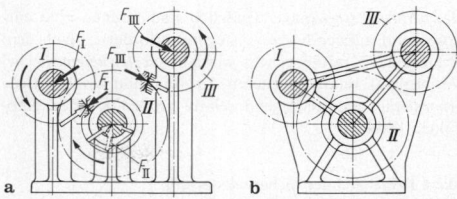

Bild 3. Lagerabstützung eines zweistufigen offenen Getriebes nach Leyer. **a** extrem falsch, lange Kraftleitungswege, hohe Biegeanteile, schlechte Gußgestaltung; **b** gute Lösung, Lagerkräfte direkt im Verbund aufgenommen, steife Abstützung mit vorwiegender Zug- und Druckbeanspruchung

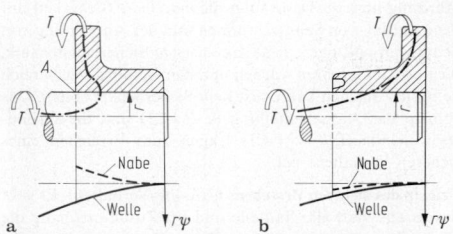

Bild 4. Welle-Nabe-Verbindung. **a** mit starker Kraftflußumlenkung, hier entgegengerichtete Torsionsverformung bei *A* zwischen Welle und Nabe (φ Verdrehwinkel); **b** mit allmählicher Kraftflußumlenkung, hier gleichgerichtete Torsionsverformung über der ganzen Nabenlänge (φ Verdrehwinkel)

sung und Werkstoffwahl (E-Modul) kann eine Abstimmung erreicht werden (**Bild 4**).

Prinzip des Kraftausgleichs. Funktionsbedingte Hauptgrößen wie aufzunehmende Last, Antriebsmoment und Umfangskraft sind häufig mit begleitenden Nebengrößen wie Axialschub, Spann-, Massen- und Strömungskräften in fester Zuordnung verbunden. Diese Nebengrößen belasten

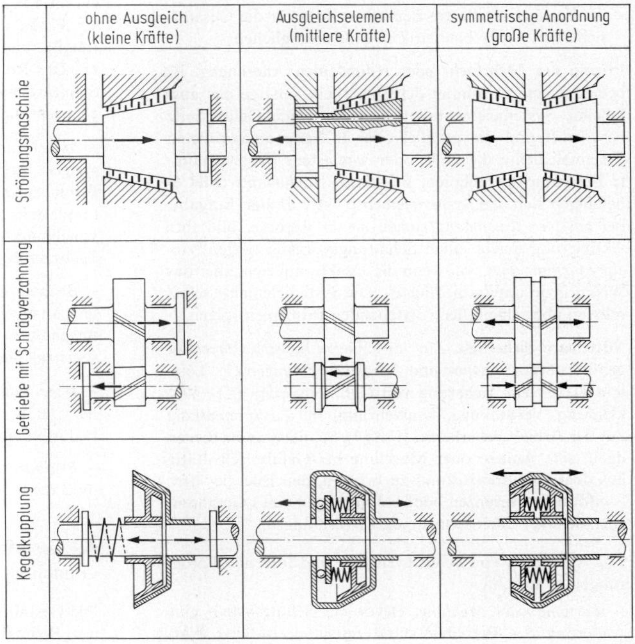

	ohne Ausgleich (kleine Kräfte)	Ausgleichselement (mittlere Kräfte)	symmetrische Anordnung (große Kräfte)
Strömungsmaschine			
Getriebe mit Schrägverzahnung			
Kegelkupplung			

Bild 5. Grundsätzliche Lösungen für Kraftausgleich am Beispiel einer Strömungsmaschine, eines Getriebes und einer Kupplung

die Kraftleitungszonen zusätzlich und können eine entsprechend aufwendigere Auslegung erfordern. Nach dem Prinzip des Kraftausgleichs werden *Ausgleichelemente* bei vorwiegend relativ mittleren Kräften und *symmetrische Anordnung* bei vorwiegend relativ großen Kräften empfohlen (**Bild 5**).

4.2.4 Prinzipien der Sicherheitstechnik
Safety and reliability principles

Nach DIN 31 000 unterscheidet man zwischen unmittelbarer, mittelbarer und hinweisender Sicherheitstechnik. Grundsätzlich wird die *unmittelbare* Sicherheit angestrebt, bei der von vornherein und aus sich heraus keine Gefährdung besteht. Dann folgt die *mittelbare* Sicherheit mit dem Aufbau von Schutzsystemen und der Anordnung von Schutzeinrichtungen. Eine *hinweisende* Sicherheitstechnik, die nur vor Gefahren warnen und den Gefährdungsbereich kenntlich machen kann, löst ein Sicherheitsproblem. Das Prinzip der Aufgabenteilung (s. F 4.2.1) und die Grundregel „eindeutig" (s. F 4.1) tragen zum Erreichen eines sicheren Verhaltens bei.

Prinzip des sicheren Bestehens (safe-life-Verhalten). Es geht davon aus, daß alle Bauteile und ihr Zusammenhang die vorgesehene Einsatzzeit bei allen wahrscheinlichen oder möglichen Vorkommnissen ohne ein Versagen oder eine Störung überstehen.

Prinzip des beschränkten Versagens (fail-safe-Verhalten). Es läßt während der Einsatzzeit eine Funktionsstörung und/oder einen Bruch zu, ohne daß es dabei zu schwerwiegenden Folgen kommen darf. In diesem Fall muß
– eine wenn auch eingeschränkte Funktion oder Fähigkeit erhalten bleiben, die einen gefährlichen Zustand vermeidet,
– die eingeschränkte Funktion vom versagenden Teil oder einem anderen übernommen oder solange ausgeübt werden, bis die Anlage oder Maschine gefahrlos außer Betrieb genommen werden kann,
– der Fehler oder das Versagen erkennbar werden,
– die Versagensstelle ein Beurteilen ihres für die Gesamtsicherheit maßgebenden Zustands ermöglichen.

Prinzip der Mehrfach- oder redundanten Anordnung. Es bedeutet eine Erhöhung der Sicherheit, solange das ausfallende Systemelement von sich aus keine Gefährdung hervorruft und die parallel oder in Serie angeordneten Systemelemente die volle oder wenigstens eingeschränkte Funktion übernehmen. Bei *aktiver Redundanz* (**Bild 6**) beteiligen sich alle Systemelemente aktiv an der Aufgabe, bei *passiver Redundanz* stehen sie in Reserve, und ihre Aktivierung macht einen Schaltungsvorgang nötig. *Prinzipredundanz* liegt vor, wenn die Funktion gleich, aber das Wirkprinzip unterschiedlich ist. Die Systemelemente selbst müssen aber einem der vorstehenden Prinzipien folgen.

Mittelbare Sicherheit. Zur mittelbaren Sicherheitstechnik gehören *Schutzsysteme* und *Schutzeinrichtungen* [1]. Letztere dienen zur Sicherung von Gefahrenstellen (z.B. Verkleidung, Verdeckung, Umwehrung) im Zusammenhang mit der Arbeitssicherheit (s. F 4.3.7). Schutzsysteme dienen dazu, eine Anlage oder Maschine bei Gefahr selbsttätig aus dem Gefahrenzustand zu bringen, den Energie- bzw. Stofffluß zu begrenzen oder bei Vorliegen eines Gefahrenzustands das Inbetriebnehmen zu verhindern.

Zur Auslegung von Schutzsystemen sind folgende Forderungen zu beachten:

– *Warnung oder Meldung.* Bevor ein Schutzsystem eine Änderung des Betriebszustands einleitet, ist eine War-

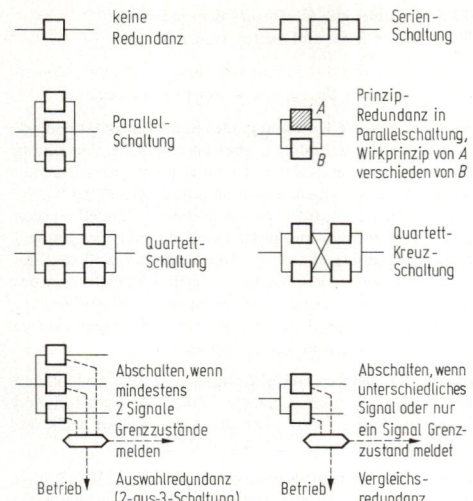

Bild 6. Redundante Anordnungen (Schaltungen von Systemelementen)

nung zu geben, damit seitens der Bedienung und Überwachung wenn möglich noch eine Beseitigung des Gefahrenzustands, wenigstens aber notwendige Folgemaßnahmen, eingeleitet werden können. Wenn ein Schutzsystem eine Inbetriebnahme verhindert, soll es den Grund der Verhinderung anzeigen.

– *Selbstüberwachung.* Ein Schutzsystem muß sich hinsichtlich seiner steten Verfügbarkeit selbst überwachen, d.h., nicht nur der eintretende Gefahrenfall, gegen den geschützt werden soll, hat das System zum Auslösen zu bringen, sondern auch ein Fehler im Schutzsystem selbst. Am besten stellt das Ruhestromprinzip diese Forderung sicher, weil in einem solchen System stets Energie zur Sicherheitsbetätigung gespeichert ist und eine Störung bzw. ein Fehler im System diese Energie zur Schutzauslösung freigibt und dabei die Maschine oder Anlage abschaltet. Das Ruhestromprinzip kann nicht nur in elektrischen Schutzsystemen, sondern auch in Systemen anderer Energiearten angewandt werden.

– *Mehrfache, prinzipverschiedene und unabhängige Schutzsysteme.* Sind Menschenleben in Gefahr oder Schäden größeren Ausmaßes zu erwarten, müssen die Schutzsysteme mindestens zweifach, prinzipverschieden und unabhängig voneinander vorgesehen werden (primärer und sekundärer Schutzkreis).

– *Bistabilität.* Schutzsysteme müssen auf einen definierten Ansprechwert ausgelegt werden. Die Auslösung hat unverzüglich zu erfolgen, ohne daß ein Verharren in Zwischenzuständen auftritt.

– *Wiederanlaufsperre.* Anlagen dürfen nach Beseitigen einer Gefahr nicht von selbst wieder in Betrieb gehen. Sie bedürfen einer neuen geordneten Inbetriebsetzung.

– *Prüfbarkeit.* Schutzsysteme müssen prüfbar sein. Dabei muß die Schutzfunktion erhalten bleiben.

4.3 Gestaltungsrichtlinien
Guidelines for embodiment design

Die Gestaltungsrichtlinien ergeben sich aus den allgemeinen Bedingungen (s. F 1.5), aus der Leitlinie beim Gestalten (s. **F3 Tab. 2**) und nicht zuletzt aus den Gesetzmäßigkeiten und Aussagen im Zusammenhang mit den Maschinenelementen (s. G 1–11).

4.3.1 Beanspruchungsgerecht. Design for strength

Zu beachten sind die Aussagen der Festigkeitslehre (s. C 1–9), der Werkstofftechnik (s. E 1) und die Prinzipien der Kraftleitung (s. F 4.2.3). In Bau- und Anlageteilen ist eine möglichst hohe und gleichmäßige Ausnutzung anzustreben (Prinzip der gleichen Gestaltfestigkeit), sofern wirtschaftliche Gründe nicht dagegen sprechen. Unter Ausnutzung wird das Verhältnis berechnete zu zulässige Beanspruchung verstanden.

4.3.2 Formänderungsgerecht
Design for controlled deformation

Beanspruchungen sind stets von mehr oder weniger großen Formänderungen begleitet (s. F 4.2.3). *Formänderungen* können auch aus funktionellen Gründen begrenzt sein (z.B. begrenzte Wellendurchbiegung bei Getrieben, Elektromotoren oder Strömungsmaschinen). Im Betriebszustand dürfen Formänderungen nicht zu Funktionsstörungen führen, da sonst Eindeutigkeit des Kraftflusses oder der Ausdehnung nicht mehr sichergestellt sind und Überlastungen bzw. Bruch die Folge sein können. Zu beachten sind die die Beanspruchung begleitenden Verformungen und gegebenenfalls auch die aus der Querdehnung (Querkontraktion) sich ergebenden Beträge sowie das Prinzip der abgestimmten Verformung (s. F 4.2.3).

4.3.3 Stabilitäts- und resonanzgerecht
Design for stability and to avoid resonance

Mit *Stabilität* werden alle Probleme der Standsicherheit und Kippgefahr sowie der Knick- und Beulgefahr (s. C7) aber auch die des stabilen Betriebs einer Maschine oder Anlage angesprochen. Störungen sollen durch ein stabiles Verhalten, d.h. selbsttätige Rückkehr in die Ausgangsbzw. Normallage, vermieden werden. Es ist darauf zu achten, daß indifferentes oder gar labiles Verhalten Störungen nicht verstärkt, aufschaukelt oder sie außer Kontrolle bringt.

Resonanzen haben erhöhte, nicht sicher abschätzbare Beanspruchungen zur Folge. Sie sind daher zu vermeiden, wenn die Ausschläge nicht hinreichend gedämpft werden können (s. B4). Dabei soll nicht nur an die Festigkeitsprobleme gedacht werden, sondern auch an Begleiterscheinungen wie Geräusche und Schwingungsausschläge.

4.3.4 Ausdehnungsgerecht
Design to accommodate thermal expansion

Maschinen, Apparate und Geräte arbeiten nur ordnungsgemäß, wenn der Effekt der *Ausdehnung* berücksichtigt worden ist.

Ausdehnung von Bauteilen. Die Ausdehnungszahl ist als Mittelwert über den jeweils durchlaufenden Temperaturbereich zu verstehen; sie ist werkstoff- und temperaturabhängig (s. D 6.3.1). Die Ausdehnung der Bauteile hängt ab von der Längenausdehnungszahl β, der betrachteten Länge l des Bauteils und der mittleren Temperaturänderung $\Delta\vartheta_m$ dieser Länge.
Die Ausdehnung hat Gestaltungsmaßnahmen zur Folge. Jedes Bauteil muß in seiner Lage eindeutig festgelegt werden und darf nur so viele Freiheitsgrade erhalten, wie es zur ordnungsgemäßen Funktionserfüllung benötigt. Im allgemeinen bestimmt man einen Festpunkt und ordnet dann für die gewünschten Bewegungsrichtungen entsprechende Führungen an. Diese dürfen nur einen Freiheitsgrad haben; sie sind auf einem Strahl durch den Festpunkt anzuordnen, wobei der Strahl Symmetrielinie des Verzerrungszustands sein muß. Der Verzerrungszustand kann durch die Ausdehnung sowie von last- und temperaturabhängigen Spannungen hervorgerufen werden. Da Spannungs- und Temperaturverteilung auch von der Form des Bauteils abhängen, ist die Symmetrielinie des Verzerrungszustands zunächst aus der Symmetrielinie des Bauteils und der des aufgeprägten Temperaturfelds zu suchen.

Relativausdehnung zwischen Bauteilen. Sie ergibt sich aus
$$\delta_{Rel} = \beta_1 l_1 \Delta\vartheta_{m1(t)} - \beta_2 l_2 \Delta\vartheta_{m2(t)}.$$

Stationäre Relativausdehnung. Ist die jeweilige mittlere Temperaturdifferenz zeitlich unabhängig, konzentrieren sich die Maßnahmen bei gleichen Längenausdehnungszahlen auf ein Angleichen der Temperaturen und/oder bei unterschiedlichen Temperaturen ein Anpassen mittels Wahl von Werkstoffen unterschiedlicher Ausdehnungszahlen.

Instationäre Relativausdehnung. Ändert sich der Temperaturverlauf mit der Zeit (z.B. bei Aufheiz- oder Abkühlvorgängen), ergibt sich oft eine Relativausdehnung, die viel größer ist als im stationären Endzustand, weil die Temperaturen in den einzelnen Bauteilen sehr unterschiedlich sein können. Für den häufigen Fall, Bauteile gleicher Länge und gleicher Ausdehnungszahl, gilt $\delta_{Rel} = \beta l (\Delta\vartheta_{m1(t)} - \Delta\vartheta_{m2(t)})$.
Die Erwärmungskurve ist in ihrem zeitlichen Verlauf durch die Aufheizzeitkonstante charakterisiert. Betrachtet man beispielsweise die Erwärmung $\Delta\vartheta_m$ eines Bauteils bei einem plötzlichen Temperaturanstieg $\Delta\vartheta^*$ des aufheizenden Mediums, so ergibt sich unter der allerdings groben Annahme, daß Oberflächen- und mittlere Bauteiltemperatur gleich seien, was praktisch nur für relativ dünne Wanddicken und hohe Wärmeleitzahlen annähernd zutrifft, der in **Bild 7** gezeigte Verlauf, der der Beziehung $\Delta\vartheta_m = \Delta\vartheta^* (1 - e^{-t/T})$ folgt. Hierbei bedeutet t die Zeit und T die Zeitkonstante mit $T = cm/(\alpha A)$; c spezifische Wärme des Bauteilwerkstoffs, $m = \rho V$ Masse des Bauteils, α Wärmeübergangszahl an der beheizten Oberfläche des Bauteils, A beheizte Oberfläche am Bauteil. Bei unterschiedlichen Zeitkonstanten der Bauteile 1 und 2 ergeben sich verschiedene Temperaturverläufe, die zu einer bestimmten kritischen Zeit eine größte Differenz haben. Wenn es gelingt, die Zeitkonstanten der beteiligten Bauteile gleich groß zu machen, findet eine Relativausdehnung nicht statt. Zur Annäherung der Zeitkonstanten bieten sich konstruktiv zwei Wege an: die Angleichung der Verhältnisse V/A (Volumen zur beheizten Oberfläche) oder die Korrektur über die Beeinflussung der Wärmeübergangszahl α mit Hilfe von z.B. Schutzhemden oder anderen Anströmungsgeschwindigkeiten.

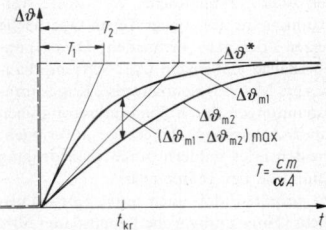

Bild 7. Zeitliche Temperaturänderung bei einem Temperatursprung $\Delta\vartheta^*$ des aufheizenden Mediums in zwei Bauteilen mit unterschiedlicher Zeitkonstante

4.3.5 Korrosionsgerecht. Design to avoid corrosion

Korrosionserscheinungen lassen sich nicht vermeiden, sondern nur mindern, weil die Ursache für die Korrosion nicht beseitigt werden kann. Die Verwendung korrosionsfreier Werkstoffe ist oft unwirtschaftlich. Korrosionserscheinungen ist mit einem entsprechenden Konzept und zweckmäßigerer Gestaltung entgegenzuwirken. Die Maßnahmen hängen von der Art der Korrosionserscheinungen ab (s. E 1.2.3 und [2, 3]).

Ebenmäßig abtragende Korrosion. *Ursache und Erscheinung:* Auftreten von Feuchtigkeit (schwach basischer oder saurer Elektrolyt) unter gleichzeitiger Anwesenheit von Sauerstoff aus der Luft oder dem Medium, insbesondere Taupunktunterschreitung. Weitgehend gleichmäßig abtragende Korrosion an der Oberfläche (bei Stahl z.B. etwa 0,1 mm/Jahr in normaler Atmosphäre). *Abhilfe:* Wanddickenzuschlag und Werkstoff; Verfahrensführung, die Korrosion vermeidet bzw. wirtschaftlich tragbar macht; kleine und glatte Oberflächen mit einem Maximum des Verhältnisses Inhalt zu Oberfläche; keine Feuchtigkeitssammelstellen; keine unterschiedlichen Temperaturen, also gute Isolierung und Verhinderung von Wärme- bzw. Kältebrücken.

Lokal angreifende Korrosion. Sie ist besonders gefährlich, weil sie eine sehr große Kerbwirkung zur Folge hat und oft nicht leicht vorhersehbar ist. Korrosionsarten: Spaltkorrosion, Kontaktkorrosion, Schwingungsrißkorrosion, Spannungsrißkorrosion. Ursachen und Abhilfe s. E 1.2.3 und [2, 3]. Folgende Maßnahmen helfen bei
- *Spaltkorrosion:* glatte, spaltenlose Oberflächen auch an Übergangsstellen; Schweißnähte ohne verbleibenden Wurzelspalt, Stumpfnähte oder durchgeschweißte Kehlnähte vorsehen; Spalt abdichten, Feuchtigkeitsschutz durch Muffen oder Überzüge; Spalte so groß machen, daß infolge Durchströmung oder Austausch keine Anreicherung möglich ist.
- *Kontaktkorrosion:* Metallkombinationen mit geringem Potentialunterschied und daher kleinem Kontaktkorrosionsstrom verwenden; Einwirkung des Elektrolyten auf die Kontaktstelle verhindern, indem die beiden Metalle örtlich isoliert werden; Elektrolyt überhaupt vermeiden; notfalls gesteuerte Korrosion durch gezielten Abtrag an elektrochemisch noch unedlerem „Freßmaterial", sogenannten Opferanoden, vorsehen.
- *Schwingungsrißkorrosion:* mechanische oder thermische Wechselbeanspruchung klein halten, Resonanzerscheinungen vermeiden; Spannungsüberhöhung infolge von Kerben vermeiden; Druckvorspannung durch Kugelstrahlen, Prägepolieren, Nitrieren usw. erhöhen (längere Lebensdauer); korrosives Medium (Elektrolyt) fernhalten; Oberflächenschutzüberzüge (z.B. Gummierung, Einbrennlackierung, galvanische Überzüge mit Druckspannung) vorsehen.
- *Spannungsrißkorrosion:* empfindliche Werkstoffe vermeiden; Zugspannung an der angegriffenen Oberfläche massiv herabsetzen oder ganz vermeiden; Druckspannung in die Oberfläche einbringen (z.B. Schrumpfbandagen, vorgespannte Mehrschalenbauweise, Kugelstrahlen); Eigenzugspannungen durch Spannungsarmglühen abbauen; kathodisch wirkende Überzüge aufbringen; Agenzien vermeiden oder mildern durch Erniedrigung der Konzentration und der Temperatur.

Generell so zu gestalten, daß auch unter Korrosionsangriff eine möglichst lange und gleiche Lebensdauer aller beteiligten Komponenten erreicht wird. Läßt sich diese Forderung mit entsprechender Werkstoffwahl und Auslegung wirtschaftlich nicht erreichen, muß so konstruiert werden, daß die besonders korrosionsgefährdeten Zonen und Bauteile überwacht und ausgewechselt werden können [4].

4.3.6 Verschleißgerecht. Design to limit wear

Unter Verschleiß versteht man das unerwünschte Lösen von Teilchen infolge mechanischer Ursachen, wobei auch chemische Effekte beteiligt sein können (s. E 5.4). Ebenso wie Korrosion ist Verschleiß nicht immer vermeidbar. Aus konstruktiver Sicht sind Verschleißerscheinungen immer als Ergebnis eines *tribologischen Systems* zu sehen, das sich aus den die Funktion erfüllenden Elementen, deren Eigenschaften und ihrer Umgebung sowie der gewählten Zwischenschichten (Schmiermittel) als Wechselwirkung ergibt. Daraus folgt, daß allein die *Wahl des Schmierstoffs* nicht ausreichend sein kann, sondern stets konstruktive Merkmale entscheidend das Geschehen bestimmen. Dementsprechend ist zunächst zu sorgen für:
- eine ertragbare, eindeutige und örtlich *gleichmäßige Beanspruchung* (u.a. mittels elastisch nachgiebiger oder sich selbst einstellender Elemente),
- eine einen Schmierfilm aufbauende oder unterstützende *Bewegung* der Kontaktflächen,
- eine auch unter Temperatur- oder sonstigen Einflüssen definiert erhalten bleibende *Geometrie* der Bauteile (z.B. Spaltgeometrie, Einlaufzone),
- eine funktionsgerechte *Oberfläche* (Gestalt und Rauhigkeit), die sich auch während des Verschleißvorgangs nicht grundsätzlich verschlechtert,
- eine zweckmäßige *Werkstoffwahl,* die aufgrund der Paarung adhäsiven oder abrasiven Verschleiß mildert.

Folgende Abhilfemaßnahmen können für die in E 5.4 und [4] behandelten Grundmechanismen (Verschleißarten) zweckmäßig sein:
- *Adhäsiver Verschleiß.* Die Wahl anderer Werkstoffe und das Einbringen andersartiger Zwischenschichten (z.B. Feststoffschmierstoffe) bringen grundsätzlich Abhilfe.
- *Abrasiver Verschleiß.* Härte des weicheren Partners erhöhen (z.B. Nitrieren, Hartmetallauflage [5, 6]).
- *Ermüdungsverschleiß.* Örtliche Beanspruchung mindern, verteilen.
- *Schichtverschleiß.* Da dieser Vorgang in der Regel bei funktionell nicht schädlichen Verschleißvorgängen in der sogenannten Tieflage entsteht (Abtrag pro Zeit- oder Wegeinheit gering), ist er solange ertragbar, bis die Bauteildicke z.B. den Festigkeitsanforderungen nicht mehr genügt.
- *Reibkorrosion.* Dieser Vorgang ist komplexer Natur (mechanisch-chemisch) und führt zur Absonderung harter Oxidationsprodukte, die die Funktion gefährden, während die Scheuerstelle selbst unter vielfach schädlicher Kerbwirkung leidet. Abhilfe: Vermeiden von Relativbewegungen an Fügestellen durch Verstärken des Bauteils, andere Lastein- und -ableitung, Entlastungsnuten.

4.3.7 Arbeitssicherheits- und ergonomiegerecht
Design for ergonomics and user safety

Arbeitssicherheitstechnische Gestaltung. Der arbeitende Mensch und seine Umgebung sind vor schädlichen *Einwirkungen* zu schützen. DIN 31 000 weist auf Grundforderungen für sicherheitsgerechtes Gestalten technischer Erzeugnisse hin. DIN 31001 Teil 1, 2 und 10 gibt Anweisungen für Schutzeinrichtungen. *Vorschriften* der Berufsgenossenschaften, der Gewerbeaufsichtsämter und der Technischen Überwachungsvereine sind branchen- und produktabhängig zu befolgen. Aber auch das *Gerätesicherheitsgesetz* verpflichtet den Konstrukteur zum verantwortungsvollen Handeln. In einer allgemeinen Verwaltungsvorschrift so-

Tabelle 1. Allgemeine Mindestanforderungen der Arbeitssicherheit bei mechanischen Gebilden

Vorstehende oder bewegte Teile im Berührbereich vermeiden!

Schutzeinrichtungen sind unabhängig von der Geschwindigkeit erforderlich bei
- Zahnrad-, Riemen-, Ketten- und Seiltrieben,
- allen umlaufenden Teilen länger als 50 mm (auch wenn sie völlig glatt sind!),
- allen Kupplungen,
- Gefahr wegfliegender Teile,
- Quetschstellen (Schlitten gegen Anschlag; Teile, die aneinander vorbeifahren oder -drehen),
- herunterfallenden oder sinkenden Teilen (Spanngewichte, Gegengewichte),
- Einlege- oder Einzugstellen. (Der zwischen den Werkzeugen verbleibende Spalt darf 8 mm nicht überschreiten. Bei Walzen Sonderuntersuchung der geometrischen Verhältnisse, gegebenenfalls Berührschutzleisten oder -kontakte gegen Einzugsgefahr vorsehen.)

Elektrische Anlagen nur zusammen mit dem Elektrofachmann planen. Bei *akustischen, chemischen* und *radioaktiven Gefahren* Fachleute zur Erarbeitung von Abhilfe- und Schutzmaßnahmen hinzuziehen.

---

wie Verzeichnissen zu diesem Gesetz sind inländische Normen und sonstige Regeln bzw. Vorschriften mit sicherheitstechnischem Inhalt zusammengestellt [7]. Der mögliche Unverstand und die Ermüdung des Menschen müssen ebenfalls berücksichtigt werden. **Tab. 1** gibt *Mindestanforderungen* für eine arbeitssichere Gestaltung mechanischer Gebilde an.

Ergonomiegerecht. Die VDI-Richtlinie 2242 [8] gibt Anleitung zum Konstruieren ergonomiegerechter Erzeugnisse. Sie greift dabei auf Suchlisten für Objekte und Wirkungen zurück und verweist auf die entsprechende Literatur. Auszugsweise können nur einige für den Konstrukteur wichtige Hinweise gegeben werden: körpergerechte Bedienung und Handhabung s. DIN 33400 bis DIN 33402 sowie [9, 10], Beleuchtung am Arbeitsplatz s. [11], Lüftung am Arbeitsplatz s. DIN 33403, Überwachungs- und Steuerungstätigkeiten s. DIN 3304, 33413, 33414 und [12], Lärmreduzierung s. [13, 14].

4.3.8 Formgebungsgerecht. Design for aesthetic

In der VDI-Richtlinie 2224 (mit instruktiven Bildbeispielen) sind Empfehlungen für den Konstrukteur zur Formgebung technischer Erzeugnisse zusammengestellt [15]. Außerdem ist in [19] eine systematische Betrachtung zu Form, Farbe und Graphik unter Verwendung von [20] zu finden.

4.3.9 Fertigungs- und kontrollgerecht
Design for ease of manufacture and inspection

Beim Entwerfen und Ausarbeiten ist sowohl auf eine fertigungsgerechte *Baustruktur* als auch auf eine fertigungs- und kontrollgerechte *Werkstückgestaltung* zu achten, die mit einer auf die Fertigung abgestimmten *Werkstoffwahl* einhergeht.

Fertigungsgerechte Baustruktur. Sie kann unter den Gesichtspunkten einer Differential-, Integral- und Verbundbauweise vorgenommen werden.
Unter *Differentialbauweise* wird die Auflösung eines Einzelteils (Träger einer oder mehrerer Funktionen) in mehrere fertigungstechnisch günstige Werkstücke verstanden. Unter *Integralbauweise* wird das Vereinigen mehrerer Einzelteile zu einem Werkstück verstanden. Typische Beispiele

hierfür sind Guß- statt Schweißkonstruktionen, Strangpreß- statt gefügter Normprofile sowie angeschmiedete statt gefügter Flansche.
Unter *Verbundbauweise* soll verstanden werden die unlösbare Verbindung mehrerer unterschiedlich gefertigter Rohteile zu einem weiter zu bearbeitenden Werkstück (z.B. die Verbindung urgeformter und umgeformter Teile), die gleichzeitige Anwendung mehrerer Fügeverfahren zur Verbindung von Werkstücken und die Kombination mehrerer Werkstoffe zur optimalen Nutzung ihrer Eigenschaften. Beispiele sind die Kombination von Stahlgußstücken mit Schweißkonstruktionen sowie Gummi-Metallelemente.

Fertigungsgerechte Werkstückgestaltung. Sie beeinflußt die Form, Abmessungen, Oberflächenqualität, Toleranzen und Fügepassungen, Fertigungsverfahren, Werkzeuge und Qualitätskontrollen. Ziel der Werkstückgestaltung ist es, unter Beachten der verschiedenen Fertigungsverfahren mit ihren einzelnen Verfahrensschritten den *Aufwand* in der Fertigung zu verringern und die *Qualität* des Werkstücks zu verbessern. Gestaltungshinweise: Urformen s. S 2.2.3, Umformen s. S 3.5, Fügen s. G 1 und Trennen s. S 4.

4.3.10 Montagegerecht. Design for ease of assembly

Entscheidend ist eine montagegerechte *Baustruktur*, montagegerechte Gestaltung der *Fügestellen* und *Fügeteile* [19], wobei die automatische Montage an Bedeutung gewinnt (s. S 6).
Bei der Montage lassen sich folgende Teiloperationen in unterschiedlicher Vollständigkeit, Reihenfolge und Häufigkeit erkennen [16, 17, 18]: Speichern – Werkstück handhaben (Erkennen, Ergreifen, Bewegen) – Positionieren – Fügen – Einstellen (Justieren) – Sichern – Kontrollieren.

Allgemeine Richtlinien zur Montage. Anzustreben sind einheitliche Montagearten, wenige, einfache und zwangsläufige Montageoperationen sowie parallele Montagen von Baugruppen.

Verbesserung einzelner Montageoperationen

Speichern wird durch stapelbare Werkstücke mit ausreichenden Auflageflächen und Konturen zur eindeutigen Lageorientierung bei nichtsymmetrischen Teilen erleichert.

Werkstück handhaben. Beim Erkennen ist ein Verwechseln ähnlicher Teile auszuschließen. Das einwandfreie und sichere Ergreifen ist besonders für automatische Montageverfahren wichtig. Grundsätzlich sind beim Bewegen kurze Wege anzustreben, ergonomische Erkenntnisse und Sicherheitsaspekte zu beachten sowie eine einfache Handhabung der Werkstücke zu gewährleisten.

Positionieren. Günstig ist, Symmetrie anzustreben, wenn keine Vorzugslage gefordert wird (bei geforderter Vorzugslage ist diese durch die Form zu kennzeichnen), das selbsttätige Ausrichten der Fügeteile zu erzwingen oder, wenn das nicht möglich ist, einstellbare Verbindungen vorzusehen.

Fügen. Oft zu lösende Fügestellen (z.B. zum Austausch von Verschleißteilen) mit leicht lösbaren Verbindungen ausrüsten. Für selten oder nach der Erstmontage überhaupt nicht mehr zu lösende Fügestellen können aufwendig lösbare Verbindungen vorgesehen werden. Gleichzeitiges Verbinden und Positionieren ist anzustreben. Zum Ermöglichen wirtschaftlich vertretbarer Toleranzen ist ein Toleranzausgleich von Werkstücken mit hoher Federsteifigkeit mittels federnder Zwischenelemente oder Ausgleichstücke vorzusehen (toleranzgerecht). Das Einfügen, d.h. Einführen eines Teils zu den Fügeflächen, wird erleichtert durch gute Zugänglichkeit für Montagewerkzeuge, Sichtkontrollen, einfache Bewegungen an den Fügeflächen, Vorsehen von Einführungserleichterungen, Vermeiden gleichzeitiger Fügeoperationen und Vermeiden von Doppelpassungen.

Einstellen. Feinfühliges, reproduzierbares Einstellen ermöglichen. Rückwirkung auf andere Einstelloperationen vermeiden. Einstellergebnis meß- und kontrollierbar machen.

Sichern. Gegen selbständiges Verändern ist anzustreben, selbstsichernde Verbindungen zu wählen oder form- bzw. stoffschlüssige Zusatzsicherungen vorzusehen, die ohne großen Aufwand montierbar sind.

Kontrollieren. Mit gestalterischen Maßnahmen ist eine einfache Kontrolle (Messen) der funktionsbedingten Forderungen zu ermöglichen. Kontrollieren und weitere Einstellungen müssen ohne Demontage bereits montierter Teile durchführbar sein.

4.3.11 Gebrauchs- und instandhaltungsgerecht
Ensuring operability and maintainability

Die Gestaltung hat auf die Erfordernisse des Betriebs und der Instandhaltung, die sich in *Wartung, Inspektion* und *Instandsetzung* gliedert, Rücksicht zu nehmen. Generell soll der Gebrauch oder die Inbetriebnahme *sicher* und *einfach* möglich sein. Betriebsergebnisse in Form von Meldungen, Überwachungsdaten und Meßgrößen sollen *übersichtlich* anfallen. Der Betrieb darf keine gravierende Belästigung der Umgebung verursachen. Wartungen sollen einfach und kontrollierbar durchgeführt werden können, Inspektionen müssen kritische Zustände erkennen lassen, und die Instandsetzung soll möglichst ohne zeitraubende Montageoperationen möglich sein.

4.3.12 Recyclinggerecht. Designing for ease of recycling

Der Einsparung und Wiedergewinnung von Rohstoffen kommt zunehmende Bedeutung zu. VDI-Richtlinie 2243 [21] weist auf Verfahren zum Recycling hin und gibt konstruktive Hinweise: Wirtschaftliche Demontage, leichte Werkstofftrennung, geeignete verträgliche Werkstoffwahl und -kennzeichnung.

5 Grundlagen der Baureihen- und Baukastenentwicklung
Fundamentals of development of series and modular design

Unter einer *Baureihe* versteht man technische Gebilde (Maschinen, Baugruppen, Einzelteile), die dieselbe Funktion mit der gleichen Lösung *in mehreren Größenstufen* bei möglichst gleicher Fertigung in einem weiten Anwendungsbereich erfüllen. Sind zusätzlich zur Größenstufung auch andere zugeordnete Funktionen zu erfüllen, ist neben der Baureihe ein Baukastensystem zu entwickeln (s. F 5.6). Für die Entwicklung von Baureihen sind Ähnlichkeitsgesetze zwingend und dezimalgeometrische Normzahlen zweckmäßig.

5.1 Ähnlichkeitsbeziehungen. Similarity laws

Eine rein geometrische Vergrößerung ist nur statthaft, wenn Ähnlichkeitsgesetze es zulassen. Als Beurteilungskriterium bieten sich Gesetze an, wie sie in der Modelltechnik (s. B 7.2) üblich sind. Es liegt nahe, diese Praxis auf die Entwicklung von Baureihen zu übertragen. Gedanklich kann man das „Modell" dem ursprünglichen Entwurf, dem „Grundentwurf", und die „Ausführung" des Modells einem Glied der Baureihe als „Folgeentwurf" gleichsetzen.

Gegenüber der Modelltechnik ergibt sich für eine Baureihe eine andere Zielsetzung: gleich hohe Ausnutzung bei gleichen Werkstoffen und gleicher Technologie für alle Glieder der Baureihe. Daraus folgt, daß bei gleich guter Erfüllung der Funktion über weite Größenbereiche die Beanspruchung gleich bleiben muß.

In maschinenbaulichen Systemen treten Trägheitskräfte (Massenkräfte, Beschleunigungskräfte, Zentrifugalkräfte usw.) und sogenannte elastische Kräfte aus dem Spannungs-Dehnungs-Zusammenhang am häufigsten auf.

Eine gleichbleibende Beanspruchung läßt sich erreichen, wenn alle Geschwindigkeiten konstant bleiben. Definiert

man mit $\varphi_L = L_1/L_0$ den Stufensprung (Maßstab) der Länge zwischen Folge- und Grundentwurf, so lassen sich für alle wichtigen Größen wie Leistung und Drehmoment unter der Bedingung $\varphi_L = \varphi_t = \text{const}$ und mit $\varphi_\rho = \varphi_E = \varphi_\sigma = \varphi_v = 1$ entsprechende Stufensprünge bilden; sie sind in **Tab. 1** zusammengestellt.

Zu beachten ist, daß Werkstoffausnutzung und Sicherheit nur dann konstant sind, wenn innerhalb der Stufung der Größeneinfluß auf die Werkstoffgrenzwerte vernachlässigt werden kann. Gegebenenfalls muß er entsprechend berücksichtigt werden.

Tabelle 1. Ähnlichkeitsbeziehungen bei geometrischer Ähnlichkeit und gleicher Beanspruchung: Abhängigkeit häufiger Größen vom Stufensprung der Länge (*Ca*: Cauchy-Zahl)

Mit $Ca = \dfrac{\rho v^2}{E} = \text{const}$ und bei gleichem Werkstoff,

d.h. $\rho = E = \text{const}$, wird $v = \text{const}$

Es ändern sich dann unter geometrischer Ähnlichkeit mit dem Längenmaßstab φ_L:

Drehzahlen n, ω	
Biege- und torsionskritische Drehzahlen n_{kr}, ω_{kr}	φ_L^{-1}
Dehnungen ε, Spannungen σ, Flächenpressungen p infolge Trägheits- und elastischer Kräfte, Geschwindigkeiten v	φ_L^0
Federsteifigkeiten c, elastische Verformungen Δl Infolge Schwerkraft:	
Dehnungen ε, Spannungen σ, Flächenpressungen p,	φ_L^1
Kräfte F, Leistungen P	φ_L^2
Gewichte G, Drehmomente M_t, Torsionssteifigkeit c_t, Widerstandsmomente W, W_t	φ_L^3
Flächenträgheitsmomente I, I_t	φ_L^4
Massenträgheitsmomente J	φ_L^5

Beachte: Werkstoffausnutzung und Sicherheit sind nur dann konstant, wenn der Größeneinfluß auf die Werkstoffgrenzwerte vernachlässigbar ist.

5.2 Dezimalgeometrische Normzahlreihen
Geometric series of preferred numbers
(Renard series)

5.2.1 Eigenschaften der dezimalgeometrischen Reihe
Properties of decimal-geometric series

Die *dezimalgeometrische Reihe* entsteht durch Vervielfachung mit einem Konstanten Faktor φ und wird jeweils innerhalb einer Dekade entwickelt. φ ist der Stufensprung der Reihe und ergibt sich zu

$$\varphi = \sqrt[n]{a_n/a_0} = \sqrt[n]{10}$$

wobei n die Stufenzahl innerhalb einer Dekade ist. Für z.B. zehn Stufen würde die Reihe einen Stufensprung $\varphi = \sqrt[10]{10} = 1,25$ haben und R 10 genannt werden. Die Gliedzahl der Reihe ist $z = n + 1$. In **Tab. 2** ist ein Auszug aus DIN 323 wiedergegeben, in der die Hauptwerte der Grundreihen festgelegt sind.

Abgeleitete Reihen. Hier wird nur jedes k-te Glied einer Grundreihe benutzt. Zur Kennzeichnung wird dann die Zahl k als Nenner hinter die Reihenbezeichnung und in Klammern die Zahl, mit der die Reihe beginnt, gesetzt, z.B.

R 20/4(1,4 ...)   1,4   2,24   3,55   5,6   usw.,
R 10/3(1 ...)   1   2   4   8   usw.

Der Stufensprung ist dann immer das Verhältnis zweier aufeinanderfolgender Zahlen oder $\varphi = 10^{k/n}$.

Tabelle 2. Hauptwerte von Normzahlen (Auszug aus DIN 323)

Grundreihen				Grundreihen			
R 5	R 10	R 20	R 40	R 5	R 10	R 20	R 40
1,00	1,00	1,00	1,00	4,00	4,00	4,00	4,00
			1,06				4,25
		1,12	1,12			4,50	4,50
			1,18				4,75
	1,25	1,25	1,25		5,00	5,00	5,00
			1,32				5,30
	1,40	1,40	1,40			5,60	5,60
			1,50				6,00
1,60	1,60	1,60	1,60	6,30	6,30	6,30	6,30
			1,70				6,70
		1,80	1,80			7,10	7,10
			1,90				7,50
	2,00	2,00	2,00		8,00	8,00	8,00
			2,12				8,50
		2,24	2,24			9,00	9,00
			2,36				9,50
2,50	2,50	2,50	2,50				
			2,65				
		2,80	2,80				
			3,00				
	3,15	3,15	3,15				
			3,35				
		3,55	3,55				
			3,75				

5.2.2 Wahl der Größenstufung. Choice of ratio

Die Größenstufung richtet sich nach den Bedarfserwartungen des Marktes (Vertriebs), bezogen auf die einzelnen Baugrößen, nach dem Marktverhalten bei Typbereinigung und den damit verbundenen Lücken, nach den Fertigungskosten und -zeiten bei unterschiedlichen Größenstufungen und den Eigenschaften der Produkte bei unterschiedlichen Größenstufungen.

Nicht immer wird es zweckmäßig sein, den geforderten Größenbereich einer Baureihe mit einem konstanten Stu-

fensprung aufzuteilen. Aus technischen und wirtschaftlichen Gründen ist es häufig günstiger, ihn in unterschiedliche Größenabstände zu gliedern, d.h. durch Springen innerhalb und/oder zwischen gröberen und feineren Normalzahlreihen (R 5 bis R 40) aufzuteilen. Als Regel gilt, daß die Größenstufung um so feiner sein muß, je größer der Bedarf ist und je genauer bestimmte technische Eigenschaften einzuhalten sind.

5.2.3 Darstellung im Normzahldiagramm
Logarithmic plotting of preferred numbers

Fast alle technischen Beziehungen lassen sich in die allgemeine Form $y = cx^p$ bringen, deren logarithmische Form $\lg y = \lg c + p \lg x$ ist. Jede Normzahl (NZ) kann mit $NZ = 10^{m/n}$ oder wieder mit $\lg(NZ) = m/n$ geschrieben werden, wobei m die jeweilige Stufe in der NZ-Reihe und n die Stufenzahl der NZ-Reihe innerhalb einer Dekade angibt.

$$m_y/n = m_c/n + p(m_x/n).$$

Alle Abhängigkeiten können als Geraden in einem doppeltlogarithmischen Diagramm dargestellt werden, wobei die Steigung dieser Geraden jeweils dem Exponenten p der technischen Beziehung (Abhängigkeit) entspricht (**Bild 1**). Statt der Logarithmen werden die Normzahlen selbst an die Koordinaten geschrieben [1].

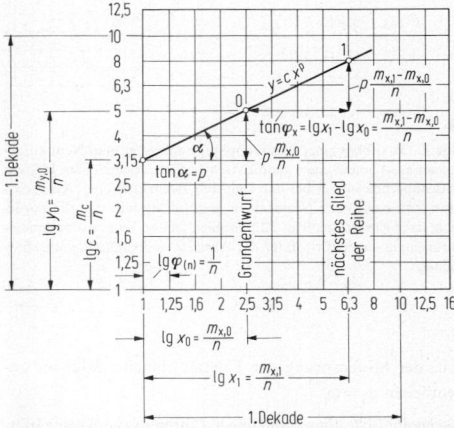

Bild 1. Technische Beziehungen im NZ-Diagramm; n Stufenzahl der feinsten zugrundegelegten NZ-Reihe; jeder Rasterpunkt ist eine Normzahl dieser Reihe; jeder ganzzahlige Exponent führt wieder auf eine Normzahl

Der Grundentwurf erhält den Index 0, das erste nächstfolgende Glied der Baureihe (Folgeentwurf) den Index 1, das k-te den Index k. Hat man auf der Abszisse die Nenngröße x aufgetragen, so ist der Stufensprung $\varphi_x = x_1/x_0$. Bei einer geometrisch ähnlichen Abmessungsreihe ist er zweckmäßigerweise gleich dem Stufensprung φ_L der Länge. Alle anderen Größen wie Abmessungen, Drehmomente, Leistungen und Drehzahlen ergeben sich bei Kenntnis des Grundentwurfs aus den bekannten Exponenten ihrer physikalischen bzw. technischen Beziehung (**Tab. 1**) und können als Gerade mit entsprechender Steigung (z.B. Gewicht $\varphi_G = \varphi_L^3$, also mit Steigerung 3:1) eingetragen werden. Beispiel: **Bild 2**.

5.3 Geometrisch ähnliche Baureihe
Geometrically similar series

Ausgehend von einem Grundentwurf prüft man, ob im wesentlichen nur Trägheits- oder/und elastische Kräfte

einwirken. Ist das der Fall so können bei konstanter Umfangsgeschwindigkeit über der Reihe die in **Tab. 1** abgeleiteten Ähnlichkeitsbeziehungen verwendet werden. Sie geben den Exponenten an, der die Steigung der Linien im Normalzahldiagramm festlegt (s. F 5.2.3) und damit für die anderen Nenngrößen der Folgeentwürfe die Auslegungsdaten abzulesen gestattet (**Bild 2**).
Man beachte aber:

Passungen und Toleranzen sind mit den Nennmaßen nicht geometrisch ähnlich gestuft, sondern die Größe einer Toleranzeinheit folgt der Beziehung $i = 0,45 \cdot D^{1/3} + 0,001 \cdot D$,

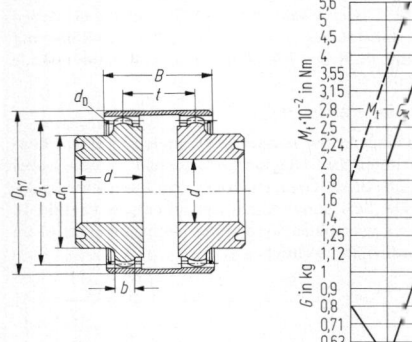

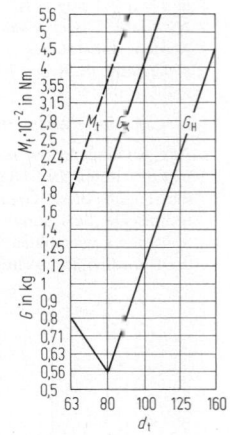

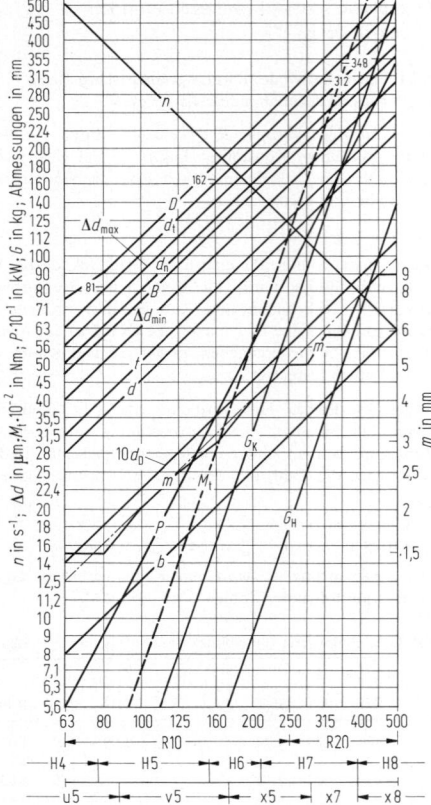

▲ **Bild 2.** Datenblatt einer Zahnkupplungsreihe über dem Nenndurchmesser d_t; Abmessungen geometrisch ähnlich; Ausnahmen: Hülsenaußendurchmesser D bei der kleinsten Baugröße (aus Steifigkeitsgründen), nicht nach Normzahlen gestufte Moduln und die Forderung nach ganzen, geraden Zähnezahlen (einige Teilkreisdurchmesser geringfügig angepaßt); unter der Abszisse angepaßte Passungsfestlegung ▶

d.h., der Stufensprung der Toleranzeinheit i folgt im wesentlichen $\varphi_i = \varphi_i^{1/3}$.

Technologische Einschränkungen führen oft zu Abweichungen; z.B. kann eine Gußwanddicke nicht unterschritten, eine Wanddicke nicht durch und durch vergütet werden (Größeneinfluß).

Übergeordnete Normen basieren nicht immer konsequent auf Normzahlen. Von ihnen beeinflußte Bauteile sind entsprechend anzupassen.

Übergeordnete Ähnlichkeitsgesetze oder andere Anforderungen können eine starke Abweichung von der geometrischen Ähnlichkeit erzwingen. Dann müssen halbähnliche Baureihen vorgesehen werden (s. F 5.4).

5.4 Halbähnliche Baureihen. Semi-similar series

Bedeutende Abweichungen von der geometrischen Ähnlichkeit können durch folgende Gründe erzwungen werden (sie erfordern für die Baureihe ein anderes Wachstumsgesetz und führen zu halbähnlichen Baureihen):

Übergeordnete Ähnlichkeitsgesetze durch Einfluß der Schwerkraft, Einfluß thermischer Vorgänge und/oder andere Ähnlichkeitsbeziehungen [2, 3].

Übergeordnete Aufgabenstellung. Bauteile, mit denen der Mensch bei der Arbeit in Berührung kommt, müssen den Körperabmessungen entsprechen. Sie können sich im allgemeinen nicht mit den Baureihengliedern ändern. Eine übergeordnete Aufgabenstellung kann auch infolge technischer Bedingungen vorliegen, wenn Eingangs- oder Ausgangsprodukte keine geometrisch ähnlichen Abmessungen haben.

Übergeordnete wirtschaftliche Forderungen. In einer Baureihe können Einzelteile und Baugruppen, gröber gestuft, eine höhere Stückzahl ergeben und so eine noch wirtschaftlichere Fertigung ermöglichen. Für die umgebenden oder anschließenden Bauteile erhält man dann halbähnliche Baureihen.

Aus diesen Beispielen geht hervor, daß nicht immer die geometrisch ähnliche Baureihe eingehalten werden kann. Vielmehr muß man unter Beachten des physikalischen Vorgangs und sonstiger Anforderungen Maßstäbe ableiten, die die Abmessungen oder sonstigen Kenngrößen bestimmen. Dabei ist es nicht mehr möglich, eine gleich hohe Ausnutzung der Festigkeit sicherzustellen, sondern man wird dann über der Baureihe die Größe festhalten, die den insgesamt höheren Nutzen bestimmt. Je nach physikalischem Geschehen kann diese Größe sogar über der Größenstufung wechseln.

5.5 Anwenden von Exponentengleichungen
Use of exponent-equations

Sie dienen als Hilfsmittel, die unter F 5.4 erläuterten Bedingungen nach der Art von Ähnlichkeitsbeziehungen bei einer halbähnlichen Baureihe zu berücksichtigen. Für das Wachstumsgesetz bei Potenzfunktionen ist unter Verwendung der Normzahldiagramme nur der Exponent wichtig, wenn man von einem Grundentwurf ausgehen kann.

Die technische Beziehung für das k-te Glied der Baureihe hat oft die Form

$$y_k = c_k x_k^{p_x} z_k^{p_z}.$$

Diese abhängig Veränderliche y und die unabhängige Veränderlichen x und z lassen sich stets, vom Grundentwurf (Index 0) ausgehend, mit Normzahlen ausdrücken.

$$y_k = y_0 \varphi_L^{y_{ek}}; \quad x_k = x_0 \varphi_L^{x_{ek}}; \quad z_k = z_0 \varphi_L^{z_{ek}}.$$

Mit $y_0 = c \, x_0^{p_x} z_0^{p_z}$ und $c_k = c$ wird $y_0 \varphi_L^{y_{ek}} = y_0 \gamma_L^{(x_{ek}p_x + z_{ek}p_z)}$. Man erhält unabhängig von k durch Vergleich der Exponenten

$$y_e = x_e p_x + z_e p_z.$$

Hierin sind y_e, x_e und z_e die festzulegenden oder zu ermittelnden Stufenexponenten und p_x und p_z die gegebenen physikalischen Exponenten von x und z.

Nun ist jeweils der Exponent y_e in Abhängigkeit von x_e und z_e zu bestimmen. Dazu stellt man die physikalischen Abhängigkeiten in Form einer Gleichung dar, führt die bestehenden besonderen Bedingungen ein und rechnet nur mit Exponentengleichungen [4].

Beispiel: Elektromotoren-Reihe. Die vom Motor abgegebene Leistung P ist proportional der Winkelgeschwindigkeit ω, der Stromdichte G, der magnetischen Induktion B, den Leiterabmessungen b, h, t (Leitervolumen) sowie dem mittleren Abstand $D/2$ der Leiter von der Wellenmitte. D sei das Nennmaß der Reihe. – Wie wächst die Leistung P? $P \sim \omega \cdot G \cdot B \cdot b \cdot h \cdot t \cdot D$. In Exponentenschreibweise $P_e = \omega_e + G_e + B_e + b_e + h_e + t_e + D_e$. ω, G und B seien konstant, womit $\omega_e = G_e = B_e = 0$ werden. b, h, t und D mögen geometrisch ähnlich wachsen, womit $b_e = h_e = t_e = D_e$ ist. Der Exponent der Leistung in Abhängigkeit von D ist dann $P_e = 4D_e$. Die Leistung wächst mit der 4. Potenz von D bei geometrisch ähnlicher Vergrößerung.
Wie müßte sich der abtriebsseitige Lagerzapfendurchmesser ändern, wenn die Torsionsbeanspruchung konstant bleiben soll? – $\tau_t = M_t / W_t = M_t /(d_L^3 \pi/16)$, $M_t \sim P$, $P \sim D^4$. In Exponentenschreib-

weise $\tau_{t_e} = 0 = 4D_e - 4d_{L_e}$ oder $d_{L_e} = (4/3)D_e$. Der Lagerzapfendurchmesser d_L wächst mit dem Exponenten 4/3 gegenüber dem Nennmaß D ($\varphi_{d_L} = \varphi_D^{4/3}$).

5.6 Baukasten. Modular system

Unter einem *Baukasten* versteht man Maschinen, Baugruppen und Einzelteile, die als Bausteine mit oft unterschiedlichen Lösungen durch Kombinationen entstehen und *verschiedene Gesamtfunktionen* erfüllen. Bei mehreren Größenstufen solcher Bausteine enthalten Baukästen oft auch Baureihen.
Baukastensysteme sind aus Bausteinen aufgebaut. Es bietet sich an, sie nach wiederkehrenden Funktionsarten zu orientieren und zu definieren, die – als Teilfunktionen kombiniert – unterschiedliche Gesamtfunktionen (Gesamtfunktionsvarianten) erfüllen. Auf **Bild 3** wird deshalb eine Ordnung für solche Funktionen vorgeschlagen. Aus ihr ergibt sich eine entsprechende Ordnung für die Bausteinarten (Funktionsträgerarten). Je nach dem, ob ein Baustein in allen Funktionsvarianten eines Bausteinsystems vorkommen muß oder nur kann, spricht man von *Muß-* oder *Kann-Bausteinen* [4].
Nicht im Baukastensystem vorgesehene *auftragsspezifische Funktionen* werden über „Nichtbausteine" verwirklicht, die für die konkrete Aufgabenstellung in Einzelkonstruktion entwickelt werden müssen. Ihre Verwendung führt zu einem Mischsystem als Kombination von Bausteinen und Nichtbausteinen.
Zur Baukastenabgrenzung definiert man *Bauprogramme* mit endlicher, vorhersehbarer Variantenzahl (geschlossene Baukastensysteme) und *Baumusterpläne* mit einer großen Vielfalt an Kombinationsmöglichkeiten, die nicht im vollen Umfang geplant und dargestellt werden (offene Baukastensysteme).
Produkte aus Baukastensystemen werden in der Regel nicht in allen Zonen gleich hoch ausgenutzt; sie sind daher oft schwerer und raumaufwendiger als eine spezielle Einzelanfertigung. Ihre Wirtschaftlichkeit ist in der Verwendung des Gesamtsystems zu suchen und nicht im Vergleich einer Kombination mit einer Einzelausführung.

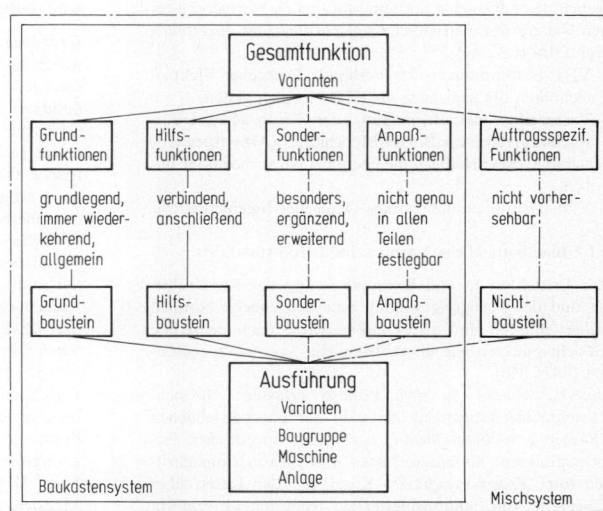

Bild 3. Funktions- und Bausteinarten bei Baukasten und Mischsystemen

6 Grundlagen des Normen- und Zeichnungswesens
Fundamentals of standardisation and engineering drawing

6.1 Normenwerk. Standardisation

6.1.1 Überbetriebliche Normen
National and international standards

Nach DIN 820 ist Normung die planmäßige, von interessierten Kreisen gemeinschaftlich durchgeführte Vereinheitlichung materieller und immaterieller Gegenstände zum Nutzen der Allgemeinheit [1].

Normen-*Herkunft*: DIN-Normen des DIN (Deutsches Institut für Normung) einschließlich der VDE-Bestimmungen, europäische Normen (EN-Normen) von CEN (Comité Européen de Normalisation) und CENELEC (Comité Européen de Normalisation Electrotechnique), Empfehlungen der IEC (International Electrotechnical Commission) und Empfehlungen, neuerdings auch Weltnormen, der ISO (International Organization for Standardization), sowie VDI-Richtlinien.

Die Normung umfaßt Inhalt, Reichweite und Grad von Normen (DIN 820).

Nach dem *Inhalt* werden folgende Gebiete von der Normung erfaßt: Verständigen, Sortieren, Typisieren, Planen, Maße, Stoffe, Qualität, Verfahren, Gebrauchstauglichkeit, Prüfen, Liefern und Sicherheit.

Nach der *Reichweite* unterscheidet man Grundnormen (Normen von allgemeiner, grundlegender und fachübergreifender Bedeutung) und Fachnormen (Normen für ein bestimmtes Fachgebiet).

Der *Grad* einer Norm wird hinsichtlich Breite, Tiefe und Umfang bestimmt. Eine Norm kann mehreren Bereichsgruppen angehören, was der Regelfall ist. Sie kann als Vollnorm alle Zusammenhänge in ihrer Breite und Tiefe umfassend darstellen, als Teilnorm Einzelheiten aussparen oder als Rahmennorm einen groben Rahmen für die behandelten Gegenstände geben (damit die Normung die technische Entwicklung nicht behindert).

Normen findet man im „DIN-Katalog für technische Regeln", die wichtigsten davon in der „Einführung in die DIN-Normen".

Neben den nationalen und internationalen Normen bestehen weitere überbetriebliche *Vorschriften* und *Richtlinien* (vgl. DIN-Katalog):
– VDE-Bestimmungen des Verbands Deutscher Elektrotechniker, die jetzt auch als DIN-Normen gelten.
– Vorschriften der Vereinigung der Technischen Überwachungsvereine, z.B. AD-Merkblätter (Arbeitsgemeinschaft Druckbehälter), die ebenfalls Normcharakter haben,
– VDI-Richtlinien des Vereins Deutscher Ingenieure.

6.1.2 Innerbetriebliche Normen. Industrial standards

Zur Erleichterung und Rationalisierung der Konstruktion und der Fertigung werden innerbetriebliche Normen aufgestellt. Sie sind zweckmäßigerweise nach denselben Gesichtspunkten wie überbetriebliche Normen zu gestalten (DIN 820).

Innerbetriebliche Normen können erfassen: Normen-Zusammenstellungen als Auswahl aus überbetrieblichen Normen bzw. *Beschränkung* nach firmenspezifischen Gesichtspunkten; Kataloge, Listen und Informationsschriften über *Fremderzeugnisse*; Kataloge oder Listen über *Eigenteile*; Informationsblätter zur technisch-wirtschaftli-

chen *Optimierung* (z.B. über Fertigungsmittel, Fertigungsverfahren, Kostenvergleiche); Vorschriften oder Richtlinien zur *Berechnung* und *Gestaltung* von Bauelementen, Baugruppen, Maschinen und Anlagen; Informationsblätter über *Lager-* und *Transportmittel*; Festlegung zur Qualitätssicherung (z.B. Fertigungsvorschriften, Prüfanweisungen); Vorschriften und Richtlinien für das *Zeichnungs-* und *Stücklistenwesen*, für die Nummerungstechnik und die elektronische Datenverarbeitung.

6.1.3 Normenanwendung. Use of standards

Eine absolute *Verbindlichkeit* von Normen im juristischen Sinn gibt es nicht. Nationale und internationale Normen gelten aber als anerkannte Regeln der Technik, deren Beachtung in vielen Fällen vorteilhaft, zweckmäßig und auch unerläßlich ist.

Darüber hinaus gelten vor allem aus wirtschaftlichen Erwägungen alle Werknormen (übernommene überbetriebliche und innerbetriebliche Normen) innerhalb ihres Gültigkeitsbereichs als verbindlich, wobei der Anwendungszwang abgestuft sein kann.

Die Anwendungsgrenze einer Norm ist im wesentlichen dadurch gegeben, daß eine Norm nur so lange gültig und auch verbindlich sein kann, als sie nicht mit technischen, wirtschaftlichen, sicherheitstechnischen, ethischen oder auch ästhetischen Anforderungen kollidiert.

Empfehlungen und Hinweise zur Anwendung von Normen: Zunächst sind die DIN-Grundnormen [2] einzuhalten, da sich auf ihnen die übrigen Normen aufbauen. Ein Verlassen der Grundnormen hat zur Folge, daß die Konsequenzen vor allem langfristig nicht mehr übersehbar sind. Je nach Fachgebiet ist ferner in Normen- und Richtlinienverzeichnissen nach zutreffenden Normen bzw. Richtlinien, insbesondere nach *Sicherheitsnormen* (DIN 31 000/VDE 1000, [3, 4]), zu suchen. *Normzahlen* und *Normzahlreihen* zur Größenstufung und Typisierung, vor allem bei Baureihen- und Baukastenentwicklungen, sind möglichst anzuwenden (s. F 5.2).

6.2 Grundnormen. Basic standards

Grundnormen sind von allgemeiner, grundlegender Bedeutung [2].

6.2.1 Technische Oberflächen. Engineering surfaces

Grundbegriffe. Ein fester Körper wird gegenüber dem umgebenden Raum von seiner *wirklichen Oberfläche* begrenzt. Der geometrisch vollkommen gedachte Körper hat eine ideale, die *geometrische Oberfläche*, die durch die geometrische Beschreibung, z.B. in einer Zeichnung oder in einem rechnerinternen Modell, definiert ist. Die geometrische Oberfläche ist praktisch nicht zu erreichen. Bei der Fertigung entsteht eine davon abweichende wirkliche Oberfläche mit Gestaltabweichungen, wie Schieflagen, Welligkeiten und Rauheiten. Die Abweichungen können soweit beschrieben werden, als sie meßtechnisch feststellbar sind.

Rauheitskenngrößen werden ausgehend von der *Bezugsoberfläche* erfaßt, die im Regelfall die Form der geometrischen Oberfläche hat und in ihrer Lage im Raum mit der Hauptrichtung der wirklichen Oberfläche übereinstimmt. Durch senkrechte Schnitte erhält man jeweils das *wirkliche* oder *geometrische Profil* bzw. *Bezugsprofil*. Letzteres wird durch die *Bezugslinie* repräsentiert, auf die die Rauheitskenngrößen bezogen sind.

Nach DIN 4762 gilt: Die *Profilabweichung y* ist ein in Meßrichtung ermittelter Abstand eines Profilpunkts von

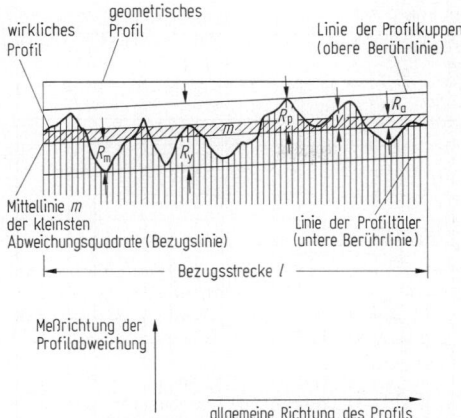

Bild 1. Lage von geometrischem und wirklichem Profil sowie Rauheitskennwerte senkrecht zur Mittellinie m

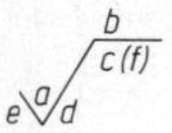

Symbol	Bedeutung
 ↙↙	Dieses Symbol allein ist nicht aussagefähig. Mit Zusatzangaben darf die Oberfläche mit beliebigen Verfahren erzielt werden.
 ↙↙	Die Oberfläche **muß spanend** hergestellt werden.
 ↙↙	Die Oberfläche **darf nicht spanend** hergestellt werden. (Spanlose Formgebung oder Zustand des vorhergehenden Fertigungsverfahrens (Halbzeug) bestehen lassen.)

Bild 2. Kennzeichnung von Oberflächen in Zeichnungen durch Symbole, Rauheitsmaße und Zusatzangaben nach DIN ISO 1302, oder Rauheitsklasse Nr. 1 bis N 12. a Mittenrauhwert R_a in μm, b Fertigungsverfahren, Behandlung, Überzug usw., c Bezugsstrecke, Grenzwellenlänge, d Rillenrichtung (Kennzeichnung s. DIN ISO 1302), e Bearbeitungszugabe, f andere Rauhigkeitsmeßgrößen z.B. R_z in μm

der Bezugslinie (**Bild 1**). Die *Bezugslinie* ist eine Linie des geometrischen Profils innerhalb einer *Bezugsstrecke l*, die das wirkliche Profil so durchschneidet, daß die Summe der Quadrate der Profilabweichung von dieser Linie ein Minimum wird: *Mittellinie m* der kleinsten Abweichungsquadrate des Profils, kurz „Mittellinie", genannt.

Von der Mittellinie ausgehend werden folgende Senkrechtgrößen der Rauheit definiert:

– *Maximale Profilkuppenhöhe* R_p ist der Abstand des höchsten Punkts des Profils von der Mittellinie m innerhalb der Bezugsstrecke.

– *Maximale Profilaltiefe* R_m ist der Abstand des tiefsten Punkts des Profils von der Mittellinie m.

– *Maximale Profilhöhe* R_y ist der Abstand zwischen Linie der Profilkuppen (obere Berührlinie) und der der Profiltäler (untere Berührlinie). $R_y = R_p + R_m$. R_y entspricht der ehemaligen Kenngröße R_t sowie der maximalen Rauhtiefe nach DIN 4768. Die letzteren sollen so nicht mehr verwendet werden.

– *Arithmetischer Mittenrauhwert* R_a ist der arithmetische Mittelwert der absoluten Werte der Profilabweichungen innerhalb der Bezugsstrecke. Er ist nach **Bild 2** im Feld a des Symbols für die Oberflächenbeschaffenheit einzutragen.

– *Zehnpunkthöhe* R_z (nach ISO) ist der Mittelwert der Absolutwerte der Höhen der fünf höchsten Profilkuppen und der Absolutwerte der Tiefen der fünf tiefsten Täler innerhalb der Bezugsstrecke.

– *Gemittelte Rauhtiefe* R_z (nach DIN 4768) ist der Mittelwert der Rauheitskenngröße von fünf Bezugsstrecken innerhalb einer Auswertlänge. Ein größter zulässiger Wert für die Zehnpunkthöhe nach ISO gilt als eingehalten, wenn er nicht vom R_z-Wert nach DIN überschritten wird. Der Wert für R_z ist im Feld (f) des Symbols einzutragen (vgl. **Bild 2**).

– *Profiltraganteil* t_p ist das Verhältnis der tragenden Länge eines Profils zur Bezugsstrecke. Er soll in Prozent angegeben werden. Der Flächentraganteil wird in DIN 4765 beschrieben.

Festlegen der Rauhtiefe. Die zulässige Rauhtiefe einer Oberfläche richtet sich nach der zu erfüllenden Funktion (Traganteil, Setzmaß, Reibungsverhalten, Schichtgrund, Sichtfläche, usw.; vgl. DIN 4764). Andererseits können nur bestimmte Fertigungsverfahren geringe Rauhtiefen

erzielen, wobei die Herstellkosten zu berücksichtigen sind (**Tab. 1** mit R_z nach DIN).

Zeichnungsangaben für Oberflächen. Die Oberflächenzeichen und die Zuordnung von Rauhtiefen sind nach DIN ISO 1302 geregelt. Hiernach ist zu unterscheiden, ob das Fertigungsverfahren freigestellt ist, oder ob die Oberfläche spanend bzw. nichtspanend hergestellt werden soll. Ferner ist der Mittenrauhwert R_a oder die Rauhigkeitsklasse N 1 bis N 12 bei Anforderungen an die Rauheit anzugeben (**Bild 2**). Zur Orientierung zeigt **Tab. 2** einen Vergleich mit

(**Tab. 1** siehe S. F 26.)

Tabelle 2. Vergleich der Symbole und Rauheitsangaben zwischen DIN ISO 1302 und der früheren Norm DIN 3141

Oberflächenzeichen nach DIN 3141	Oberflächenangaben R_a in μm (zulässige Rauhtiefe R_t in μm) nach DIN ISO 1302				
	Zuordnung nach DIN 3141				
	Reihe 1	Reihe 2	Reihe 3	Reihe 4	
Oberfläche ohne Zeichen	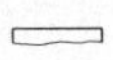				Oberflächen, an die keine bestimmten Anforderungen gestellt werden
 (glatt)					Oberflächen, an die nur die Forderungen größerer Gleichmäßigkeit und besseren Aussehens gestellt werden
	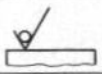				Oberfläche, welche nicht spanend bearbeitet werden darf
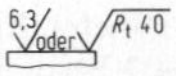 6,3/ oder √ R_t 40					Saubere rohe Oberfläche mit Rauheitsanforderungen, die mit jedem Fertigungsverfahren hergestellt werden kann
▽	25/ (R_t =160)	12,5/ (R_t =100)	6,3/ (R_t =63)	3,2/ (R_t =25)	Oberfläche, die spanend hergestellt werden soll und den angegebenen höchstzulässigen Mittenrauhwert nicht überschreiten darf
	6,3/ (R_t =40)	3,2/ (R_t =25)	1,6/ (R_t =16)	0,8/ (R_t =10)	
▽▽	1,6/ (R_t =16)	0,8/ (R_t =6,3)	0,4/ (R_t =4)	0,2/ (R_t =2,5)	
▽▽▽	0,1/ (R_t =1)	0,1/ (R_t =1)	0,025/ (R_t =0,4)		

Tabelle 1. Zuordnung erreichbarer Rauhtiefen zu Fertigungsverfahren nach DIN 4766

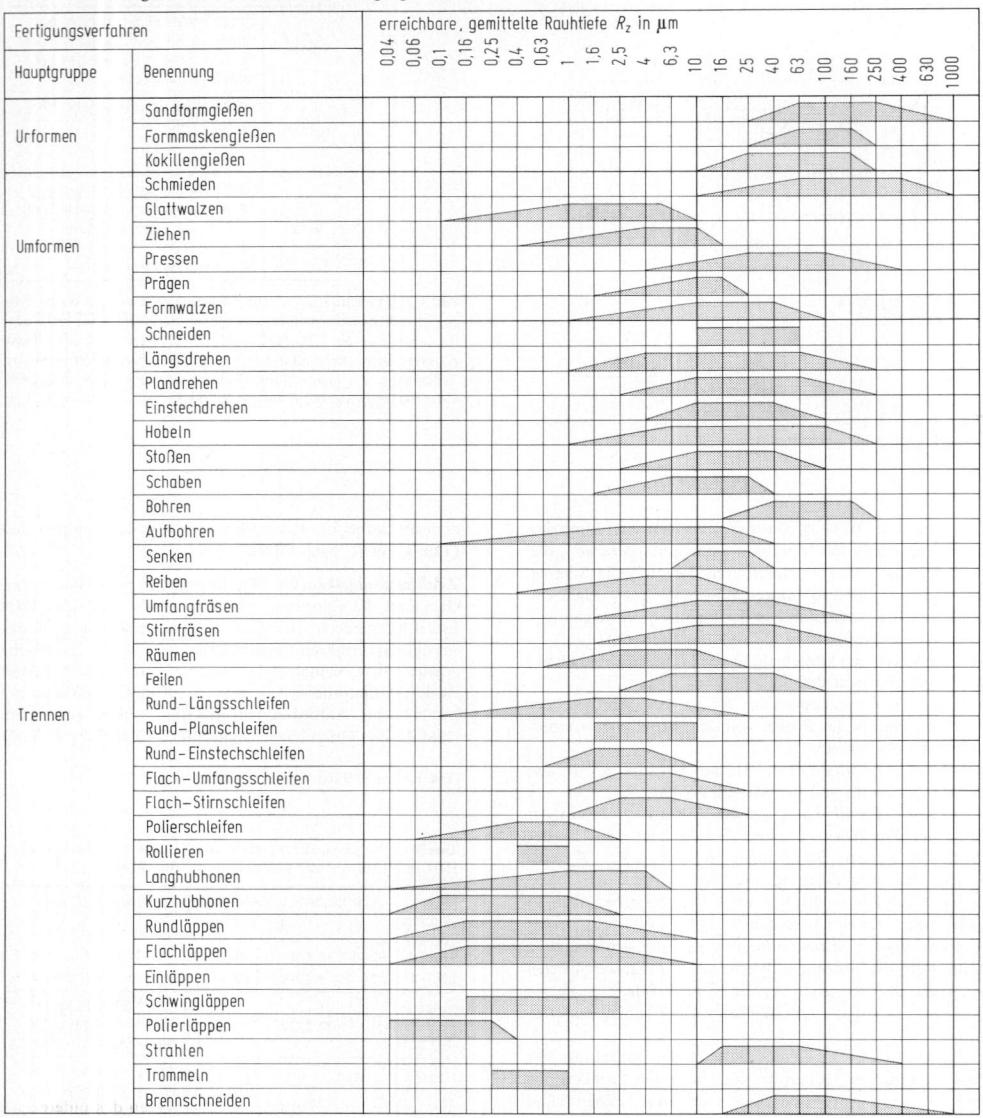

der früheren Festlegung nach DIN 3141 mit der ehemaligen Kenngröße R_t (max. Rauhtiefe). Im Maschinenbau wurde normalerweise die Reihe 3 bevorzugt.

6.2.2 Toleranzen und Passungen
Tolerance systems and fits

Toleranzfestlegung. Zur Größenangabe wird in einer Zeichnung das *Nennmaß* angegeben. Es ist nicht möglich, das Werkstück auf dieses Maß absolut genau zu fertigen. Infolgedessen wird am Werkstück ein *Istmaß* meßtechnisch erfaßt, das je nach Anwendung innerhalb einer *Toleranz*, nämlich zwischen einem vorgegebenen *Größt-* und *Kleinstmaß* liegen darf. Dabei sind auch die Toleranzen der Meßgeräte zu berücksichtigen (s. V 4).

Toleranz ist die Differenz zwischen zulässigem Größt- und Kleinstmaß. Sie wird bestimmt durch Größe und Lage. Die *Größe* einer Toleranz wird von den *Grundtoleranzen* bestimmt, die einerseits nach Nennmaßbereichen und andererseits nach Qualitäten (Kurzzeichen IT) von IT 01 bis 18 gestuft sind (DIN 7151). Dabei errechnet sich die Toleranzeinheit i nach $i = 0{,}45 \cdot D^{1/3} + 0{,}001 \cdot D$ (i in µm, D in mm als geometrisches Mittel des Nennmaßbereichs). Sie wird ab IT 5 mit abnehmender Qualität durch einen entsprechenden Faktor vergrößert (**Tab. 3**). Die *Lage* des Toleranzfelds zum Nennmaß (Nullinie) wird durch *Abmaße* bestimmt (**Bild 3** u. **Tab. 4**); bei *Innenmaßen* werden mit Großbuchstaben von A bis H positive, bei J und K gemischte und ab M negative Abmaße festgelegt, bei *Au-*

Tabelle 3. ISO-Grundtoleranzen in µm nach DIN 7151 (Auszug)

Nennmaß-bereich mm	IT 5	6	7	8	9	10	11	12	13	14	15	16
Faktor	7i	10i	16i	25i	40i	64i	100i	160i	250i	400i	640i	1000i
von 1 bis 3	4	6	10	14	25	40	60	100	140	250	400	600
über 3 bis 6	5	8	12	18	30	48	75	120	180	300	480	750
über 6 bis 10	6	9	15	22	36	58	90	150	220	360	580	900
über 10 bis 18	8	11	18	27	43	70	110	180	270	430	700	1100
über 18 bis 30	9	13	21	33	52	84	130	210	330	520	840	1300
über 30 bis 50	11	16	25	39	62	100	160	250	390	620	1000	1600
über 50 bis 80	13	19	30	46	74	120	190	300	460	740	1200	1900
über 80 bis 120	15	22	35	54	87	140	220	350	540	870	1400	2200
über 120 bis 180	18	25	40	63	100	160	250	400	630	1000	1600	2500
über 180 bis 250	20	29	46	72	115	185	290	460	720	1150	1850	2900
über 250 bis 315	23	32	52	81	130	210	320	520	810	1300	2100	3200
über 315 bis 400	25	36	57	89	140	230	360	570	890	1400	2300	3600
über 400 bis 500	27	40	63	97	155	250	400	630	970	1550	2500	4000

ßenmaßen mit Kleinbuchstaben von a bis h negative, bei j gemischte und ab k positive Abmaße.

Als *oberes Abmaß* wird die algebraische Differenz zwischen Größtmaß und Nennmaß, als *unteres Abmaß* die zwischen Kleinstmaß und Nennmaß verstanden.

Werden Maße *ohne Toleranzfestlegung* angegeben, gelten *Allgemeintoleranzen* (Freimaßtoleranzen) nach DIN 7168. Normalerweise wird der Genauigkeitsgrad „mittel DIN 7168" gewählt. Solche Festlegungen bedürfen der Angabe auf der Zeichnung. Zu beachten sind auch die Toleranzen und zulässigen Abweichungen für Gußrohteile (DIN 1680) und Schmiedestücke aus Stahl (DIN 7526) sowie andere Normen.

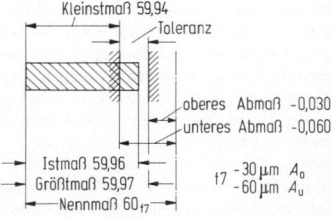

Bild 3. Zuordnung von Nennmaß, Istmaß, Kleinst- und Größtmaß mit entsprechenden oberen und unteren Abmaßen (in mm)

Passungen. Sie entstehen durch die Beziehung der Toleranzfelder gepaarter Teile zueinander und stellen eine bestimmte Funktion (z.B. Gleit- und Führungsaufgaben, Reibschluß in Schrumpfverbindungen) aber auch die Austauschbarkeit sicher. Passungsarten werden unterschieden entsprechend **Tab. 4**. Die Zuordnung von Toleranzfeldlage und -größe bestimmt, welche Passungsart mit welchem Spiel bzw. Übermaß vorliegt. Dabei wird zwischen den *Passungssystemen* Einheitsbohrung und Einheitswelle unterschieden.

Einheitsbohrung. Alle Innenmaße erhalten das untere Abmaß 0, also Toleranzlage H. Die unterschiedlichen Passungen werden mit der Wahl der Toleranzlage bei den Außenmaßen bestimmt (z.B. H7/f7, H7/g6, H7/h6, H7/k6, H7/s6). Zu bevorzugen bei geringen Stückzahlen, beschränkter Anzahl von Werkzeugen und Lehren für Innenbearbeitung.

Einheitswelle. Alle Außenmaße erhalten das obere Abmaß 0, also Toleranzlage h (z.B. G7/h6, F8/h6, E9/h9). Zu bevorzugen bei gezogenem Halbzeug, nicht abgesetzten Wellen, Austauschgleitlagern.

Eine gemischte Anwendung der Paßsysteme kann zweckmäßig sein. DIN 7157 empfiehlt eine beschränkte *Passungsauswahl*, um Werkzeuge und Lehren einzusparen. **Tab. 4** gibt hierzu eine Anwendungsübersicht. Andere Passungen sind aus DIN 7154 und DIN 7155 zu entnehmen.

Tabelle 4. Passungsbeispiele in Anlehnung an [6] bei Berücksichtigung der nach DIN 7157 empfohlenen Passungsauswahl. Mit * bezeichnete Passungen für Einheitswelle, mit ( ) bezeichnete sind nur aus Reihe 2 gebildet

Passung		Nach DIN 7157 empfohlene Passung	Toleranzfeldlage und -größe für Nennmaß 60 in μm	Kennzeichen bei Montage	Anwendung
Preßpassung (stets Übermaß)	fester Preßsitz	H8/x8≤24mm / H8/u8>24mm		nur mit Presse oder Temperaturdifferenz fügbar, große Haftkraft	Naben von Zahn-, Lauf- und Schwungrädern, Flansche auf Wellen
	mittlerer Preßsitz	H7/s6 / H7/r6		nur mit Presse oder Temperaturdifferenz fügbar, mittlere Haftkraft	Kupplungsnaben, Lagerbuchsen in Gehäusen, Rädern oder Schubstangen, Bronze-Kränze auf GG-Naben
Übergangspassung (Über- oder Untermaß möglich)	Festsitz	H7/n6		mit Presse fügbar	Anker auf Motorwellen, Zahnkränze auf Rädern
	Haftsitz	H7/k6		gut mit Handhammer fügbar	einmalig aufgebrachte Riemenscheiben, Kupplungen, Zahnräder, Schwungräder, feste Handräder und -hebel
	Schiebesitz	H7/j6		von Hand fügbar	leicht einzubauende Riemenscheiben, Zahnräder, Handräder und Lagerbuchsen
Spielpassung (stets Untermaß)	Gleitsitz	H7/h6 / H8/h9 / H11/h9 / (H11/h11)		von Hand noch eben verschiebbar, falls geschmiert	Wechselräder, Reitstockpinole, Stellringe, lose Buchsen für Kolbenbolzen und Rohrleitungen / leicht zusammensteckbare Teile, Distanzbuchsen, Landmaschinenbauteile, falls die Welle verstiftet, festgeschraubt oder festgeklemmt, Wellen h11 aus blankem Rundstahl DIN 668
	enger Laufsitz	G7/h6 * / H7/g6		ohne merkliches Spiel verschiebbar	Schubzahnräder und -kupplungen, Schubstangenlager, Indikatorkolben
	Laufsitz	H7/f7 / F8/h6 * / H8/f7 / F8/h9 *		merkliches Spiel	Werkzeugmaschinen-Hauptlager, Kurbelwellen- und Schubstangenlager, Lagerungen an Regulatoren, Gleitmuffen auf Wellen, verschiebbare Kupplungsmuffen, Führungssteine, Kreuzkopf in Gleitbahn
	leichter Laufsitz	H8/e8 / E9/h9 *		größeres Spiel	Lagerungen langer Wellen, Lager für landwirtschaftliche Maschinen
	weiter Laufsitz	H8/d9 / D10/h9 * / (H11/d9) / D10/h11		großes Spiel	mehrfach gelagerte Wellen in Werkzeug- und Kolbenmaschinen, Wellen h9 DIN 669 bzw. DIN 671 / Hydraulik-Kolben im Zylinder, Hebelbolzen, abnehmbare Hebel, Lager für Rollen und Führung
	mit großem Spiel und Toleranzen behafteter Sitz	C11/h9 * / C11/h11 * / (H11/c11) / (A11/h11) * / (H11/a11)		sehr großes Spiel	Drehzapfen, Schnappstifte, Gabelbolzen an Kfz-Bremsgestängen / Feder- und Bremsgehänge, Bremswellenlager, Kuppelbolzen

6.3 Zeichnungen und Stücklisten
Engineering drawings and parts lists

6.3.1 Zeichnungsarten. Types of engineering drawing

DIN 199 unterscheidet technische Zeichnungen nach Art ihrer Darstellung, Art ihrer Anfertigung, ihrem Inhalt und ihrem Zweck.

Hinsichtlich der *Darstellungsart* wird unterschieden zwischen Skizzen, maßstäblichen Zeichnungen, Maßbildern, Plänen und sonstigen graphischen Darstellungen.

Hinsichtlich der *Anfertigungsart* unterscheidet man zwischen Original- oder Stamm-Zeichnungen (Blei- oder Tu-schezeichnungen) als Grundlage für Vervielfältigungen sowie Vordruck-Zeichnungen, die oft unmaßstäblich sind. Es kann zweckmäßig sein, Zeichnungen nach dem Baukastenprinzip aufzubauen. Bei diesem Vorgehen gliedert man Gesamt-Zeichnungen bausteinartig so in Zeichnungsteile, daß man aus diesen neue Gesamt-Zeichnungsvarianten zusammenstellen kann.

Hinsichtlich des *Inhalts* gibt es viele Unterscheidungsmöglichkeiten. Ein Gesichtspunkt ist die Vollständigkeit eines Gebildes in einer Zeichnung. Hier wird unterschieden zwischen Gesamt-, Gruppen-, Teil-, Rohteil-, Gruppen-Teil-, Modell- und Schema-Zeichnungen.

Zur Rationalisierung der Zeichnungsherstellung dienen ferner Sammel-Zeichnungen, die als Sorten-Zeichnungen (für Gestaltungsvarianten) mit aufgedruckter oder getrennter Maßtabelle oder als Satz-Zeichnungen (Zusammenfassung zusammengehörender Teile) aufgebaut sein können.

Beim Erarbeiten der Fertigungsunterlagen interessiert die geeignete *Struktur* eines Zeichnungssatzes. Entsprechend einer fertigungs- und montagegerechten Erzeugnisgliederung besteht der Zeichnungssatz grundsätzlich zunächst aus einer Gesamt-Zeichnung als Zusammenstellungs-Zeichnung des Erzeugnisses, aus der sich möglicherweise noch weitere Zeichnungen (z.B. zum Versand, zur Aufstellung und Montage sowie zur Genehmigung) ableiten, aus mehreren Gruppen-Zeichnungen verschiedener Rangordnung (Komplexität), die den Zusammenbau mehrerer Einzelteile zu einer Fertigungs- bzw. Montageeinheit zeigen, sowie aus Teil-Zeichnungen, die noch für unterschiedliche Fertigungsstufen aufgegliedert sein können (z.B. Rohteil-Zeichnung, Modell-Zeichnung, Vorbearbeitungs-Zeichnung, Endbearbeitungs-Zeichnung).

Zeichnungen sind so aufzubauen, daß sie auch für andere Anwendungsfälle wiederverwendbar sind. Wiederholteile und Ersatzteile sind daher auf eigenen Zeichnungen darzustellen. Nach dem Zeichnungssatz ist auch der Stücklistensatz und das System der Zeichnungsnummern aufzubauen (s. F 6.3.4 u. F 6.4).

6.3.2 Formate, Linien und Schrift
Drawing sizes and formats, lines and lettering

Zeichnungsformate sind in DIN 823 festgelegt; sie können in Hoch- und Querlage verwendet werden (**Tab. 5**). Das Seitenverhältnis beträgt $\sqrt{2} : 1$.

Linienbreiten und *Schrifthöhen* sind den Bedürfnissen der Mikroverfilmung angepaßt und folgen in ihrem Stufensprung ebenfalls $\sqrt{2}$. Zu bevorzugen ist die Reihe 1 für Linienbreiten (DIN 15) sowie kursive und vertikale Normschrift (DIN 6776).

Die Schrifthöhe bezieht sich auf Großbuchstaben. Kleinbuchstaben werden bei der Form A mit 10/14 und bei der Form B mit 7/10 der Schrifthöhe ausgeführt. Bevorzugte Schrifthöhen sind 2,5; 3,5; 5 und 7 mm. Die Linienbreite der Mittelschrift soll 1/10 der Schrifthöhe betragen (Engschrift s. DIN 16).

6.3.3 Darstellung und Bemaßung
Drawing conventions, dimensioning

DIN 823 schreibt folgende *Maßstäbe* vor:

Verkleinerungen:	1 : 2	1 : 5	1 : 10
	1 : 20	1 : 50	1 : 100
	1 : 200	1 : 500	1 : 1000
	1 : 2000	1 : 5000	1 : 10000
Vergrößerungen:	50 : 1	20 : 1	10 : 1
	5 : 1	2 : 1	

Ansichten und Schnitte werden gewöhnlich in *Normalprojektion* angeordnet (**Bild 4**). Weitere Projektionsarten s. A 4.4.

Die Gegenstände sind in Gesamt-Zeichnungen und Gruppen-Zeichnungen in der *Gebrauchslage*, in Teil-Zeichnungen bevorzugt in der *Fertigungslage* darzustellen. Dabei sind möglichst wenige, aber ausreichende Ansichten (DIN 6, Teil 1) oder Schnitte (DIN 6, Teil 2) zu wählen, aus der die Gestalt eindeutig ersichtlich ist.

Schnitte machen Zeichnungen übersichtlicher (Wegfall vieler unsichtbarer Kanten) und sind bei zylindrischen Hohlkörpern stets anzuwenden (sichtbare, umlaufende Kanten nicht vergessen).

Das *Klappen* einfacher Querschnittsdarstellungen in die Zeichenebene senkt die Zahl notwendiger Ansichten.

Oft vorkommende Teile werden nur einmal gezeichnet. *Unsichtbare Kanten* nur zeichnen, wenn dadurch Unklarheiten und einfache zusätzliche Darstellungen vermieden werden können. Vereinfachte Darstellungen sind möglich, wenn dadurch die Erkennbarkeit von Funktion, räumlicher Verträglichkeit und wesentlicher Bauteilgestalt im jeweiligen Einzelfall nicht beeinträchtigt wird.

Die *Bemaßung* ist eindeutig und übersichtlich vorzunehmen. Regeln sind in den Normen enthalten [5].

6.3.4 Stücklisten. Parts lists

Zu jedem Zeichnungssatz gehört eine Stückliste bzw. ein Stücklistensatz, damit ein Erzeugnis vollständig beschrieben werden kann. Eine Stückliste enthält in der Reihenfolge von links nach rechts Spalten für Positionsnummer, Menge, Einheit der Menge, Benennung der Gruppe oder des Teils (einschließlich Normteile, Fremdteile und Hilfsstoffe), Sachnummer und/oder Norm-Kurzbezeichnung zur Identifikation und Bemerkungen. Die Benen-

Tabelle 5. Zeichnungsformate in mm nach DIN 823

Formate Reihe A	A 0	A 1	A 2	A 3	A 4	A 5	A 6
beschnittenes Blatt	841 × 1189	594 × 841	420 × 594	297 × 420	210 × 297	148 × 210	105 × 148
unbeschnittenes Blatt	880 × 1230	625 × 880	450 × 625	330 × 450	240 × 330	165 × 240	120 × 165

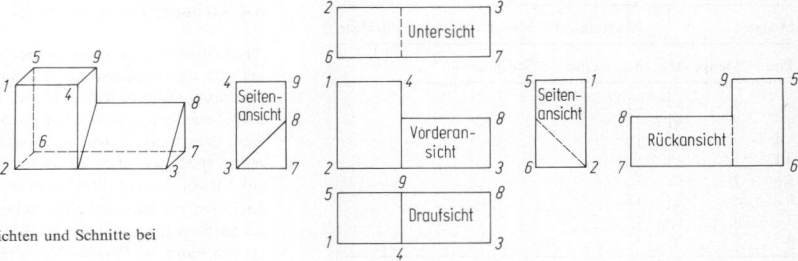

Bild 4. Anordnung der Ansichten und Schnitte bei Normalprojektion

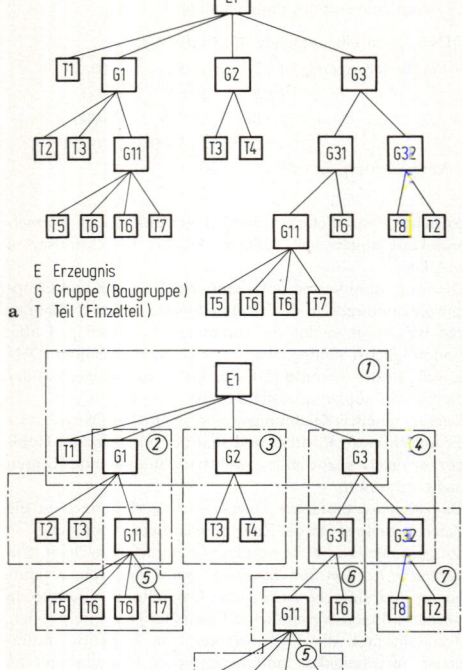

E Erzeugnis
G Gruppe (Baugruppe)
a T Teil (Einzelteil)

b

Bild 5. Schema einer Erzeugnisgliederung. **a** Gliederung. **b** Baukasten-Stückliste

nung ist nach der Bauform, nicht nach der Zweckbestimmung (Funktion), zu wählen. Eine Stückliste ist generell aus einem Schriftfeld und einem Stücklistenfeld aufgebaut, deren formaler Aufbau in DIN 6771, Teil 1 und Teil 2, festgelegt ist.

Mengenübersichts-Stückliste. Sie enthält für das Erzeugnis (**Bild 5a**) nur die Einzelteile mit ihren Mengenangaben. Mehrfach vorkommende Einzelteile erscheinen nur einmal, aber alle Teilenummern der Erzeugnisse sind angeführt. Funktions- und fertigungsorientierte Gruppen sind nicht zu erkennen. Diese einfachste Form einer Stückliste reicht für einfache Erzeugnisse mit nur wenigen Fertigungsstufen aus (**Tab. 6**), für Erzeugnisgliederung nach **Bild 5a**.

Struktur-Stückliste. Sie gibt die Erzeugnisstruktur mit allen Baugruppen und Teilen wieder, wobei jede Gruppe

Tabelle 6. Aufbau einer Mengenübersichts-Stückliste für Erzeugnisgliederung (ME Einheit der Menge)

Menge 1			Benennung E1	Mengenübersichts-Stückliste
Pos.	Menge	ME	Benennung	Sachnummer
1	1	ST	T1	
2	2	ST	T2	
3	2	ST	T3	
4	1	ST	T4	
5	2	ST	T5	
6	5	ST	T6	
7	4	KG	T7	
8	9	M	T8	

Tabelle 7. Aufbau einer Struktur-Stückliste für Erzeugnisgliederung

Menge 1				Benennung E1	Struktur-Stückliste
Pos.	Menge	ME	Stufe	Benennung	Sachnummer
1	1	ST	.1	T1	
2	1	ST	.1	G1	
3	1	ST	..2	T2	
4	1	ST	..2	T3	
5	1	ST	..2	G11	
6	1	ST	...3	T5	
7	2	ST	...3	T6	
8	2	KG	...3	T7	
9	1	ST	.1	G2	
10	1	ST	..2	T3	
11	1	ST	..2	T4	
12	1	ST	.1	G3	
13	1	ST	..2	G31	
14	1	ST	...3	G11	
15	1	ST	4	T5	
16	2	ST	4	T6	
17	2	KG	4	T7	
18	1	ST	...3	T6	
19	1	ST	..2	G32	
20	9	M	...3	T8	
21	1	ST	...3	T2	

sofort bis zur höchsten Stufe (Ordnung der Erzeugnisgliederung) gegliedert ist. Die Gliederung der Gruppen und Teile entspricht in der Regel dem Fertigungsablauf (**Tab. 7**). Die Mengenangaben beziehen sich auf das im Stücklistenkopf beschriebene Erzeugnis. Struktur-Stücklisten können sowohl für ein Gesamterzeugnis als auch für einzelne Gruppen aufgestellt werden. Ihr Vorteil ist, daß in ihnen die Gesamtstruktur eines Erzeugnisses bzw. einer Gruppe erkennbar ist. Allerdings werden Stücklisten mit vielen Positionsnummern unübersichtlich, vor allem, wenn eine Reihe von Wiederholgruppen an jeweils verschiedenen Stellen wiederkehrt. Dadurch ergeben sich auch Nachteile im Änderungsdienst.

Baukasten-Stückliste. Sie umfaßt zusammengehörende Gruppen und Teile, *ohne* zunächst auf ein bestimmtes Erzeugnis Bezug zu nehmen. Die Mengenangaben beziehen sich nur auf die im Kopf genannte Baugruppe. Mehrere solche Baukasten-Stücklisten müssen, gegebenenfalls mit anderen Stücklisten, zu einem Stücklistensatz eines Erzeugnisses zusammengestellt werden, z.B. entsprechend **Bild 5b**. Stückliste E1 besteht aus T1 und den Stücklisten G1, G2 und G3. Diese selbstständigen Stücklisten rufen ihrerseits andere ab, z.B. G11, G31 und G32. Ihre Verwendung empfiehlt sich dort, wo bei einem größeren Erzeugnisspektrum Baugruppen lagermäßig geführt und als Wiederholgruppen in größeren Stückzahlen gefertigt werden.

6.4 Sachnummernsysteme. Numbering systems

Als Sachnummernsysteme werden solche Systeme bezeichnet, die die Nummerung von Sachen und Sachverhalten umspannen (DIN 6763). Dabei ist es zweckmäßig, einer Teil-Zeichnung, der Position in der dazugehörigen Stückliste, dem betreffenden Arbeitsplan und dem Werkstück selbst (Fertigungsteil, Ersatzteil, Lagerteil oder Kaufteil) zur Identifizierung dieselbe Nummer zu geben.
Sachnummern müssen eine Sache *identifizieren*, sie können sie darüber hinaus auch *klassifizieren*. Ein Sachnummernsystem kann als Parallel-Nummernsystem oder Verbund-

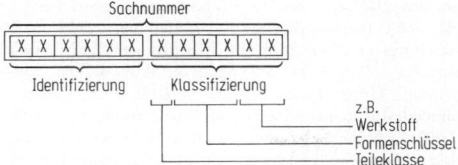

Bild 6. Prinzipieller Aufbau einer Sachnummer für ein Parallel-Nummernsystem nach [7]

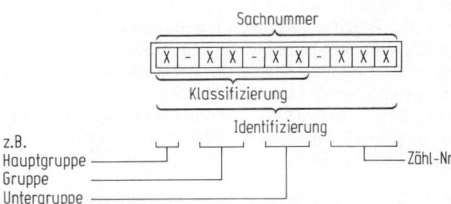

Bild 7. Prinzipieller Aufbau einer Sachnummer für ein Verbund-Nummernsystem nach [7]

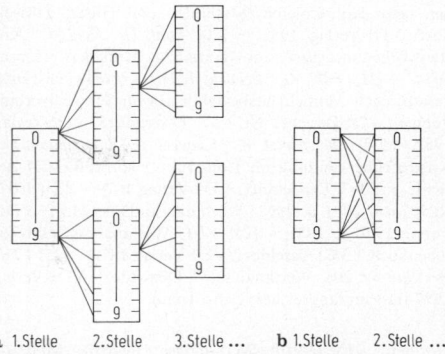

Bild 8. Verknüpfungsmöglichkeiten der Merkmale von Klassifizierungssystemen in Anlehnung an [8, 9]

nummernsystem aufgebaut werden, sofern es identifizieren und klassifizieren soll.

Bild 6 zeigt den prinzipiellen Aufbau einer Sachnummer mit Parallelverschlüsselung. Bei Parallel-Nummernsystemen werden einer Identifizierungsnummer (Identnummer) eine oder mehrere von der Identifizierung *unabhängige* Klassifizierungsnummern zugeordnet. Der Vorteil dieser Verschlüsselung liegt in der großen Flexibilität und Erweiterungsmöglichkeit, da beide Teilsysteme unabhängig voneinander sind.

Bei einem Verbund-Nummernsystem besteht die Gesamtnummer aus klassifizierenden und identifizierenden (zählenden) Nummernteilen, die starr *miteinander verbunden* sind, so daß die zählenden von den klassifizierenden Nummernteilen abhängen (**Bild 7**). Nachteilig ist die große Starrheit bei Erweiterungen.

Eine *Klassifizierung* von Sachen und Sachverhalten – sei es im Rahmen einer Sachnummer, sei es mittels eines eigenständigen, von Identnummernsystemen unabhängigen

Klassifizierungssystems – ist wichtig, damit Teile wiederholt verwendet und Sachaussagen wiedergefunden werden können. Im allgemeinen führt man eine abgestufte Klassifizierung durch (Grob- und Feinklassifizierung).

Sind die Merkmale einer Gruppe nur einem Merkmal der vorhergehenden Gruppe zuzuordnen, so muß das Klassifizierungssystem eine entsprechende Verzweigung haben (**Bild 8a**). Können dagegen die Merkmale einer Gruppe jedem Merkmal der vorhergehenden Gruppe zugeordnet werden, so ist eine entsprechende Überdeckung der Zuordnungen möglich (**Bild 8b**). Die Vorteile der Gliederung gemäß **Bild 8a** liegen in der unabhängigen Verknüpfung der einzelnen Zweige und der großen Speicherfähigkeit, die Vorteile der Gliederung gemäß **Bild 8b** dagegen in dem kleineren Speicherbedarf. In der Praxis werden deshalb beide Verknüpfungsarten in Mischsystemen verwendet.

Zur Kennzeichnung von Teilen und Gruppen, insbesondere von Normteilen, haben sich *Sachmerkmale* eingeführt, die bestimmte Eigenschaften, die sich zum Beschreiben und Unterscheiden von Gegenständen innerhalb einer Gegenstandsgruppe eignen, kennzeichnen (DIN 4000). Grundlagen und Anwendung s. [10].

7 Spezielle Literatur
Special bibliography

zu F 2 Grundlagen methodischen Vorgehens

[1] *Pahl, G.; W. Beitz:* Konstruktionslehre, 2. Aufl. Berlin: Springer 1986. – [2] *VDI-Richtlinie 2221:* Methodik zum Entwickeln und Konstruieren technischer Systeme und Produkte. Düsseldorf: VDI-Verlag 1986. – [3] *Holliger, H.:* Morphologie – Idee und Grundlage einer interdisziplinären Methodenlehre. Kommunikation 1. Bd. 1. Quickborn: Schnelle 1970. – [4] *Osborn, A.F.:* Applied imagination – principles and procedures of creative thinking. New York: Scribner 1957. – [5] *Hellfritz, H.:* Innovation via Galeriemethode. Königstein/Taunus: Eigenverlag 1978. – [6] *Gordon, W.J.J.:* Synthetics, the development of creative capacity. New York: Harper 1961. – [7] *Rohrbach, B.:* Kreativ nach Regeln – Methode 645, eine neue Technik zum Lösen von Problemen. Absatzwirtschaft 12 (1969) 73–75. – [8] *Dalkey, N.D.; Helmer, O.:* An experimental application of the Delphi method to the use of experts. Management Sci. 9 (1963) 458–467.

– [9] *Rodenacker, W.G.:* Methodisches Konstruieren, 3. Aufl. Konstruktionsbücher, Bd. 27. Berlin: Springer 1984. – [10] *Roth, K.:* Konstruieren mit Konstruktionskatalogen. Berlin: Springer 1982. – [11] *Zwicky, F.:* Entdecken, Erfinden, Forschen im Morphologischen Weltbild. München: Droemer-Knaur 1966, 1971. – [12] *VDI-Richtlinie 2222 Bl. 2:* Konstruktionsmethodik. Erstellung und Anwendung von Konstruktionskatalogen. Düsseldorf: VDI-Verlag 1982. – [13] *Kiper, G.:* Katalog einfachster Getriebebauformen. Berlin: Springer 1982. – [14] *Zangemeister, Ch.:* Nutzwertanalyse in der Systemtechnik. München: Wittemannsche Buchhandlung 1970. – [15] *Kesselring, F.:* Bewertung von Konstruktionen, ein Mittel zur Steuerung von Konstruktionsarbeit. Düsseldorf: VDI-Verlag 1951. – [16] *VDI-Richtlinie 2225:* Technisch-wirtschaftliches Konstruieren. Düsseldorf: VDI-Verlag 1977. – [17] *REFA* Bd. 3: Methodenlehre des Arbeitsstudiums, Kostenrechnung, Arbeitsgestaltung. München: Hanser 1971. – [18] *VDI-Berichte Nr. 457:* Konstrukteure senken Herstellkosten – Methoden und Hilfsmittel. Düsseldorf: VDI-Verlag 1982. – [19] *VDI-Richtlinie 2235:* Wirtschaftliche Entscheidungen beim Konstruieren, Methoden und Hilfen. Düsseldorf: VDI-Verlag 1982. – [20] *Pahl, G.; Rieg, F.:* Kostenwachstumsgesetze für Baureihen. München: Hanser 1984. – [21] *Pahl, G.; Beelich, K.H.:* Kostenwachstumsgesetze nach Ähnlichkeitsbeziehungen für Schweißverbindungen. VDI-Berichte Nr. 457. Düsseldorf: VDI-Verlag 1982. – [22] *Ehrlenspiel, K.; Kiewert, A.; Lindemann, U.:* Kostenfrüherkennung im Konstruktionsprozeß. VDI-Berichte Nr. 347. Düsseldorf: VDI-Verlag 1979. – [23] *VDI-Richtlinien 2801 u. 2802:* Wertanalyse. Düsseldorf: VDI-Verlag 1970 u. 1971. – [24] *VDI:* Wertanalyse. VDI-Taschenbuch T 35. Düsseldorf: VDI-Verlag 1972. – [25] *VDI-Berichte Nr. 293:* Wertanalyse 77. Düsseldorf: VDI-Verlag 1977 (mit umfangreichem Schrifttum).

Normen: *DIN 69910:* Wertanalyse; Begriffe, Methode (1973).

zu F 3 Konstruktionsprozeß
[1] *VDI-Richtlinie 2223:* Begriffe und Bezeichnungen im Konstruktionsbereich. Düsseldorf: VDI-Verlag 1969.

zu F 4 Grundlagen der Gestaltung
[1] *Peters, U.H.; Meyna, A.:* Handbuch der Sicherheitstechnik. München: Hanser 1985. – [2] *Spähn, H.; Fäßler, K.:* Zur konstruktiven Gestaltung korrosionsbeanspruchter Apparate in der chemischen Industrie. Konstruktion 24 (1972) 249–258, 321–325. – [3] *Uhlig, H.H.:* Korrosion und Korrosionsschutz. Berlin: Akademie-Verlag 1970. – [4] *Rubo, E.:* Der chemische Angriff auf Werkstoffe aus der Sicht des Konstrukteurs. Der Maschinenschaden (1966) 65–74. – [5] *Kloos, K.H.:* Werkstoffoberfläche und Verschleißverhalten in der Fertigung und konstruktiven Anwendung. VDI-Berichte Nr. 194. Düsseldorf: VDI-Verlag 1973. – [6] *Wahl, W.:* Abrasive Verschleißschäden und ihre Verminderung. VDI-Berichte Nr. 243, „Methodik der Schadensuntersuchung". Düsseldorf: VDI-Verlag 1975. – [7] *Gerätesicherheitsgesetz* (Gesetz über technische Arbeitsmittel): BGBl vom 13. 8. 1979. Deutsches Informationszentrum für technische Regeln (DITR) Berlin. – [8] *VDI-Richtlinie 2242:* Konstruieren ergonomiegerechter Erzeugnisse. Düsseldorf: VDI-Verlag 1986. – [9] *Kroemer, K.H.:* Was man von Schaltern, Kurbeln und Pedalen wissen muß. Berlin: Beuth 1967. – [10] *Kroemer, K.H.; Hettinger, Th.:* Körperkräfte im Bewegungsraum. RKW-Reihe Arbeitsphysiologie – Arbeitspsychologie. Berlin: Beuth 1963. – [11] *Bücker, W.:* Künstliche Beleuchtung: ergonomisch und energiesparend. Frankfurt/Main: Campus 1981. – [12] *Schmidtke, H.:* Überwachungs-, Kontroll- und Steuerungstätigkeiten. RKW-Reihe Arbeitsphysiologie – Arbeitspsychologie. Berlin: Beuth 1966. – [13] *VDI-Bericht Nr. 239:* Beispiele für lärmarme Maschinenkonstruktionen. Düsseldorf: VDI-Verlag 1975. – [14] *VDI-Richtlinie 3720:* Lärmarm Konstruieren – Allgemeine Grundlagen. Düsseldorf: VDI-Verlag 1975. – [15] *VDI-Richtlinie 2224:* Formgebung technischer Erzeugnisse für den Konstrukteur. Düsseldorf: VDI-Verlag 1972. – [16] *VDI-Richtlinie 3239:* Sinnbilder für Zubringefunktionen. Düsseldorf: VDI-Verlag 1966. – [17] *Andresen, U.:* Die Rationalisierung der Montage beginnt im Konstruktionsbüro. Konstruktion 27 (1975) 478–484. – [18] *Andreasen, M.M.; Kähler, S.; Lund, T.:* Montagegerechtes Konstruieren. Berlin: Springer 1985. – [19] *Pahl, G.; Beitz, W.:* Konstruktionslehre. Berlin: Springer 1977, 2. Aufl. 1986. – [20] *Seger, H.:* Industrie Designs. Grafenau: Expert Verlag 1983. – [21] *VDI-Richtlinie 2243* (Entwurf): Recyclingorientierte Gestaltung technischer Produkte. Düsseldorf: VDI-Verlag 1984.

Normen: *DIN 7521 bis 7527:* Schmiedestücke aus Stahl. – *DIN 8580:* Fertigungsverfahren; Einteilung. – *DIN 8588:* Fertigungsverfahren Zerteilen; Einordnung, Unterteilung, Begriffe. – *DIN 8593:* Fertigungsverfahren Fügen; Einordnung, Unterteilung, Begriffe. – *DIN 9005:* Gesenkschmiedestücke aus Magnesium-Knetlegierungen. – *DIN 31000:* Sicherheitsgerechtes Gestalten technischer Erzeugnisse; Allgemeine Leitsätze. – *DIN 31001:* Sicherheitsgerechtes Gestalten technischer Erzeugnisse. – *DIN 31051:* Instandhaltung; Begriffe. – *DIN 33400:* Gestalten von Arbeitssystemen nach arbeitswissenschaftlichen Erkenntnissen; Begriffe und allgemeine Leitsätze. – *DIN 33401:* Stellteile; Begriffe Eignung, Gestaltungshinweise. – *DIN 33402:* Körpermaße des Menschen; Begriffe. Meßverfahren. – *DIN 33403:* Klima am Arbeitsplatz und in der Arbeitsumgebung. – *DIN 33404:* Gefahrensignale für Arbeitsstätten. – *DIN 33413:* Ergonomische Gesichtspunkte für Anzeigeeinrichtungen. – *DIN 33414:* Ergonomische Gestaltung von Warten.

zu F 5 Grundlagen der Baureihen- und Baukastenentwicklung
[1] *Berg, S.:* Konstruieren in Größenreihen mit Normzahlen. Konstruktion 17 (1965) 15–21. – [2] *Gerhard, E.:* Ähnlichkeitsgesetze beim Entwurf elektromechanischer Geräte. VDI-Z 111 (1969) 1013–1019. – [3] *Matz, W.:* Die Anwendung des Ähnlichkeitsgesetzes in der Verfahrenstechnik. Berlin: Springer 1954. – [4] *Pahl, G.; Beitz, W.:* Konstruktionslehre, 2. Aufl. Springer 1986.

Normen: *DIN 323 Teil 2:* Normzahlen und Normzahlreihen; Einführung (1974).

zu F 6 Grundlagen des Normen- und Zeichnungswesens
[1] *DIN, Gesamtbearbeitung Krieg, K.G.:* Nationale und internationale Normung. Handbuch der Normung, Bd. 1, 3. Aufl. Berlin: Beuth 1975. – [2] *DIN-Taschenbuch 1:* Mechanische Technik, Grundnormen. Berlin: Beuth 1980. – [3] *DNA:* Normenverzeichnis mit sicherheitstechnischen Festlegungen. Berlin: Beuth 1971. – [4] *Gerätesicherheitsgesetz:* Gesetz über technische Arbeitsmittel (vom 24. 06. 1968 BGBl. I 717, geändert vom 13. 08. 1979, BGBl. I 1432 ff. Bezug durch Deutsches Informationszentrum für technische Regeln (DITR), Berlin. – [5] *DIN-Taschenbuch 2:* Zeichnungswesen, Teil 1. DIN-Taschenbuch 148: Zeichnungswesen, Teil 2. Berlin: Beuth 1988. – [6] *Reimpell, J.; Pautsch, E.; Stangenberg, R.:* Die normgerechte technische Zeichnung für Konstruktion und Fertigung, Bd. 1. Düsseldorf: VDI-Verlag 1967. – [7] *Bernhardt, R.:* Nummerungstechnik, Würzburg: Vogel 1975. – [8] *Eversheim, W.; Wiendahl, H.P.:* Rationelle Auftragsabwicklung im Konstruktionsbereich. Essen: Girardet 1971. – [9] *VDI-Richtlinie 2215* (Entwurf): Datenverarbeitung in der Konstruktion. Organisatorische Voraussetzungen und allgemeine Hilfsmittel. Düsseldorf: VDI-Verlag 1974. – [10] *DIN:* Sachmerkmale DIN 4000, Anwendung in der Praxis. Berlin: Beuth 1979.

Normen: *DIN 6:* Darstellungen in Normalprojektion. – *DIN 15:* Linien in Zeichnungen. – *DIN 6776:* Normschriften für Zeichnungen. – *DIN 199:* Begriffe im Zeichnungs- und Stücklistenwesen. – *DIN 820:* Normungsarbeit. – *DIN 823:* Zeichnungen; Blattgrößen, Maßstäbe. – *DIN 1680:* Gußrohteile, Allgemeintoleranzen und Bearbeitungszugaben. – *DIN ISO 1302:* Angabe der Oberflächenbeschaffenheit in Zeichnungen. – *DIN 4000 Teil 1:* Sachmerkmal Leisten, Grundsätze. – *DIN 4760:* Gestaltabweichung; Begriffe, Ordnungssystem. – *DIN 4761:* Oberflächencharakter; Geometrische Oberflächentextur-Merkmale, Begriffe, Kurzzeichen. – *DIN 4762:* Oberflächenrauheit; Begriffe. –

DIN 4763: Stufung der Zahlenwerte für Rauheitsmeßgrößen. – DIN 4764: Oberfläche an Teilen für Maschinenbau und Feinwerktechnik; Begriffe nach der Beanspruchung. – DIN 4765: Bestimmen des Flächentraganteils von Oberflächen; Begriffe. – DIN 4766: Herstellverfahren der Rauheit von Oberflächen. Erreichbare gemittelte Rauhtiefe R_z nach DIN 4768 Teil 1 und Mikroflächentraganteil t_{ai}. – DIN 6771 Teil 1: Schriftfelder für Zeichnungen, Pläne und Listen; Teil 2: Vordrucke für technische Unterlagen; Stückliste; E DIN 6771 Teil 6: Vordrucke für technische Unterlagen; Zeichnungen. – DIN 7150 Teil 1: ISO-Toleranzen und ISO-Passungen für Längenmaße von 1 bis 500 mm; Einführung. – DIN 7151: ISO-Grundtoleranzen für Längenmaße von 1 bis 500 mm Nennmaß. – DIN 7154: ISO-Passungen für Einheitsbohrung. – DIN 7157: Passungsauswahl; Toleranzfelder, Abmaße, Paßtoleranzen. – DIN 7168: Allgemeintoleranzen (Freimaßtoleranzen). – DIN 7526: Schmiedestücke aus Stahl; Toleranzen und zulässige Abweichungen für Gesenkschmiedestücke. – DIN 31000/VDE 1000: Allgemeine Leitsätze für das Sicherheitsgerechte Gestalten technischer Erzeugnisse. – DIN/VDE 31000 Teil 2: Allgemeine Leitsätze für das sicherheitsgerechte Gestalten technischer Erzeugnisse, Begriffe der Sicherheitstechnik, Grundbegriffe.

F

G | Mechanische Konstruktionselemente
Mechanical machine components

W. Beitz, Berlin; **K.-A. Ebert**†, Hattersheim; **K. Ehrlenspiel**, München; **H. Kerle**, Braunschweig;
K.-H. Küttner, Berlin; **H. Mertens**, Berlin; **H.W. Müller**, Darmstadt; **H. Peeken**, Aachen;
J. Ruge, München; **H. Winter**, München; **H. Wösle**, Braunschweig

Allgemeine Literatur zu G 1 bis G 10
Bücher: *Decker, K.-H.:* Maschinenelemente, Gestaltung und Anwendung, 9. Aufl. München: Hanser 1985. – *Dittrich, O.; Schumann, R.:* Anwendungen der Antriebstechnik, Bd. I–III. Mainz: Krausskopf 1974. – *Fronius, St.; Tränkner, G.:* Taschenbuch Maschinenbau, Bd. 1/II: Grundlagen. Berlin: VEB Verlag Technik 1975. – *Hütte:* Grundlagen der Ingenieurwissenschaften, 29. Aufl. Berlin: Springer 1989. – *Klein, M.:* Einführung in die DIN-Normen, 9. Aufl. Berlin: Beuth 1985, Stuttgart: Teubner 1980. – *Köhler, G.; Rögnitz, H.:* Maschinenteile, Teil 1 und Teil 2, 7. Aufl. Stuttgart: Teubner 1986. – Konstruktionsbücher. Herausgeber: *G. Pahl.* Berlin: Springer. – *Krause, W.:* Konstruktionselemente der Feinmechanik. Berlin: VEB Verlag Technik 1989. – *Niemann, G.:* Maschinenelemente, Bd. I, 2. Aufl. Berlin: Springer 1975. – *Niemann, G.; Winter, H.:* Maschinenelemente, Bd. IIA und IIB. Berlin: Springer 1980/81. – *Roloff, H.; Matek, W.:* Maschinenelemente; Normung, Berechnung, Gestaltung, 8. Aufl. Braunschweig: Vieweg 1983. – *Steinhilper, W.; Röper, R.:* Maschinen und Konstruktionselemente. Bd. 1 und 2. Berlin: Springer 1982, 1986. – *Tochtermann, W.; Bodenstein, F.:* Konstruktionselemente des Maschinenbaus, Teil 1 und 2. 9. Aufl. Berlin: Springer 1979. – *VDI-Handbuch:* Konstruktion. Berlin: Beuth.

Zeitschriften: *Konstruktion* im Maschinen-, Apparate- und Gerätebau (Herausgeber: *W. Beitz*). Berlin: Springer. – *antriebstechnik* (Herausgeber: *H. Winter*). Mainz: Krausskopf. – *DIN-Mitteilungen.* Berlin: Beuth.

zu G 1.1.1 Schweißverfahren
Bücher: *Aichele, A.; Smith, A.A.:* MAG-Schweißen. Fachbuchreihe Schweißtechnik Bd. 65. Düsseldorf: DVS-Verlag 1975. – *Bernard, P.; Schreiber, G.:* Verfahren der Autogentechnik. Fachbuchreihe Schweißtechnik Bd. 61. Düsseldorf: DVS-Verlag 1973. – *Brunst, W.:* Das elektrische Widerstandsschweißen. Berlin: Springer 1952. – *Conn, W.M.:* Die Technische Physik der Lichtbogenschweißung. Technische Physik in Einzeldarstellungen Bd. 13. Berlin: Springer 1959. – *DIN-Taschenbuch 8:* Schweißtechnik 1: Normen über Schweißzusätze, Fertigung, Güte und Prüfung. Berlin: Beuth 1985. – *DIN-Taschenbuch 65:* Schweißtechnik 2: Normen über Geräte und Zubehör für Autogenverfahren, Löten, Thermisches Schneiden, Thermisches Spritzen und Arbeitsschutz. Berlin: Beuth 1983. – *DIN-Taschenbuch 145:* Schweißtechnik 3: Normen und Begriffe, Zeichnerische Darstellung und Elektrische Schweißeinrichtungen. Berlin: Beuth 1985. – *Hadick, Th.:* Schweißen von Kunststoffen für Praktiker und Konstrukteur. Schweißtechnische Praxis Bd. 6. Düsseldorf: DVS-Verlag 1969. – *Koch, H. u.a.:* Handbuch der Schweißtechnologie, Lichtbogenschweißen. Fachbuchreihe Schweißtechnik Bd. 19. Düsseldorf: DVS-Verlag 1961. – *Marchandise, H.:* Plasmatechnologie-Grundlagen und Anwendung. DVS-Berichte Bd. 8. Düsseldorf: DVS-Verlag 1970. – *Müller, P.; Wolff, L.:* Handbuch des Unterpulverschweißens. Teil I: Verfahren, Einstellpraxis, Geräte, Wirtschaftlichkeit, Teil II: Schweißzusätze und Schweißpulver, Teil III: Draht/Pulver-Kombinationen für Stähle, Schweißergebnisse, Schweißparameter, Teil IV: Schweißen mit Bandelektroden. Fachbuchreihe Schweißtechnik Bd. 63 Teil I bis IV. Düsseldorf: DVS-Verlag 1983, 1983, 1978, 1976. – *Munske, H.:* Handbuch des Schutzgasschweißens. Elektrotechnische Grundlagen – Schweißanlagen – Einstellpraxis. Fachbuchreihe Schweißtechnik Bd. 30/II. Düsseldorf: DVS-Verlag 1975. – *N.N.:* Die Verfahren der Schweißtechnik. Ringbuch. Fachbuchreihe Schweißtechnik Bd. 55. Düsseldorf: DVS-Verlag 1974. – *N.N.:* Elektroschlackeschweißen. DVS-Berichte Bd. 6. Düsseldorf: DVS-Verlag 1969. – *Ruge, J.:* Handbuch der Schweißtechnik, Bd. I und II, 2. Aufl. Berlin: Springer 1980. – Taschenbuch, *DVS-Merkblätter* Widerstandsschweißen, Fachbuchreihe Schweißtechnik Bd. 68/III. Düsseldorf: DVS-Verlag 1988. – *Wellinger, K.; Eichhorn, F.; Gimmel, D.:* Schweißen. Stuttgart: Kröner 1964.

zu G 1.1.2 Schweißbarkeit der Werkstoffe
Bücher: Aus der Fachbuchreihe Schweißtechnik. Düsseldorf DVS. Verlag: *Koch, H.:* Handbuch der Schweißtechnologie. Lichtbogenschweißen. Bd. 19. 1961. – *Lohrmann, G.R.; Lueb, H.:* Kleine Werkstoffkunde für das Schweißen von Stahl und Eisen. Bd. 8, 7. Aufl. 1984. – *Boese, U.; Werner, D.; Wirtz, H.:* Das Verhalten der Stähle beim Schweißen T.I: Grundlagen, 3. Aufl. Bd. 44 1980. – *Matting, A., u.a.:* Schweißen der Leichtmetalle u. seine Randgebiete. Bd. 14, 1959. – *Strassburg, F.W.:* Schweißen nichtrostender Stähle. Bd. 67, 1982. – *DASt-Richtlinie 009.* Empfehlungen zur Wahl der Stahlgütegruppen für geschweißte Stahlbauten. Stahlbauverlag 1973. – *Werkstoff-Handbuch* Stahl und Eisen 4. Aufl. Düsseldorf: Verlag Stahleisen 1965. – *Houdremont, E.:* Handbuch der Sonderstahlkunde. Berlin: Springer 1956. – *Ruge, J.:* Handbuch der Schweißtechnik, 2. Aufl. Bd. I: Werkstoffe, Bd. II: Verfahren und Fertigung. Berlin: Springer 1980. – *Rapatz, F.:* Edelstähle, 5. Aufl. Berlin: Springer 1962. – *Dampfkessel-Bestimmungen.* Vorschriften für Dampfkessel (TRD). Berlin: Beuth. – *AD-Merkblätter* (Ausschuß für Druckbehälter). Berlin: Beuth. – *Aluminium-Zentrale Düsseldorf:* Aluminium-Taschenbuch, 14. Aufl. Düsseldorf 1988.

zu G 1.1.5 Berechnung von Schweißverbindungen
Bücher: *Bobek, K.; Heiß, A.; Schmidt, Fr.:* Stahlleichtbau von Maschinen. Konstruktionsbücher Bd. 1. Berlin: Springer 1955. – *Erker, A.; Hermsen, H.W.; Stoll, A.:* Gestaltung und Berechnung von Schweißkonstruktionen, 2. Aufl. Fachbuchreihe Schweißtechnik Bd. 9. Düsseldorf: DVS-Verlag 1971. – *Kloth, W.:* Leichtbau-Fibel. Wolfratshausen-München: Neureuther 1947. – *Neumann, A.:* Schweißtechnisches Handbuch für Konstrukteure. Teil 1: Grundlagen, Tragfähigkeit, Gestaltung, 5. Aufl. Teil 2: Stahl-, Kessel- u. Rohrleitungsbau, 5. Aufl. Teil 3: Maschinen- u. Fahrzeugbau, 4. Aufl. Fachbuchreihe Schweißtechnik Bd. 80/I bis III. Düsseldorf: DVS-Verlag 1984, 1988, 1986. – *Sahmel, P.; Veith, H.-J.:* Grundlagen der Gestaltung geschweißter Stahlkonstruktionen, 5. Aufl. Fachbuchreihe Schweißtechnik Bd. 12. Düsseldorf: DVS-Verlag 1981. – *Ruge, J.:* Handbuch der Schweißtechnik, Bd. III: Konstruktive Gestaltung der Bauteile. Berlin: Springer 1985 und Bd. IV:

Berechnung von Schweißkonstruktionen. Berlin: Springer 1988. – *Radaj, D.:* Gestaltung und Berechnung von Schweißkonstruktionen. – Ermüdungsfestigkeit. Fachbuchreihe Schweißtechnik Bd. 82. Düsseldorf: Deutscher Verlag für Schweißtechnik 1985. – *Aluminium-Zentrale Düsseldorf:* Aluminium-Taschenbuch, 14. Aufl. Düsseldorf 1988. – Leichtbau der Verkehrsfahrzeuge 7 (1963) Sonderheft. – *Radaj, D.:* Festigkeitsnachweise, Teil I u. II. Fachbuchreihe Schweißtechnik Bd. 64. Düsseldorf: Deutscher Verlag für Schweißtechnik 1974.

zu G 1.2 Löten
Bücher: *Lüder, E.:* Löten, Betriebsbücher, Bd. 25. München: Hanser 1966.

Zeitschriften: *Colbus, J.:* Das Löten, Überblick und Anwendungsstand. Mitt. der BEFA 14 (1963) 1–11. – *Colbus, J.:* Probleme der Löttechnik. Schweißen und Schneiden 6 (1954) 187–196. – *Colbus, J.:* Die Prüfung von Loten und Lötverbindungen zum Hart- und Schweißlöten. Schweißen und Schneiden 9 (1957) 110–116. – *Colbus, J.:* Versuche zur Deutung der Bindevorgänge. Schweißen und Schneiden 10 (1958) 50–54. – *Erdmann-Jesnitzer, F.; Bogner, R.:* Lötbruch bei Stahl. Industrieblatt 60 (1960) 133–143. – *Zürn, H.; Nesse, T.:* Beitrag zum Zeitstandverhalten von Lötverbindungen aus Zinn-Weichloten bei Raumtemperatur. Schweißen und Schneiden 18 (1966) 2–10. – *Klug, K.Th.:* Untersuchungen über die Zeitstandfestigkeit von Weichlötverbindungen. Beitrag zur Bestimmung der Warmfestigkeit von Weichloten. Schweißen und Schneiden 17 (1965) 200–206. – *Spengler, H.:* Über das Festigkeitsverhalten von Weichlotverbindungen. Metall 13 (1959) 1130–1132.

Normen und Richtlinien: *DIN 8505:* Löten Teil 1: Allgemeines, Begriffe, Teil 2: Einteilung der Verfahren, Begriffe.

zu G 1.3 Kleben
Bücher: *Matting, A.:* Metallkleben. Berlin: Springer 1969. – *Plath, E.:* Taschenbuch der Kitte und Klebstoffe, 4. Aufl. Stuttgart: Wiss. Verlagsges. 1963. – *Saechtling, H.; Zebrowski, W.:* Kunststoff-Taschenbuch, 20. Aufl. München: Hanser 1976. – Kleben von Stahl. Beratungsstelle für Stahlverwendung, Merkblatt 382, Düsseldorf. – *Habenicht, G.:* Kleben. Berlin: Springer 1990.

Zeitschriften: *Winter, H.; Krause, G.:* Über einige weitere Festigkeitsuntersuchungen an Metall-Klebebindungen. Aluminium 33 (1957) 669–680.

Normen und Richtlinien: *VDI-Richtlinie 2229:* Metallklebeverbindungen, Hinweise für Konstruktion und Fertigung. Düsseldorf: VDI. – *DIN 53 281/288:* Prüfung von Metallklebstoffen und -klebungen.

zu G 8 Zahnradgetriebe
Bücher: *Buckingham, E.:* Analytical Mechanics of Gears. New York: McGraw Hill 1949. – *Drago, R.J.:* Fundamentals of Gear Design. Boston: Butterworth 1988. – *Dudley, D.W.:* Gear Handbook. New York: McGraw Hill 1962. – *Dudley, D.W.:* Practical Gear Design. New York: McGraw Hill 1984. – *Dudley, D.W.; Winter, H.:* Zahnräder. Berlin: Springer 1961. – *Henriot, G.:* Engrenages. Paris: Dunod 1980. – *Keck, K.F.:* Die Zahnradpraxis, Teil 1 u. 2. München: Oldenbourg 1956 u. 1978. – *Maag-Taschenbuch,* Zürich: MAAG AG 1985. – *Merritt, H.E.:* Gear Engineering. London: Pitman 1971. – *Niemann, G.; Winter, H.:* Maschinenelemente. Bd. II u. III. 2. Aufl. Berlin: Springer 1989/86. – *Thomas, K.K.; Charchut, W.:* Die Tragfähigkeit der Zahnräder. München: Hanser 1971. – *Zimmer, H.W.:* Verzahnungen I, Stirnräder mit geraden und schrägen Zähnen. Berlin: Springer 1968.

Zeitschriften: *Hofschneider, M.; Leube, H.; Schüttermann, K.:* Jahresübersicht Zahnräder und Zahnradgetriebe, Schneckengetriebe. VDI-Z 123 (1981) 943–949 (erscheint jährlich). – *Niemann, G.; Richter, W.:* Versuchsergebnisse zur Zahnflanken-Tragfähigkeit. Konstruktion 12 (1960) 185–194, 236–241, 269–278, 319–321, 360–364, 397–402. – *Richter, W.:* Auslegung profilverschobener Außenverzahnungen. Konstruktion 12 (1962) 189–196. – *Winter, H.:* Int. Konferenz Leitungsübertragung und Getriebe. Chicago 1977, Themenübersicht. Antriebstechnik. Paris 1977, Themenübersicht. Antriebstechn. 16 (1977) 580–582.

zu G 9 Getriebetechnik
Bücher: *Angeles, J.:* Spatial kinematic chains. Berlin: Springer 1982. – *Dijksmann, E.A.:* Motion geometry of mechanisms. Cambridge: University Press 1976. – *Dittrich, G.; Braune, R.:* Getriebetechnik in Beispielen. München: Oldenbourg 1978. – *Dizioglu, B.:* Getriebelehre. Bd. 1 Grundlagen (1965), Bd. 2 Maßbestimmung (1967), Bd. 3 Dynamik (1966); Braunschweig: Vieweg. – *Erdman, A.G.; Sandor G.N.:* Mechanism Design. Vol. 1 (1984), Advanced Mechanism Design. Vol. 2 (1984). Englewood Cliffs: Prentice-Hall. – *Franke, R.:* Vom Aufbau der Getriebe. Bd. I. 2. Aufl. (1958), Bd. II (1951); Düsseldorf: VDI-Verlag. – *Hagedorn, L.:* Konstruktive Getriebelehre. 4. Aufl. Düsseldorf: VDI-Verlag 1986. – *Hain, K.:* Angewandte Getriebelehre. 2. Aufl. Düsseldorf: VDI-Verlag 1961. – *Hain, K.:* Atlas für Getriebe-Konstruktionen. Braunschweig: Vieweg 1972. – *Hain, K.:* Getriebebeispiel-Atlas. Düsseldorf: VDI-Verlag 1973. – *Hunt, K.H.:* Kinematic geometry of mechanisms. Oxford: University Press 1978. – *Kiper, G.:* Katalog einfachster Getriebebauformen. Berlin: Springer 1982. – *Kraemer, O.:* Getriebelehre. 6. Aufl. Karlsruhe: Braun 1975. – *Lichtenheldt, W.; Luck, K.:* Konstruktionslehre der Getriebe. Berlin (DDR): Akademie-Verlag 1979. – *Lohse, P.:* Getriebesynthese. 4. Aufl. Berlin: Springer 1986. – *Paul, B.:* Kinematics and dynamics of planar machinery. Englewood Cliffs: Prentice-Hall 1979. – *Rauh, K.; Hagedorn, L.:* Praktische Getriebelehre. Bd. 1. Die Viergelenkkette. 3. Aufl. Berlin: Springer 1965 – *Suh, C.H.; Radcliffe, C.W.:* Kinematics mechanisms design. New York: Wiley 1978. – *Volmer, J.* (Hrsg.): Getriebetechnik. 3. Aufl. (1976), Kurvengetriebe (1976), Koppelgetriebe (1979); Berlin (DDR): VEB Verlag Technik. – VDI-Handbuch Getriebetechnik. Bd. I und II. Düsseldorf: VDI-Verlag.

1 Bauteilverbindungen. Connections

1.1 Schweißen. Welding

J. Ruge, München, und **H. Wösle,** Braunschweig

(Abschnitt 1.1.1 von **K.-A. Ebert †,** Hattersheim)

Beim *Verbindungsschweißen* werden die Teile durch Schweißnähte am Schweißstoß zum Schweißteil zusammengefügt. Mehrere Schweißteile ergeben die Schweißgruppe und mehrere Schweißgruppen die Schweißkonstruktion. Damit ist das Schweißen zu einem die Gestaltung bestimmenden Fertigungsverfahren geworden. Durch *Auftragschweißen* können verschlissene Flächen von Werkstücken neu aufgetragen, Oberflächen weniger verschleißfester Werkstoffe mit Schichten aus Verschleißwerkstoffen gepanzert (Schweißpanzern), korrosiv unbeständige Trägerwerkstoffe mit korrosionsbeständigen Werkstoffen „plattiert" (Schweißplattieren) oder zwischen nichtartgleichen Werkstoffen durch den Auftragwerkstoff eine beanspruchungsgerechte Bindung erzielt werden (Puffern). Neben Metallen lassen sich auch Kunststoffe durch Schweißen miteinander verbinden.

1.1.1 Schweißverfahren. Welding processes

K.-A. Ebert †, Hattersheim

Verbindungsmöglichkeiten. Beim Metallschweißen werden die metallischen Werkstoffe verbunden:

Durch Erwärmen der Stoßstellen bis in den Schmelzbereich (Schmelzschweißen) meist unter Zusetzen von artgleichem Werkstoff (Zusatzwerkstoff) mit gleichem oder nahezu gleichem Schmelzbereich wie die zu verbindenden Werkstoffe. An der Stoßstelle ist also eine flüssige Zone vorhanden, die nach dem Erkalten Gußgefüge aufweist.

Durch Erwärmen der Stoßstellen (u.U. bis zum Schmelzen) *und Anwenden von Druck* (Preßschweißen). Da an der Verbindungsstelle kein Schmelzfluß, meist aber große plastische Verformung eingetreten ist, wird das Gefüge nach dem Erkalten in der Regel feinkörnig.

Durch Anwenden von Druck im kalten Zustand der Werkstoffe (Kaltpreßschweißen). Die Verbindung läßt sich nur bei großen plastischen Verformungen (oberhalb der Quetschgrenze) der oxidfreien Oberflächen an der Stoßstelle herstellen; das Gefüge ist sehr stark kaltverformt.

Durch Erwärmen der Schweißzone im Vakuum oder in einem Schutzgas unter Anwendung von geringem Druck ohne plastische Verformung an der Verbindungsstelle (Diffusionsschweißen). Die Temperatur an der Verbindungsstelle muß eine für die Diffusion der Metallatome ausreichende Höhe haben.

Wärmequellen. Zum Erzeugen der notwendigen Schweißtemperatur: Gasflamme (Gasschweißen), elektrischer Lichtbogen (Lichtbogenschweißen), Joulesche Wärme im Werkstück (Widerstands-Schweißen), Induktion (Induktions-Schweißen), Joulesche Wärme in der flüssigen Schweißschlacke (Elektro-Schlacke-Schweißen), Relativbewegung zwischen den Grenzflächen (Reibschweißen und Ultraschall-Schweißen), Energie hoch beschleunigter Elektronen (Elektronenstrahl-Schweißen), Lichtenergie extremer Fokussierung oder Bündelung (Lichtstrahl-Schweißen), exotherme chemische Reaktion (aluminothermisches Schweißen), flüssiger Wärmeträger (Gießschweißen) und Ofen (Feuerschweißen).

Verfahren. Beim Gas- und Lichtbogenschweißen überwiegen immer noch die *Handschweißverfahren*, bei denen die Wärmequelle, die Gasflamme oder der elektrische Lichtbogen, durch den Schweißer von Hand geführt wird. Zur Erhöhung der Schweißgeschwindigkeit kann der Schweißstelle der Zusatzwerkstoff von Spulen (Drahtelektrode) zugeführt werden – *teilmechanische Verfahren* –, wobei wegen der Stromzuführung zur Elektrode in unmittelbarer Nähe des Lichtbogens eine wesentlich höhere Stromdichte als bei der Handschweißung möglich ist. Insbesondere im Behälterbau oder bei Auftragschweißungen kann auch das Fortschreiten der Wärmequelle entlang der Schweißnaht durch eine Fahrbewegung des Schweißkopfes oder durch Bewegen – Fahren oder Drehen – des Werkstücks bewirkt werden – *vollmechanische Schweißverfahren*. In der Massenfertigung (Großserien) erfolgt das Schweißen in Spann- und Haltevorrichtungen mit automatischem – u.U. rechnergesteuertem – Ablauf des Schweißvorgangs – *automatisches Schweißen* –, u.U. unter Einsatz von Schweißrobotern.

Die heute häufig anzutreffenden Verfahren sind mit ihren kennzeichnenden Merkmalen und den Hauptanwendungsgebieten in **Tab. 1** zusammengestellt. Insgesamt werden weit über 200 Schweißverfahren gezählt. Einem Teil kommt nur noch geschichtliche Bedeutung zu, andere haben sich nicht einführen können, manche unterscheiden sich von bekannten Verfahren nur durch geringfügige Abwandlungen, und einige sind noch nicht über das Stadium der Sonderanwendungen hinausgekommen, so daß noch nicht mit Sicherheit gesagt werden kann, welche Bedeutung sie erlangen werden.

Neben den bereits aufgeführten Merkmalen der Wärmequellen und dem Grad der Mechanisierung unterscheiden sich die Verfahren in den Anwendungsmöglichkeiten. Bei manchen sind nur bestimmte Schweißpositionen möglich. Fugenform und Nahtart sind ebenfalls zum Teil oder ganz vom Schweißverfahren abhängig. Daneben bestehen beim Lichtbogenschweißen Unterschiede im Einbrandverhalten, unter dem die Aufschmelztiefe der Fugenflanken unter der Einwirkung des Lichtbogens zu verstehen ist. Die Auswahl des für die Fertigung optimalen Schweißverfahrens wird von einer Vielzahl sowohl technischer als

Tabelle 1. Übersicht über die wichtigsten Schweißverfahren

Schweißverfahren	Kennzeichnende Merkmale	Hauptanwendung
Gasschmelzschweißen (Autogenschweißen)	Der Injektor- oder der Gleichdruckbrenner erwärmt durch das verbrennende Gasgemisch – vorwiegend ein Acetylen-Sauerstoff-Gemisch im Mischungsverhältnis 1:1 bis 1:1,1 – die Schweißstelle auf Schmelztemperatur. In der Schweißfuge fehlender Werkstoff wird durch Zusatzdraht (Gasschweißstab) zugegeben.	Besonders für Stumpf- und Eckstöße in allen Schweißpositionen vorwiegend bei Dünnblechen und Rohren aus Stahl und bei Kupfer. Wanddicken normal bis 5 mm, maximal etwa 15 mm. Bis 3 mm Wanddicke Nachlinks-, über 3 mm Nachrechtsschweißung.

Tabelle 1 (Fortsetzung)

Schweißverfahren	Kennzeichnende Merkmale	Hauptanwendung
Offenes Licht-bogenschweißen	Der Lichtbogen brennt sichtbar in der Atmosphäre.	
Lichtbogen-Handschweißen (abschmelzende Elektrode)	Der offene Lichtbogen brennt zwischen der Elektrode, die gleichzeitig als Zusatzwerkstoff abschmilzt, und dem Werkstück. Der Schweißstrom – 15 bis 20 A/mm² Kerndrahtquerschnitt der Elektrode bei 10 bis 45 V Lichtbogenbrennspannung – wird von Geräten besonderer Bauart, als Gleichstrom von Schweißumformern oder Schweißgleichrichtern oder als Wechselstrom von Schweißtransformatoren geliefert. Der Kerndraht der Elektroden ist meist aus Werkstoffen gleicher oder ähnlicher chemischer Zusammensetzung wie die zu verschweißenden Teile hergestellt. Die Art der Umhüllung (z.B. sauer, rutil, basisch oder zellulosehaltig) hat Einfluß auf das Schweißverhalten der Elektrode und die Eigenschaften der fertigen Schweißnaht. Neben der metallurgischen Wirkung der Hüllenbestandteile (Reaktion zwischen Schlacke und Schweißgut) können diese auch zur Erhöhung des Ausbringens (Hochleistungs-Elektrode) oder zum Legieren des Schweißgutes (hüllenlegierte Elektroden) beitragen.	Bei allen Stoß- und Nahtarten, in allen Schweißpositionen und für fast alle Eisen- und Nichteisenmetalle bei entsprechender Auswahl der Elektroden und der Schweißbedingungen (Vorwärmung, Wärmeführung beim Schweißen, Abkühlung, Wärmenachbehandlung). Kleinste Wanddicke etwa 1 mm.
Metallichtbogen-schweißen mit Fülldraht-elektrode	Lichtbogen brennt ohne zusätzliche Schutzgaszuführung zwischen der von der Rolle zugeführten abschmelzenden Elektrode und dem Werkstück. Die Elektrode ist zugleich Zusatzwerkstoff. Die röhrenförmige Elektrode (Außendurchmesser 1,0 mm und größer) enthält innen vorwiegend mineralische Bestandteile zur Desoxidation der Schmelze, aber auch Metallegierungen zum Auflegieren der Schmelze.	Vorwiegend für einlagige Kehlnahtschweißungen (bei mehrlagigen Schweißungen noch Gefahr der Porenbildung) unlegierter Kohlenstoffstähle und für Hartauftragungen (Verschleißschichten).
Kohlelichtbogen-schweißen (nicht abschmelzende Elektrode)	Lichtbogen brennt zwischen der Kohleelektrode und dem Werkstück oder zwischen zwei Kohleelektroden, wobei er durch eine besondere, vom Schweißstrom durchflossene Spule magnetisch beeinflußt und gerichtet, auf das Werkstück geblasen werden kann. Führung des Elektrodenhalters von Hand, teil- oder vollmechanisch.	Eck- und Bördelnähte bevorzugt als vollmechanisierte Schweißung bei Dünnblech aus Stahl in der Massenfertigung. Praktisch nicht mehr angewendet.
Unter-Pulver-Schweißen (UP-Schweißen)	Lichtbogen brennt zwischen einer nackten, von der Rolle zugeführten Drahtelektrode und dem Werkstück unter einer Schicht aus besonderem Schweißpulver. Der Schweißkopf wird von Hand (teilmechanisch) oder vollmechanisch geführt, die Drahtvorschubgeschwindigkeit kann durch die Lichtbogenlänge gesteuert sein; Zündung unter der Pulverschicht durch die der Schweißspannung überlagerte Hochfrequenzspannung. Zur Steigerung der Abschmelzleistung Anordnung von bis zu fünf Schweißköpfen möglich, deren Lichtbögen in derselben Kaverne brennen.	Bei Stumpf- und Kehlnähten hauptsächlich in waagerechter Schweißposition, aber auch horizontal und waagerecht an senkrechter Wand mit besonderen Vorrichtungen zum Halten des Pulvers. Kleinste Blechdicke etwa 2 mm, wegen der großen Abschmelzleistung aber vorwiegend bei dicken Blechen und langen Nähten.
Unter-Pulver-Band-Schweißen	Lichtbogen brennt zwischen einer von der Rolle zugeführten bandförmigen Elektrode (bis etwa 100 mm Breite) und der Werkstückoberfläche unter einer Schicht aus besonders zusammengesetztem Schweißpulver. Der Schweißkopf wird maschinell geführt. Die Bandvorschubgeschwindigkeit kann durch die Lichtbogenlänge gesteuert sein.	Vervollkommnung des UP-Schweißens für großflächige Auftragung vorwiegend von korrosionshemmenden Schichten (Schweißplattieren). Anwendung nur bei größeren Werkstückdicken wegen des Verzugs durch die Schweißwärme möglich.
Einseiten-Schweißen	Lichtbogen brennt wie beim UP-Schweißen zwischen der Drahtelektrode und dem Werkstück in der Schweißfuge unter einer Pulverschicht. Zur Steigerung der Abschmelzleistung werden bis zu drei Schweißköpfe hintereinander angeordnet. In die Schweißfuge kann auch vor der Schweißstelle Granulat aus Eisenlegierung eingebracht werden. Wegen des großen Schweißbades und der hohen örtlichen Wärmezufuhr ist Badsicherung (hoher Wurzelsteg oder kräftige Wurzellage) erforderlich.	Vorwiegend im Schiffbau zum Schweißen langer Stumpfnähte ausschließlich von einer Seite ohne Wenden des Werkstücks (Sektionsbauweise) bis etwa 40 mm Werkstückdicke an unlegierten und Feinkornstählen bis StE 360.
Schutzgas-schweißen	Der sichtbare Lichtbogen brennt in einem Schutzgasmantel.	
Wolfram-Inert-gas-(WIG-) Schweißen	Lichtbogen brennt in einem Schutzstrom aus inertem Gas zwischen der Wolfram-Elektrode (mit Thoriumzusatz) und dem Werkstück. Der Zusatzwerkstoff wird von Hand oder maschinell von Rollen zugegeben. Als Schutzgas wird in Deutschland fast ausschließlich Argon verwendet, daneben (selten) Argon-Heliumgemische und reines Helium. Schweißungen mit Gleichstrom, nur bei Aluminium und dessen Legierungen mit Wechselstrom. Hochfrequenzüberlagerung zur Erleichterung der Zündung.	Bei allen Stoß- und Nahtarten und in allen Schweißpositionen für nahezu alle metallischen Werkstoffe, vorwiegend aber die korrosions- und zunderbeständigen CrNi-Stähle, Aluminium und dessen Legierungen (ohne Flußmittel), Kupfer und -legieren (mit Flußmittel) bis zu mittleren Blechdicken.

Tabelle 1 (Fortsetzung)

Schweißverfahren	Kennzeichnende Merkmale	Hauptanwendung
(Wolfram-) Plasma-(WP)-Schweißen	Das Lichtbogen-Plasma (in Elektronen und Ionen zerlegte ein- oder mehratomige Gase – vorzugsweise Argon, Stickstoff oder Wasserstoff) schmilzt Grund- und Zusatzwerkstoff.	
Plasma-Strahl-Schweißen	Lichtbogen brennt zwischen Wolfram-Elektrode und Innenwand der Düse (nicht übertragener Lichtbogen). Der aus der Düse herausgedrückte Plasma- (ionisierte Schutzgas-)Strahl schmilzt den Werkstoff (und den als Draht oder Stab zugeführten Zusatzwerkstoff) an der Schweißstelle oder erwärmt die Werkstückoberfläche bis auf Bindetemperatur und den pulverförmig zugeführten Zusatzwerkstoff (vorwiegend Hartlegierungen) bis auf Schmelztemperatur.	Vorwiegend zum Verbindungsschweißen hochlegierter Stähle kleiner Wanddicken (z.B. Längsnahtschweißen von Rohren) und zum Auftragen (Schweißplattieren) von Legierungen mit schwer schmelzbaren Bestandteilen (Karbiden) bei geringer Aufschmelzung des Trägerwerkstoffs.
Plasma-Lichtbogen-Schweißen	Lichtbogen brennt zwischen Wolfram-Elektrode und Werkstück (übertragener Lichtbogen). Zünden wird durch einen in der Düse zwischen Wolfram-Elektrode und Düseninnenseite brennenden Lichtbogen geringer Stromdichte (Pilot-Lichtbogen) erleichtert. Zuführen des Zusatzwerkstoffes vorwiegend in Pulverform. Stärkeres An-(Auf-)Schmelzen des Grundwerkstoffs als beim Plasma-Strahl-Schweißen.	Vorwiegend zum Auftragen (Schweißplattieren) korrosions- und verschleißhemmender Schichten sowie von hochtemperaturbeständigen Werkstoffen auf Grundwerkstoffe geringerer Beständigkeit.
Metall-Inertgas-(MIG-)Schweißen	Lichtbogen brennt in einem Schutzstrom aus inertem Gas zwischen der von der Rolle zugeführten abschmelzenden Metallelektrode und dem Werkstück. Die Elektrode ist zugleich Zusatzwerkstoff und daher auf den zu verschweißenden Werkstoff abzustimmen. Schutzgas reines Argon. Wegen der Stromzuführung zur Elektrode in unmittelbarer Nähe des Lichtbogens sind Stromdichten um 100 A/mm² mit der daraus folgenden hohen Abschmelzgeschwindigkeit möglich. Elektrodendmr. vorwiegend unter 2,4 mm. Sprühlichtbogen (hohe Stromdichte) bei größeren Wanddicken und Auftragungen in waagerechter, Kurzlichtbogen (niedrige Stromdichte und dünne Drahtelektrode) bei kleinen Wanddicken, schweißempfindlichen Werkstoffen und in allen Schweißpositionen. Für empfindliche Werkstoffe und in anderen Sonderfällen rhythmische Unterbrechung des Lichtbogens durch elektronische Steuerung des Schweißstromes (Impulslichtbogen) zur Begrenzung der Wärmezufuhr zur Schweißstelle.	Bei fast allen Stoß- und Nahtarten in allen Schweißpositionen für alle legierten Stähle, Aluminium und seine Legierungen, Kupfer und Kupferlegierungen (mit Flußmittel) über etwa 1 mm Blechdicke.
Metall-Aktivgasschweißen mit Mischgas (MAGM)	Gasgemische aus Argon, Kohlendioxid (bis 18%) und Sauerstoff (bis 5%) sollen die Nachteile inerter Schutzgase (Preis, Porenbildung bei einigen Werkstoffen) und der Kohlensäure (Spitzen, Abbrand von Legierungselementen) vermindern. Sprüh-, Kurz- und Impuls-Lichtbogen wie beim MIG-Schweißen.	Für unlegierte, niedriglegierte und einige hochlegierte Stähle aller Blechdicken und in allen Schweißpositionen. Beim Schweißen der hochlegierten korrosionsbeständigen Stähle ist Abnahme der Korrosionsbeständigkeit durch Chromcarbidbildung in Abhängigkeit vom CO_2-Gehalt des Schutzgases zu berücksichtigen.
Metall-Aktivgasschweißen mit Kohlendioxid-(CO_2) (MAGC)	*Kohlendioxid* dient als Ersatz für das teurere Argon oder Helium, jedoch wird bei hohen Temperaturen Sauerstoff aus dem Gas abgespalten, das mit dem zu verschweißenden Werkstoff und Zusatzwerkstoff reagiert (Oxydation). Verbrennende Legierungselemente (Silicium, Mangan) müssen durch Zusatzwerkstoff (überlegiert) – auch zur Desoxidation des Schweißgutes – zugeführt werden.	Überwiegend für beruhigte unlegierte Stähle aller Dickenbereiche in Sprühlichtbogen- oder Kurzlichtbogentechnik (kleine Dicken, Zwangslagen).
	Kohlendioxid oder Mischgas mit *Falzdraht* oder Fülldraht, einem zu einem Röhrchen gefalzten Blechstreifen mit eingeschlossenem Schweißpulver als Elektrode und Zusatzwerkstoff, ist eine Weiterentwicklung der Metallaktivgas-Schweißverfahren zur besseren metallurgischen Beeinflussung des Schweißguts.	Vorwiegend für unlegierte Stähle bei waagerechter Schweißposition und für Auftragung (Verschleißschichten).
Strahl-Schweißen	Energiereiche gebündelte Strahlung erzeugt bei ihrem Auftreffen auf bzw. Eindringen in das Werkstück die für den Schweißprozeß erforderliche Wärme.	
Elektronenstrahl-Schweißen	Die kinetische Energie von Elektronen, durch Hochspannung (bis 150 keV) auf hohe Geschwindigkeit beschleunigt, erwärmt das Werkstück an der Auftreffstelle auf Schmelztemperatur. Durch Bündelung des Elektronenstrahls (elektromagnetische Linsen) auf Brennfleckdurchmesser unter 0,1 mm begrenzte örtliche Erhitzung mit großer Tiefenwirkung. Schweißprozeß im Hochvakuum, da bei normaler Atmosphäre hohe Energieverluste (Ionisation der Luft).	Vorwiegend für schweißempfindliche Werkstoffe, Kfz-Industrie und Sonderaufgaben. Großer apparativer Aufwand (Vorrichtungen) bei Serienfertigung, genaue Vorbereitung der Stoßkanten.
Laserstrahl-Schweißen	Ein in einem Festkörper- oder Gas-Laser erzeugter Laserstrahl erwärmt nach Fokussierung in einer Linse beim Auftreffen auf das Werkstück die Schweißstelle auf Schweißtemperatur. Zum Schutz des Schweißgutes wird ein Schutzgas durch eine Düse auf die Schweißstelle geleitet. Maschinelle Führung des Lasers ist zweckmäßig und gleichzeitig die Möglichkeit einer programmierten Führung des Schweißstrahles.	Bisher wegen der begrenzten Energiemenge auf Sonderfälle beschränkt. Größere Einsatzmöglichkeiten derzeit beim Trennen von Kunststoffen (auch von Geweben).

G

Tabelle 1 (Fortsetzung)

Schweißverfahren	Kennzeichnende Merkmale	Hauptanwendung
Widerstands-Schmelzschweißen	Der Schmelzfluß wird durch elektrischen Widerstand erzeugt.	
Elektro-Schlacke-Schweißen	Schmelzflüssige Schlacke mit ähnlicher Zusammensetzung wie das Schweißpulver der Unter-Pulver-Schweißung wird durch den hindurchfließenden Strom erwärmt. Sie schmilzt den zu verschweißenden Werkstoff auf und den Zusatzwerkstoff ab. Stromzuführung zu der den Widerstand bildenden Schlacke über den von Rollen ablaufenden Zusatzdraht. Das Schmelzbad wird durch gekühlte Kupferbacken gehalten und geformt.	Für Stumpfstöße in senkrecht steigender Schweißposition bei unlegierten und niedriglegierten Stählen mit Werkstückdicken ab 8 mm bis etwa 1000 mm. Geeignet auch zum Auftragschweißen in senkrechter und waagrechter Schweißposition (Schweißplattieren).
Widerstands-preßschweißen	Der elektrische Widerstand in der Schweißzone erzeugt beim Stromdurchgang die zum Schweißen erforderliche Wärme. Die Bindung zwischen den zu verbindenden Stellen wird durch Zusammenpressen der Teile erzeugt. Der erforderliche Preßdruck muß um so höher sein, je niedriger die Temperatur ist.	
Punktschweißen	Die beiden flächig aufeinanderliegenden Werkstücke werden durch zwei gegenüberliegende, meist ballige Kupferelektroden an einzelnen Punkten aufeinandergedrückt. Der Schweißstrom, Wechselstrom- oder Gleichstrom hoher Stromstärke bei niedriger Spannung, erwärmt die zu verbindenden Teile durch den Übergangswiderstand punktförmig auf Schmelztemperatur oder dicht darunter.	Zum Verbinden von Blechen aus unlegiertem und legiertem Stahl, Leichtmetallen und anderen NE-Metallen. Blechdicke normal bei Stahl mit etwa 2×6 mm, bei Leichtmetall mit etwa 2×3 mm begrenzt. Größere Blechdicken (bis 30 mm bzw. bis 6 mm) erfordern sehr hohe elektrische Leistungen.
Preß-Stumpf-schweißen (Wulstschweißen)	Die sauberen, planparallel bearbeiteten Stoßflächen liegen unter Druck aufeinander. Durch den Übergangswiderstand der Berührungsfläche erwärmt der Schweißstrom – Wechselstrom mit hoher Stromstärke und geringer Spannung – die Werkstücke in einem schmalen Bereich auf die Schweißtemperatur, die dicht unter der Schmelztemperatur liegt. Verschweißung unter stetigem Stauchdruck mit Wulstbildung. Erwärmung statt durch direkten Stromdurchgang auch induktiv.	Stumpfstöße von Stab- und einfachen Profilformen aus unlegierten Stählen bis etwa 500 mm² Querschnitt.
Abbrenn-Stumpfschweißen	Die unbearbeiteten Stoßflächen werden während des Stromdurchgangs in so leichter Berührung gehalten, daß der Werkstoff an den kleinen örtlichen Berührungsstellen wegen der großen Stromdichte stetig abbrennt. Das flüssige Metall wird aus der Stoßstelle herausgeschleudert. Nach genügender Tiefe der Abbrandzone erfolgt die Verschweißung durch schlagartiges Stauchen unter gleichzeitiger Stromabschaltung. An der Schweißstelle entsteht ein Grat durch das aus der Stoßfuge herausgequetschte flüssige Material.	Stumpfstöße von Profilen und Blechen aus unlegierten und legierten Stählen, Leichtmetallen und Kupfer bis 100000 mm² Querschnitt. Auch die Verbindung verschiedenartiger Werkstoffe ist möglich, z.B. Schnellarbeitsstahl mit Werkzeugstahl.
Buckelschweißen	Die beiden flächig aufeinanderliegenden Werkstücke, von denen eines mit eingedrückten Buckeln oder geprägten Warzen (bei Muttern auch ringförmig) versehen ist, werden durch plattenförmige Elektroden aufeinandergedrückt. Der Schweißstrom – Wechsel- oder Gleichstrom hoher Stromstärke bei niedriger Spannung – erwärmt die Teile an den Berührungsstellen auf die Schweißtemperatur dicht unter der Schmelztemperatur. Buckel und Warzen werden durch den Stauchdruck eingeebnet.	Befestigen von Beschlägen, Muttern usw. an Flächen. Besonders an Stahl in der Massenfertigung (Preßteile), wenn mehrere Schweißstellen dicht beieinanderliegen und von den Plattenelektroden gleichzeitig erfaßt werden können.
Nahtschweißen	Den überlappt oder auch stumpf zu stoßenden Teilen wird der Strom, meist Wechselstrom hoher Stromstärke bei niedriger Spannung, über scheibenförmige Elektroden, die gleichzeitig den Stauchdruck übertragen, oder Schleifkontakte zugeführt. Es entsteht eine ununterbrochene Naht. Bei Stumpfstößen ein- oder beidseitig die Naht überdeckende Folien erforderlich (Folien-Nahtschweißen).	Meist zum Verbinden von Blechen aus unlegiertem Stahl besonders im Behälterbau, Blechdicke bei Stahl mit 2×3 mm, bei Leichtmetall mit 2×2 mm begrenzt.
Preßschweißen mit unterschiedlicher Energiezufuhr		
Gaspreß-schweißen	Die zu verbindenen Werkstücke werden an der Stoßstelle von Gasbrennern von außen, z.B. mit Ringbrennern (geschlossenes Gaspreßschweißen) oder von in die Stoßfuge eingeführten Brennern (offenes Gaspreßschweißen) auf Temperaturen unterhalb oder oberhalb des Schmelzpunktes der Fügeteile erwärmt und unter Druck vereinigt.	Bei Stumpfstößen von vorwiegend Rundmaterial aus unleg. Stählen, auch auf Rohre kleinerer Durchm. angewendet. Für hohe Beanspruchungen (statisch) ist Abbrennschweißen zu bevorzugen.
Lichtbogen-Preßschweißen (z.B. Cyc-Arc-Verfahren, Nelson-Verfahren)	Das vorwiegend runde, auf eine Fläche aufzuschweißende Werkstück (Bolzen) wird bei eingeschaltetem Schweißstrom mit der Fläche in Berührung gebracht, durch Abheben der Lichtbogen gezogen und nach vorgegebener Lichtbogenbrennzeit unter Abschalten des Stroms der Bolzen schlagartig auf die Fläche aufgepreßt.	Vorwiegend zum Aufschweißen von Gewinde- und Stehbolzen auf Flächen.

Tabelle 1 (Fortsetzung)

Schweißverfahren	Kennzeichnende Merkmale	Hauptanwendung
Kondensator-Stoßentladungs-Schweißen	Erzeugen der Schmelzwärme durch bei Annäherung der Werkstücke sich entladende Kondensatoren. Verbinden der Teile im Schmelzfluß unter Beibehalten des Anpreßdruckes bis zum Erstarren des Schmelzbads. Konzentrierte Wärmezufuhr mit geringer Wärmeableitung, daher auch Verschweißen von Teilen mit sehr unterschiedlichen Schmelztemperaturen möglich.	Vorwiegend dünne Bolzen und Stifte auf dicke Bleche. Stumpfschweißen von Drähten.
Reib-Schweißen	Die rotationssymmetrischen Teile werden in einer hochtourigen Drehvorrichtung aneinander gepreßt, wobei das eine Teil festgehalten wird, während das andere Teil sich dreht. Nach ausreichender Erwärmung wird der Kraftschluß des Antriebes aufgehoben und die Teile werden durch Druck miteinander verbunden.	Vorwiegend zum Verbinden kleiner und mittlerer rotationssymmetrischer Rohr- und Vollquerschnitte in der Serienfertigung.
Ultraschall-Schweißen	Die flächigen Teile werden unter Druck mechanischen Schwingungen im Ultraschallbereich ausgesetzt und dadurch miteinander verbunden. Es tritt sowohl Erwärmung als auch Aufreißen der ein Verbinden verhindernden Oberflächenschichten (Oxide) auf.	Vorwiegend zum Verbinden von Werkstoffen, die durch Punktschweißen nicht geschweißt werden können. Bisher auf Sonderfälle beschränkt.

auch wirtschaftlicher Faktoren bestimmt, so daß sich hierfür keine allgemeingültigen Regeln aufstellen lassen.

1.1.2 Schweißbarkeit der Werkstoffe
Weldability of materials

Die Schweißbarkeit metallischer Werkstoffe wird nach DIN 8528 in *Schweißeignung* (Verbindung kann aufgrund der Werkstoffeigenschaften hergestellt werden), *Schweißmöglichkeit* (fachgerechte Herstellbarkeit) und *Schweißsicherheit* (Betriebsbewährung des Bauteils) unterteilt. Bei Wahl eines zweckmäßigen Schweißverfahrens und sachgerechter Ausführung sind nahezu alle Stahlsorten und Nichteisenmetalle schweißbar.

Schweißeignung von Stahl

Werkstoffbedingte Einflüsse. Sie gliedern sich wie folgt:

Erschmelzungsart. Massenstähle (unlegierte Stähle) und niedriglegierte Stähle werden im Sauerstoff-Aufblaskonverter, Sonderstähle vorwiegend im induktiven oder Kohlelichtbogen-Elektroofen (E-Stahl) erschmolzen.

Vergießungsart (Desoxidation). Seigerungszonen im Kern unberuhigt vergossener Stähle sollen beim Schweißen nicht aufgeschmolzen („angeschnitten") werden (**Bild 1**),

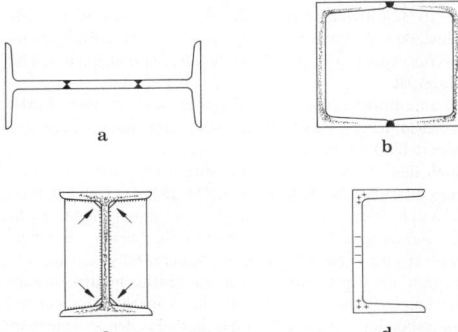

Bild 1. Nahtanordnungen bei Walzprofilen. **a** bei I-Träger Widerstandsmoment durch eingeschweißtes Blech vergrößert; **b** Schweißungen an seigerungsfreien Zonen zweier U-Profile; **c** Stegaussteifungen mit Aussparungen in den Walzprofilecken (unberuhigter Stahl); **d** Eigenspannungen in U-Profilen (+Zug, −Druck)

da sie Anreicherungen an Schwefel (Rotbruch), Phosphor (Kaltbruch), Stickstoff (Alterung) und Kohlenstoff (Härtung) enthalten. Durch Beruhigen der Schmelze (Zugabe von 0,1 bis 0,3% Si oder doppeltes Beruhigen mit Silicium und Aluminium) werden die Entmischungsvorgänge beim Erstarren vermieden.

Alterung (Reckalterung). Wichtigstes Kennzeichen der Alterung von Stahl ist die Abnahme der Zähigkeit durch Lagern nach Kaltverformung, d.h. Übergang vom zähen zum spröden Bruch im Kerbschlagversuch bereits bei Raumtemperatur. Alterung steigert beim Zusammentreffen ungünstiger Umstände die Gefahr eines Sprödbruchs.

Chemische Zusammensetzung. Außer Schwefel, Phosphor und Stickstoff seien einige weitere Elemente in ihrer Bedeutung für die Schweißeignung hervorgehoben:

C-Gehalt: In unlegierten Stählen ist bis zu 0,25% unter normalen Schweißbedingungen keine wesentliche Aufhärtung neben der Schweißnaht zu erwarten; sie tritt erst auf, wenn die kritische Abkühlungsgeschwindigkeit verringert wird: durch höhere Kohlenstoffgehalte allein (über 0,25%) oder durch Kohlenstoff in Verbindung mit Legierungselementen wie Mangan, Molybdän, Chrom, Nickel u.a. Gut schweißbar sind solche legierte Stoffe, z.B. Mn-Stähle mit bis 4% Mn, wenn der C-Gehalt niedrig liegt.

Mn-Gehalt: In unlegierten Stählen wirkt Mangan bis etwa 4% günstig (Erhöhung von Festigkeit und Kerbschlagzähigkeit), daher ist es Hauptelement (bis etwa 1,5%) in höherfesten Feinkornstählen. Bei Gehalten über 12% (Mangan-Hartstahl) sind Sondermaßnahmen beim Schweißen (sehr schnelle Abkühlung) wegen der Bildung von ε-Martensit erforderlich. In austenitischen Cr-Ni-Stählen setzt Mangan (bis etwa 6%) die Rißneigung herab.

Si-Gehalt: Unlegierte Stähle oberhalb etwa 0,6% neigen zu Poren- und Rißbildung. In Drahtelektroden für das Metall-Aktivgas-Schweißen (z.B. CO_2) sind jedoch etwa 1,1% für eine Desoxidation des Schweißguts erforderlich.

Cu-Gehalt: Liegt allgemein nur als Verunreinigung vor. Gehalte um 0,5% in witterungsbeständigen Stählen können zusammen mit höheren C-Gehalten (über etwa 0,20%) Riß- und Versprödungsgefahr bewirken.

Cr-Gehalt: Liegt in unlegierten Stählen nur als Verunreinigung (unter 0,2%) vor. In warmfesten Stählen (bis 5%) starke Herabsetzung der kritischen Abkühlungsgeschwindigkeit (Lufthärter), sie sind daher nur mit Vorwärmung (bis etwa 400 °C) schweißbar. Ferritische und martensitische Cr-Stähle (9 bis 30% Cr) sind wegen Grobkorn- und Sigmaphasen-Bildung in und neben der Naht nur bedingt, evtl. mit austenitischen Zusatzwerkstoffen und mit Vorwärmung und Wärmenachbehandlung schweißbar. In austenitischen Cr-Ni-Stählen (16 bis 25% Cr) besteht bei ungünstig hohen Cr-Gehalten und nicht zweckentsprechenden Schweißbedingungen die Gefahr einer Sigmaphasen-Versprödung.

Ni-*Gehalt:* Vorwiegend in hochfesten Feinkorn- und Vergütungsstählen (bis etwa 2%). Erfordert wegen Förderung der Durchvergütbarkeit (Martensit) genaue Abstimmung der Schweißbedingungen und Verwendung wasserstoffkontrollierter Elektroden. Kaltzähe Ni-Stähle (vorwiegend 5 bis 9%) sind ebenfalls Vergütungsstähle, jedoch mit niedrigem C-Gehalt (unter 0,1%). Sie sind mit austenitischen oder hochnickelhaltigen Zusatzwerkstoffen schweißbar. In austenitischen Cr-Ni-Stählen wirkt Ni als Austenitbildner und wirkt sich in der Regel nicht nachteilig auf die Schweißbarkeit aus.

Mo-*Gehalt:* Ist in höherfesten Feinkornstählen (bis 0,5%) und in warmfesten Stählen (bis 1%) ohne direkten Einfluß auf die Schweißbarkeit. In austenitischen Cr-Ni-Stählen über etwa 3% besteht Versprödungsgefahr durch Förderung von Sigma- und Laves-Phase bei ungünstigen Schweißbedingungen.

Ti- und Nb-*Gehalt:* Ist in Feinkornstählen (bis etwa 0,3%) ohne direkten Einfluß auf die Schweißbarkeit. In austenitischen Cr-Ni-Stählen wird Ti zur Verhinderung des Kornzerfalls (Abbinden des Kohlenstoffs zu Sondercarbiden) zulegiert. Bei zu hohen Gehalten (über etwa 1%) besteht die Gefahr einer Versprödung der Grundmasse.

Al-*Gehalt:* Liegt in Feinkornstählen als Desoxidations- und Denitrierungsmittel mit gleichzeitiger Wirkung auf Feinkörnigkeit vor. Bei zu hohen Gehalten (über etwa 0,03%) wird eine Rißneigung durch Korngrenzenausscheidungen im Schweißgut und in der wärmebeeinflußten Zone begünstigt.

Werkstoffbedingte Bruchgefahren. Hochbeanspruchte Schweißverbindungen sollen auf etwaige Überlastung durch plastische Verformung und nicht durch verformungslosen Bruch (Sprödbruch) reagieren. Die Neigung zum Sprödbruch wächst mit fallender Temperatur, steigender Beanspruchungsgeschwindigkeit, zunehmender Mehrachsigkeit der Beanspruchung (z.B. Kerbwirkung von Anrissen, ungünstige Gestaltung) und zunehmender Blechdicke. Weiter wird die Sprödbruchneigung durch solche Zusätze im Stahl erhöht, welche die Aufhärtung oder die Alterung begünstigen oder verstärken. Die Sprödbruchneigung nimmt vom Feinkornstahl (Al-beruhigt) über den beruhigt vergossenen zum unberuhigt vergossenen Stahl zu (vgl. DIN 17100). Terrassenbruchgefahr besteht bei Walzerzeugnissen, wenn diese in Dickenrichtung beansprucht werden (Fertigungsbeanspruchung, z.B. durch Schweißeigenspannungen oder Betriebsbelastung). Ursache sind zeilenförmig angeordnete Sulfideinschlüsse.

Die Schweißsicherheit

Sie ist bei einer Konstruktion durch die konstruktive Gestaltung (Kraftfluß, Nahtanordnung, Werkstückdicke, Kerbwirkung, Steifigkeitssprünge) und den Beanspruchungszustand (Art und Größe der Spannungen, Mehrachsigkeitsgrad, Beanspruchungsgeschwindigkeit, Temperatur, Korrosion) bedingt.

Grundregeln für Nahtanordnung. Zahl der Schweißnähte klein halten, Nähte nicht an Stellen höchster und ungün-

stiger Beanspruchung anordnen, Nahtkreuzungen vermeiden, bei Nahtanordnung Kraftfluß beachten, bei Walzprofilen günstige Nahtlage vorsehen, z.B. bei eingeschweißtem Stegblech eines I-Trägers (**Bild 1a**), Verschweißen von U-Profilen (**Bild 1b**), Stegaussteifungen (**Bild 1c**) unberuhigte Zonen vermeiden und an Profilenden schweißen. In Zug-Eigenspannungszonen (**Bild 1d**) Schweißungen vermeiden.

Bauteildicke. Bei dünnen Blechen besteht nach dem Schweißen ein vorwiegend zweiachsiger Eigenspannungszustand in der Blechebene (**Bild 2a, b**), die Spannung in der dritten Richtung steigt mit zunehmender Blechdicke an. Dreiachsiger Zugspannungszustand bedeutet erhöhte Sprödbruchgefahr, da die Zugspannung der dritten Richtung (Blechdicke) die plastische Verformung und damit den Spannungsabbau behindert. Mit zunehmender Blechdicke nimmt außerdem die Gefahr der Aufhärtung neben der Schweißnaht (Wärmeeinflußzone) in Abhängigkeit von Schweißverfahren und Schweißbedingungen zu. Bei unlegierten Stählen wird ab etwa 25 mm Blechdicke daher Vorwärmen auf 100 bis 400 °C je nach Werkstoff und Dicke und/oder Spannungsarmglühen z.B. bei 600 bis 650 °C angewendet. Bei legierten Stählen sind die Vorwärm- und Wärmenachbehandlungstemperaturen in Abhängigkeit von den Legierungselementen, den zu verschweißenden Querschnitten und dem Schweißverfahren festzulegen (Werkstoffblätter der Stahlwerke).

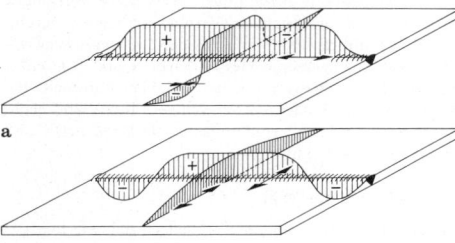

a

b

Bild 2. Schweißeigenspannungen. **a** in Nahtrichtung (Längsspannungen); **b** quer zur Nahtrichtung (Querspannungen)

Nach den Technischen Regeln für Dampfkessel (TRD) und den Druckbehältervorschriften (AD) ist Normalglühen oder Vergüten nach dem Schweißen erforderlich, wenn die geforderten Eigenschaften der Schweißverbindungen nur dadurch erzielbar sind, bei Kaltverformung die Reckung der äußeren Faser 5% ($R > 10 s$, Betriebstemperatur $> -10 °C$) bzw. 2% ($R > 25 s$, Betriebstemperatur $< -10 °C$) überschreitet und wenn vor oder nach dem Schweißen Warmverformung bei einer Verformungstemperatur außerhalb des Normalglüh-Temperaturbereichs erfolgt ist.

Spannungsarmglühen bzw. Vergüten wird je nach Werkstoffzusammensetzung, Wanddicke und Bauteilform gefordert (AD-Merkblatt HP 7/1 und HP 7/2).

Nach den Normen für geschweißte Stahlbauten mit vorwiegend ruhender Belastung (DIN 18801) darf bei Profilstählen Stahl der Gütegruppe 1 und unberuhigter Stahl der Gütegruppe 2 (DIN 17100) nur für Dicken bis höchstens 16 mm verwendet werden, anderenfalls sind die zulässigen Beanspruchungen auf die Hälfte herabzusetzen. Für kaltverformte Baustähle ist das Schweißen im Verformungsbereich einschließlich des Bereichs der anliegenden Flächen von der Breite $5 s$ nur bei einem Biegeradius $R \geq 10 s$ an allen Blechdicken und bei $R \geq 3,0 s$ an Blechdicken $s \leq 24$ mm, bei $R \geq 2 s$ an Blechdicken $s \geq 12$ mm, bei $R \geq 1,5 s$ an Blechdicken $s \leq 8$ mm und bei $R \geq 1,0 s$ an Blechdicken $s \leq 4$ mm zulässig.

Fertigungsbedingte Schweißsicherheit. Sie wird durch die Vorbereitung zum Schweißen (Schweißverfahren, Zusatzwerkstoff, Stoßart, Fugenform, Vorwärmung), die Ausführung der Arbeit (Wärmeführung, Wärmeeinbringung, Schweißfolge) und die Nachbehandlung (Wärmebehandlung, Bearbeitung, Beizen) beeinflußt.

Bei dicken Querschnitten sind *Schweißverfahren* mit großer Wärmezufuhr zu bevorzugen (Ausnahme: Feinkornstähle, hochfeste vergütete Baustähle, vollaustenitische Stähle, Chrom-Stähle). Die *Fugenform* soll so gewählt werden, daß die Schweißgutmenge bei sicherem Aufschmelzen der Fugenflanken möglichst klein gehalten wird. Die *Mehr-Lagen-Schweißung* ist bei größeren Schweißquerschnitten der *Ein-Lagen-Schweißung* vorzuziehen, da die erstgeschweißten Lagen durch die nachfolgenden wärmebehandelt (normalgeglüht) werden. Die letzte Lage besitzt wie die Ein-Lagen-Schweißung Gußstruktur.

Die *Schrumpfung* der Schweißnähte bedeutet Maß- und Formänderungen des Schweißteils oder Schweißeigenspannungen durch das Zusammenziehen des Schweißguts beim Abkühlen. Diese Wirkung wird dadurch verstärkt, daß zuvor beim Erwärmen der Schweißstelle der Werkstoff wegen der Behinderung durch den umgebenden kalten Werkstoff gestaucht wurde. Die *Querschrumpfung* ist abhängig von Schweißverfahren, Werkstückdicke und Anzahl der Schweißlagen (**Bild 3a**), die *Winkelschrumpfung* tritt besonders bei Nähten mit unsymmetrischen Fugenformen auf, **Bild 3b**. Die Maß- und Winkeländerungen sind durch Zugaben und Winkelvorgabe zu berücksichtigen. Die *Längsschrumpfung* führt bei kleineren Werkstückdicken und besonders bei Kehlnähten zu Verkürzungen (0,1 bis 0,3 mm/m), Krümmungen, Beulungen und Verwerfungen. Die verkrümmende Wirkung wird aber auch absichtlich und kontrolliert bei Brücken- und Krankonstruktionen genutzt. Können verschweißte Teile der Schrumpfung nicht ungehindert folgen, so entstehen die besonders gefährlichen „Reaktionsspannungen", die eine rißfreie Wurzelschweißung erschweren oder unmöglich machen.

Richten von Konstruktionsteilen vor und nach dem Schweißen kann entweder unter Aufbringen äußerer Kräfte oder durch Schrumpfwirkung erkaltender Teile (Richten mit der Flamme) erfolgen. Kaltrichten ist wegen Rißgefahr möglichst zu vermeiden.

Die *Schweißfolge*, d.h. die Reihenfolge der Schweißarbeiten innerhalb einer Naht und im ganzen Bauteil, beeinflußt die Maß- und Formänderung wie auch die Schweißeigenspannungen. Beide können durch zweckentsprechendes Festlegen der einzelnen Schweißschritte in einem Schweißfolgeplan in Grenzen gehalten werden. Bei Trommeln werden z.B. erst die Längsnähte, dann die Rundnähte geschweißt; Schweißfolge bei Längs- und Quernähten an Platten gemäß **Bild 4a**. Abschnittsweises Schweißen im Pilgerschrittverfahren empfiehlt sich bei Längsnähten, **Bild 4b**.

Der Schwierigkeitsgrad beim Schweißen wächst in der Reihenfolge der *Schweißpositionen* von Wannen- (w), Horizontal- (h) über Fall- (f), Steig- (s), Quer- (q) zu Überkopfposition (ü): **Bild 5**. Position (f) ist nur mit bestimmten Elektroden (Fallnaht-Elektroden) und Schweißbedingungen (Kurzlichtbogen beim MIG/MAG-Schweißen) möglich.

Muß bei Temperaturen unterhalb des Gefrierpunkts geschweißt werden, so ist der *Schweißplatz* auf mindestens +10 °C zu *erwärmen* und das Werkstück vorzuwärmen (50 bis 100 °C); bei Arbeiten in großer Höhe muß ein Windschutz angebracht werden.

Zusatzwerkstoff. Er soll so ausgewählt werden, daß die Festigkeitswerte (Streckgrenze, Zugfestigkeit, Dehnung und

Nahtquerschnitt	Schweißverfahren und Nahtaufbau	Querschrumpfung in mm
	Lichtbogenschweißen Mantelelektrode, 2 Lagen	1,0
	Lichtbogenschweißen Mantelelektrode, 5 Lagen Wurzel ausgefugt, 2 Wurzellagen	1,8
	Gasschweißen nach rechts	2,3
	Lichtbogenschweißen Mantelelektrode, 20 Lagen ohne rückseitige Schweißung	3,2

a

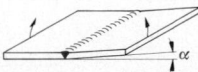

Nahtquerschnitt	Schweißverfahren und Nahtaufbau	Winkelschrumpfung α
	Lichtbogenschweißen Mantelelektrode, 5 Lagen	3½°
	Lichtbogenschweißen Mantelelektrode, 5 Lagen Wurzel ausgefugt, 3 Wurzellagen	0°
	Lichtbogenschweißen Mantelelektrode 8 breite Lagen	7°
	Lichtbogenschweißen Mantelelektrode 22 schmale Raupen	13°

b

Bild 3. Schrumpfungen bei einem Stumpfstoß nach *Malisius.* **a** Querschrumpfung; **b** Winkelschrumpfung

Kerbschlagzähigkeit) der Schweißverbindung mindestens die Gewährleistungs- (Berechnungs-) oder Normwerte des Grundwerkstoffs erreichen. Ausreichende Verformungsfähigkeit des Schweißguts ist besonders dann von Bedeutung, wenn der Grundwerkstoff geringe Schweißeignung hat, oder wenn aus anderen Gründen Sprödbruchgefahr besteht. In diesem Fall sind Elektroden mit wasserstoffkontrollierter basischer Umhüllung und erhöhtem Mn-Gehalt (1,0 bis 1,8%) oder gleichwertige Drahtelektroden zu bevorzugen.

Normen: *DIN 1913*: Stabelektroden für das Verbindungsschweißen von Stahl, unlegiert und niedriglegiert. – *DIN 8554*: Gasschweißstäbe für Verbindungsschweißen von Stählen, unlegiert und niedriglegiert. – *DIN 8555*: Schweißzusatzwerkstoffe zum Auftragschweißen. –

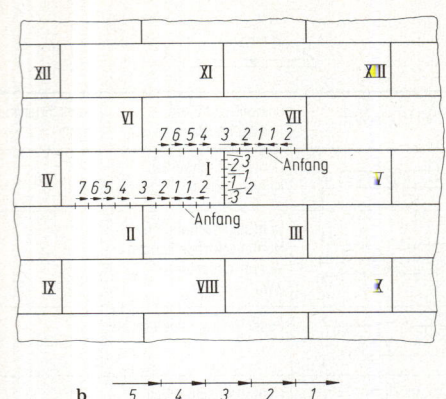

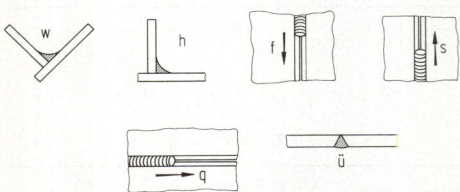

Bild 4. Schweißfolge. **a** Reihenfolge der Schweißschritte *1* bis *7* in den 6 Längsnähten und Schweißschritte *1* bis *3* in den Quernähten I bis XIII einer Plattenwand; **b** Pilgerschritt-Schweißung

Bild 5. Schweißpositionen (s. Text)

DIN 8556: Schweißzusatzwerkstoffe für das Schweißen nichtrostender und hitzebeständiger Stähle. – *DIN 8557:* Schweißzusätze und Schweißpulver für das Unterpulver-Schweißen. – *DIN 8559:* Schweißzusatz für das Schutzgasschweißen. Über Schweißeignung der einzelnen Stähle s. E 3.1.

Schweißbarkeit von Gußeisen, Temperguß und Nichteisenmetallen

Grauguß (GG-15 bis GG-35) wird vorwiegend in Reparatur- und Ausbesserungsfällen geschweißt. Bei kleineren Wanddicken empfiehlt sich die Gasschmelzschweißung, bei dickeren Querschnitten die Lichtbogen-Handschweißung mit besonders legierten Gußeisen-Schweißstäben unter Anwendung eines Flußmittels bzw. von Elektroden bei teilweiser Verwendung eines Flußmittels und Vorwärmen des Werkstücks auf 600 bis 700 °C (Warmschweißung). Kaltschweißungen (Lichtbogen-Handschweißung) mit Nickel-, Nickel-Kupfer- (Monel-) oder Nickel-Eisen-Stabelektroden werden mit einer Vorwärmung von 100 bis 200 °C ausgeführt. Das Schweißgut ist gut, die Wärmeeinflußzone meist gut (abhängig von den Schweißbedingungen) bearbeitbar, dagegen nicht bei Verwendung normaler Stahlelektroden (B-Typ) oder Stahl-Sonderelektroden (erhöhter C-Gehalt) ohne Wärmenachbehandlung.

Schwarzer Temperguß (GTS) und *weißer Temperguß (GTW)* lassen sich stets weichlöten. Schweißbarkeit muß mit dem Hersteller besonders vereinbart werden. Bei GTW-S 38-12 ist bis 8 mm Wanddicke dagegen stets Schweißeignung für Konstruktionsschweißungen vorhanden (ohne Wärmenachbehandlung). Für untergeordnete Zwecke können auch GTS (Temperkohle über den ganzen Querschnitt) und GTW (entkohlte Randzone mit nor-

malen oder niedriglegierten Zusatzwerkstoffen geschweißt werden, wobei GTS wegen des im Schweißgut zusätzlich gelösten Kohlenstoffs (aufgeschmolzene Temperkohle) harte und rißgefährdete Nähte ergibt (Vorwärmen auf 200 bis 250 °C).

Gußeisen mit Kugelgraphit (GGG) kann mit Sonder-Elektroden (Ni-legiert) unter Vorwärmung (500 °C) und Wärmenachbehandlung (900 bis 950 °C) sowie Anlassen (700 bis 750 °C) geschweißt werden. Ohne Wärmebehandlung ähnliches Verhalten wie bei schwarzem Temperguß.

Aluminium ist unlegiert nahezu nach allen Verfahren schweißbar. Kaltverfestigung wird in der wärmebeeinflußten Zone durch Kristallerholung und Rekristallisation aufgehoben.

Aushärtende Aluminiumlegierungen üblicher Zusammensetzung als Kalt- oder Warmaushärter lassen sich größtenteils nach fast allen Verfahren schweißen. Im Schweißgut und in der wärmebeeinflußten Zone ist keine Aushärtung vorhanden bzw. wurde die durch die Wärmeeinwirkung aufgehoben. AlZnMg wird im ausgehärteten Zustand geschweißt. Anschließend ergibt sich ein Festigkeitsanstieg im Nahtbereich durch Selbstaushärtung. Schweißverfahren mit schmaler Wärmeeinflußzone sind aus Festigkeitsgründen zu bevorzugen. Bei gleichartigem Zusatzwerkstoff kann eine Wärmebehandlung nach dem Schweißen gleiche Festigkeiten wie im Grundwerkstoff ergeben.

Nichtaushärtende Aluminiumlegierungen lassen sich in der Regel gut nach allen Verfahren schweißen. Bei Magnesium als Legierungselement treten über 5% Mg Schwierigkeiten auf, so daß diese Legierungen für Schweißkonstruktionen nicht eingesetzt werden.

Kupfer bereitet in den sauerstoffarmen Sorten keine Schwierigkeiten. Die Elektrotechnik verwendet aber viel sauerstoffhaltiges Kupfer, das beim Gasschweißen schäumt. Mit Schutzgas-Schweißverfahren und u.U. besonders legierten Zusatzwerkstoffen lassen sich sowohl für die Festigkeit als auch für die Leitfähigkeit ausreichende Ergebnisse erzielen.

Kupferlegierungen wie CuZn (Messing), CuSn (Bronze) und CuSnZn (Rotguß) lassen sich bei ausreichender Erfahrung zufriedenstellend schweißen. Aus dem Messing dampft bei Lichtbogen-Schweißverfahren jedoch Zink aus, so daß die Schweißnaht kupferreicher wird; bei verschiedenen Bronzen können Entmischungsvorgänge eintreten.

Nickel und *Nickellegierungen* sind gut schweißbar (Ausnahme: Nickel-Eisen-Legierungen). Die hohe Gasaufnahme (Sauerstoff, Wasserstoff) erfordert ebenso wie die Neigung zur Grobkörnigkeit besondere Maßnahmen beim Schweißen (geringe Wärmezufuhr, Schutzgas) und bei den Zusatzwerkstoffen (desoxidierende Bestandteile). Sauberkeit (Fettfreiheit) der Fügebereiche ist erforderlich. Lichtbogen-Schweißverfahren sind zu bevorzugen.

Schweißzusatzwerkstoffe. Es gilt stets der Grundsatz der *artgleichen* Schweißung, von dem nur in begründeten Ausnahmefällen oder, wenn eine artgleiche Schweißung schweißtechnisch nicht möglich ist, abgewichen werden sollte.
Normen: *DIN 1732:* Schweißzusatzwerkstoffe für Aluminium. – *DIN 1733:* Schweißzusätze für Kupfer und Kupferlegierungen. – *DIN 1736:* Schweißzusätze für Nickel und Nickellegierungen. – *DIN 8573:* Schweißzusatzwerkstoffe zum Schweißen von Gußeisen; T1 Umhüllte Stabelektroden für das Lichtbogenhandschweißen an Gußeisen mit Lamellengraphit oder mit Kugelgraphit und an Tem-

perguß; T2 Nicht umhüllte Stabelektroden und Schweiß-
stäbe zum Schweißen von Gußeisen mit Lamellengraphit
oder mit Kugelgraphit.

1.1.3 Stoß- und Nahtarten. Types of weld and joint

Die Stoßart ergibt sich aus der konstruktiven Anordnung der zu verschweißenden Teile. Sie ist mitbestim-
mend für die Nahtart. Normen geben Richtlinien für die
Fugenformen in Abhängigkeit vom Schweißverfahren hinsichtlich Werkstückdickenbereich, Öffnungswinkel, Steg-
abstand, Steg- und Flankenhöhe.
Normen: *DIN 8551 T 1:* Schweißnahtvorbereitung, Fugenformen an Stahl, Gasschweißen, Lichtbogenschweißen und Schutzgasschweißen. – *DIN 8551 T 4:* Schweißnahtvorbereitung, Fugenformen an Stahl, Unter-Pulver-
Schweißen. – *DIN 8552 T 1:* Schweißnahtvorbereitung,
Fugenformen an Aluminium und Aluminiumlegierungen,
Gasschweißen und Schutzgasschweißen. – *DIN 8552 T 3:*
Schweißnahtvorbereitung, Fugenformen an Kupfer und
Kupferlegierungen, Gasschmelzschweißen und Schutzgas-
schweißen. – *DIN 8553:* Verbindungsschweißen plattierter
Stähle, Richtlinien.

Fugenvorbereitung. Durch mechanische Trennverfahren
und vor allem Brennschneiden. Die Schneidbarkeit von
Stählen wird durch seine Legierungsbestandteile bestimmt.

Kohlenstoff: bis 0,3% (bis 1,6% mit Vorwärmung),

Silicium: bis 2,5% (oberste Grenze 4%),

Mangan: bis 13 % (maximal bis 18% Mn und
1,3% C),

Chrom: bis 1,5% (bis 3% mit Vorwärmung auf
600 °C),

Wolfram: bis 10 % (bei $C \leq 0,8\%$, $Ni \leq 0,2\%$ und
$Cr \leq 5,0\%$),

Molybdän: bis 0,8% (oberste Grenze 2,5%),

Kupfer: bis 0,5% (mit höheren Gehalten abnehmende Schnittgeschwindigkeit).

Nickel: bis 7 % (bis 35% bei $C \leq 0,3\%$)

Mit neuzeitlichen Düsen lassen sich an unlegierten Stählen z.B. bei 20 mm Blechdicke, Schnittgüte I nach DIN
2310, Schneidgeschwindigkeiten von 550 mm/min erreichen. Für einwandfreie Schnittkanten ist eine maschinelle
Führung des Brenners erforderlich. Die Steuerung kann
hierbei von Hand (Fadenkreuz auf Zeichung), durch Ma-
gnetrollen (Stahlschablone), lichtoptisch (Photozelle nach
Zeichnungskontur, auch nach bis 1 : 100 verkleinerter
Zeichnung) oder numerisch (rechnergesteuert) erfolgen.
Für eine rationelle Fertigung ist die Aufstellung eines
Schneidplans mit Zuordnung der auszuschneidenden Teile in der Blechtafel zur Vermeidung unnötiger Abfalls
erforderlich. Nicht brennschneidbare Werkstoffe (z.B. Cr-
Ni-Stähle, Kupfer, Nickel, Aluminium) lassen sich mit
dem *Plasma-Lichtbogen* schneiden, wobei der durch die
hohe Energie nur in einer schmalen Zone geschmolzene
Werkstoff durch den Gasstrahl aus der Fuge herausgedrückt wird. Im Gegensatz zum Brennschneiden ist zwar
meist eine nachträgliche Bearbeitung der Fugenflächen erforderlich, aber das Verfahren erspart die hohen Kosten
eines mechanischen Trennens. Bei unlegierten und niedriglegierten Stählen läßt sich das Plasmaschneiden auch ohne
Nachbearbeitung mit bis zu vierfacher Schneidgeschwindigkeit gegenüber dem üblichen Brennschneiden anwenden.
Das *Ausfugen der Wurzel* für die wurzelseitige Gegen-
schweißung kann durch Meißeln (Preßlufthämmer mit

Formmeißeln), Schleifen (Handschleifmaschinen), Hobeln,
autogenes Brennfugen (Sonderbrenner ähnlich dem beim
Brennschneiden verwendeten, jedoch mit angenähert tangentialer Schneidrichtung) oder Kohlelichtbogen-Brenn-
fugen (durch Kohlelichtbogen geschmolzener Werkstoff
wird mittels Preßluft aus der Fuge geschleudert) erfolgen.
Die Anwendbarkeit dieser Verfahren richtet sich nach
Werkstoff (vgl. Anwendungsgrenzen des Brennschnei-
dens), Form der Naht (gerade, gekrümmt), konstruktiven
Gegebenheiten und Zugänglichkeit. Dünne Stahlbleche
lassen sich sehr wirtschaftlich mit dem Laser schneiden.

Stumpfstoß. *I-Naht:* Einfachste Nahtart, für höhere Belastung ist ein Nachschweißen der Naht auf der Wurzelseite
nach Ausfugen erforderlich.

V-Naht (**Bild 3** u. **6 a**): Zum Herabsetzen der Winkelschrumpfung muß der Öffnungswinkel klein ($\approx 60°$) gehalten werden. Kleinster Öffnungswinkel für noch einwandfreie Wurzelverschweißung $> 45°$. Bei den teil- und voll-
mechanischen Schweißverfahren sind auch kleinere Öffnungswinkel möglich.

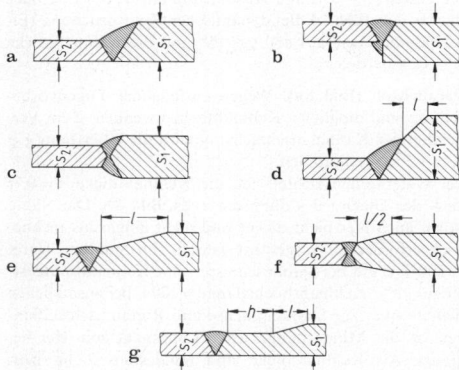

Bild 6. Ausführungsformen von Stumpfstößen bei ungleichen Querschnitten. **a–d** für statische; **e–g** für dynamische Beanspruchung

Doppel-V-Naht (X-Naht) (**Bild 6 c**): Anwendung bei größeren Blechdicken als V-Naht, da bei gleichem Öffnungswinkel nur die halbe Schweißgutmenge benötigt wird.
Winkelschrumpfung kann weitgehend vermieden werden,
wenn Lagen abwechselnd von beiden Seiten eingebracht
werden. Die Wurzel soll (in Abhängigkeit vom Schweißverfahren) vor dem Schweißen der Gegenlage ausgefugt
werden.
Weitere Nahtarten: Bördelnaht, Steilflankennaht, Y-Naht,
U-(Tulpen-)Naht und Doppel-U-Naht. Die beiden letztgenannten sind wegen der meist hohen Herstellkosten auf
Sonderfälle zu beschränken.

Stumpfstoß bei Werkstücken ungleicher Dicke (**Bild 6**).
Querschnitt möglichst in Kraftrichtung symmetrisch anordnen (**Bild 6 c, f**), bei Dickenunterschieden unter $s_1 -
s_2 = 10$ mm und statischer Beanspruchung kann auf An-
gleichung verzichtet werden, sonst abschrägen, **Bild 6 d**.
Bei dynamischer Beanspruchung schon oberhalb $s_1 - s_2 =
3$ mm anschrägen (Neigung 1 : 4 bis 1 : 5), um günstigen
Kraftfluß zu erreichen. Bei höchster Beanspruchung dicke-
res Blech auf einer Länge $h \geq 2s_2$ abarbeiten, **Bild 6 g**.

Überlappstoß (Bild 7). Der Kräfteverlauf in einer Kehlnaht ist bei einer Hohlkehlnaht (**Bild 7 c**) günstiger als bei
der Flachnaht (**Bild 7 b**); die Wölbnaht (**Bild 7 a**) ist am

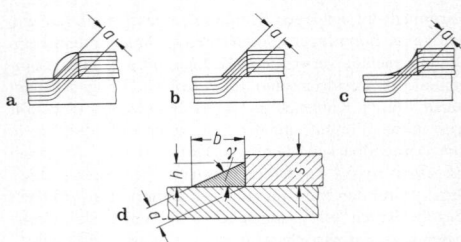

Bild 7. Nahtformen und Kraftlinienfluß. **a** Wölb-; **b** Flach-; **c** Hohlkehl-; **d** unsymmetrische Stirnkehlnaht

ungünstigsten. Allgemein ist bei dynamischer Beanspruchung jede Kraftumlenkung nachteilig. Die rechnerische Nahtdicke a ergibt sich aus der Höhe des eingeschriebenen gleichschenkligen Dreiecks. Sie soll nicht stärker als rechnerisch erforderlich, höchstens jedoch mit $a = 0,7s$ ausgeführt werden. Bei Stirnkehlnähten schreibt der Stahlbau im Fall statischer Beanspruchung eine Kehlnahtdicke von mindestens $a = 0,5s$ und Ausführung mit $h : b = 1 : 1$ oder flacher vor, **Bild 7 d**. Bei dynamischer Beanspruchung (Eisenbahnbrückenbau) soll $\gamma \leqq 25°$ und die Kehlnahtdicke $a' = 0,5s$ betragen.

Parallelstoß (Bild 8a). Wegen entfallender Fugenvorbereitung sind möglichst Kehlnähte anzuwenden. Zum Vermeiden der Kantenanschmelzung wird als Überstand $g \geqq 1,4a + 3$ mm empfohlen.
Bei Walzprofilen richtet sich die Kehlnahtdicke $a = 0,7t$ nach der Dicke t des dünnsten Teils, **Bild 8 b**. Die Nähte sollen auch hier nicht dicker und nicht länger als rechnerisch erforderlich ausgeführt werden. Im Stahlbau (DIN 18800 T 1) gilt bei Stabanschlüssen eine Kehlnahtmindestlänge $= 15a$, Kehlnahthöchstlänge $= 100a$, bei zusätzlichen Nähten quer zur Stablängsachse und Rundumschweißungen ist die Mindestlänge jeder Längsnaht mit $10a$ begrenzt. Als Kehlnahtdicke sind mindestens 2 mm bzw. $\sqrt{\max s} - 0,5$ vorgeschrieben. Außerdem wendet man im Maschinenbau (nicht Brücken- oder Stahlhochbau) Loch- oder Schlitzschweißungen an, **Bild 8 c, d**. Für die Dicke des oberen Blechs soll $s \leqq 15$ mm eingehalten werden, für die Abmessungen des Schlitzes werden $b \geqq 2,5s$ (mindestens 25 mm) und $l \geqq 3b$ (Behälterbau) oder $l \geqq 2b$ (Maschinenbau) empfohlen. Das Ausfüllen des Schlitzes mit Schweißgut unterbleibt wegen dadurch entstehender hoher Schweißspannungen; bei Korrosionsgefahr wird der Schlitz z.B. mit dauerelastischem Kunststoff ausgefüllt.

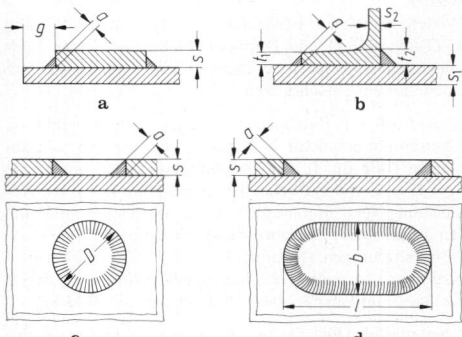

Bild 8. Blechverbindungen. **a** Parallelstoß; **b** Anschluß eines Walzprofils an ein Blech; **c** Lochschweißung; **d** Schlitzschweißung

T-Stoß (Bild 9). Die einfachste Nahtart ist die Kehlnaht, die besonders zum Übertragen von Schubkräften geeignet ist. Die einseitige Kehlnaht (**Bild 9a, b**) ist nur dann zu verwenden, wenn kleine Kräfte zu übertragen sind. Bei der beidseitigen Kehlnaht, die mit einem Verfahren mit Tiefeinbrandwirkung (z.B. vollmechanisches MSG- oder UP-Schweißen) ausgeführt ist, kann die Hälfte des Einbrands e (**Bild 9c**) mit in die Berechnung eingesetzt werden (DIN 18800 T 1). Die Bindungslücke mit Kerbwirkung an der Stoßstelle (**Bild 9d**) entfällt, wenn das Profil ähnlich **Bild 10** durch Doppel-HV-(K-)Naht mit beidseitiger Kehlnahtabdeckung angeschlossen wird. Diese Nahtform wird für höchste statische und dynamische Beanspruchung angewendet. Es ist $t = s_1 + 2h/3$ mit ungleichschenkliger Kehlnaht. Einbrandkerben und unverschweißte Wurzelspalte müssen besonders bei dynamischer Beanspruchung vermieden oder ausgeschliffen werden.

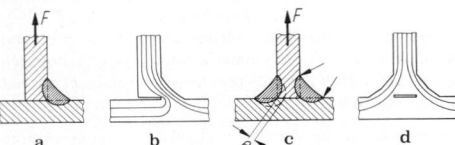

Bild 9. Kehlnähte am T-Stoß. **a** einseitige Naht; **b** Bindebild und Kraftlinienfluß; **c** Doppelnaht; **d** Bindebild und Kraftlinienfluß

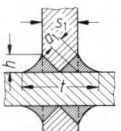

Bild 10. DHV-(K-)Naht mit Doppel-Kehlnaht am Kreuzstoß

Kreuzstoß (Bild 10). Nahtarten wie bei T-Stoß, jedoch muß bei Zugbeanspruchung an den angeschweißten Stegen das mittlere Querblech auf Doppelungen (z.B. mittels Ultraschall) untersucht werden und garantierte Querzugeignung besitzen (DASt 014-Empfehlungen zum Vermeiden von Terrassenbrüchen in geschweißten Konstruktionen aus Stahl. Köln: Stahlbau-Verlag).

Schrägstoß (Bild 11). Nahtarten wie bei T-Stoß. Die Güte der Schweißnaht ist vom Winkel γ abhängig. Häufig wird ohne Fugenvorbereitung geschweißt, wenn keine großen Kräfte zu übertragen sind.
Kehlnähte lassen sich nur einwandfrei ausführen, wenn bei rechtwinkliger Stirnfläche $b \leqq 2$ mm und bei beidseitiger Schweißung $\gamma \geqq 60°$ ist. Nähte mit kleineren Winkeln dürfen in die Berechnung als tragend nur eingesetzt werden, wenn durch das angewendete Schweißverfahren die sichere Erfassung des Wurzelpunkts gewährleistet ist. Eine Ausführung nach **Bild 11 b** ist entweder zu vermeiden oder die Stirnfläche zu bearbeiten (60°-Abschrägung).

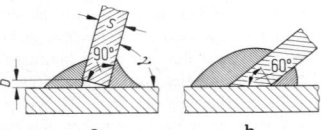

Bild 11. Kehlnähte am Schrägstoß. **a** ohne Kantenvorbereitung; **b** mit ungünstiger Kantenvorbereitung

Eckstoß (Bild 12a). Der Eckstoß ist ausführungsmäßig ein T-Stoß. Allgemein gilt, daß an Stellen mit Kraftumlenkung nicht geschweißt werden soll. Bei Druckbehältern

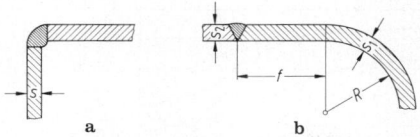

Bild 12. Konstruktive Ecken. **a** Eckstoß; **b** Eckenausbildung bei vorverformten Teilen, z.B. Kesselböden

wird daher die Schweißnaht außerhalb der Krümmung angeordnet, **Bild 12 b**. Der Mindestabstand der Schweißnaht von der Krümmung soll $f \geq 5s_1$ betragen.

Beim Schweißen in kaltverformten Bereichen sind die Angaben unter Bauteildicke (s. G 1.1.2) zu beachten. Bei Abweichungen von den dort angegebenen Maßen ist ein Mindestabstand f (**Bild 12 b**) einzuhalten oder das kaltverformte Teil normalzuglühen.

Mehrfachstoß (Bild 13). Wegen der unsicheren Erfassung der unteren Bleche (Einbrand) beim Schweißen von einer Seite ist diese Stoßart nur bei sorgfältiger Herstellungsmöglichkeit oder in festigkeitsmäßig untergeordneten Fällen anzuwenden, bei beiderseitiger Zugänglichkeit muß die Wurzel ausgefugt und gegengeschweißt werden.

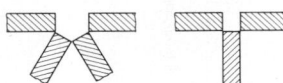

Bild 13. Mehrfachstoß

1.1.4 Darstellung der Schweißnähte
Graphical symbols for welds

Symbole und Darstellung: DIN 1912.

Nahtarten. Sie können symbolhaft (**Bild 14 a, c**) oder erläuternd (**Bild 14 b, d**) dargestellt werden. Die symbolhafte Darstellung ist zu bevorzugen. Die Stellung des Symbols zur Bezugslinie kennzeichnet die Lage der Naht am Stoß. **Anh. G 1 Tab. 1** zeigt Grund- und Zusatzsymbole sowie erläuternde Nahtdarstellungen.

Schweißverfahren. Abkürzungen und Verfahrenskennzahlen nach ISO 4063: G – *Gasschweißen 311, E – Lichtbogenhandschweißen 111, UP – Unterpulverschweißen 12, US – Unterschieneschweißen 118, WIG – Wolfram-Inertgas-Schweißen 140, MIG – Metall-Inertgas-Schweißen 130, MAG – Metall-Aktivgas-Schweißen 135.* Zusatz: m – Handschweißen, t – teilmechanisches, v – vollmechanisches, a – automatisches Schweißen.

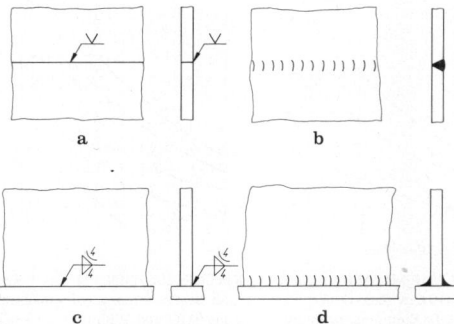

Bild 14. Darstellungsformen. **a** Stumpfstoß symbolhaft; **b** Stumpfstoß erläuternd; **c** Doppelkehlnaht symbolhaft; **d** Doppelkehlnaht erläuternd

Güte der Schweißverbindung. Nach Aufwand in Fertigung und Prüfung werden in DIN 8563 (Sicherung der Güte von Schweißarbeiten) folgende Bewertungsgruppen unterschieden:

Stumpfnähte: AS, BS, CS und DS
Kehlnähte: AK, BK und CK.

Die zu wählenden Bewertungsgruppen sind vom Konstrukteur mit Unterstützung der Fertigungsabteilungen, der Qualitätsstellen, gegebenenfalls mit Aufsichtsbehörden und sonstigen Gremien festzulegen. Sie sind abhängig von der Belastungsart (stat., dyn.), den Umgebungseinflüssen (chem. Angriffe, Temperatur) und zusätzlichen Anforderungen (z.B. Dichtheit, Sicherheitsanforderungen). Zu gewährleisten sind sie durch: Schweißeignung des Werkstoffs für Verfahren und Anwendungszweck; fachgerechte und überwachte Vorbereitung; Auswahl des Schweißverfahrens nach Werkstoff, Werkstückdicke und Beanspruchung der Schweißverbindung; auf den Werkstoff abgestimmten, geprüften und zugelassenen Zusatzwerkstoff; geprüftes und bei der Arbeit durch Schweißaufsichtspersonal überwachtes fachgerechtes Schweißen; einwandfreier Ausführung der Schweißarbeiten (z.B. Durchstrahlung); Sonderanforderungen (z.B. Vakuumdichtigkeit, allseitiges Schleifen der Nähte).

Schweißposition. Kurzbezeichnung s. **Bild 5**.

Beispiele: Bild 15 a: V-U-Naht, V-Naht hergestellt mit Metall-Aktivgas-Schweißen (135), U-Naht hergestellt mit UP-Schweißen (12), geforderte Bewertungsgruppe BS, Wannenposition w. **Bild 15 b:** Unterbrochene Kehlnaht mit Kehlnahtdicke a, Vormaß v, Zwischenraum e, Länge l und Anzahl n der Einzelnähte, hergestellt durch Lichtbogenhandschweißen (111), geforderte Bewertungsgruppe CK, Horizontalposition h.

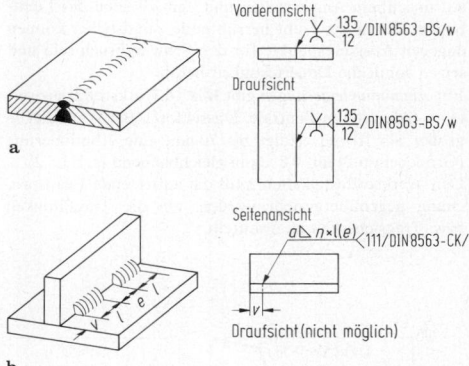

Bild 15. Zeichnerische Darstellung. **a** Stumpfnaht (V-U-Naht) mit zusätzlichen Fertigungsangaben; **b** unterbrochene Kehlnaht mit Vormaß und zusätzlichen Fertigungsangaben

1.1.5 Berechnung von Schweißverbindungen
Strength calculations for welded joints

Tragfähigkeit

Sie ist bei Schweißverbindungen abhängig von den *Eigenschaften des Grundwerkstoffs,* der wärmebeeinflußten Übergangszone und des Schweißguts, der *Beanspruchungsart* (Zug, Druck, Schub, statische oder dynamische Beanspruchung), der Nahtform, Nahtanordnung und Nahtbearbeitung, dem *Zusammenwirken der Betriebsspannungen* mit den *Schweißeigenspannungen* (insbesondere bei Stabilitätsfällen, unter bestimmten Voraussetzungen auch bei dynamischer Beanspruchung) und der *Nahtgüte.* Höchste

Anforderungen an die Gestaltung und die Ausführung sind bei dynamischer Beanspruchung zu stellen.

Statische Belastung. Bei statischer Belastung einer senkrecht zur Zugrichtung gelegenen Stumpfnaht liegen die plastische Verformung und der Bruch in der Regel neben der Schweißnaht, bei Belastung parallel zur Schweißnaht haben Grundwerkstoff und Schweißgut gleiche Verformung, was bei Gefügearten mit niedriger Zähigkeit (z.B. Martensit in der wärmebeeinflußten Zone) zu Rissen und Brüchen in dieser Zone führt.

Dynamische Belastung. Bei dieser tritt der Schwingbruch auch bei allseitig bearbeiteten Proben am häufigsten im Übergangsbereich von Grundwerkstoff und Schweißnaht ein. Die Dauerfestigkeiten geschweißter Konstruktionsteile liegen niedriger als die Dauerfestigkeit des Grundwerkstoffs, bei unbearbeiteten Schweißnähten niedriger als bei bearbeiteten. Für die meisten Werkstoffe, Nahtformen und Nahtanordnungen liegen Dauerfestigkeitsschaubilder vor (s. E 1). Beispiele: **Bild 16** und **17**.

In den Schaubildern sind nicht berücksichtigt: *Statische Vorlasten durch Eigenspannungen,* die die Mittelspannungen je nach den Vorzeichen erhöhen oder erniedrigen. Im Normalfall werden diese Eigenspannungen im Betrieb jedoch im Verlauf der veränderlichen Beanspruchung abgebaut. *Der Größeneinfluß.* Zeitweilige Überlastungen sind ohne Einfluß, wenn gewisse Grenzwerte der Schwingspielzahl und der Spannung (Schadenslinie) nicht überschritten werden.

Kleine Einschlüsse *in* der Naht (rundliche Poren oder Schlacken) setzen die Dauerfestigkeit unbearbeiteter Schweißnähte nicht oder nur unwesentlich herab. Risse und Oberflächenfehler, wie z.B. Einbrandkerben, Endkrater, unsaubere Ansatzstellen und vom Zünden des Lichtbogens neben der Naht herrührende Zündstellen können dagegen Ausgangspunkte für den Schwingbruch sein und setzen somit die Dauerfestigkeit herab.

Für *Aluminiumlegierungen* gibt **Bild 18** Werkstoffgrenzwerte an (Aluminium-Zentrale, Düsseldorf). Bei Wanddicken größer als 10 mm erfolgt bis 70 mm eine Abminderung (Größeneinfluß) auf 0,8, dann gleichbleibend (s. E 1.5.2).

Den Werkstoffestigkeiten muß die auftretende Beanspruchung gegenübergestellt werden, um die Tragfähigkeit bzw. Tragsicherheit zu ermitteln.

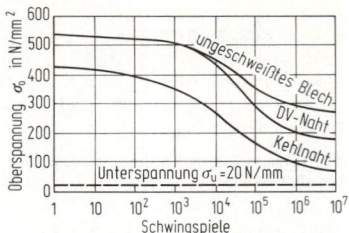

Bild 16. Wöhlerschaubild; Grundwerkstoff St 52; Beanspruchung senkrecht zur Naht

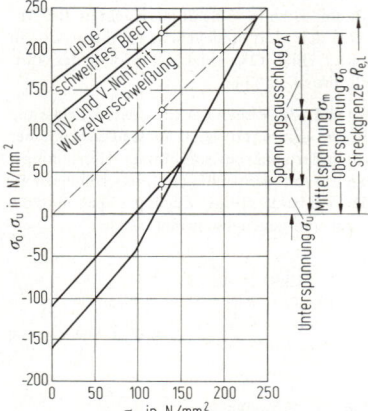

Bild 17. Dauerfestigkeitsschaubild; Grundwerkstoff St 37; Beanspruchung senkrecht zur Naht

Berechnung

Sie erfolgt in folgender Reihenfolge:

Ermitteln der angreifenden Belastungen. Für das Festlegen der Lastannahmen, Zusatzlasten, Stoßfaktoren und Sicherheitszuschläge sind bei Bauteilen, die gesetzlichen oder vom Auftraggeber (z.B. Deutsche Bundesbahn) auf-

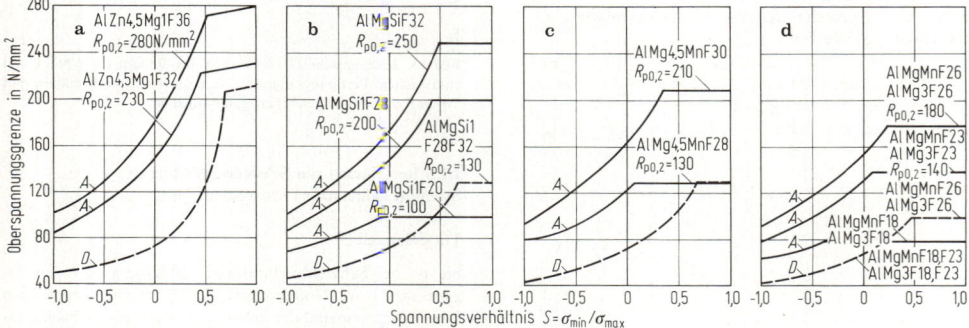

Bild 18. Werkstoffgrenzwerte für AlZn 4,5Mg1, AlMgSi1, AlMg 4,5Mn und AlMgMn/AlMg3, gültig für Knethalbzeug (DIN 1745 bis 1749), Oberflächen unbearbeitet (z.B. mit Walzhaut), Wanddicke (Durchmesser) $s = 10$ mm. Zug–Druck, Biegung und Schub, Grenzschwingspielzahl $N = 10^7$. Durchgezogene Linie *A*: ungeschweißter Werkstoff. Gestrichelte Linie *D*: Stumpfnahtschweißverbindung MIG und WIG (mit Schweißraupe). **a**: gestrichelte Linie *D* gilt für AlZn 4,5Mg1 F36 und F32; **c**: gestrichelte Linie *D* gilt für AlMg 4,5Mn F28. Bei Biegung von Vollquerschnitten sind die Werte der Kurve *A* für $s = 0$ bis 50 mm mit 1,2 zu multiplizieren. Bei Schubbeanspruchung sind die Werte von Kurve *A* mit 0,65 zu multiplizieren

gestellten Vorschriften unterliegen, die dort gemachten Angaben zu beachten, **Anh. G 1 Tab. 2**. In allen anderen Fällen können diese Vorschriften als Anhaltspunkte dienen. Unsicherheiten in der Kraftermittlung werden durch entsprechendes Festlegen der zulässigen Spannung oder Wahl geeigneter Sicherheitsfaktoren berücksichtigt.

Berechnen der Nennspannungen in den Schweißnähten und Anschlußquerschnitten. Die Nennspannungen werden aus den Belastungen nach den Regeln der Festigkeitslehre (s. C 1.3) berechnet. Zum Teil sind die anzuwendenden Gleichungen in Vorschriften festgelegt, **Anh. G 1 Tab. 2**. **Bild 19 a** zeigt die Nenn- und Schubspannungssymbole.

Im Bauteil treten häufig mehrere Beanspruchungsarten gleichzeitig auf, die dann entsprechend zusammenzufassen sind. Zug, Druck und Biegung haben Normalspannungen zur Folge, die bei gleicher Richtung arithmetisch zu addieren sind. Bei aufeinander senkrecht stehenden Richtungen muß aus den Spannungen ein Vergleichswert σ_v gebildet werden, den man mit der Streckgrenze bei statischer und mit der *Dauerschwingfestigkeit* bzw. *Betriebsfestigkeit* bei dynamischer Beanspruchung vergleicht.

$$\sigma_v = \sqrt{\sigma_\perp^2 + \sigma_\parallel^2 - \sigma_\perp \sigma_\parallel + a(\tau_\perp^2 + \tau_\parallel^2)} \leq \text{zul } \sigma$$

mit $\alpha = 1$ nach DIN 18800 Teil 1 bei statischer Belastung, $\alpha = 2$ nach DIN 15018 bei dynamischer Belastung.

Bei geschweißten Biegeträgern ist bei statischer Belastung die Normalspannung $\sigma_\parallel$ in den mit Doppelkehlnähten oder HY-Nähten mit Kehlnaht hergestellten Verbindungen Gurt/Steg ohne Einfluß, so daß der Vergleichswert $\sigma_v = \sqrt{\sigma_\perp^2 + \tau_\perp^2 + \tau_\parallel^2}$ wird.

Bei der Rechnung ist jeweils zu σ_{max} das zugehörige τ und zu τ_{max} das zugehörige σ zu wählen. Außerdem ist aber *stets* getrennt hiervon der Nachweis zu bringen, daß die Schubspannung τ allein den kritischen Schubspannungswert nicht übersteigt.

Bei der Berechnung von *Stumpfstößen* wird als Nahtdicke stets die Blechdicke s des dünneren Blechs eingesetzt, **Bild 6**. Die Nahtlänge berücksichtigt die Endkrater durch Abzug einer Nahtdicke, $l = b - 2a$. Bei Verwendung von Vorsatzstücken (**Bild 20**) $l = b$. Bei *Kehlnähten* (**Bild 19 c**) ist die Kehlnahtdicke a gleich der Höhe des eingeschriebenen gleichschenkligen Dreiecks. Die Spannung wird für den in die Anschlußebene geklappten Querschnitt mit der Seite a berechnet. Beim *Schrägstoß* dürfen Kehlnähte mit kleineren Öffnungswinkeln als $\gamma = 60°$ nicht mehr als tragend in die Berechnung eingesetzt werden (Ausnahme: Das Schweißverfahren gewährleistet das sichere Erfassen des Wurzelpunkts). Bei *unsymmetrischen Stabanschlüssen* (**Bild 21**) sind gleiche Nahtquerschnitte ($a_1 l_1 = a_2 l_2$) zulässig. Kehlnähte bei Stabanschlüssen sollen nicht kürzer als 15a und nicht länger als 100a ausgeführt werden. Bei *zylindrischen Kesselschüssen, Trommeln und Sammlern* wird die notwendige Blechdicke nach der Kesselformel berech-

net (s. K 2.2), wenn $D_a/D_i \leq 1,2$ (AD) bzw. $\leq 1,7$ (TRD) eingehalten wird. Bei *Ankern, Ankerrohren und Stehbolzen* muß der Abscherquerschnitt der Schweißnähte mindestens 125% des Bolzen- und Ankerquerschnitts betragen. Die Anker sind auf beiden Seiten der zu verankernden Wandungen zu verschweißen.

Festlegen der zulässigen Spannungen. *Statische Beanspruchung.* **Bild 22** und **Tab. 2** gelten für den Stahlhochbau. Die Wurzel von Stumpfnähten muß ausgekreuzt und nachgeschweißt werden, oder es muß auf andere Weise für einwandfreies Durchschweißen gesorgt werden. **Tab. 3** gilt für den Maschinenbau und ein Grenzspannungsverhältnis von $S = +1$. Weitere Werte in DIN 15018.

Stahlleichtbau und *Stahlhohlprofilbau* im Hochbau wenden bei Anschluß von Hohlprofilen (Rund- und Rechteckrohren) an Knotenbleche oder andere Bauteile DIN 18800 Teil 1 (**Tab. 2**) an. Beim unmittelbaren Hohlprofilstoß in Fachwerken gibt DIN 18808 Hinweise. Die Mindestwanddicke beträgt 1,5 mm bei Bauteilen im Inneren von geschlossenen Räumen mit normaler Korrosionsbeanspruchung, 2 mm bei Teilen, die lichtbogengeschweißt werden, und 3 mm bei allen anderen Bauteilen.

Geschweißte vollwandige *Straßenbrücken* unterliegen keiner ausgesprochen dynamischen Beanspruchung. DIN 4101 (18809) gibt daher die zulässigen Spannungen unabhängig von der Art der Schwingbeanspruchung an.

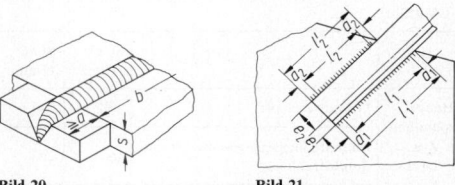

Bild 20   **Bild 21**

Bild 20. Stumpfstoß mit Vorsatzstück für Schweißnahtauslauf

Bild 21. Schweißnahtlängen bei Anschluß eines Winkelprofils an ein Knotenblech (Stabanschluß)

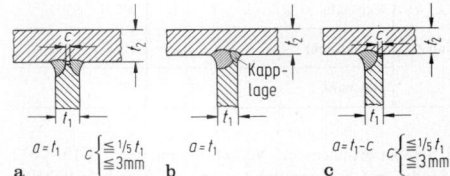

$a = t_1$ $c \begin{cases} \leq 1/5\,t_1 \\ \leq 3mm \end{cases}$ $a = t_1$ $a = t_1 - c$ $c \begin{cases} \leq 1/5\,t_1 \\ \leq 3mm \end{cases}$

a   **b**   **c**

Bild 22. Nahtformen zur Erläuterung von **Tab. 2**. a Schweißnahtdicke

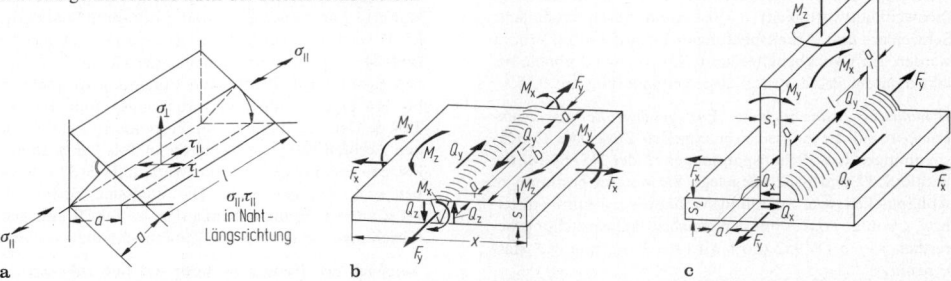

a   **b**   **c**

Bild 19. Spannungen in Schweißnähten und Schnittgrößen an Schweißverbindungen sowie ihre Kennzeichnung. **a** Kehlnaht; **b** Stumpfstoß (V-Naht); **c** T-Stoß

Tabelle 2. Zulässige Spannungen bei statischer Beanspruchung (DIN 18800 T 1)

1	Nahtart	Nahtgüte	Spannungsart	St 37 Lastfall		St 52 Lastfall	
				H N/mm²	HZ N/mm²	H N/mm²	HZ N/mm²
2	Grundwerkstoff zulässig nach DIN 18800 Teil 1	–	Zug	160	180	240	270
		–	Druck[a])	140	160	210	240
3	Stumpfnaht	alle Nahtgüten	Druck und Biegedruck	160	180	240	270
4	DHV-Naht mit Doppelkehlnaht (durchgeschweißte Wurzel) nach **Bild 10** DHY-Naht mit Doppelkehlnaht nach **Bild 22a**[b])	Freiheit von Rissen, Binde- und Wurzelfehlern nachgewiesen	Zug und Biegezug quer zur Nahtrichtung	160	180	240	270
5	HV-Naht mit Kehlnaht (gegengeschweißte Kapplage) nach **Bild 22b**	Nahtgüte nicht nachgewiesen		135	150	170	190
6	HV-Stegnaht mit Kehlnaht nach **Bild 22c** Kehlnaht	alle Nahtgüten	Druck und Biegedruck Zug und Biegezug Vergleichswert	135	150	170	190
7	alle Nähte		Schub	135	150	170	190

[a]) Wenn Nachweis nach DIN 4114 erforderlich ist.
[b]) Wegen des Wurzelspalts kommt Zeile 4 nicht in Betracht.

Tabelle 3. Zulässige Spannungen bei statischer Belastung ($S = +1$) (DV 952)

		St 37 N/mm²	St 52 N/mm²
Hauptspannung Zug, Druck, Biegung	Grundwerkstoff	160	240
	Stumpfnaht gegengeschweißt und durchstrahlt	160	240
	Stumpfnaht gegengeschweißt und stichprobenweise durchstrahlt	150	216
	Stumpfnaht nicht durchstrahlt	150	216
	Kehlnaht	105	155
Schub	Stumpfnaht	112	168
	Halsnaht	98	152

Bei Straßenbrücken mit Verkehrslasten nach DIN 1072 und/oder mit Schienenbahnen ist ein Betriebsfestigkeitsnachweis mit den zulässigen Werten nach DS 804 zu führen.

Für den *Kessel-* und *Rohrleitungsbau* sind die Vorschriften und Merkblätter der Vereinigung der Technischen Überwachungsvereine maßgebend. Der übliche Schweißfaktor (Schweißnahtwertigkeit) $v = 0,8$ kann durch zusätzliche Schweißer- und Arbeitsprüfungen bis auf $v = 1,0$ erhöht werden. Im Druckbehälterbau (AD) ist $v = 1,0$ üblich, bei verringertem Prüfaufwand eine Abminderung auf 0,85.

Dynamische Beanspruchung. Für *geschweißte Eisenbahnbrücken* sind die zulässigen maximalen Zug- oder Druckspannungen bzw. Schubspannungen in der DS 804 für die Stähle St 37 und St 52 festgelegt. Sie werden bestimmt in Abhängigkeit vom Spannungsverhältnis $\kappa = \min \sigma / \max \sigma$ bzw. $\kappa = \min \tau / \max \tau$ mit den gleichen Beanspruchungsbereichen wie in DV 952 (dort wird die Bezeichnung S statt κ benutzt).

Für *geschweißte Fahrzeuge*, Maschinen und Geräte der Deutschen Bundesbahn sind in DV 952 ebenfalls die zu-

lässigen Spannungen für St 37 und St 52 in Abhängigkeit vom Spannungsverhältnis S angegeben (**Bild 23** und **Tab. 4**), jedoch mit von der DS 804 abweichenden Werten. Die κ- bzw. S-Werte kennzeichnen die Beanspruchungsbereiche: reine Wechselbeanspruchung ($= -1$), Wechselbereich (< 0), reine Schwellbeanspruchung ($= 0$), Zug- und Druckschwellbereiche (> 0) und statische Zug- und Druckbeanspruchung ($= 1$).

Die Linien A bis H der zulässigen Spannungen sind verschiedenen Stoß- und Nahtarten zugeordnet, **Tab. 4**.

Im Maschinenbau bestehen für den Betriebsfestigkeitsnachweis die Vorschriften DV 952 sowie DIN 15018.

DS 804 ist aufgrund der Erfahrung für Eisenbahnbrücken aufgestellt worden und daher nur bei ähnlichen Verhältnissen anwendbar bzw. vorgeschrieben. Die DV 952 sowie DIN 15018 berücksichtigen dagegen auch den Maschinenbau.

Dynamische Beanspruchung (Betriebsfestigkeit). Der Betriebsfestigkeitsnachweis auf Sicherheit gegen Bruch bei zeitlich veränderlichen, häufig wiederholten Belastungsamplituden kann nach DIN 15018 für Spannungsspiele über $2 \cdot 10^4$ geführt werden. Die zulässigen Oberspannungen der Normal- und Schubspannungen hängen ab vom Spannungskollektiv (**Bild 24**), der Zahl der Spannungsspiele (**Tab. 5**), dem Kerbfall (**Tab. 6**), dem Werkstoff und dem Spannungsverhältnis $\kappa = \min \sigma / \max \sigma$ bzw. $\min \tau / \max \tau$. Das durch Messungen ermittelte, aus dem Belastungsablauf errechnete oder anderweitig bekannte Spannungskollektiv wird mit dem idealisierten Spannungskollektiv von **Bild 24** verglichen und einer Linie (S_0 bis S_3) zugeordnet. Spannungskollektiv und Spannungsspielbereich N1 bis N4 ergeben die Beanspruchungsgruppe B1 bis B6, **Tab. 5**. Dem an Bauteil oder Verbindungsstelle vorliegenden Kerbfall K 0 bis K 4 sind die in **Tab. 7** enthaltenen zulässigen Spannungen für die Werkstoffe St 37 und St 52-3 bei $\kappa = -1$ zugeordnet. Die zulässige Spannung bei $-1 < \kappa \leq +1$ ergibt sich mit den in **Tab. 8** angegebenen Gleichungen aufgrund der Zusammenhänge von **Bild 25**.

Vergleich der Nennspannungen mit den zulässigen Spannungen. *Statische Beanspruchung.* $\sigma_{schw} \leq$ zul σ_{schw} (**Tab. 2** und 3), $\tau_{schw} \leq$ zul τ_{schw} oder $S = R_e / \sigma$ bei Sicherheit gegen

Tabelle 4. Zuordnung der Stoß- und Nahtformen zu den Linien in **Bild 23**

	Grundwerkstoff	Stumpfstoß (Gurtstoß) gleiche | ungleiche Blechdicke	Gurtstoß ungleiche	Stegblech-querstoß (Hauptspng)	Gurtstoß Kastenträger	Rohrstumpfstoß	Rohrverbindung mit Vollrundwerkstoff	winklige Rohrverbindung
Stoß- und Nahtart		Wurzel gegen-geschweißt	ohne | mit Querschnittsübergang	Wurzel gegen-geschweißt	Wurzel unterlegt	mit | mit | mit | ohne Wurzelunterlage	Entlastungs-kerbe / mit | ohne Entlastungs-kerbe	
Naht bearbeitet	Linie A	Durchstrahlg. ganz B	B durchstrahlt	D stichprobenweise durchstrahlt	D	Durchstrahlung ganz D		
Naht unbearbeitet	Linie A	D Stichproben / ohne $E1$	$E1$	D stichprobenw. durchstr. / Schub G	D	D Stichproben / ohne $E1$	$E1$ $E1$ $E1$ $E5$	F

	Blechkonstruktion	Stumpfstöße in Eckverbindungen: Profile mit Eckblechen	Profile ohne Eckbleche	mit Entlastungs-flachkerbe	T-Stoß (Halsnähte, Queranschlüsse)	Kreuzstoß (beidseitig geschweißt)	
Stoß- und Nahtart						DHV mit Doppel-kehlnaht	DHY mit Doppel-kehlnaht / Doppel-kehlnaht
Naht bearbeitet	Linie B durchstrahlt	D durchstrahlt			Richtung xx: C / Richtung yy: B / Schub: H	$E1$	F F
Naht unbearbeitet	Linie D stichprobenweise durchstrahlt	$E1$ nicht / D stichprobenw. durchstrahlt	F nicht durchstrahlt	E nicht durchstrahlt		$E5$	F F

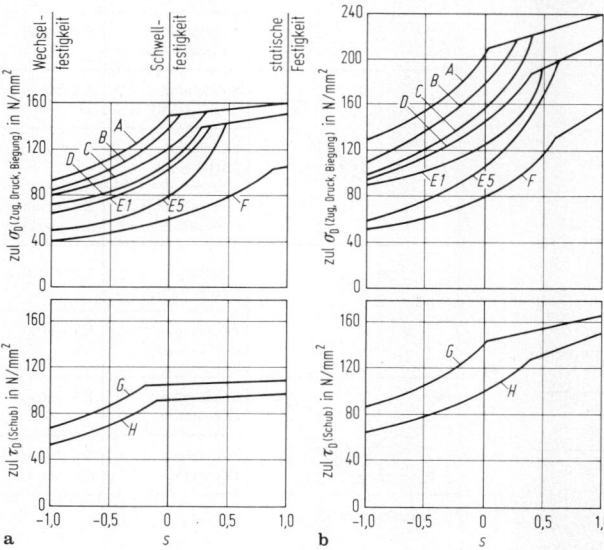

Bild 23. Zulässige Spannungen (DV952).
a St37; **b** St52
Anmerkung: DV952 weist im Gegensatz zur heute üblichen Auffassung unterschiedliche Schwingfestigkeitswerte für St37 und St52 auch bei $s < 0,5$ auf.

plastische Verformung. Im Kessel- und Rohrleitungsbau ist evtl. die Warmfestigkeit zu berücksichtigen.

Dynamische Beanspruchung. $S = \sigma_A/\sigma_a$ bzw. $= \tau_A/\tau_a$ (σ_A, τ_A dauerfester, σ_a, τ_a vorhandener Spannungsausschlag). DS804, DV952 und DIN 15018 legen bereits zulässige Spannungen fest.

Einige Richtwerte nach *Erker*:
1. Statische Beanspruchung: Sicherheit gegen Bruchgrenze R_m des Werkstoffs $S \geqq 1,8$, normal $S = 2,5$.

2. Vorwiegend statische Beanspruchung (bis 10000 Schwingspiele): Sicherheit gegen Streckgrenze R_e des Werkstoffs $S = 1,5\ldots2,0$ (je nach Kerbschärfe). Durchschnittswert $S = 1,7$.
3. Zeitfestigkeit (bis 500000 Schwingspiele): Sicherheit gegen Schwingbruch $S = 1,0\ldots1,8$, Durchschnittswert $S = 1,3\ldots1,5$.
4. Dauerfestigkeit (über 500000 Schwingspiele): Sicherheit gegen Dauerbruch $S = 1,5\ldots3,0$, Durchschnittswert $S = 1,5\ldots2,0$, in Sonderfällen unterster Wert $S = 1,2$.

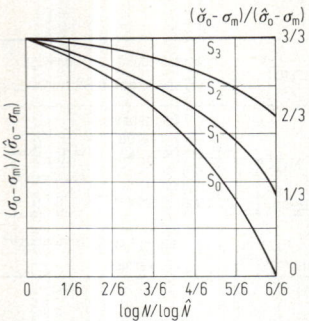

Bild 24. Idealisierte bezogene Spannungskollektive. Dabei bedeuten: $\sigma_m = \frac{1}{2}(\max\sigma + \min\sigma)$ Betrag der konstanten Mittelspannung; $\sigma_0 =$ Betrag der Oberspannung, die N-mal erreicht oder überschritten wird; $\hat{\sigma}_0 =$ Betrag der größten Oberspannung des idealisierten Spannungskollektivs; $\check{\sigma}_0 =$ Betrag der kleinsten Oberspannung des idealisierten Spannungskollektivs; $\hat{N} = 10^6$ Umfang des idealisierten Spannungskollektivs

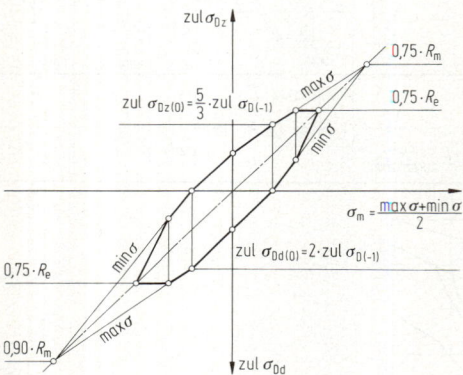

Bild 25. Zusammenhänge zwischen zul $\sigma_{D(\varkappa)}$ und zul $\sigma_{D(-1)}$

Tabelle 5. Beanspruchungsgruppen nach Spannungsspielbereichen und Spannungskollektiven (DIN 15018)

Spannungs-spielbereich	N1	N2	N3	N4
Gesamte Anzahl der vorgesehenen Spannungs-spiele N	über $2\cdot10^4$ bis $2\cdot10^5$ Gelegent-liche nicht regelmäßige Benutzung mit langen Ruhezeiten	über $2\cdot10^5$ bis $6\cdot10^5$ Regel-mäßige Benutzung bei unter-brochenem Betrieb	über $6\cdot10^5$ bis $2\cdot10^6$ Regel-mäßige Benutzung im Dauer-betrieb	über $2\cdot10^6$ Regel-mäßige Benutzung im ange-strengten Dauer-betrieb
Spannungs-kollektiv	Beanspruchungsgruppe			
S_0 sehr leicht	B1	B2	B3	B4
S_1 leicht	B2	B3	B4	B5
S_2 mittel	B3	B4	B5	B6
S_3 schwer	B4	B5	B6	B6

Tabelle 6. Kerbwirkungen von Naht- und Anordnungsformen (Kerbfälle) (DIN 15018, Auszug)

Nahtform Anordnung Belastung	Nahtgüte (nach **Anh. G1 Tab. 3**)	Kerbfall (Kerb-wirkung)
	Sondergüte	K0 (gering)
	Normalgüte	K1 (mäßig)
	Normalgüte	K0 (gering)
	Normalgüte Stichproben-prüfung	K1 (mäßig)
a	Sondergüte [a]) $a\leq1:4$, $b\leq1:3$	K0 (gering)
	Normalgüte [a]) $a\leq1:4$, $b\leq1:3$	K1 (mäßig)
b	Normalgüte [a]) $a\leq1:3$, $b\leq1:2$	K2 (mittel)
	Normalgüte [a]) $a\leq1:2$, $b\leq1:0$	K3 (stark)
	Sondergüte (DHV-Naht)	K1 (mäßig)
	Sondergüte (Doppelkehlnaht)	K2 (mittel)
	Normalgüte (Doppelkehlnaht)	K3 (stark)
	Sondergüte (DHV-Naht)	K2 (mittel)
	Normalgüte (DHV-Naht)	K3 (stark)
	Normalgüte (Doppelkehlnaht)	K4 (beson-ders stark)
	Sondergüte (DHV-Naht)	K2 (mittel)
	Normalgüte (DHV-Naht)	K3 (stark)
	Sondergüte (Kehlnaht)	K3 (stark)
	Normalgüte (Kehlnaht)	K4 (beson-ders stark)

[a]) Neigungsbereiche.

Zusammengesetzte Beanspruchung. Bei dieser müssen zum Vergleich der Nennspannungen mit den zulässigen Spannungen die Werte der zulässigen Spannungen für den betreffenden Beanspruchungs- und Berechnungsfall herangezogen werden (z.B. DIN 18800 T1, DIN 15018, DS 804, DV 952).

Will man auf die Berechnung einer Vergleichsspannung verzichten, so kann man auch mit den einzelnen Teilbelastungen rechnen und die Sicherheit bei Überlagerung dieser Teilbelastungen abschätzen. Sind z.B. bei Biegung

Tabelle 7. Zulässige Spannungen in N/mm² beim Betriebsfestigkeitsnachweis (DIN 15018, Auszug)

Stahlsorte	St 37					St 52-3				
Kerbfall	K 0	K 1	K 2	K 3	K 4	K 0	K 1	K 2	K 3	K 4
Beanspruchungs-gruppe	Zulässige Spannungen zul $\sigma_{D(-1)}$ für $\kappa = -1$									
B 1			180	180	(152,7)	270	270	270	(254)	(152,7)
B 2	180	180		(180)	108			(252)	180	108
B 3			(178,2)	127,3	76,4	(237,6)	(212,1)	178,2	127,3	76,4
B 4	(168)	(150)	126	90	54	168	150	126	90	54
B 5	118,8	106,1	89,1	63,6	38,2	118,8	106,1	89,1	63,6	38,2
B 6	84	75	63	45	27	84	75	63	45	27

Das Stufenverhältnis zwischen den Spannungen zweier aufeinanderfolgender Beanspruchungsgruppen beträgt bei den Kerbfällen K0 bis K4 für St37 und St52-3: 1,4142. Dies trifft nicht mehr zu für den Übergang zu den Klammerwerten.

Tabelle 8. Gleichungen für zulässige Oberspannungen und Schubspannungen für Bauteile und Schweißnähte (DIN 15018)

a) Gleichungen für die zulässigen Oberspannungen in Abhängigkeit von κ und zul $\sigma_{D(-1)}$

Wechselbereich $-1 < \kappa < 0$	Zug	$\text{zul } \sigma_{Dz(\kappa)} = \dfrac{5}{3 - 2\kappa} \cdot \text{zul } \sigma_{D(-1)}$
	Druck	$\text{zul } \sigma_{Dd(\kappa)} = \dfrac{2}{1 - \kappa} \cdot \text{zul } \sigma_{D(-1)}$
Schwellbereich $0 < \kappa < +1$	Zug	$\text{zul } \sigma_{Dz(\kappa)} = \dfrac{\text{zul } \sigma_{Dz(0)}}{1 - \left(1 - \dfrac{\text{zul } \sigma_{Dz(0)}}{0,75\,R_m}\right) \cdot \kappa}$
	Druck	$\text{zul } \sigma_{Dd(\kappa)} = \dfrac{\text{zul } \sigma_{Dd(0)}}{1 - \left(1 - \dfrac{\text{zul } \sigma_{Dd(0)}}{0,90\,R_m}\right) \cdot \kappa}$

b) Zulässige Spannungen zul $\tau_{D(\kappa)}$ für Bauteile und Schweißnähte

Bauteile	$\text{zul } \tau_{D(\kappa)} = \dfrac{\text{zul } \sigma_{Dz(\kappa)}}{\sqrt{3}}$	zul $\sigma_{Dz(\kappa)}$ nach W 0
Schweißnaht	$\text{zul } \tau_{D(\kappa)} = \dfrac{\text{zul } \sigma_{Dz(\kappa)}}{\sqrt{2}}$	zul $\sigma_{Dz(\kappa)}$ nach K 0

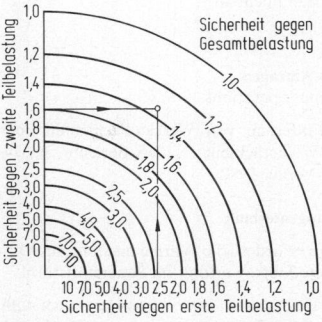

Bild 26. Sicherheitskreis zur Bestimmung der Gesamtsicherheit bei zusammengesetzter Beanspruchung nach Thum u. Erker

Anzahl der vorgesehenen Gesamtspannungsspiele	N_1 10^5	N_2 10^6	N_3 $5 \cdot 10^6$
$\lg N$	5	6	$> \dfrac{6}{6}$
$\overline{\lg N}$	6	6	
Spannungskollektiv aus **Bild 24**	S_0	S_1	S_1
Beanspruchungsgruppe aus **Tab. 5**	B 1	B 4	B 5
zul $\sigma_{D(-1)}$ aus **Tab. 7** N/mm²	180	150	106,1
zul $\sigma_{Dz(-0,4)}$ nach **Tab. 8** mit 1,315 zul $\sigma_{D(-1)} \leq 0.75\,R_{eH}$	180	180	139,5
die vorhandene Spannung ist	kleiner	kleiner	größer

und Schub die Sicherheit gegen die erste Teilbelastung (Biegung)

$$S_I = \sigma^*/\sigma = 2,4$$

und diejenige gegen die zweite Teilbelastung (Schub)

$$S_{II} = \tau^*/\tau = 1,6$$

(σ^*, τ^* Bezugsgrößen, z.B. Festigkeit, Streckgrenze usw.), so ergibt sich aus **Bild 26** die Sicherheit der Gesamtbelastung zu $S = 1,3$.

Berechnungsbeispiel nach DIN 15018: Mit Stumpfstoß-Normalgüte quer zur Kraftrichtung verbundene Teile → Kerbfall K1 nach **Tab. 6**, Werkstoff St 37, $\sigma_{max} = 150$ N/mm² $= \hat{\sigma}_0$, $\sigma_{min} = -60$ N/mm² $= \hat{\sigma}_u \to \kappa = -0,4$ und $\sigma_m = 45$ N/mm². Aus Beanspruchungsverlauf bekannt $\breve{\sigma}_0 = 0,5\hat{\sigma}_0 = 75$ N/mm², $\dfrac{\breve{\sigma}_0 - \sigma_m}{\hat{\sigma}_0 - \sigma_m} = 0,286$. Die zulässigen Schweißnaht- bzw. Grundwerkstoffspannungen am Nahtübergang werden tabellarisch für drei verschiedene Spannungsspiele ermittelt:

Preßschweißverbindungen

Preßstumpf- und Abbrennstumpfschweißen. Berechnungsquerschnitt ist der kleinste Querschnitt neben der Naht. Richtwerte für zulässige Spannungen siehe **Tab. 9**.

Punkt- und Nahtschweißen. Diese Verbindungen werden i. allg. auf Abscheren beansprucht. Es ergibt sich eine niedrige Dauerfestigkeit wegen erheblicher Kerbwirkung. Da der Punktdurchmesser nicht bekannt ist und auch durch zerstörungsfreie Prüfverfahren kaum bestimmt werden kann, werden die ertragbaren Bruchlasten aus Versuchen bestimmt. Vergleiche hierzu Merkblatt DVS 1603

Tabelle 9. Richtwerte für zulässige Spannungen von Preßstumpf- und Abbrennstumpfschweißverbindungen

Beanspru- chungsart	Naht bearbeitet	Naht unbearbeitet	Bemerkungen
statisch	$0,9...1,0$ zul σ	$0,9...1,0$ zul σ	Preßstumpf- oder Abbrennstumpf- schweißen
dynamisch	$0,6...0,8$ zul σ_a	$0,6...0,8$ zul σ_a	Preßstumpf- schweißen
	$0,8...0,9$ zul σ_a	$0,6...0,8$ zul σ_a	Abbrennstumpf- schweißen

zul. σ_a = zulässiger Spannungsausschlag der Grundwerkstoffs

„Widerstandspunktschweißen von Stahl im Schienenfahrzeugbau", DVS 2902 Teil 3 „Widerstandspunktschweißen von Stählen bis 3 mm Einzeldicke, Konstruktion und Berechnung", „Luftfahrt-Tauglichkeitsforderungen für das Widerstandspunkt- und Nahtschweißen LTF 3400-001", und DIN 18 801 Stahlhochbau.

1.1.6 Thermisches Abtragen
Removal by thermal operations

Fertigen durch Entfernen von Werkstoffschichten oder Abtrennen von Werkstückteilen (DVS-Berichte Bd. 74. Düsseldorf: DVS-Verlag 1982).

Verfahren der Autogentechnik

Die zum Abtragen erforderliche Wärme entsteht aus Oxidation, der Werkstoffabtrag erfolgt im Sauerstoffstrahl.

Brennschneiden. Das durch eine Brenngas-Sauerstoff-Flamme örtlich auf Zündtemperatur erwärmte Werkstück verbrennt im Schneidsauerstoffstrahl, die Schneidschlacke (Oxide und Schmelze) wird vom O_2-Strahl aus der Fuge getrieben. Schneidbedingungen: Das Metall muß im O_2-Strom verbrennen, die Entzündungstemperatur muß unter der Schmelztemperatur liegen, die Oxidschmelztemperatur unter der Schmelztemperatur des Werkstoffs. Die Bedingungen werden erfüllt bei un- und niedriglegierten Stählen, Titan und Molybdän, nicht erfüllt bei Aluminium, Kupfer, Grauguß und i. allg. bei hochlegierten Stählen. Vorwärmung ist bei Kohlenstoffgehalten $> 0,3\%$ erforderlich wegen Aufhärtung. Formteilgenauigkeit (A, B) und Oberflächengüte (I, II) sind nach DIN 2310 abhängig von Brennschneidmaschine, Führungseinrichtung, Schneidgeschwindigkeit und -bedingungen (Senkrecht-, Schräg-, Gerad-, Kurven-, Hand-, Maschinenschnitt mit Ein- oder Mehrfachbrenneranordnung). Maschinenformschnitte erfolgen nach Blechschablone mit Magnetrollenführung, photoelektrischer Abtastung von Vorlagen im Maßstab 1 : 1 oder kleiner sowie auf NC-Maschinen.

Metallpulverbrennschneiden. Zufuhr von Metallpulver zur Reaktionsstelle, das zusätzlich Wärme und dünnflüssige Schlacke erzeugt. Geeignet zum Trennen von nichtrostendem Stahl, plattierten Werkstoffen, Gußeisen und Aluminium (nur noch selten angewendet).

Metallpulverschmelzschneiden. Metallpulver verbrennt im Schneidsauerstoffstrom zu Metalloxid und verwandelt nicht brennbare, i. allg. mineralische Schmelze zu Schlacke (Lava). Geeignet zum Trennen aller metallischen, nichtmetallischen und mineralischen Werkstoffe (kaum angewendet).

Mineralpulverschneiden (Brenn- und Schmelzschneiden). Dem Schneidsauerstoff zugesetzter Quarzsand unterstützt durch seine kinetische Energie das Austreiben der Schmelzschlacke. Kaum angewendet.

Brennfugen. Abtragen von Werkstoff an Werkstückoberflächen durch zusätzlichen Hobelsauerstoff. Beim Brennfugen (Fugenhobeln) wird der Werkstoff durch besonders geformte Düsen muldenförmig abgetragen. Breite und Tiefe der Mulde werden durch Größe und Neigung der Hobeldüse beeinflußt. Hauptanwendungsgebiet ist das teilweise Ausarbeiten von Schweißnähten vor dem Gegenschweißen oder bei Reparaturen an brennschneidbaren Werkstoffen.

Brennflämmen. Es dient mit schichtförmigem Werkstoffabtrag zum Säubern von Stahlblöcken, Knüppeln und Rohrluppen vor der Weiterverarbeitung. Handflämmen dient zur Beseitigung örtlicher Fehler, Maschinenflämmen zur großflächigen Bearbeitung.

Brennbohren. Mit Sauerstoff- (SL), Sauerstoff-Pulver-(SPL) oder Sauerstoff-Kernlanze (SKL) ist es ein thermisches Lochstechen, das bevorzugt an mineralischen Stoffen (Beton, Stahlbeton) angewendet wird. Die SL arbeitet nur mit einem Rohr und ist weitgehend durch die SPL, die mit einem Rohr und zusätzlichem Eisen- oder Eisen-Aluminiumpulver arbeitet, ersetzt. Bei der SKL wird ein Rohr, das mit Drähten gefüllt ist, verwendet. Das auf Weißglut erhitzte Rohrende wird in allen drei Fällen auf das Werkstück aufgesetzt und verbrennt unter Sauerstoffzugabe. Metallische Werkstoffe verbrennen, mineralische schmelzen und bilden mit Metalloxid dünnflüssige Schlacke. Das Brennbohren ist bei allen Metallen, Nichtmetallen und mineralischen Werkstoffen anwendbar.

Flammstrahlen. Es wird zum Abtragen (Verbrennen oder Umwandeln) von Schichten und Belägen, zur Reinigung oder Vorbehandlung metallischer oder mineralischer Werkstücke herangezogen.

Elektrische Gasentladung

Lichtbogen-Sauerstoffschneiden. Der Lichtbogen brennt zwischen einer umhüllten Hohlelektrode und dem Werkstück. Sauerstoff wird durch die Bohrung der Elektrode der Schnittfuge zugeführt. Das Verfahren wird vorzugsweise für Verschrottungszwecke eingesetzt.

Lichtbogen-Druckluft-Fugen. Es dient zum Ausarbeiten von Schweißnähten und Rissen an metallischen Werkstoffen. Örtliches Schmelzen des Grundwerkstoffs durch einen Lichtbogen zwischen verkupferter Kohleelektrode und Werkstück. Parallel zur Elektrode zugeführte Preßluft dient zur teilweisen Verbrennung des aufgeschmolzenen Werkstoffs und treibt Schmelze und Schlacke aus der entstehenden Fuge.

Plasma-Schmelzschneiden. Ein eingeschnürter Lichtbogen führt zur Dissoziation mehratomiger und zur Ionisation einatomiger Gase. Im Plasmastrahl hoher Temperatur und großer kinetischer Energie schmilzt der Werkstoff und verdampft teilweise. Bei Werkstück- oder Brennerbewegung entsteht eine Schnittfuge. Plasmagase sind Argon, Wasserstoff oder deren Gemische, als Schneidgase kommen je nach Werkstoff Argon, Stickstoff, Wasserstoff oder deren Gemische, bei un- und niedriglegierten Stählen auch Druckluft in Frage. Elektrisch leitende Werkstoffe werden mit übertragenem, nichtleitende mit nicht übertragenem Lichtbogen geschnitten. Hohe Schneidgeschwindigkeiten sind bei guter Schnittgüte erreichbar. Anwendbar ist das Verfahren bei allen Stählen und NE-Metallen.

Abtragen durch Strahl

Verwendet wird ein energiereicher Strahl (Laser, Elektronen). Hohe Energiedichte des YAG-Festkörper- oder CO_2-Gaslaserstrahls führt zum Schmelzen, zum Verdampfen oder Sublimieren (unmittelbarer Übergang in den gasförmigen Zustand) des Werkstoffs. Der Schneidvorgang wird bei leicht entzündlichen Werkstoffen durch inertes Gas und bei Metallen, insbesondere bei Stahl, durch Sauerstoff unterstützt: *Laserbrennschneiden.* Schmelzen des Werkstoffs und Verwendung inerten Gases: *Laserschmelzschneiden.* Überführung des Werkstoffs unmittelbar in den gasförmigen Zustand: *Laser-Sublimierschneiden.* Vorteile des Laserschneidens sind geringe Wärmeeinwirkung, schmale Schnittfuge, geringer Verzug und hohe Schneidgeschwindigkeit. Schneidbar sind neben Metallen auch organische Stoffe und Kunststoffe, Holz, Leder, Gummi, Papier, Keramik, Quarzglas, Porzellan, Glimmer, Steine und Graphit.

Der Elektronenstrahl mit erhöhter Leistungsdichte im Brennfleck (bis 10^8 W/cm², beim Schweißen 10^6 W/cm²) führt zu erhöhter Verdampfungsrate des Werkstoffs. Genügt ein Elektronenstrahlimpuls zum Durchstoßen des Werkstücks, spricht man von Perforieren. Als Bohren bezeichnet man das Mehrimpulsschneiden mit dem Elektronenstrahl. Durch Perforationen lassen sich Bohrungen mit einem Durchmesser von 0,1 bis 1,2 mm und maximal 8 mm Tiefe herstellen. Bohrungen mit einem maximalen Durchmesser/Tiefe-Verhältnis von 1 : 30 lassen sich bis zu 20 mm Dicke erzeugen. 10 Bohrungen mit 0,5 mm Durchmesser und 8 mm Tiefe bzw. 700 Bohrungen mit 0,2 mm Durchmesser und 0,5 mm Tiefe lassen sich in einer Sekunde herstellen. Anwendbar ist das Verfahren bei Metallen und einigen Nichtmetallen.

1.2 Löten. Soldering and brazing

J. Ruge, München, und **H. Wösle**, Braunschweig

1.2.1 Vorgang. Procedure

Unter Löten versteht man das Verbinden erwärmter, im festen Zustand verbleibender Metalle durch schmelzende metallische Zusatzwerkstoffe (Lote). Die Werkstücke müssen an der Lötstelle mindestens die *Arbeitstemperatur* erreicht haben. Sie liegt immer höher als der untere Schmelzpunkt (Soliduspunkt) des Lots und kann unterhalb des oberen Schmelzpunkts (Liquiduspunkt) liegen. Eine Bindung zwischen Werkstück und Lotmetall tritt auch auf, wenn das Werkstück zwar die Arbeitstemperatur nicht erreicht, dafür aber das Lotmetall eine wesentlich höhere Temperatur hat. Diese Werkstücktemperatur wird häufig mit *Bindetemperatur* oder Benetzungstemperatur bezeichnet. Sie ist stets niedriger als die Arbeitstemperatur und hat nur beim Fugenlöten (Schweißlöten) technische Bedeutung.

Damit flüssige Lote benetzen und fließen können, müssen die Werkstückoberflächen metallisch rein sein. Dicke Oxidschichten werden mechanisch entfernt und dünne Oxidschichten, die zum Teil noch während der Erwärmung auf Löttemperatur entstehen, durch Flußmittel gelöst oder durch Flußmittel bzw. Gase reduziert.

Die *Bindung* ist abhängig von den Reaktionen zwischen Lot und Grundwerkstoff und von der Verarbeitungstemperatur. Neben der reinen Oberflächenbindung im Fall fehlender Legierungsbildung zwischen Grundwerkstoff und Lot tritt in den meisten Fällen Diffusion einer oder mehrerer Komponenten des Lots in den Grundwerkstoff und umgekehrt ein. Beim Hartlöten von weichem

Stahl diffundiert häufig Kupfer entlang den Korngrenzen und führt dadurch zur Lötbrüchigkeit. Die Festigkeit der Lötverbindung ist von der Spaltbreite abhängig. Unterhalb einer kleinsten Spaltbreite (etwa 0,02 mm) fällt die Festigkeit wegen zunehmender Bindefehler stark ab. Umgekehrt bringt auch zunehmende Spaltbreite eine Abnahme der Festigkeit mit sich. Der obere Grenzwert der Spaltbreite von etwa 0,5 mm sollte daher nicht überschritten werden. Als günstigster Bereich hat sich 0,05 bis 0,2 mm bewährt. Bearbeitungsriefen vom Drehen oder Hobeln sollen, wenn ihre Tiefe 0,02 mm übersteigt, möglichst in Flußrichtung des Lots liegen.

1.2.2 Weichlöten. Soldering

Weichlöten wird bei einer Arbeitstemperatur unterhalb 450 °C, vorwiegend bei Stahl, Kupfer und Cu-Legierungen, ausgeführt. Die Lote sind vorwiegend Legierungen der Metalle Blei, Zinn, Antimon, Cadmium und Zink; für Aluminium-Werkstoffe: Legierungen der Metalle Aluminium, Zink, Zinn und Cadmium, ggf. mit Zusätzen von Aluminium; DIN 1707: Weichlote und DIN 8512 T 1 bis T 5: Hartlote.

Erwärmung der Lötstelle. Erwärmt wird mit einem erwärmten Kupferkolben, einem Brenner, im Ofen, durch elektrischen Widerstand oder im Schmelzbad des Lotmetalls. Der Beseitigung der Oxidschichten dienen bei Schwermetallen Flußmittel auf der Basis von Zink- u.a. Metallchloriden und/oder Ammoniumchlorid, ferner organische Säuren (Zitronen-, Öl-, Stearin-, Benzoesäure) sowie Amine, Diamine und Harnstoff, Halogenverbindungen, natürliche oder modifizierte natürliche Harze mit Zusätzen halogenhaltiger oder -freier Aktivierungszusätze. Zu beachten ist, daß Flußmittelreste korrodierend oder nicht korrodierend wirken können. Auf geeignete Auswahl und Nacharbeit ist zu achten, DIN 8511 Teil 1 und Blatt 2: Flußmittel zum Weichlöten von Schwermetallen.

Festigkeit der Lötverbindung. Sie nimmt mit der Dauer der Belastung ab, da die Weichlote unter Last kriechen, **Bild 27**. Erfahrungswerte gibt **Tab. 10**. Außerdem sinkt die Festigkeit mit steigender Temperatur, **Bild 28**.

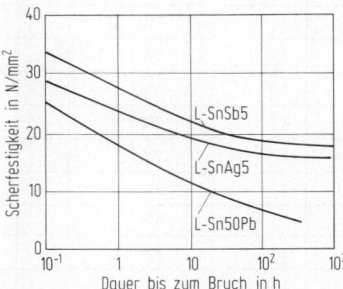

Bild 27. Scherfestigkeit von Weichlötverbindungen nach Zürn u. Nesse

1.2.3 Hartlöten und Schweißlöten (Fugenlöten)
Hard soldering and brazing

Bei Temperaturen über 450 °C, Lotmetalle: **Tab. 11**.
Normen: *DIN 8513:* Hartlote für Schwermetalle (*Teil 1:* Kupferlote, *Teil 2:* Silberhaltige Hartlote mit weniger als 20 Masse-% Silber, *Teil 3:* Silberhaltige Hartlote mit mindestens 20 Masse-% Silber). – *DIN 8513 Teil 4:* Hartlote für Aluminium-Werkstoffe.

Tabelle 10. Zug- und Scherfestigkeiten von Weichlotverbindungen nach Spengler

Kurzzeichen		Kurzzeitbelastung (Erfahrungswerte)		Dauer-belastung
neu	alt	Zug-festigkeit N/mm²	Scher-festigkeit N/mm²	Zug-festigkeit N/mm²
–	L Sn	10...20	5...15	0,5...1
L-Sn 60 Pb	L SnPb 38	35...45	25...35	–
L-Sn 50 Pb } L-Sn 60 Pb }	L SnPb 38–50	–	–	2 ...2,5
L-PbSn 40 } L-Sn 50 Pb }	L PbSn 40–50	–	–	2 ...2,5
L-SnSb 5	L SnSb	40...50	30...40	4 ...6
L-SnAg 5	L SnAg 5	40...50	30...40	–
–	L CdZn	70...80	40...70	–
L-CdZnAg 5	L CdZnAg	80...90	70...80	–
	L SnCdZn	–	–	5 ...9

Erwärmung der Lötstelle. Erwärmt wird vorwiegend mit der Flamme, im Schutzgasofen oder mittels Stromdurchgang. Als Flußmittel zur Beseitigung von Metalloxiden mit

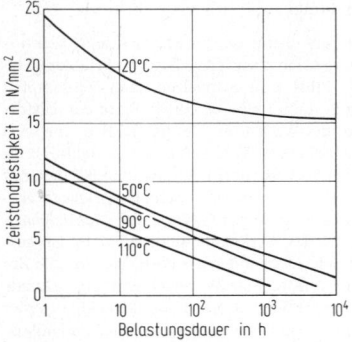

Bild 28. Zeitstandfestigkeit von Weichlötverbindungen nach Haug

Wirk-Temperatur zwischen 550 und 800 °C eignen sich Borverbindungen und komplexe Fluoride, zwischen 600 und 1000 °C Chloride und Fluoride ohne Borverbindungen, zwischen 750 und 1100 °C Borverbindungen und ab 1000 °C Borverbindungen, Phosphate und Silicate (DIN

Tabelle 11. Hartlote (DIN 8513, Auswahl)

Kennzeichen 8513 1734	Genormt in DIN 8513 Teil	Arbeits-temperatur °C	bevorzugt zu verwenden für										
			Stahl	Edelstahl	Temperguß	Gußeisen	Kupfer	Kupferlegierungen	Nickel	Nickellegierungen	Edelmetalle	Hartmetalle	Wolfram- und Molybdän-Werkstoffe
L-Ag 40 Cd	3	640	×	×		×	×	×	×	×			
L-Ag 50 Cd	3	640		×				×			×		
L-Ag 30 Cd	3	680	×		×		×	×	×	×			
L-Ag 49	3	690										×	×
L-CuP 8	1	710					×						
L-Ag 15 P	2	710					×	×					
L-Ag 2 P	2	710					×	×					
L-Ag 60	3	710							×				
L-Ag 20 Cd	3	750	×		×		×	×	×	×			
L-Ag 25	3	780	×		×		×	×	×	×			
L-Ag 72	3	780					×	×	×	×			
L-Ag 12	2	830	×		×		×	×	×	×			
L-Ag 83	3	830									×		
L-Ag 27	3	840										×	×
L-ZnCu 42	1	845					×						
L-Ag 5	2	860	×		×		×	×	×	×			
L-CuZn 39 Sn	1	900	×		×	×	×	×	×	×			
L-CuZn 40	1	900	×		×	×	×	×	×	×			
L-Ag 85	3	960	×					×	×				
L-CuSn 12	1	990					×						
L-CuSn 6	1	1040					×						
L-SCu	1	1100	×										
L-Cu	1	1100	×										

8511 Teil 1: Flußmittel zum Löten metallischer Werkstoffe).

Festigkeit der Lötverbindung. Sie hängt stark von den Grund- und Lotwerkstoffen ab, sinkt je nach Lot geringfügig bei Langzeitbeanspruchung gegenüber dem Kurzzeitversuch und wird stark beeinflußt durch die Spaltbreite, Betriebstemperatur und die Schwingspielzahl bei schwingender Belastung. Anhaltswert: Dauerwechselfestigkeit 180 N/mm².

1.3 Kleben. Adhesive bonding

J. Ruge, München, und **H. Wösle**, Braunschweig

1.3.1 Anwendung und Vorgang. Uses, procedures

Anwendung. Das Kleben ermöglicht ein Fügen auch nicht schweißbarer Werkstoffe ohne Verwendung von Nieten oder Schrauben. Es wird angewendet beim Verbinden von Metallen mit Nichtmetallen, wie z.B. Holz, Kunststoff, Gummi, Glas, Porzellan, oder in Fällen, in denen die zu fügenden Werkstoffe durch eine Schweißung nachteilige Veränderungen ihrer mechanisch-technologischen Eigenschaften erfahren (z.B. ausgehärtetes Duralumin). Vor allem dünne Werkstücke, die sich nur unter großem Aufwand oder gar nicht nieten oder schweißen lassen, können durch Kleben miteinander gefügt werden. Überdies kann das Metallkleben im Großreihenbau fertigungstechnische und wirtschaftliche Vorteile bieten. Die Sandwichbauweise erlaubt in großem Umfang das Metallkleben im Flugzeugbau, weil sich hierdurch hohe Steifigkeit mit niedriger Masse vereinigen läßt.

Bindefähigkeit. Sie wird bei Klebstoffen auf Kunstharzbasis vorwiegend auf die Adhäsion zwischen Klebstoff und Metall zurückgeführt. Der mechanischen Haftung infolge mechanischer Verankerung wird weitaus geringere Bedeutung zugemessen. Zur Herstellung einwandfreier Metallklebungen müssen folgende Bedingungen erfüllt werden: Gute und gleichmäßige Benetzbarkeit der Klebflächen durch den Klebstoff und möglichst geringe innere Spannungen nach dem Abbinden des Klebstoffs, d.h. geringe Neigung zum Schrumpfen beim Abbinden. Eigenspannungen können zu einer Verminderung der Bindefestigkeit führen, besonders wenn noch eine ungenügende

Benetzbarkeit vorliegt. Weitere Bedingungen sind das Fehlen von Gas- oder Lufteinschlüssen in der Klebschicht und klebgerechte Sauberkeit der zu fügenden Teile, d.h. Freiheit von Schmutz, Fett und anderen Verunreinigungen.

Oberflächenvorbehandlung der Fügeteile: Entfetten und *mechanische Vorbehandlung* durch Drehen, Hobeln, Fräsen oder durch Strahlen mit fettfreiem feinkörnigem Sand, Korund oder Drahtkorn beim Verkleben von Eisen, Stahl und NE-Metallen.

Chemische Verfahren wie Beizen mit nichtoxidierender Säure, Ätzen mit oxidierender Säure oder *elektrochemische Behandlung* ergeben bei Aluminium und Al-Legierungen, Magnesium und Mg-Legierungen, Kupfer und Cu-Legierungen höhere Bindefestigkeiten als die mechanischen Verfahren.

1.3.2 Klebstoffe. Adhesive materials

Bei Metallklebungen werden neben anderen bevorzugt *Epoxidharzklebstoffe* verwendet. Der Klebstoff kann entweder durch eine chemische Reaktion bei Zweikomponentenklebstoffen oder durch einen physikalischen Vorgang, wie das Verdunsten des Lösungsmittels, abbinden.

Polykondensationsklebstoffe werden kalt aufgebracht. Nach dem Zusammenfügen der Teile werden sie zum Abbinden einer meist kurzen Wärmeeinwirkung unter Druck ausgesetzt, während der die chemische Reaktion der Kondensation abläuft. Härtungstemperatur und Druck sind aus Versuchen zu ermitteln, soweit keine Herstellerangaben vorliegen. Durch Zugabe von Härtern kann die Kondensation auch ohne Wärmezufuhr bewirkt werden.

Polymerisationsklebstoffe sind lösungsmittelfreie reaktionsfähige Systeme – Wärmezufuhr und Druckanwendung wirken beschleunigend und verbessern die Festigkeit.

Polyadditionsklebstoffe härten ohne Freiwerden von Spaltprodukten durch eine Additionsreaktion aus. Sie sind ohne Druck kalt und warm aushärtbar. Zur Auswahl einiger Klebstoffe mit Verarbeitungsbedingungen siehe **Tab. 12**.

1.3.3 Tragfähigkeit. Strength of bonded joints

Die Tragfähigkeit von Klebverbindungen wird beeinflußt durch die mechanisch-technologischen Eigenschaften der zu verklebenden Werkstoffe und des Klebstoffs, die Herstellungsbedingungen, die konstruktive Gestalt und die Beanspruchungsart.

Besonders gut eignen sich für Klebverbindungen die Leichtmetalle auf Aluminium- und Magnesiumbasis und Stahl, weniger gut die Buntmetalle. Die Scherzugfestigkeit, d.h. das Verhältnis der Bruchlast zur Klebfläche

Tabelle 12. Basis-Kunststoffe für das Kleben von Stahl (Beratungsstelle für Stahlverwendung, Merkblatt 382)

	Härtungsbedingungen	Festigkeit	Verformbarkeit	Alterungsbeständigkeit	Wärmebeständig bis °C
1. Epoxidharz, 2 K.	20 °C, kein Druck	1/2	2	3	60...80
2. Epoxidharz, 1 K.	120 °C, kein Druck	1	2	2	200
3. Phenolharz, 1 K.	150 °C, 0,8 N/mm²	2	3	1	200
4. Polyurethanharz, 2 K.	20 °C, kein Druck	2/3	1	3	60...80
5. Mischpolymerisate, 2 K.	20 °C, kein Druck	2/3	2	2/3	60...80
6. Epoxid-Phenolharz, 1 K.	150 °C, 0,8 N/mm²	1	2/3	1/2	bis 250
7. Epoxid-Nylonharz, 1 K.	150 °C, 0,05 N/mm²	1	1	1/3	80
8. Polyimidharz, 1 K.	180 °C, 0,5 N/mm²	2/3	3	1	bis 400
9. Cyanatharz, 1 K.	180 °C, kein Druck	2/3	3	2	bis 200
10. EP-Versuchsprod.	170 °C, kein Druck	2/3	3	2	bis 250
Schnellhärtende Klebstoffe					
11. Cyanacrylat, 1 K.	RT, kein Druck	2	3	3	80
12. Diacrylsäureester, 1 K.	RT, kein Druck	2	3	3	80...120
Physikalisch härtende Klebstoffe					
13. PVC-Plastisol, 1 K.	150...250 °C, kein Druck	3/4	2	2	80...100
14. Heißschmelzklebst., 1 K.	oberh. 100 °C, Kontaktdr.	3/4	1	2	80...150

1 sehr hoch, 2 hoch, 3 mittel, 4 niedrig, 1 K. einkomponentig, 2 K. zweikomponentig, RT Raum-Temperatur

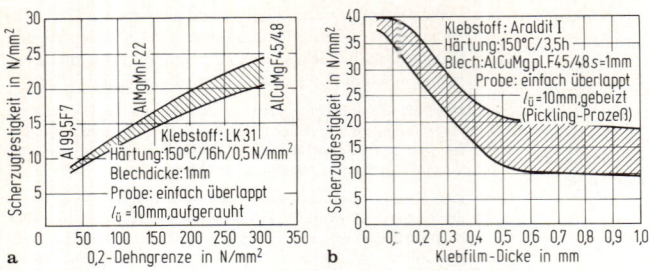

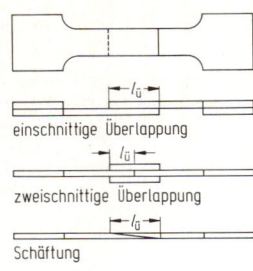

Bild 29. Scherzugfestigkeit von Klebverbindungen. **a** in Abhängigkeit von der Dehngrenze bei Leichtmetallen; **b** in Abhängigkeit von der Klebfilmdicke

Bild 30. Nahtformen bei Klebverbindungen (Probestäbe)

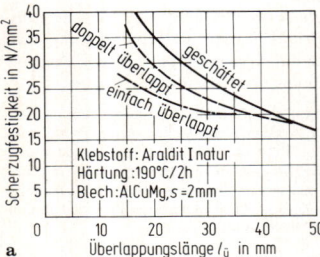

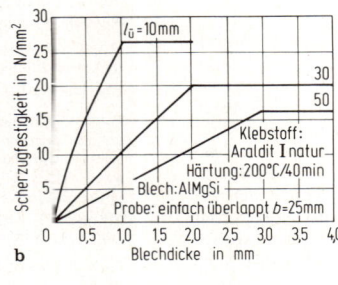

Bild 31. Scherzugfestigkeit von Klebverbindungen in Abhängigkeit **a** von der Überlappungslänge; **b** von der Blechdicke und Überlappungslänge

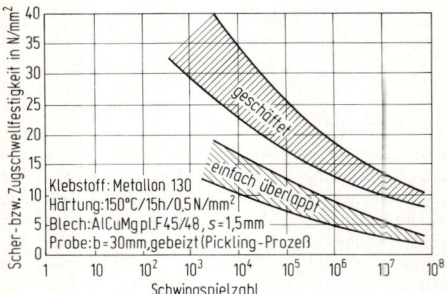

Bild 32. Scherzugschwellfestigkeit von Klebverbindungen

was auf die an den Enden der Überdeckung auftretenden Spannungsspitzen zurückzuführen ist.
Für die Bemessung gilt $\ddot{u} = l_{\ddot{u}}/s < 30$. Richtwert: $\ddot{u} = 20$.

Die Scherzugfestigkeit sinkt nach 10 Wochen Lagerzeit auf etwa 70%, sie ist von der Temperatur erst ab etwa 80 °C abhängig, darüber fällt sie stark ab. Klebverbindungen sind auch dynamisch beanspruchbar. Eine ausgesprochene Dauerfestigkeit wie bei Metallen gibt es aber bis zu 10^8 Schwingspielen noch nicht, **Bild 32.**

1.4 Reibschlußverbindungen
Connections with force transmission by friction

H. Mertens, Berlin

1.4.1 Formen, Anwendungen. Types, uses

Reibschlußverbindungen [1–39] mit zylindrischen oder kegeligen Wirkflächen werden in erster Linie als Welle-Nabe-Verbindungen zur Drehmomentübertragung zwischen Welle und Nabe mit und ohne Zwischenelemente (**Bild 33**) oder zum Einleiten von Axialkräften in Achsen oder Stangenköpfen (z.B. **Bild 34**) verwendet. Neben der Kraftübertragung – sicher im Betrieb, durchrutschend bei Überlastung mit Grundlagen nach B1.11 – spielen bei der Auswahl dieser Verbindungen die Selbstzentrierung, die Einstell- bzw. Nachstellbarkeit in Umfangsrichtung, der Fertigungs- und Montageaufwand, die notwendigen Fertigungstoleranzen, die Lös- bzw. Wiederverwendbarkeit eine Rolle. Schwer lösbar sind zylindrische Preßverbände nach **Bild 33d**, leichter lösbar Preßverbände mit kegeligen Wirkflächen nach **Bild 33e** sowie leichter füg- und lösbar die Verbindungen mit Zwischenelementen. Nicht selbstzentrierend sind die Klemmverbindung nach **Bild 33b**, die Verbindung mit Flach- oder Hohlkeil nach **Bild 33c**, der Ringfederspannsatz nach **Bild 33i**, die Verbindung mit Sternscheiben nach **Bild 33j** und mit Wellenspannhülse nach **Bild 33m**. Preßverbände (Längs-, Quer-, Kegel-

einer einschnittigen Klebverbindung, nimmt mit wachsender Streckgrenze bzw. Dehngrenze des Metalls zu und mit steigender Klebfilmdicke ab, **Bild 29.**
Die *Festigkeit des Klebstoffs* ist von seinem Aufbau und seinen Verarbeitungsbedingungen abhängig, Tab. 12.
Die *konstruktive Gestalt* der Verbindung beeinflußt die Festigkeit erheblich. Die *einschnittige* Verbindung (**Bild 30**) ergibt durch die zusätzliche Biegung und die damit verbundene Neigung zum Abschälen niedrigere Scherzugfestigkeiten als die *zweischnittige*, während die *Schäftung* wegen der gleichmäßigen Schubspannungsverteilung in der Klebfuge die höchsten Werte erzielt (**Bild 31a**), die jedoch mit wachsender Länge der Überlappung abnehmen. Dagegen nimmt die Scherzugfestigkeit der einschnittigen Klebverbindung bei konstanter Überlappungslänge $l_{\ddot{u}}$ mit wachsender Blechdicke bis zu einem Grenzwert zu, da die Steifigkeit des Blechs gegen Biegung ebenfalls wächst, **Bild 31b.**

Die Scherzugfestigkeit ist ferner vom Überlappungsverhältnis $\ddot{u} = $ Überlappungslänge $l_{\ddot{u}}$/Blechdicke s abhängig. Die Erhöhung von $\ddot{u}$ über einen optimalen Wert hinaus bringt keine Vorteile mehr,

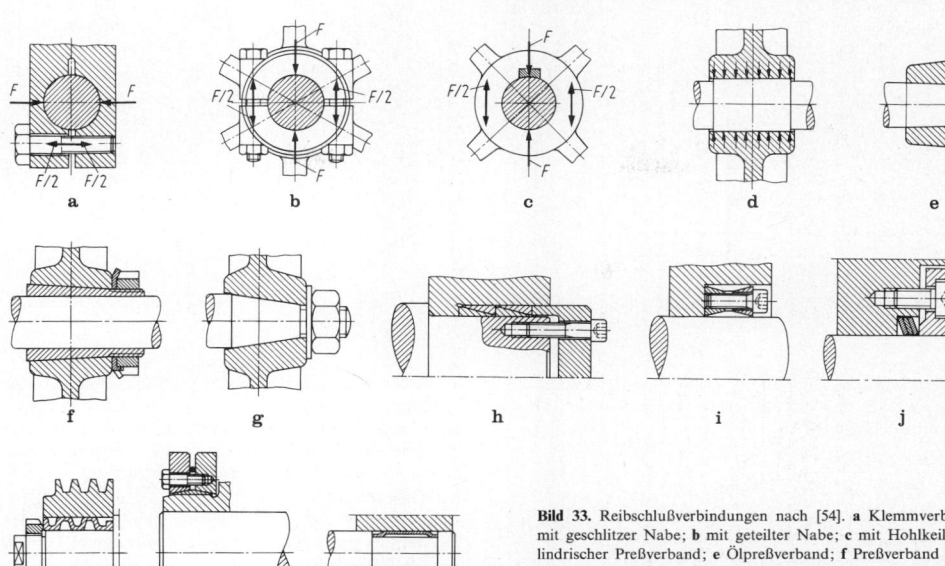

Bild 33. Reibschlußverbindungen nach [54]. **a** Klemmverbindung mit geschlitzter Nabe; **b** mit geteilter Nabe; **c** mit Hohlkeil; **d** Zylindrischer Preßverband; **e** Ölpreßverband; **f** Preßverband mit kegeliger Spannbüchse; **g** Kegelpreßverband; **h** Spannverbindung mit Kegelspannringen (nach Ringfeder); **i** Spannsatz (nach Ringfeder); **j** Sternscheiben (nach Ringspann); **k** Wellenspannhülse (nach Spieth); **l** Schrumpfscheiben-Verbindung (nach Stüwe); **m** Wellenspannhülse (nach Deutsche Star)

Preßverbände) erfordern eine hohe Fertigungsgenauigkeit, etwas geringere die hydraulische Hohlmantelspannhülse [38]. Auswahl von Welle-Nabe-Verbindungen mit Konstruktionskatalogen s. [10], Hersteller [39].

Reibschlußverbindungen mit *ebenen Wirkflächen* werden heute häufig anstelle von Nietverbindungen zur Kraftübertragung zwischen Blechen im Stahl- und Kranbau als *gleitfeste Verbindung mit hochfesten Schrauben* (GV-Verbindungen) [4] verwendet. Reibschlüssig erfolgt auch die Übertragung von häufig auftretenden Betriebslasten in drehstarren, nichtschaltbaren *Wellenflanschkupplungen* [22].

1.4.2 Preßverbände. Interference fits

Entwurfsberechnung. Sie erfolgt nach DIN 7190 für zylindrische Preßverbände für das höchste sicher zu übertragende Drehmoment M_t oder die höchste sicher zu übertragende Axialkraft F_{ax} zunächst ohne Berücksichtigung von Fliehkräften für zwei konzentrische Ringe mit gleicher axialer Länge l_F; näherungsweise kann diese Berechnung auch für Klemmverbindungen nach **Bild 34** angewendet werden. Durch die Berechnung soll sichergestellt werden, daß der durch das kleinste wirksame *Übermaß* $|\check{P}_w|$ zwischen Wellendurchmesser und Nabenbohrung er-

zeugte niedrigste *Fugendruck* $\check{p}$ die erforderliche *Haftkraft (Reibkraft)* aufbringt und der durch das größte Übermaß $|\hat{P}_w|$ bewirkte *Fugendruck* $\hat{p}$ nicht zu einer Überschreitung der zulässigen Bauteilbeanspruchungen bzw. -dehnungen führt; für Fugendruck gilt damit $\check{p} \leqq p \leqq \hat{p}$.

Zum Übertragen von M_t mindest erforderlicher Fugendruck $p_{min} = 2M_t S_r/(\pi D_F^2 l_F \mu_{ru})$, $p_{min} \leqq \check{p}$, bei Axialbeanspruchung $p_{min} = F_{ax} S_r/(\pi D_F l_F \mu_{rl})$, mit Soll-Sicherheit S_r gegen Rutschen, Haftbeiwert μ_{ru} bzw. μ_{rl} bei Rutschen in Umfangs- bzw. Längsrichtung **Tab. 13**, Fugendurchmesser D_F nach dem Fügen (Rechnung mit Nennmaß), Fugenlänge l_F.

Für rein *elastisch beanspruchte Preßverbände* ohne Berücksichtigung von Kantenpressungen beträgt allgemein das

Tabelle 13. Haftbeiwerte bei Querpreßverbänden in Längs- und Umfangsrichtung beim Rutschen (nach DIN 7190) für Entwurfsberechnung

Werkstoffpaarung	Schmierung, Fügung	Haftbeiwerte μ_{rl}, μ_{ru}
Stahl-Stahl-Paarungen	Verfahren A	0,12
	Verfahren B	0,18
	Verfahren C	0,14
	Verfahren D	0,20
Stahl-Gußeisen-Paarungen	Verfahren A	0,10
	Verfahren B	0,16
Stahl-MgAl-Paarungen	trocken	0,10 bis 0,15
Stahl-CuZn-Paarungen	trocken	0,17 bis 0,25

Verfahren A: Druckölverbände normal gefügt mit Mineralöl
Verfahren B: Druckölverbände mit entfetteten Preßflächen (mit Glyzerin gefügt)
Verfahren C: Schrumpfverband normal nach Erwärmung des Außenteils bis zu 300° C im Elektroofen
Verfahren D: Schrumpfverband mit entfetteten Preßflächen nach Erwärmung im Elektroofen bis zu 300° C

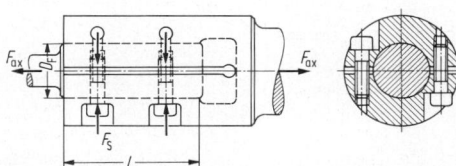

Bild 34. Axial-(längs-)belastete zylindrische Klemmverbindung ($z = 4$)

G

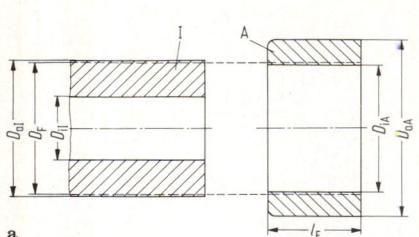

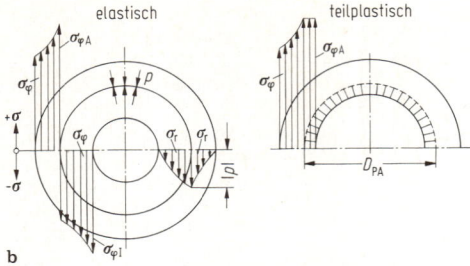

Bild 35. Spannungsverteilung in elastischen Preßverbänden mit Hohlwelle. **a** vor dem Fügen; **b** nach dem Fügen. σ_φ Umfangs-, σ_r Radialspannungen, p Fugendruck; Nabe nach Fügen elastisch oder teilplastisch

bezogene wirksame Übermaß $\xi_w = |P_w|/D_F$ und gleichzeitig $\xi_w = K\,p/E_A$ mit der Hilfsgröße (Index A bzw. I für Außen- bzw. Innenteil):

$$K = \frac{E_A}{E_I}\left(\frac{1+Q_I^2}{1-Q_I^2} - v_I\right) + \frac{1+Q_A^2}{1-Q_A^2} + v_A.$$

Elastizitätsmoduln E_A und E_I, Durchmesserverhältnisse $Q_A = D_F/D_{aA}$ und $Q_I = D_{iI}/D_F$, Querdehnzahlen v_A und v_I ($v \approx 0{,}3$ für St; $v \approx 0{,}25$ für GG 20 bis GG 25). Das wirksame *Übermaß* $|P_w|$ ist infolge Glättung von Rauheitsspitzen beim Fügen kleiner als die vor dem Fügen meßbare Istpassung $|P_i|$, die aufgrund der Zeichnungsabmaße von Wellendurchmesser und Nabenbohrung zwischen den Grenzen $|\check{P}|$ und $|\hat{P}|$ liegt; $|\check{P}| \leq |P_i| \leq |\hat{P}|$. Sofern keine experimentellen Werte vorliegen, gilt für Längs- und Querpreßverbände $|P_w| = |P_i| - 0{,}8(R_{zA} + R_{zI})$ mit den gemittelten Rauhtiefen der Fügeflächen R_{zA} bzw. R_{zI}. Sind die Mittenrauhwerte R_a vorgegeben, so können hierfür die nach Beiblatt 1 zu DIN 4768 Teil 1 ermittelten Mittelwerte der gemittelten Rauhtiefe R_z eingesetzt werden. Wegen $\check{\xi}_w = |\check{P}_w|/D_F = K\check{p}/E_A$ und $|\check{P}_w| = |\check{P}| - 0{,}8(R_{zA} + R_{zI})$ ist bei gegebener Passung $|\check{P}|$ das wirksame Übermaß $|\check{P}_w|$ und der Fugendruck $\check{p}$ bestimmt oder bei gegebenem Fugendruck $\check{p}$ das wirksame Übermaß $|\check{P}_w|$ bzw. die Passung $|\check{P}|$ berechenbar, wenn die Hauptabmessungen von Außen- und Innenring festliegen. Analog gilt $\hat{\xi}_w = |\hat{P}_w|/D_F = K\hat{p}/E_A$, so daß mit gegebener Passung $|\hat{P}|$ der höchste Fugendruck $\hat{p}$ bekannt ist. Erreichbare Rauhtiefen zu Fertigungsverfahren s. DIN 4766 s. **F** Tab. 1.
Die höchste Radialspannung $\sigma_r = -\hat{p}$ tritt an der Fuge des Außen- und Innenteils auf (**Bild 35**), die höchste Umfangsspannung im Außenring beträgt wieder an der Fuge $\sigma_{\varphi A} = (1+Q_A^2)\hat{p}/(1-Q_A^2)$, die höchste Tangentialspannung am Innenteil beträgt $\sigma_{\varphi I} = -2\hat{p}/(1-Q_I^2)$ für $Q_I > 0$ und liegt am Innenrand bzw. $\sigma_{\varphi I} = -\hat{p}$ überall für eine Vollwelle mit $Q_I = 0$. Nach der Schubspannungshypothese (SH) ergeben sich damit die höchsten Vergleichsspannungen im Außenteil zu $\sigma_v = 2\hat{p}/(1-Q_A^2)$, im Innern mit $Q_I > 0$ zu $\sigma_v = 2\hat{p}/(1-Q_I^2)$ bzw. der Vollwelle zu $\sigma_v = \hat{p}$. Diese Vergleichsspannungen werden nach DIN 7190 mit den Festigkeitskennwerten $(2R_{eLA}/\sqrt{3})$ bzw. $(2R_{eLI}/\sqrt{3})$ (modifizierte SH) verglichen, die mit den unteren Streckgrenzen R_{eL} von Außenteil und Innenteil festliegen; z.B. $2\hat{p}/(1-Q_A^2) \leq 2R_{eLA}/(\sqrt{3} \cdot S_{PA})$; $\hat{p} \leq (1-Q_A^2)R_{eLA}/(\sqrt{3} \cdot S_{PA})$ mit der Soll-Sicherheit S_P gegen plastische Dehnung. Analoge Bewertung für Innenring oder Vollwelle. Flußplan für elastische Auslegung [10].
Für duktile Werkstoffe mit einer Bruchdehnung $A \geq 10\%$ und einer Brucheinschnürung $\geq 30\%$ wird in DIN 7190 für Vollwellen und $E_A = E_I = E$ sowie $v_A = v_I = v$ ein einfaches Berechnungsverfahren für *elastisch-plastisch beanspruchte Preßverbände* beschrieben. Dabei bildet sich

im Außenteil eine innenliegende plastische Zone aus, die von einer außenliegenden elastischen Restzone durch eine Zylinderfläche mit dem Plastizitätsdurchmesser D_{PA} getrennt wird (**Bild 35**). Der bezogene Plastizitätsdurchmesser $\zeta = D_{PA}/D_F$ wird durch Lösen der transzendenten Gleichung $2\ln\zeta - (Q_A\zeta)^2 + 1 - \sqrt{3} \cdot p/R_{eLA} = 0$ bestimmt, wobei $1 \leq \zeta \leq 1/Q_A$ gelten muß. Das für den Fugendruck p erforderliche bezogene wirksame Übermaß $\xi_w = |P_w|/D_F$ ergibt sich zu $\xi_w = 2\zeta^2 R_{eLA}/(\sqrt{3} \cdot E)$. Schließlich ist noch der Anteil der plastisch beanspruchten Ringfläche q_{PA} am gesamten Querschnitt q_A des Außenteils zu überprüfen, mit $q_{PA}/q_A = (\zeta^2 - 1)Q_A^2/(1-Q_A^2) \leq 0{,}3$ für hochbeanspruchte Preßverbände im Maschinenbau. Kontrolle, ob Vollwelle rein elastisch unter Druck p bleibt, erfolgt wie bei elastisch beanspruchten Preßverbänden. Kontrolle gegen vollplastische Beanspruchung des Außenteils mit $p \leq 2R_{eLA}/(\sqrt{3} \cdot S_{PA})$ für $Q_A < 1/e = 0{,}368$ bzw. $p \leq -2R_{eLA}(\ln Q_A)/(\sqrt{3} \cdot S_{PA})$ für $Q_A > 0{,}368$ mit Soll-Sicherheit S_{PA} gegen vollplastische Beanspruchung. Flußdiagramme s. DIN 7190.
Die *Abschätzung der Dauerfestigkeit* von Welle-Nabe-Verbindungen erfolgt zweckmäßig über die Berechnung der Nennspannungsamplituden und der zugehörigen Mittelspannungen aus Biegung und Torsion in der Welle unter Berücksichtigung von Versuchsergebnissen an ähnlichen Welle-Nabe-Verbindungen. Im DDR-Standard TGL 19340 ist hierfür ein Rechengang angegeben, der leicht modifiziert in [10] dargestellt ist. Zur Dokumentation der Versuchsergebnisse werden Kerbwirkungszahlen für Biegung β_{kb} und Torsion β_{kt} eingeführt s. E 1.5.2. Einen ersten Überblick gibt **Tab. 14**.

Tabelle 14. Kerbwirkungszahlen für Preßverbände (nach TGL 19340) mit Fugendurchmesser $D_F = 40$ mm und Momentendurchleitung [10]

Nabenform	Passung	Kerb-wirkungs-zahl ($D=40$mm)	400	500	600	700	800	900	1000	1100	1200
							R_m in N/mm²					
H8/u8	β_{kb}	1,8	2,0	2,1	2,3	2,5	2,7	2,8	2,8	2,9
		β_{kt}	1,2	1,3	1,4	1,5	1,6	1,7	1,8	1,8	1,9
H8/u8 Nabe aus gehärtetem Stahl $r/D \geq 0{,}06$	β_{kb}	1,6	1,7	1,8	1,9	2,0	2,1	2,2	2,3	2,3
		β_{kt}	1,0	1,1	1,2	1,2	1,3	1,4	1,4	1,5	1,5
H8/u8	β_{kb}	1,5	1,6	1,7	1,8	1,9	2,0	2,1	2,1	2,2
		β_{kt}	1,0	1,0	1,1	1,2	1,3	1,3	1,4	1,4	1,5
H8/u8 $r/D = 0{,}5$	β_{kb}	1,0	1,0	1,1	1,1	1,2	1,3	1,3	1,4	1,4
		β_{kt}	1,0	1,0	1,0	1,0	1,1	1,1	1,2	1,2	1,2

Ähnliche Kerbwirkungszahlen müssen auch für vergleichbare Kegelpreßverbände und kommerziell erhältliche reibschlüssige Welle-Nabe-Verbindungen mit Zwischenelementen [23–39] (**Bild 33h bis m**) angenommen werden. Zusammenstellung von Kerbwirkungszahlen [10, 12].

Grobgestaltung. In der Regel $l_F/D_F \leqq 1{,}5$, wenn Auslegung auf statische Drehmomentbeanspruchung, da größere Längen kaum höhere Rutschmomente ergeben. Bei wechselnden oder umlaufenden Biegemomenten $l_F/D_F \geqq 0{,}5$ sowie möglichst volle Innenteile, um axiales Auswandern der Welle aus der Nabe durch Mikrogleiten zu vermeiden. Um große Drehmomente übertragen zu können, soll möglichst eine volle Welle mit einer nicht zu dünnwandigen Nabe ($Q_A \leqq 0{,}5$) gepaart werden. Der größtmögliche Gewinn an Fugendruck p gegenüber der rein elastischen Auslegung ergibt sich im Bereich $0{,}3 \leqq Q_A \leqq 0{,}4$. Optimal gestaltete Preßverbände für wechselnde oder umlaufende Biegemomente erzielt man durch Verstärkung des Wellendurchmessers D_W auf Fugendurchmesser D_F nach $D_F/D_W \approx 1{,}1$ bis $1{,}15$ mit Übergangsradien r nach $r/D_F \approx 0{,}22$ bis $0{,}18$, wobei für hochfeste Wellenwerkstoffe der jeweils rechte Grenzwert zu wählen ist [11]. Sofern kein Wellenabsatz vorgesehen werden kann, können sinngemäß kreisförmige Welleneinstiche mit etwas überstehender Nabe eingesetzt werden. Keinesfalls sollen jedoch Nuten oder Einstiche innerhalb des Preßverbands, z.B. für Paßfedern, vorgesehen werden. Falls Welle und Nabe aus Werkstoffen mit ungleichen elastischen Konstanten gefertigt werden, so soll die Welle den größeren Elastizitätsmodul aufweisen ($E_I > E_A$).

Hinweis: Hydraulisch gefügte Verbände dürfen erst nach erfolgtem Ölfilmabbau (10 min bis 2 h) beansprucht werden. Fügetemperaturen für Naben aus Baustahl niedriger Festigkeit, Stahlguß oder Gußeisen mit Kugelgraphit maximal 350 °C, für Naben aus hochvergütetem Baustahl oder einsatzgehärtetem Stahl maximal 200 °C (DIN 7190).

Grobgestaltung von Kegelpreßverbänden. Bauart nach **Bild 33g.** Die Kegelneigung (durchmesserbezogen nach DIN 254) ist auf jeden Fall [21] selbsthemmend zu wählen, bei Stahl/Stahl-Paarung also kleiner oder gleich 1 : 5. Da das Außenteil bei Erstbelastung durch Drehmoment eine schraubenförmige Aufschubbewegung ausführt, wird die wirksame Reibungszahl in axialer Richtung praktisch aufgehoben. Deshalb sind Kegelpreßverbände, die größere Drehmomente übertragen müssen, axial zu verspannen, da sich sonst bei Überschreiten des maximal zulässigen Drehmomentes auch ein „selbsthemmender" Preßverband augenblicklich löst. Paß- oder Scheibenfedern, die zur Lagesicherung in Umfangsrichtung in Kegelpreßsitzen eingesetzt werden, z.B. DIN 1448, DIN 1449, verhindern die schraubenförmige Aufschubbewegung, womit der Fugendruck nicht voll zur Drehmomentübertragung genutzt werden kann: In hochbelasteten Kegelpreßverbänden sollen damit keine Paß- oder Scheibenfedern vorgesehen werden. Zur Vermeidung der Aufschubbewegung und veränderlicher Umfangslage im Betrieb sind Montagevorgänge, die Drehmomentbelastung und Anziehen kombinieren, vorgeschlagen worden [21]. Überschlägige Berechnung als zylindrischer Preßverband mit mittlerem Fugendurchmesser D_{Fm} und axialer Fugenlänge l_F. Der zum Übertragen von M_t mindest erforderliche Fugendruck $p_{min} = 2 M_t S_r / [\pi D_{Fm}^2 (l_F/\cos\beta) \cdot \mu_{ru}]$ mit der Soll-Sicherheit S_r gegen Rutschen und dem Kegelwinkel $\alpha = 2\beta$. Die dafür notwendige Einpreßkraft $F_e \geqq p_{min} D_{Fm} \pi l_F (\tan\beta + \mu_{rl})$; die Lösekraft vor Belastung durch Drehmoment M_t folgt mit negativem μ_{rl}. Der erforderliche Aufschubweg wird

durch das kleinste erforderliche Übermaß $|\check{P}_w|$ und das größte zulässige Übermaß $|\hat{P}_w|$ unter Berücksichtigung des Kegelwinkels $\alpha = 2\beta$ bestimmt. Berechnungen unter Berücksichtigung der Winkelabweichung zwischen Innen- und Außenteil s. [10, 21].

Feingestaltung. Preßverbände werden im Betrieb häufig durch wechselnde bzw. schwellende Torsion und/oder umlaufende Biegung beansprucht. Die schwingenden Momente können in der Fuge Gleitbewegungen (*Schlupf*) mit wechselnden Richtungen hervorrufen. Mit zunehmendem Schlupf wird die Dauerhaltbarkeit von reibschlüssig gepaarten Bauteilen zum Teil stark vermindert [14]. Entsprechend dem *Prinzip der abgestimmten Verformung* können z.B. bei Torsionsbelastung nach **F 4 Bild 4** die Relativverschiebungen zwischen Nabe und Welle durch eine geeignete Kraftführung und Nabengestaltung vermindert werden. Genaue Ermittlung der Fugenpressung und der Relativverschiebung ist mit Finite Elemente Rechnungen nach [11] möglich. Preßverbände mit geringer Kerbwirkung und großer Tragfähigkeit entstehen, wenn Gestaltung ($D_F/D_W \gtrsim 1{,}1$), Fertigung (Nabe elastisch-plastisch) und Wärmebehandlung (induktives Randschichthärten, Einsatzhärten oder Gasnitrieren) zweckmäßig gewählt bzw. aufeinander abgestimmt werden, wie in [10] anhand von statistisch gut abgesicherten Dauerfestigkeitsversuchen gezeigt wird.

Die relativ geringe Kerbwirkung bei elastisch-plastisch gefügten biegebelasteten Querpreßverbänden gegenüber elastisch gefügten bestätigt den in [14, 15] beschriebenen Wirkmechanismus bei Reibdauerbeanspruchung, mit der Konsequenz, daß der Fugendruck zur Vermeidung von Relativverschiebungen möglichst hoch gewählt werden soll, was bei zusätzlich wirkender Torsion Maßnahmen zur Anpassung der Torsionssteifigkeit nach **F 4 Bild 4** einschränkt. Die optimale Gestaltung hängt dann vom Verhältnis der zu übertragenden Biegemoment-Amplitude M_{ba} zur Torsionsmoment-Amplitude M_{ta} ab. Zur Beurteilung kann die Interaktionsformel

$$\left[\frac{M_{ba}}{(M_{ba})_{ertr}}\right]^2 + \left[\frac{M_{ta}}{(M_{ta})_{ertr}}\right]^2 \leqq \frac{1}{S_D}$$

genutzt werden [11], wenn die *ertragbaren* Biege- und Torsionsmoment-Amplituden $(M_{ba})_{ertr}$ und $(M_{ta})_{ertr}$ unter Beachtung der statischen Momentenanteile an Versuchen bekannt sind; Sicherheit gegen Dauerbruch S_D. Wegen des quadratischen Zusammenhangs dominiert in der Praxis häufig ein Belastungsanteil, so daß die konstruktiven Maßnahmen sich dann an der Hauptbelastungskomponente orientieren können.

Wird ein Preßverband zusätzlich durch Fliehkräfte beansprucht, so sind wegen der zusätzlichen Aufweitung besonders der Nabe, verfeinerte Berechnungen zur Ermittlung des Fugendrucks eventuell erforderlich. – Vereinfachte Abschätzung nach DIN 7190 oder [20].

1.4.3 Klemmverbindungen. Clamp joints

Leicht lösbare Klemmverbindungen entstehen im einfachsten Fall dadurch, daß eben begrenzte Teile durch Schraubenkräfte aufeinander gepreßt werden. Solche einflächigen, ebenen Klemmverbindungen werden auch zur Feststellung von Gleitführungen nach **T 1 Bild 53** in vielfältigen Formen herangezogen. Im Stahl- und Kranbau werden Klemmverbindungen als gleitfeste Verbindungen mit hochfesten Schrauben (GV-Verbindungen) eingesetzt. In GV-Verbindungen nach DIN 18800 sind die Schrauben planmäßig nach DIN 1000 vorzuspannen. Damit lassen sich in besonders vorbehandelten Berührungsflächen der zu verbindenden Bauteile Kräfte senkrecht zu den

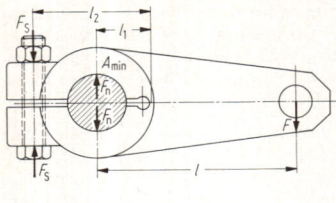

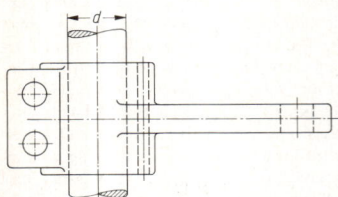

Bild 36. Momentenbelastete Klemmverbindung mit geschlitztem Hebel

G

Schraubenachsen durch Reibung übertragen. Bei Verwendung mit hochfesten Paßschrauben wird gleichzeitig die Kraftübertragung durch Abscheren und Lochleibungsdruck herangezogen (GVP-Verbindungen), s. G 1.5. Gleitfeste Verbindungen dürften mit einem Lochspiel $\Delta d \leqq 2$ oder 3 mm (GV-Verbindungen) und mit einem Lochspiel $\Delta d \leqq 0,3$ mm (GVP-Verbindungen) ausgeführt werden. Für den Festigkeitsnachweis wird die zulässige übertragbare Kraft zul. Q_{GV} je Reibfläche senkrecht zur Schraubenachse für Schraubengrößen M 12 bis M 36 in DIN 18800 bereitgestellt. Für die Berechnung wird eine Reibungszahl $\mu = 0,5$ bei einer Sicherheitszahl S_G gegen Gleiten von 1,25 (Hauptlasten) mit vorgeschriebener Reibflächenbehandlung (Stahlgußkiesstrahlen oder zweimal Flammstrahlen oder Sandstrahlen oder Aufbringen eines gleitfesten Beschichtungsstoffs) angewendet. Für die Bauteilquerschnitte mit Lochschwächung darf beim allgemeinen Spannungsnachweis angenommen werden, daß 40% von zul. Q_{GV} derjenigen hochfesten Schrauben, die im betrachteten Querschnitt mit Lochabzug liegen, vor Beginn der Lochschwächung durch Reibschluß angeschlossen sind (Kraftvorabzug). Außerdem ist der Vollquerschnitt mit der Gesamtkraft nachzuweisen.

Klemmverbindungen mit *zylindrischer* Wirkfläche nach **Bild 34** oder **Bild 36** (**Bild 33 a**) mit geschlitzter Nabe (Hebel) oder **Bild 33 b** mit geteilter Nabe übertragen Drehmomente M_t oder Axialkräfte F_{ax} ähnlich wie Preßbände (G 1.4.2), wenn im noch ungeklemmten Zustand eine Übergangspassung und keine Spielpassung vorliegt. Bei einer Spielpassung liegt dagegen eine Linienberührung vor. Bei geteilter Nabe müssen die Schraubenkräfte und die sich einstellenden Kontaktkräfte im Gleichgewicht stehen, bei geschlitzter Nabe (Hebel) müssen dagegen die Schraubenkräfte wegen der statisch unbestimmten Kraftaufteilung auf Kontaktkräfte und Nabenverformung bei gleichen übertragbaren Kräften und Momenten größer gewählt werden, was innerhalb der Entwurfsberechnung über erhöhte Sicherheitszahlen S gegenüber der notwendigen Sicherheitszahl S_G ($S > S_G$) berücksichtigt werden kann.

Entwurfsberechnung

Für *Klemmverbindung* nach **Bild 34** mit z Schrauben und Vorspannkraft F_s je Schraube und Linienberührung. Übertragbare Längskraft $F = 2\mu z F_s/S$. Wenn durch überlagerte Schwingbewegungen oder Stöße die Reibungszahl

μ herabgesetzt werden kann, soll hierfür die Reibungszahl der Bewegung μ_r gewählt werden. Anhaltswerte **Tab. 13**. Darf man annehmen, daß statt der Linienberührung sich bei spielfreier Passung eine gleichmäßig verteilte Flächenpressung p über den Bohrungsumfang πd und die Klemmlänge l einstellt, dann beträgt die übertragbare Längskraft $F = \pi\mu z l F_s/S$. Die Reibungszahl μ kann durch geeignete Oberflächenbehandlung, durch Carborundum-Pulver in der Fuge, oder einseitig geklebte oder genietete nichtmetallische Beilagen erhöht werden.

Für *geschlitzte Hebel* nach **Bild 36**. Übertragbares Drehmoment $M_t = F_n\mu D_F/S$ mit den örtlich konzentrierten Klemmkräften F_n an zwei diametralen Stellen der Preßfuge; Reibungszahl μ und Sicherheitszahl S s. Klemmverbindung. In erster Näherung gilt $F_n = (l_2/l_1) \cdot \sum F_S$, wenn Hebel ausreichend geschlitzt ist. Der Querschnitt A_{min} am Hebel ist auf Biegung durch ein Biegemoment $M_b \approx \sum F_s(l_2 - l_1)$ beansprucht. Diese Biegebeanspruchung und auch die am Schlitzende sowie die in den Klemmschrauben wird herabgesetzt, wenn der Abstand $(l_2 - l_1)$ möglichst kurz und in der Fuge im noch ungeklemmten Zustand eine Übergangspassung und keine Spielpassung vorliegt. Solche Klemmverbindungen werden nur zur Übertragung geringer und wenig schwankender Drehmomente verwendet. Sie haben den Vorteil, daß die Hebel- oder Nabenstellung leicht in Längs- und Umfangsrichtung verändert werden kann.

Für *Klemmverbindung mit exzentrischem Kraftangriff* nach **Bild 37**. Zur Berechnung der Selbsthemmgrenze wird angenommen, daß das Biegemoment (kF) und die Längskraft F durch örtlich konzentrierte Kräfte F_{res} in den Reibungskegel-Mantellinien an den Nabengrenzen im Abstand b aufgenommen werden. Bedingung für sicheres Klemmen unter ruhender Kraft F: $k \geqq b/(2\mu_{rl})$, also mit $\mu_{rl} = 0,07$ für St/St $k \geqq 7,0 b$. Klemmen kann allerdings bei $\mu_{rl} = 0,16$ und Angriff des resultierenden Normalkräftepaars in der Bohrung im Abstand $(2/3)b$ bereits bei $k \approx 2b$ eintreten. Zur Berechnung der Flächenpressung wird eine lineare Flächenpressungsverteilung ähnlich **Bild 39** angenommen. Als Richtwert für zulässige Flächenpressungen gelten $p_{zul} = 50$ bis $90 \, N/mm^2$ für Paarung St/St und $p_{zul} = 32$ bis $50 \, N/mm^2$ für St/GG.

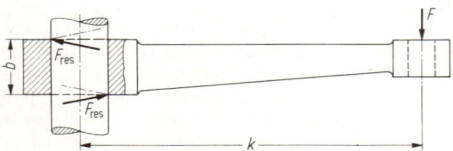

Bild 37. Längsbelastete Klemmverbindung mit exzentrischem Kraftangriff

1.5 Formschlußverbindungen. Positive connections

H. Mertens, Berlin

1.5.1 Formen, Anwendungen. Types, uses

Die einfachsten Verbindungselemente im Maschinenbau sind Stifte, Bolzen, Paßfedern, Scheibenfedern, Keile [41–72]. Sie dienen zur Lagesicherung von Bauteilen gegeneinander, zur gelenkigen Verbindung und Lagerung, zur Kraftübertragung. Die Verbindungen entstehen durch das Ineinandergreifen von Teilekonturen der Verbindungselemente. Werden die Verbindungselemente in Bauteile integriert, so entstehen fertigungstechnisch aufwendigere, aber meist genauere und höher belastbare Formschlußverbindungen, wie z.B. Keil- und Zahnwellen-Verbindungen zwischen Welle und Nabe oder Stirnkerbverzahnungen zur Verbindung zwischen Wellen und Naben oder zur Verbindung von Wellen untereinander. Eine Demontage dieser Verbindungen ist meist mit nur kleinem Kraftaufwand möglich, wobei Vorzugsrichtungen bestehen. Nicht vorgespannte Formschlußverbindungen besitzen wegen des ungünstigen Kraftflusses und relativ starker Kerben meist eine sehr niedrige dynamische Tragfähigkeit. Die statische Tragfähigkeit ist dagegen bei geeigneter Werkstoffwahl wesentlich günstiger einzuschätzen, so daß in der Praxis Kombinationen von Reibschlußverbindungen für häufig auftretende Betriebslasten und Formschlußverbindungen für seltene hohe Lasten vorkommen, z.B. starre Wellen-Flanschverbindungen mit Schrauben und Stiften. Als Sonderfall der Formschlußverbindungen können Nietverbindungen behandelt werden, deren Demontage z.B. durch Ausbohren der Niete möglich ist.

1.5.2 Stiftverbindungen. Pinned and taper-pinned joints

Stifte zur formschlüssigen Verbindung von Naben, Hebeln, Stellringen auf Wellen oder Achsen und zur Lagesicherung von Verschraubteilen und als Steckstifte (einseitig eingespannte Biegeträger zur Krafteinleitung in Schraubenfedern, Zugseile u.a.) werden mit Längs-Preßsitz und Übermaß in Bohrungen eingeschlagen [56]. Bohrungen für Zylinderstifte werden auf Paßmaß aufgerieben; Bohrungen für Spannstifte (Spannhülsen) werden mit H12 und für Spannstifte i.allg. mit H11 gefertigt. Kegelstifte in vor der Montage gemeinsam geriebenen Bohrungen geben beste Lagesicherung. Die Toleranzfelder der Zylinderstift-Durchmesser (DIN 7) werden durch die Formen der Stiftenden unterschieden, **Bild 38**. Firmendruckschriften [67].
Normen: *DIN 1*: Kegelstifte. − *DIN 7*: Zylinderstifte. − *DIN 258*: Kegelstifte, mit Gewindezapfen und konstan-

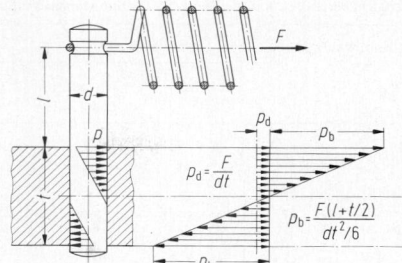

Bild 39. Querkraftbelastete Steckverbindung mit linear angenommener Flächenpressungsverteilung

ten Kegellängen. − *DIN 1469*: Paßkerbstifte mit Hals. − *DIN 1470*: Zylinderkerbstifte mit Einführ-Ende. − *DIN 1471*: Kegelkerbstifte. − *DIN 1472*: Paßkerbstifte. − *DIN 1473*: Zylinderkerbstifte. − *DIN 1474*: Steckkerbstifte. − *DIN 1475*: Knebelkerbstifte. − *DIN 1476*: Halbrundkerbnägel. − *DIN 1477*: Senkkerbnägel. − *DIN 1481*: Spannstifte (Spannhülsen), schwere Ausführung. − *DIN 6325*: Zylinderstifte, gehärtet, Toleranzfeld m6. − *DIN 7343*: Spiral-Spannstifte, Regelausführung. − *DIN 7344*: Spiral-Spannstifte, schwere Ausführung. − *DIN 7346*: Spannstifte (Spannhülsen), leichte Ausführung. − *DIN 7977*: Kegelstifte, mit Gewindezapfen und konstanten Zapfenlängen − *DIN 7978*: Kegelstifte mit Innengewinde. − *DIN 7979*: Zylinderstifte mit Innengewinde.

Steckstifte nach **Bild 39** werden im Einspannquerschnitt vorwiegend auf Biegung mit Biegemoment $M_b = Fl$ beansprucht. Bei Annahme einer linearen Flächenpressungsverteilung zwischen Stift und Bohrung (starrer Stift) wird zusätzlich zur Flächenpressung durch Übermaß ein maximaler Druck $p_{max} = p_d + p_b = F(4 + 6l/t)/(dt)$ errechnet. Genaueres Berechnungsmodell als gebetteter Balken mit Schubverformung [63]. Analoge Überlegungen erlauben die Abschätzung der Flächenpressung p_{max} zwischen Querstift und Welle in einer Welle-Nabe-Verbindung unter Torsionsmoment M_t nach **Bild 45a** zu $p_{max} = 6M_t/(dD^2)$. Richtwerte für zulässige Flächenpressungen von Stiftverbindungen **Tab. 15** und Spannungen **Tab. 16**.

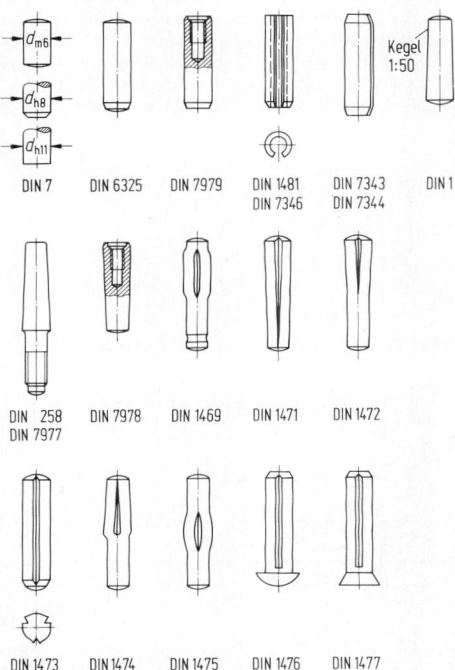

Bild 38. Genormte Stifte (Auswahl)

Tabelle 15. Richtwerte für zulässige Flächenpressungen bei Bolzen- und Stiftverbindungen

p_{zul} in N/mm² für Werkstoffpaarung	Festsitze[a]			Gleitsitze[b]
	ruhende Last	schwellende Last	wechselnde Last	
St 50 K/GG⎱ 9 S 20/GG⎰	70	50	32	5
St 50 K/GS 9 S 20/GS	80	56	40	7
St 50 K/Rg, Bz.⎱ St geh./Rg, Bz.⎰	32	22	16	8 10
St 50 K/St 37	90	63	45	
St 50 K/St 50	125	90	56	
St geh./St 60	160	100	63	
St geh./St 70	180	110	70	
St geh./St geh.				16

[a]) Traganteil bei Kerbstiften 70%.   [b]) Für Gelenke.

Tabelle 16. Richtwerte für zulässige Biege- und Schubneanspruchungen für Bolzen und Stiftverbindungen

Stift- oder Bolzenwerkstoff	$\sigma_{b\,zul}$ in N/mm²			$\tau_{s\,zul}$ in N/mm²		
	ruhende Last	schwellende Last	wechselnde Last	ruhende Last	schwellende Last	wechselnde Last
9 S20, 4.6	80	56	35	50	35	25
St 50 K, 6.8 9 SMnPb 28 K	110	80	50	70	50	35
St 60, 8.8 C 35, C 45	140	100	63	90	63	45
St 70	160	110	70	100	70	50

G

1.5.3 Bolzenverbindungen. Clevis joints and pivots

Genormte Bolzen nach **Bild 40** mit Durchmessern (3, 4, 5, 6), 8, 10, 12, 14, 16, 18, 20, 24 ...100, dienen vielseitig als Achs- und Gelenkbolzen mit einem Freiheitsgrad, **Bild 41**.
Normen: *DIN 1443:* Bolzen ohne Kopf, Maße nach ISO. – *DIN 1444:* Bolzen mit Kopf, Maße nach ISO. – *DIN 1445:* Bolzen mit Kopf und Gewindezapfen. – Nicht mehr für Neukonstruktionen verwenden: *DIN 1433:* Bolzen ohne Kopf, Ausführung m, *DIN 1434:* Bolzen mit kleinem Kopf, Ausführung m, *DIN 1435:* Bolzen mit kleinem Kopf, Ausführung mg, *DIN 1436:* Bolzen mit großem Kopf, Ausführung mg.

Entwurfsberechnung. Für **Bild 41**: Bolzenbeanspruchung unter Biegemoment $M_b = (F/2)(b_1/2 + b/4)$; Flächenpressung innen $p = F/(bd)$, außen $p = F/(2b_1d)$; Schubspannung im Bolzen $\tau_s = 2F/(\pi d^2)$ wird meist vernachlässigt. Stangen- und Gabelbeanspruchung aus Zugspannungen in Stangen- oder Gabel-Restquerschnit-

ten in Querebene durch Bolzenachse (Stangenkopfweite t, Laschenweite t_1) sowie aus Schubspannungen in Stangenkopf- und Laschenenden in den durch Abscheren gefährdeten Längsflächen $b(h - d/2)$ bzw. $2b_1(h_1 - d/2)$ beiderseits des Bolzens. Richtwerte für Abmessungen: $b/d = 1,5...1,7; b_1/d = 0,4...0,5; h_1/d \approx h/d = 1,2...1,5; t_1/d \approx t/d = 2...2,5$. Richtwerte für zulässige Flächenpressungen **Tab. 15** und Spannungen **Tab. 16**. Feingestaltung der Bolzenverbindung [66] – wie Passungswahl zwischen Bolzen, Lasche und Gabel – hat erheblichen Einfluß auf die angenommene Lastverteilung.

1.5.4 Keilverbindungen. Cottered joints

Formschlüssige Verbindungen benötigen zumindest bei wechselnden Belastungen geeignet eingesetzte Vorspannkräfte, um spielfrei zu sein. Zum Verspannen wird i. allg. die Keilwirkung mit Keilwinkeln im Bereich der Selbsthemmung genützt (s. B 1.11). In **Bild 42** wird eine Formschlußverbindung mit *Kerbverzahnung* durch eine Befestigungsschraube vorgespannt. Mit solchen Verbindungen kann z. B. der Werkzeugwechsel bei Drehmaschinen erleichtert werden, weil sich neben dem Reibschluß in Richtung der Zähne in den dazu senkrechten Richtungen das Werkzeug spielfrei positionieren läßt. In ähnlicher Weise wirken Stirnzahn-Kupplungen mit *Hirth-Verzahnungen* (s. **G 3 Bild 3**). Zum Verbinden von Stangen miteinander werden Keilverbindungen nach **Bild 43**, zum Verbinden

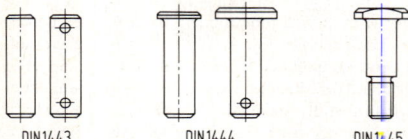

DIN1443   DIN1444   DIN1445

Bild 40. Genormte Bolzen (Auswahl)

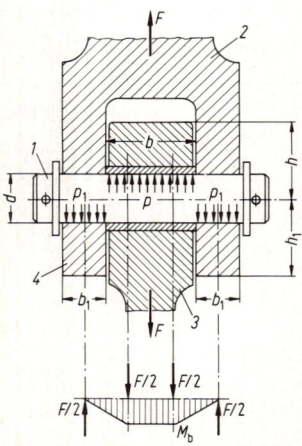

Bild 41. Bolzenverbindung als Gelenk (mit vereinfachter Momentenverteilung als Berechnungsgrundlage). *1* Bolzen, *2* Gabel, *3* Stange, *4* Lasche

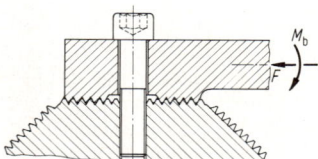

Bild 42. Formschlußverbindung mit Kerbverzahnung

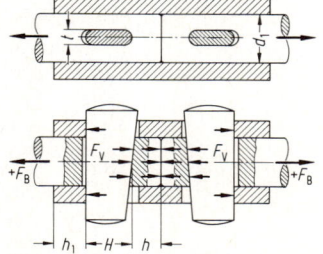

Bild 43. Querkeilverbindung zum Verbinden von Stangen unter Zugbelastung

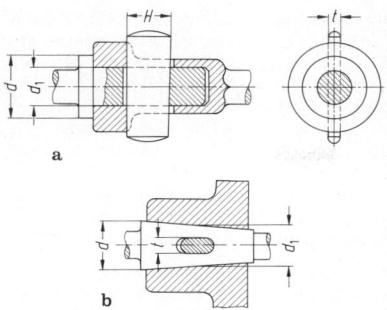

Bild 44. Flachkeilverbindung zum Verbinden von Stange und Hülse für Zug- oder Druckbelastung. **a** Stange mit Bund; **b** Stange mit Konus

von Stangen mit Hülsen (z.B. Kreuzköpfen) oder Stangen mit Traversen Keilverbindungen ähnlich **Bild 44a** mit Anschlagbund an der Stange oder **Bild 44b** mit Kegelpassung verwendet. Sie blockieren alle Freiheitsgrade, die ein Gelenk haben würde.

Entwurfsberechnung. Für **Bild 44a** werden zur überschlägigen Auslegung wegen der statisch unbestimmten Lastaufteilung die maximalen Flächenpressungen p zwischen Querkeil und Stange und die maximalen Zugspannungen σ_z im Restquerschnitt der Stange aus dem 1,5fachen der aufzunehmenden Längszugkraft F_B gemäß $p d_1 t = 1{,}5 F_B$ bzw. $\sigma_z(d_1^2 \pi/4 - d_1 t) = 1{,}5 F_B$ berechnet. Werden Zug- und Druckkräfte $\pm F_B$ übertragen, dann folgt die Flächenpressung p in der ringförmigen Berührungsfläche zwischen Stange und Hülse aus $p(d^2 - d_1^2)\pi/4 = 1{,}5 F_B$. Außendurchmesser der Hülse ist so zu wählen, daß die maximalen Zugspannungen in den Restquerschnitten von Hülse und Stange den jeweiligen Werkstoff-Streckgrenzen angepaßt sind. Berechnung des Querkeils auf Biegebeanspruchung wie bei einem Bolzengelenk nach **Bild 41**; die Berücksichtigung der Scherbeanspruchung ist meist nicht erforderlich. Bei Hülsen mit Bund erübrigt sich auch meist die Nachrechnung der Flächenpressung zwischen Querkeil und Hülse. Zulässige Flächenpressungen unter Betriebskräften wie bei Stiftverbindungen, oft $p_{zul} = 80$ bis 100 N/mm^2 bei wechselnden Betriebskräften F_B mit Vorspannkraft $F_V > |F_B|$ und Werkstoffen mit $R_m = 500$ bis 700 N/mm^2.
Soll in den Verbindungen nach **Bild 44** eine Vorspannkraft F_V erzeugt werden, dann ist der Flachkeil mit dem einseitigen Anzugswinkel α mit der Kraft $F_Q = F_V \tan(\alpha + 2\rho)$

einzutreiben. Für den Reibungswinkel ρ und die Reibungszahl μ gilt: $\tan \rho = \mu$ (s. B 1.11). Bei geschmierten Stahlflächen kann $\mu = 0{,}12$ angenommen werden. Der Keil sitzt selbsthemmend fest, sobald $2\rho > \alpha$. Zum Austreiben (Lösen) des Keils wird die Kraft $F_{QL} = F_V \tan(2\rho - \alpha)$ benötigt. Für Keile, die selten gelöst oder nachgezogen werden: $\tan \alpha = 1 : 15$ bis $1 : 25$; für dauernde Verbindungen: $\tan \alpha = 1 : 100$. Stellkeile zum Nachstellen eines Spiels mit $\tan \alpha = 1 : 7$ benötigen zu konternde Schrauben in Keillängsrichtung zwecks Einstellen und Aufrechterhalten der Verspannung.
Entwurfsberechnung für **Bild 43** analog. Die Querschnitte mit der Höhe h am Stangenende sind auf Abscherung nachzurechnen: Richtwert: $h \approx h_1 \approx 0{,}5 \ldots 0{,}6 H$.

Feingestaltung der Keilverbindung unter Berücksichtigung der Verformung der zu verbindenden Teile in Anlehnung an die bei der Auslegung von Schraubenverbindungen bekannten Verspannungsschaubilder (z.B. **Bild 62**) mit Dauerschwingfestigkeitsberechnung.

1.5.5 Paß- und Scheibenfeder-Verbindungen
Parallel keys and woodruff keys

Die Paßfederverbindung ist die bei einseitiger (schwellender) Belastung am häufigsten verwendete Welle-Nabe-Verbindung, **Bild 45c**. Bei geeigneter Passungswahl sind axiale Relativverschiebungen zwischen Nabe und Welle möglich, **Bild 45d**; die Paßfeder (Gleitfeder) wird in der Wellennut mit Zylinderschrauben festgelegt. Die billige Scheibenfeder (**Bild 45b**) wird für kleine Drehmomente verwendet, besonders bei Werkzeugmaschinen und Kraftfahrzeugen.
Normen: *DIN 6880:* Blanker Keilstahl, Maße, zulässige Abweichungen, Gewichte. – *DIN 6885 Bl. 1:* Paßfedern-Nuten, hohe Form. – *DIN 6885 Bl. 2:* Paßfedern-Nuten, hohe Form für Werkzeugmaschinen, Abmessungen und Anwendung. – *DIN 6885 Bl. 3:* Paßfedern – niedrige Form, Abmessungen und Anwendung. – *DIN 6888:* Scheibenfedern, Abmessungen und Anwendung.

Entwurfsberechnung. Für Paßfeder nach **Bild 45c**: Flächenpressung p zwischen Paßfeder und Nabe: $p = 2 M_t / [D(h - t_1) l_{tr}]$ mit Torsionsmoment M_t, Wellendurchmesser D, Paßfederhöhe h, Wellennuttiefe t_1 und tragender Länge l_{tr}. Tragende Länge l_{tr} von Paßfederstirnform (geradestirnig, rundstirnig) abhängig. Wegen der Fertigungstoleranzen und zur Vermeidung von Doppelpassungen wird i. allg. nur eine Paßfeder eingesetzt. Für seltene hohe Drehmomente und bei zähem Werkstoffverhalten wird manchmal auch eine zweite Paßfeder zugelassen und so gerech-

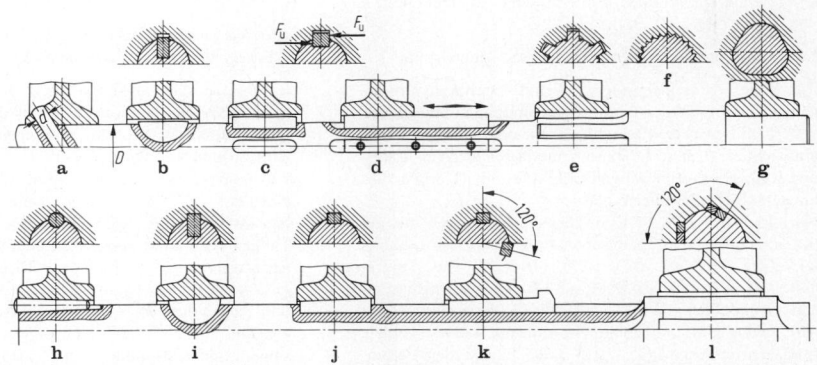

Bild 45. Formschlußverbindungen nach [54]. **a** Querstift; **b** Scheibenfeder; **c** Paßfeder; **d** Gleitfeder; **e** Keilwelle (Zahnwelle); **f** Kerbzahnprofil; **g** Polygonprofil; **h** Kegelstift (Stirnkeil); **i** Scheibenkeil; **j** Flachkeil; **k** Nasenkeil; **l** Tangentkeile. **h** bis **l** vorgespannter Formschluß

net, als ob eineinhalb Paßfedern tragen würden. *Richtwerte* für zulässige Flächenpressungen nach [54]: Für GG-Nabe $p_{zul} \leqq 50$ N/mm² für $l_{tr}/D = 1,6...2,1$; St-Nabe $p_{zul} \leqq 90$ N/mm² für $l_{tr}/D = 1,1...1,4$, wobei in Einzelfällen für seltene hohe Sonderlasten auch $p = 200$ N/mm² zulässig sind.

Dauerfestigkeit der Welle mit Kerbwirkungszahlen β_k nach Zusammenstellung in [55]. *Anhaltswerte*: Wellendurchmesser $D = 34$ mm, Welle Ck 35/St 50; Biegung $\beta_{kb} = 2,4...2,6$, Torsion $\beta_{kt} = 1,7...1,8$, wobei die Nennspannungen mit dem Außendurchmesser der Welle berechnet werden. Mit wachsendem Durchmesser steigen die Kerbwirkungszahlen!

Grobgestaltung. Passungen für Paßfedern mit Toleranzfeld h9 nach DIN 6885: *Gleitsitz* (Nutenbreite H9 für Welle, D10 für Nabe); *Nenndurchmesser* g6 für Welle, H7 für Nabe); *Übergangssitz*, leicht montierbar (Nutenbreite N9 für Welle, JS9 für Nabe; *Nenndurchmesser* h7 für Welle, H8 für Nabe); *fester Sitz, noch gut abziehbar*, für niedrige wechselnde Momente (Nutenbreite P9 für Welle und Nabe; *Nenndurchmesser* j6 für Welle, H7 für Nabe); *fester Sitz, schwer abziehbar* (Nutenbreite P9 für Welle und Nabe; *Nenndurchmesser* für Welle k6 und Nabe H7). Wie bei den reibschlüssigen Welle-Nabe-Verbindungen (s. **F4 Bild 4**) kann durch einen günstigen Kraftfluß die Flächenpressung zwischen Paßfeder und Nabe vergleichmäßigt werden, wenn an relativ dünnen Naben die Drehmomenteinleitung und -abnahme konstruktiv entkoppelt werden. Bei dickwandigen und normalen Naben (mit $D_i/D_a \leqq 0,6$) hängt die maximale Flächenpressung kaum vom Ort der nabenseitigen Lastabnahme ab. Bei Gleitfedern sind zur Vermeidung von Verschleiß die Oberflächen von Welle und Paßfeder eventuell härter auszuführen als die der Nabe.

Feingestaltung. Verfeinerte Berechnungen der Lastverteilung nach [59]. Maßnahmen zur Dauerfestigkeitssteigerung durch Nuten mit größeren Kerbgrundradien (nicht genormt). Abschätzung der Dauerfestigkeit mit Mikrostützwirkungs-Theorie von Neuber [62] oder mit Bruchmechanik-Theorie für kurze Risse [60].

Entwurfsberechnung für Scheibenfeder nach **Bild 45 b**: Analog Paßfederverbindung, allerdings mit höherer Wellenschwächung. Zuordnung von Scheibenfeder und Wellendurchmesser nach DIN 6888: Für Scheibenfedern, die vorrangig zur Feststellung der Lage der Nabe gegenüber Welle dienen, werden größere Wellendurchmesser vorgesehen als für lediglich drehmomentübertragende Scheibenfedern. Werden Scheibenfedern in Verbindung mit Kegelpreßverbindungen eingesetzt, so sind sie grundsätzlich für das gesamte Drehmoment zu bemessen (s. auch G 1.4.2).

1.5.6 Zahn- und Keilwellenverbindungen. Splined joints

Für hohe wechselnde oder stoßende Drehmomentbelastungen sind Paßfeder- und Stiftverbindungen ungeeignet, außerdem bewirken diese i. allg. mehr oder weniger starke Unwuchten. Höhere Drehmomente lassen sich mit Zahn- und Keilwellenverbindungen (**Bild 45 e**) oder Kerbverzahnungen (**Bild 45 f**) übertragen.
Normen: *DIN ISO 14* Keilwellen-Verbindungen mit geraden Flanken und Innenzentrierung (frühere Ausgaben *DIN 5461, DIN 5462, DIN 5463*). – *DIN 5466 T1*: Tragfähigkeitsberechnung von Zahn- und Keilwellen-Verbindungen, Grundlagen. – *DIN 5471 bis 5472*: Werkzeugmaschinen; Keilwellen- und Keilnabenprofile mit 4 bzw. 6 Keilen, Innenzentrierung, Maße. – *DIN 5480*: Zahnwellen-Verbindungen mit Evolventenflanken. – *DIN 5481*: Kerbzahnnaben- und Kerbzahnwellen-Profile (Kerbverzahnungen).

Entwurfsberechnung. Flächenpressung p zwischen Zähnen und Nabe: $p = 2M_t/(D_m h_{tr} l_{tr} z k)$ mit Torsionsmoment M_t, mittlerem Durchmesser D_m, tragender Höhe h_{tr}, tragende Länge l_{tr}, Zähnezahl z, Tragfaktor k. *Richtwerte* für zulässige Flächenpressung nach [54] für stoßhaften (stoßfreien) Betrieb: Für GG-Nabe $p_{zul} \leqq 40(60)$ N/mm²; für St-Nabe $p_{zul} \leqq 70(100)$ N/mm², wobei in Einzelfällen für seltene hohe Sonderlasten auch $p = 200$ N/mm² zulässig. Tragfaktor $k \approx 0,75$ bei Innenzentrierung, $k \approx 0,75$ bei flankenzentrierten Kerbverzahnungen und $k \approx 0,9$ bei flankenzentrierten Keilverzahnungen vermutlich zu günstig.

Dauerfestigkeit der Welle mit Nennspannung τ_{twk} für Torsionswechselfestigkeit der Keilwelle bezogen auf den Profilaußendurchmesser D nach Zusammenstellung in [55]. *Anhaltswerte*: $D \approx 34$ mm, 34CrNiMo6 vergütet auf $R_m \approx 1000$ bis 1060 N/mm² gibt $\tau_{twk} \approx 76$ bis 90 N/mm² und C35/St50 mit $R_m \approx 610$ N/mm² gibt $\tau_{twk} \approx 79$ bis 84 N/mm² bei Länge von 60 mm und Keilwellenverbindungen. Bei Kerbverzahnung aus Werkstoff C35 wurde $\tau_{twk} \approx 160$ N/mm² für $D = 34$ mm und eine Biegedauerwechselfestigkeit von ≈ 69 N/mm² bei einer Länge $l = 30$ mm gemessen.

Feingestaltung. Tragfähigkeitsberechnung für flankenzentrierte Zahn- und Keilwellenverbindungen mit Spiel- und Übergangspassung nach DIN 5466 T 1 einschließlich Abschätzung des Verschleißverhaltens. Nachrechnung der Nabe auf Aufweitung – insbesondere bei Kerbverzahnung.

1.5.7 Polygonwellenverbindungen
Joints with polygonprofile

Während bei den Keil- und Zahnwellen-Verbindungen ausgeprägte Formschlußelemente (Keile, Zähne) die Kerbwirkung erhöhen, wird bei Wellen mit Polygonprofil (**Bild 45 g**) diese weitestgehend reduziert. Genauere Berechnungen nach Herstellerangaben [68]. In der Praxis werden vor allem die genormten P3G- und P4C-Profile nach DIN 32711 und DIN 32712 eingesetzt. Naben mit P4C-Profil lassen sich unter Drehmomentbelastung relativ zur Welle verschieben, was bei P3G-Profilen nicht möglich ist. Da die Naben durch die Keilwirkung der Polygonflächen sehr hoch beansprucht werden, werden häufig gehärtete Stahlnaben eingesetzt; hierfür kommt nur das innenschleifbare P3G-Profil in Betracht.
Normen: *DIN 32711*: Antriebselemente; Polygonprofile P3G. – *DIN 32712*: Antriebselemente; Polygonprofile P4C.

1.5.8 Vorgespannte Welle-Nabe-Verbindungen
Prestressed shaft-hub connections

Bauformen nach **Bild 45 h** bis **l**. Sie verbinden ähnlich wie Keilverbindungen nach G 1.5.4 den Vorteil des Formschlusses mit der Vorspannung, neigen aber zur Exzentrizität zwischen Welle und Nabe; auch als Hohlkeil ohne Nut in Welle mit nur Reibschluß (G 1.4).
Normen: *DIN 268*: Tangentkeile und Tangentkeilnuten, für stoßartige Wechselbeanspruchungen. – *DIN 271*: Tangentkeile und Tangentkeilnuten, für gleichbleibende Beanspruchung. – *DIN 6681*: Hohlkeile, Abmessungen und Anwendung. – *DIN 6883*: Flachkeile, Abmessungen und Anwendungen. – *DIN 6884*: Nasenkeile, Abmessungen und Anwendung. – *DIN 6886*: Keile-Nuten, Abmessungen und Anwendung. – *DIN 6887*: Nasenkeile-Nuten, Abmessungen und Anwendung. – *DIN 6889*: Nasenhohlkeile, Abmessungen und Anwendung.

Entwurfsberechnung. Das durch Reibschluß übertragbare Drehmoment ist von der Eintreibkraft des Keils abhängig und damit z.B. bei Hohlkeilen ungewiß. Formschlüssige vorgespannte Verbindungen werden deshalb *nur* auf Formschluß nachgerechnet und die Spielfreiheit für schwankende bzw. wechselnde Belastungen über eine erfahrungsabhängige zulässige Flächenpressung berücksichtigt.

Anhaltswerte: G 1.5.4. Mit Ausnahme der Tangentkeile eignen sich verspannte Welle-Nabe-Verbindungen nur zur Übertragung kleinerer Drehmomente sowie zur axialen Fixierung. Sie sind nur bei verhältnismäßig geringen Umfangsgeschwindigkeiten einsetzbar, da die einseitige Verspannung einerseits zu größeren Unwuchtbeiträgen führt, andererseits die Fliehkräfte der Nabe die Verspannung mindern. Bei Tangentkeilen ist zu beachten, daß im Rahmen der Entwurfsberechnung nur ein Keilpaar das Drehmoment aufnimmt und bei geteilten Naben die Trennfuge den 120°-Winkel halbiert.

1.5.9 Axiale Sicherungselemente. Axial locking devices

Sicherungselemente auf Wellen oder Achsen dienen zur Lagesicherung oder zur Führung mit zum Teil erheblichen Axialkräften. Die gleiche Funktion übernehmen Wellenbunde, Wellenmuttern und Deckel. In **Bild 46** sind Sicherungselemente mit Reib- und Formschluß zusammengestellt. Für große Kräfte werden vorzugsweise *formschlüssige Sicherungen* eingesetzt.
Normen: *DIN 94:* Splinte. – *DIN 471:* Sicherungsringe (Halteringe) für Wellen, Regelausführung und schwere Ausführung. – *DIN 472:* Sicherungsringe (Halteringe) für Bohrungen, Regelausführung und schwere Ausführung. – *DIN 983:* Sicherungsringe mit Lappen (Halteringe) für Wellen. – *DIN 984:* Sicherungsringe mit Lappen (Halteringe) für Bohrungen. – *DIN 5417:* Sprengringe für Wälzlager mit Ringnut. – *DIN 6799:* Sicherungsscheiben (Haltescheiben) für Wellen. – *DIN 7993:* Runddraht-Sprengringe und -Sprengringnuten für Wellen und Bohrungen. – *DIN 9045:* Sprengringe. – *DIN 15058:* Achshalter (Hebezeuge und Fördermittel). – *DIN 82242:* Achshalter (Schiffbau). Für *reibschlüssige Sicherungen: DIN 703:* Blanke Stellringe, schwere Reihe. – *DIN 705:* Blanke Stellringe, leichte Reihe.

Entwurfsberechnung. Belastbarkeit der Sicherungselemente entweder nach entsprechenden Normen oder Firmenun-

terlagen [69]. Sicherungsringe nach DIN 471 erfordern getrennte Berechnungen für die Tragfähigkeiten von Nut und Sicherungsring [70] sowie die Kontrolle der vom Wellendurchmesser abhängigen Ablösedrehzahl. Die in der Norm angegebenen Tragfähigkeiten enthalten keine Sicherheiten gegen Fließen bei statischer Beanspruchung und gegen Dauerbruch bei schwellender Beanspruchung; gegen Bruch bei statischer Beanspruchung ist eine mindestens zweifache Sicherheit vorhanden. Es werden für die axiale Tragfähigkeit des Sicherungsrings Zahlenwerte für scharfkantige Anlage und Anlage mit Schrägung oder Rundung angegeben. Für die Minderung der Dauerschwingfestigkeit der Wellen durch axialkraftbelastete Sicherungsringe liegen Untersuchungsergebnisse vor [71].

1.5.10 Nietverbindungen. Riveted joints

Nieten ist ein Fügen durch Umformen eines Verbindungselements, wobei eine i. allg. unlösbare und zumindest bei hohen Belastungen formschlüssig tragende Verbindung der zu fügenden Teile entsteht [54]. Je nach Art des Niets und seiner Zugänglichkeit kann das Umformen durch axiales Stauchen (Schlagen) des Schafts eines *Vollniets* und Anstauchen eines *Schließkopfes* (**Bild 47**), durch Anbördeln oder Aufweiten eines Bunds an einem *Hohlniet* sowie durch Stauchen eines *Schließrings* um den *Schließringbolzen* eines zweiteiligen Nietverbindungselements erfolgen, **Bild 48** und **49**. Technische Zeichnungen für Metallbau DIN ISO 5261.
Als dichte und kraftübertragende Verbindung ist die Nietverbindung bei Kesseln, Behältern und Rohren mit hohem

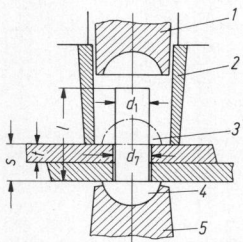

Bild 47. Schlagen einer einschnittigen Vollnietverbindung; *1* Döpper, *2* Niederhalter zum Blechschließen bei Maschinennietung, *3* Schließkopf (als Halbrundkopf nach DIN 124), *4* Setzkopf, *5* Gegenhalter

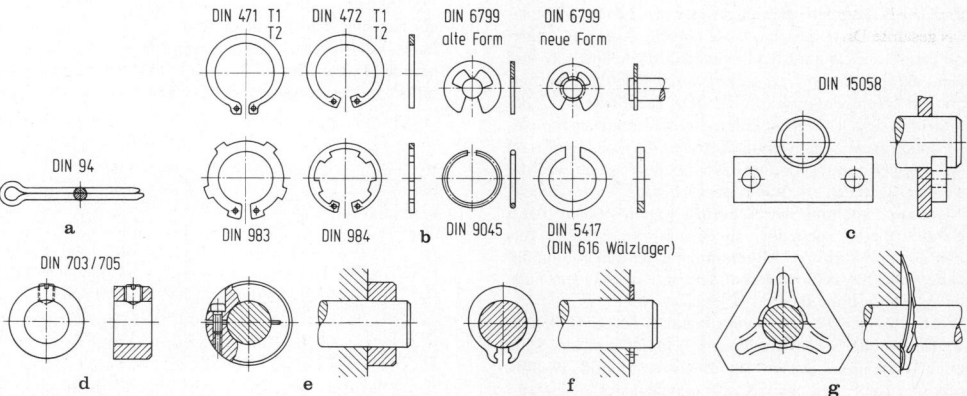

Bild 46. Axiale Sicherungselemente. **a** Splinte; **b** Sicherungsringe; **c** Achshalter; **d** Stellringe; **e** Klemmringe; **f** selbstsperrender Sicherungsring; **g** selbstsperrender Dreieckring

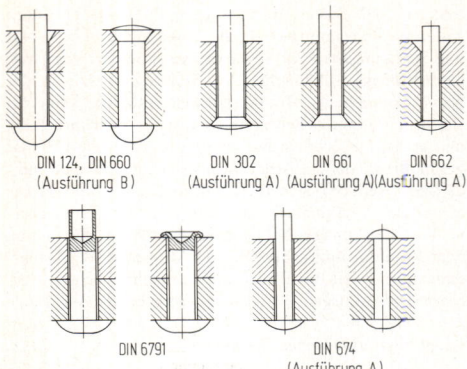

DIN 124, DIN 660 (Ausführung B)   DIN 302 (Ausführung A)   DIN 661 (Ausführung A)   DIN 662 (Ausführung A)

DIN 6791   DIN 674 (Ausführung A)

Bild 48. Genormte Nietformen (Auswahl)

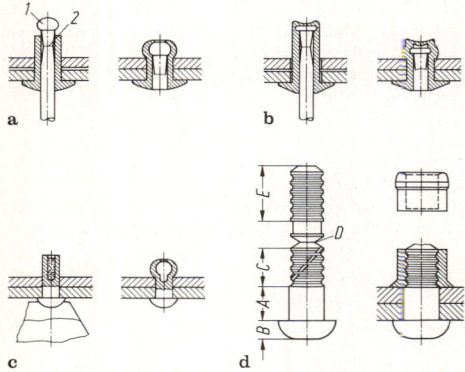

Bild 49. Blindnietformen und Schließringbolzen-Verbindung. **a** DIN 7337 Blindniet; **b** POP-Becher-Blindniet; **c** Sprengniet; **d** Paßniet DIN 65155. *1* Nietdorn, *2* Sollbruchstelle

Innendruck in den letzten 50 Jahren weitgehend durch die Schweißverbindung ersetzt worden. Auch im Stahlbau ist die Bedeutung gegenüber Schweißverbindungen und hochfesten HV-Schraubenverbindungen (formschlüssig und/oder reibschlüssig) zurückgegangen [43, 45, 46]. Die klassische Niettechnik verursacht relativ hohe Zeitkosten und ein hohes Maß an Erfahrung, besonders beim Erzielen dichter Überlappungsstöße. Im Leichtmetallbau werden hochbeanspruchte Teile aus Leichtmetall-Legierungen vereinzelt statt durch Nieten durch Schmelzschweißen oder gar Kleben verbunden, wenngleich diese Verbindungen Nachteile aufweisen. Durch die höheren Temperaturen beim Schweißen können Gefügeänderungen, Eigenspannungen und Verzug auftreten, beim Kleben muß der Temperatureinsatz und das Kriechverhalten beachtet werden. Bisweilen erhalten Klebeverbindungen zusätzliche Niete zur Erhöhung der Sicherheit gegen Schälen. Auch werden Nieten noch dort angewandt, wo z.B. die Verbindung von Stahl mit Aluminium ein Schweißen unmöglich macht (für dichte Verbindungen in Blechschornsteinen oder Rohren ohne inneren Überdruck) [53].
Wenn möglich werden *Vollniete* meist durch *Hohlniete, Blindniete* und *Schließring-Bolzen-Verbindungen* aus Stahl oder Aluminium ersetzt. Blindniete nach **Bild 49** können von einer Seite aus gesteckt und angeschlossen werden. Die früher üblichen Sprengniete werden heute durch neue Systeme wie Hohlniete mit Durchzieh-Nietdorn, Be-

cher-Blindniete (luft- und wasserdicht aufgrund der becherförmigen Nietschaftausführung) oder Modifikationen abgelöst [72]. Diese Nietsysteme benötigen geeignete Nietwerkzeuge, die ebenfalls von den Nietherstellern angeboten werden. Schließringbolzen-Verbindungen nach **Bild 49** setzen voraus, daß die zu verbindenden Teile von beiden Seiten zugänglich sind, während das Verarbeitungswerkzeug i.allg. nur von einer Seite angreift. Es packt den in die vorbereitete Bohrung eingeführten Bolzen außerhalb des Schließrings im geriffelten Zugteil *E* an, übt eine Zugkraft auf den Bolzen aus, während es gleichzeitig eine Druckkraft auf den konischen Ansatz des Schließrings ausübt. Dadurch werden bei Betätigung des Werkzeugs zunächst die zu verbindenden Teile mit der im Bolzen zulässigen Zugkraft zusammengedrückt und anschließend der Schließring in die Schließrillen im Teil *C* eingetaucht. Ist die Verformung des Schließrings beendet, reißt der Zugteil des Bolzens in der Sollbruchstelle *D* ab.

Entwurfsberechnung. Zur Auslegung sind die jeweils gültigen Berechnungsvorschriften zu beachten. Für den Kesselbau [51, 61], für Stahlbauten [46], für Krane [45], für stählerne Straßenbrücken [43], für Aluminiumkonstruktionen [44], für Luftfahrt [47, 48]. Nietverbindungen nach **Bild 50** versagen bei statischer Belastung, wenn die Scherfestigkeit des Nietwerkstoffs oder die Lochleibungsfestigkeit des Bauteilwerkstoffs überschritten werden, auch wenn die Lochleibungsverformung zu groß wird. Zur vereinfachten Auslegung werden in den Vorschriften Rand- und Lochabstände e, e' und a abhängig vom Lochdurchmesser d_7 und/oder der kleinsten zu verbindenden Materialdicke t angegeben. Es gilt z.B. in DIN 18800 T1: $2d_7 \leq e \leq 3d_7$ bzw. $6t$; $1{,}5d_7 \leq e' \leq 3d_7$ bzw. $6t$; $3d_7 \leq a \leq 6d_7$ bzw. $12t$ in Druckbereichen und für Beulsteifen; $3d_7 \leq a \leq 10d_7$ bzw. $20t$ in Zugbereichen und für Heftungen in Druckbereichen; weiter werden folgende Kombinationen von Rohnietdurchmesser d_1 und t – angegeben mit t [mm]/d_1[mm] – empfohlen: 4...5/10; 4...6/12; 6...8/16; 8...11/20; 10...14/22; 13...17/24; 16...21/27; 20...24/33. Dieselben Vorschriften gelten auch für HV-Verbindungen! Bei Stabanschlüssen dürfen in Kraftrichtung höchstens sechs Schrauben oder Nieten hintereinander angeordnet werden. Die zulässigen Werte der Scherspannung zul τ_a und der Lochleibungsspannung zul σ_l hängen davon ab, ob die Niete (nach DIN 124 und DIN 302) oder Paßschrauben (DIN 7968) einschnittig oder zweischnittig belastet werden und für die Belastung der Lastfall H (Hauptlast) oder HZ (Haupt- und Zusatzlasten) angenommen wird. Für ersten Überschlag kann für Bauteile aus St37 (Niete aus USt36) zul $\tau_a = 84$ N/mm² und zul $\sigma_l = 210$ N/mm² für einschnittige Verbindungen und zul $\tau_a = 113$ N/mm² und zul $\sigma_l = 280$ N/mm² für mehrschnittige Verbindungen gerechnet werden; für Bauteile aus St52 (Niete aus RSt44-2) gilt für einschnittige Verbindungen zul $\tau_a = 126$ N/mm²

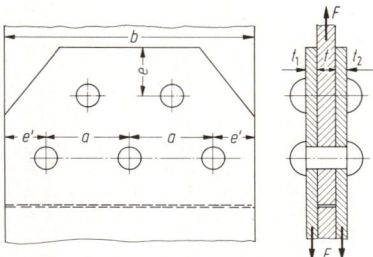

Bild 50. Beispiel einer Doppellaschennietung (zweischnittig)

und zul $\sigma_l = 315$ N/mm² sowie für mehrschnittige Verbindungen mit zul $\tau_a = 168$ N/mm² und zul $\sigma_l = 420$ N/mm² entsprechend den Angaben in DIN 15018 T 1, Tabelle 12.

Gestaltungshinweise

Normenübersicht zu Nieten nach *DIN 4000 T 9:* Sachmerkmal-Leisten, Leiste Nr. 3; Auswahl: *DIN 124:* Halbrundniete. − *DIN 302:* Senkniete. − *DIN 660:* Halbrundniete. − *DIN 661:* Senkniete. − *DIN 662:* Linsenniete. − *DIN 674:* Flachrundniete. − *DIN 675:* Flachsenkniete. − *DIN 6791:* Halbhohlniete mit Flachrundkopf. − *DIN 6792:* Halbhohlniete mit Senkkopf. − *DIN 7337:* Blindniete mit Sollbruchdorn. − *DIN 7338:* Niete für Brems- und Kupplungsbeläge. − *DIN 7339:* Hohlniete, einteilig. − *DIN 7340:* Rohrniete. − *DIN 65155:* Paßniete. − *DIN 65156:* Paßniete.

Wo Stahlniete mit $d_1 > 10$ mm verwendet werden, müssen sie i.allg. vor dem Nieten auf Hellrotglut erwärmt werden. Kleinere Stahlniete etwa bis 10 mm Durchmesser, Leichtmetall-, Messing- und Kupferniete werden kaltgeschlagen. Soll eine Nietverbindung ohne zusätzliche Mittel dicht sein, müssen Vollniete warmgeschlagen werden, damit beim Schrumpfen während des Erkaltens Längszugspannungen σ_z im Schaft zurückbleiben. Längszugspannungen ermöglichen einen gewissen Reibschluß mit $\mu \approx 0,3$ bis $0,5$ zwischen den Blechen.

Stöße und Anschlüsse sind gedrungen auszubilden. In Stößen ist deshalb unmittelbar Stoßdeckung und doppeltsymmetrische Verlaschung anzustreben, weil zusätzliche Schälbeanspruchungen infolge der Biegebeanspruchungen im Blech oder Stab herabgesetzt werden.

Im Stahlbau dürfen Niet- und Schraubenlöcher nur gebohrt, gestanzt oder maschinell mit Güte II nach DIN 2310 T 3 oder Güte I nach DIN 2310 T 4 gebrannt werden. In zugbeanspruchten Bauteilen über 16 mm Dicke ist das gestanzte Loch vor dem Zusammenbau im Durchmesser um mindestens 2 mm aufzureiben. Dieses ist in den Ausführungsunterlagen festzulegen. Zusammengehörige Löcher müssen aufeinanderpassen, bei Versatz der

Tabelle 17. Zuordnung Niet- und Fügeteilwerkstoffe [53]

Nietwerkstoff	Werkstoff der Fügeteile
Al 99,5	Al 99,5 und höhere Reinheitsgrade
Al 99	Al 99, AlMn
AlMg 3	AlMg 3, AlMg 5, AlMgMn, AlMg 4,5 Mn, AlMgSi 0,5, AlMgSi 0,8
AlMg 5	AlMg 5, AlMg 4,5 Mn, AlMgSi 1, AlZnMg 1
AlMgSi 1	AlMgSi 1, AlMg 5, AlZnMg 1
AlCuMg 0,5	AlCuMg 1 und AlCuMg 2
AlCuMg 1	AlCuMg 1, AlCuMg 2, AlZnMgCu 0,5, AlZnMgCu 1,5

Löcher ist der Durchgang für Niete und Schrauben aufzubohren oder aufzureiben, jedoch nicht aufzudornen. Bei nicht vorwiegend ruhend beanspruchten Bauteilen müssen die Löcher entgratet sein, außenliegende Lochränder sind zu brechen; das Stanzen von Löchern ist nur zulässig, wenn die Löcher vor dem Zusammenbau im Durchmesser um mindestens 2 mm ausgerieben werden. Niete sind so einzuschlagen, daß die Nietlöcher ausgefüllt werden. Der Schließkopf ist voll auszuschlagen; dabei dürfen keine schädlichen Eindrücke im Werkstoff entstehen. Die geschlagenen Niete sind auf festen Sitz zu überprüfen.

Nietwerkstoff und Fügeteilwerkstoff müssen mit Rücksicht auf Korrosionsbeständigkeit aufeinander abgestimmt werden. **Tab. 17** gibt eine Zuordnung Nietwerkstoff-Fügeteilwerkstoff nach [53] wieder. Oft muß der Korrosionsschutz durch einen (abdichtenden) Anstrich verbessert werden. Besondere Vorschriften für Luftfahrt (LN 9198) [47, 48] und den Hochbau (DIN 4113 T 1) sind zu beachten.

1.6 Schraubenverbindungen. Bolted connections

H. Mertens, Berlin

1.6.1 Aufgaben. Uses

Eine Schraubenverbindung [73–95] ist eine lösbare Verbindung von zwei oder mehreren Teilen durch eine oder mehrere Schrauben. Die wichtigsten Verbindungsarten zeigt **Bild 51** [86]. Die *Befestigungsschrauben* die-

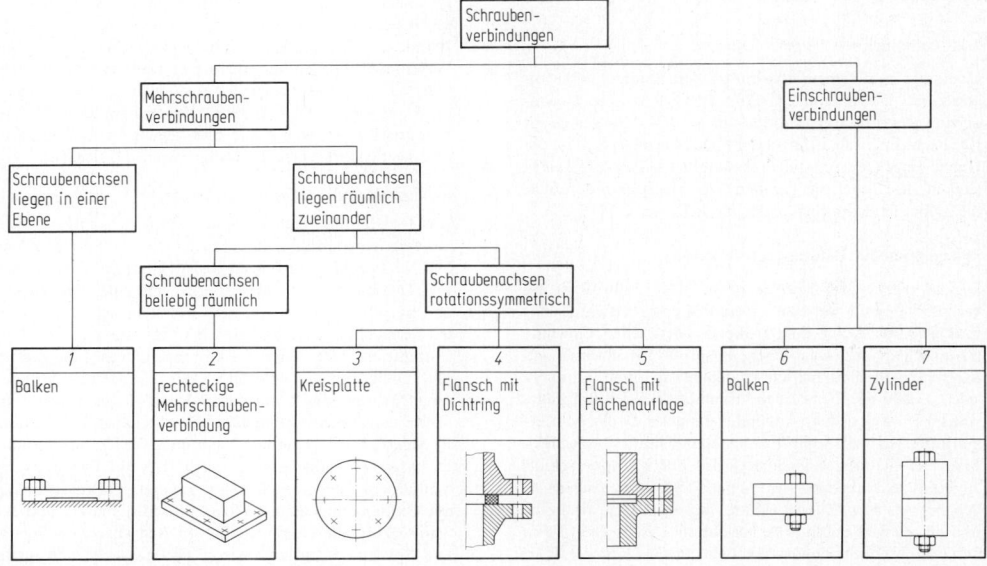

Bild 51. Einteilung der Verbindungsarten [86]

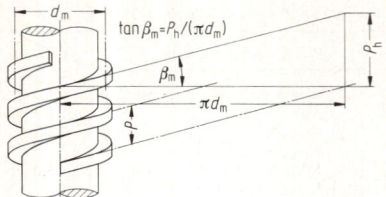

Bild 52. Schraubenspindel mit zweigängigem Flachgewinde. P_h Steigung, P Teilung ($P_h = 2P$), β_m mittlerer Steigungswinkel

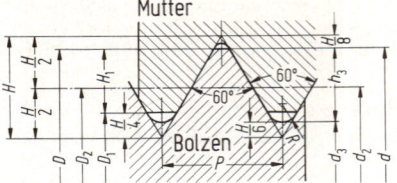

Bild 53. Metrisches ISO-Gewinde (DIN 13 T 19).
$D_1 = d - 2H_1, d_2 = D_2 = d - 0{,}64952P, d_3 = d - 1{,}22687P,$
$H = 0{,}86603P, H_1 = 0{,}54127P, h_3 = 0{,}61343P, R = H/6 = 0{,}14434P$

ser Schraubenverbindungen müssen die auf die Teile wirkenden ruhenden oder schwingenden Betriebskräfte ohne nennenswerte Relativbewegungen der Teile gegeneinander sicherstellen, sofern nicht Formschlußelemente nach G 1.5 oder Zentrierbunde teilweise diese Aufgabe übernehmen. Sollen dagegen definierte Relativbewegungen zwischen den Teilen erzielt werden, so eignen sich dafür *Bewegungsschrauben*, durch die Drehbewegungen in Längsbewegungen umgesetzt werden; wie z.B. bei Werkzeugmaschinenspindeln oder Schraubstöcken.

1.6.2 Kenngrößen der Schraubenbewegung
Characteristics of screw motion

Beim Anziehen oder Lösen von Befestigungsschrauben bzw. Betätigen von Bewegungsschrauben wird eine Schraubenbewegung (Schraubung) um und längs einer festen Achse, der Schraubenachse, ausgeführt. Bei einer vollen Schraubenumdrehung entsteht längs der Schraubenachse eine (relative) Axialverschiebung, die der *Steigung* P_h (flank lead) in **Bild 52** entspricht. Die Abwicklung einer auf einem Zylinder mit dem Radius $r_m = d_m/2$ liegenden Schraubenlinie ergibt eine ansteigende Gerade mit dem *Steigungswinkel* β_m mit $\tan\beta_m = P_h/(\pi d_m)$. Allgemein ergibt sich für den Radius r der Steigungswinkel β zu $\tan\beta = (r_m/r)\tan\beta_m$, er ist für kleinere Radien größer als für größere. Der achsparallele Abstand aufeinanderfolgender gleichgerichteter Flanken heißt *Teilung P* (flank pitch). Bei eingängigem Gewinde ist die Steigung P_h gleich der Teilung P. Für n-gängiges Gewinde gilt $P_h = nP$.

1.6.3 Gewindearten. Types of thread

Übersicht zu allgemein oder für größere Sondergebiete angewendete Gewinde in DIN 202. Für zylindrische Gewinde sind Begriffe und Definitionen in DIN 2244 festgelegt (Deutsch, Englisch, Französisch). Das *Gewindeprofil* ist der Umriß eines Gewindes im Achsschnitt, die *Gewindeflanken* sind in der Regel die geraden Teile des Gewindeprofils, die nicht zur Schraubenachse parallel sind.

Spitzgewinde für Befestigungsschrauben

Das *Metrische ISO-Gewinde* nach DIN 13 Bl. 19 ist ein verbessertes und weltweit vereinheitlichtes Gewinde, das praktisch meist mit dem früheren Metrischen Gewinde austauschbar ist. Das Fertigungsprofil für Bolzen und Mutter (Nullprofil bei Gewindepassung ohne Flankenspiel) s. **Bild 53**. Der Außendurchmesser d des Bolzengewindes ist gleich dem Außendurchmesser D des Muttergewindes; er wird auch als *Nenndurchmesser* bezeichnet. Mit dem *Kerndurchmesser* d_3 wird der Kernquerschnitt $A_3 = \pi d_3^2/4$ berechnet. Auf dem *Flankendurchmesser* d_2 des Bolzens bzw. D_2 der Mutter haben die Gewinderille und der Gewindezahn in Achsrichtung gleiche Breite. Für den (mittleren) Steigungswinkel gilt: $\tan\beta = P/(\pi d_2) \cdot H$ ist die Höhe des theoretischen, scharf geschnittenen Dreieck-

profils mit dem *Flankenwinkel* $\alpha = 60°$. Die Flankenüberdeckung H_1 wird auch *Gewindetragtiefe* genannt. Der gegenüber dem früheren Metrischen Gewinde größere Ausrundungsradius R im Gewindegrund des Bolzens führt zusammen mit der Vergrößerung des Kernquerschnitts A_3 zu einer Steigerung der Dauerfestigkeit, jedoch zu einer Verringerung der Tragtiefe. Der Ausrundungsradius am Außendurchmesser der Mutter ist nicht vorgeschrieben, da er sich aus der Fertigung zwangsläufig ergibt und weil die Beanspruchungen dort nicht so groß sind. Als Bezugsquerschnitt für Festigkeitsberechnungen wird der Spannungsquerschnitt $A_S = \pi(d_2 + d_3)^2/16$ benötigt. In DIN 14 sind metrische ISO-Gewinde für Durchmesser unter 1 mm genormt.

In **Anh. G 1 Tab. 4** sind Nenndurchmesser d, Steigung P, Kernquerschnitt A_3 und Spannungsquerschnitt A_S für Auswahlreihen von (metrischen ISO-)Regel- und Feingewinden nach DIN 13 T 12 und T 28 zusammengestellt. Regelgewinde, d.h. Gewinde mit größerer Steigung, sind hinsichtlich der Belastbarkeit gegenüber Feingewinden zu bevorzugen.

Das *Whitworth-Rohrgewinde* nach DIN 259 T 1 bis 5, DIN ISO 228, mit zylindrischem Innen- und Außengewinde wird noch für Rohre und Rohrverbindungen verwendet, es ist nicht selbstdichtend. Das Gewinde-Kurzzeichen (z.B. R 1 1/2) nach DIN 259 soll für Neukonstruktionen nicht mehr angewendet werden, um Verwechslungen mit gleichbezeichneten, kegeligen Außengewinden zu vermeiden. Statt dessen sind die Kurzzeichen (z.B. G 1 1/2) nach DIN ISO 228 zu verwenden. Für selbstdichtende Verbindungen können bei Gewindedurchmessern bis 26 mm kegelige Außengewinde nach DIN 158, z.B. für Verschlußschrauben und Schmiernippel eingesetzt werden [80]. Whitworth-Rohrgewinde für Gewinderohre und Fittings auch nach DIN 2999 T 1 bis 6 bzw. ISO 7/I mit zylindrischem Innengewinde und kegeligem Außengewinde oder für Rohrverschraubungen nach DIN 3858.

Flachgewinde für Bewegungsschrauben

Das Trapez- und Sägengewinde führen zu geringerer Reibung zwischen Bolzen und Mutter als das Spitzgewinde. Die Nennprofile von Bolzen und Mutter eines *Metrischen Trapezgewindes* nach DIN 103 T 1 mit Spiel im Außen- und Kerndurchmesser und ohne Flankenspiel mit genormten Bezeichnungen s. **Bild 54**. Das Trapezgewinde ist flankenzentriert und sollte deshalb nur durch Längskräfte (und Drehmomente) belastet werden; es sperrt bei Verkantung. Mehrgängige Trapezgewinde haben das gleiche Profil wie eingängige Gewinde mit der Steigung $P_h = $ Teilung P. **Anh. G 1 Tab. 5** enthält Nennmaße für Trapezgewinde. Das *Metrische Sägengewinde* nach DIN 513 T 1 mit asymmetrischem Gewindeprofil hat tragende Gewindeflanken mit Teilflankenwinkeln (Winkel zwischen Flanke und der Senkrechten zur Gewindeachse im Achsabschnitt) von 3° und Spiel im Kerndurchmesser und zwischen den nichttragenden Gewindeflanken.

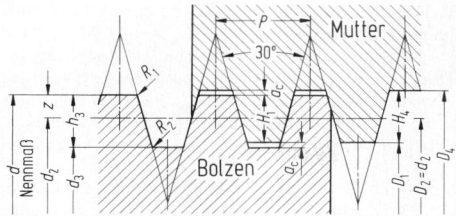

Bild 54. Metrisches ISO-Trapezgewinde (DIN 103 T 1 und 2).
$D_1 = d - 2H_1 = d - P, H_1 = 0,5P, H_4 = H_1 + a_c = 0,5P + a_c,$
$h_3 = H_1 + a_c = 0,5P + a_c, z = 0,25P = H_1/2, D_4 = d + 2a_c,$
$d_3 = d - 2h_3, d_2 = D_2 = d - 2z = d - 0,5P, R_1 = \max 0,5a_c, R_2 = \max a_c,$
$a_c = $ Spiel (Index c von crest $\hat{=}$ Spitze)

Rundgewinde, Wälzschraubtriebe

Rundgewinde (allgemein DIN 405 oder mit großer Tragtiefe nach DIN 20400) werden für Befestigungs- und Bewegungsschrauben bei Gefahr von Verschmutzung verwendet. Noch geringere Reibmomente als Sägengewinde weisen *Wälzschraubtriebe* mit Wälzkörpern zwischen den Schraubenflächen von Mutter und Spindel auf; die Erzeugenden der Schraubenflächen sind meist gekrümmte Linien (z.B. Kreisbogen oder gotisches Profil) [93].

1.6.4 Schrauben- und Mutterarten. Types of bolt and nut

Die Benennung von Schrauben, Muttern und Zubehör ist in DIN ISO 1891 international festgelegt. DIN 918 ergänzt diese Norm und bringt im Beiblatt eine Übersicht über genormte Schrauben- und Mutterarten. **Bild 55** zeigt Grund- und Sonderformen der Schraubenverbindungen.

Kopfschrauben (Bild 55a). Sie unterscheiden sich durch Kopfform, Schaftform und Schraubenenden. Die *Kopfform* wird durch die Antriebsart mitbestimmt; Beispiele: Sechskantschrauben (DIN 931, DIN 933, DIN 960, DIN 961), Innensechskantschrauben (DIN 912, DIN 6912, DIN 7991, DIN 7984), Schlitz- und Kreuzschlitzschrauben (DIN 84, DIN 63, DIN 87, DIN 7987); auch mit Drei-, Vier-, Acht- und Zwölfkant, mit Flügel- oder Hammerkopf. In DIN 74 werden Senkungen genormt, für Senkschrauben T 1, für Schrauben mit Zylinderkopf T 2, für Sechskantschrauben T 3. Senkdurchmesser für zylindrische Senkungen nach DIN 974.
Das *Schraubenende* wird u.a. durch die Schraubenfertigung oder Montage bestimmt. Schrauben zum automatisierten Montieren in Fertigungsstraßen benötigen Suchspitzen mit 90°Spitze; zum Aufnehmen von in das Muttergewin-

de eingedrungenen gewissen Lackmengen dienen Schabenuten. – Gewindeenden nach DIN 78, Gewindeausläufe und -freistiche auch für Gewindegrundlöcher (Sackbohrungen) nach DIN 76.
Die *Schaftform* wird durch die Fertigung oder zusätzliche Anforderungen festgelegt. Bei *Dehnschaftschrauben* (Dehn- oder Taillenschrauben) mit hoher Nachgiebigkeit ist der Schaftdurchmesser kleiner als der Kerndurchmesser. Bei *Paßschrauben* (z.B. Sechskant-Paßschrauben nach DIN 609) wird der Schaftdurchmesser mit Paßsitz (z.B. k6) zur Lagesicherung ausgeführt. Bei *Vollschaftschrauben* ist der Schaftdurchmesser gleich dem Gewindedurchmesser, bei *Dünnschaftschrauben* ungefähr gleich dem Flankendurchmesser (Durchmesser des Ausgangsmaterials für gerolltes Gewinde).

Stiftschrauben (Bild 55b). Sie haben ein $2d$-langes Einschraubende nach DIN 835 zum Einschrauben vorwiegend in Aluminiumlegierungen, ein $1,25d$-langes Einschraubende nach DIN 939 zum Einschrauben in Gußeisen oder ein $1d$-langes Einschraubende nach DIN 938 zum Einschrauben vorwiegend in Stahl.

Schraubenbolzen. DIN 2509. Sie dienen z.B. zum Verbinden von Teilen mit Hilfe beiderseits aufgeschraubter Muttern. Ein Zweikantzapfen an einem Gewindeende soll die Möglichkeit geben, ein Drehen des Schraubenbolzens bei der Montage zu verhindern. *Schraubenbolzen* und *Durchsteckschrauben* erfordern *Durchgangslöcher*, die nach den jeweiligen konstruktiven Gegebenheiten festgelegt werden; genormte Durchgangslöcher nach DIN ISO 273 (fein, mittel, grob; z.B. $d_h = 10,5$ mm, $= 11$ mm, $= 12$ mm für M 10).

Gewindestifte. Diese besitzen durchgehendes Gewinde, einen Schlitz oder Innen-Sechskant und eine Seite mit Kegelkuppe (DIN 427, DIN 551 bzw. DIN 913), Zapfen (DIN 417 bzw. DIN 915), Ringscheibe (DIN 438 bzw. DIN 916) oder Spitze (DIN 553 bzw. DIN 914) auf der anderen Seite. Sie werden auch mit Druckzapfen nach DIN 6332 hergestellt und eignen sich als Bauelemente für Spannschrauben mit Kreuzgriff nach DIN 6335, Sterngriff nach DIN 6336 und Kegelgriff nach DIN 99 (bis M 20) oder mit Druckstück nach DIN 6311.

Schraubensonderformen (Bild 55c). Sie haben z.B. Paßsitz und geriffelte Drehsicherung; s. auch DIN 4000 T 2 (Sachmerkmal-Leisten für Schrauben und Muttern), DIN 6914 (Sechskantschrauben mit großen Schlüsselweiten für HV-Verbindungen in Stahlkonstruktionen), DIN 7999 (Sechskant-Paßschrauben, hochfest, mit großen Schlüsselweiten für Stahlkonstruktionen).

Muttern. Im Maschinenbau werden am häufigsten *Sechskantmuttern* verwendet; die früher übliche Höhe von $0,8d$ gilt noch für Muttern aus Stahl nach DIN 934. Für Neukonstruktionen wird empfohlen, im Bereich von 5 bis 39 mm Gewindedurchmesser Sechskantmuttern nach DIN 970 (Regelgewinde mit Typ 1) und DIN 971 T 1 bzw. T 2 (Feingewinde mit Typ 1 bzw. 2) mit größerer Mutterhöhe (Typ 1 mit m/d von 0,84 bis 0,94 bzw. Typ 2 mit m/d von 0,93 bis 1,03) zu verwenden, die Schlüsselweite s wird stellenweise etwas reduziert, ihr Eckenmaß e beträgt etwa $2d$. Wird für Sonderfälle eine niedrigere Mutterhöhe notwendig, dann kann eventuell DIN 439 eingesetzt werden.
Hutmuttern (**Bild 56a**) nach DIN 917 (niedrige Form) und DIN 1587 (hohe Form) bieten mitunter Verletzungsschutz, sie werden auch in Verbindung mit Dichtscheiben verwendet, um Aus- oder Eindringen von Flüssigkeiten zu vermeiden. Zur axialen Lagesicherung von Naben und Ringen auf Wellen oder zur axialen Kraftübertragung werden

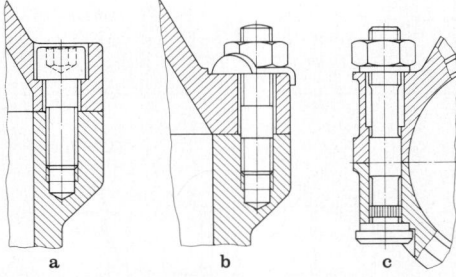

Bild 55. Grundformen und Sonderformen der Schraubenverbindungen. **a** Zylinderschraube mit Innensechskant DIN 912 als Kopfschraube; **b** Stiftschraube DIN 939 in Gußgehäuse, mit Sicherungsblech mit Lappen; **c** Durchsteckschraube in Sonderbauform für Pleuellagerdeckel-Verschraubung

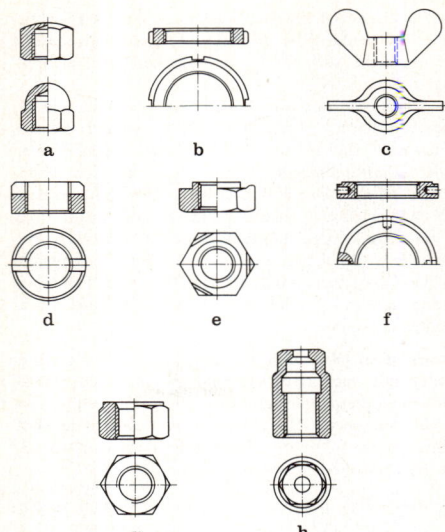

a   b   c

d   e   f

g   h

Bild 56. Genormte Mutter-Sonderformen. **a** Hutmutter DIN 917 und DIN 1587; **b** Nutmutter DIN 1804 und DIN 981 Feingewinde (M6 bis M200); **c** Flügelmutter DIN 315 (M5 bis M24); **d** Schlitzmutter DIN 546 (bis M20); **e** Sechskant-Schweißmutter DIN 929 (bis M16); **f** Kreuzlochmutter DIN 1816 (Feingewinde M6 bis M200); **g** Sechskantmutter mit Zentrieransatz DIN 2510 T5; **h** Kapselmutter für Schraubenverbindungen mit Dehnschaft DIN 2510 T6

für den Werkzeugmaschinenbau entwickelte Muttersonderformen, wie *Nutmuttern* (**Bild 56b**) nach DIN 1804 verwendet, die mit einem Hakenschlüssel nach DIN 1810 anzuziehen sind, mitunter auch *Kreuzlochmuttern* (**Bild 56f**) nach DIN 548 und DIN 1816. Für geringe Vorspannkräfte kommen *Rändelmuttern* nach DIN 6303, *Schlitzmuttern* nach DIN 546 oder *Flügelmuttern* (**Bild 56c**) nach DIN 315 in Frage. Bei Stahlkonstruktionen und im Karosseriebau verwendet man mitunter Vierkant-Schweißmuttern nach DIN 928 oder *Sechskant-Schweißmuttern* (**Bild 56e**) nach DIN 929, die auf dem Grundmaterial durch Punktschweißen befestigt werden. Für Schraubenverbindungen mit Dehnschaft wurden *Sechskant-Muttern mit Zentrieransatz* (**Bild 56g**) nach DIN 2510 T5 und *Kapselmuttern* (**Bild 56h**) nach DIN 2510 T6 entwickelt. Einen gleichmäßigen Übergang des Kraftflusses vom Zug im Bolzen auf Druck in der Mutternauflagefläche verschaffen *Zugmuttern.* Für hochfest vorzuspannende (HV-)Verbindungen im Stahlbau wurden Sechskantmuttern mit großen Schlüsselweiten nach DIN 6915 für M12 bis M36 entwickelt.

Unterlegscheiben. Sie müssen unter Schrauben und Muttern verwendet werden, wenn der Werkstoff der Unterlage zum Setzen neigt oder überbeansprucht würde; Form z.B. nach DIN 125. Bei U- und I-Trägern müssen vierkantige Unterlegscheiben zum Ausgleich der 8 bzw. 14%igen Neigung verwendet werden, DIN 434 bzw. DIN 435. Paßschrauben nach DIN 7968 erfordern i.allg. Unterlegscheiben nach DIN 7989. Sechskantschrauben mit großen Schlüsselweiten (nach DIN 6914, DIN 7999) dürfen nur mit Scheiben nach DIN 6916 eingesetzt werden.

1.6.5 Schrauben- und Mutternwerkstoffe
Material specification for bolts and nuts

Nach DIN ISO 898 T1 werden Schraubenwerkstoffe nach *Festigkeitsklassen* bezeichnet. Das Kennzeichen der Festig-

keitsklasse besteht aus zwei Zahlen, die durch einen Punkt getrennt sind. *Beispiel:* 5.6, 6.8, 8.8, 9.8, 10.9, 12.9 … Die *erste* Zahl entspricht 1/100 der Nennzugfestigkeit R_m in N/mm²; die *zweite* Zahl gibt das 10fache des Verhältnisses der Nennstreckgrenze R_{eL} bzw. $R_{p0,2}$ zur Nennzugfestigkeit R_m (Streckgrenzenverhältnis) an. Die Multiplikation beider Zahlen ergibt ein Zehntel der Nennstreckgrenze in N/mm².
Muttern mit festgelegten Prüfkräften werden nach DIN ISO 898 T2 mit einer Festigkeitsklasse zwischen 4 und 12 gekennzeichnet. Die Kennzahl entspricht 1/100 der Mindestzugfestigkeit einer Schraube in N/mm², die bei Paarung mit der Mutter bis zu der Mindeststreckgrenze belastet werden kann. *Beispiel:* Schraube 8.8 – Mutter 8, bis zur Mindeststreckgrenze der Schraube belastbar. Die bisherigen Festigkeitsklassen nach DIN 267 T3 geben nicht unbedingt die Sicherheit, daß beim Anziehen der Verbindung kein Gewindeabstreifen auftritt – insbesondere beim streckgrenzengesteuerten Anziehverfahren. Im allgemeinen können Muttern höherer Festigkeitsklassen anstelle von Muttern der niedrigen Festigkeitsklassen verwendet werden. Dies ist ratsam für eine Schraube-Mutter-Verbindung mit Belastungen oberhalb der Streckgrenze oder oberhalb der Prüfspannung.
DIN ISO 898 gilt nicht für Gewindestifte und ähnliche Verbindungselemente mit Gewinde sowie nicht für spezielle Anforderungen wie Schweißbarkeit, Korrosionsbeständigkeit (s. ISO 3506 bzw. DIN 267 T11), Warmfestigkeit über +300 °C und Kaltzähigkeit unter −50 °C (s. DIN 267 T13), Sicherungseigenschaften (s. ISO 2320 bzw. DIN 267 T15).
Die erforderliche Tiefe von Gewindebohrungen hängt vom Werkstoff des Muttergewindeteils ab. Empfohlene Einschraubtiefe für Sacklochgewinde gibt **Anh. G1 Tab. 6.** In Grauguß oder Leichtmetall sind Stiftschrauben mit Muttern anstelle von Kopfschrauben zu empfehlen [79].

1.6.6 Kräfte und Verformungen beim Anziehen von Schraubenverbindungen. Forces and deformations in joints due to preload

Anziehdrehmoment. Wird eine symmetrische Durchsteck-Schraubenverbindung nach **Bild 57** durch Drehen der Mutter angezogen, dann entsteht eine Zugkraft, genannt *Vorspannkraft* F_V, im Schraubenbolzen und eine gleich ho-

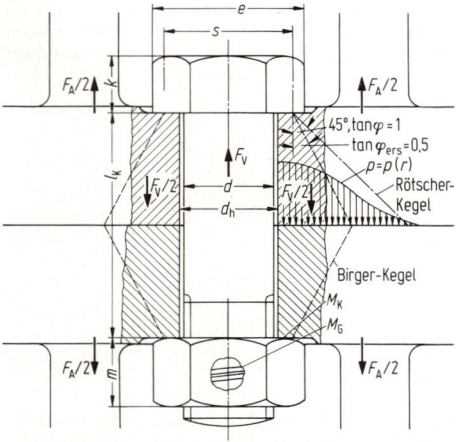

Bild 57. Durchsteckschraube zum Verspannen zweier Platten (Flansche) unter Anziehen der Mutter. (F_V Vorspannkraft in der Schraubenverbindung bei fehlender äußerer Betriebskraft F_A)

he Druckkraft zwischen den Platten. Dadurch längt sich der Schraubenbolzen um f_S und die Platten werden um f_P zusammengedrückt. Die Platten werden etwa im Bereich der *Rötscher-Kegel* zusammengepreßt, die sich von Kreisen unter Kopf bzw. Mutter mit jeweils Schlüsselweiten-Durchmesser s, allgemeiner Kopfauflage- bzw. Mutterauflagedurchmesser (d_w bzw. D_w) unter 45° erstrecken.

Beim Drehen der Mutter müssen das mit F_V steigende *Reibungsmoment im Gewinde* M_G und das *Reibungsmoment in der Mutterauflage* M_K überwunden werden; Anziehdrehmoment $M_A = M_G + M_K$. Nach B1.11.2 wird $M_G = F_V(d_2/2)\tan(\beta_m + \rho')$ mit Flankendurchmesser d_2, mittlerem Steigungswinkel β_m und Gewindereibungszahl $\mu' = \tan\rho' = \mu_G/\cos(\alpha/2)$ mit Flankenwinkel α und Reibungszahl μ_G im Gewinde. Für Spitzgewinde mit $\alpha = 60°$ ist $\mu' = 1{,}155\mu_G$. Das Moment M_K beträgt $M_K = F_V\mu_K D_{km}/2$ mit der Reibungszahl μ_K in der Mutterauflage und wirksamen Durchmesser D_{km} für das zugehörige Reibungsmoment. Reibungszahlen s. [76], z.B. Schraube aus Stahl, phosphatiert sowie Mutter aus Stahl, blank, trocken: $\mu_G = \mu_K = 0{,}12$ bis $0{,}18$; geölt: $\mu_G = \mu_K = 0{,}10$ bis $0{,}16$; MoS_2: $0{,}08$ bis $0{,}12$. Für Spitzgewinde mit $\alpha = 60°$ und Steigung P, also $\tan\beta_m = P/(\pi d_2)$, folgt vereinfacht wegen $\tan(\beta_m + \rho') \approx \tan\beta_m + \tan\rho'$

$$M_A \approx F_V[0{,}159P + \mu_G 0{,}577 d_2 + D_{km}\mu_K/2]. \qquad (1)$$

Beispiel: Für eine Sechskantschraube M 10 mit metrischem ISO-Spitzgewinde ($d_2 = 9{,}03$ mm, $P = 1{,}5$ mm) nach DIN 931, Mutter nach DIN 970 in Produktklasse A nach DIN ISO 4759 T 1 ($d_w = 15{,}6$ mm), Durchgangsloch nach DIN ISO 273 (mittel: $d_h = 11$ mm) ohne Ansenkung gilt annähernd: $D_{km} = (d_w + d_h)/2 = 13{,}3$ mm. Mit z.B. $\mu_G = \mu_K = 0{,}16$ wird $M_A = F_V (0{,}236 + 0{,}834 + 1{,}064)$ mm. Die Summe der Reibungsmomente beträgt dann etwa 90% des Gesamtanziehdrehmoments. Bei geschmierten Schrauben, meist auch bei galvanisch aufgebrachten Überzügen, ist der Reibungsanteil geringer, so daß solche Schrauben bei gleichem Anzugsmoment eine höhere Vorspannung F_V erhalten.

Das zum Lösen notwendige Reibmoment im Gewinde M_{GL} beträgt $M_{GL} = F_V(d_2/2)\tan(\rho' - \beta_m)$. Man spricht von *Selbsthemmung*, solange zum Lösen ein Moment $M_{GL} > 0$ erforderlich ist. Selbsthemmung hört auf, sobald $M_{GL} = 0$ wird, d.h. $\beta_m = \rho'$, falls Reibmoment M_K in der Mutter- bzw. Kopfauflage vernachlässigt wird. Das Gesamtmoment M_L zum Lösen ist, sofern keine Erschütterungen die wirksame Reibungszahl μ' verringern, bei metrischem ISO-Spitzgewinde etwa gleich dem 0,7- bis 0,9fachen des Anziehmoments M_A.

Vorspannkraft F_V und Anziehmoment M_A bewirken *Zug- und Torsionsspannungen* in der Schraube. Die Nenn-Zugspannung σ_z wird entweder mit dem Gewinde-Spannungsquerschnitt A_S oder falls kleiner, mit dem Taillenquerschnitt A_T berechnet, die Nenn-Torsionsspannung τ analog mit den entsprechenden Widerstandsmomenten. Die Mises-Vergleichsspannung σ_V ergibt dann die Materialanstrengung. Wird eine 90%ige Ausnutzung der Schraubenwerkstoff-Mindeststreckgrenze als zulässig angesehen, dann lassen sich für vorgegebene Reibungszahlen *zulässige Montagevorspannkräfte F_{sp}* und die zugehörigen *Anziehdrehmomente M_{sp}* Tabellen wie in VDI-Richtlinie 2230 entnehmen oder mit den von Herstellerfirmen zu beziehenden Schraubenrechnern bestimmen. Einen Auszug aus solchen Tabellen gibt Anh. G1 Tab. 7.

Anziehverfahren. Erforderliche Anziehdrehmomente sind vom Anziehverfahren abhängig. Das Verhältnis der sich beim Anziehen praktisch ergebenden maximalen zur minimalen Vorspannkraft $F_{M max}/F_{M min}$ wird als *Anziehfaktor* α_A bezeichnet, die Spannweite beträgt $\Delta F_M = F_{M max} - F_{M min} = F_{M min}(\alpha_A - 1)$. Der allein auf die Streuung der Reibungszahlen entfallende Anteil liegt erfah-

rungsgemäß in den Grenzen $1{,}25:1$ bis $2:1$. Für die Dimensionierung von Schraubenverbindungen können in Anlehnung an VDI-Richtlinie 2230 Richtwerte für α_A (Werte in Klammern) angegeben werden [80]:

Impulsgesteuertes Anziehen mit *Schlagschrauber* (2,5 bis 4) und *drehmomentgesteuertes Anziehen* mit *Drehschrauber* (1,7 bis 2,5), wobei das Einstellen des Schraubers entsprechend einem experimentell ermittelten Nachziehmoment erfolgt. Für drehmomentgesteuertes Anziehen mit *Drehmomentschlüssel, signalgebendem Schlüssel* oder *Präzisionsdrehschrauber* mit dynamischer Drehmomentmessung: (1,6 bis 1,8), wenn Sollanziehmoment durch Schätzen der aktuellen Reibzahl oder (1,4 bis 1,6), wenn Sollanziehmoment durch Messung von F_M an der Verschraubung bestimmt wird.

Hydraulisches Anziehen durch Einstellen über Längen- bzw. Druckmessung (1,2 bis 1,6), wobei die Vorspannkraft über zusätzliche Mutter auf dem verlängerten Gewinde und Beidrehen der Schraubenmutter erfolgt. *Verlängerungsmessung* der kalibrierten Schraube (1,2). *Drehwinkelgesteuertes Anziehen*, motorisch oder manuell (1,1 bis 1,3) mit versuchsmäßig bestimmten Voranziehmoment und Drehwinkel; Streuung wird wesentlich durch Streuung der Streckgrenze im verbauten Schraubenlos bestimmt, so daß bei Dimensionierung entsprechend $F_{M min}$ formal der Wert $\alpha_A = 1$ gesetzt werden kann. *Streckgrenzengesteuertes Anziehen*, motorisch oder manuell (1,1 bis 1,3, formal bei Dimensionierung für $F_{M min}$ wieder $\alpha_A = 1$). *Thermisch kontrolliertes Anziehen* wird im Turbinenbau angewendet und ist bezüglich der Vor- und Nachteile mit dem hydraulischen Anziehen vergleichbar; die Schrauben zur Befestigung des Gehäusedeckels sind dabei mit einer Mittelbohrung zum Heizen und Überwachen ihrer Temperatur ausgerüstet.

Montagekraft. Kräfte und Verformungen nach dem Anziehen richten sich nach der wirksamen *Montagekraft F_M*. Unter der Annahme linearen Steifigkeitsverhaltens lassen sich die grafischen Einzeldarstellungen der Kraft-Verformungs-Kennlinien für Schrauben und Platten in einem Geradlinien-Schaubild, dem sog. *Verspannungsdreieck* zusammenfassen, **Bild 58.** Mit den angegebenen Bezeichnungen gilt für die Steifigkeit c_S der Schrauben $c_S = F_S/f_S$, für die elastische Nachgiebigkeit δ_S der Schrauben $\delta_S = 1/c_S$. Die Steifigkeit der Platten zwischen Schraubenkopf- und Mutternauflage ist $c_P = F_P/f_P$, die elastische Nachgiebigkeit $\delta_P = 1/c_P$ bei zentrischer Verspannung. Nach dem Anziehen der Mutter gilt für die Montagekräfte in Schraubenbolzen und Platten $F_{MS} = F_{MP} = F_M$; für die Verfor-

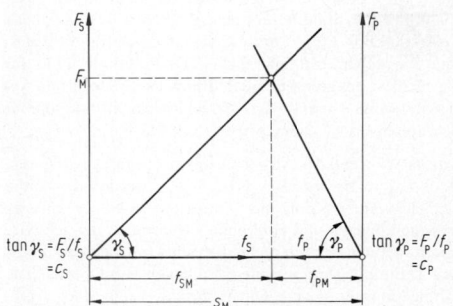

Bild 58. Verspannungsdreieck als grafische Darstellung der Kräfte und Verformungen beim Anziehen. F_S Zugkraft in Schraube $F_S = F_S(f_S)$, f_S Längung der Schraube, F_P Druckkraft in den Platten, $F_P = F_P(f_P)$, f_P Zusammendrückung der Platten, F_M Vorspannkraft bei Montage, s_M Weg der Mutter auf dem Gewinde

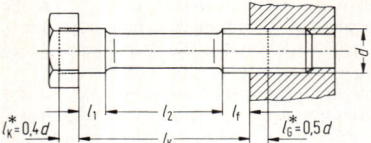

Bild 59. Aufteilung einer Schraube in einzelne zylindrische Körper zur Berechnung ihrer elastischen Nachgiebigkeit (VDI-Richtlinie 2230) [76]

mung gilt $f_{SM} + f_{SP} = s_M$, mit s_M als Axialverschiebung der Mutter auf dem Gewinde, vorausgesetzt, daß Kopf und Mutter vor dem Anziehen allseitig satt auf den ebenen Platten oder passenden Ansenkungen aufliegen.

Nachgiebigkeit der Schraube. Die Schraube setzt sich aus einer Anzahl von Einzelelementen zusammen, die durch zylindrische Körper verschiedener Längen l_i und Querschnitte A_i gut ersetzbar sind, **Bild 59**. Die Nachgiebigkeit eines zylindrischen Einzelelements folgt zu $\delta_i = l_i/(E_S A_i)$ mit dem Elastizitätsmodul E_S des Schraubenwerkstoffs. Die Nachgiebigkeit der Schraube δ_S insgesamt wird $\delta_S = \sum \delta_i$. Die elastische Nachgiebigkeit des Kopfes wird in VDI-Richtlinie 2230 für genormte Sechskant- und Innensechskantschrauben mit $\delta_K = 0{,}4d/(E_S A_N)$ bei $A_N = \pi d^2/4$ angegeben, für die Nachgiebigkeit des eingeschraubten Gewindekerns gilt $\delta_G = 0{,}5d/(E_S A_3)$ mit Kernquerschnitt $A_3 = \pi d_3^2/4$ und für die Nachgiebigkeit der Schrauben- und Mutterprofile $\delta_M = 0{,}4d/(E_S A_N)$ für Muttern nach DIN 934, für das freiliegende Gewindeteil mit Länge l_f und Kernquerschnitt A_3 gilt $\delta_f = l_f/(E_S A_3)$. Für **Bild 59** gilt also $\delta_S = \delta_K + \delta_1 + \delta_2 + \delta_f + \delta_G + \delta_M$.

Nachgiebigkeit zentrisch verspannter Platten. Die Nachgiebigkeit der Platten δ_P bei zentrischer Verspannung läßt sich nach Birger [84] näherungsweise bestimmen, indem man die Nachgiebigkeit des unter einem Winkel φ_{ers} (mit $\tan \varphi_{ers} = 0{,}5$) unter Schraubenkopf und Mutter sich ausbreitenden Doppelkegels mit Bohrung d_h und gleichmäßig verteilter Druckspannung in den einzelnen Querschnitten ermittelt, **Bild 57**. Für solche Platten gibt auch die VDI-Richtlinie 2230 Näherungsformeln; die Steifigkeit c_P oder die Nachgiebigkeit δ_P der Platten werden aus Steifigkeit oder Nachgiebigkeit eines Ersatzzylinders mit einem Querschnitt A_{ers} berechnet: A_{ers} nach **Bild 60**; $\delta_P = l_K/(A_{ers} E_P)$ mit dem Elastizitätsmodul E_P der verspannten Platten.

Streuungen beim Anziehen. Die beim Anziehen auftretenden Streuungen der Montagekraft F_M zwischen $F_{M\,min}$ und $F_{M\,max}$ können nach **Bild 61** übersichtlich im Verspannungsschaubild berücksichtigt werden. Die maximale Vorspannkraft $F_{M\,max}$ muß kleiner bleiben als die zulässige Schraubenkraft, die nach VDI-Richtlinie 2230 für die nicht streckgrenzen- oder drehwinkelgesteuerten Anziehverfahren einer 90%igen Streckgrenzenausnutzung für Schrauben bis M 39 entspricht – Grenze $F_{M\,max} = F_{Sp}$.

Setzen. Während des Anziehens bis zur Montagevorspannkraft F_M im Bereich $F_{M\,min}$ bis $F_{M\,max}$ werden die Auflageflächen unter Kopf und Mutter sowie die Trennfugen zwischen den Platten eingeebnet. Aber auch danach wird durch zeitlich veränderliche Betriebskräfte ein Setzen in den Trennfugen mit weiterem Einebnen von Oberflächenrauhigkeiten auftreten. Die Höhe des Setzbetrags f_Z ist nach bisher vorliegenden Versuchsergebnissen im statistischem Mittel sowohl von der Anzahl der Trennfugen als auch von der Größe der Rauhigkeit der Fugenflächen nahezu unabhängig. Er wächst eindeutig mit dem Klemmlängenverhältnis (l_K/d). Für massive Verbindungen mit

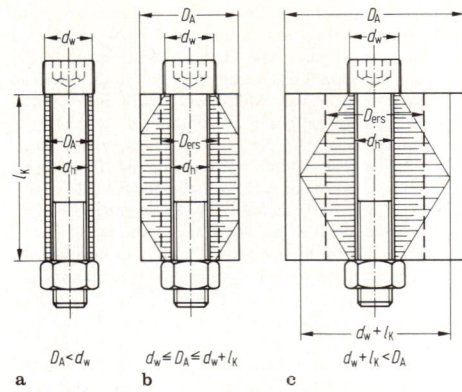

Bild 60. Ersatzdruckzylinder zur Berechnung der elastischen Nachgiebigkeit von verspannten Hülsen und Platten
a $A_{ers} = \frac{\pi}{4}(D_A^2 - d_h^2)$;

b $A_{ers} = \frac{\pi}{4}(d_w^2 - d_h^2) + \frac{\pi}{8} d_w (D_A - d_w) \left[\left(\sqrt[3]{\frac{l_K d_w}{D_A^2} + 1} \right)^2 - 1 \right]$;

c $A_{ers} = \frac{\pi}{4}(d_w^2 - d_h^2) + \frac{\pi}{8} d_w l_K \left[\left(\sqrt[3]{\frac{l_K d_w}{(l_K - d_w)^2} + 1} \right)^2 - 1 \right]$

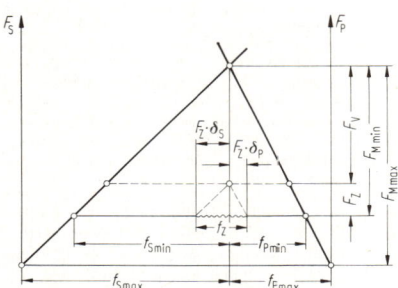

Bild 61. Verspannungsschaubilder zur Ermittlung des Einflusses von Setzen und Vorspannkraftstreuung

Schrauben nach DIN 931 (praktisch auch DIN 933) gilt [76]

$$f_Z \approx 3{,}29 (l_K/d)^{0{,}34} \cdot 10^{-3} \text{ mm.} \qquad (2)$$

Durch das Setzen der Verbindung um den Betrag f_Z verringert sich die Montagevorspannkraft F_M nochmals um den Betrag F_Z. Von $F_{M\,min}$ bleibt damit nur die Vorspannkraft $F_V = F_{M\,min} - F_Z$ übrig (**Bild 61**). F_V muß mindestens gleich der erforderlichen Vorspannkraft $F_{V\,erf}$ sein. Der Setzbetrag bewirkt eine Verringerung der Schraubenlänge um $F_Z \delta_S$ und der Plattenzusammendrückung um $F_Z \delta_P$ bzw. $f_Z = F_Z \delta_S + F_Z \delta_P$ und somit $F_Z = f_Z/(\delta_S + \delta_P)$. Um das Setzen nicht unnötig zu vergrößern, dürfen bei hochfesten, stark vorgespannten Schrauben keine Sicherungsbleche, Unterlegscheiben oder Federringe unter Schraubenkopf oder Mutter verwendet werden. Auch sollen die Auflageflächen unter Schraubenkopf und Mutter stets gut bearbeitet sein und rechtwinklig zur Schraubenachse stehen [76, 79].

1.6.7 Überlagerung von Vorspannkraft und Betriebslast
Superposition of preload and working loads

Zentrische Verspannung und Belastung. Greift an einer symmetrisch gestalteten und (zentrisch) vorgespannten

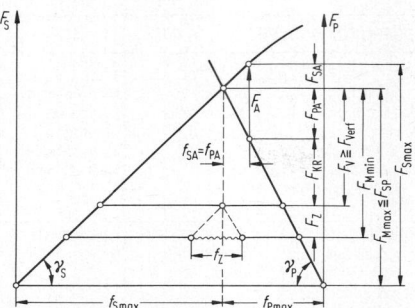

Bild 62. Verspannungsschaubild zur Ermittlung der Schraubenzusatzkraft F_{SA}, der max. Schraubenkraft F_{Smax} und der Restklemmkraft F_{KR} mit $\tan\gamma_S = c_S$ und $\tan\gamma_P = c_P$

Schraubenverbindung nach **Bild 57** eine axiale Zugkraft F_A zentrisch unter Kopf und Mutter der Durchsteckschraube an, dann wird die Schraube um einen Betrag f_{SA} zusätzlich verlängert und die Zusammendrückung der Platten um den gleichen Betrag f_{PA} vermindert; d.h. Schraube und Platte sind weggleich (parallel) bezüglich der Zugkraft F_A geschaltet, solange kein Klaffen der Schraubenverbindung in der Trennfuge auftritt. Es gilt für die *Schraubenzusatzkraft* $F_{SA} = c_S f_{SA}$ und für $F_A = (c_S + c_P) f_{SA}$; die *Klemmkraft* in den Platten wird um $F_{PA} = F_A - F_{SA} = c_P f_{SA}$ vermindert. Die Kräfte können zweckdienlich in das Verspannungsschaubild eingezeichnet werden, **Bild 62.** Weiter gilt $F_{SA} = (c_S/(c_S + c_P))F_A \equiv \Phi_K F_A$ mit dem *Kraftverhältnis* Φ_K für Angriff der äußeren Kraft F_A direkt unter Kopf und Mutter. Mit $\delta_S = 1/c_S$ und $\delta_P = 1/c_P$ wird dann

$$\Phi_K = c_S/(c_S + c_P) = \delta_P/(\delta_S + \delta_P). \qquad (3)$$

Die *Restklemmkraft* in der Trennfuge F_{KR} nach Belastung und Setzen ist $F_{KR} = F_V - F_{PA} = F_V - (1 - \Phi_K)F_A$; sie muß mindestens gleich der erforderlichen Klemmkraft sein: $F_{KR} \geqq F_{Kerf}$. Damit ergibt sich für die erforderliche Vorspannkraft $F_{Verf} = F_{Kerf} + F_{PA} \leqq F_V$ und für die minimale Montage-Vorspannkraft $F_{Mmin} = F_{Verf} + F_Z$ mit dem Vorspannkraftverlust F_Z infolge Setzens. Mit dem Anziehfaktor α_A wird die maximale Montage-Vorspannkraft

$$F_{Mmax} = \alpha_A F_{Mmin} = \alpha_A [F_{Kerf} + (1 - \Phi_K)F_A + F_Z]. \qquad (4)$$

Wird nach dem Anziehvorgang eine 90%ige Streckgrenzenausnutzung zugelassen, dann darf F_{Mmax} höchstens F_{Sp} nach **Anh. G1 Tab. 7** bzw. VDI-Richtlinie 2230 erreichen. Damit nach Aufbringen der Betriebslast F_A die Streckgrenze dann nicht überschritten wird, darf F_{SA} nicht größer als etwa 13% der maximalen Montage-Vorspannkraft F_{Mmax} sein, was möglichst niedrige Werte des Kraftverhältnisses Φ_K erfordert.

Krafteinteilung über die verspannten Teile. Im allgemeinen greift die äußere Axialkraft auch bei zentrischem Angriff nicht unmittelbar unter Kopf und Mutter an, sondern innerhalb der verspannten Teile. Nimmt man an, daß die Kraftangriffspunkte nicht die Entfernung l_K zwischen Kopf- und Mutterauflage haben, sondern nur die Entfernung nl_K (z.B. $n = 0,5$), dann werden nicht mehr alle Plattenbereiche durch die Axialkraft F_A entlastet – die Steifigkeitsverhältnisse der be- und entlasteten Bereiche der Schraubenverbindung ändern sich. Die Zusammenhänge sind in **Bild 63** dargestellt, wobei Setzen und Vorspannkraft-Streuungen nicht berücksichtigt wurden. Die Schraubenzusatzkraft F_{SA} berechnet man nun mit $F_{SA} = \Phi_n F_A$ mit dem Kraftverhältnis Φ_n für zentrische Einleitung der Axialkraft F_A in Ebenen im Abstand (nl_K):

$$\Phi_n = n\Phi_K = nc_S/(c_S + c_P) = n\delta_P/(\delta_S + \delta_P). \qquad (5)$$

Schwingende äußere Lasten. Bei schwingender äußerer Last werden sowohl die maximale Betriebskraft F_{Ao} und die minimale Betriebskraft F_{Au} unter Beachtung des Vorzeichens in das Verspannungsschaubild eingetragen (**Bild 64a**) und hieraus die Schwingbelastung für die Schraube abgeleitet. Bei wechselnder Betriebslast ist $F_{Ao} = -F_{Au}$, so daß der Wechselkraftanteil F_{SAa} der Schraubenzusatzlast gleich F_{SAo} ist. Bei schwellender Betriebslast ist $F_{Ao} = F_A$ und $F_{Au} = 0$, womit der Wechselkraftanteil durch $F_{SAa} = \Phi_K F_A/2$ bzw. $F_{SAa} = \Phi_n F_A/2$ gegeben ist, **Bild 64b**. In **Bild 64c** ist eine zentrisch angreifende statische Druckkraft F_A eingezeichnet.

Belastung bis in den plastischen Bereich. Wird eine Schraube durch eine zentrisch angreifende äußere Zugkraft F_A in den plastischen Bereich hinein beansprucht, dann folgt Änderung des (gestrichelt dargestellten) Vorspanndreiecks nach **Bild 65**. Nach dem Entlasten, dem Entfernen der äußeren Kraft F_A, bleibt nur die um F_Z verminderte Vorspannkraft zurück; F_Z erhält man mit $F_Z = f_{Spl}/(\delta_S + \delta_P)$

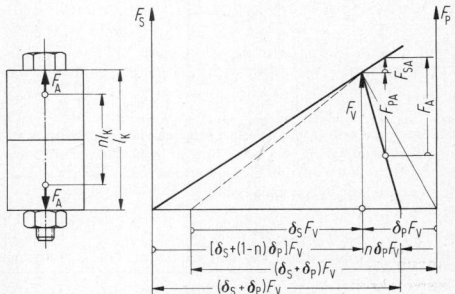

Bild 63. Verspannungsschaubild für innerhalb der verspannten Teile eingeleitete Betriebskraft F_A (ohne Berücksichtigung von Setzen und Vorspannkraftstreuung)

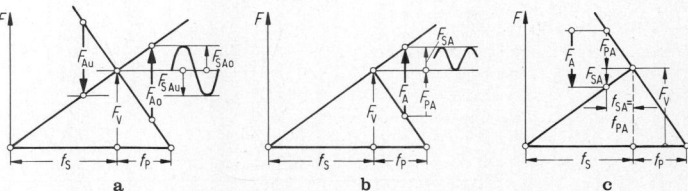

Bild 64. Verspannungsschaubilder für äußere Betriebskräfte F_A. **a** als schwingende Zug-Druckkraft; **b** als schwellende Zugkraft; **c** als statische Druckkraft

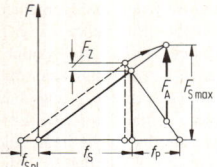

Bild 65. Verspannungsschaubild bei Beanspruchung der Schraube bis in den plastischen Bereich (unter Einfluß der Betriebskraft F_A)

mit f_{Spl} als plastischem Verformungsanteil unter der gesamten Schraubenkraft F_{Smax} nach Aufbringen von F_A. Analoge Betrachtungen sind bei Druckkräften und einem Setzen der verspannten Platten erforderlich.

Exzentrische Verspannung und Belastung. Der bisher behandelte Fall einer zentrisch verspannten und zentrisch belasteten Schraubenverbindung ist konstruktiv nur selten exakt zu verwirklichen. Wenn die Schraubenachse und die Resultierende der äußeren Kraft F_A nicht mit der Schwerlinie der verspannten Teile zusammenfallen, sondern nach **Bild 66** parallel zu dieser liegen, wird die Schraubenzusatzlast dadurch u.U. wesentlich beeinflußt; zusätzlich wird meist ein Biegemoment in der Trennfuge der Schraubenverbindung erzeugt, so daß die exzentrisch belastete Schraubenverbindung zum Abheben (Klaffen) in der Trennfuge neigt. Es ist anzustreben, das Klaffen der Schraubenverbindung durch geeignete Gestaltung zu verhindern; Gestaltungshinweise für Einschraubverbin-

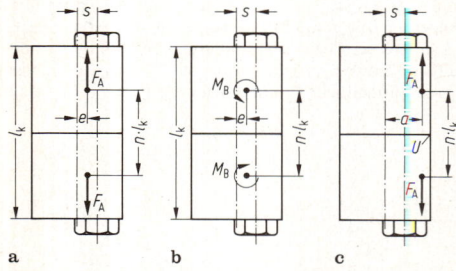

a   b   c

Bild 66. Vorgespannte und belastete prismatische Schraubenverbindung. **a** mit Zugkraft F_A bei $e = \Phi_K s$; **b** mit reiner Biegemomentbelastung M_B; **c** mit Zugkraft F_A im Abstand a von der Schwerlinie des prismatischen Balkens mit Bohrung

Zylinderverbindungen

Gestaltungsrichtlinien	ungünstig	günstig
1	Vorspannkräfte: Möglichst hoch vorspannen -höhere Festigkeitsklasse -genaues Anziehverfahren -kleine Reibungszahlen	niedrige Vorspannkräfte	hohe Vorspannkräfte (Anziehverfahren mit kleinem Anziehfakor α_A wählen)
2	Steifigkeitsverhältnis: Die Nachgiebigkeit der Schraube soll möglichst viel größer sein als die der Platte (evtl. Taillenschraube) $\delta_S \gg \delta_P$	dünner schmaler Zylinder (bei gegeb. Nenn-Φ) 	Zylinderdurchmesser $G = d_w + h_{min}$ 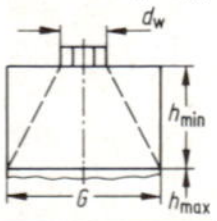
3	Exzentrizität der Schraube: Eine möglichst geringe Exzentrizität s Schraubenlage (vor allem bei zentrischer Last) vorsehen	große Exzentrizität s 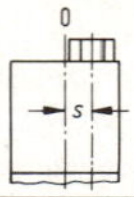	minimale Exzentrizität s 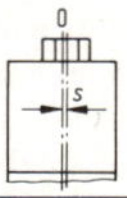
4	Exzentrizität des Kraftangriffs: Minimale Exzentrizität a bewirkt meist kleinere Schraubenzusatzbelastungen, wenn $a > s$	große Exzentrizität a 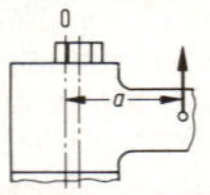	minimale Exzentrizität a 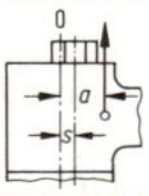
5	Höhe der Krafteinleitung: Den Kraftangriff möglichst weit nach unten zur Trennfuge legen	Kraftangriff im oberen Bereich	Kraftangriff in der Nähe der Trennfuge
	Richtwerte für	$n \approx 0,7$	$n \approx 0,3$

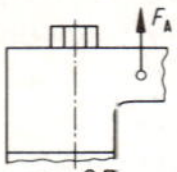

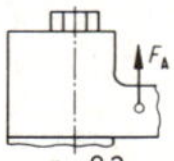

Bild 67. Richtlinien für die Gestaltung von Zylinderverbindungen nach [76, 86], ergänzt.

dungen nach **Bild 67** (Zylinderverbindungen) und **Bild 68** (Balkenverbindungen).

Zur Berechnung der Kräfte und Momente in exzentrisch belasteten Schraubenverbindungen sind in **Tab. 18** die Ergebnisse verschiedener Modellrechnungen zusammengefaßt; vorausgesetzt wird, daß kein Klaffen in der Trennfuge auftritt und daß die Krafteinleitung über die verspannten Teile im Abstand $(nl_K)/2$ von der Trennfuge

Tabelle 18. Schrauben- und Platten(zusatz)kräfte bzw. -(zusatz)momente infolge äußerer Belastung sowie Vorspannung

Kräfte und Momente in Schraube und Trennfuge	Belastung nach			Schraubenvorspannkraft F_V
	Bild 66 a Schraubenlast bei $e = \Phi_K s$	**Bild 66 b** reine Momentenbelastung	**Bild 66 c** exzentrische Last $(\beta_P \ll \beta_S)$	
F_{SA}	$n \Phi_K F_A$	$n \dfrac{\Phi_{mK}}{s} \cdot M_B$	$\approx n \Phi_{eK} F_A$	$F_V (= F_S)$
F_{PA}	$(1 - n\Phi_K) F_A$	$-n \dfrac{\Phi_{mK}}{s} \cdot M_B$	$\approx (1 - n \Phi_{eK}) F_A$	$F_V (= F_P)$
M_{Sb}	0	$n \cdot \dfrac{\delta_P + \delta_S}{\beta_S \cdot s^2} (\Phi_{mK} M_B)$	$\dfrac{n \beta_P (a - e)}{\beta_S + \beta_P + \dfrac{\beta_S \beta_P \cdot s^2}{\delta_S + \delta_P}} \cdot F_A$	$-\psi_K \cdot F_V \cdot s$
M_{Pb}	$(1 - n) \cdot F_A e$	$M_B - M_{Sb} - (F_S \cdot s)$	$\approx F_A a - F_S \cdot s$	$\approx -F_V \cdot s$

mit Lasteinleitung in verspannte Teile im Abstand $n\,l_K/2$ von der Trennfuge; $\Phi_K = \delta_P/(\delta_P + \delta_S)$

mit $\psi_K = \beta_P/(\beta_P + \beta_S)$

Balkenverbindungen

	Gestaltungsrichtlinien	ungünstig	günstig
1	Vorspannkräfte: Möglichst hoch vorspannen -höhere Festigkeitsklasse -genaues Anziehverfahren -kleine Reibungszahlen	niedrige Vorspannkräfte	hohe Vorspannkräfte (Anziehverfahren mit kleinem Anziehfaktor α_A wählen)
2	Balkenbreite (Last mittig): Möglichst die empfohlene Balkenbreite von $b = d_w + h$ vorsehen	sehr schmale Verbindungen 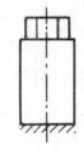	Balkenbreite $= d_w + h$ 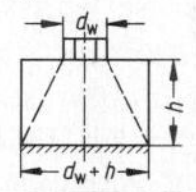
3	Balkenhöhe: Größere Balkenhöhen bewirken geringere Schraubenzusatzkräfte	kleine Balkenhöhen 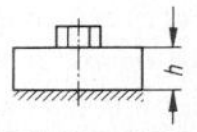	große Balkenhöhen 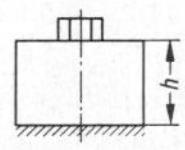
4	Überstand (Last exzentrisch): Überstand unbedingt vorsehen, damit sich die Stützwirkung voll ausbilden kann. Begrenzung der Auflagefläche im möglichen Abhebepunkt U	minimaler Überstand 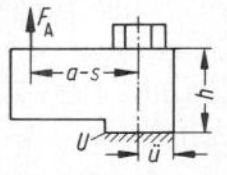	Überstand $\ddot{u} \approx h$ 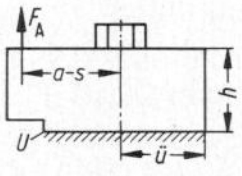
5	Anschließende Teile: Die Schraubenzusatzkraft wird kleiner, wenn die anzuschließenden Teile dem Balken eine parallele Verschiebung aufzwingen, z.B. durch Symmetrie	lose Kopplung 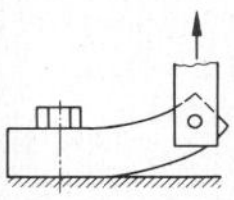	feste Kopplung 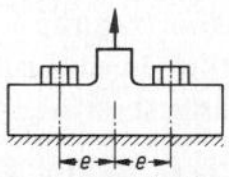 e möglichst klein

Bild 68. Richtlinien für die Gestaltung von Balkenverbindungen nach [76, 86], ergänzt

der Schraubenverbindung erfolgt. Neben der Schrauben-(Zug-Druck)-Nachgiebigkeit $\delta_S = 1/c_S$ und der Platten-(Zug-Druck)-Nachgiebigkeit $\delta_P = 1/c_p$ nach **Bild 58** werden die Schrauben-Biegenachgiebigkeit β_S und die Platten-Biegenachgiebigkeit β_P benötigt. Für prismatische Biegestäbe gilt $\beta = l_K/(EI_B)$ mit dem Elastizitätsmodul E, der Klemmlänge l_K und dem Trägheitsmoment des Biegekörpers I_B. Der Abstand e der Kraft F_A von der Schwerlinie der verspannten Teile nach **Bild 66a** wurde mit $e = \Phi_K s$ sowie Φ_K nach Gl. (3) so festgelegt, daß die Schraubenzusatzlast F_{SA} gleich der Schraubenzusatzlast einer zentrisch verspannten und belasteten Schraubenverbindung und das Zusatzbiegemoment in der Schraube M_{Sb} gleich Null wird; eine vorhandene Plattendruckkraft F_{PA} vermindert und in der Trennfuge ein vorhandenes Biegemoment um M_{Pb} verändert. Eine reine Biegemomentbelastung M_B nach **Bild 66b** erzeugt eine Schraubenzusatzlast $F_{SA} = n\Phi_{mK} M_B/s$ mit dem Kraftverhältnis

$$\Phi_{mK} = \frac{\beta_S\beta_P s^2/(\beta_S + \beta_P)}{\delta_P + \delta_S + (\beta_S\beta_P s^2)/(\beta_S + \beta_P)} \approx \frac{\beta_P s^2}{\delta_P + \delta_S + (\beta_P s^2)} \tag{6}$$

da meist $\beta_P \ll \beta_S$. Für eine exzentrische Schraubenlast F_A nach **Bild 66c** ergibt sich dann durch Überlagerung der Belastungen nach **Bild 66a, b** mit $M_B = F_A(a - e)$ die Schraubenzusatzlast $F_{SA} = n\Phi_{eK}F_A$ mit

$$\Phi_{eK} \approx \frac{\delta_P + (\beta_P a s)}{\delta_P + \delta_S + (\beta_P s^2)}. \tag{7}$$

Die Schraubenvorspannkraft F_V (Zug) erzeugt in der Trennfuge der Schraubenverbindung eine gleich große Druckkraft F_P, auch ein Schraubenbiegemoment $M_{Sb} = -F_V s\beta_P/(\beta_S + \beta_P) = -\Psi_K F_V s$ und in der Trennfuge ein Biegemoment $M_{Pb} = -F_V s\beta_S/(\beta_S + \beta_P) \approx -F_V s$.

Für prismatische Balken mit einer Ersatzfläche A_{ers} und einem Ersatzträgheitsmoment I_{Bers} gilt $\beta_P/\delta_P = A_{ers}/I_{Bers}$. In der VDI-Richtlinie 2230 werden als Beispiele die Berechnung einer Pleuellagerdeckelverschraubung und die Berechnung einer Zylinderdeckelverschraubung behandelt [76].

Abhebegrenze. Zur Bestimmung der Grenzbelastung F_{Aab} bzw. M_{Bab} bei der in der Trennfuge der Schraubenverbindung gerade noch kein Klaffen auftritt, wird die Druckspannung aus der minimalen Vorspannkraft F_V und den Betriebsbelastungen F_A und M_B in der Trennfuge berech-

Mehrschraubenverbindungen

	Gestaltungsrichtlinien	ungünstig	günstig
1	Vorspannkräfte: Möglichst hoch vorspannen -höhere Festigkeitsklasse -günstiges Anziehverfahren -kleine Reibungszahlen	niedrige Vorspannkräfte	hohe Vorspannkräfte (Anziehverfahren mit kleinem Anziehfaktor α_A wählen)
2	Schraubenanzahl z: Eine möglichst große Schraubenanzahl vorsehen, die durch die Schlüsselaußenmaße begrenzt wird	geringe Schraubenanzahl bzw. wenige große Schrauben	große Schraubenanzahl bei rotat. sym. Verb.: $z = \dfrac{d_t \cdot \pi}{d_w + h}$ (aufgerundet)
3	Flanschblatthöhe: Flanschblatt möglichst dick gestalten, Richtwert: Blatthöhe > Exzentrizität f	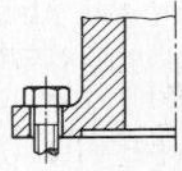	$h > f$ 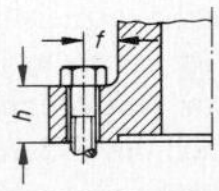
4	Exzentrizität f: minimieren, eventuell Innensechskantschraube wählen, jedoch Übergangsradius nach Festigkeit (z.B. Dauerfestigkeit) bemessen	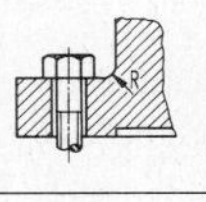	$f \longrightarrow$ minimal 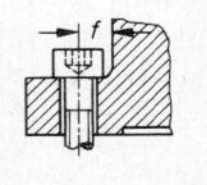
5	Blattüberstand: Blattüberstand $\ddot{u}$ mindestens gleich der Blatthöhe h oder größer setzen	$\ddot{u} < h$	$\ddot{u} \approx h$ 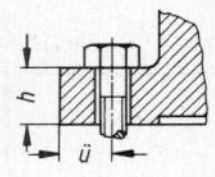
6	Auflagefläche: Eine definierte Fläche in der Trennfuge durch einen Einstich schaffen. Tiefe des Einstichs h_e maximal 10% der Blatthöhe h	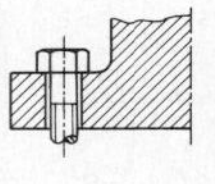	$l_1 \approx (d_w + h)/2$ 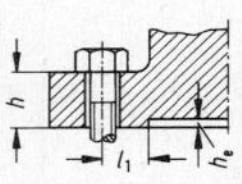
7	Anschlußsteifigkeit: Möglichst große Anschlußsteifigkeiten erzeugen, ideal ist der volle Anschlußquerschnitt	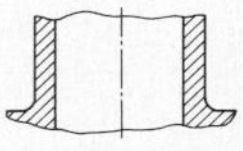	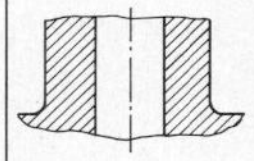

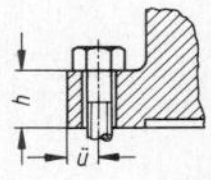

Bild 69. Richtlinien für die Gestaltung von Mehrschraubenverbindungen nach [76, 86], ergänzt

net. Für Nicht-Klaffen ist erforderlich, daß diese Druck-spannung an keiner Trennfugenstelle, z.B. an der Stelle U in **Bild 66c** bei positivem F_A, in den Zugbereich gelangt.

Stülpen von Flanschen. Bei Flanschverbindungen mit dünnen Flanschblättern können sich diese unter den äußeren Zugkräften wie Tellerfedern stülpen oder unter äußeren Momenten wie Huträder krempeln. Konstruktive Gestaltungshinweise für Mehrschraubenverbindungen mit Flanschen s. **Bild 69.** Bei elastischen Dichtungen zwischen den Flanschen ist deren Nachgiebigkeit zur Nachgiebigkeit der Flansche zu addieren.

1.6.8 Auslegung und Dauerfestigkeitsberechnung von Schraubenverbindungen. Static and fatigue strength of bolted connections

Betriebsbelastungen. Zur Auslegung der Schraubenverbindung müssen die im Betrieb auftretenden äußeren Belastungen möglichst genau bekannt sein. Für den Entwurf ist es zweckmäßig zwischen selten auftretenden hohen Sonderlasten und häufig auftretenden Betriebslasten zu unterscheiden. Die seltenen, selten auftretenden hohen Sonderlasten wird man im Sinne der Festigkeitsberechnung statisch bewerten, für die häufig auftretenden Betriebslasten wird man meist eine Dauerfestigkeitsbewertung zumindest in der Entwurfsphase anstreben. Ideal – aber nicht oft realisierbar – ist eine Schraubenverbindung, die die anschließenden Bauteilquerschnitte für die auftretenden Betriebs- und Sonderlasten vollwertig ersetzt.

Einschraubenverbindung. Aus den äußeren Belastungen einer Mehrschraubenverbindung sind im ersten Schritt die Belastungen der höchstbeanspruchten Einschraubenverbindung abzuleiten. Für diesen Schritt stehen vielfältige Rechnerprogramme zur Verfügung, z.B. [87]. In einfachen Fällen lassen sich die auf die Einschraubenverbindungen wirkenden Betriebs- und Sonderlasten auch ohne Rechnereinsatz ermitteln, was aber bei der Abschätzung der Lasteinleitungshöhe nl_K erhebliche Erfahrung erfordert. Zur Auslegung der Einschraubenverbindung müssen danach die äußere Axialkraft F_A, die gegebenenfalls über die Trennfuge zu übertragenden Querkräfte F_x und F_y, sowie die Biegemomente M_x und M_y sowohl für die Sonderlasten als auch für Betriebslasten bekannt sein, **Bild 70.** Weiterhin sind zur Festlegung einer Mindest-Restklemmkraft die erforderliche Dichtpreßkraft und/oder zur Aufnahme von Fugenreibungskräften $F_Q = \sqrt{F_x^2 + F_y^2} = \mu F_N$ die erforderliche Normalkraft F_N anzugeben und das voraussichtlich angewandte Anziehverfahren mit dem Anziehfaktor α_A festzulegen.

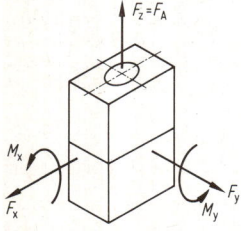

Bild 70. Mögliche Belastungen einer Einschraubenverbindung. F_A Axialkraft; $F_Q = \sqrt{F_x^2 + F_y^2}$ Querkraft; M_x, M_y Biegemomente

Vordimensionierung. Die maximale Schraubenkraft F_{Smax} kann für eine erste überschlägige Rechnung zu $F_{Smax} \approx \alpha_A (F_{Kerf} + F_A)$ angenommen werden. Sie muß, wenn eine

90%ige Streckgrenzenauslastung beim Anziehen als zulässig angesehen wird, kleiner als $F_{Sp}/0,9$ nach **Anh G 1 Tab. 7** oder einer Tabelle der VDI-Richtlinie 2230 sein. Für eine gewünschte Festigkeitsklasse kann damit der erforderliche Schraubendurchmesser d gefunden werden oder für einen im ersten Entwurf zunächst festgelegten Schraubendurchmesser die notwendige Festigkeitsklasse der Schraube. Anhand des gegebenenfalls hier zu korrigierenden Konstruktionsentwurfs ist die Klemmlänge l_K festzulegen, deren Kenntnis für die Berechnung der Schraubennachgiebigkeit δ_S und der Plattennachgiebigkeit δ_P erforderlich ist. Falls die überschlägig mit $F_{Smax} = F_{Sp}/0,9$ bei elastischem Anziehen oder $F_{Smax} = 1,2 F_{Sp}/0,9$ für streckgrenz- bzw. streckgrenzüberschreitendes Anziehen zu berechnende Flächenpressung p unter Kopf und Mutter eine Klemmlängenänderung wegen zusätzlich erforderlicher hochfester Unterlegscheiben notwendig macht, ist auch dies zu berücksichtigen. Die Flächenpressung wird hierbei mit der Größe der Auflagefläche A_P nach der Formel $p = F_{Smax}/A_P$ berechnet und darf nicht größer als die Grenzflächenpressung p_G nach **Anh. G 1 Tab. 8** sein. Für exzentrisch verspannte und exzentrisch belastete Schraubenverbindungen ist nun zu prüfen, ob unter den ungünstigsten Belastungen Klaffen in der Trennfuge oder zumindest im Bereich des Birger-Kegels nach **Bild 57** verhindert werden kann und ob die erforderliche Mindestklemmkraft F_{Kerf} unter Berücksichtigung von Setzen und Exzentrizität gewährleistet ist. Es ist auf jeden Fall anzustreben, daß die häufig auftretenden Betriebslasten quer zur Schraubenachse reibschlüssig übertragen werden – zur Übertragung von selten auftretenden hohen Sonderlasten können eventuell zusätzliche Formschlußelemente (Stifte) eingesetzt werden [91].

Kraftverhältnisse. Die Zug-Druck-Nachgiebigkeiten δ_S und δ_P sind nach **Bild 59** und **Bild 60** zu bestimmen; die Biegenachgiebigkeiten β_S und β_P werden durch Aufsummieren der maßgebenden Teilnachgiebigkeiten $\beta_i = l_i/(EI_{Bi})$ mit den Teillängen l_i, dem Elastizitätsmodul E und den Flächenträgheitsmomenten I_{Bi} abgeschätzt. Für eine Schraube nach **Bild 59** gilt analog zur Ermittlung von δ_S sinngemäß: $\beta_S \approx \beta_k + \beta_1 + \beta_2 + \beta_f + \beta_G + 8\delta_M/d^2$ mit den Flächenträgheitsmomenten $I_{Bi} = \pi d_i^4/64$ und der Nachgiebigkeit für die Mutterverschiebung δ_M. Die Biegenachgiebigkeit des Ersatzbiegebalkens ist wesentlich ungenauer zu berechnen. In erster Näherung gilt $\beta_P \approx \delta_P A_{ers}/I_{ers}$ mit A_{ers} nach **Bild 60** und $I_{ers} = b h_B^3/12$ mit geschätzten Werten für die Breite b und die Höhe h_B eines Rechteck-Biegebalkens; für b und h_B dürfen höchstens Werte gewählt werden, die den Durchmesser des Birger-Kegels (**Bild 57**) in der Trennfugenebene nicht überschreiten.

Schraubenbelastungen. Für die Einschraubenverbindungen nach **Bild 66** werden die Schraubenkräfte F_S und Schrauben-Biegemomente M_{Sb} mit **Tab. 18** bestimmt. Richtwerte für den Faktor n s. **Bild 67.** Im Zweifelsfall ist jeweils der ungünstigere Wert von n zu wählen. Die Formeln setzen planparallele Auflageflächen für Schraubenkopf und Mutter voraus. Die maximale Montage-Vorspannkraft wird mit Gl. (4) mit $\Phi_K \rightarrow n\Phi_{eK}$ festgelegt, das Gewindereibungsmoment beim Anziehen nach G 1.6.6.

Maximale Schraubenspannung. Unter der maximalen Montage-Vorspannkraft wird eine Vollschaftschraube im Bolzengewinde durch die Nenn-Zugspannung $\sigma_{zM} = F_{Mmax}/A_S$ und eine Nenn-Torsionsspannung $\tau_{tM} = M_G/W_p$ (mit dem polaren Widerstandsmoment W_p des Spannungsquerschnitts A_S) belastet; das durch F_{Mmax} in einer exzentrisch verspannten Schraubenverbindung erzeugte Biegemoment M_{Sb} darf meist unberücksichtigt bleiben. Zusätzlich wirkt die aus den axialen Betriebskräften und -momenten resultierende Zusatzkraft F_{SAo} und deshalb z.B. bei exzentrischer Betriebskraft F_{Ao} die zusätzliche Zugspannung $\sigma_{SAo} = n\Phi_{eK}F_{Ao}/A_S$. Die Überlagerung dieser Spannungen nach der Mises-Hypothese ergibt die Vergleichsspannung $\sigma_{z\,red}$, die nach VDI-Richtlinie 2230 bei elastischem Anziehen bis dicht an $R_{p0,2}$ heranreichen, bei streckgrenz- bzw. streckgrenzüberschreitendem Anziehen $R_{p0,2}$ sogar rechnerisch beschränkt überschreiten darf. Diese überschlägige Betrachtungsweise setzt voraus, daß das Material auch im gekerbten Zustand ausreichend fließfähig bleibt, daß das Gewinde nicht abgestreift wird und daß die bei Betriebslast auftretenden Setzerscheinungen bei der Bestimmung der Restklemmkraft jeweils beachtet werden. Bei großen Schrauben reicht diese einfache Berechnungsmethode zur Beurteilung des Bauteilversagens nicht mehr aus [81, 89]. Für Dehnschaft- und Taillenschrauben ist statt des Spannungsquerschnitts A_S der engste Querschnitt A_T zu berücksichtigen, analoges gilt für die Widerstandsmomente W_p.

Flächenpressung unter Kopf und Mutter. Die Einhaltung der zulässigen Flächenpressung p in der Kopf- und Mutterauflage ist für eine maximale rechnerische Schraubenkraft $F_{S\,max} = f_a(F_{M\,max} + \Phi F_{Ao})$ nachzuprüfen, mit $f_a = 1$ für elastisches Anziehen und $f_a = 1,2$ für streckgrenz- bzw. streckgrenzüberschreitendes Anziehen sowie dem ungünstigsten Kraftverhältnis Φ. Zulässige Flächenpressungen nach **Anh. G 1 Tab. 8**.

Flächenpressung im Gewinde. Für Schrauben-Mutter-Kombinationen mit festgelegten Prüfkräften nach DIN ISO 898 ist die Flächenpressung im Gewinde bei zügiger Belastung nicht nachzurechnen. Bei Bewegungsschrauben bestimmt die Flächenpressung p im Gewinde die erforderliche Mutterhöhe. Die tragende Fläche eines Gewindegangs ergibt sich aus den Abmessungen nach **Bild 52** und **Bild 54**. Mutterhöhen mit $h > 1,5d$ werden nicht ausgenutzt und sind nicht mehr zu berücksichtigen; als zulässige Flächenpressung kann dann unter der Annahme einer gleichmäßigen Pressungsverteilung für Bewegungsschrauben mit Bronzemuttern angenommen werden: $p_{zul} = 7,5 \text{ N/mm}^2$ bei unlegierten Maschinenbaustählen, $p_{zul} = 15 \text{ N/mm}^2$ bei hochfestem Stahl.

Abstreiffestigkeit von Schrauben- und Muttergewinde. Die Tragfähigkeit der Gewindeverbindung bei zügiger Belastung wird durch die Schubfestigkeit $\tau_B \approx 0,6R_m$ von Schraube oder Mutter und durch die zugeordneten effektiven Scherflächen A_{SG}, die wiederum von der Mutteraufweitung, der plastischen Gewindeverbiegung und den Fertigungstoleranzen abhängen, bestimmt. Für Muttern mit einem Verhältnis von Schlüsselweite/Nenndurchmesser $= 1,5$ ist beispielsweise für Mutteraufweitung und plastische Gewindeverformung zusätzlich eine Reduktion der geometrischen Scherfläche um 25% anzunehmen; der Einfluß der Reibung beim Anziehen der Schrauben-

verbindung kann durch einen Abschlag von 10 bis 15% berücksichtigt werden [76].

Dauerschwingbeanspruchung. Der maßgebende Spannungsausschlag σ_{Sa} bei Dauerschwingbeanspruchung mit 10^6 oder mehr Lastspielen wird aus der Nennspannungsamplitude $\sigma_{za} = n\Phi_{eK}(F_{Ao} - F_{Au})/(2A_3)$ und der zugehörigen Biegenennspannungsamplitude $\sigma_{ba} = [(M_{Sb})_o - (M_{Sb})_u]/(2W_3)$ ermittelt – **Bild 64** und **Tab. 18**, Kernquerschnitt A_3 und zugehöriges Biegewiderstandsmoment $W_3 = \pi d_3^3/32$. Spannungsausschlag σ_{Sa} muß kleiner als der zulässige Wert $\sigma_{A\,zul}$ bleiben, der mit der erforderlichen Sicherheitszahl S_D nach $\sigma_{A\,zul} = \sigma_A/S_D$ und **Tab. 19** für Schrauben der Festigkeitsklassen 8.8, 10.9 und 12.9 nach VDI-Richtlinie 2230 abgeschätzt werden kann. Der Faktor 0,75 in der Formel für σ_{ASV} berücksichtigt, daß die Streuung der Dauerhaltbarkeit um den Versuchsmittelwert 25% betragen kann [76].

Die Dauerhaltbarkeit σ_A ist wegen der scharfen Kerben des Spitzgewindes und der Krafteinleitung über eine Druckmutter, z.B. nach **Bild 57**, sehr niedrig im Vergleich zur Dauerhaltbarkeit eines glatten Stabes aus gleichem Werkstoff. Die Lasteinleitung über eine Druckmutter ist deshalb sehr ungünstig, weil durch die Formänderung des belasteten Gewindes die Zugkraft im Bolzen nicht gleichmäßig über alle Gewindegänge verteilt wird und durch die Kraftfluß-Umlenkung aus der Zugkraft im Bolzen eine Druckkraft in der Mutter wird. Man kann annehmen, daß bei einer üblichen Druckmutter im ersten Gang bereits bis zu 40% der Zugkraft F_S übertragen werden, wenn keine Lastumverteilung durch Fließvorgänge (Setzen) beim Anziehen der Schraube erfolgt.

Schraubenverbindungen mit schlußvergüteten Schrauben bis $d = 40$ mm erweisen sich wegen solcher plastischer Lastumverteilungsvorgänge als relativ mittelspannungsunempfindlich, **Bild 71**. Die erhöhte Dauerhaltbarkeit schlußgewalzter Schrauben geht dagegen mit wachsender Vorspannung zurück.

Gewindeauslauf und Kopf-Schaft-Übergang. Wird durch Vergüten und Rollen die Dauerfestigkeit des Bolzengewindes erheblich gesteigert, so müssen auch Kerbstellen an anderen Stellen der Schrauben, wie z.B. der Gewindeauslauf nach DIN 76 T 1, auf Dauerhaltbarkeit nachgerechnet und wenn nötig konstruktiv verbessert werden. In **Bild 72** ist der im Mittel ertragbare Spannungsausschlag in verschiedenen Übergängen zwischen Gewinde und Schaft aufgeführt [78, 95]. Der Übergangsradius für den Kopf-Schaft-Übergang ist in den Normen für Schrauben festgelegt. Die Ausführung als tolerierter Übergangsradius reicht für Normschrauben mit relativ niedrigen Köpfen auch meist noch aus, wenn durch Kaltverfestigung das Gewinde auf höchste Dauerhaltbarkeitswerte gebracht wird. Durch Erhöhung der Übergangsradien auf $0,08d$ können besonders dauerhafte Schrauben, allerdings mit geringer Vergrößerung des Kopfaußendurchmessers, konstruiert werden.

Tabelle 19. Dauerhaltbarkeit des Gewindes von Schrauben der Festigkeitsklassen 8.8, 10.9 und 12.9 (Anhaltswerte) mit Gewinde-Nenndurchmesser d bis 40 mm und Druckmuttern, Schraubenkraft an der 0,2%-Dehngrenze $F_{0,2}$, Vorspannkraft F_V [76]

Dauerhaltbarkeit	Gewinde schlußvergütet (SV)	Gewinde schlußgewalzt (SG)
$\pm\sigma_A$ in N/mm^2	$\sigma_{ASV} \approx 0,75\left(\dfrac{180}{d} + 52\right)$ d in mm	$\sigma_{ASG} \approx \left(2 - \dfrac{F_V}{F_{0,2}}\right)\sigma_{ASV}$
Vorspannkraftabhängig	nein	ja
Gültigkeitsbereich	$0,2\,F_{0,2} < F_V < 0,8\,F_{0,2}$	$0,2\,F_{0,2} < F_V < 0,8\,F_{0,2}$

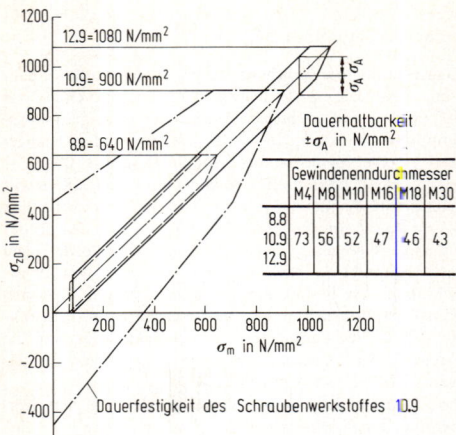

Bild 71. Dauerhaltbarkeitsgrenzen für schlußvergütete Schrauben mit geschnittenem Gewinde und Druckmutter

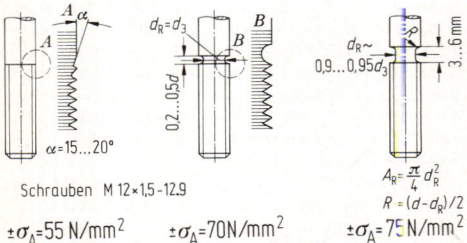

Bild 72. Einfluß der Gestaltung von Gewindeausläufen auf den ertragenen Wechselspannungsausschlag σ_A am Übergang vom Gewinde zum Schaft [95]

Große Schrauben [81, 89, 90]. Der Erhöhung der Dauerfestigkeit durch Rollen sind abmessungsseitig Grenzen gesetzt. Für große Schrauben werden deshalb bei hohen dynamischen Belastungsanteilen weitere Maßnahmen zur Steigerung der Dauerhaltbarkeit angewendet. In **Bild 73** werden die ersten Gewindegänge an der Mutter durch eine Verlagerung der Kraftflußumlenkung und am Sacklochgewinde durch den kegeligen Übergangsradius zum Schaft mit übergreifendem Gewinde entlastet. Die Dehnschraube ist biegeweich und wird mit einer Ansatzkup-

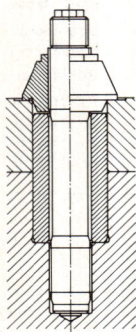

Bild 73. Konstruktive Maßnahmen zur Steigerung der Dauerfestigkeit großer Schrauben

pe im Sacklochgrund verspannt. Die relativ biegeweiche Dehnschraube wird hydraulisch vorgespannt und durch eine Scherbüchse von hohen seltenen Querkräften entlastet, während die häufig auftretenden Betriebs-Querkräfte durch Reibschluß übertragen werden. Die Vorspannkräfte beim Anziehen sind unter Beachtung bruchmechanischer Berechnungen festzulegen [81].

Schraubenverbindungen mit Sonderanforderungen. Sie werden bezüglich höherer oder tieferer Temperaturen und/oder Korrosion z.B. in [78–80] behandelt.

1.6.9 Sicherung von Schraubenverbindungen
Thread locking devices

Eine konstruktiv richtig ausgelegte Schraubenverbindung, die zuverlässig vorgespannt ist, braucht i.allg. keine zusätzliche Schraubensicherung, insbesondere bei hochfesten Schraubenwerkstoffen, genügender Schraubennachgiebigkeit δ_S, genügender Klemmlänge ($l_K \geq 6d$) und einem Minimum von Trennfugen. Maßnahmen zur Vergrößerung der Klemmlänge oder zur Erhöhung der Nachgiebigkeit δ_S (**Bild 74**) haben nicht nur den Vorteil, daß sie die Schraubenzusatzlast F_{SA} herabsetzen, sondern auch den Vorteil erhöhter Sicherheit gegen Losdrehen.

Durch *Lockern* infolge *Setzens* bzw. *Kriechens* der Verbindungselemente oder durch selbsttätiges *Losdrehen* als Folge von Relativbewegungen zwischen den Kontaktflächen kann in manchen Fällen die erforderliche Vorspannkraft jedoch unterschritten werden, so daß bereits bei der konstruktiven Auslegung geeignete Sicherungselemente vorzusehen sind. Kriechen kann z.B. beim Verspannen von niederfesten Kupfer- oder lackierten Stahl-Blechen selbst bei Raumtemperatur beobachtet werden, während Relativbewegungen zwischen den Kontaktflächen vor allem bei dünnen verspannten Teilen und Belastungen senkrecht zur Achsrichtung der Schraube bei unzureichender Vorspannkraft auftreten. Man unterscheidet zwischen „Setzsicherungen" zur Kompensation der Kriech- und Setzbeträge und „Losdrehsicherungen", die in der Lage sind, das bei Relativbewegung entstehende „innere" Losdrehmoment zu blockieren oder zu verhindern; „Verliersicherungen" können ein teilweises Losdrehen nicht verhindern, wohl aber ein vollständiges Auseinanderfallen der Schraubenverbindung.

Tab. 20 gibt einen Überblick über die Funktion und Wirksamkeit verschiedener Sicherungselemente [76, 78–80].

Mitverspannte federnde Elemente vermögen in der Regel Losdrehvorgänge infolge wechselnder Querverschiebung nicht zu verhindern. Für axialbeanspruchte sehr kurze Schrauben der unteren Festigkeitsklassen (≤ 6.8) kann die Verwendung als Setzsicherung empfohlen werden. Die Federwirkung muß jedoch auch unter voller Vorspannkraft und höchster Betriebskraft vorhanden sein. Zu beachten ist die Gefahr von Spaltkorrosion in entsprechender Atmosphäre [76, 79, 83].

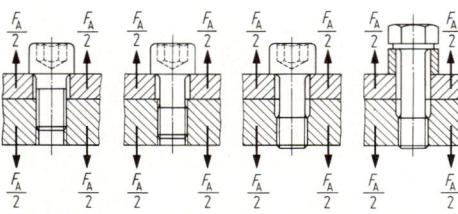

Bild 74. Konstruktive Maßnahmen mit steigender Dauerhaltbarkeit und steigender Losdrehsicherheit der Schraubenverbindung

Tabelle 20. Einteilung der Sicherungselemente nach Funktion und Wirksamkeit nach [76, 78, 80]

Gruppen-einteilung nach Funktion	Beispiel	Wirksamkeit
mitverspannte federnde Elemente	Tellerfedern Spannscheiben DIN 6769, 6908	Setzsicherung für axial-beanspruchte kurze Schrauben der unteren Festigkeitsklassen (≦6.8)
formschlüssige Elemente	Kronenmutter DIN 935 Schraube mit Splint-loch DIN 962 Drahtsicherung Scheibe mit Außen-nase DIN 432	Verliersicherung für querbeanspruchte Schraubenverbindungen der unteren Festigkeits-klassen (≦6.8)
klemmende Elemente	Ganzmetallmuttern mit Klemmteil Gewindefurchende Schrauben Muttern mit Kunststoffeinsatz[a]) Schrauben mit Kunststoffbeschich-tung in Gewinde[a])	Verliersicherung
sperrende Elemente	Sperrzahnschraube Sperrzahnmutter	Losdrehsicherung; Ausnahme gehärtete Oberfläche (HRC > 40)
klebende Elemente	mikroverkapselte Schrauben[a]) Flüssigklebstoff[a])	Losdrehsicherung

[a]) Temperaturabhängigkeit beachten.

Formschlüssige Elemente können ein begrenztes Losdreh-moment aufnehmen und sollten daher auch nur bei Schrauben im unteren Festigkeitsbereich (≦ 6.8) eingesetzt werden. Da sie in der Regel nur eine geringe Restvor-spannkraft aufrechterhalten, sichern sie die Verbindung insbesondere nach Setzen gegen Verlieren, **Bild 75**. Für Nutmuttern nach DIN 1804 werden i.allg. und insbe-sondere im Werkzeugmaschinenbau Sicherungsbleche mit Innennase nach DIN 462 verwendet, **Bild 75 d**.

Klemmende Elemente in „selbstsichernden" Muttern nach DIN 980/982/985/986/6924/6925 z.B. **Bild 76 a** bieten ei-nen hohen Reibschluß und können zumindest als Verlier-sicherungen angesehen werden. Kontermutter (mit einer niedrigeren Mutter als untere Mutter) nach **Bild 76 b** und Sicherungsmuttern nach DIN 7967 nach **Bild 76 c** schützen nicht zuverlässig gegen Losdrehen.

Sperrende Elemente (Rippen oder Zähne) in der Aufla-gefläche von Schraube oder Mutter nach **Bild 76 d** und **Bild 76 e** vermögen in den meisten Anwendungsfällen das innere Losdrehmoment zu blockieren und somit die Vor-spannkraft in voller Höhe zu erhalten, da sie sich in nicht gehärtete Oberflächen eingraben; allerdings ist die Kerb-wirkung der Oberflächenverformung zu beachten [85].

Klebende Elemente bewirken einen Stoffschluß im Gewin-de und verhindern damit Relativbewegungen zwischen Bolzen- und Muttergewindeflanschen, so daß die inne-ren Losdrehmomente nicht wirksam werden [79]. Kleben-de Sicherungselemente sind insbesondere bei gehärteten Oberflächen geeignet, wo sperrende Elemente nicht mehr anwendbar sind. Zu beachten ist die zum Teil stark stö-

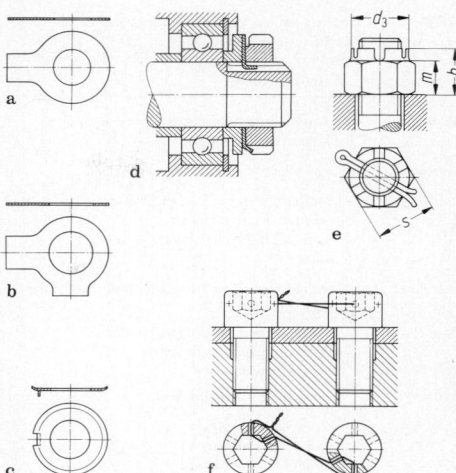

Bild 75. Formschlüssige Schraubensicherungen. **a** Sicherungsblech mit Lappen DIN 93; **b** Sicherungsblech mit zwei Lappen DIN 463; **c** Sicherungsblech mit Außennase DIN 432; **d** Sicherungsblech mit Innennase DIN 462 für Nutmutter DIN 1804; **e** Kronenmutter DIN 935 mit Splint DIN 94; **f** Drahtsicherung

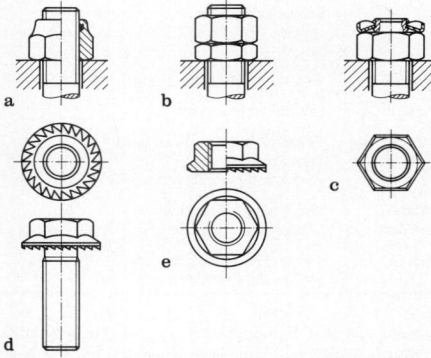

Bild 76. Reibschlüssige und sperrende Schraubensicherungen. **a** Selbstsichernde Mutter DIN 982; **b** Kontermutter; **c** Sicherungs-mutter DIN 7987; **d** Sperrzahnschraube; **e** Sperrzahnmutter

rende Gewindereibung beim Anziehen sowie die Anwen-dungsgrenze von etwa 90 °C. Im Großmaschinenbau wer-den Schrauben und Muttern oft durch Kehl-Schweißnähte an einer oder zwei Sechskantflächen gegen Losdrehen ge-sichert.

1.7 Verbindungsauswahl
Selecting types of connection

W. Beitz, Berlin

Bei der Vielzahl möglicher Verbindungsarten und kon-struktiver Randbedingungen ist es schwierig, allgemein gültige Empfehlungen zur Wahl einer bestimmten Ver-bindung für eine konkrete Aufgabenstellung zu geben. Die Festlegung einer geeigneten und günstigen Verbin-dung hängt zu sehr von den auftretenden Belastungen und sonstigen Betriebsverhältnissen, von den Sicherheitsanfor-

Tabelle 21. Anforderungen an Verbindungen, geordnet nach konstruktionsmethodischen Merkmalen

Merkmale	Anforderungen
Geometrie	Anpaßbarkeit an Fügeteile kleine Wirkgeometrie
Kinematik	einfache Montagebewegungen
Kräfte	Aufnahme hoher Betriebskräfte geringe Nachgiebigkeit anpaßbare Nachgiebigkeit kleine Montagekräfte
Energie	Anpaßbarkeit an Montage- und Demontageenergien
Stoff	Anpaßbarkeit an Fügeteilwerkstoffe Korrosionsbeständigkeit Isolationsvermögen
Signal	eindeutige Bauteilfixierung
Sicherheit	hohe Lösesicherheit hohe Überlastbarkeit hohe Dauerhaltbarkeit geringe Verletzungsgefahr
Ergonomie/ Design	flexible Formgestaltung
Fertigung	einfache Fügeteilfertigung Normungsfähigkeit
Montage	Anpaßbarkeit an Montagebedingungen einfache Montagewerkzeuge (-vorrichtungen) Einstellbarkeit (grobe Toleranzen zulässig) einfache Speicherung, Zuführung, Handhabung
Kontrolle	einfache Qualitätskontrolle
Transport	einfache Verpackung
Gebrauch	Fähigkeit wiederholten Lösens Dichtfähigkeit großer Temperaturbereich
Recycling/ Instandhaltung	Wiederverwendbarkeit Wiederverwertbarkeit
Kosten	geringe Herstellkosten geringe Gebrauchskosten

derungen, von den Bauteilgrößen und Fügeteilwerkstoffen, von der Stückzahl und dem gewünschten Automatisierungsgrad, von Gebrauchsanforderungen sowie von Designgesichtspunkten ab. Nicht die Verbindung allein, sondern die gesamte Gestaltungszone oder sogar die Baugruppe oder das Gesamtprodukt muß betrachtet werden, will man sie optimal gestalten.

Eine methodische Auswahl fester Verbindungen wird durch eine Verbindungssystematik und durch Konstruktionskataloge erleichtert [96].

Zur Unterstützung bei der Verbindungsauswahl kann die Bewertung funktional möglicher Verbindungsarten nach Anforderungen bzw. nach aus diesen ableitbaren Bewertungskriterien dienen, die für den speziellen Anwendungsfall relevant sind. **Tab. 21** gibt hierzu eine Liste genereller Anforderungen an Verbindungen, geordnet nach konstruktionsmethodischen Merkmalen (s. **F2 Tab. 3**). Für den jeweiligen Anwendungsfall können aus dieser Liste die zutreffenden Kriterien ausgewählt werden.

Eine weitere Auswahlhilfe kann **Tab. 22** geben, in der ebenfalls, nach Merkmalen geordnet, die wichtigsten Eigenschaften der in G 1.1 bis G 1.6 behandelten Verbindungsarten qualitativ zusammengestellt sind. Dabei sind die in **Tab. 21** verwendeten Merkmale Geometrie, Kinematik, Kräfte, Energie, Stoff und Signal in den Merkmalen Funktion sowie Gestaltung und Auslegung zusammengefaßt worden. Die übrigen Ordnungsmerkmale stimmen überein. Die in **Tab. 22** formulierten Eigenschaften jeder Verbindung, bezogen auf das jeweilige Einzelmerkmal, können schon aus Umfangsgründen, aber auch wegen der vorliegenden Komplexität, nur Tendenzaussagen darstellen. Der Anwender muß deshalb bei jeder Aufgabenstellung die genauen Randbedingungen ermitteln und gegebenenfalls eine abweichende Beurteilung und Entscheidung vornehmen. Diese wird insbesondere durch die jeweils vorliegenden Optimierungsziele bestimmt. Die Beurteilungsmerkmale können aber in jedem Fall als Anregung zur Aufstellung eigener Auswahlgesichtspunkte dienen. Folgende allgemeine Anwendungsrichtlinien sind formulierbar:

Formschlußverbindungen vorzugsweise zum
– häufigen und leichten Lösen,
– eindeutigen Zuordnen der Bauteile,
– Aufnehmen von Relativbewegungen,
– Verbinden von Bauteilen aus unterschiedlichen Werkstoffen.

Reibschlußverbindungen vorzugsweise zum
– einfachen und kostengünstigen Verbinden auch von Bauteilen aus unterschiedlichen Werkstoffen,
– Aufnehmen von Überlastungen durch Rutschen,
– Einstellen der Bauteile zueinander,
– Ermöglichen weitgehender Gestaltungsfreiheit für Bauteile.

Stoffschlußverbindungen vorzugsweise zum
– Aufnehmen mehrachsiger, auch dynamischer Belastungen,
– kostengünstigen Verbinden bei Einzelstücken und Kleinserien mit guter Reparaturmöglichkeit,
– Dichten der Fügestellen,
– Verwenden von genormten Bauteilen und Profilen.

Tabelle 22. Auswahlhilfen für Bauteilverbindungen

Hauptmerkmale	Einzelmerkmale	1.1 Schweißen	1.2 Löten	1.3 Kleben	1.4 Reibschluß	1.5 Formschluß	1.6 Schrauben
Funktion	Belastungsvielfalt	*sehr gut* (alle Belastungsrichtungen möglich)	*eingeschränkt* (vorzugsweise Schubbeanspruchung)	*eingeschränkt* (vorzugsweise Schubbeanspruchung)	*gut* (alle Belastungsrichtungen in Reibschlußrichtung möglich)	*eingeschränkt* (insbesondere bei nicht vorgespannten Verbindungen)	*gut* (bei Reibschluß der Fügeteile)
	Zentrierfähigkeit	*nicht vorhanden* (nur durch zusätzl. Gestaltungsmaßnahmen)	*nicht vorhanden* (nur durch zusätzl. Gestaltungsmaßnahmen)	*nicht vorhanden* (nur durch zusätzl. Gestaltungsmaßnahmen)	*beschränkt* (auf Querrichtung zum Reibschluß)	*gut* (insbesondere bei vorgespannten Verbindungen)	*beschränkt* (nur mit zusätzl. Gestaltungsmaßnahmen)
	Dämpfung, Steifigkeit	*kaum* Zusatzdämpfung gute Steifigkeit	*kaum* Zusatzdämpfung gute Steifigkeit	*kaum* Zusatzdämpfung gute Steifigkeit	Zusatzdämpfung *möglich,* Übergangssteifigkeit *befriedigend*	Zusatzdämpfung *möglich,* Übergangssteifigkeit *befriedigend* (Vorspannung)	Dämpfung und Übergangssteifigkeit stark von Gestaltung abhängig
	Zusatzfunktionen	*kaum* (Dichten eingeschränkt)	*Dichten,* elektr. und thermisch *Leiten*	*Dichten,* elektr. *Isolieren*	*keine*	*bewegen* (begrenzt auf einzelne Richtungen)	*bewegen* (bei spez. Gewindeformen)
Gestaltung, Auslegung	Gestaltungsvielfalt	*sehr gut* (hinsichtlich Form), *befriedigend* (hinsichtlich Werkstoff)	*eingeschränkt* (hinsichtlich Form), *gut* (hinsichtlich Werkstoff)	*eingeschränkt* (hinsichtlich Form), *gut* (hinsichtlich Werkstoff)	*gut* (spezielle Formen der Wirkflächen meist nicht erforderlich)	*eingeschränkt* (da spezielle Formelemente notwendig)	*eingeschränkt* (an Normteile gebunden)
	Werkstoffausnutzung	*gut* (durch Gestaltungsanpassung)	*gut* (geringe Kerbwirkung, verschiedene Fügeteilwerkstoffe)	*gut* (geringe Kerbwirkung, verschiedene Fügeteilwerkstoffe)	*gut* (durch Gestaltungsanpassung)	*schlecht* (da oft ungünstige Spannungsverteilung)	*schlecht* (da ungünstige Spannungsverteilung)
	Tragfähigkeit, statisch	*sehr gut* (wie Fügeteilwerkstoff)	*gut* (durch Gestaltung von Schubflächen)	*gut* (durch Gestaltung von Schubflächen)	*begrenzt* (durch Reibungszahl und Klemmkraft)	*begrenzt* (durch ungünstige Spannungsverteilung)	*begrenzt* (durch Schraubengüte und Schraubenanzahl)
	Tragfähigkeit, dynamisch	*eingeschränkt* (formbedingte und metallurgische Kerben)	*gut* (geringe Kerbwirkung)	*gut* (geringe Kerbwirkung)	*gut* (bei kraftfluß- und verformungsorientierter Gestaltung)	*schlecht* (hohe form- und kraftflußbedingte Kerbwirkung)	*begrenzt* (Kerbwirkung des Gewindes, Vorspannen wichtig)
	Raumbedarf	*niedrig* (da Nahtform an Gestaltungsmerkmale anpaßbar)	*groß* (da große Fügeflächen erforderlich)	*groß* (da große Fügeflächen erforderlich)	*mittel* (je nach Aufbringen der Klemmkraft)	*mittel* (je nach Formelementen)	*mittel* (je nach Schraubenform)
Sicherheit, Ergonomie	Betriebssicherheit	*sehr gut* (bei spaltloser Schweißung)	*sehr gut* (bei spaltloser Lötung)	*eingeschränkt* (Verhalten bei Freiluft-Langzeitbelastung)	*gut* (wenn kein Klemmkraftabbau)	*begrenzt* (durch Lockerungsmöglichkeit und Spiele)	*problematisch* (Setzerscheinungen, Lockern)
	Formgebung (Design)	*gut – eingeschränkt* (glatte Oberflächen, Begrenzung durch Normprofile)	*gut* (glatte Oberflächen)	*gut* (glatte Oberflächen)	*eingeschränkt* (je nach Aufbringen der Klemmkraft)	*eingeschränkt* (je nach Formelementen)	*eingeschränkt* (je nach Schraubenform und Schraubenanzahl)

G

Tabelle 22. (Fortsetzung)

Haupt-merkmale	Einzel-merkmale	1.1 Schweißen	1.2 Löten	1.3 Kleben	1.4 Reibschluß	1.5 Formschluß	1.6 Schrauben
Fertigung, Montage, Kontrolle	Schwierigkeits-grad	*niedrig* (bei günstiger Gestaltung und richtiger Werkstoff-wahl, Verzugsgefahr)	*hoch* (wegen Spalt-weiten u. Ober-flächenbehandlung)	*hoch* (bei Mehrkom-ponentenkleber u. Warmhärtung, Spaltweiten)	*mittel* (enge Toleran-zen, einfache Wirk-flächenformen)	*hoch* (Fertigung der Formelemente, enge Toleranzen, einfache Montage)	*niedrig* (einfache Bearbeitung, Normteile)
	Automatisierungs-grad	*gut* (hoher Ent-wicklungsstand)	*eingeschränkt* (Vor-richtungen für Tech-nologie schwierig)	*eingeschränkt* (Vor-richtungen für Tech-nologie schwierig)	*eingeschränkt* (da aufwendige Werk-zeuge u. Montage)	*hoch* (bei entspre-chender Stückzahl)	*hoch* (einfache Montage)
	Lösbarkeit	*nicht möglich* (Zerstörung erforderlich)	*bedingt möglich* (bei Weichlöten)	*bedingt möglich* (bei einigen Klebstoffen)	*eingeschränkt* (ein-fach nur bei leicht lösbarer Klemmkraft)	*gut* (abhängig von Vorspannung)	*sehr gut* (ein-fache Demontage)
	Qualitäts-sicherung	*gut* (geringe Naht-abmessungen, Oberflä-chenrisse erkennbar)	*problematisch* (schlechte Lötung schwer erkennbar, kein Verzug)	*problematisch* (schlechte Klebung schwer erkennbar, kein Verzug)	*gut* (bei geteilten Klemmverbindungen) *aufwendig* (bei Preßverbänden)	*gut* (Abmessungen leicht überprüfbar)	*gut* (bei geeigneten Anziehverfahren)
Gebrauch	Überlastbarkeit	*problematisch* (nur bei plastischer Ver-formung)	*nicht möglich* (plast. Verformung der Fügeteile nicht zulässig)	*nicht möglich* (plast. Verformung der Fügeteile nicht zulässig)	*gut* (zerstörungs-freies Durchrutschen)	*nicht möglich* (plasti-sche Verformungen gefährden Funktion)	*möglich* (wenn Aus-tausch plast. ver-formter Schrauben möglich)
	Wiederverwend-barkeit	*kaum* (nur mit Nacharbeit der Fügeteile)	*kaum* (bei Hart-lötung nur mit Nacharbeit)	*problematisch* (Ober-flächenzustand, Spaltweite)	*gut* (nur bei ober-flächenschonender Demontage)	*gut* (abhängig von Vorspannung)	*gut* (wenn nicht plastisch verformt)
	Temperatur-verhalten	*sehr gut* (wie Fügeteilwerkstoff)	*begrenzte* Warm-festigkeit (je nach Lot)	*begrenzte* Warm-festigkeit (je nach Kleber)	*problematisch* (durch Klemmkraft-veränderung)	*unproblematisch* (gegebenenfalls Funk-tionseinschränkung)	*unproblematisch* (wenn bei Auslegung berücksichtigt)
	Korrosions-verhalten	*problematisch* (Spaltkorrosion nur durch Gestaltung vermeidbar)	*gut* (da spaltloses Fügen)	*problematisch* (durch Alterungsneigung)	*gut* (da spalt-loser Schluß der Wirkflächen)	*problematisch* (bei vorhandenen Spalten)	*problematisch* (wegen Spaltkorrosion)
Instand-haltung	Inspektion, Wartung	*einfach* (Oberflächen-prüfverfahren möglich)	*aufwendig* (Röntgen-u. Ultraschall-prüfung)	*aufwendig* (Röntgen-u. Ultraschall-prüfung)	*problematisch* (da Zu-stand des Reibschlus-ses nicht erkennbar)	*einfach* (da loser Formschluß leicht erkennbar)	*einfach* (lockere Schrauben erkennbar)
	Instandsetzung	*gut* (Reparatur-schweißungen möglich)	*möglich* (Nach-lötungen vor allem bei Weichlot)	*kaum* (Neuklebung notwendig)	*leicht* (nur bei leicht nachspann-barer Klemmkraft)	*kaum* (bei beschädig-ten Formelementen), *leicht* (bei Vor-spannung)	*möglich* (durch Auswechseln der Schrauben)
	Recycling	*gut* (verträgliche Werkstoffe)	*eingeschränkt* (un-günstige Werkstoff-kombinationen möglich)	*eingeschränkt* (un-günstige Werkstoff-kombinationen möglich)	*eingeschränkt* (De-montageaufwand bei ungünstigem Werkstoffkomb.)	*günstig* (Demontage-möglichkeit)	*günstig* (Demontage möglich)
Kosten	Herstellungs-kosten	*niedrig* (vor allem bei Einzelfertigung und Großteilen)	*hoch* (Vorrichtungen, Bearbeitungs-genauigkeit)	*hoch* (Vorrichtungen, Bearbeitungs-genauigkeit)	*mittel* (einfache Wirkflächen, enge Toleranzen, Klemm-kraftelemente)	*hoch* (enge Toleran-zen, Bearbeitung der Formelemente)	*niedrig* (einfache Bearbeitung, Norm-teile, einfache Montage)
	Gebrauchs-kosten	*keine*	*keine*	*keine*	*keine* (ausgenommen bei notwendigem Nachspannen der	*keine* (ausgenommen Auswechseln oder Nachspannen der	*nur* bei notwendigem Nachziehen

2 Federnde Verbindungen (Federn)
Elastic connections (springs)

H. Mertens, Berlin

2.1 Aufgaben, Eigenschaften, Kenngrößen
Uses, characteristics, properties

2.1.1 Aufgaben. Uses

Eine Feder ist ein Konstruktionselement mit der Fähigkeit *Arbeit auf einem verhältnismäßig großen Weg aufzunehmen* und diese ganz oder teilweise als *Formänderungsenergie* zu speichern. Wird die Feder entlastet, so wird die gespeicherte Energie ganz oder teilweise wieder abgegeben. Eine Feder kann damit durch ihre energiespeichernden und -verzehrenden Eigenschaften (durch *Speicher- und Dämpfungsvermögen*) beschrieben werden. Hieraus können folgende Aufgaben abgeleitet werden:

– Aufrechterhalten einer nahezu konstanten Kraft bei kleinen Wegänderungen durch Bewegung, Setzen und Verschleiß, z.B. Kontaktfedern, Ringspannscheiben zur Schraubensicherung, Andrückfedern in Rutschkupplungen;

– Vermeiden hoher Kräfte bei kleinen Relativverschiebungen zwischen Bauteilen durch Wärmedehnungen, Setzen oder andere eingeprägte Verformungen, z.B. Kompensatoren in Rohr- und Stromleitungen, Dehnfugenausgleich in Plattenkonstruktionen, Laschen oder Membranen in Kupplungen;

– Belastungsausgleich oder räumlich gleichmäßiges Verteilen von Kräften, z.B. für Federung von Fahrzeugen, für Federkernmatratzen;

– Spielfreies Führen von Maschinenteilen, z.B. mit parallelen Blattfedern, mit Gummigelenken;

– Speichern von Energie, z.B. Uhrenfedern oder Federmotoren für Spielzeuge;

– Rückführen eines Bauteils in seine Ausgangslage nach einer Auslenkung, z.B. Ventilfedern, Rückstellfedern in hydraulischen Ventilen und Meßgeräten – auch für Rückschlagventile;

– Messen von Kräften und Momenten in Meß- und Regeleinrichtungen bei reproduzierbarem, genügend linearem Zusammenhang zwischen Kraft und Verformung, z.B. Federwaagen;

– Beeinflussen des Schwingungsverhaltens von Antriebssträngen, insbesondere Tilgung oder Dämpfung angeregter Schwingungen bei stationärem oder instationärem Betrieb, auch umgekehrt zur Erzeugung von Resonanzschwingungen z.B. in Schwingförderern oder Schwingprüfmaschinen, s. B4 und U3.4;

– Schwingungsisolierung, Schwingungsdämpfung, Verstimmung; aktive und passive Isolierung von Maschinen und Geräten, s. O.2.3;

– Mildern von Stößen durch Auffangen der Stoßenergie auf längeren Wegen, z.B. Fahrzeug-Gasfeder-Dämpfer, Pufferfedern, Stoßisolierung von Hammerfundamenten, s. Q5.3.

Eine vom Verwendungszweck unabhängige Einteilung der Federn kann über den Federwerkstoff: *Metallfedern, Gummifedern,* faserverstärkte *Kunststoffedern, Gasfedern* erfolgen. Bei Metallfedern ist die Werkstoffdämpfungsfähigkeit verhältnismäßig gering, bei Federn aus Gummi oder Kunststoff technisch nutzbar. Die federnden Eigenschaften von Metallen lassen sich nur durch bestimmte Formgebung ausnutzen (*Formfederung*); auch Gummi ist noch relativ steif und praktisch inkompressibel. Nur bei Gasfedern kann die *Volumenfederung* ausgenutzt werden.

2.1.2 Federkennlinie, Federsteifigkeit, Federnachgiebigkeit
Load-deformation diagrams, spring rate (stiffness), deformation rate (flexibility)

Federkennlinie. Sie gibt die Abhängigkeit der auf die Feder wirkenden Federkraft F (oder des Federdrehmoments M_t) vom Federweg s (bzw. dem Verdrehwinkel φ), der Auslenkungsdifferenz zwischen den Kraftangriffsstellen, wieder, **Bild 1.** Die Steigung der Kennlinie dF/ds wird *Federsteifigkeit* c oder nach DIN 2089 *Federrate* R genannt. Solange der Federwerkstoff dem Hookeschen Gesetz genügt und die Federn reibungsfrei sind, können für kleine Federwege geradlinige Federkennlinien auftreten. Es gilt dann

$$c = dF/ds = F/s = F_{max}/s_{max}$$

bzw.

$$c_t = dM_t/d\varphi = M_t/\varphi = M_{t\,max}/\varphi_{max}. \qquad (1)$$

Der Kehrwert der Federsteifigkeit (oft auch kurz Federsteife) heißt *Federnachgiebigkeit* δ

$$\delta = 1/c = ds/dF \quad \text{bzw.} \quad \delta_t = 1/c_t = d\varphi/dM_t. \qquad (2)$$

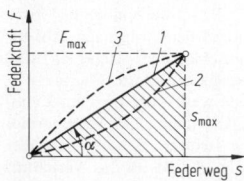

Bild 1. Federkennlinien bei zügiger Belastung. *1* geradlinige Federkennlinie, *2* progressive Federkennlinie, *3* degressive Federkennlinie, Arbeitsaufnahmefähigkeit W für Kennlinie *1* schraffiert

2.1.3 Arbeitsaufnahmefähigkeit, Nutzungsgrad, Dämpfungsvermögen, Dämpfungsfaktor
Energy storage, energy storage efficiency factor, damping capacity, damping factor.

Die Fläche unter der Kennlinie (**Bild 1**) ist ein Maß für die Arbeitsaufnahmefähigkeit oder das Arbeitsvermögen einer Feder (s. B3.2),

$$W = \int_0^{s_{max}} F\,ds \quad \text{bzw.} \quad W_t = \int_0^{\varphi_{max}} M_t\,d\varphi. \qquad (3)$$

Für Federn mit geradliniger Kennlinie gilt zwischen $s = 0$ und $s = s_{max}$

$$W = F_{max}s_{max}/2 = cs_{max}^2/2 = F_{max}^2/(2c)$$

bzw.

$$W_t = M_{tmax}\varphi_{max}/2 = c_t\varphi_{max}^2/2 = M_{tmax}^2/(2c_t). \qquad (4)$$

Mit dem Hookeschen Gesetz $\sigma = E\varepsilon = E(s/l)$ gilt für die Arbeitsaufnahmefähigkeit eines Werkstoffs bei über Federquerschnitt A und Federlänge l gleichmäßig verteilter Zug- oder Druckbeanspruchung sowie dem Volumen $V = Al$

$$W = \int_0^{s_{max}} F\,ds = \int_0^{s_{max}} (F/A)(Al)d(s/l) = V\sigma_{max}^2/(2E)$$

bzw.

$$W_t = V\tau_{max}^2/(2G) \qquad (5)$$

bei Schubbeanspruchung. Bei nicht gleichmäßig verteilter Beanspruchung gilt

$$W = \eta_A V\sigma_{max}^2/(2E)$$

bzw.

$$W_t = \eta_A V\tau_{max}^2/(2G). \qquad (6)$$

G

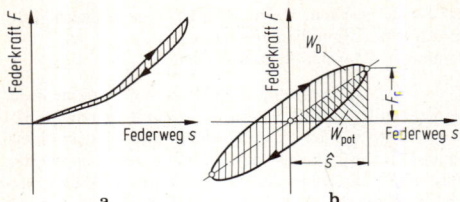

Bild 2. Federkennlinien bei schwingender Belastung. **a** Kennlinie bei schwellend beanspruchten, zweistufig geschichteten Blattfedern; **b** Hystereseschleife in Ellipsenform für einen wechselbeanspruchten viskoelastischen Federwerkstoff mit geschwindigkeitsproportionaler Dämpfungskraft

mit dem *Volumennutzungsgrad* η_A, der von der jeweiligen Federgestalt und der Belastungsart abhängt und einen nützlichen Vergleich verschiedener Federarten hinsichtlich Werkstoffausnutzung gibt.

Bei zyklischer Verformung, z.B. schwellendem Federweg nach **Bild 2a** oder wechselndem Federweg nach **Bild 2b**, ist die von der Kennlinie umschlossene Fläche ein Maß für die während eines Lastspiels dissipierte Energie W_D. Für linear viskoelastische Federwerkstoffe wird zur Kennzeichnung des hieraus resultierenden Dämpfungsvermögens der *Dämpfungsfaktor* ψ genutzt: Er gibt bei reiner Wechselverformung entsprechend **Bild 2b** das Verhältnis der kennlinienumschlossenen, W_D-proportionalen Fläche zur Dreiecksfläche mit der Verformungsamplitude $\hat{s}$ als Grundlinie und der zugehörigen Federkraftamplitude F_c als Höhe wieder; die Dreiecksfläche ist ein Maß für die in der Umkehrlage gespeicherte elastische Verformungsenergie W_{pot}:

$$\psi = W_D / W_{pot}. \qquad (7)$$

Erweiterung auf nichtlineares Verhalten bei zyklischer Verformung [15]. Zur Kennzeichnung des nichtlinearen Federverhaltens, insbesondere bei nichtstationärer Beanspruchung, sind erweiterte Feder-Dämpfer-Simulations-Modelle [88] erforderlich, s. auch Q8.

2.2 Metallfedern. Metal springs

Metallfedern [1–77] werden meist aus hochfesten Federwerkstoffen, (s. E3.1.4 und **Anh. E Tab. 12**) hergestellt. Alle Normen über Federstähle enthalten Anforderungen zur Oberflächenbeschaffenheit, da die Zeit- und Dauerfestigkeit von Federn wesentlich von einer kerbfreien Oberfläche abhängt. Diese Forderungen müssen auch auf gefertigte und montierte Federn übertragen werden, was bedeutet, daß Riß- und Scheuerstellen bei Montage und Betrieb zu vermeiden sind, Qualitätssicherung ist unerläßlich. Auch durch Korrosionseinfluß kann die Lebensdauer stark herabgesetzt werden. Als Korrosionsschutz können organische oder anorganische Schutzüberzüge aufgebracht werden [73]. Bei galvanischen Schutzüberzügen ist die Gefahr von Wasserstoffversprödung zu beachten [70]. Weiterhin können je nach Korrosionsbelastung verschiedene Chrom-Nickel-Stähle oder NE-Metalle eingesetzt werden. Bei Berechnung und Gestaltung von Federn sind die in **Tab. 1** aufgeführten DIN-Normen zu beachten. In technischen Zeichnungen werden Federn nach DIN ISO 2162 dargestellt.

2.2.1 Zug/Druck-beanspruchte Zug- oder Druckfedern
Axially loaded straight bars and ring springs

Zugstäbe, Druckstäbe. *Anwendung.* Wegen hoher Federsteife nur in hochfrequenten Prüfmaschinen und Schwingungserregern sowie als Einzelelemente in Schraubenverbindungen (s. G1.6).

Grundlagen. Für Stab mit Länge l, Querschnitt A und Elastizitätsmodul E gilt für Federsteife $c = EA/l$. Der Nutzungsgrad des federnden Volumens ist $\eta_A = 1$, falls Einspannkerbwirkung durch entsprechende Übergänge vermieden wird: Schulterstäbe.

Ringfedern. *Anwendung.* Wegen hoher dissipierter Energie als Pufferfeder sowie als Überlastsicherung und Dämpfungselement im Pressenbau [7, 18].

Bauform (**Bild 3a**). Zug- und druckbeanspruchte Ringe mit konischen Wirkflächen; (Innenringquerschnitt A_i zu Außenringquerschnitt A_a) $\approx 0{,}8$. (Außenring-Außendurchmesser d_a zu Ringbreite b) ≈ 5 bis 6.

Grundlagen. Zur Vermeidung von Selbsthemmung wird bei feinbearbeiteten Ringen mit Reibungswinkel $\rho \approx 7°$ der Neigungswinkel $\alpha \approx 12°$ gewählt; bei unbearbeiteten größeren, im Gesenk geschlagenen Ringen mit $\rho \approx 9°$ der Neigungswinkel $\alpha \approx 14°$. Für Belastung $F\uparrow$ und Entlastung $F\downarrow$ gilt analog zu Bewegungsschrauben (s. B1.11.2):

$$F\uparrow = F_c \tan(\alpha + \rho)/\tan\alpha \approx (1{,}5\ldots1{,}6)F_c, \qquad (8)$$

$$F\downarrow = F_c \tan(\alpha - \rho)/\tan\alpha, \qquad (9)$$

mit der Federkraft F_c ohne Reibungsberücksichtigung nach **Bild 3b**. Für Arbeitsaufnahme $W\uparrow$ bei Belastung gilt $W\uparrow = (F\uparrow)s/2$, für Arbeitsabgabe $W\downarrow$ bei Entlastung $W\downarrow = (F\downarrow)s/2$, dissipierte Energie $W_D = W\uparrow - W\downarrow \approx 3/4W\uparrow$.

Für die Zugspannung σ_z im Außenring und die Druckspannung σ_d im Innenring gilt aus Gleichgewichtsgründen $\sigma_z A_a = \sigma_d A_i$. Die Flächenpressung p in der Reibfläche wird damit $p = \sigma_z A_a/(l d_m)$, mit der Überlappungslänge l einer Kegelpaarung. Die Tangentialkraft F_t im Außenring $F_t = \sigma_z A_a$ begrenzt die maximale Tragkraft F_{max}, da gilt

$$F\uparrow = F_t \pi \tan(\alpha + \rho) = \sigma_z A_a \pi \tan(\alpha + \rho). \qquad (10)$$

Die Zusammendrückung s einer Ringfedersäule mit insgesamt n Ringen, darunter je zwei halben Endringen wird

$$s = 0{,}5n(\sigma_z d_{ma} + \sigma_d d_{mi})/(E\tan\alpha). \qquad (11)$$

Entwurfsberechnung. Für bearbeitete Ringe aus gehärtetem und angelassenem Edelstahl und seltene Höchstbeanspruchung kann als zulässige Beanspruchung $\sigma_{zzul} = 1\,000$ N/mm² angenommen werden; zulässige Druckbeanspruchung σ_{dzul} etwa 20% höher ($E = 2{,}1 \cdot 10^5$ N/mm²).

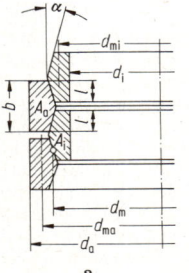
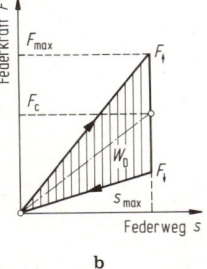

Bild 3. Ringfeder. **a** Querschnitt; **b** Kennlinie vor dem Blockieren

Tabelle 1. Gestaltung und Berechnung von Stahlfedern nach Normen (Übersicht)

Beanspruchung	Federgestalt (DIN ISO 2162) Belastungsart	Gestaltung Lasteinleitung (Toleranzen)	Halbzeugnormen Werkstoffnormen	Berechnung (ruhende oder schwingende Belastung)
Zug-, Druck	Ringfeder, druckkraftbelastet	Ringe mit konischer Wirkfläche, abwechselnd zug- u. druckbeansprucht	(Werknormen, Ringfeder GmbH, Krefeld)	Entwurfsberechnung s. G 2.2.1
Biegebeanspruchung	Einzelblattfeder, querkraftbelastet (Rechteck-, Dreieck- und Trapezform)	bei dynamisch hochbeanspruchten Federn nach **Bild 4**	DIN 1544 (Kaltbänder) DIN 17221 (warmgewalzt) DIN 17222 (kaltgewalzt)	Entwurfsberechnung s. **Tab. 2**
	geschichtete Blattfedern, querkraftbelastet	DIN 1573 (Beilagen, Keile) DIN 2094 (Straßenfahrzeuge) DIN 4621 (Klammern) DIN 5542 (Enden) DIN 5543 (Aufhängung) DIN 5544 (Schienenfahrzeuge) DIN 11747 (Landmaschinen)	DIN 1570 (warmgewalzt, gerippt) DIN 4620 (warmgewalzt)	DIN 5544 (Federdiagramme)
	zylindrische Schraubendrehfeder (Schenkelfeder) runder und rechteckiger Querschnitt	DIN 2088 (Konstruktions-Hinweise, Einspannbedingungen)	DIN 17223 Bl. 1, 2 DIN 17224 (nichtrostend) DIN 2076, DIN 2077	DIN 2088 (Gleichungen, Beispiele, Leitertafeln, zulässige Spannungen)
	Spiralfeder, drehmomentbelastet	DIN 8255 T 1 (Rollen) DIN 8287 (f. Uhren)	DIN 17222 (kaltgewalzt) DIN 1544 (Kaltbänder) (DIN 43801 T 1)	DIN 43801 T 1 (s.a. G 2.2.3)
	Tellerfedern, druckkraftbelastet (Einzelfedern, Federpakete, Federsäulen)	DIN 2093 (Ausführung, Spiel) (DIN 6796 Spannscheiben)		DIN 2092 (Gleichungen, Kennlinien, Kombinationen, Beispiele, Schrifttum)
Verdrehbeanspruchung	Drehstabfeder, mit rundem Querschnitt, drehmomentbelastet	DIN 2091 (Drehstabköpfe) DIN 5481 (Kerbverzahnung) SAE J 498	DIN 17221 DIN 2077	DIN 2091 (Gleichungen, Ersatzlänge, Vorsetzen, Zeit- und Dauerfestigkeitsschaubild, Relaxation, s. a. G 2.2.5)
	zylindrische Schraubenzugfeder mit rundem Querschnitt	DIN 2097 (Ösen) DIN 2099 Bl. 2 (Bestellvordruck)	DIN 17223 Bl. 1, 2 DIN 17224 (nichtrostend) DIN 17225 (warmfest) DIN 17221 (warmgeformt) DIN 2076, DIN 2077	DIN 2089 Bl. 2 (Gleichungen, Beiwert, Beispiele, Leitertafeln)
	zylindrische Schraubendruckfeder mit rundem Querschnitt	DIN 2099 Bl. 1 (Bestellvordruck) DIN 2098 Bl. 1, 2	DIN 2095, DIN 2096 DIN 2098 Bl. 1	DIN 2089 T 1 (Gleichungen, Kennwerte, Knickung, Querfederung, Relaxation, Zeit- und Dauerfestigkeitsschaubild)
	zylindrische Schraubendruckfeder mit rechteckigem Querschnitt	DIN 2090 (f. Prüfmaschinen auch aus dem Vollen geschnitten)		DIN 2090 (Gleichungen, Beiwerte: hoch und flachkantgewickelt)
	kegelige Schraubendruckfedern	(Rund- oder Rechteck Querschnitt)		Angenäherte Gleichungen s. [20, 42]

Feingestaltung. Abhängig von Schmierung (auch Lebensdauerschmierung). Serienprodukte nach Herstellerangaben, **Tab. 1**.

2.2.2 Einfache und geschichtete Blattfedern (gerade oder schwachgekrümmte, biegebeanspruchte Federn). Leaf springs and laminated leaf springs

Einfache Blattfedern. *Anwendung.* Als Andrückfedern von Schiebern, Ankern, Klinken in Gesperren, als Kontaktfeder in Schaltern, als Führungsfedern.

Grundformen (**Tab. 2**). Als Rechteckfeder (**Tab. 2a**) mit einem über die Länge gleichbleibenden Rechteckquerschnitt der Dicke t und der Breite b oder als Dreieck- (**Tab. 2b**) oder Trapezfeder (**Tab. 2d**) mit gleichbleibender Dicke t und linear veränderlicher Breite $b(x)$ oder als Parabelfeder (**Tab. 2c**) mit gleichbleibender Breite b und parabolischem Verlauf der Höhe $h(x)$ oder als Rechteck-Parallelfeder (**Tab. 2e**).

Entwurfberechnung. Formeln für die zulässige Querkraft F_{zul}, die Verformung s bzw. zulässige Verformung s_{zul} abhängig von der Querkraft F bzw. der zulässigen Biegenennspannung $\sigma_{b\,zul}$, die Federsteife c, die Federarbeit W und den Volumennutzungsgrad η_a: **Tab. 2**. Ist die Breite b sehr groß gegenüber der Dicke t, dann ist der E-Modul in den Formeln durch $E/(1-v^2)$ zu ersetzen, mit der Poissonschen Querkontraktionzahl $v \approx 0,3$ (s. C 3). Die Dreieckfeder und die Parabelfeder sind Träger gleicher Rand-Biegebeanspruchung (s. C 2.4.5). Wird die Rechteck-Parallelfeder für die vertikale Abstützung eines Schwingtisches mit dem Gewicht $G = mg$ verwendet, dann ist bei der Berechnung der Eigenkreisfrequenz ω_e die astatische Pendelwirkung zu berücksichtigen: $\omega_e = \sqrt{c/m - g/l_{red}}$, mit l_{red} als Krümmungsradius der Bahnkurve der durch die stützenden Blattfedern parallel geführten Masse, $l_{red} \approx 0,82\,l$; bei Aufhängung an senkrechten Blattfedern ist das Minuszeichen unter der Wurzel in ein Pluszeichen umzukehren.

Tabelle 2. Grundformen und Berechnungsformeln zur Grobgestaltung von Blattfedern

a Rechteckfeder

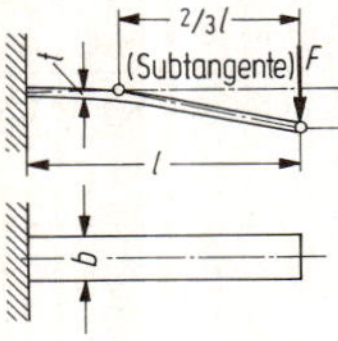

$$F_{zul} = \frac{bt^2}{6} \cdot \frac{\sigma_{b\,zul}}{l}$$

$$s = \frac{Fl^3}{3EI} = \frac{4Fl^3}{bt^3E}$$

$$s_{zul} = \frac{2l^2 \sigma_{b\,zul}}{3tE}$$

$$c = \frac{F}{s} = \frac{bt^3E}{4l^3}$$

$$W = \frac{btl}{18E}\,\sigma_b^2 \;;\; \eta_A = \frac{1}{9}$$

b Dreieckfeder

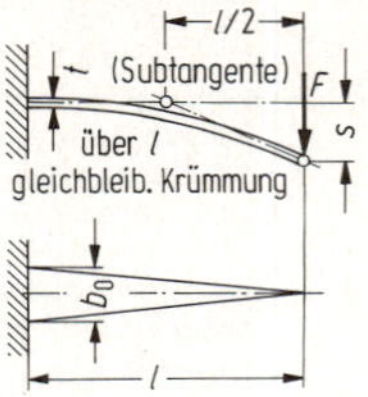

$$F_{zul} = \frac{b_0 t^2}{6} \cdot \frac{\sigma_{b\,zul}}{l}$$

$$s = \frac{Fl^3}{2EI_0} = \frac{6Fl^3}{b_0 t^3E}$$

$$s_{zul} = \frac{l^2 \sigma_{b\,zul}}{tE}$$

$$c = \frac{F}{s} = \frac{b_0 t^3E}{6l^3}$$

$$W = \frac{b_0 tl}{12E}\,\sigma_b^2 \;;\; \eta_A = \frac{1}{3}$$

c Parabelfeder

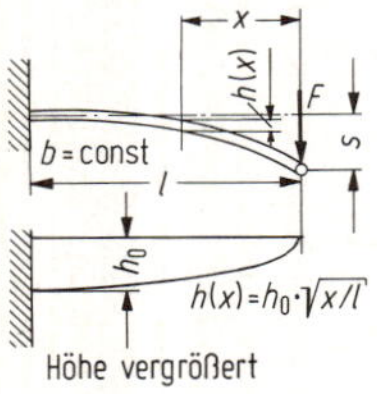

$b = const$

$h(x) = h_0 \cdot \sqrt{x/l}$

Höhe vergrößert

$$F_{zul} = \frac{bh_0^2}{6} \cdot \frac{\sigma_{b\,zul}}{l}$$

$$s = \frac{2Fl^3}{3EI_0} = \frac{8Fl^3}{bh_0^3 E}$$

$$s_{zul} = \frac{4l^2 \sigma_{b\,zul}}{3h_0 E}$$

$$c = \frac{F}{s} = \frac{bh_0^3 E}{8l^3}$$

$$W = \frac{bh_0 l}{9E}\,\sigma_b^2 \;;\; \eta_A = \frac{1}{3}$$

d Trapezfeder

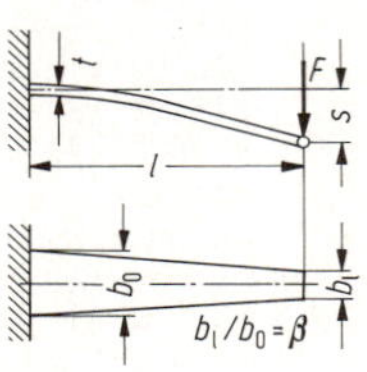

$b_1/b_0 = \beta$

β	ψ
0	1,500
0,1	1,390
0,2	1,315
0,3	1,250
0,4	1,202
0,5	1,160
0,6	1,121
0,7	1,085
0,8	1,054
0,9	1,025
1,0	1,00

$$F_{zul} = \frac{b_0 t^2}{6} \cdot \frac{\sigma_{b\,zul}}{l}$$

$$s = \psi\frac{Fl^3}{3EI_0} = \psi\frac{4Fl^3}{b_0 t^3E}$$

$$s_{zul} = \psi\frac{2l^2 \sigma_{b\,zul}}{3tE}$$

$$c = \frac{1}{\psi}\frac{b_0 t^3E}{4l^3}$$

$$W = \psi\frac{b_0 tl}{18E}\,\sigma_b^2 \;;\; \eta_A = \frac{2}{9}\frac{\psi}{1+\beta}$$

e Rechteck-Parallelfeder

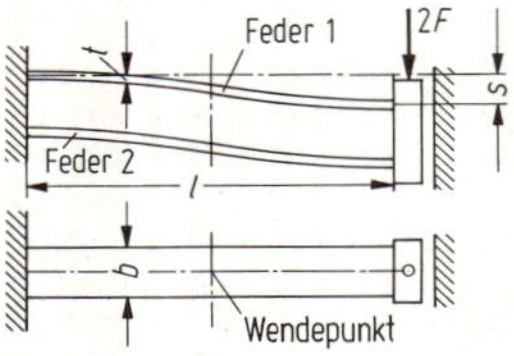

Feder 1
Feder 2
Wendepunkt

$$2F_{zul} = 2 \cdot \frac{bt^2}{3} \cdot \frac{\sigma_{b\,zul}}{l}$$

$$s = \frac{Fl^3}{12EI} = \frac{Fl^3}{bt^3E}$$

$$s_{zul} = \frac{l^2 \sigma_{b\,zul}}{3tE}$$

$$c = \frac{bt^3E}{l^3}\;\text{je Feder}$$

$$W_{ges} = 2\,\frac{btl}{18E}\,\sigma_b^2 \;;\; \eta_A = \frac{1}{9}$$

Feingestaltung. Um die Einspannkerbwirkung niedrig zu halten, müssen die Einspannkanten gerundet und Beilagen aus Papier, Kunststoff, Messing, Kupfer u.a. oder Verkupferung (oder Verzinkung) im Einspannbereich vorgesehen werden. Befestigungsbohrungen müssen von der Einspannkante der Federblätter um mindestens $3t$ entfernt sein. Deckscheiben sollten mindestens $3t$ dick sein. Die Einspannkerbwirkung kann durch Dickenanpassung oder Breitenanpassung vermieden werden, **Bild 4**.

Geschichtete Blattfedern. *Anwendung.* Zur Federung und Radführung in Land-, Schienen- und Straßenfahrzeugen.

Bauformen. Als elliptisch vorverformte Blattfedern mit Rechteckquerschnitt und Längsrippen nach DIN 11747 für ein- und zweiachsige landwirtschaftliche Transportanhänger; als vorverformte Trapez- und Parabelfedern nach DIN 2094 für Straßenfahrzeuge nach DIN 70010; als vorverformte Parabelfedern nach DIN 5544 T 1, 2 nach **Bild 5** für Schienenfahrzeuge.

Entwurfsberechnung. In Anlehnung an **Tab. 2** unter Beachtung der eventuell von der Belastung abhängigen Federschaltung (B 4.1). In erster Näherung können weggleich geschaltete Federteile gleicher Blechdicke als nebeneinanderliegend (mit derselben neutralen Faser) betrachtet werden. Die rechnerisch nicht erfaßbare, stark von der Schmierung und der Oberflächenbeschaffenheit der Blätter abhängige Reibung hat den (begrenzten) Vorteil der Dämpfung, aber gegenüber anderen Dämpfern den Nachteil, daß Körperschall ungedämpft weitergeleitet wird. An-

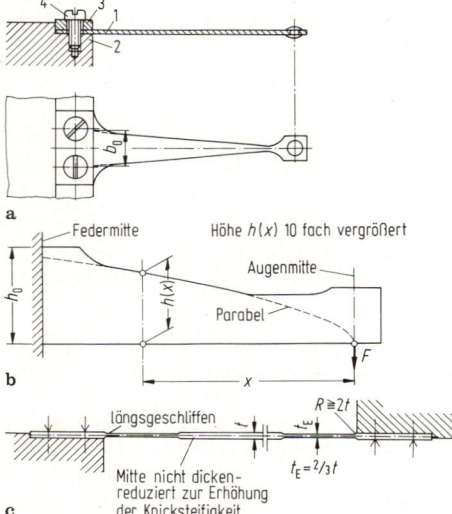

Bild 4a–c. Feingestaltung schwingend beanspruchter Blattfedern. **a** 1 Dreiecksfeder (mit auf $2b_0$ verbreiterter Einspannbreite), 2 Spannfläche mit Anschlag, 3 Deckscheibe, 4 Schrauben (lackgesichert); **b** Dickenverlauf bei einer Brüninghaus-Parabelfeder; **c** Beiderseitig eingespannte Blattfeder (Führungsfeder), Einspannkerbwirkung durch beiderseitige Dickenreduzierung auf $2/3\,t$ berücksichtigt

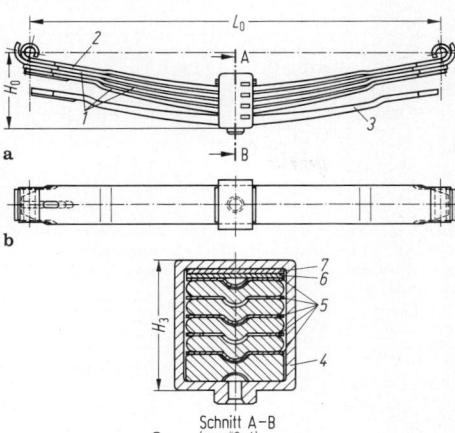

Bild 5a–c. Zweistufige Parabelfeder für Güterwagen. **a** Ansicht; **b** Draufsicht; **c** Querschnitt in Mitte; *1* Federblatt, *2* Hauptfederblatt (Zugseite kugelgestrahlt), *3* Zusatzfeder, *4* Federbund, *5* Zwischenlage (verzinkt), *6* Nasenkeil, *7* Treibkeil

haltswerte für zulässige Beanspruchung nach DDR-Standard TGL 39 249.

Feingestaltung. Gestaltungshinweise für Federenden und Lasteinleitungsstellen s. Normen, **Tab. 1** sowie [10, 46]. **Bild 5** zeigt eine beanspruchungsgerecht gestaltete Mehrblatt-Parabelfeder für Güterwagen [13]. Bei niedriger Belastung trägt alleine die Hauptfeder, nach einem bestimmten Federweg wird zusätzlich die Zusatzfeder wirksam, was zu einer (geknickt) progressiven Kennlinie führt. Die Kennlinie nimmt den in **Bild 2a** gezeigten Verlauf an. Zur Steigerung der Dauerfestigkeit werden die aus ölhärtenden Edelstahl 50 CrV4 bestehenden Federblätter so gestaltet, daß die geschichteten Federblätter sich nicht in hochbeanspruchten parabelförmigen Bereichen berühren; die Federblätter werden auf $R_m = 1450$ bis $1600\,\text{N/mm}^2$ vergütet, vorgesetzt, auf der Zugseite kugelgestrahlt und allseitig mit Zinkstaubfarbe gegen Korrosion geschützt. Erzielte Dauerfestigkeitswerte im Versuch, s. [13].

2.2.3 Spiralfedern (ebene gewundene, biegebeanspruchte Federn) und Schenkelfedern (biegebeanspruchte Schraubenfedern)
Spiral springs and helical torsion springs

Spiralfedern. *Anwendung.* Als Triebfedern für Uhren, als Rückstellfedern in elektrischen Meßgeräten nach DIN 43 801.

Bauformen. Als archimedische Spirale nach **Tab. 3a** mit rechteckigem Querschnitt und beidseitig fest eingespannten Federenden, als spiralförmig um einen Federkern (Welle) gewickeltes Federband nach DIN 8287.

Entwurfsberechnung (**Tab. 3a**). In den Gleichungen ist die durch die Krümmung hervorgerufene Spannungserhöhung innen im Federquerschnitt nicht berücksichtigt, da i. allg. das Wickelverhältnis $w = $ Krümmungsradius/(halbe Banddicke) genügend groß ist und bei Beanspruchung im Wickelsinne dort eine Druckspannung mit höherer zulässiger Beanspruchung wirkt. Anhaltswerte für zulässige Beanspruchung wie für schraubenförmig gewundene Biegefedern.

Feingestaltung der Federn und der Befestigungsenden für Triebfedern s. DIN 8287.

Tabelle 3. Grundformen und Berechnungsformeln zur Grobgestaltung von Spiralfedern u. Schenkelfedern mit gleichmäßiger Biegebeanspruchung

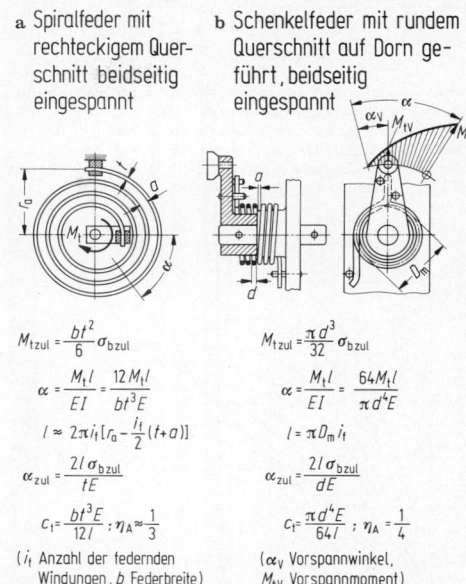

a Spiralfeder mit rechteckigem Querschnitt beidseitig eingespannt

b Schenkelfeder mit rundem Querschnitt auf Dorn geführt, beidseitig eingespannt

$$M_{t\,zul} = \frac{bt^2}{6}\sigma_{b\,zul} \qquad M_{t\,zul} = \frac{\pi d^3}{32}\sigma_{b\,zul}$$

$$\alpha = \frac{M_t l}{EI} = \frac{12\,M_t l}{bt^3 E} \qquad \alpha = \frac{M_t l}{EI} = \frac{64\,M_t l}{\pi d^4 E}$$

$$l \approx 2\pi i_t [r_0 - \frac{i_t}{2}(t+a)] \qquad l = \pi D_m i_t$$

$$\alpha_{zul} = \frac{2l\,\sigma_{b\,zul}}{tE} \qquad \alpha_{zul} = \frac{2l\,\sigma_{b\,zul}}{dE}$$

$$c_t = \frac{bt^3 E}{12\,l}\,; \eta_A \approx \frac{1}{3} \qquad c_t = \frac{\pi d^4 E}{64\,l}\,; \eta_A = \frac{1}{4}$$

(i_t Anzahl der federnden Windungen, b Federbreite)   (α_v Vorspannwinkel, M_{tv} Vorspannmoment)

Schraubenförmig gewundene Biegefedern. *Anwendung.* Zum Rückführen oder Andrücken von Hebeln, Deckeln und dergleichen ("Mausefallenfeder").

Bauformen. Nach DIN 2088 mit festeingespannten Federschenkeln oder Führung des ruhenden Schenkels auf einem Dorn nach **Tab. 3b.** Wickelverhältnis $w = D_m/d = 4$ bis 15.

Entwurfsberechnung (**Tab. 3b**). Wegen der Einspannbedingungen nahezu gleichmäßige Biegebeanspruchung im Wickelbereich. Bei ausnahmsweise nicht im Wickelsinne wirkender schwellender Belastung ist der die Spannungsvergrößerung am Innenrand berücksichtigende Faktor k_b für Rundfedern $k_b = 1 + 0.87 d/D_m + 0.642 (d/D_m)^2$ in die Rechnung einzubeziehen. Zulässige Beanspruchungen nach DIN 2088 oder vereinfacht mit um den Faktor 1,42 erhöhten Werten für torsionsbeanspruchte Schraubendruckfedern. Auch die Spannungen in den Drahtabbiegestellen an den Schenkeln sind nachzurechnen.

Feingestaltung. Wird auf Dorn nach **Tab. 3b** geführt, dann Spiel zwischen Feder und Führung notwendig (Dorndurchmesser ≈ 0.8 bis $0.9 D_i$), genauere Angaben, auch für die Federsteife, mit Berechnungsbeispielen s. DIN 2088.

2.2.4 Tellerfedern (scheibenförmige, biegebeanspruchte Federn). Conical disk (Belleville) springs

Anwendung. Wegen geringen Platzbedarfs (meist zu Säulen geschichtet) und/oder wegen großer Kräfte bei kleinen Wegen als Spannelement in Vorrichtungen und Werkzeugen, zur Betätigung von Ventilen, für Puffer- und Stoßdämpferfedern, zur Abstützung von Maschinen und Fundamenten, für Längs- und Toleranzausgleich und dergleichen.

Bauarten. Gebräuchliche Tellerfedern nach DIN 2093 sind kegelschalenförmig gestaltete, in Achsrichtung belastbare

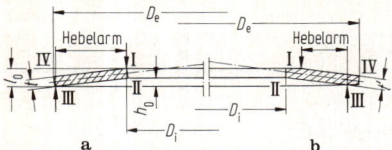

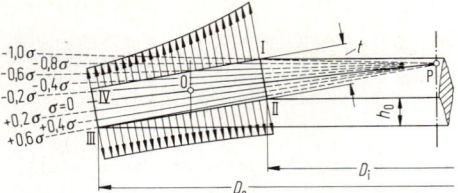

Bild 6. Einzeltellerfeder und Querschnittsstellen der nach Almen-László zu berechnenden Spannungen (nach DIN 2092). **a** ohne Auflageflächen. Gruppe 1 ($t < 1$ mm) und Gruppe 2 ($1 \leqq t \leqq 6$ mm); **b** mit Auflageflächen. Gruppe 3 (4 mm$< t \leqq 14$ mm). Bezeichnung einer Tellerfeder der Reihe A mit Außendurchmesser $D_e = 40$ mm, Gruppe 2: Tellerfeder DIN 2093 − A40 GR2

Bild 8. Spannungsverteilung längs der Querschnittsränder und Linien gleicher Normalspannung in einem Tellerfeder-Querschnitt nach Lutz [43]. P belastungsabhängiger Spannungspol auf der Tellerfederachse

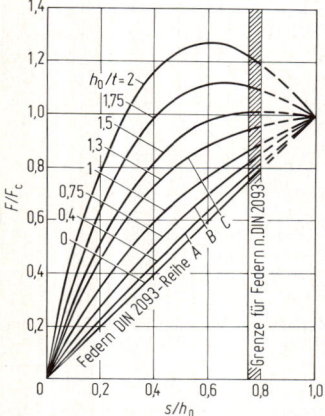

Bild 7. Verlauf der nach Almen-László errechneten Federkennlinien bei verschiedenen Verhältnissen h_0/t (DIN 2092). Errechnete Federkraft für $s = h_0 : F_c = 4Et^3h_0/[(1 - v^2)K_1D_e^2]$

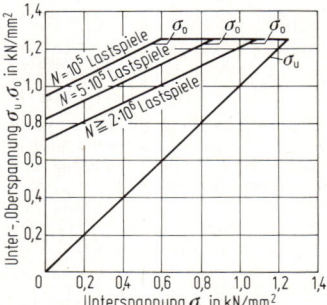

Bild 9. Dauer- und Zeitfestigkeitsschaubild für Tellerfedern DIN 2093 mit 1 mm$\leqq t \leqq 6$ mm in Federsäulen mit maximal sechs wechselseitig aneinandergereihten Einzeltellerfedern (99% Überlebenswahrscheinlichkeit, Raumtemperatur)

Ringscheiben. Sie werden mit und ohne Auflageflächen gefertigt, **Bild 6**.

Grobgestaltung. $D_e/D_i \approx 2$; für Reihe A gilt $D_e/t \approx 18$, $h_0/t \approx 0,4$; für Reihe B gilt $D_e/t \approx 28$, $h_0/t \approx 0,75$; D_e und D_i sind mit h12 bzw. H12 toleriert; Belastbarkeit im Bereich $D_e = 8$ bis 250 mm normgemäß mit $F_{max} \approx 120$ N bis 120 kN bei einem Federweg $s \approx 0,75h_0$.

Entwurfsberechnung. Bei Krafteinleitung über die Kreislinien I und III nach **Bild 6** gelten für $h_0/t \leqq 0,4$ (Reihe A) die Näherungsformeln

$$F \approx \frac{4E}{(1 - v^2)} \frac{(t^3 s)}{K_1 D_e^2} \quad \text{oder} \quad c \approx \frac{4E}{(1 - v^2)} \frac{t^3}{K_1 D_e^2} \qquad (12)$$

$$\sigma_{I,II} \approx \mp FK_3/t^2 \quad \text{sowie} \quad \sigma_{III,IV} \approx -(D_i/D_e)\sigma_{I,II} \qquad (13)$$

für die Federkraft F, die Federsteife c, die Randspannung σ, mit dem nach DIN 2092 für Edelstähle gültigen $4E/(1 - v^2) = 905,5$ kN/mm^2. Für $D_e/D_i = 2$ sind die vom Durchmesserverhältnis abhängigen dimensionslosen Beiwerte: $K_1 = 0,69$; $K_3 = 1,38$.
Für $h_0/t > 0,4$ können die Nichtlinearitäten der Federn nicht mehr vernachlässigt werden; hierfür sind die von Almen und László abgeleiteten Formeln [1] nach DIN 2092 bei Tellerfedern ohne Auflageflächen ausreichend genau. Die Auswertung dieser Gleichungen führt zu den Federkennlinien nach **Bild 7**. Die in **Bild 8** dargestellte typische Spannungsverteilung [43] zeigt, daß abhängig von der Lage des lastabhängigen Spannungspols die größten rechnerischen Zugspannungen an der Tellerfederunterseite an den Stellen II oder III auftreten, die größte Druckspannung ist an der Stelle I zu erwarten.

Bei Tellerfedern nach DIN 2093, die nur *statisch* ohne Laständerung oder mit gelegentlichen Laständerungen in größeren Zeitabständen und weniger als 10^4 Lastspielen belastet werden, darf die rechnerische Druckspannung σ_I bei $s = 0,75h_0$ bis zu $\sigma_I = 2000$ bis 2400 N/mm^2 betragen, ohne daß wesentliche Setzerscheinungen zu befürchten sind.
Bei *schwingender* Beanspruchung zwischen den Federweggrenzen s_o und s_u sind die zugehörigen Ober- und Unterspannungen $\sigma_{IIo}(\sigma_{IIIo})$ und $\sigma_{IIu}(\sigma_{IIIu})$ auf das Einhalten der z.B. in **Bild 9** wiedergegebenen Spannungshubgrenzen der Dauer- und Zeitfestigkeitsschaubilder nachzurechnen. Berechnungsbeispiele für ruhende bzw. selten veränderliche Beanspruchung und für schwingende Beanspruchung s. DIN 2092.

Feingestaltung. Gemessene Kennlinien weichen von den errechneten Kennlinien wegen der Kontaktbedingungen in den Auflagepunkten bzw. -flächen (Abwälzen, Gleiten) mehr oder weniger stark ab. Durch gleichsinnig geschichtete Einzeltellerfedern (Federpakete), wechselseitig aneinandergereihte Einzeltellerfedern oder Federpakete (Federsäulen) lassen sich die Kennlinien variieren und auch progressiv gestalten, wenn durch Zwischenringe oder Stufen am Führungsbolzen z.B. die Verformungen über $s \approx 0,75h_0$ blockiert werden. Insbesondere bei Federpaketen ist die von der Oberflächenbeschaffenheit und Schmierung abhängige Reibung nicht mehr vernachlässigbar. Einzelheiten über verschiedene Möglichkeiten des Kennlinienverlaufs s. Literatur in DIN 2092 und Kataloge der Tellerfederhersteller. Die Führungselemente und Auflagen für Tellerfedern sollen nach Möglichkeit einsatzgehärtet sein (Ersatztiefe $\approx 0,8$ mm) und eine Mindesthärte von 55 HRC aufweisen. Die Oberflächen der Führungselemente sollen glatt und möglichst geschliffen sein, Führungsspiel genormt etwa 1 bis 2% des Durchmessers des Führungselements. Bei schwingender Belastung sind die Federn mit mindestens $s_u = (0,15$ bis $0,20) h_0$ vorzuspannen, um Anrissen infolge Zugeigenspannungen aus dem Setzvorgang an der Stelle I vorzubeugen.

2.2.5 Drehstabfedern (gerade, drehbeanspruchte Federn)
Torsion bar springs

Anwendung. Zur elastischen Kopplung von Antriebselementen, zur Drehkraftmessung, in Drehmomentschlüsseln, in Fahrzeugen als Drehstabilisator.

Bauarten. Grundformen nach **Tab. 4**; mit rundem Querschnitt nach DIN 2091 oder mit rechteckigem Querschnitt, jeweils auch gebündelt.

Entwurfsberechnung nach **Tab. 4** oder ausführlicher für runde Querschnitte nach DIN 2091. Hiernach gilt für Stähle nach DIN 17221 mit einer Vergütungsfestigkeit $R_m = 1600$ bis $1800 \, \text{N/mm}^2$ und Schubmodul $G = 78\,500 \, \text{N/mm}^2$ bei statischer Belastung für nicht vorgesetzte Stäbe $\tau_{t\,zul} = 700 \, \text{N/mm}^2$ und für vorgesetzte Stäbe $\tau_{t\,zul} = 1020 \, \text{N/mm}^2$; die Dauerschwellfestigkeit $(N = 2 \cdot 10^6)$ für vorgesetzte Stäbe mit geschliffener und kugelgestrahlter Oberfläche kann für $\varnothing 20 \, \text{mm}$ $740 \, \text{N/mm}^2$, für $\varnothing 60$ noch $550 \, \text{N/mm}^2$ betragen. Zeitfestigkeits- und Dauerfestigkeitswerte abhängig von der Mittelspannung sowie Richtwerte für Relaxation bzw. Kriechen s. DIN 2091.

Feingestaltung. Gestaltung der Drehstabköpfe mit Vierkant-, Sechskantprofil oder Kerbverzahnung in DIN 2091 genormt (Kerbverzahnung nach DIN 5481 oder SAE J 498 b); vorwiegend für Stäbe, die nur in einer Drehrichtung beansprucht werden. Kleinster Kopfdurchmesser d_F mindestens 1,25- bis 1,30facher Stabdurchmesser d. Wegen hoher Kerbempfindlichkeit des hochfesten Federwerkstoffs Kerb- und Riefenfreiheit sowie Druckeigenspannung durch z.B. Kugelstrahlen anstreben. Bei schwellend beanspruchten Federn kann durch Vorsetzen, d.h. Verformen über die Fließgrenze in Richtung der späteren Betriebsbeanspruchung, ein günstiger, nicht nur oberflächennaher Eigenspannungszustand eingestellt werden [11]. Berechnung der federwirksamen Länge l_f unter Einfluß der kreisförmigen Übergänge zum Kopf nach DIN 2091. Dauerhafter Korrosionsschutz ist bei Drehfedern (**Tab. 4a**) leicht aufzubringen, da diese bei geeigneter Einspannung verschleiß- und reibungsfrei arbeiten. Bei schwellend beanspruchten Federn anstreben. Bei schwellend beanspruchten Federn Gestaltung von Stabilisatoren auch mit Augenköpfen an den gekröpften Enden, falls bei ihnen die Enden nicht lediglich schenkelförmig abgebogen werden [12].
Eine genaue Berechnung von Drehstabfedern mit rechteckigem Querschnitt erfordert die Berücksichtigung der durch Wölbkrafttorsion zusätzlich auftretenden Zug- und Druckspannungen, (s. C2.5.5). Bei gebündelten Federn, z.B. vier parallelgeschalteten Rundstäben oder auch Rechteckfedern (**Tab. 4c**) liegt keine reine Torsion vor, so daß Relativbewegungen insbesondere bei Rechteckfederbündeln auftreten; sie sind deshalb nicht dauerfest gegen Verschleiß und Korrosion zu schützen.

2.2.6 Zylindrische Schraubendruckfedern und Schraubenzugfedern. Helical
compression springs, helical tension springs

Anwendung. Als Andrück-, Ausrück-, Rückführfedern in Kupplungen, Bremsen, Ventilen, Schaltern, Bürstenhaltern und dergleichen, als Tragfedern in Fahrzeugen und von Maschinenfundamenten.

Bauarten. Druck- bzw. Zugfedern entprechend **Tab. 5** nach DIN 2089 T 1 bzw. 2. Ösen bzw. Hakenöffnungen für Zugfedern nach DIN 2097.

Entwurfsberechnung. Formeln für runden Drahtquerschnitt nach **Tab. 5** entsprechend C 2.5, wobei Schubspannungen aus Querkraft und Normalspannungen bei der Berechnung der Federverformung vernachlässigt werden. Die Nennschubspannung τ wird mit dem mittleren Windungsdurchmesser D und dem Drahtdurchmesser d bestimmt: $\tau = (FD/2)/(\pi d^3/16)$; die infolge der Krümmung des Drahts am federinneren Querschnittsrand vergrößerte Randspannung $\tau_k = k\tau$ wird mit dem Spannungsbeiwert k, der vom Wickelverhältnis $w = D/d$ abhängt, bestimmt. Die Betriebsbeanspruchung wird bei statischer und quasistatischer Belastung ohne Berücksichtigung des Beiwerts k, bei dynamischer Belastung mit Beiwert k ermittelt. Bei üblichen Wickelverhältnissen $w = 4...20$ gilt: $k \approx 1,4...1,07$. Um einen schnellen Überblick über die gegenseitigen Abhängigkeiten der verschiedenen Federarten zu erhalten, hat sich, neben den Leitertafeln in DIN 2089 T 2, vor allem für Variantenrechnungen das Geradliniendiagramm **Bild 10** bewährt. Bei angenommenen Werten von D, d wird abhängig von der Nennschubspannung τ die Schraubenkraft F und der Federweg je Windung (s/n) in Normzahldarstellung abgelesen. Bei überschlägigen Berechnungen empfiehlt sich zunächst für Stahlfedern mit $\tau = 500 \, \text{N/mm}^2$ zu rechnen. In das Geradliniendiagramm, sind als Beispiel die Werte einer Feder mit dem Wickelverhältnis $w = 20$ eingezeichnet.

Tabelle 4. Grundformen und Berechnungsformeln zur Grobgestaltung von Drehstabfedern

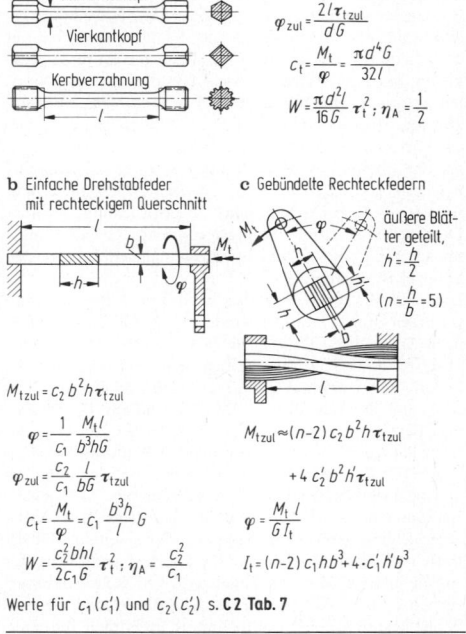

a Runde Drehstabfedern mit untersch. Einspannenden

angeflächter Kopf

Sechskantkopf

Vierkantkopf

Kerbverzahnung

$$M_{t\,zul} = \frac{\pi d^3}{16} \tau_{t\,zul}$$

$$\varphi = \frac{M_t l}{I_p G} = \frac{32 M_t l}{\pi d^4 G}$$

$$\varphi_{zul} = \frac{2 l \tau_{t\,zul}}{d G}$$

$$c_t = \frac{M_t}{\varphi} = \frac{\pi d^4 G}{32 l}$$

$$W = \frac{\pi d^2 l}{16 G} \tau_t^2 \; ; \; \eta_A = \frac{1}{2}$$

b Einfache Drehstabfeder mit rechteckigem Querschnitt

c Gebündelte Rechteckfedern

äußere Blätter geteilt, $h' = \frac{h}{2}$

$(n = \frac{h}{b} = 5)$

$$M_{t\,zul} = c_2 b^2 h \tau_{t\,zul}$$

$$\varphi = \frac{1}{c_1} \frac{M_t l}{b^3 h G}$$

$$\varphi_{zul} = \frac{c_2}{c_1} \frac{l}{bG} \tau_{t\,zul}$$

$$c_t = \frac{M_t}{\varphi} = c_1 \frac{b^3 h}{l} G$$

$$W = \frac{c_2^2 bhl}{2 c_1 G} \tau_t^2 \; ; \; \eta_A = \frac{c_2^2}{c_1}$$

$$M_{t\,zul} \approx (n-2) c_2 b^2 h \tau_{t\,zul} + 4 c_2' b^2 h' \tau_{t\,zul}$$

$$\varphi = \frac{M_t l}{G I_t}$$

$$I_t = (n-2) c_1 h b^3 + 4 c_1' h' b^3$$

Werte für $c_1 (c_1')$ und $c_2 (c_2')$ s. **C2 Tab. 7**

Tabelle 5. Grundformen und Berechnungsformeln für zylindrische Schraubendruck- und Schraubenzugfedern aus runden Drähten

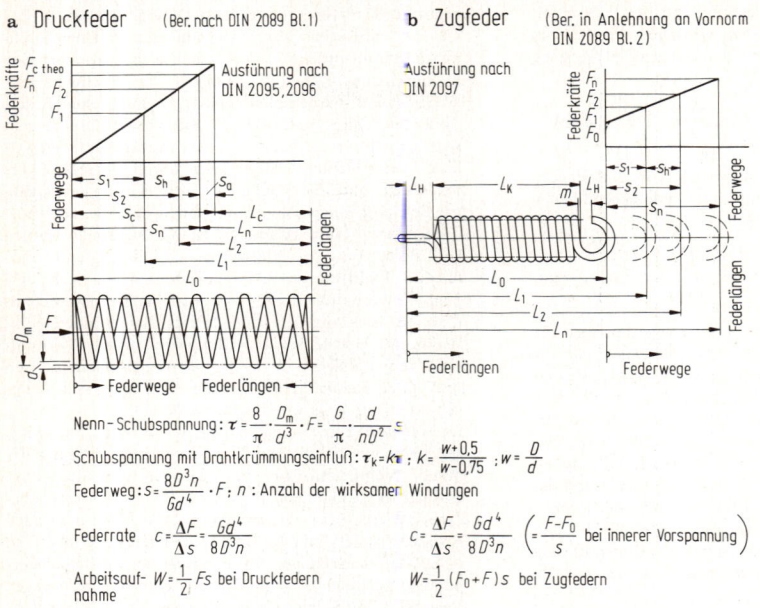

a Druckfeder   (Ber. nach DIN 2089 Bl.1)   **b** Zugfeder   (Ber. in Anlehnung an Vornorm DIN 2089 Bl. 2)

Nenn-Schubspannung: $\tau = \dfrac{8}{\pi} \cdot \dfrac{D_m}{d^3} \cdot F = \dfrac{G}{\pi} \cdot \dfrac{d}{n D^2} s$

Schubspannung mit Drahtkrümmungseinfluß: $\tau_k = k\tau$; $k = \dfrac{w+0,5}{w-0,75}$; $w = \dfrac{D}{d}$

Federweg: $s = \dfrac{8 D^3 n}{G d^4} \cdot F$; n : Anzahl der wirksamen Windungen

Federrate $c = \dfrac{\Delta F}{\Delta s} = \dfrac{G d^4}{8 D^3 n}$ $c = \dfrac{\Delta F}{\Delta s} = \dfrac{G d^4}{8 D^3 n} \left(= \dfrac{F - F_0}{s} \text{ bei innerer Vorspannung} \right)$

Arbeitsauf- $W = \dfrac{1}{2} F s$ bei Druckfedern $W = \dfrac{1}{2} (F_0 + F) s$ bei Zugfedern
nahme

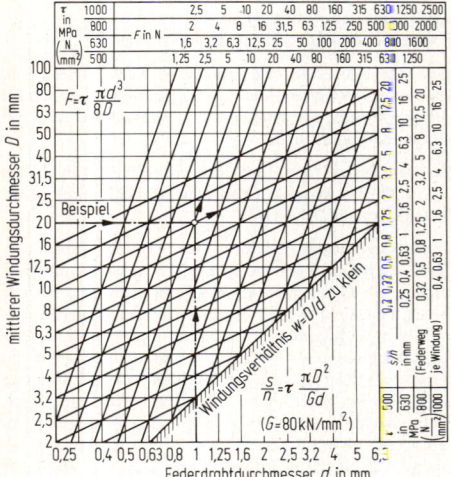

Bild 10. Geradliniendiagramm der gegenseitigen Abhängigkeiten der verschiedenen Schraubenfederdaten nach H.R. Thomsen. Beispiel $d = 1$ mm, $D = 20$ mm, $\tau = 500$ N/mm^2 : $F = 10$ N, $s/a = 8$ mm

Hinweis. Um bei der Fertigung oder Beschaffung von Schraubenfedern Mißverständnisse zu vermeiden, bedient man sich für die Angaben für Druckfedern zweckmäßig des Vordrucks in DIN 2099 T 1 und für die Angaben für Zugfedern des Vordrucks in DIN 2099 T 2.

Zylindrische Schraubendruckfedern. *Feingestaltung.* Schraubendruckfedern werden in der Regel rechts gewickelt, in Federsätzen abwechselnd rechts und links, wobei die Außenfeder meist rechts gewickelt ist. Um beim

Drücken der Feder auf Block ein gleichmäßiges Anliegen aller Windungen zu erreichen, soll die Gesamtzahl der Windungen möglichst auf 1/2 enden, vor allem bei kleinen Windungszahlen (DIN 2096 T 1). Die Federenden werden angelegt und zur Krafteinleitung entweder plangeschliffen oder unbearbeitet belassen, was bei größeren Drahtdurchmessern angepaßte Federteller erfordert. Die Anzahl der erforderlichen, nicht federnd wirksamen Endwindungen hängt vorwiegend vom Herstellungsverfahren ab. Die Gesamtanzahl der Windungen n_t beträgt bei n federnd wirksamen Windungen bei kaltgeformten Federn nach DIN 2095: $n_t = n + 2$ und bei warmgeformten Federn nach DIN 2096: $n_t = n + 1,5$. Der Mindestabstand zwischen den wirksamen Windungen S_a/n bei der höchsten Betriebsbelastung hängt von der Belastungsart und ebenfalls vom Fertigungsverfahren ab; *Anhaltswerte:* $S_a/n \approx 0,02 (D + d)$ bei statischer Belastung bzw. $\approx 0,04 (D + d)$ bei dynamischer Beanspruchung; genauer DIN 2089 T 1. Aus fertigungstechnischen Gründen müssen alle Federn auf Blocklänge zusammengedrückt werden können, Blocklänge L_c.

Ergänzungen zur Berechnung nach **Tab. 5** für kalt- und warmgeformte Stahl-Druckfedern mit Gütevorschriften nach DIN 2095, DIN 2096 T 1 und 2 sind ebenfalls in DIN 2089 T 1 zusammengestellt. Für kaltgeformte Federn aus patentiert-gezogenem Federdraht der Klasse C und D nach DIN 17223 T 1 sind für Fertigungs- und Betriebsbelastungen folgende Grenzen zu beachten: Die zulässige Nennschubspannung bei Blocklänge beträgt $\tau_{c\,zul} = 0,56 R_m$, mit der vom Drahtdurchmesser abhängigen Mindestzugfestigkeit R_m. Die zulässige Nennschubspannung bei statischer oder quasistatischer Betriebsbeanspruchung wird durch die je nach Anwendungsfall vertretbare *Relaxation*, d.h. den Kraftverlust bei konstanter Einspannlänge begrenzt. Ergebnisse von Relaxationsversuchen s. DIN 2089 T 1; es wurden insbesondere bei größeren Drahtdurchmessern (6 mm) und erhöhten Tempera-

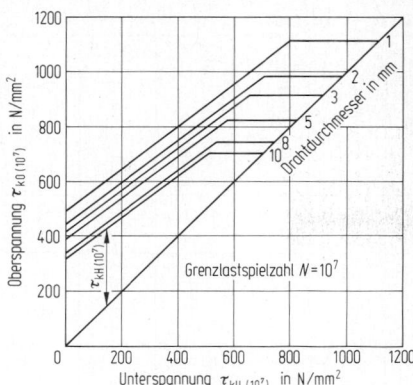

Bild 11. Dauerfestigkeitsschaubild (Goodman-Diagramm) nach DIN 2089 T 1 für kaltgeformte Schraubendruckfedern aus patentiert-gezogenem Federstahl der Klasse C und D nach DIN 17223 T 1, nicht kugelgestrahlt

turen (80°) nach 48 h erhebliche prozentuale Kraftverluste (15%) bei kaltgeformten Druckfedern und selbst dauerfest ertragbaren Oberspannungen von $\tau = 800 \text{ N/mm}^2$ gemessen. Zur Bewertung der dynamischen Beanspruchungen im Zeitfestigkeitsbereich (Lastspielzahlen $N = 10^4$ bis 10^7) und im Dauerfestigkeitsbereich (Lastspielzahlen $N \geq 10^7$) dienen Goodman-Diagramme, in denen die zulässige Randoberspannung τ_{kO} über der Randunterspannung τ_{kU} aufgetragen wird und aus denen der ertragbare Spannungshub τ_{kH} abgelesen werden kann. Ein Dauerfestigkeitsschaubild für nicht kugelgestrahlte Federn zeigt **Bild 11.** Durch Kugelstrahlen kann der zulässige Spannungshub dieser Federn um etwa 20% erhöht werden. Druckfedern mit Drahtdurchmessern über 17 mm werden nicht mehr kaltgeformt, sondern ausschließlich durch Warmformung aus z.B. warmgewalzten vergütbaren Stählen nach DIN 17221 hergestellt. Als Vormaterialien werden je nach Anforderung Stähle mit gewalzter oder spanend bearbeiteter, d.h. gedrehter, geschälter oder geschliffener Oberfläche verwendet. Zur Steigerung der ertragbaren Hubspannung bei dynamischer Beanspruchung wird kugelgestrahlt. DIN 2089 enthält auch Berechnungsformeln zur *Querfederung,* zur *Knickung,* zur *Eigenfrequenz* und zur *Stoßbelastung* [20, 54, 5].

Progressive Schraubendruckfedern, wie sie für Kraftfahrzeugkonstruktionen bisweilen gefordert werden, können aus beiderseitig konisch verjüngten Stäben mit veränderlichem Wickelabstand oder konstantem Drahtdurchmesser mit veränderlichem Windungsdurchmesser – nicht zylindrisch – hergestellt werden. Während des Einfederns wird ein Teil der Windungen kontinuierlich zunehmend auf Block gesetzt und dadurch vorzeitig als Federungselement ausgeschaltet [11, 19, 46, 65].

Schraubendruckfedern werden bisweilen in Form von *Federnestern* mit zwei (oder drei) konzentrischen, abwechselnd rechts und links gewickelten Federn eingesetzt, um einen gegebenen Raum optimal auszunutzen. Sorgfältige Zentrierung der Einzelfederenden und genügend Radialspiel zwischen den Federn ist vorzusehen [63]. Die parallelgeschalteten Federn sollten so ausgelegt sein, daß sie bei höchstem Federweg gleich hoch beanspruchen und annähernd gleiche Blocklänge haben. Das Wickelverhältnis $w = D/d$ muß dann für die einzelnen Federn gleich sein. Die von den Einzelfedern ertragenen Kräfte und Arbeiten verhalten sich wie die Quadrate ihrer Durchmesser

d. Der geringe Nutzen der dritten konzentrischen Feder lohnt fast nie den Aufwand, abgesehen davon, daß die innere Feder dann oft nicht mehr knicksicher ausgelegt werden kann.

Zylindrische Schraubenzugfedern. *Feingestaltung.* Ösen- und Hakenformen für kaltgeformte Zugfedern nach DIN 2097. Bei Federn mit Ösen wird die Gesamtanzahl der Windungen durch die Stellung der Ösen festgelegt; bei eingeschraubten oder eingerollten Endstücken ist die Gesamtzahl der Windungen um die Anzahl der durch Einrollen oder Einschrauben von Endstücken blockierten Windungen höher als die Anzahl der federnden Windungen. Bei Zugfedern mit Vorspannung liegen die Windungen aneinander, nicht unbedingt bei Zugfedern ohne Vorspannung.

Ergänzungen zur Berechnung nach **Tab. 5** für kalt- und warmgeformte Stahl-Zugfedern s. DIN 2089 T 2. Für die Berechnung und Konstruktion sind neben dem gegebenen Einbauraum in erster Linie die zu verrichtende Federarbeit und die höchste Federkraft F_n maßgebend. Für kaltgeformte Zugfedern aus patentiert gezogenem Federstahldraht der Klassen A bis D nach DIN 17223 T 1 beträgt bei statischer oder quasistatischer Belastung die zulässige Nennschubspannung $\tau_{n\,zul} = 0,45 R_m$, mit der vom Durchmesser abhängigen Mindestzugfestigkeit R_m. Aus Platzersparnisgründen werden kaltgeformte Zugfedern meist mit einer inneren Vorspannkraft F_0 gewickelt, so daß ihre theoretische Zugkraft-Verformungs-Kennlinie entsprechend **Tab. 5b** verläuft (theoretische Wickel-Nennschubspannung $\tau_0 \leq 0,1 R_m$).

Berechnungsbeispiele in DIN 2089 T 2. Bei schwingender Belastung sind Zugfedern nach Möglichkeit zu vermeiden, da die Spannungsspitzen in den Ösen rechnerisch nur unsicher erfaßbar sind, weil ihre Oberfläche wegen der im unbelasteten Zustand meist eng aneinander liegenden Windungen nicht durch Kugelstrahlen verfestigt werden kann und weil ein Dauerbruch, im Gegensatz zur Schraubendruckfeder, unmittelbar zu Folgeschäden führen kann. Müssen Zugfedern bei schwingender Belastung angewandt werden, dann nur als kaltgeformte Zugfedern, zweckmäßig mit eingeschraubten Lochlaschen nach DIN 2097 [4, 55].

2.3 Gummifedern
Rubber springs and anti-vibration mountings

Gummifedern [80–98] sind Konstruktionselemente, deren hohe Nachgiebigkeit durch die Elastizität der verwendeten Elastomere (Gummi), aber auch durch deren Formgebung und Verbindung mit Metallteilen bestimmt wird.

2.3.1 Der Werkstoff „Gummi" und seine Eigenschaften
Rubber and its properties

Grundlegendes über Elastomere s. E4.8. In **Tab. 6** sind für Natur- und Kunstkautschuksorten, die sich für Federelemente verwenden lassen, Angaben über bemerkenswerte Eigenschaften zusammengestellt.

Die Verformung einer Gummifeder setzt sich aus elastischer Formänderung und von der Belastungshöhe und der Zeit abhängigem *Kriechen* zusammen. Zum Kriechen unter ruhender Last kommt ein *Setzen* unter schwingender Last während der ersten $5 \cdot 10^5$ Lastspiele hinzu. Nach der Entlastung und einem Rückfließen aufgrund von Eigenspannungen bleibt eventuell ein merklicher, werkstoffabhängiger *Verformungsrest* (DIN 53517, DIN 53518). Kriech-(Fließ-) und Setzerscheinungen sind bei Kunst-

Tabelle 6. Übersicht über die für Gummifedern verwendeten Elastomere und ihre wichtigsten Eigenschaften

Elastomere mit Kurzzeichen nach DIN ISO 1629 und Handelsnamen-Beispiel	Styrol-Butadien-Kautschuk	Naturkautschuk (Polyisopren)	Butyl-Kautschuk (Brom-, Chlor-)	Ethylen-Propylen-Dien-Kautschuk	Chloropren-Kautschuk	Chlorsulphonyl-Polyethylen-Kautschuk	Nitril-Butadien-Kautschuk	Polyester-Urethane-Kautschuk	Methyl-Vinyl-Silikon-Kautschuk	Polyacrylat-Kautschuk (PA)	Fluor-Kautschuk
	SBR	NR	BIIR CIIR	EPDM	CR	CSM	NBR	AU.EU	MVQ	ACM	FPM
Eigenschaften	Buna	Gummi	Butyl	Buna AP	Neoprene	Hypalon	Perbunan	Vulkollan	Silopren	Cyanacryl	Viton
Shore-A-Härte, shA (DIN 53505)	30…100	20…100	40…85	40…85	20…90	50…85	40…100	65…95	40…80	55…90	65…90
Reißdehnung (DIN 53504)	100…800	100…800	400…800	150…500	100…800	200…250	100…700	300…700	100…400	100…350	100…300
Temperatureinsatzbereich in °C	−50…100	−55…90	−40…120	−50…130	−40…100	−20…120	−40…100	−25…80	−60…200	−20…150	−20…200
Beständigkeit gegen Kohlenwasserstoffe	gering	gering	gering	mittelmäßig	mittelmäßig	gut bis mittelmäßig	gut		gut	sehr gut	hervorragend
Kriechfestigkeit	sehr gut	hervorragend	mittel	gut	gut	mittel	sehr gut	gut	gut	gut	gut
Dämpfung	gut	mittelmäßig	sehr gut	gut	gut	sehr gut	sehr gut	gut	gut	sehr gut	stark temperaturabhängig
Haftfestigkeit an Metall	gut	hervorragend	mittelmäßig	mittelmäßig	gut	mittelmäßig	sehr gut	sehr gut	mittel	mittel	gut
spezielle Eigenschaften	–	brennbar	gut säurebeständig	hervorragend ozonbeständig	–	gut säurebeständig	–	wasserempfindlich bei 40 °C	flammwidrig	brennbar (hell herstellbar)	silikonölbeständig
Preisindex	100	85	125	120	250	270	170	400	800	350	1000

kautschukmischungen wesentlich stärker ausgeprägt als bei hochelastischen Naturkautschukmischungen; sie sind ebenso wie die auf den gleichen physikalischen Zusammenhang zurückzuführende Dämpfung temperaturabhängig. Bei 80 °C beginnen auch hochelastische Gummimischungen bereits erheblich zu kriechen. Der Werkstoff „Gummi" kann im Anwendungsbereich gut mit rheologischen Modellen [88] beschrieben werden. Im allgemeinen werden für den *Schubmodul G* und den *Kompressionsmodul K* unterschiedliche rheologische Modelle benötigt.
Der *Kompressionsmodul K* gibt die relative Volumenänderung unter allseitigem Druck an. Für linear elastische Materialien ist $K = E/(3 - 6v)$ und $E = 2G(1 + v)$ mit der Querkontraktionszahl v. Für Elastomere gilt bei kleinen Verformungen und Belastungsgeschwindigkeiten $v \approx 0,5$ und $E \approx 3G$; der Kompressionsmodul K kann z.B. etwa 1280 N/mm² bei einem Schubmodul G von 18 N/mm² betragen ($v = 0,493$), womit Gummi praktisch inkompressibel reagiert, was bei Gestaltung und Einbau zu beachten ist.
Infolge der verhältnismäßig hohen ertragbaren Schiebungen werden die Federkennlinien bis in den nichtlinearen Bereich hinein genutzt, das Hookesche Gesetz gilt deshalb, auch bei niedrigen Belastungsgeschwindigkeiten, nur angenähert im gesamten Anwendungsbereich. Zur Kennzeichnung von Gummiqualitäten wird in der Praxis die *Shore-A-Härte* nach DIN 53505 – kurz shA – benutzt,

die bestenfalls mit einer Unsicherheit von ±2 shA reproduzierbar gemessen werden kann. Der Shore-A-Härte kann ein Schätzwert für den Schubmodul G nach **Bild 12** zugeordnet werden. Eine Kennlinie eines Gummielements unter schwingender Belastung zeigt **Bild 13**. Neue Gummifedern sind i.allg. härter als bereits dynamisch beanspruchte.
Die im Gummi wirkenden Dämpfungskräfte können nur in jeweils eng begrenzten Frequenzbereichen als geschwin-

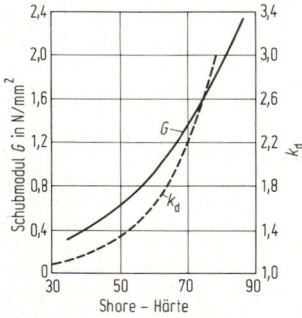

Bild 12. Schubmodul G und Dynamikfaktor k_d von Gummi (Naturkautschuk) in Abhängigkeit der Shore-A-Härte [84]

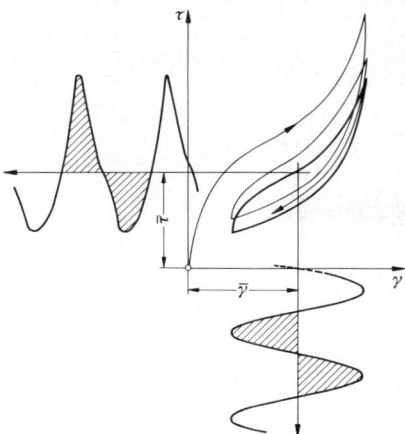

Bild 13. Hystereseschleifen eines sinusförmig zwangsverformten Gummielements [ISO 2856–1975 (E)] für erste Belastungszyklen und endgültigen Belastungszyklus mit Spannungs- und Dehnungs-Mittelwertlinien

digkeitsproportional betrachtet werden. Selbst bei hochelastischen Qualitäten mit niedriger Shorehärte ergeben sich im normalen Schwingfrequenzbereich von 25 bis 50 Hz bereits bis 20%ige Überhöhungen des bei zügiger Belastung gemessenen E-Moduls bzw. G-Moduls; bei höheren Shorehärten im Bereich 54 bis 72 shA kann die Überhöhung 40 bis 60% betragen. Man muß deswegen bei Gummielementen zwischen der statischen Federsteifigkeit c und der dynamischen Federsteifigkeit c_{dyn} unterscheiden. Vereinfachend besteht zwischen beiden Kennwerten der Zusammenhang $c_{dyn} = k_d c$. Als Richtwert gilt, daß der nur wenig mit der Frequenz zunehmende Faktor k_d in einem üblichen Härtebereich 35 bis 60 shA zwischen 1,1 bis 1,6 liegt, bei Shore-Härten über 60 aber auch erheblich höher liegen kann, **Bild 12**. Zur Bestimmung genauerer Kennwerte für die von der Frequenz, der Verformungsamplitude, der Mittelverformung und der Temperatur abhängigen visko-elastischen Eigenschaften s. DIN 53513 oder [88].

2.3.2 Gummifederelemente. Basic types of rubber spring

Anwendung. Im steigendem Maße für die *Schwingungsisolierung* im Motorenbau und als elastische Verbindungselemente und -gelenke im Maschinenbau, weil sie sich in idealer Weise konstruktiven Anforderungen anpassen lassen [84, 91].

Bauarten. Gummielemente können als frei geformte, kompakte Elemente, wie z.B. einfachen zylindrischen Gummiblöcken mit $d = h$ für Schwingungsisolierung, oder als

gefügte oder gebundene Elemente eingesetzt werden. Bei gefügten Federn muß durch ausreichende Pressung in den Wirkflächen sichergestellt sein, daß die Spannungen auf den Gummi möglichst gleichmäßig und ohne Verformungsbehinderung übertragen werden. Meist werden Gummifederelemente als sog. Gummi-Metall-Elemente, z.B. nach **Tab. 7**, ausgeführt, wobei die bei der Vulkanisation innig mit dem Gummi verbundenen Metallflächen eine einwandfreie Kraftübertragung gewährleisten. Solche Elemente werden in großen Serien hergestellt und sind mit ihren verhältnismäßig sicher angebbaren Steifigkeits- und Festigkeitswerten in Herstellerkatalogen aufgeführt [94–98]. Für neue Aufgaben sollten sie nicht ohne eingehende Rücksprache mit dem Hersteller ausgewählt werden. Schubbelastete Gummimetallfedern werden bevorzugt bei mittleren Belastungen eingesetzt, sobald größere Federwege bzw. niedrige Eigenschwingungszahlen gefordert werden. Druckbelastete Gummielemente werden bei großen Lasten angewendet, sobald hohe Steifigkeit in Belastungsrichtung erlaubt oder erwünscht ist. Zugbeanspruchte Gummielemente werden verwendet, wenn sehr kleine Massen schwingungsisoliert aufgehängt werden sollen, sie haben den Vorteil besonders günstiger Geräuschisolierung. Weitere Bauformen s. VDI-Richtlinie 2062.

Entwurfsberechnung nach **Tab. 7**. Anhaltswerte für zulässige Beanspruchungen **Tab. 8**. Im allgemeinen darf man mit der statischen Schubverformung nicht über $\tan \gamma = 0,2$ bis 0,4 hinausgehen; die Druckverformung soll kleiner als $\varepsilon = 0,1$ sein.

Feingestaltung. Bei schubbelasteten Gummimetallfedern (**Tab. 7a, b**) soll das Dicke/Länge-Verhältnis $t/l \ll 0,25$ (DIN 53513) bleiben, damit zusätzliche Normalspannungen an den schubübertragenden Metallflächen kleingehalten werden können; auch die Kennlinie ist dann weitgehend geradlinig und die Dauerhaltbarkeit wird erhöht. Der Vermeidung von Zugspannungen an den Flächengrenzen dient auch eine Druckvorspannung der Elemente, **Bild 14** [87]. Bei drehschubbeanspruchten Elementen (**Tab.**

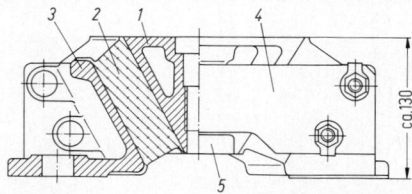

Bild 14. Motorlager für Lokomotiv- und Schiffdieselmotoren im Querschnitt und in Draufsicht nach [87]. *1* Innenteil (Gußteil) mit Gewinde und Querkrafteinleitung über Paßring, *2* Schub- und druckbeanspruchter Gummikörper, *3* Befestigungswinkel (Gußteile), *4* Zugstege, *5* Rückanschlag am Innenteil *1*

(Tab. 7 s. S. 62)

Tabelle 8. Anhaltswerte für die überschlägige Berechnung von zulässigen Belastungen und Verformungen von Gummielementen. (k: Formfaktor nach **Tab. 7e**: zulässige Wechselbeanspruchungen etwa 1/3 bis 1/2 der zulässigen statischen Beanspruchungen) nach [16]

Shore-Härte sh(A)	Dichte in t/m³	E-Modul E_{st} bei Druck in N/mm²		G-Modul G_{st} in N/mm²	Dynamik-Faktor k_d	Zulässige statische Verformung in % bei ständiger statischer Belastung		Zulässige Spannung in N/mm² bei ständiger statischer Belastung		
		$k=1/4$	$k=1$			Druck	Schub, Zug	Druck $k=1/4$	Druck $k=1$	Schub, Zug
30	0,99	1,1	4,5	0,3	1,1		50...75	0,18	0,7	0,2
40	1,04	1,6	6,5	0,4	1,2		45...70	0,25	1,0	0,28
50	1,1	2,2	9,0	0,55	1,3	10...15	40...60	0,36	1,4	0,33
60	1,18	3,3	13,0	0,8	1,6		30...45	0,5	2,0	0,36
70	1,27	5,2	20,0	1,3	2,3		20...30	0,8	3,2	0,38

Tabelle 7. Bauformen von Gummi-Metall-Federn mit Berechnungsgrundlagen

Federart	Federform, Belastung	Berechnungsgleichungen	Geltungsbereich, Bemerkungen
Scheiben-feder unter Parallel-schub **a**	Schubspannungs-verteilung	$s \approx \dfrac{Ft}{lbG}$ $\tau_n = F/(lb)$ $\approx G\,s/t$ $s_{zul} \approx t\,\gamma_{zul}$ $\eta_a \approx 1$ falls $l \gg t$ $F_{zul} = blG\,\gamma_{zul}$	Im Bereich $s/t \approx \gamma \leq 20°$ ($s \leq 0{,}35t$) ist Kennlinie praktisch gerade. An den Rändern bei I…Ⅳ ist $\tau = 0$. Von da an steigt τ zunächst über τ_n hinaus an. Bei I und Ⅲ ist Zugspannung überlagert, bei Ⅱ und Ⅳ Druckspannung.
Hülsen-feder unter Axial-schub **b**		$s \approx \dfrac{F\ln(d_a/d_i)}{2\pi lG}$ $\tau_{ni} = \dfrac{F}{\pi d_i l}$; $\tau_{na} = \dfrac{F}{\pi d_a l}$ $s_{zul} = \dfrac{d_i}{2}\ln\dfrac{d_a}{d_i}\,\gamma_{zul}$ $F_{zul} = \pi d_i lG\,\gamma_{zul}$	Linearität bis $\gamma_{ni} = \dfrac{\tau_{ni}}{G} \leq 20°$ Falls Gummihöhe l mit dem Kehrwert des Durchmessers abnimmt, also $l_i d_i = l_a d_a$, gilt $\tau_{ni} = \tau_{na}$ und $s \approx \dfrac{F(d_a - d_i)}{2\pi d_i l_i G}$; $\eta_A = 1$ (Körper gleicher Beanspruchung)
Scheiben-feder unter Dreh-schub **c**	$(t_a/t_i = d_a/d_i)$	$\varphi \approx \dfrac{24 M_t t_a}{\pi G(d_a^4 - d_i^3 d_a)}$ $\tau = \varphi\dfrac{d_a}{2t_a}G = \varphi\dfrac{d_i}{2t_i}G$ $\varphi_{zul} = \dfrac{2t_a}{d_a}\gamma_{zul},\ \eta_a = 1$ $M_{t\,zul} = \dfrac{\pi G(d_a^3 - d_i^3)}{12}\gamma_{zul}$	Gültig für $\varphi \leq 20° \cdot \dfrac{2t_a}{d_a}$ Falls $t_i = t_a = t$ ist $\varphi = \dfrac{32 M_t t}{\pi(d_a^4 - d_i^4)G}$ Bei gleichem t_a und damit gleichem φ_{zul} fällt $M_{t\,zul}$ für $d_a/d_i = 2$ auf das 0,8fache gegenüber gezeichneter Feder
Hülsen-feder unter Dreh-schub **d**		$\varphi \approx \dfrac{M_t}{\pi lG}\left(\dfrac{1}{d_i^2} - \dfrac{1}{d_a^2}\right)$ $\tau_i = \dfrac{2M_t}{\pi d_i^2 l}$; $\tau_a = \dfrac{2M_t}{\pi d_a^2 l}$ $\varphi_{zul} = \dfrac{(d_a^2 - d_i^2)}{2d_a^2}\gamma_{zul}$ $M_{t\,zul} = \dfrac{\pi G d_i^2 l}{2}\gamma_{zul}$	Falls Gummibreite l mit dem Kehrwertquadrat des Durchmessers abnimmt, also $l_i d_i^2 = l_a d_a^2$, gilt $\tau_i = \tau_a$, $\eta_A = 1$ und $\varphi = \dfrac{2M_t}{\pi l_i G d_i^2}\ln\dfrac{d_a}{d_i}$ $\varphi_{zul} = \ln\dfrac{d_a}{d_i}\,\gamma_{zul}$ (Linearität bis $\gamma \approx 40°$)
Gummi-puffer unter Druck-last **e**		$s \approx \dfrac{4Fh}{E_{rech}\,\pi d^2}$ $F_{zul} = \dfrac{\pi d^2}{4}\sigma_{zul}$ Bei Dauerbelastung $s_{zul} = 0{,}1h$, sonst Kriechen Formfaktor $k = \dfrac{\pi d^2/4}{\pi d h} = \dfrac{d}{4h}$	(Diagramm: rechnerischer E-Modul in N/mm² über Formfaktor k; Kurven für Shore-Härte 72, 67, 54, 44, 32)

7c, d) tritt eine Spannungserhöhung an den Grenzen der lastübertragenden Flächen nicht auf, weshalb sie stärker schubverformt werden als in Schubrichtung begrenzte Gummi-Metall-Federn. Nach Möglichkeit sollten sie als Körper gleicher Schubbeanspruchung gestaltet werden, **Bild 15** [92].

Die Steifigkeit druckbeanspruchter Gummielemente kann erhöht werden, wenn dünne Metallplatten parallel zur Druckfläche einvulkanisiert oder eingepreßt werden, **Bild 16** [87], und damit die Querdehnung des Gummis noch stärker behindern, als dies durch die äußeren Druckflä-

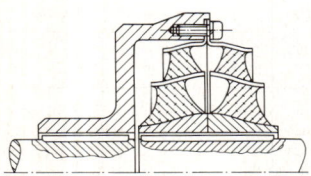

Bild 15. Drehelastische Wellenkupplung nach [92]

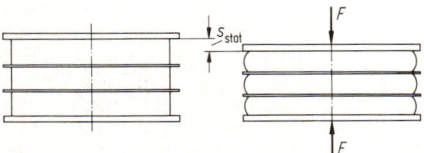

Bild 16. Druckbeanspruchter Gummi-Metall-Körper mit einvulkanisierten, die Querdehnung weitgehend behindernden Zwischenblechen nach [87]. (Resultierender E-Modul: $E_R = KG$, mit $K = 19{,}5$ für Formfaktor $k = d/4h = 1{,}5$)

chen geschieht. Die Querbehinderung durch die nicht gleitfähigen Druckflächen wird durch den *Formfaktor k*, das Verhältnis von belasteter Gummifläche zu freier Gummioberfläche (**Tab. 7e**), erfaßt. Dünne Metallplatten können auch zur Wärmeableitung und damit zur Temperaturniedrigung in schwingend beanspruchten Elastomere-Elementen genutzt werden. Wegen der Dämpfungsfähigkeit der Elastomere entstehen im Inneren hohe Temperaturen (Wärmenester), die mit modernen Berechnungsmethoden, Finite Elemente Rechnungen, vorhergesagt werden können [88].

Hinweis. Weitere Gestaltungsgesichtspunkte sind jeweils nach vorherigen Diskussionen mit den Herstellern unter Einbeziehung ihrer vielfältigen Erfahrung zu berücksichtigen. Von den Herstellern ist auch in jedem Einzelfalle die zulässige Belastbarkeit der Gummifeder zu erfragen, falls sie in Herstellerkatalogen nicht aufgeführt ist.

2.4 Faserverstärkte Kunststoffedern
Fibre composite springs

Mit faserverstärkten Kunststoffedern [100–106] sollen die Vorteile von Metallfedern (hohe Belastbarkeit, kleiner Bauraum, niedrige Relaxation) und von Gummifedern (niedrigeres Gewicht, Dämpfungsfähigkeit) vereinigt werden. Die Tragfähigkeit und Steifigkeit wird von den Fasern (meist Glasfasern, aber auch Aramidfasern und Kohlenstofffasern) und der Matrix (meist Polyester- oder Epoxidharze) bestimmt. Die Werkstoffeigenschaften des Verbundwerkstoffs sind abhängig vom Faservolumenanteil (30 bis 60%) variierbar und damit gleichsam einstellbar. Die chemische und mechanische Verträglichkeit der Komponenten muß unter den Umgebungsbedingungen bei Fertigung, Lagerung und Betrieb sichergestellt werden, z.B. sind Feuchtigkeit und Temperatur zu beachten.

Anwendung. Für Blattfedern im Fahrzeugbau, für Hochleistungssportgeräte, für stromisolierende Abstützungen im Elektromaschinenbau, für Elemente des Flugzeugbaus.

Bauarten. Zug- und biegebeanspruchte Federn mit Grundformen nach G 2.2.1 und G 2.2.2 und metallverstärkten Krafteinleitungsstellen.

Entwurfsberechnung. Wegen Anisotropie der Festigkeitseigenschaften ist i. allg. die Kunststoffmatrix festigkeitsbestimmend. Die für Metallfedern gültigen einfachen Entwurfsberechnungen, die i. allg. keine Bewertung der Schubspannungen berücksichtigen, können höchstens als erste Vergleichsbasis bei Vorliegen von Bauteilversuchen an Kunststoffedern verwendet werden. Es muß darüber hinaus stets geklärt werden, ob die Matrix eine ausreichede Knicksicherheit gewährleistet. Weiterführende Literatur [100–106].

Feingestaltung. Die Krafteinleitung erfolgt bei Zugstäben zweckmäßigerweise über zwei metallene Garnrollen, um die die Faser praktisch endlos gewickelt wird; der Abstand zwischen den Garnrollen wird durch ein drucksteifes Konstruktionselement sichergestellt. Eine ähnliche Konstruktion wird für massenreduzierte Pleuel (Kohlenstoffaser/Aluminium) erprobt [102]. Auch bei Blattfedern werden Federaugen und Klammern aus geformten Stahlbändern verwendet [105]. Allgemein ist darauf zu achten, daß die in Längsrichtung eingebetteten Glasfasern nicht durchschnitten werden. Auch Verschraubungen sind zu vermeiden, da wegen der im Kunststoff einsetzenden Relaxation die notwendige Schraubenvorspannung nicht ohne besondere Maßnahmen aufrechterhalten werden kann.

2.5 Gasfedern. Gas springs

Das Prinzip von Gasfedern (Luftfedern) [110–114] beruht auf der Kompressibilität eines in einen Behälter eingeschlossenen Gas-(Luft-)volumens.

Anwendung. Im Kraftfahrzeugbau zur Darstellung nichtlinearer Kennlinien sowie zur Niveauregelung, in Luftkupplungen [111].

Bauarten. Kolben-Luftfeder ähnlich Luftpumpe mit konstantem Querschnitt A und variabler Luftsäulenhöhe h. Die Zusammendrückung der Luftsäule um Weg s bewirkt Druckerhöhung von Außendruck p_0 (=Innendruck bei $s = 0$) auf Enddruck p. Die erforderliche Dichtung für Kolben führt zu eine Reibungskraft und damit zu Energieverlusten. Reibung entfällt bei Rollfelderbälgen **Q 5 Bild 19**. Auch Kombination mit Flüssigkeitsdämpfer **Q 5 Bild 20**.

Grundlagen. Zustandsgleichung für Gase $pv^n =$ const, mit absolutem Druck p, spezifischem Volumen v und Polytropenexponent n nach D 7. Für Kolben-Luftfedern ohne Berücksichtigung der Reibung erhält man eine nichtlineare Federkennlinie.

$$F = p_0 A(-1 + 1/(1 - s/h)^n).$$

Weitere Angaben: VDI-Richtlinie 2062 Bl. 2 und [110–114].

3 Kupplungen und Bremsen
Couplings, clutches and brakes

K. Ehrlenspiel, München

3.1 Überblick, Aufgaben. Survey, function

Kupplungen dienen zur *Übertragung* von Drehmomenten bei fluchtenden und nichtfluchtenden Wellen, ferner oft zusätzlich zur Verbesserung der *dynamischen Eigenschaften* eines Antriebszugs und zum *Schalten* des Drehmoments. **Bild 1** und **Bild 2** geben einen Überblick über die vielfältigen Funktionen und Möglichkeiten der Drehmomentübertragung [1, 2]. Im Gegensatz zu Getrieben oder Drehmomentwandlern weisen Schlupf- und Schaltkupplungen am Ein- und Ausgang (stationär) gleich hohe Drehmomente M_t auf. Da der Leistungsunterschied $M_t \Delta \omega$ nur in Wärme übergehen kann, stehen Wärmespeicherungs- und Kühlungsprobleme sowie Verschleißvorgänge im Vordergrund.

Gesichtspunkte zur Auswahl [3]. Übertragbares Nenn- und Spitzenmoment, Elastizität, Dämpfung, Durchschlagsicherheit, maximale Drehzahl, Reversierverhalten, Spiel, Eigenfrequenz, Dauerfestigkeit der Kupplung; Arten und Trägheitsmoment der zu kuppelnden Maschinen, Stöße, zeitlicher Momentenverlauf; Blockieren der Arbeitsmaschine möglich? Wellenlage: zulässige Radial-, Axial- und Winkelverlagerungen (**Bild 4f**), zulässige axiale und radiale Kräfte; Axialbefestigung, Abmessungen, Bohrungstole-

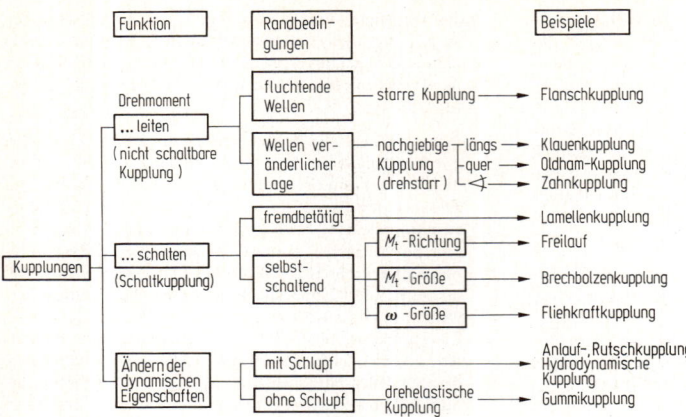

Bild 1. Funktionen der Wellenkupplungen

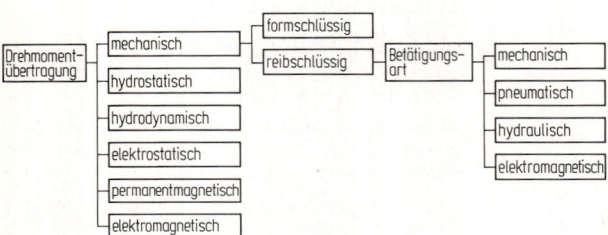

Bild 2. Möglichkeiten der Drehmomentübertragung bei Kupplungen

ranz, Gewicht, Schwerpunktlage, Auswuchtbarkeit; Beeinflussung der biegekritischen Drehzahl. Bei *Schaltkupplungen:* Schalthäufigkeit, Erwärmung, Kühlung, Schaltzeit, automatisches Aus- und Wiedereinschalten, Schaltbedingungen, Schaltkräfte, -wege, Restmoment nach Ausschalten, Ratterneigung, Dauerschlupf, „nasse oder trockene" Kupplung, Umgebungstemperatur. *Betriebseigenschaften:* Möglichkeit radialen Ausbaus, Ausrichtbarkeit, Unfallsicherheit, Verschleißnachstellung, Lebensdauer, Auswechseln von Verschleißteilen, Isolation von Körperschall und elektrischem Strom, Empfindlichkeit gegen Staub, Feuchtigkeit, Öl, Chemikalien; Wartbarkeit, Inspektionsintervall, Ersatzteillieferzeit.

Kenngrößen zur Vorauswahl: Übersicht über Hersteller in [4].

Nichtschaltbare Kupplungen haben nach **Anh. G 3 Bild 1 a** eine bauartspezifische Abhängigkeit der Außendurchmesser vom Drehmoment: $D_a = \text{const} M_{KN}^{0,3}$. Ähnlich wie der Außendurchmesser verhalten sich die Außenlänge L_a und das Gewicht G (**Anh. G 3 Bild 1 b**). Trotz Streuungen, die bis zur jeweils nächsten Bauart reichen, ist deutlich, daß die *Kupplungsgröße* mit zunehmender Drehelastizität wächst. Bei den zulässigen *Drehzahlen* ist eine umgekehrte Tendenz mit allerdings noch größeren Streuungen feststellbar: $n = \text{const} M_{KN}^{-0,27}$. Hier sind schneller laufende Kupplungen einer Bauart (Index a) und mittelschnellaufende (Index b) unterscheidbar [5].

Für *Schaltkupplungen* gibt **Anh. G 3 Bild 2** Herstellerangaben wieder [6].

3.2 Drehstarre, nicht schaltbare Kupplungen
Permanent torsionally stiff couplings

3.2.1 Starre Kupplungen. Rigid couplings

Dies sind i. allg. kostengünstige und klein bauende Kupplungen, die unter Beachtung von Ausricht- und Biegeschwingungsproblemen bei sehr einfachen Antrieben, aber auch bei höchsten Drehmomenten und Drehzahlen (angeschmiedete Flansche) eingesetzt werden.

Bauarten (Bild 3a–c): a) Die *Scheibenkupplung* überträgt Drehmoment mit Reibschluß durch vorgespannte Paßschrauben ($M_{max} = 10^6$ Nm, $n_{max} = 8000$ 1/min). Bei zweiteiliger Zwischenscheibe ist eine radiale Demonta-

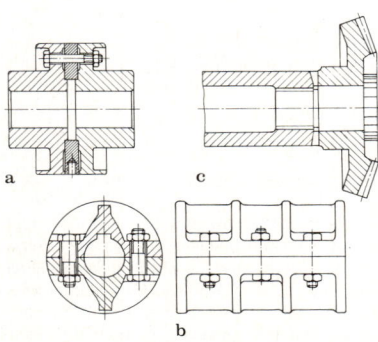

Bild 3a–c. Drehstarre, nicht schaltbare Kupplungen [4] (s. Text)

ge möglich. Sonderbauarten werden auch mit Kegelsitz und Druckölverband ausgeführt. **b)** Die *Schalenkupplung* ermöglicht bei radial kleinen Abmessungen einen einfachen Ausbau der reibschlüssig übertragenden Schalen ($M_{max} = 0{,}3 \cdot 10^6$ Nm, $n_{max} = 1700$ 1/min). Zur Sicherheit werden Paßfedern verwendet. Sie ist nicht für wechselnde, stoßartige Lasten geeignet. **c)** *Stirnzahnkupplung*. Kleinstbauende selbstzentrierende Kupplung mit radialen Zähnen, die aber eine starke axiale Vorspannung erfordert. Sie ist spielfrei und für wechselnde Drehmomente geeignet. (Im Bild 3c: Verbindung eines Kegelrades mit einer rohrförmigen Welle.)

3.2.2 Drehstarre Ausgleichskupplungen
Torsionally stiff self-aligning couplings

Drehstarre Ausgleichskupplungen können axiale, radiale oder winklige Wellenverlagerungen ausgleichen und werden eingesetzt, wenn eine winkeltreue Übertragung gefordert ist sowie das Drehschwingungsverhalten nicht verändert werden soll. (Ursachen für Wellenverlagerungen: Ausricht-/Montageungenauigkeiten; Wärmedehnungen; elastische Verformungen; Fundamentversatz). Drehstarre Ausgleichskupplungen bauen kleiner als drehelastische, müssen im Gegensatz dazu aber geschmiert werden (Ausnahme: Membrankupplungen).

Bauarten (Bild 4a–f): a) Die *Klauenkupplung* mit axialen Mitnehmern gleicht nur Axialversatz aus, kann aber als Schaltkupplung ausgeführt werden. Die *Parallelkurbelkupplung* [4] baut sehr kurz bei großen Radialverlagerungen paralleler Wellen und ermöglicht eine winkeltreue Übertragung. Die kurzbauende *Kreuzscheiben-(Oldham-) Kupplung* [7] überträgt winkeltreu, aber wegen Verschleißproblemen nur kleine Drehmomente ($\Delta K_r = 1$ bis 5 mm, $\Delta K_w = 1$ bis 3°). **b)** Das *Kreuzgelenk* [8, 9] gestattet Beugewinkel bis zu 40°, formt aber eine gleichförmige Winkelgeschwindigkeit ω_1 in eine mit $2\omega_1$ pulsierende Winkelgeschwindigkeit ω_2 um: $\omega_2 = \omega_1 \cos\beta / (1 - \sin^2\beta \sin^2\alpha_1)$

(wobei β Beugewinkel $\stackrel{\wedge}{=} \Delta K_w$ nach DIN 740, α_1 Drehwinkel der Welle 1). Die Maximal-/Minimalwerte sind $\omega_{2max} = \omega_1 / \cos\beta$; $\omega_{2min} = \omega_1 \cos\beta$ und der Ungleichförmigkeitsgrad $U = (\omega_{2max} - \omega_{2min}) / \omega_1 = \tan\beta \sin\beta$. **c)** Bei der *Gelenkwelle* [9–12] wird über ein zweites Kreuzgelenk diese Pulsation rückgängig gemacht. Hierfür gelten drei Voraussetzungen: Gabeln der Verbindungswelle in einer Ebene, Beugungswinkel $\beta_1 = \beta_2$, An- und Abtriebswelle in einer Ebene. Ein großer Beugungswinkel β mindert wegen dynamischer Kräfte die übertragbare Leistung. **d)** *Gleichlaufgelenke* [10, 13] sind homokinetisch (gleichförmig) und bauen bei Ablenkwinkeln bis zu 48° sehr kurz. **e)** *Doppelzahnkupplungen* [14–19] übertragen das Drehmoment ($M_{max} = 5 \cdot 10^6$ Nm, $n_{max} = 10^5$ 1/min) über eine gerade Außen-/Innenverzahnung, die auch ballig sein kann und damit Winkelabweichungen $\Delta K_w < 1°$ je Verzahnung möglich macht. Der zulässige Parallelversatz der Wellen ($L \tan\Delta K_w$) ist proportional der Verzahnungsentfernung L. Der Wartungsaufwand für die Schmierung ist für die Betriebssicherheit wesentlich und Hauptnachteil neben der Unbestimmtheit axialer und radialer Rückwirkungen auf die Lager. Langsamlaufende Doppelzahnkupplungen werden mit Fett geschmiert, bei höheren Drehzahlen wird Öl- bzw. Öldurchlaufschmierung verwendet. Vorteilhaft sind die geringe Baugröße, die Unempfindlichkeit gegen Überlastungen und die Eignung für hohe Drehzahlen [20]. Die zulässige Flächenpressung in der aktiven Zahnfläche beträgt bei ungehärteten, vergüteten Stählen 10 bis 15 N/mm² [9]. Die *Federlaschenkupplung* [21] gleicht durch wechselseitig an die Kupplungsflansche angeschraubte, zugbeanspruchte Laschenpakete Winkel-, Axial- und Radialverlagerungen aus. Sie ist wie die Membrankupplung schmierungs- und wartungsfrei und damit für höhere Temperaturen geeignet. **f)** Die *Membrankupplung* gleicht die bei der Federlaschenkupplung genannten Wellenverlagerungen durch elastische Verformung von Blechringen aus ($\Delta K_w = 0{,}5 \dots 1°$ je Hälfte, $\Delta K_a = 1 \dots 5$ mm). Die Kraftrückwirkungen sind

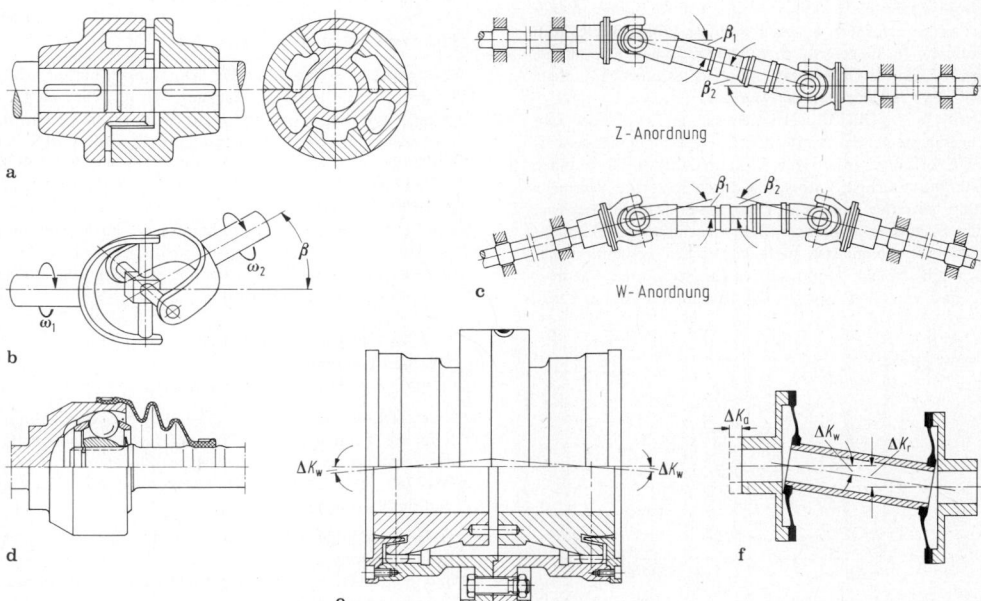

Bild 4a–f. Drehstarre Ausgleichskupplungen (s. Text)

berechenbar! Die Überlastempfindlichkeit ist gegenüber Zahnkupplungen nachteilig [22].

3.3 Elastische, nicht schaltbare Kupplungen
Permanent elastic couplings

Elastische Kupplungen übertragen die Drehbewegung schlupffrei und werden primär zur Verringerung von Drehmomentschwankungen oder -stößen verwendet und schonen damit die Maschinenanlage. Sie ermöglichen auch den Ausgleich von Fluchtungsfehlern, die z.B. durch Wärmedehnungen, Fundamentverlagerungen oder Montageungenauigkeiten entstehen. Sie werden besonders bei Maschinen mit starken Drehmomentschwankungen wie Kolbenmaschinen, Walzwerken, Fördermaschinen usw. eingesetzt.

3.3.1 Feder- und Dämpfungsverhalten
Elastic and damping characteristics

Das Feder- und Dämpfungsverhalten einer elastischen Kupplung verändert die *dynamischen Eigenschaften* eines Antriebssystems. *Drehmomentstöße* werden durch die elastische Speicherwirkung der Übertragungselemente verringert. Ein großer Verdrehwinkel φ verringert bei gegebener eingeleiteter Arbeit $\Delta W = \Delta(\frac{1}{2} M_t \varphi)$ das Spitzendrehmoment M_t oder den Drehmomentstoß. Die Dämpfung von *Drehschwingungen* erfolgt durch „innere" (Werkstoff-) Dämpfung wie bei Elastomerkupplungen oder durch „äußere" (Reibungs-)Dämpfung wie bei manchen metallelastischen Kupplungen. Die *Torsions-Resonanzfrequenzen* werden durch die elastische Kupplung verlagert, so daß sie außerhalb des Bereichs der Betriebsdrehzahl liegen.

Elastizität. Sie wird durch Federn aus Metall oder Elastomer (Gummi, Kunststoff) bewirkt. Kennwerte hierfür sind die Drehfedersteife $C_T = dM_t/d\varphi$ (Tangente an Federkennlinie, **Bild 5**) [23], die Axial- und Radialfedersteifen C_a bzw. C_r sowie die Winkelfedersteife C_w [DIN 740]. Besonders Elastomerkupplungen werden mit steigendem Drehmoment meist steifer (progressive Kennlinie), metallelastische erfordern hierzu besondere konstruktive Maßnahmen. Im Gegensatz zu metallelastischen Kupplungen erhöht sich die Drehfedersteife von Elastomerkupplungen mit der Frequenz und der Vorlast $C_{T\,dyn} \approx 1,2...1,4 C_{T\,stat}$ (bei ≤ 50 Hz) (**Bild 6**), verringert sich mit steigender Temperatur, steigender Amplitude und mit zunehmendem Alter. Die Temperatursteigerung kann dabei durch die innere Dämpfungsarbeit, unterstützt durch schlechte Wärmeleitung, zustande kommen. Trotz dieser Störeinflüsse werden Elastomerkupplungen überwiegend eingesetzt, da sie nicht wie die meisten metallelastischen geschmiert werden müssen, d.h. praktisch wartungsfrei sind. *Elastomere* sind vor allem Natur-, Synthesegummi (Buna, Perbu-

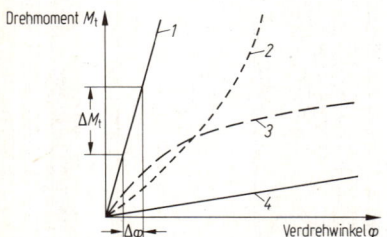

Bild 5. Typische Federkennlinien elastischer Kupplungen [2]. *1* linear steif, *2* progressiv, *3* degressiv, *4* linear nachgiebig

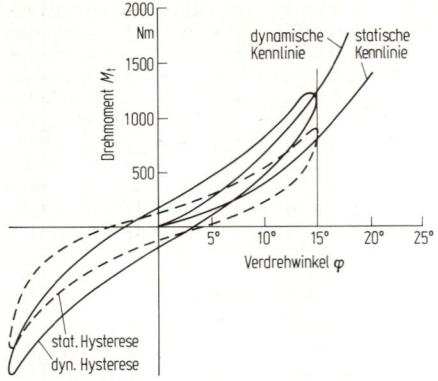

Bild 6. Statische und dynamische Hystereseschleife einer Scheibenkupplung mit Armierung bei $f > 1$ Hz [2]

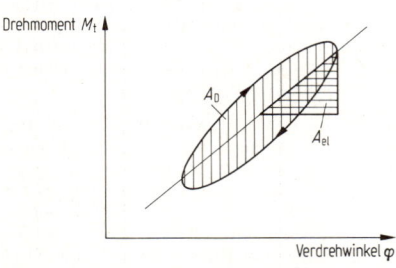

Bild 7. Verhältnismäßige Dämpfung. A_D Dämpfungsarbeit während eines Schwingungszyklus, A_{el} elastische Formänderungsarbeit

nan, Neoprene), Polyurethan (Vulkollan), Polyamid, Fluor-Elastomer (Viton). Sie sollten auf Schub oder Druck, nicht auf Zug beansprucht werden. Die maximale Umgebungstemperatur ist bei Elastomerkupplungen mit <80 bis 100 °C deutlich niedriger als bei metallelastischen Kupplungen mit <120 bis 150 °C.

Dämpfung. Die Dämpfung der Kupplungen beruht größtenteils auf der Materialdämpfung der verwendeten Elastomere und auf der Reibungsverhältnissen in den Kontaktflächen [2]. Als Dämpfungskennwert wird in DIN 740 Teil 2 die „*verhältnismäßige Dämpfung*" $\psi = A_D / A_{el}$ (**Bild 7**) festgelegt. Sie ist von Werkstoff, Temperatur, Belastungshöhe, -ausschlag, -frequenz sowie Einsatzdauer abhängig und liegt bei Gummikupplungen im Bereich von $\psi = 0,8...2$. Bei metallelastischen Kupplungen können über Reibungs- und Viskosekräfte ebenfalls beachtliche Dämpfungswerte erzielt werden.

3.3.2 Auslegungsgesichtspunkte,
Schwingungsverhalten [2, 24–26]. Layout
design principles, vibration characteristics

Eine elastische Kupplung ist so auszulegen, daß die auftretenden Belastungen und Temperaturen in keinem Betriebszustand die zulässigen Werte überschreiten. Nach DIN 740 Teil 2 kann die Kupplungsauslegung nach drei Verfahren erfolgen:

a) Überschlägige Berechnung mit herstellerspezifischen Erfahrungswerten.
b) Überschlägige Berechnung auf der Basis eines linearen Zweimassenschwingers.
c) Höhere Berechnungsverfahren [27–30]

Das zweite Berechnungsverfahren kann angewendet werden, wenn die Kupplung praktisch das einzige elastische Glied ist und die Anlage bezüglich der Drehschwingungen auf ein Zweimassensystem reduzierbar ist. In diesem Fall gilt folgender Rechnungsgang, teilweise nach DIN 740:

a) Das zulässige *Nenndrehmoment* M_{KN} der Kupplung muß mindestens so groß sein, wie das Nennmoment M_{AN} an der Antriebs- bzw. M_{LN} an der Lastseite

$$M_{AN} S_\vartheta \le M_{KN} \ge M_{LN} S_\vartheta.$$

Die Betriebstemperatur wird durch den Temperaturfaktor $S_\vartheta = 1\ldots1{,}8$ (bei $-20\ldots+80\,°C$, je nach Werkstoff) berücksichtigt.

b) Das zulässige *Maximaldrehmoment* $M_{K\,max}$ der Kupplung muß mindestens so groß sein, wie die im Betrieb auftretenden Spitzendrehmomente M_{AS} bzw. M_{LS} aus Drehmomentstößen an der Antriebs- und Lastseite unter Berücksichtigung der Massenträgheiten J_A bzw. J_L, der Stoßfaktoren S_A bzw. $S_L = 1{,}6\ldots2{,}0$, des Anlauffaktors $S_Z = 1\ldots2$ und des Temperaturfaktors S_ϑ.

$$M_{AS} \frac{J_L}{J_A + J_L} S_A S_Z S_\vartheta \le M_{K\,max} \ge M_{LS} \frac{J_A}{J_A + J_L} S_L S_Z S_\vartheta.$$

c) Beim schnellen Durchfahren der *Resonanz* mit den erregenden Spitzendrehmomenten M_{Ai} bzw. M_{Li} an der Antriebs- und Lastseite darf $M_{K\,max}$ nicht überschritten werden

$$M_{Ai} \frac{J_L}{J_A + J_L} V_R S_Z S_\vartheta \le M_{K\,max} \ge M_{Li} \frac{J_A}{J_A + J_L} V_R S_Z S_\vartheta.$$

Resonanzfaktor $V_R \approx \dfrac{2\pi}{\psi}$, Index i: Anregung i-ter Ordnung.

d) Bei Belastung durch ein *Dauerwechselmoment* mit den Amplituden M_{Ai} bzw. M_{Li} darf das zulässige *Wechseldrehmoment* M_{KW} nicht überschritten werden

$$M_{Ai} \frac{J_L}{J_A + J_L} V S_\vartheta S_f \le M_{KW} \ge M_{Li} \frac{J_A}{J_A + J_L} V S_\vartheta S_f.$$

Frequenzfaktor S_f: für Frequenz $f \le 10\,Hz$: $S_f = 1$
$$f > 10\,Hz: \quad S_f = \sqrt{f/10}.$$

Der Vergrößerungsfaktor V für einen zwangserregten Zweimassenschwinger gibt die Vergrößerung des mit der Erregerfrequenz f_i wirkenden Drehmoments an

$$V = \sqrt{\frac{1 + \left(\dfrac{\psi}{2\pi}\right)^2}{\left(1 - \dfrac{f_i^2}{f_e^2}\right)^2 + \left(\dfrac{\psi}{2\pi}\right)^2}}.$$

Die Eigenfrequenz f_e berechnet sich mit den Trägheitsmomenten J_A und J_L der Antriebs- bzw. Lastseite sowie der Drehfedersteife C_{Tdyn} zu

$$f_e = \frac{1}{2\pi} \sqrt{C_{Tdyn} \left(\frac{1}{J_A} + \frac{1}{J_L}\right)}.$$

Sie soll nicht mit torsionserregenden Frequenzen f_i wie z.B. der Betriebsfrequenz oder Vielfachen davon zusammenfallen (Abstand z.B. $\pm20\%$). Zu beachten ist, daß Asynchronmotoren beim Anfahren unabhängig von ihrer Nenndrehzahl mit der Netzfrequenz (50 Hz) erregen [5, 31, 32]. Manche Kupplungen (Kardan, Doppelzahn) können mit 2facher Betriebsfrequenz erregen. Ist $f_i < \sqrt{2} f_e$, so läuft die elastisch angekoppelte Maschine ruhiger als die erregende. Beim Durchfahren der Resonanz wird das sich dabei einstellende Moment um so kleiner, je größer die Dämpfung ψ ist.

e) Die *Verlagerungsmöglichkeiten* der Kupplung (ΔK_a, ΔK_r, ΔK_w: **Bild 4f**) in axialer, radialer und wingliger Hin-

sicht müssen größer sein als die praktisch auftretenden Wellenverlagerungen (ΔW_a, ΔW_r, ΔW_w). Durch Verlagerungen entstehen mit den Kupplungssteifigkeiten C_a, C_r und C_w Rückstellkräfte und -momente auf die benachbarten Bauteile, die auf ihre Zulässigkeit zu überprüfen sind [33, 34]. Eine gute Ausrichtung, besonders bei Dauerbetrieb und hoher Drehzahl, ist die wichtigste Maßnahme zur Verlängerung der Kupplungslebensdauer.

3.3.3 Bauarten. Types

Metallelastische Kupplungen. Die Bauarten unterscheiden sich im wesentlichen durch die Verwendung unterschiedlicher Federarten (Verdrehwinkel $\varphi = 2\ldots25°$) bei unterschiedlicher Dämpfung: **Bild 8a–d.** Ferner kann durch konstruktive Mittel die an sich lineare Federkennlinie in eine meist progressive geändert werden, z.B. bei der Schlangenfederkupplung durch sich axial verjüngende „Zähne". Dadurch wird die freie Federlänge bei steigendem Drehmoment verkürzt, ΔK_r einige mm, $\Delta K_w = 1\ldots2°$, ΔK_a bis 20 mm.

Elastomerkupplungen mittlerer Elastizität (Bild 9a–b). Sie haben Verdrehwinkel $\varphi < 5°$ und sind entweder **a)** *Bolzenkupplungen*, die zylindrische, ballige oder gerillte Elastomerhülsen aufweisen oder **b)** *Klauenkupplungen* mit auf Biegung oder Druck beanspruchten Elementen. Weitere

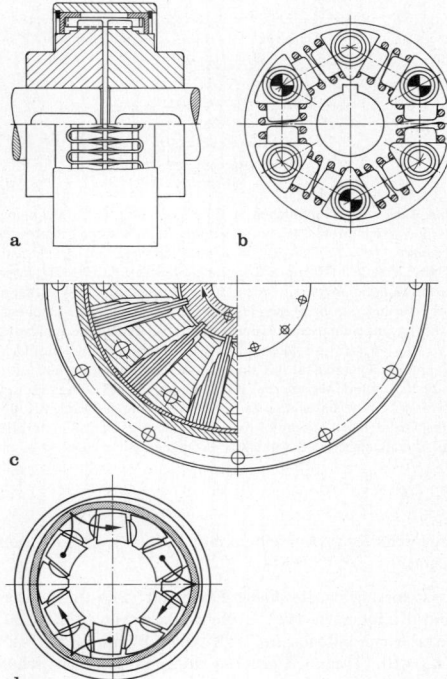

Bild 8. Metallelastische Kupplungen. **a** Schlangenfederkupplung (Malmedie-Bibby) mit konstruktiv erzwungener progressiver Kennlinie ($\varphi = 1{,}2°$); **b** Schraubenfederkupplung (Cardeflex) mit tangentialen, vorgespannten Schraubendruckfedern (φ bis 5°); **c** Geislinger-Kupplung mit radial angeordneten Blattfederpaketen; Reibungs- und einstellbare Öldämpfung durch Ölverdrängung aus Federkammern (φ bis 9°); **d** Keilflex-Kupplung mit jeweils drei an- und abtriebsseitigen Kupplungsklauen. Das Drehmoment wird durch Gleitkeile übertragen, die über einen außenliegenden elastisch verformbaren Federring fixiert werden ($\varphi = 2\ldots3°$).

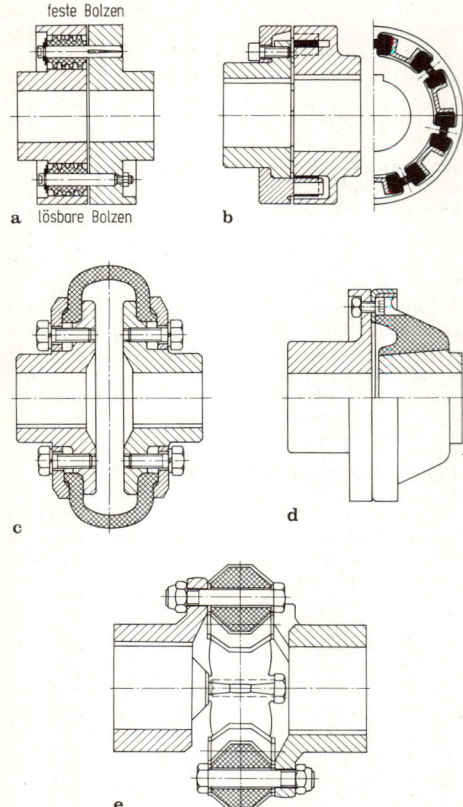

Bild 9. Elastomerkupplungen. **a** Bolzenkupplung (Elco-Kupplung, Renk); durch profilierte, vorgespannte Gummihülsen progressive Kennlinie ($\varphi = 2...3°$) [33]; **b** Klauenkupplung mit druckelastischen Elementen (N-Eupex-Kupplung, Flender); durchschlagsicher, Federkennlinie progressiv (φ bis 2,5°); **c** hochelastische Wulstkupplung (Periflex, Stromag) mit ringförmigem, senkrecht zur Umfangsrichtung aufgeschnittenem Gummireifen; Federkennlinie annähernd linear ($\varphi = 5...12°$); **d** hochelastische Scheibenkupplung (Kegelflex-Kupplung, Kauermann) mit anvulkanisierter Gummischeibe; lineare Federkennlinie veränderbar durch unterschiedliche Gummisorten (φ bis 10°); **e** hochelastische Zwischenringkupplung (Ortiflex-Kupplung, Ortlinghaus) mit radial vorgespanntem 6-eckigem Gummiring mit einvulkanisierten Stahlhülsen; Federkennlinie progressiv (φ bis 10°)

Eigenschaften: ΔK_r = einige mm, ΔK_w = 1...3°, ΔK_a bis 20 mm.

Elastomerkupplungen hoher Elastizität (Bild 9c–e). Dies sind Kupplungen mit Verdrehwinkeln von $\varphi = 5...30°$ beim Nenndrehmoment ($\Delta K_r = 6...10$ mm, $\Delta K_w = 8°$, $\Delta K_a = 10...15$ mm). Diese Kupplungen fallen meist schon durch ihr großes Gummivolumen auf. Bauarten sind die *Wulstkupplungen* (**c**) mit einem quergeschlitzten reifenartigen Wulst, der bei Flanschkupplungen (Schwungradanbau) zur Scheibe entarten kann. Die Federkennlinien sind meist linear, wie auch bei den *Scheibenkupplungen* (**d**) mit anvulkanisierter Gummischeibe. Die *Zwischenringkupplungen* (**e**) haben dagegen meist eine progressive Kennlinie. Ein 6- oder 8eckiger Ring aus Gummi, der an den Ecken mit Metallbuchsen verstärkt ist, wird am Umfang wechselweise mit je einem Kupplungsflansch ver-

schraubt. Diese Kupplungen werden ähnlich wie die *Zwischenscheibenkupplungen* („Hardy"-Scheibe) im Fahrzeugbau für wartungslose „Gummigelenkwellen" eingesetzt.

3.3.4 Auswahlgesichtspunkte. Type selection

Einfache gleichförmige Antriebe (Elektromotoren, Kreiselpumpen, Ventilatoren u.a.) werden zum Ausgleich von Anfahrstößen und Wellenlagefehlern mit *Elastomerkupplungen* mittlerer Elastizität ($\varphi < 5°$) gekuppelt, die zudem preisgünstig und wartungsfrei sind. *Stark ungleichförmige Antriebe* (Kolbenmaschinen, Brecher, Pressen, Walzwerke) oder die *Verlegung der Resonanzdrehzahl* erfordern hochelastische Kupplungen ($\varphi = 5...30°$). Bei *großen Wellenverlagerungen* sind hochelastische Kupplungen (Elastomer oder Metall) besonders geeignet. *Große Axialverschiebungen* sind vor allem mit Bolzen- und Klauenkupplungen gut beherrschbar. *Durchschlagsicherheit*, d.h. die Fähigkeit, Drehmoment auch bei Zerstörung der elastischen Elemente zu übertragen (Bedingung bei Aufzugsantrieben), ist besonders bei Bolzen- und Klauenkupplungen gegeben. Die *zulässigen Drehzahlen* sind bei drehelastischen Kupplungen allgemein niedriger als bei drehstarren (z.B. Zahn- und Membrankupplungen).

3.4 Fremdgeschaltete Kupplungen. Clutches

Fremdgeschaltete (mechanische, hydraulische und induktive) Kupplungen können nach folgenden Kriterien eingeteilt werden [1, 4, 35–39]:

Schaltprinzip. *Schließende* Kupplungen übertragen im eingeschalteten Zustand das Drehmoment, während *öffnende* Kupplungen beim Einschalten den Drehmomentfluß unterbrechen. Bei elektromagnetisch betätigten Kupplungen werden *arbeitsstrombetätigte* Kupplungen schließend, und *ruhestrombetätigte* Kupplungen öffnend genannt (Definition nach VDI-Richtlinie 2241).

Betätigungsart. *Elektromagnetisch* oder *druckmittelbetätigte* Kupplungen (hydraulisch, pneumatisch) erlauben eine Fernbedienung und erleichtern die Automatisierung, im Gegensatz zu den *mechanisch* betätigten Kupplungen.

Als *Hauptgliederung* wird bei den mechanischen Kupplungen zwischen *formschlüssiger* und *reibschlüssiger* Drehmomentübertragung unterschieden (vgl. **Bild 2**).

3.4.1 Formschlüssige Schaltkupplungen
Positive (interlocking) clutches (dog clutches)

Formschlüssige Schaltkupplungen sind nur im Stillstand bzw. bei Synchronlauf der Wellen einschaltbar. Sie sind jedoch zum Teil im Lauf auch unter Drehmoment ausschaltbar, sofern die Trennkräfte nicht zu groß werden. Sie bauen sehr klein und sind deshalb oft preisgünstig. In den meisten Fällen gestatten sie axiale Wellenverschiebungen bei allerdings oft hohen Verschiebekräften (Reibkräften).

Bauarten. Die *Klauenkupplung* (**Bild 4a**) wird meist im allgemeinen Maschinenbau verwendet, während die *schaltbare Zahnkupplung* [40] vor allem im Getriebebau angewandt wird und die kleinsten Durchmesser ergibt. Die *schaltbare Doppelzahnkupplung* und noch mehr die *schaltbaren elastischen Bolzen- und Klauenkupplungen* (**Bild 9a, b**) ermöglichen außerdem den Ausgleich von Wellenlagefehlern. Häufig verwendet wird die *Magnetzahnkupplung* (**Bild 10**), die radial verlaufende Zähne hat und bei genau fluchtenden Wellen (ineinander gelagert) durch Magnetkraft, zum Teil auch bei geringen Relativgeschwindigkeiten eingeschaltet werden kann.

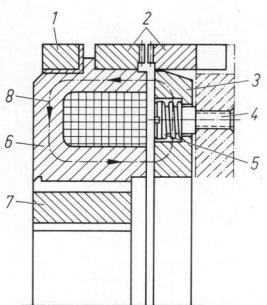

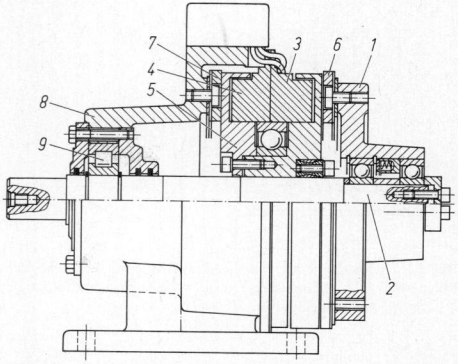

Bild 10. Elektromagnetisch betätigte Zahnkupplung mit Schleifring (Zahnradfabrik Friedrichshafen AG) [4]. *1* Schleifring, *2* Zahnkranz, *3* Ankerscheibe, *4* Federbolzen, *5* Feder, *6* Magnetkörper, *7* Keilbuchse, *8* Verlauf des Magnetflusses

Bild 12. Elektromagnetische Kupplungsbremskombination (Zahnradfarik Friedrichshafen AG) [41]. *1* Antrieb, *2* Antrieb/Welle, *3* Magnetkörper (Kupplung), *4* Magnetkörper (Bremse), *5* Rotorgruppe, *6* Anker (Kupplung), *7* Anker (Bremse), *8* Gehäuse, *9* Lager

3.4.2 Reibschlüssige Schaltkupplungen. Friction clutches

Schaltbare fremdbetätigte Reibungskupplungen dienen der *Drehmomentübertragung* von einer An- zu einer Abtriebswelle durch Erzeugung eines Kraftflusses mit Hilfe gesteuerter Fremdenergie. Der Kraftschluß beruht dabei auf mechanischem *Reibschluß* (Definition nach VDI-Richtlinie 2241).

Bauarten. Sie können nach ihrer *Reibflächenanordnung* und *-anzahl* unterschieden werden in *Einflächenkupplungen* (**Bild 11a**), *Zweiflächen-(Einscheiben-)kupplungen* (**Bild 11b**), *Mehrflächen-(Lamellen-)kupplungen* (**Bild 11c**), *Zylinder- und Kegelkupplungen*, **Bild 11d**. Diese Kupplungen können entweder *trocken* oder *naß* (ölgeschmiert) ausgeführt werden [41].

Lamellenkupplungen (**Bild 11c**) bauen klein, sind preisgünstig und werden deshalb am meisten verwendet. Sie sind aber empfindlich gegen Überhitzung (Abfuhr der Wärme aus dem Lamellenpaket) und haben eine längere Ansprechzeit wegen der sich über die Lamellenzahl addierenden Schaltwege [42]. Sie weisen ferner ein relativ hohes Leerlaufmoment auf, da sich die Lamellen

nur unvollkommen trennen [43]. Soll dies klein und die Wärmeabfuhr groß sein, so werden Kupplungen mit klar definierten Trennspalten und großen, Wärme abgebenden Flächen eingesetzt. Dies sind *Ein-, Zweiflächen-, Kegel-* und *Zylinderkupplungen*, **Bild 11a, b, d**.

Kupplungsbremskombinationen (**Bild 12**) stellen eine Kombination aus Kupplung und Bremse in einer Baueinheit dar. Sie sind besonders geeignet für *hohe Schaltfrequenzen* und *schnelle Schaltungen*. Um kürzeste Schaltintervalle zu erreichen, können bei der (getrennten) Schaltung von Kupplung und Bremse Überschneidungen gewählt werden.

Die *Magnetpulverkupplung* (**Bild 13**) ist eine *elektromagnetisch betätigte Reibungskupplung,* bei der magnetisierbares Pulver in einem Hohlraum zwischen An- und Abtrieb (in einem elektromagnetischen Feld) durch *Reibung* Kräfte überträgt [44]. Der *Schlupf* der Kupplung ist abhängig von der Stärke des Magnetfelds. Die Kupplung ermöglicht weiches Anfahren und kann durch entsprechende

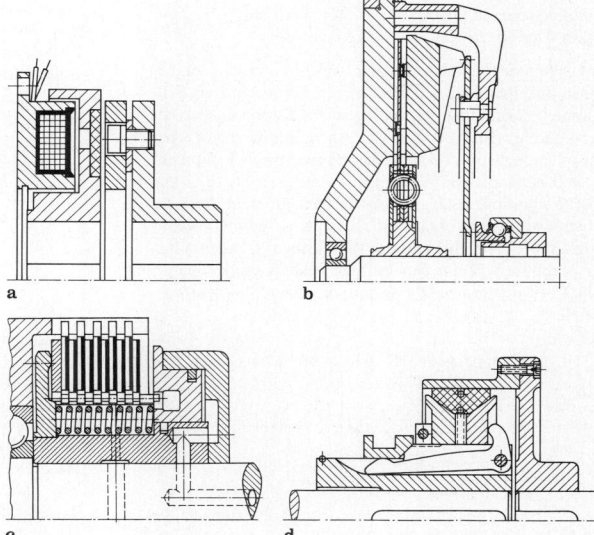

Bild 11. Bauarten reibschlüssiger Schaltkupplungen. **a** schleifringlose elektromagnetisch betätigte Einflächenkupplung (Ortlinghaus); **b** mechanisch betätigte Einscheibenkupplung (Membranfederkupplung) für Nutzfahrzeuge (Sachs); **c** hydraulisch betätigte Lamellenkupplung (Ortlinghaus); **d** mechanisch betätigte Kegelkupplung (Conax, Desch)

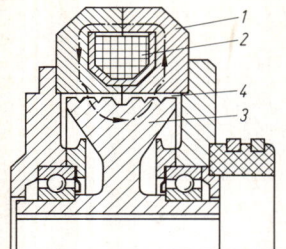

Bild 13. Magnetpulverkupplung (AEG-EMG) mit eingetragenem Magnetfluß [37]. *1* Eisenkörper mit *2* Magnetringspule, *3* Läufer, *4* Luftspalt mit Magnetpulver

Steuerung als Überlastkupplung verwendet werden. Die zulässige Schlupfleistung ist eine Frage der Wärmeabfuhr.

Betätigungsarten. Eine *hydraulische* Betätigung ergibt besonders kleine, naßlaufende Kupplungen, die *pneumatische* Betätigung von Trockenkupplungen ergibt kurze Schaltzeiten, erfordert aber für die Druckzufuhr ein freies Wellenende. *Mechanische* Schaltungen ergeben lang bauende Kupplungen. Eine *elektromagnetische* Betätigung ergibt eine sehr gute Steuerungsmöglichkeit, gute Fernbedienbarkeit und einfache Energiezufuhr.

Betriebsarten. *Trockene* Kupplungen sind einfach, preisgünstig, wartungsarm, haben ein geringes Leerlaufmoment (z.B. 0,05% vom Nennmoment), zeigen wenig Ratterneigung beim Schalten und haben kurze Ansprechzeiten. *Nasse* Kupplungen werden eingesetzt, falls die Umgebung nicht ölfrei gemacht werden kann (Getriebe), oder wenn geringer Verschleiß mit einer guten Wärmeabfuhr (Durchflußschmierung!) gefordert sind. Die *Nachteile* naßlaufender Reibsysteme sind niedrige Gleitreibungszahlen und ein relativ hohes Leerlaufmoment.
Reibwerkstoffe (**Anh. G 3 Tab. 1**) sollten möglichst wenig Abfall zwischen μ_0 und μ haben, da dann eher der Slip-Stick Effekt (Rattern) vermieden werden kann. Dies ist besonders im trockenen Zustand wichtig.

3.4.3 Der Schaltvorgang bei reibschlüssigen Schaltkupplungen [35, 37, 41, 45, 46]. Transient slip in friction clutches during engagement

Am vereinfachten Modell einer von ω_{20} auf ω_{11} zu beschleunigenden Last (z.B. Prallmühle, Pressenantrieb, Seiltrommel) seien einige Grundlagen der Kupplungsberechnung gezeigt (**Bild 14**). Der das Antriebsmoment M_A bereitstellende Motor besitzt das Massenträgheitsmoment J_A und läuft mit der Winkelgeschwindigkeit ω_{10} um. Die Last (Lastmoment M_L, Massenträgheitsmoment J_L, Winkelgeschwindigkeit ω_{20}) kann über die Kupplung (Kennmoment M_K, Außenradius der Reibflächen R, Innenradius r, Anpreßkraft F) mit dem Antrieb verbunden werden. In **Bild 15** ist der prinzipielle Schaltvorgang vereinfacht dargestellt.

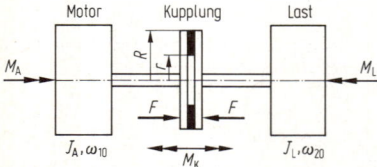

Bild 14. Ersatzmodell eines Antriebssystems

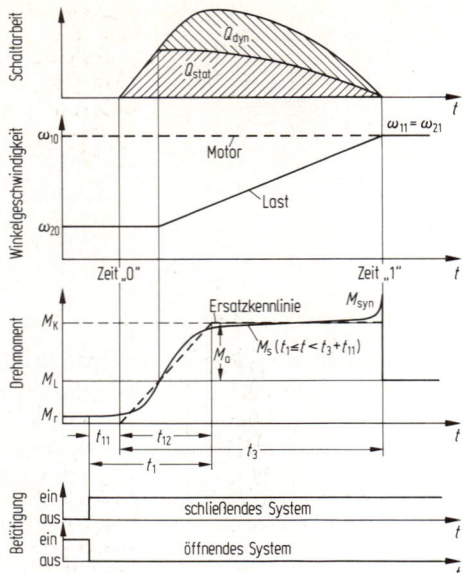

Bild 15. Schaltvorgang fremdbetätigter Reibkupplungen [nach 35, 41]

Vor der Betätigung der Kupplung liegt im Antriebssystem das *Leerlaufmoment* M_r vor (unvollständige Trennung). Nach der Betätigung und dem *Ansprechverzug* t_{11} wird während der *Anstiegszeit* t_{12} die Drehmomentübertragung aufgebaut. Das nach der Anstiegszeit im Kupplungsstrang wirkende *Schaltmoment* M_s setzt sich aus dem *Lastmoment* M_L und einem zur Überwindung der Massenträgheiten notwendigen Moment M_a zusammen. Das Moment M_s muß somit um M_a größer als M_L sein, um die Drehzahl der Last erhöhen zu können (vgl. **Bild 15**). M_s ist nicht konstant und hängt u.a. von der *Gleitgeschwindigkeit,* der *Reibflächentemperatur* sowie von *konstruktiven Randbedingungen* ab. Bei der Differenzgeschwindigkeit Null bildet sich kurzzeitig das *Synchronmoment* M_{syn} aus. Bei Gleichlauf von An- und Abtrieb liegt dann das (hier konstante) Lastmoment M_L vor.
Für die *Versuchsauswertung* einer existierenden Kupplung wird der gemessene, in **Bild 15** vereinfachte Drehmomentverlauf idealisiert und durch einen *linearen Anstieg* (in der Zeit t_{12}) mit nachfolgend konstantem Moment M_K angenähert.
Das dadurch definierte *Kennmoment* M_K kann entweder an der Ordinatenlinie in **Bild 15** abgelesen, oder nach Gl. (1) vereinfachend bestimmt werden [41]

$$M_K = C \pm \sqrt{C^2 - B} \quad \text{mit} \quad C = \frac{M_L t_3 + J_L(\omega_{10} - \omega_{20})}{2 t_3 - t_{12}}$$

$$\text{und } B = \frac{t_{12} M_L^2}{2 t_3 - t_{12}}. \tag{1}$$

Gleichung (1) gilt für $M_L = $ const und $\omega_{10} = \omega_{11} = $ const, d.h. die Motordrehzahl sinkt beim Kuppeln nicht ab. Die Anstiegszeit t_{12} ist eine kupplungs- bzw. betätigungsspezifische Größe, während die Rutschzeit t_3 u.a. von der Last abhängt

$$t_3 = \frac{J_L(\omega_{10} - \omega_{20})}{M_K - M_L} + \frac{t_{12}}{2}\left(1 + \frac{M_L}{M_K}\right). \tag{2}$$

Nach Gl. (2) steigt die Rutschzeit t_3 mit größerer Last (J_L, M_L) und größerer Anstiegszeit (t_{12}), während ein großes Kennmoment M_K die Reibzeit verringert.

Die *Schaltarbeit Q*, die beim Schalten in Wärme übergeht, ergibt sich beim vorhandenen Kennmoment M_K und der jeweiligen Differenz der Winkelgeschwindigkeiten zu $\Delta Q = \Delta \omega M_K \Delta t$. Gemittelt über die gesamte Rutschzeit t_3 gilt $\Delta \omega \approx (\omega_{10} - \omega_{20})/2$. Mit den Vereinfachungen von Gl. (1) wird dann die Schaltarbeit zu

$$Q = \frac{(\omega_{10} - \omega_{20})^2}{2} \frac{J_L}{1 - \dfrac{M_L}{M_K}} + \frac{(\omega_{10} - \omega_{20})}{2} t_{12} M_L. \quad (3)$$

Die Schaltarbeit setzt sich aus der vom Lastmoment herrührenden *statischen Schaltarbeit* Q_{stat} und der *dynamischen Schaltarbeit* Q_{dyn} zur Überwindung der Massenträgheit J_L zusammen (**Bild 15** oben). Bei einer Beschleunigung von $\omega_2 = 0$ auf $\omega_2 = \omega_{10} = \omega_{11}$ wird also die Hälfte der während des Schaltens zugeführten Energie in Wärme umgewandelt. Da die Motordrehzahl meist absinkt und der Gleichlauf der Kupplungsscheiben früher erreicht wird, ergibt sich eine geringere Reibarbeit. Wenn M_s nach dem Einschalten erst langsam ansteigt, vergrößert sich die Reibarbeit, da bis zum Erreichen von $M_s = M_L$ kein Drehzahlanstieg auftritt. Ebenso steigt t_3 an. Bei *stufenweisem* Schalten mit Schaltgetrieben (Kfz) verkleinert sich Q gegenüber einem einmaligen Schaltvorgang.

Soll die Reibarbeit klein werden, so muß $1 - (M_L/M_K)$ groß werden, d.h. $M_K \gg M_L$. Bei gegebenem M_L besteht also die Forderung nach einer „harten" Kupplung um die Wärmebelastung klein zu halten. Damit wird die Rutschzeit t_3 klein, die Kupplung kann aber u.U. starke *Drehmomentstöße* erzeugen. Das andere Extrem ist eine *weichen* Kupplung $M_K \rightarrow M_L$ ergibt sanftes Einkuppeln, aber eine hohe Erwärmung. Die Wärmebelastung kann bei großer Rutschzeit t_3 und häufigem Schalten zur Zerstörung der Kupplung führen. Die beim einmaligen Kuppeln anfallende Wärme ist hauptsächlich von der *Winkelgeschwindigkeitsdifferenz* und der *Reibflächenpressung* abhängig. Bei *mehrmaligem* Schalten steigt die Reibflächentemperatur mit der Schalthäufigkeit an.

Vom Kupplungshersteller werden Werte für die maximal zulässige Wärmebelastung Q_E bei *einmaliger* Schaltung sowie Q_{zul} bei *mehrmaligem* Schalten bestimmt. Maximalwerte Q_E sind vom *Reibflächenwerkstoff* und der *Wärmekapazität* der Kupplung, Q_{zul} hauptsächlich von der *Kühlung* und *Wärmeabfuhr* abhängig.

Empirisch oder über aufwendige mathematische Absätze gewonnene Werte für Q_E und Q_{zul} können als *Kennlinien* für bestimmte Kupplungen dargestellt werden (**Bild 16**). Hier wird die zulässige Schaltarbeit Q_{zul} (pro Schaltvorgang) als Funktion der *Schalthäufigkeit* S_h dargestellt. Die *Übergangsschalthäufigkeit* $S_{h\ddot{u}}$ bildet einen *charakteristischen Wert* der Kennlinie und wird vom Kupplungshersteller bestimmt. Mit den Kenngrößen Q_E und $S_{h\ddot{u}}$ kann

somit die zulässige Wärmebelastung Q_{zul} in Abhängigkeit von der Schalthäufigkeit S_h bestimmt werden [35, 41]

$$Q_{zul} = Q_E(1 - e^{-S_{h\ddot{u}}/S_h}). \quad (4)$$

3.4.4 Auslegung einer reibschlüssigen Schaltkupplung
[37, 41, 47, 48]. Layout design of friction clutches

Eine Schaltkupplung wird im wesentlichen ausgelegt nach dem zu übertragenden *maximalen Moment* und der zuleistenden *Schaltarbeit*, wobei die thermische Belastung für die Größenauswahl meist entscheidend ist [49, 50].

Das zu *übertragende Moment* richtet sich nach dem Nennmoment der Kraft- und Arbeitsmaschine, wobei Ungleichförmigkeiten (z.B. bei Kolbenmaschinen) oder das Kippmoment (2 bis $3 M_N$) bei Kurzschlußläufermotoren zu berücksichtigen sind. Das *schaltbare Drehmoment* einer Kupplung $M_s > M_L$ ist i. allg. geringer als das *übertragbare Moment* $M_{\ddot{u}}$, das sich bei relativ zueinander in Ruhe befindlichen Reibflächen einstellt, da besonders bei nassen Kupplungen die *Gleitreibungszahl* μ kleiner als die *Haftreibungszahl* μ_0 ist (vgl. **Anh. G 3 Tab. 1**). Für die praktische Auslegung einer Reibkupplung wird das geforderte Moment M_K in Gl. (5) eingesetzt

$$M_K = F \mu z r_m. \quad (5)$$

Hiermit können dann die notwendige *Anpreßkraft* F, die *Reibflächenzahl* z und der notwendige *mittlere Halbmesser* der Reibflächen $r_m = (R + r)/2$ iterativ festgelegt werden (vgl. **Bild 14**). Soll z.B. der Durchmesser der Kupplung klein sein, kann die Zahl der Reibbeläge oder die Anpreßkraft (maximal zulässige Flächenpressung vgl. **Anh. G 3 Tab. 1**) erhöht werden. So können verschiedene Kupplungsvarianten konzipiert werden.

Bei der Schaltzeit t_{ges} ist nach **Bild 15** der Ansprechverzug t_{11} zu beachten: $t_{ges} = t_{11} + t_3$. Für die vereinfachte Auslegung kann die Anstiegszeit t_{12} bei der Berechnung der Rutschzeit t_3 vernachlässigt werden (vgl. Gl. (2))

$$t_3 = \frac{J_L (\omega_{10} - \omega_{20})}{M_K - M_L}. \quad (6)$$

Die *Schaltarbeit Q* kann wie folgt bestimmt werden

$$Q = \frac{(\omega_{10} - \omega_{20})^2}{2} \frac{J_L}{\left(1 - \dfrac{M_L}{M_K}\right)}. \quad (7)$$

Die *flächenbezogene Schaltarbeit bei einmaliger Schaltung* q_A wird dann folgendermaßen ermittelt

$$q_A = \frac{Q}{A_{Rg}}, \quad (8)$$

wobei A_{Rg} die gesamte Reibfläche der Kupplung bezeichnet

$$A_{Rg} = A_R z = \pi (R^2 - r^2) z. \quad (9)$$

Die flächenbezogene Schaltarbeit q_A kann mit der *zulässigen flächenbezogenen Schaltarbeit bei einmaliger Schaltung* q_{AE} verglichen werden: $q_A < q_{AE}$ (vgl. **Anh. G 3 Tab. 1**). Des weiteren ist ein Vergleich der *tatsächlichen* mit der *zulässigen flächenbezogenen Reibleistung* ($\dot{q}_A$ bzw. $\dot{q}_{A0}$) möglich (vgl. **Anh. G 3 Tab. 1**)

$$\dot{q}_A = \frac{q_A}{t_3} = p_R v_r \mu < \dot{q}_{A0},$$

wobei p_R die Reibflächenpressung, v_r die Gleitgeschwindigkeit und μ die Gleitreibungszahl bezeichnen.

3.4.5 Größenauswahl einer Kupplung
Size selection of friction clutches

Soll für eine bestimmte Anwendung eine zu kaufende Kupplung ausgelegt werden, so sind zunächst die genauen

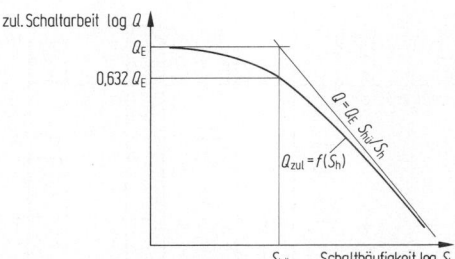

Bild 16. Zulässige Schaltarbeit nach Gl. (4) als Funktion der Schalthäufigkeit [35]

Anforderungen festzulegen. [36] bietet hierzu einen Fragebogen zur Kupplungsauswahl.

Ausgehend vom Lastmoment M_L, der (reduzierten) Massenträgheit J_L, der Winkelgeschwindigkeitsdifferenz $\Delta\omega$, der ungefähr geforderten Rutschzeit t_3 und Anstiegszeit t_{12} kann das notwendige Kennmoment M_K der Kupplung abgeschätzt werden (vgl. G 3.4.3, Gl. (1)).

Mit diesem Wert wird eine bestimmte Kupplung eines gewählten Herstellers ausgesucht. Aus dem Katalog sollte dann die *Anstiegszeit* t_{12} ersichtlich sein. Damit kann nach Gl. (2) und (3) die *Rutschzeit* t_3 und die *Schaltarbeit* Q genau bestimmt werden. Soll ein Abfallen der Antriebsdrehzahl beim Kuppeln und die Massenträgheit des Antriebs (mit Getriebe) berücksichtigt werden, so ist die weiterführende Literatur [37, 41] heranzuziehen. Die errechnete Schaltarbeit Q kann mit den zulässigen Werten Q_E (Katalog) für die gewählte Kupplung verglichen werden. Für $Q > Q_E$ muß eine größere Kupplung ausgesucht werden. Bei häufigem Schalten ist die zulässige Schaltarbeit mit Hilfe von Gl. (4) zu bestimmen und mit der tatsächlichen zu vergleichen. Dies geht nur, wenn $S_{hü}$ für eine bestimmte Kupplung bekannt ist. Liegen nur Kennlinien ähnlich **Bild 16** vor, so kann die gesuchte Kupplung auch damit bestimmt werden (vgl. [35]).

3.4.6 Auswahlkriterien [6, 51]. Selection criteria

Eine Übersicht marktgängiger Kupplungsausführungen ist in **Bild 17** dargestellt. Bei der Gegenüberstellung wurde ein Kennmoment $M_K = 500\,\mathrm{Nm}$ und eine Drehzahl von $n = 1500\ \mathrm{min}^{-1}$ zugrundegelegt. So ermöglicht die Darstellung einen Vergleich von Durchmesser und Län-

ge der Kupplungen sowie von zulässiger Schaltarbeit Q_E bei einmaliger Schaltung und dem Grenzwert $Q_E S_{hü}$ bei sehr hoher Schalthäufigkeit. Mit Ausnahme der Nutzfahrzeugkupplung (öffnende Kupplung) handelt es sich um schließende Kupplungen. In **Anh. G 3 Bild 2** ist ferner der Schaltmomentbereich verschiedener fremdbetätigter, reibschlüssiger Schaltgruppen dargestellt.

Betriebsarten und Betätigungssysteme, Eigenschaften

Einflächenkupplungen. Um bei gegebenem Drehmoment nicht zu große Durchmesser zu bekommen, werden trocken laufende Reibpaarungen bevorzugt. Ein geschlossener Axialkraftfluß innerhalb der Kupplung ist nur bei einer elektromagnetischen Betätigung möglich; schnelles Ansprechen bei kurzen Lüftwegen; geringes Leerlaufmoment.

Ein-, Zweischeibenkupplungen. Ebenfalls Trockenlauf für größere Drehmomente; sämtliche Betätigungsarten kommen vor, die hydraulische Betätigung wird aber wegen der Gefahr der Leckverluste meist vermieden (Reibbeläge werden ölverschmiert); gute Kühlung (Kühlrippen), schnelles Ansprechen, geringes Leerlaufmoment, relativ ratterfrei (Werkstoffe mit degressiver μ/v_r-Charakteristik).

Lamellenkupplungen [42, 43]. Kleine Baugröße auch bei großen Drehmomenten, Schaltungen unter Last, wirksame Kühlung aber nur durch Öldurchfluß möglich, d.h. naßlaufend; alle Betätigungsarten möglich. Bei durchfluteten Lamellen (elektromagnetische Betätigung) können nur bestimmte Reibpaarungen gewählt werden. Schnelles Ansprechen bei Naßlauf kann durch dünnes Öl, Ölnebel oder Nuten in den Lamellen erreicht werden; geringes

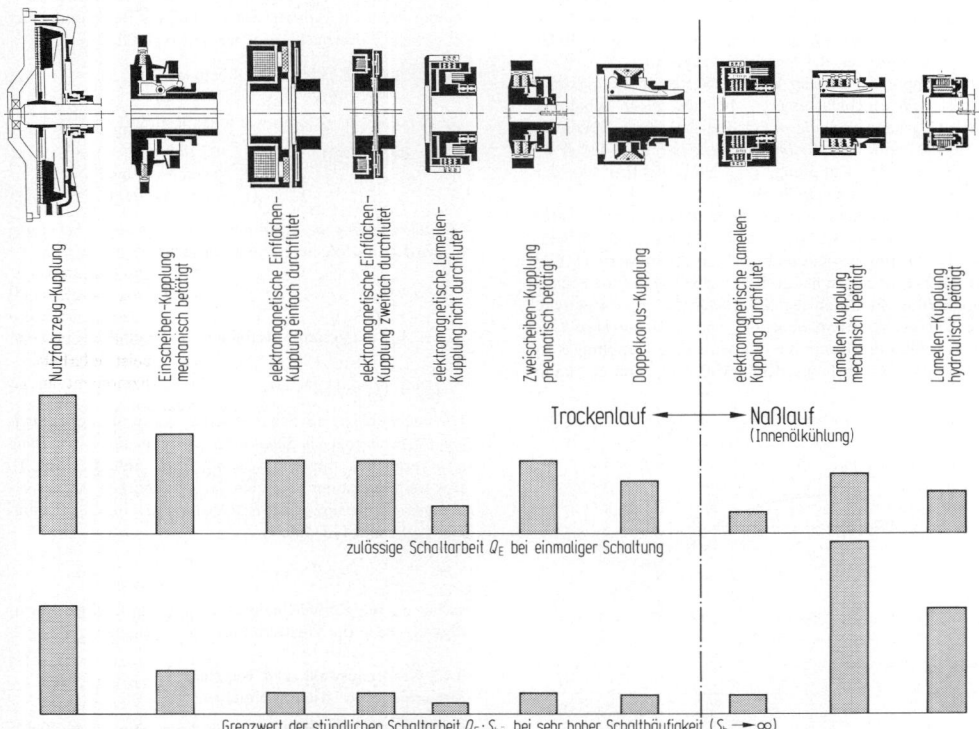

Bild 17. Bauarten reibschlüssiger Schaltkupplungen im Vergleich für ein Kennmoment $M_K = 500\,\mathrm{Nm}$ und eine Drehzahl $n = 1500\ \mathrm{min}^{-1}$ [36]

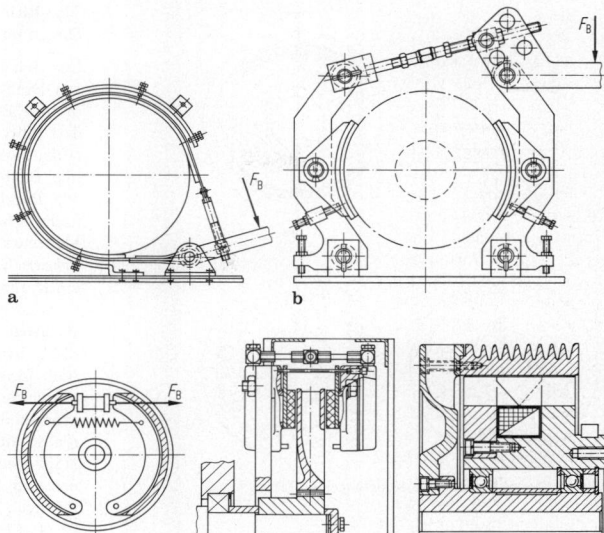

G

Bild 18. Bremsbauarten (Betätigungskraft F_B teilweise eingetragen). **a** Bandbremse [37]; **b** Außenbackenbremse (doppelt) [37]; **c** Innenbackenbremse (Trommelbremse, Simplex); **d** pneumatisch betätigte Scheibenbremse (Ortlinghaus); **e** Induktionsbremse mit Lüfterrad (Stromag)

Leerlaufmoment durch gewellte Lamellen. Größere Lebensdauer, d.h. wenig Verschleiß bei Naßlauf.

Konuskupplung (Kegelkupplung). Geeignet für hohe Drehmomente und Schaltarbeiten im Trockenlauf, Betätigung meist mechanisch oder pneumatisch.

3.4.7 Bremsen. Brakes

Bremsen sind Kupplungen mit stillstehendem Abtriebsteil und 100% Schlupf. Es gibt analog zu den Kupplungen mechanische, hydraulische, pneumatische und elektrische Bremsen (vgl. **Bild 2**). Nach ihrer Funktion können Haltebremsen, Stopp- und Regelbremsen sowie Leistungsbremsen unterschieden werden [37]. In **Bild 18** sind verschiedene Bremsbauarten dargestellt, des weiteren sind genauere Beschreibungen und Berechnungen in **Q 2** und **U 2** enthalten. Die *Berechnung* von mechanischen, schaltbaren Reibungsbremsen erfolgt analog der Kupplungsberechnung: statt Kennmoment M_K wird Bremsmoment, statt Beschleunigungsmoment M_a Verzögerungsmoment gesetzt. Im Teil 1 der DIN 15434 sind ferner Berechnungsgrundsätze für Trommel- und Scheibenbremsen enthalten.

Bauarten. Prinzipiell werden alle Kupplungsarten auch als Bremse ausgeführt, vgl. **Bild 17, 13** und **11**. *Backenbremsen* lassen sich in Innen- (**Bild 18c**) und Außenbackenbremsen (**Bild 18b**) aufteilen (Fahrzeuge, Hebezeuge). *Bandbremsen* (**Bild 18a**) benötigen aufgrund der selbstverstärkenden Wirkung der Umschlingungsreibung nur niedrige Betätigungskräfte. Neben der in **Bild 18a** dargestellten Ausführung gibt es ferner Bandbremsen mit mehrfacher Umschlingung sowie Innenbandbremsen. *Scheibenbremsen* (**Bild 18d**) haben günstige Kühlungsverhältnisse, besonders wenn sie in innenbelüfteter Bauweise ausgeführt sind. Verschleißfreie *Leistungsbremsen* sind *hydraulische* (Wasser, Öl) und *elektrische* Bremsen (Generatoren), die eine leichte Abfuhr der anfallenden Energie gestatten. *Induktionsbremsen* (**Bild 18e**) induzieren durch eine stillstehende stromdurchflossene Spule im Rotor Strom, der eine Kraft

entgegen der Drehrichtung verursacht. Das Bremsmoment ist bei diesen Wirbelstrombremsen stark drehzahlabhängig [52].

3.5 Selbsttätig schaltende Kupplungen
Automatic clutches

3.5.1 Drehmomentgeschaltete Kupplungen
Torque-sensitive clutches (slip clutches)

Dies sind Sicherheitskupplungen, die Anlagen vor Schäden schützen, da ein eingestelltes Drehmoment nicht überschritten wird. Damit kann auch das unnötige Überdimensionieren von Anlagen auf Spitzenmomente vermieden werden [53].

Bauarten. Als *Rutschkupplungen* können prinzipiell alle Reibkupplungen mit fest eingestellter Kupplungskraft verwendet werden. Wichtig ist, daß sich die Normkraft wenig mit dem Verschleißweg ändert (flache Federkennlinien) und daß die Kupplungen gegen Dauerschlupf überwacht werden. *Sperrkörperkupplungen* haben meist federbelastete Kugeln oder Bolzen, die beim Grenzmoment ausrasten. Bei Brechbolzen- und Brechringkupplungen [54] muß beachtet werden, daß ohne besondere Maßnahmen das Bruchmoment stark streuen kann.

Sowohl Rutsch- als auch Sperrkörperkupplungen können elektromechanische oder elektronische Schalter zur Abschaltung des Antriebsmotors auslösen.

3.5.2 Drehzahlgeschaltete Kupplungen
Speed-sensitive clutches (centrifugal clutches)

Dies sind Kupplungen, die ein weiches Anfahren erlauben, so daß Elektro- oder Verbrennungsmotoren sich zuerst selbst beschleunigen und dann erst die Arbeitsmaschine mitnehmen. Mit *Anlaufkupplungen* kann bei Arbeitsmaschinen mit hohem Trägheits- oder Lastmoment der Motor oder auch die Stromversorgung kleiner ausgelegt werden.

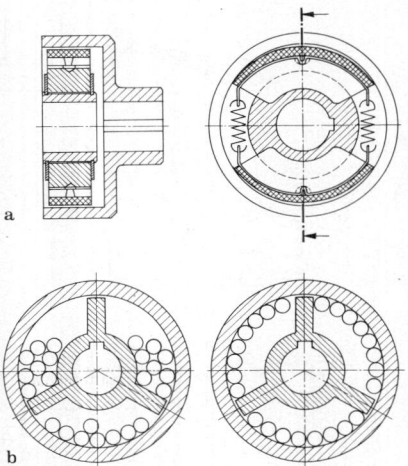

Bild 19. Drehzahlgeschaltete Kupplungen (s. Text)

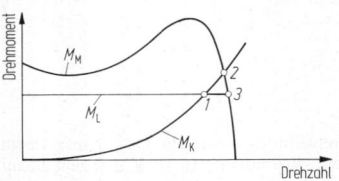

Bild 20. Kennlinien eines Asynchronmotors M_M und einer Fliehkraftkupplung M_K; Lastmoment M_L

Bauarten (Bild 19). *Fliehkraftkupplungen* [55] mit *Segmenten* (**Bild 19a**) [9] übertragen bei einer Ausführung mit Rückhaltefedern erst ab einer bestimmten Drehzahl ein Moment. *Füllgutkupplungen* (**Bild 19b**) [9] schleudern mit einem sternförmigen Rotor Pulver, Kugeln oder Rollen gegen die Mantelfläche des Abtriebteils, so daß das übertragbare Moment quadratisch mit der Antriebsdrehzahl steigt. Bei Nenndrehzahl laufen diese Kupplungen im Gegensatz zu den *hydrodynamischen* Kupplungen [56] schlupf- und verlustfrei. Der *Anlauf* bei einem Asynchronmotor (Kennlinie M_M in **Bild 20**) erfolgt bei einer Füllgutkupplung praktisch lastfrei (nur M_K) und ohne Drehzahl der Arbeitsmaschine bis zum Schnittpunkt *1* der Kupplungskennlinie M_K mit der Lastkennlinie M_L. Der Motor verharrt in Punkt *2* und beschleunigt die Arbeitsmaschine bis zum Synchronlauf. Später erreichen alle Aggregate die Betriebsdrehzahl im Punkt *3*. Ein Nachteil dieser Kupplungen im Vergleich zu federbelasteten Rutschkupplungen ist, daß sie praktisch nur auf schnellaufenden Wellen wirksam werden.

3.5.3 Richtungsgeschaltete Kupplungen (Freiläufe)
Directional (one-way) clutches, overrun clutches

Der Schaltvorgang hängt von der Richtung der relativen Drehbewegung zwischen An- und Abtriebsglied ab: in *einer* Richtung der Relativdrehung wird diese verhindert (Sperrzustand), in der *anderen* Richtung nicht (Freilaufzustand). Freiläufe übernehmen folgende *Funktionen* (die Bauformen unterscheiden sich meist nicht) [9, 57, 58]: *Rücklaufsperre* (für Förderbänder, Pumpen, automatische Kfz-Getriebe, Ventilatoren); *Überholkupplung* (für Mehrmotorenantriebe, Anlasserantriebe, Fahrradnaben); *Schrittschaltfreilauf* (für Kurzhobelmaschine, Vorschubeinrichtung, Schaltwerkgetriebe).

Bauarten. Für einfache Aufgaben: *Klinkenfreiläufe* (Sperräder, Ratschen) nehmen in einer Drehrichtung den Antrieb formschlüssig mit. Es gibt auch reibgesteuerte geräuschlose Klinken. *Klemmfreiläufe* [4, 59] fassen im Gegensatz dazu in jeder Stellung geräuschlos mit größeren Schaltgeschwindigkeiten und kleineren Abmessungen. Häufig sind radiale *Klemmrollenfreiläufe* (**Bild 21**) mit Innenstern, bei denen einzeln angefederte Rollen in die keilförmigen Taschen gedrückt werden. *Klemmkörperfreiläufe* [9, 60, 61] übertragen bei gleicher Baugröße mehr Drehmoment, sind jedoch weniger robust. Sie haben unrunde Klemmkörper zwischen kreiszylindrischen Laufbahnen. Größten Einfluß auf die Lebensdauer [62] und die Schaltgenauigkeit haben verschleißmindernde Additive im Schmierstoff [63]. Bei *Rücklaufsperren* läßt sich der Verschleiß durch Fliehkraftabhebung herabsetzen [9]. Wichtig ist eine einwandfreie radiale und axiale Lagerung (es gibt Baueinheiten mit Wälzlagern) [4, 9]. In die Schaltungen kann auch von außen eingegriffen werden: Abschaltung (vollkommener Freilaufzustand), Umschaltung, vollkommene Sperrung, Zuschaltung nur während einer Umdrehung (Eintouren-Kupplung [64]). *Reibfreiläufe* sind Reibkupplungen (Scheiben, Kegel), die über Steilgewinde in einer Richtung angepreßt werden. Werden zur Drehmomentübertragung schrägverzahnte Zahnkupplungen verwendet, so erhält man *Zahnfreiläufe*.

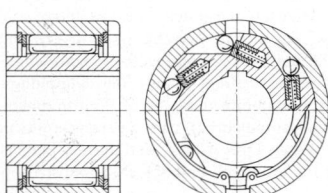

Bild 21. Klemmrollenfreilauf mit Innenstern und Einzelanfederung (Stieber) [4]

---

4 Wälzlagerungen. Rolling bearings

H. Peeken, Aachen

Wälzlager sind einbaufertige Maschinenelemente. Sie bestehen aus Wälzkörpern, die auf Innen- und Außenring abrollen sowie dem Käfig, der die Wälzkörper auf Abstand zueinander hält.

4.1 Grundlagen. Fundamentals

4.1.1 Werkstoffanstrengung und Ermüdung im Wälzkontakt. Material stress and fatique in rolling contact

Im Wälzkontakt unter Last entsteht infolge „Abplattung" eine Berührfläche, deren Größe und Beanspruchung sich

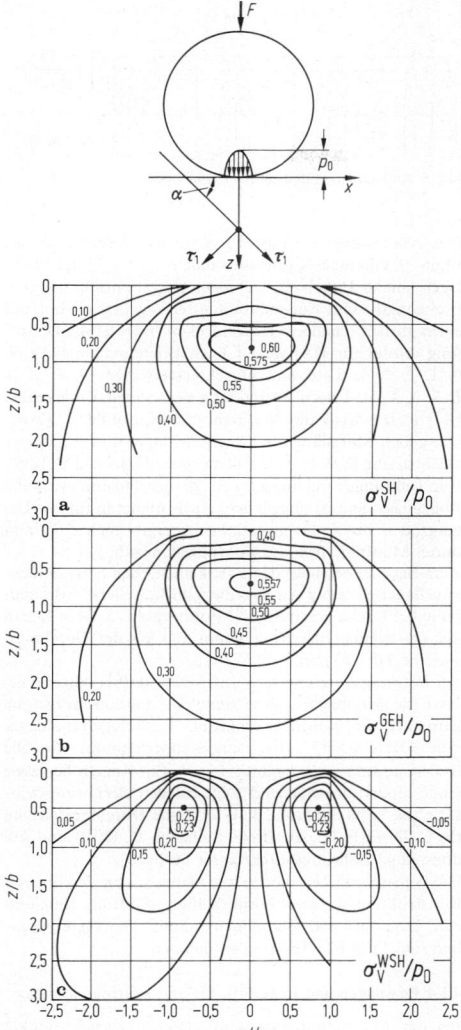

Bild 1. Dimensionslose Vergleichsspannungen σ_v/p_0 [1]. **a** Hauptschubspannungshypothese; **b** Gestaltänderungsenergiehypothese; **c** Wechselschubspannungshypothese

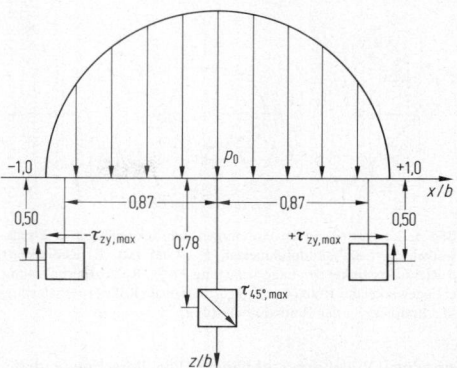

Bild 2. Schubspannungen unter der Oberfläche entsprechend der Hauptschubspannungs- und der Wechselschubspannungshypothese bei Linienkontakt bei Hertzscher Pressung [1]

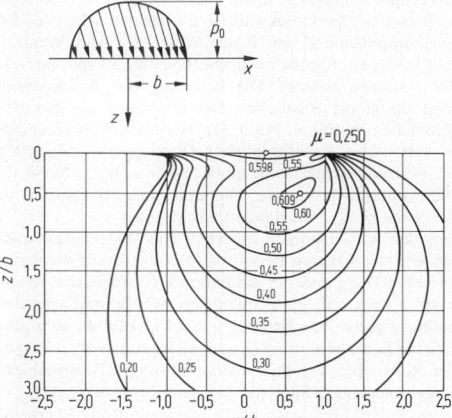

Bild 3. Werkstoffanstrengung bei Linienberührung, Normal- und Tangentialbelastung [2]

nach den Hertzschen Gleichungen errechnen. Die Hertzsche Theorie gilt für homogene und isotrope Körper bei elastischem Werkstoffverhalten. Die im Wälzkontakt entstehende Druckfläche wird dabei als eben und klein gegenüber den Körperabmessungen angenommen (ausführliche Darstellung der Hertzschen Gleichungen s. C4).

Zur Berechnung der Werkstoffanstrengung aufgrund der Hertzschen Pressung werden Hauptschubspannungshypothese, Gestaltänderungsenergiehypothese sowie Wechsel-(Orthogonal-)Schubspannungshypothese herangezogen. In **Bild 1** und **2** sind die Vergleichsspannungen σ_v der drei Hypothesen, bezogen auf die maximale Hertzsche Pressung p_0, für Linienberührung dargestellt. Demnach tritt der Maximalwert der Werkstoffanstrengung unter der Berührungsebene auf. Minimale Unterschiede ergeben sich in ihrer Absolutgröße und Tiefenlage. Strukturelle Änderungen im Wälzlagerwerkstoff, wie z.B.

plastische Verformungen (Gleitungen) oder die sog. Butterflies, die unter einem Winkel von annähernd 45° auftreten, deuten darauf hin, daß der *Ermüdungsprozeß* (Bildung von Rißkeimen, Rißentstehung, Rißwachstum, Ausbröckelungen von Werkstoffpartikeln (*Schälen* und *Grübchenbildung* bei Schmierung)) an Werkstoffinhomogenitäten aufgrund der Schubbeanspruchung eingeleitet wird.

Bei Linienberührung (**Bild 2**) tritt die größte Schubspannung $\tau_{max} = 0{,}304 p_0$ im Abstand von $0{,}78b$ von der Oberfläche im Punkt $x = 0$ auf (b halbe Breite der rechteckigen Druckfläche); Punktberührung $\tau_{max} = 0{,}31 p_0$, Abstand $0{,}47b$. Bei ständig überrollten Wälzflächen kann die Schubschwellfestigkeit als dynamische Belastungsgrenze betrachtet werden. Da die auftretende max. Schubspannung proportional zur Hertzschen Pressung ist, genügt ihre Berechnung zur Beurteilung des Spannungszustands.

Bei Misch-, aber auch bei Flüssigkeitsreibung treten zusätzlich zu der Normalbelastung in der Berührzone tangentiale Spannungen aus der Lagerreibung auf. Die Folge ist eine Erhöhung des zur Werkstoffoberfläche wandernden Spannungsmaximums, **Bild 3**.

4.1.2 Kraftverteilung. Load Distribution

Die Lastverteilung in einem belasteten Wälzlager ist von den elastischen Formänderungen an den Berührstellen der

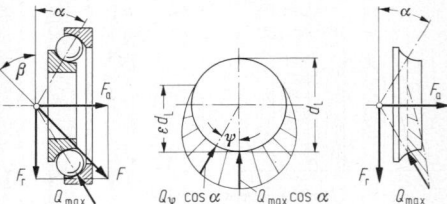

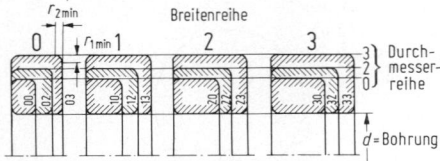

Bild 5. Aufbau der Maßpläne für Radiallager

Bild 4. Lastverteilung im einreihigen Schrägkugellager. α Druckwinkel, d_L Laufbahndurchmesser, F_a Axialkraft, F_r Radialkraft, β Richtungswinkel der Lagerbelastung F, Q_ψ Rollkörperbelastung, ψ Lagewinkel des Rollkörpers, Q_{max} maximale Rollkörperbelastung, εd_L Erstreckung der Rollbahnbelastung

einzelnen Wälzkörper abhängig. Die Berechnung dieser Lastverteilung und der maximalen Wälzkontaktbelastung nimmt entscheidenden Einfluß auf die Ermittlung der Lagertragzahl C. **Bild 4** zeigt als Beispiel ein belastetes einreihiges Schrägkugellager. Die Wälzkontaktkräfte sind in Richtung des Druckwinkels α gerichtet, während die Lastkomponente F_r mit F den Winkel β bildet. Wenn β eine bestimmte Größe nicht überschreitet, ist nur ein Teil der Rollbahn belastet. Die Belastung pro Wälzkontakt wird durch die elastischen Deformationen an den Berührstellen bestimmt. Nach den Hertzschen Gleichungen (s. C4) ist bei Punktberührung $Q_\psi/Q_{max} = (\delta_\psi/\delta_{max})^{3/2}$; Q_ψ Wälzkontaktbelastung an der Stelle ψ, Q_{max} maximale Wälzkontaktbelastung, δ_ψ Verschiebung der Körper an der Stelle ψ, δ_{max} maximale Verschiebung. Aus dem Gleichgewicht zwischen den Wälzkontaktkräften und der äußeren Belastung folgt der Zusammenhang zwischen Q_{max} und der Radialkraft F_r sowie der Axialkraft F_a. Ist z.B. im betrachteten Schrägkugellager der halbe Lagerumfang belastet ($\varepsilon = 0,5$ in **Bild 4**), so ergibt sich für Punktberührung $Q_{max} = 4,37 F_r/(z\cos\alpha)$; z Anzahl der Rollkörper. Bei der Linienberührung (z.B. einreihiges Kegelrollenlager) folgt die Lastverteilung zu $Q_r/Q_{max} = (\delta_r/\delta_{max})^{1,08}$. Für $\varepsilon = 0,5$ ist die maximale Rollkörperbelastung $Q_{max} = 4,06 F_r/(z\cos\alpha)$. Mit $\alpha = 0°$ lassen sich diese Gleichungen auch für spielfreie einreihige Kugel- und Rollenlager anwenden. Zusammen mit den Werkstoffeigenschaften lassen sich daraus Angaben über die Tragzahlen machen. (Vgl. G 4.3.1 und G 4.3.2.)

4.1.3 Bezeichnungen für Wälzlager
Designation of standard rolling bearings

Die Bezeichnung für Wälzlager erfolgt nach DIN 623 Teil 1 durch Kurzzeichen, die sich aus *Vorsetzzeichen, Basiszeichen* und *Nachsetzzeichen* zusammensetzen. Durch *Vorsetzzeichen* werden Teile von vollständigen Wälzlagern bezeichnet, z.B.: K Käfig mit Wälzkontakten, L freier Ring, R Ring mit Wälzkörpern, S rostfreier Stahl.
Das *Basiszeichen* bezeichnet Art und Größe des Lagers. Es besteht aus zwei Zeichen oder Zeichengruppen, **Tab. 1**.

Tabelle 1. Basiszeichen für Wälzlager

Lagerart s. DIN 623	Maßreihe		Zeichen für Lagerbohrung s. DIN 623
	Breiten- oder Höhenreihe	Durchmesserreihe	
	s. DIN 616		

Die Abmessungen (Bohrung d, Außendurchmesser D, Breite B, minimale Kantenabstände r_{1min}, r_{2min}) der Wälzlager sind so aufgebaut, daß jeder Lagerbohrung mehrere Breitenmaße und Außendurchmesser zugeordnet sind, um einen großen Lastbereich abzudecken (DIN 616). Die Stufung erfolgt für Radiallager nach Breitenreihen (7, 8, 9, 0, 1, 2, 3, 4, 5, 6) und Durchmesserreihen (7, 8, 9, 0, 1, 2, 3, 4, 5). Durch Verbindung der beiden Kennzahlen (B vor D!) wird die Maßreihe gebildet, **Bild 5**. Daneben gelten Maßpläne für Kegelrollenlager und Axiallager (Höhenreihe 7, 9, 1, 2; Durchmesserreihe 0, 1, 2, 3, 4, 5). Für Bohrungsdurchmesser von 20 bis 480 mm wird die Bohrungskennzahl angegeben. Ausgenommen für die Lagergrößen bis $d = 17$ mm. Bohrung ergibt sich d in mm durch Multiplikation der Bohrungskennzahl mit 5.
Zum Beispiel bedeutet das Basiskennzeichen 6204: Rillenkugellager einreihig (Lagerreihe 62) Maßreihe 02 (Breitenreihe 0, Durchmesserreihe 2), Bohrung $d = 5 \cdot 04 = 20$ mm aus der Breitenreihe $0 B = 14$ mm und aus der Durchmesserreihe $2 D = 47$ mm.
Bei Bohrungsdurchmessern unter 20 und über 480 mm ersetzt die Millimeterangabe (teilweise durch Schrägstrich getrennt) die Bohrungskennzahl. Für Kegelrollenlager sieht DIN-ISO 355 eine neue Kennzeichnung vor. Die Basiskennzeichnung beginnt mit T für Kegelrollenlager (engl. taper); anschließend folgt für den Berührungswinkel α die Winkelreihe (2, 3, 4, 5, 7), die Durchmesserreihe (B, C, D, E, F, G), die Breitenreihe (B, C, D, E) und der dreistellige Bohrungsdurchmesser in mm.
Die *Nachsetzzeichen* dienen zur Bezeichnung der inneren Konstruktion, äußeren Form, Käfigausführung, Genauigkeit, Lagerluft und Wärmebehandlung. Genauere Angaben sind DIN 623 Teil 1 zu entnehmen.

4.1.4 Passungen und Lagerluft. Fit and bearing clearance

Bei der Passungsauswahl sind folgende Gesichtspunkte von Bedeutung:
− Unterstützung der Lagerringe auf ihrem Umfang zur Erhaltung der vollen Tragfähigkeit des Lagers,
− radiale und tangentiale, teilweise auch axiale Fixierung der Lager,
− leichter Ein- und Ausbau.
Die beiden ersten Gesichtspunkte erfordern ein Passungsübermaß. Insbesondere bei höheren Belastungen, die eine Dehnung der Ringe bewirken, sowie auch bei Belastungsstößen sind stramme Passungen erforderlich. Auch das in nahezu allen Betriebsfällen vorhandene Temperaturgefälle zwischen den Lagerringen ist von Bedeutung. Toleranzen für normale Lagerluft nach **Tab. 2**.

Tabelle 2. Toleranzen für Welle und Gehäuse für normale Lagerluft [3]

	Welle	Gehäuse
Kugellager	$j5…k5$	$J6$
Rollen- und Nadellager	$k5…m5$	$K6$

Aufgrund der geringen Dicke der Lagerringe sind starre Lagersitze und geringe Form- und Lauftoleranzen (Geradheit, Rundheit, Parallelität und Planlauf der Anlageschulter), die enger als die Durchmesser toleriert werden, vorgeschrieben.

Die Toleranzen der Wälzlager sind in DIN 620 genormt. Außer der Toleranzklasse P0 (Normaltoleranz) sieht die Norm die Toleranzklassen P6, P6X, P5, P4 und P2 vor. Lager mit diesen eingeengten Toleranzen sind für sehr genaue Wellenführungen und sehr hohe Drehzahlen bestimmt.

Als wichtiges Anwendungsgebiet für Lager mit eingeengten Toleranzen gelten die Arbeitsspindeln von Werkzeugmaschinen. Hierfür werden Lager außer in den genormten Toleranzklassen auch in den Toleranzklassen SP (Spezial-Präzision), UP (Ultra-Präzision) und HG (hochgenau) gefertigt. Kegelrollenlager in Zollabmessungen gibt es in der Normaltoleranz und in der Toleranzklasse Q3.

Unter Radial-(Axial-)Lagerluft wird das Maß verstanden, um das sich die Lagerringe in radialer (axialer) Richtung von einer Endlage in die andere gegeneinander verschieben lassen. Sie sollte in der Weise ausgewählt werden, daß im Betrieb kein Verspannen der Lagerringe und umgebenden Teile eintritt. Infolge der Passung, insbesondere bei festeren Passungen, aber auch durch das Temperaturgefälle verringert sich die Radiallagerluft. Diese Verringerung muß bei der Lagerluftauswahl beachtet werden.

Lagerluftgruppen nach DIN 620 Blatt 4: C1 radiale Lagerluft kleiner als C2, C2 radiale Lagerluft kleiner als normal (C0), C0 normale radiale Lagerluft, C3 radiale Lagerluft größer als normal (C0), C4 radiale Lagerluft größer als C3, C5 radiale Lagerluft größer als C4.

4.2 Wälzlagerbauformen. Types of rolling bearings

4.2.1 Kugellager. Ball Bearings

Bauformen. Für überwiegend Radialbelastung: **Bild 6a–g**

a) Einreihige Rillenkugellager (DIN 625) nehmen radiale sowie axiale Kräfte auf und sind für hohe Drehzahlen geeignet. Ihre Winkeleinstellbarkeit ist gering. Nicht fluchtende Lagerstellen führen zu Zusatzbeanspruchungen, die die Gebrauchsdauer des Lagers verringern. Rillenkugellager werden auch mit Deck- oder Dichtscheiben gefertigt.

b) Zweireihige Rillenkugellager (DIN 625) werden mit und ohne Füllnuten gefertigt. Lager mit Füllnuten können daher nur geringe Axialkräfte übertragen. Sie sind bei auftretenden Winkelfehlern ungeeignet.

c) Schulterkugellager (DIN 615) sind nur bis 30 mm Bohrungsdurchmesser genormt. Sie haben am Außenring nur eine Schulter und sind daher zerlegbar. Innenring und Außenring werden getrennt eingebaut. Eine Übertragung von Axialkräften ist in einer Richtung möglich.

d) Einreihige Schrägkugellager (DIN 628) nehmen nur in einer Richtung Axialkräfte auf. Sie werden deshalb in O- oder X-Anordnung gegen ein anderes Lager angestellt. Einreihige Schrägkugellager sind nicht zerlegbar.

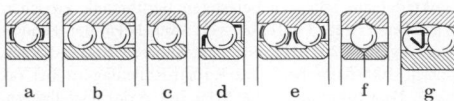

Bild 6a–g. Kugellager-Bauformen für überwiegend Radialbelastung (s. Text)

e) Zweireihige Schrägkugellager (DIN 628) nehmen radiale und axiale Lasten in beiden Richtungen sowie Momentenbelastungen auf. Der Aufbau entspricht einem Paar von einreihigen Schrägkugellagern in O-Anordnung. Die Lager haben im Anlieferungszustand sehr geringe Spiele, so daß nicht zu feste Passungen verwendet werden dürfen.

f) Vierpunktlager (DIN 628) sind einreihige Schrägkugellager, die Axialkräfte in beiden Richtungen aufnehmen. Im Axialschnitt besteht die Kontur der Laufbahnen von Innen- und Außenring aus Kreisbögen, die Spitzbögen bilden. Der Innenring der Vierpunktlager ist geteilt, so daß eine große Anzahl von Kugeln eingebracht werden kann.

g) Pendelkugellager (DIN 630) sind zweireihige Lager mit hohlkugeliger Außenlaufbahn, die Fluchtungsfehler und Wellendurchbiegungen bis 4° ausgleichen. Infolge der ungünstigeren Schmiegung zwischen Kugeln und Außenring ist die axiale Tragfähigkeit geringer als die eines Rillenkugellagers.

Bauformen. Für überwiegend Axialbelastung: **Bild 7**

Axialrillenkugellager (DIN 711, DIN 715) in einseitig (Axialkraft nur in einer Richtung) oder zweiseitig wirkender Bauart nehmen hohe Axialkräfte auf. Zur Aufnahme von Radialbelastungen sind sie nicht geeignet. Um kinematisch einwandfreies Abrollen der Kugeln auch bei höheren Drehzahlen zu erreichen, ist eine axiale Mindestlast erforderlich.

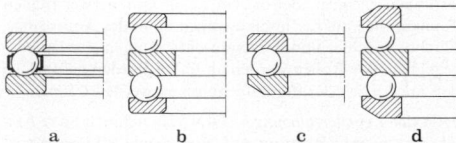

Bild 7a–d. Axialrillenkugellager. **a** einseitig wirkend; **b** doppelseitig wirkend; **c** einseitig mit kugeliger Gehäusescheibe (Ausgleich von Winkelfehlern); **d** doppelseitig mit kugeliger Gehäusescheibe

4.2.2 Rollenlager. Roller bearings

Bauformen Bild 8a–f

a) Zylinderrollenlager (DIN 5412) können hohe Radialkräfte jedoch keine oder nur geringe Axialkräfte übertragen. Sie sind zerlegbar; dadurch sind Innen- und Außenring getrennt einbaubar. Die verschiedenen Bauformen unterscheiden sich durch die Anordnung der Borde. Die Bauformen NU und N werden als Loslager einge-

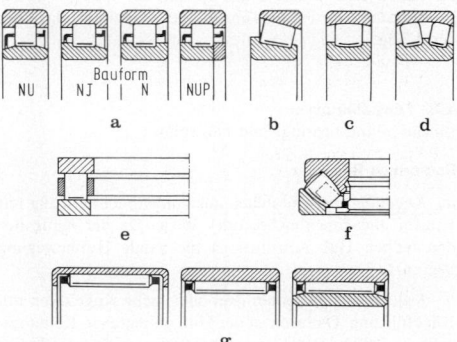

Bild 8a–g. Bauformen von Rollenlagern (s. Text)

setzt. Bauform NJ hat zwei Borde am Außenring und einen Bord am Innenring, so daß geringe Axialkräfte in einer Richtung aufgenommen werden können. Zur Aufnahme geringer Axialkräfte in beiden Richtungen dient Bauart NUP mit zwei Borden am Außenring, einem festen Bord und einer losen Bordscheibe am Innenring. Die Winkeleinstellbarkeit der Zylinderrollenlager ist gering. Zwischen zylindrischer Mantelfläche und Kantenrundung befindet sich bei den Zylinderrollen eine ballige Übergangszone. Durch dieses ZB-Profil (zylindrisch-ballig) wird das Auftreten von Kantenspannungen verhindert und eine modifizierte Linienberührung mit sich vergleichmäßigender Spannungsverteilung erzielt. Eine nahezu konstante Druckbelastung ohne Spannungsspitzen wird durch sog. logarithmisches Profil, das keine Unstetigkeit im Profilverlauf aufweist, erreicht.

b) Kegelrollenlager (DIN 720) haben eine hohe Tragfähigkeit und können kombinierte Belastungen aufnehmen. Sie sind zerlegbar, so daß Innenring und Außenring getrennt eingebaut werden können. Da axiale Kräfte nur in einer Richtung aufgenommen werden können, ist ein zweites spiegelbildlich angeordnetes Lager zur Gegenführung erforderlich. Die Lagerluft wird beim Einbau eingestellt. Die Winkeleinstellbarkeit ist gering, deshalb ist auf gute Fluchtung zu achten.

c) Tonnenlager (DIN 635) sind einreihige winkeleinstellbare (bis 4°) Rollenlager, die für hohe radiale Tragkräfte geeignet sind. Die axiale Belastbarkeit ist gering.

d) Pendelrollenlager (DIN 635) sind für schwerste Belastungen geeignet. Bei diesem Lager laufen zwei Reihen Tonnenrollen auf der hohlkugeligen Bahn des Außenrings. Fluchtungsfehler und Wellendurchbiegungen werden ausgeglichen. Die Rollen werden an festen Borden geführt, so daß auch axiale Kräfte aufgenommen werden können.

e) Axial-Zylinderrollenlager (DIN 722) nehmen hohe Axialkräfte in einer Richtung auf. Eine axiale Mindestlast ist für kinematisch einwandfreies Abrollen erforderlich.

f) Axial-Pendelrollenlager (DIN 728) für hohe Axialkräfte und relativ hohe Drehzahlen. Wegen der zur Lagerachse geneigten Laufbahnen sind auch radiale Belastungen aufnehmbar, die aber 55% der Axialkraft nicht überschreiten dürfen. Wegen der hohlkugeligen Laufbahn sind die Lager winkeleinstellbar bis ca. 2°. Zur Sicherung kinematisch einwandfreien Abrollens wird eine Mindestaxiallast angegeben.

g) Nadellager (DIN 617, DIN 618) erfordern der geringen radialen Abmessungen wegen geringen Bauraum. Sie sind besonders für Stoßbelastungen und Schwenkbewegungen geeignet. Axialkräfte können nicht aufgenommen werden. Sie haben eine höhere Reibungszahl als andere Wälzlagerbauarten. Die Parallelführung der Nadeln erfolgt über den Käfig.

4.2.3 Längsführungen
Linear rolling bearings and ball splines

Bauformen Bild 9a–c

a) Kugelführungen bestehen aus Außenbuchse, Käfig mit Kugeln und Innenbuchse oder Welle. Da der Käfig nur den halben Hub ausführt, ist die axiale Hubbewegung begrenzt.

b) Kugelhülsen enthalten drei oder mehr Kugelrillen mit Rückführung. Dadurch ist der Hub unbegrenzt. Reibungszahl $\mu = 0,002 \ldots 0,004$. Sie eignen sich nur für geradlinige Wellenführungen.

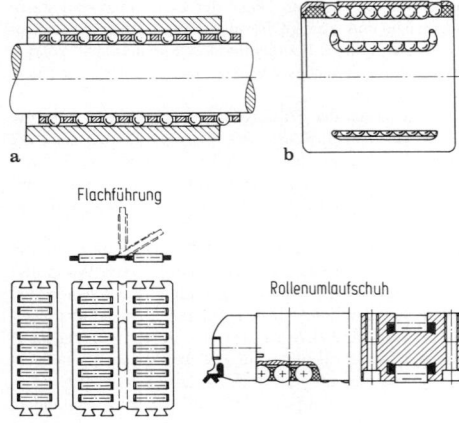

Bild 9a–c. Längsführungen (s. Text)

c) Rollenführungen als leiterförmige Flachkäfige oder in der Form des Rollenumlaufschuhs eignen sich als Flachführungen.

4.2.4 Werkstoffe. Materials

Wälzlagerstähle s. E 3.1.4.
Die Käfige werden überwiegend aus Stahlblech gepreßt. Messing, Leichtmetall (Aluminiumlegierungen) und Stahl werden zur Herstellung von *Massivkäfigen* verwendet. In zunehmendem Maße werden heute Massivkäfige aus Kunststoff (glasfaserverstärktes Polyamid PA 66) gefertigt.

4.3 Tragfähigkeit, Lebensdauer, Gebrauchsdauer
Load capacity, fatigue life, service life

Die für eine bestimmte Lagerung erforderliche Lagergröße wird aufgrund der Tragfähigkeit des Lagers im Verhältnis zu den auftretenden Belastungen und den Anforderungen an Lebensdauer und Betriebssicherheit bestimmt. Als Maß für die Tragfähigkeit werden bei der Lagerberechnung die statische Tragzahl C_0 und die dynamische Tragzahl C verwendet, die nach DIN ISO 76 und DIN ISO 281 Teil 1 berechnet oder den Katalogen der Wälzlagerhersteller entnommen werden können.
Steht ein Lager still, schwenkt oder läuft langsam um, so gilt es als statisch beanspruchtes Lager, bei dem die statische Tragfähigkeit gegeben sein muß. Dies gilt auch für dynamisch beanspruchte Lager, auf die kurzzeitig starke Stöße wirken. Die dynamische Tragzahl C findet bei umlaufenden Lagern Verwendung. Die Begriffe statisch und dynamisch beziehen sich nicht auf Änderungen der äußeren Belastung.

4.3.1 Statische Tragfähigkeit. Static load capacity

Die statischen Tragzahlen C_{0r} für radiale Belastungen und C_{0a} für axiale Belastungen sind statische Kräfte, denen errechnete Beanspruchungen an der Berührstelle im Mittelpunkt der am höchsten belasteten Berührstelle zwischen Wälzkörper und Laufbahn von 4600 MPa bei Pendel-Kugellagern, 4200 MPa bei allen anderen Radial-Kugellagern, 4000 MPa bei allen Radial-Rollenlagern bei radialer Belastung und 4200 MPa bei Axial-Kugellagern, 4000 MPa bei allen Axial-Rollenlagern bei axialer Belastung zugrunde liegt.

Bei diesen Belastungen tritt an den Berührstellen von Wälzkörper und Laufbahn eine bleibende Verformung von etwa dem 0,0001fachen des Wälzkörperdurchmessers auf.

Zum Nachweis der ausreichenden Tragfähigkeit eines Lagers dient die statische Kennzahl $f_s = C_0/P_0$. Für Lager, die besonders ruhig und leichtgängig laufen sollen, ist eine große Kennzahl f_s erforderlich. Man setzt:

Bei hohen Anforderungen an Laufruhe und Reibungsverhalten f_s = 2...2,5; bei ausgeprägten Stoßbelastungen f_s = 1,5...2; bei normalen Ansprüchen an Laufruhe f_s = 0,8...1,2; bei geringen Ansprüchen an Laufruhe und bei erschütterungsfreiem Betrieb f_s = 0,5...0,8; bei Axial-Pendelrollenlager sollte $f_s \geq 2$ sein, da der Bord der Wellenscheibe stark beansprucht wird.

Belastungen, die sich aus einer Radial- und einer Axialbelastung zusammensetzen, müssen in die äquivalente statische Lagerbelastung P_0 umgerechnet werden. Darunter wird bei Radiallagern diejenige Radialbelastung und bei Axiallagern diejenige Axialbelastung verstanden, die im Lager die gleichen bleibenden Verformungen hervorruft wie die tatsächlich wirkende Belastung. Man erhält die äquivalente statische Lagerbelastung aus den beiden allgemeinen Formeln

$$P_0 = X_0 F_r + Y_0 F_a$$
$$P_0 = F_r.$$

Es ist der größere der beiden Werte zu verwenden. Hierin sind F_r die Radialkomponente der größten statischen Belastung, F_a die Axialkomponente der größten statischen Belastung, X_0 der Radialfaktor des Lagers und Y_0 der Axialfaktor des Lagers, die den Tabellen 2 und 3 der DIN ISO 76 oder dem Wälzlagerkatalogen entnommen werden können. Sie differieren für die unterschiedlichen Lagertypen.

4.3.2 Lebensdauer bei konstanter Belastung und Drehzahl
Fatigue life under steady load and speed

Die Dimensionierung eines dynamisch belasteten Wälzlagers erfolgt auf der Basis der *Ermüdungslebensdauer* (DIN ISO 281). Sie ergibt diejenige Anzahl von Umdrehungen für ein einzelnes Lager, die ein Lagerring oder -scheibe in bezug auf den anderen Lagerring oder -scheibe ausführt, bevor das erste Anzeichen von Materialermüdung (Pittingbildung) an einem der beiden Ringe oder Scheiben oder am Wälzkörper sichtbar wird. Von der Ermüdungslebensdauer ist die Gebrauchsdauer zu unterscheiden, unter der die tatsächlich mögliche Einsatzzeit eines Lagers verstanden wird.

Die exakte Voraussage der Ermüdungslebensdauer des einzelnen Wälzlagers ist selbst bei genauer Kenntnis der Belastungs- und Betriebsverhältnisse nicht möglich, da die Ermüdungslaufzeiten stark streuen. Eine Aussage kann daher nur über eine größere Anzahl von Versuchen mit gleichen Lagern unter gleichen Versuchsbedingungen statistisch erfolgen.

Es wird deshalb der Begriff der *nominellen Lebensdauer* L_{10} verwendet. Sie entspricht der Ermüdungslebensdauer in Mio. Umdrehungen, die von 90% einer größeren Anzahl offensichtlich gleicher Lager erreicht oder überschritten wird. 10% der Lager können demnach vorher ausfallen. Die nominelle Lebensdauer wird mit Hilfe der Lebensdauergleichung (DIN ISO 281) zu

$$L_{10} = \left(\frac{C_r}{P_r}\right)^p \quad \text{für Radiallager}$$

$$L_{10} = \left(\frac{C_a}{P_a}\right)^p \quad \text{für Axiallager}$$

$$L_{10} \text{ in } 10^6 \text{ Umdrehungen} \tag{1}$$

berechnet. Der Exponent p hat für Kugellager den Wert 3, für Rollen- und Nadellager den Wert 10/3.

Die dynamische radiale (axiale) *Tragzahl* C_r (C_a) gibt für ein Wälzlager diejenige in Größe und Richtung unveränderliche radiale (axiale) äußere Belastung an, die das Lager theoretisch für eine nominelle Lebensdauer von 10^6 Umdrehungen aufnehmen kann. P_r (P_a) ist die dynamisch äquivalente radiale (axiale) Belastung, deren Größe und radiale (axiale) Richtung unveränderlich ist und unter deren Einwirkung ein Wälzlager die gleiche nominelle Lebensdauer erreichen würde wie unter den tatsächlich vorliegenden Bedingungen. Es gilt für Radiallager

$$P_r = X F_r + Y F_a$$

und für Axiallager

$$P_a = X F_r + Y F_a.$$

F_r ist die Radial-, F_a die Axialkomponente der Belastung. Der Radialfaktor X und der Axialfaktor Y liegen nach DIN ISO 281 oder Herstellerangaben fest. Bei konstanter Drehzahl des Lagers kann durch

$$L_{h10} = \frac{L_{10}}{n} \tag{2}$$

die Lebensdauer in Stunden ausgedrückt werden.

Bei dem zur L_{10}-Lebensdauerbestimmung vorgestellten Verfahren handelt es sich um ein Vergleichsverfahren, dessen Aussagesicherheit um so größer ist, je besser die Voraussetzungen wie Einsatz eines konventionellen Wälzlagerstahls und in der Praxis übliche Betriebsbedingungen (weitgehende Trennung der Oberflächen durch den Schmierstoff, gute Sauberkeit im Schmierspalt) erfüllt sind.

Empfehlungen der DIN ISO 281 geben die Möglichkeit, Verbesserungen der Wälzlagerstähle und der Fertigungsverfahren sowie die Wirkung der Betriebsbedingungen, insbesondere genauere Kenntnisse vom Einfluß der Schmierung auf den Ermüdungsvorgang, in der Lebensdauerberechnung zu erfassen. Danach ist die erreichbare Ermüdungslaufzeit L_{na} nach der modifizierten Lebensdauergleichung

$$L_{na} = a_1 a_2 a_3 L_{10} \tag{3}$$

oder in Stunden ausgedrückt

$$L_{hna} = a_1 a_2 a_3 L_{h10}. \tag{4}$$

Lebensdauerbeiwert a_1 für die Ausfallwahrscheinlichkeit. Für bestimmte Anwendungsfälle kann es wünschenswert sein, die Lebensdauer für andere Ausfallwahrscheinlichkeiten als 10% zu berechnen. Zu diesem Zweck wurde der Faktor a_1 eingeführt, **Tab. 3**.

Tabelle 3. Ausfallwahrscheinlichkeitsfaktor a_1

Ausfallwahrscheinlichkeit in %	10	5	4	3	2	1
Ermüdungslaufzeit	L_{10}	L_5	L_4	L_3	L_2	L_1
Faktor a_1	1	0,62	0,53	0,44	0,33	0,22

Lebensdauerbeiwert a_2 für den Werkstoff. Die Eigenschaften des Werkstoffs haben Einfluß auf die Lebensdauer eines Wälzlagers. Dieser Einfluß wird mit dem Beiwert a_2 erfaßt. Gegenwärtig kann aber nach DIN ISO 281 die Auswahl des Beiwerts nicht aufgrund quantifizierbarer Eigenschaften vorgenommen werden.

Lebensdauerbeiwert a_3 für die Betriebsbedingungen. Mit dem Beiwert a_3 werden die Angemessenheit der Schmierung und die Bedingungen, die Änderungen der Werk-

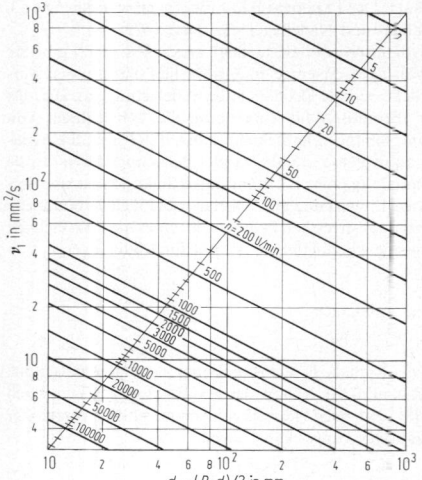

Bild 10. Kinematische Bezugsviskosität v_1, abhängig von mittleren Lagerdurchmesser d_m und der Drehzahl n

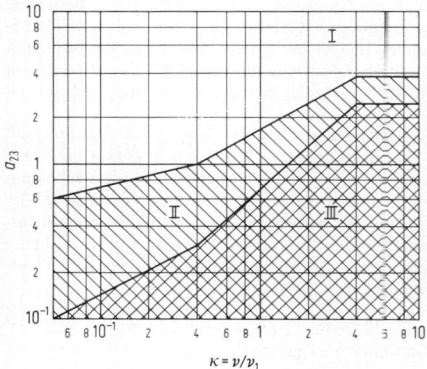

Bild 11. a_{23}-Diagramm nach [3]

v Betriebsviskosität des Schmierstoffs,
v_1 Bezugsviskosität

Bereich

I: Übergang zur Dauerfestigkeit.
     Voraussetzung: Höchste Sauberkeit im Schmierspalt und nicht zu hohe Belastung, wenn Dauerfestigkeit angestrebt wird.
II: Gute Sauberkeit im Schmierspalt.
     Geeignete Additive im Schmierstoff
III: Ungünstige Betriebsbedingungen, Verunreinigungen im Schmierstoff, ungeeignete Schmierstoffe

stoffeigenschaften verursachen, berücksichtigt. Auch hier liegen in DIN ISO 281 keine quantitativen Abschätzungen für a_3 vor. Geht man davon aus, daß keine größere als die allgemein zugrunde gelegte Erlebenswahrscheinlichkeit von 90% gelten soll, daß die Lager aus Werkstoffen hergestellt sind, die für die angegebenen dynamischen Tragzahlen vorausgesetzt wurden, und daß übliche Betriebsbedingungen vorliegen, wird $a_1 = a_2 = a_3 = 1$; in diesem Fall sind die Gl. (1) und (3) identisch.

Über DIN ISO 281 hinausgehend, bieten die Wälzlagerhersteller erweiterte Lebensdauerberechnungen an, in denen die Beiwerte quantifiziert werden. Übereinstimmend

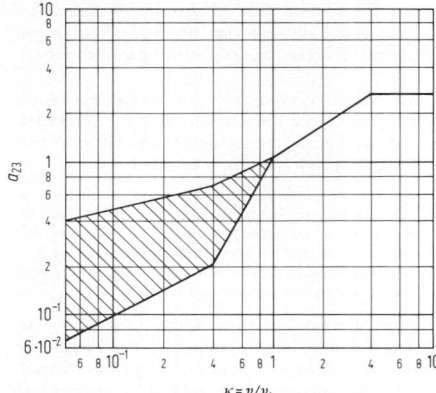

Bild 12. a_{23}-Diagramm nach [4]. Rasterflächen bei Verwendung von EP-Zusätzen

Tabelle 4. Temperaturfaktor f_t [3]

Betriebstemperatur in °C	Temperaturfaktor f_t
150	1
200	0,73
250	0,42
300	0,22

werden die Lebensdauerbeiwerte a_2 für den Werkstoff und a_3 für die Betriebsbedingungen wegen der gegenseitigen Beeinflussung zu einem gemeinsamen Faktor a_{23} zusammengefaßt. Er kann in Abhängigkeit von $\kappa = v/v_1$ (v kinematische Betriebsviskosität des Schmieröls; v_1 Bezugsviskosität als Funktion der Lagergröße und -drehzahl aus **Bild 10**) den **Bildern 11 oder 12** entnommen werden. Der Einfluß der Betriebstemperatur auf den Werkstoff wird mit dem Temperaturfaktor f_t nach **Tab. 4** berücksichtigt. Der Lebensdauerbeiwert a_1 wird unverändert aus DIN ISO 281 übernommen.
Die erweiterte Lebensdauergleichung lautet dann

$$L_{na} = a_1 a_{23} f_t L_{10}, \tag{5}$$

$$L_{hna} = a_1 a_{23} f_t L_{h10}. \tag{6}$$

Unter Einbeziehung der Dauerfestigkeit von Wälzlagern ist die Wälzermüdungstheorie nach Lundberg und Palmgren, auf die die klassische, durch ISO genormte Gleichung zur Berechnung der L_{10}-Lebensdauer zurückgeht, nach [4] zu einer Lebensdauer L_{naa} erweitert worden, derart daß eine Ermüdungsgrenzbelastung P_u eingeführt wird, unter der diejenige Belastungsgrenze verstanden wird, bis zu der keine Ermüdung im Lager auftritt. Werte für P_u sind in den Lagertabellen [4] angegeben. Demnach gilt für L_{naa}

$$L_{naa} = a_1 a_{23} f_t L_{10}. \tag{7}$$

Die in Gl. (7) einzusetzenden Werte für a_{23} können in Abhängigkeit von $\eta_c(P_u/P)$ mit κ als Parameter den **Bildern 13 bis 16** für unterschiedliche Lagerarten entnommen werden. η_c erfaßt verschiedene Grade der Verunreinigung, **Tab. 5**.
Den Bildern liegt ein allgemeiner Sicherheitsfaktor zugrunde, der von der Lagerart abhängt und mit den Dauerfestigkeitsbetrachtungen üblichen Sicherheitsfaktoren ver-

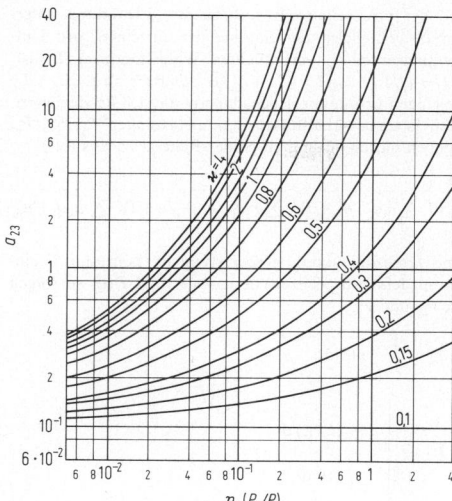

Bild 13. Beiwert a_{23} für Radial-Kugellager [4]. Für $\kappa > 4$ ist die Kurve $\kappa = 4$ zu verwenden. Für $\eta_c (P_u/P)$ gegen Null geht a_{23} für alle κ-Werte gegen 0,1

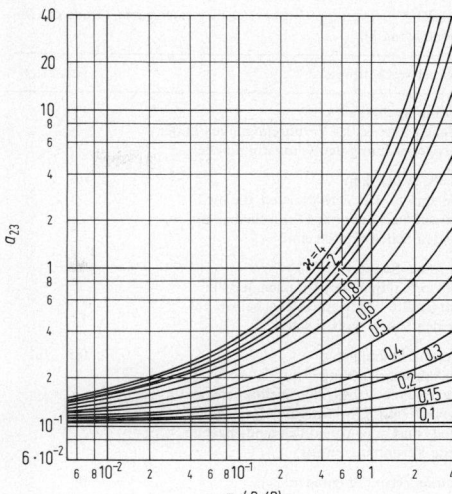

Bild 15. Beiwert a_{23} für Axial-Kugellager [4]. Für $\kappa > 4$ ist die Kurve $\kappa = 4$ zu verwenden. Für $\eta_c (P_u/P)$ gegen Null geht a_{23} für alle κ-Werte gegen 0,1

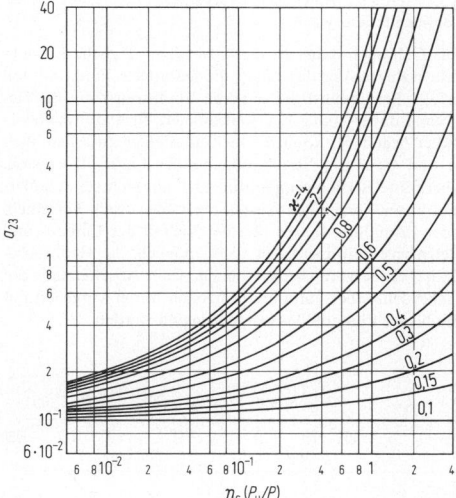

Bild 14. Beiwert a_{23} für Radial-Rollenlager [4]. Für $\kappa > 4$ ist die Kurve $\kappa = 4$ zu verwenden. Für $\eta_c (P_u/P)$ gegen Null geht a_{23} für alle κ-Werte gegen 0,1

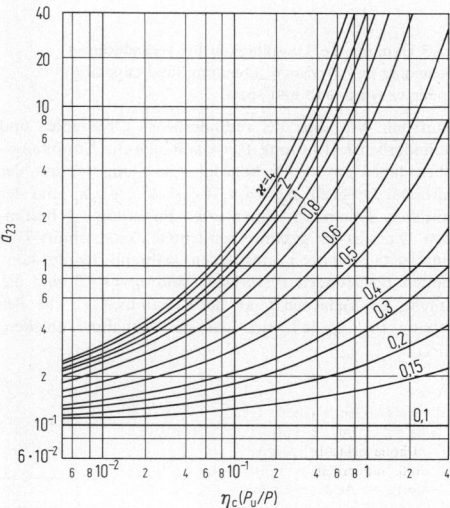

Bild 16. Beiwert a_{23} für Axial-Rollenlager [4]. Für $\kappa > 4$ ist die Kurve $\kappa = 4$ zu verwenden. Für $\eta_c (P_u/P)$ gegen Null geht a_{23} für alle κ-Werte gegen 0,1

gleichbar ist. Die Diagramme sind für typische Werte dieses Sicherheitsfaktors gezeichnet und gelten für Schmierstoffe ohne EP-Zusätze.

Werden Schmierstoffe mit solchen Zusätzen verwendet, kann im Bereich $\kappa < 1$ gegebenenfalls eine größere Lebensdauer erreicht werden. Die maximal mögliche Lebensdauer läßt sich abschätzen, indem man den Beiwert a_{23} (ohne EP-Zusätze) mit dem Faktor aus $(4-3\kappa)$ multi-

pliziert und diesen höheren Beiwert a_{23} (mit EP-Zusätzen) in die Formel für L_{naa} einsetzt. Es ist jedoch fraglich, ob bei Verunreinigungen überhaupt eine längere Lebensdauer durch EP-Zusätze erreicht werden kann. Falls $\eta_c < 0,5$, wird daher empfohlen, den Faktor $(4-3\kappa)$ nicht anzuwenden. Wird $a_{23}(4-3\kappa)$ größer als der Wert von a_{23} für $\kappa = 1$ aus dem Diagramm, ist dieser Diagrammwert für $\kappa = 1$ zu verwenden.

Tabelle 5. Beiwert η_c (Richtwerte) für verschiedene Grade der Verunreinigung [4]

Betriebsverhältnisse	Beiwert η_c [a]
größte Sauberkeit (Teilchengröße der Verunreinigungen in der Größenordnung der Schmierfilmdicke)	1
große Sauberkeit (entspricht den Verhältnissen, die für fettgefüllte Lager mit Dichtscheiben auf beiden Seiten typisch sind)	0,8
normale Sauberkeit (entspricht den Verhältnissen, die für fettgefüllte Lager mit Deckscheiben auf beiden Seiten typisch sind)	0,5
Verunreinigungen (entspricht den Verhältnissen, die für Lager ohne Deck- oder Dichtscheiben typisch sind; Grobfilterung des Schmierstoffs und/oder von außen eindringende feste Verunreinigungen	0,5…0,1
starke Verunreinigungen [b]	0

[a] Die angegebenen η_c-Werte gelten nur für typische feste Verunreinigungen; lebensdauermindernde Einflüsse bei Eindringen von Wasser oder sonstigen Flüssigkeiten in die Lagerung sind hier nicht berücksichtigt.

[b] Bei extrem starker Verunreinigung überwiegt der Verschleiß; die Lebensdauer liegt in diesem Fall weit unter dem errechneten Wert für L_{naa}.

4.3.3 Dynamische Tragfähigkeit bei veränderlicher Belastung und Drehzahl. Dynamic load capacity under varying load and speed

Läuft ein Wälzlager bei veränderlichen Drehzahlen und veränderlicher Belastung P, so läßt sich die Ermüdungslebensdauer aus der Lebensdauergleichung (1) mit der mittleren Drehzahl $n_m = q_1 n_1 + q_2 n_2 + … + q_n n_n$ und der mittleren dynamisch äquivalenten Belastung P_m bestimmen. Dazu ist der gesamte betrachtete Zeitabschnitt T in Einzelzeitabschnitte t_i einzuteilen, während der die konstanten Belastungen P_i wirksam sind. $q_i = t_i/T$ sind die Anteile der Teilzeiten t_i an der Gesamtzeit T. Die Beziehung für P_m läßt sich aus der Annahme ableiten,

daß der pro Zeiteinheit verbrauchte „Ermüdungswiderstand" $1/L$ gleich der Summe der einzelnen, pro Umdrehungsanteil a_n verbrauchten Widerstände a_n/L_n ist: $1/L = a_1/L_1 + a_2/L_2 + … + a_n/L_n$. Dabei sind $L_1, L_2 … L_n$ diejenigen Ermüdungslebensdauern, die sich bei den jeweiligen Betriebsverhältnissen, z.B. Belastungen $P_1, P_2 … P_n$, ergeben hätten (Palmgren-Miner-Regel). Daraus folgt

$$P_m = \sqrt[p]{P_1^p \cdot \sum_{i,i'} n_i q_{i'}/n_m + P_2^p \cdot \sum_{j,j'} n_j q_{j'}/n_m + … + P_n^p \cdot \sum_{k,k'} n_k q_{k'}/n_m}.$$

Sind Drehzahl und Lagerbelastung im Zeitraum T eindeutig definierte Zeitfunktionen $n(t)$ und $P(t)$, so folgen für n_m und P_m

$$n_m = \frac{1}{T} \int_0^T n(t)\,dt$$

und

$$P_m = \sqrt[p]{\frac{\int_0^T n(t) P^p(t)\,dt}{\int_0^T n(t)\,dt}}.$$

Für den in **Bild 17** gezeigten Drehzahl- und Kraftverlauf ergibt sich beispielsweise

$$P_m = \sqrt[p]{\frac{1}{n_m}[P_1^p(n_1 q_1 + n_2 q_2) + P_2^p(n_2 q_3 + n_3 \cdot q_4) + P_3^p n_3 \cdot q_5]}.$$

4.3.4 Gebrauchsdauer und Verschleiß
Service life and wear

Die Gebrauchsdauer ist die tatsächlich mögliche Einsatzzeit, während der das Lager die geforderte Funktion voll erfüllt. Bei ungünstigen äußeren Einflüssen kann die Gebrauchsdauer unter der berechneten Ermüdungslebensdauer liegen. So können Fluchtungsfehler zwischen Welle und Gehäuse, Verschmutzung der Lager, Korrosion, überhöhte Betriebstemperatur oder ungeeignete Schmierstoffe zum vorzeitigen Ausfall der Lager durch Verschleiß oder Ermüdung führen. Bei der Vielfalt der Einbau- und Betriebsverhältnisse ist es nicht möglich, die Gebrauchsdauer exakt vorauszubestimmen. Eine Abschätzung der Gebrauchsdauer kann am sichersten durch Vergleich mit ähnlichen Einbaufällen vorgenommen werden.

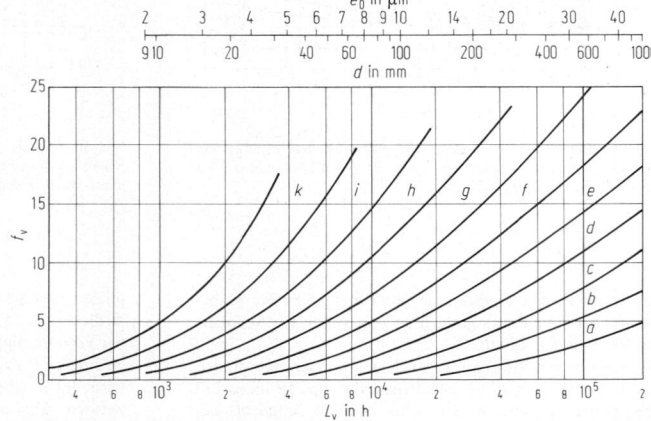

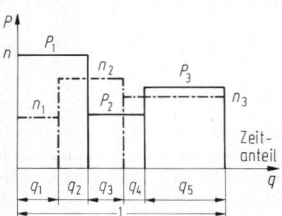

Bild 17. Beispiel für mit der Zeit stufenweise veränderliche dyn. äquivalente Lagerlast und Drehzahl

Bild 18. Leitertafel für e_0, Verschleißlaufzeit L_v abhängig vom Verschleißfaktor f_v und den Betriebsverhältnissen a bis k

Aus umfangreichen Untersuchungen an Lagern konnte Eschmann [5] eine Methode zur Abschätzung der Verschleißlaufzeit entwickeln. Der Lagerverschleiß V [μm], der sich als Spielvergrößerung auswirkt, kann – bezogen auf eine von der Lagerbohrung d abhängige Konstante e_0 [μm] – als Verschleißfaktor f_v erfaßt werden. $f_v = V/e_0$, **Bild 18**. Die Verschleißlaufzeit ist unmittelbar abhängig von den Verhältnissen an den Roll- und Gleitflächen und von den Anforderungen an die Laufgenauigkeit der Lager. Die Verhältnisse in den Kontaktflächen (z.B. Schmierung, Verschmutzung) sind nach **Bild 18** durch die Felder a bis k gekennzeichnet. Für verschiedene Einbaufälle sind die erfahrungsgemäß zulässigen Verschleißfaktoren f_v und die Felder zur Kennzeichnung der Betriebsverhältnisse im **Anh. G 4, Tab. 1** zusammengestellt.

4.3.5 Wahl der Lebensdauer
Choice of required fatigue life

Ist die erforderliche Lebensdauer aus den Bedingungen des Maschinenbetriebes bekannt, so kann mit den Gln. (2) bis (7) die richtige Lagergröße über die Bestimmung der erforderlichen Tragzahl ausgewählt werden. Liegen dagegen Angaben über die erforderliche Ermüdungslebensdauer nicht vor, so können Richtwerte dem **Anh. G 4, Tab. 2,** entnommen werden.

4.3.6 Grenzdrehzahlen. Limiting speeds

Die Drehzahlgrenze eines Wälzlagers läßt sich für einen bestimmten Anwendungsfall nur angenähert vorherbestimmen. Sie hängt ab von der Lagerbauart, Lagergröße, Art des Käfigs, Lagerspiel, Genauigkeit der Lagerteile, Lagerbelastung und Schmierung. Aus Laufversuchen folgt, daß das Produkt aus Grenzdrehzahl n_s und mittlerem Lagerdurchmesser $d_m = (D + d)/2$ bei Radiallagern bis $d_m \leq 75$ mm etwa konstant ist. Für größere Lager

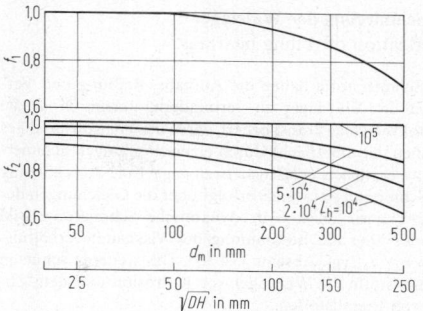

Bild 19. Korrekturfaktoren f_1 und f_2 zur Berechnung der Grenzdrehzahlen. Die Kurven für $\sqrt{DH}$ gelten für Lager der Reihen 511, 2344(00) und 2347(00). Für die beiden letztgenannten ist anstelle von H der Wert $H/2$ einzusetzen

werden Korrekturfaktoren nach **Bild 19** zum Erfassen der Einflüsse aus Lagergröße f_1 und Lagerbelastung f_2 eingeführt. Zur Beurteilung der Drehzahlgrenzen ergeben sich damit die Formeln (Auswertung **Bild 20** und **21**): für Radiallager $n_s d_m = f_1 f_2 A$, für Axiallager $n_s \sqrt{DH} = f_1 f_2 A$. ($A$ bauartabhängiger Beiwert nach **Bild 20** und **21**, H Höhe des Axiallagers.) Ist die Belastung größer, d.h. entstehen geringere Lebensdauern, werden die abgelesenen Werte mit f_2 multipliziert. In den **Bildern 20** und **21** sind für jede Lagerart zwei Werte für A angegeben, die „normale" Drehzahlgrenze, die ohne besondere Maßnahme mit Fettschmierung erreichbar ist, und die „maximale" Drehzahlgrenze. Die maximale Drehzahlgrenze kann nur mit verbesserter Käfigausführung, vergrößerter Lagerluft sowie durch geeignete Schmierung, z.B. Ölspritzschmierung, und günstigeren Belastungs- und Kühlverhältnissen erreicht werden.

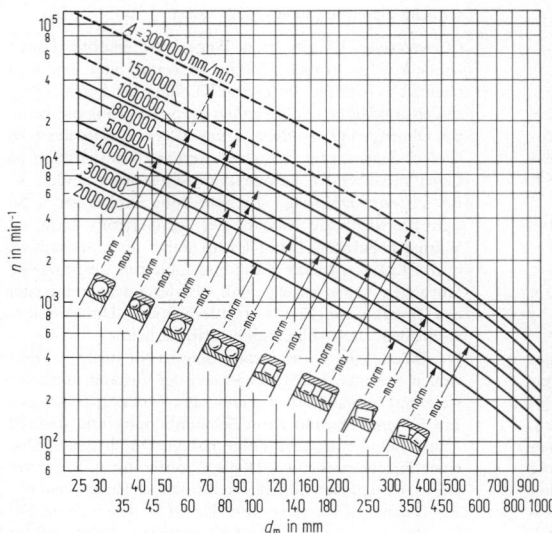

Bild 20. Ungefähre Drehzahlgrenzen für Radiallager bei einer Belastung entsprechend einer nominellen Lebensdauer von 100000 Stunden

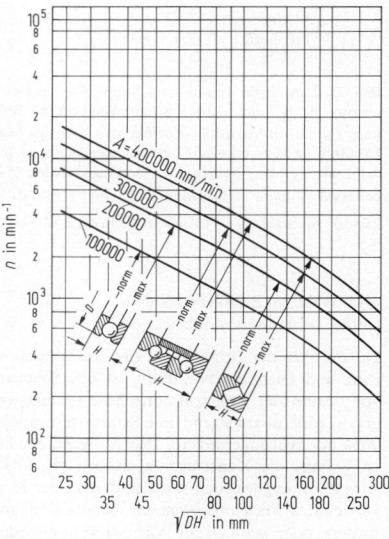

Bild 21. Ungefähre Drehzahlgrenzen für Axiallager bei einer Belastung entsprechend einer nominellen Lebensdauer von 100000 Stunden

4.4 Schmierung der Wälzlager
Lubrication of rolling bearings

Die Schmierstoffe haben die Aufgabe, Reibung und Verschleiß im Wälzlager zu vermindern, indem Öl in die
Kontaktbereiche transportiert wird, um ein vollständiges
Trennen der Oberfläche durch einen tragfähigen Schmierfilm zu erreichen (*Flüssigkeitsreibung*). Eine Abschätzung
des Schmierungszustands erfolgt über die Gleichungen der
EHD-Theorie (elastohydrodynamische Schmierung, **Bild
22** oder über die Bestimmung des Viskositätsverhältnis-
ses $\kappa = v/v_1$ (vgl. Abschn. G 4.3.2). Des weiteren schützen
Schmierstoffe die Wälzlager vor Korrosion und dem Zutritt von Fremdstoffen.

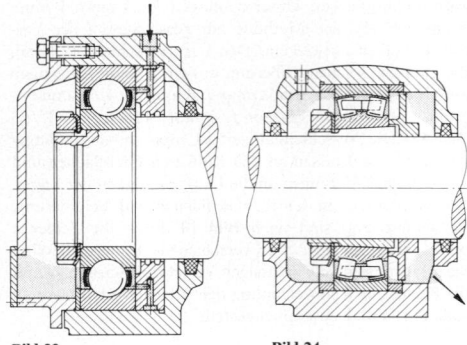

Bild 23   **Bild 24**

Bild 23. Fettführung mittels Scheibe mit Fettbohrungen

Bild 24. Wälzlager mit Fettmengenregler

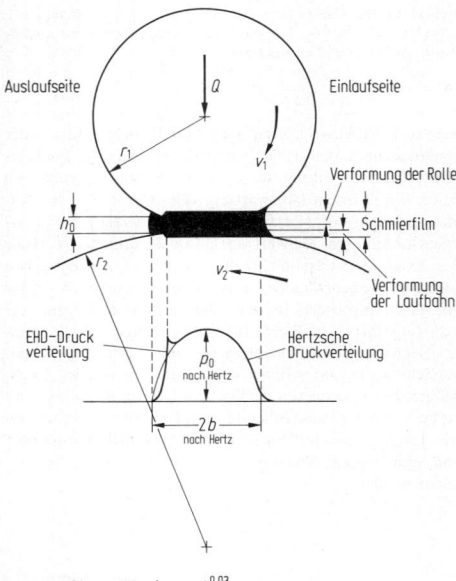

$$h_0 = \frac{0{,}1 \cdot \alpha^{0{,}6} \cdot (\eta \cdot v)^{0{,}7}}{\left(\frac{1}{r_1}+\frac{1}{r_2}\right)^{0{,}43} \cdot \left(\frac{Q}{l}\right)^{0{,}13}} \left(\frac{E}{1-\frac{1}{m^2}}\right)^{0{,}03} \text{ in } \mu\text{m}$$

Bild 22. Elastohydrodynamischer Schmierfilm, Beispiel Rolle/In-
nenring [6]. h_0 [μm] kleinste Schmierfilmdicke im Rollkontakt, α
[mm²/N] Druck-Viskositäts-Koeffizient, η [mPa · s] dynamische Viskosität, v [m/s] $= (v_1 + v_2)/2$ Geschwindigkeiten, r_1 [mm] Radius
der Rolle, r_2 [mm] Radius der Innenringlaufbahn, Q [N] Rollen-
belastung, l [mm] Rollenlänge, E [N/mm²] Elastizitätsmodul =
$2{,}08 \cdot 10^5$ für Stahl, $\frac{1}{m}$ [/] Poissonsche Konstante = 0,3 für Stahl

4.4.1 Wahl des Schmierverfahrens
Choice of method of lubrication

Da die Art der Schmierung die Ausbildung von Lagerung und Dichtung beeinflußt, ist das Schmierverfahren
vor Beginn der Konstruktionsphase festzulegen. Wälzlager werden überwiegend mit Schmierfett geschmiert (ca.
90% der Wälzlagerungen). Der Aufwand für Dichtungen
ist gering; die Konstruktion einfach [7]. Ölschmierung
wird dann angewendet, wenn andere in der Konstruktion
verwendete Maschinenelemente bereits Ölschmierung erfordern, oder wenn Öl zur Wärmeabfuhr erforderlich wird.
Feststoffschmierung bleibt besonderen Anwendungsfällen
vorbehalten. Die Wahl des Schmierverfahrens hängt von
den Betriebsbedingungen und von den Umgebungseinflüs-

sen ab. **Anh. G 4, Tab. 3**, gibt gebräuchliche Schmierverfahren und Schmiersysteme abhängig vom Drehzahlkennwert
nd_m in mm · min^{-1} an.
Die Sicherheit des Schmierverfahrens hängt auch von der
ungestörten Schmierstoffversorgung ab. Ölumlauf ist zu
überwachen, und bei Ölsumpfschmierung ist Ölstandkon-
trolle erforderlich. Fettschmierung gilt als sicher, wenn die
Nachschmierfristen eingehalten werden.

Fettschmierung. Die Einfüllmenge richtet sich nach der
Drehzahl. Die Lagerhohlräume sollten stets mit Fett aus-
gestrichen sein, damit alle Funktionsflächen Schmierstoff
erhalten. Der Gehäuseraum zu beiden Seiten des Lagers
sollte dagegen bei höheren Drehzahlen fettfrei bleiben,
damit das von den Wälzkörpern verdrängte Fett dort
aufgenommen werden kann. In **Bild 23** wird die gezielte
Führung des Fetts über eine Scheibe mit Fettbohrungen
erreicht. Bei Lagern mit Fettmengenreglern (**Bild 24**) können unbedenklich größere Mengen zugeführt werden. Der
Fettmengenregler besteht im Prinzip aus einer mit der
Welle umlaufenden Scheibe, die überschüssiges Fett in
seitliche Gehäuseräume abschleudert.

Ölschmierung. Es gibt zwei Wege, eine niedrige Lagertemperatur zu erreichen: Eine sparsame oder eine sehr
reichliche Ölzufuhr. Wird eine Kühlung bei hohen Drehzahlen erforderlich, sollte immer die Schmierung mit geringen Ölmengen (*Tropfölschmierung, Ölnebelschmierung* oder
Öl-Luft-Schmierung) bevorzugt werden, weil die dann im
Lager entstehenden Reibungsverluste geringer sind.
Bei *Ölspritzschmierung* – für sehr hohe Drehzahlen – besteht die wichtigste Aufgabe des Schmierstoffs darin, die
Wärme abzuleiten. Das Öl wird dabei über Spritzdüsen
in das Lager zwischen Käfig und Lagerring gespritzt. Erfahrungen haben gezeigt, daß Mindestgeschwindigkeiten
des Ölstrahls von 15 m/s erforderlich sind. Um Ölstau zu
vermeiden, sind Ablaufkanäle erforderlich.
Die *Ölbad- oder Öltauchschmierung* ist für niedrige Drehzahlen geeignet. Im Stillstand soll der Ölstand normalerweise nur bis zur Mitte des untersten Wälzkörpers reichen.
Ein höherer Ölstand kann Schaumbildung und dadurch
Mangelschmierung zur Folge haben. Durch den Einbau
einer Schleuderscheibe wird die Ölförderung im Lager verstärkt, so daß sich höhere Drehzahlen erreichen lassen.
Bei *Ölumlaufschmierung* wird das Öl in den meisten Fällen über eine direkte Zuleitung durch das Lager geführt.
Vorteile der Umlaufschmierung sind Wärmeabfuhr und
Herausspülen der Verschleißteilchen sowie unter Ausnutzung der Förderwirkung von Lagern mit unsymmetri-

schen Querschnitten (Kegelrollenlager) geringerer Bauaufwand.

Durch eine Filterung des umlaufenden Öls kann die Sauberkeit im Schmierspalt erreicht werden, die für den dauerfesten Betrieb der Wälzlager erforderlich ist.

4.4.2 Ölauswahl. Choice of oil

Für Ölschmierung sind Mineralöle unter Mindestanforderungen nach DIN 51 501 geeignet. Bevorzugt werden Schmieröle mit besserer Alterungsbeständigkeit nach DIN 51 517. Synthetische Öle bleiben speziellen Anwendungen vorbehalten. Das Verhalten der Öle gegenüber Dichtungs- und Kunststoffen ist zu überprüfen. Drehzahl, mittlerer Lagerdurchmesser, Belastung und Temperatur bestimmen die Ölauswahl. Bei $P/C < 0,1$ und Drehzahlen $n < 0,66 n_{sÖl}$ genügt ein Schmieröl mit einer kinematischen Betriebsviskosität von $v = 12 \text{ mm}^2/\text{s}$.

Zur genaueren Festlegung der Betriebsviskosität v abhängig von der Lagerart und vom Grenzdrehzahlverhältnis für Ölschmierung $n_{sÖl}/n$ dient **Bild 25**, dem auch die Nennviskosität des Öls bei 40 °C entnommen werden kann. Für sehr hoch belastete Lager $P/C > 0,2$ wird die nächsthöhere Nennviskositätsstufe gewählt. Die voraussichtlichen Betriebstemperatur ist, sofern nicht Erfahrungswerte vorliegen, zu schätzen. Bei normalen Bedingungen können unlegierte, bevorzugt aber inhibierte Öle (DIN 51 502, Kennbuchstabe L) verwendet werden. Hohe Belastungen $P/C > 0,1$ fordern bei einem Viskositätsverhältnis $v/v_1 < 1$ und/oder hohen Gleitreibungsanteilen Öle mit verschleißmindernden Zusätzen (DIN 51 502 Kennbuchstabe P bzw. EP-Additive). Für Ölnebelschmierung muß die Vernebelbarkeit und Oxidationsbeständigkeit des Öls sichergestellt sein. Synthetische Öle werden bei extrem hohen oder tiefen Temperaturen angewendet. Silikonöle sind nur bei geringen Belastungen einsetzbar ($P/C < 0,025$).

Richtwerte für die Ölmenge $\dot{V}$ können in Abhängigkeit vom Wälzlageraußendurchmesser D aus **Bild 26** entnommen werden. Kennwerte verschiedener Öle liefert **Anh. G 4, Tab. 4**.

4.4.3 Fettauswahl. Choice of grease

Zur Wälzlagerschmierung werden überwiegend Schmierfette der Konsistenzklassen 1, 2 und 3 (NGLI-Werte) eingesetzt. Die Auswahl der Konsistenz richtet sich nach der Lagerbauform, der Drehzahl, der Betriebstemperatur, dem Einbaulage, dem Anlaufmoment, dem Abdichteffekt und der Förderbarkeit. Als Richtwerte dienen die Angaben in **Anh. G 4, Tab. 5**.

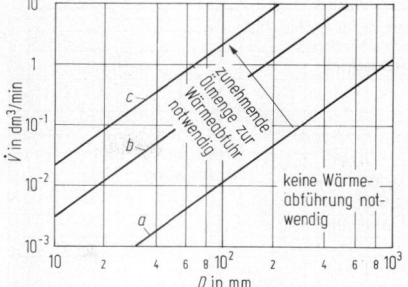

Bild 26 a–c. Ölmenge bei Umlaufschmierung. *a* zur Schmierung ausreichende Ölmenge, *b* obere Grenze für Lager symmetrischer Bauform, *c* obere Grenze für Lager unsymmetrischer Bauform

Zwischen der Konsistenz der Schmierfette und dem Drehzahlkennwert $n d_m$ besteht nur ein mittelbarer Zusammenhang. Entscheidend ist die Grundölviskosität, so daß die zulässigen Drehzahlkennwerte bei Fetten einer Konsistenzklasse in weiten Grenzen schwanken können. Eine Übersicht über Aufbau und Eigenschaften der wichtigsten Fettarten gibt **Anh. G 4, Tab. 6**. Im voll gefüllten Wälzlager stellt sich drehzahlabhängig die notwendige Fettmenge selbständig ein. Das überschüssige Fett muß in Freiräumen im Gehäuse seitlich vom Lager aufgenommen werden können. Für Lager mit Deck- und Dichtscheiben hat sich mit Rücksicht auf Gebrauchsdauer und Reibung eine Füllmenge von rund 30% als günstig erwiesen. Die erforderliche Fettmenge kann annähernd aus folgender Zahlenwertgleichung berechnet werden

$G = f \cdot B d_m / 1000$ in cm³,   wenn $B =$ Lagerbreite in mm,
$d_m = (D + d)/2$ in mm.

$d \leq 40$ mm	40...100	100...130	130...160	160...200	> 200
$f = 1,5$	1,0	1,5	2,0	3,0	4,0

Bei Axiallagern ist anstelle von B die Lagerhöhe H einzusetzen.

Schmierfette verlieren ihre Gebrauchseigenschaften und müssen ergänzt bzw. erneuert werden. Der erforderliche Zeitraum für die Ergänzung wird Nachschmierfrist (t_{fn}) und für die Erneuerung Fettwechselfrist (t_{fw}) genannt.

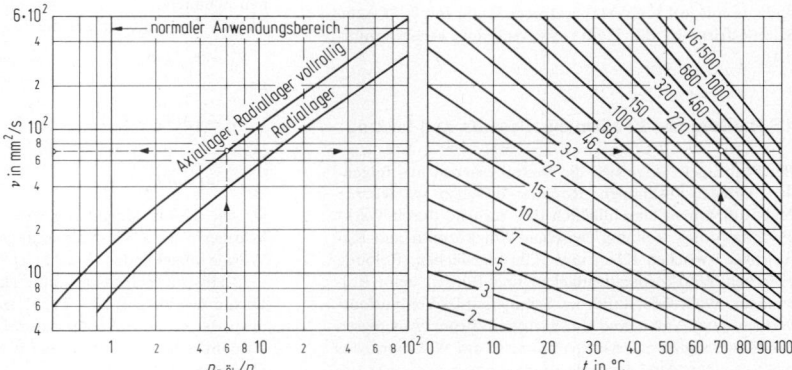

Bild 25. Bestimmung der Ölviskosität für Wälzlager. Beispiel: Radiallager vollrollig: $n_{gÖl}/n = 6, t = 70 °C$ gibt $v = 70 \text{ mm}^2/\text{s}$ und die Viskositätsklasse VG 320

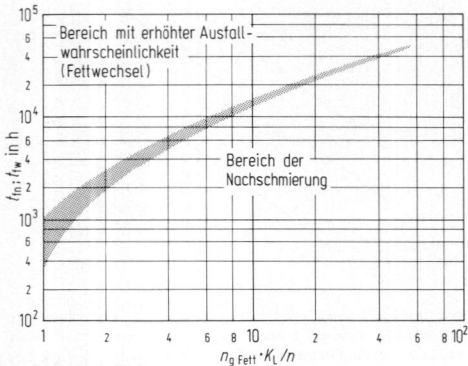

Bild 27. Nachschmierfrist und Fettwechselfrist für Lithiumseifen-Fette gültig für $P/C \leqq 0,1$

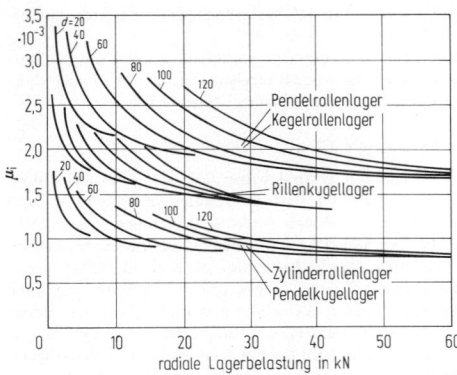

Bild 28. Reibungszahl μ_i für Wälzlager (mittlere Reihe) bei normaler Lagerluft und sparsamer Schmierung nach [8]

Bei einer Nachschmierung soll das Gebrauchtfett möglichst weitgehend durch das Frischfett aus dem Wälzlager verdrängt und ersetzt werden. Es ist sicherzustellen, daß das Gebrauchtfett aus der Lagerstelle austreten kann. Eine Nachschmierung bei betriebswarmem und drehendem Wälzlager ist vorteilhaft.

Richtwerte für die Nachschmier- und Fettwechselfrist von Lithiumfett können für $P/C \leqq 0,1$ aus **Bild 27** entnommen werden, wobei für die danach zu verwendeten Beiwerte K_L gilt:

Lagerart	Beiwert K_L
Radial-Rillenkugellager	1,8
Schrägkugellager	1,4
Axial-Rillenkugellager	1,2
Zylinderrollenlager	1,0
Axial-Zylinderrollenlager	1,0 (mit Kühlung)
Axial-Zylinderrollenlager	0,3
Nadellager	1,0
Kegelrollenlager	0,8
Pendelrollenlager	0,6
Zylinderrollenlager vollrollig	0,5

Die Werte gelten für atmosphärische Umweltbedingungen bis zu Temperaturen von +70 °C, gemessen am Lageraußenring. Bei höheren Temperaturen wächst die Beanspruchung der Schmierfette beträchtlich. Es muß mit kürzeren Schmierfristen gerechnet werden, wobei sich überschlägig mit je 15 °C Temperaturerhöhung (ab 70 °C) die Schmierfrist auf die Hälfte des Ausgangswerts vermindert.

4.5 Reibung und Erwärmung. Friction and heating

Bei Wälzlagern setzt sich die Reibungsarbeit aus folgenden Anteilen zusammen: Reibung zwischen Wälzkörper und Rollbahnen einschließlich der Verluste durch Werkstoffdämpfung, Reibung zwischen Wälzkörpern und Käfig sowie zwischen Käfig und Führungsflächen, Reibung zwischen Wälzkörperstirnflächen und Borden beim Rollenlager, Walkwiderstand des Schmierstoffs, Ventilationsverluste und Widerstand durch Fremdkörper. Aus diesen Einflüssen ergibt sich das Reibmoment am Wälzlager, das nicht nur von der Lagerbelastung, sondern auch von La-

gerbauart, Schmierung, Belastungsrichtung und Drehzahl abhängig ist.

Bei einem Lastverhältnis $P/C = 0,1$, guter Schmierung und normalen Betriebsverhältnissen läßt sich das Reibungsmoment überschlägig mit

$$M = \tfrac{1}{2}\mu_i F d$$

bestimmen. **Bild 28** gibt Reibungszahlen μ_i für Wälzlager mit normaler Lagerluft und sparsamer Schmierung, abhängig von rein radialer Lagerbelastung an [8].
Eine genauere Berechnung erlaubt

$$M = M_0 + M_1,$$

wobei M_0 das lastunabhängige Reibungsmoment und M_1 das lastabhängige Reibungsmoment darstellt.

$$M_0 = 10^{-7} f_0 (vn)^{2/3} d_m^3 \quad \text{für } vn \geqq 2000 \text{ mm}^2/\text{s} \cdot 1/\text{min},$$
$$M_0 = 160 \cdot 10^{-7} f_0 d_m^3 \quad \text{für } vn < 2000 \text{ mm}^2/\text{s} \cdot 1/\text{min}$$

mit M_0 lastunabhängiges Reibungsmoment in Nmm, f_0 Beiwert, abhängig von Schmierung und Lagerart ($f_0 = 0,75…20$), n Drehzahl in 1/min, v Betriebsviskosität in mm²/s, $d_m = (d + D)/2$ mittlerer Durchmesser.

$$M_1 = f_1 P_1 d_m$$

mit M_1 lastabhängiges Reibungsmoment in 1/min, f_1 Beiwert, abhängig von Lagerart und Belastung ($f_1 \leqq 0,002$), P_1 für das Reibungsmoment maßgebende Belastung (s. [4]).
Lagerreibung, Reibung der Dichtungen, Fremderwärmung und die Wärmeabgabe an die Umgebung bzw. an den Schmierstoff beeinflussen die Betriebstemperatur des Lagers. Die Lagertemperatur folgt aus

$$P_R = \Phi_U + \Phi_{\ddot{O}},$$

mit

$$\Phi_U = \alpha A (T_L - T_U)$$

und

$$\Phi_{\ddot{O}} = Q c \rho (T_A - T_E).$$

$\Phi_U, \Phi_{\ddot{O}}$ an die Umgebung bzw. an das Öl abgegebener Wärmestrom; α Wärmeübergangskoeffizient; A Größe der Wärme abgebenden Fläche; Q Volumenstrom des Öls; c spezifische Wärmekapazität (1,7 bis 2,4 kJ/(kg K)); ρ Dichte des Öls; T_L, T_U, T_A, T_E Lager-, Umgebungs-, Ölaustritts-, Öleintrittstemperatur. Der Wärmeübergangskoeffizient α liegt bei Wälzlagern etwa 50% höher als bei Gleitlagern.

4.6 Gestaltung von Wälzlagerungen
Design of rolling bearing assemblies

4.6.1 Lagereinbau und Lageranordnung
Mounting and arrangement of bearings

Der Lagereinbau muß so erfolgen, daß ausreichende Lagerluft zwischen Wälzkörpern und Lagerringen vorhanden ist. Montagehilfe durch Drucköl (Ölpreßverband) und kegeligen Sitz, vor allem bei Großlagern. Bei der Wälzlagermontage ist darauf zu achten, daß die Montagekräfte nicht über die Wälzkörper geleitet werden. Lageranordnung (**Bild 29**) bei einer Wellenlagerung vorzugsweise als *Fest-* und *Loslager*. Das Festlager übernimmt dabei durch Fixierung von Innen- und Außenring die axiale Führung, während das Loslager frei einstellbar ist. Axiale Einstellbarkeit durch Lagertyp (z.B. Rollenlager NU) oder durch Verschiebbarkeit von Außenring (Punktlast Außenring) bzw. Innenring (Punktlast Innenring).

Bei *Stützlagerung* übernimmt jede Lagerstelle die Axialkraft nach je einer Richtung. Vorteile der Stützlagerung sind die einfache Gestaltung der Lagersitze und eine genaue Führung in axialer Richtung, aber Gefahr von axialen Verspannungen durch Wärmedehnungen im Betrieb. Bei schwimmender Lagerung wird bewußt auf eine axiale Führung verzichtet. Axialspiel auf ca. 0,5 bis 1 mm begrenzt.

Angestellte Lagerungen (üblicherweise mit Schräglagern ausgeführt) bieten die Möglichkeiten einer genauen Einstellung eines Spiels oder einer Vorspannung. Man unterscheidet zwischen *O-* (geringes Kippspiel) und *X-Anordnung* (geringe Winkelbeweglichkeit). Unter Berücksichtigung des Lagerabstands zwischen den beiden Wälzlagern entsprechen diese Anordnungen den in **Bild 30** gezeigten Paarungen.

Paarweise eingebaute und vorgespannte Lager ergeben geringeres Spiel und geringere Federung als Einzellager. Einbau- und Lastverteilungsmöglichkeiten: **Bild 30**. Weitere Gestaltungsrichtlinien [8] und Einbaubeispiele der Hersteller.

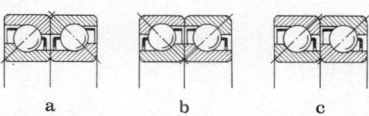

Bild 30 a–c. Gepaarte Schrägkugellager. **a** O-Anordnung; **b** X-Anordnung; **c** Tandemanordnung

4.6.2 Passungen. Tolerance selection

Die Passung soll eine sichere Befestigung und gleichmäßige Unterstützung der Lagerringe garantieren, da nur dann eine volle Nutzung der Tragfähigkeit erreicht werden kann. Je größer die Lagerbelastung um so größer ist das Passungsübermaß zu wählen.

Ist die Passung zu lose, besteht bei Umfangslast (Lagerring läuft im Verhältnis zur Lastrichtung um) die Gefahr des Ringwanderns. Richtwerte für die Wahl der Passung an den Lagersitzstellen, abhängig von Belastungsart, Lagerart, Wellendurchmesser, Belastung und Verschiebbarkeit sowie Angaben über die Formabweichungen können den Herstellerkatalogen entnommen werden. Die Verminderung der Radialluft durch das Übermaß einer festen Passung kann durch die Wahl der Luftgruppe des Lagers berücksichtigt werden. Grundsätzlich sollten beide Ringe fest gepaßt sein. Bei Loslagern muß die Passung eines Rings eine Verschiebung zulassen. Den losen Sitz sollte immer der Ring mit Punktlast erhalten. Bei Punktlast ist die Belastung ständig auf denselben Punkt des Rings gerichtet.

4.6.3 Dichtungen. Seals

Wälzlager können nur störungsfrei arbeiten und hohe Gebrauchsdauern erreichen, wenn sie durch wirksame Dichtungen während der gesamten Betriebszeit geschützt werden, so daß das Eindringen von Schmutz und das Austreten von Schmierstoff verhindert wird. Beispiele für Dichtelemente in der Reihenfolge abnehmender Wirksamkeit sind im Bereich der *verschleißlos* arbeitenden *berührungslosen* Dichtungen **Bild 31 a–c** zu entnehmen.

a) Labyrinthdichtungen am besten mit automatischer Fettergänzung oder Fettergänzung über Schmiernippel, geeignet auch bei hohen Drehzahlen für Fett- oder Ölnebelschmierung.

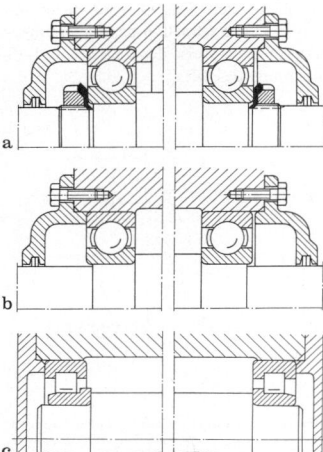

Bild 29 a–c. Lageranordnung. **a** Fest- und Loslagerung bei Umfangslast für Innenring und Punktlast für Außenring (bei Umgangslast für Außenring Schiebesitz des Loslagers am Innenring); **b** Stütz-Traglagerung (bei Umfangslast für Außenringe, diese beiderseits axial festlegen und Innenringe einseitig verschiebbar); **c** schwimmende Lagerung

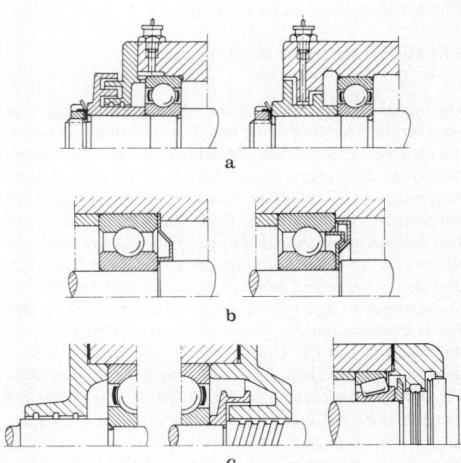

Bild 31 a–c. Berührungslose Dichtungen für Wälzlager (s. Text)

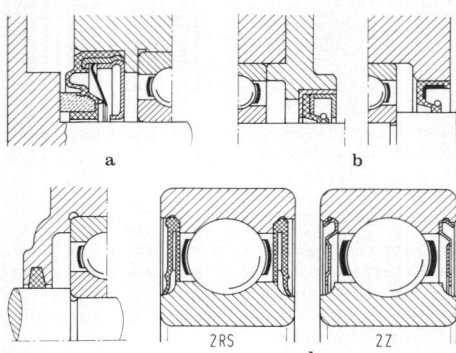

Bild 32a–d. Schleifende Dichtungen für Wälzlager. **a** Gleitringdichtung; **b** Radialdichtringe verschiedener Konstruktion; **c** Filzdichtring; **d** Lager mit Deckscheiben, Lager mit Dichtscheiben

b) Federnde Dichtscheiben arbeiten nach Einlauf verschleißlos. Sie sind am besten für starre, nicht zerlegbare Lager geeignet.
c) Spaltdichtung mit Fettrillen bei Fettschmierung für hohe Drehzahlen. Die Dichtwirkung steigt mit der Spaltlänge an. Die Verwendung der Spaltdichtung für Ölumlaufschmierung erfordert Spritzkanten, Spritzringe oder auch Ölfördergewinde.

Verschleißbehaftete schleifende Dichtungen sind **Bild 32a–d** zu entnehmen.
a) Gleitringdichtung aus Kunstkohle oder Metall für Ölschmierung mit automatischer Nachstellung durch Federelemente geeignet für Umfangsgeschwindigkeiten bis ≈15 m/s.

b) Radialdichtringe geeignet bei Öl- oder Fettschmierung für Umfangsgeschwindigkeiten 8 bis 12 m/s. Die Abdichtung erfolgt mittels Manschetten aus Dichtlippen aus Kunststoff, die durch Schlaufenfeder auf die Welle gedrückt werden. Die Dichtlippe ist verschleißbehaftet, deshalb ist ihre Lebensdauer begrenzt. Soll der Dichtung das Eindringen von Fremdstoffen in das Lager verhindern, so muß die Dichtlippe nach außen zeigen.
c) Filzringe finden für Umfangsgeschwindigkeiten bis 4 m/s Verwendung. Durch abnehmende Ringelastizität und Spaltbildung wird die Abdichtfähigkeit mit der Zeit geringer. Verwendung deshalb nur bei geringem Schmutzanfall.
d) Für Konstruktionen mit begrenztem Einbauraum werden *Wälzlager mit Deckscheiben* (Nachsetzzeichen Z) und *Wälzlager mit Dichtscheiben* (Nachsetzzeichen RS) verwendet. Beide Dichtungen liegen im Lagerumriß. Deckscheiben können als nichtschleifende und Dichtscheiben als schleifende Dichtungen bezeichnet werden. Lager mit beidseitigen Scheiben und Fettfüllung gelten als wartungsfreie Lager.

4.6.4 Einfluß der Konstruktion auf die Lebensdauer
Influence of bearing housing design on the fatigue life

Die Kraftverteilung auf die Wälzkörper ist in starkem Maße von der konstruktiven Ausbildung der Lagergehäuse abhängig. Die lastabhängigen elastischen Deformationen von Gehäuse, Lagerbestandteilen und Welle führen zu Abweichungen von der theoretischen Lastverteilung, die der Berechnung zugrunde liegt. Mit abnehmender Gehäusewandstärke steigt die Wälzkörperhöchstbelastung an und die Ermüdungslebensdauer nimmt ab [9, 10]. Bei der Gehäusegestaltung ist eine günstige Lastverteilung durch Variation von Krafteinleitung und Versteifungen zu erreichen.

5 Gleitlagerungen. Plain bearings

H. Peeken, Aachen

5.1 Grundlagen der Gleitlagerauslegung
Fundamentals of plain bearings

5.1.1 Hydrodynamischer Tragvorgang
Hydrodynamic lubrication

Die betriebssichere Funktion der Maschinen verlangt eine verschleißsichere Auslegung und Konstruktion der Lager, um die Lagerkräfte sicher und bei noch zulässigen Temperaturen zu übertragen. Verschleißsicherheit ist dann gegeben, wenn die Gleitflächen durch einen tragfähigen Film voneinander getrennt sind. Beim Radialgleitlager ergibt sich beispielsweise ein tragfähiger Film bei exzentrischer Wellenlage. Die Pumpwirkung der rotierenden Welle fördert den Schmierstoff in den Lagerspalt und bewirkt bei konvergentem Lagerspalt den Aufbau von Öldrücken, **Bild 1**. Die Exzentrizität der Welle stellt sich im Betrieb so ein, daß das Integral der Öldrücke der äußeren Lagerlast F das Gleichgewicht hält. Eine Unterbrechung der Lagerfläche durch Schmiernuten in der Tragzone vermindert die Tragfähigkeit. Bei Belastung des zylindrischen Gleitlagers folgt die Winkellage β der relativen Exzentrizität ε abhängig vom Breitenverhältnis B/D einer halbkreisförmigen Funktion.

Die Ölzuführung erfolgt zweckmäßigerweise in der unbelasteten Zone. Dabei ist der Bereich hinter der kleinsten Filmstärke h_{min} am günstigsten. Das Öl wird durch die hier auftretenden Unterdrücke schnell in das Lager eingesaugt und verhindert auf diese Weise den Zutritt von Luft und so eine Verschäumung des Öls.

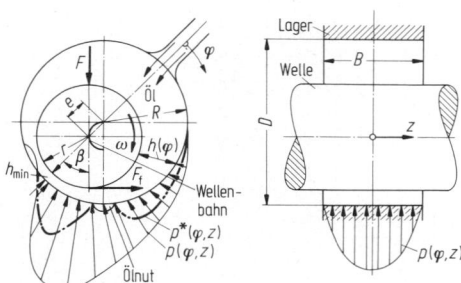

Bild 1. Gleitlager schematisch mit Druckverteilung. Bezeichnungen: F Lagerlast, R Lagerschalenradius, r Wellenradius, D Lagerdurchmesser, B Lagerbreite, p Öldrücke im Gleitraum, p^* Öldrücke bei Anordnung einer Ölnut in der Tragzone, φ und z Koordinaten, e Exzentrizität, h Schmierspalthöhe, h_{min} kleinste Schmierspalthöhe, ω Winkelgeschwindigkeit der Welle, β Richtungswinkel der Wellenverschiebung, $C = 2(R-r)$ Betriebslagerspiel, $2e/C = \varepsilon$ relative Exzentrizität, $\psi = C/D$ relatives Betriebslagerspiel, F_f Reibungskraft

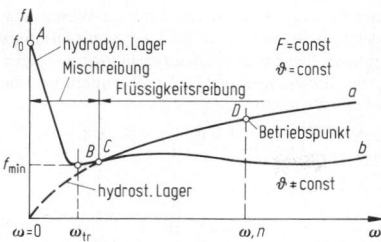

Bild 2. Stribeck-Kurve (schematisch), f Reibungszahl, M_f Reibungsmoment des Lagers, f_0 Reibungszahl der Festkörperreibung, ω_{tr} Winkelgeschwindigkeit beim Übergang zur Mischreibung, ϑ Lagertemperatur. Kurve a für $\vartheta=$const, Kurve b für $\vartheta \neq$const

5.1.2 Reibungszustände im Gleitlager
Friction regimes in plain bearings

Die möglichen Reibungszustände im Gleitlager lassen sich anhand der *Stribeck-Kurve* (Auftragung der Reibungszahl f über der Winkelgeschwindigkeit ω für konstante Lagertemperatur ϑ) erläutern, **Bild 2**. Die Reibungszahl f ist definiert als $f = 2M_f/(FD)$. Für $\omega=0$ (Punkt A) besteht Kontakt zwischen Welle und Lagerschale. Hier gilt angenähert das Gesetz der Festkörperreibung, so daß die Reibungszahl $f_0 = \mu = F_f/F$ von der Materialpaarung Welle-Lagerschale bestimmt wird. Mit zunehmender Drehzahl sinkt die Reibungszahl und erreicht bei $\omega = \omega_{tr}$ (Punkt B) das Reibungsminimum. Für $\omega > \omega_{tr}$ steigt f weiter an. Der Punkt C trennt das mit Verschleiß verbundene Gebiet der *Mischreibung*, in dem neben Flüssigkeitsreibung noch Festkörperkontakte bestehen, vom Gebiet der *Flüssigkeitsreibung*. Nur im Gebiet der Flüssigkeitsreibung ist ein verschleißloser Betrieb möglich, so daß der Betriebspunkt D stets rechts von C liegen muß. Die erläuterte Stribeck-Kurve nach **Bild 2**, Kurve a, gilt für konstante Lagertemperatur und damit konstante Viskosität. In der Praxis treten oft Zustände mit $\vartheta \neq$const auf. Die ansteigende Temperatur bewirkt wegen der abnehmenden Schmierstoffviskosität η eine Kompensation des mit zunehmender Geschwindigkeit (**Bild 2**, Kurve b) ansteigenden Reibwerts, so daß dadurch ein etwa konstanter Reibwert stehen kann.

5.2 Berechnung stationärer Radialgleitlager
Calculation of plain journal
bearings under steady radial load

5.2.1 Verschleißsicherheit
Wear safety, conditions for full film lubrication

Die hydrodynamische Druckverteilung $p=f(\varphi,z)$ folgt aus der Lösung der Reynoldsschen Differentialgleichung

$$\frac{\partial}{\partial \varphi}\left(\frac{h^3 \partial p}{\eta \, \partial \varphi}\right) + r^2 \frac{\partial}{\partial z}\left(\frac{h^3 \partial p}{\eta \, \partial z}\right) - 6Ur\frac{\partial h}{\partial \varphi} = 0 \qquad (1)$$

(Bezeichnung nach **Bild 1** mit U als Umfangsgeschwindigkeit an der Welle $h = C(1+\varepsilon\cos\varphi)/2$ als idealisierte Spalthöhe ohne Berücksichtigung von Deformationen und Rauhigkeiten). Die Integration der Druckverteilung ergibt in dimensionsloser Darstellung die hydrodynamische Tragfähigkeit in Form der *Sommerfeldschen Zahl*

$$So = \bar{p}\psi^2/(\eta\omega) \qquad (2)$$

abhängig von der relativen Exzentrizität ε und dem Breitenverhältnis B/D. ($\bar{p} = F/(B \cdot D)$ mittlerer Flächendruck, $\psi = C/2R = C/D$ relatives Lagerspiel.) **Bild 3** zeigt die Tragfähigkeit nach Gl. (1) in Form der Sommerfeldschen Zahl So bei veränderlichem ε und B/D, unter den Bedin-

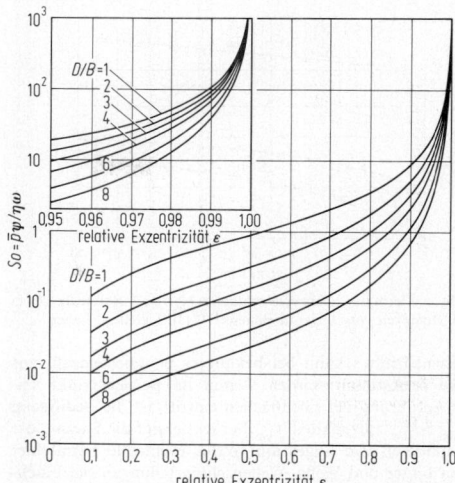

Bild 3. Sommerfeldzahl für vollumschlossene Radiallager als Funktion von B/D und ε nach [20]

gungen inkompressibler newtonscher Schmierstoff, laminare Strömung, absolut starre und glatte Gleitflächen, sowie axialer Parallelspalt. Um betriebssicheren Lauf zu garantieren, muß der Betriebspunkt D des Gleitlagers im verschleißlosen Gebiet der Flüssigkeitsreibung liegen, ohne daß eine zulässige Höchsttemperatur überschritten wird. Verschleißfreiheit ist demnach gegeben, wenn die Winkelgeschwindigkeit im Betrieb ω einen ausreichenden Sicherheitsabstand zu ω_{tr} aufweist: $\omega > \omega_{tr}$. Dabei wird mit meist ausreichender Genauigkeit angenommen, daß ω_{tr} den Übergang zur Mischreibung definiert. Als Empfehlung für die Größe des Sicherheitsabstands zwischen ω und ω_{tr} gilt

$$\frac{\omega}{\omega_{tr}} = |\sqrt{9-3\{U\}}+\{U\}^2| \qquad (3)$$

mit $\{U\}$ Zahlenwert der Umfangsgeschwindigkeit in m/s. Die Winkelgeschwindigkeit am Übergang zur Mischreibung folgt nach [1] für $0,5 < B/D < \infty$:

$$\omega_{tr} = F/(C_{tr}\eta V) \qquad (4)$$

mit $V = \pi D^2 B/4$ als dem Lagervolumen und η Viskosität des Schmierstoffs bei Betriebstemperatur. C_{tr} ist eine durch die Spaltgeometrie beschriebene Konstante $C_{tr} = 2/(\pi\psi h_{lim})$, in die die geringste Schmierschichtstärke h_{lim}, sowie das relative Lagerspiel ψ eingeht. Setzt man z.B. $\psi = 2\cdot 10^{-3}$ und $h_{lim} = 10/3\,\mu m = 10/3\cdot 10^{-6}$ m, so folgt $C_{tr} \approx 1\cdot 10^8$ 1/m. Mit diesem Wert für C_{tr} bleibt die Berechnung meist auf der sicheren Seite. Bei optimaler Lagergestaltung, kleinen Rauhigkeiten und bei eingelaufenen Lagern können höhere C_{tr}-Werte erreicht werden. Bei schwerbelasteten Lagern, deren Gleitraum durch Deformationen von Welle und Schale beeinflußt wird, ist C_{tr} lastabhängig [2].

Die Verschleißsicherheit läßt sich auch über das Verhältnis F_{tr}/F angeben. Dabei ist F_{tr} die Überlast des Lagers an der Grenze zur Mischreibung. Für $0,5 < B/D < \infty$:

$$F_{tr} = C_{tr}\eta V\omega. \qquad (5)$$

Bei dynamisch belasteten Gleitlagern wird die Verschleißsicherheit durch das Verhältnis der engsten Spaltweite zur noch zulässigen geringsten Schmierfilmdicke h_{min}/h_{lim} angegeben. Läßt man beim statisch belasteten Lager Verformungseinflüsse unberücksichtigt, so ergibt sich die engste Spaltweite h_{min} aus $h_{min} = C(1-\varepsilon)/2 > h_{lim}$. Die relative

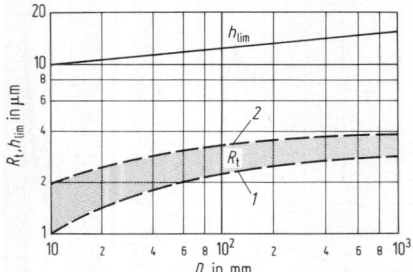

Bild 4. Geringste Schmierschichtdicke h_{lim} und Rauhtiefe R_t in Abhängigkeit vom Lagerdurchmesser D [3]. 1 Welle, 2 Lager

Exzentrizität ε kann bei bekannter Sommerfeldzahl aus **Bild 3** bestimmt werden. Damit im Betriebspunkt keine Berührung der Gleitflächen eintritt, ist die Bedingung $h_{min} > h_{lim}$ einzuhalten. h_{lim} berücksichtigt die Summe der Rauhtiefen von Lager und Welle, eventuelle Formfehler von Lager und Welle, Wellenschrägstellungen bei Fluchtungsfehlern sowie – insbesondere bei starrer Lagerkonstruktion – Wellendurchbiegungen. Richtwerte für h_{lim} können **Bild 4** entnommen werden [3].

Bild 4 zeigt, daß die Herstellungsrauhigkeiten sowohl von Welle R_{zJ} als auch von Lager R_{zB} vom Lagerdurchmesser D abhängig sind.

Für die Bestimmung der kleinstzulässigen minimalen Schmierfilmdicke am Übergang in die Mischreibung h_{lim} sind die Rauhigkeiten des härteren Teils (meist die Welle), die die Umfangslast aufnimmt, maßgebend. Die Rauhigkeit des Lagers verändert sich beim Einlaufen stärker als die der Welle. Deshalb gilt auch die Näherung

$$h_{lim} = 1,5 \cdot R_{zJ} + 0,5 R_{zB} + \text{Formabweichungen.} \qquad (6)$$

Bei der Festlegung von ω_{tr} nach Gl. (3) wurde noch nicht der mittlere Flächendruck $\bar{p}_{St}$ berücksichtigt, mit dem das Mischreibungsgebiet durchfahren wird. Es ist nicht gleichgültig für die Lebensdauer eines Gleitlagers, ob das Mischreibungsgebiet mit einem hohen oder niedrigen Flächendruck durchlaufen wird. Deshalb wird als zulässige Reibleistung im Mischreibungsgebiet der Grenzwert $\bar{p}_{st} \cdot U_{tr} = 25 \cdot 10^5$ [W/m^2] eingeführt. $U_{tr} = \omega_{tr} D/2$ ist die Umfangsgeschwindigkeit beim Übergang in die Mischreibung. Der zulässige Grenzwert $\bar{p}_{st\,lim}$ richtet sich nach dem eingesetzten Lagerwerkstoff (Richtwert $\bar{p}_{st\,lim} = 50 \cdot 10^5$ N/m^2).

5.2.2 Berechnung der Lagertemperatur
Calculation of bearing temperature

Die Berechnung der Verschleißsicherheit nach Gln. (4) und (5) erfordert die Kenntnis der Betriebsviskosität und damit auch der Betriebstemperatur.

Die Öltemperatur im Lager ergibt sich aus dem Gleichgewicht zwischen der Reibleistung und den Wärmemengen pro Zeiteinheit, die durch Konvektion aus den freien Oberflächen A von Lager und Welle: $\alpha A(\vartheta - \vartheta_{amb})$ bzw. durch den Schmierstoff: $Q_{cl} C_p (\vartheta_{ex} - \vartheta_e)$ abgeführt werden.

$$P_f = M_f \omega = f F U = \alpha A (\vartheta - \vartheta_{amb}) + Q_{cl} C_p (\vartheta_{ex} - \vartheta_e). \qquad (7)$$

Die bezogene Reibungszahl f/ψ eines 360°-Lagers kann für $B/D \approx 1$ näherungsweise durch folgende Gleichungen bestimmt werden:

$$So \leqq 1: \ f/\psi = K/So; \quad So \geqq 1: \ f/\psi = K/\sqrt{So}. \qquad (8)$$

Bei Druckölschmierung und losem Schmierring (**Bild 6**) ist $K = 3$, bei festem Schmierring (DIN 118) ist $K = 4$ zu setzen. Genauere Werte für f/ψ aus der Integration der Reynoldsgleichung abhängig von ε und B/D nach [1].

a) Wärmeabfuhr durch Konvektion. Wird die Wärme nur durch Konvektion abgeführt z.B. bei Lagern mit Ölsumpf und guter innerer Benetzung des Lagergehäuses, so folgen aus Gl. (7) die Beziehungen für die Lagertemperatur. Für $So > 1$ (Schwerlastbereich):

$$\vartheta - \vartheta_{amb} = (4,25 U/(\alpha A)) \sqrt{F U B} \cdot \sqrt{\eta} = W \cdot \sqrt{\eta};$$
$$W = (4,25 U/(\alpha A)) \sqrt{F U B}. \qquad (9)$$

Für $So \leqq 1$ (Schnellaufbereich):

$$\vartheta - \vartheta_{amb} = \frac{6 B U^2}{\alpha A \psi} \cdot \eta = W^* \cdot \eta; \quad W^* = \frac{6 B U^2}{\alpha A \psi}. \qquad (10)$$

Für die wärmeabgebende Oberfläche des Lagers A, die aus dem Lagerentwurf bestimmt wird, kann im Maschinenverband näherungsweise $A = 15$ bis $20\,BD$ gesetzt werden. Der Wärmeübergangskoeffizient α folgt bei bewegter Luft mit feststellbarer Geschwindigkeit w als α für Lagergehäuse jeder Größe aus der Zgl. $\alpha = 7 + 12\sqrt{w}$ in W/(m^2 °C). Da in Maschinenräumen immer Luftbewegung herrscht, ist mindestens $w = 1,2$ m/s zu setzen; damit ergibt sich für α mindestens: $\alpha = 20$ W/m^2 °C).

Da neben der Temperatur oft auch die Viskosität unbekannt ist, muß zur Berechnung der beiden Unbekannten η und ϑ für den Betriebszustand auch die Temperaturabhängigkeit der Viskosität des verwendeten Öls bekannt sein. Für das Viskositäts-Temperaturverhalten von Schmierölen kann gesetzt werden:

$$\eta = a \exp(b/(\vartheta + 95)). \qquad (11)$$

Nach Rodermund [4] ergeben sich die Konstanten aus:

$$a = \eta_x \exp(-b/887); \quad \eta_x = 1,8 \cdot 10^{-4} \text{ Pas}$$
$$b = 159,56 \ln(\eta_{40}/\eta_x); \quad \eta_{40} \text{ in Pas}$$

(η_{40} Nennviskosität bei $\vartheta = 40$ °C). Die Abhängigkeit der Viskosität vom Druck wird für Gleitlager vernachlässigt.

Eine explizite Ermittlung der Temperatur ϑ aus Gln. (9), (10) und (11) ist nicht möglich. Sie kann grafisch mit den Netztafeln für $So > 1$ und für $So < 1$ erfolgen (**s. Anh. G 5 Tab. 1 und Tab. 2**). In diesen Tafeln sind die Viskositäten (Pas) von Ölen verschiedener Viskositätsklassen = Viskositätsgrade VG nach DIN 51519 sowie die Geraden $W = \text{const}$ bzw. $W^* = \text{const}$ abhängig von der Temperatur für die Umgebungstemperatur $\vartheta_{amb} = 20$ °C aufgetragen. Der Viskositätsgrad eines Öls wird aus der kinematischen Viskosität $\nu = \eta/\rho$ (ρ = Massendichte des Öls) bei 40 °C Bezugstemperatur abgeleitet. Jeder Schnittpunkt der durch W und W^* gekennzeichneten Erwärmungsgeraden mit einem der eingetragenen Normöle ist Lösung des Gleichungssystems und gibt als Schnittpunktkoordinaten die gesuchte Lagertemperatur ϑ_{20} (für $\vartheta_{amb} = 20$ °C) sowie die zugehörige Betriebsviskosität η. Für die Bestimmung der Lagertemperatur kann zunächst die Netztafel für $So > 1$ verwendet werden. Ergibt die Nachberechnung $So > 1$, ist die Lagertemperatur bereits gefunden, ergibt sich $So < 1$ ist die Berechnung mit der Netztafel $So < 1$ zu wiederholen.

Bei Umgebungstemperaturen von $\vartheta_{amb} \neq 20$ °C kann die jeweilige Lagertemperatur abhängig von der für $\vartheta_{amb} = 20$ °C ermittelten Lagertemperatur ϑ_{20} aus **Bild 5** getrennt für $So > 1$ und $So < 1$ entnommen werden. Die Lagertemperatur sollte einen Grenzwert von $\eta_{grenz} \approx 60...70$ °C nicht überschreiten, da sonst Ölalterung verstärkt einsetzt. (Höhere Temperaturen, z.B. in Wärmekraftmaschinen, erfordern besondere Additivierung der Öle.) Die berechnete Lagertemperatur ist als eine mittlere Gehäusetemperatur zu verstehen, bei der die im Lager entstehende Wärme durch Konvektion abgeführt werden kann. Die über den Schmierspalt veränderliche Temperatur unterscheidet sich von dieser Temperatur bei gutem Temperaturausgleich nur geringfügig. Einen raschen Überblick über den gesamten Betriebsbereich geben Tragfähigkeitsdiagramme [9, 10].

Beispiel: Lagerlast $F = 10$ kN, $n = 1\,500$ min^{-1}, $\vartheta_{amb} = 20$ °C, $D = 100$ mm, $B/D = 0,8$, ISO VG22 DIN 51519, $\alpha = 20$ W/(m^2 °C),

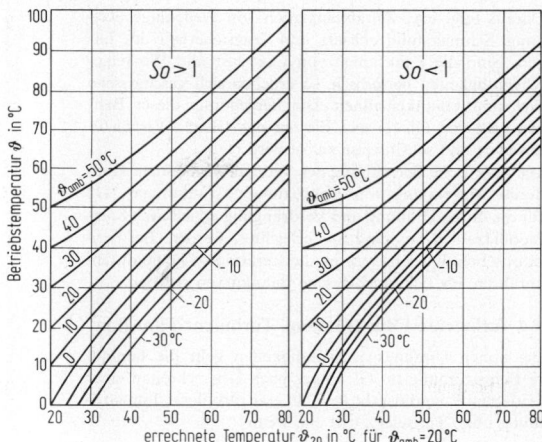

Bild 5. Lagertemperatur bei Umgebungstemperaturen $\vartheta_{amb} \neq 20\,°C$

$A = 20 \cdot B \cdot D = 0,16\,m^2$, $U = 7,85\,m/s$, $\psi = \sqrt[4]{U/2,5} \cdot 10^{-3} = 1,3 \cdot 10^{-3}$, $\omega = 157\,s^{-1}$, $C_{tr} = 1 \cdot 10^8\,1/m$.

Nach Gl. (9): $W = 826\,°C/\sqrt{Pas}$; aus **Anh. G 5 Tab. 1**: $\vartheta_{20} = 82\,°C$ und $\eta_{Betrieb} = 0,0052\,Pas$. Kontrolle für So nach Gl. (2): $So = 2,6 > 1$, deshalb Annahme richtig; keine Überprüfung für $So < 1$ nötig. Kontrolle für Übergangsbereich (Verschleiß) nach Gl. (4) $\omega_{tr} = 30,6\,s^{-2}$, $\omega/\omega_{tr} = 5 < \sqrt{9 - 3\{U\} + \{U^2\}} = 6,86$ keine Verschleißsicherheit.

b) Wärmeabfuhr durch den Schmierstoff. Erfolgt die Wärmeabfuhr aus dem Lager zum überwiegenden Teil durch den Schmierstoff, so bestimmt sich die Sommerfeldzahl näherungsweise mit der im Spalt wirksamen Viskosität η, die sich aus der zwischen Eintrittstemperatur ϑ_e und Austrittstemperatur ϑ_{ex} gemittelten Temperatur ϑ ergibt. Bei höheren Exzentrizitäten verschiebt sich die Druckentwicklung mehr zum engsten Spalt hin, so daß die einzusetzende mittlere Temperatur ϑ mehr zur Ölaustrittstemperatur verschoben ist. Vernachlässigt man die durch Konvektion abgeführte Wärme in Gl. (7) (adiabater Fall), so folgt die Ölaustrittstemperatur aus $\vartheta_{ex} = [f F U/\dot{Q}_{cl} C_p] + \vartheta_e$ und die mittlere Lagertemperatur ergibt sich zu $\vartheta = \vartheta_{ex} + \vartheta_e)/2$.

($\dot{Q}_{cl}$ Kühlölmenge, C_p spezifische Wärme, für Öl gilt $C_p = 1,8 \cdot 10^6\,N/m/(m^3\,°C)$). Bei Rückkühlung des Öls in einem Ölkühler werden mit üblichen Kühlerbauarten Temperaturdifferenzen von $\vartheta_{ex} - \vartheta_e = 10\dots20\,°C$ erzielt.

5.2.3 Erforderlicher Ölbedarf. Required oil flow rate

Zum Aufbau eines tragfähigen Films ist ein Öldurchsatz $\dot{Q}$ notwendig, der aus der Differenz der im weitesten Spalt zu und im engsten Spalt abströmenden Mengen folgt

$$\dot{Q} = [1 - 0,223(B/D)^2] \cdot B U C \cdot \varepsilon/2. \qquad (12)$$

Die relative Exzentrizität ε folgt bei bekannter Sommerfeldzahl aus **Bild 3**. Bei Druckölschmierung tritt zu der Ölförderung infolge Wellendrehung (Gl. (12)) noch die infolge Öldruck p_z durch den Gleitraum geförderte Menge hinzu.
Wird das Öl durch eine Bohrung mit dem Durchmesser d an der Stelle des weitesten Spalts zugeführt, so gilt näherungsweise nach [7]

$$\dot{Q}_B = \frac{\pi D^3 \psi^3 p_z}{48 \eta \ln(B/d)} (1 + \varepsilon)^3.$$

Bei Druckölschmierung und Ölzuführung durch eine Bohrung gilt für die gesamte Kühlölmenge $\dot{Q}_{cl} = \dot{Q} + \dot{Q}_B$. Eine Erhöhung von $\dot{Q}_{cl}$ über $3\dot{Q}$ bringt keine größere Wärmeabfuhr.

5.2.4 Das relative Lagerspiel
Relative journal Bearing clearance

Das im Betrieb erforderliche relative Lagerspiel $\psi = C/D$ wird von der Gleitgeschwindigkeit U abhängig gewählt. Als Anhalt dient die Zahlenwertgleichung $\psi = \sqrt[4]{U/2,5} \cdot 10^{-3}$; U in m/s. Von diesen Werten kann um $\pm 25\%$ abgewichen werden. Hinsichtlich der oberen und unteren Werte für ψ gelten folgende Hinweise.

Betriebs-bedingungen	Unterer ψ-Bereich für	Oberer ψ-Bereich für
Lagerwerkstoff	weich, geringer E-Modul, Weißmetall	hart, hoher E-Modul, Bronzen
Flächenlast	relativ hoch	relativ niedrig
Lagerbreite	$B/D \leq 0,8$	$B/D \geq 0,8$
Auflagerung	selbsteinstellend	starr
Lastübertragung	umlaufend (Umfangslast für Lagerschale)	ruhend (Punktlast für Lagerschale)
Bearbeitung	sehr gut	gut
Härteunterschied zwischen Zapfen und Lagerwerkstoff	$\geq 100\,HB$	$\leq 100\,HB$

Bei steigender Lagertemperatur ist die Wärmedehnung von Welle und Lager, die zu einer Verringerung des Lagerspiels führt, durch einen Spielzuschlag zu kompensieren (Einbau > Betriebspiel). Bei Lagern mit freier Ausdehnungsmöglichkeit und nur geringem Temperaturunterschied $\vartheta - \vartheta_{amb} = \Delta\vartheta < 20\,°C$ entspricht das Betriebspiel etwa dem Einbauspiel. Bei Lagern mit freier Ausdehnungsmöglichkeit und $\Delta\vartheta > 20\,°C$ infolge Reibungswärme oder Wärmezufluß wird näherungsweise angenommen, daß sich die Bohrung nicht verändert und die Aufheizung nur eine Dehnung der Welle bewirkt.

5.3 Berechnung instationärer Radialgleitlager
Calculation of plain journal bearings under variable radial load

Lagerlast (nach Größe und Richtung) und Winkelgeschwindigkeiten von Lager und Welle sind hier Funktionen der Zeit (z.B. Lager in Verbrennungskraftmaschinen).

Daraus folgt eine Zeitabhängigkeit von Wellenlage, Reibung, Schmierstoffdurchsatz und Tragsicherheit des Lagers. Sind die Funktionen von Lagerlast und Winkelgeschwindigkeiten periodisch, so ergeben sich geschlossene Wellenmittelpunktsbahnen. Die Berechnung dieser Bahnen geht von Gl. (1) aus, die um das Glied $-12r^2\partial h/\partial t$ erweitert und schrittweise gelöst wird.

Die praktische Berechnung der Verlagerungsbahnen kann durch Anwendung von Approximationsfunktionen [11] für die durch Drehung und Verdrängung erzielbaren Sommerfeldzahlen So_D und So_v erleichtert werden. Bei periodisch belasteten Lagern ist die Iteration so lange durchzuführen, bis sich geschlossene Bahnkurven ergeben.

5.4 Turbulente Filmströmung. Turbulent Film-flow

Bei hohen Umfangsgeschwindigkeiten geht die laminare Filmströmung im Gleitlager nach Überschreiten einer kritischen Reynoldszahl Re_{krit} in eine turbulente Filmströmung über. Turbulenz tritt ein, wenn

$$Re = \rho U C/2\eta \geq Re_{krit} = 41,3/\sqrt{\psi} \qquad (13)$$

mit ρ Massendichte des Schmierstoffs.

Auch bei turbulenter Strömung lassen sich die Gleitlagerkennwerte theoretisch mittels einer modifizierten Reynoldsgleichung bestimmen [12]. Die Gleichung enthält vom Ort abhängige Korrekturfaktoren für die Viskosität, so daß in tangentialer und in Breitenrichtung scheinbar höhere Viskositäten wirksam werden. Je nach Lagerbauart und Exzentrizität ε beginnt oberhalb von $Re = 300\dots 1000$ das Gebiet der Turbulenz. Bei Turbulenz steigen wegen der erhöhten Schmierfilmreibung Lagertemperatur, aber auch Schmierfilmdruck und dementsprechend Lagertragkraft an.

5.5 Berechnung von Axialgleitlagern
Calculation for plain thrust bearings

Bei Axiallagern werden die zur hydrodynamischen Druckentwicklung erforderlichen konvergenten Spalte durch spanende Bearbeitung, kippbare oder elastische Segmente mit Rechteck- oder Kreisform (**Bild 6**) erzeugt. Dabei sind ausreichend breite Räume zwischen den Segmenten vorzusehen, damit das austretende warme Öl durch Frischöl ersetzt werden kann (evtl. Abstreifer verwenden).

Die Auswahl der Lagerbauart wird von den Betriebsbedingungen bestimmt. Liegen hohe Flächenpressungen vor und ist häufiges Anfahren und Auslaufen unter Last zu erwarten, so sind Lager mit kippbeweglichen Gleitschuhen zu bevorzugen, da sich die optimale Keilneigung bei richtiger Auflagerung selbsttätig einstellt und der beim An- oder Auslauf auftretende Verschleiß keine Änderung der Spaltgeometrie bewirkt.

Bei der Dimensionierung eines Axiallagers sind die Hauptabmessungen (Z Tragflächen bzw. Gleitschuhe der Breite B und der Länge L bzw. des Durchmessers d) so aufzuteilen, daß mit $\bar{p} = F/(ZLB)$ bzw. $\bar{p} = 4F/(Z\pi d^2)$, $U = \omega D/2$, einer mittleren wirksamen Viskosität η und $h_{min} > h_{lim}$ die Belastungskennzahl $\bar{p}h_{min}^2/(\eta UB)$ den passenden Wert annimmt.

In **Bild 7a** sind die Belastungskennzahlen $(\bar{p}h_{min}^2/(\eta UB))$ und Reibungskennzahlen $f\sqrt{\bar{p}B/(\eta U)}$ abhängig von h_{min}/C_{we} für verschiedene Breitenverhältnisse L/B gültig für den Schmierkeil ohne Rastfläche aufgetragen. Für $h_{min}/C_{we} = 0,5\dots 1,2$ und $L/B = 0,7\dots 1,5$ ergeben sich angenähert optimale Verhältnisse. Dabei sind die kleineren Werte für L/B für die Wärmeabfuhr günstiger. Bei kippbaren Gleitschuhen wird durch Festlegen der Drehachse auf $a = 0,42L$ von der Auslaufkante das optimale Verhältnis $h_{min}/C_{we} \approx 0,8$ erzielt, bei dem unabhängig vom Be-

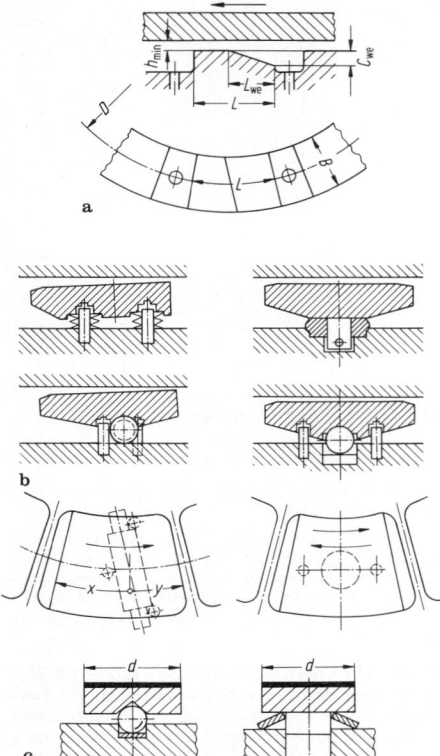

Bild 6. Konstruktionsvarianten für Axialgleitlager. **a** festeingearbeitete Keilflächen, L_{we} Keillänge, D_m mittlerer Durchmesser des Axiallagers und C_{we} Tiefe der eingearbeiteten Keilflächen; **b** starre und elastische Abstützung von Gleitschuhen für gleichbleibenden und wechselnden Drehsinn; **c** starre und elastische Abstützung von Kreisgleitschuhen für gleichbleibenden und wechselnden Drehsinn (d Durchmesser des Kreisgleitschuhes)

triebszustand die größte Tragkraftkennzahl erreicht wird. Dagegen ändert sich bei festeingearbeiteten Keilflächen der Tiefe C_{we} mit der Veränderung des Betriebszustands (anderes h_{min}) auch die Tragkraftkennzahl.

Im allgemeinen wird als Auslegepunkt des Lagers der am häufigsten auftretende Betriebszustand gewählt. Dabei ist zu prüfen, ob der aus der Belastungskennzahl über das Verhältnis h_{min}/C_{we} folgende Keilwinkel noch hergestellt werden kann. Bei Kippsegmentlagern für beide Drehrichtungen erfolgt die Stützung mittig. Aufgrund der auftretenden thermischen und elastischen Verformungen werden etwa 80% der Tragfähigkeiten nach **Bild 7a** erreicht [12].

Bild 7b gibt Tragkraft- und Reibungskennzahlen für den Schmierkeil mit optimalem Rastflächenanteil ($L_{we}/L = 0,8$). Für verschiedene andere Spaltformen sind in [13] die Tragfähigkeiten gegenübergestellt. Dabei ergibt das Staurandlager mit parallelem Stufenspalt sehr gute Ergebnisse. Lager mit kippbar gelagerten Kreisklötzen werden in [14], mit mittig gestützten Kreisgleitschuhen in [12] behandelt. Für genaue Berechnungen sind die elastische und die thermische Verwölbung der Gleitschuhe zu berücksichtigen [12].

Bild 8 zeigt ein kombiniertes Axial- und Radial-Kippsegment-Gleitlager für die Lagerung eines Turboverdichters.

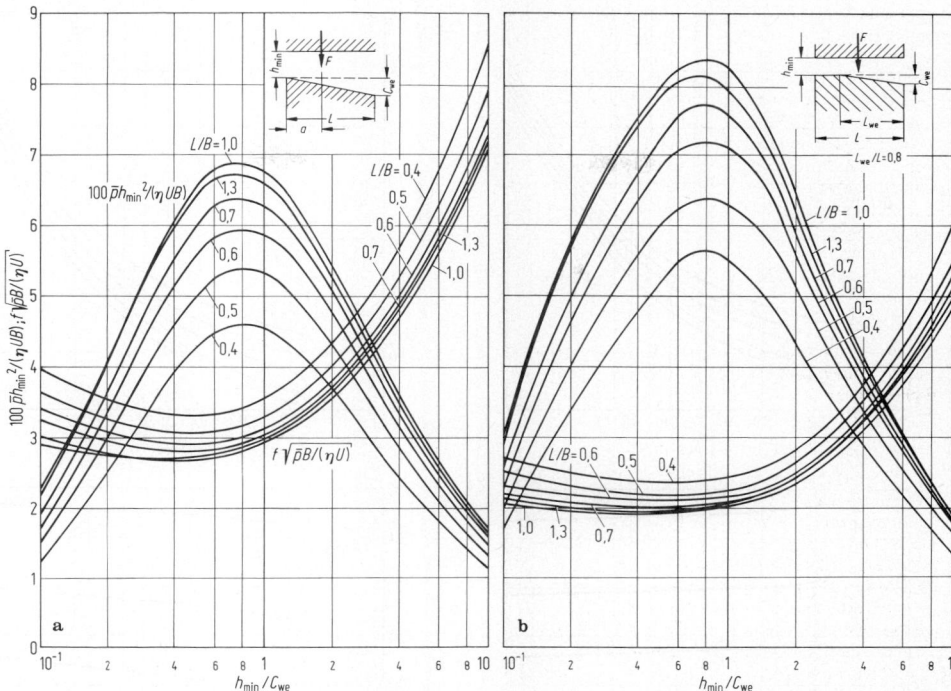

Bild 7. Belastungs- und Reibungskennzahlen $100\bar{p}h_{min}^2/(\eta UB)$ und $f\sqrt{\bar{p}B(\eta U)}$ für den Schmierkeil. **a** ohne Rastfläche für verschiedene Breitenverhältnisse; **b** mit optimaler Rastfläche ($L_{we}/L=0,8$) für verschiedene Breitenverhältnisse

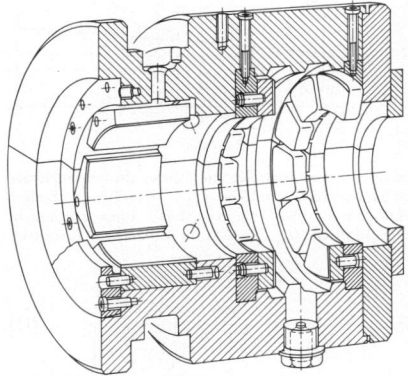

Bild 8. Kombiniertes Axial- und Radial-Kippsegmentlager für die Lagerung eines Turboverdichters (Demag-Verdichtertechnik, Duisburg), Welle weggelassen

Insbesondere bei höheren Umfangsgeschwindigkeiten ($U > 25$ m/s) steigt mit zunehmender Gleitschuhlänge L die Temperaturdifferenz zwischen Ein- und Austritt, so daß die mittlere Viskosität im Spalt absinkt und deshalb für L/B kleinere Werte als 1 gewählt werden. Zu empfehlen ist in diesem Fall ferner eine Verminderung der Flächenausnutzung $\Phi = ZLB/(\pi DB) < 0,8$, sowie eine Direkteinspritzung des Schmierstoffs gegen die Spurscheibe, weil dadurch eine Verbesserung der Vermischung zwischen dem Frischöl und dem aus dem vorhergehenden Gleitschuh austretenden warmen Öl eintritt. Eine Verbesserung der Kühlung wird bei Lagern mit festeingearbeite-

ten Keilflächen durch eine Vergrößerung der Keilsteigung bis $h_{min}/C_{we} \leq 0,25$ erreicht.

Im unteren Geschwindigkeitsbereich kann die Reibungswärme noch durch Konvektion über das Lagergehäuse, das die Ölfüllung enthält, an die Umgebung abgeführt werden. Für die Bestimmung der mittleren Lagertemperatur gelten die gleichen Überlegungen wie beim Radialgleitlager. Für den Reibwert der Axiallager gilt näherungsweise für alle Betriebszustände (vgl. **Bild 7**) $f \approx 3\sqrt{\eta U/(\bar{p}B)}$ für Vierecksegmente und $f \approx 3,3\sqrt{\eta U/(\bar{p}d)}$ für Kreissegmente.

Bei Wärmeabfuhr durch Konvektion am Lagergehäuse kann die mittlere Lagertemperatur ϑ auch graphisch mit der Netztafel **Anh. G5 Tab. 1** bestimmt werden. Für W ist dabei zu setzen $W_{ax} = 3U\sqrt{ZFUL}/(\alpha A)$ für Vierecksegmente und $W_{ax} = 2,92U\sqrt{ZFUd}/(\alpha A)$ für Kreissegmente.

Bei Gleitgeschwindigkeiten $U > 25$ m/s kann die Reibungswärme nicht mehr allein durch Konvektion an die Umgebung abgeführt werden. In diesem Fall ist eine Rückkühlung des im Lager erwärmten Öls erforderlich. Dabei wird die Wärmeleitung durch Spurscheibe und Gleitschuhe meist vernachlässigt. Die Temperatur beim Eintritt in den Tragspalt folgt dann aus der Vermischung zwischen dem aus dem vorhergehenden Gleitschuh austretenden erwärmten Öls und dem zwischen den Gleitschuhen zugeführten vom Kühler kommenden Öls. Wegen der Mischung der Ölströme liegt die Temperatur, mit der das Öl in den Schmierspalt eintritt ϑ_1 immer über der Temperatur, mit der das Frischöl dem Lager zugeführt wird. Es ergeben sich stationäre Temperaturverhältnisse im Lager, wenn die im Lager in der Zeiteinheit erzeugte Reibungswärme entweder durch Konvektion oder durch Rückküh-

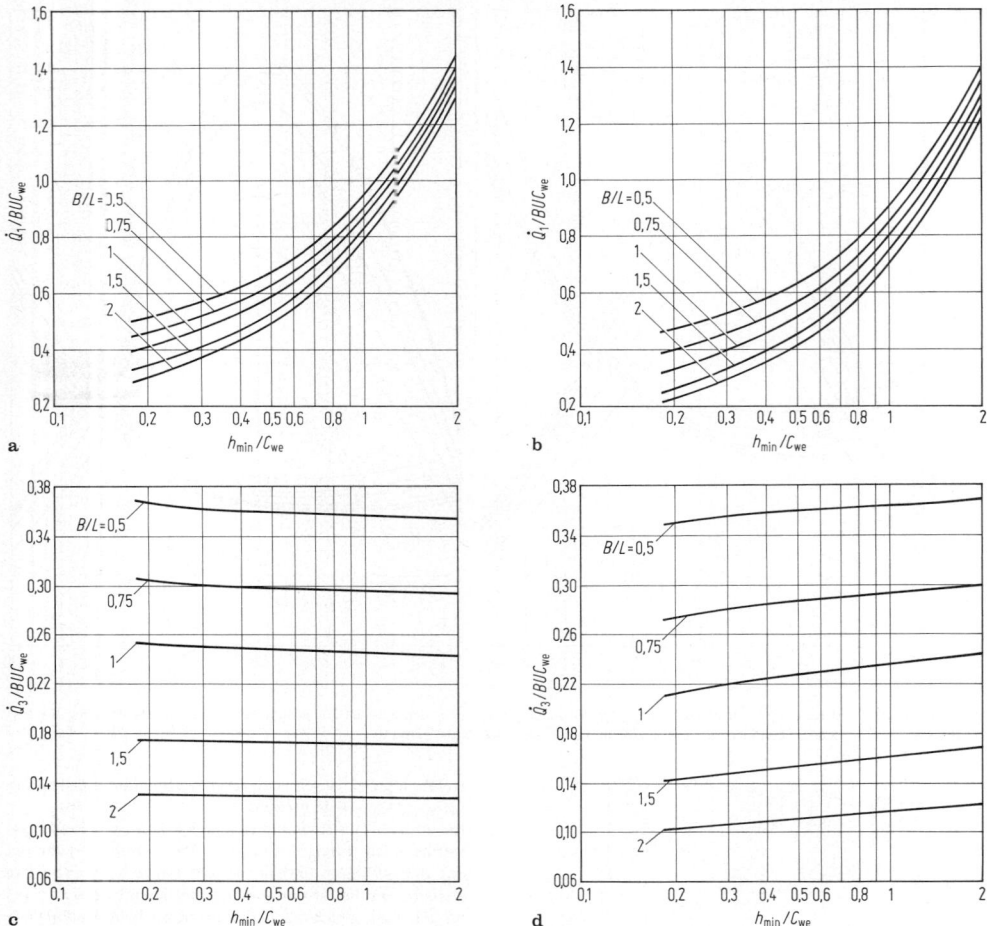

Bild 9. a Durchflußkennzahlen $\dot{Q}_1/BUC_{\mathrm{we}}$ (Eintritt in den Keilspalt) für den Schmierkeil ohne Rastfläche für verschiedene Breitenverhältnisse B/L. **b** Durchflußkennzahlen $\dot{Q}_1/BUC_{\mathrm{we}}$ (Eintritt in den Keilspalt) für den Schmierkeil mit optimaler Rastfläche ($L_{\mathrm{we}}/L=0,8$) für verschiedene Breitenverhältnisse. **c** Durchflußkennzahlen $\dot{Q}_3/BUC_{\mathrm{we}}$ (Seitenfluß) für den Schmierkeil ohne Rastfläche für verschiedene Breitenverhältnisse B/L. **d** Durchflußkennzahlen $\dot{Q}_3/BUC_{\mathrm{we}}$ (Seitenfluß) für den Schmierkeil mit optimaler Rastfläche ($L_{\mathrm{we}}/L=0,8$) für verschiedene Breitenverhältnisse

lung des Schmieröls aus dem Lager abgeführt wird. Es gilt deshalb mit ϑ_{s} Ölsumpftemperatur, ϑ_{e} Temperatur des rückgekühlten Öls, ϑ_{amb} Umgebungstemperatur und P_{f} Reibleistung

Konvektion: $P_{\mathrm{f}} = fFU = \alpha A(\vartheta_{\mathrm{s}} - \vartheta_{\mathrm{amb}})$

Rückkühlung: $P_{\mathrm{f}} = fFU = \dot{Q}_{\mathrm{cl}} C_{\mathrm{p}}(\vartheta_{\mathrm{s}} - \vartheta_{\mathrm{e}})$ (14)

mit $\dot{Q}_{\mathrm{cl}}$ als Kühlölmenge.

Zur Erfassung der Mischung zwischen dem heißen aus dem Gleitschuh austretenden Öl und dem zugeführten gekühlten Öl wird der Mischungsfaktor m, für den $m = 0,4\ldots0,6$ empfohlen wird, eingeführt. $m = 0$ bedeutet, daß der aus dem Schmierspalt austretende Schmierstoff vollständig in den Eingangsspalt des nachfolgenden Gleitschuhs eintritt. Durch Frischöl ersetzt wird nur der Seitenfluß $\dot{Q}_3$. $m = 1$ bedeutet, daß keine Mischung stattfindet. Die gesamte Ölversorgung der Segmente erfolgt mit Frischöl.

Mit Berücksichtigung der Mischungsvorgänge folgt die Maximaltemperatur im Schmierfilm zu

$$\vartheta_2 - \vartheta_{\mathrm{s}} = \frac{P_{\mathrm{f}}}{Z\,C_{\mathrm{p}}\left(\dot{Q}_1 - \dfrac{\dot{Q}_3}{2}\right)\left[1 - m\left(1 - \dfrac{\dot{Q}_3}{\dot{Q}_1}\right)\right]}. \quad (15)$$

Mit der Temperatur am Spalteintritt ϑ_1 aus der Beziehung

$$\vartheta_1 - \vartheta_{\mathrm{s}} = m\left(1 - \frac{\dot{Q}_3}{\dot{Q}_1}\right)(\vartheta_2 - \vartheta_{\mathrm{s}}) \quad (16)$$

folgt die mittlere Schmierfilm- bzw. Lagertemperatur aus

$$\vartheta = (\vartheta_1 + \vartheta_2)/2. \quad (17)$$

Die Eintrittstemperatur des rückgekühlten Öls folgt aus

$$\vartheta_{\mathrm{e}} = \vartheta_{\mathrm{s}} - (10\ldots15)\;°\mathrm{C}. \quad (18)$$

Bei der Ableitung dieser Gleichungen wurde vorausgesetzt, daß sich die seitlich aus dem Schmierkeil austretende Ölmenge $\dot{Q}_3$ im Mittel nur auf $(\vartheta_2 + \vartheta_1)/2$ erwärmt.

Die in den Schmierkeil eintretende Ölmenge $\dot{Q}_1$ und die als Seitenfluß austretende Ölmenge $\dot{Q}_3$ lassen sich aus **Bild 9** ermitteln. Beispielsweise ist für optimal gestützte Gleitschuhe ohne Rastfläche ($a = 0,42L$ von der Auslaufkante gemessen) $h_{min}/C_{we} \cong 0,8$.

Die zur hydrodynamischen Lastübertragung mindestens erforderliche Ölmenge für das Lager nämlich die Tragölmenge $\dot{Q}_T$ folgt aus $\dot{Q}_1$

$$\dot{Q}_T = Z \dot{Q}_1. \tag{19}$$

Verschleißsicherheit des Axiallagers ist dann gegeben, wenn die minimale Filmdicke im Betrieb h_{min} die minimale Filmdicke beim Übergang in die Mischreibung $h_{min,\,tr}$ nicht unterschreitet. Das Verhältnis $h_{min}/h_{min,\,tr}$ ist ein Maß für den als notwendig erachteten Sicherheitsabstand von der Verschleißgrenze. $h_{min,\,tr}$ wird neben den Rauhigkeiten vor allem durch Fertigungstoleranzen, Montagefehler, sowie durch elastische und thermische Verformungen bestimmt. Da Einlaufvorgänge nur begrenzt möglich sind, ist $h_{min,\,tr}$ bei Axiallagern meist größer als bei Radialgleitlagern. Richtwerte für die Wahl von $h_{min,\,tr}$ folgen aus

$$\left.\begin{array}{l} h_{min,\,tr} = \sqrt{DR_{zJ}/3\,000} \\ \text{für geschlossene Lagerringe mit fest} \\ \text{eingearbeiteten Keilflächen und} \\ h_{min,\,tr} = \sqrt{DR_{zJ}/12\,000} \quad \text{für Kippsegmentlager} \end{array}\right\} \tag{20}$$

(R_{zJ} gemittelte Rauhtiefe der Spurscheibe).

Die minimale Filmdicke im Betrieb h_{min} berechnet sich für den Schmierkeil ohne und mit Rastfläche näherungsweise aus

$$h_{min} = \sqrt{0,06 \eta U B / \bar{p}}. \tag{21}$$

Anhaltswerte für die kleinste zulässige minimale Schmierfilmdicke bei Axiallagern folgen aus der Zgl.

$$h_{min,\,lim} = 10^{-5} \sqrt{5D} \ [\text{m}]; \quad D \text{ in [m]}. \tag{22}$$

Entscheidend für ein schadfreies Durchfahren des Mischreibungsgebiets beim Auslauf des Lagers ist, daß die Umfangsgeschwindigkeit beim Erreichen des Mischreibungsgebiets die Grenze $U_{tr} = 1,5 \dots 2 \text{ m/s}$ nicht überschreitet. Neben einer konstanten Gewichtsbelastung haben Axiallager vielfach auch drehzahlabhängige Belastungen (z.B. bei Strömungsmaschinen) aufzunehmen. Hat das Axiallager nur eine konstante Gewichtsbelastung zu tragen, so tritt das Durchfahren des Mischreibungsgebiets nur beim An- und Auslauf des Lagers auf. Die Betriebsdrehzahl des Lagers muß deshalb mit einem entsprechenden Sicherheitsabstand über der Übergangsdrehzahl liegen. Ist die Lagerbelastung dagegen nur auf Strömungskräfte zurückzuführen, wie z.B. Ventilatoren mit waagerechter Welle oder bei Schiffsdrucklagern, so nimmt die Lagerbelastung schneller ab als die Lagertragfähigkeit, so daß keine untere Mischreibungsgrenze existiert. Hier wird aber im oberen Drehzahlbereich eine Mischreibungsgrenze erreicht, so daß die Betriebsdrehzahl gegenüber dieser Grenze einen genügend großen Sicherheitsabstand einhalten muß. Setzt sich die Lagerbelastung sowohl aus Gewichts- als auch aus Strömungskräften zusammen (z.B. Pumpen mit senkrechter Welle), so treten im unteren und im oberen Drehzahlbereich Mischreibungsgebiete auf, gegen die ausreichende Sicherheitsabstände einzuhalten sind.

5.6 Konstruktive Gestaltung
Form design of plain bearings

Die Lagergestaltung schafft die Voraussetzungen für die der Lagerberechnung zugrunde liegende hydrodynamische Schmierung.

5.6.1 Einfluß der Konstruktion auf die Gleitraumgestalt
Influence of form design of a sliding surface

Bei der Abstützung von Wellen zeigt die Biegelinie im Lager meist eine Schiefstellung, die noch durch Fluch-

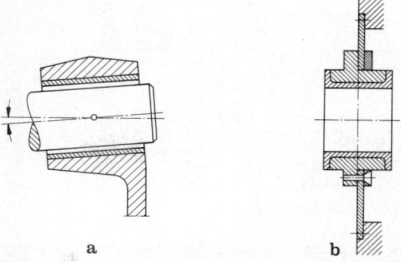

Bild 10. Einstellmöglichkeit von Gleitlagern durch **a** elastische Verformung bei exzentrischer Stützung; **b** elastische Verformung einer Membran

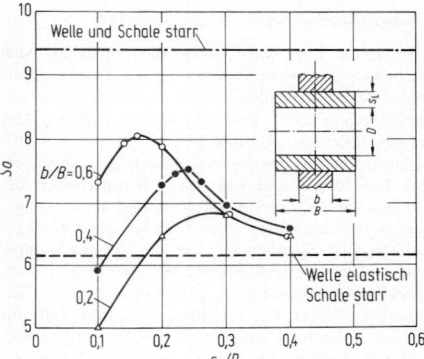

Bild 11. Tragfähigkeiten *So* zylindrischer Gleitlager mit Mittelsteg verschiedener Breiten b/B abhängig von der Lagerwandstärke s_L/D

tungsfehler sowie durch Versatz und Winkelfehler der Lagerstühle vergrößert werden kann. Das dadurch hervorgerufene *Kantentragen* führt zu einer Abnahme der Lagertragfähigkeit und erfordert konstruktive Maßnahmen zur Anpassung des Lagers an den Deformationszustand der Welle. Das kann durch einmalige Anpassung bei der Montage mittels kugeliger Auflagerung des Lagerkörpers oder durch ständiges Anpassen an die Wellenschiefstellung durch kipp-bewegliche Auflagerung geschehen. Bei Lagern im Maschinenverband kann eine Selbsteinstellung durch exzentrische Stützung des Lagerkörpers (**Bild 10 a**) oder durch Verwendung einer elastischen Membran (**Bild 10 b**) erreicht werden. Ebenso wie die Schiefstellung führt auch die Wellenkrümmung im Lager zu einer Abnahme der Lagertragkraft. Die Tragkraftminderungen, die besonders für $B/D > 0,3$ sichtbar werden, erfordern konstruktive Maßnahmen, damit möglichst parallele Axialspalte entstehen. Bei Lagern größerer Breiten bewährt sich eine nachgiebige Gestaltung der Lagerstützung, so daß eine möglichst gute Anpassung an die Wellendeformation erreicht wird. Unter Einbeziehung der elastischen Deformationen von Stützkörper und Welle in die Lagerberechnung [16] lassen sich z.B. für mittig angeordnete zylindrische Lagerstützkörper optimale Wandstärken s_L/D abhängig von der Stützungsbreite b/B angeben, **Bild 11**. Die Untersuchungen [17] zeigen aber, daß sich mit zylindrischen Stützkörperformen nur ein relatives Optimum hinsichtlich Tragfähigkeit erreichen läßt. Weitere Tragfähigkeitssteigerungen lassen sich nur im Betrieb über Einlaufvorgänge erreichen. Eine genauere Anpassung der Wellendeformation an die Lagerschalenverformung wird durch eine konische Verjüngung erzielt, wobei aber die Lagerränder eine ausreichende Steifigkeit aufweisen müssen. Bei Axiallagern

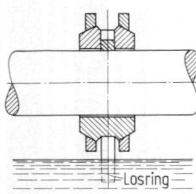
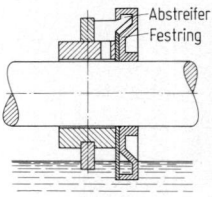

Bild 12. Schmierungsvarianten

kann ein Ausgleich von Schiefstellungen der Spurplatte durch eine elastische Konstruktion der Lagerringstützung oder durch Auflage der Segmente auf elastischen Elemente erfolgen, **Bild 6 b**.

5.6.2 Schmierstoffversorgung. Lubricant supply

Weiter hat die Lagerkonstruktion die Forderung nach ausreichender Schmierstoffversorgung des Lagers sicherzustellen. Bei freistehenden Stehlagern erfolgt die Ölversorgung durch lose, bzw. feste Schmierringe (**Bild 12**) oder durch Umlaufschmierung, **Bild 13**.

Die Einsatzgrenzen von *losen* Schmierringen liegen etwa bei $U = 20$ m/s und von *festen* Schmierringen bei $U = 10$ m/s. Die Schmierstoffzufuhr erfolgt am wirkungsvollsten in der drucklosen Zone oder im Unterdruckgebiet (divergenter Spaltbereich), um die Verschäumungsneigung zu vermindern. Außerhalb dieser Gebiete sind die der Ölströmung im Lager entgegenwirkenden Widerstände zu berücksichtigen. Die Verteilung des Schmierstoffs im Gleitraum erfolgt durch gut gerundete axiale Ölnuten oder Öltaschen in der drucklosen Zone von 0,7 der Lagerbreite. Einzelne Ölzuführungsbohrungen reichen meist nicht aus. Ringnuten in Lagermitte erreichen eine gute Ölversorgung, teilen das Lager aber in zwei Hälften kleineren Tragvermögens. Ölnuten in der Tragzone (**Bild 1**) stören den Druckaufbau und sind bei drehenden Lagern, im Gegensatz zu schwingenden, zu vermeiden. Bei kombinierten Axial-Radiallagern erfolgt die Schmierstoffversorgung des Axiallagers oft aus dem seitlich abfließenden Öl des Radiallagers. Bei instationär belasteten Lagern haben sich Ringnuten für die Ölversorgung sowie Axialnuten in der unbelasteten Zone am besten bewährt. Schwingende Lager (z.B. Kolbenbolzenlager) erhalten zur Ölversorgung mehrere schräg- oder gerade verlaufende, zu den Lagerenden hin abgeschlossen, im Bolzen angebrachte Nuten, die jeweils über eine Bohrung mit Schmierstoff versorgt werden.

Ist eine Ölverschäumung im Lager nicht zu vermeiden, so ist das verschäumte Öl, das der Forderung nach Inkompressibilität nicht mehr entspricht, mittels Abstreifer aus dem Lager zu entfernen. Die Abstreifer verhindern gleichzeitig, daß heißes austretendes Öl wieder in den Gleitraum eintritt [20].

5.6.3 Lagerkühlung. Bearing cooling

Die Kühlwirkung des Schmierstoffs kann konstruktiv durch Vergrößerung des Öldurchsatzes verbessert werden, z.B. durch teilweises Aussparen der oberen Lagerschale. Auch kann durch zweckmäßige Ölführung des austretenden heißen Öls im Gehäuse eines Stehlagers die Wärmeabgabe verbessert werden. Eine zusätzliche Lagerkühlung ist durch den Einbau von öl- oder wasserdurchflossenen Kühlkanälen oder Rohren möglich [18].

5.6.4 Lagerwerkstoffe. Bearing materials

Die Lagerwerkstoffe [21–24] müssen zusammen mit Schmier- und Wellenwerkstoffen gute Gleit- und Notlaufeigenschaften, sowie ausreichendes Verschleiß-, Einlauf- und Einbettungsverhalten aufweisen.

Für die Gleiteigenschaften ist die *Benetzungsfähigkeit* des Schmierstoffs auf den Gleitflächen, d.h. das Eindringvermögen in enge Spalte, von wesentlicher Bedeutung. Das gilt besonders dann, wenn im Bereich der Mischreibung (An- und Auslauf) die sich bildenden Filmdrücke für die Spaltfüllung noch nicht ausreichen. Das *Einlaufverhalten* kennzeichnet die Fähigkeit der Gleitlagerwerkstoffe, den Oberflächenzustand und die Gestalt der Laufflächen durch Abrieb so aufeinander abzustimmen, daß Gestaltungs- und Fertigungsfehler, die sich als Fluchtungsfehler, Verformungen und andere Abweichungen von der Sollform (Welligkeit, Rauheit) zeigen, ausgeglichen werden. Die Angleichung der Lagerflächen im Betrieb wird unterstützt durch die elastische Nachgiebigkeit der Lagerwerkstoffe. Mit Stahl als Wellenwerkstoff nehmen Gleiteigenschaften und Einlaufverhalten in folgender Reihenfolge ab: Weißmetall (WM) auf Bleibasis, WM auf Zinnbasis, Bleibronzen, Rotguß, Zinnbronzen, Sondermessing. *Notlaufeigenschaft* ist die Fähigkeit eines Lagermetalls auch bei Versagen der Schmierung das Lager kurzzeitig ohne große Schädigung betriebsfähig zu halten. Beim Notlauf wirken Restölmengen sowie evtl. vorhandene Festschmierstoffe (Graphit, Molybdändisulfid) mit. Hauptsächlich werden aber die Notlaufeigenschaften durch die Stoffeigenschaften der Metalle bestimmt. Die besten Notlaufeigenschaf-

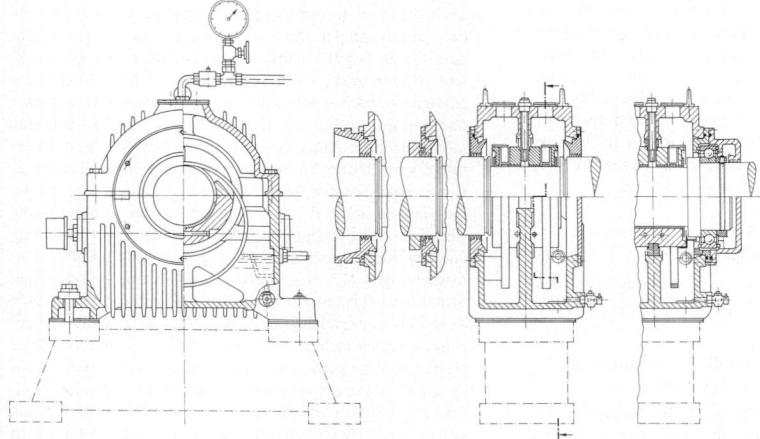

Bild 13. Gleitlager mit Ölumlauf und Ringschmierung (AEG-Telefunken)

ten haben niedrig schmelzende Metalle geringer Härte, die bei örtlicher Erhitzung aufschmelzen und so die Reibung vermindern. Das *Einbettverhalten* kennzeichnet die Fähigkeit, Schmutz oder Verschleißteilchen in die Oberfläche einzulagern. Dadurch kann die Gefahr der Gleitflächenbeschädigung gemildert werden. Einbettfähige Werkstoffe (z.B. WM) entheben nicht von der Forderung, das Lager vor Schmutzzutritt zu schützen und den Schmierstoff durch Filterung sauber zu halten. Verschleiß entsteht bei Gleitlagern im Gebiet der Mischreibung (z.B. während der Anlauf- und Auslaufphase). Quantitative Verschleißkennwerte für Lagermetalle abhängig von den Betriebsbedingungen liegen nur in geringem Maße vor. Die Verschleißfestigkeit nimmt ausgehend von den Bronzen über Messing, Al-Pb-Bronzen, Rotguß, Al-Zn- und Kadmiumlegierungen bis hin zu den Weißmetallen ab. Gleitlagerwerkstoffe müssen die auf das Lager einwirkenden Kräfte mit ausreichender Lebensdauer auf die Umgebungskonstruktion übertragen (Tragfähigkeit).

Die Druckverteilung verursacht im Lagerwerkstoff einen dreiachsigen Spannungszustand, der bei instationärer Belastung zur Ermüdung des Werkstoffs führen kann. Darüber hinaus ergeben sich aus den Temperaturgradienten thermische Beanspruchungen des Gleitlagerwerkstoffs. Dabei ist zu beachten, daß sich vor allem bei den Lagerwerkstoffen mit niedrigem Schmelzpunkt Festigkeitsminderungen ergeben. Bei statisch beanspruchten Lagern wird die Werkstoffauslegung mittels zulässiger mittlerer Flächenpressung vorgenommen. Im **Anh. G 5 Tab. 3 und 4** sind für eine Auswahl von metallischen Lagerwerkstoffen und Kunststoffen chemische Zusammensetzung, Festigkeiten, Einsatzgebiete und zulässige mittlere Flächenpressungen mitgeteilt.

Bei instationär belasteten Lagern ist die Betriebssicherheit des Werkstoffs nur gegeben, wenn die Ermüdungsfestigkeit nicht überschritten wird. Berechnungsansätze zur dauerfesten Auslegung des Gleitlagerwerkstoffs ermitteln aus dem vorhandenen dreiachsigen Spannungszustand mittels einer geeigneten Festigkeitshypothese eine Vergleichsspannung, die mit dem experimentell bestimmten Dauerfestigkeitskennwert verglichen wird [25].

5.6.5 Ausführung der Lagerschalen. Bearing liners

Gleitlagerschalen werden im Ausgieß- oder Schleuderverfahren mit Lagermetall versehen oder in Mehrstoffausführung hergestellt. In besonderen Fällen erfolgt die Bindung zwischen Lagermetall und Stützkonstruktion auch durch Löten oder Kleben. Für dynamisch hochbeanspruchte Lager, wie Motorenlager, werden *Mehrstofflager* – meist nach dem Bandaufgieß- oder Walzplattierverfahren hergestellt – verwendet. Bei einem *Dreistofflager* wird die mit der Stahlstützschale verbundene Lagermetallschicht (z.B. Blei- oder Aluminiumbronze) noch mit einer galvanisch aufgebrachten Weißmetallschicht zur Verbesserung des Laufverhaltens versehen. Da die Festigkeit mit abnehmender Schichtdicke ansteigt, sind bei hochbelasteten Lagern sehr geringe Schichtdicken erforderlich. Dreistofflager besitzen deshalb extrem dünne WM-Schichten von etwa 0,02 mm. Da Bleibronze oder Cu-Al-Legierung als Trägerwerkstoff eine ausreichende Dauerfestigkeit besitzt, ist die Schichtdicke nicht von so ausschlaggebender Bedeutung. Wegen der geringen Duktilität gegenüber WM muß die Schichtdicke je nach Lagerabmessungen zwischen 0,4 und 1 mm liegen. Je dünner die Lagermetallschicht, um so weniger vermag das Lager z.B. Fluchtungsfehler durch plastische Deformationen im Lagermetall auszugleichen, und um so wichtiger wird die richtige Gestaltung von Stützschale bzw. Lagerstuhl.

5.6.6 Besondere Lagerwerkstoffe
Special materials for plain bearings

Sintermetalle aus Fe- oder Bronze-Pulver (Bz-), zum Teil mit Zusätzen gepreßt und gesintert, haben ein Porenvolumen 0 bis 3% oder 10 bis 45%. Lager mit Porenvolumen >10%, die durch Tränken mit Öl einen Ölvorrat besitzen, können wartungsfrei laufen. Einsatz ist auf geringe Gleitgeschwindigkeit von 0,3 bis 0,5 m/s bei $\bar{p}$ bis 600 N/cm² beschränkt. Beanspruchbarkeit der Lager ist durch Wärmeabfuhr begrenzt, so daß bei höheren Geschwindigkeiten die Belastbarkeit sinkt.

Graphitierte Lagermetalle. Fe- oder Bz-Sintermetalle mit Graphit durchsetzt (bis 10%) werden als ölfreie Lager in der Nahrungsmittelindustrie oder Textilindustrie verwendet. In der Chemie- oder Elektroindustrie werden auch Lager aus gepreßtem Kolloidgraphit, oft auch mit Metallpulver durchsetzt, verwendet. Graphitlager haben gute Gleiteigenschaften, sie werden deshalb auch als Luftlager eingesetzt [1].

Kunststoffe und Gummi. Im Gegensatz zu metallischen Werkstoffen fehlt hier die Neigung zum Fressen vollständig. Die Werkstoffe besitzen geringe Wärmeleitfähigkeit, niedrigen E-Modul und sind empfindlich gegen hohe Temperaturen. Gummi wird oft bei Wasserschmierung eingesetzt. Bei chemisch aggressiven Medien finden keramische Werkstoffe oder Kohle als Lagerwerkstoffe Verwendung.

5.7 Mehrgleitflächenlager
Lobed and multi-pad plain bearings

Bei kleinen Sommerfeldzahlen zeigen zylindrische Lager verstärkt instabiles Laufverhalten (z.B. schnellaufende Dampf-, Gasturbinen, Turboverdichter), so daß die geforderte Laufruhe dazu zwingt, Mehrgleitflächenlager mit drei und mehr Teilflächen einzusetzen, bei denen die Welle von mehreren Druckbergen gehalten wird, deren Tragkräfte sich geometrisch addieren, **Bild 14**. Zu den Mehrgleitflächenlagern zählt auch das Lager mit Zitronenspiel. Mehrgleitflächenlager dienen auch zur genauen und weitgehend lastunabhängigen radialen Wellenfixierung. Die Berechnung von Tragfähigkeit, Reibung, Feder- und Dämpfungskonstanten wird auf die eines Teillagers in beliebiger Exzentrizität und Winkellage zurückgeführt [28, 29]. Die Wellen- bzw. Rotorbewegung um die Gleichgewichtslage läßt sich mit den vier Feder- und Dämpfungskonstanten, die vom statischen Betriebszustand des Lagers abhängen, über die Lösung der Bewegungsgleichungen des Rotors bestimmen. Die Berechnung der Feder- und Dämpfungskonstanten geht meist von einem li-

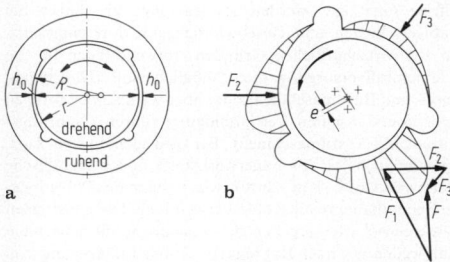

Bild 14. MGF-Lager. **a** für beide Drehrichtungen (Gleitlagergesellschaft, Göttingen); **b** mit drei Teilflächen für eine Drehrichtung mit Druckverteilung und Tragkräften für ε=0,6 (Caro Metallwerke, Wien)

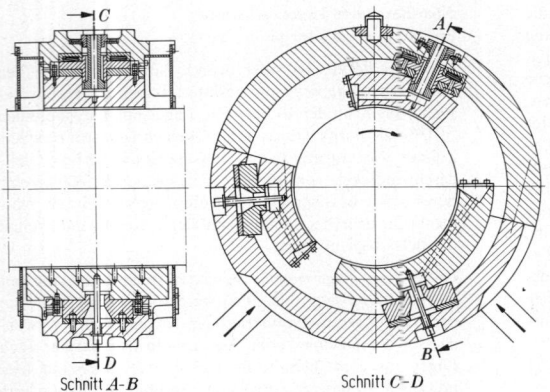

Schnitt A-B Schnitt C-D

Bild 15. Kippsegment Radiallager einer Groß-Dampfturbine (BBC)

nearen Störungsansatz für die Öldruckkomponenten aus.
Zu beachten ist, daß bei Mehrgleitflächenlagern infolge
umlaufender Last Tragkraftschwankungen auftreten, die
ihrerseits zur Schwingungsanregung führen können [30].
Damit bei vollumschließenden Lagern die Lagertemperatur nicht unzulässig hoch wird, sind relativ große Spiele erforderlich, die aber den Umschlag von laminar in
turbulente Spaltströmung (mit der Folge einer steigenden Lagerreibung) fördern. Hohe Reibungsverluste lassen
sich mit Radial-Kippsegmentlagern senken, bei denen die
Laufflächen die Welle nur teilweise umschließen. Bei angenähert punktförmiger Abstützung der Segmente sind die
Lager relativ unempfindlich gegen Schiefstellungen der
Welle. Bei hochbelasteten Lagern lassen sich die Segmente in unterschiedlicher Länge ausführen. **Bild 15** zeigt die
technische Ausführung eines dreisegmentigen Lagers für
eine Großdampfturbine. Berechnung dieser Lager unter
Berücksichtigung der Temperatur- und Druckabhängigkeit der Viskosität s. [31].
Als axiale und radiale Führungselemente werden bei bestimmten Anwendungen *Spiralrillenlager* verwendet [32,
33].

5.8 Dichtungen. Bearing seals

Die betriebssichere Funktion der Gleitlager erfordert eine
ausreichende Abdichtung des Lagerinnenraumes, um den
Zutritt von Fremdstoffen zu verhindern. Gebräuchliche
Dichtungsausführungen s. G 4.7.3.

5.9 Trockenlauflager. Dry bearings

Ölfreie Gleitlager werden als wartungsfreie Lager bei
mäßigen Lasten und Geschwindigkeiten dort eingesetzt,
wo aus wirtschaftlichen Gründen Aufwendungen für die
Schmierstoffversorgung nicht möglich sind (Haushalts-,
Land- und Büromaschinen) oder aber wo Schmierstoffe zu
einer unerwünschten Verunreinigung führen (Nahrungs-
mittel- und Textilmaschinen). Bei niedrigen Lasten *Luftlager* möglich [1]. Als Lagerwerkstoffe finden metallische
Sinterwerkstoffe, Kunststoffe wie Polyamide, Polyäthyle-
ne, Phenolharze sowie Kohle Verwendung. Die günstigsten
Laufeigenschaften ergeben sich zusammen mit gehärteten
Stahlwellen geringer Rauhigkeit. Durch Einlagerung von
Metallpulver in die Kunststoffe läßt sich die Wärmeleitfähigkeit verbessern [34–39].
Die Berechnung der Trockenlauflager erstreckt sich auf
die Lagertemperatur, die mechanische Belastbarkeit, den

Verschleiß und damit auf die Lebensdauer. Da der sichere
Betrieb dieser Lager maßgebend durch die Wärmeabfuhr
bei noch zulässiger Lagertemperatur bestimmt wird, werden die Einsatzgrenzen durch $(\bar{p}U)_{zul}$-Werte angegeben.
Für Lager mit oszillierenden Schwenkbewegungen werden in weiten Bereichen des Maschinenbaus Gelenklager, bestehend aus Außen- und Innenring mit sphärischen
Gleitflächen eingesetzt [40].

5.10 Hydrostatische Anfahrhilfe
Bearing with hydrostatic jacking systems

Hydrostatische Anfahrhilfen erleichtern beim Anlauf von
Großmaschinen das Durchfahren des Mischreibungsgebiets. Über eine Pumpe wird das Hochdrucköl über ein
Rückschlagventil in die dafür vorgesehene Tasche oder
Nut gefördert. Zum Aufschwimmen der Welle ist erfahrungsgemäß ein Druck vom 5- bis 6fachen von $\bar{p}$ erforderlich. Der Nachweis des Aufschwimmens ist nur durch eine
genauere Berechnung möglich [41]. Der Ölanschluß im
Lager ist so zu gestalten, daß ein Eindringen des Druck-
öls zwischen Lagermetall und Stützschale vermieden wird
[42].

5.11 Hydrostatische Lager. Hydrostatic bearings

Bei hydrostatischen Lagern wird Drucköl außerhalb des
Lagers mit einer Pumpe erzeugt und Druckkammern zugeführt. Der Schmierstoff fließt über enge Spalte ab, deren
Größe h von der Belastung bestimmt werden. Hydrostatische Lager funktionieren auch bei der Geschwindigkeit
Null, so daß der links vom Übergangspunkt C (**Bild 2**) im
Gebiet der Mischreibung liegende Ast der Stribeckkurve
fehlt (es gilt der gestrichelte Verlauf). Der bei jeder Drehzahl gegebene verschleißfreie Betrieb muß aber gegenüber
den hydrodynamisch wirkenden Lagern mit einem erhöhten Aufwand für die Ölversorgung erkauft werden. Für die
Druckerzeugung in den Druckkammern bestehen mehrere
Möglichkeiten: a) für jede Druckkammer eine Verdrängerpumpe, b) für alle Druckkammern eine gemeinsame
Druckerzeugung, wobei zur Stabilisierung des Lagers vor
jede Druckkammer eine Drossel geschaltet wird. Als Drosselorgane werden Kapillare oder Blenden verwendet. Die
Blenden haben den Nachteil der höheren Verstopfungsgefahr. Ölversorgungssysteme, die pro Kammer konstante Ölmengen liefern, machen Drosseln zur Stabilisierung
überflüssig.

5.11.1 Radiallager. Journal bearings

Bei den hydrostatischen Radiallagern [43–46] werden Lager mit (**Bild 16**) und ohne Ölabströmnuten (**Bild 17**) verwendet. Das in **Bild 17** dargestellte hydrostatische Radiallager versorgt von einer gemeinsamen Ringnut aus alle Taschen über eingebaute Kapillardrosseln mit Drucköl.

Die angenäherte Berechnung der Lager erfolgt über den Ansatz des Flußgleichgewichts an jeder Lagertasche. Bei fehlenden Ölrücklaufnuten sind die in tangentialer Richtung vorhandenen Ausgleichsströme zwischen den Taschen zu berücksichtigen. Für das Lager mit Ölrücklaufnuten wird ein vereinfachtes Berechnungsverfahren angegeben, das eine große Taschentiefe $t \approx 5C$ voraussetzt und einen relativ geringen Aufwand erfordert (C Lagerspiel). Die Darstellung benutzt folgende Kennzahlen: $u = \delta^4/(c^3\lambda)$ Drosselkennzahl, $w = \eta\omega/(p_{amb}\psi^2)$ Geschwindigkeitskennzahl, $v = p_z/p_{amb}$ Druckverhältnis, δ Durchmesser der Kapillare, λ Länge der Kapillare, η Betriebsviskosität, p_{amb} Umgebungsdruck, p_z Zufuhrdruck, c radiales Lagerspiel, sonstige Bezeichnungen nach **Bild 1**.

Die Taschengeometrie des Lagers mit Z Taschen wird durch die Abminderungsfaktoren $i = b/B$, $j = L_1/L_0$, $k = L_2/L_1$ nach **Bild 16** beschrieben. Bei laminarer Strömung in den Spalten folgt für den mittleren Flächendruck des Lagers und

$$z \geqq 4 : \bar{p} = \frac{F}{BD} = \frac{\pi j}{16}(1+k)(1+i)p_z\left\{\frac{1}{H_1} - \frac{1}{H_2}\right\}\Lambda$$

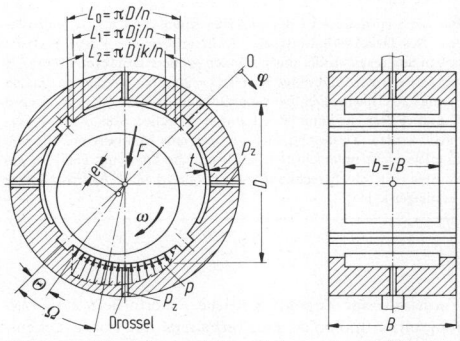

Bild 16. Hydrostatisches Radiallager (schematisch) mit Ölabströmnuten und vier Taschen

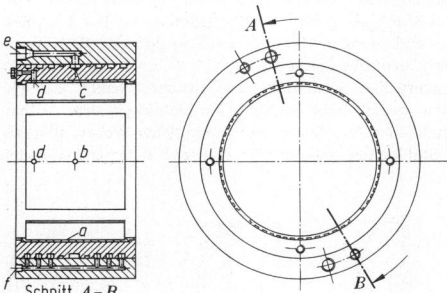

Schnitt $A-B$

Bild 17. Hydrostatisches Radiallager ohne Ölabströmnuten mit vier Taschen am Unfang (Konings, Swalmen, Niederlande). *a* Lagerausguß aus Kunststoff, *b* Druckölzufuhr, *c* Kapillare, *d* Druckmeßanschluß, *e* Druckölversorgung, *f* Anschluß für zusätzlichen Kühlkreislauf

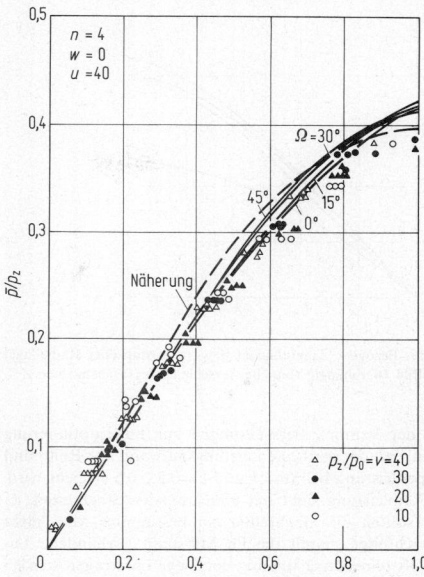

Bild 18. Auf den Zufuhrdruck p_z bezogener Flächendruck $\bar{p}$ abhängig von ε mit dem Einbauwinkel Ω als Parameter. Die Auftragung gilt für $Z = 4$, $w = 0$, $u = 40$, $i = 0,75$, $j = 0,85$, $k = 0,64$, $v = 10, 20, 30, 40$

mit

$$H_1 = 1 + \frac{64}{3\pi u}G(1-\varepsilon)^3, \quad H_2 = 1 + \frac{64}{3\pi u}G(1+\varepsilon)^3,$$

$$G = \frac{Z(1+i)(B/D)}{\pi j(1-k)} + \frac{\pi j(1+k)}{Z(1-i)(B/D)}.$$

Darin ist Λ ein Faktor, der die Krümmung der Tasche berücksichtigt:

$$\Lambda = \frac{2Z}{\pi j(1+k)}\sin\left[\frac{\pi j}{2Z}(1+k)\right].$$

Für $Z = 3$ Taschen gilt: $\bar{p}_{3T} \approx (2/3)\bar{p}$. Überschlägig kann mit $\bar{p} \approx (0,2\ldots0,3)p_z$ für übliche $\varepsilon = 0,5\ldots0,6$ gerechnet werden. **Bild 18** zeigt die Auftragung des auf p_z bezogenen mittleren Flächendrucks $\bar{p}$ über der Exzentrizität ε im Vergleich mit Messungen. Die gleichzeitige Eintragung genauerer Berechnungen zeigt, daß der Einfluß des Lagereinbauwinkels Ω (Winkel zwischen Lagerbezugslinie und Last) von untergeordneter Bedeutung ist. Der Darstellung nach **Bild 18** liegt der optimale Drosselkennwert

$$u_{opt}\pi/G = \left(\frac{64}{3}\right)(1-\varepsilon^2)^{3/2},$$

der die maximale mögliche Tragkraft garantiert, zugrunde. **Bild 19** zeigt den Einfluß der Taschenzahl Z auf die Tragfähigkeit der Lager. Bei höheren Drehzahlen steigt die Lagertragkraft durch hydrodynamische Einflüsse. Der Ölverbrauch folgt aus

$$\dot{Q}_{ges} = p_z\frac{\pi u c^3}{128\eta}\left[4 - \frac{1}{H_1} - \frac{1}{H_2} - \frac{2}{1+(64/(3\pi))(G/u)}\right].$$

Die bezogene Reibungszahl wird bis $\varepsilon = 0,6$ sehr gut wiedergegeben durch

$$\frac{f}{\psi} = \frac{\pi}{So}\cdot\frac{j(1-k)}{Z}\cdot\left(1 + k\cdot\frac{1-i}{1-k}\right)\left[\frac{1}{1-\varepsilon} + \frac{1}{1+\varepsilon} + 2\right].$$

Damit lassen sich Reibleistung des Lagers $P_f = fFU$ und Pumpenleistung $P_p = p_z\dot{Q}_{ges}/\xi$ bestimmen (ξ Wirkungs-

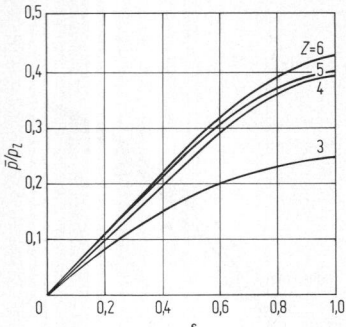

Bild 19. Bezogene Tragfähigkeit $\bar{p}/p_z$ hydrostatischer Radiallager nach **Bild 16** abhängig von ε bei verschiedenen Taschenzahlen Z

grad der Pumpe). Betrachtungen zur Lageroptimierung zeigen, daß der geringste Leistungsaufwand aus Reib- und Pumpenleistung bei $So = 1$ und $\varepsilon = 0,5 \ldots 0,6$ erreicht wird. Die Reibleistung sinkt mit abnehmenden Stegbreiten, jedoch sollten die Stegbreiten ein bestimmtes Maß nicht unterschreiten, damit die im Stillstand vorhandene Lagerkraft ohne Beschädigung der Stege übertragen werden kann ($i = k = 0,7 \ldots 0,8$, $j = 0,85$). Die Bestimmung der Lagertemperatur und damit der Betriebsviskosität erfolgt auf der Basis der Wärmebilanz nach Gl. (4).

5.11.2 Axiallager. Thrust bearings

Bild 20 zeigt ein einfachwirkendes kreisförmiges hydrostatisches Axiallager mit Kapillare als Drossel. Bei laminarer Strömung im Lager folgt die Lagertragkraft aus

$$F = \frac{\pi}{2} \cdot \frac{1 - \rho^2}{\ln(1/\rho)} r_a^2 \frac{p_z}{H}$$

mit

$$H = \frac{p_z}{p_T} = 1 + \frac{64}{3u \ln(1/\rho)}; \quad u = \frac{\delta^4}{h^3 \lambda}; \quad \rho = r_i/r_a.$$

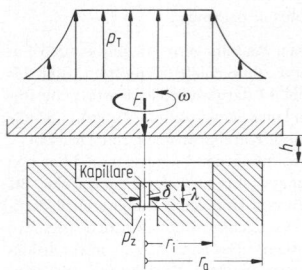

Bild 20. Einfachwirkendes hydrostatisches Axiallager mit Kapillare als Drossel. r_i Taschenradius, r_a Außenradius

Für den Öldurchsatz des Lagers ergibt sich

$$\dot{Q} = \frac{\pi}{6} \cdot \frac{p_T h^3}{\eta \ln(1/\rho)}.$$

Der gesamte Leistungsaufwand P folgt aus der Summe von Reibleistung P_f und Pumpenleistung P_p: $P = P_f + P_p$. Hierin sind

$$P_f = (\pi/2)(1 - \rho^4)\eta\omega^2 r_a^4/h,$$

$$P_p = p_z \cdot \dot{Q}/\xi = \frac{2\ln(1/\rho)}{3\pi(1 - \rho^2)^2} \cdot \frac{F^2 h^3}{\eta r_a^4} \cdot \frac{H}{\xi}.$$

Ein möglichst geringer Leistungsaufwand wird erreicht, wenn die dimensionslose Kennzahl Ψ etwa den Zahlenwert 1 annimmt.

$$\Psi = \frac{Fh^2}{\eta\omega r_a^4} \sqrt{\frac{H}{\xi}} = \sqrt{\frac{3\pi^2\rho^3(1 - \rho^2)^3}{4\rho \ln(1/\rho) - (1/\rho)(1 - \rho^2)}}.$$

Für die Spaltweite h ist der zulässige Kleinstwert h_{minlim} einzusetzen. Das Druckverhältnis sollte nicht größer $H = 3$ sein. Nur bei hohen Steifigkeitsforderungen können größere Druckverhältnisse H gewählt werden. Allerdings ist mit $H = 3$ schon 2/3 der maximalen Steifigkeit erreicht. Der Leistungsaufwand wächst mit $\sqrt{H}$. Liegen F und ω fest, so kann $\Psi = 1$ durch Variation von η und r_a erreicht werden. Zu beachten ist aber, daß eine Mindestviskosität von 15 mPas nicht unterschritten wird, um die Ölpumpe nicht zu gefährden. Für die Berechnung zweiseitig wirkender hydrostatischer Axiallager s. [45].

6 Zugmittelgetriebe
Belt and chain drives

H. Mertens, Berlin

6.1 Bauarten, Anwendungen. Types, uses

Zugmittelgetriebe dienen zur Wandlung von Drehzahlen und Drehmomenten zwischen zwei oder mehr nichtkoaxialen Wellen, auch mit größeren Wellenabständen, bei geringem Bauaufwand. Als Zugmittel finden endlose Flachriemen, Keilriemen, Synchronriemen oder Ketten Verwendung, die die Riemenscheiben oder Kettenräder von An- und Abtriebswellen umschlingen und dabei Umfangsgeschwindigkeiten und Umfangskräfte übertragen [1].

Reibschlüssige Zugmittelgetriebe. Sie erfordern zur Aufrechterhaltung des Reibschlusses stets eine Mindestvorspannkraft. Die Drehzahlwandlung erfolgt bei richtiger Auslegung mit einem geringen, lastabhängigen Schlupf (Dehnschlupf) und nahezu konstanter (**Bild 1**) oder stufenlos verstellbarer (z.B. **Bild 8c**) Übersetzung.

Formschlüssige Zugmittelgetriebe. Sie erfordern zur Erzielung eines optimalen Laufverhaltens mit hoher Lebensdauer und/oder zur Vermeidung von Übersetzungsfehlern (Überspringen von Zähnen) ebenfalls eine bauartabhängige Mindestvorspannkraft, **Bild 2**. Sie erzeugen dann eine konstante Übersetzung, wenn die meist geringe Ungleichförmigkeit der Drehübertragung mit der Frequenz der einlaufenden Zähne oder Kettenglieder (Polygoneffekt) vernachlässigt wird.

Flachriemen, Keilriemen und Synchronriemen ermöglichen wegen ihrer leichten Tordierbarkeit den Aufbau räumlicher Antriebe mit nichtparallelen Wellen, **Bild 3d, e**. Stahlketten sind nur für Antriebe zwischen parallelen

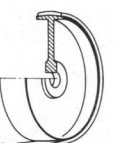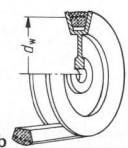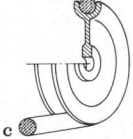

a   b   c

Bild 1. Reibschlüssige Zugmittel. **a** Flachriemen; **b** Keilriemen; **c** Rundriemen, jeweils mit Riemenscheibe

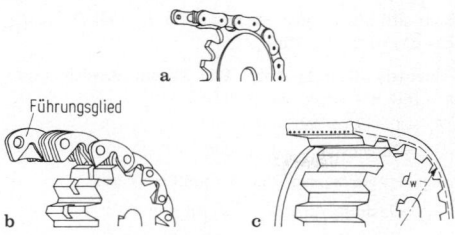

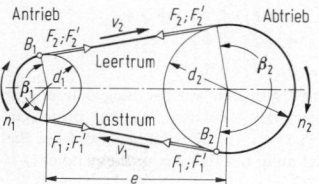

Bild 4. Bezeichnungen am offenen Riemengetriebe mit Index 1 für die kleinere Scheibe

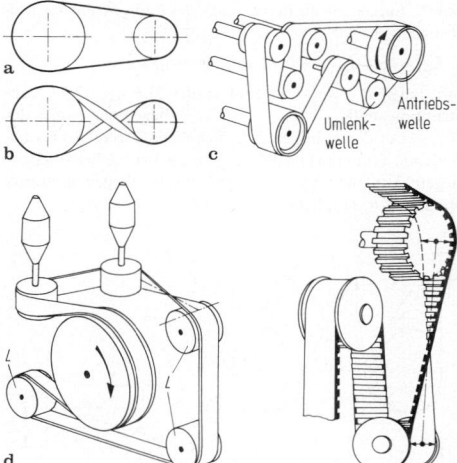

Bild 2. Formschlüssige Zugmittel. **a** Rollen- bzw. Hülsenkette auf Kettenrad; **b** Zahnkette auf Zahnrad; **c** Synchronriemen auf Synchronscheibe

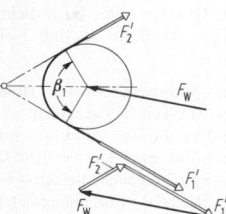

Bild 5. Auf eine Riemenscheibe wirkende Kräfte

Bild 3. Ebene (**a** bis **c**) und räumliche (**d** und **e**) Antriebe. **a** offenes Riemengetriebe; **b** gekreuztes Riemengetriebe; **c** Vielwellenantrieb mit Flachriemen; **d** räumlicher Flachriementrieb mit drei Leitrollen L; **e** räumliches Synchronriemengetriebe

Wellen geeignet. Die mit wachsender Umfangsgeschwindigkeit v des Zugmittels wachsenden Fliehkräfte vermindern die übertragbaren Umfangskräfte. Die maximale Leistung wird daher bei einer, allerdings meist vom kleinsten Scheibendurchmesser abhängigen optimalen Umfangsgeschwindigkeit v_{opt} des Zugmittels übertragen.

6.2 Flachriemengetriebe. Flat belt drives

6.2.1 Kräfte am Flachriemengetriebe
Forces in flat belt transmissions

Die Übertragung der Umfangskraft zwischen Riemen und Riemenscheibe erfolgt durch Schubspannungen. Für den Grenzfall des Gleitens im gesamten Umschlingungsbogen (Gleitschlupf, s. B 1.11.2) gilt nach Eytelwein $F_1'/F_2' = e^{\mu\beta}$ mit den Trumkräften F_1' und F_2' ohne Fliehkraft und dem Umschlingungswinkel $\beta/[\text{rad}] = (\pi/180)\,\beta/[\text{Grad}]$, **Bild 4**. Im normalen Betrieb durchläuft der Riemen auf jeder Riemenscheibe zuerst einen Ruhebogen β_r, in dem der Riemen auf der Riemenscheibe nicht gleitet und dann den Wirkbogen $\beta_w = \beta - \beta_r$. Schubspannungen werden im Ruhebogen durch Haftreibung übertragen, im Wirkbogen durch Gleitreibung [2]. Vernachlässigt man die Schubspannungsübertragung im Ruhebogen, dann gilt nach Grashof für das Trumkraftverhältnis $F_1'/F_2' = e^{\mu\beta_w}$. In

Entwurfsberechnungen wird der *Bemessungslast* der volle Umschlingungswinkel β der kleineren Scheibe zugeordnet

$$F_1'/F_2' = m = e^{\mu\beta}. \tag{1}$$

Die in den Umschlingungsbögen des Riemens wirkenden Fliehkräfte, die dort den Auflagedruck vermindern, werden durch die freien Trume abgestützt und wirken daher als Fliehkraft $F_f = \rho v^2 A = q v^2$ gleichmäßig im gesamten Riemen (ρ mittlere Dichte, A Querschnitt des Riemens, q Masse eines Zugmittels je Längeneinheit). Nutzbare Trumkräfte $F_1' = F_1 - F_f = mF_2'$; $F_2' = F_2 - F_f = F_1'/m$; Umfangskraft (Nutzkraft) $F_u = F_1 - F_2 = F_1' - F_2' = F_1'(1 - 1/m)$, maximale Trumkraft

$$F_{max} = F_1 = F_1' + F_f = F_2' + F_u + F_f.$$

Die *Wellenspannkraft* F_W, die i.allg. nicht in Richtung der Winkelhalbierenden von β weist, die aber für die Lagerbelastung maßgebend ist, beträgt nach **Bild 5**

$$F_W = \sqrt{F_1'^2 + F_2'^2 - 2F_1'F_2'\cos\beta}. \tag{2}$$

Der *Durchzugsgrad* Φ kennzeichnet die zur Erzeugung der Umfangskraft mindestens erforderliche Wellenspannkraft in Abhängigkeit von Reibungszahl μ und Umschlingungswinkel β

$$\Phi = F_u/F_W = (m - 1)/\sqrt{m^2 + 1 - 2m\cos\beta}. \tag{3}$$

Die *Ausbeute* k kennzeichnet die mit der zulässigen Trumkraft F_1' erzielbare Umfangskraft F_u in Abhängigkeit von μ und β

$$k = F_u/F_1' = 1 - (1/m). \tag{4}$$

Die Verminderung der Ausbeute mit abnehmendem Umschlingungswinkel wird durch den Winkelfaktor c_β ausgedrückt, der auf $\beta = \pi$ bzw. 180° bezogen ist. Winkelfaktor $c_\beta = k_\beta/k_\pi$ bei $\mu = \text{const}$; es gilt für $\beta < \pi$: $c_\beta \gtrless \beta/\pi = (\beta/[\text{Grad}])/180$.

6.2.2 Beanspruchungen. Stresses

Homogene Flachriemen. Aus den Kräften und dem Riemenquerschnitt $A = bs$ ergeben sich die Spannungen für homogene Riemen. Für Mehrschichtriemen sind diese Spannungen nur als fiktive, rechnerische Mittelwerte zu betrachten.

Trumspannungen $\sigma_1 = F_1/A$, $\sigma_2 = F_2/A$;
Nutzspannung $\sigma_n = F_u/A = \sigma_1 - \sigma_2$;
Fliehspannung $\sigma_f = F_f/A = \rho v^2$.

Die Biegespannung ergibt sich aus der Biegedehnung im Umschlingungsbogen der kleineren Scheibe. Biegespannung $\sigma_b = E_b \varepsilon_b = E_b s/d_{w1}$ (E_b Elastizitätsmodul bei Biegung, ε_b Riemendehnung bei Biegung, s Riemendicke).

Max. Beanspruchung

$$\sigma_{max} = \sigma_1 + \sigma_b = \sigma_2 + \sigma_n + \sigma_b. \tag{5}$$

Bei halb gekreuzten (geschränkten) und gekreuzten Riemengetrieben erfährt der Riemen eine zusätzliche Schränkspannung σ_s an seinen Rändern, so daß hier $\sigma_{max,s} = \sigma_1 + \sigma_b + \sigma_s$ ist.

Mehrschicht-Flachriemen. Bei Mehrschichtriemen (**Bild 10**), die aus einer hochfesten tragenden Zugschicht Z, einer Laufschicht L zur Übertragung der Reibkraft auf der Innenseite und häufig noch aus einer Deckschicht D oder einer weiteren Laufschicht (für Mehrscheiben-Antriebe) auf der Außenseite des Riemens zusammengesetzt sind, entstehen bei Dehnungen sehr unterschiedliche Spannungen in den einzelnen Schichten. Bei Biegung hängt die Lage der neutralen Biegefaser im Riemen von Dicke und E-Modul der einzelnen Schichten ab. **Bild 6** zeigt die Spannungsverteilung bei Zug- und Biegebeanspruchung qualitativ.

Für die praktische Auslegung auch von Mehrschichtriemen wird vereinfacht nur die für den jeweiligen Riementyp zulässige Umfangskraft pro Riemenbreite F_u^* zugrundegelegt, die auch die ertragbare Wechselbiegebeanspruchung für zulässige Mindestscheibendurchmesser d_{min} und die zugeordnete, maximal zulässige Biegefrequenz f_B berücksichtigt. Die neutrale Faser bei Biegung wird in der Mitte der Riemendicke bei $s/2$ angenommen; die Dehnung ε bei Zugbeanspruchung mit einem mittleren Zug-Modul (EA^*) berechnet: $\varepsilon = F^*/(EA^*)$.

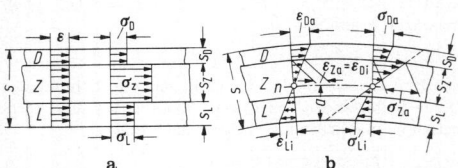

Bild 6. Dehnungen und Spannungen in Mehrschichtriemen. **a** bei Zugbeanspruchung; **b** bei Biegebeanspruchung (n neutrale Faser)

6.2.3 Geometrische Beziehungen. Geometrical relations

Der wirksame Laufdurchmesser d_w eines Riemens ist durch die Lage seiner biegeneutralen Faser im Umschlingungsbogen gegeben. Für überschlägige Rechnungen kann man vereinfacht den Scheibendurchmesser d statt d_w einsetzen. Für homogene Riemen gilt: $d_{w1} = d_1 + s$; $d_{w2} = d_2 + s$; für Schichtriemen gilt dies angenähert.

Offenes Riemengetriebe, Bild 4. *Umschlingungswinkel*

$\beta_1 = 2 \arccos[(d_2 - d_1)/2e]$; $\beta_2 = 360° - \beta_1$;

Riemenlänge (gestreckte Länge der neutralen Biegefaser)

$L_w = 2e \sin(\beta_1/2) + (d_{w1}\beta_1 + d_{w2}\beta_2)(\pi/360°)$.

Näherungsformel für *Wellenmittenabstand* e bei gegebener Riemenlänge

$e \approx (p + \sqrt{p^2 - q})$ mit $p = 0,25 L_w - \pi(d_{w1} + d_{w2})/8$

und $q = (d_{w2} - d_{w1})^2/8$. Die Vergrößerung Δe des Wellenabstands zum Vordehnen des Riemens um $\varepsilon_0 = \Delta L/L$

ergibt sich aus je einer Rechnung für L_w und $(1 + \varepsilon_0)L_w$ oder $\Delta e \approx (\varepsilon_0 L_w/2)/\sin(\beta_1/2)$.

Gekreuztes Riemengetriebe. Bild 3b mit Bezeichnungen nach **Bild 4**. *Umschlingungswinkel*

$\beta_1 = \beta_2 = \beta_{kr} = 360° - \beta_R$ mit
$\beta_R = 2 \arccos[(d_{w1} + d_{w2})/(2e)]$.

Länge des gekreuzten Riemens (mittlere Faser)

$L_{kr} = 2e \sin(\beta_R/2) + (d_{w1} + d_{w2})\beta_{kr}(\pi/360°)$.

Wegen Schränkspannungen σ_s empfiehlt sich $e \geqq 20b$. Lebensdauer wegen gegenläufiger Biegung geringer als bei offenem Riemengetriebe.

Geschränktes Riemengetriebe, Bild 7. Kreuzungswinkel $\delta \neq 0°$. Länge der mittleren Faser des halbgekreuzten Riemens mit $\delta = 90°$:

$L_{90} \approx 2e + d_{w1}(\pi + \hat{\gamma})/2 + d_{w2}(\pi + \hat{\varphi})/2$

mit $\tan(\gamma/2) = d_{w1}/(2e)$ und $\tan(\varphi/2) = d_{w2}/(2e)$. Konstruktionsmaße e_1 und e_2 ($\leqq b/2$) beachten, damit der Riemen in der richtigen Scheibenebene aufläuft! Das ablaufende Trum darf im Winkel (bis 25°) zur Scheibenebene liegen, Laufrichtung nicht umkehrbar. Wegen Schränkspannung σ_s empfiehlt sich $e \geqq 20b$ und $e > 2(d_w)_{max}$.

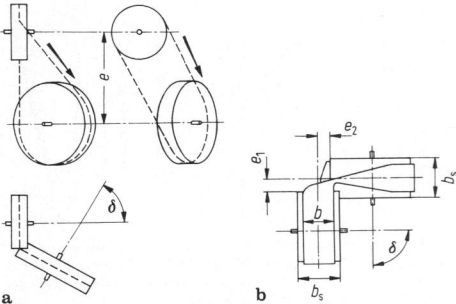

Bild 7. Riemengeometrie am geschränkten Riemengetriebe. **a** stumpfwinklig geschränkt; **b** rechtwinklig geschränkt

6.2.4 Kinematik, Leistung, Wirkungsgrad
Kinematics, power, efficiency

Riemengeschwindigkeiten

$$v_1 = \pi n_{an} d_{w,an}; \quad v_2 = \pi n_{ab} d_{w,ab}. \tag{6}$$

Infolge der größeren Dehnung muß die Geschwindigkeit v_1 des Lasttrums zum Aufrechterhalten eines stationären Betriebs etwas größer als die Geschwindigkeit v_2 des Leertrums sein. Der Ausgleich zwischen den Dehnungen von Last- und Leertrums erfolgt praktisch durch Dehnschlupf in den Wirkbögen von Antriebs- und Abtriebsscheibe. Der *Dehnschlupf* ψ ergibt sich zu $\psi = \varepsilon_1 - \varepsilon_2 = (\sigma_1 - \sigma_2)/E = \sigma_n/E \approx (v_1 - v_2)/v_1$. Die *Übersetzung* i ist daher im normalen Betrieb geringfügig lastabhängig:

$$i = n_{an}/n_{ab} = d_{w,ab}v_1/(d_{w,an}v_2) \approx d_{w,ab}/[d_{w,an}(1 - \sigma_n/E)] \tag{7}$$

Bei Leerlauf gilt $i \approx d_{ab}/d_{an}$.

Biegefrequenz (Anzahl der Biegewechsel je s)

$$f_B = z_s v/L_w = (z_s \pi d_w n_1)/L_w; \quad z_s \text{ Anzahl der Scheiben.} \tag{8}$$

Die Drehmomente folgen aus den Trumkräften

$M_1 = F_u d_{w1}/2$; $M_2 = F_u d_{w2}/2$.

Leistungen. $P_{an} = 2\pi M_{an} n_{an}$; $P_{ab} = 2\pi M_{ab} n_{ab}$. $\tag{9}$

Tabelle 1. Betriebsfaktor c_B zur angenäherten Berücksichtigung des dynamischen Verhaltens von Antriebs- und Arbeitsmaschine sowie der täglichen Betriebsdauer für offene Zugmittelgetriebe ohne Spannrolle

Betriebsfaktor c_B

Arbeitsweise der Antriebsmaschine	Arbeitsweise der getriebenen Maschine			
	gleichmäßig	fast gleichmäßig	mittlere Stöße	starke Stöße
gleichmäßig	$1+0,04q+r$	$1+0,24q+r$	$1+0,44q+r$	$1+0,64q+r$
mittlere Stöße	$1+0,14q+r$	$1+0,38q+r$	$1+0,62q+r$	$1+0,86q+1,2r$
starke Stöße	$1+0,24q+r$	$1+0,52q+r$	$1+0,78q+1,2r$	$1+1,06q+1,5r$

mit $q=1,1$ sowie $r=0$ für formschlüssige Kettengetriebe
$\quad\quad q=1,0$ für Synchronriemen $\quad\Big\}$ sowie
$\quad\quad q=0,5$ für Flachriemen und Keilriemen

$\quad\quad\quad r=0$ für tägliche Betriebsdauer bis 10 h
$\quad\quad\quad r=0,1$ für tägliche Betriebsdauer über 10 h bis 16 h
$\quad\quad\quad r=0,2$ für tägliche Betriebsdauer über 16 h.
$\quad\quad\quad$ Die niedrigen q-Werte von c_B für Flach- und Keilriemen setzen voraus, daß seltene kurzzeitige Überlastungen durch Schlupfvorgänge teilweise angeglichen werden. Für formschlüssige Zugmitteltriebe muß sichergestellt werden, daß die Bemessungsleistung die höchsten Belastungsspitzen einschließlich der Massenmomente und Stöße abdeckt!

Beispiele für Arbeitsweise der *Antriebsmaschine*

Arbeitsweise	Antriebsmaschine
gleichmäßig	Elektromotoren mit niedrigem Anlaufmoment (bis $1,5\times$ Nennmoment), Wasser- und Dampfturbinen, Verbrennungsmotoren mit 8 und mehr Zylindern.
mittlere Stöße	Elektromotoren mit mittlerem Anlaufmoment (1,5 bis 2,5 Nennmoment), Verbrennungsmotoren mit 4 bis 6 Zylindern.
starke Stöße	Elektromotoren mit hohem Anlauf- und Bremsmoment (über $2,5\times$ Nennmoment), Hydraulikmotoren, Verbrennungsmotoren bis 4 Zylinder.

Beispiele für Arbeitsweise der *getriebenen Maschine*

Arbeitsweise	Getriebene Maschine
gleichmäßig	geringe zu beschleunigende Massen; Schreibmaschinen, Bandförderer für leichtes Gut, Haushaltsmaschinen.
fast gleichmäßig	mittlere zu beschleunigende Massen; leichte Ventilatoren, leichte bis mittlere Holzbearbeitungsmaschinen, Bandförderer für Erz, Kohle, Sand Rührwerke (flüssig, halbflüssig), Dreh-, Bohr-, Schleifmaschinen, Textilmaschinen, Druckereimaschinen, Kreiselpumpen, Waschmaschinen.
mittlere Stöße	mittlere zu beschleunigende Massen; Förderanlagen für schweres Gut, Schraubenförderer, Mischmaschinen, Großventilatoren, Generatoren und Erregermaschinen, Zentrifugen, Gummiverarbeitungsmaschinen, Hammermühlen.
starke Stöße	große zu beschleunigende Massen; Kolbenpumpen und Kompressoren mit Ungleichförmigkeitsgrad $<1:80$; Kugelwalzen und Kiesmühlen, Kollergänge, Scheren, Stanzen, Walzwerke für Nichteisenmetalle, Steinbrecher.

Bemessungsleistung $c_B P_{an}$ mit Betriebsfaktor c_B nach **Tab. 1** für ersten Entwurf ohne Schwingungsrechnung (in Anlehnung an DIN 2218).

Wirkungsgrad $\eta = P_{ab}/P_{an} = M_{ab}/(M_{an}i) \approx (1-\sigma_n/E) = 1-\psi$. Der Wirkungsgrad hängt bei Vernachlässigung von Lagerreibung und Ventilationsverlusten praktisch nur vom Schlupf ab, weil die Umfangskraft eines jeden Trums an beiden Scheiben als gleichgroß anzunehmen ist. Wirkungsgrade im Bestpunkt $\eta=0,96$ (Chromleder) und 0,98 (Elastomer-Laufschicht).

6.2.5 Riemenlauf und Vorspannung
Coming action of flat belts, tensioning

Konusscheiben bei Verstellgetrieben. Auf einer konischen Scheibe nimmt der auf den größeren Durchmesser auflaufende Riemenrand eine höhere Geschwindigkeit an als der andere, so daß das folgende Riemenstück zum größeren Durchmesser hin gekippt wird und dadurch auf einen größeren Laufdurchmesser d_L auflaufen will, **Bild 8a**. Ein im

Umschlingungsbogen nicht gleitendes Riemenstück muß die unterschiedlichen Geschwindigkeiten über Dehnungen ausgleichen, es muß die Form eines Kegelstumpfmantels annehmen und gleichsam hochkant gebogen werden, **Bild**

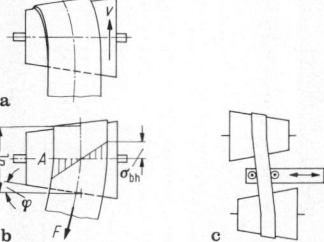

Bild 8. a Axiales Auflaufen des Riemens zum größeren Durchmesser; **b** Gleichgewicht beim tangentialen Auflaufen des Riemens auf konische Scheibe; **c** Antrieb mit zwei konischen Scheiben für stufenlos verstellbare Übersetzung

Tabelle 2. Empfohlene Wölbhöhen h entsprechend DIN 111

d_1 in mm	h in mm für $b_s \leqq 250$ mm	h in mm für $b_s > 250$ mm
bis 112	0,3	0,3
bis 140	0,4	0,4
bis 180	0,5	0,5
bis 224	0,6	0,6
bis 355	0,8	0,8
bis 500	1,0	1,0
bis 710	1,2	1,2
bis 1000	1,2	1,5
bis 1400	1,5	2,0
bis 2000	1,8	2,5

8b. Gleichgewicht tritt ein, wenn das durch diese Biegeverformung bei A entstehende Biegemoment durch Schrägzug des Trums ausgeglichen wird, **Bild 8c**. Axialversatz etwa $0.6 \cdot$ Riemenbreite, der genaue Versatz ergibt sich nach kurzer Einlaufzeit.

Flachriemengetriebe mit konstanten Übersetzungen. Die Scheiben üblicher offener und gekreuzter Flachriemengetriebe werden mit leicht kreisförmig gewölbten Laufflächen nach DIN 111 (ISO/R 100) ausgeführt (**Tab. 2**), um den stets am größten Scheibendurchmesser strebenden Riemen axial zu führen. Bei offenen Riemengetrieben mit waagerechten Wellen kann bei einer Übersetzung $i > 3$ die kleinere Scheibe zylindrisch ausgeführt werden. Voraussetzungen für guten Riemenlauf sind: Achsparallelität beider Wellen, zentrisch laufende Riemenscheiben, Ausrichten der größten Durchmesser gewölbter Riemenscheiben fluchtend in einer Ebene, Riemenränder innerhalb der Scheibenbreite $b_s > b$, glatte Scheibenlaufflächen nach DIN 111. „Griffige", poröse oder wellige Oberflächen oder klebende Haftmittel behindern den natürlichen Dehnschlupf im Wirkbogen, erhöhen den Verschleiß und können durch Stick-Slip-Effekte Längsschwingungen des Riemens anregen.

Räumliche Riemengetriebe (**Bild 3d, e**) erhalten zylindrische Riemenscheiben. Zur sicheren Riemenführung bei halbgekreuzten Riemengetrieben ($\delta = 90°$) werden empfohlen: Scheibenbreite $b_s = 2b$, axialer Abstand der Scheibenmittelebene vom jeweiligen Gegenrad $e_1, e_2 = (0,2 \ldots 0,5)b$ (**Bild 7b**), $d_2/d_1 = 1 \ldots 2,5$, $e \geqq 20b$.

Erzeugung der Vorspannung. Die für den Reibschluß mindestens erforderliche Wellenbelastung F_W kann mit den Verfahren nach **Bild 9a** bis **d** erzeugt werden durch:

a. *Auflegedehnung bei starrem Achsabstand.* Hierbei wird die Riemenlänge so bemessen, daß der Riemen beim Auflegen auf die Scheiben durch elastische Dehnung vorgespannt wird. Bei einstellbarem Achsabstand (z.B. Antriebsmotor auf Spannschienen) kann die Vorspannung auch nach dem Auflegen durch Vergrößerung des Achsabstands erzeugt werden. Bei starrem Achsabstand bleibt die Riemenlänge bei allen Betriebszuständen konstant. Deshalb werden die Trumkräfte F' und die Wellenspannkräfte F_W durch die Fliehkraft vermindert. Die Auflegedehnung muß daher entsprechend σ_f größer gewählt werden, um bei Betriebsdrehzahl den erforderlichen Reibschluß sicherzustellen. Die Wellenbelastung steigt schwach mit zunehmendem Drehmoment, sie wird durch die genaue Dehnungsverteilung festgelegt [2]. Da die Auflegedehnung über lange Betriebszeiten aufrechterhalten werden soll, eignet sich dieses Spannverfahren vor allem für Riemen mit hoher Maßstabilität, z.B. Mehrschichtriemen mit Polyamid- oder Polyester-Zugschichten; es ist das dafür überwiegend angewandte Spannverfahren.

b. *Spannwelle.* Die Wellenbelastung F_W wird durch Gewichte oder (weiche) Federn auf die querbewegliche Welle aufgebracht, geeignet für Riemen mit zeitabhängiger Nachdehnung unter Belastung. Neben dem höheren Aufwand ist jedoch die Gefahr von Schwingungen zu beachten.

c. *Spannrolle am Leertrum.* Die bewegliche feder- oder gewichtsbelastete Spannrolle erzeugt konstante Trumkraft F_2 bei allen Betriebszuständen. Bei Anwendung der Spannrolle auf die Außenseite des Riemens wird zugleich der Umschlingungswinkel β erhöht und dadurch der Winkelfaktor c_β verbessert. Die zusätzliche Spannrolle erhöht jedoch die Biegefrequenz und mindert dadurch bei größeren Riemengeschwindigkeiten die zulässige Nutzspannung. Ihr Durchmesser soll mit Rücksicht auf die Lebensdauer des Riemens größer als $d_{1, min}$, ihre Laufflache stets zylindrisch sein. Dieses Spannverfahren führt bei kleinen Drehmomenten zu niedrigen Trum- und Wellenbelastungen, es ist daher geeignet für Antriebe mit überwiegend Teillastbetrieb und Riemen mit zeitabhängiger Nachdehnung, wobei auch hier die Gefahr von Schwingungen zu beachten ist. Wird eine *feste* (einstellbare) Spannrolle am Leertrum zur Einstellung der Auflegedehnung und auch

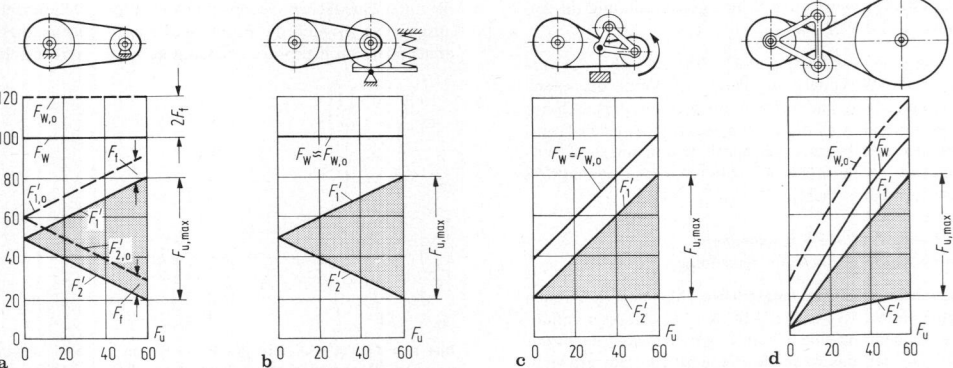

Bild 9. Abhängigkeit der Trumkräfte und der Wellenbelastung F_W von der Umfangskraft F_u bei konstanter Drehzahl mit verschiedenen Spannverfahren **a** bis **d** (für $\beta_1 = \beta_2 = 180°$). Index 0: Kräfte im Stillstand

zur Vergrößerung von β benutzt, so stellt sich das gleiche Betriebsverhalten wie im Spannverfahren nach (**Bild 9a**) ein.

d. *Selbstspannung mit Doppelspannrolle* [3]. Die Spannrollen im Last- und Leertrum besitzen einen festen (einstellbaren) Achsabstand, sie werden auf einer Kreisbahn um eine Riemenscheibenlagerung reibungsarm geführt und müssen deshalb in jedem Betriebszustand jeweils gleiche Achsbelastungen besitzen, was aber unterschiedliche Umschlingungswinkel der Spannrollen bedingt und zur Selbstspannung führt. Bei Teillast stellen sich niedrige Trumkräfte F'_1 und F'_2 und damit niedrige Wellenbelastungen ein. Die Trumkräfte und die Wellenbelastungen steigen mit zunehmender Umfangskraft F_u. Es ist eine sorgfältige Anpassung der Spannrollengeometrie an Achsabstand, Scheibendurchmesser und Riemenelastizität bei diesem auch für wechselnde Antriebsrichtung (Bremsen) wirksamen Spannverfahren notwendig. Die relativ einfache Konstruktion ist geeignet für Antriebe bis zu sehr hohen Leistungen mit vorwiegendem Teillastbetrieb und Riemen ohne nennenswerte zeitliche Nachdehnung, wenngleich auch hier die Neigung zu Querschwingungen gegenüber Konstruktionen mit festen Spannelementen zunimmt.

6.2.6 Riemenwerkstoffe. Materials

Früher übliche Riemen aus Leder wurden wegen ihrer geringeren Festigkeit, kürzeren Lebensdauer und starken Nachdehnung im Betrieb von Kunststoff-Mehrschichtriemen (Verbundriemen) abgelöst. Die Riemen werden entweder in passender Länge endlos hergestellt oder am Einsatzort an ihren schräg geschnittenen, zugeschärften Enden unter Erwärmung endlos geklebt. **Bild 10** und **Tab. 3** zeigen Aufbau und Werkstoffe gebräuchlicher Riemenbauarten. **Tab. 4** die Werkstoffkennwerte von Flachriemen-Zugschichten.

6.2.7 Entwurfsberechnung. Calculation

Die zulässige Beanspruchung von Riemen wird nicht durch deren Zugfestigkeit, sondern durch Zerrüttung (Zermürbung) und bei ungenügender Vorspannung durch Verschleiß begrenzt. So beträgt die Zugfestigkeit R_m bei Flachriemen das 10- bis 20fache der zulässigen Betriebsbeanspruchung σ_n. Die Schädigung von Riemen wird beschleunigt durch höhere Temperaturen und höhere Walkarbeit, d.h. durch höhere Biegefrequenzen und kleinere Biegeradien. Die zulässige Betriebsbelastung wird aus Versuchen bestimmt. Die überschlägige Auslegung eines offe-

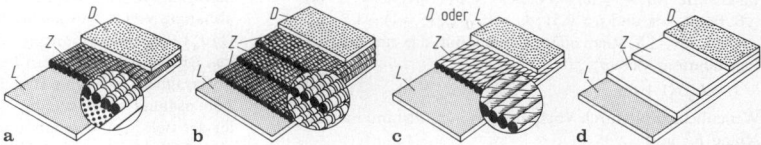

Bild 10. Aufbau von Schichtriemen. **a** einlagiger Textilriemen; **b** mehrlagiger Textilriemen; **c** Polyestercordriemen; **d** Bandriemen mit breiten Zugbändern, überwiegend verwendete Bauart; *D* Deckschicht, *Z* Zugschicht, *L* Laufschicht

Tabelle 3. Aufbau und Anwendung der Riemen nach **Bild 10** (Richtwerte, maßgebend sind die Herstellerangaben)

Riemen	a	b	c	d
Zugschicht[a])	PA, B	B, PA, E	E	PA
Laufschicht(en)[a])	PU	G oder Balata	G oder CH	G oder CH
Herstellung	endlos auf Maß	Zuschnitt von Rolle, endlos vulkanisiert am Einsatzort	endlos auf Maß	Zuschnitt von Rolle, endlos geklebt am Einsatzort
Anwendung	hohe Drehzahlen, Schleifspindeln	robust, für niedrige Leistungen	Mehrscheibentriebe höchste Geschwindigkeit bis 1000 kW	robust, häufigste Bauart, bis 6000 kW für Zwei- und Mehrwellengetriebe
v_{max} in m/s	70	20...50	100	70
$d_{1,min}$ in mm ab	15	150	20	63
$f_{B,max}$ bei d_{min} in 1/s	10...20(50)[b])	10...20	30(100)[b])	30(80)[b])
$F^*_{u,max}$ in N/mm	10	30	48	48(110)[b])
max. Dehnung ε im Betrieb in %	3	2...4	1,8	3
Umgebungstemperaturbereich in °C	−20...+70	−20...+70	−40...+80	−20...+80

[a]) PA Polyamid, E Polyester, B Baumwolle, CH Chromleder, PU Polyurethan, G Elastomer (Gummi).
[b]) Klammerwerte nur nach Rücksprache mit Hersteller.

Tabelle 4. Werkstoffkennwerte von Flachriemen-Zugschichten

Werkstoff	R_m N/mm²	E_{Zug} N/mm²	ρ kg/m³	Bruchdehnung %	Reibwert gegen GG u. Stahl
Polyester-Kord	900	700000	1400	15	
Polyamid-Band	500	150000	1140	20...25	
Leder, hochwertig	30...50	300...500	900	30	0,3...0,7
Leder, normal	20...30	100...300	1000	30	0,3...0,7

nen Flachriemengetriebes der häufigsten Bauart nach **Bild 10d** geht von der zulässigen auf 1 mm Riemenbreite bezogenen (Index *) Nennumfangskraft F_{uN}^* bei einem zugeordneten kleinsten zulässigen Scheibendurchmesser $d_{1,min}$ der kleineren Riemenscheibe nach **Anh. G6 Tab. 1** aus. Die Riemengeschwindigkeit v_{max} und die Biegefrequenz $f_{B,max}$ nach **Tab. 3** sollen nicht überschritten werden.

Mit Durchmesser der kleinsten Scheibe d_1, Umschlingungswinkel β_1, Winkelfaktor c_β, Riemenbreite b und Antriebsdrehzahl n_{an} ergeben sich für Riemen nach **Bild 10d** in Anlehnung an Herstellerangaben [4]:

zul. bezogene Umfangskraft $F_{u,zul}^* \approx c_\beta F_{uN}^*(2 - d_{1,min}/d_1)$

Bemessungsleistung $c_B P_{an} \leqq (F_{u,zul}^* b d_{w,an} \pi n_{an}$

Riemenbreite $b \geqq c_B P_{an}/(F_{u,zul}^* d_{w,an} \pi n_{an})$.

Verbesserungen der Berechnung entsprechend Gl. (11) bei Keilriemen sind zu erwarten. Wird ein Riemengetriebe mit starrem Achsabstand nach **Bild 9a** vorgesehen, muß der Riemen mit elastischer Auflegedehnung montiert werden. Wählt man bei Betrieb mit $F_{u,zul}^*$ die Summe $(F_1' + F_2') = k_v F_{u,zul}^* b$ und berücksichtigt die Fliehkraft im Betrieb nach **Bild 9a**, so errechnet sich die Auflegedehnung ε_a zu

$$\varepsilon_a = \Delta L/L = \varepsilon_0 + \varepsilon_f = [(k_v/2)F_{u,zul}^* + F_f^*]/(EA^*)$$

mit $F_f^* = \rho' v^2$; (EA^*) und ρ' nach **Anh. G6 Tab. 1**. Anhaltswerte für $k_v = (m+1)/(m-1)$ mit m nach Gl. (1), z.B. für $\beta_1 = \pi$ und $\mu = 0{,}51$: $k_v = (5+1)/(5-1) = 1{,}5$ oder $\mu = 0{,}4$: $k_v = 1{,}8$. Riemenlänge entspannt, d.h. um die Auflegedehnung kleiner:

$$L = L_w/(1 + \varepsilon_a).$$

Wellenbelastung durch Vorspannung im Stillstand mit Zuschlag F_f^* und

$$F_1 = F_2 = [(k_v/2)F_{u,zul}^* + F_f^*] \, b = \varepsilon_a(EA^*)b$$
$$F_{W0} = F_1\sqrt{2(1 - \cos\beta_1)} = 2F_1 \sin(\beta_1/2). \qquad (10)$$

Vergleich der Biegefrequenz f_B mit der zulässigen Biegefrequenz $f_{B,max}$ für kleinsten Riemenscheibendurchmesser $d_{1,min}$ nach Herstellerangaben.

Beispiel. Offenes Riemengetriebe für Drehkolbengebläse mit $d_1 = 315$ mm, $d_2 = 800$ mm, $e = 870$ mm, $n_1 = 1450$ min^{-1}, $P_1 = P_{an} = 90$ kW. Mit $d_w \approx d$ wird mit Gl. (6) $v = 23{,}9$ m/s, $i = d_{ab}/d_{an} = d_2/d_1 = 2{,}54$; $\beta_1 = 147{,}6°$; $\beta_2 = 214{,}4°$; $L_w = 3559{,}5$ mm. Riementyp für $d_{1,min} < d_1 = 315$ mm nach **Anh. G6 Tab. 1:** Typ 40 mit $d_{1,min} = 280$ mm und $F_{uN}^* = 35$ N/mm. Winkelfaktor für Grobdimensionierung $c_\beta \approx \beta_1/180° = 0{,}82$. Dann wird $F_{u,zul}^* = 0{,}82 \cdot 35 \cdot (2 - 280/315) = 31{,}89$ N/mm und mit $c_B \approx 1{,}23$ nach **Tab. 1** wird $b = 1{,}23 \cdot 90 \cdot 10^6/(31{,}89 \cdot 315 \cdot \pi \cdot 1450/60) = 145{,}1$ mm $= 140$ mm. Auflegedehnung (für $k_v = 1{,}76$) $\varepsilon_a = [(1{,}76/2) \cdot 31{,}89 + 4{,}5 \cdot 23{,}9^2 \cdot 10^{-3}]/2000 = 0{,}0153$, somit $L = 3559{,}5/1{,}0153 = 3505{,}8$ mm ≈ 3505 mm. Wellenbelastung nach Gl. (10) $F_{W0} = 2 \cdot 0{,}0153 \cdot 2000 \cdot 140 \cdot 0{,}9165 = 7860$ N; für $k_v = 2{,}11$ wird $F_{W0} = 9293$ N. Biegefrequenz $f_B = 2 \cdot 24000/3559{,}5 = 13{,}5$ s^{-1} < $f_{B,max}$; Anhaltswert $f_{B,max} = 30$ s^{-1} für $d_{1,min}$ für berechneten Riemen. Die Aufgabe kann auch mit dem Riementyp 28 mit $d_{1,min} = 200$ mm und größerer Riemenbreite gelöst werden. Mit diesem kleineren Riementyp lassen sich unter Inkaufnahme höherer Wellenbelastungen die Riemenscheibendurchmesser d_1 und d_2 verkleinern.

Maßgebend für eine abschließende Entscheidung ist auch das Schwingungsverhalten des Riementriebs mit Berechnungen in Anlehnung an DIN 740 für *Nachgiebige Wellenkupplungen* und für *Saitenschwingungen*. Die Erfahrungen der Riemenhersteller sollten im Einzelfall stets erfragt werden, Hersteller [11].

6.3 Keilriemen. V-belts

6.3.1 Anwendungen und Eigenschaften
Uses and characteristics

Keilriemen (**Bild 1b**) dienen der reibschlüssigen Bewegungs- und Leistungsübertragung über mittlere Wellenab-

stände [5]. Sie werden in den Keilriemenscheiben in allen Lagen sicher geführt, auch bei kurzem Durchrutschen und bei Winkeltrieben. Fast alle Typen sind auch zum Kuppeln (Spannen des Keilriemens bei laufender Antriebsscheibe mittels radialbeweglicher Welle oder Spannrolle) geeignet. Abmessungen sind für die Grundtypen international genormt, s. **Anh. G6 Tab. 2**. Weitere Typen für Sonderzwecke, **Bild 12**.

Die reibschlüssige Übertragung der Umfangskraft erfolgt nur über die seitlichen Keilflächen des Riemenprofils. Aufliegen auf dem Rillengrund führt zur Verminderung der übertragbaren Umfangskraft, Gleitschlupf und Schädigung durch Überhitzung. Verstellbarkeit des Wellenabstands um Beträge x nach ISO 155 oder Herstellerangaben ist vorzusehen; überschlägig reicht meist $x \geqq +0{,}03L_w$ zum Spannen und Nachspannen des Riemens und $|x| \geqq 0{,}015L_w$ zum zwanglosen Auflegen des Riemens über den Scheibenrand hinweg. Die Wirkdurchmesser d_w (**Bild 1b**) und zugeordneten Wirkbreiten b_w (**Bild 12a** und **Anh. G6 Tab. 2**) von Riemen und Keilriemenscheibe kennzeichnen die Lage der biegeneutralen Zugschicht im Keilriemenprofil. Sie sollten mit dem entsprechenden Richtdurchmesser d_r und der Richtbreite b_r der Keilriemenscheiben möglichst übereinstimmen (gilt nicht für Keilrippenriemen nach DIN 7867). Der Scheibenwinkel α wird wegen der Querdehnung des Riemens abhängig von d_r vorgeschrieben. Häufige (f_B) und große ($1/d_w$) Biegeverformungen steigern die innere Erwärmung des Riemens und mindern bei gleicher Lebensdauer seine übertragbare Leistung, **Bild 11**. Voraussetzung für hohe Lebensdauer sind: ständige Aufrechterhaltung (Kontrolle) der richtigen Vorspannung, genaue Ausrichtung sowie glatte Oberflächen der Rillenscheiben, $d_{w,min}$ und Wellenmittenabstand e nicht kleiner als nötig, Gegenbiegung (Rückenspannrolle) vermeiden. Spannrollen, wenn unvermeidbar, als Keilriemenscheiben mit $d_w > d_{w,min}$ ausbilden.

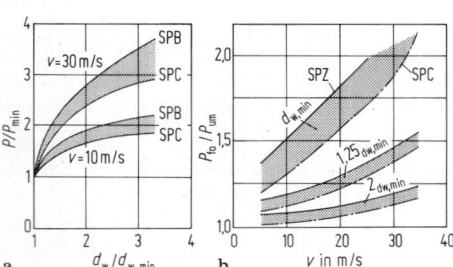

Bild 11. Übertragbare Leistung von Schmalkeilriemen nach DIN 7753 bei gleicher Lebensdauer [5, 8]. **a** ummantelte Keilriemen; **b** Verhältnis der Leistung P_{fo} flankenoffener zur Leistung P_{um} ummantelter Schmalkeilriemen. $d_{w,min}$ nach **Anh. G6 Tab. 2**

Betriebsgrenzen. Umgebungstemperaturen $= -30$ bis $80°$C (-55 bis $70°$C); $i_{max} \approx 10$; $e \approx (0{,}7...2)(d_{w1} + d_{w2})$; $F_W = (1{,}5...2{,}5)F_u$; Leistungen bis $P_{max} > 1000$ kW (bis zu 35 parallele Stränge), $\eta_{max} = 0{,}97$ für Einzelriemen; η_{max} bis $0{,}95$ für Keilrippenriemen.

6.3.2 Typen und Bauarten von Keilriemen
Types and Sizes

Die Typen sind gekennzeichnet durch die geometrischen Abmessungen des Riemenprofils, die Bauarten durch den inneren Aufbau. **Bild 12a** bis **i** zeigt die häufigsten Typen von Keilriemen:

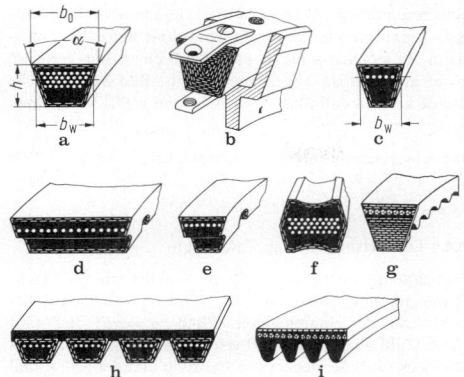

Bild 12. Typen von Keilriemen. **a** bis **i** s. Text

a. *Endlose Keilriemen* nach DIN 2215 (auch klassische Keilriemen). $b_0/h \approx 1,5 \ldots 1,6$; Profile bezeichnet nach Breite b_0; Keilriemenscheibenmaße und Werkstoffe s. DIN 2211 und DIN 2217. Anwendungsbeispiele: Typen 5 und 6 für Laborgeräte, Feinwerktechnik; 8 und 10 für Haushaltsmaschinen; 13 bis 22 für Maschinenbau (mittlere Drehzahlen) und Landmaschinen; 25 bis 40 für schwere Antriebe mit großen Wellenabständen, großen Scheibendurchmessern, niedrigen Drehzahlen und rauhem Betrieb.

b. *Endliche Keilriemen* nach DIN 2216. Meterware, starke Gewebeeinlagen, vorgelocht für Riemenschloß, für mittlere Umfangsgeschwindigkeiten. P_{max} bis zu 15% niedriger, $d_{w, min}$ bis zu 15% größer als bei endlosen Keilriemen nach DIN 2215 mit gleichem Profil. Größere bleibende Dehnung, daher öfteres Nachspannen oder Kürzen erforderlich. Verbindung der Riemenenden nach dem Auflegen mittels Riemenschloß, einfache Montage schwieriger Antriebe auch dort, wo endlose Riemen nicht montierbar. Einfache Lagerhaltung.

c. *Endlose Schmalkeilriemen* nach DIN 7753, $b_0/h \approx 1,2 \ldots 1,4$ mit Schmalkeilriemenscheiben nach DIN 2211 (Maße und Werkstoff). Sie übertragen höhere Leistung als Keilriemen gleicher Wirkbreite nach DIN 2215. Meistverwendeter Riementyp.

d. *Endlose Breitkeilriemen* für industrielle Drehzahlwandler nach DIN 7719. $b_0/h = 2,8 \ldots 3,25$. Rillenwinkel $\alpha = 24$ bis 30°. Kleinere Keilwinkel ergeben größeren Stellbereich, aber Gefahr der Selbsthemmung (Festklemmen des Keilriemens in der Scheibenrille). Übertragbare Leistung etwa 20% geringer als bei Keilriemen gleicher Profilhöhe nach DIN 2215. DIN 7719 gilt nicht für Drehzahlwandler von Kraftfahrzeugen oder Landmaschinen. Stellbereich $i_{max}/i_{min} = 4 \ldots 12$ möglich bei zwei Verstellscheiben.

e. *Gezahnte Keilriemen.* Keilriemen nach **a** bis **d** mit Quernuten in der Profilinnenfläche zur Erhöhung der Biegewilligkeit. Sie ermöglichen kleinere Scheibendurchmesser und kleineren Bauraum bei geringfügig verminderter Leistung. Nuten verursachen jedoch – sofern keine ungleiche Teilung der Quernutenabstände gewählt wird – periodische Einlaufstöße und Geräusch.

f. *Endlose Hexagonalriemen* für Landmaschinen (*Doppelkeilriemen*) nach DIN 7722. $b_{max}/h \approx 1,3$. Für ebene Vielwellenantriebe mit gegenläufigen Scheiben. Übertragbare Leistung etwa wie bei Keilriemen nach DIN 2215 mit gleicher maximaler Profilbreite. Anwendung bei mittelschwe-

ren Antrieben (Mähdrescher) bis leichten Arbeitsgeräten (Gartengeräte, Kehrmaschinen).

g. *Flankenoffene Keilriemen.* Profile nach DIN 2215 und DIN 7753 Teil 1. Sie haben nur eine äußere Gewebedeckschicht, jedoch – im Gegensatz zu den übrigen Bauarten – keine Gewebeummantelung an den tragenden Flanken und der „gezahnten" Innenfläche. Der Riemenunterbau aus einer Polychloroprene-Gummi-Mischung ist sehr biegeelastisch und durch quer zur Laufrichtung ausgerichtete Stützfasern für höhere Spreizkräfte (Vorspannung) verstärkt. Sie übertragen höhere Leistungen insbesondere bei kleinen Scheibendurchmessern und hohen Geschwindigkeiten (**Bild 11 b**), vertragen kleinere Scheibendurchmesser (etwa 0,7 bis 0,8 $d_{w, min}$ nach **Anh. G 6 Tab. 2**) als ummantelte Keilriemen, erfordern dadurch auch weniger Bauraum bei gleicher Leistung und sind weniger empfindlich gegen Öl, Wärme, Schlupf und Abrieb.

h. *Verbund-Schmalkeilriemen* (Kraftbänder). Sie bestehen aus bis zu fünf gleich langen (satzkonstanten) Schmalkeilriemen oder klassischen Keilriemen, die durch ein Deckband fest miteinander verbunden sind. Deckband verhindert Verdrillen oder starkes Schwingen einzelner Riemen des Satzes. Rillenscheiben nach DIN ISO 5290.

i. *Keilrippenriemen* (Rippenbänder) nach DIN 7867. Weiterentwicklung von Verbundkeilriemen in Richtung Flachriemen. Fünf Profile mit Rippenabstand in mm: PH 1,60; PJ 2,34; PK 3,56; PL 4,70; PM 9,40. PK vorzugsweise für Kraftfahrzeugbau, PJ, PL, PM vorzugsweise für industrielle Riemenantriebe, PH für spezielle Anwendungen. Breite bis zu 60 Rippen aus Polychloroprene ohne Ummantelung, die die Rillen der zugehörigen Riemenscheiben vollständig ausfüllen. Zugstrang aus dehnungsarmen Polyester-Cordfäden. Übertragbare Leistung mit Übersetzungszuschlag pro Rippe nach Herstellerangaben. Umfangsgeschwindigkeiten je nach Profil bis $v \approx 60$ m/s. Kleinere Scheibendurchmesser und höhere Übersetzungen je Stufe als bei Keilriemen vermindern den erforderlichen Bauraum, Laufruhe und Gleichförmigkeit der Bewegung sind größer; Gegenbiegung möglich.

6.3.3 Entwurfsberechnung. Calculation

Zur Berechnung der lebensdauerabhängigen Nennleistung P_N offener Keilriemengetriebe wird eine in ISO 5292 angegebene, an Versuchsergebnisse anpaßbare Zahlenwertgleichung zunehmend verwendet. Durch Einführung von Bezugskenngrößen läßt sich diese Gleichung übersichtlicher gestalten:

$$P_N = c_\beta P_0 \cdot \frac{v}{v_0} \cdot \left[1 + K_2 \left(1 - \frac{d_{w, min}}{d_{w1}} \cdot \frac{1}{K_i} \right) \right.$$
$$\left. + K_3 \left[1 - \left(\frac{v}{v_0} \right)^2 \right] + K_4 \ln \left(\frac{v_0}{v} \cdot \frac{L_w}{L_0} \right) \right] \quad (11)$$

mit dem Winkelfaktor $c_\beta = 1,25 \cdot (1 - 5^{-\beta_1/180})$; Umschlingungswinkel β_1 der kleineren Scheibe; Nennleistung P_0 bei Umfangsgeschwindigkeit v_0 für Mindest-Scheibendurchmesser $d_{w, min}$ bei Übersetzung $i = 1$ ($\beta_1 = 180°$) sowie Riemenlänge L_0; Nennleistung P_N bei Umfangsgeschwindigkeit v für Wirkdurchmesser der kleineren Scheibe d_{w1} bei Übersetzung $i \neq 0$ ($\beta_1 \neq 180°$) sowie Riemenlänge L_w; $K_i \approx 1,124 - 0,124 \exp(-3(i - 1))$ und $i \geq 0$. In **Anh. G 6 Tab. 2** ist eine Auswertung der Katalogangaben eines Herstellers zur ersten Orientierung angegeben. Da im Einzelfall durchaus Abweichungen von den Herstellerangaben auftreten, sind für Nachrechnungen die Angaben der Keilriemenhersteller verbindlich. Zur Orientierung können auch die Normen DIN 2218 und DIN 7753 genutzt werden. Die richtige Bemessung eines Riementriebs hängt von einer Reihe von Faktoren und Umweltbedingungen ab – Es wird deshalb empfohlen, besonders bei schwierigen Antriebsproblemen die Erfahrungen der Firmen dieses Fachgebiets, d.h. Hersteller von Keilriemen und Antrieben zu berücksichtigen; Hersteller [11].

Die Bemessungsleistung $c_B P_{an} \leqq z P_N$ für z parallellaufende Riemen wird mit Schätzwerten für c_B nach **Tab. 1** bestimmt, so daß die erforderliche Riemenanzahl $z \geqq c_B P_{an}/P_N$ ist. Berechnung aller anderen Systemgrößen wie bei Flachriemen.

6.4 Synchronriemen (Zahnriemen)
Synchronous belts

6.4.1 Aufbau, Eigenschaften, Anwendung
Design, characteristic and uses

Synchronriemen (**Bild 13**) haben eine einseitige oder doppelseitige Verzahnung, mit der sie die Umfangskräfte formschlüssig ohne Schlupf übertragen, **Bild 2c**. Der Riemenkörper besteht aus Neoprene oder Polyurethan mit Zugsträngen aus hochfesten Glasfasern oder Stahl-, Kevlar- bzw. Polyestercord, die bei den meist endlos in Normlängen hergestellten Riemen schraubenförmig gewickelt sind. Der Zugstrang bestimmt die neutrale Biegeebene, seine Länge ist zugleich die Wirklänge L_w des Riemens, er läuft auf den Wirkdurchmessern $d_{w1,2} = z_{1,2} p_b/\pi$ um die Synchronscheiben (Zahnscheiben) mit den Zähnezahlen z_1, z_2 und der Zahnteilung p_b. Synchronriemen (Zahnriemen) laufen bei richtiger Einstellung wartungsfrei, keine Schmierung erforderlich. Bei größeren Geschwindigkeiten, Leistungen, Vorspannungen und Riemenbreiten entstehen Zahneingriffsgeräusche, Grundfrequenz $f_0 = n_1 z_1$. Synchronriemen eignen sich wegen der formschlüssigen Bewegungsübertragung für übersetzungstreue Antriebe (z.B. Ventilsteuerungen), bei beidseitiger Verzahnung auch für Vielwellenantriebe mit gegenläufigen Scheiben, bei größeren Achsabständen auch für räumliche Antriebe, **Bild 3e**.

Normen: DIN 7721 und DIN/ISO 5296 zu Abmessungen und Messung der Wirklänge.

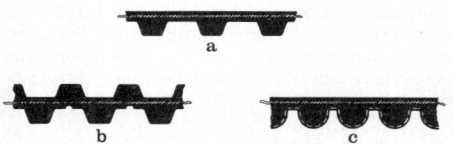

Bild 13. Profilformen von Zahnriemen. **a, b** einfach und doppelt verzahnt nach DIN 7721 mit metrischer und DIN/ISO 5296 mit Zoll-Teilung; **c** HTD-(High Torque Drive-)Profil

6.4.2 Gestaltungshinweise. Design hints

Bei ebenen Getrieben müssen die Synchronriemen durch seitliche Borde an mindestens einer Zahnscheibe beidseitig oder wechselseitig an zwei Zahnscheiben axial geführt werden. Zum Auflegen und Vorspannen sollte eine Welle oder Spannwelle radial beweglich sein. Bei festem Wellenabstand werden die Zahnscheiben gemeinsam mit dem aufgelegten Riemen montiert. Spannrollen möglichst als Zahnscheiben ($d_w > d_{w1}$) ausbilden und zur Vermeidung von Gegenbiegung am Leertrum innen anordnen, aber nicht federnd, weil keine Nachdehnung des Riemens bei richtiger Auslegung zu erwarten ist. Empfohlene Grenzwerte: $e \approx (0,5$ bis $2)(d_{w1} + d_{w2})$, $d_1/b \geqq 1$. Bei räumlichen

Synchronriementrieben muß die Gerade zwischen Auf- und Ablaufpunkten zugleich Schnittlinie der beiden mittleren Radebenen sein, so daß der Riemen nur verdrillt, nicht aber seitlich abgezogen wird (s. **Bild 3e**); seitliche Borde können entfallen; Wellenabstand je 90° Verdrillung $e_{90} \geqq 12b$.

Betriebsgrenzen. Umgebungstemperatur $= -40$ bis $90\,°C$; $P_{max} = 400\,kW$; $v_{max} = 40$ (Typ T20)...80 (T5) m/s. $f_{B,max} \approx 100\,s^{-1}$; $i_{max} \leqq 12$; $\eta_{max} \approx 0,98$.

6.4.3 Entwurfsberechnung. Calculation

Berechnung von L_w (angenähert), e und v wie für Flachriemengetriebe; genau: $L_w = p_b z_b$ mit $z_b = $ Riemenzähnezahl; Zahl der eingreifenden Zähne $z_{e1} = z_1 \beta_1/360°$ (auf ganze Zahl abgerundet); Übersetzung $i = z_2/z_1$; Wahl des Riemens nach der gegebenen Leistung und der Zähnezahl $z_1 \geqq z_{1,min}$ mit Leistungsangaben für Bezugsbreite b_{s0} nach **Anh. G 6 Tab. 3** und Breitenfaktor $k_w = (b_s/b_{s0})^{1,14}$ nach ISO 5295 sowie Lasteinleitungsfaktor $k_z = 1$ für $z_{e1} \geqq 6$ bzw. $k_z = 1 - 0,2(6 - z_{e1})$ für $z_{e1} < 6$. Mit der übertragbaren Leistung

$$c_B P_{an} \leqq k_z P_0 \frac{v}{v_0} \frac{b_s}{b_{s0}} \left\{ 1,5 \left(\frac{b_s}{b_{s0}} \right)^{0,14} - 0,5 \left(\frac{v}{v_0} \right)^2 \right\}$$

und $v = n_1 z_1 p_b = n_2 z_2 p_b$ ergibt sich die mindest erforderliche Riemenbreite b_s. Maximale Riemenbreiten $b_{s,max} \approx (4...10)p_b$. Empfohlene Wellenvorspannkraft $F_{W0} \approx F_u$. Der Betriebsfaktor c_B ist bei Übersetzungen ins Schnelle für $1/i \leqq 1,24$ gegenüber **Tab. 1** nach Herstellerangabe zu erhöhen. Höhere Leistungen sind mit HTD-(High Torque Drive-)Riemen [6] und RPP-Riemen (Riemen mit parabolischem Profil) [9] als weiterentwickelte Trapezzahnriemen sowie mit AT-Riemen [10] als verstärkte T-Typen übertragbar. Zusätzliches Entscheidungskriterium bei der Riemenauswahl, insbesondere im Automobilbau, ist eine möglichst niedrige Geräuschentwicklung, die durch modifizierte Trapezzahnformen angestrebt wird. Hersteller [11].

6.5 Kettengetriebe. Chain drives

6.5.1 Bauarten, Eigenschaften, Anwendung
Characteristics and uses

Kettengetriebe (**Bild 2a, b**) übertragen formschlüssig und schlupflos Leistungen bis 200 kW je Einzelkette mit niedrigen Umfangsgeschwindigkeiten zwischen parallelen Wellen, bei mehr als zwei Wellen auch gegenläufig. Leistungen bis über 500 kW sind mit Mehrfachketten (ausgeführt bis 12fach, überwiegend bis 3fach) möglich. Bei kleinen Zähnezahlen des kleineren Kettenrads wird die Drehübertragung wegen des rhythmisch veränderlichen Kettenab- bzw. -auflaufords, dem sog. *Polygoneffekts*, ungleichmäßig. Daraus folgen periodisch schwankende Trumgeschwindigkeiten, Anregung von Schwingungen und Geräuschen bei höheren Kettengeschwindigkeiten. Milderung bei größerer Zähnezahl und kleinerer Teilung. Andererseits mildert die Kette Betriebsstöße aufgrund ihrer Längselastizität. Die Lebensdauer einer Kette wird begrenzt durch die maximal ertragbare Verschleißlängung und vermindert durch ungenügende Schmierung, Verschmutzung, Stoß- und Schwingungsbeanspruchung. Häufigste Bauarten sind die *Hülsenkette* nach DIN 8154, **Bild 14a** (im geschlossenen Getriebegehäuse bei sehr guter Schmierung), die *Rollenkette* nach DIN 8187 und DIN 8188, **Bild 14b** (meistverwendete Bauart, die geschmierte Rolle vermindert Verschleiß und Geräusch) und die *Zahnkette* (nach DIN 8190), **Bild**

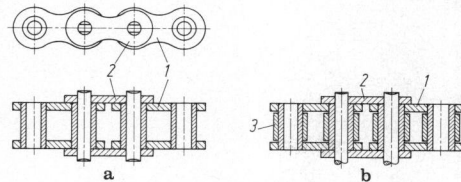

Bild 14. Getriebeketten. **a** einfache Hülsenkette; **b** einfache Rollenkette; *1* Innenglied mit eingepreßten Hülsen, *2* Außenglied mit Bolzen, *3* bewegliche Rolle

2b (ruhiger Lauf bei höheren Umfangsgeschwindigkeiten). Weitere *Stahlgelenkketten* s. DIN 8194 mit Bauformen und Benennungen (deutsch, englisch, französisch).

6.5.2 Gestaltungshinweise. Design hints

Wellenabstände möglichst für eine gerade Zahl von Kettengliedern (Teilung p) bemessen, um gekröpfte Glieder zu vermeiden. Achsabstand so, daß Umschlingungswinkel mindestens 120° auf Kleinrad, normal: $e = 30 \ldots 50p$. Der Durchhang im Leertrum soll etwa 1% des Achsabstands betragen. Die maximal zulässige Verschleißlängung der Kette Δl sollte i. allg. 3% der ursprünglichen Kettenlänge l nicht überschreiten, bei Kettenrädern mit mehr als 67 Zähnen nur $\Delta l / l \le 200 / z_2$ in %, jedoch bei festem Wellenabstand ohne Spannvorrichtung nur $\Delta l / l \le (0,6 \ldots 1,5)\%$ Ausgleich des Kettenverschleißes durch querverschiebliche Wellen oder, bei festem Wellenabstand, durch zylindrische Spannrolle (bis $v = 1$ m/s) oder verzahntes Spannrad, jeweils im Leertrum, durch Federn oder Gewicht gering belastet. Wegen des Polygoneffekts sollten Räder mit mindestens 17 Zähnen gewählt werden. Für mittlere bis hohe Geschwindigkeit oder höchstzulässige Belastung soll das Kleinrad gehärtete Zähne und möglichst 21 Zähne aufweisen. Kettenräder sollten normalerweise höchstens 150 Zähne besitzen. Bevorzugte Zähnezahlen: 17, 19, 21, 23, 25, 38, 57, 76, 95 und 114. Wenn Kettentrieb mit Neigung zur Waagerechten größer als 60° angeordnet, dann notwendige Kettenspannung durch Spannrollen, Spannräder oder andere geeignete Hilfsmittel. Von

Spann- und Umlenkrädern sollen mindestens drei Zähne im Eingriff sein. Übersetzung i: 3 bis 7 günstig, bis über 10fach möglich. Erforderliche Schmierung ist abhängig vom Kettentyp und Kettengeschwindigkeit v. *Hinweise zu Rollenketten* s. DIN 8195: Für Kette DIN 8188-08A-1 mit Teilung $p = 12,7$ mm gilt z.B.: Ölzufuhr durch Ölkanne oder Pinsel bis $v \approx 0,7$ m/s (unsicher, mindestens einmal täglich), Tropfschmierung bis $v \approx 3,9$ m/s (Tropföl für jede Laschenreihe mit je 2 bis 6 Tropfen pro Minute); Ölbad (Ölstand bis maximal zur untersten Rollenmitte) oder Schleuderscheibe bis $v \approx 8,4$ m/s; Druckumlaufschmierung, gegebenenfalls mit Filter und Ölkühler bis $v_{max} \approx 19$ m/s (mit gleichmäßigem Ölstrom auf Innenseite des Leertrums und auch Zugtrums; auch zur Kettenkühlung). Wirkungsgrad sinkt bei einmaliger Schmierung mit wachsender Betriebszeit schnell ab; $\eta_{max} < 0,97$. Maximale Leistungsübertragung bei $v_{opt} = n_0 z_1 p$, Anhaltswerte für n_0 mit $z_1 = 19$ und 15000 Betriebsstunden mit Übersetzungsverhältnis $i = 3$ bei 100 Kettengliedern nach DIN 8195 s. **Anh. G 6 Tab. 4.**

6.5.3 Entwurfsberechnung. Calculation

Kettengeschwindigkeit $v = n_1 z_1 p = n_2 z_2 p$, Teilkreisdurchmesser (Rollenmitten) $d_{w1,2} = p / \sin(180° / z_{1,2})$, Kettenlänge $l = Xp$ mit Gliederanzahl X (volle, gerade Anzahl), $X \ge X_0$ mit $X_0 = 2e/p + (z_1 + z_2)/2 + p(z_2 - z_1)^2/(4e\pi^2)$, Achsabstand

$$e \approx \frac{p}{4} \left[\left(X - \frac{z_1 + z_2}{2} \right) + \sqrt{\left(X - \frac{z_1 + z_2}{2} \right)^2 - 2 \left(\frac{z_2 - z_1}{\pi} \right)^2} \right].$$

Die Teilung p der Rollenketten nach DIN 8187 (europäische Bauart, Kennbuchstabe B) und DIN 8188 (amerikanische Bauart, Kennbuchstabe A) ist in Zollstufung genormt, s. **Anh. G 6 Tab. 4.**
Zur Drehzahl n_0 gehört die Leistung P_0; für $n_1 \le n_0$, $i \le 7$ gilt in Anlehnung an DIN 8195

$$P_N \approx P_0 \left(\frac{n_1}{n_0} \right)^{0,9} N^{0,97} \left(\frac{z_1}{19} \right)^{1,073} \left(\frac{i}{3} \right)^{0,18} \left(\frac{e}{40p} \right)^{0,26}$$

mit Bemessungsleistung $c_B P_{an} \le P_N$, wobei der Betriebsfaktor in Anlehnung an **Tab. 1** geschätzt werden kann oder auch nach DIN 8195; $N = 1$ für Einfachkette, $N = 2$ für Zweifachkette, $N = 3$ für Dreifachkette. Hersteller [11].

---

7 Reibradgetriebe. Friction drives

H. Peeken, Aachen

7.1 Wirkungsweise, Definitionen
Mode of operation, definitions

Reibradgetriebe oder auch *Wälzgetriebe* sind gleichförmig übersetzende Reibschlußgetriebe [1], bei denen im Gegensatz zu Zugmittelgetrieben keine großflächige Berührung auftritt, sondern näherungsweise punkt- oder linienförmige Kontakte vorliegen. Die Größe der durch Abplattung entstehenden Berührfläche sowie die Pressungsverteilung lassen sich mit Hilfe der Hertzschen Gleichungen (s. C4) bestimmen. Bei weichen nichtmetallischen Werkstoffen findet die Theorie der *Stribeckschen Wälzpressung* Anwendung. Die Momentenübertragung erfolgt durch Umfangskräfte F_t, die zwischen den rotationssymmetrischen Rädern unter der Anpreßkraft F_n (**Bild 1a**) wirken. Man definiert einen *Nutzreibwert* $\mu_N = F_t / F_n$ (**Tab.**

2), der stets kleiner als der tatsächliche Reibwert μ ist. Damit ist der tangentiale Nutzungsgrad $v_t = \mu_N / \mu$.
Die Drehachsen liegen zumeist in einer Ebene, um den bei windschiefen Achsen auftretenden Schräglauf zu vermeiden. Bei Verstellgetrieben muß jedoch eine Bohrbewegung (s. G 7.3.1) in Kauf genommen werden. Nur wenn die Spitzen der beiden Wälzkegel in einem Punkt zusammenfallen, ist reines Rollen möglich (**Bild 1b**). Die Übersetzung ist

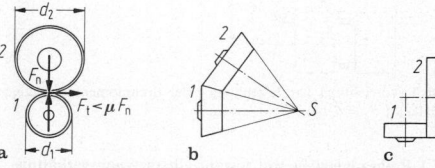

Bild 1. Kräfte und Übersetzung bei Reibrädern. **a** mit parallelen Achsen; **b** mit einander schneidenden Achsen, ohne Bohrreibung; **c** mit einander schneidenden Achsen, mit Bohrschlupf in der Berührlinie

definiert als Drehzahlverhältnis von Antriebs-(Index 1-) und Abtriebs-(Index 2-)welle:

$$i = n_1/n_2 = d_2/d_1.$$

In der Literatur findet man für die Übersetzung, insbesondere von Verstellgetrieben auch den u.U. vorzeichenbehafteten Kehrwert $i = n_2/n_1$. Die in der Praxis oft konstante Antriebsdrehzahl n_1 dient dabei als Bezugsgröße, mit der Folge, daß bei stillstehender Abtriebswelle ($n_2 = 0$) nicht $i = \infty$ wird.

7.2 Bauarten, Beispiele. Types, examples

Reibradgetriebe bestehen in der einfachsten Ausführung aus zwei Rotationskörpern, die unmittelbar auf An- und Abtriebswelle angeordnet sind. Zur Verringerung der hohen Anpreßkräfte, die in diesem Fall vollständig von den Lagern aufgenommen werden müssen, bevorzugt man Paarungen mit *größeren Reibwerten* (**Bild 2**). Besondere Eigenschaften lassen sich durch Konstruktionen mit Zwischengliedern erzielen, was mit dem Nachteil einer Reihenschaltung zweier Kontaktstellen im Leistungsfluß verbunden ist, jedoch eine Parallelschaltung mehrerer Zwischenglieder ermöglicht, wodurch sich die Leistung erhöhen und die Lagerbelastung verringern läßt (z.B. planetenartige Anordnung zur Verringerung der Radialkräfte). Bei Verstellgetrieben können An- und Abtriebswelle dann raumfest angeordnet werden, und die Bohrbewegung läßt sich im gesamten Verstellbereich minimieren.

Die Anpreßkraft F_n wird entweder durch Federkraft erzeugt, wodurch sie in der Regel konstant ist und ein Durchrutschen bei Überlast ermöglicht wird, oder sie wächst mit zunehmender Belastung. Die Kraft ist dabei prinzipbedingt lastabhängig (**Bild 5b, d**) oder sie wird durch drehmomentabhängige Anpreßvorrichtungen, wie z.B. in **Bild 3** dargestellt, gezielt beeinflußt. Dadurch ändert sich die Übersetzung mit schwankender Belastung nur geringfügig, das Getriebe ist *„drehmomentsteif"*.

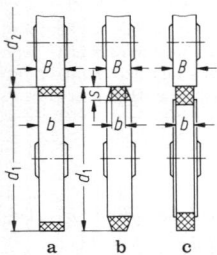

Bild 2. Reibräder mit Reibbelägen, wobei $B > b$. **a** harter organischer Reibbelag; **b** Reibring aus Gummi, aufvulkanisiert; **c** Reibring aus Gummi, aufgespannt

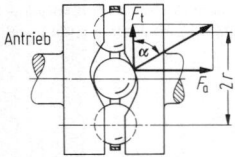

Bild 3. Vorrichtung zur Erzeugung einer drehmomentabhängigen Axialkraft $F_a = F_t \tan\alpha = (M/r)\tan\alpha$

7.2.1 Reibradgetriebe mit festem Übersetzungsverhältnis
Friction drives with fixed ratio

Bei allen Anwendungen, die keinen Synchronlauf erfordern, stehen Reibradgetriebe mit festem Übersetzungsver-

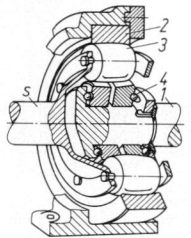

Bild 4. Planeten-Reibradgetriebe nach [11]. *1* Antriebswelle für geteiltes Sonnenrad, *2* feststehender Außenring, *3* ballige Planetenräder, *4* Einrichtung zur drehmomentabhängigen Anpassung der beiden auf Welle *1* axial verschieb- und drehbaren Sonnenradhälften (vgl. **Bild 5**). *s* Planetenträger als Abtrieb

hältnis in direkter Konkurrenz zu formschlüssigen Getriebetypen wie z.B. Zahnradgetrieben. Sie zeichnen sich durch einfachen Aufbau aus, der kostengünstige Konstruktionen erlaubt und können gleichzeitig die Aufgabe einer Überlastkupplung übernehmen. Eine zweifache Funktion erfüllen sie auch bei Lagerung und Antrieb großer rohrförmiger Behälter.

Da die Geometrie der Kontaktzone zeitlich unveränderlich ist, sind im Gegensatz zu Zahnradgetrieben keine periodischen Schwingungsanregungen (Eingriffsstoß, Zahnsteifigkeitsschwankung) zu befürchten. Es lassen sich daher sehr geräuscharme Getriebe realisieren (**Bild 4**) und auch sehr hohe Drehzahlen (z.B. bis 16 000 1/s bei Texturiermaschinen) sind bei Übersetzung ins Schnelle erreichbar.

7.2.2 Wälzgetriebe mit stufenlos einstellbarer Übersetzung
Continuously variable ratio traction drives

Der fehlende Formschluß bei Wälzgetrieben ermöglicht eine stufenlose Veränderung ihrer Übersetzung in den Grenzen i_{min} und i_{max}. Diese Eigenschaft wird durch das *Stellverhältnis* $\varphi = i_{max}/i_{min}$ gekennzeichnet. Durch Kombination mit einem Planetengetriebe zu einem Stellkoppelgetriebe (s. G8.9) kann das Stellverhältnis beliebig erweitert oder eingeengt werden, wodurch z.B. mit jeder Bauart eine Drehrichtungsumkehr möglich ist.

Verstellgetriebe oder auch kurz *Stellgetriebe* werden oft als komplette Antriebseinheiten mit anmontierten Asynchronmotoren angeboten, womit man durch Polumschaltung den Verstellbereich zusätzlich vergrößern kann. In den meisten Fällen können abtriebsseitige Untersetzungsgetriebe montiert werden, mit deren Hilfe beliebige Drehzahlbereiche möglich sind. **Bild 5** zeigt eine Auswahl gebräuchlicher Funktionsprinzipien. (Getriebe nach **Bild 5a** trockenlaufend mit Kunststoff-Reibring, alle übrigen mit geschmierten Wälzkörpern aus Stahl.) Die große Vielfalt entsteht durch die unterschiedlichen Anforderungen, die an Reibradgetriebe gestellt werden, wie Wirtschaftlichkeit (Preis, Wirkungsgrad, Lebensdauer), Verstellung im Stillstand, Verstellung bis $n_2 = 0$ usw.

Die Auswahl eines geeigneten Verstellgetriebes für einen bestimmten Anwendungsfall erfolgt unter der Voraussetzung, daß der Antrieb den Drehmomentenbedarf der Arbeitsmaschine im gesamten Drehzahlbereich decken muß. Der als Abtriebskennlinie bezeichnete Verlauf des Abtriebsmoments über der Drehzahl n_2 ist somit eine wichtige Eigenschaft des Verstellantriebs. Bei konstanter Antriebsdrehzahl n_1 läßt sich das Verhalten der Bauarten nach **Bild 5** durch verschiedene Bereiche (**Tab. 1**) der schematischen Abtriebskennlinie nach **Bild 6** darstellen. Das bei vielen Bauarten in einem gewissen Verstellbereich *II* konstante zulässige Drehmoment kann bei extremen

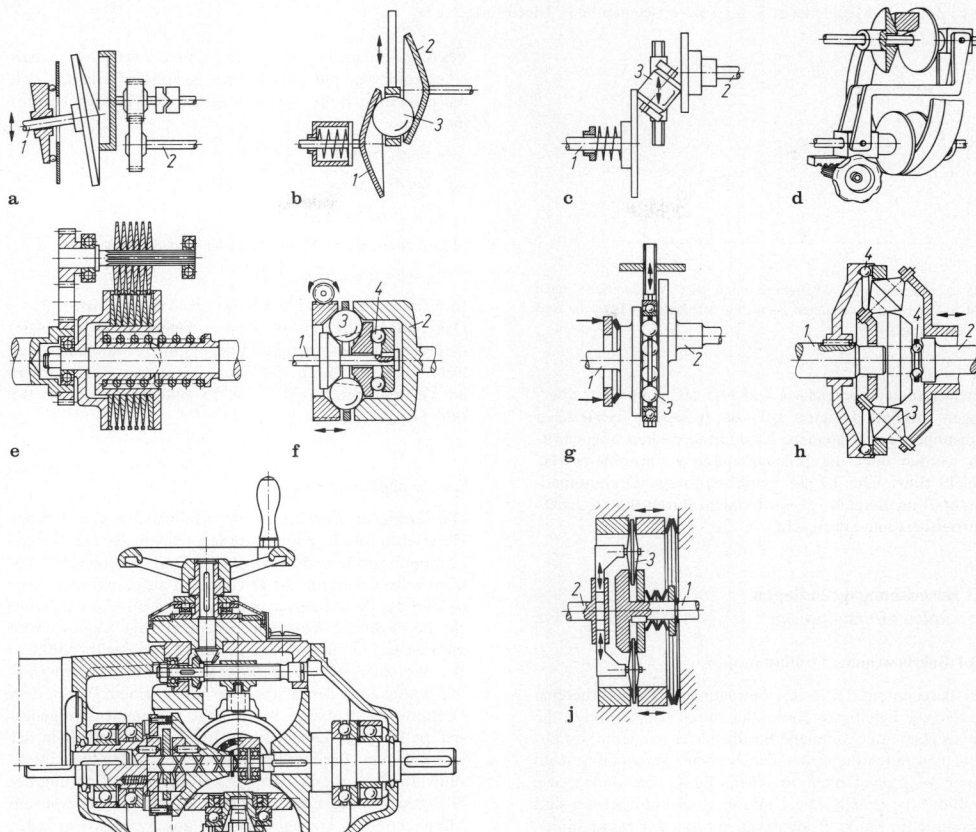

Bild 5. Schematische Darstellung einiger Wälzgetriebe (vgl. **Tab. 1**). *1* Antrieb, *2* Abtrieb, *3* Zwischenglied, *4* Einrichtung zur drehmomentenabhängigen Anpassung der Wälzkörper

Tabelle 1. Kenndaten der Wälzgetriebe (**Bild 5**) nach Herstellerkatalogen (Stand 1989). Werte für jeweils größten und kleinsten Typ mit angeflanschtem Antriebsmotor, $n_1 = 24$ 1/s

Bild-Nr.	Bezeichnung (Hersteller)	$P_{2\,max}$ kW	$M_{2\,max}$ Nm	$\varphi = \dfrac{(n_2/n_1)_{max}}{(n_2/n_1)_{min}}$	$\eta_{max} = \dfrac{P_2}{P_{el}}$	Kennlinien-bereiche
5a	Kegel-Reibring-Getriebe (SEW, Stöber, Flender-Himmelwerke)	10 0,08	75 2,4	1,25/0,25 = 5 1,1 /0,22 = 5	0,9 0,7	II, III
5b	Hohlkegel-Kugel-Getriebe (Heynau)	0,15[b] 0,05	0,6 0,36	2/0,22 = 6 3/0,33 = 9	0,61 0,55	II, III
5c	Kegel-Scheiben-Getriebe (Unicum)	103 0,15	1407 3,8	0,86/0,43 = 2 2,4 /0,2 = 12	0,92 0,92	II, III
5d	Ring-Keilscheiben-Getriebe H-Trieb (Heynau)	3,2 0,2	43 3,0	3/0,33 = 9 3/0,33 = 9	0,79 0,79	II, III
5e	Kegelscheiben-Ring-Getriebe Beier-Getr. (Sumitomo)	120[a] 0,2	3440 3,2	1,3/0,33 = 4 0,8/0,2 = 4	0,8 0,8	III
5f	Kugel-Ringe-Getriebe (Planetroll, Neuweg)	5,76 0,02	150 1,2	0/0,39 = ∞ 0/0,39 = ∞	0,77 0,7	I, II, III
5g	Kugel-Scheiben-Getriebe (PIV, Reimers)	2,36[b] 0,086[c]	13,4 2,0	1,2/0 = ∞ 1,2/0 = ∞	0,79 0,72	III
5h	Doppelkegel-Ring-Getriebe (Kopp)	68[d] 0,8[d]	1200 18	1,2/0,2 = 6 1,2/0,12 = 10	0,9 0,9	I, III
5i	Torusgetriebe (Arter)	10,4 0,14	120 2	2,21/0,29 = 7,75 2,14/0,21 = 10	0,95 0,8	III
5j	Planeten-Kegelscheiben-Ring-Getriebe Disco (Lenze)	18,6 0,12	300 2	0,67/0,13 = 5 0,67/0,11 = 6	0,86 0,85	III

[a] $n_1 = 12,5$ 1/s. [b] $n_1 = 47$ 1/s. [c] Mit Getriebe. [d] Ohne Antriebsmotor.

G

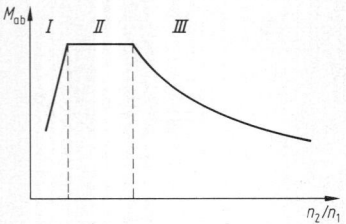

Bild 6. Schematische Abtriebskennlinie der Wälzgetriebe nach **Bild 5**. Die bei den einzelnen Bauarten vorhandenen Bereiche sind in **Tab. 1** angegeben

Übersetzungen (Bereiche *I* und *III*) oft nicht mehr übertragen werden, da dann z.B. die zulässigen Hertzschen Pressungen durch kleinere Krümmungsradien überschritten werden oder die Bohrbewegung zu erhöhtem Verschleiß führt. Der häufig hyperbelförmige Drehmomentenabfall im Bereich *III* wird zudem durch die begrenzte Antriebsleistung verursacht.

7.3 Berechnungsgrundlagen
Principles of calculations

7.3.1 Bohrbewegung. Drilling motion

Zur Berechnung der Relativbewegung im Kontaktbereich werden die beteiligten Reibräder durch Kegel ersetzt, die die als eben angenommene Berührfläche tangieren. Im allgemeinen fallen die in der Berührebene liegenden Spitzen dieser Wälzkegel nicht in einem Punkt zusammen, wie in **Bild 7** dargestellt. Die Umfangsgeschwindigkeiten sind dann nur im Punkt *P* identisch, entlang der Mantellinien nimmt ihre Differenz zu. Diese dem reinen Abrollen überlagerte Bewegung läßt sich durch eine Relativdrehung mit der Winkelgeschwindigkeit ω_b beschreiben, die normal zur Berührebene gerichtet ist. Allgemein ergibt sich die Relativbewegung von Wälzkörper 2 gegenüber 1 durch die

Vektorgleichung $\omega_{rel} = \omega_2 - \omega_1$. Durch Zerlegung in Anteile senkrecht und parallel zur Berührfläche lassen sich die gesuchten Bohr- und Wälzgeschwindigkeiten bestimmen:

$$\omega_b + \omega_w = \omega_2 - \omega_1$$

mit den Beträgen

$$\omega_b = |\omega_2 \sin\alpha_2 \pm \omega_1 \sin\alpha_1|$$

Pluszeichen, wenn *P* zwischen S_1 und S_2 liegt,

$$\omega_w = |\omega_2 \cos\alpha_2 \pm \omega_1 \cos\alpha_1|$$

Minuszeichen, wenn ein Wälzkegel Hohlkegel ist.
Das *Bohr/Wälzverhältnis* ω_b/ω_w kennzeichnet das Ausmaß der Bohrbewegung und der damit verbundenen Verluste. Es wird durch die Bauart bestimmt und variiert im Verstellbereich (z.B. 0 bis 15 **Bild 5a** und 0 bis 0,5 **Bild 5i**).

7.3.2 Schlupf. Slip rate

Die Größe und Form, d.h. die Halbachsen *a* und *b* der Hertzschen Berührellipse werden u.a. durch die Hauptkrümmungsradien der Wälzkörper im Berührpunkt bestimmt. In der durch die Drehachsen aufgespannten Ebene sind dies die Radien ρ_1 und ρ_2. Die dazu und wiederum zur Berührfläche senkrechte Ebene erzeugt Kegelschnitte mit den Krümmungsradien ρ_1' und ρ_2' im Berührpunkt.
Bei vorhandener Bohrbewegung sind die Umfangsgeschwindigkeiten der Wälzkörper nur in einem Punkt, dem Drehpol *P* identisch. Seine Lage bestimmt infolgedessen die jeweilige Übersetzung. Im Leerlauf liegt *P* in der Mitte *M* der Berührellipse (**Bild 7a**), womit das Drehzahlverhältnis $\omega_{02}/\omega_{01} = r_{01}/r_{02}$ festliegt. In Richtung der Gleitgeschwindigkeiten entstehen Reibkräfte, die zwar ein Moment um *P* erzeugen, jedoch aus Symmetriegründen keine resultierende Umfangskraft ergeben.
Bei Momentenübertragung und unveränderlicher Lage der Berührfläche muß der Drehpol demzufolge außerhalb der Mitte *M* liegen [2]. Die integrale Wirkung der Reibkräfte $\mu p \, dA$ in Umfangsrichtung ergibt dann die gewünschte

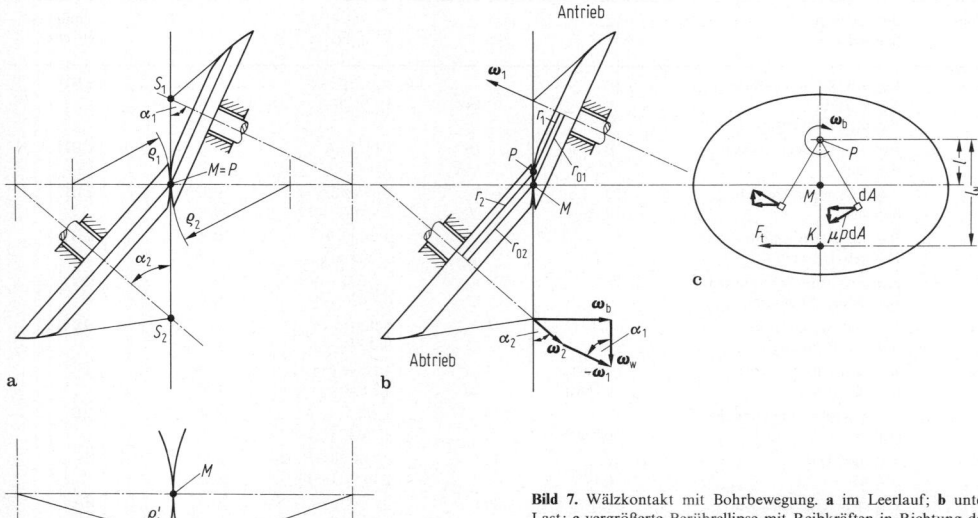

Bild 7. Wälzkontakt mit Bohrbewegung. **a** im Leerlauf; **b** unter Last; **c** vergrößerte Berührellipse mit Reibkräften in Richtung der Gleitgeschwindigkeit, Verlagerung des Drehpols *P* um *l* bei Auftreten einer Umfangslast F_t; **d** geklappte Schnittdarstellung von **a** mit Hauptkrümmungsradien ρ_1' und ρ_2'

Tangentialkraft F_t. Weiterhin entsteht ein Bohrmoment M_b um P. Diese Schnittreaktionen lassen sich zu einer resultierenden Kraft F_t zusammenfassen, deren Wirkungslinie durch den fiktiven Kraftangriffspunkt K geht. Damit gilt $M_b = F_t l_N$. Um das Bohrmoment zu minimieren, sollte die Berührfläche möglichst klein sein. Bei vorhandenen Bohrbewegungen bevorzugt man daher Punktberührung. Die wiederum in P übereinstimmenden Umfangsgeschwindigkeiten beider Wälzkörper liefern das Drehzahlverhältnis unter Last

$$\omega_2/\omega_1 = r_1/r_2.$$

Die relative Übersetzungsänderung gegenüber dem Leerlauf bezeichnet man als Wälzschlupf s_w

$$s_w = \frac{\omega_{02}/\omega_{01} - \omega_2/\omega_1}{\omega_{02}/\omega_{01}} = 1 - \frac{r_1/r_2}{r_{01}/r_{02}}$$

$$= 1 - \frac{(r_{01} - l\sin\alpha_1)/(r_{02} + l\sin\alpha_2)}{r_{01}/r_{02}},$$

$$s_w = 1 - \frac{(r_{01} - l\sin\alpha_1)/r_{01}}{(r_{02} + l\sin\alpha_2)/r_{02}}.$$

Bei konstanter Anpreßkraft F_n sowie unveränderlichem Reibwert μ vergrößert sich der Schlupf demnach mit steigender Belastung, d.h. zunehmender Polauswanderung l. Große Raddurchmesser sowie kleine Kegelwinkel α wirken sich günstig auf das Schlupfverhalten aus.

Berechnungsverfahren zur Bestimmung der übertragbaren Umfangskräfte und der die Kinematik bestimmenden Länge l setzen zumeist eine von Tangentialkräften unbeeinflußte Geometrie und Druckverteilung in der Hertzschen Berührfläche voraus. Für den einfachsten Fall eines konstanten Reibwerts liegen Zustandsdiagramme vor [2, 3], die in anschaulicher Weise die gegenseitige Abhängigkeit der Einflußgrößen l, l_N, a, b und v_t darstellen.

Bei Wälzgetrieben ohne Bohrbewegung (z.B. **Bild 1a, b**) ist die dabei zugrundeliegende Theorie nicht anwendbar. Eine mit steigender Belastung kontinuierlich zunehmende Verlagerung des Drehpols läßt sich nicht angeben, da er im Leerlauf wegen der in der gesamten Berührfläche übereinstimmenden Umfangsgeschwindigkeiten gar nicht definiert ist. Diese Fälle lassen sich nur durch die Annahme eines mit der Gleitgeschwindigkeit veränderlichen Reibwerts erfassen. Die Gleitgeschwindigkeit bestimmt danach nicht nur die Richtung der Reibkräfte, sondern auch ihre veränderliche Größe.

Neuere Theorien [4] berücksichtigen diesen Einfluß, speziell für den häufigsten Fall geschmierter Hertzscher Kontaktflächen. Die gleichzeitige Berechnung elastischer Verformungen und hydrodynamischer Vorgänge charakterisiert diese EHD-(elasto-hydrodynamische)Kontakte. Der Druckverlauf in der Kontaktzone ähnelt der Hertzschen Pressungsverteilung mit Maximalwerten von einigen $1000 \, N/mm^2$. Dadurch werden die Schmierstoffeigenschaften im Spalt stark verändert. Insbesondere spezielle Reibradöle, sog. traction fluids [5] verfestigen sich dabei und ermöglichen eine Trennung der Oberflächen (Spaltweite $< 1 \, \mu m$ [6]) bei gleichzeitig hoher zulässiger Scherbeanspruchung in der Größenordnung von $\tau = 100 \, N/mm^2$.

Bild 8 zeigt gemessene Reibungszahlkurven für ein herkömmliches Mineralöl mit günstigem, hohem Naphtengehalt und ein synthetisches Reibradöl bei unterschiedlichen Bohr/Wälzverhältnissen.

Unabhängig von dem hier untersuchten Wälzschlupf tritt eine Übersetzungsänderung durch Änderung der Reibradien infolge lastabhängiger elastischer Verformungen auf. Es sind Konstruktionen denkbar, bei denen der Wälzschlupf dadurch sogar vollständig kompensiert wird.

Die Schlupfwerte s_w ausgeführter Stellgetriebe liegen bei Nennlast zwischen 1,5 und 5%, ausnahmsweise darüber.

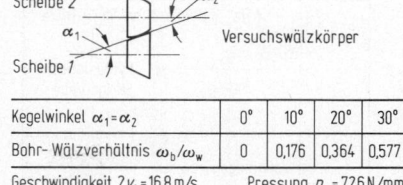

Kegelwinkel $\alpha_1 = \alpha_2$	0°	10°	20°	30°
Bohr- Wälzverhältnis ω_b/ω_w	0	0,176	0,364	0,577

Geschwindigkeit $2v_1 = 16,8 \, m/s$ Pressung $p_m = 726 \, N/mm^2$

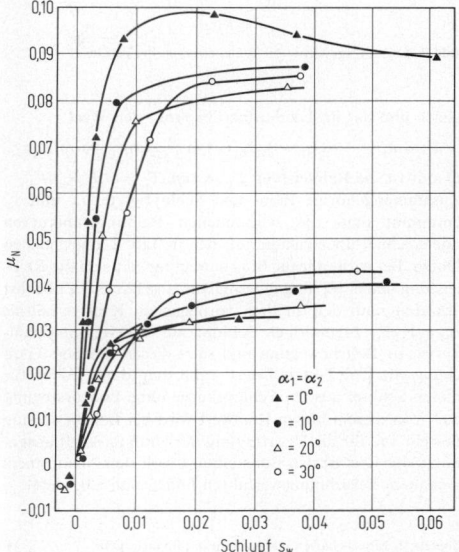

Bild 8. Reibungszahlkurven nach [7] eines naphtenbasischen Mineralöls und eines synthetischen Reibradöls (höhere μ_N-Werte) bei verschiedenen Bohr-Wälzverhältnissen

7.3.3 Übertragbare Leistung und Wirkungsgrad
Power rating and efficiency

Tab. 1 gibt die *Leistungsdaten* der in **Bild 5** gezeigten Getriebebauarten nach Herstellerkatalogen für den jeweils größten und kleinsten Typ wieder. Die angegebene *Leistung* ist die zur Verfügung stehende mechanische Leistung P_2 an der Abtriebswelle, der damit gebildete Gesamtwirkungsgrad berechnet sich unter Zugrundelegung der aufgenommenen elektrischen Leistung P_{el}.

Neben der durch Werkstoffestigkeit und Reibungsverschleiß begrenzten Hertzschen Pressung bestimmen die bei zunehmender Baugröße infolge schlechter Wärmeabfuhr ansteigenden Temperaturen die Leistungsgrenze von Wälzgetrieben.

Bei gleichem Gewicht und damit etwa gleicher Wellen- und Lagerbelastbarkeit ist die Nennleistung von Wälzgetrieben etwa eine Größenordnung geringer als die von Zahnradgetrieben (**Bild 9**), weil diese bei gleicher Beanspruchung der Berührflächen die volle Normalkraft F_n, reibschlüssige Getriebe jedoch nur μF_n als Umfangskraft übertragen können.

Leistungsverluste treten vor allem in den Lagern und im Reibkontakt selbst auf. Nur bei Wälzpaarungen ohne Bohrbewegung kann die Reibleistung unmittelbar angegeben werden. Die Differenz der Umfangsgeschwindigkeiten in der Kontaktfläche ist dabei näherungsweise überall

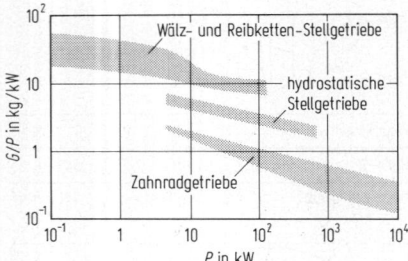

Bild 9. Leistungsgewicht von Wälzgetrieben im Vergleich

gleich und hat im Leerlaufberührpunkt den Wert

$$\Delta v = \omega_1 r_{01} - \omega_2 r_{02} = \omega_1 r_{01}(1 - \omega_2 r_{02}/\omega_1 r_{01}) = \omega_1 r_{01} s_w.$$

Damit ist die Reibleistung $P_V = \Delta v \mu_N F_n = \omega_1 r_{01} s_w \mu F_n$. Zusammengehörige Reib- und Schlupfwerte μ_N und s_w entnimmt man z.B. vorhandenen Reibungszahlkurven oder rechnet überschlägig mit den in **Tab. 2** angegebenen Daten. Bei vorhandener Bohrbewegung läßt sich die Reibleistung nach [8] folgendermaßen abschätzen. Zunächst ermittelt man den zu dem vorliegenden Kraftverhältnis $\mu_N = F_t/F_n$ zugehörigen Schlupf aus der Reibungszahlkurve für Bohrbewegung und setzt diesen in obige Gleichung ein. Den Nutzreibwert wählt man dann jedoch für diesen Schlupf aus der Schlupfkurve ohne Bohrbewegung aus. Von diesem hohen Reibwert wird bei Bohrbewegung nur ein Teil für die Übertragung der Umfangskraft ausgenutzt, der Rest ist den Bohrreibungsverlusten zuzuordnen. Genauere Berechnungsverfahren findet man z.B. in [4].

7.3.4 Gebräuchliche Werkstoffpaarungen
Combinations of materials in use

Tab. 2 zeigt eine Auswahl verwendeter Reibradwerkstoffe mit Richtwerten für die Berechnung. Bei metallischen Werkstoffen ist die zulässige Hertzsche Pressung p_{Hzul} angegeben, sonst die erlaubte Stribecksche Wälzpressung $k_{zul} = F_n/(bd_1)$, vgl. **Bild 2b** bzw. $k^*_{zul} = F_n/(d_0 b)$ mit $d_0 = d_1 d_2/(d_1 + d_2)$, **Bild 2a**. Die angegebenen Nutzreibwerte μ_N enthalten eine gewisse, übliche Sicherheit. Angaben nach [8], sonstige Quellen sind gekennzeichnet.

Die an Reibpaarungen gestellten Anforderungen in bezug auf hohe Wälz- und Verschleißfestigkeit bei gleichzeitig hohem Reibwert sind nicht gleichzeitig optimal zu erfüllen. Wegen der bei Verstellgetrieben günstigen Punktberührung findet man dort fast ausschließlich Ganzstahlgetriebe. Reibradgetriebe mit festem Übersetzungsverhältnis weisen demgegenüber meist Linienberührung auf und lassen sich preisgünstig mit Elastomer-Reibrädern gestalten, da die auftretenden Wellen- und Lagerbelastungen gering sind. Schmierstoffe und Schmutz müssen jedoch unbedingt von den Laufflächen ferngehalten werden, um den hohen Reibwert gewährleisten zu können.

7.4 Hinweise für Anwendung und Betrieb
Hints on use and operation

Reibradgetriebe mit *festem Übersetzungsverhältnis* werden häufig in feinmechanischen Antrieben zur Übertragung geringer Leistungen eingesetzt. Durch Abheben der Räder wirken sie als Schaltkupplung (Tonbandgeräte). Bei weichem Gummireibbelag sind sie besonders geräuscharm,

Tabelle 2. Eigenschaften einiger Werkstoffpaarungen

Paarung	Schmierung	p_{Hzul}, k^*_{zul}, k_{zul} N/mm²	Nutzreibwert μ_N	Zugehöriger Schlupf s_w in %
gehärteter Stahl – gehärteter Stahl für Bohr-Wälzverhältnis		Punktberührung		
$\omega_b/\omega_w = 0$	naphten-basisches	$p_{Hzul} = 2500 \ldots 3000$	$0,03 \ldots 0,05$	$0,5 \ldots 2$
$= 1$	Reibradöl	$p_{Hzul} = 2000 \ldots 2500$	$0,025 \ldots 0,045$	$1 \ldots 2$
$= 10$		$p_{Hzul} = 300 \ldots 800$	$0,015 \ldots 0,03$	$4 \ldots 7$
$\omega_b/\omega_w = 0$	synth. Reibrad-	$p_{Hzul} = 2500 \ldots 3000$	$0,05 \ldots 0,08$	$0 \ldots 1$
$= 1$	Schmierstoff	$p_{Hzul} = 2000 \ldots 2500$	$0,04 \ldots 0,07$	$1 \ldots 3$
$= 10$		$p_{Hzul} = 300 \ldots 800$	$0,02 \ldots 0,04$	$3 \ldots 5$
Grauguß-Stahl GG 26–St 70	paraffin-basisches Reibradöl	Linienberührung $p_{Hzul} = 450$	$0,02 \ldots 0,04$	$1 \ldots 3$
Grauguß-Stahl GG 21–St 70 GG 18–St 50 (Kranräder, DIN 15070)	trocken	Linienberührung $p_{Hzul} = 320 \ldots 390$	$0,1 \ldots 0,15$	$0,5 \ldots 1,5$
Gummireibräder nach DIN 8220 Belag aufvulkanisiert gegen St [12]	trocken	Linienberührung $v < 1$ m/s: $k^*_{zul} = 0,48$ $v = 1 \ldots 30$ m/s: $k^*_{zul} = 0,48/v^{0,75}$	$0,6 \ldots 0,8$	$6 \ldots 8$
Belag aufgepreßt		$v < 0,6$ m/s: $k^*_{zul} = 0,48$ $v = 0,6 \ldots 30$ m/s: $k^*_{zul} = 0,33/v^{0,75}$	$0,6 \ldots 0,8$	$6 \ldots 8$
organischer Reibwerkstoff	trocken	Linienberührung $k_{zul} = 0,8 \ldots 1,4$	$0,3 \ldots 0,6$	$2 \ldots 5$

G

leise bei gehärteten, feingeschliffenen und geschmierten Stahlreibflächen, aber laut bei schnellaufenden trockenen metallischen Reibpaarungen.

Verstell-Reibradgetriebe dienen zum Antrieb solcher Geräte und Maschinen, deren Antriebsgeschwindigkeit stufenlos einstellbar sein soll (Rührwerke, sanftanlaufende Förderbänder), aber auch zur Konstanthaltung einer Drehzahl durch manuelle Übersetzungseinstellung oder automatische Regelung. Der Verstellbereich sollte so klein wie möglich gewählt werden, um ihn voll auszunutzen. So wird örtlicher Verschleiß, d.h. Laufrillenbildung bei längerer Laufzeit mit gleicher Übersetzung vermieden. Eine Ausnahme stellt das Getriebe nach **Bild 5f** dar, da die Kugelrollbahnen sich auch bei gleicher Übersetzung mit jedem Umlauf ändern [9]. Bei langsam laufenden Antrieben ist die Verwendung einer kleinen Baugröße mit vorgeschalteter Übersetzung ins Schnelle und nachgeschalteter

Übersetzung ins Langsame meist günstiger als eine schwere Baugröße ohne Zusatzgetriebe, da die Wirtschaftlichkeit von Reibradgetrieben mit steigendem Drehzahlniveau zunimmt [10]. Wenn für Feinregelungen nur ein geringes Stellverhältnis erforderlich ist, sollte ein *Planeten-Stellkoppelgetriebe* (s. G 8.9.6) verwendet werden, wodurch das Stellgetriebe nur einen Teil der Gesamtleistung übertragen muß und entsprechend klein gewählt werden kann.

Bei den meisten ausgeführten Getrieben steigt die Anpreßkraft entweder bauartbedingt oder infolge drehmomentabhängiger Anpreßvorrichtungen mit steigender Belastung an. Im Teillastbereich erreicht man dadurch eine Entlastung der Wälzkörper und vermeidet bei Lastüberschreitungen starken Verschleiß durch Rutschen. Zur Verringerung der bei großer Überlastung drohenden Bruchgefahr bieten manche Hersteller ihre Getriebe mit zusätzlichen Rutschkupplungen an.

8 Zahnradgetriebe. Gearing

H. Winter, München
(Abschnitt 8.9 von **H.W. Müller**, Darmstadt)

Schlupflose Übertragung von Bewegungen (Feingeräte) sowie von Leistungen (bis 85000 kW in einer Paarung). Relativ kleine Baugröße. Hoher Wirkungsgrad (beachte Bedingungen bei Schnecken- und Schraubradgetrieben).

Nachteile. Starre Kraftübertragung (evtl. elastische Kupplung vorgesehen), Schwingungen durch Zahneingriff, z.B. Rattermarken bei Zerspanprozessen; Gegenmaßnahmen: Feinere Verzahnungsqualität, Schrägverzahnung, Stufe mit Riemengetriebe, usw.).

Räderpaarungen (Bild 1). Parallele Wellen: *Stirnräder*, einfachste Herstellung, am sichersten beherrschbar, bis zu höchsten Leistungen und Drehzahlen; – Innenverzahnung teurer, eingeschränkte Herstellmöglichkeiten, u.U. „fliegende Ritzel", hauptsächlich für Planetengetriebe. – Sich schneidende Wellen (meist unter 90°): *Kegelräder*. – Kleine Achsversetzung: *Hypoidräder*, wegen Längsgleitens bei Punktberührung EP-Schmiermittel erforderlich [1]. Große Achsversetzung (Achsabstand): *Stirnschraubräder*, für

kleine Kräfte (Punktberührung) außer bei kleinen Kreuzungswinkeln. *Schneckengetriebe* für hohe Tragkraft (Linienberührung) bei größeren Übersetzungen; bei Umkehr des Kraftflusses u.U. selbsthemmend.

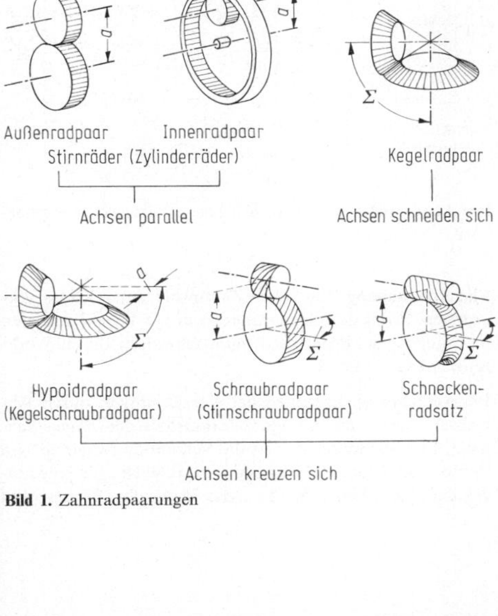

Geräuschverhalten (s. O3). Günstig sind *hohe Gleitanteile*: Schneckengetriebe (bis 10 dB niedriger Geräuschpegel als bei Stirnradgetrieben erreichbar), Hypoidgetriebe. Bei hochbelasteten Stirnradgetrieben feiner Qualität läßt sich Geräuschpegel nur durch Übergang von Gerad- auf Schrägverzahnung (Gesamtüberdeckung > 2,5) entscheidend senken. Bei niedrig belasteten Getrieben (Feingeräte) überwiegt Einfluß der Verzahnungsgenauigkeit. Bei kleinen Leistungen Kunststoffzahnräder (Ritzel aus Metall), Geräuschminderung bis 6 dB; Paarung Kunststoff/Kunststoff bis 12 dB gegenüber Stahl/Stahl [20].

Wirkungsgrad η. Bei voller Belastung einschließlich Plansch-, Lager-, Dichtungsverlusten bei Ölschmierung: Einstufiges Stirnradgetriebe mit Wälzlagern ca. 98% (1% Verlust je Welle) bei bester Qualität (Turbogetriebe) bis 99%, langsam laufende, fettgeschmierte Stirnradstufe, gegossen $\eta = 93\%$, gefräst 95%; Kegelradgetriebe 97%; Hypoidgetriebe 85 bis 96%, Schneckengetriebe 30 bis 96% (s. G 8.8.3). Reibungszahl bei ölgeschmierten Zahnflanken $\mu_m = 0,03\ldots0,07$. Gesamtwirkungsgrad $\eta = \eta_1\eta_2\ldots$ mit η_1 Wirkungsgrad der 1. Stufe, usw. Bei Teillast und Anfahren (niedrigere Temperatur) Wirkungsgrad erheblich niedriger.

8.1 Stirnräder – Verzahnungsgeometrie
Spur and helical gears – gear tooth geometry

Ein Zahnradpaar soll Drehbewegung *gleichförmig* von Welle $\bar{a}$ auf Welle $\bar{b}$ übertragen: $\omega_{\bar{a}}/\omega_{\bar{b}} = $ const. Dies geschieht, wenn zwei gedachte *Wälzzylinder* aufeinander abrollen, **Bild 2**. Die Zahnformen müssen so beschaffen sein, daß diese Bedingung eingehalten wird.

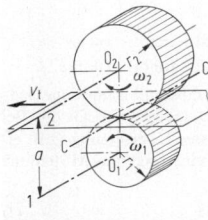

Bild 2. Wälzzylinder mit gemeinsamer Wälzebene. 1 Achse des Kleinrades (Ritzel); 2 Achse des Großrades (Rad); Ritzel treibend: $\omega_1 = \omega_{\bar{a}}, \omega_2 = \omega_{\bar{b}}$; Rad treibend: $\omega_2 = \omega_{\bar{a}}, \omega_1 = \omega_{\bar{b}}$; CC Wälzachse = Momentanachse

Außenradpaar   Innenradpaar
Stirnräder (Zylinderräder)   Kegelradpaar

Achsen parallel   Achsen schneiden sich

Hypoidradpaar (Kegelschraubradpaar)   Schraubradpaar (Stirnschraubradpaar)   Schneckenradsatz

Achsen kreuzen sich

Bild 1. Zahnradpaarungen

8.1.1 Verzahnungsgesetz. Rule of the common normal

Bild 3 gilt für ebene Verzahnung (s. G9.3.2): Die Umfangsgeschwindigkeiten beider Wälzkreise müssen im Berührpunkt – *Wälzpunkt C* – gleich sein. Statt Drehung um O_1 und O_2 läßt man Rad 2 (Wälzkreis 2) auf *stillstehendem* Rad 1 (Wälzkreis 1) abrollen. Jeder Punkt auf Rad 2 – auch der momentane Berührpunkt Y_2 – macht dabei eine Drehbewegung um den jeweiligen *Momentanpol* – den Wälzpunkt C. Damit sich Flanke 2 dabei weder von Flanke 1 abhebt noch in diese eindringt, muß gemeinsame Tangente TT in Y auch Tangente an Kreis mit Radius $\overline{CY}$ um C sein. Das heißt TT muß senkrecht auf YC stehen – für jede Wälzstellung:

Die Berührnormale muß stets durch den Wälzpunkt gehen.

Räumliche Verzahnung. Die Bewegung wird demnach auch gleichförmig übertragen, wenn das Verzahnungsgesetz nur für *eine* Eingriffsstellung im Stirnschnitt eingehalten ist und der Berührpunkt bei der Drehbewegung über die *Breite* wandert. Schrägverzahnung mit Sprungüberdeckung Gl. (13) $\varepsilon_\beta > 1$. Wildhaber-Novikov-Verzahnung (s. G 8.1.8).

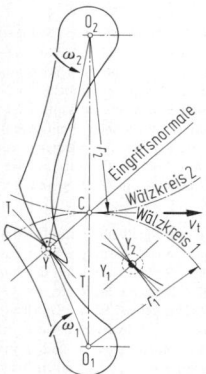

Bild 3. Zum Verzahnungsgesetz

8.1.2 Übersetzung, Zähnezahlverhältnis, Momentenverhältnis. Transmission ratio, gear ratio, torque ratio

Übersetzung $i = \omega_{\mathrm{a}}/\omega_{\mathrm{b}} = n_{\mathrm{a}}/n_{\mathrm{b}} = r_{\mathrm{b}}/r_{\mathrm{a}}$ **(Bild** 2). (1)

Gesamtübersetzung $i = i_1 \cdot i_2 \dots$ mit i_1 Übersetzung der 1. Stufe, usw.

Zähnezahlverhältnis (bei Stirnrädern = Radienverhältnis)

$$u = z_2/z_1 = r_2/r_1 = \omega_1/\omega_2 \quad \text{stets} > 1. \tag{2}$$

u zur Berechnung der Ersatzkrümmungsradien (s. G8.1.7) erforderlich.

Übersetzung ins Langsame (Rad 1 treibt): $i = u$.
Übersetzung ins Schnelle (Rad 2 treibt): $i = 1/u$.

Wälzpunkt C teilt demnach Achsabstand a im umgekehrten Verhältnis der Winkelgeschwindigkeiten, Gl. (6). Bei Verzahnungen mit *nicht konstanter* Übersetzung (z.B. elliptischen Zahnrädern) muß C seine Lage auf Mittenlinie $O_1 O_2$ nach Gl. (1) ändern.

Momentenverhältnis $i_{\mathrm{M}} = M_{\mathrm{b}}/M_{\mathrm{a}}$. (3)

Bei Leistungsgetrieben mit hohem Wirkungsgrad praktisch $i_{\mathrm{M}} = i$, nicht jedoch bei manchen Uhrenverzahnungen (s. G8.1.8).

8.1.3 Konstruktion von Eingriffslinie und Gegenflanke. Geometric construction for path of contact and conjugate tooth profil

Flanke 1 und Wälzkreise gegeben, **Bild 4**. Normale in Punkt Y_1 schneidet Wälzkreis 1 in C_1. Dreht man Rad 1 mit Dreieck $Y_1 C_1 O_1$ bis C_1 in C fällt, so ist Y ein Punkt der Eingriffslinie (geometrischer Ort aller Eingriffspunkte), da YC Flankennormale. Zurückdrehen des Dreiecks YCO_2 um Bogenstück $\overline{CC_2} = \overline{CC_1}$ führt Y in den Y_1 zugeordneten Punkt der Gegenflanke Y_2.

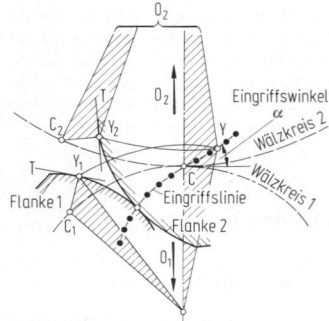

Bild 4. Punktweise Ermittlung von Eingriffslinie und Gegenflanke

8.1.4 Flankenlinien und Formen der Verzahnung
Tooth traces and tooth profiles

Flankenlinien (Bild 5). *Geradverzahnung* für kleine Umfangsgeschwindigkeiten; Vorteil: keine Axialkräfte, einfache Herstellung, geeignet für Schieberäder; Nachteil: weniger laufruhig. *Schrägverzahnung* für höhere Tragfähigkeit und Umfangsgeschwindigkeit wegen gleichförmiger Übertragung unter Belastung, Laufruhe; Nachteil: Axialkräfte. *Doppel-Schrägverzahnung* ermöglicht Ausgleich der Axialkräfte. Nachteil: Spalt für Werkzeugauslauf, Lastaufteilung nicht immer sicher, u.U. Axialschwingungen. Beachte: Wälz- und Gleitbewegungen vollziehen sich auch bei Schrägverzahnung im Stirnschnitt.

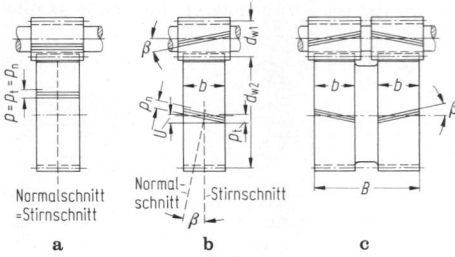

Bild 5. Stirnräder. **a** Gerad-, **b** Schräg-, **c** Doppelschrägverzahnung

Einzelverzahnung. Einfaches Zahnprofil eines Rades vorgegeben. Profil des Gegenrades nach G8.1.3 konstruieren bzw. gegebenes Profil wird beim Abwälzen durch Werkzeug nachgebildet [1].

Paarverzahnung. Erzeugen der Verzahnungen durch Abwälzen eines gemeinsamen *Bezugsprofils* der *Planverzahnung:* Für Stirnräder ist dies die Verzahnung einer ebenen Platte – d.h. einer Zahnstange (z.B. **Bild 10**), für Kegelräder die eines ebenen Rades – des Planrades, Bezugsprofil und Gegenprofil sind *nicht* identisch, zwei Werkzeuge erforderlich [1].

Satzräderverzahnung. Profil und Gegenprofil (Zahnstangen-Werkzeug für Rad und Gegenrad) der Planverzahnung sind hier *identisch*, so daß *ein* Werkzeug genügt, um sämtliche Räder herzustellen, die auch sämtlich miteinander kämmen können, wenn bei Herstellung Profilmittellinie=Wälzbahn ist. Evolventen-Satzräder [4].

8.1.5 Allgemeine Verzahnungsgrößen
General relationships for all tooth profiles

Bild 6 und **Bild 7.** Die Gleichungen gelten auch für Schrägstirnräder (künftige Schreibweise für Schrägstirnräder: *//Schr.: ...//*). Stirnschnittwerte (**Bild 5**) werden mit Index t und Normalschnittwerte mit n gekennzeichnet. Bei Geradverzahnung können Indizes t und n wegfallen. Angaben zur Innenverzahnung s. G 8.1.7.

Teilung p. Abstand zweier gleichliegender Flanken auf dem Wälzkreis. Wenn p durch genormten Modul $m=p/\pi$ bestimmt ist, wird zugehöriger Kreis als *Teilkreis* bezeichnet. (Bei Evolventenverzahnung evtl. Teilkreis $\neq$ Wälzkreis.)

$$p=\pi d/z=\pi m,$$
$$//Schr.: p_n=p_t\cos\beta=\pi m_n; \quad p_t=\pi m_t//. \qquad (4)$$

Teilungen von Ritzel und Rad müssen übereinstimmen.

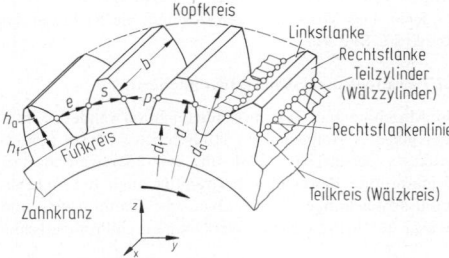

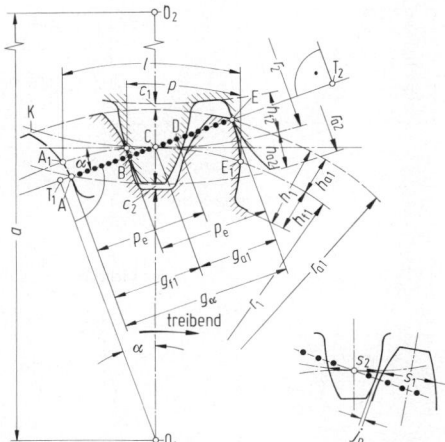

Bild 6. Bezeichnung und Maße der Stirnradverzahnung

Bild 7. Verzahnungsmaße der Stirnradpaarung (Evolventenverzahnung). B innerer Einzeleingriffspunkt: Vorauseilendes Zahnpaar tritt gerade außer Eingriff (Pkt. E). D äußerer Einzeleingriffspunkt: Nachfolgendes Zahnpaar tritt gerade in Eingriff. – Für Rad 2 ist B der äußere Einzeleingriffspunkt

Tabelle 1. Modulreihe (DIN 780 und ISO-Norm 54-1977). Ohne Zeichen: Vorzugsreihe I, mit Zeichen $\rangle\langle$: Reihe II

Modul m in mm

1	$\rangle1{,}75\langle$	$\rangle3{,}5\langle$	$\rangle7\langle$	$\rangle14\langle$	25	$\rangle45\langle$
$\rangle1{,}125\langle$	2	4	8	16	$\rangle28\langle$	50
1,25	$\rangle2{,}25\langle$	$\rangle4{,}5\langle$	$\rangle9\langle$	$\rangle18\langle$	32	
$\rangle1{,}375\langle$	2,5	5	10	20	$\rangle36\langle$	
1,5	$\rangle2{,}75\langle$	$\rangle5{,}5\langle$	$\rangle11\langle$	$\rangle22\langle$	40	
	3	6	12			

Teilkreisdurchmesser

$$\left.\begin{array}{l} d_1=2r_1=z_1p/\pi=z_1m, \quad d_2=2r_2=z_2p/\pi=z_2m, \\ //Schr.: d_1=z_1p_t/\pi=z_1m_t, \quad d_2=z_2p_t/\pi=z_2m_t//. \end{array}\right\} \quad (5)$$

Achsabstand (Bild 2):

$$\left.\begin{array}{l} a=r_1+r_2=m(z_1+z_2)/2=mz_1(1+u)/2 \\ //Schr.: \text{mit } m=m_t//. \end{array}\right\} \quad (6)$$

Evolventenverz. s. Gl. (30, 33).

Bei Innenverzahnung z_2, d_2, a negativ (s. G 8.1.7).

Modul m. Wichtige Maßstabsgröße. Kopf- und Fußhöhen meist abhängig von m gewählt. Zur Beschränkung der Werkzeuganzahl m_n aus Normreihe wählen. **Tab. 1.** *//Schr.: $m_t=m_n/\cos\beta//$.* (In England und USA **Diametral Pitch** üblich: $P_d=z/d$. Mit d in Zoll: m in mm $=25{,}4/P_d$.)

Zahnhöhen. Kopfhöhe h_a (normal $=m$), Fußhöhe h_f (normal $=1{,}1m...1{,}3m$). *//Schr.: mit $m=m_n//$,* (7)

Zahnhöhe $h=h_a+h_f$,

gemeinsame Zahnhöhe $h_w=h_{a1}+h_{a2}$.

Kopfkreisdurchmesser

$$d_a=d+2h_a=2a-d_{f\,gegen\,rad}-2c. \qquad (8)$$

Fußkreisdurchmesser $d_f=d-2h_f$. (9)

Kopfspiel c. Abstand des Kopfkreises vom Fußkreis des Gegenrades (normal $=0{,}1m...0{,}3m$), *//Schr.: mit $m=m_n//$,*

$$\left.\begin{array}{l} c_1=h_1-h_w=a-(d_{a1}+d_{f2})/2, \\ c_2=h_2-h_w=a-(d_{a2}+d_{f1})/2. \end{array}\right\} \quad (10)$$

Zahndicke im Teilkreis $s=p-e$ mit Lückenweite e. (11) s_1 und s_2 werden um *Zahndickenabmaß* A_S kleiner als das Nennmaß ausgeführt. Dadurch entsteht

Drehflankenspiel $j_t=p-s_1-s_2$, *Normalflankenspiel* (12) $j_n=j_t\cdot\cos\alpha$; kürzester Abstand zwischen den Rückflanken; erforderlich, um Klemmen bei Erwärmung, Quellen (Kunststoffe!) oder infolge Fertigungstoleranzen zu vermeiden. *//Schr.: $j_n=j_t\cos\alpha_n\cdot\cos\beta//$.* Anhaltswerte für A_s nach **Tab. 4.**

Eingriffsstrecke g_α. Für den Eingriff ausgenutzter Teil der Eingriffslinie. Normalerweise durch Kopfkreise begrenzt, bei unterschnittenen Zähnen schon vorher, **Bild 7, 11.**

Eingriffslänge l. Von Beginn bis Ende des Eingriffs durchlaufener Drehweg A_1 bis E_1 auf Wälzkreis, **Bild 7.**

Profilüberdeckung ε_α. Verhältnis Eingriffslänge zu Teilung. Für gleichförmige Bewegungsübertragung bei Geradverzahnung $\varepsilon_\alpha=l/p>1$ erforderlich; meist $1{,}1...1{,}25$ (auch für Schrägverzahnung) gefordert. ε_α bei Evolventenverzahnung s. G 8.1.7.

Eingriffswinkel α. Winkel zwischen Tangente an Wälzkreis in C und jeweiliger Eingriffsnormalen YC (**Bild 4**

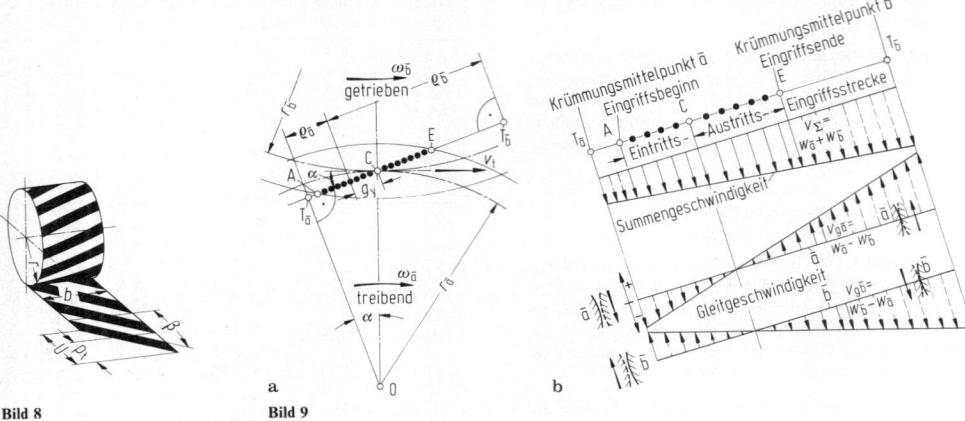

Bild 8   **Bild 9**

Bild 8. Sprung U und Schrägungswinkel β an einem Schrägstirnrad (DIN 3960)

Bild 9. Geschwindigkeiten an den Zahnflanken. **a** Maße zur Berechnung, Index ā: treibend, ḃ: **b** Geschwindigkeiten der Flankenberührpunkte während des Eingriffs

und 7); α bei Evolventenverzahnung s. G8.1.7, //Schr.:
$\tan\alpha_t = \tan\alpha_n / \cos\beta$//.

Eingriffsprofil, aktives Profil, **Bild 7**: Der für den Eingriff ausgenutzte Teil der Zahnflanke AK.
Zusätzliche Größen für Schrägverzahnung:

Sprung (bei Schrägverzahnung) U: Abstand der Endpunkte einer Flankenlinie über die Breite, gemessen auf dem Teilkreisbogen. $U = b\tan\beta$, **Bild 8**.

Flankenrichtung. Rechtssteigend – β positiv, linkssteigend – β negativ. Bei Außenverzahnung müssen Flankenrichtungen von Ritzel und Rad *entgegengesetzt*, bei Innenverzahnungen *gleich* sein.

Sprungüberdeckung $\varepsilon_\beta = U/p_t = b\sin\beta/(m_n\pi).$ (13)

Auch bei kleinen Zahnhöhen (Grenzfall Null) gleichförmige Bewegungsübertragung möglich, wenn $\varepsilon_\beta > 1$.

Gesamtüberdeckung $\varepsilon_\gamma = \varepsilon_\alpha + \varepsilon_\beta.$ (14)

8.1.6 Gleit- und Rollbewegung. Sliding and rolling motion

Nach Bewegungsgesetz (s. B2.1.2) Absolutgeschwindigkeit in Richtung der Eingriffstangente TT (**Bild 9**)
$$\left.\begin{array}{l} w_{\bar{a}} = \omega_{\bar{a}}\rho_{\bar{a}} = (v_t/r_{\bar{a}})(r_{\bar{a}}\sin\alpha \mp g_y) = v_t(\sin\alpha \mp g_y/r_{\bar{a}}), \\ w_{\bar{b}} = \omega_{\bar{b}}\rho_{\bar{b}} = (v_t/r_{\bar{b}})(r_{\bar{b}}\sin\alpha \pm g_y) = v_t(\sin\alpha \pm g_y/r_{\bar{b}}). \end{array}\right\}$$ (15)
Oberes Vorzeichen für Eingriffspunkt auf Fußflanke ā oder Kopf ḃ, unteres Zeichen auf Kopfflanke ā oder Fuß ḃ.
+ am Kopf (ā oder ḃ); – am Fuß (ā oder ḃ).

Summengeschwindigkeit, wichtig für Schmierdruck (s. G8.3),
$$v_\Sigma = w_{\bar{a}} + w_{\bar{b}} = v_t[2\sin\alpha \mp g_y(1/r_{\bar{a}} + 1/r_{\bar{b}})]$$
$$= v_t[2\sin\alpha \mp g_y(1 + 1/i)/r_{\bar{a}}]$$ (16)
Minus-Zeichen am Fuß ā oder Kopf ḃ; Plus-Zeichen am Fuß ḃ oder Kopf ā.

Summenfaktor $K_\Sigma = v_\Sigma/v_t = [2\sin\alpha \mp g_y(1 + 1/i)/r_{\bar{a}}].$ (16)

Gleitgeschwindigkeit, wichtig für Erwärmung, Freßbeanspruchung (s. G8.5.1),
$$v_{g\bar{a}} = w_{\bar{a}} - w_{\bar{b}}, \quad v_{g\bar{b}} = w_{\bar{b}} - w_{\bar{a}} = -v_{g\bar{a}},$$
$$v_g = \mp v_t g_y(1/r_{\bar{a}} + 1/r_{\bar{b}}).$$ (17)

Gleitfaktor K_g
$$K_g = v_g/v_t = \mp g_y(1/r_{\bar{a}} + 1/r_{\bar{b}}) = \mp g_y(1 + 1/i)/r_{\bar{a}}.$$ (18)

Minus-Zeichen an Fuß ā oder ḃ, Plus-Zeichen an Kopf ā oder ḃ. Das Vorzeichen kennzeichnet die Richtung der Reibkraft, **Bild 9b**.

8.1.7 Evolventenverzahnung. Involute teeth

Im Maschinenbau fast ausschließlich verwendet: Einfaches genaues Herstellen im Hüllschnittverfahren (geradflankiges Bezugsprofil, **Bild 10**), Satzrädereigenschaften, gleichförmige Bewegungsübertragung auch bei Achsabstandsabweichungen, unterschiedliche Zahnformen und Achsabstände mit gleichen Werkzeug durch Profilverschie-

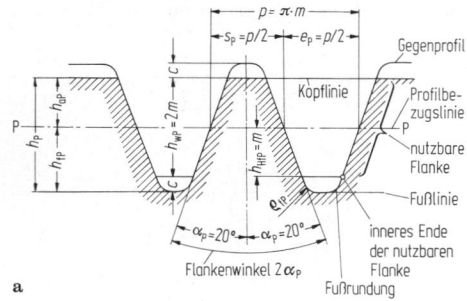

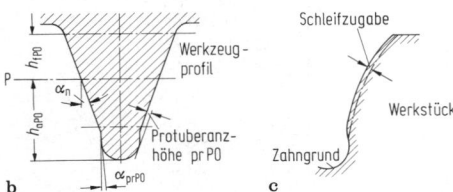

Bild 10. Bezugsprofile der Evolventenverzahnung. **a** Bezugs-Zahnstange nach DIN 867; **b** Protuberanz-Werkzeug nach [49], $\alpha_{prP0} \approx (0,3...0,6)\alpha_n$ (der Kopfhöhe h_{aP0} des Werkzeug-Bezugprofils entspricht die Fußhöhe h_{fP} des Verzahnungs-Bezugsprofils); **c** mit **b** erzeugte Zahlenflanke

bung möglich, Richtung und Größe der Zahnnormalkraft (Lagerkraft) während des Eingriffs konstant (s. S 5.2).

Besonderheiten der Evolventenverzahnung. Eingriffslinie ist Gerade unter Eingriffswinkel α, wirksame Profile der Zahnflanken sind Kreisevolventen, wobei die Zahnflanken der Planverzahnung (Zahnstange) gerade, die der Außenräder konvex und die der Hohlräder konkav sind.
Kreisevolventen werden beschrieben von Punkten einer Geraden, der „Erzeugenden", die sich auf einem Kreis, „Grundkreis", abwälzt (s. A 7.1.4).
Das geradflankige *Bezugsprofil* ist für den Maschinenbau in DIN 867 genormt (**Bild 10a**); entsprechende Werkzeugbezugsprofile I und II für Fertigbearbeitung sowie III und IV für Vorbearbeitung von Verzahnungen siehe DIN 3972. Für die meisten Anwendungsfälle erhält man hiermit geeignete und ausgewogene Verzahnungen. – Bezugsprofil für die Feinwerktechnik DIN 58400.

Sonderfälle. Protuberanzprofil (**Bild 10b**), das Zahnfuß freischneidet, um Kerben durch Verzahnungsschleifen zu vermeiden. – Größere Zahnhöhe ($h_w \approx 2,5 m$ statt $2m$) für besonders laufruhige Getriebe (Hochverzahnung, Freßgefahr beachten!). – Eingriffswinkel 15° bei verstellbaren Achsständen (größere Profilüberdeckung). – ISO- und ausländ. Normen: ISO 53; AGMA 201.02, 207.06; BS 436.

Evolventenfunktion. Zur Berechnung zahlreicher Größen der Evolventenverzahnung, z.B. der Zahndicke an beliebiger Stelle, benutzt man zweckmäßig Evolventenfunktion „inv α" (sprich „involut α"), die als Funktion von α tabelliert vorliegt (s. **Anh. A 10 Tab. 8**, alte Schreibweise „evolut α").

$$\operatorname{inv}\alpha = \tan\alpha - \hat{\alpha}. \qquad (19)$$

Verzahnungsgrößen der Evolventenverzahnung. Es gelten die allgemeinen Beziehungen in G 8.1.5. Weitere Maße siehe **Bild 7**:
Grundkreis: $r_{b1} = r_1 \cos\alpha$, $r_{b2} = u r_{b1}$,
//*Schr.*: $r_b = r \cos\alpha_t$//. $\qquad (20)$

Eingriffsteilung $p_e = p\cos\alpha = p_b$ *Grundkreisteilung*,
//*Schr.*: Stirneingriffsteilung $p_{et} = p_t \cos\alpha_t$

Normaleingriffsteilung $p_{en} = p_n \cos\alpha_n$//. $\qquad (21)$

Krümmungsradien //*Schr.*: Im Stirnschnitt// nach **Bild 7** und **9a**:

$$\begin{aligned} \rho_{C1} &= \overline{T_1 C} = 0,5 d_{b1} \tan\alpha_w = 0,5 d_1 \sin\alpha_2, \\ \rho_{C2} &= \overline{CT_2} = u\rho_{C1}, \; \rho_{A2} = \overline{AT_2} = 0,5(d_{a2}^2 - d_{b2}^2)^{1/2}, \\ \rho_{E1} &= 0,5(d_{a1}^2 - d_{b1}^2)^{1/2}, \; \rho_{B1} = \overline{T_1 B} = \rho_{E1} - p_{et}, \\ \rho_{B2} &= \overline{BT_2} = a \sin\alpha_w - \rho_{B1} \end{aligned} \right\} \; (22)$$

mit $d_b = 2r_b$, d_a (**Bild 6**), α_w Betriebseingriffswinkel, //*Schr.*: $\alpha_w = \alpha_{wt}$//.
(ρ mit Index 2 bei *Innen*verzahnung *negativ*!)

Eingriffsstrecke. $g_\alpha = g_f + g_a$ mit
Fußeingriffsstrecke 1: $g_f = \overline{AC} = \rho_{A2} - \rho_{C2}$ und
Kopfeingriffsstrecke 1:
$g_a = \overline{CE} = \rho_{E1} - \rho_{C1}$,
$g_\alpha = 0,5 d_{b1}([(d_{a1}/d_{b1})^2 - 1]^{1/2}$
$\qquad + u[(d_{a2}/d_{b2})^2 - 1]^{1/2} - \tan\alpha_w[u+1])$,
//*Schr.*: $\alpha_w = \alpha_{wt}$//. $\qquad (23)$

Profilüberdeckung: $\varepsilon_\alpha = g_\alpha/p_e$, //*Schr.*: $\varepsilon_\alpha = g_\alpha/p_{et}$//. (24)

Zahndicke am Radius r_y (Stirnschnittwerte).
$s_y = 2r_y(s/2r + \operatorname{inv}\alpha - \operatorname{inv}\alpha_y)$
mit α_y aus $\cos\alpha_y = r_b/r_y = r\cos\alpha/r_y$
bei gegebenem s und α am Radius r. –
Am Kopf $s_{an} > 0,2 m_n$, **Bilder 13 und 14**. $\left.\right\} (25)$

Achsabstand a_y aus Zahndicken bei spielfreiem Eingriff (Stirnschnittwerte): $a_y = a \cos\alpha/\cos\alpha_y$
mit a nach Gl. (6) und α_y aus
$\operatorname{inv}\alpha_y = \operatorname{inv}\alpha + [s_1(s_1 + s_2) - 2\pi r_1]/[2r_1[z_1 + z_2]]$
mit s_1 am Radius r_1, s_2 und
r_2 (Gl. 27). α bei r_1 und r_2. $\left.\right\} (26)$

Unterschnitt (**Bild 11**). Bei kleinen Zähnezahlen unterschneidet die Kopfflanke der Zahnstange den Zahnfuß des Rades dann, wenn Schnittpunkt H unterhalb T_1 liegt. Die Bahn des abgerundeten Zahnstangenkopfes (relative Kopfbahn) schneidet beim Abwälzen Evolvente in U; Entsprechender Punkt auf Eingrifflinie: U'.
Unterschnitt kann Überdeckung verringern, **Bild 11** („schädlicher" Unterschnitt) und schwächt den Zahnfuß. Grenzzähnezahl folgt aus Bedingung, daß H in T_1 fällt.

$$z_G = 2\cos\beta (h_{NaP0} - x m_n)/(m_n \sin^2\alpha_t)$$

mit $h_{NaP0} = h_{aP0} - \rho_{aP0}(1 - \sin\alpha_n)$ s. **Bild 11**.
Durch Abrücken des Werkzeuges (positive Profilverschiebung x), kleineres h_{NaP0} oder Schrägverzahnung kann man demnach Unterschnitt vermeiden, d.h. die Grenzzähnezahl verringern, **Bilder 13 und 14**.

Profilverschobene Verzahnung (Normalfall der Evolventenverzahnung). Beim Herstellen wird Werkzeug-Bezugsprofil um Betrag xm vom Teilkreis (Radius r) abgerückt (Profilverschiebung $= +xm$) oder hineingerückt ($-xm$) und auf diesem abgewälzt. Grundkreisradien $r_b = r\cos\alpha$ bleiben unverändert. – Hiermit Unterschnitt vermeidbar, größere Krümmungsradien, dickerer Zahnfuß und Einhalten bestimmter Achsabstände bei genormtem Modul möglich.

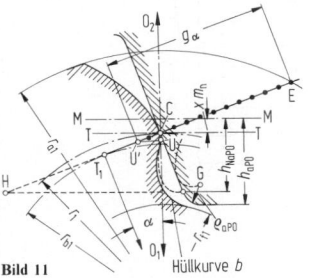

Bild 11   Hüllkurve b

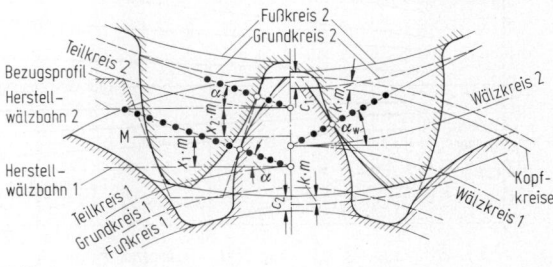

Bild 12

Bild 11. Unterschnitt: Beginn des Eingriffs erst bei U' möglich; verbleibende Eingriffsstrecke: g_α nach [1]

Bild 12. Profilverschobene Verzahnung (V-Verzahnung). *Links:* Verzahnung von Rad und Gegenrad mit gemeinsamem Bezugsprofil (beachte: *keine* Flankenberührung!); *rechts:* Betriebsstellung der Verzahnung nach Zusammenschieben und Kopfhöhenänderung km (beachte: kein gemeinsames Erzeugungs-Bezugsprofil)

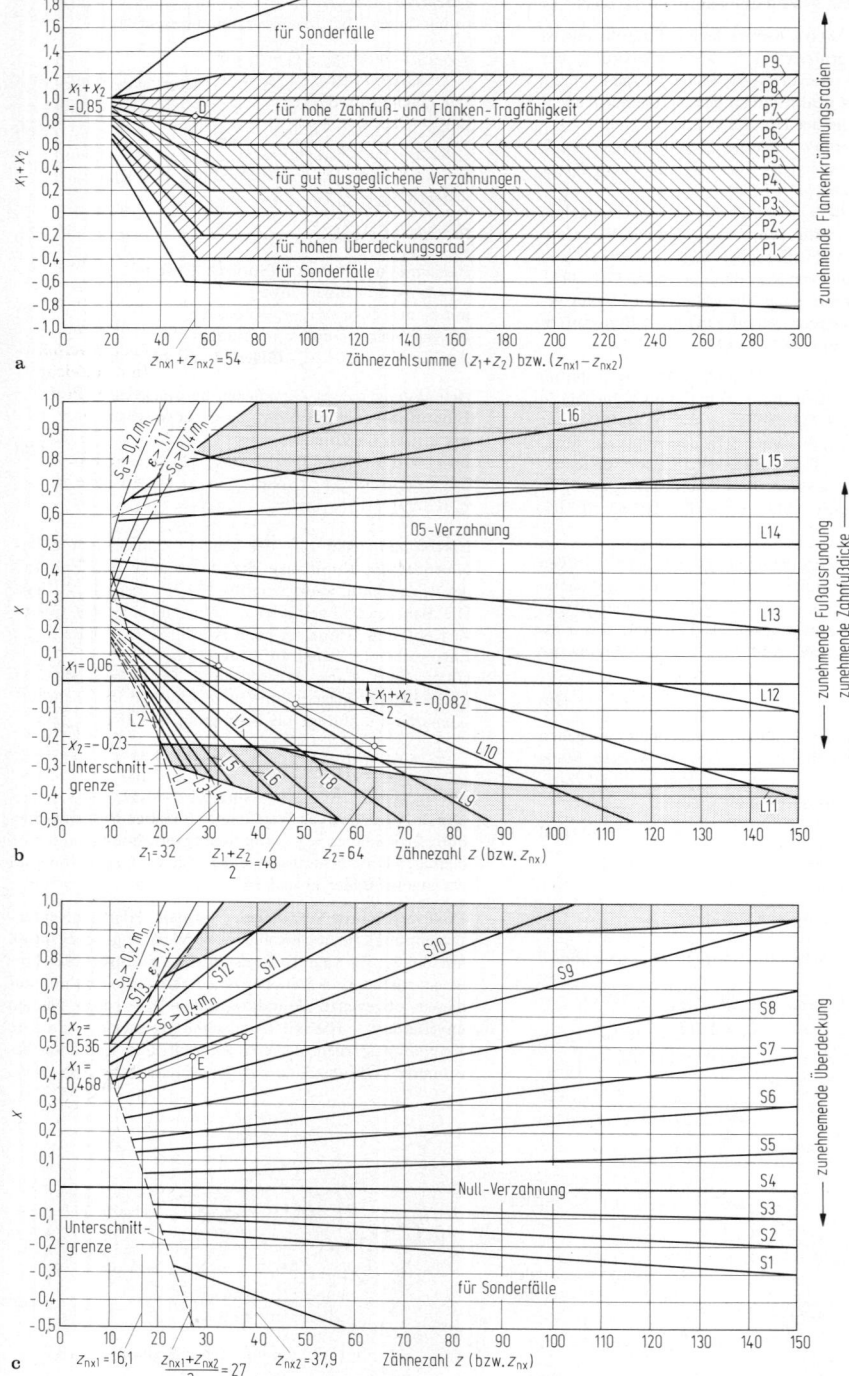

Bild 13. Wahl der Profilverschiebung (DIN 3992). **a** Empfehlungen für die Summe der Profilverschiebungsfaktoren; **b** und **c** Empfehlungen für die Aufteilung einer Profilverschiebungssumme; **b** Übersetzung ins Langsame; **c** Übersetzung ins Schnelle. Beispiel s. Text. Gerastertes Feld: Gefahr von Eingriffsstörungen. Für Aufteilung von $x_1 + x_2$ bei $z_2 > 150$ kann man $z_2 = 150$ setzen

Überdeckung meist kleiner, Radialkraft größer als Folge des größeren Betriebseingriffswinkels. Nur geringe Änderung der Zahnform bei großen Zähnezahlen.

Maße profilverschobener Räder

Zahndicke am Teilkreisradius r:

$s = m(\pi/2 + 2x \tan\alpha) + A_s$ mit (negativem) Zahndickenabmaß A_s; Anhaltswerte für A_s, **Tab. 4** (s. G 8.2);

$//Schr.: s_n = s_t \cos\beta = m_n(\pi/2 + 2x \tan\alpha_n) + A_{sn}//.$ (27)

Fußkreisdurchmesser $d_f = d + 2xm - 2h_{fP}$,

$//Schr.:$ mit $m = m_n//.$ (28)

Kopfkreisdurchmesser $d_a = 2a - d_{f \text{ gegen}} - 2c$
$$= d + 2xm + 2h_{aP} + 2km,$$ (29)

$// Schr.:$ mit $m = m_n//,$ $h_{fP}, h_{aP}, c,$ s. **Bild 10 a**.

km Kopfhöhenänderung ($=$ Zusammenschiebung, **Bild 12**), Gl. (32), zur Aufrechterhaltung des Kopfspiels negative Werte bei Außenradpaaren (positive bei Innenradpaaren, dann meist null gesetzt).

Achsabstand:

$$a = 0,5m(z_1 + z_2)\cos\alpha/\cos\alpha_w = a_d \cos\alpha/\cos\alpha_w,$$ (30)

$//Schr.:$ mit $m = m_t = m_n/\cos\beta$; $\alpha = \alpha_t$; $\alpha_w = \alpha_{wt}//,$ a_d Achsabstand der Null-Verzahnung. Fertigungstoleranz ($\pm$ Achsabstandsabweichung $A_a = A_{a1} + A_{a2}$) vergrößert oder verkleinert Flankenspiel. Anhaltswerte für A_{a1}, A_{a2} s. **Tab. 4** (s. G 8.2).

Betriebseingriffswinkel α_w aus

$\text{inv}\,\alpha_w = \text{inv}\,\alpha + 2\tan\alpha(x_1 + x_2)/(z_1 + z_2),$ (31)

$//Schr.: \text{inv}\,\alpha_{wt} = \text{inv}\,\alpha_t + 2\tan\alpha_n(x_1 + x_2)/(z_1 + z_2)//.$

Kopfhöhenänderung

$km_n = a - a_d - m_n(x_1 + x_2)$ (32)

mit a_d (Achsabstand der Nullverzahnung) nach Gl. (33). Für Bezugsprofil nach DIN 867: $\alpha = 20°$, $\cos\alpha = 0,940$, $\tan\alpha = 0,364$, $\text{inv}\,\alpha = 0,0149$. –

Null-Verzahnung:

$x_1 = x_2 = 0,$ $\alpha_w = \alpha,$ $a = a_d = 0,5m(z_1 + z_2),$ (33)

$//Schr.: \alpha_{wt} = \alpha_t//.$

V-Null-Verzahnung: $x_1 = -x_2,$ $\alpha_w = \alpha,$ $a = a_d.$ Zur Beseitigung des Unterschnitts und zur Verstärkung des Ritzels auf Kosten des Rads bei $u \neq 1$.

V-Verzahnung: $x_1 + x_2 \neq 0.$ Viele brauchbare Profilverschiebungssysteme [4, 5].

Empfehlungen

Flexible Regel, die zu ausgeglichenen Verzahnungen führt, in DIN 3992. Wahl von $(x_1 + x_2)$ nach **Bild 13a**: a nach Gl. (31) oder (30), evtl. aufrunden und zugehöriges $(x_1 + x_2)$ nach Gl. (30) und (31) oder aus gegebenem a bestimmen; $(x_1 + x_2)$ nach Paarungslinie aufteilen, **Bild 13b** oder **c**.

Einfache Regel: 05-Verzahnung nach DIN 3994 und 95. $x_1 = x_2 = +0,5$; Satzräderverzahnung, $a = F(z_1 + z_2)m$; Zahl F liegt mit $(z_1 + z_2)$ und β fest; F und wichtige Verzahnungsdaten können aus DIN 3995 entnommen werden.

Zusätzliche Angaben für Evolventen-Schrägverzahnung. Die Berührlinien sind auch hier Gerade, verlaufen jedoch schräg über die Zahnflanken und wandern beim Eingriff über die Zahnbreite. Die *Profilverschiebung* wird in *Vielfachen des Normalmoduls* angegeben; Wahl der Profilverschiebung s. G 8.1.7 entsprechend Ersatzzähnezahl z_{nx} nach Gl. (34).

Im Normalschnitt ist die Zahnform der einer Evolventen-Geradverzahnung mit einer *Ersatzzähnezahl* z_{nx} ähnlich:

$$z_{nx} = z/(\cos^2\beta_b \cos\beta) \approx z/\cos^3\beta,$$ (34)

wird benutzt bei Wahl der Profilverschiebungen, für Festlegung der geometrischen Grenzen (z.B. Kopfdicke) und für die Festigkeitsberechnung.

Grundschrägungswinkel β_b aus $\tan\beta_b = \tan\beta\cos\alpha_t$ oder $\sin\beta_b = \sin\beta\cos\alpha_n$ (35)

Sonderverzahnungen mit Ritzelzähnezahlen 1 bis 4 siehe [6].

Zusätzliche Angaben für Evolventen-Innenverzahnung. Man kann alle Gleichungen der Verzahnungsgeometrie ungeändert anwenden, wenn die Zähnezahl des Hohlrades z_2 *negativ* eingesetzt wird. Alle Rechenwerte der Durchmesser werden damit negativ, so auch Zähnezahlverhältnis und Achsabstand eines Innenradpaars. (In den Zeichnungen sind jedoch die Absolutwerte anzugeben!) Profilverschiebung zum Kopf hin – also bei Innenverzahnung nach *innen* wird als positiv bezeichnet. Lediglich der Fußkreisdurchmesser ergibt sich aus dem erzeugenden Werkzeug: $d_{f2} = 2a_0 - d_{a0}$, mit a_0 Achsabstand beim Verzahnen, d_{a0} Schneidrad-Kopfkreisdurchmesser.

Wahl der Profilverschiebung. Günstig: V-Null-Verzahnung mit $x = \pm 0,5...0,65$. Bei $z_2 < -40$ (extrem -26), $z_1 \geqq 14$ (extrem 12) und $z_1 + z_2 \leqq -10$ Bedingungen für Herstellung und Montage (radialer Zusammenbau) beachten. Andere V-Null-Verzahnungen s. DIN 3993. – V-Verzahnung ergibt keine wesentlich höhere Tragfähigkeit, jedoch größere Freiheit in der Gestaltung, erfordert allerdings Nachprüfung auf Eingriffsstörungen, Kopfdicken und Lückenweiten, **Bild 14**. Bei Planetengetrieben Planetenzähnezahl z_P um 0,5 bis 1,5 kleiner wählen als sich aus z_Z (Sonnenrad) und z_H (Hohlrad) für Nullverzahnung ergäbe. Mit Gl. (30) und (31) bestimmt man $x_Z + x_P$ und teilt z.B. nach **Bild 13** auf; $x_P + x_H \leqq 0$ anstreben. – Steigungsrichtung bei Schrägverzahnung s. G 8.1.5. Umfassende Darstellung der Geometrie-Beziehungen: DIN 3993 [8–10].

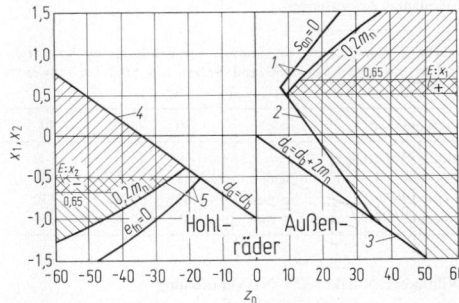

Bild 14. Ausführbare Profilverschiebungen bei Innenradpaaren mit Bezugsprofil (DIN 867). E: x_1, x_2 empfohlener Bereich für V-Null-Verzahnungen. – Grenzen: *1* durch Mindest-Zahnkopfdicke des Ritzels (s. **Bild 13**), *2* durch Unterschnitt, *3* und *4* durch Mindest-Kopfkreisdurchmesser, *5* durch Mindest-Zahnfußlückenweite des Hohlrades (DIN 3960)

8.1.8 Sonstige Verzahnungen (außer Evolventen) und ungleichmäßig übersetzende Zahnräder
Other tooth profiles (besides involute) and gears for non-uniform transmission

Zykloidenverzahnung. Flankenformen entstehen durch Abwälzen zweier Rollkreise auf den Wälzkreisen. Außer für

Kapselpumpen kaum noch angewendet, da genaue Herstellung schwierig (für jede Zähnezahl eigener Wälzfräser), empfindlich gegen Achsabstandsabweichungen und nicht momententreu (s. G 8.1.2).

Kreisbogenverzahnung. Anforderungen im Feingerätebau (große Übersetzung, konstantes Momentenverhältnis – Gl. (3), kleine Lagerkräfte, kaum Schmierung, großes Flankenspiel, d.h. kein Klemmen wegen Verschmutzung; nicht dagegen winkeltreue Übertragung und hohe Überdeckung) besser als bei Zykloide durch Kreisbogenverzahnung und Evolventenverzahnung (DIN 58405) erreichbar. Da nicht winkeltreu, Profilüberdeckung stets 1. Zahndicke am Ritzel (i. allg. Stahl) meist kleiner als am Rad (i. allg. Messing oder Kunststoff). Für Tragfähigkeit meist Biegespannung am Fuß des Rades maßgebend. – Herstellung bei Metallen meist durch Wälzfräsen, z.T. Schreibenfräsen, bei Kunststoffen durch Spritzgießen [11].

Triebstockverzahnungen. Angewendet für Drehkränze bei großen Durchmessern und rauhem Betrieb, Zahnstangenwinden, **Bild 15**. Bei Abwälzen von W_2 auf W_1 beschreibt M Kurve Z; Äquidistante mit Bolzenradius ergibt Ritzelflanke.

Anhaltswerte. Kleinste Ritzelzähnezahl min $z_1 \approx 8 \ldots 12$ für Umfangsgeschwindigkeit $v_t \approx 0,2 \ldots 1,0$ m/s; Bolzendurchmesser $d_B \approx 1,7$ m; Zahnkopfhöhe $h_a \approx m(1 + 0,03 z_1)$; Zahnbreite $b \approx 3,3$ m, mittlere Auflagelänge des Bolzens $l \approx b + m + 5$ mm; Lückenradius $r_L \approx 0,5 d_B$; Abstand $a_L \approx 0,15$ m; Flankenspiel $j_t \approx 0,04$ m. – *Tragkraft* nach praktischen Erfahrungen: **Tab. 2.**

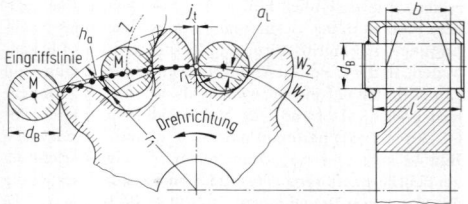

Bild 15. Triebstockverzahnung. Konstruktion von Eingriffslinie und Zahnflanke, Abmessungen

Tabelle 2. Anhaltswerte für Triebstockverzahnung von Krandrehwerken mit Ritzel aus St70 und Bolzen aus St60 bei schwerem Betrieb [51]

Umfangskraft F_i	in kN	20	30	40
Ritzel-Zähnezahl z_1	–	9	9	9
Modul m	in mm	21	25	30
Zahnbreite b	in mm	80	90	110
Bolzendurchmesser d_B	in mm	35	45	50

Wildhaber-Novikov-(W-N-)Verzahnung

Zahnformen. In der Grundform besteht Ritzelflanke aus konvexem und Radflanke aus konkavem Kreisbogen mit Radius $\rho_1 = \rho_2$ um Wälzpunkt C, **Bild 16**. Berührung auf gesamtem Kreisbogen nur in dieser Eingriffsstellung, d.h. keine Profilüberdeckung vorhanden. Gleichmäßige Bewegungsübertragung nur durch Schrägverzahnung mit Sprungüberdeckung $\varepsilon_\beta > 1$ möglich. – Um Kantentragen an Kopf oder Fuß bei Achsabstandsabweichungen zu vermeiden, wird ρ_2 etwas größer als ρ_1 ausgeführt – Punktberührung. – Bei Drehübertragung wandert Berührpunkt über die Zahnbreite. Einheitliche Werkzeuge (je Modul und Schrägungswinkel) für Ritzel und Rad erhält man bei Verzahnung mit konvexem Kopf- und konkavem Fußprofil [1, 12, 13].

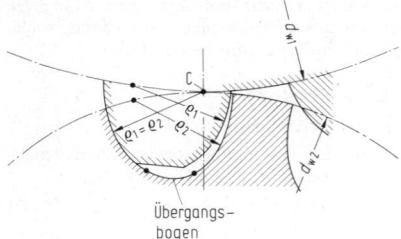

Bild 16. W-N-Verzahnung. Ritzelflanke konvex, Radflanke konkav (links: Grundform; rechts: praktische Ausführung $\rho_2 > \rho_1$)

Tragfähigkeit. Hertzsche Abplattungsfläche ist sphärische Fläche. Wegen der guten Anschmiegung in Breitenrichtung ist die entsprechende Ausdehnung größer als die in Höhenrichtung. Über die Zahnbreite wandernde Druckfläche günstig für Schmierdruckbildung; Reibleistung gering. Gleitgeschwindigkeit im Stirnschnitt für jeden Flankenberührpunkt gleich. Dadurch Verschleiß gleichmäßig (günstig für Einlaufläppen).

*Flanken*tragfähigkeit (aus Vergleich der Hertzschen Pressung), Drehmoment ca. 2- bis 3mal so hoch wie bei Evolventenverzahnung.

*Zahnfuß*tragfähigkeit etwa gleich wie bei Evolventenverzahnung. Wegen des punktförmigen Kraftangriffs Gefahr von Eckbrüchen bei $\varepsilon_\beta \approx 1$ und Ausbrüchen in Zahnmitte (Einzeleingriff) bei $\varepsilon_\beta > 1,2$.

Betriebsverhalten. Bei genauer, steifer Ausführung günstiges Geräusch- und Schwingungsverhalten. Teilungs- und Flankenlinienabweichungen führen zu Stößen bei Zahneingriffsbeginn. Achsabstands- und Achsneigungsabweichungen (auch durch Verformung) bewirken u.U. beachtliche Verlagerung des Eingriffs zu Kopf bzw. Fuß, d.h. Erhöhung von Flanken- und Fußbeanspruchung sowie verstärktes Laufgeräusch.

Exzentrische Zahnräder [38–42].

Unrunde Zahnräder [53–57].

8.2 Verzahnungsabweichungen und -toleranzen, Flankenspiel
Tooth errors and tolerances, backlash

Verzahnungsgenauigkeit durch Angabe der Qualität nach DIN 3961 bis 67 vorschreiben! Qualität 1: Höchste Genauigkeit, Qualität 12 gröbste. Beispiele: Lehrzahnräder Q2 bis 4; Schiffs- und Turbogetriebe Q4 bis 6; Schwermaschinenbau Q6 bis 7; kleinere Industriegetriebe Q6 bis 8; langsame, offene Getriebe Q10 bis 12; Drehkränze Q9 (gegossen >Q12). – Bei großen Zahnbreiten zusätzlich Vorschrift eines Tragbildes erforderlich (kein Austauschbau!). Evtl. Flankenlinien- oder Profilkorrekturen, d.h. bewußte Abweichungen zum Ausgleich von Verformungen zweckmäßig [1] (s. W 2.3). Toleranzen der *Einzelabweichungen* (Profil, Teilung, Rundlauf, Flankenlinien): DIN 3962, der *Wälzabweichungen* – früher: Sammelfehler – (Einflanken-, Zweiflanken-): DIN 3963. – Häufig genügt Abnahme der Zahnräder durch Ein- oder Zweiflankenwälzprüfung. – Toleranzen der *Achsabstände* DIN 3964, der *Zahndicken* DIN 3967. – $f_{H\beta}$ s. **Tab. 3.**

Tabelle 3. Abschätzung der Flankenlinien-Winkelabweichung $f_{H\beta}$. Genauwerte s. DIN 3961: $f_{H\beta} = H_\varphi \cdot 4{,}16 b^{0,14}$; Tabellen: DIN 3962

DIN-Qualität	3	4	5	6	7	8	9	10	11	12
Faktor H_φ	0,57	0,76	1	1,32	1,85	2,59	4,01	6,22	9,63	14,9

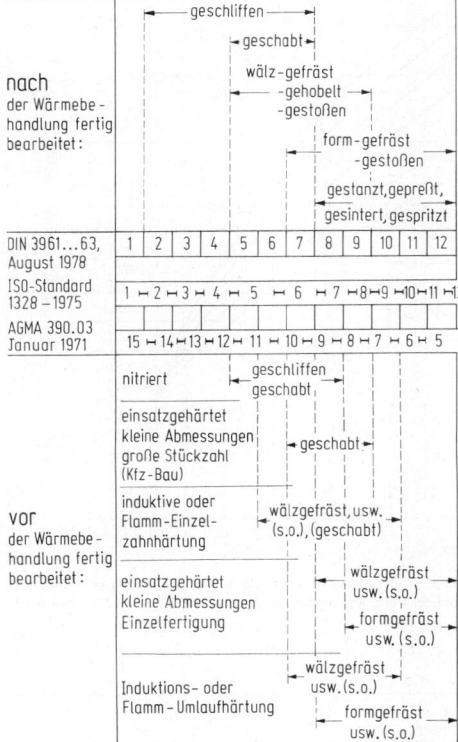

Bild 17. Verzahnungsqualität und Herstellverfahren (ungefähre Zuordnung der DIN-, ISO- und AGMA-Qualitäten nach der Einzelteilungs-Abweichung, $m = 6, d = 75 \ldots 150$ mm). Herstellverfahren s. S 5.2

Durch verschiedene Fertigungs- und Wärmebehandlungsverfahren erreichbare Genauigkeiten und Vergleich der DIN – mit den ISO- und AGMA-Qualitäten s. **Bild 17**. Empfehlungen zur Wahl der *Zahndicken-Abmaße* A_{sne}, *Zahndicken-Toleranzen* T_{sn} und *Achsabstandsabmaße* A_a: **Tab. 4**. Damit *theoretisches Flankenspiel*:

$$j_n = -(A_{sn1} + A_{sn2}) \pm A_a \tan\alpha_n, \qquad (36)$$

max j_n mit $A_{sn} = A_{sne} - T_{sn}$ und $+A_a$,
min j_n mit $A_{sn} = A_{sne}$ und $-A_a$.

Theoretisches *Verdreh*-Flankenspiel $j_t = j_n / \cos\beta$.

Abnahme-Flankenspiel durch Fertigungsabweichungen meist kleiner.

Betriebs-Flankenspiel z.B. beim Anlaufen durch schnellere Erwärmung der Räder gegenüber dem Gehäuse u.U. wesentlich kleiner als $j_{n,t}$; s. **Tab. 4**, Fußnote a).

8.3 Schmierung und Kühlung
Lubrication and cooling

Schmierfilmdicke: Zur Beurteilung des Schmierzustandes, insbesondere bezüglich Gleitverschleiß und Kaltfressen, eignet sich die minimale Schmierfilmdicke im Wälzpunkt nach der EHD-Theorie. Für Stahlzahnräder gilt nach Oster auf der Basis von [14] mit dem bei der Innenverzahnung negativen Zähnezahlverhältnis u als Näherung die Zahlenwertgleichung

$$h_C = 0{,}003[(au)/(u+1)^2]^{0,3} \cdot (v_0 v_t)^{0,7} \cdot (p_C/840)^{-0,26} \text{ in } \mu\text{m}$$

$$\left(p_C = Z_H Z_E \sqrt{\frac{F_t}{d_1 b} \cdot \frac{u+1}{u}} \text{ nach Gl. (48)} \right). \qquad (37)$$

Die Schmierfilmstoffzähigkeit v_0 in mm^2/s ergibt sich aus der Massentemperatur

$$\vartheta_0 = \vartheta_L + 7400[P_{VZ}/(ab)]^{0,72}$$
$$\approx \vartheta_L + 2{,}2 \cdot 10^{-4} (\varepsilon_\alpha m/a)^{0,72} v_t^{0,576} p_C^{1,73} \text{ in } °\text{C}.$$

Hierbei bedeuten: Achsabstand a und Breite b in mm, Umfangsgeschwindigkeit v_t in m/s, Leerlauftemperatur $\vartheta_L \approx$ Öltemp. in °C, Zahnverlustleistung P_{VZ} aus Gl. (38) in kW, Hertzsche Pressung im Wälzpunkt p_C in N/mm^2 (s. Gl. (37)) und ε_α die Profilüberdeckung. Zur qualitativen Beurteilung dient die spezifische Schmierfilmdicke

$$\lambda = \frac{h_C}{(R_{a1} + R_{a2})/2},$$

$\lambda > 2$: überwiegend hydrodynamische Schmierung, kaum Verschleiß. $\lambda < 0{,}7$: Bereich vieler Industriegetriebe, Grenzschmierung überwiegt. Graufleckenrisiko prüfen!

Schmierstoff und Schmierungsart

Hinweise zur Auswahl: **Tab. 5**

Tabelle 4. Empfehlungen[a] für obere Zahndickenabmaße A_{sne} und -Toleranzen T_{sn} (DIN 3967) und Achsabstandsabmaße A_a (DIN 3964)

	A_{sne}-Reihe[b]	T_{sn}-Reihe[c]	Achsabstands-Abmaße js
gegossene Drehkränze DIN > 12	2·a	29 (30)	10
Drehkränze (normales Spiel)	a	28	9
Drehkränze, Konverter (enges Spiel)	bc	26	9 (8)
Kunststoffmaschinen	c … cd	25	7
Lokomotiv-Antriebe	cd	25	7
Allgemeiner Maschinenbau, Schwermaschinenbau, nicht reversierend	b	26	7
Kraftfahrzeuge	d	26	7
Allgemeiner Maschinenbau, Schwermaschinenbau, reversierend, Scheren, Fahrwerke	c…e	24…25	6…7
Werkzeugmaschinen	f	24 … 25	6
Ackerschlepper, Mähdrescher	e	27 … 28	8

[a] Bei fehlender Erfahrung nach DIN 3967, Anhang A, überprüfen, insbesondere Temperatureinfluß. Nach Anregungen von A. Seifried, Friedrichshafen.
[b] Bedingung: für jedes Rad $|A_{sne}| \geqq |A_a|$.
[c] Bedingung: $T_{sn} > 2$ Zahndickenschwankung R_s nach DIN 3962; nachprüfen!

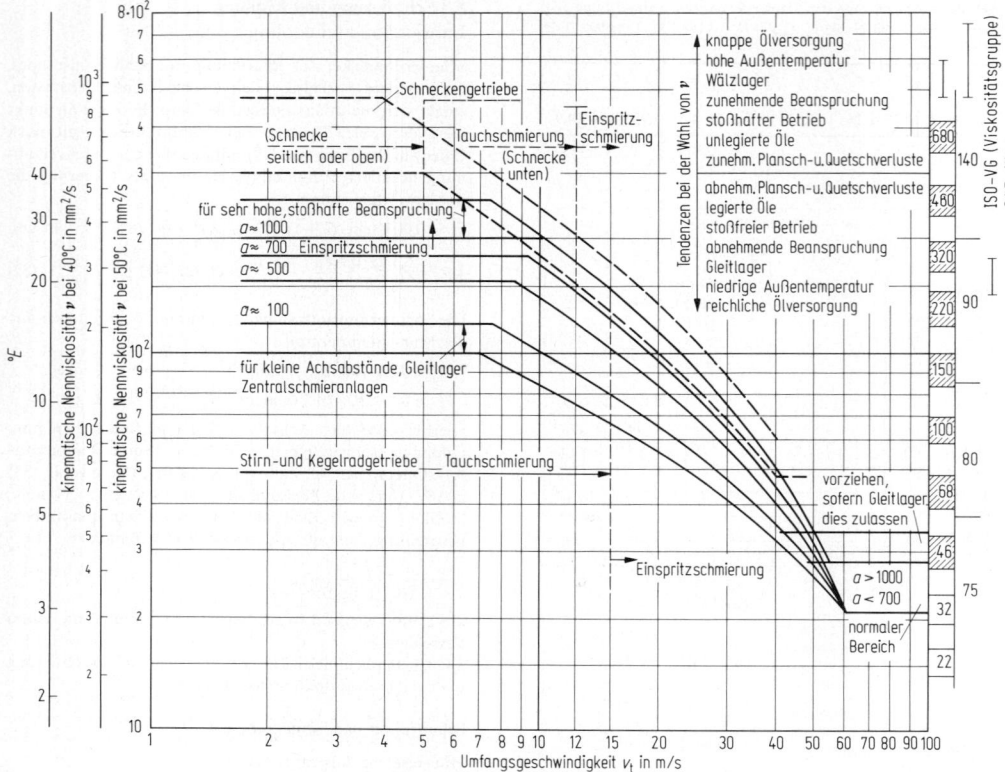

Bild 18. Wahl der Schmieröl-Viskosität für Stirn-, Kegel- und Schneckengetriebe. Näherungsweise Zuordnung der ISO- und SAE-Viskositäts-klassen; Vorzugsklassen schraffiert. Tauchschmierung bei höheren v_t auch möglich, wenn abgeschleudertes Öl durch Rippen oder Ölleitbleche dem Zahneingang zugeführt wird

Tabelle 5. Wahl von Schmierstoff und Schmierungsart

Umfangs-geschwindigkeit in m/s	Schmierstoff	Schmierungsart	Getriebe-bauform	Besonderheiten
bis 2,5	Haftschmiere	Auftragen von Hand ⎱	offen[a] ⎱	möglichst Abdeckhaube vorsehen[b]
bis 4 (evtl. 6) ⎱		Sprühschmierung ⎰	⎰	
bis 8 (evtl. 10) ⎰	Fließfett ⎱			[c]
bis 15		Tauchschmierung[e] ⎱	geschlossen	[d]
bis 25 (evtl. 30) ⎱		⎰		mit gelochter Blechwanne, Tauch-schmierung möglich, Kühlrippen
über 25 (evtl. 30) ⎱	Öl	Einspritzschmierung		[f]
bis 40 ⎰		Nebelschmierung ⎰		für niedrige Belastung Aussetzbetrieb

[a]) Zum Beispiel Zementmühlen, Drehrohröfen.   [b]) Sprühmengen, Sprühzeiten [1]; Lager getrennt schmieren.
[c]) Insbesondere bei Aussetzbetrieb, zum Teil Lebensdauerfüllungen (keine Öldichtigkeit erforderlich!).
[d]) Eintauchtiefe im *Betriebszustand* 3 bis max. $6m$ bei $v < 5\,m/s$; 1 bis $3m$ bei $v > 12\,m/s$, c bei kleinen Werten unbedingt kontrollieren.
[e]) Spritzöl ausreichend für oben liegende Zahnräder und Lager, wenn v_t^2 in $(m/s)^2/d$ in $m > 5$, sonst Abstreifer. Ölmenge ca. 5 bis 10 l/Verlust-kW; Ölstandskontrolle, Entlüftung s. G 8.10.4. Bei Großgetrieben, Gleitlagergetrieben, Vertikalgetrieben meist auch hier Einspritzschmierung.
[f]) Einspritzrichtung: Bei evtl. Öldruckschwankungen immer von oben, bis $v = 25\,m/s$ *vor* dem Eingriff, über 25 m/s *vor und hinter* dem Eingriff. Einspritzmenge nach Wärmehaushalt, überschlägig: $Q_e = 0{,}8 ... 1{,}0\,l/min$ pro cm Zahnbreite. Gesamtölmenge $Q = Q_e (0{,}5 ... 2{,}5\,min)$, bei äußerem Tank $Q = Q_e (4 ... 30\,min)$. Öldruck vor Düse ca. 0,8 bis 1,0 bar, Turbogetriebe höher; Armaturen s. G 8.10.4; Kühler, Filter s. [1].

Schmierstoffzähigkeit (DIN 51502) bzw. Walkpenetration (DIN 51804) je nach Temperatur: *Handauftrag*; Haftschmiermittel NLGI-Klasse 1 bis 3 (NLGI = National Lubricating Grease Institut). Zentralschmieranlagen: Schmierfette NLGI 1 bis 2 (förderbar); *Sprühauftrag*: Fließfette NLGI 00-0 (sprühbar); *Tauchschmierung*:

Fließfette NLGI 000-0 (fließfähig); *Schmierölzähigkeit*: Anhaltswerte nach **Bild 18**. (Einfluß von Rauheit, Temperatur, Schmierungsart, Betriebsart [1]. EP-Zusätze bei Freßgefahr; synthetische Öle (kleine Reibungszahl, hoher Viskositätsindex, teuer) bei extremen Betriebsbedingungen.

Schmiereinrichtungen, Gehäuseanschlüsse s. G 8.10.4.

Wärmehaushalt. Verlustleistung P_V soll Kühlleitung P_K nicht überschreiten. Für kleine bis mittlere Getriebe meist Luftkühlung durch Gehäusewände (Kühlfläche A in m^2) und Temperaturunterschied von Gehäuse zur Umgebungsluft $\vartheta_G - \vartheta_\infty$ in K ausreichend. Überschuß an Verlustleistung durch Wasserkühlung abführen.

$$P_V = P_{VZ} + P_{VL} + P_{VD}. \tag{38}$$

Überschlägig. Verzahnungsverluste $P_{VZ} = 0,5...1\%$ der Nennleistung je Stufe, (bei $v > 20$ m/s lastunabhängige Verzahnungsverluste P_{VZO} zusätzlich berücksichtigen [1]). Lagerverluste P_{VL} (s. G 5.5 und G 6.1.2). P_{VD} sonstige Verluste, Dichtungen (s. G 5.6.3 und G 6.6.7).
Kühlleistung (Wärmeabgabe) des Gehäuses:

$$P_{KG} = \alpha A (\vartheta_G - \vartheta_\infty) \quad \text{mit} \quad \alpha = 15...25 \text{ W/(m}^2\text{K)} \tag{39}$$

für ruhende Luft und unbehinderte Konvektion (untere Grenze: hoher Schmutz- und Staubabfall, kleine Drehzahlen, große Getriebe). Bei Lüfter auf schnellaufender Welle erhöht sich α um Faktor f_K: Stirnradgetriebe mit 1 Lüfter $f_K \approx 1,4$; 2 Lüfter $f_K \approx 2,5$; Kegelradgetriebe mit 1 Lüfter $f_K \approx 2,0$. – Einfluß von Windgeschwindigkeit sowie Sonneneinstrahlung beachtlich.

8.4 Werkstoffe und Wärmebehandlung – Verzahnungsherstellung. Materials and heat treatment – gear manufacture

(Schneckengetriebe s. G 8.8). Tragfähigkeit der Werkstoffe und entsprechende Qualitätsanforderungen s. **Tab. 14.** Daneben sind *Kosten* von Werkstoff und Wärmebehandlung, *Zerspanbarkeit* bzw. *Verarbeitbarkeit, Geräuschverhalten, Stückzahl* (Herstellverfahren) entscheidend (in manchen Bereichen allein wichtig) für die Auswahl.

Typische Beispiele aus verschiedenen Anwendungsgebieten

Zahnräder für Kleingeräte, Instrumente, Haushaltsgeräte usw. (d.h. für Bewegungsübertragung oder kleine Kräfte): Zn-, Ms-, Al-Legierungen. Thermoplaste (Spritzguß); Automatenstähle, Baustähle; Al-, Zn-, Cu-Knetlegierungen, Hartgewebe, Thermoplaste (Strangpressen, Kaltziehen, Pressen bzw. Stanzen, bzw. Fräsen); Sintermetalle (Fertigsintern).

Kraftfahrzeug-Zahnräder. Legierte Einsatzstähle – gefräst oder gestoßen, geschabt – einsatzgehärtet – (evtl. geschliffen statt geschabt); niedrig legierte Vergütungsstähle – gefräst oder gestoßen, geschabt – carbonitriert.

Turbogetriebe-, Schiffsgetriebe-Zahnräder. Legierte Vergütungsstähle – gefräst evtl. geschabt; Al-freie Nitrierstähle – gefräst, geschabt (oder geschliffen) – gasnitriert (evtl. geschliffen); legierte Einsatzstähle – gefräst – einsatzgehärtet – geschliffen.

Großzahnräder, Drehkränze. Legierter Stahlguß (Ausschußrisiko durch Lunker beachten) legierter Vergütungsstrahl (gewalzt) – gefräst – evtl. Induktions- oder Flamm-Einzelzahnhärtung.

Industriegetriebe, Baukastengetriebe

Unlegierte und legierte Vergütungsstähle – wälzgefräst oder -gestoßen oder -gehobelt. Legierte Einsatzstähle – wälzgefräst o.ä. – einsatzgehärtet – geschliffen (evtl. mit Hartmetall-Wälzfräser fertiggefräst, evtl. gehont). Al-freie Nitrierstähle – wälzgefräst o.ä. (evtl. geschabt oder geschliffen, evtl. geläppt) – gasnitriert. Unlegierte und legierte Vergütungsstähle – wälzgefräst o.ä., geschabt – bad-

nitriert. Unlegierte und legierte Vergütungsstähle – wälzgefräst o.ä. – induktiv – oder flammumlaufgehärtet. Unlegierte und legierte Vergütungsstähle – wälzgefräst o.ä. – induktive oder Flamm-Einzelzahnhärtung – (evtl. geschliffen).

Werkstoffe und Wärmebehandlung

Gesichtspunkte für die Auswahl

Grauguß GG, Sphäroguß GGG, Stahlguß GS – Hinweise siehe **Tab. 14.** Sondergußeisen bei geeigneter Wärmebehandlung den Vergütungsstählen, gleichwertig (Zerspanbarkeit beachten!) [15].

Vergütungsstähle – ungehärtet. Die Zahnräder – damit auch die Getriebe – bauen größer, schwerer, teurer als mit gehärteten Verzahnungen. Jedoch: Wärmebehandlung (vor dem Verzahnen) risikolos, keine Maßänderungen *nach* dem Verzahnen, meist kein Verzahnungsschleifen erforderlich; der relativ weiche Werkstoff gleicht Mängel in Konstruktion und Fertigung durch Einlaufen eher aus; Nacharbeiten der Zahnflanken von Hand möglich; meist Überschuß an Bruchsicherheit.

Einsatzstähle – einsatzgehärtet. Aufwendig, aber für kleine bis mittlere Radgrößen im Bereich höchster Härte (HRC = 58...62), Fuß- und Flankenfestigkeiten beherrschbar. Härteverzüge erfordern bei Einzelfertigung Verzahnungschleifen (normal: $d \leq 900$ mm, $m \leq 25$ mm; extrem d bis 3000 mm, m bis 36 mm). Für gröbere Qualitäten ungeschliffen (s. **Bild 17**) (meist $d \leq 250$ mm, $m \leq 6$ mm; mit Einschränkung $d \leq 500$ mm, $m \leq 10$ mm).
Härterisse sicher vermeidbar – zuverlässiges Härteverfahren.

Vergütungsstähle – Umlaufhärtung (Flamm- oder Induktion). Kostengünstig für kleine bis mittlere Radgrößen (normal: $d \leq 200$ mm, $m \leq 6$ mm; extrem d bis 1500 mm, m bis 18 mm), im mittleren Härtebereich (HRC = 45 bis 56) sicher beherrschbar, darüber erhöhte Rißgefahr. Gleichmäßige Verzahnungsqualität nur bei konstanten Werkstoffwerten und konstant gehaltener Wärmebehandlung [15].

Vergütungsstähle – Einzelzahn – Beidflankenhärtung (Flamm- oder Induktion). Kostengünstig für Großräder (d bis ca. 3000 mm, $m > 8$ mm); im mittleren Härtebereich (HRC = 45 bis 56) beherrschbar. Sorgfältige Vorbereitung (Härteprobestücke), konstante d.h. laufend überwachte Härte-Einstelldaten erforderlich. Verzugsarm, Verzahnungsschleifen meist nicht erforderlich. Zahngrund ungehärtet, reduzierte Fußfestigkeit [16].

Vergütungsstähle – Einzelzahn – Lückenhärtung (Flamm- oder Induktion). Zahngrund mitgehärtet. Kostengünstig für Großräder im mittleren Härtebereich (wie bei Beidflankenhärtung, aber Flamme nur bei $m > 16$ mm) (HRC = 45 bis 52, evtl. 56). Geringes Härterisiko (Härterisse) nur bei entsprechender Vorbereitung und Überwachung, langjährigen Erfahrungen, geeigneten Werkstoffen und optimalen Härtebedingungen (Härteprobestücke). Verzugsarm, aber häufig Teilungsfehler bei Härtebeginn; Verzahnungsschleifen oft erforderlich [16].

Al-freie Nitrierstähle, Vergütungsstähle, Einsatzstähle – nitriert (*Langzeitgasnitriert*). Verzugsarmes, diffiziles Verfahren. Normal: Nitrierhärtetiefe Nht $\approx 0,3$ mm, $d < 300$ mm, $m \leq 6$ mm; schwieriger: Nht $\approx 0,6$ mm, $d < 600$ mm, $m < 10$ mm. Bei Nitrierstählen für größere d und m geringere Festigkeit ansetzen! Hierbei und bei dünnwandigen Rädern wegen Verzug meist Verzahnungsschleifen nach dem Nitrieren. Hohe Festigkeit sicher erreichbar nur bei besonderer Werkstoffqualität, langjähriger Erfahrungen, optimalen Fertigungs- und Kontrolleinrichtungen. Sonst starke Schwankungen der Festigkeit möglich. Besonders Nitrierstähle sind empfindlich gegen Stöße und Kantentragen. Verbindungsschicht < 15 μm anstreben.

Vergütungsstähle – nitrocarburiert (kurzzeitig-gasnitriert). Neues verzugsarmes Verfahren, das viele Probleme des Kurzzeit-Badnitrierens vermeidet [17] und dieses weitgehend verdrängt hat. Nur wenig überlastbar.

Vergütungsstähle – nitrocarburiert (kurzzeit-badnitriert). Verzugsarmes Verfahren. Normal: $d < 300$ mm, $m < 6$ mm; schwieriger: d bis 600 mm, m bis 10 mm. Praktisch keine Diffusionszone, d.h. reduzierte Tragfähigkeit, wenn Verbindungsschicht (< 30 μm dick) verschlossen.

Vergütungsstähle – carbonitriert. Härtetiefen (stickstoffhaltige Martensitschichten) 0,2 bis 0,6 mm. Möglichst hohe Kernfestigkeit zum Stützen der dünnen Härteschicht. Geeignet für kleine Zahnräder bei großen Stückzahlen.

8.5 Tragfähigkeit von Gerad- und Schrägstirnrädern
Load capacity of spur- and helical gears

8.5.1 Zahnschäden und Abhilfen
Types of tooth damage and remedies

Definitionen und Ursachen s. DIN 3979, vgl. **Bild 19.**

Gewaltbruch meist durch Unfall, Blockierungen o.ä.; Kräfte kaum abschätzbar. Abhilfe: Überlastschutz, Soll-Brechglieder.

Dauerbruch. Ermüdungsbruch nach längerer Laufzeit oberhalb der Dauerfestigkeit, meist ausgehend von Kerben, Härterissen, Werkstoff- oder Wärmebehandlungsmängeln im Zahnfuß. – *Abhilfe:* größere Moduln, Betriebseingriffswinkel (Profilverschiebung), Fußausrundung (Schleifkerben vermeiden), Oberflächenhärten (insbesondere Einsatzhärtung), Kugelstrahlen, genaue Verzahnung, Zahn-Endrücknahme oder Breitenballigkeit zur Entlastung der Zahnenden.

Grübchenbildung (pitting). Grübchenartige Ausbröckelungen insbesondere zwischen Fuß- und Wälzkreis infolge

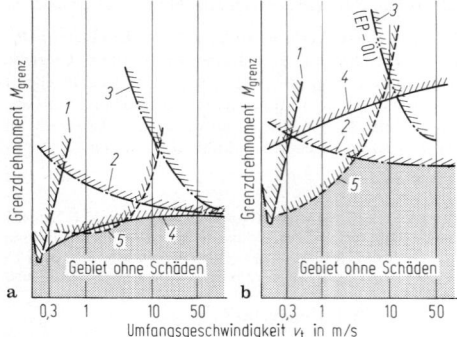

Bild 19. Haupttragfähigkeitsgrenzen von Zahnrädern. **a** Vergütungsstahl; **b** Einsatzstahl. *1* Verschleißgrenze, *2* Zahnbruchgrenze, *3* Freßgrenze (Warmfressen), *4* Grübchengrenze, *5* Graufleckengrenze

zu hoher Flankenpressung. Kleine Einlaufgrübchen (initial pitting) bauen bei Vergütungsstahl örtliche Überlastungen ab und kommen zum Stillstand – daher unschädlich. Fortschreitende Grübchenbildung (progressive pitting) führt zur Zerstörung der Zahnflanken. – Abhilfe: Große Krümmungsradien (Profilverschiebung), Ober-

---

Tabelle 6. Pflichtenheft für Zahnradgetriebe. (Hierzu Skizze mit den Anschlußmaßen)

Auswirkung auf: Abdichtung A, Anwendungsfaktor B, Fertigung F, Getriebebauart G, Gehäuse H, Konstruktion, Kühlung/Heizung K, Lager L, Schmierung S, Verzahnung V, zul. Spannung Z.

1. Hauptfunktionen, erforderlich für die Entwurfsrechnung

○ An-/Abtriebsdrehzahlen (Übersetzung- konstant, Schaltstufe-Toleranz); Drehrichtung konstant/wechselnd . . . . . Z	○ Kundenvorschriften zu den Hauptfunktionen: Getriebeart (Stirnräder, Kegelräder usw.) Einbauart (Stand-, Aufsteck-, Flanschgetriebe usw.) Sonstiges (Anwendungsfaktor, Mehrmotorenantrieb, Schwungräder, An-/Abtrieb links/rechts/ wahlweise). Weitere s. 2.4. . . . . . K	○ Lage der Arbeitsmaschine zur Antriebsmaschine (Lage von Antriebswelle zu Abtriebswelle des Getriebes, veränderliche Lage, Grenzen) Getriebeart, evtl. Achsabstand. . . . . K
○ Art der Arbeitsmaschine, der Antriebsmaschine . . . . B		○ Leistung, Dauerbetriebsmoment, Nennmoment der Arbeits-/Antriebsmaschine, Maximalmoment, Anfahrmoment o.ä. . Z

2. Sonstige Funktionen, erforderlich für Entwurf, Nachrechnung und Gestaltung

2.1 *Betriebsdaten*	2.3 *Kräfte am Getriebe*	2.5 *Schmierung*
○ Anzahl der Anfahrten der Maschine . . B	○ Axialkräfte auf An- und Abtriebswelle (z.B. Zahnkupplung). . . . . H, L, V	○ Heizung (zum Anfahren)
○ Folgen eines Schadensfalles (Gefährdung von Menschenleben, Produktionsausfall). . . . . Z	○ Kräfte auf das Gehäuse. . . . . H, L	○ Kühlung (Süß-, Salz-, Brackwasser oder Luft, Temperatur); Zentrale Kühlanlage oder Einzelkühlung.
○ Kipp-, Anfahr-, Abschaltmoment der Antriebsmaschine, Höhe, Anzahl und Dauer der Stöße im Betrieb, Spitzenmoment, Katastrophenmoment. . . . . B	○ Radialkräfte auf An- und Abtriebswelle (z.B. Kettenrad, Riemenscheibe). . H, L	○ Schmierstoff frei wählbar/Vorschriften.
	○ Rücklaufsperre. . . . . S	○ Versorgung durch zentrale Schmieranlage (Schmierstoff, Viskosität, Druck) oder Einzelgetriebeschmierung.
○ Laufzeit pro Tag, % Einschaltdauer. . Z		
○ Überlastsicherung, Abschaltmoment. . B	2.4 *Kundenforderungen: Vorschriften, Abnahmebedingungen*	2.6 *Umgebung, Aufstellungsort*
○ Umkehr der Kraftrichtung (Reversierbetrieb). . . . . Z	○ Art der Kupplungen an An- und Abtrieb. . . . . L, V	○ Aufstellungsort (Halle, gedeckt, im Freien). . . . . A, S, K
	○ Berechnungsvorschrift (z.B. Klassifikationsgesellschaften, Werksvorschriften). Z	○ Beschränkungen für Montage, Einbau, Raum, Gewicht, Transport, Schmutz, Staub, Fremdkörper, Spritzwasser, Wasserdampf. . . . . A, H, F
2.2 *Fertigungsdaten*		
○ Einschränkungen für Werkstoffwahl (Bearbeitbarkeit, Lieferzeit) . . . . Z	○ Form der Wellenzapfen an An- und Abtrieb (Flansch angeschmiedet – Lochkreis, Paßfeder o.ä., eingerichtet für Ölpreßverband).	○ Fundament (z.B. Stahlgerüst, Beton starr; getrennt oder gemeinsam mit An- und Abtrieb). . . . . H
○ Maß- und Gewichtsbeschränkungen durch Werkzeugmaschinen, Ofenabmessungen, Härteeinrichtungen. . . . F, Z	○ Geräusch, Wirkungsgrad, Garantie (Art des Probelaufes). . . . . . . V, H, F	○ Temperatur (max., min.), Sonneneinstrahlung. . . . . K, S
○ Verfügbare Werkzeuge. . . . . . F, V	○ Gestaltung (geschmiedete, geschweißte, geschrumpfte Zahnkränze; Wellen-Naben-Verbindung; gegossene geschweißte Gehäuse). . . . . K, H	
	○ Unfallverhütungsvorschriften . . . K, Z	

flächenhärtung (insbesondere Einsatzhärtung) s. **Bild 19,** zähere Öle, genaue Verzahnung, kleine Flankenrauheit.

Grauflecken (micropitting). Vielzahl von mikroskopisch kleinen Anrissen und Ausbrüchen, optischer Eindruck eines grauen Flecks. Abhilfe durch verbesserte Schmierbedingung (auch Einfluß des Additivs) [57].

Warmfressen. Riefen und Freßmarken im Bereich hoher Gleitgeschwindigkeiten infolge einer durch Werkstoff und Schmierstoff bedingten Grenztemperatur. – Abhilfe durch kleinere Moduln, Kopf- und Fußrücknahme, Nitrieren, kleine Flankenrauheit (Einlaufen), besonders wirksam: EP-Öle (Öle mit chemisch aktiven Zusätzen).

Kaltfressen. Riefenverschleiß mit starkem Materialabtrag bei niedrigen Umfangsgeschwindigkeiten. – Abhilfe durch bessere Verzahnungsgenauigkeit, glattere Zahnflanken, zäheren Schmierstoff, Kopfrücknahme.

Abriebverschleiß. Flächenhafter Materialabtrag insbesondere an Kopf und Fuß, oft maßgebend bei kleinen Umfangsgeschwindigkeiten ($v < 0,5$ m/s) infolge mangelnder Schmierdruckbildung. – Abhilfe durch hohe Schmierstoff-Zähigkeit, gewisse synthetische Schmierstoffe, manche EP-

Zusätze, MoS-Suspension, Oberflächenhärten oder Nitrieren. Wichtig: Gleiche Flankenhärte an Ritzel und Rad.

8.5.2 Pflichtenheft. Checklist

Vor Beginn des Entwurfs alle Anforderungen und Einflüsse auf die Funktion des Getriebes zusammenstellen. Oft entscheidend für Erfolg oder Mißerfolg. Hinweise: **Tab. 6.**

8.5.3 Anhaltswerte für die Dimensionierung
Guide data for gear rating

Verzahnungsdaten (Übersetzung, Modul, Achsabstand Durchmesser, Überdeckung (s. G8.1.2, G8.1.4, G8.1.5, G8.1.7).

Ritzeldurchmesser d_1. Aus vereinfachtem Kennwert für die Wälzpressung $K^* = [F_t(u+1)/(bd_1 u)]$ folgt:

$$d_1 \geq \sqrt[3]{\frac{2M_1}{K^*(b/d_1)} \frac{u+1}{u}}. \tag{40}$$

Entgegen DIN 3990 und sonstigen Getriebenormen wird das Drehmoment mit M statt mit T bezeichnet, um eine Einheitlichkeit aller Fachgebiete zu erhalten. Erfahrungswerte für K^* nach ausgeführten Getrieben; Beispiele **Tab. 7.** Wahl von Werkstoff und Wärmebehand-

Tabelle 7. K^*-Faktoren ausgeführter Stirnradgetriebe (für Nennleistung, wenn nicht anders angegeben) nach Firmenangaben und [1, 2, 47, 48]. Werkstoff: Stahl (wenn nicht anders angegeben). Wärmebehandlung: v vergütet; eh einsatzgehärtet; n nitriert. Bearbeitung: f gefräst, gehobelt gestoßen; s geschabt; g geschliffen

Anwendung Antrieb/Abtrieb	v m/s	Ritzel Werkstoff Wärmebehandlung Bearbeitung	Härte	Rad Werkstoff Wärmebehandlung Bearbeitung	Härte	K^*-Faktor N/mm²	Bemerkungen
Turbine/Generator	>20	v, f	225 HB	v, f	180 HB	0,80	}$K_A \approx 1,1$ [a]
	>20	n, s	>60 HRC	n, s	>60 HRC	2,0	
	>20	eh, g	>58 HRC	eh, g	>58 HRC	2,8	
E-Motor/ Industriegetriebe (24-h-Betrieb)	5	v, f	210 HB	v, f	180 HB	1,2	
		v, f	350 HB	v, f	300 HB	2,0	
		eh, g	>58 HRC	eh, g	>58 HRC	4,4	}$K_A \approx 1,3$ [a]
	10	v, f	210 HB	v, f	180 HB	1,0	
		v, f	350 HB	v, f	300 HB	1,8	
		eh, g	>58 HRC	eh, g	>58 HRC	4,0	
E-Motor/Großgetriebe (Aufzüge, Drehöfen, Mühlen)	<5	v, f	225 HB	v, f	180 HB	0,6	
		v, f	260 HB	v, f	210 HB	1,0	}$K_A \approx 1,6$
	7,5	eh, g	>58 HRC	v, f	320 HB	1,5	
Konverter (für *Maximal*moment)	0,3	v, f	260 HB	GS, f	180 HB	1,3	*nicht* Katastrophenmoment
E-Motor/ Werkzeugmaschinen (Wälzfräsmaschinen)	22	eh, g	>58 HRC	eh, g	>58 HRC	3,0	für *selten* auftretendes Spitzenmoment
	0,3	eh, g	>58 HRC	eh, g	>58 HRC	9,0	
Fräsmaschinen (Spindelstock)	22	eh, g	>58 HRC	Gußpolyamid 12 g, f	75 Shore D	0,70	
E-Motor/ Kran-Hubwerk (für *max.* Hublast und Dauerbetrieb)	10 ...14	v, f	230/280 HB	v, f	190/230 HB	1,1	1. Stufe
	4 ... 8	v, f	230/280 HB	v, f	190/230 HB	1,3	2. Stufe
	2 ... 4	v, f	230/280 HB	v, f	190/230 HB	1,6	3. Stufe
	0,5... 2	v, f	230/280 HB	v, f	190/230 HB	1,8	4. Stufe
E-Motor/Greifer-Hubwerk (für *max.* Greifer-Schließmoment	12	eh, g	>58 HRC	eh, g	>58 HRC	7,0	1. Stufe
	6	eh, g	>58 HRC	eh, g	>58 HRC	11,0	2. Stufe
	3	eh, g	>58 HRC	eh, g	>58 HRC	15,0	3. Stufe
E-Motor/kleine Industriegetriebe	<5	v, f	350 HB	Hartgewebe		0,53	
		v, f	350 HB	Polyamid		0,35	
E-Motor/ kleine Geräte	<5	v, f	200 HB	Zink-Druckguß		0,20	
	<3	v, f	200 HB	Messing, Aluminium		0,20	
	<3	Messing, Aluminium		Messing, Aluminium		0,10	

[a]) Anwendungsfaktor für Nachrechnung.

Tabelle 8. Größtwerte für b/d_1 von ortsfesten Stirnradgetrieben mit steifem Fundament[a])

Gerad- und Schrägverzahnung; beidseitige, symmetrische Lagerung,

normalisiert (HB ≦ 180):	$b/d_1 \leqq 1{,}6$
vergütet (HB ≧ 200):	$b/d_1 \leqq 1{,}4$
einsatz- oder randschichtgehärtet:	$b/d_1 \leqq 1{,}1$
nitriert:	$b/d_1 \leqq 0{,}8$

Doppel-Schrägverzahnung:	$B/d_1 \leqq 1{,}8$fache der o.a. b/d_1-Werte, B siehe *Bild 5*

Beidseitige, *un*symmetrische Lagerung:	80% der o.a. Werte

Gleich große Ritzel und Räder (Kammwalzen und $i=1$):	120% der o.a. Werte

Fliegende Lagerung:	50% der o.a. Werte

[a]) Bei leichter Bauform auf Stahlgerüst ca. 60% der Werte.

Tabelle 9. Übliche Ritzelzähnezahlen z_1. Unterer Bereich für Drehzahlen $n < 1000\,1/\text{min}$, oberer Bereich für $n > 3000\,1/\text{min}$

Übersetzung i	1	2	4	8
vergütet bis 230 HB über 300 HB (und hart/vergütet)	32...60 30...50	29...55 27...45	25...50 23...40	22...45 20...35
Gußeisen GGG	26...45	23...40	21...35	18...30
nitriert	24...40	21...35	19...31	16...26
einsatzgehärtet (oder oberflächengehärtet)	21...32	19...29	16...25	14...22

$z=12$	praktisch kleinste Zähnezahl für Leistungsgetriebe (Gegenzähnezahl ≧ 23)
$z=7$	kleinste Zähnezahl für Bewegungsübertragung bei Bezugsprofil nach DIN 867, Geradverzahnung
$z=5$	kleinste Zähnezahl für Bewegungsübertragung bei Bezugsprofil nach DIN 58400 (Feinwerktechnik), Geradverzahnung
$z=1...4$	für Bewegungsübertragung möglich mit Staffelrädern oder Schrägstirnrädern, $\varepsilon_\alpha < 1$ [7]

Tabelle 10. Mindestwerte für m_n

DIN- Verzahnungs- qualität	Lagerung	min m_n oder m_t
11...12	Stahlkonstruktion, leichtes Gehäuse	$b/10...b/15$
8...9	Stahlkonstruktion – oder fliegendes Ritzel	$b/15...b/25$
6...7	gute Lagerung im Gehäuse	$b/20...b/30$
6...7	genau parallele, starre Lagerung	$b/25...b/35$
5...6	$b/d_1 \leqq 1$, genau parallele, starre Lagerung	$b/40...b/60$

lung (s. G 8.4). Bei Vergütungsstählen Härte des Ritzelwerkstoffs um ca. HB = 40 höher als Härte des Radwerkstoffs wählen.

Zahnbreite b nach Anhaltswerten für b/d_1, **Tab. 8.** Bei größeren Breiten Flankenlinien-Korrekturen zum Ausgleich der Verformungen notwendig. Sprungüberdeckung: Gl. (13) beachten.

Zähnezahl und Modul. Übliche Ritzelzähnezahlen **Tab. 9.** Damit Modul aus Gl. (5) bestimmen. Mindestmodul n bedingt durch Zahn-Eckbruchgefahr **Tab. 10.** – Genormte Modulreihe **Tab. 1.**

Nach Bestimmung des Moduls prüfen, ob bei aufgestecktem Ritzel (Paßfeder o.ä.) ausreichende Kranzdicke unter Zahnfuß vorhanden (s. **Bild 49**) oder ob bei verzahnter Welle verbleibender Wellenquerschnitt ausreicht.

Geradverzahnung – Schrägverzahnung. Eigenschaften s. G 8.1.4. Wenn geräuscharmer Lauf gefordert und bei stoßhaftem Betrieb eher zu Schrägverzahnung und feinerer Qualität übergehen. – Für mittlere Verhältnisse:

Gerad: Bis $v_t = 1$ m/s mit Q 10–12, bis 5 m/s mit Q 8–9, bis 20 m/s mit Q 6–7.

Schräg oder Doppelschräg: Bei gehärteten Verzahnungen Q 8 oder feiner erforderlich, sonst erhöhte Zahneckbruchgefahr und keine Vorteile durch Schrägverzahnung. – Bei ungehärteten Stählen sowie Gußwerkstoffen auch für gröbere Qualitäten (einlauffähig, Überschuß an Bruchsicherheit).
Bis $v_t = 2$ m/s mit Q 10–12 ungehärtet, Q 7–8 gehärtet,
bis $v_t = 5$ m/s mit Q 8–9 ungehärtet, Q 7–8 gehärtet,
bis $v_t = 20$ m/s mit Q 6–7, über $v_t = 40$ m/s mit Q 4–5.

Schrägungswinkel. *Einfache Schrägverzahnung $\beta = 6$ bis 15°* (Begrenzung der Axialkraft). – Sprungüberdeckung Gl. (13) prüfen: Bis $v_t = 20$ m/s: $\varepsilon_\beta \geqq 1{,}0(0{,}9)$; $\varepsilon_\gamma \geqq 2{,}2$; über 40 m/s: $\varepsilon_\beta \geqq 1{,}2$, $\varepsilon_\gamma \geqq 2{,}5$. *Doppelschrägverzahnung* nur wenn Einfach-Schrägverzahnung zu breit oder Axialkräfte zu groß: $\beta = 20$ bis 30°. Achtung: Nur eine Welle axial festlegen und prüfen of Axialkräfte von außen eingeleitet werden (dann ungleichmäßige Kraftaufteilung!). – Pfeilspitze sollte i. allg. nacheilen. Grenzen der Herstellung (z.B. Fräserauslauf) beachten (s. G 8.10.3).

Bezugsprofil (s. **Bild 10**).

Profilverschiebung (s. G 8.1.7).

Lagerkräfte (Bild 20). Zahnnormalkraft $F_t/\cos\alpha_{wt}$ wirkt als Querkraft, Axialkraft $F_x = F_t \tan\beta$ am Hebelarm r auf Welle. Hieraus Radial- und Axial-Lagerkräfte bei A und B entsprechend den Abständen der Lager bestimmen. Bei Berechnung der Radiallagerkräfte Kippmoment der Axialkräfte beachten!

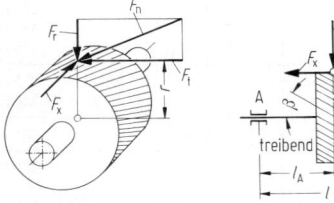

Bild 20. Zahnkraft-Komponenten zur Berechnung der Lagerkräfte

8.5.4 Nachrechnung der Tragfähigkeit
Evaluation of load capacity

Man prüft, ob das Getriebe bei geforderter Lebensdauer ausreichende rechnerische Sicherheiten gegen alle Schadensgrenzen aufweist, sofern Überschlagsrechnung nach Gl. (40) und **Tab. 7** genügt.

Grundgedanke. Berechnung basiert auf der am Zahn angreifenden Nenn-Umfangskraft einer fehlerfreien, starren Verzahnung, mittleren Schmierbedingungen und auf Festigkeitswerten, die an Standard-Referenz-Prüfrädern bei Standard-Prüfbedingungen ermittelt wurden.
In Wirklichkeit liegen abweichende Voraussetzungen vor: Äußere Zusatzkräfte durch Anfahrstöße, Belastungsschwankungen; innere Zusatzkräfte durch Verzahnungsfehler und Verformungen; Baugrößeneinfluß; Schmierung (Umfangsgeschwindigkeit; Viskosität, Rauheit); Fußaus-

Tabelle 11. Anwendungsfaktoren für Zahnradgetriebe
a) Für Industrie-Getriebe ($n < 3600\ \text{min}^{-1}$, ($z_1 v_t/100$) $\cdot [u^2/(1+u^2)]^{1/2} < 10$ mit v_t in m/s)

Arbeitsweise der Antriebsmaschine (Beispiele s. **Tab. 11b**)	Arbeitsweise der getriebenen Maschine			
	gleich-mäßig	mäßige Stöße	mittlere Stöße	starke Stöße[a])
gleichmäßig	1,00	1,25	1,50	1,75
leichte Stöße	1,10	1,35	1,60	1,85
mäßige Stöße	1,25	1,50	1,75	2,0
starke Stöße	1,50	1,75	2,0	2,25 oder höher

[a]) Nitrierte Zahnräder im allgemeinen nicht geeignet.

b) Beispiele für Arbeitsweise der Antriebsmaschinen

Arbeitsweise	Antriebsmaschine
gleichmäßig	Elektromotor, Dampfturbine, Gasturbine bei gleichmäßigem Betrieb (geringe, selten auftretende Anfahrmomente)
leichte Stöße	Dampfturbine, Gasturbine, Hydraulik-motor, Elektromotor (größere, häufig auftretende Anfahrmomente)
mäßige Stöße	Mehrzylinder-Verbrennungsmotor
starke Stöße	Einzylinder-Verbrennungsmotor

c) Beispiele für Arbeitsweise der getriebenen Maschinen

Arbeitsweise	getriebene Maschine
gleichmäßig	Stromerzeuger, gleichmäßig beschickte Gurt-förderer oder Plattenbänder, Förderschnek-ken, leichte Aufzüge, Vorschubantriebe von Werkzeugmaschinen, Lüfter, Turboverdich-ter, Rührer und Mischer für Stoffe mit gleichmäßiger Dichte, Stanzen bei Auslegung nach maximalem Schnittmoment.
mäßige Stöße	ungleichmäßig beschickte Gurtförderer oder Plattenbänder, Hauptantriebe von Werk-zeugmaschinen, schwere Aufzüge, Dreh-werke von Kränen, schwere Zentrifugen, Rührer und Mischer für Stoffe mit unregel-mäßiger Dichte, Zuteilpumpen, Kolbenpum-pen mit mehreren Zylindern.
mittlere Stöße	Mischer mit unterbrochenem Betrieb für Gummi und Kunststoffe, leichte Kugelmüh-len, Holzbearbeitung, Einzylinder-Kolben-pumpen.
starke Stöße	Eimerkettenantriebe, Siebantriebe, Löffel-bagger, schwere Kugelmühlen, Gummikne-ter, Hüttenmaschinen, schwere Zuteilpum-pen, Rotary-Bohranlagen, Kollergänge.

o Die Tabellenwerte gelten für das Nennmoment der Arbeits-maschine. Man kann hierfür ersatzweise das Nennmoment des Antriebsmotors benutzen, sofern dieses dem Momentbedarf der Arbeitsmaschine entspricht.
o Die Werte gelten nur für Getriebe, die nicht im Resonanzbereich arbeiten und nur bei gleichmäßigem Leistungsbedarf. Bei An-wendungen mit ungewöhnlich schweren Belastungen, Motoren mit hohen Anlaufmomenten, Aussetzbetrieb oder bei Betrieb mit extremen, wiederholten Stoßbelastungen muß man die Getriebe auf Sicherheit gegen statische und Zeitfestigkeit überprüfen.
o Sind für bestimmte Gebiete gesonderte Anwendungsfaktoren gefordert, so sind diese zu verwenden.

o Bei einer Bremse sind die aus den Massenträgheitsmomenten resultierenden Drehmomente zu beachten. Mitunter sind diese maßgebend für die maximale Getriebebeanspruchung.
o Bei einer hydraulischen Kupplung zwischen Motor und Getrie-be können die K_A-Werte für mäßige mittlere und starke Stöße vermindert werden, wenn die Kennung der Kupplung dies ge-stattet.

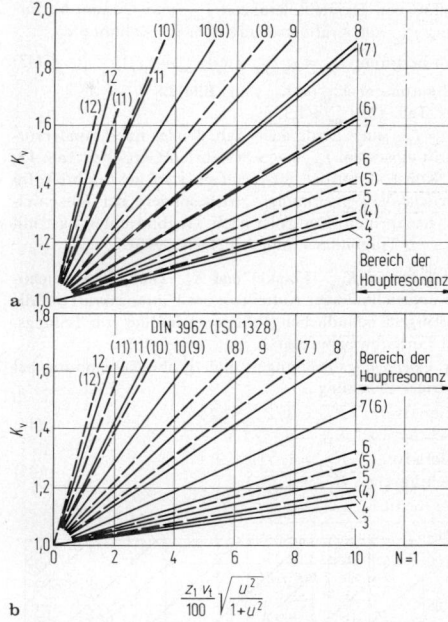

Bild 21. Dynamikfaktor K_v (DIN 3990/ISO/DIS 6336). **a** Gerad-stirnräder; **b** Schrägstirnräder mit $\varepsilon_\beta \gtrless 1$ (für $\varepsilon_\beta < 1$ s. DIN 3990, [1])

rundung usw. Die Wirkung dieser Abweichungen wird durch Einflußfaktoren erfaßt.

Eingangsgrößen s. Rechenschema mit Beispiel.

Umfangskraft $F_t = 2M/d = 2P/(d\omega)$;   (41)

Umfangsgeschwindigkeit $v_t = 0,5d\omega = \pi d n$.   (42)

Anwendungsbereich für vereinfachte Berechnung von In-dustriegetrieben: Bezugsprofil DIN 867: $\alpha_0 = 20°$, $h_{a0}/m = 1,25 \pm 0,05$, $\rho_{a0}/m = 0,25 \pm 0,05$. Ritzelzähnezahl: $20 \le z_1 \le 50$. Mittlere bis hohe Belastung: $K_A F_t/b \gtrless 200$ N/mm Zahnbreite. Betrieb im unterkritischen Bereich, s. **Bild 21**. Profilüberdeckung: $1,2 < \varepsilon_\alpha < 1,9$. $v_t > 1$ m/s. Rauheit in der Fußausrundung $R_z < 16\ \mu\text{m}$. Schmierstoff nach **Tab. 5** und **Bild 18**. Dauergetriebe. Bei Schrägverzahnung $\varepsilon_\beta \ge 1$.
Bei *abweichenden* Voraussetzungen Berechnung nach DIN 3990, [1].

Kraftfaktoren

(Sie dienen zur Bestimmung der maßgebenden Kraft pro mm Zahnbreite, gültig für alle Beanspruchungsgrenzen). Die Faktoren hängen von der maßgebenden Umfangs-kraft ab; sie werden näherungsweise wie folgt berechnet: K_v mit Qualität der Verzahnung und $K_{H\beta}$ oder $K_{F\beta}$ mit Umfangskraft $F_t K_A K_v/b$. Manche Kraftfaktoren werden bei kleinen Fehlern und hohen äußeren Umfangskräften zu 1.

Anwendungsfaktor K_A. Er berücksichtigt die von Antrieb oder Abtrieb eingeleiteten Zusatzkräfte. – Anhaltswerte siehe **Tab. 11**. – Rechnet man mit dem Maximalmoment (s. **Tab. 11c**), so ist $K_A = 1$ zu setzen.

Dynamikfaktor K_v berücksichtigt innere dynamische Zusatzkräfte: **Bild 21**.

Breiten-Faktor $K_{H\beta}$ (Flanke) $\approx K_{F\beta}$ (Fuß) berücksichtigt Einfluß von Herstelltoleranzen f_{ma} und Gesamt-Verformung f_{shg} auf Kraftverteilung über die Zahnbreite:

Man bestimmt $F_{\beta y} = x_\beta F_{\beta x} = x_\beta (f_{ma} + f_{shg})$ (43)

und entnimmt $K_{H\beta} (\approx K_{F\beta})$ aus **Bild 22**.

x_β s. **Tab. 12**; $f_{shg} \approx 1{,}33 f_{sh}$.

$f_{ma} \approx f_{H\beta}$ eines Rads nach **Tab. 3** oder nach Sondervorschrift einsetzen. f_{shg} nach bewährten Getrieben **Tab. 13**; die Konstruktion ist entsprechend steif auszuführen. Im Zweifelsfalle Verformung – insbesondere der Ritzelwelle – nachprüfen. Kontrolle nach Tragbild unter Last mit ölfestem Tragbildlack möglich (DIN 3990).

Stirnfaktoren $K_{H\alpha}$ (Flanke) und $K_{F\alpha}$ (Fuß) berücksichtigen ungleichmäßiger Aufteilung der Umfangskraft auf die im Eingriff befindlichen Zahnpaare infolge von Teilungs- und Formabweichungen.

Für *Überschlags*rechnungen oder grobe Verzahnung bei niedriger Belastung:

Geradverz.: $K_{H\alpha} = 1/Z_\varepsilon^2 \geq 1{,}2$;
Schrägverz.: $K_{H\alpha} = \varepsilon_{\alpha n} \geq 1{,}4$. (44)

Geradverz.: $K_{F\alpha} = 1/Y_\varepsilon \geq 1{,}2$;
Schrägverz.: $K_{F\alpha} = \varepsilon_{\alpha n} \geq 1{,}4$. (45)

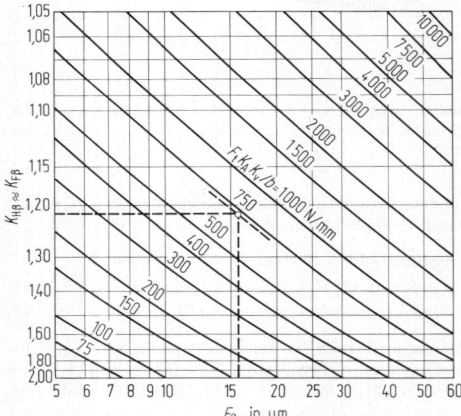

Bild 22. Breitenfaktor $K_{K\gamma} (\approx K_{F\beta})$ (DIN 3990/ISO)

Tabelle 12. Einlauf-Kennwert für Gl. (43)

Werkstoff	$\sigma_{H\lim}$ N/mm²	x_β[a])
Gußeisen		0,45[b])
Vergütungsstahl	400	0,20[b])
Vergütungsstahl	800	0,60[b])
Vergütungsstahl	1 200	0,73[b])
einsatzgehärtet oder nitriert		0,85

[a]) Gültig für beliebiges $F_{\beta x} = (f_{ma} + f_{shg})$ bei $v_t \leq 5$ m/s, für $F_{\beta x} < 80$ μm bei 5 m/s $\leq v_t < 10$ m/s, für $F_{\beta x} < 40$ μm bei $v_t \geq 10$ m/s. Bei größeren $F_{\beta x}$ s. DIN 3990, [1].

[b]) Gegebenenfalls linear interpolieren, auch bei unterschiedlichen Werkstoffen von Ritzel und Rad.

Tabelle 13. Anhaltswerte für zulässige Flankenlinienabweichungen durch Gesamt-Verformung f_{shg} in μm (für das Radpaar im Getriebe)

Zahnbreite b in mm	bis 20	über 20 bis 40	über 40 bis 100	über 100 bis 200	über 200 bis 315	über 315 bis 560	über 560
Sehr steife Getriebe (z.B. stationäre Turbogetriebe)	5	6,5	7	8	10	12	16
Mittlere Steifigkeit (meiste Industriegetriebe)	6	7	8	11	14	18	24
Nachgiebige Getriebe	10	13	18	25	30	38	50

Bei weichen anpassungsfähigen Rädern (z.B. geschweißten Einstegrädern und kleinen Schrägungswinkeln, bei kleinen Nabendurchmessern, kleinen Nabenbreiten) für die Berechnung f_{shg} aus Zeile 2 benutzen.

Man rechnet hiermit auf der sicheren Seite, Z_ε s. Gl. (50), Y_ε s. Gl. (54).

Für normalbelastete Getriebe (Dauerbruchsicherheit $S_F \leq 2$, Grübchensicherheit $S_G \leq 1{,}3$) mit DIN Qualität 8 oder feiner bei Geradverzahnung bzw. 7 oder feiner bei Schrägverzahnung:

$K_{H\alpha} = K_{F\alpha} \approx 1$. (46)

Sicherheit gegen Grübchenbildung

Die Flankenpressung (Hertzsche Pressung s. C4.2) im Wälzpunkt muß kleiner als die zulässige Pressung sein; damit Bedingung:

$S_H = \sigma_{H\lim} Z_X / (\sigma_{HO} \sqrt{K_A K_v K_{H\beta} K_{H\alpha}}) \geq S_{H\min}$. (47)

Hierin ist $\sigma_{H\lim}$ die Dauer-Wälzfestigkeit nach Prüfstandversuchen und Erfahrungen mit ausgeführten Getrieben **Tab. 14**.

σ_{HO} *Nennwert der Flankenpressung:*

$$\sigma_{HO} = Z_H Z_E \underbrace{\sqrt{\frac{F_t}{d_1 b} \frac{u+1}{u}}}_{p_C} Z_\varepsilon Z_\beta = Z_H Z_E \sqrt{K^*} Z_\varepsilon Z_\beta.$$ (48)

p_C: Hertzsche Pressung im Wälzpunkt
Z_X *Größenfaktor* für Grübchenfestigkeit **Bild 23**.

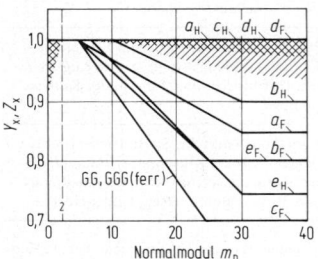

a_F, a_H Bau- und Vergütungsstähle, GGG perl., GTS perl.,
b_F, b_H randgehärtete Stähle,   } Dauerfestigkeit
c_F, c_H Grauguß, GGG ferr.,
d_F, d_H alle Werkstoffe bei statischer Beanspruchung
e_F, e_H nitrierte Stähle

Bild 23. Größenfaktor für Zahnfußfestigkeit (Index F). Größenfaktor für Grübchentragfähigkeit (Index H) n. DIN 3990, ISO/DIS 6336

Tabelle 14. Übliche Zahnradwerkstoffe, Anwendung, Festigkeit

Nr.	Art, Behandlung		δ [a]	Anwendung, Eigenschaften	HB Flanke	$\sigma_{H\,lim}$ in N/mm² [g]	σ_{FE} in N/mm² [g]
1	Grauguß	GG-20		für komplizierte Radformen, kostengünstig, leicht zerspanbar, geräuschdämpfend – stoßempfindlich	180	300 [h]	80 [h]
2	DIN 1691	GG-25			220	340 [h]	110 [h]
3	Schwarzer	GTS-35	12%	für kleine Abmessungen, Eigenschaften zwischen GG und GS	150	350 [h]	280 [h]
4	Temperguß DIN 1692	GTS-65	3%		220	440 [h]	310 [h]
5	Sphäroguß	GGG 40	12%	auch für große Abmessungen; Eigenschaften zwischen GG und GS, auch Flamm- und Induktionshärtung möglich	180	390...470 [h]	280...370 [h]
6	DIN 1693	GGG 60	4%		250	490...570 [h]	330...430 [h]
7		GGG 100 [k]	4%		350	...700	520
8	Unlegierter Stahlguß DIN 1681	GS-52.1	18%	bei großen Abmessungen kostengünstiger als gewalzte oder geschmiedete Räder – schwer vergießbar (Lunker, Gußspannungen)	160	320 [h]	250 [h]
9		GS-60.1	15%		180	340 [h]	270 [h]
10	Allgemeine	St37	25%	St37 gut schweißbar, kein definiertes Gefüge	120	320 [h]	250 [h]
11	Baustähle	St50	20%		160	370 [h]	280 [h]
12	DIN 17100	St60	15%		190	430 [h]	300 [h]

Vergütungsstähle DIN 17200 (auch als Stahlguß [m])

Nr.		R_m in N/mm² für Vergütungsquerschnitt [b] nach DIN						HB Flanke	$\sigma_{H\,lim}$ in N/mm² [g]	σ_{FE} in N/mm² [g]
		20∅	50∅	100∅	250∅	500∅	1000∅			
13	Ck 45 N [c]	720	680	650				190	430...530 [h,m]	320...400 [h,m]
14	34 CrMo 4 V [d]	980	880	800	700			270	530...710 [h,m]	430...580 [h,m]
15	42 CrMo 4 V [e]	1080	960	870	740			300	580...770 [h,m]	450...620 [h,m]
16	34 CrNiMo 6 V	1190	1050	940	790			310	590...780 [h,m]	460...620 [h,m]
16A	30 CrNiMo 8 V		1160	1050	800; 1200 [f]	1000 [f]		320	600...790 [h,m]	470...640 [h,m]
16B	34 NiCrMo 12.8 V				1300 [f]	1200 [f]	1100 [f]	350	650...840 [h,m]	490...650 [h,m]

Nr.	Art, Behandlung		Anwendung, Eigenschaften	HB Flanke	$\sigma_{H\,lim}$ in N/mm² [g]	σ_{FE} in N/mm² [g]
17	Vergütungsstähle, flamm- oder induktionsgehärtet	Ck 45	*Umlauf*härtung, kleine Abmessungen, b<20			Fuß mit-gehärtet 500...750
18		34 CrMo 4	Umlauf- oder Einzelzahnhärtung			
19		42 CrMo 4.	*Umlauf*härtung (Einzelzahnhärtung)	50...55 HRC	1000...1230	
20		34 CrNiMo 6	*Einzel*zahnhärtung, rißunempfindlich, für hohe Kernfestigkeit bei ungehärtetem Zahnfuß			Fuß nicht mitgehärtet 300...450
21	Vergütungs- und Einsatzstähle,	42 CrMo 4 V	Nht<0,6; R_m>800; m<16; etwas einlauffähig, weniger kantenempfindlich als 31 CrMo V 9	48...57 HRC	780...1000	520...740
22	nitriert	16 MnCr 5 V	Nht<0,6; R_m>700; m<10			
23	Nitrierstähle,	31 CrMoV 9 V	Standardstahl Nht<0,6; R_m>900; m<16; kantenempfindlich, für Nht>0,6; R_m>900; m<16	60...63 HRC	1120 (m<16) 1250 (m<10)	560...840
24	nitriert	14 CrMo V 6.9 V				
26	Vergütungs- und Einsatzstähle, nitrocarboriert	C 45 N	geringer Verzug, günstiger Preis; d<300; m<6	42...45 HRC	650...760	460...600
27		16 MnCr 5N				
28		42 CrMo 4 V	höhere Kernfestigkeit und Oberflächenhärte; d<600, m<10	52...55 HRC	650...800	460...640
29	carbonitriert	34 Cr 4 V	Kernfestigkeit bis 45 HRC, Kfz-Getriebe	55...60 HRC	1100...1350	600...900
30	Einsatzstähle	16 MnCr 5	Standardstahl; normal bis m=20			
31	DIN 17210	15 CrNi 6	für große Abmessungen, über m=16;	58...62 HRC	1300...1500	620...1000
32	einsatzgehärtet	17 CrNiMo 6	bei Stoßbelastung über m=5			

[a]) Bruchdehnung als Maß für die Zähigkeit.

[b]) Beim unteren Drittel des Streubereichs.

[c]) Preisgünstig, gut zerspanbar; bei günstigem glättungsfähigem Schwarz-Weiß-Gefüge $\sigma_{H\,lim}$ bis 700.

[d]) Gut schweißbar.

[e]) Standardstahl für mittlere und große Räder.

[f]) Erreichbar.

[g]) *Obere* Grenzwerte für $\sigma_{H\,lim}$ und σ_{FE} für Qualitäts-Industriegetriebe (kontrollierte Erschmelzung, hoher Reinheitsgrad, geschliffene Zahnflanken, Abnahme nach Werkszeugnis, langjährige Erfahrungen mit sorgfältig überwachter Wärmebehandlung, umfassender Kontrolle von Oberflächenhärte, Härteverlauf, Gefüge usw.)
Untere Grenzwerte und ohne Streubereich angegebene Werte sicher erreichbar. Sie gelten für Werkstoffe aus Lagerhaltung und bei begrenzter Kontrolle der Haupt-Werkstoff- und Wärmebehandlungsdaten.

[h]) Bei abweichender Härte in der Gruppe Nr. 1/2, 3/4, 5...7, 8/9, 10...12, 13...16 B linear interpolieren.

[k]) Zwischenstufenvergütet.

[m]) Bei GS $\sigma_{H\,lim}$ und σ_{FE} um ca. 80 N/mm² niedriger.

Z_H *Zonenfaktor*, erfaßt Krümmung im Wälzpunkt:

$$Z_H = \sqrt{\frac{2\cos\beta_b\cos\alpha_{wt}}{\cos^2\alpha_t\sin\alpha_{wt}}}. \tag{49}$$

Z_E *Elastizitätsfaktor:*

St/St: $Z_E \approx 190\sqrt{N/mm^2}$, St/GG: $Z_E \approx 165\sqrt{N/mm^2}$,
GG/GG: $Z_E \approx 145\sqrt{N/mm^2}$.

Z_ε Überdeckungsfaktor, Z_β Schrägfaktor:

$$\left.\begin{array}{l} Z_\varepsilon = \sqrt{(4-\varepsilon_\alpha)/3} \quad \text{für Geradverzahnung,} \\ Z_\varepsilon = \sqrt{1/\varepsilon_\alpha} \quad \text{für Schrägverzahnung } (\varepsilon_\beta \geq 1), \\ Z_\beta = \sqrt{\cos\beta}. \end{array}\right\} \tag{50}$$

u *Zähnezahlverhältnis* z_2/z_1, bei Innenradpaaren negativ.
Bei anderen Schmierstoffen und Zähigkeiten als nach **Tab. 5** und **Bild 18**: Einfluß von Zähigkeit und Geschwindigkeit nach DIN 3990 berücksichtigen. Bei gefrästen Zahnflanken 85% von σ_{Hlim} einsetzen (Rauhigkeitseinfluß).
Bei gehärteten, geschliffenen Gegenrädern kann σ_{Hlim} vergüteter Räder um Werkstoffpaarungsfaktor Z_W erhöht werden:

$$Z_W = 1,2 - (HB - 130)/1700 \tag{51}$$

mit HB des vergüteten Rads.

Gleichung (48) gilt für Schrägverzahnungen mit $\varepsilon_\beta \geq 1$; sie ist auch brauchbar für Schrägverzahnungen mit $\varepsilon_\beta < 1$ und Geradverzahnungen, sofern die Profilverschiebungen nach **Bild 13** für hohe Fuß- und Flankentragfähigkeit gewählt werden. Andernfalls s. DIN 3990. Bei $z_{n1} < 20$: σ_{HO} auf inneren Einzelgriffspunkt B (s. **Bild 7**) umrechnen (DIN 3390), [1].

Mindest-Sicherheit S_{Hmin}: Anhaltswerte s. **Tab. 15**.

Graufleckigkeit s. [58], näherungsweise: $\lambda_{krit} \approx 0,7$. Bei $\lambda > \lambda_{krit}$ ist nach bisherigen Erfahrungen nicht mit Grauflecken zu rechnen, λ s. G 8.3.

Sicherheit gegen Dauerbruch

Die am Zahnfuß auftretende örtliche Spannung (unter Berücksichtigung der Kerbwirkung) muß kleiner als die zulässige Spannung sein. Damit Bedingung:

$$S_F = \sigma_{FE}Y_X/(\sigma_{FO}K_A K_v K_{F\beta}K_{F\alpha}) \geq S_{Fmin}. \tag{52}$$

Tabelle 15. Anhaltswerte für Sicherheitsfaktoren

Schadensgrenze	Dauerfestigkeit	
Lastannahme	Maximalmoment[b]	Nennmoment × Anwendungsfaktor
(a) – (b) – (c)	(a)	(b) (c)
Grübchen-Sicherheit S_{Hmin}	0,5…0,7	1,0…1,2 1,3…1,6
Zahnbruch-Sicherheit S_{Fmin}	0,7…1,0	1,3…1,5[a]) 1,6…3,0[a])

(a) Bei Berechnungen mit *Maximal*moment gegen *Dauer*festigkeit (z.B. Scheren, Pressen, Konverter, Hubwerke); Werte gelten für vergütete oder einsatzgehärtete Zahnräder (Nitrieren vermeiden).
(b) *Normalfall* (meiste Industriegetriebe); Anlagengetriebe bei erhöhten Anforderungen; Werte im oberen Bereich.
(c) Hohe Zuverlässigkeit, kritische Fälle (sehr hohe Lastwechselzahlen, hohes Schadensrisiko, hohe Folgekosten, keine Ersatzteile, keine Überlastsicherung – z.B. Groß-, Turbo-, Schiffs-, Flugzeuggetriebe).

[a]) Ausreichende Sicherheit (ca. 1,5) gegen Maximalmoment (z.B. Anfahrstöße) vorsehen.
[b]) Rechnerisches Arbeitsmoment.

Hierin ist $\sigma_{FE} = \sigma_{Flim} \cdot 2,0$; σ_{Flim} die Biege-Nenn-Dauerfestigkeit des Standard-Referenz-Prüfrades mit Spannungskorrekturfaktor ($\approx$ Kerbformzahl) = 2,0; Anhaltswerte für σ_{FE} nach Prüfstandsversuchen s. **Tab. 14**.

Y_X *Größenfaktor* für Zahnfußfestigkeit **Bild 23**.

σ_{FO} Nennwert der Grundspannung:

$$\sigma_{FO} = \frac{F_t}{bm_n}Y_{FS}Y_\varepsilon Y_\beta. \tag{53}$$

Y_{FS} *Kopffaktor*, erfaßt Zahnform einschließlich Kerbform bei Kraftangriff am Kopf. Für Bezugsprofil nach DIN 867 s. **Bild 24**.
Y_ε Überdeckungsfaktor erfaßt Umrechnung auf Kraftangriff im äußeren Einzeleingriffspunkt (bei Schrägverzahnung für die Ersatzverzahnung im Normalschnitt, Gl. (34)). Y_β Schrägenfaktor.

$$\left.\begin{array}{l} Y_\varepsilon = 0,25 + 0,75/\varepsilon_{\alpha n} \\ Y_\beta = 1 - \beta^\circ/120 \geq 0,75 \end{array}\right\} \tag{54}$$

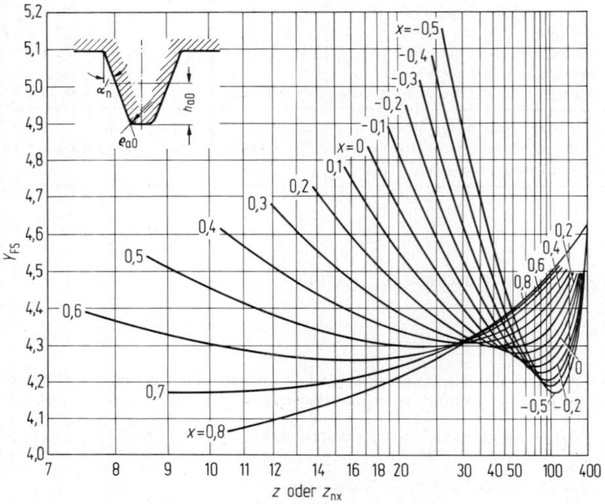

Bild 24. Kopffaktor (DIN 3990, ISO/DIS 6336). $Y_{FS}(= Y_{Fa} \cdot Y_{Sa})$ für Bezugsprofil: $\alpha_n = 20^\circ, h_a/m_n = 1, h_{a0}/m_n = 1,25, \rho_{a0}/m_n = 0,25$; für Zahnstange $Y_{FS} = 4,62$; für Innenstirnräder mit $\rho_F = \rho_{a0}/2$: $Y_{FS} = 5,79$.

Bei großen Fußausrundungen muß man die Kerbempfindlichkeit berücksichtigen (DIN 3990), [1]. Einfluß von größerer Rauheit, Schleifkerben, Kugelstrahlen, Auschleifen der Kerben [18].

Sicherheit gegen Warmfressen und Kaltfressen

Oft nachträgliche Abhilfemaßnahmen möglich (s. G 8.5.1) [1]. Berechnung s. [1] und DIN 3990, ISO/DIS 6336.

Sicherheit gegen Gleitverschleiß

Notwendig bei Geschwindigkeiten unter 0,5 m/s. Nach [19] ist mit erhöhtem Verschleiß zu rechnen, wenn die rechnerische-Mindestschmierfilmdicke nach Gl. (37) 0,1 μm unterschreitet (Verschleißhochlage bei ca. 0,01 bis 0,02 μm. Abhilfemaßnahmen (s. G 8.5.1). Berechnung s. [1].

Berechnung von *Zeitgetrieben, Getrieben* mit selten auftretenden *Belastungsspitzen* oder mit *Lastkollektiven:* [1, 19].

Rechenschema mit Beispiel

Nachrechnung der Tragfähigkeit der 1. Stirnradstufe eines Rührwerks. Antrieb: E-Motor. □ bedeutet Zeichnungsangabe.

Gegeben: Motordrehzahl: $n_1 = 1000 \text{ min}^{-1}$, Leistung $P = 51 \text{ kW}$; ruhiger Lauf gefordert, s.a. G 8.5.3. Achsabstand a vorgegeben
□ Verzahnungsqualität 6 nach DIN 3962 (s.a. **Tab.** 3), $f_{H\beta} = 10$ μm.
□ Bezugsprofil nach DIN 867, $\alpha_n = 20°$, **Bild** 10.
□ Zahnradwerkstoff: Ritzel 16 Mn Cr 5 (**Tab.** 14, Nr. 30), Rad 42 CrMo 4 V (**Tab.** 14, Nr. 15).
□ Härte: Ritzel 60 HRC, Rad 300 HB.
□ Flankenbearbeitung (Rauheit): geschliffen, $R_a = 0,5$ μm (entsprechend $R_z \approx 3$ μm).
□ Rauheit am Zahnfuß: $R_a \leqq 2$ μm (entsprechend $R_z \leqq 12$ μm).

Geometrie:	Rad 1	Rad 2	Einheit
□ Normaleingriffswinkel α_n		20	°
□ Normalmodul m_n		3,5	mm
□ Achsabstand a		180	mm
□ Zahnbreite b		53	mm
□ Zähnezahl z	36	63	– –
– Zähnezahlverhältnis u		1,75	– –
□ Schrägungswinkel β		12	°
□ Profilverschiebungsfaktor x	0,5	0,3686	– –
□ Teilkreisdurchmesser d, Gl. (5)	128,815	225,426	mm
□ Fußkreisdurchmesser d_f, Gl. (28)	123,5	219,2	mm
□ Kopfkreisdurchmesser d_a, Gl. (29) mit $h_{fp} = 1,25$ m; $c = 0,25$ m	139,0	234,7	mm
Stirneingriffswinkel α_t, (s. G 8.1.5, Eingriffs-☆)		20,4103	°
Grundkreis d_b, Gl. (20)	120,728	211,274	mm
Eingriffsteilung p_{et}, Gl. (21)		10,535	mm
Betriebseingriffs-☆ α_{wt} Gl. (31)		22,7462	°
Eingriffsstrecke g_α, Gl. (23)		15,9	mm
Profilüberdeckung ε_α, Gl. (24)		1,51	– –
Sprungüberdeckung ε_β, Gl. (13)		1,00	– –
Gesamtüberdeckung ε_γ, Gl. (14)		2,51	– –

Nachrechnung der Tragfähigkeit

Umfangskraft, Gl. (41), $F_t = 7561$ N.

K^*-*Faktor,* Gl. (40) = 1,74 nach **Tab.** 7 ausreichend dimensioniert.

Umfangsgeschwindigkeit Gl. (42): $v_t = 6,7$ m/s.

Schmierölviskosität bei 40 °C, **Bild** 18: $v_{40} \approx 1,3 \cdot 10^2$ mm²/s, ISO-VG 220.

Kraftfaktoren

Anwendungsfaktor: $K_A = 1,3$ angesetzt (s. auch **Tab.** 11).

Dynamikfaktor:
$K_v \approx 1,08$ nach **Bild 21b** mit $(v_t \cdot z_1/100) \cdot [u^2/(1+u^2)]^{1/2} = 2,1$.

Breitenfaktor, $K_{H\beta} (\approx K_{F\beta})$:
Einlauf-Kennwert nach **Tab.** 12 für $\sigma_{H\lim} = 750$ N/mm²/eins. geh.:
$x_\beta = 0,55/0,85$, $f_{ma} \approx f_{H\beta} = 10$ μm (Verzahnungsqualität 6, s. oben), Flankenlinienabweichung durch Gesamtverformung: $f_{shg} = 8$ μm nach **Tab.** 13. Mit Gl. (43): $F_{\beta y} = 12,6$ μm.

Aus **Bild** 22, mit $F_t K_A K_v/b = 200$ N/mm: $K_{H\beta} (\approx K_{F\beta}) \approx 1,6$.

Stirnfaktor, $K_{H\alpha}$ und $K_{F\alpha}$: Schrägverzahnung, DIN Qualität $\leqq 7$, Gl. (46): $K_{H\alpha} = K_{F\alpha} = 1$.

Sicherheit gegen Grübchenbildung

Zonenfaktor, Gl. (49) mit β_b nach Gl. (35), $\alpha_t, \alpha_{wt}: Z_H \approx 2,3$.

Elastizitätsfaktor, für St/St: $Z_E \approx 190 \sqrt{N/mm^2}$.

Überdeckungs- und Schrägenfaktor Gl. (50): $Z_\varepsilon Z_\beta \approx 0,8$.

Nennwert der Flankenpressung, Gl. (48): $\sigma_{HO} = 466 \text{N/mm}^2$.

Größenfaktor, **Bild** 23: $Z_X = 1$.

Grübchen-Dauerfestigkeit, **Tab.** 14 angesetzt für Ritzel $\sigma_{H\lim} = 1500$ N/mm², für Rad 300 HB $\sigma_{H\lim} = 750$ N/mm².

Werkstoffpaarungsfaktor (Rad) Gl. (51): $Z_W = 1,1$.

Sicherheitsfaktor für Grübchenbildung, Gl. (47): Ritzel $S_H = 2,1$, Rad $S_H = 1,2$. Nach **Tab.** 15 ausreichend.

Sicherheit gegen Dauerbruch

Kopffaktor, **Bild** 24: $Y_{FS\,1} \approx 4,32$, $Y_{FS\,2} \approx 4,35$ (mit Gl. (34): $z_{n1} = 38,3, z_{n2} = 67$).

Überdeckungs- und Schrägenfaktor, Gl. (54): $Y_\varepsilon Y_\beta \approx 0,67$.

Nennwert der Grundspannung, Gl. (53): $\sigma_{FO1} = 157$ N/mm², $\sigma_{FO2} = 158$ N/mm².

Grunddauerfestigkeit, nach **Tab.** 14 angesetzt für Ritzel $\sigma_{FE} = 900$ N/mm², für Rad $\sigma_{FE} = 600$ N/mm².

Größenfaktor, **Bild** 23: $Y_X = 1$.

Sicherheitsfaktor für Dauerbruch, Gl. (52): Ritzel $S_{F1} = 3,4$, Rad $S_{F2} = 2,2$. Nach **Tab.** 15 ausreichend.

8.6 Kegelräder. Bevel gears

Gegenüber Schneckengetrieben höherer Wirkungsgrad und bei größeren Leistungen (oft als Kegel-Stirnradgetriebe, s. G 8.10.1) kostengünstiger. Gegenüber Stirnrädern schwieriger (Höhenversatz, Achsenwinkelabweichungen, axiale Lage von Rad und Ritzel, Ausbiegung bei fliegendem Ritzel). *Gegenmaßnahmen:* Beschränkung der Zahnbreite, breitenballige Verzahnung, Zusammen-Läppen und -Paaren von Ritzel und Rad, axiales Einstellen des Ritzels, Wälzlager (kleines Lagerspiel), steife Gehäuse (s. G 8.6.5).

8.6.1 Geradzahn-Kegelräder. Straight bevel gears

Normal bis $v = 6$ m/s, geschliffen bis 50 m/s (Flugzeugbau).

Zahnform. Geradflankiges Bezugsplanrad, realisiert durch Hobelmeißel mit geraden Schneiden – führt zu *Oktoiden-Verzahnung* [3]. Deshalb Profilverschiebung nur als *V-Null-Verzahnung* (s. G 8.1.7), daneben Verstärkung des Ritzels zu Lasten des Rades durch Zahndickenänderung (Profil-Seitenverschiebung) oder unterschiedliche Flankenwinkel auf Vor- und Rückflanke oder Zahnhöhenänderung bei gleichen Werkzeugen möglich (getrennte Hobel-

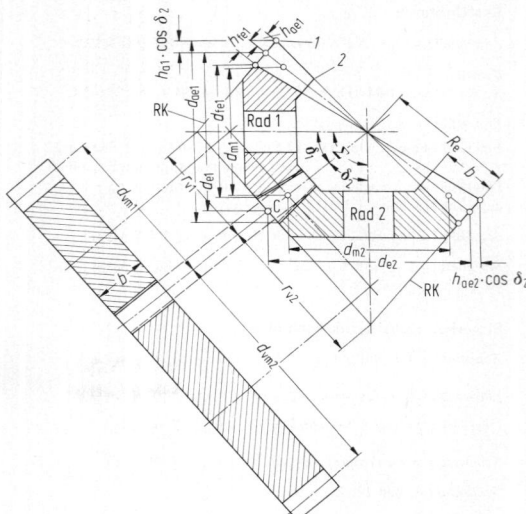

Bild 25. Kegelradpaar und Ersatzstirnräder zur Berechnung der Tragfähigkeit. *1* Ferse, *2* Zehe

meißel für beide Flanken!). Zahnhöhe i.allg. zur Kegelspitze abnehmend [50].

Verzahnungsabmessungen (Bild 25). Maße am *äußeren* Teilkegel (Rückenkegel): Index e. Die Zahnform ist (auf dem Rückenkegel RK) näherungsweise gleich der einer Stirnradverzahnung mit den Radien r_{v1} und r_{v2} auf den Mantellinien der Rückenkegel.

Achsenwinkel $\Sigma = \delta_1 + \delta_2$, meist $\Sigma = 90°$. (55)

Teilkegelwinkel δ_1 aus $\tan \delta_1 = \sin \Sigma /(u + \cos \Sigma)$. (56)

für $\Sigma = 90°$: $\tan \delta_1 = 1/u$, $\tan \delta_2 = u$. (57)

Äußere Teilkegellänge $R_e = 0,5 d_e / \sin \delta$ (58)

für $\Sigma = 90°$: $R_e = (d_{e1}/2)\sqrt{u^2 + 1}$. (59)

Äußerer Teilkreisdurchmesser

$d_{e1} = z m_{e1}, d_{e2} = z m_{e2}$. (60)

mit Modul am Rückenkegel m_e.

Zähnezahlverhältnis

$u = z_2/z_1 = d_{e2}/d_{e1} = \sin \delta_2 / \sin \delta_1$, (61)

für $\Sigma = 90°$ siehe Gl. (57).

Kopfkreisdurchmesser $d_{ae1} = d_{e1} + 2 h_{ae1} \cos \delta_1$, (62)

$d_{ae2} = d_{e2} + 2 h_{ae2} \cos \delta_2$, (63)

normal: $h_{ae1} = m_e (1 + x_h); h_{ae2} = m(1 - x_h)$. (64)

Maße am inneren Teilkegel: Index i statt e.

Ersatz-Stirnräder, bezogen auf Mitte Zahnbreite – maßgebend für die Tragfähigkeitsberechnung, **Bild 25**.

$d_{m1} = d_{e1} - b \sin \delta_1$, $d_{m2} = u d_{m1}$, (65)

Tabelle 17. Normale Flankenspiele für Kegel- und Schneckengetriebe

Modul m	bis 1,6	über 1,6 bis 5	über 5 bis 16	über 16
Flankenspiel	$(0,08...\\0,04) m$	$(0,05...\\0,03) m$	$(0,04...\\0,03) m$	$(0,03...\\0,02) m$

für $\Sigma = 90°$: $d_{m1} = d_{e1} - (b/\sqrt{u^2 + 1})$. (66)

$d_{vm1} = d_{m1} / \cos \delta_1$, $d_{vm2} = d_{m2} / \cos \delta_2$, (67)

für $\Sigma = 90°$: $d_{vm1} = d_{m1}\sqrt{(u^2 + 1)/u^2}$,

$d_{vm2} = d_{vm1} \cdot u^2$. (68)

$m_m = d_{m1}/z_1 = d_{m2}/z_2 = m_{vm} = d_{vm1}/z_{v1} = d_{vm2}/z_{v2}$. (69)

$z_{v1} = z_1 \sqrt{(u^2 + 1)/u^2}$, $z_{v2} = z_{v1} \cdot u^2$. (70)

Empfehlungen zur Wahl von Zähnezahl, Modul, Zahnbreite, Profilverschiebung, **Tab. 16**, Flankenspiel **Tab. 17**. Bezugsprofil s. **Bild 10**, ISO 677.

Tragfähigkeit für die Ersatz-Stirnräder nach Gl. (65) bis (70) bestimmen mit $F_t = 2 M_1 / d_{m1}$. Anhaltswerte für $K_{\beta\alpha} = (K_{H\beta} K_{H\alpha}) \approx (K_{F\beta} K_{F\alpha})$ nach Gl. (47) und (52) wegen größerer Unsicherheiten bei Kegelrädern und begrenzten Tragbilds (breitenballige Verzahnung):

$K_{\beta\alpha} = 2,0$ bei beidseitiger Lagerung von Ritzel und Rad

$K_{\beta\alpha} = 2,2$ bei fliegendem Ritzel und beidseitig gelagertem Tellerrad.

$K_{\beta\alpha} = 2,5$ bei fliegend gelagertem Ritzel und Tellerrad

Kontrolle: Tragbild darf bei keinem Betriebszustand an einem Zahnende liegen (s. G 8.6.5).

Lagerkräfte (s. G 8.6.4).

8.6.2 Kegelräder mit Schräg- oder Bogenverzahnung
Helical and spiral bevel gears

Geräuscharmer Lauf; gefräst oder gehobelt und geläppt bis $v = 40$ m/s; geschliffen bis 80 m/s (extrem bis 130 m/s); Axialkräfte beachten!
Für die Verzahnungsgeometrie gelten die Beziehungen von (G 8.6.1) für die Stirnschnittwerte der Kegelräder und Ersatzstirnräder, d.h. $m = m_t = m_n / \cos \beta$.

Schrägverzahnung. Zahnhöhenmaße wie h_{ae}, h_{fe}, werden abhängig vom *Normal*modul, die Profilverschiebung jedoch häufig in Vielfachen des Stirnmoduls angegeben. Wahl von Zähnezahl, Profilverschiebungsfaktor x_h und übrigen Verzahnungsmaßnahmen s. **Tab. 16**.

Bogenverzahnung. Spiralwinkel über die Breite veränderlich, Flankenlinienverlauf, Zahnhöhen, Spiralwinkel weitgehend durch Herstellverfahren bedingt (s. S 5.2). Deshalb Auslegung und Berechnung nach Vorschriften der Maschinenhersteller.

Tabelle 16. Anhaltswerte für die Wahl von Ritzelzähnezahl[a]), Zahnbreite und Profilverschiebungsfaktor[b]) bei Kegelrädern

u	1	1,12	1,25	1,6	2	2,5	3	4	5	6
z_1	18...40	18...38	17...36	16...34	15...30	13...26	12...23	10...18	8...14	7...11
b/d_1	0,212	0,226	0,240	0,284	0,336	0,404	0,474	0,615	0,75	0,75
x_h	0	0,03	0,06	0,12	0,18	0,24	0,28	0,36	0,42	0,45

Grenzwerte: $b/R_e \leq 0,3$; $b/d_1 \leq 0,75$; $b/m \leq 10$; bei Schräg- u. Bogenverzahnung $\varepsilon_\beta \geq 1,5$.

[a]) Für bogenverzahnte, gehärtete Kegelräder z_1 mehr an der unteren, für geradverzahnte, ungehärtete mehr an der oberen Grenze wählen.
[b]) Für geradverzahnte Kegelräder mit V-O-Verzahnung ($x_{h1} = -x_{h2}$) und normale Zahnhöhe ($h_{aP} = h_{fP} = m$, **Bild 10**), Profilverschiebung bei Schräg- oder Spiralverzahnung etwa 85% dieser Werte.

8.6.3 Sondergetriebe. Special gears

Kronenradgetriebe (Bild 26). Ritzel ist Gerad- oder Schräg-stirnrad, Kronenrad wird durch Wälzstoßen mit Schneid-rad, ähnlich dem Ritzel, hergestellt; auch Achsversetzung des Ritzels möglich. Tragfähigkeit gering [2].

Kegelige Stirnräder (Bild 27). Gerad- oder Schrägstirnrä-der mit über der Breite veränderlicher Profilverschiebung. Nach **Bild 27a** geeignet zur Einstellung auf spielfreien Eingriff, nach **Bild 27b** für kleine Teilkegelwinkel, die auf Kegelrad-Verzahnmaschinen nicht eingestellt werden kön-nen [21−23].

Hypoidgetriebe. Kegelräder mit sich kreuzenden Achsen, **Bild 1**. Ausführung durchweg mit Bogenverzahnung nach Angaben der Maschinenhersteller [25−28].

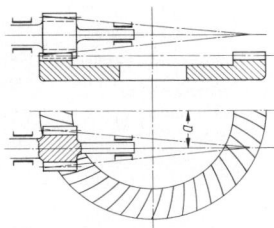

Bild 26. Kronenradgetriebe mit Achsversetzung *a* nach Dubbel, Taschenbuch für den Maschinenbau, 13. Aufl.

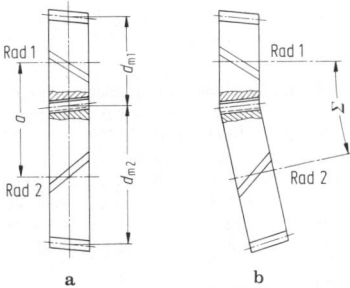

Bild 27. Kegelige Stirnräder. **a** als Stirnradpaar (parallele Achsen); **b** als Kegelradpaar (Achsenwinkel $\sum$)

8.6.4 Lagerkräfte. Bearing loads

Berechnung der Kraftkomponenten nach **Tab. 18** und **Bild 28**. Bei Berechnung der Radial-Lagerkräfte Kippmoment der Axialkräfte beachten.

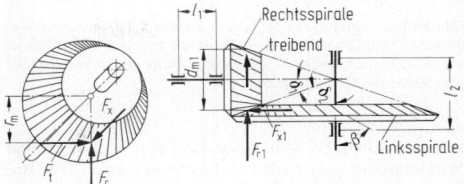

Bild 28. Zahnkraft-Komponenten zur Berechnung der Lagerkräfte

8.6.5 Hinweise zur Konstruktion von Kegelrädern
Design hints for bevel gears

Bei Ritzeln, auf Welle aufgesteckt: Zahnkranzdicke unter der Zehe $\geqq 2\,m$ (evtl. Nut beachten). − Abstand der Lager nach **Bild 28**: $l_1 = (1,2\ldots2)d_1$ bei $u = 1\ldots2$; $l_1 = (2\ldots2,5)d_1$ bei $u = 3\ldots6$; ein Lager möglichst dicht am Ritzelkopf; $l_2 > 0,7d_2$. − Tragbild unter Vollast ca. 0,85b (Zahnenden frei) bei hoher Verzahnungs- und Gehäusegenauigkeit und steifer Ausführung, sonst kleiner (ca. 0,7b). − Schrägungs-richtung so wählen, daß Axialkraft das Ritzel vom Eingriff weg drückt (Sichern des Flankenspiels). − Lagerung muß axiales Verschieben von Ritzel und Rad gestatten (Ein-stellen von Tragbild und Flankenspiel). − Zahnbreiten von Ritzel und Rad möglichst gleich (Einlaufkanten!) − Ölzu-fuhr zum hinteren Ritzellager sicherstellen.
Radkörper und Verzahnungstoleranzen DIN 3965, Ver-zahnungsangaben in Zeichnungen DIN 3966.

8.7 Stirnschraubräder. Crossed helical gears

Eigenschaften (s. G 8, Einleitung), Verwendung: Tachoan-triebe, kleine Geräte, Textilmaschinen, Zentrifugen u.ä. [1, 43−49].

8.8 Schneckengetriebe. Worm gears

Eigenschaften (s. G 8, Einleitung): Übliche Übersetzung in einer Stufe 5…70 ins Langsame, 5…15 ins Schnelle.

Tabelle 18. Berechnung der Zahnkraft-Komponenten am Kegelrad. − Werte der Winkel β, α und δ des Zahnrads verwenden, für das die Belastung bestimmt wird

Spiral- und Drehrichtung[a]) des treibenden Rades	Axialkraft	Radialkraft
Rechtsspirale, rechtsdrehend oder	treibendes Rad $$F_x = \frac{F_t}{\cos\beta}(\tan\alpha_n \sin\delta + \sin\beta \cos\delta)$$	treibendes Rad $$F_r = \frac{F_t}{\cos\beta}(\tan\alpha_n \cos\delta - \sin\beta \sin\delta)$$
Linksspirale, linksdrehend	getriebenes Rad $$F_x = \frac{F_t}{\cos\beta}(\tan\alpha_n \sin\delta - \sin\beta \cos\delta)$$	getriebenes Rad $$F_r = \frac{F_t}{\cos\beta}(\tan\alpha_n \cos\delta + \sin\beta \sin\delta)$$
Rechtsspirale, linksdrehend oder	treibendes Rad $$F_x = \frac{F_t}{\cos\beta}(\tan\alpha_n \sin\delta - \sin\beta \cos\delta)$$	treibendes Rad $$F_r = \frac{F_t}{\cos\beta}(\tan\alpha_n \cos\delta + \sin\beta \sin\delta)$$
Linksspirale, rechtsdrehend	getriebenes Rad $$F_x = \frac{F_t}{\cos\beta}(\tan\alpha_n \sin\delta + \sin\beta \cos\delta)$$	getriebenes Rad $$F_r = \frac{F_t}{\cos\beta}(\tan\alpha_n \cos\delta - \sin\beta \sin\delta)$$

[a]) Spiralrichtung und Drehrichtung von der Kegelspitze aus gesehen.

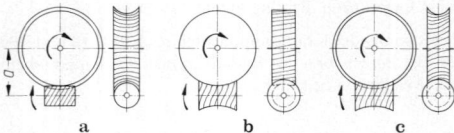

Bild 29. Paarungsarten der Schneckengetriebe. **a** Zylinderschnecken-getriebe (Zylinderschnecke – Globoidrad); **b** Stirnradschneckenge-triebe (Globoidschnecke – Stirnrad); **c** Globoidschneckengetriebe (Globoidschnecke – Globoidrad)

Selbsthemmung bei treibendem Rad (d.h. $\eta' \leqq 0$) bedingt Wirkungsgrad $\eta < 50\%$ bei treibender Schnecke! Jede Änderung der Schnecke erfordert Änderungen des Werkzeugs (Paarverzahnung, s. G 8.1.4).
Hauptanwendung (Wirtschaftlichkeit) bis Achsabstand $a \approx 160$ mm, n bis 3000 min^{-1}, ausgeführt bis $a = 2$ m und 1000 kW Leistung. – Spielarme Duplex-Schnecken für Teilgetriebe [29].

Paarungsarten, **Bild 29**; am gebräuchlichsten Zylinderschneckengetriebe **Bild 29 a**. Globoid-Schneckengetriebe s. [29], Stirnrad-Schneckengetriebe [30].

Flankenform ergibt sich aus der Herstellung (s. S 5.2). ZA-, ZN-, ZK- und ZI-Schnecken unterschieden sich nur wenig in Wirkungsgrad und Flankentragfähigkeit. ZC-(Hohlflanken-)Schnecken sind diesbezüglich etwas günstiger, jedoch empfindlicher gegen Belastungsschwankungen (Schneckendurchbiegungen).

8.8.1 Zylinderschnecken-Geometrie
Cylindrical worm gear geometry

Für Achsenwinkel $\Sigma = 90°$: Ausgangsgrößen sind mittlerer Schneckendurchmesser d_{m1} und Zahnprofil im Axialschnitt, **Bild 30**. Bei anderen Achsenwinkeln gelten die Beziehungen für zylindrische Schraubenräder sinngemäß (s. G 8.7).
Gleichungen folgen aus den Beziehungen zwischen *Zahnstangenprofil* der Schnecke (im Axialschnitt) und Schneckenrad (Zeichen: Z) oder aus Betrachtung der Schnecke als *Schrägstirnrad* (Zeichen: S) oder als *Gewindespindel* (Zeichen: G).

Hauptmaße und Verzahnungsdaten

Übersetzung : $i = n_{\text{a}}/n_{\text{b}}$ (71)
(bei treibender Schnecke $= n_1/n_2$).
Zähnezahlverhältnis : $u = z_2/z_1$ (72)
(bei treibender Schnecke $= i$).

Achsabstand : $a = (d_{m1} + d_{m2})/2$
$$= (d_{m1} + d_2 + 2xm)/2. \tag{73}$$

Profilverschiebung x: Da eine Zahnstange ($=$ Axialschnitt der Schnecke) durch Profilverschiebung nicht verändert wird, kann nur das Schneckenrad eine Profilverschiebung $x = x_2$ erhalten, dadurch verschiebt sich die Wälzgerade der Zahnstange, der Wälzkreis ($=$ Teilkreis) des Rads bleibt unverändert. Wahl der Profilverschiebung (s. G 8.8.4).

Modul Axialteilung:
$$m = m_{x1} = m_{t2} = p_x/\pi = p_{z1}/(\pi z_1) = d_{m1}\tan\gamma_m/z_1. \tag{74}$$

Durchmesser:
$$d_{m1} = 2a - d_{m2}, \tag{75}$$
$$d_{a1} = d_{m1} + 2m, \left.\begin{array}{l}\text{Bei normalem Schnecken-}\\\text{profil ist } 2m \text{ als gemein-}\\\text{same Zahnhöhe üblich}\end{array}\right. \tag{76}$$
$$d_{a2} = d_{m2} + 2m(1 + x), \tag{77}$$
$$d_2 = z_2 m = d_{m2} - 2xm \left.\begin{array}{l}\text{(Teilkreis} = \text{Wälzkreis}),\end{array}\right. \tag{78}$$
$$d_e = d_{a2} + m, \left.\begin{array}{l}\text{S. Bemerkung zu}\end{array}\right. \tag{79}$$
$$d_{f1} = d_{m1} - 2(m + c_1), \left.\begin{array}{l}\text{Gl.(76) und (77)}\end{array}\right. \tag{80}$$
$$d_{f2} = d_{m2} - 2(m + c_2). \tag{81}$$
Kopfspiel meist $c_1 = c_2 \approx 0,2m$.

Steigungswinkel:
$$\tan\gamma_m = mz_1/d_{m1} = d_2/(ud_{m1}), \tag{82}$$
$$\tan\gamma_m = [(2a/d_{m1}) - 1]z_1/(z_2 + 2x). \tag{83}$$
Gleitgeschwindigkeit: $v_g = \pi d_{m1}n_1/\cos\gamma_m$. (84)

Für ZI-Schnecken gelten ferner die Beziehungen für Evolventen-Schrägstirnräder (s. G 8.1.7) mit $\beta_m = 90° - \gamma_m$.

Berührlinien (B-Linien)

Berührpunkte und Zahnform des Rads können aus gegebenem Achsschnittprofil A der Schnecke bei gegebenem Wälzkreis ($=$ Teilkreis) des Rads nach dem Verzahnungsgesetz berechnet oder konstruiert werden (s. G 8.1.1).
Dasselbe gilt für jeden Schnitt P parallel zum Schnecken-Achsschnitt. So erhält man *B-Linien*; Beispiel s. **Bild 30**. Da das Zahnprofil der Schnecke im Schnitt P von dem im Achsschnitt abweicht, ergibt sich hier auch ein anderes Gegenprofil.
Konstruktion s. [1], Berechnung [32, 33].

8.8.2 Zahnkräfte, Lagerkräfte. Tooth loads, bearing loads

Berechnung der Umfangskraft F_t aus Drehmoment M und Leistung P. Bezeichnungen s. **Bilder 30** und **31**. Auch

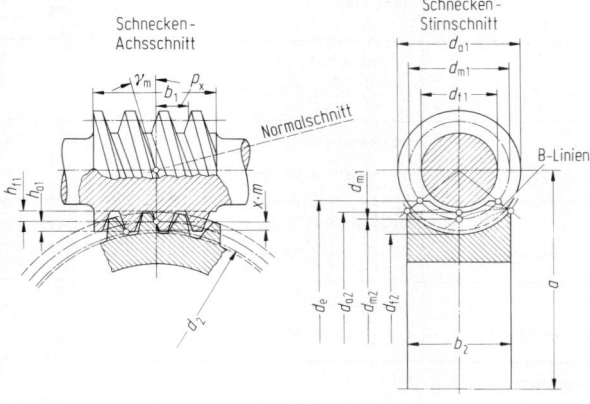

Schnecken-Achsschnitt

Schnecken-Stirnschnitt

Normalschnitt

B-Linien

Bild 30. Bestimmungsgrößen eines Zylinderschneckengetriebes

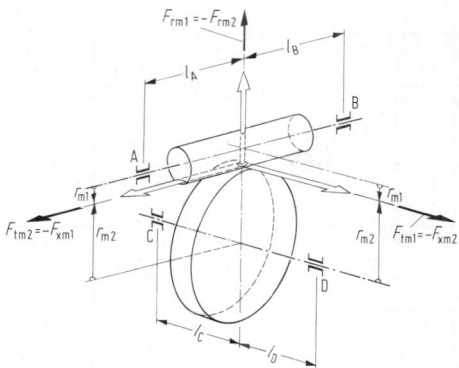

Bild 31. Zahnkräfte an einem Schneckengetriebe

die Zahnkräfte profilverschobener Räder werden für d_m angegeben [1].

$$F_{tm1} = F_{tm2}\tan(\gamma_m + \rho_z) = -F_{xm2}.\qquad(85)$$

Es genügt für die Berechnung der Lagerkräfte, ρ_z stets positiv mit 3 bis 5° einzusetzen (s. G 8.8.3).

$$F_{tm2} = -F_{xm1},\qquad(86)$$
$$F_{rm1} = F_{rm2} = F_{tm2}\tan\alpha_x\qquad(87)$$

Lagerkräfte ergeben sich aus diesen Kraftkomponenten, Radien und Lagerabständen, **Bild 31**. Dabei Kippmomente beachten:

$$M_{K1} = F_{tm2}d_{m1}/2,\quad M_{K2} = F_{tm1}d_{m2}/2.\qquad(88)$$

Ebenso evtl. äußere Querkräfte auf Eingangs- oder Ausgangswelle berücksichtigen.

8.8.3 Wirkungsgrad. Efficiency

Anhaltswerte s. **Tab. 19**. Tendenzen bezogen auf die dort angegebenen Streubereiche:

Radwerkstoff Cu–Sn-Bronze
  günstiger als GG, Al-Bronze, Messing;
gehärtete, geschliffene Schnecke
  günstiger als vergütete, gefräste Schnecke;
ZC-Schnecke günstiger als übrige Zahnformen;
Hohe Zähigkeit, geeignete Syntheseöle
  günstiger als niedrige Zähigkeit, Mineralöle
  (Einlaufeigenschaft beachten);
große Steigung (mehrgängige und dünne Schnecken)
  (Durchbiegung beachten)
  günstiger als kleine Steigung
  (eingängige und dicke Schnecken).

Tabelle 19. Gesamt-Wirkungsgrade in % von Zylinderschneckengetrieben η (Mittelwerte), Wälzlagerung, übliches Mineralöl. Kursiv: Selbsthemmung oder mögliche Selbsthemmung

Schnecken-drehzahl min^{-1}	Übersetzung				
	5	10	20	40	70
15	77…82	68…73	60…65	*47…52*	*30…35*
150	84…89	76…81	72…77	58…63	*43…48*
1 500	91…96	88…92	81…87	75…80	64…69

8.8.4 Auslegung und Nachrechnung der Tragfähigkeit
Rating and evaluation of load capacity

Vorab alle Anforderungen und Einflüsse auf Beanspruchung und Funktion sorgfältig klären. Vergleiche Pflichtenheft für Stirnradgetriebe, **Tab. 6**.

Man bestimmt Abmessungen und kontrolliert die Sicherheiten S_H, S_F, die Schneckendurchbiegung δ, bei hohen Drehzahlen evtl. Temperatursicherheit S_T und Verschleißsicherheit S_W nach [1] und korrigiert – wenn nötig – die angenommenen Werte.

Achsabstand a, Übersetzung i und Leistung P_1 gegeben

Zähnezahl z_1 nach Erfahrung [BS 721] wählen (a in mm)

  Zahlenwertgleichung $z_1 \approx (7 + 2{,}4a^{1/2})/u,$ (89)

Zähnezahl z_1 auf nächste ganze Zahl auf- oder abrunden; dann nach Gl. (72) z_2.

Beachten: Nicht ganzzahliges Verhältnis z_2/z_1 erleichtert Herstellen des Rades mit Schlagzahn und verringert schädliche Wirkung von Teilungsabweichungen. Mit der Radzähnezahl z_2 wächst die Laufruhe; möglichst $z_2 \geq 30$ bei $\alpha_x = 20°$ und normaler Zahnhöhe.

Wahl des Durchmesser-Achsabstands-Verhältnisses d_{m1}/a nach **Bild 32**. Tendenzen von S_H, δ und η beachten! Hinsichtlich eines möglichst hohen Wirkungsgrads strebt man also ein kleines d_{m1}/a an, jedoch ist die Durchbiegung zu beachten, Gefahr des Schneckenwellenbruchs.

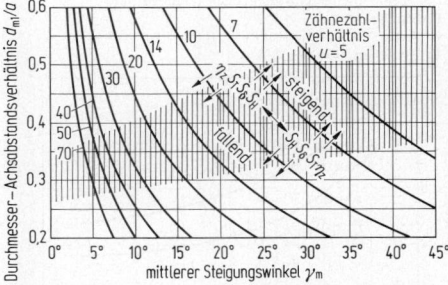

Bild 32. Verhältnis d_{m1}/a; ausgezogene Kurven nach Gl. (83) für $x = 0$; gestrichelte Linien begrenzen das Feld industriell ausgeführter Schneckengetriebe. ↑: nimmt zu, ↓: nimmt ab

Dann $d_{m1} = a\,(d_{m1}/a)$ und $\tan\gamma_m$ nach Gl. (82). Schließlich ist zu prüfen, ob vorhandene Werkzeuge (insbesondere Wälzfräser) verwendet werden können. Damit liegt meist auch die Zahnform fest.

Empfehlung für Profilverschiebungsfaktor x
– ZI-Schnecken: $-0{,}5 \leq x \leq +0{,}5$, vorzugsweise: $x \approx 0$;
– ZC-Schnecken: $0 \leq x \leq 1{,}0$, vorzugsweise: $x \approx 0{,}5$.

Weitere Größen: m nach Gl. (74), d_2 nach Gl. (78), d_{a1} nach Gl. (76), d_{a2} nach Gl. (77), d_{f1} nach Gl. (80), d_{f2} nach Gl. (81), d_{m2} nach Gl. (75).
Anhaltswerte für weitere Maße (s. **Bild 30**):

$$d_e \approx d_{a2} + m,\quad b_1 \approx 2m\,(z_2 + 1)^{1/2},$$
$$b_2 \approx 2m[1 + (d_{m1}/m + 1)^{1/2}].\qquad(90)$$

Schnecke (d_{m1}, z_1, m) und Übersetzung i gegeben

Interessant, wenn Wälzfräser für das Verzahnen des Rades vorhanden sind. Weiter beachten, daß *eine* Schnecke (d.h. auch *ein* Wälzfräser) für verschiedene Übersetzungen verwendbar ist und hierfür unterschiedliche Achsabstände ergibt.

Zunächst z_2 nach Gl. (72) bestimmen und x_2 wählen, d_{m2} nach Gl. (78) und a nach Gl. (73). Weiter wie oben beschrieben.

Tabelle 20. Werkstoffkennwerte für Schneckengetriebe

Norm	Schneckenrad-Werkstoff		$R_{p\,0,2\,min}$ N/mm²	R_m N/mm²	HB	δ_5 %	E-modul N/mm²	Z_E^c $\sqrt{\text{N/mm}^2}$	σ_{Hlim}^a N/mm²	U_{lim}^b N/mm²
DIN 1705	G-CuSn 12		140	260	80	12	88300	147	265	115
	GZ-CuSn 12	SK 12	150	280	95	5	88300	147	425	190
	G-CuSn 12 Ni		160	280	90	14	98100	152	310	140
	GZ-CuSn 12 Ni	SK 12 Ni	180	300	100	8	98100	152	520	225
	G-CuSn 10 Zn		130	260	75	15	98100	152	350	165
	GZ-CuSn 10 Zn		150	270	85	7	98100	152	430	190
–	GZ-CuSn 14		200	300	115	4	92700	150	370	180
DIN 1709	G-CuZn 25 Al 5	SoMs	450	750	180	8	107900	157	500	565
	GZ-CuZn 25 Al 5		480	750	190	5	107900	157	550	605
DIN 1714	G-CuAl 11 Ni$^{d,\,e}$		320	680	170	5	122600	164	250	402
	GZ-CuAl 11 Ni$^{d,\,e}$		400	750	185	5	122600	164	265	502
	GZ-CuAl 10 Ni	WIA	300	700	160	13	122600	164	660	377
DIN 1691	GG-25$^{e,\,f}$		120	300	250		98100	152	350	150
DIN 1693	GG-70$^{e,\,f}$		500	790	260	5,5	175000	182	490	628

[a]) Gilt für einsatzgehärtete Schnecken (geschliffen, HRC 60 ± 2); für vergütete, ungeschliffene Schnecken: Werte für σ_{Hlim} mal 0,75; für Graugußschnecken Werte für σ_{Hlim} mal 0,5.
[b]) Gilt für $\alpha_n = 20°$, für $\alpha_n = 25°$ Werte mal 1,2, bei Wechselbeanspruchung Werte mal 0,7.
[c]) Für Stahl-Schnecke. Für GG-Schnecke: $Z_E = [2,86(E_1 + E)/(E_1 E)]^{-1/2}$ mit E_1 für GG, E nach Tabelle.
[d]) Nur mit Mineralöl betreiben.
[e]) Für kleine Gleitgeschwindigkeiten (Handbetrieb).
[f]) Perlitisch.

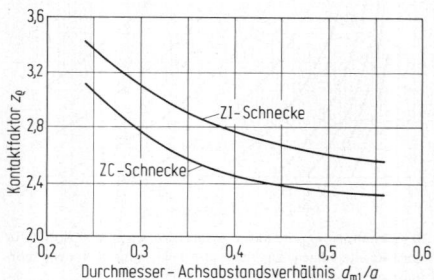

Bild 33. Kontaktfaktor Z_ρ für ZI-Schnecken ($\alpha_0 = 20°$, $-1 \leq x \leq 0,5$) (näherungsweise auch für ZK-, ZA- und ZN-Schnecken) und ZC-Schnecken ($\alpha_0 = 24°$, $0,3 \leq x \leq 1,2$) [1, 34]

Radmoment M_2, Drehzahl n_2, Übersetzung i gegeben

Achsabstand a aus Gl. (91) und den dort angegebenen Größen berechnen. a auf nächst höheren Wert der Reihe nach DIN 3976 aufrunden. Weiter wie oben beschrieben.

Nachrechnung der Sicherheit gegen Grübchenbildung S_H

Zahlenwertgleichung

$$S_H = \sigma_{Hlim} Z_h Z_n / (Z_E Z_\rho \sqrt{1000 M_2 K_A / a^3}) \geq S_{Hlim} \quad (91)$$

(Einheiten s. Tabellen und M_2 in Nm).
σ_{Hlim} Wälzfestigkeit und Z_E Elastizitätsfaktor s. **Tab. 20**.
– Lebensdauerfaktor $Z_h = (25000/L_h)^{1/6} \leq 1,6$ mit L_h in h; Lastwechselfaktor $Z_n = [1/(n_2/8 + 1)]^{1/8}$; Z_ρ Kontaktfaktor – Anhaltswerte s. **Bild 33**; K_A Anwendungsfaktor s. **Tab. 11**.
S_{Hmin} je nach Zuverlässigkeit der Angaben und Folgen eines Schadenfalls = 1 bis 1,3.
Berechnung bei veränderlicher Belastung und Drehzahl, Kurzzeitbetrieb [1]. – Verschleißtragfähigkeit [, 34].

Nachrechnung der Zahnbruchsicherheit S_F

$$S_F = U_{lim} m b_2 / (F_{t2} K_A) \geq S_{Fmin}, \quad (92)$$

U_{lim} Grenzwert des U-Faktors s. **Tab. 20**, K_A Anwendungsfaktor s. **Tab. 11**, $S_{Fmin} \approx S_{Hmin}$.

Kontrolle der Schneckendurchbiegung

Die Durchbiegung δ der Schnecke muß begrenzt werden, um Störungen des Eingriffs (Verletzung des Verzahnungsgesetzes, s. G 8.1.1) und größere Tragbildverlagerungen zu vermeiden.

Annahmen. Welle mit Durchmesser d_{m1} auf zwei Stützen mit Abständen nach **Bild 31**, belastet durch resultierende Kraft aus F_{tm1} nach Gl. (85), F_{rm1} nach Gl. (87) und M_{K1} nach Gl. (88).
Grenzwert $\delta_{lim} = m/100$ bis $m/250$ je nach Einlauffähigkeit der Werkstoffpaarung und Anforderung an Wirkungsgrad.

8.8.5 Gestaltung, Werkstoffe, Lagerung, Genauigkeit, Schmierung, Montage. Embodiment design, materials, bearings, accuracy, lubrication, assembly

Gestaltung von Gehäusen, Wellen, Dichtung (s. G 8.9). Beispiel s. **Bild 34**.
Lage der Schnecke bei Tauchschmierung möglichst unten, bei $v_1 < 10$ m/s auch seitlich, bei $v_2 < 5$ m/s auch oben; bei Einspritzschmierung Lage beliebig.

Schnecke optimal aus Einsatzstahl (58...62 HRC) oder legierter Vergütungsstahl randgehärtet (HRC<56) bei $v_g < 3$ m/s auch ungehärtet.
Bei Leistungsgetrieben meist als rechtssteigende Vollschnecke, **Bild 34**. Für – kostengünstige, niedrig belastete Getriebe auch Aufsteck-Hohlschnecke. Lagerabstand möglichst klein (Durchbiegung!): $l = (1,3...1,5)a$.

Schneckenradkranz bei Leistungsgetrieben Schleuderbronze (GZ–CuSN 12 oder GZ–CuSn 12 Ni) am besten geeignet, da einlauffähig und Freßneigung gering. Al-Bronze, Sondermessing nur für niedrige Gleitgeschwindigkeiten (Freßgefahr, höherer Gleitverschleiß). GG nur für niedrige Drehzahlen (Handbetrieb), relativ günstig bei Paarung mit GG-Schnecke.

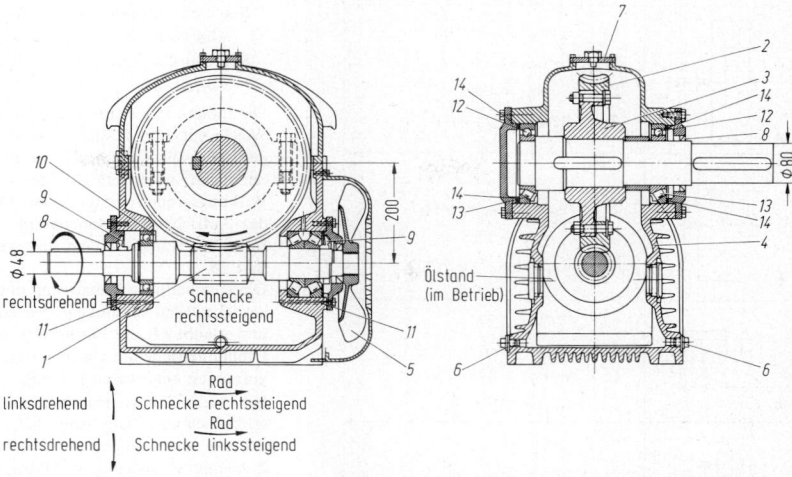

Bild 34. Schneckengetriebe (Flender, Bocholt). Nennleistung 24,5 kW, $n_1 = 1500\,\text{min}^{-1}$, $i = 20$. *1* ZC-Schnecke, 16 MnCr 5 einsatzgehärtet, geschliffen; *2* Radkranz GZ – CuSn 12 Ni; *3* Nabe St37; *4* Gehäuse GG 20 mit waagerechten Rippen; *5* Lüfter; *6* Ölablaß; *7* Schaulochdeckel mit Entlüftung; *8* Radialdichtringe (nach innen dichtend); unterschiedliche Abdichtung der Schneckenwelle dargestellt; *9* zusätzliche Dichtringe; *10* Schleuderscheibe; *11* Ölrücklauf (versetzt gezeichnet); *12* Schulterkugellager (für leichten Betrieb); *13* Kegelrollenlager (für schweren Betrieb); *14* Paßscheiben für axiales Einstellen des Rads

Radkranz meist durch Paßschrauben mit Nabe verschraubt; aufgeschrumpfte oder aufgegossene Radkränze s. [1].

Lagerabstand der Radwelle nicht zu klein (Kippgefahr!):
$l_2 = l_C + l_D = (0,5\dots0,7)d_2$ (s. **Bild 31**).

Lagerung durchweg in Wälzlagern, nur für hohe Laufruhe (z.B. bei Aufzügen) Gleitlager.

Schneckenwelle. Bei kleinen bzw. mittleren Abmessungen angestellte Lagerung mit Schulter- oder Schrägkugellagern bzw. Kegelrollenlagern Reihe 313. Bei großen Abmessungen Fest-Los-Lagerung z.B. mit zweireihigem Schrägkugellager).

Radwelle: Rillenkugellager Reihe 63 oder Kegelrollenlager Reihe 302, 322.

Genauigkeit, Flankenspiel. Da Qualitäten bisher nicht genormt, Richtwerte nach DIN 3961 bis 64, *Einzel- und Sammelabweichungen:* DIN 4 bis 5 für genaue Teilgetriebe, Richtgeräte u.ä.; DIN 5 bis 6 für Aufzüge und laufruhige Getriebe mit $v_t < 5\,\text{m/s}$; DIN 8 bis 9 für normale Industriegebiete; DIN 10 bis 12 für Nebenantriebe, Handantriebe u.ä. mit $v_t < 3\,\text{m/s}$.

Tragbild auf Auslaufseite einstellen (Schmierkeil!). *Einlaufen* (mit Nennmoment, niedriger Drehzahl, dünnflüssigem Öl) erhöht Wirkungsgrad und Flankentragfähigkeit, jedoch nur in Sonderfällen wirtschaftlich möglich.

Flankenspiel etwa nach **Tab. 17**. Spielarme Getriebe [28].

Schmierung. Anhalt für die Wahl der Ölviskosität und Schmierungsart s. **Bild 18**. Fettschmierung nur bei $v_t < 0,8\,\text{m/s}$ oder Aussetzbetrieb (Wärmeabfuhr), Abrieb im Fett, schwierigen Fettwechsel beachten!). Mineralöle mit milden EP-Zusätzen erleichtern das Einlaufen. Syntheseöle ermöglichen niedrige Reibungszahlen d.h. hohen Wirkungsgrad und hohe Wärmegrenzleistung; Einlaufverhalten meist ungünstiger. Ölwechsel nach Einlauf, dann nach ca. 3000 h, dann etwa jährlich [35].

8.9 Umlaufgetriebe . Epicyclic gear systems

H.W. Müller, Darmstadt

8.9.1 Kinematische Grundlagen, Bezeichnungen
Kinematic fundamentals, terminology

Umlaufgetriebe unterscheiden sich nur in einem Punkt wesentlich von einfachen, üblichen Übersetzungsgetrieben: Während bei Übersetzungsgetrieben das Gehäuse mitsamt den darin gelagerten Rädern fest mit einem Fundament verbunden ist, wird es bei Umlaufgetrieben drehbar auf dem Fundament gelagert und mit einer zusätzlichen Welle versehen, **Bild 35**. Dadurch entsteht aus dem zwangläufigen Übersetzungsgetriebe mit dem Laufgrad $F = 1$ ein *Differential- oder Überlagerungsgetriebe* mit dem Laufgrad $F = 2$. (Der Laufgrad eines Getriebes gibt an, wie viele Bewegungen ihm beliebig vorgegeben werden können und müssen, um seinen Bewegungszustand eindeutig zu bestimmen.) Das ursprüngliche Gehäuse schrumpft dabei auf einen Steg s zusammen, der nur noch die Radlagerungen trägt. Schutz und Öldichtheit werden durch ein neues Gehäuse gewährleistet, das aber jetzt kinematisch ein Teil des Fundaments ist. Das Drehmoment der neuen Stegwelle s ist identisch mit dem Stützmoment des ursprünglichen Getriebegehäuses.
Auf diese Weise entstehen Umlaufgetriebe aus Zahn- und Reibradgetrieben (*Umlaufrädergetriebe*), hydrostatischen Getrieben, Zugmittel-, Gelenk- und sonstigen Getrieben [58]. Umlaufrädergetriebe (häufigste Bauarten s. **Bild 36**) werden auch als „*Planetengetriebe*" und ihre Räder mit

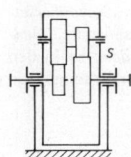

Bild 35. Entstehen eines Umlaufgetriebes aus einem Standgetriebe

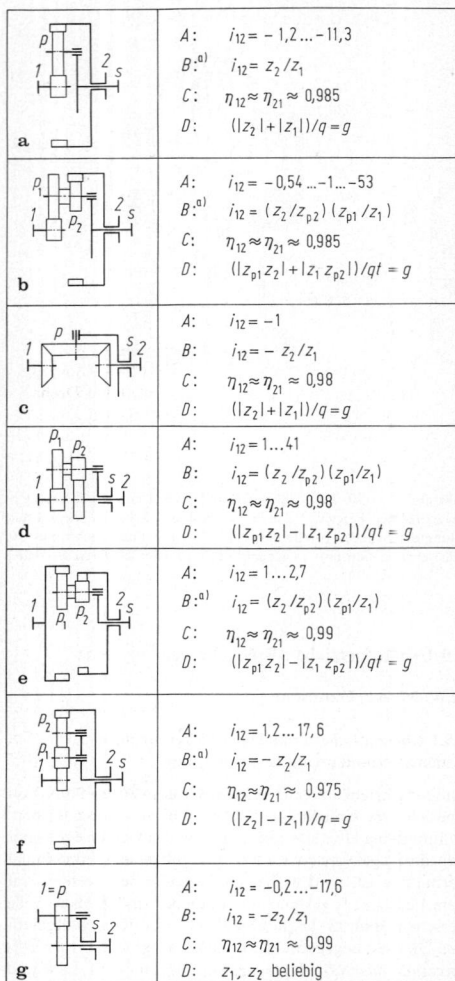

a	A: $i_{12} = -1,2...-11,3$ B:[a] $i_{12} = z_2/z_1$ C: $\eta_{12} \approx \eta_{21} \approx 0,985$ D: $(|z_2|+|z_1|)/q = g$
b	A: $i_{12} = -0,54...-1...-53$ B:[a] $i_{12} = (z_2/z_{p2})(z_{p1}/z_1)$ C: $\eta_{12} \approx \eta_{21} \approx 0,985$ D: $(|z_{p1}z_2|+|z_1 z_{p2}|)/qt = g$
c	A: $i_{12} = -1$ B: $i_{12} = -z_2/z_1$ C: $\eta_{12} \approx \eta_{21} \approx 0,98$ D: $(|z_2|+|z_1|)/q = g$
d	A: $i_{12} = 1...41$ B: $i_{12} = (z_2/z_{p2})(z_{p1}/z_1)$ C: $\eta_{12} \approx \eta_{21} \approx 0,98$ D: $(|z_{p1}z_2|-|z_1 z_{p2}|)/qt = g$
e	A: $i_{12} = 1...2,7$ B:[a] $i_{12} = (z_2/z_{p2})(z_{p1}/z_1)$ C: $\eta_{12} \approx \eta_{21} \approx 0,99$ D: $(|z_{p1}z_2|-|z_1 z_{p2}|)/qt = g$
f	A: $i_{12} = 1,2...17,6$ B:[a] $i_{12} = -z_2/z_1$ C: $\eta_{12} \approx \eta_{21} \approx 0,975$ D: $(|z_2|-|z_1|)/q = g$
g	A: $i_{12} = -0,2...-17,6$ B: $i_{12} = -z_2/z_1$ C: $\eta_{12} \approx \eta_{21} \approx 0,99$ D: z_1, z_2 beliebig

[a]) Zähnezahlen von Hohlrädern sind negativ, s. DIN 3960

Bild 36. Die häufigsten Bauarten von Planetengetrieben. **a** bis **c** Minusgetriebe; **d** bis **f** Plusgetriebe; **g** offenes Planetengetriebe. z Zähnezahlen; A: möglicher Bereich der Standübersetzung bei $q = 3$ Planeten(sätzen) am Umfang, etwa gleicher Zahnfußspannung aller Räder, $z_{min} = 17$, $z_{max} = 300$; B: Standübersetzung; C: $\eta_{12} = \eta_{21}$ mit $\eta_{wa} = 0,99$ einer Stirnradstufe, $\eta_{wi} = 0,995$ einer Hohlradstufe; D: Zähnezahlbedingungen für gleichmäßige Anordnung von q Planeten(sätzen) am Umfang, $\pm g$ ganze Zahl, t größter gemeinsamer Teiler von z_{p1} und z_{p2} eines Stufenplaneten.

umlaufenden Achsen als „*Planetenräder*" oder „*Planeten*" bezeichnet.

Wird die neue Stegwelle s momentan oder ständig festgehalten oder stillstehend gedacht, so wird das Umlaufgetriebe wieder zum „*Standgetriebe*" mit der „*Standübersetzung*" i_{12} seiner beliebig mit *1* und *2* bezeichneten „*Standgetriebewellen*" und den „*Standwirkungsgraden*" η in den beiden bei Vertauschung von An- und Abtrieb möglichen Richtungen des Leistungsflusses (Lfl):

$$\text{Standübersetzung} \quad i_{12} = \left(\frac{n_1}{n_2}\right)_{(n_s = 0)}$$

Standwirkungsgrad η_{12} bei Antrieb an Welle 1, Abtrieb bei 2,

Standwirkungsgrad η_{21} bei Antrieb an Welle 2, Abtrieb bei 1.

Die Indices 1, 2, s entsprechen jeweils den so bezeichneten Wellen mit ihren Rädern bzw. dem Steg. Die Reihenfolge der Indices bedeutet bei Drehzahlverhältnissen oder -übersetzungen: erster Index Zähler, zweiter Index Nenner, bei Wirkungsgraden: erster Index Antriebswelle, zweiter Index Abtriebswelle. Planetenräder werden mit p und dem Index des Rads, mit dem sie jeweils kämmen, bezeichnet, **Bild 36**.

Diese einheitliche Indizierung mit 1, 2 und s der Umlaufgetriebewellen vereinfacht und erleichtert die Berechnung und erlaubt z.B. das Betriebsverhalten aller Bauformen der Umlaufgetriebe mit einem einzigen, einfachen Rechenprogramm zu analysieren [59, 60].

Bei einem Zahnradstandgetriebe wird die Leistung ausschließlich als „*Wälzleistung*" P_W beim Abwälzen der Räder mit ihren „*Wälzdrehzahlen*" n_{w1} und n_{w2} über den Zahneingriff übertragen. Dabei geht die Zahnreibungsverlustleistung P_{vz} als Verlustwärme verloren.

Wird bei einem *stillstehenden* Standgetriebe nur der Steg mit der Drehzahl n_s in Bewegung gesetzt, so rotiert das gesamte Getriebe einschließlich der beiden Standgetriebewellen ohne innere Relativbewegung mit dieser Drehzahl, wie eine Kupplung. Es kann dabei „*Kupplungsleistung*" P_k verlustlos mit der „*Kupplungsdrehzahl*" n_s übertragen. Wird eine Kupplungsdrehzahl n_s einem *laufenden* Standgetriebe überlagert, so entsteht der typische Betriebszustand eines Planetengetriebes mit drei laufenden Wellen mit den Drehzahlen n_s, $n_1 = n_{w1} + n_s$ und $n_2 = n_{w2} + n_s$. Dabei überlagern sich zugleich auch die nur zwischen den Radwellen *1* und *2* übertragbare Wälzleistung P_W und die verlustfrei zwischen allen drei Wellen übertragene Kupplungsleistung P_k.

Umgekehrt ergeben sich die Wälzdrehzahlen eines mit drei Wellen laufenden Getriebes zu $n_{w1} = n_1 - n_s$ und $n_{w2} = n_2 - n_s$ sowie die Standübersetzung

$$i_{12} = \frac{n_1 - n_s}{n_2 - n_s}. \tag{94}$$

Umgeformt vereinfacht sich diese für alle Umlaufgetriebebauarten gültige *Drehzahl-Grundgleichung* zu

$$n_1 - n_2 i_{12} - n_s(1 - i_{12}) = 0. \tag{95}$$

Während die *Übersetzung* i_{12} eines zwangläufigen Standgetriebes durch seine geometrischen Daten, z.B. Raddurchmesser, unveränderlich festgelegt ist, können beim dreiwelligen Umlaufgetriebe zwei *beliebige* Drehzahlen vorgegeben werden, die seinen Bewegungszustand bestimmen. Die mit solchen Drehzahlen gebildeten Drehzahlverhältnisse können nicht mehr als bauartabhängige „*Übersetzung*" i bezeichnet werden sondern werden „*freie Drehzahlverhältnisse*" k genannt. Diese Unterscheidung ist besonders zu beachten, weil beide Größen in *einer* Gleichung vorkommen können. So ergibt sich z.B. aus Gl. (95) bei beliebig vorgegebenen freien Drehzahlen n_1 und n_2:

$$k_{1s} = n_1/n_s = (1 - i_{12})/(1 - i_{12}/k_{12}).$$

Wird jedoch eine der drei Wellen festgehalten, z.B. $n_2 = 0$, oder $n_1 = 0$, so wird das Getriebe wieder zwangläufig und es ergeben sich mit Gl. (95) die „*Umlaufübersetzungen*"

$$i_{1s} = 1 - i_{12}, \quad i_{2s} = 1 - 1/i_{12} \tag{96}$$

sowie deren Reziprokwerte, bei denen Steg und Planetenräder umlaufen. Die jeweils im Index einer Übersetzung i nicht genannte Welle steht still.

8.9.2 Allgemeingültigkeit der Berechnungsgleichungen
Generalization of calculations

Kinematisch sind die beiden Standgetriebewellen und die Stegwelle eines Umlaufgetriebes gleichrangig. Daher kann Gl. (95) auch in allgemeiner Form geschrieben werden [58]:

$$n_a - n_b i_{ab} - n_c (1 - i_{ab}) = 0, \tag{97}$$

wobei a, b und c in beliebiger Zuordnung durch 1, 2 oder s ersetzt werden können. Daraus folgt z.B. **Tab. 21** zur unmittelbaren Berechnung eines beliebigen freien Drehzahlverhältnisses k oder $1/k$, wenn eine beliebige Stand- oder Umlaufübersetzung i und ein beliebiges freies Drehzahlverhältnis k oder $1/k$ eines Getriebes bekannt sind. Daraus folgt in weiterer Konsequenz aber auch, daß die Gleichungen *aller* Betriebsdaten, also auch für Drehmomente, Leistungen und Wirkungsgrade, gültig bleiben, wenn die Indices der Wellen in beliebiger aber in allen Gleichungen in gleicher Weise vertauscht werden.

Tabelle 21. Allgemein gültige Umrechnung von freien Drehzahlverhältnissen k oder $1/k$ eines Getriebes mit einer bekannten Stand- oder Umlaufübersetzung i_{ab}. Für a und b die Indices der bekannten Übersetzung, für c den Index der übrigen Welle einsetzen

Gesucht	In Abhängigkeit vom freien Drehzahlverhältnis		
	k_{ab} oder k_{ba}	k_{bc} oder k_{cb}	k_{ca} oder k_{ac}
$k_{ab} =$	$1/k_{ba}$	$k_{cb}(1 - i_{ab}) + i_{ab}$	$\dfrac{k_{ac} \cdot i_{ab}}{k_{ac} - 1 + i_{ab}}$
$k_{bc} =$	$\dfrac{1 - i_{ab}}{k_{ab} - i_{ab}}$	$1/k_{cb}$	$\dfrac{k_{ac} + i_{ab} - 1}{i_{ab}}$
$k_{ca} =$	$\dfrac{1 - i_{ab} k_{ba}}{1 - i_{ab}}$	$\dfrac{1}{1 - i_{ab}(1 - k_{bc})}$	$1/k_{ac}$

Somit gelten die im weiteren für einfache Umlaufgetriebe dargestellten Gleichungen zur Berechnung von Drehmomenten, Leistungen und Wirkungsgraden zugleich für beliebige zusammengesetzte Getriebe, solange diese mit den äußeren Anschlußwellen a, b und c den Laufgrad $F = 2$ aufweisen und sofern ihre Drehzahlen und Drehmomente nicht gegenseitig voneinander anhängen, wie etwa bei hydrodynamischen Wandlern. Dabei ist es gleichgültig, welche drei aus einer Vielzahl von im Getriebe vorhandenen Gliedern bzw. Wellen als äußere Anschlußwellen gewählt werden.

Bei ungleichmäßig übersetzenden Getrieben, z.B. Gelenkgetrieben, gelten die Gleichungen jeweils nur für *eine* relative Gliedlage ihrer *zwangläufigen* kinematischen Kette [61] und die zugehörige *momentane* Übersetzung zwischen zwei der drei Anschlußwellen.

Aus der beliebigen Vertauschbarkeit der Indices folgt der für die Getriebesynthese nützliche Satz:
Stimmt eine beliebige Stand- oder Umlaufübersetzung eines Umlaufgetriebes mit einer beliebigen Stand- oder Umlaufübersetzung eines anderen Umlaufgetriebes überein, so sind beide Getriebe kinematisch gleichwertig, d.h., beide haben dieselben sechs Übersetzungen, jedoch in der Regel unterschiedliche Wirkungsgrade.
Beispiel für kinematisch gleichwertige Getriebe s. **Bild 37.**

8.9.3 Vorzeichenregeln. Sign conventions

Für die Analyse und Synthese von Umlaufgetrieben gelten folgende Vorzeichenregeln:

Drehzahlen. Alle Drehzahlen paralleler Wellen mit gleicher Drehrichtung haben gleiche Vorzeichen. Die positive

Drehrichtung ($n > 0$) wird beliebig gewählt. Drehzahlen mit entgegengesetzter Drehrichtung sind dann negativ. Daraus folgt
Übersetzungen i und freie Drehzahlverhältnisse k sind bei gleichsinnig laufenden Wellen positiv ($i, k > 0$), bei gegenläufigen Wellen negativ ($i, k < 0$).
Der Drehsinn gesuchter Drehzahlen ergibt sich dann nach der selben Regel aus ihrem nach Gl. (95), Gl. (97) oder **Tab. 21** errechneten Vorzeichen.

Drehmomente. Ein Drehmoment ist positiv ($M > 0$), wenn es in der positiv definierten Drehrichtung auf (!) das Getriebe wirkt; in der entgegengesetzten Wirkungsrichtung ist es negativ ($M < 0$).

Leistungen. Aus vorstehenden Definitionen folgt: Einem Getriebe zugeführte Antriebsleistung ist stets positiv ($P_{an} = 2\pi M_{an} n_{an} > 0$), weil eine Antriebswelle stets die Drehrichtung im Drehsinn des antreibenden Drehmoments annimmt. Abtriebsleistungen sind dagegen negativ ($P_{ab} < 0$), weil das äußere, auf das Getriebe bremsend wirkende Abtriebsmoment der Abtriebsdrehrichtung entgegengerichtet ist. Verlustleistungen sind als abgeführte Leistungen negativ ($P_v < 0$).

8.9.4 Drehmomente, Leistungen, Wirkungsgrade
Torques, powers, efficiencies

Drehmomente. Das *Verhältnis* der Drehmomente wird allein durch die Standübersetzung i_{12} und die Standwirkungsgrade η_{12} und η_{21} bestimmt. Es verändert sich nicht, wenn einem laufenden Standgetriebe beliebige Kupplungsdrehzahlen n_s (verlustfrei) überlagert werden.

Aus den Gleichgewichtsbedingungen folgt das Momentengleichgewicht

$$M_1 + M_2 + M_s = 0. \tag{98}$$

Für das Standgetriebe folgt aus der Leistungsbilanz in den beiden Lfl.-Richtungen:

Antrieb bei 1 : $M_2 n_2 = -M_1 n_1 \eta_{12}$,
Antrieb bei 2 : $M_2 n_2 = -M_1 n_1 / \eta_{21}$.

Durch Zusammenfassen der beiden Wirkungsgrade im Ausdruck η_0^{w1} lassen sich die Drehmomentverhältnisse unabhängig vom Leistungsfluß formulieren:

$$\frac{M_2}{M_1} = -\frac{n_1}{n_2} \eta_0^{w1} = -i_{12} \eta_0^{w1}. \tag{99}$$

Mit Gl. (98) und (99) folgt

$$\frac{M_s}{M_1} = i_{12} \eta_0^{w1} - 1, \tag{100}$$

$$\frac{M_s}{M_2} = \frac{1}{i_{12} \eta_0^{w1}} - 1. \tag{101}$$

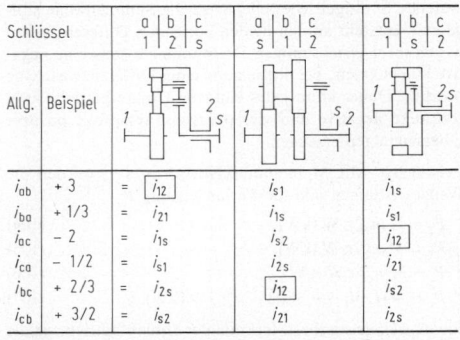

Schlüssel	$\dfrac{a \mid b \mid c}{1 \mid 2 \mid s}$		$\dfrac{a \mid b \mid c}{s \mid 1 \mid 2}$		$\dfrac{a \mid b \mid c}{1 \mid s \mid 2}$	
Allg.	Beispiel					
i_{ab}	+ 3	=	i_{12}	i_{s1}	i_{1s}	
i_{ba}	+ 1/3	=	i_{21}	i_{1s}	i_{s1}	
i_{ac}	− 2	=	i_{1s}	i_{s2}	i_{12}	
i_{ca}	− 1/2	=	i_{s1}	i_{2s}	i_{21}	
i_{bc}	+ 2/3	=	i_{2s}	i_{12}	i_{s2}	
i_{cb}	+ 3/2	=	i_{s2}	i_{21}	i_{2s}	

Bild 37. Beispiel für drei kinematisch gleichwertige Planetengetriebe

Da die Leistungsbilanz des Standgetriebes bei umlaufendem Steg gleich der Bilanz der Wälzleistung ist, gelten diese Gleichungen auch für Umlaufgetriebe. Dabei folgt der Exponent w1 aus dem Vorzeichen der Wälzleistung P_{w1} der Welle 1: Ist $P_{w1} > 0$, fließt die Wälzleistung von Welle 1 nach 2, ist $P_{w1} < 0$, von 2 nach 1. Daraus folgt die Definition von η_0^{w1} für die Berechnung:

$$\text{Ist } P_{w1}^* = M_1^* (n_1 - n_s)$$
$$\cdot 2\pi \begin{cases} > 0: & \text{w1} = +1 \rightarrow \eta_0^{w1} = \eta_{12} \\ < 0: & \text{w1} = -1 \rightarrow \eta_0^{w1} = 1/\eta_{21} \end{cases} \quad (102)$$

wobei M_1^* das vorgegebene Drehmoment ist, oder bei Vorgabe von M_2 oder M_s, mit $\eta_0^{w1} = 1$ aus Gl. (99) oder (100) berechnet wird. Die Gl. (99) bis (101) zeigen, daß die Verhältnisse der drei Wellenmomente zueinander nur von der Standübersetzung i_{12} und den Standwirkungsgraden η_0^{w1} bestimmt werden und somit bei jedem der beiden Wälzleistungsflüsse konstant sind

$$M_1 : M_2 : M_s = f(i_{12}, \eta_0^{w1}) = \text{const.} \quad (103)$$

Diese für Differentialgetriebe charakteristische Gleichung gilt unabhängig von den jeweiligen Drehzahlen, auch wenn eine Welle stillgesetzt wird. Wird über die drei Wellen eines Umlaufgetriebes Leistung zwischen drei Maschinen übertragen, so müssen Gl. (95) für die Drehzahlen wie auch Gl. (98) und (103) für die Drehmomente erfüllt sein. Dabei regelt sich im Betriebszustand ein, dem die noch freie gegenseitige Zuordnung von Drehzahlen und Drehmomenten durch die Kennlinien $M = f(n)$ der drei Maschinen erfolgt [58]. Ist damit kein stabiler Zustand erreichbar, geht die Anlage durch oder bleibt stehen. Ist eines der Drehmomente $M = 0$ (z.B. Maschine abgekuppelt), so werden nach Gl. (103) auch die übrigen Momente gleich Null, das Getriebe läuft leer, Leistungsübertragung ist nicht möglich. Zusammenfassung der Drehmomentgleichungen s. **Tab. 22**.

Tabelle 22. Formeln für die Drehmomente
Mit w1 = +1: $\eta_0^{w1} = \eta_{12}$ oder w1 = −1: $\eta_0^{w1} = 1/\eta_{21}$, w1 aus **Tab. 23** für Übersetzungsgetriebe, aus **Tab. 24** für Überlagerungsgetriebe oder aus Gl. (102)

$M_1 + M_2 + M_s = 0$	$M_1 : M_2 : M_s = f(i_{12}, \eta_0^{w1}) = \text{const}$
$M_2/M_1 = -i_{12}\, \eta_0^{w1}$	$M_s/M_1 = i_{12}\, \eta_0^{w1} - 1 \qquad M_s/M_2 = 1/(i_{12}\, \eta_0^{w1}) - 1$

Nach Gl. (98) muß eines der drei Wellenmomente das entgegengesetzte Vorzeichen der beiden übrigen haben und im Betrag gleich deren Summe sein. Diese Welle heißt *Summenwelle*, die anderen beiden *Differenzwellen*. Bei Umlaufgetrieben mit negativer Standübersetzung (*Minusgetriebe*) ist die Stegwelle stets Summenwelle, bei positiver Standübersetzung (*Plusgetriebe*) ist es die langsamer laufende Standgetriebewelle. Wird die Summenwelle stillgesetzt, entsteht an den beiden laufenden Differenzwellen wegen ihrer gleichsinnigen Drehmomente stets eine negative Übersetzung, bei Stillsetzung einer Differenzwelle eine positive. Daher kann jedes einfache Umlaufgetriebe zwei reziproke negative und vier paarweise reziproke positive Übersetzungen erzeugen.

Leistungen. Mit M in Nm (kNm), n in s^{-1}, werden die Wellenleistungen und die Verlustleistung P_v:

$$P_1 = M_1 n_1 2\pi \text{ W (kW)}, \quad (104)$$
$$P_2 = M_2 n_2 2\pi \text{ W (kW)}, \quad (105)$$
$$P_s = M_s n_s 2\pi \text{ W (kW)}, \quad (106)$$
$$P_v = -M_1 (n_1 - n_s) 2\pi (1 - \eta_0^{w1}) \text{ W (kW)}. \quad (107)$$

Ein charakteristisches Merkmal der Umlaufgetriebe ist die Entstehung der Wellenleistungen P_1 und P_2 als Summe

(Überlagerung) von Wälz- und Kupplungsleistung. Mit $\omega = 2\pi n$ wird:

$$Wellenleistung = W\ddot{a}lzleistung + Kupplungsleistung$$
$$P_1 = P_{w1} + P_{k1} = M_1(\omega_1 - \omega_s) + M_1\omega_s$$
$$P_2 = P_{w2} + P_{k2} = M_2(\omega_2 - \omega_s) + M_2\omega_s$$
$$P_s = P_{ks} = M_s\omega_s.$$

Je nach Wahl der Drehzahlen können Wälz- und Kupplungsleistung gleiche oder entgegengesetzte Vorzeichen, d.h. gleich- oder einander entgegengerichtete Leistungsflüsse aufweisen. Daher können sich die Wellenleistungen P_1 und P_2 als Summe oder als Differenz dieser beiden Teilleistungen ergeben. Im ersten Fall bleibt die verlustbehaftete Wälzleistung kleiner als die Wellenleistung, dann wird der Gesamtwirkungsgrad höher als der Standwirkungsgrad. Bei entgegengerichteten Teilleistungsflüssen kann die Wälzleistung aber beliebig größer als die Wellenleistung werden; der Gesamtwirkungsgrad wird dann entsprechend niedriger als der Standwirkungsgrad. Er kann sogar negativ werden und dadurch zur Selbsthemmung des Getriebes führen, s. G8.9.5. Diese Betrachtung der Teilleistungen gibt Einblick in das Betriebsverhalten eines einfachen Planetengetriebes, sie ist aber zur Berechnung der Betriebsdaten nicht erforderlich. Durch Überlagerung *beliebiger* Wälz- und Kupplungsleistungen kann bei *jedem* Planetengetriebe *jeder* der sechs möglichen Leistungsflüsse erzeugt werden: je drei mit Welle *1*, *2* oder *s* als alleiniger Antriebswelle und zwei Abtriebswellen (Leistungsteilung) oder *1*, *2* oder *s* als alleiniger Abtriebswelle mit zwei Antriebswellen (*Leistungssummierung*). Welches die alleinige An- oder Abtriebswelle (*Gesamtleistungswelle GLW*) ist, wird allein durch die Standübersetzung i_{12} und ein beliebiges freies Drehzahlverhältnis k bestimmt, s. **Tab. 24**. Wird die GLW eines Überlagerungsgetriebes durch die Anordnung einer einzigen Antriebswelle (Motor) und zwei Abtriebswellen (Arbeitsmaschinen) vorgegeben, so müssen die Drehzahlverhältnisse k_{12}, k_{1s} bzw. k_{2s} innerhalb des in **Tab. 24** dafür angegebenen Bereichs liegen. Werden einem Überlagerungsgetriebe bei Anschluß von zwei Motoren und einer Arbeitsmaschine die Drehzahlen vorgegeben und ist dabei die Abtriebswelle zugleich GLW, so herrscht Leistungssummierung. Ist jedoch einer der beiden Motoren an die GLW angeschlossen, so treibt er allein das Getriebe an, während der andere Motor neben der Arbeitsmaschine einen Abtrieb bilden muß und übersynchron als Bremse angetrieben wird, vgl. G8.9.7.

Wirkungsgrad. Mit den allgemeinen Definitionen

$$\text{Wirkungsgrad} \quad \eta = -(P_{ab}/P_{an}) = 1 - \zeta \quad (108)$$
$$\text{Verlustgrad} \quad \zeta = -(P_v/P_{an}) = 1 - \eta \quad (109)$$

wird der Gesamtwirkungsgrad eines Planetengetriebes mit zwei oder drei laufenden Wellen

$$\eta_{ges} = 1 + \frac{P_v}{\Sigma P_{an}} = 1 + \frac{M_1(n_1 - n_s)2\pi(1 - \eta_0^{w1})}{\Sigma P_{an}} \quad (110)$$

mit P_v nach Gl. (107) und der einen oder den beiden Wellenleistungen nach Gl. (104) bis (106), die sich durch ihr *positives Vorzeichen* als Antriebsleistungen ausweisen. Bei einem selbsthemmungsfähigen Getriebe darf jedoch eine Abtriebswelle, deren Drehmoment nur infolge von Selbsthemmung (s. G8.9.5) ein positives Vorzeichen annimmt, *nicht* berücksichtigt werden. Die Minuszeichen in den Definitionsgleichungen (108) und (109) sind erforderlich, damit η und ζ, wie gewohnt, trotz der negativen Quotienten (P_v, $P_{ab} < 0$) einen positiven Wert annehmen.
Der Wirkungsgrad läßt sich bei Übersetzungsgetrieben auch allein durch Standübersetzung und Standwirkungsgrad, bei Überlagerungsgetrieben zusätzlich durch ein freies Drehzahlverhältnis, z.B. k_{12}, das den Leistungs-

fluß kennzeichnet, ausdrücken, **Tab. 23, 24** [58], wobei die zutreffende Gleichung vom jeweils zugehörigen Lfl. abhängt.

Einfache Zahnrad-Planetengetriebe sind als *Standgetriebe* wie übliche Zahnrad-Übersetzungsgetriebe praktisch verlustsymmetrisch, d.h. $\eta_{12} = \eta_{21}$. Bei *Umlaufgetrieben*, insbesondere bei Plusgetrieben, können die Wirkungsgrade in den beiden Leistungsflußrichtungen wegen der Überlagerung von Wälz- und Kupplungsleistung jedoch sehr

Tabelle 23. Wirkungsgrade der Umlauf-Übersetzungsgetriebe (Für einfache Zahnradplanetengetriebe gilt: $\eta_{12} \approx \eta_{21}$, für Planeten-Koppelgetriebe η_{III} und η_{III} getrennt bestimmt; erster Index Antriebswelle, zweiter Abtriebswelle.)

i_{12}	<0	$0 \ldots 1$	>1
η_{1s}	$\dfrac{i_{12}\eta_{12}-1}{i_{12}-1}$	$\dfrac{i_{12}/\eta_{21}-1}{i_{12}-1}$	$\dfrac{i_{12}\eta_{12}-1}{i_{12}-1}$
w1	$+1$	-1	$+1$
η_{s1}	$\dfrac{i_{12}-1}{i_{12}/\eta_{21}-1}$	$\dfrac{i_{12}-1}{i_{12}\eta_{12}-1}$	$\dfrac{i_{12}-1}{i_{12}/\eta_{21}-1}$
w1	-1	$+1$	-1
η_{2s}	$\dfrac{i_{12}-\eta_{21}}{i_{12}-1}$	$\dfrac{i_{12}-\eta_{21}}{i_{12}-1}$	$\dfrac{i_{12}-1/\eta_{12}}{i_{12}-1}$
w1	-1	-1	$+1$
η_{s2}	$\dfrac{i_{12}-1}{i_{12}-1/\eta_{12}}$	$\dfrac{i_{12}-1}{i_{12}-1/\eta_{12}}$	$\dfrac{i_{12}-1}{i_{12}-\eta_{21}}$
w1	$+1$	$+1$	-1

unterschiedlich sein. Bei Minusgetrieben sind die Umlaufwirkungsgrade stets höher als der Standwirkungsgrad.

In Gl. (110) und **Tab. 23, 24** wird – wie auch in der übrigen Literatur – angenommen, daß bei umlaufendem Steg die lastabhängigen Zahnreibungs- und Planetenlagerverluste bei Übertragung der Wälzleistung P_{w} gleich groß wie beim Standgetriebe seien. Nur diese Verluste werden der Berechnung zugrunde gelegt. Bei mitrotierendem Steg auftretende zusätzliche Plantsch- und Ventilationsverluste, Verluste durch Dichtringreibung sowie Einflüsse durch die Schmierölführung können gegebenenfalls *nach* der Berechnung von η_{ges} zusätzlich berücksichtigt werden.

Bei der Bestimmung des Standwirkungsgrads dürfen nur die genannten *lastabhängigen* Verluste herangezogen werden. Liegen genauere Angaben nicht vor, so genügt es für praktische Berechnungen, einen Wälzwirkungsgrad $\eta_{\mathrm{wa}} \approx 0{,}99$ für eine außenverzahnte Stirnradpaarung und $\eta_{\mathrm{wi}} = 0{,}995$ für eine Hohlradstufe mit einer Innenverzahnung anzunehmen. Der Standwirkungsgrad η_{12} ergibt sich daraus als Produkt der Wälzwirkungsgrade der einzelnen Zahnradstufen, vgl. **Bild 36**; für genauere Wirkungsgradbestimmung s. [69].

8.9.5 Selbsthemmung und Teilhemmung
Selflocking and partial locking

Bei Selbsthemmung (Sh) kann ein Getriebe auch mit beliebig großen Antriebsmomenten nicht bewegt werden sondern bleibt, innerlich blockiert, stehen, weil seine Reibungsverlustleistung P_{v} im Bewegungszustand größer als die Antriebsleistung wäre. Es läuft jedoch, wenn ihm die zur Überwindung der Reibung noch fehlende Leistung bzw. das zum Lösen der Verklemmung erforderliche „Lösemoment" über die Abtriebswelle in Abtriebsdrehrichtung

Tabelle 24. Wirkungsgrade der Überlagerungsgetriebe und Zuordnung der Bereiche von k_{12}, k_{1s} und k_{2s} zur Lage der Gesamtleistungswelle GLW [58]; Lfl. Leistungsfluß

i_{12}	k_{12}	k_{1s}	k_{2s}	GLW	Lfl.	Wirkungsgrad η_{ges}	w1	Lfl.	Wirkungsgrad η_{ges}	w1
<0	$<i_{12}$	$>i_{1s}$	<0	1	$1<\dfrac{2}{s}$	$\dfrac{k_{12}-i_{12}+i_{12}\eta_{12}(1-k_{12})}{k_{12}(1-i_{12})}$	$+1$	$\dfrac{2}{s}>1$	$\dfrac{k_{12}\eta_{21}(1-i_{12})}{\eta_{21}(k_{12}-i_{12})+i_{12}(1-k_{12})}$	-1
	$i_{12}\ldots0$	<0	$>i_{2s}$	2	$2<\dfrac{1}{s}$	$\dfrac{k_{12}-i_{12}+\eta_{21}(1-k_{12})}{1-i_{12}}$	-1	$\dfrac{1}{s}>2$	$\dfrac{\eta_{12}(1-i_{12})}{\eta_{12}(k_{12}-i_{12})+1-k_{12}}$	$+1$
	$0\ldots1$	$0\ldots1$	$1\ldots i_{2s}$	s	$s<\dfrac{2}{s}$	$\dfrac{(k_{12}-i_{12}\eta_{12})(1-i_{12})}{(k_{12}-i_{12})(1-i_{12}\eta_{12})}$	$+1$	$\dfrac{1}{2}>s$	$\dfrac{(k_{12}-i_{12})(\eta_{21}-i_{12})}{(k_{12}\eta_{21}-i_{12})(1-i_{12})}$	-1
	>1	$1\ldots i_{1s}$	$0\ldots1$	s	$s<\dfrac{2}{s}$	$\dfrac{(k_{12}\eta_{21}-i_{12})(1-i_{12})}{(k_{12}-i_{12})(\eta_{21}-i_{12})}$	-1	$\dfrac{2}{s}>s$	$\dfrac{(k_{12}-i_{12})(1-i_{12}\eta_{12})}{(k_{12}-i_{12}\eta_{12})(1-i_{12})}$	$+1$
$0\ldots1$	<0	$0\ldots i_{1s}$	$i_{2s}\ldots0$	s	$s<\dfrac{2}{s}$	$\dfrac{(k_{12}-i_{12}\eta_{12})(1-i_{12})}{(k_{12}-i_{12})(1-i_{12}\eta_{12})}$	$+1$	$\dfrac{1}{s}>s$	$\dfrac{(k_{12}-i_{12})(\eta_{21}-i_{12})}{(k_{12}\eta_{21}-i_{12})(1-i_{12})}$	-1
	$0\ldots i_{12}$	<0	$<i_{2s}$	2	$2<\dfrac{1}{s}$	$\dfrac{k_{12}-i_{12}+\eta_{21}(1-k_{12})}{1-i_{12}}$	-1	$\dfrac{1}{s}>2$	$\dfrac{\eta_{12}(1-i_{12})}{\eta_{12}(k_{12}-i_{12})+1-k_{12}}$	$+1$
	$i_{12}\ldots1$	>1	>1	1	$1<\dfrac{2}{s}$	$\dfrac{k_{12}-i_{12}+i_{12}\eta_{12}(1-k_{12})}{k_{12}(1-i_{12})}$	$+1$	$\dfrac{2}{s}>1$	$\dfrac{k_{12}\eta_{21}(1-i_{12})}{\eta_{21}(k_{12}-i_{12})+i_{12}(1-k_{12})}$	-1
	>1	$i_{1s}\ldots1$	$0\ldots1$	1	$1<\dfrac{2}{s}$	$\dfrac{\eta_{21}(k_{12}-i_{12})+i_{12}(1-k_{12})}{k_{12}\eta_{21}(1-i_{12})}$	-1	$\dfrac{2}{s}>1$	$\dfrac{k_{12}-i_{12}}{k_{12}-i_{12}+i_{12}\eta_{12}(1-k_{12})}$	$+1$
>1	<0	$i_{1s}\ldots0$	$0\ldots i_{2s}$	s	$s<\dfrac{2}{s}$	$\dfrac{(k_{12}\eta_{21}-i_{12})(1-i_{12})}{(k_{12}-i_{12})(\eta_{21}-i_{12})}$	-1	$\dfrac{1}{s}>s$	$\dfrac{(k_{12}-i_{12})(1-i_{12}\eta_{12})}{(k_{12}-i_{12}\eta_{12})(1-i_{12})}$	$+1$
	$0\ldots1$	$0\ldots1$	$i_{2s}\ldots1$	2	$2<\dfrac{1}{s}$	$\dfrac{\eta_{12}(k_{12}-i_{12})+1-k_{12}}{\eta_{12}(1-i_{12})}$	$+1$	$\dfrac{1}{s}>2$	$\dfrac{1-i_{12}}{k_{12}-i_{12}+\eta_{21}(1-k_{12})}$	-1
	$1\ldots i_{12}$	>1	>1	2	$2<\dfrac{1}{s}$	$\dfrac{k_{12}-i_{12}+\eta_{21}(1-k_{12})}{1-i_{12}}$	-1	$\dfrac{1}{s}>2$	$\dfrac{\eta_{12}(1-i_{12})}{\eta_{12}(k_{12}-i_{12})+1-k_{12}}$	$+1$
	$>i_{12}$	$<i_{1s}$	<0	1	$1<\dfrac{2}{s}$	$\dfrac{k_{12}-i_{12}+i_{12}\eta_{12}(1-k_{12})}{k_{12}(1-i_{12})}$	$+1$	$\dfrac{2}{s}>1$	$\dfrac{k_{12}\eta_{21}(1-i_{12})}{\eta_{21}(k_{12}-i_{12})+i_{12}(1-k_{12})}$	-1

zugeführt wird. Ein so zum Laufen gebrachtes selbsthemmendes Getriebe muß an allen laufenden Wellen angetrieben werden und produziert nur Reibungsverlustleistung.

Beispiel: Selbsthemmende Hubwerke müssen zum Senken einer (antreibenden) Last an der eigentlichen Abtriebswelle angetrieben werden.

Selbsthemmung tritt in der Regel nur in einem Teil der möglichen Leistungsflüsse eines selbsthemmungsfähigen Getriebes ein. Bei Leistungsfluß mit Selbsthemmung kehren das Drehmoment M_j einer gehemmten *Abtriebswelle* j und somit die Abtriebsleistung P_j im Vergleich zu einem reibungsfreien Betrieb ($\eta_{12} = \eta_{21} = 1$) ihr Vorzeichen um. Die dabei positiv werdende Abtriebsleistung P_j wird aber nicht zu einer „echten" Antriebsleistung. So bleiben z.B. die tragenden Flanken dieselben wie wenn j eine Abtriebswelle wäre, sie wechseln nicht auf die bei „echtem" Antrieb tragende andere Seite. Deshalb darf die positiv gewordene „Abtriebsleistung" nicht als P_{an} sondern nur als P_{ab} in Gl. (108) bis (110) eingesetzt werden! Damit ergibt sich als Kriterium für Selbsthemmung ein *negativer Wirkungsgrad* für den *Laufzustand* in der gehemmten Leistungsflußrichtung.

Selbsthemmung tritt als gegenseitige Blockierung aller drei Anschlußwellen ein, wenn der gehemmten *Abtriebswelle* das zum Laufen erforderliche Lösemoment nicht voll von außen zugeführt wird. Ist dabei die gehemmte Welle bei zwei oder drei angeschlossenen Wellen *einzige Abtriebswelle*, so ist das Getriebe völlig blockiert und unbeweglich (Selbsthemmung, $\eta < 0$). Ist sie eine von zwei Abtriebswellen, so rotiert das Getriebe, innerlich blockiert, und überträgt Leistung, wie eine Kupplung, über die nicht gehemmte Abtriebswelle mit $i = 1$, $\eta = 1$ (Teilhemmung). Teilhemmung ist nur bei einem selbsthemmungsfähigen Getriebe mit drei angeschlossenen Wellen möglich und durch $\eta > 0$ gekennzeichnet, wie in [58, 60] für weitere Betriebsbeispiele beschrieben ist.

Selbsthemmungsfähig sind Umlaufgetriebe nur, wenn entweder

1. deren Standgetriebe in einer oder beiden Lfl-Richtungen selbsthemmend ist (z.B. bei einem Fahrzeugdifferential mit selbsthemmenden Schneckengetrieben [60]) oder
2. wenn ihre Standübersetzung im Bereich $\eta_{12} < i_{12} < 1/\eta_{21}$ liegt. Im Fall 1) sind die Wellen 1 und/oder 2 selbsthemmungsfähige Abtriebswellen; Selbst- oder Teilhemmung tritt ein, wenn der *Wälzleistungsfluß* des Getriebes mit dem gehemmten Lfl des Standgetriebes übereinstimmt. Im Fall 2) ist die Stegwelle selbsthemmungsfähige Abtriebswelle; Selbst- oder Teilhemmung tritt nur ein, wenn sie eine Abtriebswelle des Getriebes bildet. Der Vorzeichenwechsel ihres Drehmoments infolge Reibung tritt auch beim Standgetriebe auf, wenn sie stillsteht, wobei sich lediglich die Wirkungsrichtung ihres Stützmoments umkehrt.

8.9.6 Konstruktive Hinweise. Hints for design

Planetengetriebe weisen gegenüber einfachen Übersetzungsgetrieben einige konstruktive Besonderheiten auf [62]. Mittels Leistungsverzweigung über q am Umfang angeordnete Planetenräder oder Planetenradsätze läßt sich die übertragbare Leistung von Planetengetrieben oder gleichartig aufgebauten Standgetrieben, Verzweigungs- oder Sterngetriebe genannt, um den Faktor q steigern, wenn gleichmäßiges Tragen aller Verzahnungen einer solchen statisch überbestimmten Anordnung gesichert ist, z.B. dadurch, daß die elastische Nachgiebigkeit im Verzahnungsbereich größer ist als die hier wirksamen Maßabweichungen. Bei $q = 3$ Planeten(sätzen) am Umfang ist das Getriebe *statisch bestimmt*, wenn eines der drei Getriebeglieder 1, 2 oder s, wie häufig ausgeführt, ohne Lagerung im Getriebegehäuse nur durch die Zahneingriffe unter Last zentriert wird. Trotzdem sind *dynamische* Zusatzbelastungen vorhanden s. [63]. Alle vorstehenden Berechnungen werden von der Anzahl q dieser Planeten(sätze) nicht beeinflußt. Eine gleichmäßige Verteilung mehrerer Planeten am Unfang ist geometrisch nur möglich, wenn die Zähnezahlbedingungen nach **Bild 36** (für andere Getriebebauformen s. [58]) ganzzahlig erfüllt sind. Bei „*Stufenplaneten*", **Bild 36b, d, e** ist zusätzlich eine genaue gegenseitige Lagezuordnung der beiden Planetenzahnkränze und eine Markierung der in Montagestellung kämmenden Zahnpaare erforderlich. Getriebe mit Einfachplaneten sind deshalb einfacher zu fertigen. Bei der Lebensdauerberechnung der Planetenlager sind die Fliehkräfte der Planeten zu berücksichtigen und deren *Relativdrehzahlen* gegenüber dem Steg zugrunde zu legen [64]. Für Getriebe nach **Bild 36** sind diese

$$(n_{p1} - n_s) = (n_1 - n_s)z_1/z_{p1} = (n_{p2} - n_s) = (n_2 - n_s)z_2/z_{p2}.$$

Bei Getrieben nach **Bild 36a, c, f** ist $z_{p1} = z_{p2} = z_p$ und $n_{p1} = n_{p2} = n_p$ zu setzen.

8.9.7 Auslegung einfacher Planetengetriebe
Design of simple planetary trains

Übersetzungsgetriebe

Beispiel: $i_{soll} = +3$, kleinste Zähnezahl $z_n = 19$, $q = 3$ Planeten am Umfange. Es gibt drei mögliche Stand- oder Umlaufübersetzungen nach Gl. (96), mit jeweils geeigneten Bauarten nach **Bild 36**:

$i_{soll} = i_{12} = +3$, Bauarten **d, f**
$i_{soll} = i_{1s}$: $i_{12} = 1 - i_{1s} = 1 - 3 = -2$, Bauarten **a, b**
$i_{soll} = i_{s1}$: $i_{12} = 1 - 1/i_{s1} = 1 - 1/3 = 2/3$, Bauarten **d, e**

$i_{soll} = i_{21}, i_{s2}, i_{2s}$ ergibt gleiche Getriebe mit vertauschten Bezeichnungen 1 und 2. Geeignete Bauart: Getriebe nach **Bild 36a** mit $i_{12} = -2$ führt zur einfachsten Konstruktion, s. **Bild 37**. Bestimmung der Zähnezahlen: Zugleich müssen die Gleichungen B und D nach **Bild 36a** für die Achsabstände $a_{1p} = a_{2p}$ erfüllt sein. Für ein Nullgetriebe ($x_1 = x_2 = 0$) folgt: $z_2 = i_{12}z_1 = (-2)34 = -68$. $a_{1p} = a_{2p} = (z_1 + z_p)m/2 = (|z_2| - z_p)m/2$; somit werden $z_p = (|z_2| - z_1)/2 = 17$. $(z_1 + |z_2|)/q = (34 + 68)/3 = 34$ ganzzahlig, Montagebedingung erfüllt. Falls sie nicht erfüllt ist, z_{min} variieren und Achsabstände mittels Profilverschiebung angleichen, s. G 8.1.7. Abschließend die Berechnung des Moduls nach G 8.5 und den konstruktiven Entwurf unter Berücksichtigung der auf die Planetenradlager wirkenden Fliehkräfte ausführen.

Überlagerungsgetriebe

Bei jedem Überlagerungsgetriebe sind mit dessen Standübersetzung i_{12} und zwei Drehzahlen n oder einem freien Drehzahlverhältnis k die Gesamtleistungswelle bestimmt und durch ein Drehmoment zusätzlich der Leistungsfluß (Lfl) und der Gesamtwirkungsgrad η_{ges} festgelegt. Daher kann die Zuordnung eines gewollten k zu vorgegebenen Drehzahlen nur in begrenzten Bereichen der freien Drehzahlverhältnisse k realisiert werden, s. **Tab. 24**. Die Bereichsgrenzen sind jeweils durch Stillstand einer Welle bei einer Stand- oder Umlaufübersetzung oder durch den „Kupplungspunkt" ($n_1 = n_2 = n_s$) gekennzeichnet.

Drehzahlen konstant. Werden drei konstante *Drehzahlen* n_a, n_b, n_c vorgegeben, so ergibt sich die dazu erforderliche Standübersetzung $i_{12} = i_{soll}$ aus Gl. (94). Setzt man dabei n_a, n_b, n_c in den sechs möglichen Kombinationen als n_1, n_2 und n_s ein, so erhält man die gleichen drei Paare von zueinander reziproken Standübersetzungen, d.h. die gleichen drei Getriebe, wie sie sich für die jeweils einzelnen dieser Standübersetzungen durch Variation von i_{soll} wie bei Übersetzungsgetrieben und nach **Bild 37** ergeben. Aus der kinematischen Gleichwertigkeit dieser drei Getriebe folgt, daß bei jedem die Welle mit derselben Drehzahl n_a,

n_b oder n_c Gesamtleistungswelle ist. Somit liegt bei Vorgabe von drei Drehzahlen die Leistungsverteilung zwischen den zugehörigen Wellen fest und zwar unabhängig davon, wo und wie diese Wellen in der schließlich gewählten Getriebebauart angeordnet sind, s. **Tab. 24**.

Beispiel: $n_a, n_b, n_c = 18, 9, 12\,\text{s}^{-1}$. Mit z.B. $n_1 = 9$, $n_2 = 12$, $n_s = 18$ folgt mit Gl. (94): $i_{12} = 1,5$, $k_{12} = 9/12$, damit aus **Tab. 24** unter $i_{12} > 1$ und $k_{12} = 0...1 \rightarrow$GLW ist Welle 2, d.h. die Welle mit $n = 12\,\text{s}^{-1}$.

Werden zwei konstante *Drehzahlverhältnisse*, z.B. k_{ab}, k_{cb} vorgegeben, so errechnet man $i_{soll} = i_{ab}$ aus **Tab. 21** und drei Standübersetzungen sowie geeignete Bauarten wie bei Übersetzungsgetrieben.

Drehzahlen stufenlos veränderlich. Bei einem Überlagerungsgetriebe mit stufenlos veränderlichen Drehzahlen erfolgen die Berechnungen jeweils für dessen beide, beliebig mit ° und * bezeichneten Drehzahl-Verstellgrenzen wie bei konstanten Drehzahlen. Bei einer Anordnung nach **Bild 38** seien den Getriebewellen a, b und c, folgende Drehzahlen fest zugeordnet:

n_a variable Abtriebsdrehzahl, Stellverhältnis

$$\varphi_a = n_a^\circ / n_a^* = k_{ab}^\circ / k_{ab}^* \qquad (111)$$

$n_b = $ konstant vorgegeben (Hauptmotor H)

n_c einstellbar vorgegeben (Nebenmotor N)

$$\varphi_c = n_c^\circ / n_c^* = k_{cb}^\circ / k_{cb}^*. \qquad (112)$$

Bei einer Drehzahlumkehr innerhalb eines Stellbereichs wird $\varphi < 0$. Die Zuordnung der jeweils minimalen und maximalen Drehzahlverhältnisse k zu ° oder * ist beliebig; somit ergeben sich vier mögliche Kombinationen: ein beliebig gewähltes φ_a mit zwei zueinander reziproken φ_c (ergibt zwei Lösungen) und das reziproke φ_a mit denselben φ_c (ergibt die gleichen zwei Lösungen). Aus jeder lassen sich durch Anwendung der Gl. (97) auf die Stellgrenzen ° und * zwei Gleichungen zur Bestimmung der Stand- und Umlaufübersetzung i_{ba} (bei $n_c = 0$) eines geeigneten Planetengetriebes entweder für gegebenes k_{ab}^* oder gegebenes k_{cb}^* ableiten:

$$i_{ba,a} = \frac{1 - \varphi_c}{k_{ab}^*(\varphi_a - \varphi_c)} \qquad (113\,\text{a})$$

oder

$$i_{ba,c} = 1 + \frac{1 - \varphi_a}{k_{cb}^*(\varphi_a - \varphi_c)}. \qquad (114\,\text{a})$$

Das jeweils nicht vorgegebene Drehzahlverhältnis k ergibt sich für beide Grenzen ° und * (sowie für beliebige Zwischendrehzahlen) aus der für den gesamten Drehzahlbereich gültigen Stellfunktion:

$$k_{cb,a} = \frac{1 - i_{ba} k_{ab}}{1 - i_{ba}} \qquad (113\,\text{b})$$

bzw.

$$k_{ab,c} = \frac{1 - k_{cb}(1 - i_{ba})}{i_{ba}}. \qquad (114\,\text{b})$$

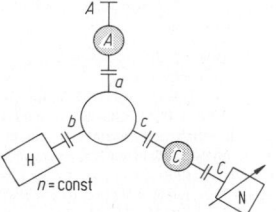

Bild 38. Symbol eines Überlagerungsgetriebes mit stufenlos veränderlicher Abtriebsdrehzahl. H Hauptmotor mit konstanter Drehzahl; N Nebenmotor mit stufenlos einstellbarer Drehzahl; A, C mögliche Lagen eines Ergänzungsgetriebes

Diese so berechneten Grenz-Drehzahlverhältnisse $k_{cb,a}^\circ$, $k_{cb,a}^*$ oder $k_{ab,c}^\circ$, $k_{ab,c}^*$ erfüllen zwar das vorgegebene Stellverhältnis φ_c bzw. φ_a, in der Regel aber nicht die gewünschten Drehzahlverhältnisse k_{soll}. Daher ist eine Anpassung durch *ein* zusätzliches *Übersetzungsgetriebe A* an Welle a erforderlich, wenn nach Gl. (113) gerechnet wurde, bzw. C an c nach Gl. (114), s. **Bild 38**. Die Übersetzung eines solchen *Ergänzungsgetriebes* wird je nach seiner Lage

$$i_{Aa} = k_{ab,soll}/k_{ab,c} \qquad \text{bzw.} \qquad i_{Cc} = k_{cb,soll}/k_{cb,a}.$$

Die Lage A oder C eines solchen Ergänzungsgetriebes beeinflußt die Absolutdrehzahlen im Getriebe, so daß es nach Durchrechnung aller Möglichkeiten an diejenige Stelle plaziert wird, die zu den günstigsten Drehzahlen und Drehmomenten in der Gesamtanlage führt. Das geeignetste Planetengetriebs wählt man aus den vier Lösungen für $i_{ba} = i_{soll}$ mit je drei möglichen Bauarten wie in G 8.9.7 aus. Die Aufteilung der Antriebsleistung auf Hauptmotor H und Nebenmotor N läßt sich für die gefundenen Lösungen nach G 8.9.4 berechnen. Sie ist für mehrere Lösungen bis auf Wirkungsgradeinflüsse gleich, denn sie hängt nach [65] bei verlustlos gedachtem Betrieb ($\eta = 1$) nur von den Stellverhältnissen φ_a und φ_c ab: Mit der auf die gesamte Antriebsleistung bezogenen Leistung des Nebenmotors N

$$\varepsilon_0 = P_c/(P_b + P_c) = -P_c/P_a$$

gilt an den Stellgrenzen

$$\varepsilon_0^* = \frac{1 - \varphi_a}{1 - \varphi_c} \qquad \text{und} \qquad \varepsilon_0^\circ = \frac{\varphi_c}{\varphi_a}\varepsilon_0^*. \qquad (115)(116)$$

Nach **Bild 39** lassen sich die günstigen Kombinationen von φ_a und φ_c mit $\varepsilon_0 = -0,5... + 0,5$ vor Beginn der Auslegung für beide Stellgrenzen abschätzen. Bei $\varepsilon_0 < 0$ läuft der Nebenmotor N als Generator, $P_c < 0$.

Beispiel mit Lösungen *1* und *2*: gefordert $n_a = 66...40\,\text{s}^{-1}$, $n_b = 25\,\text{s}^{-1}$, $n_{c,1} = 33...-50\,\text{s}^{-1}$, $n_{c,2} = -50...33\,\text{s}^{-1}$. Daraus $\varphi_a = n_a^\circ / n_a^* = 66/40 = 1,65$, $\varphi_{c,1} = n_c^\circ / n_c^* = 33/-50 = -0,66$, $\varphi_{c,2} = -50/33 = -1,52$. $k_{ab}^* = 40/25 = 1,60$, $k_{cb,soll}^* = -50/25 = -2,0$. Mit Gl. (113a): $i_{ba,1} = (1 + 0,66)/[1,60(1,65 + 0,66)] = 0,45$, $i_{ba,2} = (1 + 1,52)/[1,6(1,65 + 1,52)] = 0,50$. $k_{cb,a1}^* = (1 - i_{ba,1} k_{ab}^*)/(1 - i_{ba}) = (1 - 0,45 \cdot$

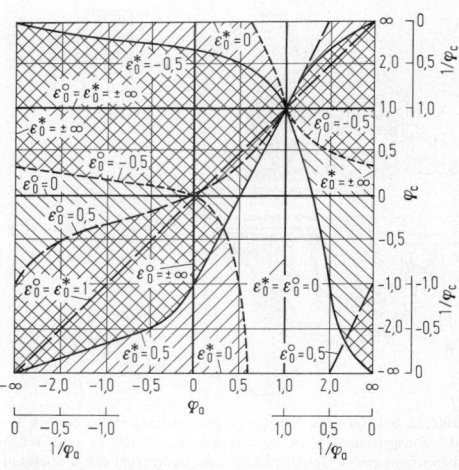

Bild 39. Abhängigkeit des Leistungsverhältnisses ε_0 von der Kombination der Stellverhältnisse φ_a und φ_c eines Überlagerungsgetriebes nach **Bild 38**

$1,6)/(1 - 0,45) = 0,51 \neq k^*_{\text{cb,soll}}$. Ergänzungsgetriebe C: $i_{\text{Cc}} = \pm 2,0/0,51 = \pm 3,92$. $\varepsilon^*_{0,1} = (1 - 1,65)/(1 + 0,66) = -0,39$ (Nebenmotor läuft als Generator), $\varepsilon^\circ_{0,1} = -0,66(-0,39)/1,65 = 0,16$ (Nebenmotor läuft mit geringer Antriebsleistung, wie erwünscht). $\varepsilon^*_{0,2} = (1 - 1,65)/(1 + 1,52) = -0,258$, $\varepsilon^\circ_{0,2} = -1,52(-0,258)/1,65 = 0,24$.

8.9.8 Zusammengesetzte Planetengetriebe
Compound planetary trains

Getriebesymbole und Wellenbezeichnungen

Getriebesymbole nach **Bild 40**, die nur noch die für die Berechnung erforderlichen Informationen (Lage der Wellen und deren Koppelungen) enthalten, erleichtern die Übersicht und vereinfachen die Analyse und Synthese zusammengesetzter Planetengetriebe erheblich. Die Wellen aller Teilgetriebe eines zusammengesetzten Planetengetriebes werden weiterhin mit 1, 2 und s bezeichnet, wobei für die Wellen des zweiten Getriebes ein Strich (1′, 2′, s′) und für die Wellen eines etwa vorhandenen dritten Planetengetriebes zwei Striche 1″, 2″, s″) hinzugefügt werden usw. **Bilder 41, 42**. Damit können alle bisher angegebe-

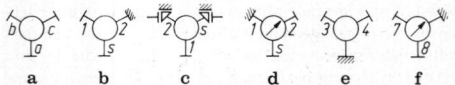

Bild 40. Symbole für Umlaufgetriebe. **a** mit beliebiger oder unbekannter Lage der Stegwelle; **b** Welle 2 konstruktiv stillgesetzt; **c** Wellen 2 und s können an- oder abgekuppelt oder festgebremst werden; **d** Umlauf-Stellgetriebe mit stufenlos verstellbarer Standübersetzung, z.B. hydrostatisches Umlauf-Stellgetriebe; **e** einfaches Übersetzungsgetriebe mit stillstehendem Gehäuse und zwei Anschlußwellen, bezeichnet mit Ziffern > 2; **f** einfaches Stellgetriebe mit stufenlos verstellbarer Übersetzung, stillstehendem Gehäuse und Wellenbezeichnungen > 2, z.B. Keilriemen-Stellgetriebe

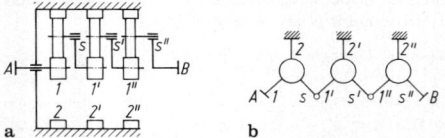

Bild 41. Beispiel eines dreistufigen Reihen-Planetengetriebes. **a** Schema; **b** Symbol mit den aus **a** übertragenen Wellenbezeichnungen, hier $i_{\text{AB}} = i_{1s} i_{1's'} i_{1''s''}$; $\eta_{\text{AB}} = \eta_{1s} \eta_{1's'} \eta_{1''s''}$; $\eta_{\text{BA}} = \eta_{s''1''} \eta_{s'1'} \eta_{s1}$

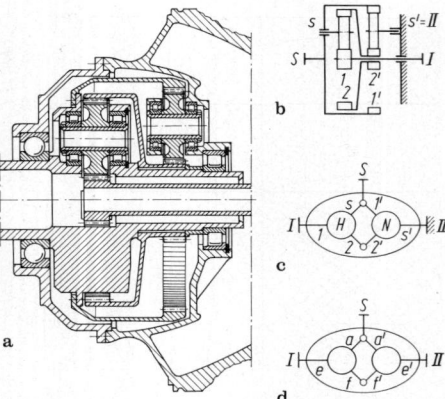

Bild 42. Beispiel eines Planeten-Koppelgetriebes als Turboprop. Reduktionsgetriebe [68]. **a** Schnittzeichnung; **b** Schema mit Wellenbezeichnungen; **c** Getriebesymbol mit lagegerecht aus **b** übernommenen Wellenbezeichnungen; **d** Symbol eines Planeten-Koppelgetriebes mit funktionsorientierter Bezeichnung seiner Wellen nach ihrer Lage: a, a' angeschlossene Koppelwelle, f, f' freie Koppelwelle, e, e' Einzelwellen; I, II, S analog dem einfachen Umlaufgetriebe bezeichnete äußere Anschlußwellen

nen Gleichungen einschließlich der **Tab. 21** bis **24** oder ein vorhandenes Rechenprogramm [60] unmittelbar für jedes Teilgetriebe benutzt werden. Die zur Identifizierung des Teilgetriebes hinzugefügten Striche werden bei der Rechnung jeweils ignoriert und danach wieder angebracht.

Bauarten zusammengesetzter Planetengetriebe

Reihen-Planetengetriebe, **Bild 41**, sind in Reihe geschaltete Planeten-Übersetzungsgetriebe mit je *einer* festgehaltenen Welle zur Verwirklichung hoher Übersetzungen mit gutem Wirkungsgrad. Geringer Bauraum bei besten Gesamtwirkungsgraden wird mit Minusgetrieben nach **Bild 36a, b** erzielt. Berechnung von Gesamtübersetzung und -wirkungsgrad analog einfachen mehrstufigen Übersetzungsgetrieben (s. G 8 Einleitung und G 8.1.2).

Planeten-Koppelgetriebe, **Bild 42**, bestehen aus zwei Planetengetrieben, die mit *je zwei* Wellen miteinander gekoppelt sind. Solche Getriebe erreichen als Übersetzungs- oder Überlagerungsgetriebe besonders geringes Leistungsgewicht und -volumen bei Übersetzungen bis zu $i > |50|$ [59, 66]. Mit den äußeren Anschlußwellen I, II und S nach **Bild 42b** bis **d** hat ein Planeten-Koppelgetriebe drei Anschlußwellen mit dem Freiheitsgrad $F = 2$, wie ein einfaches Planetengetriebe. Daher hat es als Gesamtgetriebe auch das gleiche Betriebsverhalten und läßt sich genau wie ein solches mit den Gleichungen und den **Tab. 21** bis **24** berechnen, wenn man die Indices 1, 2 und s statt der analogen Wellenbezeichnungen I, II und S einsetzt [58]. Wird die angeschlossene Koppelwelle S festgehalten, so wirkt das Getriebe als Reihengetriebe wie ein Standgetriebe und seine *„Reihenübersetzung"* (analoge Standübersetzung) i_{III} sowie seine Reihenwirkungsgrade (analoge Standwirkungsgrade) η_{III} und η_{III} lassen sich wie für Reihengetriebe, **Bild 41**, bestimmen, s. Beispiel.
Läuft ein Planeten-Koppelgetriebe als Überlagerungsgetriebe, so sind seine beiden Teilgetriebe in ihren Funktionen gleichwertig. Wird eine seiner Einzelwellen, z.B. Welle II, **Bild 42b, c**, festgehalten, so läuft das zugehörige Teilgetriebe als Übersetzungsgetriebe und kann durch ein Planetengetriebe mit einer stillgesetzten Welle oder durch ein einfaches Übersetzungsgetriebe mit stillstehendem Gehäuse gebildet werden. Als „Nebengetriebe" N hat es hier nur die Aufgabe, das Drehzahlverhältnis $k_{2s} = i_{2'1'}$ des mit den äußeren Anschlußwellen verbundenen „Hauptgetriebes" H vorzugeben. Die äußere Übersetzung des Planeten-Koppelgetriebes $i_{\text{IS}} = k_{\text{ea}}$ läßt sich dann mit **Tab. 21** berechnen. Ersetzt man die Funktionsorientierten Bezeichnungen nach **Bild 42d** durch die allgemeinen Bezeichnungen (s. G 8.9.2), z.B. $e \rightarrow a, a \rightarrow b, f \rightarrow c$, so wird in **Tab. 21**, 1. Zeile, das gesuchte Drehzahlverhältnis $k_{\text{ea}} = k_{\text{ab}} = k_{\text{cb}}(1 - i_{\text{ab}}) + i_{\text{ab}}$, und rücktransformiert zu den ursprünglichen Bezeichnungen nach **Bild 42d**:

$$i_{\text{IS}} = k_{\text{ea}} = k_{\text{fa}}(1 - i_{\text{ea}}) + i_{\text{ea}}, \tag{117}$$

wobei i_{ea} die Übersetzung des Hauptgetriebes bei stillstehend gedachter Welle f bedeutet.

Beispiel: Für das Getriebe nach **Bild 42** gilt: $i_{12} = -4,3$, $i_{1'2'} = -0,36$. Damit wird in vorstehender Gleichung $k_{\text{fa}} = k_{2s} = i_{2'1'} = 1/-0,36 = -2,778$ und $i_{\text{ea}} = i_{1s} = 1 - i_{12} = 1 + 4,3 = 5,3$, somit Gl. (117) $i_{\text{IS}} = k_{\text{ea}} = -2,778(1 - 5,3) + 5,3 = 17,24$. Gleiches Ergebnis und zusätzlich die Wirkungsgrade erhält man, wenn man das einem einfachen Planetengetriebe analoge Planeten-Koppelgetriebe erzeugt: Nach **Bild 42d, c** und Gl. (96) wird $i_{1\text{III}} = i_{\text{ef}} \cdot i_{f'e'} = i_{12} \cdot i_{2's'} = i_{12} \cdot (1 - 1/i_{1'2'}) = -4,3 \cdot (1 - 1/-0,36) = -16,24$. Daraus mit Gl. (96) $i_{\text{IS}} = 1 - i_{\text{III}} = 1 - (-16,24) = 17,24$. Reihenwirkungsgrad: $\eta_{\text{III}} = \eta_{\text{ef}'} = \eta_{12} \cdot \eta_{2'e'} = 0,985 \cdot 0,989 = 0,974$, mit $\eta_{2's'} = (i_{1'2'} - \eta_{2'1'})/(i_{1'2'} - 1)$ nach **Tab. 23** und mit $\eta_{12} = \eta_{21} = \eta_{1'2'} = \eta_{2'1'} = 0,985$. Daraus nach **Tab. 23** unter $i_{12} < 0$: $\eta_{\text{IS}} = (i_{\text{III}}\eta_{\text{III}} - 1)/(i_{\text{III}} - 1) = (-16,24 \cdot 0,974 - 1)/(-16,24 - 1) = 0,976$.

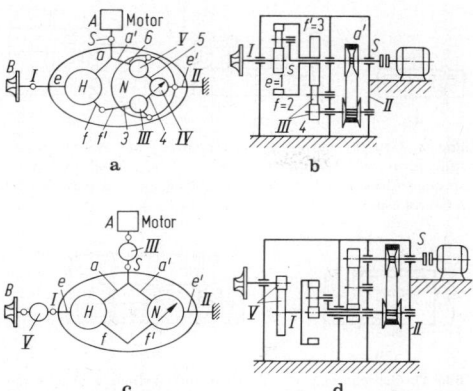

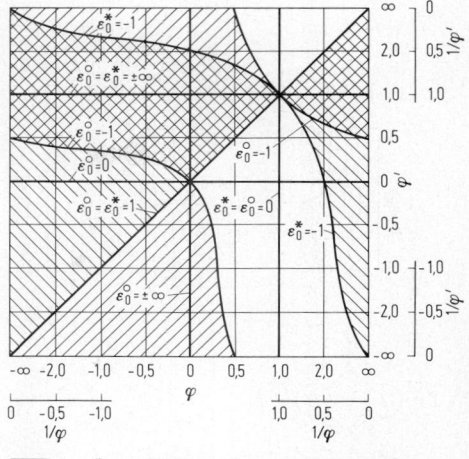

Bild 43. Stellkoppelgetriebe mit stufenlos verstellbarem Keilriemengetriebe [70]. **a** Symbol einer Ausführung mit zum Nebengetriebe zählenden Ergänzungsgetrieben *III* und *V*; **b** Räderschema eines Stellkoppelgetriebes nach **a** mit Ergänzungsgetriebe *III*, **c** symbolische Darstellung mit äußeren Ergänzungsgetrieben *III* und *V*; **d** Räderschema eines Getriebes nach **c** mit Ergänzungsgetriebe *V* und einem zusätzlichen zweistufigen Getriebe mit $i = 1$ zur Achsabstandsüberbrückung

Bild 44. Abhängigkeit des Leistungsverhältnisses ε_0 von der Kombination der Stellverhältnisse φ eines Stellkoppelgetriebes und φ' seines stufenlos verstellbaren Nebengetriebes

Die durch das Nebengetriebe fließende Leistung hängt bei Vernachlässigung der Reibung nur von den Übersetzungen ab und läßt sich mit Bezeichnungen nach **Bild 42d** leicht abschätzen: Mit der Definition des Leistungsverhältnisses

$$\varepsilon_0 = \frac{\text{Antriebsleistung des Nebengetriebes}}{\text{Antriebsleistung des Koppelgetriebes}}$$
$$= \frac{P_{f'}}{P_I} = \frac{P_{a'}}{P_S} = \text{gilt [58]:} \tag{118}$$

$\varepsilon_0 = 1 - i_{ea}/k_{ea} = 1 - i_{ea}/i_{IS}$ oder auch
$\varepsilon_0 = (1 - 1/i_{IS})/(1 - 1/i_{f'a'}).$

Mit diesen Gleichungen wird für das Beispiel zu **Bild 42**
$\varepsilon_0 = 0,693.$

Stellkoppelgetriebe (**Bild 43**) sind Planeten-Koppelgetriebe, die als Nebengetriebe ein Stellgetriebe mit stufenlos verstellbarer Übersetzung $i_{f'a'}$ enthalten und damit eine stufenlos verstellbare Gesamtübersetzung i_{IS} bieten. Ihr Stellverhältnis φ (Stellbereich) ist für ein beliebiges Stellverhältnis φ' des Nebengetriebes N bei geeigneter Auslegung des Hauptgetriebes H beliebig wählbar. In der Regel wird als Nebengetriebe ein handelsübliches Stellgetriebe verwendet, dessen Gehäuse als festgehaltene „Stegwelle" der Einzelwelle e' des Nebengetriebes entspricht. Die Berechnung erfolgt, wie für Planeten-Koppelgetriebe mit konstanter Übersetzung, je einmal für die beiden Übersetzungsgrenzen des Stellgetriebes. Dabei werden alle einander zugeordneten Größen an einer beliebigen der beiden Übersetzungsgrenzen mit °, die entsprechenden Werte der anderen Übersetzungsgrenze mit * bezeichnet. Damit werden die Stellverhältnisse φ des Koppelgetriebes und φ' des Nebengetriebes wie folgt definiert:

$$\varphi = i_{IS}^{\circ}/i_{IS}^{*}, \quad \varphi' = i_{f'a'}^{\circ}/i_{f'a'}^{*} \tag{119}$$

Bei Drehzahlumkehr innerhalb eines Stellbereichs werden φ und/oder φ' negativ. Die niedrig angestrebte Belastung des Nebengetriebes läßt sich bei *reibungsfrei* (Index o) gedachtem Betrieb bereits aus den Stellverhältnissen abschätzen, **Bild 44**: Mit ε_0 nach Gl. (118) werden an den Stellgrenzen

$$\varepsilon_0^{*} = (\varphi - 1)/(\varphi' - 1), \quad \varepsilon_0^{\circ} = \varepsilon_0^{*} \varphi'/\varphi.$$

Zur Verwirklichung der vorgegebenen Stellverhältnisse φ und φ' ist ein Planetengetriebe mit der Übersetzung i_{ea} zwischen den Wellen e und a bei stillstehend gedachter Welle f auszulegen. Je nachdem, ob dabei von der Übersetzungsgrenze i_{IS}^{*} oder $i_{f'a'}^{*}$ ausgegangen wird, ergibt sich

$$i_{ea} = i_{IS}^{*}(\varphi - \varphi')/(1 - \varphi') \tag{120}$$

oder

$$1/i_{ea} = 1 + (1 - \varphi)/[i_{f'a'}^{*}(\varphi - \varphi')]. \tag{121}$$

Die jeweils nicht vorgegebene Übersetzungsgrenze $i_{f'a'}^{*}$ bzw. i_{IS}^{*} ergibt sich dann mit $k_{fa} = i_{f'a'}$ aus Gl. (117). Sie weicht in der Regel von der gewollten Sollübersetzung i_{soll} ab, so daß Ergänzungsgetriebe *III* und/oder *V* nach **Bild 43a, b** bei Auslegung nach Gl. (120) oder nach **Bild 43c, d** mit Gl. (121) erforderlich sind. Die Zuordnung von i_{IS} zu $i_{f'a'}$ ergibt sich für beliebige Betriebspunkte innerhalb des Stellbereichs aus Gl. (117), ausführlicher s. [70].

Reduzierte Planeten-Koppelgetriebe sind Planeten-Koppelgetriebe, bei denen die Stege der beiden Teilgetriebe die freie Koppelwelle $f f'$ (**Bild 42d**) bilden und dadurch zu einem Bauteil zusammengefaßt werden können. Außerdem sind die auf der angeschlossenen Koppelwelle sitzenden Zahnräder der beiden Teilgetriebe und die mit ihnen kämmenden Planetenräder gleich groß; sie lassen sich deshalb auf ein einziges Räderpaar reduzieren [58, 67], **Bild 45**. Ein gegebenes reduziertes Koppelgetriebe läßt sich jedoch zu drei verschiedenen Planeten-Koppelgetrieben erweitern, je nachdem, ob Welle *A*, *B* oder *C* als dessen angeschlossene Koppelwelle *S* betrachtet wird. Alle drei haben bezüglich der Wellen *A*, *B* und *C* das gleiche Drehzahlverhalten und sind deshalb kinematisch gleichwertig, jedoch können ihre Wirkungsgrade erheblich voneinander abweichen. Das einzige, dem Reduzierten Koppelgetriebe „wirkungsgleiche" einfache Koppelgetriebe ist dasjenige, dessen beide Einzelwellen *I* und *II* je eine Differenz- und Summenwelle ihres Teilgetriebes bilden (G 8.9.4) [58, 60]. Dieses hat zugleich den höchsten Wirkungsgrad. Seine Ermittlung geschieht durch einen einfachen Formalismus [60]: Ist eine Standübersetzung $i_{xy} > 1$, so ist y Summenwel-

G

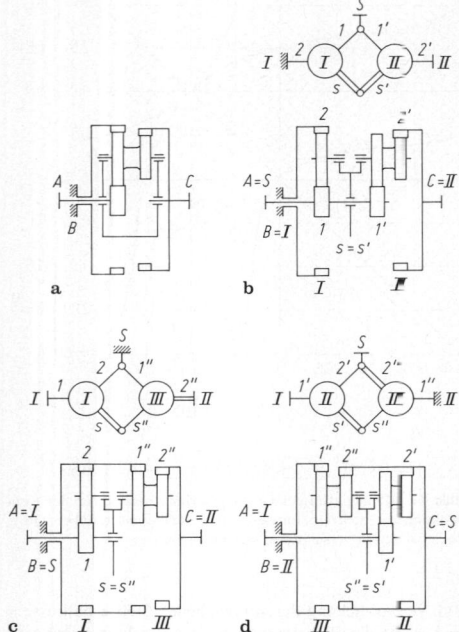

 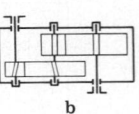 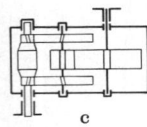

Bild 46. Getriebe mit seitlich versetztem An- und Abtrieb. **a** einstufig für $i < 6(8)$; **b** zweistufig für $6 < i < 25(35)$, Ritzel der 1. Stufe so angeordnet, daß Verdrehung und Biegung entgegenwirken; **c** schweres Getriebe

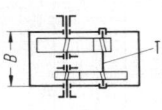 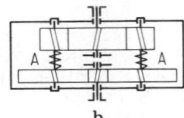

Bild 47. Getriebe mit koaxialem An- und Abtrieb. **a** ohne, **b** mit Leistungsverzweigung. *B* große Baulänge, *T* lange Zwischenwelle, *A* drehelastische Wellen

Bild 45. Reduziertes Planeten-Koppelgetriebe. **a** Schema des reduzierten Koppelgetriebes; **b** bis **d** schematische Darstellung und Symbole (mit Doppelstrich für Summenwelle) der drei davon herleitbaren kinematisch gleichwertigen einfachen Planeten-Koppelgetriebe mit **c** als dem wirkungsgleichen

le, andernfalls, also auch bei negativer Standübersetzung, ist *y* eine Differenzwelle. Man bezeichne nacheinander die Welle *S* in **Bild 45b** bis **d** mit *x* und die jeweils mit *I* und *II* verbundenen Wellen der Teilgetriebe *I*, *II* und *III* mit *y*. Dann wird i_{12} oder i_{21} zu i_{xy}. In **Bild 45** sind die Summenwellen in den Symbolen durch Doppelstriche markiert. Kombination **Bild 45c** erweist sich als das wirkungsgleiche Planeten-Koppelgetriebe, das nun stellvertretend für das reduzierte Koppelgetriebe analysiert wird, wie es zum **Bild 42** beschrieben wurde.

8.10 Gestaltung der Zahnradgetriebe
Design of geared transmissions

Die hier angegebenen Regeln und Anhaltswerte basieren auf vielen ausgeführten Konstruktionen im Maschinenbau für mittlere Verhältnisse. Die so ermittelten Maße sind sinnvoll aufzurunden. Andere Abmessungen sind nach Erfahrungen in bestimmten Bereichen oder nach Einzeluntersuchungen zweckmäßig oder notwendig. Wenn möglich, sind Festigkeit und Steifigkeit nachzurechnen.

8.10.1 Bauarten. Types

Stirnradgetriebe

Normalbauform nach **Bild 46a, b** – einfach, betriebssicher, gut zugänglich. Für größere, mehrstufige Getriebe symmetrische Bauart nach **Bild 46c** – größere Gesamtzahnbreite, kompakt.

Koaxialer An- und Abtrieb. Bei Bauart nach **Bild 47a** erste Stufe schlecht ausgenutzt. Durch Leistungsverzweigung,

z.B. nach **Bild 47b** kleinere und leichtere Getriebe – (jedoch komplizierter, Lastausgleichselemente nötig); Planetengetriebe (s. G 8.9).

Aufteilung der Gesamtübersetzung für die Bedingung: Minimales Gesamtvolumen der Räder, freie Wahl von b/d oder b/a (überprüfen nach **Tab. 8**); Index I erste Stufe usw. $\sigma_{\mathrm{H\,lim}}$-Werte siehe **Tab. 14**.
Zweistufiges Getriebe:

$$u_I \approx 0{,}8(u\sigma_{\mathrm{H\,lim\,I}}/\sigma_{\mathrm{H\,lim\,II}})^{2/3}. \tag{122}$$

Dreistufiges Getriebe:

$$u_I \approx 0{,}6u^{4/7}(\sigma_{\mathrm{H\,lim\,I}}/\sigma_{\mathrm{H\,lim\,II}})^{2/7}(\sigma_{\mathrm{H\,lim\,I}}/\sigma_{\mathrm{H\,lim\,II}})^{4/7} \tag{123}$$

$$u_{II} \approx 1{,}1u^{2/7}(\sigma_{\mathrm{H\,lim\,II}}/\sigma_{\mathrm{H\,lim\,I}})^{4/7}(\sigma_{\mathrm{H\,lim\,II}}/\sigma_{\mathrm{H\,lim\,III}})^{2/7}. \tag{124}$$

Gesamt $u = u_I u_{II} \dots$ \hfill (125)

Kegel-Stirnradgetriebe

Für $i > (3\dots5)$ nach **Bild 48** steifer und kostengünstiger als Kegelradgetriebe (große Tellerräder, dünne Ritzelwellen). Meist Kegelräder in 1. Stufe (für größere Momente in 2. und 3. Stufe Stirnräder kostengünstiger und unemp-

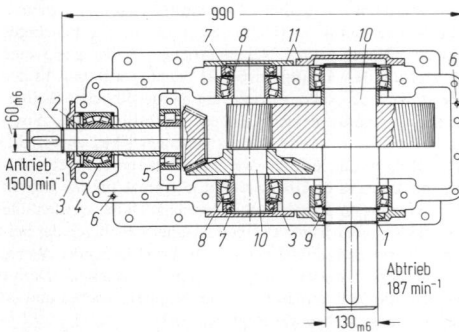

Bild 48. Kegelstirnradgetriebe (Lohmann & Stolterfoht, Witten). Nennleistung $P = 280\,\mathrm{kW}$, Tauchschmierung 35 l Öl, Gewicht ohne Öl 495 kg, Ölstandskontrolle durch Peilstab, Stirnräder einsatzgehärtet und geschliffen, Kegelräder einsatzgehärtet und geläppt. *1* Sprengringe als Anschlag für Kupplungsnaben, *2* Wellenmutter, Sicherungsring und Scheibe, *3* Einpaßtiefe der Deckel bei Montage angepaßt, *4* Ölzuführung aus Fangtasche, *5* NUP Lager in Gehäusebohrung H 7, *6* Paßstifte, *7* Axiallager, *8* Radiallager, *9* Sprengring mit scharfkantiger Beilegscheibe, *10* Schrumpfsitz H 6/u6, *11* Abdichtung der Deckel durch Dichtpaste

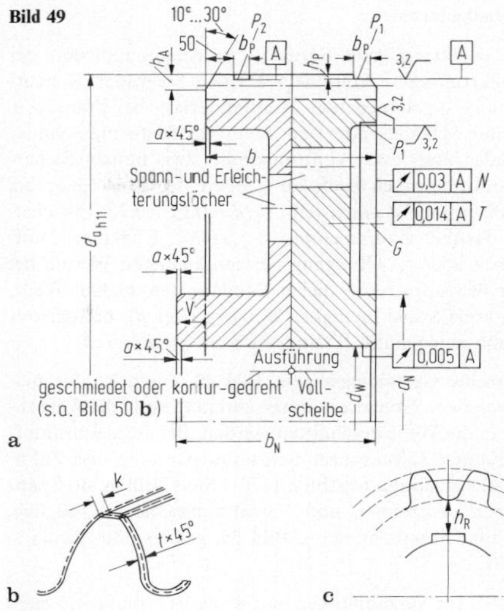

Bild 49. Radkörperabmessungen – allgemein.

a zur *Entlastung* der Zahnenden:

bei $b > 10\,m : h_A \approx m$, bei $b < 10\,m : h_A \approx 1 + 0,1\,m$.

P_1 *Richtflächen* (innen oder außen) für Zahnräder, die nicht auf Welle oder Spanndorn verzahnt werden können, ab ca. 700∅: $h_P \approx$ 0,1 mm, $b_P \approx 10$ mm. 2. Richtfläche P_2 bei $b > 500$ mm.

Planlaufabweichung: N bei $v_t \leqq 25\,m/s$, T bei $v_t > 25\,m/s$.

Transport-, Spann- und *Erleichterungslöcher*,

Anzahl $n : d_a < \quad 300 : -$(Spannen durch Bohrung),

$$300 < d_a < \quad 500 : n = 4,$$
$$500 < d_a < 1\,500 : n = 5,$$
$$1\,500 < d_a < 3\,000 : n = 6,$$
$$d_a > 3\,000 : n = 8;$$

(Spannmöglichkeit der Werkstatt prüfen) – keine Löcher bei Schnellaufgetrieben; bei Vollscheibenrädern schwerer als 15 kg Gewindesacklöcher G zum Transport.

Nabendurchmesser $d_N = (1,2...1,6)d_W$ (je nach Werkstoff, Schrumpf; kleine Werte bei großem d_W); Nabenbreite $b_N \geqq d_W$ und $b_N \geqq d_a/6$ (bei Schrägverzahnung Kippen durch Aufhebung des Spiels oder Klaffen des Schrumpfsitzes prüfen). – V Vorstehende Nabe vermeiden (vgl. **Bild 50**).

b zum *Schutz* gegen *Transportschäden*:

Kantenbruch $a \approx 0,5 + 0,01 d_W$,

Kopfkantenbruch $k \approx 0,2 + 0,045\,m$,

Stirnkantenbruch $t \approx 3\,k$.

Kanten*abrundung* mit Radius $\approx k$ bzw. t bei höchsten Anforderungen (z.b. Flugzeuggetriebe) und nitrierten Verzahnungen (s. auch G 8.4).

c *Restnabendicke*:

ungehärtet oder nitriert $h_R > 2,5\,m$,

Einsatz-, Flamm-, Induktions-, Flanken-, oder Lückenhärtung $h_R > 3,5\,m$,

flamm- oder induktive Umlaufhärtung $h_R > 6\,m$ (Lage der Paßfeder und Schrumpfspannung beachten).

Bei *Oberflächenhärtung* angeben, welche Bereiche weich bleiben müssen z.B. Gewindelöcher, evtl. Bohrungen)

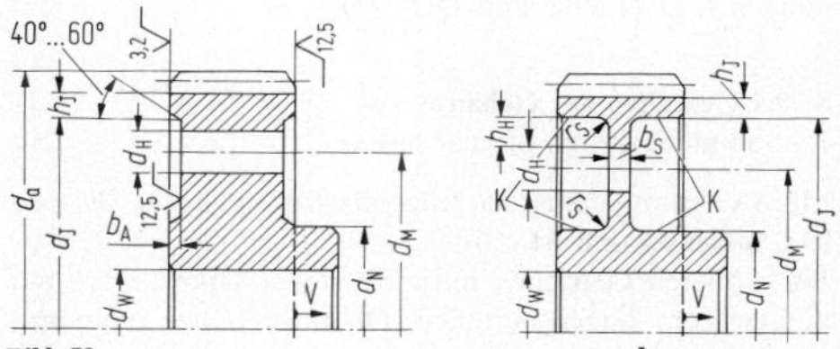

Bild 49

Bild 50   a   b

Bild 50. Abmessungen von gedrehten oder geschmiedeten und gedrehten Radkörpern. – V Vorstehende Nabe vermeiden (Bearbeitung der Planfläche, Paketspannung).

a *Normalform* (sofern keine Gewichtsbeschränkung) aus geschmiedetem Rundstahl; seitliche Ausdrehung wegen Bearbeitungskosten und für eindeutige Auflage auf Planscheibe nur bei $(d_J - d_N)/2 > 25$ mm.

Kostengünstig für ungehärtete und gehärtete Zahnräder (geringes Zerspanvolumen, wenig Härteverzug).

$h_J \geqq 3\,m ; b_A = 0,5 + 0,1\,m$, max. 2 mm.

Querlöcher (Anzahl: **Bild 49**): $d_M \approx 0,55(d_N + d_J), d_H \approx d_a/20 \geqq 30$ mm, Randabstand zwischen Löchern $\geqq 0,8 d_H, d_N$ s. **Bild 49**.

b *Leichtbau*-Ausführung (z.B. Luft- und Raumfahrzeuge, – kleine Schwungmasse, nach Prototyperprobung): $h_H > 2 r_S ; d_H = (0,1...0,2)d_a$; Lochzahl s. **Bild 49**; $h_J = h_R \geqq 1\,m$ (nach **Bild 49c**); $r_S \approx t$ nach **Bild 49b**; d_N s. **Bild 49**; d_M s. **Bild 50a**.

Ungehärtet, nitriert, einsatzgehärtet (sehr leicht): $b_S = 1,5\,m + 0,1\,b$.

Flamm- oder induktiv gehärtet, einsatzgehärtet (weniger leicht): $h_J \approx h_R$ nach **Bild 49c**; $b_S = 2\,m + 0,15\,b$.

Gesenk- oder freiformgeschmiedet: Mantel-Linien K: 5 bis 10° konisch

findlicher); Ausnahme: Schnellaufende Getriebe mit hohen Geräuschanforderungen [1] oder Baukastengetriebe [35].

Schnecken-Stirnradgetriebe

Je nach Baugröße ab $i > 12$ wirtschaftlich. Möglichst Schneckengetriebe in 1. Stufe (Wirkungsgrad, Geräusch, Baugröße); Ausnahme: Wenn Stirnritzel direkt auf Motorwelle sitzt, z.B. bei Getriebemotoren (keine Kupplung, keine gesonderte Ritzellagerung erforderlich).

8.10.2 Anschluß an Motor und Arbeitsmaschine
Connection to driving and driven machine

Bei *Getriebemotoren* bis 50 kW (meist 0,4 bis 4 kW) E-Motor oft direkt am Getriebe angeflanscht (keine Kupplung, keine getrennte Aufstellung, kein Ausrichten).

Bei *größeren Leistungen* meist getrennte Aufstellung, Anschluß an Motor und Arbeitsmaschine durch Ausgleichkupplungen (s. G 3). Durch Quer- und Winkelversatz oder überhängende Kupplungen, Axialbewegungen des Motorankers und des Abtriebs können – trotz Ausgleichkupplungen – erhebliche Kräfte eingeleitet werden (bei Dimen-

sionierung der Lager, Gehäuse, Wellen und Kraftaufteilung auf zwei Pfeilhälften beachten!). Dies trifft bei Zapfen-(Aufsteck-)getrieben für die Abtriebswelle nicht zu, bei angeflanschten Motor auch nicht für die Antriebsseite. Die Getriebe-Abtriebswelle ist fest mit der Welle der Arbeitsmaschine verbunden, das Getriebe reitet auf ihr. Getriebegewicht und Querkräfte aus dem Abstützmoment müssen von dieser Welle und einer Drehmomentstütze aufgenommen werden.

8.10.3 Gestalten und Bemaßen der Zahnräder
Detail design and measures of gears

Fertig – einschließlich Verzahnung – gegossene (auch Spritzguß-)Zahnräder bei kleinen Abmessungen, geringen Beanspruchungen und großen Stückzahlen, evtl. mit angegossenen Nocken, Klauen usw., für hohe Belastungen auch fertiggeschmiedet (z.B. Differentialkegelräder). Im Maschinenbau für kleine und mittlere Abmessungen meist *Voll-* oder *konturgedrehte* Scheibenräder; bei größeren Abmessungen haben *geschweißte* Räder (auch bei Legierungsstählen bis 300 HB evtl. 340 HB) Guß-, Schrumpf- und Staubkonstruktionen weitgehend verdrängt (s. G 8.4).

Zahnradbauarten

Bei $d < 500$ mm und Serien – gesenkgeschmiedet, bei Einzelfertigung – Vollscheiben oder Stegräder (Leichtbau) aus geschmiedetem Rundmaterial; bei $500 < d <$ 1 200 mm Scheibenräder oder Stegräder freiformgeschmiedet oder/und evtl. konturgedreht, bei hohen Sicherheitsanforderungen auch für größere Abmessungen; bei $d > 700$ mm meist geschweißt ($b/d < 0,15 \dots 0,20$: Einscheiben-, darüber Zweischeiben-, $b > 1000 \dots 1500$ mm: Dreischeibenräder). – Übergang bei den kleineren Werten bei hoher Beanspruchung, dicker Bandage, senkrechter Welle, wenn hohe axiale Steifigkeit nötig (großes β), bei feinerer Verzahnungsqualität (Steifigkeit beim Verzahnen)!

Allgemeine Gestaltungsregeln. Bild 49. Wenn h_R den hier angegebenen Grenzwert unterschreitet, muß die Verzahnung in die Welle geschnitten werden. Bei aufgeschrumpften, dünnen Zahnkränzen Schrumpfspannung und Zahnfußbeanspruchung beachten [37]. – Stets prüfen, ob Spannen zum Verzahnen und Verzahnungschleifen möglich. Voll- und Scheibenräder s. **Bild 50**, geschweißte Räder s. **Bild 51**.

Angaben für Verzahnungen und Radkörpermaße in Zeichnungen s. DIN 3966 und DIN 7184.

8.10.4 Gestalten der Gehäuse
Embodiment design of gear cases

Meist Gesamtgehäuse als tragende Konstruktion, Beispiele s. **Bilder 48** und **34**.
Bei größeren Getrieben mitunter steifer Unterkasten mit aufgesetzten Lageroberteilen. Oberkasten hat dann nur Schutzfunktion, gute Inspizierbarkeit [1].

Allgemeine Gestaltungsregeln

Gegossene Gehäuse bei mehr als 3 Stück vorzugsweise aus GG 20, Großgetriebe GG 18 (leicht vergießbar, Schwund und Verzug gering, leicht zerspanbar), GGG 40, GS 38.1 (schweißbar!) (höhere Festigkeit, schwierigere Verarbeitung). Bei Leichtmetallen höhere Wärmedehnung und geringere Steifigkeit beachten.

Geschweißte Gehäuse ermöglichen Gewichtsersparnis (Versteifung durch Rippen oder Profile); geeignet für Einzelfertigung und Stoßbeanspruchung. Werkstoff meist St 37-1 oder 2 (hochbeansprucht: St 52-3).

Ungeteilte Gehäuse bei Kleingetrieben bevorzugt; Einbau durch seitliche Öffnungen. Im übrigen *waagerechte Teilfuge* in Wellenebene günstig für Abdichtung, Montage, Inspektion.

Lagerschrauben entsprechend statischer Zahnfußtragfähigkeit auslegen. Anziehen auf 70 bis 80% R_e. – Mindestens 2 *Paßstifte* ($d \approx 0,8$ Flanschschraubendurchmesser) im Teilfugen-Flansch vorsehen, bei größeren Getrieben weitere nahe den Lagern. – *Schrauben im Getriebeinneren* mit Draht sichern. – Im Oberflansch mind. zwei gegenüberliegende Gewinde für *Abdrückschrauben* vorsehen.

Fußschrauben aus Abstützmoment des Getriebes berechnen. – Bei Stahlrahmenfundamenten *Paßstifte* und **Einstellschrauben** (mit Feingewinde) im Getriebefuß zweckmäßig.

Abstand zwischen Rädern und Gehäusewänden groß genug, um Einklemmen von Bruchstücken und Hochpumpen des Öls zu vermeiden. Abstand zwischen Rädern sowie zwischen Rädern und Gehäusewänden seitlich und am Durchmesser nach Zahlenwertgleichung

$$s_A \approx 2 + 3m + B \quad \text{mit} \quad B = 0,65(v_t - 25) \geqq 0, \quad (v_t \text{ in m/s})$$

zum Boden etwa $2s_A$, sofern der Ölvorrat ausreicht. Bei Einspritzschmierung große Ablauföffnung wichtig: Durchmesser ca. $(3 \dots 4)s_A$.
Bei Tauchschmierung *Ölablaßschraube* (evtl. mit Magnetkerze s. unten) an der tiefsten Stelle. Neigung des Getriebebodens zur Ablaßöffnung 5 bis 10%.

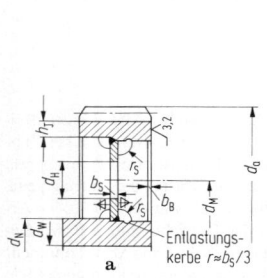
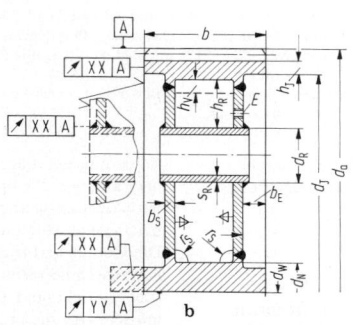
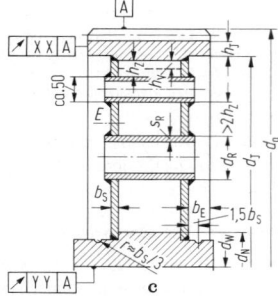

a   b   c

Bild 51. Abmessungen geschweißter Radkörper. Stegbleche und Rippen meist aus St 37.1 oder 2, Nabe aus St 52.3. Ausbildung der Nahtstöße nach Beanspruchung und Fertigungsmöglichkeiten. $h_J = h_R$ nach **Bild 49 c**; d_H, d_M, h_H nach **Bild 50 b**; Anzahl der Löcher bzw. Rohre s. **Bild 49**.
a Einscheibenrad: $b_S \approx 0,12 d_a + (5 \dots 10 \text{ mm})$ je nach Schwere des Betriebs evtl. dicker, wenn genaue Herstellung (Spannen) erschwert.
Ohne seitliche Rippen, wenn $\beta < 10°$.
Mit seitlichen Rippen allgemein, wenn $\beta > 10°$; Dicke der seitlichen Rippen $= 0,6b_S$; $b_B \approx 1,5b_S$; $r_S = 1,5b_S$ (mindestens 10 mm).
Anzahl der Rippen:
bei $10° < \beta < 20°$ =Anzahl der Löcher,
bei $\beta > 20°$ =doppelte Anzahl der Löcher.
b, c Zweischeibenräder: $b_S \approx 0,08d_a + (5 \dots 10 \text{ mm})$ je nach Schwere des Betriebs; $b_E \approx b/7$; $h_R > 40$ mm; $d_R = (0,12 \dots 0,20)(d_J - d_N)$, mindestens 50 mm; $s_R = (0,3 \dots 0,5)b_S$ für kleine … große Rohrdurchmesser. Versteifungsrippen zwischen den Rohren ca. $0,8b_S$ dick; $h_V \approx 2b_S$; r_S und Anzahl der Rippen nach **a**. Sonstige Maße und Anzahl der Versteifungsrohre s. **Bild 49**.
E Entlüftungsloch ca. Ø 6, nach Spannungsarmglühen zuschweißen oder mit Schraube verschließen.
b Ausführung für $d_a < 2000$ mm. $h_R > 40$ mm. Form b1) bei vor- oder zurückstehender Nabe (gestrichelt). Dann Auflage zum Verzahnen auf Radkranz und Rohr. Sichere, (teure) Ausführung der Schweißnahtanschlüsse für hohe dynamische Beanspruchungen. (Auch bei Bauarten nach **Bild 51a** und **Bild 51c** sinnvoll.)
c Ausführung für $d_a > 2000$ mm. Kleineres Rohr nahe Zahnkranz ($h_Z \approx 40$ mm; so klein wie möglich) zum Durchlaß der Spannschraube; größeres Rohr zum Durchlaß des Spannpilzes. – Übrige Maße wie **b**

Tabelle 25. Anhaltswerte für die Maße von Getriebegehäusen (L=größte Gehäuselänge in mm)

Bauteil	Bezeichnung	Gußkonstruktion[b])	Schweißkonstruktion
Wanddicke für Unterkasten	$w_W{}^a$)		
(a) ungehärtete Verzahnung GG		$0{,}007\,L+6^c$)	$0{,}004\,L+4$
GGG, GS		$0{,}005\,L+4$	
(b) gehärtete Verzahnung GG		$0{,}010\,L+6^c$)	$0{,}005\,L+4$
GGG, GS		$0{,}007\,L+4$	
minimal		GG, GGG:8; GS:12	4
maximal		50	25
mittragender Oberkasten, Lagerdeckel	$w_O{}^d$)	$0{,}8\,w_W$	$0{,}8\,w_W$
nicht mittragende Haube	w_H	$0{,}5\,w_W$	$0{,}5\,w_W$
Versteifungs- und Kühlrippen	w_R	$0{,}7\cdot$Dicke der zu versteifenden Wände	
Flanschdicke	$w_F{}^e$)	$1{,}5\,w_W$	$2\,w_W$
Flanschbreite (vorstehender Teil)	b_F	$3\,w_W+10$ mm	$4\,w_W+10$ mm
durchgehende Fußleiste mit Ausnehmung	w_L	$3\,w_W$ (Wanddicke w_W)	
durchgehende Fußleiste ohne Ausnehmung	w_L	$1{,}8\,w_W$	$3{,}5\,w_W$
durchgehende Quer-Fußleiste	w_Q	$1{,}5\,w_2{}^L$	$1{,}5\,w_L$
Breite der Fußleiste (vorstehender Teil)	b_L	$3{,}5\,w_W+15$ mm	$4{,}5\,w_W+15$ mm
Außendurchmesser der Lagergehäuse	D_G	$1{,}2$ Lageraußendurchmesser	
Lagerschraubendurchmesser[f])	d_S	$2\,w_W$	$3\,w_W$
Flanschschraubendurchmesser[g])	d_F	$1{,}2\,w_W$	$1{,}5\,w_W$
Abstand der Flanschschrauben	L_F	$(6\ldots10)\,d_F{}^h$)	$(6\ldots10)\,d_F{}^h$)
Fundamentschrauben[i])	d_U	$1{,}6\,w_W$	$2\,w_W$
Schaulochdeckelschrauben	d_D	$0{,}8\,w_W$	$1\,w_W$

[a]) Bei Getrieben ab ca. $L=3000$ mm Unterkasten oft doppelwandig mit ca. 70% der o.a. Wanddicke.
[b]) Aushebeschräge ca. 3°.
[c]) Bei Turbogetrieben: +ca. 10 mm (Schwingungs- und Geräuschdämpfung).
[d]) Evtl. dicker entsprechend gefordertem Geräuschpegel.
[e]) Für Durchsteckschrauben.
[f]) Möglichst dicht am Lager.
[g]) Abdrückschrauben gleich dick.
[h]) Je nach Dichtigkeitsanforderungen.
[i]) Anzahl ≈ 2×Anzahl der Lagerschrauben.

Ausrichtflächen bei größeren Getrieben an den Schmalseiten des Unterflansches ca. 120 mm × 40 mm vorstehend, bei Großgetrieben auch an den äußeren Lagerstellen. Mit Wasserwaage kann Tragbild reproduzierbar eingestellt werden.

Bearbeitung der Flanschlflächen $R_z = 25\,\mu$m, Lagersitze und Lagerstirnflächen $R_z = 16\,\mu$m, Schaulochdeckel, Fußflächen $R_z = 100\,\mu$m.

Schaulochdeckel soll Inspektion aller Zahneingriffe über die ganze Zahnbreite und der Schmierölversorgung gestatten. Bei Verliergefahr Klappdeckel und -schrauben vorsehen (z.B. bei Krangetrieben).

Durchgangsbohrungen zum Gehäuseinneren vermeiden (Öldichtigkeit).

Hebenasen, Ringschrauben o.ä. zum Abheben des Oberkastens und zum Heben des Getriebes (am Unterkasten) vorsehen.

Entlüftung zum Druckausgleich mit Filter (gegen Schmutz und Feuchtigkeit) an der höchsten Stelle (Spritzrichtung beachten!). – Bei Tauchschmierung *Schauglas* oder *Peilstab* erforderlich. Der Peilstab kann mit *Magnetkerze* versehen werden (Verschleißkontrolle). Bei Einspritzschmierung Anschlüsse für Überwachung von *Öldruck, Durchflußmenge, Temperatur* [1].

Gehäuseabmessungen werden durch die Formsteifigkeit (nicht die Festigkeit) bestimmt. Anhaltswerte siehe **Tab. 25.**

8.10.5 Lagerung. Bearings

Wälzlager durchweg bevorzugt (s. G 4). *Gleitlager* nur bei Schnellaufgetrieben (etwa $v_t > 30$ m/s), sehr großen Abmessungen oder besonderer Laufruhe (s. G 5).
Lager möglichst *dicht* neben den Zahnrädern (Mindestabstand s. G 8.10.4), jedoch Mindest-Lagerabstand $0{,}7d_2$ (Auswirkung von Achsabstandsabweichungen, Lagersteifigkeit, Kippmoment aus Axialkraft).

Fliegende Lagerung vermeiden. Gegebenenfalls Lagerabstand ca. 2- bis 3mal Überhang wählen, Wellendurchmesser > Überhang.
Bei *Doppelschrägverzahnung* nur eine Welle axial festlegen, i. allg. die Radwelle (mit den größeren Massen; über die oft größere Axialkräfte von außen eingeleitet werden).

Bei *kleinen* Getrieben meist Rillen-Kugellager, Fest-Los-Lagerung wirtschaftlich, bei *mittleren* Größen Rillenkugellager als Festlager, Zylinderrollenlager als Loslager oder Kegelrollenlager in O-Anordnung (sofern Lagerabstand nicht zu groß). – Bei *Gerad-* oder *Schrägstirnrädern* mit $F_a/F_r \leqq 0{,}3$ Zylinderrollenlager möglich. – *Hohe Axialkräfte* in getrennten Axiallagern aufnehmen:
Vierpunktlager (auch bei Umkehr der Axialkraft),
Pendelrollenlager bis $F_a/F_r = 0{,}55$; hierbei beachten: Bei $F_a/F_r > 0{,}1\ldots0{,}25$ zentrieren die Lager ein, darunter nicht; evtl. Schiefstellung bei Umkehr der Axialkraft und relativ großes Axialspiel beachten. *Zweireihige Kegelrollenlager* für hohe Axialkräfte und Richtungswechsel geeignet, **Bild 34.**

Einstellbare Lagerung z.B. durch Exzenterbüchsen bei Groß- und Schnellaufgetrieben zum Einstellen des Tragbildes angewendet.
Lagerschmierung bei Seriengetrieben durch Spritzöl oder durch Ölfangtaschen, von denen aus Öl oder Bohrungen ($d \approx 0{,}01 \times$ Lageraußendurchmesser, mindestens 3 mm) hinter die Lager geleitet wird. Bei Groß- und Schnellauf-

getrieben meist Einspritzschmierung (Öldüsendurchmesser $\geq 2{,}5$ mm wegen Verstopfungsgefahr, entsprechend ca. 3 l/min); Ölrücklauf aus dem Raum hinter dem Lager durch Bohrung ($d \approx 0{,}03 \times$ Lageraußendurchmesser, mindestens 10 mm oder mehrere Bohrungen) sicherstellen (in der Höhe der unteren Wälzkörper, dadurch Ölvorrat für Anfahren).

9 Getriebetechnik
Mechanism-engineering, kinematics

H. Kerle, Braunschweig

9.1 Getriebesystematik
Systematics of mechanisms

9.1.1 Grundlagen. Fundamentals

Getriebedefinition. Getriebe sind Systeme zum Wandeln oder Übertragen von Bewegungen und Kräften (Drehmomenten). Sie bestehen wenigstens aus drei Gliedern, eines davon muß als *Gestell* festgelegt sein [1]. Hinsichtlich Vollständigkeit unterscheidet man zwischen der *kinematischen Kette*, dem *Mechanismus* und dem *Getriebe*. Der Mechanismus entsteht aus der Kette, wenn von dieser ein Glied als Gestell gewählt wird. Das Getriebe entsteht aus dem Mechanismus, wenn dieser an einem oder mehreren Gliedern angetrieben wird.

Getriebeaufbau. Strukturelle Untersuchungen hinsichtlich der Art, Anzahl und Anordnung der Glieder und der sie verbindenden Gelenke beginnen meist bei der kinematischen Kette. Es gibt *offene* und *geschlossene* sowie *offene verzweigte* und *geschlossene verzweigte* kinematische Ketten, **Bild 1**.
Punkte auf Gliedern *ebener* Getriebe bewegen sich auf Bahnen in zueinander parallelen Ebenen; Punkte auf Gliedern (allgemein) *räumlicher* Getriebe bewegen sich auf Raumkurven oder auf Bahnen in nicht zueinander parallelen Ebenen; *sphärische* Getriebe sind spezielle räumliche Getriebe mit Punktbahnen auf konzentrischen Kugeln, **Bild 2**.
Ein *Elementenpaar* aus zwei sich berührenden Elementen(teilen) bestimmt das *Gelenk*. Ebene Getriebe brauchen zum Aufbau ebene Gelenke mit bis zu zwei *Gelenkfrei-*

heitsgraden (Drehungen und Schiebungen), räumliche Getriebe dagegen neben ebenen Gelenken sehr oft zusätzlich räumliche Gelenke mit bis zu fünf Gelenkfreiheitsgraden, **Bild 3**. Beispielsweise ist das Dreh- und das Drehschubgelenk durch Welle und Bohrung, das Schubgelenk durch Voll- und Hohlprisma, das Schraubgelenk durch Schraube und Mutter, das Kugelgelenk durch Vollkugel und Kugelpfanne gekennzeichnet. *Niedere* Elementenpaare oder Gleitgelenke berühren einander in Flächen (z.B. Welle und Bohrung), *höhere* in Linien (z.B. Kurvenscheibe und Rolle) oder in Punkten (z.B. Kugel auf Platte). *Formschlüssige* Gelenke sichern die Berührung der Elemente durch angepaßte Formgebung; bei *kraftschlüssigen* Gelenken bedarf es einer oder mehrerer zusätzlicher äußerer Kräfte, um die Berührung dauernd aufrechtzuerhalten.
Bei *ebenen* Getrieben mit zumeist Dreh- und Schubgelenken ist es sinnvoll, die Getriebeglieder mit der Zahl der Elemententeile in binäre (n_2-), ternäre (n_3-) und quaternäre (n_4-)Glieder zu unterteilen (**Bild 4**), zumal zusätzlich ein ebenes Kurvengelenk kinematisch durch ein binäres Glied ersetzt werden kann (vgl. G 9.1.2).

Getriebe-Laufgrad (Getriebe-Freiheitsgrad). Der Laufgrad oder Freiheitsgrad F eines Getriebes ist von der Zahl n der Glieder (einschließlich Gestell), der Zahl g der Gelenke mit dem jeweiligen Gelenkfreiheitsgrad f und dem Bewegungsgrad b abhängig:

$$F = b(n-1) - \sum_{i=1}^{g}(b - f_i). \qquad (1)$$

Für allgemein räumliche Getriebe ist $b = 6$, für sphärische und ebene Getriebe $b = 3$ einzusetzen. Wenn obendrein einzelne Glieder bewegt werden können, ohne daß das ganze Getriebe bewegt werden muß (z.B. drehbar gela-

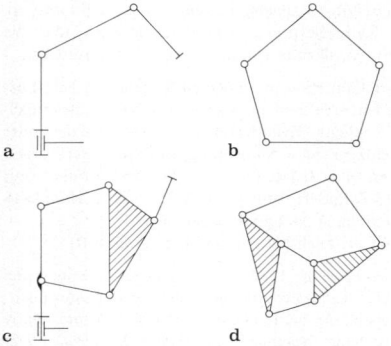

Bild 1. Kinematische Ketten. **a** offen; **b** geschlossen; **c** offen verzweigt; **d** geschlossen verzweigt

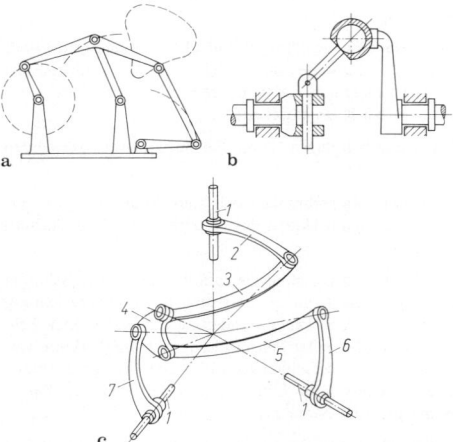

Bild 2. Getriebebeispiele. **a** eben; **b** allgemein räumlich (Wellenkupplung); **c** sphärisch. *1* Gestell

Gelenk	Symbol		Freiheitsgrad
	räumlich	eben	
Drehgelenk			einfach : 1
			doppelt : 2
Schubgelenk			1
Kurvengelenk			räumlich : 5
			eben : 2
Schraubgelenk			1
Drehschubgelenk			2
Kugelgelenk			3
Plattengelenk			3

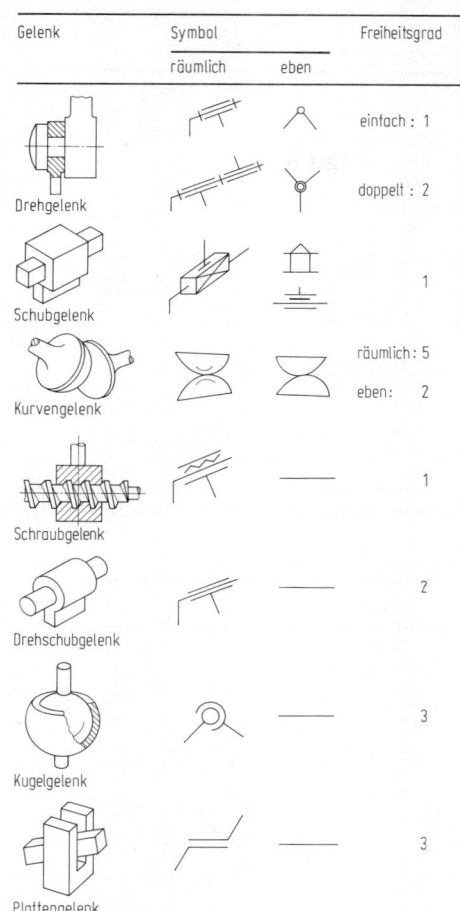

Bild 3. Gelenke und Gelenksymbole

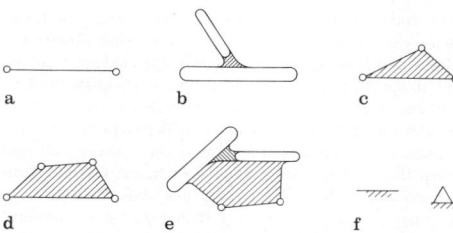

Bild 4. Gliedersymbole für ebene Getriebe. **a** binäres (n_2-)Glied mit zwei Drehgelenkelementen; **b** binäres (n_2-)Glied mit zwei Schubgelenkelementen; **c** ternäres (n_3-)Glied mit drei Drehgelenkelementen; **d** quaternäres (n_4-)Glied mit vier Drehgelenkelementen; **e** quaternäres (n_4-)Glied mit zwei Drehgelenk- und zwei Schubgelenkelementen; **f** Gestellglied

gerte Rolle auf Kurvenscheibe), ist F um diese *identischen Freiheitsgrade* zu verringern. Für ebene Getriebe, die nur Dreh- und Schubgelenke mit $f = 1$ besitzen, gilt die *Grüblersche Laufbedingung*

$$F = 3(n-1) - 2g. \qquad (2)$$

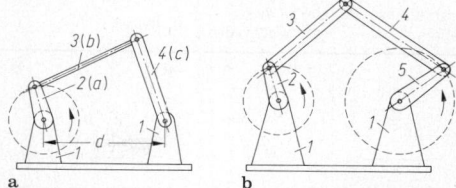

Bild 5. Ebene Drehgelenkgetriebe. **a** viergliedriges Getriebe ($F = 1$); **b** fünfgliedriges Getriebe ($F = 2$)

$F = 1$ bedeutet Zwanglauf, z.B. für das Viergelenkgetriebe (**Bild 5a**) mit $n = 4$ und $g = 4$. Für ein Fünfgelenkgetriebe (**Bild 5b**) mit $n = 5$ und $g = 5$ gilt $F = 2$. Der Laufgrad eines Getriebes gibt an, wieviel Antriebe bzw. Antriebsimpulse ein Getriebe mindestens erhalten muß, um eine im voraus berechenbare Funktion zu erfüllen. Bei $F = 2$ müssen an zwei Stellen unabhängig voneinander Bewegungen eingeleitet werden (z.B. Haupt- und Verstellantrieb), oder es sind zwei voneinander unabhängige Kräfte bzw. Momente als Abtriebsimpulse wirksam (Differentialgetriebe oder selbsteinstellende Getriebe). Für $F > 2$ gelten entsprechend höhere Mindestvoraussetzungen.

9.1.2 Arten ebener Getriebe. Types of planar mechanisms

Viergliedrige Drehgelenkgetriebe. Ein Viergelenkgetriebe ist umlauffähig, wenn die *Grashof-Bedingung* erfüllt ist: Die Summe aus den Längen des kürzesten und des längsten Glieds muß kleiner sein als die Summe aus den Längen der beiden anderen Glieder. Es kann nur ein „kürzestes" (l_{min}), aber bis zu drei „längste" Glieder (Längengleichheit) geben. Je nach Zuordnung von l_{min} zu den vier Längen a, b, c, d (**Bild 5a**) entsteht die Kurbelschwinge ($l_{min} = a,c$), die Doppelkurbel ($l_{min} = d$) oder die Doppelschwinge ($l_{min} = b$). Die nicht umlauffähigen Viergelenkgetriebe werden als *Totalschwingen* bezeichnet. Sämtliche Relativ-Schwingbewegungen erfolgen symmetrisch zum benachbarten Glied. Es gibt Innen- und Außenschwingen. Totalschwingende Viergelenkgetriebe können nur ein „längstes", aber bis zu drei „kürzeste" Glieder enthalten [2]. Als dritte Gruppe gibt es die *durchschlagfähigen* Getriebe mit Längengleichheit je zweier Gliederpaare, z.B. Parallelkurbelgetriebe [3].

Viergliedrige Schubgelenkgetriebe. Beim Ersatz von Drehgelenken durch Schubgelenke entstehen Schubgelenk-Ketten und -Getriebe. *Schleifen*bewegungen entstehen, wenn das Schubgelenk zwei bewegte Glieder verbindet. Aus dem Gelenkviereck (kinematische Kette jedes Viergelenkgetriebes) kommen drei Ketten zustande (**Bild 6**): Kette *I* mit einem Schubgelenk, Kette *II* mit zwei benachbarten und Kette *III* mit zwei Diagonal-Schubgelenken. Die drei Ketten führen durch *kinematische Umkehrung* (Elementenumkehrung und Gestellwechsel) zu sechs viergliedrigen Schubgelenkgetrieben. Jedes Schubgelenk verursacht – unbeeinflußt von den Getriebeabmessungen – Winkelgeschwindigkeits-Gleichheiten, z.B. bei der Kette *I* $\omega_{12} = \omega_{13}$ und $\omega_{24} = \omega_{34}$. Allgemein gilt: $\omega_{ij} = -\omega_{ji}$ ist die Winkelgeschwindigkeit des Glieds i gegenüber dem Glied j. Schubgelenkgetriebe sind deshalb teilweise gleichmäßig übersetzende Getriebe (konstante Übersetzungsverhältnisse).

Mehrgliedrige Gelenkgetriebe. Für jede Gruppe kinematischer Ketten gleicher Gliederzahl und gleichen Laufgrads gibt es eine eindeutig bestimmbare Zahl unterschiedlicher Ketten und Getriebe. **Bild 7** zeigt sechsgliedrige zwangläufige Ketten ($F = 1$) auf der Grundlage der *Wattschen* und

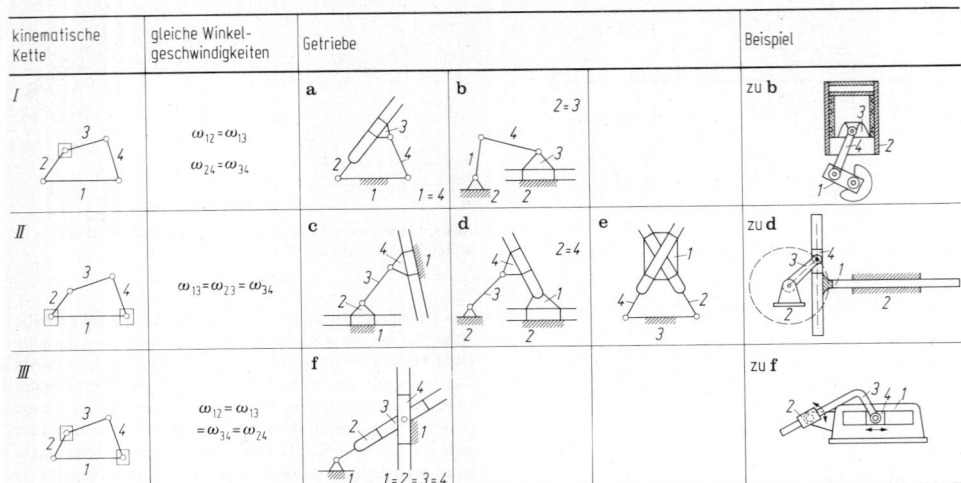

kinematische Kette	gleiche Winkel-geschwindigkeiten	Getriebe		Beispiel
I	$\omega_{12}=\omega_{13}$ $\omega_{24}=\omega_{34}$	**a**	**b** 2=3	zu b
II	$\omega_{13}=\omega_{23}=\omega_{34}$	**c**	**d** 2=4 **e**	zu d
III	$\omega_{12}=\omega_{13}$ $=\omega_{34}=\omega_{24}$	**f**		zu f

Bild 6. Viergliedrige Schubgelenkgetriebe. **a** Kurbelschleife; **b** Schubkurbel; **c** Doppelschieber; **d** Kreuzschubkurbel; **e** Doppelschleife (Oldham-Kupplung); **f** Schubschleife

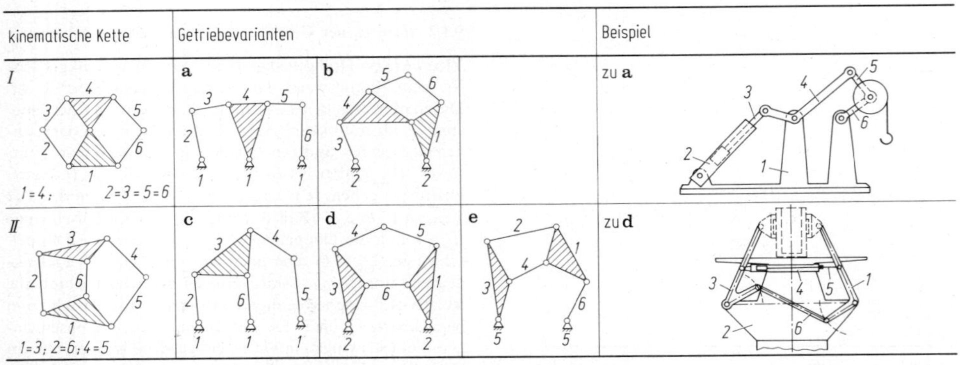

kinematische Kette	Getriebevarianten			Beispiel
I	**a**	**b**		zu a
II	**c**	**d**	**e**	zu d

Bild 7. Sechsgliedrige zwangläufige kinematische Ketten und Getriebebeispiele (*I*: Wattsche, *II*: Stephensonsche Kette)

Stephensonschen Kette (Varianten durch Gestellwechsel) mit einigen Anwendungsbeispielen. Bei Verwendung von *Doppelgelenken* kommen noch fünf unterschiedliche Ketten hinzu. Die Aufbaugleichungen (**Bild 8**) führen zu achtgliedrigen zwangläufigen Ketten mit zwei quaternären und sechs binären, mit einer quaternären, zwei ternären und fünf binären sowie mit vier ternären und vier binären Gliedern. Wenn auch Mehrfachgelenke berücksichtigt werden, gibt es nach Hain 60 unterschiedliche achtgliedrige zwangläufige Ketten, aus denen durch kinematische Umkehrung insgesamt 330 Getriebe entstehen.

Kurvengetriebe. Die Standard-Kurvengetriebe sind dreigliedrige Kurvengetriebe, bestehend aus Kurvenglied, Eingriffsglied (Stößel bzw. Schieber oder Schwinge) und Steg. Kurvenglied und Eingriffsglied berühren einander im *Kurvengelenk* (Berührpunkt *K*) – in vielen Fällen verbessert dort ein zusätzliches Abtastglied, z.B. eine drehbar im Eingriffsglied gelagerte Rolle mit einem identischen Freiheitsgrad, die Laufeigenschaften, ohne die Kinematik zu verändern –; der Steg verbindet Kurvenglied und Eingriffsglied [4]. Im Normalfall ist der Steg das Gestell *1*, das Kurvenglied das Antriebsglied *2* und das Eingriffsglied das Abtriebsglied *3*.

Alle dreigliedrigen Kurvengetriebe lassen sich durch *Gestellwechsel* aus der dreigliedrigen *Kurvengelenkkette* mit Dreh- und Schubgelenken ableiten, die wiederum aus einer entsprechenden viergliedrigen Kette (*Ersatzkette*) hervorgeht (**Bild 9**) [5]. In dieser Ersatzkette verbindet ein binäres Glied die augenblicklich im Berührpunkt *K* zugeordneten Krümmungsmittelpunkte von Kurvenglied und Eingriffsglied bzw. Abtastglied. Der in der Getriebetechnik bekannte „Dreipolsatz" sagt aus, daß die Relativbewegungen dreier Glieder *i, j, k* (beliebige Gliednummern) zueinander durch die drei auf einer Geraden (*Polgerade*) liegenden *Momentan(dreh)pole ij, ik* und *jk* festgelegt werden (Doppel- und Mehrfachgelenke stellen in einem Punkt entartete Polgeradenstücke dar). Gerade bei Kurvengetrieben hat dieser Satz sowohl für die Systematik (Ersatzgetriebe, Gleit- oder Wälzkurvengetriebe) als auch für die Analyse (Geschwindigkeitsermittlung) als auch für die Synthese (Ermittlung der Hauptabmessungen) besondere Bedeutung.

Allgemein entstehen aus jeder Kette mit Drehgelenken und mindestens vier Gliedern Kurvengelenkketten, wenn je ein binäres Glied durch ein Kurvengelenk ersetzt wird. Ist das Verbindungsgelenk dieses binären Glieds zum Nachbarglied ein Umlaufgelenk [6, 7], so wird die zu-

kinematische Ketten		Beispiele

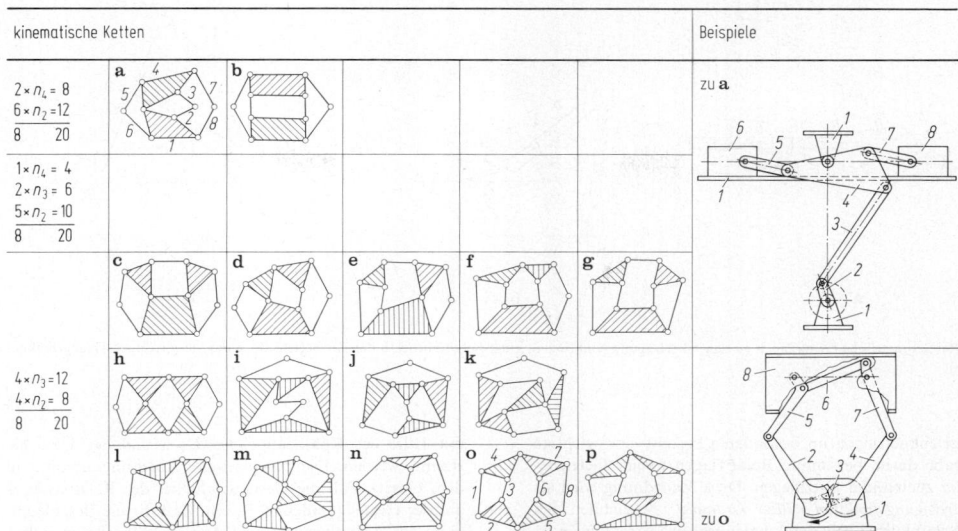

Bild 8. Achtgliedrige zwangläufige kinematische Ketten und Getriebebeispiele

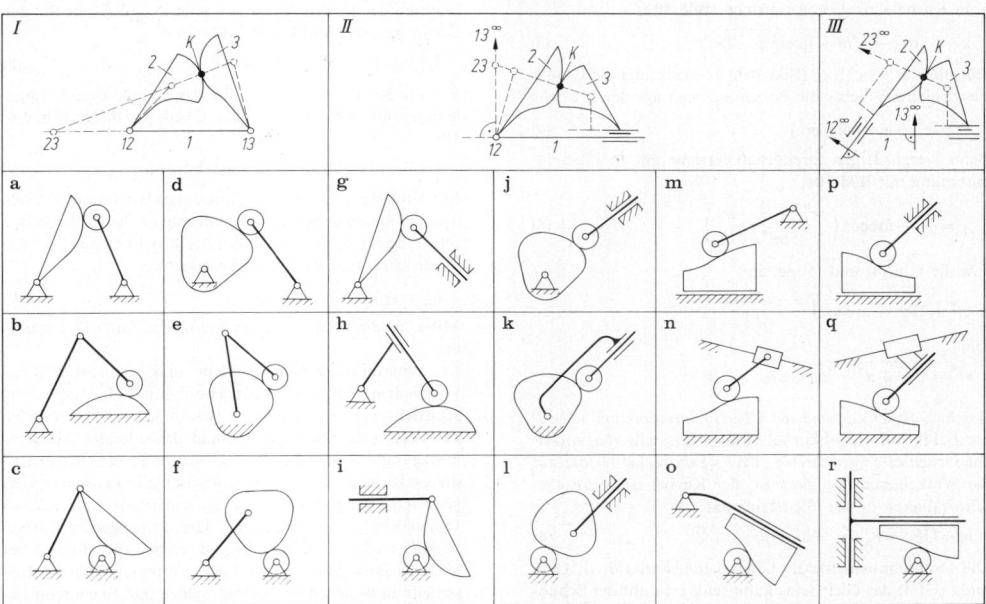

Bild 9. Systematik dreigliedriger Kurvengetriebe mit Dreh- und Schubgelenken

gehörige Kurve als geschlossene Kurve voll umrollt, ist ein Schwinggelenk vorhanden, so kann nur eine teilberollte Kurve (Kulisse) mit Hin- und Rückgang des Abtastglieds in dieser Kulisse vorgesehen werden. Die Austauschbarkeit zwischen Ketten bzw. Getrieben mit Dreh- und Kurvengelenken (Theorie der Ersatzgetriebe) reicht bis zur Beschleunigungsstufe bei den kinematischen Berechnungsmethoden, vgl. G 9.2.

Im allgemeinen stellt sich im (ebenen) Kurvengelenk *Gleiten* und *Wälzen* (=Rollen) der sich berührenden Glieder entsprechend den beiden Freiheitsgraden ein; die meisten Kurvengetriebe sind deshalb *Gleitkurvengetriebe*. Im speziellen Fall der *Wälzkurvengetriebe* findet im Kurven-

gelenk reines Rollen statt, weil der Momentanpol *23* in einem dreigliedrigen Kurvengetriebe (**Bild 9**) mit dem Berührpunkt *K* zusammenfällt. *Zahnradgetriebe* mit zwei kämmenden Kurvenflanken ordnen sich als Gleitkurvengetriebe hier problemlos ein.

9.2 Getriebeanalyse. Analysis of mechanisms

9.2.1 Kinematische Analyse ebener Getriebe
Kinematic analysis of planar mechanisms

Zeichnungsfolge-Rechenmethode

Übertragungsfunktionen der Viergelenkgetriebe. *Lagenbeziehungen.* Bei Gelenkgetrieben im allgemeinen und bei

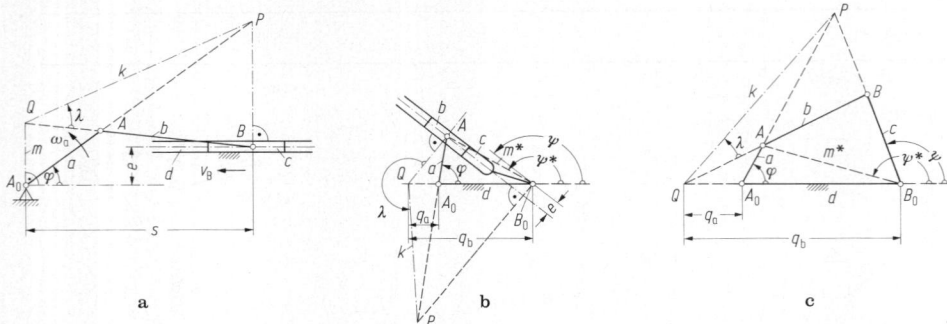

Bild 10. Geometrische Grundlagen zu den Übertragungsfunktionen. **a** der Schubkurbel, **b** der Kurbelschleife, **c** des viergliedrigen Drehgelenkgetriebes

Viergelenkgetrieben im besonderen besteht eine wichtige Aufgabe darin, bestimmte Relativlagen zweier Getriebeglieder zueinander festzulegen. Diese Zuordnung wird als „Übertragungsfunktion nullter Ordnung" bezeichnet. Bei der Schubkurbel mit der kinematischen Versetzung e ist die augenblickliche Lage des Gleitsteins c als Abtriebsglied der Lage der Kurbel a als Antriebsglied in Abhängigkeit vom Kurbelwinkel φ zuzuordnen (**Bild 10a**)

$$s = a \cos\varphi + \sqrt{b^2 - (a \sin\varphi - e)^2}. \tag{3}$$

Für die Kurbelschleife (**Bild 10b**) kennzeichnet die Lage ψ des Schleifenhebels c die Beziehung zur Lage der Kurbel a

$$\psi = \psi^* + \arccos(e/m^*). \tag{4}$$

Beim viergliedrigen Drehgelenkgetriebe gilt in Übereinstimmung mit **Bild 10c**

$$\psi = \psi^* - \arccos\left(\frac{m^{*2} + c^2 - b^2}{2m^*c}\right). \tag{5}$$

Für die Gln. (4) und (5) gelten

$$\psi^* = 180° - \arccos\left(\frac{d - a\cos\varphi}{m^*}\right)$$

und

$$m^* = \sqrt{a^2 + d^2 - 2ad\cos\varphi}.$$

Geschwindigkeitszustand als Übertragungsfunktion 1. Ordnung. Für die Schubkurbel (**Bild 10a**) stellt die vorzeichenorientierte (gerichtete) „Drehschubstrecke" m die auf die Winkelgeschwindigkeit ω_a der Kurbel bezogene Geschwindigkeit v_B des Gleitsteins dar

$$m = \ddot{U}F1 = v_B/\omega_a = ds_B/d\varphi. \tag{6}$$

Die Drehschubstrecke als Übertragungsfunktion 1. Ordnung (ÜF1) des Gleitsteins kann senkrecht auf der Schubrichtung als Abstand des Relativpols Q vom Kurbeldrehpunkt A_0 abgegriffen werden.
Für die Kurbelschleife (**Bild 10b**) und für das viergliedrige Drehgelenkgetriebe (**Bild 10c**) wird die ÜF1 des Glieds c durch das Winkelgeschwindigkeitsverhältnis ω_c/ω_a oder reziproke Übersetzungsverhältnis $1/i$ mit den Polabständen q_a und q_b ausgedrückt

$$\ddot{U}F1 = \omega_c/\omega_a = d\psi/d\varphi = 1/i = q_a/q_b. \tag{7}$$

Der Pol Q entspricht dem Wälzpunkt zweier im Eingriff stehender Zahnräder und kann sowohl innerhalb (Außenverzahnung) als auch außerhalb (Innenverzahnung) der Strecke $\overline{A_0B_0}$ zu liegen kommen.

Beschleunigungszustand als Übertragungsfunktion 2. Ordnung. Die Übertragungsfunktion 2. Ordnung (ÜF2) kann

mit Hilfe des Kollineationswinkels λ und der ÜF1 bestimmt werden. Die kinematische Ableitung beruht auf dem Gesetz, daß die Geschwindigkeit des Relativpols Q auf der Gestellgeraden A_0B_0 ein Maß für die Beschleunigung des Abtriebsglieds c ist. Mit λ als Winkel zwischen Koppel b (bei der Kurbelschleife zwischen der Normalen auf die Schubrichtung) und Kollineationsachse k als Verbindung der beiden Momentanpole P und Q gilt für den Gleitstein der Schubkurbel (**Bild 10a**)

$$\ddot{U}F2 = d^2s/d\varphi^2 = \ddot{U}F1/\tan\lambda. \tag{8}$$

Für die Kurbelschleife und für das viergliedrige Drehgelenkgetriebe gilt als ÜF2 des Glieds c (**Bilder 10b** und **10c**)

$$\ddot{U}F2 = d^2\psi/d\varphi^2 = \ddot{U}F1(1 - \ddot{U}F1)/\tan\lambda. \tag{9}$$

Mit Hilfe der Übertragungsfunktionen wiederum läßt sich die Beschleunigung a_B des Gleitsteins bzw. Winkelbeschleunigung α_c des Glieds c bei Kurbelschleife und viergliedrigem Drehgelenkgetriebe ermitteln

$$a_B, \alpha_c = \ddot{U}F2\omega_a^2 + \ddot{U}F1\alpha_a. \tag{10}$$

Mit α_a ist die Winkelbeschleunigung der Kurbel a bezeichnet.
Die umlauffähige Kurbelschleife und das umlauffähige viergliedrige Drehgelenkgetriebe können für zwei verschiedene Hauptbewegungen verwendet werden, nämlich zur Erzeugung schwingender und umlaufender Abtriebsbewegungen. Es stehen die schwingende ($d > a + e$) und die umlaufende ($d < a + e$) Kurbelschleife sowie das viergliedrige Drehgelenkgetriebe als Kurbelschwinge und als Doppelkurbel zur Verfügung. Die schwingende Kurbelschleife und die Kurbelschwinge werden für hin und her gehende Bewegungen verwendet, die umlaufende Kurbelschleife und die Doppelkurbel dienen zur Erzeugung ungleichmäßiger Umlaufbewegungen, z.B. als *Vorschaltgetriebe* [3, 8].

Schleifen-Iterationsmethode

Die Struktur des zu untersuchenden Getriebes wird in die komplexe (Gaußsche) Zahlenebene gelegt, **Bild 11**. Die komplexe Zahl

$$z = x + iy = r\exp(i\varphi), \quad i = \sqrt{-1}, \tag{11}$$

beschreibt dann die Verbindungsgerade zweier Gelenkpunkte. Zunächst geht man von einer vorgegebenen Anfangslage des Antriebsglieds (der Antriebsglieder) – $r = r_{an}$ für einen Antriebsschieber und $\varphi = \varphi_{an}$ für eine Antriebskurbel – und dazu passend geschätzten Lagegrößen (Wege

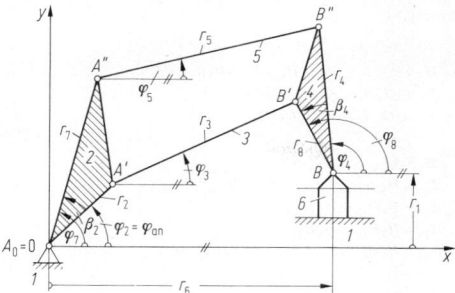

Bild 11. Sechsgliedriges Getriebe mit Verzweigung ($F = 1$). *2 An-triebskurbel, 6 Abtriebsschieber*

r_j und/oder Winkel φ_j im Bogenmaß) der übrigen Glieder aus

$$r_j^* = r_j + \Delta r_j, \qquad \varphi_j^* = \varphi_j + \Delta\varphi_j. \tag{12}$$

Die Abweichungen Δr_j und/oder $\Delta\varphi_j$ dieser Schätzwerte von den exakten Werten r_j^* bzw. φ_j^* werden als Unbe-kannte in einem linearen Gleichungssystem so lange itera-tiv berechnet, bis sie vom Betrage her einen vorzuschrei-benden kleinen positiven Wert nicht mehr überschreiten. Dann wird r_{an} bzw. φ_{an} um ein Inkrement erhöht, wobei die zuvor iterierte Lage des Getriebes als neue Schätz-lage dient, usw. [9]. Grundlage der Iterationsrechnung bilden die „*Geschlossenheitsbedingungen*" der das Getriebe ersetzenden Polygone oder Schleifen aus den komplexen Zahlen z_j:

$$\varepsilon_k = \sum_{j=1}^{m} (z_j) = \sum_{j=1}^{m} [r_j \exp(i\varphi_j)] = 0; \quad k = 1(1)p \tag{13}$$

(Summation über m Gelenkabstände). Die Gl. (13) ist p-mal auszuwerten. Die Anzahl p der voneinander unabhän-gigen Schleifen errechnet sich unabhängig vom Laufgrad F eines Getriebes mit n Gliedern und g Gelenken vom Freiheitsgrad $f = 1$ zu [10]

$$p = g - (n - 1). \tag{14}$$

Für das Getriebe in **Bild 11** ergibt sich $p = 7 - (6 - 1) = 2$ und folglich

$\varphi_{an} = \varphi_2 = \varphi_2^*$ (Antriebsgleichung),

$r_2 \exp(i\varphi_2) + r_3 \exp(i\varphi_3) - r_8 \exp(i\varphi_8) - ir_1 - r_6 = 0,$

$r_7 \exp(i\varphi_7) + r_5 \exp(i\varphi_5) - r_4 \exp(i\varphi_4) - ir_1 - r_6 = 0.$

Mit den konstanten Winkeln β_2 und β_4 gilt $\varphi_7 = \varphi_2 + \beta_2$ bzw. $\varphi_8 = \varphi_4 + \beta_4$. Die Längen r_j sind bis auf r_6 ebenfalls konstant und wie φ_{an} vorgegeben.

Mit den Geschlossenheitsbedingungen stehen $2p$ (Real- und Imaginärteil) transzendente Gleichungen für die Er-mittlung ebenso vieler Lagegrößen des Getriebes zur Ver-fügung. Eine Taylorreihen-Entwicklung für

$$z_j^* = z_j + \Delta z_j, \tag{15}$$

die nur die Reihenglieder 1. Ordnung berücksichtigt, führt nach dem Einsetzen in die Gl. (13) auf die Iterationsvor-schrift

Δr_{an} bzw. $\Delta\varphi_{an} = 0$ (Antriebsgleichung)   (16a)

$$\sum_{j=1}^{m} [\exp(i\varphi_j)\Delta r_j + ir_j \exp(i\varphi_j)\Delta\varphi_j] = -\varepsilon_k;$$

$$k = 1(1)p. \tag{16b}$$

Aus Real- und Imaginärteil der Gl. (16b) und aus Gl. (16a) entsteht auf diese Weise ein lineares Gleichungssystem

$$K\Delta e = b_L \tag{17}$$

mit einer $(2p + 1) * (2p + 1)$-Koeffizientenmatrix K für die Komponenten des Korrekturvektors Δe, der die Abwei-chungen Δr_j und/oder $\Delta\varphi_j$ enthält, $j = 1(1)m$. Nach jedem Iterationsschritt erfolgt eine Verbesserung des (Start-)Vek-tors b_L – bestehend aus den Real- und Imaginärteilen der komplexen Summen ε_k in Gl. (13) – entsprechend Gl. (12). Für die exakt berechnete Lage des Getriebes verschwinden die ε_k (Kontrollmöglichkeit und Abbruchkriterium). Der Wert der Determinante der Koeffizientenmatrix K ist fort-während zu beobachten. Wenn das Gleichungssystem (17) keine Lösung besitzt, ist entweder eine Geschlossenheits-bedingung verletzt oder eine Sonderstellung des Getriebes mit schlechten Übertragungseigenschaften hinsichtlich der Bewegungen und Kräfte erreicht. Ein Vorzeichenwechsel der Determinante weist auf einen Wechsel der Einbaulage hin.

Zur Ermittlung der Geschwindigkeiten und Beschleu-nigungen werden die Geschlossenheitsbedingungen – Gl. (13) – ein- bzw. zweimal nach der Zeit abgeleitet. Das führt auf zwei weitere lineare Gleichungssysteme mit der bekannten Koeffizientenmatrix K, die jetzt nur einmal zu lösen sind

$$K\dot{e} = b_V \tag{18}$$

bzw.

$$K\ddot{e} = b_A. \tag{19}$$

Die Vektoren $\dot{e}$ und $\ddot{e}$ enthalten die Geschwindigkeiten $\dot{r}_j$ und/oder $\dot{\varphi}_j$ bzw. Beschleunigungen $\ddot{r}_j$ und/oder $\ddot{\varphi}_j$, $j = 1(1)m$; der Vektor b_V enthält bis auf die Antriebsge-schwindigkeit $\dot{r}_{an}$ bzw. $\dot{\varphi}_{an}$ lauter Nullen; im Vektor b_A treten im wesentlichen Normal- und Coriolisbeschleuni-gungsterme auf.

Modul-Methode

Diese Methode erweist sich als besonders anwender-freundlich für Gelenkgetriebe, die sich aus „*Zweischlä-gen*" (zwei gelenkig verbundene binäre Glieder) mit Dreh- und Schubgelenken zusammensetzen. Voraussetzung ist ferner, daß die Antriebsgrößen (Weg oder Drehwinkel, meistens bezogen auf das Gestell) als Zeitfunktionen vor-liegen. Die in **Bild 12** skizzierte Struktur eines zwangläu-figen achtgliedrigen Gelenkgetriebes (Doppelpresse) ent-hält die einfacheren Kinematikbaugruppen (Module) „*An-triebskurbel (ANK)*" $A_0 A'$, „*Zweischlag mit drei Drehge-lenken (DDD)*" $A'C'C_0, C_0 C'C''$, $A'A_0 A''$ und „*Zweischlag mit Abtriebsschieber (DDS)*" $C''D, A''B$ [11–13]. Die Ausgabegrößen A (Koordinaten x, y eines Gliedpunkts P und Winkel w eines Glieds mit zeitlichen Ableitungen) eines Moduls sind entweder variable Eingabegrößen EV für das nachfolgende Modul oder Endergebnisse. Konstante Eingabegrößen EK stellen z.B. Gelenkpunktabstände l, Kurbelradien r, statische Versetzungen v und Lagekenn-größen K dar. Ein ternäres Glied mit drei Drehgelenken (Glieder 2 und 6 in **Bild 12**) läßt sich formal auf einen Zweischlag DDD zurückführen.

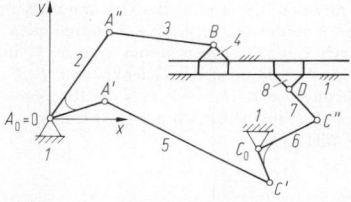

Bild 12. Aus einfachen Modulen zusammengesetztes achtgliedriges Getriebe ($F = 1$). *2 Antriebskurbel, 4 und 8 Abtriebsschieber*

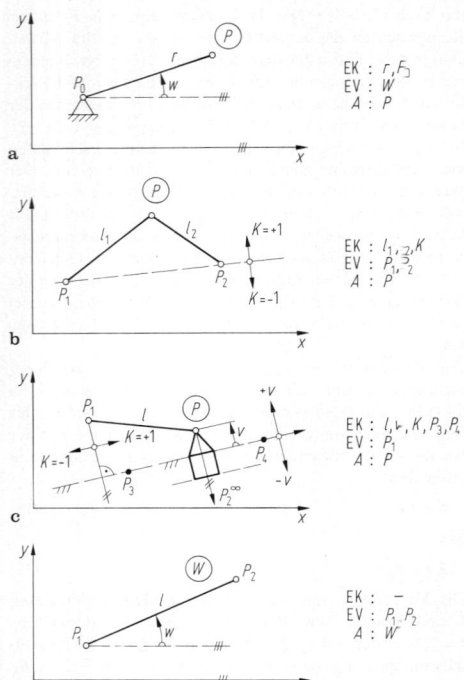

Bild 13. Ebene Kinematikmodule. **a** Antriebskurbel (ANK); **b** Zweischlag mit drei Drehgelenken (DDD); **c** Zweischlag mit Abtriebsschieber (DDS); **d** Glied mit zwei Drehgelenken (HDD)

Modul „Antriebskurbel (ANK)". Berechnung der Koordinaten x, y in m mit zeitlichen Ableitungen $\dot x, \dot y$ in m/s und $\ddot x, \ddot y$ in m/s² des Gelenkpunkts P bei Vorgabe der Koordinaten x_0, y_0 in m des Gestellpunkts P_0, des Kurbelradius r in m, der Winkellage w in Grad oder rad, der Winkelgeschwindigkeit $\dot w$ in rad/s und der Winkelbeschleunigung $\ddot w$ in rad/s², **Bild 13a**.

Eingabe: $r, P_0[x_0, y_0]; \; W[w, \dot w, \ddot w]$

Ausgabe: $P[x, y, \dot x, \dot y, \ddot x, \ddot y]$

Rechengang:

$$x = x_0 + r\cos(w), \quad y = y_0 + r\sin(w), \tag{20}$$
$$\dot x = (y_0 - y)\dot w, \quad \dot y = (x - x_0)\dot w, \tag{21}$$
$$\ddot x = (y_0 - y)\ddot w + (x_0 - x)\dot w^2, \tag{22a}$$
$$\ddot y = (x - x_0)\ddot w + (y_0 - y)\dot w^2. \tag{22b}$$

Modul „Zweischlag mit drei Drehgelenken (DDD)". Berechnung der Koordinaten x, y in m mit zeitlichen Ableitungen $\dot x, \dot y$ in m/s und $\ddot x, \ddot y$ in m/s² des Gelenkpunkts P bei Vorgabe der Koordinaten x_1, y_1, x_2, y_2 in m mit zeitlichen Ableitungen $\dot x_1, \dot y_1, \dot x_2, \dot y_2$ in m/s und $\ddot x_1, \ddot y_1, \ddot x_2, \ddot y_2$ in m/s², der Abstände l_1, l_2 in m der Gelenkpunkte P_1, P_2 und der Lagekenngröße K ($K = +1$, falls die Reihenfolge der Punkte $P_1 P_2 P$ mathematisch positiv orientiert ist, sonst $K = -1$), **Bild 13b**.

Eingabe: $l_1, l_2, K; P_1[x_1, y_1, \dot x_1, \dot y_1, \ddot x_1, \ddot y_1],$
$\qquad\quad P_2[x_2, y_2, \dot x_2, \dot y_2, \ddot x_2, \ddot y_2]$

Ausgabe: $P[x, y, \dot x, \dot y, \ddot x, \ddot y]$

Rechengang:

$$H_1 = x_2 - x_1, \quad H_2 = y_2 - y_1, \quad H_3 = H_1^2 + H_2^2,$$
$$H_4 = l_1^2 - l_2^2 + H_3, \quad H_5 = K\sqrt{4H_3 l_1^2 - H_4^2},$$
$$H_6 = (H_1 H_4 - H_2 H_5)/(2H_3),$$
$$H_7 = (H_2 H_4 + H_1 H_5)/(2H_3),$$
$$x = x_1 + H_6, \quad y = y_1 + H_7, \tag{23}$$
$$H_8 = \dot x_2 - \dot x_1, \quad H_9 = \dot y_2 - \dot y_1,$$
$$H_{10} = H_6 - H_1, \quad H_{11} = H_7 - H_2,$$
$$H_{12} = H_8 H_{10} + H_9 H_{11},$$
$$H_{13} = H_7 H_{10} - H_6 H_{11},$$
$$H_{14} = H_7 H_{12}/H_{13}, \quad H_{15} = -H_6 H_{12}/H_{13},$$
$$\dot x = \dot x_1 + H_{14}, \quad \dot y = \dot y_1 + H_{15}, \tag{24}$$
$$H_{16} = \ddot x_2 - \ddot x_1, \quad H_{17} = \ddot y_2 - \ddot y_1,$$
$$H_{18} = (H_{14} - H_8)H_7 + H_{10}H_{15} - (H_{15} - H_9)H_6 - H_{11}H_{14},$$
$$H_{19} = (H_{14} - H_8)H_8 + H_{10}H_{16} + (H_{15} - H_9)H_9 + H_{11}H_{17},$$
$$\ddot x = \ddot x_1 + (H_{12}H_{15} + H_7 H_{19} - H_{14}H_{18})/H_{13}, \tag{25a}$$
$$\ddot y = \ddot y_1 - (H_{12}H_{14} + H_6 H_{19} + H_{15}H_{18})/H_{13}. \tag{25b}$$

Modul „Zweischlag mit Abtriebsschieber (DDS)". Berechnung der Koordinaten x, y in m mit zeitlichen Ableitungen $\dot x, \dot y$ in m/s und $\ddot x, \ddot y$ in m/s² des Gelenkpunkts P bei Vorgabe der Koordinaten x_1, y_1 in m mit zeitlichen Ableitungen $\dot x_1, \dot y_1$ in m/s und $\ddot x_1, \ddot y_1$ in m/s², der Schubgeraden mit Richtung durch die Koordinaten x_3, y_3 und x_4, y_4 in m zweier Punkte P_3, P_4, des Abstands l in m der Gelenkpunkte P_1, P, der statischen Versetzung v in m ($v > 0$, falls die Reihenfolge der Punkte $P_3 P_4 P$ mathematisch positiv orientiert ist, sonst $v < 0$) und der Lagekenngröße K ($K = +1$, falls die Reihenfolge der Punkte $P_1 P_2^\infty P$ mathematisch positiv orientiert ist, sonst $K = -1$), **Bild 13c**.

Eingabe: $l, v, K, P_3[x_3, y_3], P_4[x_4, y_4];$
$\qquad\quad P_1[x_1, y_1, \dot x_1, \dot y_1, \ddot x_1, \ddot y_1]$

Ausgabe: $P[x, y, \dot x, \dot y, \ddot x, \ddot y]$

Rechengang:

$$H_1 = x_4 - x_3, \quad H_2 = y_4 - y_3,$$
$$H_3 = H_1^2 + H_2^2, \quad H_4 = H_1/\sqrt{H_3},$$
$$H_5 = H_2/\sqrt{H_3},$$
$$H_6 = x_3 - x_1, \quad H_7 = y_3 - y_1,$$
$$H_8 = H_4 H_7 - H_5 H_6 + v,$$
$$H_9 = H_6^2 + H_7^2 - v^2 - l^2 + (2vH_8),$$
$$H_{10} = H_4 H_6 + H_5 H_7, \quad H_{11} = K\sqrt{H_{10}^2 - H_9} - H_{10},$$
$$x = x_3 + H_4 H_{11} - vH_5, \quad y = y_3 + H_5 H_{11} + vH_4, \tag{26}$$
$$H_{12} = (x - x_1)/l, \quad H_{13} = (y - y_1)/l,$$
$$H_{14} = H_4 H_{12} + H_5 H_{13},$$
$$H_{15} = (\dot x_1 H_{12} + \dot y_1 H_{13})/H_{14},$$
$$\dot x = H_4 H_{15}, \quad \dot y = H_5 H_{15}, \tag{27}$$
$$H_{16} = (\dot x_1 H_5 - \dot y_1 H_4)/H_{14},$$
$$H_{17} = (H_{16}^2/l - \ddot x_1 H_{12} - \ddot y_1 H_{13})/H_{14},$$
$$\ddot x = -H_4 H_{17}, \quad \ddot y = -H_5 H_{17}. \tag{28}$$

Hilfsmodul „Glied mit zwei Drehgelenken (HDD)". Berechnung der Winkellage w in Grad oder rad, der Winkelgeschwindigkeit $\dot w$ in rad/s und der Winkelbeschleunigung $\ddot w$ in rad/s² des Getriebeglieds bei Vorgabe der Koordinaten x_1, y_1, x_2, y_2 in m mit zeitlichen Ableitungen $\dot x_1, (\dot y_1), \dot x_2, (\dot y_2)$ in m/s und $\ddot x_1, (\ddot y_1), \ddot x_2, (\ddot y_2)$ in m/s² der Gelenkpunkte P_1, P_2 (Werte in ( ) alternativ), **Bild 13d**.

Eingabe: $P_1[x_1, y_1, \dot x_1, (\dot y_1), \ddot x_1, (\ddot y_1)],$
$\qquad\quad P_2[x_2, y_2, \dot x_2, (\dot y_2), \ddot x_2, (\ddot y_2)]$

Ausgabe: $W[w, \dot w, \ddot w]$

Rechengang:

$$l = \sqrt{(x_2 - x_1)^2 + (y_2 - y_1)^2},$$
$$w = \arccos[(x_2 - x_1)/l]\operatorname{sign}(y_2 - y_1),$$
$$-180° \leq w \leq +180°, \tag{29}$$

$$\dot{w} = (\dot{x}_2 - \dot{x}_1)/(y_1 - y_2) = (\dot{y}_1 - \dot{y}_2)/(x_1 - x_2), \tag{30}$$

$$\ddot{w} = [\ddot{x}_1 - \ddot{x}_2 + \dot{w}^2(x_1 - x_2)]/(y_2 - y_1)$$

$$= [\ddot{y}_1 - \ddot{y}_2 + \dot{w}^2(y_1 - y_2)]/(x_1 - x_2). \tag{31}$$

9.2.2 Kinetostatische Analyse ebener Getriebe
Kinetostatic analysis of planar mechanisms

Bei der Berechnung der in den Gelenken übertragenen Kräfte zwischen den Getriebegliedern verzichtet man im ersten Ansatz auf die Berücksichtigung der Reibung, d.h. in einem Schubgelenk wirkt die Gelenkkraft senkrecht zur Schubrichtung, in einem Kurvengelenk in Richtung der Normalen im Berührpunkt. Man setzt ferner voraus, daß das Antriebsglied sich mit konstanter Geschwindigkeit bzw. Winkelgeschwindigkeit Ω bewegt. Die dafür notwendige Antriebskraft bzw. das Antriebs(dreh)moment kann ermittelt werden.

Die Gelenkkräfte im Gelenk jk zwischen zwei Getriebegliedern j und k ergeben sich stets paarweise durch „Freischneiden" (Schnitt durch das Gelenk jk). Wenn G_{jk} die Gelenkkraft vom Glied j auf das Glied k darstellt, gilt $G_{jk} = -G_{kj}$ sowohl für die Richtung der Gelenkkraft als Vektor als auch für die Komponenten X_{jk} und Y_{jk} in x- und y-Richtung, **Bild 14**. Die Gelenkkräfte an einem Glied k stehen nach den drei Bedingungen der ebenen Statik mit den übrigen am Glied k wirkenden Kräften und Momenten im Gleichgewicht. Dazu zählen auch die Trägheitskraft – in Komponenten $-m_k\ddot{x}_k$ und $-m_k\ddot{y}_k$ – im Schwerpunkt S_k (Masse m_k in kg), der sich mit den Beschleunigungen $\ddot{x}_k$ und $\ddot{y}_k$ in x- bzw. y-Richtung bewegt, und das Trägheitskraftmoment $-J_k\ddot{\varphi}_k$ (Massenträgheitsmoment J_k in kgm^2 bezüglich des Schwerpunkts) des mit der augenblicklichen Winkelbeschleunigung $\ddot{\varphi}_k$ in der x-y-Ebene drehenden Glieds.

Für ein ternäres Antriebsglied mit der Gliednummer 2, das im Gestell 1 drehbar gelagert und mit den Gliedern l und m durch Drehgelenke verbunden ist und an dem neben den Trägheitswirkungen (hier: eine Zentrifugalkraft allein) das Antriebsmoment M_{an}, ein zusätzliches Moment M_2 und im Punkt P_2 eine äußere Kraft F_2 angreifen,

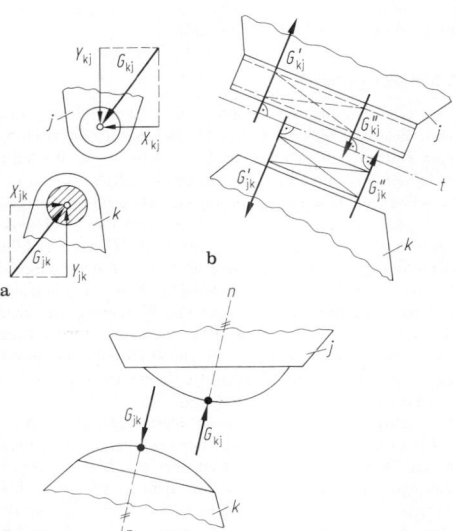

Bild 14. Kräfte in einem reibungsfreien Gelenk. **a** Drehgelenk; **b** Schubgelenk (Schubrichtung t); **c** Kurvengelenk (Normalenrichtung n)

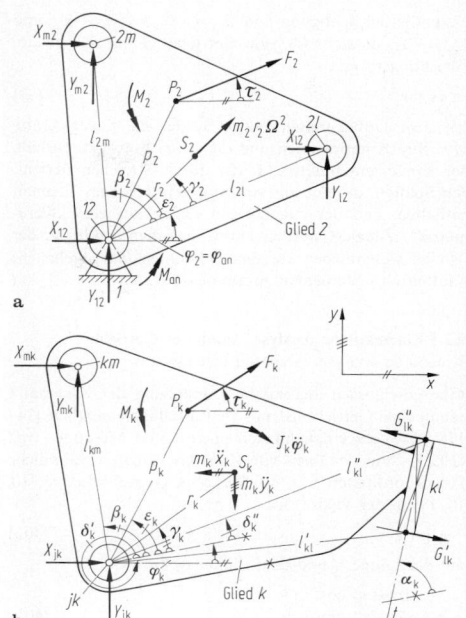

Bild 15. Kräfte und Momente an ternären Getriebegliedern mit Dreh- und Schubgelenkelementen. **a** Antriebsglied; **b** allgemein bewegtes Glied

lauten die Gleichgewichtsbedingungen für $\varphi_2 = \varphi_{an} = \Omega t$ (Zeit t), **Bild 15a**:

$$X_{12} + X_{12} + X_{m2} = -m_2 r_2 \Omega^2 \cos(\varphi_2 + \gamma_2)$$
$$\qquad - F_2 \cos(\tau_2), \tag{32}$$

$$Y_{12} + Y_{12} + Y_{m2}$$
$$= -m_2 r_2 \Omega^2 \sin(\varphi_2 + \gamma_2) - F_2 \sin(\tau_2), \tag{33}$$

$$\qquad - X_{12} l_{2l} \sin(\varphi_2) - X_{m2} l_{2m} \sin(\varphi_2 + \beta_2)$$
$$\qquad + Y_{12} l_{2l} \cos(\varphi_2) + Y_{m2} l_{2m} \cos(\varphi_2 + \beta_2) + M_{an}$$
$$= -F_2 p_2 \sin(\tau_2 - \varphi_2 - \varepsilon_2) - M_2. \tag{34}$$

Für ein allgemein bewegtes ternäres Glied mit der Gliednummer k, das mit den Gliedern j und m durch Drehgelenke, mit dem Glied l durch ein Schubgelenk verbunden ist, gilt das Gleichgewicht (**Bild 15b**)

$$X_{jk} + (G'_{lk} - G''_{lk})\sin(\varphi_k + \alpha_k) + X_{mk}$$
$$= m_k \ddot{x}_k - F_k \cos(\tau_k), \tag{35}$$

$$Y_{jk} - (G'_{lk} - G''_{lk})\cos(\varphi_k + \alpha_k) + Y_{mk}$$
$$= m_k \ddot{y}_k - F_k \sin(\tau_k), \tag{36}$$

$$\qquad - G'_{lk} l'_{kl} \cos(\alpha_k - \delta'_k) + G''_{lk} l''_{kl} \cos(\alpha_k - \delta''_k)$$
$$\qquad - X_{mk} l_{km} \sin(\varphi_k + \beta_k) + Y_{mk} l_{km} \cos(\varphi_k + \beta_k)$$
$$= m_k r_k [\ddot{y}_k \cos(\varphi_k + \gamma_k) - \ddot{x}_k \sin(\varphi_k + \gamma_k)]$$
$$\qquad - F_k p_k \sin(\tau_k - \varphi_k - \varepsilon_k) - M_k + J_k \ddot{\varphi}_k. \tag{37}$$

Im allgemeinen sind bis auf $\varphi_2, \varphi_k, \tau_2, \tau_k$ die angegebenen Winkel und Längen konstant. Der Übergang zu binären Gliedern geschieht durch Nullsetzen der entsprechenden Gelenkabstände und der dazugehörigen Gelenkkräfte bzw. Gelenkkraftkomponenten.

Für die bewegten $n-1$ Glieder eines n-gliedrigen Getriebes mit dem Laufgrad F, g_1 Dreh- und Schubgelenken sowie g_2 Kurvengelenken sind $3(n-1)$ lineare Gleichungen für F Antriebsgrößen (Kraft oder Drehmoment), $2g_1$ und g_2 Gelenkkräfte bzw. Komponenten aufzustellen

$$3(n-1) = 2g_1 + g_2 + F. \tag{38}$$

Unter Berücksichtigung von $G_{kj} = -G_{jk}$, $X_{kj} = -X_{jk}$ und $Y_{kj} = -Y_{jk}$ entsteht für jede Getriebestellung das lineare Gleichungssystem

$$Ax = r \qquad (39)$$

mit dem Unbekannten-Vektor x, der die Gelenkkräfte bzw. ihre Komponenten und die Antriebsgrößen enthält, der Koeffizientenmatrix A, die durch Streichen derjenigen Spalten, die nur ein von null verschiedenes Element enthalten, und der zugehörigen Zeilen auf eine „Kernmatrix" reduziert werden kann, und dem Vektor r, der sich im wesentlichen aus den bekannten (vorgegebenen) Kräften und Momenten zusammensetzt.

9.2.3 Kinematische Analyse räumlicher Getriebe
Kinematic analysis of spatial mechanisms

Eine geschlossen analytische Darstellung der Kinematik räumlicher Getriebe ist nur in Einzelfällen möglich [14–17]. Deswegen empfiehlt sich eine iterative Methode – vgl. G 9.2.1 – auf der Basis von Kugelkoordinaten (räumliche Polarkoordinaten r_j, α_j, β_j) für jedes Getriebeglied j [10, 18, 19] in der Vektorform

$$r_j = r_j e_j \qquad (40a)$$

mit der Länge r_j und dem Einheitsvektor

$$e_j = \begin{bmatrix} \cos(\alpha_j)\,\cos(\beta_j) \\ \cos(\alpha_j)\,\sin(\beta_j) \\ \sin(\alpha_j) \end{bmatrix}, \qquad (40b)$$

Bild 16a. Die Beschreibung der Struktur des räumlichen Getriebes (Beispiel in **Bild 16c**) erfolgt anhand des *„vektoriellen Ersatzsystems"*, **Bild 16d**. Die konstanten Koordinaten sind die Baugrößen, die variablen Koordinaten die zu berechnenden stellungs- und zeitabhängigen Bewegungsgrößen des Getriebes mit zeitlichen Ableitungen (Geschwindigkeiten und Beschleunigungen); variabel sind ebenfalls die vorzugebenden zeitabhängigen Antriebsgrößen r_{an} oder α_{an} oder β_{an} entsprechend dem Laufgrad F (Gl.(1)). Die Geschlossenheitsbedingung

$$\sum_j (r_j) = 0 \qquad (41)$$

ist p-mal auszuwerten (p nach Gl.(14)). Die während der Bewegung dauernd aufrechtzuerhaltende Lage von Bewegungsachsen (z.B. Dreh-, Schub- und Schraubachsen) zueinander kann einerseits durch Skalarprodukte

$$e_j \cdot e_l = \cos(\lambda_{jl}), \qquad (42)$$

andererseits durch Vektorprodukte

$$e_j \times e_l = e_k \sin(\lambda_{jl}), \qquad (43)$$

ausgedrückt werden (Kreuzungswinkel $\lambda_{jl} = \text{const}$), **Bild 16b**. Hierzu verwendet man entweder die bereits in Gl.(41) definierten Vektoren r_j oder führt neue ein, z.B. r_7 in **Bild 16d**.

Die Auswertung der Gln.(41) bis (43) geschieht iterativ mit Hilfe der nach den Gliedern 1. Ordnung abgebrochenen Taylorreihen-Entwicklungen

$$e_j^* = e_j + e_{j,\alpha}\Delta\alpha_j + e_{j,\beta}\Delta\beta_j,$$
$$e_{j,\alpha} = \partial e_j/\partial\alpha_j, \quad e_{j,\beta} = \partial e_j/\partial\beta_j, \qquad (44a)$$
$$r_j^* = r_j e_j^* + e_j \Delta r_j. \qquad (44b)$$

Setzt man die exakten Werte e_j^* und r_j^* in die Gln.(41) bis (43) ein, läßt sich ein lineares Gleichungssystem für die Korrekturen Δr_j, $\Delta\alpha_j$ und $\Delta\beta_j$ der Schätzwerte e_j und r_j aufbauen. Begonnen wird mit einer Anfangsstellung des Antriebsglieds und dazugehörigen Schätzwerten für die Bewegungsgrößen des Getriebes nach Zeichnung oder Überschlagsrechnung; die genügend genau iterierte Lage liefert die Schätzwerte für die nächste Lage nach einer Inkrementierung der Antriebsgröße usw. Die Werte der Geschwindigkeits- und Beschleunigungsstufe lassen sich aus den ein- bzw. zweimaligen zeitlichen Ableitungen der Gln.(41) bis (43) ermitteln.

9.2.4 Laufgüte der Getriebe
Running quality of mechanisms

Die Laufgüte der Getriebe hängt von den geometrischen und kinematischen Größen, von konstruktiven und materiellen Eigenschaften der Glieder und Gelenke sowie vom Kräftespiel bzw. Leistungsfluß im Getriebe ab [20, 21]. Wichtige Kenngrößen für den letztgenannten Einfluß sind – zumindest für ebene Getriebe – der Übertragungswinkel und das dynamische Laufkriterium.

Übertragungswinkel

Der Übertragungswinkel gibt durch seine Abweichung vom Bestwert 90° die Güte der Bewegungsübertragung vom Antrieb zum Abtrieb an. Er ist definiert als Winkel μ zwischen der Tangente t_a an die absolute Bahn des zu untersuchenden Gelenkpunkts am *Gelenkführungsglied* [22] (im Gestell gelagerte Abtriebsglieder sind immer Gelenkführungsglieder) und der Tangente t_r an die relative Bahn des das Gelenkführungsglied treibenden (Übertragungs-) Glieds gegenüber dem Antriebsglied. Beim viergliedrigen Drehgelenkgetriebe ist dies der Winkel μ_{34} zwischen den Gliedern 3 und 4 (**Bild 17a**), wenn das Glied 2 antreibt; bei einer Schubkurbel ist die Richtung 1434 durch die Normale zur Schubrichtung zu ersetzen. Zu kleine μ-Werte signalisieren Klemmgefahr.

Bei mehrgliedrigen Getrieben mit Verzweigungen sind gegebenenfalls mehrere Übertragungswinkel zu beachten, deren Ermittlung nur mit Kenntnis der Momentanpol-Konfiguration erfolgen kann. Bei dem in **Bild 17b** skizzierten sechsgliedrigen Getriebe ($F = 1$) gilt $\mu_{56}^{(2)}$ für die Bewegungsübertragung vom Antriebsglied 2 auf das Abtriebsglied 6; in umgekehrter Richtung mit dem Antriebsglied 6 und dem Abtriebsglied 2 gelten dagegen die Winkel $\mu_{25}^{(6)}$, $\mu_{35}^{(6)}$ und $\mu_{45}^{(6)}$.

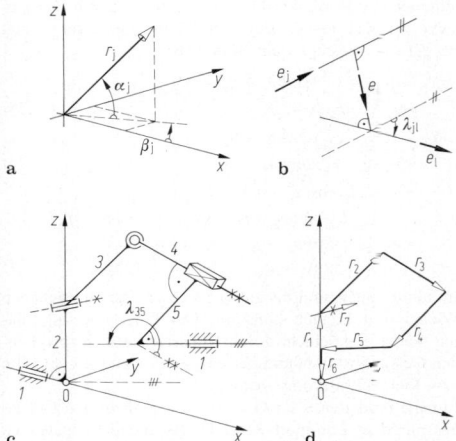

Bild 16. Zur kinematischen Analyse räumlicher Getriebe. **a** Kugelkoordinaten; **b** Einheitsvektoren sich kreuzender und sich schneidender Bewegungsachsen; **c** Beispielgetriebe Wellenkupplung; **d** vektorielles Ersatzsystem für **c**

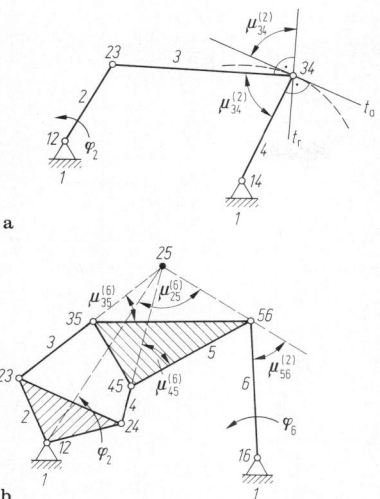

a

b

Bild 17. Übertragungswinkel. **a** viergliedriges Getriebe; **b** sechsgliedriges Getriebe mit Verzweigung

Dynamisches Laufkriterium

Bei einem massebehafteten Getriebe kann der Leistungsfluß während einer Bewegungsperiode fortlaufend seine Richtung ändern; der Übertragungswinkel hat deswegen bei Gelenkgetrieben nur eine auf den Begriff „*Gegen-Klemmwinkel*" beschränkte Bedeutung. Schnellaufende Gelenkgetriebe sollten anhand des dynamischen Laufkriteriums bewertet werden, bei dem sowohl der Einfluß der Trägheitswirkungen als auch der äußeren Belastung Berücksichtigung findet [23, 24].

9.3 Getriebesynthese. Synthesis of mechanisms

Mit Hilfe der Getriebesynthese (Maßsynthese) werden Getriebelösungen für vorgegebene Übertragungs- und Führungsaufgaben von Punkten und Gliedlagen gesucht [25]. Sie verwendet die in der Getriebesystematik vorgestellten Bauformen und die in der Getriebeanalyse ermittelten geometrisch-kinematischen Eigenschaften der Getriebe. Parallel zu bestimmten Syntheseverfahren werden mit geeigneten Analyse-Rechenprogrammen Getriebe ebenfalls nach der Methode „Synthese durch iterative Analyse" gefunden.

9.3.1 Viergelenkgetriebe. Four-bar linkages

Übertragungs- und beschleunigungsgünstige Schwingbewegungen

Das viergliedrige Drehgelenkgetriebe (**Bild 18**) wandelt als Kurbelschwinge eine Umlaufbewegung in eine Schwingbewegung um. Dem Schwingwinkel ψ_0 ist der Kurbelwinkel φ_0 zugeordnet. Für φ_0 und ψ_0 gibt es unendlich viele Kurbelschwingen [26]. $\psi_0/2$ in B_0 und $\varphi_0/2$ in A_0 an $d(\overline{A_0B_0}=d)$ angetragen, ergeben den Schnittpunkt R. Die Mittelsenkrechte von $\overline{A_0R}$ in M_a schneidet B_0R in M_b. Kreise mit $\overline{M_aR}=r_a$ und $\overline{M_bR}=r_b$ sind geometrische Orte für Kurbellagen A_a und Schwingenlagen B_a einer Kurbelschwinge in *äußerer Totlage* $A_0A_aB_aB_0$ bei beliebigem Winkel β. Wenn d angenommen wird, ergeben sich

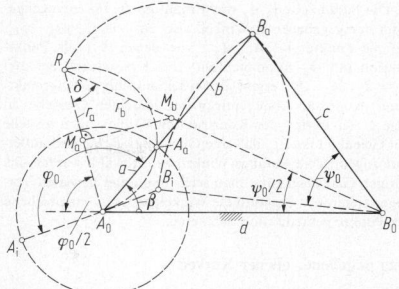

Bild 18. Geometrische Grundlagen der Altschen Totlagenkonstruktion für Kurbelschwingen

die Abmessungen zu

$$a = 2r_a\cos(180° - \beta - \varphi_0/2), \tag{45}$$
$$b = 2r_b\cos(180° - \delta - \beta - \varphi_0/2) \tag{46}$$

und

$$c = \sqrt{d^2 + (a+b)^2 - 2d(a+b)\cos\beta}. \tag{47}$$

Mit β lassen sich die übertragungsgünstigsten Kurbelschwingen [27], die übertragungsgünstigste Verstellmöglichkeit bei veränderlichen φ_0 und ψ_0, die übertragungsgünstigsten sechsgliedrigen Reihengetriebe sowie die beschleunigungsgünstigste Kurbelschwinge mit der kleinsten Maximalbeschleunigung im Hin- oder Rückgang bestimmen.
Für die Schubkurbel gibt es eine ähnliche Konstruktion und entsprechende Ergebnisse für die Übertragungs- und beschleunigungsgünstigsten Abmessungen [27–29].

Winkelzuordnungen

Mit Hilfe der *Burmesterschen Kreispunkt- und Mittelpunktkurve* lassen sich vier (homologe) Lagen einer Ebene und nach Schnitt zweier solcher Kurven fünf derartige Lagen beherrschen. Einfachere Verfahren ergeben sich bei Benutzung der Sonderlagen [30]. Der programmierbare Rechner ermöglicht die Berechnung der maßsynthetischen Kurven ohne Benutzung der Burmester-Theorie mittels selbsttätig ablaufender Iterationen [31, 32]. Weitere Möglichkeiten ergeben sich mit *Punktlagenreduktionen* [33].

Beispiel: Die drei Winkel φ_{12}, φ_{13}, φ_{14} sollen den Winkeln ψ_{12}, ψ_{13}, ψ_{14} zugeordnet werden (**Bild 19**). – Man trägt z.B. die Winkel $\varphi_{12}/2$ in A_0 und $\psi_{12}/2$ in B_0 an A_0B_0 an, deren freie Schenkel einander in A_1 schneiden. Mit der Kurbellänge $\overline{A_0A_1}$ werden die Kurbellagen A_0A_2, A_0A_3, A_0A_4 mit den zugehörigen φ-Winkeln

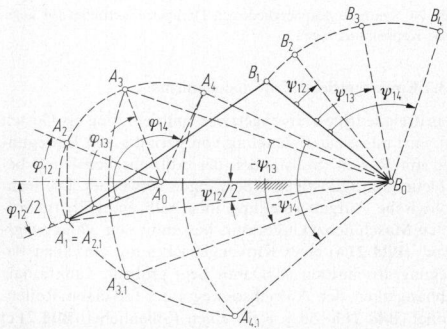

Bild 19. Synthese des viergliedrigen Drehgelenkgetriebes für gegebene Winkellagen

festgelegt. Die Punkte A_2, A_3, A_4 dreht man um B_0 im entgegengesetzten Sinn der gegebenen ψ-Winkel, also um $-\psi_{12}, -\psi_{13}, -\psi_{14}$, und findet die Punkte $A_{2,1}, A_{3,1}, A_{4,1}$, von denen $A_{2,1}$ als Punktlagenreduktion mit A_1 zusammenfällt. Der Kreis durch die drei Punkte $A_1 = A_{2,1}, A_{3,1}, A_{4,1}$ ergibt als Mittelpunkt die Gelenkpunktlage B_1 und damit alle Abmessungen des gesuchten Getriebes in seiner Lage 1. Zu Beginn der Konstruktion können auch anstelle von A_1 ein Gelenkpunkt B_1, also eine Gliedlänge $\overline{B_0 B_1}$, und außerdem andere zugeordnete Anfangs-Winkelpaare gewählt werden. Bei sechsgliedrigen Getrieben kann man sechs und unter gewissen Voraussetzungen sogar acht zugeordnete Winkelpaare mit entsprechend erweiterter Punktlagenreduktion definieren.

Erzeugung gegebener ebener Kurven

Theoretisch läßt sich eine gegebene ebene Kurve in neun Punkten genau durch die sog. *Koppelkurve* eines viergliedrigen Drehgelenkgetriebes erzeugen. Praktische Verfahren für allgemeine Lagen sind bisher nur, wie im folgenden Beispiel, für sieben Punkte bekannt geworden.

Beispiel: Sind fünf Punkte E_1 bis E_5 auf einer Kurve gegeben (**Bild 20**), so schneiden z.B. die Mittelsenkrechten der Strecken $\overline{E_1 E_4}$ und $\overline{E_2 E_3}$ einander in B_0, von dem ein beliebiger Strahl x_0 ausgeht. An diesen trägt man die Strahlen x_1, x_2 so an, daß sie mit x_0 die Winkel $\psi_{14}/2$ und $\psi_{23}/2$ einschließen, die von den Mittelsenkrechten und $B_0 E_1$ sowie $B_0 E_2$ gebildet werden. Mit beliebiger gleicher Länge werden $\overline{E_1 A_1} = \overline{E_2 A_2}$ mit A_1 auf x_1 und A_2 auf x_2 abgetragen. Die Mittelsenkrechte von $\overline{A_1 A_2}$ schneidet x_0 in A_0, und es läßt sich der Kreis um A_0 durch A_1 und A_2 zeichnen, auf dem sich A_3, A_4, A_5 als Schnittpunkte der Kreise um E_3, E_4, E_5 mit $\overline{E_1 A_1}$ als Halbmesser ergeben. Mit $\Delta E_1 A_1 B_{02} = \Delta E_2 A_2 B_0$, $\Delta E_1 A_1 B_{05} = \Delta E_5 A_5 B_0$ werden die Punkte B_{02} und B_{05} gefunden. Entsprechend ergänzt sich mit den Punkten A_3 und A_4 zu $B_{03} = B_{02}$ und $B_{04} = B_0$ als Punktlagenreduktion. Der Kreis durch die drei Punkte $B_0 = B_{04}, B_{02} = B_{03}$ und B_{05} ergibt durch seinen Mittelpunkt die Punktlage B_1 und damit das gesuchte Getriebe in seiner Lage 1. Zu Beginn kann man auch andere E-Punkte paaren und damit einen anderen Schnittpunkt B_0 erhalten. Da der Strahl x_0 und die Längen $\overline{E_1 A_1}$ beliebig angenommen wurden, läßt sich die Koppelkurve mit der gegebenen Kurve auch in sieben E-Punkten zur Deckung bringen.

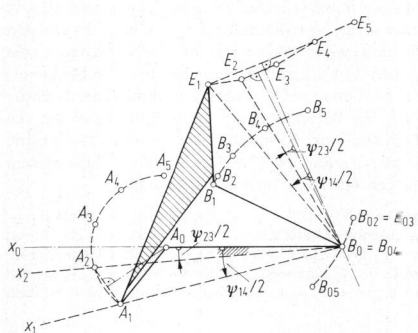

Bild 20. Synthese des viergliedrigen Drehgelenkgetriebes für gegebene Koppelpunktlagen

9.3.2 Kurvengetriebe. Cam mechanisms

Das dreigliedrige Kurvengetriebe mit dem Steg als Gestell [4] wird meist zur Erzeugung von periodischen Bewegungen mit Rasten (Stillständen des Abtriebsglieds) und beschleunigungsgünstigen Übergängen verwendet. Die technologische Aufgabenstellung innerhalb eines übergeordneten Maschinenzyklogramms bestimmt den „*Bewegungsplan*" (**Bild 21 a**) eines Kurvengetriebes mit einzelnen Bewegungsabschnitten ik. Damit liegt grob die funktionale Abhängigkeit der Abtriebsbewegung s für einen Rollenstößel (**Bild 21 b**) oder ψ für einen Rollenhebel (**Bild 21 c**) von der Antriebsbewegung φ (Drehwinkel der Kurvenscheibe) vor. Formal läßt sich ein Hebeldrehwinkel ψ im

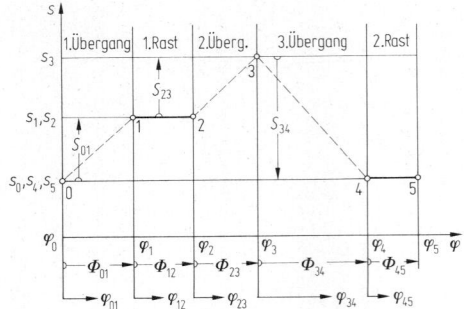

a

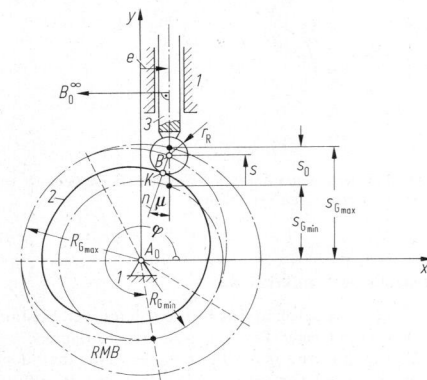

b

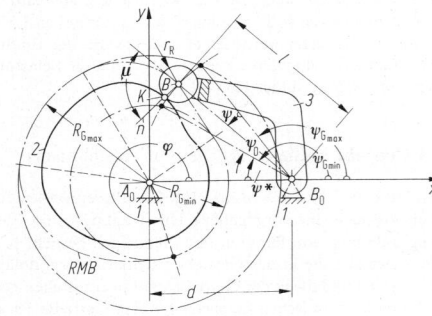

c

Bild 21. Bezeichnungen an ebenen dreigliedrigen Kurvengetrieben.
a Bewegungsplan; **b** Getriebe mit Rollenstößel; **c** Getriebe mit Rollenhebel

Bogenmaß über die Beziehung $s = l\varphi$ (Hebellänge $l = \overline{B_0 B}$) in einen Stößelhub umrechnen. Mit Ausnahme der Rasten wird jedem Bewegungsabschnitt ein „Bewegungsgesetz" in normierter, d.h. auf den Teilhub $S_{ik} = s_k - s_i$ bzw. $\Psi_{ik} = \psi_k - \psi_i$ und Teildrehwinkel $\Phi_{ik} = \varphi_k - \varphi_i$ bezogener Schreibweise zugeordnet [34, 35]

$$(s - s_i)/S_{ik} = f_{ik}[(\varphi - \varphi_i)/\Phi_{ik}] = f(z) \qquad (48)$$

Die Funktionen $f(z)$ sind in der Hauptsache Potenzfunktionen $f(z) = A_0 + A_1 z + A_2 z^2 + \ldots + A_n z^n$ oder trigonometrische Funktionen $f(z) = A\cos(vz) + B\sin(vz)$ oder Kombinationen aus beiden. Die Randwerte der Ableitungen nach dem Drehwinkel φ oder Übertragungsfunktionen 1. und 2. Ordnung an den Stellen i und k bestimmen den Typ der Bewegungsaufgabe und sind unbedingt stoßfrei (kein Sprung von s' bzw. ψ') und ruckfrei (kein Sprung von s'' bzw. ψ'') anzupassen. Weitere Gütekriterien ergeben sich aus den Maximalbeträgen folgender Ableitungen der normierten Gesetze nach z:

Geschwindigkeitskennwert	C_v	$= \max(|f'|)$,
Beschleunigungskennwert	C_a	$= \max(|f''|)$,
Ruckkennwert	C_j	$= \max(|f'''|)$,
statischer Momentenkennwert	$C_{Mstat} = C_v$,	
dynamischer Momentenkennwert	$C_{Mdyn} = \max(|f'f''|)$.	

Die kleinsten Werte der ausgewählten Funktion $f(z)$ sind jeweils optimal.

Für eine vorgeschriebene Bewegungsaufgabe gibt es unendlich viele Kurvenprofile, von denen das übertragungsgünstigste (Kleinstwert des Übertragungswinkels μ als wenigstens von 90° abweichend) bestimmt werden kann. Die hierfür gültigen „Hauptabmessungen" sind beim Kurvengetriebe mit Rollenstößel die Versetzung e und der Radius des „Grundkreises" R_{Gmin} der Rollenmittelpunktsbahn

(RMB) bzw. der „Grundhub" S_{Gmin} und beim Kurvengetriebe mit Rollenhebel die Hebellänge l und der „Grundwinkel" ψ_{Gmin} bzw. ψ^* zwischen Hebel und Gestell.

9.4 Sondergetriebe. Special mechanisms

Für die Gruppe der Sondergetriebe zur Erfüllung spezieller Bewegungsaufgaben bei zum Teil außergewöhnlichen konstruktiven Randbedingungen sei auf die spezielle Literatur und die jeweiligen VDI-Richtlinien hingewiesen: Räumliche Gelenkgetriebe und Gelenkwellen [36–40], räumliche Kurvengetriebe [41, 42], Schrittgetriebe (Schaltgetriebe) [43–46, 49], Räderkurbelgetriebe als Kombinationen aus Gelenkgetrieben und aus mindestens zwei Rädern für Umlaufrast- und Pilgerschrittbewegungen [47–49].

10 Kurbeltrieb. Crank mechanism

K.-H. Küttner, Berlin

Der Kurbeltrieb (**Bild 1**), die Schubkurbel der Getriebelehre (s. **G 9 Bild 6 b**), wandelt die oszillierende Bewegung des Kolbens 1 mit Bolzen B über die Schubstange 2 in die rotierende Bewegung der Kurbel 3 mit den Wangen sowie den Kurbel- und Wellenzapfen K bzw. M oder umgekehrt. Seine Aufgabe ist die Energieübertragung – hierbei heißt er meist Triebwerk – und die Steuerung, die auch Sonderformen bedingt. Triebwerke werden in Kolbenmaschinen (s. P 1.1), Pressen sowie hydraulischen und pneumatischen Antrieben verwendet.

Bauarten. Das Kreuzkopftriebwerk (**Bild 1 a**), Leistung $\leq 1\,800$ kW und Drehzahl ≤ 1000 min^{-1}, hat als besondere Geradführung den Kreuzkopf 4 mit Zapfen, Kolbenstange 5 und Schreibkolben 1. Das Tauchkolbentriebwerk (**Bild 1 c**) dient für Leistungen ≤ 420 kW und Drehzahlen ≤ 10000 min^{-1}; Sonderformen sind der Exzenter (**Bild 1 e**) für Steuerungen, der wegen der kleinen Exzentrizität durch Erweiterung des Kurbelzapfens entstand, und der Ersatzkurventrieb (**Bild 1 d**) für Kühlschrankkompressoren.

10.1 Kinematik. Kinematics

Die Abmessungen des Kurbeltriebs (**Bild 2**) ergeben sich aus dem Kurbelradius r und der Schubstangenlänge l oder aus dem Hub $s = 2r$ und dem Schubstangenverhältnis $\lambda = r/l$. Der Hub ist der Kolbenweg zwischen dem oberen (OT) und dem unteren (UT) Totpunkt. Die Bewegungen folgen aus dem Kolbenweg x sowie dem Kurbel- und Schubstangenwinkel φ und β. Sie zählen von OT ab, in dem B, K und M auf der Mittellinie liegen. Für den Umlauf in der Zeit T, also den Winkel $\varphi = 2\pi$ bei konstanter Winkelgeschwindigkeit $\omega = 2\pi/T$, gilt dann für die Drehzahl n, die mittlere Kolbengeschwindigkeit c_m, die Kurbelzapfengeschwindigkeit v_Z und -beschleunigung a_Z

$$n = 1/T = \omega/(2\pi), \quad c_m = 2s/T = 2sn, \qquad (1), (2)$$

$$v_Z = \omega r = \pi ns, \qquad a_Z = r\omega^2 = v_Z\omega. \qquad (3), (4)$$

Weg, Geschwindigkeit und Beschleunigung des Kurbeltriebs haben die Periode $T = 1/n$, wirken in der Mittellinie und sind von B nach M positiv.

10.1.1 Kolbenweg. Piston displacement

Nach **Bild 2** folgt mit $\lambda = r/l$, $\sin\beta = \lambda\sin\varphi$ bzw. $\cos\beta = \sqrt{1 - \lambda^2\sin^2\varphi}$ aus den Dreiecken BKL und LKM für den

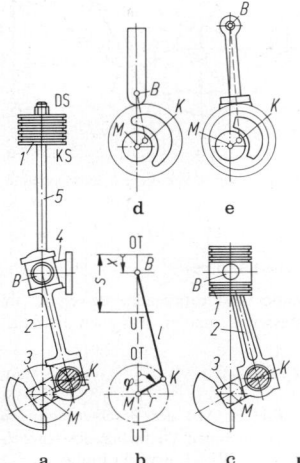

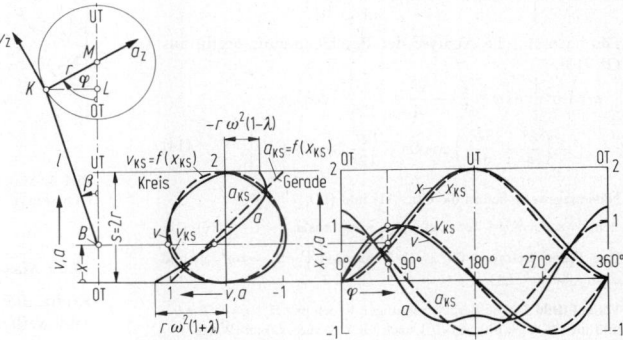

Bild 2. Kinematik des Kurbelgetriebes; $\lambda = 1/3$ ausgezogen, $\lambda \to \infty$ gestrichelt; Skalen für $r = 1$ m und $\omega = 1$ s^{-1}

Bild 1 a–e. Formen des Kurbeltriebs (Einsatzgetriebe gestrichelt)

Kolbenweg

$$x = r(1 - \cos\varphi) + l(1 - \cos\beta)$$
$$= r[1 - \cos\varphi + (1 - \sqrt{1 - \lambda^2 \sin^2\varphi})/\lambda]. \qquad (5)$$

Wird der Ausdruck unter der Wurzel nach der Taylorschen Reihe entwickelt, ergibt sich

$$x = r[1 - \cos\varphi + (\lambda/2)\sin^2\varphi + (\lambda^3/8)\sin^4\varphi$$
$$+ (\lambda^5/16)\sin^6\varphi + \ldots]. \qquad (6)$$

Näherungswerte entstehen, wenn nur die ersten drei bzw. zwei Glieder der Gl. (6) benutzt werden.

$$x_K = r[1 - \cos\varphi + (\lambda/2)\sin^2\varphi], \quad x_{KS} = r(1 - \cos\varphi). \qquad (7), (8)$$

Gleichung (8) gilt für die Kreuzschubkurbel (s. **G 9 Bild 6 d**) exakt bzw. für $\lambda = 0$ oder ohne das Fehlerglied $l(1 - \cos\beta)$ der Gl. (5). Die Fehler $x - x_K \approx r/200$ und $x - x_{KS} \approx r/6$ bei großem $\lambda = 1/3$ nehmen mit fallendem λ ab.

10.1.2 Kolbengeschwindigkeit. Piston velocity

Die Kolbengeschwindigkeit beträgt mit $\varphi = \omega t$ und Gl. (5)

$$v = \frac{dx}{dt} = \omega\frac{dx}{d\varphi} = r\omega\frac{\sin(\varphi + \beta)}{\cos\beta}$$
$$= r\omega\left(\sin\varphi + \frac{\lambda}{2}\frac{\sin 2\varphi}{\sqrt{1 - \lambda^2\sin^2\varphi}}\right). \qquad (9)$$

Aus Gl. (6) folgt unter Beachtung der goniometrischen Gleichungen (s. A 4.2.1)

$$v = r\omega\left[\sin\varphi + \left(\frac{\lambda}{2} + \frac{\lambda^3}{8} + \frac{15\lambda^5}{26}\right)\sin 2\varphi\right.$$
$$\left. - \left(\frac{\lambda^3}{16} + \frac{3\lambda^5}{64}\right)\sin 4\varphi + \frac{3\lambda^5}{256}\sin 6\varphi \mp \ldots\right]. \qquad (10)$$

Näherungswerte ergeben sich aus den Gln. (7) und (8)

$$v_K = r\omega[\sin\varphi + (\lambda/2)\sin 2\varphi], \quad v_{KS} = r\omega\sin\varphi. \qquad (11), (12)$$

Die Fehler $v - v_K = r\omega/207$ und $v - v_{KS} = r\omega/6$ für $\lambda = 1/3$ nehmen mit fallendem λ ab. Die Geschwindigkeit wechselt in den Totpunkten das Vorzeichen, und sie ist von der Kurbelzapfengeschwindigkeit $v_Z = r\omega$ abhängig. Ihre Extremwerte $v_{max} \approx r\omega\sqrt{1 + \lambda^2}$ liegen bei $\beta \approx 56,5° \cdot \lambda$.

10.1.3 Kolbenbeschleunigung. Piston acceleration

Die Beschleunigung beträgt mit $\varphi = \omega t$ und Gl. (9)

$$a = \omega\frac{dv}{d\varphi} = r\omega^2\left[\frac{\cos(\varphi + \beta)}{\cos\beta} + \frac{\sin\beta}{\sin\varphi}\frac{\cos^2\varphi}{\cos^3\beta}\right]$$
$$= r\omega^2\left[\cos\varphi + \lambda\frac{\cos 2\varphi + \lambda^2\sin^4\varphi}{\sqrt{(1 - \lambda^2\sin^2\varphi)^3}}\right]. \qquad (13)$$

Die harmonische Analyse der Beschleunigung ergibt aus Gl. (10)

$$a = r\omega^2\left[\cos\varphi + \left(\lambda + \frac{\lambda^3}{4} + \frac{15\lambda^5}{128}\right)\cos 2\varphi\right.$$
$$\left. - \left(\frac{\lambda^3}{4} + \frac{3\lambda^5}{16}\right)\cos 4\varphi + \frac{9\lambda^5}{128}\cos 6\varphi \pm \ldots\right]. \qquad (14)$$

Näherungswerte liefern die Gln. (11) und (12).

$$a_K = r\omega^2(\cos\varphi + \lambda\cos 2\varphi), \quad a_{KS} = r\omega^2\cos\varphi. \qquad (15), (16)$$

Ihre Fehler betragen für $\lambda = 1/3$ maximal $a - a_K = r\omega^2/50$ und $a - a_{KS} = r\omega^2/2,83$.

Verlauf (Bild 2). Die Beschleunigungen haben im OT ($\varphi = 0°, \beta = 0°$) und im UT ($\varphi = 180°, \beta = 0°$) nach Gl. (13) die exakten Werte.

$$a_{K,OT} = r\omega^2(1 + \lambda), \quad a_{K,UT} = -r\omega^2(1 - \lambda), \qquad (17)$$

wobei $a_{K,OT}$ stets das Maximum ist, $a_{K,UT}$ aber nur das Minimum für $\lambda \le 1/4$. Für $\lambda > 1/4$ bestehen symmetrisch zum UT zwei Minima $|a_{K,min}| > a_{K,UT}$. Die Beschleunigung hängt von der Kurbelzapfenbeschleunigung nach Gl. (4) ab. Ihr Nullpunkt liegt beim Geschwindigkeitsmaximum.

10.2 Dynamik. Dynamics

Im Kurbeltrieb treten periodisch veränderliche Stoff-, Massen-, Gewichts- und Reibungskräfte auf. Die Stoff- oder primären Kräfte hängen vom Arbeitsverfahren, mit dessen Periode $T_a = a_T/n$ sie sich ändern, und von der Kolbenfläche ab. Hierbei ist die Taktzahl $a_T = 2$ bei Viertaktmotoren, sonst ist $a_T = 1$. Sie werden durch Maschinengestell und Triebwerk geleitet und das Drehkraft am Kurbelzapfen K bzw. als Moment auf die Kurbel $\overline{MK}$ übertragen, **Bild 1 a**. Die Massenkräfte des Triebwerks oder die sekundären Kräfte sind dem Quadrat der Winkelgeschwindigkeit proportional, haben die Periode $T = 1/n$ und werden vom Triebwerk aus auf das Fundament und die Umgebung weitergeleitet, wo sie als Schwingungserreger wirken. Sie sind daher von großer Bedeutung, obwohl ihr Mittelwert pro Umdrehung Null ist. Die Gewichtskräfte sind bei hohen Drehzahlen vernachlässigbar klein. Die Reibungskräfte hängen von vielen Einflüssen ab, z.B. von Arbeitsdrücken, Triebwerkmassen sowie Lagern und ihrem Zustand, ihrer Bearbeitung und Schmierung. Sie sind daher nur in Versuchen erfaßbar.

10.2.1 Stoffkräfte. Fluid pressure forces

Bei Tauch- oder einfachwirkenden Scheibenkolben (**Bild 1 b**) mit der Fläche A_K bewirken der von Zylinder, Deckel und Kolben eingeschlossene Stoff vom Druck p und der konstante Luftdruck p_a auf der Kolbenrückseite die Stoffkraft

$$F_S = (p - p_a)A_K. \qquad (18)$$

Sie wirkt auf Kolben und Triebwerk. Eine gleich große, entgegengerichtete Kraft wird über den Deckel auf Zylinder und Gestell ausgeübt. Bei doppeltwirkenden Maschinen (**Bild 1 a**) wirken neben der Kolbenstangenkraft $F_{St} = p_a A_{St}$ auf der Deckel- bzw. Kurbelseite DS bzw. KS die Kräfte

$$F_{DS} = p_{DS}A_{DS} \quad \text{und} \quad F_{KS} = p_{KS}A_{KS} = p_{KS}(A_{DS} - A_{St}),$$

also insgesamt

$$F_S = (p_{DS} - p_{KS})A_{DS} + (p_{KS} - p_a)A_{St}. \qquad (19)$$

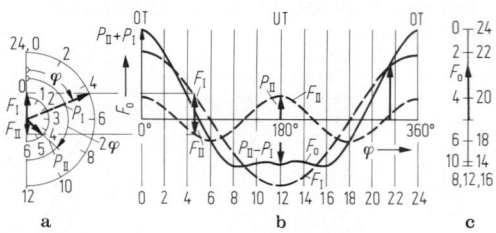

Bild 3. Massenkräfte (oszillierend). **a** Vektoren; **b** Zeitdiagramm; **c** Ortskurve

10.2.2 Massenkräfte. Inertia forces

Kräfte. Bei oszillierender und rotierender Bewegung im Triebwerk mit den Massen m_o und m_r entstehen die Kräfte

$$F_o = m_o a \quad \text{und} \quad F_r = m_r r\omega^2. \qquad (20)$$

Oszillierende Kräfte (Bild 3). Mit der Beschleunigung a aus Gl. (14) ergeben sich nach den Vielfachen des Kurbelwinkels φ die Kräfte I., II., IV., VI. usw. Ordnung.

$$F_o = m_o r\omega^2 \sum_{k=1}^{n} f(\lambda)\cos k\varphi = \sum_{k=1}^{n} F_k,$$

$$k = 1, 2, 4, 6, 8, \ldots, n; \quad F_I = m_o r\omega^2 \cos\varphi;$$

$$\left.\begin{array}{l} F_{II} = m_o r\omega^2 \left(\lambda + \dfrac{\lambda^3}{4} + \dfrac{15\lambda^5}{128}\right)\cos 2\varphi; \\[2mm] F_{IV} = -m_o r\omega^2 \left(\dfrac{\lambda^3}{4} + \dfrac{3\lambda^5}{16}\right)\cos 4\varphi; \\[2mm] F_{VI} = \dfrac{9\lambda^5}{128} m_o r\omega^2 \cos 6\varphi. \end{array}\right\} \tag{21}$$

Diese periodischen Kräfte wirken in der Mittellinie der Kolbenbeschleunigung entgegen. Sie sind positiv, wenn sie von der Kurbelwelle zum Kolben hin zeigen [2]. Hinreichend genaue Werte folgen mit a_K nach Gl. (15).

$$F_o = F_I + F_{II}; \quad F_I = m_o r\omega^2 \cos\varphi;$$
$$F_{II} = \lambda m_o r\omega^2 \cos 2\varphi. \tag{22}$$

Die Abweichung der Näherung beträgt zwar nur 0,46% für $\lambda = 1/3$ und $\varphi = 0$, die genaueren Werte sind aber bei Resonanzen von schwach gedämpften Schwingungen bedeutsam [3]. Die Amplituden bzw. die Beträge der mit Winkeln φ bzw. 2φ umlaufenden Vektoren sind

$$P_I = m_o r\omega^2 \quad \text{und} \quad P_{II} = \lambda m_o r\omega^2 = \lambda P_I.$$

Ihre Projektionen auf die Mittellinie ergeben die Kräfte $F_I = P_I \cos\varphi$ und $F_{II} = P_{II}\cos 2\varphi$. Die Extremwerte der F_I sind $\pm P_I$ bei $\varphi = 0$ bzw. 180°, also im OT bzw. UT, der F_{II} die $\pm P_{II}$ bei $\varphi = 0°$, 90°, 180°, 270° und 360°. Nullstellen haben die F_I bei 90° und 270°, die F_{II} bei 45°, 135°, 225° und 315°. Die Kräfte F_o haben dann das Maximum $P_I + P_{II}$ im OT und den Wert $-P_I + P_{II}$ im UT, der bei $\lambda < 1/3,8$ das Mimimum ist.

Rotierende Kräfte. $F_r = m_r r\omega^2$ sind mit der Kurbel umlaufende Fliehkräfte konstanten Betrags aber veränderlichem Lagewinkel φ. Ihre Ortskurve ist ein Kreis und ihre Komponenten sind $F_r \cos\varphi \sim F_I$ in der Mittellinie und $F_r \sin\varphi$ senkrecht dazu. Ihr Ausgleich (**Bild 4b**) erfolgt mit Gegengewichten an den Kurbelwangen gegenüber dem Zapfen mit dem Schwerpunkt S_G, dem Radius r_G und der Masse $m_G = m_r r/r_G$ [1, 4] (Mehrzylindermaschinen s. O 1.3).

Massen

Schubstange (Bild 4a). Sie bewegt sich oszillierend im Bolzen B und rotierend im Zapfen K. Mit der Stangenlänge l und dem Abstand r_{St} des Schwerpunkts S, in dem ihre Masse m_{St} vereinigt sei, vom Punkt K folgt angenähert wie bei der Berechnung der Auflagerkräfte

$$m_{o,St} = m_{St} r_{St}/l, \quad m_{r,St} = m_{St}(l - r_{St})/l. \tag{23}$$

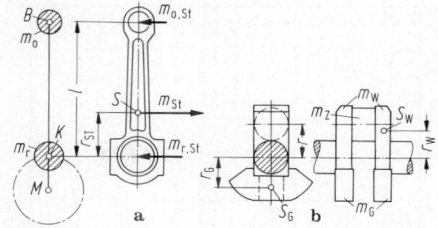

Bild 4a und b. Massen- und Gegengewichte

Für Stangen gleicher Konstruktion sind $\lambda = r/l$ und r_{St}/l konstant. Im üblichen Fall $\lambda = 1/4$ und $r_{St}/l = 1/3$ gilt $m_{o,St} \approx m_{St}/3$ und $m_{r,St} \approx 2m_{St}/3$.

Kurbelwelle (Bild 4b). Zur Vereinfachung der Fliehkraftberechnung sind die Kurbelwangen mit der Masse m_W und dem Abstand r_W ihres Schwerpunkts S_W von der Drehachse M auf den Kurbelradius r zu reduzieren. Da sich dabei die Fliehkraft nicht ändern darf, gilt

$$m_{red,W} = m_W r_W/r. \tag{24}$$

Oszillierende Masse. Mit den Massen m_K des Kolbens, m_{KS} der Kolbenstange, m_{Kr} des Kreuzkopfs und $m_{o,St}$ der Schubstange nach Gl. (23) folgt für das Kreuzkopf- bzw. Tauchkolbentriebwerk

$$m_o = m_K + m_{KS} + m_{Kr} + m_{o,St}, \quad m_o = m_K + m_{o,St}. \tag{25}$$

Rotierende Masse. Mit der Kurbelzapfenmasse m_Z, den Massen m_{red} und $m_{r,St}$ nach den Gln. (23) und (24) gilt

$$m_r = m_Z + m_W(r/r_W) + m_{r,St}. \tag{26}$$

10.2.3 Gesamtkräfte. Resultant forces

Die Resultierende der Stoff- und Massenkräfte F_S und F_o hat die Periode a_T/n. Sie wird durch das Triebwerk und das Gehäuse, also durch Deckel, Zylinder und Gestell geleitet, s. **Bild 5a, b**.

Kolben. In der Mittellinie wirkt die Kolbenkraft (**Bild 5a**)

$$F_K = F_S - F_o. \tag{27}$$

Die Richtung von B nach M ist positiv. Zur Vereinfachung nimmt der Kolben bereits die gesamte Massenkraft F_o auf; Reibungs- und Gewichtskräfte sind vernachlässigt. Ihr Verlauf, besonders die Extremwerte, hängen

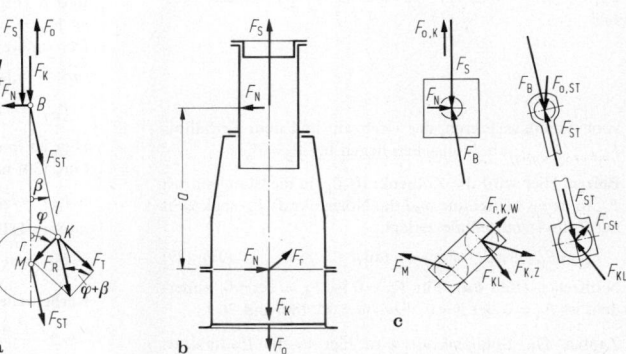

Bild 5. Kräfte in der Kolbenmaschine. **a** Triebwerk; **b** Gehäuse; **c** Einzelteile

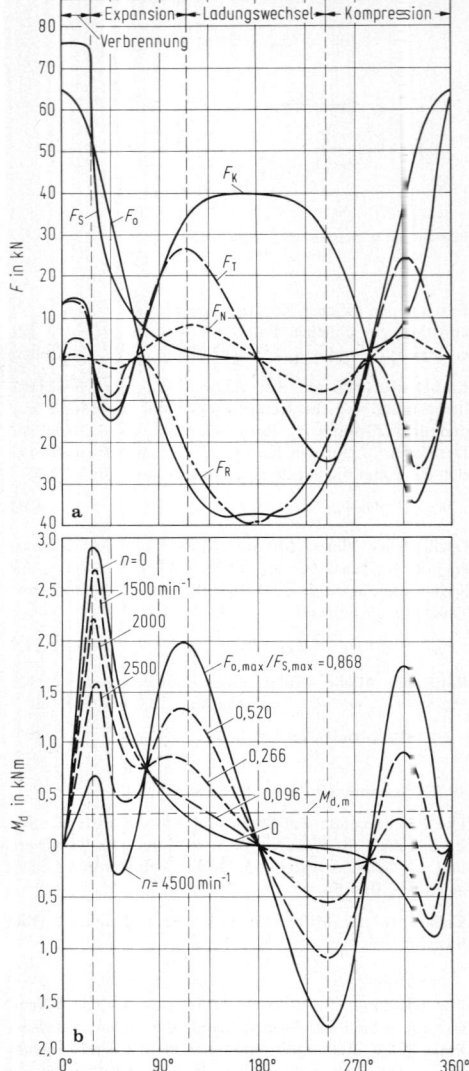

Bild 6. Kraft- und Momentenverlauf eines Zweitakt-Dieselmotors.
a Kräfte bei $n = 4500\ \mathrm{min}^{-1}$; **b** Momente bei veränderlicher Drehzahl

vom Arbeitsverfahren, der Drehzahl und dem Verhältnis $F_{o,max}/F_{S,max}$ ab. Nullstellen liegen bei $F_S = F_o$.

Bolzen. Hier wird die Kolbenkraft F_K in die Stangenkraft F_{St} in deren Mittellinie und die Normalkraft F_N senkrecht zur Zylindermittellinie zerlegt.

$$F_{St} = F_K/\cos\beta, \quad F_N = F_K \tan\beta \qquad (28, 29)$$

Nullstellen (**Bild 6a**): Für $F_K = 0$ ist $F_{St} = F_N = 0$, außerdem ist $F_N = 0$ bei $\beta = 0^\circ$ bzw. $\varphi = 0^\circ$, 180° und 360°.

Zapfen. Die Stangenkraft wird hier in die Radialkraft F_R in Richtung der Kurbel und die Tangentialkraft F_T

senkrecht dazu aufgeteilt. Nach den Gln. (28) und (29) ist

$$F_T = F_K \sin(\varphi+\beta)/\cos\beta, \qquad (30)$$
$$F_R = F_K \cos(\varphi+\beta)/\cos\beta. \qquad (31)$$

Die positive Tangentialkraft zeigt in Drehrichtung.

Drehmoment. Die Änderungen von $M_d = F_T r$ bewirken größere Drehzahlschwankungen, die von Schwungrädern (s. O 1.1) ausgeglichen werden. Nullstellen liegen bei $F_K = 0$ und bei $\varphi = 0^\circ$, 180°, 360° usw., also bei $\beta = 0^\circ$. Das sind die Totpunkte OT und UT, in denen eine Kraftmaschine nicht von selbst anfährt. Drehzahlunabhängig sind die Punkte mit $F_o = 0$ bzw. $F_K = F_S$ (in **Bild 6b**) bei $\varphi = 76{,}4^\circ$ und $283{,}55^\circ$ für $\lambda = 1/3{,}8$) sowie das mittlere Drehmoment, da die Massenkräfte, also auch ihre Tangentialkraft im Mittel, Null sind (Mehrzylindermaschinen s. O 1.1).

Gehäuse (Bild 5b). Es nimmt die Triebwerkkräfte auf. Am Deckel greift F_S am Zylinder bzw. F_N an der Gleitbahn an. Im Gestell nimmt das Lager $F_{St} = \sqrt{F_K^2 + F_N^2}$ nach den Gln. (27) und (29) auf. Das Moment $M_d = F_N a = F_T r$ wird von den Fundamentschrauben des Gestells aufgenommen oder bei Motoren mit Pendellagern zur Drehmomentmessung benutzt. In der Zylindermittellinie steht die Kraft F_S am Deckel der Kraft F_K gegenüber. Für das Gleichgewicht muß das Fundament den Rest, also Massenkräfte F_o, aufnehmen. Das gilt auch für F_r, das in F_R nicht enthalten ist.

10.2.4 Kräfte in den Triebwerkteilen
Forces in parts of mechanism

Obwohl bei hohen Drehzahlen die Massenkräfte die Triebwerkteile im OT entlasten, treten sie im UT stark hervor, wo meist die Stoffkräfte vernachlässigbar klein sind ($F_S \to 0$). Daher werden also den einzelnen Teilen zugeordneten Massen berücksichtigt, **Bild 5c** [5].

Kolben. Die am Bolzen angreifenden Kräfte F_S, F_N nach Gl. (29) und $F_{o,K} = m_K F_o/m_o$, wobei m_K die Kolbenmasse ist, haben die Resultierende

$$F_B = \sqrt{(F_S - F_{o,K})^2 + F_N^2}. \qquad (32)$$

In den Totpunkten ist $\varphi = \beta = 0$ bzw. $\varphi = 180^\circ$, $\beta = 0$ und $F_N = 0$ nach Gl. (29). Im OT gilt $F_B = F_S - m_K r\omega^2(1+\lambda)$ bzw. im UT, wenn $F_S = 0$ ist, $F_B = m_K r\omega^2(1-\lambda)$.

Schubstange. Am oberen Kopf wirken die Kräfte $+F_B$ und $F_{o,St} = m_{o,St} F_o/m_o$. Mit $F_o = F_{o,K} + F_{o,St}$ wird

$$F_{BL} = -F_{St} = -\sqrt{F_K^2 + F_N^2}. \qquad (33)$$

In den Totpunkten wird, da $F_N = 0$ ist, $F_{BL} = -F_K$; Im OT ist $F_{BL} = m_o r\omega^2(1+\lambda) - F_S$ im UT $F_{BL} = -m_o r\omega^2(1-\lambda)$. Der untere Kopf nimmt neben F_{St} bzw. F_T und F_R noch $F_{r,St} = m_{r,St} r\omega^2$ auf. Damit gilt

$$F_{KL} = \sqrt{F_T^2 + (F_R - F_{r,St})^2}. \qquad (34)$$

Hier ist in den Totpunkten $F_T = 0$ und $F_R = F_K$ nach den Gln. (30) und (31). Also gilt im OT

$$F_{KL} = F_R - F_{r,St} = F_S - m_o r\omega^2(1+\lambda) - m_{r,St} r\omega^2$$

und im UT, wenn $F_S = 0$ ist,

$$F_{KL} = m_o r\omega^2(1-\lambda) + m_{r,St} r\omega^2.$$

Kurbelwelle. Am Kurbelzapfen greifen $-F_{KL}$ und $F_{r,K,W} = m_{K,W} r\omega^2$ an. Mit $F_r = F_{r,W} + F_{r,St}$ folgt

$$F_{K,Z} = \sqrt{F_T^2 + (F_R - F_r)^2}. \qquad (35)$$

Der Wellenzapfen nimmt die Gegenkraft auf. Sie ist

$$F_M = -F_S + m_o r\omega^2(1 + \lambda) + m_r r\omega^2 \text{ im OT und}$$
$$F_M = -m_o r\omega^2(1 - \lambda) - m_r r\omega^2 \text{ im UT.}$$

10.3 Elemente des Kurbeltriebs
Components of crank mechanism

Bei den Einzelteilen existieren die verschiedensten Ausführungsformen. Sie ergeben sich aus der Maschinengröße, dem Arbeitsverfahren, dem Medium, der Drehzahl, der Lagerung, den Beanspruchungen, den Werkstoffen und den Fertigungsverfahren [1, 6–8].

10.3.1 Kurbelwellen. Crankshafts

Die Kurbelwelle (**Bild 7**) besteht aus den Kröpfungen mit den Wellenzapfen *1*, die in den Grundlagern laufen, den Kurbelzapfen *2* für die Schubstange und den Wangen *3* zur Verbindung der Zapfen und Aufnahme der Gegengewichte *4*. Die Kupplung *5* überträgt das Drehmoment, der Zapfen *6* treibt die Hilfsaggregate an. Die Mittenentfernung zweier Kröpfungen heißt Zylinderabstand $a = (1,2\ldots1,6)D$, wobei D der Kolbendurchmesser ist.

Bauarten. Bei Dieselreihen-Motoren (**Bild 7a**) mit ihren großen Kräften liegt zwischen jedem Kurbel- ein Wellenzapfen, bei z Zylindern entstehen $z + 1$ Grundlager. Bei gerader Zylinderzahl und kleinen Kräften (**Bild 7b**) verbinden schräge Wangen je zwei Kurbelzapfen, wobei sich $1 + z/2$ Grundlager ergeben. Bei Fächermaschinen (**Bild 7d**) liegen bis zu fünf Schubstangen aneinander auf einem Kurbelzapfen, bei V-Maschinen (**Bild 7c**) sind auch je eine Kröpfung pro Schubstange zu finden. Auch Kröpfungen mit angesetzten Zapfen (**Bild 7e**), also für zwei Hübe, treten bei Motorkompressoren auf. Die Stirnkurbel (**Bild 7f**) – bei kleinsten Schnellläufern – verlangt stark ausgebildete Wangen und zwei Lager wegen ihrer fliegenden Anordnung. Kurbelwellen (**Bild 7a**) aus Einsatz- oder Vergütungsstahl, meist in mehreren Gesenken geschmiedet, haben oft gehärtete Lagerzapfen. Bei gegossenen Wellen (**Bild 7b**) aus Temperguß oder Gußstahl wird die geringe Festigkeit der Werkstoffe durch die Gestaltung infolge der leichten Verformbarkeit beim Gießen ausgeglichen. Kurbelwellen, die selbst für die Freiformschmiede zu groß sind, werden gebaut, also Zapfen und Wangen durch Schrumpfen verbunden. Gleitlager sind leicht teilbar, die Kurbelwelle (**Bild 7a**) kann hierbei einteilig sein. Wälzlager bleiben wegen starken Verschleißes an der Teilfuge meist ungeteilt. Hierzu werden die Wellenzapfen über die Kurbelzapfen hinaus erweitert oder die Wellen gebaut.

10.3.2 Schubstangen. Connecting rods

Die Schubstange (**Bild 8**), die Verbindung des Kreuzkopfs bzw. Kolbens mit der Kurbelwelle, besteht aus dem oberen und unteren Kopf *1* und *2* mit den Lagern *3* und *4* sowie dem Schaft *5*. Sie überträgt die Stangenkraft und besteht aus Einsatz- bzw. Gußstahl oder Leichtmetall. Stangen aus Grauguß sind wegen ihrer geringen Zugfestigkeit nur bei einfachwirkenden Zweitaktmaschinen zulässig. Die äußeren Punkte der Stange beschreiben bei der Bewegung eine geigenförmige Kurve (s. **P1 Bild 10**). Sie gibt die für das Triebwerk im Gestell und Zylinder freizuhaltenden Räume an.

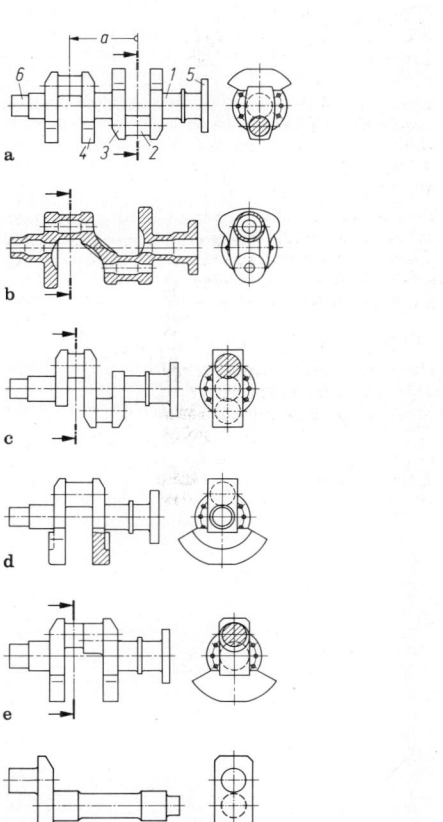

Bild 7a–f. Kurbelwellen-Bauarten von Zweizylindermaschinen

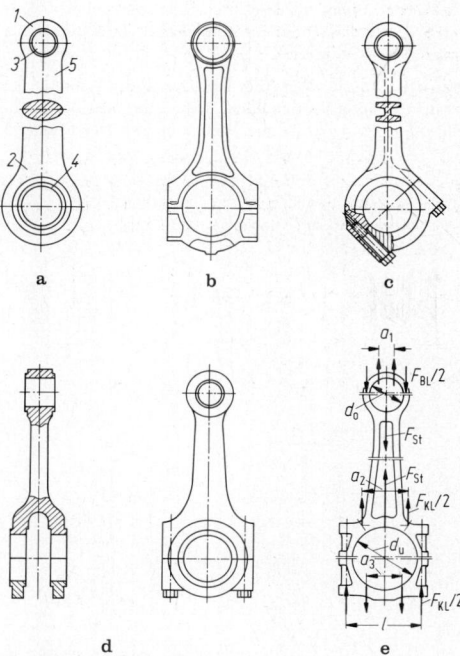

Bild 8a–e. Schubstangen-Bauarten und Kräfte

Bauarten. Bei ungeteilten Köpfen (**Bild 8a**) erfordert die einfachste Form Stirnkurbeln oder gebaute Kurbelwellen. Geteilte Köpfe (**Bild 8b**) ermöglichen einteilige Kurbelwellen. Schräge Teilungen (**Bild 8c**) gibt es bei den infolge der hohen Zündkräfte der Dieselmotoren starken unteren Köpfen, damit sie sich durch die Zylinderbohrung ausbauen lassen. Eine Gabelung (**Bild 8d**) der oberen bzw. unteren Köpfe kommt bei Kreuzkopf- oder V-Maschinen vor. Der Schaft erhält bei größeren Massenkräften, also bei Schnelläufern H- oder I-Querschnitt (**Bilder 8b** bzw. **c**), wobei der erste bessere Übergänge zu den Köpfen aufweist. Sonst genügt ein leichter herstellbarer Rechteck-, Kreis- oder Ovalquerschnitt, bei denen das erforderliche Trägheitsmoment aber eine relativ große Masse erfordert.

Lagerung. Sie erfolgt meist in Gleitlagern mit einer etwa 2 bis 5 mm dicken Stützschale, die eine 0,25 bis 0,5 mm starke Laufschicht trägt. Sie besteht aus Guß-Zinnbronze für den Kolbenbolzen bzw. aus Weißmetall oder Bleibronze für die Kurbelzapfen. Wälzlager beim Kolbenbolzen (meist Nadel-, beim Kurbelzapfen Zylinderrollenlager) bedingen ungeteilte Schubstangen mit großen Köpfen, selbst wenn die Rollkörper direkt auf den gehärteten Zapfen oder in den Stangenköpfen laufen. Die Lager werden durch Bohrungen der Stange oder der Kurbelwelle, bei Bolzenlagern auch mit Spritzöl, geschmiert.

10.3.3 Kolben. Pistons

Der Kolben besteht aus Grauguß, Gußstahl oder Leichtmetall. Sein Boden nimmt die Stoffkräfte auf. Der Mantel dient als Geradführung und trägt die Elemente zur Abdichtung des Mediums und des Schmieröls. Bei gasförmigen Stoffen wird der Kolben stark erwärmt, also mechanisch und thermisch hoch beansprucht. Die Wärme wird über die Kolbenringe abgeführt. Die stärkere Erwärmung des Kolbens gegenüber dem Zylinder erfordert Formschliff des Kolbenmantels oder dehnungsregelnde Glieder, damit im Betrieb ein Laufspiel entsteht. Das Anstoßen des Kolbens an den Deckel wird durch das axiale Spiel verhindert.

Bauarten. *Tauchkolben* (**Bild 9a**). Der Boden *1* nimmt bei Motoren häufig Ventilmulden, Brennraum oder bei Großmotoren Leitungen für die Ölkühlung auf. Der Mantel *2*

erhält den Formschliff oder die dehnungsregelnden Glieder für das Laufspiel. Er nimmt den schwimmend gelagerten Kolbenbolzen *3* mit seinen Sicherungen *4* in seinem mit Rippen *5* versteiften Augen *6* auf. An seinem Umfang liegen die Verdichtungsringe *7* und die Ölabstreifer *8* mit ihren Abflußbohrungen *9*. Als Werkstoff dient z.B. Aluminium mit Silicium-, Mangan- und Nickelzusätzen mit geringer Dichte (etwa $2,85\,\text{g/cm}^3$), günstiger Wärmeleitfähigkeit (etwa $1,25\,\text{W/(cm K)}$) und hoher Wechselbiegefestigkeit (etwa $80\,\text{N/mm}^2$). Die große Wärmedehnzahl (etwa $2,5\,1/°\text{C}$) verlangt aber besondere konstruktive Maßnahmen.

Scheibenkolben (**Bild 9b**). Seine Nabe *1* nimmt die Kolbenstange *2* auf. Er ist für doppeltwirkende Maschinen vorgesehen und trägt zwei Sätze Kolbenringe. Gebaute Kolben sind aus mehreren Scheiben zusammengeschraubt, um ungeteilte Dichtelemente wie Kohleringe und Nutringmanschetten aufzunehmen. Beim Hydraulikkolben (**Bild 9c**) dichten Nutringmanschetten *1* den Stützringen *2* den Zylinder, der Gummiring *3* dichtet die Stange ab.

Stufenkolben (**Bild 9d**). Er nimmt bei Verdichtern bis zu drei Stufen auf. Dabei sind die Kolbenflächen – von einer Stufe abgesehen – ringförmig ausgebildet. Die hier gezeigte Ausführung als Tauchkolben stammt von einem zweistufigen Verdichter mit der ersten und zweiten Stufe *1* und *2* [4].

Plungerkolben (**Bild 9e**). Er gleitet mit seinem Mantel *1* in der Führungsbuchse *2* des Zylinders *3*. Die über die Brille *4* von außen nachstellbare Packung *5* dichtet den Kolben ab. Wegen der Dichtfläche wird er lang und schwer und ist nur bei selbstschmierenden Stoffen und langsamlaufenden Maschinen wie Hydraulikpumpen brauchbar [4].

Kolbenringe. Die Ringe mit rechteckigem Querschnitt (**Bild 10b**) aus Sondergrauguß sind geschlitzt und sitzen in Nuten des Kolbens. Ihr Stoß, gerade oder schräg, bedingt die Leckverluste, muß aber ohne zu sperren die Dehnung des gesamten Ringumfangs aufnehmen. Ihr axiales Spiel ist nur gering, damit die Nuten nicht ausschlagen. Die größte Biegespanung (etwa $400\,\text{N/mm}^2$) erleidet der Ring beim Überstreifen. Die Ringe haben eine geringere Härte als die Laufflächen, damit sie sich, weil sie leichter zu ersetzen sind, schneller abnutzen. Nach DIN 24909 gibt es Kompressionsringe zur Abdichtung, wobei Minutenringe (**Bild 10d**) zum Einlaufen des Motors dienen und Ölabstreifringe als Nasen- oder Schlitzringe (**Bild 10e** und **f**). Ihre Abmessungen sind genormt. Die Aufschrift „TOP" muß beim Ring zum Kolben hin liegen.

Wirkungsweise. Der Kompressionsring (**Bild 10a**) wird vom Medium über seine Innenseite an die Lauffläche und über seine Flanke an die Gegenseite der Nut gedrückt, er bewirkt so deren Abdichtung. Der Ölabstreifring (**Bild 10c**) verteilt das Spritzöl vom Kolbeninneren über die Bohrungen *1* und die Schlitze *2* an die Wand, während die Kante *3* das verbrauchte Öl, das über die Bohrung *4* abfließt, abstreift.

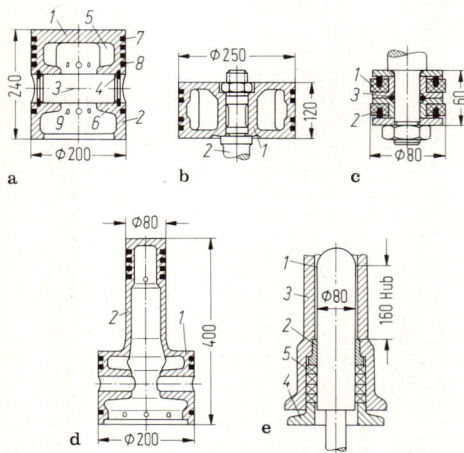

Bild 9a–e. Kolben-Bauarten

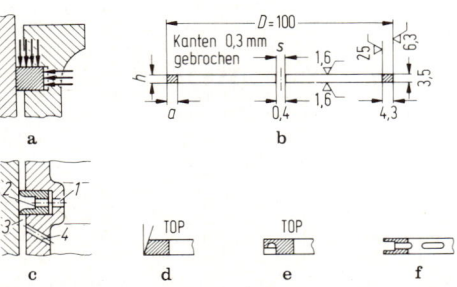

Bild 10a–f. Kolbenringe

10.3.4 Festigkeitsberechnung. Calculation of strength

Die Berechnung erfolgt nach den einfachen Gleichungen der Festigkeitslehre für bestimmte Querschnitte beim Entwurf oder mit finiten Elementen (FEM) s. (C8) für das gesamte Bauteil bei der abschließenden Berechnung.

Angenäherte Berechnung. Sie bezieht sich auf die Stellen höchster Beanspruchung, den gefährdeten Querschnitt und ist bei der Vordimensionierung hilfreich.

Kurbelwellen (**Bild 11**). Die Zapfen *1* und *3* werden auf Torsion, die Wangen *2* noch auf Zug bzw. Druck beansprucht. Am größten sind dabei die Biegespannungen in der Hohlkehle zwischen Wange und Kurbelzapfen, und zwar zur Drehachse hin. Als Belastung wirkt hier $F = F_R + F_r$, wobei die Radialkraft und die rotierende Kraft nach den Gln. (20) und (31) berechenbar sind. Weiterhin liegt hier auch die neutrale Faser für die Biegung infolge der Tangentialkraft. Die beträchtlichen Kerbwirkungen lassen sich herabsetzen, wenn für Rundungsradius ρ und Zapfendurchmesser d sowie Wangenbreite b und Höhe h folgende Bedingungen eingehalten werden: $\rho/d \geqq 0,05$ und $b/d = 1,2 \ldots 1,8$ sowie $h/d = 0,3 \ldots 0,5$. Ölbohrungen sollen von den Rundungen weitab liegen. Weitere Verbesserungen bringen Entlastungskerben, Einziehungen, Wülste und ausgerundete Bohrungen (s. E 1.5). Für die Biegespannung gilt bei der Belastung $F = F_R - F_r$, der Lagerentfernung l und dem Abstand e des gefährdeten Querschnitts und der Spannungsformzahl α (s. E 1.5)

$$M_b = Fe/2, \quad \sigma_b = \alpha M_b/W. \tag{36}$$

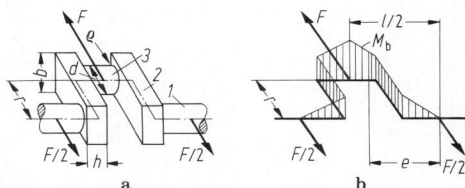

Bild 11. Kurbelkröpfung. **a** Aufbau; **b** Biegemomente

Schubstangen (**Bild 8e**). Die Köpfe werden auf Biegung wie ein Träger auf zwei Stützen beansprucht. In *Tauchkolbenmaschinen* gilt als maximale Belastung im OT nach den Gln. (33) und (34)

$$F_{BL} = m_o r\omega^2 (1 + \lambda) - F_S \quad \text{und} \quad F_{KL} = -F_{BL} - m_{r,St} r\omega^2.$$

Sie wirken, wenn $m_o r\omega^2 (1 + \lambda) < F_S$ ist, auf die Köpfe in Richtung zum Schaft. In *doppeltwirkenden Maschinen* liegt für die Kurbelseite KS (s. **Bild 1a**) das Maximum im UT. Hier haben aber bei den F_{BL} und F_{KL} Massen und Stoffkräfte dasselbe Vorzeichen. Sie addieren sich also und sind vom Schaft weg gerichtet. Dadurch ergeben sich größere Köpfe und Deckel. Ihre Hebelarme betragen mit den Innendurchmessern d_o und d_u am oberen bzw. unteren Kopfes $a_1 = d_o/2$ und $a_2 = d_u/2$. Die Dehnschrauben der Deckel werden mit etwa $2F$ vorgespannt und bis etwa 70% der Streckgrenze belastet, wobei ihr Schaftdurchmesser etwa 80% des Gewindekerndurchmessers ist. Für Wälzlager ist der kubische Mittelwert von F_{KL} maßgebend [5].

Kolben. Der Boden stellt eine auf Biegung beanspruchte Platte mit gleichmäßig verteilter Belastung durch den Druck dar. Am Tauchkolben ist sie am Rand, beim Scheibenkolben in der Mitte eingespannt. Der Mantel wird wie ein Rohr auf inneren Überdruck beansprucht. Für Kolben thermischer Maschinen gelten wegen der schwer

erfaßbaren Spannungen zunächst Erfahrungswerte für den Entwurf. Die fertigen Kolben werden dann in Versuchen verbessert.

Finite Elemente. Sie dienen zur Berechnung der Spannungen auf Zug, Druck, Biegung und Torsion der Triebwerksteile, ihrer hierdurch bedingten Verformung und der Ermittlung ihres Schwingungsverhaltens. Außerdem erfassen sie ihre Interaktion mit dem Kurbelgehäuse über die Lager. Hierzu sind oft mehrere tausend Volumenelemente mit Knoten pro Bauteil erforderlich. Damit ist es aber möglich, Kurven gleicher Spannungen und Verformungen für das gesamte Bauteil aufzustellen. Wegen des großen Aufwands, es liegen besondere Computerprogramme wie „Nastran" vor, und zur Visualisierung ist eine Kopplung von FEM und CAD vorteilhaft. Es sind aber auch einfachere Verfahren wie etwa die Methode der Integralgleichungen (z.B. Boundary-Element-Method) im Gebrauch (s. C8). In den **Bildern 12** bis **14** sind die Elemente und Kurven stark vereinfacht.

Kurbelwellen. Die Torsionsspannungen in der Halbkröpfung (**Bild 12**) wurden nach der Boundary-Methode berechnet. Ihre Ergebnisse werden dann auf die gesamte Kurbelwelle mit einem Spezialprogramm übertragen. Die eingezeichneten Kurven der relativen Torsionsspannung zeigen einen starken Anstieg an der Hohlkehle des Kurbelzapfens. Gegenstand weiterer Untersuchungen ist das Zusammenwirken von Welle, Lagern und Gehäuse bei nichtlinearen Schmierfilmeigenschaften.

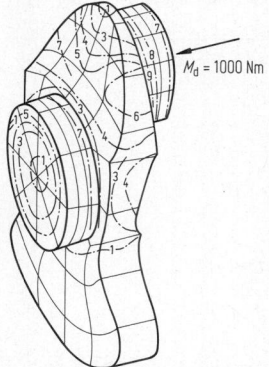

Bild 12. Kurbelwellenhalbkröpfung eines Kfz-Motors mit Elementeinteilung und Linien konstanter relativer Torsionsspannung (Daimler Benz AG)

Schubstangen. Ihre Berechnung erfolgt bei Belastung der Gas- und Massenkräfte. Bei der aus Blech gebrannten Schubstange eines Großverdichters (**Bild 13**) ergeben sich Spannungsspitzen von 100 N/mm² an den Dehnschraubenauflagen und von 70 N/mm² an der Bohrung des oberen Schubstangenkopfs.

Kolben. Die Spannungen und Verformungen durch die Gas- und Massenkräfte nach Gl. (18) und (20) sowie die Temperaturen sind an den Tauchkolben der Dieselmotoren am größten. Bei Spitzendrücken bis zu 150 bar, mittleren Kolbengeschwindigkeiten von 9 m/s und Leistungen von 35 kW pro Zylinder treten hier mittlere Temperaturen von ~400 °C in Kolbenbodenmitte und ~150 °C an der Unterkante des Hemds auf. Der Vollschaftkolben (**Bild 14**) ist zur FEM-Berechnung in etwa 700 räumliche Elemente mit 4200 Knoten aufgeteilt. Im Betriebszustand wird das Bolzenauge am stärksten beansprucht. Hier beträgt an der

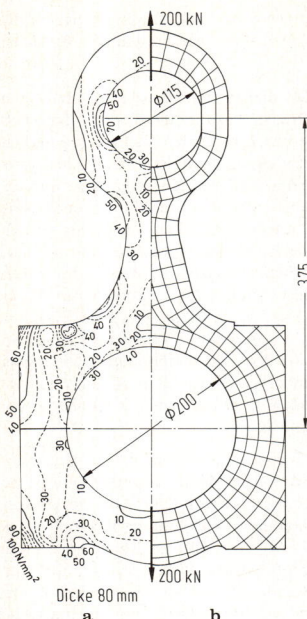

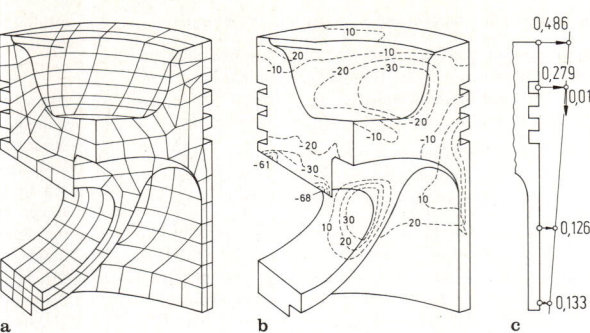

Bild 14. Vollschaftkolben 115 mm Durchmesser eines Dieselmotors. **a** Aufteilung in räumliche Elemente; **b** Mittelspannung σ_m in N/mm² bei warmen Kolben; **c** Dehnung der Wand in mm (Mahle GmbH)

Bild 13. Schubstange eines Kreuzkopfverdichters (Borsig AG, Deutsche Babcock). **a** Kurven gleicher Spannung in N/mm²; **b** Elementeinteilung

unteren Ringnut die Mittelspannung $\sigma_m = -61$ N/mm² mit dem Ausschlag $\sigma_a = -58$ N/mm² für seine innere Kante gilt $\sigma_m = -68$ N/mm² und $\sigma_a = -55$ N/mm². In der Kolbenmulde ist $\sigma_m = -30$ N/mm² und $\sigma_a = -20$ N/mm². Die Dehnung erfolgt an der Ober- bzw. Unterkante um 0,486 bzw. 0,133 mm. Die FEM ermöglichen die sehr komplizierte Berechnung der Kolben, versagen aber bei plastischer Verformung. Weitere Hilfsmittel sind die Dehnmeßstreifentechnik, die Spannungsoptik und die Holographie, die nur die mechanischen Beanspruchungen erfassen.

11 Anhang G: Diagramme und Tabellen
Appendix G: Diagrams and tables

G

Anh. G 1 Tabelle 1. Grund-, Zusatz- und Ergänzungssymbole zur Darstellung von Schweißnähten nach DIN 1912

a Grundsymbole für Nahtarten

Nr.	Benennung	Illustration[1]	Symbol	Nr.	Benennung	Illustration[1]	Symbol
1	Bördelnaht		⅄				
2	I-Naht		‖	13	Liniennaht[2]		⊖
3	V-Naht		V				
4	HV-Naht		V	14	Steilflanken-naht		V
5	Y-Naht		Y	15	Halb-Steil-flankennaht		⊬
6	HY-Naht		Y	16	Stirnflachnaht		‖‖‖
7	U-Naht		Y				
8	HU-Naht (Jot-Naht)		Y				
9	Gegenlage		⌣	17	Flächennaht		=
10	Kehlnaht		◺				
11	Lochnaht		⊓	18	Schrägnaht		//
12	Punktnaht		○	19	Falznaht		⊋

[1] Die Illustration dient nur zur Erläuterung der Lage einer Naht.
[2] Beim Rollennahtschweißen: Rollennaht.

b Zusatzsymbole

Oberflächenform	Zusatzsymbol
hohl (konkav)	⌣
flach (eben)	—
gewölbt (konvex)	⌢

c Ergänzungssymbole

Verlauf und Art der Naht	Ergänzungssymbol
ringsum-verlaufende Nähte, z. B. Kehlnähte	
Montagenähte	

d Grund- und Zusatzsymbole (Beispiele)

Nahtart	Illustration	Symbol
V-Naht mit ebener Oberfläche		▽
D(oppel)-V-Naht (X-Naht) mit gewölbten Oberflächen		✕
Kehlnaht mit hohler Oberfläche (Hohlnaht)		
V-Naht mit Gegenlage und ebenen Oberflächen		
I-Naht mit beid-seitig gewölbten Oberflächen, z. B. Wulstnaht		

Anh. G1 Tabelle 2. Vorschriften und Normen für Schweißverbindungen

Anwendungsgebiet	Allgemeine Berechnungsgrundsätze	Schweißnahtberechnung
1. Maschinenbau	Vorschr. f. Klassifikation und Bau von Maschinenanlagen und Seeschiffen[a])	Abschn. „Schweißverbindungen und Arbeitsausführung der Schweißung"[a]) Zu empfehlen sind ferner: DV 952 – vgl. unter Fahrzeugbau DIN 15018 – vgl. unter Fördertechnik
2. Fahrzeugbau	Lastannahme und Sicherheit für Schienenfahrzeuge[c])	DV 952 – Vorschr. f. das Schweißen in Privatwerken (geschweißte Fahrzeuge, Maschinen und Geräte[b])
3. Schiffbau	Vorschriften für Klassifikation und Bau von stählernen Seeschiffen	
	Ausgabe 1980, Bd. I, Klassifikationsvorschr. für Seeschiffe, Bauvorschr. für den Schiffskörper[a]) Klassifikationsvorschriften für stählerne Seeschiffe, Kühlanlagen, stählerne Binnenschiffe, Ausgabe 1980	Ausgabe 1980, Bd. III, Werkstoffe – Schweißung, Kap. 7, Abschn. 1 Schiffbau – Schweißvorschriften[a])
4. Tankbau	DIN 4119 Oberirdische zylindrische Flachboden-Tankbauwerke aus metallischen Werkstoffen	DIN 18800 T 1 Stahlbauten
5. Druckbehälterbau	DIN 3396 – Oberirdische Hochdruck-Gasbehälter. Richtlinien f. Bau, Ausrüstung und Aufstellung, Prüfung, Inbetriebnahme und Betrieb	DIN 18800 T 1 Stahlbauten
	TRD (Technische Regeln Druckgase)[d])	
	Merkblätter der Arbeitsgemeinschaft Druckbehälter (AD-Merkblätter)[d])	
	Vorschr. f. Klassifikation und Bau der Maschinenanlagen von Seeschiffen, Abschnitt Behälter und Apparate unter Druck[a])	Abschn. „Schweißverbindungen und Arbeitsausführung der Schweißung"[a])
6. Kessel- und Kesselrohrbau	Technische Regeln für Dampfkessel[d]) Vorschriften für Klassifikation und Bau von stählernen Seeschiffen, Ausgabe 1980, Bd. II, Maschinen-, elektrische-, Kühlanlagen[a]), Bd. III, Werkstoffe – Schweißung, Kap. 7, Abschn. 2, Maschinenbau – Schweißvorschriften[a])	
7. Lagerbehälter für brennbare Flüssigkeiten	DIN 6608 – Liegende Behälter aus Stahl für unterirdische Lagerung flüssiger Mineralölprodukte DIN 6616 – Liegende Behälter aus Stahl für oberirdische Lagerung flüssiger Mineralölprodukte DIN 6618 – Stehende Behälter aus Stahl für oberirdische Lagerung flüssiger Mineralölprodukte DIN 6625 – Standortgefertigte Behälter aus Stahl für oberirdische Lagerung von Heizöle und Dieselkraftstoff	AD-Merkblätter
	Verordnung über brennbare Flüssigkeiten VbF vgl. Bundesgesetzblatt 1970, S. 689 Technische Regeln für brennbare Flüssigkeiten (TRbF)	
8. Ferngasleitung	DIN 2470 Teil 1 Gasleitungen aus Stahlrohren mit Betriebsdrücken bis 16 bar Teil 2 Gasleitungen aus Stahlrohren mit Betriebsdrücken von mehr als 16 bar	DIN 2413 Stahlrohre, Berechnung der Wanddicke gegen Innendruck
9. Hochbau	DIN 1050 Stahl im Hochbau; Berechnung und bauliche Durchbildung DIN 4112 Fliegende Bauten DIN 4114 Stahlbau, Stabilitätsfälle (Knickung, Kippung, Beulung) DIN 18808 Stahlbauten, Tragwerke aus Hohlprofilen unter vorwiegend ruhender Beanspruchung	DIN 18800 T 1 Stahlbauten DIN 18801 Stahlhochbau DIN 18800 T 1 Stahlbauten DIN 18808 Stahlbauten, Tragwerke aus Hohlprofilen unter vorwiegend ruhender Beanspruchung
	DIN 4113 Aluminiumkonstruktionen unter vorwiegend ruhender Belastung	Richtlinie des Institutes für Bautechnik. Mitteilung aus dem Institut für Bautechn. 3 (1972) Nr. 5, S. 1 6
10. Brückenbau	DIN 1073 (DIN 18809) Stählerne Straßenbrücken; Berechnungsgrundlagen DS 804 Vorschriften für Eisenbahnbrücken und sonstige Ingenieurbauten (VEI)[b])	DIN 4101 Geschweißte stählerne Straßenbrücken (zusätzlich DIN 4100[f]) und DS 804) DS 804 Vorschr. für Eisenbahnbrücken und sonstige Ingenierbauten (VEI)[b])

[a]) Germanischer Lloyd.   [b]) Deutsche Bundesbahn.   [c]) Leichtbau der Verkehrsfahrzeuge 14 (1970) Sonderheft II.
[d]) Vereinigung der Technischen Überwachungsvereine.

Anh. G 1 Tabelle 2 (Fortsetzung)

Anwendungs-gebiet	Allgemeine Berechnungsgrundsätze	Schweißnahtberechnung
11. Förder-technik	DIN 4118 Fördergerüste für Bergbau	DIN 18 800 T 1 Stahlbauten
	DIN 4132 Krahnbahnen, Stahltragwerke; Grundsätze für Berechnung, bauliche Durchbildung und Ausführung DIN 15018 Krane, Grundsätze für Stahltragwerke	
12. Gerüste	DIN 4420 Arbeits- und Schutzgerüste (in Verbindung mit DIN 18 800 T 1, DIN 18 808)	Zweckmäßig DIN 18 800 T 1 Stahlbauten und DIN 18 808 Stahlbauten, Tragwerke aus Hohlprofilen mit vorwiegend ruhender Beanspruchung

Anh. G 1 Tabelle 3. Schweißnähte mit besonderen Güteeigenschaften, DIN 15018

Nahtart	Naht-güte	Nahtausführung	Sinnbild Beispiele	Prüfung auf fehlerfreie Ausführung	
				Prüfverfahren	Kurz-zeichen
Stumpf-naht	Sonder-güte	Wurzel ausgeräumt, Kapplage gegengeschweißt, blecheben in Spannungsrichtung bearbeitet, keine Endkrater		Zerstörungsfreie Prüfung der Naht auf 100% der Nahtlänge, z.B. Durchstrahlung	P 100

	Normal-güte	Wurzel ausgeräumt, Kapplage gegengeschweißt, keine Endkrater		Wie bei Sondergüte, jedoch nur bei Zug
				     mit max $\sigma_z \geq 0,8 \cdot$zul σ_z
				im Zugschwellbereich
				     mit max $\sigma_z \geq 0,8 \cdot$zul σ_{zD}
				im Wechselbereich
				     mit max $\sigma_z \geq 0,8 \cdot$zul σ_{zD}
				     oder max $\sigma_d \geq 0,8 \cdot$zul σ_{dD}
					P 100

				Zerstörungsfreie Prüfung der wichtigsten übrigen Nähte in Stichproben auf mindestens 10% der Nahtlänge jedes Schweißers, z.B. Durchstrahlung	P
DHV-Naht mit Doppel-kehlnaht	Sonder-güte	Wurzel ausgeräumt, durchgeschweißt, Nahtübergang kerbfrei, erforderlichenfalls bearbeitet		Zerstörungsfreie Prüfung des quer zu seiner Ebene auf Zug beanspruchten Bleches auf Doppelung und Gefügestörung im Nahtbereich, z.B. Durchschallung	D
	Normal-güte	Breite der Restfuge an der Wurzel bis 3 mm oder bis 0,2mal Dicke des angeschweißten Teiles. Der kleinere Wert ist maßgebend.			
Kehl-naht	Sonder-güte	Nahtübergang kerbfrei, erforderlichenfalls bearbeitet			
	Normal-güte	–			

Anh. G 1 Tabelle 4. Metrisches ISO-Gewinde, Regel- und Feingewinde-Auswahlreihen (nach DIN 13, Teil 12, Teil 12 Beiblatt und Teil 28)

Nenn-durch-messer d in mm	Regelgewinde			Feingewinde (fein)			Feingewinde (extra fein)		
	Steigung P in mm	Kern-querschnitt A_3 in mm²	Spannungs-querschnitt A_s in mm²	Steigung P in mm	Kern-querschnitt A_3 in mm²	Spannungs-querschnitt A_s in mm²	Steigung P in mm	Kern-querschnitt A_3 in mm²	Spannungs-querschnitt A_s in mm²
4	0,7	7,75	8,78	(0,5)	9,01	9,79	(0,35)	10,02	10,6
5	0,8	12,69	14,2	(0,75)	13,07	14,5	(0,5)	15,12	16,1
6	1	17,89	20,1	(0,75)	20,27	22,0	(0,5)	22,79	24,0
8	1,25	32,84	36,6	1	36,03	39,2	(0,75)	39,37	41,8
10	1,5	52,30	58,0	1,25	56,29	61,2	0,75	64,75	67,9
12	1,75	76,25	84,3	1,25	86,03	92,1	1	91,15	96,1
(14)	2	104,7	115	1,5	116,1	125	1	128,1	134
16	2	144,1	157	1,5	157,5	167	1	171,4	178
(18)	2,5	175,1	193	1,5	205,1	216	1	221,0	229
20	2,5	225,2	245	1,5	259,0	272	1	276,8	285
(22)	2,5	281,5	303	1,5	319,2	333	1	338,9	348
24	3	324,3	353	2	364,6	384	1,5	385,7	401
(27)	3	427,1	459	2	473,2	496	1,5	497,2	514
30	3,5	519	561	2	596,0	621	1,5	622,8	642
(33)	3,5	647,2	694	2	732,8	761	1,5	762,6	784
36	4	759,3	817	3	820,4	865	1,5	916,5	940
(39)	4	913	976	3	979,7	1028	1,5	1085	1110
42	4,5	1045	1121	3	1153	1206	1,5	1267	1294
(45)	4,5	1224	1306	3	1341	1398	1,5	1463	1492
48	5	1377	1473	3	1543	1604	1,5	1674	1705
(52)	5	1652	1758	3	1834	1900	2	1928	1973
56	5,5	1905	2030	4	2050	2144	2	2252	2301
(60)	5,5	2227	2362	4	2384	2485	2	2601	2653
64	6	2520	2676	4	2743	2851	2	2975	3031
(68)	6	2888	3055	4	3127	3242	2	3374	3434

Nenn-durch-messer d in mm	Feingewinde (fein 1)			Feingewinde (fein 2)			Feingewinde (extra fein)		
	Steigung P in mm	Kern-querschnitt A_3 in mm²	Spannungs-querschnitt A_s in mm²	Steigung P in mm	Kern-querschnitt A_3 in mm²	Spannungs-querschnitt A_s in mm²	Steigung P in mm	Kern-querschnitt A_3 in mm²	Spannungs-querschnitt A_s in mm²
72	6	3287	3463	4	3536	3658	2	3799	3862
(76)	6	3700	3889	4	3970	4100	2	4248	4315
80	6	4144	4344	4	4429	4566	2	4723	4794
(85)	6	4734	4945	4	5038	5190	2	5352	5530
90	6	5364	5590	4	5687	5840	2	6020	6100
(95)	6	6032	6270	4	6375	6540	2	6727	6810
100	6	6740	7000	4	7102	7280	2	7473	7560
(105)	6	7488	7760	4	7869	8050	2	8259	8350
110	6	8273	8560	4	8674	8870	2	9084	9180
(115)	6	9100	9400	4	9519	9720	2	9948	10100
(120)	6	9965	10300	4	10404	10600	2	10852	11000
125	6	10869	11200	4	11327	11500	2	11795	11900
(130)	6	11813	12100	4	12290	12500	2	12777	12900
140	6	13818	14200	4	14334	14600	2	14859	15000

Anh. G1 Tabelle 5. Nennmaße für metrisches ISO-Trapezgewinde (Auswahl) nach DIN 103 Teil 4 (Steigung nach Vorzugsreihe DIN 103 Teil 2)

Gew.-Nenn-durch-messer d mm	Stei-gung P mm	Flan-ken-durch-messer $d_2 = D_2$ mm	Mutter-außen-durch-messer D_4 mm	Bolzen-kern-durch-messer d_3 mm	Mutter-kern-durch-messer D_1 mm	Bolzen-kern-quer-schnitt $\pi d_3^2/4$ mm²
10	2	9,0	10,5	7,5	8,0	44
12	3	10,5	12,5	8,5	9,0	57
16	4	14,0	16,5	11,5	12,0	104
20	4	18,0	20,5	15,5	16,0	189
24	5	21,5	24,5	18,5	19,0	269
28	5	25,5	28,5	22,5	23,0	398
(30)	6	27,0	31,0	23,0	24,0	415
32	6	29,0	33,0	25,0	26,0	491
36	6	33,0	37,0	29,0	30,0	661
40	7	36,5	41,0	32,0	33,0	804
44	7	40,5	45,0	36,0	37,0	1 018
48	8	44,0	49,0	39,0	40,0	1 195
(50)	8	46,0	51,0	41,0	42,0	1 320
52	8	48,0	53,0	43,0	44,0	1 452
(55)	9	50,5	56,0	45,0	46,0	1 590
60	9	55,5	61,0	50,0	51,0	1 964
(65)	10	60,0	66,0	54,0	55,0	2 290
70	10	65,0	71,0	59,0	60,0	2 734
(75)	10	70,0	76,0	64,0	65,0	3 217
80	10	75,0	81,0	69,0	70,0	3 739
90	12	84,0	91,0	77,0	78,0	4 657
100	12	94,0	101,0	87,0	88,0	5 945

Anh. G1 Tabelle 6. Mindesteinschraubtiefen in Sacklochgewinde [78]

	Empfohlene Einschraubtiefe für die Festigkeitsklassen				
	8.8	8.8	10.9	10.9	12.9
Gewindefeinheit d/P	<9	≧9	<9	≧9	<9
Mutterwerkstoff					
harte Al-Leg. AlCuMg 1	1,1 d	1,4 d		–	
Grauguß GG 25	1,0 d	1,25 d		1,4 d	
Stahl St 37, C 15 N	1,0 d	1,25 d		1,4 d	
Stahl St 50, C 35 N	0,9 d	1,0 d		1,2 d	
Stahl vergütet mit	0,8 d	0,9 d		1,0 d	

$$R_\mathrm{m} > 800 \left[\frac{\mathrm{N}}{\mathrm{mm}^2}\right]$$

Anh. G1 Tabelle 7. Spannkräfte F_Sp und Anziehdrehmomente M_Sp für Schaft- und Taillen-Schrauben mit metrischen ISO-Regelgewinden nach DIN 13, Bl. 13 und Kopfauflagen nach DIN 912 bzw. 931, für Reibungszahl $\mu_\mathrm{G} = \mu_\mathrm{K} = 0,12$ bei 90%iger Streckgrenzenausnutzung (nach VDI-Richtlinie 2230)

Abmessung	F_Sp in N			M_Sp in Nm		
	8.8[a]	10.9[a]	12.9[a]	8.8[a]	10.9[a]	12.9[a]
Schaftschrauben						
M 4	4050	6000	7000	2,8	4,1	4,8
M 5	6600	9700	11400	5,5	8,1	9,5
M 6	9400	13700	16100	9,5	14,0	16,5
(M 7)	13700	20100	23500	15,5	23,0	27,0
M 8	17200	25000	29500	23,0	34,0	40,0
M 10	27500	40000	47000	46,0	68,0	79,0
M 12	40000	59000	69000	79,0	117,0	135,0
M 14	55000	80000	94000	125,0	185,0	215,0
M 16	75000	111000	130000	195,0	280,0	330,0
M 18	94000	135000	157000	280,0	390,0	460,0
M 20	121000	173000	202000	390,0	560,0	650,0
M 22	152000	216000	250000	530,0	750,0	880,0
M 24	175000	249000	290000	670,0	960,0	1 120,0
M 27	230000	330000	385000	1000,0	1400,0	1 650,0
M 30	280000	400000	465000	1 350,0	1 900,0	2 250,0
Taillenschrauben ($d_\mathrm{T} = 0,9 \cdot d_3$)						
M 5	4 500	6 600	7 800	3,8	5,5	6,5
M 6	6 300	9 300	10 900	6,5	9,5	11,1
(M 7)	9 500	14 000	16 400	10,9	16,0	18,5
M 8	11 800	17 300	20 200	16,0	23,0	27,1
M 10	18 900	27 500	32 500	32,0	47,0	55,0
M 12	27 500	40 500	47 500	55,0	81,0	95,0
M 14	38 000	56 000	65 000	88,0	130,0	150,0
M 16	53 000	79 000	92 000	135,0	200,0	235,0
M 18	66 000	94 000	110 000	195,0	280,0	320,0
M 20	86 000	123 000	144 000	280,0	400,0	460,0
M 22	109 000	155 000	182 000	380,0	540,0	630,0
M 24	124 000	177 000	207 000	480,0	680,0	800,0
M 27	166 000	236 000	275 000	720,0	1 020,0	1 190,0
M 30	200 000	285 000	335 000	970,0	1 400,0	1 600,0

[a] Festigkeitsklassen nach DIN ISO 898 T 1.

Anh. G1 Tabelle 8. Grenzflächenpressung p_G in N/mm^2 für gedrückte Teile verschiedener Werkstoffe (nach VDI-Richtlinie 2230)

Werkstoff	Zug-festigkeit R_m (N/mm^2)	Grenzflächen-pressung[a]) p_G (N/mm^2)
St 37	370	260
St 50	500	420
C 45	800	700
42 CrMo 4	1 000	850
30 CrNiMo 8	1 200	750
X 5 CrNiMo 18 10[b])	500 bis 700	210
X 10 CrNiMo 18 9[b])	500 bis 750	220
Rostfreie, ausscheidungs-härternde Werkstoffe	1 200 bis 1 500	1 000 bis 1 250
Titan, unlegiert	390 bis 540	300
Ti–6 Al–4 V	1 100	1 000
GG 15	150	600
GG 25	250	800
GG 35	350	900
GG 40	400	1 100
GGG 35.3	350	480
GDMgAl 9	300 (200)	220 (140)
GKMgAl 9	200 (300)	140 (220)
GKAlSi 6 Cu 4	–	200
AlZnMgCu 0,5	450	370
Al 99	160	140
GFK-Verbundwerkstoff	–	120
GFK-Verbundwerkstoff	–	140

[a]) Beim motorischen Anziehen können die Werte der Grenzflächenpressung bis zu 25% kleiner sein.
[b]) Bei kaltverfestigten Werkstoffen liegen Grenzflächenpressungen wesentlich höher.

Anh. G3 Tabelle 1. Merkmale von oft angewendeten Reibpaarungen [36]

Reibpaarungen	Naßlauf				Trockenlauf		
	Sinter-bronze/ Stahl	Sinter-eisen/ Stahl	Papier/ Stahl	Stahl, gehärtet/ Stahl gehärtet	Sinter-bronze/ Stahl	Organ-ische Beläge/ Grauguß	Stahl, nitriert/ Stahl, nitriert
Reibungszahlen							
Gleitreibungszahl μ	0,05 … 0,10	0,07 … 0,10	0,10 … 0,12	0,05 … 0,08	0,15 … 0,30	0,3 … 0,4	0,3 … 0,4
Haftreibungszahl μ_0	0,12 … 0,14	0,10 … 0,14	0,08 … 0,10	0,08 … 0,12	0,2 … 0,4	0,3 … 0,5	0,4 … 0,6
Verhältnis μ_0/μ	1,4 … 2	1,2 … 1,5	0,8 … 1	1,4 … 1,6	1,25 … 1,6	1,0 … 1,3	1,2 … 1,5
Technische Daten (Richtwerte)							
max. Gleitgeschwindigkeit v_R in m/s	40	20	30	20	25	40	25
max. Reibflächenpressung p_R in N/mm^2	4	4	2	0,5	2	1	0,5
zulässige flächenbezogene Schaltarbeit bei einmaliger Schaltung q_{AE} in J/mm^2	1 … 2	0,5 … 1	0,8 … 1,5	0,3 … 0,5	1 … 1,5	2 … 4	0,5 … 1
zulässige flächenbezogene Reibleistung $\dot{q}_{A0}$ [W/mm^2] (vgl. VDI 2241 Bl. 1, Abschnitt 3.2.2)	1,5 … 2,5	0,7 … 1,2	1 … 2	0,4 … 0,8	1,5 … 2,0	3 … 6	1 … 2

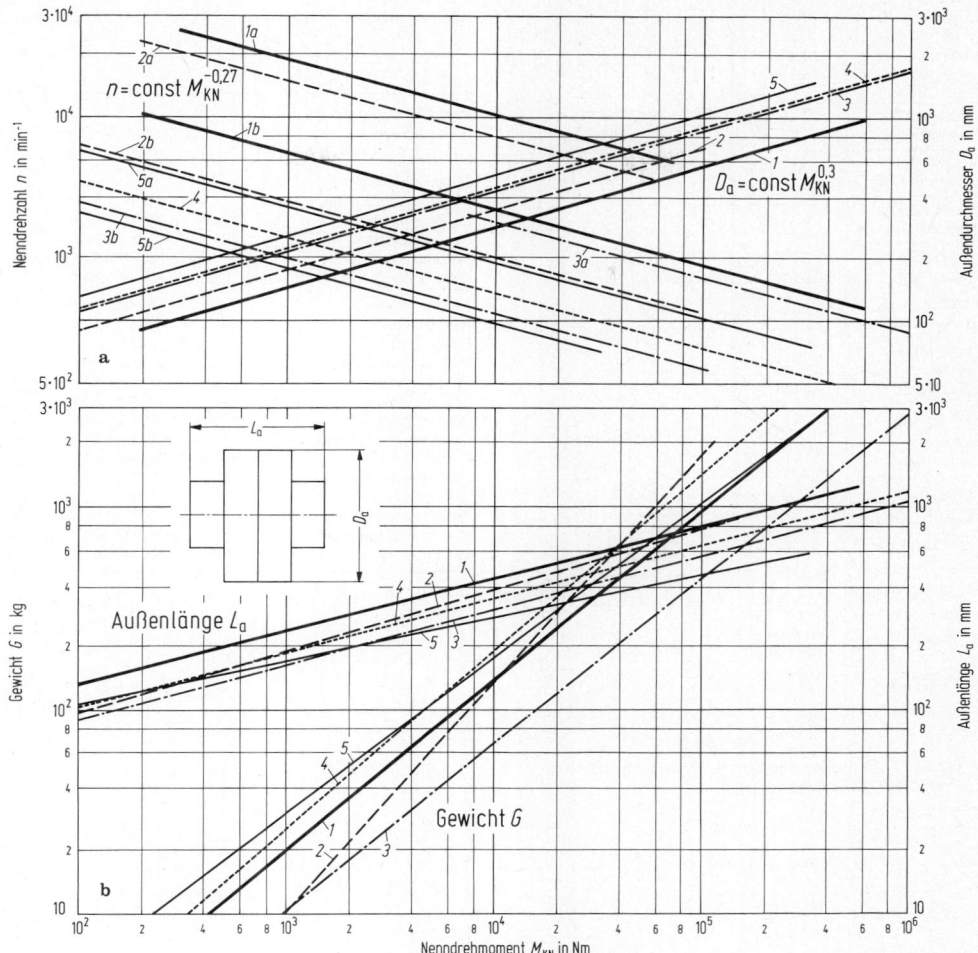

Anh. G 3 Bild 1. Kenngrößen nicht schaltbarer Kupplungen [5]. **a** Drehzahl *n* bzw. Außendurchmesser D_a; **b** Gewichte *G* bzw. Längen L_a nach Katalogangaben. *1* Doppelzahnkupplungen, *2* Membran- und Federlaschenkupplungen, *3* Metallelastische (drehelastische) Kupplungen, *4* Elastomerkupplungen mittlerer Elastizität, *5* Elastomerkupplungen hoher Elastizität, *a* schnellaufende Typen, *b* mittelschnellaufende Typen

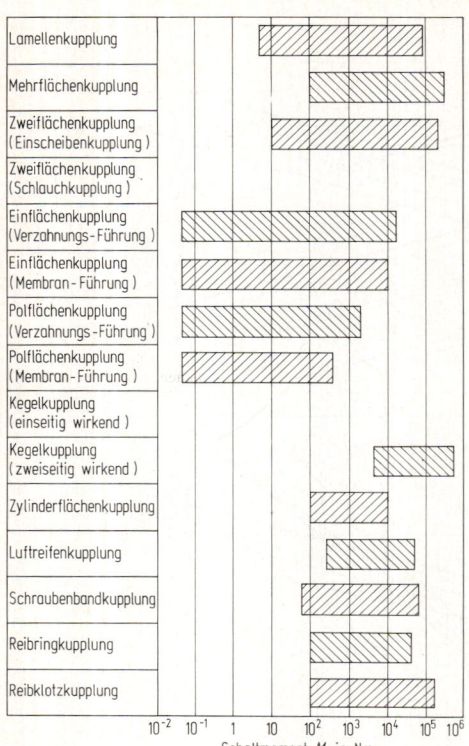

Anh. G 3 Bild 2. Schaltmomentbereiche der Bauarten fremdbetätigter, reibschlüssiger Schaltkupplungen [6]

Anh. G 4 Tabelle 2. Erfahrungswerte für erforderliche Lebensdauer

	h
Kraftfahrzeuge (Vollast)	
Personenwagen	900... 1 600
Lastwagen u. Omnibusse	1 700... 9 000
Schienenfahrzeuge	
Achslager Förderwagen	10 000... 34 000
Straßenbahnwagen	30 000... 50 000
Reisezugwagen	20 000... 34 000
Lokomotiven	30 000...100 000
Getriebe von Schienenfahrzeugen	15 000... 70 000
Landmaschinen	2 000... 5 000
Baumaschinen	1 000... 5 000
Elektromotoren	
für Haushaltsgeräte	1 500... 4 000
Serienmotoren	20 000... 40 000
Großmotoren	50 000...100 000
Werkzeugmaschinen	15 000... 80 000
Getriebe im Allg. Maschinenbau	4 000... 20 000
Großgetriebe	20 000... 80 000
Ventilatoren, Gebläse	12 000... 80 000
Zahnradpumpen	500... 8 000
Brecher, Mühlen, Siebe	12 000... 50 000
Papier- u. Druckmaschinen	50 000...200 000
Textilmaschinen	10 000... 50 000

Anh. G 4 Tabelle 1. Betriebshältnisse $a...k$ und Betriebsfaktoren f_v für verschiedene Einbaufälle

Einbaufall	Betriebsverhältnisse Felder nach **Bild 18**	Verschleiß-faktor f_v
Schaltgetriebe Kfz	g–k	5 ... 8
Radlager Kfz	h–i	4 ... 6
Förderwagen	f–h	12 ...15
Reisezugwagen	c–d	8 ...12
Getriebe Schienenfahrzeuge	c–d	3 ... 6
E-Serienmotoren	c–d	3 ... 5
Großmotoren	b–d	3 ... 5
Dreh-, Frässpindeln	a–b	0,5... 1,5
Werkzeugmasch.-Getriebe	c–d	3 ... 8
Getriebemotoren	d–e	3 ... 8
Großgetriebe	c–d	6 ...10
Gebläse	f–h	5 ... 8
Kreiselpumpen	d–f	3 ... 5
Verdichter, Kompressoren	d–f	3 ... 5
Backenbrecher	f–g	8 ...12
Papiermaschinen	b–c	7 ...10

Anh. G 4 Tabelle 3. Wahl des Schmierverfahrens [6]

Schmierstoff	Schmierverfahren	Geräte für das Schmierverfahren	Konstruktive Maßnahmen	Erreichbarer Drehzahlkennwert $n \cdot d_m$ in $min^{-1} \cdot mm$ [a])	Geeignete Lagerbauarten, Betriebsverhalten
Festschmierstoff	for-life-Schmierung	–	–	≈ 1500	vorwiegend Rillenkugellager
	Nachschmierung	–	–		
Fett	for-life-Schmierung	–	–	$\approx 0.5 \cdot 10^6$ $\approx 1 \cdot 10^6$ für geeignete Sonderfette, Schmierfristen nach **Bild 27**	alle Lagerbauarten, außer Axial-Pendelrollenlager, jedoch abhängig von Drehgeschwindigkeit und Fettart. Niedrige Reibung und günstiges Geräuschverhalten mit Sonderfetten
	Nachschmierung	Handpresse, Fettpumpe	Zuführbohrungen, eventuell Fettmengenregler, Auffangraum für Altfett		
	Sprühschmierung	Verbrauchsschmieranlage [b])	Zuführung durch Rohre oder Bohrungen, Auffangraum für Altfett		
Öl (größere Ölmenge)	Ölsumpfschmierung	Peilstab, Standrohr, Niveaukontrolle	Gehäuse mit ausreichendem Ölvolumen, Überlaufbohrungen, Anschluß für Kontrollgeräte	$0.5 \cdot 10^6$	alle Lagerbauarten. Geräuschdämpfung abhängig von der Ölviskosität, höhere Lagerreibung durch Ölplanschverluste, gute Kühlwirkung, Abführung von Verschleißteilen bei Umlauf- und Spritzschmierung
	Ölumlaufschmierung durch Eigenförderung der Lager oder dem Lager zugeordnete Förderelemente		Ölzulaufbohrungen, Lagergehäuse mit ausreichendem Volumen. Förderelemente, die auf Ölviskosität und Drehgeschwindigkeit abgestimmt sind. Förderwirkung der Lager beachten	muß jeweils ermittelt werden	
	Ölumlaufschmierung	Umlaufschmieranlage [b])	ausreichend große Bohrungen für Ölzulauf und Ölablauf	$\approx 1 \cdot 10^6$	
	Öleinspritzschmierung	Umlaufschmieranlage mit Spritzdüsen	Ölzulauf durch gerichtete Düsen, Ölablauf durch ausreichend große Bohrungen	bis $4 \cdot 10^6$ erprobt	
Öl (Minimalmenge)	Ölimpulsschmierung Öltropfschmierung	Verbrauchsschmieranlage [b]), Tropföler, Ölsprühschmieranlage	Ablaufbohrungen	$\approx 1.5 \cdot 10^6$ abhängig von Lagerbauart, Ölviskosität, Ölmenge, konstruktiver Ausbildung	alle Lagerbauarten. Gräuschdämpfung abhängig von der Ölviskosität, Reibung von der Ölmenge und der Ölviskosität abhängig
	Ölnebelschmierung	Ölnebelanlage [c]), evtl. Ölabscheider	eventuell Absaugvorrichtung		
	Öl-Luft-Schmierung	Öl-Luft-Schmieranlage [d])	eventuell Absaugvorrichtung		

[a]) Von Lagerbauart und Einbauverhältnissen abhängig.
[b]) Zentralschmieranlage bestehend aus Pumpe, Behälter, Filter, Rohrleitungen, Ventilen, Drosseln. Umlaufanlage mit Ölrückführung, eventuell mit Kühler. Verbrauchsanlage mit zeitlich gesteuerten Dosierventilen geringer Fördermenge (5...10 mm^3/Hub).
[c]) Ölnebelanlage bestehend aus Behälter, Mikronebelöler, Leitungen, Rückverdichterdüsen, Steuerung, Druckluftversorgung
[d]) Öl-Luft-Schmieranlage bestehend aus Pumpe, Behälter, Leitungen, volumetrischem Öl-Luft-Dosierverteiler, Düsen, Steuerung, Druckluftversorgung.

Anh. G 4 Tabelle 4. Kennwerte verschiedener Öle [6]

	Mineralöl	Polyalpha-olefine	Polyglykol (wasserun-löslich)	Ester	Silikonöl	Alkoxyfluoröl
Viskosität bei 40 °C in mm²/s	2 … 4500	15 … 1200	20 … 2000	7 … 4000	4 … 100000	20 … 650
Einsatz für Ölsumpf-Temperatur in °C bis	100	150	100 … 150	150	150 … 200	150 … 220
Einsatz für Ölumlauf-Temperatur in °C bis	150	200	150 … 200	200	250	240
Pourpoint in °C	− 20[b]	− 40[b]	− 40	− 60[b]	− 60[b]	− 30[b]
Flammpunkt in °C	220	230 … 260[b]	200 … 260	220 … 260	300[b]	−
Verdampfungsverluste	mäßig	niedrig	mäßig bis hoch	niedrig	niedrig[b]	sehr niedrig[b]
Wasserbeständigkeit	gut	gut	gut[b], schlecht trennbar, da gleiche Dichte	mäßig bis gut[b]	gut	gut
V−T-Verhalten	mäßig	mäßig bis gut	gut	gut	sehr gut	mäßig bis gut
Druck-Viskositäts-Koeffizient in m²/N[c]	1,1 … 3,5·10⁸	1,5 … 2,2·10⁸	1,2 … 3,2·10⁸	1,5 … 4,5·10⁸	1,0 … 3,0·10⁸	2,5 … 4,4·10⁸
Eignung für hohe Temperaturen ($\approx$150 °C)	mäßig	gut	mäßig bis gut[b]	gut[b]	sehr gut	sehr gut
Eignung für hohe Last	sehr gut[a]	sehr gut[a]	sehr gut[a]	gut	schlecht[b]	gut
Verträglichkeit mit Elastomeren	gut	gut[b]	mäßig, bei Anstrichen prüfen	mäßig bis schlecht	sehr gut	gut
Preisrelationen	1	6	4 … 10	4 … 10	40 … 100	200 … 800

[a] Mit EP-Zusätzen.
[b] Abhängig vom Öltyp.
[c] Gemessen bis 200 bar. Höhe ist abhängig vom Öltyp und der Viskosität.

Anh. G 4 Tabelle 5. Fettauswahl nach Kriterien [6]

Kriterien für die Auswahl des Fettes	Eigenschaften des zu wählenden Fettes
Betriebsbedingungen Drehzahlkennwert $n \cdot d_m$ Belastungsverhältnis P/C	Fettauswahl nach **Anh. G 4 Tab. 6**
Forderungen an Laufeigenschaften geringe Reibung, auch beim Start	Fett der Konsistenzklasse 1 … 2 mit synthetischem Grundöl niedriger Viskosität
niedrige und konstante Reibung im Beharrungs-zustand, aber höhere Startreibung zulässig	Fett der Konsistenzklasse 3 … 4, Fettmenge <30% des freien Lagerraums oder Fett der Konsistenzklasse 2 … 3, Fettmenge <20% des freien Lagerraums
geringes Laufgeräusch	gefiltertes Fett (hoher Reinheitsgrad) der Konsistenzklasse 2, bei besonders hohen Forderungen an Geräuscharmut sehr gut gefiltertes Fett der Konsistenz-klasse 1 … 2 mit Grundöl hoher Viskosität
Einbauverhältnisse Stellung der Lagerachse schräg oder senkrecht	haftfähiges Fett der Konsistenzklasse 2 … 3
Außenring dreht, Innenring steht oder auf Lager wirkt Fliehkraft	Fett der Konsistenzklasse 3 … 4 mit hohem Dickungsmittelanteil
Wartung häufige Nachschmierung	weiches Fett der Konsistenzklasse 1 … 2
gelegentliche Nachschmierung, for-life-Schmierung	walkstabiles Fett der Konsistenzklasse 2 … 3, Gebrauchstemperatur deutlich höher als Betriebstemperatur
Umweltverhältnisse hohe Temperatur, for-life-Schmierung	temperaturstabiles Fett mit synthetischem Grundöl und mit temperaturstabilem (eventuell synthetischem) Verdicker
hohe Temperatur, Nachschmierung	Fett, das bei hoher Temperatur keine Rückstände bildet
tiefe Temperatur	Fett mit dünnem synthetischem Grundöl und geeignetem Verdicker, Konsistenzklasse 1 … 2
staubige Umgebung	festes Fett der Konsistenzklasse 3
Kondenswasser	emulgierendes Fett, zum Beispiel Natron- oder Lithiumseifenfett
Spritzwasser	wasserabweisendes Fett, zum Beispiel Kalziumseifenfett
aggressive Medien (Säuren, Basen usw.)	Sonderfett, bei Wälzlager- oder Schmierstoffhersteller erfragen
radioaktive Strahlung	bis Energiedosis 2·10⁴ J/kg Wälzlagerfette nach DIN 51825, bis Energiedosis 2·10⁷ J/kg: bei Wälzlagerherstellern zurückfragen
Schwingungsbeanspruchung	Lithium-EP-Fett der Konsistenzklasse 2, häufige Nachschmierung. Bei mäßiger Schwingungsbeanspruchung Barium-Komplex-Seifenfett der Konsistenzklasse 2 mit Festschmierstoffzusätzen oder Lithiumseifenfett der Konsistenzklasse 3
Vakuum	bis 10⁻⁵ mbar Wälzlagerfette nach DIN 51825, bei höheren Vakua bei Wälzlager-herstellern zurückfragen

G

Anh. G 4 Tabelle 6. Wälzlagerfette und ihre Eigenschaften

Nr.	Eindicker	Grundöl	Gebrauchs-temperatur °C[a])	Verhalten gegen Wasser	Besondere Hinweise
1	Natrium-Seife	Mineralöl	−20...+100	nicht beständig	emulgiert mit Wasser, wird daher u.U. flüssig
2	Lithium-Seife[b])	Mineralöl	−20...+130	beständig bis 90 °C	emulgiert mit wenig Wasser, wird aber bei größeren Mengen weicher, Mehrzweckfett
3	Lithiumkomplex-Seife	Mineralöl	−30...+150	beständig	Mehrzweckfett mit hoher Temperaturbeständigkeit
4	Calcium-Seife[b])	Mineralöl	−20...+ 50	sehr beständig	gute Dichtwirkung gegen Wasser, eingedrungenes Wasser wird nicht aufgenommen
5	Aluminium-Seife	Mineralöl	−20...+ 70	beständig	gute Dichtwirkung gegen Wasser
6	Natriumkomplex-Seife	Mineralöl	−20...+130	beständig bis etwa 80 °C	für höhere Temperaturen und Belastungen geeignet
7	Calciumkomplex-Seife[b])	Mineralöl	−20...+130	sehr beständig	Mehrzweckfett, geeignet für höhere Temperaturen und Belastungen
8	Bariumkomplex-Seife[b])	Mineralöl	−20...+150	beständig	für höhere Temperaturen und Belastungen sowie auch Drehzahlen (abhängig von der Grundölviskosität) geeignet; dampfbeständig
9	Polyharnstoff[b])	Mineralöl	−20...+150	beständig	für höhere Temperaturen, Belastungen und Drehzahlen geeignet
10	Aluminiumkomplex-Seife[b])	Mineralöl	−20...+150	beständig	für höhere Temperaturen und Belastungen sowie auch Drehzahlen (abhängig von der Grundölviskosität) geeignet
11	Bentonit	Mineralöl und/oder Esteröl	−20...+150	beständig	Gelfett, für höhere Temperaturen bei niedrigen Drehzahlen geeignet
12	Lithium-Seife[b])	Esteröl	−60...+130	beständig	für niedrige Temperaturen und hohe Drehzahlen geeignet
13	Lithiumkomplex-Seife	Esteröl	−50...+220	beständig	Mehrbereichsschmierfett für weiten Temperaturbereich
14	Bariumkomplex-Seife	Esteröl	−60...+130	beständig	für hohe Drehzahlen und niedrige Temperaturen geeignet, dampfbeständig
15	Lithium-Seife	Siliconöl	−40...+170	sehr beständig	für höhere und niedrige Temperaturen bei geringer Belastung bis zu mittleren Drehzahlen geeignet

[a]) Abhängig von Lagerart und Schmierfrist. Durch Auswahl geeigneter Mineralöle kann bei den Fetten 1 bis 10 das Kälteverhalten verbessert werden (z.B. −30 °C in Sonderfällen bis zu −55 °C).
[b]) Auch mit EP-Zusätzen.

Anh. G 5 Tabelle 1. Netz für Bestimmung der Lagertemperatur ϑ_{20} bei $\vartheta_{amb} = 20\,°C$ für $So > 1$

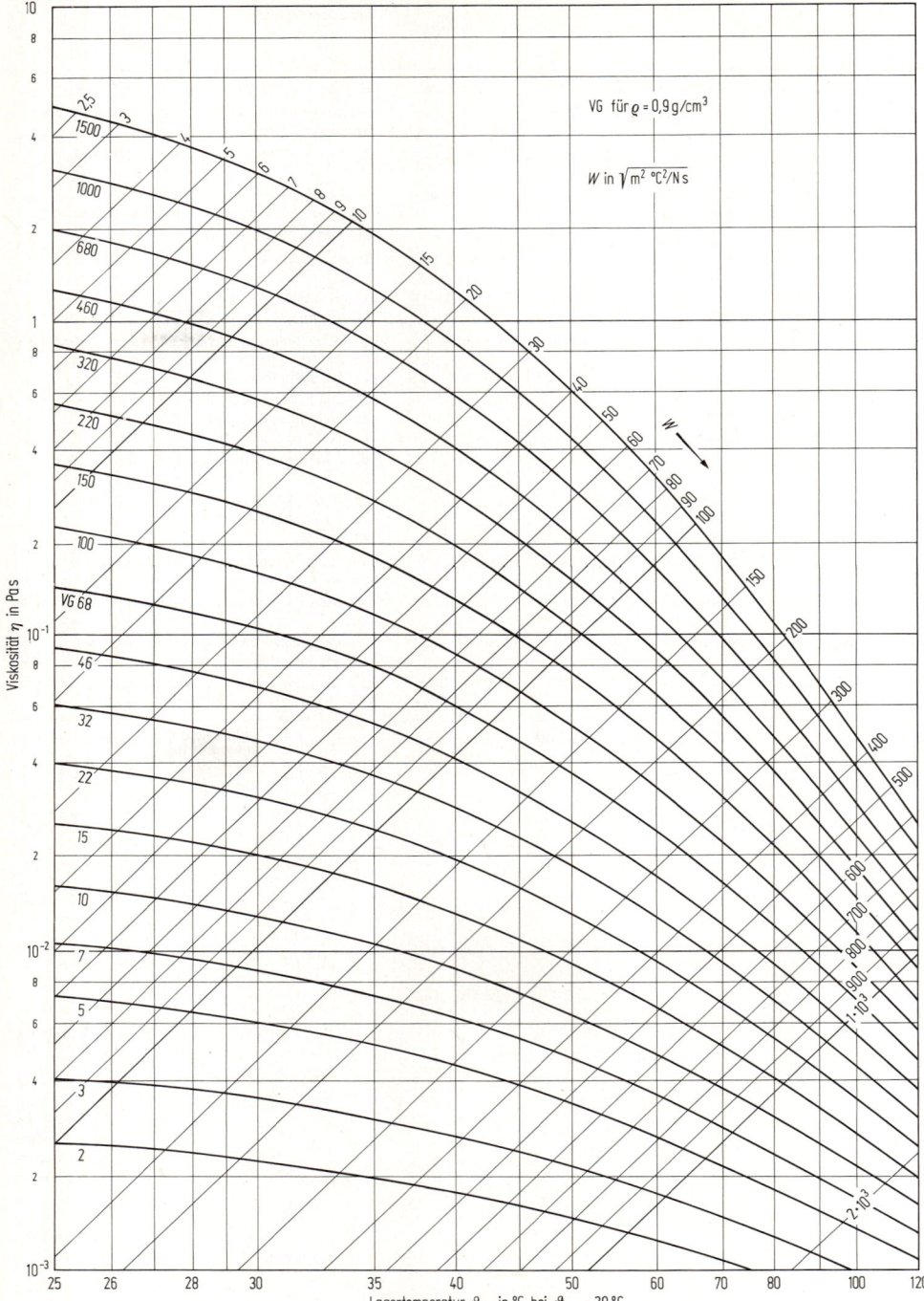

Anh. G 5 Tabelle 2. Netz zur Bestimmung der Lagertemperatur ϑ_{20} bei $\vartheta_{amb} = 20\,°C$ für $So < 1$

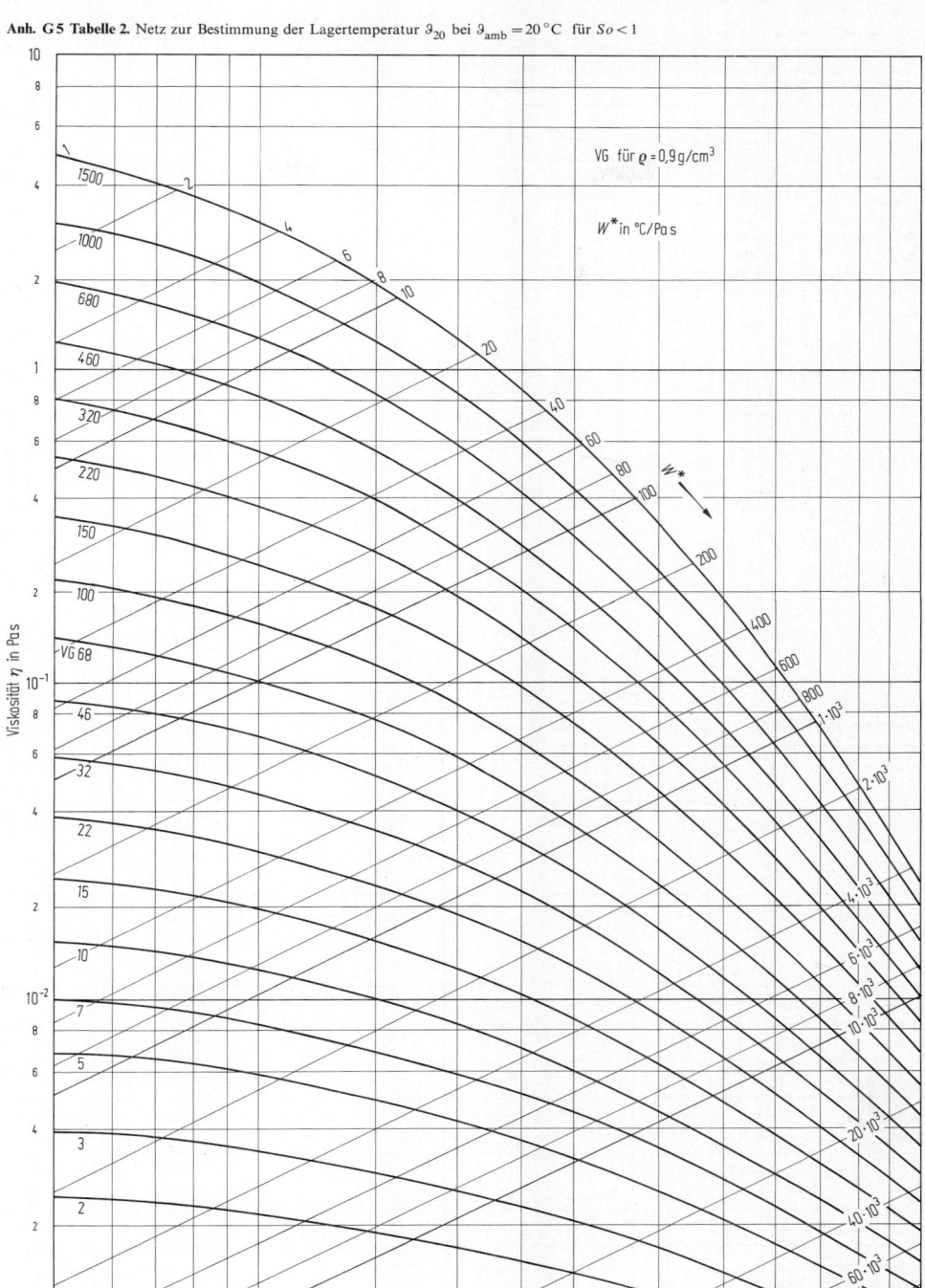

VG für $\varrho = 0,9\,g/cm^3$

W^* in $°C/Pa\,s$

Anh. G 5 Tabelle 3. Höchstzulässige Belastung von Gleitwerkstoffen $\bar{p}$ in N/mm² (unterer Grenzwert für ungehärtete Welle und hohe Gleitgeschwindigkeit, oberer Grenzwert für gehärtete Welle niedrigere Gleitgeschwindigkeit)

Lagerwerkstoff	Brinellhärte HB N/mm²	$\bar{p}$ N/mm²
Lg Pb Sn 10	230	5 ... 25
Zinklegierung	700	5 ... 28
Al-Legierung	750	5 ... 50
Zinnbronze, Rotguß	700	8 ... 55
G Pb Bz 25	300	6 ... 80
Sondermessing	950	7 ... 50

Anh. G 5 Tabelle 4. Chemische und technologische Eigenschaften von Lagerwerkstoffen

Werkstoff	Lg Pb Sb 14	Lg Pb Sn 6 (WM 5)	Lg Sn 80	Lg Sn 80 F	G Cd Ni	Sn Pb Bz 15	Sn Pb Bz 13	Sn Pb Bz 11
chemische Zusammensetzung in %	83,8 Pb; 14 Sb; 1 Sn; 1 As; 0,2 Cu	75,8 Pb; 15 Sb; 6 Sn; 0,5 As; 1,2 Cu; 1 Cd; 0,5 Ni	2 Pb; 12 Sb; 80 Sn; 6 Cu	0,5 Pb; 11 Sb; 80 Sn; 9 Cu	98,4 Cd; 1,6 Ni	15 Pb; 2,5 Sn; 79,5 Cu; 3 Ni	13 Pb; 5 Sn; 79 Cu; 3 Ni	11 Pb; 8 Sn; 77,5 Cu; 3,5 Ni
Härte u. Wärmehärte HB in N/mm² 20 °C	180	256	274	278	340	513	675	863
50 °C	160	210	232	237	289	491	658	803
100 °C	130	142	133	154	197	466	649	786
150 °C	80	81	73	76	115	445	626	769
Streckgrenze $R_{p\,0.2}$ in N/mm²	27	29	61,8	66,7	78,5	84,4	120	163
Zugfestigkeit R_m in N/mm²	70	58	89,3	76,5	129	136	192	209
Elastizitätsmodul E in N/mm²	29 500	29900	55700	57900	54200	81 500	84000	85100
Quetschgrenze $\sigma_{d\,0.2}$ in N/mm² 20 °C	34	47	61,8	67,7	69,7	76,5	109	138
100 °C	21	27	37,3	42,2	50	64,8	95,2	116
Druckfestigkeit σ_{dB} in N/mm² 20 °C	141	137	189	157	285	515	661	701
150 °C	95	85	121	102	226	420	524	666
Biegefestigkeit σ_{bB} in N/mm²	60	115	167	132	241	277	351	348
Bindungsfestigkeit n. Chalmers in N/mm² (Stahl C 10)	–	56,9	39,2	45,1	104	155	196	216
Biegewechselfestigkeit σ_{bw} in N/mm²	30	28	27,5	30,4	32,4	60,8	76,5	87,3
Wärmeleitfähigkeit 20 bis 100 °C in kJ/m h °C	–	76,9	137,2	141,6	250,2	185,4	177,9	188,5
mittlerer Ausdehnungsbeiwert 20 bis 100 °C in 10^{-6}/°C	25	24	22	22	19	18	18	18

G

Anh. G6 Tabelle 1. Flachriemen (Siegling, Hannover) Extremultur 80/85G (Laufschicht Elastomer) oder L (Laufschicht Chromleder). Zugmodul (EA^*), Riemendicke s. Riemenmasse pro Lauffläche ρ', $^* \cong$ bezogen auf 1 mm Riemenbreite

Typ Nr.:		10	14	20	28	40	54	80
$d_{1,min}$	mm	63	100	140	200	280	385	540
F_{uN}^*	N/mm	8	12,5	17,5	25	35	48,5	67,5
$EA^* = F^*/\varepsilon$	N/mm	500	700	1000	1400	2000	2700	4000
s	G mm	1,5	1,7	2,5	2,9	3,5	4,3	5,7
	L mm	2,2	2,7	3,0	3,7	4,5	5,7	7,5
ρ'	G kg/m²	1,5	11,7	2,7	3,1	3,8	4,7	6,1
	L kg/m²	2,1	2,4	3,1	3,6	4,5	6,1	7,4

G

Anh. G6 Tabelle 2. Keilriemen-Abmessungen (Auswahl) und Riemenkennwerte zur Abschätzung der übertragbaren Nennleistung P_N nach Gl. (11) in Anlehnung an Herstellerangaben [6, 7], gültig für Drehzahlen der kleineren Scheibe $n_1 \leq n_{1,max}$ und $v \leq v_{max}$. Profilbezeichnung nach DIN 7753 T 1 (entspricht ISO) bzw. DIN 2215 (Zahl) oder ISO (Buchstabe)

Profil-bezeichnung		Wirk-breite	Bezugs-länge	Leistung	Geschwin-digkeit	Geschwin-digkeit	Dreh-zahl	Durch-messer	Leistungskenngrößen		
DIN	ISO	b_W mm	L_0 mm	P_0 kW	v_0 m/s	v_{max}[d] m/s	n_{max}[d] min⁻¹	$d_{w,min}$ mm	K_2	K_3 =$(1-K_4)/2$	K_4
SPZ[c]	SPZ	8,5	1600	1,90	19,50	44,0	8000	63	4,610	0,250	0,500
SPA[c]	SPA	11	2500	3,57	20,73	44,0	6000	90	4,268	0,270	0,460
SPB[c]	SPB	14	3550	9,43	25,95	41,9	5000	140	2,832	0,330	0,340
SPC[c]	SPC	19	5600	21,54	28,15	44,5	3500	224	2,339	0,353	0,294
6[a][b]	Y	5,3	315	0,21	12,22	35,2	12000	20	4,730	0,200	0,600
10[a][c]	Z	8,5	822	0,53	13,02	32,7	6000	45	4,725	0,250	0,500
13[a][c]	A	11	1730	1,04	11,52	33,5	6000	71	5,950	0,160	0,680
17[a][c]	B	14	2283	2,99	16,42	33,4	4000	112	4,113	0,240	0,520
22[a][c]	C	19	3802	8,28	21,02	33,4	2850	180	2,725	0,300	0,400
32[a][c]	D	27	6375	21,45	24,54	34,2	1450	315	1,994	0,330	0,340
40[a][c]	E	32	7182	30,18	24,62	33,5	1200	450	1,713	0,350	0,300

[a]) Stimmt überein mit maximaler Breite b_0 nach **Bild 12a**.
[b]) Flankenoffene Ausführung.
[c]) Mit Gewebe-Ummantelung.
[d]) Obere Grenze der Katalogangaben.

Anh. G6 Tabelle 3. Kennwerte gebräuchlicher Synchronriemen für Überschlagsberechnung in Anlehnung an Herstellerangaben mit Glasfaserlitze Gf [6] und Stahllitze St [10].

Typ	Zugfaser	Teilung p_b mm	P_0 kW	v_0 m/s	b_{s0} mm	$z_{1,min}$ für n_1 in min⁻¹	v_{max} m/s	n_{max} min⁻¹
XL	Gf	5,080	3,61	29,85	25,4	$10\left(\dfrac{n_1}{950}\right)^{0,20}$	25,4	10000
L	Gf	9,525	4,72	28,96	25,4	$12\left(\dfrac{n_1}{950}\right)^{0,30}$	46	6000
H	Gf	12,700	16,33	38,94	25,4	$16\left(\dfrac{n_1}{950}\right)^{0,24}$	61	6000
XH	Gf	22,225	16,94	29,85	25,4	$20\left(\dfrac{n_1}{950}\right)^{0,17}$	50	4400
XXH	Gf	31,750	20,31	29,21	25,4	$22\left(\dfrac{n_1}{950}\right)^{0,15}$	50	3000
T2,5	St	2,5	0,95[b]	25,00	25,4	10/18[a]	(25)	15000
T5	St	5,0	9,38[b]	86,16	25,4	10/15[a]	80	15000
T10	St	10	16,32[b]	65,98	25,4	12/20[a]	60	15000
T20	St	20	22,91[b]	50,18	25,4	15/25[a]	45	6000

[a]) Höhere Mindestzähnezahl bei Gegenbiegung.
[b]) Gerechnet für 6 tragende Zähne (nach Herstellerangaben $z_{e max} = 15$).

Anh. G 6 Tabelle 4. Genormte Rollenketten (Auswahl)

DIN 8187			DIN 8188	DIN 8195		
DIN 8187	DIN 8195					
Ketten-Nr.	P_0 kW $\approx$	n_0 min^{-1} $\approx$	Ketten-Nr.	P_0 kW $\approx$	n_0 min^{-1} $\approx$	p mm
06 B	3,5	1700				9,525
08 B	7,5	1400	08 A	8,5	1950	12,7
10 B	11,0	1200	10 A	14,8	1550	15,875
12 B	14,7	1050	12 A	19,0	1300	19,05
16 B	32,0	680	16 A	34,2	980	25,4
20 B	47,5	500	20 A	54,0	720	31,75
24 B	68,0	350	24 A	70,0	550	38,1
28 B	78,0	300	28 A	85,0	440	44,45
32 B	92,0	250	32 A	105	320	50,8
40 B	120	180	40 A	120	205	63,5
48 B	140	125	48 A	100	100	76,2
56 B	160	80				88,9
64 B	160	54				101,6
72 B	124	30				114,3

12 Spezielle Literatur
Special bibliography

zu G 1 Bauteilverbindungen

[1] *DIN 7190:* Preßverbände, Berechnungsgrundlagen und Gestaltungsregeln. Berlin: Beuth 1988. – [2] *DIN 4768, T 1 mit Beiblatt 1:* Ermittlung der Rauheitsmeßgrößen R_a, R_z, R_{max} mit elektrischen Tastschnittgeräten; Grundlagen und Umrechnung der Meßgrößen R_a in R_z und umgekehrt. – [3] *DIN 7154 T 1 und T 2:* ISO-Passungen für Einheitsbohrung; Toleranzfelder, Abmaße und Paßtoleranzen, Spiele und Übermaße. – [4] *DIN 18800 T 1:* Stahlbauten, Bemessung und Konstruktion, März 1981. – [5] *DIN 254:* Kegel, Begriffe und Vorzugswerte. – [6] *DIN 1448:* Kegelige Wellenenden mit Außengewinde, Abmessungen. – [7] *DIN 1449:* Kegelige Wellenenden mit Innengewinde, Abmessungen. – [8] DDR-Standard TGL 19340 T 4: Maschinenbauteile; Dauerschwingfestigkeit; Kerbwirkungszahlen β_k für Achsen und Wellen. – [9] *VDI-Richtlinie 2029:* Preßpassungen in der Feinwerktechnik, Okt. 1958. – [10] *Kollmann, F.G.:* Welle-Nabe-Verbindungen. Konstruktionsbücher Bd. 32. Berlin: Springer 1984. – [11] *Leidich, F.:* Beanspruchung von Preßverbindungen im elastischen Bereich und Auslegung gegen Dauerbruch. Diss. TH Darmstadt 1983. – [12] *Seefluth, R.:* Dauerfestigkeit an Wellen-Naben-Verbindungen. Diss. TU Berlin 1970. – [13] *Galle, G.:* Tragfähigkeit von Querpreßverbänden. Schriftenreihe Konstruktionstechnik (Hrsg. *Beitz, W.*), Heft 4, TU Berlin 1981. – [14] *Kreitner, L.:* Die Ausbreitung von Reibkorrosion und von Reibdauerbeanspruchung auf die Dauerhaltbarkeit zusammengesetzter Maschinenteile. Diss. TH Darmstadt (1976). – [15] *Häusler, N.:* Zum Mechanismus der Biegemomentübertragung in Schrumpfverbindungen. Diss. TH Darmstadt (1974). – [16] *Müller, H.W.:* Drehmoment-Übertragung in Preßverbindungen. Konstruktion 14 (1962) 47–52 und 112–115. – [17] *Lundberg, G.:* Die Festigkeit von Preßsitzen. Kugellager 19 (1944) 1/2, 1–11. – [18] *SKF-Zeitschrift:* Der Druckölverband. Schweinfurt 1977. – [19] *Kollmann, F.G.:* Die Auslegung elastisch-plastisch beanspruchter Querpreßverbände. Forsch. Ingenieurwes. 28 (1978) 1–11. – [20] *Gamer, U.; Kollmann, F.G.:* A theory of rotating elastoplastic shrink fits. Ing. Arch. 56 (1986) 254–264. – [21] *Schmid, E.A.:* Theoretische und experimentelle Unter-

suchung des Mechanismus der Drehmomentübertragung von Kegelpreßverbindungen. VDI-Fortschr. Ber. Reihe 1, Nr. 16 (1969). – [22] *Michligk, Th.:* Statisch überbestimmte Flanschverbindungen mit gleichzeitigem Reib- und Formschluß. Diss. TU Berlin (1988). – [23] *Roland, G.:* Beitrag zur Konstruktion von Fördertrommeln mit durchgeführter Welle in Spannsatzausführung. VDI-Fortschr. Ber. Reihe 13, Nr. 24 (1984). – [24] BIKON-Technik: Welle-Nabe-Verbindungen. Grevenbroich, 1989. – [25] BIKON-Technik: Grundwissen, Hinweise Lieferprogramm. Grevenbroich (ohne Jahr). – [26] Deutsche Star: Toleranzringe. Schweinfurt 1988. – [27] *Fenner:* Taper-Lock-Spannbuchsen. Nettetal-Breyell 1988. – [28] *Hochreuter & Baum:* DOKO Spannelemente. Ansbach (ohne Jahr). – [29] *Ringfeder:* Spannsätze. Krefeld 1988. – [30] *Ringfeder:* Spannelemente. Krefeld 1988. – [31] *Ringfeder:* Schrumpfscheiben. Krefeld 1988. – [32] *Ringspann:* TOLLOK Konus-Spannelemente. Bad Homburg 1989. – [33] *Ringspann:* Sternscheiben und Spannscheiben für Welle-Nabe-Verbindungen. Bad Homburg 1989. – [34] *SKF Kugellagerfabriken:* Druckölverband. Schweinfurt 1977. – [35] *Spieth-Maschinenelemente:* Druckhülsen. Esslingen (ohne Jahr). – [36] *Spieth-Maschinenelemente:* Fabrikations-Programm. Esslingen (ohne Jahr). – [37] *Stüwe:* Schrumpfscheiben-Verbindung. Hattingen 1989. – [38] *Lenze, Südtechnik:* ETP-Spannbuchsen für Wellen-Nabenverbindungen. Waiblingen (ohne Jahr). – [39] *Handbuch Antriebstechnik:* Tabellenwerte über Lieferanten und Produktdaten. Krausskopf: erscheint jährlich. – [41] *DIN-Taschenbuch 43:* Mechanische Verbindungselemente 2, Bolzen, Stifte, Niete, Keile, Stellringe, Sicherungsringe. Berlin: Beuth 1988. – [42] *DIN-Taschenbuch 69:* Stahlhochbau (Normen, Richtlinien). Berlin: Beuth 1986. – [43] *DIN 1073:* Stählerne Straßenbrücken. Berechnungsgrundlagen. – [44] *DIN 4113 T 1:* Aluminiumkonstruktionen unter vorwiegend ruhender Belastung; Berechnung und bauliche Durchbildung 1980. – [45] *DIN 15018 T 1:* Krane; Grundsätze für Stahltragwerke; Berechnung. *DIN 15018 T 2:* Krane; Stahltragwerke; Grundsätze für die bauliche Durchbildung und Ausführung. *DIN 15018 T 3:* Krane, Grundsätze für Stahltragwerke; Berechnung von Fahrzeugkranen. – [46] *DIN 18800 T 1:* Stahlbauten, Bemessung und Konstruktion. – [47] *LN 29730:* Nietrechnungswerte bei statischer Beanspruchung für Universal-Nietverbindungen. – [48] *LN 29731:* Nietrechnungswerte

bei statischer Beanspruchung für Senknietverbindungen. –
[49] *DASt Bau-Richtlinien* für Verbindungen mit Schließringbolzen im Anwendungsbereich des Stahlhochbaus mit
vorwiegend ruhender Belastung. Deutscher Ausschuß für
Stahlbau. Köln 1970. – [50] Vorläufige Richtlinien für Berechnung, Ausführung und bauliche Durchbildung von
gleitfesten Schraubenverbindungen (HV-Verbindungen).
Köln: Stahlbau-Verlag. – [51] *Dampfkesselbestimmungen.*
III. Techn. Vorschriften, Teil 3, TÜV Essen, 3. Aufl. Köln.
– [52] *Stahl im Hochbau.* Düsseldorf: Verein Deutscher
Eisenhüttenleute. – [53] *Aluminium-Taschenbuch.* 14. Aufl.
(Aluminium-Zentrale Düsseldorf). Düsseldorf: Aluminium-
um-Verlag 1988. – [54] *Niemann, G.:* Maschinenelemente. Bd. 1. 2. Aufl. Berlin: Springer 1981. – [55] *Kollmann, F.G.:* Welle-Nabe-Verbindungen. Berlin: Springer
1984. – [56] *Heide, W.:* Untersuchungen an Kerbstiften
und Kerbstiftverbindungen. Diss. TU Hannover 1969. –
[57] *Hoffmann, G.:* Technologische Probleme der Nietung
und ihre Auswirkung auf die Dauerfestigkeit. Luftfahrt-
technik 8 (1962) 90–98. – [58] *Hummel, O.H.:* Nieten.
KEM 14 (1977) 90–92. – [59] *Militzer, O.:* Rechenmodell
für die Auslegung von Wellen-Naben-Paßfederverbindun-
gen. Diss. TU Berlin, 1975. – [60] *Munz, D.:* Bruchme-
chanikkonzepte für Zeitfestigkeitsberechnungen. In: VDI
Ber. 661 – Dauerfestigkeit und Zeitfestigkeit. Düsseldorf:
VDI-Verlag 1988. – [61] *Netz, H.:* Dampfkessel. 7. Aufl.
Stuttgart 1972/73. – [62] *Neuber, H.:* Über die Berücksichtigung der Spannungskonzentration bei Festigkeitsberechnung. Konstruktion 20 (1968) 245–251. – [63] *Soll-
mann, H.:* Ein Beitrag zur Elastizität der Bolzen-Laschen-
Verbindung. Wiss. Z. d. TU Dresden 14 (1965) 1417–
1424. – [64] *Steinhardt, O.; Valtinat, G.:* Hochfeste, vorgespannte Schließringbolzen im Stahlbau. Maschinenmarkt
76 (1970) H. 44. – [65] *Valtinat, G.:* Untersuchung zur
Festlegung zulässiger Spannungen und Kräfte bei Niet-,
Bolzen- und HV-Verbindungen aus Aluminium-Legierungen. Aluminium 47 (1971) 735–740. – [66] *Willms, V.:*
Auslegung von Bolzenverbindungen mit minimalem Bol-
zengewicht. Konstruktion 34 (1982) 63–70. – [67] *Firmendruckschriften* zu Stiftverbindungen: W. Hedtmann KG,
Hagen-Kabel (Spannhülsen) 5800 Hagen 1. – Kerb-Ko-
nus Ges., Dr. C. Eibes & Co., 8454 Schnaittach/Opf.
(Kerbstifte). – W. Prym, 5190 Stolberg (Spiralspannstifte).
– C. Vogelsang GmbH, 5800 Hagen 5 (Spannhülsen). –
[68] *Firmendruckschrift* zu Polygon-Verbindungen: Fortu-
na-Werke Maschinenfabrik: Fortuna-Polygon-Verbindun-
gen, Stuttgart-Bad Cannstatt (ohne Jahr). – [69] *Firmendruckschrift* zu Axiale Sicherungselemente: Seeger-Or-
bis GmbH, 6240 Königstein. – [70] *Pahl, G.; Heinrich,
J.:* Berechnung von Sicherungsringverbindungen – Formzahlen, Dauerfestigkeit, Ringverhalten. Konstruktion 39
(1987) 1–6. – [71] *Beitz, W.; Pfeiffer, B.:* Einfluß von
Sicherungsringverbindungen auf die Dauerfestigkeit dynamisch belasteten Wellen. Konstruktion 39 (1987) 7–
13. – [72] Firmendruckschriften zu Nietverbindungen:
Gebr. Titgemeier, Gesellschaft für Befestigungstechnik,
4500 Osnabrück (Druckschriften über HUCK-Bolzen mit
Schließring. HUCK-Blindniete. POP- und POP-Becher-
Blindniete, Blind-Einziehmuttern, Blind-Einnietschrauben.
GETO-Spreizniete aus Kunststoff). – Gesipa – Blindniet-
technik GmbH, 6082 Mörfelden-Walldorf (Druckschriften
über Blindniete aus Stahl, Kupfer und Aluminiumlegierungen). – Honsel, Alfred: Nieten- und Metallwarenfabrik,
5758 Fröndenberg/Ruhr (Druckschriften über Vollniete
und Halbhohlniete, Brems- und Kupplungsbelagniete). –
[73] *DIN-Taschenbuch 10:* Mechanische Verbindungselemente (Schrauben, Maßnormen). Berlin: Beuth 1985. –
[74] *DIN-Taschenbuch 45:* Gewindenormen. Berlin: Beuth
1985. – [75] *DIN-Taschenbuch 55:* Mechanische Ver-

bindungselemente 3 (Technische Lieferbedingungen für
Schrauben und Muttern). Berlin: Beuth 1985. – [76] *VDI-
Richtlinie 2230 Bl. 1:* Systematische Berechnung hochbe-
anspruchter Schraubenverbindungen – Zylindrische Einschraubenverbindungen. VDI-EKV-Ausschuß Schraubenverbindungen. Berlin: Beuth 1986. – [77] *DIN 18800
T 1:* Stahlbauten, Bemessung und Konstruktion (auch
gleitfester Verbindungen mit hochfesten (HV-)Schrauben).
März 1981. Berlin: Beuth. – [78] *Blume, D.; Jllgner,
K.H.:* Schrauben-Vademecum. 7. Aufl. Neuß/Rhein: Bauer & Schaurte Karcher GmbH 1988. – [79] *Wiegand,
H.; Kloos, K.-H.; Thomala, W.:* Schraubenverbindungen.
4. Aufl. Konstruktionsbücher Bd. 5. Berlin: Springer 1988.
– [80] *Kübler, K.H.; Mages, W.:* Handbuch der hochfesten Schrauben. Essen: Girardet 1986. – [81] *Kober, A.:*
Schäden an großen Schraubverbindungen – Spannungsanalyse – Bruchmechanik – Abhilfemaßnahmen. Maschinenschaden 59 (1986) 1–9. – [82] *Agatonovic, P.:* Verhalten von Schraubenverbindungen bei zusammengesetzter
Betriebsbeanspruchung. Diss. TU Berlin 1973. – [83] *Bauer, C.D.:* Ungenügende Dauerhaltbarkeit mitverspannter
federnder Elemente. Konstruktion 38 (1986) 59–62. –
[84] *Birger, J.A.:* Die Stauchung zusammengeschraub-
ter Platten oder Flansche (russ.). Russ. Eng. J. (1961)
Nr. 5, S. 35–38. Auszug in: Konstruktion 15 (1963) 160. –
[85] *Esser, J.:* Verriegelungsrippen an Sicherungsschrau-
ben und Muttern. Ingenieurdienst Nr. 34. Neuß/Rhein:
Bauer & Schaurte Karcher GmbH 1986. – [86] *Galwelat, M.:* Rechnerunterstützte Gestaltung von Schraubenverbindungen. Diss. TU Berlin 1979. – [87] *Galwelat,
M.:* Programmsystem zum Auslegen von Schraubenverbindungen. Konstruktion 31 (1979) 275–282. – [88] *Jen-
de, S.; Knackstedt, R.:* Warum Dehnschrauben? VDI-Z
128 (1986) 111–119. – [89] *Kober, A.:* Zum betriebsfe-
sten Dimensionieren großer Schraubenverbindungen unter schwingender Beanspruchung mit besonderem Bezug
auf den Abmessungsbereich M 220 DIN 13. Maschinenschaden 60 (1987) 1–8. – [90] *Koenigsmann, W.; Vogt,
G.:* Dauerfestigkeit von Schraubenverbindungen großer
Nenndurchmesser. Konstruktion 33 (1981) 219–231. –
[91] *Michligk, Th.:* Statisch überbestimmte Flanschverbindungen mit gleichzeitigem Reib- und Formschluß. Diss.
TU Berlin 1988. – [92] *Neuendorf, K.:* Ein Balkenmodell
für die Berechnung des elastostatischen Verhaltens hoch-
beanspruchter Schraubenverbindungen. Diss. TU Berlin
1975. – [93] *Spieß, D.:* Das Steifigkeits- und Reibungsverhalten unterschiedlich gestalteter Kugelschraubtriebe mit
vorgespannten und nicht vorgespannten Muttersystemen.
Diss. TU Berlin 1970. – [94] *Thomala, W.:* Beitrag zur
Dauerhaltbarkeit von Schraubenverbindungen. Diss. TH
Darmstadt 1978. – [95] *Yakushev, A.J.:* Effect of manufacturing technology and basic thread parameters on the
strength of threaded connections. New York: Pergamon
Press 1964. – [96] *VDI-Richtlinie 2232:* Methodische Auswahl fester Verbindungen. Systematik, Konstruktionskataloge, Arbeitshilfen. VDI-EKV-Ausschuß Verbindungstechnik. Berlin: Beuth 1990.

zu G2 Federnde Verbindungen

[1] *Almen, J.O.; László, A.:* The uniform-section disk
spring. Trans. ASME 58 (1936) 305-314. – [2] *Baumgartl,
E.; Resch, H.; Heinke, J.:* Zur Dauerfestigkeit vernickel-
ter Schraubendruckfedern. Draht 18 (1967) 582–591. –
[3] *Betz, A.:* Federgelenke. VDI-Z. 108 (1966) 51–54, 93–
96. – [4] *Brunn, W.:* Vergleich der Beanspruchung von
Öse und Wickelkörper bei der Schraubenzugfeder mit angebogenen Ösen. Draht 20 (1969) 661–663. – [5] *Busse,
L.:* Schwingungen zylindrischer Schraubenfedern. Konstruktion 26 (1974) 171–176. – [6] *Bussien:* Automobil-

G

technisches Handbuch. Berlin: Cram 1965. − [7] *Buttler, K.:* Reibungsfedern Bauart Ringfeder im Maschinenbau. Konstruktion 22 (1970) 149−153. − [8] *Bühl, P.:* Zur Berechnung von Tellerfedern mit Auflageflächen. Draht 17 (1966) 753−757. − [9] *Bühl, P.:* Zur Spannungsberechnung von Tellerfedern. Draht 22 (1971) 760−763. − [10] *v. Estorff, H.-E.:* Einheitsparabelfedern für Kraftfahrzeug-Anhänger. Brüninghaus-Information Nr. 2 (1973). − [11] *v. Estorff, H.-E.:* Technische Daten Fahrzeugfedern. Teil 1, Drehfedern. Stahlwerke Brüninghaus Werdohl 1973. − [12] *v. Estorff, H.-E.:* Technische Daten Fahrzeugfedern. Teil 3. Stabilisatoren. Stahlwerke Brüninghaus Werdohl 1969. − [13] *v. Estorff, H.-E.:* Parabelfedern für Güterwagen. Techn. Mitt. Krupp 37 (1979) 109−115. − [14] *Federn, K.:* Beherrschung und Ausnutzung von Schwingungen als Konstruktionsaufgabe. VDI-Z. 100 (1958) 1220−1232. − [15] *Federn, K.:* Dämpfung elastischer Kupplungen (Wesen, Frequenz- und Temperaturabhängigkeit. Ermittlung). VDI-Ber. 299 (1977) 47−61. − [16] *Federn, K.:* Federnde Verbindungen (Federn). In: Dubbel: 16. Aufl. Berlin: Springer 1987. − [17] *Fischer, F.; Vondracek, H.:* Warm geformte Federn, Konstruktion und Fertigung. Hohenlimburg: Hoesch AG 1987. − [18] *Friedrichs, J.:* Die Uerdinger Ringfeder (R). Draht 15 (1964) 539−542. − [19] *Go, G.D.:* Problematik der Auslegung von Schraubendruckfedern unter Berücksichtigung des Abwälzverfahrens. Automobil Ind. 3 (1982) 359−367. − [20] *Groß, S.:* Berechnung und Gestaltung von Metallfedern. Berlin: Springer 1960. − [21] *Groß, S.:* Zylindrische Schraubenfedern mit unveränderlichem Verhältnis von Einheitskraft zu Belastung. Draht 14 (1963) 483−487. − [22] *Groß, S.:* Drehschwingungen zylindrischer Schraubenfedern. Draht 15 (1964) 530−534. − [23] *Hegemann, F.:* Über die dynamischen Festigkeitseigenschaften von Blattfedern für Nutzfahrzeuge. Diss. TH Aachen 1970. − [24] *Hempel, M.:* Untersuchungen an Eindraht-Schraubenfedern. (T. I; Werkstoffe und Fertigung. Prüfung und Federkraft, Bruchhäufigkeit und Federverformung. T. II; Dauerfestigkeitsprüfungen an Federdrähten und Federn). Konstruktion 5 (1953) 335−343 und (1954) 60−69. − [25] *Hertzer, K.H.:* Über die Dauerfestigkeit und das Setzen von Tellerfedern. Diss. TH Braunschweig 1959. − [26] *Heuer, P.-J.:* Entwicklungstendenzen bei Fahrzeugfedern. ATZ 68 (1966) 241. − [27] *Hoesch:* Stahlfeder-Handbuch. − [28] *Hoesch-Federn:* Technische Blätter der Hoesch Werke Hohenlimburg-Schwerte. − [29] *Hoff, H.:* Federstähle. Werkstoff-Handbuch Stahl u. Eisen, Q 11. Düsseldorf: Verlag Stahleisen. − [30] *Huhnen, J.:* Entwicklungen auf dem Federngebiet. Draht 17 (1966) 669−681 und 18 (1967) 592−612. − [31] *Huhnen, J.:* Unmögliche „Schraubenzugfedern" jetzt verwirklicht. Draht 26 (1975) 595−599. − [32] *Huhnen, J.:* Schraubenzugfedern, Vorschläge zur Weiterentwicklung der DIN 2089 Blatt 2. Draht 38 (1987) 218−222. − [33] *Hübner, W.:* Deformationen und Spannungen bei Tellerfedern. Konstruktion 34 (1982) 387−392. − [34] *Kaiser, B.:* Einfluß des Kugelstrahlens auf die Schwingfestigkeit von Federelementen. Draht 38 (1987) 116−120. − [35] *Kaiser, B.:* Dauerfestigkeitsuntersuchungen an biegebeanspruchten Federn aus Federbandstahl. Draht 38 (1987) 675−680. − [36] *Keding, H.:* Möglichkeiten zur Erhöhung der Schwingfestigkeit von Fahrzeugblattfedern aus Federstahl 55SiMn7. Kraftfahrzeugtechnik (1970) 104. − [37] *Keil, E.; Werner, H.; Maier, G.:* Versuche mit Federstäben bei statischer und schwingender Verdrehbeanspruchung. Konstruktion 21 (1969) 61−68. − [38] *Keitel, H.:* Die Rollfeder − ein federndes Maschinenelement mit horizontaler Kennlinie. Draht 15 (1964) 534−538. − [39] *Kranz, A.:* Beitrag zur Beschreibung der Eigenschaften geschichteter Trapez- und Parabelfedern, Diss. Uni Hannover

1983. − [40] *Kreutzer, A.:* Warmsetzen von Schraubendruckfedern. Draht 35 (1984) 386−389. − [41] *Kuhn, P.R.:* Über den Einfluß der Endwindungen auf das Verhalten schraubenförmiger Druckfedern. Draht 20 (1969) 206−212. − [42] *Loeper, B.:* Nicht-zylindrische Schraubenfedern im Automobilbau und deren Berechnung. Autom.-techn. Z. 76 (1974) 385−390. − [43] *Lutz, O.:* Zur Berechnung der Tellerfeder. Konstruktion 12 (1960) 57−59. − [44] *Lutz, D.:* Auswahl, Konstruktion und Erprobung von Federungssystemen für die Niveauhaltung von Kraftfahrzeugen. Diss. TU München 1973. − [45] Manual on design and manufacture of coned disk springs or Belleville springs. Special Publications Dep. SAE SP-63. − [46] *Merkblatt Stahl Nr. 394:* Fahrgestellfedern (Tragfedern für Straßenfahrzeuge und ihre Berechnung). Düsseldorf: Beratungsstelle für Stahlverwertung 1974. − [47] *Muhr und Bender:* Mubea Tellerfedern-Handbuch. Attendorn 1987. − [48] *Muhr, K.-H.; Niepage, P.:* Zur Berechnung von Tellerfedern mit rechteckigem Querschnitt und Auflageflächen. Konstruktion 18 (1966) 24−27. − [49] *Muhr, K.-H.; Niepage, P.:* Eine Methode zur schnellen und einfachen Berechnung von Tellerfedern mit Auflageflächen. Konstruktion 19 (1967) 109−111. − [50] *Muhr, K.-H.:* Einfluß von Eigenspannungen auf das Verhalten von Federn aus Stahl unter schwingender Beanspruchung. Stahl u. Eisen 88 (1968) 1449−1455 und 90 (1970) 631−636. − [51] *Muhr, K.-H.; Niepage, P.:* Über die Reduzierung der Reibung in Tellerfedersäulen. Konstruktion 20 (1968) 414−417. − [52] *Muhr, K.-H.; Niepage, P.; Willwacher, H.:* Warmvorsetzen vermindert die Relaxation von Tellerfedern. Konstruktion 27 (1975) 468−471. − [53] *Murasch, P.-J.:* Kreuzfederelemente als Gelenke für kleine Schwenkbewegungen, ihr kinematisches Verhalten und ihre Belastbarkeit. Diss. TU Berlin 1972. − [54] *Niepage, P.:* Beitrag zur Frage des Ausknickens axial belasteter Schraubendruckfedern. Konstruktion 23 (1971) 19−24. − [55] *Niepage, P.:* Zur rechnerischen Abschätzung der Lastspannungen in angebogenen Schraubenzugfeder-Ösen. Draht 28 (1977) 9−14, 101−108. − [56] *Niepage, P.; Muhr, K.-H.:* Nutzwerte der Tellerfeder im Vergleich mit den Nutzwerten anderer Federarten. Konstruktion 19 (1967) 126−133. − [57] *Ottl, D.:* Schwingungen mechanischer Systeme mit Strukturdämpfung. VDI-Forschungsheft Nr. 603. Düsseldorf: VDI-Verlag 1981. − [58] *Palm, J.; Thomas, K.:* Berechnung gekrümmter Biegefedern. VDI-Z. 101 (1959) 301−308. − [59] *Palm, J.:* Gekrümmte Trapez-Biegefedern. VDI-Z. 102 (1960) 653−659. − [60] *Schremmer, G.:* Über die dynamische Festigkeit von Tellerfedern. Diss. TU Braunschweig 1965. − [61] *Schremmer, G.:* Dynamische Festigkeit von Tellerfedern. Konstruktion 17 (1965) 473−479. − [62] *Schremmer, G.:* Die geschlitzte Tellerfeder. Konstruktion 24 (1972) 226−229. − [63] *Svoboda, Z.:* Zur Berechnung von Federsätzen. Draht 20 (1969) 592−598. − [64] *Tautenhahn, W.; Otto, P.:* Parabelfeder mit progressiver Krümmung für Nutzfahrzeuge. ATZ 85 (1983) H. 7/8. − [65] *Ulbricht, J.:* Progressive Schraubendruckfeder mit veränderlichem Drahtdurchmesser für den Fahrzeugbau. ATZ 71 (1969) H. 6. − [66] *Ulbricht, J.:* Volumennutzungsgrad von warmgeformten Federn. Estel-Berichte 9 (1974) H. 3, s. auch Ind. Anz. 96 (1974) 1663−1668. − [67] *Wahl, A.M.:* Mechanische Federn. Düsseldorf: Triltsch 1966. − [68] *Walz, K.:* Werkstoffprobleme bei Federn. Draht 19 (1968) 604−612, 783−797. − [69] *Walz, K.:* Tellerfedern aus Kunststoff. KEM 6 (1974) 58, 61−63. − [70] *Walz, K.:* Korrosionsprobleme bei Federn. Technica Nr. 25 (1974). − [71] *Walz, K.:* Stahlfedern und Werkstoffprobleme. Draht 27 (1976) 91−98. − [72] *Walz, K.:* Gestaltung von Tellerfedersäulen für den Werkzeug-, Vorrichtungs- und Maschinenbau. Bleche-Rohre-Profile

23 (1976) 134–139. – [73] *Wanke, K.:* Korrosionsschutz von Federn. Draht 15 (1964) 103–113. – [74] *Wanke, K.:* Beitrag zum Vorsetzen (Voreinrichten) von Schraubenfedern bei Raumtemperatur bzw. erhöhten Temperaturen (Warmsetzen). Draht 15 (1964) 309–317. – [75] *Wernitz, W.:* Die Tellerfeder. Konstruktion 6 (1954) 361–376. – [76] *Wernitz, W.:* Neuere Erkenntnisse über Eigenschaften von Tellerfedern. TH Braunschweig: JMF-Bericht 41 (1960) – [77] *Wiesecker-Krieg, J.:* Federstähle. Röchling-Burbach Techn. Mitt. 1972, 31.
[80] *Battermann, W.; Köhler, R.:* Elastomere Federung – Elastische Lagerungen. Berlin: Ernst & Sohn 1982. – [81] *Becker, G.W.; Meissner, J.; Oberst, J.; Thurn, H.:* Elastische und viskose Eigenschaften von Werkstoffen. Deutscher Verband für Materialprüfung (VDM). Berlin: Beuth 1963. – [82] *Benz, W.:* Elastische Lagerung auf geneigt angeordneten Gummipuffern. MTZ 28 (1967) 28–34. – [83] *Gamer, U.:* Genaue Berechnung der Gummi-Torsionsfeder. Forsch. Ing. Wes. 39 (1973) 13–16. – [84] *Göbel, E.F.:* Gummifedern, Berechnung und Gestaltung. 3. Aufl. Konstruktions-Bücher Bd. 7. Berlin: Springer 1969. – [85] *Göbel, E.F.:* Gummifedern als moderne Konstruktionselemente. Konstruktion 22 (1970) 402–406. – [86] *Joos, R.:* Übersicht über verschiedene Dämpfungsmechanismen. Feinwerktechnik/Meßtechnik 84 (1976) 219–228. – [87] *Jörn, R.; Lang, G.:* Gummi-Metall-Elemente zur elastischen Lagerung von Motoren. MTZ 29 (1968) 252–258. – [88] *Kümmlee, H.:* Ein Verfahren zur Vorhersage des nichtlinearen Steifigkeits- und Dämpfungsverhaltens sowie der Erwärmung drehelastischer Gummikupplungen bei stationärem Betrieb. Diss. TU-Berlin 1985 und VDI-Fortschrittsber. 1/136. Düsseldorf: VDI-Verlag 1986. – [89] *Lipinski, J.:* Fundamente und Tragkonstruktion für Maschinen. Wiesbaden: Bauverlag 1972. – [90] *Malter, G.; Jentzsch, J.:* Zur Abhängigkeit des E- bzw. des G-Moduls von der Beanspruchung. Plaste Kautschuk 22 (1975) 30–32. – [91] *Malter, G.; Jentzsch, J.:* Gummifedern als Konstruktionselement. Maschinenbautechnik 25 (1976) 109–112, 121, 225–228. – [92] *Pinnekamp, W.; Jörn, R.:* Neue Drehfederelemente aus Gummi für elastische Kupplungen. MTZ 25 (1964) 130–135. – [93] *Walz, K.:* Tellerfedern aus Kunststoff. KEM 6 (1969) 58, 61–63. – [94] *Continental-Schwingmetall:* Katalog der Continental Gummi-Werke AG, D-3000 Hannover. – [95] *Gimetall:* Katalog der Firma Metzeler AG, D-8990 Lindau. – [96] *Phoenix-Metallgummi:* Katalog der Phoenix Gummiwerke AG, D-2100 Hamburg 90. – [97] *Simrit:* Katalog Nr. 400, Ausg. Januar 1976. (Werkstoffbeschreibungen) und Katalog Megulastik der Firma Freudenberg, D-6940 Weinheim. – [98] *Werkstoff-Gummi:* Veröffentlichung der Dätwyler AG, Schweizerische Kabel-, Gummi- und Kunststoffwerke, CH-6460 Altdorf-Uri.
[100] *Hansen, J.:* Faserverbundwerkstoffe. Bd. 3. Dokumentation des BMFT. Berlin: Springer 1986. – [101] *Mallik, P.K.:* Static mechanical performance of composite elliptic springs. Trans. ASME, J. Eng. Mater. Technol. 109 (1987) 22–26. – [102] *Ophey, L.:* Faser-Kunststoff-Verbundwerkstoffe. VDI-Z. 128 (1986) 817–824. – [103] *Schütz, D.; Oppermann, H.; u.a.:* Werkstoffmechanik (Faserverbundwerkstoffe). In: LBF-Bericht Nr. TB-108 (1988). – [104] Druckschriften der GKN Vandervell Ltd., London SW1A 1 DB 1987. – [105] Druckschriften über Composite Federn, Hoesch-Iscar Faserverstärkte Federn GmbH, Eisenstadt/Österreich 1987. – [106] Kunststoff-Federn (GFK), Krupp Brüninghaus GmbH, Werdohl 1987.
[110] *Behles, F.:* Zur Beurteilung der Gasfederung. ATZ 63 (1961) 311–314. – [111] Die Gasfeder. Technische Informationen der Stabilus GmbH, Koblenz 1983. – [112] *Hamae-*

kers, A.: Entkoppelte Hydrolager als Lösung des Zielkonflikts bei der Auslegung von Motorlagern. Automobil Ind. 5 (1985) 553–560. – [113] *Reimpell, J.C.:* Fahrwerktechnik. Bd. 2. Würzburg: Vogel 1975, S. 207. – [114] *Spurk, J.H.; Andrä, R.:* Theorie des Hydrolagers. Automobil Ind. 5 (1985) 553–560.

Normen und Richtlinien: *DIN-Taschenbuch 29:* Federn, Normen. Berlin: Beuth 1985. – *DDR-Standard TGL 39 249:* Ermüdungsfestigkeit; Schraubenfedern; Blattfedern; Kennwerte und Diagramme. – *DIN-VDE-Taschenbuch 47:* Kautschuk und Elastomere. Physikalische Prüfverfahren. 5. Aufl. Berlin: Beuth 1988. – *DIN 740 T 2:* Nachgiebige Wellenkupplungen: Begriffe und Berechnungsunterlagen. Aug. 1986. Berlin: Beuth. – *DIN 53440:* Prüfung von Kunststoffen und von schwingungsgedämpften geschichteten Systemen – Biegeschwingungsversuch. T 1: Allgemeine Grundlagen zur Bestimmung der dynamisch-elastischen Eigenschaften stab- und streifenförmiger Probekörper; T 2: Bestimmung des komplexen Elastizitätsmoduls; T 3: Bestimmung von Kenngrößen schwingungsgedämpfter Mehrschichtsysteme. Januar 1984, Berlin: Beuth. – *DIN 53445:* Prüfung von polymeren Werkstoffen: Torsionsschwingungsversuch. August 1986. Berlin: Beuth. – *DIN 53505:* Prüfung von Kautschuk, Elastomeren und Kunststoffen; Härteprüfung nach Shore A und D. Juni 1987, Berlin: Beuth. – *DIN 53513:* Prüfung von Kautschuk und Elastomeren. Bestimmung von visko-elastischen Eigenschaften von Elastomeren bei erzwungenen Schwingungen außerhalb der Resonanz. Januar 1983. Berlin: Beuth. – *DIN 53531 Bl. 1.:* Prüfung von Elastomeren; Trennversuch an Elastomer-Metall-Verbindungen; Prüfung an einer Metallplatte. Dezember 1972; T 2: Prüfung von Kautschuk und Elastomeren; Trennversuch an Elastomer-Metall-Bindungen. Juni 1981. Berlin: Beuth. – *DIN 53533:* Prüfung von Elastomeren; Prüfung der Wärmebildung und des Zermürbungswiderstandes im Dauerschwingversuch (Flexometerprüfung). T 1: Grundlagen; T 2: Rotationsflexometer; T 3: Kompressions-Flexometer. August 1975, Berlin, Beuth. – *ISO 2856-1975 (E):* Elastomers – General requirements for dynamic testing. Intern. Organization for Standardization, Genf 1975. – *ISO/TC 108-DB 5405:* Nomenclature for Specifying Damping Properties of Materials. ISO/TC 108 (Secr. 108) 185. Aug. 1975. – *ISO/TC 61/WG 2* – Draft Proposal: Plastics – Terminology for Characterizing the Damping Properties of Solid Polymers. American National Standards Institute (ANSI), Sept. 1975. – *VDI-Richtlinie 2062:* Schwingungsisolierung; Bl. 1: Begriffe und Methoden; Bl. 2: Isolierelemente. Januar 1976, Berlin: Beuth.

zu G 3 Kupplungen und Bremsen
[1] *VDI-Richtlinie 2240:* Wellenkupplungen. Düsseldorf: VDI-Verlag 1971. – [2] *Peeken, H.; Troeder, C.:* Elastische Kupplungen. Berlin: Springer 1986. – [3] *Hinz, R.:* Verbindungselemente: Achsen, Wellen, Lager, Kupplungen. Leipzig: VEB Fachbuchverlag 1984. – [4] *Schalitz, A.:* Kupplungsatlas. 4. Aufl. Ludwigsburg: AGT-Verlag 1975. – [5] *Ehrenspiel, K.; Henkel, G.:* Membrankupplungen als drehstarre, biegenachgiebige Ganzmetallkupplungen. VDI-Berichte 299 (1977). – [6] *Buschhaus, D.:* Rechnergestützte Auswahl von schaltbaren Wellenkupplungen. Diss. TU Berlin 1976. – [7] *Tochtermann, W.; Bodenstein, F.:* Konstruktionselemente des Maschinenbaus. Teil 2. Berlin: Springer 1979. – [8] *VDI-Richtlinie 2722:* Homokinetische Kreuzgelenkgetriebe einschließlich Gelenkwellen. Düsseldorf: VDI-Verlag 1982. – [9] *Dittrich, O.; Schumann, R.:* Anwendungen der Antriebstechnik. Bd. II: Kupplungen. Mainz: Krausskopf 1974. – [10] *Schmelz, F.; Graf*

v. Seherr-Thoss, H.-C.; Aucktor, E.: Gelenke und Gelenkwellen. Berlin: Springer 1988. – [11] Hartz, H.: Antriebe mit Kreuzgelenkwellen. Teil 1: Kinematische und dynamische Zusammenhänge. Antriebstechnik 24 (1985) 72–75. – [12] Hartz, H.: Antriebe mit Kreuzgelenkwellen. Teil 2: Probleme und ihre Lösungen. Antriebstechnik 24 (1985) 61–69. – [13] Schütz, K.H.: Gleichlauf-Kugelgelenke für Kraftfahrzeugantriebe. Antriebstechnik 10 (1971) 437–440. – [14] Benkler, H.: Zur Auslegung bogenverzahnter Zahnkupplungen. Konstruktion 24 (1972) 326–333. – [15] Fleiss, R.; Pahl, G.: Radial- und Axialkräfte beim Betrieb von Zahnkupplungen. VDI-Berichte 299 (1977). – [16] Heinz, R.: Untersuchung der Zahnkraft- und Reibungsverhältnisse in Zahnkupplungen. Konstruktion 30 (1978) 483–492. – [17] Pahl, G.; Strauß, E.; Bauer, H.P.: Freßlastgrenze nichtgehärteter Zahnkupplungen. Konstruktion 37 (1985) 109–116. – [18] Pahl, G.; Müller, N.: Temperaturverhalten ölgefüllter Zahnkupplungen. VDI-Berichte 649 (1987) 157–177. – [19] Stotko, H.: Moderne Entwicklungen bei Bogenzahn-Kupplungen. Konstruktion 36 (1984) 433–437. – [20] Basedow, G.: Zahnkupplungen für hohe Drehzahlen. Antriebstechnik 23 (1984) 18–21. – [21] Jarchow, F.; Sturmath, R.: Tragfähigkeit und Federsteifen von Wellenkupplungen mit federnden Laschengelenken. Konstruktion 31 (1979) 33–40. – [22] Henkel, G.: Membrankupplungen – Theoretische und experimentelle Untersuchung ebener und konzentrisch gewellter Kreisringmembranen. Diss. Uni. Hannover 1980. – [23] Röper, R.; Japs, D.: Bestimmung der statischen Momentkennlinie elastischer Wellenkupplungen. Antriebstechnik 19 (1980) 403–407. – [24] Beitz, W.: Untersuchungen der elastischen und dämpfenden Eigenschaften drehelastischer Kupplungen und ihre Dauerfestigkeit. Diss. TU Berlin 1961. – [25] Klingenberg, R.: Experimentelle und analytische Untersuchungen des dynamischen Verhaltens drehnachgiebiger Kupplungen. Diss. TU Berlin 1977. – [26] Gnilke, W.: Zur Größenauswahl drehnachgiebiger Kupplungen. Maschinenbautechnik 31 (1982) 537–540. – [27] Benner, J.: Experimentelle Untersuchungen des mechanischen Verhaltens drehnachgiebiger Wellenkupplungen und Entwicklung eines Ersatzmodells. Diss. RWTH Aachen 1984. – [28] Kümmlee, H.: Ein Verfahren zur Vorhersage des nichtlinearen Steifigkeits- und Dämpfungsverhaltens sowie der Erwärmung drehelastischer Gummikupplungen bei stationärem Betrieb. Fortschritt-Berichte VDI Reihe 1 Nr. 136. Düsseldorf: VDI-Verlag 1986. – [29] Peeken, H.; Troeder, C.; Döpper, R.: Angenäherte Bestimmung des Temperaturfeldes in elastischen Reifenkupplungen. Konstruktion 38 (1986) 485–489. – [30] Troeder, C.; Peeken, H.; Elspass, A.: Berechnungsverfahren von Antriebssystemen mit drehelastischer Kupplung. VDI-Berichte 649 (1987) 41–68. – [31] Hartz, H.: Anwendungskriterien für hochdrehelastische Kupplungen. Teil 1: Antriebsarten und deren Besonderheiten. Antriebstechnik 25 (1986) 47–52. – [32] Peeken, H.; Troeder, C.; Tiekhans, G.: Beanspruchung elastischer Kupplungen in Antriebssystemen mit Asynchron-Motoren. Antriebstechnik 18 (1979) 484–489. – [33] Peeken, H.; Troeder, C.: Auswirkungen des Wellenversatzes bei elastischen Kupplungen. VDI-Berichte 299 (1977). – [34] Heyer, R.; Möllers, W.: Rückstellkräfte und -momente nachgiebiger Kupplungen bei Wellenverlagerungen. Antriebstechnik 26 (1987) 43–50. – [35] VDI-Richtlinie 2241 Blatt 1: Schaltbare fremdbetätigte Reibkupplungen und -bremsen. Düsseldorf: VDI-Verlag 1982. – [36] VDI-Richtlinie 2241 Blatt 2: Schaltbare fremdbetätigte Reibkupplungen und -bremsen. Düsseldorf: VDI-Verlag 1984. – [37] Niemann, G.; Winter, H.: Maschinenelemente. Bd. III, 2. Aufl. Berlin: Springer 1983. – [38] Winkelmann, S.: Klassenmerkmale, Anwendungsfel

der und Trends bei schaltbaren, mechanischen Kupplungen. VDI-Berichte 649 (1987) 273–287. – [39] Orthwein, W.: Clutches and brakes. New York: Dekker 1986. – [40] Appelhoff, H.: Elektromagnet-Zahnkupplungen und Periflex-Wellenkupplungen für die Hütten- und Schwermaschinenindustrie. Antriebstechnik 25 (1986) 31–34. – [41] Winkelmann, S.; Harmuth, H.: Schaltbare Reibkupplungen. Berlin: Springer 1985. – [42] Federn, K.; Beisel, W.: Betriebsverhalten naßlaufender Lamellenkupplungen. Antriebstechnik 25 (1986) 47–52. – [43] Korte, W.: Betriebs- und Leerlaufverhalten von naßlaufenden Lamellenkupplungen. VDI-Berichte 649 (1987) 335–358. – [44] Korte, W.; Rüggen, W.: Magnetpulverkupplungen. asr-digest für angewandte Antriebstechnik 3 (1979) 47–49. – [45] Hasselgruber, H.: Der Schaltvorgang einer Trockenreibungskupplung bei kleinster Erwärmung. Konstruktion 15 (1963) 41–45. – [46] Duminy, J.: Beurteilung des Betriebsverhaltens schaltbarer Reibkupplungen. Diss. TU Berlin 1979. – [47] Steinhilper, W.: Der zeitliche Temperaturverlauf in schnell geschalteten Reibungskupplungen und -bremsen. Diss. TH Karlsruhe 1963. – [48] Steinhilper, W.: Der Kraftfluß in unter Last geschalteten Lamellen-Kupplungen und das übertragbare Drehmoment. Konstruktion 7 (1967) 262–267. – [49] Pahl, G.; Zhang, Z.: Dynamische und thermische Ähnlichkeit in Baureihen von Schaltkupplungen. Konstruktion 36 (1984) 421–426. – [50] Pahl, G.; Oedekoven, A.: Kennzahlen zum Temperaturverhalten von trockenlaufenden Reibungskupplungen bei Einzelschaltung. VDI-Berichte 649 (1987) 289–306. – [51] Ernst, L.; Rüggen, W.: Richtige Auswahl von Kupplungen und Bremsen. Antriebstechnik 21 (1982) 616–619. – [52] Schneider, R.: Elektromagnetische Hysteresekupplung. VDI-Berichte 649 (1987) 435–447. – [53] Hoppe, F.: Das Abschalt- und Betriebsverhalten von mechanischen Sicherheitskupplungen. Diss. TU München 1986. – [54] Rettig, H.; Hoppe, F.: Sicherheitskupplung mit Brechringen für Schwermaschinenantriebe. Antriebstechnik 25 (1986) 48–53. – [55] Fleissig, M.: Untersuchungen zum Drehmomentverhalten von Fliehkraftkupplungen. VDI-Z 126 (1984) 869–872. – [56] Körber, K.: Hydrodynamische Anlauf- und Rutschkupplung mit konstanter Füllung. VDI-Berichte 299 (1979) 171–177. – [57] Stölzle, K.; Hart, S.: Freilaufkupplungen. Berlin: Springer 1961. – [58] Timtner, K.: Freilaufkupplungen für zukunftsorientierte Anwendungen. Antriebstechnik 25 (1986) 31–35. – [59] Jorden, W.: Gebrauchsdauer von Klemmfreilaufkupplungen. Konstruktion 24 (1972) 485–491. – [60] Timtner, K.: Die Berechnung der Drehfederkennlinien und zulässigen Drehmomente bei Freilaufkupplungen mit Klemmkörpern. Diss. TH Darmstadt 1974. – [61] Peeken, H.; Hinzen, H.: Funktionsfähigkeit und Gebrauchsdauer von Klemmkörperfreiläufen im Schaltbetrieb. Antriebstechnik 25 (1986) 35–40. – [62] Schlattmann, J.: Lebensdauerermittlung von Klemmrollenfreiläufen aufgrund von Werkstoff-Verformung, -Ermüdung und Wälzverschleiß. Fortschritt-Berichte VDI Reihe 5 Nr. 200. Düsseldorf: VDI-Verlag 1986. – [63] Tönsmann, A.: Verschleiß und Funktion – Der Einfluß des Schaltverschleißes auf die Schaltgenauigkeit von Klemmrollenfreiläufen. Diss. Univ. Paderborn 1989. – [64] Bollmann, E.: Die Eintouren-Rollenkupplung – ein vielseitiges Schaltelement. Antriebstechnik 12 (1973) 101–106.

Normen und Richtlinien: DIN 115: Schalenkupplungen. – DIN 116: Scheibenkupplungen. – DIN 740: Nachgiebige Wellenkupplungen. – DIN 15431–15437: Trommel- und Scheibenbremsen. – DIN 42955: Toleranzen für Befestigungsflansche für elektrische Maschinen, zulässige Lageabweichungen. – DIN 43648: Elektromagnet-Kupplungen und -Bremsen Kenngrößen. – *DIN 71751–71754:* Gabelgelenke. – *DIN 71801–71805:* Winkelgelenke.

zu G 4 Wälzlagerungen
[1] *Schlicht, H.; Zwirlein, O.; Schreiber, E.:* Ermüdung bei Wälzlagern und deren Beeinflussung durch Werkstoffeigenschaften. FAG-Wälzlagertechnik; 1987-1. – [2] *Stöcklein, W.:* Aussagekräftige Berechnungsmethode zur Dimensionierung von Wälzlagern. Wälzlagertechnik. Teil 2: Berechnung von Lagerungen und Gehäusen in der Antriebstechnik. Kontakt und Studium; B. 248. Grafenau: Expert-Verlag 1988. – [3] FAG Standardprogramm. Katalog WL 41510/2 DB. 1987. – [4] SKF Hauptkatalog. Katalog 4000 T. 1989. – [5] *Eschmann, P.:* Das Leistungsvermögen der Wälzlager. Berlin: Springer 1964. – [6] FAG Kugelfischer Georg Schäfer: Schmierung von Wälzlagern. Publ. Nr. WL 81115 DA; Ausgabe 1985. – [7] Druckschrift SKF (Werkzeugmaschinenlager). – [8] *Jürgensmeyer:* Gestaltung von Wälzlagerungen. Berlin: Springer 1953. – [9] *Münnich, H.; Erhard, M.; Niemeyer, P.:* Auswirkungen elastischer Verformungen auf die Krafteinleitung in Wälzlagern. Kugellager-Z. Nr. 155, S. 3–12. – [10] *Sommerfeld, H.; Schimion, W.:* Leichtbau von Lagergehäusen durch günstige Krafteinleitung. Z. Leichtbau der Verkehrsfahrzeuge (1969) H. 3, 3–7.

Firmenschriften: FAG, Schweinfurt. – INA, Herzogenaurach. – NSK, Ratingen. – NTN, Erkrath-Unterfeldhaus. – SKF, Schweinfurt. – SNR, Stuttgart.

Normen und Richtlinien: *DIN-Taschenbuch Nr. 24:* Wälzlager, 5. Aufl. Berlin: Beuth 1985. – *DIN 611:* Übersicht über das Gebiet der Wälzlager. – *DIN 615:* Schulterkugellager. – *DIN 616:* Maßpläne, – *DIN 617:* Nadellager mit Käfig. – *DIN 618:* Nadelhülsen-Nadelbuchsen. – *DIN 620:* Toleranzen. – *DIN 622:* Tragfähigkeit von Wälzlagern. – *DIN 625:* Bezeichnungen. – *DIN 625:* Rillenkugellager. – *DIN 628:* Schrägkugellager. – *DIN 630:* Pendelkugellager. – *DIN 635:* Tonnenlager-Pendelrollenlager. – *DIN 711:* Axial-Rillenkugellager. – *DIN 715:* zweiseitige Axial-Rillenkugellager. – *DIN 720:* Kegelrollenlager. – *DIN 722:* Axial-Zylinderrollenlager. – *DIN 728:* Axial-Pendelrollenlager. – *DIN 736–739:* Stehlagergehäuse für Wälzlager. – *DIN 981:* Nutmuttern. – *DIN 4515:* Spannhülsen. – *DIN 5401:* Kugeln. – *DIN 5402:* Zylinderrollen-Walzen-Nadeln. – *DIN 5404:* Axial-Nadelkränze. – *DIN 5405:* Radial-Nadelkränze. – *DIN 5406:* Sicherungsbleche. – *DIN 5407:* Walzenkränze. – *DIN 5412:* Zylinderrollenlager. – *DIN 5416:* Abziehhülsen. – *DIN 5417:* Sprengringe. – *DIN 5418:* Anschlußmaße. – *DIN 5419:* Filzringe-Ringnuten für Wälzlagergehäuse. – *DIN 5425:* Passungen für den Einbau. – *DIN 51825:* Wälzlagerfette. – *DIN-ISO 76:* Statische Tragzahlen. – *DIN-ISO 281:* Dynamische Tragzahlen. *DIN-ISO 355:* Metrische Kegelrollenlager.

zu G 5 Gleitlagerungen
[1] *Vogelpohl, G.:* Betriebssichere Gleitlager. Berlin: Springer 1967. – [2] *Spiegel, K.:* Über den Einfluß elastischer Deformationen auf die Tragfähigkeit von Radialgleitlagern. Schmiertechnik und Tribologie 20 (1973) 3–9. – [3] *VDI-Richtlinien 2204 E Bl.1–4:* Düsseldorf 1990. – [4] *Rodermund, H.:* Berechnung der Temperaturabhängigkeit der Viskosität von Mineralölen aus dem Viskositätsgrad. Schmiertechnik und Tribologie 25 (1978) 56–57. – [5] *Hakansson, B.:* The journal bearing considering variable viscosity. Report No. 25. Inst. of Machine Elements, Chalmers Univ. of Technology, Göteborg/Sweden 1964. – [6] BMFT Projektleitung Material- und Rohstofforschung (Hrsg.): Tribologie: Reibung – Verschleiß – Schmierung. B. 1 bis 12. Berlin: Sprin-

ger 1988. – [7] *Roemer, E.:* Öldurchsatz, Öltemperatur und Lagerspiel von Gleitlagern mit Druckschmierung. VDI-Z 103 (1961) 743–747 u. 790–794. – [8] *Roemer, E.:* Der Einfluß der Temperatur auf das Lagerspiel eines Gleitlagers. Konstruktion 13 (1961) 262–267. – [9] *Noack, G.:* Berechnung hydrodynamisch geschmierter Gleitlager dargestellt am Beispiel der Radiallager. Gleitlagertechnik 1. Tribotechnik Bd. 49. Grafenau: Expert-Verlag 1981. – [10] *Peeken, H.:* Zustandsschaubild für Gleitlager. Konstruktion 20 (1968) 169–176. – [11] *Butenschön, H.J.:* Das hydrodynamische, zylindrische Gleitlager endlicher Breite unter instationärer Belastung. Diss. Univ. Karlsruhe 1976. – [12] *Glienecke, J.; Han, D.C.:* Gleitlager-Turbulenz. Forschungsber. der Forschungsvereinigung Verbrennungskraftmaschinen (FVV). H. 265. Frankfurt 1983. – [13] *Fricke, J.:* Das Axiallager mit kippbeweglichen Kreisgleitschuhen. VDI-Forschungsheft 567. Düsseldorf 1975. – [14] *Rost, U.:* Die Berechnung des ebenen Kreisgleitschuhs. Ing.-Arch. 38 (1969) 1–14. – [15] *Fricke, J.:* Berechnung und Auslegung von hydrodynamischen Axialgleitlagern. Gleitlagertechnik 2, Tribotechnik Bd. 163. Grafenau: Expert-Verlag 1986. – [16] *Peeken, H.; Knoll, G.:* Zylindrische Gleitlager unter elastohydrodynamischen Bedingungen. Konstruktion 27 (1975) 176–181. –

[17] *Peeken, H.; Widyanata, J.; Knoll, G.:* Rechnerunterstützte Konstruktion von Maschinengehäusen zur Optimierung von Steifigkeit, Festigkeit und Betriebssicherheit hydrodynamischer Gleitlager. Konstruktion 34 (1982) 229–238. – [18] *Droste, K.:* Schmierungsgerechte Konstruktion. VDI-Ber. 111 (1966) 15–19. – [19] *VDI Richtlinie 2201:* Düsseldorf. – [20] *Lang, O.R.; Steinhilper, W.:* Gleitlager. Berlin: Springer 1978. – [21] *Hilgers, W.:* Abhängigkeit der Lagerwerkstoffeigenschaften in Verbundlagern von der Stützkörperkonstruktion. VDI-Ber. 248 (1975) 149–158. – [22] *Roemer, E.:* Lagerschalen aus Bandmaterial für die Motorenindustrie. Auto-Industrie (1961) 3–7. – [23] *Hilgers, W.:* Erkennung der Ursache von Schäden an dickwandigen Verbundlagern. Goldschmidt informiert 3 (1978) H. 45, 70–89. – [24] *Hilgers, W.:* Lagermetalle. Goldschmidt informiert 2 (1970) H. 11, 2–24. – [25] *Peeken, H.; Salm, T.:* Drittschicht-Dauerfestigkeit. Forschungsber. der Forschungsvereinigung Verbrennungskraftmaschinen (FVV). H. 403. Frankfurt 1987. – [26] *VDI-Richtlinie 2203:* Düsseldorf 1970. – [27] *Hilgers, W.:* Lagerwerkstoffe für höhere Forderungen. VDI-Nachrichten Nr. 38 (1975). – [28] *Pollmann, E.:* Das Mehrgleitflächenlager unter Berücksichtigung der veränderlichen Ölviskosität. Konstruktion 21 (1969) 85–97. – [29] *Frössel, W.:* Berechnung von Gleitlagern mit radialen Gleitflächen. Konstruktion 14 (1962) 169–180. – [30] *Gersdorfer, O.:* Tragkraft und Anwendungsbereich von Mehrflächenlagern. Konstruktion 14 (1962) 181–188. – [31] *Ott, H.H.:* Kippsegment-Radiallager mit Schmiermittel von veränderlicher Viskosität. VDI-Ber. 248 (1975). – [32] *Muyderman, E.A.:* Constructions with spiral-groove bearings. Wear 9 (1966) 118–141. – [33] *Hübner, W.; Hallstedt, G.:* Berechnung und Anwendung von Spiralrillen-Kalottenlager. Konstruktion 24 (1972) 393–397. – [34] *Hentschel, G.:* Hochbelastbare Trockengleitlager. Antriebstechnik 15 (1976) 522–528. – [35] *Erhard, G.; Strickle, E.:* Gleitelemente aus thermoplastischen Kunststoffen. Z. Kunststoffe 63 (1973) 4–5. – [36] *Hachmann, H.; Strickle, E.:* Polyamide als Gleitlagerwerkstoffe. Konstruktion 16 (1964) 4. – [37] *Detter, H.; Holocek, K.:* Der Reibwiderstand und die Beanspruchung von feinmechanischen Lagern im Trockenlauf bei kleinen Gleitgeschwindigkeiten. Feinwerktechnik 74 (1970) H. 11. – [38] BASF: Kunststoffe

in der Prüfung. Werkstoffblatt 3110, 1. Oktober 1975. –
[39] *Kayser, H.D.:* Hinweise zur Dimensionierung von
Gleitlagern aus Kunststoff oder Kunstpreßstoffen im
Trockenlauf. VDI-Ber. 248 (1975). – [40] *Hentschel, G.:*
Wartungsfreie Gelenk- und Schwenklager (Oszillations-
lager). VDI-Ber. 248 (1975) 137–142. – [41] *Dietz, R.;*
Herfeld, J.: Die Berechnung hydrostatischer Radiallager für die Drehzahl n=0 unter Berücksichtigung veränderlicher Spalthöhe. Maschinenmarkt (1964) H. 3, 18–
24. – [42] *Rasmus, W.:* Hydrostatische Anfahrhilfe. Gold-
schmidt-Mitt. (1974) H. 30, 46/47. – [43] *Peeken, H.;*
Benner, J.: Berechnung von hydrostatischen Radial- und
Axiallagern. Goldschmidt informiert, Gleitlagertechnik 2
(1984) H. 61, 42–148. – [44] *Peeken, H.; Heil, M.:* Das optimale hydrostatische Axiallager. Konstruktion 24 (1972)
381–386. – [45] *Heil, M.:* Die Auslegung optimaler hydrostatischer Axiallager für hohe Traglasten. Konstruktion
26 (1974) 227–231.

Normen und Richtlinien: *DIN 38:* Lagermetallausguß in
Gleitlagern. – *DIN 118:* Stehgleitlager mit Ringschmierung. – *DIN 149:* gerollte Buchsen für Gleitlager. – *DIN*
322: Schmierringe. – *DIN 502/3:* Flanschlager. – *DIN*
504: Augenlager. – *DIN 505/6:* Deckellager. – *DIN 648:*
Gelenklager. – *DIN 1591:* Schmierlöcher – Schmiernuten – Schmiertaschen. – *DIN/ISO 4384:* Härteprüfung
an Lagermetallen. – *DIN/ISO 4386:* Prüfung der Bindung metallischer Verbundgleitlager. – *DIN/ISO 6279,*
4381/2/3: Lagerwerkstoffe. – *DIN 7473/74:* Gleitlager
ungeteilt/geteilt mit Lagermetallausguß. – *DIN 7477:* dazu Schmiertaschen. – *DIN 8221:* Buchsen für Gleitlager
nach *DIN 502/3/4.* – *DIN 31651:* Gleitlagerkurzzeichen
und Benennungen. – *DIN 31652:* Berechnung von hydrodynamischen Radial-Gleitlagern. – *DIN 31654:* Hydrodynamische Axial-Gleitlager im stationären Betrieb. –
DIN 31661: Schäden. – *DIN 31670:* Qualitätssicherung
von Gleitlagern. – *DIN 31690:* Gehäusegleitlager. – *DIN*
31692: Schmierung. – *DIN 31696:* Segmentaxiallager. –
DIN 31697: Ring-Axiallager. – *DIN 31698:* Gleitlager-
Passungen. – *DIN 50282:* Gleitverhalten von Werkstoffen.
– *DIN 71420/24:* Zentralschmierung.

zu G6 Zugmittelgetriebe
[1] *Dittrich, O.; Schumann, R.; u.a.:* Anwendungen der Antriebstechnik. Bd. III. Mainz: Krausskopf 1974. – [2] *Halb-*
mann, W.: Zum Schlupf kraftschlüssiger Umschlingungsgetriebe. VDI-Fortschrittsber. Reihe 1, Nr. 145. Düsseldorf: VDI-Verlag 1986. – [3] *Neu, K.:* Untersuchungen zum Betriebsverhalten offener und selbstspannen-
der Flachriemengetriebe. Diss. Univ. Stuttgart 1979. –
[4] *Siegling:* 3000 Hannover 1 (Druckschriften über
Hochleistungs-Flachriemen, Transport- und Prozeßbän-
der, Spindelbänder, Falt- und Förderriemen). – [5] *Müller,*
H.W.: Anwendungsbereiche der Keilriemen in der Antriebstechnik. In: Arntz-Optibelt-Gruppe Höxter: Keilriemen. Essen: Heyer 1972. – [6] *Continental:* 3000 Hannover 1 (Druckschriften über Keilriemen, Keilrippenriemen,
Zahnriemen und HTD Zahnriemenantriebe). – [7] *Op-*
tibelt: 3470 Höxter 1 (Druckschriften über Antriebselemente, Rippenbänder). [8] *Müller, H.W.:* Zugmittelgetriebe. In: Dubbel: 16. Aufl. Berlin: Springer 1987. – [9] *Pi-*
relli: 8752 Kleinostheim (Druckschriften über Zahnriemen). – [10] *Mulco:* 3000 Hannover 1 (Druckschriften
über Zahnriemen). – [11] *Handbuch Antriebstechnik:* Tabellenwerte über Lieferanten und Produktdaten. Krausskopf: erscheint jährlich.

zu G7 Reibradgetriebe
[1] *VDI-Richtlinie 2155:* Gleichförmig übersetzende Reibschlußgetriebe, Bauarten und Kennzeichen. Düsseldorf:
VDI-Verlag 1977. – [2] *Lutz, O.:* Grundsätzliches über
stufenlos verstellbare Wälzgetriebe. Konstruktion 7 (1955)
330–335, 9 (1957) 169–171, 10 (1958) 425–427. – [3] *Over-*
lach, H.; Severin, D.: Berechnung von Wälzgetriebepaa-
rungen mit ellipsenförmigen Berührungsflächen und ihr
Verhalten unter hydrodynamischer Schmierung. Konstruktion 18 (1966) 357–367. – [4] *Gaggermeier, H.:* Untersuchungen zur Reibkraftübertragung in Regel-Reib-
radgetrieben im Bereich elasto-hydrodynamischer Schmierung. Diss. TU München 1977. – [5] *Matzat, N.:* Einsatz
und Entwicklung von Traktionsflüssigkeiten. Synthetische
Schmierstoffe und Schmierflüssigkeiten. 4. Int. Koll., Technische Akademie Esslingen, Jan. 1984, S. 16.1–16.26, Pa-
per-Nr. 16. – [6] *Johnson, K.L.; Tevaarwerk, J.L.:* Proc.
Roy. Soc. A (1977). – [7] *Winter, H.; Gaggermeier, H.:* Versuche zur Kraftübertragung in Verstell-Reibradgetrieben
im Bereich elasto-hydrodynamischer Schmierung. Konstruktion 31 (1979) 2–6; 55–62. – [8] *Niemann, G.; Winter,*
H.: Maschinenelemente. Bd. III, 2. Aufl. Berlin: Springer
1983. – [9] *Basedow, G.:* Stufenlose Nullgetriebe schützen vor Überlast und Anfahrstößen. Antriebstechnik 25
(1986) 20–25. – [10] *Schroebler, W.:* Praktische Erfahrungen mit speziellen Reibradgetrieben. Tech. Mitt. 61 (1968)
411–414. – [11] *Hewko, L.O.:* Roller traction drive unit
for extremely quiet power transmission. J. Hydronautics
2 (1968) 160–167. – [12] *Bauerfeind, E.:* Zur Kraftübertragung mit Gummiwälzrädern. Antriebstechnik 5 (1966)
383–391.

zu G8 Zahnradgetriebe
[1] *Niemann, G.; Winter, H.:* Maschinenelemente, Bd. II
u. III, 2. Aufl. Berlin: Springer 1989/86. – [2] *Dudley,*
D.W.; Winter, H.: Zahnräder. Berlin: Springer 1961. –
[3] *Keck, K.F.:* Die Zahnradpraxis, Teil 1 u. 2. München: Oldenbourg 1956 und 1958. – [4] *Winter, H.:* Die
tragfähigste Evolventen-Geradverzahnung. Braunschweig:
Vieweg 1954. – [5] *Dudley, D.W.:* Gear Handbook. New
York: McGraw-Hill 1962. – [6] *Richter, W.:* Auslegung
profilverschobener Außenverzahnung. Konstruktion 14
(1962) 189–196. – [7] *Roth, K.:* Evolventenverzahnungen für parallele Achsen mit Ritzelzähnezahlen von 1
bis 7. VDI-Z 107 (1965) 275–284. – [8] *Piepka, E.:* Eingriffsstörungen bei Evolventen-Innenverzahnung. VDI-Z
112 (1970) 215–222. – [9] *Clarenbach, J.; Körner, G.;*
Wolkenstein, R.: Geometrische Auslegung von zylindrischen Innenradpaaren – Erläuterung zum Normentwurf
DIN 3993. Antriebstechnik (1975) 651–658. – [10] *Er-*
ney, G.: Auslegung von Evolventen-Innenverzahnungen.
Antriebstechnik 14 (1975) 625–629. – [11] *Naville, K.:*
Die Theorie der Verzahnung der Uhrwerktechnik. Micro-
technic XXI (1967) 506–509, 587–590. – [12] *Niemann,*
G.: Novikov-Verzahnung und andere Sonderverzahnungen für hohe Tragfähigkeit. VDI-Ber. 47 (1961) 5–12.
– [13] *Shotter, B.A.:* Experiences with Conformal/WN-
gearing. World Congress on Gearing, Paris 1977, Vol. I,
p. 527. – [14] *Dowson, D.; Higginson, G.R.:* Elasto-hydro-
dynamic lubrication. Oxford: Pergamon Press, Braunschweig: Vieweg 1966. – [15] *Johansson, M.; Vesanen, A.;*
Rettig, H.: Austinitisches-bainitisches Gußeisen als Konstruktionswerkstoff im Getriebebau. Antriebstechnik 25
(1976) 593–600. – [16] *Winter, H.; Weiß, T.:* Tragfähig-
keitsuntersuchungen an induktions- und flammgehärteten
Zahnrädern. Teil I + II. Antriebstechnik 27 (1988) 45–50,
57–62. – [17] *Walzel, H.:* Kann das Nikotrierverfahren
das Badnitrieren ersetzen? TZ für prakt. Metallbearb.
70 (1976) 291–294. – [18] *Winter, H.; Wirth, X.:* Einfluß von Schleifkerben auf die Zahnfußdauertragfähig-
keit oberflächengehärteter Zahnräder. Antriebstechnik 17
(1978) 37–41. – [19] *Rhenius, K.Th.:* Betriebsfestigkeits-

rechnungen von Maschinenelementen in Ackerschleppern mit Hilfe von Lastkollektiven. Konstruktion 29 (1977) 85–93. – [20] *Rettig, H.; Plewe, H.-J.*: Lebensdauer und Verschleißverhalten langsam laufender Zahnräder. Antriebstechnik 16 (1977) 357–361. – [21] *Krause, W.*: Untersuchungen zur Geräuschverhalten evolventenverzahnter Geradstirnräder der Feinwerktechnik. VDI-Ber. 105 (1967). – [22] *Gavrilenko, V.A.; Bezrukov, V.I.*: The geometrical design of gear transmissions comprising involute bevel gears. Russ. Eng. J. 56 (1976) 34–38. – [23] *Beam, A.S.*: Beveloid gearing. Mach. Design. (1954) 220–238. – [24] *Hiersig, H.M.*: Zylinderräder mit Rechts- und Linksflanken von ungleicher Steigung. Konstruktion 31 (1979) 7–11. – [25] *Keck, K.F.*: Die Bestimmung der Verzahnungsabmessung bei kegeligen Schraubgetrieben mit 90° Achswinkel. ATZ 55 (1953) 302–308. – [26] *Coleman, W.*: Hypoidgetriebe mit beliebigen Achswinkeln. Automotive Ind., Juni 1974. – [27] *Richter, M.*: Der Verzahnungswirkungsgrad und die Freßtragfähigkeit von Hypoid- und Schraubenradgetrieben. Diss. TU München 1976. – [28] *Winter, H.; Richter, M.*: Verzahnungswirkungsgrad und Freßtragfähigkeit von Hypoid- und Schraubenradgetrieben. Antriebstechnik 15 (1976) 211–218. – [29] *Heyer, E.*: Spielfreie Verzahnungen besonders bei Schneckengetrieben. Industriebl. 54 (1954) 509–512. – [30] *Macabrey, C.*: Globoid-Schneckengetriebe „Cone-Drive". TZ f. prakt. Metallbearb., Teil 1, 58 (1964) 669–672; Teil II, 59 (1965) 711–714. – [31] *Jarchow, F.*: Stirnrad-Globoid-Schneckengetriebe. TZ f. prakt. Metallbearb. 60 (1966) 717–722. – [32] *Wilkesmann, H.*: Berechnung von Schneckengetrieben mit unterschiedlichen Zahnprofilen. Diss. TU München 1974. – [33] *Holler, R.*: Rechnersimulation der Kinematik und 3 D-Messung der Flankengeometrie von Schneckengetrieben und Kegelrädern. Diss. RWTH Aachen 1976. – [34] *Mathiak, D.*: Untersuchungen über Flankentragfähigkeit, Zahnfußtragfähigkeit und Wirkungsgrad von Zylinderschneckengetrieben. Diss. TU München 1984. – [35] *Hecking, L.*: Schneckengetriebe im Kranbau. dima 3 (1967) 39–41. – [36] *Hofmann, E.*: Neuartige Kegelradgetriebemotoren und Kegelradgetriebe. Antriebstechnik 17 (1978) 271–275. – [37] *Lechner, G.*: Zahnfußfestigkeit von Zahnradbandagen. Konstruktion 19 (1967) 41–47. – [38] *Grodzinski, P.*: Eccentric gear mechanisms. Mach. Design 25 (1953) 141–150. – [39] *Miano, S.V.*: Twin eccentric gears. Prod. Eng. 33 (1962) 47–51, s. auch [52]. – [40] *Benford, R.L.*: Customized motions. Mach. design 40 (1968) 151–154. – [41] *Federn, K.; Müller, K.-H.; Pourabdolrahim, R.*: Drehschwingprüfmaschine für umlaufende Maschinenelemente. Konstruktion 26 (1974) 340–349. – [42] *Mitome, K.; Ishida, K.*: Eccentric gearing. Trans. ASME J. Eng. Ind (1974) 94–100. – [43] *Naruse, Ch.*: Verschleiß, Tragfähigkeit und Verlustleistung von Schraubenradgetrieben. Diss. TH München 1964. – [44] *Wetzel, R.*: Graphische Bestimmung des Schrägungswinkels für das treibende Rad bei Schraubenräder mit gegebenem Wellenabstand. Werkst. u. Betr. 88 (1955) 718–719. – [45] *Jacobsen, U.A.I.*: Crossed helical gears for high speed automotive applications. Inst. mech. Eng., Proc. of the Automotive Div. (1961/62) 359–384. – [46] *Rohonyi, C.*: Berechnung profilverschobener, zylindrischer Schraubenräder. Konstruktion 15 (1963) 453–455. – [47] *Henriot, G.*: Engrenages. Paris: Dunod 1980. – [48] *Seifried, A.*: Über die Auslegung von Stirnradgetrieben. VDI-Z 109 (1967) 236–241. – [49] *Seifried, A.; Bürkle, R.*: Die Berührung der Zahnflanken von Evolventenschraubenrädern, Werkst. u. Betr. 101 (1968) 183–187. – [50] Maag-Taschenbuch. Zürich: MAAG AG 1985. – [51] *Pohl, F.*: Betriebshütte, Bd. I, Abschn. Kegelradbearbeitung und Maschinen für Kegelradbearbeitung. Berlin: Ernst & Sohn 1957. – [52] *Ernst, H.*: Die Hebezeuge, Bd. I. Braunschweig: Vieweg 1973. – [53] *Chironis, N.P.*: Gear design and application. New York: McGraw-Hill 1967; enthält Aufsätze von: *Bloomfield, B.*: Noncircular gears, S. 158–163; *Rappaport, S.*: Elliptical gears of cyclic speed variations, S. 166–168, *Miano, S.V.*: Twin eccentric gears, S. 169–173. – [54] *Cunningham, F.; Cunningham, D.*: Rediscovering the noncircular gear. Mach. Design 45 (1973) 80–85. – [55] *Ludwig, F.*: Verwendung eines Koppelgetriebes zum Herstellen wälzverzahnter Ellipsenräder. VDI-Ber. 12 (1956) 139–144. – [56] *Ferguson, R.J.; Daws, L.F.; Kerr, J.H.*: The design of a stepless transmission using non-circular gears. Mech. and Mach. Theory 10 (1975) 467–478. – [57] *Yokoyama, Y.; Ogawa, K., u.a.*: Dynamic characteristic of the noncircular planetary gear mechanisms with nonuniform motion. Bull. ISME 17 (1974) 149–156. – [58] *Winter, H.; Schönnenbeck, G.*: Graufleckigkeit an einsatzgehärteten Zahnrädern: Ermüdung der Werkstoffrandschicht mit möglicherweise schweren Folgeschäden. Antriebstechnik 24 (1985) 53–61. – [59] *Müller, H.W.*: Die Umlaufgetriebe, Berechnung, Anwendung, Auslegung. Berlin: Springer 1971. – [60] *Müller, H.W.*: Einheitliche Berechnung von Planetengetrieben. Antriebstechnik 15 (1976) 11–17, 85–89, 145–149. – [61] *Müller, H.W.*: Programmierte Analyse von Planetengetrieben. Antriebstechnik 28 (1989) 6. – [62] *Müller, H.W.*: Ungleichmäßig übersetzende Umlaufgetriebe. VDI Fortschrittsber. Reihe 1, 159 (1988) 49–64. – [63] *Jarchow, F.*: Entwicklungsstand bei Planetengetrieben. VDI-Ber. 672 (1988) 15–44. – [64] *Winkelmann, L.*: Lastverteilung in Planetengetrieben. VDI-Ber. 672 (1988) 45–74. – [65] *Potthoff, H.*: Anwendungsgrenzen vollrolliger Planetenrad-Wälzlager. VDI-Ber. 672 (1988) 245–264. – [66] *Müller, H.W.*: Überlagerungssysteme. VDI-Ber. 618 (1986) 59–78. – [67] *Dreher, K.*: Rechnergestützte Optimierung von Planeten-Koppelgetrieben. Diss. Darmstadt 1983. – [68] *Schnetz, K.*: Reduzierte Planeten-Koppelgetriebe. Diss. Darmstadt 1976. – [69] *Brass, E.A.*: Two stage planetary arrangements for the 15:1 turboprop reduction gear. ASME Paper 60-SA-1 (1960). – [70] *Schoo, A.*: Verzahnungsverlustleistungen in Planetenradgetrieben. VDI-Ber. 627 (1988) 121–140. – [71] *Müller, H.W.*: Anpassung stufenloser Getriebe an die Kennlinie einer Maschine. Und: Optimierung der Grundanordnung stufenloser Stellgetriebe. Maschinenmarkt 90 (1981) 1968–1971, 2183–2185.

ISO-Normen: *ISO 53*: Bezugsprofil für Stirnräder für den allgemeinen Maschinenbau und den Schwermaschinenbau. – *ISO 677*: Bezugsprofil für geradverzahnte Kegelräder für den allgemeinen Maschinenbau und den Schwermaschinenbau. – *ISO 701*: Internationale Verzahnungsterminologie: Symbole für geometrische Größen. – *ISO/R 1122*: Vokabular für Zahnräder; Geometrische Begriffe. – *ISO/R 1122, Add. 2*: Vokabular für Zahnräder; Geometrische Begriffe, Schneckengetriebe. – *ISO 1328*: Stirnräder mit Evolventenverzahnung – ISO Genauigkeitssystem. – *ISO 1340*: Stirnräder; Angaben für die Bestellung. – *ISO 1341*: Geradverzahnte Kegelräder, Angaben für die Bestellung. – *ISO 2203*: Zeichnungen; Darstellung von Zahnrädern.

DIN-Normen: *DIN Taschenbuch 106*. Antriebstechnik 1. Normen über die Verzahnungsterminologie. Berlin, Köln: Beuth 1981. – *DIN 37*: Zeichnungen; Darstellung von Zahnrädern. – *DIN 780*: Modulreihe für Zahnräder; Moduln für Stirnräder und Zylinderschneckengetriebe. – *DIN 783*: Wellenenden für Zahnradgetriebe mit Wälzlagern. – *DIN 867*: Bezugsprofil für Stirnräder (Zylinderräder) mit

Evolventenverzahnung für den allgemeinen Maschinenbau und den Schwermaschinenbau. – DIN 868: Allgemeine Begriffe und Bestimmungsgrößen für Zahnräder, Zahnradpaare und Zahnradgetriebe. – DIN 3960: Begriffe und Bestimmungsgrößen für Stirnräder (Zylinderräder) und Stirnradpaare (Zylinderradpaare) mit Evolventenverzahnung. – DIN 3961: Toleranzen für Stirnradverzahnungen; Grundlagen. – DIN 3962: Toleranzen für Stirnradverzahnungen; Zulässige Abweichungen einzelner Bestimmungsgrößen. – DIN 3963: Toleranzen für Stirnradverzahnungen; Zulässige Wälzabweichungen einzelner Bestimmungsgrößen. – DIN 3963: Toleranzen für Stirnradverzahnungen; Zulässige Wälzabweichungen. – DIN 3964: Toleranzen für Stirnradverzahnungen; Gehäuse-Toleranzen. – DIN 3966: Angaben für Verzahnungen in Zeichnungen; Angaben für Stirnrad-(Zylinderrad-)Evolventenverzahnungen und Geradzahn-Kegelradverzahnungen. – DIN 3967: Getriebe-Paßsystem; Flankenspiel, Zahndickenabmaße und Zahndickentoleranzen. – DIN 3970: Lehrzahnräder zum Prüfen von Stirnrädern. – DIN 3971: Verzahnungen; Bestimmungsgrößen und Fehler an Kegelrädern. – DIN 3972: Bezugsprofile von Verzahnwerkzeugen für Evolventenverzahnungen nach DIN 867. – DIN 3975: Begriffe und Bestimmungsgrößen für Zylinderschneckengetriebe mit Achsenwinkel 90°. – DIN 3976: Zylinderschnecken; Abmessungen, Zuordnung von Achsabständen und Übersetzungen in Schneckengetrieben. – DIN 3978: Schrägungswinkel für Stirnradverzahnungen. – DIN 3979: Zahnschäden an Zahnradgetrieben; Bezeichnung, Merkmale, Ursachen. – DIN 3990: Tragfähigkeitsberechnung von Stirnrädern. – DIN 3991: Tragfähigkeitsberechnung von Kegelrädern. – DIN 3992: Profilverschiebung bei Stirnrädern mit Außenverzahnung. – DIN 3993: Geometrische Auslegung von zylindrischen Innenradpaaren. – DIN 3994: Profilverschiebung bei geradverzahnten Stirnrädern mit 05-Verzahnung, Einführung. – DIN 3995: Geradverzahnte Außen-Stirnräder mit 05-Verzahnung. – DIN 3998: Benennungen an Zahnrädern und Zahnradpaaren. – DIN 3999: Kurzzeichen für Verzahnungen. – DIN 58400: Bezugsprofil für Stirnräder mit Evolventenverzahnung für die Feinwerktechnik. – DIN 58405: Stirnradgetriebe der Feinwerktechnik. – DIN 58420: Lehrzahnräder zum Prüfen von Stirnrädern der Feinwerktechnik. DIN 58425: Kreisbogenverzahnungen für die Feinwerktechnik. – DIN 45635 T23: Geräuschmessung an Maschinengetrieben.

VDI-Richtlinien: VDI-Richtlinie 2060: Beurteilungsmaßstäbe für den Auswuchtzustand rotierender starrer Körper. – VDI-Richtlinie 2159: Getriebegeräusche; Meßverfahren – Beurteilung – Messen und Auswerten, Zahlenbeispiele. – VDI-Richtlinie 2546: Zahnräder aus thermoplastischen Kunststoffen. – VDI-Richtlinie 3720: Lärmarm konstruieren.

zu G9 Getriebetechnik

[1] VDI-Richtlinie 2127 (Entwurf): Getriebetechnische Grundlagen: Begriffsbestimmungen der Getriebe (1988). – [2] Braune, R.: Die Bedeutung des kürzesten und des längsten Gliedes für die systematische Betrachtung ebener viergliedriger kinematischer Ketten. Ind.-Anz. 93 (1971) 2258–2260. – [3] VDI-Richtlinie 2145: Ebene viergliedrige Getriebe mit Dreh- und Schubgelenken: Begriffserklärungen und Systematik (1980). – [4] VDI-Richtlinie 2147: Ebene Kurvengetriebe: Begriffserklärungen (1962). – [5] Volmer, J. (Hrsg.): Getriebetechnik; Leitfaden. 3. Aufl. Braunschweig: Vieweg 1989. – [6] Hain, K.: Ermittlung der Umlauf- und Schwingbewegungen in durchlauffähigen sechs-

gliedrigen Getrieben. Grundl. d. Landtechn. 16 (1966) 129–139. – [7] Hain, K.: Systematik und Umlauffähigkeit drei- und mehrgliedriger Kurvengetriebe. Konstruktion 19 (1967) 379–388. – [8] Hain, K.: Rechenprogramme für beschleunigungsgleiche Getriebe mit unterschiedlichen Hauptbewegungen. Werkstatt u. Betrieb 109 (1976) 73–80. – [9] Shigley, J.E.; Uicker, J.J. jr.: Theory of machines and mechanisms. Tokyo: McGraw-Hill 1980. – [10] Lohe, R.: Beeinflussung der Laufeigenschaften durch Massenverteilung bei ebenen und räumlichen Getrieben. VDI-Ber. 374 (1980) 135–145. – [11] Kerle, H. u.a.: Berechnung und Optimierung schnellaufender Gelenk- und Kurvengetriebe. Grafenau: Expert Verlag 1981. – [12] Braune, R.: Entwurf Richtlinie VDI 2729: Modulare kinematische Analyse ebener Gelenkgetriebe mit Dreh- und Schubgelenken (1989). – [13] Lütgert, A.; Braune R.: KAMOS – ein interaktives Entwicklungswerkzeug zur Analyse komplexer Koppelgetriebe. VDI-Ber. 736 (1989) 119–150. – [14] VDI-Richtlinie 2138: Räumliche Kurbelgetriebe: Umformung von Drehbewegung in Schwingschubbewegung (1959). – [15] VDI-Richtlinie 2139: Räumliche Kurbelgetriebe: Umformung von Drehbewegung in umlaufende Drehschubbewegung (1959). – [16] VDI-Richtlinie 2723: Vektorielle Methode zur Berechnung der Kinematik räumlicher Getriebe (1982). – [17] VDI-Richtlinie 2724: Berechnung der Kinematik viergliedriger Getriebe: Ein Rechenprogramm (1986). – [18] Lohe, R.: Berechnung und Ausgleich von Kräften in räumlichen Mechanismen. Fortschr.-Ber. VDI-Z., Reihe 1, Nr. 103 (1983). – [19] Ahlers, W.: Zur Bestimmung der Lageführungsgrößen von Manipulatoren am Beispiel einer Operationsleuchte. Konstruktion 38 (1986) 81–86. – [20] Matthaei, H.: Über den Leistungsfluß in Kurbelgetrieben. Konstruktion 18 (1966) 45-49. – [21] Marx, U.: Ein Beitrag zur kinetischen Analyse ebener viergliedriger Gelenkgetriebe unter dem Aspekt Bewegungsgüte. Fortschr.-Ber. VDI-Z, Reihe 1, Nr. 144 (1986). – [22] Müller, H.W.: Beurteilung periodischer Getriebe mit Hilfe des „Übertragungswirkels". Konstruktion 37 (1985) 431–436. – [23] Stündel, D.: Das dynamische Laufkriterium bei Gerätemechanismen. Feingerätetech. 23 (1974) 507–509. – [24] Kerle, H.: Dynamische Maschinenanalyse mit Hilfe programmierbarer Tischrechner. Forsch. Ing.-Wes. 46 (1980) 149–153. – [25] Dittrich, G.: Systematik der Bewegungsaufgaben und grundsätzliche Lösungsmöglichkeiten. VDI-Ber. 576 (1985) 1–20. – [26] Alt, H.: Das Konstruieren von Gelenkvierecken unter Benutzung einer Kurventafel. VDI-Z. 85 (1941) 69–72. – [27] VDI-Richtlinie 2130: Getriebe für Hub- und Schwingbewegungen: Konstruktion und Berechnung viergliedriger ebener Gelenkgetriebe für gegebene Totlagen (1984). – [28] VDI-Richtlinie 2125: Ebene Gelenkgetriebe: Übertragungsgünstigste Umwandlung einer Schubbewegung in eine Drehschwingbewegung (1987). – [29] VDI-Richtlinie 2126 (Entwurf): Ebene Gelenkgetriebe: Übertragungsgünstigste Umwandlung einer Drehschwing- in eine Schubbewegung (1986). – [30] Kracke, J.: Maßbestimmung ebener viergliedriger Kurbelgetriebe für die Sonderfälle von vier Übereinstimmungen. Diss. TU Braunschweig 1972. – [31] Braune, R.: Ein Beitrag zur Maßsynthese ebener viergliedriger Kurbelgetriebe. Diss. RWTH Aachen 1980. – [32] Hain, K.: Konstruktionsdaten-Auswahl für das Gelenkviereck durch Computer-Dialog. technica 25 (1976) 791–798. – [33] Hain, K.: Punktlagenreduktion als getriebesynthetisches Hilfsmittel. Maschinenbau/Betrieb, Beil. Getriebetechn. 11 (1943) 29–31. – [34] VDI-Richtlinie 2143, Bl. 1: Bewegungsgesetze für Kurvengetriebe: Theoretische Grundlagen (1980). – [35] VDI-Richtlinie 2143, Bl. 2: Bewegungsgesetze für Kurvengetriebe: Praktische Anwendung (1987). – [36] Du-

ditza, F.: Kardangelenkgetriebe und ihre Anwendungen. Düsseldorf: VDI-Verlag 1973. – [37] *Hiller, M.:* Analytisch-numerische Verfahren zur Behandlung räumlicher Übertragungsmechanismen. Fortschr.-Ber. VDI-Z., Reihe 1, Nr. 76 (1981). – [38] *VDI-Richtlinie 2156:* Einfache räumliche Kurbelgetriebe: Systematik und Begriffsbestimmungen (1975). – [39] *VDI-Richtlinie 2154:* Sphärische viergliedrige Kurbelgetriebe: Begriffserklärungen und Systematik (1971). – [40] *VDI-Richtlinie 2722:* Homokinematische Kreuzgelenkgetriebe einschließlich Gelenkwellen (1982). – [41] *Hain, K.:* Entwurf übertragungsgünstigster Zylinderkurven- und Kegelkurvengetriebe. Werkstatt u. Betrieb 111 (1978) 93–98. – [42] *Zakel, H.:* Geometrie, Kinematik und Kinetostatik des Kurvengelenks räumlicher Kurvengetriebe. Diss. RWTH Aachen 1983. – [43] *Lichtwitz, O.:* Getriebe für aussetzende Bewegungen. Berlin: Springer 1953. – [44] *Eckerle, R.:* Optimale Auslegung von Malteser-Schaltwerken. Feinwerktechn. 73 (1969) 482–487. – [45] *Hain, K.:* Erzeugung von Schrittbewegungen durch Planeten-Kurven-Getriebe. Antriebstech. 12 (1973) 315–322. – [46] *VDI-Richtlinie 2721:* Schrittgetriebe: Begriffsbestimmungen, Systematik, Bauarten (1980). – [47] *Hain, K.:* Die Erzeugung gegebener Kurven mit Hilfe von Räderkurbelgetrieben. Feinwerktech. 53 (1949) 81–89. – [48] *Volmer, J.:* Räderkurbelgetriebe. VDI-Forsch.heft 461 (1957) 52–55. – [49] *Neumann, R.; Watzlawik, P.:* Synthese von Räderkoppelschrittgetrieben mit Hilfe von Kurventafeln. Maschinenbautech. 23 (1974) 52-59.

zu G 10 Kurbeltrieb

[1] *Bensinger, W.D.; Meier, A.:* Kolben, Pleuel und Kurbelwelle bei schnellaufenden Verbrennungsmotoren, 2. Aufl. Berlin: Springer 1961. – [2] *Biezeno, C.B.; Grammel, R.:* Technische Dynamik, Bd. 2. Berlin: Springer 1971. – [3] *Haffner, K.E.; Mass, H.:* Torsionsschwingungen in der Verbrennungskraftmaschine. Wien, Springer 1985. – [4] *Küttner, K.H.:* Kolbenmaschinen, 5. Aufl. Stuttgart: Teubner 1984. – [5] *Köhler, G.; Rögnitz, H.:* Maschinenteile, Bd. 2, 7. Aufl. Stuttgart: Teubner 1986. – [6] *Lang, O.R.:* Triebwerke schnellaufender Verbrennungsmotoren. Berlin: Springer 1966. – [7] *Mayr, F.:* Ortsfeste Dieselmotoren und Schiffsdieselmotoren, 3. Aufl. Wien: Springer 1960. – [8] *Sass, F.:* Bau und Betrieb von Dieselmaschinen, Bd. 1, 2. Aufl. Berlin: Springer 1948. – [9] *Maas, H.; Klier, H.:* Kräfte Momente und deren Ausgleich in der Verbrennungskraftmaschine. Wien: Springer 1981.

Normen und Richtlinien: Kolbenbolzen für Kraftfahrzeugbau DIN 73 124 für Dieselmotoren, *DIN 73 125* für Ottomotoren. Kolbenringe (Anfangsziffern 24 für Maschinenbau, 70 für Kraftfahrzeugbau) *DIN 24 909* und *DIN 70 909* Übersicht, Allgemeines; *DIN 24 910* und *DIN 70 910* Rechteckringe; *DIN 24 911* und *DIN 70 911* Minutenringe; *DIN 70 914* Trapezringe; *DIN 24 930* und *DIN 70 930* Nasenringe; *DIN 24 946* und *DIN 70 946* Ölschlitzringe; *DIN 24 947* und *DIN 70 947* Dachfasenringe; *DIN 24 948* und *DIN 70 948* Gleichfasenringe.

G

H | Fluidische Antriebe
Hydraulic and pneumatic power transmission

R. Röper, Dortmund

Allgemeine Literatur
zu H1 bis H6
Bücher: Hydraulik in Theorie und Praxis. Stuttgart: Robert Bosch GmbH 1983. – Konstruktions-Handbuch: Ölhydraulik und Pneumatik. Mainz: Krausskopf 1982/83. – Lexikon: Fluidtechnik von A–Z. Mainz: Vereinigte Fachverlage 1989. – Mannesmann-Rexroth: Der Hydraulik Trainer, Bd. 1: Grundlagen, Bd. 2: Proportionalhydraulik, Bd. 3: Projektierung und Konstruktion von Hydroanlagen. Lohr: Mannesmann-Rexroth GmbH. – Taschenbücher Ölhydraulik. Mainz: Krausskopf 1973–1976. – *Töpfer, H.; Schwarz, A.:* Wissensspeicher Fluidtechnik. Leipzig: VEB Fachbuchverlag 1988. – *Will, D.; Ströhl, H.:* Einführung in die Hydraulik und Pneumatik, 3. Aufl. Berlin: VEB Verlag Technik 1985. – *Zoebl, H.:* Ölhydraulik. Wien: Springer 1963.

1 Grundlagen der fluidischen Energieübertragung. Fundamentals of fluid power transmission systems

1.1 Der Fließprozeß. Flow process

Die spez. Energie eines strömenden Fluids (Flüssigkeit oder Gas) wird durch die Bernoulligleichung beschrieben:

$$Y_f = E/\dot{m} = h + \frac{u^2}{2} + gz + \int \frac{\partial u}{\partial t} \cdot ds.$$

Für den stationären Strömungszustand gilt die Kontinuitätsgleichung

$$\dot{m} = \text{const} = \rho A u.$$

Speziell für inkompressible Fluide: $\dot{V} = Au$. Fluide eignen sich zum Übertragen von Signalen mittels eines Energiezustands (z.B. Druckgröße) oder der Stromstärke sowie von Energie durch Transport der spez. Energie im Massenstrom. Die Wandlung zwischen mechanischer Energie und Fluidenergie erfolgt im stationären Fließprozeß gemäß **Bild 1** (zugeführte Größen positiv)

$$Y_m = P_m/\dot{m} = Y_{f2} - Y_{f1}$$
$$= h_2 - h_1 + (u_2^2 - u_1^2)/2 + g(z_2 - z_1).$$

Mit $h_2 - h_1 = \Delta h_{12} = (\Delta h_s)_{12} + P_{v,12}/\dot{m}$ (Index s = isentrop) lassen sich der reversible Anteil der spez. Arbeit zu

$$(\Delta h_s)_{12} + (\Delta u^2)_{12}/2 + g \cdot \Delta z_{12}$$

und die irreversiblen Verluste zu $P_{v,12}/\dot{m}$ angeben. Beim Energietransport in fluidischen Getrieben treten gegenüber der spez. Enthalpie h die übrigen Anteile völlig zurück. Die spez. Arbeit vereinfacht sich dann zu

$$Y_m = P_m/\dot{m} \approx h_2 - h_1 = (\Delta h_s)_{12} + P_{v,12}/\dot{m} \quad \text{oder}$$
$$Y_m = (\Delta h_s)_{12}\eta_t^{\pm 1} \quad (+1 \text{ Motor}, -1 \text{ Generator}).$$

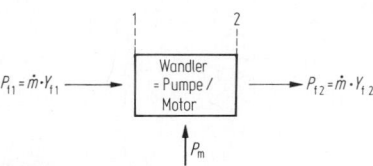

Bild 1. Schema des offenen Fließprozesses

Sie kann auch durch die Zustandsänderung ausgedrückt werden:

$$\Delta h_{12} = \int_1^2 v \, dp = \left(\int_1^2 v \, dp\right)_s + P_{v,12}/\dot{m}$$

(vgl. **H2 Bild 2**).

Formelgrößen: Y_f spez. Fluidenergie (-arbeit), Y_m spez. mechanische Arbeit, P_m mechanische Leistung, E Fluidenergie, P_v Verlustleistung, m Masse, $\dot{m}$ Massenstrom, u Strömungsgeschwindigkeit, ρ Dichte des Fluids, p Druck, h spez. Enthalpie, s Strömungsweg, A Strömungsquerschnitt, $\dot{V}$ Volumenstrom, η_t totaler Wirkungsgrad, v spez. Volumen. Durch die Anwendung hoher Energiedichte (Druck) lassen sich große Kräfte/Momente bei translatorischen/rotatorischen Bewegungen mit kleinen Baugrößen erzeugen. Es ergeben sich niedrige Gewichte (<1 kg/kW für das Gesamtgetriebe) und Trägheitsmomente (hohe Umschaltgeschwindigkeiten möglich). Der bei hohem Druck niedrige Volumenstrom ist mit Steuergeräten kleiner Abmessungen zu schalten und verursacht nur niedrige Übertragungsverluste (Verluste $\sim \dot{V}$ bzw. $\dot{V}^2$), die wie die Verluste des Fließprozesses als Druckverluste anfallen. Verlustenergien erhöhen die spez. Wärmemenge des Fluids (Temperaturanstieg im Betriebsmedium).

1.1.1 Energieübertragung durch Flüssigkeiten
Hydraulic power transmission

Die in den Hydrogetrieben verwendeten Öle und Sonderflüssigkeiten sind sehr wenig kompressibel. Der Zustandsübergang ist nahezu identisch mit der Isochoren

$$(\Delta h_s)_{12} = v \int_1^2 dp = \Delta p_{12}/\rho,$$

d.h., die übertragene Fluidarbeit ist die Differenz der Ausschub- zur Einschubarbeit. Die Leistungsübertragung erfolgt vorzugsweise bei konstanter Stromstärke $\dot{m}$ bzw. $\dot{V}$

$$P = dE/dt = \dot{V} \cdot \Delta p_{12} \quad \text{(Gleichstromhydraulik)}.$$

Mittlere Arbeitsgeschwindigkeiten bis 5 m/s.

Bezeichnung	Druckbereich	Anwendungsbereich
Niederdruck	30... 50 bar	Werkzeugmaschinen (Vorschubtriebe)
Mitteldruck	...170 bar	Transportanlagen, Baumaschinen, Fahrantriebe
Hochdruck	200...450 bar	Pressen, Spannvorrichtungen, Flugzeughydraulik

Bei instationären Betriebszuständen ist die Kompressibilität der Betriebsflüssigkeit zu beachten. Mittlere Werte der Kompressibilität von Hydrauliköl:

$$\beta = -\mathrm{d}V/V\,\mathrm{d}p = (7\ldots4,5)\cdot10^{-5}\,1/\text{bar}$$

bei 250 bis 20 bar Öldruck und 80 bis 20 °C Öltemperatur.

Die Berechnung instationärer Betriebszustände ist kompliziert, da Massen, Widerstände und Federeigenschaften nicht konzentriert, sondern verteilt angeordnet sind. Differentialgln. sind nichtlinear. Linearisierungen ergeben Näherungswerte der kritischen Frequenz ±20%, genauere Ergebnisse mit Matrizenmethoden [1].

1.1.2 Energieübertragung durch Gase
Pneumatic power transmission

Gase sind stark kompressibel, durch unterschiedliche Entspannung Arbeitsgeschwindigkeiten sehr ungleichförmig. Leistungsübertragung daher nur für untergeordnete Zwecke (Kleinwerkzeuge), zum Teil bei polytroper Zustandsänderung $pv^n = \text{const}$, $n = 1,3\ldots1,35$, häufig ohne Entspannung im Volldruckbetrieb. Genaue Positionierung nur durch mechanische Anschläge, Hauptanwendung für Spann- und Preßvorgänge. Arbeitsgeschwindigkeiten sehr hoch. Begrenzung des Druckbereichs mit Rücksicht auf einstufige Verdichtung und starke Zunahme der Verdichtungswärme bei höherem Druck.

Bezeichnung	Druckbereich	Anwendungsbereich
Niederdruck	… 1 bar	Steuerungen
Hochdruck	6…10 bar	Pressen, Spannvorrichtungen, Transport- u. Arbeitsgeräte

Exakte Geschwindigkeitseinstellung bei pneumatischen Vorschubtrieben an Werkzeugmaschinen und Handhabungsgeräten durch parallel- oder nachgeschaltete hydraulische Regeleinheiten (Pneumo-Hydraulik) oder Drosselsteuerungen mit überlagertem elektronischen Regler möglich.

1.2 Hydraulikflüssigkeiten. Hydraulic fluids

Als Betriebsflüssigkeiten werden Mineralöle, wasserhaltige Flüssigkeiten und wasserfreie Syntheseprodukte verwendet. Hydrauliköle HL und HLP sind Mineralöle, die in DIN 51524 gemäß DIN 51519 für die Viskositätsklassen $v = 7, 10, 15, 22, 32, 46$ und $68\cdot10^{-6}$ m^2/s bei 40 °C genormt sind. Mineralöle HL enthalten Wirkstoffe zur Verbesserung der Beständigkeit gegen hohe thermische Belastungen und zur Erhöhung des Korrosionsschutzes. Den HLP-Ölen sind weitere Additives zur Verbesserung des Verhaltens im Mischreibungsgebiet zulegiert, den HLPD-Ölen Additives, um eingedrungenes Wasser unschädlich zu machen.

Häufig werden Motorenöle HD, S1 und S3 als Druckflüssigkeit verwendet.
Viskositäts-Temperaturverhalten der Hydrauliköle (s. **Anh. H1 Bild 1**). Die Viskositäts-Druckabhängigkeit ist unter $p = 200$ bar vernachlässigbar. Auswahl der Öle erfolgt nach der nötigen Betriebsviskosität für die Bauelemente (Herstellerangabe) und der mittleren Betriebstemperatur. Übliche Übertemperatur gegen Umgebung 30 bis 50 K. Weiteres Auswahlkriterium ist sicherer Anlauf bei niedrigen Öltemperaturen nach Stillstandszeiten. Hohe Viskosität führt zu Ansaugschwierigkeiten. Übliche Betriebsviskosität $(20\ldots60)\cdot10^{-6}$ m^2/s. Neuere Entwicklungen von

Ölen mit Polymerzusätzen (Hoch-VI-Öle) ergeben geringere Viskositäts-Temperaturabhängigkeit, dadurch Senkung der Kaltstarttemperatur um rd. 10° möglich.
An Betriebsorten, in denen eine Entzündung austretenden Öls möglich ist (Hüttenwerke, Gießereien, Kohlebergbau), sind schwerentflammbare Flüssigkeiten einzusetzen. Bei wasserhaltigen Flüssigkeiten verhindert der sich bildende Wasserdampfmantel schlagartige Verbrennung. HFA: Öl-in-Wasser-Emulsion s. H6. HFB: Wasser-Öl-Emulsionen mit Wassergehalten bis 60%. HFC: wäßrige Polymerlösungen, vorzugsweise Polyalkylenglykol-Wasser-Lösungen mit bis zu 60% Wasser. Beim Einsatz wasserhaltiger Flüssigkeiten sind die Belastungswerte zu reduzieren wegen des geringeren Verschleißschutzvermögens speziell bei Wälzreibung, ferner sind spezielle Filtereinsätze zu verwenden. HFD: wasserfreie Flüssigkeiten, unbrennbar wegen ihres chemischen Aufbaues, z.Z. nur Phosphatester. Verschleißschutzvermögen gut, vor Einsatz sind die Beständigkeit der Dichtungen und die Toxizität zu überprüfen.

1.3 Systematik. Systematology

1.3.1 Aufbau und Funktion der Fluidgetriebe
Structure and operation of fluidic transmission

In Fluidgetrieben sind die Generatoren (Pumpen, Verdichter), Motoren und die Steuerungselemente im Kreislauf zusammengeschaltet, in dem das Betriebsfluid zur Leistungsübertragung umläuft, **Bild 2**. Wegen des hohen Druckniveaus sind als Pumpen und Motoren nur Verdrängermaschinen möglich. Dadurch und wegen der Inkompressibilität der Hydraulikflüssigkeiten besteht bei den hydrostatischen Getrieben Volumenschluß zwischen den Antriebs- und Abtriebseinheiten, d.h. die Übersetzung der Hydrogetriebe ist nahezu belastungsunabhängig (Nebenschluß-Charakteristik). Demgegenüber ist die Kompressibilität der Druckluft sehr viel höher. Pneumatische Getriebe zeigen Hauptschluß-Verhalten.
Der Transport des Druckmittels erfolgt in Leitungen, dadurch besteht Freizügigkeit in der Anordnung von Antrieb, Steuerung und Motor. Wirtschaftlich sind noch Abstände bis 30 m bei Hydrogetrieben, bis 150 m bei pneumatischen Anlagen.
Die Steuerung dient dazu, die Übersetzung den Arbeitsbedingungen gemäß einzustellen und die Belastung des Getriebes zu begrenzen. Sie wirkt auf den Fluidstrom unmittelbar durch das Schalten von Strömungswegen, durch Richtungsvorgabe und Stromabzweigung oder mittelbar durch Eingriff in die Verdrängungsgeometrie der Pumpen und Motoren. Die Funktion erfolgt bedingt (z.B. Drucksteuerung, Lagesteuerung) oder wird ausgelöst. Die Steuerelemente arbeiten gleichfalls mit Zellenabschluß. Sie können direkt oder indirekt betätigt werden. Dadurch be-

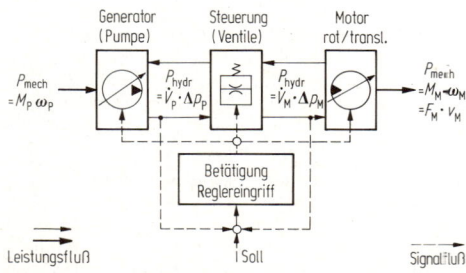

Bild 2. Blockschaltbild des Fluidgetriebes

steht gute Fernbedienbarkeit und Automatisierung durch Kombination mit elektrischen und elektronischen Steuerungsmitteln.

1.3.2 Ordnung der Fluidgetriebe
Classification of fluidic transmission

Der Energietransport mit Hilfe der beliebig verformbaren Gas- und Flüssigkeitsströme gestattet eine nahezu unbegrenzte Wandlung der durch das Getriebe fließenden Leistung innerhalb ihrer Faktoren Kraft bzw. Drehmoment und Geschwindigkeit bzw. Winkelgeschwindigkeit. Die Ordnung erfolgt nach den äußeren Bedingungen:

Übertragung

Leistungsgetriebe. Sie haben die Aufgabe, die eingebrachte Leistung in möglichst weitem Übersetzungsbereich zu ändern zur Erzeugung vorgegebener Kräfte/Momente bei gewünschten Geschwindigkeiten/Winkelgeschwindigkeiten am Wirkungsort. Wegen der großen Leistung wird hoher Wirkungsgrad gefordert.

Stellgetriebe. Sie sollen für Steuerungen und Regelungen eingebrachte Signale und Befehle am Wirkungsort unverfälscht auslösen. Entscheidend ist die Übertragungsgüte der Information, der Wirkungsgrad vernachlässigbar.

Wirkungsweise

Gemäß der Aufgabe können die Leitungskomponenten in der Bedeutung unterschiedlich hervortreten:

Leistungstriebe. Sie übertragen Leistung vom Erzeugungs- zum Wirkungsort. Wichtig ist ein guter Wirkungsgrad in weitem Übersetzungsbereich (Beispiel: Fahrantrieb).

Krafttriebe. Sie sollen hohe Kräfte/Momente am Wirkungsort liefern, der Wirkungsgrad tritt zurück (Beispiel: Pressen, Scheren, Spannzeuge).

Vorschubtriebe. Sie haben die Aufgabe, gegen meist nur kleine Kräfte Vorschubbewegungen mit hoher Stell- und Geschwindigkeitsgenauigkeit zu erzeugen. Der Wirkungsgrad ist meist ohne Bedeutung (Beispiel: Vorschubtriebe an Werkzeugmaschinen, Kopiersteuerungen).

Art der Ausgangsbewegung

In den Getrieben lassen sich gleich- und verschiedenartige Maschinen beliebig miteinander kombinieren. Gemäß der wichtigeren, da für den Einsatzfall gewünschten Ausgangsbewegung unterscheidet man:

Drehgetriebe. Mit unbegrenztem Drehwinkel der Abtriebswelle.

Schwenkgetriebe. Mit begrenztem Drehwinkel der Abtriebswelle.

Schubgetriebe. Mit Längsbewegung.

Funktion

Eigenbetätigte Systeme. Sie dienen der Kraftverstärkung, Kraftübertragung an entfernte Orte und der Kraftverteilung. Die eingeleitete Kraft wird von der Bedienungsperson durch Muskelkraft aufgebracht (Beispiel: hydraulische Kfz-Bremse).

Fremdbetätigte Systeme. Die üblichen hydraulischen und pneumatischen Triebe. Mechanische Energie wird von außen eingebracht, als Fluidleistung transportiert und, am Wirkungsort entsprechend gewandelt, nach außen abgegeben. Die Bedienung greift nur schaltend (steuernd, regelnd) ein.

Hilfskraftsysteme. Diese dienen der analogen Verstärkung eingebrachter Steuerkräfte (Meßwerkkräfte, mechanische Kräfte) mit Hilfe von Fremdenergie (Beispiel: Turbinenregler, hydraulische Lenkhilfe, Lkw-Druckluftbremse).

1.3.3 Gliederung der Getriebebauweisen
Arrangement of transmissions

Der innere Aufbau der Getriebe wird durch den Einsatzfall, die Betriebsbedingungen, die Anordnung am Betriebsort und die daher bedingten Bauformen der Pumpen und Motoren bestimmt. Verdrängermaschinen bestehen aus den Hauptgliedern Stator und Rotor, deren Funktion je nach Bauweise verschiedenen Gliedern zugewiesen sein kann (innen-/außenliegender Rotor).

Beim Zusammenschalten zum Getriebe stehen im Ferngetriebe Pumpe und Motor getrennt, im Kompaktgetriebe sind sie in einem gemeisamen Gehäuse untergebracht (nur hydrostatische Getriebe).

Ferngetriebe sind gemäß **Bild 3** nur als Standgetriebe möglich, d.h. ein Glied der Maschinen ist gegenüber dem Fundament (Steg) festgelegt. Umlaufgetriebe entstehen durch mechanische Verbindung von Maschinengliedern in Kompaktgetrieben. Koppelgetriebe sind der Zusammenschluß von hydrostatischen Getriebe mit mechanischen (Zahnrad-)Getrieben, meist in Kompaktbauart. Ihr Aufbau erfolgt aus einem dreiwelligen (Umlauf-)Getriebe und einem zweiwelligen Nebengetriebe, das zwei Wellen des Umlaufgetriebes verbindet. Wahlweise können das Haupt- oder das Nebengetriebe als hydrostatisches Getriebe ausgeführt sein (s. VDI-Richtlinie 2151).

Wegen der Bindung der Maschinen nur durch den Fluidstrom kann Leistung in beliebiger Aufteilung zu- oder abgeführt werden:

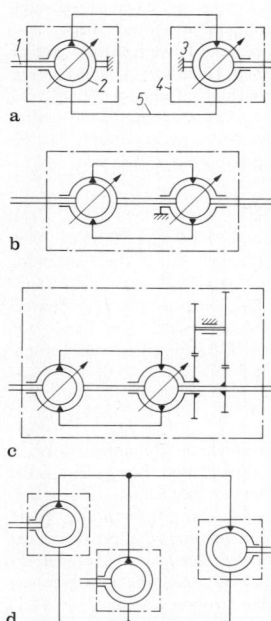

Bild 3. Gliederung der Fluidgetriebe. **a** Standgetriebe in Fernbauart, *1* innenliegender Rotor, *2* Gehäuse, *3* Festpunkt (Gestell), *4* Baugruppe, *5* Fluidleitung; **b** hydrostatisches Umlaufgetriebe in Kompaktbauart; **c** Koppelgetriebe mit hydrostatischem Haupt- und mechanischem Nebengetriebe; **d** Sammelgetriebe in Fernbauart

Sammelgetriebe werden durch mehrere, parallel geschaltete Pumpen gespeist; im *Verteilgetriebe* erfolgt die Leistungsübertragung auf mehrere Motoren in Reihen- oder Parallelschaltung (Differential).

1.3.4 Symbole. Symbols

In den Schaltplänen der hydraulischen und pneumatischen Getriebe und Steuerungen werden die Geräte durch Bildzeichen dargestellt. Diese abstrahieren vom konstruktiven Aufbau und kennzeichnen nur die Funktion. Die Darstellung im Schaltkreis erfolgt für die Ruhestellung der Geräte oder, falls diese nicht vorhanden, in der Ausgangstellung der Steuerung.

Aufbau, Bedeutung und Anwendung der Symbole sind in DIN ISO 1219 genormt. Weitere Bildzeichen, besonders für Rohrleitungsanlagen (DIN 2429), können ergänzend herangezogen werden. Die wichtigsten Symbole im Auszug s. **Anh. H1 Bild 2**.

2 Bauelemente hydrostatischer Getriebe. Components of hydrostatic transmissions

2.1 Hydropumpen. Pumps

2.1.1 Übersicht. Synopsis

Hydropumpen sind Umlaufverdränger- (Drehkolben-) oder Hubverdränger-(Schubkolben-)maschinen mit festem oder verstellbarem Verdrängervolumen, **Bild 1** und **Tab. 1**. In der Praxis sind die Verdrängungsprinzipien bestimmten Anwendungsbereichen zugeordnet. Der zulässige Dauerbetriebsdruck (bei wirtschaftlichem Einsatz und hinreichender Lebensdauer) wird durch die Art des Verdrängers und die daraus folgende Belastung des Triebwerks usw. bestimmt. Das zweite wesentliche Merkmal ist die Kammerbildung, d.h. die Größe des Hubvolumens im Vergleich zur Maschinengröße, und die Kammerform. Bei den meist rechteckigen Zellenquerschnitten der Umlaufverdrängermaschinen sind die Spalttoleranzen schwieriger zu beherrschen. Die druckabhängigen, inneren Leckverluste begrenzen den Anwendungsbereich auf Nieder- und Mitteldruckanlagen. Zylindrische Passungen sind einfach herzustellen, der Hoch- und Höchstdruckbereich erfordert daher Schubkolbenmaschinen. Demgegenüber ist der Einfluß der Wirkart auf die Betriebsdrehzahl nur gering. Er wird durch die allgemeine Regel überdeckt daß die zulässige Drehzahl mit der Baugröße zurückgeht.

Umlaufverdrängermaschinen

Sie fördern die Druckflüssigkeit bei gleichförmiger Drehung in Zellen, deren Volumen durch die Gestaltung der Begrenzungswände oder das Eindringen eines Zahns zyklisch verändert wird. Der Umlaufverdränger bewirkt gleichzeitig den gegenseitigen Abschluß der Saug- und Druckräume. Verstellbares Hubvolumen ist nur bei einhubigen Flügelzellenpumpen möglich.

Hubverdrängermaschinen

Diese sind gekennzeichnet durch die Trennung des Triebwerks vom Förderraum, die zyklische Veränderung der Zellengröße erfolgt mit einem längsbewegten Kolben. Verstellung des Hubvolumens ist durch Eingriff in die Triebwerksgeometrie oder in die Steuerung möglich. Wegen der inneren Strömungsumkehr der Flüssigkeit benötigten Maschinen Schieber- oder Ventilsteuerung zwischen dem Verdrängungsraum und den Strömungswegen.

2.1.2 Pumpenkennwerte und Leistungsbilanz
Characteristics and power rating

Verdrängungsvolumen = Hubvolumen V_H wird aus den geometrischen Daten der Maschine errechnet. Listenmäßig meist angegeben in cm^3/U. Unter der Voraussetzung vollständiger Füllung des Hubvolumens beim Ansaugen ergibt sich:

Theoretischer Förderstrom $\dot{V}_{th} = n V_H = \omega V_0$

(n Drehzahl, $\omega = 2\pi n$, $V_0 = $ Grundvolumen $= V_H/2\pi$). Die Förderung gegen das Pumpendruckgefälle zwischen Ansaug- (S) und Druckstutzen (D) $\Delta p = p_D - p_S$ bewirkt ein theoretisches Pumpenmoment

$$M_{th} = \Delta p V_H/2\pi = \Delta p V_0.$$

Die tatsächlichen Verhältnisse bei verlustbehafteter Leistungsübertragung sind vereinfacht in **Bild 2** gezeigt. Die mechanische Antriebsleistung $P_m = M\omega$ wird durch Reibung im Triebwerk und zwischen den Verdrängerelementen um die Reibverlustleistung $P_{v,r} = M_r\omega$ herabgesetzt auf die

Verdrängerleistung $P_u = (M - M_r)\omega$.

Sie wird auf den Verdrängungsvolumenstrom übertragen und aufgeteilt in die Verdrängungsleistung P_{th} gegen Δp und die hydraulische Verlustleistung

$$P_{v,h} = \dot{V}_{th}\Delta p_h = M_h\omega.$$

Hierin werden Strömungsverluste und die (sehr kleine) Kompressionsarbeit zusammengefaßt. Somit gelten

$$P_m = P_{th} + P_{v,r} + P_{v,h} \quad \text{bzw.} \quad M = M_{th} + M_r + M_h.$$

Beide Verlustarten entstehen in der Maschine und werden, da meßtechnisch nicht zu trennen, gemeinsam erfaßt im

mechanisch-hydraulischen Wirkungsgrad

$$\eta_{hm} = P_{th}/P_m = 1 - (P_{v,r} + P_{v,h})/P_m$$
$$= 1/(1 + (P_{v,r} + P_{v,h})/P_{th}).$$

Die Druckdifferenz Δp verursacht einen Leckstrom $\dot{V}_v$ durch die Spalte, der den Verdrängungsvolumenstrom reduziert auf den

tatsächlichen Förderstrom $\dot{V} = \dot{V}_{th} - \dot{V}_v$

und dabei den Leistungsverlust $P_{v,v} = \dot{V}_v\Delta p = P_{th} - P_h$ bewirkt.

Volumetrischer Wirkungsgrad

$$\eta_v = P_h/P_{th} = 1 - P_{v,v}/P_{th} = 1 - \dot{V}_v/\dot{V}_{th}.$$

Die Bilanz der Wandlung mechanischer Antriebsleistung in die hydraulische Pumpenleistung $P_h = \dot{V}\Delta p$ wird zusammengefaßt im

Gesamtwirkungsgrad

$$\eta_t = P_h/P_m = 1 - \Sigma P_v/P_m$$
$$= (1 - P_{v,rh}/P_m)(1 - P_{v,v}/(P_m - P_{v,rh})) = \eta_{hm}\eta_v.$$

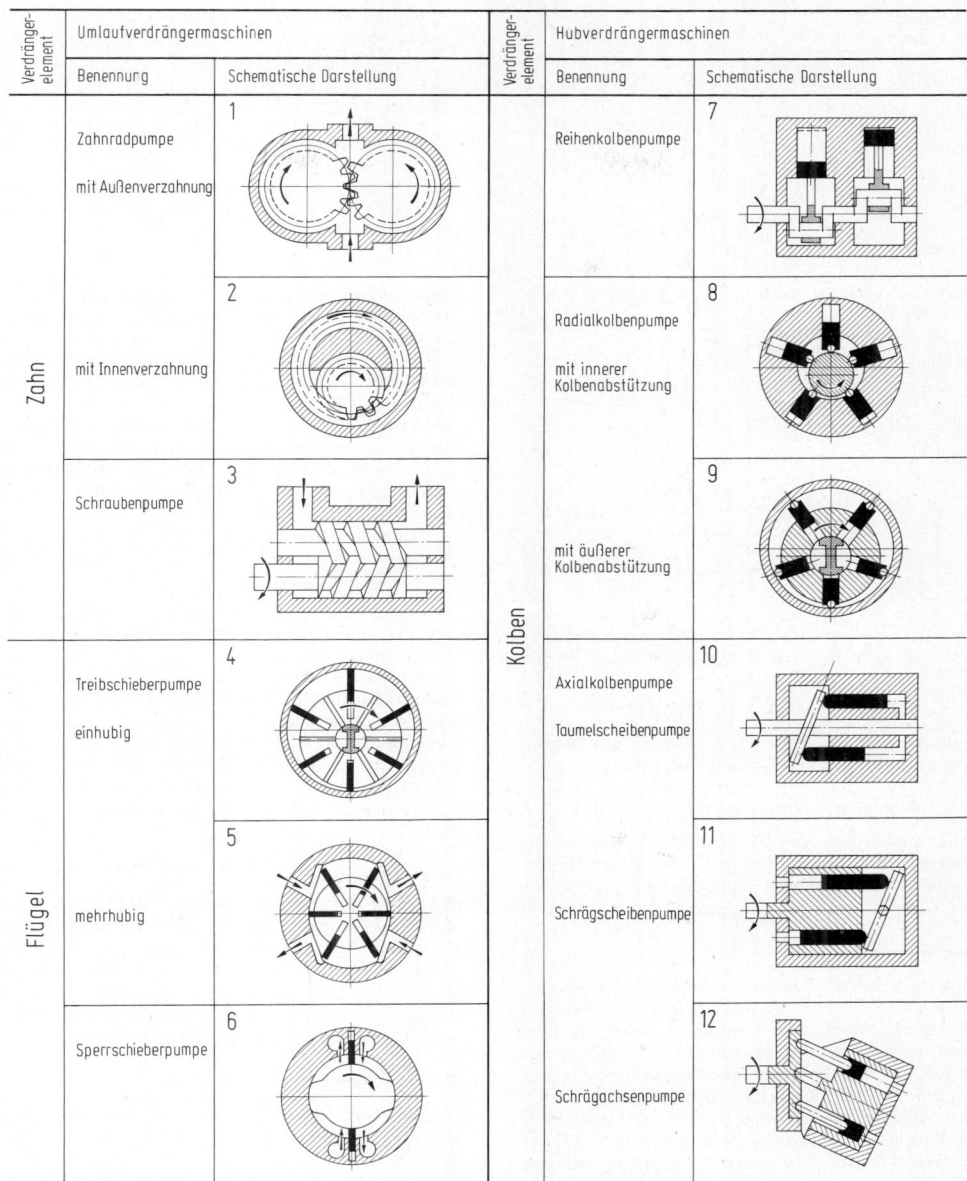

Bild 1. Übersicht der gebräuchlichen Hydropumpen

Tabelle 1. Übliche Betriebswerte von Hydropumpen (System-Nummern nach **Bild 1**)

Nr.	Verdrängungs-volumen in cm³/U	Druckbereich bar	Drehzahl l/min	günstigste Ölviskosität in 10^{-6} m²/s
1, 2	0,4... 1200	...200 Innen ZP...350	1 500...3 000 (...3 500)	40... 80
3	2 ... 800	...200	1 000...5 000	80...200
4	30 ... 800	...100	500...1 500	30... 50
5	3 ... 500	...160 (200)	500...3 000	30... 50
6	8 ... 1000	...160	500...1 500	30... 50
7	... 800	...400	1 000...2 000	20... 50
8, 9	0,4...15000	...630	1 000...2 000	20... 50
10, 11, 12	1,5... 3600	...400	500...3 000	30... 50

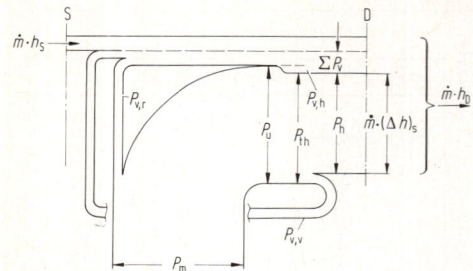

Bild 2. Leistungsflußbild einer Hydropumpe. (Erläuterung der Formelzeichen in H 1)

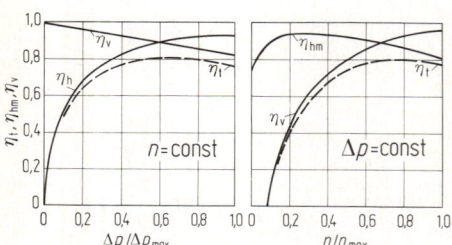

Bild 3. Typischer Verlauf der Wirkungsgradkennlinien einer Konstantpumpe, abhängig (**a**) vom Betriebsdruck, (**b**) von der Betriebsdrehzahl

Größen sind vom Betriebszustand abhängig, ihre Darstellung erfolgt üblicherweise in Kennlinien (**Bild 3**).

2.1.3 Zahnpumpen. Gear type pumps

Zahnpumpen (Umlaufverdrängermaschinen) bestehen aus mindestens zwei miteinander kämmenden Rotoren, bei denen die Verdrängung durch Zahneingriff erfolgt. Bauarten sind Zahnrad- und Schraubenpumpen.

Zahnradpumpen

Sie werden unterschieden in Außenzahnradpumpen, bei denen mindestens zwei außenverzahnte Räder im Eingriff sind, und Innenzahnradpumpen, die aus einem innenverzahnten und mindestens einen außenverzahnten Rad aufgebaut sind, **Bild 1**. Weiter wird unterteilt in Einfachpumpen mit zwei Rädern und Mehrfachpumpen in Reihen- (angetriebenes Mittelrad, mehrere Trabantenräder) und Parallelanordnung (mehrere Radsätze auf gemeinsamer Welle). Mehrfachpumpen zur Versorgung mehrerer getrennter Kreise (Mehrstrompumpen) oder als Abschaltpumpen.
Das *Verdrängungsvolumen* beträgt

$$V_H = \frac{\pi b}{4}[d_{a_1}^2 + d_{a_2}^2 \cdot z_1/z_2 - d_{w_1}^2(1 + z_2/z_1)$$
$$- (1 + z_1/z_2)\pi^2 m^2 \cos^2 \alpha_P/3]$$

(d_a Außendurchmesser, d_w Betriebswälzkreisdurchmesser, z Zähnezahl, m Modul, b Breite, α_P Flankenwinkel des Bezugsprofils).
Durch den Zahneingriff wird dem Förderstrom eine Pulsation mit Zahnfrequenz überlagert. Die *Ungleichförmigkeit* $\delta = (\dot{V}_{max} - \dot{V}_{min})/\dot{V}$ hängt vor allem von der Zähnezahl ab. Die Strompulsation bewirkt Druckschwingungen im Druckraum und verursacht das hauptsächliche Laufgeräusch.

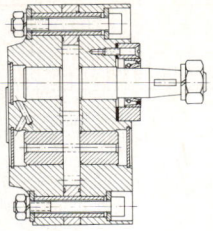

Bild 4. Einfache Zahnradpumpe in Plattenbauweise (Robert Bosch, Stuttgart)

Außenzahnradpumpe. Übliche Ausführungen mit Evolventenverzahnung und Überdeckungsgrad >1. Daher Abfluß des Quetschvolumens im Zahneingriff vorsehen durch Nuten in den Druckraum. Normalbauform mit zwei gleichen Rädern. Ungleichförmigkeit $\delta = 25...10\%$ für Zähnezahlen $z = 9$ bis 20.
Konstruktiver Aufbau z.B. in Plattenbauweise: **Bild 4.** Lagerung üblicherweise mit Gleitlagern, bei großen Pumpen auch mit Wälzlagern. Erhöhung des Betriebsdrucks (normale Ausführung < 100 bar) auf Werte > 200 bar durch Druckkompensation mittels Druckfeldern, die auf verschiebbare Lagerelemente wirken. Wirkungsgrade im Dauerbetrieb bei $\eta_t = 0{,}85...0{,}75$ (Normalausführung) und bei $\eta_t > 0{,}9$ mit Druckentlastung.

Innenzahnradpumpen. Diese haben günstigere Eingriffsverhältnisse und daher einen Ungleichförmigkeitsgrad im Förderstrom $\delta \approx 3...5\%$. Erstreckung der Ansaug- und Ausschubzonen über einen größeren Winkelbereich gewährleistet gute Füll- und Verdrängungsverhältnisse und niedriges Laufgeräusch. Zahnringpumpen bestehen aus zwei Rädern, wobei die Zähnezahl des Hohlrads um 1 größer ist als die des Ritzels. Betriebsdruck < 100 bar. Hochdruckpumpen besitzen ein sichelförmiges Trennstück zur Abdichtung zwischen den Rädern. Betriebsdruck < 350 bar.

Schraubenpumpen

Sie weisen (prinzipieller Aufbau s. **Bild 1**) eine pulsationsfreie Förderung und besondere Laufruhe auf, die auch bei hohen Drehzahlen und gegen höhere Betriebsdrücke erhalten bleiben. Verwendung in Aufzugsanlagen und Feinbearbeitungsmaschinen. Nachteilig sind Herstellungskosten, relativ niedriger volumetrischer Wirkungsgrad < 0,8 und die Forderung hoher Ölviskosität.

2.1.4 Flügelpumpen. Vane type pumps

Bei den Flügelpumpen (prinzipieller Aufbau s. **Bild 1**) werden die Verdrängerzellen durch Flügel abgeteilt, wobei diese verschiebbar im Rotor (*Flügelzellenpumpe=Treibschieberpumpe*) oder im Stator (*Sperrschieberpumpe*) angeordnet sind. Die Bildung des Verdrängervolumens erfolgt durch Relativbewegung von Rotor und Stator. Ihre Vorteile gegenüber den Zahnradpumpen sind: geringe Förderstrompulsation, geringe Geräuschentwicklung, besonders niedriges Leistungsgewicht (0,4 bis 0,6 kg/kW) und höhere zulässige Drehzahlen.

Flügelzellenpumpen

Sie bestehen im Prinzip (**Bild 5**) aus einem im Gehäuse exzentrisch gelagerten, geschlitzten Rotor, in dem radial verschiebliche Lamellen gleiten. Sie werden durch Fliehkraft, evtl. durch Federkraft oder Druckbelastung von innen unterstützt, an die Gehäusewand gepreßt und bilden die sich sichelförmig erweiternden und verengenden Förderzellen.

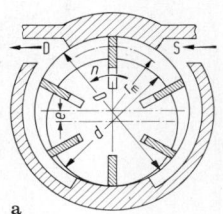 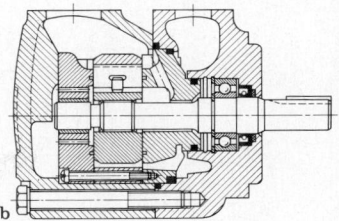

Bild 5. Flügelzellenpumpe. **a** Förderschema;
b Ausführungsbeispiel

Es ergibt sich das Verdrängervolumen zu

$$V_{\mathrm H} = 4\pi r_{\mathrm m} eb.$$

Verstellpumpen sind so gebaut, daß die Exzentrizität e während des Laufs verändert und derart der Förderstrom bei gleichbleibender Drehzahl und -richtung variiert, evtl. auch umgekehrt werden kann.

Mehrhubige, einstufige Pumpen ermöglichen Betriebsdrücke bis 160 (250) bar. Bei der Anordnung von je zwei sich gegenüberliegenden Saug- und Druckkammern heben sich die Radialkräfte auf den Rotor auf. Mehrhubige Flügelzellenpumpen erreichen Wirkungsgrade > 0,85 bis 0,9, einhubige Pumpen Wirkungsgrade von 0,6 bis 0,85.

Sperrschieberpumpe

Umkehrung des Prinzips mit stehenden Flügeln und rotierender Nockenbahn. Zwei kurvenförmig geschliffene, auf der Welle um 90° versetzte Doppelnockenläufer rotieren in zwei nebeneinander angeordneten Kammerringen, die durch eine Trennwand abgeteilt sind. Dauerbetriebsdruck 175 bar, Gesamtwirkungsgrad > 0,9.

2.1.5 Kolbenpumpen. Piston pumps

Kolbenpumpen (*Hubverdrängermaschinen*) weisen gegenüber den Umlaufverdrängermaschinen Vorteile auf, insbesondere niedrigere Leckverluste infolge guter Abdichtung der zylindrischen Passungen und die Ausführungsmöglichkeiten als Verstellpumpe mit hohem Betriebsdruck durch Verändern der Triebwerksgeometrie. Erzeugung der Kolbenbewegung erfolgt wegen der kleinen Abmessungen überwiegend durch Kurvengetriebe (Exzenter). Der Antrieb erfolgt wahlweise an der Exzenterwelle oder am Zylinderblock. Die Maschinen werden sowohl durch Schieber wie durch Ventile gesteuert. Schiebersteuerung ist häufig in den rotierenden Zylinderblock verlegt, sonst als Drehschiebersteuerung axialer und zylindrischer Bauweise bzw. mit exzenterbetriebenen Längsschiebern ausgeführt. Nachteilig sind die Leckverluste sowie das höhere Betriebsgeräusch durch Kompressionsschläge bei der zwangsweisen Verbindung des Zylinders mit den Druckkanälen. Demgegenüber öffnen die eigengesteuerten Ventile etwa bei Druckgleichheit, die Pumpen laufen besonders bei hohen Drücken leiser und haben wegen dichten Ventilsitzes besseren volumetrischen Wirkungsgrad. Allerdings ist keine Umkehrung der Förderstromrichtung möglich, und Schließverzögerung der Ventile führen bei höheren Drehzahlen zu schlechterem Füllungsgrad. Der Förderstrom eines Einzelzylinders erfolgt etwa sinusförmig. Dem Gleichanteil des Förderstroms einer Mehrzylinderpumpe

$$\dot V_{\mathrm{th}} = n V_{\mathrm H} \qquad (n = \text{Drehzahl})$$

ist eine Strompulsation überlagert, deren Ungleichförmigkeitsgrad δ von der Zylinderzahl abhängt:

i	3	4	5	6	7	8	9
δ %	14	32,5	5	14	2,5	7,8	1,5

Das *Hubvolumen* beträgt $V_{\mathrm H} = iAH$ (i Kolbenzahl, A Kolbenfläche, H Kolbenhub).

Die Pumpen werden daher bevorzugt mit ungerader Zylinderzahl ausgeführt. Wichtigste Bauformen sind Radial- und Axialpumpen. Reihenkolbenpumpen sind wenig verbreitet, jedoch als Verstellpumpe mit Schrägkantensteuerung (Bosch Preßpumpe, vgl. Dieseleinspritzanlagen) im Prüfmaschinenbau eingeführt.

Radialkolbenpumpen

Die Kolben der RKP sind sternförmig um die Drehachse angeordnet, die Kolbenbewegung erfolgt in radialer Richtung. Pumpen mit innenliegendem Exzenter, Antrieb der Exzenterwelle und stillstehendem Zylinderstern erhalten Ventil- oder Schieberaußensteuerung. Bevorzugte Bauweise für Konstantpumpen, doch wird bei sehr großen Pumpen auch Exzenterverstellung ausgeführt (Exzentra, Stuttgart). Anordnung von zwei Zylindersternen nebeneinander und Antrieb durch um 180° versetzte Exzenter ermöglichen Kraftausgleich an der Welle. Triebwerke mit Außenexzenter werden ausschließlich mit drehender Zylindertrommel und Innensteuerung (Schlitzsteuerung) ausgeführt.

Feste Radialkolbenpumpen. Bei diesen ist der Exzenter von einem Wälzlager umschlossen, dessen Außenring durch Reibung von den im Druckhub befindlichen Kolben mitgenommen wird. Das kinematisch bedingte Gleiten findet nur beim Saughub statt. Je nach Ausbildung des Tragrings lassen sich bis zu acht gleichartige Zylindereinheiten in einer Ebene anordnen, deren Fördersysteme entweder gesammelt durch einen umlaufenden Druckkanal oder gruppenweise (Mehrstrompumpe) nach außen geführt werden. Steuerung durch federbelastete Kegelventile auf der Saug- und Kugelventile auf der Druckseite. Gehäuse ist gleichzeitig Saugraum, es ist geringer Zulauf erforderlich. Druckbereich bis 600 bar.

Verstellbare Pumpen. Nach **Bild 6** als vorwiegender Bauart rotiert der angetriebene Zylinderblock um die feststehende Zentralachse. Diese ist zweifach längsdurchbohrt für die Ölführung und in der Sternebene als Steuerschieber ausgebildet. Die Kolben sind durch Kreuzkopfführungen querkraftbelastet und stützen sich durch Kolbenbolzen und Gleitschuhe gegen die wälzlagergeführte, mitrotierende Außenbahn ab. Der Außenexzenter wird um den Gehäusezapfen geschwenkt zum stufenlosen Verstellen der Exzentrizität von $+e$ auf $-e$ und damit der Größe und Richtung des Förderstroms bei gleichbleibender Antriebsdrehzahl.

Drehzahlbereich beschränkt, da erhebliche Massenkräfte zusätzlich zu den Druckkräften die Laufbahn belasten. Druckbereich bis 450 bar, Wirkungsgrad im mittleren Bereich 0,9.

Axialkolbenpumpen

Die Kolben der Axialkolbenpumpen sind achsparallel in der Zylindertrommel auf einem Kreis angeordnet und

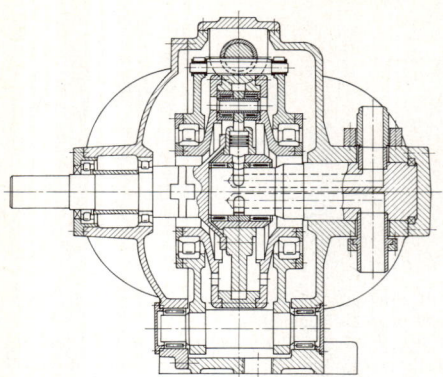
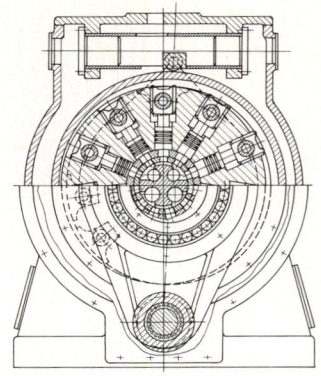

Bild 6. Verstellbare Radialkolbenpumpe mit äußerer Kolbenabstützung und Innensteuerung (Wepuko Hydraulik, Metzingen)

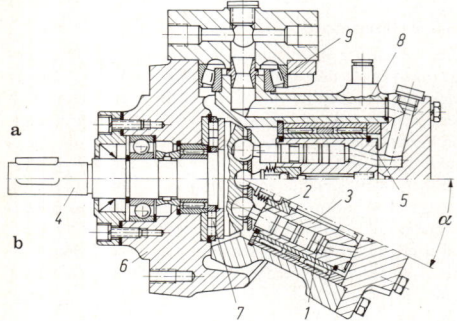

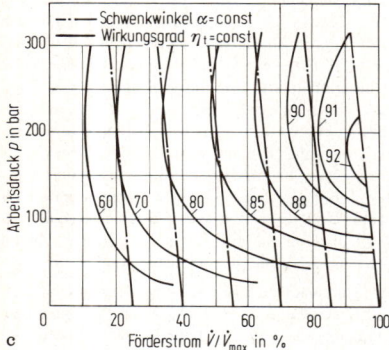

Bild 7. Verstellbare Schrägtrommel-Axialkolbenpumpe (Mannesmann-Rexroth GmbH, Horb). **a** Nullstellung; **b** Förderstellung bei Schwenkwinkel α_0, um 90° gedreht gezeichnet; **c** Förderstrom- und Wirkungsgradkennlinien. *1* Kolben, *2* Kolbenstange, *3* Zylinderblock, *4* Welle mit Triebflansch, *5* Steuerfläche, *6* Lagerflansch, *7* Axial-Zylinderrollenlager, *8* Zylindergehäuse, *9* Schwenklager

erhalten die Hubbewegung durch die (bei Verstellmaschinen veränderliche) Neigung der Stützscheibe gegenüber der Trommel. Dabei sind folgende Anordnungen möglich (**Bild 1**):

Taumelscheibenmaschinen. Antriebswelle und Trommel gleichachsig, Trommel feststehend, Antrieb der Stützscheibe. Pumpen meist ventilgesteuert, dann Förderrichtung nicht umkehrbar, aber beliebige Antriebsdrehrichtung. Maschinen üblicherweise nur als Konstantpumpen.

Schrägscheibenmaschinen. Antriebswelle und Trommel gleichachsig, Trommel angetrieben, Stützscheibe feststehend. Schiebersteuerung durch Trommel, Förderrichtung bei gleicher Antriebsdrehrichtung umkehrbar.

Schrägachsenmaschinen. Antriebswelle gegen Trommel geneigt, Trommel und Stützscheibe angetrieben. Schiebersteuerung durch Trommel, Förderrichtung umkehrbar; **Bild 7a, b.** Dauerdruck 180 bis 220 bar, Spitzendruck über 400 bar, zulässige Drehzahlen bis 3500 1/min, abnehmend mit Baugröße.
Kennlinienfeld und Wirkungsgrad der Pumpe gemäß **Bild 7c.** Das Verdrängervolumen ergibt sich zu

$$V_{\mathrm{H}} = iAH = i\pi(d^2/4)D\sin\alpha$$

(*d* Kolbendurchmesser, *D* Durchmesser der Kolbenanlenkung, *i* Kolbenzahl, α Schwenkwinkel).

2.2 Hydromotoren. Motors

Hydromotoren werden nach der Ausgangsbewegung unterschieden in *Drehmotoren, Schwenkmotoren* (begrenzter Drehwinkel) und *Schubmotoren* (Zylinder). Als Drehmotoren eignen sich alle in Abschn. H2.1 beschriebenen Bauprinzipien der Umlaufverdrängermaschinen sowie die schiebergesteuerten Schubkolbenmaschinen. Die Motoren haben in der Regel konstantes Hubvolumen, nur in Ausnahmefällen werden Verstellmaschinen angewendet. Die Leistungsbilanz für einen Hydromotor (H2.1.2) zeigt:

Die *hydraulische Leistung* $P_{\mathrm{H}} = \dot{V}\Delta p$ wird um die *Leckverlustleistung* $P_{\mathrm{v,v}} = \dot{V}_{\mathrm{v}}\Delta p$ auf die *theoretische Leistung* $P_{\mathrm{th}} = \dot{V}_{\mathrm{th}}\Delta p = (\omega V_0 M_{\mathrm{th}})/V_0$ herabgesetzt. Danach:

Volumetrischer Wirkungsgrad: $\eta_{\mathrm{v}} = P_{\mathrm{th}}/P_{\mathrm{H}} = 1 - (\dot{V}_{\mathrm{v}}/\dot{V})$.
Die *hydraulische* $P_{\mathrm{v,h}} = \dot{V}_{\mathrm{th}}\Delta p_{\mathrm{h}} = \omega M_{\mathrm{h}}$ und die *mechanische Verlustleistung* $P_{\mathrm{v,r}} = M_{\mathrm{r}}\omega$ werden zusammengefaßt zu $P_{\mathrm{v,rh}} = P_{\mathrm{v,r}} + P_{\mathrm{v,h}}$.

Mechanische Motorleistung $P_{\mathrm{m}} = P_{\mathrm{th}} - P_{\mathrm{v,rh}} = P_{\mathrm{th}}\eta_{\mathrm{hm}} = M\omega$.

Gesamtwirkungsgrad $\eta_{\mathrm{t}} = P_{\mathrm{m}}/P_{\mathrm{H}} = \eta_{\mathrm{v}}\eta_{\mathrm{hm}}$.
Für die Verteilung der Verluste und die Einflußgrößen gelten die Bemerkungen zu Abschn. H2.1.2 sinngemäß.

Zahnradmotoren

Diese haben schlechtes Anlaufverhalten unter Last, ihr Einsatzbereich ist auf höhere Drehzahlen begrenzt. Für langsamlaufende Antriebe sind Zahnradgetriebemotoren mit angeflanschten Zahnraduntersetzungsgetrieben ($i_G = 6\ldots18$) lieferbar. Besseres Betriebsverhalten zeigen innenverzahnte Motoren ohne Trennstück. Innenrotor hat einen Zahn weniger als Außenring. Drehen beide Rotoren, erfolgt Steuerung durch feste Sichelnuten (Gerotor). Bei feststehendem Außenrotor führt Innenläufer zusätzlich Umlaufbewegung aus, gesteuert durch Drehschieber (Orbit).

Treibschiebermotoren

Flügelzellenmotoren werden sowohl als schnellaufende Einheiten, evtl. mit angeflanschten Reduziergetriebe, wie auch als Langsamläufer mit Mehrfachbeaufschlagung ausgeführt.

Kolbenmotoren

Alle bekannten Bauformen der schiebergesteuerten Axial- und Radialkolbenmaschinen sind als Motoren gleich gut geeignet. Zweckmäßige Einteilung nach Drehzahlbereichen in

Langsamläufer   mit $n = \quad(1\ldots\ 150)1/\text{min}$
Mittelläufer   mit $n = \quad(10\ldots\ 750)1/\text{min}$
Schnelläufer   mit $n = (300\ldots3000(6000))1/\text{min}$.

Als Schnelläufer bevorzugt Axialkolbenmotoren, für niedrige Abtriebsdrehzahlen mit angeflanschtem Reduziergetriebe. Langsamläufer meist in Radialbauform. Letztere haben bei gleichem Antriebsmoment niedrigere Trägheitsmomente und weisen daher bessere Dynamik auf als Getriebemotoren. Zu beachten ist Drehzahlungleichförmigkeit bei niedrigen Drehzahlen. Druckbereiche und Wirkungsgrade wie bei Pumpen.

Schwenkmotoren

Diese arbeiten mit begrenzten Drehwinkeln (max 720°) und erzeugen die Schwenkbewegung entweder direkt (Flügelmotor, Schwenken eines Flügels in unterteiltem Kreiszylinder, Schwenkwinkel < 300°) oder aus einer geradlinigen Kolbenbewegung mittels Getriebe (Zahnstangenbauweise vgl. **Bild 8**).

Schubmotoren

Diese werden einfachwirkend (Plungerzylinder) und doppelwirkend (Differentialzylinder) gebaut. Bei den nur für Schub geeigneten Plungerzylindern ist die Kolbenstange zugleich Kolben und in der Stangenführung gedichtet. Erforderliche Führungslänge ca. 2,5×Stangendurchmesser, Rückhub durch äußere Kräfte oder eingebaute Feder. Differentialzylinder sind durch wechselweise Kolbenbeaufschlagung für Schub und Zug verwendbar. Stangenseitige Fläche um Stangenquerschnitt A_{St} kleiner als Kolbenfläche A_K, somit unterschiedliche Schub- und Zugkräfte sowie verschiedene Vorschub- und Einzugsgeschwindigkeit bei gleichem Druck und gleichem Schluckstrom. Flächenverhältnis $\varphi = A_K/(A_K - A_{St})$.

Berechnung:

Kolbenkraft: Schub $F_D = \eta_D p A_K$, Zug $F_Z = \eta_z p A_K/\varphi$.

Geschwindigkeit: $v_D = \dot{V}/A_K$, $v_Z = \dot{V}/(A_K - A_{St}) = v_D \varphi$.
Im Eilgang (boden- und stangenseitiger Raum gleichzeitig unter Druck, wirksam also Stangenquerschnitt):

$$v_E = \dot{V}/A_{St} = v_D \varphi/(\varphi - 1).$$

Verluste durch druckabhängige Dichtungsreibung F_r und Einströmdruckverluste Δp_h werden durch Zylinderwirkungsgrad erfaßt (A beaufschlagte Fläche):

$$\eta = [(p - \Delta p_h)A - F_r]/pA.$$

Diff.-Zylinder bei Schub ($A = A_K$) $\eta_D = 0,9\ldots0,95$, bei Zug ($A = A_K/\varphi$) $\eta_Z = 0,85\ldots0,9$, in Eilgangschaltung 0,2 bis 0,4. Bei Hubendgeschwindigkeiten höher als 0,1 m/s Endlagendämpfung vorgesehen.
Hauptmaße der Hydrozylinder genormt für Kolbendurchmesser $d_K = (12\ldots400)$ mm nach R 10 sowie φ-Werte 1,25; 1,6; 2; 2,5 und 5.

Einbaurichtlinien: Zylinder nicht als tragende Konstruktionsteile benutzen, keine Biegemomente und Querkräfte einleiten. Last auf kürzestem Wege funktionsgerecht abfangen, bei langen Zylindern Durchbiegung vermeiden. Beispiele für richtigen Zylindereinbau vgl. **Bild 9**.

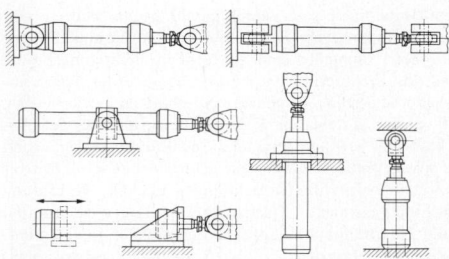

Bild 9. Beispiele für Zylindereinbau

2.3 Hydroventile. Valves

Diese sind in den hydraulischen Leistungsfluß zwischen Pumpen und Motoren eingeschaltete Elemente mit unstetiger (Schaltventile) oder stetiger Wirkungsweise (Stellventile).

Einteilung nach der Funktion: *Wegeventile* (Lenken des Ölstroms), *Sperrventile* (Vorgabe einer Stromrichtung), *Druckventile* (Druckbedingte Funktion), *Stromventile* (Beeinflussung der Stromstärke).

Arbeitsweise nach *Sitzventilprinzip* (Dichtelemente Kugel, Kegel, Platte; leckstromfreier Abschluß) oder *Schieberprinzip* (Dreh-, Längsschieber; vielseitiger in der Schaltfunktion).

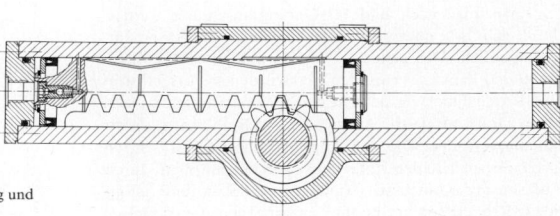

Bild 8. Schwenkmotor mit geradliniger Arbeitskolbenbewegung und Zahnstangengetriebe

Bauformen. Als *Einzelventile* zum Einfügen in den Leitungslauf, als *Blockventile* mit gleichen Gehäuseabmessungen und durchlaufenden Hauptkanälen zum Zusammenflanschen zu Blöcken, als *Ventilblöcke* mit mehreren Ventilen in gemeinsamen Gehäuse und als *Plattenventile*. Letztgenannte Ausführung am meisten verbreitet, da durch Anschlußweise einfacher Aufbau und Austausch sowie Verkettung mit Schaltungsblöcken möglich (**Bild 11**).

2.3.1 Wegeventile. Directional control valves

Hierunter fallen alle Ventile, die durch von außen eingeleitete Stellbewegung zwischen den Anschlüssen Verbindungen herstellen und dadurch Lauf und Fließrichtung des Ölstroms bestimmen. Sie haben in der Mehrzahl reine Schaltfunktion (Auf-Zu). Beeinflussung der Stromstärke ist durch Drosselwirkung (stetige Stellfunktion) möglich, wegen des damit verbundenen Verlusts aber nur für Triebe kleiner Leistung anwendbar.
Bezeichnung der Ventile nach Anzahl der geschalteten Anschlüsse und Anzahl der Schaltstellungen (z.B. 4 Anschlüsse, 3 Schaltpositionen: 4/3-Wegeventil).

Bezeichnung der Ventilanschlüsse: P Druckanschluß, L Leckanschluß, A, B Arbeitsanschlüsse, R, T Ablaufanschlüsse, Z, Y, X Steueranschlüsse.

Sitzventile. Diese sind unempfindlich gegen Medium und Verschmutzung, sehr funktionssicher und für hohe Drücke geeignet. Nachteilig sind die großen Betätigungskräfte, und das Erfordernis, die Abschlußorgane der Wege einzeln zu betätigen, um sicheren Abschluß zu gewährleisten. Bei direkt gesteuerten Ventilen Beschränkung auf Anschluß-DN < 4 und einfache Schaltfunktion (2/2- und 3/2-Wegeventile). Große Querschnitte (handelsüblich bis DN 100) bei indirekter Betätigung möglich. Ausführung als Einbauelemente („Cartridges") mit 2/2-Wegefunktion (**Bild 10**), die für umfangreiche Schaltungen in einen entsprechend gebohrten Ventilblock eingesetzt werden. Betätigung erfolgt durch außen angesetzte, mit dem Anschluß X verbundene Vorsteuerventile.

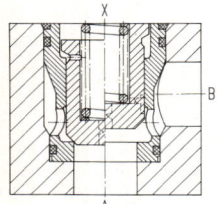

Bild 10. 2/2-Wegeventil als Einbauelement. A, B Arbeitsanschlüsse; X Steueranschluß

Längsschieberventile. Diese haben größte Verbreitung, da der Kolben gleichzeitig mehrere Wege schaltet und durch die Gestaltung verschiedene Schaltbilder ermöglicht. Aufbau prinzipiell nach **Bild 11**. Leitungsanschlüsse werden durch gebohrte oder gegossene Kanäle an die Ringnuten herangeführt. Der genutete Schieberkolben gibt je nach Stellung Fließwege zwischen verschiedenen Anschlüssen frei. Durch Flächengleichheit der Schieberkammern statischer Druckausgleich, Ausgleich der Strahlkräfte durch Nutengestaltung. Die Öffnungscharakteristik ist durch Drosselkerben an den Kolbenabsätzen beeinflußbar, durch Abfasen des Kolbens ist Änderung des Schaltbilds möglich (z.B. dauernde Verbindung zweier Wege). Gegenseitige

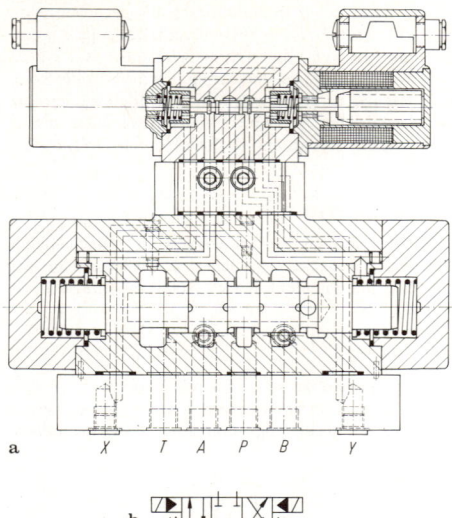

Bild 11. Vorgesteuertes 4/3-Wegeventil mit Elektromagnetbetätigung (Mannesmann-Rexroth, Lohr). **a** Ausführung; **b** Symbol

Lage der Steuerkanten von Schieber und Gehäusenuten (Überdeckung) beeinflußt Schaltcharakteristik. Bei negativer Überdeckung sind kurzzeitig mehrere Räume miteinander verbunden, d.h. Gefahr unerwünschter Bewegungen der Motoren, aber bessere Feinfühligkeit bei Stromsteuerungen und Abbau von Druckspitzen beim Abschalten laufender Massen. Positive Überdeckung ergibt bessere Abdichtung gegen Leckverluste.
Betriebsdruck der Schieberventile bis 350 bar. Leckverluste bei höheren Drücken beachtlich, daher z.B. treibende Motoren mit Sperrventilen zusätzlich absichern. Ferner Durchflußwiderstände (Herstellerangabe, ca. 3 bis 8 bar bei Nennstrom) beachten.

Betriebsweise der Wegeventile

Ventile werden ohne und mit bevorzugter Schaltstellung ausgeführt; sog. Impulsventile verbleiben nach Abnahme des Steuerbefehls in geschalteter Stellung (Speicherfunktion), anderenfalls erfolgt Rücklauf in die Ruhelage unter Federkraft oder, bei großen Ausführungen, hydraulischer Belastung. Schalten der Ventile durch manuelle oder mechanische Betätigung, durch hydraulischen Druck oder pneumatischen Druck oder Elektromagnete. Direkte elektromagnetische Betätigung ist wegen der relativ kleinen Magnetkräfte auf Schaltung von ca. 3 kW hydraulischer Leistung beschränkt. Größere Ventile werden durch aufgeflanschte Kleinwege-(Pilot)ventile geschaltet, das dem Arbeitskreislauf (eigen-vorgesteuert) oder gesonderter Steuerölversorgung (fremd-vorgesteuert) entnommen wird. Erforderlicher Steuerdruck ≈ 4 bar. Magnete in trockener (gegen Öl gedichtet) und nasser Bauform (unter Öl schaltend) für Gleich- und Wechselstrom. Übliche Spannungen 24, 48, 180 und 220 V, Schaltleistungen max. ca. 100 W.

2.3.2 Sperrventile. Shuttle valves

Sperrventile lassen Durchfluß nur in einer Richtung zu. Aufbau nach dem Sitzventilprinzip, in einfachster Form federbelastetes Kugelventil. Da sie leckstromfrei abschlie-

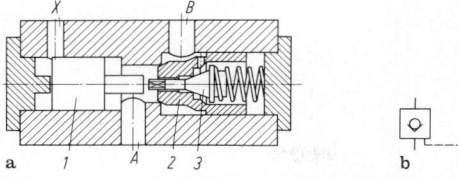

Bild 12. Entsperrbares Rückschlagventil (Mannesmann-Rexroth, Lohr). **a** Ausführung, A, B, Arbeitsanschlüsse, X Steueranschluß, *1* Entsperrkolben, *2* Hauptkegel, *3* Vorsteuerkegel; **b** Symbol

ßen, dienen Sperrventile oft als Halteventile für Zylinder unter Last. In solchen Fällen Rückstromfreigabe durch Entsperren mit Hilfskolben, bei großen Querschnitten mit Hilfskegel vorgesteuert, **Bild 12**. Öffnungsdruck gegen die Federkraft 0,5 bis 3 bar. Bei Nachsaugeventilen, die sehr niedrigen Öffnungsdruck erfordern, erfolgt Schließen unter Eigengewicht des Kegels, daher nur senkrechte Einbaulage.

2.3.3 Druckventile. Pressure control values

Kennzeichnend für diese Ventile ist die bedingte Funktion, indem beim Erreichen eines meist durch Federspannung vorgegebenen Drucksollwerts Wege geschaltet werden. Die Verbindung kann stetig (durch Änderung von Drosselquerschnitten) oder unstetig (Schalter) erfolgen.

Druckbegrenzungsventile. Diese geben beim Erreichen des Einstelldrucks den Ölabfluß in den Tank frei und begrenzen den Systemdruck derart, daß bei nur geringem weiteren Druckanstieg der Drosselquerschnitt schnell anwächst. Bei direkt gesteuerten Druckbegrenzungsventilen hebt das Drucköl den Kegel gegen Federkraft vom Sitz ab. Anstieg des Drucks mit zunehmender Stromstärke, oberhalb der vom Einstelldruck abhängigen „Sättigung" sehr stark: Einsatzgrenze. Durch den Wechsel statischer und dynamischer (Strahl-)Kräfte am Kegel besteht Schwinggefahr, der durch Dämpfung begegnet wird.

Vorgesteuerte Ventile. Für große Stromstärken Aufbau nach **Bild 13**. Hauptkegel wird durch schwache Feder und rückseitige Druckbelastung in Schließstellung gehalten, bis kleines, direktgesteuertes Druckbegrenzungsventil öffnet und den Rückraum entlastet (Drossel zwischen Zulauf und Rückraum). Bei Rückraumentlastung durch zusätzliches 2/2-Wegeventil kann vorgesteuertes Ventil zum Umlaufventil erweitert werden.
Fernsteuerung durch Anschluß weiterer Vorsteuer- und Entlastungsventile an X.

Druckregelventile. Diese halten den Druck in nachgeschalteter Leitung unabhängig von der Größe des höheren Vor-

drucks durch Drosseln des Zulaufs konstant, evtl. auch durch zusätzliche Freigabe des Ablaufs (3-Wege-Druckregelventil).

Druckschaltventile. Diese geben beim Erreichen des Einstelldrucks Stromwege für weitere Arbeitsabläufe frei. Die eigengesteuerte Bauform schaltet auf einen nachgeordneten Arbeitskreis weiter, hält aber den Druck im Primärkreis (Zuschaltventil, Folgeventil). Fremdgesteuerte Ventile schalten druckabhängig einen weiteren Arbeitskreis zu oder geben in diesem den drucklosen Umlauf frei (Abschaltventil, Speicherladeventil).

2.3.4 Stromventile. Flow control valves

Stromventile bieten die einfachste Art, die Bewegungsgeschwindigkeit in einem Hydrogetriebe zu beeinflussen. Im Prinzip sind sie stetig wirkende *Drosselventile* mit verstellbarem Drosselquerschnitt. Abhängig von dessen Größe und dem Quadrat der Stromstärke entsteht am Ventil eine Druckdifferenz, die Teil des Druckgefälles im Kreislauf ist.

Einfache Drosselventile. Sie sind von außen, d.h. unbedingt einstellbar, **Bild 14**. Bei festem Druckniveau und gegebener Motorbelastung verbleibt am Restdruckgefälle an der Drossel, das einer bestimmten Druckflußgröße entspricht. Änderungen des Kreislaufdrucks oder der Motorlast verändern die Stromstärke. Drosseln sollen mit möglichst kurzen Drosselwegen (Blenden) ausgeführt sein, sonst starker Einfluß der Ölzähigkeit (Temperatur). Bei höheren Anforderungen an die Konstanz der Arbeitsgeschwindigkeit Stromregler verwenden. Hierin findet, mit dem Durchfluß als Meßgröße, eine bedingte Verstellung des Drosselquerschnitts statt und dadurch eine Einstellung auf das jeweilig nötige Ventildruckgefälle bei konstanter Stromstärke.

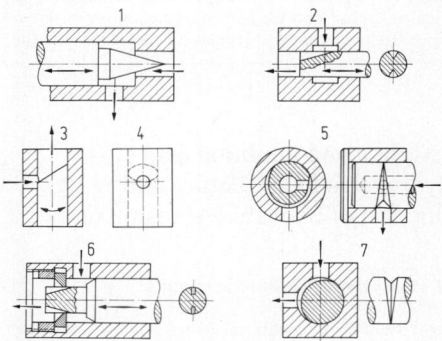

Bild 14. Übliche Drosselausführungen

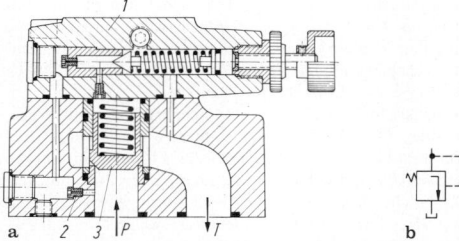

Bild 13. Vorgesteuertes Druckbegrenzungsventil für Plattenaufbau (Mannesmann-Rexroth, Lohr). **a** Ausführung, *1* Vorsteuerventil, *2* Drossel, *3* Hauptkegel; **b** Symbol

2-Wege-(Haupt-)Stromregler. Aufbau **Bild 15**. Meßdrossel *1*, auf gewünschte Stromstärke einstellbar, erzeugt Druckgefälle Δp_m (ca. 3 bar), das am Drosselkolben *2* gegen Feder *3* abgewogen wird. Dabei stellt sich an *2* ein Druckgefälle $\Delta p_\mathrm{K} = (p_\mathrm{p} - \Delta p_\mathrm{m}) - p_\mathrm{F}$ ein. Lastschwankungen am Motor bewirken zunächst geringe Änderung von $\dot{V}$. Das dadurch auf $\Delta p'_\mathrm{m}$ veränderte Meßdrosseldruckgefälle zwingt *2* in eine neue Drossellage $\Delta p'_\mathrm{K}$ derart, daß wieder $\Delta p_\mathrm{m} = $ const, d.h., $\dot{V} = $ const eingestellt wird. Überschuß des Pumpenförderstroms fließt durch Druckbegrenzungsventil in den Tank zurück.
Durchfluß durch Stromregler nur in einer Richtung möglich; falls Regelung in beiden Stromrichtungen gewünscht

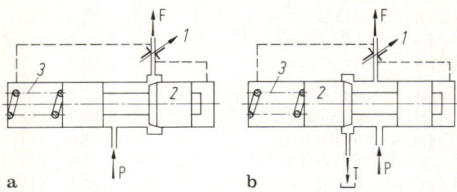

Bild 15. Schemabilder der Stromregler. **a** 2-Wege-Ausführung; **b** 3-Wege-Ausführung. P Druckanschluß, F Arbeitsanschluß, T Ablaufanschluß, *1* Meßdrossel, *2* Drosselkolben, *3* Feder

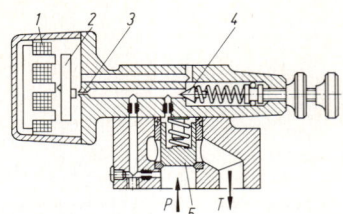

Bild 16. Proportional-Druckventil DBS (Mannesmann-Rexroth. Lohr). *1* Magnetsystem, *2* Prallplatte, *3* Düse, *4* Vorsteuerventil. *5* Hauptkolben

wird, Gleichrichterschaltung mit Sperrventilen herstellen. Bei starken Lastschwankungen am Motor Einbau des Reglers in Ablaufleitung zweckmäßig.

3-Wege-Stromregler. Sie stellen konstanten Motorzufluß durch Abführen des überschüssigen Pumpenförderstroms ein, **Bild 15.** Aufbau ähnlich wie oben, jedoch öffnet Drosselkolben *2* zusätzliche Ablauföffnung. Einbau nur in der Motorzulaufleitung möglich. Regelgenauigkeit der Stromregler 2 bis 5%.

Stromteiler sind nach ähnlichem Prinzip aufgebaut. Das Druckgefälle zweier paralleler Meßdrosseln wird an einem Drosselkolben gegeneinander abgewogen, der dann die entsprechende Drosselung der beiden evtl. unterschiedlich belasteten Motorenzweige übernimmt. Eine sehr gute Stromteilung für beide Stromrichtungen ist möglich durch Parallelschaltung zweier Zahnradmotoren, deren Wellen mechanisch gekuppelt sind.

2.3.5 Proportionalventile. Proportional valves

Magnetbetätigte Wegeventile nehmen nur diskrete Schaltstellungen ein (Digitalfunktion). Mit Proportionalventilen erfolgt eine analoge Wandlung eines elektrischen Signals in hydraulische Größen. Dabei wird die von der Größe des Speisestroms bestimmte Magnetkraft gegen die Wirkung

des Drucks oder eines Druckgefälles abgewogen und derart eine Proportionalität der elektrischen Eingangsgröße zum Ausgangsdruck bzw. zur Ölstromstärke erzeugt. Eine Rückführung der mechanischen Größen erfolgt nicht (kostengünstiger gegenüber Servotechnik), Reproduziergenauigkeit ±2%. Aufbau und Funktion eines Proportional-Druckventils s. **Bild 16.** Die Magnetkraft wirkt auf das Düse-Prallplattensystem und erzeugt einen dem Steuerstrom proportionalen Kammerdruck (=Systemdruck). Funktion beeinflußt von Stromstärke, daher Verwendung eingeschränkt, z.B. als Vorsteuereinheit für Druckbegrenzungsventile.

2.4 Hydraulikzubehör. Hydraulic equipment

Zum Zusammenschalten von Hydropumpen, Hydromotoren und Hydroventilen (Hydrokreise) werden *Leitungen* aus Stahl (DIN 2391, 2413) oder Synthesegummi mit Gewebeeinlagen, Leitungsverschraubungen (DIN 2352 bzw. 2367), Ölbehälter ($V_T \sim (3...5)$ Fördermenge je min), Filter (Filterfeinheit 10...30...60 μm) und Hydrospeicher [3] benötigt.

3 Aufbau und Funktion der Hydrogetriebe. Structure and function of hydraulic transmissions

3.1 Hydrokreise. Hydraulic circuits

Der Umlauf der Druckflüssigkeit in einem hydrostatischen Getriebe heißt Kreislauf, der offen oder geschlossen, mit oder ohne Speisepumpe ausgeführt wird. Ein Kreislauf ist durch mindestens ein Druckbegrenzungsventil gegen Überlastung zu sichern, angeschlossene Motorkreise mit kleinerer zulässiger Last erhalten eigene Begrenzungsventile hinter den Wegeventilen.

3.1.1 Offener Kreislauf (Bild 1 a). Open circuits

Beim offenen Kreislauf wird der Umlauf durch den Ölbehälter geleitet. Die Pumpe fördert immer in gleicher Stromrichtung, wenn Motor fließt das Öl nahezu drucklos in den Tank zurück. Eine Änderung der Arbeitsrichtung des Motors erfolgt durch Umschalten des Stroms mittels eines 4-Wegeventils. Hydrokreise mit Konstantpumpen werden mit und ohne drucklosen Umlauf des Pumpenförderstroms in Ruhestellung ausgeführt, Verstellpumpen schwenken üblicherweise auf Nullförderung zurück.

Vorteile des offenen Kreises sind die Abfuhr der Verlustwärme im Strom sowie die Kühlung und Reinigung des Öls im Tank. Nachteilig ist die konstante Energieflußrichtung. Bremsleistung des Motors, die z.B. beim Senken von Lasten anfällt, kann nur durch Drosselung auf dem Abflußweg abgeführt werden (Ablaufdrosselventil, bei höheren Anforderungen spez. Senkbremsventile).

3.1.2 Geschlossener Kreislauf (Bild 1b). Closed circuits

Beim geschlossenen Kreislauf strömt das drucklose Öl vom Motor durch eine Leitung zur Pumpensaugseite zurück. Die Richtung des Energieflusses ist beliebig, d.h., es liefert nicht nur die Pumpe Energie an den Motor, sondern der Motor kann auch Bremsleistung an die Pumpe und damit an die generatorisch wirkende Antriebsmaschine zurückspeisen. Die Wärmebelastung ist dann erheblich niedriger als im offenen Kreislauf.

Arbeitsrichtungswechsel des Motors entweder mit Wegeventilen (Kreisläufe mit konstanter Stromrichtung) oder durch Umkehren der Pumpenförderrichtung beim Durchschwenken verstellbarer Maschinen (Kreisläufe mit veränderlicher Stromrichtung). Geschlossene Kreisläufe sind mit einer Speisepumpe, die in die jeweilige Niederdruckleitung fördert, mit einem Ladedruck von ca. 3 bis 8 bar aufzuladen. Dadurch werden die Kavitation saugseitig in der Hauptpumpe vermieden, Leckverluste des Hauptkreises

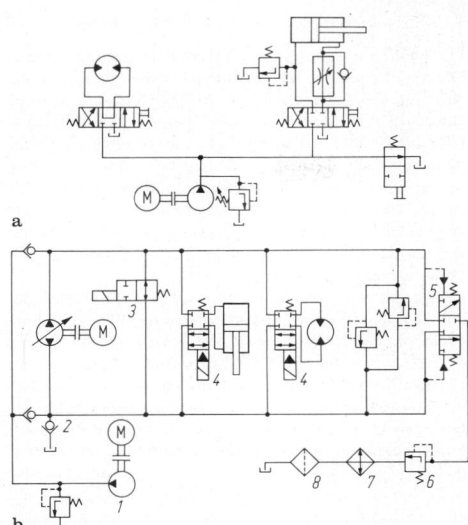

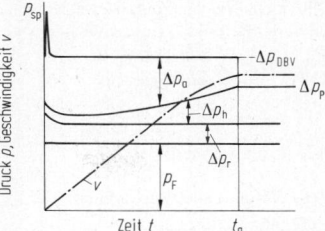

Bild 2. Anlauf eines Hydrogetriebes. t_a Beschleunigungszeit; p_{DBV} Einstellung des Druckbegrenzungsventils; p_F Lastdruck; p_r Reibungsdruck, p_h hydr. Verluste, p_a Beschleunigungsdruck; p_P, p'_P Druck an der Pumpe; v Geschwindigkeit

Bild 1. a offener Kreislauf mit Drehmotor und stromgeregeltem Hydrozylinder in Parallelschaltung. Druckloser Umlauf in Ruhestellung; **b** geschlossener Kreislauf mit veränderlicher Stromrichtung mit Drehmotor und Hydrozylinder. *1* Speisepumpe, *2* Nachsaugeventil, *3* Umlaufventil, *4* Wegeventile der Motoren, *5* Spülventil, *6* Vorspannventil, *7* Kühler, *8* Filter

ses ersetzt und durch den Überschußstrom der Speisepumpe Öl aus dem Hauptkreis zur Kühlung und Reinigung ausgetauscht (Verzicht auf Hochdruckkühler und -filter; Spülventil erforderlich: 5 in **Bild 1 b**), Speisestrom ca. 10% des Hauptstroms. Sichern des Kreislaufs je nach Stromrichtung durch ein oder zwei Druckbegrenzungsventile in Querschaltung. Für Ruheförderstrom der Hauptpumpe Umlaufventil anordnen (bei verstellbaren Maschinen für ca. 4% von $\dot V_{max}$).

3.1.3 Halboffene Kreisläufe. Semi-closed circuits

Bei geschlossenen Kreisläufen mit Hydrozylindern sind die unterschiedlichen Volumina boden- und stangenseitig zu beachten. Je nach Arbeitsrichtung und Flächenverhältnis φ müssen u.U. hohe Differenzströme am Kreislauf ein- oder austreten. Spülventil und Speisepumpe entsprechend bemessen, evtl. Nachsaugeventil *2* für Hauptpumpe vorsehen, **Bild 1 b**.

3.2 Funktion der Hydrogetriebe
Operation of hydraulic transmissions

3.2.1 Anlaufvorgang. Starting process

Der Druck im Arbeitskreis wird primär durch die Belastung des Motors bestimmt: Lastdruck Δp_F. Dazu addieren sich der Druck zum Überwinden der mechanischen Reibung Δp_r, der Strömungsverluste in Leitungen und Ventilen Δp_h und, bei nicht konstanten Geschwindigkeiten, zum Beschleunigen der Massen Δp_a. Der Pumpendruck $\Delta p'_P = \Delta p_F + \Delta p_r + \Delta p_h + \Delta p_a$ wird durch das Druckbegrenzungsventil auf Δp_{DBV} begrenzt. Sehr vereinfachte Darstellung des Anlaufvorgangs in **Bild 2**. Solange der Motor noch nicht die dem Pumpenförderstrom entsprechende Geschwindigkeit erreicht hat, wird der Überschußstrom am Druckbegrenzungsventil abgeblasen, im Kreis

herrscht dessen Einstelldruck Δp_{DBV}. Die Strömungsverluste Δp_h steigen mit dem Einspeisestrom $\Delta \sim \dot V$ bzw. $\sim \dot V^2$); die Beschleunigung des Motors entspricht dem nach Abzug des nützlichen Lastdrucks Δp_F und des Drucks zur Reibungsüberwindung Δp_r bis zum Einstelldruck Δp_{DBV} noch verfügbaren Druck Δp_a.
Bei genauer Betrachtung ist die Energieaufnahme infolge Ölkompression und elastischer Aufweitung der Kreislaufelemente zu berücksichtigen, besonders bei Kreisen mit großem Ölinhalt oder mit elastischen Gliedern (Speichern, Schläuchen), was zu Einschwingungsvorgängen und Verlängerung der Beschleunigungszeit führt.
Sobald der Motor seine Endgeschwindigkeit erreicht hat, sinkt der Pumpendruck auf Δp_P. Bei schlagartigem Einschalten des Motors aus dem Ruheumlauf des Pumpenstroms heraus tritt durch Massenwirkungen des Ölstroms, der Pumpe und des Antriebsmotors vor dem Ansprechen des Druckbegrenzungsventils eine Druckspitze p_{Sp} auf. Abbau der Spitze durch elastische Glieder (Schläuche, Speicher) und schnell reagierendes Druckbegrenzungsventil möglich, am sichersten durch Einschaltverzögerung mittels angepaßter Öffnungscharakteristik des Umlaufventils.

3.2.2 Formale Funktionsbeschreibung. Formal description

Bei stationärem Betrieb gibt der Motor die *mechanische Leistung* $P_{ab} = P_{mM} = M_M\omega_M$ bzw. $F_M v_M$ zur Überwindung der Arbeits- und Reibungswiderstände ab und nimmt dabei die *hydraulische Leistung* $P_{hM} = \dot V_M \Delta p_M = P_{mM}/\eta_{tM}$ auf. Die dem Getriebe *zugeführte Leistung* $P_{zu} = P_{mP}$ wird umgesetzt in die *hydraulische Leistung* $P_{hP} = \dot V_P \Delta p_P = P_{mP}\eta_{tP}$ und deckt außer der *Motorleistung* die *Übertragungsverluste* (Druck- Δp_{hL} und Stromverluste $\dot V_v$) im Kreislauf:

$$\dot V_M = \dot V_P - \dot V_v = \dot V_P(1 - \dot V_v/\dot V_P) = \dot V_P\eta_{v\ddot u},$$
$$\Delta p_M = \Delta p_P - \Delta p_{hL} = \Delta p_P\eta_{h\ddot u}.$$

Gesamtwirkungsgrad:

$$\eta_t = P_{ab}/P_{zu} = \dot V_M \cdot \Delta p_M\eta_{tM}\eta_{tP}/\dot V_P \cdot \Delta p_P = \eta_{v\ddot u}\eta_{h\ddot u}\eta_{tP}\eta_{tM}.$$

Der *Verlustwärmestrom* $\dot Q_9 = P_{zu}(1 - \eta_t)$ muß durch Konvektion an den Leitungen und am Tank, evtl. durch zusätzlichen Kühler, abgeführt werden. Zulässige Übertemperatur des Öls gegen Umgebung ca. 30 bis 50 K. Die Definitionen

Bewegungswandlung

$$v = \omega_M/\omega_P = (V_{0P}/V_{0M})(1 - \dot V_v/\dot V_P)\eta_{vP}\eta_{vM},$$

Momentenwandlung

$$\mu = M_M/M_P = (V_{0M}/V_{0P}(1 - \Delta p_{hL}/\Delta p_P)\eta_{hmP}\eta_{hmM}$$

zeigen, daß die Getriebeübersetzung durch zwei Maßnahmen − auch während des Betriebs − zu beeinflussen ist:

a) *Verändern* V_{0P}/V_{0M} = *Verstellgetriebe*,
b) *Verändern* $\dot V_v/\dot V_P$ = *Stromteilgetriebe*.

3.3 Steuerung. Governing control

3.3.1 Verstellgetriebe. Variable speed drive units

Je nach Steuerart wird unterschieden in:

Primärverstellung. Die von Null bis Max. verstellbare Pumpe speist einen Konstantmotor.

Sekundärverstellung. Pumpe liefert konstanten Förderstrom, Motor ist verstellbar.

Verbundverstellung. Beide Maschinen sind verstellbar, Verstellung erfolgt nacheinander oder gleichzeitig gegenläufig.
Größte Verbreitung haben primärverstellbare Getriebe, doch nimmt Anwendung der Primär-Sekundärverstellung zu. Arbeitsdiagramm s. **Bild 3**. Während der Primärverstellung seien Motormoment M_M und Kreislaufdruck Δp konstant. Vom Stillstand her liefert die mit fester Drehzahl betriebene Pumpe den mit der Verstellgröße steigenden Strom $\dot V_P$, die Getriebeausgangsdrehzahl n_M und die Leistung P steigen proportional. Bei n_1 ist die Pumpe max. ausgeschwenkt, eine weitere Steigerung der Ausgangsdrehzahl ist nur durch Sekundärverstellung, d.h. durch Verkleinern des Motorvolumens V_{0M} möglich. Bei angenommenem Höchstdruck Δp_{max}, damit konstanter Leistung P, fordert diese Verstellung hyperbolischen Abfall des Motorenmoments M_M. Ist die Antriebsleistung kleiner als die „Getriebeeckleistung" $P_E = \Delta p_{max} \dot V_{Pmax}/\eta_{tP}$, so wird die Primärverstellung mit einer Leistungsbegrenzung überlagert, die das Ausschwenken der Pumpe nur bei entsprechendem Druckrückgang erlaubt.
Sekundärgeregelte Antriebe sind drehzahl- bzw. lagegeregelte, verstellbare Hydromotoren, die aus einem Drucknetz gespeist werden (vergleichbar Elektromotoren am Stromnetz). Druckgeregelte Pumpen und gegebenenfalls Hydrospeicher halten den Netzdruck konstant. Lastmomentanpassung erfolgt bei konstanter Drehzahl durch Verstellen des Motorhubvolumens, d.h. die Leistungsänderung bewirkt unterschiedliche Größe des Motorschluckstroms. Vorteile gegenüber obigen, stromgebundenen Getrieben sind: besseres Zeitverhalten, besonders bei größeren Entfernungen; Parallelanschluß mehrerer Verbraucher ohne gegenseitige Beeinflussung möglich; Rückspeisen von Bremsenergie in das Netz.

3.3.2 Stromteilgetriebe. Throttle controlled drives

Für kleinere Leistungen < 5 kW sind Hydrogetriebe mit billigen Festpumpen und -motoren kostengünstiger, deren Arbeitsgeschwindigkeit durch Ableiten eines Teilstroms aus dem Kreislauf gesteuert wird. Beim Nebenstromdrosselkreislauf (**Bild 4a**) wird der Teilstrom durch die Drossel in den Tank abgeleitet. Mit steigender Motorbelastung M_M erhöhen sich der Arbeitsdruck im Kreis und die Teilstromstärke, d.h., die Abtriebsdrehzahl n_M geht zurück. Nachgiebigkeit ist durch Einstellung der Drossel beeinflußbar, das Höchstmoment folgt aus der Einstellung des Druckbegrenzungsventils.
Im Hauptstromdrosselkreislauf nach **Bild 4c** gelangt der Anteil $\dot V_M$ des Pumpenförderstroms durch Drossel 3 zum Motor 4, der Ableitstrom $\dot V_v$ strömt durch das Druckbegrenzungsventil 2 in den Tank zurück. Der durch die Einstellung von 2 konstante Pumpendruck Δp_P wird in der Drossel um Δp_{Dr} auf den durch die Motorbelastung bestimmten Druck Δp_M herabgesetzt. $\dot V_M$ und damit n_M durch Verstellen des Drosselquerschnitts A_{Dr} einstellbar, da $\dot V_M \sim A_{Dr}\sqrt{\Delta p_{Dr}}$.
Beim Ansteigen des Lastmoments M_M sinkt infolge der Verschiebung des Druckgefälles $\Delta p_{Dr} \to \Delta p'_{Dr} = \Delta p_P - \Delta p'_M$ die Arbeitsgeschwindigkeit n_M. Höchstlastmomente sind durch die Einstellung des Druckbegrenzungsventils vorzugeben.
Beide Getriebebauweisen nur bei geringen Ansprüchen an Geschwindigkeitskonstanz anwendbar (Sägen, Holzbearbeitungsmaschinen). Vorteilhaft der Überlastungsschutz durch starke Nachgiebigkeit unter Last [4].
Parallelanschluß mehrerer Verbraucher im hierauf aufbauenden Load-Sensing-Schaltkreis (modifizierte Stromreglerschaltung).

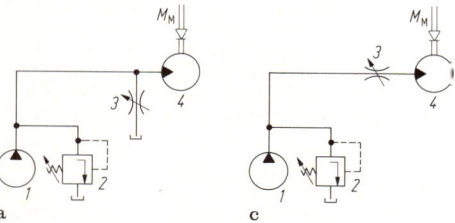

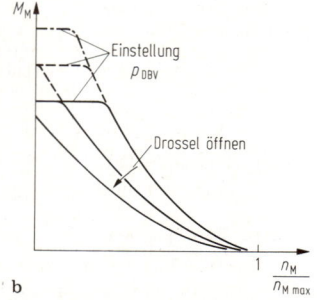

a   c

Bild 4. Stromteilgetriebe, Schaltung und Getriebekennlinien. **a** Nebenstromdrosselgetriebe; **b** Getriebekennlinie für a; **c** Hauptstromdrosselgetriebe. M_M Lastmoment, *1* Pumpe, *2* Druckbegrenzungsventil, *3* Drossel, *4* Motor

3.3.3 Selbsttätige Stromsteuerung bei Verstellpumpen
Automatic control of variable displacement pumps

Die Verstellung des Fördervolumens erfolgt meist in Abhängigkeit von der Belastung (Druck), die eingeführte Bezeichnung „Regler" für die Stellorgane ist nicht exakt.

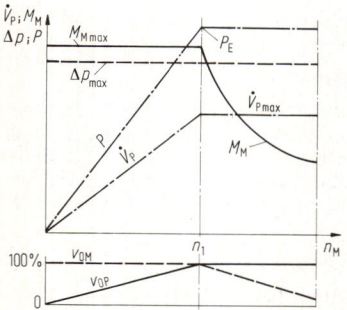

Bild 3. Kennlinien eines Getriebes mit Primär-Sekundärverstellung

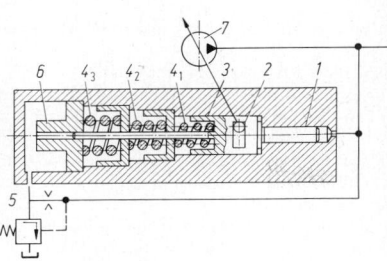

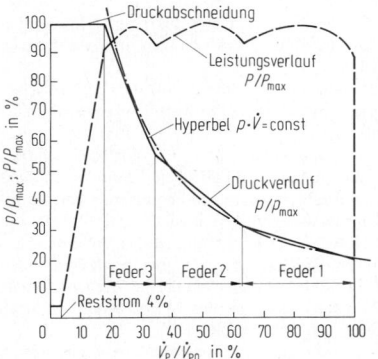

Bild 5. Schema und Wirkungsweise eines Leistungsreglers mit Druckabschneidung. *1* Steuerkolben, *2* Verstellzapfen, *3* Federführungstopf, *4*₁ bis *4*₃ Federsatz, *5* Abschaltventil, *6* Stützkolben, *7* Verstellpumpe

Nullhubverstellung. Einfachste Art, wenn ein bestimmter Druck erreicht werden muß, dann jedoch kein Förderstrom mehr erforderlich ist (Pressen u.ä.). Die Pumpe wird durch vorgespannte Feder auf max. Ausschwenkung gehalten. Nach dem Überschreiten des Vorspanndrucks schwenkt der druckbelastete Steuerkolben die Pumpe auf kleineren Förderstrom zurück. Um Kühlung und Schmierung unter Höchstdruck zu sichern, Mindestförderstrom von 4% des Nennstroms einhalten. Druck steigt linear mit der Förderstromabnahme, d.h., der Leistungsverlauf ist parabolisch. Mit *vorgesteuerter* Bauart werden horizontale Druckkennlinie und linearer Leistungsabfall erreicht (Druckkonstantregler).

Leistungskonstanthalter. Durch Anordnung mehrerer Federsätze derart, daß die Kraft bei der maximalen Zusammenpressung gleich der Vorspannung des nächsten Satzes ist bzw. durch stufenweises Zuschalten einer weiteren Feder nach bestimmtem Stellweg, erzielt man eine Angleichung an die Hyperbel $P = \Delta p \dot{V} = $const (exakte Leistungsbegrenzung) durch einen Sehnenzug, **Bild 5**. Vorgesteuerte Bauarten weisen günstigere Dynamik auf und erlauben Erfüllung von Zusatzfunktionen, z.B. gesteuerten Anlauf.

Druckabschneider. Ist nach Erreichen eines bestimmten Hochdrucks auf der Leistungshyperbel kein Förderstrom mehr erforderlich, wird der Regler mit einem Druckabschneider kombiniert, **Bild 5**. Federpaket 4_1 bis 4_3 des Leistungsreglers stützt sich gegen einen druckölbelasteten Kolben *6* ab. Sobald der Höchstdruck erreicht ist, öffnet Abschaltventil *5* und entlastet den Stützkolben. Die Pumpe schwenkt dann unter der Wirkung der Druckkraft auf den Steuerkolben *1* auf geringen Restförderstrom.

4 Ausführung und Auslegung von Hydrogetrieben. Configuration and design of hydraulic transmissions

4.1 Getriebeschaltungen
Hydraulic circuits arrangements

4.1.1 Schaltungsbeispiele für Ferngetriebe
Remote drive transmissions

Ist mit einem Plungerzylinder nur Vorschubbewegung auszuführen, genügt Schaltung mit 3/2-Wegeventilen gemäß **Bild 1 a**. Einschalten des Ventils leitet Pumpenstrom in den Zylinder, in Ruhestellung sind Pumpe und Zylinder auf die Rücklaufleitung geschaltet. Soll der Zylinder in jeder Zwischenlage halten können, ist der Einbau eines 3/3-Wegeventils mit gesperrter Mittellage erforderlich, **Bild 1 b**. Die *normale Schaltung* der Motoren erfolgt mit 4/3-Wegeventilen wie in **H3 Bild 1**. Ventilausführungen mit Querschaltung der Wege A–B–T bzw. A–B–P (bei Drehmoto-

ren auch nur A–B) in Mittelstellung ermöglichen Motorverstellung von außen, z.B. zum Einrichten (Schwimmstellung).

Eilvorschübe an Werkzeugmaschinen werden häufig mit Abschaltpumpen hergestellt, **Bild 2a**. Der am Arbeitshubbeginn steigende Druck schaltet die Eilgangpumpe mit ihrem großen Förderstrom auf drucklosen Umlauf. Bei Zylindern nutzt man die unterschiedliche Größe der boden- und stangenseitigen Kolbenflächen. Das Eilgangventil *4* in **Bild 2b** verbindet anfangs beide Zylinderanschlüsse, und der Kolben läuft im Eilgang vor, da der Pumpenförderstrom nur auf den Stangenquerschnitt wirkt $v_E = \dot{V}/A_{st}$. Der Druckanstieg schaltet das Eilgangventil um, so daß zum Arbeitsvorschub der Förderstrom nur bodenseitig eingespeist wird (Sprungfunktion entsprechend Zylinderflächenverhältnis im Ventil erforderlich).

Bei *Mehrmotorenantrieben* in Parallelschaltung ist zu beachten, daß beim gleichzeitigen Einrücken mehrerer Maschinen nur der Motor mit der kleinsten Belastung vor-

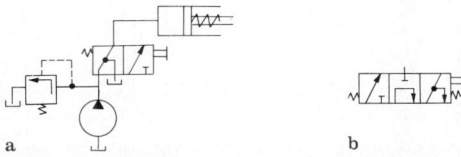

a   **b**

Bild 1. a einfache Plungerzylinderschaltung mit Umlauf, Endlagenbewegung; **b** Ventilausführung mit Zwischenlagenhalten

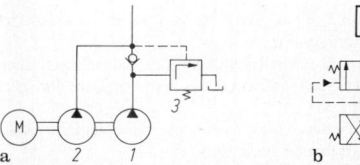

a   **b**

Bild 2. Eilgangschaltungen. **a** mit Eilgangschaltpumpe; **b** durch Ausnutzen des Kolbenflächenverhältnisses mit Eilgangventil. *1* Eilgangpumpe, *2* Arbeitsvorschubpumpe, *3* Abschaltventil, *4* Eilgangventil

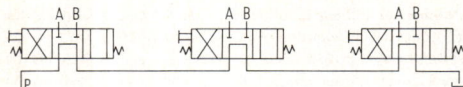

Bild 3. Umlauf-Reihenschaltung mehrerer Motoren mit 4/3-Wegeventilen

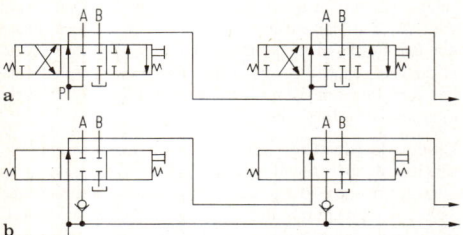

Bild 4. a gesicherte Umlauf-Reihenschaltung mit 6/3-Wegeventilen; **b** erweitert auf Reihen-Parallelschaltung

schiebt und Rückstromsperren vorzusehen sind, damit die anderen Motoren nicht zurücklaufen. Gleichmäßiger Vorschub aller Motoren ist in solchen Fällen durch den Einbau von Stromreglern zu erreichen. Das Umlaufventil für den Pumpenförderstrom ist so anzuordnen, daß es – hydraulisch oder mechanisch gesteuert – bei Betätigung eines beliebigen Wegeventils schließt.

Reihenschaltung ist möglich, wenn die Wegeventile rücklaufseitig (Anschluß T) mit dem vollen Arbeitsdruck belastbar sind; das Umlaufventil entfällt. Gleichzeitiges Einschalten mehrerer Motoren ist nicht zulässig, da sonst gegenseitige Druck- und Strombeeinflussung eintritt, **Bild 3**. Die Anwendung von 6/3-Wegeventilen, **Bild 4a**, verhindert mögliche Fehlschaltungen, da die Betätigung eines Ventils den stromab gelegenen Motoren den Zufluß sperrt. Blockzusammenstellungen dieser Ventile lassen sich auf die freizügigere Reihen-Parallelschaltung erweitern, **Bild 4b**.

Zur Ausführung von *Gleichlaufschaltungen* wird wegen der Problematik auf die Literatur verwiesen [5].

4.1.2 Kompaktgetriebe. Variable speed drive units

In Kompaktgetrieben sind Pumpe sowie ein bis mehrere Motoren in einem gemeinsamen Gehäuse zusammengefaßt. Die Schaltung erfolgt grundsätzlich im geschlossenen Kreislauf. Das Gehäuse enthält alle dazu nötigen Hilfseinrichtungen, wie Speisepumpe, Druckbegrenzungs- und Spülventile sowie die Stelleinrichtungen und Regler und ist gleichzeitig Ölbehälter.

4.2 Auslegung von Hydrokreisen
Design of hydraulic circuits

Die Auslegung eines Hydrokreises wird in folgenden Schritten durchgeführt:
a) Erfassen und zeitliches Ordnen der Antriebsaufgaben, Festlegen der Spielzeiten und der Arbeitsgeschwindigkeiten.
b) Auswählen des Antriebsprinzips (schiebende, schwenkende oder drehende Bewegung).
c) Erfassen der Kräfte (Momente) als Zeitfunktion, Festlegen des Druckbereichs. Diesen so wählen, daß zulässiger Arbeitsbereich der verfügbaren Hydroelementbaureihen möglichst gut ausgenutzt wird (Kostenminimum), dabei

aber eine Reserve für Überlastung (ca. 10 bis 15%) vorsehen.
d) Auswählen der Motoren nach a), b) und c).
e) Berechnen der Stromstärke durch Aufstellen eines Volumen-Zeit-Diagramms mit Hilfe der Angaben aus a) und d).
f) Auswählen der Pumpen nach Druckbereich und Förderstrom (Größe, Anzahl, fest oder verstellbar), Entscheidung über Speichereinsatz.
g) Auswählen des Steuerprinzips (Handbetätigung, teil- oder vollautomatischer Betrieb) bzw. der Regelung.
h) Mit Entscheidung e) und g) Auswahl der Ventile (Größe, Schaltbild, Betätigung), Festlegen der Leitungsquerschnitte (zul. Ölgeschwindigkeiten bis 1,5 m/s in Saugleitungen, 3 bis 6 m/s für Druckleitungen im Druckbereich 100 bis 400 bar).
i) Berechnen der Abgabeleistung und der Verluste: Antriebsleistung. Aufstellen der Verlustbilanz, einschl. Wärmeabführung.

Daneben sind Gesichtspunkte der Wirtschaftlichkeit, Montage- und Reparaturmöglichkeit, Betriebssicherheit sowie äußere Einflüsse (Klimabedingungen, Bedienungs- und Wartungspersonal) zu beachten.

Wichtigste Hilfe bei der Auslegung ist das Volumen-Zeit-Diagramm für die Taktzeit t_T (t_T bei wiederkehrenden Arbeitsgängen: Zeit für den Ablauf eines Arbeitszyklus), in dem die Schluckvolumina der Motoren additiv (nach unten) aufgetragen werden, **Bild 5**.

Zeit t_1 bis t_2: Spannen mit zwei Zylindern 1, gleichzeitig Laden des Spannspeichers 2. Schluckvolumen $2V_1 + V_2$ (V_2 aus Speicherdiagramm).
Zeit t_3 bis t_4: Eilvorschub Arbeitszylinder 3 auf 1/3 Hub, Volumen $V_3/3$.
Zeit t_4 bis t_5: Arbeitsvorschub Zylinder 3 im Resthub, Volumen $2V_3/3$.
Zeit t_6 bis t_7: Eilrückzug Zylinder 3 für vollen Hub, Volumen V_3/φ.

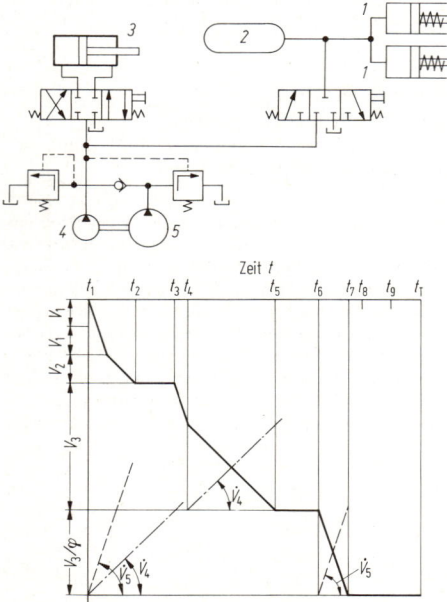

Bild 5. Schaltbild und Schluckvolumendiagramm für Pressenkreislauf. *1* Spannzylinder, *2* Spannspeicher, *3* Arbeitszylinder, *4* Arbeitspumpe, *5* Eilgangpumpe

Zeit t_8 bis t_9: Entspannen, Volumen $=0$, da Rückzug der Spannzylinder durch Federkraft.
Zeit t_9 bis t_T: Werkstückwechsel, Volumen $=0$.
$V_M/(t_{i+1} - t_i) = \dot{V} = $ Stromstärke $=$ erforderlicher Pumpenförderstrom, da Motorschluckstrom $+$ gegenläufiger Pumpenförderstrom jederzeit $=0$. Das Diagramm ist besonders

geeignet zur Auslegung von Speicherkreisläufen (Taktzeit t_T groß gegen Motorarbeitszeit). Dann ist Pumpenförderung $V_P = \Sigma V_M/(0.9 t_T)$, d.h. die Pumpe kann klein gewählt werden und das Speichervolumen $=$ Differenz (Schlucklinie $+$ Förderlinie) zur Nullinie.

5 Pneumatische Antriebe
Pneumatic arrangements

Eigenschaften der Pneumatik-Antriebe sind:

Vorteile

Schnelles Arbeiten infolge hoher Strömungsgeschwindigkeiten (in Leitungen bis 40 m/s) und kleiner Masse der Druckluft. Hohe Umsteuerfrequenzen (Hämmer u.ä.).
Große Elastizität der Luft, dadurch fast konstante Preßkräfte auch bei Lageänderungen (Anpreßzylinder, Luftfedern).
Unempfindlichkeit gegenüber Temperaturänderungen. Allerdings besteht bei Freianlagen die Gefahr des Einfrierens von Kondenswasser in den Steuerventilen.
Geringerer Leitungsaufwand, da Luft nach Energieabgabe an den Steuerventilen abgeblasen wird. Kleine Undichtheiten sind bedeutungslos, keine Verschmutzungsgefahr bei empfindlichem Gut (Lebensmittel usw.).
Meist mit geringem Aufwand zu installieren, da in vielen Betrieben auf vorhandenes Druckluftnetz zurückgegriffen werden kann.

Nachteile

Infolge der Elastizität ist Anwendung in der Regel auf Triebe mit mechanisch oder kraftmäßig begrenzter Endlagenbewegung beschränkt.
Durch niedrigen Betriebsdruck nur zur Übertragung kleiner Leistung geeignet.

5.1 Bauelemente. Pneumatic components

Verdichter. Speisung von Pneumatikanlagen fast ausschließlich aus Leitungsnetz mit zentraler Druckluferzeugung. Verdichter vgl. Kap. P 3.

Motoren. *Drehmotoren* werden in der Regel als Flügelzellen- oder Zahnradmotoren ausgeführt. Da sie die Expansionsarbeit der Druckluft nicht ausnutzen (Volldruckmaschinen), ist ihr Wirkungsgrad klein. Meist starke Geräuschentwicklung, daher Auslaßschalldämpfer vorsehen. Schwenkmotoren überwiegend in Zahnstangenbauweise. Schubmotoren (Zylinder) sind von prinzipiell gleichem Aufbau wie Hydrozylinder, jedoch entsprechend dem niedrigeren Arbeitsdruck leichter gebaut. Für kleine Hübe eignen sich Membranzylinder, bei denen der Kolben durch eine zwischen Kolbenstange und Zylindermantel eingespannte, gestützte Gummi- oder Kunststoffmembran, für größere Hübe als Rollmembran ausgeführt, ersetzt ist. Für Schneid-, Stanz- und Prägearbeiten, die auf einem sehr kurzen Teil des Hubes ausgeführt werden, sind Schlagzylinder (Ausnutzung der Expansionsenergie der Druckluft) wirtschaftlicher als Volldruckzylinder. Hierbei wird die Druckluft in einer Vorkammer gespeichert und beim Start durch eine große Öffnung in den Zylinderbodenraum geleitet. Während der Expansion beaufschlagt sie die große Kolbenfläche und erteilt dem System hohe kinetische Energie.

Ventile. Sie entsprechen bei Pneumatikanlagen in Aufbau, Funktion und Betätigungsart weitgehend den Hydroventilen. Der niedrigere Druck und die höheren Strömungsgeschwindigkeiten lassen jedoch kleinere Abmessungen und Verwendung von Aluminium und Kunststoff als Werkstoffe zu. Verbreitete Verwendung der Sitzventile, da diese die größte Betriebssicherheit aufweisen und keiner Schmierung bedürfen.
Für kompliziertere Schaltbilder Wegeventile in Schieberbauart. Bei kleinen Baugrößen Schieberkolben in Steuerbohrung eingeschliffen oder in Elastomer-Dichtelementen laufend. Größere Ausführungen sind meist durch in Gehäuse oder Kolben eingelegte O-Ringe gedichtet, da Einläppen auf die erforderliche Passungsgüte zu teuer.

Vorschaltgeräte. Druckluft für pneumatische Antriebe ist von Staub- und Zunderteilchen zu reinigen, soll trocken sein und das für den Betrieb der Geräte nötige Schmieröl in Nebelform mitführen. Ferner soll der Luftdruck unabhängig vom Netzdruck in richtiger Höhe konstant vorliegen. Den Antrieben sind daher sog. *Wartungseinheiten*, eine Kombination von Filter, Druckregler und Öler vorzuschalten.

Filter. Sie bestehen meist aus einer Kombination einer Wirbelkammer zum Ausschleudern grober Verunreinigungen und Tropfen mit einem nachgeschalteten Metallgewebe-, Textil- oder Sinterfilter. Schmutz und Kondenswasser sammeln sich im durchsichtigen Kunststoffgefäß, das Kontrolle des Verschmutzungszustands erlaubt.

Druckregler. Sie wiegen den hinter dem Drosselorgan herrschenden Druck mit Hilfe einer Membran gegen eine Federkraft ab. Steigender Sekundärdruck schließt den Durchtrittsquerschnitt; durch zusätzlichen Ausgleichskolben zur Kompensation des Primärdrucks wird Regelgüte gesteigert.

Druckluftöler. Sie arbeiten nach dem Vergaserprinzip: durch das Druckgefälle an einer Düse wird aus einem zur Kontrolle des Füllstands durchsichtigen Vorratsbehälter Öl angesaugt und im Luftstrom vernebelt. Anpassung des Öl-Luft-Mischungsverhältnisses durch Einstelldrosseln an der Luftdüse und im Ölsteigrohr. Bei besonderen Anforderungen an die Ölnebelgüte sog. Mikroöler benutzen, bei denen durch Teilung des Luftstroms zu große Öltropfen innerhalb des Ölers wieder abgeschieden werden.

5.2 Schaltung. Circuits

Automatisierte Anlagen mit Folgesteuerungen sind gegenüber solchen mit Einzelauslösung der Arbeitstakte aufwendiger im Aufbau, aber sicherer in der Funktion, da die Fortschaltung zum nächsten Schritt an die Ausführung des vorhergehenden gebunden ist (erfolgsquittierende Schaltung). Derartige Arbeitsgeräte lassen sich sowohl mit elektrischer Signalgabe als auch vollpneumatisch mit Tasterventilen, die Impuls-Wegeventile auslösen, ausführen. Letztere Bauart hat den Vorteil, daß die gesamte Anlage nur auf die Energiequelle Druckluft angewiesen

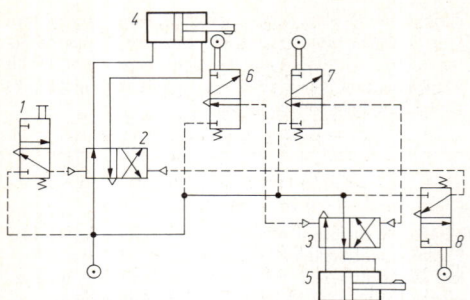

Bild 1. Einfache Folgeschaltung zweier Pneumatikzylinder mit Impulsventilen. *1* Startventil; *2, 3* 4/2-Wege-Impulsventile; *4, 5* Zylinder; *6, 7, 8* Tasterventile, rollenbetätigt

und dadurch weniger störanfällig ist, **Bild 1**. Durch Niederdrücken des Startventils *1* rückt Impulsventil *2* in die gezeichnete Stellung, und der Kolben im Zylinder *4* läuft

vor. Am Hubende betätigt er den Taster *7*, der das Impulsventil *3* auf Vorlauf für den Zylinder *5* schaltet. Nach Ausführung seines Arbeitshubes steuert *5* über den Taster *8* und das dadurch gewendete Ventil *2* Zylinder *4* auf Rücklauf, dessen Kolben in seiner Endlage seinerseits über *6* und *3* dem Zylinder *5* den Einzugsbefehl gibt. Die Anlage verharrt darauf in Ruhestellung, bis erneutes Niederdrücken des Startventils *1* den nächsten Arbeitstakt auslöst.

Speicherräume wirken in pneumatischen Kreisen als kapazitive Glieder, durch ihren Einbau lassen sich zeitabhängige Funktionsabläufe erzielen.

Dem Nachteil des ungleichförmigen Vorschubs pneumatischer Triebe bei schwankender Belastung sowie der evtl. zu hohen Vorschubgeschwindigkeiten läßt sich durch die Kombination mit ölhydraulischen Regelorganen begegnen. Dabei liefert die Druckluft die Vorschubkraft, die Vorschubgeschwindigkeit wird durch das geregelte Ausströmen von Öl aus einer Vorlage eingehalten (Hydropneumatische Vorschubeinheiten). Konstantvorschub und ggf. Lageregelung durch Proportionaldrosselventile mit elektronischer Regelung erreichbar.

6 Druckwasserhydraulik
Presswater hydraulic

Wasser bietet als Betriebsflüssigkeit gewisse Vorteile, die den Ausbau der *Wasserhydraulik* begünstigen. Einsatzgebiete sind Anlagen, bei denen aus Sicherheits- und Umweltschutzgründen die Verwendung von Mineralöl gesetzlich untersagt ist (Bergbau), und Anlagen, bei denen Wasserhydraulik sicherheitstechnische (Feuerschutz, Entsorgung) sowie wirtschaftliche Vorzüge verspricht.

In Gestaltung und Anwendung sind zwei Bereiche zu unterscheiden. Die herkömmliche *Druckwasserhydraulik* arbeitet mit speziell dafür entwickelten Geräten, die aber relativ groß und teuer sind, z.B. langsamlaufende Plungerpumpen. Anwendungsbereich: Großpressen, Hubanlagen, Grubenausbau. Im Bereich *Industriehydraulik* werden Geräte der Ölhydraulik für Druckwasserbetrieb modifiziert.

Betriebsmedium ist HFA-Fluid mit >95% Wasseranteil. Öl-Wasser-Emulsionen bedürfen der Überwachung (Trennung, Mikroorganismen, pH-Wert). Einphasenlösungen von synthetischen Konzentraten sind unproblematischer. Korrosionsschutz durch Zusätze, doch besondere Beanspruchung in Dampfniederschlagszonen. Eigenschaften werden wesentlich durch das Wasser bestimmt: schlechtes Schmutzbindevermögen (höhere Ansprüche an Filter); Betriebstemperatur zwischen +2 bis 50 °C begrenzt (Eisbildung, Kavitationsgefahr); Viskosität nur wenig (50%) höher als Wasser; extrem schlechte Schmierfähigkeit.

Bei der Verwendung üblicher Geräte daher erhebliche Restriktionen. Arbeitsdruck und Drehzahl müssen um je ca. 40% gemindert werden, um den Lebensdauerabfall der Wälzlager (um Faktor 20) auszugleichen. Auch Gleitflächen betroffen, wenig hydrostatische Lagerungen. Leckverluste 3- bis 10fach höher als bei Öl, d.h. evtl. größere Pumpen installieren. Wegeventile oberhalb NG 10 nur als Sitzventile (Cartridge-V, s. **H 2 Bild 10**) ausführen, gängige Druckbegrenzungs-, Druckregel- und Drosselventile sind gut verwendbar. Anlagen mit üblichen Komponenten bis zum Betriebsdruck von ca. 70 bar relativ problemlos auf HFA-Fluid umzustellen. Keine Schwierigkeiten bei Dichtungen, Verwendung von Zink und Cadmium sowie von Papier (Filtereinsätze) nicht zulässig. Neuentwicklungen von Pumpen für höhere Betriebsdrücke haben gekapselte, geschmierte Lager oder hydrostatische Lagerung bzw. Druckentlastung. Preisrelation gegenüber Standardpumpen 1,5 bis 2, gleiche Werte für Anlagen- und Energiekosten.

Beschaffungskosten von HFA betragen nur 25% gegenüber Öl, jedoch ist zusätzlicher Aufwand für Betriebsmittelpflege zu beachten. Daher keine allgemeine Empfehlungen, sondern individuelle Entscheidung nach Kostenaufstellung zu treffen, in der über die primär maßgebenden Anschaffungs- und Betriebskosten hinaus die Sekundäreinflüsse (z.B. verminderte Schutzmaßnahmen) zu berücksichtigen sind.

7 Anhang H: Diagramme und Tabellen
Appendix H: Diagrams and tables

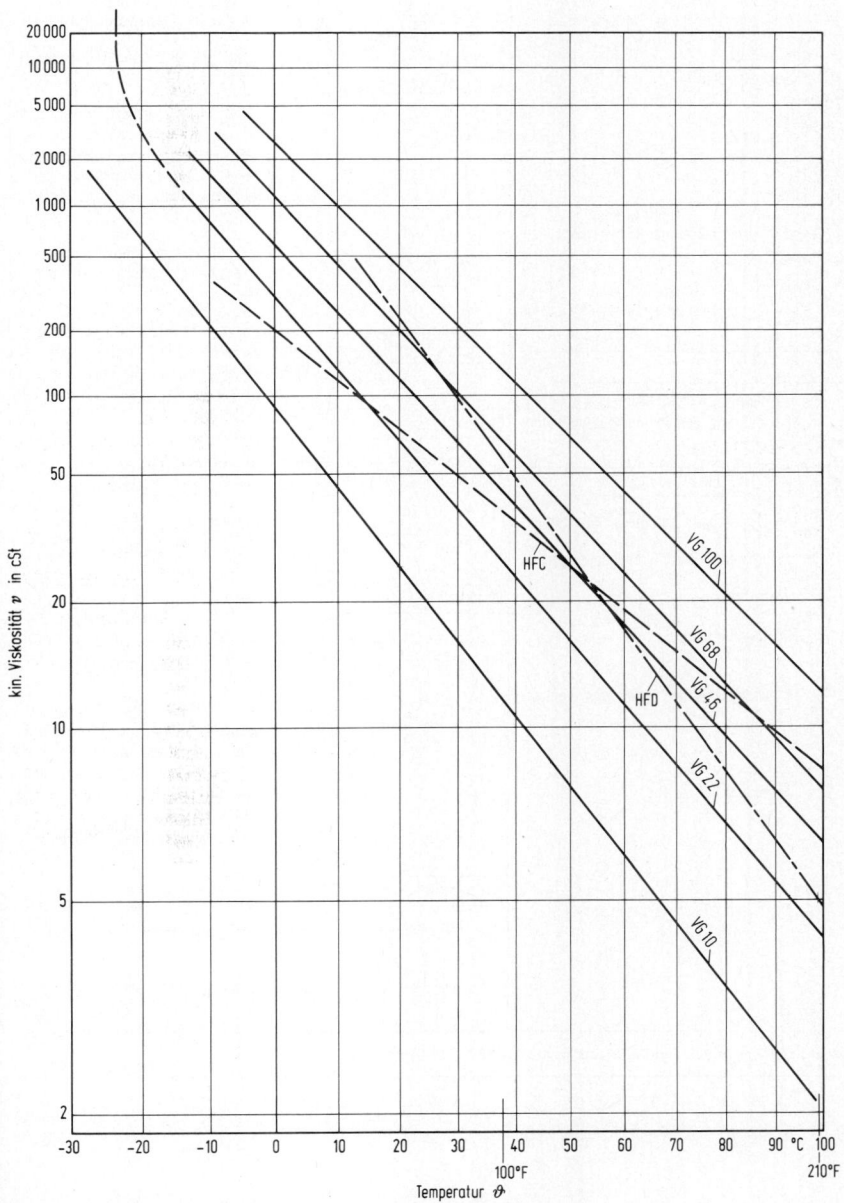

Anh. H 1 Bild 1. Viskositäts-Temperatur-Diagramm für Hydraulikflüssigkeiten

Sinnbild	Benennung und Erklärung	Sinnbild	Benennung und Erklärung
Hydropumpen		**Hydroventile, allgemein**	
	Pumpe mit konst. Verdrängungsvolumen		Ventile werden durch ein Rechteck darge- stellt. Zahl der Felder=Schaltstellungen, Lei- tungen werden an das Feld der Ruhestellung herangezogen.
	mit verstellb. Verdrängungsvolumen a mit einer, b mit zwei Förderrichtungen		Innerhalb der Felder geben Pfeile die ge- schalteten Wege an; gesperrte Anschlüsse erhalten Querstriche.
Hydromotoren			Bleibt bei Stellungsänderung geschalteter Weg mit dem Anschluß verbunden, erhält der Pfeil an dieser Seite einen Querstrich.
	Drehmotor mit konst. Verdrängungsvolumen a mit einer, b mit zwei Förderrichtungen		Sinnbilder der Betätigung werden senkrecht zu den Anschlüssen außerhalb des Recht- eckes angeordnet.
	Schwenkmotor	**Wegeventile**	
	Schubmotor einfach wirkend (Zylinder)		2/2-Wegeventil, Ruhestellung gesperrt, handbetätigt mit Hebel.
	doppelt wirkend mit einseitiger Kolbenstange		3/3-Wegeventil, Ruhestellung gesperrt, federzentriert, betätigt durch Druckbeauf- schlagung.
	doppelt wirkend mit beidseitiger, verstellb. Dämpfung		4/3-Wegeventil, druckloser Pumpenstrom- umlauf in Mittenstellung, federzentriert, magnet- vorgesteuerte Betätigung.
Hydrokompaktgetriebe		**Sperrventile**	
	Getriebe für eine Abtriebsdrehrichtung mit verstellb. Pumpe und Konstantmotor.		Rückschlagventil mit Feder
Hydroleitungen und Zubehör			Gesteuertes Rückschlagventil, Sperrung wird durch Druckbeaufschlagung aufgehoben
	Arbeitsleitung, L. zur Energieübertragung	**Druckventile**	
	Steuerleitung, L. zur Signalübertragung		Druckventil (allgemein) a mit offener Ruhestellung b mit geschlossener Ruhestellung
	Leckölleitung		Druckbegrenzungsventil
	Schlauchleitung		Druckregelventil a ohne Auslaßöffnung b Zweikantenventil mit Auslaßöffnung
	a Leitungskreuzung b Leitungsverbindung	**Stromventile**	
	Hydrospeicher		Drosselventil, einstellbar
			3-Wege Stromregelventil, einstellbar

Anh. H1 Bild 2. Bildzeichen für Ölhydraulik und Pneumatik nach DIN ISO 1219 (Auswahl)

8 Spezielle Literatur
Special bibliography

zu H 1 bis H 6

[1] *Feldmann, D.G.:* Untersuchung des dynamischen Verhaltens hydrostatischer Antriebe. Konstruktion 23 (1971) 420–428. – [2] *Schlösser, W.M.J.:* Über den Gesamtwirkungsgrad von Verdrängerpumpen. o+p 12 (1968) 415–420. – [3] *Röper, R.:* Die Dynamik des Hydro-Speicherkreislaufes. Konstruktion 20 (1968) 341–349. – [4] *Röper, R.:* Hydrogetriebe mit Stromteilung Sammelschrift V. Konferenz über Hydraulische Antriebe, Prag 1971. – [5] *Zoebl, H.:* Schaltpläne der Ölhydraulik. Mainz: Krausskopf 1973. – [6] *Rechten, A.W.:* Fluidik. Berlin: Springer 1976.

Normen und Richtlinien: *DIN ISO 1219:* Schaltzeichen (Ersatz für DIN 24300). – *DIN 24312:* Druck, genormte Druckwerte, Begriffe. – *DIN 24334:* Hydrozylinder, Hauptmaße. – *DIN 24335:* Pneumatikzylinder. – *DIN 24340:* Hydroventile, Lochbilder. – *DIN 24346:* Fluidtechnik, Ausführungsgrundlagen. – *VDMA 24317:* Schwerentflammbare Druckflüssigkeiten, Richtlinien. – *VDMA 24320 (DIN-E 24320):* Schwerentflammbare Druckflüssigkeiten, HFA. – *VDI 2152:* Hydrostatische Getriebe.

I | Elektronische Konstruktionskomponenten
Electronic components

H.-J. Gevatter, Berlin

Allgemeine Literatur
zu I 1 bis I 5
Bücher: *Baier, W.* (Hrsg.): Elektronik Lexikon. Stuttgart: Frankh'sche Verlagshandlung 1974. – Bauelemente, Technische Erläuterungen und Kenndaten. Siemens AG: München 1977. – *Böhmer, E.:* Elemente der angewandten Elektronik. Braunschweig: Vieweg 1989. – *Frisch, H.:* Bauelemente und Grundschaltungen der Elektronik. Grafenau/Württ.: Expert Verlag 1981. – *Nürmann, D.:* Professionelle Schaltungstechnik, Teil 1–4. München: Franzis 1985. – *Rint, C.* (Hrsg.): Handbuch für Hochfrequenz- und Elektro-Techniker. Berlin: Verlag für Radio-Foto-Kinotechnik 1964. – *Starke, L.:* Schaltungslehre der Elektronik, Bd. 1 Analogtechnik, Bd. 2 Digitaltechnik. Frankfurt (Main): Frankfurter Fachverlag 1985. – *Tietze, U.; Schenk, Ch.:* Halbleiter-Schaltungstechnik. Berlin: Springer 1983.

Zeitschriften: Design und Elektronik (Hrsg. von Quadt, C.-F.; Weber, O.). München: Markt und Technik. – Elektronik-Industrie (Hrsg.: Rint, C.). Heidelberg: Hüthig. – Feinwerktechnik und Meßtechnik (Organ der VDI/VDE-Gesellschaft Feiwerktechnik). München: Hanser.

1 Passive Komponenten
Passive components

1.1 Widerstände. Resistors

1.1.1 Grundlagen. Fundamentals

Ein elektrischer Widerstand R stellt ein bestimmtes Verhältnis zwischen elektrischer Spannung U, die am Widerstand anliegt, und elektrischem Strom I, der durch diesen Widerstand hindurchfließt, her. Es gilt (im Idealfall) das Ohmsche Gesetz (s. V 1): $I = U/R$.
Es gilt unabhängig davon, ob der Widerstand mit einer Spannungsquelle (U als Ursache, I als Wirkung) oder mit einer Stromquelle (I als Ursache, U als Wirkung) betrieben wird. Im letzteren Fall wird auch der elektrische Leitwert G (reziproker Widerstand) verwendet: $U = I/G$.
Falls zur Abgrenzung gegenüber komplexen Widerständen erforderlich, spricht man vom *Wirkwiderstand* bzw. vom *Wirkleitwert*.

Widerstandswert. Er ist eine Funktion der Geometrie und des Materials. Im Falle eines Widerstanddrahts mit der Länge l, dem Querschnitt A und dem spezifischen Widerstand ρ des Drahtmaterials gilt: $R = (\rho l)/A$.

Flächenwiderstand. Er ist der Widerstand einer quadratischen Scheibe mit der Kantenlänge a und der Dicke x. Dann gilt (Stromfluß parallel zur Fläche): $R_\square = \rho/x$, wobei $x = 25\ \mu\mathrm{m}$ ein typischer Wert ist.

Widerstandswerkstoffe [1, 2] werden nach dem jeweiligen Anwendungszweck ausgewählt. Die Auswahlkriterien sind insbesondere spezifischer Widerstand klein/groß, Temperaturabhängigkeit klein/groß. Dafür werden vorzugsweise Kupfer/Mangan-, Chrom/Nickel-, Gold/Chrom- sowie Silberlegierungen eingesetzt.

Temperaturabhängigkeit. Der spezifische Widerstand ist i. allg. von der Temperatur T abhängig, wobei der Temperaturkoeffizient α selber mehr oder weniger temperaturabhängig ist. Es gilt:

$$R_1 = R_0[1 + \alpha(T_1 - T_0)].$$

Spezielle Kupfer/Manganlegierungen (u.a. Manganin, Konstantan) haben einen sehr kleinen Temperaturkoeffizienten.

Heißleiter haben eine sehr ausgeprägte, jedoch nichtlineare, negative Temperatur-Widerstands-Kurve (NTC) [4, 5]. Sie werden nach einem speziellen Sinterverfahren aus polykristalliner Mischoxidkeramik hergestellt. Der negative Temperaturkoeffizient liegt im Bereich von 3 bis 6%/K. Näherungsweise gilt (B Materialkostenkonstante):

$$R = R_N \cdot e^{B\left(\frac{1}{T} - \frac{1}{T_N}\right)}.$$

Typische Werte für B sind 2000 bis 5000 K.

Kaltleiter haben in einem bestimmten Temperaturbereich eine ausgeprägte, sehr nichtlineare positive Temperatur-Widerstands-Kurve (PTC) [6, 7]. Der Widerstandsanstieg beträgt mehrere Zehnerpotenzen. Maßgebend ist die Bezugstemperatur ϑ_b, bei der der steile Widerstandsanstieg beginnt. Typische Werte für ϑ_b liegen im Bereich von -30 bis $+220\ °C$. PTC-Widerstände werden durch Pressen und Sintern aus speziellen Metalloxiden hergestellt.

1.1.2 Festwiderstände. Fixed resistors

Festwiderstände werden meistens in Rohrform mit Drahtwicklung (Drahtwiderstand) oder mit Beschichtung (Kohleschicht, Metallschicht) hergestellt. Sie werden mittels Kappen und Drahtenden kontaktiert. Zunehmend an Bedeutung gewinnen die SMD-Bauformen (surface mounted device) und Widerstandsnetzwerke [8, 12].

Abstufung, Toleranzen. Die Nennwerte einer Widerstandsbaureihe werden in E-Reihen [9] geometrisch gestuft. Die feinste Abstufung erfolgt nach E 24 (Stufenfaktor $\sqrt[24]{10} = 1,1$). Weitere Reihen sind E 12 und E 6. Die festgelegten Toleranzen (Abweichungen vom Nennwert) einzelner Exemplare betragen je nach E-Reihe $\pm0,1$ bis $\pm30\%$.

Konstanz des Widerstandswerts. Er kann sich in Folge von Alterung, Temperatur- und Klimaeinflüssen ändern.

Präzisionswiderstände erfüllen besonders hohe Anforderungen an Langzeit- und Temperaturkonstanz.

Frequenzabhängigkeit. Bei Betrieb mit hohen Frequenzen sind die parasitären induktiven und kapazitiven Blindwiderstandkomponenten zu beachten.

Grenzwerte. Die elektrischen Grenzwerte eines Widerstands sind durch seine höchstzulässige Betriebstemperatur bestimmt. Typische Nennleistungen für Anwendungen in der Informationselektronik liegen im Bereich von 0,25 bis 20 W.

1.1.3 Einstellbare Widerstände. Adjustable resistors

Einstellbare Widerstände werden als *Trimmer* für Abgleich- und Einstellzwecke mit geringer Verstellhäufigkeit verwendet (Belastbarkeit max. 1 bis 2 W). *Drehwiderstände* (Potentiometer) sind für häufige Verstellungen vorgesehen und können für höhere Nennlast ausgelegt werden. Bei *Schiebewiderständen* erfolgt die Widerstandsveränderung durch eine Linearbewegung des Schleifers. Die Funktion Widerstandsänderung/Einstellbewegung ist i. allg. linear, sie kann in Sonderfällen auch eine nichtlineare, z.B. eine logarithmische Funktion darstellen. Präzisions-Potentiometer werden auch als Meßumformer für das elektrische Messen von Dreh- und Linearbewegungen verwendet [10].

1.2 Kapazitäten. Capacitors

1.2.1 Grundlagen. Fundamentals

Ein Kondensator mit der Kapazität C speichert eine elektrische Ladung Q, deren Größe proportional zur anliegenden Spannung U ist: $Q = C U$.
Bestimmende Größen für die Kapazität eines Kondensators sind seine Geometrie und das Material seines Dielektrikums (ε_r relative Dielektrizitätskonstante, ε_0 absolute Dielektrizitätskonstante des Vakuums) [3]. Die häufigste Bauform ist der *Plattenkondensator*, dessen Kapazität mit der Plattenfläche A und dem Plattenabstand d, $C = \varepsilon_0 \varepsilon_r (A/d)$ beträgt.

Verluste. Ein idealer Kondensator hat keine Wirkverluste. Ein mit Verlusten behafteter Kondensator kann ersatzweise durch einen idealen Kondensator mit einem in Reihe oder parallel geschalteten ohmschen Widerstand dargestellt werden. Die Verluste werden durch den Verlustwinkel δ beschrieben.

Temperatureinfluß. Luftkondensatoren ($\varepsilon_r = 1$) haben eine hohe Temperaturkonstanz. Feststoff-Dielektrika haben eine hohe relative Dielektrizitätskonstante, jedoch in Verbindung mit nicht mehr zu vernachlässigenden Temperaturkoeffizienten im Bereich von $\pm 20 \cdot 10^{-6}$ bis $\pm 750 \cdot 10^{-6} \, \text{K}^{-1}$.

Parasitäre Kapazitäten. In Schaltungen der Hochfrequenz- und Computertechnik müssen parasitäre Kapazitäten, die z.B. zwischen zwei benachbarten Leitungen auftreten, in Betracht gezogen werden.

1.2.2 Festkondensatoren. Fixed capacitors

Es existieren zahlreiche Bauformen: *Keramikkondensatoren* mit einer keramischen Masse als Dielektrikum, *Wickelkondensatoren* mit einem Wickel aus metallisierter Isolierfolie sowie *Elektrolytkondensatoren* mit großer Kapazität bei kleinem Volumen mit einem elektrochemisch erzeugten Dielektrikum. Elektrolytkondensatoren sind gepolt, sie

dürfen nur mit einer Spannung vorgeschriebener Polarität betrieben werden. Typische Bauformen für die Energie-Elektronik sind selbstheilende Metall/Papier-(MP-) und Metall/Kunststoff-(MKV-)Kondensatoren [11].

1.2.3 Einstellbare Kondensatoren. Adjustable capacitors

Wie bei den variablen Widerständen unterscheidet man auch bei den Kondensatoren zwischen *Trimmern* und *Kondensatoren* für *häufige Verstellung.* Der technische Aufbau von Trimmern leitet sich meist vom *Platten-* oder *Röhrenkondensator* ab. *Drehkondensatoren* in Form des drehwinkelabhängigen Mehrfach-Plattenkondensators sind für häufige Verstellungen ausgelegt. Die Verstellfunktion kann in Abhängigkeit vom Plattenschnitt linear oder nichtlinear (z.B. logarithmisch) sein.

1.3 Induktivitäten. Inductances

1.3.1 Grundlagen. Fundamentals

Eine Spule mit der Induktivität L und der Windungszahl N speichert einen magnetischen Fluß $N \cdot \Phi$, der proportional zu dem die Spule durchfließenden Strom I ist: $N \cdot \Phi = L \cdot I$.
Bestimmende Größen für die Induktivität einer Spule sind die Geometrie, die Windungszahl und das Kernmaterial der Spule (μ_r relative Permeabilität des Kernmaterials, μ_0 absolute Permeabilität). Die Induktivität einer mit ferromagnetischem Material ($\mu_r \gg 1$) gefüllten Ringspule mit der Windungsfläche A und der magnetischen Weglänge l ist

$$L = \mu_0 \mu_r \frac{A}{l} N^2.$$

Verluste. Wirkstromverluste entstehen durch den Widerstand der Wicklung. Bei Betrieb von Induktivitäten mit ferromagnetischem Kernmaterial mit Wechselstrom kommen Wirbelstromverluste und Ummagnetisierungsverluste hinzu, die mit zunehmender Frequenz stark ansteigen. Eine mit Verlusten behaftete Induktivität kann ersatzweise durch eine ideale Induktivität mit einem in Reihe und parallel geschalteten ohmschen Widerstand dargestellt werden.

1.3.2 Spulen mit fester Induktivität
Coils with fixed inductance

Luftspulen, meistens als Zylinderspulen konfiguriert, werden vorzugsweise für höhere Frequenzen verwendet. Sie haben relativ kleine Induktivitätswerte, aber weisen nur geringe Wirkverluste auf. Zur Erhöhung der Induktivität werden die Spulen mit ferromagnetischem Kern ausgeführt. Die Kerne werden zur Reduzierung der Kernverluste aus dünnen Blechschnitten (UI-Schnitt, M-Schnitt, EI-Schnitt) oder aus Ferrit-Schalenkernen hergestellt. Zur Verbesserung der Langzeitkonstanz der Induktivität wird ein kleiner definierter Luftspalt eingestellt.

1.3.3 Spulen mit einstellbarer Induktivität
Coils with adjustable inductance

Einstellbare Induktivitäten werden vorzugsweise zum Abgleich als Trimmer eingesetzt. Sie bestehen aus einem Plastikrohr mit Innengewinde als Spulenkörper. In das Innengewinde wird ein Ferritkern hineingeschraubt. Mit zunehmender Schraubtiefe erhöht sich die Induktivität.

2 Dioden. Diodes

Dioden leiten den Strom bevorzugt in einer Richtung (Durchlaßrichtung). Die Anschlüsse der Diode werden mit Katode K und Anode A bezeichnet. In entgegengesetzter Richtung (Sperrichtung) kann nur ein sehr kleiner Sperrstrom fließen [1–3].

2.1 Diodenkennlinien und Daten
Diode characteristics and data

Die Kennlinie einer Diode ist durch den Sperrbereich und den Durchlaßbereich gekennzeichnet, **Bild 1**. Die ideale Kennlinie folgt der aus der Halbleitertheorie abgeleiteten Funktion

$$I = I_s \cdot \left(\exp \frac{e U_{AK}}{kT} - 1 \right)$$

mit T absolute Temperatur, k Boltzmannkonstante und e Elementarladung.

Die *reale Kennlinie* in Durchlaßrichtung, die näherungsweise dieser Funktion folgt, ist durch die Kenndaten U_D (0,2 bis 0,4 V bei Germaniumdioden, 0,5 bis 0,8 V bei Siliziumdioden) bei $I_D = 0,1\,I_{max}$ und den maximal zulässigen Durchlaßstrom I_{max} gekennzeichnet.

Der *Sperrbereich* ist durch den Sperrstrom I_s (typische Werte bei Raumtemperatur 100 nA bei Germaniumdioden und 10 pA bei Siliziumdioden) und die maximal zulässige Sperrspannung $U_{Sperr\,max}$ gekennzeichnet.

Temperaturabhängigkeit. Die Kenndaten sind temperaturabhängig. U_{AK} ändert sich näherungsweise um $-2\,mV/K$. I_s verdoppelt sich bei 10 K Temperaturerhöhung.

Die *Sperrschichtkapazität* beeinflußt das dynamische Verhalten einer Diode. Die Sperrschichtkapazität entsteht durch Querschnitt und Weite der Raumladungszone des pn-Übergangs. Sie steigt mit abnehmender Sperrspannung an.

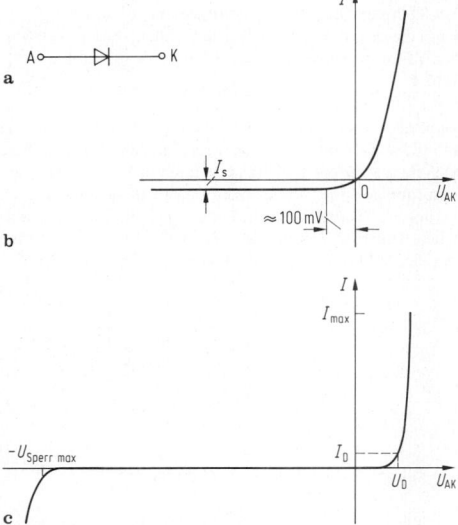

Bild 1. Diodenkennlinien. a Schaltsymbol; b ideale Kennlinie; c reale Kennlinie [4]

2.2 Schottky-Dioden. Schottky-Diodes

Schottky-Dioden bestehen aus einem Metall-Halbleiterkontakt. Der Durchlaßbereich weist eine besonders niedrige Durchlaßspannung (kleiner als 0,4 V) sowie eine kleine parasitäre Kapazität auf. Die bevorzugten Anwendungsgebiete sind die Mikrowellentechnik und diverse Schutzschaltungen, bei denen die niedrige Durchlaßspannung ausgenutzt wird.

2.3 Z-Dioden. Z-Diodes

Beim Überschreiten der maximalen Sperrspannung steigt der Sperrstrom lawinenartig an (Avalanche-Effekt, Zener-Effekt). Der scharfe Einsatz des Durchbruchs (**Bild 2**) wird zur Spannungsstabilisierung genutzt. Die stabilisierende Wirkung der Z-Diode wird dadurch erreicht, daß eine große Stromänderung ΔI nur eine relativ kleine Spannungsänderung ΔU verursacht. Maßgebend ist der differentielle Innenwiderstand $r_Z = \Delta U / \Delta I$.

Typische Durchbruchsspannungswerte (Stabilisierungsspannung, Z-Spannung) liegen zwischen 3 und 200 V.

Der *Temperaturkoeffizient* ist bei Z-Spannungen unter 5.7 V (Zener-Effekt) negativ, bei Spannungen über 5,7 V (Avalanche-Effekt) positiv: Typische Werte $\pm 0,1\%/K$. Ausgewählte Exemplare mit Z-Spannungen um 5,7 V haben einen wesentlich kleineren Temperaturkoeffizienten.

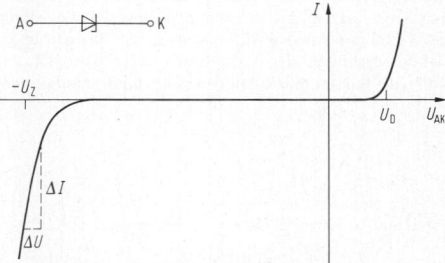

Bild 2. Schaltsymbol und Kennlinie einer Z-Diode [4]

2.4 Leistungsdioden. Power diodes

Dioden für die Leistungselektronik haben prinzipiell die gleiche Kennlinie wie vorher beschrieben. Sie sind jedoch für höhere Durchlaßströme (ab ca. 1 bis zu einigen 1 000 A) und höhere Spannungen (bis ca. 5 000 V) ausgelegt. Durch entsprechende konstruktive Gestaltung der Gehäuse (Flachbodengehäuse, Scheibengehäuse) ist für eine gute Ableitung der Verlustwärme, meistens in Verbindung mit Kühlkörpern, gesorgt. Für eine optimale Anpassung an den jeweiligen Anwendungsfall sind weitere Kenndaten definiert [3].

Periodische Spitzensperrspannung V_{RRM} ist der höchstzulässige Augenblickswert.

Durchlaßspannung V_F ist der Augenblickswert des Spannungsabfalls in Durchlaßrichtung.

Schleusenspannung $V_{(TO)}$ ist der vom Strom unabhängige Teil der Durchlaßspannung.

Durchlaßstrom i_F ist der Augenblickswert des Stroms in Durchlaßrichtung.

Effektiver Durchlaßstrom I_{FRMS} ist der thermisch maximal zulässige Effektivstrom.

Thermischer Widerstand R_{thJA} ist der gesamte thermische Widerstand zwischen Sperrschicht und Umgebung des Kühlkörpers.

3 Transistoren. Transistors

Der Transistor ist eine dreipolige Halbleiterkomponente mit der Fähigkeit, ein elektrisches Signal zu verstärken. Man unterscheidet bipolare und unipolare Transistorkonfigurationen sowie Transistoren für Informations- und Leistungselektronik. Gemeinsames Merkmal aller Transistorkonfigurationen: Die Steuerelektrode muß (im Gegensatz zu den Thyristoren) ständig angesteuert werden um den beabsichtigten Aussteuerungszustand aufrechtzuerhalten [1, 3, 4, 6].

3.1 Bipolartransistoren. Bipolar transistors

Ein Bipolartransistor besteht aus zwei gegeneinander geschalteten Dioden (**Bild 1**) mit den drei Elektroden Basis B, Emitter E und Kollektor C. Für ein Verständnis der Transistorfunktion aus der Sicht des Anwenders genügt die Betrachtung des Dioden-Ersatzschaltbildes. Es liefert einen guten Überblick über die in der Schaltung auftretenden Spannungen und Ströme, gezeigt am Beispiel eines npn-Transistors in **Bild 2**. Bei einem pnp-Transistor kehren alle Spannungen und Ströme ihr Vorzeichen um.

Stromverstärkung. Die Verstärkungsfunktion des Bipolartransistors liegt in der Stromverstärkung, gegeben durch das Verhältnis von Kollektorstrom I_C zu Basisstrom I_B. Dabei durchfließt der Basisstrom, der Eingangssteuerstrom, die Basis/Emitter-Diode in Durchlaßrichtung, während der Kollektorstrom als Ausgangsstrom die Kollektor/Basis-Diode in Sperrrichtung durchfließt.

Differentielle Stromverstärkung. Für Kleinsignalverstärkung im Arbeitspunkt gilt die differentielle Stromverstärkung

$$\beta = \frac{\partial I_C}{\partial I_B}\bigg|_{U_{CE}=\text{const}}.$$

Transistorkennlinien. Die wesentlichen Transistoreigenschaften zeigen das I_B/U_{BE}- und das I_C/U_{CE}-Kennlinienfeld. Die Verbindung zwischen beiden Kennlinienfeldern in **Bild 3** ist durch die Stromverstärkung gegeben. Der Arbeitspunkt eines linear betriebenen Transistors liegt in dem U_{CE}-Gebiet, in dem der Kollektorstrom nur wenig von U_{CE} abhängt ($U_{CE} >$ Sättigungsspannung $U_{CE\,\text{sat}}$). Der Eingangsstromkreis ist durch einen niedrigen differentiellen Eingangswiderstand $\Delta U_{BE}/\Delta I_B$ gekennzeichnet, während der Ausgangsstromkreis einen relativ hohen differentiellen Quellwiderstand $\Delta U_{CE}/\Delta I_C$ aufweist.

Grenzdaten, die in keinem Betriebszustand überschritten werden dürfen, sind insbesondere die Emitter/Basis-Sperrspannung U_{EBO}, die Kollektor/Basis-Sperrspannung U_{CBO}, die Kollektor/Emitter-Sperrspannung U_{CEO}, der maximale Kollektorstrom $I_{C\,\text{max}}$ und die maximale Verlustleistung $P_{v\,\text{max}}$, die sich aus der im Transistor in Wärme umgesetzten Leistung

$$P_v = U_{CE} I_C + U_{BE} I_B$$

ergibt. Die maximale Verlustleistung wird durch die maximal zulässige Temperatur ϑ_j der Sperrschicht bestimmt. Die Sperrschichttemperatur hängt von der Umgebungstemperatur ϑ_A, dem gesamten Wärmewiderstand R_{thJA} zwischen Sperrschicht und Umgebung sowie der als Wärme abzuführenden Verlustleistung P_v ab. Es muß immer gewährleistet sein:

$$P_v \leq P_{\vartheta_j} = (\vartheta_j - \vartheta_A)/R_{thJA}.$$

Bei Kollektor/Emitter-Spannungen in der Nähe von U_{CEO} kann dieser Grenzwert nicht voll genutzt werden. Tatsächlich zulässiger Arbeitsbereich (SOA, safe operating area): **Bild 4**.

Gehäuse. Mit zunehmender maximaler Verlustleistung muß das Gehäuse für eine ausreichende Wärmeabfuhr ausgelegt sein. Diese Gehäuse werden auf Kühlkörper geschraubt, um die Wärmeableitung an die Umgebung zu verbessern. Dabei ist zu beachten, daß die Gehäusekühlfläche elektrisch leitend mit dem Kollektor verbunden ist, um den Wärmewiderstand möglichst klein zu halten.

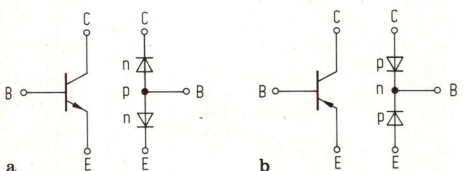

a   **b**

Bild 1. a npn-Transistor; **b** pnp-Transistor mit Dioden-Ersatzschaltbild [7]

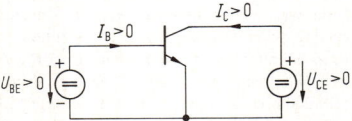

Bild 2. Polung eines npn-Transistors [7]

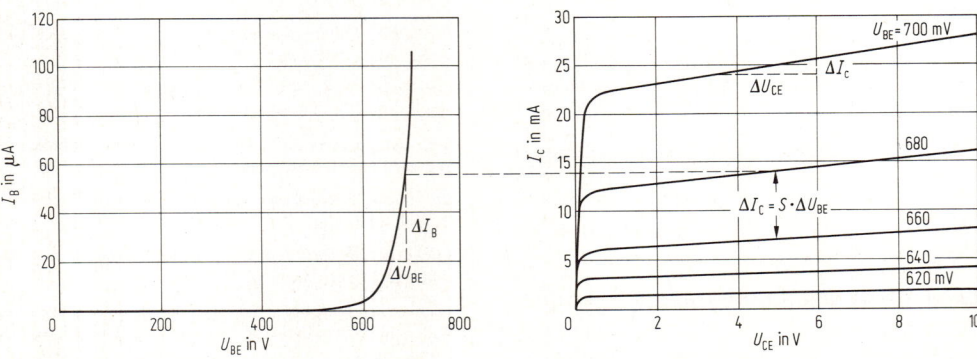

Bild 3. I_B/U_{BE}- und I_C/U_{CE}-Kennlinienfeld [7]

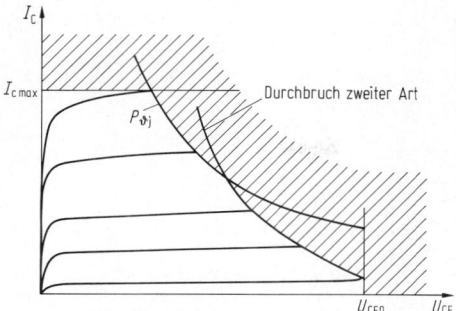

Bild 4. Zulässiger Arbeitsbereich eines Transistors [7]

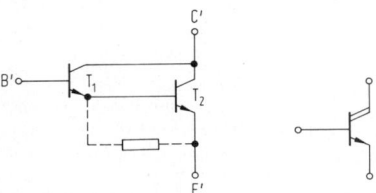

Bild 5. Darlington-Schaltung und Schaltsymbol [7]

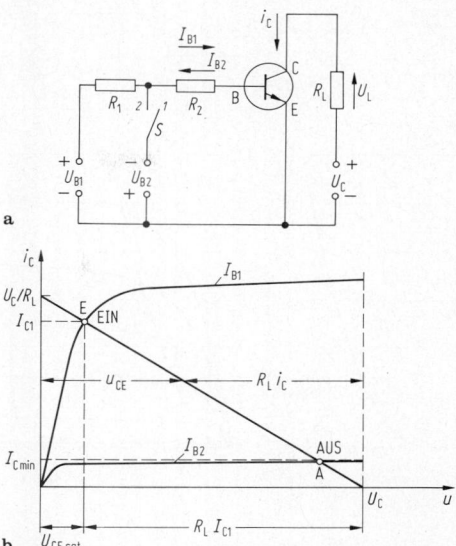

Bild 6. Transistor im Schaltbetrieb. **a** Schaltung; *S* in Stellung *1* EIN, *S* in Stellung *2* AUS. **b** Arbeitspunkte EIN und AUS [2]

Leistungstransistoren. Während es bei kleinen Transistoren für die Informationselektronik in erster Linie auf gute Kenndaten für die Kleinsignalverstärkung ankommt, sind Leistungstransistoren für hohe Verlustleistungen (bis zu einigen 100 W) ausgelegt, jedoch geht das zu Lasten der Stromverstärkung, die bei hohen Kollektorströmen auf Werte bis ca. 10 absinkt.

Darlington-Schaltung. Um die Stromverstärkung eines Leistungstransistors zu verbessern, wird dem Leistungstransistor ein weiterer Transistor vorgeschaltet und in einer sog. Darlington-Schaltung in einem Gehäuse zusammengefaßt. Die Darlington-Schaltung kann als ein Transistor mit den Anschlüssen E′, B′und C′aufgefaßt werden, **Bild 5**. Die Parallelschaltung eines Widerstands dient dazu, den Transistor T_2 schneller sperren zu können.

Linearbetrieb. Schaltungen für Kleinsignalverstärkungen werden linear betrieben. Das heißt, jede differentielle Änderung des Eingangssignals, die dem Arbeitspunkt überlagert wird, folgt das Ausgangssignal verstärkt und linear. Wird eine hohe Ausgangsleistung im Linearbetrieb gefordert, ist zu beachten, daß die linear ausgesteuerte Ausgangsleistung näherungsweise gleich groß wie die dabei auftretende Verlustleistung im Transistor ist. Daher ist der Linearbetrieb nur für kleine Ausgangsleistungen geeignet.

Schaltbetrieb. Eine wesentlich höhere Ausgangsleistung mit ein und demselben Transistor ist möglich, wenn man unter Verzicht auf Verzerrungsfreiheit und Linearität zum Schaltbetrieb übergeht, **Bild 6**. Der Transistor kann mit einem Schalter im geschlossenen Zustand (Ein-Zeit T_E) und geöffnetem Zustand (Aus-Zeit T_A) verglichen werden. Der während T_A fließende Kollektor-Reststrom $I_{C\,min}$ kann vernachlässigt werden. Der Mittelwert der Ausgangsleistung bei periodischem Schaltbetrieb beträgt

$$P_A = \frac{T_E}{T_E + T_A}(U_C - U_{CE\,sat})I_{C1}.$$

Die Verlustleistung im Transistor beträgt näherungsweise nur

$$P_v = \frac{T_E}{T_E + T_A}\cdot U_{CE\,sat}I_{C1}.$$

3.2 Feldeffekttransistoren. Field effect transistors

Feldeffekttransistoren sind Halbleiter, deren Verstärkungsfunktion auf der Wirkung eines elektrischen Felds beruht. Das elektrische Feld, das mittels einer an die Steuerelektrode (Gate G) angelegten Steuerspannung U_{GS} erzeugt wird, steuert den Widerstand des Kanals zwischen Drain D und Source S. Das Gate ist vom Kanal durch eine sehr dünne, nicht leitende Schicht getrennt, so daß praktisch kein Gatestrom fließt (Leckstrom 1 pA bis 1 nA). Typisches Kennlinienfeld: **Bild 7**. Oberhalb der U_K-Linie liegt der dem bipolaren Transistor vergleichbare aktive Bereich (Sättigungsbereich). In dem Bereich $U_{DS} < U_K$ verhält sich der Fet wie ein steuerbarer ohmscher Widerstand. Der größte Drainstrom fließt bei $U_{GS} = 0$ (selbstleitender Typ). Zum Abschnüren des Drainstroms muß U_{GS} in negativer Richtung bis zur Schwellspannung U_P erhöht werden. Mit zunehmender Spannung U_{DS} verschiebt sich die U_{GS}/I_D-Kennlinie nach links. Das Kennlinienfeld ist ähnlich wie das einer Pentode.

Sperrschichtfet. Die Trennung zwischen Gate und DS-Kanal erfolgt über einen in Sperrichtung vorgespannten pn- oder np-Übergang.

MOS-Fet (Metal oxide semiconductor). Die Trennung zwischen Gate und DS-Kanal erfolgt durch eine dünne SiO_2-Schicht.

Unipolartransistor. Der DS-Kanal ist entweder n-leitend oder p-leitend. Daher sind die Fets Unipolartransistoren.

Depletion/Enhancement-MOS-Fets. Ein Depletion-MOS-Fet ist ebenfalls selbstleitend (Verarmungstyp). Ein Enhancement-MOS-Fet ist selbstsperrend ($I_D = 0$ bei $U_{GS} = 0$). Er beginnt zu leiten, wenn U_{GS} einen bestimmten Schwellwert überschreitet (Anreicherungstyp).

CMOS-Fets sind paarweise komplementäre n- und p-Kanal-MOS-Fets. Sie haben den Vorteil, daß sie in digitalen Schaltungen nur während der Schaltphase kurzzeitig

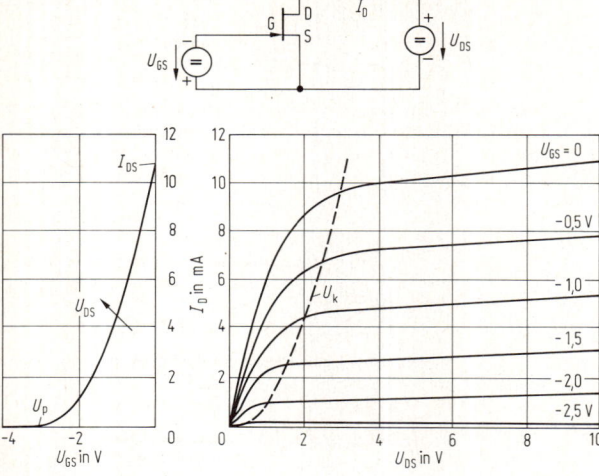

Bild 7. Schaltung, I_D/U_{GS}- und I_D/U_{DS}-Kennlinienfeld eines selbstleitenden n-Kanal-Sperrschichtfets [7]

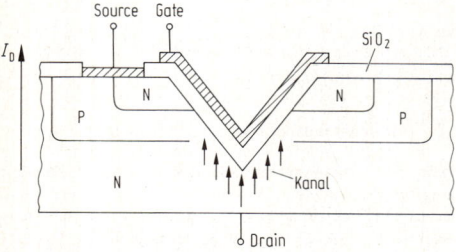

Bild 8. VMOS-Fet. I_D fließt in vertikaler Richtung

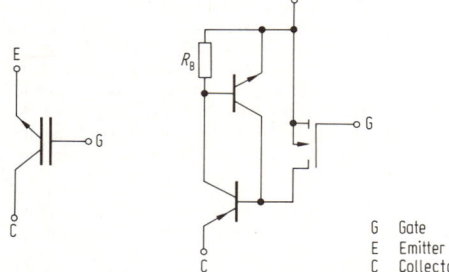

Bild 9. Schaltsymbol und Ersatzschaltbild für einen n-Kanal-IGBT [5]

G   Gate
E   Emitter
C   Collector

Strom führen. Im statischen Zustand fließt praktisch kein Strom und es entsteht nur eine sehr geringe Verlustleistung. Dadurch wird eine besonders hohe Integrationsdichte in integrierten Schaltungen (IC) ermöglicht.

Leistungs-MOS-Fets. Während bei den Fets in integrierten Schaltungen die DS-Kanäle in lateraler Richtung liegen, werden Leistungs-MOS-Fets mit vertikalen DS-Kanälen ausgeführt (VMOS, HEX-Fet, **Bild 8**). Dadurch wird die Parallelschaltung vieler einzelner Zellen mit hoher Stromdichte ermöglicht. Leistungs-MOS-Fets werden vorzugsweise im Schaltbetrieb verwendet. Sie haben im Vergleich zu den Bipolartransistoren günstigeres Schaltverhalten, da ein Fet ein spannungsgesteuertes Bauelement ist und bei Änderung des Gatepotentials nur die Fet-Eingangskapazität umgeladen werden muß. Daher ist die Schaltfrequenz eines Fets in erster Linie nur von der äußeren Beschaltung abhängig.

3.3 IGB-Transistoren
Insulated gate bipolar transistors

Der IGBT (Insulated Gate Bipolar Transistor) gehört zu der Gruppe der abschaltbaren Leistungshalbleiter und vereinigt die niedrigen Durchlaßverluste eines bipolaren Transistors mit der hohen Eingangsimpedanz eines MOS-Fet. Damit findet der IGBT sein bevorzugtes Anwendungsgebiet in der elektronische Antriebstechnik.
Der IGBT besteht ebenso wie der MOS-Fet aus vielen

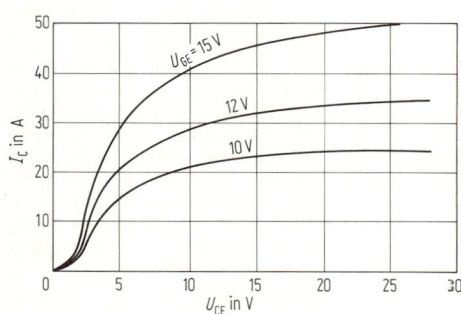

Bild 10. Typisches Ausgangskennlinienfeld eines IGBT [5]

einzelnen parallel geschalteten Zellen. Das Ersatzschaltbild (**Bild 9**) zeigt die Darlington-Schaltung eines MOS-Fet und eines bipolaren Transistors. Beträgt die Steuerspannung zwischen G und E Null, fließt kein Strom. Bei einer ausreichend hohen positiven Spannung zwischen G und E beginnt im MOS-Fet ein Strom zu fließen (n-Kanal-Enhancement-MOS-Fet), der als Basisstrom für den pnp-Transistor dient und diesen in den Durchlaßzustand steuert. Somit hat der IGBT die Steuerkennlinien eines MOS-Fet und das Ausgangskennlinienfeld eines bipolaren Transistors, **Bild 10**.

4 Thyristoren. Thyristors

Unter diesem Oberbegriff wird heute eine ganze Familie von schaltenden Halbleiter-Leistungsbauelementen zusammengefaßt, die in vielen Bereichen der Leistungselektronik eingesetzt werden. Typisches Anwendungsgebiet ist die Steuerung elektrischer Antriebe in der Produktion und der Verkehrstechnik [5]. Die Nennströme liegen in Bereichen von 1 bis ca. 2000 A bei Nennspannungen bis zu ca. 5000 V.

Die einzelnen Thyristortypen unterscheiden sich nach Höhe der Betriebsfrequenz (Netzthyristoren, Frequenzthyristoren), Verhalten in Rückwärtsrichtung (rückwärts sperrende und rückwärts leitende Thyrostoren) und der Abschaltbarkeit (abschaltbarer Thyristor, Gate-turn-off-Thyristor GTO). Am Anfang der Entwicklung stand der Netzthyristor, aus dem die anderen Thyristortypen hervorgegangen sind.

4.1 Thyristorkennlinien und Daten
Thyristor characteristics and data

Wirkungsweise. Der Thyristor ist ein steuerbarer Leistungshalbleiter mit einer Vierschichtanordnung, d.h. es sind drei pn-Übergänge vorhanden, **Bild 1**. In Sperrichtung verhält sich ein Thyristor wie eine Diode. In Vor-

wärtsrichtung gibt es zwei stabile Zustände. Der mittlere pn-Übergang sperrt, somit fließt praktisch kein Strom in Vorwärtsrichtung. Erst wenn ein Zündstrom von der Steuerelektrode G zur Kathode K fließt, wird der mittlere pn-Übergang mit Ladungsträgern überschwemmt und der Thyristor wird in Vorwärtsrichtung leitend. Somit verhält er sich wie eine Diode in Durchlaßrichtung. Wesentlich ist, daß nach Abschalten des Zündstroms der in Vorwärtsrichtung leitende Zustand selbsttätig aufrechterhalten bleibt.

Thyristorkennlinie und die wesentlichen Kennwerte: **Bild 2**. Bezüglich des Betriebs in Sperrichtung und Durchlaßrichtung im vorwärtsleitenden Zustand sowie bezüglich der thermischen Verhältnisse gelten die gleichen Kennwerte wie bei der Diode.

Weitere wesentliche Kennwerte [1, 2, 3] sind:

Vorwärtssperrspannung U_D ist die Spannung zwischen den Hauptanschlüssen des Thyristors in Vorwärtsrichtung im Sperrzustand.

Rückwärtssperrspannung U_R ist die Spannung zwischen den Hauptanschlüssen eines Thyristors in Rückwärtsrichtung.

Spitzensperrspannung ist der höchste zulässige Augenblickswert der Spannung in Vorwärtsrichtung (U_{DRM}) im gesperrten Zustand bzw. in Rückwärtsrichtung (U_{RRM}).

Rückwärtssperrstrom I_R ist der in Rückwärtsrichtung fließende Sperrstrom (im Datenblatt wird i. allg. der obere Streuwert angegeben).

Vorwärtssperrstrom I_D ist der in Vorwärtsrichtung im gesperrten Zustand über die Hauptanschlüsse fließende Strom.

Haltestrom I_H ist der unterste Werte des Durchlaßstroms, bei dem der Thyristor noch im Durchlaßzustand bleibt.

Oberer Zündstrom I_{GT} ist der größte Streuwert des Zündstroms, bei dem auch sicheres Zünden gewährleistet ist.

Obere Zündspannung U_{GT} ist der größte Streuwert der Zündspannung.

Kritische Spannungssteilheit S_{Ukrit} ist der höchstzulässige Wert der Sperrspannungsanstiegsgeschwindigkeit in Vorwärtsrichtung, bei der der Thyristor ohne Zündstrom noch nicht in den Durchlaßzustand umschaltet. („Über-Kopf-

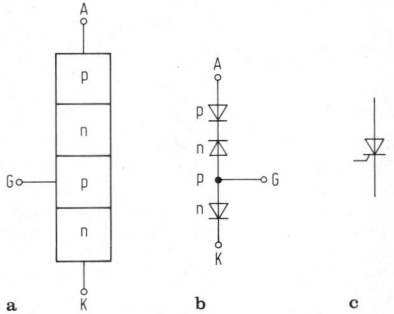

a · **b** · **c**

Bild 1. a Vierschichtanordnung des Thyristors, A Anode, K Kathode, G Zündelektrode (Gate); **b** Dioden-Ersatzschaltbild; **c** Schaltsymbol

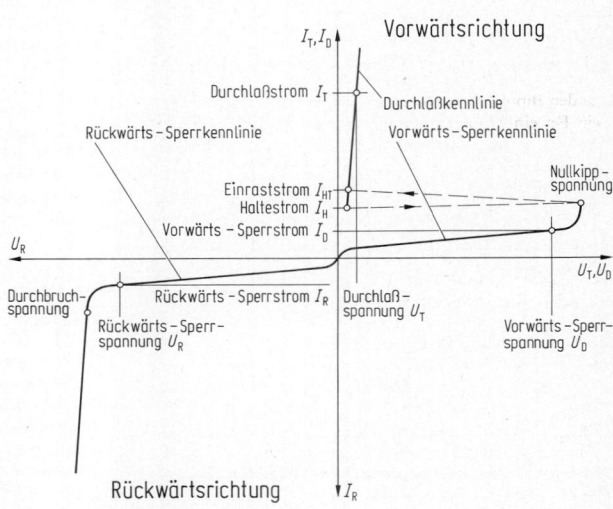

Bild 2. Prinzipkennlinie und charakteristische Kennwerte eines Thyristors [4]

zünden"). Bei Überschreiten von S_{Ukrit} wird der so gezündete Thyristor zerstört.

Kritische Stromsteilheit S_{Ikrit} ist der höchstzulässige Wert der Stromanstiegsgeschwindigkeit beim Durchschalten, den der Thyristor noch ohne Schaden verträgt.

Freiwerdezeit t_q ist die Mindestzeitdauer, die der Thyristor benötigt, um nach dem Nulldurchgang des abkommutierenden Durchlaßstroms die Sperrfähigkeit in Vorwärtsrichtung wiederzuerlangen. Frequenzthyristoren haben eine im Vergleich zu Netzthyristoren kürzere Freiwerdezeit und können deshalb mit höheren Frequenzen betrieben werden.

4.2 Steuerung des Thyristors. Thyristor control

Der Thyristor wird bei Betrieb in Vorwärtsrichtung durch den Zündstrom I_{GT} vom Sperrzustand in den Durchlaßzustand geschaltet. Der Durchlaßzustand bleibt nach Abschalten des Zündstroms selbsttätig erhalten und kann über die Steuerelektrode nicht mehr beeinflußt werden. Erst wenn der Durchlaßstrom unter den Wert I_H sinkt, erlischt der Thyristor und gewinnt seine Vorwärtssperrfähigkeit zurück. Prinzipschaltung des Thyristorsteuerkreises: **Bild 3**.

Bei Speisung des Thyristors aus dem Netz geht die Speisespannung periodisch durch Null, so daß der Thyristor periodisch erlischt und damit wieder neu gezündet werden kann. Mit Hilfe der Verschiebung des Zündwinkels α kann der Wert des periodisch an der Last liegenden Stromzeitintegrals (schraffierte Fläche in **Bild 4**) gesteuert werden.

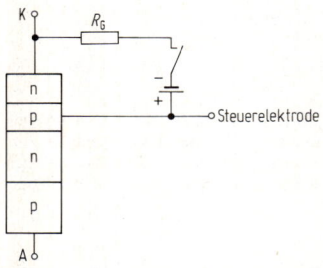

Bild 3. Prinzipschaltbild des Steuerkreises eines Thyristors [6]

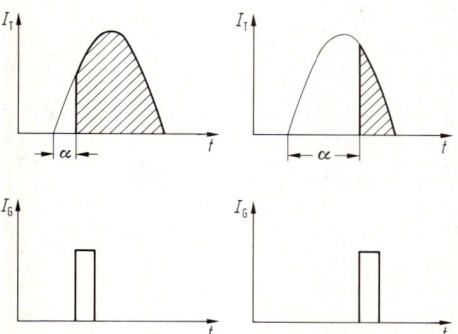

Bild 4. Ansteuerung eines Thyristors durch Verschieben des Zündwinkels

Bei Speisung aus einer Gleichspannungsquelle muß durch zusätzliche Schaltungsmaßnahmen im Hauptstromkreis dafür gesorgt werden, daß der Durchlaßstrom kurzfristig unter I_H gedrückt werden kann, z.B. mit Hilfe eines zusätzlichen Löschthyristors und eines Löschkondensators. Diese Notwendigkeit löste die Entwicklung der abschaltbaren Thyristoren aus.

4.3 Triacs, Diacs. Triacs, Diacs

Triacs

Der Triac ist eine weiterentwickelte Form innerhalb der Thyristorfamilie. Er besteht aus zwei antiparallel arbeitenden Thyristoren, die in einem einzigen Chip integriert sind. Es wird nur eine Steuerelektrode benötigt, die in beiden Richtungen den Triac zündet, **Bild 5**. Auch der Zündstrom kann ein Wechselstrom sein. Damit ist der Triac eine bevorzugte Komponente für die Steuerung von Wechselspannungen.

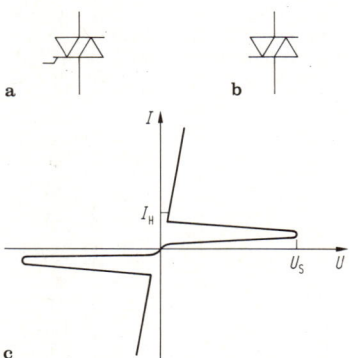

Bild 5. a Triac-Schaltsymbol; **b** Diac-Schaltsymbol; **c** Kennlinie eines 5-Schicht-Diacs

Diacs

Unter dem Namen Diac ist eine Gruppe von Halbleiter-Bauelementen zusammengefaßt, die eine 3-, 4- oder 5-Schichtkonfiguration haben und als Zweipole der Familie der Dioden zuzuordnen sind. Diacs haben jedoch ein Schalt- bzw. Kippverhalten und sind daher eher einem „Über-Kopf"-zündbarem Thyristor vergleichbar, **Bild 5c**. Wird die Schaltspannung U_S überschritten, schaltet die Diode durch und die Spannung an der Diode geht auf einen kleineren Durchlaßwert zurück. Bevorzugtes Anwendungsgebiet von Diacs ist die Ansteuerung von Thyristoren und Triacs.

4.4 Rückwärtsleitende Thyristoren
Reverse conducting Thyristors

Unter einem rückwärtsleitenden Thyristor (RLT) versteht man die monolithische Integration eines Thyristors und einer speziell angepaßten Diode in Antiparallelschaltung auf einer Siliziumscheibe. Diese asymmetrische Struktur ermöglicht die Optimierung des Thyristorteils bezüglich der Freiwerdezeit und der Vorwärtsblockierspannung. Schaltsymbol und Kennlinie des RLT: **Bild 6**. In Vorwärtsrich-

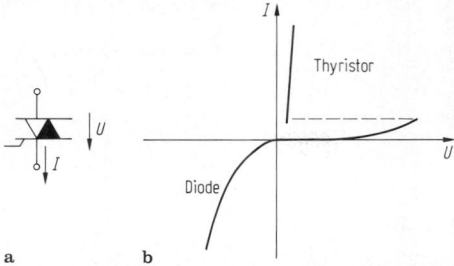

Bild 6. a Symbol; **b** Kennlinie des rückwärtsleitenden Thyristors

tung verhält sich der RLT wie ein Thyristor, dagegen in Rückwärtsrichtung wie eine Diode im Durchlaßbereich. Bevorzugtes Anwendungsgebiet sind aus Gleichspannungszwischenkreisen gespeiste Umrichter mit variabler Ausgangsfrequenz für die Drehzahlsteuerung von Asynchronmotoren. In solchen Schaltungen sind zur Aufnahme des Freilaufstroms sowieso antiparallelgeschaltete Dioden (Freilaufdioden) erforderlich, so daß sich die Integration von Thyristor und Diode anbot unter gleichzeitiger Nutzung der Vorteile für die Optimierung des Thyristors.

4.5 Abschaltbare Thyristoren
Gate turn off thyristors

Beim Einsatz von konventionellen Thyristoren in Schaltkreisen, die aus einem Gleichstromzwischenkreis oder einer Gleichspannungsquelle, z.B. einer Batterie, gespeist werden, sind relativ aufwendige zusätzliche Schaltelemente erforderlich, um den gezündeten Thyristor wieder löschen zu können. Dieser anwendungstechnische Nachteil führte zur Entwicklung von Thyristoren, die man mittels eines Steuerstroms durch die Steuerelektrode löschen kann (Gate-Turn-Off-Thyristor, GTO). Die Herstellung solcher GTO wurde möglich, nachdem man gelernt hatte, die dafür erforderliche aufwendige Diffusionstechnologie zu beherrschen. Schaltzeichen und Kennlinie eines GTO: **Bild 7**.
Für den Vorwärtsbereich gelten alle Merkmale eines Thyristors. Der Rückwärtsbereich kann symmetrisch (rück-

wärtssperrend) oder asymmetrisch (rückwärtsleitend) ausgelegt werden. Im asymmetrischen Fall ergeben sich wie beim RLT optimale Thyristorkennwerte. Die Abschaltung des GTO erfolgt mittels eines Rückwärts-Steuerstroms durch die Steuerelektrode, der in der Größenordnung des Durchlaßnennstroms liegt. Wegen des komplizierten Innenlebens des GTO muß der Steuerstromschaltkreis sorgfältig dimensioniert werden [7].
Abschaltbare Thyristoren ergänzen die Familie der abschaltbaren Leistungshalbleiter. Ein Vergleich der Grenzdaten (**Bild 8**) zeigt die zu bevorzugenden Anwendungsgebiete der einzelnen Leistungshalbleitertypen.

4.6 Leistungshalbleiter-Module. Power modules

Zur Ableitung der in Leistungshalbleitern entstehenden Verlustwärme muß mit Hilfe von Kühlkörpern für eine gute Kühlung gesorgt werden. Um die auftretende Erwärmung der Halbleitertablette möglichst niedrig zu halten, ist ein entsprechend kleiner Wärmewiderstand zwischen Halbleiter und Kühlkörper anzustreben. Das geschieht am einfachsten dadurch, daß das Halbleitergehäuse elektrisch leitend mit dem Kühlkörper verbunden wird. Die dadurch erzielte gute Wärmeableitung wird jedoch mit dem Nachteil erkauft, daß der Kühlkörper auf Anoden-bzw. Kollektor-Potential liegt.
Um diesen Nachteil zu vermeiden, wurden spezielle Verbindungstechnologien mit dem Ziel entwickelt, eine gute Wärmeableitung bei gleichzeitiger elektrischer Isolation zu erzielen. Das ermöglichte die Realisierung von Leistungshalbleiter-Modulen.

Leistungshalbleiter-Module bestehen aus einer Kombination von mehreren Leistungshalbleitern, z.B. in Form einer Brückenschaltung. Wesentliches Merkmal ist die elektrische Isolation zwischen Halbleiter und Kühlkörper, verbunden mit guter Wärmeableitung zum Kühlkörper hin.

DCB-Verbindungstechnologie (Direct-Copper-Bonding). Kupfer und Isolierkeramik sind ohne Lotschicht direkt aufeinander legiert, **Bild 9**. Aufbau eines Leistungshalbleiter-Moduls: **Bild 10**. Die Modultechnik vereinfacht Konstruktion und Montage der Leistungshalbleitergeräte (kein Potential am Kühlkörper, weniger externe Verkabelung).

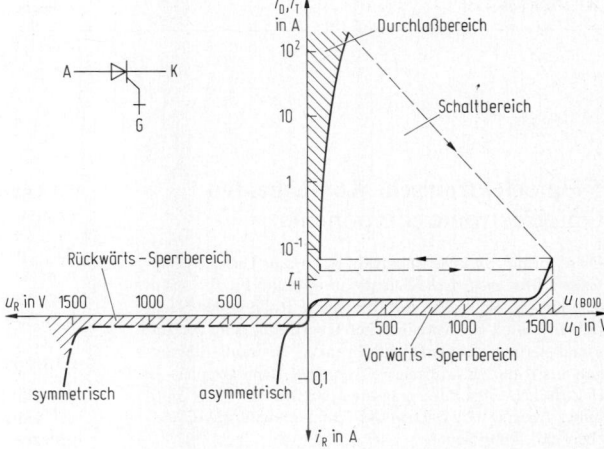

Bild 7. Schaltzeichen und schematische Kennlinie eines Abschaltthyristors [7, 8]. *1* Durchlaßbereich, *2* Schaltbereich, *3* Vorwärts-Sperrbereich, *4* Rückwärts-Sperrbereich, *5* asymmetrisch, *6* symmetrisch

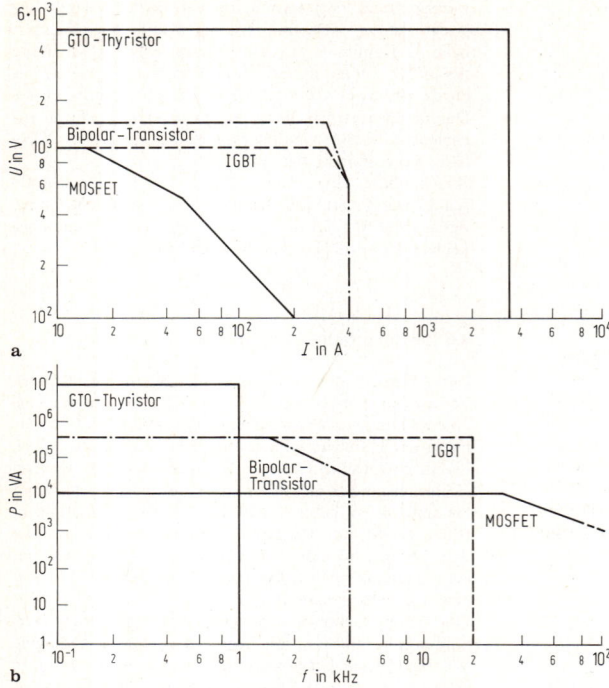

Bild 8. Grenzdaten abschaltbarer Leistungshalbleiter. **a** Spannungs/Strom-Daten;
b Leistungs/Frequenz-Daten
(Asea Brown Boveri AG)

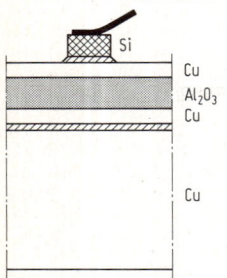

Bild 9. Schichtaufbau der DCB-Verbindungstechnologie. Die Al_2O_3-Keramik ist auf beiden Seiten mit einer dünnen Cu-Schicht mittels DCB verbunden

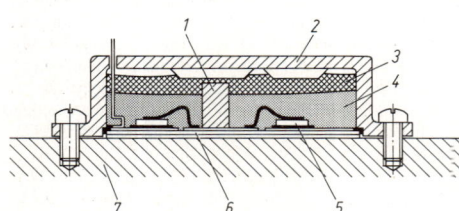

Bild 10. Schnitt durch den Aufbau eines IGBT-Moduls in DCB-Technologie. *1* Stütze, *2* Kunststoffgehäuse, *3* Hartverguß, *4* Weichverguß, *5* Siliziumchip, *6* Al_2O_3-Keramik, *7* Kühlkörper

5 Optoelektronische Komponenten
Optoelectronic components

Diese formen *optische* Energie in *elektrische* Energie (*Empfänger*) bzw. *elektrische* Energie in optische Energie (Sender) um [3]. Sie spielen eine besondere Rolle in der Nachrichtentechnik (Lichtwellenleiter-Übertragungen), der Automatisierungstechnik (Lichtschranken, Positions-Messungen u.ä.), der galvanischen Trennung (Optokoppler) in elektrischen Signalübertragungssystemen und der optischen Anzeige (LED-Displays) zur Darstellung von Zeichen und Symbolen.

5.1 Optoelektronische Empfänger
Opto-electronic receiver

Alle optoelektronischen Empfänger haben eine bestimmte spektrale Empfindlichkeit (**Bild 1**), deren Maximum je nach Bauform im sichtbaren oder unsichtbaren (infraroten) Bereich liegt.

5.1.1 Fotodioden. Photodiodes

Diese sind Halbleiterbauelemente mit einem pn-Übergang, der jedoch sehr dicht unter der Kristalloberfläche angeordnet ist, **Bild 2**. Legt man an den pn-Übergang eine in

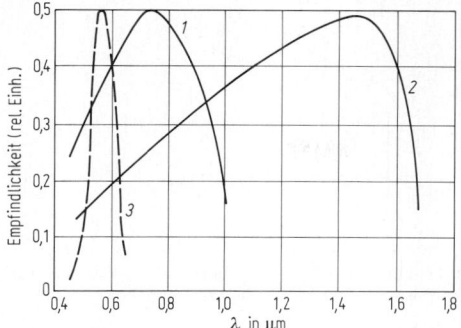

Bild 1. Relative spektrale Empfindlichkeit von Si- und Ge-Fotodioden. *1* Silizium, *2* Germanium, *3* Augenempfindlichkeit

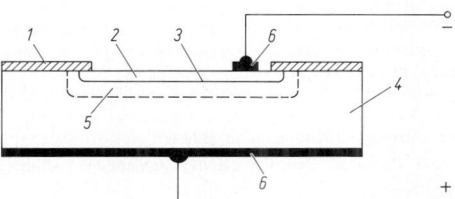

Bild 2. Prinzipieller Aufbau einer Fotodiode. *1* Oxidschicht (SiO$_2$), *2* p-Gebiet, *3* pn-Übergang, *4* n-Gebiet, *5* Sperrschicht, *6* Metallkontakt

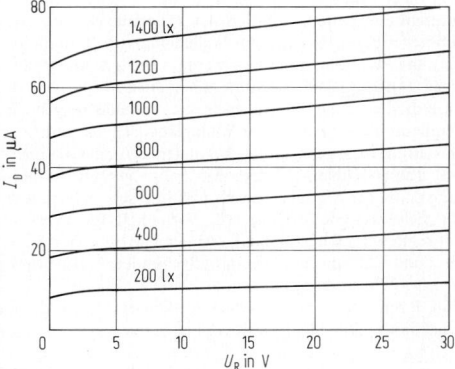

Bild 3. Kennlinienfeld einer Si-Fotodiode [1]

Sperrichtung gepolte Spannung, bildet sich in dem relativ niedrig dotierten n-Gebiet eine breite, im hoch dotierten p-Gebiet dagegen eine sehr schmale Raumladungszone. Ohne Lichteinfall fließt nur ein sehr kleiner Dunkelstrom. Bei Lichteinfall werden die in den Kristall eintretenden Photonen absorbiert und trennen Ladungsträgerpaare in der Sperrschicht.

Das elektrische Feld in der Sperrschicht treibt die Ladungsträger zu den Elektroden. Mit stärker werdendem Lichteinfall nimmt der dadurch erzeugte Fotostrom zu, **Bild 3**.

PIN-Fotodioden sind eine Sonderausführung. Bei ihnen liegt zwischen dem p- und dem n-Gebiet eine Intrinsic-Zone (I-Zone) aus hochohmigem eigenleitenden Halbleitermaterial. Vorteile der PIN-Dioden sind extrem kleine Dunkelströme, hohe Grenzfrequenzen und hohe Empfindlichkeit im IR-Bereich.

5.1.2 Fotoelemente. Photocells

Diese sind wie Fotodioden aufgebaut. Im Gegensatz zu Fotodioden werden sie jedoch ohne äußere Spannung im Generatorbetrieb verwendet. Es tritt bei Beleuchtung eine Leerlaufspannung von ca. 0,5 V auf. Bei Belastung fließt ein Strom, der mit der Beleuchtungsstärke zunimmt (**Bild 4**) und maximal bis zum Kurzschlußstrom ($R_L = 0$) ansteigt.

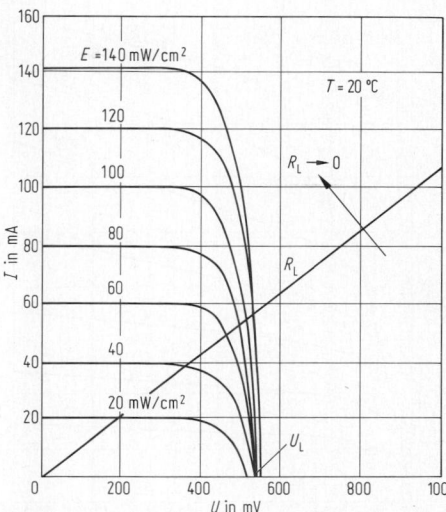

Bild 4. Strom-Spannungskennlinienfeld eines Fotoelements [1]. U_L Lehrlaufspannung, R_L Lastwiderstand

5.1.3 Fototransistoren. Phototransistors

Die Arbeitsweise eines Fototransistors läßt sich anschaulich mit Hilfe der Kombination einer Fotodiode mit einem bipolaren Transistor darstellen, **Bild 5a**. Der Fotostrom der Diode bildet den Basisstrom des Transistors. Der Kollektorstrom ist dann der mit der Stromverstärkung multiplizierte Diodenstrom. Fototransistoren können in Hybridschaltung ausgeführt werden, **Bild 5b**. Die separate Fotodiode kann eingespart werden, indem man die in Sperrichtung betriebene Kollektor-Basis-Diode als Fotodiode ausbildet. **Bild 5c** zeigt das Kennlinienfeld eines Silizium-Fototransistors.

Typische Anwendungsgebiete für Fototransistoren sind Lichtschranken, Lochstreifenleser, Weg- bzw. Drehwinkelkodierer und Optokoppler.

5.1.4 Fotowiderstände. Photoresistors

Diese sind optoelektronische Komponenten, deren Widerstand bei Beleuchtung abnimmt. Fotowiderstände sind sperrschichtfrei. Sie arbeiten stromrichtungsunabhängig und lassen sich somit nicht nur in Gleichstromkreisen, sondern auch in Wechselstromkreisen einsetzen.

Bei Beleuchtung werden die Fotowiderstände die Photonen absorbiert. Dadurch entstehen zusätzliche freie Ladungsträger, so daß sich die Leitfähigkeit erhöht, was einer Abnahme des Widerstands entspricht.

Als halbleitendes Material zur Herstellung von Fotowiderständen für den sichtbaren Spektralbereich verwendet man vorzugsweise Cadmiumsulfid (CdS). Für den IR-Bereich wird u.a. Bleisulfid (PbS) oder Indiumantimonid (InSb) verwendet.

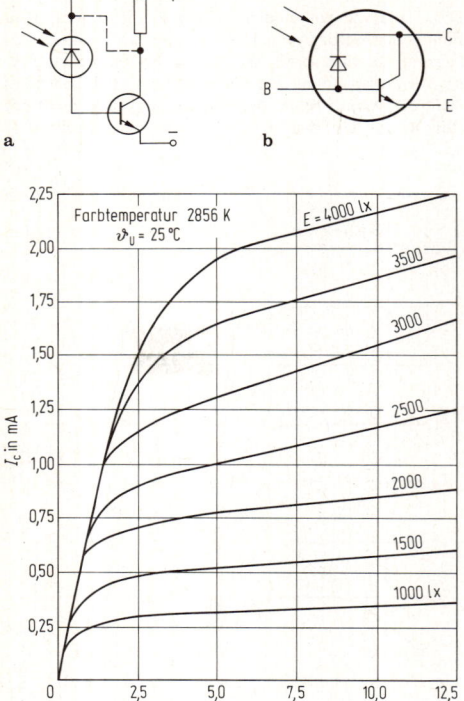

c

Bild 5. Fototransistor. **a** getrennte Darstellung von Fotodiode und Transistor; **b** Hybrid-Ausführung eines Fototransistors; **c** Kennlinienfeld eines Si-Fototransistors mit der Beleuchtungsstärke als Parameter [1]

5.1.5 Pyroelektrische Detektoren. Pyro-electric sensors

Ferroelektrische Materialien, wie z.B. Triglycerinsulfat (TGS) oder Lithiumsulfat (Li_2SO_4) haben einen ausgeprägten pyroelektrischen Effekt, d.h. eine Temperaturerhöhung erzeugt eine elektrische Polarisation. Dieser Effekt kann dazu genutzt werden, die durch IR-Strahlung erzeugte Temperaturerhöhung in eine elektrische Ladungs- bzw. Spannungsänderung umzuformen. In einer Verstärkerschaltung mit sehr hohem Eingangswiderstand (ca. 10 GΩ) wird diese Spannung als Nutzsignal ausgewertet.

5.2 Optoelektronische Sender
Opto-electronic emitters

Diese formen elektrische Energie in optische Energie um, deren Wellenlänge je nach Bauform vom sichtbaren bis zum nahen infraroten Bereich reicht.

5.2.1 Lumineszenzdioden. Light emitting diodes

Das Spektrum der Strahlung von Lumineszenzdioden ist auf einen schmalen Wellenlängenbereich begrenzt, dessen Lage im wesentlichen durch das verwendete Halbleitermaterial bestimmt wird. Wie bei der Fotodiode liegt der für den Lichteffekt maßgebende pn-Übergang nahe der Kristalloberfläche.

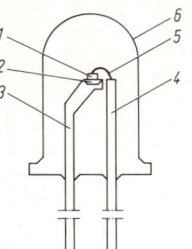

Bild 6. LED in Plastikgehäuse. *1* LED-System, *2* Reflektorwanne, *3* Kathode, *4* Anode, *5* Au-Draht, *6* Kunststoff

LED (Light Emitting Diode) sind Lumineszenzdioden für den sichtbaren Spektralbereich (Halbleitermaterial Galliumarsenidphosphid). Technisch möglich sind die Farben Rot, Gelb und Grün. Bevorzugtes Anwendungsgebiet der LED sind Indikatoranzeigen, Siebensegment-Zifferanzeigen oder alphanumerische Anzeigen sowie optische Empfänger in Lichtwellenleiter-Übertragungen.

Vorteile der LED sind ihre hohe mechanische Stabilität, kleine Abmessungen (Plastikgehäuse) und leichte Modulierbarkeit der Emission, **Bild 6**.

IRED (Infrared Emitting Diode) verwenden Galliumarsenid als Halbleitermaterial. Sie sind in Plastikgehäusen oder dichten Glas-Metallgehäusen montiert.

5.2.2 Laserdioden. Laserdiodes

Bei diesen erfolgt die Lichtemission durch induzierte Emission. Das emittierte kohärente Licht ist nahezu monochromatisch. Durch Variation der Zusammensetzung des Halbleitermaterials kann die Wellenlänge des Laserlichts im weiten Umfang beeinflußt werden. Die z.Z. marktgängigen Typen (GaAs) liegen im nahen IR-Bereich.

Laserdioden haben einen nicht zu vernachlässigenden Temperaturkoeffizienten der Wellenlänge (ca. 0,25 nm/K). Das erfordert gegebenenfalls besondere Kühlmaßnahmen (z.B. Peltier-Kühler). Laserdioden haben geringe Abmessungen, leichte Modulierbarkeit und sind sehr robust, was für viele Anwendungsfälle sehr vorteilhaft ist. Typische Anwendungsgebiete sind z.B. Abtastung optischer Speicher und CD-Spieler sowie optische Sender für Lichtwellenleiter-Übertragungssysteme.

Bild 7 zeigt den schematischen Aufbau einer (GaAl)As-Laserdiode. Die Licht emittierende aktive Zone ist sehr

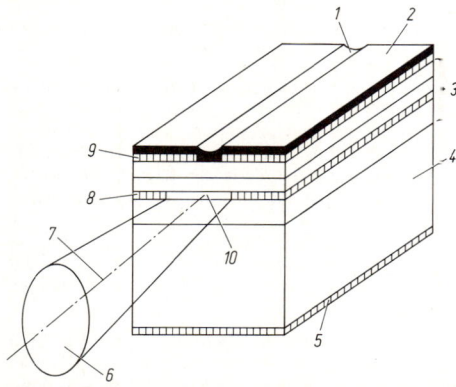

Bild 7. Schematischer Aufbau einer (GaAl)As-Laserdiode. *1* Kontaktstreifen, *2* p-Kontakt, *3* Doppelheterostruktur ($Ga_{1-x}Al_x$)As, *4* GaAs-Substrat, *5* n-Kontakt, *6* Laserstrahlung, *7* Resonatorachse, *8* aktive Zone, *9* Oxidmaske, *10* Strahlaustrittsfläche

dünn (ca. 0,2 μm). Dadurch wird die Strahlaustrittsfläche so klein, daß Beugung auftritt. Das emittierte Licht ist deshalb stark divergent. Die flächige Kontaktierung sorgt für eine gute Wärmeableitung.

5.3 Optokoppler. Optical coupler

Diese sind optoelektronische Isolatoren, die im Zuge einer elektrischen Signalübertragung galvanische Trennung zwischen Eingangs- und Ausgangssignal herstellen. Dabei erfolgt die Signalübertragung in der Isolatorstrecke auf optischem Wege, **Bild 8**. Das elektrische Eingangssignal wird in einem Sender in ein optisches Signal umgeformt, auf optischem Wege weitergeleitet und von einem Empfänger in das elektrische Ausgangssignal zurück geformt. Als Sender dient eine infrarot strahlende Lumineszenzdiode, der Empfänger ist ein Fototransistor.

Isolationseigenschaften. Die galvanische Trennung ermöglicht unterschiedliches Spannungspotential zwischen Ein-

Bild 8. Prinzipschaltung eines Optokopplers [2]

gangs- und Ausgangssignal. Die maximal zulässige Potentialdifferenz hängt von den Isolationseigenschaften ab.

Isolationsprüfspannung ist die maximal zulässige Spannung, die zwischen Eingang und Ausgang kurzzeitig anliegen darf. Gängige Typen haben Werte bis ca. 5 kV. Sonderausführungen mit Lichtwellenleiter überbrücken bis zu einigen MV.

Isolationsnennspannung ist die maximal zulässige Spannung, die zwischen Eingang und Ausgang dauernd anliegen darf.

Isolationswiderstand ist der Gleichstromwiderstand zwischen Eingang und Ausgang (ca. 100 GΩ).

Isolationskapazität ist die Koppelkapazität zwischen Eingang und Ausgang (ca. 0,3 bis 2 pF). Schnelle Änderungen der Potentialdifferenz zwischen Eingang und Ausgang können wegen dieser kapazitiven Kopplung zu Störungen führen.

Die *Übertragungskennlinie* zwischen Eingangs- und Ausgangssignal ist nicht linear. Daher liegt das bevorzugte Anwendungsgebiet der Optokoppler in der galvanischen Trennung bei der Übertragung binärer Signale. Für die Übertragung von NF-Signalen ist eingangsseitig ein Arbeitspunkt einzustellen, der im linearen Bereich der Sendediode liegen muß.

---

6 Spezielle Literatur
Special bibliography

zu I1 Passive Komponenten
[1] *DIN 46 460* ff. – [2] *DIN 41 426.* – [3] *Rint, C.* (Hrsg.): Handbuch für Hochfrequenz- und Elektro-Techniker. Bd. I. Berlin: Verlag für Radio-Foto-Kinotechnik: 1964. – [4] *DIN 44 070.* – [5] Heißleiter-Datenbuch. München: Siemens AG 1980/81. – [6] *DIN 44 080.* – [7] Kaltleiter-Datenbuch. München: Siemens AG 1980/81. – [8] Prospekt RC-1 A: Resistive Components. Stuttgart: Fa. Bourns. – [9] *DIN 41 426.* – [10] Motion Transducers. Düsseldorf: Fa. Sfernice. – [11] Datenbuch Kondensatoren für die Energie-Elektronik. München: Siemens AG 1975/76. – [12] *Hintringer, O.H.; Maiwald W.:* Einführung in die Oberflächenmontage. München: Siemens 1987.

zu I2 Dioden
[1] *Müller, R.:* Grundlagen der Halbleiter-Elektronik. Berlin: Springer 1979. – [2] *Müller, R.:* Bauelemente der Halbleiter-Elektronik. Berlin: Springer 1979. – [3] Silizium Stromrichter Handbuch. Baden (Schweiz): Brown, Boveri u. Cie 1971. – [4] *Tietze, U.; Schenk, Ch.:* Halbleiterschaltungstechnik. 9. Aufl. Berlin: Springer 1989.

zu I3 Transistoren
[1] *Kloss, A.:* Leistungselektronik ohne Ballast. München: Franzis 1980. – [2] *Lappe, R.* (Hrsg.): Leistungselektronik. Berlin: Springer 1988. – [3] Leistungselektronik, Grund-

lagen in Kurzform. Lampertheim: BBC AG. – [4] *Philips GmbH* (Hrsg.): POWERMOS-Transistoren. Heidelberg: Hüthig 1988. – [5] Technische Informationen: Abschaltbare Leistungshalbleiter. Lampertheim: ABB Asea Brown Boveri AG 1988. – [6] *Heumann, K.:* Untersuchungen und Erfahrungen mit abschaltbaren Leistungshalbleitern. ETG-Fachbericht 23, S. 187–220. – [7] *Tietze, U.; Schenk, Ch.:* Halbleiter-Schaltungstechnik. 9. Aufl. Berlin: Springer 1989.

zu I4 Thyristoren
[1] *DIN 41 785.* – [2] *DIN 41 786.* – [3] *DIN 41 787.* – [4] *Philips GmbH* (Hrsg.): Thyristoren, Triacs, Triggerelemente. Heidelberg: Hüthig 1985. – [5] *Paul, R.* (Hrsg.): Handbuch der Informationstechnik und Elektronik, Bd. 6. Heidelberg: Hüthig 1989. – [6] Technische Mitteilung (L 018): Rückwärtsleitende Thyristormodule, Eigenschaften und Anwendungen. Lampertheim: BBC AG 1983. – [7] Technische Mitteilung (Nr. 14): Abschaltthyristoren richtig angesteuert. Warstein-Belecke: AEG AG 1985. – [8] Technische Daten Abschaltthyristoren. Warstein-Belecke: AEG AG 1985.

zu I5 Optoelektronische Komponenten
[1] *Philips GmbH* (Hrsg.): Optoelektronische Bauelemente. Hamburg: Boysen u. Maasch 1976. – [2] Datenbuch Opto-Halbleiter 1981/82. München: Siemens AG 1981/82. – [3] *Unger, H.-G.:* Optische Nachrichtentechnik. Teil II. Heidelberg: Hüthig 1985.

K | Komponenten des thermischen Apparatebaus
Components of thermal apparatus

H. Gelbe, Berlin

Allgemeine Literatur zu K 1 bis K 4
Bücher: *Buchter, H.H.*: Apparate und Armaturen der Chemischen Hochdrucktechnik, Berlin: Springer 1967. – *Grassmann, P.*: Physikalische Grundlagen der Verfahrenstechnik, 3. Aufl. Frankfurt: Salle 1983. – *Graßmuck, J.; Houben, K.-W.; Zollinger, R.M.*: DIN-Normen in der Verfahrenstechnik, Stuttgart: Teubner 1989. – *Gregorig, R.*: Wärmeaustausch und Wärmeaustauscher, 2. Aufl. Aarau: Sauerländer 1973. – *Hausen, H.*: Wärmeübertragung im Gegenstrom, Gleichstrom und Kreuzstrom, 2. Aufl. Berlin: Springer 1976. – *Klapp, E.*: Apparate- und Anlagentechnik. Berlin: Springer 1980. – *Perry, H.R.; Chilton, C.H.*: Chemical Engineers' Handbook, 6. Aufl. New York: McGraw-Hill 1984. – *Plank, R.* (Hrsg.): Handbuch der Kältetechnik, Bd. 3. Berlin: Springer 1959. – *Schröder, K.* (Hrsg.): Große Dampfkraftwerke, Bd. 1. Berlin: Springer 1959. – *Tochtermann, W.; Bodenstein, F.*: Konstruktionselemente des Maschinenbaues, Teil 1, 9. Aufl. Berlin: Springer 1979. – *VDI-Wärmeatlas*: Berechnungsblätter für den Wärmeübergang, 5. Aufl. Düsseldorf: VDI-Verlag 1988.

1 Grundlagen. Fundamentals

1.1 Unterscheidungsmerkmale von wärmeübertragenden Apparaten
Heat exchanger characteristics

Wärmeübertrager sind Apparate, die Wärme in Richtung eines Temperaturgefälles zwischen zwei oder mehr fluiden Stoffströmen übertragen. Sie dienen der gezielten Zustandsänderung diese Fluide (Kühlen, Erwärmen, Ändern des Aggregatzustands und/oder sonstiger physikalischer Eigenschaften) und helfen Prozesse wirtschaftlich werden zu lassen (Abwärmenutzung). Unterscheidungsmerkmale sind:

Betriebsweise. Es werden kontinuierlich durchströmte (Rekuperatoren) und diskontinuierlich durchströmte (Regeneratoren) Wärmeübertrager unterschieden.

Wärmeübertragung. Sie kann direkt („ohne Wand", auch Kontaktwärmeübertragung) oder indirekt (Transport durch Trennwände infolge Wärmeleitung) erfolgen. Beispiele für direkte Wärmeübertragung sind Einspritzkondensatoren, Trennstufen für die thermische Trennung von Stoffgemischen, Anlagen zur Sonnendestillation u.a. Durch Flammen oder Rauchgase indirekt aufgewärmt werden Kessel, Rohrsysteme oder Pfannen, gelegentlich unter Verwendung eines Wärmezwischenträgers (organische Wärmeträger, Salz- oder Metallschmelzen).

Aggregatzustand der Fluide. Man unterscheidet Apparate mit Strömen ohne Phasenänderung (Vorwärmer, Luftkühler, rauchgasbeheizter Überhitzer u.a.) und solche mit Phasenänderung (Kondensatoren, Eindampf-Apparaturen, Verdampfungskühler u.a.). Die Berechnung wird erschwert, wenn auf beiden Seiten mit Phasenänderungen (Verdampfer/Kondensator) gerechnet werden muß.

Temperatur und Druck. Je nach der Verwendung unterscheidet man Wärmeaustauscher für tiefe (bis −100 °C), normale (50 bis 500 °C) und hohe (bis ~1400 °C, Abhitzekessel in der Petrochemie) Temperaturen, sowie Vakuum-, Niederdruck- (wenige bar), Hochdruck- (100 bis 500 bar) und Höchstdruck- (einige 10^3 bar) Wärmeübertrager.

Bauart. Die Rohrbündelapparate (Glattrohre, Haarnadelrohre, Doppel-(Field-)rohre und Rohrregister) gehören zu den am weitesten verbreiteten. Diese werden weiter unterschieden nach Befestigung (Rohrplatten, Sammler) und Führung des Bündels (Spiralrohr-, Wickelbündel). Daneben finden Platten- und Spiral-, Doppelmantel- und Lamellen-Wärmeübertrager Verwendung.

Größe. Kompakt-Wärmeübertrager mit Wärmeübertragungsflächen größer als 700 m^2 pro m^3 Bauvolumen (Raumfahrt, Flugzeuge).

1.2 Wärme- und strömungstechnische Auslegung
Thermodynamic and fluid dynamic design

Das Ziel besteht im Erreichen hoher Wärmeübertragungsleistungen $\dot{Q}/A$ bei optimalem bzw. max. zulässigem Druckverlust (s. K 1.2.3), wobei die Summe der Kosten für den Apparat, für den erforderlichen umbauten Raum und für die Energiekosten, einschließlich Erzeugung und Transport (Pumpen, Rohrleitungen) zu minimieren sind.

1.2.1 Wärmetechnische Auslegung von Rekuperatoren
Thermodynamic design of recuperators

Die wärmetechnische Auslegung erfolgt nach der Übertragungsgleichung (s. D 10.2) $\dot{Q} = k \cdot A \cdot \Delta t_M$, wobei sich $\dot{Q}$ aus den Bilanzgleichungen $\dot{Q} = \dot{m}_1 c_{p1}(t_1 - t_2) = \dot{m}_2 c_{p2}(t_1' - t_2')$ (**Bild 1**) errechnet.

Wärmedurchgangskoeffizient. Wegen $1/k = 1/\alpha_1 + \delta/\lambda + 1/\alpha_2$ (s. D 10.2) ist k stets kleiner als der kleinste Wert von α. Daher muß dieser kleinste Wert verbessert werden durch Beeinflussung der Strömung (Querstrom, Tur-

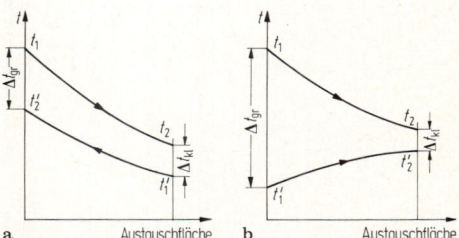

Bild 1. Temperaturverlauf in beiden Medien. **a** Gegenstrom; **b** Gleichstrom

Tabelle 1. Überschlägige k-Werte in W/(m² K) für Rohrbündel-Wärmeübertrager (VDI-Wärmeatlas, Abschn. Cb6)

Gas (≈ 1 bar) gegen Gas (≈ 1 bar)	5... 35
Gas, Hochdruck (200...300 bar) um die Rohre, Gas, Hochdruck (200...300 bar) in den Rohren	150... 500
Flüssigkeit gegen Gas (≈ 1 bar)	15... 70
Flüssigkeit gegen Flüssigkeit	150...1200
Heizdampf um die Rohre, Flüssigkeit in den Rohren	300...1200
Verdampfer: Heizdampf um die Rohre a) mit natürlichem Umlauf, je nach Zähigkeit b) mit Zwangsumlauf	300...1700 900...3000
Kondensatoren: Kühlwasser durch die Rohre, organische Dämpfe und NH_3 um die Rohre	300...1200
Dampfturbinenkondensator (reiner H_2O-Dampf, Messingrohre)	1500...4000

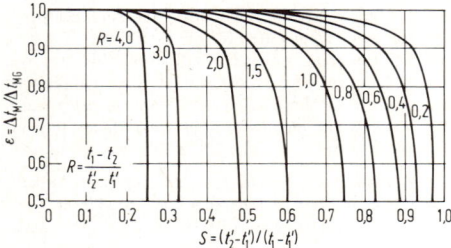

Bild 2. Temperaturverlauf bei Gegenstrom, Kreuzstrom, Gleichstrom nach Plank

bulenzerzeugung), durch Erhöhung der Geschwindigkeit (Zahl der Rohr- oder Mantelwege oder Umlenkbleche erhöhen, Druckverlust steigt!) oder durch Einbau zusätzlicher Rippen oder Lamellen (vor allem bei Gasen mit kleinen α-Werten). Die Ermittlung von Wärmeübergangskoeffizienten α erfolgt in Abhängigkeit vom Phasenzustand und der Strömungsform des Fluids, sowie von der Geometrie der Oberfläche (Platte, Rohrinnen- bzw. -außenseite, glatt, gewellt, gerippt) und der Lage des Apparats (waagerecht, senkrecht) mit Hilfe von Potenzfunktionen dimensionsloser Kennzahlen (s. D10.4 und [1]). Leck- und By-pass-Strömungen sowie ungleichförmige Anströmungen bei Rohrbündeln lassen sich durch Korrekturfaktoren berücksichtigen [1]. **Tab. 1** zeigt überschlägige k-Werte. Die Verschlechterung des Wärmedurchgangs durch Schmutzschichten ist zu beachten.

Temperaturberechnung. Der Verlauf der Fluidtemperaturen und die mittlere integrale Temperaturdifferenz Δt_M werden von der Strömungsführung (Gleich-, Gegen-, Kreuzstrom, Quervermischung, gleich- und gegensinnige Kombinationen in mehrgängigen und gekoppelten Apparaten) sowie von der Intensität des Wärmeübergangs (Übertragungseinheiten $N = k \cdot A/\dot{m}c_p$) beeinflußt. Sind Δt_{gr} und Δt_{kl} die große und die kleine Temperaturdifferenz bei Gleich- und Gegenstrom (**Bild 1**), so gilt für ihren Mittelwert

$$\Delta t_M = \frac{\Delta t_{gr} - \Delta t_{kl}}{\ln(\Delta t_{gr}/\Delta t_{kl})}. \tag{1}$$

Für die Nachrechnung eines gegebenen Wärmeübertragers ($k \cdot A$ bekannt) lassen sich aus zwei Temperaturen die restlichen mittels **Bild 2** ermitteln (eingekreiste Temperaturen gesucht, nicht eingekreiste gegeben). Die Größen A und B folgen für Gleich- bzw. Gegenstrom (Index Gl bzw. Ge) aus

$$A_{Gl} = \frac{t_1 - t_2}{t_1 - t_1'} = \frac{w}{w + W} \left[1 - \exp\left[-\left(\frac{1}{w} + \frac{1}{W} \right) kA \right] \right],$$
$$B_{Gl} = \frac{t_1 - t_2'}{t_1 - t_1'} = \frac{W}{w + W} \left[\frac{w}{W} + \exp\left[-\left(\frac{1}{w} + \frac{1}{W} \right) kA \right] \right], \tag{2}$$

$$A_{Ge} = \frac{t_1 - t_2}{t_1 - t_1'} = \frac{1 - \exp\left[\left(\frac{1}{w} - \frac{1}{W} \right) kA \right]}{1 - \frac{W}{w} \exp\left[\left(\frac{1}{w} - \frac{1}{W} \right) kA \right]},$$
$$B_{Ge} = \frac{t_1 - t_2'}{t_1 - t_1'} = \frac{1 - \frac{W}{w}}{1 - \frac{W}{w} \exp\left[\left(\frac{1}{w} - \frac{1}{W} \right) kA \right]}. \tag{3}$$

Hierin bedeuten W bzw. w die Wasserwerte des Stoffstroms mit der höheren bzw. der tieferen Temperatur, wobei $W = \dot{m}c_p$ mit dem Massenstrom $\dot{m}$ und der Wärmekapazität c_p ist. Weiterhin stellen t_1, t_2 bzw. t_1', t_2' die Ein- und Austrittstemperaturen des wärmeren bzw. kälteren Mediums dar.

Bei vom Gleich- oder Gegenstrom abweichenden Strömungsführungen ergeben sich kleinere Werte für Δt_M

$$\Delta t_M = \varepsilon \Delta t_{M,G}. \tag{4}$$

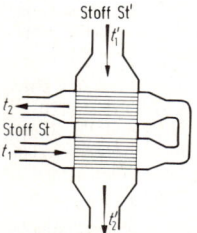

Bild 3. Mittlerer Temperaturunterschied für einen Sonderfall des Kreuzgegenstroms nach Plank

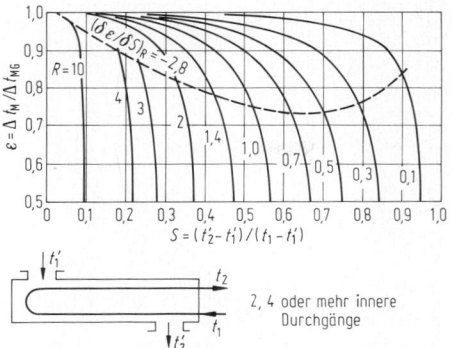

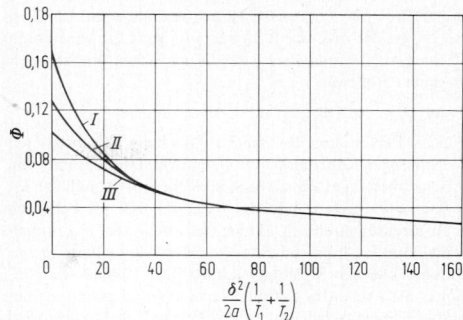

Bild 4. Korrekturfaktoren ε für einen 1,2-Wärmeübertrager und technisch annehmbarer Bereich nach [2]

Bild 6. Hilfsfunktion Φ zur Berechnung des Wärmedurchgangskoeffizienten (nach Hausen). *I* Platte, *II* Zylinder, *III* Kugel, δ Plattendicke oder Durchmesser, a Temperaturleitkoeffizient

Der Korrekturfaktor ε ist hierbei auf den mittleren Temperaturunterschied für Gegenstrom, $\Delta t_{\mathrm{M,G}}$ bezogen, der für dieselben Anfangs- und Endtemperaturen berechnet wird. ε ist in **Bild 3** für den gegensinnigen Kreuzgegenstrom über der Betriebscharakteristik $S = (t_2' - t_1')/(t_1 - t_1')$ mit $R = w/W = (t_1 - t_2)/(t_2' - t_1')$ als Parameter aufgetragen. Hierbei ist der Stoff St nicht durchmischt und der Stoff St' durchmischt. **Bild 4** zeigt ein analoges Diagramm für einen 1,2-Wärmeübertrager ($p = 1$ Mantelweg, $r = 2$ Rohrwege). Für $R = 1$ sind Wirkungsgrade = Betriebscharakteristik S größer als 0,57 nicht möglich. Die gestrichelte Kurve verbindet Punkte konstanter Steigung und grenzt das Gebiet mit steilem Abfall der Kurven (hohe Empfindlichkeit gegen Störungen der Betriebsbedingungen) gegen den Bereich technisch annehmbarer Werte von ε ab [2], (s. K 1.3).

1.2.2 Wärmetechnische Auslegung von Regeneratoren
Thermodynamic design of regenerators

Die Wärmeübertragung erfolgt in zwei Perioden (Heiz- und Kühlperiode), Schaltungsweise nach **Bild 5**.

Bauweise mit ruhender oder bewegter Speichermasse (Bauart Ljungström) [1, 3]. Unterscheidungsmerkmale sind ferner Art und Aufbau der Speichermasse sowie die Schaltzeit. Die Temperatur der Speichermasse unterliegt periodischen Schwankungen. Der auf einer Isotherme „mitfahrende" Beobachter nimmt einen Rekuperator wahr. Die Berechnung der in einer *Voll*periode in *einem* Regenerator übertragenen Wärmemenge folgt nach [1, 3]

der Beziehung

$$Q_{\mathrm{Per}} = k \Delta t_{\mathrm{M}} (T_1 + T_2) \tag{5}$$

mit $k/k_0 = 1$ für die Grundschwingung (Näherung) und $k/k_0 < 1$ unter Berücksichtigung der Oberschwingungen nach [1, 4] und mit

$$1/k_0 = (T_1 + T_2) \left[\frac{1}{\alpha_{1m} T_1} + \frac{1}{\alpha_{2m} T_2} + \left(\frac{1}{T_1} + \frac{1}{T_2} \right) \frac{\delta}{\lambda_{\mathrm{B}}} \Phi \right].$$

Hierbei sind mit Angabe der gebräuchlichen Einheiten in Klammern

k_0 (W/m²K)	Wärmedurchgangskoeffizient für die Grundschwingung;
A (m²)	gesamte wärmeübertragende Fläche eines Regenerators;
T_1, T_2 (s)	Dauer der Warm- bzw. Kaltperiode;
Δt_{M} (K)	die mit den Eintrittstemperaturen t_{H}', t_{K}' bzw. den Austrittstemperaturen t_{H}'', t_{K}'' gebildete, logarithmische Temperaturdifferenz;
$\alpha_{1,m}, \alpha_{2,m}$ (W/m²K)	auf die mittlere Temperatur der Speichermasse bezogene Wärmeübergangskoeffizienten;
δ (m)	Dicke eines Elements der Speichermasse, Durchmesser bei zylindrischer oder kugelförmiger Gestalt;
λ_{B} (W/mK)	Wärmeleitkoeffizient der Speichermasse;
Φ	Hilfsfunktion nach **Bild 6**;
a (m²/s)	Temperaturleitkoeffizient der Speichermasse;

1.2.3 Druckverlustberechnung. Pressure drop design

Die Größe eines Wärmeübertragers wird entscheidend vom Druckverlust bestimmt. Daher gehört die Druckverlustberechnung zu den ersten Auslegungsschritten, um die Geometrie des Rohrbündels (Durchmesser und Länge des Bündels und der Rohre, Strömungsquerschnitte) für die wärmetechnische Auslegung festzulegen. Zum Reibungsdruckabfall bei ausgebildeter Rohrströmung kommen Anteile ζ_{v} für die Ein- und Austrittsverluste, für Umlenkungen und Einbauten (s. B 6.2). Man erhält als Gesamtdruckabfall in den Rohren für einen Rohrweg

$$\Delta p_{\mathrm{ges}} = \frac{\rho}{2} w^2 \left(\lambda \frac{L}{d} + \sum \zeta_{\mathrm{v}} \right). \tag{6}$$

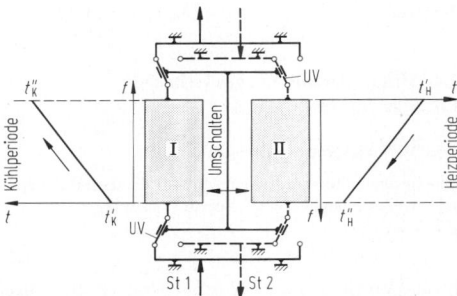

Bild 5. Schaltung von Regeneratoren (für Gas dargestellt). Indices: ' Eintritt, " Austritt, H Heizperiode, K Kühlperiode, St 1 und St 2 Stoffstrom kalt und warm, UV Umschaltventil

Werte für $\lambda(Re, d/k)$ s. **B6 Bild 8**, Anhaltswerte für ζ_v s. B6.2.4. Ist die Zahl der Rohrwege n_R, wird für konstanten Volumenstrom und $w \sim n_R$ der Druckverlust im Vergleich zu einem Rohrweg

$$\Delta p_{ges, n_R} = n_R^3 \cdot \Delta p_{ges, 1}. \tag{7}$$

Für die Berechnung des Druckabfalls beim Durchströmen mehrreihiger Rohrbündel im Querstrom (Außenraum von Wärmeübertragern mit Umlenkblechen) wird auf die Literatur verwiesen [1]. In den Gln. (6) und (7) bedeuten λ Rohrreibungszahl, ζ_v Widerstandsbeiwerte, w Fluidgeschwindigkeit, ρ Fluiddichte, L und d Länge, bzw. Innendurchmesser des Strömungskanals. Der Einfluß des Reibungsdruckverlustes auf die Wärmeübergangszahl α eines glatten längsdurchströmten Rohrs bzw. Rohrbündels wird für Re-Zahlen >6000 näherungsweise von Grassmann [5] beschrieben:

$$\alpha = (K/d_h^{0,127})(\dot{V} \Delta p/A)^{0,291} \tag{8}$$

mit K Stoffkonstante, d_h hydraulischer Durchmesser des Strömungskanals, $\dot{V}$ Volumenstrom und A Wärmeübertragungsfläche. Aus der Übertragungsgleichung $\dot{Q} = kA\Delta t_M$ und Gl. (8) folgt mit $k^* = k/\alpha \cong$ const (k^* hängt von den Widerständen beider Fluide und von Rauhigkeiten ab)

$$A = \left(\frac{\dot{Q}}{k^* K \Delta t_M}\right)^{1,41} \frac{d_h^{0,179}}{(\dot{V} \Delta p)^{0,41}}. \tag{9}$$

Hieraus läßt sich die Fläche A bei vorgegebenem Druckverlust abschätzen.

1.3 Stromführung und Betriebscharakteristik wärmeübertragender Apparate. Heat exchanger flow arrangements and effectiveness

Werden die Korrekturfaktoren nach Gl. (4) zu klein (s. **Bild 4**), ist Hintereinanderschaltung von 1,2-, 1,4- bzw. 2,4-Wärmeübertragern zu erwägen; dadurch Steigerung des wirksamen Temperaturgefälles bis in die Nähe des Optimums möglich. Zur wirtschaftlichen Bewertung sind

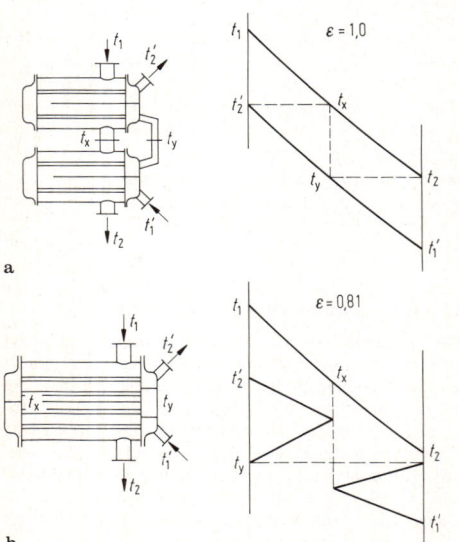

a

b

Bild 7. Hintereinanderschaltung von **a** zwei Gleichstrom-(2,2-) bzw. **b** zwei 1,2- zu einem 2,4-Wärmeübertrager

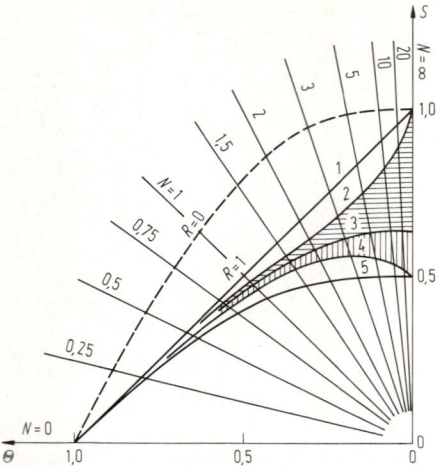

Bild 8. Einfluß der Stromführung auf die Übertragungsleistung für gleiche Kapazitätsströme $|R| = 1$ (durchgezogene Linie) und für $R = 0$ (gestrichelte Linie). 1 Gegenstrom, 2 idealer, 3 einseitig, 4 beidseitig quervermischter Kreuzstrom, 5 Gleichstrom [6]

die Kosten dieser Lösung (kompakte Bauweise, bessere α-Werte, kleinere ε-Werte) mit den Kosten für reine Gegenströmer zu vergleichen. **Bild 7** zeigt einen solchen Vergleich: Die Temperaturänderung $S = 0,67$, die nur 1,1-Apparate im Gegenstrom zuläßt, wird auf zwei 1,2-Apparate mit je $S_1 = S_2 = 0,5$ aufgeteilt: $\varepsilon = 0,81$ für $R = 1$. Apparate mit mehr als $p = 2$ Mantelwegen lassen sich kaum wirtschaftlich herstellen und betreiben.

Teilt man die Übertragungsgleichung und die Bilanzgleichungen (s. K 1.2.1) durch die größte Temperaturdifferenz $t_1 - t_1'$ und durch $\dot{m}_1 \cdot c_{p1}$ bzw. $\dot{m}_2 \cdot c_{p2}$, so erhält man sechs dimensionslose Kenngrößen: S_1, S_2, N_1, N_2, R und Θ. Für eine gegebene Stromführung legen zwei dieser Kennzahlen die anderen vier fest. Für die Betriebscharakteristik gilt

$$S_1 = N_1 \cdot \Theta = S_2 \cdot N_1/N_2 = S_2 \cdot R. \tag{10}$$

Hierin bedeuten (analog S_2, N_2)

$$S_1 = \frac{t_1 - t_2}{t_1 - t_1'}; \quad N_1 = \frac{k \cdot A}{\dot{m}_1 \cdot c_{p1}}; \quad \Theta = \frac{\Delta t_M}{t_1 - t_1'}. \tag{11}$$

Den Einfluß der Stromführung auf die Betriebscharakteristik zeigt **Bild 8**. Eine ausführliche Beschreibung unterschiedlicher Strömungsführungen und Schaltungsvarianten auf die Übertragungsleistung und die Berechnung der Temperaturverläufe gibt Martin [6], Tabellen in [1].

1.4 Wirkungsgrade, Exergieverluste
Efficiencies, exergy losses

1.4.1 Wirkungsgrade. Efficiencies

Der Reversibilitätsgrad ist ein Maß für die thermodynamische Vollkommenheit eines Apparats bzw. eines Prozesses [5].

$$\eta_R = \dot{E}_\omega/\dot{E}_\alpha \tag{12}$$

ist das Verhältnis der vom Bilanzgebiet an die Umgebung abgegebenen Exergieströme $\dot{E}_\omega$ (Nutzleistung) zu den verbrauchten Exergieströmen $\dot{E}_\alpha$. Um den Einfluß des Wärmeübertragers auf den Prozeß zu beurteilen, kann der verfahrenstechnische Gesamtgütegrad nach Glaser [7] dienen

$$\eta_G = \sum \dot{E}_\alpha / \dot{E}_\alpha, \tag{13}$$

worin die Summe der verbrauchten Exergieströme aller Apparate mit verlustfreiem Wärmeübertrager zu bestimmen ist.

1.4.2 Exergieverluste. Exergy losses

Exergieverluste werden vor allem durch folgende Vorgänge hervorgerufen: endliche Temperaturdifferenzen, Wärmeleitung oder Rückvermischung, Druckverluste, Wärmeaustausch mit der Umgebung (Isolierverluste). Ausführliche Beispiele für Wärmeübertrager sind in [8] zu finden.

Verluste infolge endlicher Temperaturunterschiede. Fließt die Wärmemenge $\dot{Q}$ von der absoluten Temperatur T zur Temperatur T', so ist der bezogene Exergieverlust

$$\dot{E}_v / \dot{Q} = (T_u \cdot \Delta T) / [T(T - \Delta T)] \tag{14}$$

mit $\Delta T = T - T'$. Für Wärmeübertrager kann näherungsweise mit mittleren logarithmischen Werten gerechnet werden (isobar, konstante c_p-Werte):

$$T = (T_1 - T_2) / \ln(T_1 / T_2). \tag{15}$$

Analog für T'. Indices 1 und 2 bezeichnen die Ein- bzw. Austrittstemperaturen. **Bild 9** zeigt Gl. (14): Mit abnehmender Temperatur (Tieftemperaturtechnik!) steigen die Verluste steil an, zur Begrenzung sind kleine Temperaturdifferenzen notwendig.

Wärmeleitung oder Rückvermischung. Verluste durch molekulare oder turbulente axiale Transportvorgänge sind wegen der meist hohen Strömungsgeschwindigkeiten klein. Thermische Rückvermischungen durch mehrgängige Bauweisen, s. K 1.3.

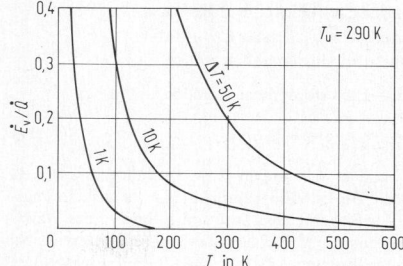

Bild 9. Exergieverluste durch endliche Temperaturunterschiede

Verluste infolge Reibung. Der spezifische Exergieverlust beträgt

$$e_v = -T_u \int_1^2 (v/T) \, \mathrm{d}p. \tag{16}$$

Die Verluste steigen mit dem spezifischen Volumen v des Fluids und mit sinkender Temperatur. Näherungsweise kann man die Pumpenleistung zur Verlustbestimmung einsetzen [5]. Da u.U. ein Teil der dissipierten Energie als Wärme zurückgewonnen werden kann, ist eine genaue Analyse notwendig [8].

Isolierverluste. Setzt man in Gl. (14) für $T' = T_u$ und für $\dot{Q} = (\lambda/\delta) A (T - T_u)$ (mit λ Wärmeleitfähigkeit und δ Dicke der Isolierung), so wird [5]:

$$\frac{\dot{E}_v}{(\lambda/\delta) \cdot A} = \frac{(T - T_u)^2}{T}. \tag{17}$$

Bei tiefen Temperaturen macht sich eine gute Isolierung rasch bezahlt!

2 Konstruktionselemente von Apparaten und Rohrleitungen
Components of apparatus and pipe lines

2.1 Berechnungsgrundlagen
Basis for design calculations

Zulässiger Betriebsüberdruck p_B. 10 bis 20% höher als der maximale Arbeitsdruck, der bei ungünstigen Betriebsverhältnissen auftreten kann. Er bestimmt die Abnahmepflicht gemäß Druckbehälterverordnung, die Zuordnung zu Prüfgruppen, den Berechnungsdruck, den Prüfdruck und den Ansprechdruck des Sicherheitsventils.

Berechnungsdruck p. Im allgemeinen der zulässige Betriebsüberdruck. Durch Beschickungsmittel hervorgerufene statische Drücke werden nur dann berücksichtigt, wenn sie die Beanspruchung der Bauteile um mehr als 5% erhöhen. Bei Innen- und Außendruck in der Regel nicht mit dem Differenzdruck rechnen, sondern mit beiden Drücken getrennt (Ausnahme: Unterdruck).

Berechnungstemperatur. Höchste zu erreichende Wandtemperatur (mindestens 20 °C), im Normalfall nach **Tab. 1.**

Festigkeitskennwert. Die niedrigste der beiden Werte (bei Berechnungstemperatur): Streckgrenze R_m oder 0,2-Grenze $R_{p0,2/\vartheta}$ und Zeitstandfestigkeit $R_{p/100000\vartheta}$ für 100000 h (s. E 2.2).

Sicherheitsbeiwert. Berücksichtigt im wesentlichen Unsicherheiten im Rechnungsansatz und bietet Gewähr, daß bei der Wasserdruckprüfung mit dem üblichen Prüfdruck $1{,}3\, p_B$ ausreichender Abstand gegen den Festigkeitskennwert bei 20 °C eingehalten wird. Er beträgt bei Walz- und Schmiedestählen $S = 1{,}1$ bei Prüfdruck und $S = 1{,}5$ bei Berechnungstemperatur und -druck.

Zuschläge. Man unterscheidet: c_1 für Wanddickenunterschreitung durch Herstellungsvorgang; im Einzelfall festzulegen. – c_2 Abnutzungs- und Korrosionszuschlag (mind. 1 mm; entfällt, wenn ausreichender Schutz gegen Einflüsse des Beschickungsmittels, wenn $s_e \geqq 30$ mm oder bei Wärmeübertragerrohren).

Tabelle 1. Berechnungstemperatur [1]

Beheizung	Berechnungstemperatur
keine	höchste Temperatur der Beschickungsmittel
durch Gase, Dämpfe oder Flüssigkeiten	höchste Temperatur des Heizmittels
Feuer-, Abgas- oder elektrische Beheizung	höchste Temperatur des Beschickungsmittels +20 °C bei abgedeckter Wand +50 °C bei unmittelbar berührter Wand mindestens jedoch 250 °C

2.2 Zylindrische Mäntel und Rohre unter innerem Überdruck. Cylinders and tubes under internal pressure

$D_a/D_i < 1{,}2$. Die erforderliche Wanddicke beträgt

$$s = \frac{D_a p}{2v(K/S) + p} + c_1 + c_2, \tag{1a}$$

wenn D_a und D_i der Außen- bzw. Innendurchmesser, K die zulässige Werkstoffbeanspruchung, p der Berechnungsdruck, S der Sicherheitsbeiwert und c_1 und c_2 die Wanddickenzuschläge sind. Der Verschwächungsbeiwert ist bei nahtlos geschweißten Mänteln $v = 1{,}0$, bei geschweißten Verbindungen im Mantel $v = 0{,}8 \ldots 1{,}0$ abhängig von der Bewertung der Schweißnaht nach AD-Merkblatt HPO.

$1{,}2 < D_a/D_i \leq 1{,}5$. Die erforderliche Wanddicke beträgt

$$s = \frac{D_a p}{2{,}3(K/S) - p} + c_1 + c_2. \tag{1b}$$

Rohre $D_a/D_i < 1{,}7$. Die Rohrwanddicke wird beeinflußt durch Innendruck, Handhabungsmöglichkeit bei Transport und Montage, Durchbiegung zwischen Abstützungen, äußere Beschädigungsmöglichkeiten (mechanisch, Korrosion), Art der Rohrverbindungen, Verkehrslasten und behinderte Wärmedehnung.

Für $D_a < 200$ mm berechnet sich die Wanddicke unter innerem und äußerem Überdruck gemäß AD-Merkblatt B1 nach Gl. (1a).

Die Berechnung für Stahlrohre gegen Innendruck nach DIN 2413 unterscheidet drei Bereiche: I vorwiegend ruhend beansprucht bis 120 °C, II vorwiegend ruhend beansprucht über 120 °C und III schwellend beansprucht. Für Bereich I beträgt die erforderliche Wanddicke

$$s = \frac{D_a p}{2v(K/S)} + c_1 + c_2. \tag{2a}$$

Der Sicherheitswert S ist von der Bruchdehnung abhängig. Für $\delta_5 \geq 20\%$ ist $S = 1{,}6$ mit und $S = 1{,}75$ ohne Abnahmezeugnis nach DIN 50049. Die Wertigkeit der Schweißnaht v beträgt je nach Güte zwischen 0,5 und 1,0 bei nahtlosen Rohren mit besonderen Gütevorschriften. Für den Bereich II erfolgt die Berechnung nach

$$s = \frac{D_a p}{(2K/S - p)v + 2p} + c_1 + c_2. \tag{2b}$$

Sicherheitsbeiwert S gegen Warmstreckgrenze $= 1{,}5$ (nach DIN 50049), sonst $S = 1{,}7$.

Wärmespannungen $D_a/D_i < 1{,}7$. Längenänderung Δl durch Temperaturdifferenz $\vartheta - \vartheta_0$ zwischen Betriebs- und Montagetemperatur ist

$$\Delta l = \alpha \cdot l_0 (\vartheta - \vartheta_0). \tag{3a}$$

Bei verhinderter Längenänderung entsteht die Axialspannung

$$\sigma_\vartheta = E \cdot \alpha (\vartheta - \vartheta_0); \tag{3b}$$

l_0 Montagelänge, α Wärmeausdehnungskoeffizient (s. D 3.1.2), E Elastizitätsmodul. Bei Druckkräften Rohrknickung beachten.

Treten in der Wand durch Heizen oder Kühlen Temperaturdifferenzen auf, so entstehen an der Innen- bzw. Außenfaser (mit den Indizes i bzw. a) jeweils gleich große Tangential- und Axialspannungen, positiv bei der niedrigeren, negativ bei der höheren Temperatur:

$$\sigma_{\vartheta_i} = \frac{\alpha}{2} \frac{E}{1-v} (\vartheta_a - \vartheta_i) \frac{3D_a + D_i}{2(D_a + D_i)},$$
$$\sigma_{\vartheta_a} = -\frac{\alpha}{2} \frac{E}{1-v} (\vartheta_a - \vartheta_i) \frac{D_a + 3D_i}{2(D_a + D_i)}. \tag{4}$$

Hieraus lassen sich näherungsweise die maximalen, stationären Spannungen innen und außen berechnen:

$$\sigma_{v,i} = \frac{p(D_a + s_e)}{2{,}3 \cdot s_e} + \sigma_{\vartheta_i},$$
$$\sigma_{v,a} = \frac{p(D_a - 3s_e)}{2{,}3 \cdot s_e} + \sigma_{\vartheta_a}. \tag{5}$$

Hierin bedeuten s_e die ausgeführte Wanddicke, v die Querkontraktionszahl und ϑ die Temperaturen. Diese Näherungsformeln sind in der Praxis ausreichend genau, solange nur die jeweils größte der beiden Vergleichsspannungen $\sigma_{v,i}$ bzw. $\sigma_{v,a}$ betrachtet wird, bzw. solange gilt:

$$\sigma_{\vartheta_i} \geq -\frac{p(D_a + s_e)}{4 \cdot s_e},$$
$$\sigma_{\vartheta_a} \geq -\frac{p(D_a - 3s_e)}{4 \cdot s_e}. \tag{6}$$

Alle Gleichungen gelten für nicht eingespannte Zylinder ohne zusätzliche Axialspannungen aus äußeren oder Lagerkräften. Bei Unterschreiten der Bedingungen Gl. (6) bzw. zusätzlichen Axialspannungen sind die Vergleichsspannungen aus den vorab summierten Hauptspannungen zu berechnen. Die stationären Wärmespannungen dürfen sofern sie allein auftreten, K/S übersteigen ($\sigma_{v,\max} \leq 2K/S$).

Überlagerte Spannungen aus Druck- und Temperaturdifferenzen führen gemäß Gl. (5) bei entgegengerichteten Gefällen ($p_i > p_a, \vartheta_i > \vartheta_a$) zu großen Spannungsspitzen an der Innenfaser (ungünstig!), dagegen bei gleichgerichteten Gefällen zu gleichmäßigeren Spannungsverteilungen (prüfen, ob u.U. $\sigma_{v,a} > \sigma_{v,i}$).

Die Wärmespannungen nach Gl. (4) nehmen mit zunehmender Wanddicke bei konstanter Temperaturdifferenz $\vartheta_a - \vartheta_i$ zu. Bei vorgegebener Wärmemenge $\dot{Q}$ und Länge des Rohrs l_0 muß, wegen des zunehmenden Wärmeleitwiderstands, auch die Temperaturdifferenz mit der Wanddicke größer werden:

$$\vartheta_a - \vartheta_i = \frac{\dot{Q}}{2\pi l_0 \lambda} \ln \frac{D_a}{D_i}. \tag{7}$$

Die Wärmespannungen steigen logarithmisch an, während die Druckspannungen abnehmen. Die summierten Vergleichsspannungen bilden ausgeprägte Minima, die sich bei zunehmenden Wärmespannungen zu kleineren Wanddicken verschieben.

2.3 Zylindrische Mäntel unter äußerem Überdruck Cylinders under external pressure

Bei zylindrischen Wandungen mit $D_a \geq 200$ mm ist bei äußerem Überdruck Berechnung gegen elastisches Einbeulen und plastisches Verformen durchzuführen, sofern $D_a/D_i \leq 1{,}2$ ist.

Elastisches Einbeulen. Ist L die Mantellänge, so beträgt der höchstzulässige Betriebsdruck (Legende s. Gl. (1a))

$$p = \frac{E}{S} \left[\frac{2{,}0}{(n^2 - 1)A^2} \frac{s_e - c_1 - c_2}{D_a} \right.$$
$$\left. + 0{,}733 \left(n^2 - 1 + \frac{2n^2 - 1{,}3}{A - 2} \right) \left(\frac{s_e - c_1 - c_2}{D_a} \right)^3 \right] \tag{8}$$

mit $S = 3$ und $A = 1 + (nD_a/2L)^2$. Es muß sein $n \geq 2$ und $n \geq D_a/2L$. n ist die Anzahl der Einbeulwellen, die beim Versagen auf dem Umfang auftreten können (**Tab. 2**).

Plastisches Verformen. Ist L die Mantellänge, so beträgt für $D_a/L \leq 5$ der höchstzulässige Betriebsdruck (Legende

Tabelle 2. Sicherheitsbeiwert gegen elastisches Einbeulen bei äußerem Überdruck [1]

$(s_e - c_1 - c_2)/R$	0,1	0,01	0,005	0,003	0,001
S_k	3,0	3,5	3,7	4,0	5,5

s. Gl. (1 a))

$$p = 2{,}0 \frac{K}{S} \frac{s_e - c_1 - c_2}{D_a} \Big/$$
$$\left(1 + 0{,}015 u \left(1 - 0{,}2\frac{D_a}{L}\right) \frac{D_a}{s_e - c_1 - c_2}\right). \tag{9}$$

Für die Unrundheit u ist der Wert 1,5 gebräuchlich. Für $D_a/L > 5$ ist der kleinere der beiden folgenden Werte der höchstzulässige Betriebsdruck:

$$p = 2{,}0 \frac{K}{S} \frac{s_e - c_1 - c_2}{D_a} \quad \text{und} \quad p = 3{,}0 \frac{K}{S} \left(\frac{s_e - c_1 - c_2}{L}\right)^2 \tag{10}$$

mit der Sicherheit $S = 1{,}6$ für Walz- und Schmiedestähle.

2.4 Ebene Böden und Rohrplatten
Flat end closures, tube plates

Ebene Platten finden stets Verwendung, wenn die Drucke oder Druckdifferenzen klein sind oder wenn die Notwendigkeit besteht, daß die Trennfläche eben ist. Das ist bei der Mehrzahl von Rohrbündelapparaten oder bei Deckeln von Hochdruckgefäßen bzw. -verschlüssen der Fall. Wo die Forderung der Ebenheit entfällt, ist zu prüfen, ob die Trenn- oder Abschlußfunktion von gewölbten Bausteinen übernommen werden kann. Diese erlauben eine günstigere Werkstoffausnutzung.
Rohrplatten finden im Größenbereich zwischen 100 und 4500 mm Durchmesser Verwendung. Als ebene, nicht gelochte Abschlüsse von Großbehältern oder -apparaten finden sich auch Anwendungen bis 8000 mm. Die Dicke der Rohrplatten schwankt zwischen wenigen Millimetern als Untergrenze (Membranboden) und rund 650 mm als Obergrenze bei Dampferzeugern für Kernkraftwerke. Die Rohrteilung bewegt sich üblich zwischen $1{,}2d$ und $1{,}5d$, die Lochzahl zwischen den Grenzen 10 bis 10^4 (letzteres bei Dampferzeugern für Kernkraftwerke). Neben der am häufigsten herangezogenen Kreisplatte werden auch rechteckige oder elliptische Platten, Kreisringplatten oder ebene, am Rande gekrempte Böden eingesetzt.
Ebene Wandungen können grundsätzlich unversteift oder durch Profile oder Zuganker versteift ausgeführt werden. Die Plattendicke kann in Richtung des Radius veränderlich sein.
Bei der häufigsten Anwendungsform, dem sog. Festrohrapparat (s. K 3), sind die Rohrplatten durch eingeschweißte oder eingewalzte Rohre gegenseitig versteift.

Wanddicke. Bei ebenen Böden und Rohrplatten berechnet sie sich zu (Bedeutung der Formelbuchstaben s. Gl. (1 a))

$$s = CD \sqrt{\frac{pS}{Kv}} + c_2. \tag{11}$$

Mit der Rohrteilung t gilt für den Verschwächungsbeiwert für Platten mit rückkehrenden Rohren (U-Rohr-Typ)

$$v = (t - d_a)/t,$$

für Platten mit volltragenden Rohren (Festplatte, Schwimmkopf)

$$v = (t - d_i)/t \qquad \text{für } d_a/d_i \leq 1{,}2 \quad \text{und}$$
$$v = (t - 0{,}833 d_a)/t \quad \text{für } d_a/d_i > 1{,}2.$$

Hierbei sind d_a Loch- bzw. Rohraußendurchmesser und d_i Rohrinnendurchmesser.

Berechnungsbeiwert und Durchmesser. Ihre Werte C und D hängen von der Art des Bodens, dessen Verbindung mit dem Mantel und von der Rohranordnung ab. Ist kein zusätzliches Randmoment vorhanden, so ist bei ebenen Vollplatten und bei gleichmäßig gelochten Platten mit rückkehrenden Rohren (Haarnadelrohren) C abhängig von der Plattenlagerung. Es gilt $C = 0{,}32$ bis 0,35 bei Festlagerung, $C = 0{,}40$ bis 0,45 bei Loslagerung. Eingeschweißte Platten s. [1]. Soll bei Festplattenapparaten die Stützwirkung der Rohre berücksichtigt werden, ist für die Rohre die zulässige Knickkraft einzuhalten.
Ist ein gleichsinniges Randmoment vorhanden, so erhöhen sich die Berechnungsbeiwerte zum Teil erheblich. Bei eingewalzten und eingeschweißten Rohren muß die am Einzelrohr angreifende Zugkraft F auf die Rohrplatte übertragen werden. Für die Wälzlänge s_w gilt: $10F/(\sigma_w d_a) \geq s_w \geq F/(\sigma_w (d_a - d_i))$, wobei $12 \text{ mm} \leq s_w \leq 40 \text{ mm}$ ist. Die zulässige Beanspruchung σ_w bei der Walzverbindung ist: 150 N/mm² bei glatter Walzverbindung, 300 N/mm² bei Walzverbindung mit Rille und 400 N/mm² bei Walzverbindung mit Bördel. Bei eingeschweißten Rohren muß die Schweißnahtdicke g im Abscherquerschnitt mindestens $g = 0{,}4F/(d_a K/S)$ betragen.

2.5 Gewölbte Böden. Domed end closures

Die Formen gewölbter Böden liegen zwischen dem ebenen Boden und dem Halbkugelboden als Grenzfälle. In Deutschland überwiegen torisphärische Böden, die sich aus einer Kugelkalotte (Radius R) und einer Krempe (Radius r) zusammensetzen, **Bild 1.** Bekannte Bauformen sind Klöpperboden ($R = D_a$, $r = 0{,}1 D_a$) und Korbbogenboden ($R = 0{,}8 D_a$, $r = 0{,}154 D_a$). Allgemein gilt $R \leq D_a$, $r \geq 0{,}1 D_a$ bzw. $r \geq 30s$ mit s als erforderliche Wanddicke des gewölbten Bodens. Die Bordhöhen h_1 sollen 3,5s bei Klöpperböden und 3,0s bei Korbbogenböden nicht unterschreiten.
Bei Böden, die aus einem Krempen- und einem Kalottenteil zusammengeschweißt werden, soll ein Mindestabstand x zwischen Verbindungsschweißnaht und Krempe eingehalten werden. Bei Klöpperböden ist $x = 3{,}5s$, bei Korbbogenböden $x = 3{,}0s$, mindestens jedoch 100 mm.
In angelsächsischen Ländern überwiegt die elipsoidische Form, in der Regel mit einem Achsenverhältnis von 2:1. In allen Fällen gewährleisten gewölbte Böden eine bessere Werkstoffausnutzung als ebene Böden. Gegenüber Halbkugelböden bieten sie den Vorteil geringerer Bauhöhe und vielfach besserer Zugänglichkeit. Die Abmessungen bewegen sich zwischen 50 und 12000 mm als Grenzfälle.
Die Verbindung von Böden mit anschließenden Bauteilen ist möglichst als Stumpfstoß auszuführen. Querschnittsübergänge sind konisch auszubilden.
Die Berechnungsregeln gelten für gewölbte Böden mit dem Kalottenradius $R \leq D_a$, dem Krempenradius $r \geq 0{,}1 D_a$ und der Wanddicke $s_e \geq 0{,}001 D_a$ ($s_e \geq 2 \text{ mm}$). Der Sicherheitsbeiwert muß bei äußerem Überdruck um 20% erhöht werden.

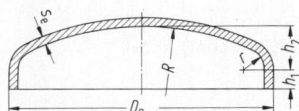

Bild 1. Gewölbter Boden

Erforderliche Wanddicke. Sie beträgt mit dem Berechnungsbeiwert β und der Legende der Gl. (1a):

$$s = \frac{D_a p \beta}{4 v K/S} + c_1 + c_2. \qquad (12)$$

Berechnungsbeiwerte. Für gewölbte Böden gilt mit $x = (s_e - c_1 - c_2)/D_a$ und $y = d_i/D_a$ bei der

Klöpperform:

$$\beta = \mathrm{Max}(1{,}9 + 0{,}0325/x^{0{,}7} + x;\ 1{,}9 + 0{,}933 y/\sqrt{x}),$$

Korbbogenform:

$$\beta = \mathrm{Max}(1{,}55 + 0{,}0255/x^{0{,}625};\ 1{,}55 + 0{,}866 y/\sqrt{x})$$

in Abhängigkeit von $0{,}001 \leq x \leq 0{,}1$ und $0 \leq y \leq 0{,}6$. Diese Formeln gelten für unverstärkte Ausschnitte mit dem Durchmesser d_i im Bereich der Krempe und außerhalb des Scheitelbereichs $0{,}6 D_a$ der Kalotte.

Beulen. Die Böden sind bei Innendruck im Krempenbereich ausreichend gegen Beulen bemessen, wenn bei

Korbbogenböden $\quad p \leq 41{,}6 E[(s_e - c_1 - c_2)/D_a]^{2,24}$,
Klöpperböden $\quad\quad p \leq 33{,}3 E[(s_e - c_1 - c_2)/D_a]^{2,34}$ $\quad (13)$

gilt und E der Elastizitätsmodul (s. C1.2). Bei äußerem Überdruck ist zusätzlich Sicherheit gegen elastisches Einbeulen zu gewährleisten:

$$p \leq 0{,}366 \frac{E}{S_k}\left(\frac{s_e - c_1 - c_2}{R}\right)^2. \qquad (14)$$

Der Sicherheitsbeiwert S_k ist der **Tab. 2** zu entnehmen.

2.6 Ausschnitte. Cutouts

Die Gleichungen gelten für Behälter unter innerem Überdruck und für $D_a D_i \leq 1{,}2$. Man unterscheidet scheiben- und rohrförmige Verstärkungen. Diese sind in Grenzen gegeneinander austauschbar. Ihre gleichzeitige Verwendung ist möglich.

Verschwächungsbeiwert. Mit der Wanddicke s_S des Stutzens, dem Stutzendurchmesser d_i, der erforderlichen Wanddicke am Ausschnittrand s_A sowie

$$x = d_i/\sqrt{(D_i + s_A - c_1 - c_2)(s_A - c_1 - c_2)} \quad \text{und}$$
$$y = (s_S - c_1 - c_2)/(s_A - c_1 - c_2) \quad \text{gilt bei}$$
$$\textit{Zylindern} \quad v_A = 2/(2+x) + 2{,}52 x^{1,66}/(10+x),$$
$$\textit{Kugelschalen} \ v_A = 2/(2+x) + 1{,}28 y^{1,75}/(4{,}5+x) \quad (15)$$

für $0 \leq x \leq 8$ und $0 \leq y \leq 2$.

Breite und Dicke. Die Breite einer scheibenförmigen Verstärkung muß mindestens

$$b \geq \sqrt{(D_i + s_A - c_1 - c_2)(s_A - c_1 - c_2)} \quad \text{und} \quad b \geq 3 s_a$$

sein. Die Dicke der Verstärkung darf die ausgeführte Wanddicke s_e des Bodens nicht überschreiten. Die Länge l_s einer rohrförmigen Verstärkung muß mindestens

$$l_s = 1{,}25 \cdot \sqrt{(d_i + s_S - c_1 - c_2) \cdot (s_S - c_1 - c_2)}$$

sein. Das Wandstärkenverhältnis soll betragen

$$(s_S - c_1 - c_2)/(s_A - c_1 - c_2) \geq 2.$$

Eine gegenseitige Beeinflussung zweier Ausschnitte kann vernachlässigt werden, wenn der lichte Abstand $l \geq 2\sqrt{(D_i + s_A - c_1 - c_2)(s_A - c_1 - c_2)}$ ist.

2.7 Flanschverbindungen. Flange joints

2.7.1 Schrauben. Bolts

Dehnschrauben sollen bei Betriebstemperaturen über $300\,^\circ\mathrm{C}$ oder Betriebsdrücken über 40 bar verwendet wer-

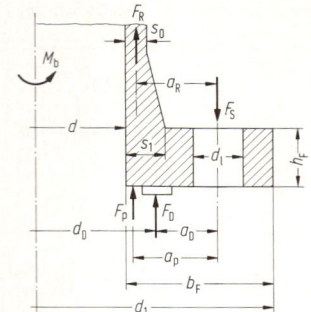

Bild 2. Kräfte am festen Flansch

den. Dabei werden als Dehnschrauben nur solche Schrauben bewertet, deren Schaftdurchmesser $d_S \leq 0{,}9 d_K$ oder deren Maße DIN 2510 entsprechen. Schrauben mit durchgehendem Gewinde gelten hinsichtlich ihrer Bewertung als Starrschrauben. Schrauben unter M 10 sollten möglichst nicht verwendet werden. Die Anzahl der Schrauben soll möglichst groß sein (Verhältnis Schraubenteilung zu Schraubenlochdurchmesser $t/d_L \leq 5$).

Belastungsverhältnisse. Nach **Bild 2** greifen am Flansch folgende Kräfte an: Rohrlängskraft F_R, Kraft durch Innendruck auf Kreisringquerschnitt F_p, Dichtungskraft F_D, Schraubenkraft F_S, die den vorstehenden Kräften das Gleichgewicht halten muß. Die infolge eines Biegemoments in anschließenden Rohrleitungen auftretenden Kräfte werden üblicherweise nicht berücksichtigt. Die Schraubenkräfte sind für den Betriebszustand und für den Einbauzustand vor Druckaufgabe zu ermitteln, nach AD-Merkblatt B7 auch für den Prüfdruck, wenn dieser $> 1{,}3 p_B$ ist.

Der Gewindedurchmesser d_k einer Starrschraube bzw. der Schaftdurchmesser d_s einer Dehnschraube in einer Verbindung mit n Schrauben ist bei der zulässigen Werkstoffbeanspruchung K und dem Sicherheitsbeiwert S (**Tab. 3**):

$$d_s \quad \text{bzw.} \quad d_k = \sqrt{\frac{4 S F_s}{\pi \varphi K n}} + c. \qquad (16)$$

Für den Gütewert φ kann bei spanabhebend bearbeiteten oder gleichwertigen Auflageflächen $\varphi = 1{,}0$ gesetzt werden, sonst 0,75. Als Konstruktionszuschlag c für den Betriebszustand ist bei Starrschrauben einzusetzen $c = 3$ mm bis M 24 und $c = 1$ mm ab M 52 oder entsprechendem Gewindekerndurchmesser. Im Zwischenbereich ist linear zu interpolieren, bei Dehnschrauben ist $c = 0$ mm zu setzen. Die Berechnungstemperatur der Schrauben liegt bei der Verbindung von losem mit losem Flansch um $30\,^\circ\mathrm{C}$, von festem mit losem Flansch um $25\,^\circ\mathrm{C}$ und von festem mit festem Flansch um $15\,^\circ\mathrm{C}$ unter der höchsten Temperatur des Arbeitsmittels.

Tabelle 3. Sicherheitsbeiwert S für Schraubenverbindungen [1]

		Betriebszustand	Einbau- u. Prüfzustand
Werkstoffe mit bekannter Streckgrenze und Sicherheit gegen Streckgrenze oder $\sigma_{B/100000}$	bei Dehnschrauben z.B. nach DIN 2510	1,5	1,1
	bei Vollschaftschrauben z.B. nach DIN 2509 oder DIN 931	1,8	1,3
Werkstoffe ohne bekannte Streckgrenze mit Sicherheit gegen Zugfestigkeit		5,0	3,0

Tabelle 4. Formänderungsfestigkeit $K_{D\vartheta}$ von metallischen Dichtungswerkstoffen [1]

Dichtungs-werkstoff	$K_{D\vartheta}$ in N/mm² bei					
	20	100	200	300	400	500 °C
Aluminium, weich	100	40	20	(5)		
Kupfer	200	180	130	100	(40)	
Weicheisen	350	310	260	210	170	(80)
Stahl St 35	400	380	330	260	190	(120)
13 CrMo 44	450	450	420	390	330	280
austenitischer Stahl	500	480	450	420	390	350

Dichtungskräfte. Sie sind von der Form und dem Werkstoff der Dichtung und den Betriebsbedingungen (Druck und Temperatur) abhängig. Bedeuten k_0 und k_1 die effektiven Dichtungsbreiten für den Einbau- bzw. den Betriebszustand, d_D den mittleren Dichtungsdurchmesser, p den abzudichtenden Druck und $K_{D,\vartheta}$ die Formänderungsfestigkeit der Dichtung (s. **Tab. 4**), so ist die notwendige Dichtungskraft $F_D = \pi d_D k_1 p S_D$ mit $S_D \geq 1,2$ für den Betriebs- und $1 \leq S_D \leq 1,2$ für den Prüfzustand. Die zum Vorpressen notwendige Dichtungskraft beträgt $F'_{D0} = \pi d_D k_0 K_{D,20}$.
Für Weichstoffdichtungen mit $pD \leq 10\,\mathrm{bar} \cdot \mathrm{m}$ gilt $F''_{D0} = 0,2F'_{D0} + 0,8\sqrt{(0,25\pi d^2 p + F_D)F'_{D0}}$, sofern $F''_{D0} < F'_{D0}$ ist. Die zulässige Belastung der Dichtung beträgt bei Metalldichtungen $F_{max} = \pi d_D k_0 K_{D,\vartheta}$.

Dichtungsbreite. Sie ist beim Betriebszustand für Flüssigkeiten bei Weichstoff und Metallweichstoffdichtungen $0,5b_D \leq k_1 \leq 1,1b_D$ und für Gase und Dämpfe $0,5b_D \leq k_1 \leq 1,8b_D$ je nach Form und Werkstoff, bei Metall-Flachdichtungen $k_1 = b_D + 5\,\mathrm{mm}$ und für andere Metalldichtungen $5\,\mathrm{mm} \leq k_1 \leq 6\,\mathrm{mm}$. Für die wirksame Dichtungsbreite im Einbauzustand gilt bei Metallflachdichtungen $0,8b_D \leq k_0 \leq b_D$ und für andere Metalldichtungen $0,16 \leq k_0/k_1 \leq 0,33$ je nach Form (s. **Anh. K 2 Tab. 1**).

2.7.2 Flansche. Flanges

Die vom Flansch aufzunehmende Schraubenkraft (s. **Bild 2**) beträgt $F_S \geq F'_{D0}$ beim Vorpressen und $F_S \geq F_D + F_R + F_P$ bei der Druckprobe und beim Betrieb.
Die Schwächung des Flanschs durch das Schraubenloch wird in der Rechnung durch einen Berechnungsdurchmesser d'_L („reduzierter Schraubenlochdurchmesser") berücksichtigt, **Bild 4**.

Losflansch (Bild 3a). Das Widerstandsmoment muß mit $b = d_a - d_i - 2d'_L$ und mit dem reduzierten Schraubenlochdurchmesser d'_L (**Bild 4**) mindestens betragen

$$W = 0,7874h_F^2 b \geq F_S \frac{S}{K}(d_t - d_4)/2. \quad (17)$$

Aufschweißflansch (Bild 3b): Hier gilt mit $b = d_a - d_2 - 2d'_L$:

$$W = 0,7042(h_F^2 b + (d_1 + s_1)s_1^2) \geq F_S \frac{S}{K}a. \quad (18)$$

Es ist $a = 0,5(d_t - d_1 - s_1)$ für den Prüfdruck und Betriebszustand und $a = 0,5(d_t - d_D)$ für den Einbauzustand.

Aufschweißbunde (Bild 3c): Hier gilt Gl. (18), wobei statt d_t der Wert von d_a und für $d'_L = 0$ einzusetzen ist.

Flansch mit konischen Ansatz (Bild 3d): Hier müssen in den Querschnitten A-A und B-B die Widerstandsmomente W nachgerechnet werden.

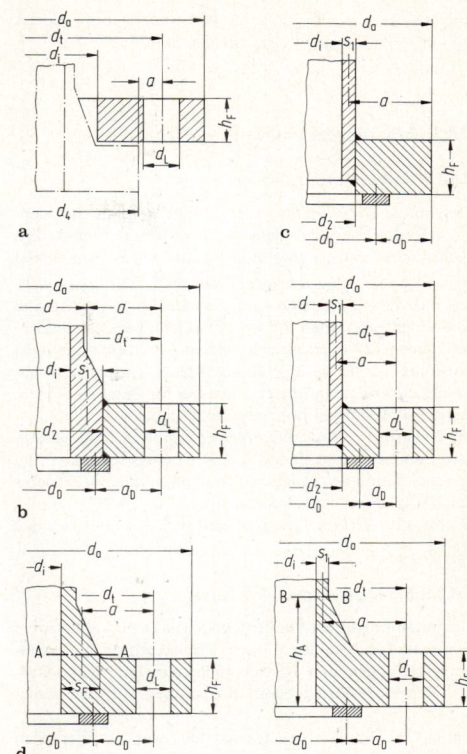

Bild 3. Flanschformen [1]. **a** Losflansch; **b** Aufschweißflansch; **c** Aufschweißbund; **d** Flansch mit konischem Ansatz

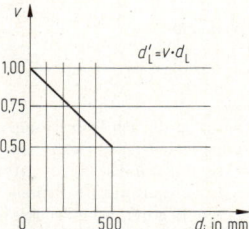

Bild 4. Reduzierter Schraubenlochdurchmesser

$D_i \leq 1000\,\mathrm{mm}$
Schnitt A-A: $W = 0,7874(h_F^2 b + (d_i + s_F)s_F^2 \geq F_s(S/K)a$,
Schnitt B-B: $W = 0,7874(h_F^2 b/B^2 + 0,75(d_i + s_1)s_1^2)$
$\geq F_s(S/K)a$

Hierin ist $B = \dfrac{b + (s_F - s_1)B_1}{b + (s_F + s_1)B_1(B_1 + 2)}$ mit $B_1 = (h_A - h_F)/h_F$, $b = d_a - d_i - 2d'_L$ und $a = 0,5(d_t - d_i - s_1)$ für Prüfdruck und Betriebszustand, $a = 0,5(d_t - d_D)$ für den Einbauzustand.

$1000\,\mathrm{mm} \leq D_i \leq 3600\,\mathrm{mm}$
Schnitt A-A: $W = 0,943(h_F^2 b + (d_i + s_F)s_F(0,8s_F + 0,1h_F)$
$\geq F_s(S/K)a$,
Schnitt B-B: $W = 0,943(h_F^2 b/B^2 + 1,5(d_i + s_1)s_1^2)$
$\geq F_s(S/K)a$

K

mit B, b und a wie für $D_i \leq 1000$ mm. Es muß jedoch $h_A - h_F \geq 0{,}6 h_F$ und $s_F - s_1 \geq 0{,}25 h_F$ sein.

2.8 Rohrleitungen. Pipework

2.8.1 Rohrdurchmesser. Diameter

Der innere Rohrdurchmesser d ergibt sich aus der Kontinuitätsgleichung mit dem Volumenstrom $\dot{V}$ und dem Rohrquerschnitt bei gewählter Strömungsgeschwindigkeit v zu $d = \sqrt{4\dot{V}/(\pi v)}$. Bei vorgegebenem $\dot{V}$ ist v so zu wählen, daß die Rohrleitungs- und Betriebskosten niedrig sind und d den genormten Werten entspricht. Großes v bedeutet kleinen Rohrdurchmesser, kleine Armaturen, geringen Aufwand für Isolierung und Anstrich, andererseits hohe Druckverluste (größerer Aufwand für Pumpen, höhere Betriebskosten) und höheren Geräuschpegel.

Wirtschaftlicher Rohrdurchmesser ergibt sich aus geringster Summe von Anlage- und Betriebskosten unter Berücksichtigung des Anlage-Ausnutzungsgrads (= Betriebszeit/(Betriebszeit + Stillstandszeit)). Richtwerte für Geschwindigkeiten in [6, 7] und **Anh. K2 Tab. 2**.

2.8.2 Strömungsverluste. Flow losses

Bei inkompressiblen Fluiden entstehen Druckverluste, bei kompressiblen Fluiden (Gasen) Druckverluste, Volumenvergrößerungen und Beschleunigungen. Der Wärmeaustausch mit der Umgebung ist abhängig von der Isolierung.

Druckverluste setzen sich zusammen aus den Verlusten in geraden Rohrstücken, in Formstücken und Armaturen (Einzelwiderstände). Ausführliche Berechnungsunterlagen s. B6.2 und [1]. Druckverluste in Stahlrohren s. **Anh. K2 Bild 1**, in Armaturen s. K 2.9.1 und **Anh. K2 Bild 2**.

2.8.3 Rohrarten, Normen, Werkstoffe
Types, standards, materials

Allgemeines

Wichtige Normen und Vorschriften für den Rohrleitungsbau: DIN 2400 Rohrleitungen; Übersicht über Normen für Planung, Konstruktion u. Werkstoffe. – DIN 2401 T1 Innen- oder außendruckbeanspruchte Bauteile; Druck- und Temperaturangaben, Begriffe, Nenndruckstufen. T2 Rohrleitungen; Druckstufen, Zulässige Betriebsdrücke, für Rohrleitungsteile aus Eisenwerkstoffen. – DIN 2402 Rohrleitungen; Nennweiten; Stufung. – DIN 2406 Rohrleitungen; Kurzzeichen; Rohrklassen. – DIN 2408 T1 Rohrleitungen verfahrenstechnischer Anlagen; Planungs- und Ausführungsunterlagen. – DIN 2410 Übersicht über Rohrarten. – DIN 2413 Stahlrohre; Berechnung der Wanddicke gegen Innendruck. – DIN 4279 T1 Innendruckprüfung von Druckrohrleitungen für Wasser; Allgemeine Angaben. T2 bis T10 Innendruckprüfung von Druckrohrleitungen für Wasser; verschiedene Werkstoffe. – ISO 4200 Nahtlose und geschweißte Rohre; Übersicht über Maße. – DruckbehV Verordnung über Druckbehälter, Mai 1989. – VdTÜV Merkblätter über verschiedene Prüfverfahren an Rohrleitungsanlagen. Maximilian-Verlag, Herford. – DVGW Arbeitsblätter für den Rohrleitungsbau im Gas- und Wasserfach. ZfGW-Verlag, Frankfurt a.M.

Nenndruck PN ist der Druck, für den genormte Rohrleitungsteile bei Zugrundelegung eines bestimmten, in den jeweiligen Maßnormen genannten Ausgangswerkstoffs und der Temperatur 20 °C ausgelegt sind. Er entspricht dem zulässigen Betriebsüberdruck bei der tiefsten Betriebstemperatur eines Werkstoffs.

Stufung der Nenndrücke PN in bar (Einheit wird nicht angegeben):

1		1,6		2,5		4		6
10	12,5	16	20	25	32	40	50	60	80
100	125	160	200	250	320	400	500	600	800
1000		1600		2500		4000		6000

Nennweite DN ist die Kenngröße (kennzeichnendes Merkmal) für zueinander passende Teile, z.B. Rohre mit Formstücken oder mit Armaturen. Die Nennweite DN wird ohne Einheit angegeben; sie stimmt etwa mit der lichten Weite in mm überein.

Rohre aus Stahl

Allgemeine Angaben über *geschweißte Rohre* aus unlegierten und niedriglegierten Stählen DIN 1626: Handelsgüte: für allgemeine Anforderungen bei Leitungen und Behältern sowie im Apparatebau. Bis 120 °C: für Flüssigkeiten bis 25 bar, für Luft und ungefährliche Gase bis 10 bar Betriebsdruck; bis 180 °C: für Sattdampf bis 10 bar. Werkstoffe: St33, St37, St42. Mit Gütevorschriften: für höhere Anforderungen, geeignet zum Biegen, Bördeln u.ä.; bis 120 °C: bis 64 bar, über 120 bis 300 °C auch bis 64 bar Betriebsdruck, wenn Wandtemperatur in °C multipliziert mit Betriebsdruck in bar ≤ 7200; mit besonderem Abnahmezeugnis ohne vorgeschriebene Begrenzung. Besonders geprüfte Rohre mit Gütevorschriften: für besonders hohe Anforderungen; bis 300 °C ohne vorgeschriebene Begrenzung des Betriebsdrucks.

Allgemeine Angaben über *nahtlose Rohre* aus unlegierten und niedriglegierten Stählen DIN 1629: Anwendungsbereiche und Werkstoffe ähnlich DIN 1626.

Präzisionsstahlrohre: nahtlos (DIN 2391, für alle Drücke, 4 bis 120 mm Außendurchmesser), geschweißt (DIN 2393, für alle Drücke, 4 bis 120 mm Außendurchmesser), geschweißt und einmal kaltgezogen (DIN 2394, bis PN100, 6 bis 120 mm Außendurchmesser) für Verwendungszwecke mit großer Genauigkeit, besonders Oberflächenbeschaffenheit, geringe Wanddicken. Bezeichnung und Werkstoff: Rohr 30 × 2 DIN 2391 St35 (oder St45 bzw. St55) zugblank, weich, hart, weich geglüht usw.

Gewinderohre, nahtlos oder geschweißt, mittelschwer (DIN 2440) und schwer (DIN 2441) aus St33-1 bzw. St33-2.

Nahtlose Stahlrohre (DIN 2445, 2448, 2449, 2450, 2451, 2456 und 2457) aus verschiedenen Stählen St00 bis St52 (entspricht DIN 1629) mit 10,2 bis 558,5 mm Außendurchmesser. Bei gleichen Außendurchmessern geringere Wanddicken als DIN 2440, z.B. bei $d_a = 60{,}3$ mm nach DIN 2448 $s = 2{,}9$ mm normal (jedoch große Auswahl möglich) gegenüber $s = 3{,}65$ mm nach DIN 2440. Bis PN100, dadurch für die verschiedensten Zwecke im Maschinen- und Apparatebau verwendbar.

Geschweißte Stahlrohre (DIN 2458) aus Stählen St33 bis ST52-3 für alle Nenndrücke mit 10,2 bis 1016 mm Außendurchmesser und noch geringeren Wanddicken als DIN 2448, z.B. bei $d_a = 60{,}3$ mm $s = 2{,}3$ mm normal (jedoch ebenso große Auswahl wie DIN 2448, daher weites Anwendungsgebiet).

Stahlrohre für Gas- und Wasserleitungen: nahtlos (DIN 2460) aus verschiedenen Stählen: St00 für Gas bis PN1 und Wasser bis PN25, St35 für Gas bis PN100 und Wasser bis PN64; 88,9 bis 508 mm Außendurchmesser. Geschweißt (DIN 2461): St33 für Gas bis PN1 und Wasser bis PN20, St37-2 für Gas bis PN80 und Wasser bis PN64; 88,9 bis 2020 mm Außendurchmesser. Mit geschützter Oberfläche: Außenschutz: bituminöse Stoffe mit Glasvliesband und Kalkanstrich; Innenschutz: Anstrich aus Bitumen, Leinöl, Zementmörtel oder andere Schutzfilm bildende Stoffe. Verwendung: Gas- oder Wasserleitungen außerhalb der Gebäude im Erdreich oder oberirdisch.

Stahlrohre für Fernleitungen: für brennbare Flüssigkeiten und Gase (DIN 17172) aus Stahl für alle Drücke, ab 100 mm Außendurchmesser.

Rohre aus Gußeisen

Druckrohre für Wasser bis PN 16: mit Schraubmuffen DIN 28 511 (DN 40 bis DN 600), Stopfbuchsenmuffen DIN 28 512 (DN 500 bis DN 1 200), Stemmuffen DIN 28 513 (DN 40 bis DN 1 200), Flanschen DIN 28 514 und 28 516 (DN 40 bis DN 1 200) und TYTON-Muffen DIN 28 516 (DN 50 bis DN 600).

Druckrohre aus duktilem Gußeisen (DIN 28 610) mit Schraubmuffen (Wasser bis PN 40, DN 80 bis DN 600), Stopfbuchsenmuffen (Wasser bis PN 25, DN 500 bis DN 1 200), and TYTON-Muffen (Wasser bis PN 40, DN 80 bis DN 600), für Gas bis PN 1.

Weitere Rohrwerkstoffe

Kupfer: DIN 1754 für Außendurchmesser 3 mm (Wanddicke max. 1 mm) bis 419 mm (Wanddicke max. 4 mm); Werkstoff: Kupfer DIN 17671 mit Festigkeitsangabe F 20 ($\sigma_B = 200\dots250$ N/mm², $\delta_5 = 40\%$) bis F 37 ($\sigma_B = 360$ N/mm², $\delta_5 = 3\%$), üblich F 30 ($\sigma_B = 290\dots360$ N/mm², $\delta_5 = 6\%$).

Aluminium: DIN 1795, Vorzugsmaße für Rohrleitungen aus Reinst-Al, Rein-Al und Al-Knetlegierungen mit Außendurchmesser 3 mm (Wanddicke max. 1 mm) bis 273 mm (Wanddicke max. 5 mm).

Polyvinylchlorid (PVC) hart für Entwässerungsanlagen, Entlüftungsleitungen, Wasser- und Gasleitungen. Allgemeine Güteanforderungen s. DIN 8061, Maße s. DIN 8062: Außendurchmesser 5 mm (Wanddicke max. 1 mm) bis 1000 mm (Wanddicke max. 29,2 mm). Richtlinien für chemische Beständigkeit s. DIN 16929.

Sonstige Kunststoffe [8]: DIN 8072 Rohre aus Polyethylen weich. – DIN 8074 Rohre aus Polyethylen hoher Dichte. – DIN 8077 Rohre aus Polypropylen. – DIN 16868 und DIN 16869 T 1 Rohre aus glasfaserverstärktem Polyesterharz. – DIN 16870 und DIN 16871 T 1 Rohre aus glasfaserverstärktem Epoxidharz.

2.8.4 Rohrverbindungen. Pipe fittings

Für Rohre aus Stahl

Flanschverbindungen (Bild 3 und Bild 5). Vorzugsweise für höhere Drücke und leicht lösbare Verbindungen. Für Stahl und Gußeisen gibt DIN 2500 eine Übersicht, Anschlußmaße s. DIN 2501.

Normen für Flanschformen **Bild 5a** und **b**: DIN 2558 (PN 6: DN 6…100), DIN 2561 (10; 16; 6…100). DIN 2566 (10, 16; 6…100); **Bild 5c**: DIN 2573 (6; 10…500), DIN 2576 (10; 10…500); **Bild 5d**: GG: DIN 2530 (1; 10…4000), DIN 2531 (6; 10…3600), DIN 2532 (10; 10…3000), DIN 2533 (16; 10…1000), DIN 2534 (25; 10…500), DIN 2535 (40; 10…400); *GGG*: DIN 28604 (10; 40…1200), DIN 28605 (16; 40…1200), DIN 28606 (25; 40…600), DIN 28607 (40; 40…400); *GS:* DIN 2543 (16; 10…2200), DIN 2544 (25; 10…2000), DIN 2545 (40; 10…1600), DIN 2546 (64; 10…1200), DIN 2547 (100; 10…700), DIN 2548 (160; 10…300), DIN 2549 (250; 10…300), DIN 2550 (320; 10…250), DIN 2551 (400; 10…200); **Bild 5e**: DIN 2630 (1; 10…4000), DIN 2631 (6; 10…3600), DIN 2632 (10; 10…3000), DIN 2633 (16; 10…2000), DIN 2634 (25; 10…1000), DIN 2635 (40; 10…500), DIN 2636 (64; 10…400), DIN 2637 (100; 10…350), DIN 2638 (160; 10…300), DIN 2628 (250; 10…300), DIN 2629 (320; 10…250), DIN 2627 (400; 10…200); **Bild 5f**: DIN 2641 (6; 10…1200), DIN 2642 (10; 10…800), DIN 2655 (16; 10…500), DIN 2656 (25; 10…250); *mit Vorschweißbund:* DIN 2673 (10; 10…1200), DIN 2674 (16; 10…500), DIN 2675 (25; 10…500), DIN 2676 (40; 10…500), DIN 2667 (160; 100…250), DIN 2668 (250; 100…250), DIN 2669 (320; 100…250); **Bild 5g**: DIN 2527 (6…10; 10…500).

Schraubverbindungen. Stahlfittings für chemische Industrie und Schiffbau s. DIN 2980 und 2982. Lösbare Verschrau-

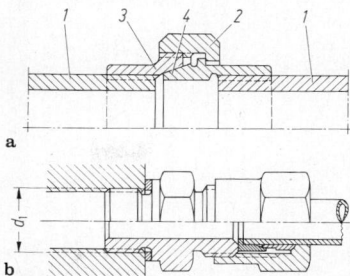

Bild 6. Rohrverschraubungen. **a** *1* Stahlrohr, *2* Überwurfmutter, *3* Dichtscheibe, *4* Innenkonus; **b** DIN 3930 lötlose Rohrverschraubung mit Schneidring in Stoßausführung

bungen für die Verbindung mit reparaturgefährdeten Apparaten oder für möglichen Umbau mit flacher Dichtung (Klingerit-Dichtung) oder konischer Dichtung (direkte Metallberührung, **Bild 6**). Hierzu auch DIN 2353 und DIN 3930: Lötlose Rohrverschraubung mit Schneidring, **Bild 6b**. Vorteile dieser Rohrverschraubungen: Hohe Druckbelastbarkeit (bis DN 630), einfache Montierbarkeit, geringer Platzbedarf, Eignung für verschiedene Rohrqualitäten.

Schweißverbindungen. Geschweißte Rohrverbindungen haben den Vorteil unveränderter Dichtheit (daher bei wichtigen Fernleitungen Schweißnaht durch Röntgenaufnahmen oder Ultraschall auf Dichtheit prüfen) und – im Gegensatz zu Flanschverbindungen – geringeren Wärmeverlust. Auch Abzweige, Richtungs- und Querschnittsänderungen aller Art werden aus Rohrteilen hergestellt. Moderne Rohranlagen haben meist nur noch an den Armaturen Flansch- oder Schraubverbindungen. Bei kleinen Nennweiten (etwa unter DN 50) ist bei nicht sorgfältigem Schweißen auf Verengung des Querschnitts und auf Widerstandsvergrößerung zu achten. Verfahren: Gasschweißen (für unlegierte und niedriglegierte Stähle bis etwa 3 mm Wanddicke), Lichtbogenschweißen (für Wanddicke über 3 mm), Schutzgasschweißen und Unter-Pulver-Schweißen (für automatisierte Schweißung von Großrohrleitungen), s. DIN 8564: Schweißen im Rohrleitungsbau; Rohrleitungen aus Stahl, Herstellung, Schweißnahtprüfung. Weitere Normen, Richtlinien und Vorschriften sind zu beachten [8]: DIN 2559 T 1 Schweißnahtvorbereitung, Richtlinien für Fugenformen. – DIN 8558 T 1 Richtlinien für Schweißverbindungen an Dampfkesseln, Behältern und Rohrleitungen; Ausführungsbeispiele. – DIN 8560 Prüfung von Stahlschweißern. – DIN 8563 T 1 Sicherung der Güte von Schweißarbeiten; T 3 Schmelzschweißverbindungen an Stahl.

Für Rohre aus Gußeisen

Steckverbindungen (**Bild 7**) werden für GG und GGG vorzugsweise verwendet. Strömungsrichtung vom Muffenende zum Spitzenende eines Rohrs. Vorteilhaft schnelle Montage, nachteilig genaue Rohrbaulänge erforderlich und empfindlich gegen Längskräfte.

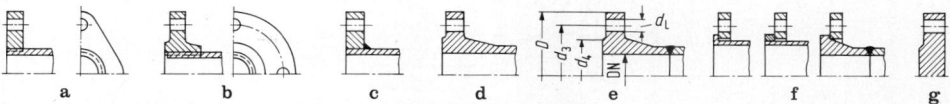

Bild 5. Flanschformen. **a** Gewindeflansch, oval, glatt; **b** Gewindeflansch mit Ansatz, rund; **c** Flansch glatt, zum Löten oder Schweißen; **d** Flansch aus GGL, GS oder GGG; **e** Vorschweißflansch; **f** lose Flansche; **g** Blindflansch

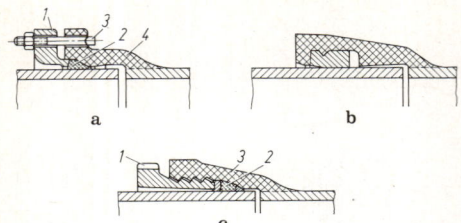

Bild 7. Muffenverbindungen. **a** Stopfbuchsenmuffe, *1* Stopfbuchsen-ring, *2* Dichtring, *3* Hammerschraube mit Mutter, *4* Stopfbuchsen-muffe; **b** Steckmuffe; **c** Schraubmuffe, *1* Schraubring, *2* Dichtring, *3* Schraubmuffe

Für Rohre aus Kupfer

Flansch- und Schraubverbindungen ähnlich wie für Stahl-rohre, jedoch mit anderen Druckbereichen (Festigkeit).

Schweißverbindungen im Apparatebau sehr verbreitet.

Für Rohre aus PVC und andere Kunststoffe

Flanschverbindungen s. DIN 8063, für größere Durchmes-ser mit losen Flanschen (meist aus Metall; **Bild 8**).

Schraubverbindungen (**Bild 9**) s. DIN 8063.

Schweiß- und Klebverbindungen. Verfahren s. DIN 19533. PVC meist heißluftgeschweißt mit Zulagestab, PE durch Aufschmelzen. PVC auch klebbar mit vorgeformten oder angeklebten Klebmuffen (ähnlich Lötmuffen). Klebmit-tel meist Lösungskleber (Tetrahydrofuran). PE und VPE sind nicht klebbar.

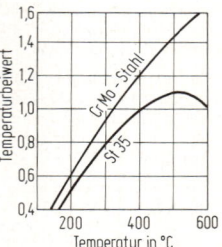

Bild 8   **Bild 9**

Bild 8. Verbindung von Kunststoffrohren

Bild 9. Rohrverschraubung für PVC-Rohre. *1* Gewindebuchse, *2* Überwurfmutter aus PVC hart oder aus Temperguß (GTW) bzw. Cu-Zn-Legierung, *3* Flachringdichtung, *4* Bundbuchse, eingeklebt

2.8.5 Dehnungsausgleicher. Expansion compensators

Dehnungsausgleicher dienen zur Aufnahme von ther-misch bedingten Längenänderungen (s. Gl. (3) u. **Anh. K 2 Bild 3**) zwischen zwei Festpunkten. Konstruktiv unter-scheidet man:

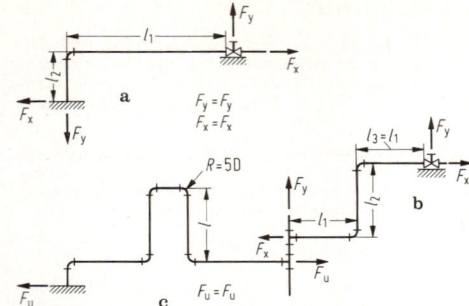

Bild 10. Einfache Dehnungsausgleicher. **a** Rohrschenkel; **b** Z-Bogen; **c** U-Bogen

Bild 11. Temperaturbeiwert zur Umrechnung der Festpunktkräfte

Dehnungsausgleich durch Rohrverlegung (ohne Zusatzele-mente, **Bild 10**). Festpunkte möglichst an Armaturen. Bei großen Temperaturunterschieden Rohre mit Vorspannung entgegen der Wärmedehnung montieren (z.B. für Druckkräf-te bei warmgehender Leitung Montage unter Zugbela-stung). Übliche Vorspannung gleich 50% der zu erwar-tenden Kraft [9].
Rohrschenkelausladung *l* für Stahl mit Rohraußendurch-messer *D* und Rohrlängenänderung Δl ist $l = 0,0065\sqrt{D\Delta l}$, für Kupfer $l = 0,0032\sqrt{D\Delta l}$, Berechnung s. [11].

Näherungsweise Berechnung der Festpunktkräfte. Sie er-folgt mit Zahlenwertgleichungen für St 35, die Tempera-tur 400 °C, mit 50% Vorspannung und dem Biegeradi-us $R = 5d$, Umrechnungen auf andere Temperaturen und Werkstoffe s. **Bild 11**.

U-Rohrbogen: $F_u = 10 I \Delta l/(l^3 C)$ in N. Gesamtdehnung zwischen den Festpunkten Δl in cm, axiales Flächenträg-heitsmoment des Rohrs *I* in cm^4 und Beiwert *C* nach **Bild 12a**.

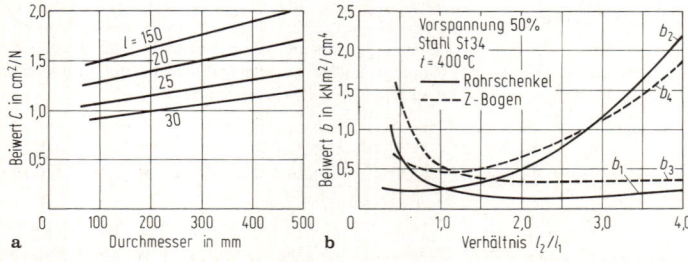

Bild 12. Beiwerte zur Berechnung der axialen Rohrkraft. **a** U-Bogen; **b** Z-Bogen und Rohrschenkel

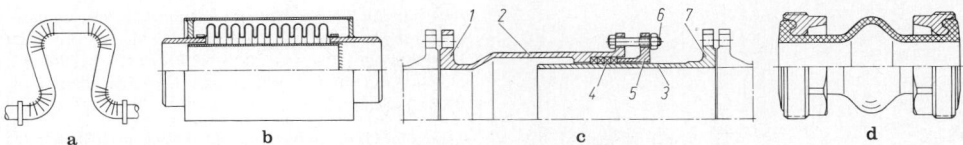

Bild 13. Dehnungsausgleicher. **a** Lyra-Bogen; **b** Axial-Kompensator mit Innenrohr (Balg-Kompensator)

Rohrschenkel: $F_x = b_1 I/l^2$, $F_y = b_2 I/l^2$ in N.

Z-Bogen: $F_x = b_3 I/l^2$, $F_y = b_4 I/l^2$ in N. Für beide gilt I in cm^4, $l = l_x + l_y$ in m als Gesamtlänge der Schenkel, Beiwerte b_1 bis b_4 nach **Bild 12b**.

Dehnungsausgleich durch besondere Bauelemente [10].

Lyra-Bogen (**Bild 13a**) sind wie U-Bögen sehr betriebssicher und wartungsfrei, jedoch sehr platzaufwendig; für Leitungen im Gelänge geeignet. Ausführung in glatten, gewellten oder gefalteten Rohren. Möglichst so anordnen, daß der Scheitelpunkt der Lyra sich selbst nicht verschiebt, jedoch als Lospunkt befestigen. Festpunktkräfte wie beim U-Bogen.

Balg-Kompensatoren sind wartungsfreie Dehnungsausgleicher mit geringstmöglichem Platzbedarf. Linsenkompensatoren mit wenigen aber hohen Wellen für sehr große Durchmesser (um DN 5000), Ein- und Mehrlagenbälge (**Bild 13b**) mit vielen niedrigen Wellen aus einoder mehrlagigen kaltverformten Stahlblechen mit großem Dehnungsvermögen für hohe Drücke (DN 600: PN 100, DN 250: PN 250).

Gummi-Kompensatoren verschiedener Ausführungen für DN 40 bis DN 400 und Temperaturen bis 100 °C bei PN 10.

Gelenk-Kompensatoren übernehmen außer Axialdehnungen auch Querverformungen. Beim Einbau Axialkräfte beachten!

Gleitrohr-Kompensatoren sind vorgefertigt. Das Degenrohr wird geschlichtet, manchmal auch hartverchromt, damit der Reibungswiderstand gering ist. Packungswerkstofe: Dauerelastische Perbunandichtungen sind wartungsfrei und für fast alle Medien verwendbar, plastische Dichtungen (Hanftalg für Wasser, Bleilamellen-Asbest für Gas) sind nachzudichten.

2.8.6 Rohrhalterungen. Pipe supports

Ihre Aufgabe ist die betriebssichere Befestigung von freiliegenden Rohrleitungen, bezogen auf das Rohr und die Umgebung (z.B. Gebäude).

Aufhängungen sollen die Leitung tragen, das Gefälle genau einrichten lassen und eine gewisse Bewegung ermöglichen. Konstruktionen reichen bis zu „Konstanthängern", bei denen die Aufhängekraft in Abhängigkeit von der Dehnung über Druckfeder und Kniehebelsystem konstant gehalten wird.

Stützen haben dieselbe Funktion wie Aufhängungen mit dem Unterschied der Kraftableitung nach unten, **Bild 14**.

Festpunkte dienen zum eindeutigen Festlegen der Dehnungsrichtungen, sie nehmen Kräfte und Momente auf. Die auf den Festpunkt wirkende Kraft ist meist Resultierende verschieden gerichteter Kräfte.

Führungen mit der Funktion von Lospunkten zur Ergänzung der Festpunkte erlauben Axial- und teilweise auch Drehbewegungen, **Bild 14** [10].

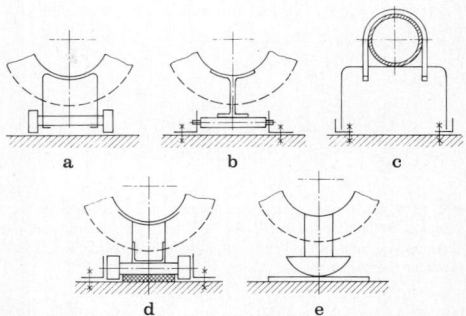

Bild 14. Rohrunterstützungen. **a** Rohrwagen; **b** Rollenlager; **c** Gleichschelle; **d** Walzenlager; **e** Pilzkopf

2.9 Absperr- und Regelorgane
Shut-off and control valves

2.9.1 Allgemeines. General

Funktion

Armaturen (Rohrschalter) in Rohrleitungen dienen als

Absperrorgane, die die Strömung eines Fluids unterbinden. Sie müssen dicht absperren und so schließen, daß die Geschwindigkeit nicht schlagartig Null wird, um Stoßbeanspruchungen zu vermeiden (Ausnahme: Schnellschlußschieber);

Regelorgane (Stellglieder), die den Volumenstrom in Abhängigkeit von einer zu regelnden Größe beeinflussen sollen;

Sicherheitsorgane, die bei unzulässigem Überdruck einen Querschnitt zur Druckentlastung freigeben.

Bauarten (Übersicht)

Man unterscheidet bei den Armaturen (DIN 3211):

Ventile: Ein Absperrkörper (Platte, Kegel, Kolben, Kugel) gibt mit einer Abhebebewegung parallel zur Strömungsrichtung einen zylindrischen Ringquerschnitt als Strömungsquerschnitt frei, **Bild 15a**. Ventilähnliche Absperrorgane, in denen wegen besonders günstiger Strömungsverhältnisse oder besonderer Aggressivität des Fluids eine Membrane zusammengedrückt wird, sind Membranventil (**Bild 15g**) und Ringkolbenventil (**Bild 15h**) mit rotationssymmetrischer Strömungsführung.

Schieber: Der Absperrkörper (kreisförmige Platte mit parallelen oder keilförmig gestellten Flächen) gibt bei Bewegung quer zur Strömungsrichtung einen teilmondförmigen bis kreisförmigen Strömungsquerschnitt frei, **Bild 15b**.

Hähne oder Drehschieber: Der Absperrkörper (eingeschliffener Kegelstumpf oder Kugel mit Querbohrung) wird um seine Achse quer zur Strömungsrichtung gedreht und

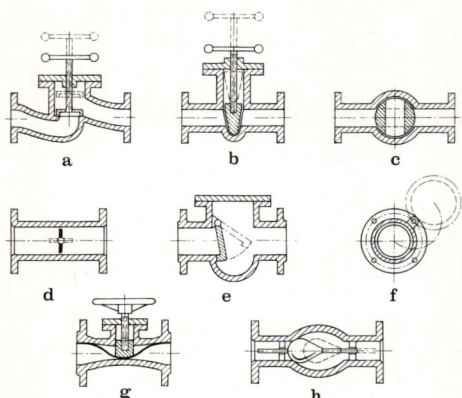

Bild 15. Grundformen der Absperrorgane. **a** Ventil; **b** Schieber; **c** Hahn; **d** Drehklappe im Rohr; **e** Klappe auf Rohrstutzen; **f** einklappbare Scheibe; **g** Ventil mit Membranabschluß; **h** tropfenförmiger Körper im Rohr

gibt einen linsen- bis kreisförmigen Querschnitt frei, **Bild 15c**.

Klappen: Eine zunächst senkrecht zur Strömungsrichtung stehende Scheibe wird um eine Achse in der Scheibe in eine Stellung parallel zur Rohrachse geschwenkt und gibt damit den ganzen Rohrquerschnitt frei oder bleibt im Rohrquerschnitt parallel zur Rohrachse stehen, **Bilder 15d–f**. Schieber und Hähne mit vollständig zu öffnenden Kreisquerschnitten sind für den Einsatz von Molchen (durchziehbare Körper) geeignet, die zur Trennung von verschiedenen geförderten Fluiden oder zur Reinigung dienen.

Vor- und Nachteile der einzelnen Bauarten

Eigenschaft	Ventile	Schieber	Hähne	Klappen
Strömungswiderstand	mäßig	niedrig	niedrig	mäßig
Öffnungs-/Schließzeit	mittel	lang	kurz	mittel
Verschleißverhältnis des Sitzes	gut	mäßig	schlecht	mäßig
Eignung für Richtungswechsel der Strömung	mäßig	gut	gut	schlecht
Baulänge	groß	klein	mittel	klein
Bauhöhe	mittel	groß	klein	klein
Verwendungsbereich bis	mittlere DN höchste PN	größte DN mittlere PN	mittlere DN mittlere PN	größte DN nur kleine PN
Eignung für Drosselung	sehr gut	schlecht	mäßig gut	gut

Werkstoffe

Der Werkstoff für das Gehäuse wird gewählt entsprechend den Anforderungen des strömenden Fluids (Erosion, Korrosion), der Betriebstemperatur (Warmfestigkeit) und dem Betriebsdruck (Festigkeit, eventuell Schwellfestigkeit). Auswahl metallischer Werkstoffe in *DIN 3339*. Etwa 80% aller Gehäuse werden gegossen, vorwiegend aus Grauguß, aber auch aus Stahlguß und Nichteisen-Gußwerkstoffen (Messing und Rotguß in der Installationstechnik). In der chemischen und Wasseraufbereitungstechnik ist eine starke Zunahme von Gehäusen aus Kunststoff (meist gepreßt) zu verzeichnen. Ein Teil der Armaturen wird aus Stahl im Gesenk geschmiedet hergestellt (Hochdruck).

Grauguß: für Wasser, Dampf, Öl und Gas, mit Gummi- oder Emailauskleidung für aggressive Medien; GGL-20 bis PN16 bei 120 °C, GGL-25 bis PN16 (25) bei 300 °C; GGG-45 bis 70 für Speisewasser und Frischdampf bis PN40 bei 450 °C.

Stahlguß: GS-C25 für Dampf, Wasser und Heißöl bis PN320 bei 450 °C, gut schweißbar; GS-20 MoV 84 für Dampf und Heißöl bis PN400 bei 550 °C, schweißbar; GS-X12 CrNiTi 18.9 für säurefeste und heiße Armaturen.

Stahl: C20 für gesenkgeschmiedete Gehäuse, Aufsätze und Klappschrauben, schweißbar; 50CrV4 für Flansche, Spindel, Schrauben und Muttern bis 520 °C, bedingt schweißbar; X20Cr13 für Teile in Armaturen mit starker mechanischer Beanspruchung, kaum schweißbar; X10 CrNiTi 18.9 mit sehr guter chemischer Beständigkeit (organische und mineralische Säuren), schweißbar; X10 CrNiMoTi 18.10 bei starkem Säureangriff und höheren Temperaturen, auch für Kältearmaturen bis −200 °C, schweißbar.

Nichteisenmetalle: G-Cu64Zn, G-CuSn10, G-CuSn5 Zn7, G-AlMg3 und andere für Trinkwasserarmaturen, physiologisch einwandfrei, Al-Legierungen seewasserfest (Schiffbau), auch in der chemischen Industrie.

Kunststoffe und andere: PVC hart, Polyamide, PTFE und Silikone sowie keramische Stoffe in der chemischen Industrie, der Sanitärtechnik usw.

Hydraulische Eigenschaften

Armaturen verursachen bei scharfen Umlenkungen (Ventile) große Druckverluste, was beim Einsatz als Regelorgane erwünscht ist. Widerstandsziffer ζ_R und Geschwindigkeit v werden auf den Anschlußquerschnitt A_R bezogen. Der Volumenstrom $\dot{V}$ ergibt sich aus dem Strömungsdruckverlust $\Delta p = \zeta_R \rho v^2/2$ zu $\dot{V} = A_R \sqrt{2\Delta p/(\rho \zeta_R)}$. Bei großen Reynolds-Zahlen ($Re > 10^5$) ändert sich ζ_R nur noch wenig (ζ_R-Werte s. **Anh. K2 Bild 2**). Für vollständig geöffnete Absperrorgane kann $\zeta_R = 0{,}2\ldots0{,}3$ angenommen werden [12].

Der in VDI/VDE-Richtlinie 2173 für Stellventile und in VDI/VDE-Richtlinie 2176 für Stellklappen definierte k_v-Wert ist für die Regelungstechnik wichtig und wird in X6.4 ausführlich behandelt, ebenso die Grundformen von Stellventilkennlinien [13]. Dabei sind die Ventilkennlinien bei konstantem Δp im Ventil zu unterscheiden von den Betriebskennlinien, die durchflußabhängig vom Verhältnis des Ventildruckverlustes zum Gesamtdruckverlust der Rohrleitung beeinflußt werden [14].

2.9.2 Ventile. Valves

Unabhängig von ihrer Funktion werden Ventile als Gerad-, Schrägsitz- oder Eckventile ausgeführt. *Geradsitzventile* (**Bild 16**): günstige Anordnung in Rohrleitungssystemen, gute Bedienbarkeit und Wartung, gleichmäßige Belastung der Ventilbauteile, aber hoher Druckverlust. *Schrägsitzventile* (**Bild 17**): niedrige Widerstandsziffer ζ_R. *Eckventile:* Vorteile, wenn zusätzlich Funktion eines Krümmers erwünscht, aber höhere Druckverluste. Abmessungen von Armaturen s. DIN 3202. *Bauelemente von Ventilen* (**Bild 16**): Ventilgehäuse 1 (Guß-, Schmiede-, Schweiß- oder Preßkonstruktion); Ventilteller 2 mit Sitzringen (plattenförmig, kegelig oder parabolisch); Sitzringe aus Gummi, GG, Cu-Legierungen, hochlegierten Stählen, Stellit oder Nitrierstahl je nach Fluid, Druck und Temperatur; Ventilspindel 3 und Mutter 4; Stopfbuchse 5

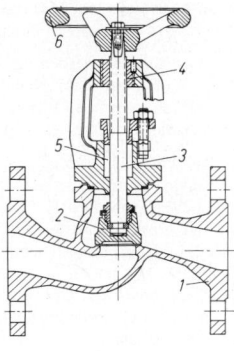

Bild 16. Geradsitzventil
(J. Erhard)

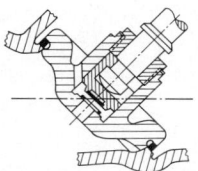

Bild 17. Sitz eines Schrägventils mit Vorhub

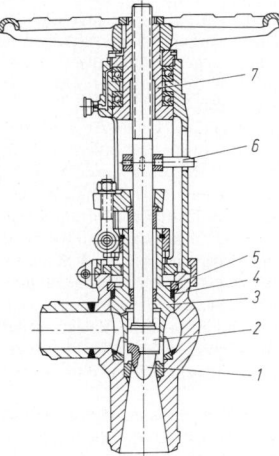

Bild 18. Hochdruck-Regelventil, geschmiedet nach Sempell. *1* Drosselkegel, *2* Spindelführung, *3* Deckel, selbstdichtend, *4* Uhde-Bredtschneider-Dichtung mit *5* geteiltem Ring, *6* Ventilstangenanzeige, verhindert Mitdrehen der Spindel, *7* drehbare Spindelmutter

zur Abdichtung der Spindel; Ventil- bzw. Spindelantrieb 6 (Handrad, elektromotorischer, hydraulischer, pneumatischer oder elektromagnetischer Antrieb mit Fernbedienung).

Bei großen Sitzquerschnitten ist ein Vorhubventil zur Verminderung der Öffnungskraft zweckmäßig, **Bild 17**. Ein Hochdruck-Regelventil zeigt **Bild 18**. Es ist geschmiedet, Drosselkegel und Spindel sind aus einem Stück, die Spindel ist im selbstdichtendem Deckel geführt, strömungsgünstige Gehäuseform, Spindelmutter drehbar gelagert (Höhe des Handrads konstant).

Ventilbauformen mit unterschiedlicher Funktion

Wechselventil: Für einen Fluidstrom, der wechselweise in zwei Leitungen geführt werden soll. *Rückschlagventil*

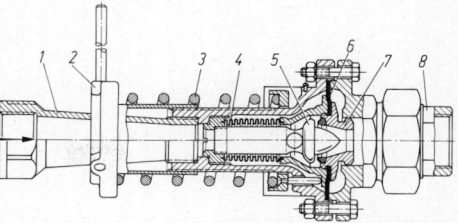

Bild 19. Druckminderer in Axialbauweise (Samson). *1* Muffennippel, *2* Sollwerteinstellung, *3* Feder, *4* Abdichtungsmetallbalg, *5* Kegel, *6* Arbeitsmembran, *7* Sitz, *8* Anschlußnippel

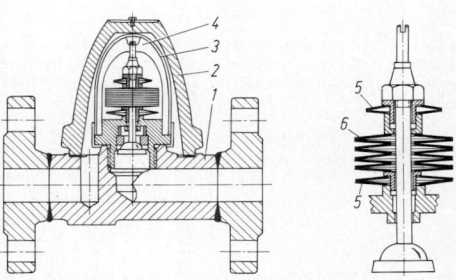

Bild 20. Thermisch wirkender Kondensatableiter (Klein, Schanzlin & Becker). *1* Gehäuse, *2* Gehäusedeckel, *3* Topfsieb, *4* Ableitungsgarnitur, *5* Tellerfedern, *6* Bimetallscheiben

(Rückflußverhinderer): Flüssigkeitsstrom nur gegen Feder- oder Gewichtskraft möglich. *Druckminderventil:* Vordruck wird auf einstellbaren Hinterdruck (Minderdruck) reduziert, wobei dieser unabhängig von Vordruck- und Durchflußänderungen mit großer Genauigkeit gleich groß gehalten wird. Beispiel (**Bild 19**): Fällt der Hinterdruck bei steigendem Durchfluß oder fallendem Vordruck oder wird der Sollwert erhöht, so bewegen sich Membrane 6 mit Sitz 7 nach rechts und geben einen größeren Querschnitt frei. *Schwimmerventil:* Angelenkter Schwimmkörper hebt oder senkt Ventilspindel bzw. Ventilteller. *Kondensatableiter* (**Bild 20**): Ableitung der flüssigen Phase (z.B. Wasser aus Sattdampfapparaten), Schwimmerableiter, thermischer Ableiter, thermodynamischer Ableiter. *Sicherheitsventil:* Verhindert Steigen des Betriebsdrucks über zulässigen Druck (s. AD-Merkblatt A2), Ansprechdruck gleich zulässiger Betriebsüberdruck, Gewichtsbelastung (sehr genau) oder Federbelastung (Ventilkraft wird durch Druckfeder beim Anheben größer). *Schnellschlußventil:* Zum Abschluß von Leitungen bei Rohrbruch oder ähnlichen Schadensfällen. Direkte Schließbewegung durch Feder-, Gewichts- oder pneumatische Kraft (Ruhestromprinzip).

2.9.3 Schieber. Gate valves

Anwendungsbereich: Große Nennweiten, hohe Strömungsgeschwindigkeiten, kleine bis mittlere Nenndrücke, kleine Baulängen (s. DIN 3202). Eine Übersicht gibt *DIN 3200.*

Bauelemente. Entsprechen bis auf Sitz und Dichtung denen des Ventils (s. **Bild 16**). Einen einfachen Absperrschieber zeigt **Bild 21**, mit innenliegender Spindelmutter (Gefahr des Festfressens durch Schmutz und hohe Temperaturen), O-Ringabdichtung statt Stopfbuchse.

Bauformen s. **Bild 22**. Nach der Form des Kopfstückflansches unterscheidet man *Rundschieber* (große Baulän-

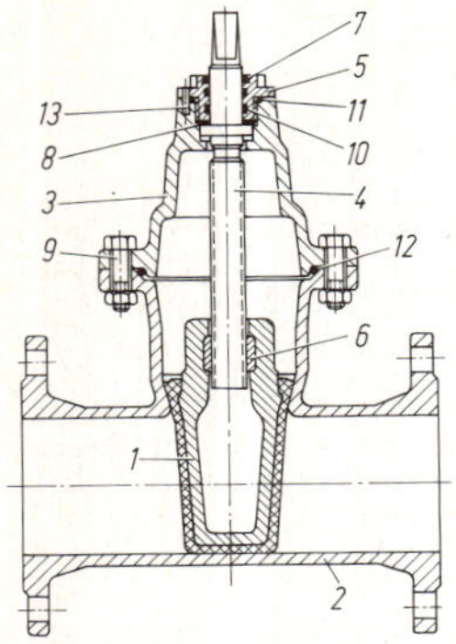

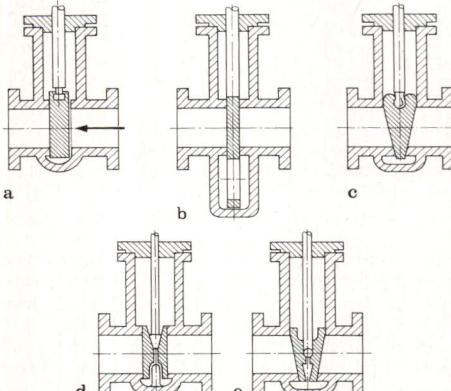

Bild 21. Absperrschieber. *1* Dichtkeil, *2* Gehäuse, *3* Kopfstück, *4* Spindel, *5* Verschlußmutter, *6* Spindelmutter, *7* Abschirmring, *8* Gleitring, *9* Sechskantschraube, *10* bis *12* O-Ringe, *13* Zylinderkerbstift

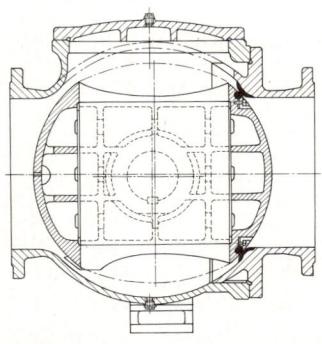

Bild 22. Formen der Schieberabdichtung. **a** Plattenschieber; **b** Scheibenabschlußschieber; **c** Keilschieber; **d** Doppelplattenparallelschieber; **e** Doppelplattenkeilschieber

ge, hohe Druckfestigkeit des Deckelstutzens), *Ovalschieber* (verkürzte Baulänge, geringe Druckfestigkeit oder größere Wanddicken) und *Flachschieber* (weitere Verringerung der Baulänge, oft Verstärkung des Deckelstutzens mittels Rippen, vorzugsweise bei großen Nennweiten). Überblick über Werkstoffe und Einsatzgrenzen von Schiebern s. DIN 3352 und [12]. Im Gegensatz zu Ventilen sind Schieber immer für beide Strömungsrichtungen geeignet, sie lassen sich aber nur als Absperrorgane einsetzen. Generell Durchgangsform (keine Eckform). Große Bedeutung kommt der Form der Abdichtung zu, da die Spindelkraft nicht direkt auf die Dichtflächen wirkt.

Bild 22a: Einfache Konstruktion; eine Platte wird im abgesperrten Zustand durch Überdruck angedrückt. Dichtwirkung gering, bei Hubbewegung wegen Gleitreibung Verschleißgefahr; Anwendung bei Ferngasleitungen.

Bild 22b: Gelochte Scheibe gibt bei Hubbewegung Öffnung frei. Gegebenenfalls mittels Federn gespannte Dichtungen; Anwendung bei Gas und Öl (auch mit Staub verunreinigt).

Bild 22c: Häufige Konstruktion; die Absperrung erfolgt durch Einschieben eines starren, keilförmigen Abschlußkörpers in den Durchgang des Gehäuses. Der Spindel-

druck verstärkt die Dichtwirkung. Wird viel verwendet im Klein- und Mitteldruckbereich.

Bild 22d: Zwei parallel laufende Dichtplatten werden am Ende der Schließbewegung durch Kniehebel- oder Keilwirkung auf die Sitze gepreßt. Dadurch erheblich kleinere Gleitbewegung und geringerer Verschleiß.

Bild 22e: Verbesserte Form des Keilschiebers; zwei gegeneinander bewegliche und keilförmig angeordnete Dichtplatten werden über ein halbkugelförmiges Druckstück am Ende der Schließbewegung mit großer Kraft auf die Sitzflächen gepreßt. Eine robuste Bauart mit hoher Dichtkraft und geringem Verschleiß bis PN 400.
Betätigung der Schieber von Hand, auch mit Übersetzungsgetriebe, elektromotorisch mit Getriebe oder mit hydraulischem bzw. pneumatischem Kraftkolben.

Normen. *DIN 3204* Keilflachschieber (PN 4; DN 40...300). – *DIN 3216* Keilflachschieber GG (1,6...10; 350...1 600). *DIN 3226* Keilrundschieber GG (PN 16). – *DIN 3228* Keilflachschieber GS (PN 10). – *DIN 3229* Keilovalschieber GS (PN 16).

2.9.4 Hähne (Drehschieber). Cocks

Ihre Vorteile sind einfache und robuste Bauweise, geringer Platzbedarf, rasche Schließ- und Umschaltmöglichkeit, geringe Strömungsverluste, mögliche Ausbildung als Mehrwegehahn mit mehreren Anschlußstutzen. Nachteilig sind die großen Dichtflächen, die aufeinander gleiten, und der dadurch bedingte Verschleiß. Die Reibungskräfte sind je nach Vorspannung des Dichtkegels (Hahnküken), Bearbeitungsgüte der Dichtflächen, Schmiermittel sowie Art und Temperatur des Fluids recht hoch.
Zur Gruppe der Kegelhähne gehören weiter der *Packhahn*, besonders in der chemischen Industrie für giftige Medien (Gehäuse unten geschlossen, Hahnküken durch Packung und Stopfbuchsbrille abgedichtet und festgehalten), der *Schmierhahn* für aggressive, dickflüssige und verunreinigte Medien in Kokereien sowie der petrochemischen Industrie (das Hahnküken wird hier über eine Nut und Schmierstoffkammer geschmiert), der *Leichtschalthahn* für zähflüssige Medien wie Latex (das Hahnküken wird hier vor dem Drehen etwas angehoben und nach dem Drehen wieder in den Sitz gedrückt), der *Mehrwegehahn*, z.B. Dreiwege- oder Vierwege-Hahn, zum Umschalten in verschiedene Strömungsrichtungen.
Eine wesentliche technische Weiterentwicklung ist der *Kugelhahn*, **Bild 23**. Der Dichtkörper ist hier eine Kugel mit einer zylindrischen Bohrung für geraden Strömungsdurchgang praktisch ohne jeden Widerstand (Widerstandsziffer $\zeta_R = 0,03$ bei vollständig geöffnetem Kugelhahn, das ent-

Bild 23. Kugelhahn für Großleitungen (J. Erhard)

spricht dem Widerstand eines etwa gleich langen Rohrstücks). Solche Kugelhähne werden gebaut von DN 80 bis DN 1400 für PN 10 bis PN 64.

2.9.5 Klappen. Flap valves

Die ähnlich **Bild 24** gebauten Klappen werden als *Absperr-, Drossel-*, seltener als *Sicherheitsklappen*, in der Wasserversorgung (Pumpwerke, Filteranlagen), im Kraftwerkbau (Kühlkreise), in der chemischen Industrie (Betriebswasser, auch saure und alkalische Medien) und in der Abwassertechnik (Kläranlagen, Pumpwerke) eingesetzt. In steigendem Maße werden sie verwendet anstelle von Ovalschiebern in Trinkwasser- und Gasfernleitungen. Sie schließen tropfdicht ab wie Schieber. Klappen werden gebaut für größte Nennweiten (DN 5300), allgemein für PN 4 bis DN 2400 und für PN 16 bis DN 1200. Der Platzbedarf ist nicht viel größer als der Rohrquerschnitt. Antrieb der Klappe von Hand, elektromotorisch über Stirnradsegment- oder Schneckengetriebe oder mittels hydraulischem Kraftkolben und gegebenenfalls Fallgewicht zum Verstärken oder zum Ausgleich der Strömungskräfte. Im allgemeinen wird die Klappe so angeordnet, daß die stromauf zeigende Scheibenhälfte beim Schließen nach unten geht (Verstärken der Schließkraft durch hydrostatische Wirkung). *Rückschlagklappen* dienen als Sicherheitsorgan; die Klappenscheibe wird von der Strömung offengehalten. Bei Stillstand oder Druckumkehr schließt sie, unterstützt vom Fallgewicht, gegebenenfalls abgebremst durch Ölbremse.

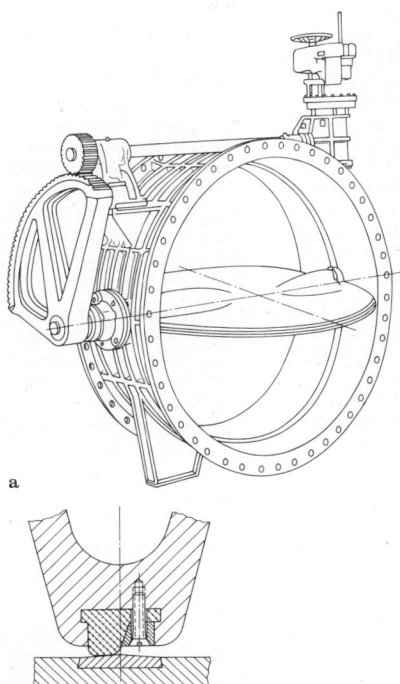

Bild 24. a Drosselklappe nach Bopp & Reuther; **b** linsenförmige Platte mit Dichtringen aus Gummi, Dichtung aus nichtrostendem Stahl im Gehäuse

2.10 Dichtungen. Seals

Dichtungen sollen das Hindurchtreten von Fluiden durch die Fugen miteinander verbundener Bauteile (normalerweise Flansche s. K 2.7.1) verhindern. Sie müssen leicht verformbar sein, um Rauhigkeiten der Dichtflächen auszugleichen, und ausreichende Festigkeit haben, dem Anpreßdruck und dem Innendruck standzuhalten. Auf Temperatur- und chemische Beständigkeit ist zu achten, ebenso darauf, die elektrochemische Zersetzung von Metalldichtungen oder der Berührungsflächen durch elektrochemische Anodenbildung zu vermeiden. Einen Überblick über Dichtungen, ihre Funktionen und Benennungen gibt DIN 3750.

2.10.1 Berührungsdichtungen an ruhenden Flächen
Static contact seals

Bild 25 gibt es einen Überblick der wichtigsten Dichtungsarten. Sie unterscheiden sich nach a) unlösbar oder bedingt lösbar (bl) und b) lösbar. Dazwischen liegen *1* Stoffschlußverbindungen mit Dichtmassen oder Klebern. Zu der Gruppe a) gehören: *2* Schweißverbindung, *3* Schweißlippendichtung (bl), *4* Preßpassung (bl), *5* Walzverbindung. Zu der Gruppe b) gehören: *6* Flachdichtung (weich oder hart), *7* dichtstofflose Verbindung, *8* Mehrstoffflachdichtung, *9* Schneidendichtung (plastische Verformung), *10* fließende Dichtung, *11* Runddichtung (O-Ring aus Weichstoff oder Metall, elastische Verformung), *12* Hartstoffdichtung (ring joint, elastisch), *13* selbsttätige Weichdichtung (Pressung durch Innendruck), *14* selbsttätige Hartdichtung (Delta-Ring), *15* bis *17* Stopfbuchsartige Dichtungen. Ausführungsformen der Dichtungen mit Dichtungskennwerte nach DIN 2505 s. **Anh. K 2 Tab. 1.**

Flachdichtungen sind Scheiben, Ringe oder Rahmen, die sich mit ihrer ganzen Breite der Dichtfläche anpassen. Sie bestehen entweder aus einem einheitlichen Werkstoff wie Asbestpappe bzw. -papier (s. DIN 3752; 0,1 bis 10 mm

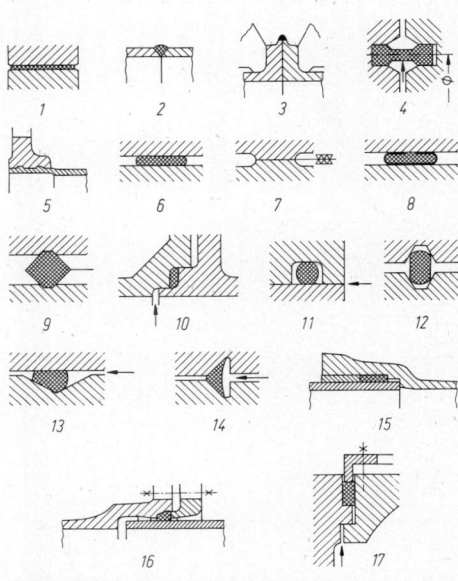

▨▨ Dichtelement   ⟶ Richtung des Druckgefälles

Bild 25. Dichtungen an ruhenden Flächen [15]

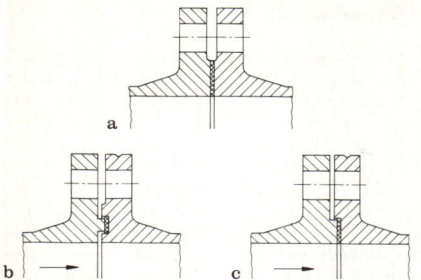

Bild 26. Flachdichtungen und Flanschdichtflächen [5]. **a** Flansch mit glatter Arbeitsleiste und Flachdichtung nach DIN 2690 (PN 1…6, 10, 16, 25, 40); **b** Flansch mit Nut und Feder nach DIN 2512 und Flachdichtung nach DIN 2691 (PN 10, 16, 25, 40, 64, 100); **c** Flansch mit Vor- und Rücksprung nach DIN 2513 und Flachdichtung nach DIN 2692 (PN 10, 16, 25, 40, 64, 100)

dick. Anwendung bis 500 °C) oder It-Platten (Asbest mit anorganischen Füllstoffen und einem Elastomer als Bindemittel) nach DIN 3754 für kaltes und heißes Wasser sowie Öle, Wasserdampf, Salzlösungen usw., 0,5 bis 4 mm dick, belastbar bis 300 bar bei 300 °C, aus mehreren Werkstoffen wie kaschierte Metall(Al, Cu)-Folien oder verbunden mit Stahlblech oder ganz aus Metall (s. K 2.7.1). Flachdichtung als Flanschdichtung s. **Bild 26.**

Profildichtungen (**Bild 25**, *9* und *10*) sind Scheiben oder Ringe, die wegen ihrer Querschnittsform nicht mit ih-

rer ganzen Breite aufliegen, wodurch eine höhere Flächenpressung bewirkt wird. Sie bestehen aus elastomeren Werkstoffen, Weichmetall oder kombinierten Werkstoffen und sind – je nach Werkstoff – für hohe Drücke (PN 400) und hohe Temperaturen (etwa 500 °C) geeignet (nur zum einmaligen Gebrauch).

Rundschnurdichtungen (O-Ringe) sind Ringe mit Kreisquerschnitt aus elastischen Werkstoffen oder Metallen, die aufgrund geringer Vorspannung beim Einbau, unterstützt vom Betriebsdruck, abdichten (**Bild 25**, *11* und *13*). Abmessungen s. DIN 3770 ($d_1 = 2…800$ mm; $d_2 = 1,6…10$ mm). Anwendung: Öle, Wasser, Luft, Glykogemische bei −50 bis +200 °C und mittleren Drücken (zum mehrmaligen Gebrauch geeignet).

Hochdruckdichtungen. a) DN klein (Rohre): (s. **Anh. K 2 Tab. 1**) Kammprofildichtung, Ring-Joint-Dichtung (häufiges Öffnen), Linsendichtung; b) DN groß (Apparateflansche): (s. **Bild 25**) Delta-Ring *14*, Spaltdichtung *17* oder nach **Bild 27 a** Doppelkonusdichtung selbsttätig mit 0,3 bis 1 mm Aluminiumfolie als Zwischenlage und Uhde-Bredtschneider-Dichtung (**Bild 27 b**), druckunterstützt, benötigt keine Schrauben und teuren Flansche.

2.10.2 Berührungsdichtungen an gleitenden Flächen
Dynamic contact seals

Stopfbuchsendichtungen (Packungen)

Packungen sind Dichtelemente, die gegeneinander bewegte Zylinderflächen gegen Flüssigkeiten und Gase abdichten. Die Stopfbuchsendichtung (**Bild 28**) besteht aus dem feststehenden Teil *1* des Gehäuses mit Stopfbuchsraum, dem Dichtmaterial *2* (Packung), der mit dem Gehäuse verschraubten Brille *3* (Flansch oder Gewinde; nachspannbar), der Zwischenlaterne *4* (gegebenenfalls für Schmierölverteilung) sowie der rotierend oder axial beweglichen Welle oder Spindel *5*. Packungen sind verwendbar für relativ geringe Gleitgeschwindigkeiten (bis etwa 0,3 m/s), hohe Temperaturen (bis etwa 520 °C), hohe Drücke (bis etwa 300 bar) und Wellendurchmesser 10 bis 200 mm; Außendurchmesser der Packung 18 bis 245 mm (bis 800 mm für Dehnungskompensatoren in Gasleitungen). Dichtungsprinzip: Verschraubung in axialer Richtung bewirkt Querverformung und Anpressen an die zylindrischen Dichtflächen. Breite von Weichstoffpackungen = $\sqrt{d}$ für kleine und = $2\sqrt{d}$ für große Spindeldurchmesser d.

Lamellenpackungsringe (**Bild 29**): Aus gewellten, schichtweise in Asbest bzw. Baumwolle eingebetteten Metalleinlagen wie Weichblei, Kupfer, Nickel oder Chromstahl. Die Ringe sind schräg geschlitzt, sie lassen sich so aufbiegen und um die Welle legen. Bei mehreren Ringen Fugen versetzen. Bei Gasen Dichtung mittels Schmieröl verbessern und damit Reibung verringern.

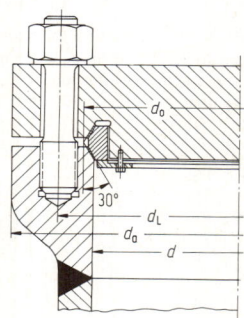

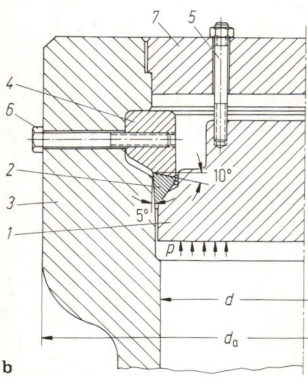

Bild 27. a Doppelkonusdichtung; **b** Uhde-Bredtschneider-Dichtung. *1* Deckel, *2* Keildichtring, *3* Behälterkopf, *4* geteilter Ring, *5* Vorspannschrauben, *6* Halteschrauben, *7* Haltering

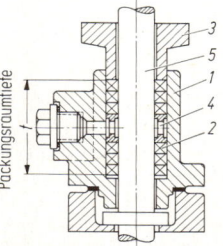

Bild 28. Stopfbuchsendichtung (Goetze)

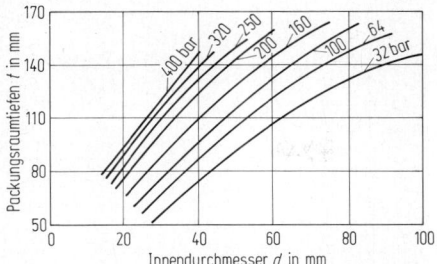

Bild 29. Packungsraumtiefen für Lamellenpackungsringe (Goetze)

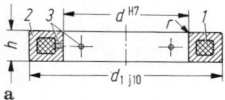

a

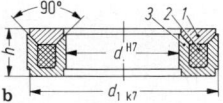

b

Bild 30. Packungsringe (Goetze). **a** Hohlring, *1* Blei oder Kupfer, *2* Graphit-Schmierstoff, *3* Radialbohrungen; **b** Keilmanschettenring, *1* Keilring, *2* Weichstoffeinlage, *3* Manschettenring

Blei- oder Kupfer-*Hohlring* (**Bild 30a**): Ungeteilt oder zweigeteilt. Blei- oder Kupfermantel mit Graphitschmierstoff gefüllt, der selbstschmierend durch kleine Radialbohrungen austritt; geschliffene Gleitflächen erforderlich, Anwendung z.B. in hydraulischen Preßpumpen.

Folien-Packungsringe: Baumwollkern, mit Al-Folie umwickelt.

Keilmanschetten-Packungsringe (**Bild 30b**): Axiale Spannkraft wird aufgrund der Keilform auf die Lauffläche übertragen. Einwandfreie Fremdschmierung erforderlich. Geeignet für sehr hohe Drücke (über 400 bar) bei Autoklaven, Preß- und Höchstdruckpumpen.

Gleitringdichtungen

Axiale und radiale Gleitringdichtungen haben Stopfbuchspackungen bei rotierenden Wellen zunehmend verdrängt. **Bild 31** zeigt den prinzipiellen Aufbau einer Axial-Gleitringdichtung. Beherrschbar 5 bis 500 mm Wellendurchmesser, 10^{-5} m bar bis 450 bar Druck, über 100 m/s Umfangsgeschwindigkeit, -200 bis $+450\,°\text{C}$ Temperatur. Gestaltungsvarianten, Leckverluste, Gleitringverschluß, Reibungsverluste, Betriebssicherheit, s. [15, 16].

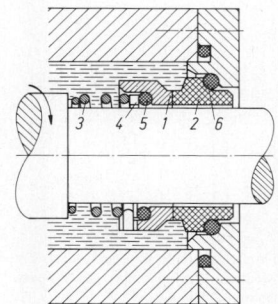

Bild 31. Axial-Gleitringdichtung (Burgmann). *1* rotierender Gleitring, *2* stationärer Gegenring, *3* Druckfeder, *4* Unterlegring, *5* Dichtring, *6* Lagerring

3 Bauarten von Wärmeübertragern
Types of heat exchangers

3.1 Rohrbündelapparate. Tube bundle exchangers

Wegen der vielseitigen Verwendbarkeit für gasförmige und flüssige Stoffe in weiten Temperatur- und Druckbereichen in vielen Industriezweigen eingesetzt. **Bild 1** zeigt einen Apparat gemäß *DIN 28183* mit festen Rohrböden, je einem Rohr- und Mantelweg, Mantelkompensator und gewölbten Böden aus Behälterhauben. Bei gleichen Werkstoffen für Rohre und Mantel und nicht zu großen Temperaturunterschieden können hier, wegen der Stützwirkung der Rohre, dünne Rohrböden eingesetzt werden. Mechanische Reinigung des Rohrraums (Rohrrinnen- und Haubenraum) gut möglich.

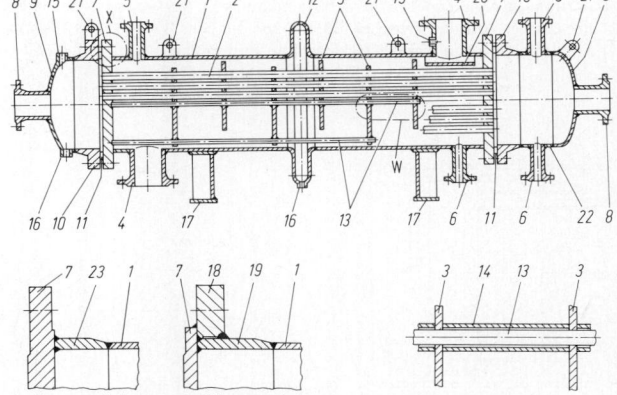

Bild 1. Rohrbündel-Wärmeübertrager mit zwei festen Rohrplatten [1]. Benennungen nach DIN 28183: *1* Mantel, *2* Rohr, *3* Umlenksegment, Stützplatte, *4* Mantelstutzen, *5* Entlüftungsstutzen, *6* Entleerungsstutzen, *7* Rohrboden, Rohrplatte, *8* Haubenstutzen, *9* Haubenboden, *10* Haubenflansch, *11* Dichtung, *12* Kompensator, *13* Haltespange, *14* Abstandhalter, *15* Entlüftungsmuffe, *16* Entleerungsmuffe, *17* Sattel, *18* Mantelflansch, *19* Flanschzarge, *20* Prallplatte, *21* Tragöse, *22* Haubenmantel, *23* Mantelzarge

Ausführungsbeispiel bei unlegiertem Stahl
Einzelheit X

Ausführungsbeispiel bei nichtrostendem Stahl

Einzelheit W

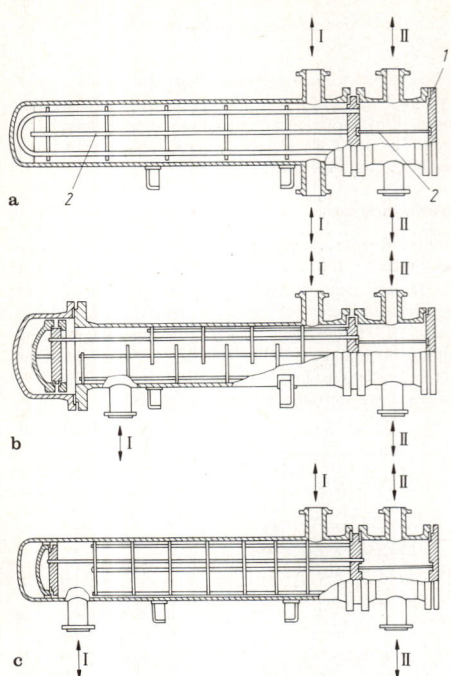

a

b

c

Bild 2a–c. Einige Bauformen von Rohrbündelapparaten (nach Dupont). I mantelraumseitiges Medium, II rohrraumseitiges Medium. *1* ebener Boden (Behälterabschluß), *2* Trennwand

Apparate mit Haarnadelrohren (U-Rohrapparat **Bild 2a**) erfordern dickere Rohrplatten. Ausführung mit zwei Rohrwegen und als Gegenströmer mit zwei Mantelwegen (Trennwände gut abdichten!) und ebenem Boden als Behälterabschluß. Beim Schwimmkopfapparat (**Bild 2b**) können gegenüber dem Festrohrapparat größere Temperaturdifferenzen zwischen den Rohren und dem Mantel aufgenommen werden. Gute Reinigungsmöglichkeiten von Mantel- und Rohrraum. Ausführung mit vier Rohrwegen und einem Mantelweg. Innenhaube mit geteiltem Gegenflansch gedichtet. Der Pull-through-Apparat (**Bild 2c**) läßt gegenüber einem Apparat nach **Bild 2b** einen Ausbau des Rohrbündels ohne Zerlegen des Schwimmkopfes zu. *Nachteile:* Großer Abstand zwischen Bündel und Mantel, Bypass-Ströme, Einbau von Gleitschienen als Verdrängungs-

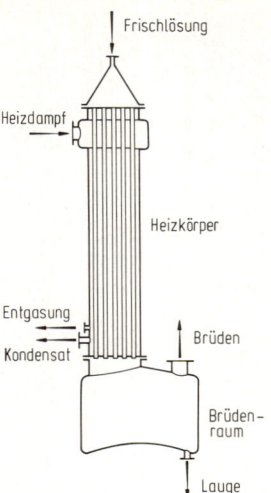

Bild 4. Fallfilmverdampfer nach Wiegand

körper (**Bild 3**). *Wichtige Normen: DIN 28008* Toleranzen, *DIN 28080* Sättel, *DIN 28180* Stahlrohre für Wärmeübertrager, *DIN 28182* Rohrteilungen und Rohrverbindungen, *DIN 28191* Geflanschter Schwimmkopf.
Rohrbündelapparate finden auch Anwendung bei Phasenänderungen: Eindampfer, Zwangs- und Naturumlaufverdampfer, Kondensatoren (s. K4), Abhitzekessel mit Dampferzeugung. Einen Fallfilmverdampfer zur schonerden Eindampfung zeigt **Bild 4**. Durch eine geeignete Vorrichtung am Eintritt der Frischlösung wird auf der Innenseite der Rohre ein dünner Flüssigkeitsfilm erzeugt, der der Schwerkraft folgt und zusammen mit den erzeugten Brüden nach unten strömt. Dabei wird bei geeigneter Auslegung eine vorgegebene Eindickung der Lösung bei einmaligem Durchlauf durch den Wärmeübertrager erreicht.
In **Bild 5** werden die Wände des Wärmeübertragers durch eingebaute Rohrschlangen (Dampferzeugung) vor unzulässig hohen Temperaturen geschützt. Die Abkühlung der Gase erfolgt in dem eingebauten Festrohrapparat durch Wärmeübertragung an ein anderes Prozeßgas.
Wegen der hohen Wärmespannungen dickwandiger Rohrböden bei großen Temperaturdifferenzen sind Sonderkonstruktionen erforderlich [2]. Einen ankergestützten und gekühlten Boden zeigt **Bild 6**. Durch geeignete Strömungs-

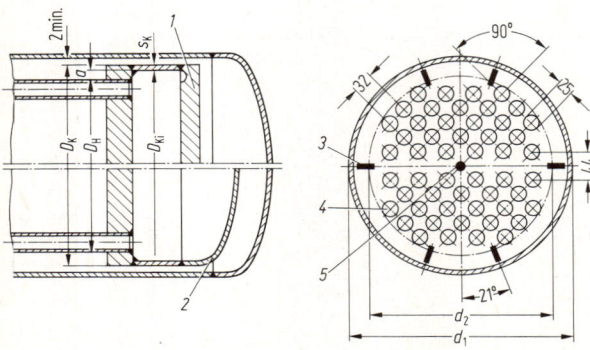

Bild 3. Geschweißter Schwimmkopf [1] nach DIN 28190. Ausführung: zwei Rohrwege (Gänge), Nenndurchmesser 350 mm, Hüllkreisdurchmesser 288 mm. *1* Ausführung mit ebener Platte, *2* Ausführung mit gewölbtem Boden, *3* Gleitschiene Fl 30×10, *4* Innenrohr, *5* Haltestange Durchmesser 12 mm

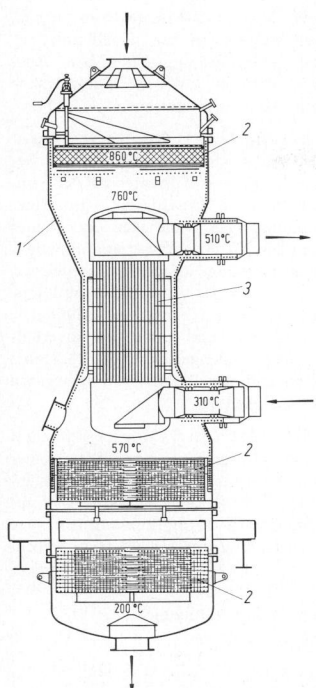

Bild 5. Wärmeübertrager in Salpetersäure-Anlagen mit eingebautem Restgaserhitzer nach Steinmüller. *1* wasserdurchströmte Rohrschlangen als Wandschutz, *2* Wärmeübertragerpakete (Spiralrohre zur Dampferzeugung), *3* Restgaserhitzer

führung werden gleichmäßige Kühlung erreicht und Ablagerungen aus dem Wasser (Temperaturspitzen) vermieden. Bei sehr hohen Temperaturen des Gases (1 000 bis 1 500 °C) müssen zusätzlich Einsteckrohre zum Schutz der Rohre und der Platten vorgesehen werden oder die Rohre einzeln am Gaseintritt wassergekühlt werden [2, 3].

3.2 Sonstige Bauarten. Other types

Hierzu zählen Wärmeübertrager mit berippten Oberflächen [4], die insbesondere bei Gasströmungen (Luftkühler) den Wärmedurchgangswiderstand vermindern. Berippte Oberflächen finden auch Einsatz bei der Verdampfung (niedrige Rippen), wenn auf der heißen Seite hohe Wärmeübergangskoeffizienten, z.B. bei Dampfkondensation auftreten.

Weiter sind Plattenwärmeübertrager [4] zu nennen, die vielseitig in der Strömungsführung der Medien zu variieren und leicht zu reinigen sind (Nahrungsmittelindustrie). Sie bestehen aus einem Paket profilierter Platten, die, durch Weichdichtungen getrennt, mit einer Preßvorrichtung zusammengehalten werden. Bei kleinem Volumen lassen sich große Übertragungsflächen unterbringen.

Eine Sonderform sind Spiralwärmeübertrager, **Bild 7**. Sie werden durch Wickeln von zwei oder vier mit Abstandsbolzen versehenen Platten um einen stabilen Kern, bis zu 2 m Durchmesser, gefertigt. Die Stirnflächen sind durch Kopfplatten mit Weichdichtungen abgedichtet. *Vorteile:* Hohe Strömungsgeschwindigkeiten, hohe Wärmeübertragungskoeffizienten (1 500 bis 2 300 W/(m² K)), kompak-

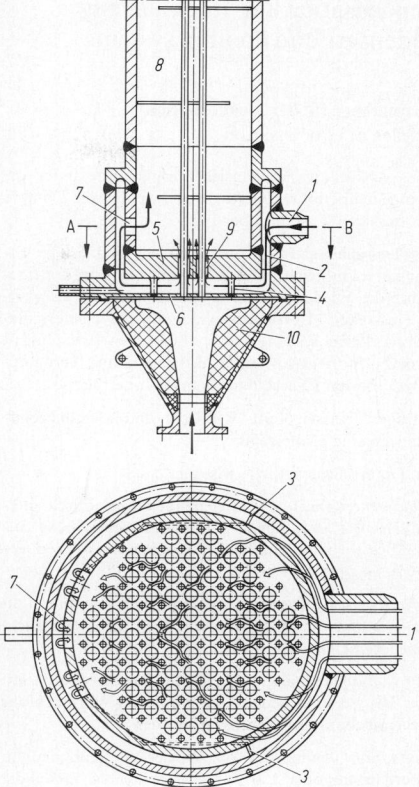

Schnitt A-B (vergrößert)

Bild 6. Abhitzekessel mit wassergekühltem und ankergestütztem Doppelboden nach Borsig. *1* Wasserzulauf, *2* Verteilerspalt, *3* Leitbleche, *4* Anker, *5* gekühlter tragender Boden, *6* gestützter Membranboden, *7* Wassereinläufe, *8* Verdampfungsraum, *9* Rohrspalt, *10* Ausmauerung

te Bauweise (20 bis 70 m²/m³), geringe Verschmutzung, leichte Reinigung. *Nachteile:* Niedrige Drücke und Temperaturen (bis 20 bar und 400 °C).

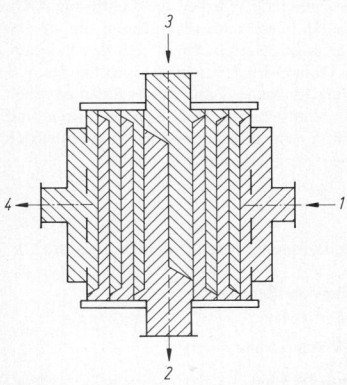

Bild 7. Spiralwärmeübertrager in Gegenstromschaltung nach Kapp. *1, 2* Ein-, Austritt des kalten Mediums, *3, 4* Ein-, Austritt des warmen Mediums

4 Kondensation und Rückkühlung
Condensers and cooling systems

4.1 Grundbegriffe der Kondensation
Principles of condensation

Bei der Abkühlung kondensierbarer Dämpfe unter die Sättigungstemperatur, den Taupunkt, werden die Dämpfe in den flüssigen Zustand überführt.

Anwendungsgebiete. Für Kondensatoren sind es die Erzeugung eines möglichst hohen Vakuums (Dampfkraftmaschinen), die Wiedergewinnung des Kondensats als wertvolle Flüssigkeit (Destillationsanlagen), die Niederschlagung von umweltbelästigenden Abdämpfen (Brüden mit aggressiven Stoffen) sowie die Aufheizung und Verdampfung von Stoffen (Wasserdampf als Wärmeträger).

Kälteträger. Wasser, Luft, Kühlsole und aufzuheizende Substanzen sind Kälteträger.

Arten. Unterschieden wird zwischen

Oberflächenkondensatoren, in denen Dämpfe durch indirekten Kontakt mit einem Kühlmittel über meist aus Rohren bestehenden Kühlflächen kondensiert werden (die Bauweise ist „geschlossen");

Einspritz-(Misch-)Kondensatoren, in denen Dämpfe in direkten Kontakt mit eingespritztem Kühlwasser gebracht und niedergeschlagen werden;

direkte Luftkühlung, also luftgekühlte Kondensatoren mit offener Bauweise, in denen Dämpfe durch Wärmeabfuhr an die Umgebungsluft verflüssigt werden;

indirekte Luftkühlung, bei der Wasser als Kühlmedium in Oberflächen- oder Einspritzkondensatoren verwendet wird, das die Wärme über Kühltürme oder Flußläufe an die Luft überträgt.

Oberflächen- und luftgekühlte Kondensatoren ermöglichen die Gewinnung reiner Kondensate und höhere Vakua als Mischkondensatoren (im Einspritzwasser gelöste Luft!); diese bieten sich besonders zur Niederschlagung von wertlosen Brüden an. Zur Aufheizung und Verdampfung ist die geschlossene Bauweise von Oberflächenkondensatoren notwendig.

Nichtkondensierbare Gase. Sie reichern sich an den Stellen niedrigsten Drucks (niedrigster Temperatur) an und bilden hier eine wachsende Wärmewiderstandsschicht. Da die Dämpfe hier durchdiffundieren müssen, um an die Kühlfläche zu gelangen, verschlechtert sich das Vakuum. Bei konstantem Gesamtdruck verringern sich der Dampfteildruck und das treibende Temperaturgefälle zwischen Dampf- und Kühlmitteltemperatur. Kondensatoren sind daher bei Überdruck zu entlüften und bei Vakuumbetrieb durch Abpumpen von Inertgasen freizuhalten.

4.2 Oberflächenkondensatoren. Surface condensers

4.2.1 Wärmetechnische Berechnung
Thermodynamic design

Abzuführender Wärmestrom

$$\dot{Q} = \dot{m}_D(h_D - h_K) = \dot{m}_W c_W(t_2 - t_1). \tag{1}$$

Kühlfläche des Kondensators

$$A = \dot{m}_D(h_D - h_K)/k\,\Delta t_M. \tag{2}$$

$\dot{m}_D, \dot{m}_W$ Dampf- bzw. Kühlmittel-Massenstrom; h_D, h_K spezifische Enthalpien von Dampf bzw. Kondensat; c_W Wärmekapazität des Kühlmittels; t_1, t_2 Ein- bzw. Austrittstemperatur des Kühlmittels; k Wärmedurchgangskoeffizient; Δt_M mittlere Temperaturdifferenz (s. K 1.2.1).

Wärmedurchgangskoeffizient k (s. D 10.2). Er wird meist von der Wärmeübertragung auf der Kühlmittelseite bestimmt, da die Wärmeübergangskoeffizienten auf der Kondensationsseite – besonders bei Wasserdampf – groß sind. k wächst mit der Kühlmittelgeschwindigkeit und kleiner werdenden Rohrdurchmessern. Für Wasserdampfkondensation mit Kühlwasserströmung auf der Rohrseite zwischen 1,5 und 2,5 m/s ist $k \approx 3000\ldots4000$ W/(m² K) (s. K 1.2.1). Die hiermit aus Gl. (2) berechnete Kühlfläche A wird konstruktiv aufgeteilt und k mit den so erhaltenen geometrischen Daten nachgerechnet [1, 2]. Dabei sind Schmutzschichten und der Einfluß von Inertgasen gesondert zu berücksichtigen [3].

Überhitzter Dampf. Hier bildet sich ein Kondensatfilm auf der Wand, wenn die Wandtemperatur gleich oder kleiner als die Sattdampftemperatur ist; die Wärmeübergangszahlen für Kondensation (s. D 10.4.2) ändern sich hierbei nur unwesentlich. Die Bereiche für Dampfkühlung (trockene Wand) und Kondensatkühlung sind gesondert zu berechnen.

4.2.2 Kondensatoren in Dampfkraftanlagen
Condensers in steam power plants

Ziel ist die Erzeugung eines möglichst großen Druck- und Wärmegefälles für Kraftmaschinen. Wegen des großen spezifischen Volumens der Dämpfe bei Vakuum sind große Eintrittsquerschnitte notwendig, damit die Druckverluste den Gefällegewinn nicht übersteigen; wirtschaftlich erreichbare Enddrücke p_1 sind bei Kolbenmaschinen 0,1 bar, bei Turbinen 0,025 bar (niedrige Kühlwassertemperaturen t_1 vorausgesetzt, die örtlich und jahreszeitlich variieren). In Mitteleuropa gelten für t_1 und p_1: Brunnenwasser 10 bis 15 °C sowie 0,03 bar, Flußwasser 0 bis 25 °C sowie 0,04 bar, Rückkühlwasser 15 bis 30 °C sowie 0,06 bar. Der Druck p_1 ist um 0,005 bis 0,01 bar höher als der zur Kühlwasser-Austrittstemperatur gehörende Sattdampfdruck. Kühlwassermenge $\dot{m}_W \approx 70\,\dot{m}_D$ bei Dampfturbinen, $\dot{m}_W \approx 40\,\dot{m}_D$ bei Kolbenmaschinen. Ist t_D die Sattdampftemperatur am Kühlwasseraustritt, so gilt $t_D - t_2 = 3\ldots5$ K. Kondensatunterkühlung $t_0 - t_K < 3$ K, da andernfalls Inertgas gelöst und dem Kreislauf wieder zugeführt wird. Die Absaugung des Inertgases ist an der kältesten Stelle (niedrigster Gesamtdruck) mit Abschirmung gegen Dampfzutritt (s. K 4.2.4) vorzusehen.

4.2.3 Kondensatoren in der chemischen Industrie
Condensers in the chemical industry

Oberflächenkondensatoren zur Gewinnung wertvollen Kondensats hinter Kolonnen und Reaktoren werden entweder mit Wasser oder mit Luft (s. K 4.4) gekühlt. In stärkerem Maße werden zur Energieeinsparung auch Produkte, die vorgewärmt oder verdampft werden müssen, als Kühlmittel verwendet. Wasser als Kühlmittel fließt auf der Rohrseite (bessere Reinigungsmöglichkeit), kondensierender reiner Stoff auf der Mantelseite von Bündeln (größerer Querschnitt und kleinerer Druckverlust). Letzteres ist besonders bei Vakuumbetrieb zu beachten, der bei temperaturempfindlichen Substanzen angewendet wird.

Wärmeübergangskoeffizienten. Für kondensierende organische Stoffe sind sie niedriger als die von Wasserdampf. Kommt es hierbei auf hohe Werte an, ist die Kondensation an waagerechten Rohrbündeln günstiger als an senkrechten. Dies gilt vor allem bei niedrigen Siedetemperaturen und kurzen Rohrlängen. Der Wärmeübergang wird durch Queranströmung der Bündel verbessert. Auf der Kühlmittelseite ist für guten Wärmeübergang durch hohe Wassergeschwindigkeiten und Vermeidung von Schmutzschichten zu sorgen. Hierfür bieten sich eine sorgfältige Wasservorreinigung und automatisch schaltende Bürsten- oder Kugelreinigungsvorrichtungen an. Bei ungünstigen Wasserverhältnissen ist auch eine Beschichtung der Rohre (glatte Oberflächen) vorteilhaft.

Aufheizung und Verdampfung von Stoffen. Sie erfolgt vielfach in Kondensatoren, wobei Kraftwerksdampf als Wärmeträger benutzt wird. Da hierbei hohe Kondensations-Wärmeübergangskoeffizienten auftreten, werden die Phasenführung und die geometrische Anordnung von der Verdampfungsseite – mit dem meist kleineren Wert – bestimmt. So findet man vielfach senkrechte Bündelanordnungen mit Kondensation auf der Mantelseite in Umlaufverdampfern an Kolonnen, aber auch waagerechte Bündelanordnungen mit Kondensation auf der Rohrseite im „Kettle-Type-Reboiler". Zur genauen Berechnung solcher Verdampferkondensatoren muß abschnittsweise der Verlauf der Wärmeübergangskoeffizienten für Kondensation und Verdampfung bestimmt werden.

Mehrkomponentengemische. Besonders aufwendig wird die Berechnung, wenn diese Gemische kondensieren (Teilkondensatoren, Dephlegmatoren), eventuell unter Beteiligung von Inertgasen, und auf der Kühlmittelseite Mehrkomponentenprodukte vorgewärmt und verdampft werden (Teil-, Flashverdampfer). Hierbei besteht die Gefahr, daß sich zunächst die sich längs des Apparats ändernden Siede- bzw. Tautemperaturen aus Gleichgewichtsberechnungen zu bestimmen und in einem Enthalpie-Temperatur-Diagramm darzustellen. Diese Wärmeübertrager dienen an exotherm arbeitenden Reaktoren zur Aufheizung der Reaktionsstoffe durch das Reaktionsprodukt. Wegen der hohen Temperaturen (Wärmespannungen) und Verschmutzungsgefahren wird der Schwimmkopfapparat (s. K 3) bevorzugt.

4.2.4 Konstruktive Gesichtspunkte. Basic design layout

Niederdruck-Sattdampfkondensatoren

Sie werden überwiegend als liegende Rohrbündelapparate ausgeführt.

Kleine Druckverluste. Bei großem Dampfvolumen befinden sich ein weiter Dampfraum unter dem großen Eintrittsstutzen und keilförmige Dampfgassen im oberen Rohrbündel. **Bild 1.** Hierbei besteht die Gefahr, daß in den Teilbündeln partielle Druckminima entstehen, in denen sich Inertgas sammelt und den Wärmeübergang behindert, wenn das Gas nicht von dort abgesaugt wird. Günstiger wäre es, den Kondensator nach unten zu verengen oder mit nach unten abnehmender Rohrteilung zu versehen [2]. Dies hat sich aus konstruktiven Gründen und wegen der Kosten bisher nicht durchgesetzt.

Entfernung der Inertgase. Sie erfolgt restlos von der kältesten Stelle (Druckminimum) mit minimalem Dampfanteil. Die günstigste Lösung ist nach [4] die Absaugung in den Zentren der Bündelteile durch Rohre von der Länge des Bündels mit vielen Saugöffnungen. Leitbleche schirmen gegen Dampfzutritt ab, tote Ecken sind zu vermeiden.

Vermeiden der Kondensatunterkühlung. Hierzu halten Führungsbleche *2* das Kondensat von den Kühlrohren fern, **Bild 1.** Kondensatableiter bzw. Saugpumpen führen das Kondensat ständig ab.

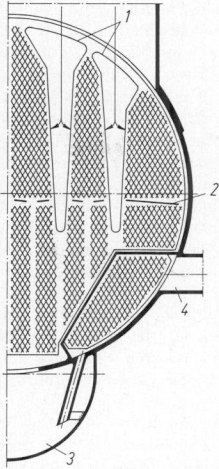

Bild 1. Einflutiger Balcke-Dürr-Kondensator. Durchmesser 2,5 m, Länge 12 m; Rohre: Zahl 4960, Abmessungen 19,05 mm × 0,89 mm, Teilung 26 mm; Dampf 44,2 kg/s, Wasser 2,1 m^3/s, Leistung 97 MW. *1* Dampfschlitze in der Rohrtragwand, *2* Kondensatführungsbleche, *3* Kondensataustritt, *4* Luftsaugstutzen

Konstruktion: Mäntel über 500 mm Durchmesser (Dmr.) aus Stahlblech geschweißt, Länge ≈ 2 × Dmr. Rohrböden 20 bis 30 mm dick aus Stahl oder Messing (bei saurem oder salzhaltigem Wasser). Rohre 15 bis 25 mm Dmr., Rohrteilung = (1,4…1,5) × Außendmr., nach unten enger. Leitbleche auf der Mantelseite sind bei Kondensation nicht notwendig. Zur Vermeidung von Schwingungen sind Stützbleche im Abstand (50…70) × Rohrdmr. vorzusehen. Zur Schwingungsauslegung s. [1, 5]. Wärmedehnungen ist durch Dehnungsausgleicher oder S-förmig vorgebogene Rohre (Wendestellen liegen im Stützblech) Rechnung zu tragen. Bei zweiflutiger Ausführung kann eine Hälfte gereinigt werden, ohne die Anlage stillzusetzen. Am Dampfeintritt ist ein Notauspuffventil vorzusehen.

Kondensatoren in der chemischen Industrie

Dampfgassen normalerweise (höhere Drücke und Druckverluste) nicht notwendig. Länge ≈ (3…4) × Dmr., je nach Druckverlust und Stromführung. Günstig ist Dampfzuführung in der Mitte und Stromteilung durch Trennblech in Bündellängsrichtung (Split-flow) [6]. Rohre (18 bis 25) mm × Dmr., Rohrteilung (1,3 bis 1,5) × Außendmr. nach DIN 28182. Schwimmkopfapparate können in der einfacheren Pull-through-Ausführung (s. [K 3]) mit Dichtstreifen hergestellt werden, da Platz für die Dampfverteilung und Kondensatsammlung erwünscht ist. Falls zwei Rohrwege ausreichend sind, ist auch der U-Rohr-Typ geeignet (keine Reinigungsmöglichkeit der Rohrwege!). Bei Kondensation im Rohr wird das Bündel zum besseren Kondensatabfluß geneigt. Neben Rohrbündeln gibt es auch Schlangenrohr-, Doppelrohr- und Rieselkühler als Kondensatoren.

4.3 Einspritz-(Misch-)Kondensatoren
Injection (direct contact) condensers

Durch Einspritzen feinverteilten Kühlwassers in den Dampf ergeben sich im Vergleich zu den Oberflächenkondensatoren größere Wärmedurchgangszahlen. Diese wur-

K

den von [7] für frei fallende Filme, Strahlen und Tropfen sowie bei Druckzerstäubung gemessen. Im letzten Fall wurden Werte von $k = 100\,000\ \mathrm{W/(m^2\,K)}$ an Tröpfchen mit 0,6 mm Durchmesser und 15 m/s Geschwindigkeit bei einer Wärmestromdichte von $230\,000\ \mathrm{W/m^2}$ festgestellt. Diese Werte reduzieren sich erheblich mit abnehmender Tropfengeschwindigkeit bzw. zunehmender Verweilzeit sowie mit abnehmendem Kondensatordruck und zunehmendem Inertgasgehalt (Reduziergang 50% bei 1% Gasmassengehalt). Da die Phasengrenzfläche pro Volumeneinheit ebenfalls groß wird, sind die Abmessungen von Mischkondensatoren kleiner als die von Oberflächenkondensatoren. Einbauten zur Erhöhung der Kontaktfläche und der Verweilzeit sind relativ billig.

Der spezifische Kühlwasserbedarf $\dot{m}_{\mathrm{W}}/\dot{m}_{\mathrm{D}}$ errechnet sich nach Gl. (1). Da $t_2 = t_{\mathrm{K}}$, ist $\dot{m}_{\mathrm{W}}/\dot{m}_{\mathrm{D}}$ mit 15 bis 30 kg/kg kleiner als bei Oberflächenkondensatoren. Für große Leistungen und niedrige Drücke ist die Gegenstromführung (trockene Absaugung der Inertgase am Kopf) wirtschaftlicher als die Gleichstromführung (nasse Absaugung). Der Kondensat- und Kühlwasserabzug erfolgt meist über eine Flüssigkeitsvorlage oder eine Wasserstrahlpumpe, bei Gleichstromführung auch über einen Strahlkondensator.

Wegen der Vermischung des Kühlwassers mit Kondensat läßt sich dieses günstige Verfahren nur bei wertlosen Brüden anwenden. Eine Ausnahme bildet das Heller-Verfahren [8], bei dem Dampf in einem Einspritzkondensator mit seinem eigenen Kondensat niedergeschlagen wird, das vorher mit Luft in einem Trockenkühlturm heruntergekühlt wurde. Dieses indirekte Luftkühlverfahren (s. K 4.6) wird bei Wasserknappheit angewandt. Der Einspritzkondensator ist nur ein Drittel so groß wie der Oberflächenkondensator gleicher Leistung, dagegen sind die Investitionskosten für die Kondensatkühlung erheblich. Mit dem dreifachen Luftdurchsatz wird das gleiche Vakuum erreicht wie beim nassen Kühlturm [9].

4.4 Luftgekühlte Kondensatoren
Air cooled condensers

Bei Wasserknappheit wird neben der indirekten in zunehmendem Maße die direkte Luftkühlung angewandt, die kleinere Oberflächen benötigt. Gekühlt wird zumeist durch Anblasen der berippten Außenflächen mit Lüftern, seltener durch natürliche Belüftung. Aufgrund gesetzlicher Auflagen nehmen langsamlaufende, geräuscharme Lüfte mit breiten Schaufeln zu. Die Investitionskosten sind höher als für Oberflächenkondensatoren. Vergleicht man jedoch Luftkühlung mit Oberflächenkondensatoren unter Einschluß des Rückkühlwerks, so sind die Investitionskosten etwa gleich groß, die Betriebskosten bei Luftkühlung aber geringer, solange die Produkttemperatur über 60 °C liegt.

Anlagen für Kraftwerke. Sie werden mit einer Leistung bis zu etwa 1 100 t/h Kondensation (400 MW) gebaut. Die Rohrbündel können vertikal, horizontal oder geneigt (A- oder V-förmig) und platzsparend oberhalb von Rohrbrücken oder auf Gebäuden angeordnet werden. Weit verbreitet ist die A-Anordnung (**Bild 2**) mit oberer Dampfzuführung (Gleichstromführung von Dampf und Kondensat). Sinkende Kondensationsleistung der Rohrreihen, die im angewärmten Luftstrom liegen, werden durch engere Rippenteilung ausgeglichen (1 in **Bild 2**). Bei Frost und Vakuumbetrieb besteht Erfriergefahr am unteren Rohrende durch Totzonenbildung (Dampfrückströmung in Rohre mit vollständiger Kondensation, Einschluß und Anreiche-

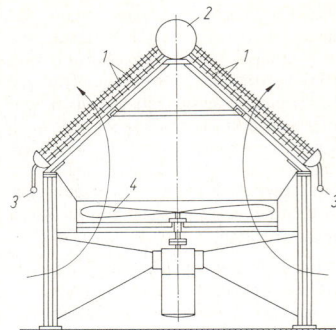

Bild 2. Luftgekühlter Kondensator in A-Anordnung. *1* Rippenrohre mit unterschiedlichem Rippenabstand, *2* Dampfzuführung, *3* Kondensatabzug, *4* Ventilator

rung von Inertgas). Hier bietet sich die untere Dampfzuführung (Gegenstrom) an, die mit einem schlechteren Wärmeübergang verbunden ist, oder eine Kombination beider Schaltungen, die sicherstellt, daß im vorgeschalteten Gleichstromkondensator in allen Rohren Teilkondensation stattfindet und eine Kondensatunterkühlung verhindert wird. Bei variierenden Betriebsbedingungen ist es sicherer, jede Rohrreihe mit getrennten Sammlern zu versehen.

Raffinerien und chemische Fabriken. Auch hier setzen sich luftgekühlte Kondensatoren verstärkt durch. Als Kopfkondensatoren für Destillationskolonnen werden sie heute bis zu 40 GJ/h gebaut.

4.5 Hilfsmaschinen. Auxiliary equipment

Aus Kondensatoren sind das Kondensat und die mit dem Dampf, dem Kühlwasser und durch Undichtigkeiten (Rohrleitungen, Maschinenstopfbuchsen) eindringende Luft mittels Pumpen laufend zu entfernen. Naßluftpumpen werden fast ausschließlich für Mischkondensatoren im Gleichstrom benutzt, da sie fördern gleichzeitig Kondensat und Luft auf Atmosphärendruck. Für größere Anlagen werden Trockenluftpumpen und getrennte Kondensatpumpen verwendet.

4.5.1 Trockenluftpumpen. Air ejectors

Im Mittel kann für die Auslegung mit Luftmengen von etwa 0,1 bis 0,25 Massen-% der maximalen Kondensatmenge für Turbinen bzw. Dampfkolbenmaschinen gerechnet werden, falls keine Erfahrungswerte vorliegen. Der mit der Luft abgesaugte Dampfstrom $\dot{m}_{\mathrm{D}}$ ist auch bei guter Kühlung der Luft auf t_{L} größer als der Luftstrom $\dot{m}_{\mathrm{L}}$.

$t_{\mathrm{D}} - t_{\mathrm{L}}$	K	0	1	2	4	6
$\dot{m}_{\mathrm{D}}/\dot{m}_{\mathrm{L}}$	kg/kg	∞	12…13	5…6	2…3	1,2…1,5

Niedrige Werte für etwa 0,02 bar, hohe Werte für 0,1 bar Gesamtdruck. Kühlung so gestalten, daß $t_{\mathrm{D}} - t_{\mathrm{L}} > 4$ K wird (t_{D} Sattdampftemperatur am Eintritt des Kondensators).

Die gebräuchlichsten Pumpen sind Wasser- und Dampfstrahlpumpen. Daneben finden bei nicht zu niedrigem Druck Wasserring-Luftpumpen Anwendung, die gegebenenfalls auch mit Sperrflüssigkeiten niedrigen Dampfdrucks betrieben werden können. Für hohes Vakuum sind Drehkolbenpumpen mit Ölfüllung geeignet. Vorteile der

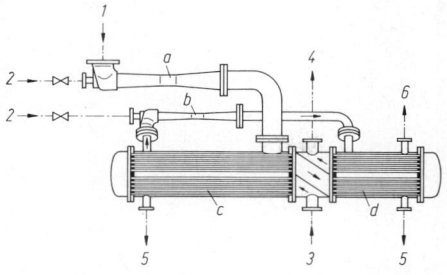

Bild 3. Dampfstrahl-Luftpumpe (Bauart Körting), zweistufig mit Zwischenkondensation. *a,b* Dampfstrahlpumpe 1. bzw. 2. Stufe, *c,d* Oberflächen-Doppelkondensator 1. bzw. 2. Stufe. *1* Sauganschluß, *2* Treibdampf, *3, 4* Kühlwasserein- bzw. -austritt, *5* Kondensatabzug, *6* Luftaustritt

Strahlpumpe gegenüber mechanischen Pumpen sind die möglichen Ausführungen in Sondermaterialien bei korrosiven Medien.

Wasserstrahl-Luftpumpen. Sie werden nur einstufig gebaut. Die Luft wird isotherm verdichtet, da die Kompressionswärme in das Wasser geht. Theoretisches Vakuum (entsprechend der Wassereintrittstemperatur) wird zu 98% erreicht. Der Wirkungsgrad ist wegen des hohen Wasserverbrauchs (20 bis 40 m³ je kg Luft) niedrig, aber größer als bei Dampfstrahlsaugern. Parallelschaltung zur Erreichung großer Leistungen wählen. Strahlwasserdruck über 2 bar. *Vorteile:* Große Saugleistung, d.h. rasche Inbetriebnahme des Kondensators, einfache Bauart, keine bewegten Teile, hohe Betriebssicherheit auch wegen Unempfindlichkeit gegen verunreinigtes Wasser. *Nachteile:* Leistungsverluste in Wasserpumpe, Kondensatverluste.

Dampfstrahl-Luftpumpen. Ein Treibdampfstrahl wird durch Expansion in einer Lavaldüse auf überkritische Geschwindigkeit gebracht. Luft wird durch Unterdruck angesaugt. Maximal einstufiges Verdichtungsverhältnis ist 1:7 entsprechend 0,15 bar Ansaugdruck bei Förderung in die Atmosphäre. Bei niedrigeren Drücken mehrstufig arbeiten, wobei kondensierbare Anteile zur Einsparung von Energie und zur Verkleinerung der folgenden Stufen in Zwischenkondensatoren niedergeschlagen werden. Zur Kühlung kann Turbinenkondensat (Speisewasservorwärmung) benutzt werden. **Bild 3** zeigt eine zweistufige Ausführung. Neben Oberflächenkondensatoren werden auch Mischkondensatoren verwendet. Vielfach ist als letzte Stufe (Druckbereich 0,2 bis 1,0 bar) eine Wasserstrahl-Luftpumpe oder eine Wasserringpumpe wirtschaftlicher. *Vorteile:* Wie bei Wasserstrahl-Luftpumpen. Dazu kommen niedrigere Saugdrücke, Kondensatrückgewinn. *Nachteile:* Zusätzlicher Kondensator notwendig, niedrigerer Wirkungsgrad.

4.5.2 Kühlwasser- und Kondensatpumpen
Condensate and circulating water pumps

Kühlwasserpumpen. Es sind meist Radialpumpen für größere Fördermengen (bis 15000 m³/h) bei geringen Förderdrücken (0,8 bis 2 bar). Doppelter Antrieb durch Dampfturbine und Elektromotor bei Kraftwerken aus Sicherheitsgründen. Aufteilung auf mehrere parallele Pumpensätze üblich; durch Zu- und Abschalten Anpassung an Leistung ohne Drehzahlregelung.

Kondensatpumpen. Sie werden ebenfalls als Kreiselpumpen ausgeführt (s. R 3.4). Überdimensionierung für den Fall der Undichtigkeit von Kühlwasserrohren. Positive Zulauf-

höhe notwendig. Zumeist mehrstufige Ausführung. Anordnung häufig mit der Kühlwasserpumpe auf einer Welle. Leistungsbedarf der Kondensationsanlage 0,4 bis 0,5% der Normalleistung der Kraftmaschine.

4.6 Indirekte Luftkühlung und Rückkühlanlagen
Indirect air cooling and cooling towers

Die indirekte Wärmeabfuhr an die Luft über ein Zwischenkühlmittel (fast ausschließlich Wasser) ist notwendig, wenn kein Frischwasser zur Verfügung steht oder Flußeinleitungstemperaturen vorgeschrieben sind. Hinsichtlich des Wasserstroms gibt es trockene und nasse Kühltürme. Bei trockenen Kühlern wird die Wärme durch Konvektion über Kühlflächen (Rippenrohrbündel) übertragen, mit höherem Wärmeübergangswiderstand und kleinerem Enthalpiegefälle als beim nassen Verfahren. Im letzteren Fall wird die Wärme überwiegend durch Verdunstung des Wasser übertragen. Etwa 1 bis 2% des zu kühlenden Stroms gehen verloren und müssen ersetzt werden.
Das umweltfreundliche trockene Verfahren erfordert eine größere Ventilationsleistung und höhere Investitionskosten. Es wird verstärkt benutzt, wenn die Nachteile des nassen Verfahrens – Nebelschwaden, Sprühregen, Eisbildung, Zusatzwasser, Verkrustungen, Korrosion – stören und geschlossene Kreisläufe unabdingbar sind, z.B. bei Kernkraftwerken oder beim Heller-Verfahren mit Mischkondensatoren (s. K 4.3). Die geplante Kombination beider Verfahren [10, 11] gestattet es, im Winter vorzugsweise auf Trockenbetrieb (Kennlinie abhängig von der Lufttemperatur) und im Sommer auf teilweise Naßbetrieb (Kennlinie abhängig von Feuchtthermometer-Temperatur) überzugehen.

4.6.1 Bauarten. Types

Offene Kühlteiche (0,5 m³/h zu kühlendes Wasser pro m² Grundfläche bei 10 K Kühlzonenbreite) oder Gradierwerke mit 1 bis 2 m³/(h m²) sind inzwischen selten. Für große Leistungen wählt man heute überwiegend geschlossene Kühltürme aus Beton (5 bis 10 m³/(h m²)) für kleine Einheiten Kleinkühler aus Kunststoff (bis 4000 m³/h) und für mittlere Leistungen Zellenkühltürme aus Stahlbetonfertigteilen.

Arten der Kühltürme. Es gibt zwangs- und natürlich belüftete Türme. Naturzugkühltürme sind für große Wärmeleistungen im Grundlastbetrieb wirtschaftlicher als Ventilatorkühltürme trotz höherer Investitionskosten. Abmessungen ca. 110 m Durchmesser und 150 m Höhe bei 14 cm Betonwanddicke (Leistung 1000 bis 1200 MW als Naßkühlturm). Größere Abmessungen, wie sie für Trockenkühltürme gleicher Leistung notwendig wären (200 bis 300 m Durchmesser und Höhe), lassen sich kostengünstig mit der Seilnetzkonstruktion (**Bild 4**) verwirklichen. Die Paraboloidform mit Einschnürung soll Kaltlufteinbrüche von oben verhindern [12, 13].

Ventilatorkühltürme. Sie sind für große Leistungen (bis 100000 t/h) nur für Spitzenlastbetrieb, z.B. als Ablaufkühlturm (Kühlung des ablaufenden Flußwassers im Sommer), wirtschaftlich. Normale Anwendung für kleine bis mittlere Maschinenleistungen. Durchmesser der Rundkühltürme bis 70 m, der saugenden Ventilatoren bis 26 m; Antriebsleistung 0,55 kW/m² beregnete Grundfläche. Drückende Ventilatoren für Schalldämmung (Kulissenschalldämpfer am Lufteintritt); Durchmesser 7 bis 8 m, Turmhöhe kleiner als 50 m, Schale leichter herstellbar, Baukosten 10 bis 15% niedriger, Leistungsbedarf 10 bis 15% höher als mit saugendem Ventilator.

K

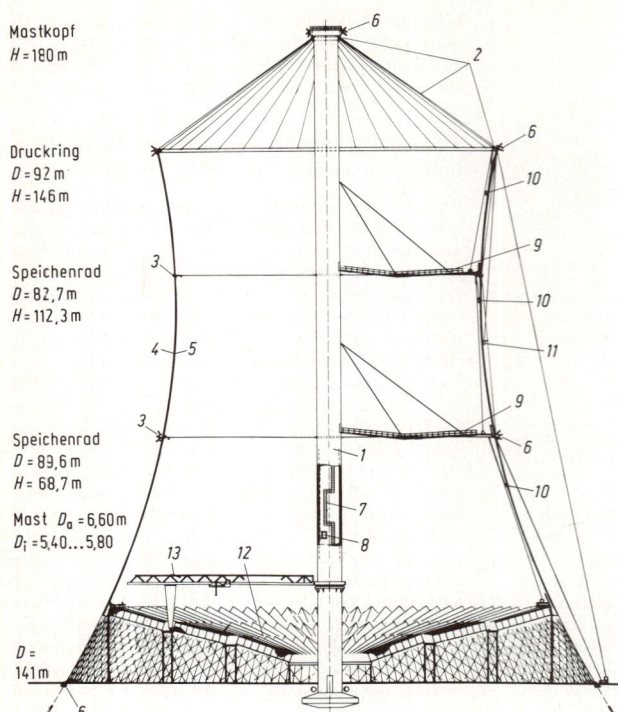

Mastkopf
H = 180 m

Druckring
D = 92 m
H = 146 m

Speichenrad
D = 82,7 m
H = 112,3 m

Speichenrad
D = 89,6 m
H = 68,7 m

Mast D_a = 6,60 m
D_i = 5,40...5,80

D = 141 m

Bild 4. Seilnetz-Trockenkühlturm Schmehausen [12]. *1* Mast, *2, 3* Speichenräder, *4, 5* Netzschale bzw. -verkleidung, *6* Flugbefeuerung, *7* Steigleiter, *8* Aufzug, *9* Laufstege, *10, 11* Innen- und Außenbefahranlagen, *12* Wärmeübertrager A-Form, *13* Kran

Nasse Kühltürme. Das zu kühlende Wasser wird auf Verteilereinrichtungen im unteren Drittel des Turms gepumpt und fließt dann, durch Düsen zerstäubt oder von Überlaufrinnen auf Einbauten verteilt, in dünne Schichten aufgelöst dem Luftstrom entgegen; Fallhöhe des Wassers 6 bis 8 m. Die Luft tritt unten seitlich ein. Ausführungen im Gegenstrom über Tropflatten in Deutschland und Querstromführung in den USA verbreitet.

4.6.2 Berechnung. Design calculations

Der Wärmeübergang in Trockenkühltürmen läßt sich wie in Rippenrohrkühlern berechnen. In Naturzugtürmen ist der Luftdurchsatz aus dem Gleichgewicht zwischen Auftrieb und Druckverlust zu bestimmen [1]. Für den nassen Kühlturm gilt näherungsweise die von Merkel [14] aufgestellte Hauptgleichung:

Wärmestrom. Der von der Luft dem Wasser durch Wärmeübergang und Verdunstung entzogene Wärmestrom

$$d\dot{Q} = \dot{m}_W c_W dt_W = \beta_x (h_L'' - h_L) dA \qquad (3)$$

ist proportional der Phasengrenzfläche dA zwischen Wasser und Luft und der Differenz der Enthalpie h_L'' gesättigter Luft bei der Wassertemperatur t_W und der Enthalpie h_L der Luft, β_x ist der Stoffübergangskoeffizient (Massenstrom pro Flächeneinheit).

Lewis-Zahl. Ist α der Wärmeübergangskoeffizient und c_{Lm} die mittlere Wärmekapazität der feuchten Luft, so gilt

$$Le = \alpha/(\beta_x c_{Lm}). \qquad (4)$$

Für verdunstendes Wasser ist $Le \approx 1$.

Merkel-Zahl. Aus Gl. (3) folgt unter Vernachlässigung der Wassermengenänderung

$$Me = \frac{\beta_x A}{\dot{m}_W} = \int \frac{c_W dt_W}{h_L'' - h_L}. \qquad (5)$$

Sie wird im Mittelwertverfahren für h_L'' und h_L [1] oder graphisch nach Sherwood ermittelt.

Zahl der Übertragungseinheiten. Mit den Massenströmen $\dot{m}_L$ der Luft und $\dot{m}_W$ des Wassers wird

$$NTU = \beta_x A/\dot{m}_L = \dot{m}_W \cdot Me/\dot{m}_L. \qquad (6)$$

Der Wasserverlust setzt sich aus $\beta_x A$ zuzüglich der mitgerissenen Tropfen ($0,3 \cdot \beta_x A$) zusammen und muß durch aufbereitetes Zusatzwasser ersetzt werden. Die Kühlwirkung nimmt mit steigender Wassertemperatur zu. Unterhalb der Kühlgrenztemperatur (Feuchtthermometer-Temperatur), die bei ungesättigter Luft niedriger ist als die Trockenlufttemperatur, kann Wasser nicht abgekühlt werden. Bei den üblichen mittleren Bemessungswerten für die Lufttemperatur 15 °C und 70% rel. Feuchtigkeit beträgt die Kühlgrenztemperatur etwa 12 °C. Übliche Kühlzonenbreite $t_{W2} - t_{W1} = 10$ K. Zur Berechnung und Verfolgung der Zustandsänderungen im Mollier-h, x-Diagramm s. D6.2.2. Werte für $\beta_x A$ bzw. NTU sind der Literatur zu entnehmen oder in Versuchen zu ermitteln [1].

5 Anhang K: Diagramme und Tabellen
Appendix K: Diagrams and tables

Anh. K 2 Tabelle 1. Dichtungskennwerte für Gase und Dämpfe nach DIN 2505 [4]

Dichtungsart	Dichtungsform	Benennung	Werkstoff	Dichtungskennwerte		
				Vorverformen		Betriebszustand
				k_0 mm	$k_0 \cdot K_D$ N/mm	k_1 mm
Weichstoff-Dichtungen		Flachdichtungen nach	Gummi	–	$2\,b_D$	$0{,}5\,b_D$
			PTFE	–	$25\,b_D$	$1{,}1\,b_D$
		DIN 2690 bis DIN 2692	It	–	$b_D\dfrac{200}{\sqrt{b_D\,h_D}}$	$b_D\left(0{,}5+\dfrac{5}{\sqrt{b_D\,h_D}}\right)$
Metall-Weichstoff-Dichtungen		Spiral-Asbest-dichtung	Asbest/Stahl	–	$50\,b_D$	$1{,}3\,b_D$
		Welldichtring nach DIN 2698	Al	–	$30\,b_D$	$0{,}6\,b_D$
			Cu, Ms	–	$35\,b_D$	$0{,}7\,b_D$
			weicher Stahl	–	$45\,b_D$	$1\,b_D$
		Blechummantelte Dichtung	Al	–	$50\,b_D$	$1{,}4\,b_D$
			Cu, Ms	–	$60\,b_D$	$1{,}6\,b_D$
			weicher Stahl	–	$70\,b_D$	$1{,}8\,b_D$
Metall-Dichtungen		Metall-Flachdichtung	–	$1 \cdot b_D$	–	b_D+5
		Metall-Spießkantdichtung	–	1	–	5
		Metall-Ovalprofildichtung	–	2	–	6
		Metall-Runddichtung	–	$1{,}5$	–	6
		Ring-Joint-Dichtung	–	2	–	6
		Linsendichtung nach DIN 2696	–	2	–	6
		Kammprofil-dichtung nach DIN 2697	–	$0{,}5\sqrt{Z}$	–	$9+0{,}2\cdot Z$

Z = Anzahl d. Kämme

Anh. K 2 Tabelle 2. Richtwert für Geschwindigkeiten in m/s [6]

Heißdampf ($v=0{,}025\,\mathrm{m^3/kg}$)	35 … 45
Heißdampf ($v=0{,}2\,\mathrm{m^3/kg}$)	50 … 60
Sattdampf, auch Leitungen in Kolbenmaschinen	15 … 25
Gas (Fernleitungen)	5 … **10** … 20
Gas (Hausleitungen)	1
Luft (Normzustand)	10 … 40
Preßluft	2 … 10
Öl (Fernleitungen)[a]	1 … 2
Brennstoffleitungen in Verbrennungs-kraftmaschinen	etwa 20
Schmierölleitungen[a] in Verbrennungs-kraftmaschinen	0,5 … 1
Wasser, Saugleitung von Pumpen[b]	0,5 … **1** … 2
Druckleitung von Pumpen	1,5 … **2** … 4
Hausleitungen	1,5 … 2,5
Fernleitungen	1,5 … 3,5
für Wasserturbinen	2 … **4** … 8

[a] Viskosität beachten!
[b] Kavitationsgefahr!

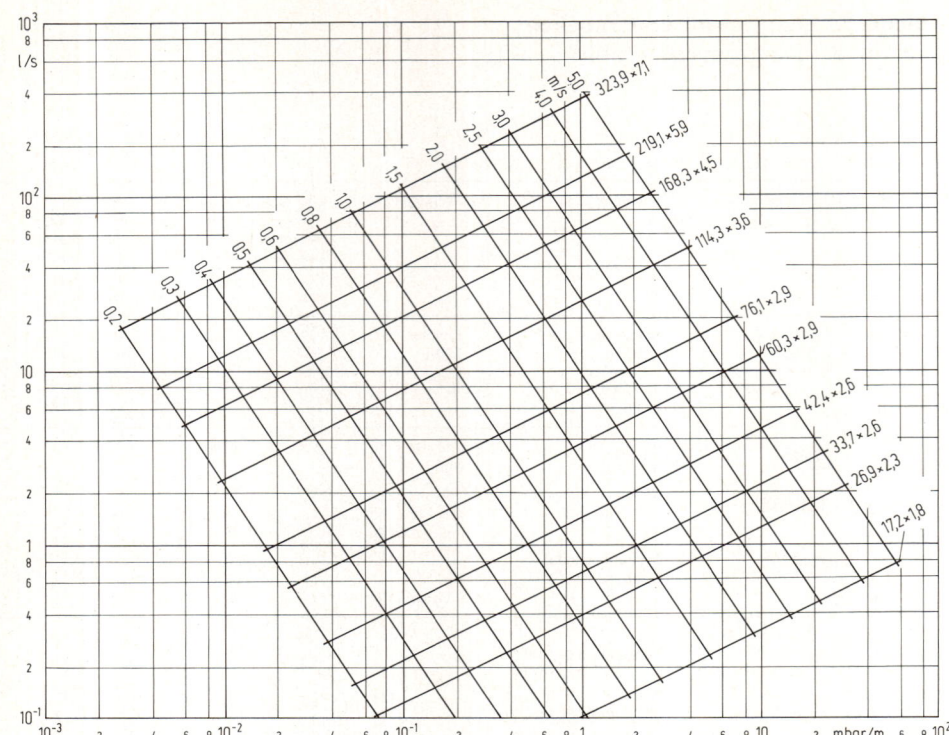

Anh. K 2 Bild 1. Druckverluste in Stahlrohren DIN 2448 für Kaltwasser (+10 °C)

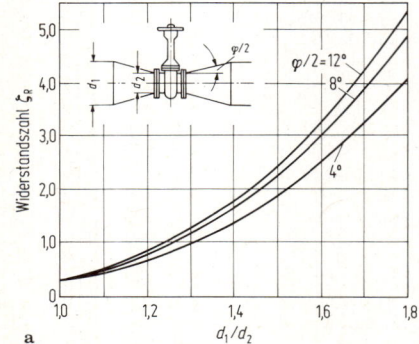

	Nennweite in mm									
	25	32	40	50	65	80	100	125	150	200
Durchgangs-ventile										
Freifluß	1,5	1,4	1,3	1,0	1,0	1,0	1,3	1,3	1,3	1,6
Bauart Boa	2,1	2,2	2,3	2,3	2,4	2,5	2,4	2,3	2,1	2,0
DIN	4,0	4,2	4,4	4,5	4,7	4,8	4,8	4,5	4,1	3,6
Eckventile										
Bauart Boa	1,6	1,6	1,7	1,9	2,0	2,0	1,9	1,7	1,5	1,3
DIN	2,8	3,0	3,3	3,5	3,7	3,9	3,8	3,3	2,7	2,0
Rückschlag-klappen	1,9	1,6	1,5	1,4	1,4	1,3	1,2	1,0	0,9	0,8

Anh. K 2 Bild 2. Widerstandszahl ζ_R. **a** von Absperrschiebern mit Reduzierstücken; **b** von Ventilen und Klappen nach [12]

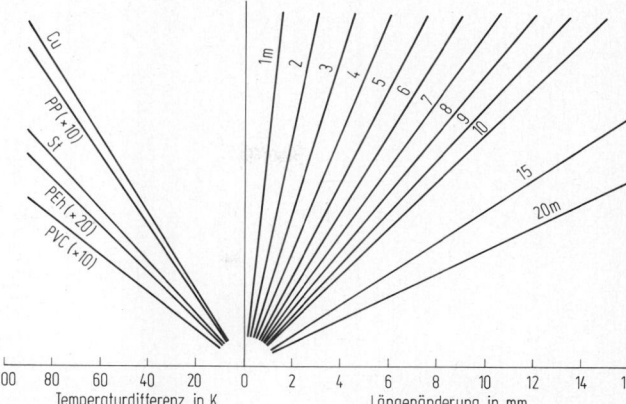

Anh. K 2 Bild 3. Längenänderung verschiedener Werkstoffe in Abhängigkeit von der Temperatur

Temperaturdifferenz in K

Längenänderung in mm

6 Spezielle Literatur
Special bibliography

zu K 1 Grundlagen

[1] *VDI-Wärmeatlas*, 5. Aufl. Düsseldorf: VDI-Verlag 1988. – [2] *Ahmad, S.; Linnhoff, B., Smith, R.:* Design of multipass heat exchangers: an alternative approach. Trans. ASME/J. Heat Transfers 110 (1988) 304–309. – [3] *Rummel, K.:* Die Berechnung der Wärmespeicher auf Grund der Wärmedurchgangszahl. Stahl und Eisen 48 (1928) 1712–1725. – [4] *Hausen, H.:* Wärmeübertragung im Gegenstrom, Gleichstrom und Kreuzstrom, 2. Aufl. Berlin: Springer 1976. – [5] *Grassmann, P.:* Physikalische Grundlagen der Verfahrenstechnik, 3. Aufl. Frankfurt: Salle 1982. – [6] *Martin, H.:* Wärmeübertrager. Stuttgart: Thieme 1988. – [7] *Glaser, H.:* Der thermodynamische Wert und die verfahrenstechnische Wirkung von Wärmeaustauschverlusten, Chem. Ing. Techn. 24 (1952) 135–141. – [8] *Gregorig, R.:* Wärmeaustausch und Wärmeaustauscher, 2. Aufl. Aarau: Sauerländer 1973.

zu K 2 Konstruktionselemente von Apparaten und Rohrleitungen

[1] *AD-Merkblätter:* Richtlinien für Werkstoff, Herstellung, Berechnung und Ausrüstung von Druckbehältern. Loseblatt-Sammlung. Köln: Heymann. – [2] *Klapp, E.:* Festigkeit im Apparate- und Anlagenbau. Düsseldorf: Werner 1970. – [3] *Titze, H.:* Elemente des Apparatebaues, 2. Aufl. Berlin: Springer 1967. – [4] *Schwaigerer, S.:* Festigkeitsberechnung im Dampfkessel-, Behälter- und Rohrleitungsbau, 4. Aufl. Berlin: Springer 1983. – [5] *Tochtermann, W.; Bodenstein, F.:* Konstruktionselemente des Maschinenbaues, Teil 1, 9. Aufl. Berlin: Springer 1979. – [6] *Richter, H.:* Rohrhydraulik, 4. Aufl. Berlin: Springer 1971. – [7] *Zoebl, H.; Kruschik, J.:* Strömung durch Rohre und Ventile. Wien: Springer 1978. – [8] *Graßmuck, J.; Houben, K.-W.; Zollinger, R.M.:* DIN-Normen in der Verfahrenstechnik. Stuttgart: Teubner 1989. – [9] *Richarts, F.:* Berechnung von Festpunktbelastungen bei Fernwärmeleitungen. Heiz., Lüft., Haustech. 6 (1955) 220. – [10] *Merkblatt 333:* Halterungen und Dehnungsausgleicher für Rohrleitungen. Düsseldorf: Beratungsstelle für Stahlverwertung. – [11] *Wagner, W.:* Rohrleitungstechnik, 2. Aufl. Würzburg: Vogel 1983. – [12] *Armaturen-Handbuch* der Fa. KSB, Frankenthal. – [13] *Früh, K.F.:* Berechnung des Durchflusses in Regelventilen mit Hilfe des k_v-Koeffizienten. Regelungstechnik 5 (1957) 307. – [14] *Ullmanns Encyklopädie der techn. Chemie*, Bd. 4, 4. Aufl. Weinheim: Verlag Chemie 1974 S. 258–267. – [15] *Trutnovsky, K.:* Berührungsdichtungen, 2. Aufl. Berlin: Springer 1975. – [16] *Mayer, E.:* Axiale Gleitringdichtungen, 7. Aufl. Düsseldorf: VDI-Verlag 1982.

zu K 3 Bauarten von Wärmeübertragern

[1] *Graßmuck, J.; Houben, K.-W.; Zollinger, R.M.:* DIN-Normen in der Verfahrenstechnik. Stuttgart: Teubner 1989. – [2] *Klapp, E.:* Apparate- und Anlagentechnik. Berlin: Springer 1980. – [3] *Becker, J.:* Ausführungsbeispiele für Wärmeaustauscher in Chemieanlagen. Verfahrenstechnik 3 (1969) 335–340. – [4] *Shah, R.K.:* Classification of heat exchangers. In: Heat Exchangers, Advanced Study Institute book. Washington: Hemisphere 1981, p. 9–46.

zu K 4 Kondensation und Rückkühlung

[1] *VDI-Wärmeatlas:* Berechnungsblätter für den Wärmeübergang, 5. Aufl. Düsseldorf: VDI-Verlag 1988. – [2] *Dornieden, M.:* Zur Berechnung ein- und mehrgängiger Rohrbündel-Kondensatoren. Chem. Ing. Techn. 44 (1972) 618–622. – [3] *Schrader, H.:* Einfluß von Inertgasen auf den Wärmeübergang bei der Kondensation von Dämpfen. Chem. Ing. Techn. 38 (1966) 1091–1094. – [4] *Grant, I.D.R.:* Condenser performance – the effect of different arrangements for venting noncondensing gases. Brit. Chem. Eng. 14 (1969) 1709–1711. – [5] *Chen, S.S.:* Flow induced vibration of circular cylindrical structures. Washington: Hemisphere 1987. – [6] *TEMA-Standards* of Tubular Exchanger Manufactures Association, 6th ed. New York 1978. – [7] *Kopp, J.H.:* Über den Wärme- und Stoffaustausch bei Mischkondensation. Diss. ETH Zürich: Juris-Verlag 1965. – [8] *Forgo, L.:* Probleme der Mischkondensatorkonstruktion bei Luftkondensationsanlagen System Heller. Energietechn. 17 (1967) 302–305. – [9] *Schröder, K.:* Das neue Dampfkraftwerk. Brennst.-Wärme-Kraft 15 (1963) 140–142. – [10] *Berliner, P.:* Kühltürme. Berlin: Springer 1975. – [11] *Vodicka, V.; Henning, H.:* Überlegungen zur optimalen Gestaltung eines Naß-/Trockenkühlturms unter dem Gesichtspunkt der Minimierung des sichtbaren Schwadens. Brennst.-Wärme-Kraft 28 (1976) 387–392. – [12] *Schlaich, J.; Mayr, G.; Weber, P.; Jasch, E.:* Der Seilnetzkühlturm Schmehausen. Bauing. 51 (1976) 401–412. – [13] Über den Windeinfluß bei natürlich belüfteten Kühltürmen. Balcke-Dürr: Die aktuelle Information Nr. 10-5/1976. – [14] *Merkel, F.:* Verdunstungskühlung. VDI-Forschungsh. Nr. 275. Düsseldorf: VDI-Verlag 1925.

L | Energietechnik
Energy systems

A. Mareske, Berlin

Allgemeine Literatur
Zu L1 bis L8
Bücher: *Bischoff, G.; Gocht, W.:* Das Energiehandbuch. 4. Aufl. Braunschweig: Vieweg 1981. – *Bischoff, G.; Gocht, W.:* Energietaschenbuch. 2. Aufl. Braunschweig: Vieweg 1984. – Jahrbuch der Dampferzeugertechnik, 5. Aufl., Bd. 1 u. 2, Essen: Vulkan 1985/86. – *Kremers, W.; Thiele, J.; Wahl, F.:* Neue Wege der Energieversorgung. Braunschweig: Vieweg 1982. – *Michaelis, H.:* Handbuch der Kernenergie. München: DTV 1982. – *Münch, E.:* Tatsachen über Kernenergie. ETV Essen 1980. – *VDEW:* Wirtschaftliche Investitionsplanung in der Elektrizitätswirtschaft. VW EW-Vertrag 1964.

Zeitschriften: *Frewer, H.:* Strukturwandel in der Technik fossilbeheizter Kraftwerke in der Bundesrepublik Deutschland. VGB-Kraftwerkstechnik 66 (1986) H. 4. – *Häfele, W.:* Energiesysteme im Übergang unter den Bedingungen der Versorgung und Entsorgung. VGB-Kraftwerkstechnik (1988) H. 11, 1089. – *Pestel, E.:* Klima statt Knappheit. Neue Probleme der Energieversorgung. Energiewirtschaftliche Tagesfragen 38 (1988) H. 11. – *Schaefer, H.:* Erntefaktoren von Kraftwerken. Energiewirtschaftliche Tagesfragen 38 (1988) H. 10. – *Schnier, W.; Johnsen, F.:* Der Bau von Windkraftwerken. VGB-Kraftwerkstechnik (1989) H. 5. – *VDJ:* Energiespeicherung zur Leistungssteuerung. VDJ Ber. 652, 1987. – *Winter, C.-J.:* Wasserstoff aus Sonnenenergie: ein additiver Energieträger. VGB-Kraftwerkstechnik (1989) H. 3.

1 Grundsätze der Energieversorgung
Principles of energy supply

Eine florierende Wirtschaft ist von einer preisgünstigen, vor allem aber kontinuierlichen und sicheren Energieversorgung abhängig. Die Energiewirtschaft umfaßt alle technischen und wirtschaftlichen Maßnahmen der *Primärenergieerschließung und -gewinnung,* deren *Umwandlung, Transport* und *Verteilung* bis hin zur *Energieanwendung* beim Endverbraucher. Der Energiebedarf ist mit der Entwicklung der Bevölkerung verknüpft und beeinflußt ihren sozialen Fortschritt. In den letzten 50 Jahren war das Wachstum des Energieverbrauchs und des Bruttosozialprodukts in etwa gleich groß. Eine Entkopplung wird besonders in den Industrieländern angestrebt. Der Weltenergiebedarf betrug 1987 rd. 9,76 Mrd. t SKE (Steinkohleneinheiten). Bei einer Weltbevölkerung von 5 Mrd. Menschen liegt der derzeitige Energieverbrauch pro Jahr bei 1,96 t SKE/Kopf (exakt 15924 kWh/Kopf) – für die Bundesrepublik Deutschland beträgt dieser Wert 5,92 t SKE/Kopf, für Berlin (West) 3,89 t SKE/Kopf; DDR 7,83 t SKE/Kopf.
Wenn auch die aufgestellte These von der physikalischen Endlichkeit der Primärenergie-Ressourcen durch die Erkenntnis einer ökonomisch determinierten Endlichkeit von Reserven abgelöst worden ist, und auch die Nutzungsmöglichkeit für erneuerbare Energieträger durch die Wirtschaftlichkeit relativiert wurde, so bleibt jedoch für die Zukunft als energiewirtschaftliches Problem die Beeinflussung der Atmosphäre durch entstehendes CO_2 aus der Energieumwandlung, d.h. vorrangig aus den Verbrennungsprozessen. Gegenwärtig wird 87% des Energiebedarfs durch fossile Energieträger gedeckt, die bei einer Verbrennung zu ca. 20 Mrd. t CO_2 führen. CO_2 ist in der Erdatmosphäre nur als Spurengas (1:1 Mio.) vorhanden und wird noch zu 60% in den Ozeanen gelöst. Der Prozeß der Anreicherung der Atmosphäre muß gestoppt werden, um die Abnahme der globalen Pflanzenmenge, zunehmende Sättigung im Oberflächenwasser der Weltmeere und Zunahme des Energieverbrauchs mindestens zu kompensieren.
Die Energiepolitik und Wirtschaft sollten darauf ausge-

richtet sein, Verbrennungsprozesse einzuschränken, Solar- und Nukleartechnik verstärkt einzusetzen und die erforderliche Energie so rationell wie möglich zu nutzen. In den Industrieländern ist der Energieverbrauch seit 1980 zwar rückläufig, jedoch in den restlichen Ländern steigt er weiter an. Der Einsatz der verschiedenen Primärenergien zeigt **Bild 1.** In Zukunft wird verstärkt der Bedarf an Gas- und nuklearem Brennstoff erwartet, die beide die CO_2-Emissionsproblematik entschärfen. Dies zeigen die CO_2-Verhältniszahlen bezogen auf die Steinkohle=100%. Bei der Verbrennung ist eine CO_2-Bildung für Braunkohle von 121%, bei Heizöl von 80%, bei Erdgas von 51% und bei der Kernenergie von 0% gegenüber Steinkohle zu veranschlagen.
Den Schwerpunkt der heutigen Energiewirtschaft bilden die Umwandlungsprozesse der *fossilen* und *nuklearen* Pri-

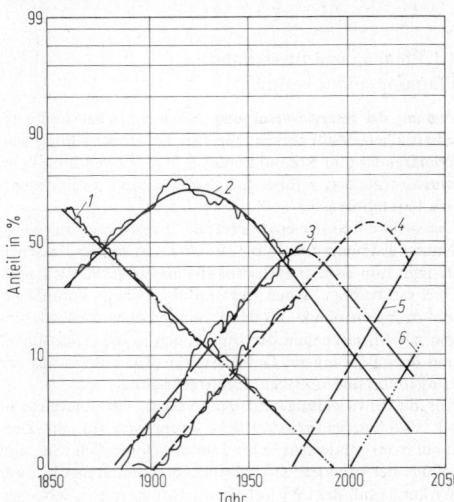

Bild 1. Entwicklung der Marktanteile von Energieträgern (Quelle: „Energy in a Finite World", IIAASA). *1* Holz, *2* Kohle, *3* Öl, *4* Nat. Gas, *5* Nuklear, *6* Solar

Tabelle 1. Energieaufwand für Energiewandlungsketten (Quellen: Rotty 1975; Moraw 1977; Meyers 1988; Wagner 1978, 1986; Enger 1979; Sandia 1981; Heinloth 1983; Voigt 1984, 1988; Aulich 1986)

| Kraftwerkstyp | Nennlast-stunden h/a | Energieamortisationszeiten (Jahre) | | Erntefaktor $f = \dfrac{\text{Energiegewinn}}{\text{Energieaufwand}}$ (Nutzungsdauer 25 Jahre) | Ausblick |
		für Bau, Erstausstattung, Abriß	für Brennstoff-bereitstellung, -entsorgung und Betrieb (je Jahr)		
Öl	7000	0,36	0,04[a]...0,42[b]	19...2	
Kohle	7000	0,23...0,28	0,12...0,18	8...5	tendenziell schlechter
Leichtwasserreaktor	7000	0,37...0,88	0,04[c]...0,18[d]	20...3	
Laufwasser	7000	1,26	0,015	15	
Windkonverter	2500	0,8	0,020	19	
Solarturm	3400	5,00[e]...1,48[f]	0,018	5...16	tendenziell besser
Photovoltaik	2200	15,75[g]...1,65[h] technische Entwicklung	0,014	1,5...12	

Energieaufwand $\hat{=}$ Primärenergieäquivalent		[a] Nordseeöl	[d] 0,02% Erz, Diffusion	[g] 35000 DM/kW
Energiegewinn $\hat{=}$ Elektrizität		[b] Ölschiefer	[e] 10000 DM/kW	[h] 2800 DM/kW
für Energiegewinn $\hat{=}$ Primärenergieäquivalent gilt $f' = f/\eta_{(\text{elektrisch})}$		[c] 0,2% Erz, Zentrifuge	[f] 3800 DM/kW	

märenergien. Der technologische Fortschritt durch rationellere Verwendung und bessere Energienutzung einschließlich der Energierückgewinnung im Anwendungsbereich ist gekennzeichnet durch den Energienutzungsgrad. Die Kennzahl „Erntefaktor" wird heute häufig zur energetischen Beurteilung von Systemen verwendet, die regenerative Energiequellen nutzen. Die zweite Bewertungsgröße ist die energetische Amortisationszeit. Konventionellen Stromerzeugungsanlagen wie Steinkohlen- und Kernkraftwerke haben große Erntefaktoren und kurze energetische Amortisationszeiten von 2 bis 5 Monaten. Bei Windkraftwerken liegt der Erntefaktor im Bundesgebiet bei 20, bei der Photovoltaik erst bei 1 bis 10, **Tab. 1.** Die verschiedenen definitorischen Möglichkeiten bei der Bildung dieser Kennzahlen bergen die Gefahr von Fehlinterpretationen in sich.

Neben den recht unterschiedlichen Energiegewinnungs- und Transporttechniken für die einzelnen Primärenergien, liegt der Schwerpunkt der modernen Energiewirtschaft im Bereich der Erzeugung und Verteilung von Elektrizität, Gas und Fernwärme. Sie werden als „leitungsgebundene Energien" bezeichnet.

1.1 Planung und Investitionen
Planning and investments

Planung der Energieversorgung. Alle technischen und wirtschaftlichen Maßnahmen, die für die Umwandlung von Primärenergie in Sekundärenergie, d.h. Anwendung beim Endverbraucher, erforderlich werden, sind außerordentlich kapitalintensiv.

Der größte Teil der erforderlichen Investitionsgüter weist Nutzungsdauern von 25 bis 50 Jahre auf, so daß Entscheidungen mit langfristigen Auswirkungen verbunden sind. Dies ist bedingt neben der umfangreichen, komplizierten Anlagentechnik durch die zusätzlichen Anforderungen zur Minderung der Emissionen in die Atmosphäre und Beeinflussung der Gewässer, akustische Belastung der Umgebung und optische Beeinträchtigung.

Für die Entwicklung und den Ausbau der Energietechnik sind energiewirtschaftliche Prognosen für ein Zeitraum von mindestens zehn Jahren erforderlich. Sie sind infolge der privaten und staatlichen Maßnahmen in ihrer Wirkung auf das Wirtschaftswachstum mit erheblichen Unsicherheiten behaftet. Die Entwicklung der Weltwirtschaft, die Währungsproblematik (Preisentwicklung der einzelnen Primärenergien) und Umweltaspekte beeinflus-

sen die technologische Entwicklung und die Anwendung einzelner Energien. Daher sind Planungen von entscheidender Bedeutung für die Betriebswirtschaft des Energieversorgungsunternehmens.

Investitionsentscheidungen. Die Sicherung der verfügbaren Energieträger, deren mögliche Lager- oder Speicherkapazität, die wirtschaftliche Gestaltung der Energieumwandlungsanlage, die rationelle Energienutzung bei Koppelproduktion, das Einräumen des Wegerechts für Energietransportleitungen, oder Versorgungsmodalitäten sowie Umweltbeeinflussung bestimmen die Investitionsentscheidungen. Diesen liegen Planungsrechnungen zugrunde. Die Art und Weise, wie investiert wird, ist für die künftige Kostenlage entscheidend. Mit der Entscheidung zur Investition wird der Spielraum für größere Dispositionen weitgehend eingeengt. Die Investitionsplanung ist nur ein Teilgebiet, das in ein Gesamtsystem der Finanz- und Erfolgsplanung (Gewinn- und Verlustrechnung und Kostenträgerrechnung) zu integrieren ist.

Die Aufgabe der Planungsrechnung ist es, die voraussichtliche Wirtschaftlichkeit von Investitionen zu errechnen. Sie arbeitet mit erwarteten Einnahmen (Erlöse) und Ausgaben (Kosten) in ihrer Verteilung über den jeweiligen Betrachtungszeitraum. Um die zu verschiedenen Zeiten anfallenden Einnahmen und Ausgaben miteinander vergleichen zu können, müssen sie finanzmathematisch durch Abzinsung bzw. Aufzinsung auf einen gleichen Bezugszeitpunkt bezogen werden.

Bei den aufzuwendenden Kosten für die Energieumwandlung und ihr leitungsgebundener Transport bis zum Verbraucher ist zu unterscheiden zwischen leistungs- und arbeitsabhängigen Kosten.

Leistungsabhängige Kosten sind der Kapitaldienst und Steuern, Versicherungen und andere leistungsabhängige Betriebsaufwendungen.

Arbeitsabhängige Kosten enthalten den Aufwand für die Umwandlungsenergie (z.B. Brennstoffkosten der Primärenergien) und den arbeitsabhängigen Anteil für Bedienung, Unterhalt, Hilfsmittel und neuerdings Entsorgung.

Beide Kosten werden von dem *Umwandlungswirkungsgrad* beeinflußt. Eine Optimierung setzt eine Abschätzung der Veränderungen der Kostenelemente wie z.B. Brennstoff- und Lohnkosten während der Nutzungsdauer oder für den Abschreibungszeitraum voraus.

Barwertmethode. Hiermit kann bei Projekten die wirtschaftlichste Variante gefunden werden. Der Barwert b beträgt für die n Jahre lang auftretenden Kosten K_0 beim Zinsfuß p und dem Zinsfaktor q : $b = \beta K_0$ mit $\beta = \dfrac{q^n - 1}{q^n(q-1)}$ und dem Aufzinsungsfaktor $q^n = (1 + p/100)^n$.

Einschränkend ist zu bemerken, daß Erlöse und Kosten gegen Ende der Nutzungsdauer hierbei geringer bewertet werden als solche, die bei Baubeginn anfallen; auch die Höhe der angenommenen Verzinsung, wie die Differenz zwischen Soll- und Habenzinsen, ist auf die Wichtung von Einfluß.

Beispiel: Bewertung der Leerlauf- und Kurzschlußverluste eines Maschinenumspanners nach der Barwertmethode.

Gegeben: Nennleistung 80 MVA, Nennübersetzung 10,5 auf 115 kV, relative Höchstlast 0,85, Arbeitsverlustgrad 0,5, Betriebszeit 7900 h/a. Untersucht werden zwei Varianten:

		Variante 1	Variante 2
Preis in DM		1 500 000	1 400 000
Leerlaufverluste (lastabhängig)	in kW	47	52
Kurzschlußverluste (lastunabhängig)	in kW	250	260

Mit Kostenfaktoren für Leerlauf- bzw. Kurzschlußverluste 1 100 bzw. 840 DM/kW a folgt für die Kosten der

		Variante 1	Variante 2
Leerlaufverluste	in DM/a	52 000	57 000
Kurzschlußverluste	in DM/a	152 000	158 000
Gesamtverluste	in DM/a	204 000	215 000

Hieraus folgt die Kostendifferenz für beide Varianten $\Delta k_0 = (215 000 - 204 000)$ DM/a $= 11 000$ DM/a. Bei einem Zinssatz $p = 7\%$ ist der Zinsfaktor $q = 1,07$ und bei einer Nutzungsdauer von $n = 20$ a beträgt der Barwertfaktor $\beta = (1,07^{20} - 1)/(1,07^{20} \cdot 0,07) = 10,594$. Der Barwert der Differenz der Verlustkosten ist $b = \beta \cdot \Delta k_0 = 116 534$ DM. Ihm steht ein Unterschied der Anlagekosten von 100 000 DM gegenüber, d.h. der teurere Maschinenumspanner mit den geringeren Verlusten ist unter den angenommenen Voraussetzungen um rd. 17 000 DM wirtschaftlicher.

Während das Barwertverfahren den Unterschied zu einem bestimmten Zeitpunkt für die geplanten Investitionen aufzeigt, wird mit der Annuitätsmethode ein Mittelwert (finanzmathematischer Durchschnitt) für einen Zeitabschnitt (z.B. Nutzungsdauer) gebildet. Sie wird daher für Abschätzungen vielfältig eingesetzt. Der Annuitätsfaktor a wird ermittelt aus

$$a = \frac{1}{\beta} = \frac{q^n(q-1)}{q^n - 1}.$$

Beispielsweise $a = 0,1175$ für $n = 20$ a und $p = 10\%$/a.
Der Unterschied zwischen den Einnahmen E und Ausgaben A im Durchschnitt ϕ der n Jahre ergibt sich nach der Bezeichnung

$$\phi(E - A) = K_{t0} a.$$

Beispiel: $K_{t0} = 100 000$ DM, $a = 0,1175$, $\phi(E - A) = 11 750$ DM/Jahr.

Das wirtschaftliche Ergebnis einer Investition kann auch in Form einer Renditenberechnung festgestellt werden, die eine durchschnittliche Verzinsung in $p\%$ für den Ausgabenbetrag (Kapitaleinsatz) ermittelt. Bei konstanten jährlichen Einnahmeüberschüssen $(E - A) > 1$ und vernachlässigbarem Restwert gilt die Beziehung:

Rentenbarwertfaktor (für Zinsfuß p und n Jahre)

$$= \frac{A_0}{(E - A)}.$$

Die Methode des internen Zinsfußes führt gegenüber den in der Praxis üblichen Verfahren einer Renditeberechnung zu richtigeren Ergebnissen.

Beispiel :

Investition	$K = 10 000$ DM
Einnahme	$E = 4 000$ DM

laufende Ausgaben	$A = 2 900$ DM
Nutzungsdauer	$n = 20$ a
Rentenbarwertfaktor $= 9,09$	$= \dfrac{10 000}{4 000 - 2 900}$.

Für die 20 Jahre Nutzungsdauer ergibt sich eine Verzinsung des eingesetzten Kapitals von 8,9%.

Die Mittel für die Investitionen werden zu einem Teil aus erwirtschafteten Eigenerträgen (darin sind Abschreibungen und Rücklagen berücksichtigt), zum anderen Teil durch Inanspruchnahme des Kapitalmarkts (Fremdkapital) aufgebracht. Ausreichende Erträge sind meist nur über eine Anhebung der Preise zu erzielen, da auch die allgemeine Kostenentwicklung, die steigenden Aufwendungen der Anlagentechnik und der Anstieg der Brennstoffpreise in Laufe der Zeit die ursprünglich kalkulierten Erträge mindert.

1.2 Elektrizitätswirtschaft
Economic of electric energy

Die Elektrizitätswirtschaft ist ein Zweig, der sich mit der Erzeugung und Verteilung der elektrischen Energie befaßt. Die Elektrizität ist eine *Sekundärenergie*, die sich vielfältig verwenden läßt. Im Unterschied zu anderen Primär- und Sekundärenergien sind folgende Merkmale bestimmend:
– Die Leitungsgebundenheit,
– die sehr beschränkte Speicherfähigkeit (in Batterien oder anderen Energiespeicherformen z.B. Pumpspeicherung, Dampfspeicherung, Luftspeicherung, Schwungradspeicherung),
– die allgemeine Versorgungspflicht (Anschlußverpflichtung),
– die außergewöhnliche Kapitalintensität und
– die staatliche Fach-, Preis- und Kartellaufsicht über das Versorgungsunternehmen.
Als Maßstab für die Bedeutung der Elektrizitätswirtschaft innerhalb dieser Volkswirtschaft kann ihr Anteil am Primärenergieverbrauch, der in der Bundesrepublik Deutschland derzeit 30% beträgt, angesehen werden. Wegen der wirtschaftlichen Bedeutung und des durch die Anlagentechnik verbundenen großen Investitionen sind Prognosen über den zukünftigen Strombedarf erforderlich. Die Unsicherheiten, die auch von der wirtschaftlichen Entwicklung und seinem Lebensstandard abhängig sind, zeigt **Bild 2**.
Der zukünftige Strommehrbedarf hat sich derzeit zwischen 1 und 3%/a eingependelt.
Die einzelnen Primärenergieträger sind sehr unterschiedlich an der Erzeugung von Elektrizität beteiligt. Der frühere Anteil von Stein- und Braunkohle ist aufgrund von zusätzlichen eingesetzten Energieträgern wie Öl, Erdgas und Kernenergie zurück gedrängt worden. Der einsetzbare Leistungsanteil ist in **Bild 4** zu ersehen. Von der z.Z. installierten Kraftwerkleistung von rd. 100 GW sind 90,2 GW in der öffentlichen Versorgung (*E*lektrizitäts-*V*ersorgungs-*U*nternehmen EVU).
Die Struktur der öffentlichen Elektrizitätsversorgung in der Bundesrepublik Deutschland ist pluralistisch und dezentral im Vergleich zu vielen zentralen Strukturen im Ausland. Die EVU sind recht unterschiedlich hinsichtlich der rechtlichen Organisationsform als auch nach der wirtschaftlichen Aufgabenstellung und Bedeutung. Den einen Schwerpunkt der Elektrizitätswirtschaft bildet die Erzeugung dieser Energie in Kraftwerken (s. L 3). Der zweite Teil umfaßt die vielfältigen Netzanlagen mit ihrer Vielzahl von Umspannwerken auf den verschiedenen Spannungsebenen (s. L 4.1.3).

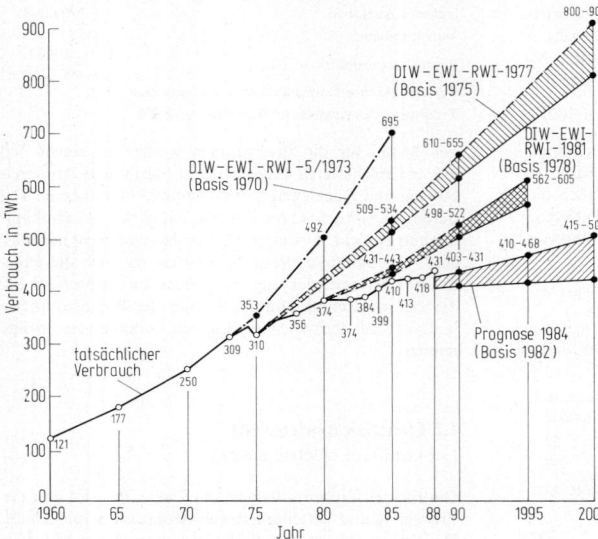

Bild 2. Prognosen für den Strombedarf in der Bundesrepublik Deutschland (Quelle: BEWAG, Berlin)

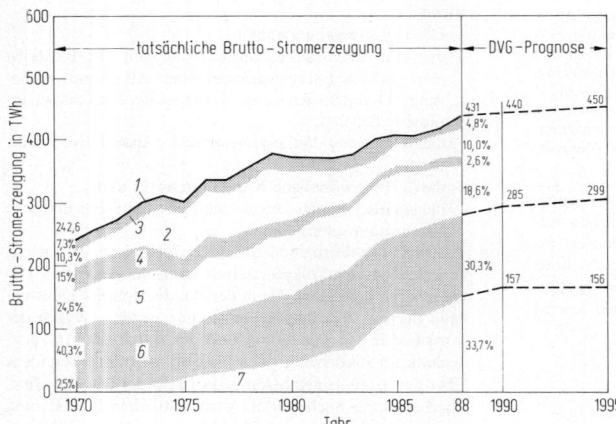

Bild 3. Brutto-Stromerzeugung in der Bundesrepublik Deutschland (Quelle: BEWAG, Berlin). *1* Gesamt Brutto-Stromerzeugung, *2* Erdgas und Sonstiges, *3* Wasser, *4* Öl, *5* Braunkohle, *6* Steinkohle, *7* Kernenergie

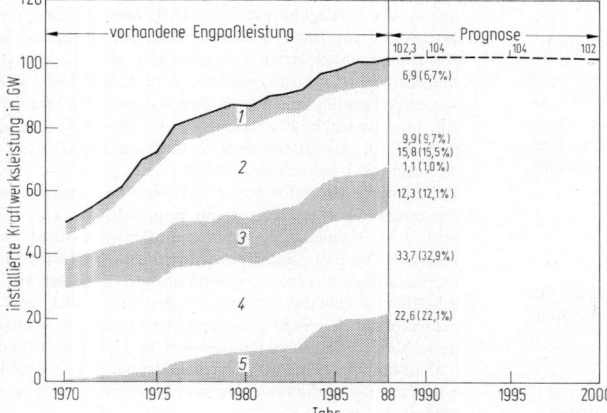

Bild 4. Installierte Kraftwerksleistung in der Bundesrepublik Deutschland (Quelle: BEWAG, Berlin). *1* Wasser, *2* Öl, Gas, Sonstiges, *3* Braunkohle, *4* Steinkohle und Mischfeuerung, *5* Kernenergie

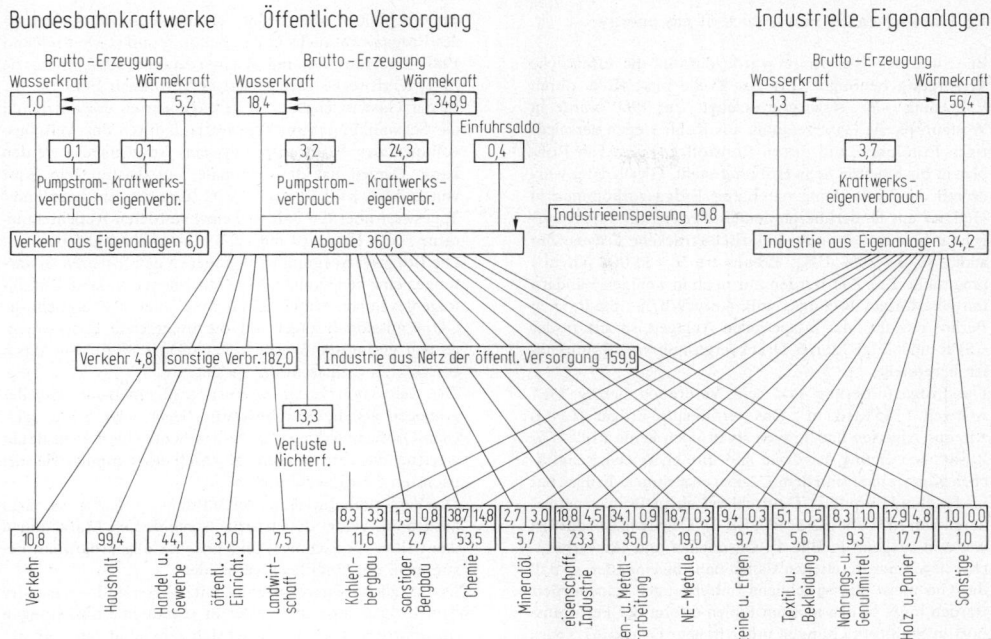

Bild 5. Die Elektrizitätsversorgung in der Bundesrepublik Deutschland 1988 in Milliarden kWh (Quelle: VDEW)

Die Bundesrepublik Deutschland wird mit Elektrizität sowohl durch öffentliche und industrielle Unternehmen als auch durch die bundesbahneigenen Werke versorgt (**Bild 5**). Um die elektrische Energie von den Kraftwerken zu den Verbrauchern zu bringen, haben die EVU ein dichtes Leitungsnetz aufgebaut. Die Investitionen in den Netzen aller Spannungsstufen übersteigen bisher die der Kraftwerke. Seit Beginn der 70er Jahre zeichnet sich allerdings die gegenteilige Tendenz ab. Der Rückgang der Niederspannungs-Freileitungen ist auf fortschreitende Verkabelungen zurückzuführen.

Das 380- und 220-kV-Höchstspannungsnetz mit seinen Leitungen und Umspannanlagen dient dem weiträumigen Transport zwischen den Kraftwerken und den Verbraucherschwerpunkten. Auf dieser Spannungsebene wird vorwiegend der Energieaustausch auch mit dem Ausland abgewickelt (s. L4.1.3). Durch den wirtschaftlichen Einsatz größerer Kraftwerkseinheiten > 300 MW auf der Basis Braunkohle, Kernenergie und Steinkohle muß die erzeugte elektrische Energie über große Entfernungen transportiert werden. Zur Zeit speisen über 25000 MW Engpaßleistung in die 380-kV-Ebene ein. Auf dieser Spannungsebene wird die stärkste Einbindung neuer Kraftwerksleistung erwartet. Vorwiegend kleinere (100 bis 300 MW) und ältere thermische Kraftwerksblöcke, Gasturbinen, Laufwasser- und Pumpspeicher-Kraftwerke sind in die 110- bzw. 220-kV-Netze eingebunden. Ihr Anteil beträgt z.Z. rd. 40% der installierten Kraftwerksleistung.

Das unterlagerte 110-kV-Hochspannungsnetz übernimmt die regionale Verteilung. In den großen Städten wird diese Spannungsebene verstärkt ausgebaut und auch einige Großbetriebe haben einen derartigen Versorgungsanschluß.

Beim Vergleich des Erscheinungsbilds deutscher Netze mit dem ausländischer Netze fällt auf, daß die Verteilungsnetze mit 220/380 V und 10 bzw. 20 kV in geschlossenen Ortschaften, selbst in kleinen Orten, weitgehend verkabelt sind und die Hochspannungsleitungen mit zwei, heute aber meistens mit vier oder noch mehr Stromkreisen ausgerüstet werden. Damit trägt der Leitungsbau den Anforderungen des ästhetischen Aussehens und der Knappheit an Leitungstrassen Rechnung.

Aus **Bild 5** gehen sowohl die Beiträge der drei Versorgungsträger (öffentliche, industrielle und bahneigene Versorgung) an das Gesamtstromaufkommen als auch deren Anteile an der Bedarfsdeckung der einzelnen Verbrauchergruppen und Industriezweige hervor.

Für die EVU gilt nach § 6 des Energiewirtschaftsgesetzes (EnWG) die allgemeine Anschluß- und Versorgungspflicht. Aus dem Netz der öffentlichen Versorgung wurden 1988 rd. 360 TWh elektrischer Energie an 28,8 Mio. Tarifkunden und 0,2 Mio. Sondervertragskunden geliefert. Die Tarifkunden werden nach den „Allgemeinen Bedingungen für Elektrizitätsversorgung von Tarifkunden AVB-EltV" und nach den veröffentlichten Allgemeinen Tarifen versorgt. Zu den Tarifkunden zählen Haushalte sowie gewerbliche und landwirtschaftliche Betriebe. Auf die Tarifkunden entfallen etwa 40% des gesamten Stromaufkommens (379,8 TWh/a) aus dem öffentlichen Netz, auf die Sondervertragskunden rd. 52%. Der Rest setzt sich aus Pumpenstrom, Ausfuhr und Netzverlusten zusammen. Größere Anlagen, vor allem Industriebetriebe, werden nach einzeln abgeschlossenen Sonderverträgen versorgt.

Entsprechend der Zusammensetzung der Kosten aus leistungs- und arbeitsabhängigen Kosten sehen die Preisregelungen für beide Kundengruppen i. allg. zwei Preisbestandteile vor:

– Einen festen Betrag als Grundpreis bei den allgemeinen Tarifen und als Leistungspreis entsprechend der in Anspruch genommenen Leistung bei Sonderverträgen,
– einen Preis für die abgenommene elektrische Arbeit (Arbeitspreis je kWh).

1.3 Gaswirtschaft. Economics of gas energy

Bis Ende der 20er Jahre wurde das für die öffentliche Versorgung benötigte Gas aus Kohle bzw. Koks durch Entgasung oder Vergasung erzeugt. Um 1960 wurde in Westeuropa die Gaserzeugung aus Kohle wegen der niedrigen Erdölpreise auf diesen Rohstoff in Form von Rohbenzin bis hin zum Schweröl umgestellt. Gleichzeitig wurde mit der Entdeckung namhafter Erdgasvorkommen in Holland ein länderübergreifendes Verteilungssystem aufgebaut bzw. auf das hohe kalorische trockene *Erdgas* (Zustand 80 bis 86% CH_4, Brennwert $H_0 = 11{,}06\,kWh/m^3$) umgestellt. Zur Zeit werden nur noch in wenigen Ländern mittelkaloriges Brenngas (z.B. $4{,}88\,kWh/m^3$ Stadtgas in Berlin) erzeugt oder in speziellen Anlagen, so z.B. in der CSFR und DDR durch Druckvergasung von Braunkohlen hergestellt.

Die Erdgasförderung und sein Verbrauch betrug 1987 weltweit $1\,765$ Mrd. m^3. Das verflüssigte Erdgas (LNG) z.B. aus Algerien und Libyen spielt noch keine Rolle. Die Zusammensetzung der Gase und ihre energiewirtschaftlichen Kennzahlen sind dem L 2.4 zu entnehmen. Erdgas hat in der Bundesrepublik Deutschland einen Primärenergieanteil von rd. 16% ($62{,}5 \cdot 10^3$ t SKE). Der Erdgasbedarf ist weltweit steigend (s. **Bild 1**). Gasquellen und Gasverbraucher liegen nur in seltenen Fällen nahe beieinander, so daß das Gas meist über erhebliche Entfernungen transportiert werden muß. In den meisten Fällen erfolgt der Ferntransport in Stahlrohrleitungen unter hohem Druck (67,5 bar). Die größten Erdgastransportleitungen haben weltweit eine Ausdehnung von 1 Mio. km erreicht. Der Ferntransport vom Persischen Golf nach Mitteleuropa würde nach dem technischen Stand $70\,\$/1\,000\,m^3$ betragen. Die Versorgung mit Gas wird häufig von mehreren Unternehmen durchgeführt.

Das Ferngasleitungsnetz in der Bundesrepublik Deutschland (s. L 4.1.2) wird von mehreren Ferngasgesellschaften betrieben. Infolge der Vielzahl von Einspeisestellen, Speichern und Abgabestellen ist eine weitgehend zentrale Überwachung und Steuerung, die als „Dispatching" bezeichnet wird, erforderlich. Die Großabnehmer von Erdgas, also regionale und kommunale Gasgesellschaften sowie gasgefeuerte Kraftwerke und größere Industriebetriebe, verfügen ebenso wie die Ferngasgesellschaften über solche Zentralen.

Da der Gasbedarf stets vom Wärmeverbrauch abhängt, sind große zeitliche Belastungsunterschiede festzustellen, die jahreszeitlich in Ballungsräumen von 1:5 bis zu 1:10 schwanken können. Um die Transportkapazität der Fernleitungen wirtschaftlich auszunutzen, sind große Gasspeicher in Form von Untertagespeichern als Poren- oder Kavernenspeicher erforderlich. Ferner werden z.B. für Kraftwerke unterbrechbare Gaslieferungsverträge geschlossen und es erfolgen zur Spitzenlastdeckung Flüssiggaszumischungen.

Die Gasabgabe in der Bundesrepublik Deutschland der öffentlichen und übrigen Gaswirtschaft betrug 1987 647 Mrd. kWh (58,3 Mrd. m^3) wobei 72% importiert wurde. Die UdSSR, Holland und die skandinavischen Länder sind die Hauptlieferanten. Die Lieferverträge sind auf 20 bis 25 Jahre abgeschlossen. Die Verträge mit Großabnehmern haben meist eine kürzere Laufzeit (z.B. 10 Jahre).

Der Gasbedarf hängt stark von den klimatischen Verhältnissen ab. Entsprechend der Ziele der Gaswirtschaft wurde der Bereich Haushalt und Kleinverbrauch ausgeweitet. Von 1980 bis 1987 stieg dieser Anteil um $11 \cdot 10^6$ auf $29 \cdot 10^6$ t SKE an. Inzwischen sind knapp 30% aller Wohnungen erdgasbeheizt (Berlin derzeit 18%). Im Bereich der Kesselfeuerung ist durch die Umweltschutzgesetzgebung

ein erheblicher Mehrbedarf entstanden. Die Aufteilung des Erdgasverbrauchs in der Bundesrepublik Deutschland 1987 ist: Haushalt und Kleinverbrauch 40%, Industrie 29%, Kraftwerke 12%, sonstiger Verbrauch 19%.

In der Gaswirtschaft wird in Tageswerten disponiert, da die Schwankungen im Tagesverlauf durch das Leitungsvolumen des Ferntransportsystems ausgeglichen werden kann. Zur Zeit hat der maximale Tageswert ein Wert von 26 Mio. kWh/d bei $-12\,°C$ erreicht. Ein konstanter Tageswert über das Jahr bei einer mittleren Außentemperatur von $+15\,°C$ ist mit rd. 6 Mio. kWh/d gegeben.

Die Erdgasversorgung wird entgegen den früheren Erwartungen eine bedeutende Primärenergiequelle darstellen. Infolge des hohen Methangehalts von über 80% erreicht die CO_2-Emission bezogen auf die freigesetzte Energiemenge den geringsten Wert ($1\,550$ t CO_2/t SKE). Für einen verstärkten Erdgaseinsatz spricht:

Die weltweiten Erdgasreserven sind erheblich schneller gestiegen als die Erdölreserven, liegen jetzt in der gleichen Größenordnung, und haben heute eine Lebensdauer erreicht, die eine stärkere Nutzung über mindestens die nächsten 50 Jahre zulassen.

Die Versorgungssysteme werden daher weltweit verstärkt ausgebaut, wobei die sicherheitstechnischen Maßnahmen das weitere Forschungs- und Entwicklungsprogramm bestimmen, um Unfälle zu vermeiden.

Die mögliche Gasversorgung mit Wasserstoff – entweder dem Erdgas zugemischt oder in separaten Rohrleitungen transportiert – spielt im nächsten Jahrzehnt nur eine untergeordnete Rolle, da seine Erzeugung z.Z. viel zu teuer ist und bei seinem Transport gegenüber Erdgas auf das 3fache Volumen in den Zwischenverdichterstationen komprimiert werden muß.

1.4 Fernwärmewirtschaft
Economics of remote heating

Von dem Gesamtenergieverbrauch in der Bundesrepublik Deutschland entfallen über 70% auf den Wärmeverbrauch für Raumheizung und Prozeßwärme in Haushalten, öffentlichen Gebäuden, industriellen und gewerblichen Betrieben. Es ist deshalb verständlich, daß gerade auf dem Wärmesektor der Druck zu Einsparungen an Primärenergie, vor allem an Importenergien, besonders stark ist. Hinzu kommen die wachsenden Anforderungen an den Schutz vor Umweltbelastungen und -schäden.

Neben anderen Möglichkeiten zur Verringerung des Energieaufwands und zur Umweltentlastung von Schadstoffen spielt die Fernwärmeversorgung eine wichtige Rolle, da mit ihr bevorzugt heimische Brennstoffe, Abwärme aus öffentlichen und industriellen Kraftanlagen sowie Müll und sonstige Abfallstoffe Verwendung finden können. Wird Wärme aus den Stromerzeugungsprozessen ausgekoppelt und zeitgleich für Fernheizzwecke verwandt, so spricht man von *Kraft-Wärme-Kopplung* (s. L 3.2). Unter Fernwärmeversorgung versteht man die Lieferung von Wärme in Form von Heizwasser oder Dampf sowohl für Raumheizzwecke und Brauchwassererwärmung als auch für Produktionszwecke aus zentralen Heizkraftwerken und Heizwerken. Diese befinden sich meist in öffentlicher Hand. Daneben gibt es im industriellen Bereich zahlreiche Wärmeerzeugungsanlagen mit oder ohne Kraft-Wärme-Kopplung. Zusätzlich bestehen Heizzentralen und Blockheizwerke vorwiegend kleinerer Leistung, die privat oder genossenschaftlich betrieben werden.

Stand der Fernwärmeversorgung und Entwicklungsmöglichkeiten

Eine öffentliche Fernwärmeversorgung gibt es seit der Jahrhundertwende, aber zu einem leistungsfähigen Zweig

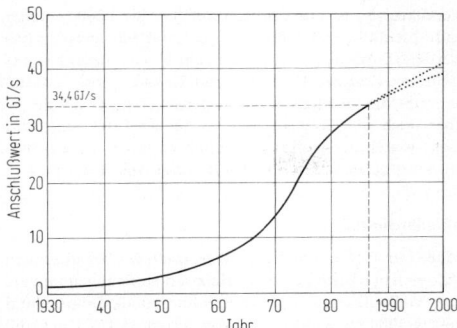

Bild 6. Fernwärme, Anschlußwertentwicklung in der Bundesrepublik Deutschland (Quelle: BEWAG, Berlin)

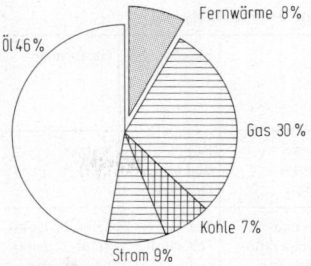

Bild 7. Beheizungsstruktur bestehender Wohnungen in der Bundesrepublik Deutschland 1988 (Quelle: BEWAG, Berlin)

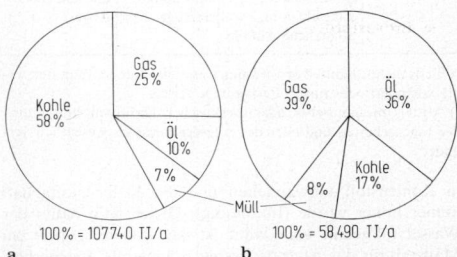

Bild 8. Brennstoffeinsatz 1986 in der Bundesrepublik Deutschland. a in Heizkraftwerken; b in Heizwerken

der Energiewirtschaft, der im Wettbewerb und im Leistungsvergleich mit anderen Energieangeboten auf dem Wärmemarkt seinen Anteil an der Bedarfsdeckung ständig erhöhen konnte, hat sie sich mit Ausnahme einiger großer Städte besonders im letzten Jahrzehnt entwickelt, **Bild 6.** Während seit jeher die Heizkraftwerke nahe dem Verbraucher mit gekoppelter Kraft-Wärme-Erzeugung den Hauptanteil der Wärmelieferungen ausmachen, wurden seit 1960 zumeist von privaten Gesellschaften der Kohle- und Mineralölwirtschaft zunehmend auch Heizwerke zur Versorgung neuer geschlossener Siedlungsgebiete errichtet. Heute werden über 2 Mio. Wohneinheiten unmittelbar mit Fernwärme versorgt, während sich der Rest auf öffentliche Gebäude, Krankenhäuser, Kaufhäuser und sonstige Gewerbebetriebe verteilt. Ihr Anteil beträgt derzeit ca. 8%, **Bild 7.**

Aus einer Erhebung der AGFW (Arbeitsgemeinschaft Fernwärme) für das Jahr 1987, mit der über 90% der gesamten Wärmenetzeinspeisung erfaßt wurden, ergibt sich der in **Bild 8** dargestellte Brennstoffeinsatz in Heizkraftwerken und Heizwerken.

Trotz volkswirtschaftlicher und ökologischer Vorteile der Fernwärmeversorgung durch Heizkraftwerke, die einen beschleunigten Ausbau wünschenswert erscheinen lassen, bleibt der Einsatz von Fernwärme im wesentlichen auf Gebiete mit hoher Wärmedichte, insbesondere große und

mittlere Städte, beschränkt. Dies hat seine Ursache darin, daß die Wärmeverteilungskosten mit abnehmender Wärmedichte ansteigen. Ausgehend von den jeweiligen örtlichen Bebauungsstrukturen und der Wärmebeschaffungssituation muß daher geprüft werden, inwieweit eine Fernwärmeversorgung auf- bzw. ausgebaut werden kann. Die meisten deutschen Netze erreichen Wärmelastdichten zwischen 10 und 30 MJ/s km² mit Wiederbeschaffungskosten von im Mittel 630 TDM/(MJ/s).

Die Fernwärmekosten werden vorrangig von den Kapitalkosten für Heiznetze und Heizstationen und mit einem geringen Anteil von den Brennstoffkosten der Erzeugung besonders bei der Kraft-Wärme-Kopplung bestimmt.

---

2 Primärenergien. Primary energies

2.1 Definitionen. Definitions

Die in den Brennstoffen als chemische Energie gespeicherte Sonnenenergie wird durch Oxidation der brennbaren Bestandteile Kohlenstoff, Wasserstoff und andere Elemente wieder in Wärme umgesetzt. Als Oxidationsmittel dient meist Luft, mitunter auch mit Sauerstoff angereichert, seltener reiner Sauerstoff. Verbrennungsvorgang s. D 8.1. Einteilung der Brennstoffe **Tab. 1.** Einen Vergleich auf der Basis Steinkohleneinheiten (SKE) zeigt **Anh. L 2 Tab. 1.**

Heiz- und Brennwert (s. DIN 5499). Zu unterscheiden sind der spezifische Brennwert H_o (oberer Heizwert) mit Rückgewinnung der Kondensationswärme des bei Verbrennung gebildeten Wasserdampfs und der in der Verbrennungstechnik übliche Wert, der spezifische Heizwert H_u (unterer Heizwert) ohne sie. Einen Überblick für fossile Brennstoffe gibt **Anh. L 2 Tab. 2.**

Maximaler CO_2-Gehalt. Dies ist der CO_2-Gehalt des bei vollständiger Verbrennung ohne Luftüberschuß entstehenden trockenen Rauchgases. Er stellt die Grundlage für die Messung und Berechnung der Rauchgasmenge und -zusammensetzung dar. Er ist um so niedriger, je höher der Wasserstoffgehalt ist.

Zündtemperatur. Niedrigste Temperatur, bei der die durch Reaktion entwickelte Wärme größer als die durch Strahlung abgegebene ist, so daß die Verbrennung unter Flammenbildung erfolgt. Da der Wert vom Bestimmungsverfahren abhängt, ist dieses anzugeben (s. DIN 51794).

2.2 Feste Brennstoffe. Solid fuels

Natürliche feste Brennstoffe

Sie sind aus Pflanzenteilen durch Erhitzung unter Luftabschluß und hohem Druck während Millionen von Jahren entstanden. Dabei wurden vor allem O_2-haltige Molekülgruppen abgespalten, wodurch sich Bitumen und Wachse

Tabelle 1. Einteilung der Brennstoffe [1]

Aggregat-zustand / Herkunft	Fest	Flüssig	Gasförmig
natürlich[a]	Steinkohle, Braunkohle, Torf, Holz	Rohöl und seine Destillate	Erdgas
künstlich[b]	Schwel- und Hochtemperatur-koks, Briketts, Holzkohle	Teeröl, Schieferöl	Schwel-, Koks-, Stadt-, Generator-, Wasser-, Spalt- und Synthesegas
Abfälle	Haus- und Industriemüll, Klärschlamm, pflanzliche Abfälle	Altöl, Sulfit- und Sulfat-ablauge	Klär-, Rest- und Gichtgas, Abgase

[a]) Falls nicht unmittelbar verwendet, mittels Aufbereitung nur wenig verändert oder nur in Bestandteile zerlegt.
[b]) Mittels mechanischer oder thermischer Verfahren hinsichtlich der Eigenschaften und/oder des Aggregatzustands wesentlich verändert.

in Kohlenstoff umwandelten und der Kohlenstoffgehalt immer höher wurde (Inkohlung). Gleichzeitig nahm der Wasserstoffgehalt ab. Damit ist der *Inkohlungsgrad* ein Maßstab für das Alter des festen Brennstoffs. Eigenschaften natürlicher fester Brennstoffe zeigt **Anh. L2 Tab. 3** (s. **Anh. D8 Tab. 2**).

Torf. Er ist die jüngste Form der natürlichen festen Brennstoffe und wird entweder als Sodentorf gestochen und durch Lufttrocknung von 90% Anfangsfeuchte auf 30 bis 40% Endfeuchte gebracht oder als Frästorf mit Baggern gewonnen und mit 50 bis 60% Feuchte verfeuert.

Braunkohle. Die jüngste Form ist die erdige oder Weichbraunkohle. In Dampferzeugerfeuerungen wird sie mit der ursprünglichen Feuchte von 55 bis über 60% verwendet. Wegen der Sandeinschlüsse kann der Aschegehalt bis zu 24% betragen. Die älteste Form ist die Hartbraunkohle, die eine amorphe Struktur und matt glänzende Bruchflächen hat.

Steinkohle. Sie kommt in der Bundesrepublik Deutschland in Flözen mit 60 cm bis 2 m Mächtigkeit in Tiefen bis 1500 m vor. Der Gehalt an flüchtigen Bestandteilen entsprechend dem Inkohlungsgrad ergibt die verschiedenen Sorten. Zur Aufbereitung wird die Förderkohle durch Sieben vom Groben über 120 mm Korngröße und von der Feinkohle unter 10 mm getrennt. Vorher werden durch Waschen die „Berge" mit über 50% und das Mittelgut mit 20 bis 40% Asche getrennt, so daß Nußkohlen unter 10% Asche enthalten. Schlamm mit hohem Aschegehalt, Feinkohle und Mittelgut können in Dampferzeugern verbrannt werden, Nußkohle für andere Zwecke (Hausbrand).

Künstliche feste Brennstoffe

Brikettieren. Steinkohlen feinster Fraktionen werden mit Pechblende als Bindemittel unter hohem Druck zu Eier- oder Nußbrikett gepreßt. Braunkohlen mit geringem Aschegehalt lassen sich nach dem Trocknen und Zerkleinern ohne Bindemittel brikettieren.

Schwelen. Darunter versteht man das Erhitzen gasreicher Stein- oder Braunkohle unter Luftabschluß bis 500°C, wobei Bitumen teilweise verdampft. Es ergibt Tieftemperaturkoks (Schwel-, Grudekoks), Schwelgas und Teer.

Verkoken. Es ist ein Erhitzen auf 800 bis 1200°C unter Luftabschluß, wobei flüchtige Bestandteile ausgetrieben werden (Entgasung). Dabei entsteht Hochtemperaturkoks (Hütten-, Zechen-, Gaskoks) und Koksofengas. Fettkohle ergibt die günstigsten Kokseigenschaften, Gaskohle ist aber auch gut geeignet. Bei zu hohem Gasgehalt wird Koks wegen der Hohlraumbildung zu weich. Eigenschaften künstlicher fester Brennstoffe zeigt **Anh. L2 Tab. 4.**

Abfallbrennstoffe

Müll. Der Anfall von *Haus- oder Stadtmüll* hat in seinem Volumen und auch in seinem Heizwert stark zugenommen. Das Müllaufkommen in der Bundesrepublik Deutschland betrug 1984 ca. 86 Mio. t, davon waren 34,4% Hausmüll und 3,8% Schlämme. Auf den Bauschutt entfielen 54,1%. In Berlin fallen derzeit 1,7 Mio. t/a Abfall an, davon können 0,4 Mio. t „recycled" werden. Von dem Hausmüll wurden 24% in Müllverbrennungsanlagen beseitigt. Es werden z.B. in Berlin derzeit 400000 t/a Müll mit einem Heizwert $H_u = 8500$ kJ/kg verbrannt. Durch die Zunahme an Kunststoffen wird ein Anstieg des Heizwertes auf 10000 kJ/kg für 1995 erwartet. Beim Verbrennen kann das zu deponierende Abfallvolumen stark reduziert und bei der Aufbereitung eine Reihe von Stoffen einer Wiederverwertung zugeführt werden. Auch Schlamm aus Kläranlagen wird heute in speziellen Anlagen verbrannt. Der Bau von Müllverbrennungsanlagen hat in den letzten Jahren stark zugenommen (s. L5).

Industriemüll hat viele hochwertige Anteile (Gummi, Kunststoffe; Textilabfälle, Verpackungsmaterial); der Heizwert beträgt bis zu 25000 kJ/kg.

Pflanzliche Abfälle. Dazu zählen Rückstände von Früchten (Kerne, Samen, Schalen), Rinde, Holzabfälle (Sägemehl, Schleifstaub, Abschnitte), Bagasse (Zuckerrohrschnitzel). Sie haben einen hohen Gehalt an flüchtigen Bestandteilen und wenig Asche.

Eigenschaften

Heizwert. Wenn die Elementarzusammensetzung bekannt ist, läßt er sich bestimmen aus der Formel

$$H_u = 33,9c + 121,4(h - o/8) + 10,5s - 2,44w \quad \text{in MJ/kg,} \tag{1}$$

wobei c, h, o, n, s, a und w in dieser und den folgenden Gleichungen Gewichtsanteile der Rohkohle sind, deren Summe eins ist.
Nach Boie [1] gilt für jüngere Brennstoffe mit besserer Genauigkeit

$$H_u = 35c + 94,3h + 10,4s + 6,3n - 10,8o - 2,44w. \tag{2}$$

Bestimmung des Heizwerts nach DIN 51900 oder näherungsweise nach [2] aus flüchtigen Bestandteilen, **Bild 1.**
Umrechnung auf Reinkohlenheizwert (waf),

$$H_{u,\text{waf}} = (H_{u,\text{roh}} + rw)/(1 - a - w), \tag{3}$$

wobei r die Verdampfungswärme bedeutet.
Umrechnung auf Trockenkohle (wf)

$$H_{u,\text{wf}} = (H_{u,\text{roh}} + rw)/(1 - w) = H_{u,\text{waf}}(1 - a - w)/(1 - w). \tag{4}$$

Umrechnung bei Trocknung von einem Wassergehalt w_1 auf einen anderen w_2

$$H_{u,2} = \left(H_{u,1} + r \cdot \frac{w_1 - w_2}{1 - w_2}\right) \cdot \frac{1 - w_1}{1 - w_2}; \tag{5}$$

dabei werden $(w_1 - w_2)/(1 - w_2)$ kg Wasser je kg des ursprünglichen Brennstoffs verdampft.

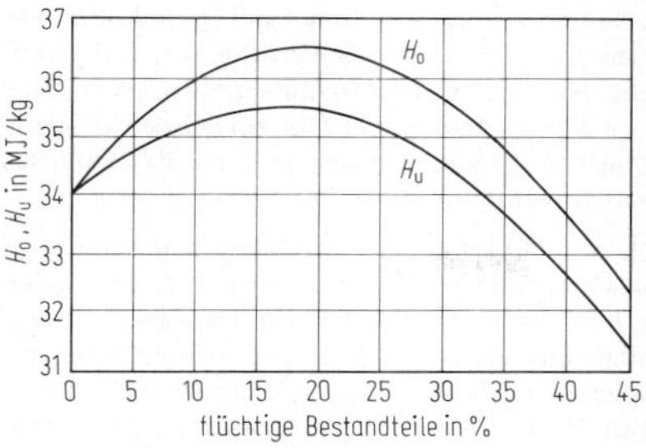

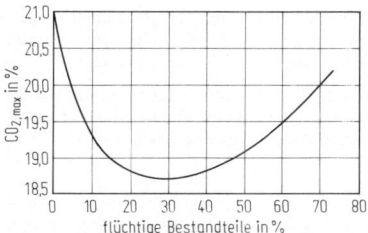

Bild 1. Brennwert H_o und Heizwert H_u der wasser- und aschefreien Steinkohlen von Ruhr, Saar und Aachen [1]

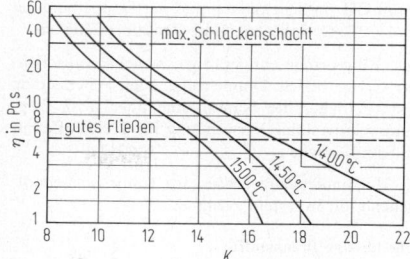

Bild 3. Dynamische Viskosität η geschmolzener Kohlenaschen nach Endell; $K = MgO + 0,5(Fe_2O_3 + 1,11\ FeO + CaO)$ [1]

Bild 2. Maximaler CO_2-Gehalt der Rauchgase fester Brennstoffe [1]

Tabelle 2. Schüttgewichte fester Brennstoffe in kg/m^3 [1]

Scheitholz weich	400 ... 420	Steinkohle	
hart	500 ... 560	Förderkohle	850 ... 890
Sodentorf	340 ... 410	Nuß 1 ... 2	740 ... 780
Frästorf	250 ... 400	Nuß 3 ... 5	720 ... 750
Rohbraunkohle	650 ... 700	Feinkohle	820 ... 860
Braunkohlen-		Kohlenstaub	400 ... 500
brikett	700 ... 820	Schwelkoks	
Steinkohlen-		(je nach Körnung)	500 ... 700
brikett (Eiform)	740 ... 780	Hochtemperaturkoks	450 ... 500

Tabelle 3. Zündtemperaturen fester Brennstoffe im Sauerstoffstrom in °C [2]

Weichholz	220	Steinkohle	
Hartholz	300	Gasflammkohle	214 ... 230
Torf, lufttrocken	225 ... 280	Fettkohle	243 ... 248
Rohbraunkohle	135 ... 240	Eßkohle	260
Steinkohlen-		Magerkohle	339
Schwelkoks	295 ... 420	Anthrazit (Donez)	485
Hochtemperatur-			
koks	505 ... 600		

Weitere Kennwerte [3]. $CO_{2,max}$ s. **Bild 2**, Schüttgewichte s. **Tab. 2**, Zündtemperaturen s. **Tab. 3**.

Mineralische Bestandteile

Sie stammen teilweise von den ursprünglichen Pflanzen (Pflanzenasche), teilweise von äußeren Verunreinigungen (Fremdasche).

Asche. *Steinkohlenasche:* Pflanzlich SiO_2 und P_2O_5, Fremdasche meist Ton (Al_2O_3), Quarz (SiO_2) und Eisenverbindungen (Pyrit FeS_2, Eisenoxide Fe_2O_3 und FeO).

Braunkohlenasche: Wenig pflanzlich, Fremdasche von Überflutungen (kalkhaltige Schalen, $CaCO_3$) und Ver-

werfungen (Sand, SiO_2). Bei richtiger Mischung niedriger Schmelzpunkt.

Schmelzverhalten. Bei Kohlenstaubfeuerungen mit trockenem Ascheabzug müssen Anbackungen an Feuerraumwänden und Heizflächen vermieden werden, bei Schmelzfeuerungen muß der Schlackefluß sicher sein. Beides hängt vom Schmelzverhalten ab, das die Gestaltung von Feuerung und Dampferzeuger somit weitgehend beeinflußt. Bestimmung mit Leitz-Erhitzungsmikroskop nach DIN 51730.

Verschmutzungseinflüsse. Ist die Temperaturdifferenz zwischen Erweichungs- und Fließpunkt klein (kurze Schlacken), besteht die Gefahr des Einfrierens von Schmelzfeuerungen bei Teillast, ist sie groß (lange Schlacken), kommt es zu zähem Schlackefluß und zu Ansatzbildung im Schlackenschacht. Da Probekörper aus vorbehandelter Asche sind, in Feuerungen aber die Veraschung sehr schnell stattfindet, können Unterschiede auftreten. Bei schneller Erhitzung in Staubfeuerungen entstehen SiO-Dämpfe, die bei Oxidation zu SiO_2 Aerosole unter 1 μm bilden und die Grundschicht für die Verschmutzung ergeben. SiO und SiS führen zu klebrigen Filmen auf den Heizflächen.

Schlackenviskosität. Da die Messung mit Kugelzieh- oder Rotationsviskosimeter unsicher ist, kann sie bei bekannter Schlackenanalyse mittels der Kenngröße K nach Endell **(Bild 3)** [4] angenähert bestimmt werden. Der Fließpunkt nach Leitz entspricht etwa 100 Pa s. Im Schlackenschacht darf die Schlackenviskosität 30 Pa s nicht überschreiten (gutes Fließen bei 5 Pa s) [5].

2.3 Flüssige Brennstoffe. Liquid fuels

Zusammensetzung

Sie bestehen aus einem Gemisch verschiedener Kohlenwasserstoffe aus folgenden Gruppen mit unterschiedlichen Verbrennungseigenschaften.

Paraffine oder Aliphate. Gesättigte kettenförmige Moleküle (Endsilbe -an, z.B. Propan, Butan) in Normal- oder Isoform (bei Isoparaffinen CH_3-Gruppen in Seitenketten), Bruttoformel C_nH_{2n+2}. Relativ stabil, wenig reaktionsfreudig.

Olefine. Ungesättigte Paraffine mit einer Doppelbindung, Bruttoformel C_nH_{2n}, ebenfalls in Normal- und Isoform vorhanden (Endsilbe -ylen, z.B. Propylen). Wesentlich reaktionsfreudiger als Paraffine, kommen nur in gecrackten Erdölprodukten vor.

Naphtene. Cycloparaffine mit ringförmigen Molekülen, Bruttoformel C_nH_{2n} (meist mit $n = 5$ oder 6), auch als

Isomere mit CH_3 in Seitenketten und mit Doppelbindung (Ensilbe -en, z.B. Cyclohexen). Gute Reaktionsfähigkeit.

Aromaten. Ringförmige, ungesättigte Moleküle aus Benzolringen C_6H_6, bilden Doppelringe oder Seitenketten, riechen stark (daher der Name), sind aber trotz Doppelbindung relativ stabil. Verwendung für Treibstoffe mit erhöhter Klopffestigkeit.

Asphalte. Hochmolekulare Stoffe, aus Kohlenwasserstoffen bestehend, oft in festem Zustand.

Natürliche flüssige Brennstoffe

Vorkommen und Zusammensetzung. In bis zu 7000 m tiefen Lagern vorhanden, fließt das Öl unter eigenem Druck durch Bohrungen an die Erdoberfläche. Dadurch sind nur 30% der Vorräte gewinnbar (bei künstlichem Druck bis 50%). Neben Festlandsbohrungen werden auch Bohrungen im Küstenschelf (off-shore) vorgenommen.
Die Bestandteile des Erdöls haben stetig ineinander übergehende Siedebereiche. Je nach Überwiegen einer Kohlenwasserstoffgruppe spricht man von paraffin-(Pennsylvania/USA), naphten-(Venezuela, Mexiko), gemischt-(Nahost) oder asphaltbasischen Rohölen.

Verarbeitung. Sie wird nacheinander in folgenden Schritten durchgeführt:

Fraktionierte Destillation. Aufgrund des Siedeverhaltens ergeben sich verschieden schwere Fraktionen (Schnitte), wobei das Siedeende bei Atmosphärendruck etwa bei 400°C liegt. (Straight-run-) Produkte: Flüssiggas (Propan, Butan), Leichtbenzin (Siedebereich 40 bis 120°C), Schwerbenzin (100 bis 200°C), leichtes Gasöl (200 bis 250°C), schweres Gasöl (250 bis 380°C; daraus Heizöl EL und Dieselöl), Schmier- oder Spindelöl (300 bis 400°C), Destillationsrückstand (350 bis 400°C; daraus schweres Heizöl S), Vakuumdestillation.

Cracken (Spalten). Zur Erhöhung der Ausbeute an Benzin werden durch Erhitzen auf 450 bis 500°C (thermisches Cracken) leichtere Fraktionen (Benzin und leichtes Gasöl) mit Katalysatoren aus dem Vakuum-Destillationsrückstand gewonnen. Rückstand ist Heizöl ES oder Petrolkoks. Unter Zusatz von Wasserstoff und bei einem Druck von 100 mbar (Hydrocracken) ist daraus weiteres Benzin gewinnbar.

Reformieren. Zur Erhöhung der Oktanzahl (Klopffestigkeit von Treibstoffen) katalytische Bildung klopffester Aromaten und Naphtene (Dehydrierung) und Umformung von geradkettigen Paraffinen in Cycloparaffine bei 2 bis 17 bar und 520 bis 750°C. Bei Platin als Katalysator spricht man von Platformen.

Raffinieren. Im Rückstand aus der Vakuumdestillation angereicherter Schwefel muß aus den Crackprodukten entfernt werden. Liegt er in Form von H_2S vor, mit Natronlauge auswaschen. Andere Schwefelverbindungen werden durch katalytisches Hydrieren in H_2S umgeformt (Hydrofinen).

Künstliche flüssige Brennstoffe

Steinkohlen-Teeröl. Es wird durch Destillation des beim Verkoken von Steinkohle entstehenden Teers gewonnen. Leichtes Steinkohlen-Teeröl (Siedebereich bis 170°C), mittleres (170 bis 230°C), schweres (230 bis 270°C). Es enthält viele Aromaten, aber auch Schwefel- und Stickstoffverbindungen, dadurch höheres c/h-Verhältnis (s. **Anh. L2 Tab. 5**), niedrigerer Heizwert und geringe Viskosität. Gefahr der Naphtenausscheidung (Leitungen können verstopfen) (s. **Anh. D8 Tab. 3**).

Schwelöl. Beim Schwelen von Stein- und Braunkohle entsteht neben Koks und Gas auch Schwelteer, er besteht vorwiegend aus hochmolekularen Paraffinen. Beim Destillieren zu Benzin und Heizöl fällt ein schweres Heizöl − Stein- oder Braunkohlen-Schwelöl − an, das ähnliche Eigenschaften wie Teeröl hat.

Schieferöl. Aus Ölschiefer, einem ölhaltigen porösen Gestein, und Ölsanden wird durch Schwelung in Öfen oder Retorten bzw. durch Destillation ein Heizöl gewonnen, das dünnflüssiger als Heizöl S ist und viele Olefine und Naphtene enthält. Die Vorräte an Ölschiefer und Ölsand sollen etwa 100 Gt betragen; die Gewinnung ist jedoch schwierig und teuer.

Abfallbrennstoffe

Altöl. Gebrauchte Schmieröle und der Rückstand aus der Aufarbeitung enthalten viele Rückstände (Sand, Metall), nach der Aufarbeitung auch Schwefel und Chlor.

Zellstoffablauge. Sulfit- oder sulfathaltige Ablauge bei der Zellstoffherstellung mit 5% Feststoff. Die Asche ist sulfatreich und verschmutzt die Kesselheizflächen.

Eigenschaften

Heizölsorten. Aus den Destillationsprodukten des Erdöls werden die Sorten EL (Extra Leicht), S (Schwer) und ES (Extra Schwer) gewonnen. Die nur noch selten verwendeten Sorten L (Leicht) und M (Mittel) stammen meist aus Teerölen, **Tab. 4**. Die Heizölqualitäten sind nach steigender Dichte geordnet (daher die Bezeichnungen) und besitzen in dieser Reihenfolge steigende Aschen- und Schwefelgehalte sowie steigendes c/h-Verhältnis [7, 8].

Chemische Zusammensetzung. Flüssige Brennstoffe sind wesentlich wasserstoffreicher als feste (niedrigeres c/h-Verhältnis (s. **Anh. L2 Tab. 5**), wogegen es bei Braunkohle zwischen 10 und 14, bei Steinkohle zwischen 15 und 20 liegt). Für die Dichte gilt die Zahlenwertgleichung

$$\rho = 0,124\,c/h + 0,02 \quad \text{in g/cm}^3. \tag{6}$$

Auch Viskosität, Stockpunkt und Conradsonzahl steigen mit der Dichte, während c, h, Heiz- und Brennwert fallen. Die Verbrennungseigenschaften hängen von der Art der Kohlenwasserstoffe ab, da − z.B. zwischen Olefinen und Naphtenen − trotz gleicher Bruttoformel große Unterschiede im Reaktionsverhalten wegen unterschiedlicher Bindungen bestehen.

Flammpunkt, Zündtemperatur. Der Flammpunkt, die tiefste Temperatur, bei der der Brennstoff unter Atmosphärendruck in einem geschlossenen Tiegel durch Fremdzündung entflammt, wird für Siedepunkte unter 65°C nach DIN 51755 (Methode Abel-Pensky) und oberhalb 65°C nach DIN 51758 (Methode Pensky-Martens) bestimmt. Die Zündtemperatur (**Anh. L2 Tab. 5**) ist nach DIN 51794 die niedrigste Temperatur, bei der sich der Brennstoff von selbst entzündet.

Gefahrenklassen. Über den Verkehr mit brennbaren Flüssigkeiten werden je nach Flammpunkt (F.P.) die Gefahrenklassen I (F.P. unter 21°C), II (F.P. 21 bis 55°C) und III (F.P. 55 bis 100°C) unterschieden und verschiedene Sicherheitsvorkehrungen vorgeschrieben. Heizöl und Dieselöl (s. **Tab. 4**) gehören danach in Gefahrenklasse II, Benzin (F.P. unter 0°C) dagegen in Gefahrenklasse I.

Heiz- und Brennwert. Berechnung aus der Zusammensetzung nach Gl.(1), experimentelle Bestimmung nach DIN 51900.

Tabelle 4. Anforderungen an Heizöle nach DIN 51603

Eigenschaft		EL[a])	L[b])	M	S	Einheit
max. Dichte bei 15 °C		0,86	1,10	1,20	ist anzugeben	g/cm³
Flammpunkt im geschlossenen Tiegel		> 55	> 55	> 65	> 65	°C
max. kinematische Viskosität		6[c])	17[c])	75[d])	450[d,e])	10⁻⁶ m²/s
Pourpoint		−6	−	−[f])	−	°C
max. Verkokungsrückstand nach Conradson		0,05	2	12	15	Gew.-%
max. Schwefel- gehalt bei	Mineralölen	0,5[h])	−	−	2,8	Gew.-%
	Braunkohlen-Teerölen	−	3,0	2,0	−	Gew.-%
	Steinkohlen-Teerölen	−	0,8	0,9	−	Gew.-%
max. nicht absetzbarer Wassergehalt		0,1	0,3	0,5	0,5	Gew.-%
max. Gehalt an Sedimenten		−	[g])	[g])	−	Gew.-%
max. Heizwert H_u		41,9	≈ 37,6	≈ 37,6	39,8	MJ/kg
max. Oxidasche		0,01	0,04	0,15	0,15	Gew.-%

[a]) Mindestens 96 Vol.-% Destillat bei 370 °C nach DIN 51751.
[b]) Handelsüblich nur für Braunkohlen- und Steinkohlen-Teeröle.
[c]) Bei 20 °C.
[d]) Bei 50 °C.
[e]) Bei 100 °C: 40·10⁻⁶ m²/s.
[f]) Bei Heizöl M aus Braunkohlenschwelung muß mit einem Stockpunkt von 40 °C gerechnet werden.
[g]) Bei Steinkohlen-Teerölen ist die Satzfreiheit, d.h. die Freiheit von kristallinen Ausscheidungen, anzugeben.
[h]) ab 1.3.88: 0,20

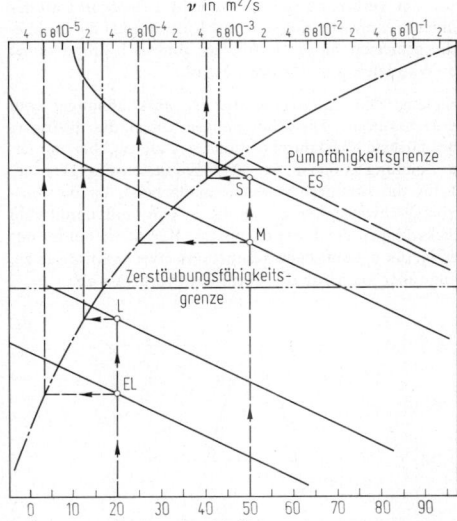

Bild 4. Abhängigkeit der kinematischen Viskosität v der Heizöle EL, L, M, S und ES von der Temperatur t (obere Grenzwerte nach DIN 51603) [1]

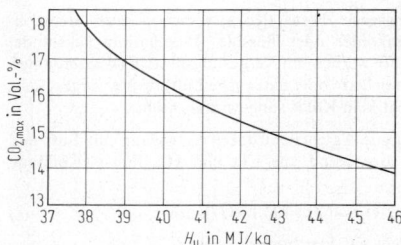

Bild 5. Maximaler CO_2-Gehalt der Rauchgase flüssiger Brennstoffe [1]

Siedebereich. Er wird als Kurve dargestellt, die den abdestillierten Anteil in Abhängigkeit von der Temperatur angibt. Beginn bei erster Dampfbildung, Ende bei Beendigung der Dampfbildung, wobei feste Rückstände bleiben können. Bei Heizölen soll der Siedebeginn bei 200 °C (Heizöl EL), das Siedeende bei 360 °C liegen und der Verlauf möglichst linear sein.

Viskosität und Stockpunkt. Die kinematische Viskosität v ist für die Pumpen- und Rohrleitungsauslegung sowie für die Zerstäubung im Brenner maßgebend. Für die Pumpfähigkeit sind maximal 600·10⁻⁶ m²/s zulässig, die günstigste Zerstäubung erfolgt bei 12 bis 30·10⁻⁶ m²/s. Aus den Viskositäten für Heizöle (**Tab.** 4) geht hervor, daß Heizöl M und S zur Zerstäubung, S auch zum Pumpen

vorgewärmt werden muß. Die nötige Vorwärmung kann aus **Bild 4** ermittelt werden (Abhängigkeit von der Temperatur linear im doppeltlogarithmischen Maßstab). Für Heizöl S ergibt sich dann für Pumpen 50 °C und für Zerstäuben 120 °C.
Die Temperatur nach DIN 51597 und DIN EN6, bei der das Öl unter Einwirkung der Schwerkraft nicht mehr fließt, heißt Stockpunkt (wichtig für Lagerung).

Verkokungsneigung. Bestimmung des Koksrückstands nach Conradson (nach DIN 51551); Anteil der ursprünglichen Menge in %, der nach dem Verdampfen und Cracken als Koks zurückbleibt. Sie gibt einen Anhalt, ob bei Aufschlagen der Flamme auf eine Wand Koks entsteht und ob der Brennstoff für Verdampfungsbrenner geeignet ist.

Maximaler CO_2-Gehalt. Abhängig vom Heizwert, **Bild 5.**

2.4 Gasförmige Brennstoffe oder Brenngase
Gaseous fuels

Einteilung. Neben der Herkunft (natürlich, künstlich, Abfall) erfolgt sie nach dem Heizwert H_u in MJ/m³ (hier wie im gesamten Abschnitt auf den Normzustand nach DIN 1343 bezogen): Schwachgase $H_u < 8$, Mittelgase $H_u = 8...14$, Normalgase $H_u = 14...21$ und Starkgase $H_u > 21$ sowie nach dem Gehalt an schweren Kohlenwasserstoffen: Armgase ohne, Reichgase mit erheblichem Anteil an Kohlenwasserstoffen (s. DIN 1340).

Natürliche Brenngase

Erdgas kommt in eigenen Quellen (trockenes Erdgas) oder in Domen über Erdöl (nasses Erdgas) vor. Trockenes Erdgas hat in den brennbaren Bestandteilen meist über 80% Methan (CH_4). Nasses Erdgas enthält einen größeren Anteil an höheren Paraffinen und hat einen größeren Heizwert, **Anh. L 2 Tab. 6**. Einige Quellen enthalten mehr H_2S (Lacq, saures Erdgas) oder mehr CO_2 und N_2 (Emsland, Niederlande). Bohrungen auf dem Festland und im Küstengebiet (off-shore), Transport über Land durch Rohrleitungen, über See in Tankern im verflüssigten Zustand bei Atmosphärendruck bei −161 °C (LNG).

Künstliche Brenngase

Entgasungsgase. Schwelgase. Sie entstehen beim Schwelen fester Brennstoffe (s. **Anh. D 8 Tab. 4**). Die Unterschiede liegen in den verwendeten festen Brennstoffen begründet.

Verkokungsgase. Bei der Erzeugung von Hütten- und Zechenkoks bei 1000 °C fallen sie mit geringem CO-Gehalt an.

Stadtgas. Es fällt beim Verkoken von Steinkohle bei 1200 °C in Gaswerken an und wird zum Erreichen des gewünschten Heizwerts mit Wassergas vermischt.

Vergasungsgase. Feste (Koks, nichtbackende Steinkohle, Braunkohle) oder flüssige (Destillationsrückstände) Brennstoffe werden mit Vergasungsmitteln (Wasserdampf, O_2-angereicherter oder natürlicher Luft) restlos vergast, d.h., es entsteht kein Koks, sondern nur Asche.

Generatorgas. Es entsteht durch Vergasung mit Luft und besteht vorwiegend aus CO und H_2. Für CO-Bildung gilt

$$C+(1/2)O_2 \rightarrow CO+123,1 \text{ MJ/kmol.} \qquad (7)$$

H_2 entsteht aus Feuchtigkeit nach

$$CO+H_2O \rightarrow CO_2 + H_2 + 42,3 \text{ MJ/kmol}$$

und aus flüchtigen Bestandteilen.

Gichtgas. Es entsteht im Hochofen durch Reduktion des bei Verbrennung in tieferen Schichten entstandenen CO_2 an frischem Koks nach

$$C+CO_2 \rightarrow 2CO - 160,0 \text{ MJ/kmol}$$

und ist deshalb sehr CO-reich.

Wassergas. Es entsteht durch Vergasung von Koks mit Wasserdampf nach

$$C + H_2O \rightarrow CO+H_2 - 118,5 \text{ MJ/kmol;}$$

es wird auch als Synthesegas bezeichnet.

Druckvergasungsgas. Mit O_2-angereicherter Luft oder reinem O_2 und Wasserdampf wird Feinkohle bei Drücken von 20 bis 30 bar im Festbett vergast.

Künstliches Erdgas. Es kann durch hydrierende Vergasung von Kohle oder Heizöl nach

$$C+2H_2 \rightarrow CH_4+87,5 \text{ MJ/kmol}$$

oder durch Methanisierung von Synthesegas nach

$$CO+3H_2 \rightarrow CH_4 + H_2O+206,0 \text{ MJ/kmol}$$

erzeugt werden.

Abfallbrenngase. *Raffineriegase.* Diese Restgase der Erdölverarbeitung haben eine stark schwankende Zusammensetzung zwischen sehr H_2-haltigen Armgasen und Reichgasen mit hohem Anteil an Kohlenwasserstoffen bis Oktan. Damit schwanken Dichte und Heizwert sehr. Teilweise enthalten sie wertvolle Hilfsstoffe für die Vergasung.

Klärgas. In städtischen und industriellen Klärwerken entsteht beim Faulen des Klärschlamms (Zersetzung durch Bakterien) in Faultürmen ein Gas mit hohem CH_4-Gehalt, das meist für den Eigenbedarf des Klärwerks (zur Dampferzeugung) verbraucht wird.

Eigenschaften

Brenn- und Heizwert. Aus den Bestandteilen und dem Brenn- bzw. Heizwert der reinen Gase kann für das Brenngas angenähert berechnet werden:

$$H_o = 12,62\,CO+12,75\,H_2 + 39,81\,CH_4$$
$$+ 63,43\,C_mH_n + 25,46\,H_2S. \qquad (8)$$

$$H_u = 12,62\,CO+10,78\,H_2 + 35,87\,CH_4$$
$$+ 59,50\,C_mH_n + 23,37\,H_2S. \qquad (9)$$

Dabei ist die Summe der Volumenanteile gleich eins. C_mH_n sind ungesättigte Kohlenwasserstoffe und werden als C_2H_4 gerechnet, schwere Kohlenwasserstoffe sind zusätzlich zu berücksichtigen.

Wobbe-Zahl. Sie ist ein Maß für die Wärmeleistung eines Brenners. Ändern sich die Gasqualität (Brennwert, Dichte) und der Druck p, so ändert sich die Wärmeleistung im Verhältnis Wobbe-Zahl nach Schuster $Wo' = H_o\sqrt{p/d}$. Hierbei ist d das Verhältnis der Dichten von Gas und Luft. Für Verbrennungsregelung wird deshalb oft statt des reinen Brennwerts (Messung mit Kalorimeter) die Wobbe-Zahl gemessen, da der Luftbedarf praktisch proportional der Wärmeleistung des Brenners ist.

Zündung. Die Zündtemperatur ist stark abhängig vom Versuchsaufbau. Die Zündgrenzen geben die niedrigste und höchste Gaskonzentration in Luft an, bei der eine Zündung möglich ist. Die Zündgeschwindigkeit w_z ist für die Brennerbemessung maßgebend, da die Ausströmgeschwindigkeit größer als w_z sein muß, damit kein Rückschlagen der Flamme auftritt, **Bild 6**. Sie nimmt mit der thermodynamischen Temperatur etwa quadratisch zu, hängt aber auch von der Form des Prüfgeräts ab.

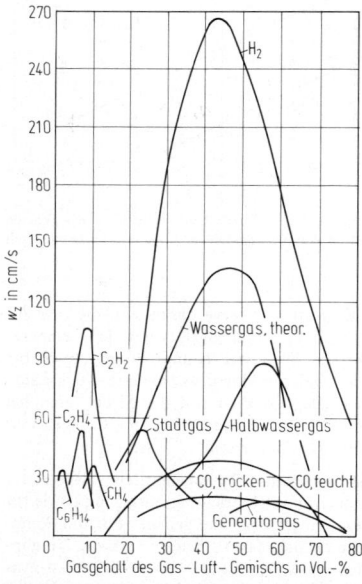

Bild 6. Zündgeschwindigkeit w_z von Brenngasen bei 20 °C und laminarer Strömung [1]

2.5 Kernbrennstoffe. Nuclear fuels

Die bei der *Kernspaltung* von Atomkernen des Urans, Thoriums und Plutoniums freigesetzte Energie wird in Wärme umgesetzt und kann thermodynamisch in Kraftwerksprozessen genutzt werden. Die aus der kontrollierten Kernspaltung gewonnene Wärmeenergie wird in den Kernkraftwerken in elektrische Energie umgewandelt. Großtechnisch sind solche Anlagen seit Anfang der 50er Jahre in Betrieb. Als Brennstoffe, in diesem Fall Spaltstoffe, die im wesentlichen durch thermische Neutronen spaltbar sind, werden folgende Isotope angesehen: Uran 235 und 233, Thorium 232, Plutonium 239 und 241.

Die für die Zukunft geplante technische Energienutzung bei der *Kernverschmelzung* von schweren Wasserstoffkernen (Deuterium und Tritium) zu Heliumkernen, die sog. *Kernfusion*, befindet sich noch im Experimentierstadium. Der Gesamtprozeß erzeugt aus 1 g Deuterium (schwerer Wasserstoff ^{2}H) 12,5 MWd (Megawatt-Tage) an Energie, ein vielfaches der Uranspaltung. Ein Fusionsreaktor ist deshalb der Kernspaltungsreaktor überlegen, weil das zur Verfügung stehende Wasser als Energiequelle dienen kann und der verbleibende radioaktive Abfall geringer ist. Seine großtechnische Anwendung zur Energieerzeugung ist noch nicht absehbar.

In den heutigen Kernkraftwerken wird *Uran* als Brennstoff eingesetzt. Natürliches Uran besteht zu 99,29% aus dem schwerspaltbaren Uranisotop U 238 und zu 0,71% aus dem leichter spaltbaren Isotop U 235. Das Natururan wird bei den meisten Reaktoren für den Brennstoffeinsatz auf rd. 3% U 235 angereichert. Die Kernspaltung entsteht bei Beschuß des U 235 Isotops mit einem thermischen Neutron (im Moderator abgebremstes Neutron, auf ein Energieniveau von ca. 0,025 eV – Elektronenvolt –), da diese Atomkerne eine relativ geringe Stabilität aufweisen. Die von einem thermischen Neutron ausgelöste Gleichgewichtsstörung des Urankerns erzeugt Schwingungen, durch die Teile des Kerns außerhalb der Reichweite der Kernbindungskräfte geraten. Der Kern zerreißt wegen der abstoßenden Coulombkräfte. Dabei bilden sich zwei gelegentlich auch drei zumeist ungleiche Teilkerne und einige (2 bis 3) schnelle Neutronen.

Zu den Spaltprodukten des Uran 235, die mit größter Häufigkeit auftreten, zählen Strontium 89 und 90, Zirkonium 95, Molybdän 95, Xenon 133, Cäsium 137 und Barium 140, Gl. (10).

Die Spaltprodukte und Neutronen werden in der sie umgebenden Materie (vorwiegend Brennelemente des Reaktorkerns) abgebremst. Ihre kinetische Energie wird in Wärme umgewandelt, **Tab. 5.** Je Spaltung eines U-235-Kerns, wird eine Energie von 192 MeV=$3,1 \cdot 10^{-11}$ J=$3,1 \cdot 10^{-11}$ Ws gewonnen.

Theoretisch läßt sich aus 1 kg Uran 235 durch Kernspaltung in einem thermischen Reaktor eine Wärmeenergie von

$$\frac{192 \text{ MeV/Spaltung} \cdot 6,0247 \cdot 10^{23} \text{ Atome (Loschmidt-Zahl)}}{235,04 \text{ (Atomgewicht von U 235)}}$$

$$= 4,92 \cdot 10^{26} \text{ MeV} = 22 \text{ GWh}$$

freisetzen. Dies würde einem theoretischen Brennstoffbedarf von rd. 2700 t SKE Steinkohle entsprechen.

In einem Kernreaktor können jedoch nicht alle Atome des Uran 235 gespalten werden. Es werden aber auch andere oder neu im Reaktor erzeugte Isotope gespalten, insbesondere entsteht das Plutonium 239 aus dem Uran 238. Die tatsächliche Brennstoffausnutzung bei *Leichtwasserreaktoren* (LWR) wird mit dem Begriff „Abbrand" in GWd/t (24 Mio. kWh/t DWR) eingesetztem Brennstoff definiert.

Sie ist bei *Druckwasserreaktoren* (DWR) mit 32,5 GWd/t (Anreicherung 3,1% U 235) und bei *Siedewasserreaktoren* (SWR) mit 27,5 GWd/t (Anreicherung 2,6% U 235) anzusetzen.

Für die Herstellung von 1 kg auf 3% angereichertes Uran sind 5,479 kg Natururan als sog. „Feed" erforderlich, wobei nach den Anreicherungsverfahren 4,479 kg auf 0,2% abgereichertes Uran als Restprodukt („tail") verbleibt. Das bedeutet bei einem Abbrand von 32,5 GWd/t Uran (=780 GWh/t), bezogen auf 1 kg Natururan, 17,48 t SKE Steinkohle bzw. etwa 12 t Erdöl.

Bei diesen Werten ist keine Rückführung von Uran und Plutonium unterstellt. Wird durch die Wiederaufbereitung das im Brennstoff noch verbliebene spaltbare Material in den Brennstoffkreislauf zurückgeführt, erhöht sich der Energieinhalt pro eingesetztes kg Natururan bei seiner Verwendung in Leichtwasserreaktoren auf etwa 26 t Steinkohle bzw. 19 t Erdöl. Als allgemeiner Umrechnungswert wird als Energieinhalt von 1 kg Natururan bei Nutzung im Leichtwasserreaktor mit Wiederaufbereitung (Anreicherung 3,1% und 0,2% tail assay – Gleichgewichtskern –) ein Wert von 25,8 t SKE unterstellt (s. **Anh. L2 Tab. 1**).

Die Uranvorräte in der wichtigsten Kostenklasse 80 bis 130 $/kg U wurden 1987 auf 3,55 Mio. t beziffert. Seine Nutzungsreichweite wird mit 30 bis 50 Jahre angegeben.

Zur Wärmegewinnung im thermischen Kernreaktor sind folgende Funktionen bedeutungsvoll:

Wärmeabfuhr aus dem Reaktorkern, Moderation der Spaltneutronen (Abbremsung der schnellen Neutronen – über 1 MeV auf 0,025 eV=2200 m/s – thermische Neutronen –), Steuerung der Kernspaltungsvorgänge durch Absorption von Neutronen.

Die Kühlung und die Wärmeabfuhr erfolgt durch Flüssigkeiten oder Gase, hauptsächlich *leichtes Wasser* (H_2O), *schweres Wasser* (D_2O) sowie *Helium*, CO_2 und *Natrium*. Man unterscheidet danach *wasser-* und *gasgekühlte* Reaktoren. Flüssiges Natrium wird als Kühlmittel für den *schnellen Brüter* verwendet.

In thermischen Reaktoren ist zur Abbremsung der Neutronen ein *Moderator* erforderlich, z.B. Wasser oder Graphit.

Durch die *Regelstäbe* (Silber-Indium-Cadmium-Legierungen), die große Neutronenabsorber sind, erfolgt eine Steuerung des Neutronenflusses innerhalb des Reaktorkerns. Borlösungen werden besonders für Schnell- und Notabschaltungen verwendet.

Brutprozeß (breeding)

Erzeugung. Das bei der Absorption langsamer Neutronen in U 238 entstehende U 239 ist instabil und wandelt sich nach der Reaktion um in Pu 239.

$$^{238}_{92}\text{U} + ^1_0\text{n} \rightarrow ^{239}_{92}\text{U} \rightarrow ^{\ \ 0}_{-1}e + ^{239}_{93}\text{Np} \rightarrow ^{\ \ 0}_{-1}e + ^{239}_{94}\text{Pu} \qquad (11)$$

Ausgangskern (Brutstoff) / thermisches Neutron / Zwischenprodukt (nicht stabil) / β-Teilchen 23 Min. / Neptunium (nicht stabiles Zwischenprodukt) / β-Teilchen 2,3 Tage^2 / Plutonium 239 als spaltbares Endprodukt

Pu 239 ist gegen Spaltung ähnlich instabil wie U 235 und damit ein künstlicher Spaltstoff. Da meist viel mehr U 238 als U 235 im Reaktor ist, läuft der „Konversionsprozeß" nach Gl. (11) immer neben der Spaltung ab. Die Häufigkeit der Konversion hängt von den Neutronenverlusten ab. Da im Mittel 2,5 Neutronen je Spaltung entstehen, verbleiben 1,5 Neutronen für die Pu-Erzeugung, d.h. es könnte also mehr Pu-Spaltstoff entstehen als U-Spaltstoff verbraucht wird, solange genügend U 238 vorhanden ist. Diesen Vorgang nennt man „Brüten" (von Spaltstoff). Konversionsfaktoren über eins können nur bei hoher Anreicherung

Tabelle 5. Kernspaltung und Energiebilanz

Durchschnittliche *Energieverteilung* für die Spaltung des U^{235}-Kerns in MeV:

$$^{235}_{92}U + {}^{1}_{0}n \rightarrow {}^{236}_{92}U \rightarrow {}^{89}_{36}Kr + {}^{144}_{56}Ba + 3\,{}^{1}_{0}n \tag{10}$$

| Aus-gangs-kern (Spalt-stoff) | thermi-sches Neutron 2000 m/s | kurz-lebiges Zwischen-produkt | hier Krypton | hier Barium (als Beispiel häufiger Spaltprodukte) | 3 Neutronen |

Prompte Spaltungsenergie

1. Kinetische Energie der Spaltprodukte	168 MeV
2. Kinetische Energie der schnellen Neutronen	5 MeV
3. Energie der prompten γ-Strahlen	5 MeV

Radioaktiver Zerfall der Spaltprodukte

4. β-Strahlung	7 MeV
5. γ-Strahlung	6 MeV
6. Neutrinos (unabsorbierbar)	(11) MeV

Reaktionen mit Neutronen ohne Spaltungen

7. β- und γ-Strahlen	7 MeV
	198 MeV

Gewonnene Energie im Kühlmittel   192 MeV

$192 \text{ MeV} = 3{,}1 \cdot 10^{-11} \text{ Ws}$

Energieverteilung

Spaltstoff	95...92%
Kühlmittel und Moderator	4... 7%
thermisches und biologisches Schild	1%

Beschuß-Neutron   Kern   Moderator   Spaltungs-generation

Spaltprodukte

verzögertes Neutron

γ-Strahlung   kinetische Energie   β+γ-Strahlung
~5 MeV   ~170 MeV   ~5 MeV   ~20 MeV
~180 MeV
~200 MeV/Spaltung
$3 \cdot 10^{18}$ Spaltungen/s ≙ 1 W   1 kg Uran ≙ 3000 t Steinkohle

ohne Moderator (zum Vermeiden von Absorptionsverlusten) erzielt werden, d.h. mit schnellen Neutronen (hier spricht man vom „*Schnellen Brüter*"). Thermische Reaktoren haben wegen der inneren Verluste Konversionsfaktoren von 0,7 bis 0,9; sie werden „Konverter" genannt. Im Laufe des Betriebes eines Reaktors trägt die Spaltung von Pu 239 zunehmend zur Reaktion bei.
Da Brüter die Nutzung der großen Masse U 238 ermöglichen, läßt sich unter Berücksichtigung der Verluste bei der Wiederaufbereitung die aus Uran gewinnbare Energie auf das etwa 60fache gegenüber der bloßen Verwendung von U 235 in Konverten steigern.

Thoriumumwandlung. Eine andere Möglichkeit, Spaltstoff aus nichtspaltbaren Isotopen zu erbrüten, ist die Neutronenbestrahlung von Thorium Th^{232}_{90}, dem einzigen in der Natur vorkommenden Thoriumisotop, das sich wie folgt umwandelt:

$$^{232}_{90}Th + {}^{1}_{0}n \rightarrow {}^{233}_{90}Th \rightarrow {}^{0}_{-1}e + {}^{233}_{91}Pa \rightarrow {}^{0}_{-1}e + {}^{233}_{92}U. \tag{12}$$

U 233 hat ähnlich gute Spalteigenschaften wie U 235, bei höheren Temperaturen einen größeren Spaltungs-Wirkungsquerschnitt σ_s und ist deshalb besonders geeignet für Hochtemperaturreaktoren (s. L6.7).

Der Hauptteil der Erze besteht aus stark neutronenabsorbierenden Seltenen Erden, von denen das Thorium bei der Aufbereitung getrennt werden muß. Dazu wird es mit Phosphaten ausgefällt, in Nitrate umgewandelt und durch Flüssigextraktion von den restlichen Seltenen Erden befreit.

Brennstoffkreislauf

Er umfaßt außer der Gewinnung des Spaltstoffs die Wiederaufbereitung bestrahlter Brennelemente und die Abfallbeseitigung.
Die Aufbereitung fossiler Brennstoffe wie Steinkohlen besteht im wesentlichen in der Trennung vom Gestein durch Wäsche. Rohöl wird raffiniert in Fraktionen vom Heizöl S bis hin zum Leichtbenzin. Braunkohle wird unmittelbar in Kraftwerken verfeuert oder brikettiert. Die Massenabscheidung bei der Aufarbeitung fossiler Brennstoffe liegt in der Größenordnung „1". Für die Jahresverbrauchsmenge eines 1300-MW-Kernkraftwerks von 35 t Uran ist die Förderung von 120000 t uranhaltigem Gestein erforderlich. Durch Auswaschen werden 220 t Erzkonzentrat U_3O_8 gewonnen. Die Anreicherung, d.h. Trennung, erfolgt in der Form des gasförmigen Uranhexafluorids UF_6

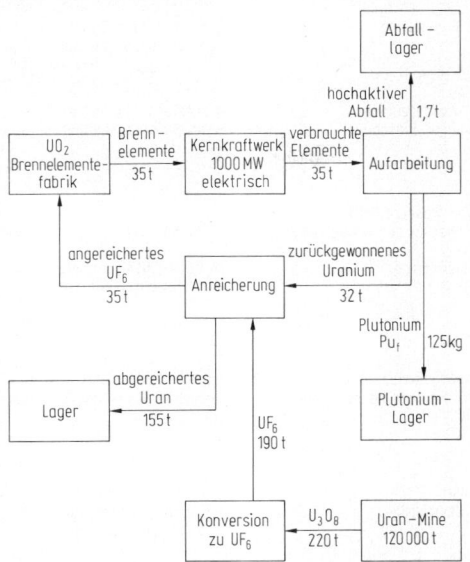

Bild 7. Brennstoffkreislauf und Rückführung von Uran [9]

Tabelle 6. Zusammensetzung der Brennelemente vor und nach Einsatz

	Reaktortyp	
	SWR	DWR
Ausgangsmaterial 1000 g „schwach" angereichertes Uran		
Anreicherung	2,6% U-235	3,3% U-235
Abbrand	27,5 MWd/kg	33 MWd/kg
Von 1000 g U verbleibt im abgebrannten Brennstoff:		
U-238	953,0 g	945,0 g
U-236	3,3 g	4,2 g
U-235	6,2 g	8,6 g
Pu-239	4,0 g	5,3 g
Pu-240	2,1 g	2,4 g
Pu-241	0,9 g	1,2 g
Pu-242	0,4 g	0,4 g
andere Aktiniden-Elemente	ca. 0,5 g	ca. 0,6 g
Spaltprodukte	29,5 g	32,5 g

nach drei Verfahren: dem Gasdiffusionsverfahren, wobei gasförmiges Uranhexafluorid unter hohem Druck durch feinporige Membranen hindurchgepreßt wird, dem Zentrifugalverfahren und dem Trenndüsenverfahren. Alle Verfahren nutzen das unterschiedliche Molekulargewicht zwischen U 235 und U 238 aus, um das erstere auf etwa 3% anzureichern. Das angereicherte Uranhexafluorid wird in Tablettenform bei 1700 °C gesintert. Diese Pellets werden in Brennstäbe eingefüllt. Ähnlich werden die „coated particles" für Kugelelemente hergestellt. Bei einem Abbrand von 33 000 MWd/t bleiben 32 t/a Uran unverbraucht, die in die Anreicherung zurückgehen, sowie 125 kg Pu 239. In die *Endlagerung* gehen jährlich etwa 2 t radioaktiver Spaltprodukte, **Bild 7**. Ohne *Wiederaufbereitung* und *Neuanreicherung* wäre das Endlagerungsproblem nicht zu bewältigen. Die Wirtschaftlichkeit der Wiederaufarbeitung ergibt sich im übrigen auch aus den hohen Kosten der Erzgewinnung, Aufbereitung und der Isotopentrennung

(Kosten der Wiederaufbereitung ca. 1500 DM/kg Spaltmaterial).
Die Abbrandbilanz für 1 kg eingesetzten Brennstoff bei 33 000 MWd/t im DWR beträgt:

$\quad$ 33 g U 235 umgewandelt in $\quad$ 8,6 g (Ausnutzung 74%)
$\quad$ 967 g U 238 umgewandelt in 945 g Pu.

Die genaue Zusammensetzung der Brennelemente vor und nach Einsatz ist **Tab. 6** zu entnehmen.
Die Kostenstruktur im Brennstoffkreislauf gliedert sich in: 24% Uranerzkosten, 3% UF$_6$-Herstellung, 23% Anreicherung von 0,7% auf 2,5 bis 3% U 235, 14% Fertigungskosten der Brennelemente, 37,2% Wiederaufbereitung, Endlagerung, einschließlich Transporte, 1,6% Refabrikation und −2,8% Plutoniumgutschrift.

Endlagerung radioaktiver Abfälle

Bei der Endlagerung muß der radioaktive Abfall über die Dauer des Abklingens ihrer Strahlung absolut sowie wartungs- und überwachungslos von der Biosphäre isoliert werden. Dies ist durch Einlagern in Kavernen oder Stollen in tiefen und sicheren geologischen Formationen zu erreichen.
Schwach- (bis 18 Bq/m³) und mittelaktive Abfälle (bis 7500 Bq/m³) werden in Bitumen oder Beton verfestigt und in Stahlfässern gelagert, derzeitig z.B. im Salzbergwerk Asse bei Wolfenbüttel. Dies sind 95% des gesamten nuklearen Abfallvolumens.
Für die zu erwartenden größeren Abfallmengen ist die behälterlose Endlagerung dieser Rückstände in weiteren Salzkavernen geplant. Hochradioaktive Abfälle (bis zu 15 Mio. Bq/m³), die mengenmäßig einen Anteil von 5% ausmachen, werden durch Eingießen verfestigt – entsprechend ihrer Strahlung in Bitumen, Beton oder Borsilikatgläser – und einer Endlagerung z.B. auch in Stollen in Salzformationen oder Kavernen zugeführt. Vorher werden sie 20 bis 40 Jahre für den Abklingprozeß oberirdisch gelagert. In keinem Land wird vor 2010 an eine Endlagerung hochradioaktiver Abfälle gedacht.
Durch Verfestigung, große Lagertiefe (ca. 1000 m) und erwiesene Unveränderlichkeit von Salzformationen in der Größenordnung von 100 Mio. Jahren soll erreicht werden, daß innerhalb von 10000 Jahren die Radiotoxidität der Abfälle auf die von Pechblende mit sehr hohem Urangehalt abgeklungen ist, ohne über das Grundwasser in den Lebensbereich wieder zurückzukehren. Das Konzept der mehrfachen Sicherheitsbarrieren zeigt **Bild 8**.
Radioaktive Abfälle als kumuliertes Volumen der Abfallgebinde sind bis 1987 ca. 37500 m³ angefallen, das bis zum Jahre 2000 auf ca. 196300 m³ ansteigen soll. In der Grube Konrad ist nach Abschluß des Planfeststellungsverfahrens ab 1990 ein Ablagerungsvolumen von ca. 100000 m³ verfügbar.

2.6 Regenerative Energien. Regenerative energies

Die natürlichen Energiequellen, die sog. regenerativen Energien bilden ein nahezu unerschöpfliches Energiereservoir. Zu diesen Quellen zählen Wasser, Wind, Sonnenstrahlung und Erdwärme (Geothermische Energie). Dennoch werden sie für die Energieversorgung zunächst nur einen kleinen Beitrag leisten. Den stärksten Anteil hat dabei die Nutzung der Wasserkräfte im Flußbereich. Einen Überblick über das noch zu realisierende Potential in der Bundesrepublik Deutschland bis zum Jahre 2000 zeigt **Tab. 7**.

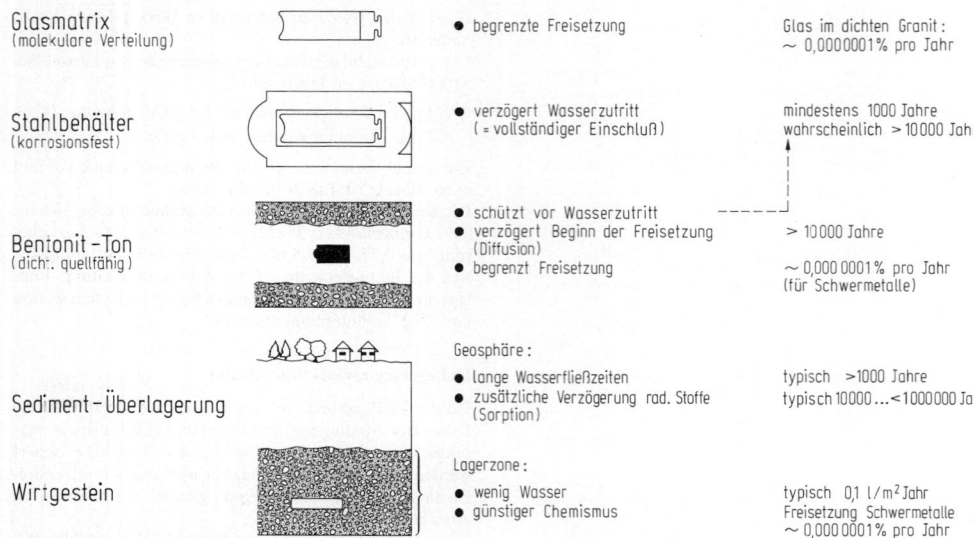

Glasmatrix
(molekulare Verteilung)

- begrenzte Freisetzung

Glas im dichten Granit:
~ 0,0000001 % pro Jahr

Stahlbehälter
(korrosionsfest)

- verzögert Wasserzutritt
  (= vollständiger Einschluß)

mindestens 1000 Jahre
wahrscheinlich > 10000 Jahre

Bentonit-Ton
(dicht, quellfähig)

- schützt vor Wasserzutritt
- verzögert Beginn der Freisetzung
  (Diffusion)
- begrenzt Freisetzung

> 10000 Jahre

~ 0,000 0001 % pro Jahr
(für Schwermetalle)

Sediment-Überlagerung

Geosphäre:

- lange Wasserfließzeiten
- zusätzliche Verzögerung rad. Stoffe
  (Sorption)

typisch > 1000 Jahre
typisch 10000 ... < 1000000 Jahre

Wirtgestein

Lagerzone:

- wenig Wasser
- günstiger Chemismus

typisch 0,1 l/m² Jahr
Freisetzung Schwermetalle
~ 0,000 0001 % pro Jahr

Bild 8. Konzept der mehrfachen Sicherheitsbarrieren [9]

Tabelle 7. Realisierbares Potential der erneuerbaren Energiequellen in der Bundesrepublik Deutschland im Jahre 2000 (in Mio. t SKE)

Energiequelle	Nitschke-Piller (VDEW) 1981	KFA 1982	DFVLR 1984	DIW/ISI 1984
Sonne	4,1	3,2	1,2	1,6 ... 2,6
Umgebungswärme	25,9	4,5	3,3	0,5 ... 6,0
Wind	3,0	4,5	1,2	1,3 ... 1,9
Wasserkraft	10,5	11,6	10,6	7,0 ... 7,4
Biomasse	<1	10,0	8,5	5,0 ... 6,2
Erdwärme	0	0	0	0
alle erneuerbaren Energiequellen	rund 44	33,8	24,6	15,4 ... 24,0

VDEW   Vereinigung Deutscher Elektrizitätswerke
KFA   Kernforschungsanlage Jülich
DFVLR   Deutsche Forschungs- und Versuchsanstalt für Luft- und Raumfahrt, Fachbereich Energetik, Stuttgart
DIW   Deutsches Institut für Wirtschaftsforschung, Berlin
ISI   Fraunhofer-Institut für Systemtechnik und Innovationsforschung, Karlsruhe

Wasserenergie

Zur Gewinnung mechanischer Arbeit in Form von Wasserrädern, schon vor Jahrhunderten genutzt, dient die Wasserkraft heute vorwiegend der Stromerzeugung (s. R 2). Vor allem in Ländern der Dritten Welt bestehen noch Möglichkeiten, durch Bau von Wasserkraftwerken die Energiegrundlage, die Trink- und Nutzwasserversorgung und die Verkehrsverhältnisse auf den Wasserläufen zu verbessern. Der Einfluß solcher Maßnahmen auf Klima und Grundwasserspiegel ist zu beachten. Langjährige Aufzeichnungen über Niederschlagsmengen im Einzugsbereich und über Wasser- und Geschiebeführung der in Frage kommenden Gewässer sind Voraussetzung für wirtschaftliche Auslegung, bei der auch Übertragungskosten der gewonnenen elektrischen Energie und Kosten der Leistungsreserve bei Trockenperioden zu berücksichtigen sind. Die durch Stauseen zusätzlich überfluteten Gebiete sind zu bewerten.

Neben Lauf- und Speicherkraftwerken (Leistung in der Bundesrepublik Deutschland 6,9 GW=6,7% der installierten Kraftwerksleistung) gibt es noch Gezeitenkraftwerke, die das durch den Tidenhub entstehende Gefälle nutzen. Hohe Investitionskosten, Behinderung der Schiffahrt durch Staudammschleusen, tidenabhängige und daher zeitlich beschränkte Stromerzeugung ergeben geringe wirtschaftliche Möglichkeiten. Im europäischen Raum ist bisher nur das *Gezeitenkraftwerk* an der Rance bei St. Malo 1966 mit 24 Maschineneinheiten à 10 MW in Betrieb gegangen, das vor kurzem völlig überholt werden mußte (Staudamm 750 m, Tidenhub bis 14 m). Die Ausnutzung der tiefenabhängigen Temperaturdifferenz im Meereswasser sowie auch die Nutzung der dynamischen Kräfte der Meereswellen zur Energiegewinnung werden in absehbarer Zeit auch nichts Nennenswertes zur Energieversorgung beitragen.

Windenergie

Windenergie kann einen Beitrag zur dezentralen Energieversorgung leisten. Besonders in abgelegenen Gebieten ist diese Energieform zur Stromerzeugung geringer Leistung und zur Wasserhaltung und Versorgung in landwirtschaftlichen Regionen nutzbar. Das Potential bodennaher Winde ist von der Oberflächenbeschaffenheit und Geländeformation abhängig. Die mittlere Windgeschwindigkeit über dem offenen Meer ist mit 9 bis 10 m/s relativ hoch, während mit fortschreitendem Abstand zur Küste die Windgeschwindigkeit abnimmt. Im Binnenland ist durch höher gelegene Orte der nutzbare Bereich für Windräder von 3 bis 6 m/s wieder zu erreichen. Die Windenergienutzung unterliegt starken tages- und jahreszeitlichen Schwankungen (s. L3.3.1).

Sonnenstrahlung

Die Sonnenstrahlung stellt eine praktisch unerschöpfliche Energiequelle dar. Auf die Erde entfällt eine gesamte Sonneneinstrahlung von $1,5 \cdot 10^{18}$ kWh/a. Als Durchschnittswert ergeben sich für den heißesten Punkt der Sahara $0,29$ kW/m² und z.B. für Berlin $0,114$ kW/m². Die jährliche Sonnenscheindauer ist in Deutschland mit 1400 bis

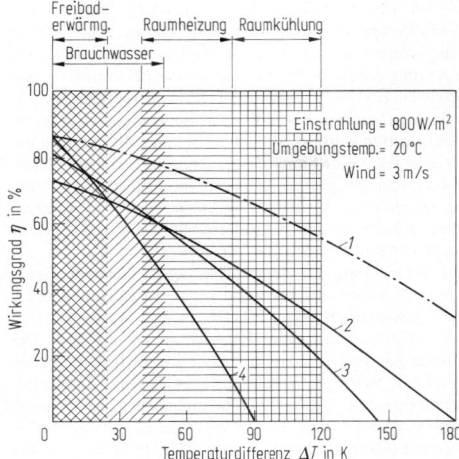

Bild 9. Wirkungsgrade verschiedener Kollektorbauweisen [11]. *1* Vakuum isoliert, selektiv, *2* doppelt verglast, selektiv (ε=0,1), *3* einfach verglast, selektiv (ε=0,1), *4* einfach verglast

1 800 h zu veranschlagen. Sonnenenergie ist nur in Verbindung mit wirtschaftlichen Speichersystemen sinnvoll nutzbar (s. L4.2).
Solare Strahlungsenergie kann mittels Niedrigtemperaturkollektoren Heizwärme oder Brauchwasser bereitstellen. Hierzu zählt auch das sog. Energiedach. Die Wirkungsgrade verschiedener Bauweisen zeigt **Bild 9**. Durch konzentrierende Kollektoren (vorwiegend Parabolspiegel) wird in Gebieten hoher Sonnenscheindauer eine Stromerzeugung über einen Wärmeträger möglich (s. L3.3.2).
Die direkte Umwandlung solarer Strahlungsenergie in elektrische Energie – Photovoltaik – oder in Wasserstoff ist erst in weiterer Zukunft zu erwarten. Die Kollektoren haben derzeit Umwandlungswirkungsgrade von 10%. Die Nutzung der Sonnenenergie erfordert einen großen Platzbedarf (100 m² Kollektorfläche für 10 kW elektrische max. Leistung).

Geothermische Energie

Der aus dem Erdinnern strömende Wärmefluß von 0,06 bis 0,08 W/m² ist zu 80% auf den Zerfall radioaktiver Isotope in Gesteinen (U 238, Th 232 und K 40) und zu 20% auf die Ursprungswärme bei der Erdentstehung zurückzuführen. Normalerweise beträgt die Temperaturzunahme durchschnittlich 3 K pro 100 m Tiefe, im Oberrheingraben kann der Wert auf 5 K oder in der Toskana auf 20 K ansteigen.
Die Speicherwärme in der Erdkruste liefert je nach Örtlichkeit aus dort vorhandenem Wasser Heiß- oder Sattdampf bzw. Heißwasser. Diese Energieträger dienen zur Elektrizitätserzeugung, als Prozeßwärme und zur Raum-

heizung. Von ihnen mitgeführte Fremdstoffe können zu Korrosionen und zu Umweltbelastungen führen und die Ausnutzung erschweren. Bei unter Druck stehendem Heißwasser, das oft in Verbindung mit Naturgas steht, wird auch die Entspannungsenergie bei der Freisetzung genutzt. Die Wärme trockener, heißer Gesteinsfelder dient durch eingeleitetes Fremdwasser der Dampferzeugung und Gewinnung geothermischer Energie. Die Nutzung der geothermischen Energie ist lediglich von lokaler Bedeutung und auf die Energieversorgung größerer Regionen nur von geringem Einfluß.

Biogas

Organische Abfälle werden in Faulgruben gesammelt und mikrobiell in Faulgase, vorwiegend Methan und immissionsfreien Dünger umgewandelt. Das Biogasverfahren ist in dicht besiedelten Industrieländern in bezug auf Umweltschutz von Wichtigkeit. Die Verflüssigung des Gases als Treibstoff ist wegen des erforderlichen Kompressionsaufwands unwirtschaftlich.
Angelegte Mülldeponien werden neuerdings bei ihrer Entgasung mittels Motore – BHKW für Strom- und Fernwärmeerzeugung – genutzt (Deponiegasanlagen). Die größte Biogaserzeugung stammt aus einer Deponie von New York, die täglich rd. 0,5 Mio. m³ Methan liefert.

Biomasse

Dies sind rezente Energieträger, also organische Primär- und Sekundärstoffe, die durch Fotosynthese entstanden, also Zucker, Stärke, Zellulose und Öle in mehr oder weniger großem Anteil enthalten. Aus Biomasse lassen sich je nach Ausgangsmaterial chemisch-thermisch, mikrobiell oder mit Hilfe von Enzymen Ethanole, Öle, Fette oder Schmierstoffe herstellen. Sammlung, Transport zur Verarbeitungsstelle, Verarbeitung zu Nutzstoffen und Entsorgung der Restprodukte erfordert besondere technische und organisatorische Maßnahmen. Biomassen als Erdölersatz, in tropischen Ländern von Bedeutung, gehen auf Kosten der Lebensmittelerzeugung. Das *„energyfarming"* erfordert große Ackerflächen und ist an den Vegetationszyklus gebunden. Über die Hälfte des Biomassenanteils ist Holz, was oftmals zu einem hohen Anteil dieser Primärenergie in örtlichen Bilanzen führt.

2.7 Rationelle Energienutzung
Efficient use of energy

Zur rationellen Energienutzung gehören vielfältige Möglichkeiten durch Energierückgewinnung. Meist handelt es sich um Rückgewinnung von Abwärme. Die rationelle Energienutzung erfordert einen zusätzlichen Materialaufwand, oft auch weitere apparative Einrichtungen. Ihr Einsatz setzt in jedem Fall eine detaillierte Kosten-Nutzen-Analyse voraus. Zu diesem Nutzungsgebiet gehören Wärmepumpen und Anlagen für eine Koppelproduktion von Strom und Wärme (s. M6 und L3.2).

3 Wandlung von Primärenergie in Nutzenergie. Transformation of primary energy into useful energy

Zur Gewinnung der Nutzenergie, die entweder als Strom, Wärme oder mechanische Energie abgesetzt wird, sind vorwiegend Verbrennungsprozesse unter Einsatz von Primärenergie wie Kohle, Öl, Gas und Kernenergie erforderlich. Der Umwandlungsprozeß ist sehr aufwendig. Die vielseitigste verwendbare Nutzenergie ist der Strom. Der Umwandlungswirkungsgrad ist jedoch nur mit maximal 40% zu veranschlagen, so daß alle zukünftigen Verbesserungen in der Kraftwerkstechnik eine Erhöhung auf 50% anstreben.

3.1 Erzeugung elektrischer Energie
Generation of electric energy

3.1.1 Wärmekraftwerke. Heating power stations

Anlagentechnik der Kraftwerke

Neben energiewirtschaftlichen Einflußfaktoren haben auch betriebswirtschaftliche Kriterien den Strukturwandel mitbestimmt. Hier stand die Senkung der spezifischen Anlagenkosten im Vordergrund. Sie führte zu einer ständigen Erhöhung der Einheitsleistung und zu einem recht frühen Übergang vom Sammelschienen- zum Blockkraftwerk.
Bild 1 zeigt die Entwicklung der Einheitsleistung bei *konventionellen Dampfturbosätzen* im Vergleich zu USA-Anlagen. Dabei ist die Situation in der Bundesrepublik Deutschland durch ein vergleichsweise langes Beharren bei 150- und 300-MW-Blöcken in den 50er bzw. 60er Jahren gekennzeichnet. Die Leistung wurde erst dann weiter erhöht, nachdem die Steigerung der Dampfparameter abgeschlossen war und genügend Betriebserfahrungen vorlagen. Die auf diese Betriebserfahrung aufbauenden Turbinen haben sich danach so gut bewährt, daß der Übergang auf Leistungen von 600 MW und größer in den 70er Jahren relativ schnell erfolgte. Der derzeit größte Steinkohleblock in der Bundesrepublik Deutschland ist die Anlage Heyden mit 800 MW. Eine darüber hinausgehende Leistungssteigerung ist derzeit nicht zu erwarten.

In den USA entschied man sich gleichzeitig mit der Vergrößerung der Maschineneinheiten auch für höhere Frischdampfzustände. Bemerkenswert ist, daß der schnelle Anstieg der Einheitsleistung mit der höheren Drehzahl bei 60 Hz bereits 1957 zu *Zweiwellenkonstruktionen* führte. Jedoch ist auch in den USA auf *Einwellenanordnung* zurückgegriffen worden, wenn sich technische Lösungen dafür anboten. Geringerer Maschinenpreis, geringerer Platzbedarf und geringerer Aufwand an Rohrleitungen sind die wesentlichen Gründe. Die Steigerung der Einheitsleistung hatte in der Bundesrepublik Deutschland keine negativen Einflüsse auf die Verfügbarkeit.
Die Entwicklung des Dampfprozesses ist durch die Erhöhung der Anzahl der regenerativen Vorwärmstufen von 2 bis 8 gekennzeichnet (s. **Bild 7**); hierbei wuchs die Einheitsleistung von kleiner 100 MW bis auf 800 MW. Der Einsatz von preisgünstigem Heizöl und Erdgas im letzten Jahrzehnt führte zu kombinierten Gas- und Dampfturbinenprozessen. Die verbrauchsorientierte Kraft-Wärme-Kopplung wird auch in Zukunft kleinere steinkohlebefeuerte Einheitsleistungen unter 300 MW, mit der an der Wärmeabgabe orientierten mehrstufigen Auskopplung, als zweckmäßig erachten.
Durch die Steigerung der Einheitsleistung sowie durch den Übergang vom Sammelschienen- zum Blockkraftwerk konnte der spezifische Flächenbedarf pro Kilowatt ständig reduziert werden. Aber auch hier führen die wachsenden Umweltschutzmaßnahmen wieder zu einem Anstieg des Flächenbedarfs, wobei der „Umweltanteil" jetzt nahezu gleich viel Fläche beansprucht wie das Kesselhaus.
Dieser Umweltanteil bedingt auch zusätzliche Aufwendungen. Bis 1970 waren nur wenige Prozent der Gesamtinvestitionen für Umweltschutzmaßnahmen aufzuwenden zur Reduzierung von Lärm- und Staubbelastung. Seit Mitte der 70er Jahre sind ständig wachsende „Umweltaufwendungen" erforderlich, die derzeit rund 25% der Gesamtinvestitionen ausmachen.
Bei den *Gasturbinen* setzte die Entwicklung zu größeren Einheiten über 20 MW im wesentlichen erst Anfang der 70er Jahre ein; sie erreichten danach aber schon innerhalb von 3 Jahren 90 MW. Heute liegen die Leistungen über 120 MW. Gasturbinen werden als Spitzenlast- oder Reserveanlagen installiert. Ihre Startzeit von Null auf Vollast ist mit 15 min zu veranschlagen. Dauer der Spitzenlast, schnelle Lastwechsel, Starthäufigkeit und Startgeschwindigkeit verringern in großem Maße die Lebensdauer. Gas-

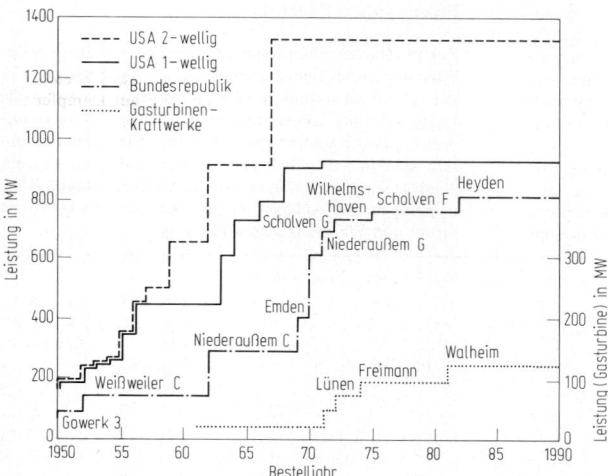

Bild 1. Steigerung der Einheitsleistung bei Heißdampf- und Gasturbosätzen in der Bundesrepublik Deutschland und in den USA

turbinen im offenen Prozeß sollten möglichst mit Nennlast und bei Vollast im Dauerbetrieb mit einer solchen Temperatur gefahren werden, daß Korrosionen an den heißen Teilen vermieden werden. Die meisten Bauarten müssen wegen des direkt gekuppelten Verdichters mit fester Drehzahl laufen; der Luftstrom ist in einigen Fällen und geringem Maße durch Verstellen der vorderen Verdichterleitschaufeln regelbar, geringe Laständerungen sind also durch Änderung des Rauchgasdurchsatzes und nicht durch Rauchgastemperaturänderungen möglich.

Neben der Forderung nach höheren Leistungen wurden bessere Wirkungsgrade, die auf etwa 32% anstiegen, die Konzeption von Standard-Serienprodukten angestrebt. Die Turbineneintrittstemperatur stieg dabei seit 1950 von rund 650 bis knapp über 1000 °C.

Weitere Steigerungen des Wirkungsgrads hängen von der Erhöhung der Gaseintrittstemperatur (bis etwa 1200 °C) und des Verdichterdruckverhältnisses von derzeit etwa 10 auf 16 ab. Der Wirkungsgrad kann sich dann bei reinen Gasturbinenprozessen auf über 35% verbessern bei gleichzeitiger Anhebung der auf den Luftdurchsatz bezogenen Leistung von 250 auf etwa 380 kJ/kg. Mit den ebenfalls gestiegenen Luftdurchsätzen sind dann Einheitenleistungen über 200 MW möglich. Die thermodynamischen Grundlagen und die Prozeßführung als „offener" oder „geschlossener" Prozeß sind in R 8.1 beschrieben.

Dampfprozesse

Neben den primär energiewirtschaftlich bedingten Ursachen dieses Strukturwandels hat aber auch die Verbesserung des Wasser-Dampfkreislaufs einen wesentlichen Anteil an der gesamten Weiterentwicklung der Kraftwerkstechnik. Mitte der 50er Jahre wurde der Dampfprozeß mit einfacher Zwischenüberhitzung erstmals installiert. Dieser Prozeß ist, wenn man von Detailentwicklungen, wie z.B. der Erhöhung der Vorwärmstufen, absieht, bis heute der Standardprozeß geblieben (Beispiel **Bild 2**).

Im Gegensatz zu anderen Ländern wie den USA, Frankreich und England nutzte man in der Bundesrepublik Deutschland für Steinkohlekraftwerke die wirtschaftlichen Vorteile der Zwischenüberhitzung und der hohen bzw. überkritischen Dampfzustände mit 180 bis 250 bar und etwa 530 °C im ferritischen Bereich. Diese Temperatur wurde auch für die *Zwischenüberhitzung* (ZÜ) gewählt. Mit dem ZÜ-Druck von etwa 40 bis 50 bar wurde in der Regel die oberste Regenerativanzapfung gekoppelt, so daß die Speisewasservorwärmung bei etwa 245 bis 260 °C lag. Mit einer 6- bis 8stufigen Vorwärmung – je nach den Kühlwasserverhältnissen – wurde dann der Prozeß optimal gestaltet. Bei Brennstoff-revierfernen Kraftwerken lohnt sich eine Speisewasservorwärmung bis auf 300 °C.

Die Veränderungen der Kühlwasserverhältnisse infolge einer nicht mehr zu vergrößernden Wärmebelastung der Flüsse oder durch eine Standortwahl fern von Flußläufen verlangten andere Kühlverfahren. Von der direkten Frischwasser- ging man zur Rückkühlung über, bei der das höhere Temperaturniveau der Abwärmesenke vermehrten Brennstoffeinsatz erforderte. Die Kraftwerke mit Rückkühlung werden bis 1990 einen Anteil von rund 90% erreicht haben.

Die großen Steigerungen der Brennstoffpreise in den 70er Jahren waren Anlaß, wieder die Wahl der höchsten Dampfzustände für Leistungen bis zu 1000 MW ausführlich zu überprüfen. Ob eine Wirtschaftlichkeit für Anlagen mit überkritischen Dampfzuständen gegeben ist, läßt sich aus dem Nomogramm in **Bild 3** am Beispiel eines 700-MW-Steinkohleblocks mit Inbetriebnahme im Jahre 1988 ermitteln. Dabei zeigt sich, daß Anlagen mit einem Frischdampfzustand bis 300 bar/600 °C (Variante 2) zwar technisch realisierbar, aber erst bei einer Auslastung von mehr als 4300 Vollaststunden (*bh* Benutzungsstunden, bezogen auf die volle Leistung) und einer Wirkungsgradverbesserung von $\eta = 38\%$ auf etwa $\eta = 40\%$ den Anlagenmehraufwand gegenüber einer 190 bar/530 °C-Anlage kompensieren könnten, wenn man Brennstoffkosten von 10 DM/GJ und höher annimmt. Dagegen ist bei überkritischen Blöcken (Variante 1) mit Dampfzuständen von 250 bar/540 °C und einer Wirkungsgradverbesserung auf $\eta = 38,6\%$, bei denen der Einsatz von Austenit vermieden wird, schon im Mittellastbereich bei einer Auslastung von mehr als etwa 2200 Benutzungsstunden die Brennstoffersparnis größer als die Zusatzinvestition. Veränderungen der Brennstoffkosten wirken sich bei Variante 1 – absolut gesehen – nur geringfügig, bei Variante 2 jedoch sehr stark aus. Geringere Brennstoffkosten und Steigerungsraten kleiner als 6% würden eine Wirtschaftlichkeit von Variante 2 selbst bei hohen Benutzungsstunden stark in Frage stellen.

Im Rahmen dieser Arbeiten wurde auch die Anwendung der zweifachen Zwischenüberhitzung untersucht. Die Ergebnisse zeigen, daß nur im Grundlastbereich unter bestimmten Bedingungen eine Wirtschaftlichkeit gegeben ist (z.B. Großkraftwerk Mannheim).

Wenn Steinkohlekraftwerke in der Bundesrepublik Deutschland vorwiegend im Mittellastbereich eingesetzt werden, ist die Weiterentwicklung zu höchsten Dampfzuständen, die austenitischen Materialeinsatz erfordern, nicht wirtschaftlich.

In einigen Ländern wurden Studien über Kraftwerke mit dem Ziel durchgeführt, den Wirkungsgrad durch Anwendung höchster Dampfzustände zu verbessern. Dabei wurde übereinstimmend festgestellt, daß der Dampferzeuger diejenige Komponente ist, bei der die meisten Probleme bezüglich der Werkstoffe und des dynamischen Verhaltens auftreten.

Ein mit fossilen Brennstoffen betriebener Kraftwerksblock erfordert folgende Komponenten (Schaltbilder **Bild 2**): Brennstofftransport und Lagerung, Aufbereitung zur Verbrennung, Verbrennung im Feuerraum des Kessels, Wärmeentbindung an Wasser, Dampf und Luft (Wasser-Dampfkreislauf), Abgasreinigung und Ableitung über den Kamin, Umwandlung der Wärmeenergie mittels Turbogeneratoren in elektrische Energie, elektrische Leistungsabfuhr, Umspannung und Sicherung des elektrischen Eigenbedarfs (s. V 6), Regelung und Überwachung.

Fossiler Brennstoff

Er beeinflußt den Kraftwerksbau in bezug auf: Brennstofftransport, -lagerung und -aufbereitung, auf Dampferzeugerbauart und -wirkungsgrad, Speisewasservorwärmung, alle Rauchgas und Luft führenden Anlageteile sowie Kraftwerkslage; je größer der Ballastanteil der Kohle, desto näher das Kraftwerk an der Grube, je niedriger der Brennstoffheizwert, desto größer die zu transportierenden und aufzubereitenden Mengen, das Asche-, Luft- und Rauchgasvolumen, das Kesselvolumen sowie der umbaute Raum des Kesselhauses (s. L 5.1).

Mit sinkendem Heizwert vergrößert sich die Entstaubungsanlage und der brennstoffabhängige Anteil des Eigenbedarfs. Schwefel- und Wassergehalt des Brennstoffs beeinflussen Säure- und Wassertaupunkt der Rauchgase, erzwingen höhere Abgastemperatur und senken den Kesselwirkungsgrad. Wegen der großen Rauchgasmenge wasserreicher Brennstoffe ist Temperaturabbau auf dem Rauchgasweg geringer als bei wasserarmen Brennstoffen. Bei vertretbaren Heizflächengrößen ergeben sich entweder

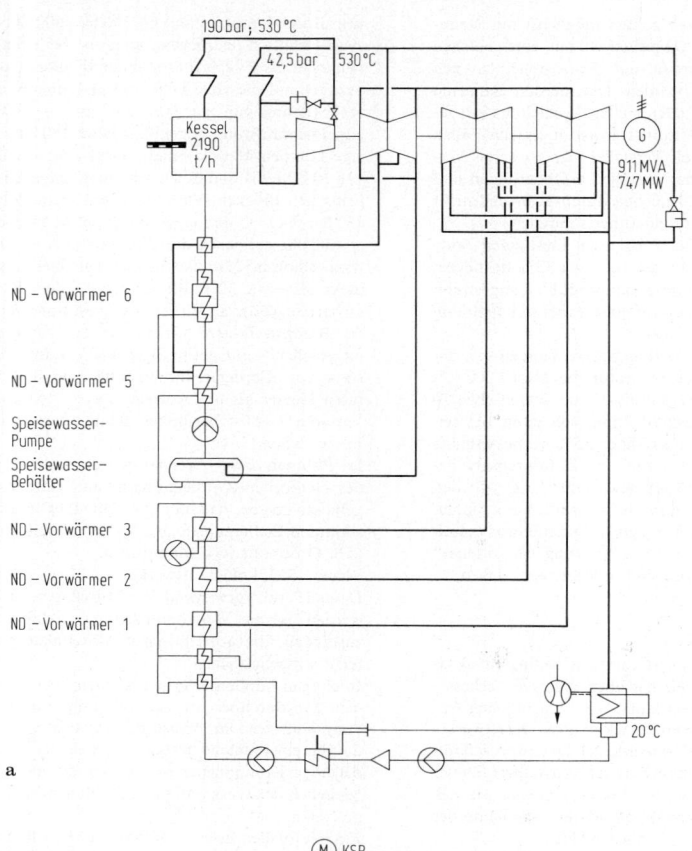

a

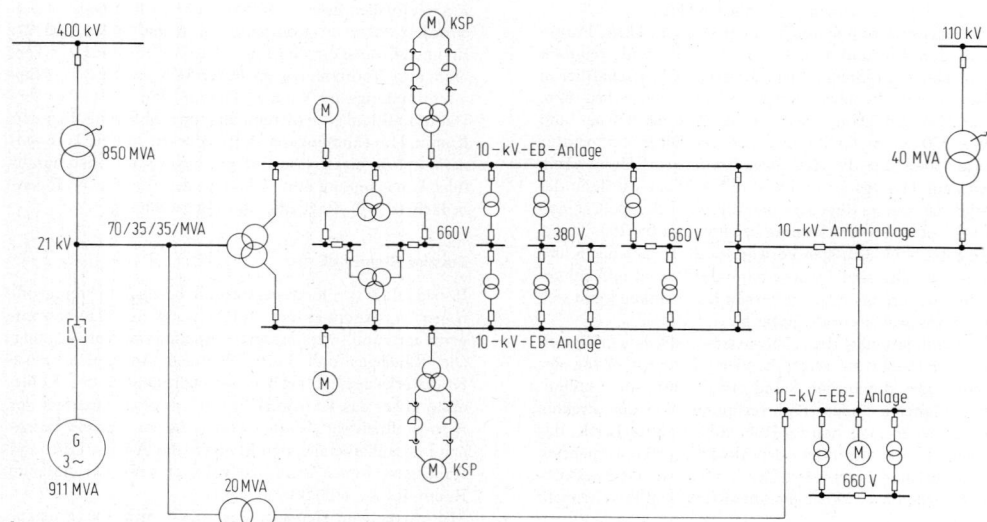

b

Bild 2. Kraftwerksblock eines 750-MW-Steinkohlekraftwerks. **a** Wärmeschaltbild; **b** Elektrisches Schaltbild

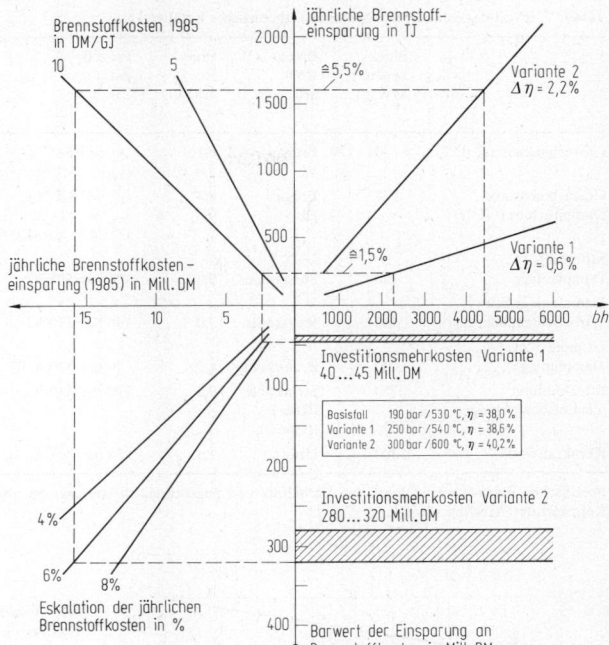

Bild 3. Nomogramm: Ermittlung der Wirtschaftlichkeit von Investitionen zur Verbesserung des Wärmeverbrauchs (700-MW-Steinkohlekraftwerk, Inbetriebnahme 1988, Betriebsdauer 20 Jahre, 8% Zinssatz p.a.).

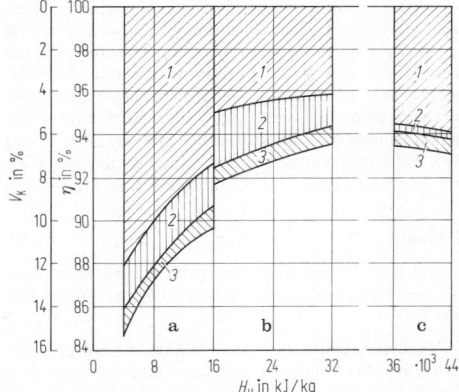

Bild 4. Verluste V_K und Wirkungsgrade η_K eines Dampferzeugers in Abhängigkeit vom Brennstoff. **a** Braunkohle; **b** Steinkohle (trockene Entaschung); **c** Heizöl. *1* Abgasverluste, *2* Feuerungsverluste, *3* Verluste durch Leitung und Strahlung. H_u unterer Heizwert (s. D 8.1)

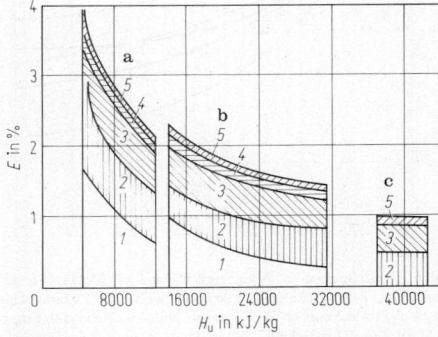

Bild 5. Eigenbedarf E der brennstoffabhängigen Hilfseinrichtungen ohne Rauchgasreinigung, die derzeit mit 2 bis 3% zu veranschlagen sind, in Prozent der Generatorleistung. **a** Braunkohle; **b** Steinkohle; **c** Heizöl. *1* Kohlenmühlen, *2* Saugzug, *3* Frischlüfter, *4* Bekohlung, Zuteiler, *5* Sonstiges

höhere Abgastemperaturen oder niedrigere Speisewassereintrittstemperaturen, **Bilder 4** und **5**.

Die Herstellungskosten gliedern sich etwa folgendermaßen auf: maschinentechnischer Teil 60 bis 70%, bautechnischer Teil 20 bis 25%, elektrotechnischer Teil 10 bis 15% der Bausumme. Der brennstoffabhängige Teil beträgt 40 bis 50% des maschinentechnischen Teils und kann unterteilt werden in 35 bis 45% für Dampferzeuger einschließlich Feuerung, Entstaubung, Entaschung und Montage und 1 bis 5% für Bekohlung, **Bild 6**.

Die Kraftwerkskosten sind aus **Tab. 1** ersichtlich.

Regenerative Speisewasservorwärmung

Sie heißt auch Carnotisierung des Clausius-Rankine-Prozesses und verringert die Abdampffluten der Turbine, erhöht bei gleicher Klemmleistung den Heißdampf- und damit Speisewasserstrom sowie die Speisepumpenleistung und vermindert den Kühlwasserstrom und den Aufwand für Kühlsystem oder Rückkühlung. Die Wämeersparnis steigt mit der Anzahl der Vorwärmstufen, nimmt jedoch nicht proportional mit diesen zu, **Bild 7**.

Zwischenüberhitzung

Sie beeinflußt die regenerative Speisewasservorwärmung. Beide Maßnahmen zusammen ergeben eine Verbesserung

Tabelle 1. Investitionen und Prozeßparameter thermischer Kraftwerke

	Block-Leistung MW$_{brutto}$	Brenn-stoff-art	Preis DM/GJ	Prozeß-parameter bar/°C	Spezifischer Wärmeverbrauch kJ/kWh$_{netto}$ (Bestpunkt)	Wirkungs-grad η (%)	Investition DM/kW
Gasturbinenanlage (GT)	80...120	Erdgas	8,1	$t_T = 1000\ °C$			700...1000
		EL	9,0	$t_{Abg.} = 510\ °C$	12500	(28,8)	
Gasturbinen- und Dampfturbine (GUD)	277	Erdgas	8,1	$t_T = 920\ °C$			1800
		EL	9,0	$t_{Abg.} = 483\ °C$ DT: 42,9 bar/420 °C	8750	(41,4)	
Mittellast-Dampfanlage	150	Steinkohle	9,0	120 bar/525 °C	10800	(33,3)	3000
Dampfanlage mit Wirbelschichtfeuerung	100	Steinkohle	7,0	190 bar/530 °C	9900	(36,4)	4000
Grundlast-ZÜ Dampfanlage	600	Braunkohle	4,0	170 bar/530 °C	9700	(37,1)	1500
Rückkühlung mit Entschwefelung	750	Steinkohle (Ruhr) (Import)	9,0 3...4	190 bar/530 °C	9950	(36,2)	2100
Kernkraftwerk	1300	Uran	1,5	54 bar/267 °C	10800	(33,3)	3650

Spezifischer Wärmeverbrauch ist das Verhältnis von zugeführter thermischer zu abgegebener elektrischer Leistung. Diese Größe ist der Kehrwert des Wirkungsgrads η.

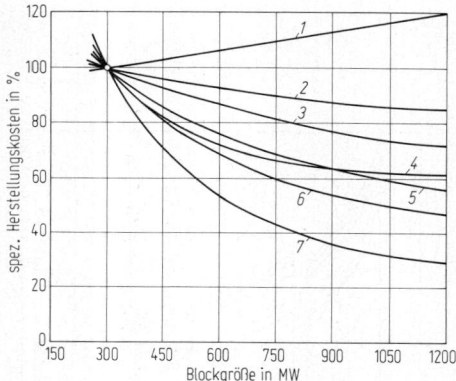

Bild 6. Herstellkosten in Abhängigkeit von der Blockgröße des Kraftwerks. *1* Rohrleitungen, *2* Wärmetauscher, *3* Turbomaschinen, *4* elektrotechnischer Teil, *5* sonst. Hilfs- u. Nebenanlagen, *6* baulicher Teil, *7* Leittechnik

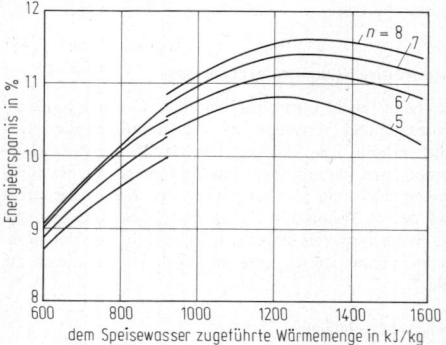

Bild 7. Wärmeersparnis durch regenerative Speisewasservorwärmung mit 5 bis 8 Stufen

des Wärmeverbrauchs. Zwischenüberhitzung verringert Dampfnässe in Endstufen, Erosionen dieser Turbinenschaufeln durch Wassertropfen und verbessert inneren Turbinenwirkungsgrad. Bei gleicher Leistung und gleichem Frischdampfdruck sind Frischdampf- und Speisewasserstrom sowie Eigenbedarf der Speisepumpe kleiner. Verringerter Abdampfstrom erhöht ebenfalls, wie regenerative Speisewasservorwärmung, Grenzleistung des Turbosatzes und senkt Kondensations- und Kühlaufwand. Beide Maßnahmen, bei siebenstufiger Speisewasservorwärmung und einmaliger Zwischenüberhitzung, ergeben bei üblichen Auslegungsdaten (190 bar, 540 °C und 540 °C Überhitzungstemperatur) eine Senkung des Wärme- und damit Brennstoffaufwands um etwa 11,5%.

Kühlwasser

Es übt nach Menge und Temperatur einen starken Einfluß auf Wärmeverbrauch und Auslegung der Anlage aus, **Bild 8.**

Frischwasserkühlung. Bei dieser beträgt die Kühlwassermenge etwa das 60- bis 90fache der Abdampfmenge. Das Kühlwasser wird im Einlaufbauwerk durch Rechen und Siebe aus Fluß, Teich oder der See entnommen und frei von groben Verunreinigungen, mit Sauerstoff angereichert, etwa 6 bis 12 °C wärmer über Auslaufbauwerk dem Gewässer so zugeführt, daß seine Auslaßströmung die Schiffahrt nicht behindert (Querströmung <2 m/s). Das erwärmte Wasser schwimmt in 1 bis 2 mm starker Schicht auf der Oberfläche auf und kühlt sich schnell durch Strahlung und Verdunstung ab. Kaltes und 1 bis 2 °C wärmeres Wasser mischen sich kaum, daher sollte nicht nach Mischungsregel gerechnet werden.

Naßkühltürme. Falls Frischwasserkühlung nicht möglich, dann wird das Kühlwasser in Naß- oder Trockenkühltürmen mit Natur- oder Ventilatorzug rückgekühlt (s. K 4.6). Bei Naßkühltürmen verdunsten etwa 1,5 bis 2,5% des Kühlwassers; zur Einhaltung seines zulässigen Salzgehalts muß abgeflutet werden. Abflutungswasser darf meist nicht unaufbereitet abgeführt werden. Abflutungs-, Kreislauf- und Spritzverluste entsprechen etwa 65% der Abdampf-

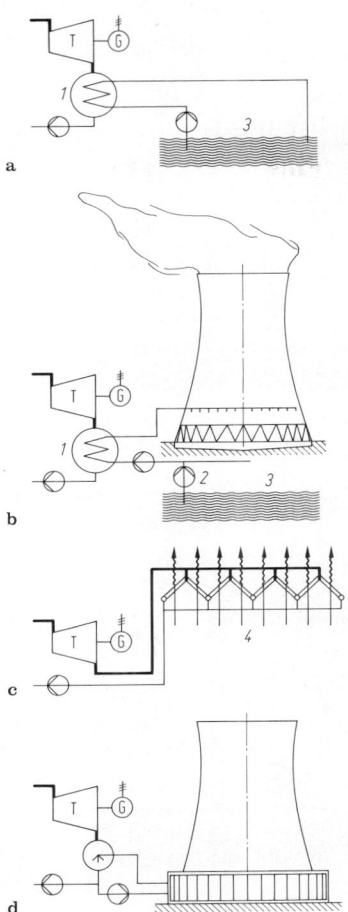

Bild 8. Kühlverfahren. **a** Frischwasserkühlung; **b** Wasserrückkühlung; **c** direkte Luftkühlung; **d** indirekte Luftkühlung; *1* Kondensator, *2* Zusatzwasserpumpe, *3* Flußwasser, *4* Naturzug (evtl. Ventilatorbetrieb)

menge. Schwaden aus Naßkühltürmen können niedrige Inversionsschichten durchstoßen und Lokalklima verbessern, bei hohen Inversionsschichten Nebeldauer um etwa 20 min verlängern bzw. Sonnenscheindauer um wenige Minuten verkürzen. Geräuschbelästigung durch Tropfenfall und Ventilatoren läßt sich durch bauliche Maßnahmen gering halten (meist mit Schalldämpfer). Die aus den Kühlturm austretende Luft ist gewaschen und frei von pathogenen Keimen.

Trockenkühltürme. Sie benötigen die 3,5fache Luftmenge eines Naßkühlturms und sind daher im Bauvolumen und Grundflächenbedarf wesentlich aufwendiger. Abflutungs- und Spritzverluste treten nicht auf, die Vakuumhaltung ist schwieriger, Umweltbelastung tritt praktisch nicht auf, optisch sind sie sehr auffallend, da die Bauwerke erheblich größer sind.

Kühlwassertemperatur und -menge. Sie beeinflussen den Kondensatordruck. Dadurch können Unterschiede im Wärmeverbrauch bis zu 8% auftreten. Da eine Verringerung des spezifischen Wärmeverbrauchs um so wirkungs-

voller ist, je mehr sie gegen Ende der Prozeßkette erfolgt, ist die Optimierung des kalten Endes eines Kondensationskraftwerks besonders wichtig. Die Verbesserung des Wärmeverbrauchs mindert die Anlagekosten und senkt die Betriebskosten. Bei großen Anlagen sind Abdampfluten und Schaufellängen der Turbine begrenzt, so daß niedrige Kondensatordrücke nicht ausreichend genutzt werden können. Die maximal zulässige Kühlwassertemperatur am Austritt beträgt derzeit 30 °C und wird zukünftig auf 28 °C begrenzt.

Luftreinheit

In den meisten Ländern werden neben einem hohen Entstaubungsgrad der Rauchgase (99,5%) eine Beschränkung der Emission von SO_2 (< 300 bis $400 \, mg/m^3$) und NO_x ($< 200 \, mg/m^3$) verlangt. Die Kosten für eine Entschwefelung der Brennstoffe sind wesentlich höher als die der Entschwefelungsverfahren von Rauchgasen. Die Vielzahl von Entschwefelungsverfahren von Rauchgasen hat sich auf wenige reduziert; zu über 85% wird das Kalkwaschverfahren eingesetzt. Der Investitionsaufwand und der Platzbedarf sind sehr groß. Möglichkeiten für eine Deponie oder Verwendung in der Zementindustrie sind gegeben. Der NO_x-Gehalt der Rauchgase ist durch die Feuerung durch sog. Primärmaßnahmen zu beeinflussen. Als Sekundärmaßnahmen werden Keramik- oder Metallkatalysatoren eingesetzt.

3.1.2 Kernkraftwerke. Nuclear power stations

Kernkraftwerke sind Wärmekraftwerke, die anstelle einer fossil gefeuerten Kesselanlage Kernreaktoren als Wärmequelle verwenden. Die weltweit am häufigsten beschriebenen Kernkraftwerke haben thermische Reaktoren, d.h. sie werden mit leichtem Wasser (H_2O) gekühlt, **Bild 9**. *Leichtwasserreaktoren* verwenden Wasser als Moderator und Kühlmittel. Wegen der Absorberwirkung des Wassers, muß jedoch das eingesetzte Uran auf 3% U 235 angereichert werden. Die am häufigsten verwendete Variante ist der *Druckwasserreaktor* (DWR), **Bild 9a** (s. L7.5.1), bei dem der Dampfkreislauf mit Turbine (Sekundärkreislauf) durch einen Wärmetauscher (Dampferzeuger) vom Kühlkreislauf des Reaktors (Primärkreis) getrennt ist. Wie beim konventionellen Dampfkraftwerk der Kessel, ist der *Siedewasserreaktor* (SWR), **Bild 9b**, direkt in den Dampfprozeß integriert. Infolgedessen ist der Antriebsdampf der Turbine bei Siedewasserreaktor leicht kontaminiert. Die Herstellungskosten beider Anlagetypen sind etwa gleich, da dem höheren maschinentechnischen Aufwand des DWR der erhöhte Strahlenschutzaufwand beim SWR gegenübersteht. Unter Berücksichtigung der Investitionen und der Nettowirkungsgrade von 34% beim SWR gegenüber 33% beim DWR ergibt sich kein wesentlicher Vorteil für einen der Typen. Die maximale elektrische Leistung von Leichtwasserreaktoren liegt heute bei etwa 1 300 MW, die thermische Leistung bei 3 700 MW. Der schlechtere Wirkungsgrad im Vergleich zu fossil befeuerten Dampfkraftwerken erklärt sich aus den niedrigeren Dampfparametern. Bei einem Kernkraftwerk mit einem *Schwerwasserreaktor* sind wie beim DWR-Kraftwerk Reaktorkreislauf und Dampfkreislauf getrennt (Grundschaltbild Druckwasserreaktor). Der sekundäre Dampfkreislauf mit Turbine ist konventionell, während der Reaktor meist zwei getrennte D_2O-Kreisläufe zur Moderation und zur Kühlung aufweist. D_2O erlaubt wegen seiner geringen Neutronenabsorption die Verwendung von Natururan mit 0,7% U 235. Die Trennung in zwei Reaktorkreisläufe ist zweckmäßig, um die Leckverluste kleinzuhalten, da das Schwer-

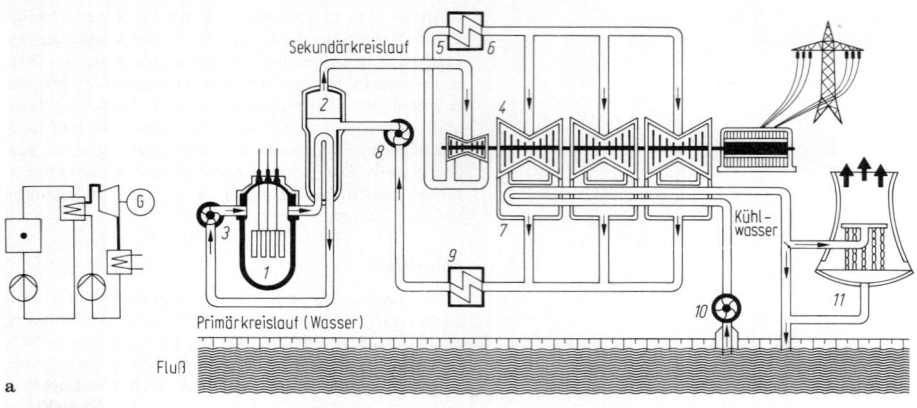

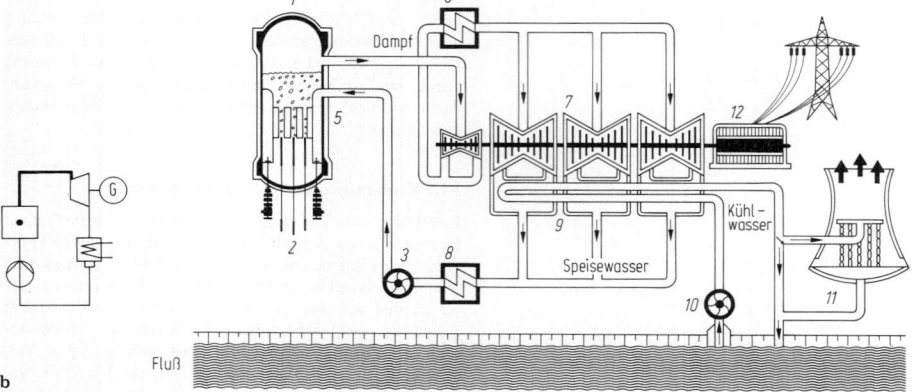

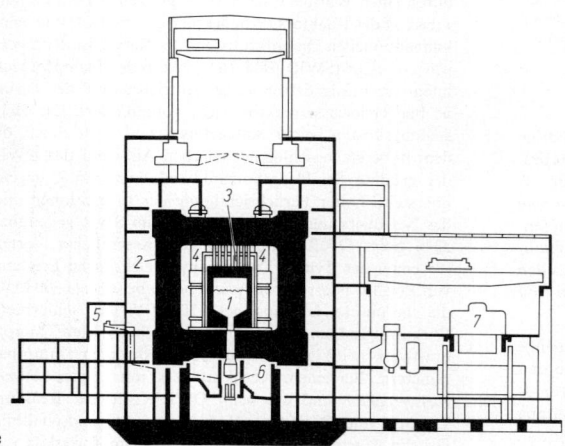

Bild 9. Bauarten von Kernkraftwerken. **a** mit Druckwasserreaktor, *1* Reaktor, *2* Dampferzeuger, *3* Hauptkühlmittelpumpe, *4* Turbosatz, *5* Wasserabscheider, *6* Zwischenüberhitzer, *7* Kondensator, *8* Speisewasserpumpe, *9* Vorwärmer, *10* Kühlwasserpumpe, *11* Kühlturm; **b** mit Siedewasserreaktor, *1* Reaktor, *2* Steuerstäbe, *3* Speisewasserpumpe, *4* Umwälzpumpen, *5* Brennelemente, *6* Zwischenüberhitzer, *7* Turbine, *8* Speisewasservorwärmer, *9* Kondensator, *10* Kühlwasserpumpe, *11* Kühlturm, *12* Generator; **c** mit heliumgekühltem Reaktor (THTR Uentrop, 300 MW, Werkbild BBC), *1* Reaktorkern (Kugelhaufen), *2* Druckbehälter, *3* Steuerstäbe, *4* Dampferzeuger, *5* Zugabe der Brennelementkugeln, *6* Beschickungs- und Entnahmeanlage, *7* 300-MW-Turbine

Tabelle 2. Auslegungsdaten deutscher Kernkraftwerke

Reaktortyp		Druckwasser		Siedewasser		
		PWR	PWR	BWR	BWR	HTGR
Kurzbezeichnung		KBR	KKE	KRB B	KRB C	THTR
Standort		Brokdorf	Emsland	Gundremmingen	Gundremmingen	Uentrop
Betreiber		Preag	KLE	KGB	KGB	HKG
Inbetriebnahme/Auftrag		1986/75	1988/82	1984/74	1985/74	1986/72
el. Leistung (netto)	MWe	1307	1242	1240	1248	296
el. Leistung (brutto)	MWe	1383	1314	1300	1308	307
Reaktor-Wärmeleistung	MWth	3765	3765	3840	3840	750
Wirkungsgrad (brutto)	%	34,3	34,9	34,16	34,33	40,9
Leistungsdichte	kW/l Core	93	93	56,8	56,8	6,0
Leistungsdichte	kW/kg U	36,66	36,55	26,5	26,5	1157,4
Wärmeverbrauch (brutto)	kcal/kWh[a])	2372	2460	2540	2525	2101
Wärmeverbrauch (netto)	kcal/kWh[a])	2510	2603	2663	2646	2179
Urangewicht des Kerns	t U/(Th)	102,7	103,5	136	136	0,648/6,5
Anreicherung (Folgekern)	% U 235	3,2	3,2	2,75	2,75	93
Wasser-Brennstoff-						Helium
Volumenverhältnis		290/102,7	286/103,5	281/136	281/136	675000
BE-Zahl	Zahl	193	193	784	784	Kugeln
Stäbe je BE	Zahl	236	236	62+2/80	62+2/80	
Abbrand (Gleichgew.-						
Kern)	MWd/kg U	34	32	33	33	109
Kühlmittel	t/h	62640	67680	51480	51480	1064
Kühlmittel t_A	°C	291,3	291,3	275	275	250
Kühlmittel t_A	°C	326,1	326	286	286	750
Kühlmitteldruck	bar	158	158	70	70	40
Kühlkreisläufe	Zahl	4	4	8	8	6
FD-Menge	t/h	6934	7398	6966	6966	930
FD-Druck	bar	66,75	64,5	67	67	181
FD-Temperatur	°C	284,5	277	283	283	530
Containment ϕ_i/Höhe	m/m	56/56		29/32,5	29/32,5	15,9/15,3
Auslegungsdruck	bar	6,5	6,3	4,3	4,3	47
Kühlwassertemperatur	°C	11	24	24,4	24,4	23
Kühlwassermenge	t/h	208008		158040	158040	34000
Druckgefäß ϕ_i	m	5,0	5,0	6,62	6,62	5,6
Druckgefäß Gesamthöhe	m	12,67	12,3	22,35	22,35	6
Gewicht ca.	t	585	Wand 250 mm	785	785	Spannbeton 4,45 m
Loop-Leistung						
Dampfdurchsatz	t/h	18540	18500		155	
Heizfläche	m²	5400	5400	entfällt		
Gewicht Dampferzeuger	t	539				
Investition spez.	DM/kW	3370	3846	3000	3100	13340*
(ohne Erstkern)						

[a]) 1 cal = 4,1818 J
*) Pilotprojekt

wasser sehr teuer ist. Man bezeichnet diese Bauweise als Druckröhrenreaktor.

Gasgekühlte Reaktoren haben im Vergleich zu den ersten Jahrzehnten der kerntechnischen Entwicklung stark an Bedeutung verloren. Während in den USA von vornherein wassergekühlte Reaktoren entwickelt wurden, wandten sich Großbritannien, Frankreich und die Sowjetunion der Kühlung mit CO_2 oder Helium zu unter Verwendung von Graphit als Moderator. In diesen Reaktoren kann auch Natururan eingesetzt werden. Obwohl weltweit zur kommerziellen Strom- und Wärmeerzeugung ausschließlich Wasserreaktoren errichtet werden, bleibt die neue Gasreaktorenentwicklung (*HTR-Hochtemperaturreaktor*), **Bild 9c**, eine Option für die Zukunft. Die hohen Heliumaustrittstemperaturen von 850 °C erlauben sowohl konventionelle Frischdampfparameter von 530 °C und 180 bar für den Dampfkraftwerkskreislauf mit entsprechend hohen Wirkungsgraden (brutto: 41,3%, netto: 40%) wie auch

verfahrenstechnische Anwendungen in der Industrie mit dem Ausblick auf Umwandlung von Kohle in Öl oder Gas für chemische Prozesse oder für kombinierte Kraftwerkskreisläufe. Gasgekühlte Reaktoren besitzen ebenfalls ein Zweikreissystem. Ein direkter Heliumkreislauf über Gasturbinen ist theoretisch denkbar und in Studien untersucht. Die technischen Auslegungsdaten deutscher Kernkraftwerke sind der **Tab. 2** zu entnehmen.

3.1.3 Kombi-Kraftwerke. Combi power stations

Eine Wirkungsgradsteigerung von Kraftwerksanlagen ist durch Kombination mit vorgeschalteten Gasturbinen im offenen Prozeß möglich. Mit Eintrittstemperaturen der Gasturbinen von über 1000 °C werden die mittleren Prozeßtemperaturen und auch der Wirkungsgrad erhöht. Die Abgastemperaturen liegen bei 450 bis 500 °C und werden im Dampfkessel und in der Vorwärmung eines konventionellen Kraftwerksblocks genutzt. Bisher wird *Öl* oder

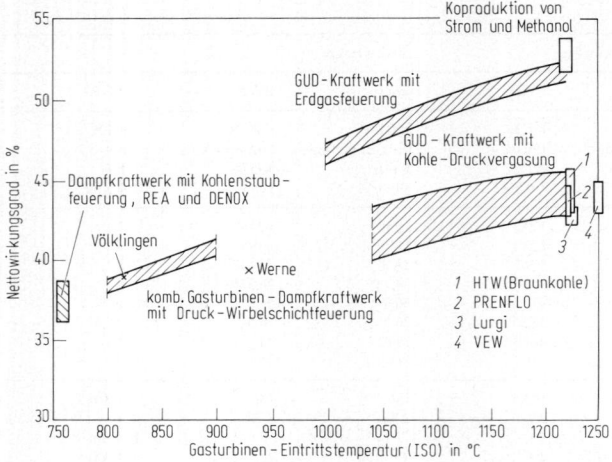

Bild 10. Wirkungsgradvergleich von kombinierten Gas-/Dampfturbinenprozessen mit staubbefeuerten Steinkohlekraftwerken mit REA und DENOX

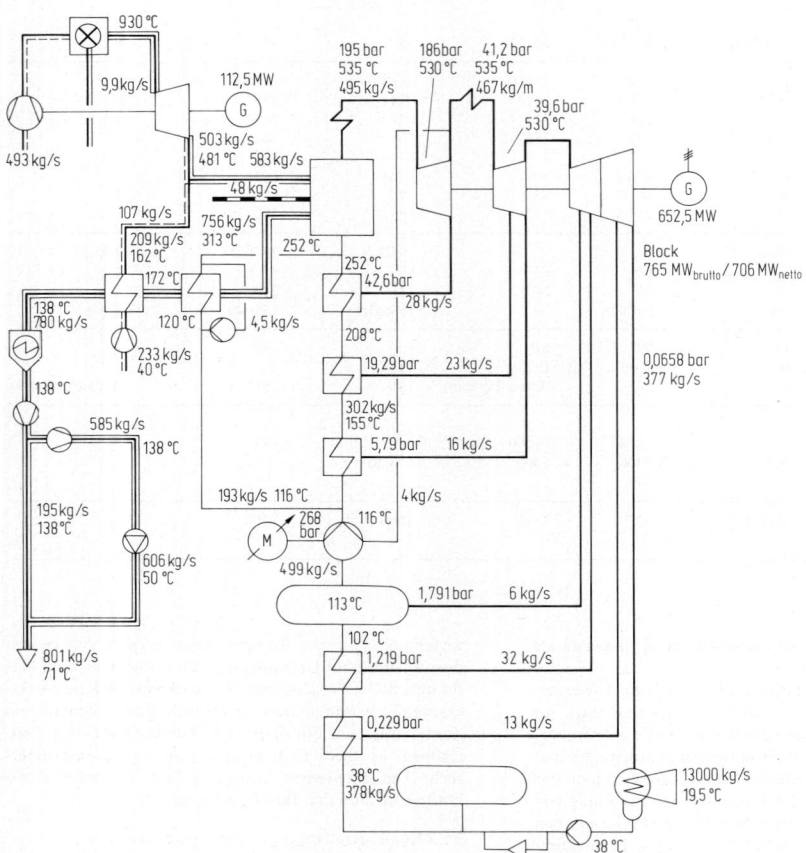

Bild 11. Wärmeschallbild des Erdgas/Kohle-Kombi-Blockes. Kraftwerk Werne

Erdgas für die Gasturbine als Brennstoff eingesetzt. Zukünftig sollen *Kohlevergasungen* vorausgeschaltet werden. Durch die Vorschaltung einer Gasturbine, die in ihren Investitionen niedrig ist, kann die Gesamtinvestition eines Kombi-Kraftwerks gesenkt und auch der Nettowirkungs-

grad der Energieumwandlung gesteigert werden, **Bild 10**. Herausragend ist der GUD-Prozeß (Gas- und Dampfturbinen), der jedoch teures Erdgas als Brennstoff benötigt. Die Kohlevergasungstechniken sind die technologischen Entwicklungen der 90er Jahre. Als Kriterien für die Auswahl von Vergasungsverfahren kann man folgendes nennen: Der Vergaser soll keine Beschränkung der Einsatzkohle hinsichtlich Art, Korngröße, Aschegehalt und Backverhalten haben. Darüber hinaus sollten die technischen Probleme in bezug auf Kohleeintrag, Ascheeintrag, Abhitzenutzung sowie Vergaserdruck von mindestens 20 bar gelöst sein. Ferner ist auf das dynamische Verhalten (An- und Abfahren, Teillast) sowie auf eine hohe Verfügbarkeit Wert zu legen. Die Umweltanforderungen hinsichtlich der Emissionen (Schwefel, NO_x, Staub), des Abwassers und eine Verwertung oder der Deponiefähigkeit sonstiger Nebenprodukte sind zu erfüllen. Einen Zwischenschritt stellt das in **Bild 11** gezeigte Kombi-Kraftwerk dar. Hier wird das Brennstoff in der Gasturbine anstelle von Kohlegas aus einer Teilvergasung noch Erdgas eingesetzt, während der Dampfkessel mit einer Steinkohlefeuerung ausgerüstet ist (Nettowirkungsgrad $\eta = 39\%$).

Wirkungsgradermittlung (**Bild 11**):
Brennstoffeinsatz:
Gasturbine GT: 9,9 kg/s Erdgas=40 655 m³/h

(bei $H_u = 9,97$ kWh/m³) $= 405$ MW$_{th}$

Dampfturbine DT: 48 kg/s Steinkohle=174,24 t/h

(bei $H_u = 29,3$ kJ/t) $= 1406,4$ MW$_{th}$

Bruttowirkungsgrad:

$$\eta = \frac{765}{1\,811,4} = 42,2\%.$$

Nettowirkungsgrad:

$$\eta = \frac{765 - 59}{1\,811,4} = 38,97\%.$$

Als Kesselfeuerung für einen Kombi-Prozeß empfiehlt sich auch die Wirbelschichtfeuerung (s. L 5.2.3 und L 7). Hierbei werden allerdings zur Beschränkung der NO_x-Bildung die Prozeßtemperaturen auf 800 bis 900 °C begrenzt bleiben. GUD-Kraftwerke werden in der Zukunft an Bedeutung gewinnen. Nur mit diesen Kombi-Kraftwerken kann der Wirkungsgradverlust durch die Rauchgasreinigungsanlagen ausgeglichen und der Energienutzungsgrad weiter erhöht werden.

3.1.4 Kraftwerksleittechnik. Controlling of power stations

Die Leittechnik hat als Binde- und Kontrollglied der einzelnen Kraftwerkssysteme eine Fülle von zusätzlichen Aufgaben erhalten, wie z.B. Fehler rechtzeitig zu signalisieren bzw. auszuschließen, durch bessere Überwachungseinrichtungen die Werkstoffausnutzung bis in die Grenzbereiche zu ermöglichen und daraus resultierend die Anlagenverfügbarkeit zu erhöhen sowie Betriebspersonal zu entlasten bzw. einzusparen. Der spezifische Personalbedarf sank dabei auf etwa 1/6 des Bedarfs von 1950; eine wesentliche Ursache dabei war die Erhöhung der Blockleistung.
Etwa bis 1950 wurden die Kraftwerkssysteme, auch Kessel und Turbosatz, von *dezentralen Steuerstellen* gefahren und vor Ort bedient bzw. überwacht. Hauptbauelemente waren Relaissteuerungen und Magnetregler. Die Forderung nach einer personaleinsparenden Betriebsweise führte Ende der 50er Jahre zur *zentralen Blockwarte*. Mit steigender Blockgröße nahm auch die Zahl der erforderlichen Antriebe stark zu. Seit den 70er Jahren ist die Anzahl der ferngesteuerten Antriebe sowohl bei Kernkraftwerken als auch bei konventionellen Anlagen gestiegen. Bei letzteren tritt bis 1990 nochmals eine Erhöhung um etwa 25 bis 60% infolge der Rauchgasentschwefelungs- und -entstickungsanlagen ein, so daß dann bei den konventionellen Kraftwerken mit mehr als 2 300 ferngesteuerten

Antrieben nahezu der gleiche Aufwand gegeben sein wird wie bei Kernkraftwerken. Damit wird die Leittechnik zu einem erheblichen Kostenfaktor. Die früher verwendete 220-V-Steuerung mit Steuerquittierschaltern hätte mit den zunehmenden Blockgrößen zu sehr großen Wartenräumen geführt. Deshalb wurde die *Kompaktwartentechnik* mit einer 24-V-Steuerebene entwickelt.
Mit den größer werdenden Leistungseinheiten wurde die Forderung nach erhöhter *Sicherheit* und *Verfügbarkeit* verstärkt. Das führte zu einer stürmischen Entwicklung in Richtung *Automatik*, die durch die Einsatzmöglichkeiten von Germanium- und Siliziumhalbleitern begünstigt wurde. Dabei folgte die deutsche Kraftwerkstechnik nicht dem in den USA favorisierten Automatisierungskonzept mit Großrechnern, sondern ging den Weg der Dezentralisierung mit Funktionsgruppenautomatiken. Für diese Konzeption wurden von Anfang an elektronische Bausteinsysteme mit festverdrahteter Programmierung eingesetzt. Durch eine entsprechende hierarchische Struktur konnte die Automatisierung schrittweise und mit hoher Flexibilität eingeführt werden.
Parallel zum Aufbau der Automatisierung traten Ende der 60er Jahre verstärkt Forderungen nach hochwertigen *Schutzsystemen* und umfassenden Überwachungseinrichtungen auf. Sie wurden insbesondere durch die hohen sicherheitstechnischen Zuverlässigkeitsforderungen beim Betrieb von Kernkraftwerken entwickelt und fanden dann teilweise auch bei den fossilbefeuerten Anlagen ihre Anwendung. Hier sind zu nennen:
- Einführung *mehrkanaliger Schutzsysteme* für Anlagenteile, bei deren Ausfall die Blockleistung nennenswert eingeschränkt wird.
- Erfüllung erhöhter Informationsbedürfnisse über den *Betriebszustand* und *Betriebsablauf* mit dem Ziel der schnellen Fehlererkennung, der Verkürzung von Stillstandszeiten und der rechtzeitigen Wartung von Anlagenteilen.
- Berechnung von *Kenn-* und *Prozeßgrößen* durch Prozeßrechner, ergänzt durch die Protokollierung der Prozeßabläufe bei normalem und insbesondere bei gestörtem Betrieb.
Gestützt wurde diese Entwicklung durch die ab 1975 mögliche Verwendung von *integrierten Schaltkreisen*.
Einen weiteren starken Umbruch in der Leittechnik bringt die Einführung von *Mikroprozessoren* seit Beginn der 80er Jahre. Die bisher in aufgabenabhängigen Gerätesystemen verwirklichten Leittechnikaufgaben, z.B. Steuerung und Regelung, werden nun in einem speicherprogrammierten Mikroprozessorsystem vereinigt.
Mikroprozessorsysteme, die über „Bussysteme" miteinander kommunizieren und gekoppelt alle Informationen untereinander austauschen. Leistungsfähige 32-Bit-Rechnersysteme mit entsprechenden Sichtgerätesteuerungen ermöglichen bereits heute die Realisierung von Prozeßinformationssystemen, die durch eine geeignete Informationsverdichtung und -darstellung an Sichtgeräten das Personal in der Warte bei der Betriebsführung unterstützen.
Die Struktur der Leittechnik (**Bild 12**) in zukünftigen Kraftwerken sieht eine Koppel- und Einzelleitebene auf der Basis eines redundanten Mikroprozessorsystems vor. Mit dieser Konzeption sind hohe Zuverlässigkeiten realisierbar. Die Gruppenleitebene hat ebenfalls einen redundanten Aufbau. Der Informationsaustausch zwischen den Automatisierungsgeräten der Gruppenleitebene erfolgt in der Kommunikationsebene über ein redundantes Anlagenbussystem.
Zur Bedienung und Beobachtung in der zentralen Kraftwerkswarte (Prozeßleitebene) sind Bildschirme mit spezi-

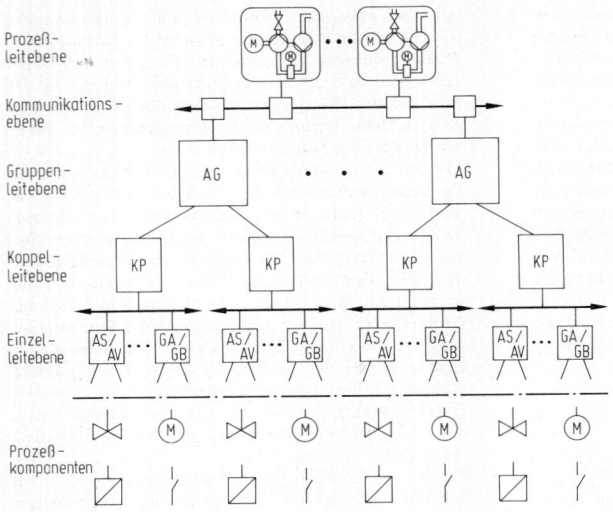

Bild 12. Leittechnik mit Mikroprozessoren.
AG Automatisierungsgerät,
AS Antriebssteuerbaugruppe,
AV Antriebssteuerbaugruppe mit Vorrang,
KP Koppelprozessor,
GA Signalaufbereitungsbaugruppe analog,
GB Signalaufbereitungsbaugruppe binär

ellen Mikroprozessorsteuerungen vorgesehen. Die Bedienung des Prozessors kann grundsätzlich über die Bildschirme in verfahrenstechnischen Prozeßbildern erfolgen.

3.1.5 Motoren. Internal combustion (IC) engines

Sie lassen sich im Gegensatz zu Dampfanlagen nur mit flüssigem oder gasförmigem Brennstoff betreiben (s. P4). Das Verhältnis zwischen Kraft- und Wärmeerzeugung ist nicht in dem Maße wählbar wie bei Dampfanlagen. Vorgegeben ist die Erzeugung mechanischer bzw. elektrischer Energie. Die bei dieser Erzeugung anfallende lastabhängige Abfallwärme, die in den Abgasen und dem Kühlsystem

enthalten ist, kann im Fertigungsbetrieb und für Raumheizung voll oder teilweise verwertet werden. Nicht genutzte Abgaswärme wird über den Schornstein abgeführt, nicht genutzte Kühlwasserwärme muß fremdgekühlt werden. Neuerdings werden solche Anlagen als sog. *Blockheizkraftwerke* (BHKW) errichtet. Ein weiteres Anwendungsgebiet für Motoren sind *Notstromaggregate*. Die Leistung ist auf den 100-kW- bis 10-MW-Bereich beschränkt, **Tab. 3**.

Kraftstoff und Zündung. Motoren mit flüssigem Kraftstoff arbeiten i. allg. nach dem Dieselprinzip, solche mit gasförmigem Kraftstoff nach dem Otto- oder dem Dieselverfahren (s. P4.4). Dieselgasmotoren benötigen zur Zündung

Tabelle 3. Energienutzung in Kraft-Wärme-Kopplungsanlagen (Auslegungspunkte

Maschinenleistung/Brennstoff		Elektrische Energie in %	Wärme-Energie in %	Energie-ausnutzung in %
Diesel- oder Gasmotoren				
100 kW	(Gas) (t_v = 90 °C)	33,7	47,5	81,2
630 kW	(Gas) (t_v = 90 °C)	29	55	84
1,2 ... 3,6 MW	(Diesel)	38,3	39,6	78,1
3,3 ... 9,9 MW	(Diesel)	40,3	36	76,3
12 MW	(Diesel/Schweröl)	40	40	80
Dampfturbinen				
Gegendruck				
25 MW	−15 °C (t_v = 92 °C)	25,5	61,2	86,7
	+12 °C (t_v = 55 °C)	22,6	62	84,6
50 MW	−15 °C (t_v = 110 °C)	29,3	62,7	92
	+12 °C (t_v = 62 °C)	25,5	66,5	92
Entnahme-Kondensation				
ohne Zü 70 MW	−15 °C (t_v = 110 °C)	28,2	62,7	90,8
	+12 °C (t_v = 62 °C)	32,2	27,8	60
mit Zü 135 MW	−15 °C (t_v = 110 °C)	33,7	55,2	88,9
	+12 °C (t_v = 62 °C)	38,3	34,6	72,9
Gasturbinen				
70 MW	−15 °C (t_v = 110 °C)	29,4	36,6	66
	+12 °C (t_v = 62 °C)	28,5	38,2	66,7
100 MW	−15 °C (t_v = 110 °C)	30,7	37,8	68,5
	+12 °C (t_v = 62 °C)	28,9	41,5	70,4
Dampfmotor				
0,030 ... 0,175 MW		16	58	74

t_v Vorlauftemperatur der Wasserheizung

5 bis 10% der Gesamtbrennstoffmenge als Zündöl. Die Zündölmenge ist nur drehzahl- und nicht lastabhängig. Das ist zu beachten, wenn die Motoren in einem großen Drehzahlbereich betrieben werden sollen. Die Brennstoffeinspritzanlage wird i.allg. so ausgelegt, daß der Diesel auch bei Gasmangel die volle Leistung erbringen kann.

Fundamentierung. Im Gegensatz zu Dampfanlagen entstehen bei Betrieb mit Motorenanlagen wegen der oszillierenden Bewegungen starke mechanische Schwingungen (s. G 10 u. O 1.3). Deswegen ist der Fundamentierung und Schwingungsdämpfung besondere Sorgfalt zu widmen (s. O 2.3).

Schalldämpfung. Die Maschinengeräusche und die periodischen Verbrennungsvorgänge lassen im Zuluft- und Abgassystem starke Schallschwingungen entstehen, die entsprechend zum zulässigen Geräuschpegel gedämpft werden müssen. Die Abgasgeräusche lassen sich in Resonanz- oder in Absorptionsschalldämpfern oder in Schallgruben dämpfen (s. O 3). Dieser Reihenfolge entsprechend steigen die Anschaffungskosten, aber auch ihre Wirksamkeit. Je dichter die Schalldämpfer am Motor sind, desto größer ist deren Wirksamkeit. Im Maschinenraum sind schallharte Wände, wie Fliesenbeläge und Steinfußboden, zu vermeiden, um die Schallreflexion zu verringern. Die Zuluft- und Abluftführung muß in vielen Fällen mit Rücksicht auf die Umgebung mit Absorptionsschalldämpfern ausgerüstet werden. Etwa 4 bis 6% der Brennstoffwärme wird im Maschinenraum durch die Betriebswärme der Anlage abgegeben. Um eine Aufheizung des Maschinenraums zu verhindern, ist ein ausreichender Luftwechsel erforderlich.

Abwärme. Bei einer Motorenanlage kann sie in Form von Heißwasser, Dampf oder Heißluft indirekt nutzbar gemacht werden.

Kühlwasser. Mit einer Austrittstemperatur bis zu 90 °C läßt es sich für Heizzwecke verwenden. Gegebenenfalls ermöglicht eine Zusatzfeuerung die Anpassung an den Wärmebedarf. Es besteht auch die Möglichkeit einer Heißkühlung des Motors. Die Wasseraustrittstemperaturen über 110 °C verlangen ein geschlossenes Kühlsystem mit einem Druck, der Dampfbildung ausschließt. Ein solches System ist erlaubnis- und prüfpflichtig.

Abgase. Mit einer Temperatur bei Vollast bis zu 600 °C lassen sie sich in Luft- oder Wasservorwärmern oder in Dampferzeugern ausnutzen. Mit Rücksicht auf Taupunktkorrosionen sollten die Austrittstemperaturen der Abgase aus diesen Apparaten i.allg. über 180 °C liegen. Eine Entstickung durch Katalysatoren ist erforderlich.

3.2 Kraft-Wärme-Kopplung. Total-energy systems for heat and power generation

Energienutzung. Sie erfolgt am besten durch Kopplung von zeitgleicher Erzeugung elektrischer Energie und Heizwärme in einer Erzeugungsanlage. In **Tab. 3** ist der Energieanteil und die Energienutzung in einem Heizkraftwerk dargestellt. Die Motorenanlagen sind nach erzeugter mechanischer Energie bzw. elektrischer Energie optimiert. Mit wachsender Einheitenleistung steigen die Wirkungsgrade der elektrischen Energieumwandlung an, während die Wärmeausnutzung abnimmt. Die Wirkungsgrade zur Stromerzeugung liegen bei Dieselmotoren etwas höher als bei Gasmotoren. Größere Motoren aus der Schiffsdieselproduktion mit Schweröl betrieben erreichen Werte von 40% und entsprechen etwa 100-MW-Dampfkraftwerksblöcken mit Zwischenüberhitzung. Das Verhältnis

der Strom- und Wärmeerzeugung beträgt beim Gasbetrieb rd. 1:1,5 und beim Dieselbetrieb 1:1. Mitentscheidend sind heute die Emissionsverhältnisse. Aus diesem Grunde ist nur ein Erdgasbetrieb anzustreben. Eine etwas andere Tendenz in bezug auf die Wärmeausnutzung zeigen Gasturbinen, wobei dies von der Turbineneintrittstemperatur und damit zwangsläufig gekoppelte Abgastemperatur abhängt, die für die Auslegung des Abhitzekessels maßgebend ist. Mit Gegendruckanlagen sind die besten Ausnutzungsgrade zu erzielen (bis zu 92%), d.h. hier werden noch höhere Werte erzielt als von einem sog. BHKW zu erwarten ist. Für große Wärmeerzeugungsleistungen werden in Heizkraftwerken Dampfturbinenprozesse genutzt.

Leistungsgrößen. Die Erzeugungsanlagen weisen unterschiedliche Leistungsgrößen auf. Herkömmliche Heizkraftwerke haben sich mit elektrischen Blockgrößen von 20 bis 300 MW als wirtschaftlich erwiesen. BHKW werden wegen des örtlichen Wärmebedarfs nur Leistungsgrößen (elektrisch) von 0,5 bis 5 MW erreichen. Die Motorgröße wird zwischen 0,05 und 5 MW schwanken. In der Bundesrepublik Deutschland sind in BHKW bisher 100- bis 600-kW-Motoren verwendet worden. Die Heizkraftwerke mit Gasturbinen und Dampfturbinenblöcken bieten eine verkaufbare Wärmeleistung von 50 bis 500 MJ/s und BHKW (Blockheizkraftwerk) nur von 1 bis 5 MJ/s. Der immer weniger angewendete Dampfmotor füllt den Bereich zwischen BHKW und Heizkraftwerk aus.

Bauart und *Stromverlustkennzahl.* Die großen Steigerungen der Öl- und Erdgaspreise forcierte den Einsatz der Kraft-Wärme-Kopplung. Abgesehen von kleinen Gegendruckanlagen (20 bis 50 MW) wurden in den 50er Jahren meist nur kleine Heizleistungen aus Kondensationskraftwerken ausgekoppelt. Der geringe Auskopplungsbedarf für kleine Heiznetze konnte durch einfache Schaltungsmaßnahmen erreicht werden, **Bild 13**. Die Wärmeauskopplung erfolgte einstufig, meist aus der Überströmleitung (im Schaltbild dick schwarz gekennzeichnet). Der dabei durch die *Stromverlustkennzahl* deutlich gemachte Verlust an elektrischer Energie in MW pro MJ/s ausgekoppelter Heizleistung (gerastertes Band) war damals noch relativ hoch. Je nach Trenndruck und Vorlauftemperatur ging dieser Faktor auf Werte bis oberhalb von 0,2. Das Heizleistungsverhältnis, also der Anteil an ausgekoppelter Heizleistung im Verhältnis zur erzeugten elektrischen Leistung, war sehr gering und lag im Bereich von etwa 0,2, wie es die rechte Säule zeigt.

Bis Mitte der 70er Jahre stieg mit den wachsenden Fernwärmenetzen auch der Bedarf an höherer Auskoppelleistung. Die Technik folgte dieser Entwicklung durch den Einbau von Drosselklappen, wodurch die gesamte Dampfmenge für Heizzwecke auskoppelbar wurde. Sie wurde mehrstufig ausgeführt, um die Anpassungen an gleitende Vorlauftemperaturen und eine Verminderung des Leistungsverlusts zu erreichen. Das mittlere Prinzipschaltbild zeigt diese mehrstufige symmetrische Auskopplung mit Drosselklappe. Dadurch konnte die Stromverlustkennzahl deutlich verkleinert werden, bei gleichzeitiger Steigerung des Heizleistungsverhältnisses über 0,5 hinaus. Die Dampfprozesse entsprachen jetzt denen moderner Kondensationskraftwerksblöcke.

Um 1980 wurden Heizturbosätze mit asymmetrischer Bauweise realisiert, wie im rechten Prinzipschaltbild mit mehrstufig asymmetrischer Schaltung und Drosselklappen erkennbar. Dieses Konzept gewährleistet eine optimale Anpassung der Wärmeentnahme, auch im elektrischen Teillastbereich, mit niedrigeren Stromverlustkennzahlen, die etwa bis auf den Faktor 0,1 zurückgehen. Auch hier kann

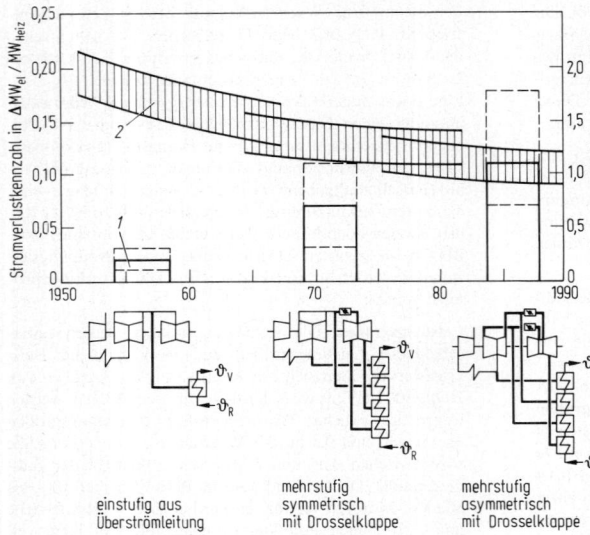

Bild 13. Wärmeauskopplung aus fossilbefeuerten Kondensationskraftwerken: Entwicklung der Schaltung, Stromverlustkennzahl und Auskoppelleistung.
1 Heizleistungsverhältnis,
2 Stromverlustkennzahl

einstufig aus
Überströmleitung

mehrstufig
symmetrisch
mit Drosselklappe

mehrstufig
asymmetrisch
mit Drosselklappe

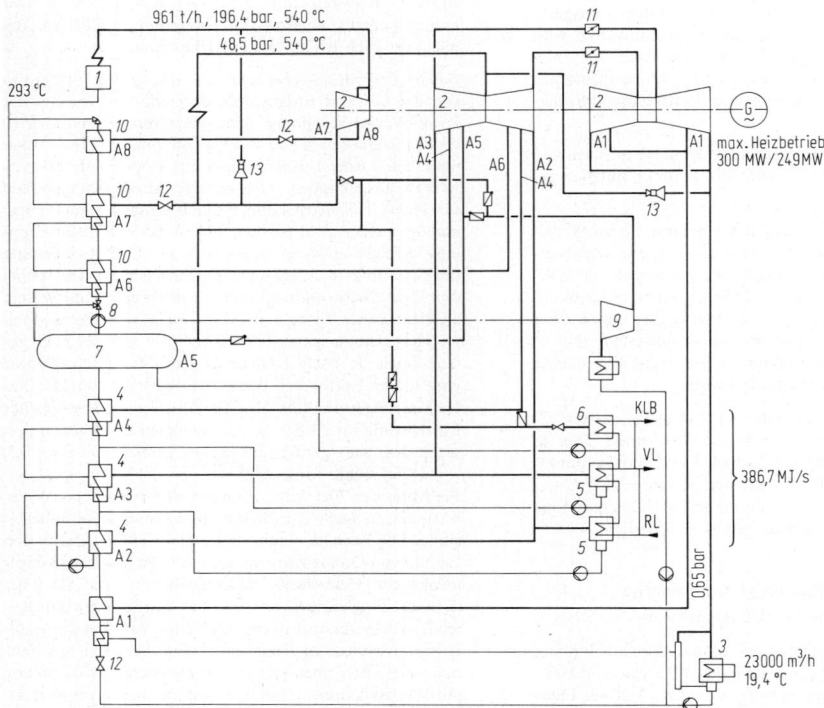

Bild 14. Wärmeschaltbild einer Kraft-Wärme-Kopplung. *1* Dampferzeuger, *2* Turbosatz, *3* Hauptkondensator, *4* ND-Vorwärmer, *5* Heizkondensator, *6* Heizungswärmetauscher, *7* Speisewasserbehälter, *8* Kesselspeisepumpe, *9* Antriebsturbine für Kesselspeisepumpe, *10* HD-Vorwärmer, *11* Anstauklappe, *12* Lastsprungarmatur, *13* Sicherheitsstation

die gesamte Dampfmenge für Heizzwecke genutzt werden. Diese Schaltung wird speziell bei größeren Heizblöcken eingesetzt, wie z.B. bei den Heizkraftwerken in Berlin, Hannover und Walsum. Das erzielte Heizleistungsverhältnis liegt dabei im Mittel bei 1 und erreicht in Einzelfällen

sogar 1,7. **Bild 14** zeigt das Wärmeschaltbild eines modernen Heizblocks, der bei voller Heizwärmeauskopplung (−15 °C Außentemperatur) von 387 MJ/s eine elektrische Leistung von 248 MW zeitgleich erzeugt.
Gemessen an der gesamten installierten Heizwärmelei-

stung in der Bundesrepublik Deutschland nimmt die Wärmeanschlußleistung noch einen recht geringen Anteil von rund 15% ein.

3.3 Wandlung regenerativer Energien
Transformation of regenerative energies

3.3.1 Windkraftanlagen. Wind power stations

Die Entwicklung der Windkraftanlagen ist noch nicht abgeschlossen. In USA sind Windparks mit Einheitsleistungen von ca. 100 kW installiert, **Bild 15**. Erst ab einer Windgeschwindigkeit von 5 m/s gibt der Rotor Leistung ab. In Europa sind in Dänemark, Schweden und in der Bundesrepublik Deutschland speziell in Norddeutschland Einzelanlagen im kleinen Leistungsbereich bis 1 MW in der Erprobung. Das Großprojekt „Growian" im Kaiser-Wilhelm-Koog (3 MW, 100 m Turmhöhe, 100 m Rohrdurchmesser, zweiflüglig) mußte nach 420 Betriebsstunden abgebrochen werden, nachdem Bremsscheiben überhitzten, Lager modifiziert werden mußten und Risse in der Nabe des 145 t schweren Rotors auftraten. Auf der Insel Helgoland entsteht derzeit eine 1,2-MW-Anlage.

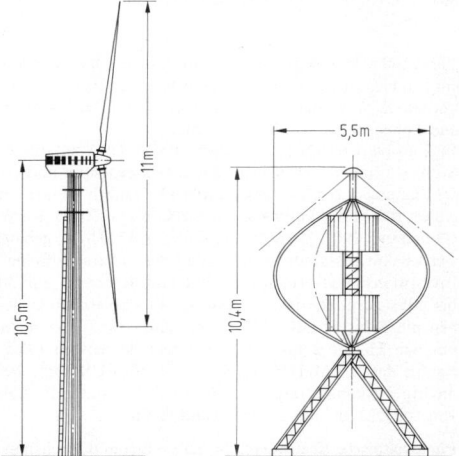

Bild 15. Horizontalachsen- und Vertikalachsenrotor der kW$_{el}$-Leistungsklasse

In Serienfertigung errichtete Windkraftanlagen bis zu einer Leistung von 200 kW entsprechend einem Rotordurchmeser von 25 m erreichen wesentlich geringere spezifische Baukosten von 2 000 DM/kW. Bei heute preisgünstig errichteten Anlagen betragen die Stromerzeugungskosten bei einer Amortisationszeit von fünf bis sieben Jahren 20 bis 30 Dpf/kWh. Das BMFT fördert mit 25% (+25% der norddeutschen Bundesländer) eine Gesamtleistung von 100 MW für Prototypen bis zu 800 kW, wobei Stromkostenzuschüsse gezahlt werden sollen.
Bei den Anlagen sind die Forderungen nach Umweltverträglichkeit, geringen Geräuschemissionen, Gesichtspunkte der Landschaftsgestaltung und des Artenschutzes der Vogelwelt zu berücksichtigen.

Aufbau von Windkraftanlagen

Eine Windkraftanlage besteht grundsätzlich aus folgenden Anlagenteilen: Turm mit Fundament, Maschinenhaus mit

den entsprechenden Komponenten, Rotorblättern, Steuereinrichtung und der Hochspannungsanlage.
Die Konstruktionsart der Türme richtet sich nach der Leistung der entsprechenden Windmühlen: Anlagen bis etwa 200 kW haben Türme aus einem durchgehenden Stahlrohr, aufgelösten Stahlrohrkonstruktionen und Stahlfachwerkkonstruktionen, Anlagen größerer Leistung benutzen den Stahlbetonturm als Tragwerk, der üblicherweise in Gleitschalbauweise errichtet wird.
Die eingebaute maschinentechnische Anlage besteht im wesentlichen aus folgenden Komponenten, von der Rotorseite beginnend betrachtet: Nabe zur Befestigung der Rotorblätter, Hauptwelle mit den zugehörigen Lagern, Wellenbremse, Kupplung, Getriebe und Generator.
Diese Komponenten sind auf einem Grundrahmen befestigt, der auch die Einhausung aus glasfaserverstärktem Kunststoff aufnimmt und drehbar auf einem Zahnkranzring am Turmkopf aufgelagert ist. Die Lagerpunkte sind an Antriebe – E-Motoren – gekoppelt, die dafür sorgen, daß die Maschinenwelle immer in Hauptwindrichtung zeigt und damit ein Gieren verhindert. Dabei setzt ein elektronischer Windrichtungsmesser die gemessene Windrichtung in Steuersignale für die Antriebe, die sog. Giermotoren, um.
Während die kleineren Anlagen eine gute betriebliche Zuverlässigkeit aufweisen, treten bei größeren Anlagen noch Probleme beim maschinentechnischen Teil auf.
Damit nicht noch zusätzliche Belastungen hinzukommen, z.B. durch Turbulenzen angrenzender Windmühlen oder durch schrägen Windangriff bei nicht in Windrichtung stehender Welle, ist zum einen bei Windparks auf ausreichenden Abstand der Mühlen untereinander zu achten und zum anderen sorgt die zuvor erwähnte automatische Steuereinrichtung für die richtige Drehstellung des Maschinenhauses. Die Umdrehungszahl der Rotoren ist konstant und wird durch das Netz gesteuert. Um dabei den unterschiedlichen Windgeschwindigkeiten gerecht zu werden, haben die Rotoren eine Verstelleinrichtung, die das Drehen der Blätter in der eigenen Achse ermöglichen.
Die Anlage Masned wird spez. Kosten von 3870 DM/kW aufweisen. Auf den maschinen- und elektrotechnischen Teil entfallen rd. 73%, auf den Rotor 10% und 17% auf Gründung, Turm mit Aufzug, Lastenzug, Wege usw. Die Bauzeit ist mit vier Monaten, die Genehmigungszeit von 18 bis 24 Monaten infolge der genannten Umweltforderungen zu veranschlagen.

3.3.2 Sonnenkraftwerke. Sun power stations

Sonnenkraftwerke im Sonnengürtel der Erde wandeln dort, wo die Einstrahlung maximal ist (2500 bis 3200 kWh/m^2 a; 250 bis 300 W/m^2 a), Sonnenenergie in Strom direkt um oder sie wird zur Wasserspaltung in Elektrolyseuren genutzt. Der so gewonnene Wasserstoff wird gasförmig über Rohrleitungen oder verflüssigt von Tankern in die Energieverbrauchszonen der Erde transportiert.
Sonnenkraftwerke können *solarthermische* oder *photovoltaische* Kraftwerke sein. Erstere wandeln den Direktstrahlungsanteil des Sonnenlichts um, werden mithin nicht in Mitteleuropa stehen, sind also etwas für den Exportmarkt; letztere nutzen beide den direkten und den diffusen Strahlungsanteil.
Solarthermische Kraftwerke werden weltweit als Experimental- und Pilotkraftwerke in Form einachsig der Sonne nachgeführter Parabolrinnenkraftwerke sowie beidachsig nachgeführter Solarturm- oder Paraboloidkraftwerke betrieben, **Bild 16**. Photovoltaische Kraftwerke gibt es weltweit mit 20 bis 30 MW elektrischer Leistung, die Weltproduktionskapazitäten sind einige 10 MW/a.

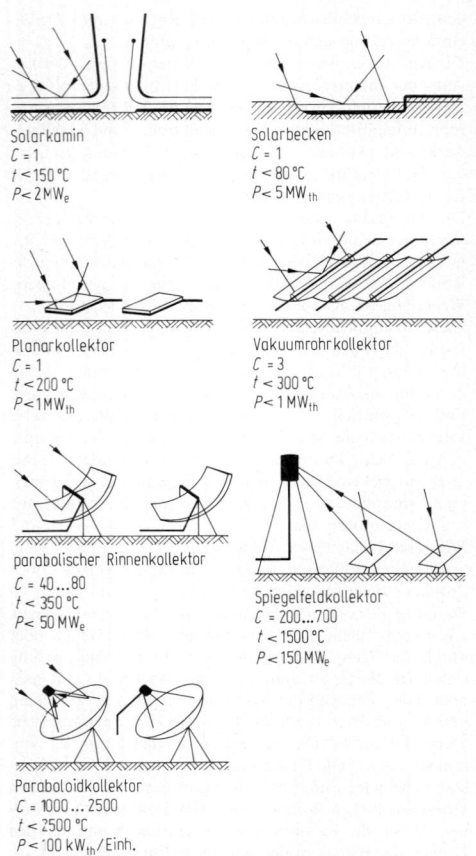

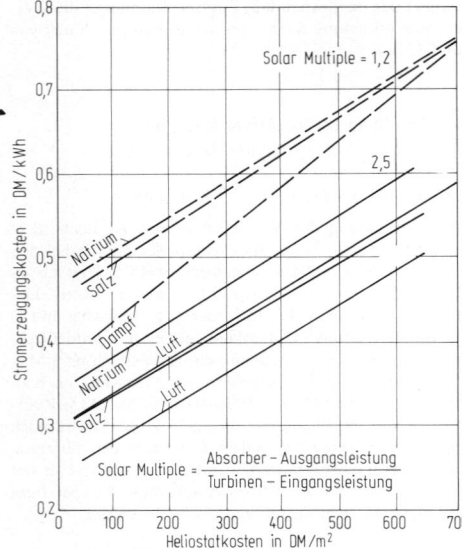

Bild 17. PHOEBUS-Stromerzeugungskosten

Bild 16. Grundkonzepte solarer Energiekollektoren

Solarthermische Kraftwerke. Sie liefern zunächst Wärme und Prozeßdampf, die gespeichert, ausgekoppelt und in Strom umgewandelt werden können. Kraft-Wärme-Kopplung ist möglich. Fossile Zusatzfeuerung ist möglich. Einheitenleistungen liegen zwischen 100 kW und 100 MW elektrischer Leistung. Durch Speicherung und/oder Zusatzfeuerung sind Ausnutzungsdauern >3500 h/a möglich. Sie können als Spitzenlastwerke in Hochlastzeiten eingesetzt werden. Solarelektrische Kraftwerke-Jahresarbeitswirkungsgrade liegen bei 10% (maximal 30%).

Nach 10jährigem Experimentieren an weltweit sechs (neuerdings sieben, davon drei wieder abgebrochen) Solarturmkraftwerken von 0,5 bis 10 MW elektrischer Nennleistung und allen in Frage kommenden Wärmeträgermedien Wasserdampf, Natrium, Salzschmelzen und Luft soll jetzt der nächste Schritt gemacht werden. Bau eines ersten Demonstrationskraftwerks signifikanter Größe von 30 bis 100 MW elektrischer Leistung zum Studium der bislang unbekannten Langzeiteffekte wie Lowcycle-fatigue-Verhalten, Wartungs- und Betriebsaufwand, Degradation und Lebensdauer von Komponenten.

In Europa („PHOEBUS") und in den USA („Utilities Studies") haben sich Konsortien zusammengetan und erste Planungsstudien vorgelegt, **Bild 17.** Danach könnte ein erstes 100-MW-Kraftwerk für 2200 bis 3000 US-$/kW (Preisstand 1987, Ausnutzungsdauer ≤3500 h/a) gebaut werden; interessanter noch ist, daß der „solarspezifische" Investitionsanteil (Heliostatenfeld und Receiver) auf 30 bis 40% gesunken ist. Die erwarteten Arbeitskosten liegen mit 8 bis 11 US-c/kWh (Preisstand 1987) nur mehr um den Faktor 2 bis 3 (4) über dem derzeitigen (niedrigen!) der US-Märkte für Strom. PHOEBUS käme bei niedriger Nennleistung (30 MW) und Heliostatfeldkosten von 500 DM/m² auf 30 bis 50 Dpf/kWh.

Photovoltaische Kraftwerke. Sie liefern Strom (Gleichspannung), der in Drehstrom umgewandelt werden kann. Ausnutzungsdauern ergeben sich aus der *Sonnenscheindauer*. Eine Speicherung kleiner elektrischer Leistungen ist nur durch Batterien möglich. Einheitenleistungen sind mW bis potentiell 10^3 MW. Erste Erprobungen beginnen. Solarelektrische Kraftwerks-Jahresarbeitswirkungsgrade liegen bei 6 bis 10%, theoretische Wirkungsgrade ≥ 20% (30%) sind möglich. Bei einem Anstellwinkel von 40° beträgt der Einstrahlungsmeßwert maximal 5,78 kWh/m² d, im Winter 1 kWh/m² d in Berlin. Die Solarzellen aus kristallinem Silizium kosteten 1988 für Versuchsanlagen 13 DM/W.

4 Verteilen und Speicherung von Nutzenergie. Distribution und storage of energy

4.1 Energietransport. Energy transmission

Neben den leitungsgebundenen Energien von Erdgas, Strom und Fernwärme spielen die Primärenergietransporte von Kohle und Öl eine bedeutende Rolle. Für den Ausbau der Energietransportsysteme ist entscheidend die Lage heimischer Energievorkommen, die Importabhängigkeit und die dazu räumlich sich ergebenden Verbraucherschwerpunkte.

Ein Vergleich der Transportkapazitäten verschiedener Energiearten zeigt **Bild 1**. Für den wirtschaftlichen Transport spielt die Entfernung die entscheidende Rolle.

Brennstoffe und Fernwärme werden in Stahlrohren bis zu 1 200 mm Durchmesser bei einem Druck bis zu 80 bar transportiert. Stähle größerer Festigkeit sind spezifisch billiger, weil die Rohrwandstärke mehr abfällt, als der Rohrpreis pro Tonne ansteigt. Stahlrohre sind gegen Korrosionen zu schützen, da bei Erdverlegung, mindestens 1 m Erdüberdeckung ab Scheitelpunkt, Sauerstoff und Säuren im Boden vorhanden sind, die das Rohrmaterial angreifen. Bei Gastransport kann es auch auf der Innenseite zu Korrosionen durch ausfallende feuchte Stoffe kommen. Als Dauerschutz ist Bitumen- oder Teeranstrich oder gesintertes Polyäthylen nebst zusätzlichem kathodischen Schutz mit galvanischen Anoden oder Fremdstrom erforderlich. Unzulässige Betriebszustände sollen durch Schnellauslösung selbsttätig zur Abschaltung der Anlage und Meldung an die Betriebszentrale führen. Alle elektrischen Anlageteile und Betriebsmittel sind „explosionsgeschützt" zu installieren.

4.1.1 Mineralöltransporte. Oil transmission

Während die Kohle auf dem Wasser und Schienenweg transportiert wird, wird das Mineralöl vielfach in Komponentenpipelines von den Seehäfen zu den Raffinerien transportiert.

In Westeuropa beträgt die Gesamtlänge der *Mineralölfernleitungen* nahezu unverändert 17 400 km; das jährlich verpumpte Transportvolumen an Rohöl und Fertigprodukten schwankt um $520 \cdot 10^6$ m³/a. Die Leckage durch Beschädigungen oder Korrosion der Rohrleitungen ist nach wie vor äußerst gering (0,5 ppm). Die Rohölversorgung der deutschen Raffinerien per Rohrleitung erfolgt zu 28% über deutsche Häfen, zu 18% über Rotterdam, Rheinhäfen und Antwerpen, über die Häfen Genua und Triest.

Bei den *Pipelines* wird der Innendruck der Rohrleitung auch durch die geodätische Höhe beeinflußt. Bei waagerechter Verlegung nimmt der Druck bei konstantem Rohrdurchmesser linear mit der Entfernung ab. Die Pumpen können im Gegensatz zu Verdichtern für jedes gewünschte Druckverhältnis ausgelegt werden. Bei Öltransport ist je nach Ölviskosität und möglicher Außentemperatur durch Heizstationen und wärmeisolierte Rohrleitungen die Pumpfähigkeit des Transportguts aufrechtzuerhalten. Durch Metallpfropfen (*Trennmolche*) lassen sich in einer Leitung verschiedene Chargen voneinander trennen und hintereinander befördern. Gelegentlich werden auch radioaktive Isotopen zum Markieren der Trennlinie verwendet.

Pumpstationen. Bei größeren Anlagen arbeiten Kreiselpumpen, sonst Verdrängerpumpen, die durch E-Motoren, Dieselmotoren, Gasentspannungsmotoren oder Gasturbinen angetrieben werden. Umweltbeeinflussung ist in erforderlichen Grenzen zu halten.

4.1.2 Erdgastransporte. Naturalgas transmission

Bei diesen sind Gasgewicht und geodätischer Höhenunterschied ohne Bedeutung für den Leitungsinnendruck, jedoch muß bei Erd- und Kokereigas bei hohen Drücken die *Kompressibilität* berücksichtigt werden. Abnehmende Dichte und zunehmendes Volumen in Fließrichtung haben großen Einfluß auf Leitungsauslegung und Verdichterstationen.

Druckabnahme. In der Gasleitung erfolgt sie nach einem parabolischen Gesetz. Die Gaskompressoren arbeiten am wirtschaftlichsten bei einem Druckerhöhungsverhältnis von 1,5 bis 2 bei Zentrifugalkompressoren und von 3 bis 7 bei Kolbenkompressoren.

Für *kompressible* Medien gilt, wenn nicht vom Mengen- sondern vom Energiestrom ausgegangen wird, die Zgl.

$$\frac{p_1^2 - p_2^2}{l} = 17,8K \, \frac{\lambda \dot{Q}_{\mathrm{w}}^2}{(100d)^5 W_0^2} \quad \text{in} \quad \frac{\mathrm{bar}^2}{\mathrm{km}}. \tag{1}$$

Hierin bedeuten p_1, p_2 Druck in bar am Anfang bzw. Ende der Leitung. l Länge der Leitung in km, d lichte Rohrweite in m, $\dot{Q}_{\mathrm{w}}$ Energiestrom in kJ/h, λ Rohrreibungszahl, K Kompressibilitätszahl. W_0 Wobbe-Zahl in kJ/m³.

Wobbe-Zahl. Sie beträgt $W_0 = H_o \sqrt{d_{\mathrm{v}}}$. ($H_o$ Brennwert des Gases auf das Normalvolumen bezogen, d_{v} Verhältnis der Dichten; für Luft ist $d_{\mathrm{v}} = 1$.)

Kompressibilitätszahl. Sie ist dimensionslos und beträgt für Erd- bzw. Kokereigas (Index E und K) in erdverlegten Leitungen mit etwa 12 °C nach den Zgl.

$$K_{\mathrm{E}} = 1 - (p_{\mathrm{m}}/470); \quad K_{\mathrm{K}} = 1 + (p_{\mathrm{m}}/6300) \quad \text{mit } p_{\mathrm{m}} \text{ in bar.}$$

Hierbei ist der mittlere Druck

$$p_{\mathrm{m}} = \frac{2p_1^3 - p_2^3}{3p_1^2 - p_2^2}.$$

Energie	technische Daten	Transport-kapazität [a]	Verhältnis der transportierten Energiemengen
Öl	DN 1000 60 bar	95 Mio. kWh/h 7500 t/h (H_0=12,8 kWh/kg)	270
Gas	DN 1200 80 bar	25 Mio. kWh/h 2,2 Mio. m³/h ($H_0 \cong 11,5$ kWh/m³)	71
Strom	380 kV 2 Kreise (Viererbündel)	1,2 Mio. kWh/h (natürl. Leistg.)	3,4
Fern-wärme	2 × DN 600 16 bar	350 000 kWh/h 2500 m³/h Wasser Vorlauf 180 °C Rücklauf 60 °C	1

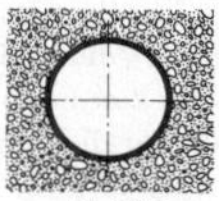

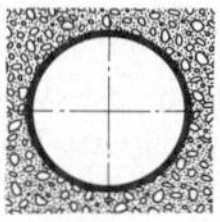

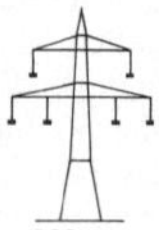

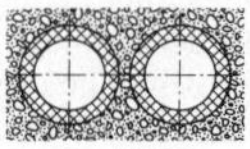

[a] Dauertransportleistung über große Entfernungen ($\geq$150 km); bei Fernwärme $\leq$ 30 km

Bild 1. Vergleich von Energietransportarten (Ruhrgas 1989)

Energietransport. Sind der Rohrdurchmesser, die Reibungszahl und der Druckverlust gleich, so folgt aus Gl. (1) für Erd- bzw. Kokereigas

$$Q_{WE}/Q_{WK} = (W_{OE}/W_{OK}) \cdot (K_K/K_E)^{0,5}.$$

Für 12 °C und $p_m = 20\ldots60$ bar gilt $W_{OE}/W_{OK} = 1,42$ und $K_E/K_K = 0,9$. Damit folgt $Q_{WE}/Q_{WK} = 1,42/0,9^{0,5} = 1,5$. Beim Erdgasbetrieb läßt sich also um 50% höheren Energiestrom erzielen als bei Kokereigas.
Sind der Druckverlust, die Rohrreibungszahl und der Energiestrom gleich, so folgt aus Gl. (1)

$$d_E/d_K = (K_E/K_K)^{0,2} \cdot (W_{OK}/W_{OE})^{0,4}.$$

Für 12 °C und 20 bis 60 bar gilt $d_E/d_K = 0,9^{0,2}/1,42^{0,4}$ = 85. Die Leitung kann also bei Erdgas um 15% kleiner sein als bei Kokereigas.

Verdichterstationen. Turboverdichter sowie kontinuierlich fördernde Verdrängermaschinen haben ein wesentlich größeres Durchsatzvolumen als Kolbenverdichter. Sie werden durch Elektromotoren, durch gasgefeuerte Dampferzeuger mit Dampfturbinen oder meist durch Gasturbinen angetrieben. Bei niedrigem Verdichtungsverhältnis kann eine Gaskühlung entfallen. Bei mehr als 4000 Betriebsstunden pro Jahr ist bei Gasturbinen Wärmerückgewinn wirtschaftlich. Je nach Umgebung ist auf zulässigen Geräuschpegel und auf erlaubte Schadstoffemissionen zu achten.
Die höhere regionale Dichte der Energienachfrage in Westeuropa schafft gegenüber der USA oder UdSSR günstige wirtschaftliche Voraussetzungen für eine leitungsgebundene Erdgasversorgung durch niedrige Transport- und Verteilungskosten. Die bisherige nationale Regulierung der europäischen Gasmärkte wird mit dem Beginn des Energiebinnenmarkts (Januar 1993) zu einer weiterführenden Modifizierung der nationalen Verbund- oder Verteilnetze in der EG führen. Auch der bisher schwach entwickelte LNG-Markt der Gemeinschaft könnte in kommenden Jahrzehnt an Bedeutung gewinnen, falls der Gasverbrauch zu Lasten des Heizölverbrauchs weiter ansteigt und der kostenintensive LNG-Transport über den Preis verrechnet werden kann.
Inzwischen haben die größeren *Erdgas-Transportleitungen* weltweit eine Ausdehnung von $1,0 \cdot 10^6$ km erreicht. Mit dem technischen Fortschritt (Hochdruckleitungen, steigende Durchmesser bis 1400 mm) sind die Transportkosten vermindern oder sogar halbieren lassen. Andererseits muß das Ausfallrisiko derartig hoher Übertragungskapazitäten von jährlich bis zu $80 \cdot 10^9$ m^3/a versorgungstechnisch und auch weiträumig abgesichert werden.
Die Ferngasnetze der Sowjetunion verbinden bei totaler Rohrlänge von 185000 km (10000 km im Bau) nahezu alle wichtigen Wirtschaftszentren des Landes. In Ost-West-Richtung ergibt sich eine Netzausdehnung von 5000 km. In der Bundesrepublik Deutschland umfaßt das Rohrnetz eine Länge von 190120 km (1987), davon entfallen 54970 km auf Hochdruckleitungen. Die laufende Zunahme des Heizgases erfordert zunehmende Investitionen für Speichervorhaben und Maßnahmen zur Abdeckung der winterlichen Lastspitzen.

4.1.3 Elektrische Verbundnetze
Electric combined network

Im Jahre 1882 wurden mit der gelungenen Gleichstromübertragung von Miesbach nach München und mit der im Mai 1891 durchgeführten Drehstromübertragung von Lauffen am Neckar nach Frankfurt am Main die Grundsteine für den heutigen großräumigen Verbundbetrieb im Inland und über die Ländergrenzen hinweg gelegt.

Der Ausbau von fossilen Kraftwerken orientierte sich bisher nach dem Gewinnungsort der Primärenergie und einer günstigen Lage zu den Verbraucherschwerpunkten. Diese beiden Kriterien schließen eine Reihe von speziellen Standortproblemen mit ein, z.B. die Brennstofftransport- und Lagerprobleme, die Kühlungs- und Entsorgungsbedingungen und andere verschiedenartige Umweltbedingungen sowie die Lage zum überregionalen Höchstspannungsnetz. Kernkraftwerksstandorte sind von Brennstofftransportbedingungen unabhängig. Aus Sicherheitsgründen spielt die Besiedlungsdichte eine bedeutende Rolle.
Das deutsche *Verbundnetz* nimmt aufgrund seiner Lage und seiner Struktur eine zentrale Position innerhalb des westeuropäischen Verbundnetzes ein.
Die Großkraftwerke und Höchstspannungsnetze (380/220 kV) in der Bundesrepublik Deutschland sind meist im Eigentum der acht Verbundunternehmen. Jedes Verbundunternehmen ist dementsprechend auch für die Planung und den Betrieb seiner Erzeugungs- und Übertragungsanlagen selbst verantwortlich. Innerhalb der *Deutschen Verbundgesellschaft (DVG)* koordinieren diese Verbundunternehmen alle mit dem Verbundnetz zusammenhängenden Aufgaben. Der Verbundbetrieb hat seine Vorteile vor allem beim *Stromaustausch* über große Räume. Beim Parallelbetrieb der Netze kann ein Belastungsausgleich zwischen klimatischen und strukturellen Unterschieden oder bei Störungen erfolgen, so sind die Betriebsmittel wirtschaftlich und mit größerer Versorgungssicherheit einsetzbar.
So können ungeplant anfallende *Überschußenergien* aus Wasserkraftanlagen weitgehend genutzt werden. Der Stromaustausch mit den Nachbarländern in den Jahren 1986 bis 1988 zeigt **Tab. 1**. Er hängt stark von den Wasserverhältnissen ab. Der Austausch mit Luxemburg ist auf die Pumpstromlieferung und den Speicherleistungsbezug aus Vianden zurückzuführen. Außerdem laufen über das deutsche Verbundnetz auch Lieferungen aufgrund von Verträgen zwischen ausländischen Partnern, z.B. der Schweiz und den Niederlanden. Stark ist der Importbezug aus Frankreich gestiegen.
Bei *Blockausfällen* in Kraftwerken, besonders bei der zunehmenden Anzahl großer Einheiten, kann der Leistungsmangel durch die Gesamtheit der im Parallelbetrieb betriebenen Kraftwerksblöcke nach Maßgabe ihrer Leistungszahlen zum größten Teil ausgeglichen und damit die Frequenzeinbrüche oberhalb der Grenzen gehalten werden, die sonst zu einem frequenzabhängigen Lastabwurf führen würden.
Längerfristige Kraftwerksreserven für den Minuten- und Stundenbereich können durch benachbarte Partner leichter, teilweise gemeinsam und damit in geringerer Höhe vorgehalten werden. So erfüllen die zusammengeschalteten Höchstspannungsnetze im Verbundbetrieb neben reinen Transportaufgaben noch weitere vielfältige technische und wirtschaftliche Versorgungsaufgaben.
Die wirtschaftliche 380-kV-Spannungsebene wird in der Bundesrepublik Deutschland für die Verbundaufgaben noch lange, voraussichtlich über das Jahr 2000 hinaus, als höchste Spannungsebene ausreichen. Durch Mehrfachleitungen, z.B. mit vier 380-kV-Stromkreisen auf einem Mastgestänge, werden die wenigen verfügbaren Trassen optimal genutzt. Ob der EG-Binnenmarkt eine höhere Spannungsebene (z.B. 750 kV) erfordert, ist noch unklar.
Das westeuropäische Verbundnetz erstreckt sich von Dänemark bis Portugal und Süditalien. Alle Netze in Westeuropa sind zusammengeschaltet, alle Kraftwerke Westeuropas fahren parallel und damit die gleiche Frequenz. Großbritannien und die skandinavischen Länder Schweden/Norwegen sind über Hochspannungs-Gleichstrom-

Tabelle 1. Stromaustausch der Bundessrepublik Deutschland mit den Nachbarländern 1986 bis 1988 in GWh

		1986	Saldo	1987	Saldo	1988 (vorläufig)	Saldo
Österreich	Imp.	6411	1925	7772	3906	7310	2590
	Exp.	4486		3866		4720	
Schweiz	Imp.	10967	7223	8714	4374	6520	520
	Exp.	3744		4340		6000	
Frankreich	Imp.	695	−892	3440	2532	6210	5710
	Exp.	1587		908		500	
Luxemburg	Imp.	441	−2546	455	−2625	750	−2730
	Exp.	2987		3080		3480	
Belgien	Imp.	51	45	–	–	–	–
	Exp.	6		–			
Niederlande	Imp.	287	−2242	71	−2868	140	−6990
	Exp.	2529		5939		7130	
Dänemark	Imp.	1573	1451	1421	1276	1400	1330
	Exp.	122		145		70	
DDR	Imp.	167	167	168	168	170	170
	Exp.	–		–			
Summe	Imp.	20552	5131	22041	3763	22500	600
	Exp.	15461		18278		21900	

Imp. = Import; Exp. = Export

Übertragungsanlagen wegen der Seekabelverbindungen mit diesem Netz verbunden. Dagegen besteht mit der DDR und mit dem Verbundnetz der COMECON-Länder kein Parallelbetrieb. Österreich tauscht zwar mit einigen Ländern des Ostblocks Strom aus, aber nur im Richtbetrieb mit getrennt geschalteten Maschinen oder über HGÜ-Kurzkupplungen.

Die Lastverteiler der westeuropäischen Verbundunternehmen arbeiten auch im westeuropäischen Verbundnetz gleichrangig und ohne eine zentrale europäische Lastverteilung zusammen. Zur Zeit der Jahreshöchstlast 1987 waren die Verbundnetze der westeuropäischen EVU mit rd. 231700 MW im Parallelbetrieb zusammengeschaltet (zum Vergleich: Engpaßleistung der Bundesrepublik Deutschland zum gleichen Zeitpunkt 89000 MW). Die Transportkapazität der Verbindungsleitungen zwischen den UCPTE-Mitgliedsländern ist in den letzten zwanzig Jahren um ein Vielfaches auf über 70 GVA gestiegen. Die Primärregelung des UCPTE-Netzes zeigt, daß bei der heutigen Netzkennzahl im Winter von ca. 26000 MW/Hz selbst Ausfalleistungen von 3500 MW (Winter) bis 2800 MW (Sommer) verkraftet werden können. Mit dem Ausbau der Kraftwerkskapazität wird das UCPTE-Netz noch stabiler.

Die besonderen Eigenschaften der *Hochspannungs-Gleichstrom-Übertragung* (HGÜ) haben in der Welt bisher überwiegend zu Anwendungen geführt, bei denen die HGÜ sowohl technische als auch wirtschaftliche Vorteile gegenüber einer Drehstromübertragung aufweist oder sogar die einzige technisch mögliche Lösung darstellt und zwar bei der Übertragung über größte Entfernung, bei der Notwendigkeit zur leistungsfähigen Verkabelung, z.B. bei längeren Seekabelübertragungen und zur Kopplung asynchroner Netze.

Die Bundesrepublik Deutschland war in der Entwicklung der HGÜ-Technik führend (erste Versuchsanlage 200-kV-Verbindung Kraftwerke Elbe-Berlin, vor Inbetriebnahme 1945 demontiert).

4.1.4 Fernwärmetransporte. Remote heating transmission

In West- und Osteuropa hat sich der Fernwärmemarkt in den letzten Jahren merklich erweitert. Auf dem schwieriger werdenden Wärmemarkt (Dollar- und Ölpreisverfall) muß auch die Fernwärme ihre Wettbewerbsposition bei wachsendem Konkurrenzdruck weiterhin ausbauen. Durch technische und innovative Weiterentwicklung in allen Bereichen der Versorgung sollen daher die kapitalintensiven Vorlaufzeiten und langen Kapitalrückflußintervalle durch Rationalisierung, effektivere Betriebssysteme und kostengünstige Lösungen verbessert werden. Bei einem Anschlußwert von 34000 MJ/s (s. L 1.4) beträgt die erfaßte Trassenlänge der deutschen Fernwärmenetze in-

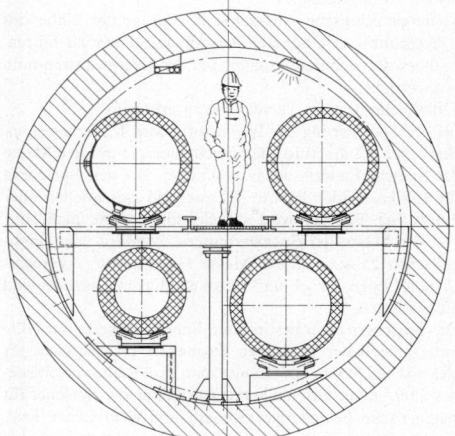

Bild 2. Querschnitt der großen Fernwärmetransportleitung (HTL 1). R Rücklauf DN 1000 (2×), K Vorlauf Konstant DN 600, H Vorlauf Heizung DN 1000. Betonrohr-Innendurchmesser 4,1 m

zwischen über 8 600 km (1987). Bereits 75% der Fernwärme kommt aus Heizkraftwerken bei einem Steinkohleeinsatz von $4 \cdot 10^6$ t SKE (10% der zu verstromenden $40 \cdot 10^6$ t SKE).

Die mittlere Ausnutzungsdauer der deutschen Fernwärmeanlagen lag 1987 im Bezug auf ihren Anschlußwert bei 1 762 h/a.

Während in Hamburg bereits 500 km Fernwärmeleitungen verlegt sind, beträgt in Berlin z.Z. 370 km. Das größte innerstädtische Fernwärmesystem in Berlin zeigt **Bild 2**.

In Westeuropa hat sich das Kunststoff-Mantelrohr bei der Neuverlegung zu 70% durchgesetzt, auch bei Transportrohren großer Nennweite bis DN 1000. Mit dem neuen Verbundprojekt der AGFW (25 MDM) werden Maßnahmen eingeleitet, die den Fernwärmeleitungsbau bis zu 50% verbilligen sollen – aufgrund extremer Flachlegung, Senkung der Vorlauftemperatur zur Verminderung thermischer Vorspannungen oder rationeller Kompaktstationen bei Hausanschlüssen.

4.2 Energiespeicherung. Energy storage

Die Entwicklung der Energietechnik wird mitgeprägt durch die Entwicklung und den Stand der Speichertechniken. Auf, oder besser zwischen den einzelnen Stufen der Prozeßketten von der Gewinnung und der Umwandlung der Primärenergie bis hin zur Nutzungsenergiearbietung sind Speicher im weitesten Sinne oft entweder zwangsläufig nötig oder technisch und wirtschaftlich sehr nützlich und vorteilhaft. Mit ihnen wird der oft unterschiedliche Zeitgang von Angebot und Nachfrage, von Input und Output, entkoppelt und damit wird es möglich

- die zeitliche Disparität zwischen der Verfügbarkeit der Energieträger (z.B. bei der Wasserkraft-, der Windkraft und der direkten Sonnenenergienutzung) und dem Leistungsbedarf der Energieanwender anzugleichen;
- der oft aus ökonomischen Gründen eingeschränkten Flexibilität der Primärenergiegewinnung (z.B. im Steinkohlenbergbau) trotz u.U. starker saisonaler Nachfrageschwankung Rechnung zu tragen;
- die installierte Leistung von Anlagen zur Energieerzeugung, zum Energietransport und zur Energieumwandlung zu optimieren;
- energietechnische Anlagen auf oder in der Nähe des Bestpunkts mit höherer Ausnutzungsdauer zu fahren, als es der Benutzungsdauer bei der Energieanwendung entspricht;
- die Sicherheit der Versorgung zu erhöhen.

Bei der Speicherung der Brennstoffe wird Materie gespeichert und bei ihnen ist die Speicherenergie mit der Masse der Speichermaterie linear verknüpft. Bei den Speichern für fühlbare oder latente Wärme und potentieller oder kinetischer Energie wird die Speicherenergie nicht nur von der Masse der Speichermaterie, sondern vom physikalischen Zustand dieser Masse (Temperatur, Aggregatzustand, Lage, Druck und Geschwindigkeit) entscheidend mitbestimmt.

Das Speichern einer bestimmten Energieart kann mit Hilfe unterschiedlicher Techniken geschehen. Insbesondere für elektrischen Strom entwickelte man eine Reihe verschiedener Speicherverfahren, die mit Ausnahme der Speicher für magnetische Feldenergie (Spulen) und elektrischer Feldenergie (Kondensatoren) mit einer Hin- und Rückwandlung des Stroms in eine andere Energieart verbunden sind (z.B. elektrochemische Speicher, Pumpspeicherkraftwerk, Schwungradspeicher, Druckluftspeicher).

Beim Speichern von Brennstoffen treten in der Regel nur geringe Energieverluste durch leckagebedingte Masseverluste oder durch teilweise Oxidation auf. Die Speicherung von Wärme und elektrischer Energie ist dagegen mit nennenswerten Verlusten verbunden, wobei im Hinblick auf die Anwendungsbereiche der Speicher unterschieden werden muß zwischen Verlusten durch Be- und Entladevorgänge (z.B. Pumpspeicherkraftwerk, Akkumulatoren) und Verlusten durch Selbstentladung (z.B. Wärmespeicher und Akkumulatoren).

Viele Versorgungssysteme sind ohne spezielle Speicher nicht möglich, so z.B. die autarke Stromversorgung einer Siedlung über photovoltaische Anlagen. Viele andere Systeme sind nur durch den Einsatz von Speichern wirtschaftlich tragfähig geworden, wie z.B. die elektrische Speicherheizung.

Folgende Kriterien beschreiben ein Speichersystem: Die Energiedichte in kWh/kg bzw. kWh/m³, die Leistungsdichte in kW/kg bzw. kW/m³, die Zugriffszeit und der Leistungsgradient, der Nutzungsgrad, gebildet aus dem Quotienten von Nettoenergieabgabe des Speichers bezogen auf gesamt zugeführte Energie einschließlich der von Hilfsanlagen, die Eignung für spezielle Aufgaben wie Momentan-, Minuten-, Stunden-, Tages- und Wochenreserve oder Verbessern der Versorgungsqualität, z.B. durch Frequenz-Leistungsregelung, die Lebensdauer und die mögliche Zyklenzahl, die Anschaffungskosten in DM/kW sowie die Betriebskosten je kWh entspeicherte Energie.

Pumpspeicherwerke

Bei diesen betreibt elektrische Energie zu lastschwachen Zeiten *Pumpen*, die Wasser in hochgelegene Becken fördern und so potentielle Energie speichern. Bei elektrischem Bedarf wird das Wasser abgelassen und treibt *Wasserturbinen* mit gekuppelten *Generatoren* an. Abgesehen von den hohen Kapitalkosten treten Wirkungsgradverluste auf. Die Startbereitschaft ist hoch. Für die Bereitstellung dieser Reserve treten keine Energieverluste auf. Die Wirtschaftlichkeit von Pumpspeicherwerken ist eingeschränkt und von den geologischen Bedingungen abhängig. Die Speicher- und Pumpspeicherleistung beträgt in der Bundesrepublik Deutschland 2545 MW. Die Speicherwirkungsgrade liegen derzeit bei 65%.

Bei geeigneter Bauart können Pumpen als Wasserturbinen und Motoren als Generatoren betrieben werden. Hierbei werden die Anlagekosten geringer, aber der Wirkungsgrad der hydraulischen Maschinen wird schlechter.

Luftspeicherwerke

Sie erfordern Gasturbinen im offenen Prozeß (s. L3.1.3). Der kuppelbare Kompressor der Gasturbine wird mit Fremdstrom betrieben, die komprimierte Luft wird gespeichert. Im Bedarfsfalle wird sie der Gasturbine zugeführt, die wegen Wegfalls der Kompressionsarbeit etwa dreifache Leistung abgibt. Abgesehen von Leckverlusten tritt bei Bereitschaft kein Energieverlust auf. Da die Verbrennungsluft, im Gegensatz zur Gasturbine mit direkt gekuppeltem Kompressor, dosiert zugeführt werden kann, ist Teillastbetrieb bei konstanter Temperatur möglich und wirtschaftlich. Die Schnellstartbereitschaft (1,5 MW/s bei der Anlage Huntorf) ist etwas geringer als bei Pumpspeicherwerken. Die spezifischen Erzeugungs- und Kapitalkosten einer solchen Anlage sind geringer als die einer konventionellen Gasturbinenanlage, die auch bei fehlender Speicherluft autark mit ein Drittel Leistung betrieben werden kann. Der Wirkungsgrad derartiger Anlagen liegt bei 50%. Die Leistungsdichte liegt bei 0,001 MW/kg; die Investition ist mit 500 DM/kW zu veranschlagen.

Gleichdruckspeicher. Er hat Wasser als Verdrängungsmedium, das beim Füllen in ein oberirdisches Becken gedrückt wird. Bei Entnahme von Luft im Nutzleistungsbetrieb strömt das Wasser in den unterirdischen Speicher, der nur bergmännisch und im felsigen Untergrund erstellt werden kann. Kluftiger Fels muß abgedichtet und Mitreißen von Wasser verhindert werden. Eine Kombination mit einem hydraulischen Pumpspeicherwerk ist möglich.

Gleitdruckspeicher. Sie werden in Küstenländern mit unterirdischen Salzlagerstätten vorgesehen. Eine Kaverne wird mit Wasser ausgewaschen, die Sole wird direkt oder indirekt in die See geleitet. Die Kaverne kann nur trocken betrieben werden. Der Luftdruck im gefüllten Speicher muß zuzüglich die Leitungsverluste und geodätische Druckhöhe bis zum Ende der täglichen Betriebsperiode den Turbineneintrittsluftdruck aufbringen. Unter gleichen Betriebsverhältnissen muß ein Gleitdruckspeicher größeres Volumen haben als ein Gleichdruckspeicher. Wegen des höheren Luftdrucks beim Füllen des Gleitdruckspeichers ist die spezifische Verdichterarbeit und der Kühlaufwand bei der Verdichtung größer. Die spezifischen Kosten einer Salzkaverne sind aber wesentlich geringer als die einer Felskaverne.

Dampfspeicherung

In lastschwachen Zeiten wird Entnahmedampf von Turbinen entnommen und in der Reihenfolge steigenden Drucks in druckfeste, wärmedichte Großwasserraumbehälter eingeleitet. Das Wasser wird in diesen *Energie- oder Ruthsspeichern* auf Siedetemperatur gebracht und gehalten. Dank der Änderung des Aggregatzustands lassen sich verhältnismäßig große Energiemengen speichern.

Im Bedarfsfall wird die Ruthsspeicheranlage auf synchronisierte Sattdampfturbogeneratoren geschaltet. Durch Druckabsenkung dampft das siedende Wasser aus und das spezifische Dampfvolumen wird immer größer. Die Leistungsfähigkeit bestimmt das Schluckvermögen der Turbineneintrittstufe.

Eine solche Anlage bildet eine Momentan- und Notstromreserve für die Stromversorgung und hilft je nach Auslegung über einen gewissen Zeitraum mit sinkender Leistung Versorgungsengpässe überwinden. Nach 12 s kann Vollast (3,3 MW/s) erreicht werden. Die Energiedichte beträgt 0,12 kWh/kg Dampf.

Während der Reservebereitschaft entsteht durch den Kühldampf für die Turbine, den Wärmeverlust im Speicher und Vakuumhaltung im Kondensator ein ständiger Energieverlust.

In neuerer Zeit werden solche Anlagen nur selten gebaut, da sie großen Raumbedarf haben und kostenaufwendig sind.

Elektrische Speicher

Zu den elektrischen Speichern zählen Batterien und auch die Nachtstromspeicherheizung.

Batteriespeicheranlagen. Akkumulatoren werden in drei Hauptanwendungsgebieten eingesetzt: Zum Starten und zur Stromversorgung von Kraftfahrzeugen, für Traktionszwecke und in ortsfesten Anlagen.

Ortsfeste Batterien werden traditionell vor allem als Fernmeldebatterien, als Betätigungsbatterien, in Anlagen zur unterbrechungsfreien Stromversorgung (USV-Anlagen) und im Rahmen der Sicherheitsbeleuchtung eingesetzt. Ein wichtiger ehemaliger Anwendungsbereich wird z.Z. neu entdeckt: Der Einsatz von Batterien zur Deckung von Leistungsspitzen in Energieversorgungssystemen, d.h. zur Leistungssteuerung und -regelung.

In elektrischen Energieversorgungssystemen können Batteriespeicheranlagen drei wesentliche Aufgaben übernehmen, nämlich die Bereitstellung von Leistung zur Spitzenlastdeckung, zur Sofortreserveleistung und zur Frequenzregelleistung.

Am Markt sind eingeführte standardisierte Baureihen von Blei- und Nickelakkumulatoren. In Berlin ist seit 1987 eine Großanlage für die beiden zuletzt genannten Aufgaben mit einer Frequenzregelleistung von ±8,5 MW und einer Sofortreserveleistung von 17 MW bei einen minimalen Arbeitsvermögen von 4,6 MWh in Betrieb.

Elektrische Heizung. Die elektrische Heizung ist eine Ergänzung der modernen Heizungstechnik mit entsprechendem Komfort. Der Schwerpunkt ihrer Verwendung liegt in der Nachtstromspeicherheizung. Ihr Anwendungsgebiet liegt in der Altbausanierung. Für einen wirtschaftlichen Einsatz ist eine gute Gebäudeisolierung Voraussetzung, um Benutzungsstunden von 800 h/a zu erreichen. Die Anlagen werden lastgesteuert vom EVU während der Nachtzeit von 22.00 bis 6.00 Uhr eingeschaltet bzw. aufgeladen. Ein sehr hoher Energienutzungsgrad wird für ihre Versorgung aus Heizkraftwerken erzielt, wenn diese zugleich Fernwärme auskoppeln. Elektroheizungen schonen die Umwelt. Diese Aussage gilt für eine Betrachtung der gesamten Energieumwandlungskette mit den jeweiligen Emissionen. Der Anschlußwert dieser Heizungsart betrug 1987 in der Bundesrepublik Deutschland 38,2 GW. Davon waren 90% Elektrospeicher-Heizgeräte, 3,9% Fußbodenheizungen und 5,3% Blockspeicherheizungen.

Speicheröfen. Sie werden je nach Wärmeabgabe in zwei verschiedene Bauarten eingebaut, **Bild 3**.

Bauart I. Sie geben wie der klassische Kachelofen ihre Speicherwärme ungesteuert, vorwiegend als Strahlungswärme mit einer von der Wärmedämmung abhängigen Zeitverzögerung an die Umgebung ab. Sie sind ortsfest, am besten unter der Fensterbrüstung oder in Decken oder Fußböden besonders in Naßräumen eingebaut.

Bauart II. Ein geringer Teil ihrer Speicherwärme wird ständig als Strahlungs- und Konvektionswärme abgegeben. Die in dem besonders gut isolierten Kern gespeicherte Wärme (Wärmekonserve) kann mittels Luftgebläse über Thermostat geregelt als Konvektionswärme verstärkt abgegeben werden. Diese Öfen sind für nicht ganztägig genutzte Räume besonders wirtschaftlich.

Elektrische Tagesheizung. Sie ist wirtschaftlich, wenn der derzeitige Wärmeverbrauch von 120 bis 350 W/m² bei −15 °C Außentemperatur durch Wärmeisolation und physiologisch günstige auf Strahlung und homogene Temperaturfelder abgestimmte Heizungssysteme auf mögliche 50 bis 60 W/m² gebracht wird. Dies sind meist thermostatgeregelte Radiatoren oder Plattenheizkörper. In Skandinavien finden sie einen vielfältigen Einsatz.

Energiekosten. Es ist zu vergleichen, daß mit Brennstoff betriebene Heizungen einen mittleren Jahreswirkungsgrad

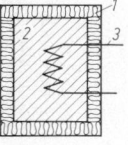 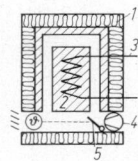

Bild 3. Prinzipielle Bauarten von Nachtspeicheröfen. **a** Bauart I; **b** Bauart II. *1* Wärmedämmung, *2* Speicherkern, *3* Heizelement, *4* Gebläse, *5* Bypassklappe, *9* Thermostat

von etwa 70% haben, elektrische Speicherheizungen einen solchen von 92%, jedoch unter Berücksichtigung der Stromerzeugung und Verteilung von ca. 35%. Flächenstrahlungsheizungen haben gegenüber Konvektionsheizungen 1 bis 2 °C niedrigere Raumtemperaturen, aber gleichen Behaglichkeitsgrad, einen geringeren Gesamtwärmeverbrauch. Die Benutzungsdauer einer Zentralheizung liegt bei 1800 h/a und die einer Speicherheizung infolge der besseren Gebäudeisolierung bei ca. 800 h/a. Neben höherer Lebenserwartung der Speicherheizung entfällt der Aufwand für Bedienung, Wartung und Brennstofflagerung. Die Stromkosten für Nachtstromspeicherheizungen entsprechen den Nachttarifen. Die Heizkosten in DM/m² sind derzeit jedoch höher als bei Ölzentralheizungen.

5 Feuerungen. Furnaces

5.1 Allgemeines. General

Dampferzeuger haben in den letzten Jahren einen Strukturwandel durch die Forderungen von Umweltschutz und Reststoffbehandlung erfahren. Öl- und gasgefeuerte Kessel werden vorwiegend für Industrieversorgungen mit Prozeßdampf, Wärme und Warmwasser gebaut. Die *Schmelzkammerfeuerung*, die aufgrund eines vielfältigen Kohlebands, gut entsorgbarer, reduzierter Asche installiert wurde, ist von *trockenentaschten Feuerungen* infolge der geringeren NO$_x$-Bildung abgelöst worden.
Bei Großkesseln, die für die Prozeßwärme zur Strom- und Fernwärmeerzeugung eingesetzt werden, kommen die betrieblichen Vorteile des *Zwangsdurchlaufsystems*, wie Eignung für den sog. Gleitdruckbetrieb bei wärmeelastischer Konstruktion besonders zur Geltung.
Die konstruktive Entwicklung der Dampferzeuger wurde durch den in den 60er Jahren erfolgten Übergang von der Ausmauerung auf gasdichte Rohr-Steg-Rohr-Konstruktionen für die Umfassungswände entscheidend beeinflußt. Die verschweißten Brennkammerwände führten zur schraubenförmigen Verdampferwicklung. Mit dieser Einzugbauart konnten die Wärmedehnungsprobleme leichter als mit der früheren Zweizugbauart beherrscht werden.
Weiterhin großen Einfluß auf die Entwicklung von Dampferzeugern bzw. Feuerungen haben in den letzten Jahren die Umweltschutzmaßnahmen. **Bild 1** zeigt die Entwicklung der zulässigen Emissionsgrenzwerte für Staub, SO$_2$ und NO$_x$ für Steinkohlekraftwerke. Die 60er Jahre waren dadurch gekennzeichnet, daß durch die TA (Technische Anleitung) Luft im wesentlichen eine weitere Reduzierung der Staubemission erfolgte. Die Reduzierung der SO$_2$-Grenzwerte wurde seit 1974 zunächst durch Vereinbarungen mit der Landesregierung von Nordrhein-Westfalen und deren Erlasse geprägt, bis 1983 die Großfeuerungsanlagenverordnung (GFAVO) rechtskräftig wurde. Eine weitere Verschärfung erfolgte 1984 durch die Empfehlung der Umweltministerkonferenz (UMK), den NO$_x$-Grenzwert von 1800 bzw. 800 auf 200 mg/m³ herunterzusetzen. Dabei handelt es sich hier nicht um einen gesetzlichen Grenzwert, sondern um eine Interpretationshilfe zur Dynamisierungsklausel der GFAVO (s. L5.1.4).

5.1.1 Verbrennungsvorgang. Combustion

Reaktionen. Bei der Verbrennung kommt es zu kombinierten physikalischen und chemischen Reaktionen. Strömungs-, Diffusions-, Wärme- und Stoffübertragungsvorgänge beeinflussen die Reaktion von C und H mit O$_2$ wobei die Bruttoreaktionen

$$C + O_2 = CO_2 + 406,1 \text{ MJ/kmol und}$$
$$H_2 + (1/2)O_2 = H_2O + 241,9 \text{ MJ/kmol} \qquad (1)$$

über viele Zwischenprodukte wie CO und OH ablaufen (s. D8.1).

Reaktionswiderstand. Als Reziprokwert der Reaktionsgeschwindigkeit k setzt er sich aus dem nur schwach temperaturabhängigen physikalischen Widerstand für Transport von Wärme sowie dem chemischen Widerstand zusammen.

Chemischer Widerstand. Nach der kinetischen Gastheorie ist

$$W_{ch} = 1/k = \exp[A/(RT)]/k_{max} \qquad (2)$$

(k_{max} maximale Reaktionsgeschwindigkeit, A Aktivitätsenergie, R Gaskonstante). Er ist stark temperaturabhängig, mit steigender Temperatur wird er vernachlässigbar. Die Verbrennungsgeschwindigkeit w_V wird daher bei niedrigen Temperaturen vor allem vom chemischen und bei hohen Temperaturen vom physikalischen Widerstand bestimmt.

Physikalischer Widerstand. W_{ph} hängt auch von den Konzentrationen ab und ist deshalb bei niedrigen Temperaturen wegen der hohen O$_2$-Konzentration am Verbrennungsbeginn niedrig. Die Verbrennungsgeschwindigkeit hat einen steilen Anstieg, die zugehörige Temperatur ist die Zündtemperatur. Der physikalische Widerstand läßt sich durch gute Mischung und hohe Relativgeschwindigkeit verringern, der chemische nur durch höhere Temperatur, z.B. Einstrahlung von heißen Flächen (Schmelzfeuerung) und Luftvorwärmung.

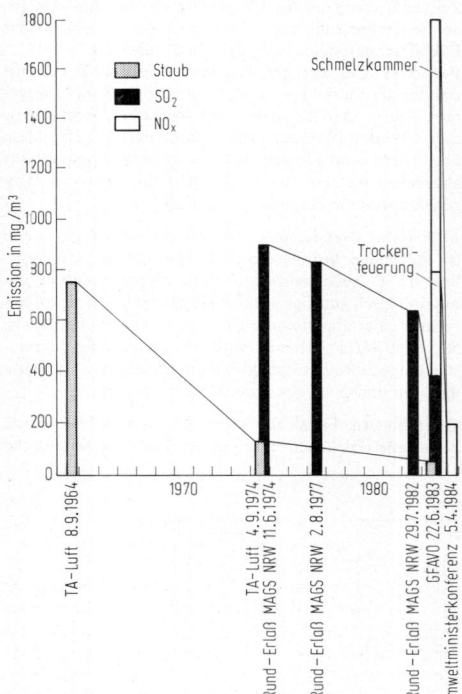

Bild 1. Entwicklung von Emissionsgrenzwerten bei Steinkohlekraftwerken

5.1.2 Kennzahlen. Characteristics

Feuerraumbelastung q_v. Sie ist der pro Einheit des Feuerraums entbundene Wärmestrom (die Luftwärme eingeschlossen)

$$q_v = m_B(H_u + v_L h_L)/V_F. \tag{3}$$

(m_B vergaste Brennstoffmenge, H_u unterer Heizwert, v_L spezifisches Luftvolumen, h_L Enthalpie der Volumeneinheit der Verbrennungsluft, V_F Feuerraumvolumen). Für die Luft- und Gasvolumen gilt der Normzustand nach DIN 1343; die Größen H_u und v_L werden auf die Massen- oder Volumeneinheit des Brennstoffs bezogen. Üblich sind m_B in kg/s oder m³/s, H_u in MJ/kg oder MJ/m³, v_L in m³/kg oder m³/m³, h_L in MJ/m³, V_F in m³ und q_v in MJ/(m³s).

Anhaltswerte. Für q_v in MJ/(m³s) gilt für Rostfeuerungen 0,3 bis 0,4, für trockene Staubfeuerungen 0,16 bis 0,3 (für große Braunkohlenfeuerungen 0,08), für Öl- und Gasfeuerungen 0,3 bis 0,5, für Schmelzfeuerungen ohne Strahlraum 0,7 bis 0,9, mit Strahlraum etwa 0,16 bis 0,3. Auf etwa gleiche Austrittstemperatur bezogen, gelten für große Leistungen wegen des kleineren Formfaktors (Verhältnis Oberfläche/Volumen) die niedrigeren Werte.

Flammenbelastung. Sie wird mitunter statt der Feuerraumbelastung q_v angegeben und entsprechend mit dem geschätzten Flammenvolumen berechnet.

Verweilzeit. Ihr Wert $h_v = V_F/V_{G,eff}$ für die Gase im Feuerraum hängt mit der Feuerraumbelastung q_v nach Gl.(3) zusammen

$$q_v Z_v = \frac{(H_u + v_L h_L)T_0}{v_G T_G} = h^*. \tag{4}$$

(v_G spezifisches Rauchgasvolumen im Normzustand, bezogen auf die Massen- oder Volumeneinheit des Brennstoffs, T_G mittlere Rauchgastemperatur, h^* Enthalpie der effektiven Volumeneinheit des Rauchgases, $V_{G,eff}$ effektiver Rauchgasstrom, $T_0 = 273$ K).

Querschnittsbelastung q_s. Zur Dimensionierung des Feuerraums dienen zwei empirische Belastungskenngrößen, die Querschnitts- und die Volumenbelastung. **Bild 2** zeigt die Querschnittsbelastung über der in den Feuerraum einge-

brachten Wärmemenge. Damit wird der jeweilige Feuerraumquerschnitt und die Rauchgasgeschwindigkeit festgelegt. **Bild 2** gibt auch die Abhängigkeit der Volumenbelastung q_v als Funktion der in den Feuerraum eingebrachten Wärme wieder. Bei vorgegebenem Brennkammerquerschnitt (bzw. Rauchgasgeschwindigkeit) und vorgegebener Brennkammerendtemperatur liegt entsprechend der eingebrachten Wärmemenge die benötigte Brennkammeroberfläche fest. Mit steigender Wärmemenge nimmt die Volumenbelastung wegen des sich verschlechternden Oberflächen-/Volumenverhältnisses ab.

Mit den beiden Kennzahlen läßt sich also die *Brennkammergröße* und die *Verweilzeit* der Rauchgase bzw. der mittransportierten Kokskörner in guter Näherung festlegen und entsprechende Rückschlüsse auf notwendige *Ausbrennzeiten* ziehen.

Sie ist die auf den Feuerraumquerschnitt S_F bezogene Wärmestromdichte (einschließlich der Luftwärme)

$$q_s = m_B(H_u + v_L h_L)/S_F. \tag{5}$$

Sie hängt mit der mittleren Geschwindigkeit $w_G = V_{G,eff}/S_F$ nach

$$q_s/W_G = h^* \tag{6}$$

zusammen, wobei h^* nach Gl.(4) gilt.

Heizflächenbelastung q_{HF}. Sie ist die auf die projizierte Feuerraum-Heizfläche bezogene *Wärmestromdichte* und liegt bei 10 bis 20% der Querschnittsbelastung. Sie hat Bedeutung bei Schmelzfeuerungen (s. L5.2.2) und Großwasserraumkesseln (s. L6.2.1).

Heizflächenleistung Q_{HF}. Sie ist die auf die projizierte Feuerraumheizfläche bezogene, übertragene Wärmestromdichte und liegt bei 50% der Heizflächenbelastung. Sie kann je nach Strömung und Ablauf der Verbrennung im Feuerraum örtlich sehr verschieden sein und hat Einfluß auf die Anforderungen hinsichtlich der Speisewasserbeschaffenheit (s. L6.3). Zu hohe Werte können zu wasser- oder rauchgasseitiger Korrosion führen.

5.1.3 Druckzustände. Pressure conditions

Bei fast allen Feuerungen muß der vom Schornstein erzeugte Unterdruck gegenüber dem Atmosphärendruck (Zug) durch Gebläse verstärkt werden. Der Frischlüfter fördert die Verbrennungsluft bis zum Brenneraustritt bzw. zur Rostoberfläche.

Unterdruckbetrieb. Hier herrscht im gesamten Dampferzeuger Unterdruck gegenüber der Umgebung. Ein Saugzug überwindet die Widerstände der Heizflächen; er wird so geregelt, daß am höchsten Punkt des Feuerraums ein Unterdruck von 0,1 bis 0,3 mbar bei allen Lasten gehalten wird. Am unteren Ende des Feuerraums stellt sich dabei wegen der gegen Luft kleineren Rauchgasdichte ein Unterdruck von 1 bis 2 mbar ein. Der höchste Unterdruck vor dem Saugzug ist lastabhängig.

Überdruckbetrieb. Bei ihm drückt der Frischlüfter auch die Rauchgase durch den Dampferzeuger, so daß im Feuerraum ein lastabhängiger Überdruck entsteht. Da der Unterdruck am Schornstein fast lastunabhängig ist, der Widerstand in den Heizflächen aber mit fallender Last quadratisch abnimmt, kann u.U. bei Teillast Unterdruck im gesamten Dampferzeuger herrschen. Die letzten Heizflächen liegen immer im Unterdruck. Der Überdruckbetrieb hat sich bei Öl- und Gasfeuerungen weitgehend eingeführt (bei Feuerungen für feste Brennstoffe wegen der Schwierigkeiten bei der Brennstoffaufgabe jedoch nicht). Vorteile: Kleinere erforderliche Lüfterleistung, da der Druck am kleineren Frischluftvolumen erzeugt wird: Fortfall des

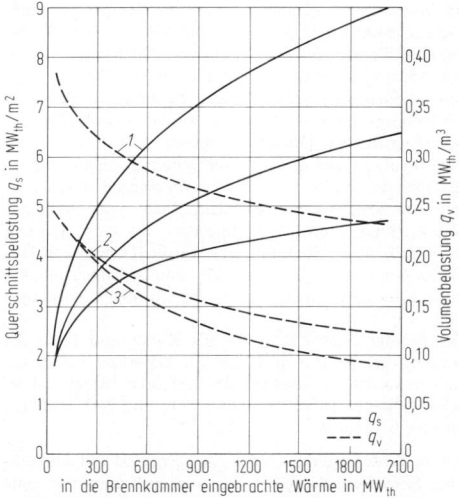

Bild 2. Kennzahlen zur Dimensionierung des Feuerraums. *1* Öl/Gas *2* Steinkohle, *3* Braunkohle

Saugzugs und der Unterdruckregelung; kein Falschluft-
einbruch (besonders bei kleinstem Luftüberschuß nötig).
Nachteil: Im Betrieb ist ein Eingriff in die Feuerung nur
schwer möglich.

5.1.4 Emissionen. Emissions

Allgemeines. Die am 23. März 1983 erlassene dreizehnte Verordnung zur Durchführung des Bundes-Immissi-
onsschutzgesetzes (Verordnung über Großfeuerunganla-
gen – 13. BImSchV), die Neufassungen der Verwaltungsvorschriften zum Bundes-Immissionsschutzgesetz (Technische Anleitung zur Reinhaltung der Luft, TA-Luft) und
die Empfehlung der Konferenz der Umweltminister vom
5. April 1984 haben verschärfte Emissionsgrenzwerte festgelegt und damit den Umbau von fossil gefeuerten Kraftwerken eingeleitet. Die Verordnung konzentriert sich verstärkt auf die größten Emissionsanteile an Schadstoffen
wie Staub, Schwefeldioxid und Stickoxide (s. **Bild 1**). Die
Schadstoffabscheidung von über 80% erzwingt einen erheblichen apparativen Aufwand, erhöhten Eigenbedarf
und zusätzliche Betriebskosten. Sie erfordert einen Umbau der Großkessel in der Feuerung, im nachgeschalteten
Kessel- und Entstaubungsteil sowie eine Sanierung der
Kamine.

Die drei genannten Schadstoffe werden meist einzeln
nacheinander in speziellen Apparaten reduziert. Entwicklungen von simultanen Abscheidungsverfahren vorwiegend für Schwefeldioxid und Stickoxide wurden auch
geplant, konnten jedoch infolge der auferlegten kurzen
Zeiträume für die großtechnische Verwirklichung und aufgrund keiner hinreichenden Funktionssicherheit und erforderlicher Abschneidegrade kaum ausgeführt werden.

Als weitere Umweltschutzauflage ist die technische Anleitung zum Schutz gegen Lärm (TA-Lärm) zu werten.
Ergänzungen zu den Schadstoffkennwerten und Angaben
der TA-Lärm enthält **Z Tab. 14**.

Staub. Je nach Feuerungsanlage (>50 MW$_{th}$) und Brennstoff (Stein- und Braunkohle) betragen die zulässigen
Staubemissionen im Abgas hinter den Dampferzeugern
am Kamin 20 bis 125 mg/m^3, bei Ölfeuerungen 50 mg/m^3.
Dabei sind die verschiedenen Staubinhaltsstoffe mit unterschiedlichen Werten belegt. Bei Großkesseln kommen
vorrangig Elektrofilter zum Einsatz (s. L 5.6.1).

Gase. Zu dem emissionsbegrenzenden Rauchgasen zählen die beiden Massenschadstoffe SO$_2$ und die Stickoxide
NO$_x$ und andere Schadstoffe wie Chlor, Fluor und CO.
Chlor und Fluor sind besonders bei Müllverbrennungsanlagen zu beachten.

Die Wirkung auf die Immissionen in Form von Langzeit-
(IW1) und Kurzzeitwerten (IW2) auf eine Beurteilungsflä-
che (1 km^2) wird durch die Emissionsbegrenzungen und
nicht mehr durch hohe Kamine erreicht. Die Berechnung
der Mindestschornsteinhöhe enthält die TA-Luft von 1986.
Zum Schutz vor Gesundheitsgefahren sind Immissionswerte festgelegt, **Tab. 1**.

Schwefeloxid. Für Feuerungsanlagen >300 MW$_{th}$ mit
festem oder flüssigen Brennstoff ist nach §20 der
13. BImSchV ein Emissionsgrenzwert von 400 mg/m^3 bezogen auf 6% O$_2$ vorgeschrieben. Oftmals werden noch
niedrigere Werte als Tagesmittelwert (z.B. 300 mg/m^3) den
Anlagenbetreibern auferlegt. Für diese Anlagen ist ein
Entschwefelungsgrad von mindestens 85% (Schwefelemis-
sionsgrad <15%) einzuhalten. Für Altanlagen konnten
bis zum 1. Juli 1984 noch eine Restnutzungsdauer von
maximal 30000 h erklärt werden, wenn die Anlage nicht
nachgerüstet wird. Dann gilt bis spätestens 1.4.1993 ein
Emissionsgrenzwert von 2500 mg/m^3. Die Staubgrenzwer-
te führen oftmals zum vorzeitigen Stillsetzen.

Tabelle 1. Immissionswerte nach TA Luft (1986)

Schadstoff	IW 1	IW 2	
Schwebstaub (ohne Berücksichtigung der Staubinhaltsstoffe)	0,15	0,30	mg/m^3
Blei und anorganische Blei-verbindungen als Bestandteile des Schwebstaubs – angegeben als Pb –	2,0	–	µg/m^3
Cadmium und anorganische Cadmiumverbindungen als Bestandteile des Schwebstaubs – angegeben als Cd –	0,04	–	µg/m^3
Chlor	0,10	0,30	mg/m^3
Chlorwasserstoff – angegeben als Cl –	0,10	0,20[a])	mg/m^3
Kohlenmonoxid	10	30	mg/m^3
Schwefeldioxid	0,14	0,40	mg/m^3
Stickstoffdioxid	0,08	0,20	mg/m^3

[a]) Solange Chlorwasserstoff nicht einwandfrei getrennt von Chloriden gemessen werden kann, gilt für IW 2 0,30 mg/m^3.

Für kleine Feuerungsanlagen ≤ 300 MW$_{th}$ sind bisher
auch noch 2500 mg/m^3 zulässig.

Schwefeldioxid ist meßtechnisch als Immissionswert am
besten bisher erfaßt und zusammen mit Staub ein Auslö-
sekriterium für einen *Smog-Alarm*. Für Gasturbinen gelten
nach TA-Luft besondere Bedingungen z.B. nur noch flüssiger Brennstoff, Heizöl EL nach DIN 51603. Als Technologie der Rauchgasentschwefelungsanlagen (REA), die
dem Elektrofilter nachgeschaltet ist, wird derzeit zu 86%
das Kalk-Waschverfahren angewendet (s. L 5.6.2). Hierbei entsteht Gips als wiederverwertbarer Reststoff. Mit
diesen Anlagen ist nicht nur ein erheblicher apparativer
Aufwand verbunden, sondern Erschwerung des Betriebes,
zusätzlicher Energiebedarf und hohe Investitionskosten,
die zu erhöhten Stromerzeugungskosten führen, **Bild 3**.

Stickoxide. Die Bildung von Stickoxiden (NO, NO$_2$, das
allein schädlich ist, allgemein alle als NO$_x$ bezeichnet) ist
stark vom Verbrennungsvorgang, seiner Temperatur t_v,
niedrigem Luftüberschuß und dem Brennstoff selbst abhängig. Die Umweltministerkonferenz von 1984 hat über
die Werte der 13. BImSchV hinaus für Anlagen mit einer
Feuerungswärmeleistung von >300 MW$_{th}$ einen Grenzwert für Feuerungen mit Kohle von 200 mg/m^3, mit Öl
von 150 mg/m^3 und Gas von 100 mg/m^3 (**Tab. 2**) empfohlen, nach dem heute Anlagen ausgelegt werden. Zur
Einhaltung dieser Forderungen werden sowohl Primärmaßnahmen, d.h. feuerungstechnische Umgestaltung an
den Brennern und gestufte Verbrennung vorgenommen,
als auch sekundäre Maßnahmen vorwiegend durch Einbau von Katalysatoren getroffen. Meist wird NH$_3$ mit
Wasser, Dampf oder Luft eingedüst, um eine Spaltung
der Stickoxide in Stickstoff und Wasser (Dampf) mit Hilfe des Katalysators zu erreichen. Das ist jedoch nur bei
einer Rauchgastemperatur von 250 bis 400 °C wirkungsvoll.

Bei Einsatz einer Aktivkohle als Katalysator kann die
Rauchgastemperatur niedriger, d.h. bei 90 bis 120 °C gehalten werden. In solchem BF-Verfahren (Bergbau-For-
schung) kann trocken simultan SO$_2$ und NO$_x$ entfernt
werden (s. L 5.6.3).

Lärm. Forderungen nach der TA-Lärm sind von der örtlichen Situation abhängig. Daher werden Kraftwerke heute
als geschlossene Bauwerke errichtet und Kühltürme nur
noch schallgedämpft ausgeführt.

Tabelle 2. Begrenzung der NO_x-Emission nach Beschluß der Umweltministerkonferenz von 5.4.1984

Brennstoffart	NO_x-Gehalt, mg/m³ fest		flüssig		gasförmig			
Feuerungsart			Staubfeuerung mit flüssigem Ascheabzug					
Feuerungswärmeleistung, MW	> 300	50...300	> 300	50...300	> 300	> 50...300	> 300	100...300
1. Neuanlagen	200	400	200	400	150	300	100	200
2. Altanlagen								
Restnutzung: ≦ 30000 h	650	650	1 300	1 300	450	450	350	350
unbegrenzt	200	650	200	1 300	150	450	100	350

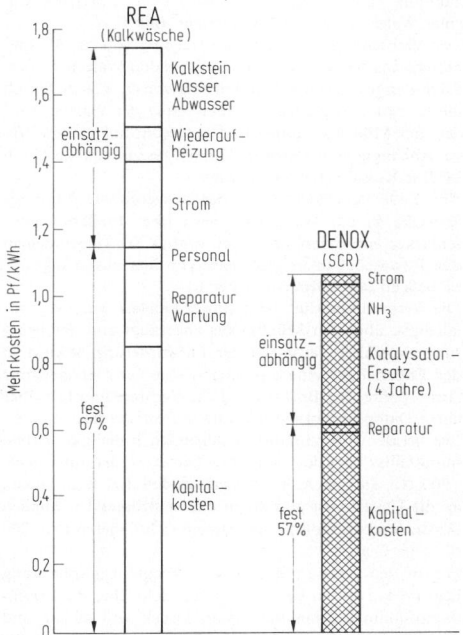

Bild 3. Mehrkosten der Stromerzeugung durch Rauchgasentschwefelung (REA) und Rauchgasentstickung (DENOX) (Steinkohle, 300 MW, 4000 h/a)

5.1.5 Sicherheitsvorschriften. Safety codes

Wegen der Gefahr von Verpuffungen beim Zünden oder Abreißen der Flamme bestehen eine Reihe von Vorschriften, deren Einhaltung bei der Abnahme der Anlage überprüft wird. Dazu zählen die DIN 4755 und DIN 4756 sowie 4787 und 4788, TVR und TRD (Technische Vorschriften und Richtlinien, Technische Regeln für Dampfkessel).

5.2 Feuerungen für feste Brennstoffe
Solid fuel furnaces

5.2.1 Rostfeuerungen. Stokers and grates

Rostfeuerungen verbrennen den Brennstoff im Anlieferungszustand. Der Leistungsbereich ist von 0,25 bis 150 MJ/s (etwa 55 kg/s Dampf), abhängig von Bauart und Brennstoff. Anwendung finden sie in kleineren Industrie- und Heizwerken sowie in Müll- und Abfallverbrennungsanlagen.

Verbrennung. Sie findet in der Schicht statt, durch die die Luft von unten durch Spalten im Rostbelag geblasen wird. Diese müssen so klein sein, daß nicht zu viel Feinkohle durchfällt. Die freie Rostfläche muß aber so groß sein, daß die Luftgeschwindigkeit nicht größer als 15 bis 20 m/s ist, da sonst zu viel Feinanteil als Flugkoks mitgerissen wird. Je nach Brennstoff liegt der Luftüberschuß bei $n = 1,4...1,6$, bei Müll bei $n = 1,8...2,2$.

Kenngrößen

Gesamte Rostfläche. A_R wird zwischen Schichtregler, seitlicher Begrenzung und Staupendel bzw. Ausbrennrost gemessen (max. 90 m², 12 m Breite und 7,5 m Länge).

Freie Rostfläche. Sie ist die Summe aller Luftdurchtrittsöffnungen im Rostbelag. Je nach Körnung des Brennstoffs und der entsprechenden Spaltweite beträgt sie bei Planrosten 15 bis 35% von A_R, bei Vorschubrosten 10 bis 20% von A_R, bei Zonenwanderrosten 3 bis 10% von A_R.

Rostbelastung. $q_B = \dot{m}_B / A_R$ ist der je Einheit der gesamten Rostfläche verbrannte Brennstoffstrom. Eindeutiger, da von der Brennstoffsorte unabhängig, ist die Rostwärmebelastung.

Rostwärmebelastung. $q_R = \dot{m}_B H_u / A_R$ ist der je Einheit der gesamten Rostfläche entbundene Wärmestrom. Die zulässige Belastung hängt von den Brennstoffeigenschaften, der Luftvorwärmung, der Wirbelluftzufuhr, der Flugstaub-Rückführung und des zugelassenen Ausbrandverlusts ab. Emissionen an SO_2 und NO_x sind durch Additive ähnlich wie bei Wirbelschichtfeuerungen zu reduzieren.

Bauarten

Sie unterscheiden sich bezüglich des Prinzips des Brennstofftransports durch die Feuerung und sind dementsprechend jeweils für besondere Brennstoffsorten geeignet, **Tab. 3.**

Planrost. Er hat meist Wurfbeschickung, ist für Entschlackung von Hand konzipiert und wird nur für Innenfeuerung von Flammenrohrkesseln verwendet. Die Roststäbe (Länge bis 600 mm, Höhe 100 mm, Kopfbreite bis 18 mm) liegen längs auf Roststabträgern, größte Rostlänge 2 m. Der Wurfbeschicker wirft mit Federkraft in einstellbaren Zeitabständen Brennstoffportionen mit einstellbarer Wurfweite. Zur Verhinderung von Rußbildung ist zusätzliche Wirbelluft nützlich. Die maximale Leistung beträgt 3,5 MJ/s bzw. 1,5 kg/s Dampf.

Vorschubrost. Er ist 10 bis 20° geneigt und besteht aus festen und beweglichen Stufen im Wechsel. Die beweglichen Stufen werden mit veränderlicher Hubzahl vor und zurückgeschoben, wodurch der Brennstoff transportiert und gewendet wird; die Schlacken werden dabei aufgebrochen.

Tabelle 3. Eigenschaften und Einteilung der Rostbauarten [1]

Art des Brenn- stofftransports	Bauart	Günstigster Brennstoff	q_R MJ/(m² s)
von Hand oder mit Wurfbeschicker	Planrost	Eß- bis Gasnußkohle, Brikett	0,8 … 1,2
Roststäbe und Schwerkraft	Vorschub- und Rück- schubrost	Ballastkohle, Abfälle, Müll	0,9 … 1,5
gesamter Rost	Wanderrost, Spreader- stoker[a]	Nuß- und Feinkohle, Mittelprodukt	0,8 … 1,6[b]
Rost und Schwerkraft	Walzenrost, Drehtrommel	Müll	0,8 … 1,2
Schwerkraft und Trägheit des Brennstoffs	Schüttelrost	Eß- bis Gasnußkohle	1,3 … 1,7

[a]) Amerikanische Bauart eines nach vorn laufenden Wanderrosts
mit kontinuierlicher Wurfbeschickung.
[b]) Bei Feinkohle und Mittelprodukt bis 1,3 MJ/(m² s), mit Flugstaubrückführung bis 1,4 MJ/(m² s).

Rückschubrost. Er hat Roststäbe mit kleinem Kühlverhält-
nis und ist deshalb vor allem für minderwertige Brennstoffe geeignet (besonders für Müll verwendet).

Der Rost auf **Bild 4** ist etwa 20° geneigt. Von den nach vorn
ansteigenden Roststäben *2* liegt jeder zweite auf einem über ein stufenlos regelbares Getriebe *4* angetriebenen Rosttreibbalken *3* und
wird damit hin und her bewegt. Dadurch wird ein Grundfeuer von
unten nach oben geschoben, über das der frische Brennstoff rutscht,
dabei trocknet und gezündet wird. Die leichtere Schlacke gleitet
auf der Oberfläche zur Austragswalze *5*. Gezündet wird durch das
Grundfeuer, die Rückstrahlung von der hinteren Hängedecke und
die nach vorn geführten Rauchgase. Der lange Brennstoffweg ergibt
einen guten Ausbrand auch bei hohem Aschegehalt, und die starke
Schürwirkung verhindert die Bildung großer Koks- oder Schlacke-
kuchen. Die dicke Schicht erfordert eine hohe Luftpressung von 30
bis 40 mbar, sie ergibt aber einen großen Brennstoffvorrat auf dem
Rost und damit gute Regelbarkeit. Die Schürwirkung und die hohe Luftgeschwindigkeit bedingen viel Flugkoks bei Feinkohle oder
nichtbackenden Brennstoffen.

Wanderrost. Er besteht aus einem aus Roststäben mit
Luftschlitzen aufgebauten, endlosen Band, das über zwei
Wellen läuft, die Kohle durch den Feuerraum transportiert und die Schlacke abwirft, und einen zwischen dem
oberen und dem unteren Rostband eingebauten Zonen-
Luftkasten, dem die Luft von der Seite steuerbar in die
einzelnen Zonenkästen zugeführt wird (bis acht Zonen),
wodurch man die Luft entsprechend dem Abbrand über
die Länge verteilt unter den Rostbelag zuführen kann.

Walzenrost. Er ist speziell für die Müllverbrennung entwickelt worden, bei der die Schicht immer wieder gewendet
werden muß, damit bereits gezündete Teile in den noch
nicht gezündeten Brennstoff kommen und so die Durch-
zündung beschleunigen. Dies wird beim Übergang von
einer Walze auf die nächste erreicht, **Bild 5**.
Der Verbrennungsrost hat eine Neigung von ca. 30° und
besteht aus sechs hintereinanderliegenden Walzen von ca.
5,5 m Länge mit einem Durchmesser von ca. 1,50 m. Durch
die langsame, regelbare Drehbewegung der Walzen wandert der Müll nach unten und verbrennt auf diesem Wege. Abhängig vom Heizwert können bis zu max. 26,25 t/h
Müll je Kessel verbrannt werden.
Am Ende des Rostes fällt der ausgebrannte Müll als
Schlacke in ein Wasserbad, wird über Preßkolbenent-
schlacker entwässert und dann mittels Schwingrinnen in
den Rostaschebunker gefördert. Von hier aus erfolgt anschließend der Abtransport per Lkw.
Die Verbrennungsluft wird durch Gebläse aus der Entladehalle über den Müllbunker angesaugt und der Feuerung zugeführt. Diese Art der Luftförderung bewirkt in
der Entladehalle eine weitgehend staub- und geruchsfreie
Atmosphäre. Bei Bedarf kann die Verbrennungsluft über
einen Dampfluftvorwärmer aufgewärmt werden.
Die bei der Verbrennung entstehenden Rauchgase haben
unmittelbar über dem Walzenrost eine Temperatur von ca.
1000 °C. Sie geben ihre Wärme in den drei Kesselzügen
an die Heizflächen und die in diesen strömenden Medien
Wasser und Dampf ab und kühlen sich dabei auf ca. 200
bis 230 °C ab.
Die in dem Naturumlaufkessel erzeugte Dampfleistung
liegt im Maximum bei 68,5 t/h. Sie steht über die Frisch-
dampfsammelleitung mit einem Druck von 40 bar und
einer Temperatur von 400 °C einer weiteren Nutzung zur
Verfügung.

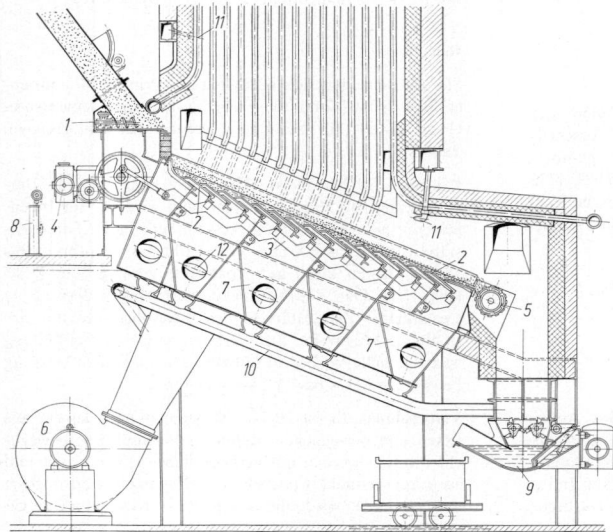

Bild 4. Rückschubrost (Josef Martin Feuerungs-
GmbH, München), *1* Kohlenzuteilschnecke,
2 Schürroststäbe, *3* Rosttreibbalken,
4 Rostantrieb, *5* Austragswalze,
6 Unterwindventilator, *7* Unterwindkammern,
8 Unterwindregelung, *9* Entschlacker mit
Brechwalzen, *10* Rostdurchfall-Abführung,
11 Zweitluftdüsen, *12* Unterwindregelklappen

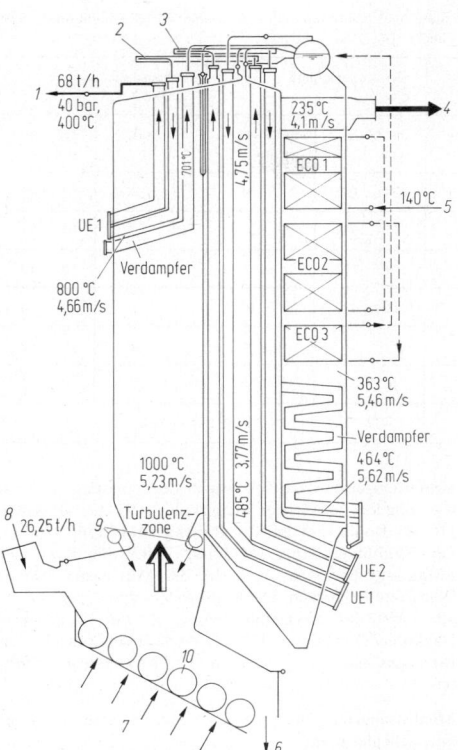

Bild 5. Schnittbild eines Dampferzeugers (Müllkraftwerk Karnap). *1* HD-Austritt, *2* Kühler 2, *3* Kühler 1, *4* Rauchgase zum Elektrofilter, *5* Speisewassereintritt, *6* Schlacke, *7* Primärluft, *8* Müll, *9* Sekundärluft

Schüttelrost. Bei diesem erfolgt der Vorschub durch Schütteln eines unter 1:5 geneigten Rostes, der aus Einzelstäben besteht.

5.2.2 Kohlenstaubfeuerung. Pulverized fuel furnaces

Arbeitsweise. Der Brennstoff wird außerhalb der Feuerung aufbereitet (gemahlen und getrocknet). Als Staub eingeblasen, verbrennt er in der Schwebe. Dieses Verfahren, das für große Leistungen geeignet ist, wird in Kraftwerkskessel für feste Brennstoffe ausschließlich verwendet. Kohlenstaubfeuerungen werden ausgeführt bis 2,5 GJ/s; das entspricht 830 kg/s Dampf oder 1 000 MW. Bei Leistungen unter 20 kg/s Dampf ist das Verfahren teurer als Rostfeuerung.

In der Mühle wird durch Mahlung und gleichzeitiger Trocknung (Mahltrocknung) der Wassergehalt verringert (Steinkohle bis auf 2%, Rohbraunkohle bis auf 30%). Die Körnung wird so verfeinert, daß eine spezifische Oberfläche von mehreren Tausend m^2/kg entsteht. Dies ermöglicht eine schnelle Zündung und Verbrennung sowie die pneumatische Förderung und das Einblasen in den Feuerraum. Zur Trocknung muß Heißluft (Primärluft) oder Heißgas aus dem Feuerraum in die Mühle geführt werden. Die entstehenden Brüden (Gemisch der Heißluft bzw. des Heißgases mit Wasserdampf) dienen als Fördermedium (Tragluft). Der größere Teil der Verbrennungsluft wird als Sekundärluft am Brenner zugemischt. Der Brenner soll eine möglichst gleichmäßige Mischung von Staub und Luft erzeugen, den Brennstoffstrahl in einer vorge-

gebenen Richtung in den Feuerraum einblasen und die Zündung sicherstellen. Bauteile der Staubfeuerung sind Zuteiler unter dem Rohkohlenbunker, Fallschacht, Mühle mit Sichter und Verteiler, Mühlenkalt- und Heißluftleitungen bzw. Rauchgas-Rücksaugeschächte, die Staubleitungen, die Brenner mit Sekundärluftleitungen und der Feuerraum [2].

Vorteile: für fast alle festen Brennstoffe geeignet, auch für backende und blähende Steinkohlen sowie sehr feuchte Kohlen (Rohbraunkohle, Torf, deren Staub nach der Mahltrocknung gezündet werden kann); hohe Luftvorwärmung möglich und damit hohe Speisewassertemperaturen durch Anzapfdampf bei niedrigen Abgastemperaturen: geringe Ausbrandverluste (0,1 bis 1%).

Nachteile: hoher Leistungsbedarf für Mühlen- und Gebläseantrieb (1 bis 2% der erzeugten elektrischen Leistung); großer Flugstaubgehalt der Rauchgase, der je nach Einbindegrad der Feuerung bei trockenen Staubfeuerungen und hohem Aschegehalt bis zu 50 g/m^3 beträgt und einen hohen Abscheidegrad der Elektrofilter erfordert (s. L5.6.1), wobei der hohe Anteil an Feinstaub die Abscheidung erschwert.

Staubeinblasung. Der Staub wird meist direkt eingeblasen, da die Konstruktion und der Betrieb einfach sind. Für schwierige Brennstoffe ist einblasen mit Zwischenbunkerung des brennfertigen Staubs vorzusehen.

Mahlanlagen

Staubeigenschaften. In der Mühle entsteht ein Gemisch von Korngrößen, die von Null bis zu einem Größtwert dem Spritzkorn, reichen. Die Mahlfeinheit wird in einer Siebanalyse durch Prüfsiebung mit Drahtgeweben nach DIN 4188 beurteilt. Als Siebsatz werden Siebe verschiedener Feinheit verwendet. Die Kornfraktion zwischen zwei aufeinanderfolgenden Siebgrößen wird Rückstand auf dem feineren Sieb und ergibt die Verteilungskurve (auf die Einheit des Korndurchmessers bezogen, meist in %/μm). Für die Summen der Rückstände R in % unterhalb einer Korngröße d, die Summenkurve, gilt nach Rosin, Rammler [3] und Sperling häufig die RRS-Verteilung

$$R = 100 \cdot \exp[-(d/d')^n] \quad \text{in \%} \tag{7}$$

(d' ein die Feinheit kennzeichnender Durchmesser, n Gleichmäßigkeitskoeffizient). Je größer n ist, desto gleichmäßiger ist das Gemisch; für $n \to \infty$ ist nur Korn mit d' vorhanden. Für solche Korngemische genügt die Angabe von zwei Rückstandswerten; dafür wird meist R DIN 200 μm und R DIN 90 μm gewählt, wobei die Zahlen die Maschenweite der Prüfsiebe nach DIN 4188 angeben.

Mahlfeinheit. Sie ist mit regelbaren Sichtern (Umlenk- oder Zentrifugalsichter) einstellbar. Für eine zufriedenstellenden Ausbrand kann bei Steinkohlen mit höherem Gehalt an flüchtigen Bestandteilen gröber ausgemahlen werden als bei niedrigen, dadurch reduzieren sich Mahlarbeiten und Verschleiß. Bei Kohlen mit niedrigem Gehalt an flüchtigen Bestandteilen ist R DIN 90 μm etwa gleich ihrem Gehalt, bei höherem Gehalt (von 15% an) etwa 80% davon. Je nach Mühlenbauart stellt sich R DIN 200 μm bei Feinausmahlung zur etwa 10%, bei gröberer Ausmahlung zu etwa 20% von R DIN 90 μm ein. Für Braunkohle kann R DIN 90 μm etwa gleich dem Gehalt an flüchtigen Bestandteilen sein, R DIN 200 μm wird dann etwa 20 bis 40% davon. Bei sichterloser Mahlung, die aus Kostengründen öfter durchgeführt wird, liegen die Werte höher. Meist wird nicht nur vom Ausbrandverlust ausgegangen, sondern es werden die gesamten Mahlkosten, die sich aus den Kosten für Ausbrandverlust, Energieverbrauch und Verschleiß zusammensetzen, optimiert. Mit gröberer Ausmahlung steigen die Ausbrandverlustkosten, während die Energie- und besonders stark die Verschleißkosten sinken.

Tabelle 4. Leistungsdaten verschiedener Mühlenbauarten für Vermahlung von Stein- und Rohrbraunkohle; Steinkohle: 60 °H Mahlbarkeit, 25% R DIN 0,09 Ausmahlung; Braunkohle: 50% R DIN 0,09 Ausmahlung, 55% Feuchte [1]

Mühlenbauart			Max. Durchsatz kg/s	Drehzahl min⁻¹	Spezifischer Arbeitsbedarf in kWh/t		Gesamtverschleiß g/t		Lebensdauer 1000 h	
					der Mühle	des Gebläses	der Mahlteile	der Panzerung	der Mahlteile	der Panzerung
Rohr		Steinkohle	22,5	18 … 28	13 … 15	3 … 5	100 … 150	20 … 30	3 … 4	30 … 40
Schüssel			21,5	100 … 250	8 … 9	5 … 6	15 … 24	15 … 24	10 … 13	10 … 17
Walzen			22,5	40 … 60	7 … 8	4 … 7	9 … 15	3 … 5	6 … 10	6 … 10
Walzenring			19,5	100 … 250	5 … 7	5 … 6	15 … 20	6 … 10	4 … 7	8 … 14
Schläger			11,0	600 … 1500	16 … 18	−	40 … 60		2 … 4	10 … 12
Schlagrad	Steinkohle		22,5	600 … 1500	18 … 20	−	16 … 35	23 … 50	2 … 4	10 … 12
	Braunkohle		50,0	420 … 1500	6 … 10	−	je nach Sandgehalt			

Spezifische Mahlarbeit. Sie wird auf das Gewicht der Kohle bezogen (z.B. kWh/t) und hängt für eine bestimmte Mühlenbauart von der Mahlfeinheit und der Kohlenmahlbarkeit ab. Je feiner gemahlen wird, desto größer ist die Zerreißarbeit, die etwa proportional der spezifischen Oberfläche ist. Die Mahlbarkeit wird als eine empirisch mittels eines von Hardgrove angegebenen Probemahlverfahrens ermittelte Zahl im Vergleich zu einer Normkohle angegeben. Je höher die Hardgrove-Zahl ist, desto besser ist die Mahlbarkeit. Für Kohlen liegt sie zwischen 50 und 110 °H. Leistungsangaben für Mühlen, d.h. maximaler Durchsatz bei gegebener Antriebsleistung, beziehen sich immer auf eine bestimmte Mahlfeinheit und Mahlbarkeit (z.B. 60 °H, 35% R DIN 90 µm; **Tab. 4**). Für andere Werte gibt es Umrechnungskurven. Die Motorleistung ist wegen des Anlaufmoments wesentlich höher als die Antriebsleistung im Betrieb.

Mühlenverschleiß. Er ist auf das Gewicht der Kohle bezogen (z.B. g/t) und hängt außer von der Mahlbarkeit und Feinheit auch von der Art der Beimengungen ab. Besonders verschleißend wirken Pyrit (Härte 9, in oberschlesischen Steinkohlen) und Quarz (Härte 7, in rheinischen Braunkohlen). Sie werden wegen ihres höheren spezifischen Gewichts besonders fein ausgemahlen. Der Gesamtverschleiß enthält den echten Verschleiß, d.h. das wirklich abgetragene Material, und das Schrottgewicht, d.h. den Teil der Mahlteile, der nicht mehr verwendet werden kann. Er ist sehr verschieden für bewegte Mahlteile und feststehende Gehäuse, die ein Vielfaches der Lebensdauer haben.

Mahltrocknung. Beim Mahlen ist der größte Teil der Kohlefeuchtigkeit zu verdampfen, da die Mühle sich sonst zusetzen würde. Für diese Mahltrocknung muß die mit Heißluft oder Rauchgasen zugeführte Wärme die Verdampfungswärme, die Aufwärmung der Trockensubstanz und der Restfeuchtigkeit auf Sichtertemperatur (das ist die Temperatur, mit der das Gemisch die Mühle verläßt), sowie die Strahlungsverluste decken. Der Mühlenluftstrom bei Heißlufttrocknung soll möglichst klein sein (15 bis 20% des Gesamtluftstroms), damit bei allen Lasten genügend Sekundärluft vorhanden ist. Die Geschwindigkeit in den Staubleitungen soll 18 m/s wegen der Ablagerung nicht unterschreiten und 24 m/s wegen Verschleißes nicht überschreiten. Die Staubbeladung der Tragluft liegt zwischen 200 und 500 g/m³, bezogen auf Trockenkohle und Sichterzustand. Dadurch ist das Heißluftvolumen gegeben.

Sichtertemperatur. Sie soll wegen der Zündung so hoch wie möglich liegen: bei Magerkohle 150 °C, Gaskohle 110 °C, Rohrbraunkohle mit Rauchgastrocknung 170 °C. Die Strahlungswärme ist durch Wärmedämmung der Mühle auf höchstens 10% der der Mühle zugeführten Wärme zu begrenzen. Die Mahltrocknungs-Rechnung ergibt meist, daß die Heißlufttemperatur nur bis zu einer Rohkohlenfeuchte von 12 bis 15% ausreicht, darüber ist Rauchgas aus dem Feuerraum zur Trocknung auszuführen.

Mühlenbauarten. Nach der Art der zerkleinerten Kraft unterscheidet man:

Schwerkraftmühlen. Hier zerschlagen herabfallende Körper die Kohle. Die *Rohrmühle* besteht deshalb aus einer rotierenden Trommel (für Kohlenmahlung 18 bis 28 min⁻¹, bis 7,5 m lang, bis 4 m Durchmesser), deren Füllung aus Stahlkugeln beim Drehen der Trommel von der Innenpanzerung mitgenommen wird und beim Herunterfallen die Kohle zerschlägt. Die Kohle und die vom Mühlengebläse geförderte Tragluft werden durch die Tragstützen der Trommel zu- und abgeführt, der Staub wird mit Drahtsichtern abgeschieden. Schwerkraftmühlen dienen bei Dampferzeugern als Mahlanlagen für die gesamte Anlage (häufig mit Zwischenbunkerung).

Fremdkraftmühlen. Bei ihnen zerquetschen Rollkörper wie Kollergänge die Kohle. Es gibt zwei Bauarten:
– mit einem angetriebenen Teller oder einer Schüssel gegen die auf einer feststehenden Achse laufende Walzen von Fremdkraft (Feder oder Hydraulik) gepreßt werden (*Walzenmühle*),
– mit zwei Ringen, von denen der obere mit Fremdkraft angedrückt und durch Anschläge gegen Mitnehmen gesichert ist und der untere angetrieben wird, zwischen denen Kugeln oder Walzen – freibeweglich oder wie bei den Walzenmühlen beschrieben – laufen (*Kugel-* und *Walzenringmühlen*), **Bild 6**
Die Kohle wird durch ein Zentralrohr von oben zugeführt, das auch in der Achse des über der Mühle angeordneten Fliehkraftsichters sitzt. Die Tragluft wird durch ein vor der Mühle angeordnetes Gebläse gefördert. Dadurch wird zwar mehr Antriebsleistung benötigt als bei einer Anordnung hinter der Mühle, aber man vermeidet staubbedingten Verschleiß. Die Mühle arbeitet dadurch im Überdruck. Die Luft wird mit großer Geschwindigkeit durch einen Ringspalt oder durch Düsen am Umfang der Mahlbahn von unten eingeblasen und nimmt dabei

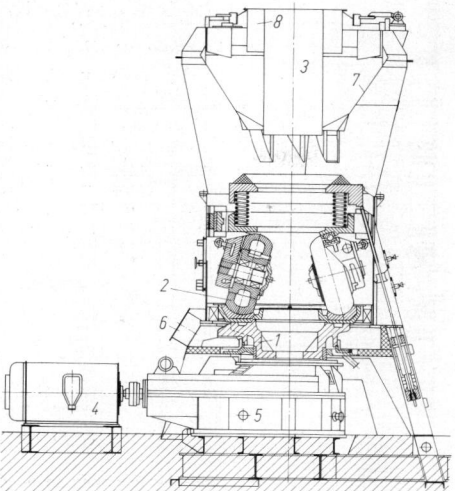

Bild 6. MPS-Walzenringmühle (Dt. Babcock AG, Oberhausen). *1* Mahlschüssel, *2* Mahlwalze, *3* Kohlenzufuhr, *4* Antriebsmotor, *5* Getriebe, *6* Mühlenlufteintritt, *7* Sichter, *8* Staubaustritt (größte Mühle KW Heyden: 120% Mühlenlast 103 t/h, 33% Mühlenlast 29 t/h)

die gemahlene Kohle zum Sichter mit. Dadurch entsteht in Mühle und Sichter ein gesamter Druckverlust von 30 bis 60 mbar. Wegen der ungünstigen Stoffaustauschbedingungen für die Mahltrocknung sind diese Mühlen nur für Brennstoffe mit bis zu 25% Feuchtigkeit geeignet.

Fliehkraft- oder Schlagmühlen. Rotierende Teile schleudern die Kohle gegen feste Wände, wobei sowohl am Rotor als auch an der Wand Zerkleinern durch Aufschlagen erfolgt. Wegen der guten Wärme- und Stoffübertragung sind diese Mühlen beim Mahlvorgang auch für sehr feuchte Brennstoffe geeignet (Rohbraunkohle). Die Förderwirkung des Rotors erübrigt meist ein Mühlengebläse.

Beispiel *Schlagradmühle*, **Bild 7**. Sie ist gleichzeitig Gebläse und Mühle, hat eine hohe Förderwirkung aber auch eine erhöhte spezifische Mahlarbeit. Sie ist auch für Steinkohle geeignet, wird aber meist für Rohbraunkohle verwendet.

Bei hohem Sandgehalt der Rohbraunkohle erhalten die Mühlen keinen Sichter, um den Verschleiß niedrig zu halten.

Brenner und Feuerraum

Aufgabe des Brenners ist es, Staubgemisch und Sekundärluft so in den Feuerraum einzubringen, daß gut gemischt und schnell gezündet wird. Die Brenner sind so anzuordnen, daß der Feuerraum möglichst vollständig – ohne Toträume und Wirbel – ausgefüllt wird. Die Mischung erfolgt am Brenneraustritt durch Fliehkraft beim Wirbelbrenner oder durch Freistrahlen unterschiedlicher Geschwindigkeit im Verlauf des Brennwegs beim Strahlbrenner. Wirbelbrenner finden vor allem für Steinkohle Anwendung, Strahlbrenner für Braunkohle. Durch die Forderung nach NO_x-armer Verbrennung und der damit verbundene Anstieg der Feuerungsverluste bzw. des C-Gehalts in der Flugasche wird die Verweilzeit des Kokskorns bei hoher Temperatur entscheidend für die Brennergestaltung und die Feuerraumauslegung (s. L 5.1.2).

Brennerbauarten. Wirbelbrenner (Bild 8). Die Sekundärluft wird in Kernluft *1* und Mantelluft *2* unterteilt, zwischen welchen das Primärluft-Staub-Gemisch *3* zugeführt wird. Nur die Mantelluft erhält Drall, dessen Stärke durch Verschieben des Dralleinsatzes *4* eingestellt wird. Die flammenseitigen Enden des Brenners werden durch an den Kesselkreislauf angeschlossene Kühlrohre *6* gekühlt.

Strahlbrenner (Bild 9). Bei der Ausführung für Rohbraunkohle trennt ein Dralleinsatz *1* den Kohlenstaub von den Brüden (Wasserdampf, Rauchgas und Feinstaub). Das mit Staub angereicherte Gemisch in den äußeren Schichten wird zu den Staubbrennern *6*, die Brüden werden zu den Brüdenbrennern *7* geführt. Das beschleunigt und stabilisiert die Zündung des Staubs und erhöht die Flammentemperatur. Die Mischung wird durch Kernluft *11* und unterschiedliche Geschwindigkeiten der Luftstrahlen *8*, *9* und *10* verbessert.

Nach der Anordnung der Brenner am Feuerraum sind zu unterscheiden:

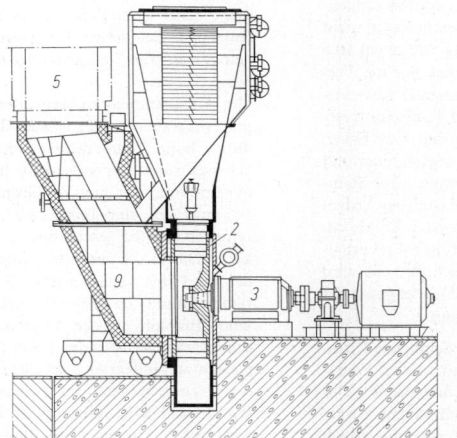

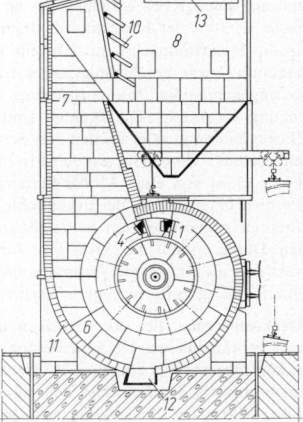

Bild 7. Naßkohlen-Schlagradmühle für 50 kg/s Rohkohlendurchsatz (EVT Energie- und Verfahrenstechnik GmbH, Stuttgart). *1* Schlagplatten, *2* Basisplatte, *3* Doppellager, *4* Stege, *5* Fallschacht, *6* Spirale, *7* Steigschacht, *8* Umlenksichter, *9* verfahrbare Mühlentür, *10* Regelklappen, *11* Umfangpanzer, *12* Mühlensumpf, *13* Staubaustritt

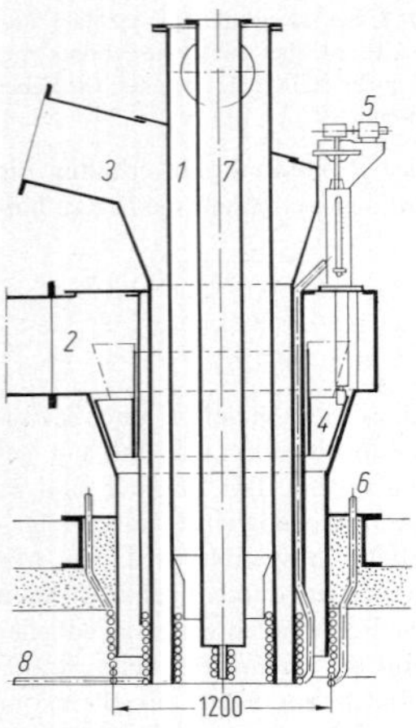

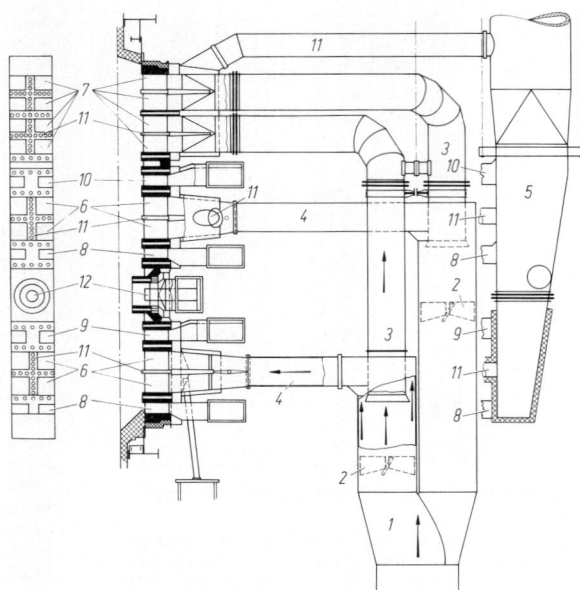

Bild 8. Wirbelbrenner (L.C. Steinmüller GmbH, Gummersbach).
1 Kernluft, *2* Mantelluft, *3* Staub-
Luft-Gemisch, *4* Dralleinsatz,
5 Stellmotor, *6* Kühlrohre,
7 Zündbrenner, *8* Deckenrohre

Bild 9. Strahlbrenner mit Brüdenabscheidung (EVT Energie- und Verfahrenstechnik GmbH, Stuttgart). *1* Kohlenstaub-Brüden-Gemisch, *2* Drall-
einsätze, *3* Brüdenrohre, *4* Kohlenstaubrohre, *5* Sekundärluft, *6* Kohlenstaubbrenner, *7* Brüdenbrenner, *8* Unterluft, *9* Oberluft, *10* Zwischenluft,
11 Kernluft, *12* Öl-Zündbrenner

Frontfeuerung. Bei ihr sind parallel einblasende Brenner
bis zu Kesselleistungen für 300 MW$_{el}$ an einer Wand, bei
höherer Leistung an zwei einander gegenüber liegenden
Wänden angeordnet. Im ersten Fall kommt es zu einer
ungleichmäßigen Beaufschlagung des Feuerraums und zu
großen Wirbeln über den Brennern. Beim Einblasen von
zwei Wänden aus werden die Brenner meist versetzt gegeneinander angeordnet, was zu einer besseren Ausfüllung
und einer gleichmäßigeren Temperaturverteilung führt.
Die Frontfeuerung wird hauptsächlich für Steinkohlen-
feuerung mit trockenem Schlackenabzug mit Wirbelbrennern ausgeführt.

Tangentialfeuerung. Die Brennerstrahlen werden tangential auf einen Kreis gerichtet, dessen Durchmesser nicht
mehr als 10% der Feuerraum-Kantenlänge betragen soll.
In der Feuerraumachse entsteht ein Wirbel, der die Verbrennung zwar beschleunigt, aber Luftmangel sowie eine ungleichmäßige Raumausführung und Temperaturverteilung verursacht. Die Brenner sind in den vier Ecken
(Eckenfeuerung) oder an den vier Seiten (Seitenfeuerung)
angeordnet. Verwendet werden Strahlbrenner; bei Steinkohle meist von einer Mühle Staubeinblasung zu jedem
Brenner einer Ebene; bei Braunkohle ist jeder Mühle ein
Brenner zugeordnet, um kurze Staubleitungen zu erhalten. Hinzu kommt die „Over Fire Air-Technik". Sie wird
verstärkt als NO$_x$-arme Verbrennungstechnik angewendet
durch eine gestufte verzögerte Verbrennung.

Deckenfeuerung. Bei der vor allem für Schmelzfeuerungen gebräuchlichen Deckenfeuerung sind in der Feuer-
raumdecke parallel einblasende Brenner angeordnet. Der
erste abwärts durchströmte Feuerraumteil ist gut ausgefüllt. Hinter der Umlenkung nach oben entsteht jedoch
ein Wirbel, der einen Totraum bildet. Mit dem Einziehen
der Rückwand ist seine Unterdrückung möglich. Brenner-
bauart: Wirbelbrenner.

Brennstoffeinflüsse. Der Gehalt an flüchtigen Bestandteilen beeinflußt Zündung und Ausbrand. Bei hohem Gehalt ergeben sich lange Flammen, was bei der Dimensionierung des Feuerraums zu berücksichtigen ist. Bei Magerkohlen empfehlen sich Zündhilfen (heiße Mauerflächen)
oder Stützfeuerung. Außerdem benötigen Magerkohlen
für den Koksausbrand Raum. Rohbraunkohle hat verzögerte Zündung und langsamen Ausbrand wegen großer
Brüdermengen und niedriger Feuerraumtemperatur.

Ascheeinflüsse. Die Austrittstemperatur beim Verlassen
des Feuerraums muß unter der Erweichungstemperatur
der Asche liegen. Auch im Feuerraum darf die Asche
nicht zum Schmelzen kommen, da sonst Anbackungen
entstehen. Bei diesen Feuerungen wird die Asche unter
dem Feuerraum trocken abgezogen (*trockene Staubfeuerungen*).
Um Anbackungen zu vermeiden, die Asche in verwertba-
rer Form zu erhalten sowie Zündung und Verbrennung
durch hohe Temperatur zu beschleunigen, wurden die
Schmelzfeuerungen entwickelt. Bei ihnen wird durch Wärmedämmung der aus Verdampferrohren gebildeten Feuerraumwände eine Temperatur von 1500 bis 1800 °C erzeugt, so daß die geschmolzene Asche ausgetragen werden
kann. Damit die gesamte Asche eingeschmolzen wird, ist
der im Filter abgeschiedene Staub in die Feuerung zurückzuführen. Zu hoher Ascheumlauf im Dampferzeuger
kann Erosion an den Heizflächen und schwierige Ab-
scheidebedingungen am Filter ergeben. Deshalb muß der
Gesamteinbindegrad β, der das Verhältnis von eingebun-
dener zu insgesamt im Feuerraum vorhandener Asche
(Kohle und Rückführung) ist, möglichst hoch sein. Dies
wird durch Ankleben der Flugasche an den mit flüssiger
Schlacke bedeckten Wänden erzielt, so daß die verschiedenen Schmelzfeuerungen Einbindegrade zwischen 60 und
80% erreichen, während Trockenstaubfeuerungen nur 10

bis 15% der Asche im Feuerraum einbinden. Der Gesamtentaschungsgrad γ, d.h. der Anteil der im Feuerraum abgezogenen Asche zur zugeführten Asche, beträgt bei Schmelzfeuerungen über 90%.

Kenngrößen. Aus dem Gesamteinbindungsgrad β und dem Filterwirkungsgrad ε ergeben sich mit der Abkürzung $N = 1 - \varepsilon(1 - \beta)$

$$\left.\begin{array}{ll} \text{– Gesamtentaschungsgrad} & \gamma = \beta/N, \\ \text{– Rückführgrad} & \rho = \varepsilon(1-\beta)/N, \\ \text{– Rohgas-Staubgehalt} & \sigma = (1-\beta)/N, \\ \text{– Staubauswurf} & \delta = (1-\beta)(1-\varepsilon)/N. \end{array}\right\} \quad (8)$$

Diese Größen sind auf die nichtverflüchtigte Asche bezogen.

Ausgeführte Kohlenstaubfeuerungen

Da der Feuerraum einen großen Teil des Dampferzeugers einnimmt, bestimmt die Wahl der Feuerung weitgehend die Konstruktion des Dampferzeugers.

Trockene Staubfeuerung. Steinkohlenfeuerungen werden als Frontfeuerungen mit Wirbelbrennern in zwei Wänden gegeneinander blasend gebaut. Sie eignen sich auch für größte Leistungen: in den USA bis zu 1100 kg/s Dampf oder 1300 MW elektrischer Leistung, in Deutschland bis zu 668 kg/s Dampf oder 800 MW. Um bei großen Feuerräumen eine ausreichende Rauchgasabkühlung zu erreichen, wird mitunter eine den Feuerraum in zwei Hälften teilende Mittelwand aus Kesselrohren eingebaut. Die Brenner sind in vier bis sechs horizontalen Reihen übereinander angeordnet (32 bis 96 Brenner bei großen Anlagen). Braunkohlefeuerungen werden als Ecken- oder Seitenfeuerungen bis 600 MW ausgeführt.

Schmelzfeuerungen. Die Feuerraumwände sind aus dichtliegenden, meist verschweißten Rohren aufgebaut, auf die Sicromalstifte von 10 bis 12 mm Länge und 10 mm Durchmesser maschinell geschweißt sind (2000 bis 4000 Stifte/m^2). Sie werden mit SiC-Stampfmasse, die mit V-haltigen Zusätzen beständig gegen Schlacken gemacht ist, dicht ausgestampft. Den Abschluß der Schmelzkammer gegen den Strahlraum bildet ein aus Rohrplatten bestehender „Schlackenfangrost". Die flüssige Schlacke fließt durch den Schlackenschacht in einen Naßentschlacker, in dem sie granuliert und ausgetragen wird. Trotz verschiedener Vorteile gegenüber Trockenfeuerungen sowie Verbesserungen in der Ausführung und Feuerführung (Vermeiden von Toträumen) tritt Korrosion auf. Dies und die für größte Leistungen schwierige Konstruktion sind der Grund, daß heute für Steinkohle Trockenfeuerungen vorgezogen werden. Am häufigsten wird *Deckenfeuerung* mit einer oder zwei (einander gegenüberliegenden) Kammern zum Fahren tieferer Teillasten ausgeführt. Bei der Teilkammerfeuerung (Babcock) sind die Schmelzkammern durch Querwände in mehrere Teilkammern über die Breite unterteilt. Jeder Teilkammer ist eine Mühle zugeordnet, Teillast wird durch Abschalten von Teilkammern gefahren. Bei der Stufenkammer (Steinmüller) sind die Brenner in zwei Höhen angeordnet, wobei die untere Brennerebene bei Teillast betrieben wird und den Schlackenschacht gut beheizt. Für beide Bauarten werden Wirbelbrenner verwendet. Wegen der hohen Feuerraumtemperaturen und damit verbundenen hohen NO$_x$-Werten werden sie nicht mehr gebaut.

Wirbelfeuerungen. Diese spezielle Schmelzfeuerungskonstruktion erhöht den Einbindegrad durch Drallbewegung, das Berühren der Flammen mit der Wand muß durch starke Außenluft verhindert werden. Dazu gehören: *Horizontalzyklon* (Babcock), *Vertikalzyklon* (EVT) und *Wirbelschmelzfeuerung mit Deckenbrennern* (Balcke-Dürr).

Zubehör für Feuerungen fester Brennstoffe

Bekohlung. Die Kohle wird von Bahn oder Schiff mit Portalkränen oder fahrbaren Förderbändern auf das Kohlenlager übernommen, hier mit Motorschiebern gestapelt und festgewalzt, um Selbstzündung zu verhindern (Schichthöhe ca. 10 m).

Der Abzug wird mit Bändern vorgenommen, bei Tiefbunkern auch mit Plattenbändern, Pendelbecherwerken oder ähnlichem (für große Leistungen mit Schaufelförderern in Verbindung mit Förderbändern). Oberhalb der Kesselbunker wird die Kohle vom Förderband auf ein verfahrbares, reversierbares Band gegeben, das sie auf die einzelnen Kesselbunker verteilt. Auf dem Förderband wird sie oft mittels Bandwaagen gewogen, bei kleineren Anlagen (Rostkessel) unterhalb des Bunkerauslaufs mit Kippwaagen.

Den Mühlen wird die Kohle mittels Plattenband- oder Trogkettenförderer zugeteilt. Sie müssen so gebaut sein, daß weder ein Durchschießen der Kohle noch Verstopfungen (bei feuchter Kohle) möglich sind. Schräge Abwurfkanten führen zu einer kontinuierlichen Zuteilung. Die aus Blech oder Beton hergestellten Bunker enthalten bei Großanlagen nur für wenige Stunden Vorrat (Tagesverbrauch). Da bei feuchter Kohle Schwierigkeiten aufgrund von Brückenbildung zu befürchten sind, sollen die Seitenwände unterschiedliche Neigungen haben (nicht unter 75°).

Entstaubung. Für den groben Flugstaub von Rostfeuerungen genügen *Fliehkraftentstauber*, bei Staubfeuerungen werden *Elektrofilter* benötigt.

Entaschung und Ascheverwertung. Größere Schlackenstücke aus dem Feuerraum werden mit Brechern zerkleinert und in Wasser abgekühlt. Geschmolzene Schlacke aus Schmelzfeuerungen wird in einem großen Wasserbad granuliert. Die Schlacke wird dann von Entschlackern ausgetragen. Kratzentschlacker bestehen aus zwei an den Seiten über Zahnräder umlaufende Ketten, zwischen denen Kratzeisen befestigt sind. Plattenband hat den Vorteil, auf der ganzen Fläche auszutragen und damit größere Förderleistungen zu bringen. Bei der Spülentaschung wird die Schlacke in einem starken Wasserstrom granuliert und in ein Absetzbecken gefördert, wobei das Wasser im Kreislauf gefahren wird.

Zur Rückführung des Flugstaubs (s. Schmelzfeuerungen) dienen pneumatische Systeme. In unter 5° geneigten Förderrinnen wird der Staub mit geringen Luftmengen von 50 mbar Druck fluidisiert und mittels Düsen und Preßluft von 0,5 bis 0,8 bar gefördert.

Bei trockenen Staubfeuerungen wird die Flugasche meist nicht zurückgeführt, sondern durch Spülentaschungen in Absetzbecken gefördert und die abgesetzte Flugasche abtransportiert. Eine Verwertung durch Sintern im Schachtofen ist möglich, wenn der Anteil an Verbrennlichem nicht über 7% liegt. So dienen Schlackenstücke als Zuschlag zu Beton, unter Zusatz von Zement werden auch Gasbetonsteine daraus hergestellt. Ein anderer Weg ist das Granulieren mit Zusatz von Zement und Wasser; dieses Verfahren ist unabhängig vom Kohlenstoffgehalt der Flugasche [4].

5.2.3 Wirbelschichtfeuerung
Fluidized bed combustion (FBC)

Der Begriff „Wirbelschicht" geht auf ein Verfahren von Winkler zur Synthesegaserzeugung aus Braunkohle zurück. Der Anwendungsbereich einer Wirbelschichtfeuerung liegt zwischen der Rost- und der Staubfeuerung. Durch die Integration der Rauchgasentschwefelung und

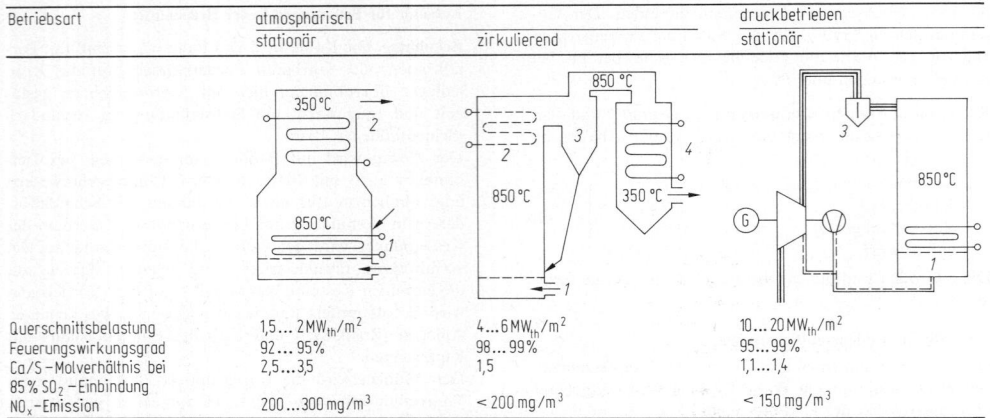

Betriebsart	atmosphärisch		druckbetrieben
	stationär	zirkulierend	stationär
Querschnittsbelastung	$1{,}5 \ldots 2\,MW_{th}/m^2$	$4 \ldots 6\,MW_{th}/m^2$	$10 \ldots 20\,MW_{th}/m^2$
Feuerungswirkungsgrad	$92 \ldots 95\%$	$98 \ldots 99\%$	$95 \ldots 99\%$
Ca/S−Molverhältnis bei	$2{,}5 \ldots 3{,}5$	$1{,}5$	$1{,}1 \ldots 1{,}4$
$85\%\,SO_2$ −Einbindung			
NO_x−Emission	$200 \ldots 300\,mg/m^3$	$< 200\,mg/m^3$	$< 150\,mg/m^3$

Bild 10. Wirbelschichtfeuerung, Gegenüberstellung von Prinzipien und technischen Daten (Erläuterungen im Text)

Entstickung infolge der Kalksteinzugabe in der Brennkammer und aufgrund der niedrigen Verbrennungstemperatur (ca. 850 °C) und gestufter Luftzufuhr im Feuerungsprozeß hat die alte Technik ein neues Anwendungsgebiet erfahren. Eine Übersicht der einzelnen Wirbelschichtprinzipien zeigt **Bild 10**.

Die stationäre Wirbelschichtfeuerung arbeitet mit Rauchgasgeschwindigkeiten von 1,5 bis 3 m/s, so daß ein Austragen von Asche weitgehend vermieden wird. Die Wärmeabfuhr aus dem Wirbelbett erfolgt durch Tauchheizflächen *1* bei 850 °C. Dieses Prinzip gilt auch für die druckbetriebene Ausführung, wobei sie spezifische thermische Wirbelbettbelastung etwa proportional mit dem Rauchgasdruck erhöht. Bei der atmosphärischen Ausführung wird anschließend die Temperatur mit Konvektionsheizflächen auf etwa 350 °C abgebaut *2*; bei der druckbetriebenen Anlage geschieht das in der Gasturbine.

Die stationäre Wirbelschichtfeuerung kann jedoch aufgrund der großen Wirbelbettfläche und der damit verbundenen Mischungs- und Konstruktionsprobleme nur schwer in den Bereich einer Feuerungswärmeleistung oberhalb 100 MW vorstoßen. Außerdem bereitet die Einhaltung des NO_x-Grenzwerts von 200 mg/m³ Schwierigkeiten.

Bei der zirkulierenden Wirbelschichtfeuerung ist die Rauchgasgeschwindigkeit mit 5 bis 8 m/s dagegen so hoch, daß der größte Teil der Asche ausgetragen wird. Die Asche wird in einem Zyklon *3* abgeschieden und in die Brennkammer zurückgeführt. Die Wärmezufuhr aus der Brennkammer erfolgt bei 850 °C durch Wand- und Schottenheizflächen *2* und durch Rauchgasrezirkulation sowie in einigen Fällen durch Aufheizung der rezirkulierenden Asche. Besondere Eigenschaften dieses Prinzipes sind die hohe spezifische Wirbelbettbelastung, die niedrige NO_x-Emission aufgrund der gestuften Luftzufuhr sowie die langen Reaktionszeiten der einzelnen Reaktionspartner mit der Folge eines guten Ausbrands und eines hohen Schwefeleinbindungsgrads. Außerdem fällt kein Abwasser an. Der bisher größte Kessel, der gebaut wurde und Ende 1989 in Betrieb ging, hat eine Feuerungswärmeleistung von 240 MW_{th} (in Berlin HKW Moabit Block A).

Wirbelschichtkessel, Bild 11. Wirbelschichtfeuerung und Dampferzeuger stellen eine Weiterentwicklung der bereits in Betrieb befindlichen Anlagen Duisburg (226 MW_{th}) und Flensburg (110 MW_{th}) dar. Die wesentlichen Maßnahmen sind:

– die Wirbelkammer wird nicht mehr ausgemauert, sondern erhält eine Wandberohrung, die als Verdampferheizfläche geschaltet ist. Auf eine eingehängte Heizfläche wird wegen der Erosionsgefährdung verzichtet. Der untere Teil der Wirbelkammer ist gestampft, um Korrosionen im Bereich der reduzierenden Atmosphäre (zwischen Primär- und Sekundärlufteinführung) zu verhindern;
– die Rückführzyklone und die außenliegenden Heizflächen (Fließbettkühler) erhalten ebenfalls eine Wandberohrung;
– die Heizfläche für den Zwischenüberhitzer wird aufgeteilt in Fließbettkühler und Nachschaltheizfläche;
– die Brennstoffaufgabe wird an vier Stellen vorgesehen.

Mit diesen Maßnahmen wird eine drastische Verringerung der Anfahrzeit aus dem kalten Zustand erreicht und eine höhere Verfügbarkeit erwartet. Außerdem werden Regelgüte und Laständerungsgeschwindigkeit verbessert. Die Aufteilung der Zwischenüberhitzer-Heizfläche hat das Ziel, bei einer Störung im Ascheumlauf eine unzulässige Senkung der ZÜ-Temperatur zu vermeiden, d.h. den Schnellschluß der Turbine auszuschließen.

Der Kesselschnitt zeigt auch die Größe des heißgehenden Elektrofilters (rd. 320 °C), das eine Entstaubung der Rauchgase auf 20 mg/m³ sicherstellt.

Bild 12 zeigt das Funktionsschema. Die Kohle *1* wird in Kohlenmühlen zermahlen und mit Förderluft zusammen mit gemahlenem Kalkstein *2* und Fremdasche *3* in die Wirbelbrennkammer *4* geblasen. Die Verbrennungsluft wird in zwei Stufen zugeführt: Primärluft *5a* durch den Verteilerboden und Sekundärluft *5b* oberhalb der Kohlezuführung durch die Seitenwände. Die Verbrennung der Kohle und der brennbaren Bestandteile der Asche erfolgt bei relativ niedriger Temperatur von ca. 850 °C. Der Kalkstein reagiert mit dem Schwefeldioxid zu Gips.

Die Wirbelschicht *6* besteht aus Kohle- und ausgebrannten Aschepartikeln sowie Kalkstein und Gips. Mit dem Rauchgas wird kontinuierlich Feststoff aus der Wirbelbrennkammer ausgetragen und in den Rückführzyklonen *7* durch Zentrifugalwirkung vom Rauchgas getrennt. Über Tauchköpfe mit Regelspießen *8* geht ein Teilstrom der Feststoffe entweder direkt oder über die Fließbettkühler *9* in die Wirbelbrennkammer zurück. Die Heizflächen in den Fließbettkühlern werden als Verdampfer bzw. Zwischenüberhitzer des Dampfprozesses geschaltet.

Nach den Rückführzyklonen wird das Rauchgas in Nachschaltheizflächen *10* gekühlt und anschließend in einem Elektrofilter *11* entstaubt. Bevor das Rauchgas über das Saugzuggebläse *12* in den Schornstein *13* gelangt, erfolgt eine weitere Abkühlung in einem Röhren-Luftvorwärmer *14*.

Die Asche aus den Nachschaltheizflächen und dem Elektrofilter wird vor dem Abtransport in einem Aschekühler *15* gekühlt.

Als einziges Nebenprodukt fällt Asche an, die die Ballaststoffe der Kohle, Gips und einen geringen Anteil an Kalk und Restkohlenstoff enthält. Sie eignet sich als Zuschlag für Zement und andere Baustoffe. Aufgrund ihrer basischen Zusammensetzung und ihrer hydraulischen Eigenschaften ist ihre Deponie unproblematisch.

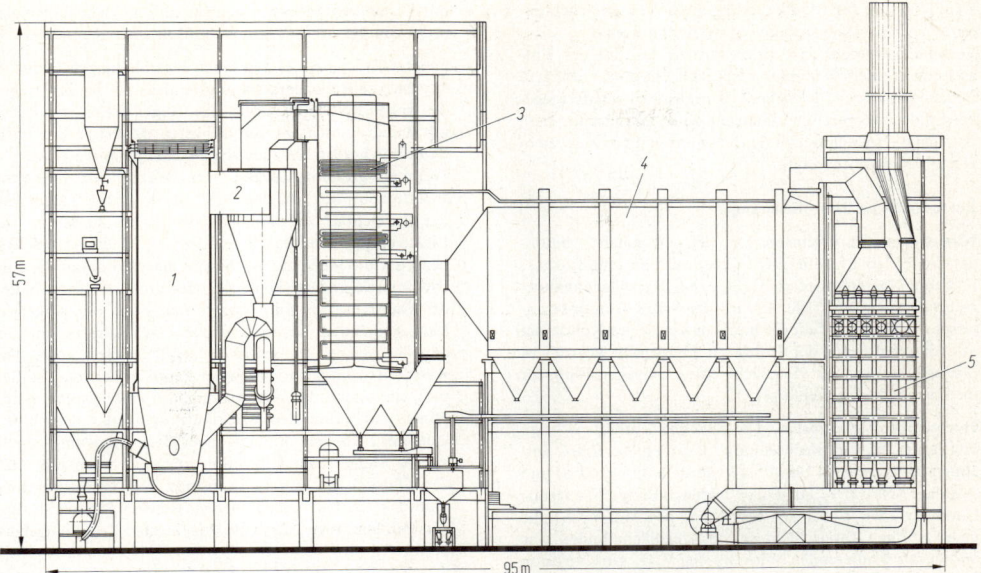

Bild 11. Wirbelschicht-Dampferzeuger, Längsschnitt (BEWAG, Berlin). *1* Wirbelkammer, *2* Rückführzyklon, *3* Nachschalt-Heizflächen, *4* Heißgas-Elektrofilter, *5* Luftvorwärmer. Feuerungsleistung 240 MW$_{therm}$.), Dampfleistung 326 t/h (HD-Teil), 269 t/h (Zwischenüberhitzer), Dampfdruck 196 bar (HD-Teil), 42 bar (Zwischenüberhitzer), Dampftemperatur 540 °C (HD-Teil), 540° C (Zwischenüberhitzer), Kesselwirkungsgrad 92,3%

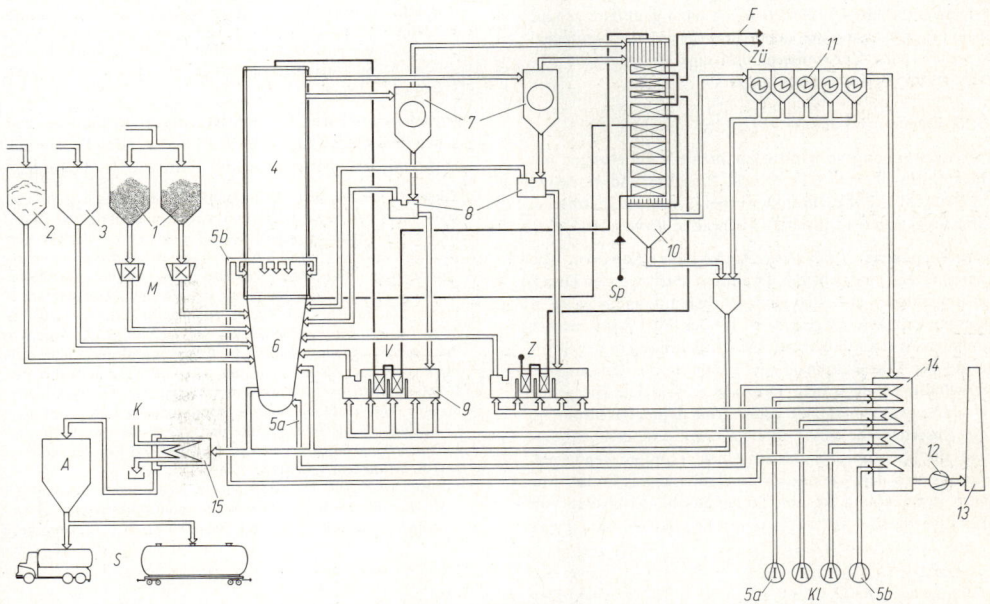

Bild 12. Wirbelschicht-Dampferzeuger, Funktionsschema (BEWAG, Berlin). Erläuterungen im Text. *A* Aschesilo, *F* Frischdampf zur Turbine, *K* Kühlwasser, *Kl* Kühlerluft, *M* Mühle, *S* Silowagen, *Sp* Speisewasser, *V* Verdampfer, *Z* Zwischenüberhitzer, Fließbett, *Zü* Austritt zur Turbine

5.3 Feuerungen für flüssige Brennstoffe
Liquid fuel furnaces

5.3.1 Besondere Eigenschaften. Special characteristics

Vor und Nachteile. Ölfeuerungen [5, 6] werden trotz ihrer Vorteile gegenüber Feuerungen für feste Brennstoffe wegen der begrenzten Vorräte, der unsicheren Versorgung aus politischen Gründen und der vor Jahren gestiegenen Ölkosten im Kraftwerksbau nur wenig eingesetzt. In Industriebetrieben werden sie häufig verwendet, wobei für größere Leistungen das billigere schwere Heizöl bevorzugt wird, während leichtes Heizöl in kleineren Betrieben, als

Zündfeuerung für Staubfeuerungen sowie zum Hochfahren von Schwerölfeuerungen Anwendung findet.
Vorteile: geringere Investitionskosten; Fortfall der Entaschung; bessere Automatisierbarkeit, dadurch geringere Bedienungskosten; schnellere Betriebsbereitschaft (gegebenenfalls automatischer Betrieb ohne Beaufsichtigung).
Nachteile: Notwendigkeit der Vorwärmung von schwerem Heizöl; Korrosionsgefahr.

Korrosionen bei Heizölfeuerungen

Niedertemperaturkorrosion. Der Schwefelgehalt – besonders bei Heizöl S – führt zu SO_2, bei Luftüberschuß zu SO_3 und mit Wasserdampf zu H_2SO_4. Bei Heizflächentemperaturen von 130 bis 140 °C wird der Säure-Taupunkt unterschritten, und es fällt ein hochkonzentriertes Kondensat aus, das den Stahl der Rohre zu Eisensulfat korrodiert. Dieses bildet auf der Heizfläche einen klebrigen Film, der die Rauchgaswege verstopft.

Hochtemperaturkorrosion. Die Ölasche enthält je nach Herkunft des Öls wechselnde V_2O_5-Gehalte (USA nur einige %, Nahost 14 bis 40%, Venezuela 40 bis 60%) und Alkalien (Na_2O, K_2O). Diese bilden niedrigschmelzende Eutektika (560 °C bei 0,66 Mol Na_2O pro Mol V_2O_5), die eine klebrige Grundschicht auf der Heizfläche bilden, was wegen der oxidierenden Wirkung des V_2O_5 zu Korrosion führt.

Abhilfe. Der Betrieb mit niedrigstem Luftüberschuß (1 bis 3% entsprechend 0,2 bis 0,6% O_2) verhindert die Oxidation zu SO_3 sowie die Bildung von V_2O_5 (V_2 allein ist ungefährlich). Voraussetzungen dazu sind eine genaue Feuerungsregelung, die jedem Brenner einzeln zuzuteilende Luft, feine Zerstäubung und eine gleichmäßige Mischung mit Verbrennungsluft.

5.3.2 Brenner. Burners

Als Zerstäubungsprinzipien kommen für Feuerungen mit Leistungen über 1 MJ/s Druck, Rotation und Injektion in Betracht. Als Geschränke werden Einzel- (dynamische) und Luftkasten- (statische) Geschränke verwendet.

Druckzerstäuber (Babcock, Balcke-Dürr, Sonvico). Die Zerstäubung findet in der Dralldüse statt, wo der Druck in tangentialen Kanälen einer Wirbelkammer teilweise in Geschwindigkeit umgesetzt wird. Der Rest wird bei der radialen Abströmung zu der Austrittsöffnung in der Stirnwand der Wirbelkammer zur Erhöhung der Umfangsgeschwindigkeit nach dem Drallsatz verwendet. Die große Umfangsgeschwindigkeit ergibt eine feine Zerstäubung, die Resultierende aus Umfangs- und Axialgeschwindigkeit die Richtung, in die einzelne Tropfen wegfliegen, woraus sich der Winkel des Zerstäuberkegels ergibt. Für gute Zerstäubung ist eine kinematische Viskosität von $10 \cdot 10^{-6}$ bis $20 \cdot 10^{-6}$ m²/s nötig. Das Heizöl wird meist

mit Dampf vorgewärmt, geregelt durch Viskositätsregler in Abhängigkeit vom Druckabfall in einer Kapillare.

Simplex-Zerstäuber. Da er einen lastabhängigen Öldurchsatz hat, geht die Zerstäubungsfeinheit bei Teillast wegen des sinkenden Dralls zurück. Ein Regelbereich von 1:2 ist mit dieser einfachsten und billigsten Bauart zu erreichen, wenn mit hohem Öldruck (bis 70 bar) gefahren wird.
Wenn ein größerer Regelbereich erwünscht ist, sind Konstruktionen nötig, die den Drall bei Teillast konstant halten. Erreichbar ist dies entweder durch Änderung des Einströmquerschnitts, z.B. mit dem Verschieben eines Kolbens, der die Höhe der Wirbelkammer und damit die Eintrittsschlitze ändert (Sonvico), oder durch Konstanthalten des Öldurchsatzes und Rückführen eines mit sinkender Last steigenden Ölanteils durch eine Bohrung im Boden der Wirbelkammer (*Rücklauf-Druckzerstäuber*). Der Rücklaufstrom wird von einem Ventil in der Rücklaufleitung eingestellt, das mit sinkender Brennerleistung weiter öffnet und damit den Rücklaufdruck senkt. Ein Überlaufventil, das mit steigender Brennerleistung zunehmende Menge zum Ölbehälter zurückströmen läßt, hält den Öldruck im Vorlauf konstant. Die Pumpenleistung muß das 1,2- bis 1,3fache der maximalen Brennerleistung der Pumpendruck 32 bar betragen. Der Regelbereich ist 1:8.

Rücklauf-Druckzerstäuber, Bild 13. Er besteht aus dem inneren Rücklaufrohr *1* und dem äußeren Vorlaufrohr *2*, die auf der Feuerseite die Wirbelkammer *3* tragen. Vorlauf und Rücklauf werden über Schläuche bei *4* bzw. *5* angeschlossen. Der Brenner ist am Absperrgehäuse befestigt, in dem die Rückschlagklappe *6* und Sperrluft (Anschluß bei *9*) dafür sorgen, daß bei Brennerausbau kein Rauchgas im Überdruckbetrieb austritt. Der Zündtrichter *8* dient als Flammenhalter, die Primärluft wird durch Luftschlitze zugeführt. Bei Stillstand wird der Brenner zurückgezogen. Maximaler Durchsatz: 2,2 kg/s.

Rotationszerstäuber. Die hohe Relativgeschwindigkeit zwischen dem Öl das aus einem rasch rotierenden Becher austritt, und der umgebenden Luft führt zur Zerstäubung.

Saacke-Zerstäuber, Bild 14. Das durch das feststehende Rohr *3* zugeführte Öl wird von der Fliehkraft über den Rand des mit 100 s⁻¹ rotierenden Zerstäuberbechers *2* ausgetragen und in der bei *5* angesaugten und vom Gebläse *6* mit 100 mbar Überdruck durch den Spalt zwischen Becher und Zerstäuberhaube *7* mit hoher Geschwindigkeit austretenden Zerstäuberluft fein zerstäubt (Tropfengröße 50 bis 100 μm). Infolge der Umfangs- und axialen Luftgeschwindigkeit bildet sich ein Zerstäuberkegel, der von der Luft geführt wird. Die den Becher tragende Brennerwelle *1* wird von Motor *4* über Keilriemen angetrieben. Bei Stillstand ist der Brenner auszuklappen. Rotationszerstäuber sind meist mit Verbundregelung ausgerüstet, die eine verstellbare mechanische Zuordnung der Luftklappen- zur Öl-Drehschieberstellung bewirkt und damit die Brennstoff- und Lufteinstellung durch ein Stellglied ermöglicht. Der Regelbereich ist 1:8, die maximale Leistung 1 kg/s.
Vorteile: gegenüber Druckzerstäubern niedrigerer Öldruck (2 bis 3 bar, nur Förderung), geringere Verschmutzungsempfindlichkeit; niedrigere Vorwärmung (Heizöl S auf 80 bis 90 °C entsprechend

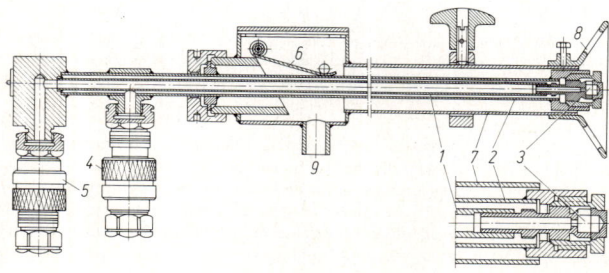

Bild 13. Rücklauf-Druckzerstäuber (Balcke-Dürr AG, Ratingen). *1* Rücklaufrohr, *2*, Vorlaufrohr, *3* Wirbelkammer, *4* Vorlaufanschluß, *5* Rücklaufanschluß, *6* Rückschlagklappe, *7* Schutzrohr, *8* Zündtrichter, *9* Sperrluftanschluß

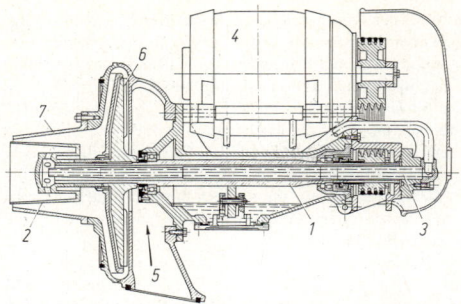

Bild 14. Rotationszerstäuber (H. Saacke KG, Bremen). *1* Brennerwelle, *2* Zerstäuberbecher, *3* Ölrohr, *4* Motor, *5* Primärlufteintritt,
6 Primärluftgebläse, *7* Zerstäuberhaube

$35 \cdot 10^{-6}$ bis $55 \cdot 10^{-6}$ m^2/s), da vor der Zerstäubung das Öl im Becher zusätzlich vorgewärmt wird (bei höherer Vorwärmung Gefahr
der Koksbildung). Nachteile: Energiebedarf des Motors; starkes
Geräusch (vor allem vom Zerstäuberluftgebläse); große Öffnungen
in der Feuerraumwand.

Injektionszerstäuber (Babcock, Balcke-Dürr). Die sehr feine Zerstäubung beruht auf der plötzlichen Entspannung
eines Gemischs aus Heizöl und Zerstäubungsmittel, für
das Dampf verwendet wird, da er billig ist und verbrennungstechnisch günstig wirkt (Einleitung der Vergasung).
Der Dampfverbrauch beträgt etwa 0,5% der erzeugten
Dampfmenge und entspricht etwa dem Energiebedarf der
anderen Brennerbauarten. Dampfzustand: 10 bar, 300 °C.
Der Öldruck beträgt 18 bar bei Vollast, die erforderliche
Viskosität entspricht der bei Druckzerstäubern. Der Regelbereich ist 1:6, die maximale Leistung beträgt 4,2 kg/s.
Der Aufwand an Armaturen und Leitungen ist etwas
höher als bei Druckzerstäubern, deshalb liegen auch die
Investitionskosten höher.

Dampfdruckzerstäuber, Bild 15. Der Dampf strömt durch das innere
Zerstäuberrohr *1,* das Öl im Raum zwischen innerem und äußerem Rohr *2.* Öl und Dampf mischen sich in den Bohrungen der Düse *3.* Das innere Rohr *1* ist fest mit dem Kopfstück verbunden.
Wegen der Temperaturdifferenz muß das äußere Rohr *2* mit einer
Stopfbuchse geführt werden. Der Brenner wird im Gehäuse *5* der
Selbstschlußklappe *6* festgeklemmt. Schläuche für Dampf und Öl
werden mit den Schlauchflaschen mit eingebauten Selbstschlußven-
tilen angeschlossen.

Brennergeschränke. Sie tragen den Brenner und umfassen
die Teile für eine möglichst gute Mischung des Ölnebels
mit der Luft. Zündung und Mischung selbst erfolgen in
der sich anschließenden, meist gemauerten Brennermuffel.

Dynamische oder Einzelgeschränke. Luftdrall vermischt
Luft und Öl, wobei die Luft durch getrennte Leitungen jedem Brenner zugeführt wird. Der Drall wird beim
Einströmen durch eine Spirale erzeugt und von einstellbaren Drallschaufeln noch verstärkt. Die Drallflammen
sind kurz und buschig. Bei zu starkem Drall geht über
die Luft am Muffelaustritt zu schnell auseinander, so
daß keine vollständige Mischung mit dem Ölnebel entsteht. Öl und Luft erhalten oft gegensinnigen Drall zur
besseren Mischung. Auch der Drall benachbarter Brenner ist gegensinnig, da sich sonst die Geschwindigkeiten
an den Berührungsstellen aufheben. Für den Betrieb mit
kleinstem Luftüberschuß muß die Geschwindigkeit in der
Muffel groß sein, damit auch noch bei Teillast genügend
Mischenergie zur Verfügung steht (60 bis 70 m/s), was
Luftpressungen von mehr als 30 mbar über Feuerraum-
druck, gemessen am Eintritt ins Geschränk, erfordert. Außerdem muß der Luftstrom zu jedem Brenner gemessen
und mittels Trimmklappen abgeglichen werden.

Statische oder Kastengeschränke. Bei großen Dampferzeugern mit 30 bis 40 Brennern sitzen mehrere in einem
Luftkasten, dessen Querschnitt so groß ist, daß nur kleine Geschwindigkeiten auftreten, also im gesamten Kasten
praktisch der gleiche statische Druck herrscht. Die Ge-
samtluft für den Kasten wird gemessen und geregelt. Die
Luft verteilt sich gleichmäßig auf die einzelnen Brenner
und über den Umfang des Brenners, wenn diese gleich gefertigt und eingestellt sind. Das Geschränk hat dann die
Aufgabe, die Luft an den Ölnebel so zu führen, daß eine
bei allen Belastungen optimale Mischung entsteht. Dazu
wird die Luft oft in zwei Ströme geteilt, von denen der
äußere, um auch bei Teillast genügend große Geschwindigkeit zu erhalten, mit abnehmender Last zunehmend
abgesperrt wird, so daß zuletzt die Luft nur im inneren Teil nahe am Brenner strömt (Doppelgeschränk). Die
Luft kann dabei mit Drall oder im Parallelstrom geführt
werden. Parallelstrom verstärkt die Rezirkulation heißer
Rauchgase und dient damit die Zündung, er benötigt aber auch höhere Geschwindigkeiten und damit
höheren Druck als Drallbrenner.

Die gemauerte Brennermuffel wird auf der Frontseite von
Kesselrohren gekühlt und dient zur Mischung von Luft
und Brennstoff. Für Betrieb mit niedrigem Luftüberschuß
wird sie für eine axiale Luftgeschwindigkeit von 60 bis
70 m/s im Querschnitt des Flammenhalters ausgelegt.

5.3.3 Gesamtanlage. Complete plant

Zur Gesamtanlage einer Feuerung gehören:

Brennstoffaufbereitung und -verteilung. *Komponenten:* Ta-
gesölbehälter mit Füllpumpen und Füllstandmeß- und

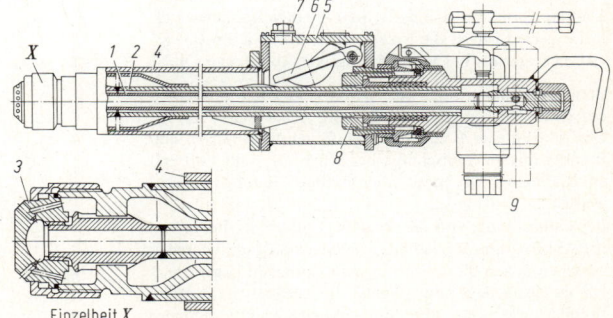

Bild 15. Dampfdruckzerstäuber (Dt. Babcock
AG, Oberhausen). *1* inneres Zerstäuberrohr,
2 äußeres Zerstäuberrohr, *3* Düse,
4 Führungsrohr mit Flansch, *5* Gehäuse,
6 Selbstschlußklappe,
7 Sperrluftanschluß, *8* Stopfbuchse,
9 Schlauchflaschen für Dampf- und Ölanschluß

Einzelheit *X*

-regelungsgeräten, Saugfilter, Brennerpumpen mit vorgeschalteten Ölvorwärmern und zuschaltbaren Reservepumpen, Ausblaseinrichtungen beim Abschalten der Brenner. Angefahren wird mit leichtem Heizöl oder mit vorgewärmtem Öl.

Brennstoffzufuhr. *Komponenten:* Flammenwächter zur automatischen Abschaltung, wenn die Flamme erlischt, Verriegelungssysteme zum erzwungenen Wiedereinschalten einer Anlage in einer bestimmten Reihenfolge.

Zündung. Die meisten Möglichkeiten einer Störung und dadurch verursachter Verpuffungen sind bei der Zündung gegeben. Gezündet wird meist mittels gas-elektrischer Zündbrenner. Dabei wird das Zündgas (Propan, Stadtgas) elektrisch gezündet und der Zündbrenner durch eine Ionisationsstrecke überwacht. Eine Zündung kann erst nach der zwischen 15 s und einigen Minuten einstellbaren Vorlüftzeit erfolgen, die sicherstellt, daß keine brennbaren Gasreste im Feuerraum oder in den Rauchgaszügen vorhanden sind. Brenner- und Zündgas-Magnetventil schließen, wenn der Flammenwächter nach 5 s keine Flamme „sieht" (Sicherheitszeit). Dabei wird ein optisches und ein akustisches Signal gegeben. Ein neuer Zündversuch ist erst nach Durchlüftung möglich. Bei Erlöschen der Flamme im Betrieb schaltet der Flammenwächter nach 1 s ab. Bei vollautomatischen Anlagen werden alle Vorgänge in Abhängigkeit von einer Regelgröße (Dampfdruck) in der richtigen Reihenfolge eingeleitet, auch der zweite Zündversuch, bei halbautomatischen nur die Flammenüberwachung und die Abschaltung.

Sicherheitsvorkehrungen. Da flüssige Brennstoffe beim Verdampfen leicht zündfähige Gemische bilden, so daß bei Verpuffungen Unfälle entstehen können, müssen Vorkehrungen vorhanden sein, die ein Einströmen von Brennstoff in den Feuerraum ohne Flamme oder unter ungenügenden Verbrennungsbedingungen verhindern und sicherstellen, daß vom vorhergehenden Betrieb keine unverbrannten Gasreste vorhanden sind (Sicherheitsvorschriften s. L 5.1.5).

5.4 Feuerungen für gasförmige Brennstoffe
Gas-fuelled furnaces

5.4.1 Verbrennung und Brennereinteilung
Combustion and burner classification

Verbrennung. Sie läuft schneller ab als bei festen oder flüssigen Brennstoffen, da keine Vergasung oder Verdampfung des Brennstoffs mehr nötig ist [7]. Für die Güte der Verbrennung ist deshalb die Mischung entscheidend. Daneben sind im Betrieb mit niedrigstem Luftüberschuß wegen des eventuellen H_2S-Gehalts (Taupunkt) und eine kurze, heiße Flamme anzustreben. Da H_2 meist mit blauer Flamme verbrennt und der Anteil höherer Kohlenwasserstoffe gering ist, ist die Strahlungszahl $C \approx 2,3 \, W/m^2 \, K^4$ viel niedriger als bei Verbrennung von Kohle oder Öl.

Brennereinteilung. Nach der Art der Mischung unterscheidet man Brenner mit Vormischung – bei ihnen werden Gas und Luft im Brenner vor der Zündung gemischt und Brenner mit Nachmischung, bei denen Gas und Luft erst am Brenneraustritt unmittelbar vor der Zündung gemischt werden.
Bei *Vormischung* wird die Regelbarkeit des Brenners von der Abhebe- und Rückzündungsgeschwindigkeit begrenzt, zwischen denen die Ausstromgeschwindigkeit liegen muß. Da die Abhebegeschwindigkeit mit größer werdendem Brennerdurchmesser abnimmt (geringerer stabilisierender

Einfluß der Randwirbel), die Rückzündungsgeschwindigkeit aber zunimmt, ist dieser Spielraum bei größeren Leistungen zu gering. Damit hat dieses Prinzip nur für kleine Leistungen, nicht aber für Dampfkessel Bedeutung.
Bei *Nachmischung* ist eine Rückzündung naturgemäß nicht möglich, damit ist die Regelbarkeit größer. Die Mischung wird dadurch erreicht, daß das Gas in möglichst viele Strahlen aufgeteilt wird und die Luft entweder ebenfalls in Strahlen aufgeteilt unter einem Winkel in die Gasstrahlen geblasen oder mit Drall zugeführt wird, so daß eine kurze, heiße Flamme entsteht.
Nach der Gasart unterscheidet man Armgas- und Reichgasbrenner, nach der Höhe des Drucks Niederdruck- (10 bis 50 mbar) und Hochdruckbrenner (bis 3 bar). Da Armgase meist mit niedrigem Druck, Reichgase aber mit hohem Druck anstehen, decken sich die Begriffe.

5.4.2 Brennerbauarten. Burner types

Niederdruckbrenner. Da Armgas (Gichtgas, Generatorgas) das mit niedrigem Druck anfällt (unter 200 mbar), immer weniger für Kesselfeuerungen verwendet wird, nimmt die Bedeutung dieser Brenner ab. Um die großen Gasmengen mit den in gleicher Größenordnung liegenden Luftmengen ohne großen Druckverlust zu mischen, werden Luft und Gas in viele kleine Teilströme aufgeteilt und schräg ineinander geblasen.

Flachbrenner, Bild 16. Größter Typ für $9 \, m^3/s$ im Normalzustand entsprechend 35 MJ/s Wärmeleistung. Vom Luft- bzw. Gaskasten führen schräge Taschen abwechselnd in den Austrittsquerschnitt. Tropfenförmige Einbauten an der Mündung jedes Austrittsschlitzes bewirken ein Ineinanderblasen von Gas und Luft. Die ausgemauerte Muffel 3 unterstützt die Zündung. Bei kleinen Leistungen oder Koksgas wird der Gasstrom in viele Teilströme durch Lochplatten ander Mündung oder schmalere Gasschlitze aufgeteilt, beim Rundbrenner wird das Gas durch radiale vorn offene Taschen in den Luftstrom eingeblasen. Der Regelbereich der Flachbrenner liegt normal bei 1:4; bei Unterteilung der Höhe in zwei Teilbrenner mit Leistungen im Verhältnis 1:2 wird ein Regelbereich von 1:12 erreicht.

Hochdruckbrenner. Als Reichgas mit einem Druck über 200 mbar wird heute meist Erdgas verwendet, das auch mit Öl kombiniert verfeuert wird. Erdgas wird aus Umweltschutzgründen verstärkt eingesetzt. Das Gas wird durch Lanzen zugeführt, die an der Spitze und am vorderen Teil Düsenbohrungen in verschiedenen Richtungen tragen.

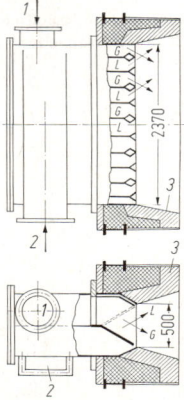

Bild 16. Niederdruck-Flachbrenner (Dt. Babcock AG, Oberhausen). *1* Gaseintritt, *2* Lufteintritt, *3* gemauerte Brennermuffel, *G* Gasstrahlen, *L* Luftstrahlen

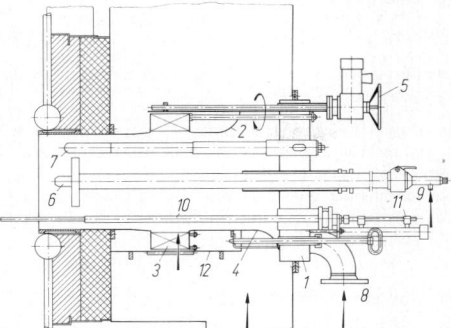

Bild 17. Kombinierter Hochdruckgas- und -Ölbrenner mit Drall-Parallelstromgeschränk. *1* Frontplatte mit Gasringkammer, *2* Luftdüse in Parallelstromstellung, *3* Dralleinsatz, *4* Luftdüse in Drallstromstellung, *5* Luftdüsen-Verstelleinrichtung, *6* Ölzerstäuber, *7* Gaslanzen, *8* Gaszuführung, *9* Öl- und Dampfzuführung, *10* Zündbrenner, *11* elektrische Zündeinrichtung, *12* Trommelschieber zum Absperren des Brenners

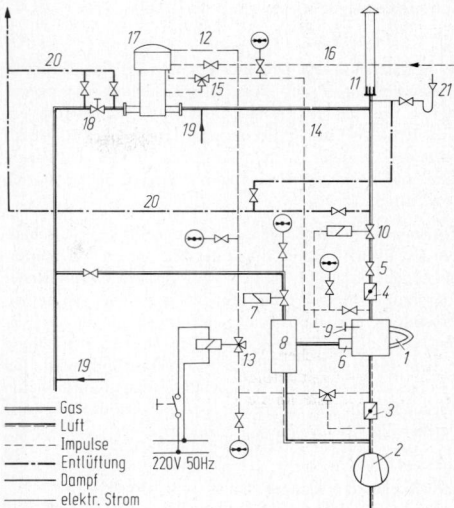

Bild 18. Rohrleitungsschema einer Gasfeuerung. *1* Gasbrenner, *2* Frischluftgebläse, *3* Luftregelklappe, *4* Gasregelklappe, *5* Gasabsperrventil, *6* Zündgasbrenner, *7* Zündgas-Magnetventil, *8* Zündgas-Mischventil, *9* Flammenwächter, *10* Hauptmagnetventil, *11* Explosionsklappe, *12* Luftdruck-Impulsleitung, *13* elektrisches Dreiwegeventil, *14* Gasdruck-Impulsleitung, *15* Umschaltventil, *16* Unterdruck-Impulsleitung, *17* Sicherheitseinrichtung, *18* Hauptabsperrschieber, *19* Dampfanschluß, *20* Entlüftungsleitungen, *21* Prüfflamme

Der Düsendurchmesser beträgt 3 bis 5 mm, die Austrittsgeschwindigkeit maximal 190 m/s. Die vielen Bohrungen müssen weit auseinander liegen, damit sich die Gasstrahlen nicht zu größeren Strahlen vereinigen, bevor sie sich mit Luft gemischt haben.

Hochdruckgas- und -ölbrenner, Bild 17. Er enthält bis zu zwölf Gaslanzen *7*, die im Kreis um die Öllanze *6* mit Impeller angeordnet sind. Sie werden in der Frontplatte in die ringförmige Gaskammer *1* leicht auswechselbar eingesetzt. Die maximale Leistung beträgt 110 MJ/s entsprechend 3,3 m³ Erdgas/s.

5.4.3 Sicherheitsvorkehrungen. Safety devices

Sicherheitsvorschriften s. L 5.1.5. Diese müssen die Bildung eine zündfähigen Gemisches nicht nur (wie bei Ölfeuerungen) im Feuerraum und Kessel, sondern auch in den Gasleitungen verhindern.

Niederdruck. Kern ist die Sicherheitseinrichtung, die mit Wasserabschluß arbeitet. Liegen alle Druckimpulse vor, wird ein Sichelschieber manuell oder mit Stellmotor geöffnet und durch eine Halteklaue bzw. Magnetkupplung so gehalten, daß der Gasquerschnitt frei ist. Bei Ausfall eines Impulses löst ein Auslöser die Halteklaue bzw. die Magnetkupplung wird stromlos, so daß die Sichelschieber aufgrund des exzentrischen Gewichts schließen.

Hochdruck. Hier wird ein Trockenverschluß mit konischer Dichtung oder ein Rückschlagventil verwendet, das bei Ausfall eines Drucks durch Gewichte, Federn oder den Gasdruck geschlossen wird.

Sicherheitsschaltung, Bild 18. Damit keine zündfähigen Gemische entstehen, wird die Hauptgasleitung beim Anfahren abschnittsweise über die Entlüftungsleitungen *20* entlüftet, bis die Prüfflamme am Brenner *21* brennt. Als Nothilfe bei Verpuffungen sind Explosionsklappen *11* der Reißscheiben vorhanden. Bei Abreißen der Flamme schließt Magnetventil *10*, bei Ausfall eines Druckimpulses (Luft *12*, Gas *14*, eventuell Unterdruck *10*) die Sicherheitseinrichtung *17*, worauf neu entlüftet werden muß. Schnellabschaltung ist mittels Notschalter und Elektro-Dreiwegeventil *13*, das den Luftdruckimpuls unterbricht, möglich. Beim Abstellen wird die Gasleitung durch Ausblasen mit Dampf (Anschlüsse *19*) über die Leitungen *20* gasfrei gemacht.

5.5 Allgemeines Feuerungszubehör
General furnace accessories

5.5.1 Gebläse. Fans

Luft wird als Verbrennungs-, Wirbel- (bei Rostfeuerungen), Heiß- (für Mühlen) und Förderluft (für Kohlen und Flugstaub) benötigt. Verbrennungsgase werden als Rückführ- (für Regelung) und Abgas gefördert. Diese verschiedenartigen Zwecke führen zu sehr unterschiedlichen Auslegungsbedingungen, **Tab. 5.**

Bauarten. Radialgebläse werden bei kleineren Leistungen (Wirkungsgrad bis 85%), Axialgebläse für größere Leistungen (Wirkungsgrad über 90%) verwendet (s. R 7.1 und R 7.2). Hochfrequenter Schall und stärkerer Verschleiß sind die Nachteile des Axiallüfters, deshalb sind Schalldämpfer in der Saugleitung (bei Frischlüftern) bzw. vor dem Schornstein (bei Saugzug) nötig und mit Leistungsverlusten verbunden.

Tabelle 5. Betriebsbedingungen von Gebläsen an Dampferzeugern

Förder-medium	Gebläse-bezeichnung	Tempe-ratur °C	Förder-höhe mbar	Volumen-strom m³/s
Luft	Frischlüfter	20 ... 40	15 ... 100	1 ... 150
	Wirbellüfter für Rostfeuerung	20 ... 150	30 ... 60	0,2 ... 2
	Mühlenluftgebläse	200 ... 400	20 ... 40	2 ... 10
Gas	Rückführgebläse für Rauchgas	200 ... 450	10 ... 30	3 ... 20
	Saugzuggebläse	110 ... 250	10 ... 60	1 ... 200

Antriebsleistung. Sie beträgt an der Gebläsewelle

$$P = \dot{V} T \Delta p/(T_0 \eta) \tag{9}$$

($\dot{V}$ Förderstrom, Δp Druckdifferenz, η Wirkungsgrad, T Gastemperatur, $T_0 = 273$ K). Da die Gebläse für Spitzenbetrieb und aus Regelungsgründen im Förderstrom um etwa 10%, also in der Förderhöhe um etwa 21%, größer ausgelegt werden, arbeiten sie meist im Teillastbereich. Eine gute Regelung ist also zum wirtschaftlichen Betrieb notwendig.

Regelungsarten. Drallregelung mit verstellbaren Leitschaufeln am Eintritt, Schleifringläufer-Motoren mit Steueranlasser oder Kurzschlußläufer: Motoren mit hydraulischer Kupplung bringen Verbesserungen gegenüber der reinen Drosselregelung, die für schnelle Druckregelung vorhanden, aber durch Folgeregelung der Drehzahlverstellung in den günstigen Regelbereich zurückgeführt wird. Bei Axialgebläsen ergibt die Laufschaufelverstellung höheren Wirkungsgrad und vermeidet bei Parallelbetrieb zweier gleicher Gebläse die Pumpgrenze.

5.5.2 Kanäle und Klappen. Ducts and valves

Luft- und Rauchgaskanäle werden aus 3 bis 7 mm dickem Blech hergestellt und außen mit Matten wärmegedämmt. Bei hohen Innentemperaturen (Rauchgas-Rücksaugung bei Braunkohlenfeuerung) sind sie innen mit Schamotte ausgekleidet. Ein runder Querschnitt ist günstig bezüglich der Festigkeit und der Reinigung, bei Rechteckquerschnitt sind die ebenen Wände durch Flacheisenrippen zu versteifen. Wärmedehnungen sind von Kompensatoren aufzunehmen, bis 300 °C und 50 mbar aus Gewebe, darüber aus Wellblech. Leitschaufeln setzen den Druckverlust in Krümmern stark herunter [8]. Zum Absperren und Regeln werden – meist mehrteilige – Klappen aus versteiftem Blech oder Guß benutzt. Bei Regelklappen sind die einzelnen Teile gegenläufig. Die Absperrklappen sind mit elastischen Dichtungen versehen, die sich gegen die Dichtleisten drücken. Infolge der Rauchgasentschwefelungs- und Entstickungsanlagen sind zusätzliche Anforderungen gestellt.

5.5.3 Schornstein. Stack

Er dient zum Abführen der Rauchgase in Höhen, die unzulässige Immissionen am Boden verhindern (s. L 5.1.4).

Berechnung. Da Rauchgas infolge der höheren Temperatur eine geringere Dichte als Luft hat, entsteht am inneren unteren Ende des Schornsteins ein kleinerer statischer Druck als außen (Differenzdruck, Zug), der die Förderung der Rauchgase durch den Kessel unterstützt. Durch die Rauchgaswäsche bei der Entschwefelung (s. L 5.6.2) erfolgt eine Abkühlung auf ca. 50 °C, so daß eine Wiederaufheizung teilweise regenerativ auf 70 bis 100 °C notwendig ist. Bisher betragen die Abgastemperaturen 110 bis 180 °C.

Statische Druckdifferenz. Gegenüber außen ist

$$\Delta p_{st} = H g (\rho_L - \rho_G) = H g T_0 (\rho_{L,0}/T_L - \rho_{G,0}/T_G) \tag{10}$$

(H Schornsteinhöhe, ρ Dichte, g Erdbeschleunigung; Index L für Umgebungsluft, G für Rauchgas, 0 für Normzustand nach DIN 1343).

Effektiver Unterdruck. In Wirklichkeit stellt sich ein

$$\Delta p_{eff} = \Delta p_{st} - \Delta p_r - \Delta p_a \tag{11}$$

(Δp_r Reibungsdruckverlust im Schornstein, für die mittlere Geschwindigkeit w_m bei T_g wie für einen Kanal (s. B 6.2.3) zu berechnen; Δp_a Austrittsdruckverlust).

Austrittsdruckverlust. Er beträgt

$$\Delta p_a = \rho_{G,0} T_0 w_a^2/(2 T_{G,a}). \tag{12}$$

Austrittstemperatur. $T_{G,a}$ ist etwa 10 K niedriger als die Kesselaustrittstemperatur.

Austrittsgeschwindigkeit. w_a ist bei $T_{G,a}$ zu berechnen, bei Vollast nicht unter 10 m/s zu wählen, meist 15 bis 20 m/s ausgeführt. Über 20 m/s besteht die Gefahr von Resonanzschwingungen der Gassäule. Große Geschwindigkeit ergibt dynamische Schornsteinüberhöhung (s. TA Luft) und verbessert die Ausbreitung.

5.6 Umweltschutztechnologien
Environmental control technology

Das BImSchG hat zu einer wesentlichen Umgestaltung der Dampfkraftwerke geführt. Die neu einzubauenden Technologien beziehen sich verstärkt auf die Entstaubung, Entschwefelung und Entstickung [9–14].

5.6.1 Rauchgasentstaubung. Flue-gas dust separating

Mit dem Einsatz von Kohlenstaubfeuerungen werden auch Elektrofilter verwandt, **Bild 19**. Die Entwicklung der letzten 25 Jahre zeigt **Bild 20**. Der Abscheidegrad ε in % und die Niederschlagsfläche F (Elektrofläche je

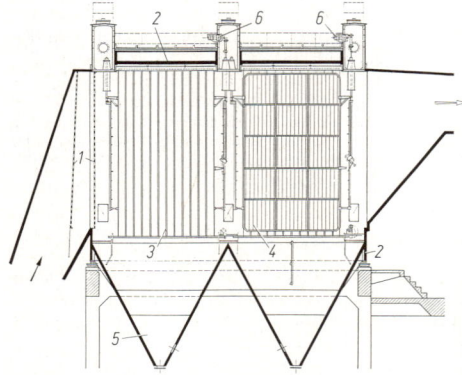

Bild 19. Elektrofilter (Lurgi, Frankfurt a.M.). *1* Drosselwände, *2* Gehäuse, *3* Niederschlagselektroden, *4* Sprühelektroden, *5* Staubbunker, *6* Klopfvorrichtung für Sprühelektroden

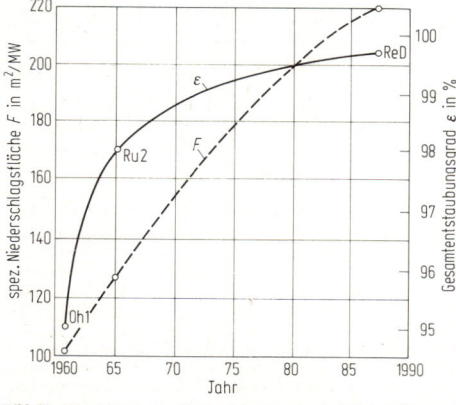

Bild 20. Entwicklung des Entstaubungsgrades bei Elektrofilter

elektrischer Blockleistung) bestimmen Aufbau und Bau-volumen des Filters. Bei einem Rohgasstaubgehalt von 16,75 g/m³ werden Entstaubungsgrade von 99,7% erreicht (50 mg/m³).

Für Altanlagen wird oftmals im Genehmigungsverfahren für die Entschwefelung ein verschärfter Grenzwert von 50 mg/m³ wie bei Neuanlagen gefordert.

Durch die Entstickungstechnik wird neuerdings besonders die Eingangstemperatur beeinflußt, die bisher im Tempe-raturbereich von 130 bis 160 °C liegt.

Auch bei Kesseln mit Wirbelschichtfeuerung ist das heiß-gehende Elektrofilter z.B. fünffeldrig ausgeführt (s. **Bild 11**), um Emissionsgrade von 99,9% zu erreichen. So kann trotz hoher Staubbelastung der Feuerung im Normal-betrieb ein Emissionswert für Staub von 20 mg/m³ erreicht werden. Dabei hat das Elektrofilter bereits Abmessun-gen, die in etwa 50% des Kesselvolumens einschließlich Wirbelbrennkammern entsprechen.

Für die Entscheidung Neubau oder Ertüchtigung, d.h. Nachschaltung eines weiteren Elektrofilters, sind die Kes-selstillstandszeiten ausschlaggebend. Es hat sich für Altan-lagen als zweckmäßig und betriebsmäßig erforderlich ge-zeigt, ein neues Elektrofilter nachzuschalten. Der Investi-tionsaufwand für zusätzliche Entstaubung ist im Vergleich zur Entschwefelung und Entstickung mit 60 DM/kW ge-ring. Für Neuanlagen beträgt der Investitionsaufwand für die Entstaubung ca. 45 DM/kW.

Für den groben Flugstaub von Rostfeuerungen genügen Fliehkraftentstauber.

Fliehkraftentstauber. Für kleine Anlagen werden Großzy-klone mit 0,5 bis 1,5 m Durchmesser, für größere Anlagen Multizyklone vorgesehen, die aus einer großen Zahl klei-nerer Zyklone mit 100 bis 500 mm Durchmesser aufgebaut sind. Die gleichmäßige Anströmung und das Vermeiden von Kurzschlußströmungen sind entscheidend für die Ab-scheidung. Der Druckverlust liegt zwischen 5 und 10 mbar. Schlauchfilter sind am wirksamsten für Feinstaubabschei-dungen.

Elektrofilter (**Bild 19**). Sie ionisieren durch Sprühelektro-den *4* (profilierte Drähte), die an einer negativen Gleich-spannung von 20 bis 70 kV liegen, den Flugstaub und scheiden ihn an den Niederschlagselektroden *3* (geer-dete Platten) ab. Diese bilden Gassen, in deren Mitte die Sprühelektroden in Rahmen aufgehängt sind. Beide Elektroden müssen mittels Klopfvorrichtungen gereinigt werden. Elektrofilter sind meist als Mehrzonenfilter ge-baut; die elektrische Spannung wird für jede Zone ent-sprechend dem unterschiedlichen Staubanfall so geregelt, daß die höchste Abscheideleistung erzielt wird. Da die Gasgeschwindigkeit nur 1 bis 2 m/s betragen darf, wer-den die Querschnitte und Volumen der Elektrofilter sehr groß (100 m³/MW), doch können mit ihnen die wegen der Luftreinhaltevorschriften (s. L 5.1.4) erforderlichen Ab-scheidewirkungsgrade bis über 99% erreicht werden. Der Druckverlust beträgt 0,5 bis 1 mbar, der Energiebedarf 0,08 bis 0,17 Wh/m³ im Normzustand.

5.6.2 Rauchgasentschwefelung. Flue-gas desulphurisation

Der Einbau von Rauchgasentschwefelungsanlagen ist für Kohle und schweres Heizöl gefeuerte Dampfkessel erfor-derlich. Diese Anlage wird im Rauchgasstrom nach dem Elektrofilter angeordnet.

Bestimmend für die Verfahrenswahl ist der Schwefelgehalt im Brennstoff. Die Entschwefelungsverfahren lassen sich in Additiv-, Trocken- und Naßverfahren unterteilen.

Bei den Additivverfahren erfolgt die Entschwefelung durch Kalk oder Kalkhydratzugabe in den Feuerraum oder mit der Kohle. Bei Wirbelschichtfeuerungen wird der geforderte Entschwefelungsgrad bzw. eine Restemission von unter 200 mg SO₂/m³ erreicht

Entschwefelungsgrad

$$\eta_{SO_2} = \frac{(SO_2)\ \text{Einig.} - (SO_2)\ \text{Rest}}{(SO_2)\ \text{Einig.}} > 85\%$$

Beispiel: Zahlenangaben s. **Bild 23**: 220 t/h Kohle mit 1,3% Schwe-felgehalt

$$= 2,86\ \text{tS/h}\ \text{oder}$$

$$= \frac{2,86}{2,3}\ \frac{g}{m^3} = 1,240\ \text{mg S/m}^3$$

$$= 2480\ \text{mg SO}_2/\text{m}^3$$

$$\eta_{SO_2} = \frac{2480 - 400}{2480} = 0,839$$

bei 300 mg/m³ Restemission

$$\eta_{SO_2} = 0,879$$

Die *Trockenverfahren* sind **Bild 21** zu entnehmen. Kenn-zeichnend sind die deutlich unter dem Taupunkt des Wasserdampfes liegenden Rauchgastemperaturen und die Abwasserfreiheit. Eine Wiederaufheizung der Rauchgase kann daher nicht erforderlich werden. Hierzu zählt auch das Verfah-ren der Bergbauforschung mit Aktivkoks als Katalysator, das auch zur simultanen Abscheidung von Schwefel- und Stickoxiden zweistufig mit NH₃-Zugabe eingesetzt wird. Das am häufigsten eingesetzte *Naßverfahren* (**Bild 22**) zeigt vier Möglichkeiten. Das sog. Walther-Verfahren *2* hat sich nicht bewährt. Die Verfahren mit Regeneration der Absor-bermittel *3* und *4* sind im Einsatz, zu 86% das Verfahren *3*. Das sog. Wellmann-Lord-Verfahren, mit Schwefel z.B. als Endprodukt (KW Buschhaus mit Salzkohle hohem Schwe-felgehalt >2% S) ist besonders aufwendig.

Kalkwasch-Verfahren *3* entsprechend **Bild 23**. Bei diesem Verfahren werden die Rauchgase in einem Absorber *1* mit einer wässrigen Suspension von Kalkstein besprüht *2* und weitgehend von den Schadstoffen SO₂, HCL und HF be-freit. Nach Passieren eines Tropfenabscheiders werden die Reingase im Regenerativvorwärmer *5* wieder aufgeheizt und zum Kamin geführt.

Das bei der Reaktion im Absorber primär entstehende Calciumsulfit wird mit Oxidationsluft zu Gips aufoxidiert. Ein Teilstrom der Suspension wird aus dem Prozeß her-ausgeschleust *3* und nach Voreindickung *4* auf eine Rest-feuchte von weniger als 10% entwässert (Summenreaktio-nen **Tab. 6**).

Alle für die physikalischen und chemischen Vorgänge not-wendigen Prozeßschritte wie Absorption, Oxidation, Neu-tralisation und Tropfenabscheidung laufen im Wäscher ab. Die Waschsysteme sind unterschiedlich in der Rauch-gasführung ausgebildet, wobei diese bei der Verrieselung im Gegen- oder Gleichstrom oder sogar in Kombination erfolgt.

Außerdem sind Unterschiede in der Art der Tropfenab-scheidung, Größe und Anzahl der Waschebenen, Ein-düsungsart und in der Gestaltung des Sumpfes festzu-stellen. Für einen 100-MW-Block ergeben sich Wäscher-bauhöhen einschließlich Einhausung von 39 bzw. 45 m. Die Durchmesser betragen 9 bis 11 m. Bei der Gestal-tung der Wäscher muß auf die unterschiedlichen Rauch-gasgeschwindigkeiten wegen der Kontaktzeiten Rücksicht genommen werden. Die Wäscher sind gummiert.

Die Rauchgaswäscher sollen im Normalbetrieb bei ei-nem L/G-Verhältnis von 14/16 l/m³ (im Normzustand trocken) betrieben werden. Der maximale Chloridgehalt, bezogen auf die Materialgarantie, soll 30000 ppm (Nor-malwert 15000 ppm) nicht überschreiten. Der pH-Wert im Sumpf wird je nach Verfahren bei 4 bis 6 liegen. Die Suspen-sionsverweilzeit ist mit 6 bis 9 min zu veranschlagen,

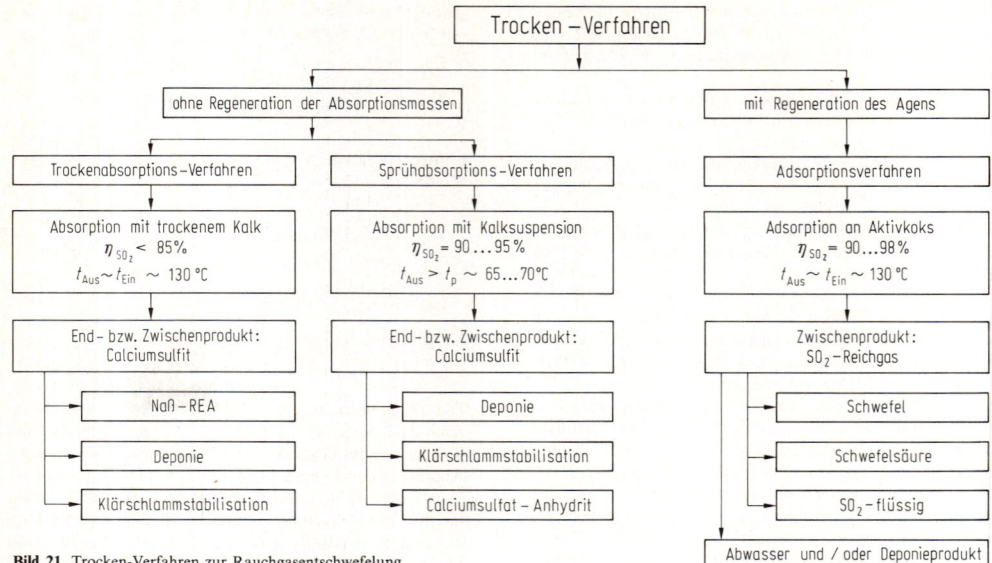

Bild 21. Trocken-Verfahren zur Rauchgasentschwefelung

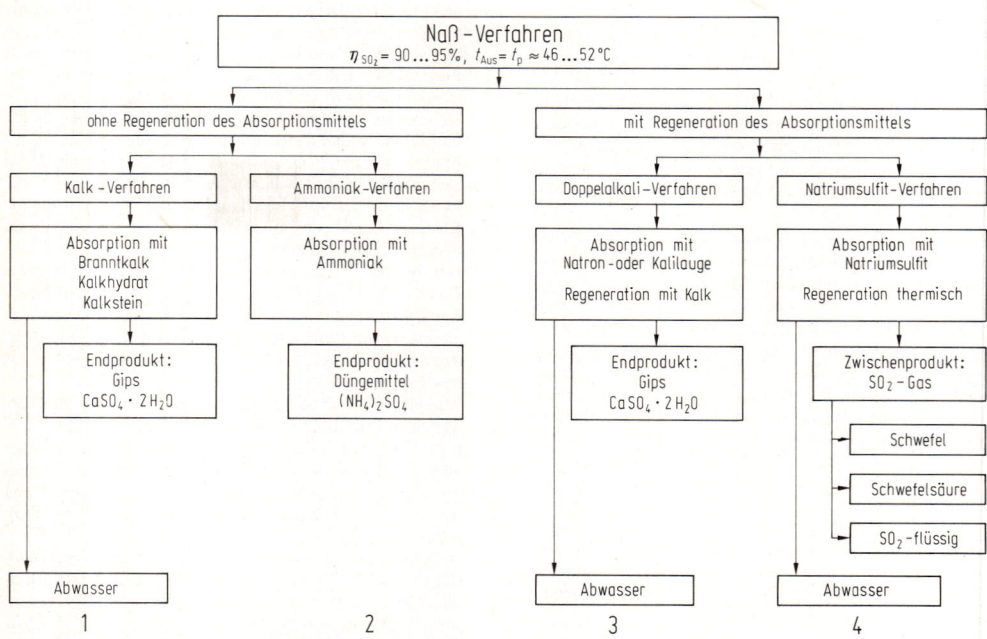

Bild 22. Naß-Verfahren zur Rauchgasentschwefelung (Erläuterungen im Text)

während die Kontaktzeit des Rauchgases im Sekundenbereich liegt.

Eine Hochchlorid-Fahrweise für dieses Verfahren kann die Einsatzstoffe und Reststoffe einschließlich der Abwässer und Salze aus den Rauchgasentschwefelungsanlagen minimieren. Gleichfalls soll der zusätzlich erforderliche elektrische und Dampf-Eigenbedarf klein gehalten werden.

Zur Wiederaufheizung der Rauchgase werden regenerative Rauchgasvorwärmer installiert. Diese müssen, um Verschmutzungen und Ablagerungen zu vermeiden, mit Wasser und Druckluftreinigungseinrichtungen ausgerüstet werden.

Der Gesetzgeber hat der verminderten Verfügbarkeit des Kraftwerksblocks dadurch Rechnung getragen, indem er für maximal 72 h hintereinander und 240 h im Jahr bei

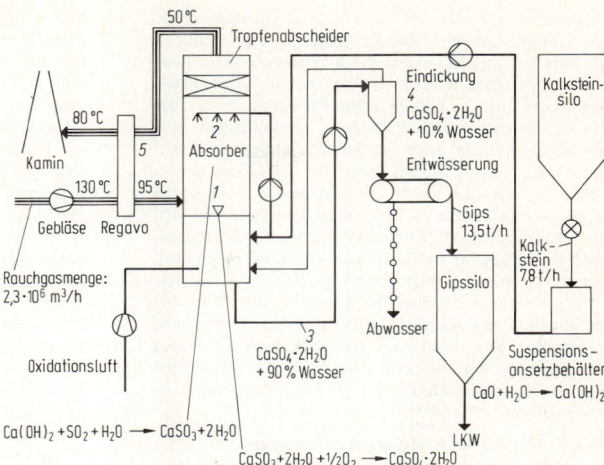

Bild 23. Naßverfahren für Rauchgas-
entschwefelung mit Gipserzeugung
(Erläuterungen im Text).
Blockleistung: 750 MW,
Restemission: 400 mg/m³,
Kohlemenge: 220 t/h,
S-Gehalt der Kohle: 1,3 Gew.-%
(Ruhr- und Saarkohle meist nur 0,9%)

Tabelle 6. Entschwefelung auf Kalkbasis (Summenreaktionen)

Entschwefelung	Kalkstein: $CaCO_3 + SO_2 \rightarrow CaSO_3 + CO_2$
	Branntkalk: $CaO + SO_2 \rightarrow CaSO_3$
	Kalkhydrat: $Ca(OH)_2 + SO_2 \rightarrow CaSO_3 + H_2O$
Oxidation	$CaSO_3 + \frac{1}{2}O_2 \rightarrow CaSO_4$

Störungen in der Rauchgasentschwefelungsanlage (REA)
eine Umfahrungsmöglichkeit zuläßt. Ein Bypass soll in
Störfällen z.B. Luvoausfall mit Anstieg der Eintrittstemperatur zu keinem REA-Schaden führen und auch ein
ordnungsgemäßes Abfahren des Blocks gestatten.
Zukünftig wird die Behandlung und Entsorgung des REA-
Abwassers eine bedeutende Rolle spielen.

5.6.3 Rauchgasentstickung. Flue-gas NO_x reduction

Die Stickoxidbildung ist verstärkt abhängig von der
Verbrennungstemperatur im Feuerraum. Daher kommen
Brenner mit verzögertem Verbrennungsablauf durch ver-
spätete Luftzugabe und gestufte Zuführung der Verbrennungsluft zum Einsatz. Diese sog. Primärmaßnahmen sind
wirtschaftlicher als alle Sekundärmaßnahmen mit Katalysatoren. Die bisher sehr hohen NO_x-Werte bei Schmelzfeuerungen können so um 20 bis 30% reduziert werden.
Reduzierung an NO_x können auch durch Rauchgasrezirkulation erzielt werden. Bei Ölfeuerungen kommt dies zur
Anwendung.
Für die sekundäre Entstickung nach dem SCR-Verfahren
(Selective Catalytic Reduction) kommen zwei Schaltungen
in Betracht (**Bild 24**), die Rohgasschaltung (high-dust) und
die Reingasschaltung. Da die katalytische Reduktion, d.h.
die Aufspaltung der Stickoxide in Stickstoff und Wasserdampf unter Zugabe von NH_3 bei Anwesenheit eines
Katalysators (Keramik oder Metall) nur mit hohem Wirkungsgrad im Temperaturfenster von 270 bis 400 °C erfolgt (**Bild 25**) [14], wird die Rohgasschaltung verstärkt
eingesetzt. Die Katalysatoren sind vor Luvo und Elektrofilter angeordnet. Der $DeNO_x$-Reaktor ist daher staub-
beladen und wird verkürzte Standzeiten (ca. fünf Jahre)
aufweisen. Bei der Reingasschaltung ist der vorgeschalteten REA und E-Filter des Rauchgas rein (Reingas SCR)

und läßt Standzeiten von acht Jahren erwarten, jedoch
muß das nach REA auf rund 50 °C abgekühlte Rauchgas auf die Reaktionstemperatur von ca. 300 °C gebracht
werden. Auch wenn dies regenerativ geschieht, bleibt ein

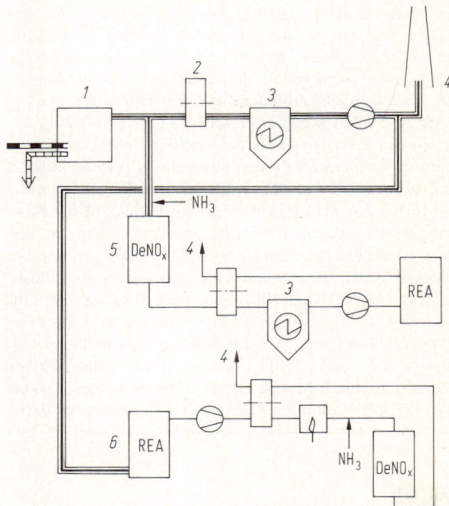

Bild 24. Rohgas- und Reingasschaltung. *1* Schmelzkammerkessel,
2 Luvo, *3* E-Filter, *4* zum Kamin, *5* Rohgas-SCR, *6* Reingas-SCR

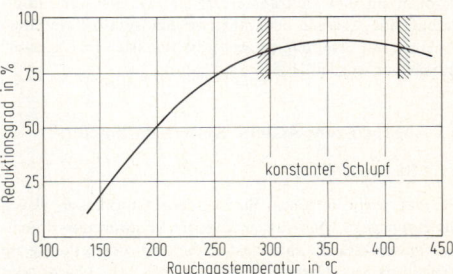

Bild 25. Reduktionsgrad eines Katalysators, abhängig von der Temperatur, und eingezeichnete Betriebsgrenzen

Temperaturverlust von 30 bis 50 °C , der mit zusätzlicher Brennstoffenergie dem Prozeß zugeführt werden muß.

Die zum Einsatz kommenden Katalysatoren sind als Platten mit Metallträger und als Waben mit Keramikkörpern ausgeführt. Die Platten haben Fertigungsvorteile, geringeren Bruchverlust und kleinere Verstopfungen. Katalysatoren können auch als Schichtelemente im Luvo angeordnet werden. Entscheidend für die Größe der in mehreren Lagen (3 bis 4) angeordneten Katalysatoren ist der Ausgangswert an NO_x nach Feuerung, um den jeweiligen Grenzwert (Kohle 200 mg/m³, Öl 150 mg/m³ und Gas 100 mg/m³, s. L5 Tab. 2) einhalten zu können. Der Katalysatorpreis liegt derzeit bei 20000 DM/m³ (ca. 1,6 m³/MW). Ein Wechsel der Lagen ist alle Jahre bei der Revision des Kessels vorgesehen. Das Bauvolumen ist erheblich und oftmals als Rucksack beim Übergang zum zweiten Zug angeordnet (s. L6.2). Die Baukosten sind hierfür mit ca. 120 DM/m³/h Rauchgasvolumen zu veranschlagen.

5.6.4 Entsorgung der Kraftwerksnebenprodukte
Deposition of by-products in the power process

Die Reststoffe aus der Rauchgasreinigung sind zu entsorgen, um die Folgebelastungen von Boden und Wasser in umweltrelevanten Grenzen zu halten (Bundesemissionsschutzgesetz §5.3 und Abfallbeseitigungsgesetz §3.2). Das bedeutet möglichst eine Verwendung bzw. Deponierung der Kraftwerksnebenprodukte.

Bei der *Entstaubung* entsteht wie bisher nur jetzt im verstärkten Umfang in den Abscheidesystemen (elektrische und filternde Abscheider) Flugasche. Bei diesem durchschnittlichen Aschegehalt der Steinkohle von 9 Gew.-% fallen bei Kohlenstaubfeuerungen mit trockenem Ascheabzug (s. L5.2.2) Mengen zwischen 8 und 10 g/kWh$_{el}$ an. Für die Verwertung ist entscheidend der Gehalt am unverbrannten Kohlenstoff (auch Glühverlust). Aschen können als Zuschläge für den Zement, Beton und Betonerzeugnisse, Mörtel, Estriche, Ziegel und Gasbeton und als Straßenbaustoffe verwendet werden. Andere Aschen wie aus der Wirbelschichtfeuerung (20 bis 25 g/kWh$_{el}$) oder bei Behandlung der Rauchgase nach dem Trocken-Additiv-Verfahren (5 bis 15 g/kWh$_{el}$) bzw. einer Spezialabsorption (3 bis 10 g/kWh$_{el}$), sind infolge der integrierten Entschwefelung mit Komponenten des Kalkeintrags in Form von $CaSO_4$, CaO und $CaCO_3$ belastet. Nur unter weiterer Behandlung durch Mischung mit anderen Aschen, Oxidation und Aufbereitung werden in der Zukunft auch dafür

Verwertungen in der Baustoffindustrie (z.B. Kiesersatz) erwartet.

Der bei den *Entschwefelungsverfahren* anfallende REA-Gips (ca. 16 g/kWh$_{el}$) hat zu erhöhten Qualitätsanforderungen der Baustoffindustrie geführt. Es können inzwischen keine Unterschiede zum Naturprodukt nachgewiesen werden, auch wenn der Gips unterschiedlich in der Farbe ist (braun oder grau statt weiß, abhängig vom Kalkstein). Der Anteil der Inertstoffe ist wesentlich geringer und die Kornform (30 bis 60 mm) einheitlicher. Aus Kraftwerksanlagen ist mit ca. 3,4 Mio. t Gips pro Jahr in 1990 zu rechnen. Die Bauwirtschaft verbrauchte 1983 ca. 4,9 Mio. t Gips (berechnet als $CaSO_4 \cdot 2 H_2O$).

Die Nachteile des REA-Gipses sind seine Restfeuchte bis zu 10% und daß er nur als Dihydrat anfällt. Zur Herstellung seiner Bindeeigenschaften muß er wie der Naturgips auch thermisch behandelt werden. Durch den Kalk werden Eisen-, Aluminium- sowie Magnesiumverbindungen eingeschleppt. Aus der Kohle stammen Chlor und Fluor. Chlor kann durch Waschen entfernt werden. Fluor bleibt als schwerlösbares CaF_2 im Gips. Schwermetalle gelangen sowohl durch den Reingasstaub als auch durch den Kalkstein und das Prozeßwasser in den REA-Gips. Eine Hochchlorid-Fahrweise der REAs vermindert die Abwassermenge, die oftmals auch nicht mehr in die Kanalisation eingeleitet werden darf. Dies führt zu *REA-Abwasser-Eindampfungen*. Die Restsalze, vorwiegend Calciumchlorid mit einem Wassergehalt von 30 bis 50%, sollen weiter aufbereitet werden oder müssen mit Zementzusatz deponiert werden (2 g/kWh$_{el}$ Eindampfrückstand).

Bei dem Wellmann-Lord-Verfahren (s. L5.6.2) mit dem Endprodukt Elementarschwefel oder Schwefelsäure ist besonders wegen des besonders hohen Reinheitsgrads dem Elementarschwefel mindestens gleichwertig.

Bei der sekundären *Entstickung* nach dem SCR-Verfahren werden bei der High-dust-Schaltung durch den auftretenden Ammoniakschlupf die Reststoffe wie z.B. Flugasche und der Gips beeinflußt. Werden NH_3-Konzentrationen von 50 bis 100 ppm überschritten, kann es zu Geruchsbelästigungen und Verwertungseinschränkungen kommen. Außerdem ist ebenfalls ein Einfluß auf das REA-Abwasser gegeben.

Bisher schließen die Katalysatorlieferanten die Rücknahme mit ein. Selbst über das Recycling in Japan ist wenig bekannt. Beigaben von zermahlenem Gut zu Bau- und Füllstoffen wird dort praktiziert.

---

6 Dampferzeuger. Steam generators

Der Begriff „Dampfkessel" umfaßt nach der Dampfkesselverordnung auch Heißwassererzeuger. Da hier nur dampferzeugende Anlagen behandelt werden, sind die einzelnen Anlagen mit „Dampferzeuger", die Bauarten mit „Kessel" bezeichnet worden [1–3].

6.1 Angaben zum System. System parameters

6.1.1 Bauarten. Types

Bei der ursprünglichen Bauart der Dampfkessel waren die Rauchgase von Wasser umgeben (Flammrohr-Rauchrohrkessel **Bild 3**). Ihr Wasserinhalt ist zwangsläufig im Verhältnis zur Dampferzeugung groß, d.h. gleich oder größer als die stündlich erzeugte Dampfmenge (*Großwasserraumkessel*). Der große Wasserinhalt erhöht die Spei-

cherwirkung bei Druckschwankungen, aber auch die Abkühlungsverluste bei Stillstand und die Anfahrzeit. Da sie für höhere Drücke ungeeignet waren, wurden die *Wasserrohrkessel* entwickelt, bei denen die Rauchgase die wassergefüllten Siederohre umgeben. Sie haben Wasserinhalte, die kleiner als die stündliche Dampferzeugung sind. Zunächst wurden sie als *Schrägrohrkessel* mit geraden Rohren (zur besseren Reinigung) gebaut, später als *Steilrohrkessel* mit zwischen zwei Trommeln eingebauten Rohrbündeln, auch hier zunächst mit geraden Rohren (Garbekessel), später mit gebogenen Rohrbündeln. Da hier noch ungekühlte Feuerräume vorgebaut wurden, erfolgte die Wärmeübertragung im Rohrbündel vor allem durch Rauchgasberührung. Je mehr jedoch der Feuerraum durch Siederohre gekühlt wurde, desto mehr wurde Wärme durch Strahlung übertragen (*Strahlungskessel*). Die Siederohre der Wasserrohrkessel werden von einem Wasser-Dampf-Gemisch gekühlt, das im *Naturum-*

lauf durchströmt (s. L 6.2.2). Zum Vermeiden dadurch gegebener Einschränkungen der Konstruktion wurden die *Zwangsumlaufkessel* entwickelt, bei denen das Wasser mit einer Umwälzpumpe durch die Rohre gedrückt wird. Bei beiden Bauarten muß das Wasser-Dampf-Gemisch in einer Trommel getrennt werden. Diese mit steigendem Druck und höherer Leistung immer teurer werdende Trommel entfällt beim *Zwangdurchlaufkessel*. Wegen des verringerten Wasserinhalts ist dieser Dampferzeuger schneller reaktionsfähig und im Aufbau einfacher. Grundform ist das beheizte *Rohr*, deshalb auch *Einrohrkessel* genannt, in das Wasser eingespeist wird und aus dem (überhitzter) Dampf austritt.

6.1.2 Dampferzeugersysteme. Steam generator systems

Die drei klassischen Verdampfersysteme sind in **Bild 1** dargestellt. Bei Großkesseln bieten sich die zwangdurchströmten Verdampfersysteme (Benson und Sulzer) an, da diese Dampferzeuger mit höchsten Drücken und den entsprechenden Heißdampftemperatur (HD) betrieben werden können, wobei in der Regel aus Materialgründen (ferritische Werkstoffe) die HD-Temperaturen auf etwa 540 °C begrenzt werden.

Werden die Betriebsdrücke weiter gesteigert, so muß aus thermodynamischen Gründen der Turbinenabdampf (Hochdruckteil) zwischenüberhitzt werden (s. L 3.1.1). Diese Art von Systemen erfordert neben einem hohen investiven Aufwand (z.B. hochwertige Werkstoffe) auch einen erheblichen Energiemehraufwand im unteren Lastbereich, **Bild 2**.

Beim *Sulzerkessel* erfolgt die Kühlung der Verdampferrohre im gesamten Lastbereich (Kurve 2 in **Bild 2**) mittels Umwälzpumpen, dagegen ist beim *Benson*- bzw. *Zwangdurchlaufdampferzeuger* erst ab etwa 35% Last abwärts der

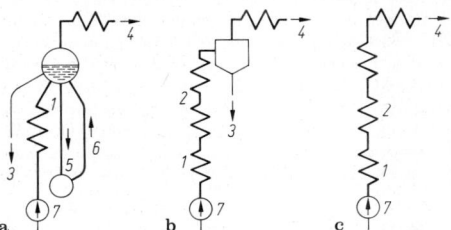

a   b   c

Bild 1. Dampferzeugersysteme. **a** Naturumlauf; **b** Sulzer; **c** Benson. *1* Speisewasservorwärmer, *2* Verdampfer, *3* Entspanner, *4* Überhitzer, *5* Fallrohr, *6* Steigrohr, *7* Speisewasserpumpe

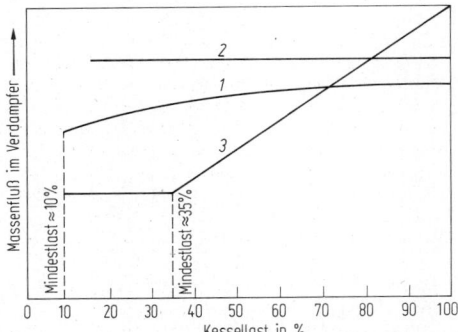

Bild 2. Massenfluß im Verdampfer, abhängig von der Kessellast. *1* Naturumlauf, *2* Zwangsdurchlauf mit überlagertem Umlauf, *3* Benson-System

Umwälzbetrieb notwendig ist (Kurve *3* in **Bild 2**). Vorteilhaft beim Zwangdurchlaufdampferzeuger ist die von der Last unabhängige hohe Konstanz der Heißdampftemperatur (wandernder Verdampfungsendpunkt), was für den Wirkungsgrad des Gesamtprozesses von Interesse ist. Beim Sulzerkessel ist das nur durch besondere und damit kostspielige Überhitzerkonzeptionen (Strahlungsüberhitzer) möglich.

Das *Naturumlaufsystem* läßt sich im Gegensatz zu den bereits genannten Verdampfern ohne Mehraufwand mit der Minimallast des Dampferzeugers leicht betreiben (Kurve *1* in **Bild 2**). Die Kühlung der Verdampferrohre selbst erfolgt durch die umlaufenden Wassermengen, die sich in Abhängigkeit von der Beheizung selbständig einstellen. Aufgrund dieser Tatsache kann sich der Naturumlaufverdampfer mit seinen geringen Totzeiten schnellen Laständerungen gut anpassen.

Daher findet dieses Verdampfersystem sehr oft in Heizkraftwerken bzw. in Industriebetrieben Anwendung. Nachteilig neben der steilen Überhitzercharakteristik, ist auch die Begrenzung des HD-Drucks am Überhitzeraustritt auf etwa 150 bar bei senkrechter Rohrführung im Verdampfer (*Strahlungsverdampfer*).

Konvektionsverdampfer mit leicht steigender Rohrführung sind grundsätzlich auch im Naturumlauf zu betreiben, wobei hier der mögliche Betriebsdruck niedriger liegt als bei senkrechten Rohren. Die Höhe der Verdampfereintrittsgeschwindigkeit und der umlaufenden Wassermenge hängt wie dem Druck u.a. auch von der konstruktiven Ausführung ab. Bei Verwendung kompaktbauender Rippenrohrheizflächen sind die Verdampferrohre aus konstruktiven Gründen waagerecht angeordnet, wodurch die notwendigen Massenströme auf der Rohrseite nur durch Zwangumwälzung mit Umlaufzahlen von 4 bis 6 erreicht werden (Vollast).

Der Verdampferdruck bei Dampferzeugern mit festgehaltenem Verdampfungsendpunkt bei Zwangumwälzung ist durch den sich verschlechternden Wirkungsgrad des Abscheiders bei 105 bar begrenzt.

6.1.3 Drücke. Pressures

Sie werden als Überdrücke gegen Außendruck nach DIN 1314 angegeben. Zu unterscheiden sind *Nenndruck*, höchster zulässiger *Betriebsdruck, Trommeldruck, Speisewasser-Eintrittsdruck* und *Frischdampf-Austrittsdruck*. Bei Trommelkesseln ist der Nenndruck auch der bei Nennleistung auftretende Trommeldruck. Der höchste zulässige Betriebsdruck wird etwa 5% höher festgelegt, um ein Ansprechen der Sicherheitsventile zu vermeiden (s. L 6.1.5). Der Speisewasser-Eintrittsdruck ist um die Druckverluste der Speisewasser-Regelventile und des Speisewasser-Vorwärmers höher, der Frischdampf-Austrittsdruck um den Druckverlust des Überhitzers (etwa 10% des höchsten zulässigen Betriebsdrucks), jeweils für Nennleistung gerechnet, niedriger als der Nenndruck.

Der Nenndruck richtet sich bei Industrieanlagen nach der benötigten Prozeßtemperatur. Bei Kraftwerkskesseln werden die Druckstufen 40, 64, 80 und 125 bar je nach dem gewünschten Strom/Wärme-Verhältnis und der Anlagengröße ausgeführt. Für Kraftwerke wurden auch schon Trommelkessel mit 148 und 168 bar Nenndruck realisiert. Heute werden vorrangig Zwangdurchlaufdampferzeuger für Kraftwerke gebaut. Bei ihnen wird als höchster zulässiger Betriebsdruck der Austrittsdruck plus 10% angegeben. Häufig ausgeführt werden 210 bar Betriebsdruck mit 190 bar Austrittsdruck. Wegen des großen Gesamtdruckgefälles (50 bis 55 bar) dieser Bauarten wird für die Berechnung der Einzelteile der Betriebsdruck des betreffenden Teils plus 10% des Austrittsdrucks zugrunde gelegt. Für niedrigere Drücke werden diese Bauarten wegen des dann unwirtschaftlich hohen Druckverlustes kaum gebaut, dagegen sind sie die einzig mögliche Bauart bei überkritischem Druck. Hier wurden bereits 250, 300 und 350 bar Austrittsdruck ausgeführt, derzeit wieder verworfen (s. L 3.1.1).

6.1.4 Temperaturen. Temperatures

Sie sind durch den Dampfkreislauf bei Kraftwerken mit dem Druck gekoppelt. Bei den Nenndrücken 40, 64 und 125 bar werden die Frischdampftemperaturen 450, 500 und 540 °C ausgeführt. Höhere Dampftemperaturen erfordern austenitische Stähle (bis 570 °C nur für Endüberhitzer, bis 650 °C auch für Rohrleitungen und erste Stufen des Hochdruck- bzw. Mitteldruckteils der Turbine), aus Kosten- und Betriebsgründen selten ausgeführt. Eine zu hohe Endnässe in den letzten Turbinenstufen läßt sich vermeiden, wenn bei Drücken über 125 bar Zwischenüberhitzung auf Frischdampftemperatur bei Drücken von 30 bis 50 bar vorgesehen wird, bei überkritischem Hochdruck auch doppelte Zwischenüberhitzung [4] (s. L 3.1.1).

6.1.5 Leistung. Output

Im Kesselbau bedeutet „Dampfleistung" den erzeugten Massenstrom. Man unterscheidet höchste Dauerleistung oder Nennleistung des Kessels, für die er ausgelegt wird, kurzzeitig erzielbare Spitzenleistung (meist 10% über der maximalen Dauerleistung) und Regel- oder Normalleistung, die 80% der höchsten Dauerleistung beträgt und die Leistung mit dem günstigsten Wirkungsgrad ist. Die größte ausgeführte Nennleistung beträgt in den USA z.Z. 1 000 kg/s, in der Bundesrepublik Deutschland 660 kg/s. Bestimmte Leistungsstufen haben sich bei Industrie-Dampferzeugern nicht herausgebildet. Die Nennleistung richtet sich nach der Zahl der Einheiten und dem Gesamtbedarf. Die maximale Leistung beträgt etwa 100 kg/s. Für Kraftwerke, die heute nur in Blockschaltung mit einem Dampferzeuger und einer Turbine je Block gebaut werden, sind für 300, 600 und 740 MW Turbinenleistung etwa 255 bis 280, 500 bis 525 und 600 kg/s Dampfleistung notwendig.

6.1.6 Sicherheit. Safety

Der Betrieb für zulässigen Betriebsdruck über 0,5 bar (Hochdruckkessel) bedarf nach der Dampfkessel-Verordnung der Genehmigung. Sie wird vom zuständigen Gewerbeaufsichtsamt aufgrund eines Gutachtens des zuständigen Technischen Überwachungsvereins (TÜV) erteilt. Seine Aufgaben sind die Prüfung der Konstruktion, die Beurteilung der Sicherheit der Bauart und der Bemessung nach den Technischen Regeln für Dampfkessel (TRD) und den AD-Merkblättern (s. Z Bezugsquellen), die Überwachung der Herstellung (besonders der Schweißverfahren), die Erteilung von Bescheinigungen für die Einzelteile und die Abnahme auf der Baustelle (Druckprobe).

6.2 Ausgeführte Dampferzeuger
Types of steam generator

6.2.1 Großwasserraumkessel. Shell type steam generators

Flammrohrkessel. Sie wurden mit ein bis drei Flammrohren gebaut, um mit vergrößerter Heizfläche die Rauchgaswärme besser zu nutzen. Das Nachschalten zusätzlicher Rauchrohrteile ergab die

Flammrohr-Rauchrohrkessel. Sie sind die heute am häufigsten ausgeführte Bauart für kleinere Leistungen und Drücke in der Industrie und als Heizwerk. Diese Kessel werden meist mit drei horizontalen Zügen (ein Flammrohr und zwei Rauchrohrzüge) für Sattdampf, leicht und hoch überhitzten Dampf bis 25 bar und 450 °C bei Leistungen bis 3,5 kg/s mit einem Flammrohr, bis 7 kg/s mit zwei Flammrohren gebaut. Die Heizfläche beträgt bis 500 m², die Heizflächenbelastung etwa 40 kg/(m² h). Dabei wird fast nur Öl und Gas im Überdruckbetrieb verfeuert. Der geringe Raumbedarf, der niedrigere Preis (ca. 45 DM/kg/h Dampf), die weitgehende Fertigstellung in der Werkstatt, die Montage auch von Zubehör (Speisepumpe, Ölvorwärmer und -pumpe, Feuerungsautomatik) auf einem Grundrahmen sowie die kurze Zeit für die Aufstellung im Betrieb sind die Vorteile dieser Bauart, **Bild 3**.

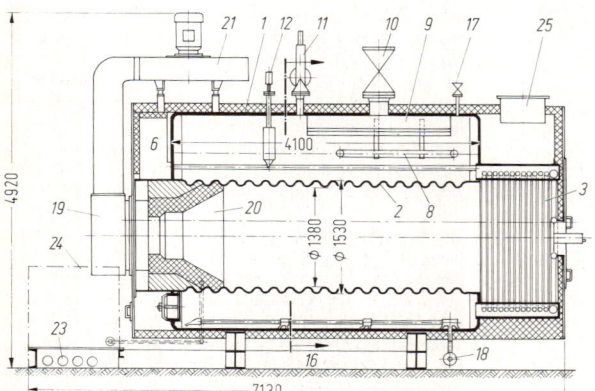
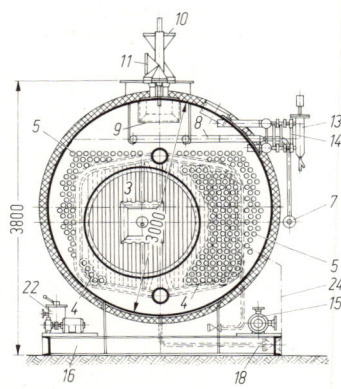

Bild 3. Dreizug-Flammrohr-Rauchrohrkessel (Dt. Babcock AG, Oberhausen). *1* Kesselkörper, *2* gewelltes Flammrohr, *3* hintere Wendekammer, *4* (1) und *5* (2) Rauchrohrzug, *6* vordere Wendekammer, *7* Speisewassereintritt, *8* Speiserohr, *9* Dampflenkblech, *10* Dampfaustritt, *11* Sicherheitsventil, *12* Niveauwächter, *13* Speisewasserregler, *14* Wasserstandsanzeiger, *15* Speisepumpen, *16* Grundrahmen, *17* Entlüftung, *18* Ablaß, *19* Brennergeschränk, *20* Brennermuffel, *21* Gebläse, *22* Ölpumpe, *23* Ölvorwärmer, *24* Schaltschrank, *25* Rauchgasaustritt

6.2.2 Naturumlaufkessel für fossile Brennstoffe
Natural circulation fossil fuelled boilers

Wasserumlauf. In den beheizten Siede- oder Steigrohren entstehen Dampfblasen, wodurch die Dichte des Gemischs in diesen Rohren geringer ist als in den weniger oder nicht beheizten Fallrohren. Dadurch bildet sich am unteren Ende der Fallrohre ein Überdruck, der das Gemisch in den Steigrohren nach oben zur Trommel drückt, während aus den Fallrohren Wasser nachfließt. Durch diesen aus der Natur der Verdampfung entstehenden Wasserumlauf werden die Rohre gekühlt. Die Strömungsgeschwindigkeit stellt sich so ein, daß der Überdruck den Reibungsdruckverlust in den Steigrohren deckt. Der Umlaufstrom muß bei Nennlast mindestens das Fünf- bis Siebenfache des gebildeten Dampfstroms sein (Umlaufzahl), damit bei Mindestlast keine Dampfblasen hängen bleiben, was zu Überhitzung und zum Aufreißen der Siederohre führen würde.

Richtlinien. Fallrohrquerschnitt und Querschnitt der Überströmrohre zur Trommel mindestens $^1/_3$ bis $^1/_4$ des Querschnitts der zugehörigen Steigrohre. Höhe der Gemischsäulen mit verschiedener Dichte möglichst groß (Beheizung der Steigrohre nur im oberen Teil vermeiden). Äußerer Durchmesser der Steigrohre $\geq$ 44,5 mm. Steigrohre mit stetiger Steigung, sonst Dampfsack und Strömungsunterbrechung; Steigung nicht zu flach (5 bis 7° bei von unten, 10° bei von oben beheizten Rohren). Trommeldruck nicht zu hoch, da mit steigendem Druck Differenz der Dichten von Wasser und Dampf geringer wird (um ausreichende Geschwindigkeit zu erzeugen, höchstens 180 bar). Kein Anschluß sehr verschieden beheizter Steigrohrsysteme an dasselbe Fallrohrsystem (der stärker beheizte Teil zieht so viel Wasser ab, daß im schwächer beheizten Teil zu geringe oder sogar nach unten gerichtete Wassergeschwindigkeiten entstehen, sog. Umkehrrohre, in denen Dampfblasen nach oben und Wasser nach unten strömt – bei großen Rohrbündeln nicht immer vermeidbar –, dadurch besteht Gefahr, daß Dampfblasen hängen bleiben und Rohre überhitzt werden).

Bauarten

Steilrohrkessel. Bei den früheren Bauarten mit ungekühltem Feuerraum bildeten steil oder senkrecht stehende Rohrbündel zwischen Ober- und Untertrommel die Verdampferfläche. Da heute der Feuerraum dicht mit Siederohren ausgekleidet wird, nimmt er einen großen Teil der Verdampfungswärme auf. Bei Drücken unter 64 bar reicht dies nicht aus, deshalb sind Siederohrbündel nachzuschalten.

Eckrohrkessel. Für Leistungen bis 65 kg/s wird das Gerüst eingespart, indem der gesamte Verdampfer in ein Rohrgestell eingehängt wird, dessen senkrechte Rohre – besonders die die Trommel tragenden – als Fallrohre wirken, während die unteren horizontalen Rohre als Verteiler und die oberen durch Überstromrohre mit der Trommel verbundenen Rohre als Sammler dienen. Die in diesen Sammlern eintretende Vorabscheidung des mitgeführten Überschußwassers wird dazu genutzt, durch zusätzliche senkrechte Rücklaufrohre einen internen Umlauf innerhalb des Rohrgerüsts zu erzeugen.

Strahlungskessel. *Aufbau.* Die den Feuerraum und den anschließenden Strahlraum auskleidenden Verdampferheizflächen nehmen die Wärme größtenteils durch Strahlung auf. Mitunter bilden die Tragrohre und die den 2. Zug auskleidenden Wandrohre zusätzliche Verdampferheizflächen. Bei Drücken über 100 bar kann die für die Feuerung erforderliche Wandheizfläche für die Verdampfung – insbesondere wenn volle Überhitzung bis zu tiefen Teillasten gefordert wird – zu groß sein, weshalb sie teilweise mit Strahlungsüberhitzern ausgekleidet wird. Die Trommel wird entweder über viele in der Wärmedämmung des Feuerraums oder in der schwach beheizten Rückwand des 2. Zugs verlegte Fallrohre oder über zwei oder mehrere große Hauptfallrohre mit den unteren Verteilern der Strahlungsheizfläche verbunden. Das Dampf/Wasser-Gemisch aus den oberen Sammlern der Strahlungsheizflächen wird durch Überströmrohre der Trommel zugeführt.

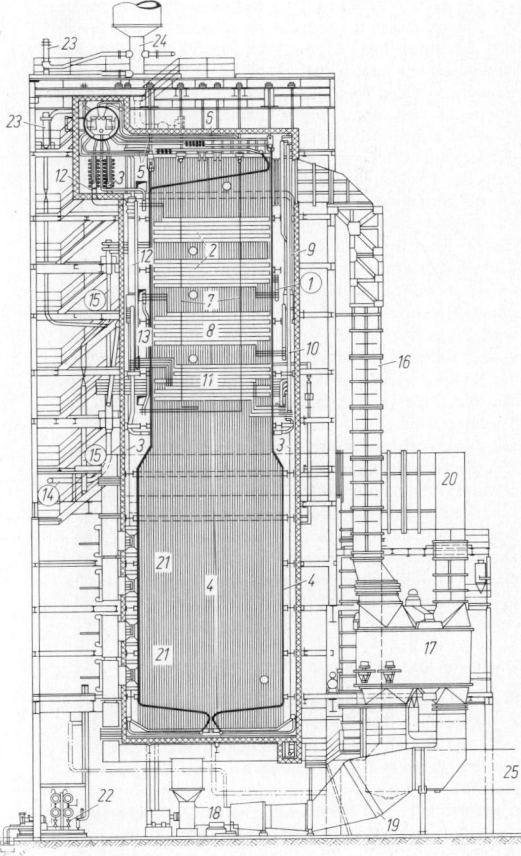

Bild 4. Einzug-Strahlungs-Dampferzeuger mit Öl-Gas-Frontfeuerung (EVT Energie- und Verfahrenstechnik GmbH, Stuttgart).
$\dot{m}_D$ = 91,5 kg/s, p_D = 118 bar, t_D = 530 °C,
t_{sp} = 250 °C, t_{abg} = 130 °C; *1* Speisewassereintritt,
2 Eco, *3* Fallrohre, *4* Verdampferwände,
5 Überstromrohre zur Trommel,
6 Sattdampfrohre, *7* Tragrohre, *8* Überhitzer 1,
9 Kühler, *10* Verbindungsrohre Kühler 1 –
Überhitzer 2, *11* Überhitzer 2 und 3 (ineinander geschachtelt), *12* Kühler 2, *13* Verbindungsrohre Kühler 2 – Überhitzer 3, *14* Frischdampfleitung,
15 Speiseleitung, *16* Rauchgaskanal, *17* Ljungström-Luvo, *18* Frischlüfter, *19* Dampfluvo,
20 Heißluftleitung, *21* Brenner, *22* Ölpump- und Vorwärmstation, *23* Sicherheitsventile,
24 Schalldämpfer, *25* Rauchgasaustritt

Zuganordnung. Gebaut werden Zweizug-, Eineinhalb-zug- und Einzug-(Turm-)Dampferzeuger. *Zweizug-Dampf-erzeuger* haben den Rauchgasaustritt unten. Sie bauen niedriger als die anderen Bauarten und haben geringere Gerüstkosten, da die nachgeschalteten Heizflächen, Filter und Gebläse getrennt aufgestellt werden (oft außerhalb des Kesselhauses). *Einzug-Dampferzeuger* erfordern weniger Platz und werden häufig aus Verschleißgründen (Braunkohle) erforderlich. Bei nicht zu großer Leistung können die Luftvorwärmer (Luvo), das Gebläse und der dann niedrige Schornstein auf das Kesselgerüst aufgesetzt werden. Sonst werden die Rauchgase durch einen Leerkanal nach unten geführt (**Bild 4**, **Bild 6**) und die nachgeschalteten Teile wie beim Zweizug-Dampferzeuger getrennt aufgestellt. Bei kleinerer Leistung und Öl- oder Gasfeuerung wird mitunter das Unterteil des Schornsteins als Kesselgerüst verwendet und die Heizflächen und die Feuerung in den Schornstein eingebaut.

6.2.3 Zwanglaufkessel für fossile Brennstoffe
Forced circulation fossil fuelled boilers

Zwangumlaufkessel

Die Beschränkungen, die der Naturumlauf für die Führung und die lichte Weite der Steigrohre bedeutet, entfallen, wenn zwischen die Fall- und Steigrohre eine oder mehrere Umwälzpumpen geschaltet werden, die das Wasser durch die Steigrohre drücken. Ihr Förderstrom muß das Fünf- bis Achtfache des Dampfstroms betragen, damit die Geschwindigkeit in den Rohren die Mitnahme der Dampfblasen nach unten sicherstellt. Damit lassen sich die Steigrohre auf- und abwärts führen (Mäanderbandwicklung) und äußere Durchmesser bis 32 mm verwenden (kleinere Wanddicke, Materialersparnis). Für die Trennung des Dampf/Wasser-Gemischs ist eine Trommel notwendig (nur für unterkritische Drücke brauchbar). Da der Umlauf nicht vom Druck abhängt, ist eine Annäherung des Drucks an den kritischen Druck eher möglich als mit Naturumlauf. Damit das Wasser gleichmäßig auf alle parallel geschalteten Steigrohre verteilt wird, ist in den Eintritt jedes Steigrohrs eine Drosseldüse eingebaut (La-Mont-Düse). Ohne sie ist Instabilität (s. Zwangdurchlaufkessel) möglich. Von Umwälzpumpen ausgehende Komplikationen sind in Kauf zu nehmen. Eine Reservepumpe wird gefordert, die bei Ausfall einer Pumpe schnell und automatisch eingeschaltet wird. Der elektrische Antrieb der Pumpen verlangt bei einem Druckabfall in den Düsen und Steigrohren von maximal 3 bar etwa 0,4% der Turbinenleistung.

Die Mäanderband-Bauweise findet man bei Abhitzekesseln, Kühlflächen hinter Konvertern, Ofentüren und ähnlichem. Zwangumlaufkessel werden in deutschen Kraftwerken nicht mehr verwendet. In Frankreich und Großbritannien werden sie ähnlich den Naturumlauf-Strahlungs-Dampferzeugern mit einigen Hauptfallrohren gebaut, in die die Umwälzpumpen eingesetzt sind. Die Düsen werden in Verbindungsrohren zu kleinen Verdampferrohrgruppen eingebaut.

Zwangdurchlaufkessel

Stabilität der Strömung. Sie ist das Hauptproblem bei Zwangdurchlaufkesseln [5]. Die beiden Bauarten – Benson- und Sulzerkessel – unterscheiden sich in der Art, wie die Stabilität der Strömung bei allen Lasten sichergestellt wird. Eine Strömung durch mehrere parallel zwischen Sammler und Verteiler geschaltete Rohre ist stabil, wenn die gleichmäßige Verteilung des Durchsatzes auf alle Rohre in allen Betriebszuständen eingehalten wird. Der

Druckverlust in jedem Rohr ist immer gleich der Druckdifferenz zwischen Sammler und Verteiler. Bei gleichen Widerstandszahlen haben die einzelnen Rohre bei homogenem Medium auch gleichen Durchfluß. Bei Verdampfung (im Zwanglauf durchströmte Verdampferrohre oder Rohre von Speisewasservorwärmern) können aber auch bei gleichen Widerstandszahlen unterschiedliche Durchsätze in den einzelnen Rohren entstehen und dadurch Rohre mit kleinerem Durchsatz überhitzt werden und beschädigt werden. Der gleiche Druckverlust kann nämlich bei großem Durchsatz ohne oder mit geringer Verdampfung und bei kleinem Durchsatz mit starker Dampfbildung und der dabei eintretenden Volumenvergrößerung entstehen. Dadurch ist es möglich, daß sich in den einzelnen Rohren zwei (oder drei) stark unterschiedliche Durchsätze, d.h. eine instabile Strömung einstellen, die durch ungleiche Widerstandszahlen und unterschiedliche Beheizung noch verstärkt werden. Ein genügend großer Druckverlust (wie beim Zwangumlaufkessel) oder eine geeignete Rohrführung (s. Bensonkessel) verhindert Instabilität. Bei einer stabilen Rohrcharakteristik wächst im gesamten Durchflußbereich mit steigendem Durchsatz auch der Druckverlust, bei einer instabilen Charakteristik nimmt in einem Teil des Durchsatzbereichs mit wachsendem Durchsatz der Druckverlust ab.

Gleitdruckbetrieb. Bei Blockschaltung von Dampferzeuger und Turbine wird meist der Austrittsdruck des Dampferzeugers konstant gehalten Festdruck (Androsselung durch Düsengruppen der Turbine). Wenn man aber die Stellventile der Turbine geöffnet hält, stellt sich ein Druck am Austritt des Dampferzeugers entsprechend der Schluckfähigkeit der Turbine je nach Last ein (Gleitdruck). Da der Druck bei Teillast stark abnimmt, ergibt sich ein Gewinn an Speisepumpenarbeit, der aber infolge erhöhten Wärmeverbrauchs des Kreisprozesses bei niedrigerem Druck teilweise wieder verbraucht wird. Wegen des schonenden Betriebs und Minderung der Drosselverluste hat sich der Gleitdruckbetrieb aber weitgehend eingeführt (s. R 6.2.1).

Bensonkessel

Damit in einem möglichst großen Lastbereich stabile Strömung herrscht, wird bei dieser Bauart ein großer Teil (30 bis 40 bar) des Gesamtdruckverlusts (50 bis 60 bar) in den Verdampfer gelegt. Dadurch ist bis hinunter zu 30 bis 40% Teillast eine stabile Strömung sichergestellt, wenn die Verdampferrohre steigend verlegt sind (steigende Mäander- bzw. Schraubenwicklung bei verschweißten Wänden). Das gesamte zugeführte Wasser – 95% Speisewasser und 5% Einspritzwasser in den Überhitzerkühlern – wird als überhitzter Dampf abgegeben. Beim Anfahren und bei tieferen Teillasten wird mit zusätzlich umgewälztem Wasser der stabile Mindestdurchfluß im Verdampfer erhalten.

Verdampfungspunkt. Der Verdampfungspunkt, an dem das Wasser völlig verdampft und die Überhitzung beginnt, soll bei Vollast nicht an einer thermisch hochbelasteten Stelle liegen. Deshalb wird die Strahlungsheizfläche im Feuerraum meist als Verdampfungsfläche geschaltet. Da sie bei Teillast einen größeren Anteil der gesamten Erzeugungswärme aufnimmt, verschiebt sich dabei der Verdampfungspunkt gegen den Eintritt in die Verdampfungsheizfläche, und die Überhitzerheizfläche wird größer.

Anfahren. Hierbei wird der Wasserstrom in Höhe der kritischen Teillast von einer Umwälzpumpe durch den Vorwärmer und den Verdampfer über eine Abscheideflasche umgewälzt. Bei Dampfbildung wird der Dampf im Abscheider vom Wasser getrennt und zum Überhitzer abgeführt; das Wasser wird zur Umwälzpumpe zurückgeleitet. Dadurch wird mit steigender Dampfbildung der Umwälzstrom immer kleiner und der von der Speisepumpe geförderte Speisewasserstrom, den der Dampf ersetzt, größer. Das Speisewasser-Regelventil wird dabei wie bei einem Trommelkessel vom Wasserstand in der Abscheideflasche gesteuert, während das Umwälz-Regelventil (zwischen Umwälzpumpe und Speisewasserleitung) den Gesamtdurchfluß durch den Verdampfer konstant hält. Die auch für höchste Betriebsdrücke geeignete Umwälzpumpe ist eine einstufige Kreiselpumpe mit im Wasser laufendem Elektromotor.

Umwälzbetrieb. In dieser Betriebsart kann auch Schwachlast von 15 bis 35% lange Zeit gefahrlos gefahren werden. Dabei wird der Verdampfungspunkt durch die Abscheideflasche festgehalten (ebenso wie beim Sulzerkessel im gesamten Betrieb). Die Dampftemperatur ist wie bei Trommelkesseln zu regeln.

Abfahren. Zur Abfuhr der Speicherwärme muß beim Abfahren Speisewasser eingespeist oder auf Umwälzbetrieb übergegangen werden. Damit der heiße Endüberhitzer nicht abgeschreckt wird, ist vor ihm eine Abfahrleitung vorzusehen. Der Endüberhitzer muß dabei so im Dampferzeuger eingebaut sein, daß er nicht durch Speicherwärme gefährdet wird.

Regelung. Die Dampfaustrittstemperatur wird durch das Verhältnis Brennstoff/Wasser eingehalten. Infolge der Durchlaufzeit (mehrere Minuten) und der verzögernden Wirkung der Speicherwärme von Eisen und Mauerwerk würde eine Änderung des Speisewasserstroms bei Änderung der Feuerung (z.B. bei Laständerung) zu träge wirken, und die Dampftemperatur würde zu stark vom Sollwert abweichen. Deshalb werden zur Regelung etwa 5% des Speisewassers in Einspritzkühlern zwischen Überhitzerteilen eingespritzt. Dabei wird jeder Überhitzerteil als Regelkreis für sich betrachtet, für den die Temperatur hinter dem Kühler die Regelgröße mit eventuell lastabhängigem Sollwert und die Temperatur am Austritt des Überhitzerteils eine Korrekturgröße ist (s. L 6.3.2). Eine schnelle und genaue Temperaturregelung mit möglichst geringem Einspritzwasser ist besonders notwendig [6–10]. In die Speisewasserregelung wird neben der Regelgröße (meist Druck am Überhitzerausgang) das Verhältnis Speisewasser/Einspritzwasser als Korrektur zugeschaltet, damit immer genügend Wasser im Verdampfer ist. Wegen der Abhängigkeit der Dampftemperatur von der Wärmezufuhr muß derselbe Impuls die Brennstoffmenge regeln.

Zwischenüberhitzer. Beim Anfahren wird er mit dem Dampf gekühlt, der aus dem Hochdrucküberhitzer durch eine Umgehungsleitung um die Hochdruckturbine und ein kombiniertes Reduzier- und Einspritz-Kühlventil zugeführt wird (s. L 3 Bild 2). Im Betrieb wird die Dampftemperatur mittels Wärmeübertragung vom Hochdruck- an den Mitteldruckdampf geregelt. Eine Kühlung durch Einspritzung wird nur zu Beginn einer Änderung oder bei schnellen Vorgängen (Lastabwurf) als Notmaßnahme vorgenommen, da eine Vergrößerung des Mitteldruck-Dampfstroms wegen der größeren Kondensationswärme vermieden werden sollte.

Ausführungsbeispiele

Eineinhalbzug-Benson-Dampferzeuger mit Kohlenstaub-Heizölfeuerung, Bild 5. Diese Kesselbauart entstand aufgrund strömungstechnischer Untersuchungen, da die Zweizugkessel in der Bauhöhe gesenkt werden mußten. Die Feuerraumfassungswände bestehen, soweit es die Höhe der Rauchgastemperatur erforderlich macht, aus glatten verschweißten Rohrwänden.

Aus Umweltschutzüberlegungen (niedrige NO_x-Bildung) wurde eine Feuerung mit trockenem Ascheabzug gewählt. Der Feuerraum wird aus gleichem Grund durch eine Mittelwand geteilt.
Als besondere Primärmaßnahme zur NO_x-Emissionsminderung wird hier das Prinzip der Zweistufenverbrennung angewendet. Bei den Brennern handelt es sich um Wirbelstufenbrenner mit getrennten Kernluft-, Primärluft- und geteilten Sekundärluftströmen. Zusätzlich wird über besondere Feuerraumöffnungen in den Vorder- und Rückwänden ober- und unterhalb des Brennergürtels Verbrennungsluft eingegeben. Mit diesen Primärmaßnahmen werden die NO_x-Emissionen auf Werte unter 650 mg/m³ gesenkt.
Großaggregate werden einsträngig ausgeführt. Dazu gehören u.a. Frischluft-, Mühlenluftgebläse, Luftvorwärmer, Umwälzpumpe. Die Rußbläser werden mit Druckluft betrieben.

Einzug-Benson-Dampferzeuger mit Rohrbraunkohlen-Feuerung, Bild 6. Diese Bauart wurde gewählt, weil jede Umlenkung des Rauchgasstroms wegen des Sandgehalts der verfeuerten Rohrbraunkohle zur Erosion der Heizflächen führt. Deshalb wurde auch die Rauchgasgeschwindigkeit so niedrig wie konstruktiv ausführbar gewählt. Der Dampferzeuger versorgt eine 600-MW-Turbine und ist mit 125 m Höhe einer der höchsten in Deutschland. Aus statischen Gründen wurden deshalb Luvo, Elektrofilter und Gebläse in ein vom Kesselgerüst getrenntes, relativ niedriges Gerüst gesetzt. Die Rauchgase werden vom Austritt aus den Heizflächen durch einen großen Leerkanal 18 nach unten geführt. Das Speisewasser fließt durch den Vorwärmer 2, durch die Leitung 3 zum Eintritt im Aschetrichter in die dicht geschweißten, schraubenförmig gewickelten Feuerraumwände 4, durch die sich anschließenden senkrechten Rohre der Umfassungswände und der Berührungsheizflächen, durch die Decke, durch die äußeren Tragrohre 5 (für den Abscheider 7 und das Niveaugefäß 8) und die Heizflächen-Tragrohre 6 zum Abscheider 7, von hier durch den vierteiligen Hochdruck-Überhitzer 9_1 bis 9_4, von dem 9_3 und 9_4 Schottüberhitzer mit weiter Teilung sind, zur Hochdruckdampfleitung 13. Zur Regelung des dreiteiligen Zwischenüberhitzers 14_{1-3} dienen die Wärmeübertrager 12_2 und die Noteinspritzung 15. Alle Hochdruck- und Mitteldruck-Überhitzer sind strömungsmäßig ausgeführt und zum Ausgleich ungleichförmiger Beheizung mehrfach gekreuzt (z.B. Hochdruckkühler 11_1, 11_3 und Zwischenüberhitzer-Kühler n; der Wärmeübertrager 12_2 wirkt als Mischstelle). Die Feuerung besteht aus acht Mühlen mit je 38 kg/s Rohkohlendurchsatz (sieben Mühlen genügen für Vollast), je zwei auf einer Kesselseite. Jeder Brenner von 15 m Höhe ist in drei Gruppen aufgeteilt, von denen jede zwei Staubdüsen, Ober-, Zwischen und Kernluft enthält.

Sulzerkessel

Betrieb. Bei unterkritischem Druck wird im Verdampfer über einen größeren Lastbereich mit Wasserüberschuß gefahren als beim Bensonkessel. Werden die Umwälzpumpen in den Hauptstrom zwischen Eco und Verdampfer geschaltet, kann auch bei Vollast noch mit 10 bis 20% Wasserüberschuß gefahren werden. Er wird am Verdampferaustritt in einem Verdampfungspunkt festhaltenden Abscheider vom Dampf getrennt und zur Ansaugung der Umwälzpumpen zurückgeführt. Bei Schwachlast wird die Umwälzung auf 70 bis 80% der Vollast zurückgenommen. Wenn die Stabilität der Strömung oberhalb einer gewissen Teillast (z.B. 75%) ohne Wasserüberschuß sichergestellt ist, kann hier trockener Betrieb gefahren werden, und die Umwälzpumpen sind abgestellt. Unterhalb der stabilen Teillast wird der Verdampferdurchfluß durch Umwälzung konstant gehalten (überlagerte Umwälzung). Dabei ist es möglich, auch bei großen Kesselleistungen die Feuerraumwände aus einer großen Zahl parallel geschalteter, senkrechter Rohre aufzubauen. Zum Ausgleich der Unterschiede in der Wärmezufuhr und des Widerstands werden Strangdrosselventile eingebaut. Der Druckabfall im Verdampfer ist dabei kleiner als bei Bensonkesseln. Bei schraubenförmig gewickelten Heizflächen und entsprechend niedrigerer stabiler Teillast können die Umwälzpumpen im Nebenstrom zur Schwachlastumwälzung betrieben werden oder das Überschußwasser kann ohne Umwälzpumpe in einem Wärmeübertrager durch Speisewasser abgekühlt und über ein Drosselventil in den Entgaser abgeführt werden.

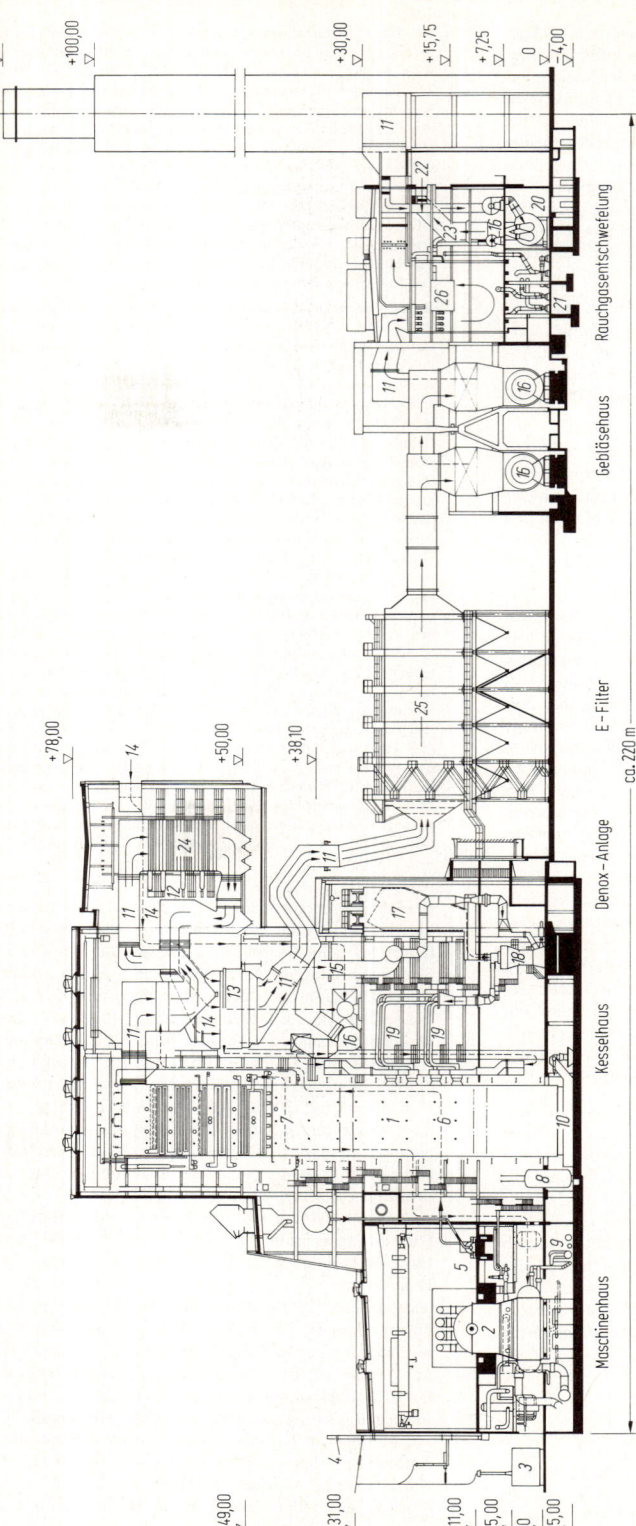

Bild 5. Kraftwerksquerschnitt zu **L3 Bild 14.** *1* Kessel (1000 t/h Dampfleistung), *2* Turbosatz, *3* Transformator, *4* 380-kV-Leitung, *5* Speisewasserpumpe, *6* Speisewasser, *7* Dampfaustritt, *8* Entspanner, *9* Fernheizung, *10* Entascher, *11* Rauchgaskanäle, *12* Druckluft-Rußbläser, *13* Luftvorwärmer, *14* Verbrennungsluft, *15* Mühlenluft, *16* Gebläse, *17* Kohlebunker, *18* Kohlemühle, *19* Kohlestaubleitungen, *20* Brennkammer für Wiederaufheizung, *21* Waschwasserpumpen, *22* Mischluftkanal, *23* Heißgaskanal, *24* Katalysator (Entstickung), *25* Elektrofilter (Entstaubung), *26* Rauchgaswäscher (Entschwefelung)

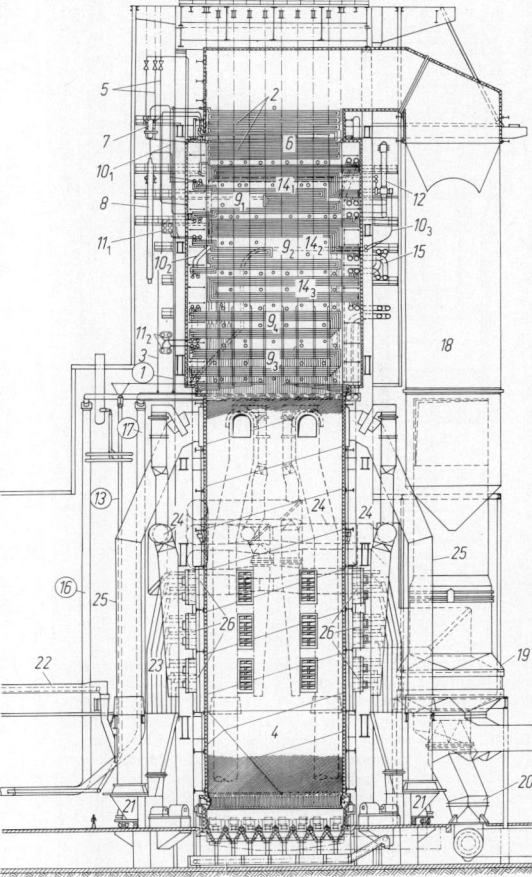

Bild 6. Einzug-Benson-Dampferzeuger mit Rohrbraunkohlen-Feuerung (EVT Energie- und Verfahrenstechnik GmbH, Stuttgart). $\dot{m}_{HD} = 520$ kg/s, $p_{zul. HD} = 196$ bar, $p_{HD} = 176$ bar, $t_{HD} = 530\,°C$, $\dot{m}_{MD} = 480$ kg/s, $p_{MD,a} = 30,6$ bar, $t_{MD,e} = 299\,°C$, $t_{MD,a} = 530\,°C$, $t_{sp} = 235\,°C$, $t_{abg} = 140\,°C$; *1* Speiseleitung, *2* Eco, *3* Verbindungsleitung zum Verdampfer, *4* Verdampfer, *5* äußere Tragrohre, *6* Heizflächen-Tragrohre, *7* Abscheider, *8* Niveauflasche, 9_{1-4} Hochdrucküberhitzer 1 bis 4, 10_{1-3} Verbindungsleitungen der Hochdrucküberhitzer, 11_3 Hochdruckkühler, 12_2 Wärmeübertrager Hochdruck-Mitteldruck-Dampf, *13* Hochdruckdampfleitung, 14_{1-3} Zwischenüberhitzer 1 bis 3, *15* Mitteldruck-Einspritzkühler, *16* kalte Zwischenüberhitzerleitung, *17* heiße Zwischenüberhitzerleitung, *18* Rauchgaskanal zum Luvo, *19* Regenerativluvo, *20* Frischlüfter, *21* Naßkohlenmühlen, *22* Rohkohlenzuteiler, *23* Staubleitungen, *24* Heißluftleitungen mit Durchflußmessung, *25* Rauchgas-Rücksaugekanäle, *26* Brenner, *27* Feuerraumentascher

Zwischenüberhitzerregelung. Um ohne Einspritzung auszukommen, die den Wirkungsgrad wegen größerer Kondensationswärme senkt, wird der Triflux-(Dreistrom-)Wärmeübertrager verwendet. Er ist ein im Rauchgasstrom liegendes, aus Doppelrohren aufgebautes Rohrschlangenbündel, in dessen Innenrohren Hochdruckdampf und in dessen Ringraum zwischen Innen- und Außenrohr Mitteldruckdampf strömt. Da der Mitteldruckdampf gleichzeitig von Hochdruckdampf und von Rauchgas beheizt wird, wird die Zwischenüberhitzer-Austrittstemperatur in einen großen Teillastbereich konstant gehalten. Zur Regelung wird entweder in den Hochdruckdampf eingespritzt und/oder ein Teil hiervon durch einen Bypass am Triflux vorbeigeführt.

6.2.4 Dampferzeuger für Kernreaktoren [12]
Nuclear reactor boilers

Druckwasserreaktoren. Hier sind der U- und der Geradrohr-Dampferzeuger zu unterscheiden (s. **L 3 Tab. 2**).

U-Rohr-Naturumlauf-Dampferzeuger, Bild 7. Das unter 158 bar stehende 15 660 t/h Primärwasser strömt durch etwa 4000 U-förmige Heizrohre aus Incoloy 600 (22 mm äußerer Durchmesser; 1,2 mm Wanddicke) und kühlt sich dabei von 326 auf 290 °C ab. Auf der Sekundärseite wird 6934 t/h Sattdampf von 68 bar im Naturumlauf erzeugt. Die Heizrohre *7* werden durch Haltegitter *8* aus Flachei-

sen wärmebeweglich gehalten. Das Sekundärspeisewasser wird bei *10* in zwei Vorwärmkammern *11* eingespeist und bis nahe an die Sättigungstemperatur vorgewärmt; dabei wird das Primärwasser möglichst weit abgekühlt. Das auf der Sekundärseite entstehende Dampf/Wasser-Gemisch mit einem Dampfgehalt von etwa 33% wird in 50 Arbeitszyklonen *12* getrennt. Das Umlaufwasser strömt durch den Spalt zwischen der Behälterinnenwand und der Umlaufschürze *9* nach unten und vermischt sich mit dem vorgewärmten Speisewasser. Die Führung von Umlauf- und Speisewasser sorgt für eine gute Spülung der Rohrplatte *4*, so daß sich keine Korrosionsprodukte ansammeln können. Der abgeschiedene Dampf wird im Dampftrockner *13* auf 0,25% Feuchtigkeit gebracht und strömt durch den Frischdampfstutzen *14* zur Turbine. Die Heizrohre sind in der 700 mm dicken, auf der Ober- und Unterseite mit Inconel plattierten Rohrplatte *4* eingewalzt und mit der unteren, primärseitigen Plattierung verschweißt. Dadurch wird eine Korrosion der Rohrplatte verhindert.

Geradrohr-Zwangdurchlauf-Dampferzeuger, Bild 8. Der Zwangdurchlauf auf der Sekundärseite hat den Vorteil des reinen Gegenstroms. Damit wird bei allen Lasten schwach überhitzter Dampf (27 bis 34 K Überhitzung) auf der Sekundärseite erzeugt. Wasserabscheider sind unnötig, und der gesamte Raum wird für Heizflächen nutzbar. Deshalb kann mit einem nur wenig längeren und im Durchmesser sogar kleineren Behälter die doppelte Leistung erzeugt werden, so daß für einen Druckwasserreaktor mit 3760 MW thermischer Leistung nur zwei Dampferzeuger nötig sind. Die Spannungen zwischen den geraden Heizrohren, die gegenüber der Sekundärseite eine Übertemperatur haben, und dem Mantel müssen ausgeglichen werden. Hierzu wird der Frischdampf über etwa $^3/_4$

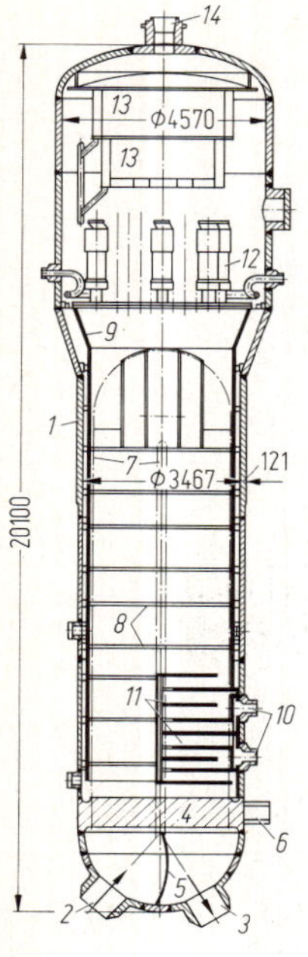

Bild 7 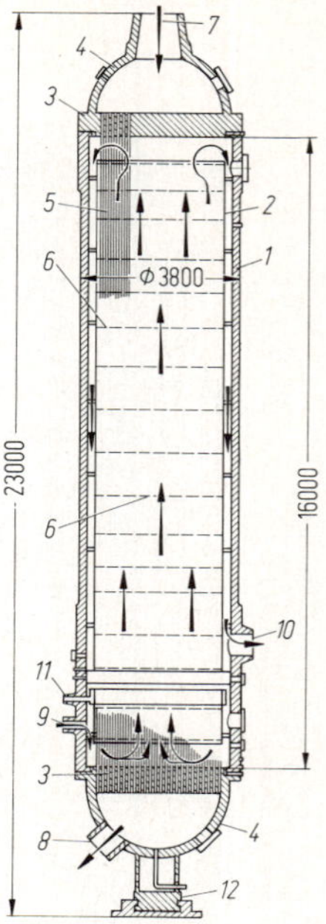   **Bild 8**

Bild 7. U-Rohr-Naturumlauf-Dampferzeuger für Druckwasserreaktoren (Kraftwerk Union AG (KWU), Mülheim/Ruhr), z.B. KKW Brokdorf. $\dot{m}_D = 530$ kg/s, $p_D = 68$ bar, $t_D = 285\,°C$ (Sattdampf), $\dot{m}_W = 4700$ kg/s, $p_W = 158$ bar, $t_{W,e} = 326\,°C$, $t_{W,a} = 290\,°C$; *1* Behälter, *2* Primärwassereintritt, *3* Primärwasseraustritt, *4* Rohrplatte, *5* Trennblech, *6* Tragpratzen, *7* Heizrohrbündel, *8* Rohrhaltegitter, *9* Umlaufschürze, *10* Speisewasserstutzen, *11* Vorwärmkammern, *12* Zyklonabscheider, *13* Dampftrockner, *14* Frischdampfaustritt

Bild 8. Geradrohr-Zwangdurchlauf-Dampferzeuger für Druckwasserreaktoren (BBR, Babcock-Brown Boveri Reaktor GmbH, Mannheim), z.B. KKW Mülheim-Kärlich. $\dot{m}_D = 1000$ kg/s, $p_D = 69$ bar, $t_D = 312\,°C$, $t_{sp} = 236\,°C$, $\dot{m}_W = 9500$ kg/s, $p_W = 155$ bar, $t_{W,e} = 329\,°C$, $t_{W,a} = 296\,°C$; *1* Behälter, *2* Leitmantel, *3* Rohrböden, *4* Halbkugelböden, *5* Heizflächenrohre, *6* Rohrführungsplatten, *7* Primärwassereintritt, *8* Primärwasseraustritt (zwei Stutzen), *9* Speisewassereintritt (zwei Stutzen), *10* Frischdampfaustritt (zwei Stutzen), *11* Hilfsspeisewasser-Eintritt, *12* Abstützung

der Heizrohrlänge im Ringraum zwischem dem Behälter *1* und dem um die Heizrohre gelegten Leitmantel *2* zum Austritt geführt. Der Behälter ist aus zwei zylindrischen Halbschalen *1*, zwei Halbkugelböden *4* und zwei Rohrböden *3* (alle Teile bestehen aus dem Werkstoff 22 NiMoCr 37) zusammengeschweißt. In ihnen sind die 16000 von Primärwasser durchströmten Heizrohre *5* (16 mm äußerer Durchmesser; 0,9 mm Wanddicke; 16 m Länge) aus Inconel 600 eingeschweißt. Sie sind in Dreieckanordnung eingebaut und werden zum Vermeiden von Schwingungen in unterschiedlichen Abständen von Führungsplatten *6* gehalten. In letztere sind die Löcher für den Durchtritt der Rohre gebohrt und an jeder Bohrung drei um 120° versetzte Strömungstaschen für den Durchtritt des Sekundärwesens mit Räumnadeln eingearbeitet. Die Rohrböden sind mit Inconel 600 plattiert, die anderen mit Primärwasser in Berührung kommenden Teile mit austenitischem Stahl. Zur Verhinderung von Ablagerungen wird das Speisewasser so geführt, daß die untere Rohrplatte gespült wird. Im Störfall wird zum Vermeiden eines Wärmeschocks durch den Hilfsspeisewasser-Stutzen *11* Speisewasser eingespritzt. Mit abnehmender Last wirkt ein zunehmender Teil der Heizfläche als Überhitzer, doch steigt die Frischdampftemperatur wegen der fallenden Reaktoraustrittstemperatur nicht über 320 °C.

Gasgekühlte Reaktoren. Für diese haben sich vor allem die *Schraubenrohr-Zwangdurchlauf-Dampferzeuger* eingeführt (z.B. beim THTR 300 eingesetzt, s. L 7.7).

Schnelle Brüter. Hier werden für Verdampfer und Überhitzer (s. L 3.1.2 und L 7.8) *Geradrohr-* und *Wendelrohr-Module* verwendet. In beiden Fällen fließt Wasser bzw. Dampf von unten nach oben in den Rohren und das Natrium im Zwischenraum von oben nach unten (Gegenstrom).

6.3 Teile und Bauelemente von Dampferzeugern
Parts and components of steam generators

6.3.1 Verdampfer. Evaporator

Trommel

Bei Natur- und Zwangsumlauf-Dampferzeugern wird das entstehende Dampf/Wasser-Gemisch in möglichst trocknen Sattdampf und in zum Verdampfer zurückfließendes Umlaufwasser mittels einer unbeheizten Trommel getrennt. Die dabei entstehende Oberfläche des Wasserinhalts, der Wasserstand, trennt Dampf- und Wasserraum. Die Speisewasserzufuhr wird so geregelt, daß der Wasserstand konstant bleibt. Als Grundlage der Speisewasserregelung dient der Wasserstandsanzeiger.

Bemessung. Wenn die Trennung von Wasser und Dampf nur durch Schwerkraft geschieht, muß genügend Zeit dafür zur Verfügung stehen, d.h., der Dampfraum muß eine Mindestgröße haben.

Dampfraumbelastung Δ. Sie dient zur Berechnung des Dampfraums und stellt den Sattdampf-Volumenstrom, der je Einheit des Dampfraums durchgesetzt wird, bzw. die reziproke Aufenthaltszeit dar. Es gilt

$$\frac{\Delta}{m^3/(m^3 s)} = 259 \left(\frac{p}{bar}\right)^{-0,7} \left(\frac{L}{\mu S/cm}\right)^{-0,61}$$

Daraus berechnet sich der Dampfraum

$$V_D = \dot{m}_D/(\rho'' \Delta)$$

(p Trommeldruck, L Leitfähigkeit des Kesselwassers, $\dot{m}_D$ Dampfstrom, ρ'' Dichte des Sattdampfs).

Wasseroberfläche. Sie muß so groß sein, daß die Austrittsgeschwindigkeit der Dampfblasen nicht größer ist als die Fallgeschwindigkeit der mitgerissenen Wassertropfen. Um eine große Wasseroberfläche zu erhalten, werden die Trommeln meist waagerecht eingebaut. Gleichzeitig muß die Höhe des Dampfraums so groß sein, daß sich eine genügend große Fallgeschwindigkeit ausbilden kann. Die größten ausgeführten Trommeln sind etwa 25 m lang. Sie haben einen äußeren Durchmesser von 2 m, 150 mm Wanddicke und sind für Dampfleistungen bis 500 kg/s bestimmt.

Einbauten. Sie ersetzen die Schwerkraft als Trennkraft meist durch die viel wirksamere Fliehkraft oder durch Aufprallen der Wassertropfen auf Ableitbleche, so daß die Dampfraumbelastung höher sein könnte. Da die Einbauten aber einen Teil des Raums versperren und die Strömungsgeschwindigkeiten klein bleiben sollen, geben die Gleichungen für Δ und V_D einen guten Anhalt für die Bemessung.

Heute werden vorwiegend Zyklonabscheider *7* (**Bild 9**) mit nachgeschalteten Abscheidern *8* für feine Tropfen gebaut, die durch Aufprallen und Umlenken wirken. Die Überströmrohre *1* gießen in den Ausgußraum *4* aus, den ein Blech vom Wasserraum *6* trennt, damit der Wasserinhalt möglichst ruhig bleibt. Das Umlaufwasser strömt zusammen mit dem Speisewasser aus dem Speiserohr *9* zu an den Trommelenden angeschlossenen Fallrohren *3*.

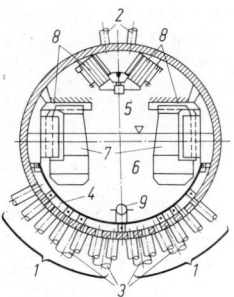

Bild 9. Trommeleinbauten mit Abscheidezyklonen (Dt. Babcock AG, Oberhausen), *1* Überströmrohre, *2* Sattdampfrohre, *3* Fallrohre, *4* Ausgußraum, *5* Dampfraum, *6* Wasserraum, *7* Zyklone, *8* Dampftrockner, *9* Speiserohr

Für kleinere Kessel (Großwasserraum-Kessel) werden Einbauten aus Umlenk- und Prallblechen verwendet.

Mannlöcher, Deckel und *Rohrverbindungen* s. K 2.

Sammler und Verteiler

Sie dienen zur Verbindung eines oder einiger Zu- bzw. Abströmrohre großen Durchmessers mit einer großen Zahl von Heizflächenrohren kleinen Durchmessers. Die lichte Weite ergibt sich aus der zulässigen Quergeschwindigkeit im Sammler zwischen den Verbindungs- und Heizflächenrohren. Eine gleichmäßige Verteilung auf die vielen parallel geschalteten Heizflächenrohre ergibt sich, wenn möglichst viele radiale Zuströmrohre (Rohrspinne) um 90° am Sammlerumfang gegen die Heizflächenrohre versetzt, angeordnet sind. Die einfachere Konstruktion bei axialer Zu- und Abströmung erfordert einen größeren Sammlerquerschnitt und die besondere Beachtung der Strömung. Berechnung der Wanddicke mit Verschwächung durch Bohrungen s. K 2. Werkstoffe nach DIN 17175, zusätzlich 14 MoV 63.
Zusätzlich zu den Prüfungen nach DIN 17175 Bl. 1 ist die Kerbschlagzähigkeit nach TRD I05 zu prüfen.

Rohre

Verwendung finden nahtlos gewalzte und gezogene sowie längsnahtgeschweißte Rohre (Abmessungen nach DIN 2448 und DIN 2458). Die verwendeten Werkstoffe müssen die Eigenschaften nach DIN 17175 Bl. 2 und Langzeit-Warmfestigkeitswerte nach dem Beiblatt zu Bl. 2 haben. Für die Rohre sind in DIN 17175 Bl. 1 Gütestufen festgelegt. Für höhere Temperaturen kann X 20 CrMoV 12 1 und für große Durchmesser und Wanddicken 14 MoV 63 verwendet werden.

Rohrwände. Sie bilden die Außen- und Lenkwände der Dampferzeuger und werden heute auch für kleine Kessel gasdicht geschweißt. Die Feuerraumwände bilden meist den größten Teil des Verdampfers [11, 13].

Geschweißte Wände, **Bild 10.** Sie werden aus *Flossenrohren* mit angewalzten oder gepreßten Flossen gefertigt (**Bild 10a**), die den Vorteil haben, daß am Druckteil nicht geschweißt werden muß. Billiger sind *beflosste Rohre,* bei denen beiderseits Flacheisen aufgeschweißt sind (**Bild 10b**), die geglüht und gerichtet werden, so daß keine Schweißspannungen im Druckteil bleiben. Weniger Schweißnähte und die niedrigsten Kosten erfordert die *Membranwand,* die aus glatten Rohren mit zwischengelegten Flacheisen zusammengeschweißt wird (**Bild 10c**).

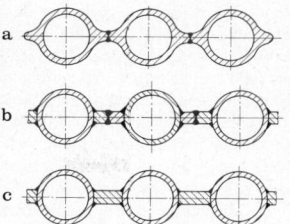

Bild 10. Bauarten geschweißter Rohrwände. **a** Flossenrohre; **b** beflosste Rohre; **c** Membranwand

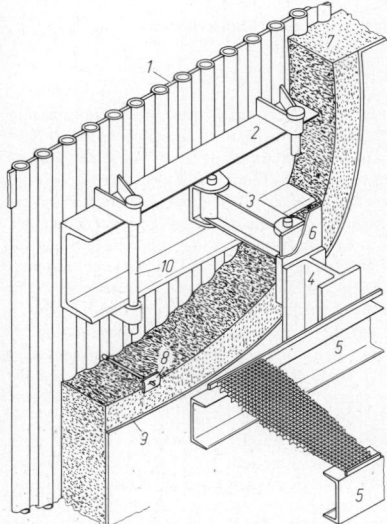

Bild 11. Bandage für Membranwand (Dt. Babcock AG, Oberhausen). *1* Membranwand, *2* warmliegende Bandage, *3* Pendel, *4* Bühnenaufhängung, *5* kaltliegende Bandage (Bühne), *6* Schiene für Vertikalausdehnung, *7* Wärmedämmung, *8* Halterung für Wärmedämmung, *9* Blechverkleidung, *10* Bandagenhalterung

Versteifungen. Die – besonders bei Benson-Dampferzeugern – aus dünnen Rohren aufgebauten Wände von 10 bis 50 m Höhe müssen mittels Bandagen im Abstand von einigen Metern bei Öl- und Gasfeuerung gegen gasseitigen Überdruck sowie Verpuffungen versteift werden.

Bandage einer Membranwand, Bild 11. Die warmliegende Bandage *2* aus Flach- und U-Eisen wird in möglichst gutem Wärmekontakt mit der Wand innerhalb der Wärmedämmung *7* eingebaut. Sie wird über Pendel *3* an kaltliegenden Ringträgern *5* mit großem Widerstandsmoment (hier gleichzeitig Bühne) abgestützt, die von vertikalen Stützen *4* getragen werden. Die Vertikaldehnung der Rohre wird durch Gleiten der Pendel an senkrechten Stäben an beiden Anschlußpunkten oder in Schienen *6* ausgeglichen. Bei horizontalen Rohren oder bei Spiralwirkung werden die inneren Bandagen mit auf die Rohre aufgeschweißten Kammblechen verbunden.

Aufhängungen. Senkrechte Rohrwände sind an den oberen Sammlern aufzuhängen, damit die gesamte Dehnung nach unten geht. Bei großen Dampferzeugern befindet sich die Aufhängung in der Mitte der Wandhöhe. An ihrem oberen und unteren Ende sind Konstanthänger angeordnet, d.h. Federkonstruktionen, deren Tragkraft unabhängig vom Federweg. Dazwischen wird sie durch Pendelstützen geführt.

Spannungen. Die Flossen- bzw. Stegbreite zwischen den Rohren wird so gewählt, daß bei Beheizung die Übertemperatur am Flossenkopf bzw. in der Stegmitte nicht zu Verzunderung führt und entstehenden Spannungen nicht über der zulässigen Zeitstandfestigkeit liegen. Deshalb wird im Feuerraum eine enge Teilung gewählt und in den Umfassungswänden des Berührungszugs ein Vielfaches davon. Beim Verschweißen von Heizflächen mit Temperaturunterschieden kann als Richtwert gelten: für Dauerbetrieb $\Delta T \leq 40\,\mathrm{K}$, kurzzeitige Spitzen (maximal 100 mal) $\Delta T \leq 70\,\mathrm{K}$. Berechnung der aus Eigengewicht und Temperaturdifferenz entstehenden Kräfte und Biegemomente sowie die daraus folgenden Spannungen s. [14, 15].

6.3.2 Überhitzer und Zwischenüberhitzer
Superheater und Reheater

Bauarten

Einteilung. Je größer der Anteil der Überhitzungswärme an der gesamten Wärmeleistung des Kessels ist (höherer Druck, höhere Dampftemperatur, Zwischenüberhitzung), in desto höheren Rauchgastemperaturen liegen die Heizflächen. Bei Drücken über etwa 120 bar ist die Verdampfungswärme so gering, daß die Wärmeaufnahme der Feuerraum- und Strahlraumwände größer als diese ist. Deshalb ist ein Teil der Wände mit Überhitzerrohren auszukleiden. Diese *Strahlungsüberhitzer* nehmen etwa 95% der Wärme durch Strahlung (s. D 10.5) und den Rest durch Berührung auf. Da wegen der Verschmutzungsgefahr bei festen Brennstoffen am Ende des Strahlungsraums (1000 bis 1200 °C) keine Rohrbündel eingebaut werden können, ordnet man zur weiteren Abkühlung der Rauchgase auf 800 bis 900 °C aus eng liegenden Überhitzerrohren gebildete Wände in Abständen von 400 bis 1000 mm über die ganze Kesselbreite verteilt an. Diese *Schottüberhitzer* nehmen etwa 90% der Wärme durch Gasstrahlung auf. Erst bei Gastemperaturen zwischen 900 und 500 °C sind Rohrbündel verwendbar. Diese *Berührungsüberhitzer* bauen kompakter und nehmen 50 bis 80% der Wärme durch Konvektion und den Rest durch Gasstrahlung auf. Da die Rohre von Strahlungsüberhitzern einseitig beheizt werden, entstehen infolge der Temperaturdifferenz zwischen der Vorder- und Rückseite des Rohrs Längsspannungen, die zu Rundrissen führen können. Die Rohre der Schottüberhitzer werden beidseitig, die des Berührungsüberhitzers fast gleichmäßig über den Umfang beheizt, so daß hier solche Spannungen nicht auftreten. Heizflächen werden heute meist liegend ausgeführt, damit sie entwässert werden können.

Berührungsüberhitzer. Die Rohre können versetzt oder fluchtend angeordnet sein. Der Unterschied im Wärmeübergang (s. D 10.4), bezogen auf den gleichen rauchgasseitigen Druckverlust, ist nicht groß, vorausgesetzt, daß die höheren Geschwindigkeiten bei fluchtender Anordnung wegen Erosion zulässig sind. Bei versetzter Anordnung kann sich der Schrägabstand zwischen den Rohren (engster Querschnitt) zusetzen und dadurch den Betrieb stark behindern. Bei fluchtender Anordnung setzen sich nur die Zwischenräume zwischen zwei hintereinander liegenden Rohren zu, so daß eine geschlossene Wand entsteht. Sie verringert zwar die Wärmeaufnahme, behindert aber nicht den Betrieb. Deshalb wird bei höheren Rauchgastemperaturen fluchtende und bei tieferen die versetzte Anordnung gewählt. Auch die Teilung wird zunächst größer, weiter hinten dann kleiner ausgeführt.

Schottüberhitzer. Die horizontalen Wände müssen von beiden Seiten von Tragrohren gehalten werden, damit sie

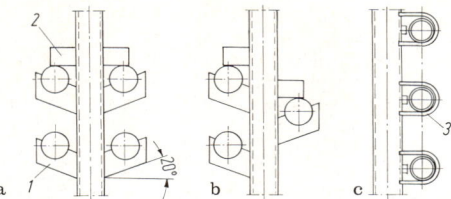

Bild 12. Halterung von Rohrschlangen an Tragrohren. **a** mit Halteflossen bei fluchtender; **b** desgleichen bei versetzter Rohrenanordnung; **c** mit Haltebügeln. *1* Halteflossen, *2* Sicherungsflossen, *3* Haltebügel

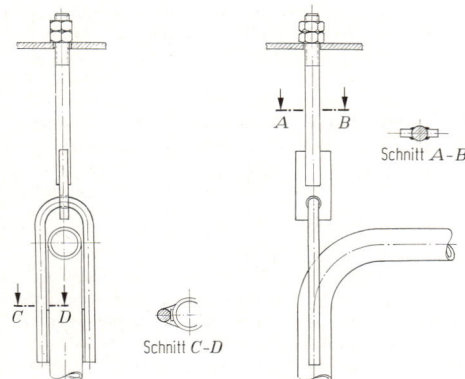

Bild 13. Tragrohraufhängung

eben bleiben. Um bei Eineinhalbzug-Dampferzeugern den Horizontalzug nutzen zu können, aber doch entwässerbare Heizflächen zu erhalten, baut man L-förmige Schottwände, deren senkrechte Teile durch beiderseits darübergezogene Heizflächenrohre oder außerhalb des Rauchgaszugs liegende Entwässerungssammler eben gehalten werden. Bei Anordnung über dem Feuerraum (**Bild 6**) sind die untersten Rohre durch Flammeneinstrahlung gefährdet, deshalb werden Schutzgitter aus Tragrohren oder (bei Naturumlauf) Siederohren vorgeschaltet.

Aufhängung. Liegende Heizflächenbündel werden bei Gastemperaturen über 500 °C an gekühlten Tragrohren aufgehängt. Diese Tragrohre können von Speisewasser oder Sattdampf (bei Trommelkesseln Verbindungsrohre von Trommel zu Überhitzer, **Bild 4**) durchflossen werden, Verdampferrohre (bei Zwangsdurchlaufkesseln, **Bild 6**) oder Überhitzerrohre (**Bild 5**) sein. Die Rohrschlangen werden an den Tragrohren (**Bild 12**) mittels Halteflossen *1* und Sicherungsflossen *2* gegen Herausspringen der obersten Rohrreihe befestigt, bei enger Teilung mit den Bügeln *3*. Am oberen Ende werden die Tragrohre durch angeschweißte Bügel (**Bild 13**), über Zuganker beweglich an die Gerüstträger angeschlossen, aufgehängt.

Betriebsverhalten

Charakteristik. Bei Trommelkesseln wird der erzeugte Dampfstrom durch die Wärmeaufnahme in den Verdampferheizflächen bestimmt, die im Feuerraum und Strahlraum liegen. Da alle Strahlungsflächen bei Teillast einen größeren Wärmeanteil aufnehmen und deshalb die Austrittstemperatur sinkt, nehmen die Berührungsheizflächen wegen geringerer Temperaturdifferenz und kleinerer Geschwindigkeit (kleinerer Wärmedurchgangskoeffizient) weniger Wärme auf. Deshalb nimmt die Aufwärmung hier ab, während sie im Strahlungsüberhitzer zunimmt und im Schottüberhitzer etwa gleich groß bleibt (fallende Charakteristik des Berührungsüberhitzers, steigende Charakteristik des Strahlungsüberhitzers). Bei Bensonkesseln kann die Hochdrucktemperatur durch das Wasser/Brennstoff-Verhältnis gehalten werden. Eine Verschiebung des Verdampfungspunkts ist die Folge. Für Zwischenüberhitzer gilt dasselbe wie für Überhitzer von Trommelkesseln. Die Kombination eines Strahlungs-(bzw. Schott-)Überhitzers mit einem Berührungsüberhitzer ermöglicht es, die Dampftemperatur über einen Lastbereich fast konstant zu halten; für den restlichen Abfall und für Übergangszustände muß die Temperatur geregelt werden.

Temperaturregelung. Eine konstante Dampftemperatur über einen großen Lastbereich kann durch eine der beiden folgenden Maßnahmen erreicht werden:
Die anteilige Wärmeaufnahme des Überhitzers wird konstant gehalten. Dazu dient die *Rauchgasrückführung* (**Bild 5**). Mit einem Rückführgebläse wird abgekühltes Rauchgas (meist vom Kesselaustritt) abgesaugt und in den Feuerraum eingeblasen, wodurch hier die Wärmeaufnahme wegen der niedrigeren Temperatur sinkt. Im Berührungsüberhitzer wird aber mehr Wärme aufgenommen, da die Geschwindigkeit und damit der Wärmedurchgangskoeffizient sowie der Gasstrom und damit seine Wärmekapazität zunehmen.
Der Überhitzer wird so groß ausgelegt, daß er bei der geforderten Teillast (bei Trommelkesseln 50 bis 80%) die volle Überhitzung erreicht. Dann ist er für höhere Lasten überdimensioniert und nimmt zuviel Wärme auf, die durch *Kühlung* an den Verdampfer abgeführt werden muß. Das kann geschehen mittels Oberflächenkühler, das sind Rohrbündel in der Trommel oder einer dazu parallel geschalteten Flasche, die zwischen zwei Teile des Überhitzers geschaltet sind und durch die mittels Mischschiebers ein der jeweiligen Last entsprechender Teil des teilweise überhitzten Dampfes geleitet wird, durch speiseserdurchflossene Rohrbündel in einem Zwischensammler oder durch Einspritzkühler, die schneller reagieren. Bei großen Kesseln würde wegen der langen Durchlaufzeit des Dampfes durch den Überhitzer eine zu große Totzeit entstehen, wenn nur eine Einspritzung (z.B. vor dem Endüberhitzer) vorgesehen wäre. Deshalb sind mehrere Kühler zwischen den Überhitzerteilen mit jeweils getrennter Regelung gesetzt.

Zwischenüberhitzer

Bei Drücken über 150 bar ist ein Zwischenüberhitzer nötig, um eine zu hohe Endnässe in der ND-Turbine zu vermeiden. Er erhöht aber auch den Wirkungsgrad, da das nutzbare Gefälle in der Turbine vergrößert wird. Bei knapp unterkritischen Drücken Zwischenüberhitzung bei 30 bis 40 bar auf Frischdampftemperatur, bei überkritischen Drücken (selten ausgeführt) zweifache Zwischenüberhitzung (die erste bei 100 bis 110 bar, die zweite bei 30 bis 40 bar, jeweils auf Frischdampftemperatur oder etwas höher). Die Heizflächenrohre müssen wegen des größeren Dampfvolumens größere Durchmesser (44,5 bis 76,1 mm Außendurchmesser) haben als Hochdrucküberhitzer. Ein Druckverlust bis etwa 2 bar ist einzuhalten, da sonst der thermische Vorteil verloren geht. Die Kühlung der Rohre ist wegen der geringeren Dampfdichte schlecht; ein Ausgleich durch höhere Geschwindigkeit ist wegen der Beschränkung im Druckverlust nicht möglich.

Bauarten. Aus den vorstehend genannten Gründen kommen meist nur Schott- und Berührungsüberhitzer zur Anwendung. Sie ergeben eine genügend gute Charakteristik. Bei Schottüberhitzern werden mitunter Hochdruck- und Mitteldruckbänder im gleichen Raum abwechselnd nebeneinander gehängt oder eine Hälfte des Rauchgaszugs mit Hochdruck- und die andere mit Mitteldruckheizfläche ausgefüllt.

Temperaturregelung. Für die Regelung wird Wärme vom Hochdruck- in den Mitteldruckteil verschoben, entweder in außen liegenden Wärmeübertragern bei Sulzerkesseln oder in Triflux-Wärmeübertragern. Die Einspritzregelung ist nur eine Not- oder vorübergehende Maßnahme bei schnellen Laständerungen, da die anderen Regelungen zu träge sind. Die Vergrößerung des Mitteldruck-Dampfstroms verschlechtert nämlich wegen der größeren Kondensationswärme den Wirkungsgrad.

6.3.3 Speisewasservorwärmer (Eco)
Feed water heaters (economizers)

Speisewasservorwärmer kühlen die mit hoher Temperatur aus dem Verdampfer eines Kessels austretenden Rauchgase auf wirtschaftlich tragbare Abgastemperatur. Dies ist nur bei niedrigen Drücken und geringer Speisewasservorwärmung durch Anzapfdampf möglich, soweit der Taupunkt nicht unterschritten wird. Bei hohen Drücken und Anzapfvorwärmung bis 300 °C muß noch ein Luftvorwärmer nachgeschaltet werden (s. L 6.3.4). Nach den sicherheitstechnischen Richtlinien für Abgas-Wasservorwärmer wird in diesen Heizflächen, die vom Kessel wasserseitig absperrbar sein müssen, betriebsmäßig kein Dampf erzeugt.

Rippenrohrvorwärmer

Wegen des schlechten Wärmeübergangs auf der Gasseite erhalten die Vorwärmerrohre auf der Außenseite Rippen zur Vergrößerung der Heizfläche.

Gußrippenrohre. Nach den sicherheitstechischen Richtlinien sollen die Rohre aus GG 20 oder GG 25 nach DIN 1691 sein. Sie sind dann bis 50 bzw. 98 bar Wassertemperaturen unter 245 bzw. 260 °C und Rauchgastemperaturen unter 600 bzw. 700 °C zugelassen. Die Rohre (60 und 100 mm lichte Weite, Rippenteilung zwischen 18 und 30 mm) werden mit den quadratischen Flanschen zu Vorwärmerblöcken von bis zu 2 m Höhe zusammengesetzt, wobei die Flansche die seitliche Begrenzung des Rauchgasstroms bilden. Die Vorwärmer werden wasserseitig so geschaltet, daß Wassergeschwindigkeiten bis zu 1,2 m/s entstehen. Die Länge und die Zahl der Rohre in einer Reihe werden so bestimmt, daß Gasgeschwindigkeiten zwischen den Rippen von 6 bis 10 m/s herrschen. Damit wird ein Wärmedurchgangskoeffizient von bis zu 23 W/m² K, bezogen auf die Rippenheizfläche, erreicht. Gußrohre sind in gewissem Maße widerstandsfähig gegen Korrosion.

Verbundrippenrohre. Sie bestehen aus einem Stahlrohr (Kernrohr) und einem aufgegossenen oder aufgeschobenen Gußrippenrohr. Nach dem hydraulischen Aufweiten des Kernrohrs sind beide Rohre fest miteinander verbunden, so daß die günstigen Eigenschaften des Stahlrohrs (hoher zulässiger Druck) und die Korrosionsbeständigkeit des Gußrohrs zum Tragen kommen. Abmessungen und Zusammenbau entsprechen denen bei Gußrippenvorwärmern.

Stahlrippenrohre. Sie werden aus Stahlrohren und aufgeschobenen, verschweißten oder hydraulisch angepreßten Stahlrippen hergestellt. Die Teilung ist enger als bei Gußrippen (10 bis 20 mm). Die Rippen werden auch aus

mehreren Teilen mit Spalten dazwischen zusammengesetzt, so daß die Grenzschicht an den Rippen unterbrochen wird und größere Wärmedurchgangskoeffizienten (bis 40 W/m² K) erreichbar sind. Der äußere Rohrdurchmesser beträgt 32 bis 76 mm. Infolge des kleineren
Rohrdurchmessers und der engeren Rippenteilung läßt
sich viel mehr Heizfläche pro m³ umbauten Raums als
bei Gußrippenvorwärmern unterbringen. Taupunktunterschreitungen und Verschmutzung sind zu vermeiden.

Schlangenrohrvorwärmer

Sie werden für hohe Drücke verwendet und können auch
als Vorverdampfer (bis 20% Dampfgehalt) verwendet werden. Das Wasser muß von unten nach oben strömen, damit
die Strömung stabil bleibt. Bei Vorwärmern mit genügend
großem Abstand vom Verdampfungsbeginn bei allen Lasten ist auch eine Durchströmung von oben nach unten
möglich. Bei Einzug-Dampferzeugern ist dies wegen des
Gegenstroms zum Rauchgas sogar erwünscht.

Rohre. Sie haben 31,8 bis 44,5 mm Außendurchmesser.
Die Gasgeschwindigkeit liegt bei staubhaltigen Rauchgasen unter 10 m/s, bei Öl- oder Gasfeuerung höher. Wird
der wasserseitige Querschnitt bei Parallelschaltung aller
Rohre einer Reihe zu groß, so daß keine ausreichend große Geschwindigkeit für stabile Strömung entsteht, sind
mehrere Rohre hintereinander zu schalten.

6.3.4 Luftvorwärmer (Luvo). Air preheater

Sie stellen die einzige Möglichkeit dar, bei hoher Speise-
sewasservorwärmung durch Anzapfung ausreichend niedrige Abgastemperaturen zu erreichen. Luftvorwärmung
hat aber auch feuerungstechnische Vorteile wie beschleunigte Zündung und besseren Ausbrand infolge höherer
Feuerraumtemperatur. Bei Ölfeuerung ist eine zu hohe
Vorwärmung zu vermeiden, da es sonst zur Verkokung
am Brenner kommt. Bei Armgasfeuerung (Gichtgas) mit
viel Ballast im Brennstoff ist neben dem Luft- auch ein
Gasvorwärmer notwendig, da die Wärmekapazität des
Rauchgases viel größer ist als die der Verbrennungsluft und
sonst keine ausreichende Abkühlung des Rauchgases
möglich ist. Luvos sind keine druckführenden Heizflächen,
dementsprechend sind sie dünnwandig und billig. Wegen

des niedrigen Wärmeübergangskoeffizienten auf beiden
Seiten werden aber große Heizflächen benötigt.

Taupunkt. Bei Gefahr der Taupunktunterschreitung wird
das kalte Ende durch Email, Glas oder Keramik gegen
Korrosion geschützt und mit einer Spülvorrichtung zur
Beseitigung klebriger Ansätze ausgerüstet (sonst Zusetzen). Taupunktunterschreitung läßt sich durch Vorwärmen der Luft (meist mit Dampfluvo) verhindern; dabei
erhöht sich aber die Abgastemperatur.

Rekuperativluvo

Hier wird die Luft vom Rauchgas mittels Wärmeübertragung durch feste Wände erwärmt.

Stahlröhrenluvo. Bei der Bauart mit horizontalen, von Luft
durchströmten Rohren, die in mehreren Durchgängen
durch das Rauchgas geführt werden (Kreuz-Gegenstrom),
wird die Luft in außen liegenden Umlenkhauben von einem in den nächsten Durchgang geführt. Die Bauart mit
senkrechten von Rauchgas durchströmten Rohren, um die
die Luft mit Lenkblechen und Umlenkhauben im Kreuz-
Gegenstrom geführt wird, verschmutzt weniger, hat aber
einen größeren rauchgasseitigen Druckverlust. Bei Korrosionsgefahr werden die Rohre ganz aus Glas hergestellt
(Glasrohrluvo), oder die kalten Enden werden mit Glas
geschützt.

Gußrippenrohrluvo. Die Rohre haben ovalen Querschnitt
und rechteckige Flansche (150 mm×250 mm). Sie sind horizontal eingebaut, mit Längsrippen innen (Luftseite) und
Querrippen außen (senkrecht, für Rauchgas) versehen und
auch in mehreren Durchgängen geschaltet. Der Aufbau ist
ähnlich dem des Gußrippen-Speisewasservorwärmers. Er
wird auch als Gußplattenluvo ausgeführt, bei dem beidseitig berippte Gußplatten abwechselnd horizontale Luft-
taschen und vertikale Rauchgasdurchgänge bilden (früher
auch als Stahlplattenluvo gebaut).

Regenerativluvo

Hier nehmen Speichermassen die Rauchgaswärme auf und
geben sie später an die Luft ab. Für kontinuierlichen Be-

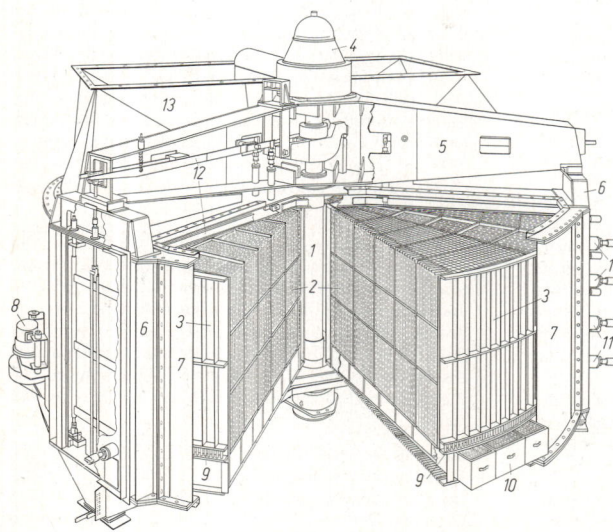

Bild 14. Ljungström-Luvo mit vertikaler Welle
(Kraftanlagen AG, Heidelberg). *1* Nabe, *2* Heiz-
bleche, *3* Rotormantel, *4* Traglager, *5* Sternträger,
6 Stützen, *7* Gehäusemantel, *8* Hydraulikantrieb,
9 Bolzenkranz, *10* Heizblechkästen am kalten Ende,
11 Mantelabdichtung, *12* Radialabdichtung,
13 Rauchgasstutzen

trieb werden zwei Bauarten mit zylindrischer Speichermasse ausgeführt: rotierende Speichermasse und feststehende Luft- und Rauchgasanschlüsse (Ljungström-Luvo) sowie feststehende Speichermasse und rotierender Luftanschluß innerhalb des die gesamte Speichermasse bedeckenden festen Rauchgasanschlusses (Rothemühle-Luvo). Gegenüber dem Rekuperativvorwärmer hat der Regenerativluvo etwa die 10fache Wärmeleistung je umbautem m^3. Wegen des reinen Gegenstroms ist Luftvorwärmung auf 20 bis 25 K unterhalb der Rauchgas-Eintrittstemperatur möglich. Die Wärmeleistung ist unabhängig von der Heizflächenverschmutzung; nur der Widerstand wächst. Der Betrieb wird von Korrosion am kalten Ende wenig behindert, Schäden lassen sich durch Auswechseln leicht beheben. Mit der Aufteilung des Gas- und Luftquerschnitts entsprechend dem Volumenstrom kann etwa die gleiche Geschwindigkeit auf beiden Seiten und damit eine bessere Wärmeübertragung erreicht werden. Nachteilig sind Falschluft, Verschmutzung der Luftseite, höherer Energiebedarf und Verschleiß der Abdichtungen.

Beispiel:
Ljungström-Luvo, Bild 14. Der Rotor ist aus radialen und tangentialen Wänden und dem Mantel 3 aufgebaut, in die Kästen mit 0,5 m dicken, gewellten Heizblechen 2 eingesetzt sind. Bei Gefahr der Taupunktunterschreitung werden am kalten Ende emaillierte Bleche in die Kästen 10 eingesetzt. Bei vertikaler Achse und maximal 10 m Durchmesser wird der Rotor am Traglager 4 aufgehängt, bei mehr als 10 m Durchmesser auf einem darunter liegenden Brückenträger gelagert. Bei horizontaler Achse ruht der Rotor auf zwei Pendelstützen. Einstellbare Abdichtungen 11 und 12 halten die Luftverluste so klein, daß unter 1% CO$_2$-Abfall im Rauchgas eintritt. Angetrieben wird der Luvo von einem Hydraulikantrieb 8. Gereinigt wird er mit Rußbläsern und Spülvorrichtung, wegen Brandgefahr ist eine Löscheinrichtung vorhanden. Die Rotordrehzahl beträgt 1,5 bis 3 min^{-1}. Die größten Abmessungen sind 20 m Durchmesser und 2,5 m Heizblechhöhe bei 1000 t Gewicht und einer Antriebsleistung von 45 kW. Ein beschichteter Luvo zur DeNO$_x$-Minderung ist in der Entwicklung.

Dampfluvo

Zum Vermeiden von Taupunktkorrosion wird Verbrennungsluft mittels Anzapfdampf auf bis zu 80° vorgewärmt.

Der Dampf strömt durch runde oder elliptische Rohre mit aufgeschobenen und mittels z.B. Verzinkens gut leitend verbundenen, dünnen Blechrippen mit Teilungen von 2 bis 4 mm. Die Rohre werden durch Sammler für die Dampfzufuhr und Kondensatabfuhr zu Registern von meist zwei Reihen hintereinander zusammengefaßt und in den Luftkanal eingebaut, **Bild 4.** Die Regelung wird mit dem Abschalten von Registerteilen vorgenommen. Bei staubhaltiger Luft besteht Verschmutzungsgefahr.

6.3.5 Speisewasseraufbereitung. Feed water treatment

Entsprechend den *Eigenschaften* des Wassers (Verunreinigungen, Härte, Salzgehalt, pH-Wert, Alkalität) und deren *Wirkungen* sowie den *Anforderungen* an die Speise- und Kesselwasserbeschaffenheit (**Tab.** 1) müssen Wasseraufbereitungsmaßnahmen durchgeführt werden. Diese sind:

Klärung. Beseitigung der Schweb- und Sinkstoffe.

Filterung. Entfernung grobdisperser Stoffe von Oberflächen- und Grundwässern.

Enteisung und Entmanganung. Überführen von Eisencarbonat oder Eisensulfat in wasserunlösliche Eisen-(III) Hydroxidform durch Belüften.

Entcarbonisierung und Enthärtung. Durch Ausfällung mit direkter Zugabe von Chemikalien.

Ionenaustauschverfahren. Durch Stoffe, die die in ihnen gelagerten Ionen gegen andere im Wasser vorhandene austauschen können.

Entgasung. Durch mechanische, thermische und chemische Entgasung Austreiben der im Wasser gelösten Gase (O$_2$ und CO$_2$).

Verdampfung. Je nach Zusammensetzung des Rohwassers und den betrieblichen Verhältnissen kann eine Aufbereitung auch durch Verdampfen erfolgen (s. K 4.2).

Literatur [16–18].

Tabelle 1. Grenzwerte für das Speisewasser

Bauart	Einheit	Durchlaufkessel und Einspritzwasser für Heißdampfkühler	Großwasserraum- und Umlaufkessel			
			≦0,5 bar	<64 bar	64 bar[a]	≧80 bar
allgemeine Anforderung			klar und farblos			
Härte	mmol/kg	n.n.	< 0,015	< 0,01	< 0,005	n.n.
Sauerstoff (O$_2$)	mg/kg	< 0,02[b]	< 0.1	< 0,02	< 0,02[b]	
Gesamt-Kohlensäure (CO$_2$)	mg/kg	n.n.	< 25			n.n.
Gesamt-Eisen (Fe)	mg/kg	< 0,02	–	< 0,05	< 0,03	< 0,02
Gesamt-Kupfer (Cu)	mg/kg	< 0,003	–	< 0,01	< 0,005	< 0,003
pH-Wert bei 25 °C		> 9[c, e]	> 9		> 9[e]	> 9[d, e]
Kieselsäure (SiO$_2$)	mg/kg	< 0,02	nur Richtwerte für Kesselwasser beachten			
Leitfähigkeit bei 25 °C	µS/cm	< 0,2[f]	nur Richtwerte für Kesselwasser beachten		nur Richtwerte für Kesselwasser beachten[f]	
KMnO$_4$-Verbrauch	mg/kg	möglichst < 5	möglichst < 10		möglichst < 5	
Öl	mg/kg	< 0,3[g]	< 3	< 1	< 0,5	

6.4 Wärmetechnische Berechnung
Thermodynamic calculations

6.4.1 Energiebilanz und Wirkungsgrad
Energy balance, efficiency

Meist wird der Kesselwirkungsgrad, mitunter werden aber auch die Einzelverluste (besonders der Abgasverlust), die Abgastemperatur, der Oberflächen-Verlustwärmestrom und der Strahlungsverlust gewährleistet. Zur Bestimmung des Kesselwirkungsgrads wird eine Energiebilanz aufgestellt und nach DIN 1942 [19] eine Systemgrenze um das Dampf-Wasser-System und die Feuerung gelegt. Je nach Lieferumfang oder Zweckmäßigkeit der Messungen werden verschiedene Systemgrenzen (z.B. unter Einschluß der Gebläse, des Entstaubers usw.) gewählt. Dann werden alle dem System zu- und abgeführten Energieströme festgestellt. Für die Wärmeströme wird eine Bezugstemperatur t_b angegeben (meist $t_b = 25\,°C$, da der Heizwert darauf bezogen wird), von der der Kesselwirkungsgrad abhängt.

Direktes Verfahren

Hierbei ist der Kesselwirkungsgrad das Verhältnis von allen genutzt abgeführten zu allen zugeführten Energieströmen

$$\eta_K = \dot{Q}_N / \dot{Q}_{zu,ges}. \tag{1}$$

Nutzwärmeleistung. Sie ist

$$\dot{Q}_N = \dot{Q}_D + \sum_i \dot{Q}_{Z,i} + \dot{Q}_{Ab}. \tag{2}$$

($i = 1, 2$ Zahl der Zwischenüberhitzungen Z).
Für die Wärmeströme des Frischdampfs, der Zwischenüberhitzung und der Abschlämmung (Indizes D, Z und Ab) gelten die Beziehungen

$$\dot{Q}_D = \dot{m}_{sp}(h_D - h_{sp}) + \sum_j \dot{m}_{E,D}(h_D - h_{E,D}), \tag{3a}$$

$$\dot{Q}_{Z,i} = \dot{m}_{Z,e}(h_{Z,a} - h_{Z,e}) + \sum_j \dot{m}_{E,Z}(h_{Z,a} - h_{E,Z}), \tag{3b}$$

$$\dot{Q}_{Ab} = \dot{m}_{Ab}(h_{Ab} - h_{sp}) \tag{3c}$$

$\dot{m}$ Massenstrom, h Enthalpie, j Zahl der Einspritzungen (Index E) im jeweiligen Überhitzerteil, Indizes: sp Speisewasser, a Austritt, e Eintritt.

Zugeführte Wärmeleistung. Sie beträgt

$$\dot{Q}_{zu,ges} = \dot{Q}_{zu,B} + \dot{Q}_{zu}. \tag{4}$$

$\dot{Q}_{zu,B}$ ist die Summe der dem zugeführten Brennstoffstrom (Index B) proportionalen Energieströme (chemische und fühlbare Brennstoffenergie, Energie der Verbrennungsluft (Index L) und des Zerstäuberdampfs (Index ZD) bei flüssigen Brennstoffen).

$$\dot{Q}_{zu,B} = \dot{m}_{B,zu}[H_u + c_B(t_B - t_b) \\ + \mu_{ZD}(h_{ZD} - r_0 - c_{pm,D}t_b)] \\ + \dot{m}_B \mu_L c_{pm,L}(t_L - t_b) = \dot{m}_B H_{u,B,ges} \tag{5}$$

($\dot{m}_{B,zu}$ zugeführter Brennstoffstrom, $\dot{m}_B$ verbrannter Brennstoffstrom, μ Masse pro Masseneinheit des Brennstoffs, c_p spezifische Wärmekapazität, r_0 Verdampfungswärme des Wassers bei 25 °C).

$r_0 = 2442,5\,kJ/kg$ $c_{pm,D} = 1,884\,kJ/kg\,K$,
$c_{pm,L} = 1,011\,kJ/kg\,K$.

Die unabhängig vom Brennstoffstrom zugeführten Energien Q_{zu} sind Leistungen der Mühlen, Gebläse, Pumpen und Motoren (Luvo, Flugstaubrückführung) und, soweit Entstauber innerhalb der Systemgrenze liegen, die bei Elektrofiltern zugeführte elektrische Leistung.

Indirektes Verfahren

Da die gesamte zugeführte Energie auch die Summe der Nutzwärmeleistung und der gesamten nicht nutzbaren Energieströme (Verluste) $Q_{V,ges}$ ist, gilt

$$\dot{Q}_{zu,ges} = \dot{Q}_N + \dot{Q}_{V,ges}. \tag{6}$$

Damit ist der Kesselwirkungsgrad

$$\eta_K = \dot{Q}_N / \dot{Q}_{zu,ges} = (\dot{Q}_{zu,ges} - \dot{Q}_{V,ges}) / \dot{Q}_{zu,ges} \\ = 1 - \dot{Q}_{V,ges} / \dot{Q}_{zu,ges} = 1 - \sum l \tag{7}$$

(l Einzelverluste).

Einzelverluste. Für die Bestimmung der Einzelverluste l ist die bei großen Dampferzeugern schwer durchführbare Messung von $\dot{m}_B$ beim indirekten Verfahren nicht nötig. Mit ihm wird η_K auch genauer bestimmt, da sich die Meßfehler nur auf die relativ kleinen Verluste auswirken.

Abgas (Index A)

$$l_A = \mu_A c_{pm,A}(t_A - t_b) / H_{u,B,ges}. \tag{8}$$

Unvollkommene Verbrennung (Indes CO)

$$l_{CO} = \mu_{A,tr} CO \cdot \frac{R_{A,tr}}{R_{CO}} \cdot \frac{H_{u,CO}}{H_{u,B,ges}} \tag{9}$$

(CO Volumenanteil an Kohlenmonoxid, R Gaskonstante, $H_{u,CO} = 10,115\,MJ/kg$ Heizwert von CO).

Enthalpie und Unverbranntes in Schlacke und Flugstaub (Indizes S und F)

$$l_{S,F} = \Delta J_{S,F} / H_{u,B,ges} \tag{10}$$

mit dem auf die Masseneinheit des Brennstoffs bezogenen Verlust

$$\Delta J_{S,F} = \frac{a(1-v)}{1-l_u} \cdot \left[\eta_b \Delta h_S + \frac{1 - \eta_b(1-u_S)}{1-u_F} \cdot \Delta h_F \right] \tag{11}$$

(η_b Gesamtentaschungsgrad; a und w Massenanteile von Asche und Wasser am Brennstoff; u Massenanteil des Unverbrannten an Schlacke bzw. Flugstaub; v verflüchtigter Massenanteil der Asche).
Die weiteren Größen bedeuten:

$$\Delta h_S = c_S(t_S - t_b) + u_S H_{u,u}, \\ \Delta h_F = c_F(t_A - t_b) + u_F H_{u,u}, \\ l_u = \frac{a(1-v)}{1-a-w} \cdot \frac{u_F + (u_S - u_F)\eta_b}{1-u_F} \tag{12}$$

Anhaltswerte. $c_S = 1,0$ bzw. $1,26\,kJ/kg\,K$ für Trocken- bzw. Schmelzfeuerung, $c_F = 0,84\,kJ/kg\,K$, $H_{u,u} = 33,0$ bzw. 27,6 MJ/kg für Stein- bzw. Braunkohle, $v = 0,05$ bzw. 0,1 bzw. 0,15 kg/kg Asche für Steinkohle in Schmelzfeuerung bzw. rheinische bzw. Helmstedter Braunkohle.

Strahlung und Leitung (Index St, N). Aus statischen Gründen wird dieser Verlust auf den Nutzwärmestrom $\dot{Q}_N$ bezogen. Für maximale Nutzwärmeleistung $\dot{Q}_{N max}$ gilt die Zahlenwertgleichung

$$l_{St,N max} = l_{St,N=1} \dot{Q}_{N max}^{-0,3} \tag{13}$$

Dabei ist $l_{St,N=1}$ der bei einer maximalen Nutzwärmeleistung von 1 MJ/s auftretende Strahlungsverlust, der bei Braunkohle und Gichtgas 0,032, bei Steinkohle 0,0225 und bei Öl und Erdgas 0,0116 beträgt. Da der Strahlungswärmestrom praktisch von der Belastung des Dampferzeugers unabhängig ist, erhöht sich der Verlust bei Teillast entsprechend.

$$l_{St,N} = l_{St,N max} \dot{Q}_{N max} / \dot{Q}_N. \tag{14}$$

Sonstiges (Index V). Weitere Verluste werden durch externe Kühlungen und andere vom Brennstoffstrom unabhängige Einflüsse verursacht.

$$l_V = (\dot{Q}_V / \dot{Q}_N)\eta_K. \tag{15}$$

Wirkungsgrad. Die Verluste l_A, l_{CO} und $l_{S,F}$ sind auf $\dot{Q}_{zu,B}$ bezogen, $l_{St,N}$ ist auf $\dot{Q}_N$ bezogen. Um sie in Gl. (7) einsetzen zu können, sind sie auf $\dot{Q}_{zu,ges}$ zu beziehen. Die auf den Brennstoff bezogenen Verluste $\sum l_B = l_A + l_{CO} + l_{S,F}$ werden mit dem Faktor $1 - \dot{Q}_{zu}\eta_K/\dot{Q}_N$ multipliziert, $l_{St,N}$ mit η_K. Aus Gl. (7) folgt

$$\eta_K = \frac{1 - \sum l_B}{1 + l_{St,N} + (\dot{Q}_V - \dot{Q}_{zu}\sum l_B)/\dot{Q}_N}. \tag{16}$$

Da $\dot{Q}_V - \dot{Q}_{zu}\sum l_B$ meist sehr klein ist, gilt

$$\eta_K = \frac{1 - \sum l_B}{1 + l_{St,N}}. \tag{17}$$

Die Kesselwirkungsgrade sollten im Bestpunkt $\eta_K = 92...93\%$ betragen.

6.4.2 Ermittlung der Heizfläche
Calculation of heating surface area

Die Nutzwärmeleistung ist

$$\dot{Q}_N = \dot{Q}_{vs} + \dot{Q}_{\ddot{u}} + \dot{Q}_{Z,i}. \tag{18}$$

Dabei betragen die Vorwärmer- und Verdampferleistung $\dot{Q}_{vs}$ und die Überhitzerleistung $\dot{Q}_{\ddot{u}}$ (Zwischenüberhitzerleistung $\dot{Q}_{Z,i}$ s. Gl. (3 b))

$$\dot{Q}_{vs} = \dot{m}_{sp}(h'' - h_{sp}) + \dot{m}_{Ab}(h_{Ab} - h_{sp}),$$
$$\dot{Q}_{\ddot{u}} = \dot{m}_{sp}(h_D - h'') + \sum \dot{m}_{E,D}(h_D - h_{E,D}). \tag{19}$$

Aus den Gln. (1) und (4) folgt

$$\dot{Q}_{zu,B} = (\dot{Q}_N/\eta_K) - \dot{Q}_{zu} = \dot{m}_B H_{u,B,ges}. \tag{20}$$

Mit η_K aus Gl. (17) ergibt sich $\dot{m}_B$. Mit μ_L bzw. μ_A, den Luft- und Rauchgasmassen je Masseneinheit des Brennstoffs bei dem gewünschten Luftüberschuß folgen die Luft- und Rauchgasströme. Aus den Forderungen der Feuerung ergeben sich der Feuerraum, seine Heizflächen und die Wärmeaufnahme.

Aus der geforderten Rauchgastemperatur vor den Heizflächen folgen der Strahlraum und seine Wärmeaufnahme. Ist die gesamte Wärmeaufnahme kleiner als $\dot{Q}_{vs}$ und sind alle Wände mit Verdampferflächen ausgekleidet, so ist der Rest im Vorwärmer aufzunehmen. Ist sie (bei niedrigen Drücken) kleiner als $\dot{Q}_V = \dot{m}_{sp}(h'' - h')$, so ist ein Vorverdampfer vorzusehen. Ist die Wärmeaufnahme größer als $\dot{Q}_{vs}$, so sind Wandüberhitzer anzubringen.

Die Aufteilung von $\dot{Q}_{\ddot{u}}$ und Q_Z auf die Teilheizflächen hängt von vielen Einflüssen ab (z.B. von der niedrigsten Teillast mit voller Überhitzung, woraus die $\dot{m}_E$ folgen, von den Grenzwandtemperaturen der Heizflächenrohre bei bestimmten Lasten und von konstruktiven Gesichtspunkten).

Der vom Rauchgas abzugebende Wärmestrom $\dot{Q}_G$ wird aus der Wärmeaufnahme der Teilheizfläche unter Berücksichtigung des anteiligen Strahlungsverlusts, der Massenstrom der Rauchgase $\dot{m}_G$ bei Unterdruckbetrieb unter Berücksichtigung des Falschluftanteils bestimmt. Ausgehend von der Gasaustrittstempertur aus dem Strahlraum bestimmt man damit schrittweise die Rauchgasaustrittstemperatur t_{G2} der einzelnen Kesselteile. Aus den nun bekannten Gastemperaturen und den aus der Wärmeaufnahme bestimmbaren Ein- und Austrittstemperaturen der Wasser- bzw. Dampfseite, werden die mittleren logarithmischen Temperaturdifferenzen Δt_m der Kesselteile berechnet. Mit der Gasstrahlungs- und der Konvektions-Wärmeübergangszahl (s. D 10) wird der Wärmedurchgangsko-

effizient k_H bestimmt. Damit läßt sich die Heizfläche der einzelnen Kesselteile berechnen zu

$$A_H = \dot{Q}_H/(k_H \Delta t_m). \tag{21}$$

Hierfür gibt es heute Rechenprogramme, auch für Teillastberechnung durch Iteration.

Wird die Heißlufttemperatur t_L zur Berechnung von $H_{u,B,ges}$ nicht vorgegeben und will man mit einem einstufigen Luftvorwärmer als letzter Heizfläche die höchstmögliche Luftvorwärmung erreichen, so ist von der kleinsten, wirtschaftlich erreichbaren Temperaturdifferenz $\Delta t_k = t_{G,1} - t_{L,2}$ am Rauchgaseintritt auszugehen. Bei Regenerativluvo ist sie 20 bis 25 K. Sie ist die kleinste Temperaturdifferenz, weil sich der Rauchgasstrom (Index G) wegen seiner größeren Wärmekapazität langsamer abkühlt, als sich der Luftstrom (Index L) aufwärmt. Mit der gegebenen Temperaturdifferenz $\Delta t_A = t_A - t_{L,1}$ am Rauchgasaustritt folgen mit $\omega = \mu_L c_{pL}/(\mu_G c_{pG})$

$$\Delta t_L = t_{L,2} - t_{L,1} = (\Delta t_A - \Delta t_k)/(1 - \omega),$$
$$\Delta t_G = t_{G,1} - t_A = \omega \Delta t_L \quad \text{oder} \quad t_{G,1} = t_{L,2} + \Delta t_k. \tag{22}$$

6.4.3 Strömungswiderstände. Flow resistance

Wasser- und Dampfseite. Der Druckverlust infolge Reibung, Beschleunigung und Umlenkung ergibt sich aus

$$\Delta p = \sum \frac{\xi}{2\rho_m} \cdot \left(\frac{\dot{m}_D}{S}\right)^2 \tag{23}$$

(S Summe der Querschnitte aller parallel durchströmten Rohre, Reibungsbeiwerte ξ s. B 6.2). Für die Beschleunigung infolge Einschnürung am Eintritt und für die Erhöhung der Geschwindigkeit infolge Volumenvergrößerung auf der Austrittsgeschwindigkeit ist für jeden Abschnitt zwischen Sammlern zu berücksichtigen) ist $\xi_b = 1,2$ und als Dichte ρ_a einzusetzen. Die Massenstromdichte $\dot{m}_D/S$ kann auch schaltungstechnisch oder von der Rohranordnung beeinflußt werden. Sie ist so groß zu halten, daß das resultierende α_i zu einer zulässigen äußeren Wandtemperatur (s. D 10.4) führt, die aus

$$t_{w,a} = t_D + q_a d_a \left(\frac{\ln(d_a/d_i)}{2\lambda_w} + \frac{1}{\alpha_i d_i}\right) \tag{24}$$

folgt.

Luft- und Rauchgasseite. Hier ist eine Berechnung der Widerstände für die Bestimmung der Gebläseleistungen erforderlich. Kanalwiderstände werden nach Gl. (23) mit $\dot{m}$ und ρ für das jeweilige Gas berechnet, wobei ξ von Re und dem Strömungszustand (s. B 6.2.1) abhängt. Bei Rohrbündeln ist außerdem noch die Längs- und Querteilung zu berücksichtigen [20]. Für Rippenrohr-Heizflächen und Regenerativvorwärmer gelten die Angaben der Hersteller.

Da sich bei mehreren Kesselzügen wegen der mit der Abkühlung zunehmenden Dichte des Rauchgases der Einfluß der Höhe nicht ausgleicht, ist der Druckverlust Δp für jeden Zug um

$$\Delta p_h = \rho_0 T_0 \, gH(1/T_{u,m} - 1/T_{G,m}) \tag{25}$$

zu korrigieren, d.h. bei Aufwärtsströmung abzuziehen und bei Abwärtsströmung zuzurechnen.

6.4.4 Festigkeitsberechnung. Strength calculations

Berechnung der Zylinderschalen und Böden s. K 2.

Literatur [21–24]

7 Kernreaktoren. Nuclear reactors

Thermische Reaktoren [1, 2] werden als Wärmequelle in Kernkraftwerken genutzt (s. L 3.1.2). Dabei wird die durch Kernspaltung von Atomkernen freigesetzte Energie in Wärme umgesetzt, die dann in elektrische Energie umgewandelt wird (s. L 2.5).

7.1 Bauteile des Reaktors und Reaktorgebäude
Components of reactors und reactor building

Reaktorkern. Er besteht aus Brennelementen, in denen die Kettenreaktion abläuft, die vom Moderator umgeben sind und vom Kühlmittel umflossen werden. Die Brennelemente sitzen im Kerngerüst, das Schwingungen verhindert und den Kühlmittelfluß leitet (s. L 2.5).

Reflektor. Er besteht aus einer den Kern umgebenden Schicht aus Wasser oder Beryllium oder Graphit, um die am äußeren Reaktorkern ausdiffundierenden Neutronen zu reflektieren bzw. die Verluste zu verringern. Die Flußverteilung im Kern wird dadurch vergleichmäßigt.

Thermischer Schild. Er ist ein dickwandiger Stahl- oder Gußeisenmantel um den Reflektor. Er soll die bei der Spaltung entstehenden hochenergetischen γ-Strahlen vom umschließenden Druckgefäß abhalten, um dessen Versprödung zu vermeiden.

Druckbehälter. Er enthält die Anschlüsse für die Zu- und Abfuhr des Kühlmittels (bei integrierter Bauweise mit Spannbeton-Druckbehälter für Speisewasser und Dampf beim HTR und AGR) sowie Möglichkeiten für den Ein- und Ausbau der Brennelemente (bei LWR Deckel, bei D$_2$O-Reaktoren Druckschleusen für die einzelnen Brennelemente) und Steuerelemente.

Biologischer Schild. Als eine 1 bis 2 m dicke Betonschale umgibt er den Druckbehälter und schirmt vorrangig die γ-Strahlung soweit ab, daß die zulässigen Strahlungsintensitäten außerhalb nicht überschritten werden.

Reaktorgebäude. Hier sind alle mit aktivem Material in Berührung kommenden Teile der Anlage untergebracht. Es besteht aus einer Stahlhülle (Containment), die den bei plötzlicher Freisetzung des gesamten Kühlmittels im Innern entstehenden Druck aushält, und einer äußeren Betonhülle 1,5 bis 2 m Dicke, die jeder denkbaren äußeren Einwirkung (Flugzeugabsturz, äußere Explosion, Erdbeben) widersteht, ohne daß am Reaktor und den sicherheitstechnisch wichtigen Teilen Schäden entstehen, durch die Aktivität freigesetzt oder der sichere Zustand gefährdet würde. Das Reaktorgebäude ist nur durch Schleusen zu betreten, so daß es immer von den anderen Gebäuden getrennt ist. Die Belüftung erfolgt so, daß immer Unterdruck gegen außen besteht. Die Abluft wird auf Aktivität überwacht und über Filter durch einen Schornstein abgeführt, so daß bei der maximal zulässigen Aktivitätsabgabe ein Überschreiten der zulässigen Strahlenbelastung am Boden ausgeschlossen ist. Im Störfall wird das Reaktorgebäude luftdicht abgeschlossen.

7.2 Sicherheitstechnik von Kernreaktoren
Reactor safety

Die im Betrieb unvermeidlich abgegebene Aktivität belastet die Bevölkerung mit weniger als 1% der natürlichen und zivilisatorischen Strahlenbelastung. Die einzige mögliche Gefährdung stellt die große Aktivität des Kerns dar, herrührend von den Spaltprodukten (ein 1 200-MW$_{el}$-Reaktorkern enthält eine Aktivität von etwa 10^{17} Bq). Alle Sicherheitsmaßnahmen bezwecken, daß auch bei den unwahrscheinlichsten denkbaren Unfällen keine Spaltprodukte in die Umgebung entweichen können.

Aktive Maßnahmen. Begutachtung des Sicherheitsberichts und kontinuierliche Prüfung der Konstruktion, der Werkstoffe und der Fertigung durch die Beauftragten der Zulassungsbehörde (TÜV) und die Reaktorsicherheitskommission (RSK), woraus behördliche Auflagen folgen. Für alle Bauabschnitte und zur Inbetriebsetzung sind Teilerrichtungsgenehmigungen (TEG) nötig. Im Betrieb sind die Aufzeichnungen laufend zu kontrollieren, bei – meist mit Brennelementwechsel verbundenen – Revisionen sind am Druckbehälter Wiederholungsprüfungen durchzuführen. Störungen sind der Genehmigungsbehörde zu melden, die dann Untersuchungen durchführt.

Passive Maßnahmen. Vorschriften bei der Standortwahl bezüglich geologischer, hydrologischer und meteorologischer Bedingungen sowie der Bevölkerungsdichte in bestimmten Umkreisen müssen beachtet werden. Konstruktive Barrieren zwischen Spaltprodukten und Umgebung, also Brennelementhülle, Druckbehälter, biologischer Schild, Stahlhülle und Betonhülle des Reaktorgebäudes, sowie Notkühlmaßnahmen bei Kühlmittelverlust sind vorzusehen.

Größter anzunehmender Unfall (GAU). Dieser muß vom Reaktorsystem noch beherrscht werden. Er bildet die Grundlage für alle Sicherheitsmaßnahmen. Er unterstellt beim LWR den Bruch einer Hauptkühlmittelleitung sowie beim HTR den Ausfall des Hauptkühlgebläses. Deshalb sind Notkühlsysteme beim LWR und das Notkühlgebläse beim HTR mehrfach vorhanden (Redundanz). Eine Schnellabschaltung bringt den Reaktor bei Störungen – besonders beim GAU – in einen sicheren Zustand. Reaktorschutzschaltungen schalten die Notkühlanlage ein. Ferner wird mit einer Logikschaltung das Reaktorgebäude abgesperrt bei hoher Aktivität. Druckverlust in den Leitungen, Temperaturüberschreitung und plötzlichem Leistungsanstieg.

Bild 1 zeigt die sicherheitstechnischen Maßnahmen eines DWR (Bezeichnungen s. L 3.1.2 und L 7.4).

Untersuchungen zum zeitlichen Verlauf der Störfälle, die mit ihnen verbundenen Belastungen und das Eingreifen der zur Störfallbeherrschung vorgesehenen Sicherheitssysteme wurden im Rahmen der DRS-B (*Deutsche Risiko-Studie Phase B*) analysiert. Hierbei wurde die Bedeutung von anlageninternen Notfallmaßnahmen (Accident-Management-Maßnahmen) festgestellt, daß Kernkraftwerke in vielen Fällen auch dann noch über Sicherheitsreserven verfügen, wenn Sicherheitssysteme nicht wie vorgesehen eingreifen und sicherheitstechnische Auslegungsgrenzen überschritten werden.

Nach Angaben des BMFT zeigt eine Abschätzung, daß mit den untersuchten Notfallmaßnahmen zur Druckentlastung des Primärkühlkreislaufs und der Wiederherstellung der Kernkühlung die Häufigkeit nicht beherrschbarer Ereignisabläufe um das Zehnfache herabgesetzt wird. Danach ergibt sich für die Möglichkeit, daß der Reaktorkern unter hohem Druck schmilzt, eine Häufigkeit von $5 \cdot 10^{-7}$ pro Jahr, also fünf Ereignisse in 10 Mio. Jahren. Für Kernschmelzen unter niedrigem Druck wird eine Häufigkeit von $3 \cdot 10^{-6}$ pro Jahr angegeben. Ein weiteres Ergebnis zeigt, daß sich ein Kernschmelzunfall selbst bei einem weitgehenden Versagen von Sicherheitseinrichtungen nur langsam entwickeln würde. Damit besteht grundsätzlich die Möglichkeit, durch interne Notfallmaßnahmen die Anlage in einen sicheren Zustand zu überführen.

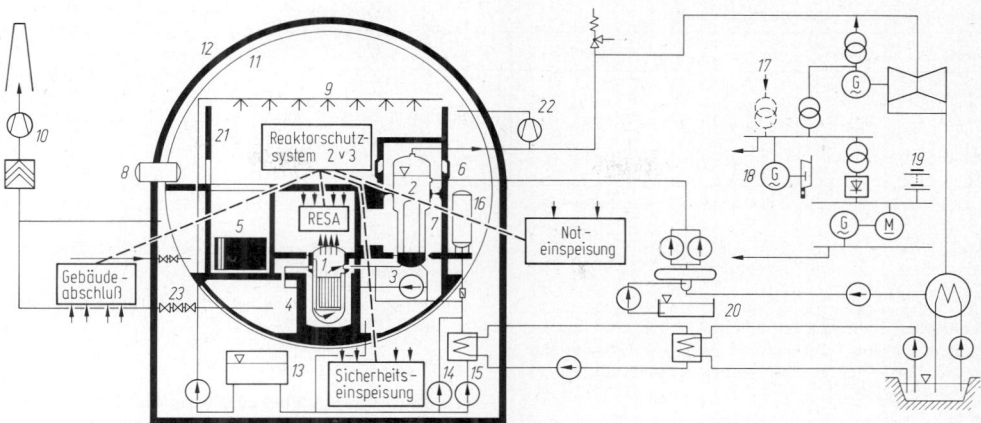

Bild 1. Sicherheitstechnische Einrichtungen für Druckwasserreaktoren. *1* Reaktor, *2* Dampferzeuger, *3* Hauptkühlmittelpumpe, *4* biologischer Schild, *5* Brennelementbecken, *6* Überströmöffnung, *7* Dampferzeuger-Abstützung, *8* Materialschleuse, *9* Gebäudesprüheinrichtung, *10* Ringraumabsaugung, *11* Sicherheitshülle, *12* Sekundärabschirmung, *13* Borwasser-Flutbehälter (4 × 50%), *14* HD-Sicherheitseinspeisepumpe (4 × 50%), *15* ND-Sicherheitseinspeisepumpe und Nachwärmekühler (4 × 50%), *16* Druckspeicher, *17* Anfahrnetz-Einspeisung, *18* Notstrom-Dieselgenerator, *19* Batterie, *20* Deionatbecken, *21* Trümmerschutzzylinder, *22* Rückpumpeinrichtung, *23* Unterdruckhaltung

7.3 Funktionsbedingungen für Kernreaktoren
Function conditions for nuclear reactors

Langsame Leistungsänderungen. Sie werden durch den negativen Temperaturkoeffizienten der Reaktivität ausgeglichen. Mit steigender Temperatur sinkt der thermische Neutronenfluß infolge Dichteänderungen und niedrigerer Spaltungswirkungsquerschnitte; damit nimmt auch die Leistung ab, und die Temperatur geht wieder zurück. Man nennt dies „inhärente Sicherheit".

Schnelle Leistungsänderungen. Hierfür sind Regelstäbe oder -platten aus stark neutronenabsorbierendem Material vorhanden, die je nach Leistung mehr oder weniger tief in den Kern eintauchen. Weiterhin können die Regelstäbe den im Laufe des Betriebs durch Spaltprodukte (vor allem Xe 135; Xenonvergiftung) verringerten Multiplikationsfaktor ausgleichen, wozu aber auch ein „abbrennbares Neutronengift" verwendet werden kann. Weitere Möglichkeiten sind beim SWR die Änderung der Umwälzmenge und dadurch ein veränderter Dampfblasengehalt und beim HTR die Änderung des Kühlgasstroms, damit die Änderung der Gastemperatur und über den besonders großen Temperaturkoeffizienten die Änderung der Leistung.

Schnellabschaltung. Sie erfolgt durch Auslösung der Regelstäbe und Einfahren unter Eigengewicht oder mittels hydraulischen Antriebs in voller Länge innerhalb weniger Sekunden. Die Regelbarkeit hängt ab von den 0,72% verzögerten Neutronen (s. L 2.5), da bei prompter Neutronenvermehrung bei einer Spaltung der Regelungszeitraum zu gering ist.

Grundbegriffe der Reaktortheorie

Für die *Berechnung* eines Reaktorkerns, der Eigenschaften (Flußverteilung, höchste Brennstoff- und Staboberflächentemperatur) und Kennzahlen (spezifische Leistung, maximaler Abbrand, Oberflächenbelastung) werden der Multiplikationsfaktor k_∞ für den unendlichen homogenen Reaktor, also ohne Neutronenaustrittsverluste, sowie die Verluste ohne und mit Reflektor ermittelt. Für einen heterogenen Reaktor werden dieselben Kennzahlen für die Elementarzelle und daraus die Abweichungen des gesamten Kerns vom homogenen Reaktor ermittelt, wobei bei genügend feiner Unterteilung die Rechnung für letzteren nur mit geeigneten Koeffizienten durchgeführt wird.
Für einen *unendlichen homogenen Reaktorkern* gilt für die mittlere Neutronenproduktion $\bar{v}$ pro Spaltung und dem Verhältnis α von Einfang- zu Spaltungswirkungsquerschnitt

$$\eta = \bar{v}/(1 + \alpha). \tag{1}$$

Schnellspaltfaktor. $\varepsilon > 1$ berücksichtigt die Neutronen aus der Spaltung von U238 durch schnelle Neutronen. Für natürliches Uran ist $\varepsilon = 1,2$.

Resonanzfluchtwahrscheinlichkeit. U238 hat Maxima des Absorptionswirkungsquerschnitts bei verschiedenen Energien zwischen 6,8 und 101 eV. $p < 1$ gibt die Wahrscheinlichkeit an, daß ein Neutron diesem Einfang ohne Spaltung während der Abbremsung entgeht.

Thermischer Nutzfaktor. $f < 1$ gibt den Anteil der thermischen Neutronen an, die im Spaltstoff eingefangen werden (der Rest im Brems-, Bau- und Kühlstoff). Er hängt vom Verhältnis der Absorptionswirkungsquerschnitte des Urans zu ihrer Summe ab.

Multiplikationsfaktor k_∞. Er gibt an, um wieviel sich die Neutronen während einer Generation (nach einer Spaltung) vermehren

$$k_\infty = \eta \varepsilon p f. \tag{2}$$

Für den *endlichen Reaktorkern* gilt:
Mit Hilfe der Diffusionsgleichung kann man die kritische Größe berechnen.

Mittlere Transportweglänge. Mit der mittleren Streuweglänge $\lambda_s = 1/\Sigma_s$ (Σ = makroskopischer Wirkungsquerschnitt, auf 1 cm³ bezogen) und dem Atomgewicht A des Moderators ist die mittlere Transportweglänge

$$\lambda_{tr} = \lambda_s/(1 - 2/(3A)). \tag{3}$$

Diffusionslänge. Ein Maß für die Weglänge von der Entstehung bis zur Absorption eines thermischen Neutrons,

Tabelle 1. Größen zur Reaktorkernberechnung

Körper	Quader	Kugel	Zylinder
Koordinate[a])	x, y, z	r	r, z
Buckling B^2	$(\pi/x_0)^2 + (\pi/y_0)^2 + (\pi/z_0)^2$	$(\pi/r_0)^2$	$(\pi/z_0)^2 + (2{,}405/r_0)^2$
Fluß Φ	$A \cos\left(\dfrac{\pi x}{x_0}\right) \cos\left(\dfrac{\pi y}{y_0}\right) \cos\left(\dfrac{\pi z}{z_0}\right)$	$\dfrac{A}{r} \sin\left(\dfrac{\pi r}{r_0}\right)$	$A \cos\left(\dfrac{\pi z}{z_0}\right) \cdot J_0\dfrac{2{,}405\, r}{r_0}$

[a]) Ohne Index: laufende Koordinaten, Index 0: Körperabmessungen.

wobei $\lambda_a = 1/\Sigma_a$, ist die Diffusionslänge

$$L = \sqrt{\lambda_{tr}\lambda_a/3}. \tag{4}$$

Fermi-Alter. Ist E_0 die Entstehungs- und E_{th} die thermische Energie eines Neutron und $\xi = \ln(E_1/E_2)$ das mittlere logarithmische Energiedekrement eines Stoßes (für $A > 10$ gilt näherungsweise $\xi = 2/(A + 2/3)$), so ist das Fermi-Alter τ

$$\tau = L^2 \cdot \ln(E_0/E_{th}) \tag{5}$$

ein Maß für die Streuweglänge und damit für die Zeit von der Entstehungs- bis zur thermischen Energie.

Diffusionsgleichung. Ist Δ der Laplace-Operator (s. A 7.4.2), Φ der thermische Fluß und B^2 das Buckling oder Krümmungsmaß für den Verlauf des Flusses Φ über den Kernradius, so gilt

$$\Delta\Phi + B^2\Phi = 0. \tag{6}$$

B^2 ist der niedrigste Eigenwert der Diffusionsgleichung (s. A 8.2.1) und hat für verschiedene Körper die in **Tab. 1** angegebenen Werte (als Abmessungen sind die um die Extrapolationslänge $d = 0{,}71\lambda_{tr}$ vergrößerten wirklichen Längen einzusetzen).

Multiplikationsfaktor. Bei dem effektiven Wert

$$k_{eff} = k_\infty \exp(-B^2\tau)/(1 + L^2B^2) \tag{7}$$

gibt der Faktor $\exp(-B^2\tau)$ die Wahrscheinlichkeit an, daß ein Neutron nicht während des Abbremsens entweicht. Der Faktor $1/(1 + L^2B^2)$ steht für die Wahrscheinlichkeit, daß ein thermisches Neutron nicht entweicht. Die Differenzen zu 1 sind Verluste.

Kritikalitätsbedingung $k_{eff} = 1$. Hierfür erhält man einen Wert für B^2, der nur von Materialwerten abhängt und deshalb „Materialkrümmungsfaktor" B_m genannt wird, während der Eigenwert der Diffusionsgleichung nur von den Abmessungen abhängt und deshalb „geometrischer Krümmungsfaktor" B_g heißt.

Minimale Reaktorkerngröße. Für eine kritischen Reaktorkern findet man sie aus $B_m = B_g$. Ist $B_m < B_g$, so wäre das mit B_g nach Gl. (7) berechnete $k_{eff} < 1$, und der Reaktorkern wäre unterkritisch. Er muß durch andere Geometrie, anderes Moderator/Brennstoff-Verhältnis, höhere Anreicherung oder ähnliche Maßnahmen kritisch gemacht werden. $B_m > B_g$ entsprechend $k_{eff} > 1$ bedeutet eine Überschußreaktivität, die durch Regelstäbe ausgeglichen werden muß, aber für Regelvorgänge und den Ausgleich von Spaltstoffvergiftung durch Spaltprodukte benutzt werden kann.

Für kleine Werte von B^2 ist $\exp(-B^2\tau) \approx 1/(1 + B^2\tau)$. Dann ist

$$k_{eff} = k_\infty/[1 + B^2(L^2 + \tau)] = k_\infty/(1 + B^2M^2). \tag{8}$$

$M^2 = L^2 + \tau$ ist ein Maß für den Weg von der Entstehung eines schnellen Neutrons bis zur Absorption und heißt „Wanderungsfläche". Für $k_{eff} = 1$ folgt nun

$$B^2 = (k_\infty - 1)/M^2, \tag{9}$$

und nach Gleichsetzen mit B_g^2 lassen sich die Minimalabmessungen berechnen.

Neutralfluß. Sein Verlauf folgt aus der Diffusionsgleichung, s. **Tab. 1**.

Reaktorkern mit Reflektor

Da der thermische Fluß zum Rand hin stark abnimmt, würden diese Teile nur eine geringe spezifische Leistung abgeben. Wegen des Reflektors (s. L 7.1) sinkt der Neutronenfluß erst viel weiter außen als die Extrapolationslänge d es angibt auf Null. Daher ist der Fluß am Kernrand höher; dasselbe gilt für den Mittelwert über den Kernquerschnitt und damit die Volumenleistung. Folglich werden die kritischen Abmessungen kleiner. Die Reflektordicke muß nur etwa $2d$ betragen, damit er fast wie ein unendlich dicker Reflektor wirkt. Die Berechnung des thermischen Neutronenflusses stellt die Randbedingung „Fluß im Kern und im Reflektor an der Grenze gleich".

7.4 Bauarten von Kernreaktoren
Types of nuclear reactors

7.4.1 Leichtwasserreaktoren (LWR). Light water reactors

Druckwasserreaktor (DWR)

Kühlung und Moderation erfolgen durch Wasser, das unter so hohem Druck (158 bar) steht, daß es bei Aufwärmung im Reaktor (bei Vollast von 292 auf 326 °C) nicht verdampft [3].

Brennelemente, Bild 2 [4]. Brennstoff UO_2 in Form von gepreßten Zylindern (9,5 mm Durchmesser, 10 mm Höhe) in nahtlos gezogene Präzisionshüllrohre *1* (10,75 mm äußerer Durchmesser, 0,65 mm Wanddicke) aus Zircaloy 4 einge-

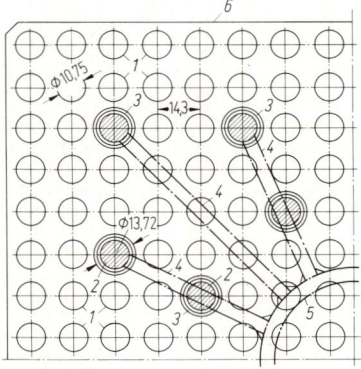

Bild 2. Quadrant eines Brennelements 16 × 16 für Druckwasserreaktoren (Kraftwerk Union AG (KWU), Mülheim/Ruhr). *1* Brennstäbe, *2* Absorberstäbe, *3* Führungsrohre, *4* Tragstern für Absorberstäbe, *5* Anschlußrohr für Steuerstabantrieb, *6* Abstandshalter

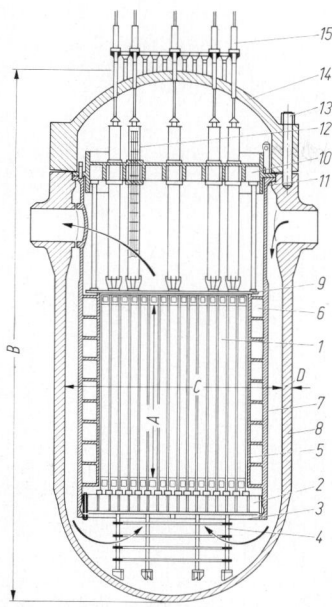

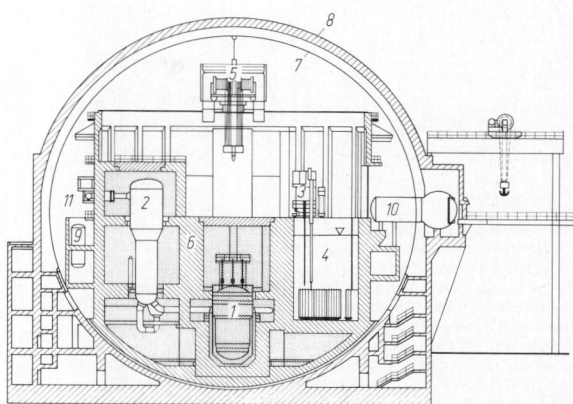

Bild 3. Druckwasserreaktor (Kraftwerk Union AG (KWU), Mülheim/Ruhr). *1* Brennelemente, *2* unterer Rost, *3* Stauplatte, *4* Schemel, *5* Kernumfassung, *6* Reflektor, *7* Kernbehälter (thermischer Schild), *8* Druckbehälter, *9* Gitterplatte, *10* oberer Rost, *11* Tragflansch, *12* Führungseinsatz für Steuerelemente, *13* Deckelschraube, *14* Deckel, *15* Steuerstabantrieb

Bild 4. Druckwasserreaktor-Gebäude (Kraftwerk Union AG (KWU), Mülheim/Ruhr). *1* Reaktordruckgefäß, *2* Dampferzeuger, *3* Lademaschine, *4* Brennelement-Lagerbecken, *5* Rundlaufkran, *6* biologischer Schild, *7* Sicherheitshülle (Stahl), *8* Betonhülle, *9* Druckspeicher, *10* Materialschleuse, *11* Frischdampfleitung; während des Betriebs nicht begehbarer Bereich gerastert

führt, mit He unter Druck gefüllt (verringert Beanspruchung im Betrieb), Enden gasdicht verschweißt, bilden die Brennstäbe. Sie werden in 16×16-Anordnung in Gestelle eingebaut, die aus 20 Führungsrohren *3* für Absorberstäbe und neun Abstandshaltern *6* mit Kopf- und Fußteilen bestehen. Bei Vollast leistet jeder Stab 200 W/cm bzw. 61 W/cm². Die Absorberstäbe *2* werden über einen Tragstern *4* zu einem Steuerelement zusammengefaßt, das mittels eines Antriebs mit magnetischer Betätigung schrittweise verstellt werden kann bzw. bei Stromausfall frei einfällt (Reaktorschnellabschaltung). Die Steuerelemente sind so über den Reaktorquerschnitt verteilt, daß die Flußverteilung möglichst wenig gestört wird.

Aufbau, Bild 3. Das Kühlwasser strömt zwischen der Druckbehälter-Innenwand und dem Kernbehälter, der den thermischen Schild bildet, nach unten und zwischen den Brennelementen nach oben. Ein- und Austritt sind so hoch gelegt, daß bei Undichtheiten in den Leitungen der Kern von Wasser bedeckt bleibt. Der Druckbehälter aus warmfestem Feinkorn-Baustahl ist innen mit einer 5 bis 7 mm dicken Plattierung aus austenitischem Stahl zur Vermeidung radioaktiver Korrosionsprodukte ausgekleidet.

Reaktorgebäude, Bild 4. Es enthält vor allem den Reaktor *1*, die Dampferzeuger *2*, die Haupt-Kühlmittelpumpen (verdeckt), das Brennelement-Lagerbecken *4*, die Lademaschine *3* und den Rundlaufkran *5*. Der Reaktor ist vom 2 m dicken biologischen Schild *6* umgeben, die anderen Teile (außer Lademaschine und Kran) von einer Abschirmung (Splitterschutz), die im Betrieb nicht begehbaren Räume umfaßt. Das ganze Gebäude wird von einer druckdichten Stahlkugel (Containment) *7* von 48 bis 56 m Durchmesser und etwa 30 mm Wanddicke umgeben, die den beim GAU auftretenden Überdruck von 5,3 bar

aufnimmt, ohne daß Radioaktivität nach außen gelangt. Diese Sicherheitshülle ist von einer etwa 1,5 m dicken Betonhülle gegen äußere Einwirkungen geschützt. Im Zwischenraum herrscht Unterdruck. Im Ringraum zwischen Kugel und Betonhülle sind das Nachkühl- und Notkühlsystem untergebracht. Weitere Hilfsanlagen befinden sich in einem angrenzenden Gebäude, beide zusammen bilden den Kontrollbereich.

Schaltung, Bild 5. Je nach Reaktorleistung sind die primären Kühlkreisläufe (Loops) zwei- bis vierfach vorhanden, ebenso die Sicherheitskreisläufe. Ein Teil des Kühlwassers wird bei *11* laufend gereinigt und auf den je nach Abbrand des Kerns gewünschten Borsäuregehalt gebracht (Absenken durch Verdampfer *16* und Pumpe *22*, Erhöhen mittels Borsäurebehälter *20* und Pumpe *21*). Druckhalter *4* und Abblasetank *5* gleichen Druckschwankungen aus. Für Nachwärmeabfuhr sind Pumpe *29* und Kühler *30* vorhanden. Bei großem Kühlmittelverlust (beim GAU) tritt nach Druckabfall auf 30 bar der Druckspeicher *31* in Aktion; bei 10 bar pumpt die Pumpe *33* boriertes Wasser aus dem Flutbehälter *32* in den Kern. Ist der Flutbehälter nach 30 min leer, wird auf Sumpfkreislauf *28* umgeschaltet.

Siedewasserreaktor (SWR)

Der Wasserdurchsatz ist so geregelt, daß bei 70 bar Betriebsdruck ein Dampf/Wasser-Gemisch (13% Dampfgehalt) mit der Siedetemperatur 286 °C entsteht.

Brennelemente. Als Brennstoff dient UO_2 in Form von gepreßten Zylindern (10,6 mm Durchmesser), in Hüllrohre aus Zircaloy 2 (12,5 mm äußerer Durchmesser) gefüllt und dichtgeschweißt, 63 Brennstoffstäbe sind in 8×8-Anordnung in ein Gestell eingehängt, das von einem mittleren

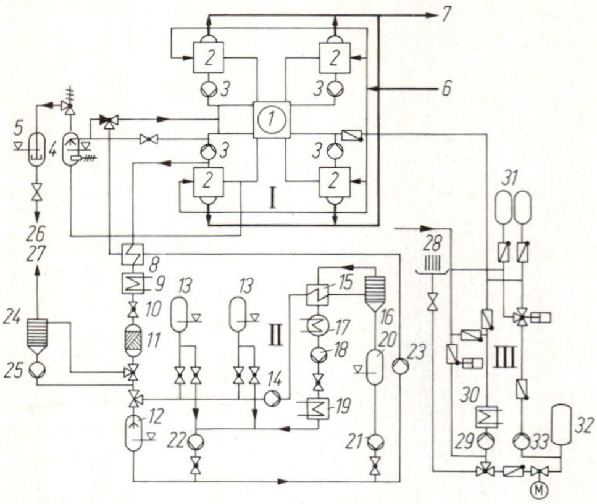

Bild 5. Schaltplan der Primärsysteme eines Druckwasserreaktors. I Primärkreislauf: *1* Reaktor, *2* Dampferzeuger, *3* Haupt-Kühlmittelpumpen, *4* Druckhalter, *5* Druckhalter-Abblasetank, *6* Sekundärspeiseleitung, *7* Sekundärdampfleitung; II Kühlmittelaufbereitung: *8* Wärmeübertrager, *9* Hochdruck-Nachkühler, *10* Druckreduzierstation, *11* Ionenaustauscher, *12* Ausgleichsbehälter, *13* Kühlmittelspeicher, *14* Verdampferspeisepumpe, *15* Vorwärmer, *16* Verdampfer, *17* Kondensator, *18* Kondensatpumpe, *19* Nachkühler, *20* Borsäurebehälter, *21* Borsäurepumpe, *22* Rückspeisepumpe, *23* Förderpumpe, *24* Entgaser, *25* Abziehpumpe, *26* zur Nachwärmeabführung, *27* zum Abgassystem; III Not-Kühlkreislauf (vierfach vorhanden): *28* Reaktorsumpf, *29* Nachkühlpumpe, *30* Nachwärmekühler, *31* Druckspeicher, *32* Flutbehälter, *33* Sicherheitseinspeisepumpe

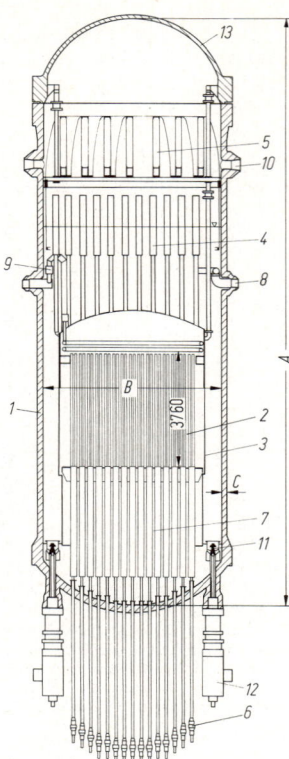

Bild 6. Siedewasserreaktor (Kraftwerk Union AG (KWU), Mülheim/Ruhr). *1* Reaktordruckbehälter, *2* Reaktorkern, *3* Kernmantel (thermischer Schild), *4* Dampf/Wasser-Abscheider, *5* Dampftrockner, *6* Steuerelementantrieb, *7* Steuerelement, *8* Speisewasserstutzen, *9* Kernflutleitung, *10* Frischdampfstutzen, *11* Haupt-Kühlmittelpumpe (Umwälzpumpe), *12* Pumpenmotor, *13* Reaktordeckel

wasserdurchflossenen Rohr und sieben Abstandshaltern gebildet wird und von einem Kasten aus Zircaloy umgeben ist. Die aktive Länge beträgt bei allen Leistungen 3,76 m (**Bild 6**), die Leistung eines Brennstabs 200 W/cm bzw. 50 W/cm². Zwischen den Brennelementen gleiten aus kreuzweise zusammengesetzten Platten bestehende Steuerelemente *7*, die mit Borcarbid gefüllte Röhrchen enthalten. Sie werden hydraulisch von unten eingefahren.

Aufbau, Bild 6. Speisewasser, das bei *8* zugeführt wird, mischt sich mit dem Rücklaufwasser aus den Abscheidern *4* im Ringraum zwischen dem Kernmantel *3* und der Reaktordruckbehälter-Innenwand, bildet den Reflektor und strömt zu den Umwälzpumpen (Haupt-Kühlmittelpumpen) *11*. Das entstehende Dampf-Wasser-Gemisch wird im Abscheider *4* getrennt und im Dampftrockner *5* auf 0,2% Restfeuchte getrocknet. Der Druckbehälter *1* wird aus einem gewölbten Boden und drei bis fünf zylindrischen Ringen auf der Baustelle zusammengeschweißt (alle Teile mit 8 mm dicker Plattierung), während der halbkugelförmige Deckel geringerer Wanddicke nicht plattiert ist.

Reaktorgebäude, Bild 7. Es enthält den Reaktor *1* mit dem biologischen Schild *2* die Kondensationskammer *3* mit den Einblaserohren *4* und die Reaktorwasser-Reinigungsanlage *5* innerhalb der Sicherheitsumschließung *6*. Letztere ist mit einer druckdichten Stahlhaut (Liner) *7* ausgekleidet; ihr oberer Teil ist durch einen Splitterschutz *8* geschützt und mit einem Druckkammerdeckel *9* abgeschlossen. Darüber befindet sich das Brennelement-Lagerbecken *10*, das Transportbehälter-Absetzbecken *11* und das Absetzbecken *12* für den Reaktordeckel und die Einbauten sowie die Brennelement-Wechselmaschine *13*. Die Räume unter dieser Ebene werden bei Brennelementwechsel geflutet.

Sicherheitskreisläufe und Regelung Bild 8. Bei Störungen anfallender Dampf wird in der Kondensationskammer *3* niedergeschlagen, der Wasserinhalt über den Kühler *7* mit den Pumpen *5* und *6* umgewälzt. Der Kühler *7* dient auch zum Abführen der Nachwärme beim Abschalten über die Leitung von der Hauptdampfleitung *16* und die Niederdruckpumpe *8*. Dieses System ist dreifach vorhanden, wobei jeder Kühler für 100% Leistung ausgelegt ist. Die Kühler dienen auch zur Notkühlung bei Störungen mit Kühlmittelverlust und Druckabsenkung und Einspeisung sowohl in die Speiseleitung *15* als auch direkt in den Reaktorkern. Ein Teil des Reaktorwassers wird laufend über den Wärmetauscher *13* und den Kühler *14* durch die Reinigung *12* umgewälzt. Zu Regelungszwecken wird Borwasser aus dem Behälter *10* zugesetzt. Die Regelung von langsamen Leistungsänderungen erfolgt durch die Steuerstäbe *7* (s. **Bild 6**), für schnelle Änderungen und im oberen Leistungsbereich durch Drehzahländerung der Umwälzpumpen über den geänderten Dampfblasengehalt und damit über die Neutronenabbremsung.

7.4.2 Schwerwasserreaktoren. Heavy water reactors

Mit D_2O moderiert, ermöglichen sie auch bei Kühlung mit Schwerwasser unter Druck den Betrieb mit Natururan. Bei Kühlung mit H_2O als Siedewasser (DSWR, engl.: PHWR Pressurized Heavy Water Reactor) erfordern sie wegen der größeren Neutronenverluste eine leichte Anreicherung. Sie

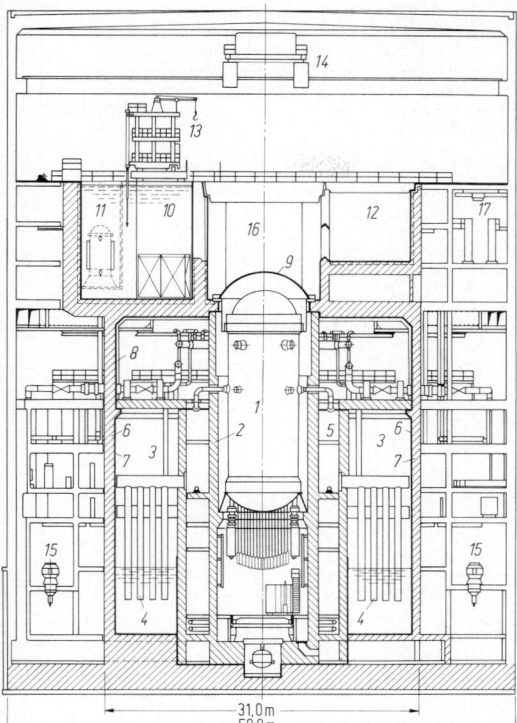

Bild 7. Siedewasserreaktor-Gebäude (Kraftwerk Union AG (KWU), Mülheim/Ruhr). *1* Reaktordruckbehälter, *2* biologischer Schild, *3* Kondensationskammer, *4* Kondensatorrohre, *5* Reaktorwasser-Reinigungsanlage, *6* Spannbeton-Sicherheitsumschließung, *7* Stahl-Dichthaut (Liner), *8* Splitterschutz, *9* Druckkammerdeckel, *10* Brennelement-Lagerbecken, *11* Transportbehälter-Absetzbecken, *12* Absetzbecken für Reaktordeckel, *13* Brennelement-Wechselmaschine, *14* Gebäudekran, *15* Nachkühlpumpe, *16* Flutraum, *17* Lager für neue Brennelemente

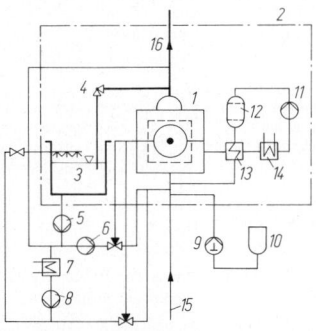

Bild 8. Schaltplan für Siedewasserreaktor. *1* Reaktor, *2* Sicherheitshülle, *3* Kondensationskammer, *4* Sicherheitsventile, *5* Vorpumpe, *6* Hochdruckpumpe, *7* Nachwärmekühler, *8* Niederdruckpumpe, *9* Borwasserpumpe, *10* Borwasserbehälter, *11* Kühlmittel-Reinigungspumpe, *12* Filter, *13* Wärmetauscher, *14* Reinigungskühler, *15* Speiseleitung, *16* Frischdampfleitung

bauen kleiner als graphitmoderierte Natururanreaktoren und werden meist als Druckrohrenreaktor gebaut (mit horizontalen Rohren in Kanada als CANDU). Die Wärmedämmung zwischen den die Brennelemente enthaltenden Druckröhren und dem Moderator hält diesen kühl und drucklos.

7.4.3 Gasgekühlte thermische Reaktoren
Gas cooled thermal reactors

In Großbritannien wird für den AGR (Advanced Gas Cooled Reactors) höherer Gasdruck (40 bar) dadurch erreicht, daß das Druckgefäß als Spannbeton-Druckbehälter ausgeführt wird. Dieses Konzept für den Behälter wird in der Bundesrepublik Deutschland für den Hochtemperaturreaktor (HTR für Temperaturen von 750 bis 950 °C mit He-Kühlung) mit kugelförmigen Brennelementen gewählt, die während des Betriebs kontinuierlich zugegeben und abgeführt werden. Sie sind aus einer Graphitmatrix aufgebaut, in die sog. „coated particles" als Brennstoff eingebettet sind. Dies sind kugelige Teilchen mit etwa 0,5 mm Durchmesser, die einen Kern von einigen Zehntel mm Durchmesser besitzen, der auf 90% U 235 angereichertem UO_2 besteht. Diese Kerne sind von mehreren Schichten pyrolitischen Graphits (bei hohen Temperaturen aufgesinterten Graphits) umgeben, um die gasförmigen Spaltprodukte zurückzuhalten. Die Graphitmatrix mit diesen Teilchen wird sehr fest gepreßt und mit einer reinen Graphithülle umgeben, so daß feste Kugeln von 60 mm äußerem Durchmesser entstehen. Der Graphit wirkt als Moderator. Für den Thorium-HTR (THTR) wird ein Gemisch aus U- und Th-haltigen Partikeln verwendet, um aus Thorium U 233 zu erbrüten (s. L 2.5) [5].

Prototyp des Thorium-Hochtemperaturreaktors THTR-300, Bild 9. Er hat einen Reaktorkern *1*, der aus einer Schüttung von 675000 kugelförmigen Brennelementen (Kugelhaufen) besteht. Sie befinden sich in einem aus Graphitblöcken aufgebauten Behälter *2* mit konusförmigem Boden, der als Reflektor dient. Die Graphiteinbauten stützen sich an einem geschlossenen Ring von Gußplatten ab, der einen thermischen Schild *3* bildet. Er ist von Reaktordruckbehälter *4* umgeben, der als Spannbetonbehälter ausgeführt ist. Horizontale und vertikale Spannkabel tragen die Kräfte aus dem Innendruck, während die Dichtheit von einer 20 mm dicken stählernen Auskleidung (Liner) *5* übernommen wird, die gasseitig mit einer Wärmedämmung und betonseitig mit einer Kühlung verse-

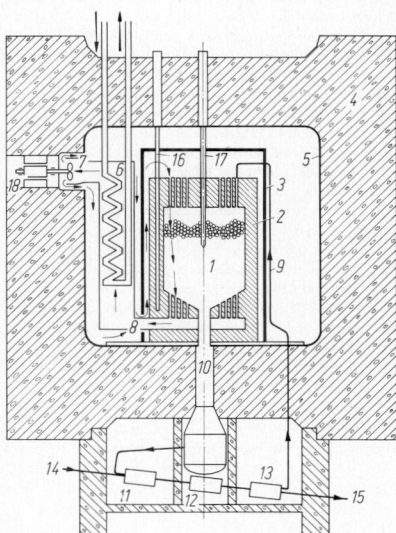

Bild 9. Schematische Darstellung des THTR-300 (Hochtemperatur-Reaktorbau GmbH, (HRB) Mannheim). *1* Reaktorkern (Kugelhaufen), *2* Reflektor, *3* thermischer Schild, *4* Spannbeton-Druckbehälter, *5* Liner, *6* Dampferzeuger, *7* Gebläse, *8* Heißgaskanal, *9* Kugelförderleitung, *10* Kugelabzugsrohr, *11* Sammlerblock, *12* Abbrandmeßanlage, *13* Verteiler- und Förderblock, *14* Kugelzugabe, *15* Kugelentnahme, *16* Reflektorstab, *17* Abschaltstab, *18* Gebläseantrieb (s. **L 3 Bild 9**).

Tabelle 2. Kenndaten wichtiger Leistungsreaktoren

Reaktortyp	Brennstoffdaten							Leistungsdaten		
	Brenn-stoff-ladung	Anreiche-rung Gleich-gewicht	Mittlerer Abbrand	Brenn-stoffbe-lastung	Spalt-stoffbe-lastung	Lei-stungs-dichte	Kon-version	Kühl-mittel Reaktor-austritt	Dampf-zustand vor Turbine	Netto-wirkungs-grad
	t	%	GWd/tSM	kW/kg	MW/kg	kW/l Core		°C/bar	°C/bar	%
Druck-wasserreaktor[a]	102,7	3,2	34	36,5	1,2	93	0,8	326 / 158	284,5 / 66,8	32,6 Kühlturm
Siedewasser-reaktor[b]	136	2,75	33	26,5	0,91	56,8	0,8	286 / 71	283 / 67	34,0 Fluß-kühlung
Fortgeschrittener gasgekühlter Reaktor (AGR)[c]	93	2,3	18,0	6,5	0,28	2,7	0,4	648 / 40	533 / 162	42,0
Hochtemperatur-reaktor (HTR)[d]	0,65(U) 6,5(Th) (U+Th)O$_2$	93,0	109,0	0,002(U) 0,2(Th)	2,0	6,0	0,9	750 / 40	530 / 181	40,0 Trocken-kühlung
Schneller natriumgekühl-ter Brüter (SNR)[e]	19,0 (U+Pu)O$_2$	11,5 (Pu)	67,0 (U+Pu)O$_2$	116,0 (U+Pu)O$_2$	1,0	380,0	1,27	545 / 10	490 / 168	42,0

[a]) 1 300 MW, Emsland;   [b]) 1 300 MW, Gundremmingen;   [c]) 600 MW;   [d]) 300 MW;   [e]) ca. 1 000 MW

GWd/tSM = Gigawatt-Tage (24 Mio kWh) je Tonne Schwermetall (Uran + Plutonium).

hen ist. Der Spannbetonbehälter dient als biologischer Schild und schützt das Primärsystem gegen Einwirkungen von außen. Im Ringraum zwischen Liner und thermischem Schild sind die sechs parallel geschalteten Dampferzeuger 6 angeordnet. Sie werden von dem Reaktorkühlmittel Helium beheizt, das von sechs in der Behälterwand eingebauten Gebläsen 7 umgewälzt wird. Das Helium hat einen Betriebsdruck von 39 bar und fließt von den Gebläsen zwischen dem thermischen Schild und dem Reflektor nach oben, dann durch den Kugelhaufen nach unten (wobei es sich von 260 auf 760 °C erwärmt) und durch den Heißgaskanal 8 von unten nach oben zu den Dampferzeugern. Dampfzustand am Dampferzeugeraustritt ist 550 °C /186 bar, am Zwischenüberhitzer 535 °C /49 bar, womit bei Trockenkühlung des Kondensatorkühlwassers ein Netto-Anlagenwirkungsgrad von 39% erreicht wird. Die thermische Leistung beträgt 750 MJ/s. Der Liner hat außen einen Durchmesser von 15,9 m und eine Höhe von 15,3 m. Die Wände des Druckbehälters sind etwa 5 m dick. Der Reaktorkern hat einen Durchmesser von 5,6 m und eine Höhe von 6 m. Er wird während des Betriebs kontinuierlich durch mehrere Kugelförderleitungen 9 in der Decke mit Brennelementen beschickt, die den Reaktorkern unter Schwerkraft durchlaufen und über das Kugelabzugsrohr 10 abgezogen werden. In der darunter liegenden Kugelbehandlungsanlage wird der Abbrand in der Abbrandmeßanlage 12 gemessen. Kugeln mit dem Abbrand über 109 000 MWd/t Schwermetall werden bei 15 ausgeschieden. Die übrigen und die 14 zugegebenen Ersatzkugeln werden pneumatisch über die Leitung 9 in den Reaktor zurückgefördert. 36 in den Reflektor einfahrende Absorberstäbe regeln die Reaktorleistung und bewirken bei Bedarf die Schnellabschaltung. Für Langzeitabschaltung stehen 42 direkt in den Kugelhaufen einfahrende Abschaltstäbe 17 zur Verfügung.

7.4.4 Schnelle Brutreaktoren (SNR)
Fast breeder reactors

Da zum Brüten die Neutronenenergie so hoch wie möglich erhalten bleiben muß, wird kein Moderator verwendet. Die Aufrechterhaltung der Kettenreaktion mit schnellen Neutronen erfordert eine hohe Anreicherung (etwa 15 bis 25%, Rest Natur- oder abgereichertes Uran). Um die die Wirtschaftlichkeit dieses Typs bei hoher Leistungsdichte (300 MW/m^3) mit geringer Übertemperatur zu erreichen, ist flüssiges Metall wegen seiner sehr guten Wärmeleitfähigkeit am günstigsten. Wegen kernphysikalischer Eigenschaften (s. L 2.5 und L 3.1.2) und ausreichendem Abstand zwischen Betriebs- und Siedetemperatur wird Natrium gewählt; dadurch ist auch ein niedrigerer Reaktordruck möglich.

Schneller natriumgekühlter Brutreaktor SNR-300. Dieser in Deutschland gemeinsam mit Belgien und den Niederlanden sich noch im Bau befindliche Reaktor hat eine elektrische Leistung von 300 MW, eine thermische Leistung von 762 MJ/s und einen Systemdruck von 12 bar.

7.4.5 Kennwerte von Reaktortypen
Characteristics of nuclear reactors

In **Tab. 1** und **Tab. 2** sind die charakteristischen Auslegungsdaten deutscher Kernkraftwerke zusammengestellt [6].

8 Anhang L: Diagramme und Tabellen
Appendix L: Diagrams and tables

Anh. L2 Tabelle 1. Steinkohleneinheit (SKE), ein techn. Energiemaß, der mittlere Energieinhalt von 1 **kg** Steinkohle (7000 kcal $\triangleq$ 29,3 MJ $\triangleq$ 8,141 kWh). Es entsprechen:

1 kg Erdöl (roh)	1,454 SKE
1 kg Heizöl, schwer	1,400 SKE
1 kg Heizöl, leicht	1,457 SKE
1 kg Motorenbenzin	1,486 SKE
1 kg Dieselkraftstoff	1,457 SKE
1 m³ Erdgas	1,083 SKE
1 m³ Stadtgas	0,546 SKE
1 kg Steinkohle	1,014 SKE
1 kg Steinkohlenkoks	0,976 SKE
1 kg Rohbraunkohle	0,285 SKE
1 kg Hartbraunkohle	0,531 SKE
1 kg Brenntorf	0,486 SKE
1 kg Brennholz	0,500 SKE
1 kWh Strom	0,123 SKE

Energieinhalt von Uran

bei Nutzung im Leichtwasserreaktor
mit Wiederaufarbeitung
(Anreicherung 3,1%, tails assay 0,2%):
1 kg Natururan 25,8 · 10³ SKE

bei Brüterausnutzung:
1 kg Natururan 1 650 · 10³ SKE

Anh. L2 Tabelle 2. Fossile Brennstoffe

Brennstoff	Asche (Mittel) %	Wasser (Mittel) %	Heizwert Rohbrennstoff kJ/kg	kcal/kg	Reinsubstanz kJ/kg	kcal/kg	Minimale Verbrennungs- luftmenge m³/kg
Holz, frisch	0,3	50	8374	2000	18841	4500	4,2
trocken	0,5	18	15072	3600	18841	4500	4,2
Torf, frisch	0,9	85	1047	250	22609	5400	4,2
lufttrocken	4,7	28	14654	3500	22609	5400	4,2
Braunkohle:			H_u	H_u	H_o	H_o	
rheinländische	3,5	59	7997	1910	9923	2370	2,7
mitteldeutsche	5,9	53	9211	2200	11137	2660	2,9
oberbayerische Pechkohle	18	12	19845	4740	21143	5050	6,0
brikettierte	7	13	19678	4700	20934	5000	5,3
Steinkohle:							
Gasflammkohle	6	5	27214	6500	29308	7000	7,5
Gaskohle	6	5	29308	7000	30982	7400	7,7
Fettkohle	6,5	5	30982	7400	32238	7700	7,9
Eßkohle	8	3	31820	7600	32657	7800	7,9
Magerkohle	7,5	4,5	31401	7500	32657	7800	8,0
Anthrazit	6	3	30982	7400	31820	7600	8,2
Zechenkoks	8	2,5	30145	7200	30564	7300	9,1
Spiritus	–	–	23865	5700	26754	6390	6,3
Benzol	–	–	40235	9610	41952	10020	10,2
Benzin	–	–	42496	10150	46683	11150	11,5
Dieselöl	–	–	41659	9950	44799	10700	11,1
Heizöl	–	–	42915	10250	45008	10750	11
			kJ/m³	kcal/m³	kJ/m³	kcal/m³	V_{Luft}/V_{Gas}
Erdgas/Methan	–	–	35588	8500	39775	9500	10
Stadtgas	–	–	17585	4200	19259	4600	3,7
Wassergas	–	–	10760	2570	11765	2810	2,2
Generatorgas	–	–	5652	1350	5945	1420	1,3
Gichtgas	–	–	3977	950	4061	970	0,76

Anh. L2 Tabelle 3. Eigenschaften natürlicher fester Brennstoffe [1]

Brennstoffart		Flüchtige Bestandteile in Gew.-%, auf waf bezogen	Mittlere Elementaranalyse in Gew.-%, auf waf bezogen					Gew.-% der Roh-Brennstoffe		Mittlerer Roh-Heizwert MJ/kg	Eigenschaften		
			c	h	o	n	s	Wasser	Asche		der Kohle	des Kokses	der Flamme
Holz (lftr.)		> 70	50	6	44	–	–	12 … 25	0,2 … 0,8	15,2	faserig	porös	lang
Torf (lftr.)		60 … 70	59	6	33	1,5	0,5	25 … 40	1 … 3	13,4	elastisch	weich, krümelig, porös	lang, matt
Braunkohle	Weich-braunkohle	55 … 62	68	5,5	23	1,0	2,5	40 … 65	2 … 24	8,4	plastisch, matt	pulverig, krümelig	lang, matt
	Hart-braunkohle	48 … 55	74	5,5	17,5	1,5	1,5	20 … 30	7 … 18	16,8	hart, glänzend	körnig	lang, hell
Steinkohlen	Sinter-kohle	40 … 45	78	5,5	14,5	1,0	1,0	Wasser: Förder- u. Stückkohle 2% … 3% … 7%; Nußkohle 3% … 5% …; Feinkohle (gew.) … 10%	Asche: Stückkohle 3% … 4% … 6%; Nußkohle 6% … 7% … 9%; Feinkohle (gew.)	28,0[a]	wenig backend	locker	lang, matt
	Gasflamm-kohle	35 … 40	82	5,2	10,0	1,3	1,5			29,4[a]	schwach backend	schwach gebacken	sehr lang
	Gaskohle	28 … 35	86	5,0	6,5	1,5	1,0			32,0[a]	backend blähend	gut gebacken	lang, hell
	Fettkohle	19 … 28	88	5,0	4,5	1,5	1,0			32,4[a]	stark backend	fest, dicht	kurz, kräftig
	Eßkohle	14 … 19	90	4,5	3,0	1,5	1,0			31,5[a]	leicht blähend	gesintert	kurz
	Mager-kohle	10 … 14	91	3,8	3,2	1,0	1,0			31,5[a]	nicht blähend	gesindert bis sandig	kurz
	Anthrazit	3 … 10	93	3,0	2,0	1,0	1,0			31,0[a]	nicht blähend	pulverig	sehr kurz

[a]) Für Nußkohle; für anderen Ballastgehalt Umrechnung mit Hilfe von Gl. (3).

Anh. L2 Tabelle 4. Eigenschaften künstlicher fester Brennstoffe [1]

Brennstoff	Flüchtige Bestandteile in Gew.-%, auf waf bezogen	Mittlere Elementaranalyse in Gew.-%, auf waf bezogen					Gew.-% der Roh-Brennstoffe		Mittlerer Roh-Heizwert MJ/kg	Erzeugung bzw. Abmessungen in mm und Gewicht in g
		c	h	v	n	s	Wasser	Asche		
Braunkohlen-Brikett	45 … 50	68	5,5	23	1,0	2,5	10 … 18	4 … 14	19,8 … 21,4	Hausbrandbrikett 183 × 60 × 40 mm, 500 bis 550 g; Industriebrikett (eiförmig) 60 × 52 × 40 mm, 170 g
Steinkohlen-brikett (Eßkohle)	15 … 22	90	4,5	3	1,5	1,0	< 2	5 … 7	31,5	Eierbrikett 60 × 45 × 32 mm, 50 g; Nußbrikett 45 × 32 × 24 mm, 24 g
Braunkohlen-Schwelkoks	7 … 15	90	3,0	5	0,5	1,5	5 … 30	6 … 20	16,8 … 25,2	Schwelung von Rohbraunkohle unter Luftabschluß bei 500 °C
Steinkohlen-Schwelkoks	10	90	3,0	5,5	0,7	0,8	0,6	6 … 10	31,5	Schwelung nichtbackender Steinkohle unter Luftabschluß bei 500 °C
Hochtempe-raturkoks	1 … 3	97	0,5	0,5	1,0	1,0	3 … 5	7 … 12	29,4	Verkokung backender Fett- oder Gaskohle unter Luftabschluß bei 850 bis 1200 °C

Anh. L2 Tabelle 5. Eigenschaften flüssiger natürlicher und künstlicher Brenn- und Treibstoffe [1]

Brennstoff		Dichte bei 15 °C in g/cm³	Zusammensetzung in Gew.-%				Brennwert H_o in MJ/kg	Heizwert H_u in MJ/kg	Zünd- temperatur[a]) in °C	c/h
			c	h	$o+n$	s				
Methanol (CH_3OH)		0,792	37,5	12,5	50	–	22,3	19,6	400	3
Flüssiggas (C_3H_8, C_4H_{10})		0,58[b])	82	18	–	–	50,0	46,0	450	4,6
Benzol (C_6H_6)		0,879	92,3	7,7	–	–	42,0	40,2	580	12
Benzin		0,72 … 0,80	85	15	–	–	46,7	42,5	230 … 260	5,65
Dieselöl		0,835	85,9	13,3	–	0,5	45,9	43,0		6,45
Heizöl EL		0,84	85,9	13,0	0,4	0,7	45,5	42,7	230 … 240	6,6
Heizöl L		0,88	85,5	12,5	0,8	1,2	44,8	42,0		6,85
Heizöl M		0,92	85,3	11,6	0,6	2,5	43,3	40,7		7,35
Heizöl S		0,97	84,9	11,1	1,5	2,5	42,7	40,2	220	7,7
Steinkohlen- Teeröl	leicht	0,95 … 0,97	87	9	4	–	39,0	37,7	320	9,7
	schwer	1,02 … 1,1	89,8	6,5	2,9	0,8	39,0	37,7		13,8
Braunkohlen-Teeröl		0,93	84,0	11,0	4,3	0,7	42,7	40,2	260	7,65

[a]) Im Sauerstoffstrom.
[b]) In flüssigem Zustand.

Anh. L2 Tabelle 6. Eigenschaften von Erdgasen (Anhaltswerte für Rohgase) [1]

Herkunft	Molmasse in kg/kmol	Dichte in kg/m³	Zusammensetzung in Vol.-%						Brennwert H_o in MJ/m³	Heizwert H_u in MJ/m³	$CO_{2, max}$ in Vol.-%
			CH_4	C_2H_6	C_3H_8	schw. KW[b])	CO_2	N_2			
USA (Panhandle)	19,8	0,885	81,8	5,6	3,4	2,2	0,1	6,9	43,9	39,0	12,1
Deutschland (Weser-Ems)	17,8	0,800	87,0	1,7	0,2	0,1	1,0	10,0	36,1	32,6	11,9
Frankreich (Lacq)	22,8	1,034	69,5	3,2	1,4	1,0	9,6	15,3[c])	36,6	33,1	13,4[a])
Algerien (Hassi R'Mel)	21,8	0,978	76,0	8,0	3,3	4,4	1,9	6,4	46,0	41,8	12,5
Niederlande (Groningen)	18,6	0,833	81,3	2,8	0,4	0,2	0,7	14,4	35,4	31,7	11,5
UdSSR (Orenb.)	20,2	0,905	82,1	3,7	1,5	3,6	0,5	7,3[d])	42,0	38,0	12,2[a])
Off-shore:											
Italien (Ravenna)	16,1	0,72	99,6	0,1		–	–	0,3	39,7	35,8	11,8
Norwegen (Ekofisk)	19,1	0,855	85,8	8,3	2,8	1,2	1,5	0,5	44,5	40,2	12,3
Großbritannien (Leman Bank)	17,0	0,762	94,8	3,0	0,6	0,4	–	1,2	41,0	37,0	11,9

[a]) $(CO_2+SO_2)_{max}$.   [b]) Schwere Kohlenwasserstoffe.   [c]) H_2S.   [d]) $H_2 = 1,3$ Vol.-%.

Anh. L7 Tabelle 1. Graphische Symbole für Wärmekraftanlagen (Auswahl aus DIN 2481)

Kraft- und Arbeitsmaschinen

	Dampfturbine		Gasturbine
	Flüssigkeitsturbine		Kolbendampfmaschine
	Otto-, Dieselmotor		Kreiselpumpe
	Kolbenpumpe		Zahnradpumpe
	Radialverdichter		Axialverdichter
	Laufschaufelverstellung		Leitschaufelverstellung
	Hubkolbenverdichter		Drehkolbenverdichter
	Wechselstrommotor		Gleichstromgenerator
	Stetigförderer		Bandförderer
	Kupplung		Kupplung, verstellbar
	Getriebe		Kupplung, elektromagnetisch

Aufbereitungsanlagen

	Abscheider		Entspanner
	Sieb		Luftfilter
	Flüssigkeitsfilter		Wasseraufbereitung
	Dosiereinrichtung		Kühlturm

Messung und Regelung

	Durchfluß		Niveau
	Druck		Feuchte
	Drehzahl		Temperatur
	Dehnung		Schwingung
	Leitfähigkeit		Regler
	Anzeigerät, analog		Anzeigerät, digital
	Zähler		Schreiber
	Einsteller		Begrenzer

Wirkungshinweise s. W1 Tab. 1

Stoffe

———	Dampf	Wasser
—o——o—	Wasser, ölhaltig	Öl
—+—+—	Flüssigmetall	Luft
	Gase, brennbar	Gase, nicht brennbar
—■—■—	feste Brennstoffe	— · — · — Chemikalien

Rohrleitungen und Absperrorgane

ID 100	Isolierte Leitung	– – – –	Wirkleitung
	Bewegliche Leitung		Zusammenfassung
	Überschneidung		Kreuzung
	Abzweigung		Absperrventil, Eckventil
	Absperrventil, Durchgangsventil		Rückschlagventil
	Druckminderventil		Absperrschieber
	Dreiwegehahn		Absperrklappe
	Rückschlagklappe		Federsicherheitsventil

Armaturenantriebe

	Hand		Elektromotor
	Elektromagnet		hydraulisch, pneumatisch
	Membran		Kolben

Sonderformen

	Venturidüse		Schalldämpfer
	Kondensatableiter		Drosselscheibe

Wärmeaustauscher und Dampferzeuger

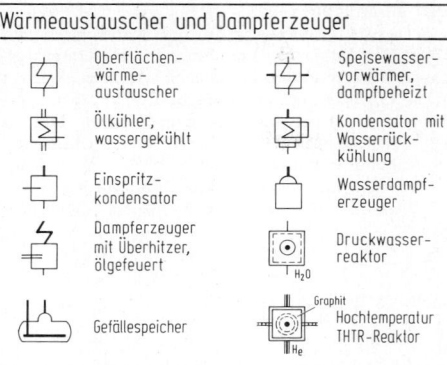

	Oberflächen-wärmeaustauscher		Speisewasser-vorwärmer, dampfbeheizt
	Ölkühler, wassergekühlt		Kondensator mit Wasserrück-kühlung
	Einspritz-kondensator		Wasserdampf-erzeuger
	Dampferzeuger mit Überhitzer, ölgefeuert		Druckwasser-reaktor
	Gefällespeicher		Hochtemperatur THTR-Reaktor

Siedewasser-reaktor — Gaserzeuger

Brennkammer — Wärme-verbraucher mit Heizfläche

Feuerung — Behälter

Rußbläser — Mühle

Behälter mit Entgasung — Behälter mit Rohrschlangen

Becken — Kugelbehälter

9 Spezielle Literatur
Special Bibliography

zu L 2 Primärenergien
[1] *Lenz, W.:* Dampferzeugungsanlagen. Dubbel 16. Aufl., L1. Berlin: Springer 1987. – [2] *Gumz W.:* Kurzes Handbuch der Brennstoff- und Feuerungstechnik, 3. Aufl. Berlin: Springer 1962. – [3] *Riediger, B.:* Brennstoffe, Kraftstoffe, Schmierstoffe. Berlin: Springer 1949. – [4] *Endell, K.; Zauleck, D.:* Beziehungen zwischen chemischer Zusammensetzung und Zähigkeit flüssiger Kohlenschlacken in Schmelzkammerfeuerungen. Bergbau und Energiewirtschaft 3 (1950) 42–50 u. 70–73. – [5] *Gumz, W.; Kirsch, H.; Mackowsky, M.-Th.:* Schlackenkunde. Berlin: Springer 1958. – [6] Jahrbuch der Dampferzeugung, 5. Aufl. Essen: Vulkan 1985/86. – [7] DIN-Taschenbuch 32: Mineralöl- und Brennstoffnormen. Prüfverfahren. Berlin: Beuth 1976. – [8] DIN-Taschenbuch 57: Mineralöl- und Brennstoffnormen, Grundnormen. Berlin: Beuth 1976. – [9] *Rometsch, R.:* Entsorgungswege im internationalen Vergleich. Bulletin SEV/VSE 80 (1989) H. 2. – [10] *Mareske, A.:* Die zukünftige Rauchgasreinigung in den BEWAG-Kraftwerken. Z. Elektrizitätswirtschaft (1987) H. 12. – [11] *Becker, J.:* Möglichkeiten der Stickoxidminderung durch SCR-Anlagen. BWK Fachreport, Rauchgasreinigung 1986.

zu L 3 Wandlung von Primärenergie in Nutzenergie
[1] *Frewer, H.:* Strukturwandel in der Technik fossil beheizter Kraftwerke in der Bundesrepublik Deutschland. VGB-Kraftwerkstechnik 66 (1986) H. 4. – [2] *Schuler, W.; Johnsen, F.:* Der Bau von Windkraftwerken. VGB-Kraftwerkstechnik (1989) H. 5. – [3] *Winter, C.I.:* Wasserstoff aus Sonnenenergie, ein additiver Energieträger. VGB-Kraftwerkstechnik (1989) H. 3.

zu L 5 Feuerungen:
[1] *Lenz, W.:* Dampferzeugungsanlagen. Dubbel 16. Aufl., L2. Berlin: Springer 1987: – [2] *Doležal, R.:* Großkesselfeuerungen. Theorie, Bau und Regelung. Berlin: Springer 1961. – [3] *Rammler, E.:* VDI-Beiheft Verfahrenstechnik. Gesetzmäßigkeit in der Kornverteilung zerkleinerter Stoffe. VDI-Z. (1937) 161–167. – [4] *Eythropel, H.:* Wissenswertes über Ascheverwertung. Mitt. VGB (1975) Nr. 5, S. 297–302. – [5] *Hansen, W.:* Ölfeuerungen, 2. Aufl. Berlin: Springer 1970. – [6] *Niepenberg, H.:* Industrieölfeuerungen. Stuttgart: Kopf 1968. – [7] *Niepenberg, H.:* Industrie-Gasfeuerungen. Verden: Verlag Betriebsökonom 1964. – [8] *Föttinger, H.:* Strömung in Dampfkesselanlagen. Mitt. VGB (1939) Nr. 73, S. 151–169. – [9] *Mareske,*

A.: Die zukünftige Rauchgasreinigung in den BEWAG-Kraftwerken. Z. Elektrizitätswirtschaft (1987) H. 12. – [10] *Reimann, G.:* Probleme der Gips- und Ascheentsorgung. Z. Entsorgungspraxis (1989) H. 4. – [11] *Becker, J.:* Möglichkeiten der Stickstoffoxidminderung durch SCR-Anlagen. Z. BWK Fachrep. Rauchgasreinigung 1986.

zu L 6 Dampferzeuger
[1] *Doležal, R.:* Hochdruck-Heißdampf. Essen: Vulkan 1957. – [2] *Ledinegg, M.:* Dampferzeugung, Dampfkessel, Feuerungen einschließlich Atomreaktoren, 2. Aufl. Wien: Springer 1966. – [3] *Zinzen, A.:* Dampfkessel und Feuerungen, 2. Aufl. Berlin: Springer 1957. – [4] *Noetzlin, G.:* Das neue Kraftwerk Hüls. Mitt. VGB (1958) Nr. 55, 230–255. – [5] *Doležal, R.:* Durchlaufkessel. Theorie, Bau, Betrieb und Regelung. Essen: Vulkan 1962. – [6] *Profos, P.:* Die Regelung von Dampfanlagen. Berlin: Springer 1962. – [7] *Profos, P.:* Dynamisches Verhalten von Zwangsstrom-Verdampfersystemen. Techn. Rundsch. Forsch.-H. 160, 515. – [8] *Ledinegg, M.:* Das Verhalten von Zwangsdurchlaufkesseln bei Laständerungen. BWK 12 (1960) 197–206. – [9] *Frensch, J.; Klefenz, G.:* Die Dynamik der Dampferzeugung im Bensonkessel. BWK 13 (1961) 532–537. – [10] *Ehlers, G.:* Verschiedene Schaltungen zur Regelung von Bensonkesseln. Energie 15 (1963) 489–495. – [11] *Rosahl, O.:* Die Flossenwand, ein neues Bauelement für den modernen Hochleitungs-Dampferzeuger. Mitt. VGB (1963) Nr. 83, 112–130. – [12] *Rieß, R.:* Reinigung von Dampferzeugern in DWR-Anlagen. VGB Kraftwerkstechnik (1989) H. 2. – [13] *Pich, R.:* Flossenwände im modernen Dampfkesselbau. Energie 15 (1963) 12 u. 84, 18 (1966) 344, 395, 463 u. 547. – [14] *Weber, R.; Makinejad, N.:* Grundlagen zur analytischen Festigkeitsberechnung von Flossenrohrwänden als anisotrope Flächentragwerke. Mitt. VGB 51 (1971) 417–425, 485–491. – [15] *Wilkesmann, F.W.:* Berechnungen von Wärmespannungen in geschweißten Rohrwänden. Mitt. VGB 97 (1965) 279–286. – [16] *Freier, R.K.:* Wasseranalyse. Physiko-chem. Untersuchungsverfahren wichtiger Inhaltsstoffe, 2. Aufl. Berlin: de Gruyter 1974. – [17] *Hömig, H.E.:* Physiko-chemische Grundlagen der Speisewasserchemie, 2. Aufl. Essen: Vulkan 1963. – [18] *VGB-Richtlinien* für das Speise- und Kesselwasser von Wasserrohrkesseln ab 64 bar Betriebsüberdruck. *VdTÜV-Richtlinien* für die Speise- und Kesselwasserbeschaffenheit bei Dampferzeugern bis 64 bar zulässiger Betriebsüberdruck. VdTÜV-Merkblatt 1453, 4. 1983. – [19] *Nuber, F. u. K.:* Wärmetechnische Berechnung der Feuerungs- und Dampfkesselanlagen, 15. Aufl. München: Oldenbourg 1967. – [20] *Hausen, H.:* Wär-

L

meübertragung im Gegenstrom, Gleichstrom und Kreuzstrom, 2. Aufl. Berlin: Springer 1976. – [21] *Schwaigerer, S.:* Festigkeitsberechnungen im Dampfkessel-, Behälter- und Rohrleitungsbau. 3. Aufl. Berlin: Springer 1978. – [22] *Schwaigerer, S.:* Zylinderschalen unter innerem Überdruck – Erläuterungen zur TRD 301. Mitt. VGB 52 (1972) Nr. 4, 352–358. – [23] *Schwaigerer, S.:* Festigkeitsberechnung von Abzweigstücken unter Innendruck. TÜ 9 (1968) 372–377, 426. – [24] *Wellinger, K.; Krägeloh, E.:* Gestaltung und Berechnung von Ausschnitten in Zylindern und Kugeln. Bänder-Bleche-Rohre 9 (1968) 25–32.

zu L7 Kernreaktoren

[1] *Smidt, D.:* Reaktortechnik. 2 Bd. Karlsruhe: Braun 1971. – [2] *Oldekop, W.:* Einführung in die Kernreaktortechnik. 2 Bd. Taschenb. Nr. 53 u. 54. München: Thiemig 1975. – [3] *Böhm, W.:* Physikalische Kernauslegung. Taschenbuch 51, Druckwasserreaktoren. München: Thiemig 1979. – [4] *Klusmann, A.; Völcker, H.:* Brennelemente von Kernreaktoren. München: Thiemig 1976. – [5] *Bedenig, B.:* Hochtemperaturreaktoren. München: Thiemig 1972. – [6] *Michaelis, H.:* Handbuch der Kernenergie. München: dtv 1982.

M | Klimatechnik
Air conditioning engineering

C. Böttcher und **T. Rákóczy**, Köln

Allgemeine Literatur

zu M1 Grundlagen, M2 Bemessung und Berechnung der heiz- und raumlufttechnischen Anlagen, M3 Systeme und Bauteile der Heiztechnik, M4 Systeme und Bauteile der Raumlufttechnik, M8 Wirtschaftlichkeit und Energieverbrauch
Bücher: *Arbeitskreis der Dozenten für Klimatechnik:* Handbuch der Klimatechnik, Bd. 1–3; Karlsruhe: Müller 1988. – *Hönmann, W. (Hrsg.):* Taschenbuch für Heizung und Klimatechnik, 65. Aufl. München: Oldenbourg 1990/91. – *Rietschel/Reiß:* Heiz- und Klimatechnik, 15. Aufl. Bd. 1+2; Berlin: Springer 1968, 1970. – *Kollmar, A., Liese, W.:* Die Strahlungsheizung, 4. Aufl. München: Oldenbourg 1957. – *Plank, R. (Hrsg.):* Anwendung der Kälte in der Verfahrens- und Klimatechnik, Biologie und Medizin, Sicherheitsvorschriften. Handbuch der Kältetechnik, Bd. XII. Berlin: Springer 1967. – *Keller, G., Elenz, H.:* Jahrbuch Kälte-Wärme-Klima, 22. Jahrgang, Karlsruhe: Müller 1989.

zu M5 Systeme und Bauteile der kältetechnischen Anlagen
Bücher: *RWE:* Bau-Handbuch, 10. Ausg. Heidelberg: Energie-Verlag. – *Berliner, P.:* Kühltürme; Berlin: Springer 1975. – *v. Cube, H.L. (Hrsg.):* Lehrbuch der Kältetechnik, Bd. 1+2, 3. Aufl. Karlsruhe: Müller 1981. – *Deutscher Kälte- und Klimatechnischer Verein (Hrsg.):* Kältemaschinenregeln, 7. Aufl. Karlsruhe: Müller 1981. – *Maake/Eckert (Hrsg.):* Pohlmann-Taschenbuch der Kältetechnik, 17. Aufl. Karlsruhe: Müller 1988. – Terminologie für kältetechnische Erzeugnisse, 2. Aufl. Karlsruhe: Müller 1985. – *CCI-Redaktion (Hrsg.):* Thermosoft. Karlsruhe: Müller 1985. – *DIN-Taschenbuch 156,* Auflage Kältetechnik; Berlin: Beuth 1986.

zu M6 Systeme und Bauteile der Wärmepumpenanlagen
Bücher: *Haus der Technik:* Fachbuchreihe Wärmepumpentechnologie, Bd. I–IX; Essen; Vulkan 1977/1985. – *Arbeitsgemeinschaft für sparsamen und umweltfreundlichen Energieverbrauch e.V.* (ASUE): ASUE-Schriftenreihe, Bd. 1–9; Essen: Vulkan 1979/1985. – *Kirn, H. (Hrsg.):* Buchreihe Wärmepumpen, Bd. 1–8; Karlsruhe: Müller 1981/1987. – *Jahrbuch der Wärmerückgewinnung,* 5. Ausg. Essen: Vulkan 1985/86. – *FTA, Fördergesellschaft Techn. Ausbau:* Wärmepumpen über 200 kW Leistung. Bd. 5, Essen: Vulkan. – *Krug, N.; Pfeiffenberger, U.; Rinck, Th.:* Wärmepumpenregeln, Karlsruhe: Müller 1987.

zu M7 Sonderanlagen
Bücher: *Reichelt, J. (Hrsg.):* Kältetechnik im Kraftfahrzeug; Karlsruhe: Müller 1985. – *Reichelt, J. (Hrsg.):* Leistungsgeregelte Verdichter zur PKW-Klimatisierung. Karlsruhe: Müller 1987. – *Bussien:* Automobiltechnisches Handbuch, Klimatisierung, Ergänzungsband zur 18. Aufl. Abschnitt 2.24; Berlin: de Gruyter.

1 Grundlagen. Fundamentals

1.1 Aufgabe. Definition

Die Aufgabe der *Klimatisierung* ist einerseits die ständige *Außenlufterneuerung* in geschlossenen Räumen, andererseits die *Begrenzung* bzw. *Kontrolle* der *Stoff-* und *thermischen Lasten* im Raum.
Falls die dem Raum zugeführte Luft (Zuluft) je nach Bedarf erwärmt, gekühlt, be- und/oder entfeuchtet und jederzeit gefiltert wird und wenigstens die Raumlufttemperatur je Raum oder Raumgruppe individuell geregelt werden kann, handelt es sich um *Klimaanlagen.*
Die Bezeichnung „Raumlufttechnische Anlage" (*RLT-Anlage*) erfaßt als Oberbegriff sämtliche Anlagen, die mechanische Luftver- und -entsorgung von Gebäuden oder Gebäudeteilen übernehmen, wenn auch die Bedingungen der Klimatisierung nicht erfüllt werden.
Klimaanlagen kommen in sog. Komfortbereichen zum Einsatz, wenn z.B. in Bürogebäuden, Versammlungsräumen etc. keine ausreichende natürliche Lüftung, wie z.B. Fensterlüftung, aus baulichen, Umwelt- oder Nutzungsgründen möglich ist. In diesem Fall richtet sich der gewünschte Raumluftzustand nach den thermischen Behaglichkeitskriterien der Personen, der energiesparenden Anlagenausführung und dem Betrieb.

Unerläßlich sind heute Klimaanlagen u.a. in Operations- und Intensivpflegeräumen in Krankenhäusern, in Produktionsstätten im Bereich der Halbleiterfertigung und Mikroelektronik sowie in Pharmabetrieben, wo es auf die Keim- und Partikelzahlkontrolle im Raum ankommt.
Eine gewünschte *Raumluftreinheit* läßt sich durch drastische Erhöhung des Zuluftstroms und durch spezielle Filtertechnik erreichen.
In den vorgenannten Nutzungsbereichen wird in vielen Fällen die *Reinraumtechnik* entsprechend dem *Laminar-Flow-System* eingesetzt. Die Raumluftkondition richtet sich bei den Anlagen von Produktionsstätten nach dem Produkt und nicht nach den Personen, die sich vor allem mit Hilfe der Bekleidung an den vorgegebenen Raumluftzustand (Temperatur, Feuchte, Luftbewegung) anpassen können.
Weiterhin nimmt die Anzahl der Klimaanlagen für Datenverarbeitungsräume (Rechenzentren) ständig zu.
Bei den DV-Räumen müssen extrem hohe *Maschinenwärmelasten* bei bestimmter Raumluftkondition abgeführt werden. Zum Abführen der hohen Wärmelasten sind große spezifische Luftströme erforderlich, so daß die thermische Behaglichkeit der Personen nicht im Vordergrund stehen kann. Die Betriebssicherheit dieser Anlagen, vor allem die störungsfreie elektronische und kältetechnische Versorgung, ist von größter Bedeutung.

1.2 Meteorologische Grundlagen
Meteorological fundamentals

Das Wetter wird durch das Zusammenwirken der meteorologischen Elemente *Luftdruck, Temperatur, Feuchte, Wind, Sonnenstrahlung, Bewölkung* und *Niederschläge* hervorgerufen. Der durchschnittliche Verlauf der Witterung nach jahrzehntelangen Beobachtungen in einem Gebiet oder zu einer Jahreszeit wird als das *äußere Klima* definiert; so ist im Durchschnitt der Januar der kälteste und der Juli der wärmste Monat in Deutschland. Wesentlichen Einfluß auf den Raumluftzustand, also auch auf die Klimatechnik, üben die Lufttemperatur, die Luftfeuchte, der Wind, die Bewölkung, Niederschläge und die Sonneneinstrahlung aus (DIN 4710).

1.2.1 Lufttemperatur. Outdoor air temperature

Sie verläuft der Höhe des Sonnenstandes entsprechend periodisch sowohl im Tages- als auch im Jahresverlauf. **Bild 1, Bild 2, Anh. M1 Tab. 1.**
Aus den Messungen um 7.00, 14.00 und 21.00 Uhr wird die mittlere Tages-Außenlufttemperatur ermittelt

$$t_m = (t_7 + t_{14} + 2t_{21})/4. \tag{1}$$

Die Lufttemperatur nimmt mit der Höhe ab; je 100 m Höhe um rund 0,5 K.
Aus dem Jahrgang der Lufttemperatur sind die Gradtage G_t als Rechenwert für die Ermittlung des jährlichen Wärmeverbrauchs gebildet worden (**Anh. M1 Tab. 2**) [1].

$$G_t = Z(t_i - t_{a_m}) \tag{2}$$

mit Z Anzahl der Heiztage, t_i Innentemperatur = 20 °C, t_{a_m} mittlere Außentemperatur der Heizperiode.

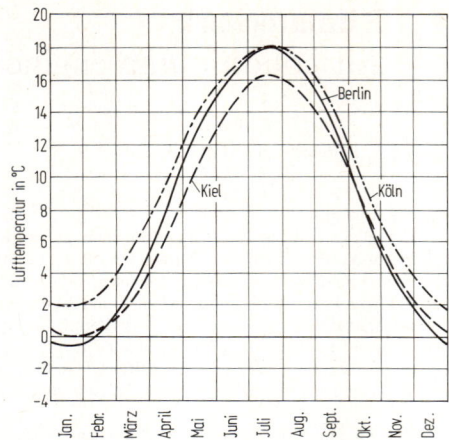

Bild 2. Jahresgang der mittleren Monats-Lufttemperatur [5]

1.2.2 Luftfeuchte. Outdoor air humidity

Bei der Feuchte wird i. allg. der Dampfdruck p_D und die rel. Feuchte φ in % angegeben. In der Klimatechnik ist die Angabe der absoluten Feuchte, also des Wasserdampfgehalts x der trockenen Luft in g/kg üblich

$$\varphi = P_D/P_S' \tag{3}$$

mit P_D Dampfdruck beim jeweiligen Wasserdampfgehalt, P_S' Dampfdruck bei Sättigung der Luft mit Wasserdampf.

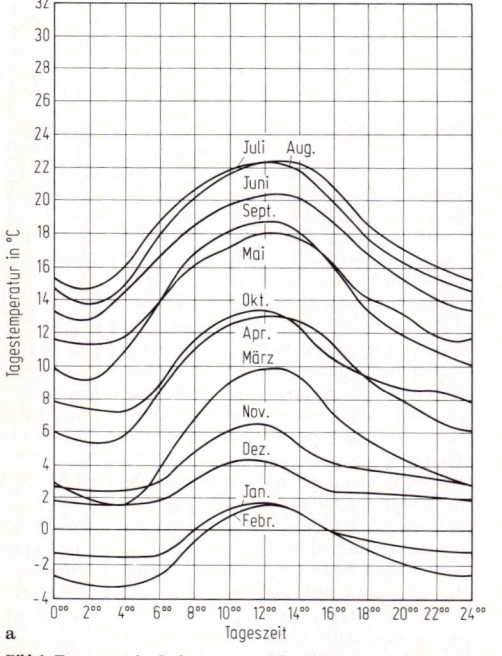

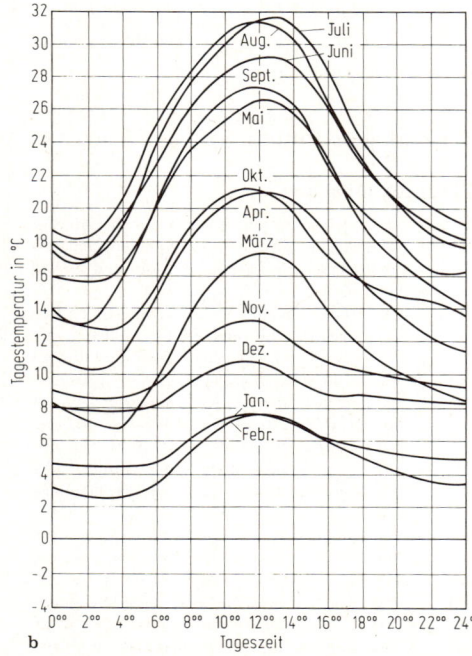

Bild 1. Tagesgang der Lufttemperatur [4]. VDI-Binnenlandklima, Klimatyp: 0. **a** Temperaturgang: Mittelwerte; **b** Temperaturgang: Extremwerte hoher Lufttemperatur

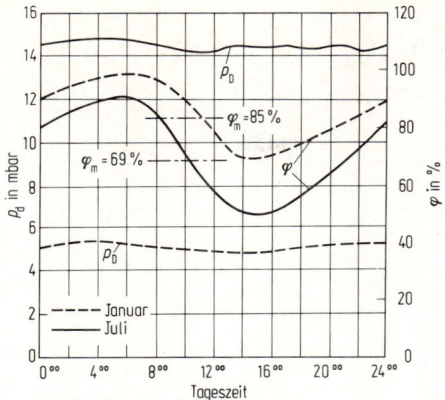

Bild 3. Tagesgang der Luftfeuchte [6]. Relative Feuchte φ, Dampfdruck p_D

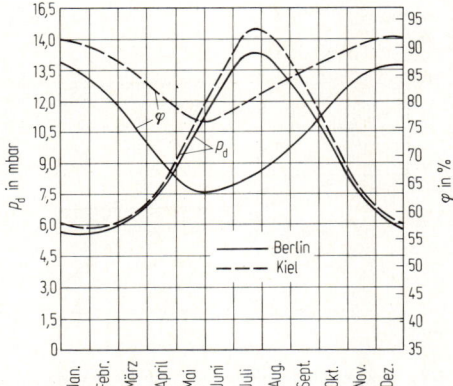

Bild 4. Jahresgang der Luftfeuchte [5]

Tabelle 1. Höchstwerte der relativen Luftfeuchte

Temperatur in °C	20	22	24	26	28	30	32	34
Relative Feuchte in %	94	82	72	63	55	48	41	35

Gemessen wird die Temperatur eines trockenen und eines feuchten Thermometers, ebenfalls um 7.00, 14.00 und 21.00 Uhr, und über den Dampfdruck die rel. Feuchte errechnet.

Der tägliche und jährliche Gang der rel. Feuchte ist gegenläufig zur Lufttemperatur, **Bild 3** und **Bild 4**. Die Jahresmittelwerte liegen zwischen 75 bis 80% relative Feuchte.

In der Raumlufttechnik sind die maximalen Werte der rel. Feuchte im Sommer (**Tab. 1**) wichtig, da durch die Kühlung der Außenluft leicht ein schwüler Raumluftzustand zustande kommt, während im Winter die Außenlufterwärmung einen trockenen Raumluftzustand mit sich bringt.

1.2.3 Wind. Wind

Von Interesse sind weniger der tägliche Verlauf der Windgeschwindigkeit als die Monats- und Jahresmittelwerte (**Bild 5**); ferner die Häufigkeit sowohl in der Stärke als auch in der Richtung des Winds, **Anh. M1 Tab. 3**.

Danach wehen in Deutschland die stärkeren Winde am häufigsten aus West und Süd-West. Gemessen wird der

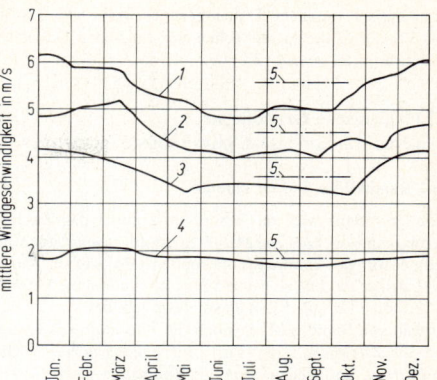

Bild 5. Mittlere monatliche Windgeschwindigkeit [6]. *1* Hamburg, *2* Berlin, *3* Dresden, *4* München, *5* Mittelwerte

Wind in Höhen von 20 bis 30 m; die Windgeschwindigkeit in niedrigeren Höhen und in Bodennähe ist geringer.

Neben der direkten Durchströmung ist die Lüftung von Räumen auch abhängig von der Umströmung der Gebäude mit Anström- und Rezirkulationsbereich.

1.2.4 Sonnenstrahlung. Solar radiation

Bei außenliegenden Räumen mit großem Glasanteil und nicht ausreichendem Sonnenschutz ergibt die Sonnenstrahlung in ihrem Tagesgang wegen des Eindringens durch die Fenster die sommerliche Belastungsspitze; auch die diffuse Himmelsstrahlung wirkt sich bei großen Fenstern noch beträchtlich aus, **Bild 6**. Die Strahlungsbelastung wird je nach Trübung der Luft, die durch Streuung und Reflexion an Luftmolekülen, Absorption in Gasen und Schwächung in Dunst- und Staubschichten erfolgt, gemindert. Die *Trübung* wird mit Faktoren von 1 bis 6 gekennzeichnet; die mittlere Trübung in Großstädten entspricht dem Faktor 3 bis 4, **Anh. M2 Tab. 2**.

Die tatsächliche *Sonnenscheindauer*, die zeitlich und örtlich großen Schwankungen unterworfen ist, wird auf die

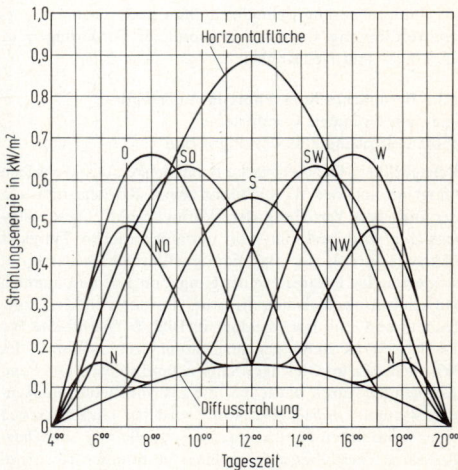

Bild 6. Tagesgang der Gesamt- und Diffusstrahlung [6]. Wände verschiedener Himmelsrichtung und Horizontalfläche, Juli 50° nördlicher Breite, Trübungsfaktor 4

astronomisch mögliche Dauer bezogen, **Anh. M 1 Tab. 4**. Das Verhältnis der tatsächlichen zur möglichen Dauer ist im Jahresmittel etwa 1 : 3.

1.3 Hygienische Grundlagen
Hygienic fundamentals, physiological principles

1.3.1 Raumklima. Indoor climate

Im engen Sinne wird das Raumklima durch das Zusammenwirken von *Lufttemperatur, Strahlungstemperatur* (die Temperatur der raumumschließenden Oberfläche), *relativer Luftfeuchte, Luftgeschwindigkeit* im Aufenthaltsbereich des Raums, *Tätigkeit* und *Bekleidung* gebildet.
Im weiteren Sinne gehören noch dazu die *Außenlufterneuerung*, der *Schadstoffgehalt* der Luft, der *Schalldruckpegel*, die *Farbgebung* und *Beleuchtung* des Raums u.a. dazu.

1.3.2 Lufterneuerung in Räumen
Outdoor air for ventilation

Die Lufterneuerung kann durch den Luftbedarf der im Raum tätigen Menschen, durch Gerüche und Schadstoffe oder besondere Nutzungsforderungen bestimmt werden.
Als *hygienische Grundforderung* sind für Aufenthaltsräume ein Wert von 20 bis 70 m³/h, bei Luftverschlechterung durch Rauch und Gerüche noch höhere Werte festgelegt worden. Bei höheren Komfortansprüchen sind höhere Außenluftraten einzusetzen, damit eine bessere Luftqualität in den Räumen erreicht werden kann.
Im allgemeinen läßt sich mit dieser *Außenluftrate* auch der zulässige Kohlendioxidgehalt im Raum einhalten. Zum Abschätzen des Gehalts an Riech- und Ekelstoffen wird ein CO_2-Gehalt von 0,1 bis 0,15 Volumenprozent als Grenzwert angesehen. Der MAK-Wert von 0,5%, das ist die zulässige maximale Arbeitsplatzkonzentration (**Z Tab. 14** und [2]), wird bei weitem nicht erreicht; der notwendige Sauerstoffgehalt wird selbst bei kleinem Raumvolumen pro Person (wie in Luftschutzbauten) nicht unterschritten. Für Werkstätten liegt die Außenluftrate im Mittel um 50% höher (ASR 5). Bei allgemeiner Lufterneuerung eines Raums mit Geruchsquellen wird von einem geschätzten Luftwechsel ausgegangen.
Bei Schadstoffanfall werden allgemein gültige Grenzwerte gewählt, wenn ein MAK-Wert nicht vorgeschrieben ist. Die Lufterneuerung richtet sich dann nach der notwendigen Verdünnung, so auch bei besonderen Forderungen an die Staub- und Keimfreiheit.

1.3.3 Behagliches Raumklima in Aufenthalts- und Arbeitsräumen. Comfortable
climate in sitting and working rooms

Behaglichkeit. Die thermische Behaglichkeit des Menschen hängt ab von der Wärmebilanz seines Körpers und von der örtlichen Verteilung der Wärmeabgabe. Diese *Wärmebilanz* wird bestimmt von der körperlichen Tätigkeit (Aktivitätsgrad), der Bekleidung (Wärmeleitwiderstand) sowie von den Parametern des Umgebungsklimas, nämlich Umschließungsflächentemperatur, Lufttemperatur, Luftfeuchte und Luftgeschwindigkeit, **Bild 7**. Thermische Behaglichkeit ist dann gegeben, wenn sich aufgrund der Wärmebilanz im Gleichgewichtszustand solche Haut- und Kerntemperaturen einstellen, die als angenehm empfunden werden; *„unbehaglich kalt"* wird bei Unterschreiten einer bestimmten Hauttemperaturschwelle und *„unbehaglich warm"* bei Überschreiten einer bestimmten Kerntemperaturschwelle wahrgenommen. Außerdem kann thermische Unbehaglichkeit durch eine lokale Abkühlung von Körperteilen hervorgerufen werden, z.B. durch Zugluft.

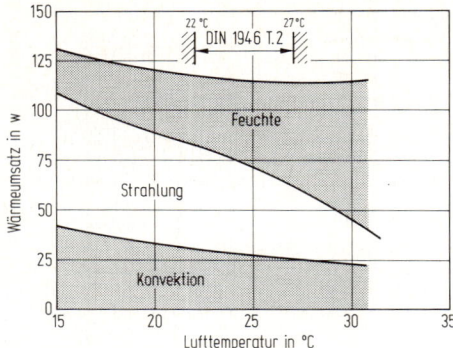

Bild 7. Art der verschiedenen Wärmeabgaben des Menschen

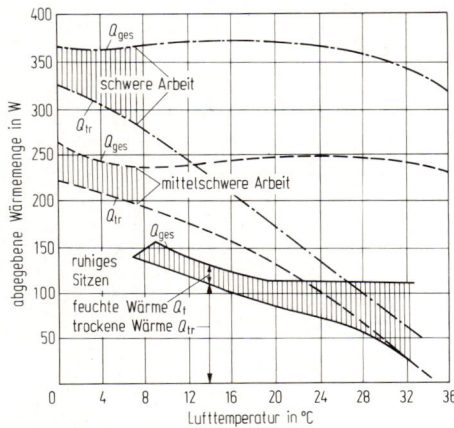

Bild 8. Wärmeabgabe des Menschen [5]. Übliche Bekleidung, sitzende bis schwere Tätigkeit

Die *Wärmeproduktion* des Menschen ist von der Tätigkeit abhängig, **Bild 8**.

Temperatur. Die Lufttemperatur soll je nach *Aktivitätsgrad* einen Bereich von 22 bis 27 °C haben. Der untere Grenzwert entspricht einer leicht körperlichen Tätigkeit, der obere dem Ruhezustand. Die mittlere Strahlungstemperatur darf etwa 3 bis 4 K unter der Raumtemperatur liegen. Das arithmetische Mittel aus Luft- und Strahlungstemperatur entspricht in etwa dem Temperaturempfinden; in den Sommermonaten wird eine Raumlufttemperatur von 27 °C bei leichter Arbeit noch als behaglich angesehen.

Raumtemperatur (operative Temperatur). Für die thermische Behaglichkeit der Personen im Aufenthaltsbereich ist auch das Zusammenwirken von Raumlufttemperatur, der Temperatur der Umschließungsflächen und sonstiger Wärmestrahler zu berücksichtigen. Weichen diese Temperaturen nur geringfügig (etwa 2 bis 3 K) voneinander ab, so entspricht die Raumtemperatur etwa dem Mittelwert aus der Lufttemperatur, der mittleren Temperatur der Umschließungsflächen und der Strahlungstemperaturen. Bei der Mittelwertbildung der Temperatur der Umschließungsflächen sind die Anteile der strahlenden Flächen entsprechend zu wichten (gemäß DIN 1946, Teil 2/1982).
Dieses Zusammenwirken der verschiedenen Temperatureinflüsse im Raum wird auch als *operative Temperatur*

nach ISO 77304 bezeichnet. Diese ist hiernach die einheitliche Temperatur im schwarzen Raum, bei ruhender Luft, in dem der Person der gleiche Wärmestrom durch Strahlung und Konvektion entzogen wird, wie im wirklichen Raum mit ungleicher Temperaturverteilung.

Relative Luftfeuchte. Zum Beurteilen der Luftfeuchte wird die relative Raumluftfeuchte, das Verhältnis des partiellen Wasserdampfdrucks zum Sättigungsdruck des Wassers bei der jeweiligen Lufttemperatur, herangezogen.
Für die Behaglichkeit liegt die *obere Grenze* des Feuchtegehalts der Luft bei 11,5 g Wasser je kg trockene Luft, wobei 65% relative Feuchte nicht überschritten werden sollen. Über die *untere Grenze* der relativen Luftfeuchte liegen keine gesicherten Erkenntnisse vor. Als Behaglichkeitsgrenze können – weitgehend unabhängig von der Lufttemperatur – 30% relative Feuchte gelten; gelegentliche Unterschreitungen bis auf 20% sind noch vertretbar.

Luftgeschwindigkeit. Unter Luftgeschwindigkeit wird die Bewegung der Umgebungsluft in der Aufenthaltszone verstanden. In **Bild 9** werden die zulässigen Luftgeschwindigkeiten in Abhängigkeit von der Lufttemperatur und dem Turbulenzgrad der Strömung dargestellt. Die verschiedenen Skalen berücksichtigen verschiedene Aktivitäten (met) und Bekleidungen (clo).
Es werden drei Turbulenzbereiche unterschieden: $Tu=0$ bis 5%, $Tu=5$ bis 20%, $Tu=20$ bis 60%.

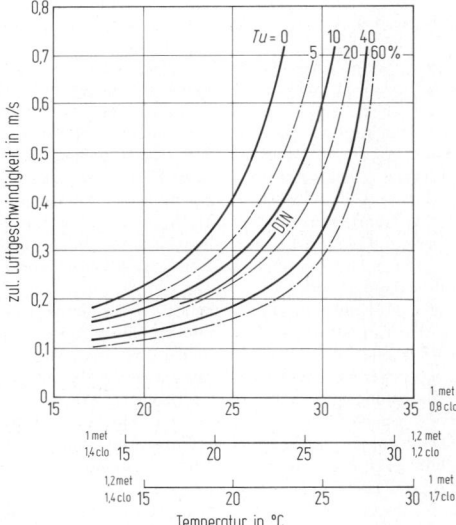

Bild 9. Zulässige Luftgeschwindigkeit im Aufenthaltsbereich, in Abhängigkeit von der Wärmeabgabe und Bekleidung des Menschen sowie Raumlufttemperatur und Turbulenzgrad nach VDI-Richtlinie 2083, Bl. 5

Aktivitätsgrad. Die Aktivität (*Tätigkeit*) wird erfaßt durch die Wärmeabgabe (*Grundumsatz*) bezogen auf die Körperoberfläche oder die abgegebene Wärmeleistung der Person bei einer mittleren Körperoberfläche von ca. 1,8 m². Als Maß für die Aktivität wird der Aktivitätsgrad in W/m² (DIN 33403) bzw. im angelsächsischen Schrifttum die Einheit 1 met $\cong 58$ W/m² (metabolic-rate) angewendet (ISO 7730), **Tab. 2.**

Bekleidung. Die Wärmeabgabe des Menschen wird durch die Kleidung beeinflußt. Maßgebend hierfür ist deren

Tabelle 2. Aktivität (VDI-Richtlinie 2083)

Tätigkeit	Aktivitätsstufe	Wärmeleistung	
		Wärmestromdichte W/m²	Metabolic rate met
entspanntes Sitzen	I	58	1,0 (ca. 100 W)
leichte Arbeit im Stehen, Labortätigkeit	II	87	1,5 (ca. 150 W)
Arbeit im Stehen, Maschinenarbeit	III	116	2,0 (ca. 200 W)
schwere Arbeit im Stehen, Maschinenarbeit	IV	145	2,5 (ca. 250 W)

Wärmeleitwiderstand (m²K/W). Als bezogene Größe wird auch der Wärmeleitwiderstand in clo ausgedrückt (abgeleitet von clothing value: untere Grenze unbekleidet 0, obere Grenze Polarkleidung 5). Der Wärmeleitwiderstand der Gesamtkleidung kann durch Addition der Einzelwiderstandswerte der Kleidungsstücke bestimmt werden.

Geräusch. Beim zulässigen *Schallpegel* ist für Wohnräume nach Tag und Nacht (Schlafen) zu unterscheiden (s. O 3). Der Mittelwert, auch für allgemeine Kommunikationsräume, liegt bei 35 dB(A). Als unterer Grenzwert gilt ein mittlerer Pegel von 25 bis 30 dB(A), als oberer (tags) von 30 bis 40 dB(A). Kurzzeitige (1% der Zeit) Spitzen können bis zu 10 dB(A) höher liegen (**Z Tab. 19** und VDI-Richtlinie 2081).

Belichtung, Beleuchtung. Die Belichtung durch Tageslicht und die Beleuchtung durch Kunstlicht üben ebenfalls einen differenzierten Einfluß aus. Die empfohlenen Nenn-Beleuchtungsstärken liegen für leichte bis schwierige Sehaufgaben im Bereich von 120 bis 1000 lx (**Z Tab. 12** und DIN 5035, Teil 1, 2).

1.3.4 Erträgliches Raumklima in Arbeitsräumen und Industriebetrieben. Optimum indoor climate in working spacees and factories

Erträglichkeit. Wegen klimatischer Umgebungsbedingungen für das Verarbeitungsverfahren, die Fabrikation oder für das Material in Werk- und Produktionsstätten ist oft ein erträgliches Raumklima nur als Kompromiß zwischen Prozeß- und Behaglichkeitsbedingungen zu erreichen. Als *erträglich* wird ein raumklimatischer Zustand bezeichnet, bei dem keine gesundheitlichen Schäden zu erwarten sind. Durch die Thermoregulation des Körpers steigt bei höherer Belastung und Temperatur die Schweißproduktion und somit die Abgabe der Wärme durch Verdunstung an, **Bild 8.**
Von besonderem Einfluß auf die Erträglichkeit ist die Bekleidung.

Temperatur. Bei schwerer Arbeit wird allgemein eine Lufttemperatur von 15 bis 16 °C gefordert, bei niedrigeren Temperaturen besteht die Möglichkeit, sich durch Kleidung zu schützen. Bei höheren Temperaturen, insbesondere bei erhöhter Wärmezustrahlung in Hitzebereichen läßt sich durch Zuführung von Luft mit höherer Geschwindigkeit als Luftdusche oder durch Strahlungsschirme eine Erleichterung schaffen. Bei sehr hoher Wärmebelastung ist die Arbeitszeit zu begrenzen. Der Mensch kann sich in beträchtlichem Umfang an erschwerte Klimabedingungen anpassen (DIN 33403).

Klimabewertung. Zur Bewertung des erträglichen Klimas sind *Klimasummenmaße* gebildet worden. Von diesen hat

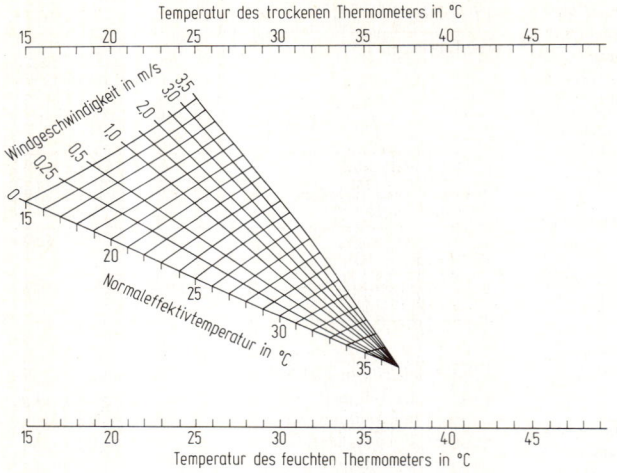

Bild 10. Effektive Temperatur in Abhängigkeit von Trocken- und Feuchttemperatur

für das *Arbeitsklima* die *Normaleffektivtemperatur* (N.E.T.) die weiteste Verbreitung gefunden [3]. Die beschreibt Kombinationen von Umgebungstemperatur, Luftfeuchtigkeit und Luftbewegung, die sich gefühlsmäßig als gleichwertig erwiesen haben, **Bild 10**. 20°N.E.T. bedeutet eine Lufttemperatur von 20 °C , eine relative Feuchtigkeit von 100% und eine Luftbewegung von 0,15 m/s oder eine Lufttemperatur von 25 °C und eine relative Feuchte von 35% bei gleicher Luftbewegung. 25°N.E.T. wird als Grenze der uneingeschränkten Leistungsfähigkeit, 32°N.E.T. als erträgliche Grenze bei einer Luftbewegung von 0,5 m/s bezeichnet (VDI-Richtlinie 2085).

Geräusch. Vom Geräusch her ist in Werkstätten ein Schallpegel von 70 bis 80 dB(A) als zulässige obere Grenze einzuhalten; bei einem Schallpegel von 85 dB(A) können bereits Gehörschäden auftreten.

Luftbewegung. Wird vom Herstellungsverfahren eine besondere Reinheit der Raumluft vorgeschrieben, so bei der Herstellung von Präzisionsgeräten oder von Medikamenten in der pharmazeutischen Industrie oder in Operationsräumen, richten sich der Luftwechsel und die Luftbewegung im Raum nach der angestrebten *Verdünnung* an Partikeln und Keimen.
Die höchsten Anforderungen werden in der Reinraumtechnik gestellt, wobei die Partikelfreiheit nach Klassen unterschieden wird, **Tab. 3**.

1.4 Kältetechnische Verfahren
Refrigeration processes

1.4.1 Allgemeines. General

Anlagen zur maschinellen Kälteerzeugung wurden in größerer Anzahl ab Mitte des 19. Jahrhunderts gebaut und waren für die Lebensmittelfrischhaltung und -verarbeitung bald unentbehrlich. Nach den ersten *Verdichtungskältemaschinen* mit Äther als Kältemittel (England 1834, J. Perkins) gelang mit der *Ammoniakkältemaschine* die entscheidende kältetechnische Erfindung (erste Anlage um 1876 von Carl von Linde gebaut). Bereits um 1850 waren die ersten *Kaltluftmaschinen* mit *offenem* Kreislauf (**Bild 11**; Florida, Dr. Gorie) und 1862 mit *geschlossenem* Kreislauf bekanntgeworden.
Weder die Kaltluftmaschinen noch die später entwickelten *Dampfstrahlkältemaschinen* fanden, obwohl für spezielle Verfahren durchaus zweckmäßig und wirtschaftlich, nicht die Verbreitung der *Kaltdampfmaschinen,* die auf der Verdampfung eines Kältemittels beruhen.
Dies gilt auch für die *Kohlendioxid-*(„Kohlensäure"-*)Kältemaschinen,* die nur in den ersten Entwicklungsjahren auf Schiffen eine starke Konkurrenz für die Ammoniakkältemaschine waren.
Kleinkälteanlagen wurden seit 1919 mit Methylchlorid (CH_3Cl) oder Schwefeldioxid (SO_2) betrieben, bis diese

Tabelle 3. Reinheitsklassen (VDI 2083 Blatt 1)

Reinheitsklasse nach VDI 2083	Bezugspartikelgröße in µm		
	0,5	1	5
n	$4 \cdot 10^n$	$1 \cdot 10^n$	$0,03 \cdot 10^n$
3	$4 \cdot 10^3$	$1 \cdot 10^3$	–[a]
4	$4 \cdot 10^4$	$1 \cdot 10^4$	$0,03 \cdot 10^4$
5	$4 \cdot 10^5$	$1 \cdot 10^5$	$0,03 \cdot 10^5$
6	$4 \cdot 10^6$	$1 \cdot 10^6$	$0,03 \cdot 10^6$

[a]) Aus Gründen der Statistik nicht bewertet.

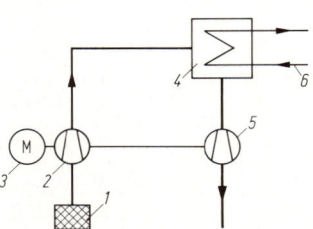

Bild 11. Prinzip der Kaltluftmaschine mit offenem Kreislauf. *1* Luftfilter, *2* Verdichter, *3* Antriebsmotor, *4* Wärmetauscher für Druckgasabkühlung, *5* Entspannungsmaschine, *6* Kühlmedium

Kältemittel durch die fluorierten Chlorkohlenwasserstoffe im Zeitraum von 1931 bis 1960 abgelöst wurden. Die meisten dieser neuen, sog. „FCKW"-Kältemittel sollen wegen ihrer schädigenden Wirkung auf die Erdatmosphäre (bekannt als „Ozonloch" [7]) in absehbarer Zeit nicht mehr produziert werden (s. M 1.4.6).

Zu den Verdichtungskälteanlagen kam mit der Ammoniak/Wasser-Absorptionskältemaschine ein Verfahren hinzu, mit dem etwa ab 1910 Abwärme aus industriellen Prozessen genutzt werden konnte, um wirtschaftlich Kälte zu erzeugen.

Neben den einfachen Eisschränken wurden auch erste Haushaltskühlschränke mit kontinuierlich und mit periodisch arbeitenden Absorptionskälteapparaturen gebaut.

Sowohl die Ammoniak-Verdichtungskältemaschine als auch die Absorptionskältemaschine (erste Anlage 1862) gehen auf Arbeiten von F. Carré und von Ch. Tellier zurück.

Technisch interessante Verfahren der Kälteerzeugung, die jedoch nur in Sonderfällen und mit relativ großem Energiebedarf angewendet werden können, sind:

- das Peltier-Element aus Halbleitermaterial, mit dem auf thermoelektrischem Wege kleine Kühl- und Heizleistungen auf engstem Raum (Medizin) und unter Schwerelosigkeit (Raumfahrt) erzeugt werden können;
- das Wirbelrohr, in dem ein Druckluftstrom – im Zentrifugalfeld sich – in einen kalten und einen heißen Teilstrom aufteilt;
- die Trockeneisherstellung aus hochverdichtetem und verflüssigtem Kohlendioxidgas, das nach Unterkühlung und plötzlicher Entspannung Kohlensäureschnee bildet, der durch Pressen zu Blöcken geformt wird (Sublimationstemperatur −78,9 °C);
- sog. „neue Kreisläufe": Magnetokalorische und osmotische Kälteerzeugung für Temperaturen nahe dem absoluten Nullpunkt.

Einsatzgebiete

Kältetechnische Anlagen wurden zunächst eingesetzt für Brauereien und Eisfabriken, Schlachthäuser, Fleisch- und Fisch-Gefrieranlagen, Malztennen- und Hopfenlagerkühlung, Molkereien, Marktkühlhallen, Margarinefabriken, Schokoladenherstellung, Champagnerbereitung, Gummifabriken, Leim- und Gelatinekühlung, Farbstoffherstellung, Glaubersalzkristallisation, Leichenkühlung, Transportkühlung auf Schiene, Straße und auf See, Kühlhäuser aller Art, gewerbliche Kühlräume, Paraffin- und Ölindustrie, Kunsteisbahnen, Schachtabteufen, klimatechnische Anlagen.

Weitere Bedarfsfälle mit zum Teil erhöhten Anforderungen an die Regelgenauigkeit kamen hinzu in der chemischen, pharmazeutischen Industrie, der Medizin, bei der Luft- und Drucklufttrocknung, bei der Speiseeisherstellung, bei der Werkzeugkühlung und bei Kältekammern für Industrie und Forschung sowie für die Vielzahl der Kühlmöbel.

Für das Erzeugen von Temperaturen unter −80 °C werden Gase durch Entspannen oder Drosseln mit Hilfe des Thomson-Joule-Effekts abgekühlt. Anlagen dieser Art dienen z. B. der Luft- und Chlorverflüssigung und der Edelgasgewinnung. Anlagen zum Erzeugen von Temperaturen etwa von −150 °C bis nahe zum absoluten Nullpunkt zählen zum Gebiet der Tieftemperatur-Verfahrenstechnik. Hierbei spielen als Kältemittel Stickstoff, Wasserstoff und Helium mit dem niedrigsten Siedepunkt von 4,25 K eine besondere Rolle. Wichtige kryotechnische Anwendungen

sind das Erzeugen von Hochvakuum [8] und die Supraleittechnik (Kammerlingh Onnes, 1911).

Die im Jahre 1986 entdeckten Werkstoffe bzw. Werkstoffkombinationen, deren Sprungtemperatur, d.h. der Übergang von Normal- zu Supraleitung, oberhalb der Siedetemperatur des flüssigen Stickstoffs (−196 °C bei Atmosphärendruck) liegt, werden zukünftig vielfältige Anwendungen für die Hochtemperatur-Supraleitung erschließen.

Der größte Bedarf für Kältemaschinen der unterschiedlichsten Leistungen entstand durch die klimatechnischen Anlagen für Aufenthalts- und Arbeitsräume sowie für Fabrikationsverfahren.

Als Beispiel für eine der ersten Anlagen dieser Art wurde 1910 über das Theater von Rio de Janeiro (1700 Sitzplätze) berichtet, für das eine Kältemaschinenanlage mit einer Kälteleistung von 200000 kcal/h in Verbindung mit einem Kältespeicher von 120 m³ Sole-Inhalt installiert wurden.

Der Aufschwung der Klimatechnik in Europa ab 1960 wurde durch die moderne Leichtbauweise der Gebäude und die zunehmenden inneren Kühllasten wesentlich gefördert. US-amerikanische Hersteller nahmen hierbei – insbesondere mit ihren anschlußfertigen Wasserkühlsätzen mit Turboverdichtern und den Absorptionskältemaschinen mit dem Arbeitsstoffpaar Wasser/Lithiumbromid – eine führende Stellung ein.

Ausgelöst durch die Energiekrise im Jahre 1973 wurden energiesparende Investitionen und Forschungsprogramme für neue Technologien staatlich unterstützt. Einerseits führte der Anstieg der Energiepreise zu geringeren installierten Leistungen der Klimakälteanlagen, andererseits wurden konstruktive Verbesserungen vorgenommen, um Energie zu sparen. Es ergaben sich Fortschritte bei den selbsttätigen Ventilplatten, den Triebwerken der Verdichter, den Antriebsmotoren, den Frequenzumformern zur Drehzahlregelung, den Einspritzventilen und beim Einsatz der Mikroelektronik zum Steuern und Regeln eines energiesparenden Kälte- und Wärmepumpenbetriebs.

Serienmäßig gefertigte Wasserkühlsätze mit Hubkolben-, Schrauben- und Turboverdichtern werden heute nicht nur in einer preiswerten Standardausführung, sondern auch in einer teureren, aber energiesparenden Ausführung angeboten.

Neben den sowohl wärme- als auch kälterückgewinnenden Einrichtungen (z. B. kreislaufverbundene Systeme, Regenerativ- und Rekuperativ-Wärmetauscher) haben als wirtschaftliche, energiesparende Kälteerzeugung während der kalten Jahreszeit die „Freien Kühlsysteme" mit Hilfe der Außenluft dort an Bedeutung gewonnen, wo hohe innere Kühllasten ganzjährig abzuführen sind.

1.4.2 Kaltdampf-Verdichtungsverfahren
Compression refrigeration process

Für die Klimakälteerzeugung werden vorwiegend Verfahren angewendet, die auf der Verdampfung eines Kältemittels beruhen. Die Mehrzahl der Anlagen werden als Kaltdampf-Verdichtungsanlagen gebaut, **Bild 12**.

Durch den im Verdampfer 1 bei niedrigem Druck und tiefer Temperatur aufgenommenen Wärmestrom Q_0 wird flüssiges Kältemittel verdampft. Der entstehende Dampf wird vom Verdichter 2 angesaugt und verdichtet, so daß im wasser- oder luftgekühlten Verflüssiger 3 das Kältemittel bei höherer Temperatur wieder verflüssigt wird. Der Verflüssigungsdruck ist um so höher, je wärmer das Kühlwasser bzw. die Kühlluft sind. Vom Druckverhältnis Verflüssigungs- zu Verdampfungsdruck p/p_0 wird der Leistungsbedarf P des Verdichters beeinflußt.

Das verflüssigte und gegebenenfalls unterkühlte, unter Druck p stehende Kältemittel wird durch die Drosseleinrichtung 4 auf den

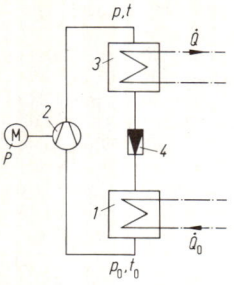

Bild 12. Schema einer einstufigen Verdichtungskältemaschine. *1* Verdampfer, *2* Verdichter, *3* Verflüssiger, *4* Drosseleinrichtung. $\dot{Q}_0$ Verdampfer-Wärmestrom, $\dot{Q}$ Verflüssiger-Wärmestrom, *P* Verdichter-Antriebsleistung, p_0 Verdampfungsdruck, *p* Verflüssigungsdruck, t_0 Verdampfungstemperatur, *t* Verflüssigungstemperatur

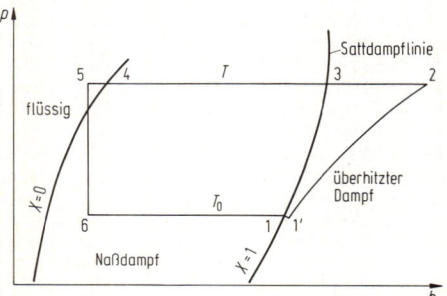

Bild 13. Vergleichsprozeß des Kaltdampf-Verdichtungsverfahrens im *p,h*-Diagramm (*p* im logarithm. Maßstab). *6–1* Verdampfungswärme, *1–1'* Saugdampfüberhitzung, *1'–2* Verdichtung, *2–3* Überhitzungswärme, *3–4* Verflüssigungswärme, *4–5* Unterkühlungswärme, *5–6* Drosselung

niedrigeren Druck p_0 entspannt und dem Verdampfer wieder zugeführt.

Zum Verdichten der Kältemitteldämpfe dienen Verdichter in *offener, halbhermetischer* und *hermetischer Bauart*.
In dem für dieses Verfahren gebräuchlichen *p,h*-Diagramm kann der Vergleichsprozeß entsprechend **Bild 13** eingetragen werden. Zum Berechnen des Kältemittelkreislaufs wird auf die Fachliteratur und die Herstellerangaben zu den Wirkungsgraden verwiesen.
Bei trockengesättigt und überhitzt angesaugtem Kältemitteldampf errechnet sich die *Gesamtkälteleistung* $\dot{Q}_0$ wie folgt (s. D8):

$$\dot{Q}_0 = \dot{m}_R (h_1 - h_5), \tag{4}$$

mit $\dot{m}_R$ Kältemittel-Massenstrom, h_1 spezifische Enthalpie am Verdichtereintritt, h_5 spezifische Enthalpie am Verflüssiger- bzw. Nachkühleraustritt.
Die *Verflüssigerleistung* $\dot{Q}_c$ ergibt sich zu

$$\dot{Q}_c = \dot{Q}_0 + P - \dot{Q}_u, \tag{5}$$

mit *P* Antriebsleistung, $\dot{Q}_u$ Wärmeströme, die vom Verdichter einschließlich Hilfsmaschinen und Ölkühler, vom Ölabscheider, von der Druckleitung und sonstigen wärmeaustauschenden Flächen des Kältemittelkreislaufs an die Umgebung abgegeben werden.
Als Antriebsleistung *P* wird bei offenen Verdichtern die an der Verdichterwelle gemessene Leistung und bei saug- oder druckgasgekühlten Motorverdichtern in hermetischer oder halbhermetischer Ausführung die Klemmenleistung

des Motors angegeben. Die Leistungszahlen, die sich damit für die offenen und für die Motorverdichter errechnen, sind also nicht direkt vergleichbar; sie unterscheiden sich um die Kupplungs-, Motor- und gegebenenfalls Getriebewirkungsgrade. Die *Leistungszahl* ε_0, bezogen auf die Gesamtkälteleistung, ergibt sich zu (s. D8.4.1):

$$\varepsilon_0 = \dot{Q}_0 / P \tag{6}$$

bzw. nach Carnot-Prozeß

$$\varepsilon_{0C} = T_0 / (T - T_0). \tag{7}$$

Für Wärmepumpen ist die Gesamtwärmeleistung $\dot{Q}$ Bezugsgröße und damit

$$\varepsilon_H = \dot{Q}/P = \varepsilon_0 + 1 \tag{8}$$

bzw. nach Carnot-Prozeß

$$\varepsilon_{HC} = T/(T - T_0) = \varepsilon_{0C} + 1. \tag{9}$$

1.4.3 Absorptionskälteverfahren
Absorption refrigeration process

Als Antriebsenergie ist Wärme in Form von niedriggespanntem Dampf oder Heißwasser oder Direktbefeuerung erforderlich. Im industriellen Bereich ist dies ein mit großem wirtschaftlichen Erfolg eingesetztes Verfahren, insbesondere für tiefe Temperaturen – auch in mehrstufiger Ausführung – und mit dem Arbeitsstoffpaar Ammoniak/Wasser (NH_3/H_2O). Für klimatechnische Anlagen werden anschlußfertige Wasserkühlsätze mit dem Arbeitsstoffpaar Wasser/Lithium-Bromid ($H_2O/LiBr$) bevorzugt.
Arbeitsweise der *Absorptionskältemaschine* nach **Bild 14**.

Das flüssige Kältemittel (Wasser) fließt vom Verflüssiger *4* zum Verdampfer *1*, wo es unter Wärmeaufnahme verdampft und das für die Klimatisierung umgewälzte Kaltwasser abkühlt. Im Absorberteil *2* wird der Kältemitteldampf (Wasserdampf) von der versprühten starken Lösung absorbiert und die entstehende Lösungswärme durch Kühlwasser abgeführt. Die anfallende, verdünnte wässerige Lösung wird von der Solepumpe *6* angesaugt und gelangt nach Wärmeaustausch mit der starken Lösung im Temperaturwechsler *5* in den Austreiber *3*. Der im Austreiber – auch Generator genannt – durch Erwärmen ausgetriebene Kältemitteldampf wird im Verflüssiger *1* niedergeschlagen, während die angereicherte Lösung über den Temperaturwechsler *5* wieder zum Absorber *2* zurückfließt.

Um die in der Nähe der Sättigungslinie (**Bild 15**) bestehende *Kristallisationsgefahr* zu vermeiden, wird die starke

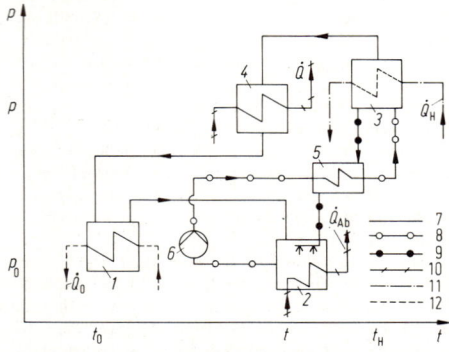

Bild 14. Schema einer $H_2O/LiBr$-Absorptionskältemaschine. *1* Verdampfer, *2* Absorber, *3* Austreiber, *4* Verflüssiger, *5* Temperaturwechsler, *6* Lösungspumpe, *7* Kältemittel (Wasser), *8* verdünnte Lösung, *9* starke Lösung, *10* Kühlwasser, *11* Heizmittel, *12* Kaltwasser. $\dot{Q}_0$ Verdampfer-Wärmestrom, $\dot{Q}_{Ab}$ Absorber-Wärmestrom, $\dot{Q}$ Verflüssiger-Wärmestrom, $\dot{Q}_H$ Austreiber-Wärmestrom

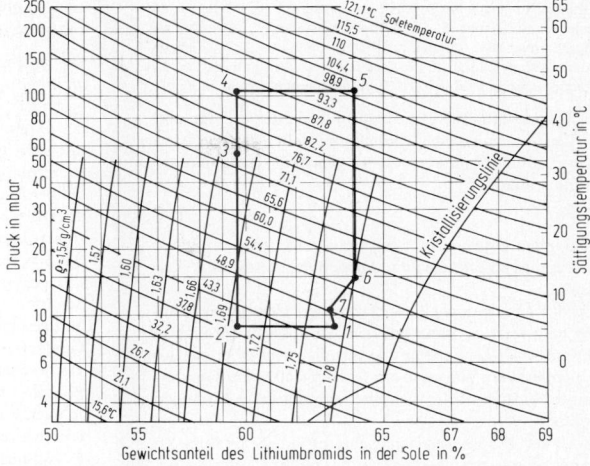

Bild 15. LiBr/H$_2$O-Kreislauf im Druck-Konzentrations-Diagramm nach Carrier

Meßpunkt	Temperatur °C	Druck mbar	Konzentration %	Kältemittel-Sattdampf-Temperatur °C
1 nach Austritt aus Absorberdüsen	46,1	9,12	63,3	5,6
2 Absorberaustritt	38,3	9,12	59,5	5,6
3 Temp. Wechsleraustritt arme Lösung	74		59,5	
4 Siedebeginn im Austreiber	88,9	101,34	59,5	46,1
5 Austreiberaustritt	101,7	101,34	64	46,1
6 Temp. Wechsleraustritt reiche Lösung	57		64	
7 Mischpunkt der reichen Lösung mit geringer Menge armer Lösung	48,9		63,1	

Lösung mit einem kleinen Mengenstrom verdünnter Lösung vermischt, bevor sie über die Absorberkühlrohre versprüht wird. Alle Apparate arbeiten im Unterdruck. Die Verflüssigerleistung beträgt etwa 70% der Absorberleistung; entsprechend teilt sich der Kühlwasserstrom oder – bei Hintereinanderschaltung von Absorber und Verflüssiger – die Temperaturdifferenz des Kühlwasserstroms auf.

Die Berechnung von Absorptionskältemaschinen erfolgt mit Hilfe der *Enthalpie-Konzentrations-Diagramme* ($h - \xi$-Diagramm) der wässerigen Lösungen von Ammoniak bzw. Lithium-Bromid. Für die Darstellung des Lösungskreislaufs sind p, $1/T$- oder *Druck-Konzentrations-Diagramme* (p,ξ-Diagramm) zu verwenden. **Bild 15** zeigt den wesentlichen Ausschnitt eines p,ξ-Diagramms für LiBr/H$_2$O mit eingetragenen Werten des Lösungskreislaufs. Die genannten Zustände werden erreicht, wenn die Maschine mit Sattdampf vom 1,827 bar, t_S=117,8 °C und mit einer Kühlwassertemperatur von 29,4 auf 40,5 °C betrieben wird. Im Verdampfer wird Wasser von etwa 13 auf 6,7 °C abgekühlt. Bei anderen Betriebsbedingungen – insbesondere bei Teillast und plötzlichen Laständerungen – wird der Lösungskreislauf zu niedrigeren Konzentrationen und Austreibertemperaturen verschoben. Bei der meßtechnischen Überprüfung von Absorptionsanlagen wird die Lösungskonzentration mit Hilfe von Dichte- und Temperaturmessungen bestimmt.

Wärmeverhältnis

Wie bei der *Leistungszahl* ε der Verdichtungskältemaschine läßt sich für die Absorptionskälteanlage ein *Wärmeverhältnis* ζ für Kühl- und Heizbetrieb bestimmen.

Tatsächliche Wärmeverhältnisse	Wärmeverhältnisse nach Carnot-Prozeß, bezogen auf inneres Verhalten
Kühlbetrieb	Kühlbetrieb
$$\zeta_0 = \frac{\dot{Q}_0}{\dot{Q}_H + \dot{Q}_P} \qquad (10)$$	$$\zeta_{0C} = \frac{\frac{1}{T_A} - \frac{1}{T_H}}{\frac{1}{T_0} - \frac{1}{T}} \qquad (11)$$
	vereinfacht $T_A = T$ gesetzt, wird:
	$$\zeta_{0C} = \frac{T_H - T}{T_H} \cdot \frac{T_0}{T - T_0} \qquad (12)$$
Heizbetrieb	Heizbetrieb
$$\zeta_H = \frac{\dot{Q} + \dot{Q}_A}{\dot{Q}_H + \dot{Q}_P} \qquad (13)$$	$$\zeta_{HC} = \frac{\frac{1}{T_A} - \frac{1}{T_H} + \frac{1}{T_0} - \frac{1}{T}}{\frac{1}{T_0} - \frac{1}{T}} \qquad (14)$$
	bzw. wenn $T_A = T$:
	$$\zeta_{HC} = \frac{T_H - T_0}{T_H} \cdot \frac{T}{T - T_0} \qquad (15)$$

M

$\dot{Q}_0$ Kälteleistung, $\dot{Q}_H$ Heizleistung für Austreiber, $\dot{Q}_P$ Leistungsaufnahme der Sole-Pumpen, $\dot{Q}$ Verflüssigerleistung, $\dot{Q}_A$ Absorberleistung, T_A niedrigste Temperatur des Absorbers in K, T_H Temperatur des Austreibers in K (im Idealfall Heizmitteltemperatur), T_0 Verdampfungstemperatur in K, T Verflüssigertemperatur in K.

Das Wärmeverhältnis der Absorptionskältemaschine und die Leistungszahl der Verdichtungskältemaschine sind nicht unmittelbar miteinander vergleichbar; es besteht der Zusammenhang

$$\zeta = \eta\varepsilon, \tag{16}$$

wobei η den Umwandlungswirkungsgrad der thermischen in mechanische Energie zum Antrieb des Verdichters ausdrückt.

Wird das Absorptionskälteverfahren zur Heizwärmeerzeugung eingesetzt, so kann aus dem Verflüssiger ein niedrig temperierter Wärmestrom und aus dem Absorber ein höher temperierter Wärmestrom (< 50 bis 60% des Gesamtwärmestroms, je nach Austreibertemperatur) entnommen werden.

Ein für die *Wärmespeicherung* interessantes Verfahren ist der periodisch arbeitende Sorptionsapparat mit dem Arbeitsstoffpaar Zeolith/Wasser [9].

1.4.4 Dampfstrahlkälteverfahren
Steam jet refrigeration process

Eine wirtschaftliche Anwendung für die Klimatisierung setzt billigen Abdampf mit ausreichendem Druck und niedrige Kühlwassertemperaturen voraus [10]. Arbeitsweise: **Bild 16**.

Das zu kühlende Wasser wird durch die Pumpe *2* dem Verdampfer *1* zugeführt. Die mit Treibdampf *3* beaufschlagten Strahlverdichter *4-1* und *4-2* erzeugen im Verdampfer ein Vakuum (etwa 0,69 bis 2,45 mbar), bei dem ein Teil des Wassers verdampft und die restliche Wassermenge abgekühlt wird. Treibdampf und abgesaugter Wasserdampf werden im Verflüssiger *5* bei einem Druck niedergeschlagen, der von der Temperatur des Kühlwassers abhängt. Die sich zwangsläufig ansammelnden Fremdgase werden durch die Vakuumpumpe *7* entfernt. Ein Teil des Kondensats wird zweckmäßigerweise in den Verdampfer zurückgeführt, der Rest gegebenenfalls zum Speisewassersersammelbehälter gepumpt.

Folgende Betriebsdaten zweistufiger Kompaktanlagen kleinerer Leistung können erreicht werden: Wasserabkühlung von 11 auf 6 °C bei einem Treibdampfverbrauch von 3,44 kg/kW bei 3,5 bar und eine Kühlwassermenge von ca. 240 l/kW bei 24 °C Eintrittstemperatur. Dampf- und Kühlwasserbedarf können je nach Betriebsbedingungen in weiten Grenzen schwanken. Einsparungen durch mehrstufige Ausführung (in der Praxis bis zu fünf Stufen) des Verdichters und/oder des Verflüssigers möglich. Der maximale Wirkungsgrad von Dampfstrahlverdichtern wird mit 23% angegeben.

1.4.5 Verdunstungskühlverfahren
Evaporativ cooling process

Die stürmische Entwicklung der elektronischen Datenverarbeitung hat den ganzjährigen Kühlbedarf erheblich gesteigert, und zwar nicht nur während der Betriebszeiten der Datenverarbeitung, sondern auch bei der Herstellung der elektronischen Bauelemente (Chip-Herstellung unter Reinraumbedingungen). Die erforderlichen Kühlwassertemperaturen von 14 bis 20 °C sind zumindest während der kälteren Jahreszeit mit Hilfe der Verdunstungskühlung zu erreichen.

Beim Verdunstungskühlprozeß wird die Wärme durch einen gekoppelten Wärme- und Stoffaustausch an die Außenluft abgeführt. Hierzu dienen Einrichtungen wie offene und geschlossene *Rückkühlwerke*, *Kühlteiche* sowie mit Sekundärwasser besprühte *Rippenrohr-Wärmetauscher*.

Theoretisch ist eine Abkühlung bis auf die sog. *Kühlgrenze* – die Feuchtkugeltemperatur der Außenluft – möglich. Je nach Kühllast verbleibt jedoch eine Differenz zwischen Kühlwasseraustritts- und Feuchtkugeltemperatur, die als *Kühlgrenzabstand* bezeichnet wird

$$a = t_{Wa} - t_{fa} \quad \text{in K} \tag{17}$$

(a zunehmend mit fallender Feuchtkugeltemperatur bei gleichbleibender Kühllast).

Für den Kühlvorgang ergeben sich folgende Massen- und Energiebilanzen, **Bild 17**:

$$\dot{m}_V = \dot{m}_L(x_{La} - x_{Le}), \tag{18}$$

$$\dot{m}_L h_{Le} + \dot{m}_W c_{pw} t_{We} + \dot{m}_V c_{pw} t_{Wa} = \dot{m}_L h_{La} + \dot{m}_W c_{pw} t_{Wa}, \tag{19}$$

$$\dot{m}_W c_{pw}(t_{We} - t_{Wa}) = \dot{m}_L[h_{La} - h_{Le} - c_{pw} t_{Wa}(x_{La} - x_{Le})]. \tag{20}$$

Für Überschlagsberechnungen wird das Glied

$$\dot{m}_V c_{pw} t_{Wa} \tag{21}$$

vernachlässigt und es ergibt sich

$$\dot{m}_W c_{pw}(t_{We} - t_{Wa}) = \dot{m}_L(h_{La} - h_{Le}) \tag{22}$$

(t_{fa} Feuchtkugeltemperatur der Außenluft, t_{We} Wassereintrittstemperatur, t_{Wa} Wasseraustrittstemperatur, x_{Le} Lufteintrittsfeuchte (absolut), x_{La} Luftaustrittsfeuchte (absolut), h_{Le} Lufteintrittsenthalpie, h_{La} Luftaustrittsenthalpie, $\dot{m}_W$ tatsächlicher Wasserstrom, $\dot{m}_V$ Verdunstungswasserstrom, $\dot{m}_L$ Luftmassenstrom, c_{pw} spezifische Wärmekapazität des Wassers).

Bei Teillastbetrieb und der damit verbundenen Annäherung an die Kühlgrenze führt das Vernachlässigen des Ausdrucks Gl. (21) zu einer zunehmenden Ungenauigkeit,

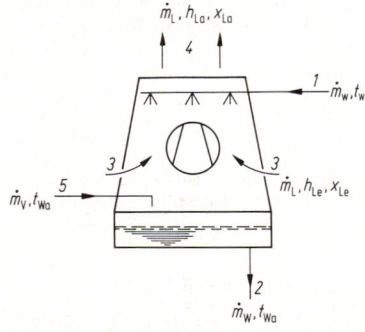

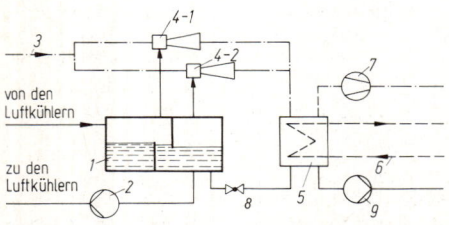

Bild 16. Schema einer zweistufigen Dampfstrahlkälteanlage. *1* Verdampfer, *2* Kaltwasserpumpe, *3* Treibdampf, *4-1* Strahlverdichter, 1. Stufe, *4-2* Strahlverdichter, 2. Stufe, *5* Verflüssiger, *6* Kühlwasser, *7* Vakuumpumpe, *8* Kondensat-Rückführung zum Verdampfer, *9* Kondensat-Rückführpumpe zur Aufbereitung

Bild 17. Zur Massen- und Energiebilanz von Rückkühlwerken. *1* Eintritt erwärmten Wassers, *2* Austritt des abgekühlten Wassers, *3* Zuluft, *4* Fortluft, *5* Eintritt des Zuspeisewassers (mindestens Verdunstungsanteil)

und der Wassergehalt der Austrittsluft kann nicht mehr bestimmt werden. Mit Hilfe von Rechenprogrammen nach Vorschlag gemäß [11] können Fortluftzustand und sog. „thermische Übergangseinheiten" für Großkühltürme ermittelt werden. Bei den kleinen Rückkühlwerken, wie sie für gebäudetechnische Anlagen nur in Frage kommen, ist der Einfluß der Feuchtkugeltemperatur insbesondere wegen der geringen Kühlgrenzabstände von größerer Bedeutung und muß zusätzlich zum Lastverhalten berücksichtigt werden [12]. Die Kenntnis des Fortluftzustands ist wichtig zum Beurteilen der Belästigung durch Schwadenbildung, vor allem in Stadtgebieten.

1.4.6 Kältemittel, Kältemaschinen-Öle und Kühlsolen
Refrigerants, refrigeration oils and brines

Kältemittel

In Verdichtungskältemaschinen für klimatechnische Anlagen werden seit Jahrzehnten ausschließlich Fluor- und Chlorderivaten der Kohlenwasserstoffe Methan und Ethan als Kältemittel verwendet. Es handelt sich um Kältemittel der Gefahrengruppe 1 der Unfallverhütungsvorschrift VBG 20 – Kälteanlagen, nichtbrennbar, ohne oder mit geringer toxischer Wirkung. Bezeichnung nach DIN 8962.
Wegen der fortschreitenden Umweltbelastung (Ozon-Abbau) muß die Emission von Fluor-Chlor-Kohlenwasserstoffen (FCKW) aus Kälteanlagen sorgfältig vermieden werden (s. hierzu VDMA-Einheitsblatt 24 243, Teile 1 bis 5, Juli 1988).
Das Ozongefährdungspotential der einzelnen FCKW ist unterschiedlich und wird durch den RODP-Wert (Relative Ozon Deplation Potential) gekennzeichnet. Bezugswert 1 gilt für Kältemittel R 11 als schädlichsten Stoff [13].
Eine weitere Umweltbelastung, an der einige dieser Kältemittel beteiligt sind, ist der Treibhauseffekt, hervorgerufen durch den Anstieg des CO_2-Gehalts der Erdatmosphäre. Hierbei dient als Vergleichsmaßstab der sog. Relative Greenhouse Effect (RGE-Wert), dessen Basiswert 1 für R 12 gilt [14] bzw. das Global Warming Potential (GWP), das wiederum auf R 11 bezogen wird. Noch laufende Forschungs- und Entwicklungsarbeiten vieler Wissenschaftsdisziplinen sollen in naher Zukunft neue, zuverlässige Erkenntnisse bringen, und zwar sowohl hinsichtlich der Wirkungen dieser Spurengase in der Atmosphäre als auch über die dringend benötigten harmlosen Ersatzstoffe [15].
Der größte Ozon-Abbau wird von den FCKW verursacht, bei denen die Wasserstoffatome durch Fluor- und Chloratome ersetzt sind. Zu dieser Gruppe gehören u.a. R 11, R 12, R 500 und R 502, die eine entscheidende Bedeutung für Kälteanlagen zur Lebensmittelfrischhaltung in Haushalt, Handel und Gewerbe, in Pkw-Klimaanlagen und für Wasserkühlsätze mit Turbo-Kältemittelverdichtern haben. Diese Kältemittel können z. Z. nicht durch harmlose Austauschmittel (sog. drop-in-Kältemittel) ersetzt werden. Für Ersatzstoffe mit RODP-Werten von 0, wie z. B. R 134a anstelle von R 12, muß neben der Prüfung der toxikologischen Unbedenklichkeit auch der Praxis-Test bestanden werden (z. B. erschwerte Ölrückführung wegen Mischungslücke mit Öl). Für Neuanlagen kann in vielen Fällen auf den teilhalogenierten Hydrogen-Fluor-Chlor-Kohlenwasserstoff (H-FCKW) R 22 mit dem ROPD-Wert 0,05 ausgewichen werden. Allerdings ist dies z. Z. nur für Kälteleistungen >1 kW möglich. Die Fluor-Kohlenwasserstoffe ohne Chloratom (FKW) und die Hydrogen-Fluor-Kohlenwasserstoffe mit Wasserstoffatomen (H-FKW), wie z. B. R 23 und R 152a gefährden die Ozonschicht nicht; jedoch ist R 152a entflammbar.

Um kurzfristig das Ozonschädigungspotential zu minimieren, wird der Einsatz von nichtazeotropischen Kältemittelgemischen vorgeschlagen, die gleichzeitig zur Energieeinsparung beitragen können. Neben Zweistoff- werden auch Dreistoffgemische entwickelt, die zwar immer noch ein geringes Ozon-Abbaupotential aufweisen und deshalb nur als vorübergehende Lösung gelten, die jedoch kaum Ölprobleme aufwerfen.
Unter gewissen Voraussetzungen kann auch das Kältemittel Ammoniak (NH_3), allerdings mit erhöhten sicherheitstechnischen Anforderungen, im Interesse des Umweltschutzes bevorzugt werden. Seit Mitte der 60er Jahre wurde dieses Kältemittel in Klimakälteanlagen nicht mehr eingesetzt.
Mit Hilfe der volumetrischen Kälteleistung kann der vom Verdichter anzusaugende Volumenstrom abhängig von Verdampfungs- und Verflüssigungs- bzw. Unterkühlungstemperatur berechnet werden.

Kältemittel: **Anh. M1 Tab. 5.**

Volumetrische Kälteleistung q_{0th} in kJ/m^3 für R 22: **Anh. M1 Tab. 6.**
Dampftafel für das Naßdampfgebiet von R 22: **Anh. M1 Tab. 7.**
Für das im p,h-Diagramm für Kältemittel R 22 eingetragene Beispiel eines typischen Vollastbetriebs (**Bild 18**) ergeben sich bei angenommener adiabatischer Verdichtung die in der Tabelle zu **Bild 18** eingetragenen Zustandsdaten.

Kältemaschinen-Öle

In Kältemaschinen können nur hochwertige Mineralöle oder die mit speziellen Eigenschaften entwickelten synthetischen Öle oder Gemische aus beiden verwendet werden [16].
Das Öl in Kältemittelkreisläufen ist hohen Belastungen ausgesetzt. Seine Hauptfunktion als Schmier-, Dicht- und Kühlmittel in einem großen Druck- und Temperaturbereich wird durch die Anwesenheit von Kältemittel mehr oder weniger beeinträchtigt. Die Angaben der Hersteller über die zugelassenen Ölsorten sind unbedingt einzuhalten. Die Öl-Kältemittelbeständigkeit wird in Labortests und Laufzeitprüfungen nachgewiesen.
Grundsätzlich ist folgendes Verhalten von Öl-Kältemittelgemischen zu unterscheiden:

Vollständige Löslichkeit von Kältemittel in Öl (z. B. R 12):
– Ölverdünnung führt zu herabgesetzter Schmierfähigkeit,
– Viskosität außerdem abhängig von Druck und Temperatur,
– Gefahr droht für Schmierstoffkreislauf des Verdichters bei schneller Druckabsenkung während des Anfahrvorgangs (Aufschäumen des Öls in der Kurbelwanne),
– um das Anreichern des Kältemittels im Öl zu unterbinden, ist das Öl in der Kurbelwanne bzw. im Ölreservoir während der Maschinenstillstandszeit zu beheizen.

Kältemittel, die bei bestimmten Temperaturen und Mischungsverhältnissen eine Phasentrennung aufweisen (z. B. R 22, R 500):
– liegen die Betriebsbedingungen in diesen sog. Mischungslücken, so kann das vom Verdichter ausgeworfene Öl nur durch besondere Maßnahmen aus dem Verdampfer zurückgeführt werden. Bewährt hat sich hierbei kontinuierliches Abzapfen eines Teilstroms aus der ölreichen Phase im Verdampfer und Ausdampfen des Kältemittels durch Heißgas und Rückführen mit Hilfe von Injektionswirkung.

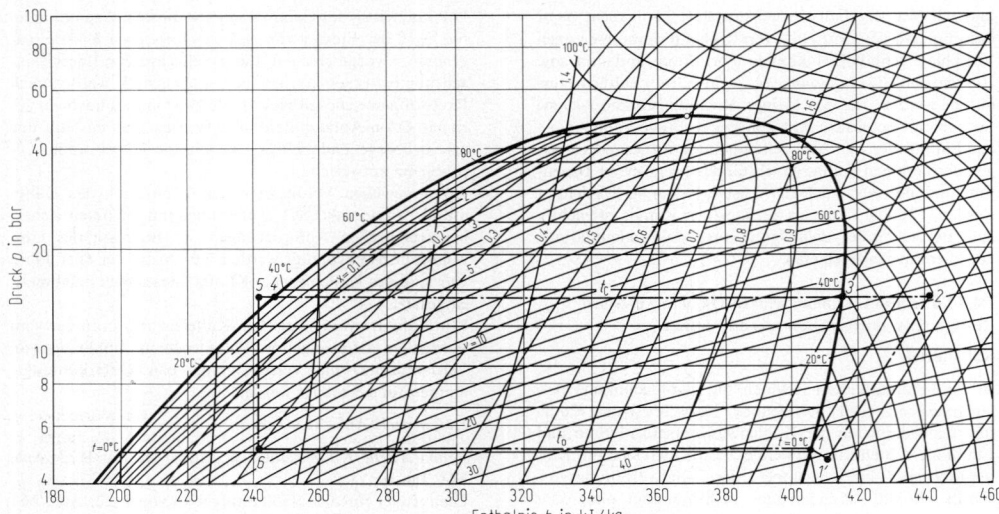

Bild 18. R 22-Diagramm mit Beispiel für einen Verdichtungskältemittelkreislauf (Auszug aus Mollier-h, lg$p$-Diagramm für Frigen 22 der Hoechst AG); Druck p in bar; Volumen v in dm³/kg; Temperatur t in °C; Enthalpie h in kJ/kg; Entropie s in kJ/kg·K; Bezugspunkt: $h' = 200,00$ kJ/kg; $s' = 1,0000$ kJ/kg·K bei $t = 0$ °C

Pkt.	Zustandspunkt	Temperatur °C	Absoluter Druck bar	Enthalpie kJ/kg	Spezifisches Volumen dm³/kg	Entropie kJ/kg K	Dampf-gehalt x %/100
1	Verdampfungsende	0,12	5,0	405,0	47,1	1,75	1
1'	Verdichtungsbeginn	7,1	4,7	410,2	52,2	1,775	1
2	Verdichtungsende	67,5	14,5	440,1	19,1	1,775	1
3	Verflüssigungsbeginn	38	14,5	414,8	16,0	1,70	1
4	Verflüssigungsende	38	14,5	246,9	0,88	1,158	0
5	Entspannungsbeginn	35	14,5	243,0	0,867	−	0
6	Entspannungsende	0,12	5,0	243,0	10,48	1,1575	0,21

Nicht mischbare Kältemittel (z. B. Ammoniak):
– Öl, das im Laufe der Betriebszeit den Ölabscheider passiert, sammelt sich im Sumpf des Verdampfers und kann von dort abgelassen werden.
Die thermische Stabilität von Kältemaschinen-Öl ist begrenzt, so daß je nach Verdichterart und Betriebsbedingungen eine Ölkühlung vorgesehen werden muß.
Es ist bekannt, daß ein geringer Ölanteil im Kältemittel (etwa bis 3%) den Wärmeübergang im Verdampfer verbessert; dies muß bei Hochleistungsrohren nicht der Fall sein.

Altöl aus Anlagen mit FCKW-Kältemitteln kann u.U. *Sondermüll* sein; mit der Entsorgung ist deshalb ein Fachbetrieb zu beauftragen.
Die in der Entwicklung befindlichen neuen, umweltschonenden Kältemittel zeigen zum Teil ein anderes Verhalten im Zusammenspiel mit den Ölen als die Kältemittel, die sie ersetzen sollen. Dies bedeutet, daß bestehende Kälteanlagen aus Gründen der Ölrückführung umgebaut werden müßten.

Kühlsolen

Im Zusammenhang mit energiesparenden Heiz- und Solaranlagen sowie Anlagen zur „Freien Kühlung" haben frostsichere Wärmeträger zunehmende Bedeutung erlangt. Neben Chloridsolen (Kalzium-Magnesium-Chlorid) und

Karbonatsolen (Kalziumkarbonat) wurden bisher auch einige der Fluor-Kohlenwasserstoffe, besonders für Temperaturen unter −45 °C, verwendet. Für den klimatechnisch interessanten Temperaturbereich sind *Glykol/Wassermischungen* mit einem Zusatz verschiedener *Inhibitoren* geeignet, die neben dem Einfrier- auch Korrosionsschutz bieten und Ablagerungen verhindern. Die *Frostsicherheit*

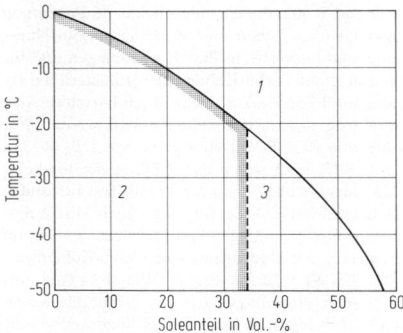

Bild 19. Frostsicherheit von Antifrogen N-Wasser-Mischungen in Vol.-% (Hoechst AG, Frankfurt). *1* flüssig, *2* Sprengwirkung beim Unterschreiten der Frostsicherheit, *3* keine Sprengwirkung (Eisbrei)

hängt von der prozentualen Verdünnung mit möglichst salzarmem Wasser ab. Ein Soleanteil von 35 Vol.-% genügt, um in der mitteleuropäischen Klimaregion die Funktion bis −20 °C zu gewährleisten und auch bei tieferen Temperaturen die Sprengwirkung sowie die Korrosionsgefahr zu unterbinden, **Bild 19**. Zu beachten ist, daß die spezifische Wärme und die Wärmeleitfähigkeit der Sole niedriger und die Viskosität höher ist als bei Wasser. Daraus folgt, daß die Wärmeübertragungsflächen, die Soleströme und die Förderhöhen der Pumpen größer sein müssen.

Bei der Umstellung oder Reparatur von Altanlagen muß damit gerechnet werden, daß die rost- und kalklösende Wirkung der Glykolsole zu Verstopfungen und Undichtheiten führt und vorhandener Rost die Inhibitoren bindet und ihre Wirkung aufhebt. Jährliche Prüfungen durch den Überwachungsdienst des Solelieferanten sind deshalb ratsam.

1.5 Heiztechnische Verfahren. Heating processes

Unterschieden wird allgemein in *Einzel-* und *Zentralheizung* (Sammelheizung). Bei der Einzelheizung wird die Wärme im beheizenden Raum erzeugt, bei der Zentralheizung in einer Heizzentrale und dem einzelnen Raum über Wärmeträger zugeführt. Die Übertragung im Raum von der Heizfläche bzw. dem Gerät erfolgt durch Strahlung und Konvektoren. Bei großen glatten Heizflächen oder hochtemperierten Heizkörpern überwiegt der Strahlungsanteil, bei zusätzlicher Luftumwälzung, z.B. durch Ventilatoren der Konvektionsanteil. Beim Einblasen von Warmluft in den Raum ist eine alleinige Übertragung der Wärme durch Konvektoren gegeben. Je nach überwiegendem Anteil wird von Strahlungs- oder Konvektionsheizung gesprochen, **Bild 20**.

Bei der Erwärmung des Raums stellt sich eine Luft- und Oberflächentemperaturverteilung ein, die sowohl von der Heizflächenanordnung, vom Heizverfahren als auch von den wärmetechnischen Eigenschaften des Raums bzw. der Baukonstruktion abhängt. Während die horizontale Lufttemperaturverteilung bis auf Außenwandnähe ziemlich gleichmäßig ist, weist das senkrechte Temperaturprofil größere mit der Raumhöhe wachsende Unterschiede auf. Bei einem Heizsystem mit großem Strahlungsanteil in der Wärmeübertragung ist das senkrechte Temperaturprofil weniger ausgeprägt als bei einem Heizsystem mit stark konvektivem Anteil **(Bild 21)** [17, 18].

Die mittlere Oberflächentemperatur für Raumumschließungsflächen als Strahlungstemperatur, kann in ausreichender Annäherung als Mittelwert der einzelnen Flächentemperaturen errechnet werden. Wegen der niedrigeren Strahlungstemperatur von Außenwand und Fen-

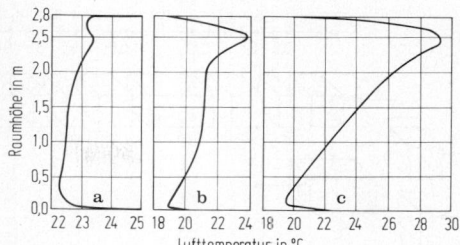

Bild 21. Senkrechtes Profil der Raumlufttemperatur. **a** Fußboden-Heizung; **b** Radiatoren-Heizung; **c** Luftheizung

ster sollen Heizkörper und Heizflächen an diesen Flächen angordnet werden, um den Strahlungseinfluß der kalten Raumflächen zu kompensieren.

Heizungsanlagen werden nach dem Norm-Wärmebedarf, der als theoretisch berechnete Raum- oder Gebäudeeigenschaft anzusehen ist, bemessen. Der Wärmeverbrauch ist die pro Zeiteinheit tatsächlich benötigte Wärmemenge. Der Brennstoffverbrauch B pro Gradtag G, ist ein kennzeichnender Heizbetriebswert, der bei guter Anpassung der Heizleistung an die Außenwitterung keine großen Abweichungen aufweisen darf.

1.6 Raumlufttechnische Verfahren
Air handling processes

Die für die Personen erforderliche Außenluft (*Luftrate*) wird stetig in das Gebäude mit Hilfe von Ventilatoren und Luftleitungen befördert, verteilt und die verbrauchte Luft aus den Nutzräumen gesammelt und wieder nach außen geführt. Die in den Raum zugeführte Luft übernimmt gleichzeitig die Aufgabe, die thermische und Stoffbelastung des Raums zu reduzieren bzw. zu kontrollieren. Damit kann eine gewünschte Raumluftkondition (Lufttemperatur und -feuchte) sowie Staub- oder Gaskonzentration (Gerüche) der Raumluft erreicht werden. Die Auslegung des erforderlichen Luftstroms bei RLT-Anlagen richtet sich nach dem Kriterium der höchsten Anforderung an Zuluftstrom (Außenluftrate, thermische oder Mattlasten).

Klimaanlagen sind die RLT-Anlagen, bei denen die Lufttemperatur und die relative Luftfeuchte raum- bzw. raumgruppenweise – innerhalb gewisser Grenzen – individuell

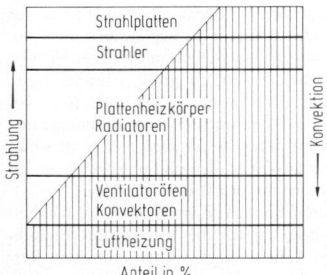

Bild 20. Strahlungs- und Konvektionsanteil von Heizflächen

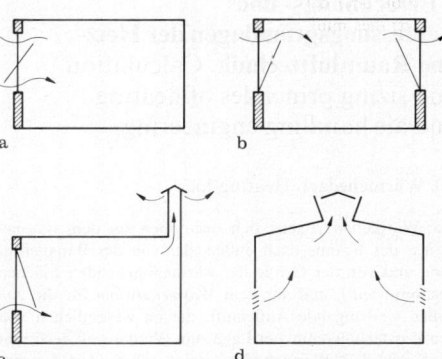

Bild 23. Freie Lüftung. Lüftungsverfahren. **a** Fensterlüftung; **b** Querlüftung; **c** Schachtlüftung; **d** Dachaufsatzlüftung

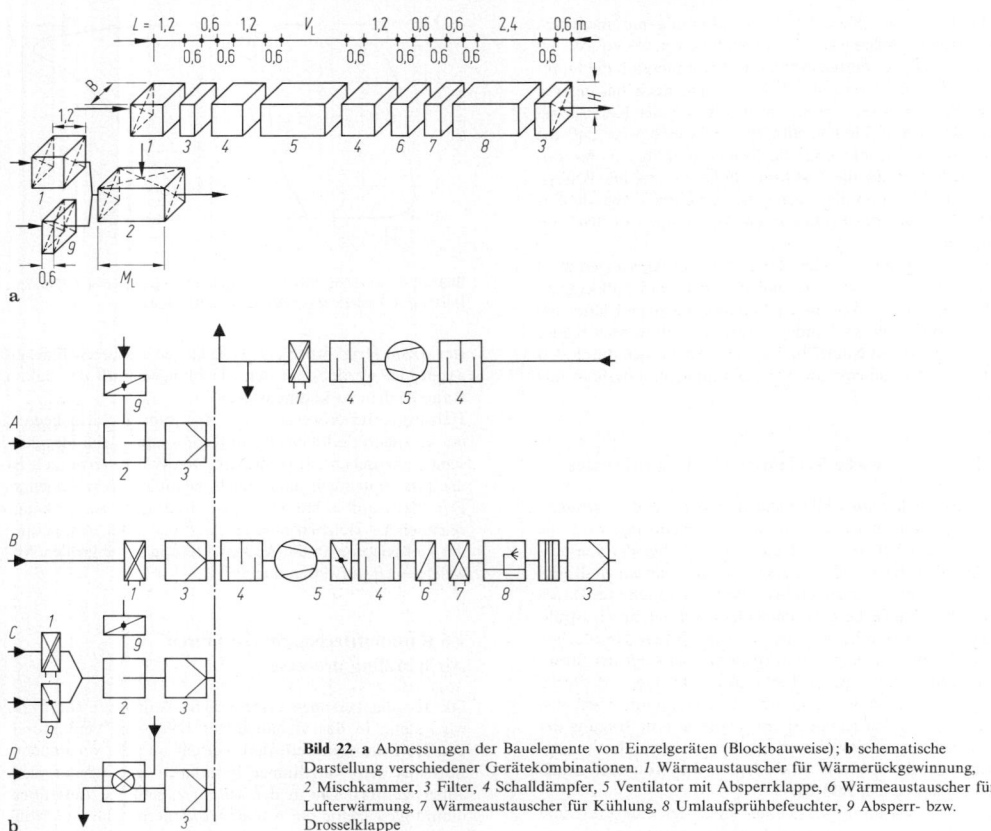

Bild 22. a Abmessungen der Bauelemente von Einzelgeräten (Blockbauweise); **b** schematische
Darstellung verschiedener Gerätekombinationen. *1* Wärmeaustauscher für Wärmerückgewinnung,
2 Mischkammer, *3* Filter, *4* Schalldämpfer, *5* Ventilator mit Absperrklappe, *6* Wärmeaustauscher für
Lufterwärmung, *7* Wärmeaustauscher für Kühlung, *8* Umlaufsprühbefeuchter, *9* Absperr- bzw.
Drosselklappe

geregelt werden kann. Wenn diese Bedingungen der 4stu-
figen thermischen Luftbehandlung – *Heizen, Kühlen, Be-
und Entfeuchten* – sowie die individuelle Regelung nicht
erfüllt sind, handelt es sich z.B. um RLT-Anlage mit Kühlung bzw. um Lüftungsanlagen.
Die Luftaufbereitung einer Klimaanlage zeigt **Bild 22.**

Einbauteile wie Fenster, Schächte usw. dienen zur natürlichen Lüftung eines Gebäudes. Sie werden zwar bei
RLT-Anlagen berücksichtigt, sind aber keine Komponenten von RLT-Anlagen, **Bild 23** (s. S. M 13).
Die Bemessung der natürlichen Lüftungsöffnungen regelt
die ASR (Arbeitsstätten-Richtlinie).

2 Berechnungs- und Bemessungsgrundlagen der Heiz- und Raumlufttechnik. Calculation and sizing principles of heating and air handling engineering

2.1 Wärmebedarf. Heating load

Der Wärmebedarf setzt sich zusammen aus dem *Wärmeverlust* des Raums nach außen, der von der Bauausfüh-
rung und von der Größe der wärmeabgebenden Flächen
bestimmt wird, und aus dem *Wärmeaufwand* für die von
außen eindringende Außenluft, die im wesentlichen von
den Fensterfugen und der Lage zum Windangriff bestimmt
wird. Aus dem Wärmebedarf ergibt sich die für den einzelnen Raum und das Gebäude notwendige *Heizleistung*
und damit die Bemessung der Heizungsanlage.

Im Heizbetrieb muß in Anpassung an die Außenwitterung
eine gleichmäßige Erwärmung aller Räume des Gebäudes
erreicht werden, was bei zentraler Steuerung des Heizbe-
triebs eine hinreichende Übereinstimmung zwischen der
berechneten und der tatsächlich benötigten Heizleistung
voraussetzt. Bei zu großen Abweichungen werden einzelne
Räume überheizt oder andere nicht ausreichend erwärmt.
Bei Einzelraumregelung, also Steuerung der Heizleistung
in jedem Raum, können nicht zu große Abweichungen
ausgeglichen werden; der wirtschaftlichste Betrieb ist bei
gleichzeitiger zentraler Steuerung und Einzelraumregelung
gegeben. Aufgabe der *Wärmebedarfsberechnung* ist somit
die Ermittlung einer ausreichenden und untereinander gut
abgestimmten Heizleistung pro Raum.
Das Rechenverfahren für den Wärmebedarf ist seit langem genormt worden, um für die Vielzahl der Einflußgrößen einheitliche Annahmen zu treffen und einen Vergleich der Bemessung von Heizungsanlagen zu ermöglichen. Zum Rechnungsgang sind in DIN 4701 die Berech-

nungsgrundlagen wie *Raumtemperaturen, Außentemperaturen, Wärmedurchgangskoeffizienten* für Außen- und Innentüren, *Fugenluftdurchlässigkeiten* sowie *Lüftungsbeiwerte* angeführt. Die Stoffwerte und Wärmeleitzahlen für häufiger vorkommende Baustoffe sowie Wärmedurchgangskoeffizienten für Verglasungen, Fenster und Fenstertüren sind in der DIN 4108 erfaßt. Das Rechenverfahren gilt für den Beharrungszustand, es ist aufgeteilt in die Berechnung des *Transmissionswärmebedarfs* $\dot{Q}_T$ und des *Lüftungswärmebedarfs* $\dot{Q}_L$. Ausdrücklich wird vom *Normwärmebedarf* $\dot{Q}_N$ gesprochen, um zum Ausdruck zu bringen, daß der Wärmebedarf eine auf der Grundlage von Normbedingungen ermittelte Rechengröße ist

$$\dot{Q}_N = \dot{Q}_T + \dot{Q}_L. \tag{1}$$

2.1.1 Transmissionswärmebedarf
Heat loss by transmission

Er wird ermittelt aus dem physikalischen Vorgang des Wärmedurchgangs (s. D 10.2) durch die Raumumschließungsflächen

$$\dot{Q}_T = kA(t_i - t_a). \tag{2}$$

Hierin sind: k Wärmedurchgangszahl (W/m² K), A Fläche des Bauteils (lichte Breite × Geschoßhöhe bei Wänden), t_i Luftinnentemperatur, t_a Luftaußentemperatur. Der Normrechenwert für die Außentemperatur ist ein 2-Tage-Mittelwert, der in einem Zeitraum von 20 Jahren zehnmal erreicht oder unterschritten wurde, **Anh. M2 Tab. 1**.
Die Rauminnentemperatur (**Tab. 1**) erfährt eine Anhebung, wenn z.B. bei großen Glasflächen oder einer Leichtbauweise des Raums die mittlere Oberflächentemperatur der Raumschließungsflächen zu niedrig liegt, und eine Erhöhung der Lufttemperatur im Raum (Norm-Innenraumtemperatur) nötig wird, um die Abstrahlung zu den kalten Flächen aus dem Empfinden zu kompensieren. Maßgebend dafür ist der D-Wert (Krischer-Wert), der als mittlerer Wärmedurchgangskoeffizient eines Raums definiert ist

$$D = \frac{\dot{Q}_T}{(t_i - t_a)\Sigma A}. \tag{3}$$

ΣA ist die Summe sämtlicher Raumumschließungsflächen.
Aus gleichem Grund wird anstelle des früheren Zuschlags z_A für die Strahlungswirkung der kalten Außenwand die Wärmedurchgangszahl des betreffenden Bauteils erhöht, **Bild 1**.
Für transparente Außenflächen ist in Abänderung des früheren Himmelsrichtungszuschlags z_H eine Korrektur für Sonneneinstrahlung eingeführt worden, die bei Klarglas $\Delta k_S = -0,3$ W/(m² K) beträgt. Für Spezialglas gilt, wenn

Tabelle 1. Norm-Innentemperatur für beheizte Räume (DIN 4701, Teil 2)

Raumart	Norm-Innentemperatur in °C
Wohn-, Schlaf-, Verkaufs-, Unterrichtsräume, Hotelzimmer, Turnhallen, Theater	20
Krankenzimmer, Umkleideräume	22
Bade-, Dusch-, Arzt-, Untersuchungsräume	24
Fertigungs-, Werkstatträume, Toiletten	15–20
Vorräume, Flure, Treppenhäuser	10–15

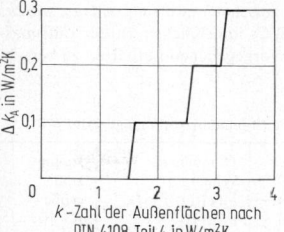

Bild 1. Außenflächenkorrektur Δk_A für den Wärmedurchgangskoeffizienten von Außenflächen.

g_F der Gesamtenergiedurchlaßgrad nach DIN 4108 Teil 2 ist, $\Delta k_S = -0,35 \, g_F$ W/(m² K).
Der frühere Zuschlag für Betriebsunterbrechung ist gleichfalls in Fortfall gekommen. Die Norm-Außentemperatur wird bei speicherfähiger Bauweise, so bei schwerer Bauart von 600 bis 1400 kg/m² um 2 K erhöht.

2.1.2 Lüftungswärmebedarf. Ventilation losses

Der Lüftungswärmebedarf, mit dem die Erwärmung der in Fenster- und Türfugen eindringende Außenluft berechnet wird, rührt bei niedrigen Häusern vorwiegend vom Windangriff, bei höheren Häusern auch von der im Kern des Hauses wirksam werdenden Auftriebswirkung her. Bis zu einer Haushöhe von 10 m wird die Auftriebswirkung außer acht gelassen, darüber hinaus ändert sich die *Hauskenngröße H* wegen der Auftriebshöhe und wegen der mit der Höhe zunehmenden Windgeschwindigkeit [1]. Berücksichtigt wird noch die Lage zum Windangriff, auch wird nach windschwacher und windstarker Gegend unterschieden, **Tab. 2**. Die Durchströmung eines Raums ist auch vom Strömungswiderstand, z.B. der Dichtheit der Fenster- und Türfugen, abhängig. Dazu ist eine Raumkenngröße R gebildet worden, **Tab. 3**. Mit der speziellen Fugendurchlässigkeit ergibt sich dann der Lüftungswärmebedarf

$$\dot{Q}_L = \Sigma (al)_A R H (t_i - t_a). \tag{4}$$

Hierin sind: a_A spezifische Fugendurchlässigkeit der angeblasenen Fenster (**Tab. 4**), l_A angeblasene Fugenlänge.
Aus hygienischen Gründen ist in Daueraufenthaltsräumen (Wohnräume, Büros) ein Mindestluftwechsel von 0,5fach nicht zu unterschreiten.

Tabelle 2. Hauskenngröße (Windfall) (DIN 4701)

Gegend	Lage des Gebäudes	Standard-Hauskenngröße H_{G10}[c] W h Pa²ᐟ³/m³ K		Zugrunde liegende Windgeschwindigkeiten m/s
		Grundriß typ I[a]	Grundriß typ II[b]	
windschwache Gegend	normale Lage	0,72	0,52	2
	freie Lage	1,8	1,3	4
windstarke Gegend	normale Lage	1,8	1,3	4
	freie Lage	3,1	2,2	6

[a] Einzelhaustyp.
[b] Reihenhaustyp.
[c] Die Standard-Hauskenngröße H_{G10} berücksichtigt eine Haushöhe von 10 m und die Windgeschwindigkeit in dieser Höhe.

Bei Räumen mit mechanischer Entlüftungsanlage, wie bei eingebauten Bädern, WCs und Küchen, ist der Lüftungswärmebedarf aus dem vorgegebenen Luftstrom zu berechnen.

Tabelle 3. Raumkenngröße (Raumdurchströmung) (DIN 4701)

Innentüren		Durchlässig-keiten $\sum(aI)_A + \sum(aI)_N$ $m^3/h\ Pa^{2/3}$	Raum-kenn-größe R
Güte	Anzahl		
normal	1	≤ 30	0,9
ohne Schwelle		> 30	0,7
	2	≤ 60	0,9
		> 60	0,7
	3	≤ 90	0,9
		> 90	0,7
dicht	1	≤ 10	0,9
		> 10	0,7
	2	≤ 20	0,9
		> 20	0,7
	3	≤ 30	0,9
		> 30	0,7

Index A: Vom Wind angeströmt.
Index N: Vom Wind nicht angeströmt.
a Fugendurchlässigkeit, l Fugenlänge.

2.1.3 Sonderfälle. Special cases

Für die Ermittlung des Wärmebedarfs von selten beheizten Räumen, Räumen sehr schwerer Bauart, Hallen und Gewächshäusern sowie für den Wärmeverlust von Bauteilen mit Erdreichberührung sind in der Norm weitere Rechenverfahren angegeben.

2.2 Kühllast. Cooling load

Als Kühllast eines Raums wird die witterungsbedingte oder aus der Umgebung stammende äußere und die im Raum entstehende innere Wärmebelastung bezeichnet. Die Berechnung erfolgt nach der VDI-Richtlinie 2078. Für die äußere Last ist die durch Fenster eindringende Sonnenstrahlungswärme ausschlaggebend, ein guter Sonnenschutz ist von erheblicher Bedeutung. Die durch die äußeren Raumumschließungsflächen im Wärmedurchgang eindringende Wärme fällt wegen der Speicherfähigkeit und dem quasi-stationären Zustand in zeitlicher Verschiebung und verminderter Größe an. Für den meist geringen Wärmezufluß aus der Umgebung, also aus angrenzenden Räumen, kann der Beharrungszustand angenommen werden. Die innere Wärmelast besteht bei Aufenthaltsräumen allgemein aus Menschen- und Beleuchtungswärme. Andere innere Lastquellen können die Wärmeabgabe von Maschinen und Geräten oder die bei Prozessen und Verfahren anfallende Wärme und Feuchtigkeit sein.

Tabelle 4. Fugendurchlässigkeit von Bauteilen[a]) (DIN 4701)

Nr.	Bezeichnung	Gütemerkmale		Gütemerkmale	Fugendurchlässigkeit[b])	
					Fugendurchlaß-koeffizient a_A $m^3/mh\ Pa^{2/3}$	$a_A\ l$
1	Fenster	zu öffnen		Beanspruchungsgruppen B, C, D[d])	0,3	–
2				Beanspruchungsgruppe A	0,6	–
3		nicht zu öffnen		normal	0,1	–
4	Türen	Außentüren	Dreh- u. Schiebetüren	sehr dicht, mit umlaufendem dichtem Anschlag	1	–
5				normal, mit Schwelle oder unterer Dichtleiste	2	–
6			Pendeltüren	normal	20	–
7			Karusselltüren	normal	30	–
8		Innentüren		dicht, mit Schwelle	3	–
9				normal, ohne Schwelle	9	–
10	Außenwand-elemente	durchgehende Fugen zwischen Fertigteilelementen[c])		sehr dicht (mit garantierter Dichtheit)	0,1	–
11				ohne garantierte Dichtheit	1	–
12	Rolläden und Außenjalousien	Rollmechanik von außen zugänglich		normal	–	0,2
13		Rollmechanik von innen zugänglich		normal	–	4
14	Permanentlüfter (geschlossen)			sehr dicht	4[e])	–
15				normal	7[e])	–

[a]) Die Funktions- und Gütemerkmale sind vom Auftraggeber anzugeben. Niedrigere Fugendurchlässigkeiten dürfen nur dann eingesetzt werden, wenn diese unter Berücksichtigung der Einbauundichtigkeiten bauseits für einen ausreichenden Zeitraum sichergestellt werden.
[b]) In den angegebenen Werten sind die Durchlässigkeiten eventueller Einbaufugen mit berücksichtigt.
[c]) Bei Rahmenbauweisen sind Fugen beiderseits der Stützen und der Riegel vorauszusetzen.
[d]) Nach DIN 18055 Teil 2.
[e]) Die Werte beziehen sich auf 1 m Schieberlänge und 100 mm Gesamthöhe.

Tabelle 5. Wärme- und Wasserdampfabgabe des Menschen (VDI-Richtlinie 2078)

	Raumlufttemperatur	°C	18	20	22	23	24	25	26
physisch nicht tätiger Mensch	$\dot{Q}_{Mtr}$ (trocken)	W	100	95	90	85	75	75	70
	$\dot{Q}_{Mf}$ (feucht)	W	25	25	30	35	40	40	45
	$\dot{Q}_{Mges}$	W	125	120	120	120	115	115	115
	Wasserdampfabgabe m_D	g/h	35	35	40	50	60	60	65
mittelschwere Arbeit	$\dot{Q}_{Mges}$	W	270	270	270	270	270	270	270
	$\dot{Q}_{Mtr}$	W	155	140	120	115	110	105	95

Die Addition all dieser Belastungswerte ergibt die Kühllast, wobei das Maximum nach dem zeitlichen Verlauf der einzelnen Belastungswerte mit einem Gleichzeitigkeitsfaktor zu ermitteln ist. Dabei kann das Maximum der äußeren Kühllast bei Südorientierung der Fenster anstelle des Monats Juli im März oder September liegen.

2.2.1 Innere Kühllast. Internal cooling load

Wärmeabgabe der Menschen. Sie ist je nach Tätigkeit verschieden. Sie teilt sich in den Anteil der trockenen und feuchten Wärmeabgabe im Zusammenhang mit der Raumlufttemperatur unterschiedlich auf, **Tab. 5**, M 1 **Bild 8**.

Beleuchtungswärme. Bei ihr ist die Anschlußleistung der Leuchten einschließlich der Verlustleistung der Vorschaltgeräte bei Entladungslampen mit einem Gleichzeitigkeitsfaktor einzusetzen. Ein Teil der Leuchtenwärme wird besonders bei kurzen Betriebszeiten der Beleuchtung vom Speichervermögen des Raums, vorwiegend von der Decke aufgenommen. Bei belüfteten Leuchten, bei denen ein Teil der Wärme direkt abgeführt wird, verbleibt je nach Art der Abluftführung an der Leuchte ein unterschiedlicher Restwärmefaktor als Belastung des Raums zurück.

Maschinen- und Gerätewärme. Die im Raum umgesetzte Energie wird allgemein als Wärme frei, sofern nicht ein Teil durch örtliche Absaugung unmittelbar entfernt wird. Bei den häufig als innere Wärmequelle vorkommenden Antriebsmotoren ist von der Nennleistung und dem Wirkungsgrad der Motoren und dem Gleichzeitigkeitsfaktor bzw. der Einschaltdauer auszugehen.

2.2.2 Äußere Kühllast. External cooling load

Außenlufttemperatur, Strahlungswärme, Sonnenschutz. Der Rechenwert für die Heizperiode, zumeist −10 bis −15 °C, ist in DIN 4701 festgelegt, für die Sommerzeit wird nach dem Binnenland- und dem Küstenklima unterschieden. Als max. Außentemperatur gilt im Juli für das Binnenklima die Temperatur von 32 °C und für das Küstenklima von 29 °C, wobei der Tagesgang der Lufttemperatur für den zeitlichen Anfall der max. Belastung von Bedeutung ist, **Bild 2**.
Bei der Sonnen- und Himmelsstrahlung ist sowohl der jahreszeitliche als auch der tägliche Verlauf zu berücksichtigen, DIN 4710, s. M 1 **Bild 6**.
Festzustellen ist die Beschattung des Gebäudes aus der Umgebung. Wesentlich vermindert wird die eindringende Strahlungswärme durch Sonnenschutzvorrichtungen.

Wärmedurchgang durch Glasflächen. In der VDI-Richtlinie 2078 ist die eindringende Gesamtstrahlung bei einfach verglasten Flächen als monatliche Maximalwerte angegeben, **Anh. M 2 Tab. 2**.
Die Reduzierung durch Sonnenschutzvorrichtungen wird mit einem Durchlaßfaktor erfaßt, der je nach Art und Anordnung des Sonnenschutzes verschieden ist, **Tab. 6**.

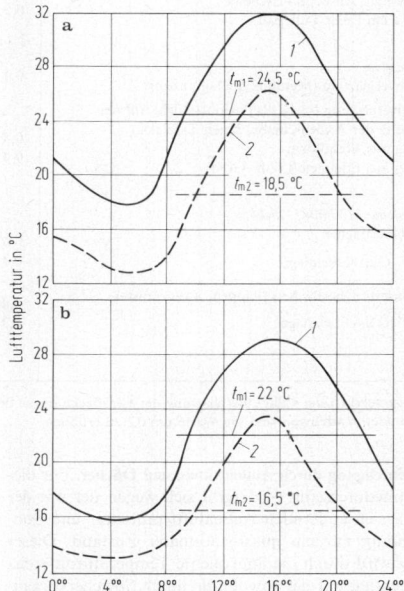

Bild 2. Tagesgang der Lufttemperatur nach VDI-Richtlinie 2078. **a** Binnenlandklima; **b** Küstenklima. *1* Juli, *2* September

Die momentane Wärmeeinstrahlung durch Fenster wird ferner zum Teil durch die Speicherwirkung im Raum, an der im wesentlichen der Fußboden und die Decke bei entsprechender baulicher Ausführung beteiligt sind, aufgefangen, **Anh. M 2 Tab. 3**. Bei nicht direkt sonnenbeschienenen Glasflächen wird die diffuse Himmelstrahlung wirksam. Der Wärmestrom durch die Glasflächen ergibt sich dann aus der Zahlenwertgleichung

$$\dot{Q}_S = A_1 I_{max} a + (A - A_1) I_{diff,m} bs. \qquad (5)$$

Hierin sind: A_1 besonnte Glasfläche, A gesamte Glasfläche, I_{max} Maximalwert Gesamtstrahlung durch ungeschütztes Einfachfenster für den Auslegungsmonat (W/m²), $I_{diff,m}$ Maximalwert der Diffusstrahlung analog zu I_{max} (W/m²), a Trübungskorrektur, **Anh. M 2 Tab. 3**, b Durchlaßfaktor der Fenster- und Sonnenschutzeinrichtung (**Tab. 6**), s Speicherfaktor, **Anh. M 2 Tab. 3**.
Der Durchlaßfaktor b wird durch Multiplikation der einzelnen Faktoren, z.B. für die zweite Scheibe, für eine Außenjalousie, für eine Sonnenschutzglas und für einen Vorhang ermittelt. Zur Sonnenwärme kommt noch der Wärmedurchgang, dem Temperaturgefälle der Außen- zur Innenluft entsprechend, als Belastung hinzu. Fenster mit reflektierendem Sonnenschutzglas haben niedrigere Wärmedurchgangszahlen als Fenster mit Klarglas.

Tabelle 6. Mittlerer Durchlaßfaktor der Sonnenstrahlung für Glasflächen und Sonnenschutzvorrichtungen (VDI-Richtlinie 2078)

Gläser	b	Zusätzliche Sonnenschutzvorrichtungen	b
Tafelglas nach DIN 1249	1,0	**Außen**	
Einfachverglasung	0,9	Jalousie, Öffnungswinkel 45°	0,15
Doppelverglasung		Stoffmarkise, oben und seitlich ventiliert	0,3[a]
		Stoffmarkise, oben und seitlich anliegend	0,4[a]
Absorptionsglas	0,7		
Einfachverglasung		**Zwischen den Scheiben**	
Doppelverglasung (außen Absorptionsglas,	0,6	Jalousie, Öffnungswinkel 45° mit unbelüftetem	
innen Tafelglas)		Zwischenraum	0,5
Vorgehängte Absorptionsscheibe	0,5		
(mind. 5 cm freier Luftspalt)		**Innen**	
		Jalousie, Öffnungswinkel 45°	0,7
Reflexionsglas		Vorhänge, hell[b]), Gewebe aus Baumwolle,	
Einfachverglasung (Metalloxidbelag außen)	0,6	Nessel, Chemiefaser	0,5
Doppelverglasung (meist Reflexionsschicht auf der		Kunststofffolien	0,7
Innenseite der Außenscheibe, innen Tafelglas)	0,5		
Belag aus Metalloxid	0,4	**Kombinationen**	
Belag aus Edelmetall (z.B. Gold)			
		Kombinationen verschiedener Sonnenschutzanordnungen werden	
Glashohlsteine (100 mm), farblos		näherungsweise durch Produktbildung der entsprechenden	
glatte Oberflächen	0,6	Faktoren erfaßt	
ohne Glasvlieseinlage	0,4	Beispiel: 1. Reflexionsglas, Doppelverglasung, Metalloxidbe-	
mit		lag	
strukturierte Oberflächen (Rippen, Kreuzmuster)	0,4	auf Tafelglas $(b_1 = 0,5)$	
ohne Glasvlieseinlage	0,3	2. Nesselvorhang $(b_2 = 0,5)$	
mit		Daraus wird $b = b_1\, b_2 = 0,5 \cdot 0,5 = \underline{0,25}$.	
		Es wird allerdings empfohlen, wenn möglich, Meßwerte der	
		Kombinationen heranzuziehen.	

[a]) Vorausgesetzt ist die völlige Beschattung der Glasfläche durch die Markise.
[b]) Bei dunklen Vorhängen sind die Werte um 0,2 zu erhöhen.

Wärmedurchgang durch Außenwände und Dächer. Für diesen Wärmedurchgang $\dot{Q}_W$ ergibt sich wegen der mit der Tageszeit sich ändernden Außenlufttemperatur und Sonnenstrahlung nur ein quasi-stationärer Zustand. Dieser Vorgang wird durch die äquivalente Temperaturdifferenz berücksichtigt, mit der sowohl die durch Speichervorgänge bewirkte Dämpfung als auch die zeitliche Verschiebung der Wärmeeinströmung erfaßt wird. Für eine Anzahl charakteristischer Wand- und Dachbauarbeiten ist die äquivalente Temperaturdifferenz in Abhängigkeit von der Flächenorientierung und der Tageszeit für die Klimadaten des Monats Juli ermittelt worden [2]. Die Werte gelten für eine Raumlufttemperatur $t_R = 26\,°C$ und eine mittlere Außenlufttemperatur von $t_{am} = 24,5\,°C$ (s. Anhang zur VDI-Richtlinie 2078)

$$\dot{Q}_W = kA\,\Delta t_{äq}. \tag{6}$$

Hierin sind: k Wärmedurchgangszahl in W/m² K, A Fläche, $\Delta t_{äq}$ äquivalente Temperaturdifferenz in K.

Wärmezufuhr aus Nachbarräumen. Der Wärmestrom wird als Wärmedurchgang berechnet, er ist meist vernachlässigbar klein.

2.3 Luftbedarf. Air supply

Die Ermittlung des Luftstroms erfolgt bei Luftheizanlagen nach dem Wärmebedarf, bei Lüftungsanlagen nach der Außenluftrate, dem Schadstoffanteil oder der Luftwechselzahl und bei Luftkühl- bzw. Klimaanlagen nach der Kühl- und Feuchtelast des Raums.

2.3.1 Luftheizung. Air heating

Luftheizungen gehören zu den raumlufttechnischen Anlagen. Der mit Ventilatoren umgewälzte Luftstrom $\dot{V}_h$

in m³/h errechnet sich nach dem Wärmebedarf und der Differenz zwischen Lufttemperatur am Heizgerät und im Raum

$$\dot{V}_h = \frac{3\,600\,\dot{Q}_h}{1\,000\,\rho c_p (t_Z - t_R)}. \tag{7}$$

Hierin sind: $\dot{Q}_h$ Wärmebedarf in W, ρ Dichte der Luft in kg/m³, c_p spezifische Wärme der Luft in kJ/kg K, $t_Z - t_R$ Temperaturdifferenz in K, Z Index für Zuluft, R Index für Raumluft.

Die Zulufttemperatur wird bei Aufenthaltsräumen bis 45 °C und bei Industriebetrieben bis 70 °C gewählt. Soweit Luftheizanlagen auch zur Lüftung des Raums dienen und somit ein Teil des Luftstroms aus Außenluft besteht, ist bei der Bemessung des Lufterhitzers neben dem Wärmebedarf noch die Erwärmung der Außenluft auf Raumtemperatur zu berücksichtigen.

2.3.2 Lüftung. Ventilation

Lüftungsanlagen haben i. allg. neben der Filterung eine Vorwärmung der Außenluft, wobei im Lufterhitzer die Außenluft lediglich auf Raumlufttemperatur erwärmt wird.

Außenluftrate. In Aufenthalts- und Arbeitsräumen mit vorwiegend menschlicher Tätigkeit richtet sich der Luftstrom nach der Außenluftrate pro Person, die von der Tätigkeit, der Raumnutzung, insbesondere einer etwaigen Geruchsverschlechterung im Raum, abhängt (DIN 1946 Teil 2, ASR 5). Für den Normalfall liegt der Wert bei 20 bis 40 m³/h je Person. Aus wirtschaftlichen Gründen wird eine Verringerung der Außenluftrate an kalten und warmen Tagen zugestanden, **Tab. 7**.

Schadstoffanfall, Entfeuchtung. Sind in Arbeitsräumen die Ergiebigkeit der Luftverschlechterungsquellen bekannt, z.B. die an Apparaten entweichende Menge an Gasen

Tabelle 7. Außenluftrate (DIN 1946 Teil 2, ASR 5)

Tätigkeit, Raumart	Mindest-Außenluftstrom[a]) m³/h, Person
Büro	30
Großraumbüro	50
Versammlungsraum	30
schwere körperliche Arbeit	über 65

[a]) Bei intensiver Geruchsbelästigung Zuschlag von 20 m³/h.

Tabelle 8. MAK-Werte (1982) (s. **Z Tab. 14**)

Stoff	MAK-Wert	
	cm³/m³ bzw. ppm	mg/m³
Aceton	1000	2400
Dichlordifluormethan	1000	4950
Kohlendioxid	5000	9000
Kohlenoxid	30	33
Butan	1000	2350
Propan	1000	1800
Hexan	50	180
Benzol[a])	5	16
Toluol	200	750
Terpentinöl	100	560
Trichlorethylen	50	260
Ammoniak	50	35
Schwefeldioxid	2	5
Chlor	0,5	1,5
Phosgen	0,1	0,4
Ozon	0,1	0,2

[a]) Da Benzol als krebserzeugend gilt, ist hier der TRK-Wert angegeben.

oder Dämpfen, und liegt ein zulässiger Gehalt dieser Gase in der Luft vor, wie es beim MAK-Wert der Fall ist (s. M 1.3.2), so ergibt sich der erforderliche Luftstrom in m³/h aus

$$\dot{V} = \frac{\dot{K}}{k_R - k_A}. \tag{8}$$

Hierin sind: $\dot{K}$ Schadstoffproduktion in mg/h, k Schadstoffkonzentration in mg/m³ (**Tab. 8**), R Index für Raumluft, A Index für Außenluft.

Luftwechsel. Für die Lüftung von Räumen liegen aus der Erfahrung Luftwechselzahlen vor, mit denen – sofern keine nähere Angabe der Belastung des Raums möglich ist – der erforderliche Luftstrom abgeschätzt wird. In Räumen, in denen eine Geruchsverschlechterung vorliegt, wird der Luftwechsel i. allg. relativ hoch gewählt. Das trifft für alle Räume zu, in denen eine besondere Reinheit, bezogen auf Staub, Partikel und Keime gefordert wird. Beispiele für die letzteren Räume sind feinmechanische Werkstätten, EDV-Räume, Operationsräume und reine Produktionsräume der Mikroelektronik, Pharmaindustrie usw., **Tab. 9**.
Der Luftwechsel darf als Maßstab zur Luftstrombemessung nur dann herangezogen werden, wenn der ganze Rauminhalt mit Hilfe turbulenter Mischströmung erfaßt wird. Bei hohen Hallen und/oder bei Luftführung nach dem Verdrängungsprinzip – je nach Ort der Lufteinführung bezogen auf den Nutzbereich des Raums – gilt der Begriff des Luftwechsels nicht, um z.B. die Verdünnung der Schadstoffe im Nutzbereich bei dem gewählten Luftstrom abschätzen zu können.

Tabelle 9. Luftwechselzahlen

Raumart	Gesamtluftwechsel 1/h
Werkstätten ohne besondere Luftverschlechterung	3…6
Werkstätten mit dichter Besetzung	6…10
Büroräume	4…8
Laboratorien	5…15
Wäschereien	10…15
Färbereien	5…15
Lackierereien	10…20
Gießereien	8…15
Druckereien	8…10
WC	10…15
Umkleiden	8…12

2.3.3 Luftkühlung. Air cooling

Oft liegt nur die Aufgabe vor, den Außenluftstrom im Sommer abzukühlen, um bei der Lüftung des Raums zugleich einen Kühleffekt zu haben (abgebrochene Kühlung). Wird eine bestimmte Raumlufttemperatur bei warmer Witterung oder bei inneren Wärmequellen verlangt, muß der Luftstrom nach der Kühllast des Raums berechnet werden. Bei der Abkühlung der Luft wird die relative Feuchtigkeit höher. *Kühlluftstrom* im m³/h:

$$\dot{V}_K = \frac{3600 \dot{Q}_K}{1000 \rho c_p (t_R - t_{ZL})}. \tag{9}$$

Begriffe entsprechend Gl. (7), weiterhin $\dot{Q}_K$ Kühllast. Die erforderliche *Kälteleistung* $\dot{Q}_{Kl}$ in kW ergibt sich bei Mischluftbetrieb und Enthalpiedifferenzen nach **Bild 3** wie folgt

$$\dot{Q}_{Kl} = \frac{\dot{V}_K \rho (h_M - h_Z)}{3600}. \tag{10}$$

Hierin sind: $\dot{V}_K$ Kühlluftstrom in m³/h, ρ Dichte der Luft in kg/m³, h Enthalpie der Luft in kJ/kg$_{tr}$, M Index Mischluft, Z Index Zuluft.
Zu beachten ist bei der Gl. (9), daß in $\dot{Q}_K$ die latente Wärme enthalten ist, da mit den Enthalpiewerten der feuchten Luft gerechnet wurde. Bei Personen mit leichter Tätigkeit ist also nicht die trockene Wärmeabgabe von 85 W, sondern die Gesamtwärmeabgabe von 120 W einzusetzen.

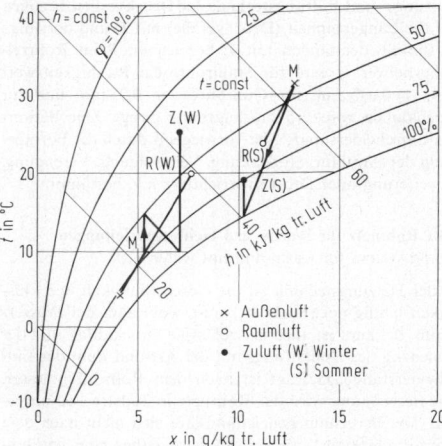

Bild 3. Luftzustandsänderung in einer Klimazentrale, dargestellt im *h, x*-Diagramm für feuchte Luft

Frei wählbar ist die Temperaturdifferenz zwischen Raumluft und Zuluft. Diese richtet sich nach dem lüftungstechnischen System, insbesondere nach den Luftdurchlässen. Sie beträgt bei üblichen Gittern, Düsen und Luftdurchlässen 6 °C und kann bei stark injizierenden Luftdurchlässen bis zu 12 °C gewählt werden [3].

Je nach Ausgangszustand der Luft wird Wasser am Kühler ausgeschieden, also eine Entfeuchtung vorgenommen. Die frei werdende Kondensationswärme muß bei der Kühlerbemessung berücksichtigt werden, desgleichen − was meist der Fall ist − die Abkühlung des Außenluftanteils. Die Luft wird oft soweit abgekühlt, daß eine Nachwärmung auf die Zulufttemperatur notwendig wird. Um nun festzustellen, welcher Luftzustand erreicht wird, ist es zweckmäßig, den Vorgang im h, x-Diagramm darzustellen (s. D9.3.1 und **Anh. D 9 Bild 1**) [4].

2.3.4 Klimaanlagen. Air conditioning

Der Luftstrom ermittelt sich zumeist aus der Wärmebelastung, also aus der Kühllast des Raums, wobei neben der Wärme auch die im Raum anfallende Wassermenge abzuführen ist. In Räumen mit hoher Luftfeuchtigkeit kann sich der Luftstrom aber auch aus der Befeuchtungsleistung ergeben.

Für den allgemeineren Fall der Wärme- und Wasserabführung gilt die Beziehung ($\dot{G}_W$ Wassermenge)

$$\frac{\dot{Q}_K}{\dot{G}_W} = \frac{\dot{V}_Z(h_M - h_Z)}{\dot{V}_Z(x_M - x_Z)} = \frac{h_M - h_Z}{x_M - x_Z} = \frac{\Delta h}{\Delta x}. \tag{11}$$

Die Zustandsänderung kann im h, x-Diagramm verfolgt werden, **Bild 3**.

2.4 Leitungen. Ducts and piping

Bei der Förderung von Medien in Rohrleitungen und Kanälen ist der Druckverlust durch Reibung an den Wandungen der Leitungen und in Einzelwiderständen wie Umlenkungen, Abzweige, Armaturen und Apparate zu überwinden [5]. Der dafür notwendige Förderdruck wird in der Heizungs- und Lüftungstechnik von der Pumpe bzw. dem Ventilator aufgebracht. Bei der Berechnung ist es zweckmäßig, nach dem Druckverlust im geraden Rohr und dem Druckverlust in den Einzelwiderständen zu unterscheiden (s. B6.2 und K2.9). Allgemein wird in der Heizungs- und Lüftungstechnik der Druckverlust bezogen auf die Längeneinheit (Druckgefälle) mit R und derjenige in Einzelwiderständen mit Z bezeichnet. Beim Rohrreibungsbeiwert λ wird für Stahlrohre ein Rauhigkeitswert von $\varepsilon = 0,045$ mm, für Gußrohre von 0,25 mm und für Blechkanäle von 0,15 mm zugrunde gelegt. Der Beiwert des Einzelwiderstands ζ ist vorwiegend durch die Formgebung der Armatur, Umlenkung, Verzweigung, Verengung, Erweiterung oder Drosselvorrichtung u.ä. bestimmt.

2.4.1 Rohrnetz für Warm- und Heißwasserleitungen
Piping system for warm and hot water

In der Heizungstechnik ist die Geschwindigkeit der Flüssigkeit häufig noch nicht bekannt, wohl aber der Wasserstrom. Bekannt ist auch der zulässige Druckabfall und der Linienzug des Rohrstrangs mit der Art und Zahl der Einzelwiderstände. Gefragt ist nach dem Rohrdurchmesser. Zur Berechnung wird das Rohrnetz in Teilstrecken aufgeteilt. Die Berechnungsgleichung läßt sich nicht nach dem Rohrdurchmesser auflösen. Es wird daher eine vorläufige Berechnung mit Schätzwerten durchgeführt, und zwar schätzt man den Anteil der Einzelwiderstände am Druck-

abfall. Ist dieser Anteil a, so ergibt sich für die gerade Rohrstrecke (s. B6.2)

$$Rl = (1 - a)\Delta p = \lambda(l/d)(v^2/2)\rho$$
$$= \lambda(l/d^5)(\dot{G}^2/\rho)(8/\pi^2). \tag{12}$$

Hierin sind: R Druckgefälle, l Rohrlänge, Rl Druckabfall im geraden Rohr, d Rohrdurchmesser, a geschätzter Anteil der Einzelwiderstände, λ Rohrreibungsbeiwert, v Geschwindigkeit, ρ Dichte der Flüssigkeit, $\dot{G}$ Flüssigkeitsstrom.

Die endgültige Rechnung als Nachrechnung wird durchgeführt, um die Schätzung des Druckabfalls der Einzelwiderstände zu korrigieren und die Änderung des Druckabfalls durch den genormten, anstelle des errechneten Durchmessers zu erfassen. Das Verfahren mit dem geschätzten Anteil der Einzelwiderstände ist bei Fernleitungen gut brauchbar, da deren Anteil nur 10 bis 20% beträgt. Sie liefert auch für Haus-Heiznetze noch brauchbare Werte bis zu dem i.allg. vorliegenden Anteil der Einzelwiderstände von etwa 33%. Bei Rohrnetzen, die einen hohen Anteil an Einzelwiderständen haben, wie in Kessel- und Verteilungszentralen und bei Luftleitungen, ist das Verhalten nicht brauchbar. In diesem Fall wird nicht der Anteil der Einzelwiderstände geschätzt, sondern die Strömungsgeschwindigkeit. Es kann dann erforderlich werden, das Rohrnetz mit zwei oder drei Geschwindigkeitswerten durchzurechnen, um eine ausreichende Übereinstimmung mit dem angestrebten Druckabfall zu erreichen. Zur einfacheren Handhabung sind die Gleichungen in Netztafeln und Tabellen dargestellt, in denen, ausgehend vom Wasserstrom oder der Geschwindigkeit und dem zur Verfügung stehenden Druckgefälle, der gesuchte Rohrduchmesser abgelesen werden kann.

Diese Art der Rohrnetzberechnung hat sich eingeführt, als die Heizungsanlagen noch vorwiegend eine Wasserumwälzung im Schwerkraftbetrieb hatten und der zulässige Druckabfall durch den Gewichtsunterschied der erwärmten und abgekühlten Wassersäule gegeben war. Bei den üblichen max. Heizwassertemperaturen im Vorlauf von 90 °C und im Rücklauf von 70 °C ergibt der Unterschied der spezifischen Gewichte ein Druckgefälle von 1,25 mbar bei einem 4- bis 5geschossigen Haus, also einen zulässigen Druckabfall von 15 bis 20 mbar. Bei der heute allgemein nur noch ausgeführten Pumpenheizung ist der von der Pumpe erzeugte Druck maßgebend. Der Schwerkraftwirkung kommt eine untergeordnete Bedeutung zu, sie darf aber bei hohen Häusern, insbesondere bei größerer Temperaturdifferenz zwischen Vor- und Rücklauf wegen der unterschiedlichen Wirkung nicht außer acht gelassen werden. Bei niedrigen Heizwassertemperaturen, also in der Übergangszeit ist die Wirkung vernachlässigbar, bei hohen Heizwassertemperaturen an kalten Tagen steht aber in den oberen Geschossen ein beträchtlicher zusätzlicher Druck am Heizkörperventil an [6].

Bei der heutigen Art der Rohrnetzausführung für Hausheizungen wird ein verhältnismäßig großer Druckabfall im Heizkörperventil vorgegeben, um die Heizwasserverteilung gut einregulieren zu können. Die Tendenz zu hohem Druckabfall in den Heizkörperventilen wird durch den Einbau von Thermostatventilen gefördert, da durch diese Ventile die Durchflußmenge im Heizkörper auf sehr kleine Werte gedrosselt werden kann.

2.4.2 Rohrnetz für Dampfheizungen
Piping system for steam heating

Bei Niederdruck-Dampfheizungen steht der Druck am Leitungsanfang als Kesseldruck oder Druck am Verteiler zur Verfügung. Dieser Druck muß im ungünstigsten

Strang bis auf den Heizkörperventil-Vordruck, der meist 20 mbar beträgt, aufgebraucht werden. Mit einem geschätzten Anteil der Einzelwiderstände wird bei Vorhalten eines gleichmäßigen Druckgefälles R zur jeweiligen Wärmeleistung oder Dampfgeschwindigkeit der Rohrdurchmesser aus Tabellen oder Diagramm ermittelt. Der Durchmesser der Kondensatleitungen wird nach Erfahrungswerten in Abhängigkeit von der Wärmeleistung festgelegt. Hochdruck-Dampfleitungen werden innerhalb der Hausheizung kaum noch verwendet, nur noch bei Fernleitungen.

2.4.3 Kanalnetz für raumlufttechnische Anlagen
Duct system for air handing installations

Im Vergleich zum Rohrnetz handelt es sich beim Luftkanalnetz nicht um einen geschlossenen Kreislauf des Mediums, da hinter den Luftdurchlässen an der Versorgungsstelle ein einheitlicher konstanter Druck herrscht, der zumeist mit dem Außendruck übereinstimmt. Das Kanalnetz bzw. der für die Förderung der Luft aufzubringende Gesamtdruck wird dementsprechend getrennt für das Zuluft- und Abluftnetz berechnet. Ferner hat der Druckverlust in den Einzelwiderständen einen wesentlich größeren Anteil am Gesamtdruckverlust, als der Druckabfall im Kanal oder Rohr durch Reibung. Daher ist eine genaue Erfassung des Widerstandsbeiwerts aller Einbauteile und Formstücke wichtig. Bestimmend für die Ausführung des Kanalnetzes sind: Platzbedarf, Förderkosten und Geräuschentstehung im Kanalnetz, letzteres zwingt zur Einhaltung von Grenzgeschwindigkeiten der Luft [7].
Man unterscheidet nach *Niedergeschwindigkeits-* mit Luftgeschwindigkeiten im Kanalnetz bis zu 6 bis 8 m/s und *Hochgeschwindigkeitsanlagen* mit Luftgeschwindigkeiten bis zu 18 m/s. Vor dem Zuluftdurchlaß herrscht i.allg. eine Luftgeschwindigkeit von 1,5 bis 4 m/s, bei speziellen Auslässen − wie Induktionsgeräte − bis ca. 20 m/s.
Der Gesamtdruckverlust nimmt i.allg. in Stromrichtung ab; der statische Druckverlust kann dabei aber der Geschwindigkeitsverminderung entsprechend zunehmen.
Zur Luftförderung werden i.allg. Ventilatoren mit Riemenantrieb eingesetzt. Bei nicht zu großen Unterschieden zwischen rechnerischem und tatsächlichem Druckverlust eines Kanalnetzes kann durch Wahl einer anderen Riemenscheibe, also durch Drehzahländerung des Ventilators, eine entsprechende Korrektur vorgenommen werden.

Berechnung. Hinsichtlich des Rechenverfahrens wird wie beim Rohrnetz eine Unterteilung in Teilstrecken vorgenommen und zur Ermittlung des Gesamtdruckverlusts der Hauptstrang bzw. der ungünstigste Strang zuerst berechnet. Ausgegangen wird dabei vom Luftdurchlaß und der Druckverlust zum Ventilator hin ermittelt. Gewählt wird die Geschwindigkeit am Anfang und am Ende des Strangs, wobei diese Geschwindigkeit im Verlauf des Kanalnetzes vom Ventilator aus betrachtet gleichmäßig abgesenkt werden soll. Zu beachten ist dabei, daß Kanalverbindungen den Druckverlust bei Blechkanälen erhöhen, und zwar um etwa 20%.
Bei Geschwindigkeitsänderung in geraden Kanalstrecken, hinter Stromabzweigen oder bei Querschnittserweiterungen tritt eine Erhöhung des statischen Drucks auf, der als statischer *Druckrückgewinn* bezeichnet wird. Er ergibt sich zu

$$(p_2 - p_1) = 0,5 k_u (v_1^2 - v_2^2) \rho. \qquad (13)$$

Der *Druckumsetzungsfaktor* k_u liegt bei Strömungsverzögerungen hinter Abzweigen im Bereich von 0,7 bis 0,9. Dieser Vorgang tritt besonders an einem langen Zuluftkanal mit einer Reihe von Luftdurchlässen auf, da nach jedem Ausströmen von Luft hinter jedem Gitter eine Verzögerung der Strömung auftritt. Eine gleichmäßige Verteilung des ausströmenden Luftstroms auf die einzelnen Gitter im Zusammenhang mit der Querschnittsbemessung des Verteilstrangs ist rechnerisch schwierig zu lösen. Noch schwieriger gestaltet sich die Berechnung eines Abluftkanalnetzes mit gleichmäßig verteilten Abluftgittern, wenn eine gleichmäßige Verteilung des Abluftstroms auf die einzelnen Gitter erreicht werden soll. Im allgemeinen wird der Druckrückgewinn lediglich bei Hochgeschwindigkeitsnetzen berücksichtigt, um eine bestimmte Verteilung der statischen Druckhöhe im Kanal, z.B. eine annähernd gleiche statische Druckhöhe, zu erreichen [8].
Bei den im Schrifttum vorliegenden Berechnungstabellen für den Druckverlust durch Reibung wird i.allg. der Rohrreibungsbeiwert von $\zeta = 0,15$ (Blechkanal) berücksichtigt. Der Druckverlust von Einzelwiderständen wird i.allg. experimentell ermittelt.

2.4.4 Luftführung im Raum. Room air distribution

Die Einführung der Zuluft und Abführung der Abluft unter gleichzeitiger guter Durchspülung des Raums ist die wichtigste aber zugleich auch die schwierigste Aufgabe bei raumlufttechnischen Anlagen. Eine rechnerische Vorausbestimmung der Strömungsvorgänge im Raum ist heute noch nicht möglich. Für theoretische und rechnerische Betrachtungen liegen lediglich Gesetzmäßigkeiten für den isothermischen Freistrahl vor [9]. Auch diese Gesetzmäßigkeiten können nur als richtunggebende Aussagen gewertet werden, für Berechnungsverfahren reichen die Ansätze noch nicht aus. Bei schwierigen und umfangreichen Bauaufgaben werden aber Anordnung und Bauart der Luftdurchlässe und daraus resultierende Strömungs- und Temperaturfelder im Raum durch Modellversuche ermittelt. Da die Durchspülung des Raums nach Eintritt der Zuluft wesentlich von den im Raum entstehenden Auftriebskräften, also der freien Strömung beeinflußt wird, ist die quantitative Übertragung von Versuchsergebnissen mit Modellmaßstäben nur sehr begrenzt möglich. Die Versuche werden daher fast ausschließlich in Musterräumen mit den wirklichen Abmessungen durchgeführt.
Außer der guten Durchspülung des Raums sind Lasten, meist eine Wärmelast unter Wahrung eines bestimmten Raumluftzustands, aufzunehmen. Es spielt also das Produkt Volumenstrom × Temperaturdifferenz zwischen Raumluft und Zuluft eine entscheidende Rolle. Bei stärker injizierendem Durchlaß kann eine große Temperaturdifferenz vorgehalten und damit ein kleiner Volumenstrom gewählt werden, was sich aus mehreren Gründen wirtschaftlich auswirkt. Der Bereich der möglichen Temperaturdifferenz liegt je nach Konstruktion des Zuluftdurchlasses zwischen 6 bis 12 K.

Isothermischer Freistrahl

Über den isothermen Freistrahl, also das Eintreten von Luft in einen Raum unter Außerachtlassung der geometrischen Abmessungen des Raums, lassen sich, bezogen auf die *Strahlausbreitung*, die *Eindringtiefe (Wurftiefe)*, die Abnahme der Luftgeschwindigkeit und das *Mischungsverhältnis* mit der Umgebungsluft, folgende Aussagen machen, **Bild 4**:

Runde Düse. Hier gilt

$$v_x/v = x_0/x = (l/m) \cdot d/x. \qquad (14)$$

Darin sind: v Geschwindigkeit im Durchlaß-Querschnitt, v_x axiale Geschwindigkeit in der Entfernung x vom Auslaß, m Mischzahl, x Entfernung vom Luftdurchlaß, d Durchmesser, x_0 Kernlänge.

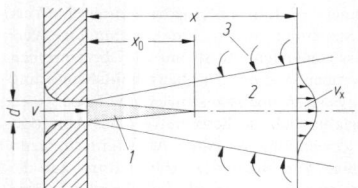

Bild 4. Isothermischer Freistrahl aus einer Düse. *1* Kern, *2* Mischzone, *3* Sekundärluft

Rechteckige Düse. Bei rechteckigen Luftdüsen ist die Luftverteilung ähnlich derjenigen der runden Durchlässe, bei scharfkantigen und durch Jalousien, Lochgitter oder andere Gitter verengten Durchlässen ist die Lufteinschnürung zu berücksichtigen. Dies geschieht durch einen Faktor *K*, der je nach Bauart des Luftdurchlasses unterschiedlich ist.

Wegen des allseitigen Nachströmens von Luft bei runden Strahlen, ist das Mischungsverhältnis größer als bei ebenen Strahlen, außerdem ist es abhängig von der Turbulenz. Bei geringer Turbulenz liegen die Werte von *m* zwischen 0,1 bis 0,2, bei großer Turbulenz zwischen 0,2 bis 0,3.

Ebener Strahl. Als wichtige Strahlform ist noch der ebene Strahl, also der Lufteintritt aus Schlitzen anzusprechen, zumal die Abnahme der Geschwindigkeit wegen der fehlenden Injektion an den Seiten erheblich geringer ist als bei runden Durchlässen. Dementsprechend wird die Eindringtiefe größer.

Wenn ein *Schlitzstrahl* unmittelbar unter der Decke ausgeblasen wird, legt er sich wegen des Unterdrucks an die Decke an. Dieser Effekt wird als *Coanda-Effekt* bezeichnet. Ähnlich legen sich auch Strömungen aneinander an, die in einem zu geringen Abstand nebeneinander ausge

blasen werden. Der Coanda-Effekt tritt also immer auf, wenn das Ausbreitungsvermögen des Luftstrahls seitlich wegen fehlender Injektion behindert ist.

Im Vergleich zum runden Strahl ist der Ausbreitwinkel ebenfalls größer, er beträgt etwa 33° anstelle von 24°.

Bei Strahlen in Deckennähe spricht man von *Halbstrahlen* oder *Wandstrahlen*, da sich der Luftstrahl bei einem Schlitz unmittelbar unter der Decke nicht frei ausdehnen kann.

Nicht isothermischer waagerechter Luftstrahl

Bei der Temperaturdifferenz zwischen Zuluft und Raumluft fällt oder steigt der Strahl zusätzlich zu der durch die Ausbreitung bedingten Höhenänderung [10]. Das Wirken von Auftriebskräften wird durch die Archimedeszahl berücksichtigt. So läßt sich ein abwärts gerichteter runder Warmluftstrahl in seiner Reichweite nach Regenscheid mit folgender Zahlenwertgleichung darstellen

$$x_{max}/d = 1,63 \sqrt{(x_0/d)(1/Ar)}. \qquad (15)$$

Hierin sind (**Bild 4**): *Ar* Archimedeszahl = Auftriebskraft/ Trägheitskraft = $g\,d\,\Delta t/(v^2 T_u)$, *g* Erdbeschleunigung 9,81 in m/s², Δt Temperaturunterschied in K, T_u Umgebungstemperatur in K, *d* Düsendurchmesser in m, x_{max} maximale Reichweite.

Experimentelle Untersuchungen zeigen immer wieder, daß die bisher möglichen Rechenansätze zu Ergebnissen führen, die für eine praktische Anwendung eine zu große Toleranz haben. Die Luftführung im Raum muß daher durch nachträgliche Korrektur an den Luftdurchlässen den wirklichen Verhältnissen angepaßt werden, wenn nicht durch Modellversuche die notwendigen Aussagen ermittelt worden sind. Daher sind verstellbare Luftdurchlässe sowohl hinsichtlich der Strahlenausbreitung, der Eindringtiefe und der Strömungsrichtung bei Anlagen, an die höhere Ansprüche gestellt werden, notwendig [11–13].

3 Systeme und Bauteile der Heizungstechnik. Heating systems and components

3.1 Einzelheizung. Individual heating

Einzelheizgeräte haben zur Wärmeerzeugung entweder einen *Feuerraum* zur Verbrennung von festen Brennstoffen, Öl oder Gas (Öfen), oder *elektrische Heizleiter*. Wegen des veränderlichen Wärmebedarfs ist die Wärmeerzeugung bzw. die Heizleistung der Außenwitterung entsprechend zu regulieren. Je nach Konstruktion des Heizgeräts überwiegt die Wärmeabgabe durch *Konvektion* oder *Strahlung*. Der Strahlungsanteil macht eine freie Aufstellung im Raum erforderlich. Wegen der Verbrennungsabgabe ist der Anschluß an einen Schornstein oder eine Abgasleitung nötig, was meist zur Innenwandaufstellung zwingt, **Bild 1**. Geräte, die an einen Wärmeträger angeschlossen sind und bei denen keine Wärmeerzeugung im Raum stattfindet, werden nicht zu den Einzelheizgeräten gerechnet.

3.1.1 Einzelheizgeräte für Wohnräume
Individual heaters for living rooms

Eiserne und keramische *Dauerbrandöfen* für Kohle und Koks haben entweder Durchbrand (*Allesbrenner*) oder Unterbrand (Anthrazitöfen) bei hoher spezifischer Heiz

leistung von 3500 bis 4500 W/m² Ofenfläche. *Ölöfen* mit Verdampfungsbrennern geben ihre Wärmeleistung vorwiegend durch Konvektoren ab. Zur Vereinfachung der Bedienung kann die Zufuhr von einem gemeinsamen Kellertank aus erfolgen. Gasöfen können auch als Außenwandöfen ohne Schornsteinanschluß installiert werden. Der Feuerraum ist dann mit der Außenluft durch getrennte Kanäle für Verbrennungsluft und Abgase verbunden. Schwere speichernde Kachelöfen kommen bei Neubauten nur noch in Sonderfällen vor (DIN 18891).

Die Anforderungen an Öfen wurden in Normen geregelt, bezogen auf den Platzbedarf, die Leistung, das Raumheizvermögen und die Prüfung (DIN 18890 bis DIN 18895). Für Gasöfen sind die Technischen Regeln für Gasinstallation maßgebend (DIN 3364, DIN 3372, TRGI 1972); auch Ölöfen sind in Normen erfaßt (DIN 4731, DIN 4736, DIN 4737). Strom für Heizzwecke wird in *Strahlern* und/oder *Konvektionsgeräten* mit und ohne Ventilator bei

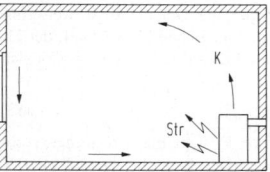

Bild 1. Schema der Wärmeübertragung im Raum bei Innenwandausstellung von Öfen. K Konvektion, Str Strahlung

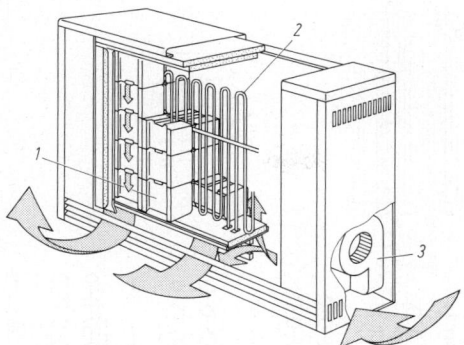

Bild 2. Elektro-Speicherofen der Bauart III (Siemens). *1* Speicherkern, *2* Heizregister, *3* Ventilator

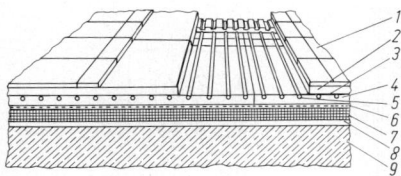

Bild 3. Elektro-Fußboden-Speicherheizung (Trockenbauverfahren). *1* PVC-Bodenbelag, *2* Anhydritplatte, *3* Wärmebremse, *4* Anhydritplatte mit *5* Heizkabel, *6* Maschendraht, *7* Wärmedämmung, *8* Perliteschüttung, *9* Rohbetondecke

Leistungen bis zu 2 kW eingesetzt (DIN 44567 bis DIN 44569). Bei *Elektrospeichergeräten,* die in Schwachlastzeiten mit Strom im Niedertarif aufgeheizt werden, haben die Geräte mit eingebautem Ventilator wegen der guten Regelfähigkeit die meiste Verbreitung gefunden; der Ventilatorbetrieb wird von einem Raumthermostaten je nach Bedarf gesteuert (**Bild 2**) (DIN 44570 bis DIN 44574). Als zweites Elektrospeichersystem hat die *Fußbodenheizung,* bei der die Heizleiter im Estrich verlegt und die Tragkonstruktion als Speichermasse dient, Eingang im Wohnungsbau gefunden, **Bild 3**.

Wegen der mit den Speichermassen verbundenen Regelträgheit muß etwa 1/5 der Heizleistung für den Raum durch ein sofort wirkendes Elektroheizgerät (Direktheizung) erbracht werden, um eine ausreichende Anpassung an Witterungs- und Laständerung zu ermöglichen. Durch die begrenzte Oberflächentemperatur des Fußbodens von 26 bis 29 °C beträgt die spezifische Heizleistung nur 60 bis 90 W/m^2, letztere im nicht begangenen Außenwandbereich (DIN 44576). Der prozentuale Anteil einzelbeheizter Wohnungen am gesamten Wohnungsbestand ist in der Bundesrepublik Deutschland von 85% im Jahre 1960 auf 25% im Jahre 1987 zurückgegangen.

3.1.2 Einzelheizgeräte für größere Räume und Hallen
Individual heaters for larger rooms and halls

Anstelle der Öfen treten *Luftheizgeräte,* meist mit Öl- oder Gasfeuerung. Die Wärmeleistung der Großraumgeräte geht bis zu 1000 kW, wobei im Gerät eingebaute Ventilatoren die Luftumwälzung im Raum sicherstellen, **Bild 4**. Bei Heizgeräten mit stark injizierenden Weitwurfdüsen wird die Luft bis auf 150 °C an der Düse erwärmt. Die Feuerung hat meist Gebläsebrenner, bei Gas auch atmosphärische Brenner. Anstelle eines großen Geräts werden zur besseren Wärmeverteilung und Regelung oft mehrere

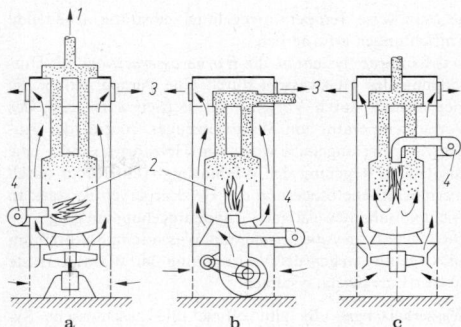

Bild 4. Ölbefeuerte Warmlufterzeuger verschiedener Bauart. *1* Abgasrohr, *2* Brennkammer, *3* Warmluft, *4* Ölbrenner; **a** mit Axialventilator und waagerechter Flammenachse; **b** mit Radialventilator und senkrechter Flammenachse; **c** mit Axialventilator (Außenläufer) und Sturzbrenner

Geräte in Werkhallen längs der beiden Außenwände in Form von Wandheizgeräten angeordnet (DIN 4794). Aus Gründen des Umweltschutzes werden heutzutage mehrere kleine Schornsteine auf einem Werksgelände nicht mehr zugelassen (TA-Luft).

Strom und Gas werden auch in *Strahlern,* die oben verteilt im Raum angeordnet werden, verwendet. *Elektrostrahler* bestehen i. allg. aus einem Strahlschirm mit einer von Isoliermasse umgebenen Heizwendel bei einer Temperatur von ca. 400 °C (DIN 44567). Bei *Gasstrahlern* werden perforierte, keramische Katalytplatten erhitzt, die bei Temperaturen von 800 bis 900 °C in Rotglut geraten. Die Abgase müssen nach draußen abgeführt werden (DIN 3372).

3.2 Zentralheizung. Central heating

3.2.1 Systeme. Heating systems

Zentralheizungssysteme werden nach dem Wärmeträger als *Warmwasser-, Heißwasser-, Niederdruckdampf-, Hochdruckdampf* und *Luftheizanlage* bezeichnet. Allen gemeinsam ist die Zentrale als Ort der Wärmeerzeugung, das Rohrnetz oder Kanalnetz für die Wärmeverteilung und die Heizkörper und Heizflächen im Raum. Lediglich bei der Luftheizung übernimmt der Wärmeträger direkt die Raumerwärmung über Zu- und Abluftgitter im Raum. Heizkörper werden bevorzugt an der Außenwand angeordnet, große Heizflächen im Fußboden oder in der Decke untergebracht, **Bild 5**. Das Energieeinsparungsgesetz (Heizungsanlagen-Verordnung) schreibt vor, daß Zentralheizungen mit zentralen, selbsttätig wirkenden Einrichtungen zum Verringern bzw. Abschalten der Wärmezufuhr in Abhängigkeit von einer geeigneten Führungsgröße und der Zeit auszustatten sind. Darüber hinaus sind für ei-

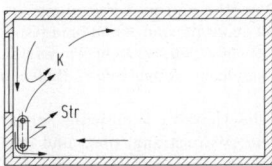

Bild 5. Schema der Wärmeübertragung bei Außenwand-Aufstellung von Heizkörpern. K Konvektion, Str Strahlung

ne raumweise Temperaturregelung selbsttätig arbeitende Einrichtungen erforderlich.

Das häufigste System ist die *Warmwasserheizung* mit Umwälzung des Heizwassers durch eine Pumpe, wobei die Heizleistung durch Vorgabe des Betriebswerts, z. B. der Vorlauftemperatur am Wärmeerzeuger, zentral der Außenwitterung angepaßt wird. Am Heizkörper findet eine zusätzliche Regelung der Wärmeabgabe im Raum durch thermostatische Steuerung des Heizkörperventils statt. In Nichtwohnbauten ist eine Gruppenregelung zulässig.

Die *Niedertemperaturheizung* mit Wassertemperaturen um 50 °C gehört wegen der Verringerung der Wärmeverluste zu den Energiesparsystemen.

Wasserheizungen. Es gibt offene und geschlossene Systeme. Bei der geschlossenen Anlage ist das Ausdehnungsgefäß zugleich Druckgefäß für Wassertemperaturen über 100 °C. Unter Berücksichtigung des statischen Drucks wird in den Sicherheitsvorschriften nach Anlagen mit einer maximalen Heizwassertemperatur bis und über 110 °C unterschieden; die letzteren werden als *Heißwasserheizungen* bezeichnet.

Dampfheizungen. Sie unterscheiden sich im grundsätzlichen Aufbau von der Wasserheizung nur durch die Kondensatleitung als Rücklauf und der am Heizkörper ständig vorgehaltenen hohen Kondensationstemperatur von mindestens 100 °C, wenn von speziellen, seltenen Systemen wie der Vakuumdampfheizung abgesehen wird. Wegen dieses Nachteils und der schlechten zentralen Regelfähigkeit wird die Nieder- und Hochdruckdampfheizung fast ausschließlich nur noch im industriellen Bereich angewendet, so z. B. als Heizmedium für Rippenrohre, Konvektoren und Wärmetauscher in Luftheizgeräten oder Warmwasserbereitern.

Luftheizung. Sie entspricht im Aufbau den raumlufttechnischen Anlagen (s. M 4).

Wärmeerzeugung. *Heizkessel* werden zur Wärmeerzeugung mit festen Brennstoffen – Öl oder Gas – betrieben; Strom zur zentralen Wärmeerzeugung bleibt auf Blockspeicher oder *Wärmepumpen* beschränkt.

Der wirtschaftliche Einsatz von wasserdurchflossenen Sonnenkollektoren zur zusätzlichen Wärmegewinnung aus Sonnenenergie wird auch in unseren Breitengraden untersucht.

Bei Wohnblocks in einem Siedlungsgebiet oder bei ganzen Stadtteilen, die von einer gemeinsamen Zentrale aus mit Wärme versorgt werden, ist die Bezeichnung *Block-* oder *Fernheizung* üblich geworden. Die Zentrale wird wegen ihrer Größe als *Heizwerk* bezeichnet; bei der Ausnutzung von Abwärme aus Industriebetrieben oder aus Elektrizitätswerken als Heizkraftwerk (s. L 3.2).

3.2.2 Raum-Heizkörper, -Heizflächen
Radiators, convectors and panel heating

Heizkörper

Die meist für die Wasserheizung entwickelten Heizkörper können auch für Dampfheizungen Verwendung finden. Bauformen, zum Teil genormt, sind *Radiatoren* (Gliederheizkörper), *Platten-, Rohrheizkörper, Konvektoren* und die heute weniger verwendeten *Rippenrohre,* **Bilder 6 bis 8.**

Am häufigsten werden die Heizkörper einseitig an das Rohrnetz mit dem *Vorlauf* (Warmstrang) oben und dem *Rücklauf* (Kaltstrang) unten, längere Heizkörper auch wechselseitig angeschlossen. Bei Einrohrheizungen oder bei im Estrich verlegtem Rohrnetz wird auch der unte-

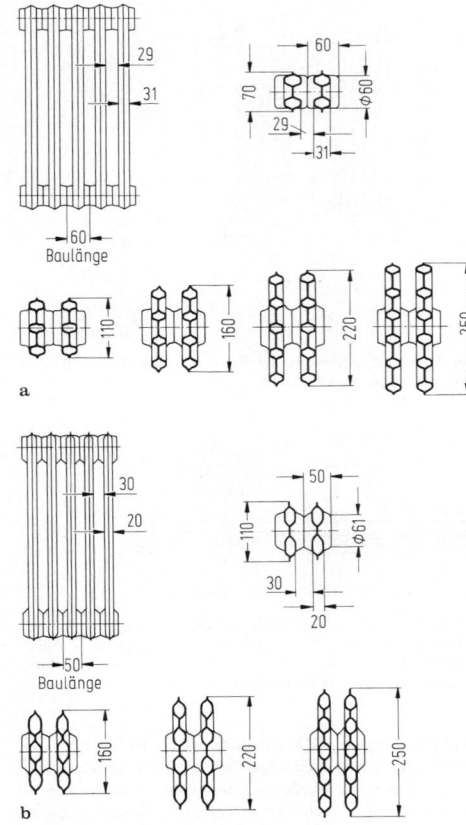

Bild 6. Norm-Radiatoren [18]. **a** Guß-Heizkörper; **b** Stahl-Heizkörper

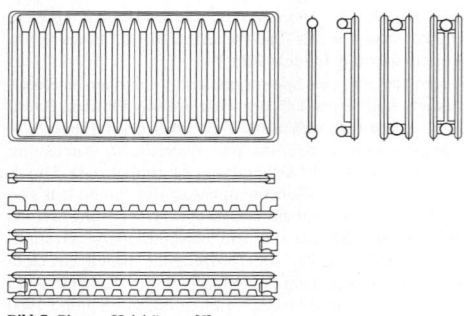

Bild 7. Platten-Heizkörper [5]

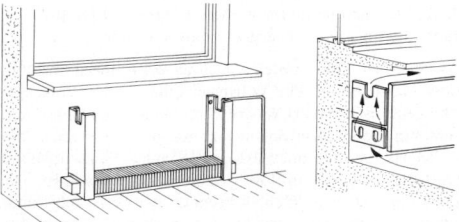

Bild 8. Konvektor (Gea-Happel)

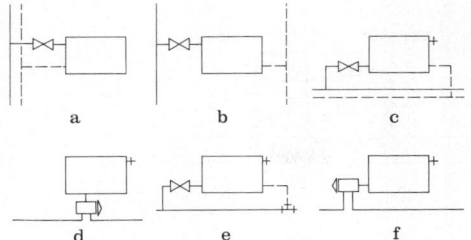

Bild 9. Heizkörper-Anschluß. **a** gleichseitig; **b** wechselseitig; **c** reitend, zweiseitig; **d** mittig, Vier-Wege-Ventil; **e** zweiseitig, Reduzierstück; **f** einseitig, Vier-Wege-Ventil. **a–c** Zweirohrsystem; **d–f** Einrohrsystem

re, einseitige oder wechselseitige und sogar der mittige Anschluß gewählt, **Bild 9**.

Die Wärmeabgabe der Heizkörper muß auf einem anerkannten Prüfstand festgestellt werden; für die genormten Bauformen liegen allgemein gültige Leistungsangaben vor (DIN 4703, DIN 4704).

Unter *Normbedingungen* beträgt der Temperaturabfall im Heizwasser 20 K bei einer Vorlauftemperatur von 90 °C. Bei einer wesentlich größeren Temperaturdifferenz im Heizwasser als 20 K ist anstelle des arithmetischen der logarithmische Mittelwert für die Wärmeübertragung von der Heizfläche an die Raumluft einzusetzen. Bei Niederdruckdampf als Heizmittel liegt eine einheitliche Oberflächentemperatur von 100 °C vor. Metallische Anstriche (Metallbronze) haben geringe Strahlungswärmeabgabe, was eine Leistungsminderung von 10 bis 15% im Vergleich zum Lackanstrich mit sich bringt. In gleicher Größenordnung liegt die Verminderung der Heizkörperleistung beim unteren Anschluß, sofern der Wasserdurchfluß nicht erheblich erhöht wird. Für die Umrechnung auf andere Heizwasser- und Raumlufttemperaturen gilt das Potenzgesetz für die gesuchte Wärmeleistung (Niedertemperaturheizkörper):

$$q = q_n (\Delta t / \Delta t_n)^m.$$

Hierin sind: q_n Normleistung, $\Delta t_n = 60$ K, Δt gesuchte Übertemperatur, $m = 1,25 \ldots 1,6$ je nach Heizkörperbauform; Radiatoren und Plattenheizkörper haben i.allg. einen Exponenten $m = 1,3$; Konvektoren bis $m = 1,6$.

Heizkörper werden aus raumgestalterischen Gründen oft verkleidet. Die Verkleidungen können leistungsmindernd in der Größenordnung von 10 bis 15% wirken, wenn neben der Strahlungswärmeabgabe auch die Luftumwälzung am Heizkörper eingeschränkt wird. Erschwert wird ferner die Zugänglichkeit für die Reinigung.

Flächenheizung

Die Wärmeübertragung übernehmen große Heizflächen, die entweder Teil der Raumflächen oder großflächig im Raum – meist an der Decke – angeordnet sind. Da der Strahlungsanteil in der Wärmeabgabe größer ist als bei Heizkörpern, wird die Flächenheizung auch als *Strahlungsheizung* bezeichnet. Bei *Fußboden-, Decken-* oder *Wandheizflächen* sind die in die Baukonstruktion integriert; aus physiologischen Gründen liegen die Oberflächentemperaturen im Bereich von 25 bis 45 °C (Niedertemperaturheizung).

Bei dem *Strahlplatten*-(Sunstrip)-System für Fabrikhallen, also für hohe Räume, sind in Deckennähe Rohrregister mit Blechlamellen oder doppelwandige Blechplatten aufgehängt, deren mittlere Oberflächentemperatur je nach Raumhöhe bis zu 145 °C beträgt. Die Niedertemperaturheizung kommt der Forderung nach Energieeinspa-

rung entgegen, da für den Einsatz von Wärmepumpen durch die niedrigen Heizwassertemperaturen günstige Betriebsbedingungen (Leistungsziffern) vorliegen. Wegen der im Raum nicht sichtbaren Heizfläche begünstigen raumgestalterische Aspekte die Anwendung der Flächenheizung.

Fußbodenheizung. Bei dieser Art werden die Rohre in oder unter dem Estrich verlegt [1]. Je nachdem, ob eine Wärmeabgabe nur nach oben (Bungalow) oder auch nach unten (Geschoßbau) erwünscht ist oder zugelassen wird, wird die Dicke der Isolierschicht unter den Rohrschlangen gewählt. Als Rohrmaterial wird Stahl, Kupfer und heute vorwiegend Kunststoff verwendet. Bei Kunststoffrohren tritt je nach Beschaffenheit in unterschiedlichem Maße Sauerstoffdiffusion auf, daher sind Vorkehrungen zum Korrosionsschutz der metallischen Anlagenteile erforderlich (z.B. Anlagentrennung durch Wärmetauscher [2]. Die Rohre haben eine Nennweite von 1/2 bis 3/4'' bei einem Rohrabstand von 15 bis 30 cm, je nach erforderlicher Heizleistung, **Bild 10**. Wegen der Fußberührung soll die max. Fußbodentemperatur 26 °C nicht überschreiten. An wenig begangenen Stellen, z.B. an der Außenwand, kann sie bis zu 29 °C betragen. Die max. Heizwassertemperatur hängt von der Einbauart der Rohre ab; bei einbetonierten Rohren zwischen 45 und 50 °C, um Risse im Beton zu vermeiden. Die Heizleistung einer Fußbodenheizfläche ist also spezifisch gering, sie liegt zwischen 70 und 105 W/m². Dementsprechend muß eine gute Wärmedämmung der Außenflächen vorhanden sein, die heute durch die erhöhten Forderungen an den Wärmeschutz nach dem Energieeinsparungsgesetz im Gegensatz zu früher gegeben ist (DIN 4725).

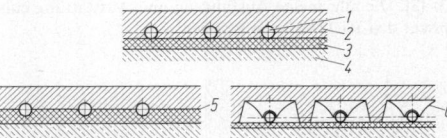

Bild 10. Warmwasser-Fußbodenheizung; verschiedene Bauarten [9]. *1* Heizrohr, *2* Estrich, *3* Wärmedämmung, *4* Betondecke, *5* Wärmeverteilungsblech (Folie), *6* Längsrippe

Deckenheizung. Sie wird heute weniger mit einbetonierten Rohren ausgeführt, eher mit Kupferrohren in der Putzdecke, meist als untergehängte Heizdecke mit lamellenbesetzten Heizrohren im Hohlraum, deren Heizwassertemperatur 75 °C betragen kann. Im Wohnraum darf die Deckentemperatur max. bei 35 °C liegen, sonst ist bei der üblichen Wohnraumhöhe mit einer Strahlungsbelästigung zu rechnen. Wegen des geringen konvektiven Wärmeübergangs ist die Heizleistung trotz der höheren Oberflächentemperatur nur etwa doppelt so hoch wie die der Fußbodenheizung.

Strahlplattenheizung. In Hallen und hohen Räumen ist diese von Vorteil, weil das senkrechte Temperaturgefälle günstiger als bei anderen Heizsystemen ist, insbesondere der Luftheizung, eine bessere Erwärmung des Fußbodens stattfindet und die Möglichkeit besteht, durch stärkere oder geringere Bestrahlung von Teilen der Halle sich der Raumnutzung anzupassen. Die Strahlungsheizflächen werden meist im oberen Raumteil angeordnet, oft nahe der Dachfläche, in horizontaler oder leicht schräg geneigter Anordnung. Die Bänder oder Heizplatten werden je nach Raumhöhe bis zu Heißwassertemperaturen mit einer Vorlauftemperatur von 180 °C betrieben, **Bild 11**.

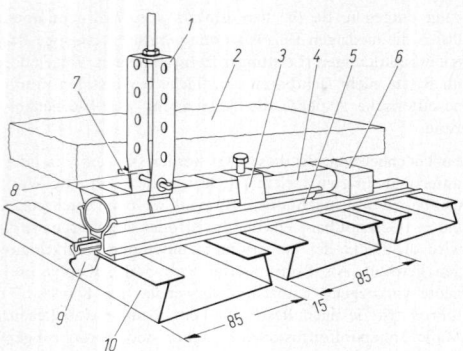

Bild 11. Zent-Frenger-Streifendecke. *1* Lochband, *2* Isoliermatte, *3* Spannfeder, *4* Registerrohr, *5* Kontaktschiene, *6* Verteilrohr, *7* Splint, *8* Bride, *9* Zahnleiste, *10* Stahlplatte – Streifenprofil

Luftheizgeräte

Luftheizgeräte mit zentraler Rohr-Wärmeversorgung bestehen aus lamellenbesetzten Wärmeaustauschern und Ventilatoren zur Intensivierung der Luftumwälzung; daher erfolgt die Wärmeabgabe an den Raum fast ausschließlich durch Konvektion. Diese Geräte werden für größere Räume an der Wand oder an der Decke angeordnet (**Bild 12**), für kleinere Räume auch in Truhenform unter den Fenstern. Zentrale Luftheizanlagen mit Kanalnetz und Luftdurchlässen im Raum werden als Kleinanlage in Einfamilienhäusern eingebaut, zum Teil mit dem Wärmeerzeuger im Raum (Kachelofen-Luftheizung) (**Bild 13**) [3]. Die allgemeine Ausführung und Ausstattung entspricht den RLT-Anlagen (s. M 4).

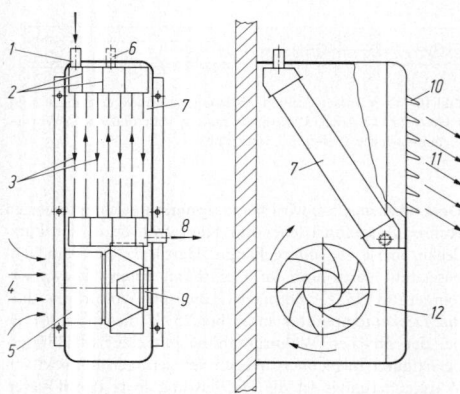

Bild 12. Luftheizgerät (Gea-Happel). *1* Vorlaufstutzen, *2* Trennstege (entfallen bei Dampf), *3* Wasserführung im Element, *4* Kaltlufteintritt, *5* Luftansaugstutzen, *6* evtl. Dampfeintritt, *7* Rippenrohr-Element für Heißwasser, Warmwasser oder Dampf, *8* Wasserrücklaufstutzen oder Dampfkondensatstutzen, *9* Außenläufermotor mit Lüfterrad, Aluminium, *10* Luftleitjalousie, *11* aufgewärmte Luft, *12* Stahlblechgehäuse

3.2.3 Rohrnetz. Piping system

Wasserrohrnetz

Wird für das Heizwasser der Vorlauf-(Zulauf-) und der Rücklauf-(Ablauf-)Rohrstrang getrennt geführt, wird es als *Zweirohrsystem* und im Falle nur eines gemeinsamen

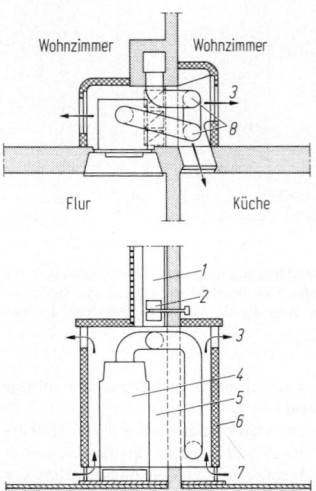

Bild 13. Kachelofen-Mehrzimmerheizung ohne Ventilator. *1* Warmluftkanal, *2* Drosselklappe, *3* Warmluft, *4* Einsatzofen, *5* Heizkammer, *6* Kachelmantel, *7* Kaltluft, *8* Heizrohre

Rohrzugs für Vor- und Rücklauf als *Einrohrsystem* bezeichnet. In den heutigen Rohrnetzen wird die Wasserförderung von Pumpen übernommen; der früher übliche Umlauf des Heizwassers nur durch Schwerkraftwirkung scheidet bei Neuanlagen aus. Wegen der Wasserausdehnung beim Erwärmen gehört zum Rohrnetz ein Ausdehnungsgefäß, das bei einer offenen Anlage oben am höchsten Punkt des Rohrnetzes und bei einer geschlossenen Anlage als Druckgefäß unten oder oben angeordnet werden kann, **Bild 14**. Die *geschlossene* Anlage wird bevorzugt und fast ausschließlich gebaut, da der Sauerstoffzutritt in die Anlage weitgehend verhindert und damit die Korrosionsgefahr erheblich eingeschränkt wird, **Bild 15**. Auch bei einer offenen Anlage sollte aus Korrosionsgründen eine Wasserzirkulation im Ausdehnungsgefäß unterbunden werden (**Bild 14**) [4]. Es bestehen sowohl für die offene

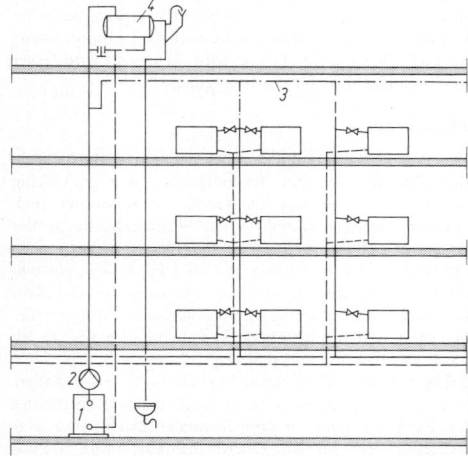

Bild 14. Zweirohranlage mit offenem Ausdehnungsgefäß. *1* Kessel, *2* Pumpe, *3* Entlüftungsleitung, *4* Ausdehnungsgefäß

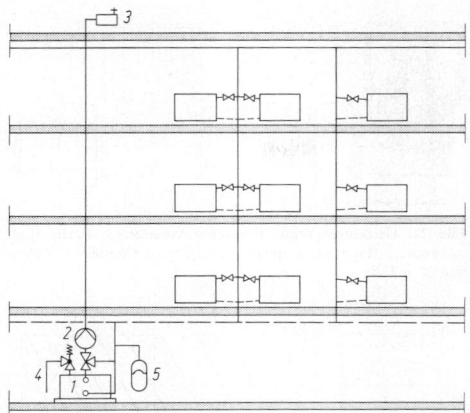

Bild 15. Einrohr-Anlage mit geschlossenem Ausdehnungsgefäß. *1* Kessel, *2* Pumpe, *3* Lufttopf, *4* Sicherheitsventil, *5* Ausdehnungsgefäß

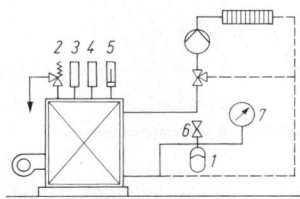

Bild 16. Sicherheitseinrichtungen für geschlossene Anlagen mit einer Heizwassertemperatur bis 110 °C. *1* Ausdehnungsgefäß, *2* Sicherheitsventil, *3* Sicherheitsthermostat, *4* Regelthermostat, *5* Thermometer, *6* Entlüftungsventil, *7* Manometer

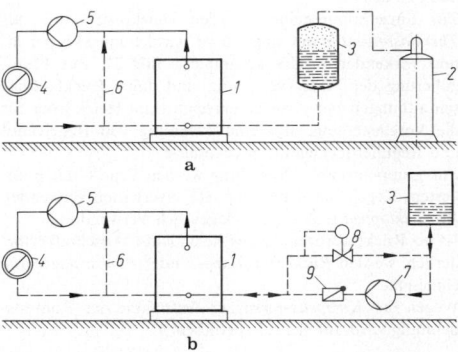

Bild 17. Druckhaltung bei Heißwasser-Heizung; a mit Gaspolster; b mit Druck-Diktierpumpe. *1* Kessel, *2* Druckgasflasche, *3* Ausdehnungs- und Druckgefäß, *4* Wärmeverbraucher, *5* Umwälzpumpe, *6* Mischleitung, *7* Druckpumpe, *8* Überströmventil, *9* Rückschlagklappe

als auch für die geschlossene Anlage Vorschriften über sicherheitstechnische Einrichtungen, die nach *Warmwasseranlagen* bis zu einer max. Temperatur bis 110 °C (DIN 4751, Teile 1–4) und *Heißwasseranlagen* über 110 °C (DIN 4752) unterteilt sind, **Bild 16**.

Bei Heißwasseranlagen für Fernheizungen und Industrieanlagen werden Heizwassertemperaturen von 130 bis 180 °C gefahren. Im System wird mittels Gas-, Dampfpolster, Luftkompressor oder Diktierpumpe ein Druck aufrechterhalten, der eine Dampfbildung im Rohrnetz verhindert, **Bild 17**.

Aus betrieblichen und wirtschaftlichen Gründen wird bei größeren oder unterschiedlich genutzten Anlagen das Rohrnetz in Heizgruppen unterteilt, um eine bessere Anpassung an die jeweilige Belastung durch unterschiedliche Heizwassertemperaturen zu erreichen, **Bild 37**.

Dampfrohrnetz

Dampfrohrnetze für Heizungsanlagen haben meist eine *Rücklaufleitung*, in der das *Kondensat* zur Wärmeerzeugung zurückgeführt wird. Wenn das Kondensat dem Wärmeerzeuger nicht mit Gefälle zufließen kann, müssen Kondensatpumpen eingesetzt werden. Auch die Dampfleitung muß wegen der Entwässerung ein Gefälle im Strömungsrichtung haben, bei längeren Dampfleitungen mit Zwischenentwässerung über *Kondensatabscheider*. Für Heizzwecke wird zumeist *Niederdruckdampf* bis zu einer Temperatur von 105 °C verwendet (DIN 4750), aber auch *Hochdruckdampf* im Bereich der Industrie oder für Fernheizungen als Wärmeträger. Für die Heizung von Aufenthaltsräumen wird Dampf wegen der hohen Oberflächentemperatur an den Heizkörpern und wegen der schlechten zentralen Regelmöglichkeit kaum noch verwendet. Auch in der Industrie werden fast nur noch Luftheizgeräte an Dampfheiznetze angeschlossen, **Bild 18**.

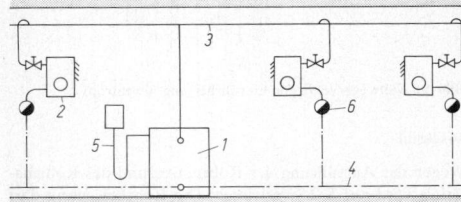

Bild 18. Luftheizgerät mit Niederdruckdampf-Versorgung. *1* Niederdruckdampfkessel, *2* Lufterhitzer, *3* Dampfleitung, *4* Kondensatleitung, *5* Standrohr, *6* Kondenstopf

Verlegungsart

Das Rohrnetz besteht aus den horizontalen Verteil- und Sammelleitungen und den senkrechten Strängen.

Bei *Einrohrsystemen* ist nach waagerechter oder senkrechter Einrohrheizung zu unterscheiden. Die waagerechte Einrohrheizung hat an Steigestränge angeschlossene Verteilringe in jedem Geschoß, **Bild 19**.

Während der *Zweirohranlage* jeder Heizkörper die gleiche mittlere Heizwassertemperatur hat, ergibt sich beim Einrohrsystem eine Abstufung der Heizwassertemperatur vom ersten bis zum letzten Heizkörper des jeweiligen Rings; bei gleicher Wärmeleistung erhalten also die Heizflächen verschiedene Größen. Je nachdem, ob das gesamte Wasser den Heizkörper durchfließt oder ein Teilstrom in einer Kurzschlußstrecke am Heizkörper vorbeifließt und sich vor dem nächsten Heizkörper wieder mischt, erhält man unterschiedliche Auslegungs- und Betriebsbedingungen. Die letztere Ausführungsart ist zu empfehlen, da die Heizkörper ohne große Beeinflussung untereinander an- und abgestellt werden können. Anstelle der üblichen Heizkörperventile treten dann Drei- oder Vierwegeventile, **Bild 20**.

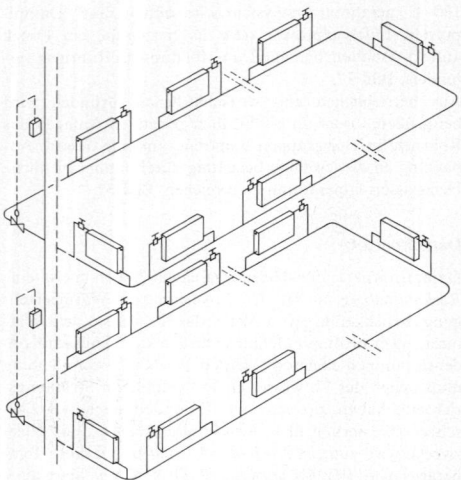

Bild 19. Waagerechte Einrohrheizung im mehrgeschossigen Bau mit geschoßweiser Regelung

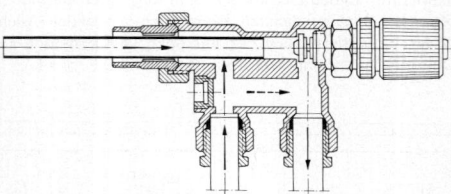

Bild 20. Vierwege-Ventil für Einrohrheizung (Oventrop)

Material

Wegen der Ausführung des Rohrnetzes und des Rohrmaterials wird auf K 2.8 verwiesen. Die Rohrbewegung darf zu keiner Geräuschbelästigung Anlaß geben, weder über die Rohrleitung noch über das Bauwerk (DIN 4109). Halterungen, Rohrschellen, Hülsen zur Rohrführung müssen eine Auskleidung mit Dämmstoff haben, nackte Rohre in Wand- und Deckendurchbrüchen sind mit Isoliermaterial zu umwickeln. Die Rohrverbindung erfolgt i. allg. heute durch Schweißung. Die Rohre werden auf Biegevorrichtungen kalt oder warm gebogen. Für im Estrich verlegte Rohre werden Kupfer- oder Weichstahlrohre verwendet, die auch mit Kunststoffmantel geliefert werden.

Rohre sind wegen des Wärmeverlusts zu isolieren. Das Isoliermaterial darf nicht brennbar sein; es besteht daher zumeist aus Glasfaser oder Steinwolle, das durch Hartmantel, Kunststoffbandage oder Blechverkleidung geschützt wird.

3.2.4 Armaturen. Valves and fittings

Wegen der Konstruktion und Anwendung von *Ventilen, Schiebern, Hähnen* und *Klappen* wird auf K 2.9 verwiesen.

Für Heizkörper sind besondere Ventile entwickelt worden, bei denen die Wasserverteilung im Netz durch einen festen einzustellenden Drosselquerschnitt (Voreinstellung) einreguliert werden kann, **Bild 21**. Bei hochwertigen Ventilen geschieht dies anhand der Ventilkennlinie **Bild 22**. Das ist besonders notwendig bei Heizsystemen mit großer Temperaturspreizung, z. B. Vorlauftemperatur 100 °C, Rücklauftemperatur 50 °C, in hohen Häusern, wegen den nicht zu

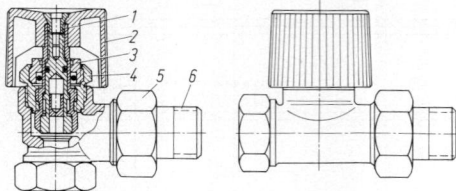

Bild 21. Heizkörper-Ventil (Gampper-Armaturen). *1* Handradschraube, *2* Handrad, *3* Spindelabdichtung, *4* Oberteil, *5* Tüllenmutter, *6* Tülle

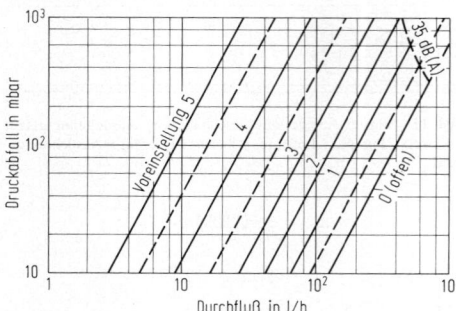

Bild 22. Heizkörper-Ventil-Kennlinien (Gampper-Armaturen)

vernachlässigenden unterschiedlichen Einflusses der Auftriebswirkung. Die *Feinregulierventile* müssen einen hohen Druckabfall von 50 bis 100 mbar haben, um die Schwerkraftwirkung auf die Wasserumwälzung weitgehend zu unterbinden. Bei Drosselung der Ventilquerschnitte und hohem Druckabfall ist auf die mögliche Geräuschentstehung zu achten.

Zur Einzelraumregelung werden Heizkörperventile als *Thermostatventile* mit einem über Ausdehnungskörper direkt wirkenden Regler kombiniert, **Bild 37**. Zur Einregulierung der Wasserverteilung sind dabei Rücklaufverschraubungen mit Drosselquerschnitt am Heizkörper für die Voreinstellung, also eine Trennung von Regelventil und Regulierquerschnitt zweckmäßig.

Zur gruppenweisen Drosselung werden Ventile mit profiliertem Kegel und definiertem Regelverhalten verwendet. *Drosselklappen* finden nur gelegentlich Verwendung.

Ist bei Rückflußverhinderung kein dichter Abschluß erforderlich, werden *Rückschlagklappen* oder *Rückschlagventile* eingesetzt.

Wegen der *Kompensatoren* zur Aufnahme der Rohrausdehnung wird auf K 2.8.5 verwiesen.

Kondensatableiter in der häufigsten Bauform als Kondenstopf bezeichnet, sollen das Kondensat drucklos an die Kondensatleitung übergeben, **Bild 18**. Dabei muß verhindert werden, daß Dampf in die Kondensatleitung übertritt. Der zeitweilige Verschluß wird durch *Schwimmer* oder *Ausdehnungskörper* erreicht. Düsenableiter haben ebenso wie Labyrinthableiter einen geringfügigen Dampfverlust. In der einfachsten Form können auch Wasserschleifen, deren Höhe dem Überdruck entspricht, Verwendung finden.

3.2.5 Umwälzpumpen. Circulating pumps

Die Leistung der Pumpe, d.h. die Förderhöhe und die Fördermenge, ergibt sich aus der Rohrnetzberechnung (s. B6.2). Der Einbau der Pumpe kann im Vorlauf oder

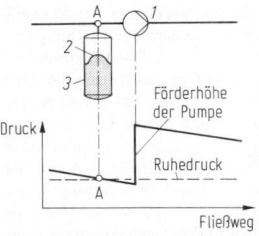

Bild 23. Druckverlauf in geschlossener Heizungsanlage [18]. *1* Pumpe, *2* Membrane, *3* Ausdehnungsgefäß

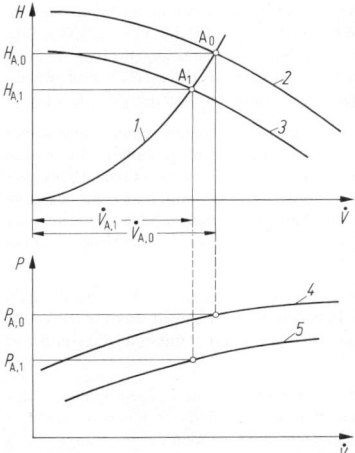

Bild 24. Betriebspunkt einer Pumpen-Heizungsanlage mit zwei Drehzahlstufen (Grundfoss). *1* Rohrnetzkennlinie, *2* max. Drehzahl, n_{max}, *3* min. Drehzahl, n_{min}, *4* max. Stufe; *5* min. Stufe

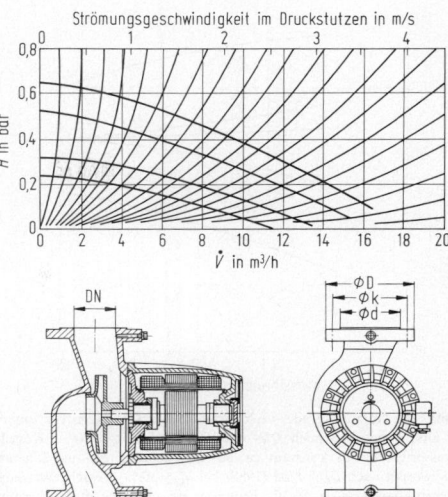

Bild 25. Bauform und unterschiedliche Förderkennlinien für eine Rohrpumpe (Wilo-Werk)

Zu achten ist auf die mögliche Geräuschübertragung im Gebäude, die eine gute körperschallgedämmte Befestigung oder Aufstellung der Pumpen notwendig macht. Weiterhin muß, um Kavitationserscheinungen zu vermeiden, ausreichender Zulaufdruck im System vorhanden sein. Im Bereich der Heizungsanlagen liegt der notwendige Förderdruck bei 0,3 bar für eine Heizleistung von 50 bis 1 000 kW, wobei die horizontale Ausdehnung des Rohrnetzes etwa 200 bis 1 000 m beträgt. Häufig können dafür Rohrpumpen verwendet werden, deren Leistungsbereich bis zu etwa 75 m³/h Fördermenge und 1,3 bar Förderhöhe verläuft, **Bild 25**.

3.2.6 Wärmeerzeugung. Heat generation

Heizkessel (DIN 4702)

Die Kessel in der Heizungstechnik sind *Guß-* oder *Stahlkessel*, die in der gleichen Grundkonstruktion – bis auf einige Zusatzteile – als Wasser- und Dampfkessel verwendet werden. Der Feuerraum muß der Art des Brennstoffs und der Flammbildung entsprechend ausgebildet sein, um einen wirtschaftlichen Feuerwirkungsgrad zu erreichen (Heizungsverordnung). Öl und Gas werden mit vorgesetzten Gebläsebrennern aus Düsen verbrannt oder in eingebauten atmosphärischen Brennern.

Seit dem Anstieg der Energiepreise in den 70er Jahren findet eine Entwicklung der Kesselkonstruktionen mit höheren Wirkungsgraden im Teillastbetrieb statt, **Bild 26**. Dies geschieht hauptsächlich durch Herabsetzen der Abgastemperaturen – bei *Niedertemperaturkesseln* bis oberhalb des Taupunkts von Wasserdampf (50 bis 60 °C bei Stadt- und Erdgas, 40 bis 50 °C bei Heizöl), bei *Brennwertkesseln* (überwiegend bei Gas) unter den Taupunkt-, wobei die durch Wasserdampfkondensation im Abgas frei werdende Wärme zusätzlich rückgewonnen wird. Zum Vermeiden von Korrosionen im Feuerraum sind durch Wahl des Materials, der Konstruktion oder durch innere Auskleidung Kessel – auch kleiner Leistung – für niedrige Heizwasser- und Abgastemperaturen entwickelt worden; so bei Niedertemperaturkesseln die Konstruktionen mit Trockenkammer oder mit mehrschaligen Heizflächen, *Zweikreiskessel* oder *Kessel mit Beschichtung* [5] sowie bei

im Rücklauf erfolgen. Je nach Abschluß des Ausdehungsgefäßes (*offene Anlage*) oder Druckgefäßes (*geschlossene Anlage*) auf der Druck- oder Saugseite der Pumpe liegt der Betriebsdruck unter oder über dem der Ruhedrucklinie, **Bild 23**. Vermieden werden muß Unterdruck zum atmosphärischen Druck an den obersten Heizkörpern, damit keine Luft am Heizkörperventil oder Entlüftungsventil eindringt und zu Luftansammlung im Heizkörper führt. Die Anordnung der Pumpe im Vorlauf wird wegen des günstigeren Druckverlaufs aber auch wegen der umfassenderen Regelmöglichkeit bei der Bildung von Heizgruppen bevorzugt (s. M 3.2.8).

Als Pumpen werden ausschließlich Kreiselpumpen verwendet, die durch Elektromotore, meist direkt gekuppelt, angetrieben werden (s. R 3). Entsprechend den geforderten Leistungsdaten wird die Pumpe nach der Pumpenkennlinie so ausgewählt, daß der Betriebspunkt – das ist der Schnittpunkt der Pumpenkennlinie – mit der Rohrnetzkennlinie in einem günstigen Wirkungsgrad- und Regulierbereich liegt. Die umlaufende Wassermenge ändert sich mit der Belastung der Anlage nur geringfügig, **Bild 24**. Bei größeren Wassermengen wird die Umwälzung auf mehrere Pumpen verteilt, die im Parallelbetrieb arbeiten; es wird dem Leistungsbedarf entsprechend auch nach *Tag-* und *Nachtpumpen* unterschieden. Zur Energieeinsparung werden auch Pumpen kleiner Leistung bereits mit Drehzahlregelung eingesetzt. Meist werden zur Erhöhung der Betriebssicherheit Reservepumpen vorgesehen, so auch Zwillings- oder Doppelpumpen.

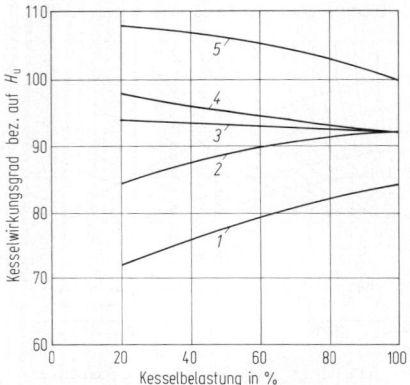

Bild 26. Nutzungsgrade verschiedener Heizkesselkonstruktionen. *1* alter Heizkessel nach *DIN 4702* (1967) bei $\eta_K = 84\%$, Kesselwassertemperatur konstant ca. 80 °C, Feuerung ein-aus, *2* neuer Heizkessel nach *DIN 4702* (1988) bei $\eta_K = 92\%$, Kesselwassertemperatur konstant ca. 80 °C, Feuerung ein-aus, *3* neuer Niedertemperaturheizkessel, $\eta_K = 92\%$, Kesselwassertemperatur als Funktion der Außentemperatur, Feuerung ein-aus, *4* neuer Niedertemperaturheizkessel, $\eta_K = 92\%$, Kesselwassertemperatur als Funktion der Außentemperatur, Feuerung modulierend, *5* neuer Brennwertheizkessel $\eta_K = 99\%$, Kesselwassertemperatur als Funktion der Außentemperatur, Feuerung modulierend, Heizsystem der Brennwerttechnik voll angepaßt

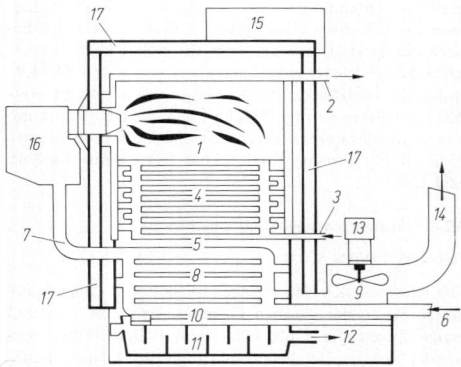

Bild 27. Schema des Brennwertkessels (Veritherm). *1* Brennkammer, *2* Vorlaufanschluß, *3* Rücklaufanschluß, *4* Wärmetauscher aus Stahl, *5* Temperaturzone ca. 60 °C, *6* Vorwärmer für die Brennerluft, *7* Brennerluft – vorgewärmt, *8* Wärmetauscher aus Kunststoff, *9* Temperaturzone ca. 35 °C, *10* Bodenwanne, *11* Katalysatorschublade, *12* Abflußanschluß, *13* Sauggebläse, *14* Abgasleitung, *15* Kesselsteuerung, *16* Brenner, *17* Wärmedämmung

Brennwertkesseln Kondensationskessel (ganz oder teilweise aus Edelstahl) oder Kessel mit nachgeschaltetem *Rekuperator*, Gußkessel mit großer Wärmetauscherfläche und modulierendem Brenner oder Kessel mit geringem Luftüberschuß, die nach dem Pulsationsprinzip arbeiten, **Bild 27** [6].

Die SO_2-Emission wird weitgehend vom Brennstoff bestimmt und deshalb werden hier die primären Maßnahmen bereits bei dem Aufbereiten des Brennstoffs vorgenommen. Die wichtigsten feuerungstechnischen Maßnahmen zum Verringern der Stickoxid-(NO_x-)Bildung sind: Verbrennung mit günstiger Luftzahl, zwei- oder mehrstufiger Brennerbetrieb, Herabsetzen der Verbrennungstempe-

raturen durch Flammenkühlung, Verkürzen der Verweilzeiten bei hohen Temperaturen, Senken der Lufttemperatur und der Brennerraumbelastung, Abgaszirkulation.

Die *Grenzwerte* für NO_x-Emissionen liegen nach TA-Luft für Heizöl bei 250 mg/kWh und für Gas bei 200 mg/kWh. Es wurden Brennersysteme entwickelt, bei denen mit passenden Brennerräumen die spezifischen Emissionen unter den vorgeschriebenen Werten liegen, ohne Erhöhung der CO-Emissionen. So weisen bei Heizöl die Verdampfungs-, Öldruckzerstäuber- und Ölbrenner (Farbe der Flamme gelb) 200 mg/kWh, Ölbrenner und Druckluftbrenner (Farbe der Flamme blau) 150 mg/kWh auf. Bei *konventionellen Gasbrennern* ohne Gebläse liegen die spezifischen Emissionen teilweise oberhalb des Grenzwerts, Gasbrenner ohne Gebläse mit NO_x-reduzierender Flammenkühlung emittieren 160 mg/kWh und Gebläsebrenner 110 mg/kWh. Die NO_x-mindernden Technologien sind gegenwärtig noch in einer intensiven Entwicklung begriffen. Hier sind jeweils Maßnahmen nach dem Stand der Technik gefordert [7].

Gußkessel. Er war lange Zeit wegen seiner Korrosionsbeständigkeit und wegen des großen Anteils der Koksfeuerung vorherrschend, zumal in der Gliederbauweise eine individuelle Leistungsanpassung und gute Reparaturmöglichkeit gegeben ist. *Kleinkessel* haben Leistungen bis zu 60 kW, *Mittelkessel* bis 200 kW und *Großkessel* bis zu 700 kW.

Stahlkessel. Sie gibt es für den gesamten Leistungsbereich in zahlreichen Fabrikaten, angefangen beim Kleinkessel für eine Wohnung bis zu Einheiten mit einer Leistung von 3 500 kW.

Brennstoff. Die Brennstoffarten, die in Kesselanlagen eingesetzt werden dürfen, sind durch die Immissionsschutzbestimmungen festgelegt. Aus Gründen der Wartung, Bedienung und des Umweltschutzes werden Öl- und Gaskessel den festen Brennstoffen vorgezogen. Die hohen Brennstoffpreise der 70er und frühen 80er Jahre sowie die Energieknappheit führten aber zur Weiterentwicklung und zu vermehrtem Einsatz der Konzeptionen mit festen Brennstoffen. In der Folge erreichten mechanisch beschickte Feuerungsanlagen einen hohen Automatisierungsgrad und Sicherheitsstandard. Die Umstellbarkeit der Öl- oder Gaskessel auf feste Brennstoffe wurde wieder ins Gespräch gebracht. Neue Forderungen des Umweltschutzes, die komplexe Anlagentechnik, die hohen Kosten für Wartung und Bedienung sowie die Preisverhältnisse bei den Brennstoffen schränken z.Z. die weitere Entwicklung und den Einsatz von Kesseln mit festen Brennstoffen auf spezielle Bereiche (Großanlagen) ein.

Kombikessel. Ein- und Mehrfamilienhäuser, etwa bis zu einer Kesselleistung von 100 kW, haben oft einen gemeinsamen Kessel (Kombikessel) für die Heizung und Warmwasserbereitung, der entweder mit einem Durchlauferhitzer oder einem Speicher für die Warmwassererzeugung ausgestattet ist. Zur besseren Leistungsanpassung gibt es für die Warmwasserbereitung Vorrangschaltungen und Speicherladepumpen, um einen günstigeren Wirkungsgrad zu erreichen.

Elektrokessel. Sie sind fast ausschließlich *Speicherkessel*. Eine direkte Heizung des Kessels mit *Tauch-Heizkörpern* bleibt auf sehr kleine Anlagen beschränkt. Als Speichermaterial werden Wasser und andere Medien, aber auch Feststoffe verwendet, um die Niedertarifzeiten für den Strombezug auszunutzen; feste Stoffe sind Gußeisen und Magnesit in Blockspeicherkesseln.

Meß- und Regelungseinrichtungen. Außer den Sicherheitseinrichtungen sollen die Kessel vor allem mit guten Regel- und Meßeinrichtungen versehen werden, um einen wirtschaftlichen Betrieb zu ermöglichen. Dazu gehören *Vorlauf-* und *Rücklaufthermometer, Rauchgasthermometer, Zugmesser* und bei großen Einheiten *Rauchgasprüfer*. Im Zusammenhang mit der Umweltverschmutzung und mit der Energieeinsparung werden Heizkessel laufend auf ihren Abgasverlust hin überprüft; dazu werden die Abgastemperatur, der CO_2-Gehalt und der Rußanfall in den Abgasen ermittelt. Einzuhalten sind die Abhängigkeit von der Kesselgröße Abgasverluste von 12 bis 10% für Öl- und Gasfeuerungen [8]. Öl- und Gaskessel kleiner bis mittlerer Leistungen regeln ihre Leistung im *Ein-/Aus-Betrieb*. Durch Abgasklappen soll der Auskühlverlust des Kessels in den Stillstandszeiten verringert werden. Kessel größerer Leistungen haben modulierende Brenner, deren Leistung in mehreren Stufen geregelt wird. Wegen der Kessel größerer Leistung und der Bauarten von Feuerungen für feste Brennstoffe und von Öl- und Gasbrennern wird auf L5 verwiesen.

Bei Mehrkesselanlagen ermöglicht der Einsatz der *Mikroelektronik* (DDC – Direct Digital Control) eine hohe Wirtschaftlichkeit durch bedarfsgerechtes Zu- und Abschalten des Folgekessels.

Wärmepumpen in Heizsystemen

Wärmepumpen (s. M 6) in Verbindung mit Heizkesseln können zur Energieeinsparung beitragen. Der Heizkessel ist zweckmäßigerweise in einer Umgehungsleitung eingesetzt (**Bild 29**) und wird, je nach der geforderten Heizwasservorlauftemperatur, über das Mischventil umgangen, oder auch in Reihe oder parallel zu der Wärme-

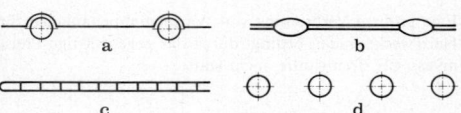

Bild 28. Wärmeabsorber-Grundtypen für Energiedach (n. B. Dietrich, Elektrowärme im technischen Ausbau, 38 (1980) A 313/A 319). **a** Blech/Rohr; **b** Fläche bei integrierten Kanal; **c** Flächen-Hohlkörper; **d** Rohrregister

pumpe geschaltet. Für einen störungsfreien Betrieb der Wärmepumpe in der Heizungsanlage ist bei jedem Betriebspunkt eine definierte Wassermenge für den Wärmepumpenkreislauf erforderlich. Dies wird bei mittleren und größeren Anlagen oft mittels eines parallel zur Wärmepumpe geschalteten Heizwasserspeichers erreicht. Die Heizwasser-Vorlauftemperatur wird auf möglichst niedrige, aber für Wärmeverbraucher noch ausreichende Werte geregelt. Aus wirtschaftlichen Gründen ist die Heizwasser-Vorlauftemperatur jedoch begrenzt. Wärmepumpen werden deshalb vorwiegend für Bauten mit spezieller Nutzung, wie Schwimmbäder, für Niedertemperaturheizanlagen, wie Fußbodenheizungen oder zur Warmwasserbereitung, eingesetzt. Als Wärmequelle wird *Luft, Sonnenstrahlung, Erdreich, Grundwasser* über Wärmetauscher (Verdampfer) aber auch die gesamte *Witterungs-* und *Umgebungswärme* über Absorberflächen, wie Energiedach, Energiesäule u.ä. herangezogen, **Bild 28**.

Die zur Verfügung stehende Wärmequelle und die Betriebsweise (mono-/bivalent) der Wärmepumpe sind für die Wirtschaftlichkeit der Anlage entscheidend, **Bild 29**.

M

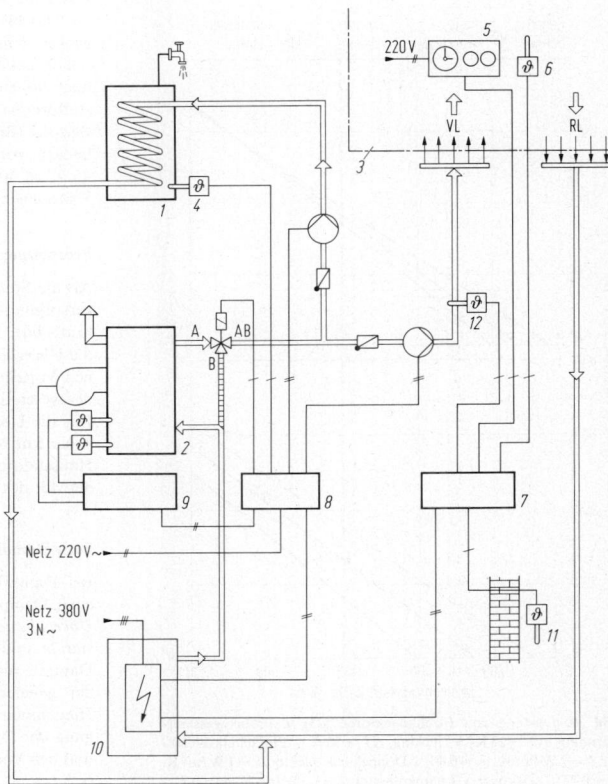

Bild 29. Schema einer bivalenten Wärmeerzeugung [22]. *1* Boiler, *2* Kessel, *3* Raum, *4* Boilerthermostat (bauseits), *5* Raumschaltstation, *6* Raumfühler, *7* Fernbedienung mit Regler, *8* Abzweigdose (bauseits), *9* Kesselüberwachung (bauseits), *10* Wärmepumpe, *11* Außenfühler

Eine größere Verbreitung von Wärmepumpenanlagen für Heizzwecke findet, bedingt durch das gegenwärtige Preisniveau für Brennstoffe, nicht statt.

Sonnenkollektor (DIN 4757)

Auf der Suche nach Wärmequellen ist die Ausnutzung der Sonnenenergie in Angriff genommen worden [9]. Der Sonnenkollektor in der einfachsten Form ist eine wasserdurchströmte doppelwandige Stahlplatte, die auf der Oberseite zur Absorptionserhöhung geschwärzt und zur Einschränkung des Wärmeverlusts an die Umgebung mit einer sonnendurchlässigen Scheibe oder Folie abgedeckt ist. Die Seiten und die Unterseiten haben aus gleichem Grund eine Wärmedämmschicht aus Isoliermaterial.

Verluste treten am Sonnenkollektor durch *Reflexion* und *Absorption* an der Glasplatte auf, die bei senkrecht auftreffender Strahlung einen gleichbleibenden Wert von etwa 15% annehmen, ferner durch *Wärmeverluste*, die proportional zur Temperaturdifferenz zwischen Absorber und Umgebungsluft sind. Der *Jahreswirkungsgrad* liegt, da bei Zeiten geringer Wärmeeinstrahlung gerade der Eigenverlust gedeckt wird, niedrig. Bei einer Einstrahlung von 300 W/m² kann z.B. eine Temperaturdifferenz von 35 K zur Außenluft erreicht werden; der Kollektor deckt dabei seinen Eigenverlust, die Nutzleistung ist also Null. Bei Zunahme der Einstrahlung von 300 auf 800 W/m² steigt der Wirkungsgrad von 0 auf 53% an, **Bild 30**. Als Anwendungsgebiet für die Nutzung der Sonnenenergie bietet sich die *Brauchwasser-* und *Schwimmbadwasser*-Er-

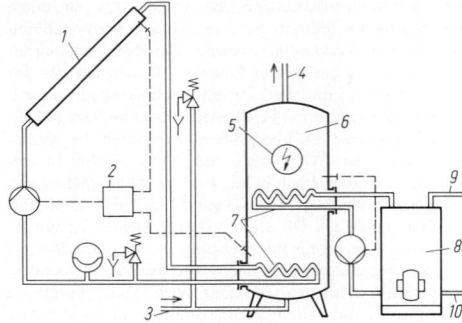

Bild 31. Brauchwassererwärmung durch Sonnenkollektor [23]. *1* Kollektoren 6 bis 8 m², *2* Steuerung, *3* Kaltwasser, *4* Brauchwasser, *5* elektrischer Heizeinsatz, *6* Speicher 400 bis 600 l, *7* Rippenrohr-Wärmeaustauscher, *8* Heizkessel, *9* Heizungsvorlauf, *10* Heizungsrücklauf

wärmung wegen der im Vergleich zur Heizung niedrigeren Wassertemperaturen und des ungefähr gleichbleibenden Wärmebedarfs im Jahresdurchschnitt an.

Der Einsatz von Sonnenkollektoren für die Hausheizung wird durch das im Vergleich zum Bedarf, insbesondere in den Wintermonaten, völlig gegenläufige Wärmeangebot zusätzlich erheblich erschwert. Notwendig ist eine Speicherung des erwärmten Wassers und eine Nachheizung bei mangelnder Sonnenwärme, **Bild 31**. Die angebotene Jahreswärme in der Bundesrepublik Deutschland liegt nur bei 900 bis 1100 kWh/m². Sie ist in Trockengebieten großer Einstrahlung etwa doppelt so hoch. Eine Wirtschaftlichkeit in der Wärmeerzeugung läßt sich bei den noch hohen Gestehungskosten sowie den heutigen Brennstoffpreisen noch nicht erreichen. Immerhin kann bei dem Beispiel (**Bild 31**) unter der Voraussetzung eines Wasserbedarfs von 300 l/Tag und einer Wassertemperatur von 45 °C rd. 45% der für die Wassererwärmung benötigten Wärmemenge durch Solarenergie gedeckt werden.

Fernheizung

An die Stelle der *Heizzentrale* tritt bei einer Fernwärmeversorgung durch einen Fremdlieferer, z.B. durch Heizkraft- oder Heizwerke der Städtischen Energieversorgung, die *Übergabestation* und die *Hausstation*. Zu den allgemeinen Vorteilen der Fernheizung für den Abnehmer gehört der wesentlich geringere Platzbedarf der beiden Stationen. Für die Übergabestation wird eine Wandlänge von etwa 4 bis 5 m benötigt. Die Ausführung der Übergabe- und Hausstation richtet sich nach dem Wärmeträger und nach der Art des Fernheiznetzes.

Fern-Dampfnetz

Bei Dampfnetzen, die früher häufig waren und die aus einer Dampf- und Kondensatleitung bestehen, enthält die *Übergabestation* im wesentlichen die *Dampfdruckreduzierstation* und den Zähler, sei es eine Meßblende in der Dampfleitung oder ein Kondensatzähler zur Abrechnung der gelieferten Dampfmenge, **Bild 32**. Die zugehörige *Hausstation* muß einen Wärmeaustauscher zur Übertragung der Dampfwärme an die Hauswasserheizung haben und den Vor- und Rücklaufverteiler mit der Umwälzpumpe.

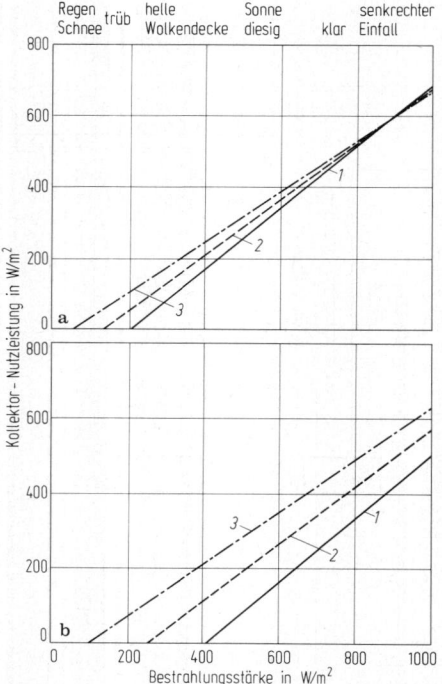

Bild 30. Leistung von Flachkollektoren [23]. **a** Brauchwassererwärmung, $\Delta T = 25$ K; **b** Heizung, $\Delta T = 50$ K. *1* Einfachglaskollektor, $k = 7$ W/m² K, $\alpha\tau = 0{,}85$; *2* Doppelglaskollektor, $k = 4$ W/m² K, $\alpha\tau = 0{,}77$; *3* selektiver Vakuumkollektor, $k = 1{,}5$ W/m² K, $\alpha\tau = 0{,}7$

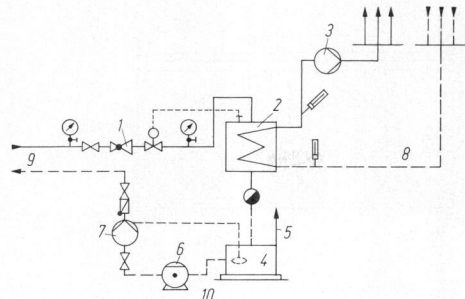

Bild 32. Übergabe- und Hausstation bei Dampf als Wärmeträger.
1 Druckminderventil, *2* Wärmeaustauscher, *3* Pumpe der Hausheizung, *4* Kondensatbehälter, *5* Wrasenleitung, *6* Kondensatzähler, *7* Kondensatpumpe, *8* Hausanlage, *9* Fernheizung, *10* Wärmezählung

Fern-Wassernetz

Heute wird die Wärme vorwiegend über Wassernetze, und zwar *Heißwassernetze* mit einer Temperaturspreizung z.B. von 130/70 °C oder 180/50 °C geliefert, im *Zwei-* oder *Dreileiternetz.* Die Heißwassernetze werden zentral geregelt und in ihrer Vorlauftemperatur der Außenwitterung angepaßt. Diese wirtschaftlichere Betriebsweise und die größere Unabhängigkeit in der Leitungsführung haben im wesentlichen zu der vermehrten Anwendung der Wassernetze geführt. Aber auch die *Hausheizungsstationen* können, sofern es die Druckverhältnisse zulassen, im direkten Anschluß als Mischstation einfacher ausgestaltet bzw. im anderen Fall im indirekten Anschluß über Wärmeaustauscher angeschlossen werden. Beim *Zweileiternetz* ist eine Mindestvorlauftemperatur von 70 °C notwendig, sofern Speicher für die Brauchwassererwärmung angeschlossen sind. Beim *Dreileiternetz*, bestehend aus zwei Vorlaufleitungen und einer gemeinsamen Rücklaufleitung, wird ein Vorlauf mit gleitender Temperatur für die Heizung und der zweite mit konstanter Temperatur (90 bis 100 °C) für die Brauchwassererwärmung und für Lufterhitzer von Lüftungs- und Klimaanlagen betrieben, **Bild 33**. Eine möglichst niedrige Rücklauftemperatur ist für Heizkraftwerke interessant, um eine gute Abwärmeausnutzung zu erreichen. Bei direktem Anschluß der Hausheizung kann die Druckdifferenz für die Umwälzung des Heizungswassers im Haus auch vom Fernheizwerk zur Verfügung gestellt werden. Heute ist die drucklose Über-

gabe und der Einsatz einer eigenen Pumpe für die Hausheizung wegen der Unabhängigkeit üblich.
Die *Übergabestation* enthält dementsprechend einen *Druckminderer*, die Abrechnung der Wärme kann über Wärmezähler oder – wie es mehrere Heizwerke bereits vertraglich übernehmen – über eine Pauschale vorgenommen werden. Hinzuweisen ist auf die hohen Fernleitungsnetzkosten, die eine Preisbildung an der oberen Grenze der Heizkosten mit sich bringen. Die Rohrleitungen werden in Betonkanälen oder direkt, auch in Doppelrohren mit Spezialisoliermassen, im Erdreich verlegt. Wegen der Ausführung von Heizwerken und Fernheiznetzen wird auf L 3.2 und L 4.1 verwiesen.

3.2.7 Heizzentrale. Heating centres

Unter Heizzentralen werden sowohl die Räumlichkeiten als auch die technischen Einrichtungen für die *Wärmeerzeugung, Wärmeverteilung, Wasserumwälzung* und *Brennstofflagerung* verstanden. Bei Kleinanlagen ergibt sich lediglich ein Heizraum für den Kessel mit danebenliegendem Lagerraum für feste Brennstoffe, für die Aufnahme des Ölbehälters oder der Gasanschlußstation. Mittlere und größere Anlagen mit mehreren Kesseln haben zumeist Heizgruppen, somit zusätzlich eine Verteilstation für Pumpen und Rohrverteiler, **Bild 34**. Heizzentralen sind in Kellerräumen untergebracht, wobei die Schornsteinanordnung für die örtliche Lage maßgebend ist. Bei Gas-, weniger bei Ölfeuerung, werden auch Dachzentralen errichtet, wenn bauliche Belange oder wirtschaftliche Gesichtspunkte dafür sprechen. Große Heizzentralen erhalten ein eigenes Gebäude oder sind in einer allgemeinen Energieversorgungszentrale untergebracht, z.B. bei einer Blockheizung für einen Gebäudekomplex, bei einer Fernheizung für eine Siedlung oder eine Fabrik.
Kesselräume und Lager für flüssige und gasförmige Brennstoffe unterliegen in ihrer Anordnung und Ausführung einer Reihe baulicher und sicherheitstechnischer Vorschriften und Verordnungen. Bei Kleinanlagen unter 30 kW, bei denen der Heizkessel auch in Küche, Bad oder Nebenräumen untergebracht werden kann, entfallen die Vorschriften für Heizräume.
Zur Vermeidung von Geräuschübertragungen (Brenner-, Flammen-, Pumpengeräusch) sind gegebenenfalls Vorkehrungen zur Schalldämmung, wie die Aufstellung der Kessel auf Schalldämmbügel, Schalldämmhauben für Brenner, Abgasschalldämpfer vor dem Schornsteinanschluß u.ä. zu treffen.
Ölbehälter als Batteriebehälter nach DIN 6620 bis zu einem Gesamtinhalt von 5000 l können im Heizraum aufge-

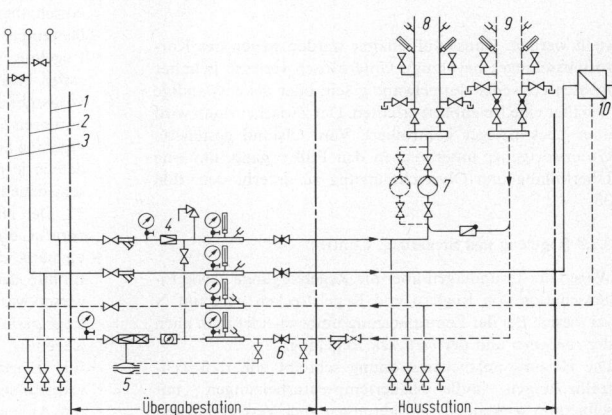

Bild 33. Übergabe- und Hausstation bei Wasser als Wärmeträger (Dreileiternetz). *1* Fernheizungs-Vorlaufstrang (gleitend), *2* Fernheizungs-Vorlaufstrang (konstant), *3* gemeinsamer Rücklaufstrang, *4* Druckminderer, *5* Mengenregler, *6* Drosselventil, *7* Pumpe der Hausanlage, *8* Vorlauf der Hausanlage, *9* Rücklauf der Hausanlage, *10* Wärmeaustauscher (Brauchwasserspeicher oder Lufterhitzer)

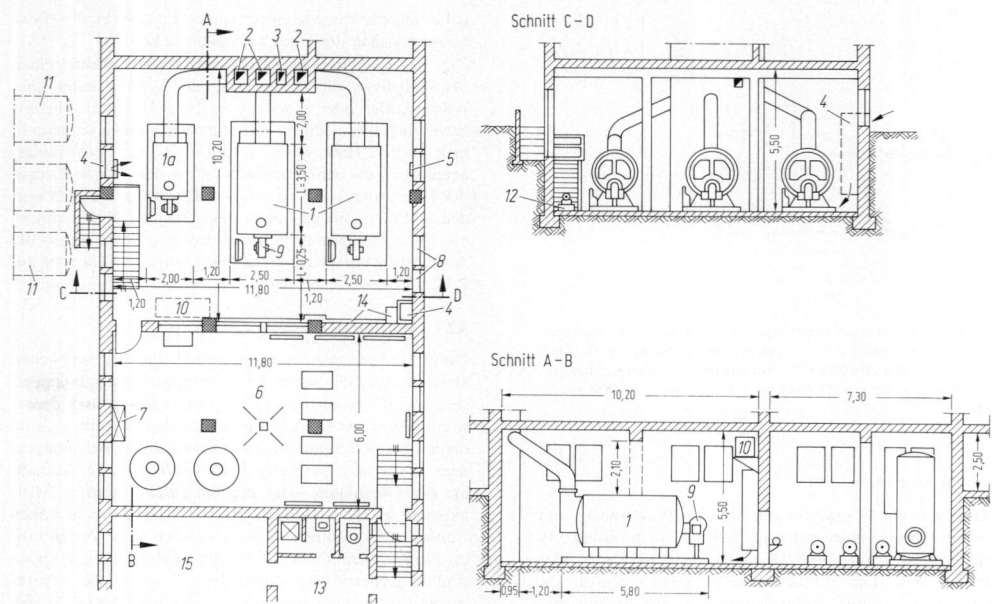

Bild 34. Heizzentrale für Ölfeuerung mit einer Leistung von 3 500 kW. *1* Kessel, *1a* Kessel, *2* Schornstein, *3* Abluft, *4* Zuluft, *5* Notausstieg, *6* Verteiler- u. Pumpenraum, *7* Schalttafel, *8* Montageöffnung, *9* Heizölbrenner, *10* Heizöltagsbehälter, *11* Öltanks, *12* Heizölpumpe, *13* Tisch für Heizer- bzw. Heizerraum, *14* Schlammgrube bzw. Entwässerung, *15* Werkraum

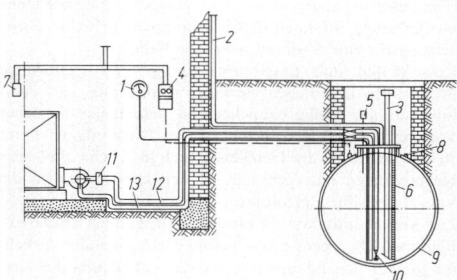

Bild 35. Unterirdischer Lagerbehälter für Öl mit Anschlußleitungen. *1* Ölstandsanzeiger, *2* Entlüftungsleitung, *3* Füllrohr, *4* Leckanzeigegerät, *5* Grenzwertgeber, *6* Peilstab, *7* Alarmgeber, *8* Entlüftung des Doppelmantels, *9* Kontroll-Flüssigkeit, *10* Fußventil, *11* Ölfilter, *12* Ölzuleitung, *13* Ölrückleitung

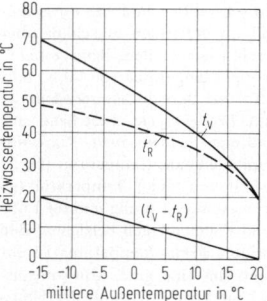

Bild 36. Betriebs-Kennlinie einer Zentralheizung (Pumpenheizung)

stellt werden. Kunststoffbehälter werden wegen des Korrosionsschutzes bevorzugt. Unterirdisch verlegte Behälter müssen entweder doppelwandig sein oder als einwandige Behälter eine Innenblase erhalten. Der Zwischenraum wird über Leckanzeiger kontrolliert. Vom Ölstand gesteuerte Grenzwertgeber unterbrechen den Füllvorgang, um eine Überfüllung und Ölverschmutzung zu unterbinden, **Bild 35.**

3.2.8 Regelung und Steuerung. Control

Wegen der Grundlagen über die Regelvorgänge sowie Eigenschaften von Reglern und Regelstrecken wird auf X verwiesen. Bei der Zentralheizung unterscheidet man nach der *zentralen* und der *örtlichen* Regelung.
Die Heizungsanlagenverordnung schreibt vor, daß Zentralheizungen – außer Niedertemperaturheizungen – mit selbsttätig wirkenden Einrichtungen zum Verringern und

Abschalten der Wärmezufuhr in Abhängigkeit von Außentemperatur und Zeit auszustatten sind. Bei zentraler Regelung wird die Witterung durch einen *Außenthermostaten* erfaßt und die Kesselvorlauftemperatur nach der vorgeschriebenen Betriebskennlinie gesteuert, **Bild 36.** Bei mittleren und größeren Anlagen wird häufig die Gruppenregelung angewendet, bei der von der Zentrale aus Gebäudeteile je nach Himmelsrichtung oder Nutzung mit verschiedenen Vorlauftemperaturen betrieben werden, **Bild 37.** Der Nachtbetrieb wird mit abgesenkter Vorlauftemperatur durch eine Schaltuhr eingegrenzt. Auf die Problematik der Erfassung von Sonne und Wind, auf den Einfluß der Speicherfähigkeit des Hauses soll nur hingewiesen werden. Die Mikroelektronik wird selbst in kleinen Regelgeräten eingesetzt; angestrebt wird die Computer-Regelung.
Für *Einzelraumregelung* sind gemäß Heizungsanlagenverordnung selbsttätig wirkende Einrichtungen einzusetzen. Angewendet werden: Heizkörperthermostatventile als

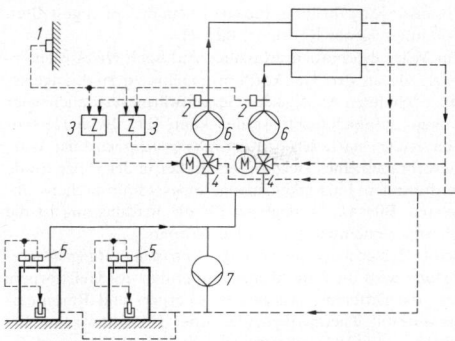

Bild 37. Mischregelkreise für mittlere und größere Anlagen. *1* Außenfühler, *2* Vorlaufthermostat, *3* Zentralgerät, *4* Regelventil, *5* Kesselthermostat, *6* Heizungspumpen, *7* Kesselpumpe

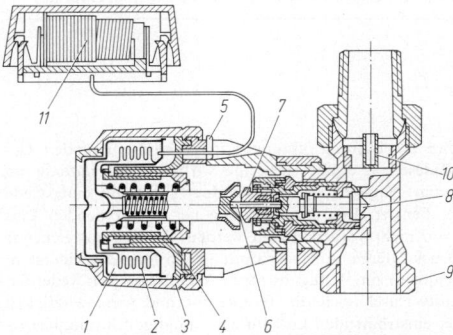

Bild 38. Thermostatisches Heizkörperventil mit Fernfühler (Danfoss). *1* Thermostatisches Element, *2* Wellrohr, *3* Einstellhandgriff, *4* Einstellfeder, *5* Begrenzungsstift, *6* Druckstift, *7* O-Ring-Stopfbuchse, *8* Ventilkegel, *9* Ventilgehäuse, *10* Düse, *11* Fernfühler

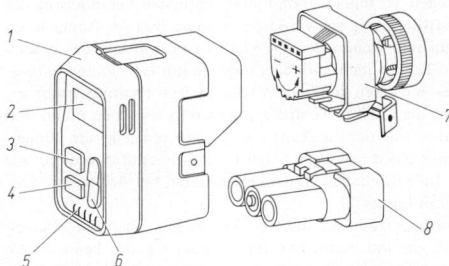

Bild 39. Mikroelektronischer Thermostatkopf (Centra, Raumtronik). *1* Aufsteckgehäuse, elektronischer PI-Regler, *2* Digitalanzeige, *3* Programmwechseltaste, *4* Setztaste, Speicherung, *5* Taste für Einstellungsänderungen, *6* Luftschlitze, *7* Ventilantrieb, *8* Batteriezellen

Proportionalregler, mikroelektrisch gesteuerte Ventile mit PI-Regler sowie Einzelraum-Regelsysteme mit fernsteuerbarer Raumtemperatureinstellung. Bei Heizkörperthermostatventilen erfolgt die Temperatureinstellung über Merkzahlen, Bedienen von Hand für eine konstante Temperaturvorgabe, Antrieb über eine dampfförmige, flüssige oder feste Substanz, die sich bei Erwärmen ausdehnt und das Ventil gegen Druck einer Feder schließt (DIN 3841), **Bild 38**.
Bei mikroelektronischem Thermostatkopf sind die Sollwerte für Raumtemperatur sowie Tag/Nacht- und Wochenendzeiten programmierbar, **Bild 39**. Am Heizkör-

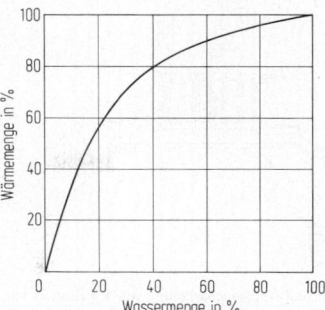

Bild 40. Wärmeabgabe eines Heizkörpers in Abhängigkeit vom Wasserdurchfluß

perthermostatventil wird die für die Leistungsregelung am Heizkörper notwendige, feinstufige Voreinstellung des Wasserdurchflusses vorgenommen, **Bild 40** [10].

3.2.9 Wärmeverbrauchsermittlung
Determination of heat consumption

Die *Wärmezählung* (DIN 4713, DIN 4714) erfolgt bei Großabnehmern über die laufende Messung und Zählung der umlaufenden Wassermenge und der zugehörigen Temperaturdifferenz zwischen Vor- und Rücklauf.

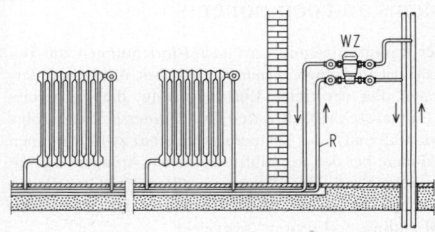

Bild 41. Wärmeverbrauchsmessung mit Kleinwärmezähler für eine Wohnung (Spanner-Pollux). *WZ* Wärmezähler, *R* Ringleitung

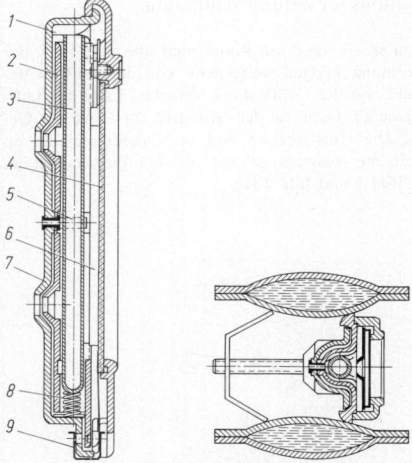

Bild 42. Heizkosten-Verteiler auf Verdunstungsbasis (Techem). *1* Anschlag des Meßröhrchens, *2* Wärmeleiter aus Silumin, *3* Glasröhrchen mit Spezialflüssigkeit, *4* Glasscheibe, *5* Federklemme, *6* Skala, *7* Isolierender Rückteil aus Preßstoff, *8* Druckfeder, *9* Klemme mit Plombenverschluß

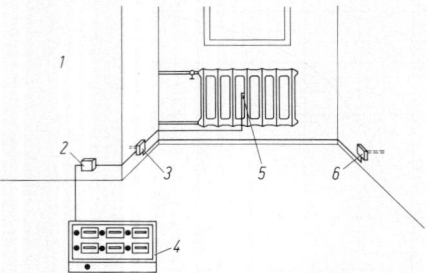

Bild 43. Anordnung und Verbrauchszählung mit Heizkosten-Verteiler auf elektronischer Basis [25]. *1* Innenwand, *2* Meßelektronik, *3* Vergleichsfühler, *4* Zentrale, *5* Heizkörperfühler, *6* Transmissionsfühler

Kleinwärmezähler für Einzelwohnungen kommen durch den Drang zur Energieeinsparung vermehrt in Gebrauch.

Voraussetzung für ihren Einsatz ist ein darauf abgestelltes, wohnungseigenes Rohrnetz, **Bild 41**.

Zur Wärmeverbrauchserfassung sind noch *Heizkostenverteiler*, die an den Heizkörpern angebracht sind, zugelassen, nach deren Anzeige der Gesamtwärmeverbrauch einer Anlage aufgeschlüsselt werden kann [11]. Beim Heizkostenverteiler nach dem *Verdunstungsprinzip* wird der Wärmeverbrauch eines Heizkörpers an der in der Heizperiode verdunsteten Flüssigkeitsmenge eines Meßröhrchens abgelesen, **Bild 42**. Maßgebend für die Verdunstung ist die Oberflächentemperatur des Heizkörpers.

Beim Heizkostenverteiler mit *elektrischer Meßgrößenerfassung* wird die Oberflächentemperatur des Heizkörpers bzw. die Differenz zwischen Heizkörper- und Raumtemperatur mit Thermoelementen oder Halbleitern zur Ermittlung des Wärmeverbrauchs des Heizkörpers erfaßt. Es läßt sich eine Addition der Anzeigen an den einzelnen Heizkörpern über einen Gesamtzähler für jede Wohnung herbeiführen, denkbar ist aber auch eine Einzelzählung des Wärmeverbrauchs an jedem Heizkörper, **Bild 43**.

4 Systeme und Bauteile der Raumlufttechnik. Airconditioning systems and components

In der Raumlufttechnik wird nach Einrichtungen zur *freien Lüftung* und nach *raumlufttechnischen* Anlagen unterschieden. Bei der freien Lüftung erfolgt die Förderung der Luft ausschließlich durch Druckunterschiede infolge Windanfall und/oder Temperaturdifferenz zwischen innen und außen, bei den raumlufttechnischen Anlagen liegt eine maschinelle Luftförderung vor. Begriffe, Grundlagen und Verfahren sind in DIN 1946 und in der Arbeitsstätten-Richtlinie 5 „Lüftung" festgelegt.

4.1 Einrichtungen zur freien Lüftung
Installations for natural ventilation

Die Lufterneuerung im Raum und die Richtung der Luftströmung hängen weitgehend von der Außenwitterung und von der Größe sowie örtlichen Lage der Luftdurchlässe ab. Dabei ist der Grundriß, die Höhe des Gebäudes, Die Umströmung und die Druckverteilung im Gebäude mit ausschlaggebend für den Luftwechsel im Raum, **Bild 1** und **Bild 2** [1].

Sind die Lüftungsöffnungen in gegenüberliegenden Gebäudeseiten, ergibt sich eine wirksame *Querlüftung* im Raum; häufiger ist die Anordnung nur auf einer Seite als Fenster. Eine Aufbereitung der einströmenden Luft kann nicht vorgenommen werden, da eine ausreichende Druckdifferenz zur Überwindung von Apparatewiderständen nicht zur Verfügung steht. Auch lassen sich weder der Luftwechsel noch die Temperatur und Geschwindigkeit der einströmenden Luft für eine ständige Lüftung besetzter Räume genügend regulieren. Bei warmer Außenwitterung kommt nur ein *schwacher Luftwechsel* zustande, bei kühler und kalter Außenwitterung treten *Zugbelästigungen* auf, bei stärkerem Wind wird der Luftwechsel zu groß. Wegen der täglichen und jahreszeitlichen Veränderung der Luftförderung schwankt der Luftwechsel im Raum in einem sehr weiten Bereich. Oft ist eine Lüftung des besetzten Raums nicht möglich, sondern nur eine *Pausenlüftung*. Bei stärkeren inneren Wärmequellen (Warmbetrieb) ergibt sich die größere Temperaturdifferenz zwischen innen und außen und der die Auftriebswirkung verstärkende Höhenunterschied zwischen Zuluft- und Fortluftdurchlaß, wie in Industriehallen, Luftwechselzahlen beträchtlicher Größenordnung [2].

Voraussetzung für die freie Lüftung ist eine Umgebungsluft, die nur zumutbar verunreinigt ist und keine Stoffe enthält, die die Gesundheit beeinträchtigen. Auch sind für die Schallimmission Grenzwerte vorgeschrieben (s. VDI-Richtlinie 2058 Bl. 1, 3 und TA-Lärm), ferner für den Gehalt an Staub, Gasen und Dämpfen (VDI-Richtlinie 2310 und TA-Luft). Gerüche müssen auf ihre Wahrnehmbarkeit überprüft werden (DIN 1946 T 1 und 2, ASR 5).

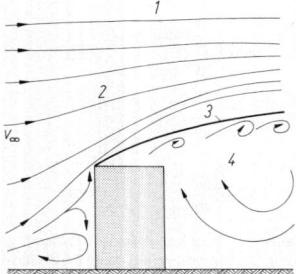

Bild 1. Gebäudeumströmung [1]. *1* Freie Strömung, *2* Verdrängungszone, *3* Trennschicht, *4* Wirbelgebiet

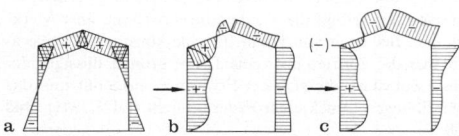

Bild 2. Druckverteilung an einer Halle [4]. **a** bei Temperaturunterschied von 20 K; **b** bei Wind von 5 m/s; **c** bei Temperaturunterschied und Wind

Tabelle 1. Luftdurchlaßquerschnitt bei freier Lüftung

Lüftungs-einrichtung	Maximale Raumtiefe	Lüftungsquerschnitt Zu-/Abluft			Quelle
	m	cm²/m² Bodenfläche oder Objekt			
Fenster	2,5 · H[a])	je 100...200, Geruch 175...350			VDI 2082
Quer	5 · H[a])	je 60...120, Geruch 100...200			
Schacht	5 · H[a])	je 40...80, Geruch 70...140			
Fenster	Umkleideräume	je –	Geruch 200		ASR 34, 1–5
Quer		je –	Geruch 60...40		
Fenster	Waschräume	je –	Geruch 400		ASR 35, 1–4
Quer		je –	Geruch 120...80		
Fenster	Toilettenräume	je Toil. 1700, je B. Std. 1000			ASR 37/1
Quer		je Toil. 1000, je B. Std. 600			
		ST[d])	NST[e])	SW[f])	
Fenster	2,5 · H[b])	je 200	je 350	je 500	ASR 5
Quer	5 · H[b])	je 120	je 200	je 300	
Schacht	5 · H[b])	je 80	je 140	je 200	
Dachaufsatz	5 · H[b])	je 80	je 140	je 200	

[a]) Lichte Raumhöhe H.
[b]) Lichte Raumhöhe H bis 4 m.
[c]) Lichte Raumhöhe H über 4 m.

[d]) Sitzende Tätigkeit.
[e]) Nichtsitzende Tätigkeit.
[f]) Schwere Tätigkeit.

4.1.1 Fensterlüftung. Ventilation by windows

Bei der Fensterlüftung strömt die Luft i. allg. unter dem Fenstersturz ab und über der Fensterbrüstung ein. Dementsprechend sind schmale, hohe Dreh-, Schwing-, Spalt- oder obere bzw. untere Kippflügel als lüftungstechnisch günstige Bauweisen anzusprechen (**Bild 3**), so auch Lüftungsgitter im Fensterrahmen [3].

Fenster können über Eck oder gegenüber angeordnet werden, oft ergibt sich über die Türfugen eine Verbindung zum Hausinneren, zum Treppenhaus oder Aufzugsschacht, was eine zumindest teilweise Querlüftung im Raum zur Folge hat und eine Vertikallüftung, die sich in Hochhäusern bei undichten Fenstern im Winter oft nachteilig auswirkt. Für Arbeits- und Verkaufsräume sind Mindestquerschnitte der Lüftungsöffnungen angegeben, die von der Raumtiefe und Raumhöhe abhängen, **Tab. 1**. Auch für Nebenräume liegt eine auf die Raumfläche bezogene Größe der Lüftungsöffnung vor.

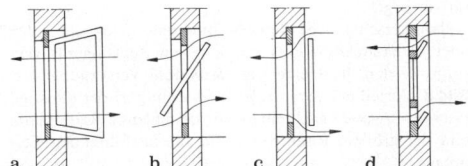

Bild 3. Fensterbauarten. **a** Drehflügel; **b** Schwingflügel; **c** Parallelflügel; **d** oberer und unterer Kippflügel

4.1.2 Schachtlüftung. Ventilation by wells

Durch die nach oben verlegte Abluftöffnung in der Schachtmündung verstärkt sich der Auftrieb, so daß ein wesentlich höherer Luftwechsel als bei Fensterlüftung zustande kommt. Das drückt sich in der bei Schachtquerlüftung größeren Raumtiefe bzw. dem kleinen Lüftungsquerschnitt aus (**Tab. 1**). Schachtlüftung ist bei innenliegenden Bädern und Toiletten häufig (DIN 18017), auch an Ansaugehauben im Industriebereich. Schächte mit Abluft-

ventilator haben zum konstanten Förderluftstrom noch den Vorteil des kleineren Querschnitts.

4.1.3 Dachaufsatzlüftung. Ventilation by roof ventilators

Diese meist im industriellen Bereich verwendeten Dachlüfter dienen zugleich als Rauchabzug. Wegen der Größe der Querschnitte entstehen nicht unerhebliche Aufbauten auf Fabrikdächern. Vermieden werden muß ein störender Windeinfluß, **Bild 4**. Bei *Warmbetrieben* in hohen Hallen kann der hohe Luftwechsel eine Verstellbarkeit der Durchlaßfläche für den Winter- und Sommerbetrieb erforderlich machen. Die Berechnung der Lüftungsquerschnitte erfolgt unter vereinfachten Annahmen für den Auftrieb, **Bild 5** [4].

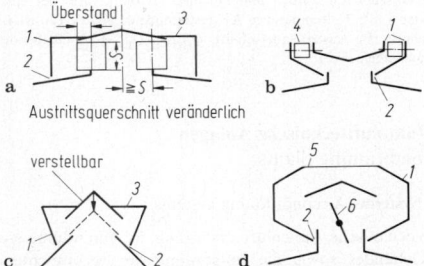

Bild 4. Dachlüfter – Bauformen [2]. *1* Leitfläche, *2* Spalt, *3* Endfläche, *4* Verstellklappen, *5* Schott- bzw. Endflächen, *6* Regelklappe

4.1.4 Freie Lüftung, verstärkt durch Ventilatoren
Fan assisted natural ventilation

Abluftventilatoren werden in Außenwänden, Fenstern und Schächten eingesetzt, um eine Dauerlüftung zu erreichen, wobei die Zuluft meist aus benachbarten Räumen nachströmt, **Bild 6**. Zu beachten ist bei Axialventilatoren die Geräuschabstrahlung und der vom Druckverlust im Lüftungsweg stark abhängige Förderstrom. Zuluft-Wand-Ventilatoren sind ohne Lufterhitzer wegen der Zuggefahr nur bedingt verwendungsfähig.

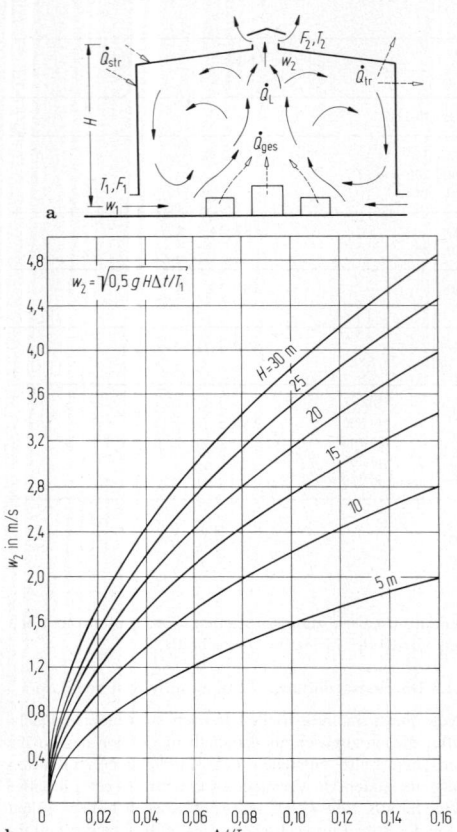

Bild 5. Luftförderung in Warmbetrieben [4]. **a** Luft- und Wärmebewegung (schematisch); **b** Austrittsgeschwindigkeit in Abhängigkeit von Temperaturdifferenz. H Hallenhöhe, w_1 Lufteintrittsgeschwindigkeit, w_w Luftaustrittsgeschwindigkeit, Δt Temperaturdifferenz zwischen Lufteintritt und Fortluft, T_1 Temperatur der eintretenden Luft, T_2 Temperatur der austretenden Luft, F_1 Eintrittsquerschnitt, F_2 Austrittsquerschnitt, $\dot{Q}_{str}, \dot{Q}_{tr}, \dot{Q}_L, \dot{A}Q_{ges}$ fließende Wärmemengen

4.2 Raumlufttechnische Anlagen
Airconditioning plants

4.2.1 Systeme. Airconditioning systems

Die mechanische Außenluftversorgung der Nutzräume eines Gebäudes sowie die Entsorgung der verbrauchten Luft übernimmt grundsätzlich die *RLT-Anlage* (Symbole s. **Anh. M4 Tab. 1**). Eine Anlage besteht i. allg. aus folgenden Bauteilen:
Raumgerät oder *Zentralgerät*, Kanalnetz mit Luftdurchlässen im Raum und nach draußen, Leitungen für Wärme-, Kälte- und Stromversorgung, Schalt-, Steuer- und Regeleinrichtung.
Nach dem Ausmaß der thermodynamischen Luftbehandlung wird in Kurzbezeichnungen nach: *Lüftungs-, Luftheiz-, Luftkühl-, Luftbefeuchtungs-, Teilklima-* und *Klimaanlagen* unterschieden, wobei die Stufe der Luftbehandlung durch Buchstaben F (*Filtern*), H (*Heizen*), C (*Kühlen*), M (*Befeuchten*, D (*Entfeuchten*) gekennzeichnet wird (DIN 1946, T 1).

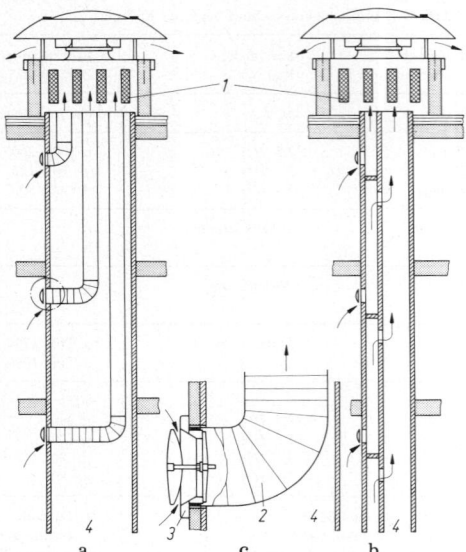

Bild 6. Freie Lüftung von Innenräumen mit Abluftventilator (Maico). **a** Einzelschachtsystem mit Schalldämpfer; **b** Nebenschachtsystem mit Schalldämpfer; **c** Abluft-Durchlaß. *1* Schalldämpfer, *2* flexibles Rohr (Spiralschlauch DN 100), *3* Abluftventil, *4* Schacht

RLT-Geräte können im Nutzraum (Raumgeräte) oder in Technikzentralen (Zentralgeräte) zur Aufstellung kommen.
Die Raumgeräte wie Schrank-, Truhen-, Ventilatorkonvektor-, Deckengeräte sind luft- und warmwasser- sowie elektroseitig zentral anzuschließen, **Bild 7**. Vorteile sind die geringen Energiekosten und die örtliche Bedienung; Nachteile sind die schlechte Redundanz, die Durchführung der Wartungs- und Reparaturarbeiten vor Ort, niedrige Ventilatorwirkungsgrade, Raumbedarf im Nutzraum u. a.
Die Nutzbereiche werden bei konventionellen RLT-Anlagen durch Zentralgeräte aus den Technikzentralen versorgt. Die seitens der Nutzung und Raumluftkondition gleichen Flächen werden sinngemäß durch ein Zentralgerät versorgt.
Falls unterschiedliche Bereiche innerhalb eines Gebäudes oder Gebäudekomplexes durch je ein Zentralgerät versorgt werden, liegt eine sog. *dezentrale* Versorgung vor, **Bild 8**. Vorteil der dezentralen Versorgung ist der günstige Energieaufwand; nachteilig sind die fehlende Redundanz und der größere Raumbedarf für die luftführenden Leitungen.
Falls unterschiedliche Nutzbereiche durch ein Zentralgerät bzw. durch zusammenhängende Zentralgerät-Einheiten aus Redundanzgründen (2 × 50% oder 3 × 35% usw.) versorgt werden, liegt eine sog. *zentrale* Versorgung vor.

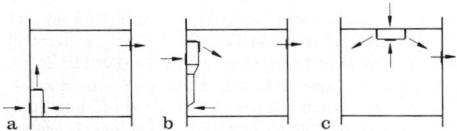

Bild 7. System Geräte im Raum. **a** Truhen- oder Schrankgerät; **b** Wandgerät; **c** Deckengerät

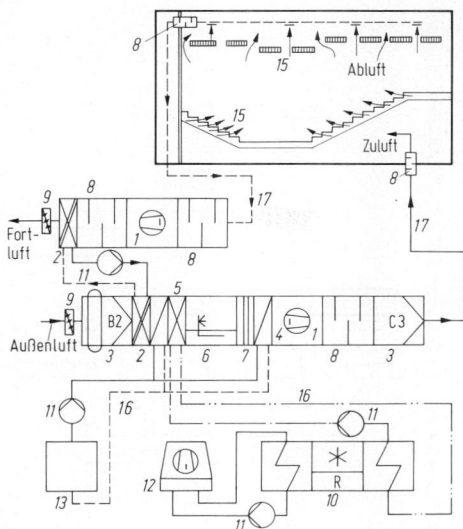

Bild 8. Klimasystem für einen Versammlungsraum; Schema der Luft- und Energieversorgung. *1* Ventilator, *2* Wärmerückgewinner, *3* Filter, *4* Lufterhitzer, *5* Luftkühler, *6* Sprühkammer, *7* Tropfenabscheider, *8* Schalldämpfer, *9* Jalousieklappe, *10* Kaltwassersatz (Kältemaschine mit Verflüssiger und Verdampfer), *11* Pumpe, *12* Rückkühlwerk, *13* Heizkessel, *14* Induktionsgerät, *15* Luftdurchlaß im Raum, *16* Warm- und Kaltwasserleitungen, *17* Luftleitungen

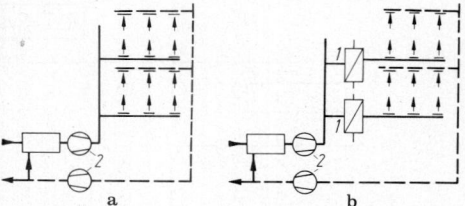

Bild 10. Niedergeschwindigkeitssystem. **a** Zentralgerät mit Kanalnetz; **b** Zentralgerät mit Sekundärwärmetauschern. *1* Nachwärmer für unterschiedliche Zulufttemperatur, *2* Ventilator

Vorteile der Zentralversorgung sind die Redundanz und die geringere Raumbedarfsfläche für die Luftleitungen; Nachteile der Zentralversorgung sind die Vorhaltung des Drucks in den Leitungssystemen während der gesamten Betriebszeit des Gebäudes (Energieaufwand, zusätzlich Schalleistung, Leckagen), der zusätzliche apparative Mehraufwand für die bereichsweise Schaltung der Anlage und für die bereichsweise unterschiedliche Raumluftkonditionen u.a.

Zur Versorgung eines zusammenhängenden Nutzbereichs stehen diverse *RLT-Systeme* zur Verfügung, **Bild 9** (s. S. M 40). In Abhängigkeit davon, ob im Nutzbereich vor Ort eine thermische Nachbehandlung vorgesehen ist, unterscheidet man zwischen *Nur-Luft-* und *Luft-Wasser-*(Induktion-)Systemen.

Eine weitere Unterscheidung im Bereich der RLT-Systeme ergibt sich nach Art des Lufttransports. Leitungssysteme mit direkter Luftverteilung und Luftdurchlässen mit niedrigen Luftgeschwindigkeiten ($w \leqq 8$ m/s) sind die sog. Niederdruck- bzw. Niedergeschwindigkeitssysteme.

Bei Niedergeschwindigkeitssystemen ist eine bereichsweise Zu- und Abschaltung von Anlagenteilen ohne Störung des Restbereichs nicht möglich.

Leitungssysteme mit endstelligen mechanischen Entnahmekontrollen (Induktionsgeräte **Bild 11**, Zweikanal-Mischkästen **Bild 12**, Entspannungskästen des Einkanalvariablen Volumenstromsystems **Bild 13**) mit hoher Luftgeschwindigkeit ($w \leqq 12$ m/s) sind die sog. Hochdruck- bzw. Hochgeschwindigkeitssysteme.

4.2.2 Luftführung und Luftdurchlaß
Air distribution and air outlets

Luftführung

Da die Luft die Rolle des Energieaustauschs in klimatisierten Räumen übernimmt, erhält der Luftdurchlaß und der Ort der Luftdurchlässe eine wichtige Bedeutung innerhalb der Funktion und Größe einer raumlufttechnischen Anlage.

Zur Betätigung des Energieaustauschs sind zwei grundsätzlich unterschiedliche Lüftungsprinzipien physikalisch möglich und bekannt:

Verdrängungsprinzip. Die Verdrängungslüftung wird in speziellen Bereichen angewandt, wie z.B. in reinen Räumen, in Operationssälen bei speziellen hygienischen Auf-

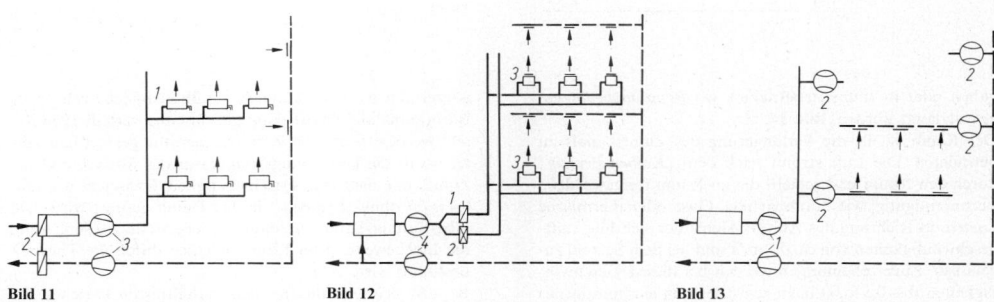

Bild 11. Hochgeschwindigkeitssystem. *1* Induktionsgerät oder Ventilatorkonvektor, *2* Wärmerückgewinner, *3* Ventilator

Bild 12. Zweikanal-Hochgeschwindigkeitssystem mit Mischkästen. *1* Erhitzer, *2* Kühler, *3* Mischkästen mit Luftdurchlaß, *4* Ventilator

Bild 13. Variables Luftstrom-Hochgeschwindigkeitssystem mit Entspannungskästen und Volumenreglern. *1* Drehzahl- oder dralldrosselgeregelter Ventilator, *2* Volumenstromregler

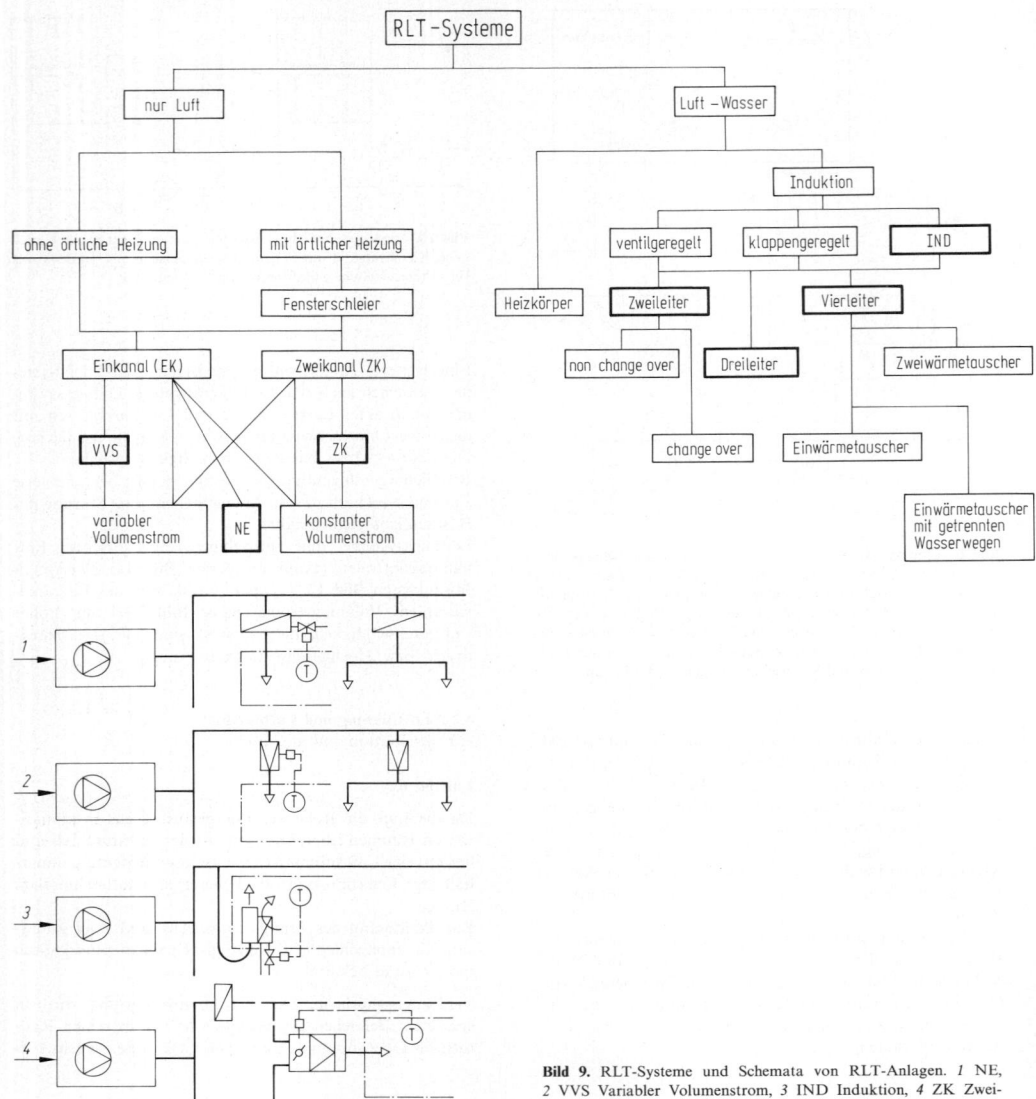

Bild 9. RLT-Systeme und Schemata von RLT-Anlagen. *1* NE, *2* VVS Variabler Volumenstrom, *3* IND Induktion, *4* ZK Zweikanal

gaben oder in Industriebetrieben, wo *Reinraumbedingungen* verlangt werden, **Bild 14**.

Der Raum ist als die Verlängerung des Zuluftkanals zu betrachten. Die Luft strömt nach dem „*Kolben-Prinzip*" durch den Raum und schiebt die im Raum freigewordene Verunreinigung, wie Staubpartikel, Gase oder thermische Lasten, in Richtung des Abluftsystems vor sich hin. Luftgeschwindigkeiten von ca. 0,5 m/s sind bei dem System zugelassen. Zugerscheinungen werden bei diesen Geschwindigkeiten (bis 0,5 m/s) nicht registriert, da ein homogenes Geschwindigkeits- und Temperaturfeld erzeugt wird. Es treten keine Temperaturdifferenzen und keine zeitlichen oder örtlichen Luftgeschwindigkeitsschwankungen auf.

Die teilflächige „statische" Luftführung ist die sog. Quelllüftung, bei der die Luftbewegung durch die Thermik hervorgerufen wird. Es kann die Fußbodenfläche z. B. eines Büroraums mit Zuluft dann gleichmäßig verteilt „*überflutet*" werden, wenn die Zulufttemperatur geringfügig kälter ist als die Umgebungstemperatur des Raums, und die Zuluft mit niedriger Geschwindigkeit (zwischen 0,2 und 0,4 m/s) ohne „*Dynamik*" in den Raum geführt wird. Die Überflutung kann nur dann sichergestellt werden, wenn die Luftbewegung im Raum lediglich durch die Thermik bestimmt wird.

Bei den richtigen thermischen Verhältnissen zwischen der Raum- und Zuluft (z. B. Zulufttemperatur von 20 °C bei einer Raumtemperatur von 22 °C) ergibt sich eine gleichmäßige Luftverteilung oberhalb des Fußbodens. Es entsteht ein „*kalter See*" als individueller Luftspender bzw. Luftversorger bei punktförmigen thermischen Lasten (Per-

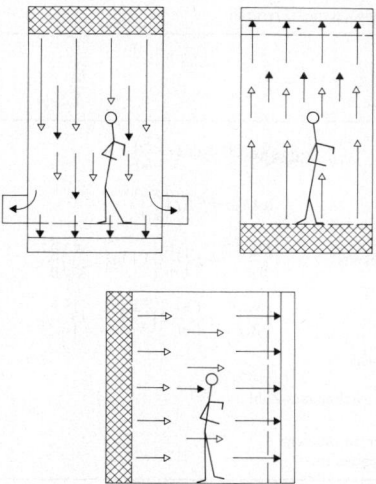

Bild 14. Vollflächige turbulenzarme Verdrängungslüftungen werden in erster Linie in *Reinen Räumen* eingesetzt

sonen, Maschinen, Leuchten usw.) in der Aufenthaltszone des Raums. Die konvektive Wärmeabgabe der Wärmequellen (Erwärmung und Abströmung der erwärmten Luft oberhalb der Wärmequelle) zieht einen entsprechenden Luftstrom aus dem „kalten See" nach sich. Auf diese Weise entsteht die Umströmung bzw. Durchlüftung der Personen und anderer Wärmequellen. Durch die kontinuierliche Zuführung der Zuluft – ohne Wärmelast im Raum – erreicht man allmählich die Überflutung des Raums.

Die Zuluft kann aus dem Doppelboden durch geeignete Luftdurchlässe senkrecht von unten nach oben oder horizontal aus den umschließenden Wänden durch großflächige Öffnungen, die unmittelbar über dem Fußboden angeordnet sind, direkt zugeführt werden. Bei dieser Art

von thermischer bzw. stiller Lüftung treten extrem niedrige Raumluftgeschwindigkeiten auch dort auf, wo die Wärmequellen den erforderlichen Auftrieb auslösen.

Verdünnungsprinzip. Die in den Raum geführte Luft wird mit hoher Luftgeschwindigkeit und großer Temperaturdifferenz in den Raum geblasen. Die Zuluft vermischt sich mit der Raumluft und baut die Temperaturdifferenz und ihre dynamische Einblasenergie mehr oder weniger rasch ab. Der Abbau der Temperaturdifferenz ist der Energieaustausch, wodurch die thermischen Raumlasten abgetragen werden.

Das in den klimatisierten Räumen fast ausschließlich verwendete Lüftungsprinzip ist die *Verdünnungs-, Misch-* bzw. *Induktionslüftung.* Diese läßt sich je nach Art der Lufteinbringung in den Raum auf tangentiale und diffuse Lüftung unterteilen. Gliederung der Lüftung bzw. Luftführung: **Bild 15**. Unter einem *tangentialen* Luftführungssystem versteht man die Luftführung, bei der sich die in den Raum eingeführte Luft an den Wänden, Fenstern, Decke und Fußboden anlehnt. Hierzu sind als Beispiel die Induktionsgeräte oder einige Deckendurchlässe zu erwähnen. Als Problem dieses Luftführungssystems ist die zwingende innere Raumgestaltung (glatte Decke, Einbauleuchten, Bodenfreiheit der Möblierung usw.) anzusehen. Weiterhin ist anzunehmen, daß die Effektivität der so in den Raum eingeführten Zuluft nicht so günstig ist wie z. B. bei der diffusen Luftführung.

Es können Kurzschlußerscheinungen bei der tangentialen Luftführung dann auftreten, wenn die Zuluft an die Decke angelehnt wird und die Abluft ebenfalls über die Decke (Leuchten) entnommen wird. Vorteil der tangentialen Luftführung ist die stabile *Luftwalze* im Raum als sekundäre Luftbewegung, die durch die Induktion aufrechterhalten wird, **Bild 16**.

Die diffuse Lüftung führt die Luft unmittelbar in den Aufenthaltsbereich nach dem *Strahl-* oder *Drallprinzip.* Die Luft läßt sich in kleinen Volumenstromeinheiten so in den Raum führen, daß der Abbau der Temperaturdifferenzen und der Bewegungsenergie dreidimensional auf dem kürzesten Weg so vollzogen wird, daß keine Zug-

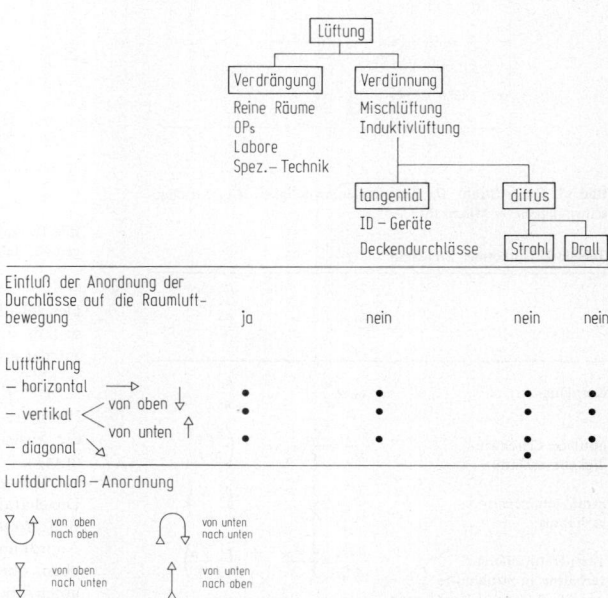

Bild 15. Luftführungsarten

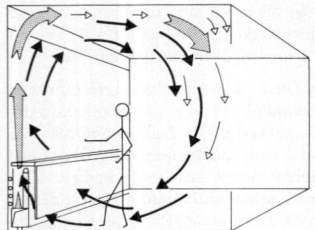

Bild 16. Luftwalze

erscheinungen – trotz intensiver gleichmäßiger Luftbewegung – verursacht werden. Dabei muß eine ausreichende Raumluftdurchspülung gewährleistet werden. Vorteile der diffusen Luftführung sind:
– Keine speziellen raumumschließende Elemente, wie z. B. geschlossene Decke, Einbauleuchten. Man kann ohne abgehängte Decke bei Rasterdecken und bei Aufbauleuchten das System anwenden.
– Dem Raum zugeführte Luft wird voll und auf dem direkten Weg zu dem Aufenthaltsbereich geführt.

Als Nachteil des Systems muß die instabile Luftbewegung im Raum angesehen werden und die erforderlichen speziellen Luftdurchlässe.

Unter diffuser Luftführung lassen sich die diversen Schlitze und Düsen (*Strahllüftung*) ebenso einordnen wie die diversen Luftdurchlässe mit Drallerzeugung.

Prinzip des Energieumsatzes eines runden einzelnen Strahls: **Bild 17**.

Der Einzelstrahl und sein Verhalten läßt sich nach bekannten physikalischen Gesetzen vorausberechnen, **Tab. 2** und **Tab. 3**.

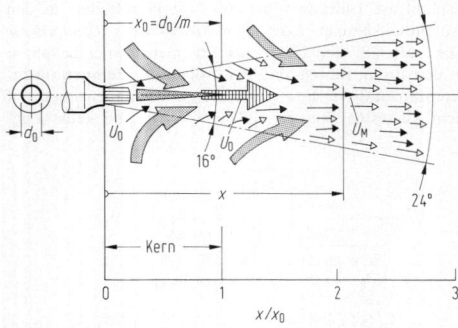

Bild 17. Freier Strahl. U_0 Austrittsgeschwindigkeit, U_M Mischgeschwindigkeit, m Mischzahl

Tabelle 2. Isothermer Freistrahl

	$\dfrac{\downarrow}{d_0}$	$\dfrac{\downarrow}{h_0}$
Kernlänge	$x_0 = \dfrac{d_0}{m}$	$\dfrac{h_0}{m}$
mittleres Geschwindigkeitsverhältnis	$\dfrac{U_M}{U_0} = \dfrac{X_0}{X}$	$\left(\dfrac{X_0}{X}\right)^{1/2}$
Strahlvolumenstromverhältnis	$\dfrac{V}{V_0} = 2\dfrac{X}{X_0}$	$\left(2\dfrac{X}{X_0}\right)^{1/2}$
Temperaturdifferenzverhältnis in Strahlmitte	$\dfrac{\Delta T_M}{\Delta T_0} = \dfrac{1}{2}\dfrac{X_0}{X}$	$\left(\dfrac{1}{2}\dfrac{X_0}{X}\right)^{1/2}$

Tabelle 3. Anisothermer Freistrahl

	$\dfrac{\downarrow}{d_0}$	$\dfrac{\downarrow}{h_0}$
	$Y = 0{,}33\, d_0\, m\, Ar \left(\dfrac{X}{d_0}\right)^3;$	
	$0{,}4\, h_0 (m)^{1/2}\, Ar \left(\dfrac{X}{h_0}\right)^{2{,}5}$	
Geschwindigkeitsverhältnis	$\dfrac{U_M}{U_0} = \dfrac{X_0}{X} \pm \left\{\dfrac{Ar}{m}\left[1 + \ln\left(2\,\dfrac{X}{X_0}\right)\right]\right\}^{1/2}$	
	$\left(\dfrac{X_0}{X}\right)^{1/2} \pm \left\{\dfrac{Ar}{m}\,2\left(\dfrac{2X}{X_0}\right)^{1/2} - 1\right\}^{1/2}$	

$m = 0{,}16$ Mischzahl

$Ar = \dfrac{g\, d_0\, \Delta\vartheta}{U_0^2\, T_R}$ Archimedes-Zahl

$\Delta\vartheta \,\#$ Temperaturdifferenz
$T_R \,\#$ Raumtemperatur

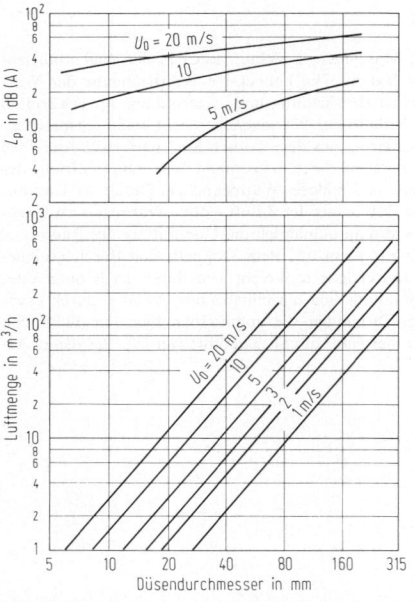

Bild 18. Auslegung von Düsen (Freistrahl). Errechnet mit Gleichungen aus **Tab. 2** und **3**

Der Schalldruckpegel einer runden und formrichtigen Düse läßt sich mit der folgenden Annäherungsformel nach Fitzner ermitteln

$$L_P = 10\log A + 60\log U_0 - 2\ \mathrm{dB(A)}.$$

Hierin ist: A der Düsen-Austrittsquerschnitt in m^2 und U_0 die Austrittsgeschwindigkeit des Luftstroms an der Düse in m/s.

Ein Hilfsmonogramm der Düsenauslegung zeigt **Bild 18**.

Die charakteristischen Eigenschaften der diffusen Lüftung sind: *Strahllüftung* und *Drallüftung*.

Anordnung der *Luftdurchlässe* (Zuluft/Abluft): oben/ oben, oben/unten, unten/oben, unten/unten, oben und unten/oben und unten (gemischt).

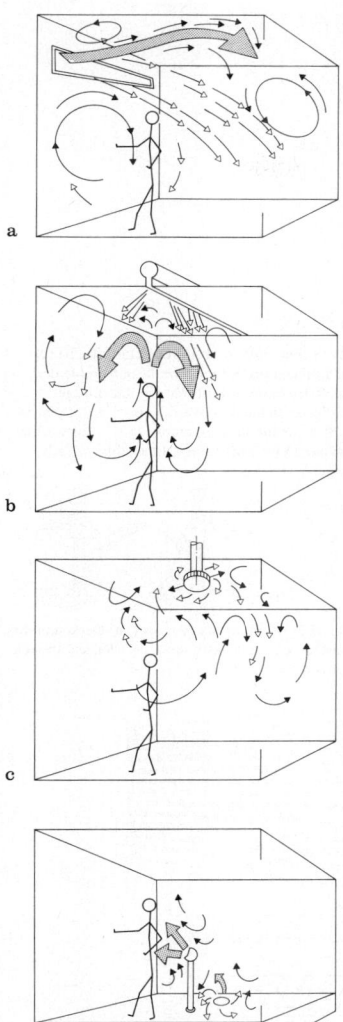

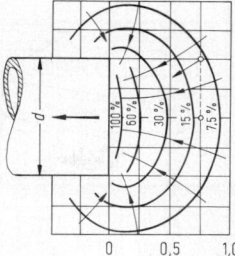

Bild 20. Strömungsfeld am Abluftdurchlaß. Luftgeschwindigkeit in % der Geschwindigkeit in der Saugöffnung

Bild 19. Luftströmungsarten (Erläuterungen im Text)

Eine Verringerung der Volumenströme von 100 auf ca. 30% ist erforderlich.

Temperaturdifferenzen zwischen Raum- und Zuluft von mindestens 8 bis 10 K sollen ermöglicht werden.

Bei Verminderung des Volumenstroms soll das Raumströmungsbild im Bereich der Aufenthaltszone vollständig aufrecherhalten werden.

Die Luftgeschwindigkeiten müssen sich im Rahmen der Behaglichkeitswerte bewegen.

Wechselbetrieb (Kühl- und Heizbetrieb).

Manchmal so abzudecken, daß der Heizbetrieb bei dem minimalen Luftdurchsatz durchgeführt werden muß.

Abluftdurchlässe üben nur eine begrenzte Wirkung aus (**Bild 20**); ihre Anordnung richtet sich nach den Luftverschlechterungsquellen, wobei die Abführung von gasförmigen Luftverunreinigungen zu einer teilweisen Anordnung im oberen Raumbereich zwingt.

Luftdurchlaß

Luftdurchlässe werden nach ihrer Bauform in *Gitter-, Verteiler-, Schlitz-, Düsen-, Leuchten-* und *Flächendurchlaß* eingeteilt.

Zuluftdurchlässe. Diese können mit Lamellen und Drosselvorrichtungen zur Luftstromlenkung und -regulierung ausgerüstet sein. Für die Anordnung stehen vorwiegend die Decke, weniger die Wände, selten der Fußboden zur Verfügung; gewählt wird manchmal die Kombination mit der Einrichtung. dabei wird der Aufenthaltsbereich oft erst im Rückstrom der Luft erfaßt. Wichtig ist eine genügend gleichgerichtete Anströmung des Luftdurchlasses für die saubere Strahlbildung. Eine hohe Injektion und ein geringer Geräuschpegel sind Merkmale für eine gute Konstruktion. Bei flächennaher Anordnung lehnt sich der Luftstrahl leicht an die betreffende Raumfläche an (*Coanda-Effekt*) und führt zu einer Luftwalzenbildung im Aufenthaltsbereich des Raums mit relativ stabiler Luftströmung im Raum. Bei direkter Einführung des Luftstrahls in den Aufenthaltsbereich – ohne Anlehnung an die Leitflächen – muß entweder eine ausreichende Entfernung oder eine starke Injektion bei näher liegenden Durchlässen vorliegen, damit die Luft den Aufenthaltsbereich mit zulässiger Temperatur und Geschwindigkeit durchströmt, **Bild 21**.

Bei Anlagen mit variablem Volumenstrom können nur solche Durchlässe, z. B. Schlitz- oder Dralldurchlässe, verwendet werden, die im Bereich der Luftstromänderung eine ausreichende Funktion, d. h. eine gute Durchspülung des Raums beibehalten. Außer der Nutzung des Raums ist die Raumgestaltung von entscheidender Bedeutung, wobei sich eine bevorzugte Anwendung der Durchlässe ihren Eigenschaften entsprechend angeben läßt, **Bild 22** bis **Bild 28**. In untergehängten Klimadecken sind Licht-, Klima- und Schalltechnik integriert, **Bild 29** und **Bild 30**.

Bezogen auf die Luftbewegung im Raum ist die Anordnung der Durchlässe nicht unbedingt und nicht ausschließlich maßgebend.

Die charakteristischen Unterschiede der *Zuluftdurchlässe* kann man wie folgt bezeichnen: Flächendurchlaß, Lineardurchlaß, Punktdurchlaß.

Die *Flächendurchlässe* sind heute im Komfortbereich kaum anwendbar (**Bild 19a**) und wegen ihrer Zugbelästigung nicht zu empfehlen. *Lineardurchlässe* oder die sog. Schlitz- oder/und induktiven Durchlässe: **Bild 19b**. *Punktdurchlässe* als Drall-Durchlässe: **Bilder 19c** und **d**.

Die Bedingungen an Luftdurchlässe werden – bedingt durch das häufig angewandte variable Volumensystem – wie folgt gestellt:

Zuluftvolumenstrom zwischen Durchlaß:
bei Einzelbüros zwischen 50 und 150 m^3/h, bei Großraumbüros zwischen 100 und 200 m^3/h, bei anderen Räumen zwischen 100 und 350 m^3/h.

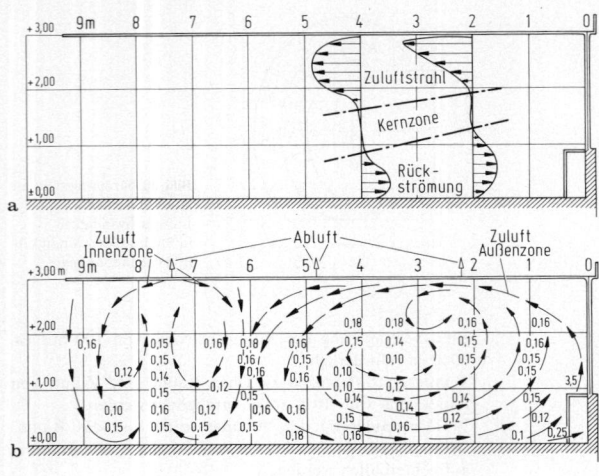

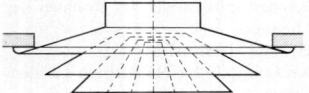

Bild 21. Strömungsfeld im leeren Raum (Keßler & Luch). **a** schematische Geschwindigkeitsprofile der Raumluftströmung; **b** Luftrichtung und Luftgeschwindigkeit (häufigster Wert) in m/s; Zulufttemperatur 20 °C, Raumlufttemperatur 25 °C, Luftwechsel: Außenzone (5 bis 6 m) 12fach, Innenzone 5,5fach

Bild 22. Luftverteiler (Anemostat)

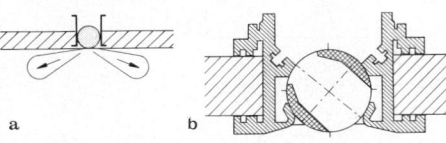

Bild 26. Luftschlitz (LTG-Lufttechnische Ges.). **a** Deckenanordnung; **b** Walzenkonstruktion. Ausblasöffnung der Walzen abwechselnd links-rechts angeordnet

Bild 23. Dralldurchlaß (Krantz)

Bild 24. Wirbeldüse (Philipps)

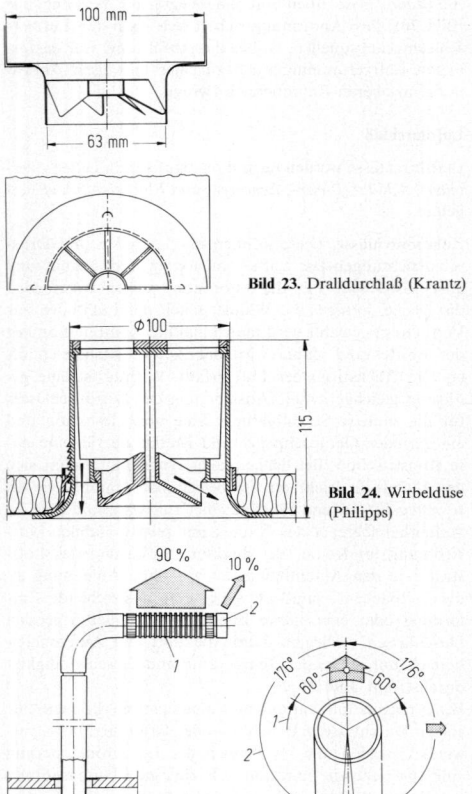

Bild 25. Luftstrom-Regeldurchlaß (Klimadrant, Keßler & Luch). **a** Längsanordnung; **b** individueller Einstellbereich. *1* Ausblaskopf, *2* Ausblaselement

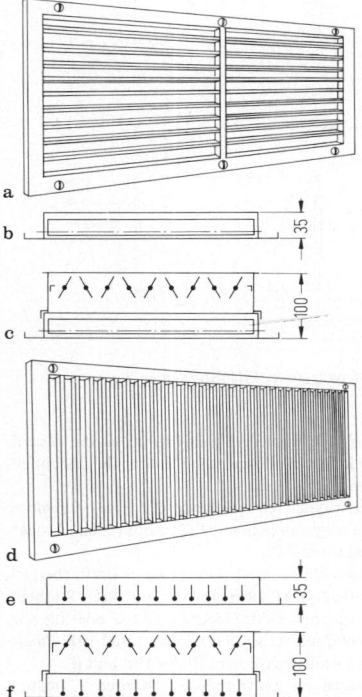

Bild 27. Zu- und Abluftgitter-Bauformen. **a** mit waagerechten Frontlamellen; **b** Bauform **a** ohne Mengeneinstellung, Lamellen einzeln einstellbar; **c** Bauform **a**, mit zusätzlicher gegenläufiger Mengeneinstellung; **d** mit senkrechten Frontlamellen; **e** Bauform **d** ohne Mengeneinstellung, Lamellen einzeln einstellbar; **f** Bauform **d**, mit zusätzlicher gegenläufiger Mengeneinstellung

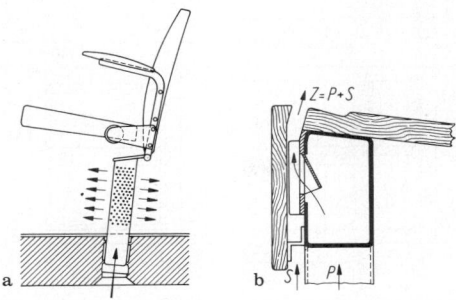

Bild 28. Mobiliar-Durchlaß. **a** Stuhldurchlaß; **b** Pultdurchlaß. P Primärluft, S Sekundärlust (Umluft im Mikroklima), Z Zuluft (Mischung von *P* und *S*)

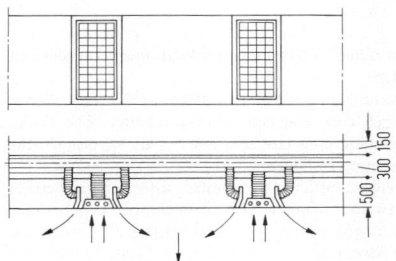

Bild 29. Paneeldecke mit Luftdurchlaß

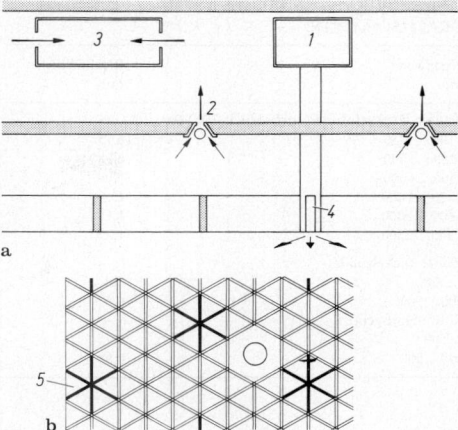

Bild 30. Rasterdecke mit Luftdurchlaß. **a** Gesamtanordnung. **b** Deckenuntersicht. *1* Zuluft, *2* Reflektor mit Abluftschlitz, *3* Abluft, *4* luftführende Lamelle, *5* sternförmiger Luftauslaß

Abluftdurchlässe. Sie werden oft mit Leuchten kombiniert, bei direkter Absaugung von Gasen und Dämpfen am Entstehungsort in Absaugehauben.

4.2.3 Kanalnetz. Duct systems

Kanalführung

Die Führung der Luftkanäle muß wegen des Platzbedarfs in einem frühzeitigen Stadium der Gebäudeplanung festgelegt werden. Die vertikale Kanalführung kann im Bereich der Fassade oder in Kernen im Inneren vor sich gehen, die horizontale im Deckenbereich, **Bild 31**. Das Hochgeschwindigkeitskanalnetz ist vorwiegend wegend des Platzbedarfs der Kanäle bei Vielraumgebäuden entstanden [7].

Kanalformen

Luftkanäle, in der Bauordnung als Lüftungsleitungen bezeichnet, sollen glatt und reinigungsfähig, dicht an den Stößen und Verbindungsstellen und aus nicht brennbarem Material sein (DIN 4102 T 3). Als Material wird hauptsächlich verzinktes, aber auch schwarzes mit Anstrich versehenes Stahlblech verwendet (**Tab. 4**, DIN 24190), Wickelfalzrohr (DIN 24145, 24161) hat sich für runde Querschnitte eingeführt, Abluftkanäle für Laborato-

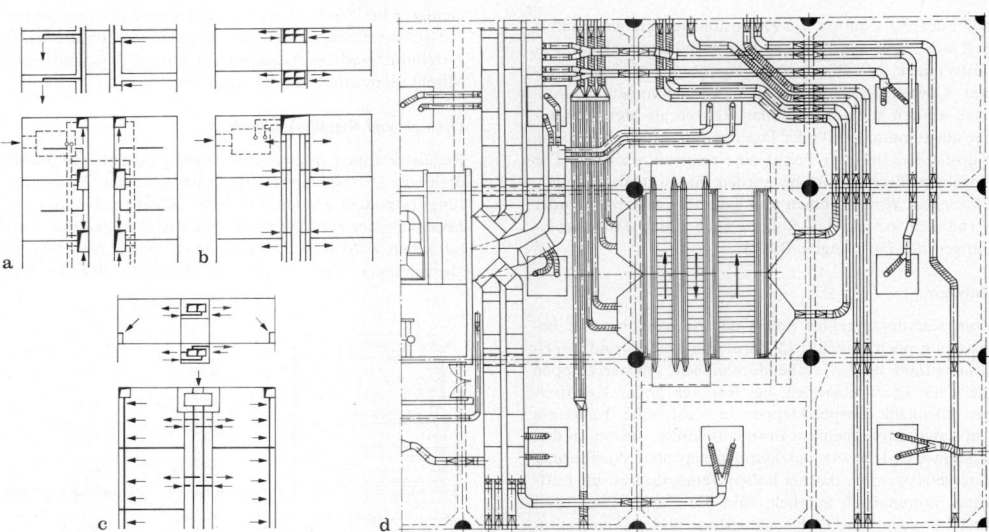

Bild 31. Luftkanalführungen. **a** horizontale Verteilung im Keller, senkrechte in Steigeschächten; **b** senkrechte Verteilung im Steigeschacht, horizontale in den Fluren; **c** horizontale Zuluftluftverteilung in den Fluren durch geschoßweise Zentralen, Abluft aus der Fassade mit senkrechten Eckschächten nach oben; **d** senkrechte Verteilung im Steigeschacht, horizontale in Großraumdecke (Verkaufsgeschoß)

Tabelle 4. Blechdicke für Kanäle und Rohre nach DIN 24190 bzw. DIN 24151 und 24152

Nennweite mm	Blechdicke mm
Kanäle längsgefalzt, Betriebsdruck 2500 Pa	
100... 250	0,75
280...1000	0,88
560...1000	1,0
1120...1400	1,13
1600...2000	1,13
2240...2500	1,25
Rohre wickelgefalzt	
...200	0,4
200...500	0,6
Rohre längsgefalzt	
...500	0,75
200...500	0,88

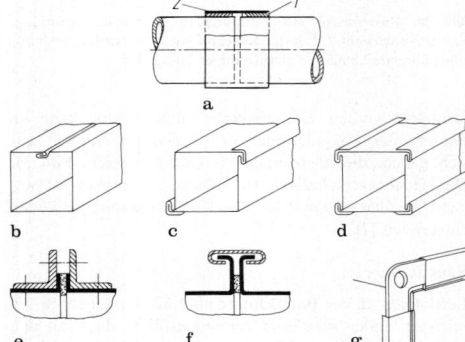

Bild 32. Kanalverbindungen. **a** Stoßverbindung für Wickelfalzrohre, *1* Kleber, *2* Schrumpfmasse; **b–d** Längsnähte und Längskantungen; **e** Winkelrahmen mit Blechumkantung; **f** Klemmschiene mit Dichtung; **g** Eckwinkel mit Klemmschiene und Dichtung

rien oder Werkstätten, wo Korrosionsbeständigkeit gefordert wird, sind aus Kunststoff oder Baumaterial, wie Asbest-Zement. Mit Bögen, Abzweig-, Reduzierstücken werden Querschnittsveränderungen vorgenommen. Durchlässe werden auch mit flexiblen Rohren als Metallschläuche aus Bandmaterial oder Drahtspiralen, die mit Gummi, Kunststoff, Glasfaser belegt sind angeschlossen [8]. Die einzelnen Blechkanalstöße werden durch gefälzte Enden, Flanschen, Winkelrahmen und Schiebeleisten miteinander verbunden, bei runden Rohren auch durch Steckverbindungen mit Dichtungen, **Bild 32.**

Zubehör

Zum Kanalnetz gehört neben der Aufhängung und Befestigung noch Zubehör in Form von *Wetter-* und *Vogelschutzgittern* in den Außendurchlässen, Absperrklappen meist als Jalousieklappen, bei Räumen hoher Keimfreiheit luftdichte Absperrklappen in Raumnähe. Führt ein Luftkanal durch mehrere Brandabschnitte, müssen in den Brandwänden Feuerschutzklappen geprüfter Ausführung eingesetzt werden, die bei hohen Temperaturen im Luftkanal automatisch zufallen, **Bild 33.** Nach Möglichkeit sind im Kanalnetz dicht schließende Reinigungsöffnungen zu setzen. Die Verbindung des Kanalnetzes mit dem Lüftungsgerät bzw. der Ventilatorkammer erfolgt über elastische Verbindungsstücke (Segeltuch, Kunststoff), um

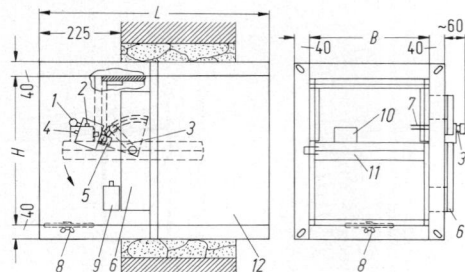

Bild 33. Absperrvorrichtung für Feuer und Rauch (Feuerschutzklappe) (Wildeboer). *1* Sperrstift, *2* Auslösestift, *3* Handhebel, *4* Rasterstift, *5* Rasternase, *6* Abdeckhaube, *7* Schmelzlot 70°C, *8* Inspektionsdeckel, *9* Endschalter, *10* Schließgewicht, *11* Klappenblatt, *12* Gehäuse. *H*, *B* und *L* Bestellmaße

eine Körperschallübertragung des Ventilatorgeräusches zu unterbinden.

Die Luftleitungen, die klimatisierte Luft führen, müssen grundsätzlich eine Wärmedämmung erhalten. Die Dicke der Wärmedämmung läßt sich nach einer Wirtschaftlichkeitsberechnung festlegen.

Aufbereitete Zuluft, die im Winter- und Sommerbetrieb für Kühlzwecke benutzt wird, braucht nicht unbedingt durch wärmegedämmte Leitungen geführt zu werden. So kann die Abwärme des Gebäudes im Winterbetrieb zur Lufterwärmung herangezogen werden.

Leitungen mit Taupunktunterschreitungen (Außenluftleitungen) müssen mit einer Wärmedämmung mit Dampfsperre versehen werden, damit eine Schwitzwasserbildung unterbunden wird.

Darüber hinaus können Luftleitungen – je nach Bedarf – eine Schalldämmung und/oder Brandschutzisolierung gemäß festgelegter Brandklasse erhalten.

Für die Luftdichtigkeit der Luftleitungen schreibt die VDI-Richtlinie 3803 die zulässigen Leckagen vor.

4.2.4 Luftverteilung. Air flow control and mixing

Genügen bei Niederdrucksystemen wegen des konstanten Luftstroms Drossel- und Regulierklappen für die Luftverteilung, sind bei Hochdrucksystemen Entspannungs-, Mischkästen und Volumenregler erforderlich.

Drossel- und Regulierklappen

Regulierklappen in einfacher Form sind um eine Achse drehbare Drosselklappen, die nach erfolgter Einregulierung festgestellt werden. Für Regelaufgaben, z.B. an einer Mischkammer zur Veränderung des Außenluft- bzw. Umluftanteils werden *Jalousieklappen* verwendet, und zwar in gleichläufiger oder gegenläufiger Bauform, **Bild 34.** Das

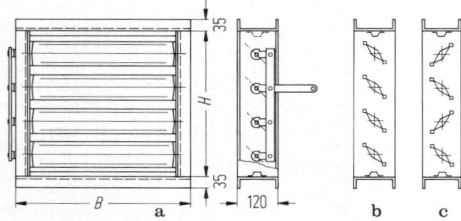

Bild 34. Jalousieklappen (Schako). **a** Konstruktion; **b** Prinzip gleichlaufender Lamellen; **c** Prinzip gegenlaufender Lamellen, *H* und *B* Bestellmaße

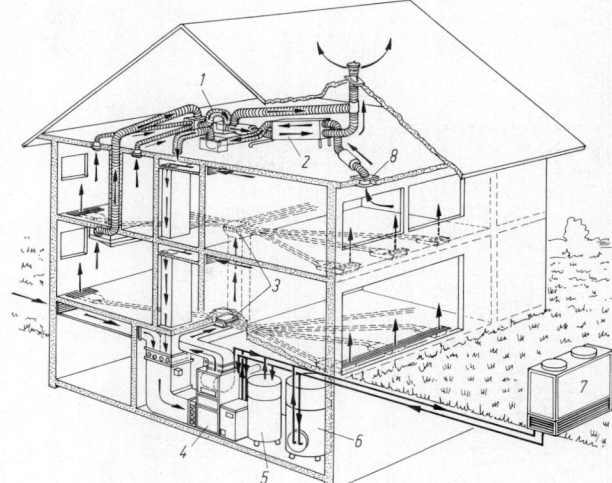

Bild 35. Luft-Verteil- und Sammelkammern in einem Wohnhaus (Schrag, Ebersbach). *1* Sammel-kammer, *2* Wärmerückgewinner, *3* Verteilkammer, *4* Klima-Lüftungseinheit, *5* Gebrauchswasser-Boiler, *6* Heizungswasser-Puffer, *7* Wärmepumpe, *8* Außenluft-Ansaugung

Einregulieren des Luftstroms wird auch an den Luft-durchlässen vorgenommen, besser an Verteilkammern, **Bild 35.**

Entspannungs-, Mischkästen

Zur Reduzierung des hohen Drucks und der hohen Ge-schwindigkeit der Luft werden im anschließenden Nie-derdruckkanal mit Luftdurchlaß *Entspannungskästen* mit Volumenregler eingesetzt, **Bild 36.** Beim variablen Volu-menstrom wird zusätzlich ein Stellmotor am Volumenreg-ler angesetzt, der von einem Raumthermostaten gesteuert, den Durchgangsquerschnitt und damit den Luftstrom ver-ändert.
Die Druck- und Geschwindigkeitsminderung für den Zu-luftdurchlaß übernehmen bei Zweikanalanlagen *Mischkä-sten.* Beim Zweikanalsystem wird warme und kalte Luft gemischt, um die für den Raum notwendige Zulufttempe-ratur zu erreichen. Bei konstantem Luftstrom steuert ein Raumthermostat das Verhältnis von Warm- und Kaltluft über ein motorisches Mischventil oder Mischklappen, **Bild 37.**
Entspannungskästen gibt es mit einem Luftstrombereich von 250 bis 5000 m³/h, Mischkästen in einem Bereich der gleichen Größenordnung. Der Vordruck an den Entspan-nungs- und Mischkästen liegt i. allg. in der Größenord-nung von 150 bis 250 Pa.
Da mit der Drosselung des Luftstroms der Geräuschpegel ansteigt, werden an Entspannungskästen und Mischkästen oft Schalldämpfer und eine schalldämmende Ummante-lung notwendig.

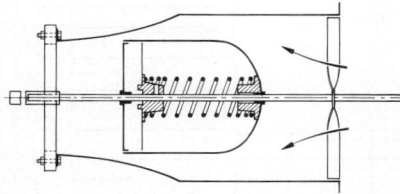

Bild 36. Durchflußregler für Entspannungskästen (Rox)

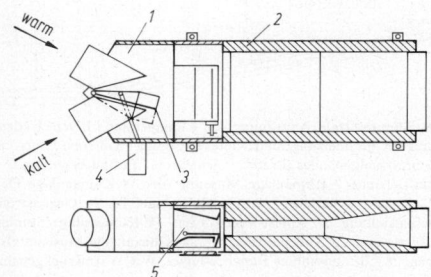

Bild 37. Mischkasten (Trox). *1* Mischteil, *2* schallabsorbierende Aus-kleidung, *3* Mischklappe, *4* Stellantrieb, *5* Volumenstromregler

4.2.5 Lüftungs- und Klimazentralen
Ventilation and air-conditioning stations

Bauweise

Zentralen enthalten den Raum für die darin befindlichen Geräte und Aggregate mit ihren Rohrleitungs- und Ka-belanschlüssen einschließlich der Steuer- und Schaltein-richtung, **Bild 38.** Bei der *Kammerbauweise* geschieht der Aufbau der Baueinheit aus Bauelementen vor Ort in fe-ster Verbindung mit dem Bauwerk (Beton-, Mauerwerk-, Stahlgerüstkammer). Bei der *Blockbauweise* handelt es sich um ein gemeinsames Gehäuse meist aus Stahlblech, das insgesamt transportabel ist oder bei Bildung aus Serien-baugruppen vor Ort lediglich zusammengesetzt wird, also versetzbar bleibt. Keller-, Zwischen-, Dachgeschoßräume, das Dach oder der Raum selbst dienen als Aufstellungsort. Bei Bauvorhaben mit erheblichem Anteil an technischer Gebäudeausrüstung kann diese, wie z.B. bei Krankenhäu-sern oder Hochhäusern, zu Installationsgeschossen führen, **Bild 39.**

Zentralengerät

Das Gerät enthält die nach Anlagenart notwendigen Bau-elemente für die Filterung, thermodynamische Behand-lungsstufen und Förderung der Luft. Üblich sind drei Ausführungsarten:

M

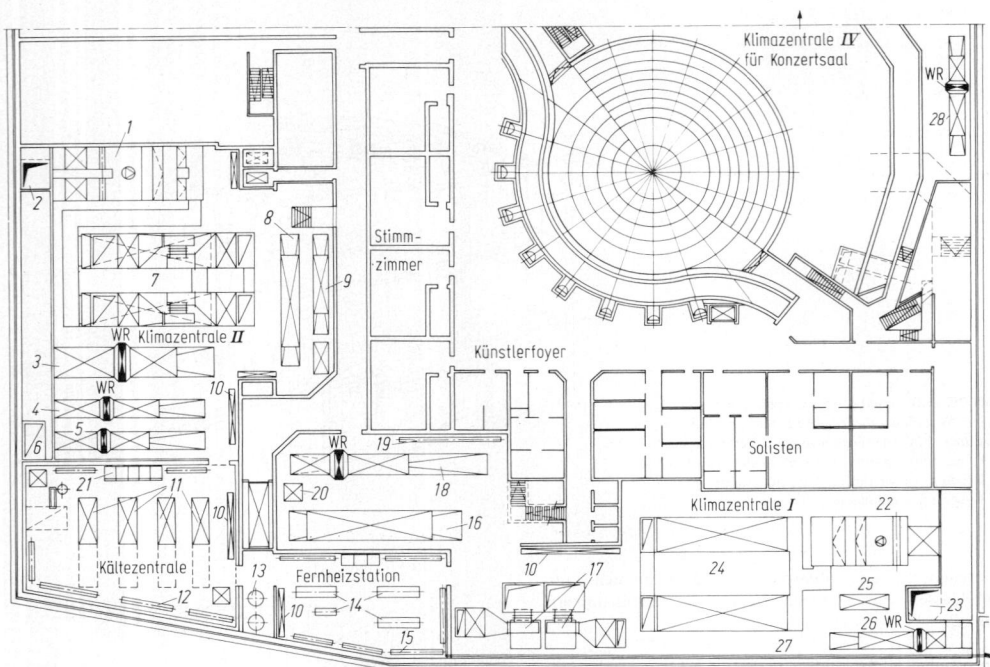

Bild 38. Klimazentrale. Anordnung von Klimageräten für verschiedene Raumbereich mit rekuperativer Wärmerückgewinnung, Wärme- (Übergabestation der Fernheizung) und Kälteversorgung (Kältemaschinen mit Brunnenwasser-Kondensatorkühlung) im Untergeschoß eines Museums- und Konzertsaalgebäudes (Brandi Ingenieure). *1* Luftaufbereitung, *2* Außenluftschacht, *3–5* Lüftungsanlagen für Foyer, Eingangshalle, Cafeteria, *6* Fortluftschacht, *7* Klimaanlage Museum West, *8* Klimaanlage Depot, *9* Lüftungsanlage (Technik, WC), *10* Schaltschrank, *11* Kältemaschinen, *12* Kaltwasserverteiler, *13* Ausdehnungsgefäße, *14* Gegenstromapparate für Fernheizanschluß, *15* Heizwasser-Verteiler, *16* Klimaanlage Wechselausstellung, *17* Abluft-Ventilatoren, *18* Klimaanlage Stimmzimmer, *19* Heizwasserverteiler, *20* Abluftanlage Technik, *21* Pumpen, *22* Luftaufbereitung, *23* Außenluftschacht, *24* Klimaanlage Museum Ost, *25* Abluftgerät, *26* Lüftungsanlage (Technik, WC, Aufzüge), *27* Fernheizleitungen, *28* Lüftungsanlage Raucher-Foyer, WR Wärmerückgewinnung

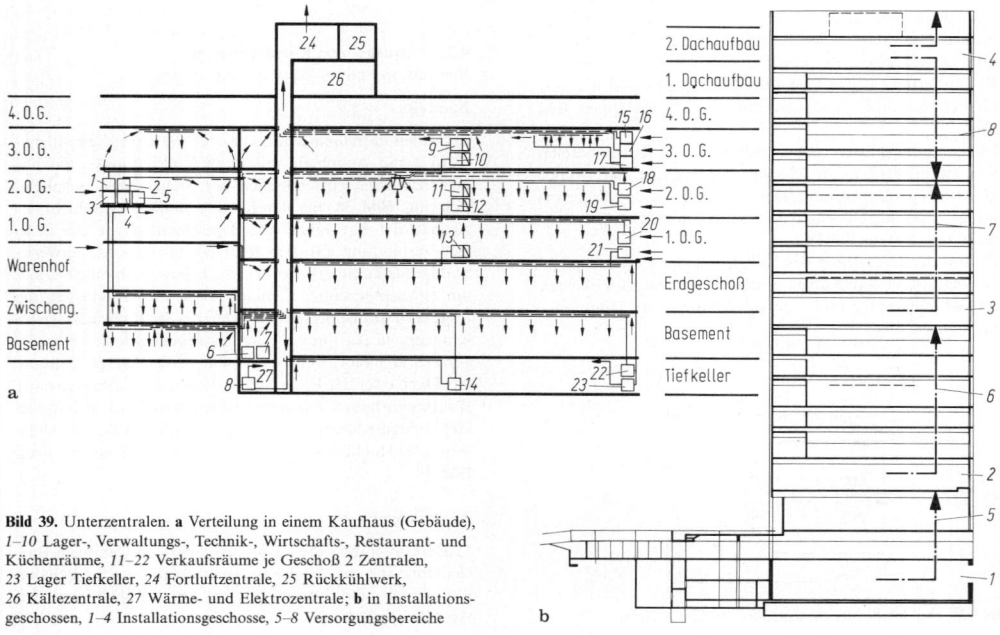

Bild 39. Unterzentralen. **a** Verteilung in einem Kaufhaus (Gebäude), *1–10* Lager-, Verwaltungs-, Technik-, Wirtschafts-, Restaurant- und Küchenräume, *11–22* Verkaufsräume je Geschoß 2 Zentralen, *23* Lager Tiefkeller, *24* Fortluftzentrale, *25* Rückkühlwerk, *26* Kältezentrale, *27* Wärme- und Elektrozentrale; **b** in Installationsgeschossen, *1–4* Installationsgeschosse, *5–8* Versorgungsbereiche

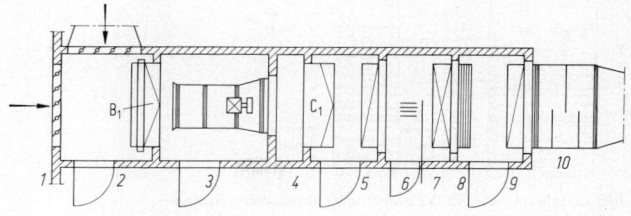

Bild 40. Zentralengerät in Kammerbauweise
Gemauerte oder doppelwandige, schallgedämmte
Stahlwandkammern mit eingebautem
Axialventilator. *1* Jalousieklappe, *2* Filter,
4 Axialventilator, *4* Feinfilter, *5* Vorerhitzer,
6 Dampfbefeuchter, *7* Kühler,
8 Tropfenabscheider, *9* Nacherhitzer
10 Schalldämpfer

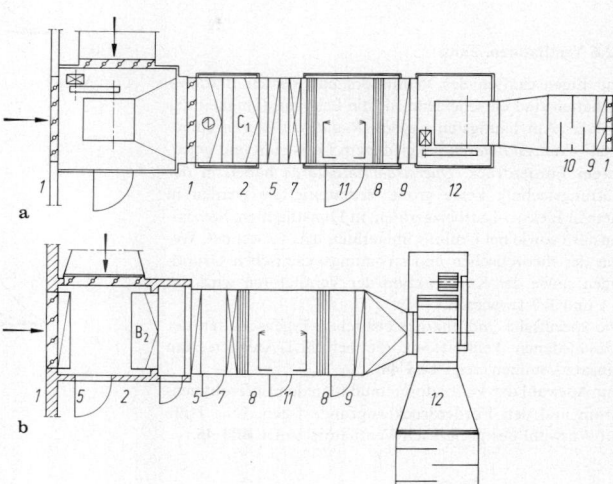

Bild 41. Zentralengerät in Blockbauweise.
a Kastenblechgerät mit Radialventilatoren,
1–10 wie **Bild 40**. *11* Düsenkammer,
12 Radialventilator; **b** gemauerte Filterkammer,
Blechteil und Radialventilator

M

Gemauerte oder schallgedämmte Stahlwandkammern
(**Bild 40**) fabrikmäßig hergestelltes Gerät und eine Kombination, z.B. mit gemauerter Filterkammer und anschließendem Behandlungs- und Förderteil in einem Blechge-
häuse, **Bild 41**.
In den Kammern sind die Bauelemente besser zugänglich.
Die serienmäßigen Blockgeräte werden bis zu einem Förderluftstrom von 150 000 m³/h geliefert. Zur Verkürzung
des Kanalnetzes sollte die Zentrale nahe am eigentlichen
Versorgungsbereich untergebracht werden, auch der Anschluß nach draußen für die Außenluft und für die Fortluft
kann für die Lage der Zentrale entscheidend sein, desgleichen können die Brandabschnitte maßgebend werden
[7]. Wegen des Körperschall- und Erschütterungsschut-
zes werden Ventilatoren, Motore und Wäscherpumpen
auf besondere Fundamente und die Grundrahmen mit
Schwingungsdämpfern aufgesetzt.

Raumgeräte

Sie haben die gleiche Ausstattung mit Bauelementen wie
die Zentralengeräte. Es sind anschlußfertige Einzelgeräte,
angefangen vom einfachen Luftheizer bis zum Vollkli-
magerät mit eingebauter Kältemaschine einschließlich der
Schalt- und Regeleinrichtung. Die Geräte werden entweder frei in den Raum gestellt, hinter Verkleidungen angebracht oder als Fenster-, Wand- oder Decken-(Dach-)
gerät eingebaut, **Bild 42** und **Bild 43**. Die häufigste Bauform sind Truhen- bis zu einem Luftstrom von 4000 und
Schrankgeräte bis zu 25 000 m³/h.

Die Dichtheitsklasse der Gerätegehäuse regelt die VDI-
Richtlinie 3803. Die zulässigen Leckluftströme lassen sich
nach den thermischen Aufbereitungsstufen, Drücken und
Betriebsstunden ermitteln.

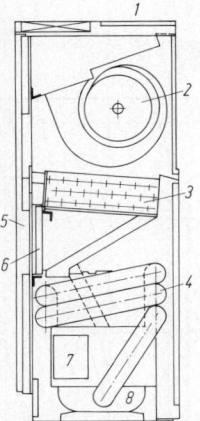

Bild 42. Raumgerät mit Kältemaschine-Kleinwärmepumpe (Keßler & Luch). *1* Luftaustritt, *2* Ventilator, *3* Verdampfer (Kühlen), Kondensator (Heizen), *4* Kondensator (Kühlen, Verdampfer
(Heizen), *5* Lufteintritt, *6* Filter, *7* automatisches Umschaltventil,
8 hermetischer Kältekompressor

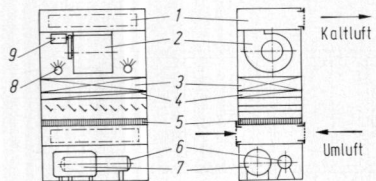

Bild 43. Schrankgerät mit Befeuchter und Kältemaschine (Schemabild). *1* Luftaustritt, *2* Ventilator, *3* Kühler, *4* Erhitzer, *5* Tropfenabscheider, *6* und *7* Kältemaschine, *8* Befeuchter, *9* Motor

4.2.6 Ventilatoren. Fans

Die Eigenschaften des Ventilators und dessen Betriebsverhalten sind entscheidend für die Leistungsfähigkeit der Anlage. Am häufigsten werden *Radialventilatoren* eingesetzt, *Axialventilatoren* bei größerem Luftstrom und geringerem Förderdruck. *Querstromventilatoren* haben in der Lüftungstechnik keine große Bedeutung, sie werden in kleinen Elektro-Luftheizgeräten, in Dunsthauben, Spezialfenstern sowie bei Umluftkühlgeräten u.ä., verwendet. Wegen der theoretischen und strömungstechnischen Grundlagen sowie der Konstruktion der Ventilatoren wird auf R 1 und R 7 verwiesen.

Die spezifische und charakteristischen Eigenschaften der verschiedenen Ventilatoren, die bei RLT-Anlagen zum Einsatz kommen, zeigt **Bild 44**.

Zur Auswahl der Ventilatoren muß man den Luftvolumenstrom und den Förderdruck zugrunde legen. Eine Hilfe zur Auswahl des geeigneten Ventilators bietet **Bild 45**.

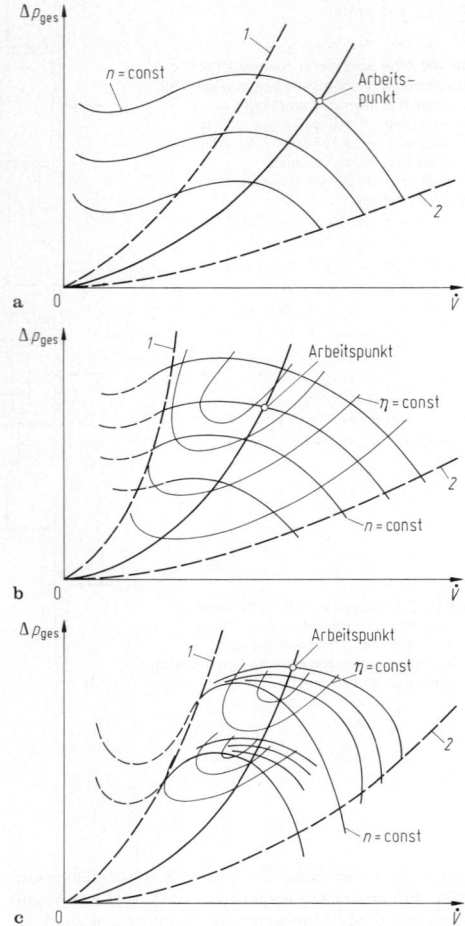

Bild 44. Ventilatorenarten für RLT-Anlagen. **a** Radialventilator mit vorwärts gekrümmten Laufrad; Einsatzmöglichkeiten: Ges. Druck: bis ca. 40 kp/m², Luftmenge: bis ca. 20000 m³/h, Wirkungsgrad: 55 bis 60% Umfangsgeschwindigkeit des Laufrads: bis ca. 25 m/s; **b** Radialventilator mit rückwärts gekrümmten Laufrad; **c** Axialventilator, *1* Pumpgrenze, *2* Schluckgrenze

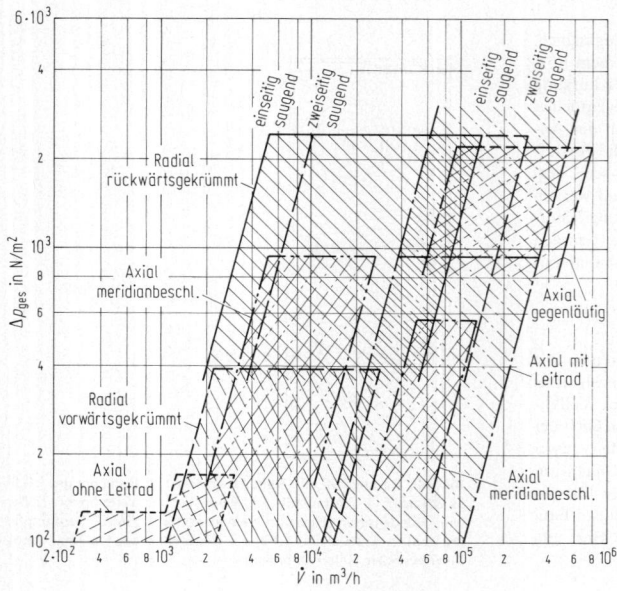

Bild 45. Ventilator-Auswahldiagramm für RLT-Anlagen [20]

Radialventilatoren

Sie haben den Vorzug der besseren Anschlußmöglichkeit mit platzsparender rechtwinkliger Umlenkung im Luftweg, **Bild 46**. Bei einem Förderdruck von über 1000 Pa wird bereits vom Hochdruckventilator als Radialventilator mit rückwärts gekrümmten Schaufeln (Hochleistungsräder) gesprochen.

Auch für ein stabiles Betriebsverhalten sind rückwärtsgekrümmte Räder vorzuziehen. Große, einseitig saugende Ventilatoren haben erhebliche Abmessungen des spiralförmigen Gehäuses, vor allem in der Höhe. Für große Luftströme bei Zuluftgeräten werden doppelseitig saugende Ventilatoren aufgestellt.

Beim Einbau von Ventilatoren in einem Gerät müssen die Mindestabstände eingehalten werden, **Bild 47**.

Die symmetrische Anströmung eines Ventilators ist von großer Bedeutung was den Wirkungsgrad und die Leistungsfähigkeit angeht.

Die Ventilator- und Leitungsnetzkennlinie bei Druck-Konstanthaltung zeigt **Bild 48**.

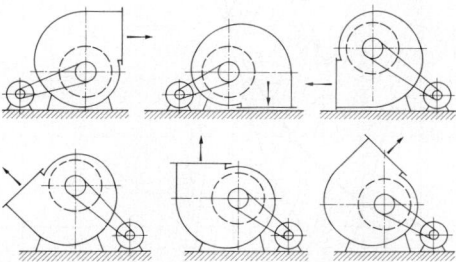

Bild 46. Kanalanschluß von Radialventilatoren

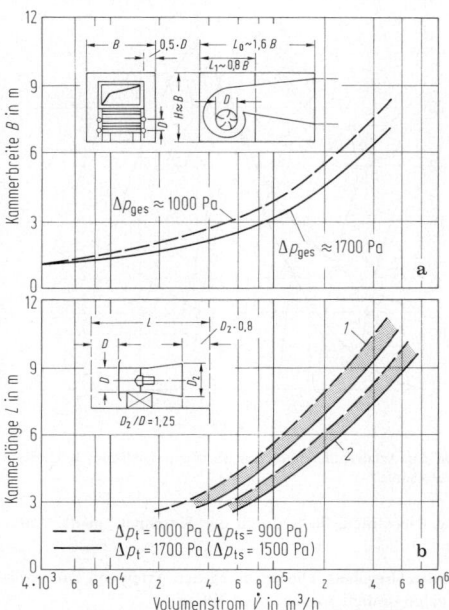

Bild 47. Erforderliche Kammerbreiten. **a** Radialventilatoren mit Dralldrossel (ohne Dralldrossel Verkleinerung der Bauelementebreiten um 10%); **b** Axialventilatoren mit Diffusor, *1* Hochdruckventilatoren, *2* Niederdruckventilatoren

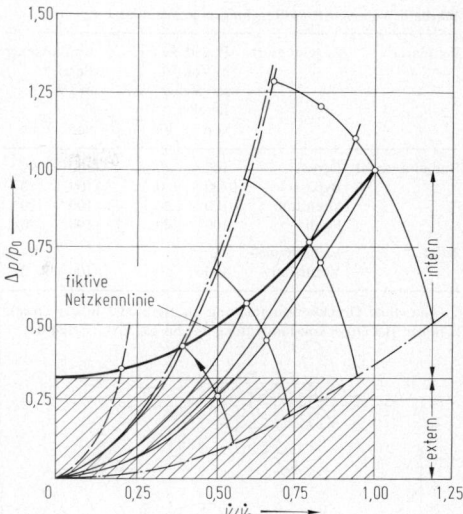

Bild 48. Verlauf des Betriebspunkts auf dem Kennfeld bei Druckkonstanthaltung

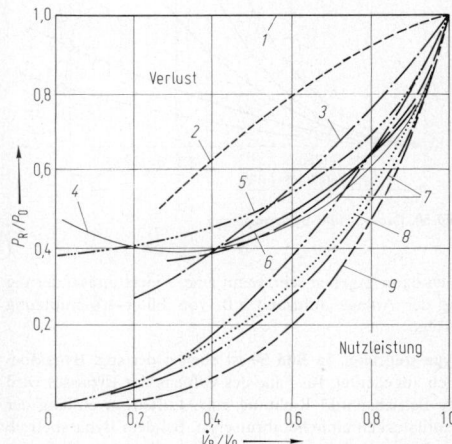

Bild 49. Verschiedene Regelungsarten des Ventilators. P_R Leistung ungeregelten Zustand, P_0 Leistung ohne Regelung, $\dot{V}_R$ geregelter Luftdurchsatz, $\dot{V}_0$ Luftdurchsatz ohne Regelung. Art der Regelung: *1* Bypass, *2* Drossel (Polke), *3* Drall-Drossel (Laux), *4* Verstellboden, *5* vorwärts gekrümmte Drall-Drossel (Laux), *6* Regulierboden (Regenscheit), *7* Drehzahländerung (Polke), *8* Schaufelverstellung, nur bei Axial (Polke), *9* theoretische Drehzahlregelung

Die resultierende Netzkennlinie bezieht sich auf die Druckverluste der Anlagenteile, bei denen der Druck konstant gehalten wird. Ventilator-Regelungsarten: **Bild 49**.

Die möglichen stufenlosen Volumenstrom-Regelungen am Ventilator zeigt **Tab. 5**.

Drosselregelung. Die Drosselregelung zeigt das **Bild 50**. Falls ein Drosselvorgang getätigt wird, verläuft der Betriebspunkt entlang der Ventilatorkennlinie in Richtung höherer Drücke und niedrigerer Volumenströme, verändert sich die Netzkennlinie. Bei richtiger Auslegung des Betriebspunkts muß noch ein brauchbarer Betriebspunkt

Tabelle 5. Volumenstrom-Regelungen am Ventilator

Ventilator	Regelungsart:	Regelbereich in Vol.-%, möglicher Bereich		Empfohlener Bereich in kW	
		von	bis	von	bis
Radial u. Axial	Drossel	100	70	100	90
	Bypass	100	0	100	80
	Drehzahl	100	20	100	20[a])
	Drall	100	40	100	70
Axial	Laufschaufel-Verstellung	100	0	100	0

[a]) Nur ohne Druckkonstanthaltung im Netz oder in der Druckkammer. Bei Druckkonstanthaltung nur bis ca. 50% (s. **Bild 49**).

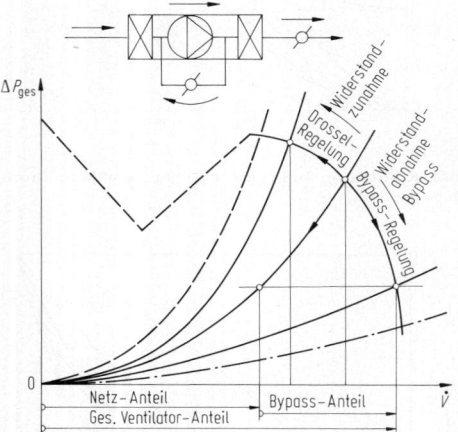

Bild 50. Drossel- und Bypassregelung

auch dann gegeben sein, wenn eine Widerstandsänderung bei der Anlage aufgrund z.B. von Filterverschmutzung erfolgt.

Bypassregelung. In **Bild 50** ist ebenso der sog. Bypassbetrieb angedeutet. Im Falle des Öffnens des Bypasses wird der Betriebspunkt Richtung max. Luftstrom entlang der Ventilatorkennlinie herabrutschen. Bei dem Bypassbetrieb werden zwei Teilvolumenströme gegeben. Ein Teilvolumenstrom ist der Luftstrom, der durch den Bypassweg passiert (Bypassanteil). Der Rest des Volumenstroms, der

Tabelle 6. Drehzahlregelungsmöglichkeiten

	Regelbereich in Vol.-%, möglicher Bereich		Empfohlener Bereich in kW	
	von	bis	von	bis
Schleifringläufer	100	60	2	10
Elektrisch				
Kommutator (Nebenschluß)	100	20 (10)	3	25
Gleichstrom (mit Thyristor)	100	20 (10)	1	4
Frequenzregelung	100	20		
Mechanisch				
Sympla-Belt	100	70	1	8
Kupplung	100	30	über 30	
Hydraulisch				
Wandler	100	10	über 70	

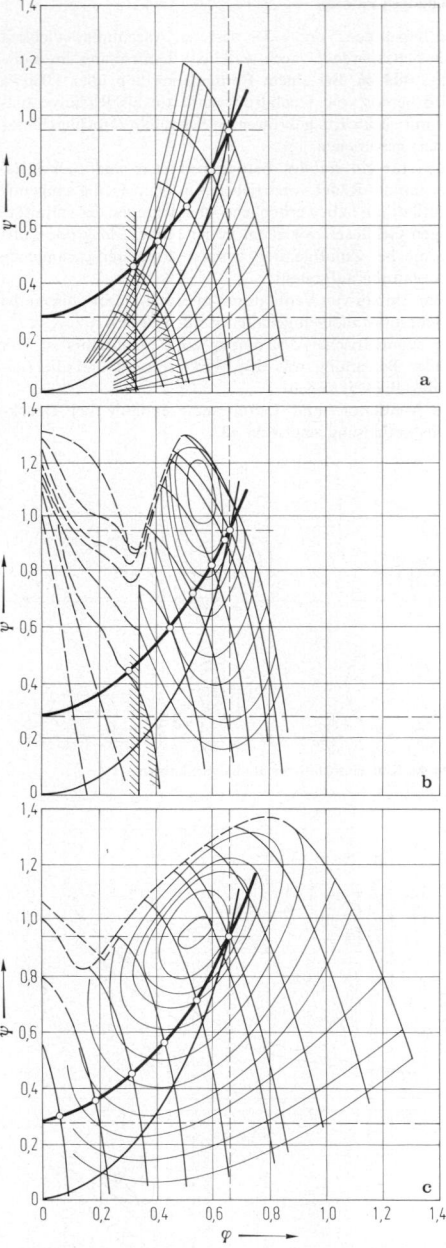

Bild 51. Axialventilator-Regelungsarten. **a** Drehzahl; **b** Drall; **c** Laufschaufel

sog. Netzanteil, fließt durch das Kanalnetz in die Anlage.

Drehzahlregelung. Die verschiedenen Arten von Drehzahlregelungsmöglichkeiten zeigt **Tab. 6.**
Das **Bild 51** zeigt u.a. ein Kennfeld von einem Axialventilator bei verschiedenen Drehzahlen. Aus dem **Bild 51 a** kann man erkennen, daß die Volumenstromförderung bei Axialventilatoren bei einem min. Luftdurchsatz und max.

Druck abbricht, dies bedeutet, daß die Ventilatorkennlinie in den sog. Pumpenbereich hineinkommen kann.

Bei Konstanthaltung des Drucks im Netz – wie beschrieben – läßt sich die Anlage und Netzkennlinie aufteilen auf sog. internen und externen Widerstand. Die Stelle der Druckkonstanthaltung könnte im idealen Fall ein Druckkammer werden, aber es läßt sich auch in einem Kanalnetz die Druckkonstanthaltung erreichen. Die Druckkonstanthaltung tritt bei einer Anlage dann ein, falls in einigen Stellen im Gebäude Luftstromregelung, sogar Absperrung vorgesehen ist, während der Luftstromänderung mancher anderer Bereiche dürfen aber keine Luftstromänderungen der übrigen Bereiche hervorgerufen werden. In diesem Fall liegt der konstante Druck des Teilnetzes im Verhältnis des gesamten Drucks des Ventilators höher, um so eher wird die interne Anlagenkennlinie das brauchbare Feld des Ventilators verlassen. Dies bedeutet, daß minimaler Luftdurchsatz sich bei jedem Ventilator und Netzkennlinie an der Stelle ergibt, wo die Anlagenkennlinie das Ventilatorkennfeld verläßt. Die Stelle liegt oft bei 60 oder 50% des Nennvolumenstroms.

Falls saugseitig geregelter Vordruck vorgehalten wird, werden die Anlagenwiderstandsparabeln parallel nach unten verschoben. Aufgrund dieser Verschiebung wird der Betriebspunkt Richtung größerem Volumenstrom und niedrigerem Gesamtdruck verschoben.

Den möglichen minimalen Volumenstrom kann man selbstverständlich in engeren Grenzen durch die Auslegung des Betriebspunkts (Ventilatorauswahl) und durch Höhe des konstanten Drucks im Netz etwa beeinflussen. Es kann aber eingesehen werden, daß im Falle einer Druckkonstanthaltung und stufenloser Volumenstromregelung eine Drehzahlregelmöglichkeit unterhalb ca. 50% der Drehzahl oder des Volumenstroms kaum möglich ist. Es muß hierbei die Widerstandsänderung der Anlagenteile (interner Widerstand) berücksichtigt werden. Eine Zunahme der Verschmutzung der Filter verursacht eine geringfügige Änderung, demzufolge wandert der Betriebspunkt auf der Ventilatorkennlinie in Richtung geringerem Volumenstrom und höherem Gesamtdruck.

Drallregelung. Die möglichen Betriebspunkte bei Druckkonstanthaltung im Netz und Drallregler am Ventilator zeigt das **Bild 51 b**. Wie aus **Bild 51 b** ebenso zu entnehmen ist, kann eine Volumenstromregelung auch mit Hilfe des Drallreglers unter 50% wirtschaftlich kaum erzielt werden, wobei bei Drallregelung das Phänomen Pumpen nicht unbedingt auftreten wird. Lediglich der Wirkungsgrad fällt bei niedrigen Teillastbetrieben stark ab.

Es kann anstelle der Druckkonstanthaltung auch der Volumenstrom konstant gehalten werden. Dies ist nur dann möglich, wenn alle Abzweige die gleichen Widerstände und die gleiche Widerstandszunahme haben. In solch einem Fall läßt sich ein wirtschaftlicherer Betrieb erzielen als der Betrieb bei konstanter Druckhaltung von hohem Druck.

Laufschaufelregelung (nur bei Axialventilatoren). Das Kennfeld der Laufschaufelregelung während des Laufs bei Axialventilatoren zeigt ebenso das **Bild 51 c**. Aus diesem Bild läßt sich entnehmen, daß der Volumenstrom nur bei dieser Regelungsart von Konstanthaltung vom beliebigen Druck im Netz ohne Schwierigkeiten bis auf ein Minimum herunterreguliert werden kann. Falls ein Volumenstromteilbetrieb unterhalb 50% des Nennvolumenstroms erforderlich wird, ist zu empfehlen, die Laufschaufelregelung zu wählen.

Im Falle von Parallel- oder Serienlauf von zwei Ventilatoren läßt sich die resultierende Ventilatorkennlinie nach **Bild 52** ermitteln.

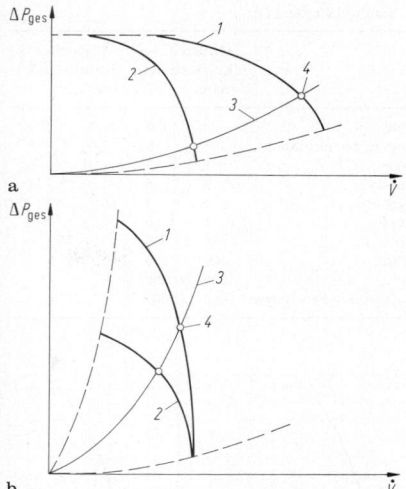

Bild 52. a Parallellauf von zwei gleichen Ventilatoren; **b** Serienlauf von zwei gleichen Ventilatoren. *1* Resultierende Ventilatorkennlinie; *2* Kennlinie von einem Ventilator, *3* Anlagecharakteristik, *4* Arbeitspunkt

Axialventilatoren

Sie werden in letzter Zeit auch für höhere Förderdrücke eingesetzt, so als gegenläufige Ventilatoren. Zur Verbesserung des Wirkungsgrads werden Leiträder vor und nach dem Laufrad eingesetzt. Axialventilatoren guten Wirkungsgrads brauchen für einen strömungsgerechten Einbau beträchtliche Baulängen, so für eine gute Anströmung und Abströmung mit Diffusoren am Ausblas, **Bild 53**. Der geringe Durchmesser ist als Einbauvorteil zu werten.

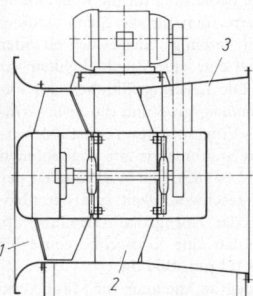

Bild 53. Axialventilator mit Einlaufdüse. *1* Einlaufdüse, *2* Leitrad, *3* Diffusor

4.2.7 Filter. Filters

Filterwirkung

Die normal in der Außenluft enthaltenen Staubpartikel und Keime bringen keine gesundheitlichen Schädigungen mit sich. Der Staubgehalt der Außenluft ist wesentlich geringer als der der Raumluft, von ausgesprochenen Industriegebieten abgesehen, **Tab. 7**. Für den gewerblichen Bereich mit gesundheitsschädlichen Stäuben in den Räumen liegen Vorschriften der Berufsgenossenschaften über den zulässigen Staubgehalt vor. Im Immissionsschutzgesetz werden für stauberzeugende Betriebe und für Abgase

Tabelle 7. Staubgehalt der Luft

Ort	Mittlere Konzentration mg/m³	Maximale Kornhäufigkeit µm
Landgegend	0,1	1,5
Wohngebiet in der Großstadt	0,4	7,0
Wohnräume	1... 2	–
Warenhäuser	2... 5	–
Industriegebiete	> 3	60
Werkstätten	1... 10	–
Gußputzerei	50... 500	–
Zementfabrik	100... 200	–
Bergwerk	100... 300	–
Abgase technischer Feuerungen	1 000...15 000	–

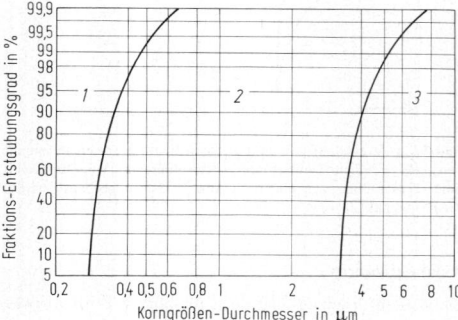

Bild 54. Filterklassen. *1* Klasse C, Eu 5 8 (hochwertige Feinstaub-filter); *2* Klasse B, Eu 2 4 (Feinstaubfilter); *3* Klasse A, Eu 1 (Grobstaub- oder Vorfilter)

von Feuerungen maximale Staubkonzentrationen vorge-schrieben [9].

Die Filterung hat nicht nur Bedeutung für die *Reinhaltung* der Luft im Raum, sondern auch für die *Sauberhaltung* des Kanalnetzes. Da Filter gereinigt, ausgewechselt oder erneuert werden müssen, ist eine gute Zugänglichkeit für die Wartung erforderlich. Die Leistungsfähigkeit des Fil-ters wird durch den *Entstaubungsgrad* und die *Speicherfä-higkeit* gekennzeichnet. Als Entstaubungsgrad ist das Ver-hältnis der abgeschiedenen Staubmenge zur angebotenen Staubmenge definiert (DIN 24185). Die Wirksamkeit der Filter hängt von der Luftgeschwindigkeit und der Grö-ße der Staubteilchen bzw. der Korngrößenverteilung ab, der größte Teil des Staubs hat eine Korngröße von 1 bis 15 µm, Keime von 0,01 bis 0,1 µm, **Bild 54.**

Filter mit hohem Abscheidegrad, die auch für Stäube und Schwebstoffe unter 0,5 µm geeignet sind, die auch radioaktive Schwebstoffe, Bakterien, Viren und Aeroso-le abscheiden, werden als *Schwebstoffilter* bezeichnet mit den Klassen Q, R und S (DIN 24184). Sie haben einen relativ großen Druckabfall mit einem weiten Bereich von 200 bis 1 000 Pa. Zur Abscheidung kleinster Staubteilchen bis 0,1 µm (Tabakrauch, Nebel, Pollen, Bakterien) werden auch *Elektrofilter* eingesetzt, die einen geringen Luftwider-stand von 40 bis 60 Pa haben, der zudem konstant bleibt, **Tab. 8.**

Zur Absorption von Geruchsstoffen, Ausdünstungen, Ga-sen, Dämpfen und anderen gasförmigen Verunreinigungen werden Aktivkohlefilter verwendet, deren zahllose Poren eine sehr große Oberfläche haben und in denen Dämpfe und Gase durch kapillare Kräfte aufgesaugt und konden-siert werden.

Tabelle 8. Druckabfall in Filtern

Filter		Betriebsdruckdifferenz
Art	Klasse	Pa
Grobstaub	Eu 1	30...120
Feinstaub	Eu 2–4	60...180
Feinststaub	Eu 5–9	100...250
Schwebstoff	S	200...500

Standfilter

Ölbenetzte Metallfilter. Sie bestehen aus Zellen mit Me-tallgewebe und werden heute bei induktiven Anlagen, und dort auch relativ selten, verwendet.

Trockenfilter. Sie bestehen ebenfalls aus Zellen mit Fasern aus Glas, Kunststoff, Textilien, Papier u.ä. Sie sind zum Teil wie Glasfaserfilter nicht reinigungsfähig und müssen nach Verschmutzung erneuert werden (*Wegwerffilter*). Ein-bauform ist die senkrechte Filterwand oder die V-Form als Schrägstromfilter, **Bild 55.**

Als Sack- oder Taschenfilter wird bei geringen Einbau-massen eine hohe Staubspeicherfähigkeit erreicht.

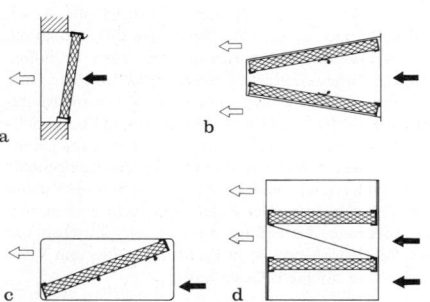

Bild 55. Einbau von Plattenfiltern. **a** Wandzellen-Luftfilter; **b** V-Form-Luftfilter; **c** Schrägstrom-Luftfilter; **d** Kanal-Luftfilter

Schwebstoffilter. Sie haben als Filtermaterial Glasfasern, Asbest, Zellulose, Papier und Gemische davon. Sie sind nicht regenerierbar und müssen ausgewechselt werden. Da sie einen gravimetrischen Abscheidegrad von praktisch 100% haben, werden sie bei Testverfahren mit Prüfaero-solen beaufschlagt (DIN 24184).

Wäscher (Düsen- oder Rieselkammern). Diese werden i. allg. nur im industriellen Bereich zur Luftreinigung ver-wendet, da der Abscheidegrad gering ist.

Elektroluftfilter. Sie haben einen Ionisierungsanteil mit positiv geladenen Wolframdrähten, in denen die ankom-menden Staubteilchen elektrisch aufgeladen werden, um im Staubabscheidungsteil, meist ein Plattenkondensator, abgeschieden zu werden, **Bild 56.** Dafür ist eine Hochspan-nungsanlage von etwa 6 500 bis 13 000 V erforderlich.

Aktivkohlefilter. Sie werden zur Einhaltung geringer Ge-ruchs- oder Gaskonzentrationen eingesetzt und bestehen aus Aktivkohleplatten, bei höheren Ansprüchen aus mit Aktivkohle gefüllten Patronen, die auf Einbaurahmen gas-dicht aufgeschraubt sind, **Bild 57.** Aktivkohlefilter müssen wie Schwebstoffilter Vorfilter haben, da durch Grobstaub-verschmutzung ihre Wirksamkeit schnell nachläßt.

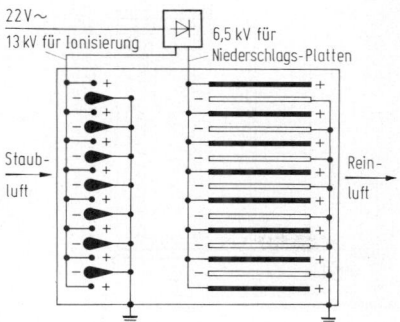

Bild 56. Elektrofilter-Funktionsschema (Delbag)

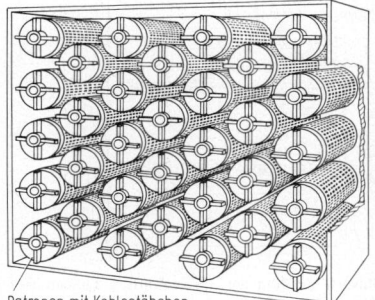

Patronen mit Kohlestäbchen

Bild 57. Patronen-Aktivkohlefilter (Ceag)

Mehrstufige Filter

Für hochwertige Filteraufgaben werden die Filter zwei- oder dreistufig hintereinander eingesetzt entweder in geschlossenem Einbau im Zentralengerät oder einzeln an verschiedenen Stellen des Kanalnetzes, z.B. das EU3-Filter (1. Stufe) vor dem Lüftungs- oder Klimagerät, das EU7…8-Filter (2. Stufe) am Anfang des Kanalnetzes und das *Schwebstoffilter* (3. Stufe) vor Eintritt in den Raum.

In der Reinraumtechnik wird der Partikelgehalt in den Räumen durch sehr hohe Luftwechsel im Umluftbetrieb gering gehalten, wobei im Raum eine turbulenzarme Verdrängungsströmung aufrechterhalten werden soll. Große Filterflächen müssen in der Raumbegrenzung, z.B. in Decken oder Wänden, untergebracht werden, da die Luftgeschwindigkeit im Bereich von 0,3 bis 0,5 m/s liegt. Die Filter sind Hochleistungs-Schwebstoffilter (Hosch-Filter), wobei für die jeweilige Anwendung nach Reinheitsklassen unterschieden wird, **Bild 58** (VDI-Richtlinie 2083).

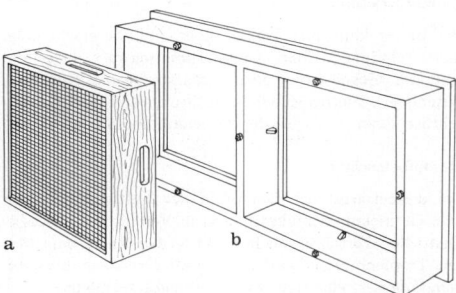

a   b

Bild 58. Hosch-Filter (Schwebstoffilter für Filterwand) (Camfil). **a** Schwebstoffilter; **b** Rahmen für Filterwand

4.2.8 Lufterhitzer, -kühler. Heating and cooling coils

Konstruktionsprinzip, Verfahren

Lufterhitzer und Kühler [10] sind zumeist lamellenbesetzte Rohrsysteme in einreihiger oder mehrreihiger Anordnung. Die Luft strömt mit einer Geschwindigkeit von 2 bis 3 m/s quer zu den Rohren, das Heiz- oder Kühlmittel in den Rohren. Als Material werden Stahlrohre mit Stahllamellen in verzinkter Ausführung oder Kupferrohre mit Aluminium- oder Kupferlamellen genommen. Wegen der Berechnung, der Bauarten und der Konstruktion wird auf K 1 bis 3 verwiesen. Direkt mit Gas oder Öl beheizte Erhitzer werden selten verwendet, bei kleinen Leistungen werden auch Elektroerhitzer eingesetzt.

Die Luftkühlung wird nicht nur mit *Oberflächenkühlern*, sondern auch mit *Wasserschleiern (Naßluftkühler)*, die in Düsenkammern erzeugt werden, vorgenommen, letztere vorwiegend bei Industrieanlagen, wobei das Wasser durch eine Kältemaschine gekühlt wird (M 4.2.9, Sprühbefeuchter).

Oberflächenkühler

Die Bauart der Oberflächenkühler entspricht den Erhitzern, nur werden wegen der kleineren Temperaturdifferenz zwischen Kühlmittel und Luft die Rohre nicht parallelgeschaltet wie beim Erhitzer, sondern hintereinander, um eine bessere Ausnutzung des Kaltwassers, das einen Temperaturbereich von 6 bis 12 °C hat, zu erreichen. Auch ist die Wassergeschwindigkeit in den Rohren mit 1 m/s etwa doppelt so hoch wie beim Erhitzer, um die innere Wärmeübergangszahl zu erhöhen.

Für kleinere und mittlere Leistungen werden auch die *Verdampfer* der Kältemaschine direkt als Kühler eingesetzt. Wegen der im Vergleich zum Erhitzer geringen Flächenleistung werden Kühler meist in mehrreihiger Anordnung benötigt. Der Druckverlust ist also zwei- bis dreifach so hoch wie beim Erhitzer, zumal mit der Wasserausscheidung der Luftwiderstand zunimmt. Ein Wasserniederschlag findet immer statt, wenn die Rohroberflächentemperatur unter dem Taupunkt liegt, wobei der Luftzustandsverlauf für den einzelnen Kühler berechnet werden müßte. Im allgemeinen genügt die Annahme einer leicht gekrümmten Kurve, **Bild 59**.

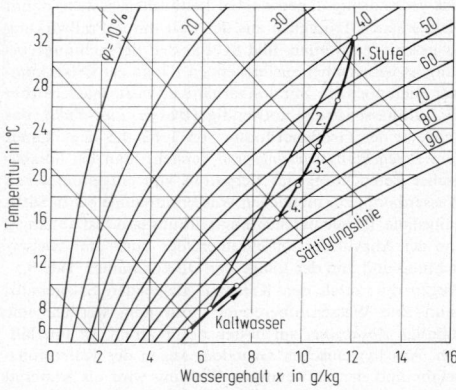

Bild 59. Luftzustandsverlauf bei Oberflächenkühlung (*h*-, *x*-Diagramm)

4.2.9 Luftbefeuchter. Humidifiers

Befeuchtet wird die Luft entweder in *Wassernebeln* oder an *Rieselflächen* nach vorangegangener Lufterwärmung

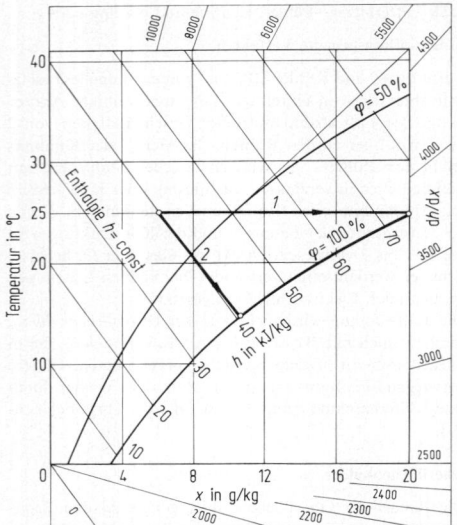

Bild 60. Luftzustandsverlauf bei Wasser- und Dampfbefeuchtung. *1* Dampf, *2* Wasser

oder mit direkt in den Luftstrom eingeblasenem *Dampf* [11]. Die Temperatur des Wassers ist i. allg. konstant, so daß die Zustandsänderung der Luft adiabatisch verläuft. Beim Einblasen von Dampf ist die Dampftemperatur von Einfluß, beim Dampfdruck von 1 bar bleibt die Lufttemperatur praktisch konstant (**Bild 60**), (s. **D 9 Bild 1** und **Anh. D 9 Tab. 1**).

Sprühbefeuchter

Er besteht aus einer Kammer, in der Umlaufwasser durch Düsen zu einem dichten Nebel von Wassertröpfchen zerstäubt und das verdunstete Wasser ersetzt wird. Die Wassertropfen haben einen Durchmesser von etwa 0,2 bis 0,4 mm. Am Ende der Düsenkammer, besser auch am Anfang, muß ein *Tropfenabscheider* eingesetzt werden, der aus zick-zack-förmig angeordneten Leitflächen besteht, damit die restlichen Tröpfchen aus der Luft durch Prallwirkung ausgeschieden werden, **Bild 61**. Für den Befeuchtungsvorgang ist neben einer ausreichenden Länge der Düsenkammer auch noch ein Mindestverhältnis Wassermassenstrom zu Luftmassenstrom notwendig (*Wasser/Luft-Zahl*), das i. allg. in der Größenordnung von 1 bis 1,5 liegt. Unter dem *Befeuchtungswirkungsgrad* versteht man bei adiabatischer Befeuchtung das Verhältnis von aufgenommenen Wasserdampf zur möglichen Wasseraufnahme bis zur Sättigungslinie. Dieser Befeuchtungswirkungsgrad ist abhängig von der Anzahl der Düsenreihen, der Luft- und Wasserrichtung und von der Länge der Düsenkammer, **Tab. 9**. Wegen des durch den Kreislauf steigenden Salzgehalts, kann eine Wasseraufbereitung notwendig werden, eine ständige *Absalzung*, am besten automatisch, ist unerläßlich. Aus hygienischen Gründen, wegen der Korrosionsgefahr und der aufwendigen Wartung wird als Material für die Düsenkammer beschichtetes Stahlblech, Edelstahl oder Kunststoff gewählt. Die Düsen bestehen aus Messing, Kunststoff oder Edelstahl und sprühen entweder gegen oder mit der Luft oder in beiden Richtungen. Eine feinere Zerstäubung des Wassers läßt sich mit einem Druckluft/Wasser-Gemisch, also mit *Zweistoffdüsen* erreichen. Hierfür werden weniger Düsenkammern in Zen-

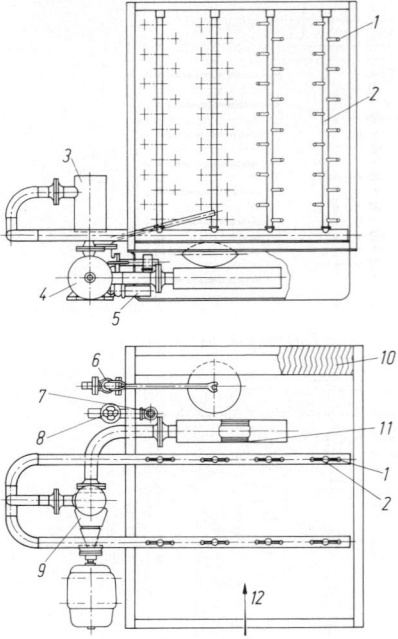

Bild 61. Sprühbefeuchter-Kammer. *1* Druckdüse, *2* Düsenrohr, *3* Wasserfilter, *4* Pumpenmotor, *5* Ablauf, *6* Schwimmerventil, *7* Überlauf, *8* Ablaufmuffenschieber, *9* Wasserpumpe, *10* Tropfenabscheider, *11* Saugsieb, *12* Strömungsrichtung der Luft

Tabelle 9. Befeuchtungswirkungsgrad

Befeuchtungseinrichtung	Wirkungsgrad %
Rieselmatten	50…80
Drehzerstäuber	75…80
Sprühbefeuchter:	Kammerlänge
Düsenrichtung	2… 3 m
1 Reihe in Luftrichtung	70…80
1 Reihe gegen Luftrichtung	85…95
2 Reihen in Luftrichtung	80…95
2 Reihen in und gegen Luftrichtung	87…98

tralengeräten, sondern mehr Einzelgeräte verwendet, die, wie z.B. in der Textilindustrie, in der Werkhalle zusätzlich zur Zentralanlage aufgestellt werden.

Füllkörperkammer

Bei dieser läuft das Wasser über Füllkörperschichten, meist schräg gestellten Kunststoffmatten, ab, wobei die Luft im Gegenstrom oder Kreuzstrom die Schichten durchquert. Hierbei ist der Befeuchtungswirkungsgrad wesentlich geringer als bei den Düsenkammern.

Dampfbefeuchter

Bei diesem wird der Dampf in der Luftkanal oder in eine Gerätekammer über Düsen in Verteilrohren, bei industriellen Verfahren auch direkt in den Raum eingeblasen. Tropfenbildung wird durch *Prallvorrichtung, Entspannungskammer* oder eine *Mantelbeheizung* verhindert. Notwendig ist eine *Entwässerung* am Anfang und Ende des Verteilrohrs, wobei das Kondensat entweder zurück-

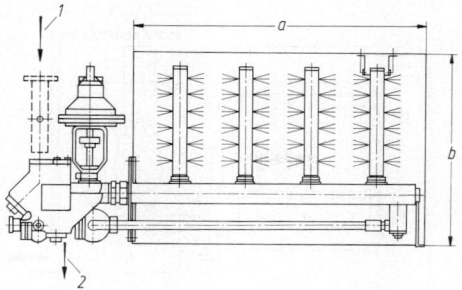

Bild 62. Dampfbefeuchter (Rox). *1* Dampfeintritt, *2* Kondensataustritt, *a* Kanalbreite, *b* Kanalhöhe

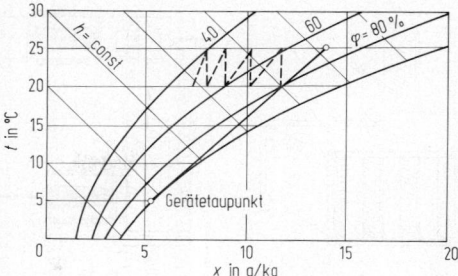

Bild 63. Luftzustandsverlauf bei Entfeuchtung durch Oberflächenkühler im Umluftkühlgerät

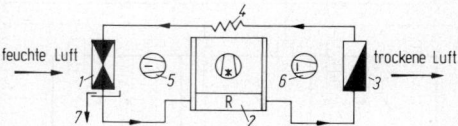

Bild 64. Aufbauschema eines Raumentfeuchtungsgeräts. *1* Kühler (Verdampfer), *2* Verdichter, *3* Kondensator, *4* Drosselquerschnitt (Kapillarrohr), *5* Axialventilator, *6* Radialventilator, *7* Kondensatablauf

fließt oder abgeleitet wird, **Bild 62**. Darf der Dampf bzw. das Wasser keine Rückstände haben, muß er gesondert erzeugt werden, so bei kleinen Leistungen in Elektrodenkesseln [12].

Befeuchtungsgeräte

Diese haben kleinere Leistungen und sind umlaufende *Schaumstoffbänder*, die in einem Wasserbad befeuchtet werden, oder geheizte *Wasserbäder*, die angeblasen werden. Die Leistung dieser und ähnlicher Geräte reicht bis zu 10 l/h.

Wasserzerstäubung

Größere Leistungen werden bei der Wasserzerstäubung durch Düsen oder umlaufende Scheiben erreicht, wobei eine tropfenfreie Zerstäubung nicht möglich ist. Im industriellen Bereich werden auch Geräte mit Düsen benutzt, bei denen die Zerstäubung des Wassers mit Druckluft vorgenommen wird.

4.2.10 Luftentfeuchter. Dehumidifiers

Verfahren

Die Entfeuchtung (*Trocknung*) der Luft wird fast ausschließlich durch Abkühlung der Luft bis zur *Wasserdampfkondensation* vorgenommen [13]. Die *Absorption* des Wasserdampfes durch *hygroskopische Stoffe* ist relativ selten. Geeignete Absorptionsstoffe sind z.B. Kieselgel und Lithiumchlorid. Diese Materialien können nach der Sättigung durch Erhitzen, also durch Ausdampfen des Wassers, regeneriert werden.

Trocknung durch Kühlung

Für diese werden *Oberflächen- und Naßluftkühler* eingesetzt. Dazu muß die Kühleroberflächentemperatur unter dem Taupunkt liegen. Der Taupunkt muß aber nicht unbedingt erreicht werden. Durch wechselweises Kühlen, Erwärmen, Kühlen usw. kann auch bei kleiner Kühlfläche der geforderte Raumluftzustand erreicht werden, zumal die Entfeuchtung meist im Umluftbetrieb vor sich geht. Eine leichte Entfeuchtung findet ohnehin im Sommerbetrieb fast bei jeder Klimaanlage infolge der Luftabkühlung statt, **Bild 63**. Die Oberflächen- oder Naßkühler werden mit Kaltwasser von Kältmaschinenanlagen oder bei der Ausführung der Oberflächenkühler als *Direktverdampfer* mit Kältemittel beschickt.
Umluftentfeuchtungsgeräte mit eingebauter Kältemaschine werden auch direkt in den Raum gestellt. Durch die Kondensatorwärem tritt eine Lufttemperaturerhöhung im

Raum auf, wenn der Kondensator entweder wassergekühlt ist oder beim luftgekühlten Kondensator ein Teil der Luft nicht nach draußen geführt wird, **Bild 64**.

4.2.11 Schalldämpfer. Sound absorber

Übersicht

Wegen der physikalischen Grundlagen wird auf O3 verwiesen. Zu den Ventilatorgeräuschen können Strömungsgeräusche im Kanalnetz, an Ecken, Umlenkungen, Querschnittsverringerungen, Gittern und durch hohe Luftgeschwindigkeiten etwa ab 7 m/s hinzukommen. Auch können die Kanalwanderungen zu Eigenschwingungen angeregt werden. Neben einer günstigen strömungstechnischen Ausbildung des Luftverteilsystems wird zu der auf dem Luftweg durch Kanalnetz und Bauelemente auftretenden Geräuschdämpfung noch der Einbau von Schalldämpfern notwendig [14].
In der Raumlufttechnik werden Schalldämpfer mit porigen, weichen Stoffen zur *Absorbierung* der Schallenergie benutzt. Dabei werden entweder Kanäle mit Schallschluckstoffen ausgekleidet, größere Kanäle mit schallschluckenden Einbauten versehen oder gesonderte Schalldämpfer eingebaut.

Luftschalldämmung

Schalldämpfer für die Luftschalldämmung in rechteckiger oder runder Form bestehen zumeist aus einem Gehäuse aus Stahlblech mit im Inneren eingebauten *Absorptionswänden* (Kulissen) aus porösen Stoffen, vorzugsweise Glas- oder Mineralwolle, **Bild 65**. Zu berücksichtigen ist der zusätzlich auftretende Luftwiderstand. Die Luftgeschwindigkeit, bezogen auf den Ansichtsquerschnitt, liegt im Bereich von 3 bis 5 m/s, die erreichbaren Dämpfungswerte bei 250 Hz bei etwa 10 bis 20 dB/m. Bei Räumen mit sehr hohen akustischen Anforderungen wie Rundfunkstudios und Konzertsäle, werden noch Sekundärschalldämpfer im Kanalnetz nahe am Raum, also vor den Luftdurchlässen,

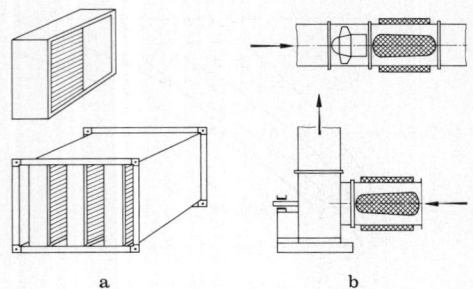

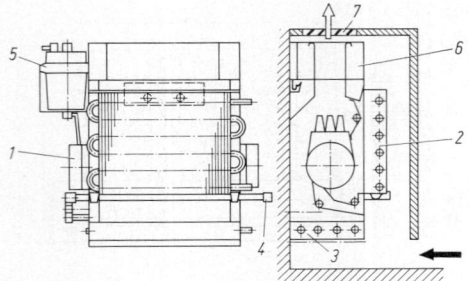

Bild 65. Absorptionsschalldämpfer. **a** rechteckig; **b** rund

Bild 67. Konvektorinduktionsgerät (Luwa). *1* Primärluftdüsen, *2* Luftkühler, *3* Lufterhitzer, *4* Tropfschalenanschluß, *5* Klappenmotor, *6* Ausblaskamin, *7* Ausblasgitter

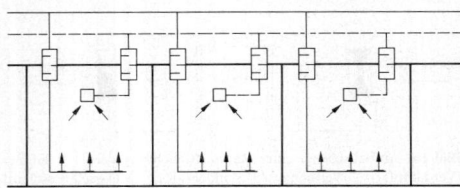

Bild 66. Anordnung von Telefonieschalldämpfern

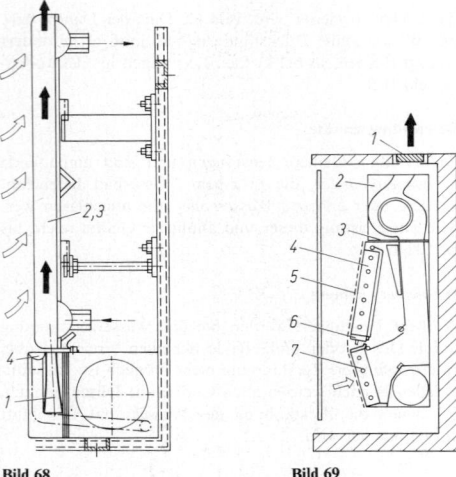

Bild 68   **Bild 69**

Bild 68. Platteninduktionsgerät (Rox). *1* Primärluftdüsen, *2, 3* Luftkühler und Lufterhitzer wahlweise, *4* Tropfwasserrinne

Bild 69. Ventilatorkonvektor (LTG, Lufttechnische Ges.). *1* Luftauslaßgitter, *2* Ventilator, *3* Bypass, *4* Luftkühler, *5* Luftfilter, *6* Tropfschale, *7* Lufterhitzer

benötigt. Das trifft auch zur Verhinderung der Schallübertragung von Raum zu Raum über Luftdurchlaß und Kanalnetz zu (*Telefonieschalldämpfer*), (**Bild 66**).

Körperschalldämmung

Die Fortpflanzung des Körperschalls im Kanalnetz wird durch die elastische Verbindung am Ventilatorstutzen verhindert, die Fortleitung durch die Fundamente oder Sockel durch Einschaltung von *Schwingungsdämpfern*, z.B. als Gummiisolatoren. Diese Isolatoren oder auch Korkplatten, die auf das Ventilatorfundament gelegt werden, dienen gleichzeitig zur *Erschütterungsdämmung*, für die auch Schwingungsdämpfer in Form von Stahlfedern eingesetzt werden. Um eine Schallabstrahlung von Ventilatoren oder nachfolgenden Kanälen zu unterbinden, werden *Entdröhnungsmittel* verwendet.

4.2.12 Nachbehandlungsgeräte mit Luftförderung
Aftertreatment devices with jets or fans
for room-air circulation

Systeme

Eine Nachbehandlung der Luft kann durch Einbau von *Erhitzern, Kühlern, Filtern* im Kanal oder bei Zweikanalanlagen durch *Mischkästen* vorgenommen werden. Nachbehandlungsgeräte mit Wärmetauscher und Luftförderung werden meist sichtbar in der Fensterbrüstung in den Raum gesetzt, wobei zusätzlich zum Luftstrom von der Zentrale (*Primärluft*) noch Raumluft (*Sekundärluft*) umgewälzt wird, um die notwendige Leistung zu erreichen. Mit diesen Geräten ist die individuelle Regelung eines jeden Raums möglich. Sie werden daher meist in Vielraumgebäuden verwandt, **Bild 8** [15].
Die zusätzliche Luftförderung geschieht entweder durch Düsen, die Raumluft injizieren (*Induktionsgerät*) oder durch einen in das Gerät eingebauten Ventilator (*Ventilatorkonvektor*).

Induktionsgerät

Es enthält Wärmetauscher in Form von *Konvektoren* oder *Platten*, **Bild 67** und **Bild 68**. Hat der Wärmetauscher nur

eine Rohrschlange, wird diese wahlweise von Kalt- oder Warmwasser durchflossen, je nachdem, ob das vom Raumthermostat gesteuerte Ventil den Heiz- oder Kühlkreislauf freigibt (Vierrohr- oder Dreirohrsystem). Beim Zweirohrsystem ist jeweils nur der Heizfall oder der Kühlfall an den Geräten möglich. Die Vierleiterventile sind Sonderkonstruktionen, in denen praktisch zwei Ventile vereinigt sind.
An den Düsen liegt je nach Konstruktion ein Druck von 100 bis 400 Pa vor, was eine Austrittsgeschwindigkeit von 12 bis 25 m/s ergibt. Das Induktionsverhältnis Primärluft zu Sekundärluft liegt dabei im Bereich von zwei- bis fünffach.
Die Empfindlichkeit der Vierleiterregelventile und der Energieverlust, durch Wärmeleitung im Ventil und durch Austausch von Warm- und Kaltwasser, haben zu Konvektorinduktionsgeräten mit zwei Wärmetauschern geführt. Dabei dient einer zur Kühlung und der andere zur Heizung. Oder man verwendet Wärmetauscher mit zwei getrennten Wasserwegen für Kühlung und Heizung. Es werden dann einfache Sequenzventile verwandt. Wegen der Betriebsschwierigkeiten mit dem Vierleiterventil sind Geräte mit Klappenregelung entwickelt worden.

Ventilatorkonvektor

Er stellt ein Umwälzgerät dar, z.B. als Truhengerät mit Filter, Wärmetauscher und Ventilator (**Bild 69**), wobei die Außenluft zentral aufbereitet und dem Raum über ein Kanalnetz zugeführt wird. Die Sekundärluftumwälzung ist unabhängig von dem Primärluftstrom. Hinsichtlich der Anzahl und Ausführung der Wärmetauscher und des Anschlusses an den Kalt- und Warmwasserkreislauf sind die gleichen Möglichkeiten gegeben mit den verschiedenen Rohrsystemen wie beim Induktionsgerät.

Kleinwärmepumpengerät

Es handelt sich hierbei praktisch um Ventilatorkonvektoren mit eingebauter Kältemaschine. Vom Raumthermostaten wird je nach Kühlbedarf oder Heizbedarf auf Kälte- oder Wärmepumpenbetrieb geschaltet. Mit dem Wasserkreislauf wird entweder der Kondensator gekühlt (Kühlbetrieb) oder dem Verdampfer Wärme zur Verfügung gestellt (Heizbetrieb) [16]. Siehe M 6.

4.2.13 Wärmerückgewinnung. Heat recovery

Anwendung

Zur Energieeinsparung hat die Wärmerückgewinnung [17] bei raumlufttechnischen Anlagen besondere Bedeutung erlangt, und zwar für die Anlagen, die nur oder mit einem erheblichen Teil an Außenluft betrieben werden müssen. Wichtig ist nicht nur die Ersparnis im laufenden Wärmeverbrauch, sondern auch die Leistungsverringerung bei der Wärmeerzeugung, **Bild 70**. Vom Prinzip her ist die Wärme, die in der Fortluft enthalten ist, an die Ansaugluft zu übertragen. Das kann durch Wärmetauscher im direkten oder indirekten Verfahren geschehen, aber auch durch Einsatz einer Wärmepumpe, bei der die Fortluft als Wärmequelle genutzt wird (s. M 6.3.1).

Unter Wärmerückgewinner werden nach VDI-Richtlinie 2071 *regenerative* und *rekuperative* Wärmetauscher ver-

standen. Es können sowohl *sensible* Wärme und ja nach Bauart und Betriebszustand auch *latente* Wärme, z.B. durch Kondensation oder Sorption übertragen werden.

Rekuperator

Bei diesem vollzieht sich der Wärmetausch über Trennflächen direkt vom Fortluft- an den Außenluftstrom, dazu ist eine räumliche Zusammenführung der Luftkanäle notwendig, **Bild 71**.

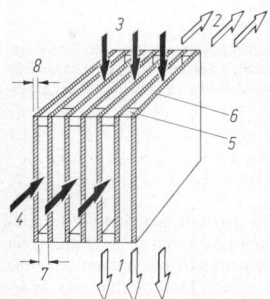

Bild 71. Rekuperative Wärmerückgewinner (Glasplattentauscher) (Air Fröhlich). *1* Austritt Rückluft 19,2 °C/95% RF(rel. Feuchte), *2* Austritt Zuluft 21 °C/35% RF, *3* Eintritt Abluft 30 °C/55% RF, *4* Eintritt Außenluft 8 °C/80% RF, *5* Distanzstreifen, *6* Glasplatte, *7* Spaltbreite, *8* Glasscheibenstärke

M

Regenerator

Bei diesem wird zwischen drehenden *festen* Wärmeträger und umlaufenden *flüssigen* oder *gasförmigen* Wärmeträger unterschieden. Im ersten Fall durchströmen die Fortluft und die Außenluft nacheinander den sich drehenden Wärmeträger, über die Kontaktflächen wird die Wärme vom Fortluft- an den Außenluftstrom übertragen, **Bild 72**. Auch hier müssen die Luftkanäle wieder räumlich zusammengeführt werden. Im zweiten Fall wird die Wärme der Fortluft rekuperativ über einen Wärmetauscher an ein Kreislaufsystem, meist Flüssigkeitskreislaufsystem, übertragen und in der Außenluft über einen zweiten Wärmetauscher vom Kreislaufsystem an die Außenluft abgegeben. Der Wärmetausch erfolgt zwar direkt über Trennflächen, also rekuperativ, durch den umlaufenden Wärmeträger ergibt sich aber ein regeneratives Verhalten, **Bild 73**.

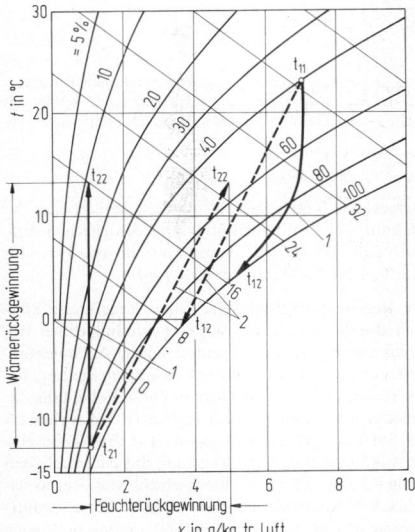

Bild 70. Luftzustandsverlauf bei Energierückgewinnung. *1* Austausch von sensibler Wärme, *2* Austausch von sensibler und latenter Wärme sowie Wasser

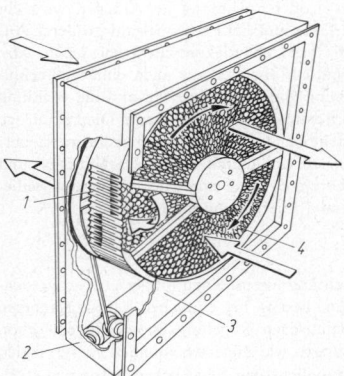

Bild 72. Regenerativer Wärmerückgewinner (Rotationstauscher) (Kraftanlagen Heidelberg). *1* Rotor, *2* Stahlblechgehäuse, *3* Schleuszone, *4* Rotorantrieb

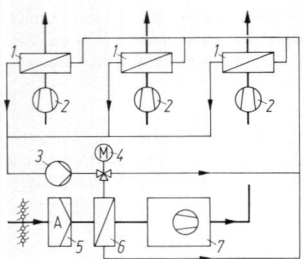

Bild 73. Regenerative Wärmerückgewinnung über Medienwärmeträger. *1* Fortluft-Energietauscher, *2* Fortluft-Ventilator, *3* Umwälzpumpe, *4* Mischventil, *5* Außenluftfilter, *6* Außenluft-Energietauscher, *7* Klimagerät

Wirtschaftlichkeit

Zu berücksichtigen ist bei allen Systemen, daß bei der Einsparung von Wärme, Feuchtigkeit und in geringfügigem Umfang auch von Kälte ein zusätzlicher Aufwand für die Luftförderung entsteht, um den Druckverlust des Wärmetauschers auszugleichen. Bei größeren Anlagen wird die Investition für den Wärmerückgewinner durch die Einsparung bei der Wärmezentrale ausgeglichen. Je nach System und Ausnutzungsgrad lassen sich im Wärmeverbrauch Einsparungen in der Größenordnung von 25 bis 50% erzielen, wobei die höheren Werte dem drehenden Regenerativtauscher zuzuordnen sind [18].

4.2.14 Schaltung und Regelung. Switching and control

Schaltung und Steuerung

Die Betriebsdauer von Lüftungs- und Klimaanlagen ist je nach dem Nutzungszweck der Räume sehr unterschiedlich, so beträgt sie bei *Versammlungsräumen* mehrere Stunden, bei *Verwaltungsgebäuden, Geschäftshäusern* 8 bis 10 h am Tage, bei *Industrieanlagen* kann Dauerbetrieb vorliegen. Das Ein- und Ausschalten der Anlage geschieht meist von einer Schaltstelle im Gebäude, unabhängig von einer zusätzlichen Schalteinrichtung im Gerät oder in der Zentrale. Verbunden mit dieser zentralen Schaltmöglichkeit wird die Überwachung des Betriebs, bei kleineren Anlagen nur hinsichtlich der Funktion, bei mittleren und größeren Anlagen auch hinsichtlich bestimmter Betriebswerte vorgenommen. Kleinere Anlagen haben einzelne *Schalttafeln*, bei einem größeren Umfang an Anlagen wird ein *zentraler Schaltraum* und bei einer Vielzahl größerer Anlagen innerhalb eines Gebäudekomplexes eine *Schalt- oder Leitwarte* geschaffen, von der aus eine meßtechnische Überwachung von Betriebswerten und die Meldung von Störungen durchgeführt werden kann. Die zukünftige Entwicklung sieht bei Leitwarten einen rechnergesteuerten Anlagenbetrieb vor. Durch Datenverarbeitungs- und Registriereinrichtungen wird eine Einsparung von Bedienungspersonal und Energie angestrebt.

Regelung

Die Regeleinrichtung nimmt einen immer größer werdenden Umfang an. Bereits bei einfachen Lüftungsanlagen wird zur automatischen Regelung übergegangen, schon um Beanstandungen wie Zugerscheinungen zu vermeiden und um einen möglichst wirtschaftlichen Betrieb zu erreichen. Geregelt wird meist die *Temperatur* und *Feuchtigkeit*, gelegentlich auch der *Druck*, in letzter Zeit aber auch mehr der *Luftstrom*. Die Regeleinrichtung besteht aus dem Füh-

ler, dem Regelorgan, dem Kraftverstärker, der Hilfsenergie und den Verbindungsleitungen zwischen den Teilen. Als Hilfsenergie wird sowohl elektrischer Strom als auch Druckluft benutzt, wobei die pneumatische Regelung die häufigere ist.

Unmittelbar wirkende Regler ohne Hilfsenergie, z.B. Temperaturregler, die aus einem Fühler, der Kapillarleitung und dem Ventil bestehen, ähnlich den Thermostatventilen in der Heizungstechnik, kommen relativ selten und nur bei kleineren Anlagen zur Anwendung. Wegen der Eigenschaften der Fühler, der Regler, der Regelstrecken und der Grundsätze der Regelungstechnik wird auf X1 bis 6 verwiesen.

Zulufttemperaturregelung. Lüftungsanlagen benötigen meist nur eine konstante Zulufttemperatur, also eine Steuerung der Wärmeversorgung des Lufterhitzers, wobei die Zulufttemperatur gegebenenfalls für den Sommer- und Winterbetrieb am Zuluftthermostaten auf unterschiedliche Werte eingestellt werden kann. Handelt es sich um ein Luftheizgerät, muß die Zulufttemperatur vom Raumthermostaten gesteuert werden, um die Anpassung an den mit der Außenwitterung veränderlichen Wärmebedarf zu gewährleisten. Bei einer Teilklimaanlage also einer Lüftungsanlage mit Kühleinrichtung bedarf es neben der Steuerung der Zulufttemperatur noch einer Begrenzung dieser Temperatur nach unten, damit nicht mit zu kalter Luft eingeblasen wird.

Taupunktregelung. Klimaanlagen für menschliche Aufenthaltsräume haben oft eine Taupunktregelung, wobei dieser Taupunkt für den Sommer- und Winterbetrieb unterschiedlich ist, da auch eine unterschiedliche relative Feuchte im Raum gehalten wird, **Bild 74**.

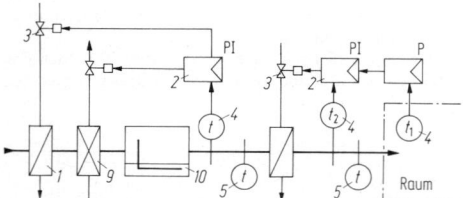

Bild 74. Klimaanlage: Taupunkt-Regelkreis für Raumlufttemperatur und -feuchte. (Sequenzschaltung von Erhitzer und Kühler mit Nacherhitzer-Regelkreis). *1–9* s. **Bilder 71** bis **73**, *10* Sprühbefeuchter

Feuchteregelung. Regelkreise für die Befeuchtung oder die Entfeuchtung der Luft haben prinzipiell den gleichen Aufbau, nur daß anstatt der Temperatur die relative oder absolute Feuchte im Raum geregelt wird.

Weitere Regelungsmöglichkeiten. Diese Regelkreise können nun durch Aufschalten weiterer Einflußgrößen wie die Anpassung der Raumtemperatur an die Außentemperatur oder durch eine automatische Klappenregelung, bei der das Verhältnis von Außenluft zu Umluft ebenfalls der Außenwitterung angepaßt wird, verfeinert und verbessert werden. Sofern ein Wärmerückgewinner in der Anlage eingebaut ist, muß dieser in die Regelung mit eingeschlossen sein, **Bild 75**. Es läßt sich eine Vielzahl von Regelkreisen je nach Nutzungszweck und Aufgabe der raumlufttechnischen Anlage aufbauen. Beachtet werden muß auch das Zusammenwirken der Regeleinrichtung für die Lüftung und Heizung, wenn getrennte Anlagen vorliegen, **Bild 76**. Bei Induktionsgeräteanlagen mit Vierleitersystem wird

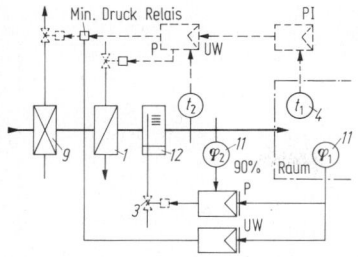

Bild 75. Klimaanlage: Raumluftfeuchte-Regelkreis. (Dampfbefeuchtungs- und Entfeuchtungs-Regelkreis mit getrennten Reglern). *1–10* s. **Bilder 71** bis **74**, *11* Feuchtefühler, *12* Dampfbefeuchter

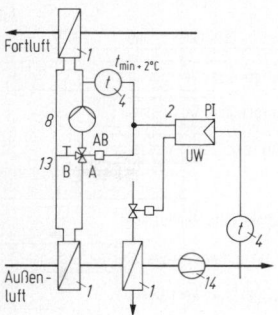

Bild 76. Lüftungsanlage mit Wärmerückgewinnung: Lufterhitzer-Regelkreis für Vor- und Nacherwärmung (Außenlufterwärmung mit Rekuperativ-Austauscher-System). *1–12* s. **Bilder 71** bis **75**, *13* Dreiwegeventil, *14* Ventilator

zur zentralen Regelung die Steuerung der Wärme- und Kälteversorgung im Gerät über den Raumthermostaten notwendig.

Die Regelung arbeitet in einem bestimmten Toleranzbereich je nach Eigenschaften des Reglers. Zumeist werden Proportionalregler verwandt, bei hochwertigen Regelaufgaben auch Proportional-Integralregler. Zur örtlichen Toleranz im Raum kommt also die zeitliche Toleranz durch die Arbeitsweise des Reglers hinzu, wobei die gesamt zulässige Toleranz durch den jeweiligen Nutzungszweck der Räume vorgeschrieben wird, z.B. haben Klimaanlagen für Verwaltungs- und Bürogebäude einen Toleranzbereich für die Raumlufttemperatur von ± 1 K, während bei der relativen Feuchte eine Toleranz, von ±5% zugelassen wird.

5 Systeme und Bauteile der kältetechnischen Anlagen. Systems and components of refrigeration plants

5.1 Anwendungen und Bauarten
Applications and types

Anwendungen

Von großer Bedeutung sind kältetechnische Einrichtungen für die *Lebensmittelverarbeitung* und *-frischhaltung*.
Hierzu zählen: Kühl- und Tiefkühlräume aller Art, Schnellgefrieranlagen, Transportkühlanlagen in Schiffen, Waggons, Kraftfahrzeugen, Flugzeugen und Containern, Kühlmöbel aller Art für Haushalt, Handel und Gewerbe.
Die Kühl- und Lagerbedingungen reichen von −35 °C bei sehr starker Luftbewegung im Schnellgefrierraum bis zu +18 °C bei Reifungs- und Verarbeitungsräumen.
Die zulässigen Temperatur- und Feuchteschwankungen dürfen in einigen Fällen nur sehr gering sein, so z.B. bei Bananen, Trockengemüse, Getreide, Tabak, Pflanzen sowie bei der Bierherstellung und der Käsereifung.
Verbreitete Anwendung finden kältetechnische Anlagen in *Fabrikations-* und *Fertigungsprozessen*.
Viele Produkte können nur bei bestimmten Temperaturen und oft nur bei einem eng begrenzten Bereich der Luftfeuchtigkeit hergestellt werden, wie pharmazeutische Produkte, Kosmetika, Textilien, Papier u.a. Das Einhalten bestimmter Luftzustände ist ebenfalls für Filmentwicklungs- und Kopieranstalten, feinmechanische Werkstätten und bei der Meßgeräte- und Elektronikproduktion – hier sogar unter den Bedingungen der Reinraumtechnik – entscheidend für ein brauchbares Arbeitsergebnis.
Für das Abführen der Prozeß- und Maschinenwärme genügen zwar überwiegend Temperaturen im Bereich von 15 bis 25 °C; die häufig notwendige Trocknung bzw. eine niedrige Luftfeuchtigkeit ist jedoch nur mit tieferen Temperaturen des Kühlmediums zu erreichen.
Ein Großteil der kältetechnischen Einrichtungen entfällt auf die sog. „*Human*-Klimatisierung" für die in M 1.1 aufgeführten Gebäude mit ihren Arbeits- und Aufenthaltsräumen.

Bauarten

Klimageräte mit *Direktkühlanlagen* sowie anschlußfertige *Wasserkühlsätze* mit luft- oder wassergekühlten Verflüssigern werden für alle gängigen Anwendungsfälle serienmäßig hergestellt, **Bild 1**.
In die Klimageräte werden fast ausschließlich Verdichtungs-Kältemaschinen mit hermetischen bzw. halbhermetischen Motorverdichtern eingebaut.
Die Bezugswerte für die Nennleistungen der *Raumklimageräte* sind in DIN 8957, Bl. 2, festgelegt; z.B. der Bezugswert für den Kühlbetrieb in gemäßigtem Klima: Raumluft 27 °C /46% rel. Feuchte und Außenluft 35 °C/40% rel. Feuchte.

Auslegungsdaten für Wasserkühlanlagen

Temperaturen

Kaltwasser-Vorlauftemperatur:	6 °C
Temperaturspreizung im Kaltwassernetz je nach Temperaturbereich der Verbraucher:	5 bis 9 K
Kühlwassertemperatur aus offenen Rückkühlwerken:	27 bis 29 °C
Kühlwassertemperatur aus geschlossenen Rückkühlwerken:	29 bis 32 °C
Temperaturspreizung im Kühlwassernetz beim Verdichtungskälteverfahren:	5 bis 6 K
bzw. beim Absorptionskälteverfahren:	10 bis 11 K

Leistungsaufnahmen:

(Durchschnittliche, bezogen auf 1 MW erzeugte Kälteleistung. Die niedrigeren Werte gelten in der Regel für Anlagen größerer Leistung.)

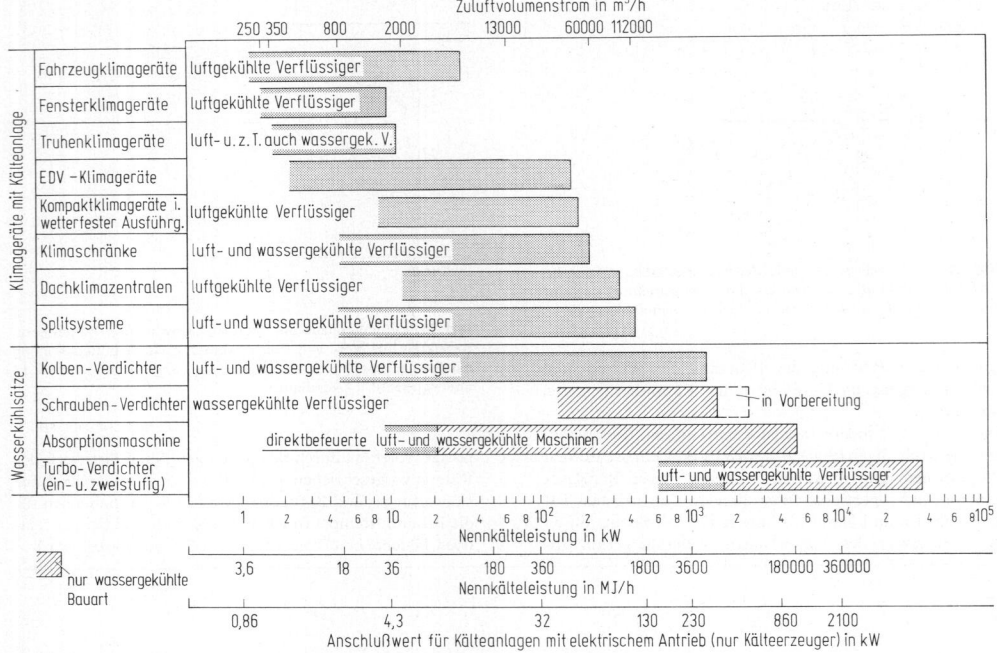

Bild 1. Übersicht über kältetechnische Produktgruppen für die Klimatisierung

Wasserkühlsatz mit halbhermetischen Motorverdichtern
– bei luftgekühlten Verflüssigern
(einschließlich Lüfter)
und 47 °C Verflüssigungstemperatur: 310 bis 360 kW
bei wassergekühlten Verflüssigern
und 38 °C Verflüssigungstemperatur: 245 bis 285 kW

Kältemittel- und Lösungspumpen von
Absorptionskältemaschinen, 1stufig,
mit dem Arbeitsstoffpaar H_2O/LiBr: 2 bis 10 kW
Kaltwasserpumpen in Gebäudezentralen: 10 bis 19 kW
Kaltwasserpumpen in Fernkältezentralen: 19 bis 30 kW
Kühlwasserpumpen: 10 bis 20 kW
Rückkühlwerksventilatoren je nach
Bauart und Schalldämpfung: 7 bis 25 kW
Rückkühlwerksventilatoren für
Absorptionskältemaschinen: 10 bis 35 kW

Absorptionskältemaschinen mit dem Arbeitsstoffpaar
H_2O/LiBr:

– ND-Dampf 1,63 bis 1,8 bar — 2 500 kg   entsprechend einer
– Heißwasser bei 132/110 °C —58000 kg   Heizleistung
     bzw. bei 116/100 °C —84000 kg   von 1 500 kW

Zuspeisewasserbedarf für Rückkühlwerke:
(bezogen auf 1 MW abgeführte *Wärmeleistung*)

Verdunstungsanteil bei hohen Feuchtkugel-
temperaturen (entspricht der Verdunstungs-
wärme des Wassers von 2451 kJ/kg
bei 21 °C Außenlufttemperatur):   1470 kg/MW
Absalzanteil bei 3facher zulässiger
Eindickung: 733 kg/MW

Gesamt-Zuspeisewasser bei 3facher Eindickung bezogen
auf 1 MW erzeugte *Kälteleistung*:

– bei Verdichtungskältemaschinen etwa: 2700 l/MW
– bei Absorptionskältemaschinen etwa: 5500 l/MW

Die *Absalzmenge* (Sprühverluste vernachlässigt) ist aus der
Wasseranalyse nach der Karbonathärte bzw. nach dem
Gesamtsalzgehalt wie folgt zu berechnen

$$\dot{G}_A = \left(\frac{C_z}{C_u - C_z} \right) 1,7 \Delta t \dot{G}_u \quad \text{in l/h.}$$

Es bedeuten $\dot{G}_A$ Absalzwasserstrom in l/h, C_u zugelassener Wert der Karbonathärte (mol/m³) bzw. des Gesamt-
salzgehalts (g/m³) im Umlaufwasser, C_z Karbonathärte
(mol/m³) bzw. Gesamtsalzgehalt (g/m³) im Zuspeisewasser, Δt Temperaturdifferenz zwischen Kühlwasserein- und
-austritt in K, $\dot{G}_u$ Kühlwasserstrom in m³/h.

Verschmutzungsfaktoren für Wärmetauscher (s. M 8.2):
Umwälzung im geschlossenen Kreislauf
bzw. Stadtwasserdurchfluß: $0,88 \cdot 10^{-4}$ m² K/W
Umwälzung im offenen Kreislauf: $1,76 \cdot 10^{-4}$ m² K/W
Durchfluß von grob gefiltertem
Brunnen- oder Flußwasser: bis $3,52 \cdot 10^{-4}$ m² K/W

Wasserseitige Druckverluste:
Für Verdampfer und Verflüssiger werden
Druckverluste empfohlen von: 0,2 bis max. 0,8 bar
Für Plattenwärmetauscher: bis max. 0,5 bar

Eine auf vorstehende Daten beruhende Auslegung ergibt
i. allg. eine wirtschaftliche Kälteerzeugung.

5.2 Bauteile. Components

5.2.1 Kältemittelverdichter. Refrigerant-compressor

Ausführung überwiegend als Motorverdichter, d.h. elektrischer Motor und Verdichter in einem gemeinsamen Ge-

häuse, keine Wellendurchführung nach außen wie beim *„offenen"* Verdichter.

Im unteren Leistungsbereich hermetische Ausführung in verschweißten oder verlöteten Gehäusen als *„Kapsel"*, größere Maschinen in verschraubten Gehäusen als *halbhermetisch* bezeichnet.

Bei den kleineren Kälteleistungen für Haushaltskühlmöbel und Einzelraumklimageräte werden die bisher dominierenden Hubkolbenverdichter durch verbesserte bzw. neue Verdichterarten, wie Rollkolben- und Spiralverdichter, verdrängt [1].

Im mittleren Leistungsbereich werden heute neben Hubkolbenverdichtern auch Schraubenverdichter eingesetzt, während die großen Leistungen den Turboverdichtern vorbehalten sind.

Schutzeinrichtungen und Sicherheitsgeräte

Sicherheitsventil oder Berstscheibe, Überströmeinrichtung von Druck- zur Saugseite, Saugdruckwächter, Hochdruckwächter, Hochdruck-Sicherheitsbegrenzer, Öl-Differenzdruckschalter, Öltemperaturwächter, Druckrohr-Temperaturwächter, Lagertemperaturwächter, Wicklungsthermostate oder Motorvollschutz-Einrichtung (Halbleiter), Begrenzung der Einschalthäufigkeit.

Je nach Leistung und Bauart werden die vorstehend genannten Geräte zum Teil baumustergeprüft benötigt.

Neben den Leistungs-Regeleinrichtungen der Verdichter kann die Kälteleistung durch polumschaltbare oder drehzahlveränderbare Elektromotore, durch drehzahlgeregelte Verbrennungsmotore oder durch einfaches Ein-/Ausschalten der Antriebe dem Bedarf angepaßt werden (s. V 5).

Konstruktion

Rollkolben- und Spiralverdichter (auch *Scroll-Verdichter* genannt), **Bild 2**. Antriebsleistungen unter 3 kW mit hohen

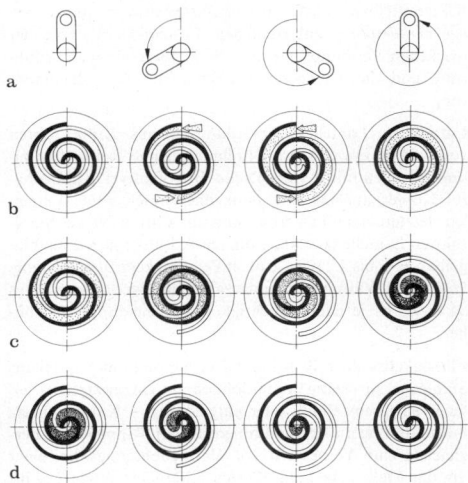

a

b

c

d

Bild 2. Arbeitsweise des Spiralverdichters (Trane). **a** Prinzip: Das Verdichten erfolgt mittels zweier, einseitig offener, ineinandergreifender Spiralen. Die obere Spirale ist ortsfest, die untere Spirale beschreibt eine Umlaufbahn; **b** Ansaugen: Beim ersten Umlauf der beweglichen Spirale werden zwei Gasräume gebildet und das Ansauggas darin eingeschlossen; **c** Verdichten: Beim zweiten Umlauf wird das Volumen der Gasräume kontinuierlich reduziert und das verdichtete Gas in Richtung des Mittelpunktes der festen Spirale transportiert; **d** Ausschieben: Beim dritten Umlauf wird das Gas weiter verdichtet und endlich durch eine Auslaß-Öffnung in der Mitte der ortsfesten Spirale ausgeschoben

Drehzahlen; bis 12000 min^{-1} bei kleinen, bis 6000 min^{-1} bei größeren Verdichtern. Geringes Leistungsgewicht und Bauvolumen, keine Arbeitsventile. Größere Laufruhe und höherer Liefergrad als bei Hubkolbenverdichter, gleichförmiger Drehmomentenverlauf. Insbesondere der Spiralverdichter ist noch in der Entwicklung zu größeren Bautypen begriffen.

Zellenverdichter. Er gehört zu den Drehkolbenverdichtern mit einem Rotor; mehrere Flügel bilden die Zellen. Der einfache, robuste Aufbau in Verbindung mit Verbundfaserwerkstoffen gewährleisten eine lange Lebensdauer. Der zulässige Drehzahlbereich liegt zwischen 400 und 4000 min^{-1}, was eine Drehzahlregelung in weiten Bereichen ermöglicht. Der Rotationsverdichter besitzt eine gute Eignung für Transportkühlanlagen mit direktem Antrieb vom Verbrennungsmotor. Der Leistungsbereich reicht etwa von 2,5 bis 17 kW Antriebsleistung [2].

Hubkolbenverdichter (**Bild 3**). Bewährte Verdichterkonstruktion mit selbsttätigen Arbeitsventilen. Federbelastete Ventileinsätze, um Zerstörungen von Kolben, Triebwerk und Ventilplatten durch Flüssigkeitsschläge vorzubeugen. Zylinderköpfe von Verdichtern in der Klimatechnik luftgekühlt, sonst auch wassergekühlt. Da Massen- und Momentenausgleich auch bei Vielzylindermaschinen nicht immer vollständig gelingt, muß für ausreichenden Schutz vor Körperschallübertragung gesorgt werden. Drehzahl i.allg. 1 500 min^{-1}, für Sonderfälle auch bis 3 000 min^{-1}.

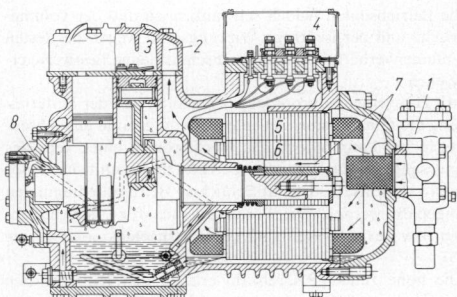

Bild 3. Halbhermetischer Vier-Zylinder-Motorverdichter mit Antriebsleistung bis 37 kW (Bitzer). *1* Saugabsperrventil, *2* Saugraum des Zylinderkopfes, *3* Druckraum des Zylinderkopfes, *4* Klemmkasten, *5* Stator, *6* Rotor, *7* Weg des angesaugten Kältemitteldampfes, *8* Schmierölkreislauf

Leistungsregelung durch Sauggasdrosselung, Druckgas-Bypass mit Nachspritzung, stufenweise Zylinderentlastung durch Abheben der Saugventilplatten; eine Einrichtung, die gleichzeitig den entlasteten Anlauf des Verdichters gewährleistet. Vorwiegend wird mit Hilfe des Schmieröldrucks – seltener mittels des Verflüssigungsdrucks – das Arbeiten der Saugventilplatten der einzelnen Zylinder freigegeben.

Die Leistungsregulierung über veränderbare Drehzahl ist wegen des Verhaltens der selbsttätigen Arbeitsventile wirtschaftlich nur im oberen Drehzahlbereich (50 bis 100%) möglich.

Schraubenverdichter. Sie arbeiten mit zwei Rotoren (Roots-Prinzip) mit Öleinspritzung, wodurch neben dem Abdichten gleichzeitig eine Kühlung des überhitzten Kältemitteldampfes während des Verdichtungsvorgangs und daher eine niedrigere Verdichtungsendtemperatur erreicht wird (s. P 3.9.2). Die notwendige Ölkühlung erfolgt durch einen wassergekühlten Ölkühler oder durch die Kältemitteleinspritzung in den Verdichtungsraum. Es sind keine oszillierenden Triebwerkteile und keine Arbeitsventile und damit keine Schadräume vorhanden wie bei Kolbenverdichtern, und es gibt keine Pumpgrenze wie bei Turboverdichtern. Für die Leistungsregulierung von Schraubenverdichtern, stufenlos im Bereich von 100 bis 10%, wird ein Gleitschieber so gesteuert, daß ein mehr oder weniger großer Teil des Ansaugraums nicht genutzt wird.

Das Verhältnis des Ansaugvolumens V_S zum Volumen bei Austrittsdruck V_D ist konstruktiv fest vorgegeben. Es gilt:

Inneres Volumenverhältnis $V_i = V_S/V_D = $ const,

äußeres Druckverhältnis

$$= \frac{\text{Anlagendruck am Verdichteraustritt}}{\text{Anlagendruck am Verdichtereintritt}};$$

dies ist wegen Druckverlusten in Leitungen, Armaturen u.ä. geringfügig größer als p_c/p_0.

Inneres Druckverhältnis p_i

$$= \frac{\text{Druck beim Öffnen des Auslasses } p_D}{\text{Druck bei Beginn des Verdichtens } p_S}.$$

Das innere Druckverhältnis p_i ist über den Adiabaten-Exponenten ($\kappa = c_p/c_V$) mit dem inneren Volumenverhältnis verknüpft in der Form $p_i = (V_i)^\kappa$.

Abhängig vom Verhältnis des Verflüssigungsdrucks p_c zum Verdampfungsdruck p_0 bei den zu erwartenden Betriebsbedingungen wird das bestgeeignete innere Volumenverhältnis V_i gewählt ($V_i = 1,5$ bis 3 für Klimaanlagen; bis 5 für Wärmepumpen erforderlich).

Bei der überwiegenden Zahl der Anwendungsfälle werden die Betriebsdaten jedoch schwanken, so daß der volumetrische und der isentrope Wirkungsgrad wegen des festen Volumenverhältnisses im Durchschnitt keine Bestwerte erreichen.

Mit Hilfe einer Mikroprozessorregelung und der Unterteilung des Gleitschiebers in einen Leistungs- und einen Steuerschieber kann jedoch das Rückströmen eines Teils des angesaugten Massenstroms geregelt und damit das Volumenverhältnis V_i den tatsächlichen Betriebsbedingungen angepaßt werden. Die Verlustarbeiten für Nachverdichten bzw. -expandieren sind dann vernachlässigbar gering [3].

Die hohe zulässige Drehzahl erlaubt den Direktantrieb mit 2poligen Elektromotoren (3000 min^{-1} bei 50 Hz und 3600 min^{-1} bei 60 Hz).

Turboverdichter, Bild 4. Für die Klimakälteerzeugung genügen 1- oder 2stufige Turboverdichter mit eingebautem Getriebe (Laufrad-Drehzahlen in der Regel zwischen 3000 und 10000 min^{-1}) (s. R 7).

Bevorzugt wird die Regelung des Kältemittelmassenstroms abhängig von der Kaltwasser-Vorlauftemperatur durch verstellbare Einlaß-Leitschaufeln vor dem Laufrad. Für stabilen Teillastbetrieb werden Hilfseinrichtungen wie Heißgas-Bypass oder Druckgaseinleitung unterhalb des Flüssigkeitsspiegels im Verdampfer vorgesehen. Entlastetes Anfahren der Maschine erfolgt durch Schließen der Einlaß-Leitschaufeln, die außerdem zum Begrenzen der Motorstromaufnahme – in der Regel zwischen Sollwerten von 40 bis 100% einstellbar – verwendet werden.

Da nur drehende, keine oszillierenden Teile vorhanden sind, kann die Körperschallübertragung durch spezielle Gummiunterlagen unterbunden werden; im Teillastbetrieb kann bei ungünstigen Bedingungen jedoch ein erhöhter Luftschallpegel auftreten.

An pulsierenden Geräuschen und mit gleicher Frequenz schwankenden Drücken und Stromaufnahmen ist das sog. „Pumpen" – die zeitweise Umkehr des Gasflusses durch das Laufrad – zu erkennen. Es kann sowohl die obere als auch die untere Pumpgrenze überschritten werden; länge-

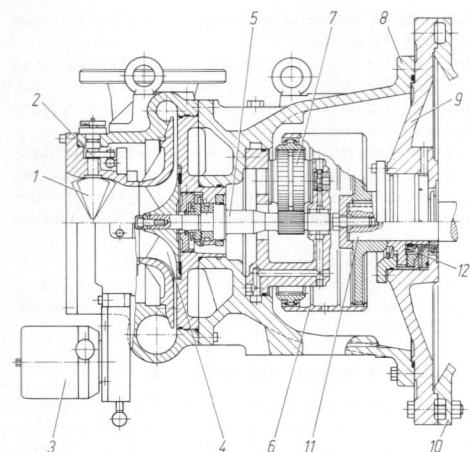

Bild 4. Offener Turbokältemittelverdichter für R 12, R 22 und R 500 (Sulzer Escher Wyss). *1* Vorleitschaufeln (VLS), *2* VLS-Verstellhebel, *3* VLS-Verstellantrieb (typisch), *4* Laufrad, *5* Laufradwelle mit Ritzel, *6* Getriebeaußenkranz, *7* Planetenräder, *8* Getriebegehäuse, *9* Getriebegehäusedeckel, *10* Flansch des Standardmotors, *11* Antriebswelle des Standardmotors, *12* Gleitringdichtung

rer Betrieb in diesem Zustand kann zu großen Schäden, insbesondere zu Lagerverschleiß führen (s. R 7).

5.2.2 Verdampfer. Evaporator

Verdampferkonstruktionen für Luftkühlung, Flüssigkeitskühlung und Eisspeicherung.

Nach der Art der Beaufschlagung der Kühlfläche mit Kältemittel wird zwischen *Überflutungsbetrieb* und *trockener Verdampfung* unterschieden. Prinzipielle Vorteile der trockenen Verdampfung sind die kleinere Kältemittelführung und die geringeren Probleme mit der Ölrückführung.

Luftkühler. Lamellenrohrverdampfer aus Kupferrohren von 9,52 bis etwa 18 mm Durchmesser und Rein-Aluminium-Lamellen mit 0,3 mm Dicke. In korrosiver Atmosphäre: Kupferlamellen bzw. epoxydharzbeschichtete Lamellen; letztere auch in Verbindung mit Chrom-Nickel-Stahlrohren. Lamellenabstände für Direktkühler in Klimaanlagen ab 1,95 bis 4,2 mm, je nach Feuchtigkeitsausscheidung. Praktische Wärmedurchgangszahlen im Bereich von 12 bis 34 W/m^2 K, je nach Feuchtigkeitsausscheidung auch höher.

Flüssigkeitskühler. Rohrbündelverdampfer mit Mantel aus Stahlrohr, stirnseitigen Stahlböden mit eingewalzten – seltener eingeschweißten oder eingelöteten – Kupferrohren, mit und ohne äußere und innere Rillen, Rippen oder dergleichen zum Verbessern des Wärmeübergangs, bei einer um das Mehrfache vergrößerten Kühlfläche (etwa 2,5- bis 3,5fach). Bei höheren Ansprüchen an die Korrosionsbeständigkeit werden Sondermessingrohre verwendet.

Bei *trockener Verdampfung*: Kältemittel in den Rohren; Wasser oder Sole um die Rohre. Kältemittelseitige Aufteilung auch auf zwei, seltener auf drei oder vier Kreisläufe.

Nachteil: Wasserseitig ist nur eine chemische, keine mechanische Reinigung praktikabel.

Bei *Überflutungsbetrieb*: Kältemittel um die Rohre, Kälteträger mittels Umlenkdeckel in Einweg- bis Vierweg-

Durchfluß geführt. Für kleine Leistungen sind auch Ko-
axialverdampfer (Doppelrohre spiralförmig gewickelt) mit
beripptem oder glattem inneren Kupferrohr üblich.
Für Kältemittel Ammoniak werden entsprechende Ausführungen mit Stahlrohren hergestellt. Je nach Verschmutzung und spezifischer Belastung der Kühlflächen werden bei Wasserkühlung Wärmedurchgangszahlen etwa bis
$2100 \text{ W/m}^2\text{K}$ − bezogen auf die wasserberührte Rohroberfläche − erreicht. In jüngster Zeit werden auch Plattenverdampfer in Kältemittelkreisläufen eingesetzt [4].

Eisspeicherung. Ausgeführt als Plattenverdampfer aus
Stahl, verzinkt oder kunststoffbeschichtet oder als Glatt-
rohrschlangen-Verdampfer für Einsatz in offenen Was-
serbecken. Das Kältemittel wird über spezielle Verteiler
gleichmäßig eingespritzt oder auch mit Kältemittelpumpen umgewälzt.

5.2.3 Verflüssiger. Condenser

Luftgekühlte Verflüssiger. Ähnlich ausgeführt wie die Ver-
dampferkonstruktion mit Rohren aus Kupfer oder Stahl
und Lamellen aus Aluminium, Kupfer, Stahl und gegebenenfalls zusätzlicher Beschichtung; mit Lamellenabstän-
den ab 1,6 mm. Die Wärmedurchgangszahlen liegen im
Bereich von 15 bis $30 \text{ W/m}^2\text{K}$, je nach Luftdurchsatz,
der jedoch oft wegen des zunehmenden Geräuschpegels
begrenzt werden muß.

Wassergekühlte Verflüssiger. Konstruktion wie Rohrbündelverdampfer für Überflutungsbetrieb mit Wasserum-
lenkdeckeln bis zu Sechsweg-Durchfluß. Die unteren
Kühlrohre dienen bei Einbau eines Leitblechs für den
Abflußweg zum Unterkühlen des flüssigen Kältemittels.
Spiralförmig gewickelte Koaxial- und Doppelrohr-Wärmetauscher und neuerdings auch Plattenwärmetauscher
als Verflüssiger und zum Rückgewinnen der Überhitzungswärme für Heizwasserkreisläufe. Sonderausführungen mit doppelter Trennwand und Sicherheitszwischen-
raum zwischen Kältemittel- und Trinkwassernetz für die
Brauchwassererwärmung (s.a. DIN 1988, T 4). Praktische
Wärmedurchgangszahlen liegen im Normalfall in der Größenordnung von 900 bis $1700 \text{ W/m}^2\text{K}$ bezogen auf die
äußere Kühlfläche.

5.2.4 Kältemittelkreisläufe. Refrigerant circuits

Drosseleinrichtungen. Neben Kälteerzeuger, Verdampfer
und Verflüssiger ist die Drosseleinrichtung zwischen Hoch-
und Niederdruckseite wichtiger Bestandteil des Kältemittelkreislaufs für *klimatechnische Anlagen.*

Kapillar-Drosselrohre: Geeignet für Seriengeräte kleiner
Leistung, mit abgestimmter Kältemittelfüllung.

Lochblenden und Düsen: Einfachste Form der Drosselung
von Kältemittelmassenströmen; angewendet z.B. bei der
Motorkühlung von halbhermetischen Turbokältemittelverdichtern.

Einspritzeinrichtungen. *Thermostatische Einspritzventile:*
Abhängig von der Temperatur des Fühlelements wird die
Einspritzdüse des Ventils für das Durchströmen des Kältemittels mehr oder weniger geöffnet. Das Fühlelement
erfaßt die Überhitzungstemperatur der Saugleitung hinter dem Verdampfer. Steigende Überhitzung vermehrt die
Kältemitteleinspritzung.
Bei Verdampfern mit größerem kältemittelseitigem Druckabfall sind Einspritzventile mit zusätzlichem Anschluß
einer Druckausgleichsleitung an die Saugleitung hinter
dem Temperaturfühler erforderlich. Gleiches gilt für Verdampfer mit mehreren parallelen Wegen, bei denen zum

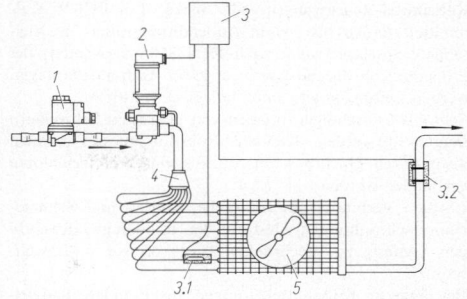

Bild 5. Kältemitteleinspritzregelung mit elektronischem Regelsystem
(Danfoss). *1* Magnetventil, *2* Expansionsventil mit Stellantrieb, *3*
Regler elektronisch, *3.1* Temperaturfühler PT 1000 am Verdampf-
ereingang, *3.2* Temperaturfühler PT 1000 am Verdampferausgang,
4 Kältemittelverteiler, *5* Rippenrohrluftkühler für Direktverdamp-
fung

gleichmäßigen Beaufschlagen Kältemittelverteiler eingebaut werden. Einspritzventil mit MOP (Maximum Operation Pressure) unterbindet die Kältemitteleinspritzung
oberhalb eines bestimmten Verdampfungsdrucks.

Elektronisches Einspritzsystem: Mit der neuen Generation von mikroprozessorgesteuerten Einspritzsystemen
aus Regler, elektronischem Expansionsventil und zwei
Meßwertaufnehmern wird die Kältemittel-Mengenrege-
lung − abhängig von der Temperaturdifferenz zwischen
Verdampferein- und -austritt − so verbessert, daß ein stetiger, kühllastangepaßter Verlauf des Verdampfungsdrucks
erreicht wird. Im Vergleich zu herkömmlichen Ventilen
ergeben sich folgende Vorteile:
Höherer Verdampfungsdruck infolge geringerer Überhitzung, geringere Verdichterlaufzeiten und -schaltspiele;
kürzere Abtauzeiten bei Luftkühlern; größere Regelgenauigkeit ($\pm 0{,}7$ K und kleiner), selbst bei schnellen Laständerungen und Änderungen des Verflüssigungsdrucks
sowie der Unterkühlungstemperatur. Dieses Betriebsverhalten führt zu deutlich höheren Leistungszahlen für die
Kälteerzeugung.
Die in **Bild 5** dargestellte elektronische Einspritzung kann
mit zusätzlichen Funktionen versehen werden für: Externe
Sollwertverstellung, MOT-Begrenzung (Maximum Open-
ing Temperatur), zwangsweises Öffnen und Schließen, Anzeige der Überhitzungstemperatur. Die Kommunikation
mit einem Rechner ist möglich.

Schwimmerregler. Es ist zu unterscheiden zwischen Hoch-
druck- und Niederdruck-Schwimmerregler, je nach Ein-
bauort des Schwimmers auf der Verflüssigerseite (Hochdruck) oder der Verdampferseite (Niederdruck).
Während der *Hochdruck*schwimmer das vom Verflüssiger kommende flüssige Kältemittel zum Verdampfer hin
abfließen läßt, den Gasdurchtritt jedoch verhindert, hält
der *Niederdruck*schwimmer einen bestimmten Kältemittel-
stand im Verdampfer aufrecht.

Regel- und Schalteinrichtungen. Magnetabsperrventile,
Druckschalter, Druck- und Temperaturregler in verschiedenen Ausführungen und für verschiedene Aufgaben, z.B.:
Startregler vermeidet Motorüberlastung beim Anlaufen
mit zu hohem Saugdruck; *Temperaturregler* drosselt den
Kältemittelstrom aus dem Verdampfer bei Unterschreiten
einer bestimmten Medientemperatur; *Kühlwasserregler* regelt den Stadtwasserdurchfluß durch Verflüssiger abhängig vom Verflüssigungsdruck.

Kältemittel-Rohrleitungen und Zubehör. Für FCKW-Kältemittel werden bis 54 mm Außendurchmesser fast ausschließlich *Kupferrohre* nach DIN 8905 verwendet. Bei größeren Rohrdurchmessern sowie für Ammoniakanlagen werden Leitungen aus *Stahl* verlegt (s. K 2.8).

Schweißverbindungen müssen von geprüften Schweißern hergestellt werden. Kleinere Rohrdurchmesser können auch durch Hartlöten oder mit geeigneten Weichloten verbunden werden.

Lösbare Verbindungen (Flansche, Bördel- und Schneidringverschraubungen) sind auf den unbedingt notwendigen Umfang zu beschränken (Leckverluste – Umweltschutz).

Bei längeren Kältemittelleitungen, insbesondere Saugleitungen, mindert der Druckverlust die Leistung des Kältemittelverdichters. Andererseits darf die Sauggasgeschwindigkeit mit Rücksicht auf eine einwandfreie Ölrückführung nicht beliebig verringert werden (4 bis 8 m/s je nach Steigung und Kältemittel sind einzuhalten).

Für die Kältedämmung der Saugleitungen wird vorzugsweise geschlossenzelliges, flexibles synthetisches Kautschukmaterial in schwerentflammbarer Ausführung verwendet.

Kältemitteltrockner. Der maximale Feuchtigkeitsgehalt des angelieferten Kältemittels liegt mit etwa 0,001 Massenprozent in der Regel weit unter der Löslichkeitsgrenze von Wasser in flüssigem Kältemittel.

Vorbeugend werden bei vor Ort montierten Anlagen Kältemitteltrockner vorwiegend in die Flüssigkeitsleitung eingebaut, um gegebenenfalls die im Kältemittelkreislauf nach dem Evakuieren verbliebene Restfeuchtigkeit an eine geeignete Absorptionsmasse (Aluminium-Silizium-Oxid-Verbindungen, z.B. Silicagel, Molekularsieves) zu binden. In der Regel dient der Trockner gleichzeitig als Filter.

Ölabscheider. Sie werden in Kälteanlagen der Klimatechnik i.allg. nicht benötigt; eine Ausnahme bilden die Wasserkühlsätze mit Schraubenverdichtern und Anlagen mit dem Kältemittel Ammoniak. Der in die Druckgasleitung eingebaute Ölabscheider führt den größten Teil des aus dem Verdichter ausgeworfenen Öls über einen Schwimmerregler dem Ölreservoir wieder zu.

Armaturen und Zubehör. Im Kältemittelkreislauf eingebaut können sein: Betriebsmäßig von Hand zu betätigende Absperrventile; nicht betriebsmäßig zu betätigende Absperrventile mit Kappen; Wechselventile; Schnellschlußventile; sog. „Schrader"-Ventile zum Anschließen von Meß- und Hilfsleitungen; Rückflußverhinderer; Schaugläser; Thermometerstutzen; Kältemittelfilter; Kältemittelsammler.

Bau und Inbetriebnahme. Sie unterliegen der Unfallverhütungsvorschrift „Kälteanlagen, Wärmepumpen und Kühleinrichtungen" (VBG 20) sowie den sicherheitstechnischen Grundsätzen für Gestaltung, Ausrüstung und Aufstellung – DIN 8975, T 1 bis 9.

5.2.5 Wasserkreisläufe. Water circuits

Wasserkreisläufe für Kälteanlagen werden für *Kaltwasser* und für *Kühlwasser* (meist rückgekühltes Wasser) benötigt.

Rohrleitungen. Vorzugsweise werden verwendet (s. K 2.8): Nahtloses Stahlrohr nach DIN 2448 und geschweißtes Stahlrohr nach DIN 2458 bei großen Nennweiten. Gewinderohr nach DIN 2440, schwarz bzw. für Meß- und Hilfsleitungen sowie für Tropfwasserleitungen in verzinkter Ausführung. Für Leitungen, die stärkeren Korrosionsangriffen ausgesetzt sind, z.B. an Kühltürmen oberhalb

des Wasserstands, werden Rohre aus Polyvinylchlorid hart (PVC oder PVC-C), DIN 8062, mit Klebeverbindungen oder Polyethylen hoher Dichte (HDPE), DIN 8074, mit Heizelement-Schweißverbindungen verlegt.

Armaturen. In Kalt- und Kühlwassernetzen haben sich bewährt (s. K 2.9): *Einklemmklappen*, insbesondere wegen ihres vernachlässigbar geringen Druckverlusts und der kleinen Baumaße. Bei Kaltwasserleitungen sind wegen der Dicke der Dämmung *Klappen* mit langem Hals einzusetzen; *Kugelhähne* für Entleerungs- und Entlüftungsleitungen wegen ihrer langen Standzeit; *Rückflußverhinderer* mit Membran aus elastischem Kunststoff wegen ihrer Geräuscharmut; *Rohrleitungskompensatoren* mit aufvulkanisiertem Gummibalg und körperschallgedämmten Längenbegrenzern.

Wasserpumpen (s. R 3). Bei kleineren Leistungen sind Rohreinbaupumpen, gegebenenfalls Doppelpumpen üblich; bei höheren Anforderungen an die Versorgungssicherheit (durchgehender Betrieb) sind getrennte „Sofortbereitschafts"-Pumpen nötig.

Wasserfilter. Im geschlossenen Kaltwasserkreis von Gebäuden ist eine Wasserfilterung in der Regel nur während der ersten Betriebsstunden unbedingt erforderlich. Eine spätere Verschmutzung ist eine Folge von Korrosionserscheinungen innerhalb des Kreislaufs und steht meist im Zusammenhang mit Leckverlusten. Bei ausgedehnten Wassernetzen von Fern- bzw. Zentralkälteanlagen ist daher eine ständige Wasserfilterung zweckmäßig, die aus wirtschaftlichen Gründen als *Teilstromfilterung* mittels Hilfspumpe vorgenommen werden sollte. Die Maschenweite von Mantel- oder Korbsieben in Kaltwasser-Druckleitungen sollte 0,2 bis 0,8 mm bei *Siebflächenbelastungen* zwischen 6,5 l/cm² für Mantel- und 15 bis max. 30 l/cm² h für Korbsiebe betragen. Bei sauberen Sieben werden max. 0,2 bar Druckverlust zugelassen.

Für *offene* Rückkühlwassernetze ist meist mit einem höheren Schmutzanfall infolge der aus der Luft eingetragenen Partikel, der höheren Eindickung des Umlaufwassers und der nicht auszuschließenden Flächenkorrosion zu rechnen. Es sind deshalb höherwertige Filter notwendig, die als *Doppelfilter* oder bei größeren Anlagen als automatische *Rückspülfilter* ausgeführt werden müssen, um die Funktionssicherheit zu gewährleisten und den Wartungsaufwand in Grenzen zu halten.

Filterfeinheit bis herab zu 100 µm hilft Korrosionen, Ablagerungen und Bakterienwachstum zu vermeiden.

Ausdehnungsgefäße. Für geschlossene Kreisläufe ist der Einbau eines Ausdehnungsgefäßes mit Anschluß an der Saugseite der Pumpen erforderlich. Verwendet werden *Membran-Ausdehnungsgefäße* mit Stickstofffüllung, die so hoch wie möglich angeordnet werden sollten. Der Wasserinhalt der Ausdehnungsgefäße ist so reichlich zu bemessen, daß geringe Tropfwasserverluste an den Wellenabdichtungen der Pumpen mehrere Wochen lang ausgeglichen werden (AG s.a. DIN 4807).

Nachfüllautomat. Ausgedehnte Wassernetze erhalten oft eine automatische Nachfülleinrichtung R 1/2″, geeignet für Trinkwasseranschluß nach DIN 1988 und DVGW-Arbeitsblatt W503.

Die Leistung dieser Nachfüllautomaten ist jedoch auf Leckverluste begrenzt und deshalb nicht geeignet, das Gesamtnetz erstmalig zu füllen. Um Wasserschäden vorzubeugen, ist bei unzulässig langer Wassernachspeisung ein Gefahrensignal auszulösen.

Entlüftungseinrichtungen. Das sorgfältige Entlüften der Wassernetze ist entscheidend für die einwandfreie Funktion der Wasserverteilung und für das Vermeiden von Korrosionen. Neben den Entlüftungstöpfen mit Handventilen können serienmäßig hergestellte Entlüftungseinrichtungen in die Rohrleitungen eingebaut werden, die das Netz automatisch entlüften.

Wärmetauscher. Der Wärmeaustausch zwischen Primär- und Sekundärkreisläufen darf in den meisten Fällen nur eine geringe Grädigkeit aufweisen; es sind deshalb ausreichende und leicht zu reinigende Kühlflächen erforderlich. Bewährt haben sich Wärmetauscher aus gepreßten Chromnickelstahl-Platten, die zu Reinigungszwecken leicht demontiert werden können; vorausgesetzt, die Anschlußleitungen sind entsprechend angeordnet (s. K 1).

Kältedämmung. Die Dämmung von kaltgehenden Rohrleitungen und Armaturen ist nötig, um Kälteverluste und Schwitzwasser bei Taupunktunterschreitung zu vermeiden. Dies betrifft im hiesigen Klima alle Leitungen mit Medientemperaturen von 14 °C und niedriger. Wichtige Vorkehrungen: Vorbeugender *Korrosionsschutz* durch Beschichten der Rohroberfläche. Vorbehandlung nach DIN 55928, insbesondere Teile 4 und 5 sowie AGI Q151 (Arbeitsgemeinschaft Industriebau e.V.). Rohrbefestigungen mit ausreichender Dämmeinlage, um Wärmebrücken zu verhindern (Dämmstoff Polyurethan-Hartschaum mit Rohdichte bis 250 kg/m^3 und Druckfestigkeit bis 0,7 N/mm$^2 \hat{=}$ 7 kp/cm^2). Ausreichender Verlegeabstand der Rohrleitungen.

Dämmaterial:
Polystyrol-Hartschaumplatten, Rohdichte 40 bis 60 kg/m^3.
Polyurethan-Ortschaum mit mindestens 40 bis 50 kg/m^3 Rohdichte. Geschlossenzelliger, *synthetischer Kautschuk* mit Rohdichte um 75 kg/m^3; flexibel in Form von Schläuchen, Platten, Endlosplatten und Band (s. E 5).
Geschlossenzelliges *Schaumglas* mit Rohdichte von 125 kg/m^3, nichtbrennbar und wasserdampfdiffusionsdicht; häufig mit Alu-Folie umwickelt.
Fertig-Rohrsysteme, kältegedämmt mit nichtbrennbarem Hartschaum und Aluminiumkaschierung, eignen sich für vorwiegend gerade Rohrstrecken.
Dampfsperre über Hartschaumschalen und Ortschaum aus Kunststoff-Folie.
Im Aufenthaltsbereich Kältedämmung vorzugsweise durch Aluminium- oder verzinkten Stahlblechmantel geschützt (Blechdicke nach DIN 4140). Um die Dampfsperre nicht zu beschädigen, wird eine dünne Rollfilzunterlage unter den Blechmantel eingelegt.

5.3 Direktkühlanlagen
Direct expansion plants (DX-Systems)

Im Leistungsbereich bis etwa 300 kW sind Direktkühlanlagen (Verdampfer als Luftkühler, **Bild 6**) oft die sowohl in den Anschaffungs- als auch in den Betriebskosten günstigste Lösung. Dies ist darauf zurückzuführen, daß anstelle des Kaltwassernetzes im Durchmesser kleinere Kältemittelleitungen zu verlegen sind, die Wasserumwälzpumpen entfallen und keine zusätzliche Temperaturdifferenz zum Abkühlen des Kälteträgers wie bei der Wasserkühlanlage erforderlich ist und daher Direktkühlanlagen mit einer um 6 bis 7 K höheren Verdampfungstemperatur betrieben werden können.
Die Aufteilung auf *mehrere dezentrale* Kälteanlagen wird gewählt, um die Kältemittelfüllung kleinzuhalten, Ölrückführungsprobleme zu vermeiden, kein ausgedehntes Kältemittel-Leitungsnetz für weit auseinanderliegende Kälteverbraucher zu erhalten sowie ein geringes Ausfallrisiko tragen zu müssen.

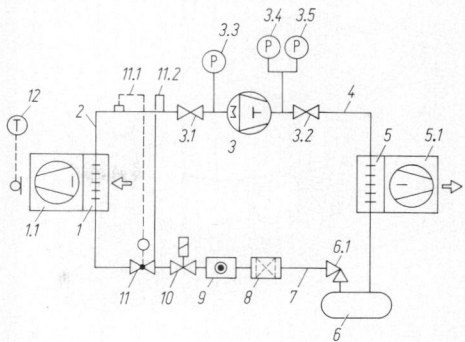

Bild 6. Schema des Kältemittelkreislaufs einer Direktkühlanlage, luftgekühlt. *1* Verdampfer, *1.1* Radialventilator, *2* Saugleitung, *3* Motorverdichter, saugdampfgekühlt, *3.1* Saugabsperrventil, *3.2* Druckabsperrventil, *3.3* Saugdruckwächter, *3.4* Druckwächter, *3.5* Sicherheits-Druckbegrenzer, *4* Druckleitung, *5* Verflüssiger, luftgekühlt, *5.1* Axialventiltor, *6* Kältemittelsammler, *6.1* Flüssigkeits-Eckabsperrventil, *7* Flüssigkeitsleitung, *8* Filtertrockner, *9* Schauglas mit Feuchtigkeitsindikator, *10* Magnetabsperrventil, *11* thermostatisches Einspritzventil, *11.1* Temperaturfühler mit Kapillarrohr, *11.2* äußere Druckausgleichsleitung, *12* Raumtemperaturthermostat

Im Vergleich zur Wasserkühlanlage sind Ölrückführung und Ölausgleich sowie auch die Schallausbreitung meist schwieriger zu beherrschen. Die Anzahl der Kälteverbraucher sollte daher drei bis vier Stück pro Kältemittelkreislauf nicht überschreiten.
Bei ungleicher Belastung der einzelnen Kühlstellen sind Verdampfungsdruckregler erforderlich.

Günstige Bedingungen für den Einsatz von Direktkühlanlagen sind: Geforderte Zulufttemperatur kleiner 11 °C, kleine Kühllasten, vorwiegend Vollastbetrieb mit geringer Schalthäufigkeit, kurze Saugleitungen sowie Fachfirma bzw. Kundendienst in der Nähe.

5.3.1 Klimageräte mit Kältemaschine
Air-conditioners with refrigeration units

Die serienmäßig hergestellten Geräte enthalten Kälteanlagen mit einem oder mehreren Kältemittelkreisläufen und luft- oder wassergekühlten Verflüssigern. Ihr Leistungsbereich erstreckt sich etwa von 1,5 bis 350 kW.
Beispiel eines luftgekühlten Verflüssigersatzes kleinster Leistung: **Bild 7**.
Diese Geräte werden sowohl in Kompakt- als auch in Splitausführung, d.h. mit getrenntem Innen- und Außenteil, hergestellt, **Bild 8**. Dabei sind zu unterscheiden:
Splitgeräte bestehend aus Innenteil mit Verdampfer und Ventilator und Außenteil aus Kältemittelverdichter und luftgekühltem Verflüssiger oder Innenteil mit Kältemittelverdichter und Verdampfer einschließlich Ventilator und Außenteil als luftgekühlter Verflüssiger.
Kompaktgeräte für Außenwandmontage bzw. für Außenaufstellung, mit luft- oder wassergekühltem Verflüssiger und Anschluß des zu kühlenden Raums über Luftkanäle oder Kompaktgeräte für Innenaufstellung, bestehend aus Kältemittelverdichter und wassergekühltem Verflüssiger sowie den im getrennten Geräteteil untergebrachten Verdampfer und Ventilator.
Der wirtschaftlich vertretbare Anschluß von Kälteverbrauchern an Splitgeräte ist einerseits begrenzt durch die Länge der Saugleitung, die 35 m nicht überschreiten und andererseits durch die Höhendifferenz zwischen Verdampfer und Verflüssiger, die nicht mehr als 10 m betragen sollte.

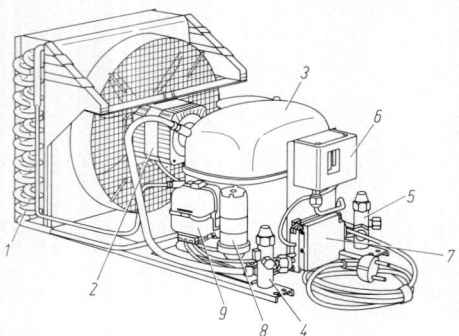

Bild 7. Gekapselter Kältemittelverdichter mit luftgekühltem Verflüssiger für Einphasen-Wechselstrom-Anschluß (Danfoss). *1* luftgekühlter Verflüssiger, *2* Lüftermotor, *3* Hermetik-Verdichter, *4* Saugabsperrventil, *5* Druckabsperrventil, *6* Sicherheitsdruckbegrenzer, *7* Verteilerkasten, *8* Anlaufkondensator, *9* Motorklemmkasten mit Anlaßrelais

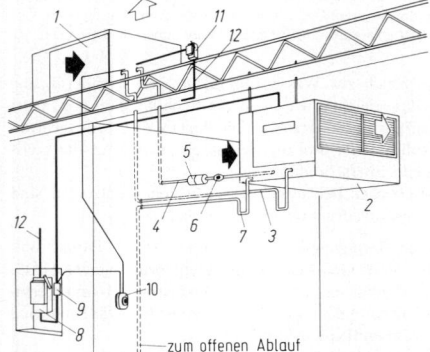

Bild 8. Installation eines Splitsystems. *1* Verflüssigereinheit, *2* Raumklimatisierer, *3* isolierte Saugleitung, *4* Flüssigkeitsleitung, *5* Filtertrockner, *6* Schauglas mit Feuchtigkeitsanzeiger, *7* Kondensatauslaß, *8* abgesicherter Trennschalter, *9* Ventilator-Motorschutzschalter, *10* Innenthermostat, *11* abgesicherter Trennschalter, witterungsgeschützt, *12* Stromzuführung

5.3.2 EDV-Klimageräte mit Kältemaschine
Computer-air-conditioners with refrigeration units

Mit den Rechenzentren entstand ein Bedarf an EDV-Klimageräten im Leistungsbereich von etwa 2 bis 150 kW. Diese Geräte dienen der Umluftkühlung, wobei die warme Luft unter der Raumdecke abgesaugt, gefiltert und gekühlt, i.allg. in den Doppelboden eingeblasen wird; deshalb häufigste Bauform als Klimaschrank.

Die Versorgungssicherheit der Kühlung wird durch entsprechende Redundanz der Geräte und die Regelgenauigkeit durch Mikroprozessor-Regeleinrichtungen gewährleistet.

Es wird nur ein geringer Außenluftanteil vorgesehen, um etwaige Schadstoffe der Außenluft zu meiden und einen Betrieb mit geringen Be- und Entfeuchtungslasten zu erreichen. Für das Befeuchten mittels Verdunstungsbefeuchter und das Nacherwärmen beim Entfeuchten wird die Verflüssigungswärme ausgenutzt.

Die Raumtemperatur von 22 °C ±1 K kann während der kalten Jahreszeit bei entsprechender Zusatzausrüstung mit einem energiesparenden, sog. „Freien Kühlbetrieb" eingehalten werden (s. M 5.7.1 und M 5.7.2).

5.4 Wasserkühlsätze. Packaged water chiller

Für klimatechnische Anlagen mit mittleren bis großen Gesamtkälteleistungen werden vorzugsweise anschlußfertige Wasserkühlsätze eingebaut.

5.4.1 Wasserkühlsätze mit Kolbenverdichter
Reciprocating liquid chillers

Die anschlußfertige Einheit besteht aus einem oder mehreren Kältemittelverdichtern in *offener, halbhermetischer* oder *hermetischer* Bauart, Rohrbündelverdampfer für „trockene" Verdampfung, wassergekühltem Rohrbündelverflüssiger oder luftgekühltem Lamellenrohrverflüssiger, Kältemitteleinspritzregelung – oft als elektronisches Regelsystem mit selbstadaptiven Eigenschaften –, komplettes Kältemittel-Leitungssystem einschließlich der Sicherheitsgeräte und elektrischer Schalttafel, auf Grundrahmen schwingungsgedämpft montiert.

Leistungsbereich. Ausführung mit *wassergekühlten* Verflüssigern von 7 bis über 1000 kW Kälteleistung mit 1, 2 und in seltenen Fällen auch mehr Kältemittelkreisläufen.

Luftgekühlte Ausführung von 7 bis etwa 350 kW Kälteleistung pro Kreislauf bzw. etwa 1400 kW Gesamtkälteleistung bei mehreren Kreisläufen. Die luftgekühlten Einheiten werden vorwiegend mit geräuscharmen *Axial*ventilatoren ausgerüstet, die jedoch nur für die Aufstellung im Freien geeignet sind. Für Innenaufstellung werden Verflüssiger mit *Radial*ventilatoren eingesetzt, die die zusätzlichen Druckverluste von Schalldämpfern, Luftkanälen und Luftgittern überwinden können. Durch die kompakte Bauweise wird vergleichsweise geringer Platz für die Aufstellung beansprucht, jedoch ist auf die Zugänglichkeit zwecks Wartung und Bedienung Rücksicht zu nehmen.
Bei luftgekühlten Sätzen erfordert die ungehinderte Zu- und Abströmung der Verflüssigerkühlluft einen ausreichenden Abstand von Wänden, Einbauten und dergleichen.

Merkmale. Die Baureihen der Wasserkühlsätze führender Hersteller sind etwa ab 100 kW Kälteleistung mit zwei oder mehr Motorverdichtern bestückt; häufig auch mit zwei getrennten Kältemittelkreisläufen. Es ergeben sich viele Leistungsstufen durch das Abschalten einzelner Maschinen- und Zylindergruppen, verbunden mit dem Vorteil eines niedrigen Anlaufstroms und eines günstigen Teillastverhaltens. **Bild 9** zeigt den Einfluß der Kühlwassertemperatur auf die Leistungsaufnahme am Beispiel eines Wasserkühlsatzes mit 500 kW Nenn-Kälteleistung, vier Motorverdichtern und elektronischer Kältemitteleinspritzung,

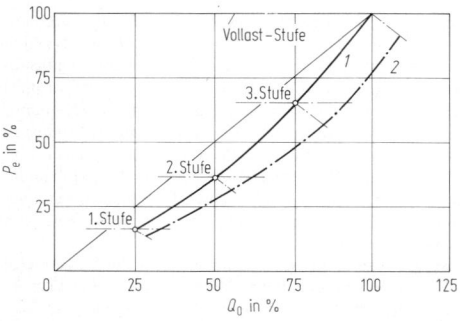

Bild 9. Teillastverhalten von Wasserkühlsätzen $Q_{0_N} \sim 500$ kW mit Kolbenverdichtern und elektronischer Regelung. *1* Kühlwassereintrittstemp. 27 °C, *2* Kühlwassereintrittstemp. 20 °C

bei konstantem Kühlwasserfluß bezogen auf eine Auslegungstemperaturdifferenz von 5 K.
Der Schalleistungspegel von etwa 87 bis 98 dB bezogen auf 10^{-12} W kann durch eine schalldämmende Verkleidung um etwa 11 dB gesenkt werden.

5.4.2 Wasserkühlsätze mit Schraubenverdichter
Screw compressor liquid chillers

Die *Hauptteile* dieser Wasserkühleinheiten sind: Schraubenverdichter mit Motor (offene, halbhermetische oder hermetische Ausführung); Ölabscheider, Ölsammler und Ölkühler einschließlich kompletten Ölkreislauf; Rohrbündeldampfer und -verflüssiger; Kältemitteleinspritzeinrichtung; Verbindungsleitungen; Regel- und Sicherheitsgeräte; Steuer- und Leistungs-Schaltschränke. Wegen des großen Ölabscheiders oft in zwei Teilen aufgebauter Wasserkühlsatz und vor Ort montiert.
Der Nenn-Leistungsbereich von *Kompakteinheiten* (**Bild 10**) erstreckt sich von etwa 130 bis z.Z. 1 100 kW, während

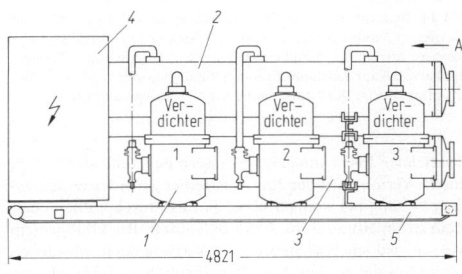

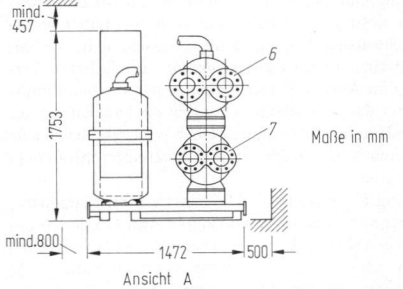

Bild 10. Wasserkühlsatz mit drei Schraubenverdichtern, Nennleistung 1 000 kW (Dunham-Bush). *1* Schraubenkältemittelverdichter, *2* Robü-Verdampfer, *3* Robü-Verflüssiger, *4* Schaltschrank, *5* Grundrahmen, *6* Kaltwasser-Anschluß, 2-Weg, *7* Kühlwasser-Anschluß, 2-Weg, Betriebsgewicht 5700 kg

bei *gesplitteter Ausführung* Leistungen bis 5000 kW pro Einheit erreicht werden. Als Kältemittel werden R 22 und NH$_3$ verwendet.

Merkmale. Ausführung mit 1- und 2stufiger Entspannung. Durch Motorkühlung mit flüssigem Kältemittel wird bei Motorverdichtern eine niedrige Betriebstemperatur sichergestellt. Diese Maßnahmen in Verbindung mit einer Mikroprozessorregelung und -überwachung sichern nicht nur die Funktion, sondern auch die Wirtschaftlichkeit der Kälteerzeugung. Eine Teillast-Leistungskurve *2* auf der Basis des US-amerikanischen ARI-Standard 550 zeigt **Bild 11**. Der Teillastverlauf wird danach mit einer um je 1,5 K pro 10% Minderlast niedrigeren Kühlwassertemperatur berechnet.
Die Leistung der Schraubenverdichter kann abhängig von den Betriebs- und Auslegungsdaten der Maschine bis auf 30 bis 15% herabgeregelt werden.

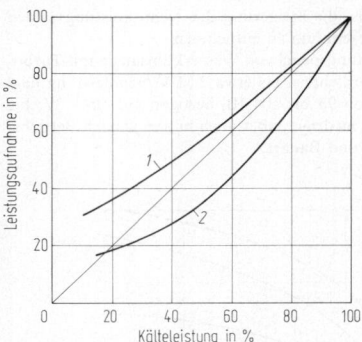

Bild 11. Teillastverhalten von Wasserkühlsätzen mit Schraubenkältemittelverdichter. *1* Teillast bei konstanter Verflüssigungstemperatur (Angabe BBY), *2* Teillastverlauf nach ARI-Standard 550 (Angabe TRANE)

5.4.3 Wasserkühlsätze mit Turboverdichter
Centrifugal liquid chillers

Bis zu mittleren Leistungen werden diese Kühlsätze anschlußfertig in einem Stück geliefert, **Bild 12**.
Die Kühlung der *Motorverdichter* erfolgt durch Kältemitteleinspritzung oder durch den Saugdampfstrom. Motorverdichter werden für Nennspannungen von 380 bis 6 600 V geliefert. Bei höherer Versorgungsspannung müssen offene Verdichter verwendet werden. Außerdem ist bei größeren Leistungen auch ein Antrieb mit Brennkraftmaschinen oder Dampfturbinen möglich.

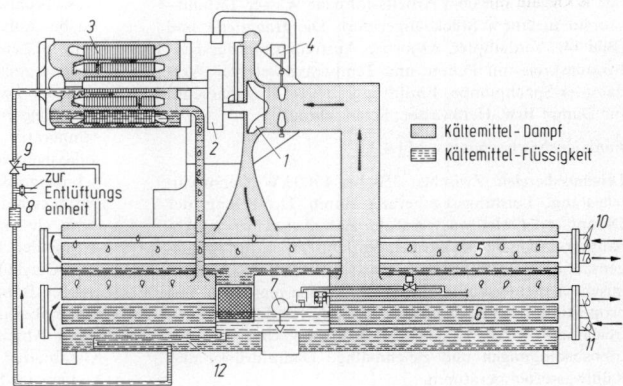

Bild 12. Bauprinzip von Wasserkühlsätzen mit Turbokältemittelverdichter (Carrier). *1* Verdichter, *2* Getriebe, *3* Motor, *4* Leitschaufel-Verstellmotor, *5* Verflüssiger, *6* Kühler (Verdampfer), *7* Schwimmerventil, *8* Blende, *9* Regelventil, *10* Kühlwasser, *11* Kaltwasser bzw. Sole, *12* Unterkühler

Leistungsbereiche. Wasserkühlsätze mit Niederdruckkältemittel R 11 etwa ab 600 bis 1 500 kW Nennleistung; größere Leistungen vorwiegend mit Kältemittel R 12 und R 22, bis 4600 kW, meist 2stufige Bauart und halbhermeische Ausführung; größere Nennleistungen bis 35000 kW nur noch offene Ausführung. Luftgekühlte Wasserkühsätze bis 1200 kW als Kompakteinheit. Beim Kältemittel R 22 ist nur bei größeren Turbokältemittelverdichtern (Nennleistung über 2 MW) die Leistungsregelung bis zu kleinen Teillasten möglich [5].

Merkmale. Die modernen Mikroprozessorregelungen und -steuerungen gewährleisten eine geringe Sollwertabweichung, enthalten die Anzeige der Betriebsdaten, eine Hilfe bei der Störungsdiagnose und eine Pumpgrenzenüberwachung. Weiterhin kann durch Programmierung ein energiesparender Betrieb der Wasserkühlsätze und ihrer Nebenantriebe (Kühlwasserpumpen und Rückkühlwerke) gesteuert werden.
Aus **Bild 13** ist die Steigerung der Nenn-Leistungszahlen im letzten Dezennium zu entnehmen.
Der Schalleistungspegel von Wasserkühlsätzen mit TurboKältemittelverdichtern bis etwa 2 MW Nennleistung liegt im Bereich von 98 bis 104 dB, bezogen auf 10^{-12} W; bei Teillast meist niedriger, aber auch höher, je nach Betriebsbedingungen und Bauart.

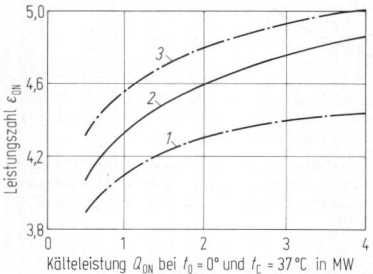

Bild 13. Richtwerte der erreichbaren Leistungszahlen abhängig von der Nennleistung von Wasserkühlsätzen mit Turboverdichter. *1* Durchschnittswerte für halbhermetische Maschinen, *2* Werte vor der „Energiekrise" (bis Anfang der 80er Jahre), *3* Bestwerte mit rückgekühltem Kühlwasser

5.4.4 Absorptions-Wasserkühlsätze
Absorption water chillers

Bis zu 1800 kW Nenn-Kälteleistung werden anschlußfertige Einheiten mit dem Arbeitsstoffpaar Wasser/Lithiumbromid in einem Stück angeliefert. Die *Hauptteile* sind (**Bild 14**): Verdampfer, Absorber, Austreiber, Verflüssiger; Lösungskreis mit Pumpe und Temperaturwechsler; Verdampfer-Sprühpumpe, Entlüftungseinheit; Regulierventil für Dampf bzw. Heißwasser; Schaltschrank.

Funktionsbeschreibung s. M 1.4.3.

Leistungsbereich. Zwischen 350 bis 4700 kW Nenn-Kälteleistung. Leistungsregulierung durch Drosselung der Dampf- oder Heißwasserzufuhr zum Austreiber in Abhängigkeit von der Kaltwasser-Vorlauftemperatur. Im Gegensatz zu Verdichtungskältemaschinen verläuft die thermische Leistungsaufnahme bis zu mindestens 10% fast proportional zur Kälteleistung. Wichtig für den störungsfreien und wirtschaftlichen Betrieb sind konstante Betriebsbedingungen und gleichmäßige Dampfdrücke und Kühlwassertemperaturen.

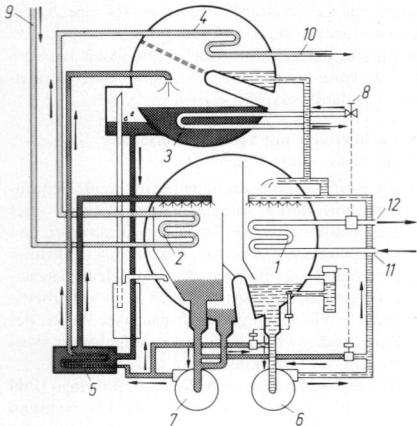

Bild 14. Bauprinzip von H_2O/LiBr-Absorptions-Wasserkühlsätzen (Carrier). *1* Verdampfer, *2* Absorber, *3* Austreiber, *4* Verflüssiger, *5* Temperaturwechsler, *6* Kältemittelpumpe, *7* Solepumpe, *8* Dampfregulierventil zur Leistungsregelung, *9* Kühlwassereintritt, *10* Kühlwasseraustritt, *11* Kaltwassereintritt, *12* Kaltwasseraustritt

Zusätzliche Einrichtungen verbessern das Teillastverhalten durch: Vermindern der zum Austreiber geförderten schwachen Lösung bei weniger als 45% Last durch Öffnen einer Rückflußleitung zum Absorbersumpf; Rückflußprinzip wie vor, jedoch Einleiten der rückströmenden schwachen Lösung in die zu den Absorber-Sprühdüsen fließende reiche Lösung und damit Verdünnung der im Absorber versprühten Lösung; Verringern der zum Austreiber geförderten schwachen Lösung durch Drosselung in Verbindung mit einer durch Bypassregelung verminderten Versprühung im Absorber oder Anheben der Verdampfungstemperatur durch Solebeimischung in die Saugleitung der Kältemittelpumpe; Abschalten einer Austreiberheizfläche bei größeren Anlagen, die mit zwei Austreiberrohrbündeln ausgerüstet sind.
Die niedrigste verwertbare Heißwasser-Eintrittstemperatur beträgt 85 °C; dann ist jedoch nur etwa 1/3 der Nennleistung bei 132/110 °C zu erreichen. Aus wirtschaftlichen Gründen sollten 104 °C als Auslegungstemperatur nicht unterschritten werden. Die maximalen Heißwasser-Eintrittstemperaturen dürfen – je nach Fabrikat – 132 bis 149 °C nicht übersteigen; ausgenommen bei 2stufigen Absorptions-Kältesätzen.

Merkmale. Das hohe Betriebsgewicht des Absorptionswasserkühlsatzes erfordert oft eine Lastverteilkonstruktion bei Aufstellung auf Geschoßdecken. Um Betriebsstörungen, Leistungsverluste und Korrosionsschäden zu vermeiden, müssen die Dichtheit der Anlage und die Funktion der Entlüftungseinheit stets gewährleistet sein. Die Maschine arbeitet mit hohem Vakuum (6 °C Kaltwassertemperatur entspricht 9,34 mbar absoluter Druck). Die zulässige Leckrate darf 100 bis 800 cm^3/Tag je nach Maschinengröße nicht überschreiten. Aus Gründen des Korrosionsschutzes der inneren Teile wird der H_2O/LiBr-Lösung ein Inhibitor beigemischt, dessen Wirksamkeit in Abständen kontrolliert werden muß. Durch die Zugabe von Octylalkohol wird eine bessere Wärmeübertragung an der Rohroberfläche erreicht sowie das Schäumen im Austreiber unterbunden.
Beim Abschalten der Absorptionsmaschine besteht die Gefahr, daß die sich abkühlende konzentrierte Lösung besonders im Bereich des Temperaturwechslers kristallisiert.

Nach Absperren der Wärmezufuhr zum Austreiber muß deshalb ein ausreichendes Verdünnen der starken Lösung vorgenommen werden, bevor die Lösungsumwälzung eingestellt wird. Wegen dieser Verdünnung beim Abschalten benötigen Absorptionsmaschinen beim Anfahren erheblich längere Zeit als Verdichtungskältemaschinen, bis die volle Leistung erreicht ist (z.B. etwa 15 min aus kaltem Zustand).

Sicherheitseinrichtungen verhindern eine zu hohe Lösungskonzentration und damit die Gefahr der Kristallisation bei zu niedriger Kühlwassertemperatur, extremer Schwachlast und bei Überlastung.

Außer den Kältemittel- und Lösungspumpen mit ihrem vergleichsweise niedrigen Anschlußwert von etwa 2 bis 10 kW pro MW Kälteleistung besitzen die Absorptionskältemaschinen *keine drehenden* Teile. Störende Geräusche können jedoch durch Wärmedehnungen und durch die Medienströme hervorgerufen werden.

5.5 Rückkühlwerke. Cooling towers

5.5.1 Bauarten und Zubehör. Types and accessories

Die *Verflüssigerkühlung* durch Stadt- oder Brunnenwasser scheidet in der Regel aus Kosten- bzw. Umweltschutzgründen aus, abgesehen von kleinsten Leistungen. Beim weitaus größten Teil der Kälteanlagen ab mittlerer Leistung wird der Verflüssiger mit Wasser gekühlt, das durch serienmäßig gefertigte, ventilatorbelüftete Rückkühlwerke zurückgekühlt wird. Es kann sich hierbei sowohl um sog. *offene* (**Bild 15**) als auch um *geschlossene Rückkühlwerke* (**Bild 16**) handeln, in denen Wasser und Luft im Gegenstrom bzw. im Kreuzgegenstrom geführt werden. Für größere Rückkühlleistungen werden mehrere Zellen der jeweiligen Baureihe verwendet.

Natürlich belüftete Kühltürme werden für Anlagen der Klimatechnik wegen ihrer großen Abmessungen nicht eingesetzt. Eine Möglichkeit, ohne Ventilator einen ausreichenden Luftdurchsatz bei verhältnismäßig kleinen Bauvolumen zu erzielen, bietet der *Ejektorkühlturm*. Hierbei wird der Kühlwasserstrom über senkrecht stehende Düsenstöcke in das Kühlturmgehäuse eingesprüht und durch die Injektorwirkung der vielen Wasserstrahlen Luft angesaugt.

In seltenen Fällen kann eine Wasserrückkühlung mit Hilfe eines *Kühlteichs* vorgenommen werden. Hierbei erfolgt das Versprühen des warmen Kühlwassers durch Düsen über einer Wasserfläche, so daß die natürliche Luftbewegung, unterstützt durch das Speichervermögen des Kühl-

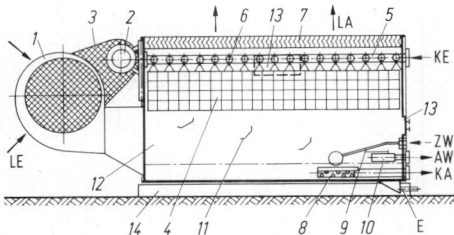

Bild 15. Serienmäßiger Kühlturm (Gohl), *1* Radiallüfter, *2* Motor, *3* Riemenschutzgitter *4* Füllkörpereinsatz, *5* Sprührohr, *6* Sprühdüse, *7* Tropfenabscheider, *8* Saugsieb, *9* Schwimmerventil, *10* einstellbare selbsttätige Abschlämmeinrichtung und Überlauf, *11* Luftleitblech, *12* korrosionsgeschütztes Gehäuse mit Entleerung, *13* Inspektionsklappe, *14* Fundamentstreifen; LE Lufteintritt, LA Luftaustritt, KE Kühlwassereintritt, KA Kühlwasseraustritt, ZW Zuspeisewasser, AW Abschlämmwasser, E Entleerung

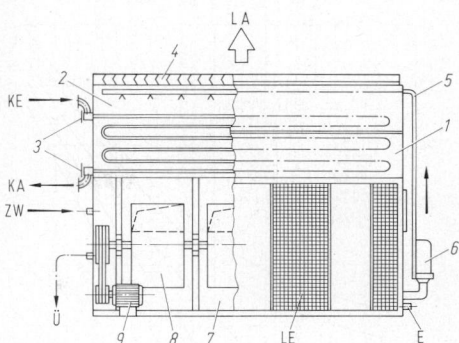

Bild 16. Geschlossenes Rückkühlwerk (Bauprinzip B.A.C.). *1* Gehäuse-Oberteil, *2* Rohrschlangen-Register, *3* Zur Reinigung abnehmbare Kammerdeckel, *4* Tropfenabscheider, *5* Sprühwasserrohr mit Düsenstöcken, *6* Sprühwasserpumpe, *7* Unterteil mit Ventilatorsektion und Wanne, *8* Radialventilator, *9* Motor mit Keilriemenantrieb; LE Lufteintritt, LA Luftaustritt, KE Kühlwassereintritt, KA Kühlwasseraustritt, ZW Zuspeisewasser, Ü Überlauf, E Entleerung

teichs und den Tagesgang der Temperaturen, eine Abkühlung des Wassers bewirkt. Von wesentlichem Einfluß sind Hauptwindrichtung, örtliche Windgeschwindigkeit, Höhe der Düsen über dem Wasserspiegel zuzüglich der Spritzhöhe [6]. Die verdunstende Wassermenge ist oft größer als durch Regenwasser ergänzt werden kann, deshalb ist Zuspeisewasser einzuleiten. Der Wasserstand muß stets hoch genug sein, um das Algenwachstum in Grenzen zu halten.

Da bei *offenen* Rückkühlwerken das Kühlwasser direkt mit der Außenluft in Berührung kommt, wird es durch eingetragene Partikel – zusätzlich zu der Eindickung infolge Verdunstung – verschmutzt. Bei *geschlossenen* Rückkühlwerken beschränkt sich dagegen die Verschmutzung und Eindickung auf die im Rückkühlwerk umlaufende Sprühwassermenge. Dieser Vorteil wird jedoch durch geringere Wasserabkühlung bei gleichen Betriebsbedingungen, größeren Platzbedarf, höheres Gewicht sowie höheren Preis erkauft.

5.5.2 Kühlwassertemperaturen im Jahresverlauf
Cooling water temperature during year-round operation

Kennzeichnend für die Leistungsfähigkeit eines gegebenen Rückkühlwerks ist die unter bestimmten Betriebsbedingungen erreichbare *Kühlwasser-Austrittstemperatur*. Diese wird einerseits von dem Verhältnis des Kühlwasserstroms zum Luftvolumenstrom beeinflußt, andererseits von Außenluftzustand (Feuchtkugeltemperatur) und Kühlwasser-Eintrittstemperatur.

Ausgehend von der Nennleistung eines offenen Rückkühlwerks bei 21 °C Feuchtkugeltemperatur, 32 °C Kühlwasser-Eintritts- und 27 °C Kühlwasser-Austrittstemperatur sowie einem spezifischen Wasser/Luft-Wert von 2 kg/m² zeigt **Bild 17** die berechneten Kühlwassertemperaturen bei verschiedenen Kühllasten, d.h. konstantem Kühlwasserstrom, jedoch variabler Temperaturdifferenz. Begrenzt wurde die Abkühlung bei einer minimalen Kühlwassertemperatur von· 12 °C; d.h., je nach Klimaregion wird der Lüfterantrieb durch Drehzahlregelung, Polumschaltung oder Aussetzbetrieb während einer mehr oder weniger großen Anzahl der jährlichen Betriebsstunden eine verminderte Leistungsaufnahme haben. Die Leistungsaufnahme des Lüfterantriebs wird auch bestimmt durch den

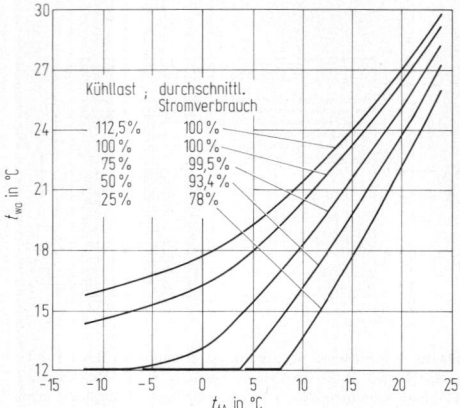

Bild 17. Berechnete Kühlwasser-Austrittstemperaturen aus Rückkühlwerken abhängig von Feuchtkugeltemperatur und Kühllast: Beispiel eines Kennfelds mit einem Wasser-/Luft-Verhältnis von 2 kg/m³. t_{Wa} Kühlwasser-Austrittstemperatur in °C, t_{f_A} Feuchtkugeltemperatur der Außenluft in °C. *Bezugsbedingungen*: Nennleistung bei 32/27/21 °C, Stromverbrauch pro Jahr bei $t_{Wa_{min}} = 12$ °C im Raum Frankfurt/M., konstanter Lüfterdrehzahl und Temperaturregelung durch Aussetzbetrieb

erforderlichen externen Druckverlust in Luftgittern, Luftkanälen, Klappen und Schalldämpfern.

Der Temperaturverlauf bei Vollast kann in erster Annäherung für *Gegenstrom-Rückkühlwerke* bezogen auf die vorstehenden Nenn-Leistungsbedingungen gelten.

Die Teillastkurven können dagegen – durch unterschiedliche Füllkörper in Verbindung mit der Wasser/Luft-Verteilung bedingte – größere Abweichungen aufweisen; ebenso wie bei anderen Wasser/Luft-Verhältnissen.

5.5.3 Wasserbehandlung. Water treatment

Das *Zuspeisewasser* für Rückkühlwerke steht oft nur in einem Zustand zur Verfügung, der das Aufbereiten dieses Wassers zwingend erfordert, um den Kühlwasserkreis langfristig störungsfrei betreiben zu können. Je nach den Werten der Wasseranalyse kommen Dosierungen von *Härtestabilisatoren* und *Korrosionsschutzinhibitoren, Enthärtung* oder *Entkarbonisierung* (= Teilentsalzung) in Frage, um die nach VDI-Richtlinie 3803 vorgegebenen Grenzwerte im Umlaufwasser einhalten zu können.

Wesentlicher Bestandteil ist außerdem eine festeingestellte oder eine automatische *Absalzeinrichtung*, so daß die zulässige Eindickung des Kühlwasser nicht überschritten wird. Selbst bei idealer Wasserqualität gilt die 10fache Eindickung als Maximum wegen der aus der Luft ausgewaschenen Festkörper.

Die *Sauberkeit des Kühlwassers* ist eine wichtige Voraussetzung, um Funktionsstörungen, Korrosionsschäden, Energieverschwendung und der Legionellengefahr [7, 8] vorzubeugen, was eine regelmäßige Wartung und Reinigung erfordert. Um dies zu erleichtern, werden angewendet:

Bei kleinen Kreisläufen manuell umschaltbare Doppelfilter; bei größeren Netzen automatische Rückspülfilter, meist mit Fremddruckspülung; leichte Filtermatten in der Ansaugluft während der Blütezeit; manuelle oder automatische Dosiereinrichtungen für Algenbekämpfungsmittel; Desinfektion von Anlagenteilen mit Hilfe von Wasserstoffperoxid (H_2O_2) [9], wobei u.U. der Korrosionsschutz-

inhibitor im Umlaufwasser aufgezehrt werden kann und ersetzt werden muß.

Werden *chemische Reinigungsverfahren* notwendig, um Ablagerungen in Rohrbündelverflüssigern oder auf den Rohrschlangen-Wärmetauschern in geschlossenen Rückkühlwerken zu beseitigen, so ist wegen möglicher Korrosionsfolgeschäden und nicht zuletzt wegen der Gefahren für die Umwelt ein Fachbetrieb im Sinne des Wasserhaushaltsgesetzes zu beauftragen [10].

5.6 Wasserkühlsysteme für RLT-Anlagen
Chilled water systems for air-conditioning plants

Klimaanlagen mittlerer bis großer Leistung mit vielen Raumklimageräten oder mehreren Klimazentralen oder bei Anschluß an eine Fernkälteversorgung werden mit Luftkühlern ausgerüstet, die ebenso wie auch andere Kälteverbraucher an ein *zentrales Kaltwassernetz* angeschlossen werden. Die für diese indirekte Kühlung nötigen Wasserkühlsysteme bestehen aus einem oder mehreren anschlußfertigen *Wasserkühlsätzen, Rückkühlwerken, Kalt- und Kühlwasserpumpen* einschließlich der meß-, steuer- und regeltechnischen Einrichtungen, der Schaltanlagen und der Elektroinstallation. Je nach *Leistung*, gewünschter *Vorlauftemperatur* und *Entfernung* der einzelnen Kälteverbraucher von der Kälteerzeugung sind unterschiedliche hydraulische Schaltungen zweckmäßig.

5.6.1 Kaltwassernetze. Chilled water pipe network

Mit Dreiwege-Regelventilen. Das Bereitstellen von gekühltem Wasser erfordert Verdampfungstemperaturen nahe dem Gefrierpunkt. Um ein Einfrieren der Verdampfer zu vermeiden, ist deshalb ein ständiger Kaltwasserdurchfluß sicherzustellen. Bei Wasserkühlsystemen kleinerer Leistung und einem einzelnen Kälteerzeuger ist daher die einfache hydraulische Schaltung mit Dreiwege-Regelventilen an den Luftkühlern und *konstantem* Umwälzwasserstrom die bevorzugte Lösung (hohe Funktionssicherheit, niedrige Investitionskosten).

Einkreisnetz mit Überströmregelung. Bei mittleren Anlagen und insbesondere bei mehreren Wasserkühlsätzen ist die in **Bild 18** dargestellte Schaltung eines Einkreissystems mit Überströmregelventil und Durchgangsregelventilen an

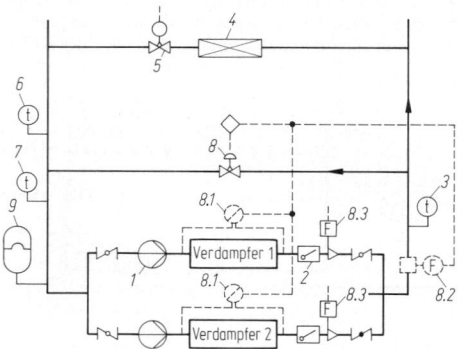

Bild 18. Kaltwassernetz als Einkreissystem. *1* Verdampferpumpe, *2* Rückflußverhinderer, *3* Kaltwasser-Vorlauftemperatur, *4* Kälteverbraucher, *5* Regelventil, *6* Rücklauftemperatur der Verbraucher, *7* Mischtemperatur = Kälteerzeuger-Eintrittstemperatur, *8* Überström-Regelventil, *8.1* Differenzdruckmesser, *8.2* Durchflußmesser, *8.3* Strömungswächter, *9* Ausdehnungsgefäß (8.1 oder 8.2 wahlweise)

den Verbrauchern aus wirtschaftlichen Gründen vorzuziehen. Im Gegensatz zum Kaltwassernetz mit Dreiwege-Regelventilen wird hier ein dem Kühlbedarf entsprechender Kaltwasserstrom umgewälzt; d.h., bei Teillast wird Pumparbeit eingespart.

Doppelkreisnetz mit Netz- oder Strangpumpen. Anders als beim Einkreissystem wird bei der Schaltung nach **Bild 19** das Kaltwasser nicht mit den zugeordneten „Verdampfer"-Pumpen, sondern mit zusätzlichen Strang- oder Netzpumpen zu den Kälteverbrauchern gefördert. Diese Schaltung ist für größere Systeme geeignet, da das Anpassen der Förderhöhen der einzelnen Strangpumpen zu einem energiesparenden Betrieb – zumal bei größeren Volumenströmen – wesentlich beitragen kann.

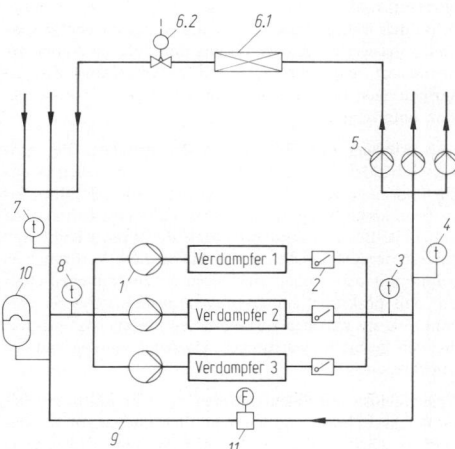

Bild 19. Kaltwassernetz als Doppelkreissystem mit Netzpumpen. *1* Verdampferpumpen, *2* Rückflußverhinderer, *3* Kaltwasser-Vorlauftemperatur der Erzeuger, *4* Kaltwasser-Vorlauftemperatur zum Hausnetz, *5* Netz- oder Strangpumpen, *6.1* Kälteverbraucher (Luftkühler u.a.), *6.2* Regelventil, *7* mittlere Rücklauftemperatur der Verbraucher, *8* Mischtemperatur=Kälteerzeuger-Eintrittstemperatur, *9* Offene Überström-(Bypass-)Leitung, *10* Ausdehnungsgefäß, *11* Durchflußmeßgerät

5.6.2 Fernkältesysteme. District cooling systems

Mit Hilfe von Fernkältesystemen können RLT-Anlagen und andere Kälteverbraucher in größeren Gebäudekomplexen in Stadtbezirken und in Industriebetrieben mit Kaltwasser versorgt werden, **Bild 20**. Auch Fernkältenetze mit Kältemittelpumpen und Direktverdampfern mit dem Kältemittel Ammoniak wurden ausgeführt. [11]

Durch *Kraft-Wärme-Kopplung* (s. L3.2) und Kälteerzeuger großer Leistung können Wirtschaftlichkeit und Betriebssicherheit verbessert werden. Insgesamt ist eine kleinere Gesamtkälteleistung zu installieren, da je nach Anzahl und Nutzung der angeschlossenen Gebäude ein Gleichzeitigkeitsfaktor für den Kältebedarf berücksichtigt werden kann, der u.U. erheblich unter 1 liegt.

Zukünftige Erweiterungen sind meist ohne Probleme sicherzustellen, ebenso wie der Einsatz verschiedener Antriebsenergien für die Kälteerzeugung wie Strom, Öl, Gas und Fernwärme. Neben der Versorgungssicherheit ist damit gleichzeitig die Möglichkeit eröffnet, stets den günstigsten Energietarif für die Kälteerzeugung nutzen zu können.

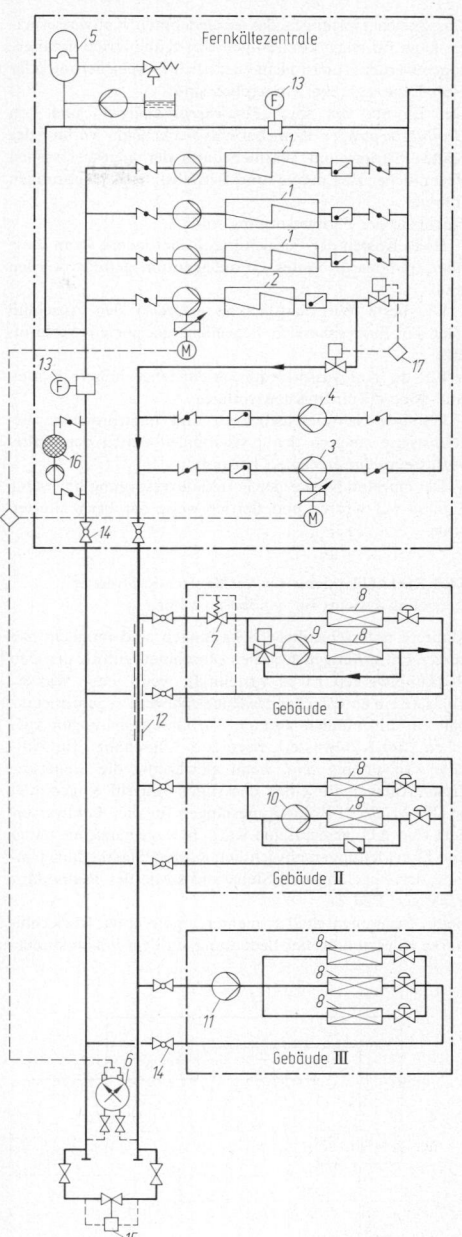

Bild 20. Kaltwasserschema eines Fernkältesystems. *1* Wasserkühlsätze größerer Leistung, *2* Wasserkühlsatz für Schwachlastbetrieb mit drehzahländerbarer Kaltwasserpumpe, *3* geregelte Netzpumpe, *4* ungeregelte Netzpumpe, *5* Druckhaltestation, *6* Differenzdruckregelung, *7* Differenzdruck-Begrenzer, *8* Kälteverbraucher mit Regelventil, *9* Mischpumpe zum Dreiwege-Mischkreis, *10* Mischpumpe zum Einspritz-Mischkreis, *11* Hilfspumpe zur Druckerhöhung, *12* kältegedämmte Kaltwasserleitung, *13* Durchflußmessung (Kältemesser), *14* Gebäudeabsperrung durch Kugelhahn, *15* Mindest-Überströmregelung, *16* Teilstromfilter mit Umwälzpumpe, *17* gegenläufige Umschaltventile

Das Speichervermögen des ausgedehnten Kaltwassernetzes kann für einen kurzzeitigen Not-Kühlbetrieb herangezogen werden, sofern nicht zusätzlich Eisspeicherung oder Netz-Ersatzaggregat vorgesehen sind.

Der Einsatz von sog. „*Totalenergy-Anlagen*" und von *Großwärmepumpen* kann bei entsprechendem Verlauf des Kälte-, Strom- und Wärmebedarfs der angeschlossenen Verbraucher zu Energie- und Betriebskosteneinsparungen führen.

Nachteile der Fernversorgung sind:
– Hohe Kosten der Fernleitung, insbesondere wenn diese über fremdes, bebautes Grundeigentum geführt werden muß.
– Die beste Wirtschaftlichkeit erfordert den Anschluß aller im Einzugsbereich liegenden, geeigneten Verbraucher.
– Für die Kaltwasserförderung entstehen höhere Kosten und höhere Transmissionsverluste.
– Häufiger Schwachlastbetrieb und unterbrochene Betriebsweise steigern den prozentualen Anteil der Kälteverluste an der erzeugten Leistung.
– Der einzelne Nutzer der Fernkälteversorgung hat wenig Einfluß auf Kosten und Betriebsweise der Fernkältezentrale.

5.6.3 Rückkühlsysteme für Verflüssiger-Kühlwasser
Recooling systems for condenser water

Mehrere unterschiedliche Schaltungen sind möglich: Bei *kurzen* Entfernungen zwischen Maschinenzentrale und den Rückkühlwerken ist es vorteilhaft, wenn jeder Wasserkühlsatz ein entsprechendes Rückkühlwerk zugeordnet erhält. In Einzelfällen können Verbindungsleitungen zwischen zwei Kühlwasserkreisen zum Umschalten für Notfälle zweckmäßig sein, wenn gleichzeitig die Steuerung dieser Anlagen für einen derartigen Eingriff eingerichtet ist. Bei *größeren* Rohrleitungslängen für das Kühlwassernetz sind u.U. gemeinsame Saug- bzw. gemeinsame Saug- und Druckleitungen hinsichtlich Kosten, Platzbedarf, Umfang der Regelung und Steuerung sowie der Redundanz günstiger, **Bild 21**.

Beim Zusammenschalten mehrerer getrennter Rückkühlwerke ist es von großer Bedeutung, daß ein Wasserstandsausgleich der einzelnen Becken ohne meßbaren Differenzdruck stattfinden kann, da andernfalls mit Wasserverlagerungen, Wasserüberlauf, Luftansaugung und den damit verbundenen Betriebsstörungen zu rechnen ist.

5.7 Systeme für ganzjährigen Kühlbetrieb
Chilled water systems for year-round operation

Für die Raumluft- und Maschinenkühlung bei EDV-Anlagen, bei Anlagen der Reinraumtechnik, bei chemischen und anderen Prozessen, für die Druckluftkühlung und für Labor- und Forschungszwecke sind *ganzjährig* Kalt- und Kühlwasser bereitzustellen. Kennzeichnend ist, daß die Kühllast der angeschlossenen Verbraucher ganzjährig annähernd konstant ist und in der Regel eine Vorlauftemperatur von 14 °C oder höher ausreicht. Dies hat zur Folge, daß während der kalten Jahreszeit eine energiesparende, preiswerte Kälteversorgung mit Hilfe der Außenluft möglich ist, wenn die Wasserkühlsysteme einige Zusatzeinrichtungen für den sog. *„Freien Kühlbetrieb"* erhalten. Man unterscheidet:

Freie Kühlung mit Hilfe der Außenluftkühler. Bei großen Gebäuden mit zentralen raumlufttechnischen Anlagen und einer vergleichsweise kleinen Winterkühllast einer bestimmten Verbrauchergruppe kann eine vorhandene Außenluft-Behandlungseinrichtung zur „Freien Kühlung" genutzt werden. Zu diesem Zweck ist diese Verbrauchergruppe mit den Außenluftkühlern so zusammenzuschalten, daß praktisch ein *kreislaufverbundenes System* entsteht. Die zusätzlichen Installationen bestehen in entsprechenden Verbindungsleitungen, Umschaltventilen und der Umwälzpumpe.

Freie Kühlung mit Solekreisläufen. Systeme mit *frostsicheren* Solekreisläufen sind wirtschaftlich interessant vorwiegend im Leistungsbereich bis 150 kW. Eine Frostsicherheit bis −30 °C wird mit einer 35%igen Glykol/Wasser-Mischung erreicht. Es werden fabrikatorisch hergestellte Ethylenglykol-Solen mit Inhibitoren zum Korrosionsschutz und zur Vorbeugung gegen Ablagerungen, gemischt mit salzarmen Wasser, eingefüllt. Man unterscheidet:

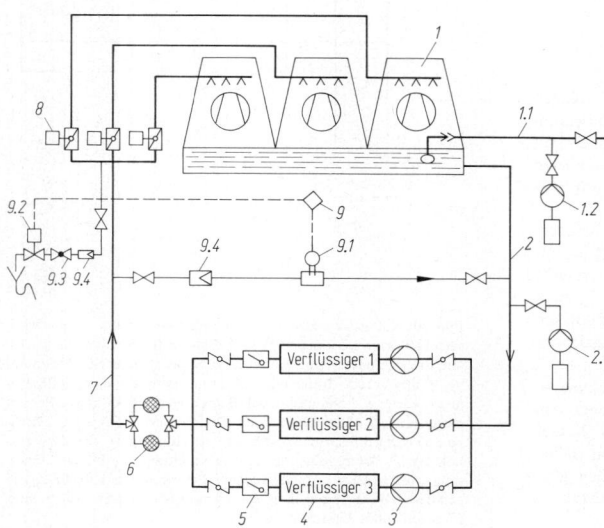

Bild 21. Gemeinsames Rückkühlwassernetz mehrerer Kälteerzeuger. *1* Rückkühlwerk, mehrzellig, *1.1* Zuspeisewasserleitung, *1.2* Dosiereinrichtung zur Härtestabilisierung u.a., *2* Saugleitung, *2.1* Dosiereinrichtung zur Algenbekämpfung u.a., *3* Kühlwasserpumpen, *4* Verflüssiger, *5* Rückflußverhinderer, *6* Doppelfilter, *7* Druckleitung, *8* Motorabsperrorgan, *9* automatische Absalzeinrichtung, *9.1* Leitwert-Meßzelle, *9.2* Magnet- oder Motorventil, *9.3* Drosselventil, *9.4* Filter

Luftgekühlter Solekühlsatz mit alternativ betriebenem Außenluft-Solekühler (über Dreiwege-Umschaltventil).

Solegekühlte Direktkühlanlage mit zusätzlichem Raumluft-/Solekühler. (Der Solefluß wird stets dann über den Raumluftkühler und anschließend über den Verflüssiger geführt, wenn die Soletemperatur niedriger ist als die Raumzulufttemperatur.)

Kühlsystem mit luftgekühltem Solekühlsatz und bivalent betriebenem Solekühler. Bei diesem Kühlsystem wird die Kälteerzeugung durch Reihenschaltung sowohl vom außenluftbeaufschlagten Solekühler als auch vom Verdampfer gleichzeitig übernommen. Mit Hilfe des *Differenzthermostaten* wird der zusätzliche Solekühler dann zur Kälteversorgung benutzt, wenn die Temperatur der Außenluft niedriger ist als die Temperatur des Solerücklaufs.

Freie Kühlung mit Kältemittelpumpen-System. Der prinzipielle Aufbau ist aus **Bild 22** zu ersehen. Dieses System arbeitet lediglich mit Kältemittel, ohne Zwischenschalten eines Solekreislaufs. Während der warmen Jahreszeit wird das Kältemittel von der Umwälzpumpe 5 aus dem Abscheider 4 angesaugt, über Verdampfer 6 und Ventil 7 wieder zurückgeführt. Vom Verdichter 1 wird der verdampfte Anteil des Kältemittels aus Abscheider 4 abgesaugt und in den Verflüssiger 2 gedrückt, wo es mit Hilfe des Kühlmediums 9 verflüssigt und über das Regelventil 3 in den Abscheider wieder eingespritzt wird.

Der *„Freie Kühlbetrieb"* kann beginnen, wenn die Temperatur des Kühlmediums 9 (Außenluft, Sole oder Kühlwasser) niedriger ist als die verlangte Solltemperatur des Kälteträgers 10 (Raumluft, Sole oder Kaltwasser). Der Betrieb des Verdichters 1 wird eingestellt, die Kältemittelpumpe 5 fördert das Kältemittel vom Abscheider 4 über Verdampfer 6 zum Verflüssiger 2, wo der entstandene Dampfanteil wieder verflüssigt wird, so daß das Kältemittel über Ventil 8 flüssig in den Abscheider 4 zurückgelangt.

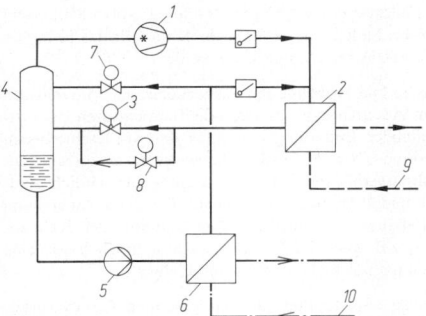

Bild 22. Kältesystem mit Umwälzpumpe und Einrichtungen für „Freien Kühlbetrieb". Erläuterungen im Text

Freie Kühlung mit Rückkühlwerken. Anstelle der Systeme mit Solekreisläufen werden für größere, ganzjährige Kühllasten die vorhandenen Rückkühlwerke der Wasserkühlsätze so mit den Kaltwassernetzen verbunden, daß während der kalten Jahreszeit eine energiesparende Kälteerzeugung allein durch den Betrieb der Rückkühlwerksventilatoren und der Wasserpumpen erreicht wird.

Grundsätzlich können offene als auch geschlossene Rückkühlwerke hierfür verwendet werden. Offene Rückkühlwerke bieten günstigere Voraussetzungen, da kaum ein Einfrierrisiko besteht und außerdem die Leistungsaufnahme der Ventilatoren und Pumpen sowie die Größe des Wärmeaustauschers optimal an den Bedarfsfall angepaßt werden kann.

Ein u.U. gewichtiger Vorteil der geschlossenen Rückkühlwerke liegt im möglichen *Trocken-Kühlbetrieb*, d.h. ohne Wasserverdunstung und damit ohne lästige *Schwadenbildung*. Es bedarf stets eingehender Überprüfung, ob eine solche Betriebsweise für den vorliegenden Anwendungsfall möglich und wirtschaftlich ist.

Je nach der absoluten Höhe der Winter-Kühlleistung und ihrem Verhältnis zur Nennleistung des Rückkühlwerks kann es vorteilhaft sein, bereits frühzeitig im Jahr den „Freien Kühlbetrieb" zur Unterstützung der maschinellen Kühlung vorzuschalten (sog. *„Stützbetrieb"*). Dies ist jedoch nur bei mehreren autarken Wasserkühleinheiten (Wasserkühlsätze mit zugeordneten Rückkühlwerken) möglich.

5.8 Speichersysteme. Storage systems

Der Einsatz von Speichersystemen ist vorteilhaft für: Einsparen von Energiekosten durch Betrieb der Kälteerzeugung während der Niedertarifzeit. Einsparen von Energiekosten durch Vermeiden zusätzlicher Stromleistungsspitzen (bei Stromtarifen mit Leistungspreisen). Sichern einer Kälte-Notversorgung ohne Installation eines großen Netz-Ersatzaggregats. Vermeiden eines Schwachlastbetriebs mit großer Einschalthäufigkeit. Decken der Spitzenkältelast trotz vergleichsweise kleiner Kälteerzeugerleistung.

In der Regel ist der Entlade-(Auftau-)Vorgang die entscheidende Bemessungsgrundlage für die Größe der Speicher bzw. der Wärmeaustauschflächen, da die abgerufene Spitzenkühlung zwar hoch, jedoch nur kurzzeitig auftritt. Für den gleichmäßigeren Ladevorgang stehen meist zehn oder mehr Nacht- bzw. Niedrig-Tarifstunden zur Verfügung. Man unterscheidet:

Eisspeichersysteme. *Mit Abschmelzvorgang von außen nach innen,* **Bild 23**. Es handelt sich hierbei um Eisspeicheranlagen mit verzinkten *Glattrohrschlangen* für direkte Kühlung oder Solekühlung. Kennzeichnend ist, daß der Eisansatz auf den Rohren durch den Kälteträger *„Eiswasser"* zur Rohroberfläche hin abgeschmolzen wird; also im direkten Kontakt zwischen Kälteträger und Speichermittel.

Bild 23. Eisspeicherung mit Abschmelzvorgang von außen nach innen. 1 Verflüssigersatz, 1.1 Glattrohrschlange, verzinkt, 1.2 Kältemitteleinspritzventil, 1.3 Eisdickenregler, 2 Behälter mit Kältedämmung, 3 Luftverdichter, 3.1 Luftfilter, 3.2 Luftverteilrohr, 4 Pumpe (Eiswasser), 5 Plattenwärmetauscher, 6 Verbraucherpumpe (Kaltwasser), 6.1 Rücklauf von den Kälteverbrauchern, 6.2 Vorlauf zu den Kälteverbrauchern

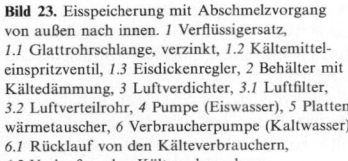
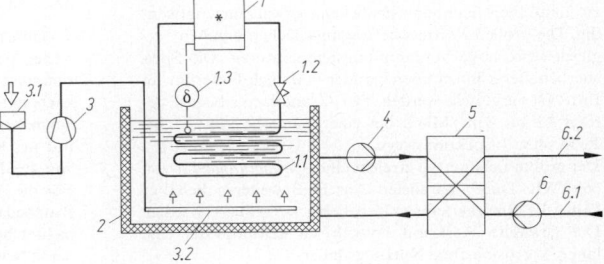

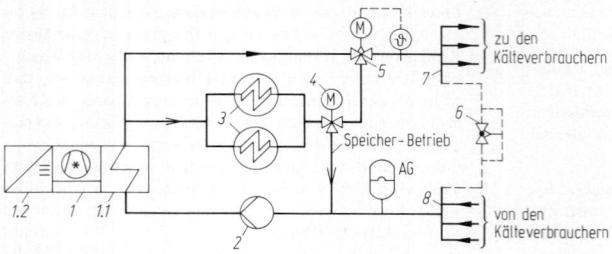

Bild 24. Eisspeicheranlage mit Abschmelzvorgang von innen nach außen. *1* Solekühlsatz, *1.1* Verdampfer *1.2* luftgekühlter Verflüssiger, *2* Solepumpe, *3* Eisspeicher-Behälter aus Polyethylen (Fa. Calmac), *4* Dreiwege-Umschaltventil, *5* Dreiwege-Regelventil, *6* Überströmregelventil o.a. je nach hydraulischer Schaltung, *7* Solekreis – Vorlaufverteiler, *8* Solekreis – Rücklaufverteiler

Der *Eisansatz* soll maximal 35 mm betragen (entsprechend 0,14 m² Rohroberfläche pro kWh Speicherkapazität).

Technische Daten: Serienmäßig hergestellt werden Kältespeicher im Bereich von 350 bis 3700 kWh Speicherkapazität. Dies entspricht einem Eisansatz von 3700 bis 40000 kg. Der Netto-Platzbedarf beträgt 12 bis 15 m² pro MWh Speicherkapazität bei einer Bauhöhe von 2,4 m. Die Verdampfungstemperaturen liegen je nach Dauer der Ladezeit und Art der Anlage im Mittel zwischen −3 und −8 °C, wobei diese Werte zu Beginn um +2,8 K überschritten und gegen Ende der Speicherung um −1,7 K unterschritten werden.
Die Aufstellung des Speicherbeckens muß auf gleichem oder höherem Niveau erfolgen als der Wärmetauscher, außerdem sind Kältebrücken am Speicherboden wegen der Gefahr von Tauwasserbildung zu vermeiden. Anstelle der Wasserbewegung durch Lufteinblasen werden auch Rührwerke verwendet; allerdings mit größerem Grundflächenbedarf (je nach Speicherkapazität zwischen 32 und 16 m²/MWh bei 1,5 bis 2 m Bauhöhe).
Um das Entstehen von Eisbarrieren zu vermeiden, ist bei jedem Entladevorgang ein vollständiges Abtauen nötig.

Mit Abschmelzvorgang von innen nach außen, **Bild 24.** Der Eisspeicher besteht aus einem kältegedämmten Polyethylen-Behälter von max. 2,3 m Durchmesser und bis 2,54 m Höhe, in dem sich ein *Rohrschlangensystem* aus Polyethylen-Rohren befindet. Diese Rohrschlangen sind als Vor- und Rücklauf in entgegengesetzter Richtung gewickelt, so daß die durchfließende Glykolsole (etwa −4 °C Eintritts- und −1 °C Austrittstemperatur) beim Einfrieren des umgebenden Wasserbads eine gleichmäßige Temperaturverteilung bewirkt. Bei der Temperaturdifferenz von 3 K ist mit Druckverlusten im Bereich von 0,44 bis 0,9 bar je nach Speichergröße zu rechnen. Beim Abschmelzen des Eises bildet sich zwischen der jetzt als Wärmeträger wirkenden Sole und dem Speichereis Schmelzwasser, das den direkten Wärmeaustausch behindert (Abschmelzvorgang von der Rohroberfläche beginnend nach außen).

Vorteile: Es besteht ein geschlossener Solekreislauf, der allerdings nur bis zu einem Betriebsdruck von 6 bar zugelassen ist. Es ist weder ein ungleichmäßiges Abschmelzen zu befürchten noch eine Eisdickenüberwachung notwendig. Die großen Wärmeübertragungsflächen ergeben vergleichsweise hohe Verdampfungstemperaturen. Die Speicherbehälter können übereinander und auch Unterflur im Erdreich aufgestellt werden. Der Grundflächenbedarf beträgt 12 bis 8 m²/MWh bei einer Bauhöhe von 2,1 bis 2,5 m ohne Inspektionswege.
Der größte Behältertyp erreicht eine *Speicherkapazität* von 669 kWh. Durch parallelen Anschluß weiterer Behälter kann die Speicherkapazität beliebig vergrößert werden. Der gewählte Werkstoff Polyethylen gewährleistet eine lange, korrosionsfreie Nutzungsdauer.

Nachteile: Der zulässige Betriebsdruck ist auf 6 bar begrenzt. Der gesamte Verbraucherkreis ist mit Sole zu füllen, oder es muß ein Wärmetauscher zwischen Erzeuger- und Verbraucherkreis zwischengeschaltet werden. Mit fortschreitendem Abschmelzvorgang steigen die Austrittstemperaturen aus dem Speicher an, so daß in bezug auf eine konstante Vorlauftemperatur keine hohen Anforderungen erfüllt werden können.

Kältespeicherung in eutektischer Lösung. Bei diesem Verfahren wird die Kältemenge in *wässerigen Salzlösungen* gespeichert, die sich in wasserdampfdichten *Polyethylenkugeln* befindet. Diese Kugeln von etwa 100 mm Durchmesser werden als Kugelhaufen in Stahl-, Kunststoff- oder Betonbehälter eingefüllt und durch *Glykolsole* bis zum Übergang von der flüssigen in die feste Phase abgekühlt. Die Kugeln enthalten eine Luftblase, um die Ausdehnung des Speichermediums aufzunehmen. Der im Behälter eingeschlossene Kugelhaufen verursacht nur einen geringen Druckverlust, da die Durchflußgeschwindigkeit in der Größenordnung von 0,02 m/s nur eine laminare Strömung ausbildet. Der im Solestrom entstehende Auftrieb der Kugeln erzeugt einen erwünschten kugelfreien Raum im oberen Teil des Behälters. Eine nennenswerte Temperaturschichtung entsteht nicht. Der Wärmedurchgang ist vom Ladezustand der Kugeln abhängig, wobei Mittelwerte für das Laden von $k = 70$ W/m²K und für das Entladen von $k = 60$ W/m²K angegeben werden.

Vorteile: Die Probleme mit Eisbarrieren nach unvollständigem Abtauen bzw. ansteigende Temperaturen bei fortschreitender Entladung – wie bei den vorbeschriebenen Verfahren – bestehen nicht. Ebenso ist bei entsprechender Behälterausführung keine Begrenzung hinsichtlich Baugröße und Betriebsdruck gegeben. Es ist eine Aufstellung der Behälter – unabhängig vom Standort der Kälteanlage –, z.B. auch im Erdreich, ebenso möglich wie eine Aufteilung auf mehrere Speicherbehälter.

Nachteile: Solefüllung für den gesamten Kälteverbraucherkreis bzw. das Zwischenschalten eines Wärmetauschers; fehlende Kontrollmöglichkeit für den Lade- bzw. Entladezustand; notwendigerweise etwas niedrigere Verdampfungstemperatur bei der Wahl eines Gefrierpunkts des Speichermediums unter 0 °C.

Technische Daten: Für die klimatechnischen Einsatzfälle eignet sich als Speichermedium Wasser mit Kristallisationszusatz mit Schmelztemperatur 0 °C oder Natriumkarbonat mit Kristallisationszusatz (Na_2CO_3) mit einer Schmelztemperatur von −3 °C. Für beide Stoffe kann pro m³ Kugelhaufen mit einer Latentwärmespeicherung von 46,07 kWh gerechnet werden.
Für die Aufstellung zylindrischer Speicherbehälter ist ein Platzbedarf zwischen 17 bis 9 m² pro MWh Speicherkapazität bei 1,9 bis 3,3 m Bauhöhe, zuzüglich der gegebenenfalls vorzusehenden Inspektionsflächen, notwendig.

6 Systeme und Bauteile der Wärmepumpenanlagen. Systems and equipment of heat pump plants

6.1 Anwendungen und Bauarten
Applications and types

Anwendungen

Wärmepumpen sind Kältemaschinen, die Wärmequellen mit niedriger Temperatur ausnutzen, um einen Nutzwärmestrom höherer Temperatur zu erzeugen (s. M 1.4.2 und M 1.4.3).

Voraussetzungen für einen *wirtschaftlichen* Wärmepumpenbetrieb sind neben einem möglichst gleichmäßigen Wärmebedarf, eine zeitlich und mengenmäßig ausreichende Wärmequelle sowie eine energieoptimierte Regelung des Wärmepumpensystems. Die inzwischen hoch entwickelten speicherprogrammierbaren Mikroprozessor-Steuer- und -Regeleinrichtungen können prinzipiell die zustellenden Anforderungen erfüllen. Von entscheidender Bedeutung ist die verwendete Software.

Übersicht zur Wärmepumpentechnologie: **Bild 1.**
Wirtschaftlich interessant sind *Wärmerückgewinnungen* aus *Fortluft* von lufttechnisch behandelten Gebäuden, aus *Abwasser* von Produktions- und Waschanlagen sowie im günstigsten Fall die für *Kühlzwecke* abgeführte Wärme,

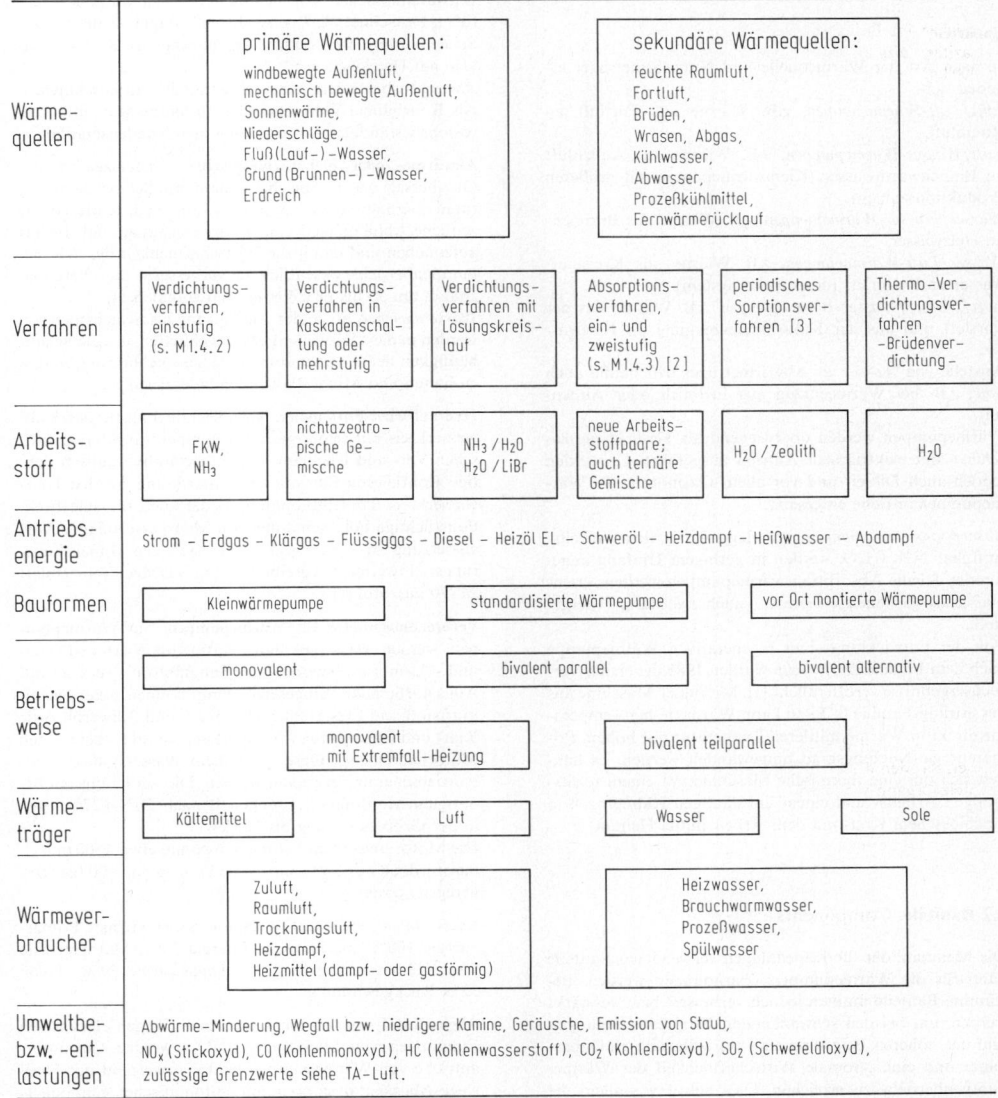

Bild 1. Systematische Übersicht zur derzeitigen Wärmepumpentechnologie. Erläuterungen: Monovalent: Alleiniger Betrieb der Wärmepumpe; Bivalent parallel: Wärmepumpe für Heizungsgrundlast, konventioneller Wärmeerzeuger für Spitzenwärmebedarf; Bivalent alternativ: Alleiniger Wärmepumpenbetrieb bis zu wirtschaftlicher Grenze, dann alleiniger Betrieb eines anderen Wärmeerzeugers

wodurch sich eine Nutzleistung sowohl auf der kalten als auch auf der warmen Seite ergibt.

Beispiele hierfür sind Kunsteisbahnen mit angeschlossenen Hallen- oder Freibädern oder gleichzeitig notwendige Kühl- und Heizleistung bei raumlufttechnischen Anlagen sowie bei Fertigungs- und verfahrenstechnischen Prozessen.

Wirtschaftlich ist ein Einsatz von Wärmepumpen vor allem auch bei Freibädern, die nur während des Sommer-Halbjahrs betrieben werden sowie im industriellen Bereich beim Verwerten von Abwärme. Hierbei handelt es sich um Wärmepumpen, die lediglich zum Heizen dienen. Wärmepumpen sind in der Regel auch wirtschaftlich, wenn zum Vermeiden von Schwitzwasserbildung (z.B. in Wasserwerken) Luft gekühlt, entfeuchtet und anschließend wieder erwärmt werden muß.

Bauarten

Je nach Art der Wärmequelle und Nutzwärmeträger ergeben sich:

Luft/Luft-Wärmepumpen, z.B. Wärme aus Fortluft an Raumluft.

Luft/Wasser-Wärmepumpen, z.B. Wärme aus Außenluft an Brauchwarmwasser (Kleinwärmepumpe mit größeren Produktionszahlen).

Wasser/Wasser-Wärmepumpen, z.B. Wärme aus Brunnen- an Heizwasser.

Wasser/Luft-Wärmepumpen, z.B. Wärme aus Kreislaufwasser an Raumluft (dezentrales System).

Luft/Wasser/Wasser-Wärmepumpen, z.B. Wärme aus der Fortluft und aus der Kaltwassererzeugung an Heizwasser.

Anstelle von *Wasser* als Abwärmeträger tritt häufig auch *Sole*, z.B. bei Wärmeentzug aus Erdreich oder Außenluft.

Wärmepumpen werden überwiegend als *Verdichtungsmaschinen* mit elektrischem Antrieb ausgeführt. Es werden jedoch auch Diesel- und vor allem Gasmotore für Wärmepumpenantriebe eingesetzt.

Absorptionswärmepumpen, vorwiegend mit dem Arbeitsstoffpaar NH_3/H_2O, werden in geringem Umfang angewendet. Kleine Absorptionswärmepumpen werden serienmäßig als gasbeheizte Geräte – auch zweistufig – hergestellt.

Von der Entwicklung einer regenerativen Wärmepumpe nach dem *Vuilleumier-Prinzip* wurden 1985 die ersten Versuchsergebnisse veröffentlicht [1]. Mit dieser Maschine aus der Stirling-Familie (s. P4.9) kann Wärme hoher Temperatur direkt in Wärme mittlerer Temperatur mit hohem Primärenergie-Nutzungsgrad umgewandelt werden. Es handelt sich um eine thermische Maschine mit einem rechtsläufigen Arbeits- und einem linksläufigen Kälteprozeß in geschlossenem Kreis mit dem Arbeitsmittel Helium.

6.2 Bauteile. Components

Die Mehrzahl der für Kälteanlagen verwendeten Bauteile kann für die Wärmepumpen übernommen werden. Bestimmte Bauteile mußten jedoch verbessert bzw. verstärkt werden, um bei den schwankenden Betriebsbedingungen und der höheren Belastung eine befriedigende Nutzungsdauer und eine optimale Wirtschaftlichkeit des Wärmepumpenbetriebs zu erreichen. Dies betraf vor allem die Einbaumotore und ihre Kühlung, um einen erhöhten Wirkungsgrad und einen besseren Leistungsfaktor $(\cos \varphi)$ zu erzielen. Andererseits wurden die Verdichter mit verstärkten Kurbeltriebwerken, größeren Lagern und Ölpumpen sowie konstruktiv verbesserten Arbeitsventilen ausgerüstet. Damit konnten der mechanische Wirkungsgrad sowie Liefer- und Gütegrad erhöht werden.

Besondere Bauteile:

Wärmetauscher. Für Wärmegewinnung aus:

Fortluft: Reichlich bemessene Lamellenrohr-Wärmetauscher mit meist mehreren Wasserauffangwannen zum schnellen Ableiten des anfallenden Tauwassers;

Flußwasser: Rohrbündel- oder Plattenverdampfer für direkte Kältemitteleinspritzung;

Erdreich: Soledurchflossene Rohrschlangen aus Kunststoff im Erdreich verlegt oder Erdspieße verschiedener Konstruktion bis 100 m Tiefe;

Außenluft: Verschiedenste Formen und Materialien von soledurchflossenen Wärmetauscherflächen wurden ausgeführt, bezeichnet als Energie-Dach, -Stapel, -Zaun u.a.;

Sonnenwärme: Bevorzugte Ausführung als Kollektoranlage auf Hausdächern;

Abgas: Insbesondere aus Verbrennungskraftmaschinen. Als Rohrbündel-Wärmetauscher in temperatur- und korrosionsbeständiger Ausführung wegen Kondensatanfall.

Abwärme- oder Heizwärmespeicher. *Latentspeicher* mit Glaubersalz u.a. als Speichermedium mit Schmelztemperaturen oberhalb des Gefrierpunkts, können dazu dienen, die zeitliche Abhängigkeit von Wärmeerzeugung und -bedarf aufzuheben und damit die Wirtschaftlichkeit des Wärmepumpenbetriebs wesentlich zu verbessern. Speicherkapazitäten um 30 bis 68 kWh/m^3 Bauvolumen [4]. *Wasserspeicher*, oft in der Ausführung als Schichtspeicher, werden in das Heizwassernetz eingebunden, um die Schalthäufigkeit der Wärmepumpen bei Schwachlast in Grenzen zu halten und Mindestlaufzeiten zu erzielen.

Hydraulischer Entkoppler. Noch wichtiger als für den Kaltwasserkreis mit seiner geringen Temperaturdifferenz zwischen Vor- und Rücklauf ist die thermo-hydraulisch richtige Rohrleitungsführung und -anordnung für den Heizwasserkreis. Die Entkopplung – die auch für eine funktionstüchtige Folgeschaltung von Mehrkesselanlagen Voraussetzung ist – ist zweckmäßig nach den Dimensionierungsrichtwerten des Beiblatts vom VDMA Einheitsblatt 24770 auszuführen.

Verbrennungsmotor für Wärmepumpen. Für Wärmepumpen werden wassergekühlte, stationäre Viertakt-Diesel- und -Gasmotore bevorzugt als Saugmotore – seltener mit Abgasturbolader – eingesetzt. Damit können außer Dieselkraftstoff und Erdgas auch Heizöl EL und Schweröl sowie Klär- und Flüssiggase, Müllpyrolysegase und – bei einigen Motorbaureihen – Gase mit hohem Wasserstoffanteil als Antriebsenergie verwendet werden. Die am häufigsten benötigten Motordauerleistungen B nach DIN 6270 liegen in der Größenordnung bis 150 kW.

Die Motordrehzahlen betragen maximal etwa 2500 min^{-1}, meist jedoch nur 1800 min^{-1}; sie können von 100 bis 50% geregelt werden.

Energiebilanz eines Otto-Gasmotors bei Vollast: Primärenergie 100%, mechanische Energie 33%, Motorverluste 5%, Kühlwasserwärme 23%, Abgaswärme 39%, davon 32% Rückgewinnung.

Abgas-Katalysatoren für Gasmotore. Wegen der hohen Emissionen von Stickoxyden (NO_x) werden Gasmotorantriebe von Wärmepumpen heute vorwiegend mit Dreiwege-Abgaskatalysatoren mit automatischer Lambda-1-Regelung eines luft- oder gasseitigen Bypasses ausgerüstet. Auch wird versucht mit sog. „Mager"-Motoren den Schadstoffausstoß zu verringern.

6.3 Kleinwärmepumpen. Residential heat pumps

Klein-(Haus-)Wärmepumpen, geeignet für das Heizen von
Einzelräumen, Einfamilienhäusern und für die Brauch-
warmwasserbereitung, werden in Serien hergestellt; ihre
Antriebsleistungen liegen i.allg. unter 3 kW. Als Wärmequelle dient meist Außenluft, so daß eine Luft/Wasser-
Wärmepumpe vorliegt. Wie die Klimageräte werden auch
die Wärmepumpen kompakt für Innen- oder Außenaufstellung und als Splitanlage ausgeführt.

Bild 2 zeigt eine Luft/Luft-Kleinwärmepumpe, wie sie häufig in wärmeren Klimaregionen in einem Fenster- oder Brüstungs-Klimagerät
eingebaut wird. Wesentliches Merkmal ist die Umschaltung des Käl-
tekreislaufs mit Hilfe eines Vierwegeventils *4*. Der im Kühlbetrieb
vom Raumluftstrom beaufschlagte Lamellenrohr-Wärmetauscher *3*
wird nach dem Umschalten zum luftgekühlten Verflüssiger, während
der von der Außenluft durchströmte Wärmeaustauscher *2* dann als
Verdampfer arbeitet. Da sich auch die Flußrichtung des flüssigen
Kältemittels umkehrt, wird durch eine selbsttätige Einrichtung eine
den veränderten Betriebsbedingungen angepaßte Einspritzkapillare
5 wirksam. Bei niedrigen Außenlufttemperaturen (etwa ab 4 bis
5 °C) kann der Betrieb automatisch zum Abtauen des Außenluft-
Wärmetauschers unterbrochen werden. Die Abtauwärme wird entweder durch kurzzeitigen Kühlbetrieb oder bei kleineren Anlagen
auch durch eine elektrische Abtauheizung erzeugt.

Für das *dezentrale Wärmepumpensystem* werden Was-
ser/Luft-Kleinwärmepumpen (**Bild 3**) eingesetzt, deren
Aufbau einem Klimagerät mit wassergekühlter Kälteanlage entspricht.

Auch hier wird das Umschalten von Kühl- auf Heizbetrieb und
umgekehrt durch ein von der Raumlufttemperatur gesteuertes Vier-
wegeventil *4* vorgenommen. Während des Kühlbetriebs dient Wärmetauscher *3* als Verflüssiger und erwärmt den Wasserkreis. Abtau-
probleme bestehen bei dieser Anlagenart nicht.

6.4 Verdichtungswärmepumpen größerer Leistung
Compression heat pumps with large performance

Im Gegensatz zu den Kleinwärmepumpen werden die größeren zentralen Wärmepumpen mit Hubkolben-, Turbo-
und Schraubenverdichtern vorwiegend als Wasser/Was-
ser-Wärmepumpen serienmäßig hergestellt. Neben den
reinen Heizwärmepumpen, die im Aufbau den Wasserkühlsätzen entsprechen, werden solche mit *doppelflutigem
Verflüssiger* oder zwei wasserseitig getrennten Verflüssigern angeboten, die zum gleichzeitigen Heizen und Kühlen eingesetzt werden können.
Das bestehende Erdgasnetz ermöglicht vielerorts den Einsatz von *Gasmotoren zum Antrieb von Wärmepumpen*. Bei

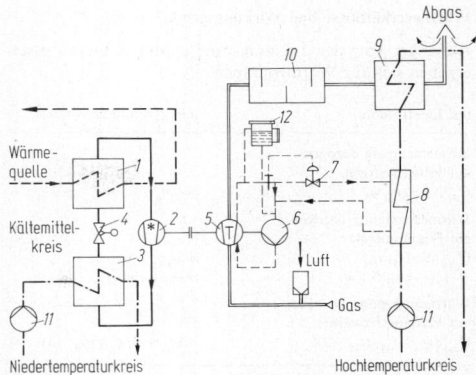

Bild 4. Schema einer Wärmepumpe mit Gasmotorantrieb. *1* Verdampfer, *2* Verdichter, *3* Verflüssiger, *4* Expansionsventil, *5* Gasmotor, *6* Motorkühlwasser-Pumpe, *7* thermostatisches Kühlwas-
serregelventil, *8* Motorkühlwasser-Wärmetauscher, *9* Abgas-Wärmetauscher, *10* Schalldämpfer in Abgasleitung, *11* Wasserpumpen,
12 Ausdehnungsgefäß für Motorkühlwasser

der Ausführung sind die technischen Regeln des Deutschen Vereins von Gas- und Wasserfachmännern e.V.
(DVGW-TRGI) zu beachten. Wesentlicher *Vorteil* des
Gasmotorantriebs: Zusätzlich zur Verflüssigungswärme
fällt *höher temperierter Wärmestrom* aus der Motor- und
Abgaskühlung an.
Bild 4 zeigt ein Schema mit den Hauptteilen einer Gasmotorwärmepumpe, deren Wärmeströme im Einzelfall auf
verschiedene Weise den Verbrauchern zugeführt werden
können; z.B. Verflüssigungswärme mit Vorlauftemperatu-
ren im Bereich von 25 bis 50 °C für Lufterhitzer, Fußbo-
denheizungen, Warmwasserbereiter und die Motor- und
Abgaswärme mit Temperaturen von 60 bis 80 °C (gegebenenfalls bei Motoren mit sog. *Heißkühlung* auch höher)
für statische Heizflächen und Heißwasserbereiter.
Weniger praktische Bedeutung haben die Antriebe durch
Dieselmotor und *Gasturbinen*.
Als weitere Variante, die vereinzelt gebaut wurde, sind die
„Energieverbundsysteme" zu nennen, bei denen die Kraft-
(Strom-), Wärme- und Kälteerzeugung gekoppelt ist. Das
hierfür nötige Maschinenaggregat besteht aus Verbrennungsmotor, gegebenenfalls Getriebe, Generator/Elektro-
motor, automatischer Kupplung und Kältemittelverdichter auf gemeinsamem Grundrahmen montiert.

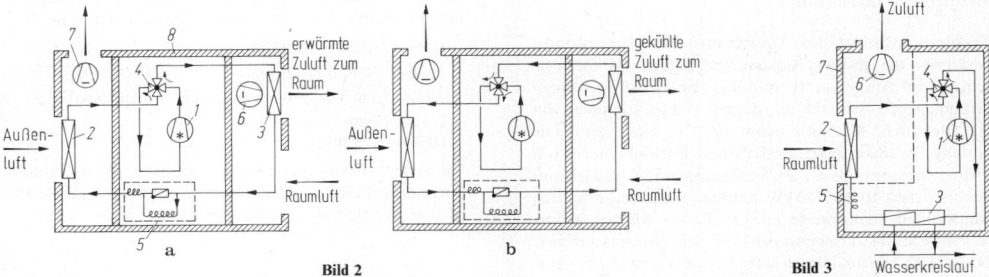

Bild 2. Luft/Luft-Kleinwärmepumpe für Kühl- und Heizbetrieb. **a** Heizbetrieb; **b** Kühlbetrieb. *1* Motorverdichter, *2* Außenluft-Wärmetau-
scher, *3* Raumluft-Wärmetauscher, *4* Vierwege-Umschaltventil, *5* kombiniertes Drosselorgan für Heiz- und Kühlbetrieb, *6* Raumluftventilator, *7*
Außenluftventilator

Bild 3. Wasser/Luft-Kleinwärmepumpe für dezentrales Wärmepumpensystem dargestellt im Kühlbetrieb. *1* Motorverdichter, *2* Lamellenrohr-
Wärmetauscher, *3* Doppelrohr-Wärmetauscher, *4* Vierwege-Umschaltventil, *5* Drosselorgan (Kapillare), *6* Ventilator

Wärmeverhältnisse und Wirkungsgrade

Abhängig von der Leistungszahl ε_0 des Kälteprozesses ergeben sich für Wärmepumpen:

mit Elektromotor	mit Verbrennungsmotor
Kälteerzeugung bezogen auf Primärenergie:	
$\dot{Q}_0/E = \varepsilon_0\eta_{el}$	$= \varepsilon_0\eta_g$
Wärmeerzeugung bezogen auf Primärenergie:	
$\dot{Q}_{ges}/E = \varepsilon_H\eta_{el}$	$= \varepsilon_H\eta_g + \varphi$
$\quad = (\varepsilon_0+1)\eta_{el}$	$= (\varepsilon_0+1)\eta_g + \varphi$
Wärmeerzeugung bezogen auf Verdampferwärme:	
$\dot{Q}_{ges}/\dot{Q}_0 = \varepsilon_H/(\varepsilon_H-1)$	$= (\varepsilon_H + \varphi/\eta_g)/(\varepsilon_H-1)$

Außerdem für Verbrennungsmotor:

Anteil der Motor- und Abgaswärme bezogen auf die Gesamtwärme:
$\dot{Q}_{M+A}/\dot{Q}_{ges}$ $\qquad = \varphi/(\varepsilon_H\eta_g + \varphi)$

Es bedeuten ε_0 Leistungszahl für Kühlbetrieb ($\dot{Q}_0/P$), ε_H Leistungszahl für Heizbetrieb ($\dot{Q}_c/P$), P Leistungsaufnahme an der Verdichterwelle, η_{el} Gesamtwirkungsgrad der Umwandlung der thermischen Energie in mechanische Energie an der Verdichterwelle, abgegeben vom Elektromotor, η_g Gesamtwirkungsgrad der Umwandlung der Gasenergie in mechanische Energie an der Verdichterwelle, abgegeben vom Gasmotor, φ Wärmerückgewinnungsgrad aus Motorwärme (φ_M) und Abgaswärme (φ_A) bezogen auf Primärenergieeinsatz.

Praktisch erreichbare Werte bei Vollastbetrieb:
$\varepsilon_H = \varepsilon_0 + 1 = 3 \ldots 7$ je nach Betriebsbedingungen, insbesondere bei kleinen Anlagen auch niedriger.
Für die durchschnittliche elektrische Leistungsaufnahme der Nebenantriebe (Pumpen und Ventilatoren) sind 5 bis 12% des Hauptantriebs zusätzlich zu berücksichtigen. Gute Mittelwerte: $\eta_{el} = 0,36$, $\eta_g = 0,33$, $\varphi = 0,55$.
Je nach Betriebsbedingungen erreicht der Gesamtwärmestrom $\dot{Q}_{ges}$ demnach bei Wärmepumpen mit Elektromotor das 1,03- bis 2,25fache, mit Gasmotor das 1,50- bis 2,65fache der eingesetzten Primärenergie (ohne Übertragungsverluste!). Demgegenüber stehen die vergleichbaren Heizzahlen ζ von Kohle-, Öl- und Gaskesseln in Größenordnungen von 0,85 bis etwa 1 bei Brennwertkesseln.

6.5 Absorptionswärmepumpen
Absorption heat pumps

Theoretisch besitzt das Absorptions- bzw. Resorptionsverfahren die größte Anpassungsfähigkeit an die verschiedenen Aufgaben thermischer Energieumwandlung. Grundlegende Arbeiten auf diesem Gebiet stammen von E. Altenkirch, K. Nesselmann und W. Niebergall. Die Anfang der 80er Jahre betriebenen Entwicklungen von kleinen Absorptions-Hauswärmepumpen mit Heizleistungen zwischen 10 und 40 kW konnten nicht den erhofften Marktanteil erringen. In einigen Fällen wurden größere Absorptionswärmepumpen mit dem Arbeitsstoffpaar NH_3/H_2O gebaut, die gleichzeitig die Kaltwasserversorgung für Klimaanlagen sicherstellten. Als Wärmequellen dienten außerdem Erdreich- und Fortluftwärme, Verflüssigungswärme von Kleinkälteaggregaten und ein Glycolsolespeicher.
Die Absorptionskältemaschine kann als Wärmeerzeuger (Absorptionswärmepumpe) wirtschaftliche Vorteile bieten,

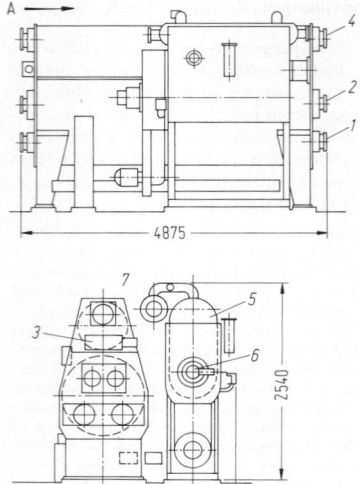

Ansicht A

Bild 5. Direktbefeuerter zweistufiger Absorptions-Wasserkühlsatz geeignet für Wärmepumpenbetrieb (BBY) – (Nennkälteleistung 1 MW, Betriebsgewicht 12 600 kg). *1* Absorber, Kühlwasser-Anschluß, *2* Verdampfer, Kaltwasser-Anschluß, *3* Niederdruck-Austreiber, *4* Verflüssiger, Kühlwasser-Anschluß, *5* Hochdruck-Austreiber, *6* Brenner-Einheit (Gas oder Öl), *7* Wärmetauscher

insbesondere bei größeren Kälteleistungen (über 300 kW), tieferen Verdampfungstemperaturen (bis −60 °C), gekoppelter Kraft-Wärme-Kälte-Erzeugung [5], wenn nutzbare Abwärme mit Temperaturen über 100 °C zur Verfügung steht (Industrianwendungen) [6].
Im letzteren Fall und bei *direktem Beheizen* mit Erdgas zählen diese Anlagen zu den umweltfreundlichsten Heizsystemen.
Die bisherigen anschlußfertigen Absorptionswasserkühlsätze mit dem Arbeitsstoffpaar $H_2O/LiBr$ wurden sowohl für Wärmepumpenbetrieb als auch für Direktbefeuerung eingerichtet, **Bild 5.** Es werden Heizzahlen bis 2 erreicht. Ein direkter Heizbetrieb (Heizzahl 0,9) ist ebenfalls möglich (Heizleistung von 300 kW bis 4 MW). Als Brennstoffe für die Direktbefeuerung können verwendet werden: Stadtgas, Erdgas, Propan, Butan, Heizöl EL und vorgewärmtes, schweres Heizöl.
Praktische Betriebsdaten eines mit Heißwasser beheizten, einstufigen Absorptionswasserkühlsatzes im Wärmepumpenbetrieb mit etwa 20% seiner Nenn-Kälteleistung:

Kaltwassertemperaturen	7,2/ 6,0 °C,
Heizwassertemperaturen	115,0/110,0 °C,
Nutzwärme-Vorlauftemperaturen	49,0/ 46,0 °C,
Nutz-/Heizwärme (*Wärmeverhältnis*)	1,52.

Neuartige, diskontinuierlich arbeitende Wasser/Zeolith-Sorptionssysteme können Wärme nicht nur energiesparend erzeugen, sondern auch speichern.

6.6 Wärmepumpensysteme nur für Heizbetrieb
'Heating only'-heatpumps

Wärmepumpen, die allein zum Heizen dienen ohne Nutzkälteerzeugung, setzen entweder geeignete billige Antriebsenergie (z.B. Prozeßabwärme) oder günstige Wärmever-

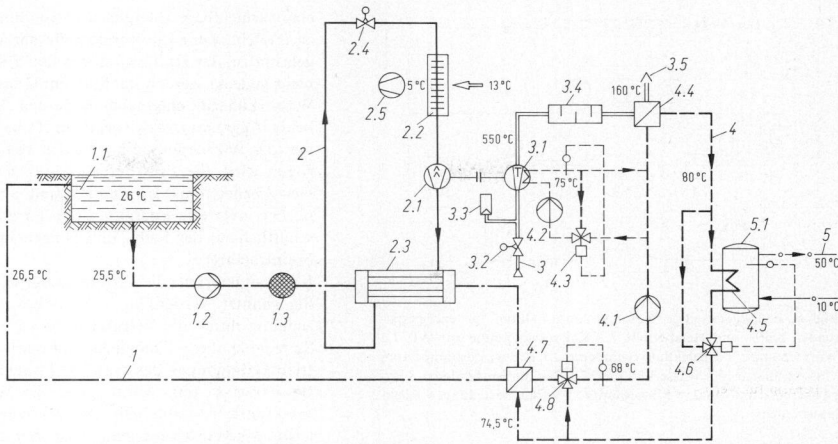

Bild 6. Wärmepumpe mit Gasmotor für Freibadbeheizung (Temperaturangaben nur beispielhaft!). *1* Beckenwasserkreis, *1.1* Freibadbecken, *1.2* Beckenwasserpumpe, *1.3* Kiesfilter, *2* Kältemittelkreis, *2.1* Kältemittelverdichter (Schraube), *2.2* Außenluft-Kühler (Rippenrohr-Verdampfer), *2.3* Robü-Verflüssiger, *2.4* Einspritzventil, *2.5* Außenluftventilator, *3* Gasleitung, *3.1* Gasmotor, *3.2* Gasregelventil, *3.3* Luftfilter, *3.4* Schalldämpfer, *3.5* Abgasleitung, *4* Kühlwasserkreis, *4.1* Kühlwasserpumpe, *4.2* Motorkühlwasserpumpe, *4.3* Dreiwege-Regelventil zur Motorkühlung, *4.4* Abgas-Wärmetauscher, *4.5* Warmwasserspeicher, *4.6* Dreiwege-Regelventil zum WW-Speicher, *4.7* Beckenwasser-Wärmetauscher, *4.8* Dreiwege-Regelventil, *5* Dusch-Warmwassernetz, *5.1* Warmwasserspeicher

braucher (z.B. Niedertemperaturheizungen) voraus. Andernfalls kann die Wirtschaftlichkeit des Wärmepumpeneinsatzes kaum nachgewiesen werden. Zu den Ausnahmen zählen die Freibadbeheizungen, **Bild 6.**

Das Beckenwasser *1.1* wird hauptsächlich im Robü-Verflüssiger *2.3* erwärmt; nur wenn die Motor- und Abgaswärme nicht mehr für den Duschwasserspeicher *5.1* benötigt wird, kann sie über Wärmetauscher *4.7* zum Erwärmen des Beckenwassers genutzt werden. Dies ist jedoch selten der Fall, da erfahrungsgemäß der Verbrauch an Duschwarmwasser in Freibädern hoch ist. In den Hochsommermonaten sind infolge der Sonneneinstrahlung auf die Wasserfläche nur wenige Betriebsstunden nötig, um das Beckenwasser auf 26 °C zu halten. Das Duschwasser kann dagegen in dieser kurzen Betriebszeit nicht ausreichend erwärmt werden, so daß eine Zusatzheizung gerade während der Sonnentage nachwärmen muß.

6.7 Systeme für gleichzeitigen Kühl- und Heizbetrieb. Systems for simultaneous cooling- and heating-operation

Dezentrales Wärmepumpensystem. Die im **Bild 3** dargestellte Wasser/Luft-Kleinwärmepumpe ist ein Bestandteil des dezentralen Wärmepumpensystems mit Wärmeausgleich. Das Prinzipschema eines solchen Systems mit einer größeren Anzahl solcher Kleinwärmepumpen zeigt **Bild 7.**

Die im Kühlbetrieb arbeitenden Geräte *1* kühlen die Raumluft und erwärmen das Kreislaufwasser. Befinden sich zu gleicher Zeit andere Geräte *1* im Heizbetrieb (z.B. auf der Gebäude-Nordseite), so erwärmen diese die Raumluft und kühlen das Kreislaufwasser (Wärmeausgleich!). Wenn während der warmen Jahreszeit die Mehrzahl oder alle Geräte kühlen, so wird das Kreislaufwasser zu hoch erwärmt. Die Überschußwärme muß dann über den geschlossenen Berieselungskühler *4* an die Außenluft abgeführt werden. Umgekehrt kann die Mehrzahl oder es können alle Geräte während der Winterzeit im Heizbetrieb arbeiten und dem Kreislaufwasser zuviel Wärme entziehen. Die fehlende Wärme muß in dieser Zeit vom Heizkessel *2* bzw. aus dem Wärmespeicher *6* gedeckt werden.

Wärmepumpensysteme dieser Art sind bisher mehrfach für Bürogebäude und insbesondere für Ladenpassagen sowie Einkaufszentren ausgeführt worden.

Zentrales Wärmepumpensystem. Im Gegensatz zu einer reinen Heizwärmepumpe benötigen Systeme zum gleichzeitigen Kühlen und Heizen eine zusätzliche Kühleinrichtung zum Abführen der bei steigenden Kühl- und fallenden Heizlasten anfallenden überschüssigen Wärme. Je nach Art der Wärmepumpe kann es sich hierbei nur um Verflüssigungswärme oder auch um Motor- bzw. Absorberwärme handeln. Auch auf das Abführen eines Teils der Abgaswärme bei Gasmotorantrieben kann u.U. nicht verzichtet werden, um das Überschreiten zulässiger Grenztemperaturen für Werkstoffe und Wärmetauscher zu verhindern.

Kaltwassernetze für gleichzeitigen und energiesparenden Betrieb von Wasserkühlsätzen und Wärmepumpen. Zentrale Wärmepumpensysteme stehen häufig in Verbindung mit weiteren Kälteerzeugern, da in der warmen Jahreszeit die

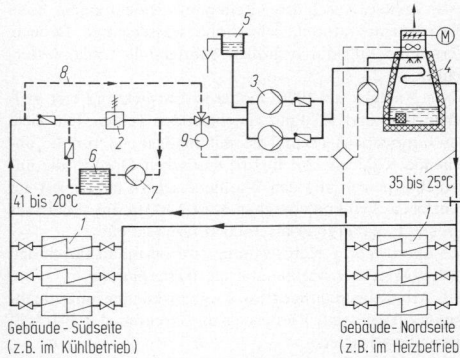

Bild 7. Prinzip-Schema des Wassernetzes für dezentrale Wärmepumpen mit Wärmeausgleich. *1* Wärmetauscher der Kleinwärmepumpe als Verflüssiger, oder als Verdampfer arbeitend, *2* Zusatzheizung, *3* Umwälzpumpen, davon 1 Stck. Reserve, *4* Berieselungskühler, isoliert, mit Luftklappen, *5* Ausdehnungsgefäß, *6* Speicherbehälter, *7* Ladepumpe, *8* Umgehungsleitung bei Speicherbetrieb, *9* Regelventil

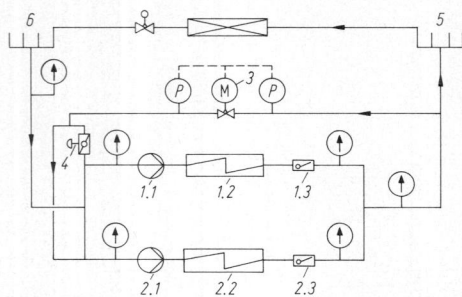

Bild 8. Kaltwasserseitige Kombinationsschaltung für energiesparenden Kühl- und Heizbetrieb. *1.1* Kaltwasserpumpe zur WP, *1.2* Wärmepumpe, *1.3* Rückflußverhinderer, *2.1* Kaltwasserpumpe zum Wasserkühlsatz, *2.2* Wasserkühlsatz, *2.3* Rückflußverhinderer, *3* Bypass-Überströmventil, *4* Motorklappe, *5* Vorlaufverteilung, *6* Rücklaufsammler

Kühllasten oft größer sind als die im Winter rückgewinnbare Abwärme durch die Wärmepumpe. Hier entstehen – bei gleichzeitiger Kälteversorgung durch Wasserkühlsätze und Wärmepumpen – bei bestimmten Verhältnissen von Kühl- zu Heizlasten regeltechnische Probleme bzw.

eine vermeidbare Energieverschwendung. Dieser Zustand ist erreicht, wenn die warme Seite der Wärmepumpe ausgelastet ist, der Kühlbedarf von der Wärmepumpe jedoch nicht gedeckt werden kann. Es muß dann ein zusätzlicher Wasserkühlsatz eingeschaltet werden. Dies bedeutet, daß beide Aggregate vorwiegend im Teillastzustand arbeiten und der Wärmepumpe mehr oder weniger Abwärme entzogen wird, die zum Erzeugen des gewünschten großen Heizwärmestroms erforderlich und auch verfügbar wäre. Die erwartete Energieeinsparung und damit die Wirtschaftlichkeit der Kühl- und Heizanlage werden dadurch beeinträchtigt.
Kann andererseits die Verflüssigungswärme nicht vollständig genutzt werden, so ist es zweckmäßig, die Kälteerzeugung durch die Wärmepumpe zu verringern, um den Spitzenkältebedarf möglichst mit den wirtschaftlichen Betriebsbedingungen des Wasserkühlsatzes zu decken. Diese Betriebsweise setzt voraus, daß die Wärmepumpe wärmegeführt; d.h. abhängig von der Heizwassertemperatur leistungsgeregelt wird, zumindest aber die Leistung bei der maximalen Heizwassertemperatur begrenzt wird.
Die hydraulische Schaltung nach **Bild 8** gewährleistet mit Hilfe der Motorklappe *4* einen Betrieb, der den genannten Nachteil vermeidet:
Motorklappe *4* geöffnet bei verhältnismäßig geringem Wärmebedarf,
Motorklappe *4* geschlossen bei großem Wärmebedarf.

---

7 Sonderklima- und Kühlanlagen
Special air conditioning and cooling plants

7.1 Grubenkühlanlagen. Mine cooling plants

Allgemeines

Spezielle konstruktive Ausführungen und extreme Betriebsbedingungen kennzeichnen die Systeme für die Wetterkühlung (*Wetter*=Grubenluft).
Wesentliche Unterschiede zu üblichen RLT-Anlagen sind: Begrenzte Transportmaße, leichte Zerlegbarkeit in Hauptteile, flexible Anschlüsse, Reinigungseinrichtungen, hohe Betriebstemperaturen, sehr hohe wasserseitige Drücke, Verschmutzung durch großen Staubanfall, Schlagwetterschutz.
Erste Anlagen ab 1920, moderne Entwicklung erst zwischen 1960 und 1970 mit zunehmenden Teufen. Die Tiefe des Grubenbaus (Teufe) ist mit maßgebend für die anfallende Kühllast und für die statischen Drücke, die auf den Rohrnetzen und den Wärmetauschern lasten; z.B. im deutschen Steinkohlebergbau etwa 1400 m, im südafrikanischen Goldbergbau bis 3600 m Grubentiefe.
Die übertragbare Kälteleistung wird bestimmt durch den verfügbaren *Wetterstrom* und die *Wetterführung*.
Die Arbeitsbedingungen im Bergbau können mit zunehmender Teufe und Förderung die Grenzen des Erträglichen überschreiten.
In der Klima-Bergverordnung [1] wird ab einer *Effektivtemperatur* von 25 °C eine verkürzte Aufenthaltsdauer vorgeschrieben; ausgenommen im Kali- und Steinsalzbergbau. Die Taupunkttemperatur darf dort wegen des korrosiven, auf den Kühlflächen anbackenden Salzstaubs nicht unterschritten werden.
Effektivtemperatur s. **M 1 Bild 9**.

Technische Anlagen unter Tage müssen erhöhte Sicherheitsanforderungen erfüllen (s. Vorschriften der Landesoberbergämter); insbesondere: Schutz der Geräte vor mechanischer Beschädigung, Vorrichtungen für das Transportieren (Gleitkufen, Gleitböden und Anschläge), Einbau von Kompensatoren in Rohrleitungen, um Bergbewegungen aufnehmen zu können, eigensichere elektrische Geräte. Abführen von gegebenenfalls ausströmendem Kältemittel in einen entsprechend großen, ausziehenden Wetterstrom (=Abluftstrom von der Betriebsstelle).

Kühllast

Mit zunehmender Grubentiefe ergibt sich zwangsläufig eine höhere Luftdichte; Berechnungen sind deshalb auf den Massenstrom zu beziehen [2].

Wärmequellen. *Erd-(Gebirgs-)wärme.* Mittlerer Temperaturgradient etwa 1 K pro 33 m Teufe.
Außenluftzustände und Wetterführung [3].

Erwärmung durch Selbstverdichtung. Infolge der potentiellen Energieumsetzung tritt theoretisch eine Erwärmung der Luft um 1 K pro 100 m Tiefe ein.

Wärmeaufnahme freiblasender Wetter aus zerkleinertem Fördergut.

Maschinenwärme. Abwärme elektrischer Maschinen für Abbau und Vortrieb und für die Wasserhaltung.
Eine weitere Kühllast kann durch *Sonderbewetterungsanlagen* entstehen.
(Sonderbewetterung=Frischluftzufuhr für Grubenräume, die von der Hauptluft nicht erreicht werden können.)

Kälteerzeugung

Dezentral aufgestellte Kältemaschinen. Für Wetterkühlung in unmittelbarer Abbaunähe bzw. bei Streckenvortrieben werden sowohl Direktverdampfungs- als auch Wasserkühlmaschinen (Kälteleistung im Bereich von 100 bis

300 kW) mit Kolbenverdichtern, zweiteilig als Maschinen- und als Verdampferaggregat auf Fahrgestellen montiert, eingesetzt.

Typische Auslegungsbedingungen sind: Abzukühlender Wetterstrom von 32 °C, 70% auf 20 bis 16 °C im Steinkohlebergbau bzw. 39 °C auf 30 °C im Salzbergbau, Verdampfungstemperaturen 5 °C, Verflüssigungstemperatur 45 °C, Luftdruck bei etwa 1000 m Teufe 2150 mbar.

Zentrale Kälteerzeugung unter Tage. Hierfür sind nur Wasserkühlsätze geeignet. Im deutschen Steinkohlebergbau werden vorwiegend Anlagen mit Schraubenverdichtern und Kälteleistungen von 800 bis 2200 kW, im viel tieferen südafrikanischen Goldbergbau größere Wasserkühlsätze mit mehrstufigen Turboverdichtern verwendet.

Je nach Standort der Rückkühlwerke sind Verflüssigerausführungen mit wasserseitigen Nenndrücken bis PN 250 ausgeführt worden.

Typische Auslegungsbedingungen: Kaltwassertemperatur 20 °C auf 6 bis 9 °C, Kühlwassertemperatur 33 auf 40 °C bei 27 °C Feuchtkugeltemperatur, Verdampfungstemperatur >1 °C, Verflüssigungstemperatur 45 °C.

Zentrale Kälteerzeugung über Tage. Es können serienmäßige Wasserkühlsätze verwendet werden. Im Vergleich zu üblichen Systemen der Gebäudetechnik ergeben sich jedoch folgende Unterschiede:

– Aus wirtschaftlichen Gründen ist eine große Temperaturspreizung im Kaltwasserkreis (etwa 20 K) und deshalb die Reihenschaltung mehrerer Verdampfer zweckmäßig.
– Die Kaltwasser-Vorlauftemperatur soll möglichst niedrig sein, um große Kälteleistungen über kleine Rohrquerschnitte übertragen zu können.
– Hohe statische Drücke im Kaltwassernetz zwingen zum Zwischenschalten von Wärmetauschern oder zu Sonderlösungen.

Verflüssigerkühlung

Unter Tage. Die Verflüssigungswärme der unter Tage aufgestellten Kälteerzeuger über luftgekühlte Verflüssiger abzuführen, bereitet mit steigenden Leistungen Schwierigkeiten, da die ausziehenden Wetterströme hierfür nicht ausreichen.

Alternativen sind: Verdunstungsverflüssiger, offene Rückkühlwerke, geschlossene Rückkühlwerke.

Rückkühleinrichtungen unter Tage werden in ausziehenden Schächten errichtet, die mit Wassersprühvorrichtungen, Sammelbecken und Luftleiteinrichtungen versehen werden [3].

Die Verdunstungskühlung ist grundsätzlich an ausziehende Schächte gebunden, da andernfalls unzumutbare Luftzustände mit Tauwasserniederschlag und entsprechenden Korrosionsschäden in den betroffenen Strecken auftreten würden.

Über Tage. Für die Rückkühlung über Tage ergeben sich Nachteile infolge des hohen statischen Drucks, der sich je nach hydraulischer Schaltung im Kühl- oder Kaltwassernetz einstellt und hohe Wasserumwälzkosten.

Bauteile der Wasserkreisläufe unter Tage

Besondere konstruktive Maßnahmen sind nötig, um die Funktion, Betriebssicherheit und Wartung der Anlagenteile zu sichern, die den härtesten Belastungen vor Ort ausgesetzt sind.

Dies betrifft: *Strebkühlrohre.* Glatte Stahlrohre in DN 100 von etwa 3 m Länge, beweglich aneinander gekuppelt.

Strebkühlgeräte. Kühler aus Kupferrohren mit ein- oder beidseitig aufgelöteten Kupferplatten oder sog. „Rohrscheibenkühler".

Große Probleme bereitet die Verschmutzung der Wärmetauscherflächen, so daß in kurzen Zeitabständen mit Hilfe von Druckwasser-Sprüheinrichtungen gereinigt werden muß.

Streckenkühler. Konstruktionen wie große Strebkühler, Kühlwände ohne Zwangsbelüftung für Sonderfälle, Sprühkühler (Naßluftkühler) in horizontaler und vertikaler Anordnung zum Vorkühlen der Wetter.

Für kleine Leistungen (bis 500 kW) werden ortsbewegliche Kammern mit Stahlblechgehäusen gebaut, große Sprühkammern werden in den Strecken selbst angelegt; die Luftabkühlung kann 20 K erreichen, wenn die Kaltwasserverdüsung mehrstufig ausgeführt wird.

Hochdruck/Niederdruck-Rohrbündel-Wärmetauscher. Die hohen statischen Drücke bei übertägiger Aufstellung der Kälteerzeuger zwingen zu schweren, teuren Kühlerkonstruktionen. Um dies zu vermeiden, wird eine Temperaturdifferenz zwischen Kaltwasser-Erzeugerkreis und -Verbraucherkreis in Kauf genommen und ein HD/ND-Wärmetauscher zwischengeschaltet. Die Grädigkeit dieses Wärmetauschers darf nur gleich oder kleiner 2,5 K sein.

Dreikammer-Rohraufgeber. Eine andere Lösung des Problems der hohen statischen Drücke bietet der sog. Dreikammer-Rohraufgeber, der mit dem hohen statischen Druck des Primärkreises den Inhalt des mit warmem Sekundärwasser gefüllten Kammern zyklisch austauscht.

Systeme der Grubenkälteanlagen

Die größer werdenden Kühllasten in den Gruben verlangen größere Kälteerzeuger und damit eine zentrale Aufstellung [4]. Die früheren Wetterkühlmaschinen für dezentrale Aufstellung haben nur noch Bedeutung bei sog. Satellitenmaschinen in sonderbewetterten Vortrieben.

Es sind zu unterscheiden:

Kälteanlagen unter Tage in Schachtnähe. Geeignet für mittlere bis große Leistungen bei entsprechend großem Wetterstrom, wirtschaftlich bei großen Teufen.

Kälteanlagen über Tage in Schachtnähe. Geeignet für große Leistungen, wirtschaftlich durch optimierte Betriebsweise.

Kälteerzeugung unter Tage und Rückkühlung über Tage. Geeignet bei nicht allzu großen Teufen.

Kälteerzeugung über- und untertägig sowie übertägige Rückkühlung, **Bild 1.** In der Regel wird der größere Teil der Kälteleistung übertägig erzeugt (etwa 60 bis 70%), während der Rest auf die Satellitenmaschinen unter Tage entfällt.

Es ergeben sich günstige Voraussetzungen für spätere Leistungssteigerungen, wenn die Verflüssigungswärme zusätzlicher Satelliten-Wetterkühlsätze dem Rücklauf des Kaltwassernetzes zugeführt und damit die Temperaturspreizung im Kaltwassernetz erhöht wird. Während der kalten Jahreszeit kann die Vorkühlung des Kaltwassers wirtschaftlich über geschlossene Rückkühlwerke erfolgen.

Zweikreis-Kühlsystem über und unter Tage mit Energierückgewinn durch Pelton-Turbine. Um das u.U. weitverzweigte Kaltwassernetz eines Bergwerks nur für normalen Betriebsdruck auslegen zu können, muß üblicherweise ein Wärmetauscher zwischengeschaltet werden. Eine Lösung, diesen Wärmetauscher mit seiner Grädigkeit zu vermeiden, bietet sich mit Hilfe einer Pelton-Wasserturbine, die

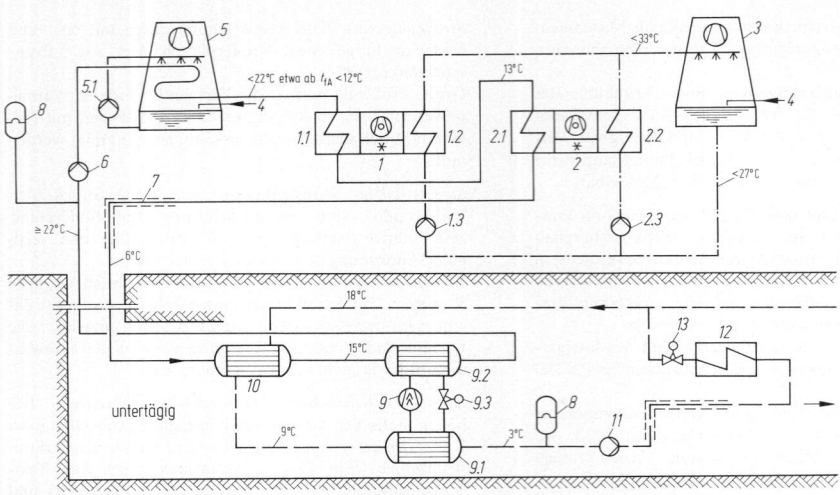

Bild 1. Kombinierte über- und untertägige Kälteerzeugung. *1* u. *2* Wasserkühlsatz, *1.1* u. *2.1* Verdampfer, *1.2* u. *2.2* Verflüssiger, *1.3* u. *2.3* Kühlwasserpumpe, *3* offenes Rückkühlwerk, *4* Zuspeisewasserleitung, *5* geschlossenes Rückkühlwerk, *5.1* Sprühwasserpumpe, *6* Primär-kreis-Kaltwasserpumpe, *7* Kältegedämmte Vorlaufleitung, *8* Ausdehnungsgefäß, *9* Schraubenverdichter, *9.1* Verdampfer, *9.2* Verflüssiger, *9.3* Kältemittel-Regelventil, *10* Hochdruck/Niederdruck-Wärmetauscher, *11* Sekundär-Kaltwasserpumpe, *12* Wetterkühler, *13* Regelventil

den hohen statischen Druck des Kaltwassers auf Atmo-sphärendruck entspannt. Die dabei gewonnene Energie deckt zu etwa 55% die Antriebsleistung, die für die nun-mehr erforderliche Wasserhebepumpe benötigt wird.

Sonderverfahren der Kälteerzeugung

Bei sehr großen Teufen wachsen die Kühllasten und die Kosten für die Kühlsysteme unverhältnismäßig an. Es werden daher auch Verfahren der Kälteerzeugung und -verteilung erprobt, die für die Luftkühlung i. allg. nicht wirtschaftlich sind.

Vakuum-Eiserzeugung. Durch Absenken des Drucks unter den Tripelpunkt der entsprechenden Wasserqualität wird mit unterstützender Kühlung ein Eisbrei erzeugt. Nach Brikettieren wird das vom Wasser befreite Vakuum-Eis über Rohrleitungen den Grubenräumen zugeführt, so daß die Schmelzwärme für entsprechende Abkühlung sorgen kann. Diese Art der Kühlung setzt wasserunempfindliches Nebengestein voraus.

Kaltlufterzeugung. Zum Kühlen tiefer Gruben eignet sich auch das unter M 1.4.1 erwähnte Kaltluftverfahren mit offenem Kreislauf. Nach Verdichten der Außenluft durch Turboverdichter und Abführen der Verdichtungswärme wird die Luft über die unter Tage aufgestellten Ent-spannungsturbinen geleitet und dabei erheblich abgekühlt. Dieser gekühlte Teilstrom wird den einziehenden Wettern beigegeben.

Wartung, Reparatur und Ersatzteile

Unter Tage sind Wartung und Reparatur erschwert. Schweiß- und Lötarbeiten dürfen nicht vorgenommen werden. Ebenso sind größere Reparaturarbeiten praktisch ausgeschlossen.
Vakuumpumpen zum Evakuieren der Kälteanlagen und Lecksuchgeräte mit offener Flamme zur Dichtheitsprü-fung dürfen nicht eingesetzt werden.
Größere Beschädigungen der Geräte während des Rück-transports zur Generalüberholung erhöhen oft die In-standhaltungskosten.

Wegen kostengünstiger Ersatzteilhaltung und kurzfristi-gem Austausch kompletter Maschinenaggregate wird an-gestrebt, gleiche Baugrößen zu verwenden.

7.2 Fahrzeuganlagen. Vehicle-airconditioning

Das Kühlen und Heizen in Verkehrsmitteln wie Flugzeu-gen, Eisenbahnen, Personenkraftwagen, Autobussen und Schiffen sind Aufgaben, die in jedem Fall spezielle Lösun-gen und Konstruktionen erfordern.

Flugzeuge

Die Flugzeuge für Personenbeförderung werden fast aus-schließlich mit Hilfe von *Kaltluftmaschinen* mit offenem oder geschlossenem Kreis klimatisiert. Die niedrige Lei-stungszahl dieses Prozesses wird aufgewogen durch das geringe Gewicht des Systems, seine Einfachheit und dem umwelt- und sicherheitstechnisch problemlosen Arbeits-stoff Luft.

Schienenfahrzeuge

In die Fernverkehrs-Reisezugwagen der Deutschen Bun-desbahn werden aus Gründen der Einheitlichkeit und wegen ihrer Vorzüge ausschließlich *Splitanlagen* mit Di-rektkühlung (bisher mit Kältemittel R12) eingebaut. Die für eine mobile Kälteanlage günstigen Eigenschaften die-ses Kältemittels (relativ niedrige Drücke, Verhalten des Öl/Kältemittel-Gemisches, Kältemittelbeständigkeit der Schläuche) sowie die Vorteile der Standardisierung wirken kostendämpfend auf Montage, Wartung, Reparatur- und Ersatzteilhaltung. **Bild 2** zeigt den Aufbau eines Indukti-onsklimasystems mit der Luftführung in einem Reisezug-waggon.

Das Gerät besteht aus dem luftgekühlten Verflüssigungssatz *1*, der Luftaufbereitungseinheit *2*, die über zusammensteckbare Kältemit-telschläuche *1.3* miteinander verbunden sind. Die Einheit *2* enthält außer dem Luftfilter *2.1*, Kältemittelverdampfer, Radialventilator und elektrisches Heizregister sowie die Luftkanalanschlüsse für Au-ßenluft *2.2*, Umluft *2.3* und Primärluft *2.4*.

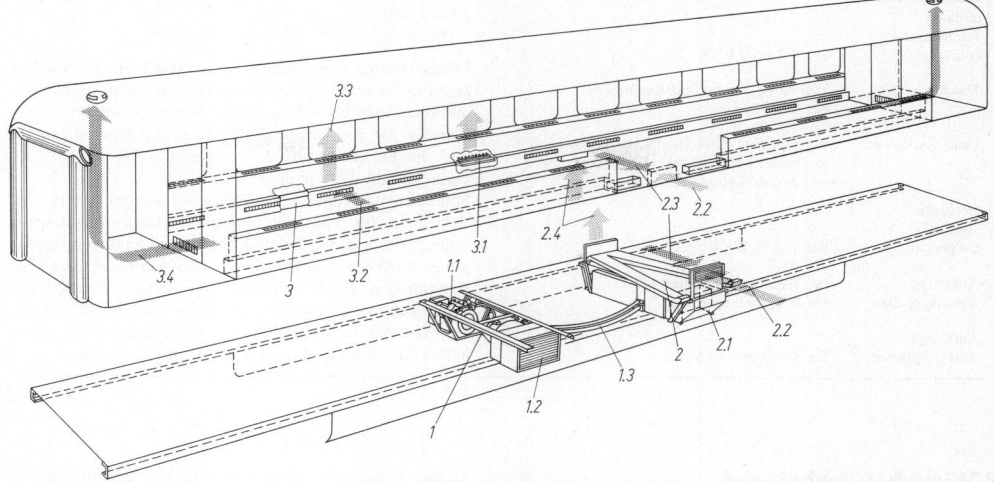

Bild 2. Induktions-Klimasystem in Reisezugwagen (Luwa). *1* Verflüssigungssatz, *1.1* Kältemittelverdichter, *1.2* Verflüssiger, *1.3* Kältemittelverbindungsschläuche, *2* Luftaufbereitungseinheit, *2.1* Luftfilter, *2.2* Außenluft, *2.3* Umluft, *2.4* Primärluft, *3* Primärluftkanal, *3.1* Jettair-Luftauslaß, *3.2* Sekundärluft, *3.3* Zuluft, *3.4* Fortluft

Über Luftkanal *3* strömt die Primärluft zu den Jettair-Luftauslässen *3.1*, vermischt sich mit der Raumluft als Sekundärluft *3.2* und tritt als Zuluft *3.3* an den Fenstern in die Abteile bzw. den Großraumwagen. Individuelle Temperaturregelung ist mit Hilfe eines elektrischen Nacherhitzers am Luftauslaß möglich. Der Fortluftanteil *3.4* strömt über Dachauslässe ab, der Umluftanteil *2.3* zum Gerät zurück.

Straßen- und Wasserfahrzeuge

Heizgeräte. Neben den fahrzeugeigenen Heizungen sind für viele Fahrzeuge die motorunabhängigen Heizungen Voraussetzung für ihren erfolgreichen Einsatz. Vorteilhaft ist, daß solche Heizungssysteme mit dem Betriebsstoff des Fahrzeugs arbeiten (Benzin oder Diesel); daher sind keine zusätzlichen Tanks erforderlich. Die Luft- bzw. Wasserheizgeräte werden im Innenraum oder gegebenenfalls Unterflur eingebaut. Sie stellen sicher, daß auch im Stand des Fahrzeugs der Fahrer- oder Fahrgastraum ausreichend geheizt wird. Leistungsbereiche:

– Luftheizgeräte   1 800 bis 4 000 W,
– Wasserheizgeräte 5 000 bis 20 000 W.

Kühlgeräte. Fahrzeuge im Stand können durch einfallende Strahlung auf 60 °C und mehr aufgeheizt werden. Dieses Treibhausklima hat dazu geführt, daß die Fahrzeug-„Klimatisierung" weltweit zum größten Einzelposten innerhalb des Klimagerätemarkts angewachsen ist (1988 rd. 22 Mio. Stück Kältemittelverdichter zur Pkw-Klimatisierung produziert) [5]. Um die Solltemperatur von 25 °C einzuhalten, werden Klimaanlagen mit Kälteleistungen von 3 bis 4 kW in Pkw und von 20 bis 30 kW in Bussen eingebaut [6]. Als Kältemittel wurde bisher fast nur R12 verwendet [7] (s. Q 6.2).
Merkmale:
– Antrieb über Magnetkupplung vom Fahrzeugmotor, mit Regelung durch Aussetzbetrieb;
– bei großen Nutzfahrzeugen jedoch eigenes Antriebssystem und Leistungsregelung durch Drehzahlveränderung;
– die bisher vorwiegend eingesetzten Hubkolbenverdichter (z.B. 5-Zylinder-Taumelscheibenverdichter) werden von Rotationsverdichtern, insbesondere von Spiralver-

dichtern und zweiflutigen Flügelzellenverdichtern mit Hubraumregelung mittels Steuerscheibe abgelöst. Damit können die Ein- und Ausschaltstöße des Aussetzbetriebs vermieden werden. Die praktischen Leistungszahlen ε_0 der im Drehzahlbereich von 1 000 bis 4 000 min^{-1} betriebenen Verdichter liegen zwischen 1,1 bis 1,6.

7.3 Klimaprüfschränke und -kammern
Climate test boards and -chambers

Klimaschränke und -kammern, zum Teil mit aufwendigen Zusatzeinrichtungen, dienen zu Forschungszwecken, zur Tier- und Pflanzenzucht, zu Werkstoff-, Geräte- und Maschinenprüfungen, in speziellen Fällen als Operations- und Intensivpflegekabinen [8] sowie als Labor. In solchen Anlagen können Konstant- und Wechselklimate in weiten Temperatur- und/oder Luftfeuchtebereichen mit hoher Genauigkeit eingehalten und reproduziert werden. Standardmäßige Mikroprozessor-Regeleinrichtungen erlauben es, Prüfklimate zu programmieren. Das Befeuchten der Luft muß bei bestimmten Prüfaufgaben mit hoher Feuchtekonstanz aerosolfrei erfolgen; d.h. Befeuchten mit Hilfe eines Wasserbads o.ä. Umfang und Kosten der klimatechnischen Einrichtungen werden wesentlich von den zugelassenen Toleranzbereichen bestimmt, die bei hohen Anforderungen zu hohen Luftwechselzahlen im Umluftbetrieb führen [9].

Ausführungen

Es werden zwei grundsätzliche Ausführungen unterschieden:
– Direkte Temperierung und
– indirekte Temperierung mit zwischengeschaltetem Solekreis.

In der Mehrzahl der Bedarfsfälle liegen die gestellten Anforderungen in folgenden Bereichen:

– Temperatur: Von −90 bis +95 °C, gegebenenfalls bis 180 °C.

M

– Räumliche und
zeitliche
Temperatur-
konstanz: Von ±2 bis ±0,2 K.

– Feuchte: Von 95 bis 5% rel. Luftfeuchtigkeit
                             bei 10 bis 95 °C.

– Feuchtekonstanz: Entsprechend einer Taupunkttempera-
                             turkonstanz von ±2 bis ±0,5 K, bei
                             sehr hohen Anforderungen bis ±0,2 K.

– Geregelte
Taupunkt-
temperatur: Von +2 bis 60 °C; ±0,2 K.

– Abkühlge-
schwindigkeiten   Bei Temperaturen unter +2 °C
                             bis 0,2 K/min im Mittel.

– Aufheizge-
schwindigkeiten: Bis 0,5 K/min im Mittel.

– Luftgeschwindig-
keiten im
Prüfraum: 0,1 bis 3 m/s und mehr.

Die genannten Werte können mit manteltemperierten Anlagen und extrem hochwertiger Regeleinrichtung in Sonderfällen noch über- bzw. unterschritten werden.
Günstig für die Temperaturänderungsgeschwindigkeiten und die Betriebskosten ist ein geringes Wärmespeichervermögen der Umfassungswände.
Sonderausstattungen je nach Verwendungszweck, z.B. Einrichtungen für Vakuum, Überdruck, Begasung, Besprühung, Verregnung, Vibration, Wind- und Sandsturmerzeugung, Trockner zum Simulieren von arktischen und Wüstenklimaten, Beleuchtung mit Leuchtstoff- oder Quecksilberhochdruck- oder Xenonlampen bis zu 100000 lx in 1 m Abstand; in Verbindung mit Filtergläsern kann annähernd das Sonnenlichtspektrum simuliert werden.

8 Wirtschaftlichkeit und Energieverbrauch. Economy and energy consumption

8.1 Allgemeines. Generals

Energiesparende Einrichtungen und Systeme sind fast immer mit erheblich höheren Anschaffungskosten gegenüber der für den vorliegenden Bedarfsfall benötigten Mindestausrüstung verbunden. Die Frage, ob die Mehrkosten annehmbar oder von Vorteil sind, kann mit Hilfe einer vergleichenden Wirtschaftlichkeitsberechnung beantwortet werden. Allerdings müssen die dafür im Einzelfall notwendigen Kostenansätze umfassend und zutreffend ermittelt werden. Dies betrifft die Kosten bzw. Kostendifferenzen für Lieferungen und Leistungen einschließlich Bauleistungen, die Energietarife einschließlich Aufschläge und Rabatte, die Aufwendungen für Bedienung, Instandhaltung und Ersatzteile [1] sowie die zu erwartende Nutzungsdauer (Richtwerte s. VDI-Richtlinie 2067).
Beim Berechnen des Strom-, Wärme- und Kältebedarfs sowie des kalten und warmen Brauchwassers für die kälte-, wärme- und raumlufttechnischen Anlagen sind Außenluftzustände sowie externe und interne Belastungen im Jahresverlauf (Test-Referenzjahr, TRY-Daten [2]) zu berücksichtigen. Diese Werte können bei komplexen energiesparenden Systemen praktisch nur mit Rechenprogrammen ausreichend genau und rationell erfaßt werden [3]. Insbesondere ist auch das Teillastverhalten, abhängig von den jeweiligen Betriebsbedingungen des konzipierten Systems, wirklichkeitsgetreu zu bewerten. Das Einsetzen von Mittelwerten kann zu gravierenden Fehlern führen, wie sich oft herausgestellt hat; z.B. höhere Kühllasten bei starker Besucherfrequenz, geringerer Warmwasserbedarf für Restaurants, geringere mögliche Betriebsstundenzahl für Wärmepumpenbetrieb wegen Überschreitens der Einsatzgrenze u.a.
Das bewertbare Ergebnis der Wirtschaftlichkeitsberechnung sind die Jahreskosten, die sich aus Kapital- und Betriebskosten zusammensetzen:
Kapitalkosten = Kapitaldienst aus Abschreibung und Verzinsung für die technischen Anlagen und die zugehörigen bauseitigen Aufwendungen.
Betriebskosten = Energiekosten und Kosten für das Betreiben und Instandhalten der Anlagen (Bedienungs-, War-

tungs-, Reparatur-, Ersatzteil- und Betriebsmittelkosten sowie Kosten für allgemeine Verwaltung, Versicherungen und Gebühren).
Bei den als Kapitalrückfluß-, Annuitäten- und als Barwert-(Kapitalwert-)Methode bekannten Verfahren wird die Amortisationszeit als Vergleichsmaßstab ermittelt (s. VDI-Richtlinie 2067, Bl. 1, Beiblatt 1). Andererseits kann mit der theoretischen Nutzungsdauer der Zinssatz für das eingesetzte Kapital berechnet, und so ein anschaulicher Vergleich zum Kapitalmarktzins hergestellt werden. Dies erscheint für Bauinvestitionen der gewerblichen und der Dienstleistungsbranchen zweckmäßig.
Neben den Wirtschaftlichkeitsvergleich wird versucht, Gebäude nach ihrem Energiebedarf zu bewerten und gleichartige miteinander zu vergleichen. Zu diesem Zweck wird eine Energiekennzahl E vorgeschlagen, die den jährlichen Energiebedarf der haustechnischen Anlagen eines Gebäudes auf die Geschoßfläche bezieht. Dabei kann die Kennzahl sowohl aus der Summe der Teilkennzahlen der Energieträger (Öl, Gas, Strom) als auch der Verwendungszwecke (Heizwärme, Brauchwasserwärme, Kühlung u.a.) gebildet werden, um die Art der unter- und überdurchschnittlichen Verbrauchswerte zu analysieren [4].

Beispiel: Berechnung des Zinssatzes: Der erreichbare Kapitaldienst bei $n = 16$ Jahren angenommener Nutzungsdauer und Gleichheit der Jahreskosten von dem installierten System und der Vergleichsanlage soll 132300,– DM/a betragen.

Kapitaldienstfaktor für ein eingesetztes Kapital von 882000,– DM:

$$k = \frac{132300,-}{882000,-} = 0,15.$$

Zinsfuß $p = 12,95$ aus Tabelle der jährlichen nachträglichen Annuitäten entnehmen, interpolieren und Kontrollrechnung nach

$$k = \frac{(q-1) \cdot q^n}{(q^n - 1)} \quad \text{mit} \quad q = 1 + \frac{p}{100} \text{ durchführen;}$$

ergibt: $k = 0,151$.

Ohne Benutzen der Tabelle der jährlichen Annuitäten:
Der mathematische Weg führt zur Gleichung $(n+1)$ten Grads, die z.B. mit Hilfe der „Regula falsi" annähernd gelöst werden muß.

$$y = f(x) = q^{n+1} - (k+1) \cdot q^n + k.$$

$x = q$; angenommen $q_1 = a, q_2 = b$; bei $n = 16$;

$x:$	a	$=$	$1,12$	b	$=1,13$
$y:$	$f(a)$	$=$	$-0,0339$	$f(b)$	$=0,0086$

$$x_m = a + \frac{(b-a) \cdot f(a)}{f(a) - f(b)} = 1,12 + \frac{0,01 \cdot (-0,0339)}{(-0,0339 - 0,0086)} = 1,12798.$$

$$p = 100 \cdot (x_m - 1) = 12,798.$$

Restwert mit $y = f(x_m)$ bestimmen; ergibt −0,00123. Probe mit Formel für „k" (s.o.) durchführen; ergibt:

$$k = \frac{(1,12798 - 1) \cdot 1,12798^{16}}{(1,12798^{16} - 1)} = 0,14979.$$

Abweichung vernachlässigbar gering!

8.2 Kälte- und Wärmepumpentechnik
Refrigeration and heat pump engineering

8.2.1 Kosten- und energiesparender Betrieb
Costs- and energy-saving operation

Auch bei sog. „Altanlagen" besteht oft ein erhebliches Kosten- und Energieeinsparpotential, das mit verhältnismäßig geringem Aufwand genutzt werden kann. In diesem Zusammenhang seien genannt:
- Senken der Verflüssigungstemperatur durch rechtzeitiges Entfernen von Luft und Inertgasen aus dem Kältemittelkreis.
- Verbessern der Wärmeübergänge durch häufiges sorgfältiges Reinigen der Wärmetauscherflächen und Vermeiden von Schleimbildnern im Kühlwasser.
Bild 1 zeigt den Einfluß der Verschmutzung, insbesondere bei hochbelasteten Wärmetauscherflächen auf die Leistungsaufnahme.
Man definiert den sog. Berichtigungsfaktor:

$$\varphi = 1/(1 + f k_0) \quad \text{mit} \quad k = \varphi k_0.$$

Die Verschmutzung sollte sich höchstens mit einer um 1 K vergrößerten Temperaturdifferenz zwischen zwei Reinigungsintervallen bemerkbar machen ($\sim +4\%$ Leistungsaufnahme.
- Einrichten einer Lastabwurfschaltung für größere Kälteerzeuger, um Stromleistungspreisanteile einzusparen.
- Verbessern der Leistungsregeleinrichtung von Kälteerzeugern, um bleibende Regelabweichungen und Pendelungen klein zu halten.

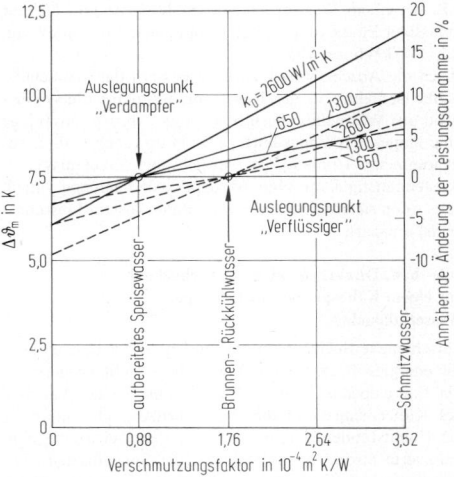

Bild 1. Auswirkung des Verschmutzungsfaktors von Verdampfer und Verflüssiger auf die Leistungsaufnahme von Wasserkühlsätzen. k_0 Wärmedurchgang ohne Verschmutzung, bezogen auf die mittlere Fläche in W/m² K, k dito, jedoch mit Verschmutzung, $\Delta\vartheta_m$ logarithmische Temperaturdifferenz der Wärmeströme, $f = s/\lambda$, s Dicke der Schmutzschicht in m, λ Wärmeleitwert der Schmutzschicht in W/mK

- Betrieb mit gleitender Vorlauftemperatur für Kalt- und Heizwasserversorgung abhängig vom Außenluftzustand einrichten.
- Gegebenenfalls Umrüsten großer Verbraucher-, Netz- oder Strangpumpen und Rückkühlwerksventilatoren auf drehzahlveränderbare Antriebe (Abschaltung der Regelung bei mehr als 95% der Nenndrehzahl vorsehen, um Wirkungsgradverluste der Regeleinrichtung zu vermeiden).

Grundsätze für Neuanlagenausstattung

- Ausreichend groß bemessene Wärmeaustauscherflächen vorsehen.
- Kältemittelverdichter mit hohen Liefer- und Gütegraden und Motoren mit hohen Wirkungsgraden wählen; dabei Teillastverhalten beachten.
- Wärme- und Kälteverluste durch wirtschaftliche Dämmdicke verhindern.
- Bereitschaftsverluste niedrig halten, z.B. bei Frostgefahr und bei Schwachlastzeiten.
- Hydraulische Netzschaltung und -ausrüstung unter Berücksichtigung der Anforderungen der Kälte- und Wärmeverbraucher ausführen, z.B. Winterkühlbetrieb nur mit Hilfe von Rückkühlwerken oder Vorrangschaltung für Wärmepumpenbetrieb, wie unter M 6.7.3 beschrieben.
- Größere Kälte- und Wärmepumpensysteme sind mit Meß- und Schaltgeräten auszurüsten, die eine optimale Folgesteuerung mehrerer Erzeuger gestatten.
- Große Zentralen werden heute meist von Gebäudeleitsystemen überwacht; in vielen Fällen auch bereits gesteuert. Üblich ist die autarke DDC-Unterstation (DDC = Direct Digital Control) in der Kältezentrale für die übergeordnete Steuerung und Regelung der Kälteerzeuger, der Rückkühlwerke und der Pumpen einschließlich eines Hand-Notbetriebs, bei gleichzeitiger Überwachung, Anzeige und Dokumentation aller wichtigen Betriebsdaten und Störmeldungen auf den Bildschirmen bzw. Druckern der Gebäudeleitzentrale. Es wird ein zum Teil sehr hoher Automatisierungsgrad angestrebt, der auch eine nachträgliche Ursachenforschung bei Ausfällen und Störungen ermöglicht.
Die höchste Stufe wird mit einer computergesteuerten Regelung – dem Energy Management Program Refrigeration, *EMPR* – erreicht, mit dem die nachfolgend aufgeführten Grundsätze für eine wirtschaftliche Betriebsweise optimal erfüllt werden können. Voraussetzungen sind entsprechende Software-Programme und zusätzliche Meßwertübertragungen zum Rechner, anstelle der Meßgeräte vor Ort; z.B. für Kältemitteldrücke.

Grundsätze für eine energiewirtschaftliche Betriebsweise

- Heiz- und Kühlbedarf auf das notwendige Maß beschränken; gegebenenfalls zulässige Toleranzen voll ausnutzen.
- Je nach Kühl- oder Heizlast stets den Erzeuger mit der größten Leistungszahl ε (COP_eff – Coefficient of Performance) bei den vorliegenden Betriebsbedingungen einsetzen; d.h. in der Regel eine Maschinenauslastung zwischen 50 bis 80% anstreben [5], **Bild 2**.
- Sollwert der Kälteträgertemperatur so hoch wie möglich wählen.
- Sollwert der Kühlwassertemperatur so niedrig wie möglich wählen.
- Förderstrom und Förderhöhe der Verbraucherpumpen an den Bedarf anpassen; ungewolltes Heizen und Kühlen infolge zu hoher Differenzdrücke an den Regelventilen vermeiden.

M

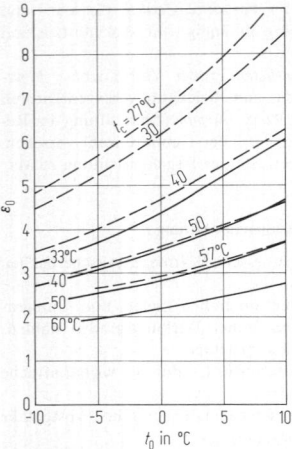

Bild 2. Leistungszahlen ε_0 von R22-Kältemittel-Verdichtern abhängig von t_0 und t_c. Durchgezogene Kurven: Halbhermetikverdichter 40 kW Antriebsleistung, gestrichelte Kurven: Offene Verdichter um 100 kW Antriebsleistung

– Bei der Kaltwasserrückkühlung die Ventilatorarbeit abhängig von der Feuchtkugeltemperatur der Außenluft energieoptimiert begrenzen.

8.2.2 Grundsätzliche Wirtschaftlichkeitsfragen
Fundamental economy questions

Zu Kälte- und Wärmepumpenanlagen stellen sich folgende grundsätzliche Fragen in bezug auf eine wirtschaftliche Ausführung:

Luft- oder wassergekühlte Verflüssigung?

Abgesehen von den wenigen Fällen, in denen für Kälteanlagen geeignetes Brunnen- oder Flußwasser zur Verfügung steht, muß ein über offene und geschlossene Kühltürme rückgekühltes Wasser verwendet werden. Im Gegensatz zu den niedrigen und gleichmäßigen Temperaturen des Brunnenwassers (um 10 bis 15 °C) muß bei den Flußwassertemperaturen u.U. mit großen Schwankungen (0 bis 26 °C) im Jahresverlauf gerechnet werden. Die Temperaturen des rückgekühlten Wassers (s. **M5 Bild 17**) sind dagegen von der Außenluft-Feuchtkugeltemperatur abhängig und liegen zwischen 12 und 30 °C.

Mit luftgekühlten Verflüssigern können nur bei tiefen Außentemperaturen niedrigere Verflüssigungs- und Unterkühlungstemperaturen und damit eine geringere Leistungsaufnahme erzielt werden. Voraussetzung ist, daß wegen des erforderlichen Differenzdrucks für die Kältemitteleinspritzung nicht ein höherer Verflüssigungsdruck aufrechterhalten werden muß. Um die untere Druckgrenze zu vermeiden, werden für größere Anlagen *Druckerhöhungseinrichtungen* mit Kältemittelpumpe oder Zusatzverdichter vorgeschlagen (Einsparung beim Jahresenergiebedarf um 12% lt. Fa. BBY).

Für den wirtschaftlichen Vergleich von Klimakälteanlagen ist entscheidend, ob die höheren Leistungsaufnahmen der luftgekühlten Ausführung an den Betriebsstunden mit hohen Außenlufttemperaturen (etwa über 22 °C) durch die, wegen der nicht benötigten Wasserrückkühleinrichtung, geringeren Investitionen ausgeglichen werden. Im kleinen bis mittleren Leistungsbereich ist dies vor allem bei ganzjährigem Betrieb der Fall und es werden luftgekühlte Einheiten bevorzugt, während bei größeren Leistungen das

wirtschaftliche Ergebnis für die Luftkühlung ungünstiger ausfällt und die zunehmende Baugröße Aufstellungsprobleme bereitet.

Brauchwassererwärmung durch Überhitzungswärme?

Da die Überhitzungswärme praktisch ohne zusätzlichen Energieaufwand gewonnen werden kann, sind die Mehrkosten für Wärmetauscher, Kältemittel- und Wasserleitungsnetz sowie gegebenenfalls einer Brauchwasserpumpe den Energiekosten einer konventionellen Wärmeerzeugung gegenüberzustellen. Zu beachten ist, daß – je nach Betriebsbedingungen – zwar 10 bis 16% der gesamten Verflüssigungswärme als Überhitzungswärme anfallen, jedoch nur 4 bis 14% bei über 40 °C Brauchwassertemperatur zurückgewonnen werden können; dies auch nur im Verhältnis zu der mehr oder weniger großen Auslastung des Kältemittelverdichters. (Die höheren Prozentsätze gelten für den Sommerbetrieb.)

Direktkühlung oder Wasserkühlung?

Hierzu sind die Vor- und Nachteile unter M 5.3 aufgeführt. Die Direktkühlanlage ist im kleinen Leistungsbereich bei kurzen Saugleitungslängen nicht nur hinsichtlich der Betriebs-, sondern auch wegen der Anschaffungskosten für Klimatisierungsaufgaben wirtschaftlicher einzusetzen (Leistungsaufnahme bis zu 22% geringer). Mit steigender Anzahl, Entfernung und Größe der Luftkühler verändert sich das Ergebnis eines wirtschaftlichen Vergleichs zugunsten der Wasserkühlung.

Wärmebetriebene Absorptionskältemaschine oder elektromotorbetriebene Verdichtungskältemaschine

Aufgrund der spezifischen Leistungsaufnahmen bei Nennleistungsbedingungen (angenommene Leistungszahl der Verdichtungskältemaschine $\varepsilon = 5$) ist energiewirtschaftlich der Einsatz der Absorptionsanlage nur bei einem Verhältnis von Wärmepreis in DM/MWh zu Strompreis in DM/kWh kleiner als 133 in Erwägung zu ziehen. Je nach Höhe der Kosten für das Zuspeisewasser bzw. Kühlwasser verschiebt sich diese Kostenrelation zu kleineren Werten; z.B. bei einem Wasserpreis von 3,– DM/m³ und 3facher zulässiger Eindickung (s. M 5.1) und einem Strompreis von, 0,2 DM/kWh auf 105.
Auch die Anschaffungskosten verbessern das Wirtschaftlichkeitsergebnis in der Regel nur, wenn für die vorwiegend aus Wärmetauschern bestehende Absorptionsanlage eine längere Nutzungsdauer, z.B. 20 und mehr Jahre, angenommen wird als bei der Verdichtungs-Kälteanlage. Kostengünstig kann eine Absorptionskälteanlage jedoch sein, wenn sie hohe Strombereitstellungskosten (Leistungspreis) einspart.

Sole- bzw. Direktkühlanlage in Verbindung mit einem Kältespeicher anstelle einer Wasserkühlanlage?

Verschiedene Speichersysteme sind in M 5.8 beschrieben. Ihr energiewirtschaftlicher Vorteil liegt nicht im geringeren Energiebedarf, sondern im Verschieben der Laufzeit des Kälteerzeugers in die Niedertarifzeit; also meist in die Nachtstunden. Damit verbunden ist gleichzeitig eine reduzierte Stromleistung während der Spitzenzeiten; d.h. Einsparung an Stromleistungskosten, sofern ein solcher Leistungspreistarif vorliegt [6].
Wird als Folge der Novellierung der Bundestarifordnung Elektrizität (BTO Elt) die ungleichmäßige Inanspruchnahme der Stromleistung zukünftig verteuert, so besteht ein größerer wirtschaftlicher Anreiz Kältespeicher einzusetzen.

Wärmepumpe mit Elektro- oder Gasmotor bzw. Wärmepumpe oder Heizkessel?

Die Investitionskosten von reinen Heizwärmepumpen, insbesondere solcher mit Antrieb durch Verbrennungsmotoren, sind erheblich höher als die von Heizkesseln oder von Fernwärmeübergabestationen gleicher Leistung. Auch für Unterhalt und Bedienung muß mehr aufgewendet werden, so daß allein durch geringere Energiekosten sich die Wirtschaftlichkeit dieser Wärmepumpen ergeben muß. Dies fällt um so leichter, je höher die *Laufzeit* und die *Auslastung* sind und je niedriger die *Heizwärmetemperatur* sein darf.

Grundsätzlich gilt:

– Je höher das *Energiepreisniveau* desto wirtschaftlicher kann die Wärmepumpe mit Gasmotor, insbesondere im Vergleich zum Gaskessel sein.

– Je niedriger die *Heizleistungszahl* ε_H, desto wirtschaftlicher ist die Gasmotorwärmepumpe im Vergleich zur Wärmepumpe mit Elektromotor, zumal letztere keinen höher temperierten Teilwärmestrom liefern kann.

– Die Gasmotorwärmepumpe hat den mit Abstand geringsten Primärenergiebedarf.

In Fällen, bei denen neben der Heizwärme gleichzeitig auch Nutzkälte erzeugt werden muß, bestehen für den Einsatz von Wärmepumpen die günstigsten Voraussetzungen. Der hierfür notwendige Wirtschaftlichkeitsnachweis ist allerdings aufwendig und führt oft nur mit Hilfe von Simulationsrechenprogrammen – unter Berücksichtigung der Einsatzgrenzen und des Wirkungsgradverlaufs der Wärme- und Kälteerzeuger und ihrer Antriebe – zu einem ausreichend darstellbaren, prüfbaren und damit gesicherten Ergebnis.

„Freie Kühlung" mit Hilfe von Rückkühlwerken oder maschinelle Kälteerzeugung?

Nach **M5 Bild 17** kann mit offenen Rückkühlwerken die Kühlwasser-Austrittstemperatur auf etwa 12 °C bei entsprechend niedriger Kühllast und Feuchtkugeltemperatur gesenkt werden. Eine weitere Abkühlung ist zwar theoretisch möglich, führt jedoch bei Außentemperaturen unter dem Gefrierpunkt (etwa unter −8 °C) zu Vereisungen. Ein Kältebedarf, für den eine Vorlauftemperatur von 14 °C oder höher ausreicht, kann demnach in der kalten Jahreszeit mit offenen oder geschlossenen Rückkühlwerken energiesparend gedeckt werden (s. M5.7.4).

Der Stromverbrauch für die sog. „Freie Kühlung" ist zwar je nach Klimaregion, Auslastung und externem luftseitigen Druckverlust des Rückkühlwerks sowie Regelung des Ventilators (Aussetzbetrieb bei Standardmotor, polumschaltbarem Motor oder drehzahlveränderbarem Motor und mehr oder weniger große Annäherung an den erreichbaren Kühlgrenzabstand) unterschiedlich; er ist jedoch stets sehr viel geringer als für die maschinelle Kühlung, z.B. mit Wasserkühlsätzen.

Die Leistungszahlen ε liegen für offene Rückkühlwerke im „Freien Kühlbetrieb" abhängig von der Feuchtkugeltemperatur und Auslastung bei 10 bis 160 und größer gegenüber etwa 6 bis 10 bei maschineller Kühlung und gleichen niedrigen Außenluftzuständen. Unter Berücksichtigung der Leistungsaufnahmen für die Wasserumwälzpumpen und des Ventilators zur Kühlwasserrückkühlung für den Wasserkühlsatz wird die Größenordnung der Energieeinsparung bis 70% betragen können. Die absolute Größe der Einsparung wird bestimmt durch die Anzahl der tatsächlichen Betriebsstunden, die je nach Bedarfsfall sehr unterschiedlich sein können.

Die Mehrinvestitionen für zusätzliche Rohrleitungen, Wärmetauscher, Meß-, Steuer- und Regeleinrichtungen sowie gegebenenfalls Hilfspumpen halten sich jedoch in Grenzen, so daß kurze Amortisationszeiten erreicht werden können.

Bereitstellen von Kaltwasser mittels „Freiem Kühlbetrieb" von Rückkühlwerken oder mit Hilfe von Wärmepumpen?

Für das Bereitstellen von Kaltwasser mit Temperaturen von 14 °C oder höher können in der kalten Jahreszeit zwar Rückkühlwerke im „Freien Kühlbetrieb" eingesetzt werden, doch ist es gegebenenfalls auch wirtschaftlich, das Kaltwasser als Abwärmequelle für eine Wärmepumpe heranzuziehen. In diesem Fall können standardisierte Ausführungen von Wasserkühlsätzen mit einem zusätzlichen oder einem doppelflutigen Verflüssiger verwendet und die Verflüssigungswärme als Heizwärme entnommen werden.

Die Frage, ob der Einsatz der Wärmepumpe wirtschaftlicher ist als der „Freie Kühlbetrieb", der je nach vorhandener Installation sowie Größe und Verlauf des Kühlbedarfs auch mit anderen Einrichtungen (s. M5.7) ausgeführt werden kann, entscheidet sich danach, in welchem Umfang die erzeugte Heizwärme von den Verbrauchern genutzt wird. Findet ein größerer Teil der Wärme während der Heizperiode keinen Abnehmer und muß sie deshalb über Rückkühlwerke o.a. an die Außenluft abgegeben werden, kann ein kombiniertes System aus Wärmepumpe und „Freien Kühlbetriebs"-Einrichtungen die Wirtschaftlichkeit sichern.

8.3 Heiz- und Raumlufttechnik
Heating and air handling engineering

8.3.1 Energieverbrauch. Energy consumption

Heizungsanlagen

$$\dot{B}_a = \dot{Q}_a / (\eta H_u)$$

Hierin sind: $\dot{B}_a$ jährlicher Brennstoffverbrauch (z.B. in kg/a), $\dot{Q}_a$ jährlicher Wärmeverbrauch (z.B. in kWh/a), η Wirkungsgrad der Gesamtanlage, H_u Heizwert des Brennstoffs (z.B. in kWh/kg).

Der jährliche Wärmeverbrauch wird unter Zugrundelegung des *Wärmebedarfs*, also der max. Leistung bei tiefster *Außentemperatur* und der mittleren *Außentemperatur* während der Heizperiode sowie der *Anzahl* der Heiztage, also der *Gradtage* ermittelt. Durch Korrekturfaktoren wird die tägliche *Heizzeit*, die Höhe der *Raumtemperatur*, die *Regelfähigkeit* der Anlage u.ä. berücksichtigt (VDI-Richtlinie 2067 Bl. 2). Faßt man alle gesamten Einflußfaktoren zusammen, ergibt sich als fiktive Rechengröße die Vollbenutzungsstunde b_a des Wärmebedarfs $\dot{Q}_h$ (**Tab. 1**):

$$\dot{Q}_a = b_b \dot{Q}_h.$$

Tabelle 1. Vollbenutzungsstunden für Heizungsanlagen

Gebäude	Vollbenutzungsstundenzahl
–	h
Wohnhaus	1553
Büro	1508
Krankenhaus	2018
Schule:	
einschichtig	1013
zweischichtig	1130
Kaufhaus	900
Kirche	500

Tabelle 2. Heizwerte von festen und flüssigen Brennstoffen sowie elektrischer Energie (nach VDI-Richtlinie 2067)

Brennstoffart	Brennstoff- sorte	Heizwert H_u	
		MJ/kg	kW h/kg
Feste Brennstoffe			
Koks	Brechkoks 2	28,0	7,8
	Brechkoks 3	26,8	7,44
	Brechkoks 4	26,0	7,21
Steinkohlen			
Gasflammkohle	Nuß 4, 3	30,0	8,4
Fettkohlen	Nuß 4, 3	31,8	8,84
Eßkohle	Nuß 4, 3	32,3	8,95
Magerkohle	Nuß 4, 3	32,3	8,95
Anthrazit	Nuß 4, 3	32,3	8,95
	Nuß 5	31,8	8,84
Braunkohlen			
Rhein.Braunkohlenbrikett (Union) Industrieformat und Brikolett		19,7	5,46
Flüssige Brennstoffe			
Heizöl EL	Wichte 0,84	42,7	11,86
Heizöl S	Wichte 0,95	41,0	11,4
Elektrische Energie		3,6 MJ/kW h	

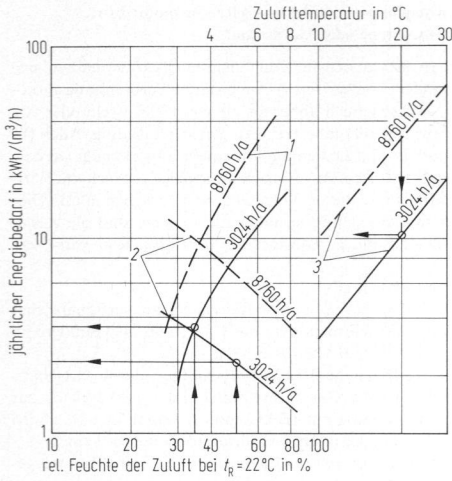

Bild 3. Spezifische jährliche Energiebedarfswerte (Raum Frankfurt)

Der Wirkungsgrad der Anlage, der sich aus den Wirkungsgraden des Kessels, der Wärmeverteilung und der Regelfähigkeit ergibt, liegt in der Größenordnung von 0,7 bis 0,8. Der Heizwert entspricht dem zur Verwendung kommenden Brennstoff, **Tab. 2.**

Für den Brennstoffverbrauch liegen darüber hinaus Erfahrungswerte vor, bei denen aber Anlagen mit Wärmerückgewinnung noch nicht berücksichtigt sind.

Der Stromverbrauch für die Heizwasserumwälzung und den Feuerungsbetrieb, z.B. des Brennermotors, ist nach den zu erwartenden Laufzeiten und dem elektrischen Anschlußwert abzuschätzen. So haben die Heizpumpen Laufzeiten zwischen 4000 und 5000 h pro Heizperiode, während beim Brennermotor wiederum die Vollbenutzungsstunden des Anschlußwerts zugrunde gelegt werden können.

Raumlufttechnische Anlagen

Der Jahresenergiebedarf ist von Art, Umfang und Nutzungszweck der jeweiligen Anlage abhängig und damit von der notwendigen Luftbehandlung [10].

Lüftungsanlage. Bei einer einfachen Lüftungsanlage fällt nur eine thermische Luftbehandlungsstufe mit dem Wärmeverbrauch für das Erwärmen der Außenluft auf Zulufttemperatur und der Stromverbrauch für die Luftförderung, also für den Ventilatorbetrieb, an.

Klimaanlage. Bei einer Klimaanlage mit vier Luftbehandlungsstufen ergeben sich mehrere Energieverbrauchsarten:

Wärme für die Außenlufterwärmung, Raumheizung, Befeuchtung und Nacherwärmung bei Kühlung oder Entfeuchtung;

Kälte für Kühlung (meist Strom oder Wärme);

Wasser für die Befeuchtung und Verflüssigerkühlung;

Strom für Luftförderung (Ventilatoren), Befeuchtung (Wäscherpumpe), Raumheizung (Brenner, Heizwasserpumpen), Kühlung (Kaltwasser-, Kühlwasserpumpe und Rückkühlwerks-Ventilatoren).

Die Verbrauchsanteile der jeweiligen Energieart sind auch vom Regelsystem abhängig. Die Berechnung des Energieverbrauchs ist daher nach den Anlagensystemen unterteilt (s. VDI-Richtlinie 2067 Bl. 3).

Bereits bei der einfachen *Lüftungsanlage* ist die rechnerische Ermittlung des Wärmeverbrauchs wegen der Erfassung des Außentemperaturverlaufs während der Betriebszeit schwieriger als bei der Heizungsanlage. Bei *Luftkühlanlagen* ist als weiterer Witterungseinfluß die Sonnenstrahlung gegeben, bei *Luftbefeuchtungsanlagen* noch der Feuchtigkeitsgehalt der Außenluft. Sämtliche Witterungseinflüsse sind bei Klimaanlagen zu berücksichtigen. Hinzu kommt bei allen Anlagen noch die innere Last bzw. deren Verlauf in der Betriebszeit. Eine Berechnung nach mittleren Werten ist nicht mehr möglich, es ist der Tages- und Monatsverlauf der äußeren und inneren Belastung, bezogen auf die jeweilige Betriebszeit zugrunde zu legen, wobei von den Gebäudeeigenschaften die Speicherfähigkeit den Belastungsverlauf beträchtlich beeinflußt. Notwendig ist eine stundenweise Ermittlung des Außenwitterungsverlaufs in Häufigkeitsdarstellungen, um zu ausreichend sicheren Berechnungsergebnissen zu kommen (DIN 4710) [11].

Für einfache Lüftungs- oder Luftkühlanlagen ist bei Bauvorhaben gleicher Art und Betriebszeit eine Abschätzung nach der Vollbenutzungsstundenzahl noch möglich, für Klimasysteme aber nicht mehr.

Spezifische jährliche Energiebedarfswerte, bezogen auf 1 m³/h aufbereitete Zuluft, lassen sich für Lufterwärmung, Luftbefeuchtung sowie für Luftkühlung und Entfeuchtung (als Schätzwerte) aus **Bild 3** entnehmen. Die Energiebedarfswerte sind für sog. „Bürobetrieb" (3024 h/a) und für „Rund um die Uhr-Betrieb" (8760 h/a) im Raum Frankfurt nach DIN 4710 angegeben.

Falls andere Betriebszeiten als 3024 h/a und 8760 h/a vorliegen, lassen sich die Verbrauchswerte in guter Genauigkeit durch Interpolation „linear" mit der Betriebszeit abschätzen.

Aus dem Verlauf der Kurven kann man den hohen Energieeinsatz bei hoher relativer Luftfeuchte im Winter und bei niedriger relativer Luftfeuchte im Sommer erkennen.

Der Strombedarf der Ventilatoren für den Lufttransport kann exakt nach der folgenden Gleichung ermittelt werden:

$$E_{LT} = \frac{\dot{V} \Delta p_{ges}}{1000 \eta_v \eta_M} \cdot \Delta H.$$

Hierin sind: E_{LT} Strombedarf im Jahr in kWh/a, $\dot{V}$ Luftdurchsatz im m³/s, Δp_{ges} Gesamtdruckdifferenz des Ventilators in Pa, ΔH jährliche Betriebsstunden in h/a, η_v Ventilatorwirkungsgrad, η_M Motorwirkungsgrad.

Sofern eine Wärmerückgewinnung vorgenommen wird, muß bei der Einsparung im Wärmeverbrauch der Mehraufwand im Stromverbrauch berücksichtigt werden, auch haben die einzelnen Wärmerückgewinner sehr unterschiedliche Austauschgrade, die in die Wirtschaftlichkeitsberechnung eingehen (s. VDI-Richtlinie 2071 Bl. 2).

8.3.2 Bedienung und Instandhaltung
Operation and maintenance

Zur Ermittlung des Zeit- und Materialaufwands ist ein Programm über die notwendigen Tätigkeiten und den zu erwartenden Verschleiß der Anlagen im Betrieb aufzustellen (VDI-Richtlinie 3801, 3810). Beim *Bedienen* läßt sich der Zeitaufwand dafür noch abschätzen, beim *Instandhalten* ist sowohl die qualitative Ausführung der Anlage als auch die Betriebsüberwachung entscheidend. Wird z.B. eine vorbeugende Instandhaltung betrieben oder erst der Reparaturfall abgewartet? Der Aufwand für das Instandhalten wird in Prozentsätzen der Investitionskosten erfaßt, während für die Bedienung der stündliche Aufwand abzuschätzen ist (s. VDI-Richtlinie 2067 Bl. 1). Zur überschlägigen Ermittlung werden auch bei der Bedienung Prozentsätze der Investitionskosten angenommen, die bei raumlufttechnischen Anlagen wiederum nach Anlagensystemen unterteilt sind (VDI-Richtlinie 2067 Bl. 3). Der Bedienungsaufwand liegt i.allg. bei 2%, die Instandhaltung bei 2 bis 5% der Investitionskosten (VDI 2067 Bl. 1, Beiblatt 1990).

M

9 Anhang M: Diagramme und Tabellen
Appendix M: Diagrams and tables

Anh. M1 Tabelle 1. Klimadaten nach [1]

Gebiet und Ort	Seehöhe in m	Mittlere Temperatur °C			Extreme Temperatur °C		Mittlere relative Luft-feuchtigkeit in %	
		im Jahr	im wärmsten Monat	im kältesten Monat	maximal	minimal	maximal	minimal
Europa								
Kopenhagen	10	7,7	16,6 Jl	− 0,1 F	29	−13	93 D	72 Ju
Helsinki	10	4,4	16,6 Jl	− 6,9 F	26	−24	89 N	68 Jn
Dublin	10	9,9	15,7 Jl	5,3 Jr	25	− 5	86 Jr	73 Ma
London	40	9,8	17,3 Jl	3,4 Jr	31	− 8	89 Jr	69 Jl
Paris	50	10,3	18,6 Jl	2,5 Jr	34	−11	89 D	69 Ap
Hamburg	30	8,3	16,9 Jl	− 0,3 Jr	30	−12	90 D	69 Ma
Frankfurt a.M.	100	9,5	18,6 Jl	0,1 Jr	33	−13	86 D	66 Ma
Wien	200	9,2	19,6 Jl	− 1,7 Jr	30	−15	85 D	67 Ap
Berlin	40	8,6	18,0 Jl	− 0,7 Jr	32	−15	87 D	65 Jn
Warschau	120	7,3	18,8 Jl	3,4 Jr	32	−21	89 D	68 Ma
Leningrad	10	3,7	17,7 Jl	− 9,3 Jr	29	−29	89 D	65 Jn
Moskau	140	3,9	18,9 Jl	−11,0 Jr	31	−31	87 D	67 Ma
Astrachan	− 10	9,4	25,5 Jl	− 7,2 Jr	36	−26	75 D	32 Au
Bukarest	80	10,4	22,8 Jl	− 3,6 Jr	35	−20	87 D	60 Au
Istanbul	70	14,5	23,6 Au	5,2 Jr	34	− 4	74 D	53 Jl
Athen	110	17,7	27,0 Jl	9,3 Jr	38	− 2	75 D	46 Au
Bozen	290	11,7	22,5 Jl	0,0 Jr	34	− 8	83 N	61 Ap
Rom	50	15,4	24,8 Jl	6,7 Jr	35	− 3	74 D	53 Jl
Madrid	650	13,3	24,3 Jl	4,3 Jr	40	− 8	84 D	46 Jl
Afrika								
Tripolis	20	19,7	26,4 Au	11,7 Jr	40	4	67 Jl	63 S
Marrakesch	470	19,6	29,6 Au	10,9 Jr	41	3	66 Jr	47 Jl
Dakar	20	24,2	28,0 S	20,3 F	34	15	87 Au	81 F
Kapstadt	10	16,4	20,7 Jr	12,2 Jl	34	4	81 Jn	66 Jr
Johannesburg	1920	14,6	18,5 Jr	9,0 Jn	30	− 3	74 F	39 Au
Dar es Salam	10	25,5	27,7 Jr	23,1 Au	33	17	85 Ap	79 Jr
Asien								
Jerusalem	750	15,9	23,0 Au	7,0 Jr	36	− 2	74 Jr	41 Ma
Taschkent	480	13,5	27,5 Jl	− 1,0 Jr	40	−20	77 Jr	48 Jl
Peking	40	11,7	26,0 Jl	− 4,7 Jr	37	−15	76 Au	49 Ap
Hongkong	30	22,0	27,6 Jl	14,3 F	36	6	84 Ap	65 N
Tokio	20	13,8	25,4 Au	2,9 Jr	37	− 9	84 Jl	63 F
Delhi	220	25,1	33,4 Jn	14,4 Jr	−	−	68 Au	33 Ap
Bombay	10	26,3	29,2 Ma	23,6 Jr	35	16	87 Au	69 F
Singapur	0	26,3	27,0 Ma	25,5 Jr	38	18	84 D	78 Jl
Djakarta-Java	10	26,0	26,5 O	25,8 Jl	33	20	87 Jl	78 S
Australien, Ozeanien								
Adelaide	40	17,2	23,4 Jr	10,9 Jl	43	2	77 Jl	46 Jr
Auckland	80	15,2	19,6 F	11,1 Au	29	2	82 Jl	73 Jr
Amerika								
Winnipeg	230	0,6	18,7 Jl	−21,7 Jr	33	−40	90 Jr	69 Ma
Washington	40	12,6	24,9 Jl	0,5 Jr	36	−16	79 S	64 Ap
Chikago	250	9,2	22,4 Jl	− 4,6 Jr	35	−26	81 Jr	67 Jl
Los Angeles	110	15,7	20,3 Au	11,7 Jr	38	1	76 Au	67 N
Mexico	2280	15,5	18,3 Ma	11,9 D	30	1	71 S	47 Ap
Habana-Cuba	20	24,8	27,7 Jl	21,3 Jr	36	12	80 S	70 Ap
Valparaiso	40	14,3	17,5 F	11,5 Jl	28	6	78 Ma	66 D
Buenos Aires	20	16,6	23,1 Jr	10,1 Jl	34	0	86 Jn	70 D
Rio de Janeiro	60	22,5	25,6 F	19,7 Jl	36	13	80 F	77 Jl

Jr Januar. – F Februar. – Ma März. – Ap April. – Jn Juni.
– Jl Juli. – Au August. – S September. – O Oktober – N
November. – D Dezember

Anh. M 1 Tabelle 2. Gradtagszahlen nach VDI-Richtlinie 2067 Bl. 1

Ort	Jan.	Febr.	März	April	Mai	Juni	Juli	Aug.	Sept.	Okt.	Nov.	Dez.	Jahr
Flensburg	615	568	555	413	278	128	90	97	190	327	452	572	4285
Kiel	602	551	533	395	259	105	62	67	168	309	437	559	4047
Lübeck	615	560	528	384	239	86	49	53	157	312	447	570	4000
Hamburg	616	561	526	377	240	100	66	75	171	320	453	573	4078
Cuxhaven	595	543	523	387	252	102	55	43	128	292	430	548	3898
Bremen	602	545	508	353	214	86	56	63	161	312	447	561	3908
Hannover	618	558	518	357	217	91	61	64	169	318	454	573	3998
Münster	586	523	482	339	206	92	61	64	151	298	433	546	3781
Berlin-Temp.	641	566	513	329	172	49	25	29	127	300	457	589	3797
Braunschweig	624	561	516	351	213	87	57	61	158	314	455	479	3976
Dortmund	574	512	473	327	196	84	56	60	144	289	424	537	3676
Essen	578	511	469	328	201	91	62	63	136	283	426	538	3686
Düsseldorf	563	494	446	303	172	66	37	36	114	273	412	523	3439
Kassel	624	542	493	330	197	73	50	59	155	316	456	579	3874
Köln-Bot. G.	580	485	437	292	157	49	26	30	106	266	406	517	3351
Aachen	565	506	462	334	207	96	61	65	140	283	421	527	3667
Koblenz	569	494	443	293	161	49	20	29	109	278	412	526	3383
Frankfurt a.M.	601	512	446	286	146	47	18	26	112	293	438	558	3483
Mainz	605	520	454	292	155	45	21	31	124	309	444	562	3562
Würzburg-Stein	647	553	490	317	189	66	41	49	141	320	472	598	3883
Trier (Petrisb.)	607	525	468	327	202	90	58	67	146	316	453	572	3831
Saarbrücken	621	535	476	329	205	92	60	71	148	320	463	583	3903
Kaiserslautern	621	535	476	329	205	92	60	71	148	320	463	583	3903
Karlsruhe	601	514	447	289	151	45	18	25	106	299	442	560	3497
Nürnberg	667	573	514	339	210	84	57	72	167	343	485	618	4129
Stuttgart	596	512	453	297	171	57	28	36	117	292	436	560	3555
Augsburg	676	580	517	351	220	91	56	68	162	351	496	632	4200
Regensburg	703	600	530	345	212	79	47	65	170	359	504	648	4262
Freiburg	589	501	430	279	149	50	18	26	91	281	434	552	3400
Ulm	685	587	524	355	222	94	58	79	177	363	509	643	4296
München-Riem	689	593	529	355	228	96	56	67	161	351	499	641	4265
Friedrichshafen	641	551	493	335	191	66	30	34	125	323	463	595	3847

M

Anh. M 1 Tabelle 3. Häufigkeit der Windrichtungen mit Geschwindigkeiten über 5 m/s, nach [5]

Ort	Häufigkeit der Windrichtungen in % im Winter bei Windgeschwindigkeiten über 5 m/s								Prozentuale Häufigkeit der Winde über 5 m/s
	N	NO	O	SO	S	SW	W	NW	
Kiel	5,5	5,2	5,2	4,9	16,3	28,8	26,7	7,4	32,6
Hamburg	2,6	3,3	8,1	7,0	8,1	37,1	25,0	8,8	27,2
Aachen	1,7	5,0	3,9	2,5	11,9	45,7	22,1	6,2	35,7
Berlin	1,6	3,3	12,3	7,0	4,5	15,2	38,1	18,3	24,4
Leipzig	2,6	9,7	7,0	1,8	14,0	35,1	21,9	7,9	12,4
München	0,8	7,0	7,0	0,8	0,8	47,7	32,8	3,1	12,8

Anh. M 1 Tabelle 4. Mittlere Zahl der Sonnenscheinstunden pro Einzelmonat und Jahr Zeitraum 1951 bis 1970 nach DIN 4710

Station	Jan.	Febr.	März	April	Mai	Juni	Juli	Aug.	Sept.	Okt.	Nov.	Dez.	Jahr
Hamburg	46,8	61,4	116,2	166,6	209,6	232,5	205,2	185,4	157,8	97,6	45,9	32,2	1559,6
Essen	41,6	61,3	109,6	152,3	191,3	201,4	176,5	167,5	145,1	105,6	52,8	36,4	1441,3
Frankfurt a.M.	44,1	71,4	131,5	169,6	214,5	220,0	218,7	195,6	164,3	104,7	42,8	33,6	1610,6
Trier	41,8	70,4	122,5	161,5	202,9	205,2	210,4	181,4	153,3	101,2	43,9	33,2	1527,9
München	60,2	78,9	133,9	169,7	205,5	215,2	236,5	213,0	180,4	137,3	58,4	41,4	1730,1
Regensburg	52,6	74,4	137,1	174,1	210,6	223,1	238,5	204,8	174,5	118,0	44,5	37,1	1689,4
Berlin	49,2	70,0	138,6	171,6	217,7	247,5	229,2	203,5	181,6	114,2	48,3	34,5	1705,9

Anh. M 1 Tabelle 5. Bisher bevorzugte Kältemittel in Klimakälteanlagen (Hoechst AG) und vorgesehene Ersatzkältemittel

Bezeichnung	Chemische Formel	Internationale Kennziffer	Molmasse g/mol	Siedepunkt bei 1,013 bar °C	Erstarrungspunkt °C	Kritische Temperatur °C	Kritischer Druck bar	Verdampfungswärme (Siedepunkt) kJ/kg	Spezifische Wärme der Flüssigkeit kJ/kgK	Dichte der Flüssigkeit bei 20°C kg/l	Exponent der Adiabaten 30°C; 1,013 bar c_p/c_v	RODP-Wert[b]	GWP-Wert[b]	Vorgeschlagene Ersatzkältemittel
Trichlorfluormethan	CCl_3F	R 11	137,38	23,8	−111	198,0	44,0	182,2	0,871	1,49	1,13	1	1	R 123
Dichlordifluormethan	CCl_2F_2	R 12	120,92	−29,8	−158	112,0	41,6	166,0	0,854	1,328	1,139	0,87–1	2,8–3,4	R 134a[a]) R 152a
Bromchlordifluormethan	$CBrClF_2$	R 12 B1	165,4	−3,72	−160,5	154,6	41,24	132,6	0,737	1,826				
Chlordifluormethan	$CHClF_2$	R 22	86,48	−40,8	−160	96,2	49,9	234,7	1,089	1,213	1,178	0,032–0,071	0,34–0,37	NH_3 R 125
1,1,2-Trichlortrifluorethan	$CClF_2\text{-}CCl_2F$	R 113	187,39	47,6	−35	214,1	34,1	144,7	0,946	1,582	1,082	0,76–0,89	1,4	
1,2-Dichlortetrafluorethan	$CClF_2\text{-}CClF_2$	R 114	170,93	3,6	−94	145,7	32,6	136,8	0,971	1,473	1,084	0,56–0,82	3,7–4,1	R 124 R 142b
Azeotrop aus R 11 u. R 152a: Difluorethan/ Dichlordifluormethan	$CH_3\text{-}CHF_2/$ CCl_2F_2	R 500	99,29	−33,5	−159	105,5	44,3	201,3	1,214	1,173	1,14	0,74		
Azeotrop aus R 22 u. R 115: Chlordifluormethan/ Chlorpentafluorethan	$CHClF_2/$ $CClF_2\text{-}CF_3$	R 502	111,6	−45,6	−160	82,2	40,8	172,6	1,277	1,240	1,135	0,19–0,33		R 22 R 22/R 152a R 125

[a]) Weitere Ersatzkältemittel für R12 könnten die Gemische aus R22/R152a und R22/R142b sein.
[b]) Quellen: UNEP/WMO Scientific Assessment of Stratospheric Ozone: 1989.
Appendix AFEAS Report 5. Sept. 1989
und [14].

Anh. M1 Tabelle 6. Volumetrische Kälteleistung q_{oth} für Frigen 22 (Hoechst AG)

Verdampfungstemperatur t_o in °C

Verflüssigungstemperatur t_c in °C

t_o	−50	−45	−40	−35	−30	−25	−20	−15	−10	−5
−60	437,3	427,5	417,4	407,2	396,8	386,2	375,5	364,6	353,7	342,6
−55	572,2	559,4	546,4	533,1	519,7	506,0	492,1	478,1	463,9	449,5
−50		722,5	705,9	689,0	671,8	654,3	636,5	618,6	600,5	582,1
−45			901,0	879,6	857,8	835,8	813,4	790,7	767,8	744,7
−40				1110,3	1083,2	1055,6	1027,6	999,3	970,7	941,8
−35					1353,5	1319,4	1284,8	1249,8	1214,4	1178,7
−30						1633,1	1590,8	1547,9	1504,6	1460,9
−25		q_{oth} in kJ/m³				1952,0	1899,9	1847,3	1794,2
−20								2312,5	2249,1	2185,1
−15									2717,1	2640,5
−10										3167,8

Verflüssigungstemperatur t_c in °C

t_o	0	5	10	15	20	25	30	35	40	45
−60	331,4	320,2	308,9	297,5	286,1	274,7	263,1	251,5	239,8	228,0
−55	435,1	420,6	405,9	391,2	376,5	361,6	346,7	331,7	316,5	301,2
−50	563,7	545,1	526,4	507,6	488,8	469,8	450,7	431,5	412,2	392,6
−45	721,4	697,9	674,3	650,6	626,7	602,8	578,7	554,5	530,0	505,3
−40	912,7	883,4	853,9	824,3	794,5	764,6	734,5	704,3	673,8	642,9
−35	1142,7	1106,5	1070,0	1033,4	996,6	959,6	922,4	885,0	847,3	809,1
−30	1416,8	1372,4	1327,7	1282,9	1237,8	1192,5	1146,9	1101,1	1054,8	1008,1
−25	1740,6	1686,7	1632,5	1578,0	1523,3	1468,2	1412,9	1357,2	1301,1	1244,3
−20	2120,6	2055,7	1990,3	1924,7	1858,7	1792,4	1725,7	1658,7	1591,0	1522,6
−15	2563,4	2485,7	2407,5	2329,0	2250,1	2170,8	2091,1	2010,9	1929,9	1848,1
−10	3076,1	2983,8	2891,0	2797,7	2704,0	2609,8	2515,1	2419,7	2323,6	2226,4
−5	3666,7	3557,7	3448,1	3337,9	3227,3	3116,0	3004,2	2891,7	2778,2	2663,4
0		4215,5	4086,8	3957,5	3827,5	3697,0	3565,7	3433,6	3300,3	3165,6
5			4815,8	4664,7	4512,9	4360,5	4207,1	4052,8	3897,2	3739,8
10				5468,8	5292,4	5115,1	4936,9	4757,6	4576,7	4393,7
15	q_{oth} in kJ/m³				6175,6	5970,5	5764,2	5556,6	5347,2	5135,5
20						6936,9	6699,1	6459,7	6218,3	5974,1

M

Anh. M1 Tabelle 7. Dampftafel für Kältemittel R22 (Frigen 22), Naßdampfgebiet (Hoechst AG)

Tempe-ratur t °C	Druck p bar	Spezifisches Volumen		Enthalpie		Entropie	
		der Flüssigkeit v' l/kg	des Dampfes v'' l/kg	der Flüssigkeit h' kJ/kg	des Dampfes h'' kJ/kg	der Flüssigkeit s' kJ/kg·K	des Dampfes s'' kJ/kg·K
−100	0,021	0,639	7906,83	95,95	357,78	0,5339	2,0461
−95	0,033	0,644	5235,42	100,24	360,26	0,5584	2,0179
−90	0,049	0,649	3556,81	104,61	362,77	0,5825	1,9921
−85	0,073	0,654	2473,79	109,08	365,31	0,6065	1,9684
−80	0,105	0,659	1757,88	113,62	367,85	0,6304	1,9466
−75	0,149	0,665	1273,99	118,27	370,41	0,6541	1,9266
−70	0,206	0,671	940,11	123,02	372,97	0,6778	1,9081
−65	0,281	0,677	705,32	127,88	375,53	0,7013	1,8911
−60	0,376	0,683	537,29	132,84	378,07	0,7249	1,8754
−55	0,497	0,689	415,07	137,92	380,60	0,7483	1,8608
−50	0,646	0,695	324,82	143,10	383,09	0,7718	1,8473
−45	0,830	0,702	257,23	148,40	385,55	0,7952	1,8347
−40	1,053	0,709	205,46	153,80	387,97	0,8186	1,8229
−35	1,321	0,717	166,57	159,30	390,34	0,8418	1,8119
−30	1,640	0,724	135,98	164,89	392,65	0,8649	1,8016
−25	2,016	0,732	111,97	170,58	394,90	0,8880	1,7919
−20	2,455	0,740	92,93	176,33	397,07	0,9108	1,7827
−15	2,964	0,749	77,70	182,17	399,17	0,9335	1,7740
−10	3,550	0,758	65,40	188,06	401,18	0,9559	1,7658
−5	4,219	0,768	55,39	194,00	403,10	0,9781	1,7579
0	4,980	0,778	47,18	200,00	404,93	1,0000	1,7502
5	5,839	0,788	40,40	206,03	406,65	1,0216	1,7429
10	6,803	0,799	34,75	212,10	408,27	1,0430	1,7358
15	7,882	0,811	30,03	218,21	409,77	1,0641	1,7289
20	9,081	0,824	26,04	224,34	411,15	1,0848	1,7220
25	10,411	0,837	22,66	230,50	412,39	1,1053	1,7153
30	11,880	0,852	19,78	236,70	413,49	1,1255	1,7086
35	13,496	0,867	17,31	242,93	414,43	1,1454	1,7019
40	15,269	0,884	15,17	249,21	415,19	1,1651	1,6952
45	17,209	0,902	13,32	255,57	415,76	1,1847	1,6882
50	19,327	0,923	11,70	262,03	416,11	1,2043	1,6811
55	21,635	0,945	10,29	268,62	416,20	1,2238	1,6736
60	24,146	0,970	9,03	275,40	415,99	1,2436	1,6656
65	26,873	0,999	7,92	282,44	415,40	1,2638	1,6570
70	29,833	1,032	6,92	289,85	414,35	1,2846	1,6475
75	33,042	1,071	6,01	297,78	412,67	1,3066	1,6366
80	36,520	1,120	5,17	306,50	410,13	1,3304	1,6238
85	40,290	1,185	4,38	316,43	406,22	1,3571	1,6078
90	44,374	1,276	3,59	328,42	399,75	1,3889	1,5853
95	48,802	1,506	2,60	347,63	384,73	1,4397	1,5405
96,18	49,900	1,949	1,95	366,83	366,83	1,4913	1,4913

M

Anh. M 2 Tabelle 1. Norm-Außentemperatur, mittlere Wintertemperatur und Heiztage nach DIN 4701 und VDI-Richtlinie 2067

Station	See-höhe	Heiztage		Norm-Außen-temperatur	Station	See-höhe	Heiztage		Norm-Außen-temperatur
		Zahl	Mittlere Temperatur				Zahl	Mittlere Temperatur	
–	mNN	–	°C	°C	–	mNN	–	°C	°C
Aachen	202	251	6,3	–12	Kreuznach, Bad	132	249	5,7	–12
Augsburg	477	255	4,4	–14	Lingen, Ems	21	255	5,9	–10 W
Bamberg	239	255	4,6	–16	Lüdenscheid	444	260	4,8	–12 W
Berlin	51	252	4,9	–14 W	München	527	255	4,1	–16
Bremen	4	256	5,6	–12 W	Münster, Westf.	63	253	5,9	–12 W
Coburg	337	255	4,3	–14	Neustadt, Weinstr.	143	243	5,9	–10
Essen	154	249	6,1	–10	Nördlingen	425	257	4,3	–16
Frankfurt a.M.	125	242	6,0	–12	Nürburg	626	265	3,7	–14 W
Freiburg i.Br.	269	237	6,1	–12	Nürnberg	335	254	5,6	–16
Garm.-Partenk.	719	260	3,7	–18	Öhringen	276	251	5,3	–14
Hamburg	21	257	5,5	–12 W	Passau	409	255	4,0	–14
Hannover	53	257	5,3	–14 W	Regensburg	376	256	4,1	–16
Bad Hersfeld	212	259	4,9	–14	Saarbrücken	191	249	6,0	–12
Hof, Saale	567	267	3,0	–18 W	Stuttgart	286	244	6,0	–12
Husum, Nordsee	3	265	5,2	–10 W	Trier	144	249	6,2	–10
Karlsruhe	114	242	5,9	–12	Ulm, Donau	522	257	4,2	–14
Kassel	158	253	5,4	–16	Villingen, Schwarzwald	710	266	3,5	–16 W
Kiel	7	262	5,5	–10 W	Weiden, Oberpf.	438	261	4,8	–16
Kissingen, Bad	224	256	5,8	–14	Würzburg	259	249	5,0	–12
Köln	45	242	6,7	–10					

M

Anh. M2 Tabelle 2. Gesamtstrahlung durch einfach verglaste Flächen in W/m² nach VDI-Richtlinie 2078, *a* Trübungsfaktor

Jahreszeit	Richtung	Sonnenzeit in h														
		5	6	7	8	9	10	11	12	13	14	15	16	17	18	19
24. Jan.	NO				26	33	48	57	59	57	48	33	10			
und	O				150	288	266	149	59	57	48	33	10			
20. Nov.	SO				178	416	529	540	450	305	140	35	10			
	S				103	312	484	617	626	617	484	312	103			
a = 3,0	SW				10	35	140	305	450	540	529	416	178			
	W				10	33	48	57	59	149	266	288	150			
	NW				10	33	48	57	59	57	48	33	26			
	N				10	33	48	57	59	57	48	33	10			
	Horizontal				17	78	156	215	237	215	156	78	17			
20. Febr.	NO			33	85	52	65	72	77	72	65	51	29	2		
a = 3,0	O			76	341	414	348	185	77	72	65	51	29	2		
	SO			72	377	572	654	607	494	352	134	51	29	2		
	S			21	198	398	561	662	694	662	561	398	198	21		
	SW			2	29	51	134	352	494	607	654	572	377	72		
	W			2	29	51	65	72	77	185	348	414	341	76		
	NW			2	29	51	65	72	77	72	65	52	85	33		
	N			2	29	51	65	72	77	72	65	51	29	2		
	Horizontal			4	62	172	279	350	378	350	279	172	62	3		
22. März	NO			209	193	102	87	95	98	95	87	73	56	33		
a = 3,3	O			363	516	520	409	221	98	95	87	73	56	33		
	SO			311	523	641	669	612	483	278	118	73	56	33		
	S			65	223	399	546	636	666	636	546	399	223	65		
	SW			33	56	73	118	278	483	612	669	641	523	311		
	W			33	56	73	87	95	98	221	409	520	516	363		
	NW			33	56	73	87	95	98	95	87	102	193	209		
	N			33	56	73	87	95	98	95	87	56	33	33		
	Horizontal			74	194	334	459	543	556	543	459	334	194	74		
20. April	NO		243	335	297	172	104	111	114	111	104	92	76	54	30	
a = 3,6	O		298	497	591	558	427	235	114	111	104	92	76	54	30	
	SO		188	382	539	618	619	551	408	226	105	92	76	54	30	
	S		30	61	166	325	463	546	580	546	463	325	166	61	30	
	SW		30	54	76	92	105	226	408	551	619	618	538	381	188	
	W		30	54	76	92	104	111	114	235	427	541	590	564	379	
	NW		30	54	76	92	104	111	114	111	104	172	297	335	243	
	N		42	54	76	92	104	111	114	111	104	92	76	53	42	
	Horizontal		63	171	335	487	593	664	696	664	593	487	335	171	63	
21. Mai	NO	198	336	394	351	220	122	127	128	127	119	107	90	70	47	24
und	O	193	379	529	590	541	413	252	128	127	119	107	90	70	47	24
23. Juli	SO	78	209	366	497	555	541	469	337	178	119	107	90	70	47	24
a = 4,0	S	24	47	70	126	245	393	435	471	435	393	245	126	70	47	24
	SW	24	47	70	90	107	119	178	337	469	541	555	497	366	209	78
	W	24	47	70	90	107	119	127	128	252	213	541	590	529	379	193
	NW	24	47	70	90	107	119	127	128	127	122	220	351	394	336	198
	N	90	92	72	90	107	119	127	128	127	119	107	90	72	92	90
	Horizontal	48	123	265	421	570	682	746	766	746	682	570	421	265	123	48

M

Anh. M2 Tabelle 3. Speicherfaktor s für Strahlungsenergie durch Fenster nach VDI-Richtlinie 2078

Auslegungsmonat Juli (und Mai)[c]

Wahre Ortszeit (Sonnenzeit)			5	6	7	8	9	10	11	12	13	14	15	16	17	18	19	20	21	22 h
Bauart I[a] (wenig speichernd)	Äußerer bzw. kein Sonnenschutz	NO	0,19	0,45	0,61	0,62	0,49	0,38	0,34	0,32	0,31	0,30	0,28	0,24	0,21	0,16	0,11	0,06	0,04	0,03
		O	0,09	0,32	0,51	0,64	0,67	0,59	0,43	0,31	0,27	0,24	0,21	0,18	0,16	0,12	0,09	0,05	0,04	0,03
		SO	0,03	0,17	0,35	0,53	0,65	0,71	0,67	0,55	0,39	0,31	0,26	0,22	0,18	0,14	0,10	0,06	0,04	0,03
		S	0,03	0,07	0,10	0,15	0,26	0,43	0,57	0,68	0,69	0,63	0,49	0,35	0,25	0,19	0,13	0,08	0,05	0,04
		SW	0,03	0,06	0,09	0,12	0,15	0,18	0,21	0,33	0,50	0,64	0,70	0,70	0,60	0,45	0,25	0,14	0,09	0,07
		W	0,03	0,06	0,09	0,12	0,14	0,16	0,18	0,19	0,23	0,40	0,56	0,67	0,68	0,58	0,38	0,18	0,12	0,08
		NW	0,03	0,06	0,09	0,12	0,16	0,20	0,24	0,26	0,27	0,28	0,28	0,34	0,52	0,66	0,66	0,49	0,24	0,14	0,09
		N	0,22	0,32	0,34	0,44	0,53	0,62	0,67	0,71	0,73	0,72	0,67	0,61	0,51	0,46	0,46	0,22	0,12	0,07
	Innerer Sonnenschutz	NO	0,31	0,64	0,79	0,72	0,50	0,36	0,35	0,34	0,34	0,32	0,29	0,25	0,20	0,15	0,08	0,03	0,02	0,02
		O	0,16	0,47	0,69	0,81	0,78	0,62	0,39	0,28	0,25	0,23	0,21	0,18	0,14	0,11	0,06	0,03	0,02	0,01
		SO	0,04	0,26	0,49	0,69	0,80	0,83	0,74	0,54	0,34	0,28	0,24	0,20	0,16	0,12	0,07	0,03	0,02	0,02
		S	0,04	0,09	0,13	0,20	0,35	0,57	0,73	0,83	0,79	0,68	0,48	0,30	0,22	0,15	0,09	0,04	0,03	0,02
		SW	0,04	0,08	0,12	0,15	0,18	0,21	0,25	0,43	0,65	0,80	0,83	0,78	0,62	0,41	0,15	0,08	0,05	0,04
		W	0,03	0,07	0,11	0,14	0,17	0,19	0,21	0,21	0,29	0,52	0,72	0,83	0,78	0,61	0,31	0,10	0,06	0,04
		NW	0,04	0,10	0,16	0,21	0,25	0,29	0,31	0,32	0,32	0,31	0,42	0,67	0,82	0,76	0,47	0,13	0,07	0,05
		N	0,36	0,41	0,44	0,56	0,67	0,77	0,83	0,85	0,85	0,82	0,75	0,65	0,53	0,49	0,50	0,13	0,07	0,03
Bauart II[b] (stärker speichernd)	Äußerer bzw. kein Sonnenschutz	NO	0,20	0,40	0,50	0,49	0,38	0,31	0,31	0,31	0,31	0,30	0,28	0,26	0,23	0,20	0,16	0,12	0,11	0,09
		O	0,12	0,30	0,43	0,52	0,53	0,46	0,35	0,29	0,27	0,26	0,24	0,22	0,20	0,17	0,14	0,12	0,10	0,09
		SO	0,06	0,18	0,31	0,44	0,52	0,56	0,53	0,44	0,34	0,30	0,28	0,26	0,23	0,20	0,16	0,13	0,12	0,11
		S	0,07	0,09	0,12	0,15	0,24	0,37	0,47	0,55	0,55	0,51	0,41	0,32	0,27	0,23	0,19	0,15	0,14	0,12
		SW	0,08	0,10	0,12	0,14	0,15	0,17	0,19	0,29	0,43	0,53	0,57	0,56	0,49	0,39	0,25	0,20	0,17	0,16
		W	0,08	0,10	0,11	0,13	0,15	0,16	0,17	0,17	0,22	0,35	0,48	0,55	0,55	0,47	0,32	0,20	0,18	0,16
		NW	0,09	0,11	0,14	0,17	0,19	0,21	0,23	0,24	0,25	0,25	0,31	0,46	0,56	0,54	0,40	0,22	0,18	0,16
		N	0,27	0,30	0,32	0,39	0,46	0,53	0,57	0,60	0,62	0,62	0,60	0,56	0,49	0,47	0,49	0,27	0,22	0,19
	Innerer Sonnenschutz	NO	0,32	0,62	0,74	0,65	0,44	0,33	0,34	0,34	0,34	0,32	0,30	0,26	0,22	0,17	0,11	0,06	0,06	0,05
		O	0,17	0,46	0,64	0,74	0,71	0,56	0,35	0,27	0,26	0,24	0,23	0,20	0,17	0,13	0,09	0,06	0,06	0,05
		SO	0,06	0,27	0,47	0,65	0,74	0,76	0,67	0,49	0,32	0,27	0,25	0,22	0,19	0,15	0,10	0,07	0,06	0,06
		S	0,06	0,10	0,14	0,20	0,34	0,54	0,67	0,76	0,72	0,61	0,43	0,29	0,22	0,18	0,12	0,08	0,07	0,06
		SW	0,06	0,10	0,13	0,16	0,18	0,20	0,24	0,41	0,61	0,74	0,76	0,71	0,57	0,38	0,15	0,11	0,09	0,08
		W	0,06	0,10	0,12	0,15	0,17	0,19	0,20	0,21	0,28	0,50	0,68	0,76	0,71	0,55	0,28	0,12	0,09	0,08
		NW	0,07	0,12	0,17	0,21	0,25	0,27	0,29	0,30	0,30	0,29	0,40	0,64	0,76	0,69	0,42	0,13	0,10	0,08
		N	0,40	0,39	0,43	0,53	0,63	0,72	0,77	0,79	0,80	0,77	0,71	0,62	0,52	0,49	0,51	0,16	0,12	0,10

[a] Bauart I: Spezifische Baumasse zwischen $m = 100$ und 350 kg je m² Fußbodenfläche. Bei $m > 350$, wenn Fußboden und Decke isoliert sind (z.B. Schwimmender Estrich, Teppich, untergehängte Decke).

[b] Bauart II: Baumasse $m > 350$ kg je m² Fußbodenfläche, wenn Fußboden und/oder Decke unisoliert sind.

[c] Die Tabellen für die sonstigen Monate sind VDI 2078 zu entnehmen.

Anh. M4 Tabelle 1. Graphische Symbole für raumlufttechnische Anlagen (Auswahl aus DIN 1946 Teil 1)

Bauelemente

Gerät, allgemein		Lufterhitzer Luft/Dampf	
Lufterhitzer Luft/Wasser bzw. Flüssigkeit		Lufterhitzer/-kühler für rekuperative Wärmerückgewinnung, Luft/Wasser bzw. Flüssigkeit	
Elektrolufterhitzer, Widerstandserhitzer, Peltiererhitzer		Lufterhitzer/-kühler Luft/Luft bzw. Gase. Rekuperativer Wärmerückgewinner Luft/Luft	
Lufterhitzer/-kühler für rekuperative Wärmerückgewinnung Luft/Dampf		Luftkühler Luft/Wasser bzw. Flüssigkeit	
Lufterhitzer/-kühler Luft/Luft bzw. Gase. Regenerativer Wärmerückgewinner Luft/Luft		Elektroluftkühler Peltierkühler	
Luftkühler Luft/Dampf		Filter, allgemein	
Abscheider		Elektrofilter	
Sorptionsfilter		Umlauf-Riesel-Befeuchter	
Umlauf-Sprüh-Befeuchter		Durchlauf-Sprüh-Befeuchter	
Verdunstungs-Befeuchter		Dampf-Befeuchter	
Sorptionsentfeuchter		Luftleitung mit Luftauslaß (Schaltschema)	
Luftleitung mit Luftauslaß (Zeichnung)		Luftdurchlaß, Luftauslaß	
Luftdurchlaß, Lufteinlaß		Absperr- bzw. Drosselklappe	

Bauelemente

Überströmklappe		Brandschutzklappe, z.B. K 90	
Festwiderstand, Festblende		Strömungsgleichrichter	
Tropfenabscheider		Schalldämpfer	
Mischkasten ohne Volumenstromregelung		Mischkasten mit Konstant-Volumenstromregelung	
Mischkasten mit Variabel-Volumenstromregelung		Entspannungskasten ohne Volumenstromregelung	
Ventilator, Verdichter, allgemein		Ventilator, radial	
Ventilator, axial		Kältemittel-Verdichter	
Ventilator, Verdichter mit Gehäuse		Induktionsgerät, Einrohr- bzw. Zweirohranschluß	
Ventilatorkonvektor, mit Primärluft- und Einrohr- bzw. Zweirohranschluß		Ventilatorkonvektor, ohne Primärluftanschluß, mit Einrohr- bzw. Zweirohranschluß	
Mischkammer		Verteilerkammer	
Sammelkammer (nach Zahl der Anschlüsse)		Verzweigungskammer (nach Zahl der Anschlüsse)	
Drehflügel-Fenster		Kippflügel-Fenster	
Lüftungsgitter-Fenster		Klappflügel-Fenster	
Jalousieklappe		Rückschlagklappe	

Energieversorgung

Heizkessel Wasser

Heizkessel Dampf

Kältemaschine, allgemein; Ausgang Abnahmeseite Kältemittel oder Kühlmedium

Wärmepumpe, allgemein; Ausgang Abnahmeseite Kältemittel oder Heizmedium

Kompressionskältemaschine, allgemein

Kompressionswärmepumpe, allgemein

Absorptionskältemaschine, allgemein

Absorptionswärmepumpe, allgemein

Rückkühlwerk, frei belüftet

Rückkühlwerk, maschinell belüftet

Pumpe

Messung, Steuerung, Regelung

Druckmessung

Durchflußmessung, Volumenstrommessung

relative Feuchtemessung

absolute Feuchtemessung

Temperaturmessung

Enthalpiemessung

Drehzahlmessung

Raumfühler

Kanalfühler

Außenfühler

Regler, allgemein

Regler, z.B. PI-Regler

Schaltschrank (Schaltschema)

Stellantrieb z.B. für Ventil, elektrisch

Stellantrieb z.B. für Ventil, elektromagnetisch

Stellantrieb z.B. für Ventil, pneumatisch

Stellantrieb z.B. für Ventil, Hand

10 Spezielle Literatur
Special bibliography

zu M 1 Grundlagen

[1] *Jurksch, G.:* Langjährige Durchschnittswerte heiztechnischer Kenngrößen für ausgewählte Orte der BRD. Heizung – Lüftung – Haustechnik 27 (1976) 5–9. – [2] MAK-Wertliste vom Bundesminister für Arbeit und Sozialordnung, Bundesinstitut für Arbeitsschutz Koblenz. – [3] *Wenzel, H.G.:* Die Einwirkung des Klimas auf den arbeitenden Menschen. Heizung – Lüftung – Haustechnik 13 (1962) 149–359. – [4] *Fanger, P.O.:* Thermal Comfort. New York: McGraw-Hill 1973. – [5] *Rietschel; Raiß:* Heiz- und Klimatechnik 15. Aufl., Bd. 1 u. 2. Berlin: Springer 1968, 1970. – [6] *Recknagel/Sprenger, Höhmann:* Taschenbuch für Heizungs- und Klimatechnik, 65. Aufl. München: Oldenbourg 1990/91. – [7] Deutscher Kälte- und Klimatechnischer Verein (DKV): „Das FCKW-Ozon-Problem" und Möglichkeiten der Emissionsreduzierung von Fluorchlorkohlenwasserstoffen für die Kälte-, Klima- und Wärmepumpentechnik. DKV-Statusbericht 2, 08.87. – [8] *Obert, W.:* Kryopumpen. Ki Klima-Kälte-Heizung 9 (1989) 393–399. – [9] *Maier-Laxhuber, P.; Kaubek, F.:* Von der Entdeckung zur Anwendung: Das neue, umweltfreundliche Kältestoffpaar Zeolith/Wasser. Ki Klima-Kälte-Heizung 1 (1985) 23–26. – [10] *Woehlk, W.:* Die Dampfstrahl-Kälteanlage und ihre Einsatzmöglichkeit. Die Kälte 18 (1966) 485–494. – [11] *VDI-Wärmeatlas*, Abschn. Mh. 4. Aufl. Düsseldorf: VDI-Verlag 1984. – [12] *Böttcher, C.:* „Freie Kühlung" mit ventilatorbelüfteten Kühltürmen – eine energiesparende Kälteerzeugung bei niedrigen Außenluftzuständen. Ki Klima-Kälte-Heizung 5 (1987) 238–242. – [13] *Kruse, H.:* Derzeitiger Stand der FCKW-Problematik – mögliche Ersatzstoffe und ihre Bewertung. Ki Klima-Kälte-Heizung 7/8 (1989) 343–346. – [14] *Hesse, U.; Kruse, H.:* Das FCKW-Problem für die Kältetechnik. Ki Klima-Kälte-Heizung 5 (1988) 173–177. – [15] *DKV aktuell 05:* Derzeitiger Stand der FCKW-Problematik. Stuttgart: Deutscher Kälte- und Klimatechnischer Verein e.V., 1989. – [16] RENISO Kältemaschinenöle. Fuchs Tech. Mitt. FTM 120, 09/1985. – [17] *Lenz, H.; Raiß, W.:* Warmwasserheizung mit Radiatoren und Konvektoren. Berlin: Ernst 1956.

DIN 1946 Teil 1: Raumlufttechnik, Grundlagen. – *DIN 1946 Teil 2:* Raumlufttechnik, Gesundheitstechnische Anforderungen. – *DIN 1946 Teil 4:* Raumlufttechnische Anlagen in Krankenhäusern. – *DIN 4109:* Schallschutz im Hochbau. – *DIN 4710:* Meteorologische Daten. – *DIN 33403:* Klima am Arbeitsplatz und in der Arbeitsumgebung. – *DIN 5035:* Innenraumbeleuchtung bei künstlichem Licht. – *DIN 8941:* Formelzeichen, Einheiten und Indizes für die Kältetechnik. – *DIN 8943:* Prüfung von Stoffen für den Kältemittelkreislauf; Bestimmung der mit Lösungsmittel extrahierbaren Bestandteile. – *DIN 8944* Prüfung von Stoffen für den Kältemittelkreislauf; Bestimmung der mit Kältemittel extrahierbaren Bestandteile. – *DIN 8960:* Kältemittel; Anforderungen. – *DIN 8962:* Kältemittel; Kurzzeichen. – *DIN 8972 Teil 1:* Fließbilder kältetechnischer Anlagen; Fließbildarten, Informationsinhalt. – *DIN 8972 Teil 2:* Fließbilder kältetechnischer Anlagen; zeichnerische Ausführung, graphische Symbole. – *DIN 51351:* Prüfung von Schmierstoffen; Bestimmung des Flockpunktes von Kältemaschinen-Ölen. – *DIN 51503 Teil 1:* Schmierstoffe; Kältemaschinen-Öle; Mindestanforderungen. – *DIN 51503 Teil 2* Schmierstoffe; Kältemaschinen-Öle; Gebrauchte Kältemaschinen-Öle. – *DIN 51590 Teil 1:* Prüfung von Schmierstoffen; Bestimmung des Gehaltes an R12-Unlöslichem in

M

Kältemaschinen-Ölen; Verfahren bei −30 °C. – *DIN 51590 Teil 2:* Prüfung von Schmierstoffen; Bestimmung des Gehaltes an R12-Unlöslichem in Kältemaschinen-Ölen; Verfahren bei −40 °C. – *DIN 51593:* Prüfung von Schmierstoffen; Prüfung von Kältemaschinenölen auf Kältemittel-Beständigkeit (Philipp-Test).

VDI-Richtlinien: *VDI-Richtlinie 2052:* Raumlufttechnische Anlagen für Küchen. – *VDI-Richtlinie 2053:* Lüftung von Garagen und Tunneln. – *VDI-Richtlinie 2058, Bl. 3:* Beurteilung von Lärm unter Berücksichtigung unterschiedlicher Tätigkeiten. – *VDI-Richtlinie 2081:* Geräuscherzeugung und Lärmminderung in raumlufttechnischen Anlagen. – *VDI-Richtlinie 2082:* Lüftung von Geschäftshäusern und Verkaufsstätten. – *VDI-Richtlinie 2085:* Lüftung von großen Schutzräumen. – *VDI-Richtlinie 2088:* Lüftungsanlagen für Wohnungen. – *VDI-Richtlinie 2262:* Staubbekämpfung am Arbeitsplatz. – *VDI-Richtlinie 2310:* Maximale Immissionswerte. – *VDI-Richtlinie 3802:* Raumlufttechnische Anlagen für Fertigungsstätten. Gesetzliche und behördliche Vorschriften: Die Arbeitsstätten-Verordnung. – Die Arbeitsstätten-Richtlinie (*ASR*) 6/1,3 Raumtemperaturen. – Arbeitsstätten-Richtlinie (*ASR*) 5 Lüftung. – *ZH 1/535:* Sicherheitsregeln für Büro-Arbeitsplätze. – Verordnung über Druckbehälter, Druckgasbehälter und Füllanlagen (Druckbehälterverordnung – *Druckbeh V*) vom 27.02.1980. – *E ISO 5149* Sicherheitstechnische Anforderungen an Kälteanlagen und Wärmepumpen; ISO/DP 5149, Ausgabe 1987. – *UVV VBG 20* Unfallverhütungsvorschriften. Kälteanlagen, Wärmepumpen, Kühleinrichtungen. – *VBG 20 DA* Durchführungsanweisungen zur Unfallverhütungsvorschrift „Kälteanlagen, Wärmepumpen und Kühleinrichtungen". – Gesetz über die Vermeidung und Entsorgung von Abfällen (Abfallgesetz – AbfG) vom 27.08.86. – *FKW-Merkblatt* Merkblatt für den Umgang mit Fluorkohlenwasserstoffen. Hauptverband der gewerblichen Berufsgenossenschaften.

zu M 2 Berechnungs- und Bemessungsgrundlagen der Heiz- und Raumlufttechnik
[1] *Esdorn, H., Brinkmann, W.:* Der Lüftungswärmebedarf von Gebäuden unter Wind- und Auftriebseinflüssen. Gesundheits-Ingenieur 99 (1978) 81–94 u. 103–105. – [2] *Masuch, J.:* Die Berücksichtigung von Wärmespeichervorgängen in den VDI-Kühllastregeln. Heizung – Lüftung – Heiztechnik 21 (1970) 430–434. – [3] *Fitzner, K.:* Luftströmungen in Räumen mittlerer Höhe bei verschiedenen Arten von Luftauslässen. Gesundheits-Ingenieur 97 (1976) 293–300. – [4] *Paikert, P.:* Erfahrungen bei der Projektierung von Luftkühlern mit digitalen Rechnern. Kältetechnik 23 (1971) 8–14. – [5] *Rietschel/Raiß:* Heiz- und Lüftungstechnik, 15. Aufl., Bd. 2 Berlin: Springer 1970. – [6] *Kopp, W.:* Regelung des Heizwasserdurchsatzes in Gebäude-Heizungsanlagen bei Fernwärmeversorgung. Heizung – Lüftung – Haustechnik 22 (1971) 42–47. – [7] *Rakoczy, T.:* Optimierung von Kanälen für raumlufttechnische Anlagen. Ki 6 (1977). – [8] *Rakoczy, T.:* Kanalnetzberechnungen raumlufttechnischer Anlagen. Düsseldorf: VDI-Verlag 1979. – [9] *Regenscheit, B.:* Die Berechnung von radial strömenden Frei- und Wandstrahlen sowie von Rechteckstrahlen. Gesundheits-Ingenieur 72 (1971) 193–201. – [10] *Regenscheit, B.:* Die Archimedeszahl. Gesundheits-Ingenieur 71 (1970) 172–177. – [11] *Rakoczy, T.:* Aufbau, Funktion und Einsatz von lüftungstechnischen Anlagen mit variablen Volumenstrom. Gesundheits-Ingenieur 95 (1974) H. 7 u. 8. – [12] *Bouwmann, H.B.; van Guest, E.:* Die Luftbewegung in der großen Konzerthalle „Die Doelen" in Rotterdam. Kältetechnik – Klimatisierung 19 (1967) 257–263. – [13] *N.N.:* Neu-

es Laboratorium für Klimatechnik. Heizung – Lüftung – Haustechnik 26 (1975) 150/151.

Normen: *DIN 4108:* Wärmeschutz im Hochbau. – *DIN 4701:* Regeln für die Berechnung des Wärmebedarfs von Gebäuden. *Teil 1:* Grundlagen der Berechnung; *Teil 2:* Tabellen, Bilder, Algorithmen. – *DIN 1946 Teil 2:* Raumlufttechnik, Gesundheitstechnische Anforderungen (VDI-Lüftungsregeln). – *DIN 1946 Teil 4:* Raumlufttechnische Anlagen (VDI-Lüftungsregeln) Raumtechnische Anlagen in Krankenhäusern. – *DIN 1946 Blatt 5:* Lüftungstechnische Anlagen (VDI-Lüftungsregeln) Lüftung von Schulen. – *DIN 18017 Teil 1, 3, 4:* Lüftung von Bädern und Spülaborten ohne Außenfenster.

VDI-Richtlinien: *VDI-Richtlinie 2078:* Berechnung der Kühllast klimatisierter Räume (VDI-Kühllastregeln). – *VDI-Richtlinie 2087:* Luftkanäle, Bemessungsgrundlagen, Schalldämpfung, Temperaturabfall und Wärmeverluste. – *VDI-Richtlinie 2089 Blatt 1:* Heizung, Raumlufttechnik und Brauchwasserbereitung in Hallenbädern. – *VDI-Richtlinie 3802:* Raumlufttechnische Anlagen für Fertigungsstätten. Gesetzliche und behördliche Vorschriften: Energie-Einsparungsgesetz vom 3.6.1976. – Wärmeschutz-Verordnung vom 11.8.1977. – Arbeitsstätten-Richtlinie (*ASR*) 5 – Lüftung.

zu M 3 Systeme und Bauteile der Heizungstechnik
[1] *Schmidt, P.:* Fußbodenheizsysteme. Gesundheits-Ingenieur 1 u. 2 (1985) 7–11 u. 74–78. – [2] *Laing, K.:* Bringt die Systemtrennung eine Trendwende bei der Fußbodenheizung. Heizungs-Journal 1986. – [3] *Zentralverband Sanitär Heizung Klima (ZVSHK):* Richtlinien für den Kachelofenbau. St. Augustin 1984. – [4] *Zentralverband Heizungskomponenten e.V. (ZVH):* Richtlinie 12.02 für Membrandruckausdehnungsgefäße. Ennepetal-Voerde 1986 – [5] *Mann, W.:* Niedertemperaturstahlheizkessel. Wärmetechnik 5 (1988) 216–221. – [6] *Jannemann, T.:* Entwicklungsstand der Brennwerttechnik. Heizung Lüftung Haustechnik 10 (1985) 501–506. – [7] *Marx, E.:* Wirtschaftliche Betriebsweise von Öl-Gasbrennern in größeren Leistungsbereichen unter Berücksichtigung der Entlastung der Umwelt durch Emissionen. Heizungs-Journal 2 (1988) 26–35. – [8] *Marx, E.:* Messungen und Reduzierung von Emissionen in\Feuerungsanlagen in kleinen Leistungsbereichen. Wärmetechnik 4 (1983) 262–268. – [9] *Müller, F.:* Der Montagestand der Solartechnik. Klima Ingenieure 5 (1985) 199–203. – [10] *Mayer, E.:* Elektronische Heizkörperregelung. Klima- Kälte-Heizung 7–8 (1988) 335–338. – [11] *Kreuzberg, J.:* Die neue Heizkostenverordnung und ihr Zusammenhang mit weiteren Folgerungen aus der Energie-Sparpolitik. Heizung Lüftung Haustechnik 7 (1984) 307–316. – [12] Buderus-Handbuch für Heizungs- und Klimatechnik, 32. Ausg., Düsseldorf: VDI-Verlag 1975. – [13] *Bach, H.; Hesslinger, S.:* Warmwasserfußbodenheizung. KWK Aktuell Bd. 21, Karlsruhe: Müller 1978. – [14] *Rolles,W.:* Die bivalente Wärmepumpenanlage. Elektrowärme im technischen Ausbau 35 (1977) A5, A286–A290. – [15] *Dietrich, B.:* Brauchwassererwärmung mit Sonnenenergie. Heizung – Lüftung – Haustechnik 28 (1977) 331–336. – [16] *Goettling, D.; Kuppler, F.:* Heizkostenverteilung. Technische Grundlagen und praktische Anwendung. KWK43. Karlsruhe: Müller.

Normen (Auswahl): *DIN 2403:* Kennzeichnung von Rohrleitungen nach dem Durchflußstoff. – *DIN 2404:* Kennfarben für Heizungsrohrleitungen. – *DIN 2428:* Rohrleitungszeichnungen. – *DIN 3018:* Ölstandsanzeiger. – *DIN 3258:* Flammenüberwachung an Gasgeräten. – *DIN*

3320 Teil 1: Sicherheits-Absperrventile; Begriffe; Größenbemessung; Kennzeichnung. – *DIN 3334/35/36:* Heizungsmischer; Baumaße. – *DIN 3364 Teil 1:* Gasverbrauchseinrichtungen; Raumheizer; Begriffe; Anforderungen, Kennzeichnung; Prüfung; *Teil 2:* Gasgeräte; Raumheizer; Schornsteingebundene Heizeinsätze mit atmosphärischen Brennern. – *DIN 3368 Teil 2:* Gasgeräte; Umlauf-/Kombi-Wasserheizer; Anforderung; Prüfung; *Teil 4:* Gasverbrauchseinrichtungen; Durchlauf-Wasserheizer mit selbsttätiger Anpassung der Wärmebelastung; Anforderung und Prüfung; *Teil 5:* Gasgeräte; Wasserheizer mit geschlossener Verbrennungskammer und mechanischer Verbrennungsluftzuführung o. mechanischer Gasabführung; Anforderung und Prüfung. – *DIN 3372 Teil 1–4:* Gasverbrauchseinrichtungen; Heizstrahler mit Brennern ohne Gebläse; *Teil 6:* Gasgeräte; Heizstrahler; Dunkelstrahler mit Brennern mit Gebläse. – *DIN 3394 Teil 1:* Automatische Stellgeräte, Ventile; Sicherheits-Absperreinrichtungen, Gruppen A, B, C; Sicherheitstechnische Anforderungen und Prüfung. – *DIN 3398 Teil 1–4:* Druckwächter für Gas in Gasverbrauchseinrichtungen; Sicherheitstechnische Anforderungen, Prüfung. – *DIN 3440:* Temperatur-Regel- und -Begrenzungseinrichtungen für Wärmeerzeugungsanlagen; Sicherheitstechnische Anforderungen und Prüfung. – *DIN 3841 Teil 1:* Heizungsarmaturen; Heizkörperventile PN 10; Maße; Werkstoffe; Ausführung. – *DIN 3842:* Heizkörperverschraubungen PN 10. – *DIN 4140 Teil 1, 2:* Dämmen betriebstechnischer Anlagen; Wärmedämmung, Kältedämmung. – *DIN 4701 Teil 1:* Regeln für die Berechnung des Wärmebedarfs von Gebäuden; Grundlagen der Berechnung; *Teil 2:* Tabellen; Bilder; Algorithmen; *Teil 3:* Auslegung der Raumheizeinrichtungen. – *DIN 4702 Teil 1:* Heizkessel; Begriffe; Nennleistung; Heiztechnische Anforderungen; Kennzeichnungen; *Teil 2:* Prüfregeln; *Teil 3:* Gas-Spezialheizkessel mit Brenner ohne Gebläse. – *DIN 4703 Teil 1:* Raumheizkörper; Maße; Normwärmeleistungen; *Teil 3:* Begriffe; Grenzabmessungen; Umrechnungen; Einbauhinweise. – *DIN 4704 Teil 1–4:* Prüfung von Raumheizkörpern; Prüfregeln. – *DIN 4705 Teil 1–3:* Berechnung von Schornsteinabmessungen; Begriffe; Berechnungsverfahren. – *DIN 4713 Teil 1–4:* Verbrauchsabhängige Wärmekostenberechnung; Allgemeines; Begriffe; *Teil 5:* Betriebskostenverteilung und Abrechnung. – *DIN 4714 Teil 2:* Aufbau der Heizkostenverteiler; Heizkostenverteiler nach dem Verdunstungsprinzip. – *DIN 4725 Teil 1–4:* Warmwasser-Fußbodenheizung; Begriffe, Prüfung, Auslegung, Konstruktion. – *DIN 4731:* Ölheizeinsätze mit Verdampfungsbrennern; Begriffe; Bau; Leistung; Güte und Prüfung. – *DIN 4732:* Ölherde mit Verdampfungsbrennern. – *DIN 4733:* Ölspeicher – Wasserheizer mit Verdampfungsbrennern. – *DIN 4736 Teil 1, 2:* Ölversorgungsanlagen für Ölbrenner; Bauelemente; Ölförderaggregate; Steuer- und Sicherheitseinrichtungen; Ölversorgungsbehälter; Sicherheitstechnische Anforderungen und Prüfung. – *DIN 4737 Teil 1, 2:* Ölregler für Verdampfungsbrenner; Sicherheitstechnische Anforderungen u. Prüfung. – *DIN 4739 Teil 2, 3:* Regel-, Steuer- und Zündeinrichtungen für Ölverdampfungsbrenner; Elektrische Steuergeräte; Sicherheitstechnische Anforderungen und Prüfung. – *DIN 4750:* Sicherheitstechnische Anforderungen an Niederdruckdampferzeuger. – *DIN 4751 Teil 1–4:* Heizungsanlagen; Sicherheitstechnische Ausrüstung von Warmwasserheizungen mit Vorlauftemperaturen bis 110 °C . – *DIN 4752:* Heißwasser-Heizungsanlagen mit Vorlauftemperaturen über 110 °C (Absicherung auf Drücke über 0,5 atü); Ausrüstung und Aufstellung. – *DIN 4753 Teil 1–11:* Wassererwärmer und Wassererwärmungsanlagen für Trink- und Betriebswasser; Anforderungen; Kennzeichnungen, Ausrüstung und Prü-

fung, Korrosionsschutz, Wärmedämmung. – *DIN 4754:* Wärmeübertragungsanlagen mit organischen Flüssigkeiten; Sicherheitstechnische Anforderungen und Prüfung. – *DIN 4755 Teil 1, 2:* Ölfeuerungsanlagen; Ölfeuerungen in Heizungsanlagen; Sicherheitstechnische Anforderungen. – *DIN 4756:* Gasfeuerungsanlagen; Gasfeuerungen in Heizungsanlagen; Sicherheitstechnische Anforderungen. – *DIN 4757 Teil 1:* Sonnenheizungsanlagen; mit Wasser oder Wassergemischen als Wärmeträger; Anforderungen an die sicherheitstechnische Ausführung. – *Teil 2:* mit organischen Wärmeträgern; *Teil 3:* Sonnenkollektoren; Begriffe; Sicherheitstechnische Anforderungen; Prüfung der Stillstandstemperatur; *Teil 4:* Best. von Wirkungsgrad, Wärmekapazität und Druckabfall. – *DIN 4759 Teil 1:* Wärmeerzeugungsanlagen für mehrere Energiearten; Eine Feststoff-Feuerung und eine Öl- oder Gas-Feuerung und nur ein Schornstein; Technische Anforderungen und Prüfung; *Teil 2:* Einbindung von Wärmepumpen mit elektrisch angetriebenen Verdichtern in bivalent betriebenen Heizungsanlagen. – *DIN 4787 Teil 1:* Ölzerstäubungsbrenner; Begriffe; Sicherheitstechnische Anforderungen; Prüfung; Kennzeichnung. – *DIN 4788 Teil 1–3:* Gasbrenner; Gasbrenner ohne und mit Gebläse, Flammenüberwachungseinrichtungen. – *DIN EN 226:* Ölzerstäubungsbrenner; Anschlußmaße zw. Brenner und Wärmeerzeuger; Deutsche Fassung EN 226: 1987. – *DIN 4794 Teil 1–3, 5, 7:* Ortsfeste Warmlufterzeuger; mit und ohne Wärmeaustauscher; Allgemeine und lufttechn. Anforderungen; Prüfung, Sicherheitstechn. Anforderungen. – *DIN 4795:* Nebenluftvorrichtungen für Hausschornsteine; Begriffe; Sicherheitstechnische Anforderungen; Prüfung; Kennzeichnung. – *DIN 4797:* Heiz- und Raumlufttechnik; Nachströmöffnungen; Bestimmung des Strömungswiderstandes. – *DIN 4798:* Schlauchleitungen für Heizöl EL; Sicherheitstechnische Anforderungen; Prüfung; Kennzeichnung. – *DIN 4800:* Doppelwandige Wassererwärmer; aus Stahl mit zwei festen Böden für stehende und liegende Verwendung. – *DIN 4801:* Einwandige Wassererwärmer mit abschraubbarem Deckel; aus Stahl. – *DIN 4803:* Doppelwandige Wassererwärmer; mit abschraubbarem Deckel; aus Stahl. – *DIN 4805 Teil 1, 2:* Anschlüsse für Heizeinsätze für Wassererwärmer in zentralen Heizungsanlagen; el. Heizeinsätze. – *DIN 4806:* Ausdehnungsgefäße; für Heizungsanlagen. – *DIN 4807 Teil 1:* Begriffe; Gesetzliche Bestimmungen; Prüfung und Kennzeichnung; *Teil 2:* offene und geschlossene Ausdehnungsgefäße für Wasserheizungsanlagen; Auslegung; Anforderungen und Prüfung; *Teil 3:* Membranen aus elastomeren Werkstoffen; Anforderungen und Prüfung. – *DIN 4809 Teil 1, 2:* Kompensatoren aus elastomeren Verbundwerkstoffen für Wasserheizungsanlagen; für eine max. Betriebstemperatur von 100 °C und einen zulässigen Betriebsdruck von 10 bar; Anforderungen und Prüfung, Bau- und Anschlußmaße. – *DIN 6608 Teil 1, 2:* Liegende Blätter (Tanks) aus Stahl; für die unterirdische Lagerung wassergefährdender, brennbarer und nichtbrennbarer Flüssigkeiten. – *DIN 6618 Teil 1–4:* Stehende Behälter (Tanks) aus Stahl; für oberirdische Lagerung brennbarer Flüssigkeiten. – *DIN 6619 Teil 1, 2:* Stehende Behälter; für unterirdische Lagerung brennbarer Flüssigkeiten. – *DIN 6620 Teil 1, 2:* Batteriebehälter (Tanks) aus Stahl; für oberirdische Lagerung brennbarer Flüssigkeiten der Gefahrenklasse AIII; Behälter. – *DIN 6622 Teil 1–3:* Haushaltsbehälter (Tanks) aus Stahl; für oberirdische Lagerung von Heizöl. – *DIN 6623 Teil 1, 2:* Stehende Behälter aus Stahl; mit weniger als 1000 l Volumen; für oberirdische Lagerung brennbarer Flüssigkeiten. – *DIN 6624 Teil 1, 2:* Liegende Behälter aus Stahl; von 1000 bis 50000 l Volumen; für oberirdische Lagerung brennbarer Flüssigkeiten der Gefahrenklasse AIII. – *DIN 6625 Teil 1, 2:* Standortgefertigte Behälter (Tanks) aus Stahl; für die oberirdische Lagerung von wassergefährdenden, brennbaren Flüssigkeiten der Gefahrenklasse AIII und wassergefährdenden, nicht brennbaren Flüssigkeiten; Bau- und Prüfgrundsätze, Berechnung. – *DIN 18147 Teil 1–5:* Baustoffe und Bauteile für dreischalige Hausschornsteine; Beschreibung; Prüfung und Registrierung von Schornsteinsystemen, Dämmstoffe. – *DIN 18150 Teil 1, 2:* Baustoffe und Bauteile für Hausschornsteine; Formstücke aus Leichtbeton; einschalige Schornsteine; Anforderungen. – *DIN 18160 Teil 1, 2, 5, 6:* Hausschornsteine; Anforderungen; Planung und Ausführung, Prüfbescheinigungen. – *DIN 18880 Teil 1, 2:* Dauerbrandherde für feste Brennstoffe; zur bevorzugten Verfeuerung von Kohleprodukten; Anforderungen; Prüfung; Kennzeichnung. – *DIN 18882 Teil 1:* Heizungsherde für feste Brennstoffe; Verfeuerung von Kohleprodukten. – *DIN 18889:* Speicher-Kohle/Wasser-Heizer; drucklos für 1 Atü Prüfdruck; Begriffe; Bau; Güte; Leistung; Prüfung. – *DIN 18890:* Dauerbrandöfen für feste Brennstoffe. – *DIN 18891:* Kaminöfen für feste Brennstoffe. – *DIN 18892 Teil 1, 2:* Dauerbrand-Heizeinsätze für feste Brennstoffe. – *DIN 18893:* Raumheizvermögen von Einzelfeuerstätten; Näherungsverfahren zur Ermittlung der Feuerstättengröße. – *DIN 32725 Teil 1:* Sicherheits-Absperreinrichtungen für Feuerungsanlagen mit flüssigen Brennstoffen und Flüssiggas in der Flüssigphase; Sicherheitstechnische Anforderungen und Prüfung. – *DIN 32729:* Regel- u. Steuereinrichtungen für Heizungsanlagen; Witterungsgeführte Regler der Vorlauftemperatur. – *DIN 44567 Teil 1–3:* El. Raumheizgeräte; Direktheizgeräte; Strahlungsheizgeräte; Begriffe, Anforderungen, Prüfung. – *DIN 44568 Teil 1–3:* El. Raumheizgeräte; Konvektionsheizgeräte mit natürlicher Konvektion; Begriffe, Anforderungen, Prüfung. – *DIN 44569 Teil 1–3:* El. Raumheizgeräte; Konvektionsheizgeräte mit erzwungener Konvektion; Begriffe, Anforderungen, Prüfung. – *DIN 44570 Teil 1–4:* El. Raumheizgeräte; Speicherheizgeräte mit nicht steuerbarer Wärmeabgabe; Gebrauchseigenschaften; Begriffe, Anforderungen, Prüfung, Bemessung. – *DIN 44572 Teil 1–5:* El. Raumheizgeräte; Speicherheizgeräte mit steuerbarer Wärmeabgabe; Gebrauchseigenschaften; Begriffe, Anforderungen, Prüfung, Bemessung. – *DIN 44573:* El. Raumheizgeräte; Anlagen mit Speicherheizung; Begriffe und Klemmenbezeichnungen. – *DIN 44574 Teil 1–6:* El. Raumheizgeräte; Aufladesteuerung für Speicherheizung; Gebrauchseigenschaften; Begriffe, Prüfung, Anforderungen, Anwendungen. – *DIN 44576 Teil 1–3:* El. Raumheizung; Fußboden-Speicherheizung; Gebrauchseigenschaften; Begriffe, Prüfungen, Anforderungen, Bemessungen. – *DIN 45635 Teil 56:* Geräuschmessung an Maschinen; Luftschallemission; Hüllflächen- und Kanalverfahren; Warmlüfter; Luftheizer, Ventilatorteile von Luftbehandlungsgeräten. – *DIN 55900 Teil 1, 2:* Beschichtungen für Raumheizkörper; Begriffe; Anforderungen; Prüfung; Grundbeschichtungsstoffe; Industriell hergestellte Grundbeschichtungen. – *VDE 0116:* Elektrische Ausrüstung von Feuerungsanlagen. – *VDE 0631:* Temperaturregler, Temperaturbegrenzer und ähnliche Vorrichtungen.

Richtlinien: Technische Regeln für Gas-Installationen DVGW-TRGI 1972 – *VDI-Richtlinie 2035:* Verhütung von Schäden durch Korrosionen und Steinbildung in Warmwasser-Heizungsanlagen. – *VDI-Richtlinie 2050:* Heizzentralen; Technische Grundsätze für Planung und Ausführung. – *VDI-Richtlinie 2055:* Wärme- und Kälteschutz für betriebs- und haustechnische Anlagen; Berechnungen; Gewährleistungen, Meß- und Prüfverfahren,

Gütesicherung, Lieferbedingungen. – *VDI-Richtlinie 2076:* Leistungsnachweis für Wärmeaustauscher für zwei Massenströme. – *VDI-Richtlinie 2089, Bl. 1:* Heizung, Raumlufttechnik in Brauchwasserbereitung in Hallenbädern. – *VDI-Richtlinie 2089, Bl. 2:* Schwimmbäder; Wasseraufbereitung für Schwimmbeckenwasser. – *VDI-Richtlinie 2115:* Auswurfbegrenzung; Zentralheizungskessel mit Koksfeuerung. – *VDI-Richtlinie 2116:* Emissionsminderung; Ölfeuerungen mit Zerstäubungsbrennern. – *VDI-Richtlinie 2117:* Auswurfbegrenzung; Feuerstätten für Heizöl EL mit Verdampfungsbrenner. – *VDI-Richtlinie 2118:* Auswurfbegrenzung; Feuerstätten für Einzelheizung mit festen Brennstoffen. – *VDI-Richtlinie 2715:* Lärmminderung an Warm- und Heißwasser-Heizungsanlagen. – *VDI-Richtlinie 3811:* Aufteilung des Energieverbrauches für Heizung und Warmwasserbereitung bei kombinierten zentralen Heizungsanlagen. Gesetzliche und behördliche Vorschriften: Musterbauordnung für die Länder des Bundesgebietes, Jan. 1980, Bundesministerium für Wohnungsbau. – Musterfeuerungsverordnung, Feuerung, Jan. 1980 (Argebau). – Schornsteinfegergesetz vom 15.09.69 (BGBL. I, S. 1634) und 22.07.76 (BGBL.I, S. 1873). – Druckbehälterverordnung vom 27.02.80 (BGBL.I 1980, S. 173). – Dampfkesselverordnung vom 27.02.80; geändert 27.04.89 (BGBL.I, Nr. 20/1989, S. 830/842). – Verordnung über brennbare Flüssigkeiten (VbF) vom 27.02.89 (BGBL.I, S. 173). – Technische Regeln für brennbare Flüssigkeiten (TRbF) vom April 1980. – Gesetz zur Ordnung des Wasserhaushaltes (Wasserhaushaltsgesetz) vom 16.10.76 und 23.09.86. – Technische Anleitung zum Schutz gegen Lärm (TA Lärm). (Allgemeine Verwaltungsvorschrift über genehmigungsbedürftige Anlagen nach §16 der Gewerbeordnung). Bek. der Bundesregierung vom 16.07.68 (Bundesanzeiger Nr. 137 vom 26.07.68). – Gesetz über technische Arbeitsmittel (Maschinenschutzgesetz) vom 26.04.68, Bundesgesetzblatt Teil I, 1968, Nr. 42, vom 28.06.68. – Verordnung über gefährliche Stoffe (Gefahrstoff-VO) vom 28.08.86. – Bundesimmissionsschutzgesetz vom 15.03.74, Bundesgesetzblatt I, S. 721 und Änderung vom 04.03.82 (BGBl.I, S. 281). Hierzu zahlreiche Durchführungsverordnungen und Verwaltungsvorschriften u.a.: Erste Allgemeine Verwaltungsvorschrift zum BImSchG: Technische Anleitung zur Reinhaltung der Luft vom 27.02.86 (TA Luft). Erst Verordnung (Kleinfeuerungsanlagen-Verordnung) vom 28.08.74, 05.02.79, 23.02.83, 24.07.85, Neufassung 15.07.88. Dazu Allgemeine Verwaltungsvorschrift vom 19.10.81. Dritte Verordnung (Schwefelgehalt von leichtem Heizöl) vom 15.01.75 und erste Verwaltungs-V. vom 23.06.78. Geändert zum 01.03.88 und 15.07.88. Vierte Verordnung (genehmigungsbedürftige Anlagen) vom 24.07.85. Geändert zum 01.03.88 und 15.07.88. Dreizehnte Verordnung (Verordnung über Großfeuerungsanlagen) vom 22.06.83. – Energieeinsparungsgesetz der Bundesregierung vom 27.07.76 und 20.06.80. Erste Wärmeschutzverordnung vom 11.08.77. Zweite Verordnung vom 24.02.82, gültig ab 01.01.84. Erste Heizungsanlagenverordnung (Heiz.Anl.VO) vom 22.09.78. Heiz.Anl.VO 24.02.82, novelliert 20.01.89. – Heizkostenverordnung vom 23.02.81 und 05.04.84. Verordnung über die gebrauchsabhängige Abrechnung der Heiz- und Warmwasserkosten. Novellierung am 20.01.89.

zu M4 Systeme und Bauteile der Raumlufttechnik
[1] *Frimberger, R.:* Einführung in Aerodynamik der Bauwerke im Hinblick auf deren Einfluß auf die Funktion von Heizungs- und Lüftungsanlagen, DVGW-Schriftenreihe (1975) Nr. 12, S. 7–24. – [2] *Hansen, N.:* Die Lüftung von Werkshallen, Lüftungstechnik und Klimaanlagen, H. 151. Essen: Vulkan 1967. – [3] *Hausladen, G.:* Wohnungslüf-

tung. Fortschrittsber. VDI-Z. Reihe 6 Nr. 73. Düsseldorf: VDI-Verlag 1980. – [4] *Marchand, D.:* Natürliche Lüftung von Arbeitsräumen, VDI-Bildungswerk, Lehrgang 42-03, Beitrag Nr. 1726. Düsseldorf: VDI-Verlag 1970. – [5] *Moog; W.:* Dimensionierung von Luftführungssystemen, Fortschrittsber. VDI-Z. Reihe 6, Nr. 49. Düsseldorf: VDI-Verlag 1978. – [6] *Rakoczy, T.:* Entwicklungstendenzen der Luftdurchlässe bei raumlufttechnischen Anlagen. Klima-Kälte-Heizung (Ki) (1980) 924–931. – [7] *Lampe, E.; Pfeil, H.; Schmittlutz, R.; Tokarz, M.:* Lüftungsund Klimaanlagen in der Bauplanung. Berlin: Bau-Verlag 1974. – [8] *Pielke, R.:* Luftkanäle, Lüftungsrohre, Schläuche, Bälge, Dichtungsmaterial, Befestigungsmaterial. Sanitär-, Heizungs- und Klimatechnik (sbz) (1970) H.20. – [9] *Mürmann, H.:* Auslegung von Luftfiltern. TAB (1979) 223–225. – [10] *GEA* (Luftkühler-Gesellschaft Happel), Werksunterlagen: GEA-Lufterhitzer – Luftkühler – Stahl, verzinkt, Kupfer/Aluminium; GEA-Lufterhitzer – Luftkühler – Stahl, verzinkt, Konstruktions-Richtlinien – Kupfer-Aluminium-Konstruktions-Richtlinien. – [11] *Henne, E.:* Luftfeuchte. Karlsruhe: Müller 1972. – [12] *Iselt, P.:* Planung und Ausführung von Dampfluftbefeuchtungsanlagen. Ki (1979) 807–812. – [13] *Netz, H.:* Luftbefeuchtung. Heizung – Lüftung – Haustechnik 12 (1961) 139–141. – [14] *Kurtze, G.:* Physik und Technik der Lärmbekämpfung, 2. Aufl. Karlsruhe: Braun 1975. – [15] *Rox,* Köln, Werksunterlagen: Prospekt Nachbehandlungsgeräte. Köln 1980. – [16] *Brockmeyer, H.:* Wärmerückgewinnung in lüftungstechnischen Anlagen am Beispiel des Klein-Wärmepumpen-Systems Versatemp. elektrowärme international 28 (1970) 82–85. – [17] Jahrbuch der Wärmerückgewinnung, 5. Ausgabe. Essen: Vulkan 1985/86. – [18] *Steinbach, W.:* Wärmerückgewinnung und Maßnahmen zur Energieeinsparung in Großbauten. elektrowärme international 36 (1978) 313–319. – [19] *Junker, B.:* Klimaregelung. München: Oldenbourg 1974. – [20] *Rakoczy, T.:* Volumenstromregelung im Kanalnetz und am Ventilator. Gesundh.-Ing. 97 (1976) 153–163. – [21] *Rakoczy, T.:* Erfahrungen bei RLT-Anlagen mit variablem Volumenstrom. Gesundheits-Ingenieur. 103 (1982) H 2. – [22] *Rakoczy, T.:* RLT-Anlagen mit Fensterlüftung und Kühlung. Heizung–Lüftung–Haustechnik 40 (1989) Nr. 3. – [23] *Rakoczy, T.:* Instationäres Rechenverfahren für variable Luftvolumenstromsysteme. Ki 3 (1987).

Normen: *DIN 1946 T 1:* Raumlufttechnik, Grundlagen. – *DIN 4102 T 6:* Brandverhalten von Baustoffen und Bauteilen; Lüftungsleitungen, Begriffe, Anforderungen und Prüfungen. – *DIN 8957 T 1–4:* Raumklimageräte. – *DIN 18017 T 1:* Lüftung von Bädern und Spülaborten ohne Außenfenster; Einzelschaltanlagen ohne Ventilatoren. – *DIN 18017 T 3:* Lüftung von Bädern und Spülaborten ohne Außenfenster mit Ventilatoren. – *DIN 18017 T 4:* Lüftung von Bädern und Spülaborten ohne Außenfenster mit Ventilatoren; rechnerischer Nachweis der ausreichenden Volumenströme. – *DIN 18032 T 1:* Sporthallen, Hallen für Turnen und Spiele; Richtlinien für Planung und Bau. – *DIN 18910:* Klima in geschlossenen Ställen; Wasserdampf und Wärmehaushalt im Winter, Lüftung, Beleuchtung. – *DIN 24145:* Lufttechnische Anlagen; Wickelfalzrohre, Anschlußenden, Verbinder. – *DIN 24146 T 1 u. 3:* Lufttechnische Anlagen, flexible Rohre. – *DIN 24147 T 1–13:* Lufttechnische Anlagen, Formstücke. – *DIN 24151:* Lufttechnische Anlagen; Rohre für Schweißverbindungen. – *DIN 24152:* Lufttechnische Anlagen; Rohre für Falzverbindungen. – *DIN 24153:* Lufttechnische Anlagen; Rohre für Bördelverbindungen. – *DIN 24154 T 2–5:* Lufttechnische Anlagen; Flachflansche. – *DIN 24155 T 2–4:* Lufttechnische Anlagen; Winkelflansche. – *DIN 24190:* Kanalbauteile für lufttechnische Anlagen; Blechkanäle gefalzt, geschweißt. – *DIN 24191:* Blechkanal-Formstücke, gefalzt, geschweißt. – *DIN 24194 T 1:* Dichtheitsprüfung für Blechkanäle und Blechkanal-Formstücke. – *DIN 25414:* Lüftungstechnische Anlagen in Kernkraftwerken, Sicherheitstechnische Anforderungen. – *DIN 4740 T 1:* Raumlufttechnische Anlagen; Rohre aus weichmacherfreiem Polyvinylchlorid (PVC-U); Mindestwanddicken. – *DIN 4741 T 1:* Raumlufttechnische Anlagen; Rohre aus Polypropylen (PP); Mindestwanddicken. – *DIN 24184:* Typprüfung von Schwebstoff-Filtern. – *DIN 24185:* Prüfung von Luftfiltern. – *DIN 18379:* VOB-Verdingungsordnung für Bauleistungen, Teil C: Allgemeine technische Vorschriften für Bauleistungen; Raumlufttechnische Anlagen.

Richtlinien: *VDI-Richtlinie 2051:* Raumlufttechnik in Laboratorien. – *VDI-Richtlinie 2052:* Lüftung von Küchen. – *VDI-Richtlinie 2053:* Lüftung von Garagen und Tunneln. – *VDI-Richtlinie 2071, Bl. 1:* Wärmerückgewinnung in raumlufttechnischen Anlagen; Begriffe und technische Beschreibungen. – *VDI-Richtlinie 2071, Bl. 2:* Wärmerückgewinnung in raumlufttechnischen Anlagen; Wirtschaftlichkeitsberechnung. – *VDI-Richtlinie 2082:* Lüftung von Geschäftshäusern und Verkaufsstätten. – *VDI-Richtlinie 2083:* Reinraumtechnik. Bl. 1: Grundlagen, Definition und Festlegung der Reinheitsklassen. Bl. 2: Bau, Betrieb und Wartung. Blatt 3: Meßtechnik. – *VDI-Richtlinie 2085:* Lüftung von großen Schutzräumen. – *VDI-Richtlinie 2087:* Luftkanäle. – *VDI-Richtlinie 2088:* Lüftungsanlagen für Wohnungen. – *VDI-Richtlinie 2089, Bl. 1:* Heizung, Raumlufttechnik und Brauchwasserbereitung in Hallenbädern. – *VDI-Richtlinie 2262:* Staubbekämpfung am Arbeitsplatz. – *VDI-Richtlinie 2463, Bl. 1:* Messen von Partikeln in der Außenluft, Übersicht. – *VDI-Richtlinie 2567:* Schallschutz durch Schalldämpfer. – *VDI-Richtlinie 2711:* Schallschutz durch Kapselung. – *VDI/VDE-Richtlinie 3252:* Regelung von RLT-Anlagen, Bl. 1: Grundlagen. – *VDI-Richtlinie 3802:* Raumlufttechnische Anlagen für Fertigungsstätten. – *VDI-Richtlinie 3814 Bl. 1:* Zentrale Leittechnik für betriebstechnische Anlagen in Gebäuden (ZLT-G); Begriffsbestimmungen. – *VDI-Richtlinie 3814 Bl. 2:* Schnittstellen in Planung und Ausführung. – *VDI-Richtlinie 3814 Bl. 3:* Hinweise für den Betreiber. – *VDI-Richtlinie 3814 Bl. 4:* Ausrüstung der BTA zum Anschluß an die ZLT-G. – *VDI-Richtlinie 3803:* Raumlufttechnische Anlagen, Bauliche und Technische Anforderungen. – VDMA-Einheitsblätter: *24161–24166:* Lufttechnische Geräte und Anlagen; Ventilatoren. – *24168:* Lufttechnische Geräte und Anlagen; Luftdurchlässe, Bestimmung des Luftstromes mit der Druckkompensationsmethode (Null-Methode). – *24175:* Lufttechnische Geräte und Anlagen; Dach-Zentraleinheiten für die Raumlufttechnik; Anforderungen an das Gehäuse. – *24176:* Lufttechnische Geräte und Anlagen; Leistungsprogramm für die Inspektion. – *24186:* Lufttechnische Geräte und Anlagen; Leistungsprogramm für die Wartung. – *24187:* Lufttechnische Geräte und Anlagen; Luftfilter; Datenblatt für Anfragen, Angebot und Bestellung.

Gesetzliche und behördliche Vorschriften: *ASR 5:* Lüftung. – *ASR 34, 1–5:* Umkleideräume. – *ASR 35, 1–4:* Waschräume. – *ASR 37/1:* Toilettenräume. – *ASR 38/2:* Sanitätsräume. – *Bundesanzeiger:* Technische Grundsätze für Ausführung, Prüfung und Abnahme von lüftungstechnischen Bauelementen in Schutzräumen (Beilage Nr. 25/69 zum Bundesanzeiger Nr. 192 vom 5.10.1969) NRW. – Bauaufsichtliche Richtlinie über die brandschutztechnischen Anforderungen an Lüftungsanlagen (Musterentwurf).

M

zu M 5 Systeme und Bauteile der kältetechnischen Anlagen

[1] *Jakobs, R.M.:* Hermetische Kältemittelverdichter kleiner Leistung. Ki Klima-Kälte-Heizung 10 (1989) 466–475. – [2] *Bosée, R.:* Der Vielzellen-Rotationsverdichter – Macht der Vielzellen-Rotationsverdichter dem herkömmlichen Kolbenverdichter die Stellung streitig? Ki Klima-Kälte-Heizung 11 (1989) 472–477. – [3] *Heyer, I.:* Schraubenverdichter mit variablem Volumenverhältnis. Ki Klima-Kälte-Heizung 6 (1988) 277–284. – [4] *Engelhorn, H.R.; Reinhart, A.:* Untersuchungen an Platten-Wärmeübertragern in einer Kälteanlage. Ki Klima-Kälte-Heizung 7 u. 8 (1989), 338–341. – [5] *Marzulla, H.:* Turbo-Kältesätze in Tandem-Bauweise. Technische Rundsch. (1987) H.22. – [6] *ASHRAE:* Cooling towers and spray ponds. Guide and Data Book, Fundamentals and Equipment 1965, p. 743–744. – [7] *Scharmann, R.:* Bekämpfung der Legionärskrankheit in Kühlkreisläufen und Luftwäschern. HausTechnik 3 (1987) 5–8. – [8] *Bundesgesundheitsamt:* Empfehlungen des Bundesgesundheitsamtes zur Verminderung eines Legionella-Infektionsrisikos. Bundesgesundheitsblatt 30, Nr. 7, 07/1987. – [9] *DVGW-Fachausschuß:* Oxidationsmittel in der Wasseraufbereitung. Deutscher Verein des Gas- und Wasserfaches e.V., 06/1988. – [10] Gesetz zur Ordnung des Wasserhaushaltes (Wasserhaushaltsgesetz – WHG) vom 23.09.1986. Bundesgesetzblatt I, S. 1530. – [11] *Dietrich, K.:* 100 Jahre Kältetechnik in der Chemischen Industrie. Ki Klima-Kälte-Heizung 11 (1987), 487–490.

Normen und Richtlinien: *DIN 1947* Wärmetechnische Abnahmemessungen an Naß-Kühltürmen (VDI-Kühlturm-Regeln). – *DIN 2405* Rohrleitungen in Kälteanlagen; Kennzeichnung. – *DIN 3158* Kältemittel-Armaturen; Sicherheitstechnische Festlegungen; Prüfung, Kennzeichnung. – *DIN 3167* Raumluft-Entfeuchter; Begriff, Prüfung der Gebrauchseigenschaften. – *DIN 4140 T 2* Dämmen betriebstechnischer Anlagen; Kältedämmung. – *DIN 8905 T 1* Rohre für Kälteanlagen mit hermetischen und halbhermetischen Verdichtern; Außendurchmesser bis 54 mm; Technische Lieferbedingungen; *T 3* Zusätzliche technische Lieferbedingungen für Kapillar-Drosselrohre. – *DIN 8927* Offene Verdichter für Kältemaschinen – Normbedingungen für Leistungsangaben, Prüfung, Angaben in Kenndaten-Blättern und auf Typen-Schildern. – *DIN 8928* Kältemittelverdichter; Angaben der Leistungsdaten. – *DIN 8948* Trockenmittel für das Trocknen von Kältemitteln; Prüfung. – *DIN 8949* Trockner für Kältemittel; Prüfung. – *DIN 8955* Ventilator-Luftkühler; Begriff, Prüfung, Normleistung. – *DIN 8957 T 1* Raumklimageräte; Begriffe; *T 2* Prüfbedingungen, Prüfumfang, Kennzeichnung; *T 3* Prüfung bei Kühlbetrieb. – *DIN 8964 T 1* Kreislaufteile für Kälteanlagen mit hermetischen und halbhermetischen Verdichtern, Prüfungen; *T 2* Anforderungen. – *DIN 8970* Ventilatorbelüftete Verflüssiger und Trocken-Kühltürme; Begriffe, Prüfung, Normwärmeleistung. – *DIN 8971* Einstufige Verflüssigungssätze für Kältemaschinen; Normbedingungen für Leistungsangaben; Prüfung; Angaben in Kenndaten-Blättern und auf Typen-Schildern. – *DIN 8973* Motorverdichter für Kältemaschinen; Normbedingungen für Leistungsangaben; Prüfung; Angaben in Kenndaten-Blättern und auf Typen-Schildern. – *DIN 8974* Dauerschaltprüfung für hermetische Motorverdichter in Kälteanlagen; Prüfbedingungen. – *DIN 8975 T 1–9* Kälteanlagen; Sicherheitstechnische Grundsätze für Gestaltung, Ausrüstung und Aufstellung. – *DIN 8976* Leistungsprüfung von Verdichter-Kältemaschinen. – *DIN 8977* Leistungsprüfung von Kältemittel-Verdichtern. – *DIN 8978* Verschleißprüfung von Kältemittel-Verdichtern. – *DIN 8979* Hochtemperaturprüfung von Motorverdichtern in Kälteanlagen. – *DIN 16125* Anzeigebereiche, Folge der Teilstriche und Teilpunkte und Bezifferung für Überdruck-Meßgeräte in der Kältetechnik. – *DIN 32733* Sicherheits-Schalteinrichtungen zur Druckbegrenzung in Kälteanlagen und Wärmepumpen; Anforderung und Prüfung. – *VDI-Richtlinie 3814 Bl. 2* Zentrale Leittechnik für betriebstechnische Anlagen in Gebäuden (ZLT-G); Schnittstellen in Planung und Ausführung; *Bl 3* Hinweise für den Betreiber; *Bl. 4* Ausrüstung der BTA zum Anschluß an die ZLT-G. – *VDE 0100* „Bestimmungen für das Errichten von Starkstromanlagen mit Nennspannung bis 1000 V". – *VDI 2055* Wärme- und Kälteschutz für betriebs- und haustechnische Anlagen; Berechnungen, Gewährleistungen, Meß- und Prüfverfahren, Gütesicherung, Lieferbedingungen. – *AGI Q 151* Dämmarbeiten; Korrosionsschutz bei Kälte- und Wärmedämmung an betriebstechnischen Anlagen. – *TRB 801* Technische Regeln Druckbehälter. „Besondere Druckbehälter" nach Anhang II zu § 12 Druckbeh.V. – *VDMA 24176* Lufttechnische Geräte und Anlagen, Leistungsprogramm für die Inspektion. – *VDMA 24186* Leistungsprogramm für die Wartung von lufttechnischen und anderen technischen Ausrüstungen in Gebäuden; Kältetechnische Anlagen. – *VDMA 24243 T 1–5* Kältemaschinen und -anlagen; Emissionsminderung von Kältemitteln, insbesondere Fluorchlorkohlenwasserstoffen, aus Kälteanlagen (s.a. CECOMAF-Code GT 9/88).

zu M 6 Bauteile und Systeme der Wärmepumpenanlagen

[1] *Eder, F.X.:* Vuilleumier-Prozeß ermöglicht regenerative Wärmepumpe und Kältemaschine; Clima Commerce Int. Karlsruhe: Müller 1982, S. 57–59. – [2] *Glaser, H.:* Ein praktischer Vergleichsprozeß für die Absorptions-Wärmepumpe. Ki Klima-Kälte-Heizung (1982) 6, 233–240. – [3] *Loewer, H.:* Technische Möglichkeiten und Entwicklungsstand der Sorptions-Wärmepumpe; Ki Klima-Kälte-Heizung 5 (1981) 255–262. – [4] *Grane, R., Blumenberg, J.:* Analyse von Wärmespeichersystemen; Ki 10 (1981) 10, 467–472. – [5] *Holldorf, G.; Malewski, Q.:* Cogeneration for the simultaneous supply of power and refrigeration. Trans. 1986 Citrus Eng. Conf. Vol. XXXII, 1–20; Florida, section of ASME 1986. – [6] *Malewski, W.:* Integrated absorption and compression heat pumps cycle using mixed working fluid ammonia and water. Proc. Inst. Refrigeration, Vol. 1982, p. 83–93; Großbritannien, 1985/86.

Normen und Richtlinien: *DIN EN 255 T 1 bis 3* Wärmepumpen; Anschlußfertige Wärmepumpen mit elektrisch angetriebenen Verdichtern zum Heizen oder zum Heizen und Kühlen. – *DIN 8900 T 2* Wärmepumpen; anschlußfertige Heizwärmepumpen mit elektrisch angetriebenen Verdichtern; Prüfbedingungen, Prüfumfang, Kennzeichnung; *T 3* Prüfung von Wasser/Wasser- und Sole/Wasser-Wärmepumpen; *T 4* Prüfung von Luft/Wasser-Wärmepumpen. – *DIN 8901* Wärmepumpen mit halogenierten Kohlenwasserstoffen, Schutz von Erdreich, Grund- und Oberflächenwasser; Anforderungen und Prüfung. – *DIN 8947* Wärmepumpen; Anschlußfertige Wärmepumpen-Wassererwärmer mit elektrisch angetriebenen Verdichtern; Begriffe, Anforderungen, Prüfungen. – *DIN 8957 T 4* Raumklimageräte; Prüfung bei Heizbetrieb der Kältemaschine/Wärmepumpe. – *DIN 33830 T 1 bis 4* Wärmepumpen; anschlußfertige Heiz-Absorptions-Wärmepumpen. – *DIN 33831 T 1 bis 4* Wärmepumpen; anschlußfertige Heiz-Wärmepumpen mit verbrennungsmotorisch angetriebenen Verdichtern. – *DIN 45635 T 35* Geräuschmessung an Maschinen; Luftschallemission, Hüllflächenverfahren; Wärmepumpen mit elektrisch angetriebenen Verdichtern. – *VDE E 0700 T 40* Sicherheit elektrischer Geräte für den Hausgebrauch und ähnliche Zwecke; Elektrische Luft/Luft-Heizwärmepumpen; *T 222* Heizwärmepumpen; *T 243* Wärmepumpen-Wassererwärmer.

Zu M 7 Sonderklima- und Kühlanlagen

[1] Bergverordnung zum Schutz der Gesundheit gegen Klimaeinwirkungen (KlimabergV) 09/1983; Bundesgesetzblatt I, 685. – [2] *Uhlig, H.:* Zusammenhang zwischen Betriebsbedingungen und Leistungen von Wetterkühlern; Glückauf-Forschungsh. 46 (1985) H 4, 171–179. – [3] *Mücke, G.; Uhlig, H.:* Neuentwicklungen in der Klimatechnik des Südafrikanischen Goldbergbaus und ihre Anwendungsmöglichkeiten im Steinkohlenbergbau; Glückauf 117 (1981) 1591–1599. – [4] *Reiff, W.; Seidel, D.:* Stand und Entwicklung der Kühltechnik bei der Bergbau AG Lippe; Glückauf 119 (1983) 1193–1201. – [5] *Reichelt, J.:* Tendenzen in der Entwicklung von Kältegeräten, Wärmepumpen und deren Komponenten; Schriftenreihe des Schweizerischen Vereins für Kältetechnik Nr. 11 (1989) 5-21. – [6] *Frank, W.:* Mehr Verkehrssicherheit durch die integrierte Klimaanlage; VDI-Ber. 744 (1989). – [7] *Kern, J.; Wallner, R.:* Impact of the Montreal Protocol on automotive air-conditioning; Rev. Int. Froid Vol. 11 (1988) Juli. – [8] *Weller, W.; Ulmer, W.T.:* Aufbau und Funktion einer Klimaanlage für klinische Untersuchungen zur Prüfung klimatischer Einflüsse auf die Atmung; Int. Arch. Arbeitsmed. 28 (1971) 141–150. – [9] *Bach, Zitzelberger:* Tolerierung von Prüfklimaten, erläutert am Beispiel des Feuchtwarm-Klimas 40/93; Klima- und Kälteingenieur 3 (1975) 79–82.

Normen: *DIN 27175* Elektro- und klimatechnische Einrichtungen von Schienenfahrzeugen; Verdichter-Verflüssiger-Satz. *DIN 50012 T 1 bis 5* Klimate und ihre technische Anwendung; Luftfeuchte-Meßverfahren. – *DIN 50010 T 1* Klimate und ihre Technische Anwendung; Klimabegriffe, Allgemeine Klimabegriffe. – *DIN 50014* –; Normalklimate. – *DIN 50015* –; Konstante Prüfklimate. – *DIN 50016* –; Werkstoff-, Bauelemente- und Geräteprüfung; Beanspruchung im Feuchtwechselklima. – *DIN 50017* –; Kondenswasser-Prüfklimate. – *DIN 50018* –; Prüfung im Kondenswasser-Wechselklima mit schwefeldioxidhaltiger Atmosphäre.

zu M 8 Wirtschaftlichkeit und Energieverbrauch

[1] *Haseköster, H.:* Instandhaltungsleistungen in der Technischen Gebäudeausrüstung; Ki Klima-Kälte-Heizung 9 (1989) 396–392. – [2] *Blümel, K.; Hollan, E.; Kähler, M.; Peter, R.; Jahn, A.:* Entwicklung von Testreferenzjahren (TRY) für Klimaregionen der Bundesrepublik Deutschland; BMFT-FB-T 86-051. – [3] *Grosche, R.; Klein, R.:* EDV-gestützte Gebäudesimulation; Ki Klima-Kälte-Heizung 9 (1985). – [4] *Gabanyi, P.:* Die Energiekennzahl für Gebäude; Sonnenenergie & Wärmepumpe 11 (1986) H. 3. – [5] *Hartmann, K.:* Integrierte Leistungszahl – eine sinnvolle Rechenmethode zur Bestimmung von Teillast-Wirkungsgraden. Ki Klima-Kälte-Heizung 1 (1990). 29–32. – [6] *Amberg, H.U.:* Stromkostensenkung durch Eisspeicher; „elektrowärme international", 46 (1988) H. A 3, A 73–A 77. – [7] *Lenz, H.:* Übergabe, Wartung, Instandhaltung und Betriebskosten von Lüftungs- und Klimaanlagen. Bericht XX, Kongreß für Heizung, Lüftung, Klimatechnik 1974, S. 143–157. – [8] *Masuch, J.; Steinbach, W.:* Energieverbrauchsrechnungen zur Optimierung von Klimaanlagensystemen, lufttechnische Informationen H. 17/18 (1976/77), LTH Lufttechnische GmbH, Stuttgart-Zuffenhausen. – [9] *Rakoczy, T.:* Umluftbetrieb bei RLT-Anlagen für Operationsräume Ki 11 (1983). – [10] *Rakoczy, T.:* Die Kosten von Reinraumanlagen und ihre wirtschaftliche Optimierung. Schriftenreihe SRRT, Reinraumtechnik VIII. Zürich: Wüst 1987. – [11] *Rakoczy, T.:* Wirtschaftlichkeitsberechnung für EDV-Räume. TAB. 1 (1984).

Normen: *DIN 4710:* Meteorologische Daten zur Berechnung des Energieverbrauchs von heiz- und raumlufttechnischen Anlagen. – *DIN 4710 Beiblatt:* Lufttemperatur-Luftfeuchte nach Monatssummen.

Richtlinien: *VDI-Richtlinie 2067:* Berechnung der Kosten von Wärmeversorgungsanlagen. – *Bl. 1:* Betriebstechnische und wirtschaftliche Grundlagen. – *Bl. 2:* Raumheizung. – *Bl. 3:* Raumlufttechnik. – *Bl. 4:* Warmwasserversorgung. – *Bl. 5:* Dampfbedarf in Wirtschaftsbetrieben. – *VDI-Richtlinie 2071:* Wärmerückgewinnung in raumlufttechnischen Anlagen. – *Bl. 1:* Begriffe und technische Beschreibung. – *Bl. 2:* Wirtschaftlichkeitsberechnung. – *VDI-Richtlinie 2079:* Abnahmeprüfung an raumlufttechnischen Anlagen. – *VDI-Richtlinie 2080:* Meßverfahren und Meßgeräte für raumlufttechnische Anlagen. – *VDI-Richtlinie 3801:* Betreiben von raumlufttechnischen Anlagen. – *VDI-Richtlinie 3810:* Betreiben von heiztechnischen Anlagen.

M

N | Grundlagen der Verfahrenstechnik
Fundamentals of process engineering

M. Bohnet, Braunschweig, **A. Mersmann,** München und **J. Schwedes,** Braunschweig

Allgemeine Literatur
zu N1 Einführung
Bücher: *Blaß, E.:* Entwicklung verfahrenstechnischer Prozesse. Frankfurt: Sauerländer 1989. – *Brauer, H.:* Grundlagen der Einphasen- und Mehrphasenströmungen. Frankfurt: Sauerländer 1971. – *Brauer, H.; Mewes, D.:* Stoffaustausch einschließlich chemischer Reaktion. Frankfurt: Sauerländer 1972. – *Dialer, K.; Onken, U.; Leschonski, K.:* Grundzüge der Verfahrenstechnik und Reaktionstechnik. München: Hanser 1986. – *Eck, B.:* Technische Strömungslehre. Bd. 1 Grundlagen, Bd. 2 Anwendungen. Berlin: Springer 1978, 1981. – *Grassmann, P.:* Einführung in die thermische Verfahrenstechnik. Berlin: de Gruyter 1974. – *Grassmann, P.:* Physikalische Grundlagen der Verfahrenstechnik. Frankfurt: Sauerländer 1983. – *Kögl, B.; Moser, F.:* Grundlagen der Verfahrenstechnik. Berlin: Springer 1981. – *Mayinger, F.:* Strömung und Wärmeübertragung in Gas-Flüssigkeitsgemischen. Berlin: Springer 1982. – *Mersmann, A.:* Thermische Verfahrenstechnik. Berlin: Springer 1980. – *Molerus, O.:* Fluid-Feststoff-Strömungen. Berlin: Springer 1982. – *Prandtl, L.:* Führer durch die Strömungslehre. Wiesbaden: Vieweg 1969. – *Schlichting, H.:* Grenzschicht-Theorie. Karlsruhe: Braun 1982. – *Vauck, W.R.A.; Müller, H.A.:* Grundoperationen chemischer Verfahrenstechnik. Weinheim: VCH 1988. – *VDI-Wärmeatlas.* Düsseldorf: VDI-Verlag 1988.

Zeitschriften: *Chemical Engineering and Processing.* New York: Elsevier Sequoia. – *Chemical Engineering Science.* Oxford: Pergamon Press. – *Chemical Engineering and Technology.* Weinheim: VCH. – *Chemie-Ingenieur-Technik.* Weinheim: VCH. – *Chemische Technik.* VEB Deutscher Verlag für Grundstoffindustrie. – *Multiphase Flow.* Oxford: Pergamon Press.

zu N2 Mechanische Verfahrenstechnik
Bücher: *Dialer, K.; Onken, U.; Leschonski, K.:* Grundzüge der Verfahrenstechnik und Reaktionstechnik. München: Hanser 1986. – *Höffl, K.:* Zerkleinerungs- und Klassiermaschinen. Berlin: Springer 1986. – *Löffler, F.:* Staubabscheiden. Stuttgart: Thieme 1988. – *Schubert, H.:* Aufbereitung fester mineralischer Rohstoffe. Leipzig: Deutscher Verlag für Grundstoffindustrie, Bd. 1, 4. Aufl. (1989); Bd. 3, 2. Aufl. (1984). – *Schubert, H.; Heidenreich, E.; Liepe, F.; Neeße, T.:* Mechanische Verfahrenstechnik. Bd. I u. II. Leipzig: Deutscher Verlag für Grundstoffindustrie 1977, 1979. – *Schwedes, J.:* Fließverhalten von Schüttgütern in Bunkern. Weinheim: Verlag Chemie 1968. – Technik der Gas-Feststoffströmung, Sichten, Abscheiden, Fördern, Wirbelschichten. Düsseldorf: VDI-GVC 1981. – Mechanische Flüssigkeitsabtrennung, Filtrieren, Sedimentieren, Zentrifugieren, Flotieren. Düsseldorf: VDI-GVC 1987.

zu N3 Thermische Verfahrenstechnik
Bücher: *Grassmann, P.; Widmer, F:* Einführung in die thermische Verfahrenstechnik. Berlin: de Gruyter 1974. – *Grassmann, P.:* Physikalische Grundlagen der Verfahrenstechnik. Aarau: Sauerländer 1983. – *Kast, W.:* Adsorption aus der Gasphase. Weinheim. Verlag Chemie 1988. – *Krischer, O.; Kast, W.:* Die wissenschaftlichen Grundlagen der Trocknungstechnik. Berlin: Springer 1978. – *Mersmann, A.:* Thermische Verfahrenstechnik. Berlin: Springer 1980. – *Mersmann, A.:* Stoffübertragung. Berlin: Springer 1986. – Perry's Chemical Engineer's Handbook. Singapore: McGraw Hill 1984. – *Rautenbach, R.; Albrecht, R.:* Membrantrennverfahren: Ultrafilter und Umkehrosmose. Aarau: Sauerländer 1981. – *Schlünder, E.U.:* Einführung in die Wärme- und Stoffübertragung. Braunschweig: Vieweg 1975. – *Schlünder, E.U.:* Destillation, Absorption, Extraktion. Stuttgart: Thieme 1986. – Ullmann's Encyclopedia of Industrial Chemistry. Weinheim: Verlag Chemie 1988.

Zeitschriften: *Mersmann, A.:* Brauchen wir Stoffaustausch-Maschinen? Chem.-Ing.-Tech. 58 (1986) 87–96. – *Mersmann, A.:* Design, of crystallizers. Chem. Eng. Proc. 23 (1988) 213–228. – *Mersmann, A.; Kind, M.:* Chemical engineering aspects of precipitation from solution. Chem. Eng. Technol. 11 (1988) 264–276.

zu N4 Mehrphasenströmungen
Bücher: *Brauer, H.:* Grundlagen der Einphasen- und Mehrphasenströmungen. Aarau und Frankfurt: Sauerländer 1971. – *Eck, B.:* Technische Strömungslehre. Berlin: Springer 1978/1981. – *Govier, G.W.; Aziz, K.:* The flow of complex mixtures in pipes. New York: von Norstrand Reinhold 1972. – *Mayinger, F.:* Strömung und Wärmeübergang in Gas-Flüssigkeits-Gemischen. Berlin: Springer 1982. – *Molerus, O.:* Fluid-Feststoff-Strömungen. Berlin: Springer 1982. – *Prandtl, L.:* Strömungslehre. Braunschweig: Vieweg 1944. – *Schlichting, H.:* Grenzschicht-Theorie. Karlsruhe: Braun 1982.

1 Einführung. Introduction

M. Bohnet, Braunschweig

Verfahrenstechnik ist Stoffwandlungstechnik. Sie befaßt sich mit der industriellen Umwandlung von Ausgangsstoffen in einer Folge von physikalischen, chemischen oder biologischen Prozessen zu verkaufsfähigen Zwischen- oder Endprodukten. Sie hat ihren Ursprung in der chemischen Industrie, wobei die Ingenieure insbesondere die Aufgabe hatten, die vom Chemiker in Laborversuchen erarbeiteten Ergebnisse in den technischen Produktionsmaßstab zu übertragen. Diese (Maschinenbau-)Ingenieure waren dafür verantwortlich, daß die Vorstellungen der Chemiker, Physiker und Biologen interdisziplinär verbunden wurden. Aus ihrer Tätigkeit hat sich eine eigenständige Ingenieurwissenschaft, die Verfahrenstechnik entwickelt. Hier war

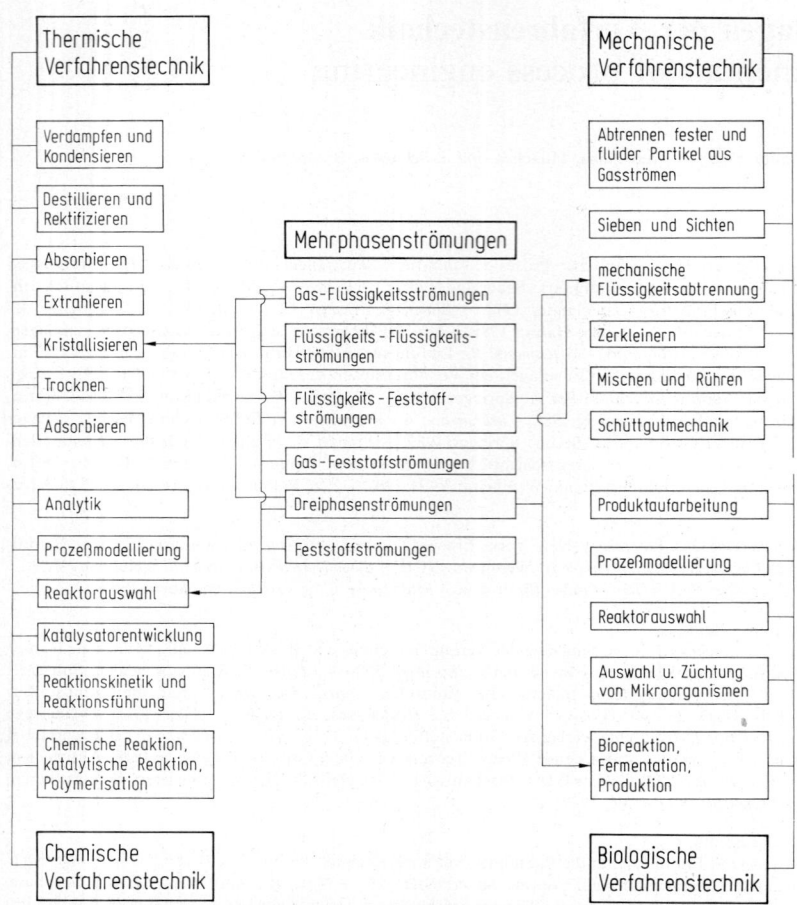

Bild 1. Mehrphasenströmungen als Bindeglied zwischen den vier verfahrenstechnischen Hauptgebieten, letztere erläutert an ausgewählten Verfahrensschritten

es zunächst der Apparatebau, der Forderungen an die Entwicklung neuer Fertigungsverfahren und neuer Werkstoffe stellte. Besonders erfolgreich wurden die Kenntnisse des Maschinenbaus bei der Entwicklung der Hochdruckverfahren, z.B. der Ammoniak- und der Methanolsynthese umgesetzt.

Um Stoffe wandeln zu können, ist Energie erforderlich. Dies kann Wärme oder mechanische Energie sein. Darüber hinaus nutzt man ganz wesentlich auch die Möglichkeit der chemischen Umwandlung von Stoffen sowie die Fähigkeit von Mikroorganismen, Stoffe zu wandeln. Die meisten Prozesse spielen sich dabei in Apparaten ab, wobei die Wärmeübergangs- und Stoffübergangsvorgänge an den Phasengrenzen der beteiligten festen, flüssigen oder gasförmigen Phasen ablaufen, die sich innerhalb des Apparats bewegen. In Einzelfällen setzt man auch Stoffaustauschmaschinen ein.

Da in praktisch allen verfahrenstechnischen Prozessen mehrphasige Strömungen vorliegen, stellen die mehrphasigen Strömungen das Bindeglied zwischen vielen Prozeßstufen eines Verfahrens dar. Wärme- und Stoffaustausch werden maßgeblich durch Strömungsvorgänge bestimmt und damit auch der Umsatz und die Ausbeute sowie der Energiebedarf. Die komplexen Verhältnisse macht **Bild 1** deutlich, in dem wichtige Prozeßschritte der

thermischen, mechanischen, chemischen und biologischen Verfahrenstechnik über die Mehrphasenströmungen verknüpft sind.

Alle verfahrenstechnischen Prozesse lassen sich in Grundoperationen (unit operations) zerlegen. Dies hat zunächst den Vorteil, daß man die Gesetzmäßigkeiten der stoffwandelnden Vorgänge losgelöst von einem bestimmten Stoffsystem behandeln kann. Die Zusammenfügung der Einzelschritte zum Prozeß ist Aufgabe der Systemverfahrenstechnik, die insbesondere die dynamische Aufeinanderfolge der Teilschritte umzusetzen hat. Hier finden sich dann wichtige Verknüpfungen mit der Meß-, Regel- und Automatisierungstechnik.

Die Schwerpunkte der ingenieurwissenschaftlichen Bearbeitung liegen derzeit noch auf der thermischen, mechanischen und chemischen Verfahrenstechnik, wobei die biologische Verfahrenstechnik in Zukunft an Bedeutung gewinnen wird. Ihr Vorteil liegt darin, daß Mikroorganismen in der Lage sind, in einem Syntheseschritt Stoffe zu erzeugen, für die man bei chemischer Umsetzung mehrere Umwandlungsschritte benötigt. Ihr Nachteil liegt in der geringen Konzentration, in denen die erzeugten Produkte vorliegen. Die verfahrenstechnische Aufarbeitung der Bioprodukte entscheidet also über Erfolg oder Mißerfolg eines Verfahrens.

2 Mechanische Verfahrenstechnik
Mechanical process engineering

J. Schwedes, Braunschweig

2.1 Einführung. Introduction

Die Mechanische Verfahrenstechnik behandelt die *Wandlung stofflicher Systeme* durch vorwiegend *mechanische Einwirkungen*. Darunter versteht man die Umwandlung und den Transport mechanisch beeinflußbarer disperser Systeme. Mit mechanischen Kräften lassen sich Partikeln (Feststoffpartikeln, Flüssigkeitstropfen, Gasblasen) bis herab auf ~ 1 μm Partikelgröße beeinflussen, in extrem hohen Fliehkraftfeldern noch eine 10er Potenz weiter. Die Mechanische Verfahrenstechnik umfaßt somit den *grobdispersen* Bereich (0,1 μm bis 1 m) im Gegensatz zur Thermischen Verfahrenstechnik, deren Elemente molekulardispers und kolloiddispers sind (s. N3).

Die Stoffumwandlungen durch mechanische Einwirkungen lassen sich in Grundverfahren aufgliedern. Man unterscheidet zwei Hauptgruppen, die Verfahren *mit Änderung* der Partikelgröße und die Verfahren *ohne Änderung* der Partikelgröße. Beide Gruppen können weiter in *Trenn-* und *Vereinigungsverfahren* unterteilt werden. Zur ersten Gruppe gehören das *Zerkleinern* und das *Agglomerieren* (Tablettieren, Brikettieren, Pelletieren, usw.), zur zweiten das *Trennen* (Sortieren, Klassieren, Abscheiden, Filtrieren) und das *Mischen, Kneten* und *Rühren*. Zu den Transportvorgängen zählen das *pneumatische* und *hydraulische* Fördern, das *Lagern* und das *Dosieren* von Schüttgütern.

Zur Charakterisierung der Grundverfahren hat sich eine spezielle Meßtechnik entwickelt, die *Partikelmeßtechnik*. Sie ist eine eigene Meßtechnik der Mechanischen Verfahrenstechnik und dient zur Messung der das disperse System beschreibenden Größen. Das sind *Partikelgrößen, Partikelgrößenverteilung, Partikelform, spezifische Oberfläche, Schüttgutdichte, Porosität* u.a. Die Partikelmeßtechnik ist unabdingbar. Sonst fehlen die wesentlichen Aussagen über die betrachteten Systeme. Diese *Dispersitätsgrößen* haben für die Mechanische Verfahrenstechnik die Bedeutung, die die Zustandsgrößen Druck, Temperatur, Mischungszustand u.a. für die thermische Verfahren haben. Nur sind sie ungleich schwieriger zu messen.

Im folgenden werden die Grundverfahren Zerkleinern, Agglomerieren, Trennen, Mischen und Bunkern dargestellt, wobei jeweils nach einer kurzen Darlegung der physikalischen Grundlagen exemplarisch auf einige wenige technische Anwendungen eingegangen wird. Auf die Partikelmeßtechik muß aus Platzgründen verzichtet werden. Bezüglich des pneumatischen und hydraulischen Förderns sei auf den Beitrag über Mehrphasenströmungen hingewiesen (s. N4).

2.2 Zerkleinern. Size Reduction

Der Bedeutung des Zerkleinerns wird man sich bewußt, wenn man Art und Menge der industriell zerkleinerten Stoffe betrachtet. Erze werden zerkleinert und aufbereitet, um sie zur Metallgewinnung zu verhütten. Getreide wird gemahlen, um Mehl zum Brotbacken zu erhalten. Die mit Mahlsteinen betriebenen Mühlen gehören zu den ältesten Techniken der Menschen und werden heute noch – zumindest dem Prinzip nach – ähnlich eingesetzt. Nahezu alle anorganischen festen Rohstoffe müssen aufgeschlossen und zerlegt werden, wozu Zerkleinerungsvorgänge nötig

sind. Das gleiche gilt heute für die festen Abfälle. Auch sie werden in speziellen Zerkleinerungs- und Trennverfahren aufbereitet, um zumindest anteilmäßig in den industriellen Stoff- und Energiekreislauf zurückgeführt zu werden (Recycling).

Zerkleinerungsprozesse sind sehr energieaufwendig. Weltweit werden nahzu 4% des Gesamtstromverbrauchs dafür benötigt, wobei allein auf die Zementherstellung 1% entfällt. Bei Massenprodukten wie Zement, Kohle und Erzen belastet das Zerkleinern die Herstellungskosten beachtlich, z.B. bei Zement mit fast 25%.

2.2.1 Bruchphysik; Zerkleinerungstechnische Stoffeigenschaften. Fracture physics; comminution properties of solid materials

Eine theoretisch umfassende Beschreibung des Zerkleinerungsverhaltens realer Partikel ist äußerst problematisch, da zu viele Einflußgrößen bestehen. Man geht deshalb in drei Schritten vor:
– physikalische Betrachtung der Zerkleinerung idealer Partikel;
– phänomenologische Erfassung des Zerkleinerungsverhaltens realer Partikel unter idealen Bedingungen;
– Erfassung der Vorgänge in und Optimierung von technischen Zerkleinerungsmaschinen.

Die Bruchphysik lehrt uns, welche Energien nötig sind, um die molekulare Zerreißfestigkeit zu überwinden. Sind wie in allen realen Partikeln *Inhomogenitäten* und *Mikroanrisse* vorhanden, muß die molekulare Zerreißfestigkeit nur an der Rißspitze aufgebracht werden. Die Kerbtheorie liefert die Kenntnis des Spannungsverlaufs in der Umgebung des sich ausbreitenden Risses. An der Rißspitze ist die Energiekonzentration sehr hoch. Es kommt zu mikroplastischen Verformungen und Strukturänderungen. Damit muß für den Rißfortschritt wesentlich mehr Energie bereitgestellt werden als es der Zunahme der freien Grenzflächenenergie entspricht.

Die Erkenntnisse der Bruchphysik und Bruchmechanik nutzen dem Verständnis der Brucherscheinungen, reichen aber nicht aus, das Verhalten von zu zerkleinernden Partikeln aufgrund der physikalischen Einsichten vorauszurechnen. Hierfür sind zwei Gründe anzuführen:
– Reale Partikel sind unregelmäßig geformt, d.h. die bei Beanspruchung entstehenden Spannungszustände sind kaum berechenbar.
– Die Kenntnis der Anriß- und Fehlstellen im Partikel, die für Bruchauslösung und Bruchfortschritt verantwortlich sind, ist gering.

Bei der Beanspruchung eines *Partikelkollektivs* in einer Zerkleinerungsmaschine wird die Lage noch komplizierter, da nicht bekannt ist, wie die von außen zugeführte Energie auf die Einzelpartikeln übertragen wird.

Neben der bruchphysikalischen Betrachtung ist eine *phänomenologische* Behandlung der Zerkleinerung notwendig. Durch umfangreiche Versuche an realen Einzelpartikeln unter definierten Beanspruchungsbedingungen haben sich Erkenntnisse angesammelt, die als „Zerkleinerungstechnische Stoffeigenschaften" bezeichnet werden. Diese lassen sich in zwei Gruppen einteilen: 1. Kennwerte für den *Widerstand gegen die Zerstörung* (Festigkeit, flächenbezogene Reaktionskraft, spezifische Zerkleinerungsarbeit, Bruchwahrscheinlichkeit) und 2. Kennwerte für das *Ergebnis der Beanspruchung* (Verteilungsfunktion der Bruchstücke, erzeugte spezifische Oberfläche). Aus einer Kombination beider Kennwerte lassen sich Aussagen über *Energieausnutzung* und *Mahlbarkeit* machen.

Die zerkleinerungstechnischen Stoffeigenschaften lassen sich *nicht* aus bekannten Stoffeigenschaften wie Elastizitätsmodul, Festigkeit, Querdehnungszahl berechnen. Eine besondere Schwierigkeit bringt die unregelmäßige *Partikelform* und der Einfluß der *Partikelgröße* mit sich. Unterhalb einer gewissen Partikelgröße nimmt die Festigkeit zu, da die Wahrscheinlichkeit für das Vorhandensein bruchauslösender Fehlstellen immer geringer wird. Die Art der Beanspruchung ist ebenfalls von Einfluß. Technisch relevant sind die Beanspruchungen durch Druck (zwischen zwei Flächen), durch Prall (an einer Fläche) und durch das umgebende Medium (im Schergefälle einer Flüssigkeitsströmung).

Mit den Ergebnissen aus Untersuchungen an Einzelpartikeln lassen sich Zerkleinerungsmaschinen beurteilen, wenn man von der Hypothese ausgeht, daß die Beanspruchung einer Einzelpartikel die energiegünstigste Methode darstellt. Als Effektivität wird der Quotient aus Energiebedarf des idealen Prozesses (Einzelpartikel) geteilt durch den der Zerkleinerungsmaschine definiert.

Als Richtwerte können angegeben werden: Backen- und Walzenbrecher 0,7 bis 0,9; Prallbrecher 0,3 bis 0,4; Wälzmühlen 0,07 bis 0,15; Kugelmühlen 0,05 bis 0,1; Prallmühlen 0,01 bis 0,1.

2.2.2 Zerkleinerungsmaschinen
Size Reduction Equipment

Der weitverbreitete Einsatz, das unterschiedliche Stoffverhalten und die unterschiedlichen Zielsetzungen der technischen Zerkleinerung haben zur Entwicklung einer großen Anzahl von Zerkleinerungsmaschinen geführt. Nach der Partikelgröße des Fertigguts unterscheidet man Brecher (> einige mm) und Mühlen (<1 mm). Im weiteren kann zwischen Trocken- und Naßzerkleinerung und nach der Art der Energiezuführung unterschieden werden.

Brecher. In Backen- und Kegelbrechern (**Bild 1**) wird das Mahlgut durch Druck und Schub in einem Brechraum beansprucht, der sich periodisch öffnet und schließt. Die Beanspruchung entspricht im wesentlichen der Beanspruchung einer Einzelpartikel, woraus die o.g. hohe Effektivität resultiert. Walzenbrecher bestehen aus zwei sich gegensinnig drehenden Walzen, die mit Nocken oder Stacheln versehen werden können, um die Einzugsbedingungen zu verbessern. Mit Backenbrechern können Durchsätze bis zu 600 m³/h erreicht werden. Die spezifische Zerkleinerungsarbeit liegt im Bereich von 0,2 bis 2 kWh/t.

Walzmühlen. Diese sind Zerkleinerungsmaschinen, in denen die Beanspruchung zwischen sich aufeinander abwälzenden Flächen geschieht. Die Wälzkörper können kugel- oder rollenförmig sein, Mahlbahnen sind kegel- oder schüsselförmig ausgebildet. Die älteste Bauform ist der Kollergang. Die Krafteinleitung geschieht durch Schwerkraft, Zentrifugalkraft oder durch hydraulische bzw. Fe-

derkräfte. Wälzmühlen werden u.a. verwendet, um Steinkohle in Kraftwerken auf die zum Verbrennen nötige Feinheit zu zerkleinern.

Mühlen mit losen Mahlkörpern. Zerkleinerungsmaschinen, bei denen der Mahlbehälter teilweise mit frei beweglichen Mahlkörpern angefüllt ist, haben eine große Bedeutung erlangt. Abhängig davon, ob dem Mahlgut noch eine flüssige Phase zugegeben wird, spricht man von *Trocken-* oder *Naßmahlung.* Die Energiezufuhr kann durch Drehen oder Vibrieren des Mahlbehälters oder durch Rühren des Inhalts bei ortsfestem Mahlbehälter geschehen.

Wichtigster Typ dieser Maschinen ist die *Kugelmühle.* Der kreiszylindrische Mahlraum, der um die horizontale Achse rotiert, ist zu etwa 35% mit Mahlkörpern (Kugeln, Zylinderstücke, Steine) gefüllt. Das Mahlgut wird zwischen den Mahlkörpern durch Druck und Schub und beim freien Fall der Mahlkörper auch durch Prall beansprucht. Im Bereich der Zementindustrie sind Mühlen mit Längen bis zu 16 m im Einsatz. Die Durchmesser liegen als *Rohrmühle* im Bereich bis zu 5 m, als *Autogenmühlen* bis ca. 12 m.

Rührwerkskugelmühlen werden ausschließlich zur Naßmahlung eingesetzt. Ein Rührwerk führt die Energie zu. In diesen Mühlen ist die Energiedichte sehr hoch, weshalb sie vorwiegend zur Feinstzerkleinerung eingesetzt werden.

Prallmühlen. In Prallmühlen, in denen Zerkleinerungen bis in den Bereich um 1 μm ermöglicht werden, findet eine Beanspruchung der Partikeln an einer Fläche statt. Die Partikeln prallen gegen feststehende oder rotierende Platten, Nocken, Stifte oder sonstige Einbauten sowie gegen andere Partikeln innerhalb des Prozeßraums. Im wesentlichen herrscht eine Einzelkornbeanspruchung vor. Bei den *Rotorprallmühlen* übertragen Rotoren die Energie auf die Partikeln. Umfangsgeschwindigkeiten bis 150 m/s sind möglich. Bei zwei gegensinnig drehenden Rotoren sind Relativgeschwindigkeiten bis zu 200 m/s erreichbar. Die Rotorwerkzeuge sind gelenkig aufgehängt (Hammermühlen) oder starr mit dem Rotor verbunden (Stiftmühlen). In Prallmühlen findet meist eine Klassierung statt mit dem Ziel, daß die Partikeln so lange im Mahlraum verweilen, bis die erwünschte Feinheit erreicht ist. Die Klassierung erfolgt über Siebe oder Spiralwindsichtung. Die

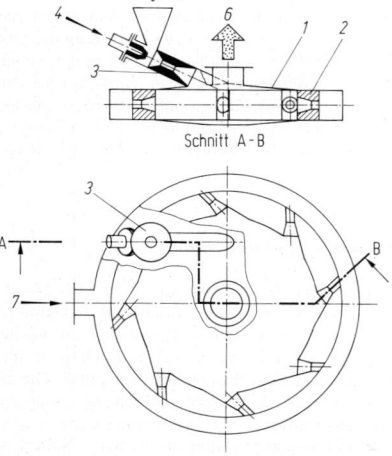

Schnitt A-B

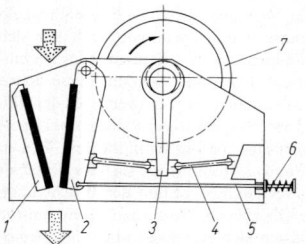

Bild 1. Backenbrecher. *1* Druckplatte, *2* Brechschwinge, *3* Exzenter mit Hubstange, *4* Stützplatte, *5* Zugstange, *6* Rückholfeder, *7* Schwungrad

Bild 2. Spiralstrahlmühle. *1* Mahlkammer, *2* Düsenring, *3* Injektor, *4* Injektorluft, *5* Mahlgut, *6* Mahlgut/Luft, *7* Mahlluft

N

durch den Rotor in Rotationsströmung gebrachte Luft wird über einen Ventilator nach innen zur Rotorachse gezogen. Durch Verändern der Größe der Auslauföffnung läßt sich die Trenngrenze beeinflussen.

In *Strahlprallmühlen* erfolgt die Energiezufuhr mittels vorgespannter Gase. **Bild 2** zeigt beispielhaft eine Spiralstrahlmühle. Die Treibluft tritt über die schräg angestellten Düsen ein, das Mahlgut wird über einen Injektor eingespeist. Mit Lavaldüsen lassen sich Gasgeschwindigkeiten von 600 m/s bei Luft und 1100 m/s bei Dampf erreichen. Die Zerkleinerung erfolgt in einer Ringzone im Mahlraum durch gegenseitigen Partikelstoß. Grobe Partikeln gelangen aufgrund der Zentrifugalbeschleunigung an die Wand, werden von den Treibstrahlen erfaßt, erneut in die Zerkleinerungszone transportiert und solange zerkleinert, bis die Widerstandskraft der Gasströmung die Zentrifugalkraft übersteigt und somit eine Ausschleusung mit dem Gas ermöglicht wird.

2.3 Agglomerieren. Agglomeration

Das Agglomerieren ist das Gegenteil des Zerkleinerns. Durch Zusammenführen von Einzelpartikeln und durch die Wirkung von Haftkräften entstehen *Agglomerate*. Je nach Industriezweig und Stoffgruppen haben sich unterschiedliche Begriffe eingebürgert. Man spricht von *Tablettieren, Brikettieren, Kompaktieren, Pelletieren, Sintern, Granulieren, Instantisieren* u.a.m. Durch die Agglomeration werden verbesserte Produkteigenschaften angestrebt. Gegenüber feinen Partikeln neigen Agglomerate nicht zum Stauben, Anhaften und Entmischen. Die Fließ- und Dosiereigenschaften werden verbessert. Die Schüttgutdichte wird erhöht. Ein schnelleres Dispergieren in Flüssigkeiten ist zu erreichen.

2.3.1 Bindemechanismen, Agglomeratfestigkeit
Binding mechanisms, agglomerate strength

Folgende Bindemechanismen halten Agglomerate zusammen:
– Haftung durch Materialbrücken zwischen den Partikeln: Festkörperbrücken, hochviskose Bindemittel, frei bewegliche Flüssigkeiten (Kapillarität);
– Haftung ohne Materialbrücken: van-der-Waals-Kräfte, elektrostatische Kräfte, formschlüssige Bindungen.

Mit Hilfe von Modellrechnungen (glatte, starre, symmetrische Körper) sind Haftkraftberechnungen möglich, die vielfach erheblich von Meßergebnissen an realen Partikeln abweichen, jedoch immer den Einfluß der wesentlichen Größen richtig wiedergeben.

Festkörperbrücken bilden sich im Kontaktbereich von Partikeln bei Temperaturen oberhalb 60% der Schmelztemperatur in Kelvin. Werden feuchte Agglomerate getrocknet und die Flüssigkeit enthält gelöste Stoffe, bilden sich im Kontaktbereich durch Kristallisation ebenfalls Festkörperbrücken. Enthalten Agglomerate eine frei bewegliche Flüssigkeit, wird sich diese bei geringem Feuchtegehalt in Form von Flüssigkeitsbrücken im Partikelkontaktbereich ansammeln. Der kapillare Unterdruck in den Flüssigkeitsbrücken und die Oberflächenspannung der Flüssigkeit bewirken die Anziehung. Mit zunehmendem Feuchtegehalt werden auch die Porenzwischenräume gefüllt. Der kapillare Unterdruck im Agglomerat sorgt für eine hohe Festigkeit.

Van-der-Waals-Kräfte entstehen durch Wechselwirkungen zwischen Dipolmomenten von Atomen und Molekülen und sind stets vorhanden. Sie sind der Partikelgröße bzw. dem Krümmungsradius im Kontaktbereich proportional und haben nur eine geringe Reichweite. Elektrostatische Kräfte treten bei Leitern und Nichtleitern auf. Sie haben eine größere Reichweite als van-der-Waals-Kräfte. Beim Partikelkontakt überwiegen aber die van-der-Waals-Kräfte, so daß häufig die elektrostatischen Kräfte für die Anziehung, die van-der-Waals-Kräfte aber für die Haftung verantwortlich sind.

Vergleicht man die Haftkräfte durch Flüssigkeitsbrücken, van-der-Waals-Kräfte und elektrostatische Kräfte beim kleinstmöglichen Abstand von 0,4 nm (Kontaktabstand), so ergeben Flüssigkeitsbrücken die größte und die Elektrostatik die kleinste Haftkraft. Bei den Flüssigkeitsbrücken, bei van-der-Waals-Kräften und beim elektrischen Leiter sind die Haftkräfte H dem Partikeldurchmesser x proportional (elektrischer Nichtleiter: $H \sim x^2$). Da das Partikelgewicht G proportional x^3 ist, nimmt H/G mit kleiner werdenden Partikeln zu. Deshalb haften kleine Partikel fester an Wänden als große, obwohl diese die größeren Haftkräfte besitzen.

Beruht die Festigkeit von Agglomeraten auf der Haftkraftübertragung an Partikelkontakten und hat das Agglomerat eine Porosität (Hohlraumanteil) ε, so errechnet sich die Zugfestigkeit σ_z des Agglomerats zu

$$\sigma_z = \frac{1-\varepsilon}{\varepsilon}\,\frac{H}{x^2}. \qquad (1)$$

Aus dieser Gleichung ist ersichtlich, daß die Festigkeit mit kleiner werdenden Partikeln x zunimmt. Reichen z.B. wegen zu großer Partikel die van-der-Waals-Kräfte für eine erwünschte Festigkeit nicht aus, müssen die Haftkräfte durch Flüssigkeitszugabe, durch Verwendung viskoser Bindemittel, durch Erwärmen oder Anpressen vergrößert werden.

2.3.2 Agglomerationstechnik. Agglomeration technology

Unter Agglomerationstechnik versteht man das systematische Herstellen von Agglomeraten mit möglichst definierten Eigenschaften. Die beiden wichtigsten Verfahren sind:
– Aufbaugranulation (selbsttätiges Anlagern),
– Preßagglomeration (zwangsläufiges Verpressen).

Aufbaugranulation. Werden Partikeln gegeneinander bewegt (Abrollbewegung, Mischbewegung, Bewegung im Fluid), tritt bei hinreichender Annäherung eine Anlagerung ein, wenn die anziehenden Kräfte größer als die trennenden Kräfte sind. Trennende Kräfte können sein: elastische Rückstellkräfte, Strömungskräfte, Reibungskräfte. Die Aufbaugranulation ist damit ein Wechselspiel zwischen *Haft-* und *Trennkräften* und unterliegt daher einem Selektionsprinzip. Bei der Aufbaugranulation unterscheidet man *Roll-, Misch-* und *Fließbettgranulation*. Im Mischer (s. N 2.5) und im Fließbett (s. N 4) werden Partikeln gegeneinander bewegt, womit die Grundvoraussetzung für die Aufbaugranulation gegeben ist. Für die Rollgranulation wird meist ein rotierender Teller (**Bild 3**) benutzt.

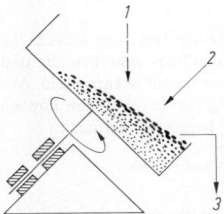

Bild 3. Pelletierteller. *1* Flüssigkeit, *2* Pulver, *3* Agglomerat

Durch die Rollbewegung lagern sich die Partikeln zu kugelförmigen Agglomeraten an (*Schneeballeffekt*), die über den Rand ausgetragen werden. Die Klassierwirkung (große, runde Agglomerate auf der Oberfläche) ist so gut, daß enge Agglomeratgrößenverteilungen erzielt werden können. In der Regel wird Flüssigkeit zugegeben, um die erforderlichen Haftkräfte zu gewährleisten. Die fertigen Feuchtagglomerate („*Grünlinge*") erreichen ihre Endfestigkeit häufig erst nach einer anschließenden Trocknung, wobei durch Kristallisation bedingte Festkörperbrücken für die Haftung sorgen.

Preßagglomeration. Beim Verdichten von Haufwerken wird die Porosität ε verringert, die Kontaktstellenzahl nimmt zu und die Haftkräfte H im Partikelkontakt werden durch plastische Verformung erheblich vergrößert. Alle drei Effekte führen zu einer Erhöhung der Agglomeratfestigkeit (s. Gl. (1)). Zwei häufig verwendete Preßverfahren sind in **Bild 4** dargestellt. Das Tablettieren mit Stempel und Matrize (**Bild 4a**) findet in der pharmazeutischen Industrie Anwendung. Moderne Hochleistungsmaschinen stellen bis zu 500000 Tabletten in der Stunde her. Beim Walzenpressen (**Bild 4b**) kommen Glattwalzen (Kompaktieren) oder profilierte Walzen (Brikettieren) zum Einsatz. Zum Agglomerieren feuchter Schüttgüter werden Lochpressen verwendet (ähnlich dem Fleischwolf). Man spricht vom „Formieren".

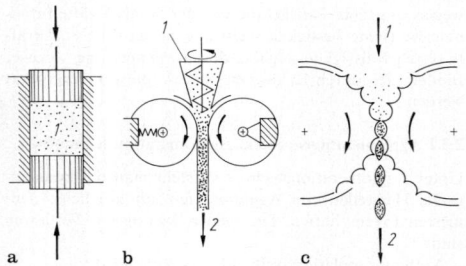

Bild 4. Preßagglomeration. **a** Tablettieren; **b** Kompaktieren; **c** Brikettieren. *1* Pulver, *2* Agglomerat

2.4 Trennen. Separation

Zu den mechanischen Trennverfahren gehören alle Verfahren, bei denen *ein* disperses System in *zwei* oder *mehrere* disperse Systeme mit unterschiedlichen Eigenschaften aufgeteilt wird. Trennt man ein disperses System mit identischer Partikeldichte in *Grobgut* und *Feingut*, spricht man vom *Klassieren*. Erfolgt eine Trennung nach unterschiedlicher Dichte, handelt es sich um *Sortieren*. Des weiteren gehören zu den Trennverfahren die *Abscheideverfahren*. Das sind die Verfahren, bei denen die Partikeln von dem sie umgebenden flüssigen oder gasförmigen Dispersionsmittel *getrennt* bzw. in ihm *aufkonzentriert* werden. Solche Abscheideverfahren benötigt man zur Reinhaltung von Luft und Wasser, aber ebenso bei vielen Produktionsprozessen.

Zur Kennzeichnung der Güte einer Trennung müssen die Partikelgrößenverteilungen von Grob- und Feingut und der Feingut- oder Grobgutmassenanteil bekannt sein. Aus dem Grad der Überschneidung der Verteilungen können *Trenngrenze* und *Trennschärfe* berechnet werden.

2.4.1 Abscheiden von Partikeln aus Gasen
Separation of particles out of gases

Hauptanwendung ist die Luftreinhaltung, wobei eine möglichst vollständige Abscheidung von festen und flüssigen

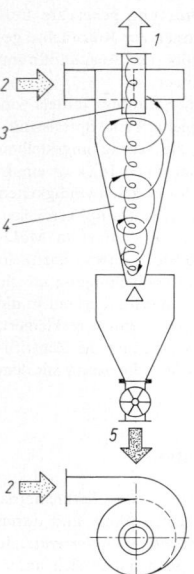

Bild 5. Zyklonabscheider. *1* Reingas, *2* Rohgas, *3* Tauchrohr, *4* Abscheideraum, *5* Staub

Partikeln angestrebt wird. Die Abtrennung beruht darauf, daß die Partikeln unter der Wirkung verschiedener Kräfte aus dem Gas herausgeführt und gesammelt werden. Da Schwerkraft und Fliehkraft der 3. Potenz der Partikeldurchmesser proportional sind, die Widerstandskräfte bei der Partikelumströmung aber nur der 1. oder 2. Potenz, werden feine Partikel von der Strömung mitgeschleppt. Im Feinstaubbereich müssen daher andere Mechanismen, vor allem elektrostatische Effekte, ausgenutzt werden. Vier Gruppen von Abscheidern werden technisch genutzt: *Fliehkraftabscheider, Naßabscheider, Filter* und *Elektrofilter*.

Bild 5 zeigt einen Fliehkraftabscheider (*Zyklon*). Das beladene Gas erfährt einen Drall. Auf die Partikeln wirken Fliehkräfte, die zur Abscheidung an der Zyklonwand führen. Das gereinigte Gas verläßt den Zyklon nach Richtungsumkehr durch das zentral eingetauchte Rohr. Zyklone werden mit Durchmessern von 0,02 bis 5 m gebaut und können bei Temperaturen bis über 900 °C eingesetzt werden. Als Endabscheider reichen Zyklone häufig nicht aus, da bei großen Gasvolumenströmen die Abscheidung unterhalb 5 µm unbefriedigend ist.

Bei *Naßabscheidern* werden die Partikeln mit einer Waschflüssigkeit in Kontakt gebracht, an oder in dieser gebunden und mit der Waschflüssigkeit aus dem Gasstrom entfernt. Die beladene Waschflüssigkeit muß einer Klärung zugeführt werden. In Naßabscheidern, von denen es verschiedene Bauformen gibt (Rotationszerstäuber, Strahlwäscher, Wirbelwäscher, Venturiwäscher), können auch extrem feine Stäube (0,1 bis 1 µm) abgeschieden werden. Der Energieaufwand ist jedoch hoch.

Bei *Filtern*, die meist aus Faserschichten aufgebaut sind, durchströmt das beladene Gas das sehr poröse Filtermedium. Die Partikeln gelangen durch Trägheitskräfte, Diffusion oder elektrostatische Kräfte an die Filterfasern und werden dort durch Haftkräfte festgehalten. Speicherfilter sind sehr porös (> 90%). Die Abscheidung erfolgt im Inneren (Tiefenfiltration). Abreinigungsfilter finden bei Gasströmen mit hoher Staubbeladung Anwendung. Die Abscheidung verlagert sich nach einer kurzen Anfangsphase an die Filteroberfläche. Es entsteht eine Staubschicht mit hoher Filterwirkung. Der Druckverlust steigt an, so daß eine periodische Abreinigung nötig wird.

Elektrische Abscheider, die vor allem bei sehr feinen Partikeln wirksam sind, werden bevorzugt bei großen Gasvolumenströmen in Kraftwerken, Müllverbrennungsanlagen u.a. eingesetzt. Nach der Aufladung der Partikeln über Sprühelektroden wandern die Partikeln quer zur Gasströmung an die Niederschlagselektroden, die periodisch abgereinigt werden müssen.

2.4.2 Abscheiden von Feststoffpartikeln aus Flüssigkeiten
Separation of solid-particles out of fluids

Die Grundaufgabe der Fest-Flüssig-Trennung besteht darin,
− eine möglichst feststofffreie Flüssigkeit zu erhalten (Klären)
− oder einen möglichst trockenen Feststoff zu gewinnen (Entwässern, Eindicken).
Entsprechende Aufgaben sind in vielen Industriezweigen anzutreffen: Entwässern von Kohle und Erzen, Reinigung von Bier und Säften, Trinkwasseraufbereitung, Papierherstellung, Farbpigmentherstellung, viele Prozesse in Chemie und Pharmazie. Zur Lösung der verschiedenen, unterschiedlichen Trennaufgaben stehen drei physikalische Grundvorgänge zur Verfügung, das Sedimentieren, Filtrieren und Auspressen.

Sedimentieren. Partikeln mit gegenüber der Flüssigkeit höherer Dichte bewegen sich in Richtung des Kraftfelds (Schwer- oder Fliehkraft) und bilden ein Sediment. Die klare Flüssigkeit ordnet sich darüber an. Ihre Reinheit ist eine Frage von Zeit und wirkendem Kraftfeld. Die Hohlräume zwischen den Partikeln des Sediments bleiben immer mit Flüssigkeit gefüllt, so daß kein trockener Feststoff gewonnen werden kann.

Filtrieren. Beim Filtriervorgang strömt die Suspension unter Einwirkung einer Kraft (Schwerkraft, Fliehkraft, Druckgefälle) auf ein poröses Filtermittel zu, auf oder in dem die Feststoffpartikeln zurückgehalten werden. Die Flüssigkeit passiert als *Filtrat* das Filtermittel. Die Feststoffpartikeln bilden auf dem Filtermittel eine Feststoffschicht, den *Filterkuchen*. Der Filterkuchen wirkt selbst als Filtermittel und setzt mit der Zeit dem Flüssigkeitsstrom einen immer größeren Widerstand entgegen. Ähnlich wie beim trockenen Abreinigungsfilter ist eine periodische Entfernung des Filterkuchens notwendig. Vor Entnahme wird im Normalfall Luft durch den Filterkuchen geführt, um den Feststoff möglichst weitgehend zu entwässern.

Auspressen. Zur weiteren Entfernung von Restflüssigkeit aus dem Filterkuchen kann der durch Sedimentation oder Filtration entstandene Filterkuchen durch äußere Kräfte im Volumen verringert werden. Das Porenvolumen wird reduziert und die Flüssigkeit verdrängt.
Die Vielzahl der auf dem Markt befindlichen Apparate zur Fest-Flüssig-Trennung lassen sich in drei Gruppen einteilen: Eindicker, Zentrifugen, Filter.

Eindicker. Diese werden im wesentlichen zur Wasserreinigung verwendet und mit rechteckigem Querschnitt (bis ca. 10×40 m, 4 m tief) und mit Kreisfläche (bis 120 m Durchmeser und ca. 2,5 m Tiefe) gebaut. Konstruktives Augenmerk ist auf die *Ausräumvorrichtung* und den Suspensionszulauf zu richten. Die Ausräumvorrichtung (langsam laufende Kratzer und Krälwerke) muß den ausedimentierten Feststoff kontinuierlich entfernen, ohne den Sedimentationsvorgang zu stören. Ähnlich vorsichtig, d.h. gleichmäßig und mit geringer Geschwindigkeit muß der Zulauf erfolgen. In den letzten Jahren haben *Flockungsklärbecken* zunehmend an Bedeutung gewonnen. Flockmittel werden bei niedrigen Feststoffkonzentrationen und feinen Partikeln zugegeben. Diese Chemikalien lagern sich an die Feststoffe an und bewirken eine Koagulation der feinen Partikeln zu Agglomeraten, die sich dann schneller absetzen.

Zentrifugen. Diese werden als *Siebmantel*- oder *Vollmantel*zentrifugen gebaut. Im zweiten Fall beruht die Fest-Flüssig-Trennung allein auf einer Sedimentation, wogegen bei den Siebmantelzentrifugen Sedimentation und Filtration beteiligt sind. Diese Apparate werden kontinuierlich und absatzweise betrieben. Obwohl absatzweise arbeitende Apparate in kontinuierlichen Prozessen von Nachteil sind, sind sie noch weit verbreitet, weil jeder Filtrationsschritt (Füllen, Trockenschleudern, Waschen) einzeln einstellbar ist und eine schonende Behandlung des Feststoffs, insbesondere beim Ausräumen, ermöglicht wird. **Bild 6** zeigt beispielhaft eine *Schälzentrifuge* mit Rotationssyphon. Durch diesen wird der Wirkung des Fliehkraftfelds ein Saugeffekt überlagert, der bis zum Dampfdruck der Flüssigkeit unter dem Filtermedium gesteigert werden kann. In **Bild 6** nicht dargestellt ist ein radial verschiebliches Messer, über das absatzweise nach Abstellen der Suspensionszufuhr der getrocknete Filterkuchen ausgeschält werden kann.
Bei den kontinuierlich betriebenen *Siebmantelzentrifugen* erfolgt der Transport des Filterkuchens über die Gestaltung des Siebkorbs oder über zusätzlich wirkende Kräfte. Bei der *Gleitzentrifuge* ist der Siebkorb konisch ausgeführt. Die Suspensionszugabe erfolgt im engsten Querschnitt. Der sich bildende Filterkuchen gleitet nach außen. Bei der *Schwing*- und *Taumelzentrifuge* sorgen Schwing- und Taumelbewegung für den Transport. Bei der *Schubzentrifuge* erfolgt die Bewegung zwangsweise durch einen oder mehrere sich periodisch in Achsrichtung bewegende zusätzliche Schubböden.
In *Vollmantelzentrifugen* werden extrem hohe Fliehkraftfelder erzeugt. Die bekanntesten Bauarten sind der *Dekanter*, bei dem der Feststofftransport über eine Schnecke erfolgt, die mit einer gegenüber der Drehzahl des Zentrifugenkörpers geringen Differenzdrehzahl rotiert, und der *Separator*, der im wesentlichen zum Abscheiden feinster Partikeln und bei geringen Feststoffkonzentrationen eingesetzt wird (z.B. Milch). In Dekantern und Separatoren

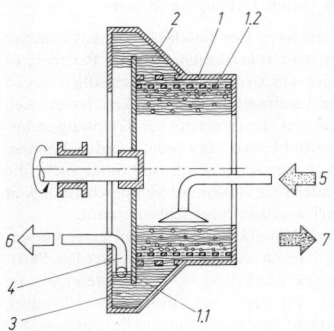

Bild 6. Schälzentrifuge mit Rotationssyphon. *1* Zentrifugentrommel, *1.1* Syphonscheibe, *1.2* Filtermedium, *2* Filtratkammer, *3* Ringtasse, *4* Schälrohr, *5* Suspension, *6* Flüssigkeit, *7* Feststoff

werden Schleuderziffern, das ist das Vielfache der Erdbeschleunigung, bis zu 2500 bzw. 14000 erreicht.

Filter. Die praktische Ausführung eines Filtervorgangs läßt sich in vier Schritte unterteilen, die nacheinander auszuführen sind: Kuchenbildung, Kuchenbehandlung (Waschen, Entwässern, Nachpressen), Kuchenabnahme, Reinigung des Filtermittels. Unter *Waschen*, das auch bei Siebmantelzentrifugen möglich ist, versteht man das Durchspülen des Filterkuchens mit einer anderen Flüssigkeit als derjenigen, die die ursprüngliche Suspension gebildet hat.

Einfachstes diskontinuierliches Filter ist das *Sandfilter*. Hier besteht das Filtermittel aus Sand oder Kies. Die älteste Bauart ist die Nutsche, die im Saug- oder Druckbetrieb anzutreffen ist und vor allem im Laborbereich Verwendung findet. Großtechnisch weit verbreitet sind *Rahmenfilter-* und *Kammerfilterpressen* (z.B. Farbstoffherstellung), wo eine große Zahl von Filterplattenpaketen (in manchen Fällen größer als 150) mit Abmessungen bis 2 m × 2 m in einer Einheit zusammengefaßt werden. Filtrationsdrücke bis 15 bar werden realisiert.

Als Vertreter kontinuierlicher Filter ist in **Bild 7** ein *Vakuumfilter* mit Waschband und ablaufendem Filtertuch dargestellt. Über einen entsprechend gestalteten Steuerkopf werden die einzelnen, gegeneinander abgedichteten Zellen zeitlich hintereinander an die Zonen der Kuchenbildung und Kuchenbehandlung (Trockensaugen, Waschen, Trockensaugen, usw.) herangeführt. Zur vereinfachten Kuchenabnahme wird das Filtertuch von der Trommel abgeführt und bei kleinem Krümmungsradius umgelenkt.

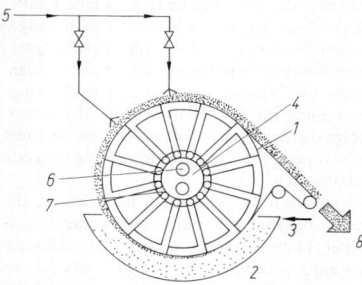

Bild 7. Vakuumfiltrationsanlage. *1* Filtertrommel, *2* Filtertrog, *3* Suspension, *4* Steuerkopf, *5* Waschflüssigkeit, *6* Waschfiltrat, *7* Mutterfiltrat, *8* Feststoff

2.4.3 Klassieren in Gasen. Classifying in gases

Das Trennen in mehrere Größenklassen in gasförmiger Umgebung nennt man *Windsichten*. Je nach Partikelgröße greifen in einer Gasströmung unterschiedlich große Kräfte an. Unter idealisierten Bedingungen lassen sich Bahnkurven berechnen, die ihrerseits zur Trennung in unterschiedliche Größenklassen verwendet werden können. Die Größe, nach der getrennt wird, ist primär nicht die Partikelgröße, sondern die stationäre Sinkgeschwindigkeit w, die eine Partikel in einem Kraftfeld annimmt.

Bei der *Gegenstrom-Schwerkraftsichtung* mit einer Gasgeschwindigkeit v entgegen der Schwerkraft werden Partikeln mit Sinkgeschwindigkeiten w_g im Schwerefeld, die kleiner als v sind, mit dem Gas ausgetragen (Feingut), wogegen das Grobgut mit Sinkgeschwindigkeiten $w_g > v$ in Richtung der Schwerkraft aussedimentiert.

In einem *Spiralwindsichter*, in dem eine Trennung im Fliehkraftfeld realisiert wird, wird Gas durch einen einstellba-

ren, rotierenden Leitschaufelkranz entgegen der Fliehkraft nach innen gesaugt. Auf die im Gasstrom dispergierten Partikeln wirken Zentrifugalkraft, Auftriebs- und Widerstandskraft. Ist die Radialkomponente v_r der Gasströmung größer als die Sinkgeschwindigkeit w_b im Fliehkraftfeld, erfolgt ein Abzug nach innen (Feingut). Das Grobgut wird außen gesammelt. Während im Schwerefeld Trennkorngrößen im Bereich 10 bis 100 μm üblich sind, können im Fliehkraftfeld Trennkorngrößen bis hinab zu 1 μm erreicht werden. Die Trennkorngröße, die theoretisch aus der Bedingung $w = v$ folgt, ist jeweils durch Eichversuche zu ermitteln.

2.5 Mischen. Mixing

Ziel eines jeden Mischvorgangs ist es, daß auch kleine Teilelemente, Teilvolumina, Teilmengen, usw. die zu vermischenden Komponenten in möglichst derselben Zusammensetzung enthalten. In einer realen Mischung ist das selten der Fall. Jede Teilmenge wird in ihrer Zusammensetzung mehr oder weniger von der Gesamtmenge abweichen. Je größer die Abweichung ist, desto schlechter ist die Mischung. Die Abweichung wird damit zum Gütemaß einer Mischung. Neben der erreichbaren Mischgüte stehen bei der Auslegung von Mischern Fragen der Leistungsaufnahme und der Mischzeit im Vordergrund, wobei Mischzeit und Mischgüte verknüpft sind.

Das *mechanische* Mischen erfolgt durch aufgeprägte Zufallsbewegungen. Die Bewegung der Einzelelemente der Komponenten ist *stochastisch*. Die mathematische Beschreibung des Mischvorgangs als einem Vorgang instationären Konzentrationsausgleichs kann analog der Fickschen Diffusion beschrieben werden, wonach die zeitliche Konzentrationsänderung sowohl durch konvektiven Transport wie durch dispersiven Transport aufgrund stochastischer Partikel- und Fluidbewegung bedingt ist. Geschlossene Lösungen können nur bedingt angegeben werden und sind für Anwendungen meist zu aufwendig.

Die bestmögliche Mischung, die in technischen Geräten erreichbar ist, ist die *gleichmäßige Zufallsmischung*. Auch nach beliebig großen Mischzeiten werden die örtlichen und zeitlichen Konzentrationen schwanken. Sind diese Schwankungen zufällig und liegen sie innerhalb gewisser Grenzen (Vertrauensbereiche), liegt eine gleichmäßige Zufallsmischung vor. Eine Mischungskontrolle erfolgt über Probenahme. Aus der Analyse der Stichproben kann geschlossen werden, ob die Konzentrationsschwankungen innerhalb der Vertrauensbereiche liegen, die für jedes Mischproblem berechenbar sind. Liegen die Schwankungen außerhalb der zulässigen Grenzen, ist entweder noch ungenügend gemischt worden oder Entmischungserscheinungen verhindern das Erreichen des bestmöglichen Ergebnisses.

2.5.1 Rühren. Stirring

In der stoffverarbeitenden Industrie ist der *Rührkessel* der wichtigste Misch- und Reaktionsapparat. Die Kesselgrößen liegen meist unter 100 m³. Meist wird diskontinuierlich gearbeitet. Neben der flüssigen Phase werden auch Gase und/oder Festkörper eingesetzt oder entstehen erst während des Prozesses (z.B. Kristallisation). Der Rührkessel, der meist aus einem Zylinder mit gewölbtem Boden besteht, ist zur Verbesserung der Mischwirkung und zur Erhöhung des Energieeintrags häufig mit Strombrechern versehen. Der Energieeintrag erfolgt über Rührer, die in einer Vielzahl von Bauarten (Propeller-, Schrägblatt-, Scheiben-, Wendel-, Mehrstufen-, usw. Rührer) angeboten werden.

Der Zusammenhang zwischen Leistungsaufnahme und Betriebs- und Geometrieparametern läßt sich für jeden Rührer über die dimensionslosen Kenngrößen Newton-Zahl und Reynolds-Zahl darstellen. Damit kann aufgrund von Laborversuchen bei geometrisch ähnlicher Ausführung eine Maßstabsvergrößerung erfolgen, d.h. die Leistungsaufnahme der technischen Ausführung kann vorausberechnet werden. Ähnlich verhält es sich mit der Abschätzung der erforderlichen Mischzeit. Aufgrund umfangreicher Mischzeituntersuchungen für alle gängigen Rührsysteme konnte gezeigt werden, daß das Produkt aus Mischzeit und Rührerdrehzahl, aufgetragen über der Reynolds-Zahl, für jeden Rührer zu einer einzigen Kurve führt.

2.5.2 Mischen von Feststoffen. Mixing of solid materials

Beim Mischen von Feststoffen in Form des Schüttguts erfolgt die zum Vermischen notwendige Relativbewegung von Teilbereichen durch die Bewegung der Mischbehälter, durch bewegte Mischelemente bei ortsfesten Behältern oder durch Umwälzung mittels eines Gases, i.allg. Luft. Die Kenntnisse für Auslegungen sind wesentlich geringer als bei Verfahren, bei denen die Trägerphase eine Flüssigkeit ist. Maßstabsvergrößerungen wie beim Rühren über Newton-Zahl, Reynolds-Zahl und das Produkt aus Mischzeit und Rührerdrehzahl sind nur in Einzelfällen möglich. Der Grund liegt in der aufwendigeren Versuchstechnik und den gegenüber einer Flüssigkeit schwerer zu erfassenden Fließeigenschaften von Schüttgütern (s. N 2.6).

Apparate zum Mischen von Feststoffen können in drei Gruppen eingeteilt werden: rotierende Mischer, Mischer mit bewegten Mischwerkzeugen und pneumatische Mischer. *Rotierende Mischer*, auch Schwerkraft- oder Freifallmischer genannt, werden bis zu Baugrößen von 10 m³ angeboten. Im einfachsten Fall rotiert ein zylindrischer Behälter um seine horizontale Achse. Das Schüttgut wird durch die Rotation einseitig angehoben und rutscht über die sich bildende Böschung ab. Eine Mischwirkung stellt sich lediglich an der Oberfläche ein. Vorteile sind einfache Bauart, leichte Reinigung, milde Mischwirkung, geringer Abrieb. Nachteile sind die Beschränkung auf rieselfähige Schüttgüter, die Gefahr des Entmischens nach Partikelgröße und -dichte und lange Mischzeiten. Durch Schrägstellen der Behälter, durch Einbauten oder durch entsprechende nichtzylindrische Form lassen sich die Mischzeiten erheblich reduzieren.

Bei *Mischer mit bewegten Mischwerkzeugen* (Wendel-, Pflugschar-, Schaufel-, Wirbel-, Kegelschnecken-, usw. Mischer) erfolgt die Mischwirkung durch eine Scherbeanspruchung im Schüttgut und nur geringfügig an der Schüttgutoberfäche, d.h. die o.g. Entmischungserscheinungen können vermieden werden. Beim *Pflugscharmischer* als Vertreter diese Gruppe sind in einem horizontal liegenden Zylinder auf dem in der Symmetrieachse liegenden Rührwerk an radialen Stäben Pflugscharen angeordnet, die bei Rotation des Rührwerks die Schüttung durchpflügen, d.h. sie verdrängen das Schüttgut zur Seite. Beim Wiederzusammenfließen hinter den Pflugscharen findet der eigentliche Mischvorgang statt. Verglichen mit den rotierenden Mischern ist der Energiebedarf hoch. Entsprechend größer sind Abrieb (bezogen auf das Schüttgut) und Verschleiß (bezogen auf die Mischelemente). Auch Schüttgüter mit schlechten Fließeigenschaften (hoher Feingutanteil, Feuchtigkeit) können gemischt werden. Beim *Kegelschneckenmischer* als weiterer Vertreter dieser Gruppe (**Bild 8**) fördert eine nahe der konischen Behälterwand geführte Schnecke Schüttgut nach oben. Da die Schnecke über den oben angeordneten Arm gleichzeitig

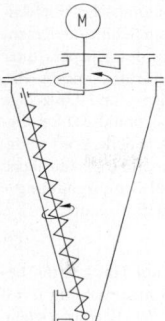

Bild 8. Kegelschneckenmischer

den gesamten Konusmantel abfährt, kommt der gesamte Behälterinhalt in Bewegung. Durch den Zwangstransport können auch feuchte Schüttgüter befriedigend vermischt werden.

Baut man den Boden eines Zylinders mit vertikaler Achse als Belüftungsboden aus, der Gas-, aber nicht Schüttgut-durchlässig ist, und erzeugt durch Einleiten von Luft durch den Ausströmboden ein Fließbett (s. N 4), stellt dieses Fließbett einen idealen Mischer dar. Baugrößen bis 1 000 m³ in der chemischen Industrie und bis 20 000 m³ in der Zementindustrie sind realisiert. Durch verstärkte Belüftung in Teilbereichen, die periodisch wechseln, kann ein Umlaufstrom eingestellt werden. Damit können der Luftvolumenstrom und die erforderliche Mischzeit reduziert werden.

2.6 Bunkern. Storage in silos

2.6.1 Fließverhalten von Schüttgütern
Flow properties of bulk solids

Das Lagerungs- und Bewegungsverhalten von Schüttgütern ist gegenüber dem von Flüssigkeiten sehr verschieden. Befindet sich eine Flüssigkeit in Ruhe, bildet sie eine horizontale Oberfläche und kann keine Scherkräfte übertragen. In einem Behälter nimmt der Druck linear mit der Tiefe zu und ist nach allen Richtungen gleich. Ein Schüttgut kann dagegen beliebig geformte Oberflächen bilden bis zu Neigungen, die seinem Böschungswinkel entsprechen. Es kann statische Scherkräfte übertragen und die Drücke, die es in einem Bunker auf Boden und Wände ausübt, nehmen nicht linear mit der Tiefe zu, sondern streben einem Maximalwert zu. Zudem ist der Druck von der Richtung abhängig und verschieden beim Füllen und Entleeren. Da ein Schüttgut aber auch keine oder nur geringe Zugkräfte übertragen kann, läßt sich sein Verhalten auch nicht mit den Gesetzen des Festkörpers beschreiben. Das Schüttgut ist also weder eine Flüssigkeit noch ein Festkörper.

Den Schüttgütern sehr nahe kommen die Materialien der *Bodenmechanik*. Im Gegensatz zur Aufgabenstellung der Bodenmechanik, die darum bemüht ist, daß die Beanspruchung ihrer Stoffe in Staudämmen, unter Gebäuden usw. so ist, daß es nicht zu Gleitvorgängen kommt, strebt der Verfahrenstechniker den Fließzustand meist an. Das Schüttgut soll im Bunker fließen und die Bildung von Brücken, Schächten und toten Zonen muß vermieden werden. Es ist ein Fließkriterium – Fließkriterium im Sinne der Plastizitätslehre – aufzustellen, das besagt, ob ein Schüttgutelement unter bestimmten Spannungszuständen fließt oder nicht. Die Bodenmechanik benutzt in Analogie zur Festkörperreibung das Mohr-Coulombsche Fließkriterium: Wirkt auf einen Körper bzw. ein Schüttgutelement eine Druckkraft N, ist zur Bewegung des Körpers quer zur wirkenden Druckkraft eine Scherkraft S nötig, die, sofern keine Haftkräfte zwischen Körper und Unterlage bzw. im Schüttgut wirken, zu N proportional ist. Bei Gegenwart von Haftkräften ist eine größere Scherkraft nötig. Dividiert man die Kräfte N und S durch die Berührfläche A, erhält man Normalspannung σ und Schubspannung τ und das Mohr-Coulombsche Fließkriterium lautet

$$\tau \leq c + \sigma \tan \varphi. \tag{2}$$

Darin sind c, *Kohäsion* genannt, der auf Haftkräften beruhende Scherwiderstand bei einer Beanspruchung $\sigma = 0$ und φ der innere Reibungswinkel. Gilt das Kleinerzeichen, ist das Schüttgutelement im statischen Gleichgewicht, d.h. kein Fließen. Erst, wenn das Gleichheitszeichen gilt, ist eine plastische Verformung und damit Fließen möglich.

In der Bodenmechanik muß die Fließgrenze nur in etwa bekannt sein, da sie nicht erreicht werden darf. Die Form der Gleichung ist einfach und in der bodenmechanischen Praxis bewährt. In der Verfahrenstechnik ist eine genaue Kenntnis erforderlich. Die Ermittlung der Fließgrenze geschieht experimentell mit Scherversuchen. Dabei stellt sich heraus, daß die einfache Form der Coulomb-Gleichung nicht haltbar ist und daß ferner ein erheblicher Einfluß der Schüttgutdichte besteht. Letzteres entspricht unserer Erwartung: Je dichter ein Schüttgutelement gepackt ist, desto größer ist bei identischer Normalbeanspruchung der Scherwiderstand.

Scherversuche werden heute in der Mechanischen Verfahrenstechnik routinemäßig durchgeführt und liefern u.a. folgende Werte: innere Reibungswinkel für beginnendes und stationäres Fließen; Zugfestigkeit, Druckfestigkeit und Kohäsion in Abhängigkeit von der Schüttgutdichte; Reibungswinkel zwischen Schüttgut und beliebigen Wandmaterialien.

2.6.2 Dimensionierung von Bunkern
Dimensioning of silos

Beim Bunkern von Schüttgütern treten u.a. folgende Probleme auf:
− *Brückenbildung:* Ein stabiles Gewölbe bringt den Schüttgutfluß zum Erliegen.
− *Schachtbildung:* Nur das Schüttgut, das sich zentral über der Auslauföffnung befindet, fließt aus.
− *Entmischung:* Bildet sich beim Füllen eines Bunkers ein Schüttgutkegel, gelangt das Grobgut in der Peripherie, wogegen sich das Feingut im Zentrum ansammelt. Bildet sich beim Entleeren ein Abflußtrichter, wird zunächst vorwiegend Feingut und gegen Ende vorwiegend Grobgut ausgetragen.
− *Verweilzeitverteilung:* Beim Bunkern mit toten Zonen wird Schüttgut, das beim Füllen in diese Zonen gelangt, erst beim völligen Entleeren ausgetragen, wogegen später eingefülltes Schüttgut sofort wieder ausgetragen wird.

Die Reibungsverhältnisse im Schüttgut und an der Wand und die Bunkerausführung in ihrem untersten Bereich beeinflussen das *Fließprofil*. Es wird zwischen *Massenfluß*

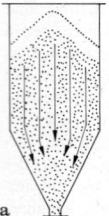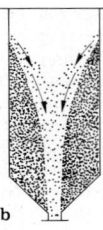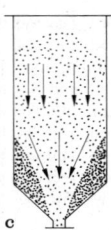

Bild 9. a Massenfluß; **b, c** Kernfluß

und *Kernfluß* unterschieden, **Bild 9**. Bei Massenfluß ist die gesamte Füllung in Bewegung, sobald Schüttgut abgezogen wird. Damit dies eintritt, müssen die Wände entsprechend glatt und steil sein. Sind der innere Reibungswinkel und der Wandreibungswinkel bekannt (Scherversuche), kann aus entsprechenden Diagrammen die maximal mögliche Neigung des Auslauftrichters gegen die Vertikale abgelesen werden, die Massenfluß garantiert. Ist Brückenbildung ausgeschlossen, treten weitere Probleme nicht auf. Ist die Neigung des Trichters zu gering oder sind die Wände zu rauh, tritt Kernfluß auf und alle genannten Probleme müssen beachtet werden.

Brückenbildung über der Auslauföffnung ist möglich, wenn die dort herrschende Schüttgutfestigkeit größer als die Spannung ist, die im Auflager einer stabilen Brücke aufgrund des Gewichts der Brücke und der Brückenbelastung herrscht. Diese Auflagerspannung läßt sich für jeden Ort im Bunker abschätzen. Bei stationärem Bunkerbetrieb lassen sich für alle Bunkerbereiche und insbesondere für den Auslauftrichter, in dem die Gefahr der Brückenbildung besteht, die Spannungen im Schüttgut berechnen. Diesen Spannungen entsprechen jeweils Schüttgutdichten, denen ihrerseits aufgrund der Scherversuche Schüttgutfestigkeiten zuzuordnen sind. Damit sind die Verläufe von Auflagerspannung und Schüttgutfestigkeit bekannt. Im Auslauftrichter nehmen beide in Richtung Auslauf ab. Die Auflagerspannung nimmt stärker ab, so daß es zum Schnittpunkt beider Verläufe kommen kann. Unterhalb dieses Schnittpunkts (kritischer Querschnitt) reicht die Schüttgutfestigkeit aus, um eine stabile Brücke zu bilden.

Zur Vermeidung von Brückenbildungen müssen im Bereich zwischen kritischem Querschnitt und geplanter Auslauföffnung Austraghilfen angeordnet werden, die eine Schüttgutbewegung erzwingen. Oberhalb des kritischen Querschnitts ist ein ungehinderter Schwerkraftfluß gewährleistet. Mögliche Austraghilfen sind das gezielte Einblasen von Luft, ein dem Problem angepaßter, sinnvoller Einsatz von Vibrationen oder der Einbau von Rührwerken. Viele Schüttgüter unterliegen beim Lagern in Ruhe einer Zeitverfestigung, die die Schüttgutfestigkeit und damit den kritischen Querschnitt vergrößert. Dieser Zeiteinfluß wie auch Einflüsse von Temperatur und Feuchte können an repräsentativen Proben im Labormaßstab durch Scherversuche quantitativ ermittelt werden.

3 Thermische Verfahrenstechnik
Thermal process engineering

A. Mersmann, München

In Apparaten und Maschinen der Thermischen Verfahrenstechnik werden *fluide* Gemische getrennt. Das Trennprinzip kann

- auf unterschiedlichen Dampfdrücken (Verdampfen, Destillieren, Rektifizieren),
- auf unterschiedlichen Löslichkeiten (Eindampfen, Kristallisieren, Extrahieren, Absorbieren),
- auf unterschiedlichem Sorptionsverhalten (Adsorption, Desorption, Trocknen) und
- auf unterschiedlicher Durchlässigkeit durch Membranen (Dialyse, Umkehrosmose, Ultrafiltration, Pervaporation)

der einzelnen Komponenten $(a, b, c, \ldots, i, \ldots, k)$ beruhen.

Beim Trennvorgang gehen eine oder mehrere Komponenten von einer Phase (z.B. *feste* S-(Solid-), *flüssige* L-(Liquid-) oder *gasförmige* G-(Gas-)*Phase*) in eine andere Phase über (**Tab. 1**), wobei die Phasenströme im Apparat häufig im Gegenstrom zueinander geführt werden (s. K 1.1). Stoffaustauschmaschinen mit bewegten Maschinenteilen sind bisher in der Industrie wenig verbreitet.

Tabelle 1. Übersicht über thermische Trennverfahren

Trennverfahren (ohne Membranen)	Stoffübergang
Verdampfen/**Kon**densieren	$L \underset{\text{Kon}}{\overset{\text{Ver}}{\rightleftarrows}} G$
Kristallisieren/**Lös**en	$L \underset{\text{Lös}}{\overset{\text{Kri}}{\rightleftarrows}} S$
Absorbieren/**Des**orbieren	$G \underset{\text{Des}}{\overset{\text{Abs}}{\rightleftarrows}} L$
L/L-**Ex**trahieren/**Re**extrahieren	$L^{I} \underset{\text{Re}}{\overset{\text{Ex}}{\rightleftarrows}} L^{II}$ oder $G \underset{\text{Re}}{\overset{\text{Ex}}{\rightleftarrows}} L$
Rektifizieren	$L \rightleftarrows G$
Adsorbieren/**Des**orbieren	$(G \text{ oder } L) \underset{\text{Des}}{\overset{\text{Ads}}{\rightleftarrows}} S$
Trocknen	$S \longrightarrow G$
S/L-Extrahieren	$S \longrightarrow L$

3.1 Absorbieren, Rektifizieren, Flüssig-flüssig-Extrahieren
Absorption, rectification, liquid-liquid-extraction

Bild 1 zeigt Prinzipskizzen von Gas-flüssig- (Absorber, Rektifikatoren) sowie von Flüssig-flüssig-Gegenstromkolonnen, **Bild 2** verschiedene Bauformen von Extraktionsapparaten.

Solche Kolonnen können *Böden* (Sieb-, Glocken-, Ventilböden) oder *Packungen* (geordnete Packungen oder regellose Füllkörperschüttungen) enthalten und werden so konzipiert, daß sowohl große Durchsätze der im *Gegenstrom* geführten Phasen wie eine möglichst große *Grenzfläche* zwischen den Phasen im Hinblick auf einen großen übertragenen Stoffstrom für ein bestimmtes *Partialdruck-* oder *Konzentrationsgefälle* erzielt werden. Große Grenzflächen entstehen durch kleine Blasen oder Tropfen in Bo-

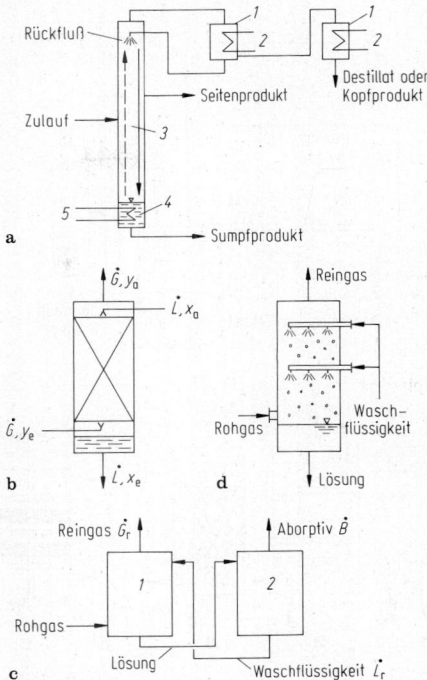

Bild 1. Rektifizier- und Absorptionsanlagen. **a** Gegenstromrektifizierkolonne, *1* Kondensatoren, *2* Kühlen, *3* Kolonne, *4* Verdampfer, *5* Heizen; **b** Gegenstromabsorber; **c** Absorptions-Desorptionsanlage, *1* Absorber, *2* Desorber; **d** Gegenstromsprühkolonne

den- bzw. breite dünne Flüssigkeitsfilme oder kleine fluide Partikel auf oder in Packungen von Packungskolonnen bei großem Volumenanteil der Partikel- bzw. Filmphase.

3.1.1 Durchsatz. Throughput

Der Durchmesser solcher Gegenstromapparate ist so groß zu wählen, daß ein *sicherer Gegenstrom* der beiden Phasen gewährleistet ist und nicht Fluten eintritt (eine Phase reißt die andere Phase mit, *Gleichstrom* der Phasen). Handelt es sich um Bodenkolonnen, werden mit zunehmender *Volumenstromdichte* $\dot{v}_c$ der kontinuierlichen oder *kohärenten Phase* (Index c) immer mehr und immer größere fluide Partikel (Blasen oder Tropfen) der *dispersen* oder zerteilten Phase (Index d) mitgerissen, bis schließlich Fluten eintritt. Aus diesem Sachverhalt ergibt sich ein einfaches *Flutpunktdiagramm*, das in **Bild 3** dargestellt und für überschlägige Auslegungen ausreichend genau ist. In Packungskolonnen für die Flüssig-flüssig-Extraktion sowie Absorption und Rektifikation können sich neben fluiden Partikeln (Tropfen bzw. Blasen) auch noch Flüssigkeitsfilme und -rinnsale auf den Packungselementen im Gegenstrom zur anderen Phase bewegen. Die Vorhersage des Flutpunkts ist dann schwieriger, doch erlaubt **Bild 4** überschlägige Berechnungen.

3.1.2 Stofftrennung. Material separation

Während sich der Durchmesser D von *Gegenstromkolonnen* nach zulässigen Phasendurchsätzen und somit nach den Gesetzen der *Mehrphasenströmung* (s. N 4) richtet, hängt deren Höhe Z von der Trennschwierigkeit des Ge-

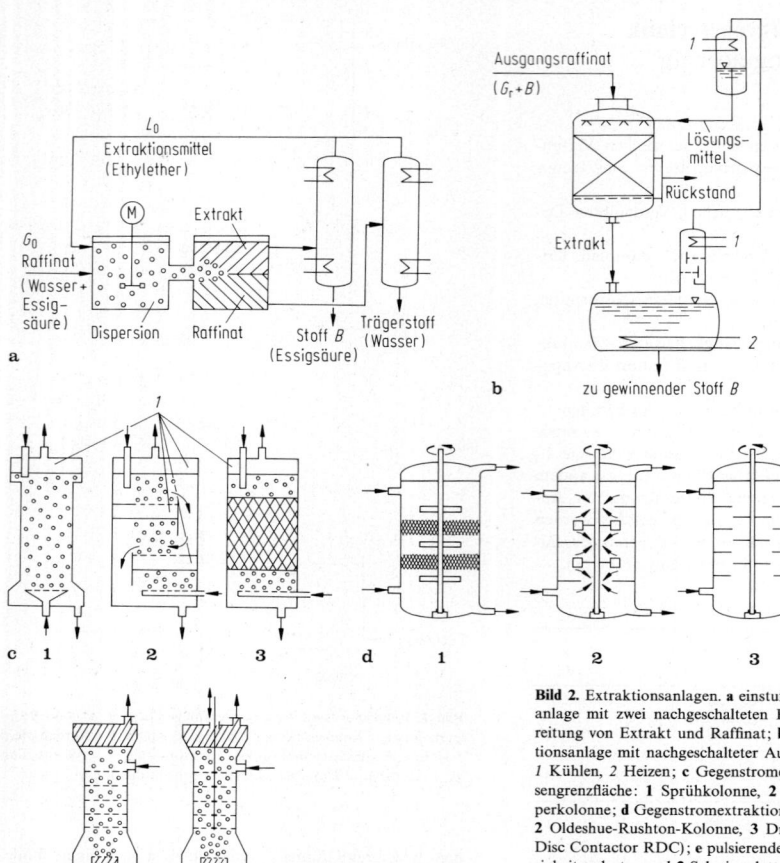

Bild 2. Extraktionsanlagen. **a** einstufige Flüssig-flüssig-Extraktionsanlage mit zwei nachgeschalteten Rektifizierkolonnen zur Aufbereitung von Extrakt und Raffinat; **b** einstufige Fest-flüssig-Extraktionsanlage mit nachgeschalteter Aufbereitung des Lösungsmittels, *1* Kühlen, *2* Heizen; **c** Gegenstromextraktionsapparaturen, *1* Phasengrenzfläche: **1** Sprühkolonne, **2** Siebbodenkolonne, **3** Füllkörperkolonne; **d** Gegenstromextraktionskolonnen: **1** Scheibelkolonne, **2** Oldeshue-Rushton-Kolonne, **3** Drehscheibenextraktor (Rotating Disc Contactor RDC); **e** pulsierende Siebbodenkolonne mit **1** Flüssigkeitspulsator und **2** Schwingplattenpulsator

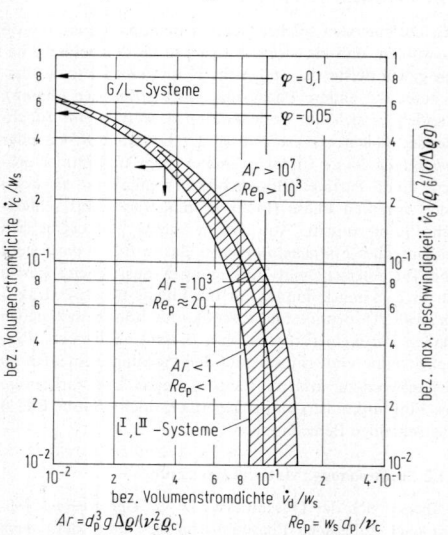

Bild 3. Fluten von Bodenkolonnen für G/L (Absorber und Rektifikatoren) und L^I/L^{II}-Systeme (Extraktoren)

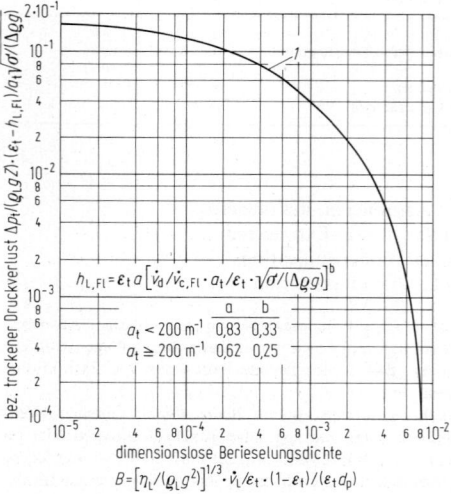

Bild 4. Fluten von Packungskolonnen für G/L-Systeme, a_t, ε_t volumenbezogene trockene Packungsoberfläche bzw. -lückenvolumen, Δp_t Druckverlust des Gases beim Durchströmen der trockenen Packung, $h_{L,Fl}$ auf das Packungsvolumen bezogenes Flüssigkeitsvolumen am Flutpunkt. *1* Flutgrenze

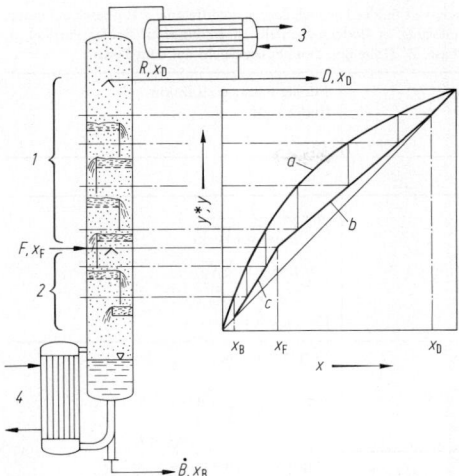

Bild 5. Rektifizierkolonne mit dem dazugehörigen Arbeitsdiagramm. *1* Verstärkungsteil, *2* Abtriebsteil, *3* Kühlen, *4* Heizen, *a* Gleichgewichtskurve, *b* Verstärkungsteil-Bilanzlinie, *c* Abtriebsteil-Bilanzlinie

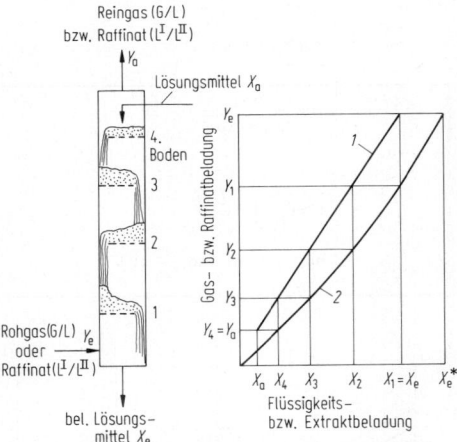

Bild 6. Absorber oder L/L-Extraktor mit dazugehörigem Arbeitsdiagramm. *1* Bilanzlinie $Y = f(X)$, *2* Gleichgewichtslinie $Y^* = f(X)$

misches ab, die bei Bodenkolonnen durch die Zahl der Trennstufen n und bei Packungskolonnen durch die Zahl der Übergangseinheiten NTU (number of transfer units) beschrieben wird. Die Zahl der Trennstufen ist gleich der Zahl der Stufen eine Treppenlinie, die sich zwischen einer *Gleichgewichtslinie* $y^* = f(x)$ und einer *Bilanzlinie* $y = f(x)$ in einem Arbeitsdiagramm einzeichnen läßt, **Bild 5** und **Bild 6**. Es ist der *Molenbruch* y (oder die *Beladung* Y) der G-Phase (Index G) abhängig vom Molenbruch x (oder der Beladung X) in der L-Phase (Index L) aufgetragen. Es gelten die Umrechnungen $x = X/(1 + X)$ und $y = Y/(1 + Y)$. **Bild 5** zeigt ein Arbeitsdiagramm für die Rektifikation binärer Gemische und **Bild 6** für die Absorption oder Flüssig-flüssig-Extraktion für den Fall, daß nur eine Komponente übertragen wird. Handelt es sich um die Rektifikation von Vielstoffgemischen oder die Absorption oder Extraktion mehrerer Komponenten, sind für die

einzelnen Komponenten und jeweiligen Kolonnenelemente (Böden bei Bodenkolonnen, differentielle Kolonnenhöhe bei Packungskolonnen) *Stoffbilanzen* zu formulieren und mit Hilfe von Stoffaustausch- und erforderlichenfalls auch Wärmeaustauschvorgängen Konzentrationsänderungen zu beschreiben.

Nach **Bild 5** wird bei der Rektifikation das binäre Gemisch in ein *Destillat* mit der Konzentration x_D und in ein *Bodenprodukt* entsprechend x_B zerlegt. Im Falle der Absorption reichert sich die vom Gas abgegebene und vom flüssigen Waschmittel (Lösungsmittel) absorbierte Komponente und bei der Flüssig-flüssig-Extraktion die vom Raffinat abgegebene und vom Extraktionsmittel (Lösungsmittel) extrahierte Komponente jeweils von der Beladung Y_e am einen (hier unten) Ende der Kolonne auf die Beladung Y_a am anderen Ende ab. Entsprechend wird die andere Phase von X_e auf X_a angereichert. Die dargestellten Bilanzlinien $y = f(x)$ bzw. $Y = f(X)$ ergeben sich aufgrund von Stoffbilanzen der übertragenen Komponente (bei der Rektifikation der leichtersiedenden Komponente) als Bilanz um einen Kolonnenabschnitt.

Dagegen stellen Gleichgewichtslinien $y^* = f(x)$ (der Stern steht im folgenden für Gleichgewicht) thermodynamische Aussagen zum Stoffsystem dar; sie können allgemein für den Gesamtdruck p aus der Beziehung

$$y_i^* \approx \gamma_i x_i \frac{\varphi_i^0(p_i^0)p_i^0}{\varphi_i p}$$

zwischen der Konzentration x_i der Komponente i in der L-Phase und der Konzentration y_i^* in der G-Phase (bzw. anderen L-Phase bei der Flüssig-flüssig-Extraktion) berechnet werden. Der *Aktivitätskoeffizient* γ_i beschreibt das reale Verhalten der Komponente i in der kondensierten Phase, während die *Fugazitätskoeffizienten* φ_i und φ_i^0 deren reales Verhalten in Gasen oder Dämpfen berücksichtigen; p_i^0 ist der *Sättigungsdampfdruck* der Komponente i.

Im Falle eines kleinen reduzierten Drucks $p_r = p/p_c$ gilt mit $\varphi_i = \varphi_i^0 \approx 1$ im Falle der Absorption bei kleinen Konzentrationen x_i das Henrysche Gesetz

$$y_i^* = (x_i/p)\gamma_i p_i^0 = x_i(He_i/p).$$

Für die Flüssig-flüssig-Extraktion erhält man für kleine Werte von x_i das Nernstsche Gesetz

$$y_i^* = x_i(\gamma^I/\gamma^{II}) = x_i K.$$

Die Aktivitätskoeffizienten γ_i sind bei idealen Gemischen 1 und bei realen Gemischen $0 < \gamma < \infty$ von den Wechselwirkungsenergien der verschiedenen Moleküle in der flüssigen Phase abhängig. Die Fugazitätskoeffizienten φ_i hängen vom reduzierten Druck $p_r = p/p_c$ und der reduzierten Temperatur $T_r = T/T_c$ ab und nehmen bei sehr kleinen Werten von p_r den Wert 1 an (s. D9).

Handelt es sich nicht um Boden-, sondern um Packungskolonnen, ist die Zahl der Übergangseinheiten NTU dann gleich der Zahl der Trennstufen n, wenn Bilanz- und Gleichgewichtslinien parallel sind. Andernfalls ergibt sich NTU der G-Phase aus

$$NTU_G = \int_{y_e}^{y_a} \frac{dy}{(y^* - y)}.$$

Mit den partiellen *Stoffübergangskoeffizienten* β_G in der G-Phase und β_L in der L-Phase folgt dann die erforderliche Höhe Z der Packung mit dem G-Strom $\dot{G} = \dot{v}_G f \rho_G/\tilde{M}_G$ in der Kolonne aus

$$Z = NTU \frac{\dot{G}}{af} \left(\frac{\tilde{M}_G}{\rho_G \beta_G} + \frac{\tilde{M}_L}{\rho_L \beta_L} m \right).$$

N

Tabelle 2. Stoffübergang in Gegenstromkolonnen. w_s Steig- oder Sinkgeschwindigkeit fluider Partikel, $\Delta\rho$ Dichtedifferenz, g Erdbeschleunigung, D_{AB} Diffusionskoeffizienten, d_N Lochdurchmesser bzw. Packungselementabmessung, φ Bodenlochanteil, τ_B Bildungszeit fluider Partikel, a_t volumenbezogene Oberfläche der trockenen Packung, ε Volumenanteil einer Phase, Z' Höhe der Zweiphasenschicht auf dem Boden

Vol. Stoffstromdichte $$\dot{m}_l = a(\Delta c_l)_m \left(\frac{1}{1/\beta_G + m/\beta_L} \right)$$	Absorption Rektifikation (Index G, L)	Flüssig-flüssig-Extraktion (Index c, d)
Bodenkolonne		
volumenbezogene Phasengrenzfläche (Tropfenregime)	$$a \approx \frac{6\varepsilon_G}{0{,}8\sqrt{\sigma/(\Delta\rho\cdot g)}}$$ $$\varepsilon_G \approx \left(\frac{\dot{v}_G\sqrt{\rho_G}}{2{,}5\sqrt[4]{\varphi^2\,\sigma\,\Delta\rho\,g}} \right)^{0{,}28}$$	$$a \approx \frac{6\varepsilon_d}{\sqrt[3]{6d_N\,\sigma/(\Delta\rho\cdot g)}}$$ $$\varepsilon_d \approx \frac{1{,}55}{\dot{v}_d}\sqrt[4]{\frac{\sigma\,\Delta\rho\,g}{\rho_c^2}}$$ für $\varepsilon_d < 0{,}05$
Stoffübergangskoeffizineten	$$\beta_G \approx \frac{2}{\pi}\sqrt{\frac{\dot{v}_G\,D_{AB,G}}{Z'\,\varepsilon_G}}$$ $$\beta_L \approx \frac{2}{\pi}\sqrt{\frac{\dot{v}_G\,D_{AB,L}}{Z'\,\varepsilon_G}}$$	Tropfenbildung: $$\beta_c = \beta_d = f_B\frac{2}{\pi}\sqrt{\frac{D_{AB}}{\tau_B}}$$ $1 < f_B < 4$
Packungskolonne		kugelige Tropfen mit w_s: $$\beta_c = f_K\frac{2}{\pi}\sqrt{\frac{w_s\,D_{AB}}{d_p}}$$ $f_K \gtrsim 1$
Stoffübergangskoeffizienten	$$\beta_G \approx 0{,}7\sqrt[3]{\frac{\dot{v}_G^2\,D_{AB,G}^2}{d_N\cdot v_G}}$$ $$\beta_L \approx 4\sqrt{\frac{6D_{AB,L}}{\pi d_N}}\sqrt[6]{\frac{\dot{v}_L\,\sigma}{3d_N\cdot\rho_L}}$$	oszillierende Tropfen $$\beta_c \approx 1{,}3\sqrt[4]{\frac{\sigma D_{AB,c}^3}{d_p{}^3\rho_c}}$$ disperse Phase s. **Bild 7**
volumenbezogene Phasengrenzfläche a	$a = f_L\,a_t$ nur Filme: $0 < f_L = f(\dot{v}_L) < 1$ Filme und Tropfen: $0 < f_L = f(\dot{v}_L) < \approx 2$	$$a \approx \frac{6\cdot\varepsilon_d}{2{,}4\sqrt{\sigma/(\Delta\rho\,g)}}$$ $$\varepsilon_d \approx \frac{1{,}55}{\dot{v}_d}\sqrt[4]{\frac{\sigma\,\Delta\rho\,g}{\rho_c^2}}$$ für $\varepsilon_d < 0{,}05$ und $\frac{\dot{v}_c}{w_s} < 0{,}1$

Hierin ist f der durchströmte Querschnitt der Kolonne ($f = D^2\pi/4$ bei zylindrischer Kolonne) und die Größe a die auf das Packungsvolumen bezogene Stoffaustauschfläche (Phasengrenzfläche) zwischen den beiden Phasen.

Die Größe $\tilde{M}$ ist die *molare Masse* und $m = \dfrac{dy^*}{dx}$ das Steigungsmaß der Gleichgewichtskurve. Handelt es sich dagegen um eine Bodenkolonne, ergibt sich die erforderliche Kolonnenhöhe Z zu

$$Z = nH/E_{0G},$$

mit dem G-seitigen Verstärkungsverhältnis

$$E_{0G} = 1 - \exp\left(-\frac{\frac{\beta_G a Z'}{\dot{v}_G}}{1 + m\frac{\beta_G \rho_G \tilde{M}_L}{\beta_L \rho_L \tilde{M}_G}} \right).$$

Hierin ist $\dot{v}_G$ die Volumenstromdichte (Volumenstrom/Fläche) des Gasstroms. Der Bodenabstand H wird häufig zwischen 0,2 m (Extraktion) und 0,4 m (Absorption, Rektifikation) gewählt. Diese Gleichungen zeigen, daß die Höhe Z einer Bodenkolonne gleich nH und die Höhe Z einer Packungskolonne dann sehr klein ist, wenn die volumenbezogene Phasengrenzfläche a groß (d.h. kleine Blasen und Tropfen bzw. kleine Füllkörper) und die Stoffübergangskoeffizienten β_G und β_L ebenfalls groß sind. Volumenbezogene Phasengrenzflächen a und Stoffübergangskoef-

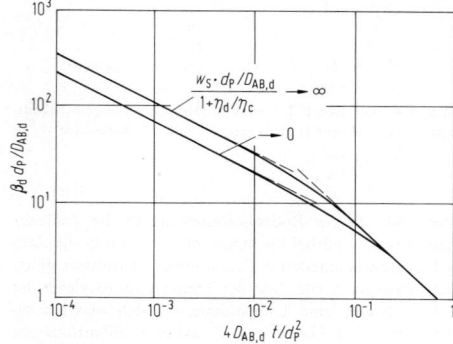

Bild 7. Stoffübergang in fluiden Partikeln

fizienten β_G, β_L, β_c und β_d können aus den Gleichungen nach **Tab. 2** und **Bild 7** abgeschätzt werden.

3.2 Verdampfen und Kristallisieren
Evaporation and crystallization

In **Bild 8** sind industriell häufig eingesetzte Verdampfer dargestellt. Die Heizfläche A von Verdampfern ist so zu

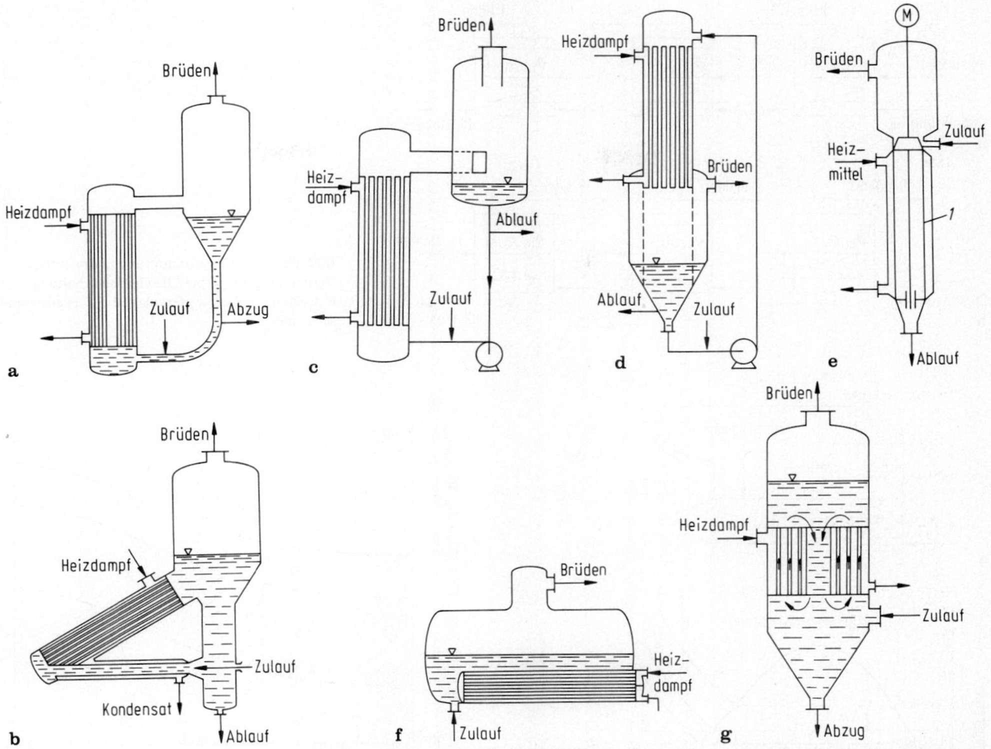

Bild 8. Verdampfer. **a** Umlaufverdampfer, bei dem Heizregister und Ausdampfbehälter getrennt sind; **b** Umlaufverdampfer mit schräg angeordnetem Heizregister; **c** Zwangsumlaufverdampfer mit getrenntem Abscheidegefäß; **d** Fallfilmverdampfer mit innen berieselten Rohren; **e** Dünnschichtverdampfer mit starrem Wischersystem, *1* Wischer; **f** Verdampferblase mit liegendem Rohrbündel; **g** Naturumlaufverdampfer mit weitem inneren Zirkulationsrohr

dimensionieren, daß der aus dem Brüdenstrom $\dot{M}_i$ resultierende Wärmestrom $\dot{Q}$ entsprechend

$$\dot{Q} = \dot{M}_i \Delta h_{LG} = kA(\Delta\vartheta)_m = \frac{1}{\dfrac{1}{\alpha_i} + \dfrac{s}{\lambda} + \dfrac{1}{\alpha_a}} A(\Delta\vartheta)_m$$

übertragen wird (s. D 10.2). Hierin sind die Größen $(\Delta\vartheta)_m$ die mittlere Temperaturdifferenz zwischen dem Heizmedium und der verdampfenden Lösung und Δh_{LG} die spez. Verdampfungsenthalpie. Angaben zu Wärmedurchgangs- und -übergangskoeffizienten k bzw. α_i und α_a s. **D 10 Tab. 1.**

Die Dampf-Flüssigkeits-Trenngefäße oberhalb der siedenden Flüssigkeitsoberfläche sind so zu dimensionieren, daß ein unzulässiges Mitreißen von Tröpfchen vermieden wird. Als Anhaltswerte der Dampf-Leerrohrgeschwindigkeit können zulässige Dampfgeschwindigkeiten in Rektifizier-Bodenkolonnen dienen (**Bild 3**). Handelt es sich um das Verdampfen eines binären Gemisches mit einem sehr weiten Siedeabstand der beiden Komponenten, ergibt sich die Konzentration der austretenden Lösung aufgrund von Massen- und Stoffbilanzen zu (**Bild 9**)

$$(1 - x_1) = (1 - x_0)\dot{L}_0/\dot{L}_1 = (1 - x_0)/(1 - \dot{G}_1/\dot{L}_0).$$

Zur Energieeinsparung sind Verfahren wie die *Vielstufenverdampfung* oder/und die *Brüdenverdichtung* geeignet. In **Bild 10** sind häufige Schaltungen der Vielstufenverdampfung nach dem Gleichstrom- (in der letzten Verdampferstufe treten niedrige Temperaturen auf, verbunden mit hohen Flüssigkeitsviskositäten und schlechtem Wärme-

übergang) und nach dem Gegenstromprinzip (hohe Temperaturen mit Zersetzungsgefahr temperaturempfindlicher Stoffe) dargestellt. Theoretisch läßt sich der spezifische Energieverbrauch bis auf $1/n$ bei n Stufen reduzieren, praktisch liegen die Werte um 10 bis 30% höher.

Bild 11 zeigt das Schaltschema einer Brüdenverdichtung (Wärmepumpe).

Die Leistungsziffer $\varepsilon = $ Nutzwärme/Verdichterarbeit = Flächen „bc56" und „cd45"/Fläche „123456" ist um so größer, je kleiner das Druckverhältnis bei der Brüdenverdichtung ist.

Zur Kristallisation aus der Lösung ist erforderlich, eine übersättigte Lösung durch Verdampfen von Lösungsmittel, Kühlen, Verdrängen des gelösten Stoffs durch einen dritten Stoff (Verdrängungsmittel) oder durch Reaktion von zwei oder mehreren Edukten zu einem Produkt mit einer die Löslichkeit übersteigenden Konzentration herzustellen.

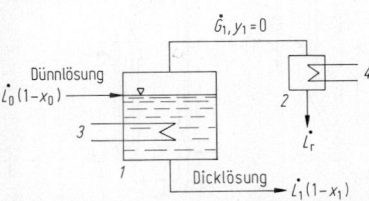

Bild 9. Stoffbilanz eines Eindampfers. *1* Verdampfer, *2* Kondensator, *3* Heizen, *4* Kühlen

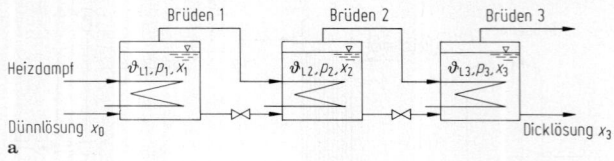

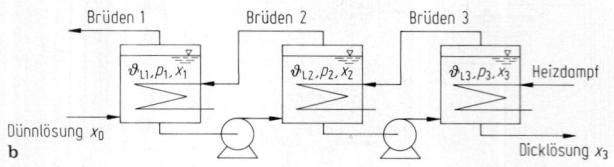

Bild 10. Vielstufenverdampfung. **a** dreistufige Verdampferanlage bei Gleichstromschaltung; **b** dreistufige Verdampferanlage bei Gegenstromschaltung

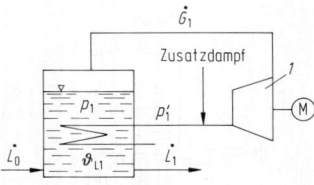

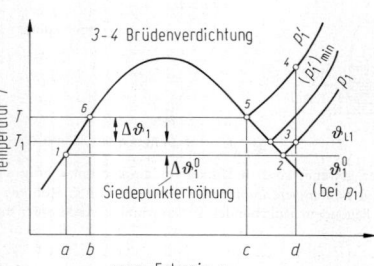

Bild 11. a Brüdenverdichtungsanlage, *1* Verdichter; **b** Darstellung der Brüdenverdichtung im Temperatur-Entropie-Diagramm

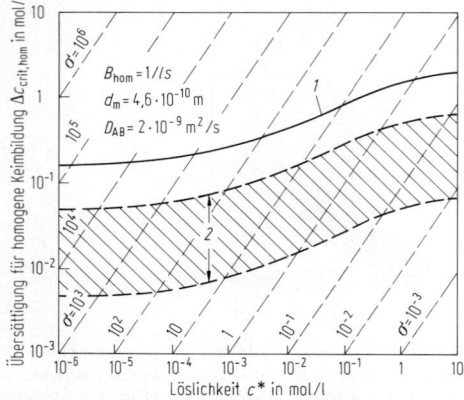

Bild 13. Maximale und optimale Übersättigung über der Löslichkeit. *1* homogene Keimbildungrate, *2* Arbeitsbereich, σ relative Übersättigung, B_{hom} Rate der homogenen Keimbildung, d_m Moleküldurchmesser, D_{AB} Diffusionskoeffizient

Die Verfahren werden entsprechend *Verdampfungs-, Kühlungs-, Verdrängungs-* und *Reaktions-* oder *Fällungskristallisation* genannt. **Bild 12** zeigt einige Kristallisatorbauarten.

Die Übersättigung Δc im *Kristallisator* ist so einzustellen, daß zwar eine wirtschaftlich große Kristallwachstumsgeschwindigkeit erreicht, aber eine unzulässig hohe Rate der (primären oder sekundären) Keimbildung vermieden wird.

In **Bild 13** sind maximale und optimale Übersättigungen Δc_i, abhängig von der Löslichkeit c^*, dargestellt, **Bild 14** zeigt ungefähr zu erwartende mittlere Korngrößen L_{50} abhängig von der relativen Übersättigung $\sigma = \Delta c / c^*$.

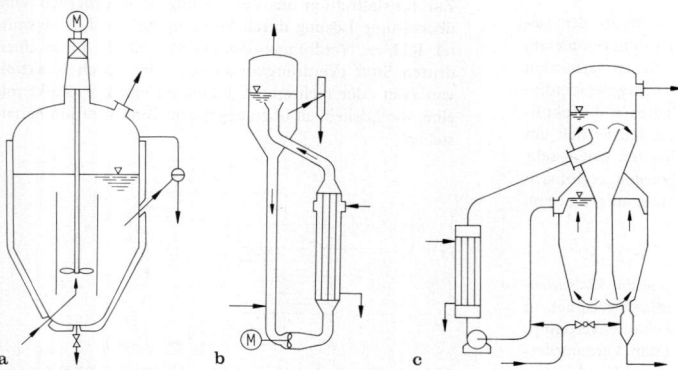

Bild 12. Kristallisatorbauarten (nach Wöhlk, Hofmann). **a** Rührwerk, M Motor; **b** Forced Circulation; **c** Fließbett

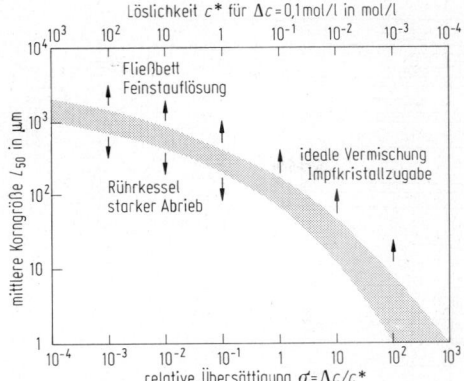

Löslichkeit c^* für $\Delta c = 0{,}1$ mol/l in mol/l

Bild 14. Mittlere Korngrößen abhängig von der relativen Übersättigung σ

3.3 Adsorbieren, Trocknen, Fest-flüssig-Extrahieren
Adsorption, drying, solid-liquid-extraction

Bei *Stofftrennungen* durch Adsorbieren, Trocknen und Fest-flüssig-Extrahieren ist stets eine feste Phase vorhanden, in die oder aus der ein oder mehrere Stoffe übertragen werden. Der Feststoff kann in Form von Partikeln (Fest-, Wander- und Fließbetten, Gegenstrom- und Gleichstromapparate für die Phasenpaarungen S/G und S/L) oder auch als dünne Schicht (z.B. Bänder oder Schüttschichten aus z.B. Papier, Textilien, Holz, land- und forstwirtschaftlichen Produkten wie Körner, Blätter, Fasern, usw.) vorliegen.
Bei der *Adsorption* wird Stoff (*Adsorptiv*) aus einem Gas (Gasphasenadsorption) oder aus einer Flüssigkeit (Flüssigphasenadsorption) in ein *Adsorbens* (Aktivkohle und Kohlenstoffmolekularsiebe vorzugsweise für hydrophobe Komponenten; Silicagel, Aluminiumoxid und zeolithische Molekularsiebe für anorganische und organische Stoffe) vorzugsweise in den *Mikroporen* (kleiner als 2 nm) des Adsorbens adsorbiert, nachdem er zunächst *Makroporen* (mit mehr als 50 nm) passiert hat.
Fast immer besteht eine Adsorptionsanlage aus zwei *Festbetten* (**Bild 15**), von denen das eine beladen und das andere durch Temperaturerhöhung (Temperaturwechselverfahren) oder durch Druckabsenkung (Druckwechselverfahren) regeneriert wird, **Bild 16**. Durch das Bett bewegt sich eine Stoffübergangszone, in der der übertragene Stoff von der fluiden Phase an die Kornoberfläche und von dort

durch die Makroporen und gegebenenfalls durch die Mikroporen an die „aktiven" Adsorptionsplätze transportiert wird. (Bei der *Desorption* wird dieser Weg in umgekehrter Richtung durchschritten.)
In der Stoffübergangszone (mass transfer zone MTZ, **Bild 15**) fallen die Adsorptivkonzentrationen und die Adsorbensbeladung von den Werten der stromaufwärts befindlichen Gleichgewichtszone auf die der stromabwärts vorhandenen Gleichgewichtszone ab. Wenn die Stoffübergangszone sich dem Bettende nähert, muß das Bett auf Regenerierung durch Temperaturerhöhung oder Druckabsenkung umgeschaltet werden.
Das regenerierte Bett wird beladen, das beladene Bett regeneriert. Im Falle einer Rechteck-Durchbruchskurve eines isothermen Betts ergibt sich die *Durchbruchszeit* t_D aufgrund einer Stoffbilanz der übertragenen Komponente i mit der Adsorbenmasse S und dem Volumenstrom $\dot V$ der fluiden Phase zu

$$t_D = \frac{S X_i}{\dot V c_{0,i}}.$$

Die Durchbruchszeit steigt mit der Beladung X_i des Adsorptivs i auf dem Adsorbens, fällt mit der Konzentration $c_{0,i}$ dieser Komponente in der fluiden Phase am Eintritt und nimmt mit dem Verhältnis $S/\dot V$ zu. Da die Durchbruchskurve mehr oder weniger steil ist und die Adsorptionswärme Bett und Fluid erwärmt, ist die tatsächliche Durchbruchszeit kürzer. Steile Durchbruchskurven ergeben sich für kleine Adsorbenspartikel (in isothermen Betten), große Diffusionskoeffizienten des übertragenen Stoffs in den häufig den Stoffübergang limitierenden Makroporen sowie ein für die Adsorption günstiges, aber für die Desorption ungünstiges Phasengleichgewicht.
Während bei der Adsorption die Adsorptionswärme (ungefähr das 1,5fache der Kondensationswärme bei kleiner Adsorbensbeladung X) frei wird, ist diese bei der *isothermen Desorption* zuzuführen. Dies gilt auch für das Trocknen von Feststoffen wie Holz, Papier, Textilien, landwirtschaftliche Produkte, Nahrungs- und Genußmittel, Chemikalien, Pharmazeutika etc. Hierbei ist dem Trocknungsgut im Falle großer Feuchtebeladung X (kg Feuchte/kg trockenes Gut) die *Verdampfungsenthalpie* Δh_{LG} pro kg Feuchte zuzuführen. Je nach der Art der Wärmeübertragung unterscheidet man Kontakt- (Wärmeleitung), Konvektions- und Strahlungstrockner, **Bild 17**. Solange die Gutoberfläche A dank der Saugwirkung der Poren (Kapillaren) feucht ist und damit im sog. ersten Trocknungsabschnitt getrocknet wird, entscheidet nur der Wärmeübergang aufgrund der mittleren Temperaturdifferenz $(\Delta\vartheta)_m$ entsprechend

$$\dot Q = \dot M_i \Delta h_{LG} = \alpha A (\Delta\vartheta)_m$$

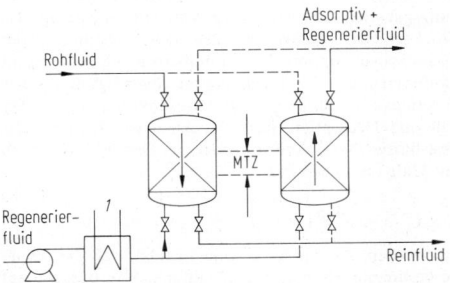

Bild 15. Adsorptionsanlage mit zwei Festbetten (Ad- und Desorber). *1* Heizen

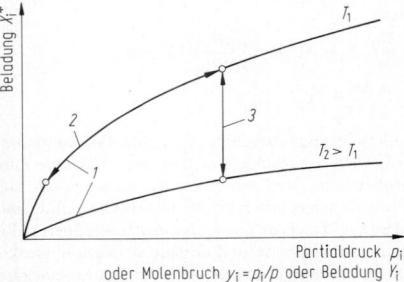

Bild 16. Temperatur- und Druckwechseladsorption dargestellt im Beladungs-Partialdruckdiagramm. *1* Adsorptionsisothermen, *2* Druckwechselverfahren, *3* Temperaturwechselverfahren

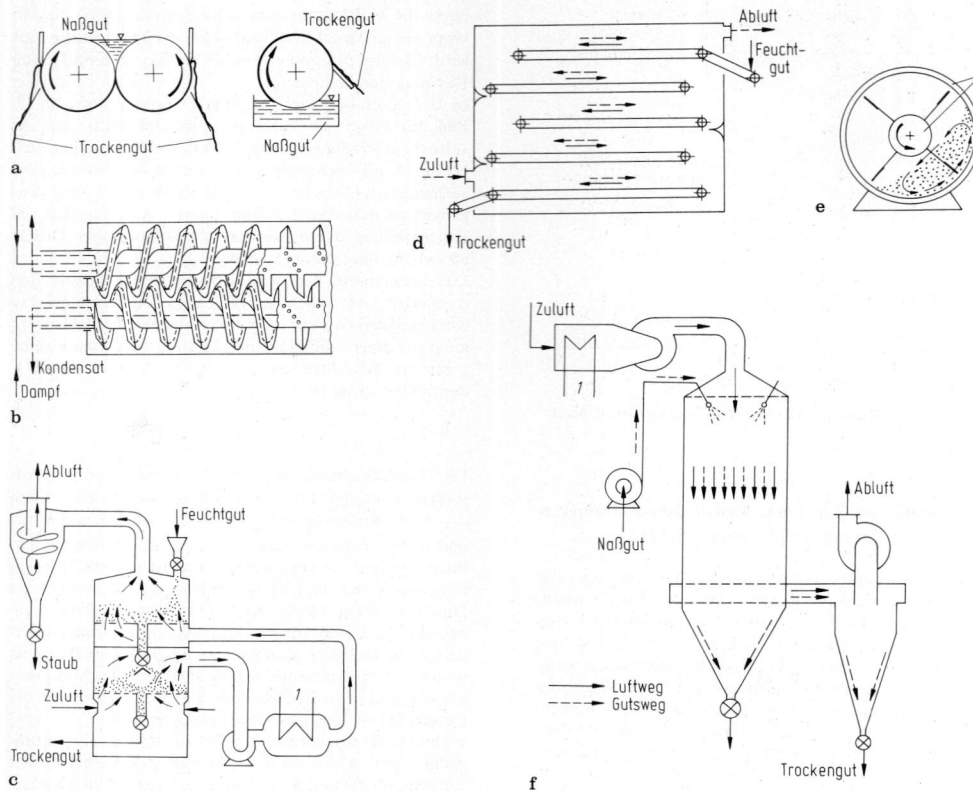

Bild 17. Trocknerbauarten. **a** Walzentrockner; **b** Doppelschnecken-Trockner; **c** zweistufiger Wirbelschichttrockner, *1* Heizen; **d** Fünfbandtrockner; **e** Schaufeltrockner, *1* Heizmittelraum; **f** Gleichstrom-Zerstäubungstrockner, *1* Heizen

über die *Trocknungsgeschwindigkeit*

$$\dot{m}_i = \dot{M}_i/A = (\alpha(\Delta\vartheta)_m)/\Delta h_{LG}$$

der Komponente *i*. **Bild 18** zeigt typische Trocknungsverlaufskurven.
Mit der Stoffbilanz

$$\dot{m}_l = -\rho_s \cdot s(dX/dt)$$

eines Guts mit der Dichte ρ_s, mit der Schichtdicke s und der volumenbezogenen Gutsoberfläche a läßt sich die Trocknungszeit τ ermitteln, um ein Gut von der Anfangsfeuchte X_α bis zur sog. *Knickpunktsfeuchte* X_{Kn} zu trocknen:

$$\tau_1 = \frac{s\rho_s}{\dot{m}_l}(X_\alpha - X_{Kn}) = \frac{s\rho_s\Delta h_{LG}}{\alpha(\Delta\vartheta)_m}(X_\alpha - X_{Kn})$$

$$= \frac{\rho_s\Delta h_{LG}}{\alpha a(\Delta\vartheta)_m}(X_\alpha - X_{Kn}).$$

Wenn die Knickpunktsfeuchte X_{Kn} (**Bild 18**) unterschritten wird, wirkt das feuchte Gut nicht mehr wie eine Flüssigkeitsoberfläche, weil nur noch die feinen Poren aufgrund von Kapillarkräften bis zur Oberfläche gefüllt sind. Nach dem sog. *Trocknungsspiegelmodell* (angenähert gültig bei relativ grobdispersen und deshalb schwach-hygroskopischen Trocknungsgütern) läßt sich die *Endtrocknungsgeschwindigkeit* $\dot{m}_{II,\omega}$ aus folgender Gleichung mit der Wärmeleitfähigkeit λ des Guts und dem Umwegfaktor $\mu_p \approx 5$ ermitteln:

$$\dot{m}_{II,\omega} = \frac{\lambda}{s\Delta h_{LG}}\left(\frac{\vartheta_G - \vartheta_\omega}{1 + (\lambda/\alpha s)}\right)$$

$$= \frac{1}{\frac{1}{\beta_h} + \frac{s\mu_p}{D_{AB,G}} \cdot (1 - (p_i)_m/p)} \cdot \frac{(p_\omega^0 - p_i)}{RT}.$$

Die „richtige" Trocknungsgeschwindigkeit ergibt sich aus der Gleichheit der Ausdrücke, wobei die Endtemperatur ϑ_ω und der Dampfdruck p_ω^0 über die Dampfdruckkurve der durch Trocknen zu entfernenden Komponente verknüpft sind.
Liegt dagegen die Restfeuchte im hygroskopischen Trocknungsgut eher adsorptiv gebunden vor, entspricht das Trocknen der *Desorption*, also der Umkehrung der Gasphasenadsorption. Die Stoffübertragung (und damit Stoffübergangs- oder Trocknungsgeschwindigkeiten sowie Sorptions-, Trocknungs- und Extraktionszeiten) bei der Ad- und Desorption, beim Trocknen wie auch bei der Fest-flüssig-Extraktion von oder an Feststoffe läßt sich mit Hilfe der Gleichung

$$\frac{\Delta X}{\Delta X_\alpha} = \frac{8}{\pi^2} \cdot \exp\left(-\frac{D_{eff} t \pi^2}{s^2}\right)$$

beschreiben. Aus dieser Gleichung folgt, daß die für eine bestimmte Be- bzw. Entladedifferenz ΔX bezogen auf die maximal mögliche Ladedifferenz $\Delta X_\alpha = X_\alpha - X^*$ mit der Gleichgewichtsbeladung X^* erforderliche Zeit t um

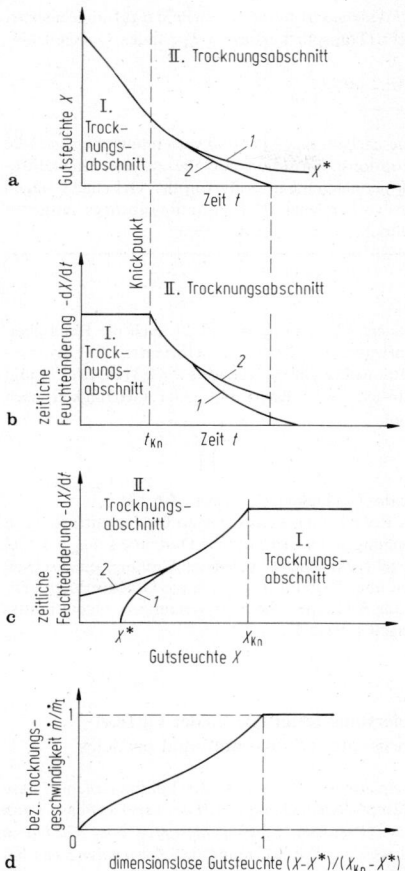

Bild 18. a Gutsfeuchte abhängig von der Zeit; **b** zeitliche Feuchteänderung abhängig von der Zeit und **c** abhängig von der Gutsfeuchte (Erläuterung des I. und II. Trocknungsabschnitts); **d** normierte Trocknungsverlaufskurve. *1* hygroskopisches Gut, *2* nicht hygroskopisches Gut

so kürzer ist, je größer der effektive Diffusionskoeffizient D_{eff} des übertragenen Stoffs im Feststoff mit der Schichtdicke s (z.B. in kugeligen Partikeln mit dem Radius $R = s$) ist. So ergibt sich z.B. die *Trocknungszeit* kapillaraktiver hygroskopischer Güter zu

$$\tau \approx \frac{s^2}{\pi^2 D_{eff}} \cdot \ln(\Delta X / \Delta X_\alpha).$$

Allgemein erhält man im ersten und zweiten Trocknungsabschnitt dann kurze Trocknungszeiten, wenn Schichtdicken s oder Pelletradien R klein sind. Entsprechendes gilt für Extraktionszeiten bei der Fest-flüssig-Extraktion.

3.4 Membrantrennverfahren
Membrane separation processes

Tab. 3 und **Bild 19** geben eine Übersicht über verschiedene Membrantrennverfahren und die dabei wirksamen Triebkräfte. *Diffusion* und *Sorption* bewirken den Stofftransport durch die poröse Membran. Je nach der Geometrie und

Tabelle 3. Membrantrennverfahren

Verfahren	Phase	Triebkraft	Permeat
Osmose	L/L	Konzentrationsdifferenz	Lösungsmittel
Umkehrosmose Ultrafiltration	L/L	Druckdifferenz	Lösungsmittel
Dialyse	L/L	Konzentrationsdifferenz	gelöster Stoff
Flüssigmembrantechnik	L/L	Konzentrationsdifferenz und chemische Reaktion	gelöster Stoff/ Ionen
Elektrodialyse	L/L	elektrisches Feld	gelöste Ionen
Gaspermeation	G/G	Druckdifferenz	Gasmoleküle
Pervaporation	L/G	Konzentrationsdifferenz	Flüssigkeitskomponente

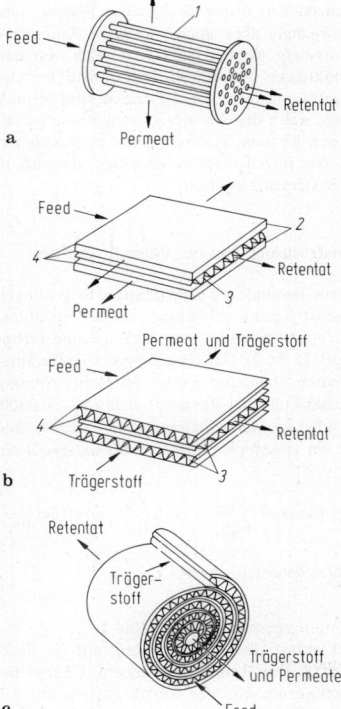

Bild 19. Prinzip von **a** Rohr-, **b** Platten- und **c** Wickelmodulen. *1* hohle, dünnwandige Kunstoffröhrchen, *2* poröse Platten, *3* Abstandshalter, *4* Membran

Konstruktion unterscheidet man *Rohr-* (Hohlfaser-), *Platten-* und *Wickelmodule*, die aus Kunststoffen (Polyethylen, Polypropylen, Polystyrol, Polyamid, Polykarbonate, Polyethylenterephtalat, Polytetrafluorethylen, Silicongummi, Celluloseacetat) bestehen.
Die durch die Membran mit der Fläche A permeierenden Massenstromdichten $\dot{m}_i = \dot{M}_i / A$ der Komponente i sind i.allg. der treibenden Potentialdifferenz Δp_i oder Δc_i direkt und der Membrandicke s umgekehrt proportional. Im Falle der *Dialyse* erhält man mit dem *Permeationsko-*

effizienten K_M (Index M = Membran)

$$\dot{m}_i = K_M (\Delta c_i)_m .$$

Dagegen muß bei der Umkehrosmose die transmembrane Druckdifferenz Δp den osmotischen Druck $\Delta \pi_i \approx c_i R T / \tilde{M}_i$ der Lösung mit der Konzentration c_i an gelöstem Stoff i mit der molaren Masse $\tilde{M}_i$ überschreiten, damit eine Permeatflußdichte $\dot{m}_i$ zustande kommt:

$$\dot{m}_i = (P_M / s)(\Delta p - \Delta \pi).$$

Bei der *Ultrafiltration* kommt zum Transportwiderstand durch die Membran (Transportkoeffizient P_M) noch ein weiterer Widerstand aufgrund einer darauf abgelagerten Gelschicht (Transportkoeffizient P_G, Index G = Gel) hinzu:

$$\dot{m}_i = \frac{(P_M + P_G)}{s}(\Delta p - \Delta \pi).$$

Probleme stellen die Membranverschmutzung und die Konzentrationspolarisation dar, die zu einer Rückdiffusion des permeierenden Stoffs von der Gelschicht wegen des dort vorhandenen Konzentrationsanstiegs entgegen der Fließrichtung des Permeats führt.

4 Mehrphasenströmungen
Multiphase fluid flow

M. Bohnet, Braunschweig

In den meisten verfahrenstechnischen Prozessen finden an den Phasengrenzflächen disperser Systeme *Wärme-* und *Stoffaustauschvorgänge*, aber auch *chemische Reaktionen* statt. Diese Vorgänge werden ganz wesentlich von den Strömungsverhältnissen beeinflußt. Fortschritte bei der Verbesserung verfahrenstechnischer Prozesse sind oftmals nur zu erreichen, wenn die Strömungsverhältnisse gezielt beeinflußt werden können. Hierzu bedarf es jedoch guter Kenntnisse der physikalischen Vorgänge, die sich in mehrphasigen Systemen abspielen.

4.1 Einphasenströmung. Single phase fluid flow

Grundlage für die Behandlung mehrphasiger Strömungen ist die Einphasenströmung. Abhängig von der Reynolds-Zahl $Re = w d \rho / \eta$ unterscheidet man laminare und turbulente Strömungen (s. B 6.2). Der Übergang von der laminaren zur turbulenten Strömung erfolgt bei Rohrströmung bei nahezu gleicher kritischer Reynolds-Zahl $Re_{krit} \approx 2300$. Dabei stellt sich bei *laminarer* Strömung ein *parabolisches*, bei *turbulenter* ein *abgeflachtes Geschwindigkeitsprofil* ein (s. **B 6 Bild 7**).

Laminare Rohrströmung: $\dfrac{w_{ax}}{w_{max}} = 1 - \left(\dfrac{r}{R}\right)^2$; $w = 0,5 w_{max}$.

Turbulente Rohrströmung: $\dfrac{w_{ax}}{w_{max}} = \left(1 - \dfrac{r}{R}\right)^{1/7}$;
$w \approx 0,817 w_{max}$.
w mittlere Strömungsgeschwindigkeit, **Bild 1**.
Für den Druckverlust der Rohrströmung gilt (s. B 6.2) $\Delta p = \lambda (\rho / 2) w^2 \Delta l / d$. Der Reibungskoeffizient λ hängt bei *laminarer* Strömung nur von der Reynolds-Zahl ab: $\lambda = 64 / Re$ für $Re < 2300$.

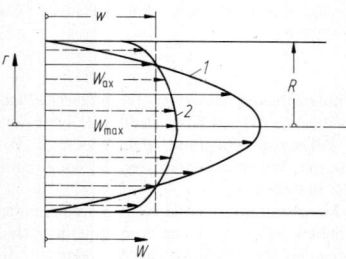

Bild 1. Geschwindigkeitsprofile bei *1* laminarer bzw. *2* turbulenter Rohrströmung

Bei *turbulenter* Strömung beeinflußt auch die Rauhigkeit der Rohrwand den Reibungskoeffizienten. Für hydraulisch glatte Rohre gilt nach Blasius $\lambda = 0,3164 / (Re^{1/4})$ und für technisch rauhe Rohre mit guter Genauigkeit nach Colebrook

$$\lambda = 1 \left/ \left(2 \lg \left(\frac{2,51}{Re\sqrt{\lambda}} + \frac{0,27}{d/k} \right) \right)^2 \right. ,$$

wobei k die Rauhigkeitshöhe ist (s. B 6.2.2).
Hat das Rohr keinen kreisförmigen Querschnitt, so ist in die Beziehungen der hydraulische Durchmesser $d_h = 4A/U$ (A Querschnittsfläche, U benetzter Umfang) einzusetzen. Angaben über Reibungskoeffizienten, Druckverlustkoeffizienten für Krümmer, Rohrverzweigungen, Querschnittsänderungen s. B 6.2.4.

4.2 Widerstand fester und fluider Partikel
Flow resistance of solid and fluid particles

Bei *Zweiphasenströmungen* ist die kontinuierliche Phase Gas (Dampf) oder Flüssigkeit. Die *disperse* Phase kann von *festen Partikeln, Flüssigkeitstropfen* oder *Gasblasen* gebildet werden. Die Strömung des *Zweiphasengemisches* wird ganz entscheidend von der Partikelbewegung bestimmt, die wiederum von der Sink- oder Steiggeschwindigkeit der Partikel abhängt. Bewegt sich eine Partikel in einem ruhenden Fluid ausschließlich unter dem Einfluß der Schwerkraft, so gilt für den Fall der beschleunigungsfreien Bewegung für die *Sink-* oder *Steiggeschwindigkeit*

$$w_s = \sqrt{\frac{4}{3} \cdot \frac{1}{\xi} \frac{|\rho_p - \rho|}{\rho} d_p g}. \tag{1}$$

Bei *festen kugeligen Partikeln* kann für den Widerstandskoeffizienten ξ näherungsweise gesetzt werden, **Bild 2**:

$$\xi = \frac{24}{Re_p} \qquad \text{für } Re_p < 4;$$

$$\xi = \frac{12}{\sqrt{Re_p}} \qquad \text{für } 4 < Re_p < 744; \tag{2}$$

$$\xi = 0,44 \qquad \text{für } Re_p > 7,44; \quad \text{mit } Re_p = w_s d_p \rho / \eta.$$

Der Bereich $10^{-1} < Re_p < 3 \cdot 10^5$ läßt sich auch mit der Beziehung von Yilmaz beschreiben

$$\xi = \frac{24}{Re_p} + \frac{3,73}{\sqrt{Re_p}} - \frac{4,83 \cdot 10^{-3} Re_p^{0,5}}{1 + 3 \cdot 10^{-6} Re_p^{1,5}} + 0,49. \tag{3}$$

Führt man Kennzahlen ein, so läßt sich ein allgemeingültiges Diagramm zeichnen, **Bild 3**. Darin bedeuten

Sinkkennzahl: $\qquad Si = \dfrac{w_s^3 \rho}{\eta g} \dfrac{\rho}{|\rho_p - \rho|}.$ $\tag{4}$

Archimedeszahl: $\qquad Ar = \dfrac{d_p^3 g}{\eta^2} \rho |\rho_p - \rho|.$ $\tag{5}$

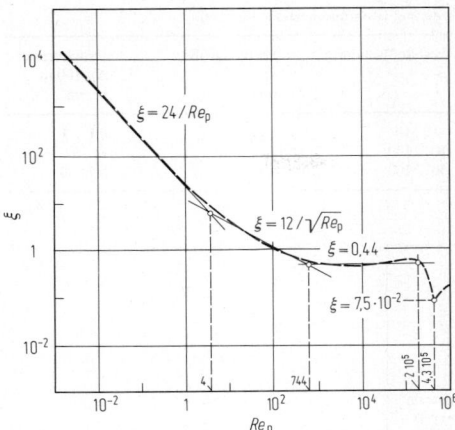

Bild 2. Gemessener Widerstandskoeffizient einer Kugel in Abhängigkeit von der Reynolds-Zahl im Vergleich mit Näherungsbeziehungen

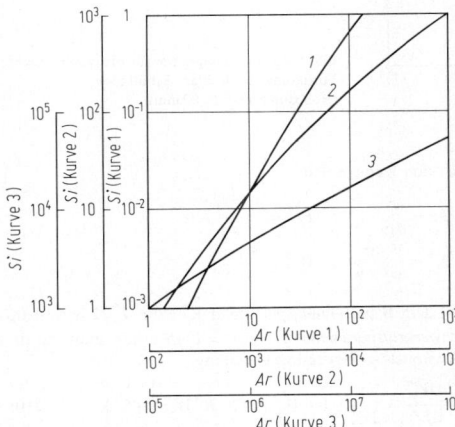

Bild 3. Sinkkennzahl als Funktion der Archimedeszahl für Kugeln

Bild 3 gilt für formbeständige, kugelige Partikel mit starrer Oberfläche.

Für *nicht-kugelige* Partikel hat Muschelknautz den Widerstandskoeffizienten gemessen. Für $0,5 < Re_p < 10^3$ gilt

$$\xi = \frac{A}{Re_p} + \frac{B}{\sqrt{Re_p}} + C, \tag{6}$$

mit den in **Tab. 1** angegebenen Zahlenwerten für einige technisch wichtige Partikelformen. Dabei gilt Gl. (6) nur bis zu den angegebenen Reynolds-Zahlen Re_{Gr}. Besteht die disperse Phase aus einem Fluid, so ist bei laminarer Umströmung der Partikel die Korrektur von Hadamard und Rybczynski zu berücksichtigen:

$$K_{HR} = \frac{1 + \eta_p/\eta}{2/3 + \eta_p/\eta}; \quad \xi = \frac{24}{Re_p \cdot K_{HR}}. \tag{7}$$

Wenn die Partikel bei turbulenter Anströmung ihre Form bei der Bewegung verändern, gelten die genannten Widerstandsgesetze nicht mehr.

Tabelle 1. Konstanten zur Berechnung des Widerstandskoeffizienten nach Gl. (6)

		d_p	A	B	C	Re_{Gr}	ξ_{Gr}
Kugel		$1,00\,d$	21,5	6,5	0,23	1000	0,46
Polyeder		$1,10\,a$	24,0	6,0	0,35	800	0,60
Zylinder $l/d_z=1$		$1,08\,d_z$	23,0	6,0	0,50	600	0,80
Würfel		$1,24\,a$	27,0	4,5	0,65	400	0,98
ellipt. Korn		$0,79\,d_K$	25,0	6,0	0,40	800	0,65
ellipt. Linse		$1,26\,d_L$	28,0	6,5	0,70	150	1,40

4.3 Feststoff/Fluidströmung. Solids/fluid flow

Eine der wichtigsten Anwendungen dieser Strömungsform ist die Rohrströmung. Ist die kontinuierliche Phase Gas, spricht man von pneumatischer Förderung, ist sie Flüssigkeit, handelt es sich um die hydraulische Förderung.

4.3.1 Pneumatische Förderung. Pneumatic conveying

Bild 4 zeigt verschiedene Förderzustände. Ist die Gasgeschwindigkeit hoch und die Feststoffbeladung $\mu = \dot{M}_p/M$ klein, so beobachtet man *Flugförderung*, bei der sich die Partikel nahezu mit Gasgeschwindigkeit bewegen. Verringert man die Gasgeschwindigkeit, so kann bei Überschreiten einer bestimmten Feststoffbeladung das Gas den Feststoff nicht mehr schwebend transportieren. Ein Teil des Feststoffs *sedimentiert* aus und bewegt sich am Rohrboden in Form einer *Strähne*, deren Geschwindigkeit nur noch 10 bis 20% der Gasgeschwindigkeit beträgt. Eine weitere Verringerung der Gasgeschwindigkeit führt zu Sträh-

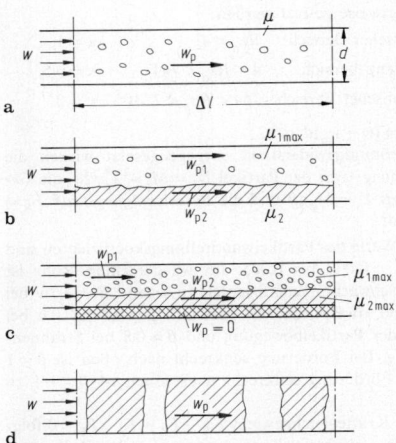

Bild 4. Förderzustände bei pneumatischer Förderung. **a** Flugförderung; **b** Strähnenförderung; **c** Strähnenförderung über ruhender Ablagerung; **d** Pfropfenförderung

N

Tabelle 2. Anhaltswerte für verschiedene Förderzustände bei pneumatischer Förderung (Rohrdurchmesser 100 mm)

Förderzustand	Gas-geschwindigkeit w m/s	Geschwindigkeits-verhältnis w_p/w	Feststoffbeladung μ	Partikelgröße d_p mm	Druckverlust $\Delta p/100$ m bar/m
Flugförderung	15...35	0,3...0,7	1...10	1,0	0,1...1
Strähnenförderung	5...20	0,1...0,5	10...100	0,1	1...3
Propfenförderung	2...6	0,6...0,9	50...100	0,5...10	0,5...6

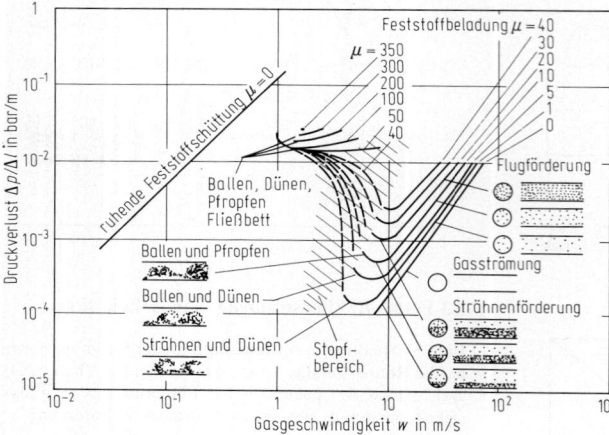

Bild 5. Zustandsdiagramm für die pneumatische Förderung rieselfähiger Schüttgüter (Rohrdurchmesser 100 mm)

nenförderung über einer ruhenden Ablagerung bzw. zur Pfropfenförderung. *Anhaltswerte* zu den Förderzuständen: **Tab. 2.** Trägt man über der Gasgeschwindigkeit den bezogenen Druckverlust auf, so ergibt sich für unterschiedliche Feststoffbeladungen das Zustandsdiagramm: **Bild 5.**

Bewegungsgleichungen

Die Feststoffpartikel werden durch den Strömungswiderstand

$$F_w = M_p g \left(\frac{w - w_p}{w_s} \right)^{2-\kappa} \tag{8}$$

angetrieben. Für den Exponenten des Widerstands kann näherungsweise gesetzt werden:

Stokesscher Bereich: $Re_p < 4$ $\kappa = 1$,

Übergangsbereich: $4 < Re_p < 744$ $\kappa = 0,5$,

Newtonscher Bereich: $744 < Re_p < 2 \cdot 10^5$ $\kappa = 0$,

mit $Re_p = (w - w_p) d_p \rho / \eta$.
Dem Strömungswiderstand entgegengesetzt wirken die *Wandreibungskraft* der Partikel $F_R = M_p w_p^2 \lambda_p^* / 2d$, die *Gewichtskraft* $F_s = M_p g \beta$ und die *Beschleunigungskraft* $F_B = M_p dw_p / dt$.
Übliche Werte des Partikelwandreibungskoeffizienten sind dabei $\lambda_p^* = 0,002$ bis $0,005$. Im waagerechten Rohr ist für den Schwerkraftkoeffizienten zu setzen: $\beta = w_s/w$ bei schwebend transportiertem Feststoff, $\beta = 0,3$ bis $0,6$ bei springender Partikelbewegung und $\beta \approx 0,8$ bei Strähnenförderung. Bei Förderung senkrecht nach oben ist $\beta = 1$ und bei Förderung senkrecht nach unten ist $\beta = -1$ zu setzen.
Aus dem Kräftegleichgewicht $F_w - F_R - F_s - F_B = 0$ folgt für die Bewegungsgleichung in einem geraden Rohr

$$\left(\frac{w - w_p}{w_s} \right)^{2-\kappa} - \frac{w_p^2 \lambda_p^*}{2gd} - \beta - \frac{w_p}{g} \frac{dw_p}{dl} = 0. \tag{9}$$

Mit den Kennzahlen

$$Fr = \frac{w^2}{dg}; \qquad Fr^* = \frac{w_s^{2-\kappa} w^\kappa}{dg};$$

$$L^* = \frac{lg}{w_s^{2-\kappa} w^\kappa}; \qquad W_p^* = \frac{w_p}{w}$$

und dem *Wandreibungsparameter* $R^* = Fr^* \lambda_p^* / 2$ bzw. dem *Schwerkraftparameter* $S^* = (Fr^*/Fr)\beta$ erhält man die dimensionslose Bewegungsgleichung

$$\frac{dW_p^*}{dL^*} = \frac{1}{W_p^*} \{ (1 - W_p^*)^{2-\kappa} - R^* W_p^{*2} - S^* \}. \tag{10}$$

Bei abwärtsgerichteter Feststofförderung ändert sich das Vorzeichen des Schwerkraftkoeffizienten und damit auch des Schwerkraftparameters. Ist die Feststoffbeschleunigung abgeschlossen, so folgt aus Gl. (10):

$$(1 - W_p^*)^{2-\kappa} - R^* W_p^{*2} - S^* = 0. \tag{11}$$

Die bezogenen Feststoffgeschwindigkeiten für unterschiedliche Betriebszustände zeigen die **Bilder 6, 7** und **8**. Die Feststoffgeschwindigkeit bei Beschleunigung im waagerechten Rohr ist **Bild 9** zu entnehmen.
Besonders kritisch hinsichtlich des *Verstopfens* der Rohrleitung sind Krümmer. Durch die Zentrifugalkräfte, die bei der Umlenkung auftreten, findet eine Entmischung von Gas und Feststoff statt. Der Feststoff wird an die Krümmeraußenwand geschleudert und gleitet als *Strähne* durch den Krümmer. Durch die Wandreibung wird die Strähne abgebremst. Für die Abbremsung ist es dabei wichtig, ob sie in einer waagerechten oder senkrechten Ebene stattfindet. Für die Umlenkung waagerecht–senkrecht nach oben folgt aus **Bild 10a** für die Änderung der Feststoffgeschwindigkeit (**Bild 11a**):

$$\frac{w_p}{gR} \frac{dw_p}{d\varepsilon} + \sin \varepsilon + \beta \cos \varepsilon + \frac{w_p^2}{gR} \beta = 0, \tag{12}$$

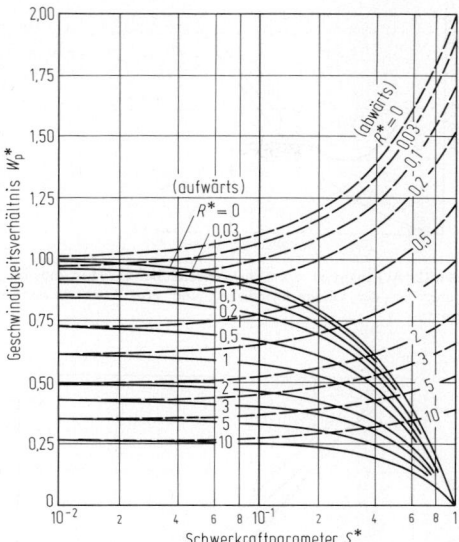

Bild 6. Bezogene Feststoffgeschwindigkeit für den Stokesschen Bereich ($\kappa = 1$)

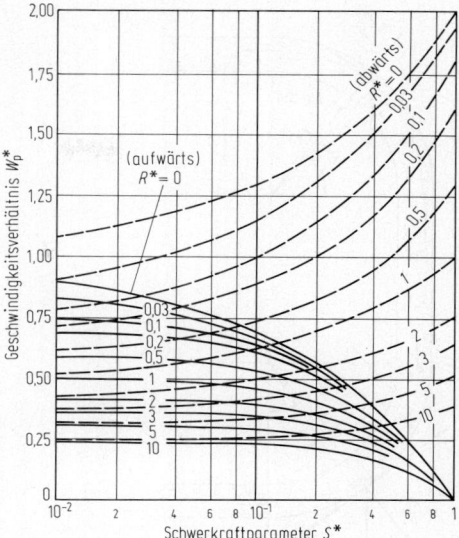

Bild 8. Bezogene Feststoffgeschwindigkeit für den Newtonschen Bereich ($\kappa = 0$)

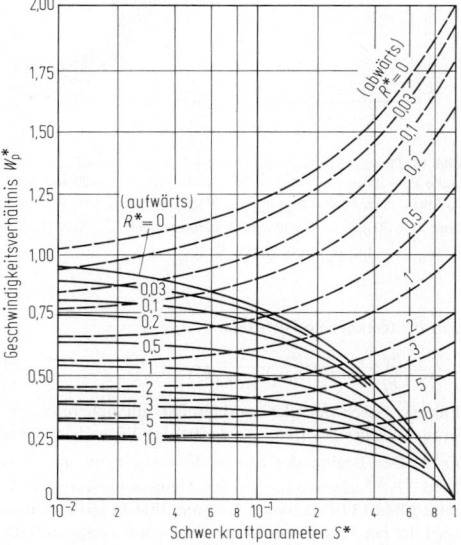

Bild 7. Bezogene Feststoffgeschwindigkeit für den Übergangsbereich ($\kappa = 0,5$)

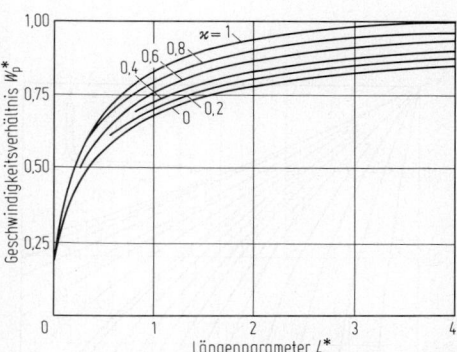

Bild 9. Bezogene Feststoffgeschwindigkeit bei Beschleunigung im waagerechten Rohr

Die Strähne löst sich von der Krümmerwand ab, eine weitere Abbremsung des Feststoffs erfolgt nicht. Für den *Krümmerparameter* gilt $K^* = gR/w_{\mathrm{Pe}}^2$. Erfolgt die Umlenkung in einer waagerechten Ebene, so ist

$$w_{\mathrm{p}}/w_{\mathrm{Pe}} = e^{-\beta\varepsilon}. \tag{15}$$

Druckverlust

Der Druckverlust bei *pneumatischer* Förderung hängt wesentlich von der Gasgeschwindigkeit und vom Feststoffmassenstrom ab, **Bild 12**. Der Gesamtdruckverlust für die Förderung von Gas und Feststoff ist:

$$\Delta p = \Delta p_{\mathrm{g}} + \Delta p_{\mathrm{p}} = (\lambda + \mu\lambda_{\mathrm{p}})\frac{\rho}{2}w^2\Delta l/d. \tag{16}$$

Der Druckverlustkoeffizient für die Feststoffförderung λ_{p} wird dabei von den Stoffeigenschaften des Feststoffs und der Rohrwand sowie der Beschaffenheit der Rohrwand bestimmt. Für grobkörnige Feststoffe gilt

$$\lambda_{\mathrm{p}} = \frac{w_{\mathrm{p}}}{w}\lambda_{\mathrm{p}}^* + \frac{2\beta}{(w_{\mathrm{p}}/w)Fr} \tag{17}$$

und für die Umlenkung senkrecht–waagerecht nach oben entsprechend **Bild 10b** (**Bild 11b**):

$$\frac{w_{\mathrm{p}}}{gR}\frac{dw_{\mathrm{p}}}{d\varepsilon} - \cos\varepsilon - \beta\sin\varepsilon + \frac{w_{\mathrm{p}}^2}{gR}\beta = 0. \tag{13}$$

Herrscht Gleichgewicht zwischen Zentrifugalkraft und dem zum Krümmermittelpunkt gerichteten Anteil der Schwerkraft, so wird

$$w_{\mathrm{p}}^2/R = g \cdot \sin\varepsilon. \tag{14}$$

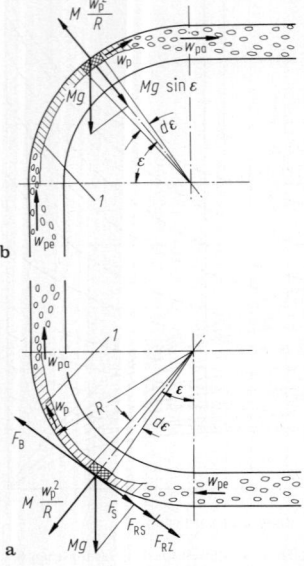

b

a

Bild 10. Kräftegleichgewicht an Feststoffsträhne im Krümmer. *1* Feststoffsträhne

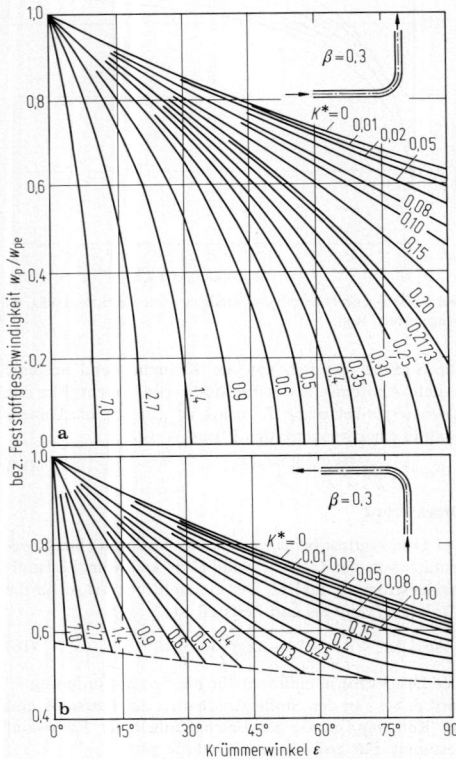

a

b

Bild 11. Bezogene Feststoffgeschwindigkeit bei Abbremsung der Strähne in einem Krümmer

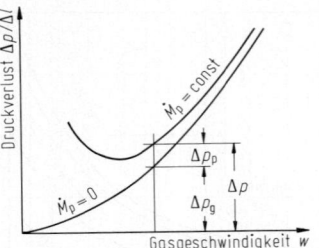

Bild 12. Abhängigkeit des Druckverlustes bei Gas/Feststoffströmung von der Gasgeschwindigkeit und dem Feststoffmassenstrom

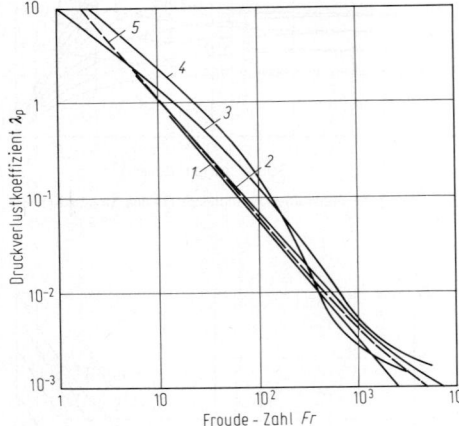

Bild 13. Druckverlustkoeffizient für feinkörnige Feststoffe. *1* Flugasche $d_p = 24\,\mu m$; $w_s = 0,04\,m/s$, *2* Katalysator $d_p = 70\,\mu m$; $w_s = 0,22\,m/s$, *3* Feuerlöschpulver $d_p = 40\,\mu m$; $w_s = 0,11\,m/s$, *4* Quarzsand $d_p = 70\,\mu m$; $w_s = 0,38\,m/s$, *5* berechnet mit $\lambda_p^* = 0,0005$; $\beta = 0,5$; $w_{p_1}/w = 1,0$; $w_{p_2}/w = 0,05 Fr^{0,25}$

und für feinkörnige Feststoffe

$$\lambda_p = \frac{\mu_1}{\mu}\frac{w_{p_1}}{w}\lambda_p^* + \frac{\mu_2}{\mu}\frac{2\beta}{(w_{p_2}/w)Fr}. \tag{18}$$

Für die Geschwindigkeitsverhältnisse gilt näherungsweise für *feinkörniges Gut* $w_{p_1}/w \approx 0,9$ bis $1,0$ und $w_{p_2}/w \approx Fr^{1/4}$. Der Beginn der Strähnenbildung kann mit $\mu_1 \approx 2 \cdot 10^{-4} Fr^{5/4}$ abgeschätzt werden. Gemessene Werte für λ_p zeigen **Bild 13** (*feinkörniges Gut*) und **Bild 14** (*grobkörniges Gut*). Ist bei *Pfropfenförderung* die Pfropfenlänge und die Porosität des Feststoffpfropfens bekannt, findet man den Druckverlust mit

$$\frac{\Delta p_p}{\rho_p(1-\varepsilon_p)g l_p} = \beta_G + [Fr(w_p/w)^2]^{0,2}, \tag{19}$$

wobei die Pfropfengeschwindigkeit mit $w_p/w \approx 1 - 1/w$, abgeschätzt wird. Angaben für die Koeffizienten: **Tab. 3**. Sind die Förderleitungen sehr lang, so kann zur Verringerung des Druckverlusts die Rohrleitung stromabwärts stufenweise erweitert werden. Der Reibungsdruckverlust bei *isothermer Expansion* ist

$$(p^2 - p_0^2)/2p_0 = (\lambda + \mu\lambda_p)(\rho_0/2)w_0^2 l/d_0. \tag{20}$$

Der Index 0 kennzeichnet die Bedingungen am Ende der Förderleitung. Der Rohrdurchmesser ist stromaufwärts

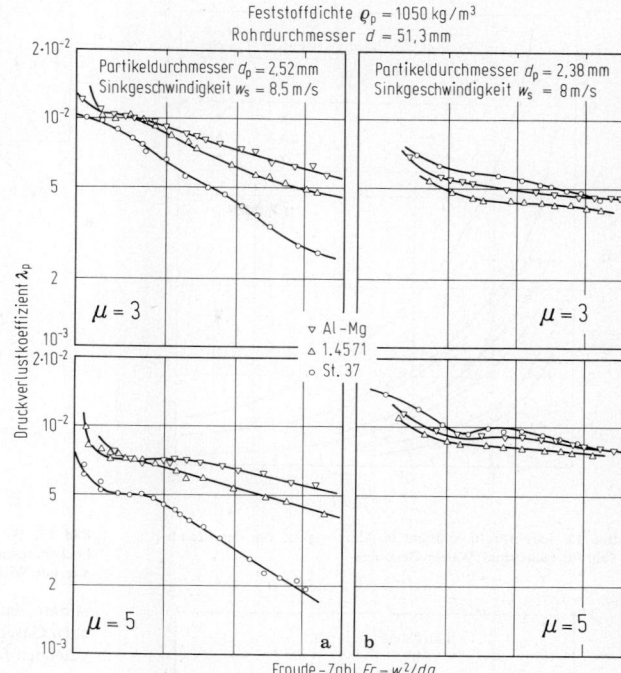

Bild 14. Druckverlustkoeffizient für grobkörnige Feststoffe. **a** Polystyrol-Granulat; **b** Styropor-Granulat

immer dann zu verringern, wenn die Gasgeschwindigkeit einen kritischen Wert erreicht. Als kritische Bedingung gilt:

feinkörniger Feststoff:

$$Fr_{krit} = w_{krit}^2/dg \quad \text{mit} \quad p/p_0 = (d_0/d)^{2,5}, \tag{21}$$

Tabelle 3. Wandreibungs-, Schwerkraft- und Gleitreibungskoeffizienten

Feststoff	Rohr-werk-stoff	Wand-reibungs-koeffi-zient λ_p^*	Schwer-kraft-koeffi-zient β	Gleit-reibungs-koeffi-zient β_G
Glaskugeln	Stahl	0,0030		
Quarzkörner	Stahl	0,0066		
Steinkohle	Stahl	0,0021		
Flugasche	Glas			
Feuerlöschpulver	Glas	≈0,0005	≈0,50	
Katalysator	Glas		(Strähne)	
Quarzsand	Glas			
Flugasche	Stahl	0,0010	0,65 (Strähne)	
Polystyrol	Stahl			0,20
Glaskugeln	Stahl	0,0010		0,15
Stahlkugeln	Stahl			0,16
Polystyrol	Stahl	0,0200	0,25	
Styropor	Stahl	0,0300	0,30	
Polyethylen	Al-Mg3	0,0050	0,25	
Quarzsand	Stahl			0,40
Polyethylen	Stahl			0,45

grobkörniger Feststoff:

$$p_{dyn(krit)} = (\rho_{krit}/2)w_{krit}^2 \quad \text{mit} \quad p/p_0 = (d_0/d)^4. \tag{22}$$

4.3.2 Hydraulische Förderung. Hydraulic conveying

Die *hydraulische* Förderung mit Flüssigkeit als kontinuierlicher Phase zeigt ein ähnliches Druckverlustverhalten wie die pneumatische Förderung. Wegen des wesentlich kleineren Dichtequotienten von Feststoff und Flüssigkeit bewegen sich die frei schwimmenden Partikel nahezu mit Flüssigkeitsgeschwindigkeit. Da hydraulische Förderleitungen häufig geneigt verlegt werden, ist bei der Druckverlustberechnung der hydrostatische Flüssigkeitsdruck zu berücksichtigen:

$$\Delta p = (\lambda_1 + c_v \lambda_p)(\rho/2)w^2 \Delta l/d + \rho g \sin \alpha \, \Delta l, \tag{23}$$

mit α als dem Neigungswinkel der Rohrleitung gegen die Waagerechte. Der Reibungsdruckverlustkoeffizient für die Flüssigkeit wird nach N 4.1 berechnet. Für den Druckverlustkoeffizient, der den Feststofftransport beschreibt gilt

$$\lambda_p = \frac{2\beta}{Fr}\left(\frac{\rho_p}{\rho} - 1\right) + \frac{\rho_p}{\rho}\left(\frac{w_p}{w}\right)^2 \lambda_p^* + \lambda_1. \tag{24}$$

Mit $\beta = \sin \alpha + (w_s/w_p)\cos^2 \alpha$ und $\lambda_p^* = 10^{-2}$ als guter Näherung. Werte für $\beta_0 = w_s/w_p$ sind in **Bild 15** wiedergegeben.

Bei der Auslegung ist darauf zu achten, daß die kritische Fördergeschwindigkeit, bei der sich Feststoffpartikel am Boden ablagern, nicht unterschritten wird. Für die kritische Geschwindigkeit gilt

$$w_k = \left[\frac{\pi d^2 c_v}{2\rho a \lambda_p^{***}} \right.$$

$$\left. \cdot \left\{ (\rho_p - \rho)g(\sin \alpha + \lambda_p^{**} \cos \alpha) - \frac{1}{1-\varepsilon}\frac{\Delta p}{\Delta l} \right\} \right]^{1/2} K. \tag{25}$$

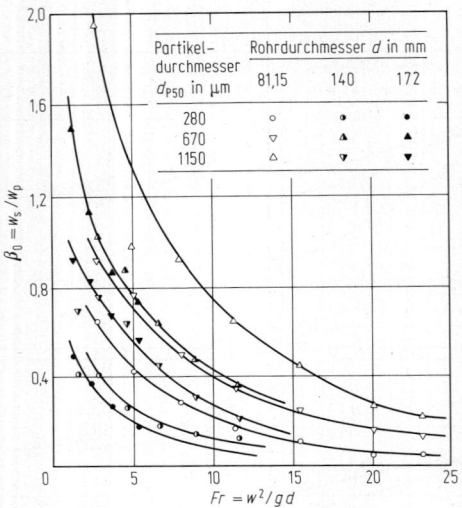

Bild 15. Schwerkraftkoeffizient in Abhängigkeit von der Froude-Zahl für Quarzsand/Wasser-Gemische

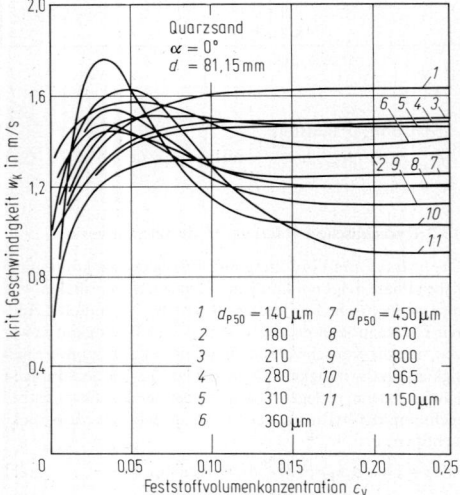

Bild 16. Kritische Geschwindigkeit von Quarzsand/Wasser-Gemischen

In Gl. (25) ist für die Breite der Feststoffsträhne am Rohrboden zu setzen: $a = d \sin(\gamma/2)$. Der Sektorenwinkel γ berechnet sich aus der Feststoffvolumenkonzentration und der Porosität der Feststoffsträhne $\frac{2c_v}{1-\varepsilon} = \frac{\gamma}{180} - \frac{1}{\pi}\sin\gamma$.
Weiter ist $\lambda_p^{**} = 0,45$; $\lambda_p^{***} = 0,085(d_{P50}/d)^{1/3}$; $\varepsilon = 0,4$
und $K = \left(\frac{d_{P50}}{2 \cdot 10^{-5}}\right)^{1/6} \left(\frac{d_{P50}}{d}\right)^{1/6} \cdot \cos\alpha + w_s \sin\alpha$.
Gemessene Werte der kritischen Geschwindigkeit zeigt **Bild 16.**

4.3.3 Wirbelschicht. Fluidized bed

In einer Wirbelschicht wird eine Schüttung aus Feststoffpartikeln so von unten durch Gas oder Flüssigkeit ange-

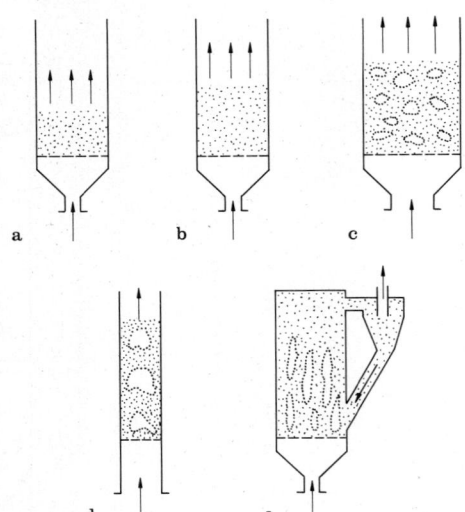

Bild 17. Wirbelschichtzustände. **a** ruhende Schicht, Festbett; **b** Lockerungszustand; **c** blasenbildende; **d** stoßende; **e** hochexpandierende Wirbelschicht

strömt, daß die Partikel vom Fluid getragen werden. Je nach Gasgeschwindigkeit unterscheidet man die in **Bild 17** gezeigten Fälle. Für die *Lockerungsgeschwindigkeit* gilt

$$w_f = 7,19(1-\varepsilon_f)\frac{\eta}{\rho}O_v$$
$$\cdot\left\{\left(1 + 0,067\frac{\varepsilon_f^3}{(1-\varepsilon_f)^2}\frac{(\rho_p-\rho)g\rho}{\eta^2 O_v^3}\right)^{1/2} - 1\right\} \qquad (26)$$

mit ε_f als der Porosität der Schüttung am Lockerungspunkt und O_v als der spezifischen Oberfläche der Schüttung.
Der Druckverlust bei der Durchströmung der ruhenden Schüttung bis zum Erreichen des Lockerungspunkts ist

$$\Delta p = \Psi\left[(1-\varepsilon)/\varepsilon^3\right]w^2\rho h/d_p, \qquad (27)$$

mit h als der Höhe der Feststoffschüttung.
Der Widerstandskoeffizient hängt stark von den Feststoffeigenschaften ab. Für *Gleichkorn-Granulatschüttungen* gilt
$\Psi = (150/Re_p)(1-\varepsilon) + 1,75$.
Für den Druckverlust bei der Durchströmung der Wirbelschicht gilt

$$\Delta p = hg[(1-\varepsilon)\rho_p + \varepsilon\rho]. \qquad (28)$$

Am Lockerungspunkt müssen Gl. (27) und Gl. (28) den gleichen Wert ergeben. Dort gilt $1 = (\Psi/\varepsilon^3)[\rho/(\rho_p - \rho)]Fr_p$. Diese Gleichung gilt so lange, bis die Feststoffpartikel ausgetragen werden und die Wirbelschicht in die pneumatische Förderung übergeht.
Zur Bestimmung der Strömungszustände bei homogener Wirbelschicht dient das Diagramm, **Bild 18**. Hierin bedeuten definitionsgemäß

$$Fr_p\left(\frac{\rho}{\rho_p-\rho}\right) = \frac{w^2}{d_pg}\left(\frac{\rho}{\rho_p-\rho}\right); \quad Re_p = \frac{wd_p\rho}{\eta};$$
$$K = \left(\frac{\rho}{\rho_p-\rho}\right)\frac{\eta^2}{\rho^2gd_p^3}; \quad M = \left(\frac{\rho}{\rho_p-\rho}\right)\frac{\rho w^3}{g\eta}$$

und n das Verhältnis der Druckkraft zur Massenkraft der Feststoffschüttung. Es gilt also:

ruhende Schüttung: $\varepsilon = 0,4 = $ const bei $n \leq 1$,
Wirbelschicht: $0,4 < \varepsilon \leq 1$ bei $n = 1$,
Förderung: $\varepsilon \approx 1$ bei $n \geq 1$.

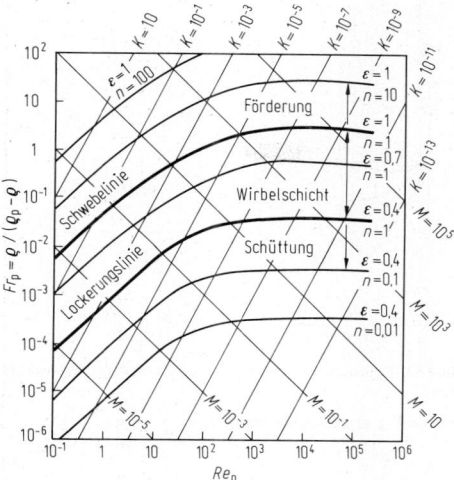

Bild 18. Zustandsdiagramm für Gas/Feststoff-Systeme

4.4 Gas/Flüssigkeitsströmung. Gas/liquid flow

4.4.1 Strömungsform. Flow pattern

Abhängig vom Massenstromverhältnis Gas/Flüssigkeit stellen sich bei Rohrströmung die unterschiedlichsten Phasenverteilungen ein. Ist der Gasgehalt gering, beobachtet man *Blasenströmung*. Mit zunehmendem Gasgehalt gewinnen die Strömungskräfte an Einfluß gegenüber der Schwerkraft. In waagerechten Rohren ändert sich die Phasenverteilung über *Kolben-, Schichten-, Wellen-, Schwall-* und *Pfropfenströmung* hin zur *Film-* bzw. *Nebelströmung*, **Bild 19**. Für die Bestimmung der Strömungsform kann die

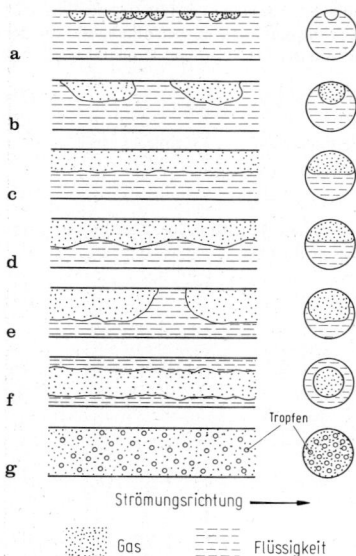

Bild 19. Strömungszustände bei Gas/Flüssigkeitsströmung im waagerechten Rohr. **a** Blasenströmung; **b** Kolbenblasenströmung; **c** Schichtenströmung; **d** Wellenströmung; **e** Schwallströmung; **f** Filmströmung; **g** Nebelströmung

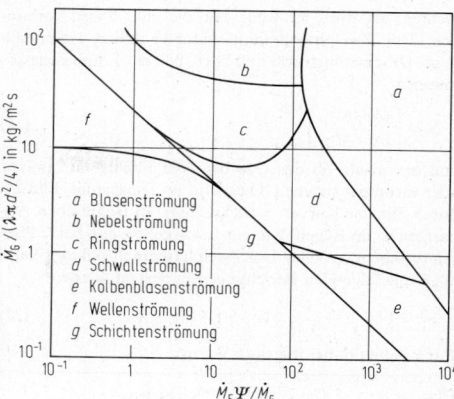

Bild 20. Strömungskarte nach Baker

sog. *Strömungskarte* nach Baker (**Bild 20**) genutzt werden, die neben dem Gas- und Flüssigkeitsmassenstrom zwei Stoffwertefunktionen enthält:

$$\lambda = \left[\left(\frac{\rho_G}{1{,}2} \right) \left(\frac{1000}{\rho_F} \right) \right]^{1/2} ;$$

$$\Psi = \frac{73 \cdot 10^{-3}}{\sigma} \left[\frac{\eta_F}{10^{-3}} \left(\frac{1000}{\rho_F} \right)^2 \right]^{1/3} . \qquad (29)$$

Dabei werden die Stoffwerte von Gas und Flüssigkeit jeweils auf die Stoffwerte eines Luft/Wasser-Gemisches bezogen.

4.4.2 Druckverlust. Pressure drop

Die genaue Vorausberechnung des Druckverlusts von Gas/Flüssigkeits-Gemischen ist wegen der sehr unterschiedlichen Phasenverteilungen schwierig. Lockhart und Martinelli haben deshalb versucht, den Zweiphasendruckverlust durch Einführen eines *Zweiphasenmultiplikators* aus dem Druckverlust der Einphasenströmung zu berechnen. Dabei ist es gleichgültig, ob man hierzu von der Gas- oder der Flüssigkeitsströmung ausgeht. Es gilt

$$\left(\frac{\Delta p}{\Delta l} \right)_{2ph} = \phi_G^2 \left(\frac{\Delta p}{\Delta l} \right)_G = \phi_F^2 \left(\frac{\Delta p}{\Delta l} \right)_F . \qquad (30)$$

Dabei wird der bezogene Druckverlust $(\Delta p/\Delta l)_G$ bzw. $(\Delta p/\Delta l)_F$ für die Gas- bzw. Flüssigkeitsströmung so be-

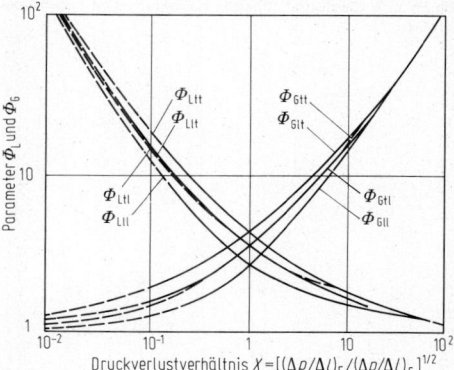

Bild 21. Zweiphasenmultiplikator zur Berechnung des Druckverlusts

rechnet, als wäre im Rohr nur die eine Phase vorhanden. Der Zweiphasenmultiplikator ϕ hängt wesentlich vom Druckverlustverhältnis der beiden Einphasenströmungen

$$X = \left[\frac{(\Delta p/\Delta l)_F}{(\Delta p/\Delta l)_G} \right]^{1/2}. \tag{31}$$

und davon ab, ob das Gas bzw. die Flüssigkeit laminar oder turbulent strömen. Dies wird im Diagramm, **Bild 21**, durch die vier Kurven berücksichtigt. In technischen Apparaten ist im Regelfall davon auszugehen, daß beide Phasen turbulent strömen. Der Zweiphasenmultiplikator kann auch mit folgenden Beziehungen berechnet werden:

$$\phi_F^2 = 1 + \frac{c}{X} + \frac{1}{X^2}, \quad \phi_G^2 = 1 + cX + X^2. \tag{32}$$

Für c gelten dabei folgende Werte:

Flüssigkeit	Gas	Bezeichnung	c
turbulent	turbulent	tt	20
laminar	turbulent	lt	12
turbulent	laminar	tl	10
laminar	laminar	ll	5

4.4.3 Filmströmung. Film flow

Technisch von großer Bedeutung ist die Filmströmung an senkrechten Wänden, **Bild 22**. Für die Geschwindigkeitsverteilung gilt bei *Rieselfilmströmung* im Rohr bei laminarer Strömung

$$w = \frac{g\rho R^2}{4\eta} \left[1 - \left(\frac{r}{R} \right)^2 + 2 \left(\frac{r_\delta}{R} \right)^2 \ln \left(\frac{r}{R} \right) \right]. \tag{33}$$

Da für die meisten technischen Fälle $r_\delta/R > 0,8$ gilt, kann auch für gekrümmte Flächen mit der Beziehung für die

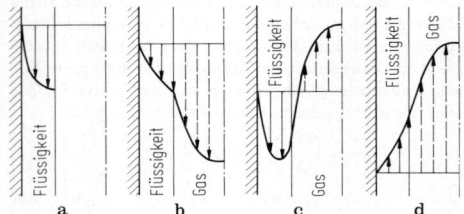

Bild 22. Geschwindigkeitsprofile bei Gas/Flüssigkeitsströmung. **a** Rieselfilm; **b** Gleichstrom abwärts; **c** Gegenstrom; **d** Gleichstrom aufwärts

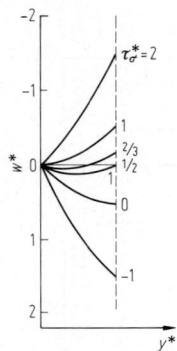

Bild 23. Dimensionsloses Geschwindigkeitsprofil des Flüssigkeitsfilms

ebene Wand gerechnet werden:

$$w = \frac{g\rho\delta^2}{\eta} \left[\frac{y}{\delta} - \frac{1}{2} \left(\frac{y}{\delta} \right)^2 \right]. \tag{34}$$

Für die mittlere Filmgeschwindigkeit gilt $\bar{w} = (1/3)g\rho\delta^2/\eta$ und für die Oberflächengeschwindigkeit $w_\delta = 1,5\bar{w}$. Über die Einführung der Reynolds-Zahl $Re = \bar{w}\delta\rho/\eta = \dot{V}\rho/U\eta$ mit U als der benetzten Fläche folgt für die Filmdicke

$$\delta = (3\eta^2/\rho^2 g)^{1/3} Re^{1/3}. \tag{35}$$

Führt man die bezogene Filmdicke $\delta^* = (2g\rho^2/\eta^2 Re^2)\delta^3$ ein, so folgt für den *laminar* strömenden Flüssigkeitsfilm $\delta_l^* = 6/Re$ und für den *turbulent* strömenden Film $\delta_t^* = 0,165/Re^{0,4}$. Der Umschlag laminar/turbulent erfolgt bei $Re \approx 400$.

Wird der Rieselfilmströmung eine Gasströmung überlagert, so sind drei Fälle zu unterscheiden:

− Gleichstrom von Flüssigkeit und Gas − abwärts,
− Gegenstrom: Filmströmung abwärts − Gasströmung aufwärts,
− Gleichstrom von Flüssigkeit und Gas − aufwärts.

Die Geschwindigkeitsverteilung des Flüssigkeitsfilms wird jetzt von der Schubspannung τ_δ beeinflußt, die an der Filmoberfläche von der Gasströmung ausgeübt wird

$$w = \frac{g\rho\delta^2}{\eta} \left[\frac{y}{\delta} - \frac{1}{2} \left(\frac{y}{\delta} \right)^2 - \frac{\tau_\delta}{g\rho\delta} \frac{y}{\delta} \right]. \tag{36}$$

Führt man die dimensionslosen Größen $y^* = y/\delta$, $w^* = w/(g\rho\delta^2/\eta)$ und $\tau_\delta^* = \tau_\delta/g\rho\delta$ ein, so folgt

$$w^* = y^* [1 - (1/2)y^* - \tau_\delta^*]. \tag{37}$$

Bild 23 zeigt berechnete dimensionslose Geschwindigkeitsprofile des Flüssigkeitsfilms.

O | Maschinendynamik
Machine dynamics

D. Föller, Frankfurt a.M.; **K.H. Küttner,** Berlin; **R. Nordmann,** Kaiserslautern

Allgemeine Literatur

zu O1 Kurbelbetrieb, Massenkräfte und -momente
Bücher: *Haffner, K.E.; Mass, H.:* Theorie der Triebwerksschwingungen in der Verbrennungskraftmaschine. In *List, H.:* Die Verbrennungskraftmaschine, Bd. 3. Wien: Springer 1984. – *Haffner, K.E.; Mass, H.:* Torsionsschwingungen in der Verbrennungskraftmaschine. In *List, H.:* Die Verbrennungskraftmaschine, Bd. 4. Wien Springer 1985. – *Holzweissig, F.; Dresig, H.:* Lehrbuch der Maschinendynamik, 2. Aufl. Wien: Springer 1982. – *Küttner, K.H.:* Kolbenmaschinen, 5. Aufl. Stuttgart: Teubner 1984. – *Lang, O.R.:* Triebwerke schnellaufender Verbrennungsmotoren, Konstruktionsbücher, Bd. 22. Berlin: Springer 1966. – *Maas, H.; Klier, H.:* Kräfte, Momente und deren Ausgleich in der Verbrennungskraftmaschine. In: *List, H.:* Die Verbrennungskraftmaschine, Bd. 2. Wien: Springer 1981. – *Ziegler, G.:* Maschinendynamik. München: Hanser 1977.

zu O2 Schwingungen
Bücher: *Biezeno, C.B.; Grammel, R.:* Technische Dynamik, 2. Aufl., Bd. 2. Berlin: Springer 1953. Reprint 1971. – *Klotter, K.:* Technische Schwingungslehre, Bd. 1, 3. Aufl. u. Bd. 2, 2. Aufl., Berlin: Springer 1981 u. 1960. – *Profos, P.:* Einführung in die Systemdynamik, Stuttgart: Teubner, 1982.

zu O3 Maschinenakustik
Bücher: *Heckl, M.; Müller, H.A.* (Hrsg.): Taschenbuch der Technischen Akustik. Berlin: Springer 1975. – *Kurtze, G.; Schmidt, H.; Westphal, W.:* Physik und Technik der Lärmbekämpfung. 2. Aufl. Karlsruhe: Braun 1975. – *VDI-Berichte 239:* Lärmarm Konstruieren. Düsseldorf: VDI-Verlag 1975. – *Schirmer, W.,* u.a.: Lärmbekämpfung. Berlin: Tribüne 1971.

Normen und Richtlinien: Akustik, Grundbegriffe. – *DIN 45630: Blatt 1* und *Blatt 2:* Grundlagen der Schallmessung. – *DIN 45633: Blatt 1:* Präzisionsschallpegelmesser. – *DIN 45635:* Geräuschmessung an Maschinen. – *VDI 3720 Blatt 1 bis Blatt 8:* Lärmarm Konstruieren.

1 Kurbeltrieb, Massenkräfte und -momente, Schwungradberechnung
Crank mechanism, forces and moments of inertia, flywheel calculation

K.H. Küttner, Berlin

Die vom Medium am Kolben und von den Massen der Triebwerksteile erzeugte Kräfte und Momente dienen zur Berechnung der Maschine einschließlich Triebwerk (s. G 10.3), der Gleichförmigkeit ihres Gangs, der Drehschwingungen [1] der Kurbelwelle (s. O 2), der Massenwirkungen in der Umgebung und von Resonanzerscheinungen [2].

1.1 Drehkraftdiagramm von Mehrzylinder-maschinen. Graph of torque fluctuations in multicylinder reciprocating machines

Einfluß hierauf haben die Bauart der Maschine, der Versatz ihrer Kurbeln, die oszillierenden Triebwerksmassen und der Druck des Mediums im Zylinder sowie die Zündfolge [3] bei Motoren.

Druckverlauf. Es wird als $p = f(\varphi)$ dem Kathodenstrahloszillogramm (**P4 Bild 43**) oder als $p = f(x)$ dem Indikatordiagramm (**P1 Bild 3**) entnommen [4]. Hierbei dient der dimensionslose Wert (s. G 10 Gl. (6))

$$\xi = \frac{x}{r} = 1 - \cos\varphi + \frac{\lambda}{2}\sin^2\varphi + \frac{\lambda^3}{8}\sin^4\varphi + \dots \qquad (1)$$

der Umrechnung des Kolbenwegs x in den Kurbelwinkel φ, wofür meist die ersten drei Glieder genügen. Seine Schritte $\Delta\varphi$ mit der Anzahl $k = 0\dots i$ bei der Periode $\varphi_A = 360° a_T$ mit für das Arbeitsspiel betragen dann $\Delta\varphi = \varphi_A/k$. Die Taktzahl ist $a_T = 2$ beim Viertaktmotor sonst $a_T = 1$. Beim Verdichter mit $\varphi_A = 360°$ wird $\Delta\varphi = 6°$ für $k = 60$. Sein OT (oberer Totpunkt) liegt dann bei $\xi = 0$ bzw. $k = 0$ oder 60 der UT (unterer Totpunkt) bei $\xi = 2$ und $k = 30$. Für Neuentwicklungen ohne Diagramme sind diese nach den Idealprozessen zu erstellen. Hierzu dient z. B. der vereinfachte Seiligerprozeß nach [5] bei Verdichtern der Ersatz der Kompression und Rückexpansion durch Polytropen und bei der Pumpe die Ansauge- und Ausschublinie (s. **P1 Bild 2c**). Bei gasförmigen Medien betragen dann die Volumina aus dem pV-Diagramm [5]

Motor: $\quad V = [1/(\varepsilon - 1) + \xi/2] \cdot V_h,$

Verdichter: $\quad V = [\varepsilon_0 + \xi/2] \cdot V_h.$ $\qquad (2)$

Bei doppeltwirkenden Zylindern gilt bei symmetrischen Diagrammen G 10 Gl. (19).

$$p_{KS} = (2 - \xi)p_{DS}$$

Drehmoment. Mit der Kolbenkraft $F_K = F_S - F_o$ und der Differenz der Gas- und der oszillierenden Massenkraft (nach G 10.2.1 bis 10.2.3) von der meist zwei Glieder ausreichen, folgt für das Drehmoment eines Triebwerks

$$M_d = F_T r = F_K(\varphi) \cdot \left(\sin\varphi + \frac{\lambda}{2}\frac{\sin 2\varphi}{\sqrt{1 - \lambda^2 \sin^2\varphi}}\right) \qquad (3)$$

mit der Periode $\varphi_A = 360° a_T$ und den Nullstellen nach G 10.2.3. Bei steigender Drehzahl entlasten die Massenkräfte zunächst die Gaskräfte, um sie dann später zu übersteigen, was sich auch auf die Drehmomentenschwankungen auswirkt (s. **G 10 Bild 8** und **Bild 1c**).

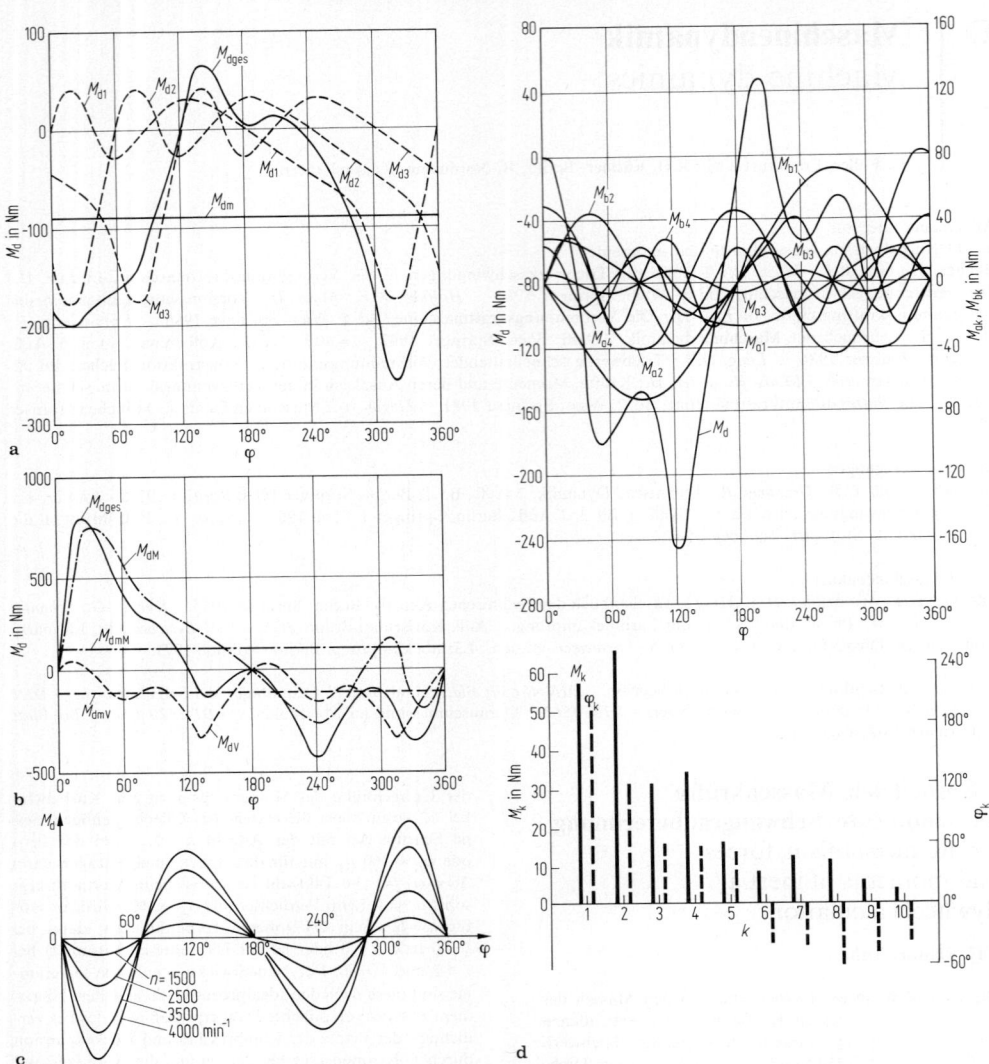

Bild 1. Drehmomentendiagramme. **a** Einstufiger W-Verdichter $\gamma_F = 60°$; **b** Viertaktmotor M mit einstufigen Kolbenverdichter V mit je zwei Zylindern in Reihe, $M_{dmM} = -M_{dmV}$, $\varphi_{PM} = \varphi_{PV}$; **c** Zweitaktmotor beim Leerlauf; **d** harmonische Analyse des Moments eines zweistufigen Verdichters mit Spektrum der Momentenamplituden und ihrer Phasenwinkel $M_k = \sqrt{M_{ka}^2 + M_{kb}^2}$ bzw. $\tan\varphi_k = M_{ak}/M_{bk}$

Gesamtmoment. Dieses gilt hier für Maschinen mit z-Zylindern, gleichem Kolben und Kurbelversatz, wie bei Motoren [6] wobei der Winkel φ von der Kurbel *1* aus zählt. Bei Reihenmaschinen (**Bild 1a**) beträgt es

$$M_{d\,ges} = \sum M_d[\varphi + (k-1)\varphi_p]. \qquad (4)$$

Bei der Periode $\varphi_P = \varphi_A/z$, also dem Winkel zwischen zwei Kurbeln, wiederholt sich das Gesamtmoment. Dabei nehmen die Momentenschwankungen mit zunehmender Zylinderzahl ab. Für die Fächer- bzw. Sternmaschinen gilt mit dem Winkel $\gamma_F = 180°/z$ bzw. $\varphi_s = 360°/z$ zwischen den benachbarten Zylindermittellinien (s. **Bild 9**)

$$M_{d\,ges} = \sum M_d[\varphi + (k-1)\gamma]. \qquad (5)$$

Gleiche Zündabstände sind nur bei Sternmotoren mit ungerader Zylinderzahl möglich. Für den W-Verdichter mit $\gamma_F = 60°$ (**Bild 1a**) ist dann

$$M_{d\,ges} = M_d(\varphi) + M_d(\varphi - 60°) + M_d(\varphi - 120°).$$

Bei mehrstufigen Verdichtern ist der Momentenverlauf der einzelnen Stufen verschieden. Wegen der Kupplung von Kraft- und Arbeitsmaschinen ist beider Drehmoment zu berücksichtigen, **Bild 1**. Für Schwingungsuntersuchungen ist die harmonische Analyse der Diagramme (**Bild 1d**) vorzunehmen. Hier bedeuten die M_{ka} bzw. die M_{kb} die cos- bzw. sin-Glieder der trigonometrischen Reihe nach A 6.18.

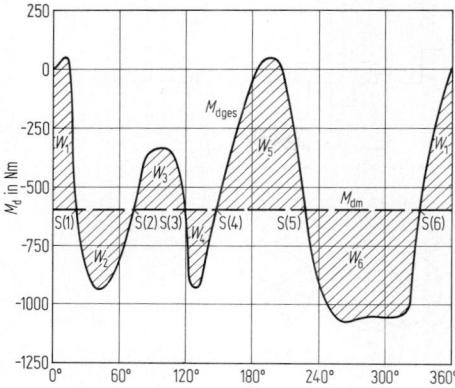

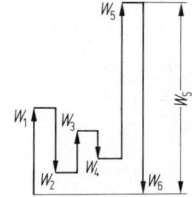

Bild 2. Ermittlung des Arbeitsvermögens. **a** Drehmoment; **b** Energieverlauf

Tabelle 1. Anhaltswerte für Ungleichförmigkeitsgrade

Schiffspropeller	1/30
Pumpen und Gebläse	1/30…1/50
Werkzeugmaschinen	1/50
Kolbenverdichter	1/50…1/100
Fahrzeugmotoren	1/150…1/300
Generatoren:	
– Drehstrom	1/125…1/300
– Gleichstrom	1/100…1/200
Flugmotoren	1/1000

Mittleres Moment. Es beträgt

$$M_{dm} = \frac{1}{\varphi_P} \int_0^{\varphi_P} M_{d\,ges}\,d\varphi \qquad (6)$$

und wird mit Hilfe der numerischen Integration (s. A 10.6) ermittelt. Im Beharrungszustand ist es dem Mittelwert der angekuppelten Maschine gleich und von den Massenkräften unabhängig.

Schwungrad. Es gleicht das Maximum der einzelnen Energieschwankungen (**Bild 2**)

$$W_s = \int_{\varphi_k}^{\varphi_{k+1}} (M_d - M_{dm})\,d\varphi \qquad (7)$$

aus. Dabei treten die φ_k bzw. φ_{k+1} an den Stellen, wo $M_d = M_{dm}$ ist, auf.

Trägheitsmoment. Aus dem Energiesatz folgt mit $W_{s\,max} = J(\omega_{max}^2 - \omega_{min}^2)/2$, dem Mittelwert $\omega_m = (\omega_{max} + \omega_{min})/2$ und dem Ungleichförmigkeitsgrad $\delta = (\omega_{max} - \omega_{min})/\omega_m$ nach **Tab. 1**

$$J = \frac{W_s}{\delta \omega_m^2} = \frac{W_s}{4\pi^2 \delta n^2}. \qquad (8)$$

Tabelle 2. Konstante k in $kg\,m^2/(kW\,min^3)$ für Viertaktmotoren

Zylinderzahl	1	2	3	4	5	6	7	8
Dieselmotor	17,5	7,2	4,3	0,92	1,63	0,54	0,73	0,49
Ottomotor	6,0	2,5	1,3	0,5	0,24	0,12	–	–

Es umfaßt auch die Anteile der angekuppelten Maschine und der Triebwerke und ist vom Schwungrad aufzubringen, das ebenfalls der Regelung dient [5]. Anhaltswerte für Viertaktmotoren [6] folgen mit der indizierten Leistung P_i und der Konstanten k nach **Tab. 2** aus

$$J = k\,\frac{P_i}{\delta(n/100)^3}. \qquad (9)$$

Bei gleicher Leistung nimmt also das Trägheitsmoment mit der dritten Potenz der Drehzahl, der Zylinderzahl und dem Ungleichförmigkeitsgrad ab.

Auslegung. Das Schwungrad (**Bild 3**) besteht aus k-Scheiben mit der Breite b_k, dem Außen- bzw. Innendurchmesser D_k und d_k und hat die Dichte ρ. Seine Masse bzw. sein Trägheitsmoment beträgt also

$$m_s = \frac{\pi}{4}\rho \sum (D_k^2 - d_k^2)b_k$$

$$J = \frac{1}{8}\sum m_k(D_k^2 + d_k^2) = \frac{\pi}{32}\rho \sum(D_k^4 - d_k^4)b_k, \qquad (10)$$

wobei $D_{k+1} = d_k$ ist.

Hiernach hat der äußere Kranz den größten Einfluß und nimmt etwa 90% des Trägheitsmoments bei Scheiben- und 95% bei Speichenschwungrädern [7, 8] auf. Zur besseren Materialausnutzung soll der äußere Durchmesser so groß sein, wie es die Fliehkraftspannungen zulassen. Die Grenzen liegen bei den Umfangsgeschwindigkeiten $u = 50\,m/s$ bei Grauguß- und $u = 75\,m/s$ bei Stahlgußrädern.

Beispiel: Drehmomentendiagramm eines einstufigen Verdichters mit Tauchkolben. Voraussetzung hierfür ist die vereinfachte Berechnung des Druckverlaufs nach dem p, V-Diagramm (**Bild 4**).

Rückexpansion 3–4: Nach den Gl. (1) und (2) folgt aus der Polytropen

$$pV^n = p_2 V_3^n \quad \text{mit} \quad V_3 = V_s = \varepsilon_0 V_h$$

$$p = p_2 \left(\frac{\varepsilon_0}{\varepsilon_0 + \xi/2}\right)^n.$$

Sie findet zwischen p_2 und $p_1 = p_2/\psi$ bzw. $\xi = 0$ und $\xi_{rü} = 2\varepsilon_0(\psi^{\frac{1}{n}} - 1)$ statt.

Ansaugen 4–1. Es erfolgt auf der Isochoren p_1 zwischen $\xi = \xi_{rü}$ und $\xi = 2$.

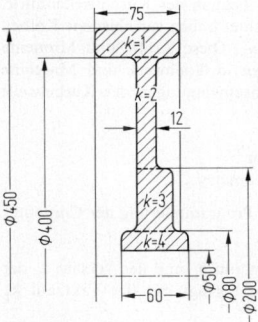

Bild 3. Scheibenschwungrad

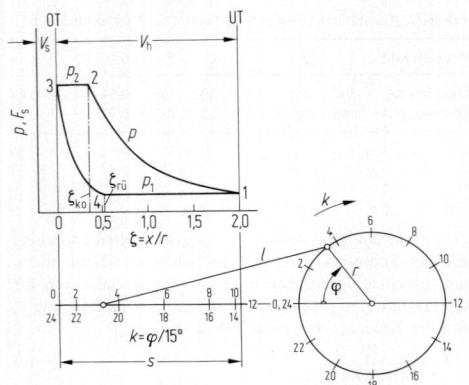

Bild 4. Ermittlung des Druckverlaufs eines Kolbenverdichters

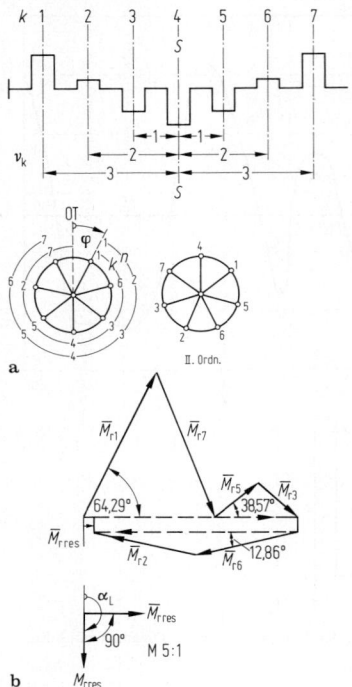

Bild 5. 7-Zylinder-Reihenmotor. **a** Kurbelschema mit Stern I. und II. Ordnung; **b** vektorielle Ermittlung des resultierenden rotierenden Moments

Kompression 1–2. Mit der Polytropen $pV^n = p_1 V_1^n$, wobei $V_1 = V_s + V_h = (1 + \varepsilon_0)V_h$ ist

$$p = p_1 \left(\frac{1 + \varepsilon_0}{\varepsilon_0 + \xi/2} \right)^n.$$

Sie erstreckt sich von p_1 bis $p_2 = \psi p_1$, also von $\xi = 2$ bis $\xi_{k0} = 2[(1 + \varepsilon_0)\psi^{-1/n} - \varepsilon_0]$.

Ausschieben 2–3. Beim konstanten Druck p_2 liegt es zwischen $\xi = \xi_{k0}$ und $\xi = 0$

Moment. Die Stoffkraft $F_s = (p - p_a)A_k$ folgt nach G10 Gl. (18) mit den Drücken $p = f(\varphi)$ der einzelnen Arbeitsgänge. Mit der Massenkraft nach G10 Gl. (22) $F_o = m_o r\omega^2 (\cos\varphi + \lambda\cos 2\varphi)$ also $F_k = F_s - F_o$ nach G10 Gl. (27) ergibt sich das Moment aus Gl. (3) (s. M_{d1} in **Bild 1**).

1.2 Massenkräfte und Momente
Forces and moments of inertia

Bei Mehrzylindermaschinen ergeben sich ihre Resultierenden durch vektorielle Addition der Kräfte pro Triebwerk und der von ihnen erzeugten Momente. Es sind dies die rotierenden Kräfte $F_r = m_r r\omega^2$ bzw. die I. und II. Ordnung $F_I = m_o r\omega^2 \cos\varphi = P_I \cos\varphi$ und $F_{II} = \lambda P_I \cos 2\varphi$ nach G10 Gl. (21) und (22) sowie deren Momente M_r, M_I und M_{II}. Die Addition erfolgt graphisch [9] oder analytisch gemäß der Stellung der Kurbeln und der Lage der Mittellinien. Bei Motoren sind die Massen m_r und m_o der Triebwerke nach G10 Gl. (25) und (26), die Zylinderabstände a und die Differenz $\Delta\alpha_k$ des Kurbelversatzes konstant und ihre Schwerelinie SS liegt in der Kurbelwellenmitte, **Bild 5**. Mehrstufige Verdichter haben verschiedene Kolben [10] und damit Massen m_o. Diese Kräfte und Momente verursachen Schwingungen in Triebwerk und Maschine [11] insbesondere Torsionsschwingungen der Kurbelwelle [12].

1.2.1 Analytische Verfahren
Methods of coordinate geometry

Sie sind besonders für die Programmierung der Computer geeignet [5].

Reihenmaschinen. Der Abstand h_k und der Versatz α_k der k-Kurbel von z-Zylindern beträgt mit der Taktzahl a_T (**Bild 5a**)

$$\alpha_k = (n - 1)360° a_T/z, \quad h_k = [0,5(z + 1) - k]a = v_k a. \quad (11)$$

Der Zähler $k = 1$ bis z bezeichnet die Triebwerke längs der Kurbelwelle von der Kupplung ab, und der Zähler $n = 1$ bis z bestimmt den Winkel α_k und rechnet in der Drehrichtung.

Rotierende Momente. Für ihre vertikalen bzw. horizontalen Komponenten ergibt sich

$$M_{rx} = F_r \sum h_k \sin(\varphi + \alpha_k) \quad \text{und}$$
$$M_{ry} = F_r \sum h_k \cos(\varphi + \alpha_k).$$

Mit den dimensionslosen Konstanten

$$c_{r1} = \sum v_k \cos\alpha_k \quad \text{und} \quad c_{r2} = \sum v_k \sin\alpha_k \quad (12)$$

folgt daraus für die Resultierende und ihren Lagewinkel mit

$$M_{rres} = \sqrt{M_{rx}^2 + M_{ry}^2}, \quad \tan\chi = M_{rx}/M_{ry} = c_{r2}/c_{r1} \quad (13)$$

der rotierenden Momente mit $c_r = \sqrt{c_{r1}^2 + c_{r2}^2}$

$$M_{rres} = F_r a c_r \quad \text{und} \quad \alpha_L = 90° + \varphi + \chi \quad (14)$$

Momente m-ter Ordnung. Mit den Kraftamplituden $P_{mk} = F_{mk}/\cos(m\varphi)$ nach G10 Gl. (21) die in den Zylindermittellinien wirken, gilt

$$M_{mres} = \sum P_{mk} h_k \cos m(\varphi + \alpha_k).$$

Das Maximum folgt hieraus mit $dM_{mres}/d\varphi = 0$

$$\tan m\varphi = -\sum P_m h_k \sin m\alpha_k / \sum P_m h_k \cos m\alpha_k, \quad (15)$$

wobei der Winkel φ für seine Berechnung und Richtung maßgebend ist. Sind die Kolben, also die Kräfte P_{mk} gleich, so ergibt sich mit den Konstanten

$$c_{m1} = \sum v_k \cos m\alpha_k \quad \text{und} \quad c_{m2} = \sum v_k \sin m\alpha_k \quad (16)$$

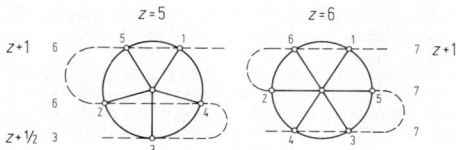

Bild 6. Günstige Kurbelfolgen für Zweitaktmotoren mit gerader und ungerader Zylinderzahl

für den Momentanwert der Momente bzw. ihr Maximum mit

$$c_m = \sqrt{c_{m1}^2 + c_{m2}^2}$$
$$M_{m\,res} = P_m a(c_{m1}\cos m\varphi - c_{m2}\sin m\varphi),$$
$$M_{m\,max} = P_m a c_m. \tag{17}$$

Sie treten auf bei dem Kurbelwinkel

$$\varphi = \arctan(-c_{m2}/c_{m1})/m. \tag{18}$$

Hierbei ist $c_{11} = c_{r1}$ und $c_{12} = c_{r2}$.

Kräfte. Für sie gilt in den Gl. (11) und (16) $h_k = a v_k = 1$. Damit folgt für ihre Konstanten

$$k_{m1} = \sum \cos m a_k \quad \text{und} \quad k_{m2} = \sum \sin m a_k \tag{19}$$

Günstige Kurbelfolgen. Die Kräfte verschwinden, wenn die Kurbelsterne m-ter Ordnung mit den Winkeln $m\alpha_k$ (**Bild 5a**) symmetrisch sind. Zweitaktmaschinen (**Bild 6**) haben die kleinsten Momente, wenn ihr Kurbelstern I. Ordnung in der Reihenfolge 1, z, 2, $z-1$, n, $n(z-n+1)$ durchlaufen wird [9, 13]. In Viertaktmaschinen heben sich die Momente auf, wenn bei je zwei Kurbeln der Winkel α_k und der Betrag ihrer Hebelarme h_k gleich sind.

V-Maschinen. Beim Zweizylinder-Motor bilden die um eine Schubstangenbreite versetzten Mittellinien der Triebwerke A und B den Gabelwinkel $\gamma = \varphi_A + \varphi_B$, **Bild 7**. Die vertikalen bzw. horizontalen Komponenten der Kraft I. Ordnung betragen dann, da $\varphi_A = \gamma/2 - \varphi_k$ und $\varphi_B = \gamma/2 + \varphi_k$ ist, mit $F_{IA} = P_{IA}\cos\varphi$ und $F_{IB} = P_{IB}\cos\varphi_B$

$$F_{Ix} = (F_{IA} - F_{IB})\sin(\gamma/2)$$
und
$$F_{Iy} = (F_{IA} + F_{IB})\cos(\gamma/2).$$

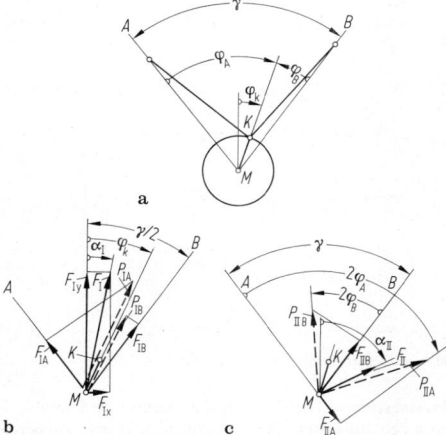

Bild 7. V-Maschine. **a** Anordnung der Triebwerke; **b** Ermittlung der Kraft I. Ordnung aus den Komponenten; **c** vektorielle Ermittlung der Kraft II. Ordnung

Tabelle 3. Extremwerte der Massenkräfte von V-Maschinen $P_I = m_o r \omega^2$ und $P_{II} = \lambda P_I$

γ in $^\circ$	F_{Ia}/P_I	F_{Ib}/P_I	F_{IIa}/P_{II}	F_{IIb}/P_{II}
30	1,867	0,134	1,673	0,259
45	1,707	0,293	1,307	0,541
60	1,50	0,50	0,866	0,866
75	1,259	0,741	0,411	1,176
90	1,0	1,0	0	1,414
120	0,5	1,50	0,5	1,50
180	0,0	2,0	0	0

Ihre Resultierende und deren Lagewinkel sind damit

$$F_I = \sqrt{F_{Ix}^2 + F_{Iy}^2} \quad \text{bzw.} \quad \tan\alpha_I = F_{Ix}/F_{Iy}. \tag{20}$$

Für gleiche Kolbenmassen wird dann

$$F_{Ix} = 2P_I \sin^2(\gamma/2)\sin\varphi_k$$
und
$$F_{Iy} = 2P_I \cos^2(\gamma/2)\cos\varphi_k. \tag{21}$$

Bei $\gamma = 90^\circ$ folgt aus den Gl. (20) und (21) $F_I = P_I$ und $\alpha_L = \varphi$. Die Kräfte I. Ordnung sind durch Gegengewichte an den Wangen ausgleichbar. Ihre Extremwerte treten bei $\cos\varphi = 1$ bzw. 0 auf und stellen die Halbachsen der Ellipsen nach Gl. (21) dar und betragen hiernach

$$F_{Ia} = 2P_I \cos^2(\gamma/2) \quad \text{und} \quad F_{Ib} = 2P_I \sin^2(\gamma/2). \tag{22}$$

Sie liegen vertikal bzw. horizontal und für $\gamma < 90$ ist F_{Ia} das Maximum und F_{Ib} das Minimum (s. **Tab. 3**). Für die Kräfte II. Ordnung gilt dann, mit den Komponenten $F_{IIA} = P_{IIA}\cos 2\varphi_A$ und $F_{IIB} = P_{IIB}\cos 2\varphi_B$

$$F_{IIx} = (F_{IIA} - F_{IIB})\sin(\gamma/2)$$
und
$$F_{IIy} = (F_{IIA} + F_{IIB})\cos(\gamma/2)$$

mit den Resultierenden und Lagewinkel $F_{II} = \sqrt{F_{IIx}^2 + F_{IIy}^2}$ und $\tan\alpha_{II} = F_{IIx}/F_{IIy}$. Bei gleichen Kolbenmassen gilt

$$F_{IIx} = 2P_{II}\sin(\gamma/2)\sin\gamma\sin 2\varphi_k,$$
$$F_{IIy} = 2P_{II}\cos(\gamma/2)\cos\gamma\cos 2\varphi_k. \tag{23}$$

Ihre Extremwerte, die bei $\cos 2\varphi_k = 1$ bzw. 0 auftreten, sind

$$F_{IIa} = 2P_{II}\cos(\gamma/2)\cos\gamma$$
und
$$F_{IIb} = 2P_{II}\sin(\gamma/2)\sin\gamma. \tag{24}$$

Hierbei ist F_{IIa} das Maximum und F_{IIb} das Minimum wenn $\gamma < 60$ ist (s. **Tab. 3**).
Die rotierenden Kräfte folgen aus G 10 Gl. (26)

$$F_r = m_{rV} r \omega^2 \quad \text{mit} \quad m_{rV} = m_{rKW} + 2m_{rSt}. \tag{25}$$

V-Reihenmaschinen, Bild 8. Bei gleichen Kolbenmassen betragen die Komponenten der Momente I. Ordnung nach Gl. (17) und (22) mit $c_{11} = c_{r1}$ und $c_{12} = c_{r2}$

$$M_{Ix} = 2P_I a \sin^2(\gamma/2)(c_{r1}\sin\varphi + c_{r2}\cos\varphi),$$
$$M_{Iy} = 2P_I a \cos^2(\gamma/2)(c_{r1}\cos\varphi - c_{r2}\sin\varphi). \tag{26}$$

Für die Momente II. Ordnung gilt dann mit Gl. (17) mit $m = II$

$$M_{IIx} = 2P_{II} a \sin\gamma\sin(\gamma/2)(c_{II1}\sin 2\varphi + c_{II2}\cos 2\varphi),$$
$$M_{IIy} = 2P_{II} a \cos\varphi\cos(\gamma/2)(c_{II2}\cos 2\varphi - c_{II2}\sin 2\varphi). \tag{27}$$

Resultierende und Lagewinkel ergeben sich aus Gl. (13). Die Extremwerte der Momente I. Ordnung folgen mit $c_r = \sqrt{c_{r1}^2 + c_{r2}^2}$

$$M_{Ia} = 2P_I a c_r \cos^2(\gamma/2) \quad \text{und} \quad M_{Ib} = 2P_I a c_r \sin^2(\gamma/2). \tag{28}$$

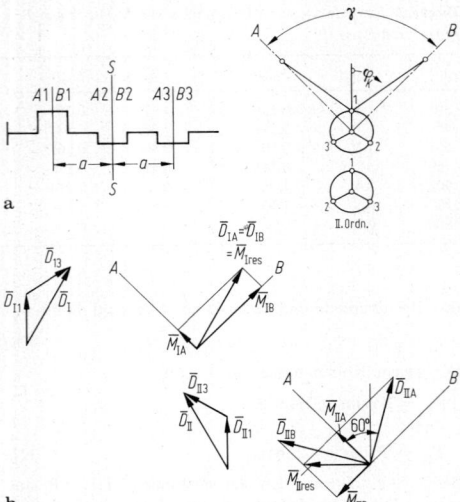

Bild 8. V-Reihenmaschinen. **a** schematischer Aufbau und Momente I. Ordnung; **b** Kurbelstern II. Ordnung mit Momenten

Für die Momente II. Ordnung gilt dann mit $c_{\mathrm{II}1}$ und $c_{\mathrm{II}2}$ nach Gl. (19) und mit $c_{\mathrm{II}} = \sqrt{c_{\mathrm{II}1}^2 + c_{\mathrm{II}2}^2}$

$$M_{\mathrm{II}a} = 2P_{\mathrm{II}}ac_{\mathrm{II}}\cos\gamma\cos\gamma/2$$

und

$$M_{\mathrm{II}b} = 2P_{\mathrm{II}}ac_{\mathrm{II}}\sin\gamma\sin(\gamma/2). \tag{29}$$

Die rotierenden Momente werden mit der Masse m_{rV} nach Gl. (14) wie bei der Reihenmaschine berechnet. **Tab. 4** (s. S. 7, 8) zeigt die Massenkräfte und Momente der wichtigsten Motorenbauarten.

Beispiel: Massenkräfte und Momente eines Motors mit der Kurbelfolge 1, 6, 3, 4, 5, 2, 7 in einfacher bzw. in V-Reihenbauart mit 60° bzw. 90° Gabelwinkel.

Reihenmotor. Der Kurbelversatz und die Hebelarme betragen bei $z = 7$ Zylindern nach Gl. (11) und **Bild 5**

$$\alpha_k = (n-1)51{,}43° \quad \text{und} \quad v_k = h_k/a = 4 - k.$$

Der Kurbelwinkel ist $\varphi = 51{,}43°/2 = 25{,}72°$. Aus der mit diesen Werten ermittelten **Tab. 5** folgt mit den Gl. (12) und (19) $c_{\mathrm{r}1} = 0{,}1160$ und $c_{\mathrm{r}2} = 0{,}2407$ bzw. $c_{\mathrm{r}} = 0{,}2672$ und $k_{\mathrm{r}1} = k_{\mathrm{r}2} = 0$. Damit gilt für das resultierende bzw. das maximale Moment I. Ordnung

$$M_{\mathrm{r\,res}}/(F_{\mathrm{r}}a) = M_{\mathrm{I\,res}}/(P_{\mathrm{I}}a) = 0{,}2672.$$

Der Vektor des rotierenden Moments hat nach Gl. (14) mit arctan $(0{,}2407/0{,}116) = 64{,}28°$ den Lagewinkel

$$\alpha_{\mathrm{L}} = 90° + 25{,}72° + 64{,}28° = 180°.$$

Das maximale Moment I. Ordnung tritt beim Kurbelwinkel $\varphi = -64{,}26°$ bzw. 115,75° also bei der Drehung der Kurbel *1* um 90° auf. Das Moment ist Null bei $\varphi = 64{,}28°$ bzw. 154,28°. Für das Moment

Tabelle 5. Zur Berechnung der Massenkräfte und Momente eines Reihenmotors (s. Beispiel)

n	k	α_k in °	$\cos\alpha_k$	$\sin\alpha_k$	v_k	$v_k\cos\alpha_k$	$v_k\sin\alpha_k$
1	1	0,0	1,0	0	3	3,0	0,0
2	6	51,43	0,6235	0,7818	−2	−1,2470	−1,5636
3	3	102,86	−0,2225	0,9750	1	−0,2225	0,9750
4	4	154,29	−0,9010	0,4339	0	0,0	0,0
5	5	205,72	−0,9010	−0,4339	−1	0,9010	0,4339
6	2	257,15	−0,2225	−0,9750	2	−0,4450	−1,9500
7	1	308,58	0,6235	−0,7818	−3	−1,8705	2,3454
			0	0		0,1166	0,2407
			$= k_{\gamma 1}$	$= k_{\gamma 2}$		$= c_{\gamma 1}$	$= c_{\gamma 2}$

II. Ordnung wird die **Tab. 5** für $2\alpha_k$ neu berechnet. Nach den Gl. (16) folgt hieraus $c_{\mathrm{II}1} = 0{,}7862$ und $c_{\mathrm{II}2} = 0{,}6270$, also $c_{\mathrm{II}} = 1{,}006$ und $k_{\mathrm{II}1} = k_{\mathrm{II}2} = 0$.

Das Maximum des Moments II. Ordnung ist $M_{\mathrm{II\,res\,max}}/(\lambda P_{\mathrm{I}}a) = 1{,}006$. Es tritt mit arctan $(-c_{\mathrm{II}2}/c_{\mathrm{II}1}) = 38{,}57°$ bei $\varphi = (90 - 38{,}57)° = 25{,}71°$ d.h. in der gezeichneten Lage auf. Bei der graphischen Lösung (**Bild 5b**) nach O 1.2.2 folgt aus den gezeichneten Dreiecken

$$M_{\mathrm{r}} = 2F_{\mathrm{r}}a(3\cos 64{,}28° + \cos 38{,}57° - 2\cos 12{,}86°)$$
$$= 0{,}2672 F_{\mathrm{r}}a.$$

Dabei ist der Vektor $\overline{M}_{\mathrm{res}}$ noch um 90° im Uhrzeigersinn zu drehen. Kräfte treten keine auf, da $k_{\mathrm{r}1} = k_{\mathrm{r}2} = k_{\mathrm{II}1} = k_{\mathrm{II}2} = 0$ bzw. die Kurbelsterne symmetrisch sind.

V-Reihenmaschinen. Beim Gabelwinkel $\gamma = 60°$ betragen die Extremwerte der Momente I. Ordnung nach den Gl. (28)

$$M_{\mathrm{I}a}/(P_{\mathrm{I}}a) = 2\cdot 0{,}2672\cos^2 30° = 0{,}4008$$

und

$$M_{\mathrm{I}b}/(P_{\mathrm{I}}a) = 2\cdot 0{,}2672\sin^2 30 = 0{,}1336$$

und der Momente II. Ordnung nach Gl. (29)

$$M_{\mathrm{II}a}/(\lambda P_{\mathrm{I}}a) = M_{\mathrm{II}b}/(\lambda P_{\mathrm{I}}a) = 2\cdot 1{,}006\cos 30° \cos 60° = 0{,}8712.$$

Für den Gabelwinkel $\gamma = 90°$ gilt entsprechend:

$$M_{\mathrm{I}a}/(P_{\mathrm{I}}a) = M_{\mathrm{I}b}/(P_{\mathrm{I}}a) = 0{,}2672;$$
$$M_{\mathrm{II}a}/(\lambda P_{\mathrm{I}}a) = 0 \quad M_{\mathrm{II}b}/(\lambda P_{\mathrm{I}}a) = \sqrt{2}.$$

Fächer- und Sternmaschinen. Die Triebwerke (**Bild 9**) sind hier auf den halben bzw. den gesamten Kreisumfang verteilt. Zwischen zwei Mittellinien liegt der Winkel $\gamma_{\mathrm{F}} = 180°/z$ bzw. $\gamma_{\mathrm{S}} = 360°/z$ wobei sie um die Breite einer Schubstange versetzt sind. Hiervon liegen bis zu fünf auf einem Kurbelzapfen. Sie haben leichte Gehäuse und die Resultierende der Kräfte I. Ordnung (s. **Tab. 6**) läuft mit der Kurbel um, läßt sich also einfach durch Gegengewichte an deren Wangen ausgleichen. Bei größeren Zylinderzahlen sind auch ein Hauptpleuel mit angelenkten Nebenpleueln üblich [14].

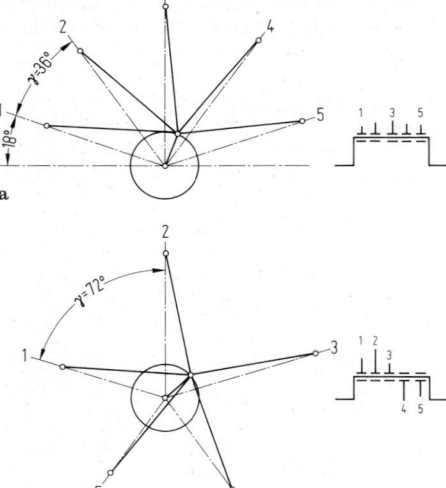

Bild 9. a Fächermaschine; **b** Sternmaschine

Boxermaschinen. Hier werden die Triebwerke 1 und 2, 3 und 4 den (**Bild 10a**) Doppelkurbeln A, B usw. zugeordnet. Bei gleichen Massen sind dann die Doppelkurbeln kräftefrei, ihre Momente gleich (**Bild 10b**) und von den Zylinderabständen unabhängig. Dann gelten die Gl. (14),

Tabelle 4. Freie Massenkräfte und -momente verschiedener Zylinderanordnungen (Zusammengestellt nach [3, 6, 11, 12, 16])

Bezeichnung	2 Zylinder Reihe [1,2,3]	2 Zylinder Reihe [1,2,3]	2 Zylinder Boxer [1,2,3]	2 Zylinder 45° V [1*,2,3,4]	2 Zylinder 60° V [1*,2,3,4]	2 Zylinder 90° V [1*,2,3,4]
Kurbelstern I.Ordnung / Schemaskizze der Kurbelwelle	*(Skizze)*	*(Skizze)*	*(Skizze)*	*(Skizze)*	*(Skizze)*	*(Skizze)*
Aufbau der Kurbelwelle	2 Kröpfungen	2 Kröpfungen	2 Kröpfungen	1 Kröpfung	1 Kröpfung	1 Kröpfung
Zündabstände	180°–540°	360°–360°	360°–360°	405°–315°	420°–300°	450°–270°
Freie Kräfte (ohne Ausgleich)						
I. Ordnung	0	$2P_I$	0	v.$1{,}707P_I$; h.$0{,}293P_I$	v.$1{,}5P_I$; h.$0{,}5P_I$	v. und h.$1{,}0P_I$
II. Ordnung	$2P_{II}$	$2P_{II}$	0	v.$1{,}31P_{II}$; h.$0{,}34P_{II}$	v. und h.$0{,}865P_{II}$	v.$0P_{II}$; h.$1{,}414P_{II}$
Freie Momente (ohne Ausgleich)						
I. Ordnung	$a\cdot P_I$	0	$b\cdot P_I$	$b\cdot F_I$	$b\cdot F_I$	$b\cdot F_I$
II. Ordnung	0	0	$b\cdot P_{II}$	$b\cdot F_{II}$	$b\cdot F_{II}$	$b\cdot F_{II}$
Freie Kräfte höherer Ordnung	$2(P_{IV}+P_{VI}+\dots)$	$2(P_{IV}+P_{VI}+\dots)$	0	$0{,}765P_{IV}$; $0{,}765P_{VI}$	$\sqrt{3}P_{IV}$	$\sqrt{2}P_{IV}$; $\sqrt{2}P_{VI}$
Freie Momente höherer Ordnung	0	0	$b\cdot(P_{IV}+P_{VI}+\dots)$	$0{,}765\cdot b\cdot P_{IV}$; $0{,}765\cdot b\cdot P_{VI}$	$b\cdot P_{IV}$; $b\cdot\tfrac{1}{2}\sqrt{3}P_{VI}$	$b\cdot\tfrac{1}{2}\sqrt{2}P_{IV}$; $b\cdot\tfrac{1}{2}\sqrt{2}P_{VI}$
Gegengewichte: übliche Anzahl	2	2	2	2	2	2
Größe	$<(F_r+0{,}5P_I)$	$F_r+0{,}5P_I$	$<(F_r+0{,}5P_I)$	$\tfrac{1}{2}(F_r+\dots P_I)$	$\tfrac{1}{2}(F_r+\dots P_I)$	$\tfrac{1}{2}(F_r+\dots P_I)$
Aufwand	groß	groß	groß	groß	groß	groß
Drehschwingungen, kritische / Drehschwingverhalten	0,5; 1,5; 2; 2,5;... gut	1; 2; 3;... gut	1; 2; 3;... gut	s. [10,13]	s. [10,13]	s. [10,13]
Allgem. dynamisches Verhalten	brauchbar	brauchbar	brauchbar	mäßig	mäßig	brauchbar
Beurteilung	brauchbar	brauchbar	brauchbar	mäßig	mäßig	brauchbar

Bezeichnung	3 Zylinder Reihe [1,2,3,5]	4 Zylinder Reihe [1,2,3]	4 Zylinder Reihe [1,2]	4 Zylinder 2×180° V [1*,2,3,4]	4 Zylinder Boxer [1,2,3]
Kurbelstern I.Ordnung / Schemaskizze der Kurbelwelle	*(Skizze)*	*(Skizze)*	*(Skizze)*	*(Skizze)*	*(Skizze)*
Aufbau der Kurbelwelle	3×120° Kröpfungen	4 Kröpfungen	2×2 um 90° versetzte Kr.	2 Kröpfungen	4 Kröpfungen
Zündabstände	240°–240°	180°–180°–180°–180°	Z.T. 90°–90°–90°–90°	180°–180°–180°–180°	180°–180°–180°–180°
Freie Kräfte (ohne Ausgleich)					
I. Ordnung	0	0	0	0	0
II. Ordnung	0	$4P_{II}$	0	0	0
Freie Momente (ohne Ausgleich)					
I. Ordnung	$\sqrt{3}\cdot a\cdot P_I$	0	$\sqrt{2}\cdot a\cdot P_I$	$a\cdot F_I$	0
II. Ordnung	$\sqrt{3}\cdot a\cdot P_{II}$	0	$4\cdot a\cdot P_{II}$	$2b\cdot F_{II}$	$2b\cdot P_{II}$
Freie Kräfte höherer Ordnung	$3P_{VI}$	$4(P_{IV}+P_{VI}+\dots)$	$4P_{IV}$	0	0
Freie Momente höherer Ordnung	$\sqrt{3}\cdot a\cdot P_{IV}$	0	$4\cdot a\cdot P_{VI}$	$2b\cdot F_{IV}$; $2b\cdot F_{VI}$	$2b\cdot P_{IV}$; $2b\cdot P_{VI}$
Gegengewichte: übliche Anzahl	4	4	4	4	4
Größe	$<(F_r+\tfrac{1}{2}P_I)$	$\ll(F_r+\tfrac{1}{2}P_I)$	$F_r+0{,}5P_I$	$\tfrac{1}{2}(F_r+\dots\tfrac{1}{2}P_I)$	$\ll(F_r+0{,}5P_I)$
Aufwand		mäßig	groß	mäßig	klein
Drehschwingungen, kritische / Drehschwingverhalten	1,5; 3; 4,5;... gut	2; 4; 6;... mäßig	4; 6; 8;... gut	2; 4; 6;... [10,13] gut	2; 4; 6;... gut
Allgem. dynamisches Verhalten	mittel	gut	mäßig	schlecht	gut
Beurteilung	mittel	mittel	mäßig	schlecht	gut

Bezeichnung	4 Zylinder 2×90° V [1*,4,6]	4 Zylinder 2×90° V [1*,3,4,6]	4 Zylinder 2×90° V [1*,3,4,6]	4 Zylinder 60° V [1,3,7]	5 Zylinder Reihe [1,2,3]
Kurbelstern I.Ordnung / Schemaskizze der Kurbelwelle	*(Skizze)*	*(Skizze)*	*(Skizze)*	*(Skizze)*	*(Skizze)*
Aufbau der Kurbelwelle	2 Kröpfungen	2 Kröpfungen	2 Kröpfungen, 90° versetzt	2×120° Kröpfg., 60° versetzt	5×72° Kröpfungen
Zündabstände	90°–180°–270°–180°	90°–270°–90°–270°	180°–90°–270°–180°	180°–180°–180°–180°	5×144°
Freie Kräfte (ohne Ausgleich)					
I. Ordnung	0	$2F_I$	$\sqrt{2}F_I$	0	0
II. Ordnung	v.$0P_{II}$; h.$2\sqrt{2}P_{II}$	$2F_{II}$	0	$2\sqrt{3}P_{II}$	0
Freie Momente (ohne Ausgleich)					
I. Ordnung	$a\cdot F_I$	$b\cdot F_I$	$a/2\sqrt{2}F_I$; $b/2\sqrt{2}F_I$	$a\cdot P_I$	$0{,}449\cdot a\cdot P_I$
II. Ordnung	$2b\cdot F_{II}$	0	$2a\cdot F_{II}$	0	$4{,}98\cdot a\cdot P_{II}$
Freie Kräfte höherer Ordnung	0	$2F_{IV}$; $2F_{VI}$	$2F_{IV}$; $2F_{VI}$	$2\sqrt{3}(P_{IV}+P_{VI})$	0
Freie Momente höherer Ordnung	$2b\cdot F_{IV}$; $2b\cdot F_{VI}$	$b\cdot\sqrt{F_{IV}}$; $b\cdot\sqrt{F_{VI}}$	$b\cdot\sqrt{F_{IV}}$; $b\cdot\sqrt{F_{VI}}$	$b(P_{IV}+P_{VI})$	$0{,}449\cdot a\cdot P_{IV}$; $0{,}449\cdot a\cdot P_{VI}$
Gegengewichte: übliche Anzahl	4	4	4	4	5
Größe	$\tfrac{1}{2}(F_r+P_I)$	$\tfrac{1}{2}F_r+\tfrac{1}{2}P_I$	$\tfrac{1}{2}F_r+\tfrac{1}{2}P_I$	$F_r+\tfrac{1}{2}P_I$	$F_r+\tfrac{1}{2}P_I$
Aufwand	mäßig	klein	klein	klein	mittel
Drehschwingungen, kritische / Drehschwingverhalten	0,5; 1,5; 2,5;... [10,13] gut	1; 3; 4,5;... [10,13] gut	0,5; 1; 1,5; 2,5;... [10,13] gut	2; 4; 6;... mäßig	1; 1,5; 2,5; 3,5; 4;... mäßig
Allgem. dynamisches Verhalten	mäßig	mäßig	mäßig	mäßig	mäßig
Beurteilung	mäßig	mäßig	mäßig	mäßig	mäßig

Tabelle 4 (Fortsetzung)

Bezeichnung	6 Zylinder Reihe [1,2,3]	6 Zylinder Reihe [1,2,3,5]	6 Zylinder 60° V [1*,2,3]	6 Zylinder 60° V [1*,2,3]	6 Zylinder Boxer [1,2,3]
Kurbelstern I.Ordnung Schemaskizze der Kurbelwelle					
Aufbau der Kurbelwelle	6×60° Kröpfungen	6×120° Kröpfungen	6×60° Kröpfungen	3×180° Kröpfg., 120° versetzt	6×180° Kröpfg., 120° versetzt
Zündabstände	120°-120°-180°-120°-120°-60°	6×120°	6×120°	6×120°	6×120°
Freie Kräfte (ohne Ausgleich) I. Ordnung	0	0	0	0	0
II. Ordnung	0	0	0	0	0
Freie Momente (ohne Ausgleich) I. Ordnung	0	0	0	0	0
II. Ordnung	$2\sqrt{3} \cdot a \cdot F_{II}$	0	$3/2 \cdot a \cdot F_{II}$	$3/2 \cdot a \cdot F_{II}$	0
Freie Kräfte höherer Ordnung	$6\,P_{VI}$	$6\,P_{VI}$	$3\sqrt{3}\,F_{VI}$	$3\sqrt{3}\,F_{VI}$	0
Freie Momente höherer Ordnung	0	0	$3/2 \cdot a \cdot F_{IV}$; $3/2 \cdot b \cdot F_{VI}$	$3/2 \cdot b \cdot F_{VI}$	$3 \cdot b \cdot P_{VI}$
Gegengewichte: übliche Anzahl	6	6	6	6	6
Größe	$F_r + 1/2\,P_I$	$\ll(F_r + 1/2\,P_I)$	$F_r + 1/2\,P_I$	$1/2\,F_r + 1/2\,P_I$	$<(1/2\,F_r + 1/2\,P_I)$
Aufwand	mittel	klein	groß	mittel	klein
Drehschwingungen, kritische Drehschwingverhalten	1,5; 3; 4,5; 6;... mäßig	3; 6; 9;... gut	3; 6; 9;... mäßig	3; 6; 9;... brauchbar	3; 6; 9;... gut
Allgem. dynamisches Verhalten	mäßig	gut	mäßig	brauchbar	gut
Beurteilung	mäßig	gut	mäßig	brauchbar	gut

Bezeichnung	6 Zylinder 3×90° V [1*,2,3,6]	6 Zylinder 3×120° V [1*,2,3]	6 Zylinder 3×180° V [1*,3,6]	7 Zylinder Reihe [1,2,3]	8 Zylinder Reihe [1,2,3]
Kurbelstern I.Ordnung Schemaskizze der Kurbelwelle					
Aufbau der Kurbelwelle	3 Kröpfungen, 120° versetzt	3 Kröpfungen, 120° versetzt	3 Kröpfungen, 120° versetzt	7×51,43° Kröpfungen	8×90° Kröpfg., 1×45° versetzt
Zündabstände	150°-90°-150°-90°-150°-90°	6×120°	120°-120°-60°-120°-120°-180°	7×102,86°	90°-90°-90°-90°-45°-90°-90°-135°, Zweitakt: 8×45°
Freie Kräfte (ohne Ausgleich) I. Ordnung	0	0	0	0	0
II. Ordnung	0	0	0	0	0
Freie Momente (ohne Ausgleich) I. Ordnung	$\sqrt{3} \cdot a \cdot F_I$	$1,5\sqrt{3} \cdot a \cdot F_I$	$2\sqrt{3} \cdot a \cdot F_I$	$0,267 \cdot a \cdot P_I$	$0,448 \cdot a \cdot P_I$
II. Ordnung	$\sqrt{6} \cdot a \cdot F_{II}$	$1,5\sqrt{3} \cdot a \cdot F_{II}$	0	$1,006 \cdot a \cdot P_{II}$	0
Freie Kräfte höherer Ordnung	$3\sqrt{2}\,F_{VI}$	$3\,F_{VI}$	0	0	0
Freie Momente höherer Ordnung	$\sqrt{6} \cdot a \cdot F_{IV}$; $3/2\sqrt{2} \cdot b \cdot F_{VI}$	$3/2\sqrt{3} \cdot a \cdot F_{IV}$; $3/2\sqrt{3} \cdot b \cdot F_{VI}$	$3 \cdot b \cdot F_{VI}$	$9,845 \cdot a \cdot P_{VI}$; $0,263 \cdot a \cdot P_{VII}$	$16 \cdot a \cdot P_{IV}$
Gegengewichte: übliche Anzahl	6	6	6	7	8
Größe	$1/2\,F_r + 1/2\,P_I$	$1/2\,F_r + 1/2\,P_I$	$<(1/2\,F_r + 1/2\,P_I)$	$F_r + 1/2\,P_I$	$(F_r + 1/2\,P_I)$
Aufwand	mittel	mittel	gut	groß	groß
Drehschwingungen, kritische Drehschwingverhalten	1,5; 3; 4,5;... gut	3; 6; 9;... gut	0,5;1,5; 2,5; 3,5; 4,5;... mäßig	1; 2,5; 3,5; 4,5; 6; 7; 8; mäßig	2; 2,5; 3,5; 4; 4,5;... mäßig
Allgem. dynamisches Verhalten	gut	brauchbar	brauchbar	brauchbar	brauchbar
Beurteilung	mäßig	schlecht	brauchbar	brauchbar	brauchbar

Bezeichnung	8 Zylinder Reihe [1,2,3]	8 Zylinder 4×90° V [1*,3,4,6]	8 Zylinder 4×180° V [1*,3,4]	8 Zylinder Boxer [1,2,3]	8 Zylinder 60° V [1,2,3]
Kurbelstern I.Ordnung Schemaskizze der Kurbelwelle					
Aufbau der Kurbelwelle	4×180° Kröpfg., 2×90° vers.	4 Kröpfungen, 90° versetzt	4 Kröpfungen, 180° versetzt	4×180° Kröpfg., 90° versetzt	4×30° Kröpfg., 90° versetzt
Zündabstände	8×90°	8×90°	4×180° Doppelzündung	8×90°	8×90°
Freie Kräfte (ohne Ausgleich) I. Ordnung	0	0	0	0	0
II. Ordnung	0	0	0	0	0
Freie Momente (ohne Ausgleich) I. Ordnung	0	$\sqrt{10} \cdot a \cdot F_I$	0	0	$(3,054 \pm 0,818)\,a \cdot P_I$
II. Ordnung	0	0	$4 \cdot b \cdot F_{II}$	0	0
Freie Kräfte höherer Ordnung	$8\,P_{IV}$	$4\sqrt{2}\,F_{IV}$	0	0	$4\sqrt{3}\,P_{IV}$
Freie Momente höherer Ordnung	0	$2\sqrt{2} \cdot b \cdot F_{IV}$	$4 \cdot b \cdot F_{IV}$; $4 \cdot b \cdot F_{VI}$	$4 \cdot b \cdot P_{IV}$; $4 \cdot b \cdot P_{VIII}$	$2 \cdot b \cdot P_{IV}$
Gegengewichte: übliche Anzahl	8	8	4	8	8
Größe	$(F_r + 1/2\,P_I)$	$F_r + 1/2\,P_I$	$<(F_r + 1/2\,P_I)$	$F_r + 1/2\,P_I$	$F_r + 1/2\,P_I$
Aufwand	groß	mittel	klein	mäßig	mittel
Drehschwingungen, kritische Drehschwingverhalten	4; 8; 12;... mäßig	4; 8; 12;... mittel	2; 4; 6;... mittel	4; 8; 12;... brauchbar	4; 8; 12;... brauchbar
Allgem. dynamisches Verhalten	brauchbar	gut	mäßig	gut	brauchbar
Beurteilung	brauchbar	gut	brauchbar	gut	brauchbar

O

Tabelle 6. Fächer- und Sternmaschinen: Konstante mit der Kurbel umlaufende Massenkräfte I. Ordnung

z	Fächer- γ in °	Stern- γ in °	$F_{\mathrm{I}}/P_{\mathrm{I}}$
5	36	72	2,5
4	45	90	2,0
3	60	120	1,5
2	90	–	1,0
2	–	180	2,0

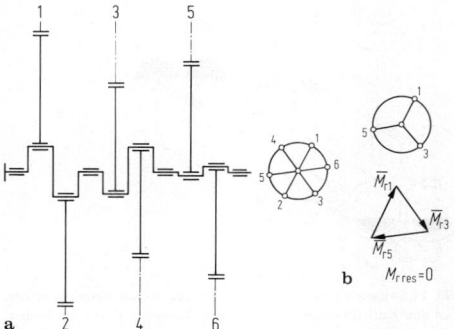

Bild 10. 6 Zylinder-Boxermaschine. **a** Triebwerksanordnung mit Kurbelstern; **b** Momentenstern mit Polygon

Tabelle 7. Massenmomente von Boxermaschinen

z		Kurbel- stern	$\dfrac{M_{\mathrm{r}}}{F_{\mathrm{r}}e}$	$\dfrac{M_{\mathrm{Imax}}}{P_{\mathrm{I}}e}$	$\dfrac{M_{\mathrm{IImax}}}{P_{\mathrm{I}}e}$
2			1	1	1
4			$\sqrt{2}$	$\sqrt{2}$	0
4			0	0	2
6			0	0	0

(17) und (18) in bezug auf die Doppelkurbeln. Diese Bauform mit geringen Massenmomenten (**Tab. 7**) wird heute vorwiegend bei liegenden Verdichtern verwendet.

1.2.2 Graphische Verfahren. Graphic methods

Sie zeigen anschaulich die Größe der Kräfte und Momente [15, 16] und eignen sich besonders für nicht symmetrische Maschinen. Mit Vektorprogrammen sind die hierbei entstehenden Polygone auch mit Computern auswertbar.

Allgemeine Methoden. Die rotierenden Kräfte werden in der Richtung der Kurbeln, mit denen sie umlaufen, aufge-

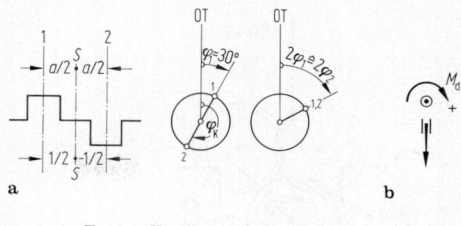

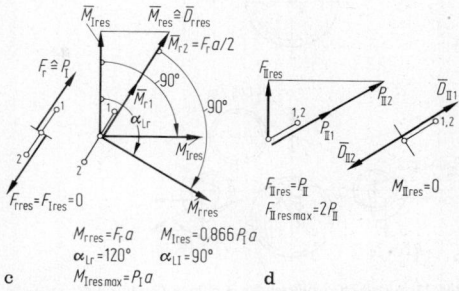

Bild 11. Graphische Verfahren (Zweizylinder Reihenmotor). **a** Kurbelwelleschema und Sterne; **b** Momentendefinition; Kräfte und Momente; **c** und **d** I. und II. Ordnung

tragen. Bei den oszillierenden Kräften erhalten die Hilfsvektoren $P_{\mathrm{I}} = m_{\mathrm{o}}r\omega^2$ und $P_{\mathrm{II}} = \lambda P_{\mathrm{I}}$ die Richtung ihrer Kurbel bzw. deren doppelten Winkels und werden dann auf ihre Triebwerksmittellinie projiziert (**Bild 11**).

Reihenmaschinen. Hier dienen die Kurbelsterne I. und II. Ordnung mit den Kurbelwinkeln bzw. ihrem doppelten Wert (**Bild 11 b**) zum einfacheren Auftragen der Vektoren. Bei den Momenten werden diese zur Vereinfachung gegen den Uhrzeigersinn in die Kurbeln hineingedreht (**Bild 11 c**) und mit einem Querstrich gekennzeichnet. Bei negativen Hebelarmen nach Gl. (11) bzw. wenn die Kurbeln rechts von der Schwereebene liegen, sind die Vektoren entgegen den Kurbeln aufzutragen. Bei den Momenten I. und II. Ordnung werden dann die gedrehten Hilfsvektoren wie bei den Kräften projiziert und addiert.

1.2.3 Ausgleich der Kräfte und Momente
Compensation of forces and moments

Sie können gefährliche Resonanzerscheinungen in der Umgebung hervorrufen. Daher sind sie an der Maschine auszugleichen oder durch Abstimmung der Fundamente zu vermeiden [17, 18].

Rotierende Massen. Ihre Kräfte und Momente werden durch Gegengewichte (s. **G 10 Bild 5**) an einer oder allen Kurbeln ausgeglichen. Sind die Kräfte Null genügen für die Momente Gegengewichte an den äußeren Kurbelwangen, wobei allerdings innere Momente in der Welle verbleiben [6].

Oszillierende Massen. Sie werden durch gegenläufige mit der gegebenen oder der doppelten Drehzahl rotierende Gewichte (**Bild 12 a**) ausgeglichen. Ihre zueinander senkrechten Komponenten kompensieren die Massen und die freien Fliehkräfte. Sie werden von der Kurbelwelle aus angetrieben und liegen darunter in der Schwereebene damit keine zusätzlichen Momente entstehen. Zum Momentenausgleich liegen diese Gewichte vor bzw. hinter der Kurbelwelle. Ihr Antrieb erfolgt mit einem Zahnrad vom Wellenzapfen aus mit Hilfswellen, **Bild 14**. Beim Lan-

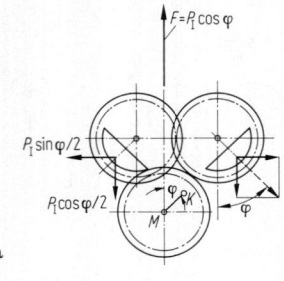

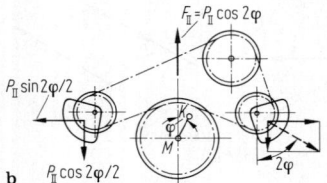

Bild 12. Ausgleich oszillierenden Kräfte. **a** Gegenläufiges Getriebe für Kräfte I. Ordnung; **b** Lancaster Antrieb für Kräfte II. Ordnung

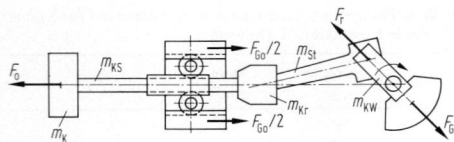

Bild 13. Kreuzkopftriebwerk mit vollständigem Massenausgleich

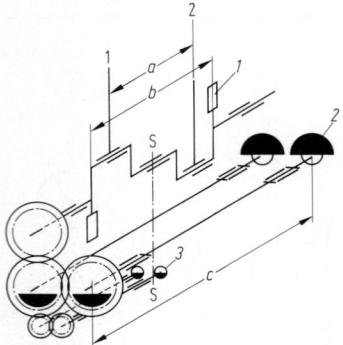

Bild 14. Ausgleich von Massenwirkungen durch Gegengewichte. _1_ an den Kurbelwangen für rotierende Momente, _2_ an den Wellenenden für Momente I. Ordnung, _3_ in der Schwerebene für Kräfte II. Ordnung

casterantrieb (**Bild 12 b**) wird hierzu ein Zahnkeilriemen benutzt.

Die oszillierenden Kräfte aller Ordnungen bei Kreuzkopftriebwerken gleicht das sich entgegen dem Kolben (**Bild 13**) bewegende Gewicht der Masse $m = m_K + m_{KS} + m_{Kr} + m_{oSt}$ aus. Seine beiden Zahnstangen werden von der Kolbenstange aus über zwei Ritzel angetrieben. Diese Anordnung ist nur für kleinere Drehzahlen geeignet und erfordert lange Triebwerke und Maschinen.

Beispiel: Ausgleich der Kräfte und Momente eines Zweitaktmotors mit zwei Zylindern (**Bild 14**) von dem die Massen m_g der

Gegengewichte bei bekannten Abständen b und c gesucht sind. Bei den rotierenden Momenten gilt dann pro Gegengewicht 1, da $m_g r_g \omega^2 b = m_r r \omega^2 a$ ist, $m_g = m_o (r/r_g) \cdot (a/c)$.

Bei den Momenten I. Ordnung für die beiden umlaufenden Gewichte 2 gilt $m_g = m_o (r/r_g) \cdot (a/c)$. Für die Kräfte II. Ordnung wird dann mit $m_g r_g (2\omega)^2 = 2 P_{II} = 2\lambda m_o r \omega^2$, für die Gewichte 3: $m_g = 0{,}5\lambda m_o (r/r_g)$.

---

2 Schwingungen. Vibrations

R. Nordmann, Kaiserslautern

2.1 Problematik der Maschinenschwingungen
Vibration problems at machines

In der Maschinendynamik untersucht man allgemein die Wechselwirkungen zwischen _Kräften_ und _Bewegungen_ an Maschinen. Dabei gibt es neben einer geforderten Dynamik, die für die Maschinenfunktion verlangt wird, auch eine unerwünschte Dynamik. Maschinen und Maschinenbauteile sind nämlich sowohl elastische als auch mit Masse behaftete Gebilde und stellen damit schwingungsfähige Systeme dar. Wenn zeitveränderliche Kräfte und/oder Fußpunktbewegungen angreifen, stellen sich _Maschinenschwingungen_ ein. Im Vergleich zu den geforderten Bewegungen handelt es sich zwar i. allg. um kleine Bewegungen, die aber unter bestimmten Bedingungen recht gefährlich sein können. Besonders gefürchtet sind die sog. _Resonanzerscheinungen_, bei denen eine Frequenz der Anregung mit einer Eigenfrequenz der Maschinenstruktur übereinstimmt und damit zu einer Verstärkung der Schwingungsamplituden führt. Auch die _selbsterregten Schwingungen_, die durch das Vorhandensein einer Energiequelle aufrecht-

erhalten werden, stellen eine andauernde dynamische Belastung dar.

Problematisch sind Maschinenschwingungen immer dann, wenn zu hohe Materialbeanspruchungen erreicht werden. Falls zulässige Spannungswerte des Werkstoffs überschritten werden, kann es zu Werkstoffschädigung kommen. Um die Funktionsfähigkeit von Maschinen zu gewährleisten, müssen oft auch Verformungsgrenzen eingehalten werden. So dürfen bei Turbinen und Elektromotoren die _Rotorschwingungen_ nicht so groß werden, daß es zu Überbrückungen des Spiels zwischen Rotor und Gehäuse kommt. Schwingungen stellen auch eine Belästigung für die Umwelt dar. Dies gilt nicht nur für die oft als unangenehm empfundenen Schwingbewegungen, sondern vor allem für den durch Schwingungen verursachten Lärm (_Körperschall_). Schließlich wirken sich Schwingungen bei Fertigungsprozessen ungünstig auf die Bearbeitungsqualität der Werkstücke aus. Bei Werkzeugmaschinen versucht man deshalb, die Relativbewegungen zwischen Werkzeug und Werkstück möglichst klein zu halten.

Ein typisches Beispiel für Maschinenschwingungen findet man im Motor eines Kraftfahrzeugs. Beim Kurbeltrieb interessiert zum einen die für die Maschinenfunktion erforderliche Dynamik. Dabei geht es um die Frage, wie sich die einzelnen Kolben und die Kurbelwelle unter der Wirkung der angreifenden Gasdruckkräfte bewegen (s. G 10).

Die Kurbelwelle selbst stellt ein schwingungsfähiges System dar, das durch die über die Schubstange eingeleiteten Gas- und Massenkräfte insbesondere zu Dreh- und Biegeschwingungen angeregt wird (s. O1). Dabei können sich Resonanzeffekte einstellen, wenn eine der Erregerfrequenzen mit einer Eigenfrequenz der Kurbelwelle zusammenfällt. Um gefährliche Schwingungszustände zu vermeiden, ist es daher wichtig, sowohl die verursachenden Erregerkräfte hinsichtlich Amplitude und Frequenzen als auch die dynamischen Eigenschaften der Kurbelwelle (Eigenfrequenzen, Dämpfungen, Eigenvektoren) zu kennen.

Mit dem Problem der Maschinenschwingungen muß sich der Ingenieur sowohl während der Entwicklung und Konstruktion als auch bei der Erprobung und beim späteren Betrieb von Maschinen (Maschinenüberwachung und Diagnose) beschäftigen. Dazu stehen ihm heute moderne rechnerische und experimentelle Werkzeuge zur Verfügung.

2.2 Einige Grundbegriffe. Fundamentals

Zunächst sollen einige wichtige Begriffe aus dem Gebiet der Maschinenschwingungen erläutert werden.

2.2.1 Mechanisches Ersatzsystem. Mechanical model

Bei allen Untersuchungen ist es ratsam, von bestimmten Modellvorstellungen für die schwingende Maschine auszugehen. Deshalb wird dem Realsystem unter Annahme bestimmter Vernachlässigungen und Idealisierungen zunächst ein mechanisches *Ersatzsystem* (Schwingungsmodell) zugeordnet (s. O2.6), das z.B. aus einfachen mechanischen Elementen (Massen, Dämpfer, Federn, Stäbe, Balken usw.) aufgebaut ist und eine bestimmte Anzahl N von mechanischen Bewegungsfreiheitsgraden (Verschiebungen, Winkel) besitzt.

2.2.2 Bewegungsgleichungen, Systemmatrizen
Equations of motion, system matrices

Wendet man die mechanischen Grundgleichungen (Newton, d'Alembert, Prinzip der virtuellen Arbeit, s. B3) für das mechanische Ersatzsystem an, so gelangt man zu den Bewegungsgleichungen, die den Zusammenhang zwischen den zeitveränderlichen Eingangsgrößen $F(t)$ und den Ausgangsgrößen $x(t)$ ausdrücken. Diese Gleichungen können linear oder nichtlinear sein. Bei vielen praktischen Aufgaben kommt man mit linearen Modellen zurecht, insbesondere wenn man von der Überlegung kleiner Schwingbewegungen um einen Gleichgewichtspunkt ausgeht.
Wir beschränken uns hier auf die Darstellung linearer, zeitinvarianter Schwingungssysteme mit deterministischen Eingangsgrößen $F(t)$. Für die Behandlung *nichtlinearer* Systeme s. B4.3 und [1, 2]. Unter den genannten Voraussetzungen erhält man unabhängig von der jeweiligen Anzahl der verwendeten Freiheitsgrade immer ein System von linearen, zeitinvarianten Bewegungsgleichungen 2. Ordnung (zeitinvariant bedeutet, daß M, D und K nicht von der Zeit abhängen):

$$M\ddot{x}(t) + D\dot{x}(t) + Kx(t) = F(t) \qquad (1)$$

M quadratische $N \times N$ Massenmatrix. M enthält die Trägheitskoffizienten des Systems. Sie ist symmetrisch.

D quadratische $N \times N$ Dämpfungsmatrix. D enthält die Dämpfungskoeffizienten des Systems. D kann auch nichtsymmetrisch sein (gyroskopische Effekte, Gleitlager- und Dichtspaltkräfte).

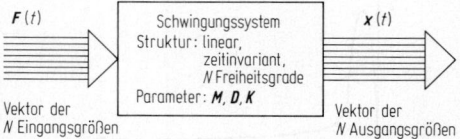

Bild 1. Blockschaltbild für ein Schwingungssystem mit physikalischen Parametern

K quadratische $N \times N$ Steifigkeitsmatrix. K enthält die Steifigkeitskoeffizienten des Systems. K kann auch nichtsymmetrisch sein (zirkulatorische Kräfte, Gleitlager- und Dichtspaltkräfte).

$F(t)$ $N \times 1$ Vektor der zeitabhängigen Erregerkräfte. Weg- oder Beschleunigungserregungen können immer in Krafterregungen überführt werden.

$x(t)$ $N \times 1$ Vektor der zeitabhängigen Verschiebungen bzw. Winkel. $\dot{x}$, $\ddot{x}$ sind die zugeordneten Geschwindigkeiten bzw. Beschleunigungen.

Die Bewegungsgleichungen Gl.(1) drücken das Kräfte- bzw. Momentengleichgewicht unter Berücksichtigung der Trägheitskräfte aus. Sie sind im Rahmen der genannten Bedingungen (Linearität, zeitinvariante Matrizen) allgemein gültig und können sowohl für unterschiedliche Maschinentypen als auch für unterschiedliche Schwingungsarten (Biegeschwingungen, Torsionsschwingungen usw.) angewendet werden.
Es ist naheliegend, eine grafische Darstellung für das Schwingungssystem zu verwenden. Dies kann mit Hilfe des Blockschaltbilds geschehen, durch das Eingangs- und Ausgangsgrößen miteinander verknüpft werden, **Bild 1**. In das System gehen bestimmte Eingangsgrößen $F(t)$ als Krafterregungen (z.B. Unwuchtkräfte, Prozeßkräfte, Stöße usw.) oder als Fußpunkterregungen (Bodenstörungen) ein. Das System verarbeitet diese Eingänge entsprechend seinem Übertragungsverhalten und antwortet mit den Ausgangsgrößen $x(t)$ bzw. den daraus abgeleiteten Geschwindigkeiten $\dot{X}(t)$ und Beschleunigungen $\ddot{X}(t)$. Das Übertragungsverhalten wird durch die Systemstruktur, d.h. durch die beschreibenden physikalischen Gesetze, und durch die in diese eingehenden Systemparameter M, D und K bestimmt. Sind M, D und K sowie der Vektor der Erregung $F(t)$ bekannt (z.B. periodische oder stoßartige Erregung an bestimmten Freiheitsgraden), dann können zunächst die Eigenschwingungsgrößen und dann die Antwortgrößen $x(t)$ (s. O2.2 und O2.7) rechnerisch bestimmt werden.

2.2.3 Modale Parameter: Eigenfrequenzen, modale Dämpfungen, Eigenvektoren. Modal parameters:
Natural frequency, modal damping, eigenvectors

Eigenschwingungen. Jedes lineare Schwingungssystem hat ein bestimmtes Eigenschwingungsverhalten, das durch seine Eigenfrequenzen, seine Abklingfaktoren und seine Eigenvektoren (Schwingungsformen) bestimmt ist.
Bringt man z.B. an dem in **Bild 2** dargestellten Ventilatorläufer kurzzeitig eine Störung in Form eines Kraftstoßes $F_k(t)$ auf, dann führt das Schwingungssystem anschließend Eigenschwingungen aus, die sich aus mehreren Teilschwingungen zusammensetzen $(n = 1, 2, \dots N)$:

$$x(t) = \sum_{n=1}^{N} A_n e^{\alpha_n t} \{ \varphi_n^{\text{Re}} \cos(\omega_n t + \psi_n) - \varphi_n^{\text{Im}} \sin(\omega_n t + \psi_n) \}.$$

$$(2)$$

Jede Teilschwingung besteht aus einer Exponentialfunktion, die das Abklingen bzw. Aufklingen (im Fall instabiler Systeme) beschreibt, und trigonometrischen Funktionen, die das Schwingungsverhalten bestimmen.

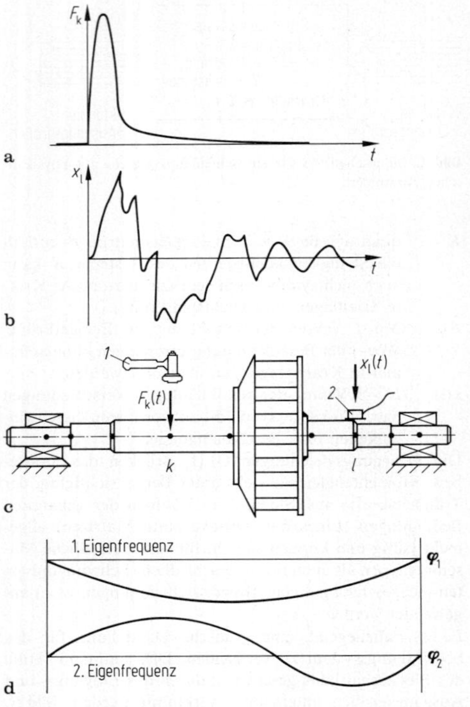

Bild 2. Eigenschwingungsgrößen eines Ventilatorläufers. **a** zeitabhängiger Verlauf der Kraft; **b** zeitabhängiges Abklingen der Schwingungsamplitude; **c** prinzipieller Aufbau des Ventilatorläufers, *1* Kraftstoßerreger, *2* Schwingungsaufnehmer; **d** Verlauf der Eigenvektoren

Zur n-ten Teillösung gehören ω_n Eigenkreisfrequenz [s^{-1}], $-\alpha_n$ Abklingfaktor [s^{-1}], φ_N^{Re}, φ_n^{Im} Realteil und Imaginärteil des *Eigenvektors* φ, A_n, ψ_n Konstanten; werden über Anfangsbedingungen (Stoß) angepaßt.
Durch Messung der Stoßantwort (Impulsantwort) $x_l(t)$ bzw. der Beschleunigung $\ddot{x}_l(t)$ beim Freiheitsgrad l lassen sich nach einer Signalanalyse die Eigenschwingungsgrößen ω_n, α_n und bei Aufnahme weiterer Signale auch die Eigenvektorkomponenten φ_n^{Re}, φ_n^{Im} ermitteln. Man bezeichnet sie auch als modale Parameter.
Die Kenntnis dieser Größen ist außerordentlich wichtig, da sie die dynamischen Eigenschaften eines schwingungsfähigen Systems charakterisieren. Damit läßt sich u.a. beurteilen, bei welchen Frequenzen Resonanzeffekte zu erwarten sind und wie hoch die Resonanzamplituden sind (Dämpfungsvermögen). Der Eigenvektor gibt an, welche Verformung auftritt, wenn das System mit der zugehörigen Eigenfrequenz schwingt. Diese Verformung stellt sich z.B. näherungsweise ein, wenn man harmonisch mit einer Frequenz anregt, die einer Eigenfrequenz entspricht.

Eigenwertanalyse. Rein rechnerisch erhält man die modalen Kenngrößen, wenn man in Gl. (1) die rechte Seite $F(t) = 0$ setzt (homogene Gleichungen) und mit dem Ansatz

$$x(t) = \varphi e^{\lambda t},$$
$$\dot{x}(t) = \lambda \varphi e^{\lambda t},$$
$$\ddot{x}(t) = \lambda^2 \varphi e^{\lambda t},\tag{3}$$

das Eigenwertproblem

$$(\lambda^2 M + \lambda D + K)\varphi = 0\tag{4}$$

aufstellt. Dieses hat bei rein oszillatorischem Verhalten die Lösungen

$$\lambda_n = \alpha_n + i\omega_n; \qquad \lambda_n^* = \alpha_n - i\omega_n \quad \text{Eigenwerte,}\tag{5}$$
$$\varphi_n = \varphi_n^{Re} + i\varphi_n^{Im}; \qquad \varphi_n^* = \varphi_n^{Re} - i\varphi_n^{Im} \quad \text{Eigenvektoren.}\tag{6}$$

In vielen praktischen Fällen ist es oft schwierig, eine *Dämpfungsmatrix* aufzubauen. Bei schwach gedämpften Strukturen, die im Maschinenbau häufig vorkommen (torsions- und biegeelastische Rotoren in Wälzlagern, Turbinenschaufeln, Stahlfundamente), hilft man sich mit der Annahme von *„modalen Dämpfungen"*. Man geht so vor, daß man zuerst das Eigenwertproblem für das ungedämpfte System ($D = 0$) in der rein reellen Form

$$(K - \omega^2 \cdot M)\varphi = 0\tag{7}$$

mit relativ geringem Aufwand löst und damit die Eigenkreisfrequenzen ω_n und die zugehörigen reellen Eigenvektoren φ_n bestimmt. Die Dämpfungen, die bei dieser Berechnung nicht anfallen, schätzt man ab oder ermittelt sie aus einem Versuch. Jeder Eigenkreisfrequenz ω_n wird dann ein Abklingfaktor $-\alpha_n$ bzw. ein modaler Dämpfungswert (Dämpfungsgrad) $D_n = -\alpha_n/\omega_n$ zugeordnet.
In der Praxis arbeitet man häufig mit den folgenden Größen:

$$f_n = \omega_n/2\pi \qquad \text{Eigenfrequenz [Hz],}\tag{8}$$
$$D_n = -\alpha_n/\omega_n \qquad \text{modale Dämpfung [–],}\tag{9}$$
$$\varphi_n \qquad \text{reeller Eigenvektor.}\tag{10}$$

Einige Zahlenwerte für modale Dämpfungen D in %:

Werkstoff/Bauteile	D in %
Stahl	0,1
Gußeisen	1,8…2,0
Gummi (Naturkautschuk)	1…8
Stahlkonstruktionen	0,2…1,5
Stahlbetonkonstruktionen	4
Turbinen-Stahlfundamente ohne Baugrunddämpfung	0,5…1,5
Turbinen-Stahlfundamente mit Baugrunddämpfung	1,5…3,0

Die Kenntnis der modalen Dämpfung ist besonders wichtig, wenn es darum geht, die Amplituden der durch Krafterregung $F(t)$ erzwungenen Schwingungen in den Resonanzen zu bestimmen.
Bild 2 zeigt für den wälzgelagerten Ventilatorläufer im Stillstand die beiden ersten Eigenvektoren φ_1 und φ_2 mit den zugeordneten Eigenfrequenzen f_1 und f_2. Die erste Eigenschwingungsform gleicht im Aussehen der statischen Biegelinie, die zweite Schwingungsform mit einem Knoten bezeichnet man als *S-Schlag*. Im Gegensatz zu komplexen Eigenvektoren, die bei Berücksichtigung von Dämpfung auftreten, gilt bei reellen Eigenvektoren, daß das Verhältnis der Eigenvektorkomponenten stets eine konstante Verformungsfigur anzeigt.
Die gezeigte einfache Vorgehensweise ist nicht zulässig, wenn es sich um selbsterregungsfähige Schwingungssysteme handelt, wie es z.B. bei rotierenden Maschinen mit Gleitlagern und Dichtspalten (Pumpen, Turbinen, Kompressoren) der Fall ist. Hier muß man das Eigenwertproblem Gl. (4) lösen und das Stabilitätsverhalten mit den erhaltenen Eigenwerten beurteilen (s. O 2.7.4).

2.2.4 Modale Analyse. Modal analysis

In Analogie zu **Bild 1** lassen sich die Beziehungen zwischen den Eingangsgrößen $F(t)$ und den Ausgangsgrößen $x(t)$ auch mit Hilfe der modalen Parameter angeben, **Bild 3**. Bei Kenntnis aller Eigenfrequenzen ω_n, Eigenvektoren φ_n und der Abklingfaktoren ($-\alpha_n$) bzw. der modalen

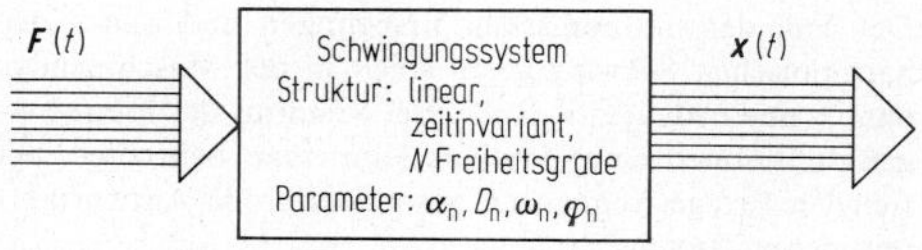

$F(t)$ → | Schwingungssystem
Struktur: linear,
zeitinvariant,
N Freiheitsgrade
Parameter: $\alpha_n, D_n, \omega_n, \varphi_n$ | → $x(t)$

Bild 3. Blockschaltbild für ein Schwingungssystem mit modalen Parametern

Dämpfungen D_n ist damit die Berechnung der erzwungenen Schwingungen möglich. Bei selbsterregungsfähigen Systemen ist dazu noch der Satz der Links-Eigenvektoren erforderlich [1, 2]. Diese rechnerische Vorgehensweise wird auch als „Modale Analyse" bezeichnet, da die Eigenvektoren (engl.: modes) in die Berechnung einfließen. Ein Vorteil dieser Methode ist, daß die ursprünglich gekoppelten Bewegungsgleichungen Gl. (1) unter Ausnutzung bestimmter Orthogonalitätseigenschaften der Eigenvektoren entkoppelt werden können. Dadurch wird die Berechnung einfacher und die physikalische Deutung der dynamischen Vorgänge ist besser möglich.

Der Begriff „Modale Analyse" wird heute auch für die Ermittlung der modalen Parameter aus Messungen verwendet. Grundlage des Verfahrens ist die Darstellung von Systemantworten in Abhängigkeit von den modalen Größen und der Erregerfrequenz, **Bild 4**. Bei der Anpassung analytischer *Systemantwortfunktionen* (Frequenzgänge des Modells) an gemessene Systemantwortfunktionen (Frequenzgänge der Messung) werden die modalen Parameter so lange variiert, bis die Übereinstimmung zwischen Modell und Messung gut ist. Als Ergebnis erhält man die gesuchten modalen Größen.

Bei der Meßprozedur werden i. allg. Testkräfte (Stoß, Sinus, Rauschen) in das System eingeleitet und die Schwingungsantworten an den einzelnen Meßpunkten aufgenommen. Aus den Zeitsignalen berechnet man nach einer Fourier-Transformation in den Frequenzbereich

(s. O 2.4.2) die gemessenen Frequenzgänge, die dann für den Anpassungsprozeß zur Berechnung der modalen Parameter zur Verfügung stehen [13].

2.2.5 Frequenzgangfunktionen mechanischer Systeme, Amplituden- und Phasengang
Frequency response functions of mechanical systems, amplitude- and phase characteristic

Definition. Wird ein lineares Schwingungssystem, das durch die Bewegungsgleichungen Gl. (1) beschrieben wird, am Freiheitsgrad k mit einer harmonischen Erregerkraft

$$F_k = \hat{F}_k \sin \Omega t \qquad (11)$$

$\hat{F}_k$ konstante Kraftamplitude, Ω Erregerkreisfrequenz, erregt (alle anderen Kräfte sollen dabei Null sein), so antwortet das System im eingeschwungenen Zustand mit Bewegungen, die ebenfalls harmonisch verlaufen, **Bild 4**. Man kann alle Antwortgrößen im Vektor $x(t)$ zusammenfassen:

$$x(t) = \begin{pmatrix} x_1(t) \\ x_2(t) \\ \vdots \\ x_1(t) \\ \vdots \\ x_N(t) \end{pmatrix} = \begin{pmatrix} \hat{x}_1 & \sin(\Omega t + \varepsilon_{1k}) \\ \hat{x}_2 & \sin(\Omega t + \varepsilon_{2k}) \\ \vdots \\ \hat{x}_1 & \sin(\Omega t + \varepsilon_{1k}) \\ \vdots \\ \hat{x}_N & \sin(\Omega t + \varepsilon_{NK}) \end{pmatrix}. \qquad (12)$$

Die Antwort ist für jeden Freiheitsgrad durch eine Amplitude und einen Phasenwinkel gegenüber der Erregung gekennzeichnet, z.B. für den Freiheitsgrad l

$$x_1(t) = \hat{x}_1 \sin(\Omega t + \varepsilon_{1k}). \qquad (13)$$

Sowohl $\hat{x}_1$ als auch ε_{1k} (ε_{1k} ist negativ) sind von der Erregerfrequenz abhängig. Man nennt deshalb

$\hat{x}_1(\Omega)/\hat{F}_k$ Amplituden-Frequenzgang (zwischen l und k),   (14)

ε_{1k} Phasen-Frequenzgang (zwischen l und k).   (15)

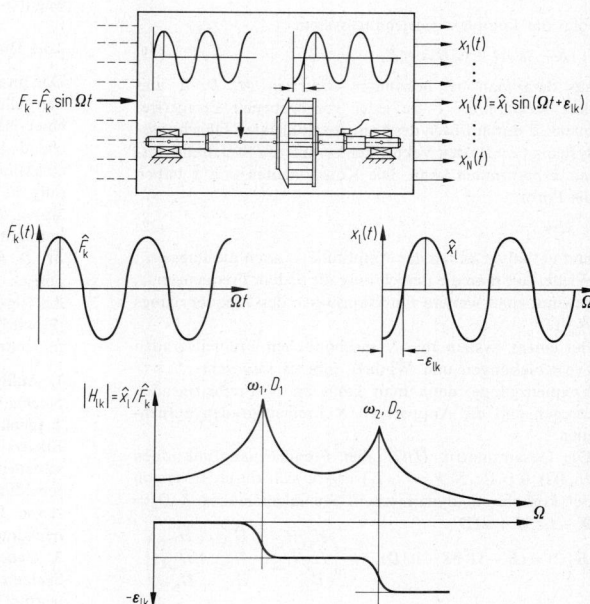

Bild 4. Harmonische Erregung eines linearen Schwingungssystems

In der praktischen Anwendung faßt man oft beide Funktionen zum komplexen Frequenzgang

$$\bar{H}_{lk} = (\hat{x}_l/\hat{F}_k)e^{i\varepsilon_{lk}} = |\bar{H}_{lk}|e^{i\varepsilon_{lk}} \qquad (16)$$

zusammen. Da es sich beim Quotient der Beträge $\hat{x}_l/\hat{F}_k$ um eine Nachgiebigkeitsgröße (Weg/Kraft) handelt, bezeichnet man $\bar{H}_{lk}(\Omega)$ auch als komplexen Nachgiebigkeits-Frequenzgang. **Bild 4** zeigt qualitativ den Verlauf der Amplitude $|\bar{H}_{lk}| = \hat{x}_l/\hat{F}_k$ (Amplitudengang) und der Phase ε_{lk} (Phasengang) in Abhängigkeit von der Erregerfrequenz Ω. Die Bedeutung von Frequenzgangfunktionen wird besonders deutlich, wenn man den Verlauf des Amplitudengangs verfolgt. Wenn die *Erregerkreisfrequenz* Ω in der Nähe einer *Eigenkreisfrequenz* $(\omega_1, \omega_2 ... \omega_N)$ liegt (Resonanzfall), erreicht die Antwortamplitude $\hat{x}_l$ ein Maximum, dessen Höhe von der jeweils zugehörigen Dämpfung $(\alpha_1, \alpha_2 ... \alpha_N$ bzw. $D_1, D_2 ... D_N)$ abhängt (große Dämpfung, schwache Amplitudenüberhöhung). Im Bereich der Resonanzfrequenz ändert sich der Phasenwinkel ε_{lk} (hier negativ definiert) relativ stark.

Berechnung von Frequenzgängen sowie harmonischer und periodischer Systemantworten. Sind die Bewegungsgleichungen Gl. (1) mit den Matrizen **M**, **D**, **K** bekannt, so kann die komplexe Übertragungsfunktion $\bar{H}_{lk}(\Omega)$ mit einem komplexen Ansatz rechnerisch bestimmt werden. Dazu führt man für die harmonische Erregerfunktion $F_k(t)$ formal die komplexe Kraftfunktion ein:

$$F_k(t) = \hat{F}_k e^{i\Omega t} = \hat{F}_k(\cos\Omega t + i\sin\Omega t), \qquad (17)$$

wobei für die Einpunkterregung im Kraftvektor nur die k-te Komponente besetzt ist

$$\boldsymbol{F}(t) = \hat{\boldsymbol{F}}e^{i\Omega t}; \quad \hat{\boldsymbol{F}} = \{0, 0, ... \hat{F}_k, 0, ... 0\}. \qquad (18)$$

Gl. (18) in Gl. (1) eingesetzt, ergibt

$$\boldsymbol{M}\ddot{\boldsymbol{x}} + \boldsymbol{D}\dot{\boldsymbol{x}} + \boldsymbol{K}\boldsymbol{x} = \hat{\boldsymbol{F}}e^{i\Omega t}. \qquad (19)$$

Mit dem komplexen Ansatz und seinen zeitlichen Ableitungen

$$\begin{aligned} \boldsymbol{x} &= \hat{\boldsymbol{x}}\,e^{i\Omega t}, \\ \dot{\boldsymbol{x}} &= i\Omega\hat{\boldsymbol{x}}\,e^{i\Omega t}, \\ \ddot{\boldsymbol{x}} &= -\Omega^2\hat{\boldsymbol{x}}\,e^{i\Omega t} \end{aligned} \qquad (20)$$

folgt das komplexe Gleichungssystem

$$(\boldsymbol{K} - \Omega^2\boldsymbol{M} + i\Omega\boldsymbol{D})\hat{\boldsymbol{x}} = \hat{\boldsymbol{F}}, \qquad (21)$$

aus dem man bei bekannten Matrizen **M**, **D**, **K** und dem Kraftvektor $\hat{\boldsymbol{F}}$ zu jeder vorgegebenen Erregerfrequenz Ω durch Lösen des komplexen linearen Gleichungssystems Gl. (21) den Vektor der komplexen Systemantworten $\hat{\boldsymbol{x}}$ bestimmen kann. Die Komponenten von $\hat{\boldsymbol{x}}$ haben die Form

$$\hat{x}_l = \hat{x}_l e^{i\varepsilon_{lk}} \qquad (22)$$

und enthalten neben der Amplitude $\hat{x}_l$ auch die Phase ε_{lk}. Wiederholt man die Berechnung für andere Frequenzen Ω, gewinnt man weitere Funktionswerte des Frequenzgangs $\bar{H}_{lk}(\Omega)$.

Bei einem System mit N mechanischen Freiheitsgraden (Verschiebungen und Winkel), gibt es insgesamt $N \times N$ Frequenzgänge, denn man kann an N Freiheitsgraden erregen und die Antwort an N Freiheitsgraden aufnehmen.

Die Gesamtmatrix $\bar{\boldsymbol{H}}(\Omega)$ aller Frequenzgangfunktionen $\bar{H}_{lk}(\Omega)$ $(l = 1...N; k = 1...N)$ ergibt sich durch Inversion der komplexen (dynamischen) Steifigkeitsmatrix $\bar{\boldsymbol{K}}(\Omega) = \boldsymbol{K} - \Omega^2\boldsymbol{M} + i\Omega\boldsymbol{D}$:

$$\bar{\boldsymbol{H}}(\Omega) = (\boldsymbol{K} - \Omega^2\boldsymbol{M} + i\Omega\boldsymbol{D})^{-1} = \begin{pmatrix} \bar{H}_{11}\bar{H}_{12}... \bar{H}_{1k}... \bar{H}_{1N} \\ \bar{H}_{21}\bar{H}_{22}... \bar{H}_{2k}... \bar{H}_{2N} \\ \bar{H}_{N1}...... \bar{H}_{Nk}... \bar{H}_{NN} \end{pmatrix}. \qquad (23)$$

Der Fall der harmonischen Erregungen und damit der harmonischen Schwingungen spielt in der Maschinendynamik eine bedeutende Rolle. Bei Kenntnis der Frequenzgangfunktionen eines Systems kann man beurteilen, bei welchen Erregerfrequenzen besonders große Antwortamplituden auftreten.

Eine wichtige Anwendung gibt es bei rotierenden Maschinen, bei denen harmonische Erregerkräfte mit der Winkelgeschwindigkeit Ω (Drehfrequenz) durch *Unwuchten* hervorgerufen werden. Durch Einsetzen des Unwucht-Kraftvektors (Unwuchtkräfte sind proportional Ω^2, s. O 2.5) in Gl. (1) und Berücksichtigung der Drehzahleinflüsse in den Systemmatrizen, erhält man aus der Berechnung spezielle Frequenzfunktionen, die die Antwortamplituden der Biegeschwingungen für die rotierende Welle in Abhängigkeit von der Erregerfrequenz beschreiben. Da die Erregerfrequenz gleich der Drehfrequenz ist, spricht man von „kritischen Drehfrequenzen", wenn die Drehfrequenz mit einer System-Eigenfrequenz zusammenfällt.

Sind in den anregenden Kräften eines Systems mehrere Erregerfrequenzen gleichzeitig enthalten, wie es z.B. bei periodischen Funktionen der Fall ist, so lassen sich die aus den Frequenzgängen bei den einzelnen Erregerfrequenzen abgelesenen Antwortamplituden phasengerecht zur Gesamtantwort überlagern. Periodische Erregerkräfte bzw. -momente findet man z.B. bei den Gasdruck- und Massenkräften im Kurbeltrieb eines Kraftfahrzeugmotors (s. O 1 und P 4).

2.3 Grundaufgaben der Maschinendynamik
Basic problems in machine dynamics

Bei der Behandlung von Schwingungsproblemen an Maschinen gibt es viele Fragestellungen. Im folgenden Überblick soll kurz gezeigt werden, daß sich die bei verschiedenen Maschinentypen auftretenden Probleme auf einige wenige fundamentale Aufgabenstellungen zurückführen lassen. Zur Erklärung wird das Blockschaltbild für ein Schwingungssystem (**Bild 1**) bzw. die zugehörigen Bewegungsgleichungen Gl. (1) genutzt.

2.3.1 Direktes Problem. Direct problem

Das direkte Problem ist die in der Praxis häufigste Aufgabenstellung, die üblicherweise in der Konstuktionsphase einer Neuentwicklung ansteht. Dabei ist das zu untersuchende System gegeben und liegt meist in Form einer Konstruktionszeichnung vor, **Bild 5a**. Die zu lösende Grundaufgabe besteht darin, aus bekannten kritischen Zeitverläufen der Kräfte $\boldsymbol{F}(t)$ und den ebenfalls als gegeben zu betrachtenden Systemeigenschaften in Form der Matrizen **M**, **D**, **K** den Zeitverlauf der Systemantworten $\boldsymbol{x}(t)$ rechnerisch zu ermitteln. In einer Vorstufe werden meistens die Eigenfrequenzen und Eigenvektoren bestimmt. Nach [2] wird für diese wichtige maschinendynamische Analyse folgender Ablauf empfohlen:

1. Auflisten der Lastfälle (Erregerkräfte). Lastfälle des Normalbetriebs; Lasten aus Störfällen.
2. Idealisierung der Struktur. Erstellen eines mechanischen Ersatzsystems, das das dynamische Verhalten für die verschiedenen Lastfälle hinreichend genau wiedergibt. Entscheidung über die Art der Modellierung (Mehrkörpersysteme, Finite Elemente). Anzahl der mechanischen Freiheitsgrade.
3. Generierung der Bewegungsgleichungen. Bei diskreten Systemen (Mehrkörpersysteme, Finite Elemente) mit linearen Systemeigenschaften erhält man das bereits in

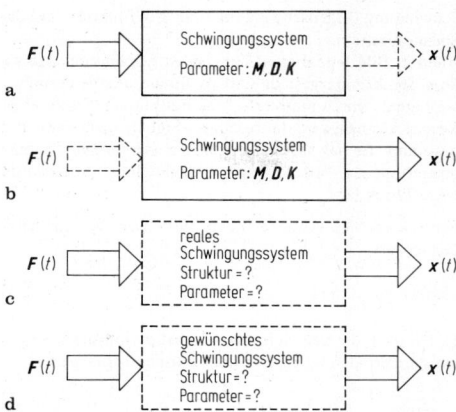

Bild 5. Grundaufgaben der Maschinendynamik. **a** direktes Problem; **b** Eingangsproblem; **c** Identifikationsproblem; **d** Optimierungsproblem

Gl. (1) angegebene lineare System von Differentialgleichungen $M\ddot{x} + D\dot{x} + Kx = F(t)$.

4. Lösung der Bewegungsgleichungen. Von den linearen Bewegungsgleichungen wird zuerst die homogene Lösung ermittelt, die Auskunft über die Eigenschwingungsgrößen und die Stabilität des Systems gibt. Dann sind die partikulären Lösungen für die einzelnen Lastfälle zu berechnen, durch die die erzwungenen Schwingungen beschrieben werden. Gegebenenfalls sind mehrere Lastfälle zu superponieren.

5. Grafische Darstellung der Ergebnisse. Um die oft riesigen Datenmengen der Ergebnisse überschaubar zu halten, werden die zeitlichen Verläufe von Verschiebungen, Beschleunigungen oder Schnittlasten bzw. die Amplituden über der Frequenz (Frequenzgänge) vom Rechner grafisch dargestellt.

6. Auswertung und Interpretation der Ergebnisse. An Hand der Ergebnisse sind verschiedene Fragen zu beantworten, z.B.: Ist die Struktur den auftretenden Belastungen in allen Lastfällen gewachsen? Ist das System stabil? Liegt Resonanznähe vor? Gegebenenfalls sind Schwachstellen zu beheben, Komponenten zu ändern oder andere Werkstoffe einzusetzen.

2.3.2 Eingangsproblem. Input problem

Hier ist die Fragestellung gegenüber dem direkten Problem insofern umgekehrt, als jetzt der Verlauf der Systemantworten $x(t)$ gegeben ist und bei ebenfalls bekannten Systemeigenschaften M, D, K nach dem Verlauf der Erregungsgrößen $F(t)$ gefragt wird, **Bild 5 b**.
Ein weit verbreitetes Anwendungsbeispiel für diese Aufgabenstellung ist das *Auswuchten* von Rotoren. Dabei versucht man, die Unwuchtkräfte einer rotierenden Welle durch Massenausgleich am Rotor so zu beeinflussen, daß die Lager frei von umlauffrequenten Kräften sind. Vor dem Auswuchten werden Schwingungssignale $x(t)$ gemessen.

2.3.3 Identifikationsproblem. Identification Problem

Beim Identifikationsproblem geht es um die Ermittlung der das Systemverhalten beschreibenden Gleichungen (Struktur) einschließlich der Systemparameter aus gemessenen Eingangs- und Ausgangssignalen, **Bild 5 c**. Da man oft Anhaltspunkte über die Struktur der Gleichun-

gen besitzt (z.B. Linearität, Zeitinvarianz, Anzahl der Freiheitsgrade) oder Annahmen darüber trifft, reduziert sich die Aufgabe auf die sog. Parameteridentifikation.
Dabei werden in das zu untersuchende Schwingungssystem Testkräfte $F(t)$ (Impulskräfte, Kraftsprünge, harmonische oder zufällige Erregerkräfte) eingeleitet und gemessen und die sich ergebenden Systemantworten $x(t)$ aufgenommen. Mit Hilfe der gemessenen Eingangsgrößen $F(t)$ und Ausgangsgrößen $x(t)$ lassen sich unter Berücksichtigung von bekannten Eingangs-Ausgangs-Beziehungen (Struktur) die gesuchten Systemparameter mit Schätzverfahren bestimmen. Dabei kommen sowohl Verfahren im Zeitbereich als auch im Frequenzbereich zur Anwendung.
Besonders bei größeren Schwingungssystemen ist es problematisch, die Systemmatrizen M, D, K komplett durch Parameteridentifikation zu bestimmen. Da man die Parameter für einfache mechanische Elemente (Stäbe, Balken, Platten) i.allg. recht gut über eine Berechnung erhalten kann, beschränkt man sich bei der experimentellen Parameterermittlung auf bestimmte Systemkomponenten mit komplizierten Kraft-Bewegungs-Gesetzen, die meist nur wenige Freiheitsgrade besitzen. Im Maschinenbau sind solche Komponenten z.B. Gleitlager, Spaltdichtungen, Kupplungen usw., die das Schwingungsverhalten des Gesamtsystems oft wesentlich beeinflussen und für die deshalb Feder- und Dämpfungskoeffizienten benötigt werden.
Große Bedeutung hat in der Maschinendynamik die experimentelle „Modale Analyse" bekommen. Bei diesem Identifikationsverfahren lassen sich die modalen Parameter mechanischer Systeme aus gemessenen Frequenzgängen gewinnen.

2.3.4 Entwurfsproblem. Design problem

Beim Entwurfsproblem soll ein System so verwirklicht werden, daß zu vorgegebenen Erregungsgrößen $F(t)$ gewünschte Ausgangsgrößen $x(t)$ erreicht werden, **Bild 5d**. Es stellt sich also die Aufgabe, ein optimales dynamisches System zu erhalten. Oft wird auch hier die Struktur gegeben, so daß nur noch eine Parameteroptimierung in bestimmten Grenzen durchzuführen ist.

2.3.5 Verbesserung des Schwingungszustands einer Maschine. Improvement of the condition of machine vibrations

Hier handelt es sich um eine Aufgabe, die beim praktischen Betrieb von Maschinen sehr häufig vorkommt. Dabei sind einige der zuvor beschriebenen Teilaufgaben zu lösen.
Maschinenschwingungen sind unerwünschte Erscheinungen, die bestimmte Grenzwerte nicht übersteigen sollen. Bei zu großen Bewegungen $x(t)$ muß der dynamische Zustand der Maschine verbessert werden, was in vier Teilschritten erfolgen kann. Zunächst werden die Ausgangssignale $x(t)$ gemessen und im Zeit- und Frequenzbereich analysiert. Zu große Schwingungen können entweder durch zu große Erregungen $F(t)$ oder ungünstige Systemeigenschaften (ω_n, α_n, φ_n) hervorgerufen werden. Daher werden in einem zweiten Schritt die dynamischen Eigenschaften des Systems systematisch untersucht. Mit Hilfe geeigneter Testsignale $F(t)$ und den gemessenen zugehörigen Ausgangssignalen $x(t)$ lassen sich die Systemeigenschaften identifizieren (Identifikationsproblem). Mit diesen Ergebnissen kann ein Rechenmodell angepaßt werden, das die dynamischen Eigenschaften der untersuchten Maschine hinreichend genau wiedergibt. Der letzte Schritt besteht nun darin, durch Simulationsrechnun-

gen diejenigen Systemmodifikationen herauszufinden, die am effektivsten zur Schwingungsreduzierung führen. Hierbei finden Optimierungsalgorithmen Verwendung, die die jeweiligen Randbedingungen berücksichtigen (Entwurfsproblem).

2.4 Darstellung von Schwingungen im Zeit- und Frequenzbereich. Presentation of vibrations in the time and frequency domain

2.4.1 Darstellung von Schwingungen im Zeitbereich
Presentation of vibrations in the time domain

Maschinenschwingungen äußern sich durch zeitlich veränderliche Bewegungen einzelner Maschinenpunkte, die sich entweder regelmäßig wiederholen, in einem einmaligen Vorgang abklingen (*Eigenschwingungen* mit begrenzter Dauer) bzw. aufklingen oder aber regellos (*stochastisch*) verlaufen.
Mit der Zeitabhängigkeit von Schwingungsvorgängen beschäftigt sich das Gebiet der Kinematik (s. B2). Dabei geht es vor allem um den zeitlichen Verlauf einzelner Komponenten von $x(t)$. Da aber auch die Erregerkräfte $F(t)$ zeitabhängig sind, schließen wir sie in die Betrachtungen mit ein. Nach der Blockschaltbilddarstellung in **Bild 1** handelt es sich also um die Analyse der in das Schwingungssystem eintretenden und austretenden Signale.

Klassifizierung. In **Bild 6** ist eine Klassifizierung von wichtigen Schwingungssignalen vorgenommen, wobei die „schwingende" Größe hier allgemein $x(t)$ (Skalar) genannt wird. Man kann grob in determinierte und stochastische Signale unterteilen, wobei die determinierten Signale hier im Vordergrund stehen. Diese werden nochmals untergliedert in periodische und nichtperiodische Schwingungen. Zu den periodischen Signalen gehören als elementare Signale die harmonischen Sinus- und Cosinusfunktionen. Allgemein periodische Signale bauen sich aus Sinus- und Cosinuskomponenten auf, deren Frequenzen Vielfache einer Grundfrequenz Ω_0 sind. Zu den nichtperiodischen Signalen gehören z.B. die abklingende harmonische

Schwingung (Eigenschwingung), die Stoßfunktion und die Sprungfunktion.
Allen in **Bild 6** gezeigten Signalen ist gemeinsam, daß sie über die Zeit dargestellt sind. Während alle determinierten Signale durch mathematische Funktionen beschrieben werden können, sind die zufälligen Signale nicht eindeutig bestimmt. Es hat sich als nützlich erwiesen, zur Charakterisierung der verschiedenen Signalverläufe Mittelwerte einzuführen [1].

Mittelwerte. Der zeitliche lineare Mittelwert von $x(t)$ heißt Gleichwert

$$\bar{x}(t) = \frac{1}{T} \int_0^T x(t)\mathrm{d}t. \tag{24}$$

Dabei ist T die Beobachtungszeit, bei periodischen Signalen die Periodendauer. Der quadratische Mittelwert ist

$$\overline{x^2(t)} = \frac{1}{T} \int_0^T x(t)^2\mathrm{d}t, \tag{25}$$

aus dem sich der sog. Effektivwert (RMS-value, root mean square value) aus der Wurzel des quadratischen Mittelwerts ergibt

$$x_{\mathrm{eff}} = \sqrt{\overline{x^2(t)}} = \sqrt{\frac{1}{T} \int_0^T x^2(t)\mathrm{d}t}. \tag{26}$$

Für das in der Praxis häufig vorkommende harmonische Signal ist der Mittelwert $\bar{x}(t) = 0$ und der Effektivwert beträgt etwa 70% vom Spitzenwert: $x_{\mathrm{eff}} = \sqrt{2}/2\hat{x}$.

2.4.2 Darstellung von Schwingungen im Frequenzbereich
Presentation of vibrations in the frequency domain

Um die Eingangsgrößen $F(t)$ und die Ausgangsgrößen $x(t)$ eines Schwingungssystems besser interpretieren zu können, stellt man sie auch im Frequenzbereich als $x(\Omega)$ und $F(\Omega)$ dar. Dabei ist $\Omega = 2\pi f$ eine Kreisfrequenz in s^{-1} und f die Frequenz in Hz. Die Darstellung im Frequenzbereich ist oft aussagekräftiger, da man die Frequenzanteile einer Schwingung hier sehr gut erkennen kann und Verbindungen mit den dynamischen Eigenschaften eines Systems findet.

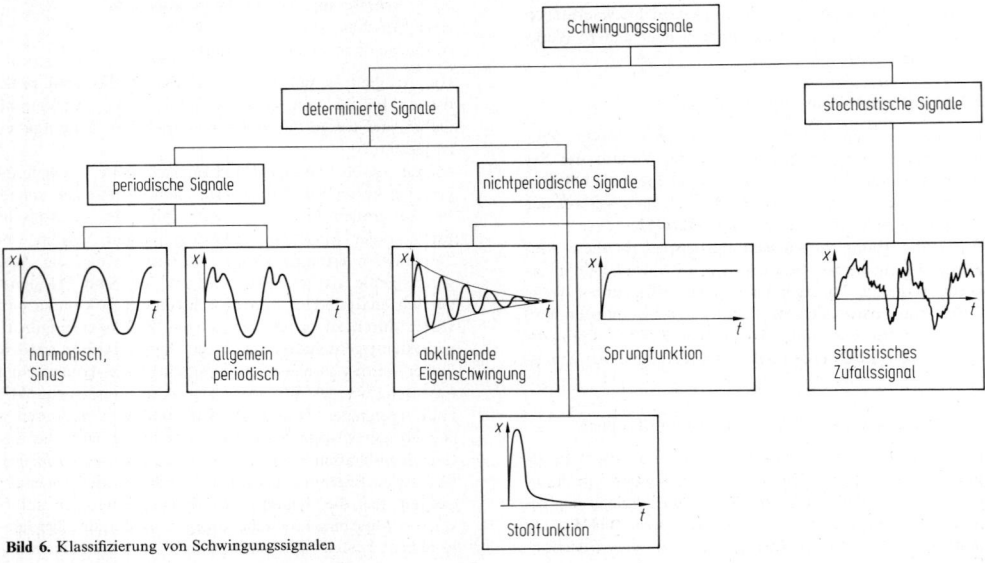

Bild 6. Klassifizierung von Schwingungssignalen

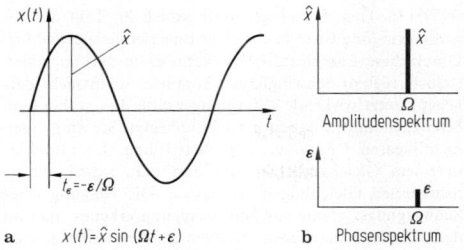

$x(t) = \hat{x}\sin(\Omega t + \varepsilon)$

a   **b** Phasenspektrum

Bild 7. Darstellung der Sinusschwingung im Zeit- und Frequenzbereich. **a** Zeitbereich; **b** Frequenzbereich

Mit Hilfe der *Fourier-Analyse* (s. A6.1) ist es möglich, aus dem Zeitbereich in den Frequenzbereich zu transformieren. Am einfachen ·Beispiel der harmonischen Sinusschwingung wird die Darstellung in beiden Bereichen deutlich, **Bild 7**. Die Sinusschwingung

$$x(t) = \hat{x}\sin(\Omega t + \varepsilon) \tag{27}$$

wird bestimmt durch die Amplitude $\hat{x}$, die Kreisfrequenz Ω und den Nullphasenwinkel ε. Im Frequenzbereich trägt man daher bei der Kreisfrequenz Ω den Wert von $\hat{x}$ in das Amplitudendiagramm $\hat{x}(\Omega)$ und den Wert von ε in das Phasendiagramm ein.

Fourier-Analyse periodischer Schwingungen. Nach dem Satz von Fourier läßt sich jede periodische Funktion $x(t)$ mit der Periodendauer $T = 2\pi/\Omega_0$ unter bestimmten Voraussetzungen eindeutig durch eine Summe von Sinus- und Cosinusfunktionen mit den Kreisfrequenzen $\Omega_0, 2\Omega_0, 3\Omega_0 \ldots$ darstellen (s. A6.1.18).

$$x(t) = x_0 + \sum_{n=1}^{\infty}\{s_n\sin n\Omega_0 t + c_n\cos n\Omega_0 t\}$$
$$= x_0 + \sum_{n=1}^{\infty}\{\hat{x}_n\sin(n\Omega_0 t + \varepsilon_n)\} \tag{28}$$

mit

$x_0 = \dfrac{1}{T}\displaystyle\int_0^T x(t)\,dt$ arithmetischer Mittelwert,

$s_n = \dfrac{2}{T}\displaystyle\int_0^T x(t)\sin n\Omega_0 t\,dt$ Fourierkoeffizienten
  $(n = 1, 2, \ldots, \infty)$,

$c_n = \dfrac{2}{T}\displaystyle\int_0^T x(t)\cos n\Omega_0 t\,dt$,

$\Omega_0 = 2\pi/T$ Grundfrequenz
  (Kreisfrequenz),

$\hat{x}_n = \sqrt{s_n^2 + c_n^2}$ Werte des Fourier-
  Amplituden-Spektrums,

$\varepsilon_n = \tan(c_n/s_n)$ Werte des Fourier-Phasen-
  Spektrums.

Beispiel: Bild 8 zeigt als Beispiel eine einfache periodische Funktion mit zwei Sinuskomponenten im Zeit- und Frequenzbereich. Ein solches Schwingungssignal kann bei rotierenden Maschinen auftreten, wobei die Grundfrequenz Ω_0 mit der Drehfrequenz übereinstimmt (Unwuchtschwingung) und die doppelte Drehfrequenz $2\Omega_0$ z.B. durch Unrundheiten der Welle (Generatorläufer, Welle mit Riß) verursacht wird. Zahlenwerte: $x_0 = 0; \hat{x}_1 = s_1 = 20\,\mu\text{m}; \hat{x}_2 = s_2 = 10\,\mu\text{m}; c_1 = c_2 = 0$.

Fourier-Analyse nichtperiodischer Vorgänge. Einen Übergang von periodischen zu nichtperiodischen Vorgängen findet man durch eine Grenzwertbetrachtung für unendlich große Periodendauern T. Dadurch nimmt die Grundfrequenz unendlich kleine Werte an ($\Omega_0 \rightarrow d\Omega$) und die

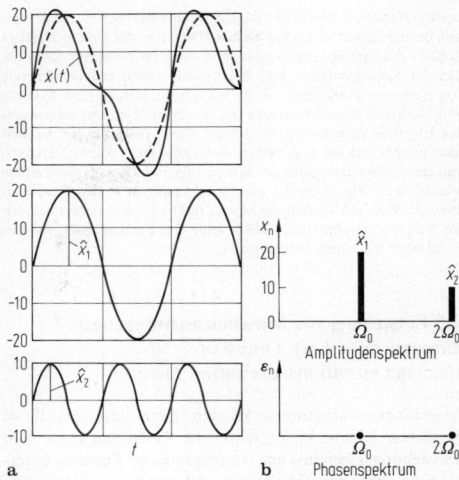

a   **b** Phasenspektrum

Bild 8. Periodische Funktion mit zwei Sinusfunktionen ($\hat{x}_1 = 20\,\mu\text{m}; \hat{x}_2 = 10\,\mu\text{m}; \varepsilon_1 = 0; \varepsilon_2 = 0$). **a** Zeitbereich; **b** Frequenzbereich

höheren Harmonischen folgen dicht aufeinander. Dies führt zu einem kontinuierlichen Spektrum. Die Zeitfunktion kann nun durch das Fourier-Integral ausgedrückt werden.

$$x(t) = \int_{-\infty}^{\infty} x(\Omega)e^{i\Omega t}\,d\Omega. \tag{29}$$

Hierin ist die komplexe Spektralfunktion $x(\Omega)$ die Fouriertransformierte des Zeitsignals $x(t)$

$$x(\Omega) = \int_0^{\infty} x(t)e^{-i\Omega t}\,dt. \tag{30}$$

Beispiel: Bild 9 stellt qualitativ die Beträge der Fouriertransformierten $|x(\Omega)|$ für drei nichtperiodische Signale dar. Die beiden ersten werden oft als Testsignale zur künstlichen Erregung von Schwingungssystemen verwendet. Man erkennt, daß die Werte der

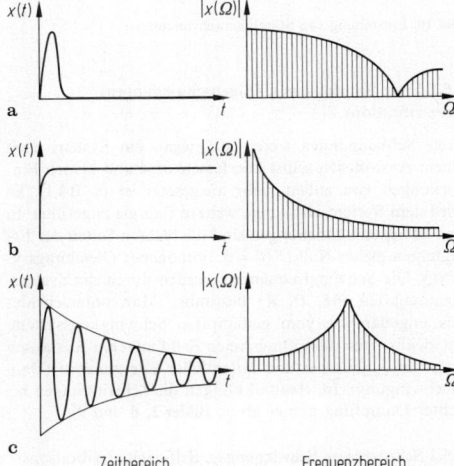

Zeitbereich   Frequenzbereich

Bild 9. Spektralfunktionen $|x(\Omega)|$ für drei nichtperiodische Funktionen. **a** Stoßfunktion; **b** Sprungfunktion; **c** Impuls-Antwortfunktion

Spektralfunktion $|x(\Omega)|$ der Stoßfunktion (**Bild 9a**) in einem weiten Bereich nahezu konstant bleiben. Die Lage des Nulldurchgangs $|x(\Omega)| = 0$ hängt von der Stoßdauer (harter oder weicher Stoß) ab. Bei der *Sprungfunktion* (**Bild 9b**) ist der größte Teil der Energie bei niedrigen Frequenzen zu finden. Damit werden also Systeme mit niedrigen Eigenfrequenzen gut angeregt. Ein sehr interessantes Ergebnis zeigt sich beim dritten Signal (**Bild 9c**). Es handelt sich hierbei um die sog. *Impuls-Antwortfunktion* (Gewichtsfunktion) eines Schwingers, also die System-Eigenschwingung nach einem kurzen Stoß. Transformiert man diese Funktion in den Frequenzbereich, dann erhält man die bereits in O 2.2.5 definierte zugehörige Frequenzgangfunktion. **Bild 9** zeigt den Frequenzgang für den Schwinger mit einem Freiheitsgrad.

2.5 Entstehung von Maschinenschwingungen, Erregerkräfte *F* (*t*). Origin of machine vibrations, excitation forces

Maschinenschwingungen können ganz unterschiedliche Ursachen haben. In [5] wird eine Einteilung nach dem Entstehungsmechanismus vorgenommen. Danach unterscheidet man zwischen freien, selbsterregten, parametererregten und erzwungenen Schwingungen. Die einzelnen Fälle lassen sich am besten an Hand der Bewegungsgleichungen Gl. (1) bzw. mit Hilfe des Blockschaltbilds (**Bild 1**) erklären. Dabei werden lineare, zeitinvariante Schwingungssysteme vorausgesetzt. In **Bild 10** sind die einzelnen Ursachen für Schwingbewegungen *x*(*t*) anschaulich zusammengestellt.

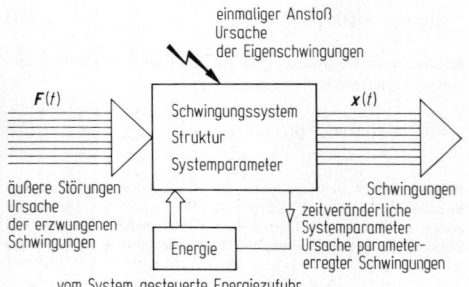

Bild 10. Entstehung von Maschinenschwingungen

2.5.1 Freie Schwingungen (Eigenschwingungen) Free vibrations

Freie Schwingungen treten auf, wenn ein System nach einem Anstoß sich selbst überlassen wird und keinen Einwirkungen von außen ausgesetzt ist (s. B 4.1). Es wird dem System also keine weitere Energie zugeführt. In den Bewegungsgleichungen sind die rechten Seiten der Erregungen gleich Null (F (*t*) = 0, homogenes Gleichungssystem). Die Schwingfrequenzen werden durch die Systemeigenschaften (M, D, K) bestimmt. Man unterscheidet das ungedämpfte vom gedämpften Schwingungssystem. Im idealisierten dämpfungsfreien Fall findet ein Austausch zwischen kinetischer und potentieller Energie statt (Dauerschwingung). Im Realfall klingen die Schwingungen bei echter Dämpfung immer ab (s. **Bilder 2, 6** und **9**).

2.5.2 Selbsterregte Schwingungen. Self-excited vibrations

Hierbei handelt es sich um Eigenschwingungen besonderer Art. In den Bewegungsgleichungen sind wie bei den freien Schwingungen keine äußeren Erregungen vorhanden

(F (*t*) = 0). Dem Schwinger wird jedoch im Takt der Eigenschwingung Energie aus einer Energiequelle zugeführt. Durch diese Energieaufnahme kann es zu aufklingenden (selbsterregten) Schwingungen kommen, wenn nicht entgegengesetzt wirkende Dämpfungskräfte dies verhindern. Strenggenommen haben die selbsterregten Schwingungen nichtlinearen Charakter, zur Beurteilung der Stabilität in einem Gleichgewichtspunkt darf man jedoch die linearisierten Gleichungen verwenden. Die Neigung eines Schwingungssystems zur Selbsterregung erkennt man an den schiefsymmetrischen Anteilen in der *Steifigkeitsmatrix* K (Zirkulatorische Kräfte), denen die *Dämpfungen* (D-Matrix) gegenüber stehen. Im Maschinenbau findet man Beispiele für selbsterregte Schwingungen u.a. an rotierenden Wellen mit Gleitlagern und Dichtspalten. Dabei stammt die zugeführte Energie aus der Wellenrotation.

2.5.3 Parametererregte Schwingungen Parameter-starting vibrations

Das Kennzeichen der parametererregten Schwingungen ist, daß das Schwingungssystem zeitabhängige, meist periodische Parameter besitzt. Die Voraussetzung der zeitinvarianten Bewegungsgleichungen ist dann nicht mehr erfüllt und die Matrizen sind i. allg. zeitabhängig: M(*t*), D(*t*), K(*t*). Als Folge können sowohl gedämpfte, ungedämpfte als auch angefachte Schwingungen auftreten.

Rotoren von elektrischen Maschinen (s. V 3) haben z.B. oft Querschnittsformen mit stark verschiedenen Biegesteifigkeiten in zwei zueinander senkrechten Richtungen (z.B. zweipolige Läufer von Synchronmaschinen). Bei Drehung der Welle ändert sich in einem raumfesten Koordinatensystem die vertikale Wellensteifigkeit periodisch mit der Zeit. Die Steifigkeitsmatrix K des Rotors ist deshalb zeitvariant. Bei der Auslegung muß beachtet werden, daß Drehzahlbereiche mit aufklingenden parametererregten Schwingungen vermieden werden.

2.5.4 Erzwungene Schwingungen. Forced vibrations

Erzwungene Schwingungen (s. B 4.1), die in der Praxis wohl am häufigsten vorkommen, werden durch äußere Störungen verursacht und in ihrem Zeitverhalten bestimmt. Diese Störungen sind als Erregerkräfte (-momente) im Vektor F (*t*) auf der rechten Seite der Bewegungsgleichungen enthalten. Sie sind nur von der Zeit *t* und nicht von der Bewegung *x*(*t*) des Schwingungssystems selbst abhängig. Bei den Erregerfunktionen interessieren in der Schwingungspraxis in besonderem Maße die periodischen Funktionen und als Sonderfall hiervon die harmonischen Funktionen. Daneben haben auch Impulsfunktionen (Störungen durch Stöße), die Sprungfunktionen (Einschaltvorgänge) und die Zufallsfunktionen eine große Bedeutung. Störungen werden entweder als Kräfte (Momente) oder als Fußpunktbewegungen bzw. -beschleunigungen in das System eingeleitet. Beachtliche Erregerkräfte können z.B. als Trägheitskräfte durch translatorisch oder rotatorisch bewegte Massen in Maschinen auftreten. Andere wichtige Erregungen kommen durch die Kopplung mechanischer Systeme mit angrenzenden Arbeitsmedien (Gas, Dampf) oder mit elektrischen Systemen (Motoren, Generatoren) zustande, wobei man oft die strenge Kopplung näherungsweise durch reine zeitabhängige Störfunktionen ersetzen darf. Störungen in der Umgebung von Maschinen (Gebäudedecken, Baugrund) wirken sich als Fußpunkterregungen am Schwingungssystem aus. In erdbebengefährdeten Gebieten muß beispielsweise sichergestellt werden, daß wichtige Maschinen und Aggregate (z.B. Kühlmittelpumpen in Kernkraftwerken) auch bei starken äußeren Einwirkun-

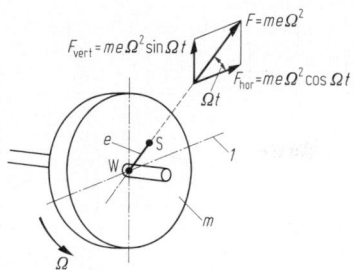

Bild 11. Unwuchtkräfte an einer rotierenden Scheibe. e Massenexzentrizität, Ω Winkelgeschwindigkeit, m Masse, 1 Nullachse für Winkel Ωt

gen funktionstüchtig bleiben. Im folgenden werden einige wichtige Erregungen vorgestellt und diskutiert.

Erregung durch harmonische Unwuchtkräfte. Im Turbomaschinenbau werden die Biegeschwingungen von rotierenden Wellen in den meisten Fällen durch Unwuchtkräfte hervorgerufen. Eine Erklärung der Unwuchterregung läßt sich anschaulich am Beispiel eines Laufrads geben, das in **Bild 11** als Scheibe idealisiert ist. Bedingt durch Fertigungsgenauigkeiten und ungleichmäßige Beschaufelung fallen der Scheibenschwerpunkt S und der Wellendurchstoßpunkt W i.allg. nicht zusammen. Die beiden Punkte haben den festen Abstand e voneinander, der als Massenexzentrizität bezeichnet wird und eine zum Laufraddurchmesser relativ kleine Größe darstellt. Während des Betriebs einer Maschine kann sich die Massenexzentrizität durch Ablagerung und Abtragung (Erosion) oder durch Schaufelbruch vergrößern. Das Produkt aus Laufradmasse m und Massenexzentrizität e nennt man Unwucht $U = me$.

Durch die Wellenrotation wird die Fliehkraft

$$F = me\Omega^2 \tag{31}$$

geweckt, die entsprechend der Drehung von S um den Wellenmittelpunkt W in Richtung der Verbindungslinie WS (Fliehkraftbeschleunigung) wirkt und mit der Winkelgeschwindigkeit Ω umläuft. Die Größe der Kraft wächst quadratisch mit Ω an. Ein Beobachter in einem raumfesten Koordinatensystem sieht die beiden Komponenten der Fliehkraft als periodische bzw. genauer als harmonische Funktionen

$$\begin{aligned} F_{\text{hor.}} &= me\Omega^2 \cos \Omega t, \\ F_{\text{vert.}} &= me\Omega^2 \sin \Omega t. \end{aligned} \tag{32}$$

Bei komplizierten Läufern hat die Unwucht entlang der Wellenachse einen kontinuierlichen Verlauf, wobei neben den Kraftamplituden auch relative Winkellagen zueinander zu berücksichtigen sind. Da die wirkliche Unwuchtverteilung nie genau bekannt ist, nimmt man bei Schwingungsberechnungen bestimmte Musterverteilungen an (z.B. Verteilung nach Eigenformen). Die diskreten Unwuchtanteile sind dabei den einzelnen Berechnungs-Freiheitsgraden zuzuteilen.

Durch die Unwuchtbelastungen werden sowohl die Welle als auch die Lagerböcke, das Fundament und das Gehäuse zu harmonischen Schwingungen mit der Wellenkreisfrequenz Ω angeregt.

In der Praxis wird man immer bestrebt sein, die Unwucht-Erregerkräfte möglichst klein zu halten. Dies erreicht man durch den Vorgang des Auswuchtens, bei dem geeignete Ausgleichsgewichte am Läufer angesetzt werden. Beim Auswuchten ist zu prüfen, ob der zu wuchtende Läufer als *starr* oder *elastisch* angenommen werden darf. Nähere

Einzelheiten zur Praxis des Auswuchtens und zur Auswuchtgüte findet man in [6, 7].

Erregung durch Massen- und Gaskräfte in Kolbenmaschinen. In den Triebwerken von Kolbenmaschinen (Viertaktmotoren, Zweitaktmotoren, Kolbenverdichter) treten neben den Unwuchtkräften durch rotierende Bauteile (Kurbelwelle) insbesondere Massenkräfte (s. O 1.2) durch translatorisch bewegte Bauteile (Kolben, Anteile der Schubstange usw.) und Gaskräfte am Kolben auf, die zu einer beachtlichen Schwingungserregung einzelner Komponenten oder des gesamten Motors führen können [8, 9] (s. G 10 und P 4). In den meisten Fällen verlaufen die Kräfte periodisch mit der Drehzahl der Maschine (Grundfrequenz $\Omega_0 =$ Drehfrequenz), lediglich die Gaskräfte von Viertaktmotoren weisen eine Periode von zwei Umdrehungen auf, da im Zylinder eines Viertaktmotors nur bei jeder zweiten Umdrehung eine Verbrennung stattfindet.

Von den verschiedenen Schwingungserscheinungen an Kolbenmaschinen sind die Schwingungen der Kurbelwelle besonders zu untersuchen, damit die Beanspruchungen nicht zu einem Dauerbruch der Kurbelwelle führen. Für eine Kurbelwellen-Schwingungsberechnung benötigt der Ingenieur die an der Kurbelwelle angreifenden zeitveränderlichen Erregerkräfte, die sich aus den oben genannten Massen- und Gaskräften ergeben. Die folgenden Angaben gelten für den stationären Zustand (konstante Drehzahl). Die wesentlichen Beziehungen lassen sich am besten am Einzylindertriebwerk (Viertaktmotor) erklären. Sie können leicht auf die Mehrzylindermaschine übertragen werden.

Die an einem Kolben wirkende resultierende Kraft $F_k(t)$ setzt sich aus der Gasdruckkraft $F_G(t)$ und der Massenkraft $F_M(t)$ zusammen (**Bild 12**) (s. G 10.2.3)

$$F_K(t) = F_G(t) + F_M(t). \tag{33}$$

Die Kolbenkraft kann geometrisch in die Normalkraft $F_N(t)$ und die Schubstangenkraft $F_S(t)$ zerlegt werden, wovon sich die Stangenkraft am Kurbelzapfen nochmals in die tangentiale Komponente $F_T(t)$ und die radiale Komponente $F_R(t)$ aufteilt (s. G 10.2). Dies sind die erregenden Kräfte für die Kurbelwelle, die zu Dreh- und Biegeschwingungen führen. Man kann sie wieder aufteilen in die Anteile der Gasdruckkräfte und die Anteil der Massenkräfte

$$\begin{aligned} F_T(t) &= F_{TG}(t) + F_{TM}(t), \\ F_R(t) &= F_{RG}(t) + F_{RM}(t). \end{aligned} \tag{34}$$

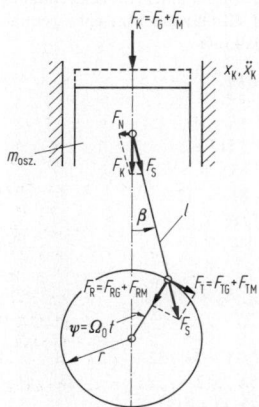

Bild 12. Kräfteverhältnisse beim Kurbeltrieb. ψ Kurbelwinkel, r Kurbelradius, β Schwenkwinkel, l Schubstangenlänge

Zu ihrer Ermittlung braucht man zunächst einmal die für beide Kraftarten (Gaskräfte, Massenkräfte) gültigen Kräfteverhältnisse F_T/F_K und F_R/F_K. Dies sind periodische Funktionen, die die Geometrie des Kurbeltriebs ausdrücken

$$\frac{F_T}{F_K} = \frac{\sin(\psi + \beta)}{\cos \beta} = B_1 \sin \psi + B_2 \sin 2\psi + B_4 \sin 4\psi + \dots \tag{35}$$

mit

$$B_1 = 1,$$
$$B_2 = \lambda/2 + \lambda^3/8 + \dots,$$
$$B_4 = -\lambda^3/16 - 3\lambda^5/64 - \dots.$$

$$\frac{F_R}{F_K} = \frac{\cos(\psi + \beta)}{\cos \beta}$$
$$= A_0 + A_1 \cos \psi + A_2 \cos 2\psi + A_4 \cos 4\psi + \dots. \tag{36}$$

mit

$$A_0 = -\lambda/2 - 3\lambda^3/16 - \dots,$$
$$A_1 = 1,$$
$$A_2 = \lambda/2 + \lambda^3/4 + \dots,$$
$$A_4 = -\lambda^3/16 - \dots$$

($\psi = \Omega_0 t$ Kurbelwinkel, Ω_0 Winkelgeschwindigkeit der Kurbelwelle, β Schwenkwinkel, $\lambda = r/l$ Pleuelstangenverhältnis). Die vier Einzelanteile aus Gl. (34) können nun wie folgt angegeben werden:

$$F_{TG}(t) = F_G(t) \cdot (F_T/F_K),$$
$$F_{TM}(t) = F_M(t) \cdot (F_T/F_K), \tag{37}$$
$$F_{RG}(t) = F_G(t) \cdot (F_R/F_K),$$
$$F_{RM}(t) = F_M(t) \cdot (F_R/F_K). \tag{38}$$

Sowohl die Massenkraft $F_M(t)$ als auch die Gasdruckkraft $F_G(t)$ sind im stationären Betrieb aber ebenfalls periodische Funktionen.

Die Massenkraft $F_M(t)$ ergibt sich z.B. aus dem Produkt der oszillierenden Masse m_{osz} (Kolbenmasse, Massenanteil der Pleuelstange) mit der Kolbenbeschleunigung $\ddot{x}_k(t)$ und kann durch die folgende Fourierreihe ausgedrückt werden (s. G 10.2.3)

$$F_M(t) = -m_{osz} \ddot{x}_k = -m_{osz} r \Omega_0^2 (C_1 \cos \psi + C_2 \cos 2\psi$$
$$+ C_4 \cos 4\psi + C_6 \cos 6\psi + \dots), \tag{39}$$

mit

$$C_1 = 1,$$
$$C_2 = \lambda + \lambda^3/4 + 15\lambda^5/128,$$
$$C_4 = -\lambda^3/4 - 3\lambda^5/16 - \dots,$$
$$C_6 = 9\lambda^5/128 + \dots.$$

Aus Gl. (37) und Gl. (38) folgen unter Berücksichtigung von Gl. (35), Gl. (36) und Gl. (39) die Massentangentialkraft und die Massenradialkraft

$$F_{TM} = m_{osz} r \Omega_0^2 \sum_{k=1}^{\infty} T_k \sin k\psi,$$

mit

$$T_1 = \lambda/4 + \lambda^3/16 + 15\lambda^5/512 + \dots,$$
$$T_2 = -1/2 - \lambda^4/32 - \lambda^6/32 \dots,$$
$$T_3 = -3\lambda/4 - 9\lambda^3/32 - 81\lambda^5/512 - \dots,$$
$$T_4 = -\lambda^2/4 - \lambda^4/8 - \lambda^6/16 - \dots,$$
$$T_5 = 5\lambda^3/32 + 75\lambda^5/512 + \dots. \tag{40}$$

$$F_{RM} = m_{osz} r \Omega_0^2 \left(R_0 + \sum_{k=1}^{\infty} R_k \cos k\psi \right),$$

mit

$$R_0 = -1/2 - \lambda^2/4 - 3\lambda^4/16 - 5\lambda^6/32 - \dots,$$
$$R_1 = -\lambda/4 - \lambda^3/16 - 15\lambda^5/512 - \dots,$$
$$R_2 = -1/2 + \lambda^2/2 + 13\lambda^4/32 + 11\lambda^6/32 +,$$
$$R_3 = -3\lambda/4 - 3\lambda^3/32 - 9\lambda^5/512 - \dots,$$
$$R_4 = -\lambda^2/4 - 5\lambda^4/16 - 5\lambda^6/16 - \dots. \tag{41}$$

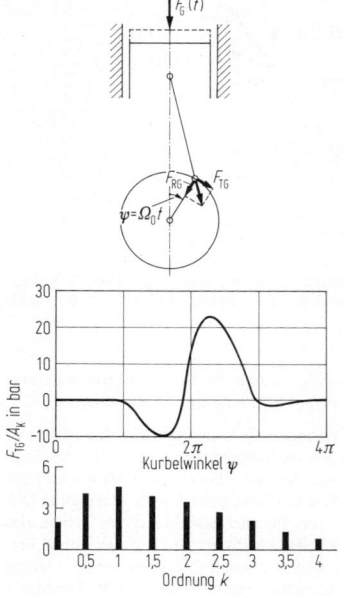

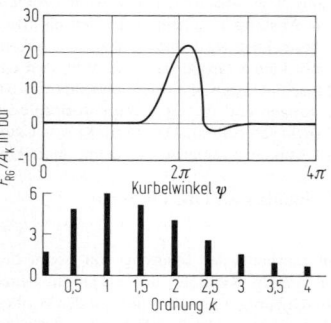

Bild 13. Harmonische Analysen für die Tangentialkraft F_{TG} und die Radialkraft F_{RG} für einen Zylinder eines Viertaktmotors

Zur Bestimmung der Kräfte F_{TG} und F_{RG}, die sich aus den Gasdruckkräften am Kolben ergeben, verfährt man entsprechend. Liegen z.B. diskrete Werte der Kraft $F_G(t)$ über eine Periode vor, so multipliziert man diese gemäß Gln. (37), (38) und führt anschließend harmonische Analysen für die gefundenen Kraftkomponenten F_{TG} und F_{RG} durch. Dabei sind die unterschiedlichen Grundfrequenzen beim Zweitaktmotor (Ω_0) und beim Viertaktmotor ($\Omega_0/2$) zu berücksichtigen.

Bild 13 zeigt die Ergebnisse der harmonischen Analysen für die Radialkraft $F_{RG}(t)$ und die Tangentialkraft $F_{TG}(t)$ bei einem Viertaktmotor. Die dargestellten Werte sind jeweils auf die Kolbenfläche A_k bezogen.

Beim Mehrzylindertriebwerk nimmt man i. allg. an, daß alle Zylinder gleich sind und gleich arbeiten, und damit auch die Kräfte bei allen Zylindern gleich sind. Die Kräfte verschiedener Zylinder sind jedoch zeitlich phasenverschoben, da die Zündzeitpunkte nicht zusammenfallen. Diese Phasenverschiebung ergibt für verschiedene Zylinder unterschiedliche harmonische Koeffizienten der Erregerkräfte [8, 9] die sich aus den angegebenen Werten für das Einzylindertriebwerk ableiten lassen.

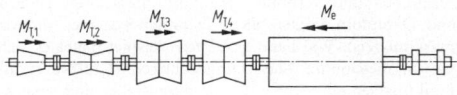

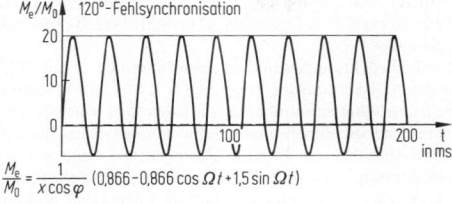

$$\frac{M_e}{M_0} = \frac{1}{x \cos\varphi} (0,866 - 0,866 \cos\Omega t + 1,5 \sin\Omega t)$$

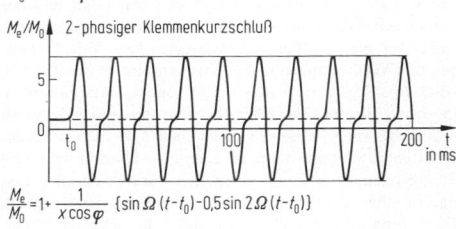

$$\frac{M_e}{M_0} = 1 + \frac{1}{x \cos\varphi} \{\sin\Omega(t - t_0) - 0,5 \sin 2\Omega(t - t_0)\}$$

———— M_e - - - - $M_{T,1} + M_{T,2} + M_{T,3} + M_{T,4}$

Bild 14. Luftspaltmoment $M_e(t)$ in einem Generator

Erregung durch elektrische Störmomente. In elektrischen Maschinen (Motoren, Generatoren) können beachtliche elektrische Störmomente auftreten, die den ganzen Wellenstrang zu Torsionsschwingungen anregen (s. V 5.1.5). Stellvertretend werden hier Störungen an einer Turbogruppe (Energieerzeugung) vorgestellt. Im stationären Betrieb des Turbosatzes sind die Drehmomente der antreibenden Turbinen und des bremsenden Generators miteinander im Gleichgewicht. Durch elektrische Störungen im Netz oder am Generator, Schalt- und Synchronisiervorgänge kann dieses Gleichgewicht empfindlich gestört werden. Das Generatormoment enthält dann zusätzliche konstante und oszillierende Komponenten.
Studien zeigen, daß die größten Belastungen der Welle beim Klemmenkurzschluß und bei Fehlsynchronisierung mit einem Fehlwinkel von 120° auftreten. Deshalb werden in den einschlägigen Normen und Vorschriften meist nur diese Fälle für die Auslegung zugrundegelegt. In **Bild 14** ist der auf das Nennmoment M_0 bezogene zeitliche Verlauf des Luftspaltmoments $M_e(t)$ im Generator für einen nicht abklingenden zweipoligen Klemmenkurzschluß und für eine 120°-Fehlsynchronisation dargestellt. Die Zeitverläufe lassen sich aus den folgenden Gleichungen ermitteln [10].

2phasiger Klemmenkurzschluß:

$$M_e(t) = M_0 + \frac{M_0}{\cos\varphi} \cdot \frac{1}{x_d'' + x_{TR}}$$
$$\cdot \{\sin\Omega(t - t_0) - 0,5 \cdot \sin 2\Omega(t - t_0)\}. \qquad (42)$$

120°-Fehlsynchronisation:

$$M_e(t) = \frac{M_0}{\cos\varphi} \cdot \frac{1}{x_d'' + x_{TR} + x_N}$$
$$\cdot \{0,866 - 0,866 \cos\Omega t + 1,5 \sin\Omega t\},$$

mit x_d'' subtransiente Reaktanz des Generators, x_{TR} Traforeaktanz, x_N Netzreaktanz jeweils bezogen auf die Generatorimpedanz, $\cos\varphi$ Leistungsfaktor, M_0 Nennmoment, Ω Netzkreisfrequenz.

Man erkennt deutlich den Gleichanteil mit dem stationären Nenndrehmoment M_0 und die dreh- bzw. doppeldrehfrequenten Wechselanteile. Die angegebenen Erregermomente sind an passender Stelle in den Erregervektor $F(t)$ der Bewegungsgleichungen für einen Wellenstrang einzusetzen.
Besondere Bedeutung haben mehr und mehr die Drehmomente von elektrisch drehzahlgeregelten Antrieben. Hier können pulsierende Erregermomente als Folge der Speisung über Umformer (Umrichter) auftreten, weil dabei Oberwellen in Strom und Spannung vorkommen. In [11] sind für die zwei am meisten verbreiteten Antriebsarten (Schleifringmotor mit untersynchroner Kaskade, Stromrichter-Synchronmotor-Antrieb) die Erregerfrequenzen in Abhängigkeit von der Drehzahl angegeben.

2.6 Mechanische Ersatzsysteme, Bewegungsgleichungen. Mechanical models, equations of motion

Zur Ermittlung rechnerischer Lösungen oder zur Deutung von Meßergebnissen braucht man mechanische Ersatzsysteme, die das wirkliche dynamische Verhalten hinreichend genau wiedergeben. Die Vorgehensweise bei der Modellbildung ist in **Bild 15** dargestellt. Ausgangspunkt ist die Betrachtung des realen Systems (Konstruktionszeichnung), wobei u.a. festgelegt werden muß, wo die Systemgrenzen zu ziehen sind. Nach Abgrenzung und Formulierung der Aufgabe kann das mechanische Ersatzsystem erstellt werden. Dabei werden Vereinfachungen vorgenommen, die auf Annahmen und Erfahrungen oder Beobachtungen an ähnlichen Systemen beruhen. Das mechanische Modell sollte so einfach wie möglich sein, aber alles Wesentliche beinhalten. Modell und Wirklichkeit sollten im Hinblick auf die gewünschten Aussagen gut entsprechen. Angestrebt wird dabei ein Minimalmodell, das mit der geringsten Anzahl von Freiheitsgraden eine zutreffende Aussage über das dynamische Verhalten des Systems liefert.
Zum *mechanischen Ersatzsystem* wird unter Berücksichtigung der physikalischen Grundgesetze das zugehörige *mathematische Modell* gesucht, das bei Schwingungssystemen häufig auf ein System linearer Differentialgleichungen mit konstanten Koeffizienten führt (s. Gl. 1). Danach können die mathematischen Gleichungen gelöst und die Ergebnisse gedeutet und diskutiert werden. Gegebenenfalls sind Modifikationen am mechanischen Modell vorzunehmen, falls Zweifel an den gewonnenen Lösungen bestehen bzw. starke Abweichungen gegenüber dem Realverhalten vorliegen.

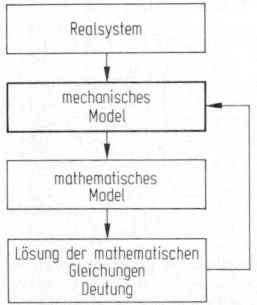

Bild 15. Vorgehensweise bei der Modellbildung

Bei der Bildung eines mechanischen Ersatzsystems legt man zuerst die Systemstruktur fest und bestimmt dann die zugehörigen Systemparameter (**Bild 1**).

2.6.1 Strukturfestlegung. Structure definition

Mit der Festlegung der Struktur eines Ersatzsystems sind verschiedene Fragestellungen verknüpft. Zunächst muß geklärt werden, ob ein kontinuierliches System mit verteilter Masse und Steifigkeit oder ein diskretes System verwendet werden soll. Dies führt im ersten Fall zu partiellen, im zweiten Fall zu gewöhnlichen Differentialgleichungen. Wichtig ist auch die Überlegung, ob lineare oder nichtlineare Beziehungen Gültigkeit haben. Weiterhin stellen sich die Fragen, wieviel Freiheitsgrade notwendig sind, aus welchen Elementen (Federn, Massen, Dämpfer, Stäbe, Balken, Platten usw.) ein System bestehen soll und welche Randbedingungen gelten.

Bild 16 zeigt verschiedene Möglichkeiten der Modellierung am Beispiel der Maschinenwelle mit Laufrad (s. **Bild 2**). Das kontinuierliche System mit seinen unendlich vielen Freiheitsgraden stellt eine realitätsnahe Abbildung dar, da Massen und Steifigkeiten mit ihrem kontinuierlichen Verlauf berücksichtigt werden. Das Lösen der zugehörigen partiellen Gleichungen ist allerdings bei komplizierten Systemen nur mit sehr großem Aufwand möglich und scheidet daher für praktische Anwendungen aus.

Gute Näherungslösungen lassen sich mit diskreten Systemen gewinnen. Bei der schon klassischen ingenieurmäßigen Diskretisierung faßt man die kontinuierlich verlaufenden Massen zu Punktmassen oder starren Körpern

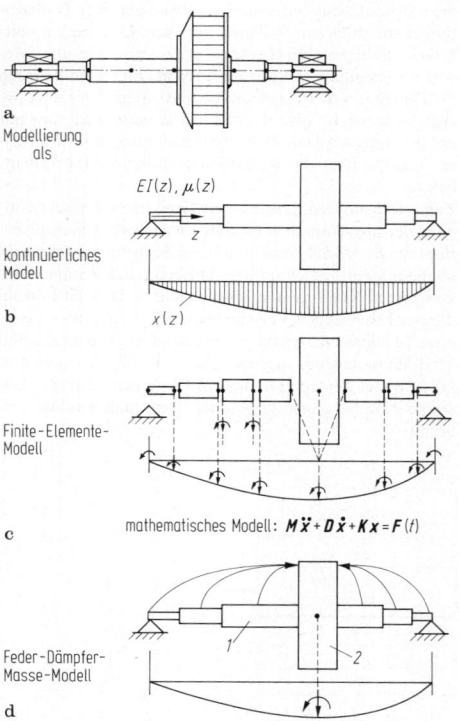

a
Modellierung
als

$EI(z), \mu(z)$

kontinuierliches
Modell

b

$x(z)$

Finite-Elemente-
Modell

c

mathematisches Modell: $M\ddot{x} + D\dot{x} + Kx = F(t)$

Feder-Dämpfer-
Masse-Modell

d

Bild 16. Möglichkeiten der Modellbildung am Beispiel einer Maschinenwelle mit Laufrad. **a** Realsystem; Modellierung als: **b** Kontinuierliches Modell; **c** Finite-Elemente-Modell; **d** Feder-Dämpfer-Masse-Modell, 1 Biegefeder, 2 Masse

zusammen und verbindet diese mit masselosen Federn und Dämpfern (Feder-Masse-Dämpfer-Systeme, lumped mass models). Wie beim gezeigten Beispiel bietet es sich oft an, bestimmte Massenanhäufungen (Laufräder) als Punktmassen oder starre Körper darzustellen und benachbarte kleinere Massen (Wellenmasse) anteilmäßig aufzuaddieren. Als elastische Verbindungselemente werden z.B. Federn, masselose Drehstäbe (Torsion), Biegebalken u.a. verwendet.

Große Bedeutung hat in den letzen Jahren die „Finite-Elemente"-Diskretisierung gewonnen (s. C8). Die FE-Methode ist vielseitig anwendbar und es lassen sich beliebige ein-, zwei- und dreidimensionale Schwingungssysteme behandeln. Auch bei den Randbedingungen und beim Verlauf von Massen, Steifigkeiten und Dämpfungen ist alles zugelassen. Es wird jedes Element für sich behandelt und das dynamische Verhalten in Form von Kraft-Bewegungsbeziehungen mit Kräften und Momenten bzw. Verschiebungen und Verdrehungen in den Knotenpunkten beschrieben (**Bild 16**). Erreicht wird das durch sog. Ansatzfunktionen, in denen die mechanischen Freiheitsgrade der Knotenpunkte als freie Parameter erscheinen. Die Elementeigenschaften faßt man dann in Massen-, Dämpfungs- und Steifigkeitsmatrizen zusammen. Dies drückt deutlich aus, daß in einem finiten Element die Eigenschaften Trägheit, Dämpfung und Steifigkeit zusammen berücksichtigt werden. Schließlich werden die Elemente unter Einhaltung aller Rand- und Übergangsbedingungen an den Knotenpunkten miteinander verbunden und zur Gesamtstruktur aufgebaut.

Das zugehörige mathematische Modell hat wie bei der ingenieurmäßigen Diskretisierung die gleiche Form und führt bei linearem Verhalten zu einem System gewöhnlicher Differentialgleichungen, das bereits in Gl. (1) dargestellt wurde.

2.6.2 Parameterermittlung. Parameter definition

Liegt die Struktur des Schwingungssystems und damit auch die Form der mathematischen Gleichungen fest, so müssen im nächsten Schritt die Werte für die Systemparameter bzw. die Elemente der Matrizen M, D, K bestimmt werden. Bei der Parameterermittlung entnimmt man wichtige Informationen den Konstruktionszeichnungen (Abmessungen, Werkstoffkennwerte, Massen) und wendet Gesetze der Mechanik an (Massenträgheitsmomente, Biegesteifigkeiten, Drehsteifigkeiten usw.). Bei manchen Maschinenelementen oder Mechanismen (Gleitlager, Dichtungen, Kupplungen) fehlen aber heute oft noch ausgereifte theoretische Modelle über die dynamischen Vorgänge. In solchen Fällen ist eine experimentelle Vorgehensweise oft unerläßlich und man versucht die unbekannten Parameter einzelner Systemkomponenten mit Hilfe von (Parameter-)Identifikationsverfahren zu bestimmen [12, 13].

2.6.3 Beispiele für mechanische Ersatzsysteme: Feder-Masse-Dämpfer-Modelle. Examples for mechanical models: Spring-mass-damper-models

Ungefesselter Drehschwinger mit zwei Drehmassen. Das Drehschwingverhalten von Maschinenanlagen kann in vielen Fällen mit guter Näherung durch ein lineares mechanisches Ersatzsystem mit zwei Drehmassen sowie einer Drehfeder und einer Drehdämpfung zwischen den beiden Massen beschrieben werden, **Bild 17**. Θ_1 und Θ_2 sind die Trägheitsmomente der beiden Maschinen (z.B. Elektromotor-Verdichter) um die Drehachse und k_1 bzw. d_1 geben die Drehfedersteifigkeit bzw. die Drehdämpfungskonstante der Verbindungswelle oder einer dazwischenliegenden drehelastischen Kupplung an. Das Massenträg-

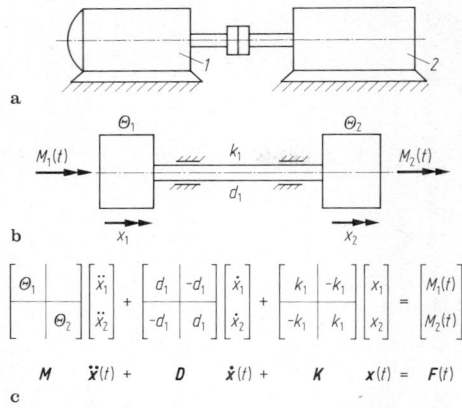

a

b

$$\begin{bmatrix} \Theta_1 & \\ & \Theta_2 \end{bmatrix} \begin{bmatrix} \ddot{x}_1 \\ \ddot{x}_2 \end{bmatrix} + \begin{bmatrix} d_1 & -d_1 \\ -d_1 & d_1 \end{bmatrix} \begin{bmatrix} \dot{x}_1 \\ \dot{x}_2 \end{bmatrix} + \begin{bmatrix} k_1 & -k_1 \\ -k_1 & k_1 \end{bmatrix} \begin{bmatrix} x_1 \\ x_2 \end{bmatrix} = \begin{bmatrix} M_1(t) \\ M_2(t) \end{bmatrix}$$

$$M \quad \ddot{x}(t) + \quad D \quad \dot{x}(t) + \quad K \quad x(t) = F(t)$$

c

Bild 17. Ungefesselter Drehschwinger mit zwei Drehmassen. **a** Maschinenanlage, *1* Elektromotor, *2* Verdichter; **b** Ersatzsystem; **c** Bewegungsgleichung

heitsmoment eines beliebigen Körpers für die Drehung um eine feste Achse ist $\Theta = \int r^2 dm$ und die Drehfedersteifigkeit eines zylindrischen Stabs $k = GI_T/1$ (G Gleitmodul, I_T Stablänge). Angaben über die Steifigkeits- und Dämpfungseigenschaften der Kupplungen erhält man i.allg. von den Herstellern (Nichtlinearitäten in Kupplungen beachten).

Bezeichnet man mit x_1, x_2 die beiden Drehfreiheitsgrade und mit $M_1(t)$, $M_2(t)$ die an den Drehmassen angreifenden Erregermomente, so ergeben sich die in **Bild 17** angegebenen Bewegungsgleichungen. Sie werden beispielsweise angewendet, um Drehmomentenspitzen in der Antriebswelle (Kupplung) zu berechnen, die sich beim Anfahren mit Asynchron-Elektromotoren ergeben [14].

Modell einer Welle mit Laufrad (Ventilator). Das in **Bild 2** vorgestellte Schwingungssystem kann für die Berechnung der niederfrequenten Biegeschwingungen in einem einfachen Modell abgebildet werden. Hierzu denkt man sich die Masse im Laufrad konzentriert und faßt die Elastizitäten von Welle und Lagerung zusammen. Für das Laufrad müssen neben seinen Auslenkungen auch die Verdrehungen mitgenommen werden, um die Drehträgheitseffekte zu berücksichtigen, **Bild 18**.

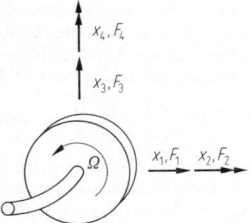

Bild 18. Ausgelenkte Scheibe des einfach besetzten Rotors

Bei der Aufstellung der Bewegungsgleichung für dieses Modell müssen bei rotierender Welle neben den Trägheits- und Steifigkeitstermen auch die gyroskopischen Glieder (Kreiselwirkung) berücksichtigt werden, die sich aufgrund des Drallsatzes ergeben. Die gesamte Bewegungsgleichung erhält damit folgendes Aussehen:

$$\begin{bmatrix} m & 0 & 0 & 0 \\ 0 & \Theta_{\ddot{a}} & 0 & 0 \\ 0 & 0 & m & 0 \\ 0 & 0 & 0 & \Theta_{\ddot{a}} \end{bmatrix} \cdot \begin{bmatrix} \ddot{x}_1 \\ \ddot{x}_2 \\ \ddot{x}_3 \\ \ddot{x}_4 \end{bmatrix} + \begin{bmatrix} 0 & 0 & 0 & 0 \\ 0 & 0 & 0 & -\Omega\Theta_P \\ 0 & 0 & 0 & 0 \\ 0 & \Omega\Theta_P & 0 & 0 \end{bmatrix} \begin{bmatrix} \dot{x}_1 \\ \dot{x}_2 \\ \dot{x}_3 \\ \dot{x}_4 \end{bmatrix} \cdot +$$

$$M \qquad \cdot \ddot{x} + \qquad D \qquad \cdot \dot{x} +;$$

$$+ \begin{bmatrix} k_{11} & k_{12} & 0 & 0 \\ k_{21} & k_{22} & 0 & 0 \\ 0 & 0 & k_{11} & -k_{12} \\ 0 & 0 & -k_{21} & k_{22} \end{bmatrix} \cdot \begin{bmatrix} x_1 \\ x_2 \\ x_3 \\ x_4 \end{bmatrix} = \begin{bmatrix} F_1 \\ F_2 \\ F_3 \\ F_4 \end{bmatrix}$$

$$+ \qquad K \qquad \cdot x = F(t) . \qquad (43)$$

Die Elemente der Steifigkeitsmatrix lassen sich durch die Vorgabe von Einheitsverformungen und Bestimmung der dazu erforderlichen Kräfte berechnen. In der Matrix D sind die Kreiselwirkungen ausgedrückt, die proportional der Drehfrequenz Ω und dem polaren Trägheitsmoment Θ_P sind. Die Trägheitsmatrix ist diagonal mit den Massen m und den äquatorialen Trägheitsmomenten $\Theta_{\ddot{a}}$ besetzt. Genauere Hinweise zur Aufstellung der Bewegungsgleichungen findet man u.a. in [15].

2.6.4 Beispiele für mechanische Ersatzsysteme: Finite-Elemente Modelle. Examples for mechanical models: Finite-Elemente models

Finite-Elemente-Modell eines Turbogenerators. Bei Turbogruppen zur Erzeugung elektrischen Stroms sind Grenzleistungen von 1 200 MW heute keine Seltenheit mehr. Die Welle eines solchen Turbosatzes ist ungefähr 35 m lang, wiegt etwa 220 t und dreht 50mal in einer Sekunde, um Elektrizität mit Netzfrequenz zu erzeugen. Die stärksten Drehbeanspruchungen für den Rotor werden durch Torsionsschwingungen bei elektrischen Störungen am Generator (s. 2.5.4) oder im Netz hervorgerufen. Der Konstrukteur muß bei der Auslegung der Maschine für diese Fälle die resultierenden Beanspruchungen in den Wellenquerschnitten möglichst gut vorausberechnen. Da das Rotorsystem einer Turbinen-Generatoreinheit ein komplexes mechanisches System mit mehreren Wellen darstellt, ist für eine genaue rechnerische Vorhersage eine feine Modellierung erforderlich. Da die Welle hierzu in ca. 200 bis 300 Elemente unterteilt wird, bietet sich als mechanisches Ersatzsystem ein Finite-Elemente-Modell an [2, 10].

Bild 19 zeigt neben dem Realsystem eines Turbogenerators mit den Turbinen und dem Generator das zugeordnete FE-Modell mit $N-1$ zylindrischen Torsionselementen. Zu einem beliebigen „finiten" Element e mit konstantem Querschnitt gehören die folgenden konstanten Größen μ^e Drehmassenbelegung, GI_T^e Torsionssteifigkeit, l^e Elementlänge.

Mit lokalen Ansatzfunktionen, die man in Arbeitsintegrale (Prinzip der virtuellen Arbeit) einsetzt, lassen sich für jedes Element eine *Element-Steifigkeitsmatrix*

$$K^{(e)} = \frac{GI_T}{l^e} \begin{pmatrix} 1 & -1 \\ -1 & 1 \end{pmatrix} \qquad (44)$$

und eine *Element-Massenmatrix*

$$M^{(e)} = \mu^{(e)} l^{(e)} \begin{pmatrix} 1/3 & 1/6 \\ 1/6 & 1/3 \end{pmatrix} \qquad (45)$$

aufbauen, die wegen der zwei lokalen Freiheitsgrade (je Elementknoten ein Drehwinkel) die Ordnung 2 haben. Die Drehschwingungen des Gesamtsystems werden global durch die Drehwinkel x_i beschrieben, die jeweils an den Knotenpunkten (Schnittstelle zwischen zwei Elementen) eingeführt werden. Bei einem System mit $(N-1)$ Elementen gibt es N globale Freiheitsgrade, die im Vektor x zusammengefaßt sind.

Der Aufbau der Gesamtmatrizen M und K erfolgt durch Überlagerung der Elementmatrizen. Bei der vorliegenden

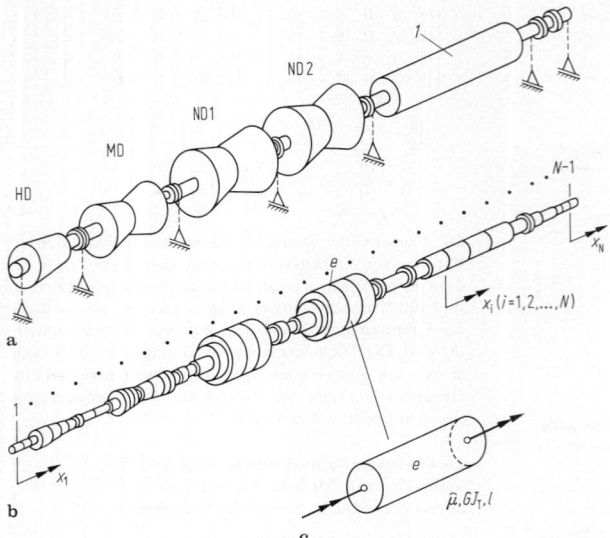

Bild 19. Abbildung des Realsystems Turbo-generator in ein Finite-Elemente-Modell.
a Anordnung (Aufbau), *1* Generator, HD Hoch-druck, MD Mitteldruck, ND Niederdruck; **b** mechanisches Modell; **c** Torsionselement

kettenförmigen Struktur ergibt sich eine einfache Überlappung in Form einer Bandmatrix, die hinsichtlich Speicherbedarf und Rechenzeit günstig ist. Dämpfungen werden bei diesen Systemen i. allg. „modal" definiert (s. O 2.2.3). Bei verzweigten Systemen mit Getriebe ist der Aufbau nicht ganz so einfach, stellt aber bei der bewährten FE-Einordnungsstrategie kein größeres Problem dar.

Finite-Elemente-Modell einer mehrstufigen Kreiselpumpe.
Bei Kreiselpumpen geht der Entwicklungstrend, ähnlich wie bei anderen Maschinen, hin zu höheren Drehzahlen, zur Leichtbauweise und zu größerem Wirkungsgrad. Daher wird das dynamische Verhalten von immer größerer Bedeutung, was hier vor allem die Biegeschwingungen der Pumpenrotoren betrifft. Bei der Modellierung bedient man sich heute überwiegend der Finite-Elemente-Methode (C 8), wobei jedoch neben den Trägheits- und Steifigkeitseigenschaften der Balkenelemente (Welle) auch die Fluidkräfte auf den Rotor in Gleitlagern, Dichtspalten und Ausgleichskolben, sowie die hydraulischen Wechselwirkungen zwischen Laufrad und Leitrad berücksichtigt werden müssen, **Bild 20.**
Bei den Balkenelementen werden vier Freiheitsgrade pro Knoten verwendet, um neben den Auslenkungen auch die Verdrehungen zu erfassen. Berücksichtigt werden können auch Schubverformung, Kreiselwirkung und Werkstoffdämpfung. Die Laufräder einer Pumpe werden in der Regel als starre Scheiben angenommen.
Dichtspalte dienen in Kreiselpumpen dazu, Räume unterschiedlichen Drucks gegeneinander abzudichten. Ein Leckageverlust durch die etwa 200 bis 300 µm weiten Spalte wird dabei in Kauf genommen, da die Vorteile geringe Reibverluste und geringer Verschleiß, wichtiger sind. Das Schwingungsverhalten wird durch die Dichtspalte allerdings erheblich beeinflußt. Das umgebende Fluid übt

Kräfte auf den ausgelenkten bzw. bewegten Rotor (Radialverschiebungen x_1, x_2 bzw. zugehörige Geschwindigkeiten $\dot{x}_1$, $\dot{x}_2$ und Beschleunigungen $\ddot{x}_1$, $\ddot{x}_2$) aus, die sowohl die unwuchterzwungenen Schwingungen als auch das Stabilitätsverhalten der Maschine in starkem Maße mitbestimmen. Beschreiben lassen sich diese Kräfte durch Trägheits-, Dämpfungs- und Steifigkeitskoeffizienten in Form eines linearen Kraft-Bewegungsgesetzes:

$$\begin{pmatrix} m_{11} & m_{12} \\ m_{21} & m_{22} \end{pmatrix}\begin{pmatrix} \ddot{x}_1 \\ \ddot{x}_2 \end{pmatrix} + \begin{pmatrix} d_{11} & d_{12} \\ d_{21} & d_{22} \end{pmatrix}\begin{pmatrix} \dot{x}_1 \\ \dot{x}_2 \end{pmatrix}$$
$$+ \begin{pmatrix} k_{11} & k_{12} \\ k_{21} & k_{22} \end{pmatrix}\begin{pmatrix} x_1 \\ x_2 \end{pmatrix} = \begin{pmatrix} F_1 \\ F_2 \end{pmatrix}. \tag{46}$$

Zur Bestimmung der darin vorkommenden dynamischen Koeffizienten kann man sich verschiedener Berechnungstheorien bedienen, die mit unterschiedlichen Ansätzen versuchen, die Strömung im Spalt zu beschreiben [16, 17]. Allen Theorien gemeinsam ist eine Beschreibung der Bewegung aus einer zentrischen Lage heraus. Die Matrizen haben schiefsymmetrischen Aufbau. Dies wird auch durch Messungen bestätigt. In einem hydrodynamischen Gleitlager (s. G 5) wird die Welle durch ein Druckfeld gestützt, das von der Wellenrotation aufgebaut wird. Es ergibt sich ein stark nichtlinearer Zusammenhang zwischen den Kräften und den Relativbewegungen der Welle zum Gehäuse. Bei kleinen Bewegungen darf wieder linearisiert werden:

$$\begin{pmatrix} d_{11} & d_{12} \\ d_{21} & d_{22} \end{pmatrix}\begin{pmatrix} \dot{x}_1 \\ \dot{x}_2 \end{pmatrix} + \begin{pmatrix} k_{11} & k_{12} \\ k_{21} & k_{22} \end{pmatrix}\begin{pmatrix} x_1 \\ x_2 \end{pmatrix} = \begin{pmatrix} F_1 \\ F_2 \end{pmatrix}. \tag{47}$$

Die dynamischen Koeffizienten d_{ij} und k_{ij} ergeben sich aus der Lösung der Reynolds-Differentialgleichung, bzw. aus experimentellen Untersuchungen. Sie werden gewöhnlich als dimensionslose Größen in Abhängigkeit von der Sommerfeld-Zahl So angegeben [18] (s. G 5.2). Da die statische

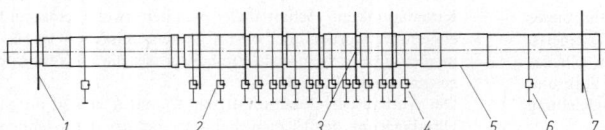

Bild 20. Abbildung einer mehrstufigen Kreisel-pumpe als Finite-Elemente-Modell. *1* Axiallager, *2* Ausgleichskolben, *3* Laufrad, *4* Dichtspalte (Laufrad-Leitrad-Interaktionen), *5* Welle, *6* Gleitlager, *7* Kupplung

Lagerlast F_L eine Funktion der Lagernachgiebigkeiten, der Gewichtskräfte und der hydraulischen Kräfte auf den Pumpenrotor ist, ergibt sich vorab ein nichtlineares Problem zur Bestimmung der stationären Lage der Welle in Gleitlagern für jeden Betriebszustand. In ähnlicher Weise können die Wechselwirkungen zwischen den Lauf- und den Leiträdern angegeben werden.

Unter Berücksichtigung aller genannten Effekte ergibt sich die Bewegungsgleichung für eine Kreiselpumpe durch Superposition der Elementgleichungen

$$M\ddot{x} + D\dot{x} + Kx = F. \tag{48}$$

Die Matrizen M, D und K sind bandförmig und i. allg. nicht symmetrisch. Außerdem sind einige Matrizenelemente von der Drehzahl abhängig.

2.7 Anwendungsbeispiele für Maschinenschwingungen
Examples for machine vibrations

An einigen Beispielen können die Lösungen der Bewegungsgleichungen (Eigenschwingungen, erzwungene Schwingungen) diskutiert werden. Dabei werden Effekte deutlich, die in der Maschinendynamik häufig vorkommen.

2.7.1 Drehschwinger mit zwei Drehmassen
Torsional vibrator with two torsional masses

Eigenschwingungen und modale Größen. Für das ungedämpfte Torsionsmodell mit zwei Drehmassen (**Bild 17**) wurde die Bewegungsgleichung in Matrizenform angegeben:

$$\begin{bmatrix} \Theta_1 & 0 \\ 0 & \Theta_2 \end{bmatrix} \cdot \begin{bmatrix} \ddot{x}_1 \\ \ddot{x}_2 \end{bmatrix} + \begin{bmatrix} k & -k \\ -k & k \end{bmatrix} \cdot \begin{bmatrix} x_1 \\ x_2 \end{bmatrix} = \begin{bmatrix} M_1 \\ M_2 \end{bmatrix}$$
$$M \quad \cdot \quad \ddot{x} \quad + \quad K \quad \cdot \quad x \quad = \quad F. \tag{49}$$

Wenn keine äußeren Anregungen vorliegen, werden die Schwingungen des Systems durch die homogenen Bewegungsgleichungen beschrieben

$$M \cdot \ddot{x} + K \cdot x = 0. \tag{50}$$

Die Lösung erhält man mit dem Ansatz $x = \varphi \cdot e^{i\omega t}$. Sie besteht aus Eigenfrequenzen ω_n und Eigenvektoren φ_n, die sich aus dem Eigenwertproblem ergeben

$$\begin{bmatrix} k - \omega^2 \Theta_1 & -k \\ -k & k - \omega^2 \Theta_2 \end{bmatrix} \cdot \begin{bmatrix} \varphi_1 \\ \varphi_2 \end{bmatrix} = 0$$
$$(K - \omega^2 M) \cdot \varphi = 0. \tag{51}$$

Die charakteristische Gleichung erhält man in Form von $\det\{K - \omega^2 M\} = 0$:

$$\omega^2(-k(\Theta_1 + \Theta_2) + \omega^2 \Theta_1 \Theta_2) = 0. \tag{52}$$

Hieraus berechnen sich die Eigenfrequenzen zu

$$\omega_{1,2} = 0$$
$$\omega_{3,4} = \pm\sqrt{\frac{k(\Theta_1 + \Theta_2)}{\Theta_1 \Theta_2}} = \pm\sqrt{\frac{k}{\Theta_1} + \frac{k}{\Theta_2}}. \tag{53}$$

Setzt man diese Ergebnisse in das Eigenwertproblem ein, erhält man die zugehörigen Eigenvektoren

$$\varphi_{1,2} = \begin{pmatrix} 1 \\ 1 \end{pmatrix}; \quad \varphi_{3,4} = \begin{pmatrix} 1 \\ -\Theta_1/\Theta_2 \end{pmatrix}. \tag{54}$$

Die Diskussion der Ergebnisse zeigt einige interessante Aspekte. Da das System für die Torsionsfreiheitsgrade keinen Bindungen unterworfen ist, ergeben sich Eigenfrequenzen mit dem Wert Null ($\omega_{1,2} = 0$). Es sind sog. Starrkörperbewegungen, wie die zugehörigen Eigenvektoren anzeigen. In dieser Eigenbewegung verformt sich der Tor-

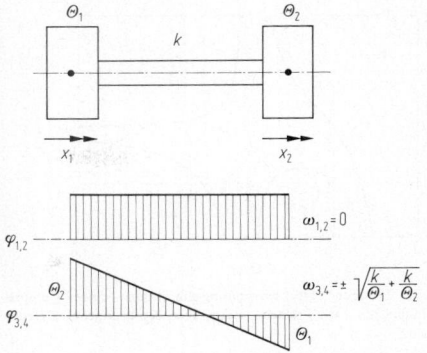

Bild 21. Schwingungsformen für den Drehschwinger mit zwei Freiheitsgraden

sionsstrang nicht, und es treten keine inneren Spannungen auf. Die beiden anderen Lösungen stellen elastische Eigenbewegungen dar. Ihre Eigenfrequenzen und Eigenformen sind abhängig von den beiden Drehträgheiten Θ_1, Θ_2, und der Steifigkeit k.

In **Bild 21** sind die Schwingungsformen dargestellt. Für den Sonderfall $\Theta_1 = \Theta_2$ handelt es sich um ein symmetrisches System und die Eigenfrequenz entspricht der eines Einmassenschwingers mit der Federsteifigkeit $2k$. Wird eine der Massen sehr groß im Verhältnis zur anderen, bleibt diese in Ruhe, und die Eigenfrequenz entspricht der bei einer festen Einspannung an dieser Stelle.

Erzwungene Schwingungen. Bei Einwirkung äußerer Kräfte (Momente) ergibt sich eine inhomogene Differentialgleichung für den Torsionsschwinger mit zwei Massen. Zur Vereinfachung bleibt die Dämpfung unberücksichtigt

$$M \cdot \ddot{x} + K \cdot x = F. \tag{55}$$

Bei Anregung mit $F(t)$ setzt sich die Lösung aus einem homogenen Anteil x_{hom} und einem partikulären Anteil x_{part} zusammen. Der erzwungene Lösungsanteil x_{part} ergibt sich als Lösung der inhomogenen Bewegungsgleichung durch einen Ansatz nach Art der rechten Seite. Für einen harmonischen Kraftverlauf $F(t) = \hat{F}\sin(\Omega t)$ erhält man $x_{\text{part}} = \hat{x}\sin(\Omega t)$ mit

$$\hat{x} = \begin{pmatrix} k - \Omega^2\Theta_1 & -k \\ -k & k - \Omega^2\Theta_2 \end{pmatrix}^{-1} \hat{F}$$

$$\hat{x} = \frac{1}{\Omega^2(\Omega^2\Theta_1\Theta_2 - k(\Theta_1 + \Theta_2))}$$
$$\cdot \begin{bmatrix} k - \Omega^2\Theta_2 & k \\ k & k - \Omega^2\Theta_1 \end{bmatrix} \hat{F}. \tag{56}$$

Für bestimmte Erregerfrequenzen vergrößern sich die Auslenkungen stark. So bei $\Omega = \omega_{1,2} = 0$, was auf die fehlende Fesselung des Schwingers zurückzuführen ist, und bei Übereinstimmung der Erregerfrequenz Ω mit den nächsten Eigenfrequenzen $\Omega = \omega_{3,4}$, dem Resonanzfall. Weiterhin können die Auslenkungen an der Stelle der Erregung zu null werden, wenn z. B. die Masse Θ_1 mit der Frequenz $\Omega^2 = k/\Theta_2$ angeregt wird oder umgekehrt. **Bild 22** zeigt einen Verlauf der Drehschwingungsamplituden $\hat{x}_1$, $\hat{x}_2$ über der Anregungsfrequenz Ω. Da sich jede periodische Funktion $F(t)$ als eine Summe von harmonischen Funktionen darstellen läßt, können die Schwingungen bei solchen Erregungen als Summe mehrerer Anteile der eben dargestellten Form angegeben werden.

Bei nichtperiodischen Anregungen findet man ebenfalls oft geschlossene Lösungen. Kompliziertere Kraftverläu-

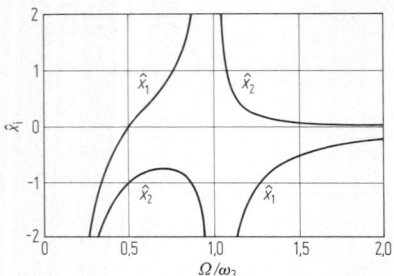

Bild 22. Bezogene Drehschwingungsamplituden eines Torsionsschwingers mit zwei Freiheitsgraden über der bezogenen Erregerfrequenz

fe können mit numerischen Verfahren gelöst werden, oder durch Polygonzugdarstellungen stückweise geschlossen berechnet werden.

2.7.2 Torsionsschwingungen einer Turbogruppe
Torsional vibrations of a turbo system

Ein wesentlich komplexeres Beispiel ist der Wellenstrang einer Turbogruppe, der in jedem Kraftwerk eine zentrale Bedeutung hat. Neben den Biegeschwingungen werden hierbei insbesondere die Torsionsschwingungen zu einem entscheidenden Kriterium für die Zuverlässigkeit der Anlage. Die Berechnung erfolgt mit dem Werkzeug der Finite-Elemente-Methode. Der Turbosatz wird hierzu oft in mehrere hundert Elemente eingeteilt, um das Schwingungsverhalten hinreichend genau wiedergeben zu können, **Bild 19.**

Eigenschwingungen und modale Größen. Die Bewegungsgleichung ohne äußere Erregerkräfte beschreibt die Eigenschwingungen des Systems. Wegen der schwachen Dämpfung läßt man bei der Eigenschwingungsanalyse die **D**-Matrix weg.

$$M\ddot{x} + Kx = 0. \tag{57}$$

Die Massenmatrix **M** ist stets positiv definit, da alle verwendeten Elemente massebehaftet sind. Die Steifigkeitsmatrix **K** ist positiv semidefinit, da eine Starrkörperbewegung des Torsionsstrangs möglich ist. Entsprechend der Ordnung der Matrizen ($N \times N$) erhält man N Eigenfrequenzen und Eigenformen aus der Lösung des Eigenwertproblems

$$(K - \omega^2 M)\varphi = 0. \tag{58}$$

Die Lösung selbst kann wirtschaftlich nur mit Hilfe von numerischen Algorithmen durchgeführt werden. Man unterscheidet direkte und iterative Verfahren. Bei den iterativen Verfahren bestimmt man die Eigenwerte und Eigenvektoren aus Startwerten, die man so lange iterativ verändert, bis die gewählte Abbruchbedingung erfüllt ist.

Beispiel: Es werden die modalen Größen einer 600 MW Turbogruppe betrachtet, deren Torsionsstrang in 250 Torsionselemente unterteilt ist. Da Torsionsschwingungen oft sehr schwach gedämpft sind, genügt die Betrachtung des ungedämpften Systems. **Bild 23** zeigt die untersten fünf Eigenfrequenzen ($f_n = \omega_n/2\pi$) und normierten Eigenvektoren der Turbogruppe. Die Starrkörpereigenform zur Eigenfrequenz null ist nicht dargestellt. In der ersten Eigenform schwingen HD-, MD- und ND1-Turbine mit 18,19 Hz gegen ND2-Turbine und Generator. Die Eigenform hat im Kupplungsbereich einen Nulldurchgang (Schwingungsknoten). Mit jeder weiteren Eigenform kommt ein Knoten dazu. Die niedrigen Eigenformen erfassen den ganzen Wellenstrang, während bei den höheren Frequenzen nur einzelne Teilrotoren schwingen.

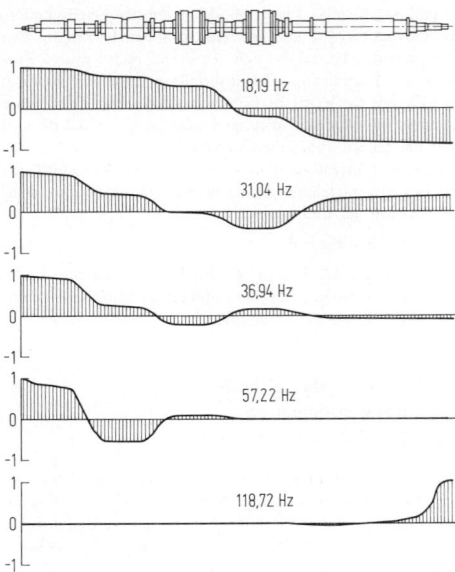

Bild 23. Eigenfrequenzen und Eigenschwingungsformen für die Turbogruppe

Erzwungene Schwingungen. Aufgrund der vielen Freiheitsgrade ist die Lösung der Bewegungsgleichung für erzwungene Schwingungen, die nicht auf harmonische Erregungen zurückzuführen sind, sehr zeitraubend und oft numerisch ungenau. Durch eine Koordinatentransformation gelingt es, die Gleichungen zu entkoppeln, wobei die Anzahl der Gleichungen in der Regel auch stark reduziert werden kann (Modale Analyse, s. O 2.2.4). Hat man die entkoppelten Gleichungen gelöst, transformiert man wieder zurück und erhält damit die gesuchten Ergebnisse. Die Entkopplung geschieht mit der sog. Modalen Matrix **Φ**, die aus den berechneten Eigenvektoren aufgebaut wird. Hierdurch kommt man zu generalisierten Gleichungen für einfache Einmassenschwinger, die sehr effektiv gelöst werden können. Weiterhin kann anhand der rechten Seite einer „modalen" Gleichung erkannt werden, wie stark diese Eigenschwingungsform angeregt wird. Bei der modalen Berechnung der erzwungenen Schwingungen wird die Dämpfung ebenfalls in modaler Form berücksichtigt.

Beispiel: Es wird die Antwort des vorgestellten 600-MW-Turbosatzes im Kurzschlußfall betrachtet. Der Drehwinkel an jedem Freiheitsgrad überlagert sich aus den Teillösungen der modalen Einmassenschwinger. Mit Hilfe der Elementmatrizen können aus den berechneten Verdrehungen auch die Schnittmomente bestimmt werden, die für die Auslegung des Wellenstrangs entscheidend sind. In **Bild 24** sind die Anteile dieser Momente aus den einzelnen Eigenschwingungsformen aufgetragen. Aus ihrer Summe ergibt sich eine maximale Belastung der Kupplung am Generator mit dem 4fachen Nennmoment.

2.7.3 Biegeschwingungen einer Welle mit Laufrad
Whirling of a shaft with rotor disk

Bei der Berechnung der Biegeschwingungen von Rotoren spielt die Kreiselwirkung oft eine wichtige Rolle. In dem vorgestellten Modell für einen einfachen Rotor war die Bewegungsgleichung gekennzeichnet durch eine schiefsymmetrisch besetzte gyroskopische Matrix **D** (s. O 2.6.3).

Eigenschwingungen und modale Größen. Ein harmonischer Ansatz für die homogene Bewegungsgleichung führt auf

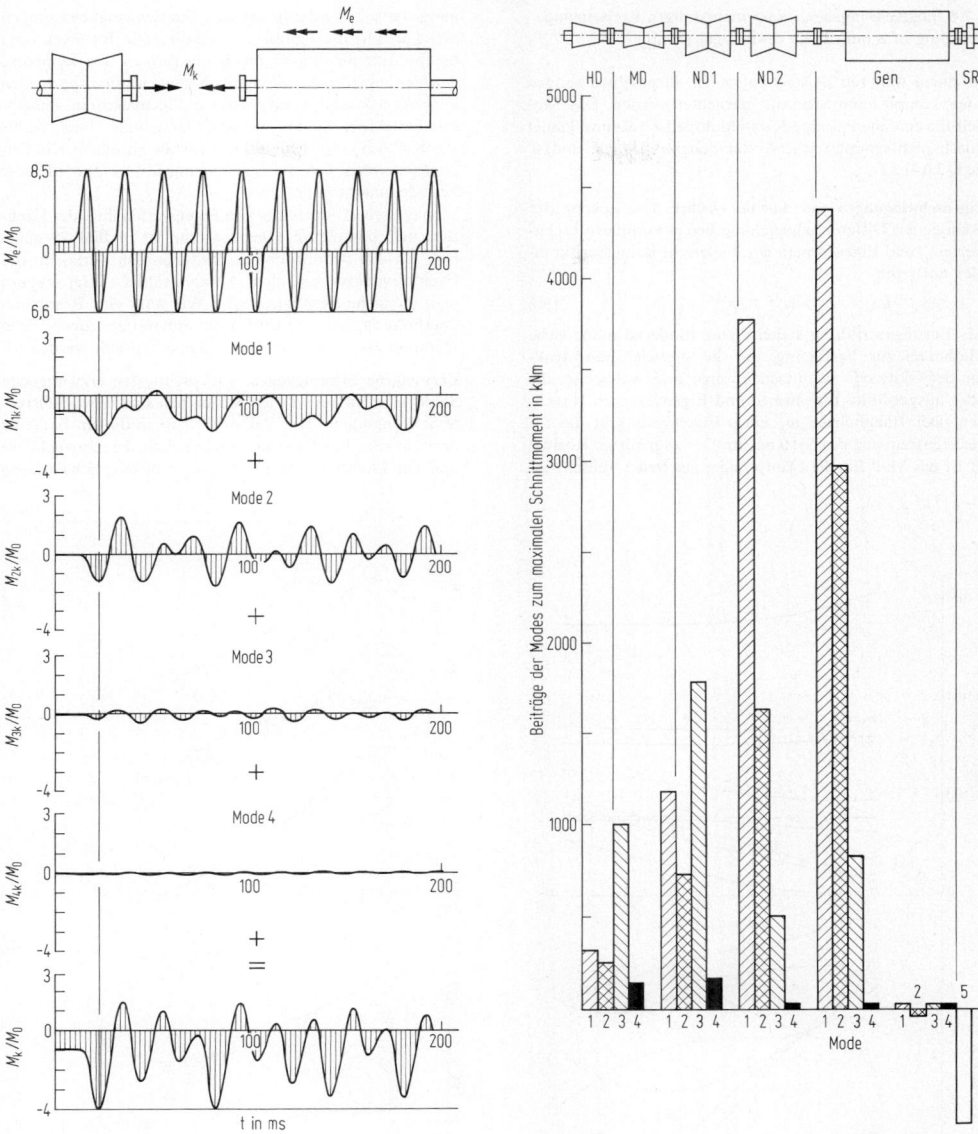

Bild 24. Schnittmomente in der Welle eines Turbosatzes in Folge eines Kurzschlusses

die charakteristische Gleichung, aus der sich vier Eigenkreisfrequenzen ω berechnen lassen.

$$m\theta_{\mathrm{a}}\omega^4 - m\theta_{\mathrm{p}}\Omega\omega^3 - (k_{22}m + k_{11}\theta_{\mathrm{a}})\omega^2$$
$$+ k_{11}\theta_{\mathrm{p}}\Omega\omega + (k_{11}k_{22} - k_{12}^2) = 0. \qquad (59)$$

Die entsprechenden Eigenformen stellen jeweils Kreisbewegungen des Wellendurchstoßpunkts dar, wobei die Verdrehungen ähnlich interpretiert werden können. Eine explizite Darstellung der Ergebnisse für die Eigenwerte ω ist sehr aufwendig herzuleiten. Qualitativ fällt auf, daß ω nicht nur von den physikalischen Systemparametern, sondern auch von der Drehfrequenz Ω abhängt. Diese Abhängigkeit ist um so ausgeprägter, je stärker sich das

Laufrad in einer Eigenschwingung verkippt und je größer das Trägheitsmoment ist [15].

Erzwungene Schwingungen. Da die Eigenformen für dieses Modell Kreisbahnen sind, ist es bei der Betrachtung der erzwungenen Schwingungen wichtig den Umlaufsinn für eine solche Kreisbahn zu betrachten. Die bei Rotoren oft dominierende Unwuchtanregung bewegt sich ebenfalls kreisförmig um die Drehachse, wodurch nur diejenigen Eigenformen angeregt werden können, die gleichsinnig mit der Wellendrehung umlaufen. Man spricht in diesen Fällen von Gleichlauf-Eigenfrequenzen und im anderen Fall entsprechend von einem Gegenlauf [15].

2.7.4 Biegeschwingungen einer mehrstufigen Kreiselpumpe
Whirling of a multistage centrifugal pump

In einem weiteren Beispiel sollen die Biegeschwingungen einer komplexeren Struktur betrachtet werden. Das Modell für eine mehrstufige Kreiselpumpe ist gekennzeichnet durch nichtsymmetrische Systemmatrizen M, D und K (s. O 2.6.4).

Eigenschwingungen und modale Größen. Die Lösung der homogenen Differentialgleichung liefert komplexe Eigenwerte λ_n und Eigenformen φ_n, die jeweils konjugiert komplex auftreten

$$\lambda_n = \alpha_n + i\omega_n; \quad \varphi_n = \varphi_n^{Re} + i\varphi_n^{IM}. \tag{60}$$

Als Lösungsverfahren stehen heute moderne numerische Methoden zur Verfügung, die die spezielle Bandstruktur der Matrizen ausnutzen können und wahlweise alle oder ausgewählte Eigenwerte und Eigenvektoren berechnen. Der Imaginärteil ω_n eines Eigenwerts gibt die Eigenkreisfrequenz des Systems an. Der zugehörige Realteil α_n ist ein Maß für die Dämpfung einer freien Teilschwin-

gung. Ist $\alpha_n > 0$, dann wachsen die Schwingbewegungen $x(t)$ an, d.h. die Pumpe ist instabil. Die Eigenvektoren beschreiben die Eigenschwingungsformen. Da komplexe Auslenkungen nicht anschaulich sind, werden die beiden konjugiert komplex auftretenden Eigenvektoren gemeinsam betrachtet und in eine reelle Darstellung überführt. Es ergeben sich elliptische Bahnen für die einzelnen Knotenpunkte, wobei sich die Schwingungsform während einer Periode ändern kann.

Eine typische Darstellung von Eigenwerten über der Drehzahl und komplexen Eigenvektoren ist in **Bild 25** gegeben. An den Schnittpunkten zwischen den Verläufen der Eigenfrequenzen und dem Anfahrstrahl ($\omega = \Omega$) erkennt man mögliche Resonanzstellen. Wie stark eine Resonanzüberhöhung ausfallen wird, kann anhand des zugehörigen Dämpfungswertes α_n an dieser Stelle beurteilt werden.

Erzwungene Schwingungen. Die wichtigsten erzwungenen Schwingungen bei solchen Maschinen sind unwuchterregte Schwingungen. Der Vektor $F(t)$ ist in diesem Fall eine harmonische Funktion in Abhängigkeit der Unwucht me und der Drehfrequenz (s. O 2.5.4). Der eingeschwungene

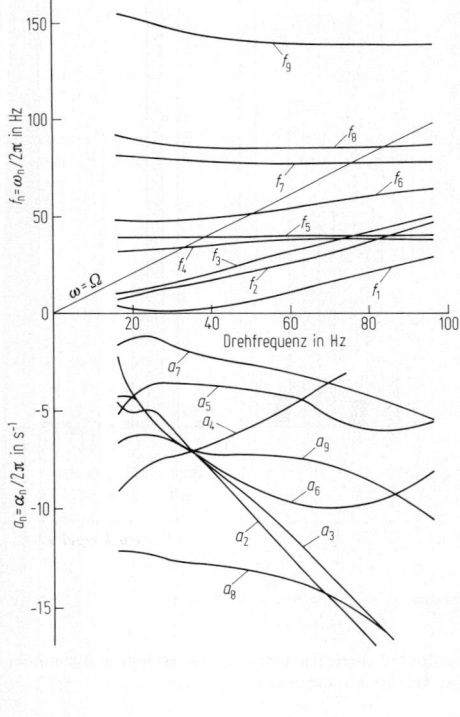

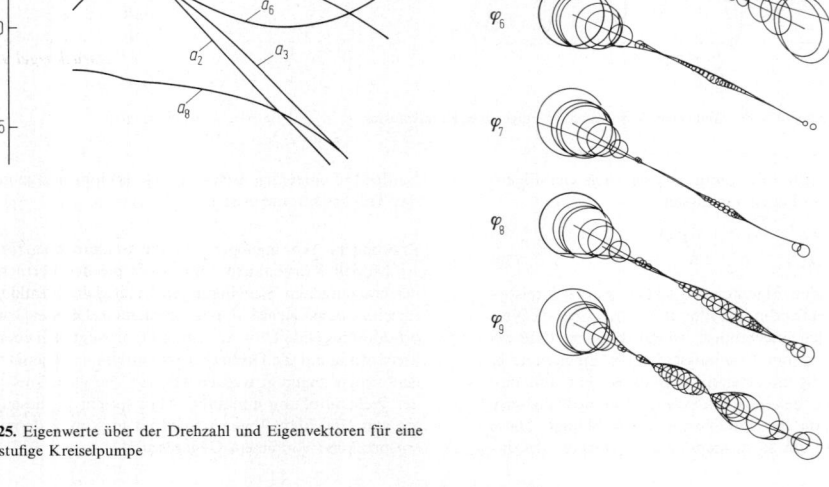

Bild 25. Eigenwerte über der Drehzahl und Eigenvektoren für eine mehrstufige Kreiselpumpe

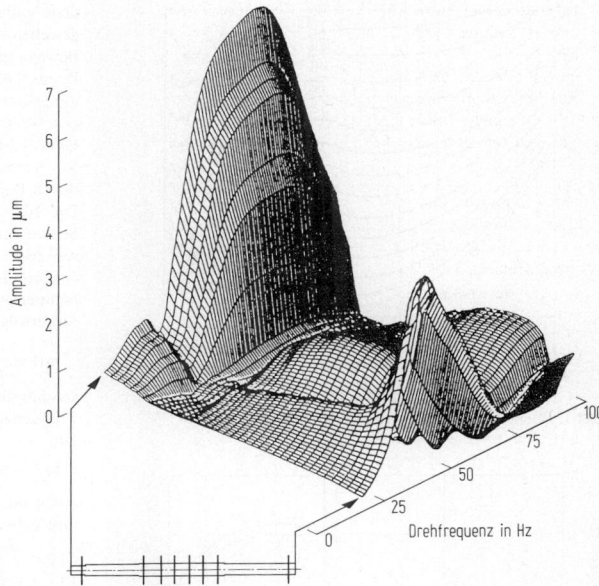

Bild 26. Amplituden der unwuchterregten Schwingungen einer Kreiselpumpe

Zustand $x(t)$ ergibt sich aus der Lösung eines komplexen Gleichungssystems und beschreibt ähnlich den Eigenformen elliptische Bahnen der einzelnen Knotenpunkte des Modells

$$(K - \Omega^2 M + \mathrm{i}\Omega\, D)\hat{x} = \hat{F}. \tag{61}$$

Das Hauptinteresse richtet sich in der Regel auf die maximal auftretenden Amplituden an den einzelnen Stellen. Diese sind in **Bild 26** in Abhängigkeit von der Drehfrequenz aufgetragen. Man erkennt die starken Auslenkungen der Wellenenden in den Resonanzstellen, die auch in **Bild 25** ersichtlich waren.

3 Maschinenakustik
Acoustics in mechanical engineering

D. Föller, Frankfurt a.M.

Die Maschinenakustik befaßt sich mit der Entstehung und Verminderung der Geräusche von Maschinen. Sie ist ein Teilgebiet der Technischen Akustik mit Spezialisierung auf die Belange des Maschinenbaus.

3.1 Grundbegriffe. Fundamentals

Eine umfangreiche Sammlung von Begriffen aus der gesamten Akustik findet sich in [1]. Hier sollen die für die Maschinenakustik wichtigsten erläutert werden (s. **Z Tab. 17–20**).

Schall, Schalldruck, Schalldruckpegel

Mechanische Schwingungen mit Frequenzanteilen im Hörbereich (16 bis 16000 Hz) bezeichnet man als *Schall*. Schwingungen in Luft und Gasen heißen dann Luftschall, in Flüssigkeiten (Wasser, Öl) Flüssigkeitsschall und in festen Körpern (und damit auch in Maschinenstrukturen) Körperschall.
Schall in Luft und anderen Gasen sowie in Flüssigkeiten breitet sich nur in Form von Kompressionswellen aus. Der Wechseldruck $p(t)$, der sich dabei dem statischen Druck überlagert, wird als *Schalldruck* bezeichnet und stellt für

Luft- und Flüssigkeitsschall die wichtigste Meßgröße dar. Die Meßfühler sind Mikrofone bzw. Druckaufnehmer. Die Angabe des Schalldrucks erfolgt, gemittelt über eine bestimmte Zeit, als Effektivwert $\tilde{p}$ innerhalb eines bestimmten Frequenzbands. Der Bereich für $\tilde{p}$, in dem das menschliche Ohr Schall wahrnehmen kann, liegt zwischen $\tilde{p}_{HS} = 2 \cdot 10^{-4}\ \mu\text{bar} = 2 \cdot 10^{-5}\ \text{N/m}^2$ (Hörschwelle bei 1000 Hz) und $\tilde{p}_{SG} = 2 \cdot 10^2\ \mu\text{bar} = 2 \cdot 10^1\ \text{N/m}^2$ (Schmerzgrenze). Da $\tilde{p}$ sechs Zehnerpotenzen überstreichen kann, gibt man, um zu kleineren Zahlenwerten zu kommen, den Schalldruck nicht absolut in Mikrobar oder N/m^2 an, sondern in einem relativen Leistungsmaß als *Schalldruckpegel* L_p in Dezibel (dB). Dessen Definition lautet

$$L_p = 10\ \lg(\tilde{p}^2/\tilde{p}_0^2)\ \text{dB} = 20\ \lg(\tilde{p}/\tilde{p}_0)\ \text{dB}. \tag{1}$$

Hierin bedeutet $\tilde{p}_0 = 2 \cdot 10^{-4}\ \mu\text{bar} = 2 \cdot 10^{-5}\ \text{N/m}^2$ den international festgelegten Bezugswert für den Effektivwert des Schalldrucks. Der Dynamikumfang des Ohrs (bei 1000 Hz) beträgt dann $\Delta L_{\text{Ohr}} = L_{p,\,SG} - L_{p,\,HS} = 120\ \text{dB}$. Bei der Frequenz 1000 Hz wird dem Schalldruckpegel in dB der *Lautstärkepegel* in phon gleichgesetzt. Die Abhängigkeit der Lautstärke von Frequenz und Schalldruckpegel wird durch die Kurven gleicher Lautstärke wiedergegeben, **Bild 1**.

Die Bewertungskurven für Schallpegelmesser, **Bild 2**, sind die spiegelbildlichen Näherungen für ausgewählte Kurven gleicher Lautstärke. Mit ihnen läßt sich die Empfindlichkeit eines Schallpegelmessers an das natürliche Lautstärkeempfinden des menschlichen Gehörs angleichen. In der Praxis ist die Bewertung nach Kurve A

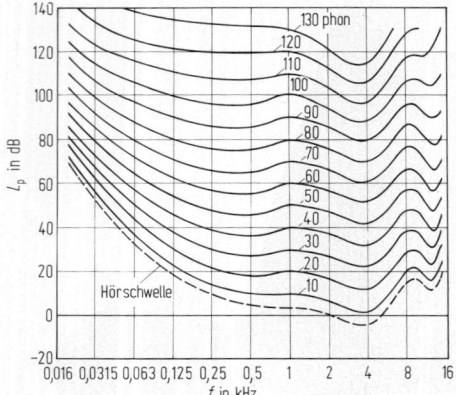

Bild 1. Normalkurven gleicher Lautstärke (DIN 46630 Bl. 2)

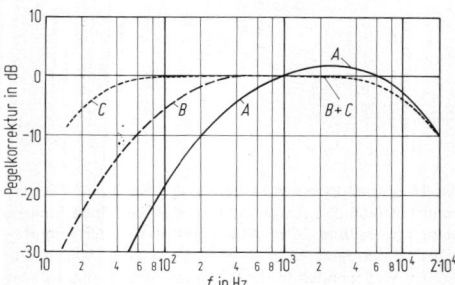

Bild 2. Bewertungskurven für Schallpegelmesser. Die Kurven geben mit ihrer Differenz gegen Null an, um wieviel damit der Schalldruckpegel einer bestimmten Frequenz niedriger oder höher bewertet angezeigt wird, als ohne Bewertung.

üblich; der so bewertete Schalldruckpegel wird in dB(A) angegeben.

Der Schalldruckpegel, gemessen in der Umgebung einer Maschine, ist keine maschinenspezifische Größe; er ist vielmehr abhängig vom Meßabstand, bei Maschinen mit ausgeprägter Richtcharakteristik auch vom Meßort in bezug auf die Maschine, darüber hinaus von der Raumgröße und der Raumbeschaffenheit (Reflexionsfähigkeit der Wände).

Schalleistungspegel

Im Gegensatz zum Schalldruckpegel ist der Schalleistungspegel L_P eine maschinenspezifische Größe. Er ist gegeben durch

$$L_P = 10 \lg(P/P_0) \, \text{dB}, \tag{2}$$

wobei als Bezugswert für die Schalleistung P der Wert $P_0 = 10^{-12}$ W gebräuchlich ist. Die Bestimmung des Schalleistungspegels L_P einer Maschine basiert, da $P \sim \tilde{p}^2$, stets auf Messungen des Schalldruckpegels L_p (DIN 45635).

Körperschall, Schnelle, Schnellepegel

Im Gegensatz zu Flüssigkeiten und Gasen treten in festen Körpern neben Zugspannungen auch Schubspannungen auf. Deshalb gibt es beim *Körperschall* neben den den Kompressionswellen verwandten longitudinalen Wellen auch die mit den Schubdeformationen einhergehenden Transversalwellen. Aus diesen beiden setzen sich verschie-

dene andere Wellentypen zusammen, von denen die Biegewellen am wichtigsten sind. Diese rufen die größten Bewegungen senkrecht zur Oberfläche eines Körpers, z.B. Platte, hervor und sind, da nur die senkrechten Schwingungskomponenten auf das umgebende Medium übertragen werden können, in der Regel am stärksten an der Geräuschabstrahlung von Maschinenstrukturen beteiligt. Sie werden nicht nur durch Querkräfte, sondern auch durch Biegemomente angeregt.

Die für den Körperschall wichtigste Meßgröße ist die Schwinggeschwindigkeit oder Körperschall-*Schnelle* $v(t)$ senkrecht zur abstrahlenden Oberfläche eines Geräuscherzeugers. Die Umrechnung der mit piezoelektrischen Aufnehmern zu messenden Beschleunigung $a(t)$ in die Schnelle $v(t)$ erfolgt über die Beziehung

$$a(t) = \frac{\mathrm{d}}{\mathrm{d}t} v(t), \tag{3}$$

so daß für die Effektivwerte in einem nicht zu breiten Frequenzband (z.B. Terzband) mit der Mittenfrequenz f gilt

$$\tilde{v}(f) = \tilde{a}(f)/(2\pi f). \tag{4}$$

Auch die Schnelle wird meist relativ als *Schnellepegel* L_v angegeben zu

$$L_v = 10 \lg(\tilde{v}^2/\tilde{v}_0^2) \, \text{dB} = 20 \lg(\tilde{v}/\tilde{v}_0) \, \text{dB}. \tag{5}$$

Für den Bezugswert wird $\tilde{v}_0 = 5 \cdot 10^{-8}$ m/s gewählt.

Abstrahlgrad

Er verknüpft die abgestrahlte Schalleistung P mit dem über die gesamte abstrahlende Oberfläche S gebildeten mittleren Schnellequadrat $\overline{\tilde{v}^2}$ und ist dimensionslos definiert als [2]

$$\sigma(f) = \frac{P(f)}{\rho_L c_L S \overline{\tilde{v}^2(f)}}, \tag{6}$$

wobei ρ_L die Dichte und c_L die Schallgeschwindigkeit in Luft bedeutet. Das mittlere Schnellequadrat $\overline{\tilde{v}^2}$ bestimmt man, wenn $\tilde{v}_i$ die Schnelle auf der insgesamt N (gleich großen) Teilflächen S_i bzw. am i-ten Meßpunkt auf $S = \sum S_i$ ist, nach der Vorschrift

$$\overline{\tilde{v}^2(f)} = (1/S) \sum_{i=1}^{N} S_i \tilde{v}_i^2(f) \approx (1/N) \sum_{i=1}^{N} \tilde{v}_i^2(f). \tag{7}$$

Gl. (6) stellt zugleich die Definition und die Meßvorschrift für den Abstrahlgrad dar.

Admittanz, Impedanz, Körperschallmaß

Die (Körperschall-)*Admittanz* ist das Verhältnis von erzeugter Schnelle v zur Erregerkraft F und heißt z.B. Eingangsadmittanz $h_E = v_e(x_0)/F$, wenn v_e am Anregungsort x_0, und Übertragungsadmittanz $h_\ddot{U} = v(x)/F$, wenn v an einer beliebigen anderen Stelle x gemessen wird. Der Kehrwert der Admittanz h heißt Impedanz $Z = 1/h = F/v$. Von Bedeutung für die Abstrahlung ist das Quadrat der *mittleren* Übertragungsadmittanz $h_{\ddot{U},m}^2$, die man aus dem mittleren Schnellequadrat $\overline{\tilde{v}^2}$, Gl. (7), auf der gesamten Oberfläche bestimmt

$$h_{\ddot{U},m}^2(f) = \overline{\tilde{v}^2(f)}/\tilde{F}^2(f, x_0). \tag{8}$$

Der mit der Strahlerfläche S multiplizierte Ausdruck $S h_{\ddot{U},m}^2$ heißt *Körperschallmaß* [8]. Körperschalluntersuchungen erfordern auch die Messung von Kräften. In Anbetracht des akustischen Frequenzbereichs werden hierfür ebenfalls piezoelektrische Aufnehmer bevorzugt. Den *Kraftpegel* L_F definiert man mit $\tilde{F}_0 = 1$ N als

$$L_F = 10 \lg(\tilde{F}^2/\tilde{F}_0^2) \, \text{dB} = 20 \lg(\tilde{F}/\tilde{F}_0) \, \text{dB}. \tag{9}$$

Gl. (8) nimmt dann in Pegelschreibweise die für die Meßtechnik einfache Form an

$$10 \lg(h_{\text{Ü,m}}^2/h_{\text{Ü0}}^2) \, \text{dB} = \overline{L_\text{v}} - L_\text{F}.$$

Spektren

Abstrahlgrad und Admittanz sind frequenzabhängige Eigenschaften einer Maschinenstruktur. Zu ihrer Bestimmung sind gemäß Gl. (6) und (8) auch Kraft, Schnelle und Schalleistung frequenzabhängig zu ermitteln. Diese *Frequenzanalyse* geschieht meßtechnisch mittels (Fre-
quenz-)Analysatoren, die den Effektivwert der zeitlich veränderlichen Meßsignale innerhalb fest eingestellter oder
durchstimmbarer Frequenzintervalle messen. Am meisten
gebräuchlich sind Terzanalysatoren und schmalbandige
Suchton- bzw. FFT-Analysatoren. Sie liefern *Amplituden-
spektren* in Form von Terz- bzw. Schmalbandspektren. Die
Phaseninformation, die bei den mit Filtern arbeitenden
Analysatoren verloren geht, spielt bei Geräuschmessun-
gen normalerweise keine Rolle.
Die schallerzeugenden Vorgänge in Maschinen laufen periodisch mit der Drehzahl ab, so daß auch Schnelle und
Schalldruck periodisch werden. Periodische Vorgänge besitzen ein *Linienspektrum.* Das besagt, daß nach der
Grundfrequenz f_0 = Drehzahl in 1/s auch ganzzahlige
Vielfache (Harmonische) nf_0 vorkommen. Die Amplituden dieser Spektrallinien bei $f = nf_0$ sind durch das
(kontinuierliche) *Impulsspektrum* gegeben, das durch den
zeitlichen Verlauf (Impulsform) der jeweiligen Meßgröße
innerhalb einer Periode bestimmt ist. Über den mathematischen Zusammenhang dieser beiden Spektren und die
daraus resultierende Meßtechnik s. [3].

Häufig finden während einer Wellenumdrehung mehrere, gegeneinander phasenverschobene Arbeitsspiele statt, z.B. in Getrieben
(Zahneingriff) oder in Hydropumpen. Die Grundfrequenz f_0' lautet
dann Drehzahl × Zähnezahl oder Drehzahl × Zylinderzahl, und
das Linienspektrum derartiger Maschinen enthält die dazugehörigen Harmonischen nf_0'. Diese Hauptspektrallinien findet man in
gemessenen Spektren derart allzu oft von einer Reihe von Neben-
linien umgeben, deren Abstand untereinander jeweils $\Delta f = f_0$ ist.
Sie entstehen, wenn die zeitlichen Verläufe der schallerzeugenden
Vorgänge je Arbeitsspiel nicht vollkommen gleich sind (Amplitudenmodulation) und/oder die Drehzahl schwankt (Frequenzmodulation). Darüber hinaus weisen gemessene Spektren oftmals ein
kontinuierliches, mehr oder weniger breitbandiges *Rauschspektrum*
als Untergrund auf. Ursache dafür sind stochastisch ablaufende
Vorgänge, z.B. Reibkräfte.

Dämmung, Dämpfung

Dämpfung ist die Umwandlung von Schallenergie in Wärme. Eine Dämpfung des Luftschalls erzielt man mittels
poröser oder faseriger Absorptionsmaterialien mit hohem
Absorptionsgrad α. Eine Dämpfung des Körperschalls ist
mittels Entdröhnbelägen oder Verbundblechen mit hohem
Verlustfaktor η möglich.
Dämmung ist die Behinderung der Schallausbreitung. Beim
Luftschall erzielt man dies durch schalldämmende Wände
(z.B. Kapseln), beim Körperschall durch Impedanzsprün-
ge (z.B. Abkopplung über Gummi- oder Federelemente).
Das *Durchgangsdämmaß* ΔL_D ist definiert als Differenz
der Pegel vor und hinter einem „Schalldamm", also

$$\Delta L_\text{D} = L_\text{vor} - L_\text{hinter}.$$

Das *Einfügungsdämmaß* ΔL_E dagegen bezeichnet die Wirkung einer schalldämmenden Maßnahme und ist definiert
als Differenz der Pegel, gemessen an einem Ort auf der
vom Schallentstehungsort abgekehrten Seite des Schall-
damms, ohne und mit dieser Maßnahme, also

$$\Delta L_\text{E} = L_\text{ohne} - L_\text{mit},$$

z.B. Pegeldifferenz einer Maschine ohne und mit Kapsel.
Stets gilt $0 \leqq \Delta L_\text{E} < \Delta L_\text{D}$. Damit $\Delta L_\text{E} > 0$ wird, muß – dies
fordert der Energieerhaltungssatz – vor dem Schalldamm
auf der Schallentstehungsseite Energie durch Dämpfung
vernichtet werden: Keine Dämmwirkung ohne Dämpfung.

3.2 Die Entstehung von Maschinengeräuschen
The generation of machinery noise

Luftschallerregte Geräusche

Sie entstehen durch Vorgänge in einer Maschine, die auf
direktem Wege Luftdruckschwankungen und damit Luftschall erzeugen. Diese Geräusche werden hervorgerufen
durch [4]:

Aeropulsive Quellen, die die sie umgebende Luft pulsierend
verdrängen: Ansaug- und Auspuffgeräusch;
aerodynamische Quellen, bei welchen Schall aufgrund einer
gestörten Luftströmung entsteht: Diese äußert sich in einem örtlich veränderlichen Geschwindigkeitsprofil (Schattenzonen hinter angeströmten Gittern, Strahlbereich von
Düsen), das an quer zur Strömung bewegten Körpern
Druckschwankungen hervorruft, die sich als Luftschall
ausbreiten (Lüfter, Lochsirene), oder in einer Wirbelzone,
die sich hinter einem angeströmten Hindernis ausbildet
und unmittelbar Schall erzeugt (Strömungsgeräusch);
thermodynamische Quellen, bei welchen die Energiezufuhr
infolge exothermer Vorgänge eine Expansion von zahlreichen kleinen Gasvolumenelementen mit entsprechendem
Druckaufbau bewirkt: Explosionsknall, Knall bei einer
elektrischen Entladung.

Körperschallerregte Geräusche

Bei den meisten Maschinen der maßgebliche Anteil, entstehen diese dadurch, daß zunächst in der elastischen Maschinenstruktur Körperschall angeregt wird, der dann von
den Außenflächen auf die umgebende Luft übertragen und
so als Luftschall abgestrahlt wird. Körperschall kann auf
zweierlei Weise erzeugt werden [4]:

Krafterreger Körperschall wird von wechselnden Betriebskräften verursacht, die die beanspruchten Teile elastisch verformen und dadurch die Maschinenstruktur zu
mechanischen Schwingungen anregen. Diese Krafterregung findet nicht nur am Ort der Krafteinleitung statt,
z.B. an der Druckfläche eines Zylinders, sondern erfaßt
alle Teile, die in den entstehenden *Kraftfluß* einbezogen
sind.

Geschwindigkeitserreger Körperschall dagegen entsteht in
solchen Teilen einer Maschinenstruktur, die selbst nicht
vom Kraftfluß wechselnder Betriebskräfte beansprucht
werden, aber an krafterregten, schwingenden Teilen befestigt sind. Sie erfahren dann an den Befestigungspunk-
ten oder -rändern eine Fußpunkterregung, indem ihnen
dort der Schwingweg oder die Schwinggeschwindigkeit
aufgeprägt wird. Dies ist in der Regel der Fall bei Öl-
wannen, Schutzblechen und ähnlich montierten, relativ
leichten Bauteilen.

Geräuschanregende Betriebskräfte

Sie kommen im Maschinenbau in vielfältiger Form vor.
Die wichtigsten sind: Druckwechselkräfte wie in Verbrennungsmotoren, Kompressoren, hydraulischen Maschinen
und Rohrleitungen; Massenkräfte in Form von Unwuchten bei rotierenden Maschinenteilen oder Trägheitskräf-

ten bei hin- und herbewegten Teilen (Koppelglieder in Kurvengetrieben, Schlitten in Arbeitsmaschinen); Massen- und Federkräfte in Kurvengetrieben; Wechselkräfte infolge diskontinuierlicher Kraftübernahme wie die Zahnkräfte in Zahnradgetrieben oder die Stützkräfte in Wälzlagern; Stoß- und Schlagkräfte beim Aufeinanderprallen von Maschinenteilen wie etwa nach Durchlaufen von Spiel, beim Aufsetzen von Rollen auf Kurvenscheiben oder von Ventilen auf den Ventilsitz; magnetische Kräfte in Elektromotoren, Generatoren und Transformatoren.

Ebenso wirken geräuscherzeugend alle Kräfte, die bei der Bearbeitung von Werkstücken auftreten: Trennkräfte bei spanabhebenden Fertigungsverfahren (Fräsen, Drehen, Bohren, Schleifen, Sägen) sowie beim Schneiden und Stanzen; Umformkräfte bei formgebenden Fertigungsverfahren (Schmieden, Nieten, Hämmern, Pressen).

Diese Betriebskräfte $F(t)$ sind durch Fourier-Analyse in ein Amplituden- und Phasenspektrum eindeutig zerlegbar. Das Amplitudenspektrum stellt die Erregeramplituden in Abhängigkeit von der Frequenz f dar und heißt *Anregungsspektrum* $F(f)$. Zur Beurteilung von Wechselkräften s. [23].

Körperschallverhalten von Strukturen

Den Erregeramplituden sind die erzeugten Körperschallamplituden proportional, jedoch ist ihr Quotient nicht über alle Frequenzen gleich groß. So entstehen z.B. in Frequenzbereichen, in denen eine Maschinenstruktur Eigenresonanzen aufweist, überhöhte Körperschallschwingungen. Ein Maß für das *Körperschallverhalten* einer Struktur als Funktion der Frequenz f bei Krafterregung ist im Hinblick auf die Geräuschabstrahlung das *Körperschallmaß* $Sh^2_{\text{Ü,m}}(f)$ nach Gl. (8).
Geschlossene rechnerische Lösungen für das Körperschallmaß gewinnt man nur in denjenigen Fällen, wo es gelingt, die Lösung der (inhomogenen) Schwingungsdifferentialgleichung (z.B. Biegewellen-Dgl., s. B4.2.4) nach den (orthogonalen) Eigenfunktionen des Schwingungssystems (z.B. Platte) zu entwickeln (Entwicklungssatz). Kompliziertere Strukturen, auch dreidimensionale, lassen sich mit der Finite-Element-Methode (FEM) berechnen; die Berechnung ganzer Frequenzverläufe erfordert aber sehr viel Rechenzeit. Erste Ansätze für eine Abschätzung des Körperschallmaßes von Platten, die auf der in [2] ausführlich behandelten Theorie des Körperschalls basieren, findet man in [3]. Eine hinsichtlich des Frequenzverlaufs verbesserte Abschätzung wurde in [5] untersucht. Danach steigt das Körperschallmaß unterhalb der 1. Eigenfrequenz einer Plattenstruktur ($f < f_1$, quasistatischer Bereich) mit $+20$ dB/Dekade an, während es im Eigenfrequenzbereich ($f > f_1$) im Mittel mit -10 dB/Dekade abfällt, **Bild 3**. Der (vom Anregungsort x_0 unabhängige) Erwartungswert des

Körperschallmaßes lautet im Frequenzmittel nach [8] für $f < f_1$

$$\overline{\langle Sh^2_{\text{Ü,q}}\rangle} = \frac{1}{16\pi}\,\frac{1}{1+\eta^2}\,\frac{f^2}{f_1^3}\,\frac{1}{m''\sqrt{m''B''}} \sim 1/B''^2 \sim 1/h^6$$

und für $f > f_1$

$$\overline{\langle Sh^2_{\text{Ü,e}}\rangle} = \frac{1}{16\pi f \eta m''\sqrt{m''B''}} \sim 1/(m''\sqrt{m''B''}) \sim 1/h^3,$$

wenn $m'' = \rho h$ die Masse und $B'' \approx E h^3/12$ die Steifigkeit pro Flächeneinheit, sowie ρ die Dichte, E der E-Modul, η der Verlustfaktor und h die Dicke einer Platte ist. Die Anwendung auf verrippte Platten und kastenförmige Maschinengehäuse erfolgt in [6].

Abstrahlung des Luftschalls

Die Körperschallschwingungen senkrecht zu einer Strahleroberfläche werden nicht bei allen Frequenzen gleich stark in Luftschall umgesetzt. Ein Maß für das *Abstrahlverhalten* eines Strahlers ist der Abstrahlgrad $\sigma(f)$ nach Gl. (6).

Bereits Strahler, die an ihrer Oberfläche vollständig gleichphasig schwingen, wie etwa der Kugelstrahler 0. Ordnung oder die Kolbenmembran, besitzen einen frequenzabhängigen Abstrahlgrad. Für den genannten *Kugelstrahler* lautet er [7]

$$\sigma_0 = \frac{f^2/f_0^2}{1+f^2/f_0^2} \approx \begin{cases} f^2/f_0^2, & \text{für } f < f_0 \\ 1, & \text{für } f > f_0 \end{cases}, \qquad (10)$$

wobei $f_0 = c_L/(2\pi R)$ die Kugelstrahler-Eckfrequenz und R der Kugelradius ist. Der Abstrahlgrad σ_{KM} der *Kolbenmembran* läßt sich recht gut durch die beiden asymptotischen Näherungen von Gl. (10) beschreiben, wenn man R und f_0 des äquivalenten (volumenflußgleichen) Kugelstrahlers ermittelt [8]: Ist S_{KM} die Fläche der Kolbenmembran, so gilt $R = (S_{\text{KM}}/2\pi)^{1/2}$.
Der Abstrahlgrad σ_P einer zu Biegeschwingungen angeregten *Platte* erreicht nach [8] unterhalb der Grenzfrequenz f_g höchstens den Abstrahlgrad σ_{KM} der äquivalenten Kolbenmembran, kann aber infolge Wechselwirkung der gegenphasig schwingenden Plattenbereiche [9, 10] zwischen der Übergangsfrequenz $f_Ü \approx f_0^2/f_g$ und der Grenzfrequenz f_g gegenüber σ_{KM} vermindert sein (Kurzschlußbereich), **Bild 4**.
Der Grund dafür ist, daß die Ausbreitungsgeschwindigkeit c_B von Biegewellen frequenzabhängig ist (Dispersion): Während $c_L = \text{const}$ und damit $\lambda_L = c_L/f \sim 1/f$, ist $c_B \sim \sqrt{f}$ und somit $\lambda_B = c_B/f \sim 1/\sqrt{f}$, **Bild 5**. Die Frequenz, bei welcher $\lambda_L = \lambda_B$, heißt (Biegewellen-)*Grenzfrequenz* f_g. Sobald $\lambda_L > \lambda_B$, also $f < f_g$, tritt akustische Kopplung der Wellenberge und -täler ein und es kommt zum mehr oder weniger stark ausgeprägten hydrodynamischen Kurzschluß mit entsprechend verminderter Abstrahlung. In diesem Fall gilt dann nach [8] für den tatsächlichen Abstrahlgrad σ_P der Platte

$$\sigma_P = \min\,(\sigma_{\text{KM}}, \sigma_P')$$

$$\sigma_P' \approx f_0 f^{1/2}/f_g^{3/2} \quad \text{für } f < f_g/2 \qquad (11)$$

$$f_g = \frac{c_L^2}{2\pi}\sqrt{\frac{m''}{B''}} \sim \sqrt{\frac{\rho h}{E h^3}} \sim \frac{1}{h}. \qquad (11a)$$

σ_{KM} ist über f_0 nur abhängig von der Plattengröße, der Abstrahlgrad σ_P im Kurzschlußbereich dagegen zusätzlich von der Plattendicke, da

$$\sigma_P' \sim 1/f_g^{3/2} \sim (B''/m'')^{3/4} \sim h^{3/2}.$$

Der Abstrahlgrad von (kastenförmigen) *Maschinengehäusen* kann aus den Abstrahlgraden der Gehäuseteilplatten berechnet werden [8]: Er ist, solange λ_L kleiner ist als der halbe Umfang des Kastens (womit die Teilplatten entkoppelt sind), gegeben durch den mittleren Abstrahlgrad $\overline{\sigma_P}$ der hinsichtlich Abstrahlung als selbständig zu betrachtenden Teilflächen. Sobald λ_L größer ist als der Umfang des

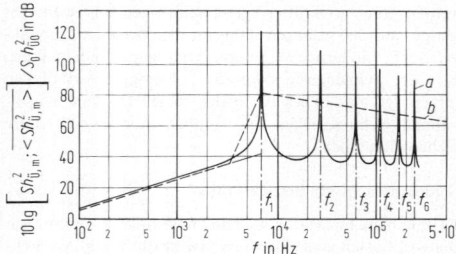

Bild 3. Das Körperschallmaß einer mittig angeregten Kreisplatte mit $R = 60$ mm, $h = 10$ mm und $\eta = 10^{-4}$ [5]. a exakter Verlauf $Sh^2_{\text{Ü,m}}(f)$, b geglätteter Verlauf (Erwartungswert) $\langle Sh^2_{\text{Ü,m}}\rangle$

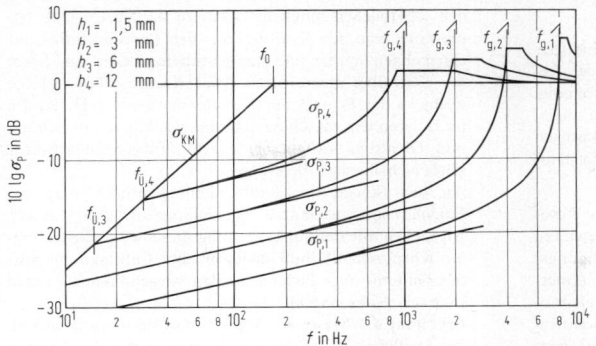

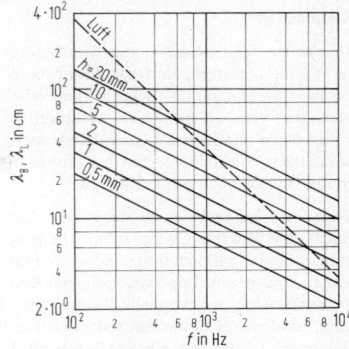

Bild 4. Der Abstrahlgrad σ_P von Platten der Größe $1\,000 \times 700\ \text{mm}^2$ in Abhängigkeit von der Dicke h [8], mit Kolbenstrahlerbereich $f < f_{\text{Ü}}$, Kurzschlußbereich $f_{\text{Ü}} < f < f_g$, Bereich voller Abstrahlung $f > f_g$

Bild 5. Biegewellenlänge λ_B und Wellenlänge λ_L in Luft in Abhängigkeit von Frequenz f und Plattendicke h, gültig für St und näherungsweise für Al [2]

Gehäuses, liegt akustische Kopplung der Teilflächen vor. Der Abstrahlgrad eines Kastens kann dann nach [8] abgeschätzt werden zu

$$\sigma_0' = 1{,}13\,\frac{f^{5/2}}{c_L}\,\overline{U/f_g^{3/2}},$$

wenn U der Umfang und f_g die Grenzfrequenz der einzelnen Teilplatten ist und daraus der Mittelwert von $U/f_g^{3/2}$ aller Platten berechnet wird. Der Abstrahlgrad eines kastenförmigen Gehäuses lautet dann

$$\sigma_K = \min\,(\sigma_0', \overline{\sigma_P}, 1).$$

Grundgleichung der Maschinenakustik

Unter Zuhilfenahme der in O 3.1 gegebenen Definitionen ergibt sich die Grundgleichung der Maschinenakustik. Für die in einem bestimmten Frequenzbereich mit der Mittenfrequenz f abgestrahlte Schalleistung $P(f)$ gilt bei Krafterregung

$$P(f) = \rho_L c_L \sigma(f) Sh_{\text{Ü},m}^2(f)\tilde{F}^2(f). \tag{12}$$

Darin bedeutet ρ_L die Dichte und c_L die Schallgeschwindigkeit in Luft, $\sigma(f)$ den Abstrahlgrad, $Sh_{\text{Ü},m}^2(f)$ das Körperschallmaß und $\tilde{F}(f)$ den Effektivwert der anregenden Kraft, der vom Anregungsspektrum der Kraft her bekannt ist. In Pegelschreibweise und unter Einbeziehung der A-Bewertung, die die frequenzabhängige Ohrempfindlichkeit berücksichtigt, lautet Gl. (12)

$$L_{PA}(f) = L_F(f) + [10\lg(Sh_{\text{Ü},m}^2(f)/S_0 h_{\text{Ü}0}^2) + 10\lg\sigma(f)]\text{dB} + \Delta L_A(f), \tag{13}$$

wobei $\tilde{F}_0 = 1\ \text{N}$, $h_{\text{Ü}0} = 5 \cdot 10^{-8}\ \text{m/sN}$ und $S_0 = 1\ \text{m}^2$ ist und $\Delta L_A(f)$ die Pegelkorrektur für die A-Bewertung gemäß DIN 45633 bedeutet.

Körperschallmaß und Abstrahlgrad sind somit *„Bewertungsfunktionen"*, durch deren Filterwirkung aus den Anregungsspektren der Erregerkräfte die Luftschallspektren der Maschinengeräusche entstehen. Den Gesamtpegel L_{PA} der abgestrahlten Schalleistung schließlich erhält man, wenn man die mit Gl. (13) bei allen vorkommenden Anregungsfrequenzen f_i ermittelten Pegel $L_{PA}(f_i)$ logarithmisch, d.h. leistungsmäßig addiert, zu

$$L_{PA} = 10\lg(\sum_i 10^{L_{PA}(f_i)/10\,\text{dB}})\ \text{dB}. \tag{14}$$

Nach diesem Gesetz der logarithmischen Pegeladdition berechnet man auch den Gesamtpegel mehrerer (voneinander unabhängiger oder entkoppelter) Einzelgeräuschquellen, wenn man dazu im Exponenten von Gl. (14) die Schallpegel $L_{PA,i}$ der i Einzelquellen einsetzt.

3.3 Möglichkeiten zur Verminderung der Maschinengeräusche. Methods of reducing machinery noise

Übersicht

Die Maßnahmen zur Verminderung der Maschinengeräusche unterteilt man in:

Primäre Maßnahmen, die unmittelbar auf die Geräuschentstehung einwirken, also an der Schallquelle selbst ansetzen. Bei luftschallerregten Geräuschen bedeutet das eine Beeinflussung der Entstehung von Wechseldrücken, bei körperschallerregten Geräuschen eine Verringerung der anregenden Kräfte (Anregungsspektrum) und eine Veränderung des Körperschallverhaltens und der Abstrahlung (Admittanz und Abstrahlgrad).

Sekundäre Maßnahmen, die den einmal entstandenen Luftschall nachträglich vermindern sollen und dabei entweder auf die Geräuschemission der Maschine einwirken (Schalldämpfer, Kapselung) oder die Geräuschimmission, z.B. am Arbeitsplatz durch raumakustische Maßnahmen, senken. Sekundärmaßnahmen sollen der Schallenergie aufstauen (Dämmung) und einen möglichst großen Teil davon durch Absorption (Dämpfung) vernichten.

Regeln für lärmarme Konstruktionen findet man in [11, 12], praktische Beispiele in [4, 13, 14].

Maßnahmen an Luftschallquellen

Die *aeropulsive* Geräuschbildung durch Druckausgleichsvorgänge wird geringer, wenn der Druckausgleich z.B. über ein Ventil nicht schlagartig, sondern langsam und stetig erfolgt.

Aerodynamische Geräusche lassen sich vermindern, indem man jegliche Störung der Luftströmung vermeidet: Im Einlauf von Strömungsmaschinen sorge man für konstantes Geschwindigkeitsprofil (keine Streben, Gitter, Leitschaufeln vor Lüfterräder anbringen, Einlaufströmung wirbelfrei halten). Sind Schattenzonen nicht zu vermeiden, so bringe man quer zur Strömung bewegte Teile (z.B. Rotor) nicht unmittelbar hinter dem Strömungshindernis an, weil dort die örtlichen Unterschiede im Geschwindigkeitsprofil am größten sind. Der optimale Abstand für Lüfterräder z.B. ergibt sich nach [1] zu $s_{ax} = 0{,}03(u/\text{ms}^{-1})^2$ mm, wobei u die Umfangsgeschwindigkeit des Rotors ist.

Schalldämpfer

Dissipative Schalldämpfer, die Schallenergie unmittelbar in Wärme umsetzen, sind der Absorptions- und der Relaxationsschalldämpfer. Beide wirken relativ breitbandig, erzeugen wenig Gegendruck, erfordern aber bei tiefen Frequenzen relativ große Querabmessungen der akustisch wirksamen Auskleidung und bei großer Einfügungsdämmung eine ziemlich große Baulänge.

Impedanzschalldämpfer, zu denen alle Typen von Resonanz- und Interferenzschalldämpfern gehören, bewirken primär eine Schalldämmung, indem sie in den Strömungskanal Stellen mit Impedanzsprüngen einbringen (Querschnittsprünge, angekoppelte Resonatoren, Umwegleitungen), an denen Schallwellen reflektiert werden. Diese Reflexionen, verbunden mit entsprechend hohem Gegendruck, treten aber nur bei ganz bestimmten Frequenzen auf: Impedanzschalldämpfer müssen abgestimmt werden und wirken relativ schmalbandig.

Weiteres Grundlegendes über Schalldämpfer findet man in [15], über die Wirkungsweise und Auslegung in [4].

Veränderung der Anregungsspektren

Das Anregungsspektrum geräuscherzeugender *Betriebskräfte* wird oberhalb der Frequenz $f \approx 2/\tau$ (τ ist die Dauer des einzelnen Kraftverlaufs innerhalb einer Periode) durch den 1. und 2. − manchmal auch höheren − *Differentialquotienten* der Kraft-Zeit-Funktion bestimmt [3]. Verkleinert man also insbesondere die Steigungen dF/dt und Krümmungen d^2F/dt^2 im Zeitverlauf der Erregerkraft, so ist eine Senkung des Geräuschpegels schon von wenigen Hundert Hertz ab zu erzielen, ohne daß das Arbeitsprinzip der Maschine nachteilig verändert wird. Ein einfach zu handhabendes Abschätzverfahren für Anregungsspektren, das in [3] entwickelt und in [16−18] dargestellt wurde, ermöglicht es festzustellen, welche Eigenschaften eines Kraftverlaufs geändert werden müssen, um eine Geräuschminderung zu erzielen.

Die Geräuschanregung durch *Stoßkräfte* ist um so geringer [3], je kleiner der beim Stoß übertragene *Impuls* $A = mv$ ist, also je leichter die bewegte Masse m und/oder je kleiner die Relativgeschwindigkeit v zwischen den aufeinanderschlagenden Maschinenteilen ist. Verkleinerung des Impulses von $m_1 v_1$ auf $m_2 v_2$ senkt die Stoßanregung um

$$\Delta L = [20 \lg(m_2/m_1) + 20 \lg(v_2/v_1)] \text{ dB}, \tag{15}$$

also bei Halbierung von Masse m oder Geschwindigkeit v um -6 dB, bei beiden Maßnahmen zusammen um -12 dB. Bei Verlängerung der Stoßdauer von $\tau_{s,1}$ auf $\tau_{s,2}$ ergibt sich auch eine Abnahme der Stoßanregung. Sie beträgt von $f_{s,1} = 1/\tau_{s,1}$ ab

$$\Delta L = 20 \lg(\tau_{s,1}/\tau_{s,2}) \text{ dB}, \tag{16}$$

also z.B. -6 dB bei Verdopplung von τ_s. Längere Stoßdauern bei gleich großem Impuls erzielt man mit elastischen Zwischenlagen oder durch vergrößerte Nachgiebigkeit an der Stoßstelle. Der Stoß wird dann abgefedert und „weicher".

Generell gilt [3]: Je länger die Impulsdauer τ eines einzelnen Kraftverlaufs, desto früher fällt sein Anregungsspektrum ab. Deshalb vermeide man z.B. Gleichzeitigkeit der Anregung (kleines τ), indem man das Prinzip der *Schrägung* anwendet (Drallmesser, ziehender Schnitt, Schneidstempel mit Dachschliff, Schrägverzahnung).

Maßnahmen an der Maschinenstruktur

Ziel dieser Maßnahmen muß sein, bei vorgegebener Erregerkraft die Körperschallamplituden auf den abstrahlen-

den Oberflächen möglichst klein zu halten. Deshalb beschränke man den Kraftfluß aus den Betriebskräften auf einen engen, massiv und steif gestalteten Bezirk und führe ihn nicht über abstrahlende Außenflächen. Man verfolge vielmehr das Prinzip der *Funktionstrennung* [11]: Kräfte im Inneren der Maschine aufnehmen, Wände mit Schutz- und Dichtfunktion an der kraftflußführenden Struktur körperschallisoliert befestigen.

An den Stellen der Krafteinleitung erhöhe man die *Eingangsimpedanz* mittels Massenkonzentration [13, 19]. An Stellen mit Fußpunkterregung (geschwindigkeitserregter Körperschall) muß dagegen eine Entkopplung mittels Gummi- oder Federelementen vorgenommen werden (*Körperschallisolation*).

Erhöhung der Masse m'' (Werkstoffdichte, Zusatzmassen), der Steifigkeit B'' (E-Modul, Rippen) sowie der Dicke h von Gehäusewänden, in die die Erregerkraft unmittelbar als *Biegekraft* eingeleitet wird (Biegung: $B'' \sim Eh^3$), vermindert das Körperschallmaß $Sh_{\ddot{\text{U}},\text{m}}^2$; gleichzeitig wird der Abstrahlgrad σ_{P} im Kurzschlußbereich durch m'' ebenfalls vermindert, durch B'' und h jedoch erhöht. Die Wirkung auf die Geräuschentwicklung kann man daher nur feststellen, wenn man $Sh_{\ddot{\text{U}},\text{m}}^2$ und σ gemeinsam betrachtet, **Bild 6**. Da sie offensichtlich je nach Frequenzbereich unterschiedlich groß ist, muß man noch das Anregungsspektrum $F(f)$ mit $Sh_{\ddot{\text{U}},\text{m}}^2$ und σ bewerten, wenn man die erzielbare Geräuschminderung feststellen will.

Führt die Erregerkraft primär zu einer Zugbeanspruchung, so wird das Körperschallverhalten vorwiegend durch die Dehnsteifigkeit ($\sim Eh^1$) bestimmt. Bezüglich des Vergleichs von verschiedenen Werkstoffen ($m'' \sim \rho$, $B'' \sim E$) beachte man den zusätzlichen Einfluß der aus Festigkeitsgründen erforderlichen Dimensionierungsvorschrift für die Dicke h. Beispiele hierzu findet man in [4, 17, 18, 24, 25] und Baureihen betreffend in [24, 26].

Die *Dämpfung* von Körperschall mittels Entdröhnbelägen und Verbundblechen verringert das Körperschallmaß im Eigenfrequenzbereich der Struktur gemäß der Beziehung

$$\overline{\langle Sh_{\ddot{\text{U}},\text{e}}^2 \rangle} \sim 1/\eta, \tag{17}$$

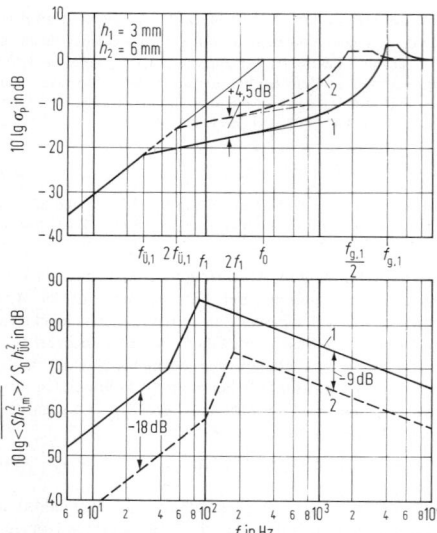

Bild 6. Zum Einfluß einer Verdopplung der Dicke h auf den Abstrahlgrad σ_{P} und das Körperschallmaß $\overline{\langle Sh_{\ddot{\text{U}},\text{m}}^2 \rangle}$ einer Stahlplatte der Größe 500×350 mm^2, $\eta = 0,1$

wobei η der Verlustfaktor als Maß für die Dämpfung ist [2]. Die Geräuschminderung bei Erhöhung des Verlustfaktors von η_1 auf η_2 beträgt demnach im Mittel

$$\Delta L = 10 \lg(\eta_1/\eta_2) \text{ dB},$$

also bei Verdopplung der Dämpfung -3 dB. Hierbei muß jedoch beachtet werden, daß die Ausgangsdämpfung einer Konstruktion in der Regel nicht durch die Materialdämpfung des verwendeten Werkstoffs, sondern durch die selbst gegenüber Grauguß oft größere Reibungsdämpfung an Verbindungs- und Kontaktzonen (Verschraubungen, Passungen, Lager usw.) bestimmt wird, und bezüglich der Geräuschabstrahlung im Kurzschlußbereich ein optimaler Verlustfaktor existiert [4, 17, 18].

Kapselung von Maschinen

Maschinen mit hoher Leistung bzw. in großer Anzahl erzeugen oft Geräusche, die im Gefährdungsbereich des menschlichen Gehörs liegen, **Bild 7**. So wird verständlich, daß die Lärmschwerhörigkeit heute an der Spitze der Berufskrankheiten steht [22]. Der Konstrukteur hat daher – auch in Anbetracht der gesetzlichen Auflagen – die Aufgabe, sich um lärmarme Maschinen bzw. Arbeitsverfahren zu bemühen. Allerdings reicht die Lärmminderung durch Primärmaßnahmen im Sinne der besprochenen konstruktiven Möglichkeiten nicht immer aus, die geforderten Grenzwerte einzuhalten. Dann bietet sich die Kapselung von Maschinen als eine wirkungsvolle Sekundärmaßnahme an, deren Funktion auf Dämmung und Dämpfung beruht.

Dämmung. Die Einfügungsdämmung ΔL_E als Maß für die Wirkung einer Kapsel, s. O 3.1, hängt ab vom (mittleren) Schalldämmaß R der Wand (Durchgangsdämmung, Eigenschaft der Wand), vom (mittleren) Absorptionsgrad α als Maß für die (notwendigen) Verluste in der Kapsel (absorbierende Auskleidung, innere Verluste der zu Körperschall angeregten Wände, Absorption durch das eingeschlossene Luftvolumen bei hohen Frequenzen) vom Öffnungsverhältnis $q = S_Ö/(S_Ö + S_W)$, das die mögliche Kapselwirkung erheblich vermindern kann (Schlüssellocheffekt). $S_Ö$ ist die gesamte unvermeidbare Öffnungsfläche

(Durchführungen für Wellen, Rohrleitungen usw., Transportöffnungen), deren Durchgangsdämmaß D durch vorgesetzte Schalldämpfer dem Wanddämmaß R angepaßt werden kann; S_W ist die verbleibende Kapselwandfläche. Für ΔL_E gilt nach [20]

$$\Delta L_E = \{-10 \lg[(1-q) \cdot 10^{-R/10\text{dB}} + q \cdot 10^{-D/10\text{dB}}] + 10 \lg[\alpha \cdot (1-q) + q]\} \text{ dB}. \qquad (18)$$

Da Wanddämmaß R und Absorptionsgrad α (bei Schalldämpfern auch D) frequenzabhängig sind, wird die Einfügungsdämmung frequenzabhängig: $\Delta L_E = \Delta L_E(f)$. Deshalb muß zur Bestimmung der Gesamtpegelminderung durch die Kapsel stets das Luftschall-Leistungsspektrum der Maschine mit der Kapsel-„Filterkurve" $\Delta L_E(f)$ bewertet werden. Die Angabe eines (frequenz-)gemittelten Dämmwerts für R wie auch für ΔL_E ist kein Maß für die erreichbare Geräuschminderung und oft zu hoch.

Das Wanddämmaß R für aus Stahlblech gefertigte Kapselwände der Dicke h und der kürzesten Kantenlän-

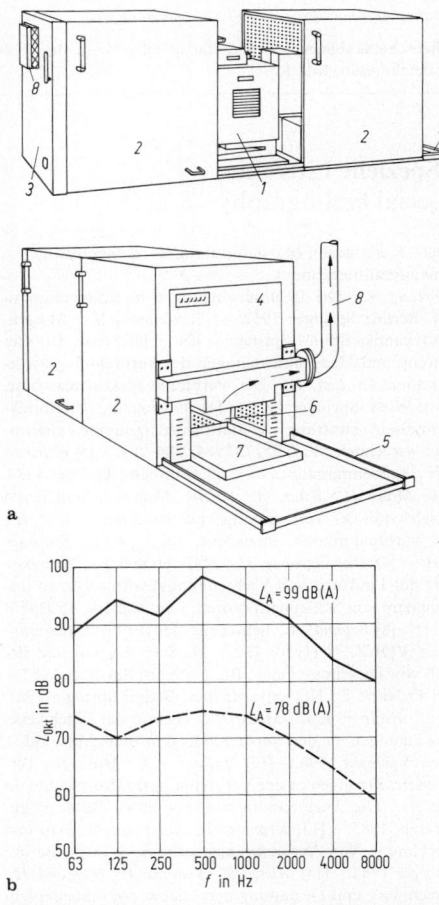

a

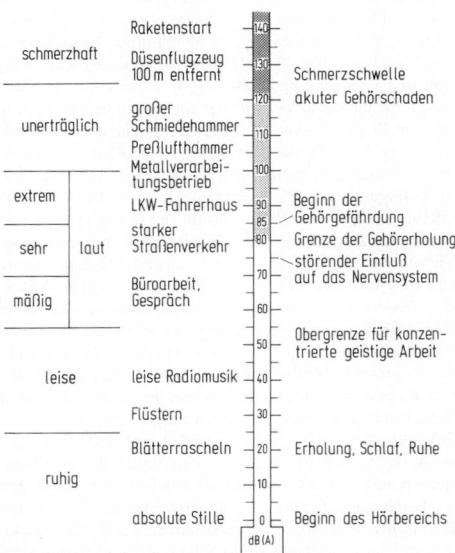

Bild 7. Geräuschsituationen, Empfindung und Wirkung

Bild 8. Einschalige, fahrbare Kapsel einer Drahtstiftschnellpresse. **a** Aufbau, *1* Drahtstift-Schnellpresse, *2* verschiebbarer Kapselteil in Tunnelform, *3* feststehende Rückwand, *4* feststehende Frontwand, *5* Laufrahmen, *6* Bolzenaustragöffnung (als schalldämpfender Kanal ausgeführt), *7* Bolzenauffangbehälter, *8* Zu- bzw. Abluftkanal zur Wärme- und Ölnebelabfuhr mit Zwangsbelüftung; **b** Oktavschallpegel L_{Okt} als Funktion der Frequenz f; ausgezogen: ohne Kapsel, gestrichelt: mit Kapsel

ge l liegt [4, 20] unterhalb ihrer Grenzfrequenz $f_g \approx$ 12000 Hz/(h/mm) zwischen $\min(R_{\min}, R_{\max})$ und $R_{\max}$, wobei

$$R_{\min} = [15 \lg(f/\text{Hz}) + 5 \lg(h/\text{mm})$$
$$+ 10 \lg(l/\text{m}) - 15]\,\text{dB}, \tag{19}$$
$$R_{\max} = [20 \lg(f/\text{Hz}) + 20 \lg(h/\text{mm}) - 27{,}5]\,\text{dB}. \tag{20}$$

Für α gilt: Blechkapseln ohne absorbierende Auskleidung haben, wie Messungen zeigen, praktisch frequenzunabhängige Absorptionsgrade $\alpha \approx 10^{-2}$ und deshalb, s. [20], bei $h = 1$ mm schon eine ansehnliche Einfügungsdämmung $\Delta L_E(f) > 10$ dB. Für absorbierende Auskleidungen (Stein-, Glaswolle, offenporiger Schaumstoff) gilt [20]

$$\alpha \approx \begin{cases} 0{,}85 \ldots 0{,}95 & \text{für } f > f_d \\ \sqrt{f/f_d} & \text{für } f < f_d/2. \end{cases} \tag{21}$$

Hier ist f_d gegeben durch $f_d = 5460$ Hz cm/d. Fordert man oberhalb einer bestimmten Frequenz f' größtmögliches α und damit kleinstmöglichen Verlust an Kapselwirkung, so setze man $f' = f_d$, berechne die erforderliche Dicke d der Absorptionsschicht und daraus den spezifischen Strömungswiderstand, für den gilt

$$\Xi_{opt} = (80 \ldots 240 \text{ gs}^{-1} \text{ cm}^{-2})/d. \tag{22}$$

Danach wähle man das geeignete Absorptionsmaterial.

Schallschutzkabinen. Sie sind die übliche Form der Maschinenkapseln, **Bild 8**.

Auskleidung. Hierzu dienen Blechplatten von 1 bis 1,5 mm Dicke mit einer 10 bis 15 mm dicken Absorptionsschicht. Ihre Schalldämmung beträgt 6 bis 12 dB bei 125 bis 8000 Hz, ihre Stoffwerte sind: Flächengewicht 0,5 bis 0,7 N/m², Temperaturbereich −25 bis +80 °C und Wärmeleitfähigkeit 0,4 bis 0,6 W/(mK). Ihre Oberflächen sollen gegen aggressive Stoffe wie Benzin, Mineralöle, Salzsäure, Natronlauge sowie Lösungmittel beständig sein.

Aufbau. Die Kabinen sollen möglichst leicht und einfach zu montieren sowie außen und innen wasserfest sein und müssen den örtlichen Brandschutzvorschriften genügen. Sie sollen Beobachtungsfenster aufweisen und an wichtigen Stellen schnell zugänglich sein. Zur Abfuhr der von der Maschine erzeugten Wärme ist häufig eine akustisch bedämpfte Belüftungsanlage erforderlich. Weitere Beachtung verdienen die Durchführungen für Leitungen der Betriebsmittel und Bedienungsorgane. Sie müssen bei Maschinen mit starker Wärmeabstrahlung oder elastischer Lagerung beweglich ausgeführt werden und akustisch dicht sein, da ja der Schallpegel im Inneren der Kapsel stark ansteigt.

Konstruktive Hinweise zum Aufbau von Kapseln und schalldämmenden Durchführungen sowie Arbeitsdiagramme für die Auslegung findet man in [4, 21].

4 Spezielle Literatur
Special bibliography

zu O1 Kurbeltrieb, Massenkräfte und -momente, Schwungradberechnung

[1] *Haug, K.*: Die Drehschwingungen in Kolbenmaschinen. Berlin: Springer 1952. − [2] *Krämer, E.*: Maschinendynamik. Berlin: Springer 1984. − [3] *Maas, H.*: Gestaltung und Hauptabmessungen der Verbrennungskraftmaschine. In *List, H.*: Die Verbrennungskraftmaschine, Bd. 1. Wien: Springer 1979. − [4] *Woschni, G.*: Thermodynamische Auswertung von Indikatordiagrammen elektronisch gerechnet, MTZ 25/7 (1964) 284−289. − [5] *Küttner, K.H.*: Kolbenmaschinen, 5. Aufl. Stuttgart: Teubner 1984. − [6] *Maas, H.; Klier, H.*: Kräfte, Momente und deren Ausgleich in der Verbrennungskraftmaschine. In *List, H.*: Die Verbrennungskraftmaschine, Bd. 2. Wien: Springer 1981. − [7] *Hasselgruber, H.*: Maßnahmen zur Verbesserung der Laufruhe von Verbrennungskraftmaschinen insbesondere von Schleppermotoren. Landtechnik. 15 (1965) Nr. 1. − [8] *Schmidt, F.*: Schwungräder für Großdieselmotoren. VDI-Z. 74 (1930) 230. − [9] *Sass, F.*: Bau und Betrieb von Dieselmaschinen, Bd. 2. Berlin: Springer 1957. − [10] *Fröhlich, F.*: Kolbenverdichter. Berlin: Springer 1961. − [11] *Haffner, K.E.; Mass, H.*: Theorie der Triebwerkschwingungen in der Verbrennungskraftmaschine, Bd. 3. Wien: Springer 1984. − [12] *Haffner, K.E.; Mass, H.*: Torsionsschwingungen in der Verbrennungskraftmaschine. In *List, H.*: Die Verbrennungskraftmaschine, Bd. 4. Wien: Springer 1985. − [13] *Krämer, O.; Jungbluth, G.*: Bau und Berechnung von Verbrennungsmotoren. 5. Aufl. Berlin: Springer 1983. − [14] *Mickel, E.; Sommer, P.; Wiegand, H.*: Berechnung und Gestaltung der Triebwerke schnellaufender Kolbenkraftmaschinen. Konstruktionsbücher, Bd. 6. Berlin: Springer 1942. − [15] *Köhler, G.; Rögnitz, H.*: Maschinenteile, Teil 2, 7. Aufl. Stuttgart: Teubner 1986. − [16] *Schrön, H.*: Die Dynamik der Verbrennungskraftmaschine, 2. Aufl. Wien: Springer 1947. − [17] *Waas, H.*: Federnde Lagerung von Kolbenmaschinen. VDI-Z. 26. Juni (1937). − [18] *Lang, G.*: Zur elastischen Lagerung von Maschinen durch Gummifederelemente. MTZ 24/17 (1963).

zu O2 Schwingungen
[1] *Krämer, E.*: Maschinendynamik. Berlin: Springer 1984. − [2] *Gasch, R.; Knothe, K.*: Strukturdynamik, Bd. 1. Springer 1987. − [3] *Holzweißig, F.; Dresig, H.*: Lehrbuch der Maschinendynamik. Wien: Springer 1979. − [4] *Schiehlen, W.*: Technische Dynamik. Stuttgart: Teubner 1986. − [5] *Magnus, K.*: Schwingungen. Stuttgart: Teubner 1976. − [6] *Kellenberger, W.*: Elastisches Wuchten. Berlin: Springer 1987. − [7] *Federn, K.*: Auswuchttechnik. Berlin: Springer 1977. − [8] *Maass, H.; Klier, H.*: Die Verbrennungskraftmaschine. Bd. 2, Kräfte, Momente und deren Ausgleich in der Verbrennungskraftmaschine. Wien: Springer 1981. − [9] *Kuhlmann, P.*: Schwingungen in Kolbenmaschinen. VDI-Bildungswerk, Schwingungen beim Betrieb von Maschinen BW 32.11.07, VDI-Gesellschaft Konstruktion und Entwicklung, 1980. − [10] *Schwibinger, P.*: Torsionsschwingungen von Turbogruppen und ihre Kopplung mit den Biegeschwingungen bei Getriebemaschinen. Fortschrittber. VDI, Düsseldorf: 1987. − [11] *Grgic, A.*: Torsionsschwingungsberechnungen für Antriebe mit elektrisch drehzahlgeregelten Wechselstrom-Motoren. VDI-Ber. 603 (1986). − [12] *Natke, H.G.*: Einführung in die Theorie und Praxis der Zeitreihen- und Modalanalyse. Braunschweig: Vieweg 1983. − [13] *Ewins, D.J*: Modal Testing: Theory and practice. Research Studies Press 1984. − [14] *Peeken, H.; Troeder, C.; Diekhans, G.*: Beanspruchung elastischer Kupplungen in Antriebssystemen mit Asynchronmotoren. Antriebstechnik 18 (1979). − [15] *Gasch, R.; Pfützner, H.*: Rotordynamik. Berlin: Springer 1975. − [16] *Diewald, W.*: Das Biegeschwingungsverhalten von Kreiselpumpen unter Berücksichtigung der Koppelwirkungen mit dem Fluid. Fortschrittber. VDI, Düsseldorf 1989. − [17] *Dietzen, F.J.*: Bestimmung der dynamischen Koeffizienten von Dichtspalten mit Finite-Differenzen-Verfahren. Fortschrittber. VDI, Düsseldorf 1988. − [18] *Glienicke, J.*: Feder- und Dämpfungskonstanten von Gleitlagern für Turbomaschinen und deren Einfluß auf das Schwingungsverhalten eines einfachen Rotors. Diss. Univ. Karlsruhe 1966.

zu O 3 Maschinenakustik

[1] *Schmidt, H.:* Schalltechnisches Taschenbuch, 2. Aufl. Düsseldorf: VDI 1976. – [2] *Cremer, L.; Heckl, M.:* Körperschall – Physikalische Grundlagen und Technische Anwendungen. Berlin: Springer 1967. – [3] *Föller, D.:* Untersuchung der Anregung von Körperschall in Maschinen und der Möglichkeiten für eine primäre Lärmbekämpfung. Diss. TH Darmstadt 1972 bzw. Forschungshefte Forschungskuratorium Maschinenbau e.V., Heft 15. Frankfurt a. M.: Maschinenbau 1972. – [4] *Föller, D.,* u.a.: Geräuscharme Maschinenteile – Die Entstehung von Maschinengeräuschen und konstruktive Maßnahmen zu ihrer Verminderung. Forschungshefte Forschungskuratorium Maschinenbau e. V., Heft 26. Frankfurt a. M.: Maschinenbau 1974. – [5] *Kassing, W.:* Untersuchungen zum Schwingungs- und Körperschallverhalten rotationssymmetrischer Maschinenstrukturen und Übertragung der Ergebnisse auf die Geräuschentwicklung von Axialkolbeneinheiten. Diss. TH Darmstadt 1975 bzw. Forschungshefte Forschungskuratorium Maschinenbau e. V., Heft 42. Frankfurt a. M.: Maschinenbau 1976. – [6] *Welp, E.G.:* Untersuchung des Körperschallverhaltens von Platten- und Kastenstrukturen mit der Methode der Finiten Elemente. Diss. TH Darmstadt 1977 bzw. Forschungshefte Forschungskuratorium Maschinenbau e. V., Heft 70. Frankfurt a. M.: Maschinenbau 1978. – [7] *Skudrzyk, E.:* Die Grundlagen der Akustik. Wien: Springer 1954. – [8] *Föller, D.:* Die Geräuschabstrahlung von Platten und kastenförmigen Maschinengehäusen. Forschungshefte Forschungskuratorium Maschinenbau e. V., Heft 78. Frankfurt a. M.: Maschinenbau 1979. – [9] *Maidanik, G.:* Response of ribbed panels to reverberant acoustic fields. J. Acoust. Soc. Amer. 34 (1962) 809–826. – [10] *Sennheiser, J.:* Ein Modell zur Bestimmung der Schallabstrahlung von Platten unterhalb der Grenzfrequenz. Acustica 32 (1975) 244–254. – [11] *Müller, H.W.; Föller, D.:* Regeln für lärmarme Konstruktionen. Konstruktion 28 (1976) 333–339. – [12] *VDI 3720, Blatt 1:* Lärmarm Konstruieren. Allgemeine Grundlagen (1980); *Blatt 2:* Beispielsammlung (1982). – [13] *Schmidt, K.-P.:* Lärmarm Konstruieren – Beispiele für die Praxis. Forschungsbericht Nr. 129 der Bundesanstalt für Arbeitsschutz und Unfallforschung. Wilhelmshaven: Wirtschaftsverlag Nordwest 1974. – [14] *Heckl, M.:* Lärmarm Konstruieren – Bestandsaufnahme bekannter Maßnahmen. Forschungsbericht Nr. 135 der Bundesanstalt für Arbeitsschutz und Unfallforschung. Wilhelmshaven: Wirtschaftsverlag Nordwest 1975. – [15] *VDI 2567:* Schallschutz durch Schalldämpfer (1971). – [16] *Föller, D.:* Ein Verfahren zur quantitativen Beurteilung der Geräuschanregung in Maschinen. Tagungsbericht Akustik und Schwingungstechnik, Stuttgart 1972, S. 418–421. Berlin: VDE 1972. – [17] *Föller, D.:* Maschinenakustische Probleme in neuerer Sicht. Tagungsbericht DAGA '73, Aachen, S. 57–75. Düsseldorf: VDI 1973. – [18] *Föller, D.:* Maschinenakustische Berechnungsgrundlagen für den Konstrukteur. VDI-Ber. 239 (1975) 55–65. – [19] *Schroeder, P.-J.:* Konstruktive Lärmminderungsmaßnahmen an einer Doppelständer-Exzenterschmiedepresse. VDI-Ber. 278 (1977) 135–145. – [20] *Fecher, F.:* Abschätzung der Lärmminderung mittels raumakustischer Maßnahmen und Kapseln. Konstruktion 28 (1976) 341–346. – [21] *VDI 2711:* Schallschutz durch Kapselung (1978). – [22] *Connert, W.:* Lärmminderung – eine aktuelle Gemeinschaftsaufgabe. VDI-Ber. 278 (1977). – [23] *VDI 3720, Blatt 7* (Entw.): Lärmarm Konstruieren – Beurteilung von Wechselkräften bei der Schallentstehung (1989). – [24] *Storm, R.:* Untersuchung der Einflußgrößen auf das akustische Übertragungsverhalten von Maschinenstrukturen. Diss. TH Darmstadt 1980 bzw. Forschungshefte Forschungskuratorium Maschinenbau e.V., Heft 84. Frankfurt a.M.: Maschinenbau 1980. – [25] *Storm, R.:* Möglichkeiten zum geräuscharmen Konstruieren bei krafterregten Maschinenstrukturen in Leichtbauweise. Tagungsbericht DAGA '81, Berlin, S. 337–340. Berlin: VDE 1981. – [26] *Storm, R.:* Zur Abschätzung des akustischen Übertragungsmaßes von krafterregten Maschinenstrukturen in Baureihen mit geometrischer Ähnlichkeit. Tagungsbericht DAGA '81, Berlin, S. 333–336. Berlin: VDE 1981.

O

P | Kolbenmaschinen
Reciprocating machines

K.-H. Küttner, Berlin; **K. Mollenhauer,** Berlin

Allgemeine Literatur
zu P1 bis P3
Bücher: *Frenkel, M.I.:* Kolbenverdichter. Berlin: VEB Verlag Technik 1969. – *Fröhlich, F.:* Kolbenverdichter. Berlin: Springer 1961. – *Küttner, K.-H.:* Kolbenmaschinen, 5. Aufl. Stuttgart: Teubner 1984. – *Maass, H.:* Gestaltung und Hauptabmessungen der Verbrennungsmaschine. Wien: Springer 1979. – *Mettig, H.:* Konstruktion schnellaufender Verbrennungsmotoren. Berlin: de Gruyter 1973. – *Polenz, W.:* Pumpen für Gase, 2. Aufl. Berlin: VEB Verlag Technik 1977. – *Polenz, W.:* Pumpen für Flüssigkeiten, 3. Aufl. Berlin: VEB Verlag Technik 1975. – *Sass, F.:* Bau und Betrieb von Dieselmaschinen, 2. Aufl. Bd. 1: Grundlagen und Maschinenelemente, Bd. 2: Die Maschinen und ihr Betrieb. Berlin: Springer 1948, 1957. – *Scheiterlein, A.:* Der Aufbau der raschlaufenden Verbrennungsmaschine, 2. Aufl. Die Verbrennungskraftmaschine Bd. XI. Wien: Springer 1964. – *Schulz, H.:* Die Pumpen, 13. Aufl. Berlin: Springer 1977. – Taschenbuch Maschinenbau, Bd. II. Energieumwandlung und Verfahrenstechnik, 3. Aufl. Berlin: VEB Verlag Technik 1976. – *Wankel, F.:* Einteilung der Rotationskolbenmaschinen. Stuttgart: Deutsche Verlagsanstalt 1963.

zu P4 Verbrennungsmotoren
Bücher: *Bensinger, W.-D.:* Rotationskolben-Verbrennungsmotoren. Berlin: Springer 1973. – *Bosch:* Kraftfahrtechnisches Taschenbuch, 20. Aufl. Düsseldorf: VDI-Verlag 1987. – *Buschmann, H.; Koessler, P.:* Handbuch für den Kraftfahrzeugingenieur, 7. Aufl. Stuttgart: Deutsche Verlags-Anstalt 1973 (Taschenbuchausgabe: *Buschmann, H.; Koessler, P.:* Handbuch der Kraftfahrzeugtechnik, Bd. 1 u. 2, 2. Aufl. Heyne Fachbuch 6, München: Heyne 1977). – *Kraemer, O.; Jungbluth, G.:* Bau und Berechnung der Verbrennungsmotoren, 5. Aufl. Berlin: Springer 1983. – *Lang, O.R.:* Triebwerke schnellaufender Verbrennungsmotoren. Konstruktionsbücher Bd. 22. Berlin: Springer 1966. – *Mettig, H.:* Die Konstruktion schnellaufender Verbrennungsmotoren. Berlin: de Gruyter 1973. – *Schmidt, F.A.F.:* Verbrennungskraftmaschinen, 4. Aufl. Berlin: Springer 1967. – *Taylor, C.F.:* The Internal Combustion Engine in Theory and Practice, Vol. 1, 2nd. Ed., Vol. 2. Cambridge, Mass.: MIT Press 1971, 1969. – *Urlaub, A.:* Verbrennungsmotoren. Bd. 1: Grundlagen. Bd. 2: Verfahrenstheorie. Berlin: Springer 1987, 1989. – *Zinner, K.:* Aufladung von Verbrennungsmotoren, 3. Aufl. Berlin: Springer 1985. – *Die Verbrennungskraftmaschine* herausgegeben von *H. List*, Wien: Springer, (bisher erschienene Bände teilweise vergriffen bzw. in der Neubearbeitung) mit den neueren Bänden: (Bd. III) *Pflaum, W.; Mollenhauer, K.:* Wärmeübergang in der Verbrennungskraftmaschine, 1977. – (Bd. VI) *Löhner, K.; Müller, H.:* Gemischbildung und Verbrennung im Ottomotor, 1967. – (Bd. VII) *Pischinger, A. u. F.:* Gemischbildung und Verbrennung im Dieselmotor, 2. Aufl. 1957. – (Bd. XI) *Scheiterlein, A.:* Der Aufbau der raschlaufenden Verbrennungskraftmaschine, 1964. – Neue Folge, herausgegeben von *H. List* und *A. Pischinger:* (Bd. I) *Maass, H.:* Gestaltung und Hauptabmessungen der Verbrennungskraftmaschine, 1979. – (Bd. II) *Maass, H.; Klier, H.:* Kräfte, Momente und deren Ausgleich in der Verbrennungskraftmaschine, 1981. – (Bd. III) *Maass, H.; Hafner, K.:* Theorie der Triebwerksschwingungen der Verbrennungskraftmaschine, 1984. – (Bd. IV) *Maass, H.; Hafner, K.E.:* Torsionsschwingungen in der Verbrennungskraftmaschine, 1985. – (Bd. V) *Pischinger, R.; Kraßnig, G.; Taučar, G.; Sams, T.:* Thermodynamik der Verbrennungskraftmaschine, 1989. – (Bd. VI) *Lenz, H.P.:* Gemischbildung bei Ottomotoren, 1990.

Zeitschriften: Automobil-Industrie. Würzburg: Vogel. – Automobiltechnische Zeitschrift (ATZ). Stuttgart: Franckh. – Diesel & Gas Turbine Progress. Diesel Engines, Inc., Milwaukee, Wisc. – Motortechnische Zeitschrift (MTZ). Stuttgart: Franckh. – SAE – automotive engineering. New York: Selbstverlag.

1 Allgemeine Grundbegriffe
Basic prinicples

K.-H. Küttner, Berlin

Die Grundlage der Kolbenmaschine bildet ein periodisch veränderlicher Arbeitsraum, der mit einem gasförmigen oder flüssigen Stoff gefüllt ist. Sein Druck steigt bei der Kompression und fällt bei der Expansion in wechselnde Folge. Dazwischen findet das Ansaugen und Ausschieben – der Ladungswechsel – des verarbeiteten Stoffes statt. Bei den Kraftmaschinen – Verbrennungsmotoren und Dampfmaschinen – überwiegt die abgegebene Einström- und Expansionsarbeit, bei den Arbeitsmaschinen – Verdichter und Pumpen – die aufgenommene Ausschub- und Kompressionsarbeit. Die kennzeichnende geometrische Größe ist herbei das Hubvolumen V_h, die vom Verdränger bewirkte Änderung des Arbeitsraums, während einer Periode oder eines Taktes. Der Verdränger (**Bild 1**) kann eine hin- und hergehende, schwingende oder rotierende Bewegung ausführen und der Stoff in radialer oder axialer Richtung fließen (s. **H2 Bild 1**). Hierbei ist aber gegenüber der Kreiselmaschine die Beschleunigung des Stoffs im Arbeitsraum vernachlässigbar klein.

Rotierender Verdränger. Fließt das Medium am Umfang, so bewirkt der mit der Exzentrizität e im Gehäuse laufende Rotor die periodische Änderung der Arbeitsräume. Die Räume und ihre Dichtung ergeben sich aus besonderen Profilen wie z.B. die Trochoiden beim Wankelmotor (**Bild 1a**) oder beim Verdichter. Eine andere Lösung bilden die Flügelzellen (s. P3.9.1) bei Verdichtern (**Bild 1b**) und Pumpen. Ohne Exzentrizität ist nur eine fast stoßartige Druckänderung, wie bei Roots-Gebläsen (**Bild 1c**) möglich. Fließt das Medium in axialer Richtung, wird es durch schneckenförmige Läufer transportiert. Bei der Exzenterschnecken- oder der Mohno-Pumpe der Fa. Gebr. Netsch (**Bild 1d**) erfolgt die Volumenänderung zwischen dem Stator, einer zweigängigen Gummischnecke und dem

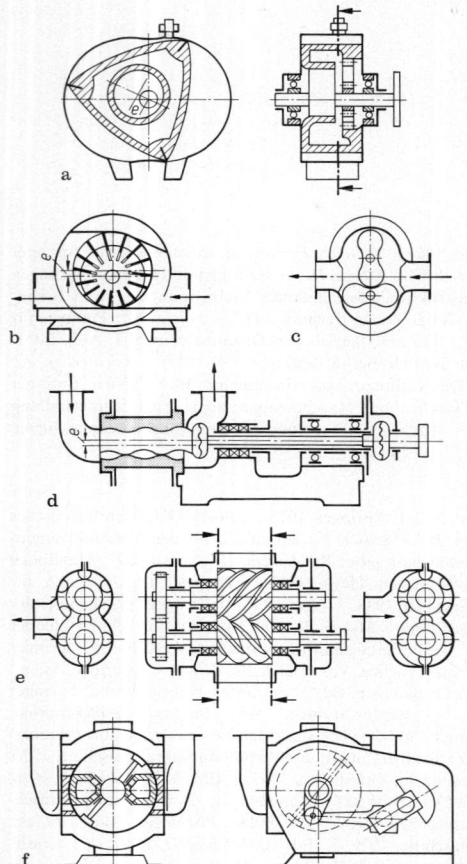

Bild 1. Formen der Kolbenmaschinen. **a–e** rotierender Verdränger; **a–c** Medium fließt am Umfang; **d** u. **e** Medium fließt axial; **f** schwingender Verdränger

exzentrischen als eingängige Schnecke geformten Stahlläufer. Beim Schraubenverdichter (**Bild 1e**) sind die beiden Läufer (s. P 3.9.2) so ausgebildet, daß der von ihren Berührungslinien abgegrenzte Raum ständig abnimmt. Vorteil der rotierenden Verdränger ist die zur Energieübertragung günstige Bewegung und das Fehlen der Steuerorgane, das aber ein konstruktiv gegebenes Druckverhältnis bedingt. Nachteilig sind die Druck- und Temperaturspitzen an bestimmten Gehäuseteilen. Die hiermit verbundenen Dichtungs-, Dehnungs- und Kühlungsprobleme begrenzen früh das Druckverhältnis, wie z.B. beim Wankelmotor (s. P 4.8.2 und [1]).

Schwingende Verdränger. Sie erfordern Getriebe zur Umwandlung in die laufende Drehbewegung und Steuerorgane für den Ein- und Austritt des Mediums, nämlich: von der Kraftmaschine angetriebene Schieber oder Ventile und vom Medium gesteuerte Ventile bei den Arbeitsmaschinen. Bei schwingender Drehbewegung übernimmt die Kurbelschwinge mit ihrem relativ großen Platzbedarf die Bewegungsumwandlung, wie bei Wing-Kompressor, **Bild 1f**. Bei der oszillierenden Hubkolbenmaschine erfüllt der Kurbeltrieb (G 10) diese Aufgabe.

1.1 Die Hubkolbenmaschine. The piston engine

Wegen ihrer häufigen Anwendung gab sie der Kolbenmaschine ihren Namen. Der Arbeitsraum (**Bild 2a**) besteht hier aus dem Zylinder *1*, der vom Deckel *2* abgeschlossen wird und in dem der Kolben *3* läuft. Er bewegt sich um den Hub *s* und zwar beim Hingang vom OT zum UT, beim Rückgang entgegengesetzt. Der Kolbenweg x_K zählt vom OT aus und hat als Maximum den Hub *s*. Der Arbeitsraum besteht aus dem Totraum V_s und dem Hubvolumen V_h, das von der Kolbenstirnfläche während des Hubes *s* durchlaufen wird. Zur Bewegung des Kolbens dient der Kurbeltrieb (G 10 mit weiteren Begriffserläuterungen).

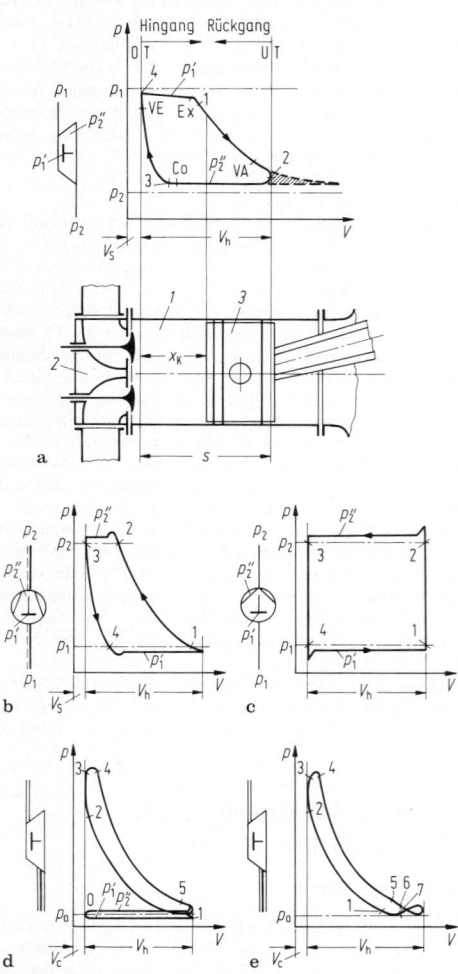

Bild 2. Arbeitsweise der Hubkolbenmaschinen. **a** Dampfmaschine; **b** Verdichter; **c** Pumpe; **d** Viertaktmotor; **e** Zweitaktmotor

1.1.1 Arbeitsverfahren. Working cycles

Zur Kennzeichnung dient das Arbeitsspiel, das sich im Beharrungszustand periodisch wiederholt und aus dem Ladungswechsel mit dem Ansaugen und Ausschieben sowie dem Arbeitsvorgang mit der Dehnung und Verdichtung besteht. Diese entfallen bei inkompressiblen Medien. Bei den Kraftmaschinen wie Druckluftmotoren und besonders Wärmekraftmaschinen ist die Dehnung am größten. Hierbei sind die Verbrennungsmotoren mit ihrer inneren Wärmezufuhr am bedeutendsten. Das Ein- und Ausströmen des Mediums wird durch zwangläufige Ventile oder Schieber gesteuert. Von den Arbeitsmaschinen überwiegt bei den Verdichtern die Kompressions-, bei den Pumpen die Ansaugarbeit. Den Zu- und Abfluß steuern hier selbsttätige durch die Druckdifferenz vom Zylinder und der Leitung betätigte Ventile. In der Tauchkolbenmaschine (**Bild 2**) erfolgen Expansion und Ansaugen beim Hingang, Kompression und Ausschieben beim Rückgang. Liegt die Schubstange rechts vom Kolben verläuft der Prozeß der Kraftmaschine im Uhrzeigersinn, der Arbeitsmaschine entgegengesetzt. Beim Ansaugen ist infolge der Reibungsverluste der Zylinder kleiner als der Stufendruck, also $p_1' < p_1$ und die Arbeit wird zugeführt, beim Ausschieben wird $p_2'' > p_2$ und die Arbeit ist aufzubringen. Bei der Verdichtung bzw. der Dehnung entstehen die Gasarbeiten, bei einem Arbeitsspiel mit und ohne Reibung die technischen bzw. indizierten Arbeiten.

Dampfmaschine (Bild 2a). Der Dampf strömt als Energieträger aus dem Kessel von 4 bis 1 bei leicht fallendem Druck ein, nachdem das Steuerorgan, Ventil oder Schieber von VE (Voreinlaß vor OT) bis Ex (Expansionsbeginn) geöffnet hat. Nach der Dehnung 1 bis 2 unter Abgabe von Arbeit, bleibt beim Ausschieben 2 bis 3 der Auspuff von VA (Vorauslaß vor UT) bis Co (Kompressionsbeginn) geöffnet. Die folgende Verdichtung 3 bis 4 dämpft die sonst beim Druckwechsel im OT entstehenden Stöße. Die Punkte VE und VA liegen kurz vor 4 bzw. 2, damit hier der volle Strömungsquerschnitt verfügbar ist. Bei VA liegt der Druck noch über p_2'' bedingt also den gestrichelten Auslaßverlust. Dieser wird zugelassen, da der Leistungsgewinn hierbei in keinem Verhältnis zum Materialaufwand steht. Dampfmaschinen werden heute nur noch einstufig für Leistungen für zu 200 kW hergestellt. Sie zeichnen sich durch gute Anpassung bei Laständerungen und größte Überlastbarkeit aus. Wegen des kostspieligen Kessels lohnen sie sich nur noch bei gleichzeitiger Verwendung der Abdampfwärme [2].

Verbrennungsmotoren (Bild 2d, e). Hier entfällt der Dampfkessel, da die im Kraftstoff Benzin, Dieselöl oder Gas latent gebundene Wärme schon im Zylinder in mechanische Energie verwandelt wird. Dazu muß wegen des Verschleißes die Verbrennung aschefrei erfolgen, und die benötigte Luft dient gleichzeitig als Energieträger. Sie wird vorverdichtet, damit bei der Drucksteigerung nach der Zündung ein ausreichendes Gefälle für die Erzeugung der mechanischen Energie entsteht. Dabei sind bereits mit der Verdichtung 1 bis 2 der Gleichraum- und Gleichdruckverbrennung 2 bis 3 und 3 bis 4 sowie der Dehnung 4 bis 5 die beiden Takte einer Umdrehung besetzt. Bei der Viertaktmaschine (**Bild 2d**) kommen daher noch die Takte für das Ansaugen 0 bis 1 und das Ausschieben 5 bis 0 hinzu, so daß das Arbeitsspiel zwei Umdrehungen umfaßt. Die Zweitaktmaschine (**Bild 2e**) besitzt hierzu am Hubende Schlitze, über die die von einem Gebläse geförderte Luft das verbrannte Gas verdrängt. Hier kommen die Entspannung 5 bis 6, die Spülung 6 bis 7 und die Druckabsenkung 7 bis 1 hinzu. Der Zweitaktmotor ist wegen der doppelten Zahl der Zündungen thermisch stark belastet. Die Zündung erfolgt beim Dieselmotor selbständig an der hoch verdichteten Luft, beim Ottomotor durch Fremdzündung mit einer Kerze. Hierbei ist meist der Anteil der Gleichdruckverbrennung sehr klein [1].

Verdichter (Bild 2b). Hier folgt auf das Ansaugen 4 bis 1 die Verdichtung 1 bis 2, bei der das Volumen ab- und

die Temperatur zunimmt. Letztere wird, um Schmierölexplosionen zu vermeiden, bei Luft durch den Druck auf 200 °C begrenzt. Hierzu dient auch die Wärmeabfuhr in den Zylindern und Kühlern mit Luft oder Wasser, die auch Antriebsenergie sparen sollen. Nach dem Punkt 2 wird der Druck im Zylinder größer als hinter den Ventilen, die zum Ausschieben 2 bis 3 öffnen. Danach dehnt sich die im Zylinder verbleibende Restmasse bei der Rückexpansion 3 bis 4 und verursacht einen bedeutenden Volumenverlust. Danach wird das Saugventil weiter durch den fallenden Druck geöffnet, da der Druck im Zylinder kleiner als vor den Ventilen ist.

Pumpen (Bild 2c). Ihre Arbeitsweise ist durch die Dichte und die Inkompressibilität der Flüssigkeiten bestimmt. So sind die Arbeitsvorgänge zu isochoren Druckänderungen 1 bis 2 und 3 bis 4 im UT bzw. OT geschrumpft. Somit erstrecken sich das Ansaugen und Ausschieben über den Hub und der Schadraum ist bedeutungslos.

1.1.2 Berechnungsgrundlagen. Basic design calculations

Hubvolumen. Ein Tauchkolbentriebwerk vom Kolbendurchmesser D, also der Kolbenfläche $A_K = \pi D^2 / 4$ und dem Hub s hat das Hubvolumen

$$V_h = A_K s = \pi D^2 s / 4. \tag{1}$$

Für ein Kreuzkopftriebwerk mit den Kolbenflächen A_{DS} und A_{KS} auf der Deckel- bzw. Kurbelseite gilt dann

$$V_h = (A_{DS} + A_{KS})s. \tag{2}$$

Beim Tragekolben mit den Kolbenstangendurchmesser d ist dann

$$V_h = (\pi/4)[D^2 + (D^2 - d^2)]s = (\pi/4)(2D^2 - d^2)s. \tag{3}$$

Für eine Maschine mit z Zylindern gilt für das Gesamthubvolumen

$$V_H = z V_h. \tag{4}$$

Arbeitsraum. Für eine Zylinderseite wird beim Kolbenweg x_K

$$V = V' + x_K A_K \tag{5}$$

mit dem Minimum V', dem Totraum, und dem Maximum $V' + A_K s = V' + V_h$.

Schubstangenverhältnis. Es ist der Quotient der Zapfen- bzw. Lagerabstände r und l der Kurbelwelle und Schubstange. Es ist also

$$\lambda = r / l. \tag{6}$$

Drehzahl und Winkelgeschwindigkeit. Die Drehzahl n gibt die Anzahl der Kurbelwellenumdrehungen bzw. der Doppelhübe pro Zeiteinheit an. Ihr Kehrwert ist die Umlaufzeit $T = 1/n$ der Kurbel, deren Drehwinkel φ vom OT aus zählt. Damit beträgt die Winkelgeschwindigkeit $\omega = \varphi/t$. Für $\varphi = 2\pi$ ist dann $t = T$ und es gilt

$$\omega = 2\pi/T = 2\pi n. \tag{7}$$

Die Zahl der Arbeitstakte beträgt dann

$$n_a = n/a_T. \tag{8}$$

Dabei ist $a_T = 2$ für den Viertaktmotor, der pro Arbeitstrakt zwei Umdrehungen benötigt. Beim Zweitaktmotor und den übrigen Kolbenmaschinen gilt $a_T = 1$ bzw. $n_a = n$. Üblich ist auch die Schreibweise: $n_a = n/[2]$, wobei der Ausdruck [2] gleich 1 für den Zweitakt und gleich 2 für den Viertakt ist.

Mittlere Kolbengeschwindigkeit. Hierfür gilt, da der Kolben während einer Kurbelumdrehung zwei Hübe durchläuft, die Größen- bzw. Zahlenwertgleichung

$$c_m = 2s/T = 2sn = s\omega/\pi \quad \text{bzw.} \tag{9}$$
$$c_m = sn/30 \text{ in m/s mit } s \text{ in m, } n \text{ in min}^{-1}.$$

Drücke. Die Stufendrücke p_1 und p_2 werden vor bzw. hinter der Maschine in Rohrleitungen, Behältern oder in der Atmosphäre gemessen. Im Zylinder treten der Druck p bei der Expansion und Kompression, die Zylinderdrücke p_1' und p_2'' beim Ansaugen bzw. Ausschieben auf. Die Drücke werden im Indikatordiagramm (**Bild 3**) als Funktion des Kolbenweges bei Drehzahlen unter 1200 min^{-1} von einem Indikator, sonst von einem Kathodenstrahloszillographen aufgezeichnet. Der Mitteldruck dieses Diagramms heißt indizierter Druck p_i. Ist A_D die Fläche und l_D die Länge des Indikatordiagramms, φ der Federmaßstab (z.B. in der Einheit mm/bar) und $\bar{m}_p = 1/\varphi$ der Druckmaßstab, so gilt

$$p_i = \bar{m}_p A_D/l_D = A_D/(l_D \varphi). \tag{10}$$

Der Volumenmaßstab des Diagramms beträgt, wenn V_h das Hubvolumen ist, $\bar{m}_V = V_h/l_D$. Der Koordinatennullpunkt des p,V-Diagramms ist bestimmt durch $l_0 = V_S/\bar{m}_V$ und $h_0 = p_0\varphi = p_0/\bar{m}_p$.

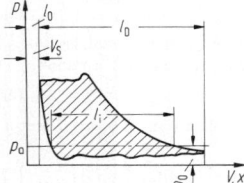

Bild 3. Indizierte Arbeit

Stoffkräfte (Bild 4a−c). Beim einfachwirkenden Kolben (**a, b**) gilt nach G 10 Gl. (18) $F_s = (p - p_a)A_K$ mit dem atmosphärischen Druck p_a. Beim doppeltwirkenden Kolben (**c**) wirken auf die Kurbel- bzw. Deckelseite KS und DS mit den Flächen $A_{DS} = \pi D^2/4$ und $A_{KS} = A_{DS} - A_{St}$ die Kräfte $F_{DS} = p_{DS}A_{DS}$ und $F_{KS} = p_{KS}(A_{DS} - A_{St})$. Hierbei ist $A_{St} = \pi d^2/4$ die Fläche der Kolbenstange mit der Kraft $F_{St} = p_a A_{St}$. Die Gesamtkraft ist dann

$$F_S = (p_{DS} - p_{KS})A_{DS} + (p_{KS} - p_a)A_{St}. \tag{11}$$

Ihr Maximalwert ist die Gestängekraft. Beim zweistufigen Verdichter (**Bild 4c**) bildet die stark erweiterte Kolbenstange den Hubraum $V_{hKS} = (A_{DS} - A_{KSt})s$ der 2. Stufe, der wegen des höheren Drucks kleiner als $V_{hDS} = A_{DS}s$ der 1. Stufe ist.

Arbeiten und Leistungen. *Indizierte Arbeit.* Diese wird während eines Arbeitsspiels vom Kolben und Stoff ausgetauscht, ergibt sich also aus der Differenz der technischen Arbeiten, der Expansion und Kompression. Mit der mittleren Stoffkraft $F_i = p_i A_K$ und der Arbeit $W_i = F_i s$ folgt mit Gl. (4)

$$W_i = z p_i A_K s = p_i V_H. \tag{12}$$

Diese Arbeit ist nach der Definition des 1. Hauptsatzes positiv, wenn sie, wie überwiegend bei Arbeitsmaschinen, vom Kolben an das Medium übertragen wird.

Effektive Arbeit. Sie wird an der Kupplung oder der Riemenscheibe der Maschine übertragen. Als Differenz der indizierten Arbeit und der Reibungsarbeit $|W_{RT}|$ des Triebwerks beträgt sie bei der

Kraftmaschine: $W_e = -W_i + |W_{RT}|,$
Arbeitsmaschine: $W_e = W_i + |W_{RT}|.$

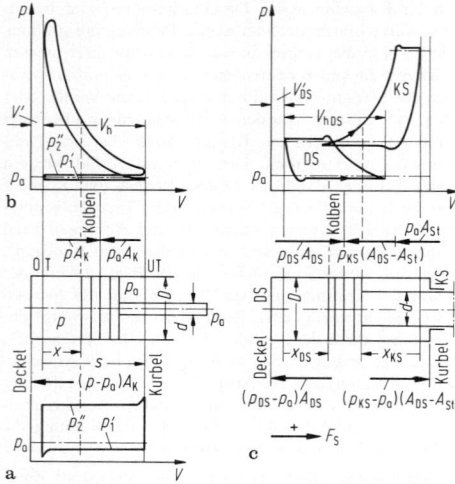

Bild 4. Indikatordiagramme und Stoffkräfte. **a** Pumpe; **b** Viertaktmotor; **c** zweistufiger Verdichter (**a, b** mit einfach- und **c** mit doppeltwirkendem Kolben)

In der Praxis wird bei Kraftmaschinen der Betrag von W_e angegeben.
Mit den Rechenwerten p_e und p_{RT} effektiver und Reibungsdruck gilt

$$W_e = p_e V_H \qquad W_{RT} = p_{RT} V_H.$$

Leistungen. Aus $P = W/T$ mit T aus Gl. (7) folgt entsprechend

$$P_i = p_i n_a V_H, \quad P_e = p_e n_a V_H, \quad P_{RT} = p_{RT} n_a V_H. \tag{13}$$

Mit den praktischen Einheiten kW für P, bar für p und min^{-1} für n, welche die Einheitengleichung $1 \text{ kW} = 600$ bar $\cdot$ l $\cdot$ min^{-1} verbindet, folgt für die Zahlenwertgleichung

$$P = p\, n_a V_H/600 \text{ in kW}$$
mit p in bar, n_a in min^{-1}, V_H in l.

Die effektive Leistung wird auf dem Prüfstand durch Messung des Drehmoments M_d und der Drehzahl, also aus

$$P_e = M_d\omega = 2\pi n M_d \tag{14}$$

bestimmt.
Mit Der Bremskraft F_B auf dem Hebel $l = 0{,}95433$ m folgt daraus mit $M_d = F_B l$ die Zahlenwertgleichung

$$P_e = 10^{-4} F_B n \text{ in kW mit } F_B \text{ in N, } n \text{ in min}^{-1}.$$

Beispiel. Ein Viertakt-Dieselmotor mit $z = 4$ Zylindern und der Bohrung $D = 120$ mm und dem Hub $s = 100$ mm leistet lt. Prospektangaben an der Kupplung $P_e = 120$ kW bei der Drehzahl $n = 4000$ min^{-1}.

Gesucht sind die Kolben- und Kurbelzapfengeschwindigkeit, die Umlaufzeit, der effektive Druck und das Drehmoment.

Kolbengeschwindigkeit. Sie beträgt nach Gl. (9)

$$c_m = 2sn = \frac{2 \cdot 0{,}10 \text{ m} \cdot 4000 \text{ min}^{-1}}{60 \text{ s/min}} = 13{,}33 \text{ m/s}.$$

Mit zunehmenden Werten steigen die Geschwindigkeiten in den Leitungen und Ventilen, also die Druckverluste und der Verschleiß an.

Kurbelzapfengeschwindigkeit. Mit der Winkelgeschwindigkeit nach Gl. (7) und dem Kurbelradius

$$\omega = 2\pi n = \frac{2\pi \cdot 4000 \text{ min}^{-1}}{60 \text{ s/min}} = 418{,}9 \text{ s}^{-1}, \quad r = s/2 = 50 \text{ mm}$$

folgt

$$v_k = r\omega = 0,05 \text{ m} \cdot 418,9 \text{ s}^{-1} = 20,95 \text{ m/s}.$$

Umlaufzeit. Sie beträgt nach Gl. (9)

$$T = 2s/c_m = \frac{2 \cdot 0,10 \text{ m}}{13,33 \text{ m/s}} = 0,015 \text{ s} = 15 \text{ ms}.$$

Das Arbeitsspiel, also der Ladungswechsel, das Komprimieren und Expandieren mit der Gemischbildung, Zündung und Verbrennung läuft in der sehr kurzen Zeit von $2T = 30$ ms ab.

Effektiver Druck. Mit dem Hubvolumen nach den Gln. (1) und (4)

$$V_H = z\pi D^2 s/4 = 4\pi \cdot 1,20^2 \text{ dm}^2 \cdot 1 \text{ dm}/4 = 4,524 \text{ l}$$

folgt aus Gl. (13)

$$p_e = P_e/(n_a V_H) = \frac{120 \text{ kW} \cdot 60 \text{ s/min} \cdot 10^3 \text{ Nms}^{-1}/\text{kW}}{2000 \text{ min}^{-1} \cdot 4,524 \cdot 10^{-3} \text{ m}^3}$$
$$= 7,96 \cdot 10^5 \text{ N/m}^2 = 7,96 \text{ bar}.$$

Mit steigenden Werten wächst die mechanische und thermische Belastung des Motors.

Drehmoment. Hierfür gilt nach Gl. (14)

$$M_d = P_e/\omega = 120 \cdot 10^3 \text{ Nms}^{-1}/418,9 \text{ s}^{-1} = 286,45 \text{ Nm}.$$

Drehmoment und effektiver Druck sind proportional, weil $P_e = 2\pi n M_d = p_e n V_H/2$, also ist

$$M_d = V_H p_e/(4\pi) = \frac{4,524 \cdot 10^{-3} \text{ m}^3}{4\pi} 10^5 \frac{\text{N/m}^2}{\text{bar}} p_e = 36 \frac{\text{Nm}}{\text{bar}} p_e.$$

Für diesen Motor ist also der Proportionalitätsfaktor

$$c = M_d/p_e = V_H/4\pi = 36 \text{ Nm/bar}.$$

Massen und Volumina. Für die gesamte Maschine werden die theoretische, angesaugte und geförderte Masse $m_{th} > m_a > m_f$ unterschieden. Die Leckverluste $m_a - m_f$ sind nur bei undichten Kolbenringen oder Steuerorganen meßbar. Die theoretische Masse $m_{th} = \rho V_H$ füllt den Gesamthubraum V_H mit dem Stoff vom Ansaugzustand p_a, T_a also der Dichte $\rho_a = p_a/(RT_a)$ aus. Volumina sind meist auf den Ansaugzustand bezogen. Es ist also das Förder- bzw. Ansaugvolumen

$$V_{fa} = m_f/\rho_a \quad \text{und} \quad V_a = m_a/\rho_a. \tag{15}$$

Bei den Verbrennungsmotoren wird noch beim Arbeitsspiel die Kraftstoffmasse m_B bzw. die Wärme $m_B H_u$ zugeführt, wobei H_u der untere Heizwert ist. Für die Ströme bzw. die Durchflüsse gilt $\dot{V} = V n_a$, $\dot{m} = m n_a$ und $\dot{m}_B = m_B n_a$.

Volumenkenngrößen. Es sind dies der Liefergrad für die gesamte Maschine und der Füllungs-, Aufheizungs- und Durchsatzgrad für die Verluste beim Ansaugen durch Aufheizung und durch Undichtigkeiten

$$\lambda_L = V_{fa}/V_H, \quad \lambda_F = V_D/V_H, \quad \lambda_A = V_a/V_D,$$
$$\lambda_D = V_{fa}/V_a, \quad \lambda_L = \lambda_F \lambda_A \lambda_D. \tag{16}$$

Die letzte Gleichung folgt dann durch Einsetzen der vorangehenden in die erste. Bei einer gut gedichteten Maschine ist $\lambda_D = 1$. Das indizierte Diagrammvolumen beträgt, wenn l_i die indizierte und l_D die gesamte Länge des Diagramms (**Bild 3**) ist, $V_D = V_H l_i/l_D$.

Wirkungsgrade. Das Verhältnis der gewonnenen zur aufgewendeten Energie bewertet den Energieumsatz in der Kolbenmaschine. Sie sind stets kleiner als eins und werden, um auch Urteile über spezielle Teile der Maschinen zu gewinnen, nach den Meßmöglichkeiten aufgeteilt. Hierbei ist der Leistungsfluß zu beachten. Mit der Leistung P_{id} der Idealmaschine gilt für

Kraftmaschinen: $P_{id} > P_i > P_e.$
Arbeitsmaschinen: $P_{id} < P_i < P_e.$

Mechanischer Wirkungsgrad. Er beurteilt die Triebwerksverluste P_{RT} durch Vergleich der indizierten und effektiven

Leistungen. Damit gilt für Kraft- bzw. Arbeitsmaschinen KM und AM

$$\text{KM:} \quad \eta_m = P_e/P_i = P_e/(P_e + P_{RT}),$$
$$\text{AM:} \quad \eta_m = P_i/P_e = P_i/(P_i + P_{RT}). \tag{17}$$

Er beträgt 0,80 bis 0,92 im Auslegungspunkt und steigt mit der Größe der Maschine an.

Gütegrade. Sie bewerten die Energieumsetzung im Zylinder bzw. in der gesamten Maschine durch Vergleich der indizierten oder der effektiven Leistung mit der Leistung der Idealmaschine. Es wird für die Kraft- bzw. Arbeitsmaschine

$$\text{KM:} \quad \eta_{gi} = P_i/P_{id}, \quad \eta_{ge} = P_e/P_{id}, \tag{18}$$
$$\text{AM:} \quad \eta_{gi} = P_{id}/P_i, \quad \eta_{ge} = P_{id}/P_e,$$
$$\eta_{ge} = \eta_{gi}\eta_m. \tag{19}$$

Thermische Wirkungsgrade. Sie vergleichen bei Wärmekraftmaschinen die einzelnen Leistungen mit dem im Kraftstoff zugeführten Wärmestrom. Der Wirkungsgrad der Idealmaschinen, der innere und effektive Wirkungsgrad betragen dann

$$\eta_{id} = P_{id}/(\dot{m}_B H_u), \quad \eta_i = P_i/(\dot{m}_B H_u),$$
$$\eta_e = P_e/(\dot{m}_B H_u) \quad \text{und} \quad \eta_e = \eta_{id}\eta_{gi}\eta_m. \tag{20}$$

1.2 Ähnlichkeitsbetrachtungen
Similarity considerations

Sie dienen zur Abschätzung der Abmessungen, Kräfte und Spannungen (s. F 5.1).

Geometrische Ähnlichkeit. Modell und Ausführung $(')$ haben hierbei gleichen konstruktiven Aufbau. Es bedeuten L Längen, A Flächen, V Volumina, D Kolbendurchmesser und s Hübe [3].

Element (z.B. Zylinder, V-Einheiten). Hier gilt

$$L'/L = D'/D = s'/s, \tag{21}$$
$$A'/A = (L'/L)^2, \tag{22}$$
$$V'/V = (L'/L)^3. \tag{23}$$

Gesamte Maschine (Index ges). Mit z-Elementen wird

$$L'_{ges}/L_{ges} = z'L'/(zL), \tag{24}$$
$$A'_{ges}/A_{ges} = z'L'^2/(zL^2), \tag{25}$$
$$V'_{ges}/V_{ges} = z'L'^3/(zL^3). \tag{26}$$

Spannungen. Sind die Werkstoffe bzw. die Dichten ρ und der Verlauf des Drucks p im Zylinder gleich, so betragen die Massen $m = V\rho$, die Kräfte $F = pA$ und die Zug-, Druck- und Schubspannungen $\sigma = F/A$ bzw.

$$m'/m = V'/V, \tag{27}$$
$$m'_{ges}/m_{ges} = V'_{ges}/V_{ges}, \tag{28}$$
$$F'/F = A'/A, \tag{29}$$
$$\sigma = \sigma'. \tag{30}$$

Für das Moment an der Kupplung gilt $M_d = zFr \sim zFL$, bzw. mit Gl. (29) folgt $M'_d/M_d = z'A'L'/(zAL)$. Die Torsionsspannung wird $\tau = M_d/W_p$, wobei $W_p \sim L^3$ ist. Mit den Gln. (21) bis (23) folgt

$$M'_d/M_d = z'V'/(zV), \tag{31}$$
$$M'_d/M_d = z'L'^3/(zL^3). \tag{32}$$

Für den Wellenzapfendurchmesser $d \sim L$ der letzten Kröpfung ist mit konstanter Spannung $\tau = \tau'$ bzw. $M_d/d^3 = M'_d/d'^3$ oder

$$d' = d(M'_d/M_d)^{1/3}. \tag{33}$$

Charakteristische Größen. Für die effektive Leistung P_e der Kraftmaschine KM aus Gl. (13) und dem Förderstrom $\dot{V}_{fa}$ aus Gl. (16) der Arbeitsmaschine AM folgt mit den Gln. (1), (4) und (9)

KM: $P_e = \pi z D^2 c_m p_e / (8 a_T)$,   (34)

AM: $\dot{V}_{fa} = \pi z D^2 c_m \lambda_L / 8$.   (35)

Für die Zylinderdurchmesser wird

KM: $D = \sqrt{\dfrac{8 a_T P_e}{\pi p_e c_m z}}$,   (36)

AM: $D = \sqrt{\dfrac{8 \dot{V}_{fa}}{\pi \lambda_L c_m z}}$.   (37)

Diese Gleichungen gehen mit $a_T P_e / p_e = V_H n = \dot{V}_{fa} / \lambda_L$ ineinander über.

Anwendungsfälle. Von den fünf Größen P_e, p_e bzw. $\dot{V}_{fa}$, λ_L und c_m, s/D, z wird jeweils eine als veränderlich, der Rest als konstant angesehen. Dabei ergeben sich folgende Einflüsse (**Bild 5**):

Zylinderzahl. Hier sind P_e und p_e bzw. $\dot{V}_{fa}$ und λ_L sowie c_m konstant. Mit den Gln. (36) und (37) wird

$D = c / \sqrt{z}$ mit   KM: $c = \sqrt{8 a_T P_e / (\pi p_e c_m)}$,

               AM: $c = \sqrt{8 \dot{V}_{fa} / (\pi \lambda_L c_m)}$.   (38)

Für den Hub folgt mit konstantem s/D und für die Drehzahl mit $n = c_m / (2s)$

$s'/s = \sqrt{z / z'}$, $n'/n = \sqrt{z'/z}$.   (39)

Kräfte. Sie betragen mit Gln. (21), (22) und (29) $F'/F = z/z'$. So gilt für die Massenkräfte (s. G 10.2.2) $F = m r \omega^2 \sim m s n^2$. Mit der Gl. (39) und mit $m'/m = (z/z')^{3/2}$ wird $F'/F = z/z'$. Weitere Größen aus den Gln. (22) bis (30), s. **Tab. 1**, Spalte A, und die **Bilder 5** und **6**.

Leistung bzw. Förderstrom. Aus den Gln. (36) und (37) folgt

KM: $D = c \sqrt{P_e}$ mit $c = \sqrt{\dfrac{8 a_T}{\pi p_e c_m z}}$,

AM: $D = c \sqrt{\dot{V}_{fa}}$ mit $c = \sqrt{\dfrac{8}{\pi \lambda_L c_m z}}$.

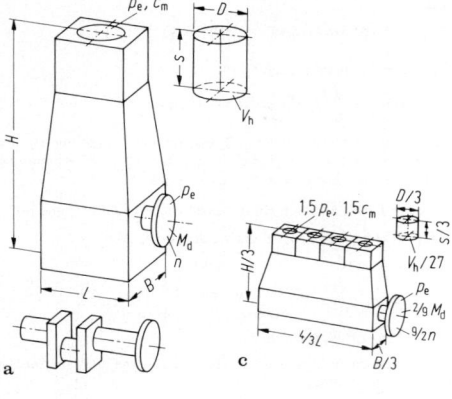

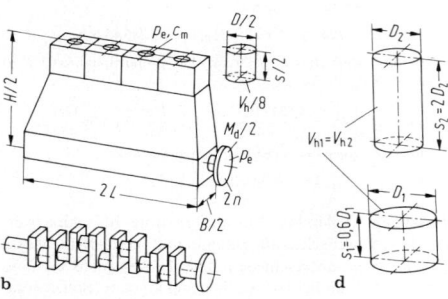

Bild 5. Ähnliche Kolbenmaschinen. **a, b** Ein- und Vierzylindermaschine p_e und c_m const; **c** Vier-Zylinder-Maschinen bei einer Steigerung von p_e und c_m um 50%; **d** Änderung des Hubverhältnisses

Mit konstantem p_e, c_m und z wird $n'/n = s/s' = \sqrt{P_e / P_e'}$. Aus den Gln. (22), (23) und (34) folgen hiermit die Beziehungen der **Tab. 1**, Spalte B.

Drehzahl. Mit $c_m = 2 D n (s/D)$ ergeben die Gln. (36) und (37)

Tabelle 1. Ähnlichkeitsbeziehungen mit Einflußgrößen. A Zylinderzahl; B Leistung; C Drehzahl; D effektiver Druck; E Kolbengeschwindigkeit; F Baureihen

Größe		Zeichen	A	B	C	D	E	F
Drehzahlen		n'/n	$(z'/z)^{0,5}$	$(P_e/P_e')^{0,5}$	n'/n	$(p_e'/p_e)^{0,5}$	$(c_m'/c_m)^{1,5}$	D/D'
Längen	einzeln	L'/L	$(z/z')^{0,5}$	$(P_e'/P_e)^{0,5}$	$(n/n')^{1/3}$	$(p_e/p_e')^{0,5}$	$(c_m/c_m')^{0,5}$	D'/D
	gesamt	L_g'/L_g	$(z'/z)^{0,5}$	$(P_e''/P_e)^{0,5}$	$(n/n')^{1/3}$	$(p_e/p_e')^{0,5}$	$(c_m/c_m')^{0,5}$	$z' D'/(z D)$
Flächen	einzeln	A'/A	z/z'	P_e'/P_e	$(n/n')^{2/3}$	p_e/p_e'	c_m/c_m'	$(D'/D)^2$
	gesamt	A_g'/A_g	1	P_e'/P_e	$(n/n')^{2/3}$	p_e/p_e'	c_m/c_m'	$z' D'^2/(z D^2)$
Volumen einzeln		V'/V	$(z/z')^{1,5}$	$(P_e'/P_e)^{1,5}$	n/n'	$(p_e/p_e')^{1,5}$	$(c_m/c_m')^{1,5}$	$(D'/D)^3$
Massen gesamt		V_g'/V_g	$(z/z')^{0,5}$	$(P_e'/P_e)^{1,5}$	n/n'	$(p_e/p_e')^{1,5}$	$(c_m/c_m')^{1,5}$	$z' D'^3/(z D^3)$
Gaskräfte		F'/F	z/z'	P_e'/P_e	$(n/n')^{2/3}$	1	c_m/c_m'	$(D'/D)^2$
Momente		M_d'/M_d	$(z/z')^{0,5}$	$(P_e'/P_e)^{1,5}$	n/n'	$(p_e/p_e')^{0,5}$	$(c_m/c_m')^{1,5}$	$z' D'^3/(z D^3)$
Spannung Zug, Druck		σ'/σ	1	1	1	p_e'/p_e	1	1
	Torsion	τ'/τ	z'/z	1	1	p_e'/p_e	1	z'/z
Wellenzapfen		d'/d	$(z/z')^{1/6}$	$(P_e'/P_e)^{0,5}$	$(n/n')^{1/3}$	$(p_e/p_e')^{1/6}$	$(c_m/c_m')^{0,5}$	$z'^{1/3} D'/(z^{1/3} D)$

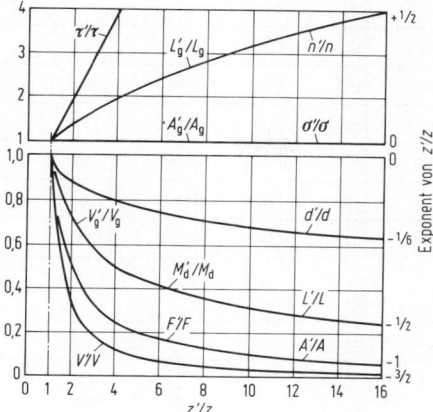

Bild 6. Einfluß der Zylinderzahl

$$D = c/\sqrt[3]{n} \quad \text{mit} \quad \text{KM: } c = \sqrt[3]{\frac{4a_T P_e}{\pi p_e z(s/D)}},$$

$$\text{AM: } c = \sqrt[3]{\frac{4\dot{V}_{fa}}{\pi \lambda_L z(s/D)}}. \tag{40}$$

Hiernach ist dann

$$D'/D = (n/n')^{1/3} = L'/L \quad \text{und} \quad c'_m/c_m = (n'/n)^{2/3}$$

(s. **Tab. 1**, Spalte C).

Effektiver Druck bzw. Kolbengeschwindigkeit. Es gilt

$$D = c/\sqrt{p_e} \quad \text{bzw.} \quad D = c/\sqrt{c_m},$$
$$D'/D = (p_e/p'_e)^{0,5} \quad \text{bzw.} \quad D'/D = (c_m/c'_m)^{0,5}.$$

Die Konstanten folgen aus den Gln. (34) und (35) (s. **Tab. 1**, Spalten D u. E).

Zusammenfassung. Bei der Variation von P_e, $\dot{V}_{fa}$, p_e, λ_L und c_m ist z konstant, und damit sind die Einzel- und Gesamtausführung gleich. Für veränderliches z, P_e und die Baureihen (s. P 1.3) sind die Verhältnisse der Gas- und Massenkräfte gleich.

1.3 Baureihen. Series of machines

Sie dienen zur Aufstellung der Fertigungsprogramme der Firmen. Aus den Gln. (34) und (35) folgt für Kraft- bzw. Arbeitsmaschinen (**Bild 7**):

$$P_e = kzD^2, \quad k = \pi c_m p_e/8a_T,$$
$$\dot{V}_{fa} = kzD^2, \quad k = \pi c_m \lambda_L/8. \tag{41}$$

Hiermit wird, da p_e bzw. λ_L und c_m bzw. s/D konstant sind,

$$P'_e/P_e = \dot{V}'_{fa}/\dot{V}_{fa} = z'D'^2/(zD^2),$$
$$s'/s = D'/D = L'/L = n/n'. \tag{42}$$

Mit den Gln. (2) bis (10) folgen die Formeln der **Tab. 1**, Spalte F. Die Abmessungen werden nach den in den Normzahlen DIN 323 festgelegten geometrischen Reihen gestuft. Grenzen bilden hierfür die Herstellbarkeit der Teile, z.B. die kleinste Wandstärke des Graugusses von 6 mm und die schwierigere Wärmeabfuhr bei größeren Zylindern infolge der Abnahme des Verhältnisses von Oberfläche zu Volumen, die schließlich besondere konstruktive Maßnahmen erfordert.

Beispiel: Als Modell diene ein V-Element eines Viertakt-Dieselmotors der Leistung $P_e = 445$ kW, des effektiven Drucks $p_e = 14{,}0$ bar, der Kolbengeschwindigkeit $c_m = 9{,}0$ m/s und des Hubverhältnisses $s/D = 1{,}125$. Gesucht sind die Abmessungen D und s, die Drehzahlen n und die Leistung pro Hubvolumeneinheit P_e/V_H folgender Ausführungen unter Einhaltung der vorgegebenen Leistung. V-Motoren mit 2 bis 18 Zylindern. Reihenmotoren mit 8 Zylindern bei Erhöhung von p_e um 25% und von n um 20%.

V-Motoren. Aus den Gln. (36) und (9) folgt

$$D = \sqrt{\frac{8 \cdot 2 \cdot 445 \cdot 10^3 \text{ Nms}^{-1}}{\pi \cdot 9 \text{ ms}^{-1} 14{,}0 \cdot 10^5 \text{ Nm}^{-2}}} \sqrt{\frac{1}{z}} = 0{,}4241 \text{ m}/\sqrt{z}$$
$$= 424{,}1 \text{ mm}/\sqrt{z},$$
$$s = (s/D)D = 1{,}125 \cdot 424{,}1 \text{ mm}/\sqrt{z} = 477{,}1 \text{ mm}/\sqrt{z}.$$
$$n = \frac{c_m}{2s} = \frac{9 \text{ m/s} \cdot 60 \text{ s/min}}{2 \cdot 0{,}4771 \text{ m}/\sqrt{z}} = 566 \text{ min}^{-1}\sqrt{z}.$$

Die Gln. (1), (4) und (36) ergeben

$$V_H = z \cdot 0{,}25 \cdot \pi D^3 (s/D) = z \cdot 0{,}25\pi(0{,}4241 \text{ m}/\sqrt{z})^3 \cdot 1{,}125$$
$$= 67{,}40 \text{ l}/\sqrt{z},$$
$$P_e/V_H = \frac{445 \text{ kW}\sqrt{z}}{67{,}4 \text{ l}} = 6{,}60 \frac{\text{kW}}{\text{l}}\sqrt{z}, \quad \text{Werte s. Tab. 2.}$$

Reihenmotoren. Für die Zylinder und ihre Leistungen sind V- und Reihenmotor gleich. Mit $p'_e/p_e = \alpha$ und $n'/n = \beta$ gilt bei $s/D = $const nach Gl. (40)

$$D'/D = \sqrt[3]{(p_e n)/(p'_e n')} = 1/\sqrt[3]{\alpha\beta} = s'/s.$$

Damit wird $V'_H/V_H = (D'/D)^3 = 1/(\alpha\beta)$ und da $P_e = $const ist, gilt $(P_e/V_H)' = (P_e/V_H)(\alpha\beta)$. Jetzt ist aber $c_m = 2sn$ nicht mehr konstant. Wird nur p_e geändert, so ist $\beta = 1$ und nur n wird $\alpha = 1$. Hier ist $\alpha = 1{,}25$ und $\beta = 1{,}2$ nach **Tab. 1** wird also $p_e = 17{,}5$ bar und $n = 1920 \text{ min}^{-1}$ für $z = 8$.

$$D' = 150 \text{ mm}/\sqrt[3]{1{,}25 \cdot 1{,}2} = 131{,}04 \text{ mm}$$
$$s' = D'(s/D) = 131{,}04 \text{ mm} \cdot 1{,}125 = 147{,}2 \text{ mm},$$
$$V'_H = 23{,}83 \text{ l}/(1{,}2 \cdot 1{,}25) = 15{,}89$$
$$(P_e/V_H)' = 445 \text{ kW}/15{,}89 = 28{,}00 \text{ kW/l}.$$

Für $c_m = $const ergeben die Gln. (41) und (42) $D'/D = \sqrt{p_e/p'_e}$,

$$s'/s = n/n' = 1/\beta; \quad V'_H/V_H = 1/(\alpha\beta) \quad \text{und}$$
$$(P_e/V_H)' = (P_e/V_H)\alpha\beta.$$

Die in den **Tab. 2** und **3** berechneten Werte sind gerundet.

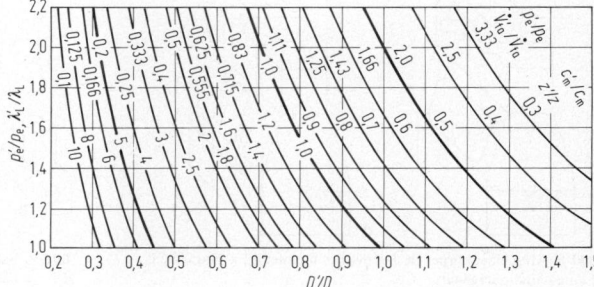

Bild 7. Diagramm zur Abschätzung der Hauptabmessungen von Kolbenmaschinen

Tabelle 2. Abmessungen von V-Motoren mit 2 bis 18 Zylinder

z		2	4	6	8	10	12	14	16	18
D	mm	300	212	173	150	134	123	114	106	100
s	mm	337	239	195	169	151	138	128	119	112
n	min⁻¹	800	1132	1386	1600	1790	1960	2118	2264	2400
V_H	l	47,66	33,70	27,51	23,83	21,31	19,46	18,01	16,85	15,88
P_e/V_H	kW/l	9,33	13,20	16,17	18,67	20,88	22,87	24,70	26,40	28,01

Tabelle 3. Acht-Zylinder-Reihenmotor bei Änderung der Drehzahl und des effektiven Drucks

α 1	β 1	p_e bar	n min⁻¹	s/D const			c_m const			s/D und c_m const	
				D mm	s mm	c_m m/s	D mm	s mm	s/D 1	V_H l	P_e/V_H kW/l
1,25	1,0	17,5	1600	139	157	8,40	134	169	1,26	19,1	23,3
1,00	1,2	14,0	1920	141	159	10,20	150	141	0,94	19,9	22,4
1,25	1,2	17,5	1920	131	147	9,4	134	141	1,05	15,9	28,0

1.4 Konstruktive Gestaltung
Principles of form design

Die Kolbenmaschine besteht aus dem Maschinenkörper und dem Triebwerk mit der Kurbelwelle und den Lagern sowie dem Zubehör, wie Steuerung, Kühlung und Schmierung. Der konstruktive Aufbau folgt aus dem Arbeitsverfahren und Medium, der Triebwerksanordnung und Größe, der Beanspruchung und den Herstellungsverfahren. Hieraus ergeben sich folgende für alle Maschinen gültige Konstruktionsgrundsätze [3, 4].

Körper (Bild 8). Er nimmt alle Teile der Maschine und ihre Stoff- und Massenkräfte auf und ist zur Herstellung und Montage in durch Dehnschrauben verbundene Teilfugen getrennt. Da diese wegen der Dichtheit kostspielig sind, wird ihre Anzahl möglichst gering gehalten; so besteht der Standardkörper (**Bild 8c**) aus Kopf *1*, Zylinder *2*, Gestell *3* und Grundplatte *4*. Ein-Zylinder-Maschinen haben auch einteilige Körper (**Bild 8b**) mit Deckeln *5* für den Zylinder, Schilden *6* für die Lager und Abdeckblechen *7* für die Montagefenster. Die komplizierten Gußstücke sind aber nur bei Einzylinder-Maschinen wirtschaftlich. Auch werden Teilungen zwischen die Zylinder und die Köpfe sowie die Deckel gelegt. Bei Großmaschinen (**Bild 8d**) ist der Standardkörper pro Zylinder geteilt.

Bauarten. Sie sind durch die Anordnung der Triebwerke bestimmt.

Reihenmaschine (**Bild 9a**). Hier liegen bis zu 18 Zylinder in einer Ebene auf einer Seite der Kurbelwelle. Die Zylinder können stehend, hängend oder liegend angeordnet sein mit dem Abstand $a = (1,2…2)D$, wobei D der Zylinderdurchmesser ist. Sie wird am häufigsten verwendet.

Boxermaschinen (**Bild 9b**). Es liegen die Zylinder gegenüber in einer durch die Kurbelwellenachse gehenden Ebene, wobei für jedes Triebwerk eine Kurbel vorgesehen ist.

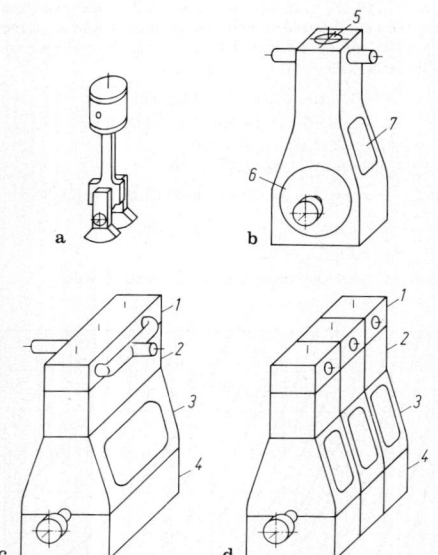

Bild 8. Maschinenkörper. **a** Triebwerk; **b** einteilig; **c** längsgeteilt; **d** längs- und quergeteilt

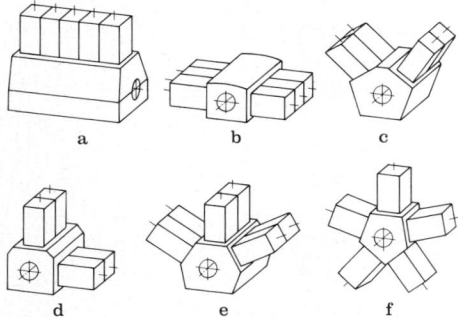

Bild 9. Bauarten der Kolbenmaschinen. **a** Reihe-; **b** Boxer-; **c** V-; **d** L-; **e** Fächer-; **f** Sternmaschine

Die Maschinen sind kurz und niedrig, die Zahl der Lager ist gering.

V-Maschinen (**Bild 9c**). Sie haben Triebwerke, deren Mittellinien den Gabelwinkel $\gamma = 45\ldots120°$ einschließen. Ein Kurbelzapfen nimmt dabei zwei Kurbeln auf, wobei bis zu neun Kurbeln üblich sind.

L-Maschinen (**Bild 9d**). Es sind um 45° gedrehte V-Maschinen mit 90° Gabelwinkel, wobei die Nutzung des freien Raums zwischen den stehenden und liegenden Zylindern kompakte Maschinen ermöglichen.

Fächermaschinen (**Bild 9e**). Hier sind die z Zylinder symmetrisch über den Winkel 180° verteilt, haben also den Abstand $180°/z$ voneinander. Ein Sonderfall ist die V-Maschine mit 90° Gabelwinkel. Üblich sind bis zu fünf Triebwerke bei kleinen Verdichtern, deren Schubstangen nebeneinander auf einer Kurbel liegen.

Sternmaschinen (**Bild 9f**). Sie haben auf dem ganzen Umfang verteilte Zylinder mit dem Abstand $360°/z$. Die Kurbelwelle mit nur einer Kröpfung nimmt das Hauptpleuel auf, an das die Nebenpleuel angelenkt sind, so daß die Gehäuse- und damit die Maschinengewichte sehr klein sind.

Die Maschinen (**Bild 9b–d**) werden oft in Reihe geschaltet und alle Bauformen außer dem Stern können doppeltwirkende Zylinder erhalten.

1.4.1 Gestelle und Grundplatten
Machine frames, crankcases and bedplates

Die Gestelle, ohne Teilung auch Gehäuse oder Kurbelkästen genannt, nehmen die Zylinder, die Triebwerke mit den Lagern für die Kurbelwelle, die Steuerung, die Schmierung und das Zubehör auf. Sie sind schwingungsisoliert auf Fundamenten oder Fahrzeugrahmen befestigt. Ihr Aufbau ergibt sich aus der Arbeitsweise und Bauart der Maschinen, der Lagerung und Herstellung. Die Stoffkräfte, s. G 10.2.1 greifen an den Zylinderflanschen an, in den Lagern und Befestigungsleisten kommen die Massenkräfte hinzu. Mit ihren Momenten beanspruchen sie das Gestell auf Zug, Druck und Biegung, bei der die Querschnitte senkrecht zur Kurbelachse am stärksten beansprucht sind. Diese werden daher mit Rippen verstärkt, um ein Klemmen und Anlaufen der gleitenden Teile durch ausreichende Steife zu verhüten. Für die Bewegung der Schubstange (**Bild 10**) und der Gegengewichte ist genügend freier Raum erforderlich, besonders über dem Ölspiegel. Die Grundformen zeigt **Bild 11 a–c**.

Tunnelgehäuse (Bild 11 a). Die Kurbelwelle lagert hier in Schilden *1*, die zu ihrem Ausbau in Achsrichtung in gro-

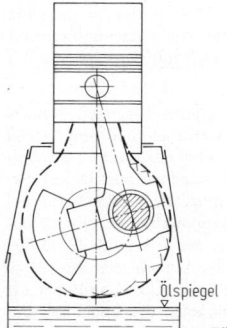

Bild 10. Platzbedarf der Schubstange

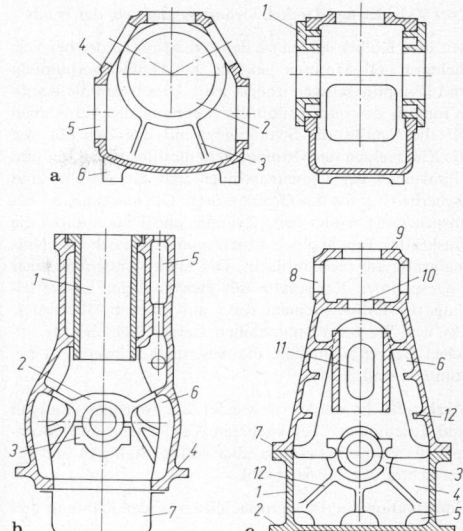

Bild 11. Gehäuseformen. **a** Tunnelgehäuse; **b** offenes Gestell; **c** Gestell mit Grundplatte

ßen Bohrungen *2* mit den Rippen *3* liegen. Die Zylinder sitzen auf den Flanschen *4*, und das Lösen der nach oben auszubauenden Schubstangen erfordert weite Fenster *5*. Die Befestigungsleisten *6* dienen der Verbindung mit dem Fundament. Von den Schilden, deren mittlere zu teilen sind, ist eines durch eine Stirnwand ersetzbar. Zwischen zwei Schilden schwimmt die Kurbelwelle, um eine Schildteilung für das Festlager zu vermeiden. Bei Wälzlagern, die sich über die erweiterten Wangen streifen lassen, ist auch ein einfacher Einbau in das Gehäuse möglich. Es ist so steif, daß Rippen nur an den Lagerstühlen nötig sind. Seiner einfachen Herstellung und Festigkeit wegen wird es bei Ein- und Zweizylinder-Maschinen bevorzugt. Bei Zylinderbohrungen unter 200 mm werden auch dreimal gelagerte Kurbelwellen benutzt.

Offene Gestelle (Bild 11 b). Sie nehmen die Zylinderlaufbuchsen *1* für Tauchkolben bis 200 mm Durchmesser auf. Die hängenden Lager *2* sind angegossen und haben nach unten abnehmbare Deckel *3*. Die Kurbelwelle wird beim angehobenen Gestell nach unten ausgebaut. Seine Befestigung erfolgt mit den Leisten *4*, die auch die Kräfte auf den Grundrahmen wie bei Kraftfahrzeugen übertragen. Das Gestell nimmt noch die Führung *5* für die Steuerorgane und die Längs- und Querrippen *6* für die Versteifung auf. Das Öl lagert in einer Blechwanne *7* die zum Gestell dicht sein muß, aber keine Kräfte überträgt.

Gestell mit Grundplatte (Bild 11 c). Diese Aufteilung ist zum Ausbau der Kurbelwelle bei Kreuzkopfmaschinen mit mehreren Zylinder nötig. Die Grundplatte *1* ist mit Leisten *2* am Fundament befestigt und die stehenden Lager *3* sind über Brücken *4* mit den Wänden vergossen. Im unteren Teil, dem Ölsumpf *5*, liegt das Triebwerksöl. Das Gestell *6* ist durch eine öldichte Teilfuge *7* getrennt. Es nimmt die Laterne *8* mit den Flanschen *9* und *10* für die Zylinder und die Ölabstreifer der Kolbenstange und das Zubehör auf. Es trägt noch die Kreuzkopfgleitbahn *11*. Gestell und Grundplatte sind durch Rippen *12* versteift, um ein Anlaufen der Triebwerksteile zu verhüten. Sie werden für Zylinder über 300 mm Bohrung verwendet.

P

1.4.2 Zylinder und Deckel. Cylinders and cylinder heads

Mit dem Kolben bilden sie den Arbeitsraum, der bei Verdichtern und Motoren gekühlt, bei Heißwasserpumpen und Dampfmaschinen isoliert wird. Hier liegen die Kanäle für den Zu- und Abfluß des Mediums, die Aufnahmen für die Ventile, die Schmierung und das Zubehör wie die Zündkerzen der Ottomotoren, die Einspritzdüsen und Glühkerzen der Dieselmaschinen und die Anfahr- und Sicherheitsventile der Großmotoren. Die mechanische Beanspruchung erfolgt beim Zylinder und Deckel durch die Gaskräfte, Tauchkolben übertragen zusätzlich die Normalkräfte auf die Lauffläche. Der Deckel entspricht einer eingespannten Kreisplatte mit gleichmäßiger Lastverteilung, der Zylinder einem Rohr mit innerem Überdruck. Bei den Wärmekraftmaschinen treten noch die thermischen Beanspruchungen, die wesentlich schwerer zu bestimmen sind, hinzu.

Werkstoffe. Es werden verwendet: hochwertiger Grauguß und Leichtmetall bei kleineren Verdichtern und Motoren, für Dampfmaschinen über 400 °C Stahlguß und für Verdichter über 50 bar Stahl.

Konstruktion. Sie ist hauptsächlich von der Kühlung und Steuerung abhängig.

Kühlung (**Bild 12**). Hierfür ergibt die Blockbauweise bei steifen Zylindern und Deckeln zusammenhängende Räume für eine weitgehende Umspülung der Arbeitsräume mit Kühlwasser. Einzelzylinder und Deckel sind aber notwendig für eine ausreichende Verrippung, damit die Luft eine möglichst große Oberfläche des Arbeitsraums bestreicht.

Steuerungen und ihre Kanäle liegen bei stehenden Maschinen, abgesehen von den Schiebern der Dampfmaschinen, meist in den Deckeln. Diese sind dann besonders an der Unterseite von doppeltwirkenden Viertakt-Dieselmotoren konstruktiv schwierig. Bei liegenden Maschinen befinden sich diese Teile, wie bei Verdichtern und Gasmaschinen, oft im Zylinder. Doppeltwirkende Kreuzkopfmaschinen benötigen Stopfbuchsen für die Kolbenstangen, deren Packungen vom Medium abhängen.

Größe. Kleine Verdichterzylinder haben angegossene Deckel, bei Großmaschinen sind die Zylinderrahmen mit ihren Büchsen zu Blöcken verschraubt, die aber Einzeldeckel erhalten. Bei ein oder zwei Zylindern können diese auch mit dem Gestell und der Grundplatte ein Teil bilden.

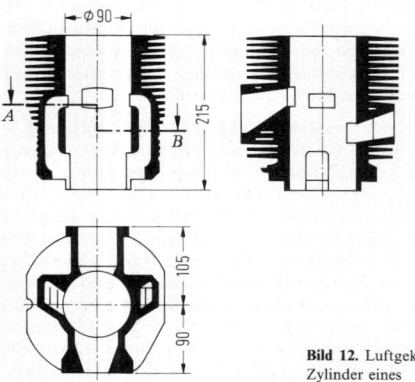

Schnitt *A-B*

Bild 12. Luftgekühlter Zylinder eines Zweitaktmotors

Laufflächen. Hier soll im OT der obere, im UT der untere Kolbenring etwa um seine halbe Höhe überschleifen, damit keine Riefen entstehen. Die Kanten von Steuerschlitzen sind bogenförmig, um ein Festhaken der Kolbenringe zu verhindern, deren Stöße noch gegen Drehen gesichert sind. Die Gleiteigenschaften erfordern Feinstbearbeitung und Abstimmung der Werkstoffe von Zylindern, Kolben und Ringen. Günstig läuft Grauguß auf Stahl, Gußeisen und Leichtmetall, wobei die leichter auswechselbaren perlitischen Gußeisenringe stärker verschleißen.

Laufbuchsen. Sie bestehen aus Grauguß, sind auswechselbar und werden benutzt, wenn der Verschleiß durch Verschmutzung des Mediums zu groß wird, wenn die Werkstoffpaarungen von Kolben und Zylinder nicht gleitfähig sind und um bei Verdichtern Förderstrom und Zwischendrücke zu beeinflussen. Ihre Bohrungen lassen sich z.B. durch eine Hartchromauflage vergüten. Trockene Buchsen liegen direkt an der Zylinderwand an und werden eingepreßt oder geschrumpft. Nasse Buchsen, vom Kühlwasser umspült, sind mit ihrem Bund zwischen Deckel und Zylinder eingespannt. Die übrigen Teile erhalten Spiel zur Dehnung und werden durch Gummi- oder Kupferringe abgedichtet.

1.5 Kühlung und Schmierung
Cooling and lubrication

1.5.1 Kühlung. Cooling

Sie soll die Temperatur der Zylinder und Deckel mit der Oberfläche A und dem Wärmedurchgangskoeffizienten k um Δt absenken. Hierzu führt sie den Wärmestrom – etwa die effektive Leistung P_e – ab.

$$\dot{Q} = kA\Delta t = \rho \dot{V}_K c_p \Delta t_K \approx P_e.$$

Der Kühlmittelstrom $\dot{V}_K$ der Dichte ρ und Wärmekapazität c_p wird dabei um Δt_K erwärmt und von Gebläsen bzw. Pumpen des Wirkungsgrades η_G auf den Druck Δp zur Überwindung der Strömungsverluste gebracht. Die Leistung ist

$$P_G = \frac{\dot{V}_K \Delta p}{\eta_G} = \frac{\dot{Q}\Delta p}{\eta_G \rho c_p \Delta t_k} \approx \frac{P_e \Delta p}{\eta_G \rho c_p \Delta t_K}.$$

Die Kühlung setzt bei Motoren mit $\Delta t = 400$ °C die thermische Belastung der Werkstoffe trotz der hohen Verlust von $\approx 1/3$ der im Kraftstoff zugeführten Wärme auf das zulässige Maß herab. Beim Verdichter mit $\Delta t = 150$ °C verringert sie den Leistungsbedarf, erhöht den Förderstrom und verhindert Schmierölexplosionen bei Luftförderung. Da die Zylinder hierfür nicht ausreichen, erhalten mehrstufige Verdichter Zwischenkühler. Als Kühlmittel dienen Luft und Wasser, deren Dichten sich wie $\approx 1 : 800$ und Wärmeübergangszahlen wie $\approx 1 : 40$ verhalten und ihre Verwendung bestimmen. Kolben von Dieselmotoren mit Bohrungen > 500 mm werden auch mit Öl (max. 120 °C) gekühlt.

Wasserkühlung. Die um den Zylinder liegenden Wasserräume dämpfen das Motorengeräusch und sind gegen Frost und Korrosion (Glykol und Ölzusätze) zu schützen. Kleiner Maschinen haben folgende pumpenlose Systeme: Die Verdampfungskühlung, die ≈ 2250 kJ/kg bei 1 bar abführt und die Thermosyphonkühlung, deren Kühler über dem Zylinder liegt, um die Strömung durch den Gewichtsunterschied vom kalten und warmen Wasser zu erzeugen. Durchflußkühlungen haben Umwälzpumpen für Leitungs- oder Flußwasser, wie auch die Rückkühlanlagen, die mit Luft bei Fahr- und Flugzeugmotoren und mit Seewasser bei Schiffsmotoren betrieben werden. Das Kühlwasser wird bei $\Delta t_K = (5...10)\,°C$ bis auf $80\,°C$ im Motor und $50\,°C$ im Verdichter erwärmt. Die Kühlwasserpumpe muß dann $\approx 175\,l/kWh$ bei $\Delta p = (1...2)$ bar je nach Strömungswiderständen abführen. Ausführung und Berechnung der Kühler s. K 1.2.1 und K 3.

Luftkühlung. Der geringe Wärmeübergang der Luft erfordert die Vergrößerung der Flächen A durch Verrippung von Zylindern und Deckeln und Leitbleche zur Führung der großen Kühlluftströme $\dot{V}_K \approx (30...80)\,m^3/kWh$ und ihre starke Erwärmung $\Delta t_k = (60...80)\,°C$ bei Motoren und $50\,°C$ bei Verdichtern. Hiermit ergibt sich auch ihre Begrenzung bei $P_e \approx 260\,kW$, da sich bei steigenden Abmessungen das Verhältnis Oberfläche zu Volumen bzw. Abfuhr zu Erzeugung der Wärme verringert. Die Luft wird, abgesehen vom natürlichen Strom, bei Motorrädern und Flugzeugen durch einstufige, ihrer hohen Drehzahlen wegen riemenangetriebene Axialgebläse gefördert. Auch einfache Axiallüfter oder als Schaufeln ausgebildete Schwungradspeichen, neben denen kreisförmig gebogene verrippte Rohre als Kühler liegen, sind bei kleinen Verdichtern üblich, s. **P 3 Bild 33**. Bei einer Luftgeschwindigkeit $(8...10)\,m/s$ bzw. einem Druckverlust $\Delta p = (20...30)\,mbar$ erfordert das Gebläse $\approx (3...4)\%$ der Maschinenleistung.

Blockkühler. Sie dienen zur Rückkühlung des Wassers in Kraftfahrzeugen. Bei den üblichen Blocktiefen von $(50...100)\,mm$ und den Luftgeschwindigkeiten $(8...10)\,m/s$ entstehen Druckverluste von $\approx (5...10)\,mbar$, und $1\,m^2$ Kühlfläche überträgt $\approx (8...16)\,MJ/h$. Die Lüfterräder haben, um Lärmbelästigungen zu vermeiden, Umfangsgeschwindigkeiten bis $120\,m/s$. Die Kühlwasserfüllung beträgt $V_K = (4...6)V_H$, wobei V_H das Gesamthubvolumen ist, so daß bei der Umwälzahl $10\,h^{-1}$ der Strom $\dot{V} = (40...60)V_H$ in l/h, wenn V_H in l, fließt.

1.5.2 Schmierung. Lubrication

Triebwerksschmierung. Sie versorgt die Lager des Kurbeltriebs der Steuerung und deren Antrieb mit Öl, das die Wärme und den Abrieb der Reibung abführt. Die Zylinderschmierung erzeugt an den Kolbenringen und Stoffbuchsen einen tragfähigen, reinigenden und dichtenden Schmierfilm. Das Öl, das meist in einer Wanne des Gehäuses lagert, wird bei der Druckumlaufschmierung über eine Pumpe, Filter und Leitungen, bei der Ringschmierung

durch Schleuderringe, bei der Tauchschmierung durch Spritzen mit kleinen Schöpflöffeln an die Schmierstellen gebracht. Von hier aus läuft es in die Ölwanne zurück.

Zylinderschmierung. Bei Tauchkolben werden die Zylinder vom Spritzöl, bei Kreuzkopfmaschinen von einer Zentralschmierölpumpe versorgt. Diese hat einen verstellbaren Hub (s. **H 2 Bild 1**) und fördert ein Spezialöl an die Laufflächen der Zylinder und Stopfbuchsen.
Bei Verdichtern wird es durch einen besonderen Ölabscheider hinter der Maschine entfernt.

Auslegung. Mit der effektiven und Reibungsleistung P_e und P_{RT}, dem Förderstrom $\dot{V}_f$, der Wärmekapazität c_p und der Dichte ρ des Öls beträgt der abgeführte Wärmestrom und der Ölinhalt der Wanne

$$\dot{Q}_{\ddot{o}l} = \dot{V}_f \rho c_p \Delta t = \alpha P_{RT}, \quad V = q_{\ddot{o}l} P_e/z = \dot{V}_f/z.$$

Ölbedarf. Der Wert $q_{\ddot{o}l} = \dot{V}_f/P_e \approx 2,7\,l/(kWh)$ gilt für den Anteil $\alpha = 0,2$ und die Ölerwärmung $\Delta t = 30\,°C$. Die Ölumwälzahl ist max. $z = 20\,h$, sonst schäumt das Öl. Den Wärmestrom $\dot{Q}_{\ddot{o}l}$ strahlt die verrippte Oberfläche der Wanne mit dem Ölinhalt $V = \approx (2...4)V_H$ ab, wobei V_H das Gesamthubvolumen ist. Großmotoren, bei denen das Verhältnis Oberfläche zu Volumen zu hoch wird, erhalten Ölkühler, die bei $120\,°C$ Öltemperatur $\dot{Q}/P_e \approx (300...400)\,kJ/kW$ bzw. $\approx (8...11)\%$ abführen. Der Schmierölverbrauch beträgt $\approx 0,7\,g/kWh$ bei Tauchkolben und $\approx 0,4\,g/kWh$ bei Kreuzkopfmaschinen, die eine eigene Zylinderschmierung haben. Weitere Hinweise s. DIN 51 500.

Ölpumpen. Es sind meist von der Kurbelwelle untersetzt angetriebene Zahnradpumpen mit 10 bis 20 Zähnen, Modul 1,5 bis 2,5 und Förderströmen bis $\approx 50\,l/min$. Kleine Maschinen erhalten Kolbenpumpen mit Förderströmen bis zu $\approx 1,5\,l/min$. Großmotoren haben elektrisch angetriebene Spindelpumpen, die bei Netzausfall durch selbstanlaufende Hilfsölpumpen ersetzt werden.

Ölgeschwindigkeiten. Sie betragen $(1...2)\,m/s$ in der Saugund $(2...3)\,m/s$ in der Verteilerleitung, die für $(2...4)$ bar ausgelegt ist. Es werden Schmieröle N und D nach DIN 51501 und 51504 verwendet. Die Zähigkeit soll $\approx (30...70)\,mm^2/s$ betragen bzw. den Viskositätsklassen 20 und 30 nach DIN 51 511 entsprechen. Der Flammpunkt muß für Verdichter über $200\,°C$ liegen, um Ölexplosionen zu vermeiden.

2 Pumpen. Pumps

K.-H. Küttner, Berlin

2.1 Arbeitsweise, Arten und Verwendung
Function, types and use

Pumpen erhöhen die Energie von Flüssigkeiten durch Steigern ihres Drucks bzw. Niveaus. Dabei sind die Lage- und Geschwindigkeitsenergie wegen der großen Dichte der Flüssigkeiten neben der Druckenergie zu beachten. Bei der Verdränger- oder Kolbenpumpe findet das Ansaugen und Ausschieben während des gesamten Hubs statt, da die Kompressibilität der Flüssigkeiten vernachlässigbar ist [1].

Verdränger. Er kann starr oder elastisch und auch flüssig oder gasförmig sein.

Rotierende Verdränger (**Bild 1**). Wie bei Zahnrad- oder Flügelzellenpumpen (**Bild 1 a** u. **b**) bewegen sich das Medium am Umfang oder in Achsrichtung, wie bei Schraubenpumpen (**Bild 1 c**). Sie haben keine Steuerorgane.

Schwingende Verdränger (**Bild 2** und **3**). Sie erfordern auf der Saug- und Förderseite 1 und 2 Ventile 1 V und 2 V und Windkessel 1 W und 2 W. Hin- und hergehende Drehbewegungen haben Flügelpumpen (**Bild 2 c**), Schubbewegungen Hubkolbenpumpen (**Bild 3**) und elastische Verdränger Membranpumpen (**Bild 2 b**).

Gasförmige Verdränger. Diese besitzen die Pulsometer oder die Rubenspumpe (**Bild 2 a**), die sich besonders für stark verschmutzte Medien eignet. Gefördert wird hier bei geschlossenem Schwimmerventil S. Die Luft L schließt dabei das Saugventil 1 V und drückt das Ventil 2 V heraus. Zum Saugen öffnet der bei S entstehende Unterdruck das Saugventil 1 V.

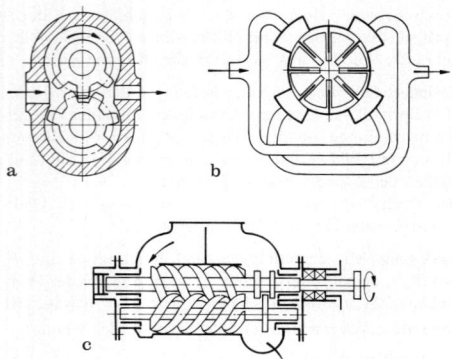

Bild 1. Pumpen mit rotierendem Verdränger. **a** Zahnradpumpe;
b Flügelzellenpumpe; **c** Schraubenpumpe

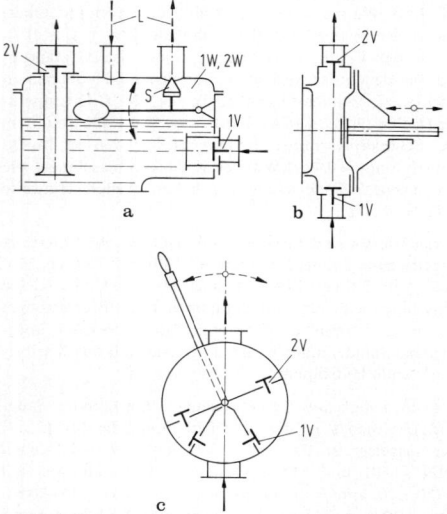

Bild 2. Pumpen mit oszillierendem Verdränger. **a** Rubenspumpe;
b Membranpumpe; **c** Flügelpumpe

Hubkolben. Hier sind zu finden: Plunger- und Differentialkolben (**Bild 3a, b**), Scheibenkolben (**Bild 3c**) doppelt-
und einfachwirkend mit eingebautem Druckventil (**Bild
3 b, c**).

Kolbenpumpen. Sie werden stehend oder liegend ausgeführt und besitzen meist Kreuzkopftriebwerke. Nur Du-
plexpumpen sind kurbellos, da sie direkt über eine Stange
verbundene Dampfmaschinen- und Pumpenkolben haben
[2].

Vergleich mit Kreiselpumpen. Kolbenpumpen können gegenüber den Kreiselpumpen selbständig ansaugen und
haben einen besseren Wirkungsgrad. Nachteilig ist ihr
großer Platzbedarf infolge der kleineren Drehzahlen, die
stärker pulsierende Strömung sowie die höheren Anlagekosten. Diese kompensiert aber bei längerer Betriebsdauer
der geringere Energieverbrauch infolge des besseren Wirkungsgrads.
Die Kolbenpumpe wird daher meist für große Förderhöhen und kleinere Förderströme verwendet, also dort, wo
für eine Kreiselpumpe die spezifische Drehzahl zu klein

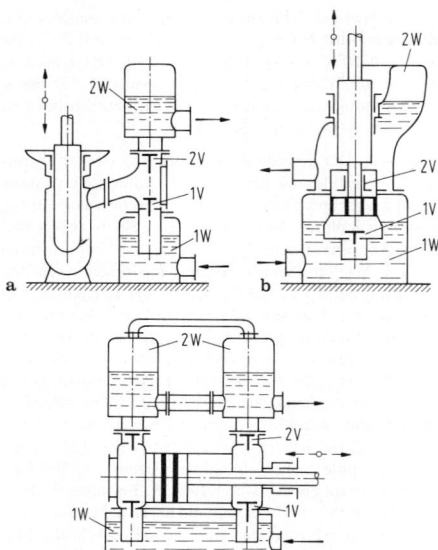

Bild 3. Grundformen der Hubkolbenpumpe. **a** Plungerkolben;
b Differentialkolben; **c** Scheibenkolben

wird. So hat z.B. eine Kolbenpumpe den Förderstrom $\dot{V} =$
$10\,\text{m}^3/\text{h} = 2{,}778 \cdot 10^{-3}\,\text{m}^3/\text{s}$ bei der Förderhöhe $H = 100\,\text{m}$
und der Drehzahl $n = 450\,\text{min}^{-1}$. Für die entsprechen-
de Kreiselpumpe mit $n = 3000\,\text{min}^{-1}$ gilt dann für die
spezifische Drehzahl nach R 3 Gl.(1 b) $n_q = n\dot{V}^{1/2}/H^{3/4} =$
$3000 \cdot 0{,}002778^{1/2}/100^{3/4} = 5$ in min^{-1}, während für Kreiselpumpen erst $n_q > 25\,\text{min}^{-1}$ vorteilhaft ist [3].

Einsatz und Verwendung. Je nach Medium werden Drücke
bis zu 5000 bar, Förderströme bis zu 5000 l/min und bei
mittleren Kolbengeschwindigkeiten 1 bis 2 m/s, Drehzahlen bis 600 min^{-1} erreicht. Da diese bei den Antrieben
wesentlich höher liegen, sind Riemen- oder Zahnradgetriebe zur Untersetzung notwendig. Sie werden oft in
das Pumpengehäuse integriert. Fördermedien sind: Wasser, Öl, chemische Flüssigkeiten aller Art und Stoffe bis
zur Zähigkeit des Betons. Bei stark aggressiven Stoffen
wird auch Keramik als Werkstoff verwendet. Sie dient
als Hauswasserpumpe und wird zur Behälter- und Ka-
nalreinigung eingesetzt. In Kernkraftwerken fördern sie
flüssiges Natrium bzw. Kalium als Kühlmittel. In Schiffen
und chemischen Anlagen dient sie als Wasser- bzw. als
Dosierpumpe [4]. Für Pressen arbeitet sie als Hochdruckpumpe auch in mehrstufiger Anordnung.
In der Antriebstechnik werden Flügelzellen- und Axialkolbenpumpen mit festem und veränderlichem Förderstrom
und Zahnradpumpen zur Ölförderung benutzt. Hier werden sie auch als Motor ausgeführt (s. H 2.2). Bei Trieb-
werks- und Lagerschmierungen fördern Zahnrad- oder
Kolbenpumpen das Schmieröl. Zur Kraftstoffeinspritzung
der Verbrennungsmotoren dienen hubverstellbare Kolbenpumpen.

2.2 Berechnungsgrundlagen
Basic design calculations

Eine Pumpenanlage (**Bild 4**) besteht aus dem Saug- und
Druckbehälter *1* und *2* mit den Leitungen sowie der Pumpe mit den Windkesseln 1 W und 2 W, den Stutzen 1 S und

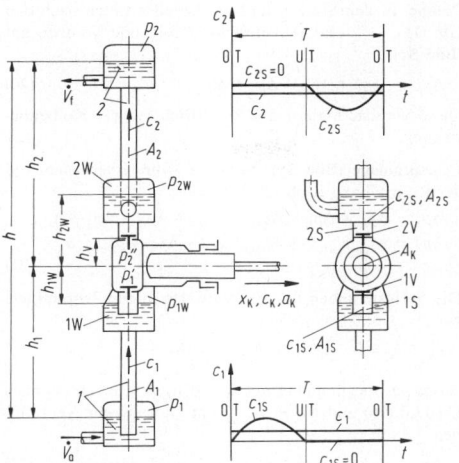

Bild 4. Pumpenanlage mit Bezeichnungen

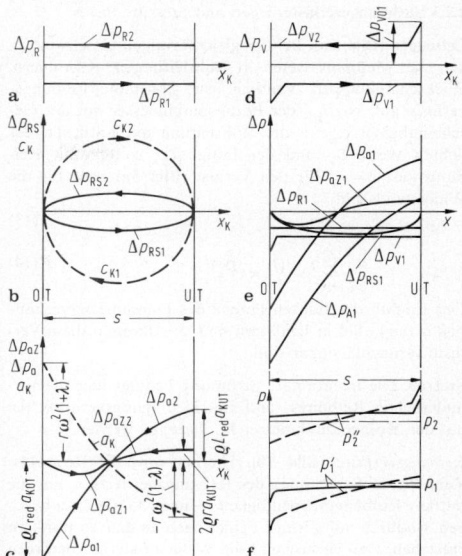

Bild 5a–f. Verluste der Kolbenpumpe

2S und den Ventilen 1V und 2V auf der Saug- oder Förderseite. Diese Zeichen sind gleichzeitig in Indizes für die betreffenden Größen. Beharrung ist bei der Anlage vorausgesetzt; die folgenden Größen bleiben also konstant. Drehzahl n und Volumenstrom $\dot V_{\mathrm f}$, Behälterdrücke p_1 und p_2 sowie die Niveaudifferenzen h_1 und h_2. Die Schwankungen der Drücke p_{1W} und p_{2W} und der Höhen h_{1W} und h_{2W} seien infolge ausreichender Windkessel vernachlässigbar. In der Pumpe ist dann die Strömung instationär, in den Rohrleitungen stationär [5, 6].

2.2.1 Ströme und Liefergrad
Flow and volumetric efficiency

Die Kolbenpumpe saugt nur bei dichter Saugleitung die praktisch inkompressible Flüssigkeit der Dichte ρ an. Sie füllt den Gesamthubraum $V_{\mathrm H}$ mit dem Massenstrom $\dot m_{\mathrm{th}} = V_{\mathrm H}\rho n \hat= \dot m_{\mathrm a}$ bzw. dem Saugstrom $\dot m_{\mathrm a}$ an, da die Rückexpansion entfällt, und die Dehnung des Mediums beim Saugen im Zylinder vernachlässigbar ist. Der Förderstrom $\dot m_{\mathrm f}$ verringert sich um die Leckverluste der Ventile, Kolbendichtungen und Stopfbüchsen, die mit steigendem Druck und fallender Drehzahl der Pumpe etwas zunehmen. Für die Massenströme und den Liefergrad gilt dann

$$\dot m_{\mathrm a} = \dot m_{\mathrm{th}} = V_{\mathrm H}\rho\,n, \tag{1}$$

$$\lambda_{\mathrm L} = \dot m_{\mathrm f}/\dot m_{\mathrm a} = \dot V_{\mathrm a}/V_{\mathrm H} = \dot V_{\mathrm f}/(V_{\mathrm H}n). \tag{2}$$

Der Liefergrad ist mit $\lambda_{\mathrm L} = 0{,}94\dots0{,}98$ recht günstig, weil bei einer gut gewarteten Pumpe die Leckverluste klein sind. Er ist aber nützlich, um Undichtigkeiten zu finden.

2.2.2 Höhen, Geschwindigkeiten und Drücke
Heads, speeds and pressures

Geodätische Höhen (Bild 4). So heißen die lotrechten Abstände der Flüssigkeitsspiegel untereinander bzw. von der Zylindermittellinie wie die Gesamtförderhöhe $h = h_1 + h_2$ zwischen den Behälterspiegeln und die manometrische Höhe $h_{\mathrm W} = h_{1W} + h_{2W}$ zwischen den Spiegeln der Windkessel, die Saughöhe $h_{\mathrm S} = h_1 + h_{\mathrm V}$ und die Förderhöhe $h_{\mathrm D} = h_2 - h_{\mathrm V}$ der Pumpe. Hierbei ist $h_{\mathrm V}$ der Abstand zwischen Zylindermittellinie und Druckventilunterkante. Abgesehen von Entwässerungspumpen mit kleinster Saughöhe ist $h_{\mathrm V} \ll h_1$ bzw. h_2, also $h_{\mathrm S} = h_1$ und $h_{\mathrm D} = h_2$.

Geschwindigkeiten (Bild 4) *Leitungen.* Dort sind bei ausreichenden Windkesselgrößen die Geschwindigkeiten kon-

stant. Mit der Kontinuitätsgleichung, den Querschnitten A_1 und A_2 und Gl. (2) folgt

$$c_1 = V_{\mathrm H}n/A_1, \tag{3}$$

$$c_2 = \dot V_{\mathrm f}/A_2 = \lambda_{\mathrm L}V_{\mathrm H}n/A_2. \tag{4}$$

Stutzen. Hier ist die Strömung instationär, da die Flüssigkeit an dem mit der ungleichförmigen Geschwindigkeit $c_{\mathrm K} \hat= v$ nach G10 Gl. (11) laufenden Kolben haftet. Mit den Querschnitten A_{1S} und A_{2S} folgt:

$$c_{1S} = c_{\mathrm K}A_{\mathrm K}/A_{1S}, \tag{5}$$

$$c_{2S} = c_{\mathrm K}A_{\mathrm K}/A_{2S}. \tag{6}$$

Drücke. Mit der Anlage sind die Höhen und Drücke der Behälter vorgegeben. Bei bekannten Leitungsabmessungen und Pumpendaten ergeben sich die weiteren Drücke aus der Bernoullischen Gleichung mit den Verlusten $\Delta p_{\mathrm R}$ infolge der Reibung und $\Delta p_{\mathrm A}$ durch die Beschleunigung. Wegen der Beharrung sind die Geschwindigkeiten der Spiegel in den Behältern und bei ausreichender Größe auch in den Windkesseln gleich Null.

Behälter bis Windkessel. Für die Saug- bzw. Förderseite gilt

$$p_{1W} = p_1 - \rho g(h_1 - h_{1W}) - \Delta p_{R1}, \tag{7}$$

$$p_{2W} = p_2 + \rho g(h_2 - h_{2W}) + \Delta p_{R2}. \tag{8}$$

Windkessel bis Zylinder. Die Zylinderdrücke p_1' beim Saugen und p_2'' beim Ausschieben betragen mit der Kolbengeschwindigkeit und dem Pumpenverlust $\Delta p_{\mathrm P}$

$$p_1' = p_{1W} - \rho g h_{1W} - \rho c_{\mathrm K}^2/2 - \Delta p_{P1}, \tag{9}$$

$$p_2'' = p_{2W} + \rho g h_{2W} + \rho c_{\mathrm K}^2/2 + \Delta p_{P2}. \tag{10}$$

Behälter bis Zylinder. Hier gilt mit dem Strömungsverlust der gesamten Anlage $\Delta p_{\mathrm A} = \Delta p_{\mathrm R} + \Delta p_{\mathrm P}$

$$p_1' = p_1 - \rho g h_1 - \rho c_{\mathrm K}^2/2 - \Delta p_{A1}, \tag{11}$$

$$p_2'' = p_2 + \rho g h_2 + \rho c_{\mathrm K}^2/2 + \Delta p_{A2}. \tag{12}$$

2.2.3 Strömungsverluste. Head and pressure losses

Leitungen (Bild 5a). Bei der gleichförmigen Geschwindigkeit des Mediums treten in Rohrleitungen, Krümmern, Rückschlagklappen, Ventilen usw. konstante Reibungsverluste auf. Ist D_{red} der Bezugsdurchmesser mit der Geschwindigkeit c_{red} in der Rohrleitung mit i-Stücken der lichten Weite D_k und der Länge L_k, so gilt mit Reibungswert $\lambda = \lambda_k$ für den Verlust (**Bild 5a**) bzw. für die Widerstandszahl

$$\Delta p_R = \rho \xi_{ges} c_{red}^2 / 2, \tag{13}$$

$$\xi_{ges} = \lambda \frac{1}{D_{red}} \sum_{k=1}^{i} L_k \cdot (D_{red}/D_k)^5. \tag{14}$$

Der Einfluß der fünften Potenz des Durchmesserverhältnisses zeigt, daß in Behältern und Windkesseln diese Verluste vernachlässigbar sind.

Stutzen. Die instationäre Strömung bedingt hier die veränderlichen Reibungs- und Beschleunigungsverluste, die auf den Kolbendurchmesser D_K bezogen werden.

Reibungsverluste (**Bild 5b**). Hierbei wird die Reynolds-Zahl Re zur Berechnung des Reibungsbeiwerts λ_S auf die mittlere Kolbengeschwindigkeit c_m nach G 10 Gl. (2) bezogen, wodurch nur geringe Fehler nahe an den Totpunkten entstehen. Der Verlust und die Widerstandszahl betragen nach den Gln. (13) und (14), da der Stutzendurchmesser $D_S = D_{red}$ und seine Länge $L_k = L_S$ ist,

$$\Delta p_{RS} = \rho \, \xi_{gesS} c_S^2 / 2 \tag{15}$$

$$\xi_{gesS} = \lambda_S (L_S/D_S) \cdot (D_S/D_K)^5. \tag{16}$$

Hierbei ist $c_S = c_K A_K / A_S$ mit der Kolbengeschwindigkeit $c_K \cong v_K$ nach G 10 Gl. (11), und A_K bzw. A_S sind die Flächen für den Kolben bzw. Stutzen.

Sein Verlauf (**Bild 5b**) ähnelt, dem Quadrat der Kolbengeschwindigkeit entsprechend, einer ellipsenförmigen Kurve.

Beschleunigungsverluste (**Bild 5c**). Sie entstehen infolge der im Stutzen des Querschnitts A_S und der Länge L_S mit der Beschleunigung a_S bewegten Masse $m_S = \rho L_S A_S$. Diese erzeugt die Kraft $F_S = m_S a_S = \rho L_S A_S a_S$ bzw. die Druckänderung $\Delta p_a = F_S/A_S = \rho L_S a_S$. Mit der Kontinuitätsbedingung in bezug auf den Kolben (Index K) $a_S A_S = a_K A_K$ wird mit der reduzierten Stutzenlänge $L_{red S} L_S A_K / A_S = L_S (D_K/D_S)^2$

$$\Delta p_a = \rho L_S a_S = \rho A_K a_K L_S / A_S = \rho L_{red S} a_K. \tag{17}$$

Die Kolbenbeschleunigung der Totpunkte nach G 10 Gl. (17) $a_{KOT} = r\omega^2(1+\lambda)$ und $a_{KUT} = r\omega^2(1-\lambda)$ bewirken im OT eine Verringerung im UT eine Vergrößerung des Zylinderdrucks. Dieser Verlust ist durch niedrige Drehzahlen und kurze Stutzen in tragbaren Grenzen zu halten.

Zylinder. In den Ventilen und im Zylinder entstehen hauptsächlich Beschleunigungsverluste infolge der instationären Strömung.

Ventilverlust (**Bild 5d**). Beim Öffnen, $\Delta p_{Vö}$ genannt, wird er durch eine Gerade angenähert und stellt die Arbeit zur Bewegung der Federn und Platten dar. Die Verluste Δp_V bei offenem Ventil sind bei ausreichenden Querschnitten praktisch konstant.

Beschleunigungsverlust im Zylinder (**Bild 5e**). Er und sein Maximalwert betragen nach Gl. (17) mit $L_S = x_K$ und $a_S = a_K$ sowie mit a_{KUT} und $s_K = 2r$

$$\Delta p_{aZ} = \rho a_K x_K, \tag{18}$$

$$\Delta p_{aZ max} = -2\rho r^2 \omega^2 (1-\lambda). \tag{19}$$

Dieser Verlust hat noch zwei Nullstellen für den OT, wo $x_K = 0$ ist und für $a_K = 0$.

Pumpe. In den Stutzen und im Zylinder treten nach den Gln. (15), (17) und (18) insgesamt folgende Verluste auf (**Bild 5e**):

$$\Delta p_P = \Delta p_{RS} + \Delta p_V + \Delta p_a + \Delta p_{aZ}. \tag{20}$$

Diese Verluste ändern sich periodisch mit der Kolbenbewegung.

Gesamtanlage (Bild 5e). Mit den Zylinderverlusten und der Rohrreibung nach Gl. (13) folgt

$$\Delta p_A = \Delta p_R + \Delta p_P = \Delta p_R + \Delta p_{RS} + \Delta p_V + \Delta p_a + \Delta p_{aZ}.$$

$$\Delta p_A = \rho \xi_{ges} c_{red}^2 / 2 + \rho \xi_{gesS} c_S^2 / 2 + \Delta p_V + \rho L_{redS} a_K$$
$$+ \rho x_K a_K. \tag{21}$$

Die Verluste haben ihre Extremwerte in den Totpunkten, wo

$$c_K \cong v_K = 0 \quad \text{nach G 10 Gl. (11) ist.}$$

Ansaugen. Es gilt im OT mit $x_K = 0$, $a_{KOT} = r\omega^2(1+\lambda)$ nach G 10 Gl. (15) und $\Delta p_v = \Delta p_{Vö1}$ mit Gl. (17) beim Ventilöffnen

$$\Delta p_{A 1 OT} = \rho \xi_{ges1} c_{red1}^2 / 2 + \Delta p_{Vö1} + \rho L_S r\omega^2 (1+\lambda). \tag{22}$$

Fördern. Im UT ist mit $x_K = 2r$ und $a_{KUT} = r\omega^2(1-\lambda)$ nach G 10 Gl. (7) und $\Delta p_V = \Delta p_{Vö2}$ nach Gl. (17)

$$\Delta p_{A 2 UT} = \rho \xi_{ges2} c_{red2}^2 / 2 + \Delta p_{Vö2}$$
$$- \rho (L_{red S2} + 2r) r\omega^2 (1-\lambda). \tag{23}$$

Windkesseleinfluß (Bild 5f). Die Gln. (11), (12) und (21) ergeben den gestrichelten Verlauf der Zylinderdrücke p_1' und p_2''. Die nahe an der Pumpe stehenden Windkessel verringern die Stutzenlängen L_S und damit die Verluste Δp_A so stark, daß die ausgezogenen Kurven erreicht werden.

Da die Verluste den Energiebedarf erhöhen, sind im Rahmen der Anlagekosten die Geschwindigkeiten des Mediums in den Leitungen auf 4 m/s beim Saugen und 10 m/s beim Fördern und die Pumpendrehzahl auf 500 min⁻¹ zu begrenzen. Daher werden in Pumpen häufig Getriebe eingebaut, wobei dann zwischen der Doppelhubzahl des Kolbens und der Kupplungsdrehzahl zu unterscheiden ist.

2.2.4 Saugfähigkeit. Maximum suction head

Voraussetzung für den Betrieb der Pumpe ist die Saugfähigkeit (**Bild 6**), die von dem Saugdruck p_1 und den Verlusten $\Delta p_{A 1 max}$ des Ansaugteils in OT abhängt. Wegen der Kavitation (s. R 3.3.1), die die Pumpe zerstört, darf der Saugdruck p_1' am Kolben nicht unter den von der Temperatur des Mediums bestimmten Siededruck p_S (**Bild 6b**) absinken. Die zulässige Saughöhe beträgt dann,

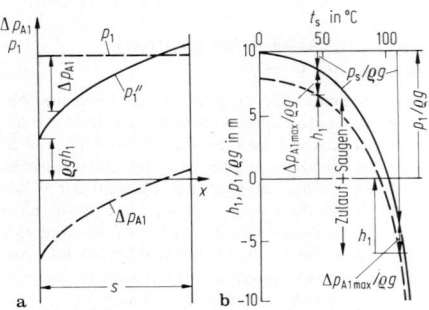

Bild 6. Saugfähigkeit von Pumpen. **a** minimale Saughöhe bei zu kleinen Stutzen; **b** Einfluß des Siededruckes

da im OT $c_K \triangleq v_K = 0$ nach G 10 Gl. (11) ist mit Gl. (11) und (22)

$$h_1 = \frac{p_1 - p_S}{\rho g} - \xi_{ges\,1} \frac{c_{red\,1}^2}{2g} - \frac{\Delta p_{v\ddot{o}\,1}}{\rho g} - \frac{r\omega^2 L_S (1 + \lambda)}{g}$$

$$= \frac{p_1 - p_S - \Delta p_{A\,1\,max}}{\rho g}. \tag{24}$$

Saughöhe. Bei der verlustlosen Pumpe für die $p_S = \Delta p_{A\,1} = 0$ ist, folgt aus Gl. (24) $h_1 = p_1/(\rho g)$. Beim atm. Luftdruck $p_1 = 1$ bar saugt die Pumpe theoretisch Wasser von der Höhe $h_1 = 10,2$ m an. Der Verlust $\Delta p_{A\,1}$ ist vom Druck und bei kleinen Geschwindigkeiten ($c_{red\,1} < 1$ m/s) bzw. konstanten Rohr- und Stutzenlängen auch von der Höhe unabhängig. Damit ergeben sich die Saughöhe $h_1 = (8\ldots 8,5)$ m für Wasserpumpen mit $p_1 = 1$ bar und $p_S = 0,02337$ bar $\ll p_1$ bei 20 °C Wassertemperatur und der Verlust $\Delta p_{A\,1\,max} = (0,15\ldots 0,18)$ bar bei ausreichender Bemessung und guter Haltung.

Haltehöhe. Sie beträgt

$$H_H = \frac{\Delta p_{v\ddot{o}}}{\rho g} + \frac{r\omega^2 L_{red\,S\,1}(1 + \lambda)}{g}$$

Aus Gl. (24) folgt mit $h_{1\,max} = h_{1\,zul}$:

$$H_H = \frac{p_1}{\rho g} - h_{1\,max} - \xi_{ges\,1} \frac{c_{red\,1}^2}{2g} - \frac{p_S}{\rho g} = NPSH. \tag{25}$$

Diese Größe (Net Positive Suction Head) stellt die verfügbare Höhe (s. R 3.3.1) zwischen Windkessel und Kolben beim Saugbeginn unter Berücksichtigung des Siededruckes dar.

Zulaufhöhe. Für $p_1 < (p_S + \Delta p_{A\,1})$ wird in Gl. (24) die Höhe h_1 negativ, das Wasser muß also der Pumpe zufließen. Gründe hierfür sind starke Verluste $\Delta p_{A\,1}$ oder hohe Siededrücke p_S infolge großer Flüssigkeitstemperaturen. Dies gilt für die besonders tief aufgestellten Kesselspeisepumpen, denen Wasser von über 100 °C zufließt. Die errechneten Höhen erhalten meist eine zusätzliche Sicherheit von 1 bis 2 m wegen der Vergrößerung der Rohrwiderstände durch Korrosion wie z.B. durch Rosten.

2.2.5 Gestängekräfte. Maximum piston force

So heißen die Extremwerte der Stoffkräfte, die zur Triebwerksberechnung dienen. Die geringsten Gestängekräfte entstehen, wenn sie beim Hin- und Rückgang ausgeglichen sind. Bei den Pumpen seien die Drücke p_1' beim Ansaugen und p_2'' beim Ausschieben durch genügend große Windkessel sowie kurze und weite Stutzen über dem Hub konstant. Bei den üblichen Pumpen entstehen die größten Gestängekräfte beim Ausschieben. Für die einfachwirkende Form wird in G 10 Gl. (18) $p = p_2''$ bei der doppeltwirkende, wo gemäß den größeren Kolbenflächen die Deckelseite maßgebend ist, gilt mit G 10 Gl. (19) $p_{DS} = p_2''$ und $p_{KS} = p_1'$.

2.2.6 Energien, Leistungen, Wirkungsgrade
Energy, power, efficiency

Spezifische Arbeiten. Sie stellen die Mittelwerte der Energien pro Arbeitsspiel und Masseneinheit dar. Bei Pumpen werden die Arbeiten der Flüssigkeit zugeführt und sind stets positiv.

Nutzarbeit (Bild 7c). Sie ist die von der Flüssigkeit zwischen den Behältern zur Druckerhöhung $p_2 - p_1$ und zum Heben auf die Höhe h erforderliche spezifische Energie.

$$w_n = (p_2 - p_1)/\rho + gh. \tag{26}$$

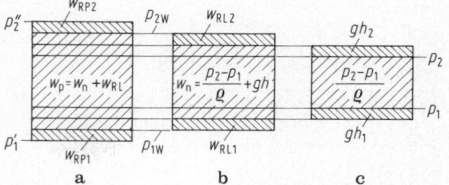

Bild 7. Spezifische Arbeiten im Indikatordiagramm. **a** indizierte Arbeit; **b** Pumpenarbeit; **c** Nutzarbeit

Pumpenarbeit (Bild 7b). Sie wird zwischen den Windkesseln aufgenommen und beträgt

$$w_P = (p_{2W} - p_{1W})/\rho + gh_W, \tag{27}$$

$$w_P = w_n + w_{RL}. \tag{28}$$

Die Gl. (28) folgt aus den Gln. (26) und (27) sowie den Gln. (7) und (8) mit dem Energieverlust der Rohrreibung.

Indizierte Arbeit (Bild 7a). Sie wird vom Kolben auf die Flüssigkeit übertragen und ist bei Vernachlässigung der Spitzen im Indikatordiagramm, die beim Öffnen der Ventile entstehen

$$w_i = p_i/\rho = (p_2'' - p_1')/\rho = w_P + w_{RP}. \tag{29}$$

Die Gl. (29) ergibt sich aus den Gln. (27) und (28) mit den Gln. (9) und (10). Hierbei ist die Verlustarbeit der Pumpe $w_{RP} = (\Delta p_{P1} + \Delta p_{P2})/\rho$ nur noch durch die Reibung bedingt, da in Gl. (21) die Beschleunigungsverluste $\rho L_S a_K$ und $\rho x_K a_K$ im Mittel Null sind. Die indizierte Arbeit folgt schließlich aus den Gln. (26), (28) und (29) mit dem Verlust der Anlage $w_{RA} = w_{RL} + w_{RP}$

$$w_i = w_n + w_{RA}. \tag{30}$$

Die Arbeiten erscheinen im Indikatordiagramm (**Bild 7**). Hierbei werden w_n, w_P und w_i jeweils durch die stark ausgezogene Umrandung hervorgehoben.

Leistungen. Die Nutz- und Pumpenleistung P_n bzw. P_i werden auf den Verbraucher bezogen und so mit dem tatsächlichen Förderstrom $\dot{m}_f = \lambda_L \dot{m}_{th} = \lambda_L \dot{V}_H \rho n$ nach den Gln. (1) und (2) berechnet. Für die indizierte Leistung P_i hingegen, die auch den Leckverluste der Ventile und Stopfbuchsen erfaßt, ist der theoretische Saugstrom $\dot{m}_{th}$ maßgebend. Aus den Gln. (26), (27) und (29) folgt dann mit

$$P_n = \dot{m}_f w_n = \lambda_L \dot{V}_H (p_2 - p_1 + \rho gh), \tag{31}$$

$$P_P = \dot{m}_f w_P = \lambda_L \dot{V}_H (p_{2W} - p_{1W} + \rho gh_W)$$
$$= P_n + P_{RL}, \tag{32}$$

$$P_i = \dot{m}_{th} w_i = \dot{V}_H p_i = p_i n V_H = P_n + P_{RA}. \tag{33}$$

Hierbei sind $P_{RA} = P_{RL} + P_{RP}$ die Leistungsverluste infolge der Reibung, s. **Bild 8**. Die Nutzleistung P_n gilt als Idealleistung der Anlage.

Wirkungsgrade. Bei Pumpen werden hydraulische Wirkungsgrade (Index H) und Gütegrade (Index g) nach P 1 Gln. (18) und (19) unterschieden. Speziell gilt für die

Rohrleitung	$\eta_{HR} = w_n/w_P = P_n/P_P$,		(34)
Pumpe	$\eta_{HP} = w_P/w_i$	$\eta_{giP} = P_P/P_i = \lambda_L \eta_{HP}$,	(35)
Anlage	$\eta_{HA} = w_n/w_i$	$\eta_{giA} = P_n/P_i = \lambda_L \eta_{HA}$.	(36)

Für die gesamte Anlage einschließlich Antrieb gilt dann

$$\eta_{ge} = P_n/P_e = \lambda_L \eta_{HR} \eta_{HP} \eta_m = \eta_{HR} \eta_{giP} \eta_m,$$
$$\eta_m = P_i/P_e. \tag{37}$$

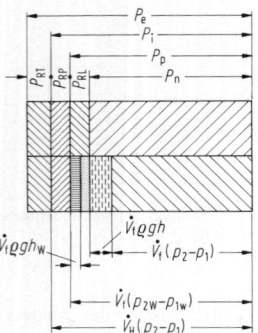

Bild 8. Sankey-Diagramm von Pumpen

Beispiel: Eine einfachwirkende Pumpe (**Bild 10**) soll $\dot V_{\mathrm f} = 185\,\mathrm l/\min$ Wasser aus einem Brunnen in einem Windkessel mit dem Höhenunterschied $h = 5\,\mathrm m$ fördern. Der Behälterdruck ist $p_2 = 10$ bar, der Zylindersaug- und der Luftdruck $p_1' = 0{,}6$ bar bzw. $p_1 = 1$ bar. Die Drehzahl beträgt $n = 450\,\min^{-1}$, die mittlere Kolbengeschwindigkeit $c_{\mathrm m} = 1{,}125\,\mathrm m/\mathrm s$. Weitere Anhaltswerte sind: Liefergrad $\lambda_{\mathrm L} = 0{,}93$ hydraulischer Wirkungsgrad der Anlage $\eta_{\mathrm{HA}} = 0{,}85$, mechanischer Wirkungsgrad $\eta_{\mathrm m} = 0{,}88$. Die verwendeten Triebwerke erlauben Kolbendurchmesser $D \le 50$ mm und Gestängekräfte $F \le 2500$ N.

Gesucht sind: Zylinderzahl und Durchmesser, Hub, Gestängekraft und Kupplungsleistung.

Hub. Es ergibt sich aus P 1 Gl. (9)

$$s = c_{\mathrm m}/(2n) = \frac{1{,}125\,\mathrm m/\mathrm s \cdot 60\,\mathrm s/\min}{2 \cdot 450\,\min^{-1}} = 0{,}075\,\mathrm m = 75\,\mathrm{mm}.$$

Zylinderdurchmesser. Mit P 1 Gl. (16) folgt das Hubvolumen

$$V_{\mathrm H} = \dot V_{\mathrm f}/(\lambda_{\mathrm L} n) = \frac{185\,\mathrm l/\min}{0{,}93 \cdot 450\,\min^{-1}} = 0{,}442\,\mathrm l;$$

damit beträgt die Gesamtkolbenfläche

$$A_{\mathrm{K\,ges}} = V_{\mathrm H}/s = 0{,}442\,\mathrm{dm}^3/0{,}75\,\mathrm{dm} = 0{,}589\,\mathrm{dm}^2$$

und der Durchmesser

$$D_{\mathrm{ges}} = \sqrt{4A_{\mathrm{K\,ges}}/\pi} = \sqrt{4 \cdot 0{,}589\,\mathrm{dm}^2/\pi} = 0{,}866\,\mathrm{dm}.$$

Dieser Wert ist lt. Aufgabe zu groß. Für drei Zylinder folgt aber $D = D_{\mathrm{ges}}/\sqrt3 = 86{,}6\,\mathrm{mm}/\sqrt3 = 50\,\mathrm{mm}$ ein ausreichender Wert.

Zylinderdruck. Aus den Gln. (26), (29) und (36) ergibt sich

$$w_{\mathrm n} = (p_2 - p_1 + \rho g h)/\rho = w_{\mathrm i}\eta_{\mathrm{HA}} = p_{\mathrm i}\eta_{\mathrm{HA}}/\rho$$
$$= (p_2'' - p_1')\eta_{\mathrm{HA}}/\rho.$$

Hieraus folgt mit

$$\rho g h = 1000\,\mathrm{kg/m}^3 \cdot 9{,}81\,\mathrm m/\mathrm s^2 \cdot 5\,\mathrm m = 49050\,\mathrm{kg/(ms}^2) = 0{,}4905\,\mathrm{bar}$$
$$p_2'' = p_1' + (p_2 - p_1 + \rho g h)/\eta_{\mathrm{HA}}$$
$$= [0{,}6 + (10 - 1 + 0{,}4905)/0{,}85]\,\mathrm{bar} = 11{,}77\,\mathrm{bar}.$$

Gestängekraft. Pro Zylinder beträgt sie nach G 10 Gl. (18)

$$F_{\mathrm{St}} = \frac{\pi}{4}D^2(p_2'' - p_1) = \frac{\pi}{4}5^2\,\mathrm{cm}^2(11{,}77 - 1)\,\mathrm{bar} \cdot 10\,\frac{\mathrm N/\mathrm{cm}^2}{\mathrm{bar}}$$
$$= 2115\,\mathrm N < 2500\,\mathrm N.$$

Antriebsleistung. Mit dem indizierten Druck

$$p_{\mathrm i} = p_2'' - p_1' = (11{,}77 - 0{,}6)\,\mathrm{bar} = 11{,}17\,\mathrm{bar}$$

und dem theoretischen Förderstrom

$$\dot V_{\mathrm H} = z\frac{\pi}{4}D^2 s n = 3 \cdot \frac{\pi}{4} \cdot 0{,}05^2\,\mathrm m^2 \cdot 0{,}075\,\mathrm m \cdot 450\,\min^{-1}$$
$$= 0{,}1988\,\mathrm m^3/\min$$

folgt dann P 1 Gln. (13) und (17)

$$P_{\mathrm e} = P_{\mathrm i}/\eta_{\mathrm m} = p_{\mathrm i}\dot V_{\mathrm H}/\eta_{\mathrm m} = \frac{11{,}17 \cdot 10^5\,\mathrm N/\mathrm m^2 \cdot 0{,}1988\,\mathrm m^3/\min}{0{,}88 \cdot 60\,\mathrm s/\min \cdot 10^3\,\mathrm{Nm\,s}^{-1}/\mathrm{kW}}$$
$$= 4{,}2\,\mathrm{kW}.$$

2.3 Kennlinien. Pump characteristics

Steigender Gegendruck (Bild 9a). Bei konstanter Drehzahl sinkt der Förderstrom etwas wegen der wachsenden Undichtigkeiten ab. Die Nutzarbeit steigt von gh bei p_1 nach Gl. (26) um $(p_2 - p_1)/\rho$ linear an, wie auch die spezifischen Arbeiten $w_{\mathrm P}$ und $w_{\mathrm i}$, da die Verluste in den Leitungen und Stutzen nicht vom Druck abhängen. Die gleiche Tendenz zeigen auch die Leistungen, nur steigen $P_{\mathrm n}$ und $P_{\mathrm P}$ infolge des abnehmenden Volumenstroms langsamer an. Im Leerlauf für $p_2 - p_1 = 0$ sind bei laufender Pumpe außer der Leistung $P_{\mathrm n} = \lambda_{\mathrm L}\dot V_{\mathrm H}\rho g h = \dot m_{\mathrm f} g h$ nach Gl. (31) noch alle Verluste aufzubringen, alle Größen sind also endlich.

Steigende Drehzahl (Bild 9b). Bei konstantem Gegendruck nimmt der Förderstrom $\dot V_{\mathrm f} = \lambda_{\mathrm L}V_{\mathrm H}n$ etwas stärker als linear zu, da die Leckverluste pro Arbeitsspiel abnehmen. So beginnt die Förderung erst bei der geringen Drehzahl n_0, bei der die Pumpe ihre eigenen Leckverluste aufgebracht hat. Die Nutzleistung ist der Drehzahl proportional, da $w_{\mathrm n} = \mathrm{const}$ und $P_{\mathrm n} = \lambda_{\mathrm L}\rho V_{\mathrm H}n\,w_{\mathrm n}$ ist. Die Reibungsverluste steigen mit der dritten Potenz der Drehzahl n wie z.B. für die Saugleitung

$$P_{\mathrm{RL}} = \dot V_{\mathrm H}\Delta p_{\mathrm{R1}} = \xi\rho\dot V_{\mathrm H}^3/(2A_{\mathrm R}^2) = V_{\mathrm H}^3\xi\rho n^3/(2A_{\mathrm R}^2). \qquad (38)$$

Zur Nutzleistung addieren sich also die kubisch veränderlichen Verluste $P_{\mathrm R}$ und P_{RS}. Bei Stillstand $n = 0$ sind alle Größen Null.

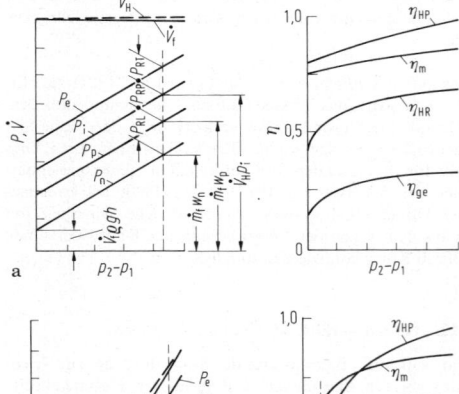

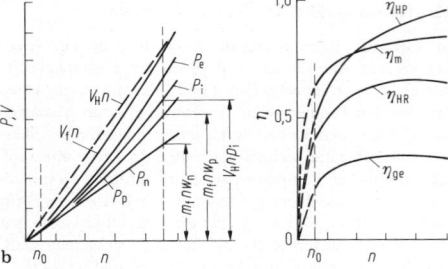

Bild 9. Kennlinien von Pumpen. **a** Gegendruck; **b** Drehzahl veränderlich

2.4 Schwingungsdämpfung. Damping of vibrations

Die in den Stutzen an den Zylindern auftretenden periodischen Druckänderungen nach Gl. (17) regen das Medium zu Schwingungen an und erhöhen dessen Energiebedarf. Zu ihrer Dämpfung dienen Windkessel, Blasenspeicher und Resonatoren. Sie wird aber auch durch weitere Rohre und höhere Drehzahlen erreicht. Die hierbei auftretenden Erscheinungen seien an den Windkesseln erläutert.

Druck- und Volumenschwankungen. Sie betragen $\Delta p = p_{max} - p_{min}$ und $\Delta V = V_{max} - V_{min}$. Bei isothermer Zustandsänderung der Luft im Windkessel gilt nach D6.1 $V_{max}p_{min} = V_{min}p_{max}$. Mit den Mittelwerten

$$p_m = (p_{max} + p_{min})/2 = p_{min} + \Delta p/2 = p_{max} - \Delta p/2$$

und entsprechend für das Luftvolumen V_m folgt

$$\Delta p = p_m \Delta V / V_m. \tag{39}$$

Um die Beschleunigungsverluste zu verringern, muß das mittlere Luftvolumen V_m möglichst groß, das Wasservolumen aber klein sein. Das fluktuierende Luft- oder Wasservolumen ΔV, das möglichst gering sein soll, ist von der Zylinderanordnung der Pumpe abhängig.

2.4.1 Fluktuierende Flüssigkeit. Volume fluctuations

Dieses Volumen wird von den Windkesseln aufgenommen, wobei für den Saug- und Druckwindkessel, die jeweils mit allen Zylindern verbunden sind, lediglich Zu- und Abfluß vertauscht sind.

Berechnung

Speziell gilt für den Saugwindkessel:

Zufluß. Bei Vernachlässigung der Leckverluste folgt mit P1 Gln. (1) und (7)

$$\dot{V}_{zu} = z\dot{V}_h = zA_K sn = zA_K r\omega/\pi. \tag{40}$$

Hierbei sind z die Zylinderzahl, n die Drehzahl und $\omega = 2\pi n$ die Winkelgeschwindigkeit, A_K die Kolbenfläche und $r = s/2$ der Kurbelradius.

Abfluß. Da das Wasser am Kolben mit der Fläche A_K und der Geschwindigkeit c_K haftet, gilt $\dot{V}_{ab} = c_K A_K$. Mit G10 Gl. (12) folgt dann $\dot{V}_{ab} = r\omega A_K \sin\varphi$ bei unendlicher Schubstange. Für z Zylinder, mit Triebwerken vom Kurbelwinkel φ_k, gilt dann

$$\dot{V}_{ab} = A_K r\omega \sum_{k=1}^{z} \sin\varphi_k. \tag{41}$$

Volumenänderung. Erfolgen Beginn und Ende der Förderung zu den Zeiten t_A und t_B bzw. bei den Winkeln φ_A und φ_B, so ergibt sich aus den Gln. (40) und (41) mit $dt = d\varphi/\omega$

$$\Delta V = \int_{t_A}^{t_B} (\dot{V}_{ab} - \dot{V}_{zu})dt$$

$$= A_K r \int_{\varphi_A}^{\varphi_B} \left(\sum_{k=1}^{z} \sin\varphi_k - z/\pi \right) d\varphi. \tag{42}$$

Förderwinkel. Da beim Anfang und Ende des Förderns in den Windkesseln der Zu- und Abfluß gleich sind, also $\dot{V}_{zu} = \dot{V}_{ab}$ ist, folgt aus den Gln. (40) und (41)

$$\sum_{k=1}^{z} \sin\varphi_k = z/\pi. \tag{43}$$

Für den Förderbeginn gilt beim Saugwindkessel $0 \leq \varphi_A \leq 180°$, beim Druckwindkessel $180 \leq \varphi_B \leq 360°$.

Ausgewählte Maschinen

Einzylinder-Pumpe. *Einfachwirkend* (**Bild 10**). Mit $z = 1$ folgt aus Gl. (43) $\sin\varphi_1 = 1/\pi$ also $\varphi_{1A} = 18,56°$ und $\varphi_{1B} = 180° - 18,56° = 161,56°$. Gl. (42) ergibt dann mit $V_h = 2A_K r$

$$\Delta V = A_K r \int_{18,56°}^{161,44°} (\sin\varphi_1 - 1/\pi) d\varphi_1 = 1,1 A_K r$$

$$= 0,55 V_h.$$

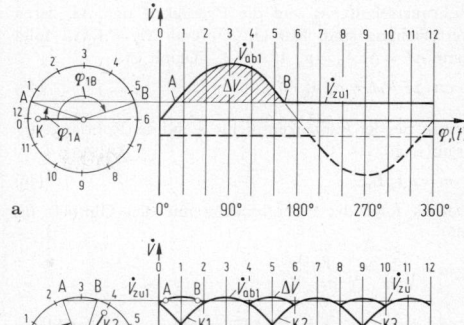

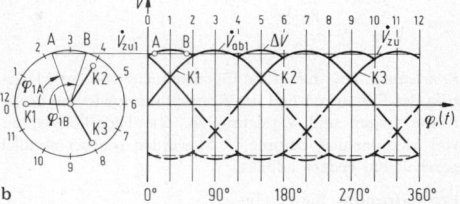

Bild 10. Fluktuierendes Flüssigkeitsvolumen. **a** Einzylinder-Pumpe; **b** einfachwirkende Dreizylinder-Pumpe. Ausgezogen bzw. gestrichelt: Saug- bzw. Druckwindkessel, schraffiert: fluktuierendes Volumen

Doppeltwirkend. Hier fördert beim Hingang die Deckelseite, beim Rückgang die Kurbelseite des Kolbens, wobei keine Überschneidung stattfindet. Bei Vernachlässigung der Kolbenstange gilt bei getrennten Windkesseln $\Delta V = 0,55 V_h$, bei miteinander verbundenen $\Delta V = 0,21 V_h$.

Einfachwirkende Dreizylinder-Pumpe (**Bild 10 b**). Bei 120° Kurbelversatz fördert der Kolben *1* von 60° $\leq \varphi_1 \leq 120°$. Für $z = 3$ folgt nach Gl. (43) $\sin\varphi_1 = 3/\pi$, also $\varphi_{1A} = 72,73°$ und $\varphi_{1B} = 107,27°$. Damit ergibt die Gl. (42)

$$\Delta V = A_K r \int_{72,73°}^{107,27°} (\sin\varphi_1 - 3/\pi) d\varphi_1 = 0,009 V_h.$$

2.4.2 Schwingungen. Vibrations

Infolge der Erregung durch die Pumpenkolben führen die Luft und die Flüssigkeit ungedämpfte erzwungene Schwingungen aus, die bei Resonanz beachtliche Druck- und Volumenänderungen erzeugen. Die relativ geringe Flüssigkeitsmenge im Windkessel wird hierbei vernachlässigt.

Eigenfrequenz. Sie ergibt sich bei einem System mit einer Feder der Rate c und der Masse m nach B4.1.1

$$\omega = \sqrt{c/m}. \tag{44}$$

Windkessel. Die Federrate (**Bild 11**) beträgt $c = \Delta F / \Delta L$, wobei $\Delta F = \Delta p A_R$ die Kraft der Druckdifferenz Δp im

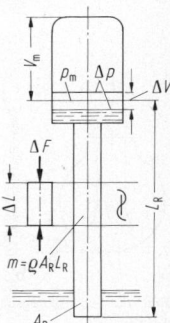

Bild 11. Schwingungen der Flüssigkeitssäule in der Saugleitung einer Pumpe

Rohrquerschnitt A_R auf die Flüssigkeit und ΔL deren Verschiebung sind. Mit Gl. (39) und $\Delta V = A_R \Delta L$ folgt dann $\Delta F = \Delta p A_R = p_m A_R^2 \Delta L / V_m$. Damit ist

$$c = \Delta F / \Delta L = p_m A_R^2 / V_m. \tag{45}$$

Masse. Bei der Flüssigkeitsdichte ρ und der Rohrlänge L_R ergibt sich

$$m = \rho A_R L_R. \tag{46}$$

Daraus folgt die Eigenfrequenz mit den Gln. (44) bis (46)

$$\omega = \sqrt{\frac{c}{m}} = \sqrt{\frac{p_m A_R}{\rho L_R V_m}}.$$

Rohrleitung. Hier hängt die Eigenfrequenz von der Elastizität der Flüssigkeit und der Rohrleitung sowie von deren Abmessungen und Verlegung ab. Die Federkonstanten von Medium und Leitung [7, 8] werden wie bei parallel geschalteten Federn addiert.

Erregerfrequenz. Sie beträgt

$$\omega_e = 2\pi i.$$

Hierbei ist i die Impulszahl infolge der Bewegung der Kolben, die von der Drehzahl, dem Kurbelversatz und der Zylinderzahl und -anordnung abhängt.

Ungleichförmigkeitsgrad. Hier werden ein statischer und ein dynamischer Wert unterschieden. Der letzte wird zur Bemessung der Windkessel benutzt.

Vergrößerungsfunktion. Sie stellt das Verhältnis der Volumenänderung bzw. nach Gl. (39) auch der Druckänderung infolge der Schwingung dar und beträgt

$$v = \frac{1}{1 - (\omega/\omega_e)^2}. \tag{47}$$

Statischer Wert. Er ist die auf ihren Mittelwert bezogene Volumenänderung der Luft. Mit Gl. (39) folgt

$$\delta_{St} = \Delta V / V_m = \Delta p / p_m. \tag{48}$$

Dynamischer Wert. Er beträgt mit Gl. (48)

$$\delta = v \delta_{St} = v \, \Delta V / V_m = v \, \Delta p / p_m. \tag{49}$$

Anhaltswerte sind $\delta = 1/10 \dots 1/20$ und $1/20 \dots 1/100$ für Saug- und Druckwindkessel.

2.4.3 Aufbau der Dämpfer. Design of absorbers

Die einzelnen Dämpfer sollen so nahe wie möglich an den Ventilen liegen, um so die beschleunigten Massen zu verringern. Sie vermindern die Druckschwingungen auf etwa 10% ihres ursprünglichen Werts.

Windkessel (Bild 12a). Beim Saugkessel bildet sich das Luftpolster an dem in die Flüssigkeit getauchten Saug-

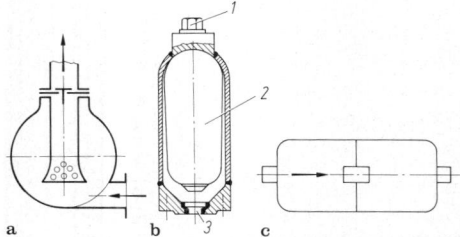

Bild 12. Schwingungsdämpfer. **a** Windkessel; **b** Blasenspeicher; **c** Resonator

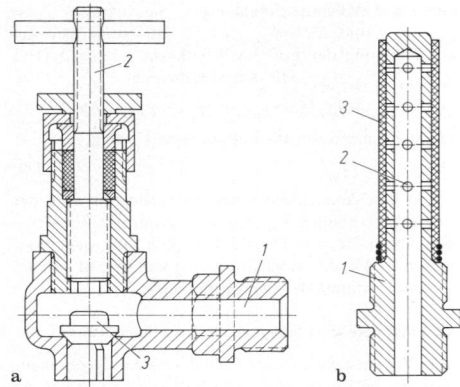

Bild 13. Zubehör von Druckwindkesseln. **a** Schnüffelventil (H. Dewers); **b** Belüftungsventil (KSB Klein, Schanzlin & Becker)

stutzen, während beim Förderkessel die Rohranschlüsse möglichst tief liegen. Hierbei berühren sich Flüssigkeit und Luft, die sich besonders im Wasser löst. Zum Ersatz fördert die Pumpe Luft über ein Schnüffelventil (**Bild 13a**) vom Saug- in den Druckwindkessel. Bei Drücken über 16 bar dient hierzu ein kleiner Kompressor und ein Belüftungsventil (**Bild 13b**). In den Saugwindkessel wird bei Unterdruck die Luft über einen Hahn hineingelassen. Die verschleißfreien Windkessel sind besonders für Temperaturen über 120 °C und Kurbelwellendrehzahlen unter 100 min⁻¹ gut geeignet. Eine Wartung ist wegen der Löslichkeit der Luft im Wasser erforderlich. Da diese mit dem Druck ansteigt ist ihr Einsatz auf 50 bar begrenzt.

Blasenspeicher. Ihre gasgefüllte Gummiblase ist gegen höhere Temperaturen empfindlich, vermeidet aber eine Berührung von Fördermedium und Gas. Um die begrenzte Standzeit zu erhöhen, sind ihre Verformungen klein zu halten, d.h. sie sind möglichst groß auszulegen. In der geschweißten Ausführung (**Bild 12b**) ist *1* der Gaseinfüllstutzen, *2* die Blase und *3* der Flüssigkeitseintritt.

Resonatoren. Sie dämpfen die Druckwellen durch Reflexion an einer sprunghaften Querschnittsveränderung wie beim Zweikammerresonator (**Bild 12c**). Ihre Form, ob Kugel oder Zylinder, hat nur wenig Einfluß auf die Dämpfung. Sie eignen sich auch für Drücke über 350 bar und sind von Änderungen des Betriebsdrucks unabhängig. Auch sind sie verschleißfrei und vertragen Temperaturen über 120 °C. Als schwierig gilt die Dimensionierung für einen bestimmten Dämpfungsgrad. Die Herstellung ist von allen Dämpfen am teuersten.

2.5 Bauteile. Components

Hierzu zählen die für den Betrieb wichtigen Teile der Pumpe wie Kolben, Steuerungen und Packungen.

2.5.1 Kolben. Pistons

Sie sollen die Flüssigkeit ansaugen und ausschieben, sowie den Arbeitsraum abdichten. Als Werkstoff dient Bronze, Gußeisen oder Stahl und ihre Form bestimmen die Dichtelemente.

Manschettenkolben. Sie erhalten meist Laufbuchsen für die am Umfang liegenden Dichtelemente in Form von Manschetten, Stulpen oder Ringen. Bei doppeltwirkenden

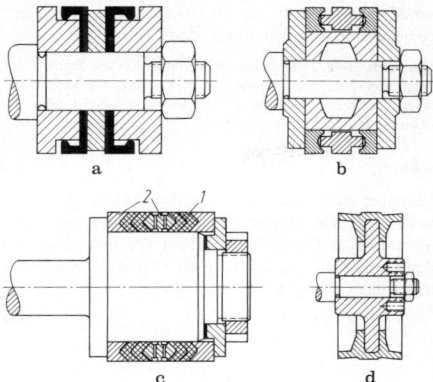

Bild 14. Formen der Manschettenkolben. Werkstoffe: **a** Lederstulpen; **b** Baumwolle; **c** Dachmanschetten; **d** Perbunan Neobloc-Kolben (Loewe)

Maschinen müssen sie nach beiden Seiten hin abdichten. Sind die Elemente ungeteilt, dann werden die Kolben zu ihrer Montage geteilt bzw. gebaut. Folgende Werkstoffe bzw. Formen sind üblich:

Lederstulpen (**Bild 14a**). Sie werden für kaltes nicht saures Wasser bei kleinen Kolbengeschwindigkeiten verwendet.

Baumwolle (**Bild 14b**). Das Gewebe wird vorgepreßt und mit künstlichem Kautschuk imprägniert.

Dachform (**Bild 14c**). Hier sind neben den Geweberingen *1* auch stählerne Stützringe *2* vorgesehen. Sie werden für Öl und Wasser bis zu 120 °C in Sonderausführung auch für Laugen und Säuren verwendet.

Perbunan (**Bild 14d**). Die Doppeltopfmanschetten sind hier auf einen Leichtmetallkörper vulkanisiert und für Wasser bis zu 100 °C mit geringem Sandgehalt geeignet. Ihr Anwendungsgebiet sind Hauswasserpumpen.

Scheibenkolben. Ihre Abdichtung erfolgt durch gußeiserne Ringe (s. **G 10 Bild 10, b**). Sie dienen zur Förderung nicht schleifender Medien wie Benzin, Teer und Öl.

Plungerkolben. Sie haben einen glatten meist geschliffenen oder hartverchromten Mantel, der in der Grundbüchse (**Bild 20a**) der Packung geführt wird. Dadurch entfällt die Bearbeitung des Zylinders, da hier ja auch der Schadraum ohne Einfluß ist. Die Packung kann im Betrieb von außen überwacht und nachgedichtet werden. Diese Kolben sind für hohe Drücke geeignet, haben dann aber größere Reibungsverluste. Ihre große Länge, die aus dem Hub und der Packung resultiert, ergibt schwere Kolben. Sie müssen also wegen der Massenkräfte (G 10.2.2) mit kleineren Drehzahlen laufen. Die einfachste Form ist die verlängerte Kolbenstange (s. Teil *1* und *2* in **Bild 25**).

2.5.2 Steuerungen. Valves

Sie verbinden die Pumpenzylinder beim Saugen und Fördern mit den zugeordneten Stutzen und werden durch Zwanglauf oder durch die Druckdifferenz, also selbsttätig, bewegt.

Zwangläufige Steuerungen

Meist werden Dreh- oder Schwingschieber verwendet. Ihr Vorteil ist die genaue Bemessung des Fördervolumens und die Möglichkeit seiner Veränderung beim Lauf. Außerdem

haben sie meist weite Querschnitte, also geringe Strömungsverluste. Neben der Steuerung der Kraftstoffpumpen für Dieselmotoren (s. P4.6.2) sind im Gebrauch:

Schwingschieber (**Bild 15**). Während einer Umdrehung der Kurbel *1* führt der Kolben *2* eine Schwingbewegung und einen Doppelhub aus. So nimmt beim Hingang von OT nach UT der Zylinderraum *3* zu und ist mit der Saugbohrung *4*, deren Querschnitt sich dabei ändert, verbunden. Die Pumpe saugt also an. Beim Rückgang erfolgt dann unter Raumverringerung das Fördern durch die Bohrung *5*. Das Triebwerk dieser Pumpe ist als Kurbelschleife (s. G9.2.1) ausgebildet.

Drehschieber (**Bild 16**). Im Zylinder *1* führt der Kolben *2* mit der Bohrung *3* und der Steuernut *4* pro Doppelhub eine Umdrehung aus. Beim Hingang läuft die Nut *4*, die etwas länger als der Hub *s* ist an der Saugbohrung *5* vorbei. Dabei wird das Medium über die Bohrung *3* angesaugt, da das Zylindervolumen zunimmt. Beim Rückgang überdeckt die Nut *4* die Abflußbohrung *6*, über die der Kolben *2* das Medium ausschiebt.

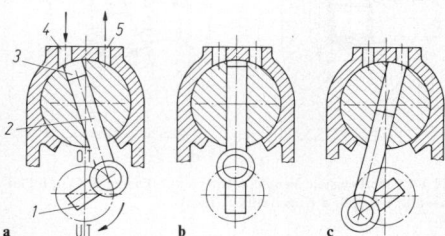

Bild 15. Schwingschieber. **a** Saugen; **b** Totlage; **c** Fördern

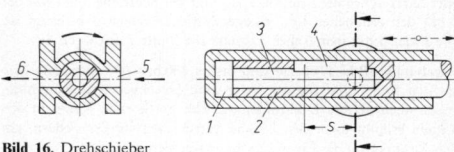

Bild 16. Drehschieber (s. Text)

Selbsttätige Ventile

Sie steuern den Zu- und Abfluß des Mediums durch dessen Druckdifferenz, die normalerweise an den beweglichen Teilen in den Totpunkten wirkt. Ihre Anordnung ist frei, da Pumpen keinen Schadraum wegen der kaum kompressiblen Flüssigkeiten haben. So werden sie einzeln und in Gruppen sowie über- und nebeneinander eingesetzt. Sie sind schwellend beansprucht und müssen überwacht werden.

Werkstoffe. Für die beweglichen Dichtflächen gilt mit den zulässigen Flächenpressungen in N/cm^2 in Klammern: Stahl (3000), Phosphorbronze (2000), Rotguß (1500), Hartgummi und Leder (300). Die Sitze mit ebenen, gelegentlichen auch konischen Dichtflächen, bestehen aus Bronze, Grau- und Stahlguß.

Federbelastete Ventile. Hier wird das Schließen durch Federn unterstützt. Ihre Hauptformen sind:

Ringventile (**Bild 17a**). Ihre Abdichtung erfolgt bei reinem Wasser durch plangeschliffene Stahlringe mit ebenem Sitz. Für Schmutzwasser sind sie kegelig und mit Gummi armiert.

Einring-Druckventil (**Bild 17a**). Es hat den Durchmesser 100 mm, den Hub 4 mm und eine Spaltfläche von 14 cm^2. Seine Hauptteile sind der Sitz *1*, die bewegliche Ventilplatte *2*, die Feder *3* und der Hubfänger *4*.

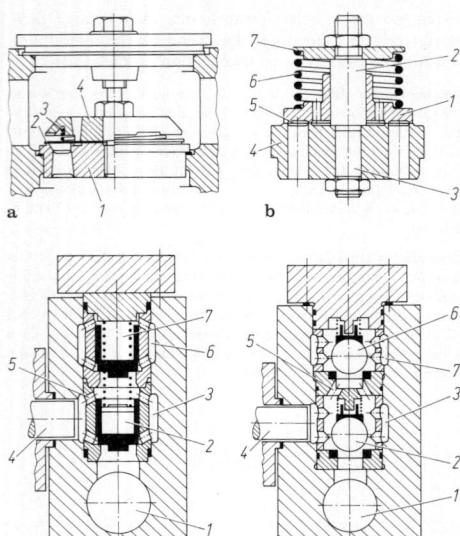

a   1   b

c   d

Bild 17. Federbelastete Ventile. **a** Ringventil (Dienes & Co); **b** Plattenventil; **c** Kegel; **d** Kugelventil (Uraca)

Plattenventile (Bild 17b). Sie werden bei großen Förderströmen verwendet. Die Ventilplatte *1* hat eine lange Führung mit gehärteten oder hartverchromten Bolzen *2*, der mit der Schraube *3* am Körper *4* mit den erhabenen und plangeschliffenen Sitzen *5* befestigt ist. Die Feder *6* mit dem Teller *7* drückt die Platte *1* auf ihren Sitz.

Kegelventile (Bild 17c). Sie sind bis zu 500 bar zu verwenden. Ihre leichten Kegel sind für das Saug- und Druckventil austauschbar, lassen auch höhere Drehzahlen zu. Der große freie Raum in den Kegeln erlaubt auch den Einbau verschieden starker Federn, um den Resonanzen die Eigenschwingungszahlen zu ändern.

Kugelventile (Bild 17d). Wegen ihrer guten Strömungswerte haben sie nur geringe Verluste und eignen sich auch für zähe Medien. Infolge der laufenden Kugeldrehung ist die Abnutzung gering, so daß sie auch bei schmirgelnden Bestandteilen brauchbar sind. Ihr hohes Gewicht erlaubt aber nur geringe Drehzahlen und ihre Linienpressung ist relativ hoch. Sie wird durch sphärische Anschliffe der Sitze und Federteller verringert. Der Aufwand hierfür ist aber durch die erreichte Drucksteigerung nicht gerechtfertigt.

Aufbau der Kegel- und Kugelventile (Bild 17c, d). Beim Ansaugen fließt das Medium über die Bohrung *1*, den Kegel (Kugel) *2* und den Ringkanal *3* dem Kolben *4* zu. Dieser fördert es dann über die Bohrungen *5* und den Kegel (Kugel) *6* in den Ringkanal *7* der mit der Förderleitung verbunden ist.

Gewichtsbelastete Ventile. Hier unterstützt das Gewicht der bewegten Teile das Schließen. Hierzu zählen die Kugelventile (**Bild 18**) für Preßpumpen und zähe Medien. Um ein Festklemmen der Kugel zu verhindern, muß ihr Sitzwinkel $\alpha < 90°$ sein.

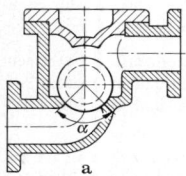   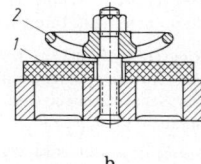

a   b

Bild 18. Gewichtsbelastete Ventile. **a** Kugelventil; **b** Gummiplattenventil

Gummiklappenventil. Es ist zwischen den feder- und gewichtsbelasteten Ventilen einzuordnen.

Klappenventile (Bild 18b). Beim Öffnen legt sich die Platte *1* an den Begrenzer *2* an. Sie arbeiten fast geräuschlos. Sie werden für kaltes und warmes Wasser in Kleinpumpen verwendet oder als Druckventile in den Kolben eingebaut.

Berechnung

Es bedeuten (**Bild 19a**): F die größte Federkraft, G die Gewichtskraft des Tellers, ξ_V der Reibungsbeiwert und c_V die maximale Geschwindigkeit im Ventilsitz. Hat dieser den Querschnitt A_V und ist ρ die Dichte des Mediums, so ergibt das Gleichgewicht am Teller

$$F + G = \xi_V c_V^2 \rho A_V / 2. \tag{50}$$

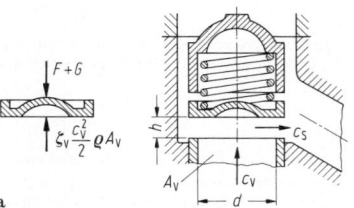

a

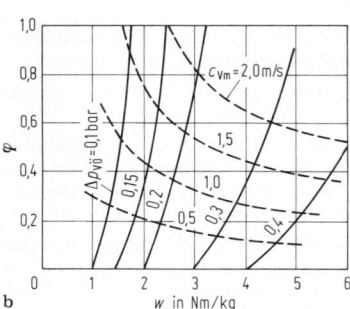

b

Bild 19. Ventilberechnung. **a** Kräfte; **b** Diagramm

Spezifische Ventilarbeit. Sie beträgt dann

$$w = \frac{F + G}{\rho A_V} = \xi_V c_V^2 / 2. \tag{51}$$

Querschnittverhältnis. Mit der Spaltfläche $A_S = \pi d h$, wobei d der Sitzdurchmesser des Ventils und h sein größter Hub sind, folgt

$$\varphi = A_S / A_V = \pi d h / A_V. \tag{52}$$

Auslegung. Hierzu wird zunächst aus Erfahrungswerten der größte Öffnungswiderstand $\Delta p_{V\ddot{o}} = (0{,}1 \ldots 0{,}4)$ bar und die mittlere Geschwindigkeit im Ventilsitz $c_{Vm} = (0{,}5 \ldots 2)$ m/s gewählt. Aus **Bild (19b)** folgen hiermit die Beiwerte w und φ. Mit dem Durchfluß des Ventils $\dot{V}_V = c_{Vm} A_V$ folgt dann nach Gl. (52).

$$d = A_V \varphi / (\pi h) = \dot{V}_V \varphi / (c_{Vm} \pi h).$$

Hiermit kann nach Wahl von h die Gewichtskraft G konstruktiv ermittelt werden. Aus der spezifischen Ventilarbeit folgt dann die Federkraft F.

2.5.3 Stopfbuchsen. Glands

Hierin befinden sich die Dichtungen, die ein Austreten von Förderflüssigkeit und das Eindringen von Staub und Luft in den Zylinder verhüten. Sie liegen an der Kolbenstange der Scheibenkolben oder am Mantel der Plungerkolben an und enthalten die Führungen für diese Teile. Es gibt Berührungs- und Spaltdichtungen.

Berührungsdichtungen (Bild 20 a). Bei geringen Leckverlusten erzeugen sie beachtliche Reibungen und sind zu kühlen bzw. zu schmieren und zu warten. Ihre Beanspruchung ist stoßartig und ihre Länge hängt vom Medium, der Lauffläche, dem Enddruck und der mittleren Kolbengeschwindigkeit ab. Sie ist meist nur durch Versuche bestimmbar.

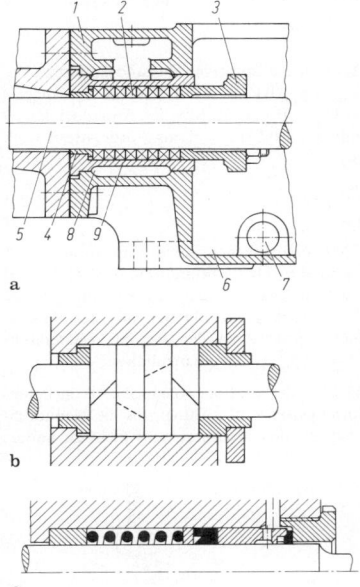

Bild 20. Stopfbuchsen. **a** Aufbau; **b** Weichpackung; **c** Lippendichtung

Aufbau (**Bild 20 a**). Die Stopfbuchse liegt im Gehäuse *1* und besteht aus der Packung *2*, die von der Brille *3* angezogen wird und der Grundbüchse *4* zur Führung von Kolben oder Stange *5*. Die Mulde *6* mit der Bohrung *7* führt die Leckmengen ab. Der Kühlmantel *8* soll bei heißen Medien die Reibungswärme abführen. Zu seiner besseren Reinigung liegt die gesamte Stopfbuchse in dem Einsatz *9*.

Material. Es werden weiche Stoffe, wie Gewebeschnüre, Gummimanschetten und Metallelemente aus Gußeisen, Stahl oder Bronze verwendet.

Weichpackungen. Sie bestehen aus Baumwoll- oder Asbestschnüren, die Fett, Graphit oder Tetrafluorethylen (Teflon) (s. E 4.5) enthalten. Sie werden als Zöpfe schraubenförmig um die zu dichtende Fläche gelegt oder als Einzelringe mit schrägen versetzten Schnitten (**Bild 20 b**) ausgeführt.

Manschettendichtungen. Da sie selbst abdichten sind Drücke bis zu 200 bar möglich. Sie bestehen aus mit Kunstkautschuk imprägnierter Baumwolle und werden als Lippen- oder Dachformringe hergestellt.

Lippendichtungen (**Bild 20 c**). Hier reicht schon eine Lippe, die durch den Feder- und Wasserdruck zusammengepreßt wird, um gegen 150 bar abzudichten. Dabei erhöhen mehrere Lippen nebeneinander die Dichtwirkung kaum.

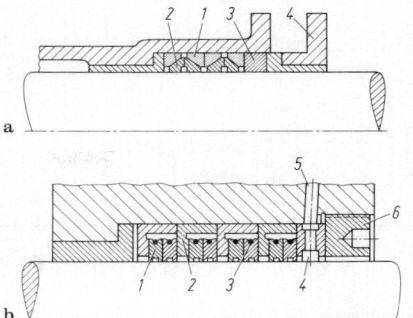

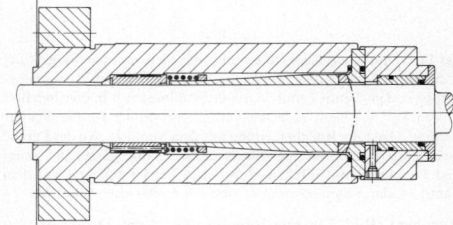

Bild 21. Metallpackungen. **a** Kegelpackung; **b** Federringpackung

Bild 22. Berührungsfreie Spaltdichtung (Uraca)

Metallpackungen. Es gibt plastisch verformbare und starre Ausführungen. Zu den ersten zählt die Hohlringpackung, deren Dichtelemente aus Blei mit Graphit gefüllt sind. Starr hingegen sind Kegel- und Federringpackungen.

Kegelpackung (**Bild 21 a**). Sie besteht aus dem ungeteilten Ring *1* aus Gußeisen oder Bleibronze und dem inneren geschlitzten Laufring *2* aus Weißmetall, die konisch ausgebildet sind. Diese Teile werden über den rechteckigen weichen Ring *3* mit der Brille *4* gespannt.

Federringpackung (**Bild 21 b**). Die Dichtung erfolgt durch dreiteilige Ringe *1* aus Gußeisen mit plangeschliffenen Stirnflächen. Sie liegen paarweise in Kammern *2* und werden durch Schlauchfedern *3* zusammengehalten. Den Anpreßdruck liefert die hinter die Ringe tretende Flüssigkeit, deren Leckmengen über den Ring *4* durch die Bohrung *5* abfließen. Die schraubbare Brille *6* spannt die Ringe.

Spaltdichtungen. Da sie berührungsfrei arbeiten vermeiden sie Reibungen, haben aber größere Leckverluste. Konisch in Richtung des Druckabfalls verjüngt, benutzen sie die zentrierende Wirkung der Spaltströme, wozu ein Kugelgelenk erforderlich ist (**Bild 22**).

Leckrate. Nach dem Gesetz von Hagen Poiseuille gilt, wenn *d* ihr wirksamer Durchmesser, *l* ihre Länge und h_{Sp} ihr Spalt ist mit der Zähigkeit η und dem Δp der Flüssigkeit

$$\dot{V} = \frac{\pi d \, \Delta p \, h_{Sp}^2}{12 \eta l}.$$

Dabei zeigt sich der große Einfluß des Spalts. Hiernach sind bei Wasserpumpen mit Spalten von 30 μm bei 200 bar Druckdifferenz, Liefergrade von 0,9 erreichbar. Ihre Herstellung ist aber recht aufwendig.

2.6 Betrieb einer Pumpenanlage
Pump installations and operation

Aufbau (Bild 23). Die Pumpe *1* wird durch einen Kurzschlußläufermotor *2* (s. **V 3 Bild 1**) angetrieben und saugt das Wasser durch

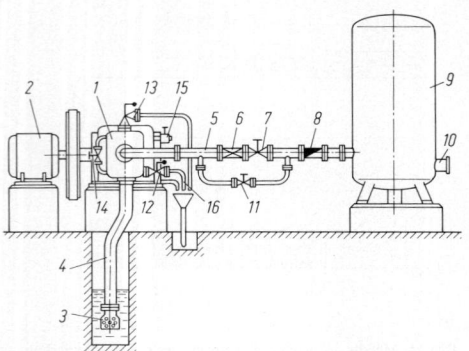

Bild 23. Aufbau einer Pumpenanlage (s. Text)

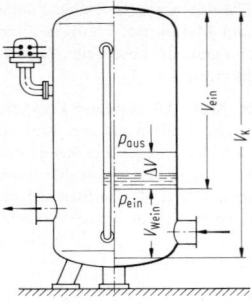

Bild 24. Kessel

das Fußventil *3*, ein Rückschlagventil mit Sieb, und die Saugleitung *4* an. Sie drückt es über die Förderleitung *5* mit der Rückschlagklappe *6*, dem Ventil *7* und dem Durchflußmesser *8* in den Behälter *9*. Von hier aus fließt es in die Verbraucherleitung *10*. Parallel zur Leitung *5* liegt die Rücklaufleitung mit dem Ventil *11*. An der Pumpe befinden sich noch die Sicherheitsventile *12* und *13* für die Saug- und Druckseite mit ihren Abflußrohren, die Umführung mit dem Ventil *14*, das Schnüffelventil *15* und der Leckwasserabfluß *16*.

Regelung (Bild 23). Die Regelgröße ist der Druck im Behälter *9*, Stellgröße die Spannung am Motor *2* oder einer elektromagnetischen Kupplung. Störgröße ist der Entnahmestrom. Die Strecke hat einen Ausgleich (s. X 4.2). Als Regler dient ein Zweipunktschalter (s. P 3.7.1), der in Abhängigkeit vom Einschalt- bzw. Ausschaltdruck p_{ein} bzw. p_{aus} die Spannung am Motor ändert.

Kessel (**Bild 24**). Für die isotherme Zustandsänderung der Luft gilt $\Delta p V_{ein} = p_{aus} \Delta V$ (s. D 7.1), wobei $\Delta p = p_{aus} - p_{ein}$ und $\Delta V = V_{ein} - V_{aus}$ sind. Mit der Annahme $V_{ein} = 0{,}75 V_K$ und mit $\Delta V = 0{,}25 \dot{V}_f / v_{max}$ als Förderstrom nach P 3 Gl. (41) folgt

$$V_K = \frac{\dot{V}_f p_{aus}}{3{,}0 v_{max} \Delta p}. \tag{53}$$

Anhaltswerte. Mit den üblichen Schaltfrequenzen $v_{max} = (15\dots30)\ \mathrm{h}^{-1}$ und den Druckdifferenzen $\Delta p = (1{,}0\dots1{,}5)$ bar ergeben sich tragbare Behältergrößen und geringe Abnutzung der Schaltkontakte. Dabei muß der Wasserstand im Behälter beachtet werden, um das Wasservolumen $V_{Wein} = V_K - V_{ein} = 0{,}25 V_K$ einzuhalten.

Anfahren (Bild 23). Hier wird bei vollem Druck im Behälter das Umführungsventil *14* geöffnet, bis die Nenndrehzahl erreicht ist, um den Antriebsmotor klein zu halten.

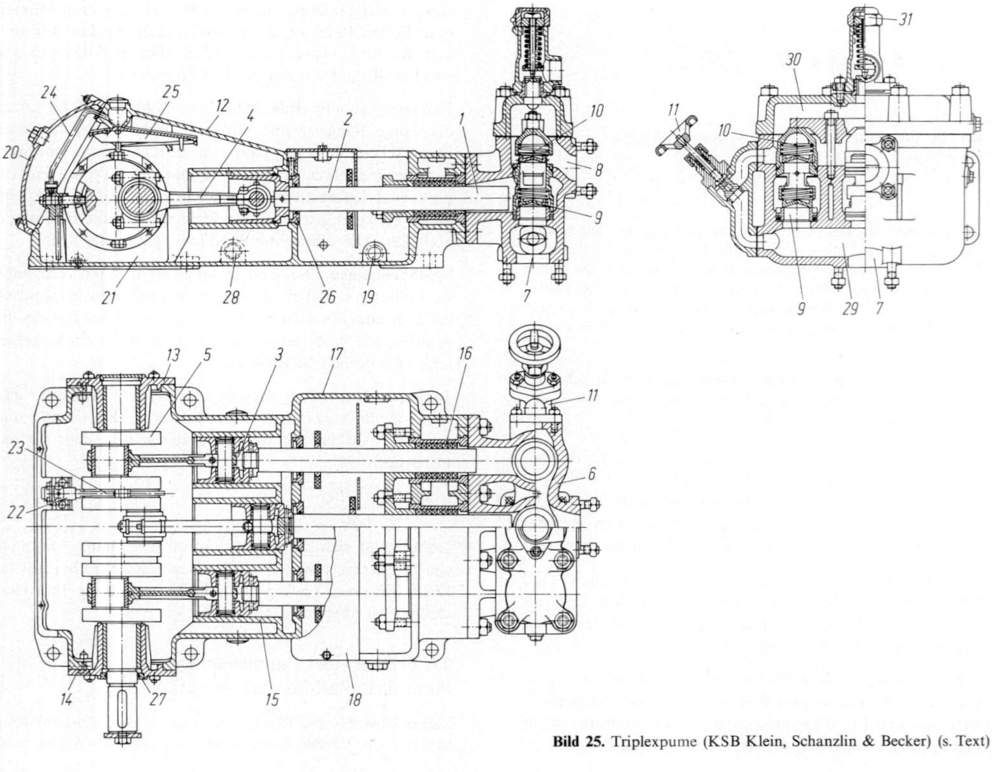

Bild 25. Triplexpume (KSB Klein, Schanzlin & Becker) (s. Text)

Hat sich die Saugleitung *4* bei längerem Stillstand entleert, so kann diese durch Öffnen der Ventile *14* und *11* der Umführungs- und Rücklaufleitung aufgefüllt werden. Bei langen Förderleitungen muß hierbei der Luftinhalt des Druckwindkessels besonders groß sein, damit der Druckanstieg infolge der Beschleunigung des Wassers verringert wird.

2.7 Ausgeführte Pumpen
Design of a piston pumps

Kolbenpumpe (Bild 25). Sie besitzt drei Zylinder mit der Bohrung 50 mm. Beim Kolbenhub 75 mm und der Drehzahl 450 min^{-1} beträgt der Förderstrom 1851/min und die Kupplungsleistung 4,2 kW.

Triebwerk. Die drei Kolben *1* haben Kolbenstangen *2* gleichen Durchmessers. Die Stangen *2* sind mit den Kreuzköpfen *3* verstiftet. Die Schubstange *4* verbindet sie mit der zweifach gelagerten Kurbelwelle *5*.

Zylinder. Am Zylinder *6* sitzen der Saug- und Druckstutzen *7* und *8*. Ferner nimmt er die Nester für die Saug- und Druckventile *9* und *10* und deren Verbindungskanäle auf. Das Umführungsventil *11* ermöglicht ein Anfahren bei leerer Saugleitung.

Gestell. Am Gestell *12* sind die beiden Schildlager *13* und *14* für Kurbelwelle *5*, die auch ihren Ausbau ermöglichen, angeschraubt. Es nimmt die Gleitbahnen *15* für die Kreuzköpfe *3* und Stopfbuchsen *16* des Kolbens *1* und die Zylinder *6* auf. Über die verbindende Laterne *17* werden die Packungen der Stopfbuchsen *16* durch den Deckel *18* ausgebaut. Ihr Leckwasser fließt an der Gewindebuchse

19 ab. Der abnehmbare Deckel *20* ermöglicht den Ausbau der Teile *1* bis *4*.

Schmierung. Das Öl wird aus der Ölwanne *21* des Gestells *12* von der Pumpe *22*, angetrieben durch Exzenter *23* auf der Kurbelwelle *5*, angesaugt. Über das Rohr *24* gelangt es zum Verteiler *25*, der es auf die Teile *4* und *5* tropfen läßt. Das hierbei entstehende Spritzöl schmiert auch den Kreuzkopf *3* und seine Gleitbahn *15*. Die Ölabstreifer *26* dichtet die Laterne *17* ab. Der Simmerring *27* dichtet das Kupplungsende der Kurbelwelle *5* ab. Das Ölstandsauge *28* dient zur Kontrolle des Ölverbrauchs.

Windkessel. Der Saug- und der abnehmbare Druckkessel *29* und *30* mit dem Sicherheitsventil *31* dämpfen die Druckstöße in den Leitungen. Sie werden beim Anfahren mit dem Ventil *11* verbunden.

Hochdruckpumpe (Bild 26). Ihre drei Zylinder haben die Bohrung 25 und 60 mm Hub und fördern 32 l/min auf 800 bar. Ihr Förderblock besteht aus den Zylindern *1*, der Ventileinheit *2* und dem Sammelstück *3*.

Zylinder. Hier läuft der Kolben *4* in den Führungen *5* und *6*. Daneben liegen die Packungen *7* und *8* zur Abdichtung, die über die Bohrung *9* mit Öl oder Fett geschmiert und mit dem Flansch *10* befestigt sind. Der Kolben als verlängerte Stange ist mit der Mutter *11* am Kreuzkopf befestigt, wobei die Blattfedern *12* die Bewegungsumkehr dämpfen.

Ventileinheit. Sie nimmt die parallel zur Zylindermittellinie liegenden Kegelventile *13* und *14* für das Saugen und Fördern auf und erlaubt ihren einfachen Ein- und Ausbau.

Sammelstück. Es enthält die Bohrungen *15* und *16* zur Zu- bzw. Abführung des Mediums und ist mit den Schrauben *17* am Zylinder befestigt. Die starken Druckstöße werden von den Zugankern *18* mit Dehnschaft aufgenommen.

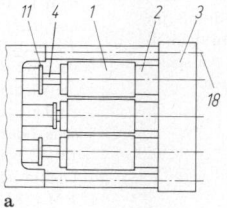

a

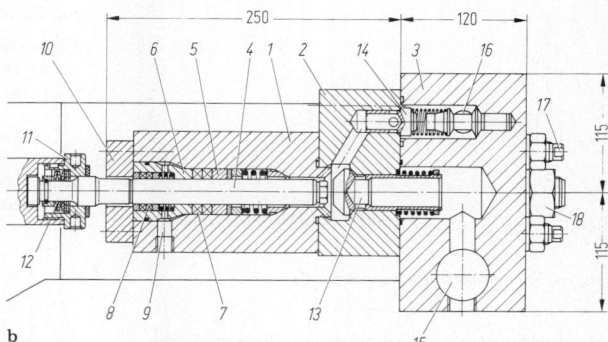

b

Bild 26. Förderblock einer Hochdruckpumpe (Uraca). **a** Aufbau; **b** Schnittbild

---

3 Kompressoren. Compressors

K.-H. Küttner, Berlin

3.1 Arbeitsweise, Arten und Verwendung
Function, types and use

Verdichter oder Kompressoren erhöhen den Druck gasförmiger Medien ein- oder mehrstufig und werden als Kolben- oder Strömungsmaschinen ausgeführt.

Der Kolbenverdichter erhöht den Druck durch Verringern des Arbeitsraumes. Mittel hierzu sind: der hin- und hergehende Kolben, die rotierenden Schieber des Vielzellenverdichters (**P1 Bild 1 b**) oder die Schnecken der Schraubenverdichter (**P1 Bild 1 e**). Besonders vielfältige Formen entstanden bei Kleinkompressoren für Kühlschränke.

Einsatzgebiete. Kolbenverdichter fördern relativ kleine Volumenströme bis $\approx 50 \cdot 10^3$ m^3/h auf hohe Drücke bis ≈ 2500 bar bei der Polyethylensynthese zur Kunststoffherstellung.

Medien. Es sind: Luft, Kraftgase wie Erd-, Stadt-, Kokerei- und Gichtgas, industrielle Gase wie Sauerstoff, Stickstoff und Acetylen, Kältemittel wie Ammoniak, Schwefeldioxid, Freon und Frigen, Gasgemische für die chemische Industrie und Wasserdampf.

Druckbereiche. Folgende Einteilung hat sich ergeben: Gebläse bis zu 2 bar, Verdichter bis zu 50 bar, Hochdruckverdichter bis zu 500 bar und Höchstdruckverdichter darüber.

Sonderformen. Es sind Vakuumpumpen, die Drücke bis 0,13 mbar beim Evakuieren von Räumen erzeugen und Umwälzkompressoren zum Ausgleich von Druckverlusten in Ferngasleitungen, die kleine Druckdifferenzen bei hohen Drücken ausgleichen.

3.2 Einstufige Verdichtung
Single stage compression

3.2.1 Drücke und Temperaturen
Pressure and temperatures

Der Verdichter *3* (**Bild 1**) saugt das Medium aus dem Saugbehälter *1* bzw. der Atmosphäre an und drückt es in den Förderbehälter *2* oder den Nachkühler mit den Stufendrücken p_1 und p_2 und den Temperaturen t_a und t_f. Diese Größen dienen zur thermodynamischen Berechnung. Der Zylindersaug- bzw. Gegendruck p'_1 und p''_2 im Verdichter ist die Grundlage zur Ermittlung der Gestängekräfte. Die übrigen Zustandsgrößen des Mediums im Zylinder werden den Diagrammpunkten (**Bild 3a**) gemäß bezeichnet, nämlich 1 bis 2 Verdichtung, 2 bis 3 Ausschieben, 3 bis 4 Rückexpansion und 4 bis 1 Ansaugen.

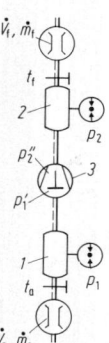

Bild 1. Schaltbild eines Verdichters

Stufen- bzw. Zylinderdruckverhältnis. Es ist

$$\psi = p_2/p_1, \quad \psi' = p''_2/p'_1 = c\psi. \tag{1}$$

Mit dem Stufendruckverhältnis steigen Druck und Temperatur, also die mechanische und thermische Beanspruchung des Verdichters. Es beträgt maximal $\psi = 8 \ldots 10$. Der höhere Wert gilt nur für den Kurzzeitbereich, da die Höchsttemperatur verzögert eintritt. Sie darf bei Luftverdichtern, um Schmierölexplosionen zu vermeiden, höchstens 200 °C betragen. Die Konstante $c = 1,1 \ldots 1,25$ ist von den Rohrleitungsverlusten, also von den Geschwindigkeiten in den Rohrleitungen, den Ventilen und den Nestern abhängig.

3.2.2 Schadraum. Cylinder clearance

So heißt der Teil des Arbeitsraums, der nicht zum Hubvolumen zählt, **Bild 3a**. Die hier verbliebene, vom Kol-

ben nicht ausgeschobene Restmasse vermindert das Ansaugevolumen und erhöht die Energiezufuhr, da sie bei der Rückexpansion weniger Arbeit abgibt, als sie bei der Kompression aufnimmt, daher der Name Schadraum V_S. Er ist durch die freien Ventilräume und das axiale Kolbenspiel bedingt und soll möglichst klein sein.

Schadraumanteil. In bezug auf das Hubvolumen V_h gilt

$$\varepsilon_0 = V_S/V_h. \tag{2}$$

ε_0 wird mit dem Gegendruck, mit dem die Dichte ρ und die Reibungsverluste $\Delta p_R = \xi \rho c^2/2$ wachsen, vergrößert. Um letztere zu begrenzen, wird die Geschwindigkeit c durch Vergrößerung der Ventilquerschnitte, also von V_S und ε_0, herabgesetzt. Anhaltswerte für ε_0 sind 0,05 bis 0,06 für konzentrische Ventile (s. P3.6.1) sowie 0,06 bis 0,1 bzw. 0,08 bis 0,12 für Ventile im Deckel bzw. am Zylinderumfang, s. P3.6.3.

Restmasse. Sie befindet sich nach dem Schließen der Druckventile im Schadraum und beträgt mit der Temperatur t_3, die nur im Druckstutzen ersatzweise meßbar ist, und mit der Dichte $\rho_3 = p_2/(RT_3)$:

$$m_r = V_S \rho_3, \quad m_r = \varepsilon_0 V_h p_2/(RT_3). \tag{3}$$

m_r steigt mit wachsendem Schadraum ε_0 und Druck p_2 an und verbleibt ständig im Zylinder.

3.2.3 Volumina und Massen. Volumetric and mass rates

Volumina. Meßbar sind das Ansauge- und Fördervolumen V_a und V_f beim Ansauge- bzw. Förderzustand p_1, t_a und p_2, t_f. Sie weichen stark voneinander ab, während sich die betreffenden Massen m_a und m_f nur durch die Leckverluste unterscheiden. Da das Ansaugevolumen (**Bild 2**) die Grundlage für die Auslegung bildet, dient zu seiner eindeutigen Festlegung der physikalische bzw. der technische Normzustand nach DIN 1343 bzw. DIN 1945 $p_0 = 1,0133$ bar, $t_0 = 0 °C$ und $p_0 = 0,981$ bar $t_0 = 20 °C$. Die Dichte ist $\rho_0 = M p_0/(\xi RM T_0)$, wobei M die Molmasse, $RM = 8315$ J/(kmol K) und ξ die p,v-Abweichung oder der Realgasfaktor (s. D6.1) ist. Durch Absprache ist auch ein anderer Normzustand möglich.

Umrechnung des Norm- in den Ansaugezustand. Bei konstanter Masse $m = V_a \rho_a = V_0 \rho_0$ gilt mit der Zustandsgleichung der idealen Gase

$$V_a = V_0 \rho_0/\rho_a, \quad V_a = V_0 \frac{p_0 T_a}{p_1 T_0}. \tag{4}$$

Feuchte Gase. Beim Bezug auf das Normvolumen in trockenem Zustand mit der relativen Feuchte φ und dem

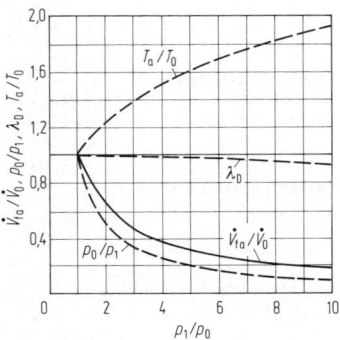

Bild 2. Einfluß des Temperaturverhältnisses T_a/T_0 und des Druckverhältnisses p_0/p_1 sowie der Leckverluste λ_D auf das Verhältnis des Ansauge- zum Normvolumen $\dot{V}_{fa}/\dot{V}_0$

Sättigungsdruck p_S ist bei der Saugtemperatur t_a

$$V_a = V_0 \frac{p_0}{p_1 - \varphi\, p_S} \frac{T_a}{T_0}. \tag{5}$$

Die Ansaugevolumina und damit die Zylinderabmessungen fallen bei festem Normvolumen mit wachsendem Saugdruck p_1 und abnehmender Ansaugetemperatur t_a mit sinkenden Werten von φ und p_S.

Umrechnung des Förder- auf den Ansauge- bzw. Normzustand. Es gilt

$$V_{fa} = V_f \rho_f / \rho_a, \quad V_{fa} = V_f \frac{p_2 T_a}{p_1 T_f}, \quad V_{f0} = V_f \frac{p_2 T_0}{p_0 T_f}. \tag{6}$$

Den Saugstrom $\dot V_{fa} = V_{fa} n$ garantiert der Hersteller mit $\pm 5\%$ Abweichung. Das Gesamthubvolumen V_H, auch theoretisches Fördervolumen genannt, ist für die Konstruktion grundlegend.

Massen. Hier sind die theoretische, die angesaugte und die geförderte Masse $m_{th} > m_a > m_f$ zu beachten. Die theoretische Masse $m_{th} = \rho_a V_H$ füllt das Hubvolumen beim Ansaugezustand aus und dient als Vergleichsgröße. Die angesaugte Masse m_a ist um den Rückexpansions- und Aufheizungsverlust kleiner, die Fördermasse m_f enthält noch zusätzlich die Leckverluste.

3.2.4 Liefergrad. Overall volumetric efficiency

Der Verdichter fördert nur einen Teil $m_f = \rho_a V_{fa}$ der theoretisch möglichen Masse $m_{th} = \rho_a V_H$. Gründe hierfür sind die bei der Druckänderung auftretenden Verluste des Schadraums, des Wärmeübergangs, der Drosselung und der Undichtigkeiten. Liefergrad heißt nun das Verhältnis

$$\lambda_L = m_a / m_{th} = V_{fa} / V_H. \tag{7}$$

Zur genaueren Untersuchung des Gesamtverlusts $\Delta V = V_H - V_{fa} = (1 - \lambda_L) V_H$ (**Bild 3c**), also zur Trennung der

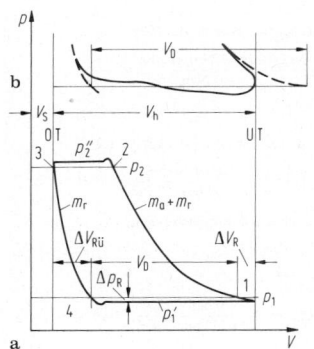

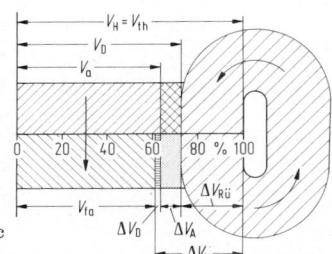

Bild 3. Einstufiger Verdichter. **a** p,V-Diagramm; **b** Nachladung; **c** Mengenflußbild

Einflüsse, wird er in den Füllungs-, Aufheizungs- und Durchsatzgrad aufgeteilt.

Füllungsgrad

Es ist das Verhältnis des indizierten oder Diagrammvolumens V_D (**Bild 3a**) zum Hubraum V_h eines Zylinders

$$\lambda_F = V_D / V_h. \tag{8}$$

Das Volumen V_D entspricht dem Abstand der Rückexpansion und der Kompressionslinie auf der Waagerechten p_1. Der Füllungsgrad erfaßt die Strömungs- und Rückexpansionsverluste $\Delta V_{Rü} \approx V_h - V_D = (1 - \lambda_F) V_h$.

Strömungsverluste. Der Reibungsverlust $\Delta p_R = p_1 - p_1'$ bedingt die Volumenminderung $\Delta V_R = (0{,}01 \ldots 0{,}03) V_h$ im Normalfall, also ein vernachlässigbarer Wert. Querschnittsverengungen, z.B. verschmutzte Luftfilter verursachen wesentlich höhere Werte. Druckänderungen (**Bild 3b**) infolge der Trägheit des Mediums entstehen bei sehr langen Rohrleitungen. Gemäß der Kolbenbeschleunigung zeigt das Medium beim Öffnen des Saugventils einen Druckanstieg, beim Schließen einen Abfall. Das Volumen V_D entspricht dann dem Abstand der Verlängerungen der Rückexpansions- und Kompressionslinie bis zum Saugdruck p_1, wobei es größer als das Hubvolumen bzw. $\lambda_F > 1$ werden kann, also eine Nachladung entsteht. Da hierbei Schwingungen mit Energieverlusten auftreten, wird die Nachladung durch Aufnehmer nahe am Arbeitsraum unterdrückt.

Rückexpansionsverluste. Das Medium (**Bild 3a**) dehnt sich bei Vernachlässigung der Reibung vom Punkt 3 nach 4 von p_2, V_S auf p_1, V_4 aus. Mit dem mittleren Polytropenexponenten n wird $p_2 V_S^n = p_1 V_4^n$ und damit der Verlust der Rückexpansion

$$\Delta V_{Rü} = V_4 - V_S = V_S [(p_2/p_1)^{1/n} - 1]. \tag{9}$$

Der Exponent n ist nach Fröhlich [1] für zweiatomige Gase 1,2 bis 1,3 bei Drehzahlen unter 200 min^{-1} und 1,25 bis 1,35 über 200 min^{-1}. Bei realen Gasen ist $\psi^{1/n}$ durch $\xi_3 \psi^{1/n} / \xi_4$ zu ersetzen, wobei sich p,v-Abweichungen auf die Punkte 3 und 4 im Saug- bzw. Förderstutzen beziehen.

Verlauf. Der Füllungsgrad beträgt mit $V_D \approx V_h - V_{Rü}$ und den Gln. (8) und (9)

$$\lambda_F \approx 1 - \varepsilon_0 [(p_2/p_1)^{1/n} - 1]. \tag{10}$$

Er nimmt mit wachsendem Schadraum V_S und Druckverhältnis ψ ab, da der Rückexpansionsverlust (**Bild 4**) ansteigt. So werden bei Großverdichtern als Stellglieder für die Regelung des Fördervolumens zusätzliche einstellbare Räume (s. P3.7.2) an den Schadraum angeschlossen. Bei Zweitaktmotoren mit Kurbelkastenspülung, bei denen die Kolbenrückseite spült, werden, um ein genügendes Spülvolumen zu erhalten, die Kurbelkastenwände zur Schadraumverringerung ganz dicht an die Triebwerkteile gelegt.

Aufheizungs- und Durchsatzgrad

Aufheizungsgrad. Er ist das Verhältnis des tatsächlich angesaugten Volumens pro Zylinder zum Diagrammvolumen V_D

$$\lambda_A = V_a / V_D. \tag{11}$$

Er dient zur Beurteilung des durch die Aufheizung des Mediums im Zylinder entstehenden Volumenverlusts $\Delta V_A = (1 - \lambda_A) V_D$.

Das Gas wird an den Zylinderwänden und noch geringfügig von den Restgasen des Schadraums erwärmt. Da die

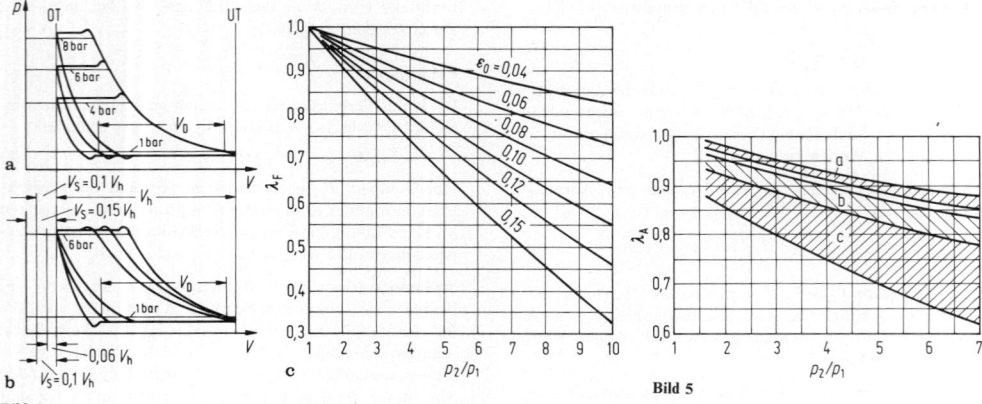

Bild 4

Bild 4. Abhängigkeit des Füllungsgrads eines Verdichters. **a** Druckverhältnis; **b** Schadraum; **c** Diagramm

Bild 5. Der Aufheizungsgrad als Funktion des Druckverhältnisses eines Verdichters. *a* für zweiatomige Gase; *b, c* für SO$_2$- und NH$_3$-Dämpfe; *b* in Tauchkolben- und *c* in Kreuzkopfmaschinen, obere Grenzkurve für große und untere Grenzkurve für kleine Zylinder

Wand- und Restgastemperaturen mit dem Gegendruck steigen, nimmt hiermit der Volumenverlust zu und der Aufheizungsgrad ab. Dies gilt auch für den steigenden Wärmedehnungskoeffizienten des Gases und abnehmenden Kolbendurchmesser, weil das Verhältnis Volumen zu Oberfläche ungünstiger wird. Bei der Aufheizung erhöht sich die Ansaugtemperatur T_a des Mediums auf T_1, und der Raum nimmt nur noch die Masse $m_a = p_1 V_a/(R T_a) \approx p_1 V_D/(R T_1)$ auf. Hieraus folgt $\lambda_A = V_a/V_D \approx T_a/T_1$. Die zweite qualitative Gleichung zeigt den Einfluß der Temperatur am Saugende. Hiernach bringen etwa 10 K Temperaturerhöhung beim Ansaugen 3% Verringerung des Aufheizungsgrads (Anhaltswerte s. **Bild 5**).

Durchsatzgrad. Das Verhältnis des geförderten zum angesaugten Volumen

$$\lambda_D = V_{fa}/V_a \tag{12}$$

ist die Folge von undichten Kolbenringen, Ventilen und Stopfbuchsen. Er wird mit sinkender Drehzahl, bei der das Medium mehr Zeit zum Abströmen hat und mit steigendem Gegendruck kleiner. Bei der Auslegung wird der Durchsatzgrad eins gesetzt, da bei gut gedichteten Maschinen die Leckverluste $\Delta V_D = (1 - \lambda_D) V_a$ kleiner als die Toleranzen der Betriebsmeßgeräte sind. Der Durchsatzgrad dient also hauptsächlich dazu, Undichtigkeiten von länger im Betrieb befindlichen Maschinen festzustellen.

Gesamtverluste. Der Liefergrad folgt aus den Förderströmen bei z Zylindern

$$\lambda_L = \frac{\dot V_{fa}}{\dot V_H} = \frac{\dot V_{fa}}{\dot V_a} \frac{\dot V_a z \dot V_D}{z \dot V_D \dot V_H} = \lambda_F \lambda_A \lambda_D. \tag{13}$$

Damit gilt für die Gesamtverluste

$$\Delta \dot V_L = (1 - \lambda_L) \dot V_H = (1 - \lambda_F \lambda_A \lambda_D) \dot V_H. \tag{14}$$

Hier hat bei Schadräumen $\varepsilon_0 > 0,1$ der Füllungsgrad den größten Einfluß.

Beispiel: Der Kolbenverdichter (**Bild 33**) hat $z = 2$ Zylinder mit der Bohrung $D = 100$ mm, den Hub $s = 60$ mm und die Drehzahl $n = 1450$ min^{-1}. Er saugt $\dot m_a = 59$ kg/h Luft von $p_1 = 1$ bar, $t_a = 20$ °C an und fördert $\dot m_f = 56$ kg/h auf $p_2 = 9$ bar, $t_f = 40$ °C. Der Normzustand betrage 1,0133 bar bei 0 °C, der Schadraum $\varepsilon_0 = 0,08$ und der Exponent der Rückexpansion sei $n = 1,4$.

Gesucht sind die Volumina, bezogen auf die gegebenen Zustände und die Volumenkenngrößen.

Theoretisches Hubvolumen. Nach P1 Gln. (1) und (4) beträgt es

$$\dot V_H = z \frac{\pi}{4} D^2 s n$$
$$= 2 \cdot 0,25 \cdot \pi \, 0,10^2 \, \text{m}^2 \cdot 0,06 \, \text{m} \cdot 1450 \, \text{min}^{-1} \cdot 60 \, \text{min/h}$$
$$= 82,0 \, \text{m}^3/\text{h}.$$

Förderstrom. Hierfür gilt nach der Zustandsgleichung

$$\dot V_f = \dot m_f R T_f/p_2 = \frac{56 \, \text{kg/h} \cdot 287,1 \, \text{Nm/(kgK)} \cdot 313 \, \text{K}}{9 \cdot 10^5 \, \text{N/m}^2}$$
$$= 5,591 \, \text{m}^3/\text{h},$$

auf den Ansaugzustand bezogen beträgt er nach Gl. (6)

$$\dot V_{fa} = \dot V_f \frac{p_2 T_a}{p_1 T_f} = 5,591 \, \text{m}^3/\text{h} \, \frac{9 \, \text{bar} \cdot 293 \, \text{K}}{1 \, \text{bar} \cdot 313 \, \text{K}} = 47,11 \, \text{m}^3/\text{h}.$$

Ansaugstrom. Nach der Zustandsgleichung folgt

$$\dot V_a = \dot m_a R T_a/p_1 = \frac{59 \, \text{kg/h} \cdot 287,1 \, \text{Nm/(kg K)} \cdot 293 \, \text{K}}{10^5 \, \text{N/m}^2}$$
$$= 49,63 \, \text{m}^3/\text{h}.$$

Normvolumenströme. Für das Fördern gilt nach Gl. (6)

$$\dot V_{f0} = \dot V_f \frac{p_2 T_0}{p_0 T_f} = 5,591 \, \text{m}^3/\text{h} \, \frac{9,0 \, \text{bar} \cdot 273 \, \text{K}}{1,0133 \, \text{bar} \cdot 313 \, \text{K}} = 43,31 \, \text{m}^3/\text{h}.$$

Dieses Ergebnis folgt auch aus den Gleichungen

$$\dot V_{f0} = \dot V_{fa} p_1 T_0/(p_0 T_a) = \dot m_f R T_0/p_0.$$

Für den Ansaugstrom wird

$$\dot V_{a0} = \dot V_a \frac{p_1 T_0}{p_a T_a} = 49,63 \, \text{m}^3/\text{h} \, \frac{1,0 \, \text{bar} \cdot 273 \, \text{K}}{1,0133 \, \text{bar} \cdot 293 \, \text{K}} = 45,64 \, \text{m}^3/\text{h}.$$

Hier gilt außerdem die Gleichung

$$\dot V_{a0} = \dot m_a R T_0/p_0.$$

Liefergrad. Aus Gl. (7) folgt

$$\lambda_L = \dot V_{fa}/\dot V_H = \frac{47,11 \, \text{m}^3/\text{h}}{82,0 \, \text{m}^3/\text{h}} = 0,5745.$$

Füllungsgrad. Nach Gl. (10) ist

$$\lambda_F \approx 1 - \varepsilon_0[(p_2/p_1)^{1/n} - 1] = 1 - 0,08(9^{1/1,4} - 1) = 0,6957.$$

Durchsatzgrad. Nach Gl. (12) wird

$$\lambda_D = \dot V_{fa}/\dot V_a = \frac{47,11 \, \text{m}^3/\text{h}}{49,63 \, \text{m}^3/\text{h}} \quad \text{bzw.}$$

$$\lambda_D = \dot m_f/\dot m_a = \frac{56 \, \text{kg/h}}{59 \, \text{kg/h}} = 0,95.$$

Die Leckverluste betragen $\dot{m}_a - \dot{m}_f = 3\,\mathrm{kg/h}$ bzw. $\dot{V}_a - \dot{V}_{fa} = 2,5\,\mathrm{m^3/h}$ beim Ansaugezustand, sind also erträglich. Sie sind aber, da sie als Differenz gemessen werden, als kleiner Wert sehr stark von den Toleranzen der Meßgeräte abhängig. Sinkt der Durchsatzgrad unter 90% ab, so sind undichte Stellen an Kolbenringen und Ventilen zu suchen.

Aufheizungsgrad. Nach Gl.(13) wird

$$\lambda_A = \lambda_L/(\lambda_D\,\lambda_F) = 0{,}5745/(0{,}95 \cdot 0{,}6957) = 0{,}869.$$

3.2.5 Der Arbeitsvorgang. Working cycle

Die Zustandsänderungen des Mediums und damit auch der Energieaustausch sind von der Kolbenbewegung und der Kühlung abhängig. Aus dem p,v-Diagramm folgen die inneren Arbeiten (s. P1 Gln.(10) u. (12)). Das T,s-Diagramm zeigt die Arbeiten neben den Wärmen [1]. Hier lassen aber die Isentropen und Isothermen, senkrechte bzw. waagerechte Gerade, einfache Vergleiche mit den tatsächlichen Zustandsänderungen zu. Dies ist aber im p,v-Diagramm mit seinen Hyperbeln hierfür wesentlich schwieriger.

Übertragung des Indikator- in das T,s-Diagramm

Zunächst wird für das Indikatordiagramm (**Bild 6a**) mit den Maßstäben $\bar{m}_p = 1/\varphi$ und $\bar{m}_v = V_h/l$ nach P1.1.2 das Koordinatensystem aufgetragen und beziffert. Dann sind für vorgewählte Drücke p die Volumina V auf den Zustandslinien abzulesen und das spezifische Volumen $v = V/m$ zu berechnen. Aus p und v werden im T,s-Diagramm (**Bild 6b**) die betreffenden Punkte bestimmt, wobei sich die p- und v-Linien recht schleifend schneiden. Bei idealen Gasen ist es günstiger, die Temperaturen $T = pv/R = pV/(mR)$ zu benutzen. Masse und Anfangspunkt für die Rückexpansion die Restmasse m_r nach Gl.(3) und der Punkt 3 $v_3 = V_S/m_r$ und für die Kompression die Gesamtmasse $m_a + m_r$ und der Punkt 1 $v_1 = (V_S + V_h)/(m_a + m_r)$. Die angesaugte Masse ist hierbei $m_a = \dot{m}_a/(nz)$, wobei n die Dreh- und z die Zylinderzahl ist.

Zustandsänderungen

Ansaugen. Der Punkt 5 in **Bild 6** stellt den Saugzustand p_1, t_1 dar. Während der Öffnung des Saugventils zwischen den Punkten 4 und 1 vermischen und erwärmen sich beim Druck p_1' an den Zylinderwänden die Restmasse m_r und die zuströmende Ansaugemasse m_a. Da sich der Inhalt des Zylinders ständig ändert, kann das Ansaugen in dem auf 1 kg bezogenen T,s-Diagramm nur punktiert angedeutet werden.

Verdichten. Zwischen den Punkten 1 und 2 wird die Gesamtmasse $m_a + m_r$ im dicht angesehenen Zylinder von p_1, t_1 auf p_2, t_2 verdichtet. Im T,s-Diagramm verläuft die Zustandslinie zuerst nach rechts und dann nach links. Bei der Temperatur T_A liegt eine senkrechte Tangente, also eine momentane isentrope Verdichtung vor. Ist $T < T_A$, nimmt das Medium von der Zylinderwand Wärme auf, für $T > T_A$ gibt es Wärme ab. Da die Kühlung wenig wirksam ist, weicht die tatsächliche Verdichtung 1 bis 2 beträchtlich von der idealen, der Isothermen 5 bis 5″ ab.

Ausschieben. Zwischen den Punkten 2 und 3 wird die Masse m_a bei konstantem Druck p_2 ausgeschoben und die Temperatur sinkt von T_2 auf T_3 ab. Das Medium ist noch wesentlich heißer als die Wand. Es vermischt sich im Druckstutzen mit dem heißeren vorher ausgeschobenen Gas und kühlt dabei weiter ab. So entspricht am Ende die Temperatur im Stutzen der Temperatur t_3. Wegen der ständig abnehmenden Masse wird im T,s-Diagramm das Ausschieben wie das Ansaugen punktiert dargestellt.

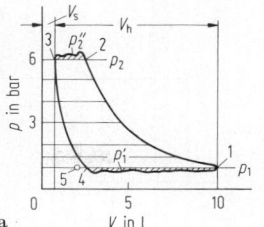

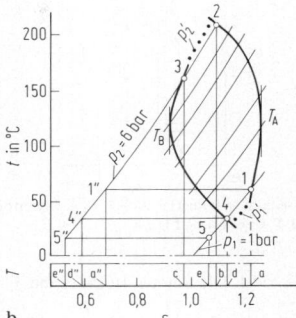

Bild 6. Einstufiger Luftverdichter. **a** p,V-Diagramm; **b** T,s-Diagramm

Rückexpansion. Die im Schadraum verbliebene Restmasse dehnt sich bei geschlossenen Ventilen zwischen den Punkten 3 und 4 von p_2, t_3 auf p_1, t_4. Hierbei fallen Druck und Temperatur ständig ab, wobei die Temperatur t_4 der Ansaugetemperatur t_a nicht erreicht. Im T,s-Diagramm geht die Dehnungslinie zunächst nach links bis zur Temperatur T_B mit der senkrechten Tangente und biegt dann rechts ab. Ist $T > T_B$ gibt das Medium Wärme ab, für $T < T_B$ nimmt es Wärme auf. Die starke Krümmung der Dehnungslinie zeigt den intensiven Wärmeaustausch der im kleinen Arbeitsraum mit großer Oberfläche eingeschlossenen Restmasse. Der für den Füllungsgrad bedeutsame Rückexpansionsexponent folgt dann aus der Polytropengleichung $p_2 V_S^n = p_1 V_4^n$.

$$n = \lg(p_2/p_1)/\lg(V_4/V_S). \tag{15}$$

Energien

Im T,s-Diagramm (**Bild 6**) entsprechen die Flächen unter den Zustandslinien den pro Masseneinheit des Mediums ausgetauschten Wärmen. Da die Arbeiten durch Wärmen darstellbar sind, ist ihre Deutung ebenfalls als Flächen möglich. Der Wärmemaßstab dafür ist $\bar{m}_W = \bar{m}_T \bar{m}_S$. Im folgenden sind die relativ kleinen Gasreibungen vernachlässigt.

Wärmen. Es sei m_a und m_r die Ansauge- bzw. die Restmasse und Fl. bedeute Fläche.

Angesaugte Masse. Sie nimmt die Wärmen $\bar{m}_W$ Fl. a 15e beim Ansaugen auf und gibt ab: $\bar{m}_W$ Fl. a 12b beim Verdichten, $\bar{m}_W$ Fl. b23c beim Ausschieben und $\bar{m}_W$ Fl. c35″e″ bei der Rückkühlung auf die Saugtemperatur. Insgesamt folgt, da Fl. a″1″5″e″ = Fl. a15e ist

$$q_a = -\bar{m}_W\,\text{Fl. a121″a″}, \qquad Q_a = -m_a q_a. \tag{16}$$

Restmasse. Sie unterscheidet sich von der angesaugten Masse beim Ansaugen mit $\bar{m}_W$ Fl. a14d und dem Ersatz der Kompression durch die Rückexpansion mit der

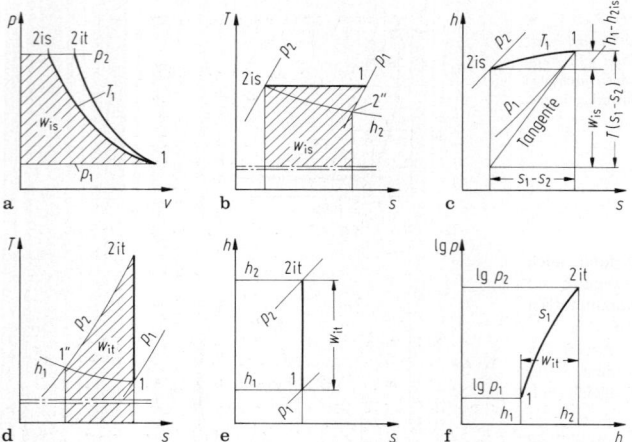

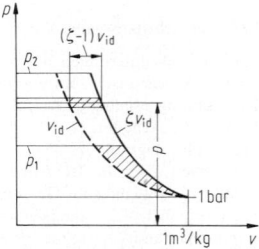

Bild 7. Arbeit realer Gase. **a, b, c** isotherme Arbeit; **d, e, f** isentrope Arbeit. Diagramme: **a** p,v-; **b, d** T,s-; **c, e** h,s-; **f** $\lg p,h$-

Bild 8. Ermittlung der Beiwerte B für die isotherme Verdichtung

Wärmezufuhr $\bar{m}_{\mathrm{W}}$ Fl. c34d. Die Summe ist dann mit Fl. a″1″4″d″=Fl. a14d

$$q_{\mathrm{r}} = -\bar{m}_{\mathrm{W}} \text{ Fl. 1234,} \quad Q_{\mathrm{r}} = -m_{\mathrm{r}} q_{\mathrm{r}}. \tag{17}$$

Arbeitsspiel. Hierfür gilt

$$Q_{\mathrm{i}} = -(m_{\mathrm{a}} q_{\mathrm{a}} + m_{\mathrm{r}} q_{\mathrm{r}}).$$

Arbeiten. *Kompression und Rückexpansion.* Hierfür gilt dann mit Fl. a″1″4″d″=Fl. a 14d

$$w_{\mathrm{iK}} = \bar{m}_{\mathrm{W}} \text{Fl. a121″a″,} \quad w_{\mathrm{iRü}} = \bar{m}_{\mathrm{W}} \text{Fl. d434″d″.}$$

Mehrarbeit zur Verdichtung der Restmasse. Sie beträgt

$$\Delta w_{\mathrm{R}} = w_{\mathrm{iK}} - w_{\mathrm{Rü}} = \bar{m}_{\mathrm{W}} \text{ Fl. 1234.}$$

Indizierte Arbeit. Mit $w_{\mathrm{iK}} = -q_{\mathrm{a}}$ und $w_{\mathrm{iRü}} = -q_{\mathrm{r}}$ folgt für ein Arbeitsspiel

$$\begin{aligned} W_{\mathrm{i}} &= (m_{\mathrm{a}} + m_{\mathrm{r}}) w_{\mathrm{iK}} - m_{\mathrm{r}} w_{\mathrm{iRü}} \\ &= m_{\mathrm{a}} w_{\mathrm{iK}} m_{\mathrm{r}} \Delta w_{\mathrm{R}} = -Q. \end{aligned} \tag{18}$$

Damit das Medium nach der Verdichtung die Ansaugetemperatur wieder erreicht, muß ihm die zugeführte Wärme als Arbeit entzogen werden. Diese sind aber größer als bei der Isothermen 5 bis 5″, da die wenig effektive Zylinderkühlung einen Temperaturanstieg zuläßt.

3.2.6 Leistungen und Wirkungsgrade. Power and efficiency

Bei Kompressoren werden die Kupplungsleistung, die indizierte Leistung und die Leistung der Idealmaschine sowie die zu ihrer Beurteilung notwendigen Wirkungsgrade unterschieden.

Isotherme Leistung

Der Idealverdichter verdichtet den Förderstrom $\dot{m}_{\mathrm{f}}$ des Mediums ohne seine Feuchte vom Ansaugezustand p_1, t_{a} auf den Gegendruck p_2. Die isotherme Leistung bzw. der Massenstrom ist dann mit Gl. (5) und $\dot{m}_{\mathrm{f}} = \dot{V}_{\mathrm{fa}} v_{\mathrm{a}}$

$$P_{\mathrm{is}} = \dot{m}_{\mathrm{f}} w_{\mathrm{is}}, \quad \dot{m}_{\mathrm{f}} = \frac{p_1 - \varphi p_{\mathrm{s}}}{R T_{\mathrm{a}}} \dot{V}_{\mathrm{fa}}. \tag{19}$$

Hierbei ist R die Gaskonstante, φ die relative Feuchte und w_{is} die spezifische Arbeit der Isothermen. Die Feuchte ist nur bei kleinen p_1 und großen t_{a} bedeutend, bei der Auslegung und bei großen p_1 wird sie vernachlässigt. Für Medien, die bei einer isothermen Verdich-

tung kondensieren − wie z.B. Ammoniak in Kälteverdichtern − gilt die Isentrope als Idealprozeß mit der Leistung $P_{\mathrm{it}} = \dot{m}_{\mathrm{f}} (h_2 - h_1)$ wobei h_1 und h_2 die Enthalpien an ihrem Anfang oder Ende sind.

Ideale Gase. Bei der Isothermen sind die Gasarbeit und die technische Arbeit gleich $w_{\mathrm{is}} = p_1 v_1 \ln(p_2/p_1)$, mit $v_1 = \dot{V}_{\mathrm{fa}}/\dot{m}_{\mathrm{f}}$ und $p_1 \dot{V}_{\mathrm{fa}} = \dot{m}_{\mathrm{f}} R T_{\mathrm{a}}$ folgt aus Gl. (19)

$$P_{\mathrm{is}} = p_1 \dot{V}_{\mathrm{fa}} \ln(p_2/p_1) = \dot{m}_{\mathrm{f}} R T_{\mathrm{a}} \ln(p_2/p_1). \tag{20}$$

Die Betrachtung der Temperatur $T_{\mathrm{a}} = 300 \text{ K}$ in Gl. (20) zeigt, daß ihre Erhöhung um 3 K die isotherme Leistung und damit auch alle weiteren um 1% erhöht.

Reale Gase. Die spezifischen Arbeiten (**Bild 7**) lassen sich im h,s- und $\lg p,h$-Diagramm als Strecken und im p,v- und T,s-Diagramm als Flächen ablesen. Sind, wie bei den meisten Gasen, jedoch nur die p,v-Abweichungen vom Volumen des idealen Gases (Index id) bekannt, so folgt für die Volumenänderung $\Delta v = \xi v_{\mathrm{id}} - v_{\mathrm{id}}$ mit $p_1 v_{1\,\mathrm{id}} = p_1 v_1$ die zusätzliche spezifische Arbeit

$$\begin{aligned} \Delta w_{\mathrm{is}} &= \int_{p_1}^{p_2} \Delta v \, dp = p_1 v_{1\,\mathrm{id}} \int_{p_1}^{p_2} \frac{\xi - 1}{p} \, dp \\ &= p_1 v_{1\,\mathrm{id}} \left[\int_{1\,\mathrm{bar}}^{p_2} \frac{\xi - 1}{p} \, dp - \int_{1\,\mathrm{bar}}^{p_1} \frac{\xi - 1}{p} \, dp \right], \\ \Delta w_{\mathrm{is}} &= p_1 v_{1\,\mathrm{id}} [B(2) - B(1)]. \end{aligned}$$

Zur Tabellierung der Beiwerte B wird das Integral in zwei Teile aufgespalten, die bei $p_1 = 1$ bar beginnen. Wird zur graphischen Ermittlung in **Bild 8** auch noch von $v_1 = 1 \text{ m}^3/\text{kg}$ ausgegangen, so entspricht die Fläche zwischen den Kurven $p = f(v_{\mathrm{id}})$ und $p = f(\xi v_{\mathrm{id}})$ dem Beiwert B, da dann $p_1 v_{1\,\mathrm{id}}$ den Zahlenwert eines erhält. Die isotherme Leistung ist dann

$$P_{\mathrm{is}} = \dot{m}_{\mathrm{f}} (w_{\mathrm{is}} + \Delta w_{\mathrm{is}}) = p_1 \dot{V}_{\mathrm{fa}} [\ln(p_2/p_1) + B(2) - B(1)]. \tag{21}$$

Wert für B s. **Anh. P3 Bild 1** und **2**.

Indizierte und effektive Leistung

Indizierte Leistung. Nach P1 Gl. (13) beträgt $P_{\mathrm{i}} = p_{\mathrm{i}} n V_{\mathrm{H}}$ bzw. $P_{\mathrm{i}} = P_{\mathrm{is}} + P_{\mathrm{R}} + P_{\mathrm{Z}}$. Hierin sind P_{Z} die Wärmeverluste in Zylinder und P_{R} der Gasreibungsverlust, der im p,V-Diagramm (**Bild 6a**) durch die Flächen zwischen den Drucklinien p_1 und p_1' sowie p_2 und p_2' und der Zustandslinie dargestellt wird. Im Leerlauf, bei dem $\dot{V}_{\mathrm{fa}} = P_{\mathrm{is}} = 0$ und $P_{\mathrm{i}} = P_{\mathrm{R}} + P_{\mathrm{Z}}$ ist, sind diese Verluste direkt meßbar.

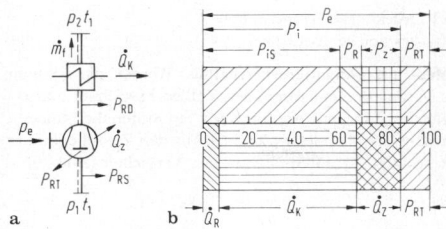

Bild 9. Einstufiger Verdichter. **a** Schaltbild; **b** Energiebilanz

Effektive Leistung. Ihre Messung erfolgt mit Dehnmeß-streifen oder Torsionsdynamometern aus der Verdrehung der Welle zwischen der letzten Kurbel und der Kupplung. Beim Antrieb über Elektromotoren wird deren Leistung unter Abzug ihrer Verluste bestimmt. Für pendelnd gelagerte Motoren wird das Drehmoment M_d mit einer am Hebelarm l befestigten und mit Gewicht mg belasteten Waage bei der Drehzahl n gemessen. Die Leistung beträgt damit

$$P_e = 2\pi n M_d = 2\pi n m g l \quad \text{und} \quad P_e = P_i + P_{RT}. \quad (22)$$

Die Gl. (22) enthält die drehzahl- und belastungsabhängigen Reibungsverluste P_{RT}. Nach DIN 1945 garantiert der Hersteller die effektive Leistung mit $\pm 5\%$ Spiel. Die Leistung des Antriebsmotors wird aber noch um 10 bis 15% höher gewählt, um Schwankungen der elektrischen Spannung und des Ansaugzustandes auszugleichen.

Bilanz (Bild 9). Dem Verdichter wird insgesamt die Kupplungsleistung P_e zugeführt. Im Triebwerk verbraucht er die Reibungsleistung P_{RT}, und das Medium verliert in der Rohrleitung und im Zylinder die Leistungen P_R und P_Z. Der verbleibende Rest ist die isotherme Leistung P_{is}. Abgeführt werden die Wärmeströme $\dot{Q}_K$ im Nachkühler und $\dot{Q}_Z$ im Zylinder. Sie sind bei Rückkühlung auf die Ansaugtemperatur gleich der indizierten Leistung P_i, während die Triebwerksreibung P_{RT} vom Schmieröl abgeführt wird. Das Restglied $\dot{Q}_R$ erfaßt alle nicht meßbaren Verluste wie die Abstrahlungen und die Meßfehler.

Wirkungsgrade

Isotherme Wirkungsgrade. Sie vergleichen die isotherme P_{is} mit der indizierten bzw. effektiven Leistung P_i und P_e. Sie heißen isotherme Wirkungsgrade und entsprechen den Gütegraden nach P1 Gln. (18) und (19).

$$\eta_{isi} = P_{is}/P_i, \quad \eta_{ise} = P_{is}/P_e = P_{is}P_i/(P_iP_e) = \eta_{isi}\eta_m. \quad (23)$$

Hierbei ist $\eta_m = P_i/P_e$ der mechanische Wirkungsgrad. Der effektive Wirkungsgrad dient als Erfahrungswert, um bei der Auslegung aus der isothermen die effektive Leistung zu berechnen. Er ist von der Konstruktion des Verdichters, von seiner Kühlung und dem Druckverhältnis abhängig. Sein Maximalwert ist $\eta_{ise} = 0,6$ bis 0,7 bei Druckverhältnissen $\psi = 3 \dots 4$. Dabei betragen die Gesamtverluste

$$\Delta P_V = P_Z + P_R + P_{RT} = (1 - \eta_{ise})P_e \approx (0,3 \dots 0,4)P_e.$$

Isentrope Wirkungsgrade. Bei Medien, die bei der isothermen Verdichtung verflüssigen, wird die isentrope Leistung P_{it} zum Vergleich benutzt. Es gilt dann

$$\eta_{iti} = P_{it}/P_i, \quad \eta_{ite} = P_{it}/P_e = P_{it}P_i/(P_iP_e) = \eta_{iti}\eta_m. \quad (24)$$

Sie sind etwas größer als die isothermen Wirkungsgrade.

Beispiel: Ein einstufiger Verdichter soll $\dot{V}_0 = 10 \text{ m}^3/\text{min}$ Luft vom Normzustand $p_0 = 1,0133$ bar und $t_0 = 0\,°\text{C}$ fördern. Er saugt mit $p_1 = 1$ bar und $t_a = 25\,°\text{C}$ an und verdichtet auf $p_2 = 6$ bar. Der Liefergrad beträgt $\lambda_L = 65\%$, die Kolbengeschwindigkeit $c_m = 4 \text{ m/s}$, für den Zylinder ist der Saugdruck $p_1' = 0,96$ bar, der Beiwert $c = 1,08$ und der effektive isotherme Wirkungsgrad ist $\eta_{ise} = 0,65$. Die Drehzahl sei $n = 750$ bzw. 1000 min^{-1} für Zylinderdurchmesser $D \leq 300 \text{ mm}$.

Gesucht sind die Abmessungen und Gestängekräfte von Fächermaschinen mit zwei, drei und fünf Zylindern, sowie eines Zylinders mit doppelt wirkenden Scheibenkolben (Stangendurchmesser $d = 50 \text{ mm}$) und die Kupplungsleistung.

Ansaugstrom. Aus Gl. (4) folgt, da für die Auslegung Leckverluste vernachlässigt werden, also $\lambda_D = 1$ bzw. $\dot{V}_a = \dot{V}_{fa}$ nach Gl. (12) ist

$$\dot{V}_{fa} = \dot{V}_0 \frac{p_0 T_a}{p_1 T_0} = 10 \frac{\text{m}^3}{\text{min}} \frac{1,0133 \text{ bar} \cdot 298 \text{ K}}{1,0 \text{ bar} \cdot 273 \text{ K}} = 11,06 \text{ m}^3/\text{min}.$$

Kolbenfläche. Aus dem theoretischen Förderstrom nach Gl. (7) ist $\dot{V}_H = \dot{V}_{fa}/\lambda_L = 11,06 \text{ m}^3/\text{min}/0,65 = 17,02 \text{ m}^3/\text{min}$. Damit folgt

$$A_{Kges} = \dot{V}_H/(sn) = 2\dot{V}_H/c_m = \frac{2 \cdot 17,02 \text{ m}^3/\text{min}}{4 \text{ m/s} \cdot 60 \text{ s/min}} = 0,1418 \text{ m}^2.$$

Bohrung Fächermaschinen. Hier gilt speziell mit $z = 5$

$$D = \sqrt{4 A_{Kges}/(\pi z)} = \sqrt{4 \cdot 1418 \text{ cm}^2/(\pi \cdot 5)} = 19 \text{ cm}.$$

Die weiteren Werte s. Tab. 1.

Bohrung doppelt wirkender Maschinen. Aus $A_{Kges} = \pi D^2/4 + \pi(D^2 - d^2)/4$ folgt

$$D = \sqrt{2(A_K/\pi + d^2/4)} = \sqrt{2(1418 \text{ cm}^2/\pi + 5^2 \text{ cm}^2/4)}$$
$$= 30,69 \text{ cm}.$$

Die Durchmesser werden den Abmessungen der Kolbenringhersteller angepaßt und gerundet (Index g). Die Abweichungen der Förderströme betragen bei konstantem Liefergrad (s. Tab. 1) mit Zahlenwerten für $z = 5$,

$$\alpha = (\dot{V}_{fa} - \dot{V}_{fag})/\dot{V}_{fa} = 1 - (D_g/D)^2 = 1 - (20 \text{ cm}/19 \text{ cm})^2$$
$$= -0,108.$$

Hub. Hierfür gilt nach P1 Gl. (9) $s = c_m/(2n)$.
Für die Verdichter über bzw. unter 280 mm Bohrung (Drehzahl 750 bzw. 1000 min^{-1}) gilt dann

$$s = \frac{4 \text{ m/s} \cdot 60 \text{ s/min}}{2 \cdot 750 \text{ min}^{-1}} = 160 \text{ mm} \quad \text{bzw.} \quad 120 \text{ mm}.$$

Gestängekräfte. Mit dem Stufendruckverhältnis $\psi = p_2/p_1 = 6$ folgt für die Zylinder $\psi' = 1,08\psi = 6,48$. Der Zylindergegendruck ist dann $p_2'' = 6,48 p_1' = 6,22$ bar. Der atmosphärische Druck sei $p_a = p_1 = 1$ bar.

Fächermaschinen. Die Größt- und Kleinstwerte sind für $z = 5$ nach **Tab. 1** pro Zylinder

$$F_{max} = \pi D_g^2(p_2'' - p_a)/4 = \pi \cdot 0,2^2 \text{ m}^2 \cdot (6,22 - 1) \cdot 10^5 \text{ N/m}^2 \cdot 0,25$$
$$= 16 399 \text{ N},$$
$$F_{min} = \pi D_g^2(p_1' - p_a)/4 = \pi \cdot 0,2^2 \text{ m}^2 (0,96 - 1)10^5 \text{ N/m}^2 \cdot 0,25$$
$$= -126 \text{ N}.$$

Tabelle 1. Abmessungen von Kolbenverdichtern (V und F: V- bzw. Fächermaschinen; D: doppelt wirkende Maschinen)

Nr.	z	Art	A_K cm^2	D mm	n min^{-1}	s mm	D_g mm	α %	A_{Kg} cm^2	F_{max} kN	F_{min} kN
1	2	V	709,0	300,4	750	160	300	$-0,27$	706,9	36,9	0,283
2	3	F	427,7	245,3	1000	120	250	$+3,87$	490,9	25,6	0,196
3	5	F	283,6	190,0	1000	120	200	$+10,8$	314,2	16,4	0,126
4	1	D	1418	306,9	750	160	300	$-2,25$	1394	37,1	36,2

P

Doppeltwirkende Maschine, **G 10 Bild 1 a**. Hier gilt im OT bzw. UT

$$F_{max} = 0,25\pi[D_g^2 p_2'' - (D_g^2 - d^2)p_1' - d^2 p_1]$$
$$= 0,25\pi[30^2\,cm^2 \cdot 6,22\,bar - (30^3 - 5^2)cm^2$$
$$\cdot 0,96\,bar - 5^2\,cm^2\,1\,bar] \cdot 10\,\frac{N/cm^2}{bar}$$
$$= 37\,173\,N.$$
$$F_{min} = 0,25\pi[(D_g^2 - d^2)p_2'' - D_g^2 p_1' + d^2 p_1]$$
$$= 0,25\pi[(30^2 - 5^2)cm^2 \cdot 6,22\,bar - 30^2\,cm^2$$
$$\cdot 0,96\,bar + 5^2\,cm^2\cdot 1\,bar] \cdot 10\,\frac{N/cm}{bar}$$
$$= 36\,156\,N.$$

Die Kräfte zeigen hier nur geringe Unterschiede.

Kupplungsleistung. Sie beträgt nach den Gln. (20) und (23) für alle Verdichter

$$P_e = P_{is}/\eta_e = \frac{\dot{V}_{fa} p_1 \ln(p_2/p_1)}{\eta_{ise}}$$
$$= \frac{11,06\,m^3/min \cdot 10^5\,N/m^2 \ln 6}{0,65 \cdot 60\,s/min\,10^3\,Nms^{-1}/kW} = 50,8\,kW.$$

3.3 Mehrstufige Verdichtung
Multistage compression

Mit dem Gegendruck steigen die Temperatur des Mediums, die zugeführte Leistung, die Gestängekräfte und der Verschleiß stark an, während der Förderstrom abnimmt. Dabei besteht eine Grenze, hinter der das Schmierölgasgemisch explodiert. So sind für Luft nach VGB 16 bis zu 200 °C in einstufigen Verdichtern zulässig. Zur Beseitigung dieser Nachteile wird die Luft in mehreren Stufen (max. 7) nach jeweiliger Rückkühlung verdichtet, **Bild 10**. Eine wirtschaftlich vertretbare Stufenzahl ergeben dabei Stufenverhältnisse $\psi = 3 \ldots 8$.

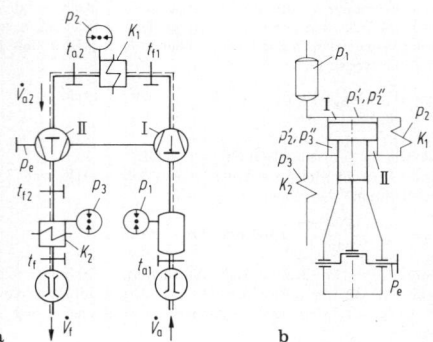

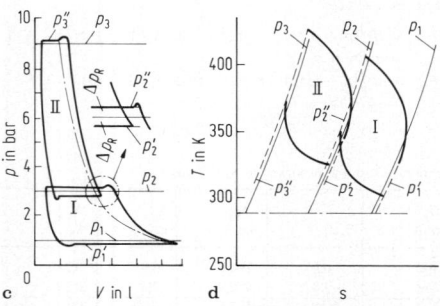

Bild 10. Zweistufige Verdichtung **a** Schaltbild; **b** Stufenschema; **c, d** p, V- und T, s-Diagramm, strichpunktiert Isotherme

3.3.1 Drücke und Temperaturen
Pressures and temperatures

Stufen- und Gesamtdruckverhältnis. Werden die i Stufen des Verdichters mit römischen Zahlen bezeichnet und erhalten der Ein- und Austritt der k-ten Stufen die Indices k und $k+1$, wobei der letzte auch für den Zwischenkühler gilt, so folgt für die Stufe bzw. den Verdichter (**Bild 10**)

$$\psi_k = \frac{p_{k+1}}{p_k}, \quad \psi_{ges} = \psi_1 \cdot \psi_2 \cdots \psi_k \cdots \psi_i,$$
$$\psi_{ges} = \frac{p_2}{p_1} \cdot \frac{p_3}{p_2} \cdots \frac{p_{k+1}}{p_k} \cdots \frac{p_{i+1}}{p_i} = \frac{p_{i+1}}{p_1}.$$

Für den Vorentwurf folgt hieraus mit $\psi_k = \psi =$ const also $\psi_{ges} = \psi^i = p_{i+1}/p_1$,

$$i = \lg(p_{i+1}/p_1)/\lg\psi, \quad \psi = \sqrt[i]{p_{i+1}/p_1}. \tag{25}$$

Zylinderdrücke. Beim Ansaugen und Ausschieben stellen sich in der k-Stufe die Drücke p_k' und p_{k+1}'' ein. Sie unterscheiden sich von den Stufendrücken p_k und p_{k+1} durch die Gasreibungsverluste. Ihre Messung erfolgt für die Zylinder und Kühler bei Ausschieben der $k-1$ und Ansaugen der k-Stufe wie

$$2\Delta p_R = p_k'' - p_k', \quad \Delta p_R = p_k'' - p_k, \quad p_k' = p_k - \Delta p_R. \tag{26}$$

Zylinderdruckverhältnis. Für die k-Stufe ist

$$\psi_k' = p_{k+1}''/p_k' = c p_{k+1}/p_k, \quad c = 1,05 \ldots 1,25. \tag{27}$$

Zur Berechnung sind zunächst c und $p_1' = (0,96 \ldots 0,98)p_1$ anzunehmen und nach den Gln. (26) und (27) $p_2'' = \psi' p_1'$, $p_2 = \psi p_1$, $\Delta p_{R2} = p_2'' - p_2$ und $p_2' = p_2 - \Delta p_R$ zu berechnen.

Temperaturen. Als Ansaugetemperatur t_{ak} der k-Stufe gilt jeweils die Rückkühltemperatur des Zwischenkühlers. Gegenüber der Eintrittstemperatur t_{a1} beträgt sie $t_{ak} = t_{a1} + (15 \ldots 20)$ °C bei Wasser- und $t_{ak} = t_{a1} + (25 \ldots 30)$ °C bei Luftkühlung, um die Kühler klein und die Lüfterleistung bzw. den Wasserverbrauch gering zu halten.

3.3.2 Ströme und Leistungen. Flow and power

Ströme und Volumina. Ohne besonderen Aufwand ist nur der Förderstrom $\dot{m}_f$ bzw. $\dot{V}_f$ hinter dem Nachkühler bzw. Behälter meßbar. Schon für den Saugstrom $\dot{m}_a$ bzw. $\dot{V}_a$ ist ein Beruhigungsbehälter vor dem Verdichter erforderlich. Die zur Auslegung benötigten Volumina, $V = \dot{V}/n$ mit der Drehzahl n, aller Stufen werden dann aus dem vorgegebenen Normvolumen V_0 ohne Leckverluste, also mit $V_{fa} = V_{ak}$ für ideale Gase nach der Gl. (6) berechnet.

$$V_{ak} = V_0 \frac{p_0 T_{ak}}{p_k T_0}, \quad V_{Hk} = V_{ak}/\lambda_L. \tag{28}$$

Die Volumina nehmen mit steigendem Druck p_k und fallender Saugtemperatur t_{ak} ab.

Isotherme Leistung. Mit dem hinter dem Nachkühler fließenden, auf ihren Ansaugezustand p_k, T_{ak} bezogenen Förderstrom $\dot{V}_{fak}$ der k-Stufe gilt

$$P_{is} = \sum_{k=1}^{i} \dot{V}_{fk} p_k \ln\psi_k.$$

Bei gleichen Stufendruckverhältnissen $\psi_k = \psi$ und Ansaugetemperaturen $T_{ak} = T_{a2}$, außer T_{a1}, folgt hieraus ohne Leckverluste, da dann $p_k \dot{V}_{fk} = p_2 \dot{V}_{f2} = p_1 \dot{V}_{f1} T_{a2}/T_{a1}$ ist

$$P_{is} = p_1 \dot{V}_{fa1}[1 + (i-1)T_{a2}/T_{a1}]\ln\psi. \tag{29}$$

Die Temperatur T_{a2} erhöht also bei nicht ausreichender Rückkühlung die Leistung und nach Gl. (28) auch die Kolbenflächen und die Gestängekräfte.

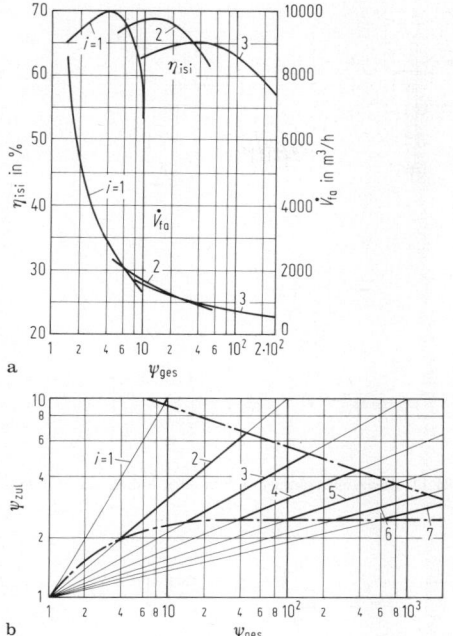

Bild 11. Auslegung der Verdichter, i = Stufenzahl. **a** Förderströme und indizierte isothermische Wirkungsgrade einer Baureihe; **b** Zulässiges Stufen- und Gesamtdruckverhältnis

Effektive Leistung. Mit den Gln. (23) folgt

$$P_e = P_{is}/\eta_{ise} = P_{is}/(\eta_{isi}\eta_m). \qquad (30)$$

Die Wirkungsgrade sind Erfahrungswerte der Firmen, **Bild 11**. Das Abfallen des indizierten isothermischen Wirkungsgrades η_{isi} mit steigender Stufenzahl folgt aus den hiermit wachsenden Temperaturen.

3.4 Bauarten. Types

Einstufige Verdichter erhalten die üblichen Bauformen, s. **P 1 Bild 9**. Bei mehrstufigen Verdichtern mit ihren abnehmenden Hubvolumina, mit den Zwischenkühlern und den Verbindungsleitungen bei steigenden Drücken, ergeben sich besondere Konstruktionsprobleme, die zu verschiedenen Bauarten mit besonderen Kolbenformen und Stufenanordnungen führen.

3.4.1 Konstruktionsgrundsätze. Principles of design

Maßgebend hierfür sind:

Kolbenformen. Es gibt Tauch-, Scheiben- und Stufenkolben (**G 10 Bild 9**) davon sind die beiden ersten nur für eine Stufe geeignet.

Scheibenkolben. Sie sind meist doppelt beaufschlagt, haben kleine Gestängekräfte und sind an der Kolbenstange mit Packungen leicht abzudichten und durch Kreuzköpfe gut zu führen.

Tauchkolben. Diese ermöglichen kleinere Abmessungen und höhere Drehzahlen. Sie können am Boden die Saugventile für die aufwendige Gleichdruckstufe, die aber große Ventilquerschnitte bei kleinen Schadräumen hat, aufnehmen.

Stufenkolben. Mit Ringansätzen für max. drei Stufen werden sie mit und ohne Kreuzkopfführung hergestellt. Sie ersparen Triebwerke, erfordern aber komplizierte Zylinder mit schwieriger Montage und ergeben große Massenkräfte und Schadräume.

Stufeneinteilung. Nach Möglichkeit sind folgende ihrer Bedeutung nach aufgeführte Forderungen zu erfüllen [2].
1. Gleiche Gestängekräfte beim Hin- und Rückgang, damit die Triebwerke klein werden.
2. Beim Ausschieben einer Stufe soll die ihr folgende ansaugen, damit in den Kühlern keine Druckspitzen entstehen.
3. Kleine Druckdifferenzen bei benachbarten Räumen, um die Abdichtung zu vereinfachen.
4. Kleinere Durchmesser bei Stufen höheren Druckes, damit die Kolbenringreibung abnimmt.
Ausführbar sind die Hauptforderungen 1 und 2, wenn die gleiche Anzahl an Kolbenflächen gegenüberliegen und die Nebenforderungen 3 und 4, wenn die Flächen auf einer Seite in der Reihenfolge der Stufen liegen. Praktisch ergibt sich ein Kompromiß bei überwiegenden Forderungen 1 und 2, der bei kleinen Stückzahlen oft durch noch brauchbare Modelle bestimmt wird. Gleiche Gestängekräfte ermöglichen Ausgleichsstufen, also Zylinder ohne Ventile, die an die Förderleitung der k-Stufe angeschlossen sind. Die A_0-Stufe ist dann mit dem Saugdruck p_1 verbunden, **Bild 12 d**.

3.4.2 Stufenverteilung. Arrangement of stages

Typische Bauformen sind die V-, W-, Boxer-, Fächer- und Reihenmaschinen in der Tauch-, Kolben- und Kreuzkopfbauart. Ihre Bezeichnung erfolgt wegen der Stufenkolben nach der Zahl der Zylinder und Stufen.

Tauchkolbenmaschinen. Ihre Drehzahlen sind der selbsttätigen Ventile wegen auf $2\,000 \text{ min}^{-1}$ begrenzt. An Bauarten herrschen die sehr kompakten V-, W-, bzw. Fächermaschi-

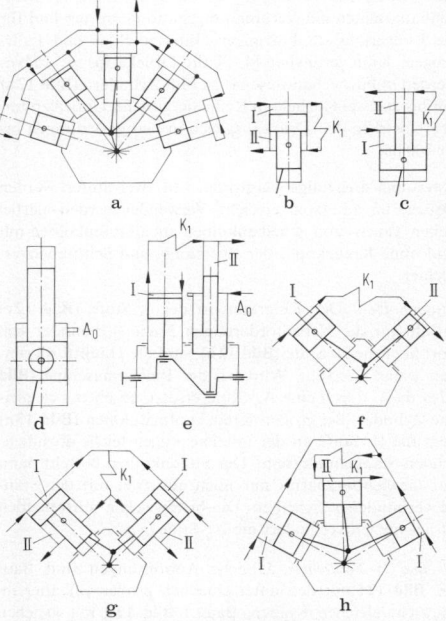

Bild 12. Verdichterbauarten. **a** einstufig; **b–h** zweistufig

nen vor. Die Massenkräfte I. Ordnung lassen sie hierbei durch Gegengewichte an den Kurbeln ausgleichen (s. **O 1 Tab. 6**). Sie haben bis zu acht Zylinder und nur vier Stufen wegen der Schwierigkeiten der Abdichtung und der hohen Gestängekräfte. Als Kühlmittel dient bei Maschinen bis zum Hubvolumen von 5 l pro Zylinder meist Luft, sonst aber Wasser. Für große Förderströme sind Anlagen mit parallel geschalteten Maschinen, die je nach Bedarf zugeschaltet werden, üblich.

Kreuzkopfverdichter. Sie haben Drehzahlen von 300 bis 1 000 min^{-1} bei Kolbengeschwindigkeiten bis zu 4,5 m/s. Zur Ausführung kommen neben der V- und W-Bauart hauptsächlich stehenden Reihen- und liegende Boxermaschinen. Dabei erhalten die Reihenmaschinen bis zu vier Kurbeln und bis zu sechs Stufen. Sie erfordern starke Fundamente wegen der häufig vorhandenen Massenkräfte. Boxermaschinen mit maximal sechs Triebwerken zeichnen sich durch ruhigen Lauf, einfache Montage und Bedienung aus, erfordern aber viel Platz. Die Triebwerke haben meist doppelwirkende Kolben (**Bild 14**) mit Trageschuhen *1*. Bei hohen Drücken wird die Stange (**Bild 14d**) trotz der hierdurch erforderlichen zweiten Stopfbuchse *2* durch den Deckel hindurch geführt, um die Gestängekräfte auszugleichen. Einfachwirkend sind sie meist nur bei der vorletzten Stufe, während die letzte von der Kolbenrückseite und der Stange gebildet wird. Es liegt also ein Stufenkolben vor (**Bild 14e**) wie auch bei der Ausführung nach **Bild 13a** mit Ausgleichsstufe.
Zur Kühlung dient meist Wasser. Die Zwischenkühler werden bei großer Stufenzahl vorteilhaft in einem Keller unterhalb der Maschine aufgestellt. Bei L- und ⊥-Maschinen ist hierfür Platz zwischen den Zylindern vorhanden.

Einstufige Verdichter. Hier stehen einfache luftgekühlte V-, W- und Fächerverdichter (**P1 Bild 9**) mit Tauchkolben für Ströme bis zu 2 m^3/min und Drücke bis zu 7 bar in harter Konkurrenz mit Rotations- und Schraubenkompressoren (s. P 3.9.1 und P 3.9.2), während die größeren Durchsätze den Kreiselmaschinen vorbehalten sind. Einsatzgebiet ist die Druckluftversorgung [3] für kleine Betriebe, für Straßenbauarbeiten mit Verbrennungsmotorenantrieb und für die Entleerung staubförmiger Güter in Silos und Fahrzeugen. Kälteverdichter [4, 5] für Drücke bis zu 15 bar, werden in Fächerbauweise bis zu fünf Zylindern (**Bild 12a**) mit bis zu zwei Kurbeln in Reihe hergestellt. Umwälzpumpen bewirken den Druckausgleich in Ferngasleitungen bis zu 200 bar.

Zwei- und dreistufige Verdichter. Mit zwei Stufen werden Drücke bis zu 30 bar erreicht. Verwendet werden hierbei neben Tauch- und Scheibenkolben auch Stufenkolben mit und ohne Kreuzkopf oder Rotations- und Schraubenverdichter.

Stufenkolben. Der Ringraum in der I. Stufe (**Bild 12c**) erfüllt nur die Nebenforderungen 3 und 4, befindet sich dort aber die II. Stufe (**Bild 12b**), sind die Hauptforderungen 1 und 2 erfüllt. Wird bei der Reihenmaschine (**Bild 12e**) die I. durch eine A_0-Stufe ersetzt, ergeben sich gleiche Zylinder. Bei großen Kreuzkopfmaschinen (**Bild 13a**) liegt die II. Stufe an der mit Packungen leicht abzudichtenden Stangenunterseite. Der Stufenkolben besteht dann zur Gewichtsersparnis nur noch aus zwei mit der Stange verbundenen Scheiben. Die hierzwischen auftretenden Druckspitzen verhindert die A_0-Stufe.

V- und W-Verdichter. Übliche Anordnungen sind Bauart **Bild 12f** mit den unterschiedlich großen oft aber im Gewicht gleichen Kolben, Bauart **Bild 12g** mit gleichen Stufenkolben und geringen Gestängekräften und Bauart

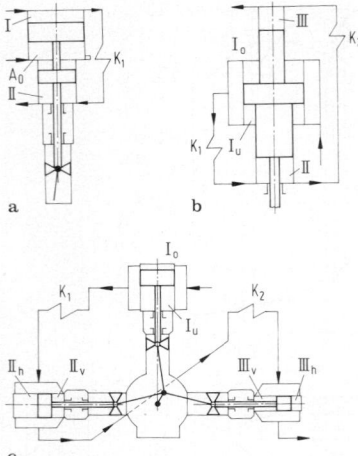

a   b

c

Bild 13. Kreuzkopfverdichter. **a** zweistufig; **b** dreistufig; **c** ⊥-Maschine

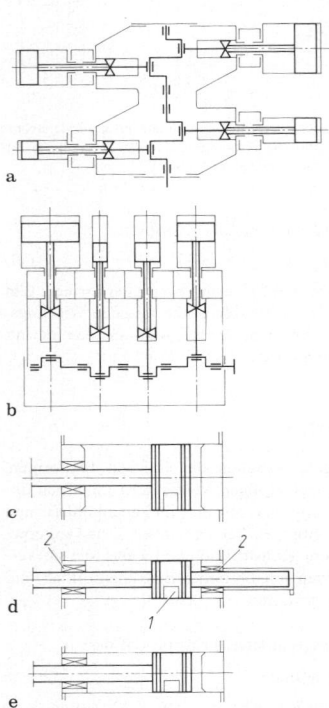

a

b

c

d

e

Bild 14. Aufbau mehrstufiger Kreuzkopfverdichter. **a** Boxermaschine; **b** Reihenmaschine; **c** doppelwirkender Kolben; **d** dgl. druckentlastet, **e** Stufenkolben

Bild 12h die W-Maschine-, die aber nur für ein bestimmtes Druckverhältnis gleiche Kolben erhält. Die Bauarten **Bilder 12f, g** und **h** haben die größten Förderströme ≈ 2, 3 und 8,0 m^3/min bei Drehzahlen bis zu 1 500 min^{-1}. Die niedrigen mittleren Kolbengeschwindigkeiten und die mit steigendem Durchsatz abnehmenden Hubverhältnisse ermöglichen die Unterbringung der Ventile.

Baureihen für ein- und zweistufige Verdichter vereinfachen die Fertigung und Ersatzteilhaltung. So sind bei den Reihenmaschinen (**Bild 12e**) die Kolben und Deckel, bei den V- und W-Maschinen (**Bilder 12f** und **h**) zusätzlich die Zylinder der II. Stufe auszuwechseln.

Drei Stufen ermöglichen Drücke von 40 bis 120 bar. Neben den üblichen Reihen- und Boxermaschinen sind für kleine Durchsätze noch der Stufenkolben (**Bild 13**) und die ⊥-Maschine für größere Durchsätze zu finden. Bei kleineren Tauchkolbenmaschinen wird in der letzten Stufe der Durchmesser so klein, daß ein besonderer druckentlasteter Führungszylinder ähnlich einer A_0-Stufe (**Bild 12d**) vorzusehen ist.

Vier- bis sechsstufige Verdichter. Sie werden meist in der Verfahrens- oder Energietechnik verwendet und erfordern oft Spezialausführungen mit kleinen Stückzahlen. Hierfür bieten die Boxer- und die Reihenbauart (**Bild 14**) bei vorhandenen Modellgruppen die günstigste Variationsmöglichkeit. Ihre Ausführung wird besonders vom Medium und dem Gegendruck beeinflußt. Große Boxerverdichter fördern Ströme von über $40000 \, \mathrm{m^3/h}$ auf Drücke von mehr als 1 000 bar bei Antriebsleistungen von 20 000 kW. Dabei wird versucht, die höchsten Drücke bis zu 5 000 bar wegen der konstruktiven und betrieblichen Probleme der Verdichter durch Änderung der Verfahren zu verringern. Bei großen Förderströmen ersetzen Kreiselverdichter die großen Zylinder der Anfangsstufen, bei kleinem Durchsatz sind auch zwei Medien in einer Maschine zu verdichten.

3.5 Auslegung und Betriebsverhalten
Basic design and operating characteristics

3.5.1 Auslegung. Design

Bei der Auslegung werden die Bauform, die Stufenzahl, die Zylinderabmessungen, die Gestängekräfte und der Antrieb eines Verdichters festgelegt. Hierzu müssen von den Betriebsverhältnissen bekannt sein: Förderstrom, Ansaugezustand und Enddruck, die Gasart und der Leistungsbedarf.

Bauart. Sie wird neben den Betriebsverhältnissen auch vom Bauprogramm des Herstellers bestimmt. Die Gasart beeinflußt die Werkstoffe und Formen der gasberührten Teile, insbesondere die Dichtungen des Kompressors und ist auch für die Sicherheitsvorschriften maßgebend. Neben den üblichen Bauformen (**Bild 12**) gibt es viele Sonderausführungen, wie die hermetisch gekapselten Kälteverdichter, bei denen auch der Antriebsmotor unter dem Saugdruck des Mediums steht.
Die mittlere Kolbengeschwindigkeit ist $c_m = (2...8) \, \mathrm{m/s}$, wobei kleinere Werte für große Maschinen bevorzugt werden.

Durchmesser und Hub. Hat die betrachtete Stufe z Zylinder, so ist der Durchmesser

$$D_k = \sqrt{4A_k/(\pi z)}. \tag{31}$$

Der Hub folgt aus $s = c_m/2n$ und das Hubverhältnis ist s/D.
Die ermittelten Durchmesser werden nach den Kolbenringabmessungen DIN 24910 gerundet. Eine Vergrößerung des Durchmessers bei der ersten Stufe erhöht den Gegendruck, bei der letzten Stufe fallen aber der Zwischendrücke ab.

Drehzahlen. Obwohl Werte über $3000 \, \mathrm{min^{-1}}$ möglich sind, werden wegen der Lebensdauer der Ventile praktisch $2000 \, \mathrm{min^{-1}}$ nicht überschritten. Da Drehstromantriebe

vorherrschen, werden meist Synchrondrehzahlen (s. P4 Gl. (72)) gewählt.

Zylinderabmessungen. Anhaltswerte können hier nur in weiten Grenzen angegeben werden, da sie bei den vielen Formen stark schwanken.

Stufenzahl. Mit zunächst konstantem Stufendruckverhältnissen $\psi = 3...6$ gilt mit dem Saug- und dem Gegendruck p_{i+1} und p_1 für die Stufenzahl $i = \ln(p_{i+1}/p_1)/\ln\psi$ nach Gl. (25). Zulässige Werte zeigt **Bild 11b** [2]. Hiermit folgen die Stufendrücke beim Ansaugen.

$$p_k = \psi^{k-1} p_1.$$

Hubvolumina. Mit dem Volumen V_0 beim Normzustand p_0, t_0 werden nach Vernachlässigung aller Leckverluste, also Durchsatzgrad $\lambda_D = 1$ die Saugströme

$$\dot V_{ak} = \dot V_0 p_0 T_{ak}/(p_k T_0)$$

nach Gl. (28) berechnet. Für die Saugtemperaturen gilt hierbei $t_{ak} = t_{a1} + (10...25) \, °C$. Mit dem Füllungsgrad λ_F nach Gl. (10) und dem Aufheizungsgrad nach **Bild 5** folgt dann

$$\dot V_{Hk} = \dot V_{ak}/(\lambda_{Fk}\lambda_{Ak}). \tag{32}$$

Kolbenflächen. Für eine Stufe mit allen Zylindern gilt mit $\dot V_{Hk} = A_k sn$ und mit $c_m = 2sn$

$$A_k = \dot V_{Hk}/(sn) = 2\dot V_{Hk}/c_m. \tag{33}$$

Gestängekräfte. Für eine Kolbenfläche A_k mit den Zylinderdrücken p''_{k+1} und p'_k betragen sie $p''_{k+1} A_k$ und $p'_k A_k$ jeweils für den Hin- oder Rückgang. Hierbei ist auch der Einfluß des atmosphärischen Drucks p_a auf die Rückseite der Kolbenstangen oder der Tauchkolben zu beachten. Sind die Summen der Gestängekräfte eines Triebwerks für den Hin- und Rückgang nicht gleich, so weichen sie von ihrem Kleinstwert ab. Kleinere Unterschiede werden durch Ändern der Druckverhältnisse, größere durch Ausgleichsstufen beseitigt.

Beispiel. Ein mehrstufiger Verdichter soll $\dot V_{fa} = 5 \, \mathrm{m^3/min}$ Luft von $p_1 = 1$ bar $t_1 = 20 \, °C$ auf 13 bar bei der Drehzahl $1000 \, \mathrm{min^{-1}}$ fördern. An Erfahrungswerten sind vorgegeben:

Mittlere Kolbengeschwindigkeit $c_m = 3{,}333 \, \mathrm{m/s}$,
Schadräume 1. Stufe $\varepsilon_1 = 0{,}06$, 2. Stufe $\varepsilon_2 = 0{,}09$ usw.,
max. Stufendruckverhältnis $\psi = 4$,
Rückexpansionsexponent $n = 1{,}4$,
Zylindersaugdruck $p'_1 = 0{,}96$ bar,
Zylinderdruckverhältnis $c = 1{,}15$,
Saugtemperatur 2. Stufe $t_{a2} = 40 \, °C$,
Aufheizungsgrad $\lambda_A = 0{,}9$,
effektiver isothermer Wirkungsgrad $\eta_{ise} = 0{,}65$.

Gesucht sind die Abmessungen für verschiedene Bauarten, die Gestängekräfte und die Antriebsleistung.
Die Werte für die Stufen $k = 1,2$ usw. s. **Tab. 2** und **3**.

Stufenzahl. Mit dem Druckverhältnis nach Gl. (25)
$\psi = \sqrt{13 \, \mathrm{bar}/1 \, \mathrm{bar}} = 3{,}606 < 4$ ergeben sich $i = 2$ Stufen.

Füllungsgrad. Mit $\psi^{1/n} - 1 = 3{,}606^{1/1{,}4} - 1 = 1{,}4996$ folgt dann aus Gl. (10)

$$\lambda_{F1} \approx 1 - 0{,}06 \cdot 1{,}4996 = 0{,}91, \quad \lambda_{F2} = 1 - 0{,}09 \cdot 1{,}4996 = 0{,}865.$$

Liefergrad. Mit dem Durchsatzgrad $\lambda_D = 1$ für die Auslegung nach Gl. (13) ist mit $\lambda_A = 0{,}9$

$$\lambda_{L1} = 0{,}9 \cdot 0{,}91 \cdot 1 = 0{,}819, \quad \lambda_{L2} = 0{,}865 \cdot 0{,}9 \cdot 1 = 0{,}779.$$

Ansaugvolumina. Für die 1. Stufe gilt $\dot V_{fa1} = 5 \, \mathrm{m^3/mm}$, für die 2. Stufe nach Gl. (28) mit $p_2 = \psi p_1 = 3{,}606$ bar

$$\dot V_{fa2} = 5 \, \mathrm{m^3/min} \; \frac{1{,}00 \, \mathrm{bar} \cdot 313 \, \mathrm{K}}{3{,}606 \, \mathrm{bar} \cdot 293 \, \mathrm{K}} = 1{,}481 \, \mathrm{m^3/min}.$$

Tabelle 2. Auslegung zweistufiger Verdichter

Stufe k	p_k bar	p_{k+1} bar	p_k' bar	p_{k+1}'' bar	t_a °C	$\dot{V}_{fa}$ m³/min	ε_0 1	λ_F 1	λ_{Lk} 1	$\dot{V}_{Hk}$ m³/min	A_k cm²
1	1,0	3,606	0,96	3,98	20	5,00	0,06	0,910	0,819	6,105	610,5
2	3,606	13,00	3,24	13,5	40	1,481	0,09	0,865	0,779	1,901	190,1

Tabelle 3. Gestängekräfte pro Triebwerk zweistufiger Verdichter mit abgerundeten Werten (St: Stufenkolben)

Aufbau Bild	Bauart	D_1 mm	D_2 mm	A_{K1} cm²	A_{K2} cm²	F_1 kN	F_2 kN
12b	St	280	230	615,7	200,2	13,9	25,3
12g	VSt	2 × 200	2 × 165	314,2	100,3	7,1	12,7
12f	V	280	155	615,7	188,7	18,4	23,6
12h	W	2 × 200	155	314,2	188,7	9,36	23,6

Hubvolumina. Mit Gl. (7) folgt:

$$\dot{V}_{H1} = \frac{5\,\text{m}^3/\text{min}}{0,819} = 6,105\,\text{m}^3/\text{min},$$

$$\dot{V}_{H2} = \frac{1,481\,\text{m}^3/\text{min}}{0,779} = 1,901\,\text{m}^3/\text{min}.$$

Kolbenflächen. Mit $c_m = 3,333\,\text{m/s} = 200\,\text{m/min}$ ergibt die Gl. (33)

$$A_{K1} = \frac{2 \cdot 6,105\,\text{m}^3/\text{min}}{200\,\text{m/min}} \cdot 10^4\,\text{cm}^2/\text{m}^2 = 610,5\,\text{cm}^2,$$

$$A_{K2} = \frac{2 \cdot 1,901\,\text{m}^3/\text{min}}{200\,\text{m/min}} \cdot 10^4\,\text{cm}^2/\text{m}^2 = 190,1\,\text{cm}^2.$$

Abmessungen. Sie richten sich nach der Bauart des Verdichters. Ein Stufenkolben (**Bild 12b**). Hier ist

$$D_1 = \sqrt{4A_{K1}/\pi} = \sqrt{4 \cdot 610,5\,\text{cm}^2/\pi} = 27,88\,\text{cm} \approx 280\,\text{mm},$$

$$D_2 = \sqrt{D_1^2 - 4A_{K2}/\pi} = 23,28\,\text{cm} \approx 230\,\text{mm}.$$

Stufenkolben in V-Form (**Bild 12g**). Hier sind gegenüber der Bauart **Bild 12b** zwei Kolben vorhanden, also gilt

$$D_1 = 278,8\,\text{mm}/\sqrt{2} = 197,14\,\text{mm} \approx 200\,\text{mm},$$

$$D_2 = 232,8\,\text{mm}/\sqrt{2} = 164,60\,\text{mm} \approx 165\,\text{mm}.$$

Tauchkolben in V-Form (**Bild 12f**). Gegenüber der Bauart **Bild 12b** ändert sich nur die 2. Stufe. Es gilt also $D_1 \approx 280\,\text{mm}$ und

$$D_2 = \sqrt{4 \cdot 190,1\,\text{cm}^2/\pi} = 15,56\,\text{cm} \approx 155\,\text{mm}.$$

W-Maschine mit Tauchkolben (**Bild 12h**). Gegenüber der V-Form (**Bild 12g**) tritt hier die 1. Stufe doppelt auf.

$$D_1 = 278,8\,\text{mm}/\sqrt{2} \approx 200\,\text{mm}, \quad D_2 \approx 155\,\text{mm}.$$

Hub. Aus P1 Gl. (9) ergibt sich

$$s = c_m/2n = \frac{3,333\,\text{m/s} \cdot 60\,\text{s/min}}{2 \cdot 1000\,\text{min}^{-1}} = 0,1\,\text{m} = 100\,\text{mm}.$$

Zylinderdrücke. Nach Gl. (1) folgt für das Zylinderdruckverhältnis $\psi' = 3,606 \cdot 1,15 = 4,15$ gilt für die Drücke nach Gl. (26 und 27)

$$p_2'' = \psi' p_1' = 4,15 \cdot 0,96\,\text{bar} = 3,98\,\text{bar},$$

$$\Delta p_R = p_2'' - p_2 = (3,98 - 3,61)\,\text{bar} = 0,37\,\text{bar},$$

$$p_2' = (3,61 - 0,37)\,\text{bar} = 3,24\,\text{bar} \quad \text{und}$$

$$p_3'' = \psi' p_2' = 4,15 \cdot 3,24\,\text{bar} = 13,5\,\text{bar}.$$

Gestängekräfte. Sie sind mit den abgerundeten Durchmessern nach **Tab. 3** berechnet.

Stufenkolben. Bei einem Zylinder (**Bild 12b**) gilt für die Totpunkte mit dem atmosphärischen Luftdruck $p_a = p_1$

$$F_1 = (p_2'' - p_a)A_{K1} - (p_2' - p_a)A_{K2}$$
$$= [(3,98 - 1)\,\text{bar}\;615,7\,\text{cm}^2 - (3,24 - 1)\,\text{bar}\;200,2\,\text{cm}^2]$$
$$\cdot 10\,\frac{\text{N/cm}^2}{\text{bar}},$$

$$F_2 = (p_3'' - p_a)A_{K2} + (p_a - p_1')A_{K1}.$$

Damit wird $F_1 = 13,86\,\text{kN}$ und $F_2 = 25,27\,\text{kN}$.

Durch eine Ausgleichsstufe (**Bild 13a**) können die Gestängekräfte angeglichen werden.

V-Maschine (**Bild 12g**). Hier wird entsprechend: $F_1 = 7,12\,\text{kN}$ und $F_2 = 12,66\,\text{kN}$.

Diese Werte weichen wegen des Abrundens etwas von der Hälfte der Bauart nach **Bild 12b** ab.

Restliche Bauarten (**Bild 12f u. h**). Hier gilt jeweils für ein Triebwerk

$$F_1' = (p_2'' - p_a)A_{K1}, \quad F_2 = (p_3'' - p_a)A_{K2}.$$

Zahlenwerte s. **Tab. 3**.

Antriebsleistung. Nach Gln. (23) und (29) ist

$$P_e = P_{is}/\eta_{ise} = \frac{p_1 \dot{V}_{fa1}}{\eta_{ise}}[1 + (i-1)T_{a2}/T_{a1}]\ln(p_2/p_1)$$

$$= \frac{1 \cdot 10^5\,\text{N/m}^2 \cdot 5\,\text{m}^3/\text{min}}{0,65 \cdot 60\,\text{s/min} \cdot 10^3\,\text{Nms}^{-1}/\text{kW}}(1 + 313\,\text{K}/293\,\text{K}) \cdot \ln 3,606$$

$$= 34,01\,\text{kW}.$$

3.5.2 Betriebsverhalten. Characteristics

Kennlinien sollen in Abhängigkeit von einer, Kennfelder von zwei Veränderlichen das Verhalten eines Verdichters außerhalb seines Auslegungspunkts zeigen.

Darstellung. Das Betriebsverhalten wird durch die Kurven der Volumenströme sowie der isothermischen und effektiven Leistungen dargestellt, die aus den Gln. (10) und (20) folgen

$$\dot{V}_{fa} = \lambda_L \dot{V}_H, \quad P_{is} = p_1 \dot{V}_{fa} \ln(p_2/p_1), \quad P_e = P_{is} + \Delta P_V.$$

Hierbei sind $\Delta P_V = P_R + P_Z + P_{RT}$ nach P3.2.6 die Verdichterverluste. Die unabhängigen Variablen sind der Druck, aber auch die Drehzahl. Die Kurven sind für eine Stufe aufgenommen. Sie gelten in der Tendenz auch für mehrere Stufen, bei denen sich aber die Druckänderungen am stärksten auf die letzte Stufe auswirken.

Gegendruck. Bei steigenden Drücken und konstanter Drehzahl gilt:

Förderstrom (**Bild 15a**). Sein theoretischer Wert $\dot{V}_H$ ist konstant, während sein tatsächlicher Wert $\dot{V}_{fa}$ um den Förderverlust $\Delta \dot{V} = \dot{V}_H - \dot{V}_{fa}$ absinkt. Grund hierfür ist die stärkere Rückexpansion und Erwärmung, die auch ein Abfallen des Durchsatz- und Aufheizungs- und damit auch des Liefergrads λ_D, λ_A und λ_L bewirken.

Leistungen (**Bild 15b**). Die isotherme Leistung P_{is} steigt theoretisch logarithmisch an (gestrichelt), tatsächlich wird sie aber noch durch den sinkenden Förderstrom verringert. Die Kupplungsleistung P_e wächst an, während die Leistungsverluste $\Delta P_V = P_{RT} + P_R + P_Z$ ein Minimum auf-

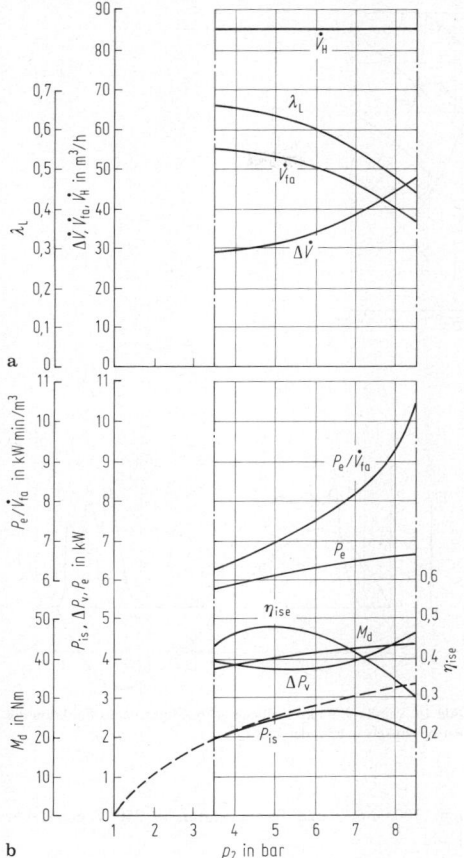

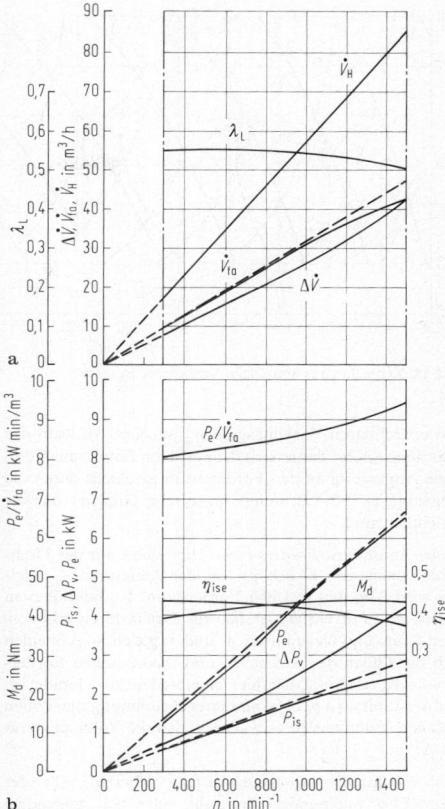

Bild 16. Kennlinien eines einstufigen V-Verdichters, $V_H = 9,425\,l$ bei $p_2 = 8$ bar

Bild 15. Volumenströme (**a**) und Leistungen (**b**) eines einstufigen Zweizylinder-V-Verdichters, $D = 100$ mm, $s = 60$ mm bei $n = 1\,500$ min^{-1}

weisen, bedingt durch das Maximum von P_{is}. Der effektive isothermische Wirkungsgrad η_{ise} hat das Maximum 0,47 bei 5 bar. Die Leistung pro Einheit des Förderstroms $P_e/\dot{V}_{fa}$ steigt von ≈ 6 auf $10,3$ kW min/m^3 stark an.

Drehzahl. Wird sie bei konstantem Gegendruck erhöht, so folgt:

Förderstrom (**Bild 16a**). Sein theoretischer Wert $\dot{V}_H = V_H n$ steigt vom Nullpunkt aus linear an, beim tatsächlichen Wert wird der Anstieg wegen der zunehmenden Drossel- und Aufheizungsverluste kleiner, während der Füllungsgrad nahezu konstant bleibt, so fällt auch der Liefergrad etwas ab.

Leistungen (**Bild 16b**). Sie steigen vom Nullpunkt aus an. Die isotherme Leistung P_{is} wächst theoretisch (gestrichelt) linear an, tatsächlich nimmt aber ihr Anstieg infolge des Einflusses von $\dot{V}_{fa}$ ab. Da die Kupplungsleistung P_e nur wenig von der Geraden abweicht, fällt $\eta_{ise} = P_{is}/P_e$ nur schwach ab, und $P_e/\dot{V}_{fa}$ nimmt geringfügig zu. So ist auch das Drehmoment M_d konstant.

Näherungswerte. Für Überschlagrechnungen können der Förderstrom $\dot{V}_{fa}$ und die effektive Leistung P_e der Drehzahl n proportional gesetzt werden. Das Drehmoment M_d ist dann fast konstant.

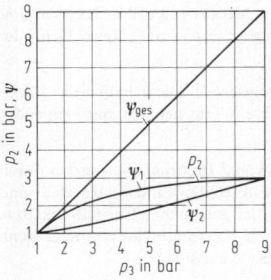

Bild 17. Einfluß des Druckverhältnisses, $p_1 = 1$ bar

Druckverhältnis. In einem zweistufigen Verdichter (**Bild 17**) steigt der Druck p_2 im Zwischenkühler erst stärker, dann schwächer mit dem Gegendruck p_3 an. Für die Druckverhältnisse gilt dann, wenn p_1 der Saugdruck ist (s. P 3.3.1):

$$\psi_1 = p_2/p_1, \quad \psi_2 = p_3/(\psi_1 p_1), \quad \psi_{ges} = p_3/p_1.$$

ψ_{ges} ist eine lineare Funktion von p_3. Für den Auslegungspunkt folgt $\psi_1 = \psi_2 = 3$, also $\psi_{ges} = 9$.

Kennfelder. Sie zeigen das Einsatzgebiet (**Bild 18**) des Verdichters und geben für den Förderstrom $\dot{V}_{fa}$ beim Gegendruck p_2 die Drehzahl n, die Kupplungsleistung P_e und

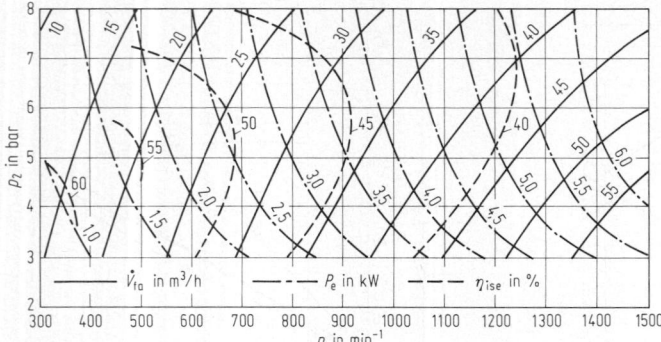

Bild 18. Kennfeld eines einstufigen Verdichters, $p_2 = f(n)$

den erreichbaren Wirkungsgrad η_{ise} an. Die Auswahl der Maschine erfolgt dann nach dem größten Entnahmestrom, seine Anpassung an den Förderstrom geschieht durch die Regelung (s. P3.7.2), deren technische Grenzen hieraus ersichtlich sind.

Linien konstanten Förderstroms. Hier steigt mit der Drehzahl n auch der Druck p_2, da der Liefergrad λ_L kleiner wird. Um den gleichen Förderstrom $\dot{V}_{fa}$ bei höherem Druck p_2 zu erreichen, ist also die Drehzahl zu erhöhen. Sind Saug- und Gegendruck p_1 und p_2 gleich, so schneiden sich die Linien des wirklichen und theoretischen Förderstroms $\dot{V}_{fa}$ und $\dot{V}_H$, der hier eine senkrechte Gerade ist, auf der Linie von p_1. Mit stärkerer Krümmung der Linien gleichen Volumenstroms wachsen also die Volumenverluste $\Delta\dot{V} = \dot{V}_H - \dot{V}_{fa}$.

Linien konstanter Kupplungsleistung. Hierbei fällt der Druck bei wachsender Drehzahl, oder bei steigendem Druck ist die Drehzahl, also die Förderung, zu verringern, um den Mehraufwand für den höheren Druck p_2 auszugleichen. Diese Tendenz zeigt besonders die isotherme Leistung $P_{is} = p_1\lambda_L V_H n \ln(p_2/p_1)$ nach den Gln. (7) und (20). Dies ergibt sich aus den hieraus folgenden Kurven gleicher isothermer Leistung $p_2 = p_1 \exp[P_{is}/(p_1\lambda_L V_H n)]$ im p_2, n-Koordinatensystem.

Linien konstanten Wirkungsgrads. Diese haben ein Maximum bei 5 bis 6 bar. Ihre Werte nehmen mit steigender Drehzahl ab.

Konstanz von Gegendruck und Drehzahl. Sie werden durch die waagerechten bzw. senkrechten Linien dargestellt und zeigen den Kompressor bei geregeltem Gegendruck bzw. beim Antrieb durch einen Kurzschlußläufermotor, wenn sein Schlupf (s. V 3.2) vernachlässigbar ist.

3.6 Steuerungen. Valve assemblies

Steuerungen (**Bild 19**) schließen den Arbeitsraum bei der Verdichtung 1 bis 2 und der Rückexpansion 3 bis 4 ab und verbinden ihn beim Ansaugen 4 bis 1 mit dem Saugstutzen und beim Fördern 2 bis 3 mit dem Druckstutzen. Steuerpunkte sind hierbei das Öffnen und Schließen Eö und Es des Einlaßventils (Punkte 4 und 1) und Aö und As des Auslaßventils (Punkte 2 und 3).

Selbsttätige Ventile. Sie werden wie Rückschlagventile von den Druckdifferenzen an ihren Platten betätigt und passen die Steuerpunkte selbsttätig den Drücken an. Von mechanischen Antrieben unabhängig, stellen sie die übliche Verdichtersteuerung dar und sind bis zu Drehzahlen von

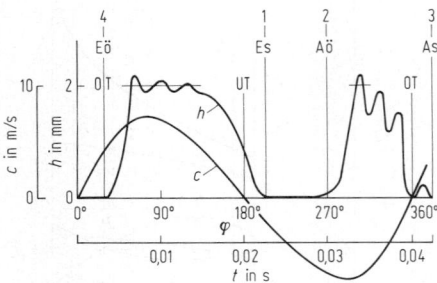

Bild 19. Ventilhub h und Kolbengeschwindigkeit c als Funktion des Kurbelwinkels φ bzw. der Zeit t

max $3000\,\text{min}^{-1}$ und Temperaturen bis $250\,°\text{C}$ einsetzbar [1, 2].

Gesteuerte Ventile. Von der Kurbelwelle aus angetrieben, werden sie für stark verschmutzte Medien verwendet.

Schiebersteuerungen. Hiermit werden meist Vakuumpumpen ausgerüstet. Der atmosphärische Druck preßt hierbei den Flachschieber zur Abdichtung auf seinen Sitz. Der Antrieb erfolgt von der Kurbelwelle aus.

3.6.1 Aufbau und Wirkungsweise
Construction and operation

Aufbau. Bei den Ventilen (**Bild 20**) übernehmen der feste Sitz *1* und die beweglichen Ventilplatten *2* Steuerung und Dichtung. Die Feder *3* unterstützt die Schließbewegung und bremst mit der Dämpferplatten *4* das Öffnen, das vom Hubfänger *5* begrenzt wird. Die Verbindung der Teile übernimmt die Schraube *6* mit der Kronenmutter *7* mit Splint und dem Distanzring *8*. Ein Stift *9* verhindert ein Drehen der Teile *2* bis *4*, um den Durchfluß zu erhalten. Die Querschnitte hierfür bilden die Ringkanäle der durch Stege zusammengehaltenen Teile *1* bis *3* und *5*.

Wirkungsweise (Bild 20). Die Ventilplatten *2* öffnen sich, wenn der Druck an Sitz *1* den an der Gegenseite übersteigt. Der Sitz liegt beim Saugventil im Stutzen, beim Druckventil im Arbeitsraum. Beim Öffnen (**Bild 19**) entsteht ein Druckverlust zum Beschleunigen der Platten. Diese zeigen Neigung zu Schwingungen, deren Frequenz mit der Drehzahl steigt. Besonders betroffen sind hierbei die Druckventile, die sich erst bei hoher Kolbengeschwindigkeit c also bei starker Strömung öffnen. Die hierbei auftretenden Stöße erfordern kleinere Hübe bei höheren Drehzahlen und Drücken (**Bild 23b**), um eine ausreichen-

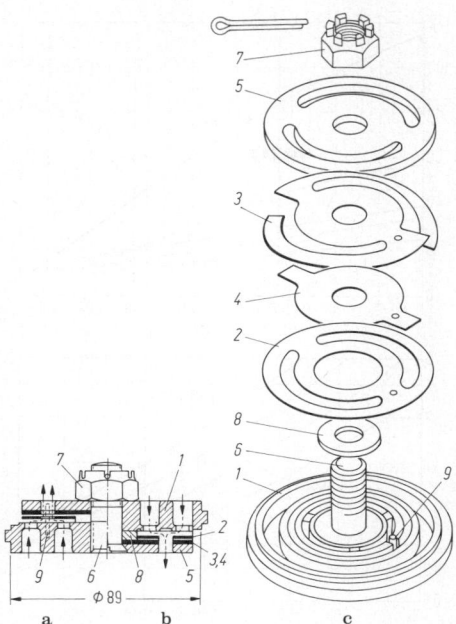

Bild 20. Selbsttätiges Ventil (Remscheider Werkzeugfabrik A. Ibach & Co., Remscheid). **a** Druckventil; **b** Saugventil; **c** Explosionsschaubild

de Lebensdauer zu erhalten (**Bild 23 c**). Abhilfe bringen Dämpferplatten bzw. progressive Federraten.

Sonderbauarten. Sie sind für bestimmte Eigenschaften konstruiert, wie höhere Spaltquerschnitte, kleinere Stoßbeanspruchung, weniger Reibung und geringere Schadräume.

Konzentrische Ventile (**Bild 21 a**). Ihre Kanäle liegen konzentrisch zur Zylindermittellinie meist innen für das Ansaugen *1* und außen für das Ausschieben *2*, um die Wärme besser abzuführen. Sie nutzen den Zylinderquerschnitt sehr gut aus, haben relativ große Spaltquerschnitte und kleine Schadräume. Ihre Abdichtung und ihr Ausbau sind schwieriger als bei normalen Ventilen. Sie werden bei kleineren Verdichtern mit höheren Drehzahlen verwendet.

Streifenventile (**Bild 21 b**). Sie haben parallel liegende Kanäle und bestehen aus dem Sitz *1* mit dem Fangblech *2*, den Ventilplatten *3* mit den Federn *4*, den Hubbegrenzern *5* und den Haltestücken *6*. Die Platten *3*, die sich wie Biegefedern verformen sind reibungsfrei. Geräusche und Stöße werden durch ein Luftkissen *7*, das sich zwischen den Teilen *3* und *4* beim Öffnen bildet, gedämpft. Diese Ventile haben kleine Schadräume und werden in Kompressoren zur ölfreien Förderung und in Vakuumpumpen eingesetzt.

Lenkerventile (**Bild 21 c**). Die Verbindung *2* zwischen dem am Hubfänger *1* festgeklemmten Innenring *3* mit den übrigen Ringen *4* ist etwa um die Hälfte bis ein Drittel heruntergeschliffen. Sie dient als Feder und wird als Einfach- bzw. Doppellenker *2* bzw. *2a* ausgebildet. So entsteht eine reibungsfreie Bewegung, die besonders für schrägliegende Ventile und ölfreie Förderung günstig ist.

Etagen- und Turmventile (**Bild 21 d, e**). Hier liegen die Saug- oder die Druckventile *1* und *2* zur besseren Nutzung der Zylinderquerschnitte übereinander. Etagenventile haben zwei Gruppen mit mehreren Kanälen übereinander, bei Turmventilen sind nur Einzelkanäle aufeinandergeschichtet. Den weiten Ventilquerschnitten steht ein großer Schadraum gegenüber. Außerdem können an den Saugventilen keine Greifer zur Regelung angebracht werden.

3.6.2 Berechnung. Calculation

Zur Berechnung dienen die Kontinuitätsgleichung und Herstellerangaben, die neben den äußeren Abmessungen, den Schadraum, die Ringzahl und den Spaltquerschnitt enthalten.

Einstufige Verdichtung. Hier ergibt die Kontinuitätsgleichung mit den Indizes S für Spalt und K für den Kolben den Volumenstrom $\dot{V} = c_S A_S = c_K A_K$ bzw.

$$A_S = c_K A_K / c_S. \tag{34}$$

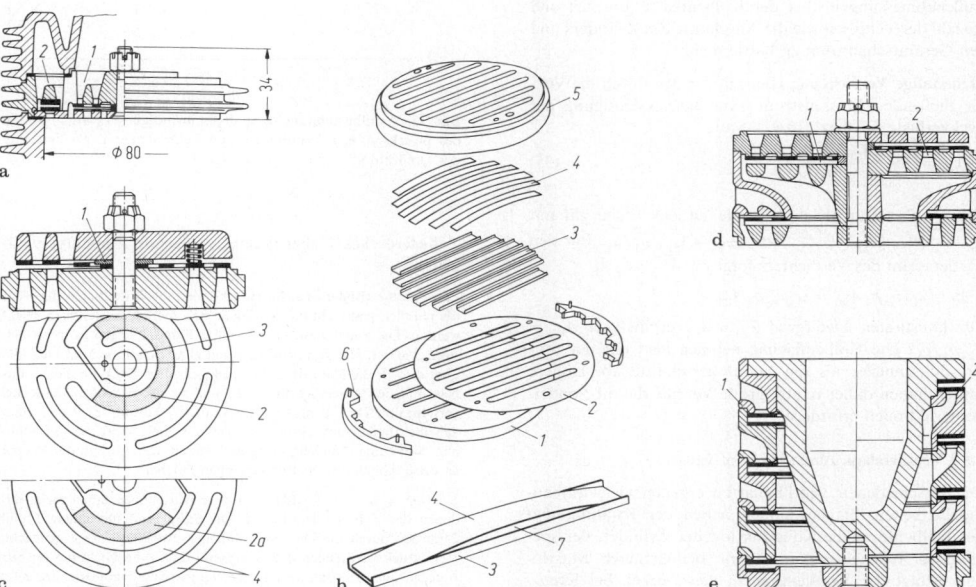

Bild 21. Ventilformen. **a** konzentrisches Ventil; **b** Streifenventil; **c** Lenkerventil; **d** Etagenventil; **e** Turmventil (**a, c, d, e:** Hoerbiger Ventilwerke AG, Wien; **b** Ingersoll-Rand GmbH, Ratingen)

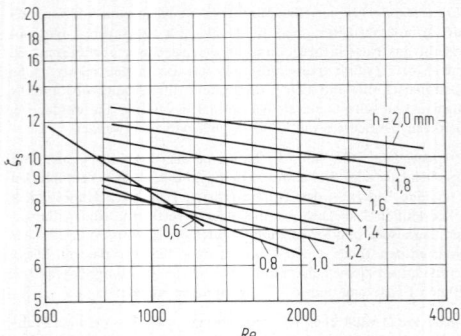

Bild 22. Widerstandsbeiwert ξ_S als Funktion der Reynoldszahl Re

Druckverluste. Ihr Wert $\Delta p_R = 0{,}5\xi_S\rho c_S^2$ nach B 6.2.4 soll etwa 2 bis 3% des betreffenden Drucks nicht überschreiten. Dazu sind die Geschwindigkeiten mit wachsender Dichte ρ zu verringern. Diese steigt aber nach der Zustandsgleichung (s. D 6.1) mit dem Druck p und der Molmasse M an. Die Widerstandszahl ξ_S (**Bild 22**) wird mit dem Ventilhub größer, nimmt geringfügig mit zunehmender Reynoldszahl Re ab.

Hübe. Sie bestimmen mit der Drehzahl und dem Druck die Stoßverluste und sind für die Druckverluste maßgebend. Werden die Werte nach **Bild 23b** eingehalten, so gilt die Lebensdauer L, nach **Bild 23c**.

Ventilwahl. Für das benutzte Medium und den gegebenen Druck wird nach **Bild 23a** die Spaltgeschwindigkeit c_S und damit nach Gl. (34) der Spaltquerschnitt bestimmt. Nach den **Bildern 23b, c** wird der Hub h und die Lebensdauer L, festgestellt. Dann wird aus den Tabellen der Hersteller die Auswahl getroffen, wobei häufig Kompromisse notwendig sind. Die endgültige Wahl erfordert das Aufzeichnen der Außenabmessungen über der Kolbenfläche, um Art und Anzahl der Ventile sowie die Anschnitte des Zylinders und den Gesamtschadraum zu bestimmen.

Mehrstufige Verdichtung. Hier gilt für den durch die Ventile fließenden Massenstrom ohne Berücksichtigung der Leckverluste für die 1. bzw. k-Stufe

$$A_{Sk} = \frac{c_{S1}\rho_1 A_{S1}}{c_{Sk}\rho_k}. \tag{35}$$

Ventilgrößen. Für gleichbleibende Druckverluste gilt mit $\xi_S = \text{const}$, $\rho_k c_{Sk}^2 = \rho_1 c_{S1}^2$ bzw. $A_{Sk} = A_{S1}\sqrt{\rho_1/\rho_k}$. Für den Förderstrom des Verdichters folgt mit $\dot V_H = c_m A_K$

$$\dot m_f = \lambda_{L1}c_m\rho_1 A_{K1} = \lambda_{Lk}c_m\rho_k A_{Kk}.$$

Für konstanten Liefergrad $\lambda_{L1} = \lambda_{Lk}$ ergibt sich $A_{Kk} = A_{k1}\rho_1/\rho_k$. Die Kolbenflächen nehmen also mit der Stufenzahl schneller ab als die Ventilquerschnitte. Höhere Stufen haben daher relativ große Ventile, die oft Sonderkonstruktionen erfordern.

3.6.3 Ventileinbau. Assemblage of valves

Die verschiedenen Ventilbauarten ergeben viele Einbaumöglichkeiten. Sie bestimmen neben der Kühlung und der Kolbenform die Konstruktion der Zylinder, der spezifischen Teile eines Verdichters. Bei kleineren Maschinen erfolgt der Ventileinbau in den Deckel, bei Kreuzkopfmaschinen auch in den Zylinder, insbesondere bei Hochdruckstufen. Kältemaschinen erhalten oft interessante Sonderkonstruktionen.

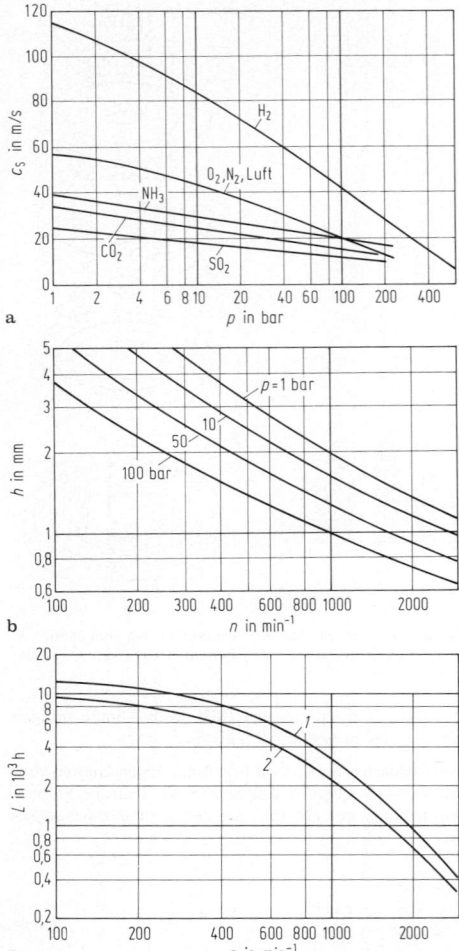

Bild 23. Ventilberechnung. **a** Spaltgeschwindigkeit c_S als Funktion des Drucks p; **b, c** Ventilhub h und Lebensdauer L als Funktion der Drehzahl n; *1* Saug-, *2* Druckventil

Zylinderdeckel. Dabei bestehen folgende Einbaumöglichkeiten:

Einzelventile (**Bilder 24a, b**). Hier können die Mittellinien der Ventile parallel, senkrecht und schräg zu den Zylindermittellinien gelegt werden. Die Saug- bzw. Druckventile *1* und *2* liegen in ihren Nestern *3* und *4*. Die Ventile werden mit einer Schraube *5* im Deckel *6* über die Glocke *7* auf ihren Sitz gedrückt. Der Deckel *6* dichtet das Nest mit der Weichdichtung *8* ab und ist mit dem Zylinderdeckel verschraubt. Die Schraube *5* wird mit der Hutmutter *9* und einer Scheibe abgedichtet. Hätte der Deckel *6* diese Aufgabe übernommen, wäre eine Doppelpassung entstanden. Der Ausbau der Ventile ist ohne Abnahme von Rohrleitungen möglich.

Konzentrische Ventile (**Bild 24c**). Ihre Mittellinien fallen meist mit denen der Zylinder zusammen. Die Saug- und Druckteile *1* und *2* werden durch die Deckelschrauben *3* auf ihren Sitz *4* gedrückt. Der Druck wird gegen den Saugraum durch die Dichtung im Sitz *4* gegen die Atmosphäre mit dem Kupferring *5* abgedichtet. Zum Ventilausbau muß mit dem Deckel die Saugleitung gelöst werden.

Kälteverdichter (**Bild 24d**). Hier hat das Saugventil 20 Zuflußbohrungen *3* im Bund *4* der Zylinderlaufbuchse, der auch die vier

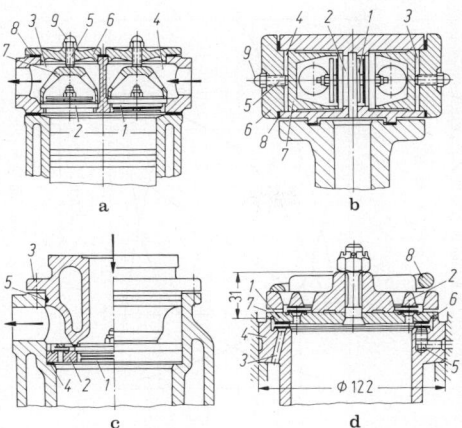

Bild 24. Ventileinbau im Zylinderdeckel. **a** Einzelventile, parallel zur Zylindermittellinie; **b** dgl. senkrecht dazu; **c** konzentrische Ventile; **d** Kältemaschinenventile

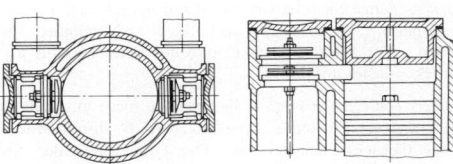

Bild 25. Ventileinbau am Zylinderumfang

Kolben *5* zum Offenhalten der Saugventile bei der Regelung (s. 3.7.1) aufnimmt. Der Sitz *6* des Druckventils *2*, zugleich Hubfänger des Saugventils *1*, besitzt Ölabflußnuten *7* und wird auf den Bund *4* mit der Feder *8* gedrückt. Hierdurch kann sich bei einem Flüssigkeitsschlag das gesamte Ventil anheben und den Abflußquerschnitt wesentlich vergrößern. Dadurch werden schwere Beschädigungen der Maschine vermieden.

Zylindermantel (Bild 25). Er nimmt oft die Ventile bei doppelt wirkenden Maschinen auf, wo ein großer Teil des Zylinderquerschnitts an der Kurbelseite durch die Stopfbüchse besetzt ist. Die Mittellinien von Zylindern und Ventilen können aufeinander senkrecht stehen oder parallel sein.

3.7 Regelungen. Regulating devices

Bei Kompressoren wird meist der Gegendruck, seltener der Saugdruck oder gar der Volumenstrom geregelt (s. X 1). Für Druckregelungen (**Bild 26**) gilt:

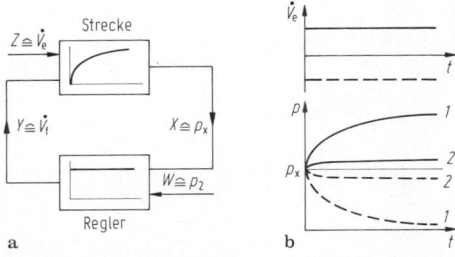

Bild 26. Druckregelung eines Verdichters. **a** Signalplan; **b** Sprung- und Übergangsfunktion. *1* Strecke, *2* Kreis

Strecke. Sie umfaßt den Verdichter mit Antriebsmotor, seine Rohrleitungen, Behälter und die Kühlung. Der Eingang sind die Stell- und Störgröße, der Ausgang die Regelgröße. Die Strecke zeigt einen Ausgleich, also angenähert PT_1-Verhalten (s. X 4.2), wobei die Zeitkonstante T_1 mit den Volumina der Leitungen und Behälter ansteigt.

Stellgröße. Sie ist der Förderstrom $Y \triangleq \dot{V}_{\mathrm{f}}$ des Verdichters. Stellglieder zu ihrer Beeinflussung sind Greifer an den Saugventilen, Absperrorgane in der Saugleitung, Spannungen an den Elektromotoren und die Kraftstoffzufuhr an den Verbrennungskraftmaschinen.

Störgröße. Am bedeutendsten ist hier der Entnahmestrom des Verbrauchers $Z \triangleq \dot{V}_{\mathrm{e}}$. Weiterhin sind Schwankungen des Saugdrucks, der Drehzahl des Antriebsmotors oder Kühlwasserversorgung möglich.

Regler. Ihr Eingang ist die Regelgröße $X \triangleq p_{\mathrm{x}}$ und der Sollwert X_{S} bzw. W. Ihr Ausgang ist die Stellgröße $Y \triangleq \dot{V}_{\mathrm{f}}$. Sie arbeiten meist nach dem Zweipunkt-, aber auch nach dem P-, seltener nach dem PI-Verfahren.

Regelgröße. Da eine genaue Einhaltung des Drucks p_{x} in der Praxis oft nicht notwendig ist, bestehen die Meßgeräte meist nur aus Kolben und Feder und die Regler sind einfachster Bauart. Ihr Sollwert ist häufig nicht kontinuierlich einstellbar und nur im Stillstand veränderlich.

Hilfsenergie. Sie wird meist vom verdichteten Medium geliefert. Der Druck ist etwa 6 bis 8 bar, während sonst für pneumatische Signale nach VDI/VDE 2179 1,2 bis 2 bar üblich sind. Die pneumatische Energie ist besonders zur Betätigung größerer Stellventile vorteilhaft.

3.7.1 Zweipunktregelung. On-off control

Die Zweipunktregelung (s. X 3.3) ist bei Verdichtern weit verbreitet [6]. Ihr Aufbau ist einfach und robust, der Betrieb ist sicher, und der Anschaffungspreis gering. Das Stellglied schaltet bei kleineren Verdichtern den Motor ab, sonst hält es die Saugventile offen und falls dies nicht möglich ist, wie bei Turmventilen (s. P 3.6.1) und Rotations- und Schraubenverdichtern, sperrt es die Saugleitung ab.

Arbeitsweise

Der Regler *1* (**Bild 27a**) schaltet, wenn der Druck p_{x} im Behälter *2* den Einschaltwert p_{ein} erreicht, die Förderung des Verdichters *3* über das Stellglied *4* ein und beim Ausschaltdruck p_{aus} ab. Während der Einschaltzeit T_{ein} (**Bild 27b**) steigt der Druck p_{x} von p_{ein} auf p_{aus} und der Verdichter liefert den Förderstrom $\dot{V}_{\mathrm{fa}}$. Für die Dauer der Ausschaltzeit T_{aus} beim Druckabfall von p_{aus} auf p_{ein} hört die Förderung auf. Während der Periodendauer $T = T_{\mathrm{ein}} + T_{\mathrm{aus}}$ fließt der Entnahmestrom $\dot{V}_{\mathrm{e}}$. Für $\dot{V}_{\mathrm{e}} = 0$ wird $T_{\mathrm{ein}} = 0$ also $T_{\mathrm{aus}} \to \infty$. Bei $\dot{V}_{\mathrm{e}} = \dot{V}_{\mathrm{f}}$ gilt $T_{\mathrm{aus}} = 0$ und $T_{\mathrm{ein}} \to \infty$. Hier liegt die äußere Grenze der Regelung.

Schaltfrequenz (Bild 27c). Sind die Volumina auf den Ansaugzustand bezogen, so wird während der Einschalt- bzw. der Ausschaltzeit T_{ein} bzw. T_{aus} bei der Druckänderung Δp dem Behälter das Volumen

$$\Delta V = (\dot{V}_{\mathrm{f}} - \dot{V}_{\mathrm{e}})T_{\mathrm{ein}}, \qquad \Delta V = \dot{V}_{\mathrm{e}}T_{\mathrm{aus}}$$

zu- bzw. abgeführt. Mit dem Volumenverhältnis $\alpha = \dot{V}_{\mathrm{e}}/\dot{V}_{\mathrm{f}}$ wird

$$\Delta V = (1 - \alpha)\dot{V}_{\mathrm{f}}T_{\mathrm{ein}}, \qquad (36)$$

$$\Delta V = \alpha \dot{V}_{\mathrm{f}}T_{\mathrm{aus}}. \qquad (37)$$

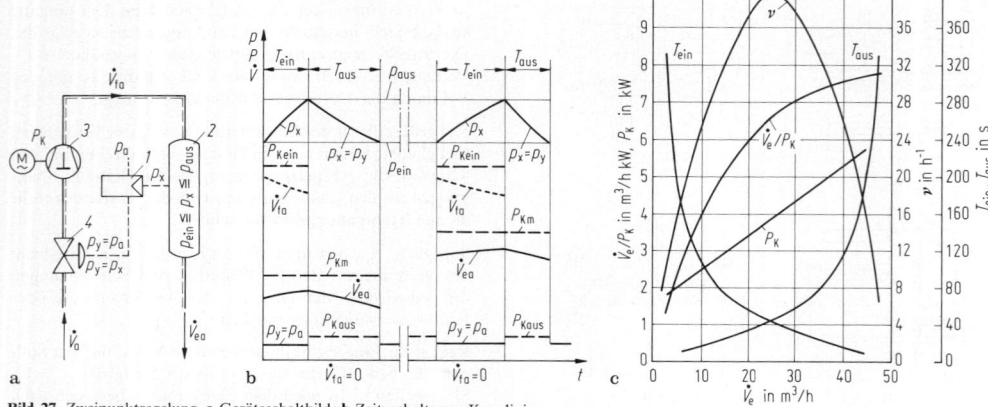

Bild 27. Zweipunktregelung. **a** Geräteschaltbild; **b** Zeitverhalten; **c** Kennlinien

Hieraus folgt für die Zeiten und die Frequenz

$$T_{\text{aus}} = \frac{1-\alpha}{\alpha} T_{\text{ein}}, \tag{38}$$

$$v = \frac{1}{T_{\text{ein}} + T_{\text{aus}}} = \frac{1-\alpha}{T_{\text{aus}}} = \frac{\alpha}{T_{\text{ein}}}. \tag{39}$$

Die Gln. (36) und (39) ergeben

$$v = \alpha(1-\alpha)\dot{V}_{\text{f}}/\Delta V = 4(1-\alpha)\alpha\, v_{\text{max}}; \tag{40}$$

mit dem Maximum für $\alpha = 0{,}5$

$$v_{\text{max}} = 0{,}25\,\dot{V}_{\text{f}}/\Delta V. \tag{41}$$

Behälter. Sind p_1 und T_{a1} Druck und Temperatur beim Ansaugen, V_B und T_B Volumen und Temperatur im Behälter, so beträgt nach der Zustandsgleichung die Massenänderung im Behälter

$$\Delta m = \frac{V_B \Delta p}{R T_B} = \frac{\Delta V p_1}{R T_{\text{a1}}}.$$

Mit Gl. (41) folgt hieraus die Behältergröße.

$$V_B = \frac{1}{4 v_{\text{max}}} \frac{\dot{V}_{\text{fa}} p_1 T_B}{\Delta p\, T_{\text{a1}}} \tag{42}$$

Hierbei ist meist $T_B \approx T_{\text{a1}}$. Tragbare Behältergrößen erfordern hohe Schaltdifferenzen- und Frequenzen, etwa $\Delta p = (0{,}5\ldots 2)$ bar und $v_{\text{max}} = (30\ldots 60)\,1/\text{h}$.

Kennlinien (Bild 27 b, c). Sind G_{ein} bzw. G_{aus} die Mittelwerte einer Größe während der Ein- bzw. Ausschaltzeit T_{ein} bzw. T_{aus}, so gilt bei Beharrung für den Mittelwert der Periodendauer

$$G_{\text{m}} = \frac{G_{\text{ein}} T_{\text{ein}} + G_{\text{aus}} T_{\text{aus}}}{T_{\text{ein}} + T_{\text{aus}}}. \tag{43}$$

Die Größe G steht hier für die Volumenströme $\dot{V}_{\text{e}}$ und $\dot{V}_{\text{f}}$, das Drehmoment M_{d}, die Kupplungs- und Antriebsleistung P_{e} und P_A. Während beim Aussetzen $\dot{V}_{\text{f}} = 0$ ist, gilt für die Beharrung $\dot{V}_{\text{e}}(T_{\text{ein}} + T_{\text{aus}}) = \dot{V}_{\text{f}} T_{\text{ein}}$. Bei nicht zu großen Schaltdifferenzen ändern sich die Werte G_{ein} und G_{aus} nur wenig. Wird der Motor abgeschaltet, so wird während T_{aus} auch $M_{\text{d}} = P_K = P_A = 0$. Es treten also keine Leerlaufverluste auf.

Regler. Neben der Zu- und Abschaltung des Volumenstroms dienen sie noch zur Druckentlastung des Verdichters beim Hochfahren bis zur Nenndrehzahl, wenn im Behälter der volle Druck anliegt. Hierdurch sind kleinere Motoren einsetzbar.

Druckschalter. Sie schalten den Motor beim Druck p_{ein} ein und bei p_{aus} ab, verbinden also Regler und Stellglied. Da bei p_{aus} der Motor stillsteht, muß der Verdichter bis p_{ein} druckentlastet anfahren.

Feder- und Gewichtsregler. Sie bestehen meist aus Kolben mit zwei verschiedenen Arbeitsflächen, die durch Federn oder Gewichte belastet sind. Der Unterschied der Arbeitsflächen bestimmt die Druckdifferenz, die Feder- oder Gewichtskraft den mittleren Druck.
Beim Schalten verbindet der Kolben das Stellglied mit dem Behälter und die Förderung ist unterbrochen, die beim Entlüften mit dem atmosphärischen Druck p_{a} wieder einsetzt.

Ausgeführter Federregler. *Wirkungsweise* (**Bild 28**). Der Schieber *1*, der mit seiner Stirnfläche A auf dem Sitz *2* liegt, bewegt sich gegen die Feder *3*, wenn der Behälterdruck $p_x = p_{\text{aus}}$ ist. Am Anschlag *4* angekommen, gibt er die Fläche $A + \Delta A$ frei und das Stellglied SG wird mit dem Förderbehälter FB verbunden. Hierbei wird die Förderung unterbrochen und der Druck p sinkt. Bei $p_x = p_{\text{ein}}$ geht der Schieber *1* auf seinen Sitz *4* zurück, und das

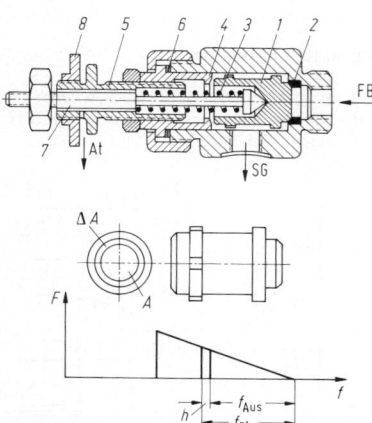

Bild 28. Federregler mit Kolben und Federdiagramm (Hoerbiger Ventilwerke AG, Wien)

Stellglied ist mit dem atmosphärischen Druck p_a bei At verbunden. Die Förderung setzt ein und der Druck p_x steigt wieder, bis sich der Vorgang bei $p_x = p_{aus}$ wiederholt.

Berechnung. Nach **Bild 28** gilt, wenn c die Rate der Feder *3* und der Hub $h = f_{ein} - f_{aus}$ die Federlängendifferenz ist,

$$p_{aus} A = p_a (A + \Delta A) + c f_{aus};$$
$$p_{ein} (A + \Delta A) = p_a A + c f_{ein}$$

mit $\Delta p = p_{aus} - p_{ein}$

$$\Delta p = \frac{(p_{ein} + p_a) \Delta A - ch}{A}. \tag{44}$$

Einstellung. Der Einschaltdruck p_{ein} wird durch Spannen der Feder *3* mit der Gewindebuchse *5* erhöht. Die Druckdifferenz Δp wird nach Gl. (44) durch Verringern des Hubes durch Herausnehmen der Einlagen *6* vergrößert.

Entlastetes Anfahren. Hierzu wird die Spindel *7* mit der Rändelmutter *8* angehoben, also SG mit FB verbunden und die Förderung unterbrochen, bis die Nenndrehzahl des Verdichters erreicht ist.

Stellglieder

Bei Zweipunktreglern (**Bild 29**) gibt es nur zwei Lagen: volle oder keine Förderung. Die Stellglieder schalten diese in einem Zylinder *1* mit einem Kolben *2* einer Feder *3* und einem Schaltorgan *4*. Ist der Zylinder *1* über den Regler RG mit dem Behälter FB verbunden, unterbricht der Druck über das Schaltorgan die Förderung; ist er mit der Atmosphäre verbunden, so stellt die Feder die alte Lage, also die Förderung wieder her. Nach der Form des Schaltorgans werden unterschieden:

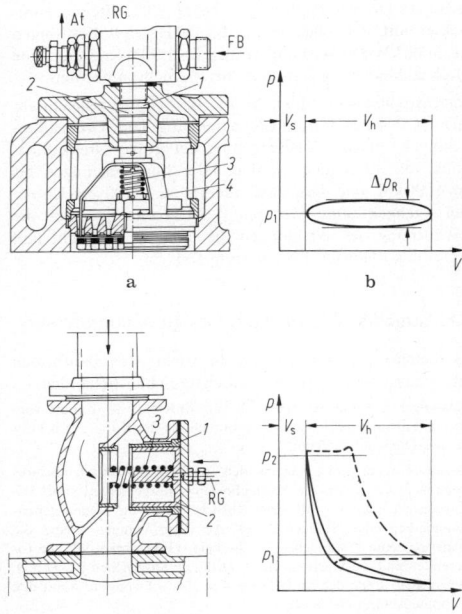

Bild 29. Stellorgane. **a** Saugventilgreifer mit Regler (Hoerbiger Ventilwerke, Wien); **b** Druckverlauf zu **a**; **c** Absperrventil (KSB Klein, Schanzlin & Becker AG, Frankenthal (Pfalz)); **d** Druckverlauf zu **c**

Saugventilgreifer (Bild 29a). Sie halten die Saugventile während der Ausschaltzeit offen. Der auf den Kolben wirkende Behälterdruck hat dabei folgende Kräfte zu überwinden: von der Feder und der Reibung, vom Staudruck sowie dem Druck im Ventilnest auf seine Rückseite. Der Staudruck auf den Ventilplatten infolge des strömenden Mediums entspricht etwa dem Indikatordiagramm beim Leerlauf mit dem Mitteldruck.

Absperren der Saugleitung (Bild 29c). Ihre großen Kolben sollen den Ventilsitz sicher abdichten. Da beim Saugen im Zylinderraum ein höherer Unterdruck entsteht, dringt hier zusätzlich Öl ein, das die Luft weiter verschmutzt. Bei Tauchkolbenmaschinen wird das Absperrventil daher nur bei Etagen- oder Turmventilen benutzt. Ihre Kolben erhalten dann zusätzliche Abstreifringe.

3.7.2 Stetige Regelungen. Continuously variable control

Sie werden erst bei Kompressoren, die mehr als $10 \, \mathrm{m^3/min}$ fördern, verwendet. Die meist benutzten P- und PI-Regler haben als Hilfsenergie das geförderte Medium. Die Stellglieder sind in ihrer Konstruktion auf die Kolbendichter zugeschnitten, wie hier gezeigt wird.

Staudruckprinzip

Hält ein Greifer ein Saugventil offen, so entsteht beim Rückströmen des Mediums ein Staudruck p_S (**Bild 30b**), der etwa bei 50% des Hubes sein Maximum hat.

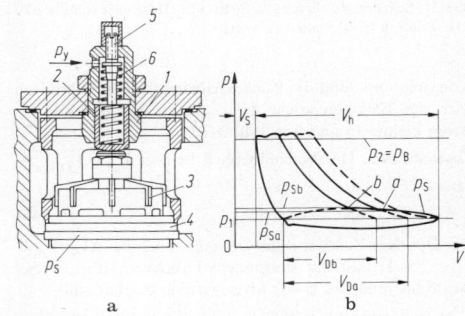

Bild 30. Staudruckprinzip. **a** Stellventil (Hoerbiger Ventilwerke AG, Wien); **b** Druckverlauf

Stellventil (Bild 30a). Der Stelldruck p_y drückt im Zylinder *1* über den Kolben *2* die Greifer *3* auf die Platten des Saugventils *4*. Mit der Schraube *5* und der Feder *6* erfolgt eine Anpassung an den Staudruck des Ventils. Die beweglichen Teile werden so leicht wie möglich ausgeführt.

Arbeitsweise (Bild 30b). Das Ventil schließt, wenn die Kräfte des Stelldruckes größer als diejenigen des Staudrucks sind. Mit wachsendem Stelldruck nimmt das Fördervolumen ab (Punkte *a* und *b*). Die bei der Bewegung erzeugten Reibungs- und Massenkräfte wirken stark verzögernd, so daß höchstens 40% des größten Massenstroms erreichbar sind. Schneidet die Kompressions- die Staudrucklinie erst hinter ihrem Maximum (Punkt *b*), so kann die Förderung noch weiter verringert werden.

Verwendung. Diese Regelungen werden für Hochdruckverdichter mit Saugdrucken in der letzten Stufe bis zu 300 bar hergestellt.

Schadraumänderung

Wird zum Schadraum V_S noch das Volumen ΔV_S zugeschaltet, so verlaufen unterhalb des Zuschaltdrucks p_z die

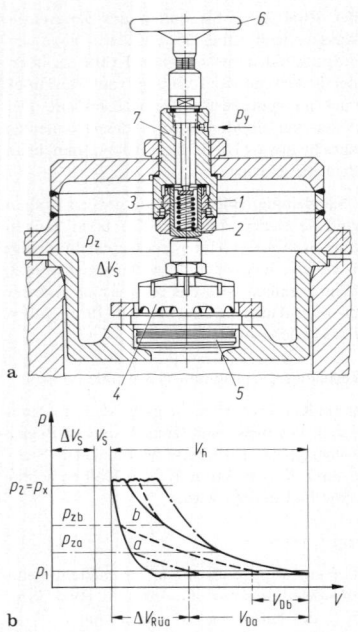

a

b

Bild 31. Schadraumänderung. **a** Stellventil (Hoerbiger Ventilwerke AG, Wien); **b** Druckverlauf (s. Text)

Kompressions- und die Rückexpansion flacher. Hierdurch wird der Volumenverlust $\Delta V_{Rü}$ größer und der Förderstrom kleiner (*a* und *b* in **Bild 31 b**).

Zuschaltraum. Der Verstellbereich beträgt $V_{ah} = V_{D\,max} - V_{D\,min} = \Delta V_{Rü\,max} - \Delta V_{Rü\,min}$ bzw. mit Gl.(9)

$$\Delta V_S = V_{ab}/(\psi^{1/n} - 1) = \beta V_{ah}. \qquad (45)$$

Der Quotient Zuschaltraum zu Stellbereich $\beta = \Delta V_S / V_{ah} = 1/(\psi^{1/n} - 1)$ fällt mit steigendem Druckverhältnis, wobei Werte bis hinab zu $\psi = 2$ wirtschaftlich tragbar sind.

Stellventil (Bild 31 a). Es besteht aus dem Zylinder *1* mit dem Kolben *2*, der mit der Feder *3* beaufschlagt ist und über die Greifer *4* die Platten des Saugventils *5* bestätigt. Die Feder *3* wird mit dem Handrad *6* über die Spindel *7* gespannt.

Das Ventil (**Bild 31 a**) schaltet den Schadraum ΔV_S zu, wenn die Kräfte an den Ventilplatten beim Zuschaltdruck p_z kleiner werden als die Federkraft und die Kolbenkraft infolge des Stelldrucks p_y. Je größer dieser Druck ist, desto eher wird der Schadraum zugeschaltet und desto kleiner wird die Förderung. Dies tritt auch ein, wenn die Feder *3* durch Herunterdrehen des Handrades gespannt wird.

Drehzahl

Ihre Änderung ermöglicht einen Druckausgleich. So erfolgt bei steigender Entnahme ein Druckabfall, der durch Erhöhung der Drehzahl ausgeglichen wird, da der Verdichter mehr fördert und sich der Entnahme anpaßt. Hat die Antriebsmaschine einen Drehzahlregler, so kann auch dessen Sollwert vom Druckregler verstellt werden.

Stetig ähnliche Regler. Ihr Einsatz erfolgt in schwierigen Fällen, z.B. bei veränderlicher Entnahme und stark schwankenden Saug- oder Gegendrücken, wie etwa bei Erdgasverdichtern. Der Regler schaltet hierbei über einen digital-analog Umsetzer mit Magnetventilen Schadräume zu, wobei bis zu 40 Kombinationen verwendet werden.

Brennkraftmaschinen. Wegen der relativ hohen Leerlaufdrehzahlen und des zu ihrem Erreichen aus dem Stillstand notwendigen Anlassens, sind für kleine Entnahmeströme Sondermaßnahmen notwendig, z.B. Zweipunktregler. Ist kein Drehzahlregler vorhanden, ist bei höchster Drehzahl eine Begrenzung erforderlich.

Dieselmotoren. Hier verstellt der Druckregler *1* den Verstellhebel der Brennstoffpumpe *2* oder den Sollwert des Drehzahlreglers *3*. Im letzten Fall (**Bild 32**) steigt bei fallender Entnahme $\dot{V}_e$ der Druck p_x, dessen Regler den Drehzahlsollwert n und damit die Kraftstoffzufuhr $\dot{m}_B$ verringert.

Ottomotoren. Hier greifen die Druckregler direkt an den Hebeln der Vergaserklappen an. Grenzregler müssen hier die höchste Drehzahl überwachen.

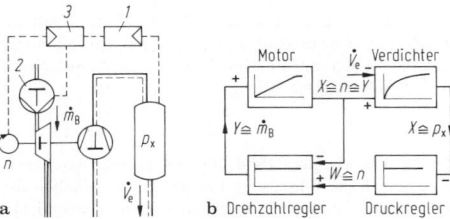

a   b Drehzahlregler   Druckregler

Bild 32. Druckreglung eines Kompressors mit Dieselantrieb. **a** Geräteschaltbild; **b** Signalplan

Elektromotoren. Hier ist der preisgünstige Asynchronmotor (s. V3.1.1) mit Kurzschlußläufer am häufigsten, der keine Drehzahländerung zuläßt.

Drehstrommaschinen. Hier ermöglicht der Schleifringläufermotor Drehzahländerungen bis zu 30%. Frequenzumrichter mit Bereichen von 5 bis 50 Hz und Leistungen bis 3000 kW bei Wirkungsgraden über 90% erlauben eine Drehzahländerung 1:10 auch bei Asynchronmotoren.

Gleichstrommaschinen (s. V3.4). Bei Thyristorgleichrichtern (s. V4.1.2) mit Strombegrenzung und Drehzahlregelung kann zur Druckregelung der große Drehzahlbereich voll ausgenutzt werden. Hier sind Leistungen bis zu 2000 kW und Drehzahländerungen 1:100 erreichbar. Bei eigengekühlten Motoren (V3.1.5) setzt lediglich die Erwärmung der Wicklungen die unterste Drehzahl und somit den kleinsten Förderstrom fest.

3.8 Ausgeführte Verdichter. Design of compressors

In diesem Abschnitt werden die wichtigsten Bauformen ein- und mehrstufiger Hubkolbenverdichter behandelt.

Einstufiger V-Verdichter (Bild 33). Er fördert 49 m^3/h Luft vom Ansaugezustand auf 9 bar und verbraucht an der Kupplung 6,3 kW bei der Drehzahl 1450 min^{-1}.

Triebwerk. Es besteht aus den beiden Tauchkolben *1* mit den Schubstangen *2*, auf denen die Kolbenbolzen *3* festgeklemmt sind. Die Kurbelwelle *4* nimmt mit ihrem Kurbelzapfen *5* die beiden nebeneinanderliegenden Stangen *2* auf. An ihren Wangen *6* sind die Gegengewichte *7* angeschraubt, die beim Gabelwinkel 90° die rotierenden und die Massenkräfte 1. Ordnung ausgleichen (s. O1.3.2). Am rechten Ende der Kurbelwelle *4* ist das Schwungrad *8* mit den Kupplungsbolzen *9* befestigt.

Gestell. In Tunnelform *10* nimmt es die beiden Schildlager *11* und *12* für die Kurbelwelle *4* auf. Diese kann so aus dem Gestell herausgezogen werden. Weiterhin sind hier die Zylinder *13* angeschraubt. Deckel *14* ermöglichen ein Lösen der Schubstangen *2*, die nach Abbau der Deckel *15* mit den Kolben *3* durch den Zylinder *13*

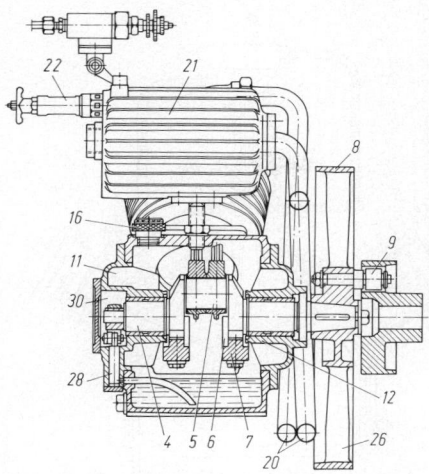

Bild 33. Verdichter (KSB Klein, Schanzlin & Becker)

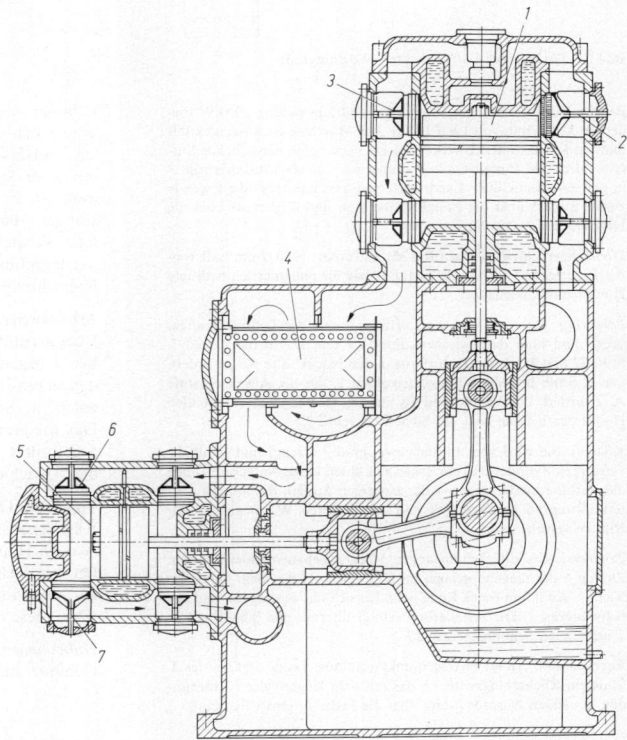

Bild 34. L-Verdichter (Ingersoll-Rand)

herausgezogen werden. Der Entlüfter *16* gleicht Druckunterschiede im Gestellraum aus.

Förderluft. Sie wird von den Kolben *1* über den Saugfilter *17* und die Saugventile *18* in die Zylinder *13* gesaugt. Dann wird sie über die Druckventile *19* in den Nachkühler *20* gedrückt. Von dort aus gelangt sie über den Ölabscheider *21* mit dem Sicherheitsventil *22* zum Verbraucheranschluß *23*. Die Ventile *18* und *19* sitzen in den Deckeln *15*. Die Durchflußregelung erfolgt im Zweipunktverfahren mit dem Regler *24* und dne Saugventilgreifern *25* als Stellglied, s. **Bild 28**. Störgröße ist der Entnahmestrom.

Kühlluft. Das Schwungrad *8* mit seinen Lüfterflügeln *26* drückt sie zunächst durch den Nachkühler *20*, ein schraubenförmig gewun-

denes Rohr, und bläst dann die Kühlrippen *27* der Zylinder *13* an.

Ölversorgung. Die Kolbenpumpe *28* saugt das Öl aus der Ölwanne *29* an und fördert es in den Druckraum *30*. Von dort aus gelangt es über Ölbohrungen in der Kurbelwelle *4* zu den Lagern der Schilde *11* und *12* und der Schubstangen *2*. Die Kolben *1* und ihre Bolzen *3* werden mit Spritzöl geschmiert, das an den Wänden wieder in die Ölwanne *29* zurückfließt. Ölpeilstab *31* und Ölstandauge *32* dienen zur Verbrauchskontrolle.

Zweistufiger L-Verdichter (Bild 34). Er hat zwei doppeltwirkende Stufen mit den Bohrungen 290 und 470 mm und den Hub 260 mm.

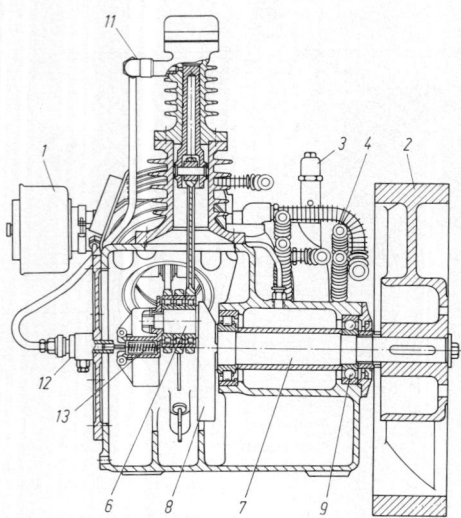

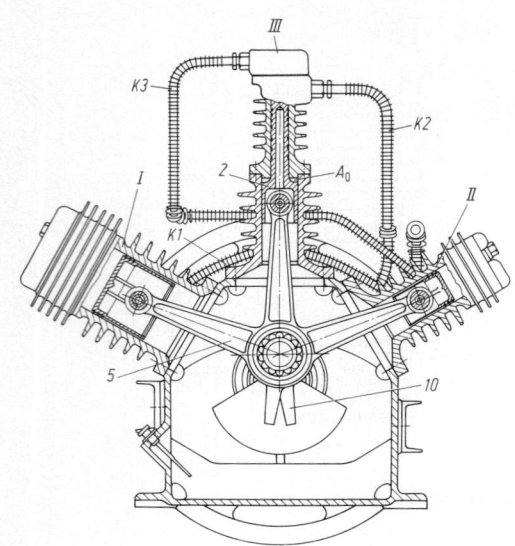

Bild 35. Dreistufiger Luftverdichter (Worthington)

Bei der Drehzahl 500 min^{-1} und der Antriebsleistung 200 kW fördert er 32 m^3/min von 1 auf 10 bar. Die Maschine ist wassergekühlt und hat Kreuzkopftriebwerke. Die Luft gelangt in die stehende Stufe *1* durch die Einlaßventile *2* und wird über die Auslaßventile *3* in den Zwischenkühler *4* gedrückt. Von dort aus saugt die liegende zweite Stufe *5* über die Einlaßventile *6* an und fördert sie über die Druckventile *7* zum Verbraucher.

Dreistufiger Luftverdichter (Bild 35). Er fordert 1250 l/min Luft vom Ansaugezustand 1,0 bar bei 20 °C auf 70 bar für pneumatisch betätigte Hochspannungsschalter.

Förderluft. Sie wird über ein Luftfilter *1* von der 1. Stufe *I* angesaugt, und über die Zwischenkühler *K1* und *K2* in die 2. Stufe *II* und *III* und von dort aus in den Nachkühler *K3* gefördert. Die 3. Stufe hat einen Führungskolben *2*, der die Ausgleichsstufe A_0 erfordert. Die Ventile sind als Streifen (s. **Bild 21 b**) ausgebildet. Hinter der 1. Stufe liegt das Sicherheitsventil *3*.

Kühlluft. Sie wird vom Lüfterschwungrad *2* erzeugt und kühlt die verrippten Zylinder und die Zwischenkühler. Diese Aufgabe erfüllen die Verbindungsleitungen *4* der einzelnen Stufen, die an das Lüfterschwungrad herangeführt und zur besseren Wärmeabfuhr mit Rippen versehen sind.

Triebwerk. Die drei Schubstangen *5* liegen nebeneinander auf dem Zapfen *6* der fliegend gelagerten Kurbelwelle *7* mit dem Gegengewicht *8*. An ihrem freien Ende befinden sich das Festlager *9* und das Schwungrad *2*. Die Schmierung erfolgt über an den Schubstangen *5* befestigten Schöpfansätzen *10*.

Regelung. Sie erfolgt im Zweipunktverfahren. Dazu sitzt an der 3. Stufe ein Rückschlagventil *11*, das mit dem Kugelregler *12* verbunden ist, dessen Ansprechwerte über die Feder *13* einstellbar sind.

3.9 Sonderformen der Kolbenverdichter
Special types of compressors

3.9.1 Rotationsverdichter. Vane compressors

Ihre Arbeitsräume ändern sich am Umfang periodisch zwischen zwei Grenzwerten, die zählen also zu den Kolbenverdichtern. Sie fördern Luft und Gase, haben kleine Abmessungen, geringes Gewicht, keine oszillierenden Massenkräfte (s. G 10.2.2) und keine Steuerorgane [7].

Einsatzgebiete. Einstufig werden sie für Druckverhältnisse $\psi = 2{,}5$, zweistufig bis $\psi = 6$ ausgeführt. Bei Luft-

kühlung fördern sie in einer Stufe bis 150 m^3/h, bei Wasserkühlung in zwei Stufen bis 300 m^3/h, Drehzahlen sind bis 1500 min^{-1} üblich. Vakua bis zu 98% sind mit zwei Stufen erreichbar. Flüssigkeitseinspritzung ermöglicht Förderströme von 3800 m^3/h bis 9 bar bei einstufiger, 1000 m^3/h bis zu 16 bar Enddruck bei zweistufiger Verdichtung. Die Temperaturen dürfen hierbei den Verdampfungspunkt der eingespritzten Flüssigkeit nicht überschreiten.

Arbeitsweise. Im Gehäuse *1* (**Bild 36**) dreht sich der um die Exzentrizität *e* versetzte Rotor *2*, in dessen Nuten Schieber *3* liegen, die ihre Fliehkraft nach außen drückt. In den sichelförmigen Räumen zwischen Rotor und Gehäuse teilen die Schieber veränderliche trapezartige Zellen ab. Das Medium wird vom Saugkanal *4* in den Förderkanal *5* gefördert. Das Ansaugen steuern die Kanten d und a, das Ausschieben die Kanten b und c.

Volumina. Die Zelle (**Bild 36**) vergrößert ihr Volumen zur Rückexpansion und zum Ansaugen bei der Drehung von A nach B und verringert es von B nach A zum Verdichten und Ausschieben. Das größte Volumen einer Zelle tritt auf, wenn ihre Mittelebene durch B, das kleinste Volumen, wenn diese durch A geht.

Hubvolumen. Es bedeuten D und d die Durchmesser von Gehäuse und Läufer mit der Länge L,z die Zahl und

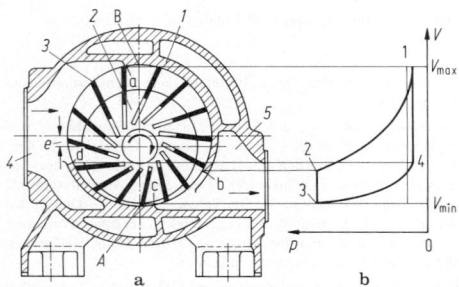

Bild 36. Rotationsverdichter. **a** Prinzip; **b** p,V-Diagramm

δ die Dicke der Schieber. Der größte Förderquerschnitt bzw. das größte Fördervolumen ist dann

$$A_{\max} = \pi D(D-d)\frac{1}{z} - \delta(D-d), \quad V_{\max} = A_{\max}L.$$

Das maximale Volumen ist angenähert gleich dem Hubvolumen $V_h = V_{\max} - V_{\min}$, denn $V_{\min}$ das theoretische Null ist, hängt nur von den Spielen ab. Das Gesamthubvolumen beträgt dann mit der relativen Exzentrizität $\varepsilon = (D-d)/D$

$$V_H = zA_{\max}L = (\pi D - \delta z)(D-d)L = \varepsilon D(\pi D - \delta z)L. \quad (46)$$

Anhaltswerte. Ausgeführte Exzentrizitäten sind $\varepsilon = 0,11 \dots 0,14$, wobei der größere Wert für Vakuumpumpen oder Kompressoren mit dem Druckverhältnis bis $\psi = 2,5$ gilt. Das Verhältnis Länge zu Durchmesser des Rotors ist $L/D = 2,0 \dots 3,0$, bei geschmierten und $L/D = 1,7 \dots 2,3$ bei ölfreien Verdichtern. Für die Schieberdicke zur Exzentrizität gilt $\delta/\varepsilon = 3,8$ bei Stahlschiebern.

Förderstrom. Er beträgt nach Gl. (7) $\dot{V}_{fa} = \lambda_L V_H$. Der Liefergrad ist $\lambda_L = 0,6 \dots 0,7$, wobei die höheren Werte für größere Maschinen gelten. Er hängt stark von den Spielen, also dem Betriebszustand des Verdichters, ab.

Steuerung und Druckverlauf (Bild 36). Die Steuerung durch die Kanten a und b sowie c und d bestimmen die Kompression 1 bis 2 und die Rückexpansion 3 bis 4. Das Ansaugen 4 bis 1 und das Ausschieben 2 bis 3 steuern die Kanten d und a sowie b und c. Der Gegendruck in der letzten Zelle vor dem Kompressionsende ist aber nicht vom Druck im Förderkanal abhängig, sondern von der Lage der Kante b.

Vergleich mit Hubkolbenverdichtern. Die Zelle entspricht dem Arbeitsraum, die Zellenzahl der Zylinderzahl. Das Volumen $V_{\min}$ dem Schadraum V_S und $V_{\max} - V_{\min}$ dem Hubvolumen V_h.

Zweistufiger Rotationsverdichter (Bild 40). Er fördert $300\ \mathrm{m^3/h}$ Luft vom atmosphärischen Zustand auf 8 bar bei $1450\ \mathrm{min^{-1}}$ und verlangt 38 kW an der Kupplung des ihn antreibenden Dieselmotors.

Förderung. Die angesaugte Luft strömt über das Filter 1 und das Stellventil 2 in den Arbeitsraum 3 der ersten Stufe. Nach der Verdichtung gelangt sie über den Zwischenkühler 4 in den Raum 5 der zweiten Stufe, die infolge der Verringerung des Ansaugvolumens bei gleichem Durchmesser etwa 2/3 der Länge der ersten Stufe besitzt. Die Luft gelangt dann über das Rückschlagventil 6 in die Förderleitung.

Leistungsfluß. Er geht vom Motor aus über die elastische Kupplung 7 und das Getriebe 8 zu den Rotoren 9 und 10 der ersten und zweiten Stufe. Das Kühlluftgebläse 11 wird vom Getriebe 8, die Ölpumpe 12 von der Welle des Rotors 9 angetrieben.

Aufbau. Die beiden Rotoren 9 und 10 tragen 14 bzw. 20 Schieber 13, die um etwa 10° in der Drehrichtung schräggestellt sind, damit sie in ihren Nuten nicht klemmen. Die Schieber nehmen die beiden Laufringe 14, die im Gehäuse 15 rotieren, mit. Diese Ringe werden von der Ölpumpe 12 geschmiert und vermeiden ein mit Geräusch, Verschleiß und Energieverlust verbundenes Anlaufen der Schieber. Dabei entsteht ein Spiel von etwa 0,3 mm zwischen Gehäusewand und Schiebern. Die etwa gleich großen Spiele zwischen den Deckeln 16 und 17 und den Rotoren werden durch die Dicke der Dichtungen zwischen Gehäuse und Deckeln bestimmt. Alle Spiele werden möglichst klein gehalten, damit der Liefergrad nicht zu stark absinkt. Die Rotoren sind in den Zylinderrollenlagern 18 und 19 gelagert. Ihre Wellen werden an der Antriebsseite durch Schleifringdichtungen mit Federn abgedichtet. Die Abschlußdeckel 20 liegen herausziehbar in den Bohrungen der Gehäusestützrippen.

Regelung. Das Stellventil 2 wird vom Zweipunktregler 21 (s. **Bild 28**) betätigt. Die Regelgröße ist hierbei der Druck in der Förderleitung hinter dem Rückschlagventil 6. Während der Ausschaltzeit sperrt der obere Kegel 22 die Saugleitung ab und der untere Kegel 23 verbindet die Förderseite der zweiten Stufe mit der Atmosphäre. Dadurch schließt das Rückschlagventil 6, das Medium kann nicht zurückströmen, die Druckverhältnisse beider Stufen werden wesentlich kleiner und die Leerlaufleistung sinkt.

Derartige Kompressoren werden zur mobilen Drucklufterzeugung, also beim Straßenbau und zur Siloentleerung eingesetzt. Beim Antrieb mit Elektromotor dienen sie auch als Prozeßgas- und Kältemittelverdichter.

3.9.2 Schraubenverdichter. Screw compressors

Schrauben- oder Lysholm-Verdichter haben, von zwei Schraubenläufern gebildete, sich in axialer Richtung verringernde Arbeitsräume in den Zahnlücken. Sie arbeiten also nach dem Verdrängerprinzip. Ihr Verschleiß ist gering, freie Massenkräfte sind nicht vorhanden, und verschmutzte Medien sind zulässig. Die Wirkungsgrade sind

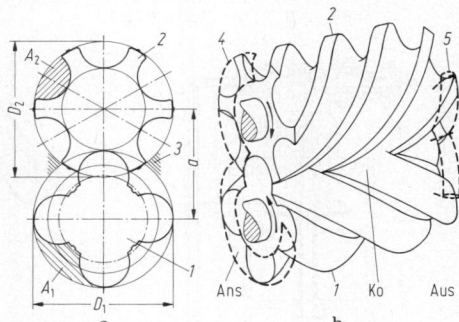

Bild 37. Läuferpaar eines Schraubenverdichters. **a** Stirnschnitt; **b** perspektivische Ansicht

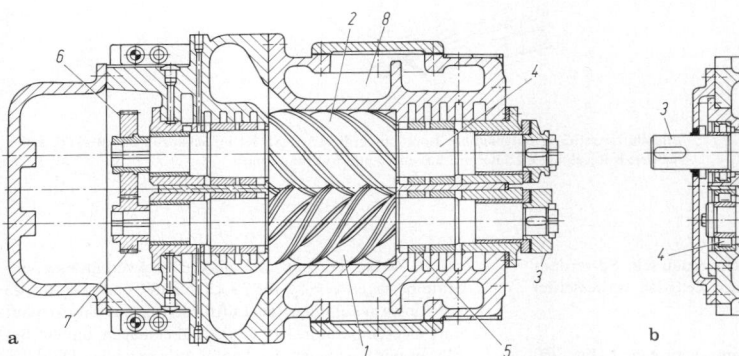

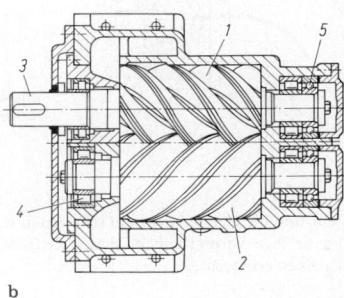

Bild 38. Schraubenverdichter (GHH Gute Hoffnungs Hütte). **a** Trockenläufer; **b** mit Öleinspritzung (s. Text)

8
9
10
5
7
1
4
3
2
6

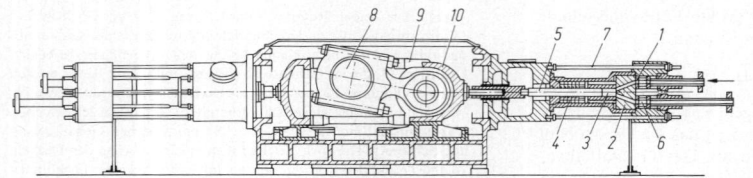

Bild 39. Höchstdruckkompressor (GHH Gute Hoffnungs Hütte)

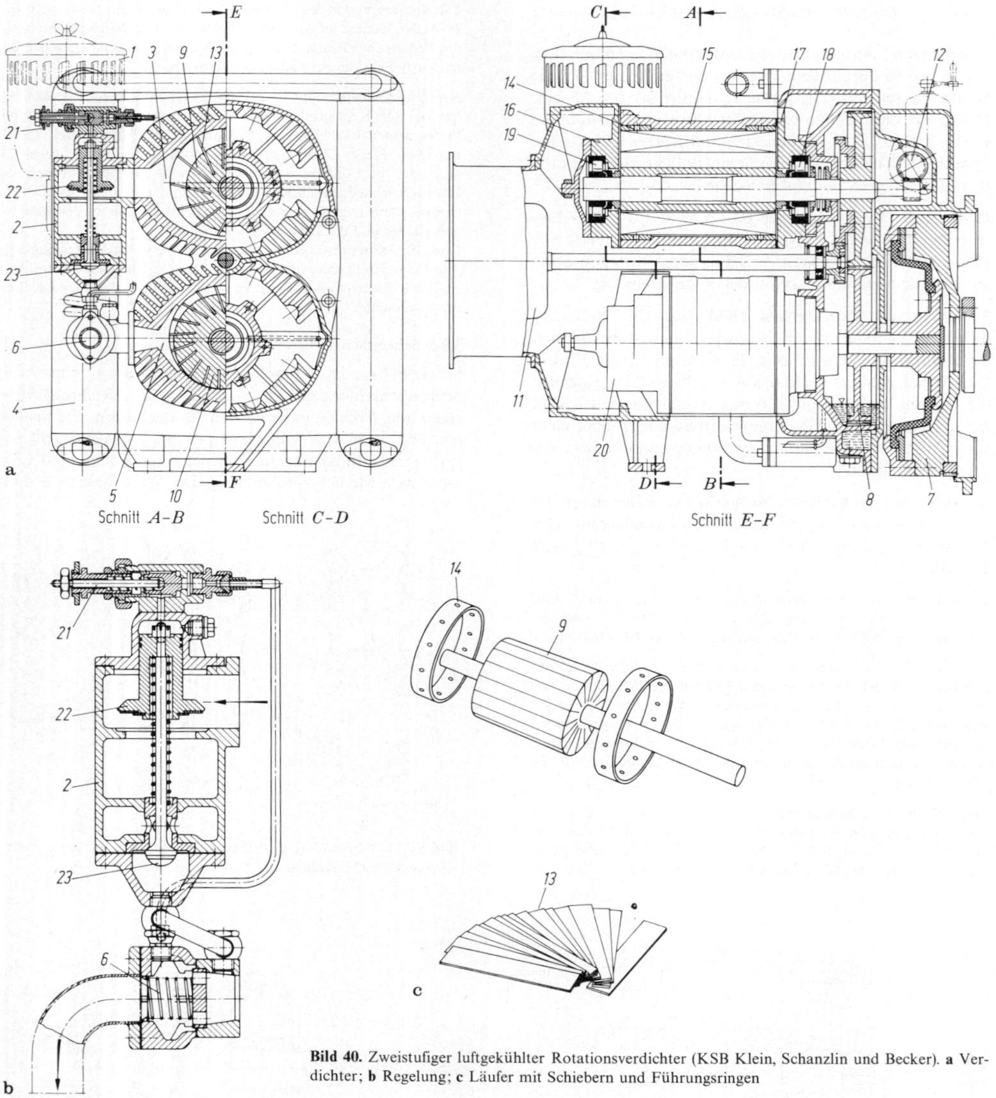

E
F
C
A
D
B
a
b
c
Schnitt A–B
Schnitt C–D
Schnitt E–F

Bild 40. Zweistufiger luftgekühlter Rotationsverdichter (KSB Klein, Schanzlin und Becker). **a** Verdichter; **b** Regelung; **c** Läufer mit Schiebern und Führungsringen

klein, und die Herstellung muß sehr genau sein. So verdanken sie ihre Verbreitung in letzter Zeit den verbesserten Walzfräsverfahren [8.].

Einsatzgebiete. Die Förderströme betragen 1 bis 750 m^3/min. Mit maximal vier Stufen werden Gegendrücke bis zu 40 bar erzeugt. Die max. Druckverhältnisse pro Stufe betragen $\psi = 4{,}0$ für Trockenläufer und $\psi = 20 \ldots 22$ bei Einspritzkühlung. Bei Luftförderung im Trockenlauf darf die Temperatur 250 °C nicht übersteigen, um ein Berühren und Verziehen der Läufer zu vermeiden. Die Läufer erhalten Durchmesser bis zu 650 mm bei Umfangsgeschwindigkeiten von 50 bis 150 m/s und Drehzahlen bis zu 25000 min^{-1}.

Arbeitsweise. Der Haupt- und der Nebenläufer (**Bild 37**) (Position und Index *1* und *2* und Abstand *a*) drehen sich im Gehäuse *3*. An den Steuerkanten *4* im Saugstutzen kommen die Zähne außer Eingriff. Dabei erweitern sich Querschnitt und Volumen zum Ansaugen (Ans.). Bei der weiteren Drehung verringern sich die Querschnitte A_1 und A_2 infolge der Läufergeometrie in Flußrichtung des Mediums zur Kompression Ko. An den Steuerkanten *5* kommen die Zähne wieder zum Eingriff und das Ausschieben (Aus) mit einer weiteren Querschnittsverringerung beginnt. Der Eingriff der Läufer soll eine lückenlose Verdichtungslinie ergeben und frei von Toträumen sein. Mit der Drehzahl steigt der Volumenstrom.

Volumina. Mit den Zahnquerschnitten A_{1S} und A_{2S} im Stirnschnitt [7] und der Läuferlänge *L* beträgt das Hubvolumen (**Bild 37**):

$$V_H = \alpha (A_{1S} + A_{2S})L. \tag{46}$$

Der Faktor α berücksichtigt das Verhältnis des tatsächlichen zum theoretischen Zahnlückenvolumen. Es ist bis zum Verschraubungswinkel 250° nahezu eins und nimmt dann auf 0,75 bei 450° ab.

Förderstrom. Er beträgt bei der Drehzahl *n* mit Gl. (46)

$$\dot{V}_f = \lambda_L \alpha (A_{1S} + A_{2S})Ln. \tag{47}$$

Der Liefergrad ist $\lambda_L = 0,7\ldots0,95$. Seine Grenzen bestimmt das Druckverhältnis, bei dessen Ansteigen er abfällt.

Anhaltswerte. Der Hauptläufer erhält meist vier, der andere sechs Zähne. Die Verzahnung, meist unsymmetrisch, hat einen Verschraubungswinkel von ≈ 300°. Die Umfangsgeschwindigkeiten der Läufer liegen für Druckverhältnisse $\psi = 2\ldots4$ bei 80 bis 120 m/s für Luft. Das Verhältnis Außendurchmesser/Länge des Läufers beträgt $L/D = 1\ldots2$. Diese geringen Werte ergeben kleine Durchbiegungen, um bei minimalen relativen Spielen, $\varepsilon/D = 0,0006$ für Trockenläufer, ein Fressen zu verhindern.

Ausführungsbeispiel. *Trockenläufer* (**Bild 38a**). Er erreicht Druckverhältnisse bis $\psi = 4$. Ihre Haupt- und Nebenläufer *1* und *2* mit dem Antrieb *3* haben starke Zapfen *4* für die Gleitlager *5*. So entsteht eine genügend steife Konstruktion gegen ein Anlaufen. Die Gleichlaufzahnräder *6* und *7* synchronisieren die beiden Läufer. Die Kühlung erfolgt mit Wasser im Mantel *8*.

Verdichter mit Öleinspritzung (**Bild 38b**). Sie erfolgt in den Saugstutzen. Die wesentlich kleinere Ausführung hat das Druckverhältnis $\psi = 15$, fast das Vierfache des Trockenläufers. Die Gleichlaufzahnräder und der Kühlmantel entfallen und Kugellager *5* mit wesentlich kleineren Zapfen *4* einschließlich Antrieb *3* sind möglich. Hier ist allerdings noch die Ölabscheidung zu berücksichtigen.

3.9.3 Trockenlaufverdichter. Oilfree Compressors

Sie fördern das Medium ölfrei, wie es z.B. für die Nahrungsmittelindustrie notwendig ist. Hierzu haben alle beweglichen, gasberührten Teile Dichtung aus Kohle oder Teflon. Da diese nicht das Schmieröl berühren dürfen, werden vorteilhaft Kreuzkopftriebwerke verwendet, die auch den Kolben gut führen [1].

Die Trennung von Gas und Öl erfordert lange Kolbenstangen und Laternen, die hohen Ringe lange Kolben. So entstehen längere Maschinen als üblich. Als Steuerorgane, die ja ebenfalls ölfrei laufen müssen, sind Lenkerventile (**Bild 21c**) geeignet.

3.9.4 Höchstdruckverdichter. Superpressure compressors

Bei den Gegendrücken bis zu 10000 bar haben die Gase in den Endstufen eine hohe Dichte und große Reibungswiderstände. Sie ähneln also den Flüssigkeiten. Das Hauptproblem, die Abdichtung, erfolgt meist durch aufgeschliffene Packungen mit Dichtungsringen, in die Öl mit dem mehrfachen Gegendruck gepreßt wird. Alle Verschleißteile wie Packungen und Ventile müssen im Betrieb leicht zugänglich sein.

Ausgeführter Kompressor (**Bild 39**). Er ist für den Förderstrom 40 t/h beim Gegendruck 3000 bar vorgesehen und erfordert 6 MW Antriebsleistung. Das Gas tritt über die Saugventile *1* ein, gelangt über das Zwischenstück *2* in den Zylinder *3* mit den Packungen *4*. Der Kolben *5* schiebt es dann über das Druckventil *6* aus. Dehnschrauben *7* mit hydraulischem Anzug halten die Teile *2*, *3* und *4* zusammen und ermöglichen ihren leichten Ausbau. Der Antrieb erfolgt von der Kurbelwelle *8* über die Schubstange *9* und den Kreuzkopf *10*. Diese Teile sind wegen der hohen Gestängekräfte groß gegenüber den Kolben.

---

4 Verbrennungsmotoren
Internal combustion engines

K. Mollenhauer, Berlin

4.1 Einteilung und Verwendung
Classification and use

Verbrennungsmotoren sind Kolbenmaschinen, die Wärme in mechanische Energie umwandeln. Dazu wird die durch Verbrennung als Wärme freiwerdende chemische Energie eines Kraftstoffes einem in einem begrenzten Raum eingeschlossenen gasförmigen Arbeitsmedium zugeführt und in potentieller Form (Druck) ausgenutzt. Für den gasdichten, veränderlichen Arbeitsraum werden Hubkolben- wie auch Rotationskolbenmotoren (HKM bzw. RKM) verwendet.

Motoren mit innerer Verbrennung. Das Arbeitsmedium (Luft) ist zeitweise zugleich der Sauerstoffträger und vor jedem Arbeitsspiel durch einen Ladungswechsel zu erneuern. Die Verbrennung erfolgt daher zyklisch, wobei je nach Verbrennungsverfahren zwischen Otto-, Diesel und Hybridmotoren unterschieden wird. Für Motoren mit kontinuierlicher innerer Verbrennung existieren nur technische Lösungsmöglichkeiten [1].

Motoren mit äußerer Verbrennung. Die außerhalb des Arbeitsraumes durch kontinuierliche Verbrennung entstehende Wärme wird auf das Arbeitsmedium durch Wärmeaustausch übertragen. Damit ist ein Arbeitsprozeß mit geschlossenem Kreislauf und beliebigem Arbeitsgas möglich, wobei mit der zulässigen Betriebstemperatur des Wärmetauschers maximale Prozeßtemperatur und Wirkungsgrad festliegen (s. P4.9).

Wirtschaftliche Bedeutung. Hierzu konnten bisher nur Motoren mit innerer Verbrennung als Otto-, Diesel- und Gasmotoren gelangen: Neben stationärer Verwendung zur Stromerzeugung (Blockheizkraftwerk, Notstromaggregat) sowie in Land- und Baumaschinen, Förder- und Hebeanlagen vor allem beim Antrieb von Straßenfahrzeugen (Pkw, Lkw, Omnibus), Schienenfahrzeugen und Schiffen, in nur noch geringem Maße bei Flugzeugen.

Die Forderungen an einen Fahrzeugantrieb, wie günstiges Massenverhältnis von Antrieb zu Fahrzeug, geringer Raumbedarf, Wirtschaftlichkeit und gutes Betriebsverhalten, werden vom schnellaufenden Ottomotor am ehesten erfüllt und begünstigten die Entwicklung der Kraftfahrzeugindustrie zur Schlüsselindustrie. Umweltbelastende Abgasschadstoffe und Geräuschentwicklung setzen die Entwicklungsziele für die Motoren, ebenso die begrenzten Energievorräte: Bei höchster Wirtschaftlichkeit und geringster Umweltbelastung muß der Motor fähig sein, auch weniger geeignete und neuartige (alternative) Kraftstoffe zu verbrennen, wobei wegen der globalen Umweltgefährdung („Treibhauseffekt") regenerierbaren Biokraftstoffen (Bioalkohole, Pflanzenöle) z.Zt. höhere Bedeutung als z.B. Wasserstoff zuzumessen ist.

4.2 Arbeitsverfahren und Arbeitsprozesse
Engine types and working cycles

In diesem wie in den folgenden Abschnitten bis P4.8 werden Vorgänge bei Verbrennungsmotoren mit innerer Verbrennung behandelt.

4.2.1 Arbeitsverfahren. Type of engine

Unabhängig vom Verbrennungsverfahren wird zwischen Viertakt- und Zweitaktverfahren unterschieden. Beiden gemeinsam ist die in einem ersten Takt (Hub) ablaufende Verdichtung der Ladung (Luft- oder Kraftstoffdampf-Luftgemisch) durch Verringerung des Arbeitsraumes von $V_{max} = V_h + V_c$ auf $V_{min} = V_c$ (mit V_h Hubvolumen, V_c Kompressionsvolumen, s. P1) sowie die kurz vor Umkehr der Kolbenbewegung einsetzende Zündung, die Verbrennung mit einer Druckerhöhung bis auf maximalen Zylinderdruck p_{max} und Ausdehnung des Arbeitsgases im darauffolgenden Takt, bei der am Kolben Arbeit geleistet wird.

Viertaktverfahren (4-Takt). Es benötigt zwei weitere Takte, um das Verbrennungsgas durch Ausschieben aus dem Arbeitsraum zu entfernen und den Arbeitsraum mit frischer Ladung zu füllen.

Zweitaktverfahren (2-Takt). Hier erfolgt der Ladungswechsel im Bereich des unteren Totpunkts bei nur noch geringer Änderung des Arbeitsvolumens durch Ausspülen der Verbrennungsgase mit frischer Ladung, so daß für die Verdichtung und Ausdehnung nicht der volle Hub ausgenutzt wird (s. P4.3.4). Aufgrund der Nachteile, wie erhöhte thermische Belastung, Schwierigkeiten bei Kolbenschmierung und Abgasemission, Wirkungsgradeinbuße durch Expansionsverlust sowie Überspülen bei äußerer Gemischbildung, wird das Zweitaktverfahren fast nur noch bei kleinen Fahrzeug-Ottomotoren (Moped, Kraftrad, Antrieb von Hilfsaggregaten) und Großdieselmotoren für Schiffsantriebe angewendet, wo entweder der einfache kostengünstige Motoraufbau oder der bei wartungsgünstiger Gestaltung mögliche Schwerölbetrieb bei Niedrigstdrehzahlen von Vorteil sind.

Arbeitsspielfrequenz. Sie lautet mit der Drehzahlfrequenz n und der sog. Taktzahl a

$$n_a = n/a. \tag{1}$$

Es ist $a = 2$ bzw. 1 für einfachwirkende Vier- bzw. Zweitakt-Hubkolbenmotoren, ferner ist $a = 3$ für Rotationskolbenmotoren, System Wankel. Damit entspricht die sogenannte Taktzahl einem Frequenzverhältnis.

4.2.2 Vergleichsprozesse. Ideal cycles

Wahl des Vergleichsprozesses

Die Zustandsänderungen des Arbeitsgases im Motor zeigt ein zu definierender Vergleichsprozeß (VP), der je nach Anforderung zwischen einem theoretischen, idealisierten Kreisprozeß der Thermodynamik und dem wirklichen Motorprozeß liegen kann.

Mechanische Arbeit. Sie folgt für jeden Vergleichsprozeß aus dem Energieumsatz nach dem ersten Hauptsatz der Thermodynamik

$$W = Q_{zu} - \sum Q_V = \int p \, dV. \tag{2}$$

Für gleiche zugeführte Wärme Q_{zu} ist die Arbeit W nur von den mit dem jeweiligen VP berücksichtigten Verlusten $\sum Q_V$ abhängig.

Energieumsetzungsverluste. Der theoretische Kreisprozeß mit idealem Arbeitsgas berücksichtigt nur den thermodynamischen Verlust: $\sum Q_V = Q_{ab}$ und liefert den oberen Grenzwert W_{th},

$$W_{th} = Q_{zu} - Q_{ab}. \tag{3}$$

Um jedoch die Energiesetzung im wirklichen Motor beurteilen zu können, sind auch die durch das reale Arbeitsgas (Druck- und Temperaturabhängigkeit der Wärmekapazität, Dissoziation) bedingten Verluste zu berücksichtigen. Die erst mittels EDV-Anlagen möglich gewordene Berechnung des realen Arbeitsprozesses erlaubt, die im wirklichen Motor auftretende Verluste relativ genau zu berechnen und die realen Zustandsänderungen zu erfassen (Ersparnis an teurer Versuchsarbeit).

Wärmezufuhr. Sie wird dem Prozeß je Arbeitsspiel durch die Brennstoffmasse m_B mit dem (unteren) Heizwert H_u zugeführt

$$Q_{zu} = m_B H_u. \tag{4}$$

Das Arbeitsmedium umfaßt neben m_B die Masse m_L an trockener Luft, m_D an Wasserdampf und den Restgasanteil m_R aus dem vorhergehenden Arbeitsspiel.

Gemischheizwert. Er ist bei Vernachlässigung von m_R (vollkommene Restgasausspülung) und m_D (Anteil $< 1\%$), also mit $m_z = m_L + m_B$

$$h_u = Q_{zu}/m_z = H_u/(1 + \lambda L_{min}). \tag{5}$$

Er stellt die pro Masseneinheit des Arbeitsmediums zugeführte Wärme dar.

Luftverhältnis. Es ist das Massenverhältnis der trockenen Luft im Zylinder zu der bei stöchiometrischer Verbrennung erforderlichen,

$$\lambda = m_L/m_B L_{min}. \tag{6}$$

Anhaltswerte. $H_u = 43000 \, kJ/kg$ für Benzin und Dieselkraftstoff (Dk), $H_u = 40000 \, kJ/kg$ für Schweröl. Minimaler Luftbedarf bei stöchiometrischer Verbrennung $L_{min} = 14,7 \, kg$ Luft/kg Brst. (Benzin), $14,5 \, kg/kg$ (Dk), bzw. 13,9 (Schweröl).

Vergleichsprozeß mit idealem Arbeitsgas

Voraussetzungen. Unter Vernachlässigung des für eine innere Verbrennung erforderlichen Ladungswechsels gelten:
− gleiches Volumen und Verdichtungsverhältnis wie der wirkliche Motor bei hermetischer Abdichtung des Arbeitsraums (keine Lässigkeitsverluste),

– vollkommene Füllung des Arbeitsraums mit idealem Arbeitsgas (Adiabatenkoeffizient = const) vom Zustand vor Eintritt in den Motor,
– adiabatische Verdichtung und Ausdehnung (wärmedichte Wandungen),
– Wärmezufuhr entsprechend der dem wirklichen Motor zugeführten Brennstoffmenge bei vollkommener und vollständiger Verbrennung,
– idealisierte Wärmezufuhr entsprechend einer zunächst isochoren Zustandsänderung bei $V_2 = V_c$ bis zu einem zulässigen (vorgegebenen) Höchstdruck p_{max} mit anschließender isobarer Zustandsänderung,
– isochore Wärmeabfuhr am Ende der Ausdehnung durch verlustlose Entspannung auf den Anfangsdruck.

Prozeßdaten. Dieser als Seiliger- oder gemischter Prozeß bezeichnete VP kommt dem Arbeitsprozeß im Motor sehr nahe, der – gleichgültig ob Diesel- oder Ottomotor (auch hier erfolgt die Verbrennung nur mit endlicher Reaktionsgeschwindigkeit) – zwischen zwei Volumen- und Druckgrenzen abläuft, **Bild 1**.
Nach D 8.2 ergibt sich für ein Füllungsverhältnis $\varphi \to 1$ der Gleichraumprozeß und für ein Druckverhältnis $\psi \to 1$ der Gleichdruckprozeß.

Füllungsverhältnis. Es folgt aus $\varphi = V_3/V_2$ zu

$$\varphi = 1 + (1/\kappa\psi)[(h_u/c_v\,T_2) - (\psi - 1)] \qquad (7)$$

mit $\varphi \to \varphi_{max}$ für $\psi \to 1$.

Druckverhältnis. Bei vorgegebenem Verdichtungsverhältnis ε und Höchstdruck p_{max} entsprechend der zulässigen mechanischen Belastbarkeit ist das Druckverhältnis $\psi = p_{max}/p_c$ bekannt. Für $\varphi = 1$ beträgt die maximale Drucksteigerung

$$\psi_{max} = 1 + (h_u/c_v\,T_2). \qquad (8)$$

Für das Verdichtungsende gilt

$$p_2 = \varepsilon^\kappa p_1, \qquad T_2 = \varepsilon^{\kappa-1} T_1. \qquad (9)\,(10)$$

Erfahrungsgemäß entspricht p_2 weitgehend dem wirklichen Verdichtungsenddruck p_c, wogegen $p_3 = p_{max}$ vom Verbrennungsverfahren und den Betriebsbedingungen abhängt.

Anhaltswerte. Ottomotor: 50 bis 65 bar (S) bzw. 70 bis 80 bar (A). Fahrzeugdieselmotor: 70 bis 90 bar (S) bzw. 110 bis 140 bar (A), mittelschnellaufender Viertaktdieselmotor (A): 160 bis 180 bar, Zweitaktlangsamläufer (A): 120 bis 130 bar (S Saugbetrieb; A Aufladebetrieb des Motors).
Druckverhältnis $\psi = 1{,}1\ldots1{,}2$ bei Vorkammerdieselmotoren, $1{,}4\ldots1{,}6$ bei direkter Einspritzung, jeweils abnehmend mit zunehmender Aufladung.

Luftverhältnis: Für den Vergleichsprozeß kann $\lambda \approx 1$ (Ottomotor), 1,5 (Dieselmotor-Saugbetrieb), 2 (Dieselmotor mit Aufladung) gesetzt werden. Werte für ε, κ, c_v: vgl. **Tab. 4** bzw. **Anh. P 4 Bild 1**.

Thermischer Wirkungsgrad. Er beträgt nach D 8.2

$$\eta_{th} = W_{th}/Q_{zu} = 1 - \frac{1}{\varepsilon^{\kappa-1}} \cdot \frac{\varphi^\kappa\psi - 1}{\psi - 1 + \kappa\psi(\varphi - 1)}. \qquad (11)$$

Mit Gl. (4) ist die maximale Arbeit W_{th} bekannt, wobei für konstante Werte von Q_{zu}, κ und ε mit steigendem Gleichraumanteil bzw. ψ der Wirkungsgrad η_{th} zunimmt. Ist ε beliebig steigerbar (keine Klopfgrenze bei Luftansaugung), so liefert der Gleichdruckprozeß (theoretisch) den höchsten Wirkungsgrad, s. **Bild 2**.

Vergleichsprozeß mit realem Arbeitsgas

Voraussetzungen. Geht man für einen vollkommenen Motor von einem offenen Durchlaufprozeß aus, der einen idealisierten Ladungswechsel einbezieht, so sind die Bedingungen des VP mit idealem Gas zu ergänzen durch:
– verlustloser Ladungswechsel längs Isobaren (keine Verluste durch Drosselung und Aufheizung),
– Berücksichtigung des wirklichen Arbeitsgases und seines realen Verhaltens bei allen Zustandsänderungen.
Der so definierte VP für einen vollkommenen Motor folgt bis auf die Forderung nach gleichem Luftverhältnis für vollkommenen und wirklichen Motor der DIN 1940 [2].

Verluste. Die durch die Änderung der Wärmekapazität mit der Temperatur und Gaszusammensetzung sowie den endothermen Zerfall (Dissoziation) von Verbrennungsprodukten ab 1 500 K eintretende Minderung der Arbeitsausbeute von W_{th} auf W_v kann mit Mollier-h,s-Diagrammen [2] oder rein rechnerisch mittels Näherungsgleichungen bestimmt werden [3]. Die Zusammensetzung des Arbeitsgases ist durch Wahl eines Bezugskraftstoffs (z.B. gilt für **Anh. P 4 Bild 1** ein Massenverhältnis $c/h = 85{,}63/14{,}37$) und das Luftverhältnis festgelegt.

Wirkungsgrad. Für den vollkommenen Motor gilt

$$\eta_v = W_v/m_B H_u. \qquad (12)$$

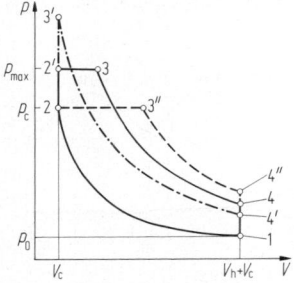

Bild 1. Seiliger-Prozeß (1–2–2′–3–4) und seine Grenzfälle im p,V-Diagramm

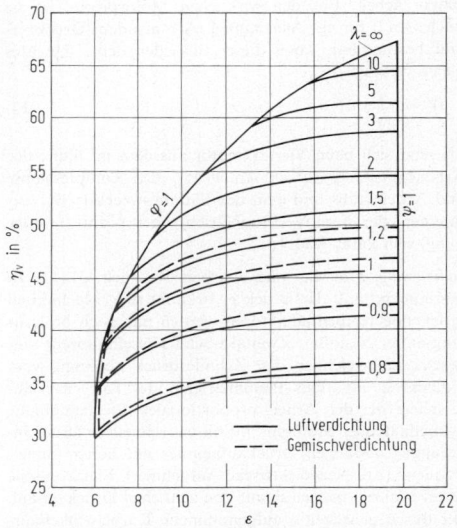

Bild 2. Einfluß von Verdichtungs- und Luftverhältnis auf den Wirkungsgrad η_v des vollkommenen Motors bei konstantem Maximaldruck bzw. Druckverhältnis $p_3/p_1 = 60$ [2]

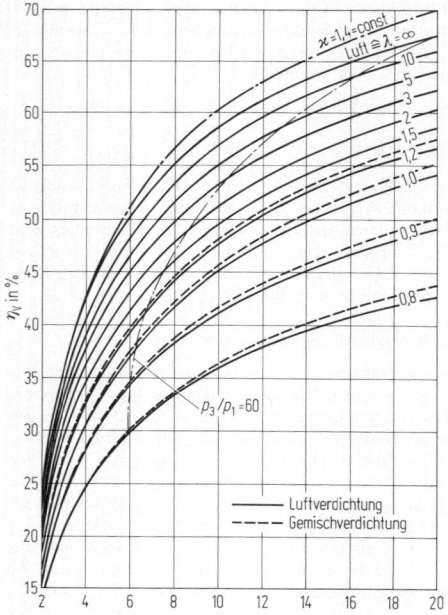

Bild 3. Wirkungsgrad η_v für den Gleichraumprozeß mit realem und idealem Arbeitsgas [2]

Dabei ist $\eta_v < \eta_{th}$, **Bild 2** [2], wobei neben Luftverhältnis λ und Verdichtungsverhältnis ε Anfangszustand (p_1, T_1) und Druckverhältnis p_3/p_1 von Einfluß sind. Für den Grenzfall Gleichraumprozeß (s. **Bild 1**, $p_3' = p_{max}$) ermöglicht **Bild 3** eine obere Abschätzung für η_v.

4.2.3 Wirklicher Arbeitsprozeß. Real cycle

Arbeit des wirklichen Motors

Innere Arbeit. Für den wirklichen Motorprozeß ist sie nach Gl.(2) für ein Arbeitsspiel (AS) aus dem Druckverlauf bestimmbar, wenn dieser für jeden der z Zylinder gleich verläuft.

$$W_i = z \int_{AS} p_z \, \mathrm{d}V. \qquad (13)$$

Sie setzt sich beim Viertaktmotor aus dem im Sinne der Arbeitsabgabe positiven Anteil W_{i1} des Kompressions- und Arbeitshubs und dem des Ladungswechsels W_{i2} zusammen, der negativ (Saugbetrieb) oder positiv (Aufladung) sein kann, **Bild 4a**.

Indizierung. Um die innere Arbeit W_i nach Gl.(13) zu bestimmen, muß der Druck p_z bekannt sein. Mechanisch arbeitende Kolbenindikatoren werden nur noch bei sehr langsamen Motoren (Zweitakt-Schiffsdieselmotoren) eingesetzt und zeichnen den Zylinderdruck abhängig vom Kolbenweg auf. Das Planimetrieren der Kurvenverläufe liefert die der Arbeit proportionalen Flächeninhalte. Schnellaufende Motoren mit ihren schnellen Druckänderungen verlangen Druckaufnehmer mit hoher Grenzfrequenz (z.B. piezoelektrische Aufnehmer). Elektronische Meßverfahren messen damit den zeitlichen Druckverlauf, der durch gleichzeitig aufgenommene Kurbelwinkelmarken der Kolbenstellung zugeordnet werden kann, **Bild 5**. Mit der Kolbenwegfunktion $x_K = x_K(\varphi)$, (s. G 10.1.1), der Zylinderzahl z und dem Zusammenhang zwischen Kur-

belwinkel φ und Drehzahlfrequenz n

$$\mathrm{d}\varphi/\mathrm{d}t = 2\pi n = \omega \qquad (14)$$

folgt für W_i mit der Kolbenfläche A_K

$$W_i = z A_K \omega \int_{AS} p_z(t) \frac{\mathrm{d}x_K}{\mathrm{d}\varphi} \, \mathrm{d}t. \qquad (15)$$

Nutzarbeit. Die pro Arbeitsspiel geleistete effektive Arbeit folgt aus dem am Abtrieb zur Verfügung stehenden und mittels einer Leistungsbremse bestimmbaren Moment M sowie der „Taktzahl" a

$$W_e = 2\pi a M. \qquad (16)$$

Reibarbeit. Sie ist die Differenz zwischen innerer Arbeit und Nutzarbeit $W_R = W_i - W_e$ und setzt sich aus der Triebwerksreibung, aerodynamischer und hydraulischer Verlustarbeit sowie vereinbarungsgemäß der Antriebsarbeit für Hilfsmaschinen zusammen. Hierbei überwiegt bei starkem Drehzahleinfluß der Anteil der Triebwerksreibung (bis zu 2/3 der Gesamtreibung bei Schnelläufern) mit der Kolben- und Kolbenringreibung als Hauptursache.

Messung. Genaue Bestimmung der Gesamtreibarbeit W_R erfordert neben einer Drehmomentmessung, Gl.(16), die

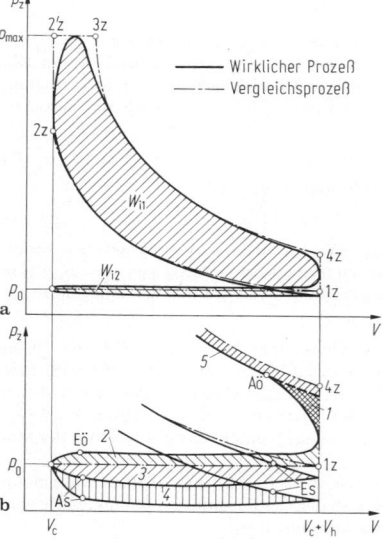

Bild 4. a Druckverlauf eines Verbrennungsmotors (Ottomotor) im p, V-Diagramm; **b** Ladungswechselschleife mit *1* Expansions-, *2* Ausschub-, *3* Ansaugverlust, *4* zusätzlichem Drosselverlust, *5* Wandwärmeverlust

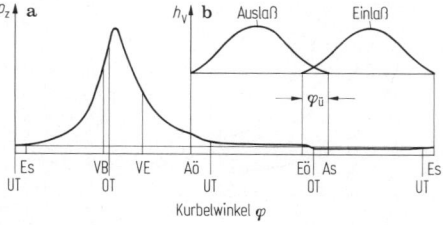

Bild 5. Viertaktmotor. **a** Druck p_z und **b** Ventilerhebung h_v als Funktion des Kurbelwinkels φ, $\varphi_{\ddot{u}}$ Ventilüberschneidung

Indizierung des Motors, wobei Abweichungen in den Druckverläufen der einzelnen Zylinder und Zyklen zu berücksichtigen sind, Gl. (15).

Näherungsverfahren sind Auslaufversuch (Messung des Drehgeschwindigkeitsabfalls liefert das Reibmoment $M_R = I_{ges} d\omega/dt$), Schleppversuch (Messen der Reibarbeit als Schlepparbeit durch Fremdantrieb bzw. Abschalten einzelner Zylinder oder Zylindergruppen) und Willians-Verfahren (Extrapolation aus dem Brennstoffverbrauch m_B in Abhängigkeit von w_e für $n = $ const liefert für $m_B = 0$ näherungsweise die spezifische Reibarbeit w_R).

Spezifische Arbeit und Mitteldruck

Spezifische indizierte Arbeit. Wird die innere Arbeit W_i auf das Hubvolumen V_H bezogen, so folgt die volumenbezogene spezifische Arbeit w_i

$$w_i = W_i/V_H. \tag{17}$$

Bei Hubkolbenmotoren gilt dann (r Kurbelradius)

$$w_i = (\omega/2r) \int_{AS} p_z(t) \frac{dx_K}{d\varphi} dt. \tag{18}$$

Spezifische effektive Arbeit. Aus der Nutzarbeit W_e des Motors, Gl. (16), folgt

$$w_e = W_e/V_H. \tag{19}$$

Sie ist unabhängig von Motorabmessungen und Drehzahl und ist neben c_m die wichtigste Kenngröße. Sie wird oft als „mittlerer Nutzdruck" p_e bezeichnet, obwohl physikalisch kein meßbarer Druck vorliegt. Treffendere Bezeichnungen sind: Spezifische Nutzarbeit, Arbeitsdichte oder auch Arbeit pro Einheit des Hubvolumens („Literarbeit"). Für Umrechnungen gilt z.B. $w_e = p_e/10$ in kJ/dm^3 für p_e in bar.

Spezifische Reibarbeit. Sie beschreibt die gesamte Reibung des Motors

$$w_R = W_R/z V_h = w_i - w_e = w_e(1 - \eta_m)/\eta_m. \tag{20}$$

Nachfolgende Beziehungen zur Bestimmung der Reibung beruhen auf Messungen an Dieselmotoren ($D = 0,06...0,6$ m) und berücksichtigen außer Einspritzpumpe und Ventiltrieb die Hilfsaggregate gesondert:

$$w_R = w_{R0} + w_{Rp} + w_{Ra} + \sum \Delta w_{RH} \tag{21}$$

mit

$$w_{R0} = f(c_m, D) = A_0 + A_1 c_m + A_2 c_m^2, \tag{22}$$
$$w_{Rp} = f(w_e) = B_1 w_e + B_2 w_e^2 + B_3 w_e^3, \tag{23}$$

wobei $A_0 = 0,061 + 0,026D$; $A_1 = 0,0045 \cdot D - 0,007 \cdot \sqrt{D}$; $A_2 = 0,00084 + 0,00024D + 0,0017D^2$ sowie bei Saugmotoren mit direkter Einspritzung $B_1 = -0,0138$; $B_2 = 0,0282$; $B_3 = 0$ bzw. mit indirekter Einspritzung $B_1 = 0,0275$; $B_2 = 0,263$; $B_3 = 0,19$ ist. Bei Aufladung ist ein zusätzlicher Lasteinfluß abhängig vom Ladedruck p_L zu berücksichtigen, sofern $c_m < 14$ m/s,

$$w_{Ra} = f(p_L/p_0) = ((p_L/p_0) - 1)(0,05 - 0,0035c_m). \tag{24}$$

Bei Nennleistung sind für Schmieröl- und Kühlwasserumlaufpumpe zusammen anzusetzen $\sum \Delta w_{RH} \approx 0,02...0,05$ kJ/dm^3. Dabei wird Betriebstemperatur des Motors angenommen. Bei abweichender Öltemperatur ändert sich die spezifische Reibarbeit um ca. 0,5 J/dm^{3}K [4].

Verluste und Wirkungsgrade

Innerer Wirkungsgrad. Er berücksichtigt die Summe aller Verluste $\sum Q_v$, vgl. Gl. (2), die neben dem thermodynamischen Verlust Q_{ab} durch das Realgas, durch Undichtheit des Arbeitsraumes (Lässigkeitsverluste), Wärmeaustausch zwischen Arbeitsgas und Wand (Wandwärmeverlust), nichtideale Verbrennung hinsichtlich Verlauf und Vollkommenheit, nichtisochore Wärmeabfuhr am Ende

der Expansion sowie durch Drosselung, Verwirbelung und Aufheizung beim Ladungswechsel verursacht werden und Abweichungen des wirklichen Druckverlaufs vom Vergleichsprozeß (**Bild 4**) bewirken,

$$\eta_i = W_i/m_B H_u. \tag{25}$$

Gütegrad. Er vergleicht die innere Arbeit W_i mit der Arbeit W_v des Prozesses mit realem Gas. Die somit verbleibenden Verluste sind nur dem Motor anzulasten. Es gilt

$$\eta_g = W_i/W_v. \tag{26}$$

Mechanischer Wirkungsgrad. Er berücksichtigt die auf dem Weg vom Kolben zum Abtriebsflansch auftretenden mechanischen Verluste, d.h. die Reibarbeit

$$\eta_m = W_e/W_i = 1 - (W_R/W_i). \tag{27}$$

Nutzwirkungsgrad oder effektiver Wirkungsgrad. Er lautet

$$\eta_e = W_e/m_B H_u = \eta_v \eta_g \eta_m = \eta_i \eta_m. \tag{28}$$

Vergleich der Wirkungsgrade. Beim Vergleich von Motoren ist zu beachten, daß der Wert des Gütegrades auch von der Wahl des Vergleichsprozesses abhängt, s. **Bild 45**, sowie von der konstruktiven Ausführung und der Zylinderleistung, **Tab. 1**. Erkennbar wird, daß große Dieselmotoren nur noch geringe Wirkungsgradverbesserungen zulassen. Da neuerdings die Arbeitsprozeßrechnung η_i liefert, haben η_v und η_g an Bedeutung verloren, nicht so der idealisierte Vergleichsprozeß, mit dem Wirkungsgrad und Zustandsänderungen einfach verfolgt und abgeschätzt werden können.

Tabelle 1. Wirkungsgrade von Verbrennungsmotoren (Bestwerte), S Saugbetrieb, A mit Aufladung

Motorenart	Verbrennungs- und Arbeitsverfahren	η_e	η_m	η_g
Pkw-Motor	Ottomotor	0,26...0,34	0,8 ...0,9	0,8 ...0,9
	Dieselmotor (IDE)	0,26...0,34	0,8 ...0,9	0,8 ...0,9
	Dieselmotor (DE)	0,3 ...0,38	0,8 ...0,9	0,8 ...0,9
Nfz-Motor	Dieselmotor (S)	0,3 ...0,42	0,78...0,86	0,86...0,9
	(A)	0,36...0,44	0,82...0,9	0,86...0,9
Mittelschnellläufer MSL	Viertaktdieselmotor	0,44...0,51 (0,53)[a]	0,86...0,92	0,88...0,9
Langsamläufer LL	Zweitaktdieselmotor	0,46...0,52 (0,54)[a]	0,88...0,92	0,86...0,9

[a]) Motor mit Turbo-Compound (s. P4.3.5)

Berechnung des realen Arbeitsprozesses

Gang der Rechnung. Für den Zylinderinhalt (Index z) als ein geschlossenes thermodynamisches System (**Bild 6**) liefert eine Energiebilanz die Differentialgleichung

$$\frac{dQ_B}{d\varphi} - \frac{dQ_w}{d\varphi} = \frac{d(m_z u_z)}{d\varphi} + p_z \frac{dV_z}{d\varphi}$$
$$- \frac{dm_L}{d\varphi} h_L + \frac{dm_A}{d\varphi} h_z. \tag{29}$$

Die vom Kurbelwinkel φ abhängigen Glieder der Gleichung stehen in der angegebenen Reihenfolge für

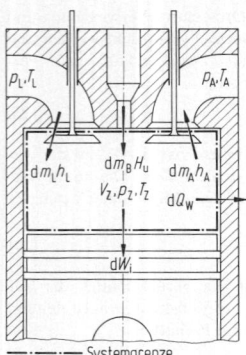

—·—·— Systemgrenze

Bild 6. Energiebilanz eines Viertaktmotors

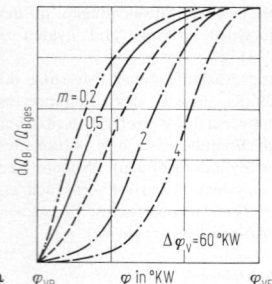

a

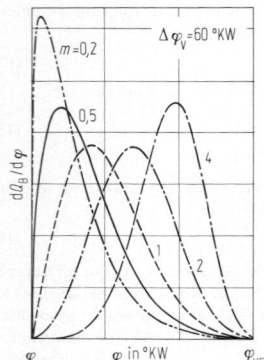

b

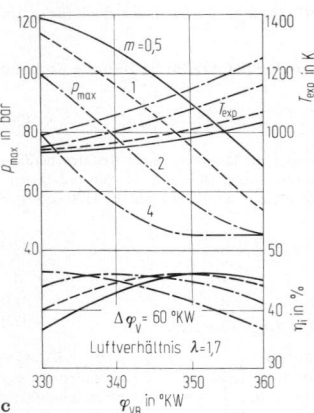

c

Bild 7. Einfluß des Formparameters m auf **a** Durchbrennfunktion, **b** Brennverlauf, **c** Wirkungsgrad η_i, maximalen Verbrennungsdruck p_{max} und Expansionsendtemperatur T_{exp} als Funktion des Verbrennungsbeginns φ_{VB} (Viertakt-Dieselmotor $D = 120$ mm $s/D = 1$)

− die durch Verbrennung frei werdende und dem System zugeführte Wärme (Brennverlauf),
− den Wandverlust infolge Wärmeaustausches zwischen Wand und Arbeitsgas,
− die Änderung der inneren Energie des Systems,
− die am Kolben geleistete Arbeit,
− die mit der einströmenden Ladung zugeführte bzw. mit der ausströmenden Abgasmasse abgeführte Energie [5].
Die Kontinuitätsgleichung liefert mit $m_B = Q_B/H_u$

$$\frac{dm_z}{d\varphi} = \frac{dm_L}{d\varphi} + (1/H_u)\frac{dQ_B}{d\varphi} - \frac{dm_A}{d\varphi}. \qquad (30)$$

Zustand des Arbeitsgases. Für die Temperatur folgt aus der Änderung der inneren Energie $u_z = u_z(T_z, \lambda)$

$$\frac{dT_z}{d\varphi} = \frac{1}{m_z\frac{\partial u_z}{\partial T_z}}\left(\frac{dQ_B}{d\varphi} - \frac{dQ_w}{d\varphi} - p_z\frac{dV_z}{d\varphi} + h_L\frac{dm_L}{d\varphi}\right.$$
$$\left. - h_z\frac{dm_A}{d\varphi} - u_z\frac{dm_z}{d\varphi} - m_z\frac{\partial u_z}{\partial \lambda}\frac{d\lambda}{d\varphi}\right). \qquad (31)$$

Hierbei gilt für die Änderung der Brennstoffmasse

$$\frac{dm_B}{d\varphi} = (1/H_u)\frac{dQ_B}{d\varphi} - \frac{m_B}{m_z}\cdot\frac{dm_A}{d\varphi} \qquad (32)$$

bzw. der Gaszusammensetzung

$$\frac{d\lambda}{d\varphi} = (1/L_{min}m_B)\left(\frac{dm_z}{d\varphi} - \frac{m_z}{m_B}\cdot\frac{dm_B}{d\varphi}\right). \qquad (33)$$

Sind die thermischen und kalorischen Zustandsgrößen des Arbeitsgases bekannt [3], so kann bei gegebenen Randbedingungen Gl. (31) einer schrittweisen Lösung zugeführt werden. Der Druck im Arbeitsraum folgt aus der um den Realfaktor Z ergänzten allgemeinen Gasgleichung für reale Gase [3] (s. D 6.1.3)

$$p_z V_z = Z m_z R T_z. \qquad (34)$$

Brennverlauf. Für die vielfachen chemischen und physikalischen Vorgänge während der Verbrennung im Motor gibt es keine einfache analytische Beziehung.

Ersatzbrennverlauf. Er wird für die Prozeßrechnung verwendet und hinsichtlich Form, Brennbeginn φ_{VB} und -dauer $\Delta\varphi_V$ so angepaßt, daß der Arbeitsprozeß mit gemessenen Motorwerten (w_i, p_z, p_{max}) möglichst gut übereinstimmt. Die einfachste Form ist ein Dreieck.

Vibe-Brennverlauf [6]. Er beruht auf reaktionskinetischen Überlegungen und beschreibt die Wärmefreisetzung während der Brenndauer $\Delta\varphi_V = \varphi_{VE} - \varphi_{VB}$ mit $\varphi_B = 0 ... \Delta\varphi_V$

$$Q_B(\varphi) = Q_{Bges}(1 - e^{-a(\varphi_B/\Delta\varphi_V)^{m+1}}) = X Q_{Bges}. \qquad (35)$$

Hierbei ist $a = \ln(1 - \eta_u)^{-1}$ ein Maß für den Umsetzungsgrad η_u des eingebrachten Brennstoffs ($a = 6,91$ für 1‰ Unverbranntes), m ein Formparameter, während X als Durchbrennfunktion bezeichnet wird, dessen Ableitung dann den Brennverlauf $dQ_B/d\varphi$ liefert. Verbrennungsbeginn, Brenndauer und Schwerpunktlage des Wärmeumsatzes, berücksichtigt durch den Formfaktor ($0,2 < m < 2$), bestimmen Druck- und Temperaturverlauf sowie den Wirkungsgrad η_i, **Bild 7**. Danach verschlechtern zu früher Zündbeginn (Ottomotor) oder Förderbeginn (Dieselmotor) ebenso den Wirkungsgrad wie eine schleppende Verbrennung ($m > 1$).

Wandwärmeverlust. Für die vom Arbeitsgas an eine bestimmte Wandfläche A_i übergehende Wärme gilt (s. D 10.2)

$$dQ_{wi} = \alpha_i A_i (T_z − T_{wi})\,dt. \tag{36}$$

Da die jeweiligen örtlichen Wärmeübergangsbedingungen meist unbekannt sind, wird von einem örtlich mittleren Wärmeübergangskoeffizienten α ausgegangen, ebenso von örtlich und zeitlich mittleren Wandtemperaturen T_w für die gesamte Wandfläche oder Teile davon (Kolben, Laufbuchse, Zylinderkopf). Der Wärmeaustausch Gas−Wand ist vom Zustand des Arbeitsgases abhängig, ferner vom Verbrennungsverfahren, den Strömungsverhältnissen im Zylinder (c_m), den geometrischen Abmessungen (D) und der Wandtemperatur (T_w) für $T_w > 600$ K.

Wärmeübergangskoeffizient. Nach Messungen an Diesel- und Ottomotoren [7] gilt die Zahlenwertgleichung für α in W/m² K

$$\alpha = 130 p_z^{0,8} T_z^{-0,53} D^{-0,2} [C_1 c_m + C_2 (p_z − p) V_h T_1 / p_1 V_1]^{0,8}, \tag{37}$$

wenn Druck p_z und Temperatur T_z des Arbeitsgases in bar bzw. K, der Kolbendurchmesser D in m und die mittlere Kolbengeschwindigkeit c_m (s. P 1.1) in m/s eingesetzt werden. Die Druckdifferenz $p_z − p$ wird aus dem Druckverlauf mit (p_z) und ohne Verbrennung (p) gebildet; p_1, T_1, V_1 bezeichnen einen bekannten Gaszustand während der Kompression (z.B. zum Zeitpunkt Einlaß schließt), V_h das Hubvolumen. Während Verdichtung und Expansion ist $C_1 = 2,28 + (0,308 c_u / c_m)$, während des Ladungswechsels $C_1 = 6,18 + (0,417 c_u / c_m)$. Das Verhältnis c_u / c_m berücksichtigt den Anteil der Ansaugdrallströmung an der durch die Hubbewegung des Kolbens verursachten Gasbewegung.

Erfahrungswerte. Schnellaufende Motoren mit direkter Einspritzung $c_u / c_m \approx 2,5$, bei bevorzugter Wandverteilung (M.A.N.-M-Verfahren) $c_u / c_m = 3$, mit zunehmendem Kolbendurchmesser D (Mittelschnelläufer) geht wegen möglichst drallfreier Strömung $c_u / c_m \rightarrow 0$.
Die Konstante C_2 berücksichtigt den während der Verbrennung intensiveren Wärmeübergang infolge erhöhter Gasgeschwindigkeit, Strahlungseinflüsse etc. Für Dieselmotoren mit indirekter Einspritzung gilt $C_2 = 6,22 \cdot 10^{-3}$ ms/K, bei direkter Einspritzung und Ottomotoren $C_2 = 3,24 \cdot 10^{-3}$ ms/K jeweils für $T_w < 600$ K; ist $T_w > 600$ K gilt $C_2 = 2,3 \cdot 10^{-5}(T_w − 600) + 0,005$ (ms/K), so daß bei Brennraumisolierung durch Keramik bei hoher Wandtemperatur trotz geringerer Temperaturdifferenz der Wandwärmeverlust steigt [8].

Volumenänderung des Zylinders. Aus dem vom Kurbelwinkel abhängigen Kolbenweg folgt mit der Kolbenfläche A_K, dem Kurbelradius r und der Pleuelstangenlänge l (s. G 10.1.2)

$$\frac{dV_z}{d\varphi} = A_K r \left(\sin \varphi + \frac{\sin \varphi \cos \varphi}{\sqrt{(l/r)^2 − \sin^2 \varphi}} \right). \tag{38}$$

Massendurchsatz im Ein- und Auslaßkanal. Der Austausch von Frischladung und Abgas durch die Ein- und Auslaßventile folgt den Gesetzen der instationären Gasdynamik (s. D 3.4). Bei quasistationärer Betrachtungsweise und dem Ansatz einer adiabatischen Drosselströmung gilt angenähert für den Massendurchsatz am Ventil

$$\frac{dm}{d\varphi} = (1/\omega) \mu A_V (p_1 / \sqrt{R T_1}) \psi_{1,2} \tag{39}$$

mit der für $p_2/p_1 < 1$ geltenden Durchflußfunktion,

$$\psi_{1,2} = \sqrt{\frac{2\kappa}{\kappa − 1} [(p_2/p_1)^{2/\kappa} − (p_2/p_1)^{(\kappa+1)/\kappa}]}, \tag{40}$$

wobei je nach Vorgang der jeweilige Druck vor und hinter dem Ventilquerschnitt A_V einzusetzen ist. So ist z.B. für das Einströmen von Ladung $p_1 = p_L$, $p_2 = p_z$ bzw. für das Ausströmen von Abgas $p_1 = p_z$, $p_2 = p_A$. Für $p_1 > p_2$ kehrt sich die Strömungsrichtung um (p_2 und p_1 in Gl. (40) sind zu tauschen); für $p_2/p_1 = (2/(\kappa + 1))^{\kappa/(\kappa-1)}$ ist das kritische Druckverhältnis und damit der größtmögliche Durchsatz erreicht. Abgesehen von Erfahrungswerten ($\mu \approx 0,8$), ist der Durchflußbeiwert μ durch stationäre Strömungsuntersuchungen zu bestimmen.

4.3 Ladungswechsel. Cylinder charging

4.3.1 Kenngrößen des Ladungswechsels
Charging parameters

Viertaktmotor

Liefergrad. Nach DIN 1940 beschreibt er den Erfolg eines Ladungswechsels: Austausch der Verbrennungsgase gegen Frischgas (Luft- bzw. Kraftstoffluftgemisch), und ist das Verhältnis der nach Abschluß des Ladungswechsels im Zylinder befindlichen Masse an Frischgas m_{Lz} zur theoretisch möglichen Masse $m_{th} = V_H \rho_{th}$,

$$\lambda_l = m_{Lz} / V_H \rho_{th}, \tag{41}$$

wobei ρ_{th} der Dichte vor Einlaß in den Zylinder entspricht. Bei Saugmotoren wird unter Vernachlässigung von Verlusten im Ansaugkanal statt p_L, T_L meist der Zustand vor Ansaugfilter p_0, T_0 eingesetzt.
Für $\rho_z \rightarrow \rho_{th}$ und vollkommene Restgasausspülung nähert sich λ_l einem Grenzwert $\lambda_{1max} = \varepsilon/(\varepsilon − 1)$. 4-Takt-Saugmotoren erreichen Bestwerte von $\lambda_l = 0,8 \ldots 0,9$ und darüber. Der Liefergrad wird beeinflußt durch die Strömungswiderstände im Ansaugsystem und am Ventil (Drosselverluste), den Wärmeaustausch mit den Wänden in Zylinder und Ansaugkanal (Aufheizverlust) sowie die Ventilüberschneidung und das Druckverhältnis Druck vor Einlaßorgan zu Abgasgegendruck (Spülverlust). Mit steigender Drehzahl nehmen Drossel- und Aufheizverluste zu, bei geringen Drehzahlen überwiegen die Spülverluste (s. P 4.3.3), so daß λ_l im mittleren Drehzahlbereich ein Maximum besitzt (**Bild 8**), das durch Wahl der Steuerzeiten und durch Ausnutzen dynamischer Vorgänge in den Leitungen zu beeinflussen ist.

Luftaufwand. Als Verhältnis der einfach zu messenden insgesamt zugeführten Masse $m_{L ges}$ zur theoretischen wird er häufig anstelle des Liefergrads benutzt. Es gilt

$$\lambda_a = m_{L ges} / m_{th}. \tag{42}$$

Fanggrad. Als Verhältnis von dem Zylinder zugeführter Frischgasmenge zur insgesamt geförderten ist er

$$\lambda_z = m_{Lz} / m_{L ges} = V_z \rho_z / m_{L ges}, \tag{43}$$

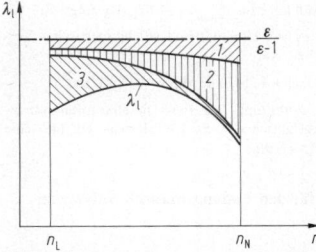

Bild 8. Liefergrad λ_l unter Einfluß von *1* Aufheiz-, *2* Strömungs- und *3* Spülverlusten in Abhängigkeit von der Drehzahl

so daß auch gilt

$$\lambda_z = \lambda_l / \lambda_a. \tag{44}$$

Für selbstansaugende Viertaktmotoren mit geringen Spülverlusten kann $\lambda_z \approx 1$ gesetzt werden, so daß $\lambda_a \approx \lambda_l$.

Zweitaktmotor

Der Ladungswechsel wird mit dem Luftaufwand λ_a und dem Spülgrad λ_s beurteilt.

Spülgrad. Er gibt den Anteil der Frischladung m_{Lz} an der aus Frischladung und Restgas m_R bestehenden Gesamtladung an (s. P4.3.4)

$$\lambda_s = m_{Lz}/(m_{Lz} + m_R). \tag{45}$$

Einfluß des Ladungswechsels

Bei Luftansaugung (Dieselmotor) muß n. Gl. (6) die zur Verbrennung einer Kraftstoffmasse m_B erforderliche Luftmasse $m_L = m_B \lambda L_{min}$ gleich der nach dem Ladungswechsel im Zylinder befindlichen n. Gl. (41) sein: $m_L = m_{Lz} = \lambda_l V_H \rho_{th}$. Damit ist die zugeführte Energie, Gl. (4), gegeben.

$$Q_{zu} = m_B H_u = \lambda_l V_H \rho_{th} H_u / (\lambda L_{min}). \tag{46}$$

Mit dem Zustand vor Einlaß Motor und dem Nutzwirkungsgrad, Gl. (28), folgt damit für die Nutzarbeit

$$W_e = \eta_e \lambda_l V_H (p_L / R_L T_L)(H_u / \lambda L_{min}). \tag{47}$$

Spezifische Nutzarbeit. Für sie folgt aus Gl. (19)

$$w_e = \eta_e \lambda_l (p_L / R_L T_L)(H_u / \lambda L_{min}). \tag{48}$$

Bei Gemischansaugung (Ottomotor) gilt mit $m_{Lz} = m_L + m_B$

$$w_e = \eta_e \lambda_l (p_L / R_L T_L)(H_u / (1 + \lambda L_{min}). \tag{49}$$

Drehmoment. Für konstante Stoffwerte H_u, L_{min}, R_L besteht nach Gl. (16) folgende Abhängigkeit

$$M \sim \eta_e V_H \lambda_l (p_L / T_L)(1/\lambda)$$

Motor-Hauptgleichung. So werden Gl. (48) bzw. Gl. (49) bezeichnet, die das Verhalten eines Verbrennungsmotors mit innerer Verbrennung beschreiben. Sie zeigen, daß bei gegebenem Motor bzw. V_H eine wirksame Drehmomentsteigerung wegen bestehenden Grenzen für λ (Zünd- bzw. Rauchgrenze bei Otto- bzw. Dieselmotoren), $\eta_e (< \eta_{th})$, T_L (Umgebungstemperatur) und λ_l nur durch Erhöhen von p_L möglich ist, d.h. durch Aufladung, s. P4.3.5. Da sich ferner nur Liefergrad λ_l und Luftverhältnis λ gezielt beeinflussen lassen, wird für Belastungsänderungen beim Saugmotor ausgehend von der Vollast je nach Verbrennungsverfahren entweder λ_l verringert (Ottomotor) oder λ erhöht (Dieselmotor).

Beispiel: Für einen Ottomotor mit einem Nutzwirkungsgrad von $\eta_e = 0,3$, einem optimalen Liefergrad von $\lambda_l = 1$, den spez. Brennstoffwerten $H_u = 43$ MJ/kg bzw. $L_{min} = 14,7$ kg/kg folgt aus Gl. (49) bei Saugbetrieb ($\rho_L = 1,2$ kg/m^3) und stöchiometrischer Verbrennung eine Literarbeit von

$$w_e = 0,3 \cdot 1,0 \cdot 1,2 \cdot 43/(1 + 1 \cdot 14,7) \text{ kJ/dm}^3 = 0,98 \text{ kJ/dm}^3,$$

also ca. 1 kJ je Liter Hubraum. Für Pkw-Dieselmotoren mit einem minimalen Luftverhältnis von ca. 1,3 folgt mit Gl. (48) eine Literarbeit von $w_e \approx 0,8$ kJ/dm^3.

4.3.2 Steuerorgane für den Ladungswechsel. Valve gear

Ventile

Ventile werden vorwiegend bei Viertaktmotoren, aber auch bei Zweitaktmotoren (Gleichstromspülung) verwen

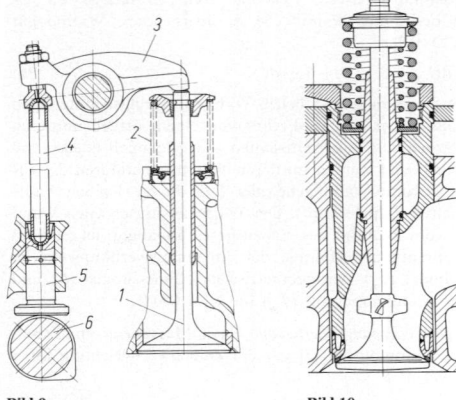

Bild 9   **Bild 10**

Bild 9. Ventilsteuerung mit untenliegenden Nockenwelle

Bild 10. Auslaßventil mit Ventilkorb, Sitz-, Führungskühlung und Drehung durch Abgasstrom (M.A.N.)

det. Durch eine zwangsgesteuerte Hubbewegung (s. **Bild 5b**) wird zunehmend bis zum Erreichen eines maximalen Hubes der Strömungsquerschnitt eines Pilzventils freigegeben und unter der Wirkung einer Ventilfeder geschlossen. Die Dichtkraft des Ventils *1* am Sitz wird von der Ventilfeder *2* und der Gaskraft aufgebracht, **Bild 9**.

Untenliegende Nockenwelle (Bild 9). Die vom Nocken *6* erzeugte Hubbewegung wird über Ventilstößel *5*, Stoßstange *4* und Kipphebel *3* auf das meist hängend eingebaute Ventil *1* übertragen. Neben hoher thermischer und mechanischer Beanspruchung sind Ventile großer Viertaktmotoren im Schwerölbetrieb auch einer Heißkorrosion ausgesetzt, was bei Auslaßventilen gekühlte Ventilsitze erfordert, **Bild 10**. Ein fülliger Ventilkegel vermeidet Verformungen und damit Reibverschleiß.

Obenliegende Nockenwelle. Verlegen der Nockenwelle aus dem Gehäusebereich in den Zylinderkopf vermindert die zu bewegenden Massen um Ventilstößel und Stoßstangen; eine weitere Massenreduzierung ergeben die bei modernen schnellaufenden Pkw-Motoren verwendeten Schwinghebel oder Tassenstößel, **Bild 11a** bzw. **11b**, wobei der Antrieb der Nockenwelle überwiegend durch Zahnriemen oder Kette erfolgt; seltener sind Stirnradgetriebe oder zwei Kegelräder mit verbindender Königswelle.

Ventilbewegung. Gestaltung des Nockens bestimmt Bewegungsablauf und Zeitquerschnitt, langsamer Anstieg des Nockens bedingt geringere Massenkräfte und vermeidet Schwingungsanregung bei Einbußen am Zeitquerschnitt. Anzustreben ist ein fülliger Nocken (großer Hub schon bei kleiner Nockendrehung) bei Beschleunigungen unter 100 g. Bei schnellaufenden Motoren sind Nockenformen mit stetigem bzw. ruckfreiem Verlauf (**Bild 12**) vorzuziehen [9], um erhöhte Beschleunigungen, Geräuschbildung und Abweichung von der vorgeschriebenen Erhebungskurve zu vermeiden.

Ventilquerschnitt. Mit dem Ventilhub h_V gilt (**Bild 13**):

$$A_V = \pi d h_V \sin \beta. \tag{50}$$

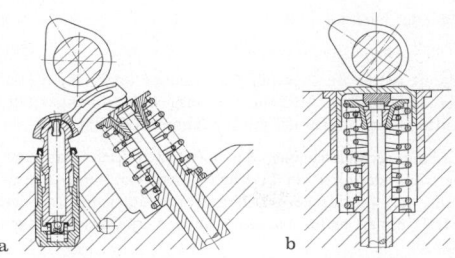

a   b

Bild 11. Ventilbetätigung bei obenliegender Nockenwelle. **a** Schlepphebel mit hydraulischem Ventilspielausgleich; **b** Tassenstößel

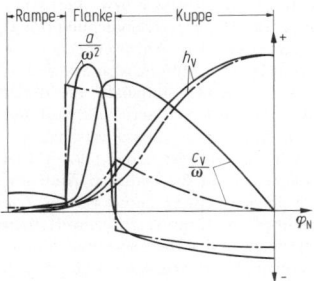

Bild 12. Verlauf von Ventilhub h_V, relativer Ventilgeschwindigkeit c_V/ω und -beschleunigung a/ω^2 abhängig vom Nockenwinkel φ_N (ausgezogen: stetiger Beschleunigungsverlauf)

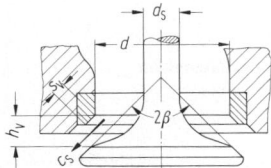

Bild 13. Bezeichnungen am Ventil

Dabei wird angenommen, daß das Gas im engsten Querschnitt mit der Geschwindigkeit c_s parallel zur Sitzfläche des Ventiles strömt. Für die Ventilsitzdurchmesser d ergibt sich für einen möglichst großen Einlaßquerschnitt $d_A/d_E = 0,7...0,9$, für den maximalen Ventilhub $h_{max}/d = 0,25...0,3$ und für die Sitzbreite $s_V/d = 0,05...0,1$. Die aufwendige Anordnung von je zwei ein- und Auslaßventilen bei leistungsstarken Otto- und aufgeladenen Dieselmotoren ($D > 150$ mm) bietet größeren Ventilquerschnitt, geringere Drosselung bei hohen Drehzahlen, somit Steigerung (10...25%), aber auch Verlust an Drehmoment im unteren Drehzahlbereich (Ausgleich bei Pkw-Motoren durch Nockenwellen- und Ventilhubverstellung möglich). Dazu herrscht günstigere thermische Beanspruchung wegen Zentralsymmetrie bei mittiger Zündkerze bzw. Einspritzdüse.

Schieber

Gleichförmig bewegte Drehschieber bieten Vorteile hinsichtlich Massenkräften und Steuerquerschnitt, sind jedoch schwer abzudichten. Trotz großer konstruktiver Variationsbreite (z.B. Flach-, Walzen- und Kegeldrehschie-

ber) konnten sie sich daher im Motorenbau nicht durchsetzen. Serienreife erlangten nur Ausführungen mit zwischen Kolben und Zylinderwand angeordneten Hülsenschiebern, die bewährte Dichtelemente (Kolbenringe) verwenden (Burt-McCollum-Schiebersteuerung der Bristol-Siddeley-Flugmotoren [9]).

Kolben (Schlitze)

Mit Ausnahme des Wankelmotors kann nur bei Zweitaktmotoren der Arbeitskolben als Steuerorgan verwendet werden, indem er am Zylinderumfang befindliche Ein- und Auslaßöffnungen steuert (Schlitzsteuerung). Die Schlitzhöhe bestimmt die Steuerzeiten und mit der Breite den Zeitquerschnitt und damit Vorauslaß und Spülerfolg (s. P4.3.4). Die Abdichtung übernehmen die Kolbenringe, die gegen Verdrehen zu sichern sind, um Beschädigungen beim Überlaufen der Schlitze zu vermeiden. Dabei wird auch der Ölhaushalt am Kolben beeinträchtigt und bedingt besondere Maßnahmen, wie z.B. Ölbeimischung zum Kraftstoff oder Ölzufuhr an die Laufbuchsen, um Fressen zu vermeiden. Auch Überschmieren gefährdet den Motor (Ringfestsetzen durch Ölkohlebildung, Rückstandsbildung im Auslaßsystem), erhöht außerdem den Schadstoffausstoß an unverbrannten und teiloxidierten Kohlenwasserstoffen (Blaurauch), wovon besonders kleine Motoren wegen Schwierigkeiten bei der Dosierung betroffen sind.

4.3.3 Ladungswechsel des Viertaktmotors
Charging of four-stroke engines

Steuerdiagramm. Mit Öffnen des Auslaßquerschnitts am Ende des Expansionshubs (Aö) beginnt der Ladungswechsel durch Ausströmen der Verbrennungsgase zunächst infolge überkritischen Druckgefälles p_z/p_A im engsten Querschnitt mit Schallgeschwindigkeit, **Bild 14**. Durch Auffüllen der Abgasleitung, Drosselung und Entspannung des Zylinderdruckes nimmt das Druckgefälle schnell ab, so daß das restliche Verbrennungsgas vom Kolben unter Arbeitsleistung verdrängt werden muß. Da der Auslaßquerschnitt anfangs klein und die Auslaßströmung massebehaftet ist, öffnet das Ventil schon vor dem unteren Totpunkt zum Zeitpunkt Aö (s. **Bild 4b**): Zu frühes Öffnen bedingt hohen Expansionsverlust bei geringer Ausschubarbeit und umgekehrt.

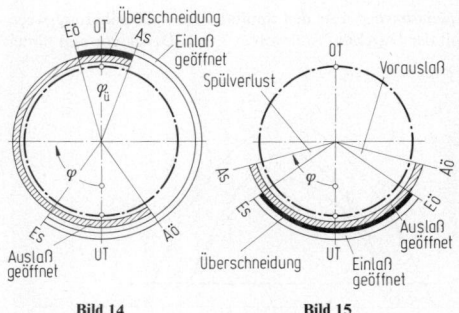

Bild 14   **Bild 15**

Bild 14. Steuerdiagramm einer Viertaktmotors (vgl. **Bild 5**)

Bild 15. Symmetrisches Steuerdiagramm eines Zweitaktmotors (Schlitzsteuerung)

Ventilüberschneidung. Auch der Einlaß öffnet (Eö) bzw. schließt (Es) nicht in den Totpunktlagen, so daß im Bereich des Ladungswechsel-Totpunkts (vgl. **Bild 5b**) beide Ventile gleichzeitig geöffnet sind. Diese Ventilüberschneidung ermöglicht Spülen des Kompressionsraums (Verbesserung des Liefergrads, Verringerung der thermischen Bauteilbeanspruchung). Der Überschneidungswinkel $\varphi_{\ddot{u}} = \varphi_{As} - \varphi_{E\ddot{o}}$ beeinflußt den Liefergrad und damit das Drehmomentenverhalten: Höheres Drehmoment im oberen Drehzahlbereich bei größerer Überschneidung. Wichtig ist die Wahl von Es. Spätes Schließen ermöglicht Nutzen der kinetischen Energie der Ladung bei hohen Drehzahlen zur Nachladung.

Ventilquerschnitt. Der Ladungswechsel wird durch Größe und Verlauf des freien Querschnitts A_V beeinflußt, wobei zur Beurteilung der sog. Winkel- oder Zeitquerschnitt A_φ bzw. A_Z herangezogen wird,

$$A_\varphi = \int_{\varphi_\ddot{o}}^{\varphi_s} A_V(\varphi)\, d\varphi \quad \text{bzw.} \tag{51}$$

$$A_Z = \int_{t_\ddot{o}}^{t_s} A_V(t)\, dt = A_\varphi/\omega. \tag{52}$$

Daraus folgt mit steigender Drehzahl eine Abnahme von A_Z, der durch größere Öffnungsdauer begegnet werden kann.

Für die Überschneidungsphase mit den hintereinandergeschalteten Ein- und Auslaßquerschnitten (A_E bzw. A_A) kann unter vereinfachenden Annahmen ein Ersatzquerschnitt bestimmt werden:

$$A_{red}(\varphi) = \sqrt{(A_E A_A)^2/(A_E^2 + A_A^2)}. \tag{53}$$

Bezogen auf die Dauer $\Delta\varphi_{AS}$ des gesamten Arbeitsspiels erhält man damit den „gleichwertigen" Querschnitt $\bar{A}_{red}$ (s. **Bild 16**)

$$\bar{A}_{red} = \int_{\varphi_\ddot{o}}^{\varphi_s} A_{red}\, d\varphi/\Delta\varphi_{AS}. \tag{54}$$

Ladungsdurchsatz. Der Massenstrom an Frischladung folgt aus Gl. (42)

$$\dot{m}_{L\,ges} = \lambda_a V_H \rho_L (n/a) = \dot{m}_{Lz} + \dot{m}_{LS} \tag{55}$$

und setzt sich aus Zylinderladungs- und Spülluftdurchsatz zusammen. Bezogen auf den Ansaugzustand folgt daraus der Volumenstrom

$$\dot{V}_0 = \dot{m}_{L\,ges}/\rho_0 = \lambda_a V_H (n/a)(p_L/p_0)(T_0/T_L), \tag{56}$$

der bei konstanter Motordrehzahl mit Erhöhung des Ladeluftdrucks steigt bzw. sinkt mit steigender Temperatur T_L („Motorschlucklinie").

Spülluftmenge. Für den Spülluftstrom gilt näherungsweise mit der Durchflußfunktion $\psi_{L,A}$ aus Druck vor und hinter

Zylinder nach Gl. (40)

$$\dot{m}_{LS} = \mu_{red} \bar{A}_{red} \psi_{L,A} \rho_L \sqrt{RT_L}. \tag{57}$$

Damit ist die durchgespülte Luftmenge unabhängig von der Drehzahl n, während die insgesamt durchgesetzte Luftmasse proportional mit n zunimmt, Gl. (55).

Ladungswechselrechnung. Sie liefert den Liefergrad und den Zylinderinhalt an Frischgas, dient u.a. der Optimierung der Ventilsteuerung und wurde unter Einsatz der EDV immer mehr den wirklichen Verhältnissen angepaßt.

Die instationäre Rohrströmung im Ein- und Auslaßsystem kann mit Hilfe der instationären Gasdynamik erfaßt werden. Dazu wird entweder auf die Theorie der nichtlinearen oder vereinfachend der linearen Wellenausbreitung zurückgegriffen und als Charakteristiken- bzw. akustisches Verfahren angewendet [10]. Weitere Vereinfachung bringt die sog. Füll- und Entleermethode: Angewendet auf die Abgasleitung eines aufgeladenen Motors, wird das gesamte Leitungssystem als ein Behälter aufgefaßt, der durch die einzelnen Zylinder intermittierend aufgefüllt wird und sich durch eine Öffnung konstanten Querschnitts, den Abgasturbolader, kontinuierlich entleert (s. Gl. (39)). Dabei werden nur die zeitlichen, nicht die örtlichen Änderungen des Gaszustands in der Leitung berücksichtigt. Die Abweichungen gegenüber dem Charakteristikenverfahren nehmen mit Leitungslänge und Arbeitsspielfrequenz zu, wobei das rechenintensive Charakteristikenverfahren auch Rohrverzweigungen berücksichtigen kann.

Da bei Saugbetrieb die Voraussetzung kleiner Änderungen der Zustandswerte relativ zu den Absolutwerten in den Leitungen weitgehend erfüllt ist, wird bei schnellaufenden Fahrzeugmotoren meist die akustische Theorie verwendet, die jedoch nicht den Einfluß von Rohrverzweigungen erfaßt.

4.3.4 Ladungswechsel des Zweitaktmotors
Scavenging of two-stroke engines

Steuerdiagramm

Nach Abbau des Druckgefälles $p_z - p_A$ während des Vorauslasses zwischen Aö und Eö erfolgt der Ladungswechsel im Vergleich zum Viertaktmotor nur durch Spülen und verlangt neben einer entsprechend großen Überschneidung eine Vorverdichtung der Ladung auf den Spüldruck p_S. Die Steuerzeiten bei einem nur durch Schlitze und den Arbeitskolben gesteuerten Ladungswechsel ergeben ein symmetrisches Diagramm, **Bild 15**. Der Querschnittsverlauf (**Bild 16**) zeigt, daß entsprechend dem Vorauslaßzeitquerschnitt auch Ladung verlorengehen kann. Diesen Verlust verhindert, verbunden mit einem Nachladeeffekt, ein unsymmetrisches Steuerdiagramm, bei dem der Einlaß nach dem Auslaß schließt. Das erfordert voneinander unabhängige Steuerung der Ein- und Auslaßöffnungen durch Auslaßventil, Gegenkolben oder Doppelkolben (s. **Bild 19**), bzw. es sind bei reiner Schlitzsteuerung zusätzliche Maßnahmen entweder hinter Auslaßschlitz oder vor Einlaß in den Zylinder (**Bild 17**) erforderlich.

Spülverfahren

Spülmodell. Für den Spülvorgang sind zwei Grenzfälle vorstellbar.

Verdrängungsspülung. Es werden die Verbrennungsgase durch das einströmende Frischgas ohne Mischung in der Grenzzone verdrängt. Der Spülgrad ist damit linear vom Luftaufwand abhängig und erreicht bei $\lambda_a = \varepsilon/(\varepsilon - 1)$ den Wert 1 (vollkommene Restgasspülung).

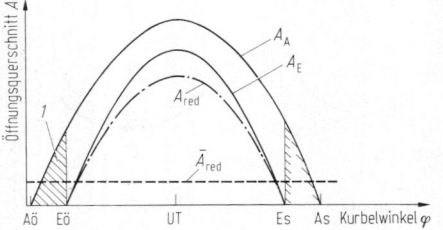

Bild 16. Verlauf von Aus- und Einlaßquerschnitt A_A bzw. A_E sowie des Ersatzquerschnittes A_{red} abhängig vom Kurbelwinkel φ, $\bar{A}_{red}$ gleichwertiger Querschnitt. *1* Vorauslaß

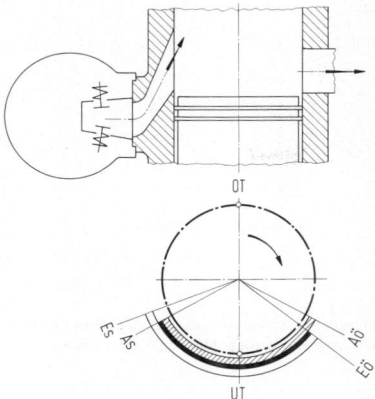

Bild 17. Unsymmetrisches Steuerdiagramm durch selbststeuernde Rückschlagklappen im Spülluftaufnehmer (Fiat, Grandi Motori Trieste)

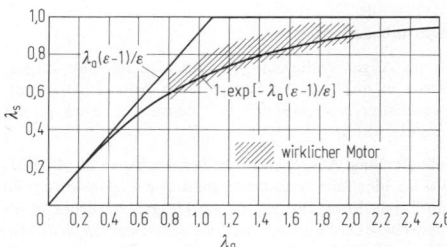

Bild 18. Theoretische Abhängigkeit des Spülgrads λ_s vom Luftaufwand λ_a

Mischungsspülung. Die Frischladung mischt sich sofort mit dem Zylinderinhalt und verdünnt ihn mit zunehmendem Luftaufwand, so daß für den Spülgrad eine exponentiale Abhängigkeit besteht, **Bild 18.**
Der Spülvorgang im wirklichen Motor wird je nach Spülverfahren durch den Verlauf des Spülgrads zwischen beiden Grenzkurven beschrieben. Bei teilweiser Kurzschlußströmung kann λ_s auch unterhalb der unteren Grenzkurve verlaufen.

Gleichstromspülung (Bild 19 a–c). Sie bietet auch bei extrem langen Hüben günstige Voraussetzungen für einen hohen Anteil an Verdrängungsspülung, so daß bei gleichem Luftaufwand die besten Spülgrade erreicht werden. Konstruktiv bedingt ist ein zweites Steuerorgan erforderlich und somit Nachladung möglich. Heutige Zweitaktgroßmotoren arbeiten nach diesem Verfahren mit einem hydraulisch gesteuerten Auslaßventil.

Querstromspülung (Bild 19 d). Der für die Einlaßschlitze verfügbare Umfang ist kleiner. Möglichst schräg nach oben gerichtete Einlaßkanäle führen das Frischgas längs der Zylinderwand, um Kurzschlußströmung zu vermeiden.

Umkehrspülung. Hier ist die Gefahr eines Kurzschlusses geringer. Sie ergibt bei übereinander angeordneten Schlitzen **(Bild 19 e,** M.A.N.-Umkehrspülung) großen Vorauslaßzeitquerschnitt und ist damit wegen höherer Spülverluste bei symmetrischem Steuerdiagramm nur für Dieselmotoren geeignet.

Schnürle-Umkehrspülung **(Bild 19 f).** Zwei schräg gegeneinander gerichtete Einlaßströmungen, die sich aneinander

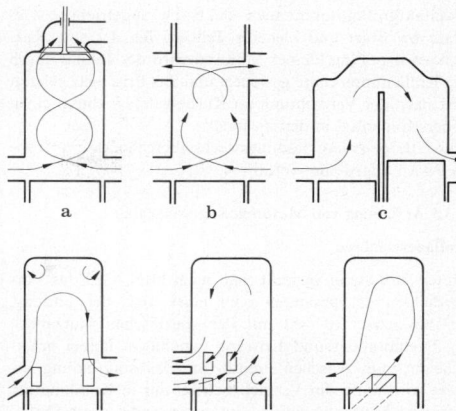

Bild 19. Spülverfahren. Gleichstromspülung mit **a** Ventil; **b** Gegenkolben; **c** Doppelkolben; **d** Querstromspülung; **e** M.A.N.-Umkehrspülung; **f** Schnürle-Umkehrspülung

abstützen, werden durch den Zylinder geführt. Sie wird so oder variiert bei kleinen Ottomotoren verwendet.

Auslegen der Spülung

Spülluftdurchsatz. Da hier $\dot{m}_{L\,\text{ges}} = \dot{m}_{LS}$ ist, gilt für den vom Spülgebläse angesaugten Volumenstrom nach Gl. (57)

$$\dot{V}_0 = \dot{m}_{L\,\text{ges}}/\rho_0 = \mu_{\text{red}}\bar{A}_{\text{red}}\psi_{L,A}(p_L/p_0)(T_0\sqrt{R/T_L}). \quad (58)$$

Luftaufwand. Es gilt nach Gl. (42)

$$\lambda_a = \dot{m}_{L\,\text{ges}}/V_H\rho_L n = \mu_{\text{red}}\bar{A}_{\text{red}}\psi_{L,A}\sqrt{RT_L}/(V_H n). \quad (59)$$

Danach ist λ_a und damit der Spülerfolg abhängig vom Druckverhältnis $p_L/p_A = p_S/p_A$ und vom Spülquerschnitt (Erfahrungswert: $\mu_{\text{red}} = 0,55\ldots0,75$ (0,9) zunehmend mit D bzw. abnehmend mit n). Mit steigender Drehzahl nimmt λ_a ab bzw. erfordert höhere Spüldrücke, was einen Verlust an Nutzleistung bedeutet, wenn wie üblich das Spülgebläse mit dem Motor gekoppelt ist.

Spüllufterzeugung. Hierzu werden mechanisch gekoppelte Verdichter (z.B. Roots-Drehkolbenverdichter) oder die Kolbenunterseiten verwendet, **Bild 20.** Bei aufgeladenen

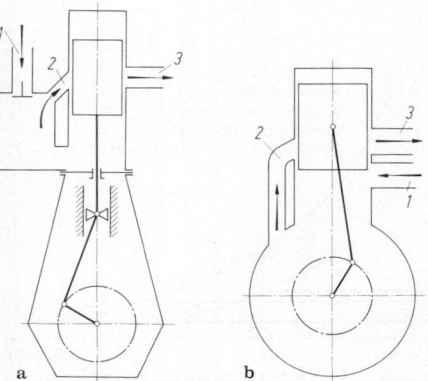

Bild 20. Spülluftverdichtung mittels Kolbenunterseiten. **a** bei Zweitakt-Großmotor; **b** bei Kleinmotoren. *1* Lufteinlaß, *2* Überströmkanal, *3* Abgasaustritt

Zweitaktgroßmotoren auch elektrisch angetriebene Gebläse bei Start und niederer Teillast. Bei der sog. Kurbelkastenspülung kleiner Motoren wird der Einlaß durch die Kolbenunterkante gesteuert und das Frischgas gelangt erst nach der Verdichtung im Kurbelgehäuse durch einen Überströmkanal in den Zylinder.

Für eine genauere Ladungswechselberechnung wird wie in P4.3.3 angedeutet verfahren.

4.3.5 Aufladung von Motoren. Supercharging

Aufladeverfahren

Unter Aufladung versteht man nach DIN 6262 das Vorverdichten der gesamten oder eines Teils der Ladung, so daß nach Gl. (48) mit der spezifischen Nutzarbeit w_e Drehmoment und Leistung zunehmen. Dabei unterscheidet man zwischen Fremd- und Selbstaufladung, erstere wird außer im Versuchsbetrieb nur in Kombination mit der Abgasturboaufladung angewendet. Selbstaufladung kann *ohne* und *mit* Verdichter (mechanische oder Abgasturbo-Aufladung) erfolgen.

Verdichterlose Verfahren. Sie erreichen durch Ausnutzung der drehzahlabhängigen Saugrohrschwingungen als sogenannte Resonanzaufladung nur mäßige Wirkung ($p_L/p_0 < 1,3$), Anwendung vorzugsweise bei Ottomotoren, evtl. mit veränderbarer Schwingrohrlänge, und in Kombination (vorgeschaltet) mit Abgasturboaufladung bei Nfz-Dieselmotoren (Cser-Verfahren).

Comprex-Verfahren. Es ist ein verdichterloses Verfahren, bei dem in einem Druckwandler, einem von der Kurbelwelle her angetriebenen Zellenrad, die Energie der Abgasdruckwellen direkt auf die Frischladung übertragen wird. Das Verfahren weist für Fahrzeugmotoren Vorteile gegenüber der Abgasturboaufladung durch ein höheres Drehmoment im unteren Drehzahlbereich und einen geringeren Rußstoß bei schnellem Beschleunigen auf [11], ohne eine breite Anwendung gefunden zu haben.

Mechanische Aufladung. Ein mechanisch mit der Kurbelwelle gekoppelter Verdichter als Verdrängermaschine (z.B. Roots-, Vielzellengebläse, G-Lader [12]) verringert zwar die Nutzarbeit trotz positiver Ladungswechselschleife (s. **Bild 21**: Fläche 1z–5–8z–7z mit $p_A = p_0$), paßt sich aber der Motorschlucklinie, Gl. (56), bei Drehzahländerungen im Fahrbetrieb unmittelbar an, wogegen besonders bei kleinvolumigen Motoren der Ladedruckaufbau beim Abgasturbolader verzögert erfolgt. Daher ist mechanische Aufladung sinnvoll bei Pkw-Otto- oder -Dieselmotoren

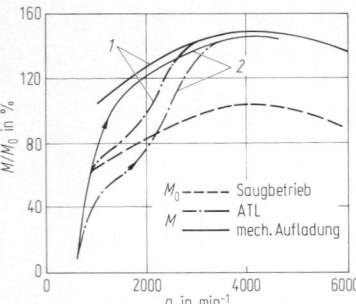

Bild 22. Drehmomentverlauf bei Aufladung eines kleinen Pkw-Motors im Vergleich zum Saugbetrieb. *1* stationär, *2* instationär

mit $V_H < 1,8$ l, **Bild 22**, wobei die Gesamtwirkungsgrade bei beiden Verfahren wegen der beschränkten Wirkungsgrade kleiner Strömungsmaschinen nur geringfügig voneinander abweichen.

Abgasturboaufladung

Die im Abgas enthaltene Energie wird in einer Abgasturbine in mechanische Energie zum Antrieb eines Turboverdichters umgewandelt und damit der Druck p_L der Ladeluft erhöht.

Stoßaufladung. Ausgehend vom Vergleichsprozeß (**Bild 21**) wird im Idealfall die gesamte isentrope Expansionsarbeit vom Expansionsenddruck p_{4z} auf Umgebungsdruck p_0 als kinetische Energie in der Turbine verwertet. In Wirklichkeit erfolgt in der Abgasleitung ein Aufstau der Abgase mit starker Pulsation, so daß die Abgasenergie der Turbine in Form von Druck- und Geschwindigkeitsstößen zugeführt wird. Dabei treten kurzzeitig Druckspitzen auf, die ein Mehrfaches des Ladeluftdrucks p_L betragen, so daß Aufladung auch bei geringem Abgasturboladerwirkungsgrad möglich ist. Dazu müssen die Zylinder über relativ enge Abgasleitungen einzeln oder bei geeignetem Zündabstand in Gruppen zusammengefaßt (keine gegenseitige Beeinflussung des Ladungswechsels) an die Turbine angeschlossen werden, **Bild 23a**.

Stauaufladung. Die Abgase werden in einem Abgassammelrohr (**Bild 23b**) auf Abgasgegendruck p_A aufgestaut, so daß die Turbine mit nahezu konstantem Gefälle betrieben werden kann, **Bild 21**. Dabei ist allerdings ein Teil des verbleibenden Expansionsverlustes (Fläche 4z–3'–5z–4z, **Bild 21**) bis auf den Anteil verloren, der zugunsten der Abgasenergie durch Verwirbelung in Wärme umgesetzt wird (Fläche 3'–3–4–4'–3'). Mit steigender Aufladung wird der Verlust jedoch geringer, so daß die Vorteile der Stauaufladung (einfachere Führung der Abgasleitung, geringere Ausschubarbeit des Kolbens infolge schnellen Abbaus des Auspuffstoßes, gleichmäßige Beaufschlagung der Turbine) trotz schlechteren Beschleunigungsverhaltens überwiegen.

Abgasturboladerwirkungsgrad. Mit dem mechanischen Wirkungsgrad des Aggregats, den isentropen Wirkungsgraden η_{Vs} und η_{Ts} für Verdichter bzw. Turbine folgt

$$\eta_{ATL} = \eta_{mA}\,\eta_{Vs}\,\eta_{Ts}. \tag{60}$$

Verwendet werden einstufige Radialverdichter und -turbinen bei kleinen bzw. Axialturbinen bei größeren Motorleistungen, wobei maximal Wirkungsgrade von $\eta_{ATL} = 0,6...0,75$ erreicht werden, bei kleinsten Turboladern mit Raddurchmessern von nur 60 mm wenig über 0,4.

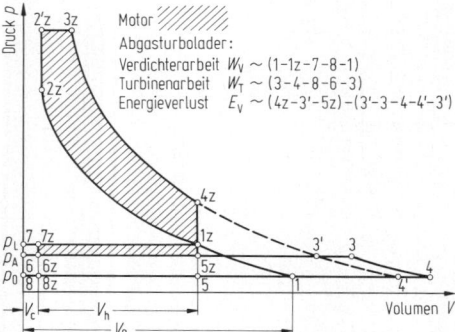

Bild 21. Vergleichsprozeß eines abgasturboaufgeladenen Motors (schraffierte Fläche, Index z) mit Verdichterarbeit (1–1z–7–8–1) und Turbinenarbeit (3–4–8–6–3) für reine Stauaufladung

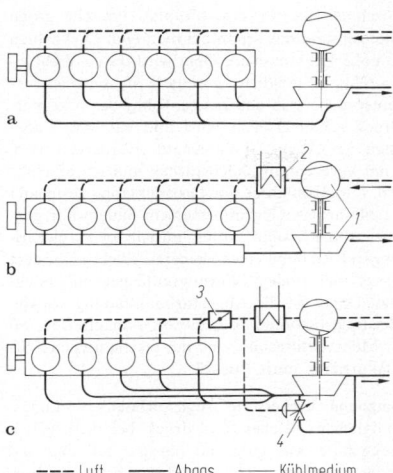

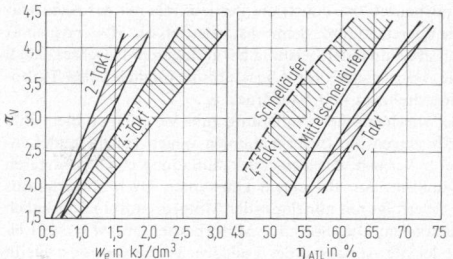

Bild 24. Zusammenhang zwischen Druckverhältnis π_V und spezifischer Nutzarbeit w_e bzw. erforderlichem Turboladerwirkungsgrad η_{ATL} bei Dieselmotoren

a

b

c

--- Luft — Abgas — Kühlmedium

Bild 23. Abgasleitungsführung bei **a** Stoßbetrieb (Zündfolge 1–2–4–6–5–3), **b** Staubetrieb mit Ladeluftkühlung; **c** Mehrstoßaufladung eines Ottomotors mit Abblaseregelung und Ladeluftkühlung. *1* Abgasturbolader, *2* Ladeluftkühler, *3* Drosselklappe, *4* ladedruckabhängiges Abgas-Abblasventil („Waste-Gate")

Ladeluftdruck. Die mechanische Kopplung zwischen Verdichter und Turbine bedingt Energiegleichgewicht zwischen effektiver Turbinen- und Verdichterarbeit. Bei isentroper Verdichtung von p_0 auf p_L und Entspannung von p_A auf p_0 (keine Pulsation, Rohrleitungsverluste vernachlässigt) folgt daraus mit dem Wirkungsgrad η_{ATL} sowie den Massenströmen $\dot{m}_{L ges}$ für Verdichter und $\dot{m}_A = \dot{m}_{L ges} + \dot{m}_B$ für Turbine

$$\pi_V = p_L/p_0$$
$$= \left(1 + \eta_{ATL} \frac{\dot{m}_A c_{pA} T_A}{\dot{m}_{L ges} c_{pL} T_0} (1 - \pi_T^{(1-\kappa_A)/\kappa_A})\right)^{\kappa_L/(\kappa_L-1)} \quad (61)$$

(Stoffwerte s. **Anh. P4 Bild 1**: Index A: Abgas, Index L: Ladung, Luft, Index 0: Ansaugzustand).
Danach ist der Ladeluftdruck abhängig von dem Wirkungsgrad η_{ATL}, dem Druckverhältnis $\pi_T = p_A/p_0$ und den Temperaturen (1. Hauptgleichung des Abgasturboladers). Eine 2. Bestimmungsgleichung folgt für den Durchsatz $\dot{m}_A$ aus Gl. (57) mit einem Turbinenersatzquerschnitt statt $\bar{A}_{red}$ und entsprechender Durchflußfunktion für π_T. Dazu liefert das Turbinenkennfeld den drehzahlabhängigen Wirkungsgrad η_{Ts}. Außerdem muß bei gleicher Läuferdrehzahl der Verdichter entsprechend dem Wirkungsgrad η_{Vs} das Ansaugvolumen $\dot{V}_0$, Gl. (56), auf p_L verdichten, um die gewünschte Leistungssteigerung zu bekommen, **Bild 24**.

Ladelufttemperatur. Mit dem Ladeluftdruck p_L bzw. dem Verdichtungsverhältnis $\pi_V = p_L/p_0$ steigt abhängig vom isentropen Verdichterwirkungsgrad η_{Vs} die Temperatur T_L an (Ansaugzustand p_0, T_0 gleich Zustand vor Verdichter)

$$T_L = T_0 + (T_0/\eta_{Vs})(\pi_V^{(\kappa-1)/\kappa} - 1). \quad (62)$$

Ladeluftkühlung. Hierdurch kann für gleiches w_e bei verringertem Ladedruck die mechanische und thermische Belastung des Motors herabgesetzt werden. Daher werden Zweitaktmotoren immer mit Ladeluftkühler ausgerüstet, ebenso wegen Klopfgefahr fast alle Gas- und Ottomo-

toren, Viertaktdieselmotoren ab Druckverhältnis $\pi_V = 1,5$ bzw. $w_e > 1,2 \text{ kJ/dm}^3$.

Zusammenwirken von Motor und Verdichter. In einem $\dot{V}_0, \pi_V$-Diagramm lassen sich Liefer- (Verdichter) und Bedarfskennung (Motor) gemeinsam darstellen. Strömungsverdichter müssen so betrieben werden, daß der Betriebspunkt sich rechts von der „Pumpgrenze" befindet, vgl. **Bild 25a** (s.a. R 1.7.2), wobei bei konstanter Verdichterdrehzahl n_V das Druckverhältnis mit steigendem Durchsatz nach einer annähernd quadratischen Abhängigkeit abnimmt. Den Bedarf des Motors liefert als „Motorschlucklinie" für den Viertaktmotor Gl. (56) bzw. Gl. (58) für den Zweitaktmotor: Zum einen erhält man, Ladeluftkühlung vorausgesetzt ($T_L = $const), für $n = $const. Geraden mit abnehmender Steigung bei zunehmendem Spülluftanteil, zum anderen eine von der Motordrehzahl unabhängige parabelförmige Kurve, die durch den mit zunehmendem Durchsatz $\dot{V}_0$ und Druckverhältnis π_V steigenden Abgasgegendruck $p_0 < p_A < p_{A max}$ beeinflußt wird. Sie entspricht damit etwa der Motorbetriebslinie unabhängig von der Betriebsart, wogegen beim Viertaktmotor nur beim Gene-

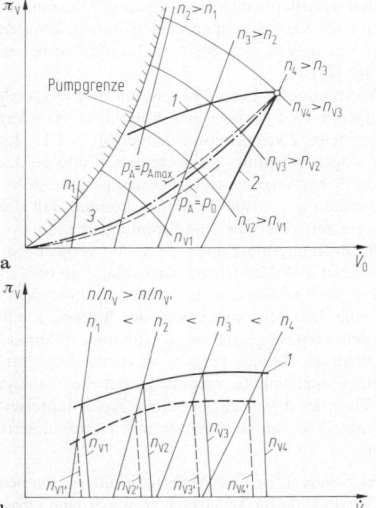

a

b

Bild 25. Zusammenwirken von Motor und Verdichter im $\dot{V}_0, \pi_V$-Diagramm abhängig von der Motor-Bedarfskennung für **a** Abgasturboaufladung bzw. **b** mechanische Aufladung eines mit $M = $const (*1*) oder $n = $const (*2*) laufenden Viertaktmotors, (*3*) Zweitaktmotor mit ATL

ratorbetrieb (n=const) die Betriebslinie mit der Bedarfslinie übereinstimmt. Beim Motorbetrieb für M=const sinkt mit abnehmender Leistung bei geringerem Durchsatz auch die Abgasenergie vor Abgasturbine, folglich fallen Turboladerdrehzahl und Ladedruck p_L.

Bei mechanischer Aufladung mit Verdrängerlader, **Bild 25b**, zeigen die Lieferkennlinien wegen zunehmender innerer Verluste mit steigender Aufladung einen geringeren Durchsatz an. Bei einem konstanten Drehzahlverhältnis n_v/n erfolgt mit abnehmender Motordrehzahl und folglich sinkendem Durchsatz für Motorbetrieb mit M=const eine leichte Abnahme des Ladedrucks; für n=const bleibt im gesamten Lastbereich der Ladedruck gleich. Wechsel des Drehzahlverhältnisses verschiebt die Motorbetriebslinien auf ein anderes Druckniveau. Für den Zweitaktmotor folgt die Bedarfskennung aus dem Durchsatz für $p_A = p_0$.

Anwendung der Aufladung

Dieselmotoren. Größere Motoren werden nur mit Abgasturboaufladung betrieben, zunehmend auch Fahrzeugdieselmotoren der oberen Leistungsklasse für Lkw-Antrieb sowie Pkw-Dieselmotoren.

Um die mit p_L steigenden Zünddrücke zu begrenzen, werden Drucksteigerung p_{max}/p_c und Verdichtungsverhältnis ε gesenkt. Einbußen am Wirkungsgrad η_v, s. Gl. (11), werden durch ein höheres Luftverhältnis ($\lambda > 2,0$) teilweise kompensiert, vgl. **Bild 2**, wobei gleichzeitig die thermische Belastung sinkt. Da mit steigendem Arbeitsdruck die Wandwärme- (η_g) und insbesondere die Reibungsverluste (η_m) relativ abnehmen, steigt der effektive Wirkungsgrad des aufgeladenen Motors. Mit einstufiger Verdichtung (**Bild 24**) und Hochaufladung (Leistungssteigerung über 100%) erreichen Viertaktmotoren bei ($4 > \pi_v > 2,5$) spezifische Nutzarbeiten von $w_e = 2...2,4 \text{ kJ/dm}^3$, große Zweitaktmotoren $w_e = 1,5...1,7 \text{ kJ/dm}^3$, jeweils bei einstufiger Aufladung (Verkaufswerte).

Doppelaufladung mittels zwei in Reihe geschalteter ATL mit Zwischenkühlung ermöglicht mit $\pi_v = 5$ ein w_e von ca. 3 kJ/dm^3: Bei schnellaufenden Hochleistungs-Dieselmotoren wird dazu die Verdichtung zurückgenommen, um den Spitzendruck zu senken, was Start- und Teillastverhalten beeinträchtigt [13].

Kann ein Viertaktmotor unter Verzicht auf Spülung auch mit einem Druck $p_L < p_A$ betrieben werden, so erfordert die Spülung beim Zweitaktmotor ein $p_L/p_A = 1,1...1,2$ und damit wegen erhöhter Verdichterarbeit infolge des Spülluftbedarfs bei verringerter Abgastemperatur höhere Wirkungsgrade η_{ATL}, **Bild 24**. Hinzu kommt, daß der Zweitaktmotor mit ATL nur eine Strömungsstrecke zwischen zwei Strömungsmaschinen darstellt, vergleichbar mit einer offenen 1-Wellen-Gasturbinenanlage, so daß eine Erhöhung des Luftdurchsatzes stärker als beim Viertaktmotor vom Durchflußwiderstand des Motors, s. Gl. (58), und dem Wirkungsgrad η_{ATL} abhängt. Während Start und niedriger Teillast sorgen bei reiner Abgasturboaufladung vorgeschaltete, fremdangetriebene Gebläse für die Spülluft, so daß nachgeschaltete Kolbenunterseiten oder zusätzliche Spülpumpen entfallen (kombinierte Aufladung).

Ottomotoren. Sinnvoll ist eine Aufladung nur im Bereich der Vollastleistung, da im Teillastgebiet immer eine Drosselung erforderlich ist. Da mit der Ladeluftverdichtung außerdem die Neigung zu klopfender Verbrennung zunimmt, ist neben ε-Senkung und Ladeluftkühlung auch Spätzündung bzw. Zündzeitpunktregelung über als Körperschallaufnehmer arbeitende Klopfsensoren angebracht.

Problematisch ist der für Pkw-Motoren typische große Drehzahlbereich und das schon bei niedrigen Drehzahlen geforderte hohe Drehmoment. Dem wird durch Wahl eines kleinen ATL mit möglichst geringem Massenträgheitsmoment entsprochen, so daß bei ca. $0,4 n_N$ der maximale Ladeluftdruck schon erreicht wird und ein vom Ladedruck gesteuertes Abgas-Abblaseventil erforderlich wird, **Bild 23c**, um den Verbrennungshöchstdruck und Klopfgefahr zu mindern. Druckabnahme vor Drosselklappe vermeidet unnötige Laderarbeit. Gegenüber einem Saugmotor gleicher Vollastleistung besteht Vorteil hinsichtlich vergleichsweise geringerer Reibung eines kleineren Triebwerks, dem ein geringer thermischer Wirkungsgrad gegenübersteht (ε-Senkung). Daher ist die Abgasturboaufladung vorwiegend bei leistungsbetonten Sportmotoren anzutreffen, wo sie mit der Mehrventiltechnik und der mechanischen Aufladung konkurrieren muß, **Bild 22**.

Turbo-Compound. Verbesserte Abgasturboladerwirkungsgrade ermöglichen gleichen Ladedruck bei niedrigerem Abgasdruckgefälle, was aufgrund besserer Spülung und zunehmender positiver Ladungswechselarbeit den Wirkungsgrad η_e steigert, ferner, vom Turbolader nicht benutzte Abgasenergie in einer Nutzturbine zur Erzeugung mechanischer (elektrischer) Energie zu verwenden. Zweitakt- bzw. Viertakt-Dieselgroßmotoren bevorzugen Parallelschaltung, **Bild 26a**, wobei bei einer Abgas-Abzweigrate von 10 bis 14% eine Verbrauchsminderung von ca. 5 g/kWh bei Nennleistung möglich ist. Der wegen des geringeren Abgasstroms verringerte Turbinenquerschnitt der Turboladerturbine bewirkt außerdem im Teillastbereich bessere Abgasenergienutzung ebenfalls mit Vorteil für den Verbrauch. Für Nfz-Motoren ist die Reihenschaltung günstiger, **Bild 26b**, wobei mit der Einführung in die Serienproduktion zu rechnen ist, vorwiegend bei Überland-Langstreckenverkehr. Eine Vereinfachung stellt die Schaltung in **Bild 26c** für Mittelschnelläufer dar, wo nach entsprechender Verkleinerung der Abgasturbine bei Schiffsmotoren eine Wirkungsgradverbesserung im gesamten Betriebsbereich, zu erwarten ist. Eine Überholkupplung verhindert ein Mitschleppen des Turboladers im Teillastbereich zu Lasten des Wirkungsgrads.

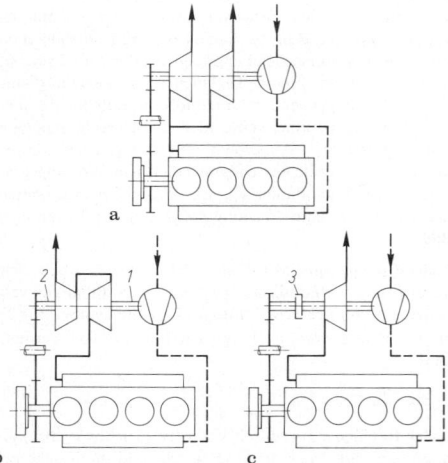

Bild 26. Anwendung von Turbo-Compound mit Nutzturbine. **a** Parallel-, **b** Serien-, **c** Direkt-Schaltung. *1* Abgasturbolader, *2* Nutzturbine mit Untersetzungsgetriebe, *3* Überholkupplung

4.4 Verbrennung im Motor. Internal combustion

4.4.1 Motoren-Kraftstoffe
Internal combustion (IC) engine fuels

Sie können gasförmig oder flüssig sein, feste Brennstoffe werden indirekt verwendet (Vergasung, Entgasung, Verflüssigung).

Flüssige Kraftstoffe. Sie sind vorwiegend Kohlenwasserstoffe hoher Energiedichte auf Erdölbasis, gut speicher- und transportierbar. Ein stark verändertes Bedarfsprofil zugunsten von Kraftstoffen für Fahrzeugmotoren bedingt Einsatz katalytischer Crackprozesse bei der Raffinerie, woraus ein höherer Anteil verbrennungstechnisch ungünstiger Rückstände im Schweröl für Großdieselmotoren resultiert. Die Begrenztheit der Ressourcen zwingt zur Suche nach alternativen Kraftstoffen. Aussichtsreich hinsichtlich Herstellung und verfügbarer Rohstoffe (Kohle bzw. pflanzliche Stoffe) sind Methanol CH_3OH und Äthanol C_2H_5OH, z.B. in Mischung mit Benzin für Ottomotoren. Pflanzenöle sowie Bioalkohol tragen nicht zur CO_2-Immission bei, gehen aber zu Lasten der Nahrungsmittelproduktion. Langfristig gesehen ist, sofern verfügbar, der Einsatz von Wasserstoff möglich, womit die Atmosphäre global entlastet wird. Jedoch ist zunächst der Ersatz von Erdöl bei anderen Verbrauchern (Kraftwerke, Raumheizung) einfacher und daher sinnvoller.

Kraftstoffanforderungen. Sie sind unterschiedlich, je nach Verbrennungsverfahren: Ottomotoren verlangen leicht siedende und zündunwillige, Dieselmotoren zündwillige Kraftstoffe.

Oktan- und Methanzahl. Die Zündneigung und Klopffestigkeit (s. P.4.4.2) wird bei Flüssigkraftstoffen durch die Oktanzahl, bei Gasen durch die Methanzahl (**Tab. 2**) angegeben. Dazu wird die Zündwilligkeit des Kraftstoffs verglichen mit der eines Bezugskraftstoffs, eines Gemisches aus einer zündunwilligen Komponente (Iso-Oktan ≙ Oktanzahl 100 bzw. Methan CH_4 ≙ Methanzahl 100) mit einer zündwilligen (n-Heptan C_7H_{16} ≙ Oktanzahl 0 bzw. Wasserstoff H_2 ≙ Methanzahl 0). Oktanzahlen werden ferner nach den Prüfbedingungen unterschieden: Üblich ist die R(esearch)-OZ und M(otor)-OZ (DIN 51756): Super ROZ/MOZ=98/88 (verbleit nach DIN 51600, unverbleit

n. DIN 51607: Super Plus), Normal ROZ/MOZ=91/82,5 (unverbleit), Methanol ROZ/MOZ=110/92. Bleiverbindungen hemmen Zündwilligkeit, sind aber auf 0,15 g/l beschränkt (BRD).

Weitere Merkmale. Wichtig sind neben dem Heizwert für den Ottomotor Siedeverhalten, Reid-Dampfdruck (DIN 51754), für den Dieselmotor (Dk: DIN 51601) die die Zündwilligkeit beschreibende Cetanzahl (CZ>45: DIN 51773), ferner Viskosität, Verkokungsrückstand (DIN 51551), Schwefel-, Vanadium- und Wassergehalt bei Schwerölen als Mischkraftstoffe aus einer Dieselölfraktion niedriger Viskosität (ca. 2 mm²/s bei 50 °C) und Raffinerierückstandsölen hoher Viskosität. Mit der Mischviskosität (40 bis 700 mm²/s bei 50 °C bzw. 10 bis 55 mm²/s bei 100 °C) als Klassifikationsmerkmal, die Vorwärmung auf Einspritzviskosität erfordert [14], erhöht sich gegenüber Dk der Gehalt an Schwefel (Naßkorrosion), Aschebildnern (V, Na, Al: Heißkorrosion) und somit der korrosive und abrasive Verschleiß bei verschlechterten Zünd- und Brenneigenschaften.

Kraftstoffvergleich. Bei unterschiedlichen Kraftstoffen ist bei gleicher Nutzarbeit und gleichem Wirkungsgrad η_e die zuzuführende Kraftstoffmenge dem jeweiligen Heizwert H_u umgekehrt proportional, der Energieinhalt der Zylinderladung und damit die Motorleistung proportional dem Gemischheizwert h_u, Gl. (5). Daher steigt z.B. der spezifische Kraftstoffverbrauch (s. P.4.7.1) bei Methanolbetrieb auf etwa das Doppelte an (Superbenzin H_u = 41 170 kJ/kg, Methanol H_u = 19 600 kJ/kg), jedoch entstehen wegen nahezu gleicher Gemischheizwerte keine größeren Leistungseinbußen (Superbenzin: h_u = 2750 kJ/kg, Methanol h_u = 2650 kJ/kg für stöchiometrische Mischung: $\lambda = 1$).

4.4.2 Gemischbildung und Verbrennung im Ottomotor. Mixture formation and combustion in spark ignition engines

Normale Verbrennung

Sie ist gekennzeichnet durch: äußere Gemischbildung, homogenes Kraftstoff-Luftgemisch, gesteuerte Fremdzündung, Lastbeeinflussung durch Füllungsänderung (oft auch „Quantitätsregelung" genannt).

Gemischbildung. Gasförmige Kraftstoffe werden meist in einer Mischkammer kurz vor Eintritt in den Zylinder mit der Luft gemischt, flüssige Kraftstoffe in einer inkorrekt mit Vergaser bezeichneten Zerstäubungseinrichtung. Bei Einspritz-Ottomotoren wird flüssiger Kraftstoff nahe dem Einlaßventil in das Ansaugrohr gespritzt, seltener unmittelbar in den Zylinder. Zum Zündzeitpunkt ist der Kraftstoff verdampft und bildet mit der Luft ein möglichst homogenes Gemisch mit einem sich nur in engen Grenzen ändernden Mischungsverhältnis als Voraussetzung für Zündung und Verbrennung.

Zündung. Bei Benzindampf-Luftgemischen liegen die Zündgrenzen im praktischen Betrieb zwischen $\lambda > 0,6$ (reich) und $\lambda < 1,3$ (arm). Der Zündfunke einer elektrischen Entladung führt dem Gemisch kurz vor OT örtlich eine so hohe Energie zu, daß die in der Nähe befindlichen Moleküle zerfallen und komplex ablaufende Vorreaktionen einleiten, die schließlich zur Verbrennung führen.

Verbrennung. Sie breitet sich aus, wenn die freiwerdende Energie genügt, um benachbarte zündfähige Gemischteile zur Reaktion zu bringen. Bei normaler Verbrennung erfolgt die Flammenausbreitung ohne sprunghafte Geschwindigkeitsänderungen, so daß sich die Flammenfront

Tabelle 2. Klopffestigkeit verschiedener Brenngase ausgedrückt in der Methanzahl

Gasart	Chem. Zeichen	Methanzahl
Wasserstoff	H_2	0
Butan	C_4H_{10}	10
Butadien	C_4H_5	12
Ethylen	C_2H_4	15
β-Butylen	C_4H_8	20
Propylen	C_3H_6	18,6
Isobutylen	C_4H_8	26
Stadtgas (Berlin)[a]		52
Propan	C_3H_8	33,5
Äthan	C_2H_6	43,7
Kohlenoxyd	CO	75
Erdgas[b]		77
Erdgas[c]		78,5
Methan	CH_4	100
Klärgas[d]		133,8

	CH_4	C_2H_6	C_3H_8	C_4H_{10}	CO_2	N_2	CO	H_2
[a]	26%				17,8%		14,8%	53,4%
[b]	84 %	5,6%	1,7%	0,7%	1,6%	6,4%		
[c]	81,9%	3,4%	0,7%	0,6%	1,2%	12,2%		
[d]	65 %				35 %			

P

nahezu kugelförmig von der Zündkerze aus fortpflanzt, s. **Bild 28**.

Flammenfrontgeschwindigkeit. Sie besteht aus der Brenngeschwindigkeit c_B relativ zum unverbrannten Gemisch vermehrt um die Geschwindigkeit c_T, mit der die Flammenfront durch Eigenbewegung des Gasgemisches transportiert wird: $c_F = c_B + c_T$.

Verbrennungsvorgang. Motordrehzahl und Brennraumgeometrie beeinflussen die Transportgeschwindigkeit c_T, chemische Zusammensetzung des Kraftstoffs, Luftverhältnis λ sowie Zustand des Gemisches die Brenngeschwindigkeit c_B, die bei steigendem Druck geringfügig abnimmt, wogegen höhere Temperaturen die Reaktionsgeschwindigkeit steigern. Mit $c_B \approx 7\,\text{m/s}$ bei ruhendem Gemisch (Bombenversuch) erreicht die Flammenfrontgeschwindigkeit während der Verbrennung maximale Werte von $c_F = 60 \dots 100(150)\,\text{m/s}$ bzw. im Mittel 10 bis 40 m/s. Entscheidend ist die durch den Einlaßvorgang und die Brennraumgeometrie beeinflußbare Transportgeschwindigkeit. Hohe Turbulenz der Strömung begünstigt den Mischungsvorgang, während gerichtete Strömungen die Bildung eines homogenen Gemisches behindern. Der Einfluß von λ auf die Brenngeschwindigkeit wirkt sich über den Brennverlauf auch auf die Motorleistung aus, wogegen der effektive Wirkungsgrad in erster Linie von der Vollkommenheit der Verbrennung bestimmt wird, **Bild 27**. Ein wirtschaftlicher Betrieb verlangt daher Anpassung von λ: Teillast – mageres Gemisch ($\lambda > 1$), Vollast – fettes Gemisch ($\approx 0{,}85 \dots 0{,}9$), Leerlauf – überfettes Gemisch wegen der Verdünnung durch hohen Restgasanteil ($\lambda < 0{,}9$). Andere Kraftstoffe als Benzin weisen abweichende Explosions- oder Zündgrenzen auf (Methanol: $\lambda = 0{,}34 \dots 2{,}0$, Wasserstoff: $\lambda = 0{,}14 \dots 10$).

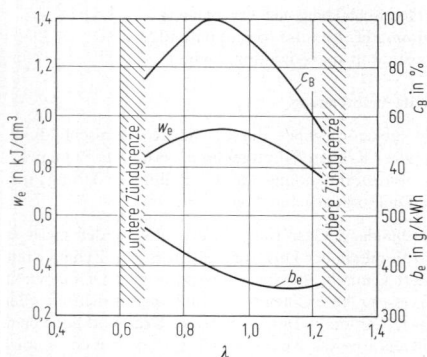

Bild 27. Einfluß von Luftverhältnis λ auf Brenngeschwindigkeit c_B, spez. Nutzarbeit w_e und Verbrauch b_e eines Ottomotors

Ansaugdrosselung. Da wegen der Zündgrenzen das Luftverhältnis nur in engen Grenzen veränderbar ist, müssen Belastungsänderungen über den Liefergrad λ_l durch zusätzliche Drosselung im Ansaugkanal ausgeglichen werden, s. Gl. (49), was den Teillast-Wirkungsgrad verschlechtert, s. **Bild 4 b**.

Gestörte Verbrennung

Zündungsklopfen. Hierbei entzündet sich ein Teil des von der Flammenfront noch nicht erfaßten Gemisches, auch Endgas genannt, von selbst und verbrennt so heftig, daß Druckwellen hoher Frequenz entstehen, die Klopf- und Klingelgeräusche sowie thermische und mechanische

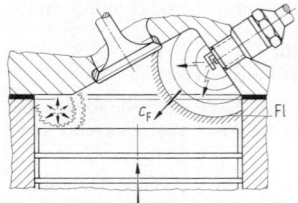

Bild 28. Nichtnormale Verbrennung beim Ottomotor durch Zündungsklopfen, Fl Flammenfront

Überbeanspruchung von Bauteilen (Kolben und Lager) verursachen. Der Selbstzündung voraus gehen ab 750 bis 800 °C einsetzende Vorflammenreaktionen, wenn die Temperatur des Endgases infolge Verdichtung, Wärmefreisetzung und Flammenstrahlung steigt, **Bild 28**.

Oberflächenzündung. Die initiierende Wärmezufuhr an das Gemisch erfolgt unabhängig vom Zündzeitpunkt durch heiße Stellen der Brennraumoberfläche, z.B. durch glühende Ölkohlebeläge, vorstehende Dichtungskanten, Zündkerzen zu niedrigen Wärmewerts.

Frühzündung. Sie setzt vor Erreichen des Zündzeitpunktes ein und führt oft zu schwerwiegenden Motorstörungen.

Nachzündung. Sie erfolgt wie Zündungsklopfen nach der eigentlichen Zündung und kann hörbar (klopfend) oder nicht hörbar ablaufen, ebenso die Frühzündung.

Vermeiden von Störungen. Zündungsklopfen wird vermieden, wenn die für den Ablauf der Vorflammenreaktionen bis zur Selbstzündung erforderliche Zeit t_{VR} länger als die von der Flammenfront zum Erfassen des Endgases benötigte Zeit t_F ist. Kurze Brennwege durch mittige Zündkerzenanlage und kompakte Brennraum, Erhöhen von Transportgeschwindigkeit c_T durch Ausnutzen turbulenter Quetschströmungen (s. **Bild 29**) und hohe Brenngeschwindigkeit c_B bei optimalen Luftverhältnis λ (s. **Bild 27**) verkürzen t_F. Brennstoffe höherer Oktanzahl, Zusatz von klopfhemmenden Additiven wie Bleitetraethyl bzw. -methyl, Vermeiden einer zu starken Erwärmung des Endgases durch Anordnung der Zündkerzen nahe dem heißen Auslaßventil, Zurücknahme des Zündzeitpunkts auf spät, Verringerung des Verdichtungsverhältnisses und niedrige Ansaugtemperatur der Ladung verzögern die Vorre-

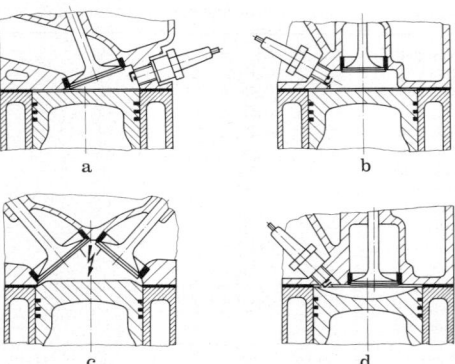

Bild 29. Brennräume von Ottomotoren. **a** Keilform; **b** Wannenform; **c** Halbkugelbrennraum (kompakt, mittige Zündkerzenanlage); **d** Heron-Brennraum mit Kolbenmulde (**a**, **b** mit Quetschströmung infolge Kolbenüberdeckung)

aktionen. Oberflächenzündung kann hauptsächlich durch Beseitigung von Motorablagerungen vermieden werden, andere Maßnahmen (OZ-Erhöhung, Spätzündung) sind weniger wirksam.

4.4.3 Gemischbildung und Verbrennung im Dieselmotor. Mixture formation and combustion in compression-ignition engines

Zündung und Verbrennung

Charakteristisch für den Dieselmotor sind: innere Gemischbildung, heterogenes Kraftstoff-Luftgemisch, Selbstzündung und Lastbeeinflussung durch Änderung des Luftverhältnisses über die Kraftstoffmasse (sog. „Qualitätsregelung").

Gemischbildung. Der Kraftstoff wird erst kurz vor dem oberen Totpunkt durch eine Düse in die hochverdichtete heiße Luft ($p_c = 30$ bis 75 bar bei Saugbetrieb) eingespritzt, wobei sich der Strahl in einzelne Kraftstofftröpfchen unterschiedlicher Größe und Durchschlagskraft aufteilt und ein heterogenes Gemisch entsteht. Die Selbstzündung setzt ein entsprechend hohes Verdichtungsverhältnis voraus, dessen unterer Grenzwert mit dem Kolbendurchmesser abnimmt ($\varepsilon = 23 \dots 11$).

Zündverzug. Hiermit wird die Zeit zwischen Einspritzbeginn und dem durch Druckzunahme gegenüber dem Kompressionsdruckverlauf meßbaren Verbrennungsbeginn bezeichnet, der von motorischen, chemischen und physikalischen Einflüssen abhängt. Da während des Zündverzugs und bis in die Verbrennungsphase hinein Kraftstoff in den Brennraum eingespritzt wird (vgl. **Bild 40**), darf während des Zündverzugs nur soviel zündfähiges Gemisch gebildet werden, daß starke Drucksteigerungen vermieden werden ($dp/d\varphi \leqq 8 \dots 10$ bar/°KW), die sonst zu hartem Gang (Nageln) und zur Überbeanspruchung der Bauteile führen. Großer Zündverzug begünstigt das Nageln und ist vom Zustand der Ladung sowie vom Luftverhältnis abhängig [14].

Verbrennung. Sie setzt bei einzelnen Brennstofftröpfchen ein, indem durch Wärmeaufnahme aus der umgebenden heißen Luft Sieden und Verdampfen eintritt. Durch gegenseitige Diffusion von Kraftstoffdampf und Luft entsteht um den noch flüssigen Kraftstoffrest eine Mischungszone unterschiedlicher Konzentration entsprechend einem von Null (Tropfenoberfläche) auf Unendlich zunehmenden Luftverhältnis. Entsprechend den Zündgrenzen bei homogenen Gemischen kommt es im Bereich stöchiometrischen Mischungsverhältnisses bei genügend hoher Temperatur zur Selbstzündung, die Verdampfung und Diffusion beschleunigt sowie die Entzündung benachbarter Tröpfchen anregt.

Rußbildung. Entsprechend dem Siedeverhalten des Kraftstoffes verbrennen zuerst die Moleküle mit hohem H-Anteil, während schwersiedende Anteile zum Teil Crackreaktionen unterliegen. Dabei können schwerentzündbare Moleküle aus nahezu reinem Kohlenstoff entstehen und bei niedrigen Verbrennungstemperaturen im Abgas als unverbrannter Ruß verbleiben (Schwarzrauch). Er verursacht auch die stark leuchtende Gelbfärbung einer Diffusionsflamme, wogegen vorgemischte Flammen von blauer Farbe sind (Ottomotor).

Die beim Dieselmotor auftretenden Vorgänge der Diffusionsflamme führen zu einer statistischen Verteilung der Entzündung und damit zu einem nahezu gleichartigen Verbrennungsablauf von Arbeitsspiel zu Arbeitsspiel. Dagegen führt die feste Zündquelle mit den wech-

selnden Zündbedingungen infolge Inhomogenitäten des Gemisches und Strömungseinflüssen beim Ottomotor zu großen Verbrennungsdruckunterschieden. Heterogene Gemische ermöglichen aber auch kleinste Kraftstoffmengen bei großem Gesamtluftverhältnis zu verbrennen, so daß das Drehmoment der Änderung des Luftverhältnisses folgt.

Die Schwierigkeit, in kürzester Zeit (ca. 2 ms bei schnelllaufenden Fahrzeugmotoren) eine Gemischbildung und Verbrennung mit möglichst hoher Luftausnutzung zu erreichen, begrenzt die Maximaldrehzahl und führte zur Entwicklung unterschiedlicher Gemischbildungsverfahren. Man unterscheidet Verfahren der indirekten Einspritzung (IDE) mit Aufteilung des Brennraums auf Zylinderraum V_Z und Zylinderkopf sowie der direkten Einspritzung (DE) bei ungeteiltem Brennraum.

Indirekte Einspritzung (geteilter Brennraum)

Wirbelkammer-Verfahren. Ein weiter, tangential einmündender Überströmkanal verbindet Hauptbrennraum mit scheiben- oder kugelförmigen Nebenbrennraum (**Bild 30**), so daß während des Verdichtens in der Wirbelkammer ein starker Luftwirbel entsteht, in den mit einer 1-Loch- oder Zapfendüse *1* der Kraftstoff in Richtung der Wirbelebene eingespritzt wird. Dadurch erfolgt eine intensive Mischung und es verbrennt je nach Größe der Wirbelkammer ein Teil des Kraftstoffes. Im weiteren Verlauf verlagert sich die Verbrennung in den Hauptbrennraum, in den das brennende Kraftstoff-Luft-Verbrennungsgasgemisch durch das entstehende Druckgefälle mit hoher Geschwindigkeit einströmt und bei minimalen Luftverhältnissen von $\lambda = 1,3 \dots 1,5$ verbrennt. Das Verhältnis Wirbelkammer- zu Kompressionsvolumen V_{WK}/V_c beträgt ca. 0,5 (Typ Ricardo Comet Mark V) bis 0,9.

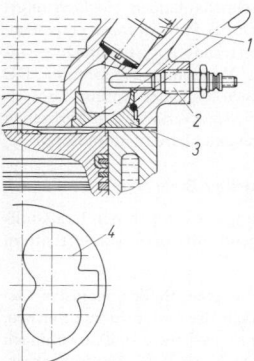

Bild 30. Wirbelkammer, Typ Ricardo Comet Mark V, eines Pkw-Dieselmotors (VW-Golf-Diesel). *1* Einspritzdüse, *2* Starthilfe (Glühstift), *3* wärmespeichernder Einsatz, *4* Wirbelmulde im Kolben bei Draufsicht

Vorkammer-Verfahren. Ein durch Teilverbrennung im Nebenbrennraum entstehender Überdruck dient zu einer überwiegend im Hauptbrennraum ablaufenden Gemischbildung, **Bild 31**. Daher genügt ein Volumenanteil von $(0,2 \dots 0,35) V_c$. Durch enge Schußkanäle im Brennereinsatz werden hohe Geschwindigkeiten in den Kanälen ($w_{max} = 200 \dots 500$ m/s) sowie starke Turbulenz und gute Gemischaufbereitung des teilverbrannten Gemisches im Hauptbrennraum bei hoher Luftausnutzung ($\lambda_{min} = 1,2$) erreicht.

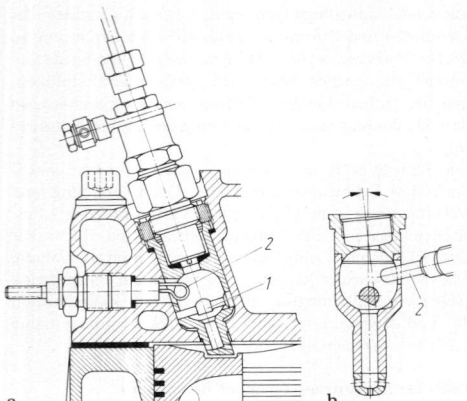

a   b

Bild 31. Vorkammer eines Pkw-Dieselmotors (Daimler Benz). **a** Anordnung im Motor; **b** rußarme Ausführung mit Schrägeinspritzung. *1* Prallstift, *2* Starthilfe (Glühkerze bzw. -stift)

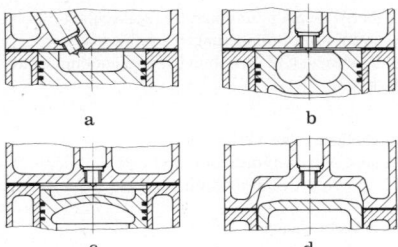

a   b

c   d

Bild 32. Ungeteilte Brennräume von Dieselmotoren. **a** Muldenform mit teilweiser Wandanlagerung des Kraftstoffes (Daimler-Benz); **b** Doppelwirbel-Brennraum mit Ausnutzung von Quetsch- und Drallströmung (Saurer); **c** Viertakt-Mittelschnelläufer (Hesselmann-Form); **d** Zweitakt-Großmotor

Betriebsverhalten. Verbrennungsverfahren mit geteilten Brennräumen haben wegen des großen Oberflächen-Volumenverhältnisses O/V_c höhere Wandwärmeverluste, die zusammen mit den Überschiebverlusten zwischen Haupt- und Nebenraum den Wirkungsgrad verschlechtern sowie beim Kaltstart zum Erreichen der Selbstzündungstemperatur Starthilfen erfordern, s. **Bild 30.** Der für Kammermotoren charakteristische sanfte Verbrennungsablauf senkt die Spitzendrücke und -temperaturen im Hauptbrennraum (vorteilhaft bei Hochaufladung $p_{max}/p_c < 1{,}2$), die Stickoxidemission und die Geräuschentwicklung. Sie werden daher außer bei schnellaufenden Hochleistungsdieselmotoren hauptsächlich bei Pkw-Motoren eingesetzt, wobei die mäßige Drucksteigerung p_{max}/p_c infolge geringen Gleichraumanteils der Verbrennung gegenüber DE den Verbrauch erhöht. Wegen fehlender Ansaug-Drosselverluste bei Teillast ist im Stadtverkehr der Verbrauch dennoch geringer als bei vergleichbaren Ottomotoren.

Direkte Einspritzung (ungeteilter Brennraum)

Die folgende Unterscheidung hinsichtlich der Kraftstoffverteilung ist als überwiegend luft- bzw. wandverteilt zu verstehen.

Luftverteilter Kraftstoff. Um eine ähnlich intensive Gemischbildung wie bei geteilten Brennräumen zu erreichen, benötigen kleinere Motoren gerichtete Luftströmungen hoher Geschwindigkeit. Dazu wird die Verdrängerwirkung des Kolbens und die Ansaugströmung ausgenutzt, die durch die konstruktive Gestaltung von Brennraum und Ansaugtrakt, wie Kolbenüberdeckung, Drallkanal, Tangentialkanal oder (seltener) Schirmventile, unterstützt wird, **Bild 32a, b.** Mit steigendem Durchmesser werden zusätzliche Luftbewegungen immer weniger erforderlich, so daß ab $D \approx 300$ mm die Kraftstoffverteilung überwiegend durch das als Mehrlochdüse (bis zu 12 Bohrungen) ausgeführte Einspritzventil erfolgt, s. P4.6.3. Der Brennraum wird dem Einspritzstrahl angepaßt: ein hochgezogener Kolbenrand vermeidet das Anspritzen der Laufbuchse (Zerstörung des Schmierfilms), wobei evtl. vorhandener Luftdrall keine Überdeckung der einzelnen Brennstoffstrahlen bewirken darf. Teilweise Wandanlagerung des Kraftstoffs am Kolben wird mitunter mehr oder weniger stark angestrebt (Hesselmann-Brennraum, **Bild 32 c**).

Wandverteilter Kraftstoff. Je nach Grad der Wandanlagerung sind starke Luftgeschwindigkeiten erforderlich, die als Potentialwirbelströmungen im Brennraum während des Ansaugens durch die Form des Ansaugkanals (Drallkanal) erzeugt werden.

M.A.N.-M-Verfahren (**Bild 33**). Durch Einspritzen in Drallrichtung entsteht ein dünner Kraftstofffilm auf der Kugelfläche, der verdampft und ein brennfähiges Gemisch bildet. Dabei geht die Entzündung meist von dem geringen, als Feinsttröpfchen in der Luft verteilten Kraftstoffanteil aus. Ein thermischer Mischungsvorgang fördert die Gemischbildung, indem aufgrund des Dichteunterschiedes aus dem Wirbelkern nach außen drängende kalte Luft sich mit dem Kraftstoffdampf mischt. Gleichzeitig bewegt sich heißes Verbrennungsgas zur Kugelmitte. Damit wird ein ruhiger und infolge schonenden Verdampfens rußarmer Motorlauf bei hoher Luftausnutzung ($\lambda \geqq 1{,}1$) jedoch relativ hoher HC-Emission erzielt. Die zur vollständigen Wandanlagerung notwendige Drallerzeugung beeinträchtigt den Liefergrad. Daher erfolgt heute bei geringerem Drall eine Mehrstrahleinspritzung.

Duotherm-Brennverfahren (Fa. Elsbett). Es stellt ebenfalls eine Weiterentwicklung des M-Verfahrens dar, wobei in das Zentrum des Luftdralls (Kugelmitte) eingespritzt wird zur Bildung eines homogenen Kraftstoffluftgemisches vor Verbrennungsbeginn.

Verbrennungsverfahren Fa. Daimler-Benz. Hier wird die Wandanlagerung beschränkt, so daß der Anteil luftverteilten Kraftstoffs steigt. In einer zylindrischen Mulde (**Bild 32a**) überwiegt nur im oberen Last- und Drehzahlbereich

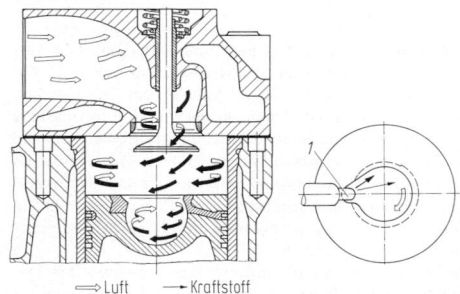

⇒ Luft   → Kraftstoff

Bild 33. M.A.N.-M(itten-Kugel)-Verfahren mit überwiegender Wandverteilung des Kraftstoffs und Ansaugdrallströmung. *1* Einloch-Einspritzdüse (Draufsicht auf Kolben)

der Anteil des wandverteilten Kraftstoffs. So werden bei Start und Leerlauf die Nachteile einer Wandanlagerung bei kaltem Motor (Blaurauch, Geruchsbelästigung) mit insgesamt verringertem Ansaugverlust vermieden. Außerdem erfordert die Aufteilung auf vier Brennstoffstrahlen eine relativ geringe Drallströmung.

4.4.4 Gemischbildung und Verbrennung in Hybridmotoren. Mixture formation and combustion in stratified-charge engines

Hybridmotoren sollen die Vorteile von Otto- und Dieselmotor, hohe Luftausnutzung bzw. guten Teillastwirkungsgrad, vereinigen. Es werden dabei die Merkmale der beiden Verbrennungsverfahren kombiniert. Zu den Hybridmotoren gehören danach auch Ottomotoren mit direkter Einspritzung in den Zylinder, wie sie für Flug- und Rennsportmotoren angewendet wird (innere Gemischbildung und gesteuerte Fremdzündung).

Vielstoffmotor. Um auch zündunwillige Kraftstoffe, wie Benzin, Kerosin, Alkohol (CZ<10) usw., im Dieselmotor zu verbrennen, sind Temperatur und Druck der Ladung zur Verkürzung des Zündverzugs zu erhöhen (höheres ε, Ansauglufterwärmung, partielle Abgasrückführung, Aufladung ohne Ladeluftkühlung). Durchgesetzt hat sich die Hilfszündung mit Glüh- und Zündkerzen bei Verbrennungsverfahren mit weitgehender Wandanlagerung bzw. thermischer Mischung, die zu einer Ladungsschichtung führt: z.B. FM-Verfahren der M.A.N. mit einer Glühkerze in einer Aussparung des Kugelbrennraums. Dabei erfolgt die sog. Qualitätsregelung im gesamten Lastbereich.

Schichtlademotor. Nahe der Zündkerze befindliches reiches Benzindampf-Luftgemisch verhilft einem insgesamt mageren Gemisch in Verbindung mit motorin- und -externen Maßnahmen zur Entflammung und Verbrennung bei verminderter NO_x-Emission, jedoch meist erhöhter HC-Emission, die katalytische Nachoxidation erfordert. Die infolge hohen Luftüberschusses verminderte Nutzarbeit ist durch Hubraumvergrößerung bzw. Aufladung kompensierbar. Das Prinzip der Ladungsschichtung wird heute nicht mehr in entsprechend konzipierten Motoren [16], sondern bei Ottomotoren als Magerkonzept verfolgt.

Magermotor. Bei magerem Gemisch ($\lambda = 1,4$ bis 1,7) werden CO- und NO_x-Werte ähnlich wie bei 3-Wege-Katalysatoren erreicht, s. **Bild 47**. Bei Übergang vom Stadtverkehr (Teillast) zur Vollast erfolgt durch Kraftstoffanreicherung ($\lambda \to 1$) Anstieg der NO_x-Emission: Daher trotz Verbrauchsvorteil im Stadtverkehr (max. bis 10%) keine umfassende Lösung des Abgasproblems (gilt nicht für homogene Magergemischaufladung von Gas-Ottomotoren), zumal der technische Aufwand erheblich ist (z.B. Oxi-Katalysator für HC) [17].

Zündstrahl-Diesel-Gasmotor. Gasmotoren besitzen als Ottogasmotoren die Merkmale des normalen Ottomotors, wobei das Verdichtungsverhältnis der Klopffestigkeit des jeweiligen Gases und die elektrische Zündanlage der Zündwilligkeit anzupassen sind, s. **Tab. 2**. Bei genügend hoher Klopffestigkeit des Gases kann auch soweit verdichtet werden, daß die Selbstzündung von in üblicher Weise eingespritztem Dieselkraftstoff eintritt, der damit die Zündquelle für das homogene Gas-Luftgemisch abgibt. Der Anteil des Zündöls beträgt 6 bis 10% der Vollastkraftstoffmenge und kann bis 100% gesteigert werden, so daß der Motor als Dieselmotor läuft (Zweistoffbetrieb). Bei ausreichend weitem Zündbereich erfolgt Laständerung durch Qualitätsänderung bis zur Magergrenze, danach Gemischdrosselung. Das Zündstrahlverfahren eignet

sich auch für den Einsatz von Alkoholen als Alternativkraftstoff (Methanol, Äthanol) in zu Hybridmotoren umgewandelten Dieselmotoren.

4.5 Einrichtungen zur Gemischbildung und Zündung bei Ottomotoren
Equipment of spark-ignition engines

4.5.1 Vergaser. Carburetor

Konstant-Querschnitt-Vergaser

Wirkungsweise (Bild 34). Sie beruht darauf, daß an der Kraftstoffaustrittsöffnung ein Druckgefälle zur vorbeiströmenden Luft besteht, so daß Kraftstoff austritt und zerstäubt wird: in einem als Venturidüse ausgebildeten Lufttrichter erhöht sich die Luftgeschwindigkeit bzw. senkt sich der statische Druck im engsten Querschnitt. Hohe Luftgeschwindigkeiten begünstigen die Zerstäubung und die anschließende Verdampfung des Kraftstoffs, verringern aber den Liefergrad.

Mischungsverhältnis. Eine hinter dem Lufttrichter angeordnete Drosselklappe steuert den Luftdurchsatz $\dot{m}_L$, somit das wirksame Druckgefälle $\Delta p_V = p_0 - p_V$ im Venturirohr und damit wegen $\Delta p_V \sim w_L^2 \sim \dot{m}_L^2$ den aus einer belüfteten Schwimmerkammer durch die Hauptdüse mit dem Querschnitt A_B zufließenden Kraftstoff,

$$\dot{m}_B = \mu_B A_B \sqrt{2\rho_B \Delta p_V}. \tag{63}$$

Der Luftstrom $\dot{m}_L$ folgt gemäß Gl. (39) mit dem engsten Querschnitt A_L des Lufttrichters

$$\dot{m}_L = \mu_L A_L \psi_{V,0} \sqrt{\rho_0 p_0}, \tag{64}$$

wobei für $\psi_{V,0}$, Gl. (40), das Druckverhältnis (p_V/p_0) einzusetzen ist, so daß für das Luftverhältnis λ gilt ($\rho_B =$ const)

$$\lambda \sim (\mu_L/\mu_B)\psi_{V,0}\, p_0/\sqrt{T_0 \Delta p_V}. \tag{65}$$

Abgesehen vom Einfluß des Außenzustands (Überfettung bei Betrieb in großen Höhen) folgt daraus eine Anreicherung des Gemisches mit Zunahme von Motordrehzahl bzw. Durchsatz, unterstützt durch die Abnahme des Verhältnisses (μ_L/μ_B) unter Einfluß der Luftkompressibilität. Daher wird mit zunehmendem Druckgefälle Δp_V zur Abmagerung über die Luftkorrekturdüse Zusatzluft beigemischt.

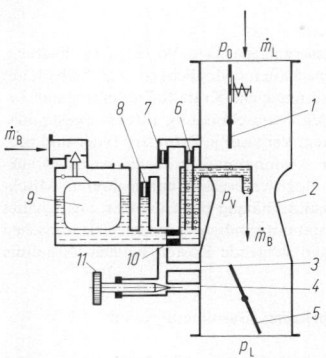

Bild 34. Konstant-Querschnitt-Vergaser in Fallstromanordnung. *1* Starterklappe mit selbsttätigem Luftventil, *2* Lufttrichter, *3* Bypaßbohrungen, *4* Leerlaufbohrung, *5* Drosselklappe, *6* Luftkorrekturdüse, *7* Leerlaufluftdüse, *8* Leerlaufdüse, *9* Schwimmer mit Nadelventil, *10* Hauptdüse, *11* Leerlaufgemischeinstellung

Zusatzeinrichtungen. Während des Leerlaufs und beim Starten ist das Hauptdüsensystem weitgehend unwirksam und erfordert besondere Leerlauf- und Starteinrichtungen. Die Zufuhr des fetten Leerlaufgemisches erfolgt im Bereich des engsten Drosselklappenspalts bei großem Unterdruck und guter Zerstäubung durch die relativ hohe Luftgeschwindigkeit. Für ein gutes Übergangsverhalten beim Wechsel von Leerlauf- zum Hauptsystem sorgen Bypaßbohrungen. Durch Schließen der Starterklappe erniedrigt sich auch bei Startdrehzahl der Saugrohrdruck so weit, daß das Hauptdüsensystem anspricht. Weitere Zusatzeinrichtungen dienen u.a. der Anreicherung bei Vollast und beim plötzlichen Beschleunigen (Beschleunigungspumpe spritzt Zusatzmenge ein) sowie zur Verringerung der Abgasemission (Abschalteinrichtung bei Schiebebetrieb, über λ-Sonde gesteuerter Drosselklappenanschlag bei Einsatz des 3-Wege-Katalysators etc.).

Konstant-Druck-Vergaser

Abhängig vom Luftdurchsatz ändert sich der Strömungsquerschnitt A_L im Mischbereich, so daß Druckgefälle Δp_V, Ansaugdruckverlust und Luftgeschwindigkeit nahezu last- und drehzahlunabhängig sind. Damit wird eine lastabhängige Änderung des Düsenquerschnittes A_B erforderlich, **Bild 35**. Hierzu dient eine am Regelkolben befindliche konische Nadel, die in die Brennstoffdüse eintaucht. Die Kolbenbewegung wird über eine Membrane abhängig vom Druckverhältnis Δp_V gesteuert, wobei eine Öldämpfung ein zu schnelles Folgen verhindert und somit eine Anreicherung bei schnellem Beschleunigen bewirkt.

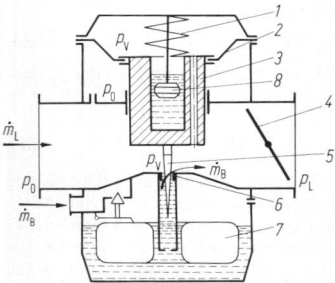

Bild 35. Konstant-Druck-Vergaser in Flachstromanordnung. *1* Feder, *2* Membran, *3* Regelkolben mit Ausgleichsbohrung, *4* Drosselklappe, *5* Kraftstoffnadel, *6* Kraftstoffdüse, *7* Ringschwimmer mit Nadelventil, *8* Öldämpfung

Einsatz von Vergaseranlagen. Den Vorteilen (Robustheit, gute Notlaufeigenschaften, Möglichkeit zur Selbsthilfe) stehen als Nachteil ungleiche Kraftstoffverteilung auf Zylinder bei zentraler Gemischbildung (Mehrvergaseranlagen mit bis zu einem Vergaser je Zylinder: Teuer und problematisch in der Abstimmung), größerer Ansaugdruckverlust (Abhilfe: Registervergaser mit mehreren Mischrohren, die durchsatzabhängig nacheinander zugeschaltet werden,) und das mit notwendig werdenden elektronischen Zusatzeinrichtungen steigende Kosten/Nutzen-Verhältnis gegenüber.

4.5.2 Benzin-Einspritzung. Gasoline injection

Entwicklung

Wesentlich für den Erfolg der Einspritzung ist die hier bestehende Trennung der Luftdurchsatzmessung von der Kraftstoffzudosierung. Die ersten Ausführungen entwickelten sich aus den Dieseleinspritzanlagen als mecha-

nisch gesteuerte Anlagen zur diskontinuierlichen Einzeleinspritzung bei relativ hohen Drücken (ca. 15 bar) direkt in die Zylinder. Sie wurden zugunsten einer Einzelsaugrohreinspritzung mit Vorlagerung des Kraftstoffs außerhalb des Einlaßventils aufgegeben, die keine besonderen Anforderungen an Einspritzverlauf und -zeitpunkt stellt. Die mittels Düsen durchgeführte Einspritzung führt neben guter Zerstäubung zur gleichmäßigen Versorgung der Zylinder und verringert die Ansaugeverluste um den durch den Vergaser bedingten Anteil, wobei die Drosselklappe als Steuerorgan beibehalten wird. Außerdem ermöglicht die Einzel-Saugrohreinspritzung freizügige Ausführung der Ansaugrohre, Erhöhung des Verdichtungsverhältnisses wegen nahezu gleicher Klopfgrenze für alle Zylinder und verbessertes Abgasverhalten bei Verbrauchsminderung und höherer spezifischer Nutzarbeit.

Genügten zur Ansaugluftbestimmung zunächst Ansaugdruckmessung und Drosselklappenstellung, so werden heute Stauklappen mit Ansauglufttemperaturfühler sowie Hitzdrahtanemometer zur Massenstrommessung eingesetzt, zur Kraftstoffdosierung vorwiegend elektromagnetische Einspritzventile, wobei für die Dauer der elektrischen Erregung die Düsennadel abhebt.

Zentraleinspritzung (single point injection SPI)

Sie verwendet nur ein einziges elektromagnetisches Einspritzventil, das den Düsenstock eines Konstantquerschnittvergasers ersetzt. Infolge guter Zerstäubung (Systemdruck ca. 1 bar) wird i.allg. eine bessere Gemischverteilung auf die einzelnen Zylinder durch das Sammelsaugrohr als mit einem Vergaser erreicht. Die Auslösung der Einspritzimpulse erfolgt meist durch den Zündverteiler, wogegen die Einspritzdauer über die Luftmassenmessung ergänzt durch Zusatzinformationen über Motorzustand oder λ-Sonde, s. **Bild 48**, gesteuert wird. Die Zentraleinspritzung wird vorwiegend in den USA eingesetzt (Firmenbezeichnungen bei Ford: Central Fuel Injection; General Motors: Throttle Body Injection, Bosch: Mono-Jetronic)

Einzelsaugrohreinspritzung (multipoint injection MPI)

Kontinuierliche Einspritzung. Hierbei wird die angesaugte Luftmasse gemessen, danach der Kraftstoff dosiert und kontinuierlich mit geringem Überdruck (ca. 3 bar) vor jedes Einlaßventil in den Ansaugkanal eingespritzt, wie bei der K-Jetronic (Fa. Bosch), **Bild 36**. Der Kraftstoff wird hierzu von einer elektrisch angetriebenen Pumpe einem Mengenteiler zugeführt, der ihn abhängig von der mittels Stauklappe gemessenen Luftmenge den einzelnen Zylindern zumißt. Ein Differenzdruckventil sorgt für konstanten Öffnungsdruck an der Düse. Korrekturen sind für Kaltstart und Warmlaufperiode vorgesehen. Ein Aufschalten weiterer Funktionen ermöglicht die Weiterentwicklung zur KE-Jetronic, zur elektronisch gesteuerten kontinuierlichen Einspritzanlage: In einem elektronischen Steuergerät werden die Signale von Zündung (Motordrehzahl), Potentiometerstellung an der Stauklappe (Luftdurchsatz), Drosselklappenschalter (Lastzustand), λ-Sonde und weiterer Druck- und Temperaturgeber verarbeitet und zur Steuerung eines elektrohydraulischen Stellglieds, der in den Kraftstoffmengenteiler eingreift, verwendet.

Diskontinuierliche Einspritzung. Derartige Anlagen verarbeiten die Informationen von Luftmengenmessung und Drehzahl als Hauptsteuergrößen für eine intermittierende Einspritzung mittels elektromagnetisch betätigter Einspritzventile. Der Ausbau zu einer elektronisch gesteuerten Einspritzanlage ist damit naheliegend, wobei in ähnlicher Weise wie bei der KE-Jetronic zusätzliche Informationen über das Steuergerät in die Kraftstoffdosierung einfließen

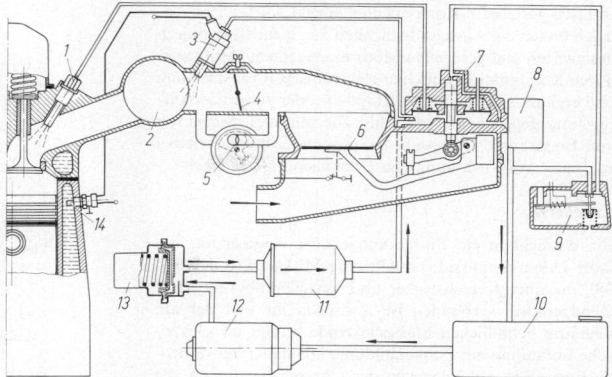

Bild 36. Benzineinspritzung K-Jetronic (Bosch). *1* offenes Einspritzventil, *2* Sammelsaugrohr, *3* elektrisches Einspritzventil (Kaltstart), *4* Drosselklappe, *5* Zusatzluftregulierung für Warmlauf, *6* Luftmengenmesser, *7* Kraftstoffmengenteiler mit Steuerkolben zur Dosierung über Steuerschlitze und Differenzdruckventile, *8* Druckregler für Kraftstoffsystem (bei KE-Jetronic ersetzt durch elektrohydraulischen Drucksteller), *9* Warmlaufregler, *10* Kraftstoffbehälter, *11* Filter, *12* Elektropumpe, *13* Kraftstoffspeicher, wirksam beim Abstellen, *14* Thermozeitschalter für *3*

und somit eine Abgasnachbehandlung mittels 3-Wege-Katalysator ermöglichen. Die Luftmengenbestimmung kann z.B. direkt über Stauklappe (L-Jetronic, Fa. Bosch), Hitzdrahtanemometer (LH-Jetronic, Fa. Bosch) erfolgen (früher: Indirekt über Saugrohrunterdruck als D-Jetronic).

Sequentielle Einspritzung. Gestiegene Anforderungen an Abgasqualität bedingen abweichend von der bisher praktizierten Saugrohrvorlagerung eine zeitliche Zuordnung des Einspritzvorgangs zum Arbeitsspiel vergleichbar der Dieseleinspritzung.

4.5.3 Zündausrüstung. Ignition equipment

Zündstromquellen

Sammler (Akkumulatoren). Sie liefern durch elektrische Entladung die Zündenergie für das Gemisch (Batteriezündung), wobei überwiegend Bleibatterien (Elektroden Pb/PbO$_2$, Elektrolyt H$_2$SO$_4$), seltener alkalische Batterien (Elektroden Ni(OH)$_3$/Fe bzw. Cd, Elektrolyt KOH) verwendet werden.

Magnetzünder. Sie erzeugen durch einen rotierenden Dauermagneten im Feld einer umgebenden Spule infolge Induktion die notwendige Energie (autarker Motorbetrieb, z.B. bei Zweiradfahrzeugen), wobei der Hochspannungsteil der Zündanlage der bei Batteriebetrieb entspricht.

Zündanlagen

Spulenzündanlage. Durch einen Unterbrecherkontakt, **Bild 37**, wird der durch den Primärteil der Zündspule fließende Strom unterbrochen. Ein parallel zum Unterbrecher liegender Kondensator ergänzt den Ladekreis zu einem Schwingkreis, der über den Sekundärteil der Zündspule im Entladekreis eine hochtransformierte Spannung induziert, so daß ein Überschlag an der Zündkerze erfolgen kann (Überschlagspannung ca. 5000 bis 12000 V). Ein von der Kurbel- oder Nockenwelle aus angetriebener Zündverteiler ordnet die Entladungen den einzelnen Zylindern zu und befindet sich mit dem Kondensator, dem über einen Nocken gesteuerten Unterbrecherkontakt und einem Zündversteller in einem Gehäuse. Der Zündversteller steuert lastabhängig (Saugrohrdruck) und drehzahlabhängig (Fliehmassen) den Öffnungszeitpunkt am Unterbrecherkontakt und somit den Zündzeitpunkt (Vorverlegung mit Drehzahlzunahme, Unterdruck für zusätzliche Frühzündung bei Teillast).

Transistorzündanlage. Ein Leistungstransistor dient zum Schalten des Zündstroms, wodurch der Unterbrecher-

kontakt nur noch vom Steuerstrom des Transistors beaufschlagt wird (Verschleißminderung). Sie bietet höhere Zündenergie, die für magere Gemische, höhere Turbulenzen im Brennraum und größere Elektrodenabständen erforderlich ist.

Kontaktlose Transistorzündanlage. Sie verwendet statt des Unterbrecherkontakts berührungslose Impulsgeber (induktive, magnetische oder fotoelektronische Geber), die die Impulse für eine Schaltelektronik liefern, **Bild 37 b**.

Elektronische und vollelektronische Zündanlage. Mikrocomputer ersetzen den mechanischen Zündversteller und berechnen jeweils zwischen zwei Zündvorgängen den günstigsten Zündzeitpunkt nach einem gespeicherten Zündwinkelkennfeld in Abhängigkeit von Drehzahl, Kurbelstellung und Saugrohrdruck (Last), wobei mittels weiterer Sensoren (Motortemperatur, Drosselklappenschalter, Batteriespannung) korrigierende Eingriffe über den Rechner möglich werden. Ein mechanischer Hochspannungsverteiler verteilt nach kontaktloser Auslösung den Zündfunken auf die Zylinder, wobei bei vollelektronischer Zündung der mechanische Verteiler durch statisch arbeitende, elek-

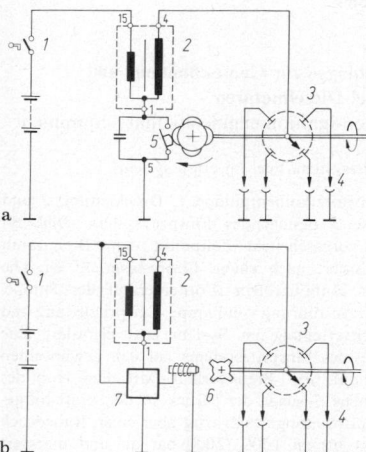

Bild 37. a Spulenzündanlage; **b** Kontaktlose Transistorzündanlage. *1* Zündschalter, *2* Zündspule, *3* Zündverteiler, *4* Zündkerzen, *5* über Zündverteiler angetriebener Unterbrecherkontakt, *6* am Zündverteiler befestigtes Polrad mit induktivem Geber, *7* elektronisches Schaltgerät. *1, 4, 15* Anschlußklemmen

P

tronisch gesteuerte Komponenten ersetzt wird. Diese Anlagen bieten die Ausbaumöglichkeit zu einem elektronisch gesteuerten und geregelten Motormanagement (Motronic) durch Kombination mit einer elektronischen Einspritzung und ergänzt z.B. durch eine Klopf-, λ- oder /und Leerlaufregelung gegebenenfalls bis hin zur zentralen Steuerung von Bremskraft, Gangwahl bei automatischen Getrieben etc. unter Wahrnehmung von Überwachungsaufgaben.

Zündkerze

Ein gasdicht in ein Einschraubgehäuse eingesetzter Isolator (Aluminiumoxid) enthält eine Mittelelektrode (**Bild 38**), die über Kerzenstecker und Verteilerkabel mit dem Zündverteiler verbunden ist. Zwischen ihr und der am Gehäuse befindlichen Masseelektrode erfolgt die elektrische Entladung mit Funkenbildung. Die dabei freiwerdende Energie ist abhängig von der Überschlagspannung, die bei gleichem Zustand des Gasgemisches vom Elektrodenabstand (ca. 0,3 bis 1 mm) sowie von Formgebung und Werkstoff der Elektroden beeinflußt wird.

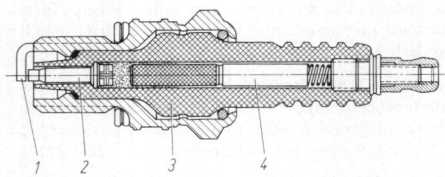

Bild 38. Zündkerze mit Entstörwiderstand (Bosch). *1* Masseelektrode, *2* Mittelelektrode, *3* Isolator, *4* Entstörwiderstand

Wärmewert. Die hohe thermische Belastung der Zündkerze erfordert je nach Motor die Anpassung des Wärmeleitwiderstands, ausgedrückt durch den sog. Wärmewert, so daß sich eine Kerzen-Betriebstemperatur zwischen 450 und 900 °C einstellt. Bei zu hohem Wärmewert wird die Selbstreinigungstemperatur (400 °C) unterschritten: die Kerze verschmutzt. Zu niedriger Wärmewert bedingt Wärmestau: Glühzündungen. Innere und äußere Verschmutzungen der Kerze begünstigen unerwünschte Kriechentladung des Zündstroms.

4.6 Einrichtungen zur Gemischbildung und Zündung bei Dieselmotoren
Compression-ignition engine auxiliary equipment

4.6.1 Einspritzsystem. Fuel injection system

Ein aus Einspritz(kolben)pumpe *1*, Druckleitung *2* und Einspritzdüse *3* bestehendes Einspritzsystem (**Bild 39**) führt zum vorgesehenem Zeitpunkt dem Brennraum Kraftstoff dosiert nach einem Einspritzverlauf zu. Die Vielzahl der Einflußgrößen (Förderverlauf der Pumpe, konstruktive Ausführung von Pumpe, Einspritzleitung und Düse, Druckverteilung im System etc.) erfordert eine Abstimmung des Einspritzsystems auf den gewünschten Einspritzverlauf bzw. Brennverlauf. Mit dem Hub des Pumpenkolbens *5* steigt der Druck in der kraftstoffgefüllten Einspritzleitung schlagartig über einen Ruhedruck (Standdruck) bis zu 1 500 (2 000) bar an und markiert so den (dynamischen) Förderbeginn FB. Das Einspritzen beginnt mit dem durch den Druckanstieg ausgelösten Abheben der Düsennadel gegen die Kraft der Düsenfeder (s. P4.6.3) und endet, wenn die Wirkung des Leitungsdrucks diese unterschreitet, **Bild 40**.

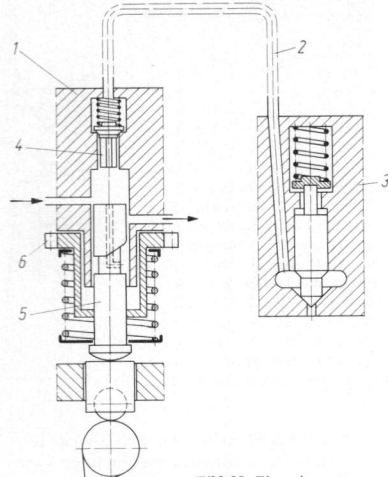

Bild 39. Einspritzsystem

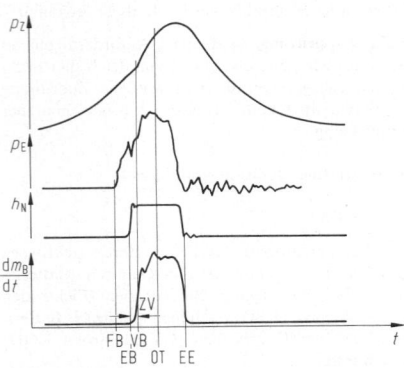

Bild 40. Einspritzvorgang: Verlauf von Zylinderdruck p_Z, Einspritzdruck p_E vor Düse, Düsennadelhub h_N und eingespritzter Menge dm_B/dt. FB, EB und VB Förder-, Einspritz und Verbrennungsbeginn; EE Einspritzende; ZV Zündverzug

Druckwellen werden in dem bei hohen Drücken und kleinen Durchsätzen hochelastischen Kraftstoff durch den Druckstoß ausgelöst und laufen infolge von Reflexionen bis zur Aufzehrung durch Reibung in der Leitung mit Kraftstoffschallgeschwindigkeit mehrmals hin und her. Sie führen bei ungünstiger Auslegung zu unerwünschtem Nachspritzen der Düse (Verschleppen der Verbrennung) sowie Kavitation in der Einspritzleitung.

Druckentlastung. Sie verhindert ein nochmaliges Abheben der Düsennadel (Nachspritzen) und wird durch Vergrößerung des Leitungsvolumens beim Schließen des die Pumpe zur Leitung hin abschließenden, federbelasteten Entlastungsventils *4* (**Bild 39**) bewirkt.

4.6.2 Einspritzpumpe. Fuel injection pump

Einzelstempelpumpe. Je Zylinder ist ein Pumpenelement vorgesehen, das gesteuert über einen Nocken, den Einspritzvorgang bewirkt, **Bild 41**. Es besteht aus Kolben *2* und Zylinder *1* und wird über Filter durch eine Förderpumpe mit Kraftstoff versorgt. Zur Steuerung der Kraftstoffmenge wird meist eine Überströmöffnung vor Hubende freigegeben, so daß nicht der volle Pumpenhub zur För-

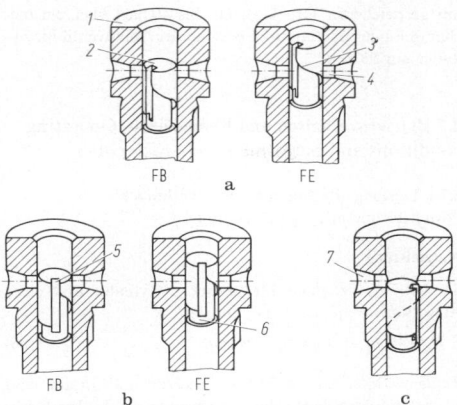

Bild 41. Mengensteuerung mittels Steuerkante. **a** Vollförderung, **b** Teilförderung, **c** Leerlauf. FB Förderbeginn, FE Förderende; *1* bis *4* siehe Text, *5* Längs-, *6* Ringnut, *7* Zulauf

derung beiträgt. Dazu werden gesteuerte Überströmventile oder (häufiger) vom Kolben selbst über eine Schrägkante *3* gesteuerte Überströmöffnungen *4* verwendet. Der in einer außen verzahnten Regelhülse fixierte Kolben (s. Pos. *6*, **Bild 39**) wird dazu über die als Zahnstange ausgebildete Regelstange verdreht.

Reiheneinspritzpumpe. Motoren mit Zylinderleistungen unter 160 kW vereinigen die sonst auf der Steuer- oder Nockenwelle einzeln angebrachten Brennstoffnocken mit mehreren Pumpenelementen zusammen in einem Gehäuse an das meist auch Drehzahlregler und Kraftstofförderpumpe ebenso wie Spritzversteller angeflanscht werden. Dieser verlegt den Einspritzzeitpunkt mit zunehmender Drehzahl vor und gleicht so die Zunahme des relativen Zündverzuges in °KW aus.

Verteilereinspritzpumpe. Eine kosten- und bauraumgünstige Vereinfachung wird erreicht, wenn nur ein Pumpenelement (**Bild 42**) für alle Zylinder die Förderung übernimmt,

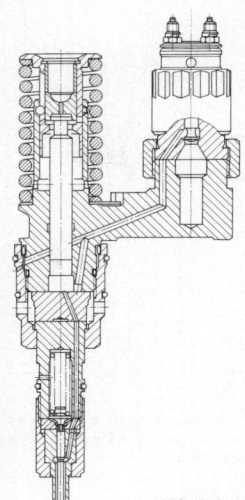

Bild 43. Pumpedüse mit elektromagnetischem Ventil zur Mengenregelung (Bosch)

wobei die einzelnen Zylinder über eine entsprechende Anzahl von Auslässen an einem Verteiler angeschlossen werden. Dabei werden Förderung (Hubbewegung) und Verteilung (Drehung) von einem Verteilerkolben ausgeführt, wobei ein Regelschieber Förderende und damit die eingespritzte Kraftstoffmasse bestimmt. Die Zahl der Hübe je Umdrehung entspricht der Zylinderzahl. Außerdem sind Förderpumpe, Spritzversteller und Drehzahlregler im Pumpengehäuse konstruktiv vereinigt.

Pumpe-Düse-Aggregat (,,Pumpedüse"). Vereinigt man Pumpenstempel und Einspritzdüse in einem Gerät, so entfallen die Einspritzleitung und damit störende Druckschwingungen bei Vorteilen hinsichtlich eines optimalen Einspritzverlaufs. Der Antrieb der im Zylinderkopf befindlichen Pumpedüse kann direkt über obenliegende Nockenwellen oder über Kipphebel-Stößelstangen bei untenliegenden Nockenwellen erfolgen, die Steuerung von Spritzbeginn und -ende mechanisch oder elektrisch mittels Hochdruckmagnetventil, **Bild 43**, so daß vollelektronische Steuerung bzw. Regelung möglich wird.

4.6.3 Einspritzdüse. Injection nozzle

Überwiegend werden geschlossene Düsen mit einer unter Federkraft schließenden Nadel verwendet, die hydraulisch betätigt nach innen öffnet, s. **Bild 39**.

Mehrlochdüsen übernehmen über die Anzahl der Bohrungen (d_{min} = 0,1 mm) die Verteilung des Kraftstoffs auf den Brennraum. Angestrebt wird ein möglichst kleines Sack- und Spritzlochvolumen, um HC- und Partikelemissionen zu senken, **Bild 44a**.

Zapfendüsen sind Einlochdüsen mit einem in das Spritzloch des Düsenkörpers eintauchenden Zapfen am Nadelventil, wodurch eine Selbstreinigung der Düsenöffnung bewirkt wird. Der Mengenverlauf wird wesentlich vom Verlauf des effektiven Düsenquerschnitts μA_D in Abhängigkeit vom Nadelhub h_N beeinflußt. Bei der Zapfenausführung als Drosselzapfen tritt zunächst nur eine kleine Brennstoffmenge aus. Das Spritzbild wird bestimmt durch Lochzahl, Neigung der Düsenbohrung, ihre Ausführung bzw. die Zapfenform. Die Tröpfchengröße nimmt mit dem

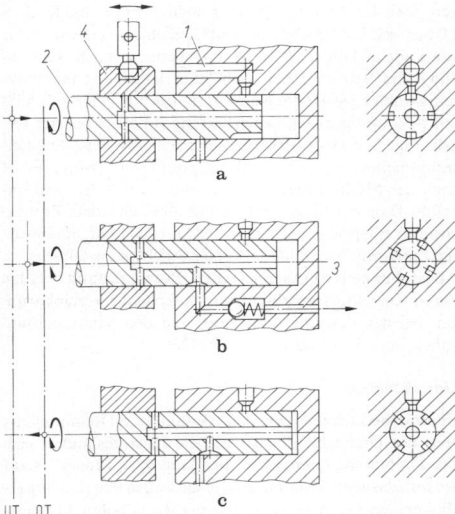

Bild 42. Verteilereinspritzpumpe (Bosch). Schematische Darstellung von **a** Förderbeginn, **b** Einspritzung, **c** Förderende. *1* Kraftstoffzulauf, *2* Verteilerkolben, *3* Anschluß Einspritzdüse, *4* Regelschieber

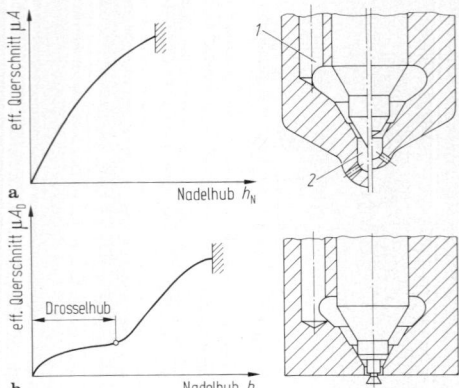

Bild 44. Durchflußcharakteristik von Einspritzdüsen. **a** Mehrlochdüse (rechts mit vermindertem Sacklochvolumen); **b** Drosselzapfendüse. *1* Brennstoffzulauf, *2* Sacklochvolumen

Gegendruck sowie dem Einspritzdruck ab und mit dem Lochdurchmesser zu.

Zubehör. Zum Einbau in den Motor werden Düsenhalter verwendet, die neben den Anschlüssen für Drucköl- und Leckölleitung auch Filtereinsätze und Einstellmöglichkeiten für den Öffnungsdruck (80 bis 150 bar bei Zapfendüsen, bis 1500 bar bei Lochdüsen) enthalten. Ab 200 bis 250 °C Düsentemperatur wird zur Funktionssicherung Düsenkühlung erforderlich, bei Schwerölbetrieb schon ab 120 bis 140 °C, um Cracken und Verkoken des Brennstoffes zu vermeiden: Koksansätze an der Düse verändern deren Spritzbild und verschlechtern die Verbrennung.

4.6.4 Start- und Zündhilfen. Starting aids

Thermische Zündhilfe. Da die Selbstzündung eine Mindesttemperatur voraussetzt, müssen bei kleinen Motoren (großes Oberflächen-Volumenverhältnis), zündunwilligen Kraftstoffen oder niedrigem Verdichtungsverhältnis (bei Höchstaufladung zur Senkung von p_{max} s. P4.3.5) je nach Starttemperatur Zündhilfen eingesetzt werden. Die minimale Starttemperatur der Ansaugluft beträgt bei Vorkammermotoren 60 °C, Wirbelkammermotoren 30 °C, Motoren mit ungeteilten Brennräumen −10 °C. Sie wird durch elektrisch beheizte Glühkerzen oder -stifte bei geteilten (s. **Bild 31**), durch Anheizkerzen bzw. Heizflansche bei ungeteilten Brennräumen erhöht. Wirkungsvoller ist eine Flammenbeheizung der Ansaugluft mit gegenüber der elektrischen Beheizung geringerem Energiebedarf aber größerem Aufwand (Flammenkerzen, Kraftstofförder- und -dosiereinrichtung). Sie wird bei größeren Direkteinspritzern angewendet ($V_h = 3...15 \, dm^3$).

Mechanische Zündhilfe. Bei Verfahren mit überwiegend wandverteiltem Kraftstoff verringern im Ansaugkanal angeordnete Drallklappen während des Startens die Drallströmung. Dadurch steigt der leichter zündende Anteil an luftverteiltem Brennstoff, wodurch das Starten erleichtert und gleichzeitig der Ruß- und Aldehydgehalt in dieser Phase verringert wird.

Starteinrichtungen. Um die Startdrehzahl zu erreichen, werden neben dem Handstart bei Kleinmotoren meist elektrisch oder mit Druckluft betriebene Hilfsmotoren durch Eingriff eines Ritzels in einen Zahnkranz an der Schwungscheibe zugeschaltet, größere Motoren werden

mit gespeicherter Druckluft (15 bis 40 bar) über ein mechanisch oder pneumatisch gesteuertes Anlaßventil im Zylinder angelassen.

4.7 Betriebsverhalten und Kenngrößen. Operating conditions and performance characteristics

4.7.1 Leistung, Drehmoment und Verbrauch Power, torque and fuel consumption

Nutzleistung

Sie beträgt für einen Motor mit z Zylinder und einer Arbeitsspielfrequenz n_a (s. Gl. (1))

$$P_e = W_e n_a = z V_h w_e n_a = M 2\pi n. \tag{66}$$

Zahlenwertgleichungen. Mit w_e in kJ/dm³, V_h in dm³ und n_a in 1/s folgt Gl. (66) die Nutzleistung in kW. Bei Drehzahlangabe in 1/min gilt für einfachwirkende Motoren mit der Taktzahl a

$$P_e = z V_h w_e (n/a \, 60) \quad \text{in kW}, \tag{67}$$

bei Gebrauch des „Nutzdrucks" p_e in bar (s. P 1) ist

$$P_e = z V_h p_e (n/a \, 600) \quad \text{in kW}. \tag{68}$$

Definition. Die Nutzleistung ist nach DIN 1940 die Kupplungsleistung, die nach Abzug der für alle zum Motorbetrieb erforderlichen Hilfsaggregate aufgewendeten Leistung zur Verfügung steht (Pumpen für Kraftstoff, Öl, Kühlwasser, Zündvorrichtung, Gebläse). Dagegen berücksichtigen die amerikanischen SAE-Vorschriften diese Verlustleistung nicht, die angegebene Motorleistung ist also höher. Die ausfahrbare Leistung ist abhängig vom Verwendungszweck und den zu erwartenden Vollastbetriebsstunden. Gegenüber einem Anteil von ca. 3 bis 5% an der jährlichen Betriebszeit bei Pkw-Motoren werden von einem Schiffsmotor ca. 8000 h/a störungsfreier Vollastbetrieb verlangt.

Leistungsangaben. Für Kraftfahrzeugmotoren erfolgen sie nach DIN 70020 (Bezugszustand $T_0 = 298$ K, $p_0 = 1$ bar, Luftfeuchtigkeit vernachlässigt), für sonstige Anwendungen nach DIN 6271 bzw. ISO 3046/1 ($T_0 = 300$ K, $p_0 = 1,0$ bar, rel. Luftfeuchte $\varphi_0 = 60\%$, Kühlwassertemperatur vor Ladeluftkühler $T_k = 300$ K), wobei je nach Verwendung und Betriebsdauer nach Dauerleistung A mit kurzzeitig zulässiger Überleistung (z.B. für 1 h innerhalb 12 h um 10% überlastbar), Dauerleistung B bei blockierter Regelstange und Höchstleistung unterschieden wird. Die Leistungsbemessung für Schiffshauptmotoren erfolgt meist nach der MCR (Maximum Continuous Rating), was ungefähr Dauerleistung A jedoch mit abweichendem Bezugszustand entspricht (z.B. $T_0 = 318$ K, $p_0 = 1$ bar, Kühlwassertemperatur vor Ladeluftkühler 305 K, $\varphi_0 = 60\%$). Abweichungen vom vereinbarten Bezugszustand werden durch Korrekturformeln oder entsprechende Vereinbarungen bei der Leistungsbewertung und den Verbrauchsangaben berücksichtigt (s. DIN 70020).

Motorkennung

Hiermit bezeichnet man den Verlauf des Drehmoments über der Drehzahl. Ebenso wie die Leistung ändert sich das Drehmoment zwischen Leerlauf n_L („runder" Lauf des unbelasteten Motors) bzw. einer wegen der strömungsabhängigen Gemischbildungsvorgänge höheren Mindestdrehzahl $n_{min} = n_0$ bei Vollast und der Nenndrehzahl n_N als maximale Drehzahl entsprechend der Leistungsangabe. Die Überdrehzahl (ca. 1,1 bis 1,2 n_N) dient der konstruk-

Tabelle 3. Nutzbare Drehzahlspanne $\Delta n_N = n_0/n_N$, Drehmomentlage $n_{M\,max}/n_N$ und Drehmomentanstieg M_{max}/M_N für Fahrzeugmotoren

Motorenart		Δn_N	$n_{M\,max}/n_N$	M_{max}/M_N
Pkw-Ottomotor	Saug	0,25 … 0,15	0,25 … 0,35	1,25 … 1,3
	ATL			1,3 … 1,35
Pkw-Dieselmotor	Saug	0,28 … 0,2	0,15 … 0,4	1,15 … 1,2
	ATL			1,2 … 1,3
Nfz-Dieselmotor	Saug	0,55 … 0,3	0,15 … 0,6	1,1 … 1,2
	ATL			1,2 … 1,6[a]

[a]) ATL (Abgasturboaufladung) mit LLK (Ladeluftkühlung)

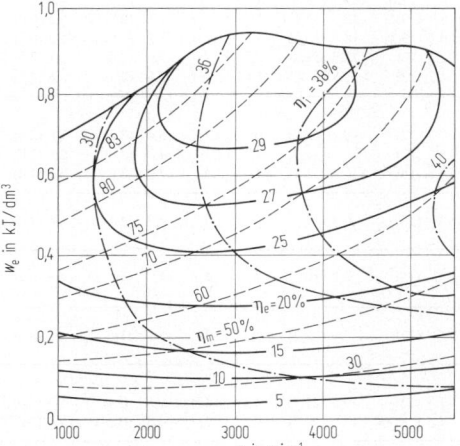

Bild 45. Kennfeld (Muscheldiagramm) eines 2l-Pkw-Ottomotors für den effektiven, mechanischen und indizierten Wirkungsgrad

tiven Auslegung. Drehzahlabhängigkeit des Liefergrads (vgl. P4.3.1), der Reibung, s. Gl. (22), sowie der Gemischbildung und Verbrennung bedingen Abweichungen vom idealen Verlauf $M(n) = $ const, so daß das maximale Moment M_{max} bei einer Zwischendrehzahl $n_{M\,max}$ erreicht wird, s. **Tab. 3.** Der Drehmomentanstieg bei sinkender Drehzahl bringt im Fahrbetrieb erwünschte „Motorelastizität" (s. **Bild 55**). Sind in einem P_e,n-Diagramm die Linien konstanten Moments Nullpunktsgeraden, so sind die Linien konstanter Leistung im M,n-Diagramm gleichseitige Hyperbeln, wobei die Hyperbel maximaler Leistung die Vollastlinie nicht bei M_N tangieren muß.

Kennfelddarstellung. Linien gleichen Wirkungsgrads η_e im M,n- bzw. w_e,n-Diagramm zeigen die Wirtschaftlichkeit des Motors, **Bild 45** („Muscheldiagramm"). Die Grenze der maximalen Nutzarbeit bzw. des Moments bei Vollast ($M_{Vollast}$) entspricht der Linie maximaler Drosselklappenöffnung bei Otto- bzw. der zulässigen Abgastrübung („Rauchgrenze") bei Dieselmotoren.

Verbrauch

Statt η_e wird häufig der spezifische Brennstoffverbrauch b_e verwendet:

$$b_e = \dot{m}_B/P_e = 1/H_u \eta_e. \tag{69}$$

Vergleichbarkeit der meist in g/kWh angegebenen Werte setzt gleichen Kraftstoff bzw. Heizwert voraus: Bezugsheizwert n. DIN 6271: $H_u = 42000$ kJ/kg, vgl. a. P4.4.1.

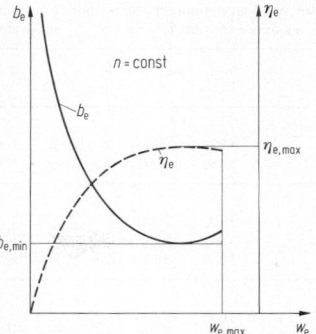

Bild 46. Effektiver Wirkungsgrad η_e und spezifischer Verbrauch b_e über der spezifischen Nutzarbeit w_e.

Zahlenwertgleichung. Für $H_u = 42860 \approx 43000$ kJ/kg (Benzin, Dk) und Angabe von b_e in g/kWh ist $\eta_e = 84/b_e$ bzw. $b_e = 85{,}7/\eta_e$ für $H_u = 42000$ kJ/kg.

Für $n = $ const (**Bild 46**) nimmt der spezifische Verbrauch mit sinkender Belastung w_e wegen relativer Zunahme der mechanischen Verluste zu. Bei Annäherung an λ_{min} bei Vollast ist oft ein Anstieg von b_e gegen $w_{e\,max}$ zu beobachten.

Für Fahrzeugmotoren wird der Verbrauch auf die Fahrleistung bezogen und in l/100 km angegeben, in den USA in miles per gallon (10 mpg $\hat{=}$ 4,26 km/l $\hat{=}$ 23,5 l/100 km). Erstmals besteht hier eine Verbrauchsgesetzgebung mit einem über einen Fahrzyklus gemessenen mittleren Verbrauch, der auf alle verkauften Fahrzeuge eines Herstellers bezogen wird (Flottenverbrauch): Sie sieht für das Modelljahr 1989 26,5 mpg (8,9 l/100 km) für einen Verbrauchsfahrzyklus vor.

Der Wirkungsgrad (Verbrauch) von großen Dieselmotoren wird auch durch das Verhältnis w_e/p_{max} charakterisiert (entspricht dem Gleichraumgrad der Verbrennung); angestrebt wird für optimalen Verbrauch ein Verhältnis $w_e/p_{max} = 0{,}0125 … 0{,}01$ ($p_{max}/p_e = 8$ bis 9).

4.7.2 Kenngrößen. Characteristics

Neben der volumenbezogenen Nutzarbeit w_e und der mittleren Kolbengeschwindigkeit c_m werden auch leistungsbezogene Kenngrößen zum Vergleich der Motoren untereinander verwendet, **Tab. 4.**

Hubraumleistung. Die auf das Hubvolumen bezogene Leistung („Literleistung") ist drehzahlabhängig,

$$P_e/z V_h = w_e n_a, \tag{70}$$

und nur bei gleichem Zylindervolumen bzw. Motoren gleicher Größenordnung sinnvoll anwendbar.

Kolbenflächenleistung. Für die auf die Kolbenflächen bezogene Leistung gilt

$$P_A = P_e/z A_K = w_e c_m/2a. \tag{71}$$

Mit Angabe in W/mm² für w_e in kJ/dm³, c_m in m/s. Die Kenngröße ist proportional dem Produkt aus spezifischer Arbeit und der Schnelläufigkeit des Motors, ausgedrückt durch die mittlere Kolbengeschwindigkeit c_m, beides größenunabhängige Werte.

Beispiel: Aufgeladene Großmotoren erreichen z.B. als Zweitakt-Langsamläufer mit 800 bis 900 mm Bohrungsdurchmesser eine maximale spezifische Koblenflächenleistung von $P_A = 6{,}8$ W/mm² mit $w_e = 1{,}7$ kJ/dm³ und $c_m = 8$ m/s; bei einem Viertakt-Pkw-Hoch-

Tabelle 4. Kenngrößen von Verbrennungsmotoren: Sofern kein Bereich angegeben, handelt es sich um statistische Mittelwerte und Bestwerte (eingeklammert). Die maximale spezifische Arbeit $w_{e\,max}$ entspricht dem maximalen Moment bei $n_{M\,max}$ (vgl. **Tab. 3**)

	n_N 1/min	D mm	s/D	ε	c_m m/s	$w_{e\,max}$ kJ/dm³	m/P_e kg/kW	P_A W/mm²
Kraftrad-Ottomotoren								
Zweitakt	5500 … 9000	40 … 80	0,8 … 1,0	8,6 (12)	13 (17)	0,65 (0,85)	3,5 (1,3)	3,8 (6,1)
Viertakt	5000 … 10500	40 … 100	0,7 … 1,25	9,4 (11,2)	17 (20,7)	1,0 (1,4)	2 (1,4)	4,1 (6,0)
Einbaumotoren								
Otto: Zweitakt	3600 … 7000	40 … 90	0,7 … 1,0	8 (9,7)	8 (10,5)	0,5 (0,6)	3,4 (1,9)	1,5 (2,6)
Viertakt	3600 … 6200				8 (11,2)	0,8 (0,95)	4 (2,2)	1,3 (1,9)
Diesel: Viertakt	2300 … 3600	70 … 100	0,7 … 1,3	19,6 (21)	8,5 (11)	0,6 (0,74)	9 (5)	1,1 (1,7)
Pkw-Motoren								
Otto: Saugbetrieb 2V	4600 … 6600	70 … 100	0,75 … 1,1	9,4 (11,3)	14,5 (18,9)	1,0 (1,1)	1,7 (1,1)	3,2 (4,0)
4V	5200 … 7000			10 (11,6)	14,5 (18,9)	1,15 (1,3)	1,3 (1,0)	4,4 (5,0)
m. Aufladung 2V	5000 … 6800	80 … 100	0,75 … 1,1	8 (9,1)	15 (16,1)	1,4 (1,67)	1,3 (0,9)	5,5 (6,0)
4V	5000 … 6800			8,5 (9,3)	15 (16,5)	1,6 (1,74)	1,3 (0,9)	5,5 (6,3)
Diesel: Saugbetrieb	4200 … 5000	75 … 100	0,9 … 1,1	22,3 (23)	12,8 (13,8)	0,75 (0,85)	3,6 (2,8)	2,1 (2,3)
m. Aufladung	4200 … 5000			22,3 (23)	12,8 (13,8)	1,06 (1,13)	3,6 (2,7)	2,8 (3,2)
Nfz-Dieselmotoren								
Saugbetrieb	2000 … 4000	90 … 140	0,9 … 1,35	17 (22)	10,2 (12,5)	0,8 (0,94)	5,4 (3,2)	1,8 (2,4)
m. Aufladung	1800 … 2800	90 … 170	0,9 … 1,35	15 (17)	10 (11,7)	1,2 (1,4)	4,3 (3,0)	2,4 (3,0)
m. Aufladung u. LLK[a])	1800 … 2800			14,5 (16)	10 (11,7)	1,5 (2,0)	3,8 (2,2)	3,1 (4,4)
Schnellaufende Hoch-leistungsdieselmotoren[a])	1000 … 2000	165 … 280	1,0 … 1,35	12 (15)	10,3 (12,7)	2,1 (3,0)	5,8 (2,4)	5,0 (7,5)
Mittelschnellaufende Viertaktdieselmotoren[a])	350 … 750	240 … 620	1,0 … 1,5	12 (15)	8,7 (10)	2 (2,4)	13 (7)	4,5 (5,7)
Langsamlaufende Zweitaktdieselmotoren[a])	58 … 250	260 … 900	2,8 … 3,8	12 (17)	7,2 (8,2)	1,5 (1,7)	36 (16)	5,2 (6,9)
Rennmotoren								
Saugbetrieb	9000 … 12300	70 … 90	0,6 … 0,9	11,3 (12)	19,5 (22,7)	1,2 (1,43)	0,6 (0,4)	5,8 (8,0)
mit Aufladung	9500 … 11800	74 … 90	0,5 … 0,7	7 (8)	18 (20,5)	4,3 (5,2)	0,28 (0,24)	19,4 (24,7)

[a]) Mit Abgasturboaufladung und Ladeluftkühlung; 2V, 4V: 2 bzw. 4 Ventile je Zylinder.

leistungsmotor (AUDI 20V Turbo) mit 162 kW bei 5700 min⁻¹ ($s/D = 86,4/81, z = 5$) ist $P_A = 1,53 \cdot 16,4/4 = 6,3$ W/mm². Diese spezifischen Leistungen weisen beide Motoren als Spitzen- oder „High-Tech"-Produkte aus, dagegen sind die Werte für die volumenspezifische („Liter"-)Leistung von ca. 2 bzw. ca. 70 kW/dm³. Steigerung von w_e wie auch c_m stößt auf die Grenzen zulässiger mechanischer und thermischer Belastung, s. P4.8.1.

Kennwerte für den Bauaufwand. Hier sind die auf die Leistung bezogene Motormasse m_M („Leistungsgewicht") $m_P = m_M/P_e$ in kg/kW üblich, ferner die Bauraumleistung $V_P = V_M/P_e$ in m³/kW, wobei das Motorvolumen V_M einem Quader aus den lichten Motormaßen entspricht.

4.7.3 Umweltverhalten. Environmental pollution

Abgasemission

Gesundheitsschädigende Bestandteile im Abgas von Verbrennungsmotoren veranlaßten den Gesetzgeber, zuerst in den USA, Vorschriften zu erlassen, in denen Prüfverfahren, Meßgeräte und zulässige Grenzwerte festgelegt sind (BR Deutschland: 4. Bundes-Immissions-Schutz-Verordnung sowie die TA-Luft '86 für stationäre Anlagen mit Verbrennungsmotoren bzw. Anlage XXV und XXIII zu §47 StVZO für Fahrzeugmotoren) [18].

Gesetzliche Grenzwerte (Tab. 5 und 6). Sie gelten für die gasförmigen Schadstoffe Kohlenmonoxid CO, unverbrannte Kohlenwasserstoffe und Stickoxide, summarisch mit HC bzw. NO_x bezeichnet. Kraftstoffseitig werden der Gehalt bleihaltiger Kraftstoffzusätze (BR Deutschland: 0,15 g/l Benzin) und Schwefelverbindungen ($\leq 0,3\%$ im

Tabelle 5. a) Im EG-Bereich am 1.1.1990 bzw. später ([*]) gültige Abgasgrenzwerte nach EG-Richtlinie 88/436/EWG bzw. 89/458/EWG[*]) für die Neuzulassung (Typprüfung) von Fahrzeugen mit Benzin- oder Dieselmotoren bis 2,5 t zul. Gesamtmasse und max. 6 Personen, Abgastest nach Prüfung Typ I (Europazyklus), b) Alternative für BR Deutschland

Motorenart	Hubraum in dm³	Schadstoff in g/Test			
		CO	Σ HC + NO_x	NO_x	PM[a])
Benziner	>2	25	6,5	3,5	−
Diesel-IDE Diesel-DE[*]		30	8	−	1,1
Benziner	$1,4 \leq V_H \leq 2,0$	30	8	−	−
Diesel-IDE Diesel-DE[*]		30	8	−	1,1
Benziner	<1,4	45(19)[*]	15(5)[*]	6(−)[*]	−
Diesel-IDE Diesel-DE[*]		45(19)[*]	15(5)[*]	6(−)[*]	1,1

b) Alternativ auch Prüfung nach US-Norm FTP-75

Motorenart	Schadstoff in g/km (g/mile)[b])			
	CO	HC	NO_x	PM
Benzin- und Dieselmotoren	2,1 (3,4)[b])	0,25 (0,41)[b])	0,62 (1,0)[b])	0,12 (0,2)[b])

[a]) PM: Partikelemission (Partikulate Matter).
[b]) 1 g/km $\cong$ 1,61 g/mile

Tabelle 6. Schadstoffgrenzwerte nach der TA-Luft 1986 für stationäre Verbrennungsmotoren-Anlagen mit über 1 MW Feuerungs-(Brennstoff-)Wärmeleistung, s. Gl.(4), angegeben in g/m_n^3 bei einem O_2-Gehalt des Abgases von 5% (entspr. $\lambda \approx 1{,}3$), abhängig von Motorenart und Feuerungs-Wärmeleistung (HC^*: ohne CH_4-Gehalt)

Schadstoffkomponente in g/m_n^3 bei 5% O_2-Gehalt		Motorenart[a])	
		DM und DGM	OGM
Stickoxide	$NO_{x(2)}$	$4{,}0(2{,}0)^{b)}$	$0{,}5(0{,}8)^{c)}$
Kohlenmonoxid	CO		0,65
Schwefeldioxid	SO_2		0,42
Formaldehyd	HCHO		0,02
Kohlenwasserstoffe	HC*		0,15
Staub (Ruß)	PM		0,13

[a]) DM: 4-Takt-Diesel-; DGM: -Dieselgas-; OGM: -Ottogas-Motor.
[b]) Feuerungswärmeleistung > 3 MW.
[c]) 2-Takt-OGM.

DK) begrenzt. Bei Dieselmotoren werden die zulässige Abgastrübung und die Emission an festen und flüssigen Partikeln, die überwiegend aus Ruß mit daran sich im mit Luft verdünnten Abgas bei maximal 52 °C anlagernden anorganischen und organischen Verbindungen bestehen, limitiert.

Toxizität. Gemessen an der gesetzlich maximal zulässigen Immissionskonzentration MIK ist die Gefährlichkeit des Stickstoffdioxids NO_2 um den Faktor 100 größer als die von Kohlenmonoxid CO. Dabei entsteht im Motor überwiegend NO, das erst an der Luft zu dem hochgiftigen NO_2 aufoxidiert. Die Schädlichkeit der geringen Mengen an HC-Verbindungen ist einzeln für sich genommen sehr unterschiedlich und reicht von geruchsbelästigend bis karzinogen, hervorgerufen durch teiloxidierte Kohlenwasserstoffe, wie Aldehyde und Ketone, bzw. durch polyzyklische Aromaten (PAH), wie z.B. Benzo-a-pyren. Sie machen weniger als 1‰ an der Partikelmasse aus. Die potentielle Gefährdung durch Dieselrußpartikeln wird in dem PAH-Gehalt und der geringen Größe von meist unter 0,1 μm gesehen. Nicht übersehen werden sollte dabei, daß bei jeder Verbrennung von Kohle oder Kohlenwasserstoffen (Hausbrand, Kraftwerk, Ottomotor etc.) PAHs emittiert werden (s. **Anh. Z Tab. 14**).

Abgase von Ottomotoren

Kohlenmonoxid. Es entsteht im Luftmangelgebiet durch unvollkommene Verbrennung, wobei der Reaktionsablauf weitgehend der Wassergasreaktion folgt. Da das wirkliche Kraftstoff-Luftgemisch nicht völlig homogen ist, tritt auch bei Luftüberschuß noch CO auf, **Bild 47**.

Kohlenwasserstoffe. Auf den Gehalt an unverbrannten Kohlenwasserstoffen wirkt sich für $\lambda < 1$ die unvollkommene, für $\lambda > 1$ die mit zunehmendem Luftgehalt schleppendere Verbrennung aus (Gefahr von Zündaussetzern an der oberen Zündgrenze); ferner die Motorbelastung und die Brennraumform (Oberflächenvolumenverhältnis, Quetschspaltanteil), da im Bereich der „kalten" Wand die Flamme erlischt und die Verbrennung abbricht. An der gesamten HC-Emission eines Motors sind außerdem die Verdampfungsverluste des Kraftstoffsystems und die Kurbelgehäuseabgase zu ca. 20% beteiligt und erfordern Maßnahmen wie die geschlossene Kurbelhausbelüftung.

Stickoxide. Die Bildung von NO ist stark temperaturabhängig und erreicht deshalb ihre maximale Konzentration

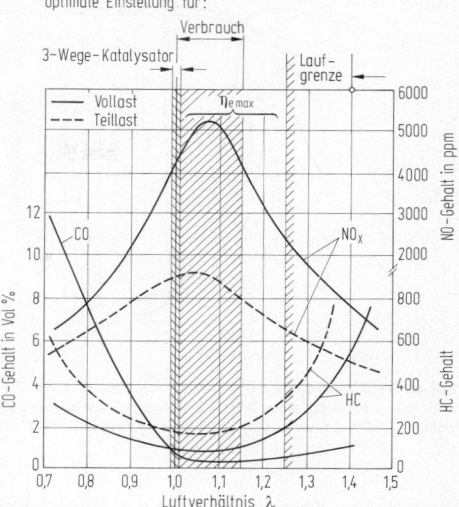

Bild 47. Einfluß von Luftverhältnis und Motorbelastung auf die Schadstoffemission von Ottomotoren

dort, wo örtlich die höchsten Verbrennungstemperaturen auftreten, bei homogenem Gemisch im Bereich $\lambda \approx 1{,}05$. Der gegensätzliche Einfluß von λ auf NO_x- und HC- bzw. CO-Emission läßt eine allseitige Verringerung durch Änderung der Gemischzusammensetzung nicht zu.

Schadstoffreduzierung [19]. Von der nach **Bild 48** möglichen Beeinflussung verbessern Ansaugluftvorwärmung, Saugrohrbeheizung, Übergang auf Benzineinspritzung die Gemischaufbereitung und -verteilung und erlauben mit

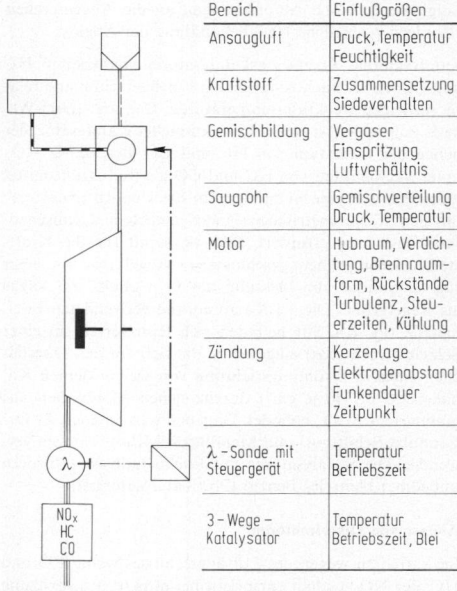

Bereich	Einflußgrößen
Ansaugluft	Druck, Temperatur Feuchtigkeit
Kraftstoff	Zusammensetzung Siedeverhalten
Gemischbildung	Vergaser Einspritzung Luftverhältnis
Saugrohr	Gemischverteilung Druck, Temperatur
Motor	Hubraum, Verdichtung, Brennraumform, Rückstände Turbulenz, Steuerzeiten, Kühlung
Zündung	Kerzenlage Elektrodenabstand Funkendauer Zeitpunkt
λ-Sonde mit Steuergerät	Temperatur Betriebszeit
3-Wege-Katalysator	Temperatur Betriebszeit, Blei

Bild 48. Möglichkeiten zur Beeinflussung der Abgaszusammensetzung bei Ottomotoren

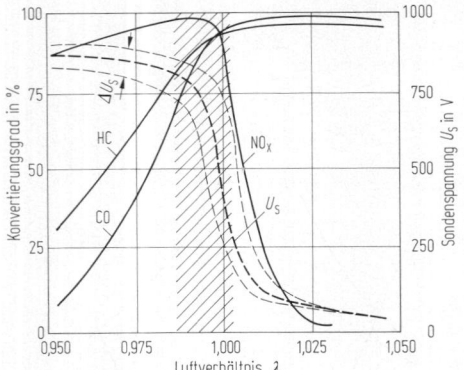

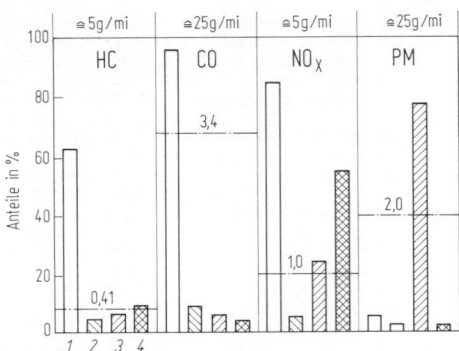

Bild 49. Statisch gemessene Konvertierung von Schadstoffen im Bereich des „λ-Fensters" eines 3-Wege-Katalysators und Spannungsverlauf U_S der λ-Sonde, ΔU_S Einfluß der Abgastemperatur auf U_S

Bild 50. Vergleich von im US-FTP75-Test gemessenen Schadstoffemissionen von Pkw-Motoren. *1* Ottomotor ohne, *2* Ottomotor mit Katalysator; *3* Dieselmotor; *4* Magergemischmotor (*1, 2, 3:* Flottenmittelwert (VW-AG), *4* singulärer Meßwert). Grenzwerte in g/mi (vgl. **Tab. 5b**)

entsprechender Brennraumgestaltung zur besseren Verwirbelung die Verbrennung bei $\lambda \geq 1$ (Standardkonzept). Das „Magerkonzept" strebt Betrieb jenseits der Laufgrenze ($\lambda \geq 1,3$) an, um CO und NO$_x$ zu verringern bei Anstieg von HC (evtl. Nachoxidation) und Laufunruhe, **Bild 49**, sowie Abnahme von Verbrauch und w_e, s. **Bild 27**. Magerbetrieb erfordert kontrollierte, energiereiche Zündung („Zündmanagement"), Ausspülen der Restgase, hohe Verdichtung und Wandtemperaturen (Heißkühlung), letzteres mindert Abschreckwirkung und somit HC-Gehalt.
Der Zündzeitpunkt beeinflußt den Brennverlauf (s. **Bild 7**), so daß bei später Zündung mit den Arbeitsdrücken und -temperaturen der NO$_x$-Gehalt sinkt, aber auch der Wirkungsgrad, HC bei schleppender Verbrennung jedoch steigt. Senken der Höchsttemperaturen ferner möglich durch geringere Verdichtung (η_v sinkt) und durch höheren Inertgasanteil (kontrollierte Abgasrückführung in das Ansaugsystem). Hohe Anforderungen an die Abgasreinheit erfordern zusätzliche Nachbehandlung der Abgase.

Katalysatoren. Oxidationskatalysatoren reduzieren HC und CO durch Nachoxidation bei Luftüberschuß und relativ niedrigen Reaktionstemperaturen. Der sog. „Drei-We-ge-Katalysator" ist ein multifunktioneller Katalysator, der neben der Oxidation von HC und CO gleichzeitig NO$_x$ unter Verwendung von HC und CO als Reduktionsmittel reduziert, was eine nur innerhalb eines engen „Fensters" um den stöchiometrischen Punkt pendelnde Gemischzusammensetzung erfordert, **Bild 49**, somit für die Kraftstoffdosierung einen geschlossenen Regelkreis mit einer sog. „λ-Sonde" zur Messung des O$_2$-Gehalts im Abgas als Regelgröße. Die als Katalysatoren verwendeten Edelmetalle (Pt, Rh, Pd) befinden sich feinstverteilt in einer Schicht (wash coat) eingebettet, die sich auf den Oberflächen eines in Strömungsrichtung einen geschlossenen Kanälen (25 bis 40 je cm²) durchzogenen Monolithen aus gesintertem Al$_2$O$_3$ befindet. Daneben werden auch Al$_2$O$_3$-Granulat Schüttgut- und Metallwickel-Katalysatoren verwendet. Die Katalysatoren auf Edelmetallbasis erfordern unbedingt bleifreies Benzin (Pb: Katalysatorgift).

Abgase von Dieselmotoren

Sie enthalten wegen des Luftüberschusses wenig CO und HC, der NO$_x$-Gehalt entspricht bei direkter Einspritzung etwa dem des unbehandelten Ottomotors, ist bei indirekter Einspritzung (geteilter Brennraum) unter Vollast nur etwa

halb so groß, **Bild 50**. Die für den Dieselmotor charakteristische Rußbildung nimmt bei Vollast zu, außerdem bei verschleppter Verbrennung, wobei als Ursachen örtlicher O$_2$-Mangel und Crackvorgänge während der Verbrennung bzw. Oxidationsabbruch bei niedrigen Temperaturen angesehen werden. Die sich an Rußpartikeln anlagernden HC-Verbindungen entstammen zu ca. einem Drittel dem Schmieröl und sind ansonsten abhängig vom Verbrennungsverfahren und der Kraftstoffzusammensetzung. Mit dem Gehalt von Aromaten und Schwefel nimmt die Partikelemission zu. Daneben ist auch die Geruchsbelästigung störend, die besonders bei Kaltstart, Leerlauf und in der Warmlaufperiode auftritt. Sie ist gekennzeichnet durch den Gehalt an Aldehyden und Ketonen. Abhilfe bringt schnelles Durchlaufen dieser Phase (Abschalten von Zylindern, Verringern des wandverteilten Kraftstoffanteils).

Schadstoffreduzierung [20]. Eine Verringerung von NO$_x$ ist möglich durch Verstellen des Förderbeginns gegen OT, Aufladung, Ladeluftkühlung und kontrollierte Abgasrückführung (problematisch bei Abgasrückführung wegen Verschmutzungseinfluß auf Verdichterwirkungsgrad, außerdem hinsichtlich HC- und Partikelemission), wobei späte Einspritzung Verbrauch und Abgastrübung erhöhen, s. **Bild 51**.
Bei Abgasturboaufladung von Fahrzeugmotoren besteht Gefahr des Rußstoßes beim Beschleunigen wegen Nachhinken der Luftförderung. Abhilfe: Abgasturbolader mit kleinerem Massenträgheitsmoment; ladedruckabhängiger Regelstangenanschlag (LDA).

Katalysatoren. Neben Oxidationskatalysatoren für HC und CO ist wegen des Abgasluftgehalts nur ein selektives Verfahren (SCR = Selective Catalytic Reaction) unter Verwendung von NH$_3$ als Reduktionsmittel zur NO$_x$-Reduzierung einsetzbar, wobei die Reaktion auf einen engen Temperaturbereich (350 bis 400 °C) beschränkt und somit nur für stationäre Anlagen verwendbar ist, s. **Bild 52**.

Rußfilter. Sie stehen zur Verminderung der Partikelemission vor der Serieneinführung. Gefordert wird hoher Abscheidegrad bei großer Aufnahmefähigkeit und niedrigem Strömungswiderstand. Die beschränkte Aufnahmefähigkeit erfordert Regenerierung des Filters und Entsorgung durch Verbrennen des gesammelten Rußes. Problematisch ist die hohe Rußentzündungstemperatur von über 550 °C, die vom Motorabgas nur selten (Vollast) erreicht wird.

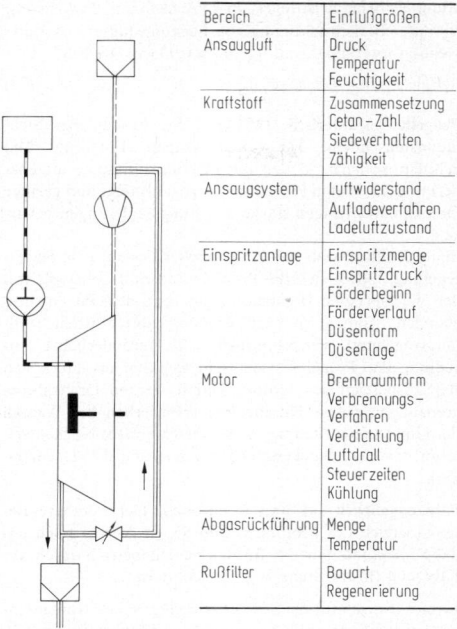

Bereich	Einflußgrößen
Ansaugluft	Druck Temperatur Feuchtigkeit
Kraftstoff	Zusammensetzung Cetan–Zahl Siedeverhalten Zähigkeit
Ansaugsystem	Luftwiderstand Aufladeverfahren Ladeluftzustand
Einspritzanlage	Einspritzmenge Einspritzdruck Förderbeginn Förderverlauf Düsenform Düsenlage
Motor	Brennraumform Verbrennungs– Verfahren Verdichtung Luftdrall Steuerzeiten Kühlung
Abgasrückführung	Menge Temperatur
Rußfilter	Bauart Regenerierung

Bild 51. Einflußgrößen auf die Abgasemission von Dieselmotoren

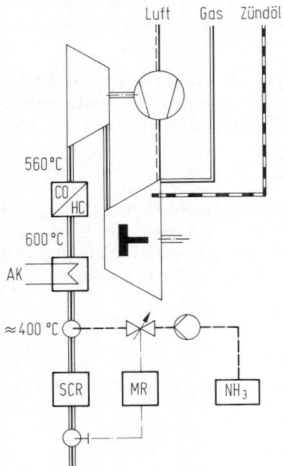

Bild 52. Stationärer Dieselgasmotor mit SCR-Katalysator zur NO_x-Abgasnachbehandlung mit NH_3: MR Meß- und Regeleinheit, AK Abgaskühlung auf Reaktionstemperatur, CO/HC Oxidationskatalysator

Damit ist Selbstregenerierung praktisch nur mittels chemischer Katalysatoren (Senken der Zündtemperatur, Verbessern der Oxidation) möglich (Zusatz extern oder als Kraftstoffadditiv und/oder auf Filter). Daneben existieren Verfahren der Fremdregenerierung durch Zufuhr thermischer Energie (Elektr. Heizung, Ölbrenner). Als Filter werden meist Keramikmonolithen mit wechselseitig verschlossenen Kanälen entsprechend denen als Katalysator eingesetzten, s. **Bild 53a**, und Wickelfilter aus Keramikfasergespinst auf gelochten Rohren verwendet, **Bild 53b**.

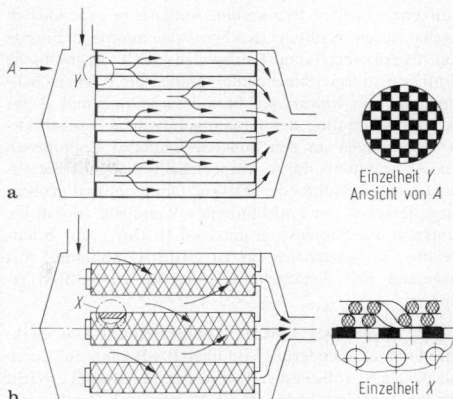

Bild 53. Rußfiltersysteme zur Minderung der Partikelemission von Dieselmotoren. **a** Keramikmonolith mit wechselseitig verschlossenen Kanälen; **b** Wickelfilter (Fa. DB bzw. MANN & HUMMEL)

Geräuschemission

Durch gesetzliche Vorschriften wird weltweit versucht, die Lärmbelästigung durch Straßenfahrzeuge zu begrenzen, wovon auch der Motor betroffen ist. Das vom Motor abgestrahlte Geräusch (**Bild 54**) wird dabei direkt oder indirekt als Luftschall (s. O 3.2) erzeugt. Schwingungsanregend auf die Bauteile wirken Verbrennungsvorgang und rein mechanische Erregung durch Massen-, Feder- und Stoßkräfte (Spiel zwischen Bauteilen). Das unterschiedliche Übertragungsmaß bei der Körperschalleitung bedingt die jeweilige Körperschallschnelle an der Motoroberfläche, die abhängig vom Abstrahlmaß in Luftschalleistung umgesetzt wird. Die durch Strömungsvorgänge direkt erzeugten Geräusche können am Entstehungsort relativ einfach durch Ansaug-Auspuffschalldämpfer gedämpft werden. Die indirekt erzeugten verlangen zur Absenkung des Gesamtgeräusches die gleichmäßige Dämpfung möglichst aller Einzelschallquellen. Dazu kann neben einer verminderten Anregung sowohl auf das Übertragungsmaß (Eingangsimpedanz) als auch auf das Abstrahlmaß eingewirkt werden.

Motorinterne Maßnahmen. Änderungen am Verbrennungsvorgang (Senken des Druckanstiegs durch spätere Ein-

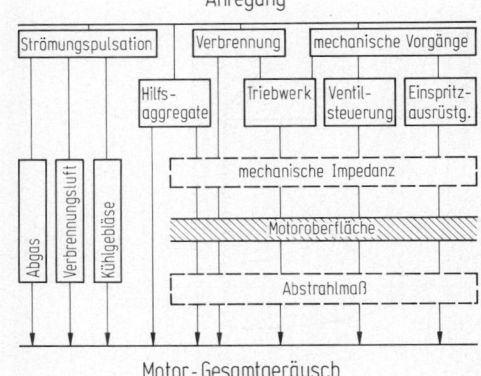

Bild 54. Geräuschentstehung an einem Motor

spritzung, geteilten Brennraum, Aufladung) oder an den mechanischen Kräften (Kolben-Desachsierung, Einsatz von Regelkolben zum Laufspielausgleich, hydraulische Ventilspiel-Ausgleichselemente) können die Körperschallerregung nur beschränkt beeinflussen (maximal 2 bis 4 dB(A) Dämpfung des Gesamtgeräusches). Konstruktive Änderungen an den äußeren Bauteilen beeinflussen das Abstrahlmaß durch körperschallisolierende Befestigung nichtkraftführender (Deckel, Ölwanne) und größere Biegesteifigkeit der kraftführenden Wandteile, so daß die Emission des Bauteils um maximal 10 dB(A), durch aufwendige Vorsatzschalen bis zu 20 dB(A) abnimmt, was insgesamt eine Geräuschminderung bis zu 5 dB(A) ergibt.

Äußere Maßnahmen. Eine für das menschliche Ohr merkbare Geräuschminderung von über 10 dB kann nur durch nachträgliche vollständige Kapselung des Motors erreicht werden, maximal 10 bis 20 dB(A) bei einer Gewichtszunahme von 8 bis 15% je nach Motorgröße [21]. Günstiger ist eine schon bei Neukonstruktion berücksichtigte Kapselung. Durch stark dämpfende Wände (Magnesium) und steife Skelettkonstruktion eines Triebwerkträgers mit isoliert angebrachten Wandschalen konnten gegenüber konventioneller Bauweise bei Prototypen ca. 10 dB(A) Geräuschminderung erreicht werden.

4.7.4 Verbrennungsmotor als Antriebsaggregat
Internal combustion (IC) engine drives

Motorbelastung

Es sind vier charakteristische Abhängigkeiten zwischen Moment und Drehzahl zu unterscheiden, **Bild 55**.

Drehzahldrückung (M const, n variabel). Sie tritt beim Antrieb von Kolbenmaschinen auf, ebenso bei Schiffsmotoren infolge Zunahme des Schiffswiderstands. Dabei sind hochaufgeladene Motoren durch thermische Überlastung wegen verringerter Luftförderung bei Drehzahlabfall und erhöhte mechanische Beanspruchung durch Zünddrucksteigerungen gefährdet, so daß grenzbelastete Motoren eine Leistungsreserve bei der Auslegung verlangen.

Generatorbetrieb (M variabel, n const). Er stellt bei Drehstromgeneratoren mit p_G Polpaaren wegen der Abhängigkeit von der Frequenz

$$n = f/p_G \tag{72}$$

hohe Anforderungen an die Drehzahlregelung. Die Motorauslegung erfolgt bei Angabe der Generatornennlei-

stung als Scheinleistung P_s in kVA nach der Wirkleistung P_W unter Berücksichtigung von Leistungsfaktor $\cos\varphi$ und Generatorwirkungsgrad η_G ($\eta_G \approx 0.93$; $\cos\varphi \approx 0.8$)

$$P_e = P_W/\eta_G = P_s \cos\varphi/\eta_G. \tag{73}$$

Propellercharakteristik ($M \sim n^2$). Sie besteht bei Strömungsmaschinen, wie Kreiselpumpen, Flugzeug- und Schiffspropellern, so daß die Leistungaufnahme angenähert mit der dritten Potenz der Drehzahl steigt und geringe Drehzahländerungen starke Belastungsänderungen bewirken.

Beim Schiffsantrieb mit Festpropeller besteht eine Selbstregelung, indem sich die Propellerdrehzahl abhängig von der eingespritzten Brennstoffmenge und dem ihr entsprechenden Moment je nach Betriebspunkt einstellt (Füllungsregelung). Verstellpropeller mit veränderlicher Anstellung der Flügel bis zur Schubumkehr erweitern den Betriebsbereich des Motors. Damit werden Drehzahlbegrenzungen gegen Durchgehen erforderlich bei Wegfall der Umsteuereinrichtung (axial verschiebbare Nockenwelle mit zweitem Nockensatz zur Änderung der Steuerzeiten).

Fahrzeugantrieb (M und n variabel). Der nutzbare Betriebsbereich des Motors, s. **Bild 55**, ist hierbei noch um das Schleppmoment M_s für den Schiebebetrieb durch das Fahrzeug (Motorbremsung) zu erweitern.

Idealer Antrieb für ein Straßenfahrzeug ist ein Momentenverlauf bei konstanter Leistung P_{max} (Zugkrafthyperbel), der einerseits begrenzt ist durch das mit den Antriebsrädern übertragbare maximale Moment $M_{R,max}$, andererseits durch die maximale Motordrehzahl, **Bild 56**. Durch ein zwischengeschaltetes Getriebe wird das Motormoment an die Hyperbel P_{max} = const angepaßt.

Drehmoment und Leistung. Für das am Rad wirkende Moment M_R gilt mit der Untersetzung i_K im Stufengetriebe bzw. i_A im Achsgetriebe und Differential und den Wirkungsgraden η_K bzw. η_A

$$M_R = i_K i_A \eta_K \eta_A M. \tag{74}$$

Im Betriebspunkt besteht Gleichgewicht zwischen M_R und dem Momentenverlauf $M_F = F_F r$ nach der Fahrwiderstandslinie (s. Q 2.3, r = Radhalbmesser). Daraus folgt, daß sich die erforderliche Antriebsleistung (Verbrauch)

$$P_R = 2\pi n_R M_R = F_F c_F \tag{75}$$

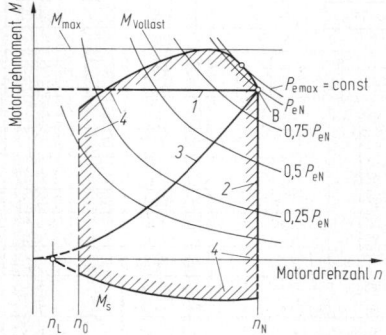

Bild 55. Motorbelastung bei *1* Drehzahldrückung, *2* Generatorantrieb, *3* Propellerantrieb, *4* Fahrzeugantrieb, B Betriebspunkt

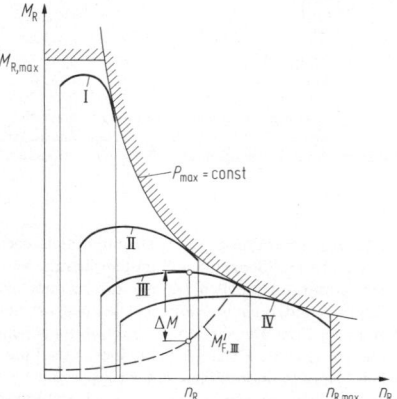

Bild 56. Anpassung des Motormoments M an das Fahrzeugkennfeld $M_R(n_R)$ durch ein Vier-Gang-Schaltgetriebe (I bis IV)

durch geringe Fahrgeschwindigkeit c_F sowie Leichtbauweise (Masseneinfluß auf Roll- und Steigungswiderstand) und günstigen Strömungswiderstand klein halten läßt.

Beschleunigen des Fahrzeugs erfolgt durch den Momentenüberschuß ΔM zwischen der jeweiligen Fahrwiderstandslinie M_F' entsprechend der Gangwahl bei $c_F = \text{const}$ und der Kurve M_{Vollast}.

Anfahren. Die Drehzahllücke zwischen Motormoment bei Leerlaufdrehzahl und Anfahrmoment bei Fahrzeugstillstand ($n_K = 0$) muß durch eine Kupplung überbrückt werden, die beim Anfahren als Drehzahlwandler ($M = M_K$, $n \neq n_K$) wirkt.

Regelung

Je nach Lage des Schnittpunkts von Motor- und Kupplungsmoment M und M_K des zu treibenden Aggregats ist der Betrieb stabil oder instabil, **Bild 57**. Bei Instabilität ist Momenten- oder Drehzahlregelung notwendig.

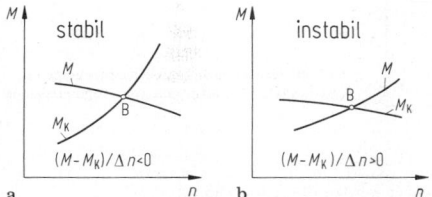

Bild 57. a Stabiler und **b** instabiler Betriebspunkt B (Δn vorzeichenbehaftet)

Ottomotor. Er besitzt selbst im Leerlauf durch die quadratisch mit n zunehmenden Ansaugverluste bei Verwendung als Fahrzeugmotor stabile Betriebspunkte, so daß kein besonderer Regler erforderlich ist. Um durch Bedienungsfehler Überdrehzahlen zu vermeiden, verwendet man einen Drehzahlbegrenzer.

Dieselmotor. Mit zunehmender Drehzahl nehmen die Leckverluste an der Einspritzpumpe ab, so daß sich durch abnehmendes Luftverhältnis der Motor im Leerlauf instabil verhält. Außerdem wird die sog. Angleichung erforderlich, um auch bei Vollastdrehzahl volle Kraftstoffausnutzung trotz verringerter Luftmenge ohne Rußen zu ermöglichen, **Bild 58**.

Leerlauf- und Enddrehzahlregler. Wegen der „Durchgehgefahr" wird ein Regler benötigt, wobei normalerweise bei Straßenfahrzeugen nur Leerlauf- und Enddrehzahl (maximale Drehzahl) begrenzt werden. Zwischenstufen werden unter Ausschaltung des Reglers direkt oder indirekt an der Regelstange der Einspritzpumpe eingestellt.

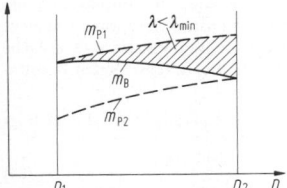

Bild 58. Angleichkennlinie. $m_{P1,2}$ Pumpenförderkennlinie, m_B Kraftstoffbedarf, λ Luftverhältnis

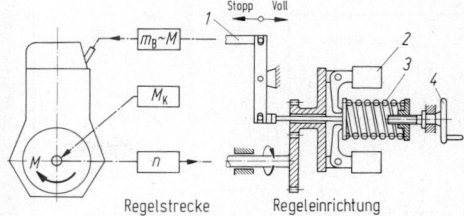

Bild 59. Regelkreis für einen Verbrennungsmotor mit Fliehkraftregler. *1* Regelstange, *2* Fliehmassen, *3* Reglerfeder, *4* Drehzahleinstellung

Verstell-(Alldrehzahl-)regler. Er hält eine vorgegebene Motordrehzahl, z.B. bei Schleppermotoren, Anlagen mit Verstellpropellern etc. ein.

Regelstrecke. Die Kraftstoffmenge m_B je Arbeitsspiel ist die Stellgröße y und bei Fliehkraftreglern die Drehzahl die Regelgröße x bzw. bei pneumatischen Reglern der Ansaugunterdruck. Störgröße z ist die Belastungsänderung durch das Kupplungsmoment M_K, z.B. bei Abfall des Generatorstroms, **Bild 59**. Stellglied ist die Regelstange der Einspritzpumpe bzw. bei Ottomotoren die Drosselklappe.

Anlaufzeit. Sie ist eine wichtige Kenngröße für das dynamische Verhalten der Regelstrecke. In dieser Zeit läuft der unbelastete Motor nach einer Änderung der Stellgröße m_B bis zur Betriebsdrehzahl n_B hoch. Mit dem Trägheitsmoment J der gesamten Anlage ist die Anlaufzeit

$$t_a = 2\pi J n_B / M_{\text{voll}}. \tag{76}$$

Große Anlaufzeit (großes Trägheitsmoment) erleichtert den Regelvorgang. Normal ist z.B. für Generatoranlagen $t_a = 1,8 \dots 2s$. Niedrigere Werte erfordern reaktionsschnellere Regler.

Regler. Je nach Reglerbauart wird der Sollwert unterschiedlich eingehalten:

P-Regler besitzen eine lastabhängige Abweichung, die durch den Ungleichförmigkeitsgrad δ (P-Grad, s. X 3.2.1) des Reglers ausgedrückt wird.
Er ist bedingt durch das unterschiedliche Kräfteverhältnis Fliehkraft zu Federkraft. Damit bestimmt die Federsteife den P-Grad (normal 4 bis 5% bei Drehstrom-Netzanlagen, 5 bis 7% bei Schiffsantrieben), die Federvorspannung den Sollwert.

PI-Regler. Sie werden benutzt, wenn in Sonderfällen keine Drehzahlabweichung zulässig ist. Durch eine nachgiebige Rückführung wird die bleibende Drehzahlabweichung bei Ausregelzeiten unter $2s$ zu Null.

Elektronischer Regler. Bei Reihen- (und auch Verteilereinspritzpumpen) ersetzt ein elektromagnetisches Stellwerk den mechanischen Fliehkraftregeler und betätigt die Regelstange. Abhängig von Fahrpedalstellung, Drehzahl und mehreren Korrekturgrößen errechnet ein Mikroprozessor im Vergleich zu einem gespeicherten Soll-Kennfeld die Soll-Einspritzmenge bei einem Soll-Ist-Vergleich des Regelstangenwegs. Ebenso kann auch der mechanische Spritzversteller ersetzt werden, in dem ein Sensor die Öffnung der Düsennadel einer der Einspritzdüsen anzeigt und über einen Soll-Ist-Vergleich auf das Stellwerk des Spritzverstellers einwirkt, **Bild 60**.
Die bei hohen Aufwendungen sich bietenden Möglichkeiten für komplexe Funktionskennfelder (z.B. Fahrgeschwindigkeitsregelung, Abgasrückführungsrate etc.) las-

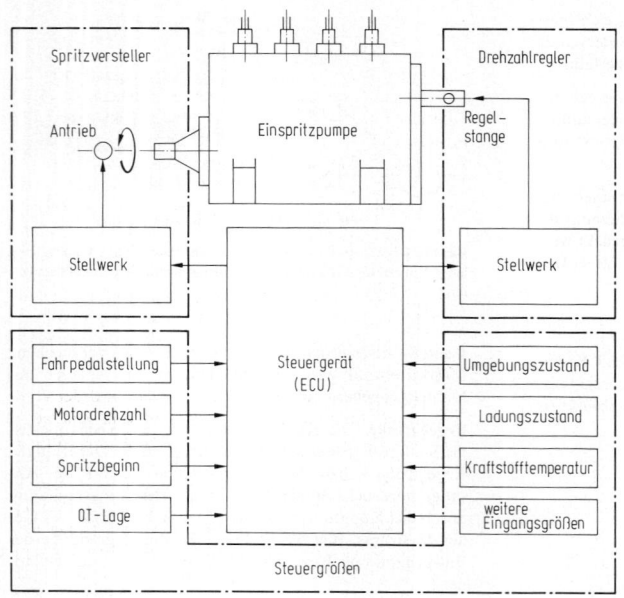

Bild 60. Schema einer Dieseleinspritzpumpe mit elektronischer Mengen- und Spritzbeginnregelung

sen für den Fahrzeugdieselmotor künftig eine Zunahme der elektronischen Regelung erwarten.

4.8 Konstruktion von Motoren
Internal combustion (IC) engine design

4.8.1 Ähnlichkeitsbeziehungen und Beanspruchung
Similarity conditions and loading

Mechanische Beanspruchung. Motorbauteile werden durch Gas- und Massenkräfte mechanisch beansprucht: Für die Beanspruchung durch oszillierende $m = m_{osz}(1 + \lambda_s)$ bzw. rotierende Massen $m = m_{rot}$ kann eine Massenkraft F_m angegeben werden, für die Beanspruchung durch den Gasdruck die maximale Kolbenkraft F_z (λ_s Schubstangenverhältnis)

$$F_m = mr\omega^2, \quad F_z = p_{max}A_K. \tag{77}$$

Damit gilt für die Spannung im Bauteilquerschnitt A_B

$$\sigma_m = F_m/A_B \quad \text{bzw.} \quad \sigma_p = F_z/A_B. \tag{78}$$

Wird näherungsweise $m \sim D^3\rho$, $A_B \sim D^2$ gesetzt, so folgt aus Gl. (77) und (78)

$$\sigma_m \sim D^3\rho r\omega^2/D^2 = D\rho(s/2)(2\pi n)^2 \sim c_m^2\rho \quad \text{bzw.} \tag{79}$$

$$\sigma_p \sim p_{max}A_K/A_B \sim p_{max}D^2/D^2 \sim p_{max}. \tag{80}$$

Geometrische Ähnlichkeit zweier Motoren (gleiche lineare Abhängigkeit der Abmessungen vom jeweiligen Kolbendurchmesser D) und gleiches p_{max} hat nach Gl. (80) gleiche mechanische Beanspruchung aller Bauteile durch Gaskräfte zur Folge.

Mechanische Ähnlichkeit besteht bei gleicher Kolbengeschwindigkeit c_m wegen gleicher Beanspruchung durch die Massenkräfte: Gl. (79). Danach kann σ_m durch stärkere Querschnitte A_B nicht verringert werden.
Neben den Werten für c_m in **Tab. 4** kann bei Dieselmotoren mit folgender maximaler Kolbengeschwindigkeit

gerechnet werden ($0.1 < D < 1$ in m)

$$c_m \approx 8(D)^{-0.25} \quad \text{in m/s.} \tag{81}$$

Bei Schwerölbetrieb sollte eine Geschwindigkeit von $9 < c_m < 10$ nicht überschritten werden.

Thermische Beanspruchung. Mit der Beaufschlagung der brennraumbildenden Wände durch die Wärmestromdichte q_w (s. P4.2.3) entsteht im Bauteil ein Temperaturgefälle, das thermische Spannungen σ_{th} verursacht. Vereinfacht gilt für eine ebene Wand der Stärke δ mit der Wärmeleitfähigkeit λ_w, dem linearen Ausdehnungskoeffizienten β und dem Elastizitätskoeffizienten E

$$\sigma_{th} = (\Delta l/l)E = \pm\tfrac{1}{2}(E\beta/\lambda_w)q_w\delta. \tag{82}$$

Da die Wärmestromdichte $q_w = Q_w/A$ von dem gasseitigen Wärmeübergangskoeffizienten α abhängt, Gl. (37), gilt näherungsweise (Stoffwerte = const)

$$\sigma_{th} \sim D^{0.8}. \tag{83}$$

Die mit zunehmendem Kolbendurchmesser D wachsenden thermischen Spannungen sind zu beherrschen, wenn sie mittels einer Stützkonstruktion (Membran- oder strongback-Konstruktion) getrennt von der mechanischen Beanspruchung aufgenommen werden. Durch eine relativ dünne Wand (**Bild 61 a**) wird dabei die Wärme an das Kühlmittel abgeleitet (σ_{th} klein), wobei die innere Schale ihre Festigkeit gegenüber der mechanischen Beanspruchung durch Abstützen auf eine starke Außenwand erhält. Bei der immer häufiger verwendeten Bohrungskühlung (**Bild 61 b**) „entartet" dieses Konstruktionsprinzip zu einer starken Wand mit nahe der brennraumseitigen Oberfläche verlaufenden und von Kühlmittel durchströmten Bohrungen.

Beanspruchung bei Leistungssteigerung. Aus Gl. (66) folgt für die Nutzleistung

$$P_e \sim w_e c_m D^2. \tag{84}$$

Bohrungsdurchmesser. Seine Vergrößerung bringt die wirkungsvollste Leistungssteigerung, wie beispielsweise bei

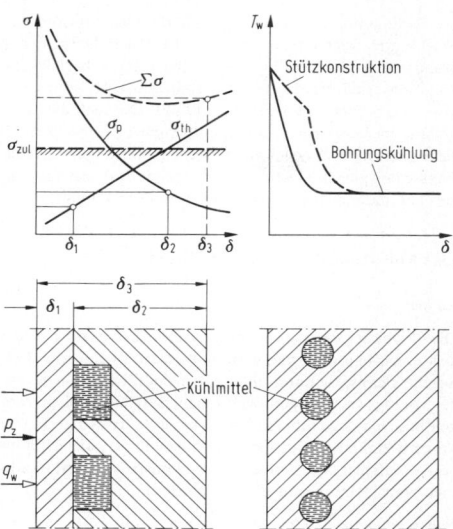

Bild 61. Einfluß der Wandstärke δ auf Beanspruchung und Temperaturverlauf. **a** Stützkonstruktion; **b** Konstruktion mit Bohrungskühlung

Großmotoren für Schiffsantriebe. Abgesehen von den Abmessungen (Handhabung) findet sie ihre Grenzen in den thermischen Beanspruchungen, Gl. (83) und in der mit D zunehmenden Leistungsmasse $m_p \sim D$.

Kolbengeschwindigkeit. Ihre Erhöhung hat außer quadratisch zunehmenden Massenkräften, Gl. (79), und Ansaugverlusten (Liefergrad, Gaswechselarbeit) auch größere thermische Spannungen zur Folge,

$$\sigma_{th} \sim \alpha(T_z - T_w) \sim c_m^{0,8}. \tag{85}$$

Aufladung steigert die spezifische effektive Arbeit (s. Gl. (48)) und führt bei gleichem Verbrennungsluftverhältnis zu höheren Gasdrücken bei gleichbleibenden Prozeßtemperaturen. Damit steigt die mechanische Beanspruchung annähernd proportional mit w_e, die thermische Beanspruchung entsprechend dem Druckeinfluß auf den Wärmeübergang jedoch schwächer,

$$\sigma_{th} \sim p_z^{0,8} \quad \text{bzw.} \quad \sigma_{th} \sim w_e^{0,8}. \tag{86}$$

Luftverhältnis. Seine Verringerung bedingt erhöhte Prozeßtemperaturen T_z und wirkt sich auf den Wärmeübergangskoeffizienten sowie das wirksame Temperaturgefälle aus, Gl. (85), so daß angenähert gilt

$$\sigma_{th} \sim T_z^{0,5}. \tag{87}$$

Die in erster Näherung gleiche exponentiale Abhängigkeit der Spannung σ_{th} von w_e und c_m erklärt, daß bei konstantem Produkt $w_e c_m$ kleine Änderungen von w_e oder c_m ohne größeren Einfluß auf die Beanspruchung σ_{th} sind, so z.B. bei der „low speed"-Version von Zweitakt-Großmotoren mit erhöhtem w_e.

4.8.2 Motorbauarten. Type of IC-Engine

Hubkolbenmotoren

Bauformen. Bis auf wenige Ausnahmen werden heute (einfach wirkende) Mehrzylinder-Motoren in Reihen- oder V-Anordnung der Zylinder ausgeführt, Pkw-Motoren auch in Boxer-Anordnung, s. P1.

Zylinderzahl. Bei schnellaufenden Fahrzeugmotoren findet man Zylinderzahlen bis $z = 6$ in Reihenanordnung, darüber als V8- (Pkw) bis V12-Motor (Lkw), bei größeren Motoren ($D > 0,14$ m) mit entsprechend steiferer Kurbelwelle sind auch 8-Zylinder-Motoren möglich, bei V-Anordnung bis $z = 10$ in einer Reihe. Viertakt-Großmotoren ($D > 0,3$ m) werden bis $z = 9$ bzw. 18 (Reihen- bzw. V-Motor) ausgeführt, Zweitakt-Großmotoren nur als Reihenmotoren mit bis zu 12 Zylindern. Dem Vorteil der kompakten V-Bauweise steht eine aufwendigere Herstellung im Vergleich zu zwei entsprechenden Reihenmotoren gegenüber. Größere Zylinderanzahl begünstigt Laufruhe und Ungleichförmigkeitsgrad, erhöht aber die Störanfälligkeit.

Verdichtungsverhältnis ε. Bei Ottomotoren wird der optimale Wert durch die Klopfgrenze, somit vom Kraftstoff, Brennraum und Bohrungsdurchmesser bestimmt: Mit Zunahme von D nimmt das Oberflächen-Volumenverhältnis ab und bedingt ε-Senkung. Übergang auf 4 Ventile bringt ε-Steigerung um 1 bis 1,5 Einheiten. Klopfsensoren erlauben Nutzung des optimalen ε unabhängig von Kraftstoffart. Bei Dieselmotoren bestimmt die Kaltstartfähigkeit die Wahl von ε und erfordert bei Pkw-Motoren $\varepsilon = 21...23$. Die Abnahme mit größer werdendem D wird eingeschränkt bei Steigerung von p_{max}, die ein Anheben von ε für optimalen Verbrauch erfordert, s.a. **Tab. 4.**

Hub-Bohrungsverhältnis. Seine Wahl richtet sich nach den Anforderungen: Kurzhuber mit überquadratischem Verhältnis ($s/D < 1$) erlauben große Ventilquerschnitte und hohe Drehzahlen bzw. niedriges c_m, jedoch steigen die Gaskräfte. Der Wert s/D beeinflußt ferner die Motormaße (Baulänge sinkt mit zunehmendem s/D, während Motorbreite und -höhe wachsen), den Verbrennungsraum, indem er mit fallendem s/D bei Anstieg des Oberflächen-Volumenverhältnisses (Wandwärmeverlust, „flame quenching") flach und ungünstig für die Verbrennung wird und das realisierbare Verdichtungsverhältnis senkt. Forderungen nach Quereinbau im Fahrzeug (kurze Baulänge), geringem HC-Ausstoß und Verbrauch stärken bei Pkw-Motor Trend zu $s/D = 1$, vgl. **Tab. 4**, der bei Viertakt-Dieselmotoren zu $s/D = 1,2...1,4$ (1,5), bei Zweitakt-Großmotoren mit Rücksicht auf niedrige Propellerdrehzahl zu $s/D = 3,2...3,8$ geht.

Bohrungsdurchmesser. Er hat die Grenze bei $D \leq 0,65$ für Viertakt- und $D \leq 1$ m für Zweitaktmotoren erreicht, womit maximale Motorleistungen von $P_e = 20...24$ MW bei Viertaktmotoren, bis zu 50 MW bei Zweitaktmotoren erreicht werden. **Anh. P4 Bild 2** liefert den Zusammenhang zwischen dem „Stand der Technik", ausgedrückt durch P_A, s. **Tab. 4**, und dem Bohrungsdurchmesser D.

Verwendung. Kleine Zweitaktmotoren werden wie alle Viertaktmotoren in Tauchkolbenbauart ausgeführt (s. P1.1) und hauptsächlich zum Antrieb von Zweirädern bzw. als Einbaumotor verwendet. Der schnellaufende Viertaktmotor dient überwiegend dem Antrieb von Pkws und Nutzfahrzeugen bzw. als schnellaufender Hochleistungs-Dieselmotor von Lokomotiven und schnellen Schiffen. Daneben findet auch der Einsatz in stationären Anlagen zur Stromerzeugung gekoppelt mit Abwärmenutzung statt (Blockheizkraftwerk BHKW zur dezentralen Wärme- und Stromerzeugung, meist mit Erdgas betrieben). Zum Antrieb von großen Schiffen wird überwiegend der Zweitaktgroßmotor (LL) in Kreuzkopfbauart verwendet. Gute Schweröltauglichkeit bei Trennung des Triebwerkraums von dem Verbrennungsraum (geringere Schmierölverschmutzung) ergibt hohe Betriebssicherheit bei niedrigsten Drehzahlen (direkter Propellerantrieb möglich). Mittelschnellaufende Viertaktmotoren (MSL) haben dagegen geringeres Gewicht und Bauvolumen, kostengünstigere Herstellung, erfordern aber Untersetzungsgetriebe. Der Wettbewerb zwischen den Schiffsmotoren wird davon beeinflußt, ob der MSL gleiche Betriebssicherheit bei gleichem Wartungsaufwand, Verschleiß und Schmierölverbrauch (Zweitakt: 0,8 bis 1,2 g/kWh; Viertakt: 1,0 bis 1,6 g/kWh) erreicht. Kritisch sind dabei die Ventilstandzeiten bei Schwerölbetrieb.

Kreiskolbenmotor (Wankelmotor)

Von der Vielzahl möglicher Rotationskolbenmaschinen konnte nur der von F. Wankel entwickelte Kreiskolbenmotor technische Bedeutung erlangen [22].

Aufbau. Durch Abrollen eines Hohlrads (d_2) mit daran im Abstand R befindlichen kurvenerzeugendem Punkt A auf einem fixen Ritzel (d_1) entsteht die äußere Arbeitsraumkontur als zweibogige Trochoide, **Bild 62**, wenn sich $d_1 : d_2 = m : (m+1)$ verhalten und $m = 2$ ist. Die $m+1 = 3$ erzeugenden Punkte A, A', A'' bilden auch die Eckpunkte des Innenläufers (Kolben) als innere Hüllfigur. Er ist auf dem Exzenter 4 der Welle 3 gelagert, wobei das mit dem Kolben verbundene Hohlrad 2 mit dem an der Seitenscheibe 1 befestigten Zahnritzel kämmt. Die Exzentrizität der Zahnräder beträgt $e = (d_2 - d_1)/2$. Das Verhältnis R/e bestimmt die Trochoidenform (üblich $R/e = 6,8$ bis 7,2) und das maximale Verdichtungsverhältnis

$$\varepsilon_{max} \approx 2,6(R/e).\tag{88}$$

Hubraum. Für eine Kammer folgt er als Differenz $V_{max} - V_{min}$ aus

$$V_K = 3\sqrt{3}eRB \approx 5,2eRB.\tag{89}$$

Arbeitsweise. Der Motor arbeitet nach dem Viertaktverfahren mit 270° Exzenterwinkel je Arbeitstakt einer Kammer, somit pro Arbeitsspiel $4 \cdot 270° = 1080°$ bzw. drei Umdrehungen, was einem Frequenzverhältnis $a = 3$ entspricht, Gl. (1). Die Leistung eines 1-Scheibenmotors folgt aus Gl. (66) mit $V_h = 3V_K$. Ausgeführt wurden bisher kommerziell 1- und 2-Scheibenmotoren, letztere nur wassergekühlt.

Die Kolbenmulde 6 senkt ε_{max} auf für Ottomotoren übliche Werte, verbindet im OT die beiden sichelförmigen Brennräume und erhöht das bereits hohe Oberflächen-Volumenverhältnis, das Wandwärmeverlust, HC-Emission sowie Verbrauch ungünstig beeinflußt. Da auch die Herstellung im Vergleich zum Hubkolbenmotor keine Vorteile bietet, konnte sich der Wankelmotor trotz einiger Vorteile (Massenausgleich, Leistungsmasse) nicht durchsetzen, was sich bei anderen Randbedingungen ändern könnte.

4.8.3 Motorbauteile. Engine components

Kolben

Die Triebwerksbeanspruchung durch Massenkräfte erfordert Leichtbauweise und geringe Werkstoffdichte, die thermische Beanspruchung gute Wärmeleitfähigkeit. Die daher vorzugsweise eingesetzten Leichtmetallkolbenlegierungen besitzen gegenüber Eisenwerkstoffen jedoch geringere Warmfestigkeit und größere Wärmedehnung, die erhöhtes Kalt-Laufspiel am Kolben, bzw. konstruktive Maßnahmen zum Dehnungsausgleich erfordern.

Fahrzeugmotoren. Um Massen- und Reibkräfte zu verhindern, wurden für Pkw-Ottomotoren Leichtbaukolben mit nur zwei Ringen entwickelt, **Bild 63a**. Üblich bei Pkw-Motoren sind Regelkolben, bei denen Regelglieder die Dehnung senkrecht zum Bolzen (Druckrichtung) klein halten und so das Kolbenklappern im Leerlauf vermeiden. Erhöhte thermische Belastung erfordert bei Überschreiten der zulässigen Grenztemperatur an der 1. Kolbenringnut $T \leq 250\,°C$ deren Armierung durch warmfeste Ringträgereinlagen oder (und) allgemein eine Kühlung des Kolbens durch Anspritzen der Kolbenunterseite mit Öl aus dem Schmierölkreislauf, **Bild 63b**.

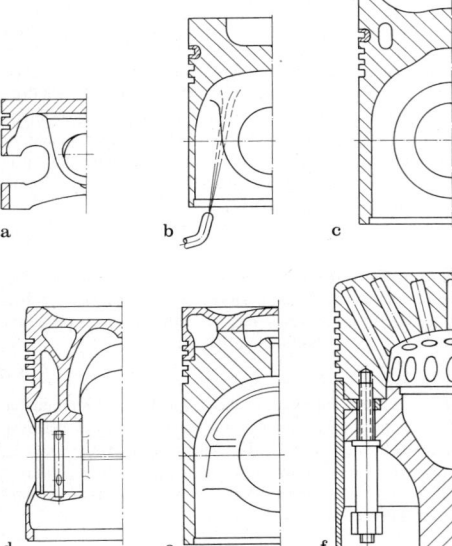

a   b   c

d   e   f

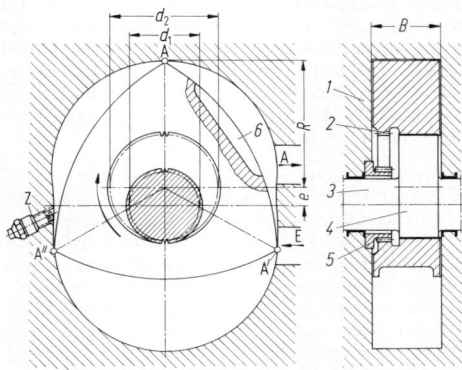

Bild 62. Kinematik und Aufbau eines Wankelmotors mit Umfangsein- und -auslaß E, A, und Zündkerze Z. V_{max}-Stellung der Kolbenseite A'A'' kurz vor „Einlaß schließt" am Beginn der Kompression, während A''A am Beginn der Expansions- bzw. AA' am Ende der Ausschubphase ist

Bild 63. a Pkw-Leichtbaukolben in 2-Ringausführung (Prototyp); **b** Kolben mit Ringträger und Anspritzkühlung; **c** Kühlkanal-Kolben (gepreßt); **d** GGG-Monoblock-Kolben mit „Shakerkühlung"; **e** gebauter Kolben mit St-Oberteil und Leichtmetall-Unterteil; **f** Kolben für Zweitakt-Langsamläufer mit Bohrungskühlung (Abmessungen auf ungefähr gleichen Durchmesser bezogen)

Großmotoren. Wirkungsvoller sind eingegossene, volldurchströmte bzw. teilgefüllte Kühlkanäle mit der für die Kühlung günstigen Pendel- oder Shakerströmung, die auch bei den gebauten Kolben für Viertaktmotoren hoher Leistung auftritt. Dabei wird die Kolbenkrone aus warmfestem Stahl oder Stahlguß mit dem Kolbenunterteil aus üblicher Kolbenlegierung verschraubt, **Bild 63 c,** hohe Zünddrücke bei großer thermischer Belastung, verbunden mit starkem abrasiven und korrosivem Verschleiß erfordert Übergang auf Leichtbau-GGG-Monoblock-Kolben, **Bild 63 d,** bzw. gebaute Kolben mit GGG-statt Leichtmetall-Unterteil (**Bild 63 e**) bei vorteilhaft geringem Laufspiel.

Auch Kolben von Zweitaktgroßmotoren sind gebaut, wobei sich das dünnwandige GS-Kolbenoberteil über Stützkörper auf der Kolbenstange abstützt, die auch das Kolbenhemd trägt. Die Kühlung wird durch Wasser statt Motoröl und Bohrungskühlung intensiviert, **Bild 63 f.** Der Einsatz gekühlter Kolben (**Bild 64**) ist abhängig von der Baugröße und der thermischen Belastung durch die Wärmestromdichte q_{w}.

Die mit Kolbendurchmesser und Zünddruck wachsende Belastung der Kolbenbolzenlagerung bei Tauchkolben (**Bild 65**) zwingt zur Vergrößerung der druckseitigen Auflagefläche durch abgesetzte Pleuelaugen bis hin zur Ausbildung als Schwingzapfen.

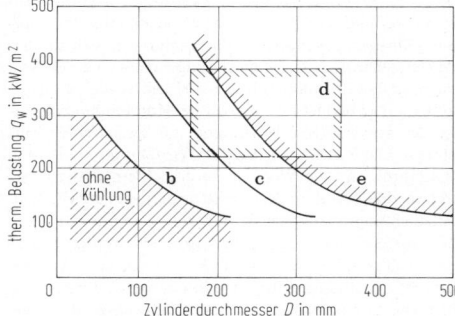

Bild 64. Verwendung gekühlter Kolben nach **Bild 63** bei Viertakt-Dieselmotoren

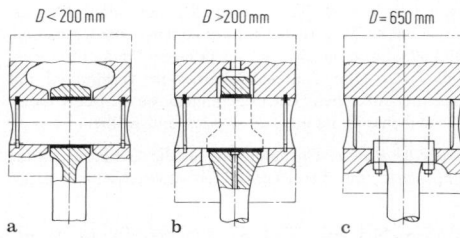

Bild 65. Kolbenbolzenlagerung. **a** Fahrzeugmotor; **b** Mittelschnelläufer, $D = 250$ mm; **c** Schwingzapfenausführung, $D = 650$ mm (M.A.N., Prototyp)

Kreuzkopf

Am Kreuzkopf von Zweitakt-Großmotoren bedingt die Gaskraft F_z ein dauerndes Anliegen der Zapfenunterseite bei nur geringen Schwenkbewegungen, die keine Schmierkeilbildung und Vollschmierung zuläßt. Zunehmende Aufladung erfordert daher sorgfältige Gestaltung des oft grenzbelasteten Bauteils. Nachgiebige Auflager gleichen

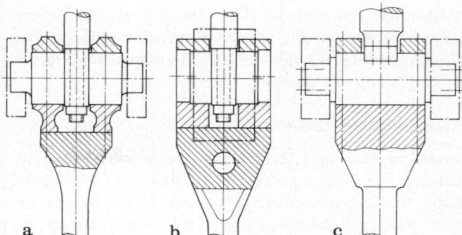

Bild 66. Gestaltung des Kreuzkopfes. **a** nachgiebige Zapfenlagerung, beidseitige Führung (Sulzer); **b** exzentrische Lagerung, einseitige Führung (Zapfen um 90° gedreht gezeichnet, Fiat-G.M.T.); **c** Schwingzapfen, beidseitige Führung (M.A.N.-B & W)

Zapfenverformungen aus, durch Schwingzapfen vergrößerte Lagerflächen senken die Flächenpressung, **Bild 66 a, c.**

Ein exzentrischer Versatz am Zapfen soll ein wechselndes Abheben der Lagerflächen beim Ausschwenken der Treibstange erreichen und die Kontaktflächen entlasten, **Bild 66 b.** Die Kreuzkopfführung kann einseitig oder beidseitig, dann mit vier Führungsflächen erfolgen.

Pleuelstange

Schnellaufende Motoren erfordern mit Rücksicht auf Massenkräfte sorgfältige Formgebung der als Doppel-T ausgeführten Stange mit geschlossenem oberen und geteiltem unteren Pleuelauge, die (gegossen: Pkw) meist im Gesenk geschmiedet wird; Einsatz faserverstärkter Werkstoffe (CFK) könnte oszillierende Masse senken. Hohe Beanspruchungen bestehen am Übergang Stange/großes Pleuelauge mit zusätzlicher Gefährdung durch Gewindebohrungen für Pleuelschrauben, die Klaffen (Biegemoment), Abheben (Normalkraft) und Verschieben (Querkräfte) in der Trennfuge vermeiden müssen. Die formschlüssige Verbindung kann durch Paßschraube, Nut und Feder oder Kerbverzahnung unterstützt werden, **Bild 67 a.** Mit zunehmendem Durchmesser wird eine einfachere Gestaltung des Schafts wegen geringerer Massenkräfte bei Schwenkbewegung möglich, **Bild 67 b.**

Marinekopf. So heißt die Ausführung, die durch Teilung von Stange und Pleuelkopf bei Großmotoren das Kolbenziehen erleichtert, **Bild 67 c.**

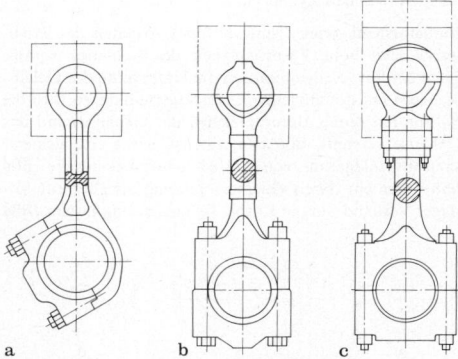

Bild 67. Pleuelstangen. **a** schräggeteiltes Pleuel für Schnelläufer; **b** teilweise unbearbeitete Stange für Mittelschnelläufer (MaK); **c** Marinekopf-Ausführung (M.A.N.-B & W)

V-Motoren besitzen nur selten Gabelpleuel oder Anlenk-
pleuel (teuer), um den bei nebeneinanderlaufenden Pleueln auftretenden Versatz der Zylinderreihen zu vermeiden
bzw. Baulänge zu sparen.

Kurbelwelle und Lager

Belastung. Gas- und Massenkräfte beanspruchen die Kurbelwelle auf Biegung, das Nutzdrehmoment auf Verdrehung, Zusatzbeanspruchungen durch Drehschwingungen
sind durch Drehschwingungsberechnungen zu erfassen
[23], gegebenenfalls durch Schwingungsdämpfer, -tilger
zu senken.

Herstellung. Kurbelwellen werden je nach Motorgröße
im Gesenk oder frei vorgeschmiedet, zunehmend (USA
überwiegend) werden für Pkw-Motoren gegossene Ausführungen (Sphäroguß) verwendet. Die dadurch mögliche
freie Gestaltung ergibt günstige Spannungsverteilungen
und hohe Gestaltfestigkeiten bei günstigen Kosten. Unbearbeitete Kurbelwangen mit angeschmiedeten Gegengewichten findet man bei kleinen, niedrig belasteten Motoren. Üblicherweise erfolgt allseitige Bearbeitung, wobei
die Gegengewichte angeschraubt werden.
Zweitakt-Großmotoren besitzen gebaute (Hubzapfen,
Wangen und Grundzapfen einzeln gefertigt und durch
Schrumpfen verbunden) oder halb-gebaute Kurbelwellen
(Hubzapfen mit Wangen aus einem Stück, Schmiedestahl oder Stahlguß).

Lager. Es werden überwiegend Gleitlager verwendet,
Wälzlager sind selten. Sie setzen gebaute Kurbelwellen
(Kleinmotoren) oder Scheibenkurbelwellen voraus, bei de-
nen die Wellenzapfen zur Wange mit Kreisquerschnitt er-
weitert werden (Bauart Maybach). Der Auslegung von
Grund- und Pleuellagern hochbelasteter Motoren liegt die
Verlagerungsbahn des Zapfens in instationär belastetem
Gleitlager zugrunde [24].

Motorgehäuse, Kurbelgehäuse

Gehäuseformen. Bei kleineren und mittleren Motoren vereinigt ein gemeinsames Gehäuse Zylinder, Kühlmantel
(Wasserkühlung) und Kurbelgehäuse, wobei wegen der
komplizierten Formgebung Gußverfahren verwendet werden (Grauguß, Pkw-Motoren auch Leichtmetalldruckguß
mit eingegossenen oder eingepreßten Zylinderbuchsen aus
Grauguß, anderenfalls ist Eisenbeschichtung am Kolben
erforderlich). Gute Kühlung ist bei allseitig umströmten
Zylindern gegeben, jedoch besteht mit Rücksicht auf Baulänge (Quereinbau von Pkw-Motoren) Trend zu zusammengewachsenen Zylindern.

Kurbelwellenlagerung. Einwandfreies Arbeiten des Triebwerks setzt hohe Formsteifigkeit des Gehäuses voraus.
Liegt bei Pkw-Reihenmotoren die Unterkante des Gehäuses meist auf der Höhe der Grundlagerteilung, so wird bei
V-Motoren durch Herunterziehen der Gehäusewand das
Gehäuse versteift, **Bild 68a**. Ebenso wirkt eine gemeinsame Blocklagerung von Kurbel- und Nockenwelle (**Bild
68b**) oder ein durch Querverspannung erzielter ringförmiger Verband um die Kurbelwellenlagerung herum (**Bild

68c**). Sie wahrt auch den Montagevorteil der hängenden
Lagerung. Diese wird auch bei Viertaktgroßmotoren mit
einteiligem Motorgestell bevorzugt. Die liegende Lagerung ist günstiger bei geteiltem Gehäuse und wird bei
Zweitaktgroßmotoren ausschließlich verwendet.

Zuganker. Das bei großen Zweitaktmotoren aus Grundplatte, Gestell und Zylinderblock bestehende Gehäuse
wird mittels Zuganker verspannt, so daß im Gehäuse nur
Druckspannungen auftreten. Die für Schiffsmotoren erforderliche Gehäusesteifigkeit zum Schutz der Kurbelwelle
bedingt, daß die für das Gestell früher angewendete Ständerbauweise (auf Grundplatte aufgesetzte Einzelständer
tragen den Zylinderblock) weitgehend von durchgehenden Kastenträgern mit hohem Widerstandsmoment abgelöst wird, s. **Bild 74**.

Zylinderkopf

Einzel-, Blockzylinderkopf. Letzterer kann nur für $D \leq$
130 mm für bis zu sechs Zylinder verwendet werden und
setzen große Stückzahlen voraus. Ein gleichmäßiger Dicht-
druck erfordert genügend Steifigkeit (Bauhöhe), wobei die
bei Viertaktmotoren neben Ein- und Auslaßkanälen an-
zubringenden Durchbrüche (Zündkerze bzw. Einspritzdüse, Nebenbrennraum, Anlaßventil, Zylinderkopfschrauben
etc.) eine komplizierte Formgebung und Gußform (GG)
bedingen mit Trend zu Leichtmetall bei Pkw-Motoren.

Ventilzahl. Wahl von vier statt zwei Ventilen erhöht den
Liefergrad und verhält sich wegen symmetrischen Aufbaus günstiger gegenüber Beanspruchungen, jedoch steigen Herstellungskosten (Anwendung zunehmend bei Pkw-
und auch Nfz-Motoren, ab $D > 150$ mm sowie Hochaufladung ausschließlich). Luftgekühlte Motoren können wegen der notwendigen Verrippung nur zwei Ventile aufnehmen. Die Ventile von Viertakt-Großmotoren erhalten
Ventilkörbe, um die Wartung zu erleichtern und zu verhindern, daß sich Zylinderkopfdeformationen auf die Ven-
tilsitzdichtung übertragen, s. **Bild 10**.
Mit zunehmender Leistung und Bohrung werden besondere Kühlmaßnahmen erforderlich, zunächst lokal beschränkt (Ventilsteg, Einspritzdüsenbereich), dann Übergang zur Stützkonstruktion oder Bohrungskühlung bei
Großmotoren, s. **Bild 61**.

Laufbuchse

Integrierte Buchse. Sie ist integraler Bestandteil des wassergekühlten Motorgehäuses mit engem Zylinderabstand,
Bild 69a, aus möglichst verschleißfestem Werkstoff: Grauguß bietet gute Laufeigenschaften in Verbindung mit
Leichtmetallkolben; Leichtmetallgehäuse erfordert Oberflächenbehandlung an Buchse oder/und Kolben.

Trockene Buchse. Darunter sind in die Gehäusebohrung
eingesetzte und bei Reparaturen auswechselbare Lauf-

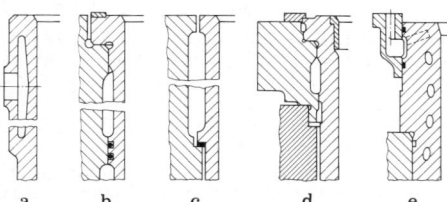

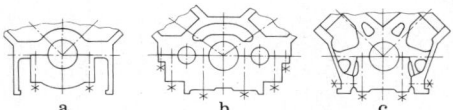

Bild 68. Kurbelgehäuse von V-Motoren (Abmessungen auf gleiche Zylinderbohrung D bezogen). **a** Pkw-Motor (Daimler-Benz);
b Lkw-Motor (Saurer); **c** Lkw-Motor (KHD)

Bild 69. Wassergekühlte Laufbuchsen. **a, b** geschlossenes Gehäuse
(„closed-deck") mit integrierter bzw. nasser Buchse; **c** offenes
Gehäuse („open-deck") mit nasser Buchse; **d, e** Buchsen für
Großmotoren mit hoher thermischer Belastung

buchsen von 2,5 bis 3,5 mm Stärke aus verschleißfestem Gußeisen zu verstehen. Sie ermöglichen preiswerteren Grauguß oder Leichtmetall und werden bei Fahrzeugmotoren bis $D = 120$ mm verwendet.

Nasse Buchse. Sie ermöglicht gute Kühlung und sichert Schmierung. Obere Buchsenbundauflage bei hängender Ausführung ohne Dichtung zum Wasserraum, der unten mittels O-Ringe abgedichtet wird, **Bild 69b**, stehende Buchsen, bei Pkw-Leichtmetallgehäusen in open-deck-Bauweise verwendet, werden am unteren Bund metallisch gedichtet, **Bild 69c**. Mit zunehmender Baugröße bei Großmotoren anwachsende Beanspruchungen und Verformungen im Bereich des Buchsenkragens erfordern beanspruchungsgerechte Gestaltung mit guter Kühlung nach Entlastung des Gehäuses von radialen Einspannkräften durch hochgelegte Auflage, **Bild 69d**, wobei bei zunehmender Belastung Ausbildung zum Stützring mit Flanschkühlung oder zu starkwandigem Bund mit Bohrungskühlung erfolgt, **Bild 69d, e**. Die dabei auf die obere Buchsenpartie beschränkte Kühlung soll mögliche Naßkorrosion bei Unterschreiten des Taupunkts an den Wänden verhindern.

Luftgekühlte Motoren. Deren Laufbuchsen werden meist als Einzelbuchsen aus Grauguß in das Kurbelgehäuse eingesetzt und mittels Zuganker gemeinsam mit dem Einzelzylinderkopf verspannt. Sie sind außen zur Vergrößerung der Kühlfläche mit Rippen versehen, wobei Luftkühlung wegen des mit zunehmenden Durchmesser D abnehmenden Oberflächen-Volumenverhältnisses nur bis $D = 150$ mm anwendbar ist.

Hybride Motorkühlung. Sie sieht unterschiedliche Kühlmedien vor für Zylinderkopf und Motorblock, wobei neben Luft auf Öl, das als Schmieröl vorhanden ist, für den Motorblock zurückgegriffen wird (open-deck-Version mit integrierten Buchsen, abgeschlossen durch luftgekühlten Blockzylinderkopf).

4.8.4 Ausgeführte Motorkonstruktionen
Design of typical internal combustion (IC) engines
Pkw-Ottomotor (Bild 70)
Es handelt sich um die leistungsgesteigerte Version eines 5-Zylinder-Motors mit 20 Ventilen. Gegenüber dem Ba-

sismotor wurde das maximale Drehmoment von 165 auf 200 Nm gesteigert ($n_{M max}/n_N = 0{,}72$ statt $0{,}59$ für $n_N = 5400$ min^{-1}). Eine aufgeladene Version bringt eine weitere Leistungssteigerung auf 162 kW gegenüber dem dargestellten Motor bei gleichzeitiger Vergrößerung des Hubraums auf 2,2 l ($M_{max} = 309$ Nm bei 1950 min^{-1}).

Motorgehäuse. Es besteht aus Grauguß in closed-deck-Version (vgl. **Bild 69a**) mit zusammengewachsenen Zylindern. Vom Hauptölkanal abgezweigte Spritzdüsen dienen zur Kolbenkühlung. Die erhöhte Ölmenge von 4,5 l befindet sich in einer Aluminiumdruckgußwanne mit Leitrippen zur blasenfreien Ölansaugung, wobei auf einen Ölkühler verzichtet werden konnte.

Zylinderkopf. Er ist in Block-Version aus Leichtmetall gefertigt und durch Längsrippen im Stegbereich innerhalb des Wassermantels versteift. Der Brennraum befindet sich im Kopf. Die 6fach gelagerten Nockenwellen werden über eine Kette miteinander verbunden bei Antrieb der Auslaßnockenwelle durch einen Zahnriemen von der Kurbelwelle her. Die Einlaßnockenwelle treibt am hinteren Ende über Schraubenräder den Zündverteiler an. Die Ventilbetätigung erfolgt über Tassenstößel mit hydraulischem Ventilspielausgleich.

Triebwerk. Die Kurbelwelle aus Sphäroguß konnte vom Basismotor übernommen werden. Ein Schwingungsdämpfer reduziert den Verdrehwinkel der Kurbelwelle. Die Leichtmetall-Regelkolben weisen eine einlaßseitige Quetschfläche auf.

Nebenaggregate. Eine Ölsichelpumpe befindet sich auf der Motorvorderseite. Die Kühlwasserpumpe wird vom Zahnriemen mit angetrieben. Gemischbildung und Zündung erfolgen über eine elektronische Steuerung mittels Zünd- und Einspritzkennfelder bei sequentieller Einspritzung (einmal pro Arbeitsspiel je Zylinder), Luftmassenstrommessung, λ-Sonde und Klopfsensorregelung ($\varepsilon = 10{,}3$).

Fahrzeug-Dieselmotor (Bild 71)
Dargestellt ist der Basismotor einer Baureihe von vorzugsweise zum Nfz-Antrieb bestimmten, luftgekühlten V-Mo-

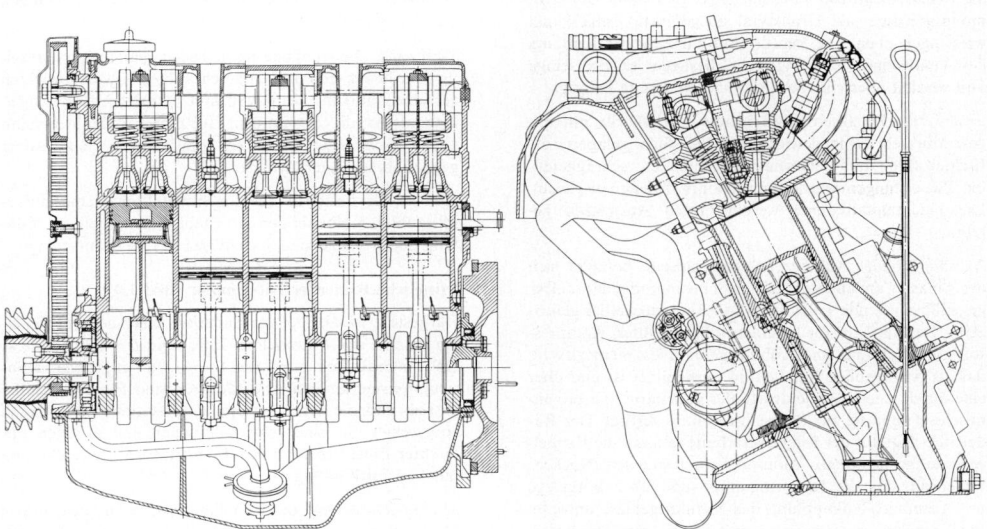

Bild 70. Pkw-Ottomotor der AUDI AG (5-Zylinder 20 V): Leistung 118 kW bei 6200 min^{-1} als Saugmotor, $M_{max} = 200$ Nm bei 4500 min^{-1}. $s/D = 77{,}4/81$ mm/mm, $w_{eN} = 1{,}14$ kJ/dm^3, $w_{e max} = 1{,}26$ kJ/dm^3, $c_m = 16$ m/s

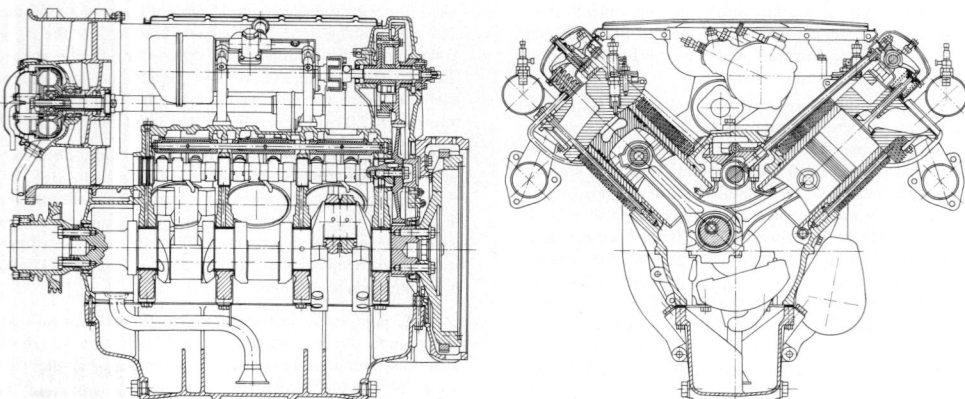

Bild 71. Luftgekühlter Dieselmotor der Klöckner-Humboldt-Deutz AG (Typ F6L513): Fahrzeugleistung 141 kW bei 2300 min^{-1}, s/D = 130/128 mm/mm, w_e = 0,67 kJ/dm^3 (Saugbetrieb), c_m = 10 m/s

toren mit 6, 8, 10 und 12 Zylindern, die auch mit Abgasturboaufladung und Ladeluftkühlung gebaut werden (V8 bis V12). Die leistungsbezogene Motormasse beträgt 4 kg/kW bei Saugbetrieb, 3,4 kg/kW bei Aufladung mit einer maximalen Zylinderleistung von 23,5 bzw. 32,2 kW (Fahrzeugleistung ISO 1585).

Motorgehäuse. Es ist aus Grauguß mit über Kurbelwellenmitte heruntergezogenen Wänden und Versteifung durch Längsrippen und Querverspannung über Grundlagerdeckel. Aus Einbaugründen schmale Ölwanne. Kräftige Auflage der mit Kühlrippen versehenen Zylinderrohre aus Grauguß mit tief angesenkten Gewindelöchern für drei Zylinderkopfschrauben. Lagerung der Nockenwelle im V des Gehäuses in Lagerbuchsen. Ein Deckel aus Stahlblech schließt den V-Raum nach oben ab und bildet den Kühlluftaufnehmer, in dem sich auch die Einspritzpumpe befindet.

Einzelzylinderköpfe. Sie sind aus Leichtmetall mit je einem Einlaß- und Auslaßventil und werden ohne Dichtung über die Zylinder mit dem Kurbelgehäuse verspannt. Der strömungsgünstige, als Drallkanal ausgeführte Einlaßkanal weist nach oben. Die Ventile sind zur besseren Kühlung des Ventilsteges schräg gestellt, besitzen Ventilsitzringe und werden über eine Stößelstangensteuerung betätigt.

Triebwerk. Die allseitig bearbeitete Kurbelwelle mit angeschraubten Gegengewichten ist vierfach gelagert, die Kurbelzapfen mit nebeneinanderlaufenden, schräggeteilten Pleuelstangen wurden ausgebohrt (Massenausgleich). Die Leichtmetallkolben werden durch Anspritzen gekühlt.

Nebenaggregate. Auf der Schwungradseite befindet sich der Anlasser am angeschraubten Schwungradgehäuse. Der gegenüberliegende Leichtmetall-Gehäusedeckel ist gleichzeitig Geräteträger für Schmierölkühler, -filter, Kompressor, Lichtmaschine und Kühlluftgebläse (ca. 60 m^3/kWh), das als Axialgebläse mit Leitrad ausgebildet ist und über eine durch einen Temperaturfühler gesteuerte hydrodynamische Kupplung zur Drehzahlregelung verfügt. Der Rädertrieb liegt auf der Schwungradseite: ein auf die Kurbelwelle aufgeschnittenes Zahnrad kämmt mit dem Nockenwellenrad, das die Einspritzpumpe und über Vorgelege und Gummirollenkupplung das Kühlluftgebläse antreibt. Im Einspritzpumpenzahnrad ist der Spritzversteller untergebracht. Der Zahnradtrieb für die Schmierölpumpe ist auf der Gegen-Schwungradseite.

Schnellaufender Hochleistungsdieselmotor (Bild 72)

Dargestellt ist der Basismotor einer Baureihe mit 12-, 16- und 20-V-Motoren für den Lokomotivantrieb, den Einsatz in schnellen Schiffen und zur 60-Hz-Stromerzeugung. Der Viertakt-Dieselmotor mit 60°-V-Anordnung arbeitet mit direkter Einspritzung über Einzel-Einspritzpumpen.

Aufladung. Wurde zur Doppelaufladung mit Zwischenladeluftkühlung durch mehrere Gruppen in Reihe geschalteter Abgasturbolader (Registeraufladung) entwickelt. Dabei erfolgt externe Ladeluftkühlung im Fremdwasserkreislauf mit Vorwärmmöglichkeit bei Teillast.

Motorgehäuse. Besteht aus miteinander verschweißten Stahlguß-Einzelteilen mit angeschraubter Ölwanne aus geschweißten Stahlblechen sowie nassen Buchsen und besitzt in Hoch- und Querrichtung verschraubte Grundlagerdeckel.

Einzelzylinderköpfe (Guß) mit je zwei Ein- und Auslaßventilen, die von zwei seitlich hoch am Motorgehäuse angesetzten Nockenwellen über Rollenstößel, Stoßstangen und Kipphebel gesteuert werden.

Triebwerk. Die einteilige Kurbelwelle, geschmiedet, allseitig bearbeitet und mit angeschraubten Gegengewichten versehen, läuft in Gleitlagern und besitzt ein Rillenkugellager als Axiallager. Auf dem Hubzapfen laufen nebeneinander geschmiedete und allseitig bearbeitete Pleuel zweier gegenüberliegender Zylinder.

Kolben. Sie bestehen aus Leichtmetallschaft mit aufgeschraubten Kolbenböden aus Stahl und werden zur Kühlung über feststehende Spritzdüsen mit Öl beaufschlagt.

Mittelschnellaufender Dieselmotor (Bild 73)

Dargestellt ist die kleinste Baugröße einer neu entwickelten Familie von Mittelschnelläufern mit D = 400, 480 bzw. 580 mm in Reihenanordnung (z = 6...9) mit gleichen Konstruktionsmerkmalen. Die Motoren sind für den Schiffsantrieb und die Stromerzeugung in stationären Anlagen vorgesehen. Sie sind schweröltauglich und arbeiten mit direkter Einspritzung hoher Intensität bei Stauaufladung mit Ladeluftkühlung.

Motorgehäuse. Auf das einteilige, sehr steif ausgeführte Graugußgestell werden Einzelzylindermäntel aufgesetzt, so daß die Zylinderbuchsen voneinander unbeeinflußt bleiben. Die Wasserkühlung beschränkt sich auf diese Zylin-

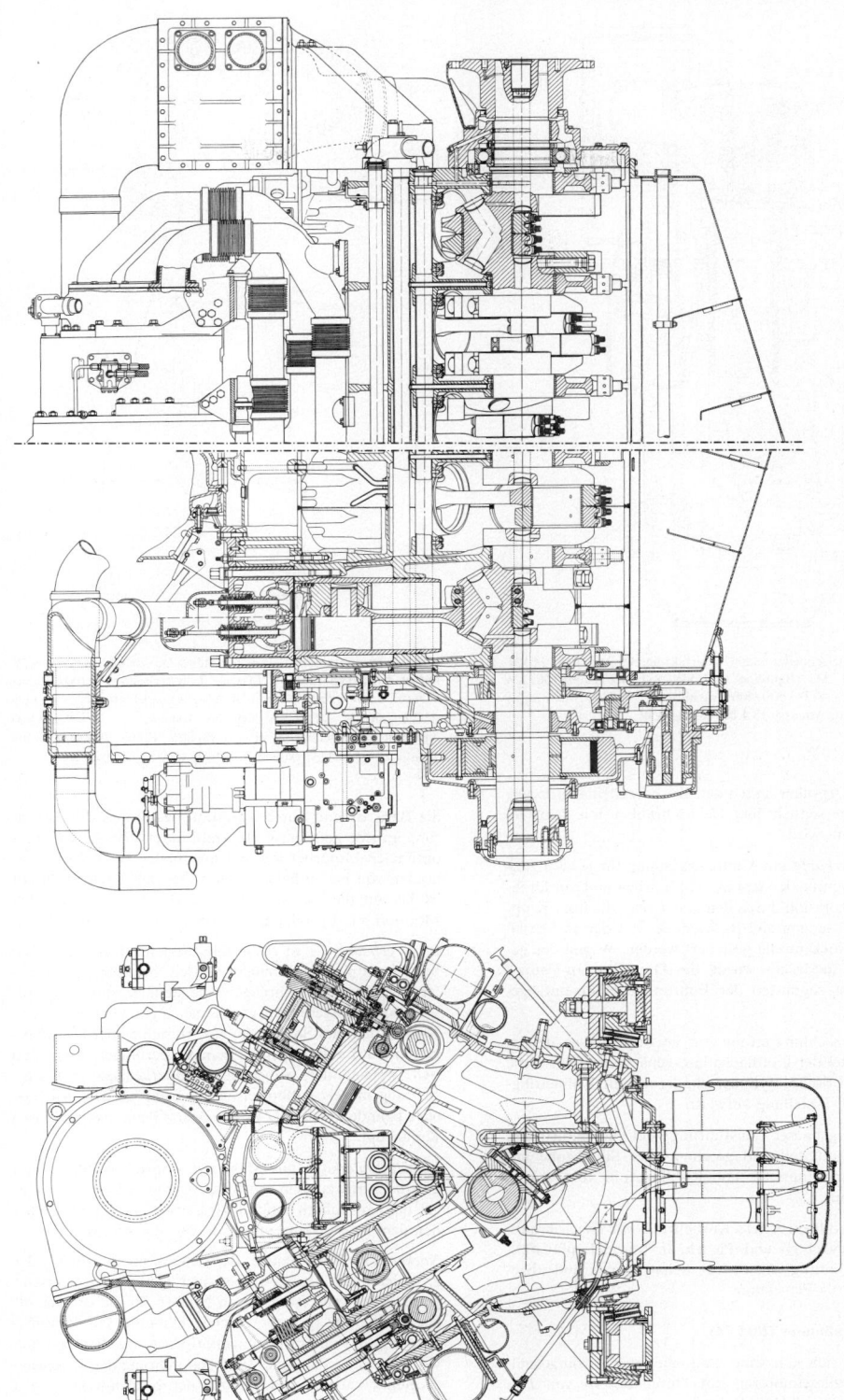

Bild 72. Schnellaufender Hochleistungsdieselmotor der mtu Motoren- und Turbinen-Union Friedrichshafen (Baureihe 1163): maximale Zylinderleistung (B) 370 kW bei 1 300 min^{-1}, $s/D = 280/230$ mm/mm, $w_e = 2,94$ kJ/dm^3, $c_m = 12,1$ m/s bei Doppelaufladung

P

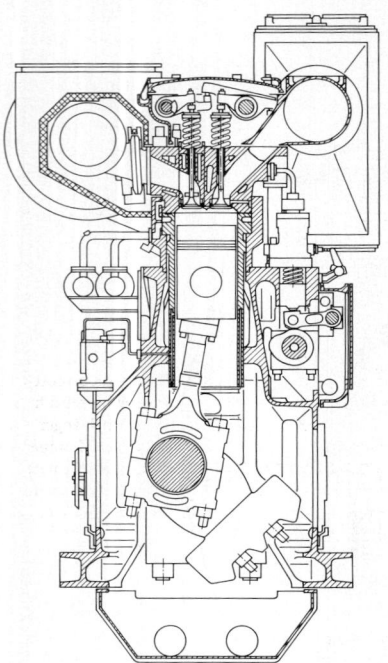

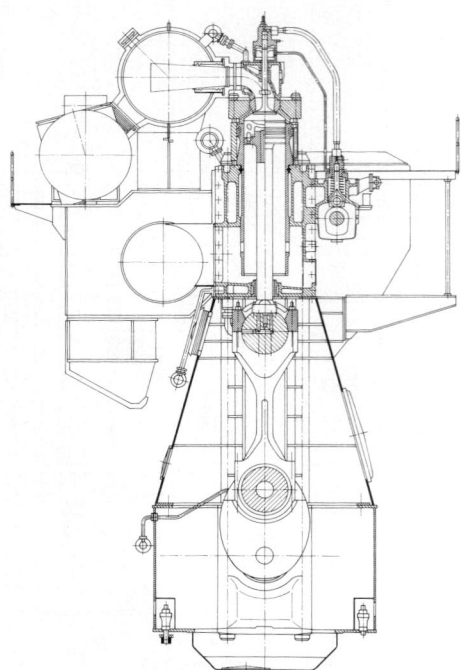

Bild 73. Mittelschnellaufender Viertaktdieselmotor der MAN-B & W Diesel AG (Baureihe L40/54): Zylinderleistung 665 kW bei 514 min^{-1}, $s/D = 540/400$ mm/mm, $w_e = 2,29$ kJ/dm^3, $c_m = 9,25$ m/s, Leistungsmasse 18,4 bis 18,8 kg/kW

Bild 74. Langsamlaufender Zweitaktdieselmotor der MAN-B & W Diesel A/S, Typ L80 MC/MCE: Zylinderleistung 3 100 kW bei 88 min^{-1}, $s/D = 2592/800$ mm/mm, $w_e = 1,62$ kJ/dm^3, $c_m = 7,6$ m/s (K-Version: $P_e = 3250$ kW/Zyl. bei 104 min^{-1}, $s/D = 2300/800$ mm/mm bei gleichem w_e bzw. S-Version: $P_e = 3350$ kW/Zyl. bei 77 min^{-1}, $s/D = 3056/800$, $w_e = 1,7$ kJ/dm^3, $c_m = 7,8$ m/s)

dermäntel. Zuganker halten den Kurbelwellenlagerdeckel, der außerdem seitlich über Dehnschrauben mit dem Gestell verspannt wird.

Einzelzylinderköpfe mit Ventilsitzkühlung für je zwei Ein- und Auslaßventile (letztere in Ventilkörben und mit Drehflügeln zur Rotation durch den Gasstrom), die über Kipphebel, Stößelstangen und Rollenstößel von der im Gestell gelagerten Nockenwelle gesteuert werden. Wegen des gesteigerten Zünddrucks wurde die Doppelboden-(Stütz-) Konstruktion zugunsten der Bohrungskühlung aufgegeben.

Laufbuchse. Kühlung erfolgt nur im Bundbereich der im oberen Drittel der Lauffläche lasergehärteten Buchse, die ferner eine Frischöl-Zylinderschmierung im Kolbenringbereich bei UT-Stellung aufweist.

Kolben in gebauter Ausführung mit geschmiedetem Leichtmetallunterteil und geschmiedeter Stahlkrone mit flacher Brennraummulde und Kühlölzufuhr vom oberen Pleuelauge aus.

Triebwerk. Vollbearbeitete Kurbelwelle mit angeschraubten Gegengewichten und Pleueln in Marinekopfausführung mit Trennfuge im oberen Schaftbereich und abgesetztem, oberen Pleuelauge.

Zweitakt-Großmotor (Bild 74)

Es handelt sich um eine Baureihe gleichstromgespülter Zweitaktdieselmotoren mit Durchmessern von $D = 260 \ldots 900$ mm und Hub/Bohrungsverhältnissen von 2,87 (K-), 3,24 (M-) und 3,82 (S-Version), wobei die M-Version

die Basis ist und durch Variation des Hubes die Anpassung an jede geforderte Drehzahl unter Beibehalten eines optimalen Motorbetriebs mit maximalen Nutz-Wirkungsgraden von bis zu 54% erlaubt. Der dargestellte Aufbau ist bis auf die kleinste Variante ($D = 260$ mm) bei allen Motoren mit Zylinderzahlen von $z = 4$ bis 12 ähnlich.

Motorgehäuse. Es ist mehrteilig, bestehend aus einer hohen Grundplatte und einem Gestell, beide in geschweißter Ausführung als durchgehende steife Kastenträger, sowie einzeln aufgesetzten, gegossenen Zylindereinheiten mit Kühlmantel und Spülkasten zur Aufnahme der bohrungsgekühlten Laufbuchsen. Zuganker verbinden diese drei Teile miteinander, wobei die Zylindergehäuse in Längsrichtung mittels Paßbolzen verschraubt werden. Am Gestell befinden sich je Zylinder vier Gleitbahnen für den Kreuzkopf.

Einzelzylinderkopf aus Stahl mit Bohrungskühlung und gutem Zutritt zu dem mittigen Auslaßventil mit Drehflügel, das hydraulisch betätigt wird, sowie zu zwei seitlich neben dem Auslaßventil angeordneten Einspritzventilen.

Nockenwelle. Ein Gehäuse, das sich am oberen Ende jeder Zylindereinheit befindet, dient zur Lagerung der mehrteiligen Nockenwelle mit je einem Nocken für die Brennstoffeinspritzpumpe bzw. die Hochdruckpumpe zur Ventilbetätigung und nimmt die zugehörigen Einzel-Pumpen auf, wobei eine mechanische Verstelleinrichtung den Einspritzzeitpunkt variiert. Der Antrieb der Nockenwelle erfolgt über eine Doppel-Rollenkette direkt von der Kurbelwelle.

Triebwerk. Die teil- oder vollgebaute Kurbelwelle ist liegend gelagert. Die Treibstange stellt über den vierfach abgestützten Kreuzkopf und die Kolbenstange die Verbindung zum relativ kurzbauenden, ölgekühlten Kolben her. Der Kreuzkopf ist ein durchgehend gelagerter Bolzen mit seitlichen Aufnahmen für die zwei doppelseitigen Führungen (s. **Bild 66c**), an dem oben die hohle Kolbenstange befestigt ist. Eine Stopfbuchse verhindert das Verschmutzen des Triebwerkraums durch Verbrennungsrückstände und Leckgase am Kolben.

Aufladung, Spülung. Ein großes Abgassammelrohr oberhalb der Zylinderköpfe bedingt einen gleichmäßigen Abgasstaudruck vor der Turbine des Abgasturboladers. Die im Lader auf 3,2 bis 3,4 bar verdichtete und im Ladeluftkühler gekühlte Luft wird dem Spülluftaufnehmer zugeführt, in dem sich Einblasekästen mit Rückschlagklappen befinden, so daß bei Abwärtsbewegung des Kolbens kein Rückströmen erfolgen kann. Die Einlaßschlitze der Spülluft sind gleichmäßig über den Umfang der Buchse verteilt. Beim Anfahren und im Teillastgebiet wird der Turbolader durch elektrisch angetriebene Hilfsgebläse unterstützt (Leistungsaufnahme ca. 0,5% der Vollastleistung).

4.9 Philips-Stirling-Motor. Stirling-cycle engine

Arbeitsprozeß

Der Heißgasmotor ist ein Motor mit äußerer Verbrennung bzw. Wärmezufuhr (**Bild 75**). Der geschlossene Kreisprozeß durchläuft bei freier Wahl des Arbeitsgases einen Doppel-Isothermen-Isochoren-Prozeß [25], wobei mit einem Regenerator der thermische Wirkungsgrad η_{th} dem des Carnot-Prozesses entspricht

$$\eta_{th} = 1 - (T_1/T_3).$$

Der geschlossene Arbeitsprozeß (**Bild 76**) erfordert einen heißen und einen kalten Raum, in dem zu Beginn des Arbeitsspiels das Gas vom Zustand *1* unter Wärmeentzug ($Q_{ab} \cong$ Fl. a, 2, 1, b, **Bild 75**), isotherm verdichtet wird, Zustand *2*. Dann nimmt das Gas beim Überschieben durch den Kolben I in den heißen Raum unter Erwärmung auf T_3 im Regenerator die Wärme Q_R ($\cong$ Fl. a, 2, 3, c, **Bild 75**) auf, ohne sein Volumen zu ändern, Zustand *3*, und expandiert anschließend bei konstanter Temperatur bis zum Zustand *4*, wobei im oberen Raum über einen Erhitzer Wärme ($Q_{zu} \cong$ Fl. c, 3, 4, d) zugeführt werden muß. Schließlich erfolgt beim Überschieben in den kalten Raum durch den Kolben II Entzug der Wärme Q_R im Regenerator.

Bauarten

Das anfangs verwendete Rhombentriebwerk (Fa. Philips) ermöglicht eine Einzylinderbauweise, ist aber sehr aufwendig, so daß es vorteilhafter ist, Mehrzylindermotoren ($z = 4$ bis 8) als doppeltwirkende Motoren auszuführen. Dadurch, daß jeder Kolben gleichzeitig Verdränger für den benachbarten Zylinder ist, ergeben sich kompakte Bauformen, **Bild 77**, wobei jeweils die kalte Kolbenunterseite der warmen Oberseite voreilt. Neben Reihen- ist auch V-Anordnung der Zylinder oder Ausführung als Taumelscheibenmotor möglich [26].

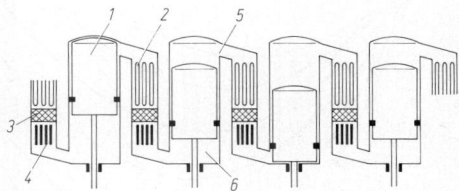

Bild 77. Doppelwirkender Vierzylinder-Heißgasmotor, Schema der Anordnung von *1* Kolben, *2* Erhitzer, *3* Regenerator, *4* Kühler, *5* heißem und *6* kaltem Raum

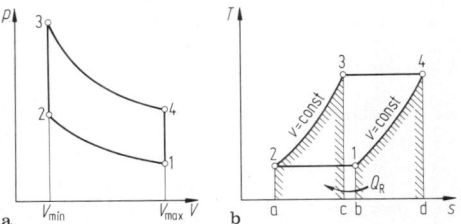

Bild 75. Idealisierter Kreisprozeß des Stirling-Heißgasmotors. **a** im p,V-Diagramm; **b** im T,s-Diagramm

Wirkungsgrad

Mit heute möglichen Erhitzertemperaturen von maximal 970 K sind effektive Wirkungsgrade von $\eta_e = 0,36$ erreichbar. Der relativ hohe Anteil der Strömungsverluste an der Verlustarbeit begrenzt die Motordrehzahl und erfordert ein Arbeitsmedium geringer Dichte wie Helium (bevorzugt) oder Wasserstoff (gute thermische Eigenschaften). Gemessen an einem Nfz-Dieselmotor gleichen Einbauraums ist die spezifische Nutzarbeit beim Stirlingmotor um das 2,5- bis 3,3fache auf $w_e \approx 1,9 \dots 2,6 \text{ kJ/dm}^3$ zu erhöhen bei einem mittleren Prozeßdruck von bis zu 160 bar [26].

Entwicklungsprobleme und -aussichten

Den Vorteilen (Vielstoffähigkeit und geringe Schadstoffemission stationär betriebener Brenner, hohe Laufruhe bei günstigem Drehmomentverlauf, mögliche Nutzung alternativer Energien wie Sonnenenergie) stehen als Nachteile der hohe, sehr kostenintensive Bauaufwand mit prinzipbedingt beschränkten Wirkungsgraden und noch zu lösende Probleme bei der Entwicklung des Erhitzers (Gestaltung, Haltbarkeit bei hohen Temperaturen), der möglichst hermetischen Dichtung, um Gasverluste zu vermeiden, und einer einfachen schnellen Lastanpassung bei Belastungsänderungen gegenüber, so daß zunächst ein Einsatz als Stationärmotor zu erwarten ist.

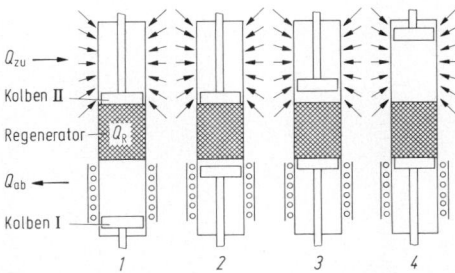

Bild 76. Schematischer Arbeitsablauf beim Heißgasmotor entsprechend dem Zustandsverlauf in **Bild 75**

5 Anhang P: Diagramme und Tabellen
Appendix P: Diagrams and tables

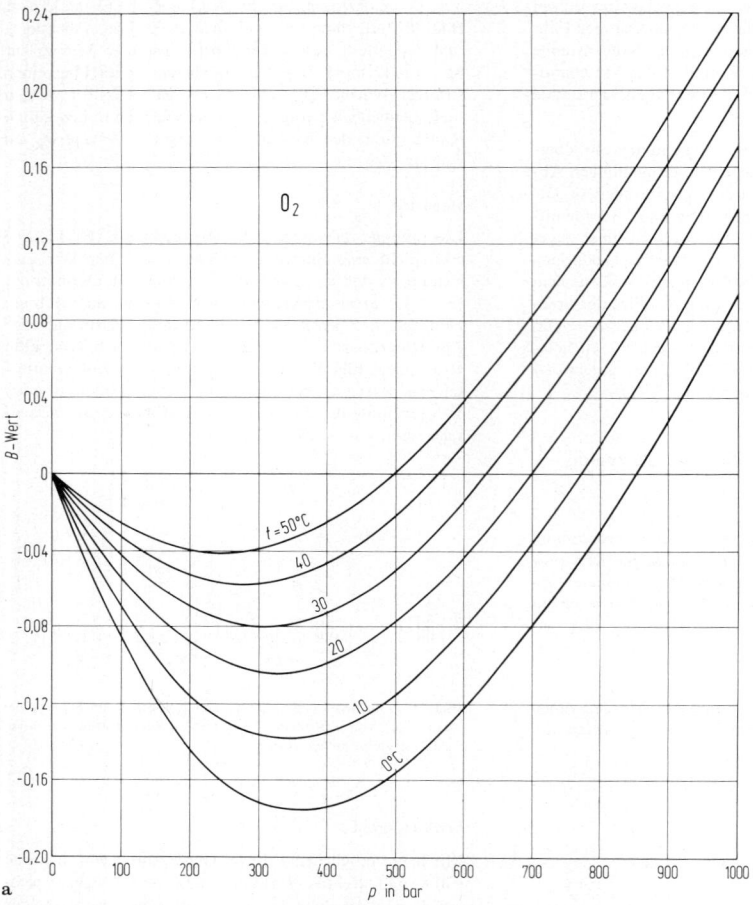

Anh. P 3 Bild 1. Beiwerte B zur Berechnung der isothermen Leistung realer Gase nach Fröhlich. **a** Sauerstoff; **b** Stickstoff.

$$B = \int\limits_{1\,\text{bar}}^{p_1} \frac{\zeta - 1}{p}\, dp,$$

$P_{\text{is}} = 1{,}666\, p_1\, \dot{V}_{\text{fa}}\, [\ln(p_2/p_1) + B(2) - B(1)]$ in kW, p in bar, $\dot{V}_{\text{fa}}$ in m^3/min. ζ oder K-Werte s. **Anh. D 8 Bild 1 bis 4**

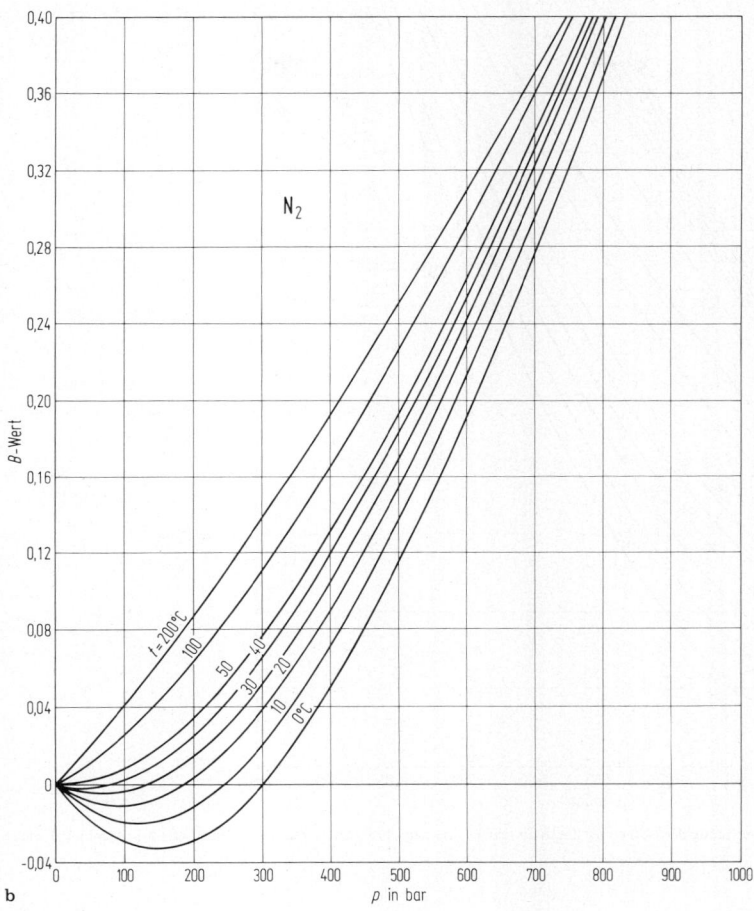

b

Anh. P3 Bild 1 b

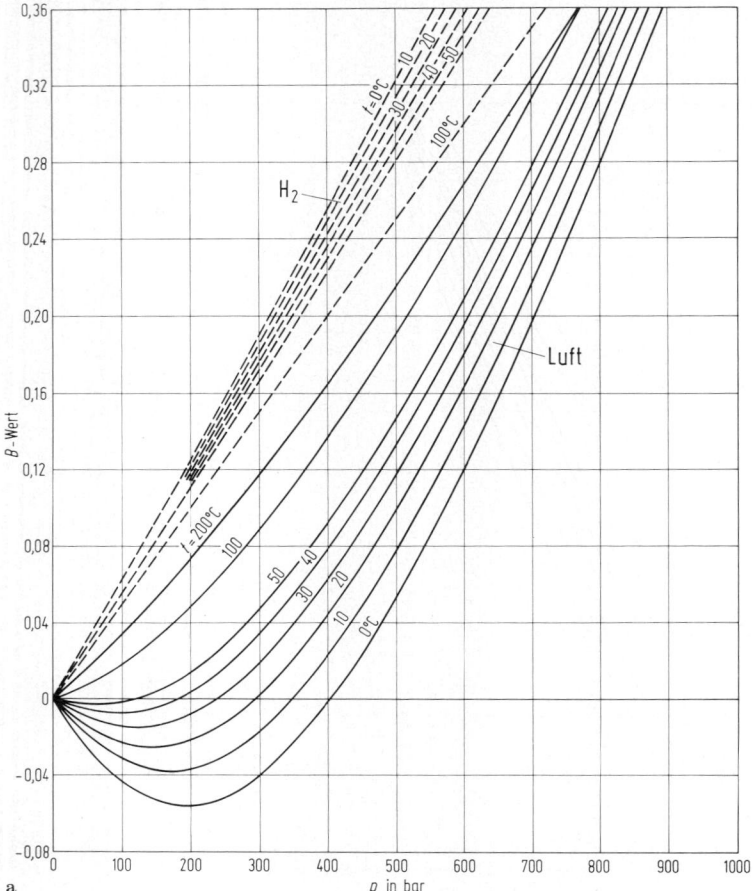

a

Anh. P 3 Bild 2. Beiwerte B zur Berechnung der isothermen Leistung realer Gase nach Fröhlich. **a** Wasserstoff und Luft; **b** Kohlendioxid. Siehe Anmerkungen zu **Bild 1**

P

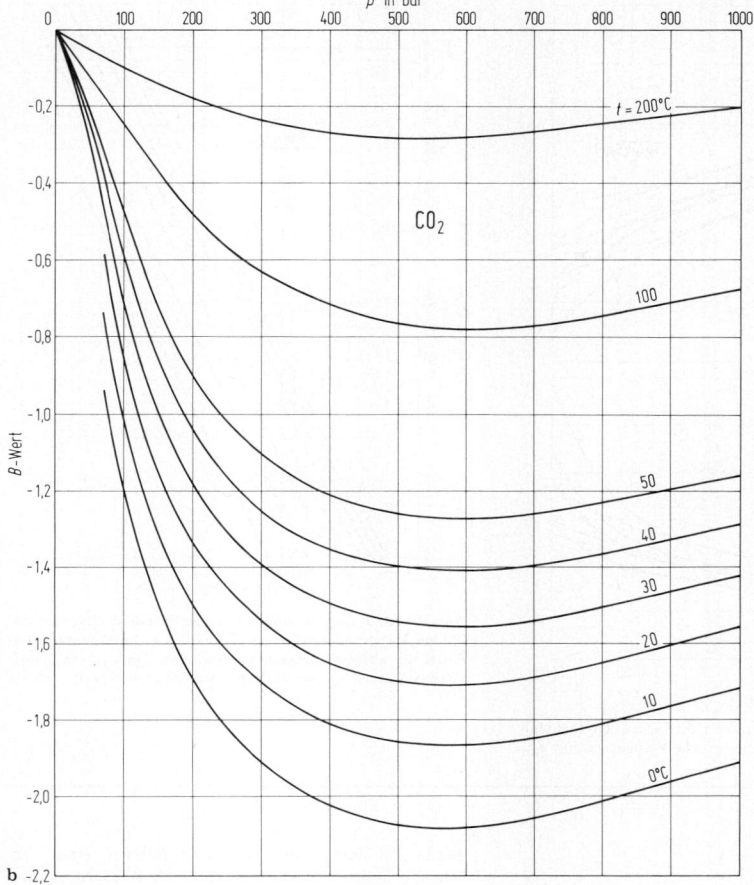

Anh. P3 Bild 2b

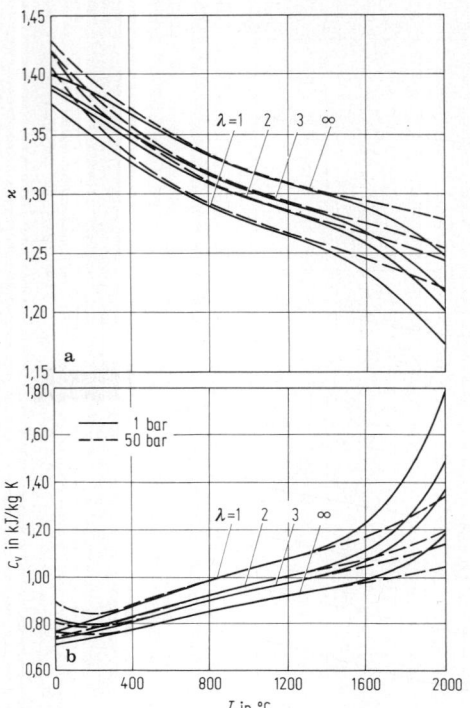

Anh. P4 Bild 1. Einfluß von Temperatur, Druck und Luftverhältnis auf **a** Isentropenkoeffizienten κ, **b** spezifische Wärmekapazität c_v von Verbrennungsgasen [3]

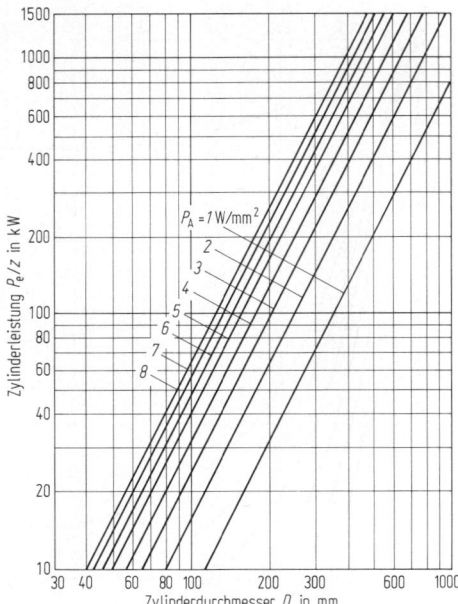

Anh. P4 Bild 2. Zusammenhang zwischen Zylinderdurchmesser und Zylinderleistung abhängig vom „Stand der Technik", ausgedrückt durch die Kolbenflächenleistung bzw. dem Produkt aus spezifischer Nutzarbeit w_e und mittlerer Kolbengeschwindigkeit c_m, s. Gl. (71).

6 Spezielle Literatur
Special bibliography

zu P1 Allgemeine Grundbegriffe
[1] *Krämer, O.; Jungbluth, G.:* Bau und Berechnung der Verbrennungsmotoren, 5. Aufl. Berlin: Springer 1983. – [2] *Dubbel, H.:* Kolbendampfmaschinen und Dampfturbinen, 4. Aufl. Berlin: Springer 1919. – [3] *Küttner, K.H.:* Kolbenmaschinen, 5. Aufl. Stuttgart: Teubner 1984. – [4] *Scheiterlein, A.:* Der Aufbau der raschlaufenden Verbrennungskraftmaschine, 2. Aufl. Wien: Springer 1964

zu P2 Pumpen
[1] *Ritter, C.:* Flüssigkeitspumpen, 5. Aufl. München: Oldenbourg 1953. – [2] *Pohlenz, W.:* Pumpen für Flüssigkeiten und Gase. Pumpen für Flüssigkeiten, 2. Aufl. Berlin: VEB Verlag Technik 1976. – [3] Kreiselpumpen Lexikon, 2. Aufl. Klein, Schanzlin&Becker, Frankenthal, 1980. – [4] *Schulz, H.:* Die Pumpen, 13. Aufl. Berlin: Springer 1977. – [5] Technisches Handbuch Pumpen, 5. Aufl. Berlin: VEB Verlag Technik 1976. – [6] *Berg, H.:* Die Kolbenpumpen, 3. Aufl. Berlin: Springer 1926. – [7] *Dettinger, W.:* Druckschwankungen und ihre Dämpfung bei Kolbenpumpen. Chem. Anlagen Verfahren (1981) H.7. – [8] *Dillmann, G.:* Resonatoren zur Pulsationsdämpfung bei Kolbenpumpen. Chem. Anlagen Verfahren (1981) H.6.

zu P3 Kompressoren
[1] *Fröhlich, F.:* Kolbenverdichter. Berlin: Springer 1961. – [2] *Bouché, C.; Winterlin, K.:* Kolbenverdichter, 3. Aufl.

Berlin: Springer 1960. – [3] *FMA Pokorny,* Hrsg.: Taschenbuch für Druckluftbetrieb, 7. Aufl. Berlin: Springer 1954. – [4] *Plank, R.; Kuprianoff, J.:* Die Kleinkältemaschine, 2. Aufl. Berlin: Springer 1960. – [5] *Drees, H.; Zwicker, A.; Flügel, E:* Kühlanlagen, 12. Aufl. Berlin: VEB Verlag Technik 1979. – [6] *Küttner, K.-H.:* Kolbenmaschinen, 5. Aufl. Stuttgart: Teubner 1984. – [7] *Rinder, L.:* Schraubenverdichter. Wien: Springer 1979. – [8] *Vetter, G.,* Hrsg.: Handbuch Verdichter, 1. Ausgabe. Essen: Vulkan-Verlag 1990. – [9] *VDMA-Sonderheft:* Pumpen, Vakuumpumpen, Kompressoren. Nürnberg: Dr. Harnisch Verlag 1990.

zu P4 Verbrennungsmotoren
[1] *Siencnik, L., u.a.:* Arbeitsraumbildende Maschinen mit innerer kontinuierlicher Verbrennung. 2nd Symp. on Low Pollution Power Systems Development, Düsseldorf 1974. – [2] *Pflaum, W.:* Mollier-Diagramme für Verbrennungsgase, Teil I u. II, 2. Aufl. Düsseldorf: VDI-Verlag 1960, 1974. – [3] *Zacharias, F.:* Mollier-I,S-Diagramme in der Datenverarbeitung. MTZ 31 (1970) 296–303. – [4] *Thiele, E.:* Ermittlung der Reibungsverluste in Verbrennungsmotoren. MTZ 43(1982) 253–258. – [5] *Woschni, G.:* Elektronische Berechnung von Verbrennungsmotor Kreisprozessen. M.A.N.-Forschgs.-H. 12 (1965) 1–16. – [6] *Vibe, I.I.:* Brennverlauf und Kreisprozeß von Verbrennungsmotoren. Berlin: VEB Verlag Technik 1970. – [7] *Woschni, G.:* Die Berechnung der Wandverluste und der thermischen Belastung der Bauteile von Dieselmotoren. MTZ 31 (1970) 491–499. – [8] *Woschni, G.:* Einfluß von Brenn-

raumisolierung auf den Kraftstoffverbrauch und die Wärmeströme bei Dieselmotoren. MTZ 49 (1988) 281–285. – [9] *Bensinger, W.-D.:* Die Steuerung des Gaswechsels in schnellaufenden Verbrennungsmotoren, 2. Aufl. Berlin: Springer 1968. – [10] *Seifert, H.:* Instationäre Strömungsvorgänge in Rohrleitungen an den Verbrennungskraftmaschinen. Berlin: Springer 1962. – [11] *Kirchhofer, H.:* Aufladung von Fahrzeugdieselmotoren mit Comprex. Automobilind. 22 (1977) 59–67. – [12] *Walzer, P., u.a.:* Mechanische Aufladung am Beispiel des Volkswagen-G-Laders. Automobilind. 32 (1987) 437–445. – [13] *Deutschmann, H.:* Neue Verfahren für Dieselmotoren zur Mitteldrucksteigerung auf 30 bar und zur optimalen Nutzung alternativer Kraftstoffe. In: *Pucher, H.; u.a.:* Aufladung von Verbrennungsmotoren. Sindelfingen: expert 1985. – [14] *Groth, K.; u.a.:* Brennstoffe für Dieselmotoren heute und morgen. Ehningen: expert 1989. – [15] *Pischinger, F.:* Der Verbrennungsablauf im Dieselmotor aus neuerer Sicht. VDI-Z 111 (1969) 430–434. – [16] *Müller, H.;*

Thomas, U.: Motoren mit geschichteter Ladung. MTZ 36 (1975) 233–234. – [17] *Walzer, P.:* Magerbetrieb beim Ottomotor. ATZ 88 (1986) 301–312. – [18] *Klingenberg, H.:* Meß- und Prüfverfahren für Automobilabgase. atm V 81-1 (1977) H.1–4. – [19] VDI Ber. 531: Emissionsminderung Automobilabgase-Ottomotoren. Düsseldorf: VDI Verlag 1984. – [20] VDI Ber. 559: Emissionsminderung Automobilabgase-Dieselmotoren. Düsseldorf: VDI Verlag 1985. – [21] *Thien, E.; Fachbach, H.:* Geräuscharme Dieselmotoren in neuartiger Bauweise. MTZ 35 (1974) 237–246. – [22] *Bensinger, W.-D.:* Rotationskolbenmotoren für Kraftfahrzeuge. ATZ 66 (1964) 120–125. – [23] *Haug, K.:* Die Drehschwingungen in Kolbenmaschinen. Konstruktionsbücher, Bd. 8/9. Berlin: Springer 1952. – [24] *Lang, O.R.; Steinhilper, W.:* Gleitlager. Konstruktionsbücher Bd. 31. Berlin: Springer 1979. – [25] *Künzel, M.:* Stirlingmotor der Zukunft. Fortschr.-Ber. Reihe 6, Nr. 193. Düsseldorf: VDI Verlag 1986. – [26] *Zacharias, F.:* Weiterentwicklungen am Stirlingmotor. MTZ 38 (1977) 371–377, 569–573.

P

Q | Kraftfahrzeugtechnik
Automotive engineering

R. Weber, Hannover

Allgemeine Literatur
zu Q1 bis Q11
Bücher: *Beck-Texte:* Straßenverkehrsrecht. 20. Aufl. München: dtv 1981. – *BMFT:* Technologien für die Sicherheit im Straßenverkehr – eine Information des Bundesministers für Forschung und Technologie. Frankfurt: Umschau 1976. – *Bosch:* Kraftfahrtechnisches Taschenbuch. 20. Aufl. Düsseldorf: VDI-Verlag 1987. – *Bosch:* Autoelektrik, Autoelektronik am Ottomotor. Düsseldorf: VDI-Verlag 1989. – *Buschmann, H.; Koeßler, P.:* Handbuch der Kraftfahrzeugtechnik. 8. Aufl. München: Heyne 1976. – *Bussien, R.:* Automobiltechnisches Handbuch. 18. Aufl. Berlin: Cram 1965. – FAKRA-Handbuch: Normen für den Kraftfahrzeugbau. 10. Aufl. Berlin: Beuth 1987. – *Jante, A.:* Zur Theorie des Kraftwagens. Berlin: Akademie 1974. – *Kleinau:* Technische Vorschriften für Kraftfahrzeuge – Bestimmungen der StVZO, Bau- und Betriebsvorschriften, internationale Vorschriften, Loseblattsammlung, Bd. I und II, 3. Aufl. Berlin: Schmidt Stand 1989. – *Kuhlmann, A.:* Auto und Verkehr bis 2000. Berlin/Köln: Springer TÜV-Rheinland 1984. – *Mitschke, M.:* Dynamik der Kraftfahrzeuge. 2. Aufl. Berlin: Springer 1984. – *Seiffert, U.; Walzer, P.:* The future of automotive technology. London: Frances Pinter 1984. – *Seiffert, U.; Walzer, P.:* Automobiltechnik der Zukunft. Düsseldorf: VDI-Verlag 1989. – *VDA:* Auto 88/89, Jahresbericht des Verbandes der Automobilindustrie, Frankfurt 1989, sowie frühere Jahresberichte. – *VDI:* 100 Jahre Automobil, Tagungsbericht, Fellbach 1986. VDI-Ber. 595. Düsseldorf: VDI-Verlag 1986.

Zeitschriften: Automobil-Industrie, Würzburg: Vogel. – Automobiltechnische Zeitschrift (ATZ). Stuttgart: Franckh. – Automotive Engineering. Warrendale, Pa. (USA): Society of Automotive Engineers (SAE). – JSAE Review. Tokyo: Society of Automotive Engineers of Japan. – Deutsche Kraftfahrtforschung und Straßenverkehrstechnik, Düsseldorf: VDI-Verlag. – Ingénieurs de l'automobile. Paris: Société des Ingenieurs de l'automobile (SIA). – Verkehrsunfall und Fahrzeugtechnik. Kippenheim: Information-Verlag.

1 Übersicht. Survey

Landfahrzeuge, durch maschinellen Antrieb automobil und nicht an Gleise gebunden, dienen als Teil eines Verkehrssystems dem Transport von Menschen und Gütern. Sie werden *Kraftfahrzeuge* genannt. Die Antriebsmaschine ist fast ausschließlich ein *Hubkolben-Verbrennungsmotor.* An leichten Fahrzeugen werden *Viertakt-Otto- und Dieselmotoren* nebeneinander, an schweren Nutzfahrzeugen fast ausschließlich *Dieselmotoren* eingesetzt. *Zweitaktmotoren* gibt es in nennenswerter Zahl nur an Krafträdern. *Rotationskolbenmotoren* (Bauart Wankel, s. P4.8.2), Gasturbinen, Elektro- und Hybridantriebe sind sehr selten.

Nach DIN 70010 werden *Straßenfahrzeuge* untergliedert:

Kraftfahrzeug. Kraftwagen: Personenkraftwagen (Limousine, Kabrio, Kombi, Coupé, Sportwagen, …), Nutzkraftwagen (Kraftomnibus, Kleinbus, Reisebus, Gelenkbus, …, Lastkraftwagen, Speziallastkraftwagen, Zugmaschine); Kraftrad: Motorrad, Motorroller, Fahrrad mit Hilfsmotor.

Anhängerfahrzeug. Anhänger: Busanhänger, Lastanhänger, Caravan, Spezialanhänger; Sattelanhänger: Bus-Sattelanhänger, Last-Sattelanhänger, Spezial-Sattelanhänger.

Andere Straßenfahrzeuge.

Personenkraftwagen (PKW) haben zwei Achsen, maximal neun Sitze und überwiegend eine selbsttragende Stahlkarosserie. Sie stellen etwas mehr als 90% der zugelassenen Fahrzeuge.

Busse werden selbsttragend oder auf besonderen Fahrgestellen aufgebaut und dem Einsatzzweck entsprechend ausgerüstet (Linienbus, Reisebus). Sie haben zwei oder drei Achsen und bis zu zwei Fahrgastebenen. Besondere Bauformen sind großräumige Schubgelenkbusse für den Personennahverkehr. Sie haben einen Heckantrieb und in ihrer Mitte ein bedämpftes Knickgelenk.

Zum Transport von Gütern werden *Lastkraftwagen (Lkw)* und *Zugmaschinen* (ohne Nutzlastladefläche) in Verbindung mit *Anhängerfahrzeugen* eingesetzt. Lastkraftwagen und Zugmaschinen besitzen vorwiegend einen verwindungsweichen Rahmen, an dem die Achsen, das Triebwerk, das Führerhaus, der Kraftstoffbehälter, der Aufbau oder die Sattelkupplung bzw. die Anhängerkupplung befestigt sind. Je nach zulässigem Gesamtgewicht haben diese Fahrzeuge zwei, drei oder vier Achsen.

Spezialkraftwagen können mehr als vier Achsen haben (z.B. Kranfahrzeuge). Der Aufbau wird zweckgebunden ausgelegt: z.B. Pritschen mit Plane und Spriegel, Kippbrücke, Koffer, Wechselbehälter (Container), Spezialaufbauten wie Tanks (Flüssigkeit, Staub, Gase usw.), Betonmischer, Arbeitsgeräte, Feuerlöschfahrzeuge u.a. Unter den Zugmaschinen dominiert die *Sattelzugmaschine,* die mit dem *Sattelanhänger* das *Sattelkraftfahrzeug* bildet. Sattelanhänger und Anhänger werden in der gleichen Aufbauvariantenvielfalt eingesetzt wie der Lastkraftwagen.

Aus verkehrspolitischen Gründen (Straßen- und Brückenbeanspruchung, Umweltbelastung, Wettbewerb zur Schiene u.a.) werden das maximal zulässige Gesamtgewicht und die maximal zulässige Achslast sowie die Abmessungen der Straßenfahrzeuge begrenzt. In der Bundesrepublik Deutschland gilt zur Zeit (Stand 1.10.1989):

Längen: Nutzkraftwagen (Nkw) 12 m, Sattelkraftfahrzeug 16,5 m, Gelenkbus 18 m, Lastzug 18 m.
Breite: allgemein 2,5 m, Thermofahrzeuge 2,6 m.
Höhe: 4 m.
Achslast: 10 t.
Antriebsachslast: 11,5 t.

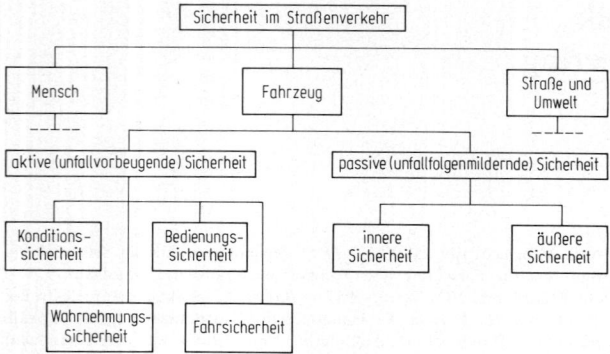

Bild 1. Fahrzeugsicherheit nach [1]

Doppelachse je nach Achsabstand: 11 bis 20 t.
Dreifachachsen je nach Achsabstand: 21 bis 24 t.
Gesamtgewicht: 2 Achsen 18 t, 3 Achsen 25/26 t (mit zwillingsbereifter Antriebsachse und Luftfederung oder eine als gleichwertig anerkannte Federung), 4 Achsen 32 t.
Kombination: 3 Achsen 28 t, 4 Achsen 36 t, Sattelkraftfahrzeuge (mit zwillingsbereifter Antriebsachse und Luftfederung oder eine als gleichwertig anerkannte Federung) 38 t, 5 Achsen und mehr 40 t, sechsachsige Sattelkraftfahrzeuge für den Transport von ISO-Containern im kombinierten Verkehr 44 t.

Bei Nutzkraftwagen wird häufig die Gesamtzahl und die Zahl der angetriebenen Räder angegeben, z.B. 6 × 2 ist ein dreiachsiges Fahrzeug mit sechs Rädern, davon zwei Räder angetrieben; 4 × 4 kennzeichnet ein zweiachsiges Fahrzeug, bei dem alle Räder angetrieben sind.
In der Fahrzeugtechnik wird entsprechend **Bild 1** zwischen *aktiver* und *passiver Sicherheit* unterschieden. In diesen Bereichen, bei der Fahrerunterstützung, der Steuerung des Triebstrangs und zur systematischen Verbesserung des Straßenverkehrs erhält moderne Elektronik zunehmendes Gewicht.

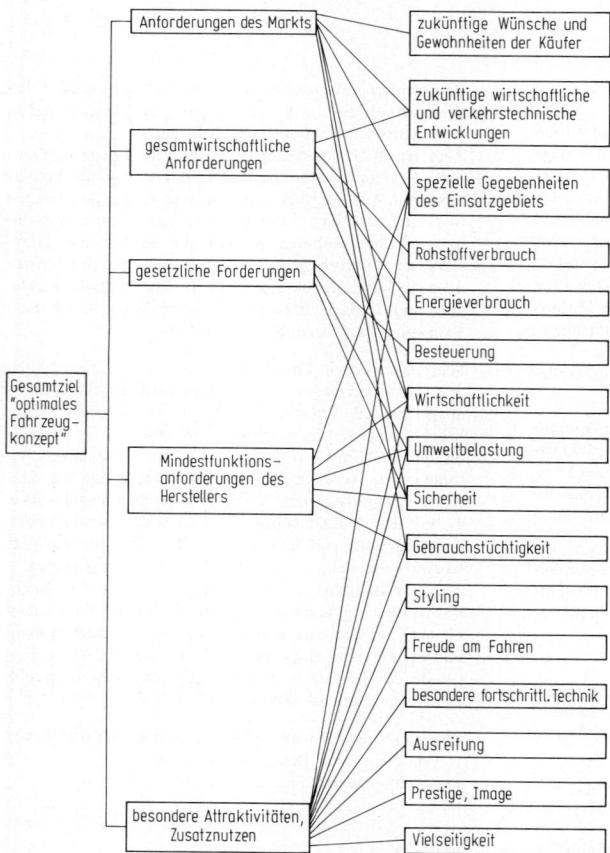

Bild 2. Vereinfachtes Zielsystem für ein Fahrzeugkonzept nach [2]

Heute genügt es nicht mehr, bei der Entwicklung von Automobilen technische Aufgaben zu lösen und Transportbedürfnisse zu erfüllen. Es müssen darüber hinaus die Ansprüche von Natur und Gesellschaft berücksichtigt werden. Unfälle, Emissionen, der Verbrauch an Rohstoffen, Energie, Landschaft und Lebensraum sind im möglichen Maße gering zu halten. Innerhalb einer Zielstruktur für ein Fahrzeugkonzept nach **Bild 2** ergeben sich zahlreiche Konflikte, die in der Regel nur durch Kompromisse zu bewältigen sind. Dies wird durch die notwendig lange Vorausschau (vom Entwicklungsbeginn bis zum Nutzungsende einer Pkw-Modellreihe vergehen grob 20 Jahre), durch international sehr uneinheitliche gesetzliche Vorschriften und durch Anforderungsänderungen, die zum Teil nicht rational begründet sind, erschwert.

Die Entwicklungsdauer einer Fahrzeugreihe vom *Konzept*, in das Ergebnisse der Vorentwicklung einfließen, über *Lastenheft, Styling* zum einzelgefertigten *Versuchsträger*, über *Versuch, Konstruktion* und Kooperation mit Zulieferern zum *Prototyp*, über *Weiterentwicklung, Fertigungsvorbereitung, Vorserien* und *Typprüfung* zum *Serienanlauf* beträgt vier bis fünf Jahre. Im internationalen Wettbewerb wird mit modernen Entwicklungsmethoden versucht, diesen Zeitraum zu verringern, um Kosten zu reduzieren und um Vorsprung am Markt zu erhalten.

Produktion und Nutzung von Kraftfahrzeugen sind von großer wirtschaftlicher Bedeutung. Etwa ein Viertel des inländischen Steueraufkommens ergeben sich daraus.

Grob 90% des Personenverkehrs (Personen-km) und 50% des Gütertransports (t-km) leisten Straßenfahrzeuge.

Zulassung und Betrieb von Fahrzeugen werden in der Bundesrepublik durch die *Straßenverkehrs-Zulassungs-Ordnung (StVZO)* und die *Straßenverkehrsordnung (StVO)* geregelt.

2 Fahrwiderstand und Motor
Resistance to motion and engine

2.1 Fahrwiderstände. Tractive restistance

2.1.1 Rollwiderstand. Rolling resistance

Nur im Gelände spielt der Verformungswiderstand des Untergrunds eine Rolle; er kann auf weichem Boden mehr als 15% des Fahrzeuggewichts betragen.

Auf befestigten Straßen ergibt sich der Rollwiderstand fast ausschließlich aus der Walkverlustarbeit an den Reifen [2]. Bestimmend sind *Walkamplitude* (Einfederung, Radlast, Reifeninnendruck) und *Walkfrequenz* (Fahrgeschwindigkeit). Verlustanteile aus Reibung, Kontaktgleiten und Luftbewegung sind klein. Streifende Bremsen können den Bewegungswiderstand des Rads deutlich erhöhen.

Im unteren Geschwindigkeitsbereich gilt angenähert $F_R \approx 0,015 \cdot m \cdot g$. Zu größeren Geschwindigkeiten steigt er immer stärker an, bis schließlich im Bereich von 150 N an einem Rad thermische Zerstörungen am Pkw-Reifen eintreten. F_R sinkt ab, während sich am Reifen das thermische Gleichgewicht einstellt; er ist folglich nicht bestimmten Parametern stationär zugeordnet.

F_R ist in Radlängsrichtung definiert. Er ist deshalb nach **Bild 1** vom Fahrwiderstand aus der Seitenkraft $F_V = F_S \sin \alpha$ (Vorspurwiderstand) zu unterscheiden.

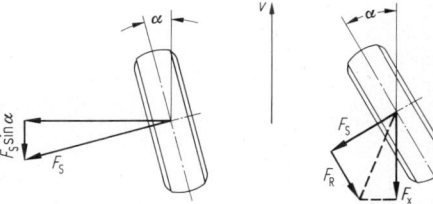

Bild 1. Fahrwiderstand F_x, Rollwiderstand F_R und Vorspurwiderstand $F_S \sin \alpha$

2.1.2 Luftwiderstand. Air resistance

Der Luftwiderstand [1] bestimmt insbesondere bei höheren Geschwindigkeiten den Fahrwiderstand. Zur Verringerung des Treibstoffverbrauchs wird seine Reduzierung mit Vorrang betrieben (aerodynamische Optimierung im Windkanal). Mit der Fahrzeugstirnfläche A und dem Luftwiderstandsbeiwert c_W, mit Dichte ρ und Fahrgeschwindigkeit v:

$$F_L = c_W A \frac{\rho}{2} v^2.$$

Pkw: $c_W = 0,25$ bis $0,4$; $A = 1,5$ bis $2,5 \, \text{m}^2$,
Lkw, Züge: $c_W = 0,4$ bis $0,9$; $A = 4$ bis $9 \, \text{m}^2$.

Bei Schräganströmung unter dem Winkel ε zur Fahrzeuglängsachse ändern sich die Widerstandsbeiwerte $c_T(\varepsilon)$. Mit derselben Stirnfläche A und der schrägen Anströmgeschwindigkeit v_A gilt

$$F_L = c_T A \frac{\rho}{2} v_A^2.$$

Luftwiderstand entsteht durch *Umströmung* und *Durchströmung* des Fahrzeugs (Form, Oberfläche, Luftdurchsatz optimieren). Er tritt gleichzeitig mit vertikalen Druckunterschieden, also Auftrieb auf. Dies führt zu induzierten Widerständen in Wirbeln und Wirbelschleppen (s. B6).

2.1.3 Innerer Widerstand. Internal resistance

Mechanische Verluste des Antriebsstrangs vom Motor bis zu den Radnaben sowie innerer Nutzleistungsverbrauch erzeugen

$$F_I = (1 - \eta) P / v;$$
$$\eta = \eta_1 \eta_2 \eta_3 \cdots \eta_n \quad \text{(Mechanische Wirkungsgrade)}$$

mit P Leistung und v Geschwindigkeit.

2.1.4 Steigungswiderstand. Resistance of grade

Nach **Bild 3** ist $F_{St} = mg \sin \beta$, mit m Masse.

2.1.5 Beschleunigungswiderstand
Resistance of acceleration

$$F_B = m_{red} \, dv/dt.$$

Bei Vernachlässigung der rotierenden Bauteile mit kleinen Trägheitsmomenten (Wellen, Getriebe) und mit dem Ansatz konstanter Rotationsenergie ($J\omega^2 = \text{const}$) ist

$$m_{red} = m + \frac{(J_R + i^2 J_M)}{r_{stat} r_{dyn}}$$

mit J_R, J_M Massenträgheitsmomente von Rad und Motor; i Übersetzung; r_{stat}, r_{dyn}, s. Q5.1.

2.1.6 Zugkraftausnutzung. Tractive Forces

Bei gegebener Zugkraft an den Rädern F_x stehen für Steigung und Beschleunigung

$$F_{St} + F_B = F_x - (F_R + F_L)$$

zur Verfügung.

2.2 Zugkraftdiagramm. Tractive Forces

Aus dem Motorkennfeld $M(n)$ können unter Berücksichtigung von F_I die Zugkräfte, die in verschiedenen Gängen bei Vollast und bei Teillast verfügbar sind, als Funktion der Fahrgeschwindigkeit $F_x(v)$ ermittelt werden. Die Vollastkurven sollten sich möglichst ohne große Lücken an die Grenzhyperbel aus der maximalen Motorleistung $F_x = P_{max}/v$ anschmiegen. Gegenüber stehen die Fahrwiderstände $\Sigma F_W(v)$. Betriebspunkte, Steigungs- und Beschleunigungsreserven sind abzulesen, **Bild 2a** ist ein Beispiel. **Bild 2b** ist das auf gleichen Daten beruhende Fahrleistungsdiagramm.

Zur verbrauchsgünstigen Getriebeabstimmung können aus dem Motorkennfeld auch die Linien konstanten spezifischen Verbrauchs in das Zugkraftdiagramm übertragen werden.

2.3 Längsdynamik. Longitudinal dynamics

Massenkräfte beim Antreiben und Bremsen erzeugen nach **Bild 3** dynamische Achslastverlagerungen ΔF_z. In der Ebe-

ne (**Bild 3a**) mit Radstand l und Schwerpunkthöhe h_S

$$|\Delta F_z| = m \frac{dv}{dt} \frac{h_s}{l}.$$

Die Verlagerung von ΔF_z beim Antreiben auf die Hinterachse, beim Bremsen auf die Vorderachse bestimmen Antriebsgrenzen (s. Q3.1) und Bremsvermögen (s. Q4). Ebenso ist in der Fahrwerkskinematik der Nickausgleich (s. W5.2) betroffen.

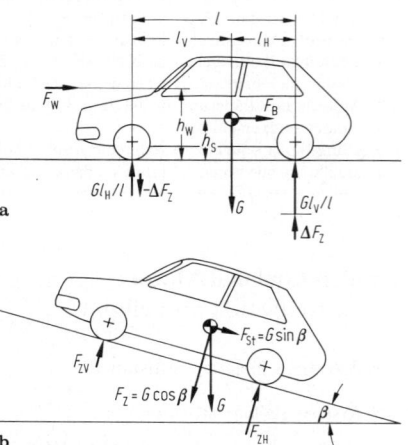

Bild 3. a Statische und dynamische Achslasten in der Ebene; **b** statische Achslasten an der Steigung

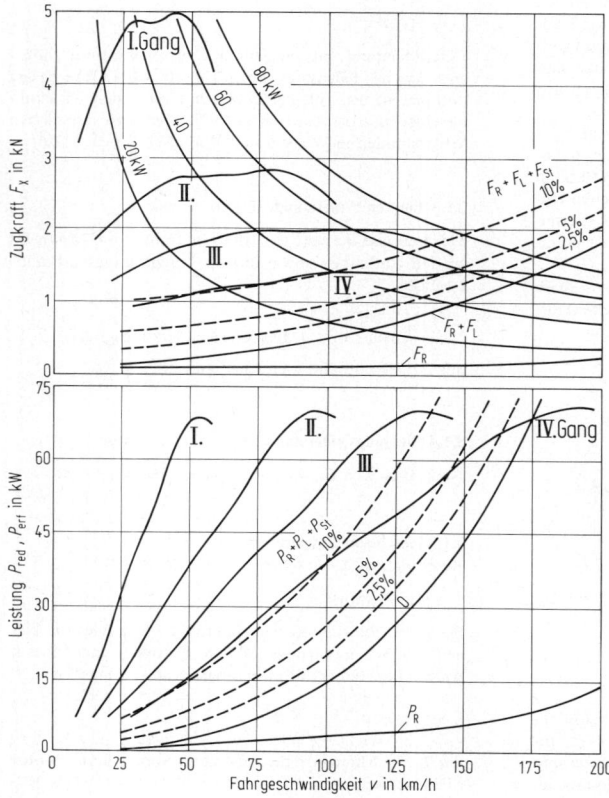

Bild 2. a Zugkraftdiagramm; **b** Fahrleistungsdiagramm

Fahrwiderstände und Anhängerzugkräfte greifen jeweils in der Höhe h_W am Fahrzeug an $\Delta F_z = F_W h_W / l$.
An *Steigungen* gelten die gleichen Beziehungen, wenn die Hangabtriebskraft F_{St} und Fahrzeuggewichtskomponente $F_z = mg \cos \beta = G \cos \beta$ berücksichtigt werden

Achslast vorn: $\qquad F_{zV} = \dfrac{G}{l}(l_H \cos \beta - h_S \sin \beta) \pm \Delta F_z,$

Achslast hinten: $\quad F_{zH} = \dfrac{G}{l}(l_V \cos \beta + h_S \sin \beta) \mp \Delta F_z.$

Längsschwingungen am Fahrzeug, die meist mit Nickbewegungen einhergehen, stören den Fahrkomfort sehr. Moderne Radaufhängungen werden in Längsrichtung möglichst weich angebunden, ohne daß andere notwendige Steifigkeiten verlorengehen.

---

3 Antriebsstrang. Power train

3.1 Bauformen. Types

3.1.1 Antriebsarten. Drive units

Nach der Lage der angetriebenen Räder werden unterschieden [1]:
Frontantrieb, Heckantrieb, Allradantrieb.
Bei Personenkraftwagen mit *Frontantrieb* sind Motor, Schalt- und Achsgetriebe als Baueinheit (Blockbauweise) im Vorderwagen untergebracht. Äußerst raum- und gewichtssparend ist die Queranordnung des Motors. In den unteren Hubraumklassen dominiert heute weltweit das Frontantriebskonzept.
Pkw mit *angetriebenen Hinterrädern* werden vorrangig mit *Frontmotor* gebaut. Ausführungen mit *Mittel-* und *Heckmotoren* sind bei Sportfahrzeugen zu finden. In der Standardbauweise belasten Motor und Getriebe die Vorderachse, Differential und Achsantrieb befinden sich an der Hinterachse. Eine günstige Achslastverteilung ermöglicht die wenig verbreitete Transaxle-Bauweise, bei der Getriebe, Differential und Achsantrieb verblockt sind.
Manuell zuschaltbare *Allradsysteme* dienen ausschließlich der Traktionsverbesserung. Permanenter und automatisch geschalteter Allradantrieb zielen zusätzlich auf Verbesserungen im Fahrverhalten und erhöhte Fahrsicherheit [2].
Nach der Art der Leistungsverzweigung läßt sich die Vielzahl konstruktiver Lösungen in Bauweisen mit *fester* und *variabler* Kraftverteilung einordnen [3, 4, 5].
Leichte Lastkraftwagen werden mit Front-, Heck-, Allradantrieb gebaut, *mittlere* und *schwere* überwiegend in Standardbauweise. Ferner gibt es Antriebe mit Unterflurmotor, Heckmotor bei Bussen, geländegängige Nkw mit Allradtechnik (Verteilergetriebe).

3.1.2 Antriebsgrenzen. Drive limits

Für die Übertragung des Antriebsmoments sind die Griffigkeit der Fahrbahn und die Radlasten der angetriebenen Räder von entscheidender Bedeutung [5]. Die Beschleunigungs- und Steigfähigkeit eines Pkw mit Frontantrieb ist nur bei ungünstigen Kraftschlußbedingungen besser als die eines hinterradgetriebenen, **Bild 1**. Der Vorteil des statisch höheren Achslastanteils (schwerpunkt- bzw. zuladungsabhängig) der angetriebenen Vorderachse schwindet mit zunehmender Beschleunigung des Fahrzeugs infolge der dynamischen Achslastverlagerung [10].
Die volle Ausnutzung des verfügbaren Kraftschlußpotentials setzt Allradantrieb mit idealer, achslastabhängiger Momentenaufteilung voraus. Dann ist realisierbar

$$dv/dt = g\mu; \qquad q_{id} = \frac{\ddot{x}}{g} = \mu.$$

Mit fester Momentenaufteilung sind die Kraftschlußanforderungen beim Beschleunigen zunächst hinten, bei höherem μ vorn größer, s. Fallunterscheidung bezüglich der Rutschgrenzen vorn/hinten. Der Grad der Kraftschlußnutzung spiegelt sich im Gütegrad q/q_{id} wider, **Bild 1**.

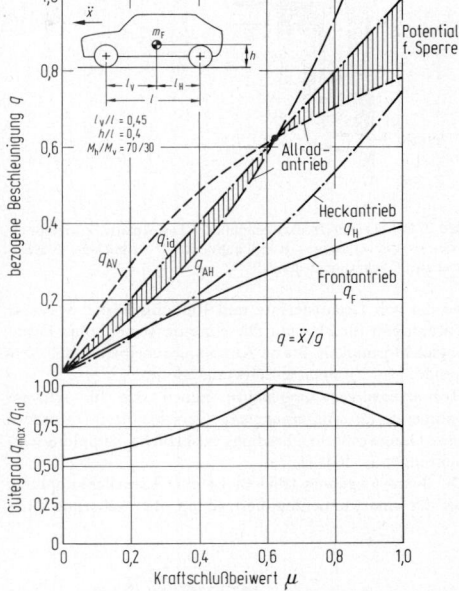

Bild 1. Einfluß des Antriebskonzepts auf das Beschleunigungsvermögen in Abhängigkeit **a** vom Kraftschluß; **b** Gütegrad der Momentenverteilung bei Allradantrieb

3.2 Kennungswandler

3.2.1 Kupplungen. Clutches

Zwischen Motor und Schaltgetriebe angeordnet, dient die *schaltbare Reibkupplung* als
– Drehzahlwandler zum Anfahren,
– Trennglied zur Kraftflußunterbrechung beim Schalten,
– Überlastungsschutz (1,3 bis 2 M_{max}),
– Drehschwingungsdämpfer.
Regelbauweise ist die *Einscheiben-Trockenkupplung* (**Bild 2**), in schweren Nkw auch die *Zweischeiben-Kupplung*: Anpressen der Druckplatte (Gußeisen, hohe Wärmeaufnahmefähigkeit) mittels Membran- bzw. Tellerfeder (bei Lkw auch Schraubenfedern). Die Übertragung der Pedalkraft auf die Membranfederzungen übernimmt ein wälzgelagerter axial verschieblicher Ausrücker (gezogen oder gedrückt). Eine Belagfederung begünstigt weiches Anfahren und geringen Verschleiß (gleichmäßiges Tragbild). Der Reibbelag muß leicht, hitzebeständig, verschleißfest und rupfunempfindlich sein. Metallische oder keramische Beläge eignen sich für Extrembeanspruchungen (s. G 3).
Durch Torsionsdämpfer in der Kupplungsscheibe können lästige Drehschwingungen (Getrieberasseln) reduziert werden. Moderne Ausführungen mit mehrstufiger Än-

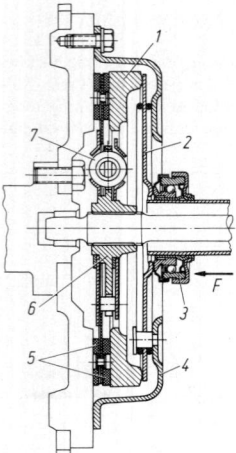

Bild 2. Einscheiben-Trockenkupplung. *1* Druckplatte, *2* Membranfeder, *3* Ausrücklager, *4* Kupplungsdeckel *5* Reibbeläge, *6* Scheibennabe, *7* Schraubenfedern

derung von Drehfederrate und Reibungsstärke. Spezielle Vordämpfer für Pkw mit Dieselmotor wegen hoher Drehungleichförmigkeit. Starre Kupplungsscheiben finden Verwendung in Zweimassenschwungrädern.

Hydrodynamische Kupplungen eignen sich für schwere Fahrzeuge als *Anfahrkupplung* (verschleißfrei), erfordern zum Gangwechseln allerdings zusätzliche Kupplungseinrichtungen (s. R 5) [6, 7].

Die *Visco-Kupplung* (**Bild 3**) ist eine Lamellenkupplung, bei der eine Momentenübertragung über Scherung eines

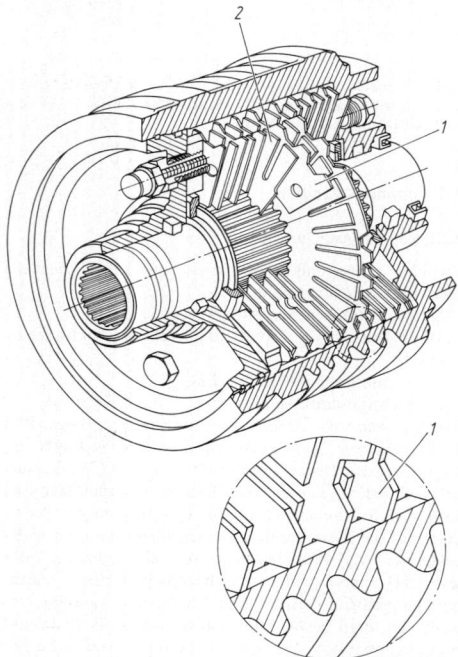

Bild 3. Visco-Kupplung. Bohrungen in den außengeführten *1* und Schlitze in den innengeführten Lamellen *2* beeinflussen Strömung und Drehmomentverhalten. Spaltweite zwischen 0,2 und 0,4 mm. (Werkbild VW)

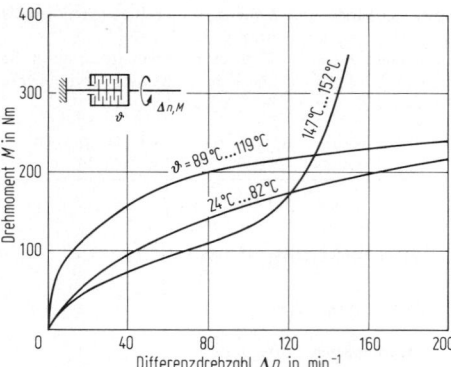

Bild 4. Kennlinien einer Visco-Kupplung. Progressiver Momentenanstieg (Hump) bei zu starker Erwärmung nach [9]

viskosen Mediums (Silikonöl) bewirkt wird. Der Drehmomentverlauf ist degressiv (**Bild 4**), da mit wachsender Drehzahldifferenz eine Viskositätsänderung eintritt. Temperaturerhöhung als Folge zu starken Energieumsatzes führt zu steilem Drehmomentanstieg (Hump-Effekt). Dadurch tritt automatisch eine Beschränkung der Verlustleistung ein (Überlastungsschutz). Visco-Kupplungen dienen als Übertragungskupplung oder als Differentialbremse.

3.2.2 Getriebe. Transmission

Kriterien für die Größe der Drehmomentwandlung [8] zwischen Motor und Rad sind Steig- und Beschleunigungsfähigkeit einerseits (i_{max}) sowie Höchstgeschwindigkeit, Beschleunigungsreserve und Kraftstoffverbrauch im obersten Gang andererseits (i_{min}), $i = n_1/n_2$.

Die Anzahl der erforderlichen Übersetzungen i hängt im wesentlichen von der gewünschten Anpassung an die ideale Zugkrafthyperbel ab (s. Zugkraftkennfeld **Q 2 Bild 2**). Kennfeldlücken entsprechen unvollkommener Leistungsausnutzung. Bei geometrischer Gangstufung sind alle Stufensprünge φ_n gleich

$$\varphi_n = i_n/i_{n+1}.$$

Bei der progressiven Stufung (**Bild 5**) werden die Sprünge zu den oberen Gängen hin geringer. Zwar können so Kennfeldlücken in den unteren Gängen auftreten, jedoch sind weniger Gänge erforderlich. Allgemeine Grundlagen über Getriebe s. G 8.

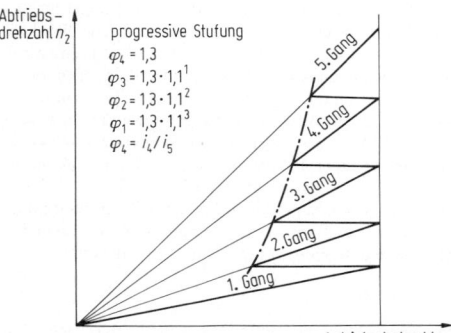

Bild 5. Progressive Getriebeabstufung. Kleine Gangsprünge bei den Fahrgängen als Kompromiß zwischen großem Wandlungsbereich und geringer Gangzahl. Progression hier z.B. so gewählt, daß das Verhältnis benachbarter Gangsprünge konstant ist

Stufengetriebe

Handgeschaltete Getriebe in Vorgelegewellenbauart mit koaxialer/deaxialer Lage von Ein- und Ausgangswellen. Bei koaxialer Lage zwei Zahnradstufen je Gang (ein Direktgang), bei deaxialer Lage einstufig (bevorzugt für Blockbauweisen). Als Eingruppengetriebe Regelbauweise bei Pkw mit vier bzw. fünf Gängen, Nkw bis zu sieben Gänge. Nkw-Getriebe besitzen häufig eine Vor- und/oder Nachschaltgruppe. **Bild 6** zeigt ein modernes Nkw-Handschaltgetriebe mit Vieranggrundgetriebe, Bereichs- und Split-Gruppe (insgesamt 16 Gänge, $i_{max} = 17,42$). Die Split-Gruppe (Vorschaltgetriebe) ermöglicht sehr kleine Gangsprünge – Kennfeldbereiche geringen Verbrauchs oder hoher Leistung können bei jeder Fahrgeschwindigkeit eingehalten werden. Neben der dominierenden Einvorgelegewellen-Bauweise gibt es für Lkw auch Lösungen mit mehreren Vorgelegewellen (Leistungsaufteilung).

Formschlüssige Kupplungen mit *Sperrsynchronisierung* sind Standardschaltelemente bei Pkw-Getrieben, überwiegend auch bei Lkw (Anteil Klauenschaltung <20%). Die Übertragung der Schaltbewegung des Fahrers erfolgt bevorzugt mechanisch, bei schweren Nkw sind weitergehende Vereinfachungen der Getriebebedienung in verschiedenen Ausbaustufen des Handschaltgetriebes erkennbar (Servogetriebe, automatisierte Getriebe, Power-Shift).

Automatgetriebe sind Stufengetriebe (Drei-/Viergang bei Pkw, Stadtbusse auch Sechsgang), die ohne Zugkraftunterbrechung automatisch last- und geschwindigkeitsabhängig geschaltet werden (hydraulisch/elektronisch/hydraulisch). Aufbau als Planetengetriebe mit vorgeschaltetem hydrodynamischen Wandler (Föttinger-Wandler) in Trilok-Bauweise, **Bild 7**. Zur Reduzierung von Leistungsverlusten wird gegebenenfalls der Wandler mittels Überbrückungskupplung gesperrt. Eine weitere Möglichkeit ist die Leistungsverzweigung [3].

Doppelkupplungsgetriebe ermöglichen durch Zuschalten und Lösen von zwei Kupplungen ebenfalls eine Lastschaltung, wobei Gangwechsel nur in bestimmter Folge ausführbar sind (automatisierbar).

Stufenlose Getriebe

Durch einen stufenlosen Übersetzungsbereich kann dem Kennfeld des Motors ohne Zugkraftunterbrechung jeweils die optimale Übersetzung angepaßt werden. Hierfür werden *Umschlingungs-* und *Hydrostatgetriebe* verwendet, die

allerdings höhere Verluste als Zahnradgetriebe aufweisen. Eine Verbesserungsmaßnahme ist die *Leistungsverzweigung*. Wegen des kompakten Formats ist das aus zwei verstellbaren Kegelscheiben und einer nachgeschalteten einfachen Getriebestufe aufgebaute Umschlingungsgetriebe besonders gut bei quergestelltem Frontmotor geeignet. Abgedeckt wird ein breiter Wandlungsbereich, der automatisch angesteuert wird. Moderne Ausführungen mit stählernem Schubgliederband (Schlupf bis ca. 1%).

Verteilergetriebe

Das Verteilergetriebe (Eingang/Zweigang) hat in Fahrzeugen mit Allradantrieb die Aufgabe, die Motorleistung zwischen zwei Achsgetrieben aufzuteilen. Zur definierten Momentenaufteilung werden Differentialgetriebe eingesetzt.

Achsgetriebe

Kegelradgetriebe mit Spiral/Hypoid-Kegelrädern oder schrägverzahnte Stirnräder (Quermotor-Bauweise) werden zur Umlenkung des Kraftflusses und Achsübersetzung eingesetzt. Bei der Außenplanetenachse wird das erforderliche Drehmoment erst an der Radnabe aufgebaut. Der Ausgleich unterschiedlicher Raddrehzahlen erfolgt über Differentialgetriebe.

Differentialgetriebe

Kegelrad-Differentialgetriebe besitzen als Achsdifferential (Querausgleich) größte Verbreitung. Beim Differential mit Ausgleichsperre verhindern schaltbare oder sich selbsttätig zuschaltende Sperrelemente das Durchrutschen eines einzelnen Rads. Im Fall des Ausgleichgetriebes mit Zusatzreibung (**Bild 8**) werden die Abtriebskegelräder über Lamellenkupplungen durch Reibung an der Relativdrehung zum Gehäuse gehindert. Im Automatischen Sperrdifferential (ASD) betätigt eine sensorgesteuerte Elektrohydraulik diese Kupplungen.

Beim Torsen-Differential (ABV-geeignet) sorgt ein Schneckenradgetriebe für eine automatische Sperre des Ausgleichs. Die selbsttätige Sperrwirkung entsteht beim Durchdrehen eines Rads durch Reibung in der Schneckenverzahnung (abhängig vom Steigungswinkel).

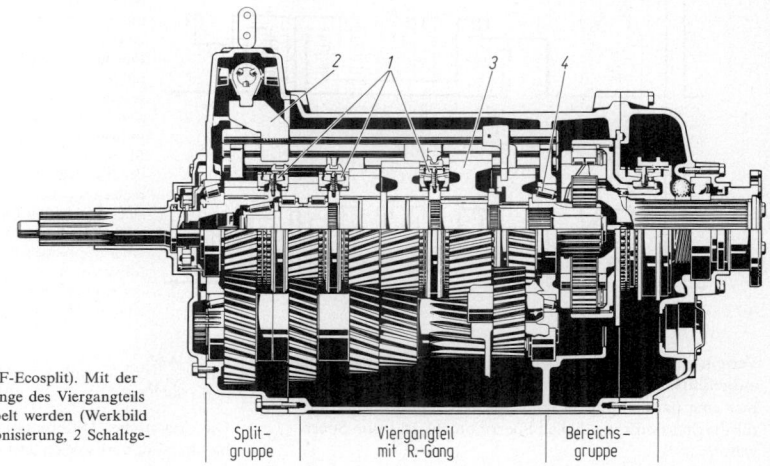

Bild 6. Dreigruppen-Getriebe (ZF-Ecosplit). Mit der Splitgruppe können die acht Gänge des Viergangteils und der Bereichsgruppe verdoppelt werden (Werkbild ZF). *1* Schiebehülse mit Synchronisierung, *2* Schaltgestänge, *3* Zahnräder, *4* Lager

Split-gruppe   Viergangteil mit R-Gang   Bereichs-gruppe

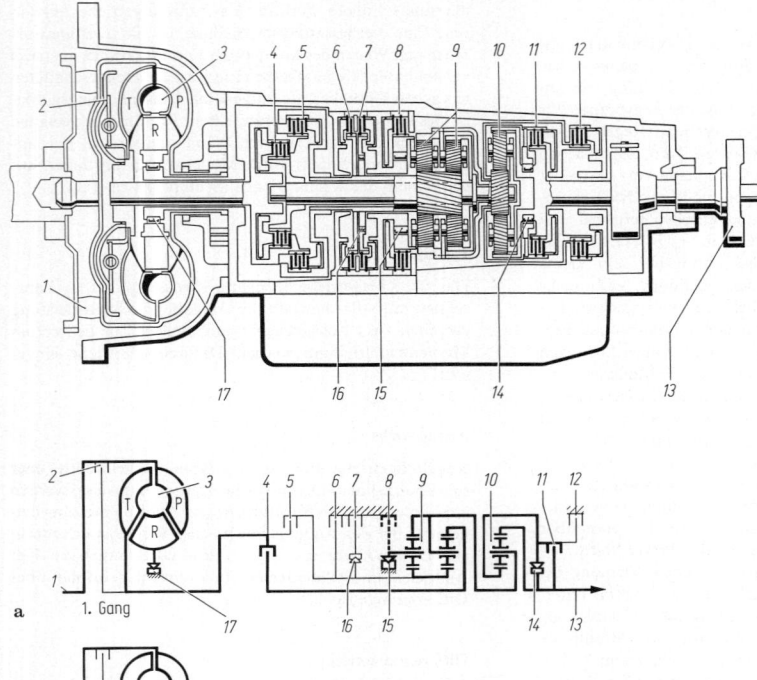

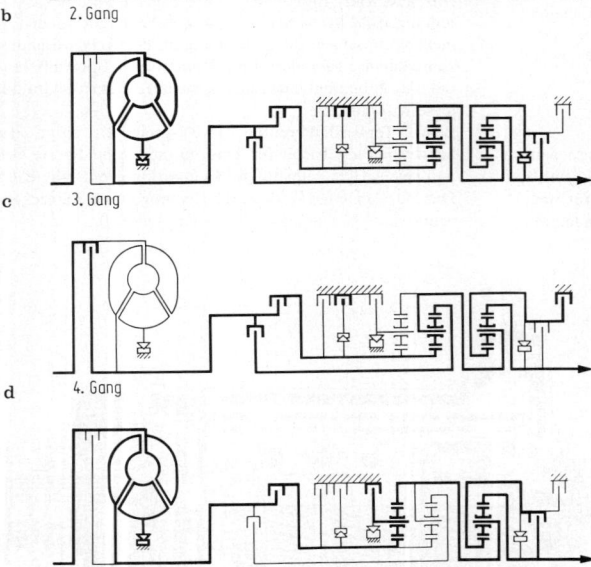

a   1. Gang

b   2. Gang

c   3. Gang

d   4. Gang

e   R. Gang

Bild 7. Viergang-Automatgetriebe mit Wandler-Überbrückungskupplung (Werkbild ZF). **a** Die Kupplungen 4 und 11 sind geschlossen. Der vordere Planetenradträger des Radsatzes 9 stützt sich bei Zug über den Freilauf 15 ab; bei Schub wird er überholt. Der Planetenradsatz 10 läuft als Block mit um. In Wählhebelstellung 1 ist außerdem im 1. Gang die Kupplung 8 geschlossen, um mit dem Motor bremsen zu können. **b** Die Kupplungen 4, 6, 7 und 11 sind geschlossen. Der Freilauf 15 wird überholt. Die Hohlwelle mit dem Sonnenrad des Planetenradsatzes 9 steht fest. Der Planetenradsatz 10 läuft als Block mit um. **c** Die Kupplungen 4, 5, 7 und 11 sind geschlossen. Die Freiläufe 15 und 16 werden überholt. Die Planetenradsätze 9 und 10 laufen als Block mit der Übersetzung 1:1 um. **d** Die Kupplungen 4, 5, 7 und 12 sind geschlossen. Die Freiläufe 14, 15 und 16 werden überholt. Der Planetenradsatz 9 läuft als Block mit um. Die Hohlwelle mit dem Sonnenrad der Planetenradsatzes 10 steht fest. Der Drehmomentwandler 3 wird durch die Kupplung 2 ab einer bestimmten Fahrgeschwindigkeit überbrückt. **e** Die Kupplungen 5, 8 und 11 sind geschlossen. Über den festgehaltenen vorderen Planetenradträger des Radsatzes 9 tritt eine Drehrichtungsumkehr der Abtriebswelle ein. Der Planetenradsatz 10 läuft als Block mit um.

Verteilerdifferentiale werden häufig als Planetengetriebe ausgeführt, **Bild 9**. Eine bedarfsgerechte Sperrung leistet hier eine parallel angeordnete Visco-Kupplung. Als Maß für die Sperrwirkung dienen Sperrmoment M_{Sp} und Sperrwert s

$$s = \frac{\Delta M_{Rad}}{\sum M_{Rad}}, \quad \text{wobei} \quad \Delta M_{Rad} = M_{Sp}.$$

Die klassische Differentialsperre besteht in der Verblockung des Ausgleichgetriebes (Klauenkupplung).

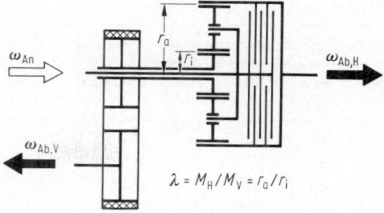

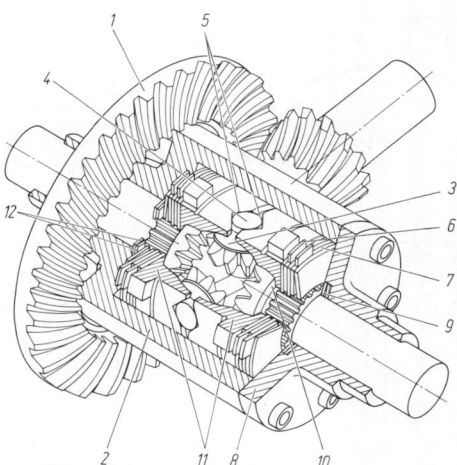

Bild 9. Schema eines Verteilergetriebes mit Zahnkettenantrieb, Planetenraddifferential und parallel geschalteter Lamellenkupplung. Index H Hinterachse, V Vorderachse

Bild 8. Selbstsperr-Differential. Die Sperrwirkung beruht auf Reibung in den Lamellenpaketen; erzeugt durch Vorspannung mittels Tellerfedern und Axialverschiebung der Druckringe unter Last. Die Mitnehmer der Außenlamellen und Druckringe sind in Längsnuten des Gehäuses geführt und damit drehfest mit diesem verbunden (Werkbild ZF). *1* Tellerrad, *2* Differentialgehäuse, *3* Ausgleichskegelrad, *4* Achse der Ausgleichskegelräder, *5* Keilflächen an den Druckringen zur axialen Spreizung, *6* Außenlamelle, drehfest im Gehäuse, *7* Innenlamelle, drehfest auf dem Achskegelrad, *8* Deckel, *9* Anlaufscheibe, *10* Achskegelrad, *11* Druckringe, *12* Tellerfedern

3.3 Gelenkwellen. Drive shafts

Wellen mit *Gleichlaufgelenken* (Kugel-, Tripodegelenk) zum Radantrieb bei Pkw und leichten Nkw. Radseitig als Fest-, getriebeseitig als Verschiebegelenk. *Doppelkreuzgelenke* in angetriebenen Lenkachsen von Nkw (s. G 3.2.2). Im Längsstrang von größeren Nkw ausschließlich Kreuzgelenke (robust), bei Pkw Ausführungen mit Gelenkscheibe (Winkelabweichungen bis ca. 2°) und Kreuzgelenken, zum Teil auch in Kombination mit Gleichlaufgelenken. Zwischenlagerung bei mehrteiligen Wellen, Verschiebestücke für Längenausgleich. Die Laufruhe einer Gelenkwelle hängt wesentlich von ihrer Länge und Güte der Auswuchtung (dynamisch) ab. Die biegekritische Drehzahl einer starr gelagerten Hohlwelle beträgt

$$n_{\text{krit}} = \frac{\pi}{8l^2}\sqrt{\frac{E}{\rho}(D^2 + d^2)}.$$

In der Praxis sollte wegen der Spiele und Elastizitäten von maximal 80% dieses Werts ausgegangen werden. Geringe Beugungswinkel und homokinematische Anordnung sind anzustreben (Grenzwerte für Produkt aus Drehzahl und Beugungswinkel, s. G 3.2.2).

4 Bremsen. Brakes

4.1 Vorschriften. Regulations

Es gelten nationale (§41 StVZO) und internationale (EG-Richtlinie 71/320 EWG, ECE-Regelung R 13) Bauvorschriften für Bremsanlagen von Kfz und deren Anhänger. Danach müssen Kfz mindestens zwei voneinander unabhängige Bremsanlagen besitzen. Man unterscheidet:

Betriebsbremsanlage (BBA). Ausgeführt als Muskelkraft-, Hilfskraft- oder Fremdkraftbremsanlage. Hilfskraft liegt vor, wenn die Muskelkraft durch eine Hilfskraft unterstützt wird (z.B. Bremskraftverstärker in Pkw). In Fremdkraftbremsanlagen wird die in die Bremsanlage eingeleitete Kraft durch eine besondere Einrichtung erzeugt und durch die Muskelkraft gesteuert (z.B. Druckluftbremsanlagen in Nkw).
BBA müssen zweikreisig sein, auf alle Räder wirken und abstufbar sein. Die Bremskraft muß sich den Achslasten entsprechend auf die Achsen verteilen, **Bild 1.** Ist hierzu eine Vorrichtung erforderlich, muß diese automatisch wirken (automatisch lastabhängige Bremskraftregelung ALB).

Hilfsbremsanlage (HBA). Sie muß beim Ausfall der BBA das Anhalten des Fahrzeugs gewährleisten. Die HBA muß ebenfalls abstufbar sein und bei Nkw auch auf den Anhänger wirken.

Feststellbremsanlage (FBA). Sie muß das Fahrzeug bei Fahrbahnneigung von 18% im Stillstand halten können. Die FBA muß rein mechanisch wirken.
HBA und FBA sind bei Pkw kombiniert (Handbremse), bei Nkw-Motorwagen meist kombiniert ausgeführt. Bei Anhängern wirkt die HBA des Zugfahrzeugs auf die BBA des Anhängers. Bei Krafträdern zählt einer der beiden Kreise der BBA als HBA.

Dauerbremsanlage (DBA). Sie muß das Fahrzeug in einem Gefälle von 7% über eine Länge von 6 km auf $v = 30$

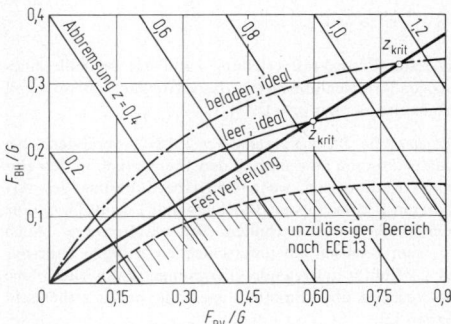

Bild 1. Bremskraftverteilungsdiagramm. F_{BV}, F_{BH} Bremskräfte Vorder- und Hinterachse

Tabelle 1. Mindestbremswirkungen §41 StVZO

	Mittlere Vollverzögerung in m/s²			Abbremsung z in %
	Kraft-räder	Pkw	Lkw	Anhänger
BBA	5,8	5,8	5,0	45…50 (je nach Bauart)
HBA	3,1	2,9	2,2 (Busse 2,5)	entfällt
FBA	−	muß Fahrbahnneigung 18% halten		

$$z = \text{Abbremsung} = \frac{\text{Summe der Bremskräfte}}{\text{Fahrzeuggewicht}} \cdot 100 \, [\%]$$

km/h halten können, ohne die Bremsen der BBA, HBA oder FBA zu benutzen. Nach EG/ECE nur für Busse über 10 t vorgeschrieben.

In den genannten Vorschriften sind u.a. maximale Betätigungskraft und Mindestverzögerung/Mindestabbremsung der Bremsanlagen festgelegt, **Tab. 1.**

Im Zuge der Entwicklung des Europäischen Binnenmarkts sind Änderungen in den Vorschriften nicht auszuschließen.

Bremsanlagen müssen in regelmäßigen Abständen überprüft werden (Hauptuntersuchung §29 StVZO, bei Nkw auch Zwischen- und Bremssonderuntersuchungen). Die Überprüfung der Nutzkraftwagen ist umfassender (u.a. Ansprechdauer, Schwelldauer, Fading) [8].

4.2 Physikalische Grundlagen
Physical fundamentals

Bei einer Bremsverzögerung a erhöht sich die statische Achslast der Vorderachse um den Betrag ΔF_z. Die Hinterachse wird um den gleichen Betrag entlastet (s. **Q 2 Bild 3**). Soll der verfügbare Kraftschluß für alle Abbremsungen z ($z = -a/g$) voll ausgenutzt werden, so muß sich das Verhältnis der eingeleiteten Bremskräfte entsprechend den dynamischen Achslasten ändern (ideale Bremskraftverteilung). Im Bremskraftverteilungsdiagramm (**Bild 1**) verschieben sich die Lage der Parabel und auch die Lage der Grenzkurven mit Änderung des Fahrzeugschwerpunkts. Die Verteilung bleibt konstant, solange Einrichtungen zur Verteilungsänderung (Bremskraftregler) nicht eingreifen. Bei Abbremsungen oberhalb z_{krit} tritt die Gefahr einer Überbremsung (Blockieren) der Hinterräder auf (instabiles Fahrverhalten). Der kürzeste, ideal erreichbare Anhalteweg ist erzielbar, wenn der Gütegrad η den Wert 1 annimmt

$$\eta = \frac{z_{max}}{z_{id}} = \frac{z_{max}}{\mu}.$$

Bei fester Bremskraftverteilung kann nur im Falle eines einzigen Kraftschlußbeiwerts das verfügbare Potential voll ausgenutzt werden ($\eta = 1$) [1].

Automatische Blockierverhinderer (ABV) verändern bei Pedalbetätigung automatisch den Bremsdruck in den einzelnen Radbremsen, wenn eine Überforderung des verfügbaren Kraftschlusses (Blockiergefahr) droht [3, 4]. Die Lenkfähigkeit bleibt erhalten (Seitenkraftreserve). Auch das beim Bremsen auf unterschiedlich griffigen Fahrspuren („μ-Split") auftretende Giermoment kann durch eine entsprechend abgestimmte Regellogik besser beherrscht werden [2].

In **Bild 2** wird ein Regelzyklus schematisch vorgestellt (Frequenz 4 bis 10 Hz). ABV werden auch in Verbindung

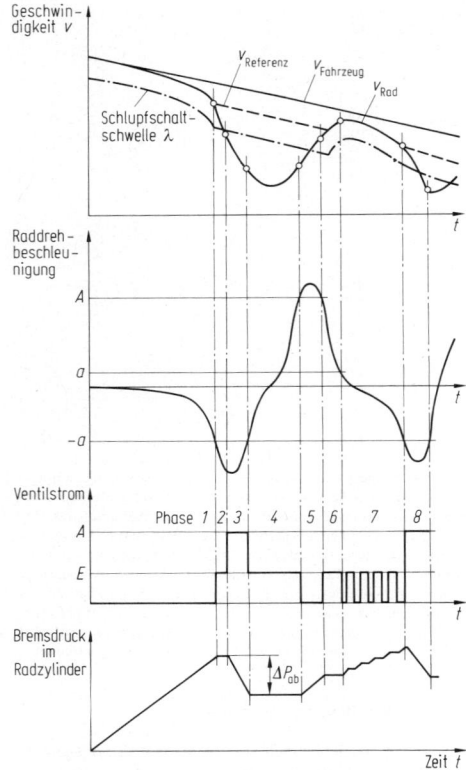

Bild 2. Regelzyklus eines automatischen Blockierverhinderers nach [19]

mit Systemen zur Begrenzung von Antriebsschlupf (ASR) eingesetzt [5, 6].

Bremsvorgang

Zwischen dem Erkennen eines Hindernisses und dem Umsetzen des Fußes auf das Bremspedal vergeht die *Reaktionszeit* t_r (0,5 bis 1,2 s). Zur Überwindung des Lüftspiels ist eine Zeitspanne t_a (ca. 0,04 s) erforderlich *(Ansprechzeit)*. Der folgende Abschnitt bis zum Aufbau maximaler Verzögerung wird als *Schwellzeit* t_s (ca. 0,2 s) bezeichnet. Bei im weiteren Verlauf (Vollbremsdauer t_v) konstant angenommener Abbremsung ergibt sich die *Anhaltedauer* t_A summarisch aus den Anteilen t_r, t_a, t_s, t_v.

Während dieser Zeit wird der *Anhalteweg* x_A zurückgelegt

$$\text{Anhalteweg } x_A = \text{Reaktionsweg } x_R + \text{Bremsweg } x_B.$$

4.3 Bremsbauarten. Types of brakes

Trommelbremsen. Sie haben fast ausschließlich zwei Innenbacken. Je nach Bauart (**Bild 3**) tritt Selbstverstärkung in einer (auflaufenden) Backe (Simplex-Bremse) oder in beiden Backen abhängig (Duplex) oder unabhängig (Duo-Duplex) von der Drehrichtung ein. In Servobremsen wird eine sehr große Selbstverstärkung erreicht. Ein Nachteil der Selbstverstärkung ist die unerwünscht große Abhängigkeit des Bremsenkennwerts $C = U/F_{Sp}$ von μ (**Bild 4**), mit U Umfangskraft am Bremstrommelradius, F_{Sp} Spann-

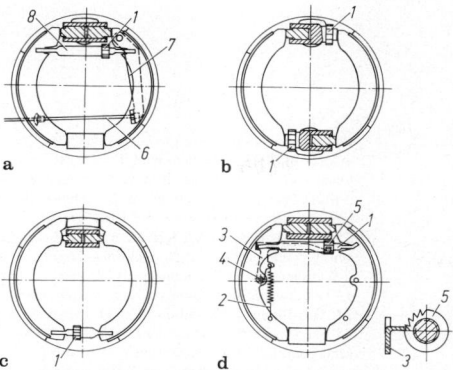

a   b

c   d

Bild 3. Bauarten der Trommelbremse. **a** *Simplex.* Die Feststellbremse wird über den Bowdenzug *6* und den Bremshebel *7* betätigt, der mit Hilfe der Druckstange *8* die beiden Bremsbacken spreizt; **b** *Duplex.* Genutzt wird die selbstverstärkende Wirkung von zwei auflaufenden Backen bei Vorwärtsfahrt; **c** *Duo-Servobremse.* Volle Ausnutzung der Selbstverstärkung für beide Drehrichtungen durch bewegliches Stützlager (Nachstellvorrichtung *1*); **d** *Trommelbremse* mit automatischer Nachstellung. Bei Bremsbetätigung dreht die Feder *2* den Nachstellhebel *3* um Lagerpunkt *4*. Der Drehwinkel des Nachstellhebels vergrößert sich mit zunehmendem Lüftspiel, bis die an der Nachstellmutter *5* angreifende Stellkante diese um einen Zahn weiterdreht

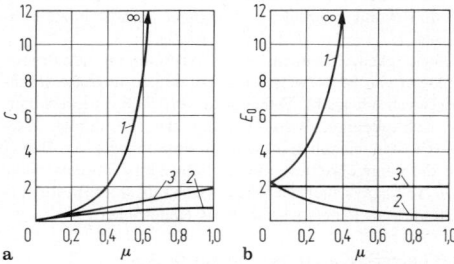

a   b

Bild 4. a Bremsenkennwert C; **b** Empfindlichkeit $E_0 = dC/d\mu$ als Funktion des Reibwerts. *1* auflaufende Backe, *2* ablaufende Backe, *3* Scheibenbremse

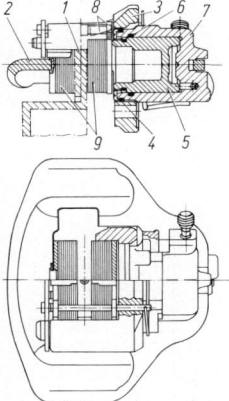

Bild 5. Pkw-Schwimmrahmenbremse. *1* Bremsscheibe, *2* Rahmen, *3* Halter, *4* Manschette, *5* Kolben, *6* Dichtung, *7* Gehäuse, *8* Haltestifte und Kreuzfeder zur Fixierung der Beläge, *9* Beläge

kraft, die die Bremsbacken betätigt. Der Reibwert μ hängt von Temperatur, Flächenpressung und Reibgeschwindigkeit ab; im Betrieb liegt er zwischen 0,3 und 0,4. Zwei ablaufende Backen ergeben eine geringe Abhängigkeit des Bremsenkennwerts vom Reibwert.

Scheibenbremsen. Sie sind unempfindlich gegen Reibwertschwankungen (**Bild 4a**, Kurve *3*). Der Reibwert liegt bei $\mu = 0,4$ bis 0,5. Wegen des kleineren Kennwerts C treten große Kräfte (für Pkw etwa 15 kN gegenüber etwa 4 kN bei Trommelbremsen), Flächenpressungen (bis 600 N/cm^2) und spezifische Belagleistungen (bis 3,3 kW/cm^2) auf. Wenn Sattel oder Scheibe axial verschiebbar sind, ist nur ein Kolben nötig, **Bild 5**. Zusätzliche Zangen, die an der Bremsscheibe angreifen oder eine besondere Trommelbremse bilden die Feststellbremse.

4.4 Bremsanlagen für Pkw
Brakes for passenger cars

Zu einer hydraulischen Bremsanlage gehören Haupt- und Radzylinder, die über Rohrleitungen und Schläuche verbunden ein geschlossenes hydraulisches System darstellen. Die Verstärkung der Fußkraft übernehmen in der Regel Saugluft-, teilweise auch hydraulische Bremskraftverstärker. Der Tandem-Hauptzylinder besitzt zwei separate Druckräume für die Versorgung zweier voneinander unabhängiger Bremskreise. Nur bei Trommelbremsen ist in den Leitungen ein Vordruck erforderlich (1,5 bis 3 bar). Zur Änderung der Bremskraftverteilung werden Druckbegrenzungs- und Druckminderventile mit fester und variabler Umschaltung eingesetzt. Der Bremskraftregler den hydraulischen Druck im Bremskreis der Hinterachse in Abhängigkeit von Achslast und Eingangsdruck. Die Feststellbremse muß mechanisch betätigt werden (Seilzug, Gestänge).

4.5 Bremsanlagen für Nkw. Brakes for trucks

Bremsanlagen für mittlere und schwere Nkw benötigen Fremdkraft, um ausreichende Spannkräfte an den Radbremsen zu erzeugen. Üblich sind Druckluftanlagen. **Bild 6** zeigt das Blockschaubild einer Zweileitungs-Zweikreis-Bremsanlage für Nkw-Motorfahrzeuge. Zweileitungsanlage bedeutet, daß Nkw-Anhänger mit zwei Leitungen (Vorrats- und Bremsleitung) angeschlossen sind. Es werden überwiegend Trommelbremsen eingebaut. Wesentliche Aufgaben wichtiger Bauteile sind:

Mehrkreisschutzventil 4 sichert den Druck in den verbliebenen Bremskreisen (in **Bild 6** vier Kreise: BBA Kreis 1, BBA Kreis 2, FBA/HBA/Anhänger-BBA, DBA) nach Ausfall eines Kreises.

Automatischer Bremskraftregler ALB 13 regelt den Bremsdruck im Hinterachsbremskreis in Abhängigkeit von der Achslast. Wird bei Stahlfederung über den Einfederweg, bei Luftfederung durch den Balgdruck betätigt. Teilweise Mitansteuerug des Vorderachsbremskreises.

Bremszylinder Hinterachse als Kombizylinder 14 wirkt i. allg. als Membranzylinder wie *12*. Verfügt zusätzlich über einen Federspeicher, der die Spannkräfte mechanisch erzeugt. Dient daher auch als Teil der FBA.

Anhänger-Steuerventil 20 steuert den Bremsvorgang für den Anhänger durch Druckanstieg in der Bremsleitung zum Anhängerbremsventil.

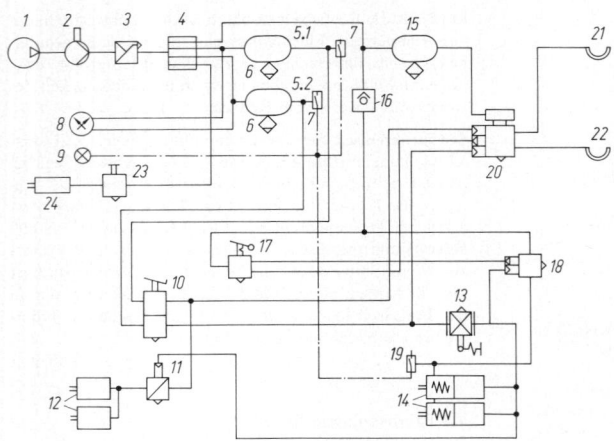

Bild 6. Zweileitungs-Zweikreis-Druckluftbrems-anlage für Nutzkraftwagen nach EG-Richtlinie (nach Werkbildern Knorr-Bremse). *1* Kompressor, *2* Frostschutzpumpe, *3* Druckregler, *4* Mehrkreis-schutzventil, *5.1* Energiespeicher BBA Kreis 1, *5.2* Energiespeicher BBA Kreis 2, *6* Entwässerungs-ventil, *7* Warnschalter, *8* Doppeldruckmanometer, *9* Warnleuchte, *10* Fußbremsventil 2kreisig, *11* Druckwandler, *12* Bremszylinder Vorderachse, *13* ALB-Regler, *14* Kombizylinder Hinterachse, *15* Energiespeicher Kreis 3 FBA/HBA, *16* Rück-schlagventil, *17* Handbremsventil, *18* Überlast-schutzventil, *19* Warnschalter, *20* Anhänger-Steuerventil, *21* Kupplungskopf Vorrat, *22* Kupplungskopf Bremse, *23* Belüftungsventil Kreis 4 DBA, *24* Arbeitszylinder Dauerbremse

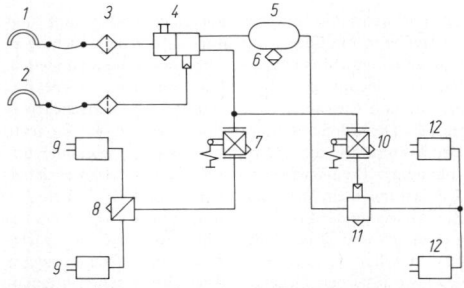

Bild 7. Zweileitungs-Anhängerbremsanlage mit automatisch last-abhängiger Bremse (ALB) nach EG-Richtlinie (nach Werkbildern Knorr-Bremse). *1* Kupplungskopf Vorrat, *2* Kupplungskopf Brem-se, *3* Rohrleitungsfilter, *4* Anhänger-Bremsventil mit Löseventil, *5* Energiespeicher, *6* Entwässerungsventil, *7* Bremskraftregler VA mit ALB, *8* Rückhalteventil, *9* Bremszylinder VA, *10* Bremskraftregler HA mit ALB, *11* Relaisventil, *12* Bremszylinder HA

Bild 7 zeigt das zugehörige Blockschaubild einer Anhän-gerbremsanlage. Wichtiges Teil ist das Anhängerbrems-ventil *4*: Es erfüllt mehrere Aufgaben:
1. es leitet ständig Vorratsluft in den Vorratsbehälter *5*,

2. es leitet bei Betätigung der Motorwagenbremse Vor-ratsluft aus dem Anhängervorratsbehälter in die Bremszylinder *9*, *12* entsprechend der Stellung der Bremskraftregler *7*, *10*. Dieser Vorgang wird gesteuert vom Anhängersteuerventil im Motorwagen,
3. es leitet bei Bruch der Vorratsleitung *1* die Vorrats-luft aus dem Vorratsbehälter *5* in die Bremszylinder (automatische Bremsung),
4. es verfügt über ein Löseventil, um den abgekuppelten und damit gebremsten Anhänger rangieren zu kön-nen.

Schwierigkeiten können bei der Abstimmung der Brems-anlagen von Motorwagen und Anhänger auftreten (Hän-ger-Wechselbetrieb). Daher sind bezüglich Ansprechdau-er, Schwelldauer, Bremskennung usw. bestimmte Tole-ranzbreiten einzuhalten (Zuordnungsbänder). In **Bild 7** ist die vorgeschriebene mechanische Feststellbremsanlage des Anhängers (handbetätigte Mechanik oder Radbrems-zylinder mit Federspeicher) nicht eingetragen.

4.6 Dauerbremsen. Permanent brakes

Eine Dauerbremsanlage ist eine zusätzliche Bremsanla-ge, die eine Bremskraft über einen langen Zeitraum (vgl. Q 4.1) ohne merklichen Leistungsabfall erzeugen und auf-

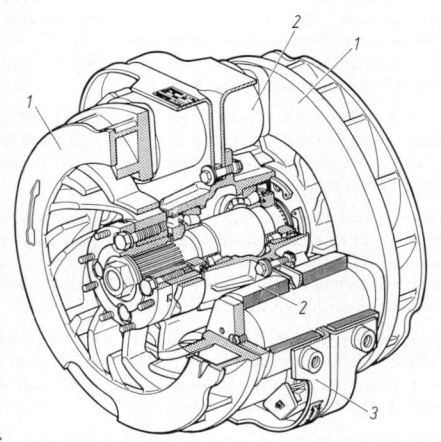

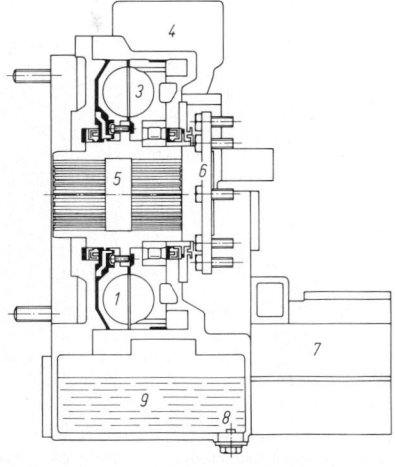

Bild 8. a Elektromagnetischer (Werkbild TELMA); **b** hydrodynamischer Retarder (Werkbild Voith). *1* Rotoren, *2* Spulen, *3* Stator, *4* Steuerventil, *5* Antriebswelle, *6* Gelenkwellenanschluß, *7* Wärmeaustauscher, *8* Ölablaß-Retarder, *9* Ölsumpf

rechterhalten kann. Die entsprechende Vorschrift wird von Motorbremsen und Retardern erfüllt. Die Motorbremswirkung wird durch Schließen einer Drosselklappe in der Abgasleitung (s. Ventil *23* und Stellzylinder *24* in **Bild 6**) bei gleichzeitiger Unterbrechung der Kraftstoffzufuhr erreicht (kompressorischer Betrieb).

Elektrische Retarder (**Bild 8 a**) setzen die kinetische Energie des Fahrzeugs nach dem Wirbelstromprinzip in Wärmeenergie um, die vom Rotor direkt an die Umgebungsluft abgeführt wird. *Hydrodynamische Retarder* (**Bild 8 b**)

arbeiten nach dem Prinzip der hydrodynamischen Kupplung. Ihr Bremsmoment hängt im wesentlichen von der Drehzahl (max. ca. 2500 min^{-1}) und dem Füllungsgrad ab. Die vom Arbeitsmedium Öl aufgenommene Wärme wird über Wärmetauscher an den Motorkühlkreislauf abgegeben. Hydrodynamische Retarder können baulich in das Getriebe integriert und dann gegebenenfalls als Primärretarder vor der Schaltgruppe angeordnet werden. Die Bremsmomente der Sekundärretarder in Nutzfahrzeugen (Anordnung hinter dem Getriebe) erreichen Werte bis ca. 3000 Nm [7].

5 Fahrwerke. Suspensions

5.1 Reifen. Tires

5.1.1 Bezeichnungen. Terms

Die *Felge* (Felgenring) und die Radscheibe bilden nach normüblicher Bezeichnung das *Scheibenrad*, auf das der Reifen montiert wird. In der Praxis wird meist das Scheibenrad als Felge, die Einheit aus Scheibenrad und Reifen als Rad bezeichnet.

Scheibenräder werden durch die Felgenform – z.B. 6J×14 H2: Maulweite in Zoll, Hornform nach ETRTO (im Beispiel J), Tiefbettzeichen x, Nenndurchmesser in Zoll, H2 für Doppelhump – sowie durch Angabe der Einpreßtiefe (Abstand zwischen Radmitte und Anlagefläche der Scheibe) und des Lochbilds gekennzeichnet.

Pkw-Reifen sind nach ECE R30 wie am folgenden Beispiel zu bezeichnen:

185/60 R 14 82 H: Nennbreite in mm, Verhältnis von Querschnittshöhe zur Breite (H/B) in % (darf bei älteren Querschnitten mit H/B=82% fehlen), R für radiale Bauweise, Nenndurchmesser der zugehörigen Felge in Zoll, Tragfähigkeitskennziffer, Kennbuchstabe für die zulässige Höchstgeschwindigkeit (S: 180, H: 210, V: 240, Z: >240 km/h). Die Norm erfaßt z.Z. nur Reifen bis zur Geschwindigkeitsklasse H. Mit dem Zusatz „TL" (tubeless) wird der Schlauchlosreifen gekennzeichnet. „M+S" (Matsch und Schnee) weist auf Spezialreifen für den Winterbetrieb hin (Geschwindigkeitsklassen Q: 160, T: 190 km/h). Die maximale Betriebsbreite (erhabene Schriften u.a. sowie Wachstum im Gebrauch) ist größer als die Nennbreite! Für Nutzfahrzeugreifen gibt es vielfältige, auch ältere Normen. Moderne Nkw-Reifen für Steilschulter-Tiefbettfelgen werden ähnlich wie Pkw-Reifen gekennzeichnet (ECE R 54). Beispielsweise 275/80 R 22,5 16 PR 146/144 M; neben der Tragfähigkeitskennziffer für Einzel- und Zwillingsbetrieb (im Beispiel: 146/144) kann noch die konventionelle Tragfähigkeitsklasse in „Ply-Rating" (im Beispiel 16 PR) ausgedrückt werden.

Den Aufbau eines Pkw-Radialreifens gibt **Bild 1** vereinfacht wieder. Die wesentlichen Größen sind in **Bild 2** definiert. Zwischen dem statischen r_{stat} und dem dynamischen Reifenhalbmesser r_{dyn} ist zu unterscheiden. r_{stat} ist der Abstand der Radmitte vom Boden (Einfederung), r_{dyn} dagegen folgt aus dem Abrollumfang des Reifens ($r_{dyn} \cdot 2\pi n = x$; x zurückgelegte Strecke, n Zahl der Radumdrehungen). Beide Größen werden bei Normbedingungen ermittelt und angegeben, sie sind jedoch parameterabhängig. r_{dyn} ist am umfangskraftfrei und gerade rollenden Rad zu messen (DIN 70020: $v = 60$ km/h). Für Antriebs- und Bremsmomente gilt

$$M_{A,B} = r_{stat} F_U.$$

Fahrgeschwindigkeit und Raddrehzahl dagegen sind über r_{dyn} verknüpft

$$(1 + \lambda)v = r_{dyn}\omega_R.$$

Weiterführende Literatur [4, 6, 11, 16, 27].

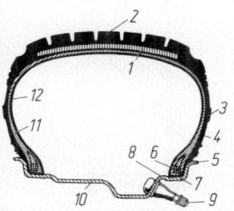

Bild 1. Schlauchloser Pkw-Reifen (Continental). *1* Gürtel, *2* Lauffläche, *3* Scheuerleiste, *4* Seitengummi, *5* Felgenhorn, *6* Wulstkern, *7* Wulst, *8* Hump, *9* Ventil, *10* Felge, *11* Gewebeunterbau (Karkasse), *12* luftdichte Gummischicht

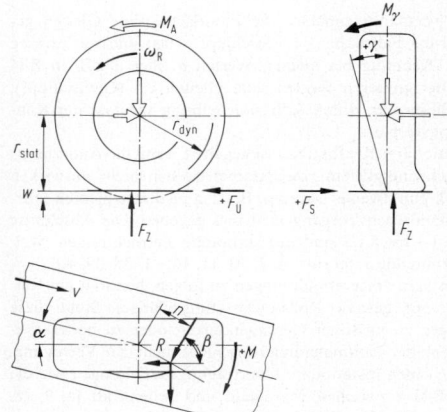

Bild 2. Einige am Rad eingeführte Größen

5.1.2 Aufbau von Reifenkräften. Generation of tire forces

Schlupf erzeugt Reifenkräfte:

Frei rollendes Rad: $F_R \leqq F_U \leqq 0$, Schräglaufwinkel α, Differenzgeschwindigkeit quer $\Delta v = v \cdot \sin\alpha$, Querschlupf $\Delta v/v = \sin\alpha \approx \alpha$.

Gerade rollendes Rad: $\alpha = 0$, Umfangsschlupf λ, Differenzgeschwindigkeit längs $\Delta v = \lambda v$.

Längsschlupf: $\lambda = \dfrac{\Delta v}{v} = \dfrac{r_{dyn}\omega_R - v}{v}$.

Definition: $F_U = 0 \to \lambda = 0$.

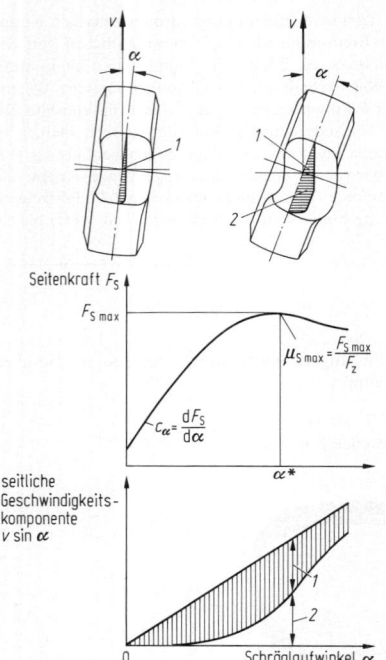

Bild 3. Schräglauf, Seitenschlupf und Seitenkraft, Cornering-Stiffness und maximaler seitlicher Kraftschluß. *1* Formschlupf, *2* Gleitschlupf

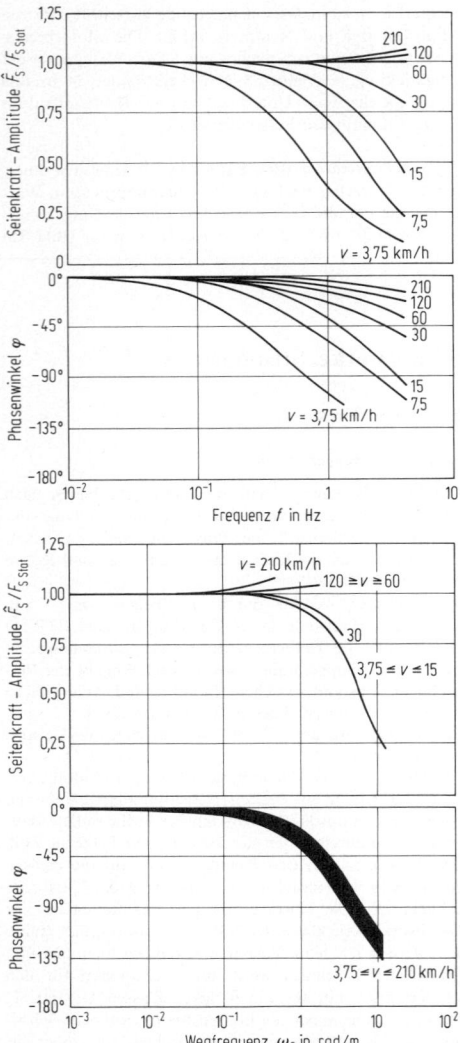

Bild 4. Beispiel eines Übertragungsverhaltens von Schräglauf und Seitenkraft [36]

Δv verspannt zunächst die Lauffläche ohne Gleiten gegen die Fahrbahn − Formschlupf − fast linearer Anstieg der Kennung bei kleinen Werten α oder λ z.B. in **Bild 3**. Bei größeren Werten setzt Gleiten ein (Gleitschlupf), nichtlinearer, durch Adhäsionsreibung verursachter Kennungsverlauf.

Stationärer Kraftaufbau ist gegeben, wenn die Änderungsgeschwindigkeiten von Parametern sich nicht auswirken (z.B. punktweises Messen). Bei den niederfrequenten fahrdynamischen Vorgängen ist dies gegeben. Die Abschnitte Q 5.1.3 bis 5.1.5 sind nur stationäre Betrachtungen. Weiterführende Literatur [6, 7, 10, 11, 16, 31, 35, 39, 40].

Um Parameterveränderungen zu folgen, benötigt ein Reifen eine gewisse Rollstrecke (Einstellänge). Steht diese wegen zu niedriger Geschwindigkeit oder zu hoher Frequenz der Parameteränderung nicht mehr zur Verfügung, erscheinen instationäre Übertragungsbeziehungen wie die in **Bild 4** zwischen Schräglauf und Seitenkraft [4, 9, 18, 29, 32, 36, 37, 38].

Über der Wegfrequenz $\omega_S = \omega(1/v) = \omega(T/L) = 2\pi(1/L)$ (T Schwingzeit, L Wellenlänge) aufgetragen verdichten sich die Frequenzgänge wegen der bestimmten Einstellänge zu einer Kurve (**Bild 4**).

5.1.3 Radzustände. Rolling conditions

Frei rollendes Rad

Sehr vereinfacht ergeben sich Querschübe unter Schräglauf wie in **Bild 3**. Dem Verspannen und Formschlupf am Beginn des Latsches folgt Gleiten, das sich mit zunehmendem α nach vorne ausbreitet und die Schubverteilung symmetrischer macht. Entsprechend bauen sich Seitenkraft und Rückstellmoment $M = F_S n$ auf. *Parameterein-*

flüsse: **Bild 5**, **Bild 6**. Das Vorzeichen für Sturz ist wie in **Bild 2** am Rad allein und nicht wie nach DIN 70020 festzulegen.

Bei gleichbleibendem Schräglauf nimmt die Seitenkraft nur degressiv mit der Radlast zu. Radlastschwankungen führen folglich zum Verlust an mittlerer Seitenkraft. Dies wird in der Fahrwerkstechnik (Rollachse, Stabilisatoren) zur Beeinflussung des Eigenlenkverhaltens genutzt.

Das Kennfeld nach Gough **Bild 7** faßt M, F_S, F_Z, α und n zusammen [16].

Gerade rollendes Rad

Im Prinzip verläuft die Umfangskraft über den Schlupf $F_U(\lambda)$ wie die Seitenkraft über dem Schräglaufwinkel. Entsprechend sind der optimale Schlupf λ^* und die Umfangskraftsteife c_λ aufzufassen.

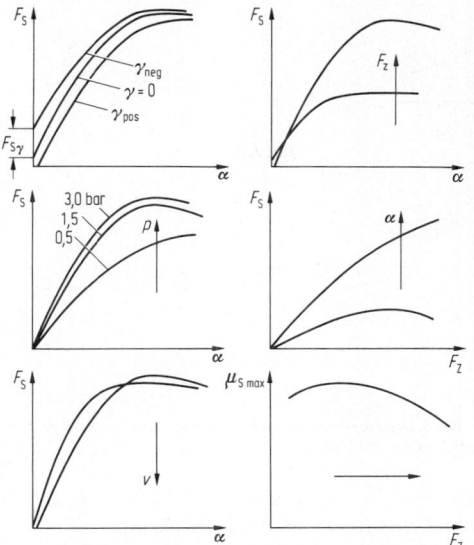

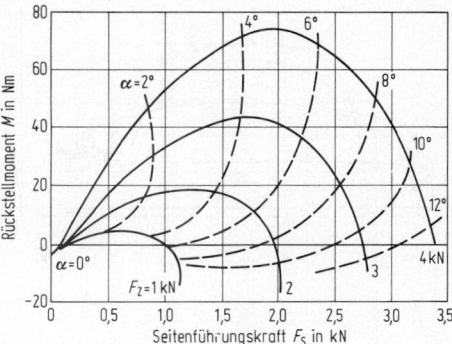

Bild 7. Kennfeld nach Gough

Bild 5. Wirkungstendenzen von Parametern auf die Abhängigkeit der Seitenkraft vom Schräglauf (Pfeil: steigende Parameterwerte)

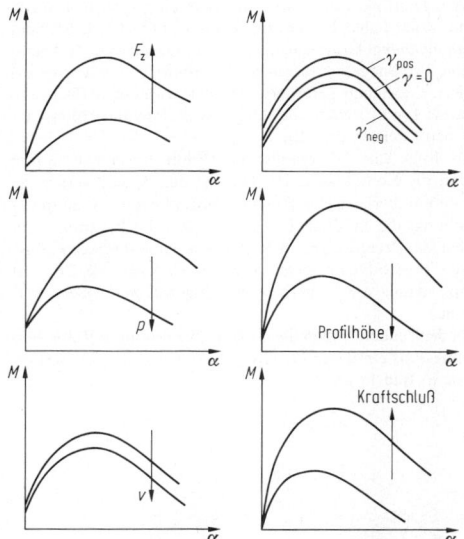

Bild 6. Wirkungstendenzen von Parametern auf die Abhängigkeit des Rückstellmoments vom Schräglauf (Pfeil: steigende Parameterwerte)

Während allerdings der Schräglauf $\alpha = 0$ gemessen werden kann, muß der Schlupf $\lambda = 0$ bei der Umfangskraft $F_U = 0$ definiert werden.
Hervorzuheben ist der Gleitbeiwert des beim Bremsen blockierten Rades $\bar{\mu} = \bar{F}_U/F_Z$. Parameter wirken sich grundsätzlich wie bei der Seitenkraft aus (**Bild 3**). Sturz allerdings erhöht nach beiden Seiten die Kantenpressung und verringert dadurch c_λ und $F_{U\,max}$.

5.1.4 Zweidimensionale Tangentialbelastung am Rad
Two dimensional tangential load on the wheel

Häufig wirken F_U und F_S gleichzeitig, z.B. beim Bremsen in der Kurve. Die Kräfte müssen sich gegenseitig beeinflussen. Am seitlich unter Seitenkräften ausgelenkten Latsch vergrößern Antriebskräfte, verringern Bremskräfte das Rückstellmoment M.
Nimmt man vereinfacht an, daß in allen Richtungen im Latsch nicht mehr als eine maximale resultierende Reibungskraft R_{max} wirken kann, so gelangt man mit

$$R_{max} = \sqrt{F_U^2 + F_S^2}$$

zum *Kammschen Reibungskreis*.
Es interessieren auch kleinere Kraftschlußausnutzungen als der Grenzbereich nahe R_{max}, **Bild 8**. Das abgebildete Kennfeld entsteht, wenn man bei verschiedenen, jeweils konstant gehaltenen Schräglaufwinkeln α den Umfangsschlupf in möglichst weitem Bereich verstellt. Die umhüllende Kraftschlußellipse entspricht dem Kammschen Ansatz als Ort größter resultierender Kräfte. Im Innern des Kennfelds ist eine nahezu kreisförmige Grenzkurve, auf der der resultierende Schlupf $\kappa = 1$ ist, abgebildet. Auf der Bremsseite ist sie mit gerade oder bis zu 90° schräggestelltem blockierten Rad gut vorstellbar.
Das Kennfeld (**Bild 8**) ist im Prinzip herzuleiten, wenn plausibel vorausgesetzt wird, daß in allen Richtungen im Latsch die gleiche Reibungsphysik gilt. Es entsteht folglich mit Form- und Gleitschlupf abhängig vom resultierenden Schlupf $\kappa = \sqrt{\lambda^2 + (\sin \alpha)^2}$ die resultierende Reifenkraft $R = \sqrt{F_U^2 + F_S^2}$. Unter Vernachlässigung der Nullseitenkräfte und der Unsymmetrie der Kraftschlußellipse kann $R(\kappa)$ über eine Ebene aus den Koordinaten λ und $\sin \alpha$ rotieren. Es entsteht der „Reibungskuchen", dessen Oberfläche alle Reifenkräfte bei jeder Schlupfkombination enthält. λ und κ schließen wie in **Bild 9** einen Winkel β ein. Wird der Reibungskuchen in beliebiger Richtung (in **Bild 9** längs der Linien $\alpha_1 = $ const und $\lambda_1 = $ const) angeschnitten, so ergibt sich mit β und dem naheliegenden Ansatz, daß die Kräfte sich verhalten wie die Schlupfwerte ($R/\kappa = F_U/\lambda = F_S/\alpha$):

$$F_U = R \cos \beta\,; \quad F_S = R \sin \beta$$

(**Bild 9a, b**). **Bild 9c** ist ein „Reibungskuchen" mit Berücksichtigung der Unsymmetrien und der Tatsache, daß beim Antreiben und Bremsen größere Schlupfwerte als 1 auftreten können [37].

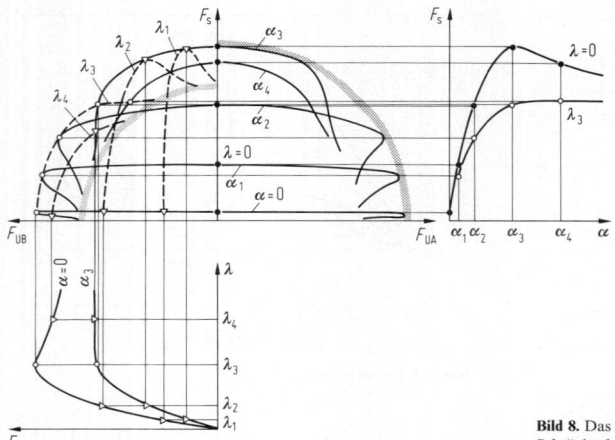

Bild 8. Das Zusammenwirken von Umfangs- und Seitenkräften, von Schräglauf und Umfangsschlupf

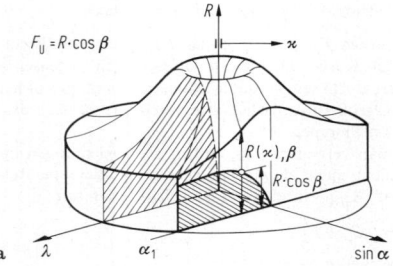

$$F_U = R \cdot \cos \beta$$

a

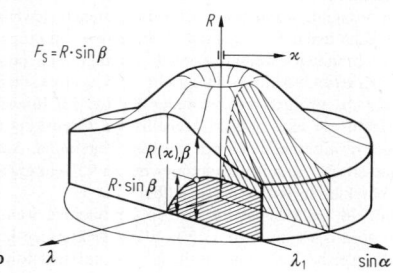

$$F_S = R \cdot \sin \beta$$

b

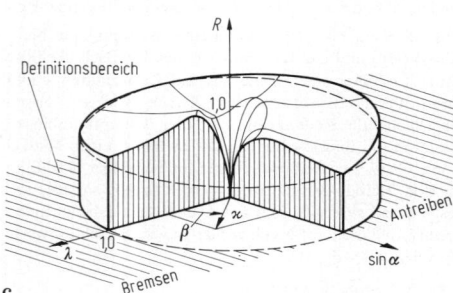

Definitionsbereich

c

Bild 9. Reibungskuchen. **a** angeschnitten längs α_1 =const: $U(\lambda,\alpha_1$ =const); **b** angeschnitten längs λ_1 =const: $S(\alpha,\lambda_1$ =const); **c** Berücksichtigung der anisotropen Eigenschaften und Umfangsschlupf > 1 („Kavalierstart", Bremse vor dem Achsdifferential, Retarder)

5.1.5 Verringerter Kraftschluß. Low friction

Reifen auf nasser Fahrbahn

Das Dreizonenmodell in **Bild 10** zeigt, daß in der Trennzone I ein hydrodynamischer Trennfilm einen Teil der Radlast aufnimmt. Dadurch verringern sich F_S und F_U, die Wirkungslinie von F_S wird nach hinten verschoben. Wenn die Zone I den Latsch völlig unterwandert hat, herrscht *Aquaplaning*. Drainagegünstige Profilgestaltung (Rillenfläche, Profilnegativ, ausreichende Profiltiefe) ist hier gefordert. Gesetzlich geforderte Mindestprofiltiefen (Deutschland: 1 mm) stellen allerdings keine sinnvollen physikalischen Grenzen dar [10].

Es folgt eine Übergangszone II mit Restwassernestern und die Kontaktzone III. Hier ist das Wasser verdrängt, Gummi berührt die feuchte Fahrbahn. Die Gummimischung, die in Zone I bedeutungslos ist, bestimmt jetzt den Kraftschluß. Durch Reduktion der Fahrgeschwindigkeit (hydrodynamischer Druck $\sim v^2$) kann die Zone III und damit die Sicherheit wirkungsvoll vergrößert werden.

In der Tendenz fallen die maximal erreichbaren Reifenführungskräfte mit der Geschwindigkeit und der Wassertiefe wie in **Bild 11** ab.

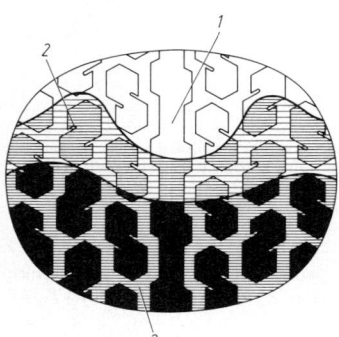

Bild 10. Dreizonenmodell bei Nässe. *1* Trennzone I mit Wasserkeil, verringern durch Profilgestaltung, *2* Übergangszone II mit Restwasser, *3* Kontaktzone III, Kraftschluß mit der geeigneten Gummimischung optimieren

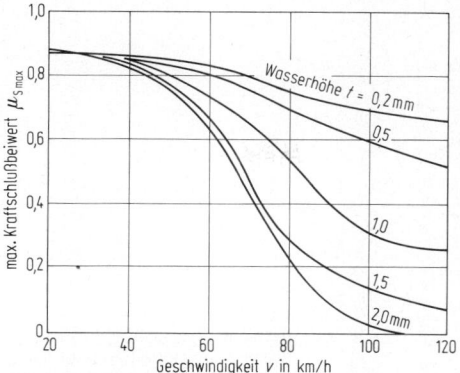

Bild 11. Maximaler seitlicher Kraftschluß abhängig von der Geschwindigkeit und der Wassertiefe. (Die Wassertiefen sind Prüfstandswerte über sehr ebener Oberfläche, auf unebener Straße sind grob 4fache Wassertiefen für gleiche Wirkung nötig.) $F_Z = 2,5$ kN, $p = 1,5$ bar, $\gamma = 0°$, 155 R 15 M + S

Reifen bei Winterglätte

Verschiedene Fahrbahnzustände sind zu unterscheiden [35]:

Schneeglätte. Es gibt unzählige Oberflächenarten von Schneematsch bis zum festgefahrenen, griffigen kalten Schnee; Bremsblockierwerte $0,15 \leqq \bar{\mu} \leqq 0,5$.

Eisglätte. Eis aus auf der Fahrbahn vorhandenem Wasser, uneben, verschmutzt, ungleichförmig, große Vielfalt; μ ähnlich Schnee.

Glatteis. Auch Spiegeleis genannt, Eis aus Niederschlag auf unterkühlter Fahrbahn oder aus unterkühltem Regen, glasklar, gleichförmig ausgebreitet, naß, extrem glatt, $0,05 \leqq \bar{\mu} \leqq 0,15$, tritt unterhalb $\vartheta = -5\,°C$ nicht mehr auf.

In **Bild 12** wird die erreichbare Seitenkraft (Umfangskräfte verhalten sich entsprechend) deutlich größer, wenn die Eisoberflächentemperatur fällt. Mit ihrem Absinken nimmt die Dicke des auf dem Eis vorhandenen Flüssigkeitsfilms („Liquid Layer") ab. Schließlich verschwindet er bei –12 bis –15° C. Die Maxima der Reifenkräfte über dem Schlupf werden gleichzeitig stärker, „giftiger" ausgeprägt, weil bei größerem Schlupf Reibarbeit das Eis erwärmt.

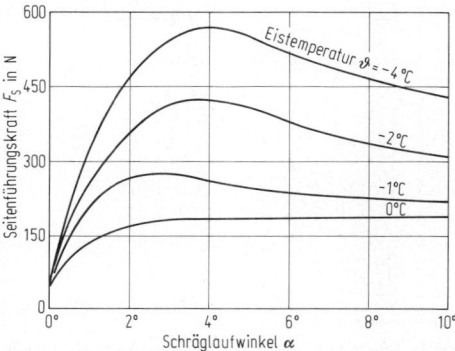

Bild 12. Die Seitenführung als Funktion des Schräglaufs bei verschiedenen Eisoberflächentemperaturen. (Prüfstandsmessungen) $F_Z = 2,5$ kN, $p = 1,5$ bar, $\gamma = 0°$, $v = 10$ km/h, 165 R 15 M + S

Parameter wie v und ϑ werden unbedeutend, wenn Winterbewehrungen wie Schneeketten und Spikes eingesetzt werden, weil statt adhäsiven Kraftschlusses jetzt kohäsiver, oberflächenzerstörender gegeben ist; die Führungskräfte erreichen etwas höhere Werte als an unbewehrten Reifen, die zu großen Schlupfwerten hin nicht mehr abfallen („gutmütiges" Verhalten).

5.2 Radführungen. Wheel suspensions

Die Räder eines Fahrzeugs sind über die Radaufhängung mit dem Fahrzeugaufbau oder -rahmen verbunden und werden von ihr geführt [1, 21]. Die Stellung eines Rads wird neben den Raumkoordinaten durch die Größen *Vorspur* und *Sturz* beschrieben. An gelenkten Achsen haben zusätzlich *Spreizung, Nachlauf* und *Lenkrollhalbmesser* erhebliche Bedeutung, **Bild 13**.

Der *Momentanpol* des Rads ist der Punkt, um den sich das Rad z.B. beim Einfedern relativ zum Aufbau dreht. Das *Momentanzentrum* einer Achse ergibt sich als Schnittpunkt der projizierten Verbindungslinie zwischen Momentanpol und Radaufstandspunkt in der vertikalen Querebene zwischen den Rädern mit der Längsmittelebene. Dies ist der Punkt, um den sich der Aufbau unter Einfluß einer Seitenkraft neigt. Seine Lage hängt von der Bauart der Achse ab. In der Praxis kann das Momentanzentrum aus der Bahnkurve des Radaufstandspunkts eines Rads mit Hilfe einer an die Kurve gelegten Normalen bestimmt werden. Die Lage des Momentanzentrums ist i. allg. von der Einfederung des Rads abhängig. Die Verbindungslinie der Momentanzentren vorn und hinten ist die *Rollachse*. Ihre Lage beeinflußt das *Wankverhalten* des Fahrzeugs und die Aufteilung von dynamischen Zusatzlasten auf Vorder- und Hinterachse, d.h. das *Eigenlenkverhalten*. Für die

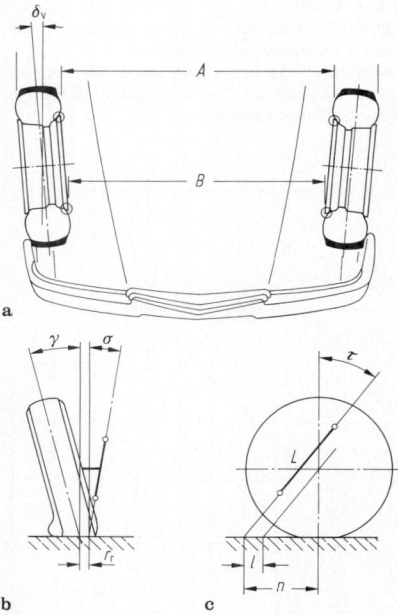

Bild 13. Radstellungen (DIN 70000, 70020). **a** Vorspur $m = A - B$, Vorspurwinkel δ_v; **b** Sturz γ, Spreizung σ, Lenkrollhalbmesser r_r; **c** Nachlaufwinkel τ, Nachlaufstrecke n, Nachlaufversatz l, Lenkachse L

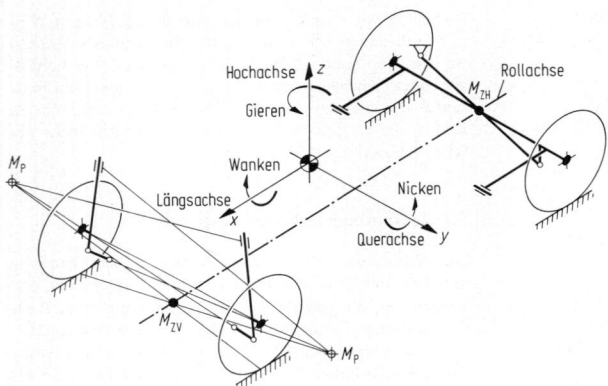

Bild 14. Bewegungsformen des Fahrzeugs; Rollachse. M_P Momentanpole der Räder, M_{ZV}, M_{ZH} Momentanzentren der Achsen

Wankneigung ist der Höhenabstand Rollachse-Aufbauschwerpunkt bestimmend, **Bild 14**.

Analog zur Bewegung um die Fahrzeuglängsachse ergeben sich um die Querachse an Vorder- und Hinterachse die *Nickpole*. Für die Abstützung von Kräften in Längsrichtung (Anfahren und Bremsen) und das damit verbundene Nicken des Fahrzeugs ist der Höhenunterschied zwischen Aufbauschwerpunkt und Nickzentrum von Bedeutung [2].

Bei den Bauarten der Radführungen ist zwischen *Einzelradaufhängungen, Verbund-* und *Starrachsen* zu unterscheiden; weiterhin, ob es sich um gelenkte und/oder angetriebene Achsen handelt. Nach weiteren Kriterien wie Raumbedarf in der Höhe (ebener Gepäckraumboden) und in der Breite (Platz für Motor), möglicher Brems- und Anfahrnickausgleich, geeignete Radbewegung beim Ein- und Ausfedern, Lage des Momentanzentrums, Größe der aufzunehmenden Kräfte sowie konstruktiver Aufwand, d.h. Kosten der Aufhängung wird die für das jeweilige Fahrzeug geeignete Bauart gewählt, **Bild 16**.

Bauteile der Radführung sind *Lenker* und *Lager*. Die Lenker führen das Rad und sind über die Lager mit Radträger und Fahrzeugaufbau verbunden.

Der Grundtyp einer Einzelradaufhängung ist die *Fünflenkerführung* mit einem Freiheitsgrad (*Raumlenkerachse*). Dabei können einzelne Lenker zusammengefaßt werden, z.B. zwei einzelne Querlenker zum *Dreieckslenker*. Läßt man einen Lenker des Grundtyps entfallen, erhöht sich die Anzahl der Freiheitsgrade entsprechend. Zur Optimierung der kinematischen Kennwerte Sturz, Vorspur, Wankzentrum, Nachlauf und Nickpol beim Einfedern des Rads (**Bild 15**, Raderhebungskurven) werden die Momentan-

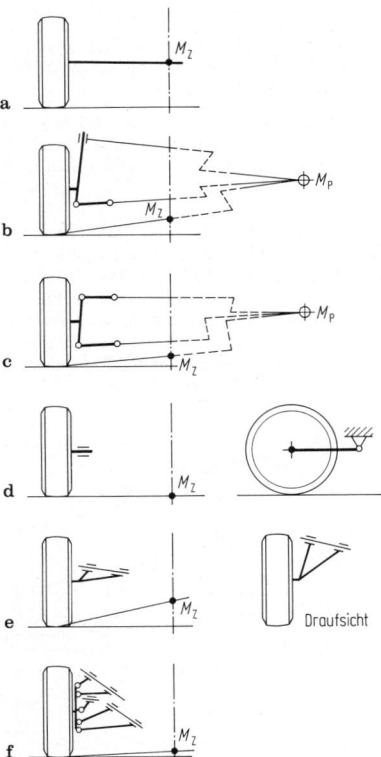

Bild 16. Achsbauarten. M_P Momentanpol des Rads, M_Z Momentanzentrum des Aufbaus. **a** Starrachse; **b** Federbein-(McPherson-) Achse; **c** Doppelquerlenkerachse; **d** Längslenkerachse; **e** Schräglenkerachse; **f** Fünf-(Raum-)lenker-Achse

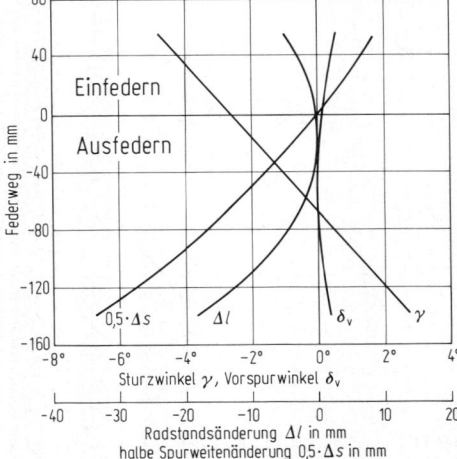

Bild 15. Abhängigkeit der Radstellung vom Federweg (Schräglenker Hinterachse)

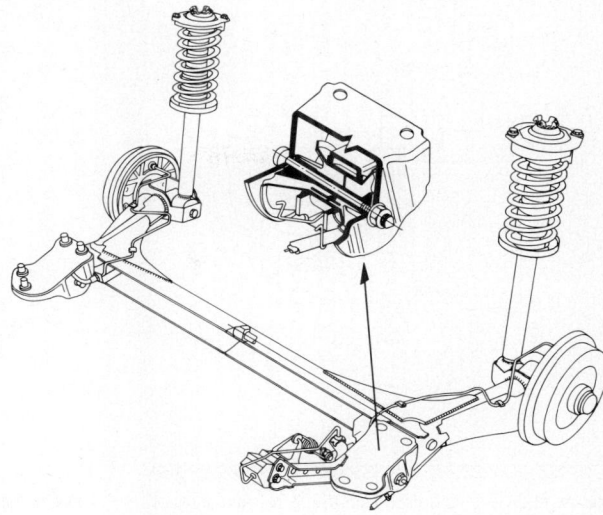

Bild 17. Verbundlenkerachse des VW-Passat mit spurkorrigierenden Lagern (Werkbild VW)

pole, die sich als Schnitt der Lenkermittellinien ergeben, verwendet (z.B. die Spreizachse der Raumlenkerachse in **Bild 16**) [13, 20, 22].

Die Lagerung der Lenker erfolgt durch *Trag-* und *Führungsgelenke*. Traggelenke nehmen den Hauptteil der Hochkraft auf, es sind meist wartungsfreie Kugelgelenke, bei denen die Kugel in einer dauergeschmierten Kunststoffschale gleitet. Zur Geräuschisolation (z.B. Abrollhärte von Gürtelreifen) werden die Kräfte bei Führungslagern über Gummi- oder Kunststoffelemente übertragen, die zwischen Anschlußteile gepreßt oder einvulkanisiert sind. Die verschiedenen Bauarten unterscheiden sich hinsichtlich der Richtung der aufzunehmenden Kräfte und nach den erforderlichen Bewegungsmöglichkeiten.

Die Elastizität der Lager ist für eine exakte Radführung im Prinzip unerwünscht, durch gezielte Auslegung eines derartigen Lagers kann dieses jedoch zu einer gewollten Korrektur der Radstellung in bestimmten Situationen ausgenutzt werden. Beispiel sind die spurkorrigierenden Lager, die bei Kurvenfahrt durch die Seitenkräfte einen Lenkeffekt erzielen, wodurch das Eigenlenkverhalten verbessert werden kann, **Bild 17** (Elastokinematik [5, 8, 21, 24]).

5.3 Federn. Springs

Federn im Fahrwerk dienen der elastischen Verbindung zwischen Fahrzeugaufbau und Achse, **Bild 18**. Sie sollen den Aufbau von höherfrequenten Radschwingungen isolieren, ihn aber der langwelligen Fahrbahnkontur nachführen. Wichtigstes Merkmal einer Feder ist ihre Kraft-Weg-Kennlinie, aus der sich in Verbindung mit den Aufbau- und Achsmassen die für das Komfortempfinden wichtigen Eigenfrequenzen der Teilsysteme ergeben [3, 23, 30] s. Q8.1.

Q

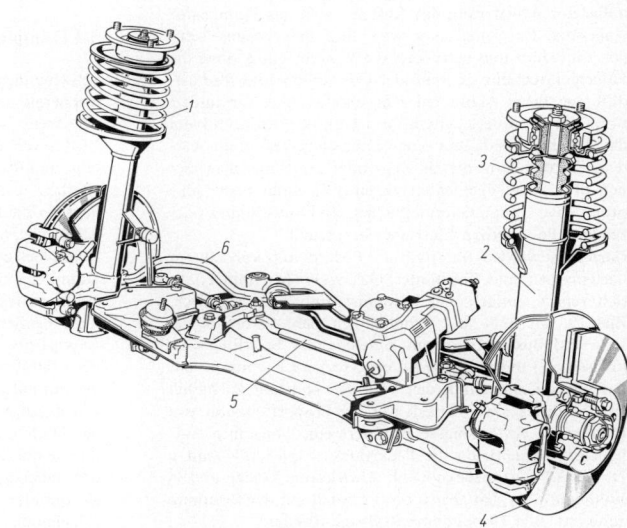

Bild 18. Vorderachse der BMW 7-Reihe (Werkbild BMW). *1* Feder, *2* Federbein, *3* Dämpfer, *4* Scheibenbremse, *5* Spurstange, *6* Querlenker

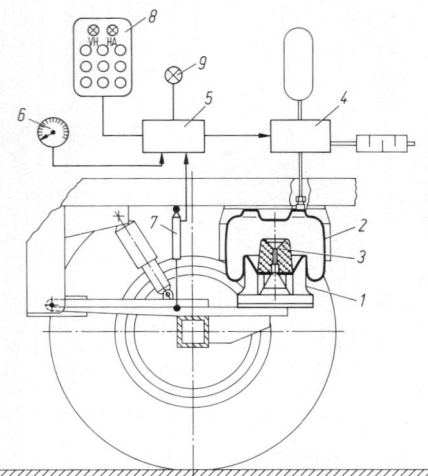

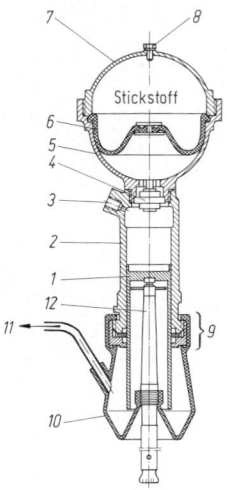

Bild 19. Elektronisch gesteuerte Luftfederung für Nutzfahrzeuge mit Rollbalgluftfeder. *1* Abrollstempel, *2* Rollbalg, *3* Gummi-Hohlfeder als Endanschlag und Federelement bei Ausfall der Druckluftversorgung, *4* Magnetventilblock, *5* Elektronik, *6* Tachometer, *7* Wegsensor, *8* Fernbedienung, *9* Kontrollampe

Bild 20. Integriertes Gasfeder-Dämpferelement von Citroen [26]. *1* Kolben, *2* Zylinder, *3* Zufuhr der Flüssigkeit zur Niveauregulierung, *4* Dämpferventil, *5* untere Kugelhälfte, *6* Membrane, *7* obere Kugelhälfte, *8* Verschlußstopfen für Einfüllöffnung, *9* Dichtsystem, *10* Dichtstulpen, *11* Rücklauf, *12* Federungsstößel

Die verschiedenen Federungssysteme (s. G 2) lassen sich nach der Art des energiespeichernden Mediums aufteilen: Stahl, Elastomer, Kunststoff, Gas. Stahlfedern sind die verbreiteteste Bauart; es gibt eine Vielfalt von Bauformen. *Blattfedern,* die vorwiegend in Lkw zum Einsatz kommen, sind oft zugleich Radführung (Längslenker an Starrachsen, Querlenker). Sie werden als geschichtete Trapezfedern (Reibung), als Parabelfedern mit ausgewalzten Blättern und evtl. reibungsarmen Zwischenlagen sowie als Einblatt-Parabelfeder ausgeführt. Werkstoff ist neben Stahl auch Kunststoff. Bei *Schraubenfedern* läßt sich durch unterschiedliche Drahtdicken und verschiedene Formen eine progressive Federkennung erzielen. Besonders raumsparend ist die Tonnenfeder, bei der sich die Windungen beim Einfedern ineinanderlegen. *Torsionsfedern* werden außer zur Abfederung des Aufbaus auch als Stabilisator eingesetzt. Ein *Stabilisator* wirkt nur beim wechselseitigen Einfedern und verringert die Wankneigung, ohne die Hubeigenfrequenz zu verändern. Er erhöht die Radlastdifferenz einer Achse bei Kurvenfahrt und vermindert somit deren mittlere Seitenführungskraft. Hierdurch kann das Eigenlenkverhalten eines Fahrzeugs beeinflußt werden. Zusatzfedern, die als Zug- oder Druckanschlag dienen bzw. parallelgeschaltet zu einer linearen Feder eine progressive Kennlinie ermöglichen, sind aus Gummi oder zelligem Polyurethan-Elastomer hergestellt.
Gasfedern werden unterteilt in Federn mit konstantem Gasvolumen und konstanter Gasmasse. Mit ihnen läßt sich relativ einfach eine Niveauregelung verwirklichen, **Bild 19.** Bei Roll- und Faltenbälgen (sehr verbreitet bei Lkw und Bussen) wird mit zunehmender Beladung Gas (meist Luft) mittels eines Kompressors nachgepumpt, um das Niveau und damit das Volumen konstant zu halten (Arbeitsdruck etwa 10 bar). Aus der Proportionalität von Druck und Aufbaumasse resultiert eine konstante Aufbaueigenfrequenz, da die Federrate $c = (p n A^2)/V$ (mit p Druck, n Polytropenexponent, A wirksame Fläche und V Volumen) über den Druck proportional mit der Beladung zunimmt. **Bild 19** zeigt eine Rollbalgluftfeder.

Bei dieser Bauart läßt sich die Federkennlinie zusätzlich über die Gestaltung des Abrollkolbens (wirksamer Querschnitt) variieren (Mittellage weich, gegen Ende härter). *Hydropneumatische Federn* (**Bild 20**) arbeiten mit konstanter Gasmasse (meist N_2); um das Niveau konstant zu halten, wird bei Beladung mittels einer Hydraulikpumpe Flüssigkeit (meist Öl) nachgepumpt (Arbeitsdruck 70 bis 100 bar). Die Aufbaueigenfrequenz steigt mit der Beladung an, da sich der Gasdruck erhöht und das Volumen verringert. Durch Kombination mit einer Stahlfeder kann eine annähernd lastunabhängige Eigenfrequenz erreicht werden („teiltragend"). Vorteil: Flüssigkeit kann gleichzeitig für Dämpfung, Bremse, Lenkung usw. verwendet werden (Zentralhydraulik).

5.4 Dämpfer. Shockabsorbers

Schwingungsdämpfer wandeln kinetische Energie in Wärmeenergie um [12, 26]. Die Standardbauweise ist der hydraulische Teleskopdämpfer. Neben Lenkungsdämpfung ist das wichtigste Einsatzgebiet die Dämpfung von Aufbau- und Radschwingungen, um Fahrkomfort und Fahrsicherheit zu erhöhen. Bei der Abstimmung der Dämpfung liegt ein Zielkonflikt vor (s. Q 5.5 und Q 8.1). Der Dämpfer ist parallel, oft koaxial zur Tragfeder angeordnet. Bei einer Relativbewegung zwischen Aufbau und Achse wird das Dämpferöl durch Bohrungen gedrückt; durch Drosselung ergibt sich eine etwa dem Volumenstrom (d.h. der relativen Kolbengeschwindigkeit) proportionale Dämpfkraft. Es wird eine turbulente Strömung angestrebt, da hierdurch der Einfluß der Flüssigkeitsviskosität und damit der Temperatur auf die Dämpfkraft gering gehalten werden kann. Ein Konstantdurchlaß erzeugt einen progressiven Anstieg der Dämpfkraft mit der Geschwindigkeit. Da aber auch lineare oder degressive Verläufe wünschenswert sind, werden daneben federbelastete Ventile eingesetzt.
Es kommen *Ein-* und *Zweirohrdämpfer* zum Einsatz. Einrohrdämpfer müssen, Zweirohrdämpfer können mit Gas-

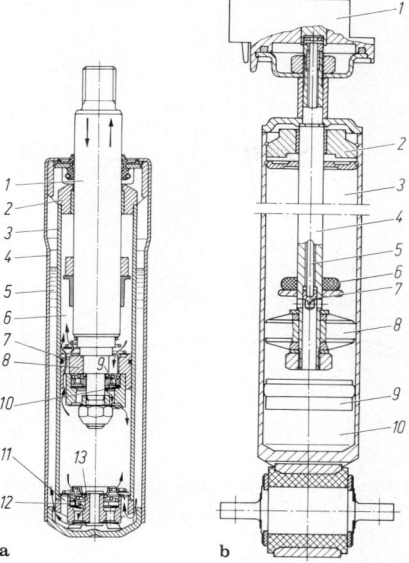

a   b

Bild 21. a Zweirohrdämpfer (VW). *1* Kolbenstange, *2* Kolben-stangenführung, *3* Zylinder, *4* Behälter, *5* Ausgleichsraum, *6* Arbeitsraum, *7* Kolbensaugventil, *8* Dämpferkolben, *9* Ventilkörper, *10* Federplattenventil für Zugstufe, *11* Bodensaugventil, *12* Federplattenventil für Druckstufe, *13* Bodenventil; **b** elektrisch verstellbarer Einrohrdämpfer (Bilstein). *1* elektrischer Stellmotor, *2* Verschluß- und Führungsstück mit Dichtungspaket, *3* Arbeitsraum, *4* Kolbenstange, *5* Einstellstange, *6* Zuganschlag, *7* Steuerkolben, *8* Kolben mit Zug- und Druckstufenventil, *9* Trennkolben, *10* Gasraum

vordruck arbeiten. In **Bild 21** sind die beiden Systeme gegenübergestellt.

Die Ventile sind im Kolben, beim Zweirohrdämpfer zusätzlich im Boden angeordnet. Das im Druckhub eintretende Kolbenstangenvolumen wird durch ein Bodenventil in den Ausgleichsraum zwischen den zwei Rohren gedrängt. Beim Einrohrdämpfer wird durch das Eintauchen der Kolbenstange ein Gaspolster komprimiert, weshalb diese Bauart stets eine Austriebkraft der Kolbenstange aufweist. Besonderheiten bei Dämpfern sind z.B. unterschiedliche Zug- und Druckstufe, wegabhängige Dämpfung durch Nuten in der Zylinderwand oder hydraulische Zuganschläge. Das Verhalten eines Dämpfers zeigt **Bild 22**.

5.5 Gesteuerte Fahrwerke. Controlled suspensions

Zielkonflikte bei der Abstimmung von Federung und Dämpfung führten zur Entwicklung von passiven Fahrwerkselementen mit variabler Kennung sowie aktiven Elementen. Guter Fahrkomfort und gleichzeitig hohe Fahrsicherheit (Radlastschwankung, Handling, Wanken) ist anzustreben, wobei diese Größen möglichst vom Beladungszustand, der Fahrbahnqualität und der Fahrgeschwindigkeit unabhängig sein sollten. An Nutzfahrzeugen ergibt sich durch gesteuerte oder geregelte Fahrwerke ein zusätzliches Verbesserungspotential im Hinblick auf Fahrbahnbeanspruchung und Ladegutschonung.

Adaptive Fahrwerke bewirken eine Anpassung von Dämpferkennung, Fahrzeugniveau, seltener auch Federrate an die Variablen Fahrzeugmasse, Fahrgeschwindigkeit, Fahrbahnzustand und Fahrsituation. **Bild 21 b** zeigt einen durch Änderung des Bypassquerschnitts in der Kolbenstange elektrisch verstellbaren Dämpfer. Die Variation der Fahrwerksparameter geschieht bei adaptiven Systemen relativ langsam und ohne nennenswerten Energieaufwand. Zur Gruppe der *halbaktiven Fahrwerke* zählt man zum einen Systeme, bei denen die passiven Elemente durch ein aktives Stellglied ergänzt werden. Es werden nur niederfrequente Aufbauschwingungen ausgeregelt, dem System muß stetig Energie zugeführt werden. Zum anderen werden auch solche Systeme als halbaktiv bezeichnet, die ohne aktive Stellglieder auskommen, dafür jedoch hochdynamisch geregelte Fahrwerkselemente aufweisen. Im Gegensatz zu adaptiven Fahrwerken reagieren solche Systeme z.B. direkt auf Fahrbahnunebenheiten. Bei einem *aktiven Fahrwerk* ersetzt oder unterstützt ein Stellglied (meist ein Hydraulikzylinder) die passiven Fahrwerkselemente. Das Verbesserungspotential ist hierbei am größten, jedoch verboten der beträchtliche Leistungsbedarf und die hohen Kosten bisher den Serieneinsatz.

Gesteuerte Fahrwerke sind z.Z. in erster Linie in Form von adaptiven Systemen in Serienfahrzeugen anzutreffen. Am weitesten verbreitet ist die Niveauregelung, bei Pkw oft als Hydropneumatik ausgeführt [14, 15, 19, 23, 25, 30, 33, 34].

5.6 Lenkungen. Steerings

Bei fliehkraftfreier Kreisfahrt wirken keine Reifenseitenkräfte auf das Fahrzeug und entsprechend stellen sich auch keine Schräglaufwinkel ein: Es ergibt sich die in **Bild 23** gezeigte Fahrzeugstellung, bei der sich aufgrund geometrischer Gesetze die Verlängerungen aller Radachsen im Kurvenmittelpunkt schneiden (Ackermann-Gesetz).

Die bei höheren Geschwindigkeiten wirkende Fliehkraft erfordert Seitenkräfte mit entsprechenden Schräglaufwin-

Bild 22. a Kraft-Weg-Diagramm eines Dämpfers mit hydraulischem Zuganschlag, ermittelt auf einer Serienprüfmaschine bei $n = 100\ \text{min}^{-1}$ mit steigenden Hüben. Zur Ermittlung der Dämpfungskennlinie werden die Zug- und Druckkräfte bei maximaler Geschwindigkeit den Einzeldiagrammen entnommen. **b** Kraft-Geschwindigkeits-Kennlinie

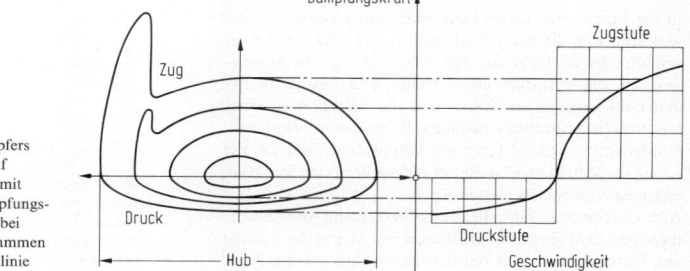

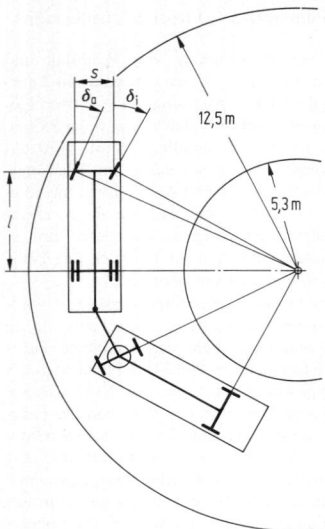

Bild 23. Lenkgesetz (Ackermann) und Lastzugstellung bei fliehkraftfreier Fahrt im BO-Kraftkreis nach § 32 StVZO. Der Ackermannwinkel δ_A entspricht dem mittleren Lenkwinkel $\delta_m = (\delta_a + \delta_i)/2$

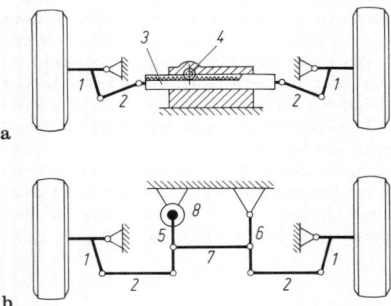

Bild 24. Lenkvielecke. **a** Lenkdreieck, Zahnstangenlenkung; **b** Lenkviereck, Hebellenkung; *1* Spurhebel, *2* Spurstange, *3* Zahnstange, *4* Ritzel, *5* Lenkstockhebel, *6* Zwischenhebel, *7* Lenkzwischenstange, *8* Lenkgetriebe

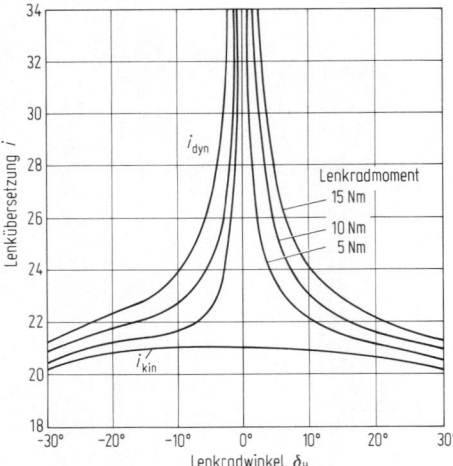

Bild 25. Dynamische und kinematische Lenkübersetzung einer Zahnstangenlenkung nach [26]

keln, wodurch es zu Abweichungen vom Ackermann-Gesetz kommt (Eigenlenkverhalten s. Q 7).
Wie zu erkennen, ist das kurveninnere Rad stärker eingeschlagen als das kurvenäußere, die Differenz ist der *Voreilwinkel* (Spurdifferenzwinkel)

$$\cot\delta_a - \cot\delta_i = s/l.$$

In der Praxis wird dieses Lenkgesetz nur angenähert verwirklicht, weil der Schwimmwinkel (s. **Q 7 Bild 1**) bei Kurvenfahrt die Stellung zum Pol verändert, weil die kurvenäußeren Räder stärker belastet sind, und weil die Kinematik im verfügbaren Raum und die Funktion zu einer besonderen Anordnung zwingen. Erzeugt wird die Lenkbewegung der Räder durch ein Lenkvieleck, **Bild 24**. Bei seiner Auslegung spielen die oft eingeschränkten Platzverhältnisse eine entscheidende Rolle.
Am Lenkdreieck fällt die Lenkübersetzung mit zunehmendem Lenkeinschlag ab, besonders wenn die Lenker aus Platzgründen nicht optimal angeordnet werden kön-

nen (Zahnstangenlenkung beim Fronttriebler). Dabei ist häufig eine Lenkhilfe erforderlich, da sonst Lenkkräfte bei großen Einschlagwinkeln zu groß werden. Eine andere Möglichkeit ist eine Zahnstange mit unterschiedlicher Teilung. Mit einem Lenkviereck kann eine fast konstante Übersetzung erreicht werden.
Die gesamte Lenkanlage besitzt eine gewisse Elastizität, wodurch die dynamische Lenkübersetzung vom jeweiligen Lenkradmoment abhängt, **Bild 25**.
Die Lenkrückstellung wird durch das Reifenrückstellmoment, den konstruktiven Nachlauf und durch Gewichtsrückstellung dank räumlicher Schrägstellung der Lenkachse (Spreizung, Nachlaufwinkel, **Bild 13**) bewirkt. Das Ansprechen der Lenkung, ihre Zielgenauigkeit und ihre fühlbare Mittenlage („Centerpoint") bestimmen die subjektive Bewertung.
Um Lenkschwingungen zu unterdrücken, werden teilweise Lenkungsdämpfer eingebaut (Einrohrdämpfer mit degres-

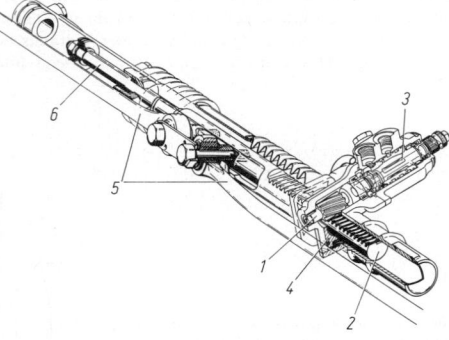

Bild 26. Zahnstangen-Hydrolenkung mit Drehschieberventil und Mittenabtrieb (Werkbild ZF). *1* Ritzel, *2* Zahnstange (evtl. mit veränderlicher Übersetzung), *3* Drehschieberventil mit Torsionsstab zur Steuerung der hydraulischen Unterstützung, *4* Druckstück, *5* Spurstangen mit Mittenabtrieb, *6* hydraulische Unterstützung

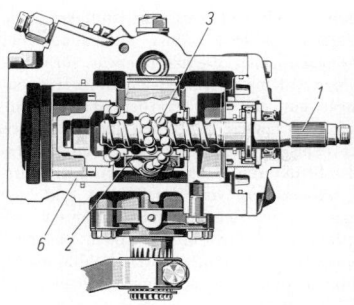
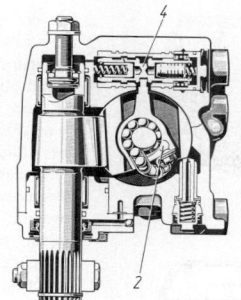
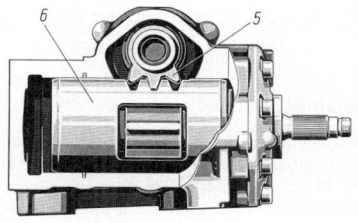

Bild 27. Servo-Kugelumlauflenkung (Werkbild Mercedes-Benz). *1* Lenkspindel zum Lenkrad, *2* Lenkmutter, *3* Kugelumlauf, *4* Steuerschieber, *5* Zahnsegment, *6* Arbeitskolben

siver Kennung, teils mit wegabhängiger Dämpfung, da nur Schwingungen um die Nullage herum verhindert werden sollen).

Durch das Lenkgetriebe wird die Bewegung des Lenkrads möglichst spielfrei auf den Lenkhebel übertragen. Bauarten sind *Zahnstangenlenkung* (**Bild 26**), *Kugelumlauflenkung* (**Bild 27**) und *Schneckenrollenlenkung*.

Die Auslegung moderner Servolenkungen berücksichtigt,

daß Lenkmoment und Lenkwinkelbedarf mit der Fahrgeschwindigkeit abnehmen.

An schweren Nutzfahrzeugen werden häufig mehrere Achsen gelenkt. Neuere Entwicklungen an Pkw sind Vierradlenkungen, die entweder beide Achslenkungen mechanisch koppeln oder den Anlenkbeginn durch eine kurze elastokinematische Verstellung an der Hinterachse stützen. Weiterführende Literatur [26, 33].

6 Aufbau. Body

Fahrzeugaufbauten sollen Insassen und Ladung sicher aufnehmen. Ursprünglich trug ein *Rahmen* den Triebstrang, das Fahrwerk und die Karosserie. Heute haben Pkw und Busse meist eine *selbsttragende Karosserie* (**Bild 1**), während Lkw überwiegend das Fahrerhaus und den Lastteil des Aufbaus auf einem Rahmen führen. Rahmenkonstruktionen ermöglichen sehr flexibel verschiedene Aufbauvarianten. Selbsttragende Karosserien aus Stahlblech dagegen sind besonders gut für die Großserienproduktion geeignet. Es werden moderne Entwicklungs- und Fertigungsmethoden (FEM, CAD, CIM) angewendet; entsprechend groß sind die Investitionen. Die äußere Form eines Automobils (Styling) sowie der Insassenkomfort (Raum, Sitze, Klima, Innengeräusch) bestimmen den Markterfolg entscheidend [17, 21, 26]. Darüber hinaus sind für das sog. Lastenheft wichtig: kostengünstige hochautomatisierte Fertigung, Oberflächen- und Korrosionsschutz, Aerodynamik [8, 15], Gewichtsverteilung, passive Sicherheitsmaßnahmen, Sichtfelder, mechanische Funktionen, Instrumente, Zugänglichkeit, Lademöglichkeiten, Wasserdichtigkeit usw.

6.1 Fahrzeugzelle. Body structure

Das Fahrerhaus eines Lkw und die selbsttragende Zelle eines Pkw bzw. Kombi (**Bild 1** und **2**) besteht meist aus Trägerstrukturen und Schalen, die aus Stahlblech gepreßt

und punktverschweißt sind. Klebeverbindungen werden zunehmend eingeführt; damit können auch Glasscheiben in den Tragverbund einbezogen werden [14]. Selbst bewegliche Karosserieteile wie Türen und Klappen tragen

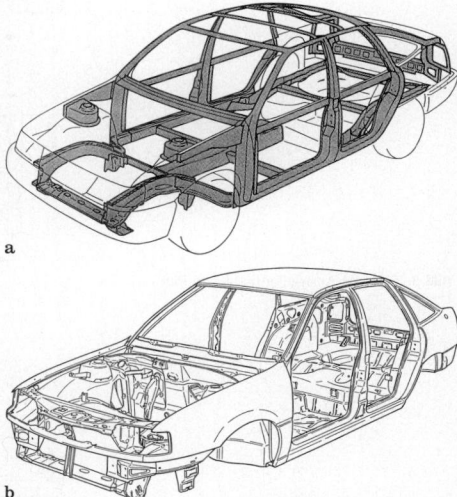

Bild 1. Rohkarosse eines Pkw, Opel Vectra – Fließheck, fünftürig. **a** Trägerstruktur; **b** Ansicht ohne bewegliche Teile (Werkbild Opel)

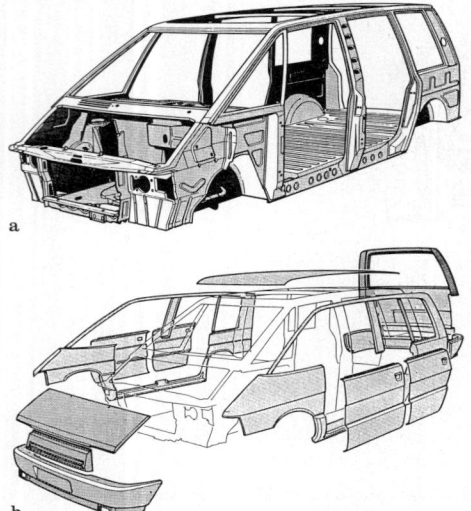

Bild 2. Karosse einer Großraumlimousine, Renault Espace. **a** tragende Rohkarosse aus verzinktem Stahlblech; **b** Kunststoffbeplankung (Werkbild Renault)

in geschlossenem Zustand mit. Hohe statische und dynamische Betriebslasten, der Insassenschutz und eine exakte Radführung verlangen große Gestaltsfestigkeit. Dabei ist die Torsionssteife besonders wichtig. Schweiß- und Schraubpunkte müssen dauerwechselfest sein. Dauerläufe auf normalen Straßen und unter verschärften Bedingungen dienen zur Erprobung.

Für den Leichtbau (Materialbedarf, Kraftstoffverbrauch, Emissionen) haben hochfeste Stähle, Aluminium und Kunststoffe konventionelles Ziehblech etwas zurückgedrängt. Ziehfähige Al-Knetlegierungen allerdings sind teurer und weniger gut und tief verarbeitbar als Stahl, Kunststoffe erfordern längere Taktzeiten und erschweren das Altautorecycling (s. Q10.3). Dies gilt auch für tragende Sandwich-Strukturen aus Kunststoffen. Dem Korrosionsangriff insbesondere von Feuchtigkeit und Salz wird mit geeigneter Oberflächentechnik (galvanisch verzinken, feuerverzinken, kunststoffbeschichten, phosphatieren und mehrschichtlackieren, wachsen, hohlraumkonservieren, Nahtabdichtungen) so erfolgreich begegnet, daß die Karosserielebensdauer heute die Nutzungszeit eines Automobils (im Mittel mehr als zehn Jahre) nicht mehr allein begrenzt [19]. Weiterführende Literatur [2, 11, 22, 27].

6.2 Innenausstattung. Internal equipment

Bild 3 enthält einige Innenabmessungen von Pkw. Raumangebot und Ergonomie sind in weitem Rahmen (5%-Frau und 95%-Mann DIN 33402, **Bild 4**) zu optimieren. Der Fahrerarbeitsplatz, Sitze, Komfort, Sichtverhältnisse sind betroffen. Sehr früh schon bei der Konzeption eines Automobils werden entsprechende Hauptdaten (Layout, Lastenheft), die dann für Styling und Entwicklung verbindlich sind, festgelegt.

Neben räumlichen, ergonomischen, auf passive Sicherheit (s. Q6.3), auf Schwingungs- und Geräuschkomfort [12] (s. Q8.3) gerichteten Bedürfnissen, gibt es Anforderungen zum Klimakomfort [6, 7]. Er wird mit Hilfe von Lüftungen, Heizungen und häufig auch Kälteanlagen erzeugt. Für die Insassen ist eine Frischluftzufuhr von mindestens 30 m^3 pro Person und Stunde erwünscht. Einfluß auf die

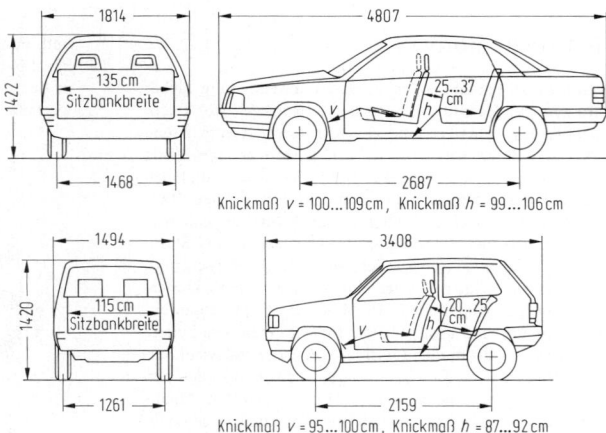

Bild 3. Typische Auslegungsmaße von Pkw

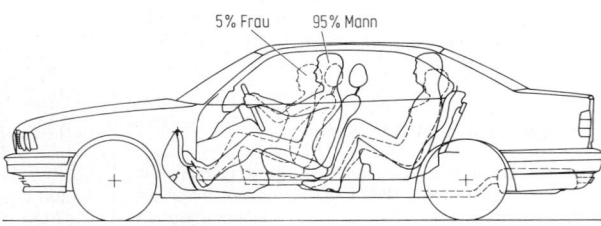

Bild 4. Layout mit 5%-Frau und 95%-Mann

thermische Behaglichkeit im Innenraum haben vor allem die Faktoren Luftbewegung, Lufttemperatur, Luftfeuchte, Wärmeeinstrahlung und Temperatur der Raumumschließungsflächen. Um thermische Behaglichkeit zu erzielen, ist eine Temperaturschichtung zwischen Fuß- und Kopfbereich erforderlich. Art und Lage der Luftaustrittsöffnungen entscheiden über ein zugfreies, behagliches Klima.

6.3 Sicherheitsmaßnahmen. Passive Safety

Die Verletzungsschwere durch einen Unfall soll durch passive Sicherheitsmaßnahmen so klein wie möglich gehalten werden [3–5, 9, 10, 13, 16, 18, 20, 23, 24, 25, 27, 28, 29]. Sie wird medizinisch in Stufen von 0 (unverletzt) bis 6 (tödlich) für Kopf, Thorax und Extremitäten (AIS = Abbreviated Injury Scale) und insgesamt (OSI = Overall Severity Index) gestuft. Höhe und Einwirkdauer von Beschleunigungen sind maßgebend dafür, welche biomechanischen Grenzen überschritten werden, und welche Verletzungsschwere entsteht. Die Energieumwandlung beim Aufprall sollte so ablaufen, daß erträgliche Beschleunigungen während der Verzögerungszeit möglichst gleichmäßig wirken, und daß die Insassen unverzüglich an der Fahrzeugverzögerung teilnehmen, **Bild 5**.
Die Entwicklungspraxis kennt zwei Versuchsverfahren: Zum einen den *Crash-Test*, bei dem die Fahrzeugkarosserie frontal gegen eine definiert schräg gegen eine Betonwand gefahren wird, zum anderen den Test auf dem *Beschleunigungsschlitten*. Der Crash zerstört das Fahrzeug ähnlich wie beim realen Unfall, insbesondere Struktureigenschaften der Zelle treten hervor. Die Kosten sind ungewöhnlich hoch (Prototypen!). Beim Schlittentest wird ein Innenraummodell rückwärts beschleunigt, der Anprall wird ohne Fahrzeugzerstörung nachgestellt, Rückhaltesysteme, Anprallpolster usw. sind zu untersuchen. Bei beiden Prozeduren dienen überwiegend Puppen (Dummy) als Insassen. Mit Zeit-Beschleunigungs-Bewertungen (z.B. HIC=Head Injury Criterion) sucht man Korrelationen zur Verletzungsschwere im realen Unfall. Biomechanische Forschungen dazu sind noch nicht abgeschlossen.

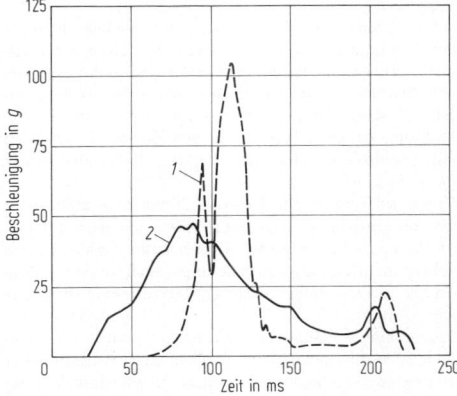

Bild 5. Kopfbeschleunigungen des Fahrers beim Frontalaufprall mit 50 km/h gegen eine feste Barriere (nach VDA-Druckschrift Nr. 22). *1* Fahrer unangeschnallt, *2* Fahrer angeschnallt

Insbesondere die Passagierzelle der Pkw-Karosserie wird als Überlebensraum, der bei Anprall und Überschlag hält, schützt und zur Bergung zu öffnen ist, ausgelegt. Tragende Front- und Heckpartien dagegen enthalten Trägerstrukturen, die den erwünschten Verzögerungsverlauf begünstigen (vielfältige Vorschriften wie USA-FMVSS 208, 214 usw.). Motor, Triebstrang und Reserverad werden einbezogen. Zielkonflikte mit der notwendigen Steifigkeit sind häufig. Türen und Seitenwände sind relativ dünn; es ist deshalb sehr schwierig, dem Seitenaufprall mit geeigneten konstruktiven Maßnahmen zu entsprechen.

Rückhaltesysteme sorgen dafür, daß Insassen bald an der Verzögerung des Fahrzeugs teilnehmen und nicht im Stoßablauf gegen den Innenraum geschleudert werden. *Sicherheitsgurte* (Hosenträgergurt, Dreipunkt-Automatikgurt) deren Anlenkpunkte hinreichend fest und dennoch für verschiedene Körpergrößen (**Bild 4**) auszulegen sind, bringen den bisher besten bekannten Beitrag zur passiven Sicherheit (Gurtanlegepflicht). Pyrotechnische (Gurtstrammer) oder mechanische (Spannfedern, AUDI-„procon-ten") Einrichtungen zur Beseitigung der Gurtlose verbessern die Wirkung. Gurtbefestigung direkt an Sitzen (Integralsitz) begünstigt Einstellbarkeit und Rückhaltung. Sehr gute Schutzwirkung hat ein Luftsack (*Airbag*), der beim Anprall dem Insassen wie in **Bild 6** entgegengeschossen wird, im Zusammenwirken mit einem Kniepolster. Der Airbag ist offen und hält die geblähte Form nur während der Brenndauer der Treibladung. Auch Kindersitze sind wichtige Rückhalteeinrichtungen. Der Innenraum ist zu „entschärfen" (Polster, weiche Kanten, keine harten hervorstehenden Hebel und Schalter, Sicherheitslenksäule mit Pralltopf, Sicherheitsverglasung aus Verbundglas, Kopfstützen und hinreichende Sitzbefestigung) und mit nur schwer entflammbaren Werkstoffen auszustatten. Im Kombi und im Lkw müssen die Insassen vor der Ladung geschützt werden (Fahrerhausrückwand, Zwischenwände, Fangnetze). Die Kraftstoffanlage soll auch beim Unfall dicht bleiben, der Tank muß deshalb geschützt eingebaut werden.
Dem passiven Schutz anderer Verkehrsteilnehmer dienen Unterfahr- und Seitenschutzeinrichtungen an Nkw sowie glatte und auf Fußgängerschutz ausgerichtete Pkw-Karosserien. Kompatibilität zwischen Fahrzeugen in dem Sinne, daß Schutz in dem einen beim Zusammenstoß nicht mit großen Schadwirkungen im anderen erkauft werden soll, ist anzustreben [1, 3].

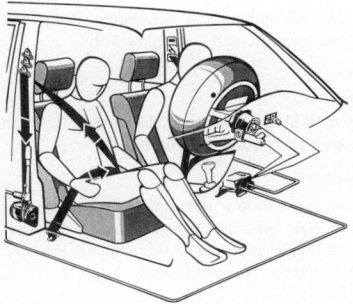

Bild 6. Airbag und Dreipunktgurt mit Strammer (Werkbild Mercedes-Benz)

7 Querdynamik und Fahrverhalten
Lateral dynamics and driving behaviour

Fahrverhalten ist die Fahrzeugreaktion auf Fahrerhandlungen und Störungen während des Bewegungsablaufs. Regelbarkeit (Handling-Komfort) und möglichst exakte Kurshaltung bestimmen die Güte des Fahrverhaltens. Der Kurs des Fahrzeugs wird mit Hilfe der fahrdynamischen Winkel beschrieben [4]. **Bild 1** zeigt dazu das Fahrzeug-Einspurmodell.

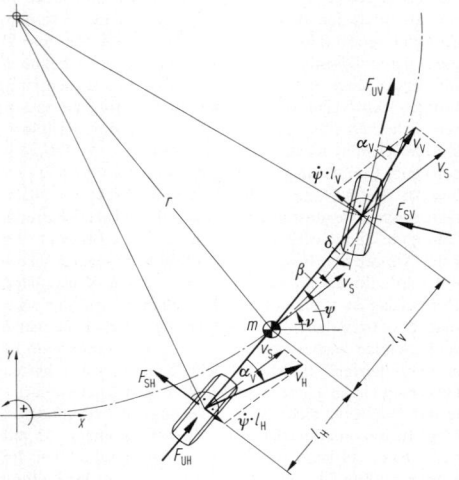

für kleine Winkel gilt:
Schräglaufwinkel $\alpha_V = \delta + \beta - \dot{\psi} \, l_V / v_S$
Schräglaufwinkel $\alpha_H = \beta + \dot{\psi} \, l_H / v_S$

Bild 1. Ebenes Einspurmodell zur Simulation der Kurvenfahrt. β Schwimmwinkel, v Kurswinkel, δ Lenkwinkel, ψ Gierwinkel, v_S Schwerpunktgeschwindigkeit, m Fahrzeugmasse, F_u Reifenumfangskraft, F_S Reifenseitenkraft

Für näherungsweise kleine Winkel ist die Summe der Seitenkräfte gleich dem Produkt aus Fahrzeugmasse m und Querbeschleunigung a_q.

$$F_{SV} + F_{SH} = m a_q.$$

Mit der aus dem Reifenkennfeld bekannten Beziehung zwischen Reifenseitenkraft und Schräglauf folgt

$$F_{SV} = c_{\alpha V} \alpha_V,$$
$$F_{SH} = c_{\alpha H} \alpha_H.$$

Diese und die in **Bild 1** gegebenen Gleichungen können nach dem Lenkwinkel δ aufgelöst werden.

$$\delta = l/r + m a_q (l_H / c_{\alpha V} - l_V / c_{\alpha H}) / l.$$

Hier wird deutlich, daß sich der Lenkwinkel aus dem *Ackermannwinkel* (l/r) und einem Anteil aus der Querbeschleunigung zusammensetzt, der das Eigenlenkverhalten des Fahrzeugs bestimmt. Weiterführende Literatur [3, 8, 11, 15, 17, 23, 24, 26, 32].

7.1 Regelkreis. Control loop

Fahrer und Fahrzeug bilden einen geschlossenen Regelkreis, in dem der Fahrer (*Regler*) versucht, das Fahrzeug (*Regelstrecke*) auf dem gewünschten Kurs zu führen

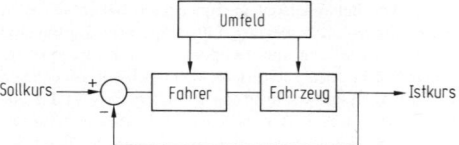

Bild 2. Extrem vereinfachtes Regelmodell des Systems Fahrer-Fahrzeug-Umfeld

(s. X 4). In **Bild 2** ist das vereinfachte Blockschaltbild des Regelkreises dargestellt.

Der Fahrer vergleicht den Istkurs mit dem gewünschten Sollkurs und bestimmt die Regelabweichung. Er stützt sich dabei auf seine optischen und akustischen Wahrnehmungen sowie seinen Gleichgewichts- und Tastsinn. Dieses verarbeitet er mit einem Zeitverzug; er hat aber die Möglichkeit, den Zeitverzug durch einen Vorhalt zu kompensieren. In regelungstechnischer Betrachtungsweise liegt diesem Lenkverhalten eine *deterministische Steuerung* zugrunde, der eine *kompensatorische Regelung* überlagert ist. Stellgrößen sind Lenkradwinkel und Fahrzeugbeschleunigung. Elektronische Hilfen erhalten eine zunehmende Bedeutung.

Das Fahrzeug antwortet auf die Fahrerhandlungen und Störungen mit einer von der Bauart und Auslegung abhängigen Bewegung. Es sollte so ausgelegt sein, daß es dem Fahrer in möglichst einfacher Weise die Einhaltung des Kurses ermöglicht. Dabei soll die Reaktion des Fahrzeugs auf die Eingriffe des Fahrers sowohl in der Stärke, als auch in der Schnelligkeit angepaßt sein. Weiterführende Literatur [5, 6, 9, 16, 25, 27, 29].

7.2 Bewertungskriterien. Evaluation criteria

Das Bewerten des Fahrverhaltens ist ein wichtiger Beitrag zur Vermeidung von Unfällen. Gutes Fahrverhalten reduziert das Unfallrisiko und erhöht somit die aktive Sicherheit des Fahrzeugs. Die Beurteilung der Fahreigenschaften erfolgt entweder subjektiv durch Testfahrer oder durch objektive Verfahren [2, 12, 13, 18, 19, 20, 21, 27–33].

Unter letzterem sind alle Versuche zu verstehen, die meßbare Bewertungsgrößen bestimmen. Mit Hilfe der Meßwerte können die Fahreigenschaften der Fahrzeuge beschrieben und verglichen werden. **Bild 3** faßt die bekanntesten Testverfahren zusammen. Wichtig ist die Unterscheidung zwischen Prozeduren mit offenem (open loop) und geschlossenem (closed loop) Regelkreis aus Fahrer und Fahrzeug.

Wegen der Vielzahl von Fahrsituationen ist es nicht möglich, ein einziges Kriterium zu finden, mit dem das Gesamtfahrverhalten bewertet werden kann. Daher müssen mehrere Beurteilungsgrößen herangezogen werden. Im folgenden werden einige wichtige Testverfahren beschrieben.

Das Manöver „*Stationäre Kreisfahrt*" wird auf einer Kreisbahn mit konstantem Radius unter Variation der Geschwindigkeit oder mit konstanter Geschwindigkeit unter Variation des Kreisradius gefahren. **Bild 4** enthält die entsprechenden Lenkwinkelverläufe. Mit diesem Fahrmanöver werden die stationären Fahreigenschaften bzw. das Eigenlenkverhalten (untersteuernd, neutral, übersteuernd) ermittelt [26].

Beim „*Lenkwinkelsprung*" wird das Fahrzeug mit einer sprungartigen Lenkbewegung aus der Geradeausfahrt in einen Kreis hineingelenkt. Auf diese schnelle Lenkwinkel-

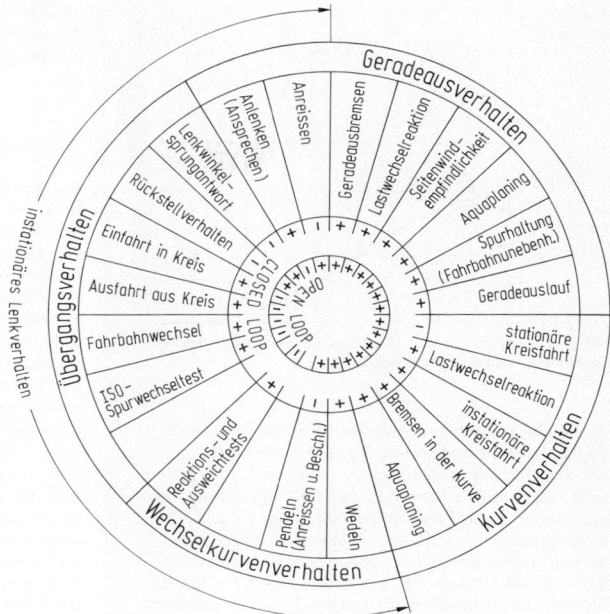

Bild 3. Systematische Zusammenstellung von
Prüfverfahren für das Fahrverhalten nach [2, 19]

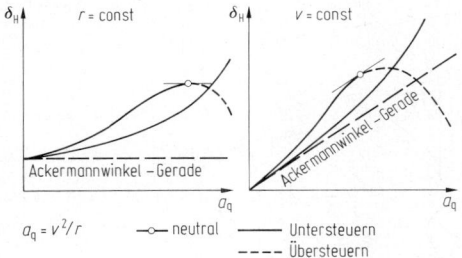

$a_q = v^2/r$ —○— neutral —— Untersteuern
                            ---- Übersteuern

Bild 4. Eigenlenkverhalten nach DIN 70000

änderung antwortet das Fahrzeug mit einem Zeitverzug
und einer bestimmten Verstärkung. **Bild 5** zeigt schematisch Lenkradwinkel, Gierreaktion und Schwimmwinkel-
reaktion des Fahrzeugs. Charakteristische Größen sind
u.a. der Zeitverzug bis zum ersten Maximum der Gierwin-
kelgeschwindigkeit $T_{\dot{\psi}\,max}$, die maximale Giergeschwindigkeit $\dot{\psi}_{max}$, der stationäre Schwimmwinkel β_{stat}, die Gier-
verstärkung $V_{\dot{\psi}}$ und der TB-Wert. Letzterer ist ein aussa-
gefähiges Kriterum zur Beurteilung der Fahreigenschaften
und korreliert stark mit dem subjektiven Urteil von Testfahrern. Je kleiner der TB-Wert, um so besser wird der
Wagen von einem Normalfahrer bewertet. Bei $v=80$ km/h
und einer Querbeschleunigung $a_q = 4$ m/s^2 haben heutige
Pkw einen TB-Wert bis zu 2 Grad·s; der Gierverstärkungsfaktor liegt im Bereich zwischen 0,15 bis 0,3 s^{-1}.
Strenggenommen sind die vorgenannten Kriterien nur für
vorderachsgelenkte Fahrzeuge anwendbar.
Das Manöver „*Lastwechsel oder Bremsen in der Kurve*"
simuliert einen Fahrzustand, der unfallrelevant ist. Aus-
gangsbedingung für die Untersuchung der Lastwechselreaktion ist die stationäre Kreisfahrt. Nachdem der stationäre Fahrzustand erreicht ist, wird der Lenkradwinkel
konstant gehalten und das Gaspedal abrupt losgelassen

bzw. gebremst. Die Lastwechselreaktion wird als günstig
beurteilt, wenn das Fahrzeug nur geringfügig in den Kreis
hinein dreht. Meßtechnisch wird die Lastwechselreaktion
durch Bewegungsgrößen, die eine Sekunde nach Einleitung des Lastwechsels zu messen sind, beschrieben.
Wie in **Bild 6** kann das Übertragungsverhalten zwischen Lenkwinkel und Gierantwort durch stochastische
oder diskrete Anregungen ermittelt werden. Verstärkungsfunktion und bestimmte Phasenlagen (Verzögerungszeit

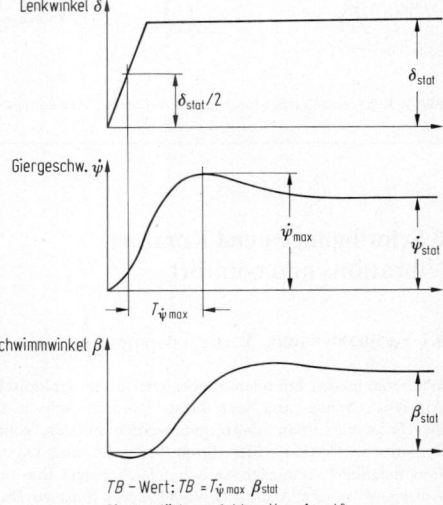

TB – Wert: $TB = T_{\dot{\psi}\,max}\,\beta_{stat}$
Gierverstärkungsfaktor $V_{\dot{\psi}} = \dot{\psi}_{stat}/\delta_{stat}$

Bild 5. Kennwerte zum Übergangsverhalten beim Lenkwinkelsprung

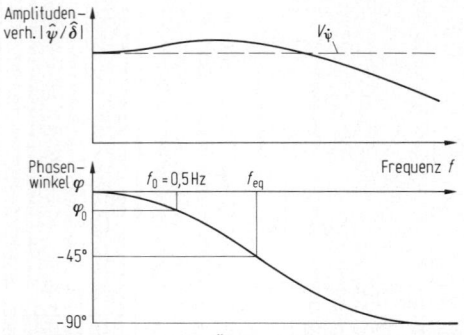

Bild 6. Kennwerte aus den Übertragungsbeziehungen zwischen Lenkwinkel δ und Giergeschwindigkeit ψ

$T = \varphi/(2\pi f)$; $\varphi = 45° \rightarrow$ äquivalente Verzögerungszeit T_{eq}, $f = 0,5\,Hz \rightarrow$ Gierantwortzeit $T_{\dot{\psi}}$) werden bewertet.

Die subjektive Beurteilung der Fahreigenschaften dominiert heute noch die Bewertung und Abstimmung von Pkw und erfolgt durch versierte Testfahrer, an die hohe Anforderungen hinsichtlich ihres Wahrnehmungsgedächtnisses und Unterscheidungsvermögens gestellt werden. Häufig wird eine Gruppe von Testfahrern eingesetzt, um die Streuung der Beurteilung einzuengen. Die Fahrer müssen unparteiisch sein, d.h. die zu untersuchende Fahrzeugvariante sollte ihnen unbekannt sein, damit Wahrnehmungsmängel nicht durch technisches Wissen kompensiert werden.

7.3 Simulationstechnik. Simulation methods

Die theoretische Simulation der Fahrdynamik erfolgt mit Hilfe von physikalischen Ersatzmodellen aus elastischen oder starren Elementen und deren Massen, die durch Lager, Federn und Dämpfer miteinander verbunden sind, **Bild 7**. Der Mensch als Regler (Fahrer) ist allerdings nur unvollkommen zu simulieren. Die zahlreichen systembeschreibenden Differentialgleichungen realitätsnaher Modelle lassen sich allein mit Großrechnern lösen. In der Regel wird ein fahrdynamisches Modell durch den Vergleich mit Versuchsergebnissen abgeglichen [1, 10, 14, 22].

Auf experimentellem Wege bietet ein *Fahrsimulator* die Möglichkeit, auch kritische Situationen zu untersuchen. Neben dem Fahrzeug wird daher der echte Fahrer einbezogen. Ein Fahrsimulator besteht aus einer Fahrerkabine mit allen üblichen Bedienelementen. Ein aufwendiges theoretisches Fahrzeugmodell reagiert mit Hilfe eines schnellen Rechners auf die Eingaben von Fahrer und Umfeld und simuliert mit einem Frontscheibensichtfeld, servohydraulisch erzeugten Beschleunigungen und Geräuschen den Fahrbetrieb [7, 25].

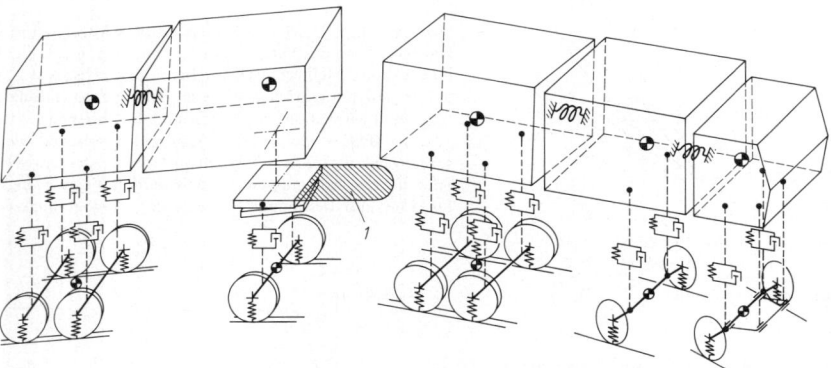

Bild 7. Ersatzmodell eines Lastzugs mit variablem Verbindungsteil für die fahrdynamische Simulation [8]. *1* Einzusetzende Kuppelsysteme

---

8 Schwingungen und Komfort
Vibrations and comfort

8.1 Vertikaldynamik. Vertical dynamic

Während in den lateralen Richtungen hohe dynamische Antriebs-, Brems- und Seitenkräfte von den Achsen auf den Fahrzeugaufbau übertragen werden müssen, sollen dynamische Vertikalkräfte durch Federung und Dämpfung möglichst vermieden werden. Gleichzeitiges Ein- und Ausfedern an den Achsen (*Parallelfedern*) führt zu *Hubschwingungen*, während achsweise gegenphasige Bewegungen *Nicken* und seitenweise gegensinnige Bewegungen *Wanken* des Aufbaus (auch Rollen genannt) hervorrufen.

Die Nickbewegung ist eine Drehung um die y-Achse des horizontierten Koordinatensystems (DIN 70000). Wanken entspricht einer Drehung um die Wank- oder Rollachse (s. **Q4 Bild 14**), die in der Fahrzeugmittelebene liegt und gegenüber der horizontierten x-Richtung geneigt sein kann.

Je nach Achsbauart sind aus den real eingebauten Federn in spezieller Weise linearisierte radbezogene Federsteifigkeiten c_{Rad}, als Quotient aus der Änderung der statischen Radaufstandskraft und der Einfederung des Rads gegenüber dem Aufbau zu berechnen. Die Summe der radbezogenen Federraten je Achse ist die Aufbauhubfedersteife. Die Wankfedersteife je Achse ist

$$c_{\varphi\,Achse} = 2c_{Rad}(s_{Achse}/2)^2 + c_{\varphi\,Stabilisator},$$

mit c Federzahl, c_φ Wankfederzahl, s Spurweite.

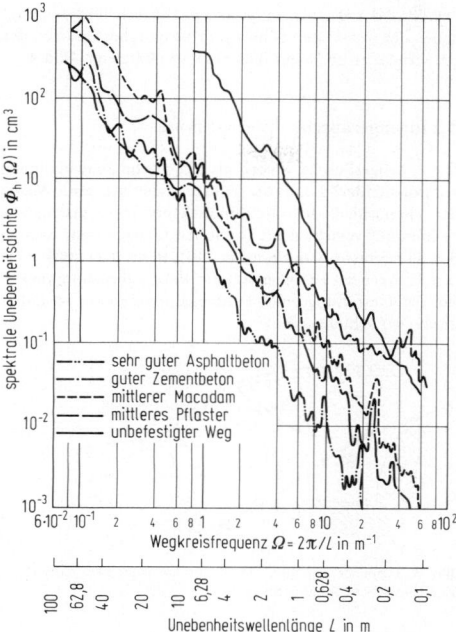

Bild 1. Spektrale Dichte der Unebenheiten in Abhängigkeit von der Wegkreisfrequenz Ω und der Unebenheitswellenlänge L [6]

Das Hubschwingungsverhalten kann stark idealisiert mit Hilfe eines Zweimassenmodells beschrieben werden. Die anteilige Aufbaumasse m_A stützt sich über die Hubsteifigkeit c_A und Hubdämpferkonstante d_A auf der Radmasse m_R ab. Die Radmasse m_R ist über die Reifenfeder c_R an die Fahrbahn gekoppelt. Die Reifendämpfung ist gegenüber der Aufbaudämpfung vernachlässigbar.

Die überall existierenden Fahrbahnunebenheiten stellen eine Weg- oder Federfußpunktanregung dieses Systems dar. Reifenungleichförmigkeiten erzeugen eine Kraftanregung. Da der Frequenzgehalt direkt von der Fahrgeschwindigkeit abhängt, werden Unebenheitsspektren von Fahrbahnen über der Wegkreisfrequenz aufgetragen, **Bild 1**.

Für reale Fahrzeuge ergeben sich die Eigenkreisfrequenzen des Zweimassenschwingers wegen großer Feder- und Massenverhältnisse näherungsweise als (s. B4.2)

$$\omega_A \approx \sqrt{c_A/m_A}, \quad \omega_R \approx \sqrt{(c_R + c_A)/m_R},$$

mit A Aufbau und R Rad.

Die Masse m_R steht für den sog. ungefederten Masseanteil der Radaufhängung, der direkt über die Reifenfeder von der Fahrbahn angeregt wird.

Eine gute Entkopplung des Aufbaus von der Achse und damit auch von der Fahrbahn wird durch ein Frequenzverhältnis $f_A/f_R \approx 1$ bis $1,5\,\mathrm{Hz}/8$ bis $12\,\mathrm{Hz}$ erreicht. Jedoch muß dann der Resonanzbereich des Aufbaus stark gedämpft werden, was in dem Frequenzbereich zwischen den beiden Resonanzen zum Zielkonflikt führt. Andererseits bewirkt eine zu schwache Dämpfung im Resonanzbereich der Achse eine große Radlastdynamik, die sich besonders ungünstig auf das Kurvenfahrverhalten auswirkt. Eine Variation der Aufbaufeder führt gleichzeitig zu einer Verschiebung der Eigenfrequenz und zu einer Veränderung des Dämpfungsmaßes D, **Bild 2**.

In der Entwicklung befindliche gesteuerte Fahrwerke sollen belastungsabhängig und bedarfsorientiert in jeder Si-

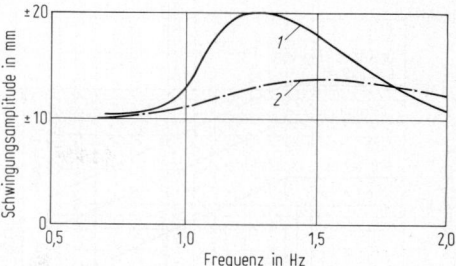

Bild 2. Aufbauamplituden bei serienmäßiger (normaler) *1* und sportlicher *2* Fahrwerksabstimmung. BMW 528 e, 3 Personen mit Gepäck, Anregung durch Hydropulser an der Hinterachse mit ± 10 mm gleichphasig (nach BMW-Versuchsergebnissen)

tuation optimal die Federungs- und Dämpfungsaufgabe übernehmen. Weiterführende Literatur s. Q 5 n. [6, 7, 9].

8.2 Komfortbewertung. Comfort evaluation

Die Reduzierung der Vertikaldynamik wird angestrebt, um einerseits ein gutes Fahrverhalten zu gewährleisten, aber andererseits auch, um den Fahrkomfort zu verbessern. Hinsichtlich des Fahrkomforts sind Vertikalschwingungen nur ein Teilaspekt.

Der *Komfort*, das ist das subjektive Wohlbefinden eines Fahrzeuginsassen, wird im wesentlichen durch Schwingungen beeinträchtigt, die nach Frequenz, Effektivwert, Dauer, Richtung und Ort der Einwirkung unterschieden werden müssen. Frequenzen von ca. 1 bis 100 Hz werden

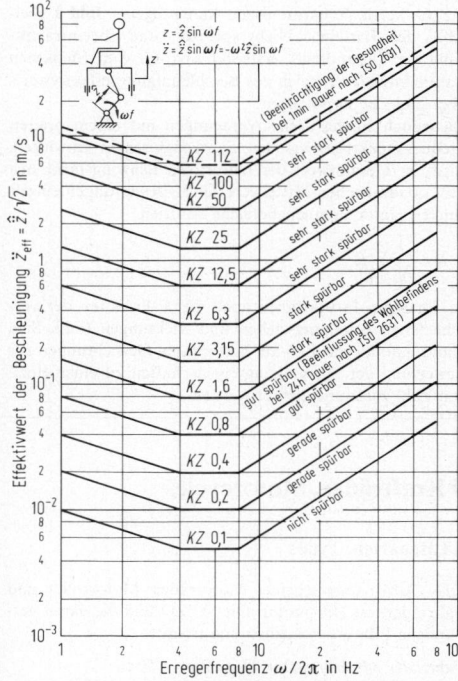

Bild 3. Kurven gleich bewerteter Schwingstärken KZ abhängig von Frequenz und Schwingbeschleunigung in vertikaler z-Richtung für den sitzenden und stehenden Menschen [6, 8]

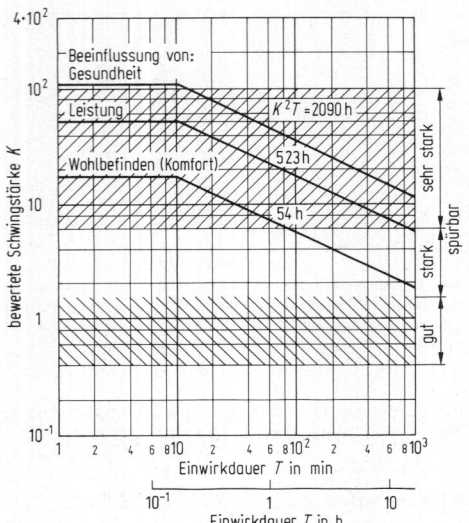

Bild 4. Bewertete Schwingstärke abhängig von der Einwirkdauer bei gleicher Beanspruchung für die Kriterien „Wohlbefinden", „Leistung" und „Gesundheit" [6, 8]

als Bewegungen empfunden, während Frequenzen von ca. 20 Hz bis 10 kHz akustisch aufgenommen werden.

Die Wahrnehmungsstärke des Menschen sowohl für mechanische als auch für akustische Schwingungen ist frequenzabhängig. Kurven gleich bewerteter Schwingstärke KZ für vertikale harmonische Anregungen s. **Bild 3.** Zwischen den Extrema „Nicht spürbar" und „Beeinträchtigung der Gesundheit" erstreckt sich ein vom Menschen wahrnehmbarer Bereich des Beschleunigungseffektivwerts über drei Zehnerpotenzen.

Da jedoch stochastische Anregungen mit einem breiten Frequenzspektrum auf den Fahrzeuginsassen einwirken, wird der Gesamtwert der bewerteten Schwingstärke aus dem quadratischen Mittelwert der K-Bewertungen einzelner relevanter Frequenzbereiche ermittelt

$$K = \sqrt{\sum_{i=1}^{n} K_i^2}.$$

In Analogie dazu können auch die K-Faktoren der verschiedenen Anregungsstellen und -richtungen (Fuß, Sitz, Hand; lateral, vertikal) mit bestimmten Gewichtungen zur Bewertung der Schwingungseigenschaften zu einer einzigen Zahl zusammengefaßt werden.

Das Maß der Beeinträchtigung des Fahrerbefindens hängt neben der bewerteten Schwingstärke entscheidend von der Einwirkdauer ab, wenn diese 10 min übersteigt, **Bild 4**.

8.3 Innengeräusche. Internal noise

Die Innengeräusche wirken als akustische Schwingungen komfortmindernd auf die Fahrzeuginsassen ein. Wegen der unterschiedlichen Empfindlichkeit des menschlichen Gehörs auf verschiedene Tonhöhen (Frequenzen) werden Schallereignisse A-bewertet (s. O3). Besonders stark werden Frequenzen zwischen 1 und 5 kHz wahrgenommen. Bei der Gestaltung eines Fahrzeuginnenraumes ist daher darauf zu achten, daß

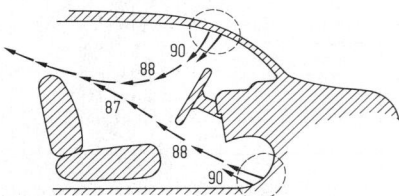

Bild 5. Typischer Schallfluß im Innenraum eines Pkw nach [5]. Zahlenangaben: Schallpegel in dB

− sich möglichst keine störenden Schallquellen im Innenraum oder direkt an der Begrenzungsfläche befinden (z.B. Strömungsgeräuschquellen).
− möglichst keine Körperschallquellen (Umsetzung hochfrequenter mechanischer Schwingungen im Luftschall) in den Innenraum hineinstrahlen (Motor-, Auspuff-, Getriebeschwingungen) **Bild 5**,
− außerhalb des Fahrzeugs entstandener Luftschall möglichst nicht in den Innenraum eintreten kann (Motor-, Getriebe-, Reifengeräusche),
− die Verteilung der Schallintensität möglichst günstig für die Insassen „angeordnet" (beeinflußt) wird (geringe Intensität in den Kopfbereichen, höhere Intensität z.B. in den Fußbereichen),
− der Luftschallpegel im Innenraum durch Schalldämpfung und Schalldämmung gesenkt wird (s. O3),
− die Frequenzanteile des Innengeräusches im hörempfindlichen Bereich (1 bis 5 kHz) möglichst minimal sind.

Diese genannten Maßnahmen stellen Maximalforderungen dar, die die Entwicklungsrichtungen bezüglich der Innengeräusche aufzeigen. Wichtig ist dabei, daß alle Punkte in gleichem Maße beachtet werden, so daß keine dominierenden Ursachen der Lärmbelästigung im Fahrzeuginneren „übrig bleiben".

9 Krafträder. Motorcycles

9.1 Bauarten. Types

DIN 70010 unterscheidet Motorräder, Motorroller und Fahrräder mit Hilfsmotor. Die StVZO und die damit verbundene Führerscheineinteilung trennt:

Fahrräder mit Hilfsmotor, Hubraum $\leq 50\,cm^3$
− Mofa $v_{max} \leq 25$ km/h
− Moped $v_{max} \leq 50$ km/h, Tretkurbel
− Mokick $v_{max} \leq 50$ km/h, Fußrasten

Leichtkrafträder $v_{max} \leq 80$ km/h, Hubraum $\leq 80\,cm^3$

Krafträder v_{max} unbegrenzt, Hubraum $> 50\,cm^3$

An Krafträdern ist neben dem Viertakt- auch der Zweitakt-Otto-Motor sehr verbreitet. Je nach Verwendungszweck können Krafträder als Tourenmotorräder, Motorroller, Sportmaschinen, Gelände-, Cross-, Enduro- oder Trial-Motorräder sowie als Rennmaschinen in verschiedenen Spezialausführungen entwickelt werden. Mit einem Beiwagen ist ein Motorrad zum Gespann auszubauen. Bauart- und eigenschaftsbestimmend sind drei Hauptgruppen des Kraftrads, **Bild 1**:

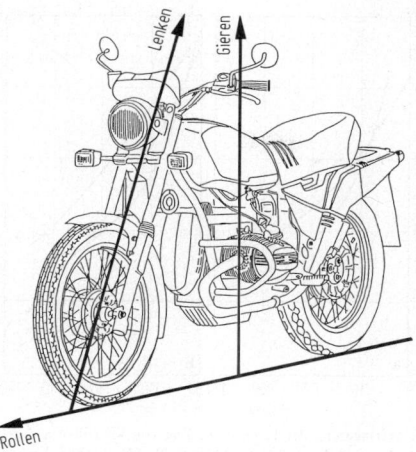

Bild 1. Hauptachsen der Kraftraddynamik [3]

– Vorderrad mit Gabel, Lenker, Vorderradbremse und
  zugehörigen Anbauteilen,
– Rahmen, Triebstrang und Hinterrad mit Aufhängung,
– Fahrer, Beifahrer und Gepäck.

Die Vorderräder moderner Krafträder werden fast ausschließlich in Teleskopgabeln mit Stand- und Gleitrohr,
Schraubenfeder und hydraulischer Dämpfung aufgenommen. Die Hinterräder sind über Ketten oder Kardanwel-
len angetrieben und überwiegend in Gabel- oder Ein-
armschwingen mit Feder und Dämpfer geführt. Die Kinematik von Trieb und Schwinge beim Einfedern sowie
die Momentenabstützung sind konstruktiv zu berücksichtigen. Scheibenbremsen – zum Teil schon mit Blockier-
schutzeinrichtungen – haben sich durchgesetzt. Wegen des
hohen Schwerpunkts von Fahrer und Kraftrad ist die ideale Bremskraftverteilung stärker durch die Verzögerung
beeinflußt als beim Pkw, **Bild 2**. Gegenüber der fahrerge-
regelten Standardbremse (Hand- u. Fußbremse) können
neue Systeme mit konstruktiv festgelegter Bremskraftverteilung (Kombibremse) und mit Blockierschutz die Fahrsicherheit verbessern. An die Steifigkeit des Rahmens (geschlossen oder in Brückenbauweise mit tragendem Motor,
Rohre, gepreßte Schalen, Druckguß, Aluminiumprofile)
werden aus fahrdynamischen Gründen hohe Anforderungen gestellt. Kunststoffverkleidungen dienen der aerodynamischen Optimierung und dem Komfort des Fahrers.

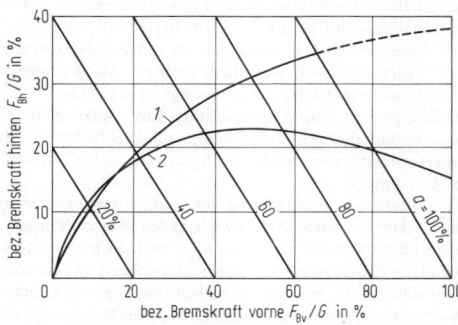

Bild 2. Ideale Bremskraftverteilung von *1* Pkw und *2* Motorrad im
Vergleich (Weidele, Breuer in [13])

Dessen Schutzbekleidung (Helm und Anzug) ist wichtig
zur Verbesserung der passiven Sicherheit. Weitere Sicher-
heitsfragen [1, 4, 8, 9, 12].

9.2 Fahrdynamik. Driving dynamics

Krafträder werden durch Kreiselmomente der Räder gegen Kippen stabilisiert. Neigt sich infolge einer Störung
das Fahrzeug, so sucht die Lenkung in Richtung dieser
Neigung einzuschlagen. Daraus ergeben sich wiederum
aufrichtende Momente aus der Kreiselwirkung und der
ansteigenden Fliehkraft. **Bild 3** zeigt vereinfacht, daß die
Winkeländerung des Vorderrads bei Seitenneigung sehr
viel größer ist (grob 10:1) als die des Hinterrads. Deshalb
ist das Vorderrad für die Kippstabilität besonders wichtig
(Bremsblockieren!).
Gewichtskraft und Fliehkraft bei Kurvenfahrt werden
nach **Bild 4** durch Schräglage ins Gleichgewicht gebracht.
Breite Reifen vergrößern wie gezeigt den Neigungswinkel.
Bild 5 weist nach, daß mit zunehmender Schräglage γ ein
größerer scheinbarer Radius R' zur Verfügung steht

$$R' = \frac{R}{\cos\gamma} \; ; \; \delta_{\text{th}} = \arctan\left(\frac{l}{R}\cdot\cos\gamma\right).$$

Der Lenkwinkelbedarf nimmt ($R=$const.) folglich mit
wachsender Querbeschleunigung ab.
Mit Zweirädern wird die Kurvenfahrt durch ein kurzes
Gegenlenken, mit dem dank der Kreiselwirkung und der
Massenträgheit die richtige Schräglage initiiert wird, ein-
geleitet. Dieser Vorgang erschwert Ausweichmanöver im
Vergleich zu Mehrspurfahrzeugen. Die Kurvenfahrt läßt

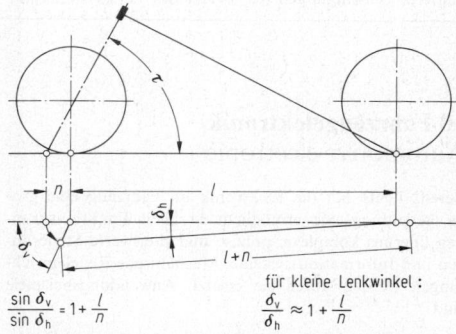

$$\frac{\sin\delta_v}{\sin\delta_h} = 1 + \frac{l}{n}$$

für kleine Lenkwinkel:
$$\frac{\delta_v}{\delta_h} \approx 1 + \frac{l}{n}$$

Bild 3. Kinematische Verhältnisse beim Lenkeinschlag eines Zwei-
rads [15]

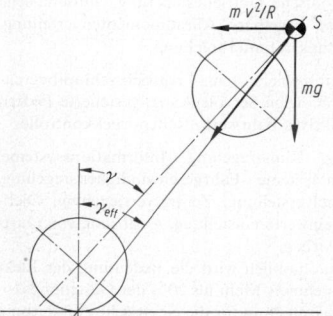

Bild 4. Schräglage und Kräftegleichgewicht, breite Reifen vergrößern die notwendige Schräglage, $\gamma_{\text{eff}} < \gamma$ [15]

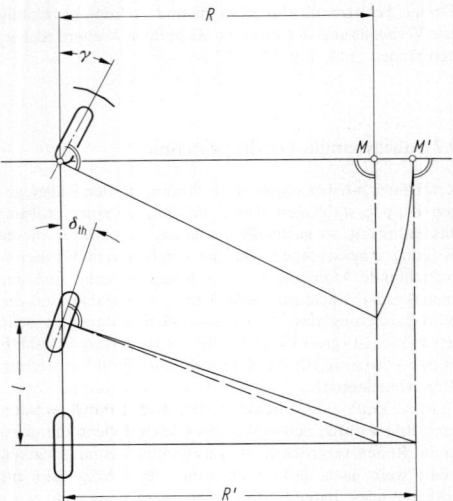

Bild 5. Schräglage und effektiver Kurvenradius. Der Momentanpol *M* verschiebt sich durch die Schräglage, der Radius vergrößert sich auf *R'* [3]

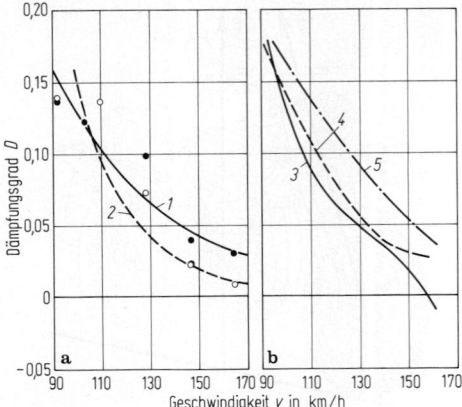

Bild 6. Verringerung der Pendeldämpfung von Krafträdern durch **a** Anbauten und **b** zusätzliche Massen [2, 14]. *1* ohne Lenkerverkleidung, *2* mit Lenkerverkleidung, *3* zwei Packtaschen, *4* eine Packtasche, *5* normal

sich durch das Einspurmodell (s. Q 7.3) beschreiben. Die Schräglaufwinkel an den Rädern sind dabei klein, weil die Seitenkräfte vorwiegend durch Sturz erzeugt werden.
Zwei Schwingungsformen können das Fahrverhalten von Kraftädern beeinträchtigen:

Flattern. Schwingungen (ca. 8 Hz) des Lenksystems mit

Gabel und Vorderrad um den Steuerkopf und relativ zum Restsystem;

Pendeln. Komplizierte Koppelschwingungen (ca. 3 Hz) des Lenksystems und des Hauptsystems mit Rahmen, Motor und Zuladung. Es treten Lenk-, Gier- und Rollbewegungen bei größeren Geschwindigkeiten, mit deren Anstieg die Dämpfung abnimmt, auf. Die Erhöhung von Massenträgheitsmomenten wirkt sich nach **Bild 6** ungünstig aus.
Weiterführende Literatur [5–7, 10, 11].

10 Fahrzeugelektronik
Automotive electronic

Bereits heute hat die Elektronik im Fahrzeug eine große Bedeutung. Sie ermöglicht in allen Funktionsgruppen überaus komplexe, präzise und preiswerte Steuerungen und Informationssysteme. Mechanische Regeleinrichtungen werden durch sie ersetzt. Anwendungsbeispiele sind:

Motor. Zündelektronik, Einspritzsteuerung, λ-Sonde, Klopf- und Leerlaufregelung, Schubabschaltung, elektronisches Gaspedal.

Getriebe. Elektronische Getriebesteuerung, automatische Differentialsperre, regelbare Allradmomentenverteilung, Schalten ohne Zugkraftunterbrechung.

Fahrwerk. Antiblockiersystem, Antriebsschlupfbegrenzung, betriebsabhängige Servolenkung, gesteuerte Federn und Dämpfer, aktives Fahrwerk, Reifendruckkontrolle.

Innenausstattung. Klimaregelung, Informationssysteme, Kommunikationssysteme, Fahrgeschwindigkeitsregelung, Sitz- und Spiegelverstellung, Zentralverriegelung, Diebstahlschutz, Scheinwerfereinstellung, Auslösung von Gurtstrammer und Airbag.
In künftigen Automobilen wird die Bedeutung der Elektronik weiter zunehmen. Mehr als 20% der Gestehungskosten eines Pkw wären dann für die elektrische Ausstattung aufzuwenden. Neben den genannten Geräten können
– elektronisch gesteuerte Vierradlenkungen,
– Navigationssysteme,
– Verkehrswarnsysteme,
– Kraftschlußerkennung,
– Abstandswarnung und -regelung,
– elektronische Bildverarbeitung,
– Diagnose- und Wartungselektronik
– elektronische Fahrtenschreiber und Crashrecorder,
– neue Kommunikationssysteme
Verwendung finden. Im Hinblick auf die Verkehrssicherheit wird ein Verbesserungspotential darin gesehen, daß moderne Elektronik und Datenverarbeitung die beschränkten Möglichkeiten des regelnden Menschen erweitern.
Je vielfältiger die elektronischen Funktionen werden, desto notwendiger wird es, sie in einem System zu koordinieren. Sensoren sind so mehrfach zu nutzen, die Anzahl der Prozessoren wird wesentlich geringer, Mehrfachziele können möglichst konfliktfrei verfolgt werden (z.B. Kraftstoffeinsparung und Abgasqualität). Ein solches System muß zukunftsbezogen ausbaufähig sein. Das Netzwerk ist entsprechend und möglichst nach internationalen Normen zu gestalten.
Thermische und mechanische Belastungen bedingen, daß die Elektronik eines ihrer schwierigsten Anwendungsgebiete im Automobil findet. Es muß deshalb großer Aufwand getrieben werden, um sie hinreichend zuverlässig auszuführen. In einigen Bereichen werden redundante Komponenten notwendig. Elektromagnetische Emissionen einerseits und Empfindlichkeiten andererseits sind zulässig klein zu halten.

11 Automobil und Umwelt
Automobil and environment

11.1 Abgase. Waste gas

Emission (Schadstoffausstoß) und *Immission* (Schadstoff-belastung je nach Verteilung der Emissionen) sind zu unterscheiden. Bei der Benzinverbrennung in Ottomotoren entstehen als Schadstoffe Kohlenmonoxid (CO), unverbrannte Kohlenwasserstoffe (HC) und Stickstoffoxide (NO_x) s. D8.1. CO und HC treten im Dieselmotor kaum auf, neben NO_x enthalten dessen Abgase aber rußartige Partikel. Bleiverbindungen aus Benzinadditiven sind ebenfalls zu erwähnen. Es gibt Anzeichen, jedoch nicht in jedem Fall sichere Beweise dafür, daß diese Stoffe auf Mensch (Krebs, Reizungen und Vergiftungen) und Natur (neuartige Waldschäden, saurer Regen) schädlich wirken. Mit mengenbegrenzenden Vorschriften (Europa EG: ECE R 15; USA, CND; AUS, A, CH: FTP 75) wird der Ausstoß von CO, HC und NO_x gesetzlich geregelt. Von den verschiedenen motorischen Maßnahmen zu deren Erfüllung stellt die Verwendung eines *geregelten Dreiwegkatalysators* mit λ-Sonde die wirkungsvollste dar (s. P4). Wird Methanol anstatt Benzin verbrannt, so verringert sich der Ausstoß oben genannter Schadstoffe.
Die Emissionen werden gemessen, wenn das zu prüfende Fahrzeug ein bestimmtes Fahrprogramm (Europa Fahrzyklus **Bild 1**) auf einem Rollenprüfstand absolviert. Das Fahrzeuggewicht ist mit Schwungmassen an den Rollen darzustellen. Nach der CVS-Methode (Constant Volume Sampler) wird das Abgas mit Luft verdünnt, gesammelt und hinsichtlich seines Volumens und seiner Anteile CO, HC, NO_x analysiert, **Bild 2**.
Eine völlig neue Qualität erhält die Diskussion um die Nutzung fossiler Brennstoffe – also auch der Autokraftstoffe – wenn in der Produktion von Kohlendioxid (CO_2) ein Beitrag zu gefährlichen Klimaänderungen nachweisbar erkannt wird. Weiterführende Literatur [7, 15, 16, 19, 21, 28, 36].

11.2 Geräusche. Noise

Für die akustische Bewertung ist der A-bewertete Schalleistungspegel in dB(A) $L_p = 10\log(P/P_0)$ mit $P_0 = 10^{-12}$ W, Bezugsschalleistung Hörschwelle eingeführt s. O3. Man beachte, daß eine n-fache Veränderung der Schalleistung P sich nur durch den Summanden $10 \cdot \log n$ in L_p ausdrückt (Verdopplung $P \hat{=} \Delta L_p = 10 \cdot \log 2 \approx 3$ dB).
Für die Umweltbelastung sind die Außengeräusche eines Fahrzeugs relevant. **Bild 3** zeigt am Beispiel auf, daß der Pegel L_p fast linear mit der Fahrgeschwindigkeit zunimmt, und daß bei Geschwindigkeiten außerorts mehr als die halbe emittierte Schalleistung von den rollenden Rädern erzeugt wird. Konstruktive Maßnahmen wie eine Motorkapselung wirken sich deshalb bevorzugt bei geringer Geschwindigkeit im Ortsverkehr günstig aus. Die Entwicklung lärmarmer Reifen aber ist durch zahlreiche Zielkonflikte außerordentlich erschwert [5, 8, 10, 13, 14, 20, 22, 23, 24].
Bild 4 gibt die Meßvorschrift nach ISO R 362, die bei der Typprüfung von Straßenfahrzeugen anzuwenden ist, wieder. In der Regel wird mit 50 km/h in die Meßstrecke eingefahren und voll beschleunigt (4-Gang: 2. Gang, 5-Gang: 3. Gang, Automatik: ohne Kickdown). Der höchste auftretende Schallpegel bei der Durchfahrt ist bestimmend (Grenzen: Pkw 77 dB(A); Straßen-Lkw $\geq$150 kW 81 dB(A)).
Verkehrs- und Stadtplanung sowie die Bautechnik beeinflussen die Geräuschimmissionen mehr als Maßnahmen an deren Quelle.

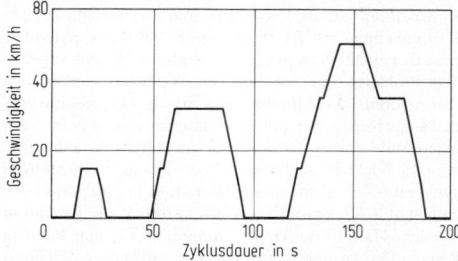

Bild 1. ECE R 5 – Europa-Fahrzyklus. Zykluslänge 1,013 km (Testdistanz 4,052 km), Zyklenzahl/Test: 4, Zyklusdauer 195 s, mittlere Geschwindigkeit 18,7 km/h (27,01 km/h ohne LL-Phasen (LL-Anteil 31%)), max. Geschwindigkeit 50 km/h

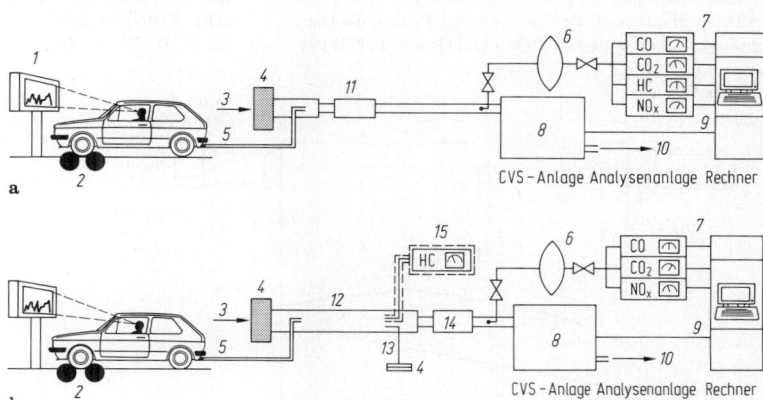

Bild 2. Abgasanalyse nach der CVS-Methode. **a** Probennahme und Analyse Ottomotor; **b** Probennahme und Analyse Dieselmotor. *1* Fahrkurve, *2* Rollenprüfstand, *3* Luft, *4* Filter, *5* Abgas, *6* Sammelbeutel, *7* Meßwerte, *8* Konstanthaltung des Volumenstroms, *9* Durchfluß, *10* Absaugung, *11* Wärmetauscher oder Abscheider, *12* Verdünnungstunnel, *13* Partikelentnahme, *14* Wärmetauscher, *15* HC-Messung (beheizt)

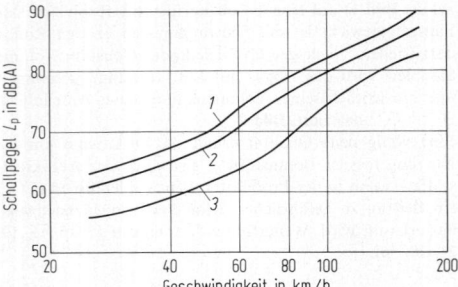

Bild 3. Fahr- und Rollgeräusch [13]. *1* Pkw-Fahrgeräusch, *2* Pkw-Rollgeräusch, *3* Pkw-Motorgeräusch

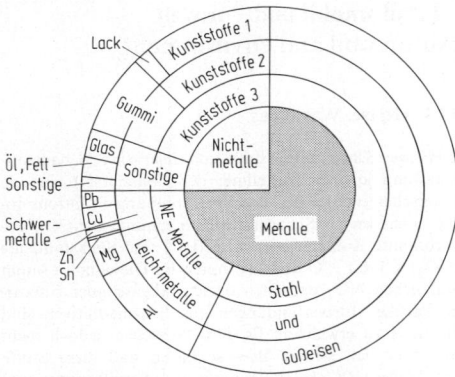

Bild 5. Material-Gewichtsanteile eines Sportwagens (Porsche 911)

11.3 Materialverbrauch. Material consumption

Bild 5 ist ein Beispiel für den Materialinhalt eines Pkw. Am Gesamtverbrauch ist die Automobilindustrie je nach Werkstoff zwischen 5 und 20% beteiligt. Mit der Zahl und dem Gewicht zugelassener Straßenfahrzeuge ergibt sich ein großes latentes Reservoir für Sekundärrohstoffe.

Sparen und *Recycling* sind angesichts endlicher Ressourcen notwendige und zur Zukunftssicherung beitragende Maßnahmen. Sie entlasten zudem den Eingang (Rohstoffe) und Ausgang (Abfall) des menschlichen Wirtschaftssystems.

Sparen durch Verringerung des Materialeinsatzes, Verlängerung der Lebensdauer und Substitution knapper Werkstoffe wird sehr häufig schon deshalb durchgeführt, weil wirtschaftliche Anreize bestehen. Auch Recycling muß zumindest kostendeckend durchgeführt werden können.

Recycling ist nur gegeben, wenn Nutzungskreisläufe geschlossen werden. Zwei wesentliche Zyklen sind mit alten Automobilen zu unterscheiden:

Wiederverwendung. Ein Element oder eine Baugruppe wird nach Wiederinstandsetzung bzw. Überholung wieder seiner ursprünglichen Funktion zugeführt (Austauschmotor, Reifenrunderneuerung usw.). Dies ist höchstwertiges Recycling, weil neben dem Materialinhalt auch der Veredelungsaufwand teilweise erhalten bleibt. Der Umfang der Wiederverwendung im Pkw-Bereich ist begrenzt, weil die Altteileverfügbarkeit, die Ansprüche des Markts, die Diagnose der Überholungswürdigkeit und Gesichtspunkte der Produkthaftung problematisch sind. Teile aus alten Lkw werden in größerem Anteil wiederverwendet.

Wiederverwertung. Das Altfahrzeug wird verschrottet, aus seinen Materialien entstehen Sekundärrohstoffe. Für Pkw ist eine Technologie wie in **Bild 6** eingeführt. Eine Hammermühle („Shredder") zerschlägt die Pkw-Wracks nach Vorverdichtung in handgroße, recht saubere Stücke. (Durchsatz einer Anlage bis ca. 60 t/h). Anschließend saugen Windsichter die Leichtmüllfraktion aus Flusen, Kunststoffen, Staub, Lackresten und anderen flugfähigen Komponenten ab. Es fließen grob 20% des Shreddereinsatzes nicht verwertbar zur Deponie. Damit ergeben sich Probleme, die zur besseren Wiederverwertung von Kunststoffen aus Altautos veranlassen. Die anschließende Magnetseparation mit evtl. Handsortierung liefert sehr guten Stahlschrott. Übrig bleibt ein Reststrom aus Gummi und Nichteisenmetallen. Er ist in einer zweistufigen Schwimm-Sink-Trennanlage (Flotation in Ferro-Siliziumtrüben $\rho_1 = 2,2$ kg/dm^3, $\rho_2 = 3,4$ kg/dm^3) wie gezeigt zu trennen. Hauptprodukt ist Aluminium. Gummi kann in Zementöfen verbrannt werden. Die folgende Abschmelztrennung liefert Blei, Zinn und die Rotfraktion, die der Kupferraffination zuzuführen ist.

Die Weiterverwendung alter Teile führt nur eine weitere Nutzungsstufe auf dem Weg zum Abfall ein (z.B. Altreifen als Fender oder in Fischfarmen, Altölverbrennung usw.) und schließt keinen Kreislauf. Sie ist deshalb kein Recycling. Weiterführende Literatur [1–4, 9, 11, 17, 18, 25, 27, 29, 30, 31, 33, 37, 38].

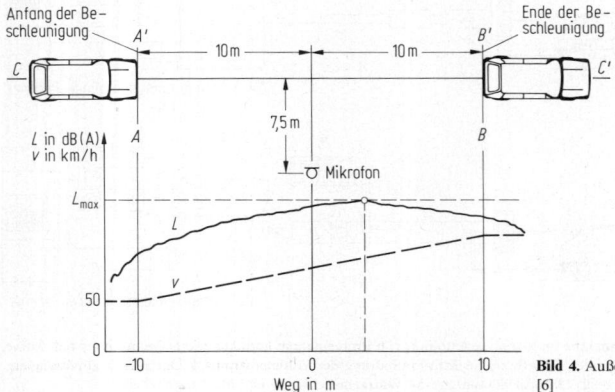

Bild 4. Außengeräuschmessung bei beschleunigter Vorbeifahrt nach [6]

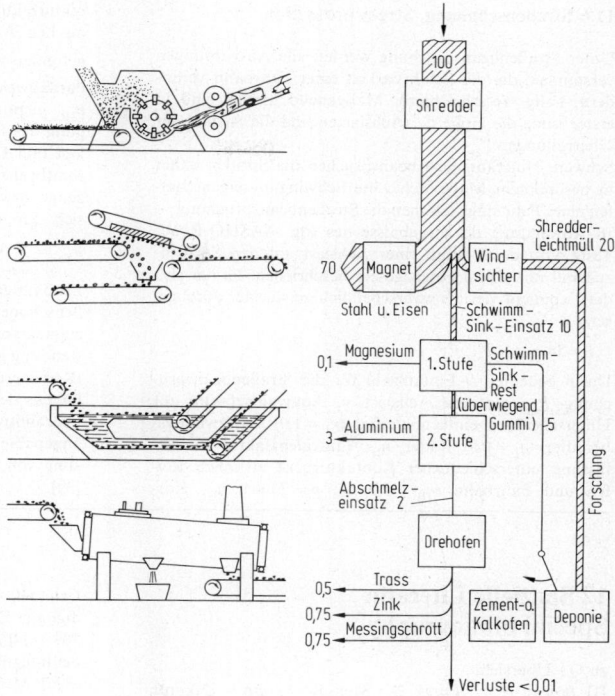

Bild 6. Wiederverwertung von Automobilwracks

11.4 Energieverbrauch. Energy consumption

Am Gesamtverbrauch an Primärenergie ist der Straßenverkehr mit 13 bis 14%, am Primärverbrauch des Mineralöls mit grob 30% beteiligt. Es besteht die Möglichkeit, durch Verwendung alkoholischer Kraftstoffe (Methanol, Ethanol) den Mineralölverbrauch zu reduzieren. Wasserstoff in Verbrennungsmotoren wäre der umweltfreundlichste und am besten verfügbare alternative Kraftstoff; eine für große Verkehrsströme anwendbare Technologie gibt es jedoch noch nicht.

Mit Verringerung des Luftwiderstands, des Fahrzeuggewichts, der Verluste in Triebstrang und Reifen sowie mit optimierter Regelung von Motor- und Getriebe wurden seit 1975 etwa 20% des durchschnittlichen Kraftstoffverbrauchs der Pkw eingespart. Mit Lkw ist ein noch besseres Ergebnis erreicht worden; das Resultat eines speziellen Tests zeigt **Bild 7**.

In Europa wird der Kraftstoffverbrauch eines Pkw im Europazyklus (**Bild 1**), bei 90 und 120 km/h Konstantfahrt gemessen und bewertet (DIN 70030). Ein Durchschnittswert aus den drei Messungen wird *„Drittelmix"* genannt. In den USA, CND, AUS sind in einem *Stadt-* und einem *Highway-Fahrzyklus* Verbrauchswerte zu ermitteln. Sie werden im Anteil 55:45 zum gesetzlich vorgeschriebenen mittleren Flottenverbrauch eines Herstellers umgerechnet (CAFE = Corporate Average Fuel Economy; Mindestvorschrift: 27,5 mpg ≈ 8,6 l/100 km).

11.5 Flächenverbrauch. Area consumption

Verkehrsflächen verbrauchen und verändern Landschaften und Stadtbilder [23, 24, 34, 35]. Die Vorstellung einer *„autogerechten"* Stadt hat sich als ungünstig erwiesen.

Heute werden eher Verkehrsflächen zurückgebaut („Flächenrecycling" z.B. für Fußgängerzonen). Außerhalb der Ortschaften ergibt sich häufig ein Zielkonflikt zwischen Landschaftsschutz und Verkehrskapazität bei der Planung von Straßen. In der Bundesrepublik Deutschland enthält eine Fläche von 1000 km^2 (32×32 km!) bereits etwa 700 km außerörtliche Hauptverkehrsstraßen und Ortsdurchfahrten (Kreisstraßen bis Bundesautobahnen). Damit und mit dem Hinweis, daß z.Z. die Verkehrsleistung in Europa jährlich um etwa 3% wächst, sind künftige Probleme angedeutet.

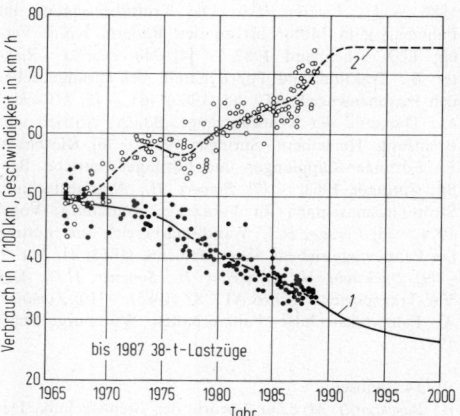

Bild 7. Kraftstoffverbrauch *1* und mittlere Geschwindigkeit *2* für 40-t-Lastzüge auf einer Teststrecke (nach „Lastauto omnibus" und Mercedes-Benz)

11.6 Straßenschonung. Street protection

Unter Straßenbeanspruchung werden alle Auswirkungen verstanden, die die Befahrbarkeit einer Fahrbahn verändern, i.allg. verschlechtern. Maßgebend hierbei sind in erster Linie die Höhe der Achslasten und die Anzahl der Überrollungen.

Schwere Nutzfahrzeuge beanspruchen die Straßen daher in besonderem Maße. Schlechte Schwingungseigenschaften eines Fahrzeugs erhöhen die Straßenbeanspruchung.

In Anwendung der Ergebnisse des sog. AASHO-Road-Tests wird der Einfluß einer Achslast auf den Straßenzustand mit einem Potenzgesetz beschrieben. Es hat sich der Exponent vier als wahrscheinlich genauester durchgesetzt

$$\vartheta = (\eta_I \eta_{II} \eta_{III} P_{stat})^4.$$

Darin bedeuten ϑ Einflußzahl für die Straßenbeanspruchung, P_{stat} statische Achslast, η_I Äquivalenzfaktor zur Unterscheidung einfachbereifter ($\eta_I = 1{,}0$) und zwillingsbereifter ($\eta_I = 0{,}9$) Räder, η_{II} Äquivalenzfaktor zur Erfassung unterschiedlicher Kontaktdrücke zwischen Reifen und Fahrbahn ($\eta_{II} = 1{,}0$ bei $p = 7$ bar), η_{III} Korrekturfaktor zur Berücksichtigung der schwingungstechnischen Auslegung des Fahrzeugs. Er wurde empirisch gefunden zu $\eta_{III} = \sqrt[4]{1 + 6(\tilde{P}_{dyn}/P_{stat})^2}$ mit $\tilde{P}_{dyn}$ als Standardabweichung der dynamischen Zusatzlast. Damit ist η_{III} nicht nur von der schwingungstechnischen Auslegung des Fahrzeugs, sondern auch von Fahrgeschwindigkeit und Unebenheitsgrad der Straße abhängig. Die Gesamtbeanspruchung der Straße durch mehrachsige Fahrzeuge bzw. durch die Gesamtzahl der Fahrzeuge ergibt sich durch Summierung der Einzelbeanspruchungen zu

$$\vartheta_{ges} = \sum_{i=1}^{n} \vartheta_i.$$

Erhöhungen der statischen Achslast können durch straßenschonende Maßnahmen kompensiert werden: Bevorzugung von Zwillingsbereifung (Reduzierung von η_I), Verwendung großvolumiger Reifen mit niedrigem Innendruck (Reduzierung von η_{II}), Verbesserung des Schwingungsverhaltens der Fahrzeuge durch weichere Reifen, verstärkte hydraulische Dämpfung, niedrige jedoch der Dämpfung angepaßte Aufbaufedersteifigkeiten und durch Herabsetzung von Reibungserscheinungen (Reduzierung von η_{III}) [39].

12 Spezielle Literatur
Special bibliography

zu Q1 Übersicht

[1] *Braess, H.H.; Frank, D.*: Mensch − Auto − Zukunft. ATZ 88 (1986) 181, 319 − [2] *Braess, H.H.*: Konzeption künftiger Personenkraftwagen. VDI-Fortschrittsber., Reihe 12, Nr. 25, Düsseldorf: VDI-Verlag 1975.

zu Q2 Fahrwiderstand und Motor

[1] *Hucho, W.-H.*: Aerodynamik des Automobils. Würzburg: Vogel 1981. − [2] *Schuring, D.J.*: The rolling loss of pneumatic tires. Rubber Chem. Technol. 53 (1980) No. 3.

zu Q3 Antriebsstrang

[1] *Preukschat, A.*: Fahrwerktechnik: Antriebsarten. Würzburg: Vogel 1985. − [2] *VDI*: Symposium „Allradantrieb beim Pkw". Tagungsbericht, Wien 1986. VDI-Fortschrittsber. Reihe 12, Nr. 81, Düsseldorf: VDI-Verlag 1986. − [3] *Förster, H.J.*: Die Kraftübertragung im Fahrzeug vom Motor bis zu den Rädern. Köln: Verlag TÜV Rheinland 1987. − [4] *Maretzke, J.; Richter, B.*: Traktion und Fahrdynamik bei allradgetriebenen Personenwagen. ATZ 88 (1986) 463. − [5] *Mitschke, M.*: Dynamik der Kraftfahrzeuge. Bd. A: Antrieb und Bremsung. Heidelberg: Springer 1982. − [6] *Kickbusch, E.*: Föttinger-Kupplungen und Föttinger-Getriebe. Berlin: Springer 1963. − [7] *Pippert, H.*: Antriebstechnik, Strömungsmaschinen für Fahrzeuge. Würzburg: Vogel 1974. − [8] *Förster, H.J.*: Wandlungsbereich und Stufung bei Fahrzeuggetrieben. Automobil-Ind. (1963) H. 3 u. 9. − [9] *Duckstein, H.; Leinfeller, H.; Sommer, H.D.*: Der VW-Transporter Synchro ATZ 87 (1985). − [10] *Zomotor, A.*: Fahrwerkstechnik: Fahrverhalten. Würzburg: Vogel 1987.

zu Q4 Bremsen

[1] *Burckhardt, M.*: Zur Theorie der Bremstechnik. Der Verkehrsunfall (1979) H. 5. − [2] *Lugner, P.*: Fahrdynamische Grenzen von Pkw-Antriebsvarianten bei μ-Split-Bedingungen. Automobil-Ind. (1988) H. 1. − [3] *Leiber, H.*; *Czinczel, A.*: Antiblockiersysteme für Personenwagen mit digitaler Elektronik, Aufbau und Funktion. ATZ 81 (1979) 569. − [4] *Leiber, H.; Czinczel, A.*: Potential und Probleme bei integrierten Antiblockiersystemen. ATZ 87 (1985) 461. − [5] *Maisch, W.; Jonner, W.D.; Sigl, A.*: Die Antriebsschlupfregelung ASR − eine konsequente Erweiterung des ABS. ATZ 90 (1988) 57. − [6] *Petersen, E.; Rothen, J.*: Antriebsschlupfregelung (ASR) in das Anti-Blockier-System (ABS) für Nutzfahrzeuge integriert − Konzepte, Funktionsprinzipien, Leistungsvermögen. Automobil-Ind. (1988) H. 4 u. 5. − [7] *Pittius, R.*: Untersuchung des instationären Bremsverhaltens von Nutzfahrzeugen mit integrierten Retardern. VDI-Ber. 744. Düsseldorf: VDI-Verlag 1989, S. 167. − [8] *WABCO*: Gesetzliche Vorschriften. WABCO-Westinghouse Fahrzeugbremsen. Hannover 1988.

zu Q5 Fahrwerk

[1] *Apetaur, M.*: Zur kinematischen Synthese der Einzelradaufhängungen. ATZ 77 (1975) 85. − [2] *Behles, F.*: Die Beherrschung des Brems- und Anfahrnickens. ATZ 66 (1964) 225. − [3] *Behles, F.*: Federung und Dämpfung unter den Gesichtspunkten der Fahrsicherheit und des Komforts. ATZ 74 (1972) 179. − [4] *Böhm, F.*: Zur Mechanik des Luftreifens. Habilitationsschrift Stuttgart 1966. − [5] *Braess, H.H.; Ruf, G.*: Idealer negativer Lenkrollhalbmesser. ATZ 77 (1975) 203. − [6] *Clark, S.K.*: Mechanics of pneumatic tires. Washington: National Bureau of Standards, Monograph 122, 1971. − [7] *Fiala, E.*: Seitenkräfte am rollenden Luftreifen. VDI-Z. 96 (1954) Nr. 29. − [8] *Fiala, E.*: Kraftkorrigierte Lenkgeometrie unter Berücksichtigung des Schräglaufwinkels. ATZ 61 (1959) 29. − [9] *Fritz, G.*: Seitenkräfte und Rückstellmomente von Personenwagenreifen bei periodischer Änderung der Spurweite, des Sturz- und des Schräglaufwinkels. Diss. Univ. Karlsruhe 1978. − [10] *Gengenbach, W.*: Das Verhalten von Kraftfahrzeugreifen auf trockener und insbesondere nasser Fahrbahn. Diss. Univ. Karlsruhe 1967. − [11] *Gerresheim, M.*: Experimenteller und theoretischer Beitrag zu Fragen des Reifenverhaltens. Diss. Univ. München 1975. − [12] *Hennecke, D.; Jordan, B.; Ochner, U.*: Elektronische Dämpfer Control −

eine vollautomatische Dämpferverstellung für den BMW 635 CSI. ATZ 89 (1987) 471. – [13] *Junker, H.; Bordfeld, G.:* Entwicklung einer schwingungstechnisch optimierten Doppelachse. Automobil-Ind. (1985) H. 6/(1986) H. 1. – [14] *Kallenbach, R.; Kunz, D.; Schramm, W.:* Optimierung des Fahrzeugverhaltens mit semiaktiven Fahrwerkregelungen. VDI-Ber. 699. Düsseldorf: VDI Verlag 1988, S. 121. – [15] *Karnopp, D.C.:* Active damping in road vehicle suspension systems. Vehicle System Dynamics (1983) H. 12. – [16] *Krempel, G.:* Experimenteller Beitrag zur Untersuchung an Kraftfahrzeugreifen. Diss. Univ. Karlsruhe 1965. – [17] *Kummer, H.W.; Meyer, W.E.:* Verbesserter Kraftschluß zwischen Reifen und Fahrbahn. ATZ 69 (1967) 245, 382. – [18] *Laermann, F.J.:* Seitenführungsverhalten von Kraftfahrzeugreifen bei schnellen Radlaständerungen. Diss. Univ. Braunschweig 1986 und VDI-Fortschrittsber. Reihe 12, Nr. 73, Düsseldorf: VDI-Verlag 1986. – [19] *Laermann, F.J.; Königsfeld, H.:* Verbesserung von Komfort und Fahrverhalten durch adaptive Änderung von Fahrwerksparametern. FISTA Congress 1986, Tagungsbericht No. 21. – [20] *Matschinsky, W.:* Die Schraublenker-Hinterachse-Weiterentwicklung der Schräglenker-Hinterachse. ATZ 84 (1982) 351. – [21] *Matschinsky, W.:* Die Radführungen der Straßenfahrzeuge. Köln: Verlag TÜV-Rheinland 1987. – [22] *Matschinsky, W.:* BMW-Integral-Hinterachse. Automobil Revue 84 (1989) H. 35. – [23] *Mitschke, M.:* Dynamik der Kraftfahrzeuge. Bd. B: Fahrzeugschwingungen. Berlin: Springer 1984. – [24] *von der Ohe, M.:* Konstruktionsprinzipien, technische Ausführung und elastokinematisches Verhalten der Daimler-Benz Raumlenkerachse. Verkehrsunfall Fahrzeugtech. (1985) H. 11. – [25] *Preßler, G.:* Regelungstechnik. Mannheim: B.I. Wissenschaftsverlag 1967. – [26] *Reimpell, J.:* Fahrwerktechnik: Grundlagen – 1986, Lenkung – 1984, Federung und Fahrmechanik – 1975, Radaufhängungen – 1986, Stoßdämpfer – 1983. Würzburg: Vogel. – [27] *Reimpell, J.; Sponagel, P.:* Fahrwerktechnik: Reifen und Räder. Würzburg: Vogel 1986. – [28] *Rieger, H.J.:* Experimentelle und theoretische Untersuchung zur Gummireibung in einem großen Geschwindigkeits- und Temperaturbereich unter Berücksichtigung der Reibungswärme. Diss. Univ. München 1968. – [29] *v. Schlippe, B.; Dietrich, R.:* Zur Mechanik des Luftreifens bei periodischer Felgenquerbewegung. Berlin Adlershof: Zentrale für wissenschaftliches Berichtswesen 1942. – [30] *Schönfeld, K.H.; Geiger, H.:* Elektronisch gesteuerte Luftfederung und Dämpferregelung. VDI-Ber. Düsseldorf: VDI-Verlag 1989, S. 359. – [31] *Seitz, N.:* Experimentelle und theoretische Untersuchung der in der Aufstandsfläche frei rollender Räder wirkenden Kräfte und Bewegungen. Diss. Univ. München 1969. – [32] *Strackerjan, B.; Meier-Dörnberg, K.-E.:* Prüfstandsversuche und Berechnungen zur Querdynamik von Luftreifen. Automobil-Ind. (1977) H. 4. – [33] *VDI:* Reifen, Fahrwerk, Fahrbahn. Tagungsber. 1987 und 1989. – VDI-Ber. 650 und 778. Düsseldorf: VDI-Verlag 1987 und 1989. – [34] *Voy, C.:* Die frequenzmodulierte Dämpfung von Fahrwerksschwingungen. VDI-Ber. 699. Düsseldorf: VDI-Verlag 1988, S. 93. – [35] *Weber, R.:* Der Kraftschluß von Fahrzeugreifen und Gummiproben auf vereister Oberfläche. Diss. Univ. Karlsruhe 1970. – [36] *Weber, R.; Persch, H.G.:* Seitenkraft-Frequenzgänge von Luftreifen – ein Beitrag zum Verhalten bei instationärem Schräglauf. ATZ 77 (1975) 40. – [37] *Weber, R.:* Reifenführungskräfte bei schnellen Änderungen von Schräglauf und Schlupf. Habilitationsschrift Karlsruhe 1981. – [38] *Weber, R.:* Beitrag zum Übertragungsverhalten zwischen Schlupf und Reifenführungskräften. Automobil-Ind. (1981) H. 4. –

[39] *Willumeit, H.P.:* Theoretische Untersuchung an einem Modell des Luftreifens unter Seiten- und Umfangskraft. Diss. Univ. Berlin 1969. – [40] *Willumeit, H.P.:* Seitenkraftverlust des schrägrollenden Reifens unter harmonisch veränderlichen Radlasten und konstantem Schräglaufwinkel. Automobil-Ind. (1970) H. 4.

zu Q6 Aufbau
[1] *Appel, H.:* Auslegung von Fahrzeugkonstruktionen im Hinblick auf Kollisionen zwischen kleinen und großen Fahrzeugen. Verkehrsunfall (1972) H. 11. – [2] *Bauer, C.O.:* Flexibles Automatisieren beim Blech-Kaltumformen. Automobil-Ind. (1986) H. 1. – [3] *BMFT:* Technologien für die Sicherheit im Straßenverkehr, eine Information des Bundesministers für Forschung und Technologie. Frankfurt: Umschau 1976. – [4] *Burg, H.; Rau, H.:* Handbuch der Verkehrsunfallrekonstruktion. Kippenheim: Verlag Information Ambs 1981. – [5] *Danner, M.; Halm, J.:* Technische Analyse von Verkehrsunfällen. München: Kraftfahrzeugtechnischer Verlag 1981. – [6] *Frank, W.:* Fragen der Beheizung und Belüftung von Kraftfahrzeugen. ATZ 73 (1971) 369. – [7] *Frank, W.:* Mehr Sicherheit durch die integrierte Klimaanlage. VDI-Ber. 744. Düsseldorf: VDI-Verlag 1989, S. 303. – [8] *Göhring, E.; Krämer, W.:* Auswirkung aerodynamischer Maßnahmen auf Kraftstoffverbrauch und Fahrleistung. ATZ 87 (1985) und 88 (1986). – [9] *Göhring, E.; Krämer, W.:* Verbesserung der aktiven und passiven Sicherheit bei Nutzfahrzeugen durch seitliche Fahrgestellverkleidungen. ATZ 89 (1987) 659. – [10] *Grösch, L.:* Die Beurteilung der Wirksamkeit von Airbag-Systemen mit Hilfe neuer Schutzkriterien. Automobil-Ind. (1987) H. 2. – [11] *Heyen, J.; Körprich, E.; Pohle, K.:* Fachkenntnisse Karosserie und Fahrzeugbauer; Technologie, Techn. Mathematik, techn. Zeichnen. Ein Lehr- und Arbeitsbuch. 13. Aufl. Hamburg: Verlag Handwerk und Technik 1985. – [12] *Hieronimus, K.:* Akustische Bewertung von Personenwagen-Karosserien. ATZ 91 (1989) 371. – [13] *Hillmann, J.; Rabethge, W.:* Rechnergestützte Entwicklung einer Vorderwagenstruktur zur Verbesserung der Sicherheit von Pkw-Insassen beim Frontalaufprall. ATZ 90 (1988) 641. – [14] *Hoffmann, J.:* Verkleben von Fahrzeugscheiben. Automobil-Ind. (1988) H. 5. – [15] *Hucho, W.H.:* Aerodynamik des Automobils. Würzburg: Vogel 1981. – [16] *Kallieris, D.; Mattern, R.; Härdle, W.:* Belastbarkeitsgrenzen und Verletzungsmechanik der angegurteten Pkw-Insassen bei Seitenaufprall. FAT-Schriftenreihe Nr. 36 (1984) und Nr. 60 (1986). Frankfurt: Forschungsvereinigung Automobiltechnik. – [17] *Kirchner, J.H.:* Mensch Maschine Umwelt, Ergonomie für Konstrukteure, Designer, Planer und Arbeitsplatzgestalter. Berlin: Beuth 1986. – [18] *Peter, W.:* Aktive und passive Sicherheit im Automobil. ATZ 90 (1988) 633, 653. – [19] *Porsche AG:* Forschungsprojekt Langzeitauto – Abschlußbericht TV 7508 für den Bundesminister für Forschung und Technologie. Weissach 1976. – [20] *Schaper, D.; Zech, G.:* Schutz der Insassen vor eindringender Ladung. ATZ 88 (1986) 641. – [21] *Schmidtke, H.:* Lehrbuch der Ergonomie. 2. Aufl. München: Hanser 1981. – [22] *Schweizer, M.:* Stand und Entwicklung der Produktionsautomatisierung im Automobilbau. ATZ 89 (1987) 349. – [23] *Seiffert, U.:* Probleme der Automobilsicherheit. Diss. Univ. Berlin 1974. – [24] *Slattenschek, A.:* Verhalten von Kraftfahrzeug-Windschutzscheiben bei Schlagversuchen mit dem Phantom-Kopf. ATZ 70 (1968) 233. – [25] *States, J.D.:* The abbreviated and comprehensive research injury scales. SAE Report 690810, 1970. – [26] *Strobel, W.K.:* Die moderne Automobilkarosserie Styling, Sicherheit, Berechnung, Konstruktion, Erprobung. Stutt-

gart: Franckh 1980. – [27] *VDI:* Tendenzen im Karosseriebau. Tagungsbericht 1987. VDI-Ber. 665. Düsseldorf: VDI-Verlag 1987. – [28] *Weißner, R.:* Bewertung und Erprobung von Gurtsystemen beim Frontalstoß. Diss. Univ. Berlin 1976. – [29] *Zeidler, F.:* Möglichkeiten und Grenzen der Ermittlung der Schutzwirkung von Rückhaltesystemen in Personenkraftwagen anhand von Untersuchungen realer Straßenunfälle. ATZ 89 (1987) 375.

zu Q7 Querdynamik und Fahrverhalten
[1] *Bartels, M.; Fischer, E.:* ADAMS – ein universelles Programm zur Berechnung der Dynamik großer Bewegungen. ATZ 86 (1984) 369. – [2] *BMFT:* Technologien für die Sicherheit im Straßenverkehr – eine Information des Bundesministers für Forschung und Technologie. Frankfurt: Umschau 1976. – [3] *Braess, H.H.:* Theoretische Untersuchung des Lenkverhaltens von Kraftfahrzeugen. Diss. Univ. München 1971. – [4] *DIN 70000.* – [5] *Donges, E.:* Experimentelle Untersuchung des menschlichen Lenkverhaltens bei simulierter Straßenfahrt. ATZ 77 (1975) 141, 185. – [6] *Donges, E.:* Ein Zwei-Ebenen-Modell des menschlichen Lenkverhaltens im Kraftfahrzeug. Ber. Nr. 27. Meckenheim: Forschungsinstitut für Anthropotechnik 1977. – [7] *Drosdol, J.; Käding, W.; Panik, F.:* The Daimler Benz driving simulator. Vehicle System Dynamics 14 (1985) H. 1–3. – [8] *Eschner, H.:* Simulation der Querdynamik kurzgekuppelter Lastzüge. Diss. Univ. Hannover 1988. – [9] *Fiala, E.:* Lenken von Kraftfahrzeugen als kybernetische Aufgabe. ATZ 68 (1966) 156. – [10] *v. Glasner, E.-Ch.:* Einbeziehung von Prüfstandergebnissen in die Simulation des Fahrverhaltens von Nutzfahrzeugen. Habilitationsschrift Stuttgart 1987. – [11] *Gnadler, R.:* Beitrag zum Problem Fahrer – Fahrzeug – Seitenwind. Habilitationsschrift Karlsruhe 1973. – [12] *Hamann, H.D.:* Versuche zum Grenzfahrverhalten von schweren Lastzügen. Diss. Univ. Hannover 1984. – [13] *ISO/DIN 7401:* Road vehicle transient response test procedure. – [14] *Kreuzer, E.:* Symbolische Berechnung der Bewegungsgleichungen von Mehrkörpersystemen. VDI-Fortschrittsber. Reihe 11, Nr. 32. Düsseldorf: VDI-Verlag 1979. – [15] *Mitschke, M.:* Fahrtrichtungshaltung – Analyse der Theorien. ATZ 70 (1968) 157. – [16] *Mitschke, M.:* Antizipatorische Steuerung im Regelkreis Fahrer – Fahrzeug. Automobil-Ind. (1988) H. 5. – [17] *Pflug, Ch.:* Rechnerische Untersuchung des Pendelschwingverhaltens dreigliedriger Lastzüge. Diss. Univ. Hannover 1983. – [18] *Rönitz, R.; Braes, H.H.; Zomotor, A.:* Verfahren und Kriterien zur Bewertung des Fahrverhaltens von Personenkraftwagen. Automobil-Ind. (1977) H. 1 u. 3. – [19] *Rönitz, R.:* Objektive Prüfverfahren zum Fahrverhalten von Kraftfahrzeugen und ihre internationale Normung. Automobil-Ind. (1986) H. 3. – [20] *Rompe, K.:* Entwicklungsstand der objektiven Testverfahren für das Fahrverhalten: Testverfahren für das Bremsen in der Kurve. Köln: Verlag TÜV-Rheinland 1978. – [21] *Rompe, K.; Heißing, B.:* Objektive Testverfahren für die Fahreigenschaften von Kraftfahrzeugen. Köln: Verlag TÜV-Rheinland 1984. – [22] *Schmidt, A.; Wolz, U.:* Simulation komplexer dynamischer Systeme mit dem Programmpaket MESA VERDE am Beispiel des Fahrzeugsystems. Automobil.-Ind. (1986) H. 3. – [23] *Sorgatz, U.; Buchheim, R.:* Untersuchung zum Seitenwindverhalten zukünftiger Fahrzeuge. ATZ 84 (1982) 11. – [24] *Strackerjan, B.:* Fahrversuche und Berechnungen zur Kurshaltung von Personenkraftwagen. Diss. Univ. Braunschweig 1973. – [25] *Tomaske, W.:* Einfluß der Bewegungsinformation auf das Lenkregelverhalten des Fahrers sowie Folgerungen für die Auslegung von Fahrsimulatoren. Diss. Univ. Hamburg 1983. – [26] *Uffelmann, F.:* Lastwechselreaktion des frontgetriebenen Pkw bei Kur-

venfahrt. VDI-Ber. 418. Düsseldorf: VDI-Verlag 1981, S. 259. – [27] *VDI:* Fahrdynamik und Federungskomfort, Tagungsbericht. VDI-Ber. 546. Düsseldorf: VDI-Verlag 1984. – [28] *VDI:* Aktive Sicherheit von Nutzfahrzeugen, Tagungsbericht. VDI-Ber. 744. Düsseldorf: VDI-Verlag 1989. – [29] *Waldmann, D.:* Beitrag zum Verhalten des Systems Fahrer – Fahrzeug unter besonderer Berücksichtigung von Lenkübersetzung und Lenkmoment. Diss. Univ. München 1974. – [30] *Weber, R.; Schmierer, W.:* Korrelationsbetrachtungen zu Fahrversuchen. ATZ 81 (1979) 453. – [31] *Weir, D.H.; Di Marco, R.J.:* Correlation and evaluation of driver/vehicle. Directional handling data. SAE-Paper 780010. – [32] *Zomotor, A.:* Fahrwerktechnik: Fahrverhalten. Würzburg: Vogel 1987. – [33] *Zomotor, A.; Braess, H.H.; Rönitz, R.:* Doppelter Fahrspurwechsel – eine Möglichkeit zur Beurteilung des Fahrverhaltens von Kraftfahrzeugen? ATZ 76 (1974) 258.

zu Q8 Schwingungen und Komfort
[1] *Fritz, W.:* Federhärte von Reifen und Frequenzgang der Reifenkräfte bei periodischer Vertikalbewegung der Felge. Diss. Univ. Karlsruhe 1977. – [2] *Gengenbach, W.; Weber, R.:* Messung der Einfederung von Diagonal- und Gürtelreifen. ATZ 71 (1969) 196. – [3] *Hahn, W.D.:* Die Federungs- und Dämpfungseigenschaften von Luftreifen bei vertikaler Wechsellast. Diss. Univ. Hannover 1972. – [4] *Klingenberg, A.:* Automobil-Meßtechnik. Bd. A: Akustik. Berlin: Springer 1988. – [5] *Kutter, H.; Gese, H.; Ecker, W.:* Schallintensitätsmessungen im Innenraum von Kraftfahrzeugen. ATZ 86 (1984) 25. – [6] *Mitschke, M.:* Dynamik der Kraftfahrzeuge. Bd. B: Fahrzeugschwingungen. Berlin: Springer 1984. – [7] *Spira, J.C.:* Mehr Komfort für höhere Sicherheit: Elektronische Achs- und Fahrerhausdämpfung kommt auch bei Lastwagen. Automobil Revue (1989) H. 27. – [8] *VDI-Richtlinie 2057:* Beurteilung der Einwirkung mechanischer Schwingungen auf den Menschen. – [9] *Voy, Ch.:* Die Simulation vertikaler Fahrzeugschwingungen. Diss. Univ. Berlin 1976 und VDI-Fortschrittsber. Reihe 12, Nr. 30. Düsseldorf: VDI-Verlag 1977.

zu Q9 Krafträder
[1] *Bayer, B.; Breuer, B.:* Untersuchungen zur Schutzwirkung von Motorradfahrerkleidung. Verkehrsunfall und Fahrzeugtechnik (1982) H. 3. – [2] *Bayer, B.:* Das Pendeln und Flattern von Krafträdern. Diss. Univ. Darmstadt: 1986 und Forschungsh. Inst. f. Zweiradsicherheit Nr. 4. Bremerhaven: Verlag Neue Wissenschaft 1986. – [3] *Breuer, B.:* Motorräder. Vorlesungsskriptum TH Darmstadt 1985. – [4] *Breuer, B.:* Betrachtungen zur Sicherheit von Krafträdern. ATZ 87 (1985) 11. – [5] *Chenchanna, P.; Hieronimus, K.:* Die Rahmenelastizitäten eines Zweirades und ihre Bedeutung in Bezug auf die Fahrstabilität. Automobil-Ind. (1980) H. 1. – [6] *Döhring, E.:* Die Stabilität und Lenkkräfte von Einspurfahrzeugen. Diss. Univ. Braunschweig 1954. – [7] *Hackenberg, U.; Helling, J.:* Ein Vergleich der Geradeaus-Fahrstabilität schneller Krafträder. ATZ 85 (1983) 583. – [8] *Koch, H.:* Experimentelle und analytische Untersuchungen des Motorrad-Fahrer-Systems. Diss. Univ. Berlin 1980 und VDI-Fortschrittsber. Reihe 12, Nr. 40. Düsseldorf: VDI-Verlag 1980. – [9] *Koch, H.:* Der Motorradunfall, Tagungsbericht. Forschungsh. Inst. f. Zweiradsicherheit Nr. 3. Bremerhaven: Verlag Neue Wissenschaft 1986. – [10] *Oelschläger, H.; Böttcher, P.:* Steifigkeitsvergleich unterschiedlicher Motorradrahmenkonzepte. ATZ 90 (1988) 501. – [11] *Pachernegg, S.; Michel, R.P.:* Fahrstabilität von Motorrädern. Automobil-Ind. (1982) H. 4. – [12] *Si-*

cherheit bei motorisierten Zweirädern. Tagungsbericht. Köln: Verlag TÜV-Rheinland 1981. – [13] *VDI:* Aktive und passive Sicherheit von Krafträdern. Tagungsbericht Berlin 1987. VDI-Ber. 657. Düsseldorf: VDI-Verlag 1987. – [14] *Weidele, A.; Bayer, B.:* Über die Bedeutung des Fahrzeugzustandes bei Motorradunfällen. Verkehrsunfall und Fahrzeugtechnik (1986) H. 7 u. 8. – [15] *Weidele, A.; Breuer, B.:* Kraftradbremsen – Kombibremsen und ABV. Deutsche Kraftfahrtforschung und Straßenverkehrstechnik, H. 301. Düsseldorf: VDI-Verlag 1987.

zu Q11 Automobil und Umwelt

[1] *Adolph, M.:* Rückgewinnung von Rohstoffen aus dem Altauto. Tagungsbericht Recycling. Berlin: Freitag Verlag für Umwelttechnik 1979, S. 1441. – [2] Global 2000, 42. Aufl. Frankfurt: Zweitausendeins 1981. – [3] *Beitz, W.; Hove, U.; Pourshirazi, M.:* Altteileverwendung im Automobilbau. FAT Schriftenreihe Nr. 24. Frankfurt: Forschungsvereinigung Automobiltechnik 1982. – [4] *Biendarra, C.:* Untersuchung über das Emissionsverhalten der Leichtmüllfraktion aus Autoshredderanlagen beim Verbrennen. FAT Schriftenreihe Nr. 72. Frankfurt: Forschungsvereinigung Automobiltechnik 1988. – [5] *Bschorr, O.:* Reduktion von Reifenlärm. Automobil-Ind. (1986) H. 6. – [6] *DIN (ISO) 362:* Messung des von beschleunigten Straßenfahrzeugen abgestrahlten Geräusches. – [7] *Ernst, G.; Moussiopoulos, N.; Zellner, K.:* Einfluß von Stickstoffoxyd- und Kohlenwasserstoffemissionen auf die Bildung von Photooxydantien. Automobil-Ind. (1986) H. 4. – [8] *Geib, W.:* Geräuschminderung bei Kraftfahrzeugen. Tagungsbericht Essen 1988. Fortschritte der Fahrzeugtechnik, Nr. 2. Braunschweig: Vieweg 1988. – [9] *Gretsch, R.; Schmitt-Thomas, K.G.:* Aluminiumverwendung im Automobilbau und Recycling. FAT Schriftenreihe Nr. 20. Frankfurt: Forschungsvereinigung Automobiltechnik 1982. – [10] *Huschek, S.:* Einfluß der Rauheit der Fahrbahnoberfläche auf Griffigkeit und Lärmentwicklung. Automobil-Ind. (1986) H. 5. – [11] *Kaminsky, W.:* Pyrolyse von Kunststoffabfällen in der Wirbelschicht. Tagungsbericht Recycling International, Berlin 1984. Berlin: EF-Verlag für Energie- und Umwelttechnik 1984, S. 664. – [12] *Klingenberg, H.:* Wirkungsforschung – Aufgabe der Automobilindustrie? Automobil-Ind. (1987) H. 2. – [13] *Klingenberg, H.:* Automobil-Meßtechnik. Bd. A: Akustik. Berlin: Springer 1988. – [14] *Liedl, W.; Köhler, E.; Eberspächer, R.:* Untersuchung der Entstehungsmechanismen von Reifenabrollgeräuschen bei Trockenheit und Nässe. ATZ 84 (1982) 543, 645. – [15] *May, H.:* Technische Möglichkeiten zur Reduzierung der Schadstoffemissionen von Kraftfahrzeugen. ATZ 86 (1984) 5, 75. – [16] *Meyer, F.H.:* Das Waldsterben aus ökologischer Sicht. Automobil-Ind. (1986) H. 4. – [17] *Meyer, H.;*

Beitz, W.: Konstruktionshilfen zur recyclingorientierten Produktgestaltung. VDI-Z. 124 (1982) 255. – [18] *Müller, H.; Haberstroh, E.:* Verwendung von Kunststoff im Automobil und Wiederverwertungsmöglichkeiten. FAT Schriftenreihe Nr. 52. Frankfurt: Forschungsvereinigung Automobiltechnik 1986. – [19] *Plassmann, E.; Jost, P.; Waldeyer, H.:* Einfluß des Fahrverhaltens auf die Abgasemissionen von Personenkraftwagen auf Autobahnen. ATZ 88 (1986) 399. – [20] *Reese, Th.; Denker, D.; Müller, G.; Zoglowek, D.:* Konstruktionsmerkmale geräuscharmer Reifenprofile. ATZ 86 (1984) 261. – [21] *Schindlbauer, H.; Lenz, H.P.; Krill, A.:* Verminderung der Stickoxydemissionen durch chemische Nachbehandlung der Abgase. ATZ 90 (1988) 212. – [22] *Seeger, W.:* Schalldämpfer für Verbrennungsmotoren. ATZ 84 (1982) 401. – [23] Was Sie schon immer über Auto und Umwelt wissen wollten. Berlin: Umweltbundesamt 1980. – [24] *VDA:* Auto 88/89. Jahresbericht des Verbandes der Automobilindustrie. Frankfurt 1989, sowie frühere Jahresberichte. – [25] *VDI-Richtlinie 2243:* Recyclingorientierte Gestaltung technischer Produkte. – [26] *VDI:* Reifen, Fahrwerk, Fahrbahn. Tagungsbericht 1989. VDI-Ber. 778. Düsseldorf: VDI-Verlag 1989. – [27] *VKE:* Forschungsprogramm. Wiederverwertung von Kunststoffabfällen. Frankfurt: Verband Kunststofferzeugende Industrie 1981. – [28] *Walzer, P.:* Der Magerbetrieb beim Ottomotor. ATZ 88 (1986) 301. – [29] *Warnecke, H.J.; Steinhilper, R.:* Instandsetzung, Aufarbeitung, Aufbereitung: Recyclingverfahren und Produktgestaltung. VDI-Z. 124 (1982) 751. – [30] *Weber, J.; Kessler, J.:* Zur verbesserten Nutzung des Recyclingpotentials in Altautos. Tagungsbericht Recycling International. Berlin: Freitag Verlag für Umwelttechnik 1982, S. 819. – [31] *Weber, R.:* Recycling und Automobilbau. Automobil-Ind. (1975) H. 4. – [32] *Weber, R.:* Automobil und Umwelt. Vorlesungsskriptum Univ. Hannover 1989. – [33] *Weege, R.D.; Jorden, W.:* Recycling beginnt in der Konstruktion. Konstruktion 31 (1979) H. 10. – [34] *Willeke, R.:* Soziale Kosten und Nutzen der Siedlungsballung und des Ballungsverkehrs. Schriftenreihe des Verbandes der Automobilindustrie, Nr. 41, Frankfurt 1984. – [35] *Willeke, R.; Heinemann, R.W.:* Die Stadt und das Auto. Schriftenreihe des Verbandes der Automobilindustrie Nr. 56, Frankfurt 1989. – [36] *Winneke, H., et al.:* Waldschäden durch Automobilabgase? Automobil-Ind. (1988) H. 1. – [37] *Wutz, M.:* Recycling-Technologien und Materialkreislauf im Kraftfahrzeugsektor. Tagungsbericht Recycling. Berlin: Freitag-Verlag für Umwelttechnik 1979, S. 1424. – [38] *Wutz, M.:* Rohstoffsituation und Recyclinganstrengungen im Kraftfahrzeugbau. Automobil-Ind. (1980) H. 3. – [39] Bemerkungen zur Erhöhung der zulässigen Gesamtgewichte von Nutzfahrzeugen aus der Sicht der Straßenbeanspruchung. Forschungsarbeiten aus dem Straßenwesen, H.99. Bonn: Kirschbaum 1983.

R Strömungsmaschinen
Fluid flow machines (Turbomachinery)

L. Busse, Mannheim; **G. Dibelius,** Aachen; **N. Gašparović,** Berlin; **H. Klepper,** Mannheim; **K. Lüdtke,** Berlin; **H. Siekmann,** Berlin

Allgemeine Literatur
zu R1 bis R8
Bücher: *Adolph, M.:* Strömungsmaschinen, 2. Aufl. Berlin: Springer 1965. – *Betz, A.:* Einführung in die Theorie der Strömungsmaschinen. Karlsruhe: Braun 1959. – *Bohl, W.:* Strömungsmaschinen (Aufbau und Wirkungsweise). Würzburg: Vogel 1977, 1980. – *Bölcs, A.; Suter, P.:* Transsonische Turbomaschinen. Karlsruhe: Braun 1986. – *Dietzel, F.:* Gasturbinen. Würzburg: Vogel 1974. – *Dietzel, F.:* Dampfturbinen, 3. Aufl. München: Hanser 1980. – *Eck, B.:* Ventilatoren, 5. Aufl. Berlin: Springer 1977. – *Eckert, B.; Schnell, E.:* Axial- und Radialkompressoren, 2. Aufl. Berlin: Springer 1961. – *Gašparović, N.:* Gasturbinen, Probleme und Anwendungen. Düsseldorf: VDI-Verlag 1967. – *Horlock, J.H.:* Axialkompressoren. Karlsruhe: Braun 1967. – *Loschge, A.:* Konstruktionen aus dem Dampfturbinenbau, 2. Aufl. Berlin: Springer 1967. – *Menny, K.:* Strömungsmaschinen. Stuttgart: Teubner 1985. – *Müller, K.J.:* Thermische Strömungsmaschinen (Auslegung und Berechnung). Wien: Springer 1978. – *Petermann, H.:* Konstruktion und Bauelemente von Strömungsmaschinen. Berlin: Springer 1960. – *Pfleiderer, C.:* Die Kreiselpumpen für Flüssigkeiten und Gase, 5. Aufl. Berlin: Springer 1961. – *Pfleiderer, C.; Petermann, H.:* Strömungsmaschinen, 3. Aufl. Berlin: Springer 1964. – *Quantz, L.; Meerwarth, K.:* Eine Einführung in Wesen, Bau und Berechnung von Wasserkraftmaschinen und Wasserkraftanlagen, 11. Aufl. Berlin: Springer 1963. – *Roemer, H.W.:* Dampfturbinen. Essen: Girardet 1972. – *Schulz, H.:* Die Pumpen, 13. Aufl. Berlin: Springer 1977. – *Traupel, W.:* Thermische Turbomaschinen, Bd. I u. II, 3. Aufl. Berlin: Springer 1977, 1981. – *Wolf, M.:* Strömungskupplungen und Strömungswandler. Berlin: Springer 1962.

1 Gemeinsame Grundlagen
Common fundamentals

G. Dibelius, Aachen

1.1 Strömungstechnik. Fluid dynamics

1.1.1 Aufgabe und Einleitung. Function and classification

Kraft- und Arbeitsmaschinen. In Strömungsmaschinen wird von einem mit Schaufeln bestückten Läufer oder Rotor an ein kontinuierlich strömendes Fluid entweder Arbeit übertragen und ihm dadurch Energie zugeführt: an der Welle der angetriebenen Arbeitsmaschine ist mechanische Leistung aufzuwenden; oder es wird dem Fluid Energie entzogen und in mechanische Arbeit umgewandelt: die treibende Kraftmaschine gibt Leistung an der Welle ab.

Fluid. Es umfaßt alle Flüssigkeiten, Dämpfe und Gase, die den strömungsmechanischen Gesetzen nicht fester Kontinua folgen. Hiernach gibt es bei den Arbeitsmaschinen: Pumpen für Flüssigkeiten, Ventilatoren für Gase und Dämpfe bei kleinen Druckänderungen und Verdichter für Gase bei großen Druckänderungen, bei den Kraftmaschinen: hydraulische Turbinen für Flüssigkeiten und thermische Turbinen für Dämpfe und Gase.

Durchströmrichtung. Der Rotor kann in verschiedenen Richtungen durchströmt werden, wobei die Durchfluß- oder die in der Meridian-Ebene durch die Maschinenachse gelegene Geschwindigkeitskomponente für die Bezeichnung maßgebend ist (**Bild 1**): parallel zur Rotorachse Axialmaschine (**Bild 1a**), senkrecht zur Rotorachse Radialmaschine (**Bild 1b**), und zwar nach außen gerichtet zentifugale Radialmaschine und nach innen gerichtet zentripetale Radialmaschine, schließlich unter einem beliebigen Zwischenwinkel zur Rotorachse Diagonalmaschine (**Bild 1c**).

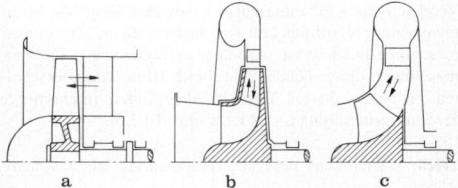

Bild 1. Durchströmrichtung. **a** axial; **b** radial; **c** diagonal

1.1.2 Wirkungsweise. Principle of operation

Arbeit. Um Arbeit zwischen einem Fluid und einem mechanischen System übertragen zu können, muß das System, an dem Kräfte angreifen, beweglich sein. In Strömungs- oder Turbomaschinen wirken Strömungskräfte zwischen dem strömenden Fluid und den Schaufeln. Diese drehen sich mit dem Rotor, an dem sie befestigt sind.

Schaufelkraft (Bild 2). Sie entsteht beim Umströmen der Schaufeln, weil die Geschwindigkeiten nahe der Hohl- oder Bauchseite der Schaufeln kleiner sind als nahe der Rückenseite. Hatte das Fluid in der Zuströmung den gleichen Druck, so ist er auf der Bauchseite höher als auf der Rückenseite. Die als Druck auf die Schaufeloberfläche wirkenden Normalkräfte haben eine Resultierende, die den wesentlichen Teil der Schaufelkraft ergibt. Durch die Viskosität des Arbeitsfluids werden auch zur Oberfläche tangentiale Kräfte in Strömungsrichtung auf die Schaufel übertragen, wobei die Strömung abgebremst wird und Verluste erleidet. Als Reaktion auf das Integral aller an den Schaufeln angreifenden Kräfte wird die Strömung umgelenkt.

Vergleich von Strömungs- und Kolbenmaschinen. Tab. 1 zeigt die wesentlichen Unterschiede in der Kraftwirkung, in der Bewegung der sie übertragenden Maschinenteile und in der Strömung des Arbeitsfluids. Wegen des stetigen Strömungsvorgangs eignet sich die Strömungs- im

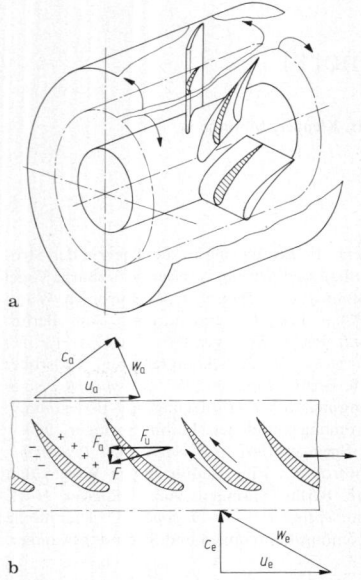

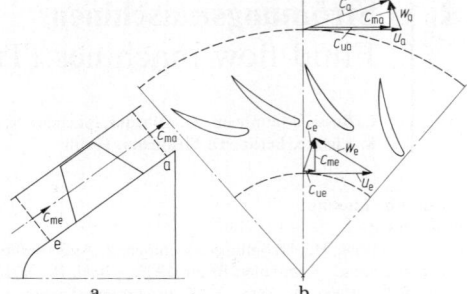

Bild 3. Euler-Gleichung. **a** Meridianschnitt; **b** Abwicklung

Bild 2. Schaufelkraft und Bewegung. **a** Abwicklung eines Schnitts; **b** Kraft und Bewegung im Schnitt

Vergleich zur Kolbenmaschine besonders für große Volumenströme; allerdings läßt sich in einstufigen Strömungsmaschinen nicht so viel Arbeit übertragen wie in Kolbenmaschinen; dieser Nachteil ist durch Hintereinanderschalten mehrerer aktiver Teile zu überwinden (mehrstufige Strömungsmaschinen, s. R 1.1.5 und R 1.1.6).

Tabelle 1. Kräfte und Bewegung bei Strömungs- und Kolbenmaschinen

Strömungsmaschine	Kolbenmaschine
kontinuierliche Strömung durch die Maschine	periodisches Zu- und Abströmen zu und aus dem Arbeitsraum
Kraftwirkung durch Strömungskräfte	Kraftwirkung durch den Druck des im Arbeitsraum eingeschlossenen Gases
Bewegung drehend	Bewegung meist hin- und hergehend (erst durch Kurbelgetriebe in Drehbewegung verwandelt), aber auch unmittelbar drehend (Drehkolbenmaschinen)

1.1.3 Strömungsgesetze. Laws of fluid dynamics

Kontinuität des Massenstroms. Der Raum, in dem die Beschaufelung arbeitet, sei durch die beiden materiellen Stromführungen und nur zwei Strömungsquerschnitte auf der Ein- und Austritts-Seite eingegrenzt, gestrichelt in **Bild 3**. Sie stehen senkrecht auf der Meridiankomponente der Geschwindigkeit, d.h. senkrecht zur Ebene durch die Achse.

Die Strömung sei stationär, also unabhängig von der Zeit. Ein- und Austrittsquerschnitt müssen dann so weit von den Schaufeln entfernt liegen, daß die instationären Geschwindigkeitsanteile abgeklungen sind, sonst müssen zeitliche Mittelwerte eingesetzt werden.

Die sich in diesem Raum zu jedem Zeitpunkt befindende Masse kann sich nicht ändern, wenn die Strömung al-

so Geschwindigkeiten und Zustandsgrößen stationär sind. Deshalb müssen der ein- und der austretende Massenstrom $\dot{m}_a$ und $\dot{m}_e$ gleich sein:

$$\dot{m}_a = \dot{m}_e = \int_{A_a} \rho_a c_{ma} \, dA_a = \int_{A_e} \rho_e c_{me} \, dA_e. \tag{1}$$

Darin bedeuten $\dot{m}$ Massenstrom, ρ Dichte an der betrachteten Stelle des Querschnitts, c_m in einer Meridianebene gelegene Komponente der absoluten Geschwindigkeit an der betrachteten Stelle des Querschnitts, A Querschnitt, e Index für Eintritt, a Index für Austritt.

Wenn die Strömungsquerschnitte am Ein- und Austritt des betrachteten Raumes klein sind und die örtlichen Änderungen der Geschwindigkeit und der Dichte innerhalb der Querschnitte vernachlässigt oder diese Größen als örtliche Mittelwerte eingesetzt werden können, lassen sich die Integrale in Gl. (1) durch einfache Produkte ersetzen (eindimensionale Stromfadentheorie):

$$\rho_a c_{ma} A_a = \rho_e c_{me} A_e. \tag{2}$$

Drallsatz. Im betrachteten Raum üben die Schaufeln am Hebelarm zur Drehachse ein Drehmoment auf die Strömung aus, **Bild 3**. Außerdem werden zusätzlich durch Reibungskräfte auf die rotationssymmetrischen Begrenzungswände sowohl auf der Innen- wie auch auf der Außenseite Drehmomente übertragen. Nach dem Drallsatz, s. B 3.3.3, muß die Summe aller im betrachteten Raum mit der Strömung in Wechselwirkung stehenden Momente gleich der Änderung des Dralls sein. Bei ungleicher Geschwindigkeitsverteilung ist der Drall jeweils am Eintritt e und am Austritt a aus den Elementardrallen $r c_u \, d\dot{m} = r c_u \rho c_m \, dA$ aufzuintegrieren.

$$M_S + M_i + M_a = \int_{A_a} r_a c_{ua} \rho_a c_{ma} \, dA_a$$
$$- \int_{A_e} r_e c_{ue} \rho_e c_{me} \, dA_e. \tag{3}$$

Darin bedeuten M_S Drehmoment der Schaufelkräfte, M_i Reibungsmoment an der inneren Begrenzungswand, M_a Reibungsmoment an der äußeren Begrenzungswand, r Radius an der betrachteten Stelle von Ein- und Austritt, c_u Umfangskomponente der absoluten Geschwindigkeit an dieser Stelle. Gleichung (3) gilt unabhängig davon, ob sich im betrachteten Strömungsraum etwas bewegt, und gilt auch für den Grenzfall eines unbeschaufelten ($M_S = 0$) rotationssymmetrischen Hohlraumes, in dem sich der Drall nur durch die Reibung an den Wänden ändern kann.

Gleichung von Euler. Ist im betrachteten Raum der Rotor eingeschlossen, so überträgt er die Schaufelmomente und auch das Reibungsmoment an der inneren mitdrehenden

Nabenfläche; bei Rotoren mit einer äußeren Abdeckung der Schaufeln sind auch die hieran wirkenden Momente einzubeziehen. Wird der Rotor gegen dieses Moment mit der Winkelgeschwindigkeit ω angetrieben, so ergibt sich für die aufzubringende Leistung

$$P = M_R \omega = \int_{A_a} u_a c_{ua} \rho_a c_{ma}\, dA_a$$
$$- \int_{A_e} u_e c_{ue} \rho_e c_{me}\, dA_e - M_a \omega. \tag{4}$$

Darin sind $M_R = M_S + M_i$ Drehmoment am Rotor, $u = \omega r$ Umfangsgeschwindigkeit des rotierenden Systems an der betrachteten Stelle des Querschnitts. Unter den bei Gl. (2) angegebenen Voraussetzungen für eine eindimensionale Stromfadentheorie ergeben sich aus jedem der beiden Integrale in Gl. (4) Produkte $u c_u \dot m$. Dann läßt sich die Kontinuitätsgleichung (2) einsetzen. Bei Außenwänden mit kleiner Oberfläche, z.B. in Axialstufen, kann man außerdem das Reibungsmoment an der Außenwand M_a vernachlässigen. Damit folgt aus Gl. (4), wenn a die dem Fluid zugeführte spezifische Arbeit ist (s. **Bild 3**):

$$P/\dot m \equiv a = u_a c_{ua} - u_e c_{ue}. \tag{5}$$

1.1.4 Absolute und relative Strömung
Absolute and relative flow

Für die Strömungsführung im Rotor ist die Geschwindigkeit w relativ zum Rotor maßgebend. Sie setzt sich vektoriell mit der Umfangsgeschwindigkeit u zur Absolutgeschwindigkeit c zusammen.

$$\boldsymbol{c} = \boldsymbol{u} + \boldsymbol{w} \tag{6}$$

In einem Axial (a)- Umfangs (u)- Radial (r)-Koordinatensystem unterscheiden sich nur die Umfangskomponenten

$$c_u = u + w_u. \tag{7}$$

Insbesondere ist auch die in der Meridianebene (enthält die Achse) liegende Komponente, die sich aus Axial- und Radialkomponenten zusammensetzt, für Absolut- und Relativgeschwindigkeit gleich: $c_m = w_m$. Praktisch wichtig ist der Übergang vom Absolut- in das Relativsystem am Eintritt und der umgekehrte Übergang am Austritt der Rotorbeschaufelung. Dort ergeben sich aus den drei Geschwindigkeitsvektoren sog. *Geschwindigkeitsdreiecke*, **Bild 4**. Sie gelten bei großer radialer Erstreckung nur für einen Radius, im Rahmen einer Stromfadentheorie für die ganze Stromröhre. Die Geschwindigkeitsdreiecke am Ein- und Austritt lassen sich so übereinanderzeichnen, daß sie sich an einer Ecke überdecken. Dazu wird üblicherweise die Spitze der Geschwindigkeitsvektoren genommen, **Bild 4**. Die Winkel zwischen Absolut- und Umfangsgeschwindigkeit werden mit α, die zwischen Relativ- und Umfangsgeschwindigkeit mit β bezeichnet. Den Index ∞ s. R 1.4.2.
Gl. (5) läßt sich durch Einführen der Relativgeschwindigkeiten (Gl. (7)) auch in die Form bringen

$$P/\dot m = (c_a^2 - c_e^2)/2 + (u_a^2 - u_e^2)/2 - (w_a^2 - w_e^2)/2. \tag{8}$$

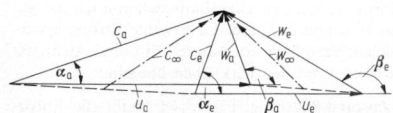

Bild 4. Geschwindigkeitsdreiecke für Rotorschaufelreihe einer Arbeitsmaschine

1.1.5 Schaufelanordnung für Pumpen und Verdichter
Blade arrangement in pumps and compressors

Arbeit kann am Fluid nur geleistet werden (positives Vorzeichen), wenn dabei der Drall der Strömung vergrößert wird. Üblicherweise wird der Rotor drallfrei oder nur mit einem kleinen Drall behaftet angeströmt; am Rotoraustritt ergibt sich dann ein großer Drall. Um die darin enthaltene kinetische Energie zu nutzen, wird der Drall in einer im Gehäuse befestigten Leiteinrichtung, einem Schaufelgitter oder einer Spirale gemindert und dabei die kinetische in statische Energie überführt. Die Reihenfolge beim Durchströmen ist also erst das Laufgitter und danach die Leiteinrichtung, **Bild 5a**.
Das Laufgitter und die zugehörige Leiteinrichtung lassen sich durch die Kontrollflächen 1, 2 und 3 einschließen. Die Größen des Laufgitters erhalten zwei, die der Leiteinrichtung einen hochgestellten Strich. Ungestrichene Größen gelten für die Stufe, also Laufgitter und Leiteinrichtung in ihrer Gesamtheit. Gleichung (5) lautet dann

$$a' = 0, \quad a = a'' = c_{u2} u_2 - c_{u1} u_1. \tag{9}$$

Ist die zuzuführende spezifische Arbeit größer als sie hiernach umgesetzt werden kann, dann müssen mehrere Stufen hintereinander geschaltet werden.

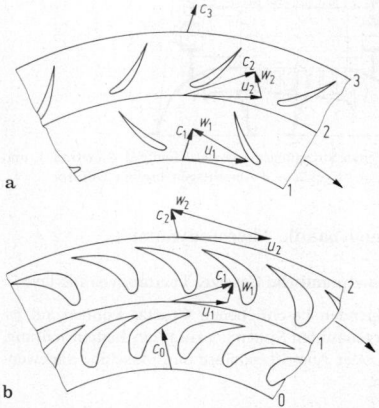

Bild 5. Leit- und Laufgitter. **a** Verdichter; **b** Turbine

1.1.6 Schaufelanordnung für Turbinen
Blade arrangement in turbines

Arbeit kann dem Fluid nur entzogen werden (negatives Vorzeichen), wenn dabei der Drall der Strömung verkleinert wird. Er läßt sich mit einer stationären Leiteinrichtung, einem Leitgitter oder einer Spirale aus der am Eintritt vorhandenen statischen Energie erzeugen. Die Leiteinrichtung ist also vor dem Laufgitter anzuordnen, **Bild 5b**.
Um auch bei Turbinen (**Bild 5b**) vor und nach dem Laufgitter die Kontrollflächen 1 und 2 beizubehalten, erhält die Kontrollfläche vor dem Leitgitter den Index 0. Die durch Striche gekennzeichneten Größen werden wie bei Arbeitsmaschinen verwendet (s. R 1.1.5). Danach gilt die Gl. (9) auch für Turbinenstufen. Obwohl in den Leit- und Laufgittern von Turbinen größere Umlenkungen möglich sind als in denen von Verdichtern, verlangen viele Anwendungen mehr Arbeit, als sie in einer Stufe gewonnen werden kann; dann müssen auch in Turbinen mehrere Stufen hintereinandergesetzt werden.

1.1.7 Schaufelgitter, Stufe, Maschine, Anlage
Blade row, stage, machine and plant

Die Energie wird hauptsächlich in den Schaufelgittern gewandelt. Jede Strömungsmaschine hat mindestens ein beschaufeltes Laufgitter; die Leiteinrichtung kann aus einem zweiten stationären Schaufelgitter oder einer anderen Umlenkeinrichtung bestehen. Beide aktiven Teile zusammen heißen Stufe.

Eine Stufe oder mehrere hintereinandergeschaltete Stufen bilden die Beschaufelung. Dieser wird das Fluid durch das Eintrittsgehäuse zugeführt, wobei die Strömung vom Gehäuseflansch bis in die Beschaufelung meistens beschleunigt wird, um den Energieumsatz dort anzuheben. Im Austrittsgehäuse wird so viel wie möglich von der am Austritt aus der Beschaufelung noch vorhandenen kinetischen Energie bis zum Maschinenflansch durch Diffusoren und Strömungsführungen in statische Energieformen umgewandelt. Alle vom Eintritts- bis zum Austrittsflansch im Maschinengehäuse enthaltenen Komponenten gehören zur Maschine, **Bild 6**. Außerhalb der Flansche angebrachte Teile gehören zur Anlage.

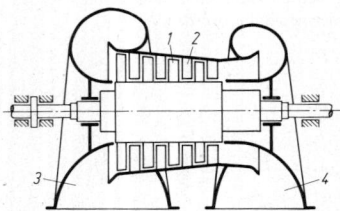

Bild 6. Teile einer Strömungsmaschine. *1* Laufrad, *2* Leitrad, 1. und 2. Stufe, *3* Eintrittsgehäuse, *4* Austrittsgehäuse mit Diffusor

1.2 Thermodynamik. Thermodynamics

1.2.1 Thermodynamische Gesetze. Thermodynamic laws

Die im folgenden beschriebenen Gesetze können auf jedes der vorgenannten Systeme Laufgitter, Leiteinrichtung, Stufe, Ein- oder Austrittsgehäuse und Maschine angewendet werden.

Energie-Erhaltungssatz. Alle dem kontinuierlich durchströmten System von außen zugeführte mechanische Leistung P und alle von außen zugeführte Wärme $\dot{Q}$ (beide positives Vorzeichen) müssen zu einer Erhöhung der Energie des Fluides führen, die sich durch die Totalenthalpie h_t ausdrücken läßt.

$$P + \dot{Q} = \int_{A_a} h_{ta}\rho_a c_{ma}\,dA_a - \int_{A_e} h_{te}\rho_e c_{me}\,dA_e. \qquad (10)$$

Leistungsabgabe und Wärmeabgabe (beide negatives Vorzeichen) bewirken eine Verminderung der Energie des Fluids.

Hier werden alle Größen, besonders die spezifischen Totalenthalpien h_t als stationär angesehen; sonst sind zeitliche Mittelwerte einzusetzen.

Die spezifische Totalenthalpie erfaßt die ganze an das Fluid gebundene Energie.

$$h_t \equiv h + c^2/2 + gz. \qquad (11)$$

Es bedeuten h spezifische Enthalpie, z Höhenkoordinate und g Erdbeschleunigung. In der Enthalpie sind zusätzlich zur inneren Energie die Verschiebungsarbeiten am Ein- und Austritt eingeschlossen.

Unter den bei Gl. (2) angeführten Voraussetzungen für die eindimensionale Stromfadentheorie folgt aus Gl. (10)

zusammen mit den Gln. (2) und (11) und den Definitionen der spezifischen Arbeit $a \equiv P/\dot{m}$ und der spezifischen Wärmezufuhr $q \equiv \dot{Q}/\dot{m}$

$$a + q = h_a - h_e + (c_a^2 - c_e^2)/2 + g/z_a - z_e). \qquad (12)$$

Abgesehen von Fällen intensiver Kühlung von Schaufeln und Gehäusen (Gasturbinen) kann die Wärmeübertragung für die meisten Strömungsmaschinen im Verhältnis zur Arbeit vernachlässigt werden. In allen ortsfesten Maschinenteilen wie Leiteinrichtungen, Ein- und Austrittsgehäusen, Rohrleitungen und Wärmeübertragern wird keine Arbeit zu- oder abgeführt.

Hauptgleichung von Gibbs. Die kalorischen Größen Enthalpie h und Entropie s sind mit den thermischen Größen Temperatur T, Druck p und spezifisches Volumen $v = 1/\rho$ verknüpft durch

$$h_a - h_e = \int_e^a v\,dp + \int_e^a T\,ds. \qquad (13)$$

In Gl. (13) hängen die Enthalpieänderungen nur vom Ein- und Austrittszustand, die beiden Integrale für die Strömungsarbeit $\int v\,dp$ und die Wärme $\int T\,ds$ jedoch vom Integrationsweg ab, also von der Zustandsänderung vom Ein- bis zum Austritt.

Reibungswirkung. Die Entropie ändert sich nicht nur durch Wärmezufuhr dq von außen, sondern auch durch innere Reibung dj, die vom Fluid aufgenommen wird (Dissipation).

$$T\,ds = dq + dj. \qquad (14)$$

Aus Gl. (13) und (14) ergibt sich für die Enthalpieänderung

$$h_a - h_e = y + q + j, \qquad (15)$$

wobei die Strömungsarbeit $\int_e^a v\,dp$ mit y abgekürzt wird.

Die Enthalpieänderung läßt sich in Gl. (12) ersetzen:

$$a = y + j + (c_a^2 - c_e^2)/2 + g(z_a - z_e). \qquad (16)$$

Eine Wärmezufuhr erscheint explizit nicht; sie beeinflußt aber die Zustandsänderung und damit die Strömungsarbeit und die Dissipation.

1.2.2 Zustandsänderung. Change of state

Wirkliche Zustandsänderung. Sie hängt von der Beschleunigung oder Verzögerung mit oder ohne Arbeits- und Wärmezufuhr und der Dissipation eines Fluidelements auf seinem Weg durch die Strömungsmaschine ab, **Bild 7**. Diese Einflüsse sind rechnerisch und experimentell schwer zu erfassen.

Polytrope Zustandsänderung. Sie wird als Ersatz für die wirkliche Zustandsänderung herangezogen (gestrichelt in **Bild 7 d**) (s. D 7.1). Für sie ist das differentielle Polytropenverhältnis

$$v \equiv \frac{dh}{v\,dp} = 1 + \frac{T\,ds}{v\,dp} = 1 + \frac{dj + dq}{dy}$$
$$= \frac{h_a - h_e}{y} = 1 + \frac{j + q}{y} \qquad (17)$$

bei allen Teilschritten gleich; deshalb stehen auch die gesamte Enthalpieänderung und die gesamte Strömungsarbeit im gleichen Verhältnis zueinander. Ein- und Austrittszustände stimmen mit den wirklichen überein.

Isentrope Zustandsänderung. Für $v = 1$ bleibt die Entropie gleich. Eine solche Zustandsänderung kann zum Vergleich herangezogen werden, wenn sie als verlustlos und

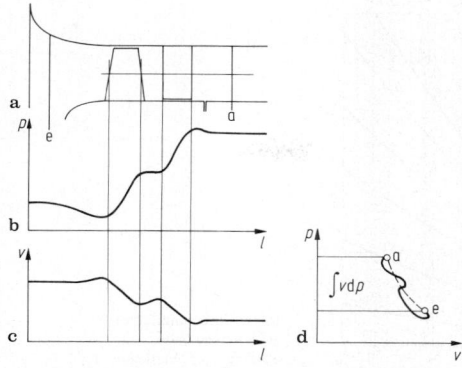

Bild 7. Zustandsänderung. **a** Meridianschnitt; **b** Druckverlauf; **c** Verlauf des spezifischen Volumens; **d** p,v-Diagramm

ohne Wärmeaustausch angenommen wird. Der Austrittszustand dieser idealisierten Zustandsänderung weicht von dem der wirklichen ab.

1.2.3 Totaler Wirkungsgrad. Total efficiency

Arbeitsmaschinen. Die von außen zugeführte Arbeit bewirkt nach Gl. (16) einen Energiezuwachs des Fluids. Dabei geht nicht alle von außen zugeführte Arbeit in Strömungsarbeit, kinetische oder potentielle Energie über, sondern ein Teil wird dissipiert, d.h. irreversibel in innere Energie umgewandelt. Er gilt als voll verloren, weil er das Fluid i.allg. nutzlos erwärmt. Nutzen bringen die in der Strömungsarbeit enthaltene Druckzunahme und die Steigerung von kinetischer und potentieller Energie. Der totale Verdichterwirkungsgrad ist dann

$$\eta_{tV} \equiv \frac{y + (c_a^2 - c_e^2)/2 + g(z_a - z_e)}{a} = 1 - j/a. \quad (18)$$

Er heißt total, weil in Zähler und Nenner die Änderungen aller Energieformen berücksichtigt sind.

Kraftmaschinen. Durch Energieabsenkung wird mechanische Arbeit gewonnen. In Gl. (16) sind also die Strömungsarbeit und die mechanische Arbeit negativ. Die Dissipation ist positiv, da auch hier die Entropie zunimmt. Dem Betrag nach wird dem Fluid wegen der Dissipation also mehr Strömungsarbeit entzogen, als in mechanische Arbeit umgesetzt werden kann. Für die Turbine sind die an den Rotor übertragene Arbeit als Nutzen, die dem Fluid entzogene Strömungsarbeit und die kinetische und potentielle Energie als Aufwand anzusehen. Der totale Turbinenwirkungsgrad ist dann

$$\eta_{tT} \equiv \frac{a}{y + (c_a^2 - c_e^2)/2 + g(z_a - z_e)} = \frac{1}{1 - j/a}. \quad (19)$$

Hierbei heißt auch j/a Verlustkoeffizient.
Für eine Kraftmaschine sind gegenüber einer Arbeitsmaschine Nutzen und Aufwand vertauscht; der Turbinen- ist also reziprok zum Verdichterwirkungsgrad.

1.2.4 Statischer Wirkungsgrad. Static efficiency

Durch Gl. (16) in der Form

$$a - (c_a^2 - c_e^2)/2 = y + g(z_a - z_e) + j \quad (20)$$

sind die durch dynamische Vorgänge verursachten Änderungen auf ihrer linken Seite den dadurch bewirkten statischen Zustandsänderungen auf ihrer rechten Seite gleichgesetzt.

Arbeitsmaschinen. Ist der Nutzen für einen Verdichter in erster Linie die Steigerung des Drucks durch Aufnahme einer Strömungsarbeit bei möglicher Änderung der potentiellen Energie, so steht dem als Aufwand die zugeführte Arbeit und die Änderung der kinetischen Energie gegenüber. Als statischer Verdichterwirkungsgrad wird dann definiert

$$\eta_V \equiv \frac{y + g(z_a - z_e)}{a - (c_a^2 - c_e^2)/2} = \frac{y + g(z_a - z_e)}{y + g(z_a - z_e) + j}. \quad (21)$$

Kraftmaschinen. Für Turbinen ergibt sich analog der statische Turbinenwirkungsgrad

$$\eta_T \equiv \frac{a - (c_a^2 - c_e^2)/2}{y + g(z_a - z_e)} = \frac{y + g(z_a - z_e) + j}{y + g(z_a - z_e)}. \quad (22)$$

1.2.5 Polytroper und isentroper Wirkungsgrad
Polytropic and isentropic efficiency

In den Gln. (18), (19), (21) und (22) für die Wirkungsgrade steht die nutzbringend aufgenommene oder geleistete Strömungsarbeit y, zu deren Bestimmung die Zustandsänderung festzulegen ist.

Polytroper Wirkungsgrad. Als Ersatz für die wirkliche Zustandsänderung wird die polytrope zur Berechnung der Strömungsarbeit herangezogen: $y_v = \int_v v \, dp$, die der wirklichen sehr nahe kommt. Die Ein- und Austrittszustände stimmen mit den tatsächlichen überein. Die hiermit gebildeten Wirkungsgrade werden totale oder statische polytrope Wirkungsgrade genannt. Setzt man das Polytropenverhältnis Gl. (17) in die Gl. (21) für den statischen polytropen Verdichterwirkungsgrad und in die Gl. (22) entsprechend für die Turbine ein, so geht daraus ihre unmittelbare Verknüpfung mit dem Polytropenverhältnis hervor

$$\eta_{vV} = \frac{1 + g(z_a - z_e)/y}{v + g(z_a - z_e)/y - q/y},$$
$$\eta_{vT} = \frac{v + g(z_a - z_e)/y - q/y}{1 + (z_a - z_e)/y}. \quad (23)$$

Ohne Höhenunterschied und Wärmeaustausch ist $\eta_{vV} = 1/v$ und $\eta_{vT} = v$. Der polytrope Wirkungsgrad ist ein eindeutiges Maß für die strömungstechnische Güte der Maschine.

Isentroper Wirkungsgrad. Als Bezugs-Zustandsänderung wird die isentrope (verlustlos und ohne Wärmeaustausch) zur Berechnung der Strömungsarbeit herangezogen: $y_s = \int_s v \, dp = h_{as} - h_e$,

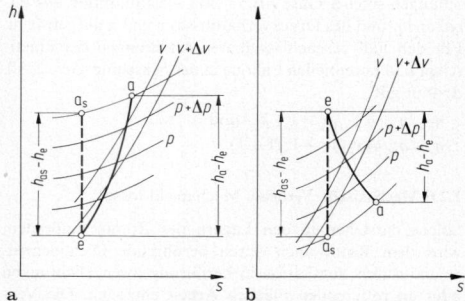

Bild 8. Polytrope und isentrope Zustandsänderung. **a** Verdichter; **b** Turbine

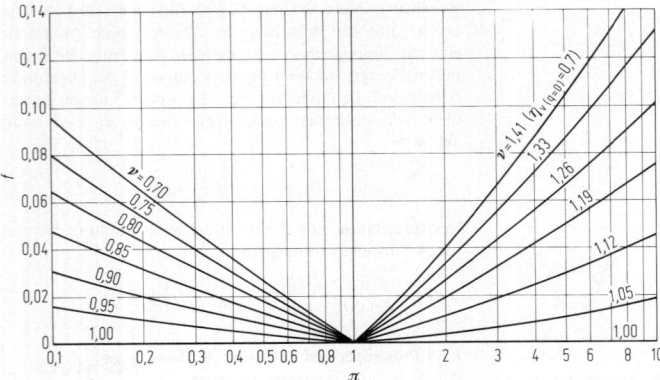

Bild 9. Erhitzungsfaktor für zweiatomige Gase.

Turbine $\pi < 1$, Verdichter $\pi > 1$

$$\eta_{sV} = \frac{h_{as} - h_e + g(z_a - z_e)}{h_a - h_e - q + g(z_a - z_e)},$$

$$\eta_{sT} = \frac{h_a - h_e - q + g(z_a - z_e)}{h_{as} - h_e + g(z_a - z_e)}. \tag{24}$$

Es kommt hierbei im wesentlichen auf die wirkliche und die isentrope Enthalpieänderung an, die sich in h,s-Diagrammen anschaulich darstellen lassen. Isentrope und wirkliche Zustandsänderungen haben nur einen gemeinsamen Eintrittszustand; je größer die Enthalpieänderung ist, um so weiter laufen die Zustände auseinander, **Bild 8**. Die mit den isentropen Strömungsarbeiten gebildeten totalen und statischen Wirkungsgrade sind deshalb nicht nur von der strömungstechnischen Güte $1/(1 + j/y)$ bzw. $1 + j/y$ abhängig, sondern auch von der Art des Fluids und von der gesamten Enthalpieänderung oder dem entsprechenden Druckverhältnis.

Erhitzungsfaktor. Für alle Dämpfe und Gase (**Bild 8**) ist der Betrag der polytropen Strömungsarbeit y_v größer als jener der isentropen y_v, weil bei zunehmender Entropie die spezifischen Volumina ansteigen. Polytrope Verdichterwirkungsgrade sind also immer höher als isentrope und polytrope Turbinenwirkungsgrade immer kleiner als isentrope. Das Anwachsen der polytropen gegenüber der isentropen Strömungsarbeit läßt sich durch den Erhitzungsfaktor f ausdrücken.

$$f \equiv y_v/y_s - 1. \tag{25}$$

Er ist immer positiv und hängt von den Eigenschaften des Fluids, dem Druckverhältnis wie vom Polytropenparameter also vom Verhältnis von Dissipation und Wärmezufuhr zur Strömungsarbeit ab.
Der Erhitzungsfaktor ist für zweiatomige Gase oder Mischungen solcher Gase z.B. in **Bild 9** als Funktion des Polytropen- und des Druckverhältnisses v und π aufgetragen. Für den Fall vernachlässigbarer Änderungen der kinetischen und potentiellen Energie in der Maschine ($\Delta c^2/2 \cong 0$, $\Delta z \cong 0$) gilt

$$\eta_{vV}/\eta_{sV} = y_v/y_s = 1 + f \quad \text{und}$$
$$\eta_{vT}/\eta_{sT} = y_s/y_v = 1/(1 + f).$$

1.2.6 Mechanische Verluste. Mechanical losses

Solche entstehen in den Lagern des Rotors; außerdem wird dem Rotor auch durch berührende Dichtelemente und durch Ventilation in berührungslosen Dichtungen oder an rotierenden Flächen Arbeit entzogen. Die Ventilationsleistung ist allerdings nur dann einfach zu den mechanischen Verlusten zu rechnen, wenn das ventilieren-

de Fluid nicht mit dem Hauptstrom durch die Maschine in Verbindung steht. Wird nämlich die Ventilationsleistung von einem Beipaß zum Hauptstrom aufgenommen so ändert sich dadurch die Gesamtbilanz nicht, aber die Zustandsänderung und Geschwindigkeitsverteilung. Geht die Ventilationsleistung in einen Fluidstrom über, der entweder aus dem Hauptstrom entnommen oder ihm zugeführt wird, so ist der Gesamtstrom in einzelne Teilströme aufzugliedern.
In der Leistungsbilanz für den Rotor $P = P_K + P_m$ mit der Kupplungsleistung P_K ist die mechanische Verlustleistung P_m immer negativ. Der mechanische Wirkungsgrad für einen Verdichter bzw. eine Turbine ist dann

$$\eta_{mV} = P/P_K = 1 + P_m/P_K, \quad \eta_{mT} = P_K/P = 1 - P_m/P. \tag{26}$$

Der totale Maschinenwirkungsgrad für einen Verdichter (V) und eine Turbine (T) ist unter Einschluß der mechanischen Verluste (Index K: Kupplung) mit Gl. (18) und (19):

$$\eta_{tKV} \equiv \eta_{tV}\eta_{mV}, \quad \eta_{tKT} \equiv \eta_{tT}\eta_{mT}. \tag{27}$$

1.3 Arbeitsfluid. Working fluid

1.3.1 Allgemeiner Zusammenhang zwischen thermischen und kalorischen Zustandsgrößen. General relations between thermal and caloric properties of state

Zur Integration von $y = \int v\,dp$ oder von $j + q = \int T\,ds$ müssen $v = v(p)$ oder $T = T(s)$ eingesetzt werden. Diese Funktionen hängen nicht nur vom Polytropenverhältnis ab, sondern auch davon, mit welcher Änderung von spezifischem Volumen oder Temperatur das Arbeitsfluid auf die Arbeits- und Wärmeübertragung reagiert. Sie sind für bestimmte Fälle aus den Gleichungen (s. D4.2) abzuleiten:

$$dh = c_p\,dT + (1 - \alpha)v\,dp, \tag{28}$$
$$du = c_v\,dT + (1 + \beta)p\,dv \tag{29}$$

mit $c_p \equiv (\partial h/\partial T)_p$ spezifische Wärmekapazität bei konstantem Druck, $c_v \equiv (\partial u/\partial T)_v$ spezifische Wärmekapazität bei konstantem Volumen, $\alpha \equiv (\partial v/\partial T)_p T/v$ isobarer Ausdehnungskoeffizient, $\beta \equiv (\partial p/\partial T)_v T/p$ isochorer Spannungskoeffizient.

1.3.2 Ideale Flüssigkeit. Perfect liquid

Das spezifische Volumen oder die Dichte seien für eine ideale Flüssigkeit konstant, unabhängig vom Zustand. Diese Idealisierung wird von keinem Fluid exakt erfüllt,

Tabelle 2. Eigenschaften der Fluide

	Ideale Flüssigkeit	Ideales Gas	Reales Fluid
Voraussetzung	$v=1/\rho=\text{const}\to\alpha=0;\ \beta=0$	$pv=RT\to\alpha=1;\ \beta=1$	*keine*
Enthalpiedifferenz	$\Delta h=v\Delta p+\bar{c}_\mathrm{F}\Delta T$	$\Delta h=\bar{\bar{c}}_\mathrm{p}\Delta T$ $=\left(\dfrac{\kappa}{\kappa-1}\right)RT_\mathrm{e}\left[\left(\dfrac{p_\mathrm{a}}{p_\mathrm{e}}\right)^{\overline{\left(\frac{n-1}{n}\right)}}-1\right]$	Δh aus Tabelle oder Diagramm
Isentrope Enthalpiedifferenz	$\Delta h_\mathrm{s}=y=v\Delta p$	$\Delta h_\mathrm{s}=\bar{c}_\mathrm{p}(T_\mathrm{as}-T_\mathrm{e})$ $=\left(\dfrac{\kappa}{\kappa-1}\right)RT_\mathrm{e}\left[\left(\dfrac{p_\mathrm{a}}{p_\mathrm{e}}\right)^{\overline{\left(\frac{\kappa-1}{\kappa}\right)}}-1\right]$	Δh_s aus Tabelle oder Diagramm
Strömungsarbeit	$y=v\Delta p$	$y=\Delta h/v$ $=\left(\dfrac{n}{n-1}\right)RT_\mathrm{e}\left[\left(\dfrac{p_\mathrm{a}}{p_\mathrm{e}}\right)^{\overline{\left(\frac{n-1}{n}\right)}}-1\right]$	$y=\dfrac{\Delta h}{\nu}=\left(\dfrac{n}{n-1}\right)(pv)_\mathrm{e}\left[\left(\dfrac{p_\mathrm{a}}{p_\mathrm{e}}\right)^{\overline{\left(\frac{n-1}{n}\right)}}-1\right]$ $\left(\dfrac{n-1}{n}\right)=v\left(\dfrac{k-1}{k}\right)+(1-v)\left(\dfrac{m-1}{m}\right)$
Polytropenverhältnis	$v=1+\dfrac{\bar{c}_\mathrm{F}\Delta T}{v\Delta p}$	$v=\left(\dfrac{\kappa}{\kappa-1}\right)\left(\dfrac{n-1}{n}\right)$ $=-\dfrac{(\Delta s)_\mathrm{p}}{(\Delta s)_\mathrm{T}}=1-\dfrac{\Delta s}{(\Delta s)_\mathrm{T}}$	$v=1-\dfrac{\Delta s}{\int\left(\frac{\partial s}{\partial p}\right)_h \mathrm{d}p}\cong 1-\dfrac{\Delta s}{\sum(\Delta s)_\mathrm{h}}$
	$c_\mathrm{F}=c_\mathrm{p}=c_\mathrm{V}$	$\kappa=\dfrac{c_\mathrm{p}}{c_\mathrm{V}}$	$k\equiv-\left(\dfrac{v}{p}\right)\left(\dfrac{\partial p}{\partial v}\right)_\mathrm{s},\ m\equiv-\left(\dfrac{v}{p}\right)\left(\dfrac{\partial p}{\partial v}\right)_\mathrm{h}$
Entropiedifferenz	$\Delta s=\bar{\bar{c}}_\mathrm{F}\ln\dfrac{T_\mathrm{e}}{T_\mathrm{a}}$	$\Delta s=(\Delta s)_\mathrm{p}+(\Delta s)_\mathrm{T}$ $=c_\mathrm{p}\ln\dfrac{T_\mathrm{a}}{T_\mathrm{e}}-R\ln\dfrac{p_\mathrm{a}}{p_\mathrm{e}}$	

mit den Mittelwertbildungen $\quad \bar{x}\equiv\dfrac{\int x\,\mathrm{d}T}{T_\mathrm{a}-T_\mathrm{e}},\ \bar{\bar{x}}\equiv\dfrac{\int x\,\frac{\mathrm{d}T}{T}}{\ln\frac{T_\mathrm{a}}{T_\mathrm{e}}},\ \hat{x}\equiv\dfrac{\int x\,\mathrm{d}(pv)}{(pv)_\mathrm{a}-(pv)_\mathrm{e}},\ \hat{\hat{x}}\equiv\dfrac{\int x\,\frac{\mathrm{d}(pv)}{pv}}{\ln\frac{(pv)_\mathrm{a}}{(pv)_\mathrm{e}}}$

doch mit ausreichender Genauigkeit von den meisten Flüssigkeiten im für Strömungsmaschinen üblichen Zustandsbereich. Die Strömungsarbeit läßt sich unmittelbar integrieren, die Koeffizienten α und β haben den Wert 0, s. **Tab. 2**. Enthalpieänderungen setzen sich hauptsächlich aus der von der Druckdifferenz abhängigen Strömungsarbeit und aus dem meist geringen Verlust zusammen, der allein für die Temperaturerhöhung verantwortlich ist; denn Wärmezu- und abfuhr sind bei nur geringen Temperaturunterschieden meist zu vernachlässigen. Für große hydraulische Maschinen wird der Verlust oft aus der gemessenen Temperaturerhöhung bestimmt. Isothermen und Isentropen sind identisch, da die Entropie nur von der Temperatur abhängt. Ein Beispiel ist die Zustandsänderung in einer Speisepumpe im h,s-Diagramm, **Bild 10**.

1.3.3 Ideales Gas. Perfect gas

Es gelte die Gasgleichung $pv=RT$ (s. D 6.1). Diese Idealisierung wird von Gasen im Zustandsbereich mit Drücken weit unter dem kritischen Druck und mit genügend hohen Temperaturen gut erfüllt. Die Koeffizienten α und β sind für ein ideales Gas gleich 1. Gleichsetzen der gemischten zweiten Ableitungen der Enthalpie nach Druck und Temperatur zusammen mit (Gl. (28)) läßt keine Abhängigkeit der spezifischen Wärmekapazität vom Druck, sondern nur von der Temperatur zu. Also hängt auch die Enthalpiedifferenz nur von der Temperatur ab, s. **Tab. 2**. Isothermen sind also auch Isenthalpen, **Bild 12**. Arbeitszu- und -abfuhr sind immer mit Temperaturänderungen verbunden (thermische Maschinen). Die Entropiedifferenz läßt sich aufteilen in einen sich bei isobarer Zustandsänderung ergebenden Anteil, der vom Temperaturverhältnis abhängt und einen sich bei isothermer Zustandsänderung ergebenden Anteil, der nur vom Druckverhältnis abhängt,

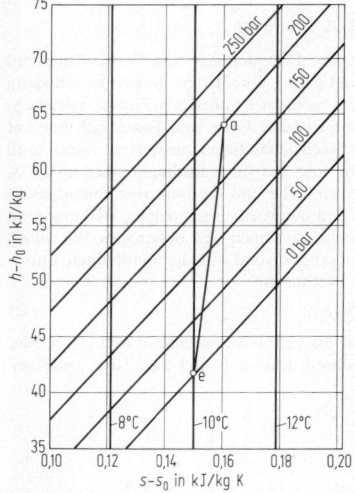

Bild 10. Enthalpie-, Entropie-, h,s-Diagramm für ideale Flüssigkeit mit Zustandsänderung für Pumpe

s. **Tab. 2**. Das Verhältnis beider Anteile ist gleich dem Polytropenverhältnis (**Bild 11**), das unmittelbar mit den Wirkungsgraden zusammenhängt (Gl. (23)).

$$v=-\frac{(\Delta s)_\mathrm{p}}{(\Delta s)_\mathrm{T}}=\frac{c_\mathrm{p}\ln(T_\mathrm{a}/T_\mathrm{e})}{R\ln(p_\mathrm{a}/p_\mathrm{e})}\tag{30}$$

Ein Beispiel ist die Zustandsänderung in einem Verdichter, **Bild 12**.

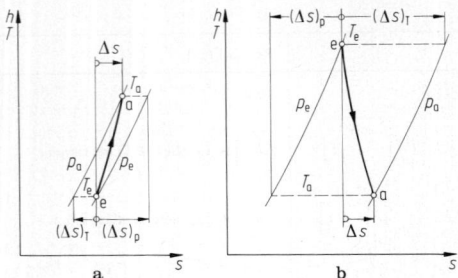

Bild 11. Entropiedifferenzen für konstanten Druck und für konstante Temperatur für ideale Gase. **a** Verdichter; **b** Turbine

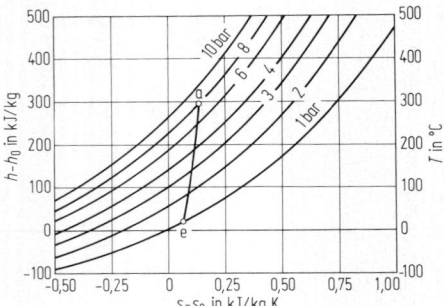

Bild 12. Enthalpie-, Entropie-, h,s-Diagramm für ideales Gas mit Zustandsänderung für Verdichter

1.3.4 Reales Fluid. Real fluid

Das Verhalten von Dämpfen z.B. von Wasserdampf im Zweiphasen- und gering überhitzten Bereich ist schwierig zu beschreiben. Die meist empirischen Zustandsgleichungen haben keine einfache Form und lassen sich nur mit elektronischen Rechenmaschinen auswerten. Sonst muß man aus Tafeln oder aus Zustandsdiagrammen z.B. h,s-Diagramm die wirkliche und die isentrope Enthalpiedifferenz ablesen und damit einen isentropen Wirkungsgrad bilden. Man kann aber auch den polytropen Wirkungsgrad aus der wirklichen und aus der isenthalpen Entropieänderungen bestimmen.

$$v = 1 - \Delta s / \sum (\Delta s)_h. \tag{31}$$

Dazu teilt man die Zustandsänderung durch einen oder mehrere Zwischendrücke auf und liest die jeweiligen

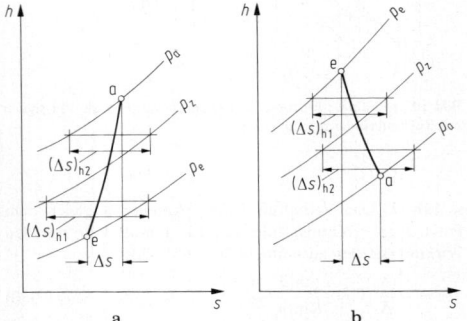

Bild 13. Wirkungsgrad aus Entropiedifferenzen für reale Fluide. **a** Verdichter; **b** Turbine

isenthalpen Entropieänderungen zwischen diesen Isobaren ab, **Bild 13**. Mit dem Polytropenverhältnis und der Enthalpiedifferenz ist auch die Strömungsarbeit bestimmt. Eine weitere Möglichkeit zur Berechnung der Strömungsarbeit bietet sich an, wenn Isentropen- und Isenthalpenexponent für das betreffende Fluid vorliegen (z.B. für Wasserdampf [1–3]). Mit den Gleichungen der **Tab. 2** werden zuerst der Polytropenexponent und damit die Strömungsarbeit berechnet, wobei hier das Produkt (pv) nicht durch die Temperatur ersetzt werden darf!

1.3.5 Kavitation bei Flüssigkeiten. Cavitation in liquids

Der Druck einer Flüssigkeit kann bei hohen örtlichen Geschwindigkeiten im Ansaugbereich von Pumpen und im Austrittsbereich von Wasserturbinen kleiner werden als der Dampfdruck bei der an der betreffenden Stelle herrschenden Temperatur. Bei dem Phasenübergang entsteht Dampf, der ein viel größeres spezifisches Volumen als die Flüssigkeit hat. Zunächst werden dadurch die Strömungsgeschwindigkeiten beeinflußt; gefürchteter ist aber das Zusammenbrechen der Dampfblasen bei wieder ansteigendem Druck in der Strömung. Dadurch werden örtlich Massenbeschleunigungen der Flüssigkeit ausgelöst, die zu sehr hohen örtlichen Druckspitzen führen können. Geschieht dies in der Nähe einer Wand, Schaufel oder Rippe, so wird durch schnellen Wechsel des Drucks der Werkstoff in der Oberfläche ermüdet und bröckelt aus. Das Unterschreiten des Dampfdrucks in hydraulischen Strömungsmaschinen ist also jedenfalls zu vermeiden. Außerdem können bei absinkendem Druck aus Flüssigkeiten schon vor Unterschreiten des Dampfdrucks in der Flüssigkeit gelöste Gase austreten und Gasblasen bilden. Dieser Mechanismus wirkt sich ähnlich aus wie die Kavitation, geht jedoch meistens langsamer vor sich und hat geringere Auswirkungen. Beide Phänomene sind in der Regel überlagert.

1.3.6 Kondensation bei Dämpfen. Condensation of vapors

Der Phasenübergang vom Dampf zur Flüssigkeit, die Kondensation, erfolgt für einen Anteil in allen Kondensations-Dampfturbinen. Sie läßt sich nicht vermeiden, wenn die im Dampf enthaltene Energie soweit wie möglich ausgenutzt werden soll. Es gibt aber auch bei der Tieftemperaturtechnik Prozesse, bei denen durch Expansion in das Naßdampfgebiet ein Teil des Arbeitsfluids im flüssigen Zustand abgeschieden werden soll (Gastrennung, Gasreinigung). Die Tropfenbildung in Strömungsmaschinen [4] beeinflußt einerseits die thermodynamischen Zusammenhänge; andererseits können die bei ihrer Entstehung sehr kleinen Tropfen durch Einfangen und anschließendes Abriß oder Abschleudern zu größeren anwachsen, deren Bahnen von denen des Dampfes abweichen. Durch ihr Auftreffen auf die Laufschaufeln entstehen Bremsverluste. Außerdem können durch Tropfenschlag an Schaufeln, Wänden und Einbauten Erosionen entstehen.

1.4 Schaufelgitter. Blade rows (cascades)

1.4.1 Anordnung der Schaufeln im Gitter
Arrangement of blades in a cascade

Anordnungen von Schaufeln, die an entsprechenden Stellen in gleichem Abstand zueinander in einer Fläche liegen, heißen Schaufelgitter. Es gibt sowohl mit dem Gehäuse der Maschine fest verbundene Gitter als Leiteinrichtung wie auch rotierende Gitter als Rotorbeschaufelung. In ihnen wird dem Zweck der Maschine entsprechend das Fluid umgelenkt und in den Laufgittern dabei Arbeit übertragen (s. R 1.1.2).

Nach der Anordnung der Schaufeln unterscheidet man:

Axialgitter. Die Schaufeln stehen wie die Speichen eines Rads in dem axial durchströmten Rotationshohlraum mit kreisringförmigem Querschnitt zwischen Nabe und Gehäuse (z.B. Lauf- und Leitgitter in **Bild 1 a**).

Radialgitter. Die Schaufeln sind sternförmig im radial durchströmten Raum zwischen zwei im wesentlichen achssenkrechten Stromführungen (z.B. Lauf- und Leitgitter in **Bild 1 b**) angeordnet. Ist die Strömung von innen nach außen gerichtet, so handelt es sich um zentrifugal und bei der Richtung von außen nach innen um zentripetal durchströmte Radialgitter.

Diagonalgitter. Die Schaufeln stehen senkrecht zu der unter einem Winkel zwischen 0° und 90° zur Achse durchströmten Rotationshohlraum (z.B. Laufgitter in **Bild 1 c**).

Ebenes gerades Gitter. Die Schaufeln stehen parallel zueinander mit den Schaufelnasen oder den Hinterkanten auf eine Geraden ausgerichtet und werden zwischen zwei ebenen Stromführungen durchströmt. Schaufelgitter werden in dieser Anordnung in Maschinen nicht verwendet. Wickelt man jedoch Axialgitter in die Ebene ab (**Bild 2 b**), so erhält man eine solche Gitteranordnung, an der sich sowohl theoretisch wie auch experimentell grundsätzliche Zusammenhänge für die Umlenkung im Gitter und die Verluste finden lassen.

1.4.2 Leit- und Laufgitter
Stationary and rotating cascades

Es wird angenommen, daß die Systemgrenzen genügend weit vor und hinter den Schaufeln liegen, so daß die Strömung ausgeglichen ist und sich bei kleiner Erstreckung zwischen den inneren und äußeren Strömungsführungen durch einen Zustand und eine Strömungsgeschwindigkeit im Sinne einer eindimensionalen Stromfadentheorie beschreiben läßt.

Leitgitter ('). Ohne Arbeitsleistung ($a' = 0$), ohne Wärmeübertragung ($q' = 0$) liefert der Energieerhaltungssatz (Gl. (12)) unter Vernachlässigung der Änderung der potentiellen Energie $g(z'_a - z'_e)$:

$$\Delta h'_t = h'_{ta} - h'_{te} = 0,$$
$$\Delta h' = h'_a - h'_e = -\tfrac{1}{2}(c'^2_a - c'^2_e)$$
$$= -(c'_{ua} - c'_{ue})c'_{u\infty} - (c'_{ma} - c'_{me})c'_{m\infty}. \tag{32}$$

Hierin bedeuten

$$c'_{u\infty} = (c'_{ua} + c'_{ue})/2 \text{ und } c'_{m\infty} \equiv (c'_{ma} + c'_{me})/2.$$

Mit dem Index ∞ wird der vektorielle Mittelwert der Geschwindigkeiten vor und nach dem Gitter dargestellt wie in der Tragflügeltheorie, wo er die unendlich weit vor und hinter einem Einzeltragflügel erreichte Geschwindigkeit bezeichnet, **Bild 4**.

Laufgitter ("). Ohne Wärmeübertragung ($q'' = 0$) liefert der Energieerhaltungssatz (Gl. (12)) ohne die Änderung der potentiellen Energie

$$a'' = \Delta h''_t, \quad \Delta h'' = a'' - (c''^2_a - c''^2_e)/2. \tag{33}$$

Mit a'' aus Gl. (5) unter Vernachlässigung der Wandreibung und mit $w^2 = w^2_u + w^2_m = (c_u - u)^2 + w^2_m = c^2 + u^2 - 2c_u u$, also $uc_u = \tfrac{1}{2}(c^2 - w^2 + u^2)$, folgt

$$\Delta h'' = [-(w''^2_a - w''^2_e) + (u''^2_a - u''^2_e)]/2. \tag{34}$$

Für das Laufgitter gilt ferner

$$\Delta h'' = -(w''_{ua} - w''_{ue})w''_{u\infty} - (w''_{ma} - w''_{me})w''_{m\infty}$$
$$+ \tfrac{1}{2}(u''^2_a - u''^2_e). \tag{35}$$

Hierin bedeuten

$$w''_{u\infty} = (w''_{ua} + w''_{ue})/2 \quad \text{und} \quad w''_{m\infty} = (w''_{ma} + w''_{me})/2.$$

Vergleich der Gitter. Auch wenn man die Absolutgeschwindigkeit im Leitgitter als Relativgeschwindigkeit zum (ruhenden) Leitgitter auffaßt, also in Gl. (32) formal alle c durch w ersetzt, unterscheidet sich die Enthalpieänderung im Laufgitter von der im Leitgitter durch $(u''^2_a - u''^2_e)/2$. Im Laufgitter ist nämlich die Änderung der Führungsgeschwindigkeit zu berücksichtigen. Beim radialen Laufgitter hat die Änderung der Umfangsgeschwindigkeit einen wesentlichen Anteil an der Enthalpiedifferenz (positiv im Fall von zentrifugaler und negativ im Fall von zentripetaler Strömung).

Ebene und axiale Gitter. Hier ändert sich die Umfangsgeschwindigkeit nicht; denn für ebene Gitter kommt nur eine translatorische Bewegung in Frage und für axiale Gitter wird im Rahmen der eindimensionalen Theorie angenommen, daß die Strömung auf Zylinderflächen verläuft. Dann hängt die Enthalpieänderung nur von der Relativströmung im Lauf- oder Leitgitter ab. Bei gleicher Relativströmung sind die Verluste und entsprechend die Strömungsarbeiten gleich. Die Druckdifferenzen sind aber wegen der veränderlichen spezifischen Volumina verschieden und nur im Sonderfall einer idealen Flüssigkeit gleich.

1.4.3 Einteilung nach Geschwindigkeits- und Druckänderung. Classification according to their effect on velocity and pressure

Geschwindigkeitsänderungen. Um Leit- und Laufgitter gleichermaßen behandeln zu können, werden alle Geschwindigkeiten als Relativgeschwindigkeiten geschrieben; die Umfangsgeschwindigkeiten sind im Fall des Leitgitters Null zu setzen. Nach dem Einfluß des Gitters auf die Strömung werden unterschieden (**Bild 14 a–c**):
a) *Verzögerungsgitter* $|w_a| < |w_e|$ und $\Delta h - (u^2_a - u^2_e)/2 > 0$.
b) *Beschleunigungsgitter* $|w_a| > |w_e|$ und $\Delta h - (u^2_a - u^2_e)/2 < 0$.
c) *Umlenkgitter* $|w_a| = |w_e|$ und $\Delta h - (u^2_a - u^2_e)/2 = 0$.

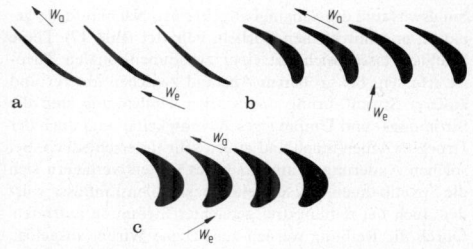

Bild 14. Schaufelgitter. **a** Verzögerungs-, **b** Beschleunigungs-, **c** Umlenkgitter

Druckänderungen. Hier sind zu unterscheiden: *Kompressionsgitter* $p_a > p_e$, $y > 0$; *Entspannungsgitter* $p_a < p_e$, $y < 0$ oder *Gleichdruckgitter* $p_a = p_e$, $y = 0$.

Zustandsänderungen. Das h,s-Diagramm (**Bild 15**) zeigt diese vom Eintritt e zum Austritt a. Dabei gilt die Unterscheidung zwischen Verzögerungs- und Beschleunigungsgittern nach dem Vorzeichen von Δh nur für ebene axiale Gitter. Welche Geschwindigkeitsänderungen zusammen mit entsprechenden Druckänderungen auftreten können,

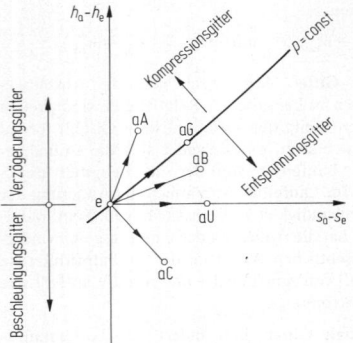

Bild 15. Zustandsänderung im Gitter

e-aA; Verzögerung mit Druckzunahme: $\Delta h > 0$, $\Delta p > 0$,

e-aB : Verzögerung mit Druckabnahme: $\Delta h > 0$, $\Delta p < 0$,

e-aC : Beschleunigung mit Druckabnahme: $\Delta h < 0$, $\Delta p < 0$,

e-aG: Gleichdruck mit Verzögerung: $\Delta h > 0$, $\Delta p = 0$,

e-aU: Umlenkgitter mit Druckabnahme: $\Delta h = 0$, $\Delta p < 0$

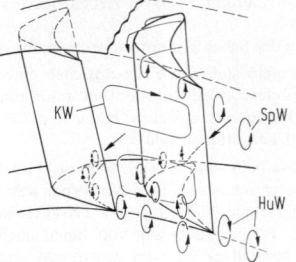

Bild 16. Sekundärströmungen im Gitter mit Hufeisenwirbel HuW, Kanalwirbel KW und Spaltwirbel SpW

1.4.4 Reale Strömung durch Gitter
True flow through cascades

In näherem Abstand vor, aber vor allem nach Schaufelgittern, wie er zwischen einzelnen Schaufelgittern üblich ist, sind die bei Umströmung der einzelnen Schaufeln notwendigerweise unterschiedlichen Geschwindigkeiten auf Saug- und Druckseite noch nicht ausgeglichen. Außerdem ist im Nachlauf jeder Schaufel das Arbeitsfluid durch Reibungswirkung der Schaufel abgebremst, Nachlaufdelle genannt, und mit kleinen Wirbeln behaftet (**Bild 17**). Diese Einflüsse lassen sich mit einer zweidimensionalen Theorie erfassen. Bei größerem Abstand zwischen innerer und äußerer Stromführung und starker Umlenkung sind die Strömungs- und Umfangsgeschwindigkeiten und auch der Druck zwischen innen und außen sehr unterschiedlich. Bei solchen Änderungen innerhalb des Gitters verlagern sich die Strombahnen. Diese dreidimensionalen Einflüsse würden auch bei reibungsfrei gedachter Strömung auftreten. Durch die Reibung werden zusätzliche Wirbel ausgelöst, die zu weiteren Verlusten führen. Vor dem Gitter ist die Geschwindigkeit nahe der Wand kleiner als im wandentfernteren Bereich. Dort staut sich dann die Strömung vor den Schaufeln nur zu einem geringeren Staudruck auf, so daß eine Strömung entlang der Schaufelnase zur Wand in Gang kommt, die sich als Wirbel um jede Schaufel des Gitters legt: Hufeisenwirbel (**Bild 16**). Innerhalb des Gitters kann im Wandbereich das Fluid nicht der freien Strömung folgen, sondern fließt entlang der Wand von der Druck- zur Saugseite, um im mittleren Strömungsbereich wieder zurückgeführt zu werden: Kanalwirbel (**Bild 16**). Diese Wirbel können bei einem einseitigen Spalt zwischen Schaufel und Wand noch von einem durch Überströmen des Schaufelendes von der Druck- zur Saugseite in Gang

gesetzten überlagert werden (**Bild 16**). Diese Wirbelbewegungen werden als Sekundärströmungen bezeichnet. Bei transsonischen oder supersonischen Strömungen treten im Strömungskanal Einzelstöße oder Systeme von Stößen auf. Durch diese selbst und ihre Wechselwirkung mit der Grenzschicht entstehen zusätzliche Verluste.

1.4.5 Gitterauslegung. Cascade design

Die Hauptaufgabe besteht darin, den Zusammenhang zwischen geometrischer Form der Beschaufelung und der Strömung zu bestimmen. Sie stellt sich in den beiden Fällen:

Entwerfen. Form und Stellung der Schaufeln ist so zu bestimmen, daß die gegebene Zuströmung (Art des Fluides, Geschwindigkeitsbetrag und -winkel) im Gitter in eine bestimmte Abströmung (Betrag und Winkel) übergeführt wird, daß die dadurch verursachten Verluste möglichst gering sind und daß die Schaufeln den auftretenden Beanspruchungen standhalten (s. R 1.8.3 bis R 1.8.5).

Nachrechnen oder Messen. Für das in seiner Geometrie gegebene Gitter (Form und Stellung der Schaufeln) und eine bestimmte Zuströmung (Art des Fluids, Geschwindigkeitsbetrag und -winkel) sind die Abströmung des Fluids nach Betrag und Winkel und die Verluste zu bestimmen.

Auslegungsaufgabe. „Entwerfen" für einen strömungstechnisch vorgegebenen Fall setzt sog. inverse Verfahren zur Bestimmung der entsprechenden Formen der Schaufel und ihrer Stellung im Gitter voraus. Dabei läßt sich der Verlauf bestimmter Strömungsgrößen entlang der Schaufelkontur z.B. der Geschwindigkeit und des Druckes, für den geringe Verluste erwartet werden, vorgeben. Es stehen bisher jedoch nur wenige und schwer anzuwendende Verfahren zur Verfügung [5–8]; zugleich müssen dabei auch die durch die mechanische Beanspruchung vorgegebenen Randbedingungen berücksichtigt werden. In der Praxis wird deshalb meistens durch Nachrechnen oder Nachmessen vorgegebener Schaufelgitter und durch iteratives Verbessern dieser Gitter unter strömungstechnischen und mechanischen Gesichtspunkten die „Auslegungsaufgabe" gelöst. Während früher nur das Experiment zum Ziel führte, gibt es heute dafür verschiedene Rechenmethoden und -programme [9–11]. Dazu ist der schwer erfaßbare Einfluß der Schaufeln, des Gehäuses und der Nabe auf die dreidimensionale Strömung quantitativ zu beschreiben. Früher wurde durch sehr dicht stehende Schaufeln mit zur Oberfläche nahezu kongruente Bahnen gelenkt. Dabei traten hohe Reibungsverluste auf; diese ließen sich durch eine größere Teilung der Schaufeln vermindern. Die Strombahnen sind dann aber nicht mehr unmittelbar durch die geometrische

hängt von den Verlusten ab. Für Verdichter liegt der Austrittszustand üblicherweise im Sektor A (Verzögerungs- und Kompressionsgitter), für Turbinen im Sektor C (Beschleunigungs- und Entspannungsgitter). Bei Teillast können Gitter in Turbinen im Sektor B arbeiten (zugleich Verzögerungs- und Entspannungsgitter); die verzögerte Strömung führt dann zu höheren Verlusten. Dieser Bereich wird durch die beiden Spezialfälle Gleichdruckgitter ($y = 0$) mit dem Austrittszustand G und Umlenkgitter ($|w_a| = |w_e|$) mit dem Austrittszustand U eingegrenzt.

Form von Schaufeln und Stromführung vorgegeben, sondern müssen im ganzen beschaufelten und unbeschaufelten Raum vor und hinter dem Gitter bestimmt werden.

Berechnung der dreidimensionalen, reibungsbehafteten Strömung

Es ist die dreidimensionale Impulserhaltungsgleichung, die Navier-Stokes-Differentialgleichung B 6.6.1 zusammen mit den anderen Erhaltungsgleichungen für Masse und Energie im gesamten Strömungsraum zu lösen. Dazu dienen elliptische Methoden im Unterschall- und hyperbolische im Überschallbereich. Solche Verfahren stellen große Anforderungen an Speicherkapazität und Rechenzeit der Rechenanlagen [12–14]. Sie lassen sich deshalb nur sehr begrenzt einsetzen.

Sind keine Rückströmungen zu erwarten, lassen sich auch partiell-parabolische Methoden im ganzen Geschwindigkeitsbereich anwenden. Dabei wird für ein zunächst vorgegebenes Druckfeld die Strömung berechnet, das Druckfeld aber der Kontinuitätsgleichung entsprechend iterativ korrigiert [15–18].

Zur richtigen Wiedergabe der Reibungswirkung müßte die instationäre Navier-Stokes-Gleichung bei äußerst feiner zeitlicher und örtlicher Diskretisierung numerisch gelöst werden. Da sich entsprechende Verfahren heute praktisch noch nicht einsetzen lassen, werden die Reibungsglieder in der für die stochastischen Schwankungen gemittelten Gleichung durch sog. *Turbulenzmodelle* ersetzt. Sie beruhen z.B. auf dem Mischungswegansatz von Prandtl oder auf einem Zweigleichungsansatz für die kinetische Energie und die Dissipation, dem sog. $k-\varepsilon$-Modell [19–21].

Vereinfachte Berechnungsverfahren

Zwei grundsätzliche, abstrahierende Ideen erlauben näherungsweise eine Aufteilung in Teilprobleme, die sich mathematisch einfacher behandeln lassen.

Trennung zwischen Grenzschicht und reibungsfreier Strömung. Die Wirkung der Reibung ist nach Prandtl (**Bild 17**) im wesentlichen auf wandnahe und nur dünne Schichten mit großen Geschwindigkeitsgradienten beschränkt [22]. Näherungsweise kann zunächst die reibungsfrei angenommene Strömung durch Lösen der Potentialgleichung berechnet werden. Mit dem Geschwindigkeitsverlauf entlang der Wand läßt sich die reibungsbehaftete, aber nur dünne Grenzschicht berechnen. Daraus folgen die Verluste und eine Korrektur für die Begrenzung der reibungsfreien Strömung, die nur außerhalb der Grenzschicht anzunehmen ist. Rechenverfahren für die reibungsfreie Strömung und Grenzschichtverfahren sind also in diesem Fall iterativ zu lösen.

Für die von der Potential- oder Euler-Gleichung zusammen mit den anderen Erhaltungssätzen beschriebene *rei-* *bungsfreie Strömung* gibt es sowohl Integral- wie auch numerische Feldmethoden. Im ersten Fall müssen die Konturen der Schaufeln als Verzweigungsstromlinie formuliert werden [23–25], im zweiten Fall werden die Differentialgleichungen durch Differenzengleichungen ersetzt und für ein zwischen die Berandungen gelegtes Netz berechnet [26–29]. Hier werden vor allem sog. Zeitschrittverfahren eingesetzt, die eine vorgegebene Näherungslösung als möglichen Momentanzustand eines instationären Zustands auffassen. Bei gleichbleibenden Randbedingungen wird in zeitlichen Schritten die Lösung errechnet. Vorteil des Verfahrens ist der für Unter-, Trans- und Überschallströmungen durchgehend hyperbolische Charakter des Verfahrens [30–33].

Für die *Grenzschicht* läßt sich durch Vernachlässigung von Gliedern kleinerer Ordnung ein parabolisches Gleichungssystem ableiten. Es gibt zwei Gruppen von Berechnungsmethoden: Bei den Integralmethoden werden bereits über die Grenzschichtdicke integrierte Größen in das Gleichungssystem eingeführt [22, 34]. Im anderen Fall werden die in Differenzengleichungen umgewandelten Differentialgleichungen im ganzen Grenzschichtgebiet schrittweise gelöst [34, 35]. Beide Verfahren gelten grundsätzlich nur für an den Begrenzungen anliegende Strömungen, also nur bis zu dem Ablösepunkt. Für hochbelastete Gitter können in Ablösegebieten sog. inverse Verfahren eingesetzt werden. Hierbei werden Annahmen für die Ablösegebiete iterativ mit den Bedingungen der Außenströmung in Einklang gebracht [36–40].

Aufteilung in gekoppelte zweidimensionale Strömungsprobleme. Die Strömung durch den beschaufelten Raum wird aufgeteilt in Stromflächen, die sich von Schaufel zu Schaufel (S_1-Flächen) und von der inneren zur äußeren Stromführung (S_2-Flächen) erstrecken, **Bild 18**. Dadurch wird die Berechnung der dreidimensionalen Strömung auf zwei zweidimensionale Strömungsprobleme aufgeteilt, die iterativ mit den entsprechenden zweidimensionalen Verfahren zu lösen sind [41].

Hierbei wird meistens vereinfachend die Annahme gemacht, es handle sich durchgehend um eine rotationssymmetrische Strömung. In Wirklichkeit sind die S_1-Flächen je nach radialer Lage unterschiedlich verwölbt, und die S_2-Flächen hängen von der Lage zwischen den benachbarten Schaufeln ab.

Für die Berechnung der reibungsfreien Strömung in S_2-Flächen werden häufig noch weiter vereinfachte Verfahren eingesetzt: Stromlinienkrümmungsverfahren [42, 43] und Verfahren zur Erfüllung der radialen Gleichgewichtsbedingung [44, 45].

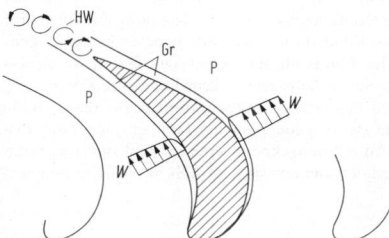

Bild 17. Aufteilung in reibungsfrei angenommene Potentialströmung P und reibungsbehaftete Grenzschicht Gr, HKW Hinterkantenwirbel

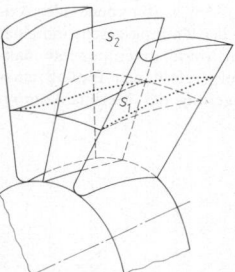

Bild 18. Beschreibung der Strömung in Flächen zwischen den Schaufeln (S_1) und zwischen den Stromführungen (S_2); gepunktet: S_1 mit Verwölbung, ausgezogen: S_1 axialsymmetrische

Tabelle 3. Gitterkenngrößen

Geometrie	Geschwindigkeiten und Enthalpie	Verlust, Kompressibilität, Reibung
Bezugslänge: Sehne s	Bezugsgeschwindigkeit $\Delta w_u = w_{ua} - w_{ue}$	verschiedene Bezugsgrößen
Schaufel-Kontur $\dfrac{y_i}{s} = f\left(\dfrac{x_i}{s}, \dfrac{r}{s}\right)$	Enthalpiekenngröße $m \equiv \dfrac{h_a - h_e}{(w_{ua} - w_{ue})^2}$	Verlustkenngröße $\Delta m \equiv \dfrac{j}{(\Delta w_u)^2}$
Teilungsverh. t/s [a]	$= -\dfrac{w_{u\infty}}{\Delta w_u} - \dfrac{\Delta w_m w_{m\infty}}{(\Delta w_u)^2} + \dfrac{\Delta u u_\infty}{(\Delta w_u)^2}$	$\cong -\dfrac{p_{ta} - p_{te}}{\bar\rho(\Delta w_u)^2}$
Schaufelwinkel β_s [a]	$= m_a + m_m + m_u$	Machzahl $Ma \equiv w/c_s$; c_s = Schallgeschwindigkeit
Radienverhältnis r_a/r_e	Durchflußkenngröße $n \equiv w_{m\infty}/|\Delta w_u|$	Art des Fluides k, α, β
Oberflächenrauheit R_i/s	Kenngröße für die Änderung der Durchflußgeschwindigkeit $\Delta n \equiv \Delta w_m/|\Delta w_u|$ $u/|\Delta w_u|$ Führungsgeschw.-Kenngröße	Reynoldszahl $Re \equiv \dfrac{w \rho s}{\mu}$; μ = Viskosität

[a]) Siehe **Bild 19**.

1.4.6 Gitter-Kenngrößen
Dimensionless cascade parameters

Um aus Gittern Beschaufelungen aufbauen zu können, sind entweder zu der vorgegebenen Strömungsumlenkung die geometrischen Größen des Gitters und dessen Verluste zu bestimmen, oder für das durch geometrische Größen gegebene Gitter und bei einer bestimmten Zuströmung die Abströmung und die Verluste zu ermitteln. Ergebnisse aus Rechnungen oder Messungen für verschiedene Gitter werden von Anwendern in Gitterkatalogen festgehalten. Zweckmäßigerweise werden dazu einzelne Größen dimensionslos dargestellt:

Geometrische Kenngrößen. Alle geometrischen Größen werden auf die Profilsehne bezogen (**Tab. 3**, **Bild 19**): Profilkontur für verschiedene Radien $y_i/s = f(x_i/s, r_i/s)$, Teilungsverhältnis t/s, Schaufelwinkel β_s, Radienverhältnis r_a/r_e und Oberflächenrauheit R_i/s.

Gitter-Enthalpie-Kenngröße. Hier wird sowohl für Leit- wie auch Laufgitter die Schreibweise mit der Relativgeschwindigkeit w gewählt. Im Fall des Leitgitters ist die Umfangsgeschwindigkeit null. Gilt die im Gitter erzielte Änderung der Umfangskomponente der Geschwindigkeit $\Delta w_u = w_{ua} - w_{ue}$ als Bezug [46], so folgt aus Gl. (32) und (35) für die bezogene Enthalpieänderung

$$m \equiv \frac{\Delta h}{(\Delta w_u)^2} = m_a + m_m + m_u$$
$$= -\frac{w_{u\infty}}{\Delta w_u} - \frac{\Delta w_m w_{m\infty}}{\Delta w_u^2} + \frac{\Delta u u_\infty}{\Delta w_u^2}. \tag{36}$$

Ihre Anteile sind: $m_a = -w_{u\infty}/\Delta w_u$ ist für ebene oder Axialgitter, also ohne Änderung der Umfangsgeschwindigkeit und ohne Beschleunigung der Meridiankomponente maßgebend, $m_m = -\Delta w_m w_{m\infty}/\Delta w_u^2$ erfaßt den Einfluß einer Beschleunigung oder Verzögerung der Meridiankompo-

nente und $m_u = \Delta u u_\infty/\Delta w_u^2$ tritt nur bei Laufgittern mit ungleichen Ein- und Austrittsradien auf.

Gitter-Durchfluß-Kenngrößen. Sie ist gegeben durch

$$n \equiv \frac{w_{m\infty}}{|\Delta w_u|}. \tag{37}$$

Wird die Meridiankomponente der Geschwindigkeit beschleunigt oder verzögert, so tritt als weitere Kenngröße hinzu

$$\Delta n \equiv \frac{\Delta w_m}{|\Delta w_u|}. \tag{38}$$

Führungsgeschwindigkeits-Kenngröße. Das Verhältnis $u/\Delta w_u$ gibt an, ob und mit welcher Geschwindigkeit das Gitter umläuft.

Gitter-Verlust-Kenngröße. Die Dissipation im Gitter kann ebenfalls auf das Quadrat der Änderung der Umfangskomponente der Geschwindigkeit bezogen werden

$$\Delta m \equiv j/\Delta w_u^2. \tag{39}$$

Reibungseinfluß. Für die Struktur der Strömung und die sich ergebenden Verluste ist neben der geometrischen Oberflächenbeschaffenheit die Reynoldszahl $Re \equiv w\rho s/\mu$ (s. B6.2.1) mit der Viskosität μ als Verhältnis von Trägheits- zu Reibungskraft maßgebend und in der meist turbulenten Strömung außerdem der Turbulenzgrad $Tu = \sqrt{w'^2}/w_\infty$ mit w'^2 als dem zeitlichen Mittelwert des Quadrats der Schwankungsgeschwindigkeit.

Kompressibilitätseinfluß. Ein Maß für die Druckänderung in der Strömung ist die Machzahl $Ma \equiv w/c_s$ (s. B7.2.2) mit c_s als Schallgeschwindigkeit. Mit welcher Dichteänderung das Fluid darauf reagiert, hängt von den Eigenschaften des Fluids ab, die bei idealen Gasen durch das Verhältnis der spezifischen Wärmekapazitäten $\kappa = c_p/c_v$ hinreichend beschrieben werden können, für reale Fluide durch den Isentropenexponenten $k \equiv -v/p(\partial p/\partial v)_s$, den isobaren Ausdehnungskoeffizienten α und den isochoren Spannungskoeffizienten β (Gln. (28) u. (29)) anzugeben sind.

Ähnlichkeitsbedingungen

Für ein in seiner Geometrie vorgegebenes Gitter ergibt sich für gegebene Werte der übrigen Strömungskenngrö-

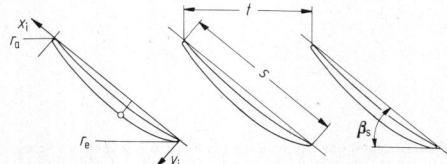

Bild 19. Geometrische Größen des Gitters

ßen ein bestimmter Wert der Enthalpie-Kenngröße

$$m = m(n, \Delta n, u/\Delta w_u, Re, Tu, Ma, k, \alpha, \beta, y_i/s,$$
$$t/s, \beta_s, r_a/r_e, R_i/s). \tag{40}$$

Die Strömung ist ähnlich, wenn alle unabhängigen Kenngrößen und damit auch die abhängige Enthalpie-Kenngröße den gleichen Wert haben. Ergebnisse von Rechnungen oder Messungen an Modellen (M) lassen sich auf ähnliche Ausführungen (A) übertragen. Wenn die Ähnlichkeitsbedingungen (s. B 7.2) $n_A = n_M$, $(u/\Delta w_u)_A = (u/\Delta w_u)_M$ ... usw. erfüllt sind, dann ist auch die abhängige Enthalpie-Kenngröße gleich: $m_A = m_M$.

Da die Dissipation wie die Enthalpiedifferenz für gegebene geometrische und gegebene Strömungsverhältnisse nur einen ganz bestimmten Wert haben kann, muß die Verlust-Kenngröße Δm von den gleichen Kenngrößen abhängen wie die Enthalpie-Kenngröße m nach Gl. (40). Für die Übertragung der Verlust-Kenngröße auf ähnliche Gitterströmungen gelten die gleichen Ähnlichkeitsbedingungen.

n, m-Diagramm. Enthalpie- und Durchfluß-Kenngrößen lassen sich für verschiedene Gitter in ein Diagramm eintragen, wobei zu kennzeichnen ist, für welche Werte der übrigen Kenngrößen diese Werte gelten. Jeder Punkt im Diagramm ist das Ergebnis einer strömungstechnischen Untersuchung für ein gegebenes Gitter bei bestimmter Zuströmung z.B. im Auslegungspunkt. Besonders sinnfällig sind solche Diagramme für den Fall reiner Axialgitter ($m = m_a$, $\Delta n = 0$, $w_{m\infty} = w_m$), weil in diesem Fall jeder n, m-Punkt die gemeinsame Spitze der dimensionslosen Geschwindigkeitsvektoren wiedergibt; ihre Lage zum 0-Punkt ist durch den Ortsvektor $w_\infty/\Delta w_u = \sqrt{m^2 + n^2}$ gegeben. Der Eintrittsvektor verläuft von $m = -0,5$ und der Austrittsvektor von $m = +0,5$ zur Spitze, **Bild 20**. Beschleunigungsgitter liegen in dem Bereich negativer Enthalpie-Kenngrößen, Verzögerungsgitter im Bereich positiver Enthalpie-Kenngrößen, getrennt durch den Fall des Umlenkgitters ($m = 0$).

Gittercharakteristiken. In ein n, m- und ein $\Delta m, m$-Diagramm kann die Folge aller möglichen Strömungszustände für ein bestimmtes Gitter eingetragen werden (**Bild 21**), die im Betrieb bei Abweichung vom Auslegungspunkt auftreten können (Betriebsverhalten des Gitters). Für axiale Beschleunigungsgitter verläuft die n, m-Charakteristik (ausgezogen in **Bild 21**) bei den üblichen Gittern in einem weiten Bereich in Richtung des Austrittsvektors $w_a/\Delta w_u$, der dann unabhängig vom Eintrittsvektor seine

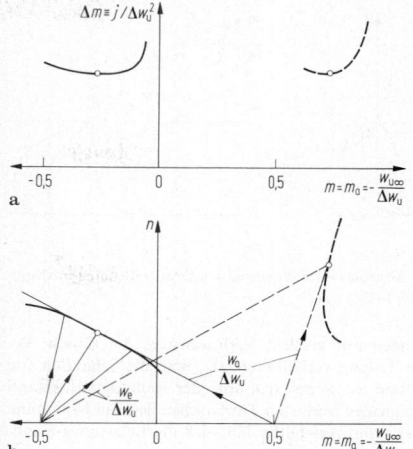

Bild 21. Gittercharakteristiken für axiales Beschleunigungsgitter (für bestimmte Werte von Re, Ma, k, α, β); (gestrichelt: axiales Verzögerungsgitter). **a** Verlustkenngrößen Δm; **b** Durchflußkenngröße n

Richtung beibehält. Für Verzögerungsgitter wird die Abströmrichtung stärker von der Anströmrichtung beeinflußt (gestrichelt in **Bild 21**).

1.4.7 Kriterien für die zweckmäßige Stellung der Schaufeln im Gitter. Criteria for optimum blade arrangement in a cascade

Im Grunde müssen systematische Rechnungen nach R 1.4.5 oder systematische Messungen für den Auslegungspunkt und für andere Betriebspunkte zeigen, wie die Schaufeln am besten im Gitter gestellt sein müssen. Die vorgesehene Abströmgeschwindigkeit ist nach Betrag und Richtung bei gegebener Zuströmgeschwindigkeit und bei möglichst geringen Verlusten zu erreichen. Die folgenden Kenngrößen geben einen Anhalt für die zweckmäßige Anordnung.

Belastungs-Kenngröße. Sie dient zur Wahl des optimalen Teilungsverhältnisses. Bei großem Teilungsverhältnis $(t/s)_{gr}$ stehen die Schaufeln (**Bild 22**) weit auseinander und werden stark belastet, eine Steigerung der Umlenkung etwa durch eine Änderung der Zuströmrichtung kann zu

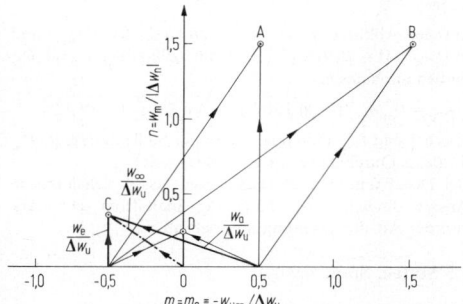

Bild 20. Enthalpie- und Durchflußkenngröße für Axialgitter, n, m-Diagramm. Beschleunigungsgitter $m < 0$, Verzögerungsgitter $m > 0$. A Verdichter-Leitgitter, B Verdichter-Laufgitter, C Turbinen-Reaktionsgitter, D Turbinen-Umlenkgitter

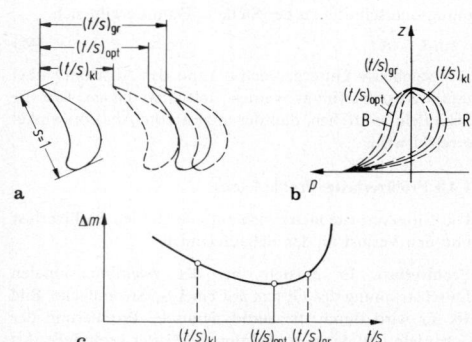

Bild 22. Einfluß der Schaufelteilung t/s auf die Druckverteilung und die Verluste. **a** Gitter; **b** Druckverteilung, B und R auf Bauch- und Rückseite; **c** Verlustkenngröße Δm

R

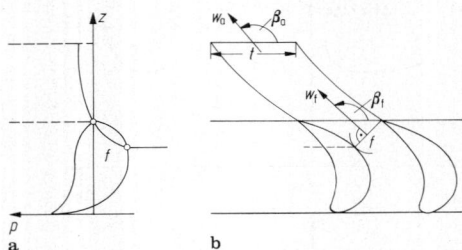

Bild 23. Abströmwinkel (Sinusregel). **a** Druckverteilung; **b** Abströmung von Gitter

Ablösungen mit großem Verlustanstieg Δm führen. Bei kleinem Teilungsverhältnis $(t/s)_{k1}$ sind die Schaufeln eng gestellt und wenig belastet, aber der Reibungswiderstand führt zu großen Verlusten. Dazwischen liegt ein Minimum. Für ebene und Axialgitter läßt sich die Belastungs-Kenngröße [47] ableiten

$$\Omega \equiv 2 \frac{t}{s} \frac{\sqrt{m^2 + n^2}}{(m-0,5)^2 + n^2}. \tag{41}$$

Unabhängig von der Art des Gitters (Lage im n,m-Diagramm) ergeben sich erfahrungsgemäß die geringsten Verluste bei $\Omega = 0,9 \ldots 1,0$. Daraus folgt als

$$\left(\frac{t}{s}\right)_{\text{opt}} = (0,9 \ldots 1,0)[(m-0,5)^2 + n^2]/(2\sqrt{m^2 + n^2}). \tag{42}$$

Dabei sind die für Gitter mit dieser Teilung bestimmten Enthalpie- und Durchflußkenngrößen einzusetzen.

Sinusregel. Sie dient zur Abschätzung des Abströmwinkels für Beschleunigungsgitter. Für ebene und axiale Schaufelgitter (**Bild 23**) mit relativ kleinen Teilungsverhältnissen, wie bei Beschleunigungsgittern im Unterschallbereich, ist der Abströmwinkel nahezu unabhängig von der Zuströmrichtung. Näherungsweise gilt zwischen dem Winkel β_f, der Geschwindigkeit w_f an der engsten Stelle f zwischen den Schaufeln und der Teilung t:

$$\sin \beta_f = f/t. \tag{43}$$

Die Geschwindigkeiten w_a und w_f unterscheiden sich im Winkel β_a und β_f und im Betrag; deswegen stellen sich an den beiden Stellen auch unterschiedliche Zustände ein. Mit Hilfe von Kontinuitäts-, Impuls- und Energiesatz folgt ein Korrekturfaktor

$$K = \frac{\cos \beta_a}{\cos \beta_f} \cdot \frac{l_f}{l_a} \left[1 - \frac{1}{2} Ma^2 \left(\frac{1-(f/t)^2}{\cos^2 \beta_f} - 1 \right) \right] \tag{44}$$

mit l_f Schaufellänge an der Stelle f, l_a Höhe des Strömungsquerschnitts an der Stelle a. Damit ergibt sich

$$\sin \beta_a = Kf/t. \tag{45}$$

Bei gegebener Gittergeometrie kann der Abströmwinkel unmittelbar bestimmt werden; mittelbar lassen sich die Schaufeln so drehen, daß der angestrebte Abströmwinkel erreicht wird.

1.4.8 Profilverluste. Profile losses

Die Gitterverluste lassen sich aufteilen in den Profilverlust und den Verlust an den Schaufelenden.

Profilverlust. Er entsteht bei der zweidimensionalen Durchströmung des Gitters auf einer S_1-Stromfläche, **Bild 18**. Er wird durch die aerodynamische Profilierung der Schaufeln und deren Anordnung im Gitter beeinflußt. Als Kenngröße für diesen Verlustanteil kann er prinzipiell auf jedes Quadrat einer charakteristischen Geschwindigkeit z.B. Δw_u (entsprechend Gl.(39)) bezogen werden. Soll die-

se Kenngröße aber ein Maß für die aerodynamische Güte des Gitters sein, so muß die Bezugsgeschwindigkeit gefunden werden, die innerhalb der an das Gitter gestellten Aufgabe für die Entstehung des Verlust verantwortlich ist.

Mittlere Gleitzahl. In Analogie zur Tragflügeltheorie läßt sich als für den Profilverlust verantwortliche kinetische Energie ableiten [48, 49]

$$w_B^2 = (w_{m\infty}^2 + w_{u\infty}^2 + \Delta w_u^2/12)\Delta w_u/w_m.$$

Als mittlere Gleitzahl wird der Profilverlust auf diese kinetische Energie bezogen, zusammen mit den Gln.(36) und (37)

$$\bar{\varepsilon} \equiv j_p/w_B^2 = j_p(w_m/\Delta w_u)/(w_{m\infty}^2 + w_{n\infty}^2 + \Delta w_u^2/12)$$
$$= \Delta m_p n/(n^2 + m^2 + 1/12). \tag{46}$$

Mit aerodynamisch gut ausgebildeten Gittern können unabhängig von der Aufgabe des Gitters (Lage im n,m-Diagramm) Gleitzahlen zwischen $\bar{\varepsilon} = 0,01 \ldots 0,02$ erreicht werden; nach [50] gelten die höheren Werte für kleine Abströmwinkel und große Umlenkungen.

1.4.9 Verluste an den Schaufelenden
Losses at the annulus

Die Strömung erleidet im mittleren Bereich der Schaufeln nur die Profilverluste. An den Schaufelenden und zwar sowohl zur äußeren wie auch zur inneren Stromführung hin treten zusätzliche Verluste durch die Wände und die Spalte zwischen Schaufeln und Wand auf. Für axiale Gitter lassen sich die Einflüsse der beiden Enden auf die Verluste und den Massenstrom trennen. Dazu wird vorausgesetzt, daß einerseit bei genügend großer Schaufelerstreckung l/s zwischen den Schaufelenden eine von diesen ungestörte Strömung vorhanden ist; andererseits soll sich bei nicht zu großer Erstreckung l/s die Strömung an der inneren und äußeren Stromführung nur wenig unterscheiden. Der Verlust beträgt:

$$j = \frac{j_p + (s/l)(j_R + j_{Sp})}{1 - (s/l)(\mu_R - \mu_{Sp})}. \tag{47}$$

Hierbei entstehen zusätzlich zum Profilverlust die Dissipationen j_R infolge des Abschlusses der Schaufel durch die Stromführung (ohne Spalteinfluß) und j_{Sp} infolge eines Spalts zwischen Schaufelende und Stromführung und der Verminderung μ_R des Massenflusses infolge der Begrenzung und der Vermehrung μ_{Sp} infolge der Spaltströmung gilt für Gitter, die auf einer Seite einen Spalt gegenüber der Stromführung haben, näherungsweise

$$j_R = 0,06(w_{m\infty}^2/2) + 0,0614(t/s)(\Delta w_u/w_2)^4(w_2^2/2),$$
$$j_{Sp} = A(2 - 3As/l + A^2(s/l)^2 w_2^2/2$$

mit der Abkürzung $A \equiv \delta_{Sp}/t \sqrt{2(t/s)w_\infty |\Delta w_u|/w_{m\infty}^2}$ und mit $\mu_R = (1 - B)[(D_N/2l) + 1]$ mit $0,99 \leq B \leq 1$ und D_N Nabendurchmesser

$$\mu_{Sp} = D_{Sp}\delta_{Sp}/(D_m s) \sqrt{2(t/s)w_\infty |\Delta w_u|/w_{m\infty}^2}(-\cos \beta_\infty).$$

Hierbei sind D_{Sp} Durchmesser an der Stelle des Spalts D_m mittlerer Durchmesser und δ_{Sp} Spaltweite.
Bei Deckbändern oder Deckplatten lassen sich ähnliche Ansätze finden, jedoch hängt der Spaltstrom sehr stark von der Art der Dichtung im Spalt ab.

1.5 Stufen. Stage design

1.5.1 Zusammensetzen von Gittern zu Stufen
Combination of cascades to stages

Leit- und Laufgitter werden zu Stufen so hintereinander angeordnet, daß möglichst in beiden folgende Zustandsän-

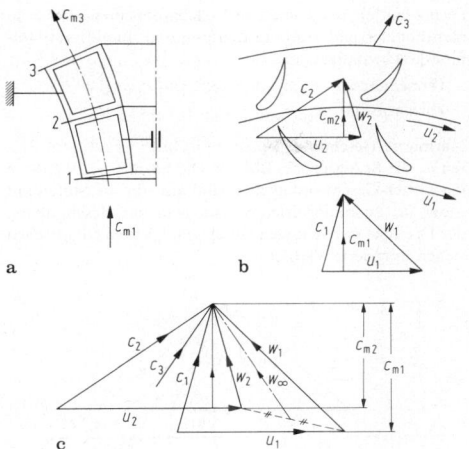

Bild 24. Verdichterstufe. **a** Meridianschnitt; **b** Abwicklung; **c** Geschwindigkeitsdreieck

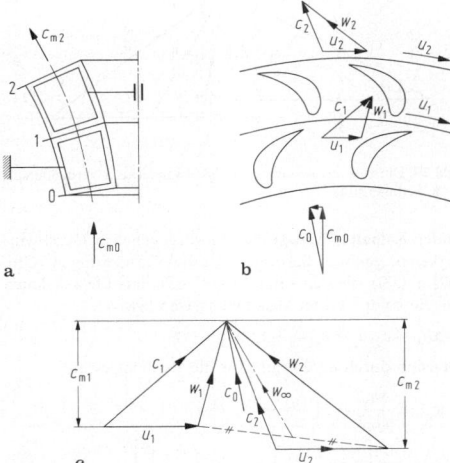

Bild 25. Turbinenstufe. **a** Meridianschnitt; **b** Abwicklung; **c** Geschwindigkeitsdreieck

derungen stattfinden (s. R 1.1.5 und R 1.1.6): bei Verdichtern (**Bild 24**) Enthalpie- und Druckerhöhung in der Folge Lauf-, Leitgitter und bei Turbinen (**Bild 25**) Enthalpie- und Druckabsenkung in der Folge Leit-, Laufgitter.

Hier gilt für die Verdichter- wie auch für die Turbinenstufe 1 und 2 für die Querschnitte vor und nach dem Laufgitter. Für die ganze Stufe wird dann für Verdichter: 1, 2, 3 und für Turbinen: 0, 1, 2 gewählt. Wegen der Hintereinanderschaltung addieren sich die Änderungen aller Zustandsgrößen im Leit- (') und Laufgitter ("):

$$\Delta h = \Delta h' + \Delta h'', \quad \Delta p = \Delta p' + \Delta p'', \quad \Delta s = \Delta s' + \Delta s'',$$
$$\Delta T = \Delta T' + \Delta T'', \quad \Delta v = \Delta v' + \Delta v'', \tag{48}$$

wobei Δ jeweils die Änderung der Größe am Austritt gegenüber dem Eintritt bedeutet.

Die Zustandsänderungen (**Bild 26**) in den einzelnen Gittern und ihre Addition zeigt das Enthalpie (h)-, Entropie (s)-Diagramm.

Die wegabhängigen Integrale der Strömungsarbeit y und der Dissipation j für die einzelnen Gitter sind nur in dem

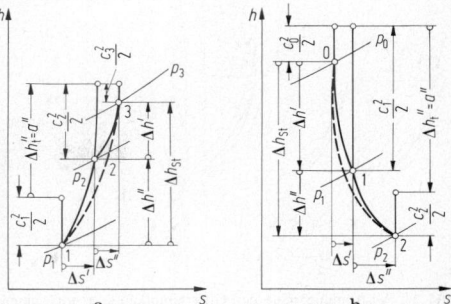

Bild 26. Zustandsänderungen in der Stufe. **a** Verdichterstufe; **b** Turbinenstufe

Fall exakt zu den entsprechenden Integralen für die Stufe zusammenzusetzen, wenn auch für die Stufe die gleichen polytropen Zustandsänderungen wie für die einzelnen Gitter angenommen werden, also zwei Polytropen durch den Zustand im Spalt zwischen Lauf- und Leitgittern gelegt werden

$$y_\Sigma = y' + y'', \quad j_\Sigma = j' + j''. \tag{49}$$

Für die Stufe wird oft eine durchgehende Polytrope durch den Ein- und Austritt gelegt (gestrichelt in **Bild 26**), entlang der Strömungsarbeit und Dissipation nur näherungsweise gleich der Summe der Integrale für die einzelnen Gitterpolytropen sind.

$$y_{St} \cong y' + y'', \quad j_{St} \cong j' + j'' \tag{50}$$

Arbeit wird nur im Laufgitter zu oder abgeführt; $a'' = a$, $a' = 0$, die Totalenthalpie ändert sich also nur im Laufgitter (Gl. (33)), während sie im Leitgitter konstant bleibt (Gl. (32)).

Da Arbeitsübertragung durch die Umlenkung der Strömung im Laufgitter zustande kommt (s. R 1.1.2) müssen die Geschwindigkeiten vor und nach dem Laufgitter verschiedene Richtungen und Beträge haben (**Bilder 24 c** und **25 c**):

$$a = a'' = c_{u2}u_2 - c_{u1}u_1 = u_2\Delta c_u'' + c_{u1}\Delta u''$$
$$= u_2\Delta w_u'' + (c_{u1} + u_2)\Delta u'' \tag{51}$$

(Δ Anmerkung zu Gl. (48)). Die Arbeit hängt also nur von den Geschwindigkeiten und Komponenten in Umfangsrichtung und von deren Änderungen ab.

Im Leitgitter muß entweder der in der Strömung nach dem Laufgitter verbliebene Drall in statische Energie umgewandelt werden (Verdichterstufe) oder der Drall vor dem Laufgitter erzeugt werden (Turbinenstufe); meist ist der Vordrall vor und der Restdrall nach der Stufe klein; dann sind die Dralländerungen im Lauf- und Leitgitter ungefähr gleich groß und entgegengesetzt gerichtet also $\Delta c_u' \cong -\Delta c_u'' = -\Delta w_u'' - \Delta u$.

1.5.2 Gegenseitige Beeinflussung der Lauf- und Leitgitter
Interaction of stator and rotor blade rows

In R 1.5.1 war angenommen worden, daß sich die Strömung durch beide Gitter in einem Querschnitt trennen läßt, in dem sich der Zustand und die Geschwindigkeit durch einen einzigen stationären Zustand und einen einzigen stationären Geschwindigkeitsvektor beschreiben lassen; sie sollen beide nur durch das Abströmverhältnisse des vorhergehenden Gitters bestimmt sein. Dies gilt nur, wenn dieser Querschnitt so weit entfernt liegt, daß sich alle örtlichen und zeitlichen Änderungen ausgeglichen haben und wenn der Querschnitt so klein ist, daß sich die Strömungsverhältnisse hierin nicht wesentlich voneinander abweichen.

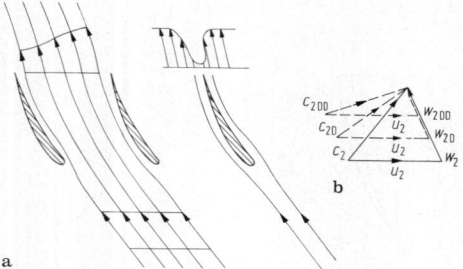

Bild 27. Abströmung nahe der Gitterhinterkante. **a** ungleichmäßige Potentialströmung und „Geschwindigkeitsdelle" im Nachlauf der Grenzschicht; **b** Auswirkung auf Zuströmung zum folgenden Gitter

Dies sind die Voraussetzungen für die eindimensionale Behandlung, die auch durch Wahl zeitlicher und örtlicher Mittelwerte eingehalten werden können. Prinzipiell ist jedoch meistens eine mehr oder weniger große gegenseitige Beeinflussung vorhanden. Sie läßt sich am besten getrennt in S_1- und S_2-Stromflächen beschreiben.

Gitternachlauf. Die Abströmung in S_1-Flächen (**Bild 18**) ist in kleinem Abstand hinter dem Gitter aus zwei Gründen unregelmäßig: Schon in einer reibungsfreien Strömung bestehen an der Hinterkante über jeder Teilung noch unterschiedliche Geschwindigkeiten, die sich erst im weiteren Verlauf der Strömung ausgleichen (**Bild 27a**, linke Schaufelteilung). In den wandnahen Schichten ist ein Teil der kinetischen Energie durch Reibung oder Impulsaustausch dissipiert worden; in ihrem Nachlauf gibt es bei einigermaßen ausgeglichenem statischen Druck Zonen kleinerer Geschwindigkeit (**Bild 27**, hinter rechter Schaufel).
Beide Störungen in S_1-Flächen wirken im folgenden – zum ersten relativ bewegten – Gitter periodisch instationär. Dabei ändern sich die Geschwindigkeiten und die Richtungen zum folgenden Gitter. Beim Schaufelnachlauf in der relativen Abströmung eines Verdichter-Lauf-Gitters (w_2, w_{2D} und w_{2DD} in **Bild 27b**), ist z.B. die gleiche Umfangsgeschwindigkeit dazu zu addieren, um die Absolutgeschwindigkeit zu erhalten. Der Einfluß solcher instationären Störungen auf das folgende Gitter ist nur sehr schwer zu erfassen [51, 52].

Stromlinienkrümmung. Die Krümmung der Stromlinie in S_2-Flächen wird sowohl durch die Abströmung des vorhergehenden wie auch die Zuströmung zum folgenden Gitter beeinflußt, **Bild 28**. Sie hängt vom Verlauf der Umlenkung in Umfangsrichtung ab. Einfache z.B. eindimensionale Verfahren (s. R 1.5.1), geben nur näherungsweise das Verhalten der Stufe wieder. Die Näherung ist um so besser, je kleiner die genannten Einflüsse sind.

1.5.3 Stufenkenngrößen. Dimensionless stage parameters

Die Geschwindigkeitsdreiecke einer Stufe lassen sich vorgeben durch die Geschwindigkeitsvektoren in den drei

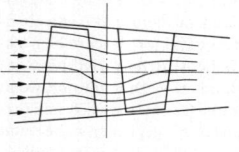

Bild 28. Stromlinien in S_2-Flächen

Querschnitten bzw. deren sechs Komponenten jeweils in meridionaler und Umfangsrichtung und durch zwei Umfangsgeschwindigkeiten:

> *Verdichterstufe* $c_{u1}, c_{m1}, u_1, c_{u2}, c_{m2}, u_2, c_{u3}, c_{m3}$,
> *Turbinenstufe* $c_{u0}, c_{m0}, c_{u1}, c_{m1}, u_1, c_{u2}, c_{m2}, u_2$.

Normierte Geschwindigkeiten. Für Gitter ist Δw_u, für Stufen u_2 die Bezugsgröße, **Bild 29**. Die normierten Vektoren der Gitter-Geschwindigkeiten sind also für die Stufen mit $-\Delta w_u/u_2$ zu multiplizieren. Den acht zur Beschreibung der Dreiecke notwendigen Geschwindigkeiten entsprechen sieben normierte Verhältnisse.

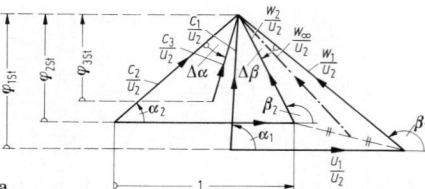

a

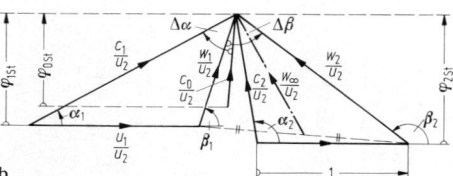

b

Bild 29. Dimensionslose Geschwindigkeitsdreiecke. **a** Verdichterstufe; **b** Turbinenstufe

Stufen-Enthalpie-Kenngröße. Zu vorgegebenen Geschwindigkeiten gehören bestimmte Enthalpieänderungen (Gln. (32) u. (33)), die sich z.B. für die Verdichterstufe aus denen für die beiden Gitter zusammensetzen lassen:

$$\Delta h_V = c_{u2}u_2 - c_{u1}u_1 - 1/2(c_3^2 - c_1^2).$$

Division durch $u_2^2/2$ ergibt für die Verdichterstufe

$$\psi_{hV} \equiv \frac{\Delta h_V}{u_2^2/2} = 2\left(\frac{c_{u2}}{u_2} - \frac{u_1}{u_2}\frac{c_{u1}}{u_2}\right)$$
$$- \left[\varphi_3^2 + \left(\frac{c_{u3}}{u_2}\right)^2 - \varphi_1^2 - \left(\frac{c_{u1}}{u_2}\right)^2\right] \tag{52}$$

und für die Turbinenstufe

$$\psi_{hT} \equiv \frac{\Delta h_T}{u_2^2/2} = 2\left(\frac{c_{u2}}{u_2} - \frac{u_1}{u_2}\frac{c_{u1}}{u_2}\right)$$
$$- \left[\varphi_2^2 + \left(\frac{c_{u2}}{u_2}\right)^2 - \varphi_0^2 - \left(\frac{c_{u0}}{u_2}\right)^2\right]. \tag{53}$$

Für Verdichter kommt es bei ungefähr axialer Zu- und Abströmung hauptsächlich auf $2c_{u2}/u_2$, für Turbinen auf $-2u_1c_{u1}/u_2^2$ an. Bei Verdichtern können in den Gittern nur kleinere Umlenkungen verwirklicht werden (verzögerte Strömung) als bei Turbinen (beschleunigte Strömung). Deshalb ist der Betrag des für Verdichter maßgebenden Geschwindigkeitsverhältnisses kleiner als der des für Turbinen gültigen, **Bild 29**. Folglich kann in einer Verdichterstufe nur weniger Enthalpie umgesetzt werden als in einer Turbinenstufe.

Durchfluß-Kenngrößen. Es gilt

$$\varphi_0 \equiv c_{m0}/u_2, \quad \varphi_1 \equiv c_{m1}/u_2, \quad \varphi_2 \equiv c_{m2}/u_2 \quad \text{und}$$
$$\varphi_3 \equiv c_{m3}/u_2. \tag{54}$$

Sie sind die Ordinaten in den normierten Geschwindigkeitsdreiecken.

Enthalpie-Reaktionsgrad. Er ist das Verhältnis der Enthalpieänderung im Laufrad zur gesamten Enthalpieänderung in der Stufe.

Verdichterstufe:

$$
\rho_{hV} \equiv \frac{\Delta h''}{\Delta h} = 1 - \frac{\Delta h'}{\Delta h}
$$

$$
= 1 - \frac{(c_{m2}/u_2)^2 + (c_{u2}/u_2)^2 - (c_{m3}/u_2)^2 - (c_{u3}/u_2)^2}{\psi_{hV}}
$$

$$
= \frac{-\Delta w_u w_{u\infty}/u_2^2 - \Delta w_m w_{m\infty}/u_2^2 + \Delta u u_\infty/u_2^2}{\Delta c_u/u_2 + c_{u1}\Delta u/u_2^2 - (c_3 + c_1)(c_3 - c_1)/(2u_2^2)}. \quad (55)
$$

Turbinenstufe:

$$
\rho_{hT} \equiv \frac{\Delta h''}{\Delta h} = 1 - \frac{\Delta h'}{\Delta h}
$$

$$
= 1 - \frac{(c_{m0}/u_2)^2 + (c_{u0}/u_2)^2 - (c_{m1}/u_2)^2 - (c_{u1}/u_2)^2}{\psi_{hT}}
$$

$$
= \frac{\Delta w_u w_{u\infty}/u_2^2 - \Delta w_m w_{m\infty}/u_2^2 + \Delta u u_\infty/u_2^2}{\Delta c_u/u_2 + c_{u1}\Delta u/u_2^2 - (c_2 + c_0)(c_2 - c_0)/(2u_2^2)}. \quad (56)
$$

Bei geringer Änderung der Meridionalgeschwindigkeit Δw_m und der Umfangsgeschwindigkeit Δu kommt es für Verdichter und Turbine hauptsächlich auf

$$
-\Delta w_u w_{u\infty}/\Delta c_u u_2 = -w_{u\infty}/u_2 \quad \text{mit} \quad \Delta c_u = \Delta w_u + \Delta u
$$

an. Infolge der im Verdichter nur kleineren zu verwirklichenden Umlenkungen ist der Vektor w_∞ stärker gegen die Umfangsrichtung geneigt als in Turbinen. **Bilder 29, 30, 31**. Deshalb ist der Reaktionsgrad für Verdichter $\rho_{hV} = 0,5, \dots 1,0$ und für Turbinen $\rho_{hT} = 0 \dots 0,5$.

Stufen-Druck-Kenngröße. Enthalpieänderung und Strömungsarbeit sind nach Gl. (15) durch die Verluste miteinander verknüpft $\Delta h = y + j$, wenn in der Stufe keine Wärme nach oder von außen übertragen wird (adiabat). Wird die Strömungsarbeit auf die gleiche kinetische Energie wie die Enthalpiedifferenz bezogen, so ergeben sich die Druckkenngrößen für

$$
\textit{Verdichter } \psi_{yV} \equiv \frac{y_V}{u_2^2/2}, \quad \textit{Turbinen } \psi_{yT} \equiv \frac{y_T}{u_2^2/2}. \quad (57)
$$

Stufen-Wirkungsgrad. Nach den Definitionen Gl. (21) und (22) ist im adiabaten Fall und bei Vernachlässigung der Änderung der potentiellen Energie für

$$
\textit{Verdichter } \eta_V = y/\Delta h = \psi_y/\psi_h,
$$

$$
\textit{Turbinen } \eta_T = \Delta h/y = \psi_h/\psi_y. \quad (58)
$$

Reibungseinfluß. Analog zum Gitter ist für die Verluste und damit die Beziehung zwischen Enthalpieänderung, Strömungsarbeit und Wirkungsgrad der Einfluß der Reibung zu berücksichtigen. Die Reynoldszahl wird als Ähnlichkeitsparameter für die Stufe üblicherweise mit der Umfangsgeschwindigkeit u_2 gebildet $Re = \rho_2 u_2 D_2/\mu$, obwohl u_2 die Führungs- und keine Strömungsgeschwindigkeit ist. Diese stehen aber über die normierten Geschwindigkeiten miteinander in Beziehung. Für den Turbulenzgrad wird die gleiche Definition verwendet wie auch für Gitter.

Kompressibilitätseinfluß. Auch die Machzahl wird für Stufen üblicherweise mit der Umfangsgeschwindigkeit gebildet $Ma = u_2/c_{s2}$. Die Fluideigenschaften sind in gleicher Weise zu berücksichtigen wie für Gitter.

Schluckkenngröße. Sie wird hauptsächlich für Turbinenstufen angewendet

$$
\mu_T \equiv c_{m2}/\sqrt{2|y|} = \varphi_2/\sqrt{|\psi_y|} \quad (59)
$$

und hängt von den vorgenannten Kenngrößen ab. Für eine Düse oder Blende bestimmter Geometrie wäre sie konstant; für eine Axialturbine ändert sie sich für eine einzelne Stufe nur wenig, auch wenn die Drehzahl variiert

wird. Dagegen wirkt sich in Radial-Turbinenstufen das mit der Drehzahl veränderliche Rotationsfeld auf ihren Verlauf aus.

1.5.4 Axiale Repetierstufe eines vielstufigen Verdichters
Axial repeating stage of multistage compressor

Axialstufe. Werden die S_1-Stromflächen im idealisierten Fall als Zylinderflächen angenommen (**Bild 30a**), ist die Umfangsgeschwindigkeit des rotierenden Systems in der mittleren Stromfläche überall gleich

$$
u_1 = u_2 = u \quad \text{bzw.} \quad u_1/u_2 = 1. \quad (60)
$$

Repetierstufe. Wenn gleichartige Stufen unter ähnlichen Bedingungen, also bei gleichen normierten Geschwindigkeitsdreiecken arbeiten, so lassen sich die Eigenschaften der Stufengruppe leicht aus denen der Einzelstufen ableiten; bei kompressiblen Fluiden ist dann die Schaufellänge dem spezifischen Volumen anzupassen. Zu- und Abströmung müssen in diesem Fall für alle Stufen gleich sein; damit gilt für die Geschwindigkeit und mit Gl. (54)

$$
c_1 = c_3, \quad c_{u1}/u = c_{u3}/u, \quad \varphi_1 = \varphi_3 = c_{m1}/u = c_{m3}/u. \quad (61)
$$

Eine solche Stufe kann auch einzeln verwendet werden, wenn die Zu- und Abströmung dieser Bedingung genügt.

Meridianschnitt. Für die Strömungsführung ergeben sich gleichmäßige Konturen nur, wenn die Meridiankomponente der Geschwindigkeit zwischen Lauf- und Leitgitter gleich groß ist wie vor oder hinter der Stufe:

$$
c_{m2} = c_{m1} = c_{m3}, \quad \varphi_2 = \varphi_1 = \varphi_3 = \varphi. \quad (62)
$$

Durch die Gln. (60) bis (62) lassen sich vier der sieben im allgemeinen Fall zur Beschreibung normierter Geschwindigkeitsdreiecke notwendigen Verhältnisse eliminieren. Es verbleiben

$$
c_{u1}/u = c_{u3}/u, \quad c_{u2}/u \quad \text{und} \quad \varphi. \quad (63)
$$

Drallfreie Zu- und Abströmung. In diesem für die Auslegung oft gewählten Fall hängt das Eintrittsdreieck (1) mit $c_{u1}/u = c_{u3}/u = 0$ nur noch von φ ab, das Austrittsdreieck (2) zusätzlich von c_{u2}/u. Es ergeben sich einfache Ausdrücke für die Enthalpie-Kenngrößen (Gl. (52)) $\psi_{hV} = 2c_{u2}/u$ und für den Enthalpie-Reaktionsgrad (Gl. (55)) $\rho_{hV} = -w_{u\infty}/u$. Beide Kenngrößen können aus dem normierten Geschwindigkeitsdreieck (**Bild 30b**) abgegriffen werden.

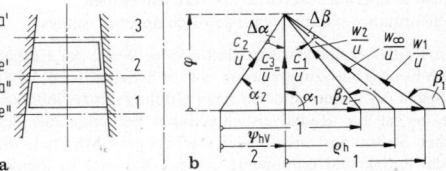

Bild 30. Axiale Repetierstufe eines Verdichters. **a** Meridianschnitt; **b** normierte Geschwindigkeitsdreiecke

Mitdrall. Die relative Anströmgeschwindigkeit zum Laufgitter läßt sich auch in Hochgeschwindigkeits-Verdichtern unter der Schallgeschwindigkeit halten ($Ma = w_1/c_{s1} < 1$), wenn durch ein Vorleitrad ein Mitdrall ($c_{u1}/u > 0$) eingeführt wird. Mit einem Vorleitrad mit drehbaren Schaufeln lassen sich über den Vordrall Druckverhältnis und Durchfluß des Verdichters regeln (s. R 1.7.5).

1.5.5 Radiale Repetierstufe eines Verdichters
Radial repeating stage of compressor

Umfangsgeschwindigkeits-Zunahme. Hier sind die Umfangsgeschwindigkeiten nicht gleich. Bei zentrifugaler Durchströmung (**Bild 31 a**) wird $u_1/u_2 < 1$. Es werden alle Größen auf u_2 bezogen.

Die Gln. (61) bis (63) gelten auch hier. Da die normierte Umfangsgeschwindigkeit am Eintritt (1) kleiner ist, wird bei etwa gleichen Winkeln das ganze Geschwindigkeitsdreieck kleiner. Am Laufgitter-Austritt (2) ist die Umfangsgeschwindigkeit $u_2/u_2 = 1$ also größer als u_1/u_2 am Eintritt. Deshalb ist der Winkel α_2 spitzer, unter dem c_2/u_2 steht.

Drallfreie Zu- und Abströmung. Für Radialstufen ist auch in diesem Fall die Enthalpie-Kenngröße $\psi_{hV} = 2c_{u2}/u_2$ wie bei Axialstufen im analogen Fall (**Bild 31 b**), ist aber wegen der Zunahme der Umfangsgeschwindigkeit dem Betrag nach größer. Sie läßt sich im Geschwindigkeitsdreieck ebenso darstellen. Jedoch vereinfacht sich der Enthalpie-Reaktionsgrad (Gl. (55)) wegen der Änderung der Umfangsgeschwindigkeit nur wenig,

$$\rho_{hV} = \frac{-\Delta w_u w_{u\infty} + \Delta u u_\infty}{\Delta c_u u_2 + \Delta u c_{u1}}, \tag{64}$$

so daß er im Geschwindigkeitsdreieck nicht darzustellen ist.

Vordrall. Auslegung mit Vordrall bringt i. allg. bei beschränkter Umlenkungsmöglichkeit keine Vorteile. Veränderlicher Vordrall wird zur Regelung eingesetzt (s. R 1.7.5).

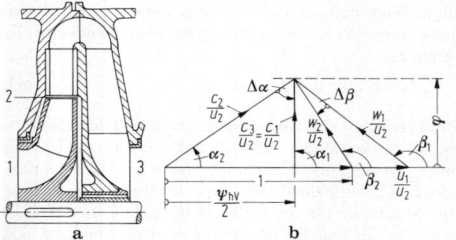

Bild 31. Radiale Repetierstufe eines Verdichters. **a** Meridianschnitt; **b** normierte Geschwindigkeitsdreiecke

1.5.6 Kenngrößen-Bereiche für Verdichterstufen
Performance parameter range of compressor stages

In Radialverdichterstufen sind höhere Werte der Enthalpie-Kenngröße zu erreichen als in axialen (s. R 1.5.5). Wegen der kleineren normierten Umfangsgeschwindigkeit u_1/u_2 ist für Radialverdichterstufen bei ungefähr gleichen Strömungswinkeln auch die bezogene Meridian-Geschwindigkeits-Komponente $\varphi = c_{m1}/u_2 = c_{m2}/u_2$ kleiner. Das ψ_h, φ-Diagramm (**Bild 32**) zeigt die Felder für Radial bzw. Axialverdichterstufen zusammen mit den erreichbaren Wirkungsgraden.

1.5.7 Axiale Repetierstufe einer Turbine
Axial repeating stage of turbine

Axiale Repetierstufe. Hier gelten die entsprechenden Annahmen wie für Verdichter (s. R 1.5.4).

Gleiche Umfangsgeschwindigkeit (**Bild 33**):

$$u_1 = u_2 = u \quad \text{und} \quad u_1/u_2 = 1. \tag{65}$$

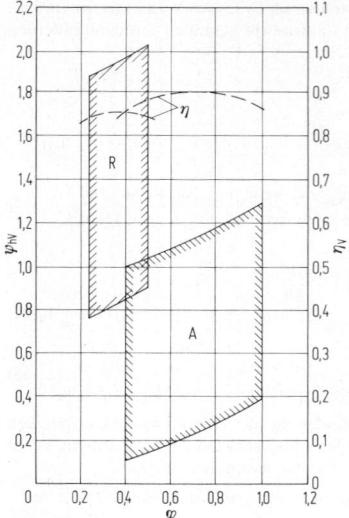

Bild 32. Bereiche der Enthalpie(ψ_{hV})- und Durchfluß(φ)-Kenngrößen, erreichbarer Wirkungsgrad für Radial- und Axialverdichterstufen R und A

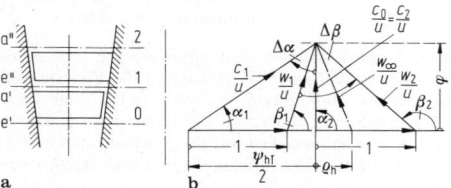

Bild 33. Axiale Repetierstufe einer Turbine. **a** Meridianschnitt; **b** normierte Geschwindigkeitsdreiecke

Repetierbedingung:

$$c_0 = c_2; \quad c_{u0}/u = c_{u2}/u \quad \text{und}$$
$$\varphi_0 = \varphi_2 = c_{m0}/u_2 = c_{m2}/u_2. \tag{66}$$

Gleiche Meridiankomponente im Spalt zwischen Leit- und Laufgitter wie vor und hinter der Stufe

$$c_{m1} = c_{m0} = c_{m2}, \quad \varphi_1 = \varphi_0 = \varphi_2 = \varphi. \tag{67}$$

Neben diesen Voraussetzungen können zur Festlegung der normierten Geschwindigkeitsdreiecke nur noch $c_{u0}/u = c_{u2}/u; c_{u1}/u$ und φ_2 gewählt werden.

Drallfreie Zu- und Abströmung. Mit $c_{u0}/u = c_{u2}/u = 0$ hängt das normierte Eintrittsdreieck (1) nur noch von φ ab, und das Austrittsdreieck (2) zusätzlich von c_{u1}/u_2. Es gilt:

Enthalpiekenngröße (Gl. (53)) $\psi_{hT} = -2c_{u1}/u$,

Enthalpie-Reaktionsgrad (Gl. (56)) $\rho_{hT} = -w_{u\infty}/u$.

Diese Kenngrößen lassen sich den normierten Geschwindigkeitsdreiecken entnehmen. Nach ihrer Wahl werden zwei Spezialfälle unterschieden:

Reaktionsstufe. Wird das noch freie Geschwindigkeitsverhältnis, $c_{u1}/u = 1$ gewählt (**Bild 34 a**) so ergeben sich $\psi_{hT} = -2$, $\rho_h = 0,5$ bei $\varphi = 0,3...0,4$. Die Umlenkungen in Leit-($\Delta\alpha$) und Laufgitter ($\Delta\beta$) sind gleich und vergleichsweise klein. In Leit- und Laufgitter können symmetrische Gitter sonst gleicher Geometrie, insbesondere gleicher Profilierung, mit guten Wirkungsgraden eingesetzt werden. Infol-

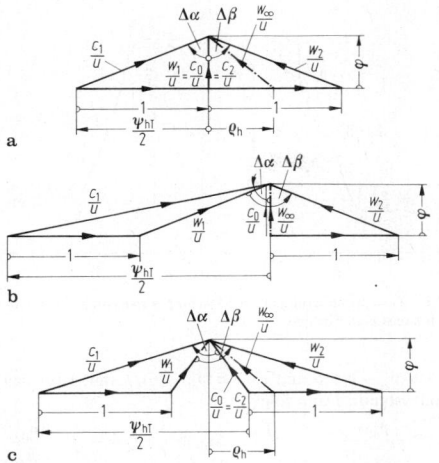

Bild 34. Beispiele für Axialturbinenstufen. **a** Reaktionsstufe mit drallfreier Zu- und Abströmung $c_{u1}/u = 1, c_{u0}/u = 0$; **b** Aktionsstufe mit drallfreier Zu- und Abströmung $c_{u1}/u = 2, c_{u0}/u = 0$; **c** Reaktionsstufe mit Vordrall $c_{u1}/u = 0,2 \ldots -0,4$

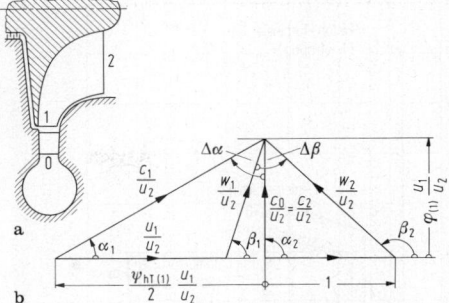

Bild 35. Radiale Repetierstufe einer Turbine. **a** Meridianschnitt; **b** normierte Geschwindigkeitsdreiecke

ge gleichen Enthalpieabbaus in Leit- und Laufgitter sind die Druckdifferenzen in beiden Gittern ungefähr gleich groß. Der auf die Welle infolge der Druckdifferenz am Laufgitter ausgeübte Axialschub muß durch zweiflutige Bauweise kompensiert oder durch Ausgleichskolben und Axiallager aufgenommen werden.

Aktionsstufe. Bei der Wahl $c_{u1}/u = 2$ (**Bild 34 b**) sind $\psi_{hT} = -4$, $\rho_h = 0$ bei $\varphi = 0,32 \ldots 0,45$. Im Vergleich zur Reaktionsstufe kann also die doppelte Enthalpiedifferenz umgesetzt werden. Die Umlenkungen sind für Leit- und Laufgitter verschieden groß, so daß Gitter mit unterschiedlich profilierten Schaufeln eingesetzt werden müssen; sie sind in beiden Gittern größer, weshalb etwas geringere Wirkungsgrade erwartet werden können. Die Enthalpiedifferenz im Umlenk-Laufgitter ist $\Delta h'' = 0 (|w_2| = |w_1|)$, die Druckdifferenz entspricht den Verlusten im Laufgitter $y'' = -j''$ und ist nur klein. Der Axialschub kann meistens durch das Axiallager aufgenommen werden.

Gegendrall. Der Nachteil des kleinen Gefälles bei der Reaktionsstufe kann unter weitgehender Beibehaltung der Vorteile dieses Stufentyps verringert werden, wenn am Stufen-Ein- (0) und Austritt (2) ein Gegendrall $c_{u0}/u = -0,2 \ldots -0,4$ eingeführt wird, **Bild 34 c**. Die Enthalpie-Kenngröße $\psi_{hT} = 2(c_{u2}/u - c_{u1}/u)$ erreicht Werte im Bereich $\psi_{hT} = -2,8 \ldots -3,6$ bei gleichem Reaktionsgrad $\rho_h = 0,5$ und gleicher Durchflußkenngröße $\varphi = 0,3 \ldots 0,4$. Das ist zu erklären mit den etwas größeren Umlenkungen in Leit- ($\Delta \alpha$) und Laufgitter ($\Delta \beta$), die aber nur eine geringfügige Wirkungsgradeinbuße erwarten lassen.

1.5.8 Radiale Turbinenstufe. Radial turbine stage

Umfangsgeschwindigkeits-Abnahme. Radiale Turbinenstufen müssen zentripetal durchströmt werden, wenn ein möglichst großer Enthalpieabbau im Laufrad erstrebt wird. In Gl. (34) ist dann $u_e'' = u_1 > u_a'' = u_2$. Für das spezifische Volumen gilt $v_2 > v_1$.

Querschnittsverlauf. Die Strömungsquerschnitte (**Bild 35 a**) würden bei gleicher Schaufelbreite b in Durchflußrichtung mit dem Radius $D/2$ abnehmen, also wäre $A_2/A_1 = D_2 b_2/(D_1 b_1)$.

Damit der Massenstrom bei etwa gleicher Meridian-Komponente durch den Querschnitt 2 fließt, muß nach der Kontinuitätsgleichung (Gl. (2)) $b_2 > b_1$ sein,

$$b_2/b_1 = v_2 D_1 c_{m1}/(v_1 D_2 c_{m2}). \tag{68}$$

Die Radbreite am Eintritt b_1 muß also klein gewählt werden.

Bezugsgröße für Enthalpie- und Durchfluß-Kenngröße. Mit $u_1/u_2 > 1$ ist bei etwa gleichem relativen Eintrittswinkel (**Bild 35 b**) in das Laufgitter β_1 die absolute Eintrittsgeschwindigkeit stärker zur Umfangsgeschwindigkeit geneigt als bei der Axialstufe; deshalb ist die Umfangs-Komponente c_{u1}/u_2 größer. Wird die Enthalpie-Kenngröße wieder auf die Umfangsgeschwindigkeit am Austritt aus dem Laufrad bezogen, so ist nach Gl. (53) $\psi_{hT(2)}/2 = \Delta h_T/u_2^2 = -c_{u1} u_1/u_2^2$; sie wird durch den Bezug auf das Quadrat der kleineren Umfangsgeschwindigkeit besonders groß.

Oft wird für Radialstufen auch die größere Umfangsgeschwindigkeit u_1 als Bezugsgröße gewählt; denn sie ist mit Rücksicht auf die Festigkeit des Rads begrenzt. Dann ist die Enthalpie-Kenngröße $\psi_{hT(1)}/2 = \Delta h_T/u_1^2 = -c_{u1}/u_1$. Sie hat dann einen kleineren Wert als $|-c_{u1}/u_2|$, ist aber je nach Durchmesserverhältnis immer noch größer als für eine Axialstufe.

Die Meridiankomponente kann auf die Umfangsgeschwindigkeit am Austritt bezogen werden $\varphi_{2(2)} \equiv c_{m2}/u_2$. Der Vergleich dieser Kenngröße mit der von Axialstufen ist aber schlecht, weil die Bezugsgeschwindigkeit u_2 klein ist. Deswegen wird die Form vorgezogen $\varphi_{1(1)} \equiv c_{m1}/u_1$. Ihre kleineren Werte lassen sich besser mit Axialstufen vergleichen, weil sich ungefähr gleiche Bezugsgeschwindigkeiten in beiden Stufenarten verwirklichen lassen.

1.5.9 Kenngrößen-Bereiche für Turbinenstufen
Performance parameter range of turbine stages

Für Turbinenstufen ist aus den analogen Gründen wie für Verdichterstufen (s. R 1.5.6) der Enthalpieabbau und damit der Arbeitsumsatz in Radialstufen größer als in Axialstufen. Das auf die Umfangsgeschwindigkeit am Eintritt bezogene Durchfluß-Geschwindigkeits-Verhältnis für Radialstufen ist kleiner als das übliche auf die Umfangsgeschwindigkeit am Austritt bezogene Durchfluß-Geschwindigkeits-Verhältnis für Axialstufen (s. R 1.5.8).

Die für verschiedene Radial- und Axialturbinenstufen üblichen Anwendungsbereiche s. **Bild 36.** Gegenüber den Verdichterstufen (**Bild 32**) werden bei ungefähr gleichen Durchfluß-Geschwindigkeits-Verhältnissen in Turbinenstufen doppelt so große Enthalpie-Kenngrößen erreicht,

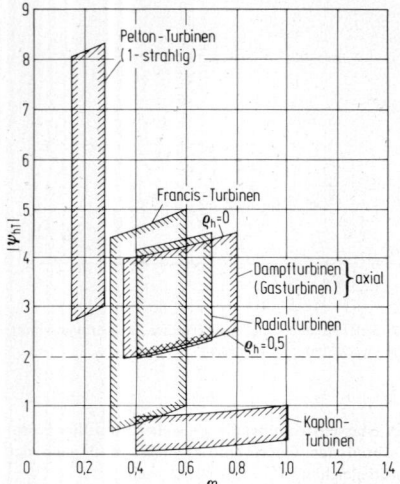

Bild 36. Bereiche der Enthalpie(ψ_h)- und Durchfluß(φ)-Kenngrößen für Radial- und Axialturbinenstufen

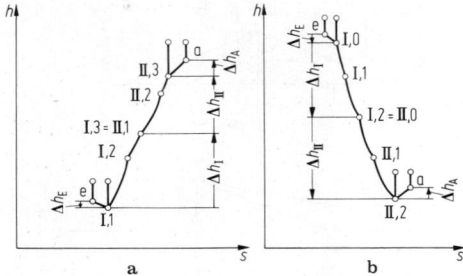

Bild 37. Zustandsänderung in der Maschine. **a** zweistufiger Verdichter; **b** zweistufige Turbine

da sich eine beschleunigte Strömung bei gutem Wirkungsgrad stärker umlenken läßt als eine verzögerte.

In **Bild 36** sind auch die Bereiche für die üblichen Wasserturbinenbauarten angegeben: einstrahlig beaufschlagte Pelton-, Francis- und Kaplanturbine.

1.6 Maschine. Overall machine design

1.6.1 Beschaufelung, Ein- und Austrittsgehäuse
Blading, inlet and exhaust casing

Beschaufelung. Ihr muß das Arbeitsfluid vom einen Maschinenflansch in einem Eintrittsgehäuse zugeführt werden, z.B. **Bild 6.** Dahinter fließt es im Austrittsgehäuse zum anderen Maschinenflansch, wobei noch möglichst viel kinetische Energie in Druck umgesetzt wird.

Ein- und Austrittsgehäuse. Hier wird keine Arbeit zu- oder abgeführt; der Wärmeaustausch mit der Umgebung ist vernachlässigbar, wenn entweder die Temperaturdifferenzen klein, oder die Gehäuse ausreichend isoliert sind. Nach dem Energieerhaltungssatz (Gl. (12)) bleibt die Totalenthalpie beim Durchströmen der Gehäuse gleich; jedoch ändern sich die Enthalpien und alle anderen Zustandsgrößen:

$$h_a - h_e = -(c_a^2 - c_e^2)/2 - g(z_a - z_e).$$

In Eintrittsgehäusen sinkt die Enthalpie bei zunehmender und steigt in Austrittsgehäusen bei abnehmender kinetischer Energie. In der gesamten Enthalpieänderung der Maschine sind die Gehäuse durch Δh_E und Δh_A (mit E für Ein- und A für Austrittsgehäuse) und die Stufen durch $\sum \Delta h_i$ (mit $i =$ I, II…) zu berücksichtigen (**Bild 37**)

$$\Delta h_M = \sum \Delta h_i + \Delta h_E + \Delta h_A = \sum \Delta h_i + \sum \Delta h_G. \quad (69)$$

Die Dissipation in den Gehäusen (Index G) folgt aus Gl. (16) bei Vernachlässigung der Änderung der potentiellen Energien $g \Delta z_G = 0$

$$j_G = \Delta h_G - y_G = -\left(\frac{c_a^2}{2} - \frac{c_e^2}{2}\right) - y_G.$$

Bei kleinen Dichteänderungen gilt $y_G \cong (p_a - p_e)/\bar{\rho}$.

$c_a^2/2 \cong (p_{at} - p_a)/\bar{\rho}$ und $c_e^2/2 \cong (p_{et} - p_e)/\bar{\rho}$ (mit t für den Totalzustand). Dann folgt

$$j_G \cong -\frac{p_{at} - p_{et}}{\bar{\rho}} = -\frac{\Delta p_{tG}}{\bar{\rho}}, \quad \Delta s_G \cong \frac{1}{T} \cdot j_G = -\frac{1}{T} \cdot \frac{\Delta p_{tG}}{\bar{\rho}}$$

und $\Delta p_G = \bar{\rho} \cdot \Delta h_G + \Delta p_{tG}.$ (70)

Entsprechend gilt dann auch

$$\Delta s_M = \sum \Delta s_i + \sum \Delta s_G, \quad \Delta p_M = \sum \Delta p_i + \sum \Delta p_G \quad \text{und}$$
$$y_{\Sigma M} = \sum y_i + \sum y_G \cong y_M, \quad (71)$$

wobei durch $y_{\Sigma M}$ angedeutet wird (s. R 1.5.1), daß als Integrationsweg die Aneinanderreihung der einzelnen Zustandsänderungen gewählt wurde. Dieser Weg kann näherungsweise als y_M für eine Polytrope durch Ein- und Austrittszustand ersetzt werden.

1.6.2 Maschinenkenngrößen
Overall machine performance parameters

Sie sind analog zu den Stufen-Kenngrößen definiert, aber auf andere Durchfluß- und Umfangs-Geschwindigkeiten bezogen, um dafür nur ein Längenmaß und ein Maß für die Drehbewegung zu verwenden. Da sich strenggenommen alle Kenngrößen nur auf geometrisch ähnliche Maschinen übertragen lassen, genügen die beiden Bezugsgrößen, wenn sie nur in gleicher Art für die ganze Familie verwendet werden.

Bezugsgrößen. Für die Länge ist es der größte Durchmesser D_B des Rotors (des Laufgitters), für die Drehbewegung die Umfangsgeschwindigkeit

$$u_B = \pi n D_B. \quad (72)$$

Für die fiktive Durchschuß-Geschwindigkeit wird der Volumenstrom $\dot{V} = \dot{m}/\rho$ auf den gesamten Querschnitt $\pi D_B^2/4$ bezogen:

$$c_D \equiv 4\dot{V}/(\pi D_B^2). \quad (73)$$

Enthalpie-Kenngröße. Mit der Enthalpiedifferenz für die Maschine Δh_M (Gl. (69)) und der Umfangsgeschwindigkeit (Gl. (72)) ergibt sich

$$\psi_{hM} \equiv \frac{\Delta h_M}{u_B^2/2} = \frac{2\Delta h_M}{\pi^2 n^2 D_B^2}. \quad (74)$$

Druck-Kenngröße. Die Strömungsarbeit y_M (Gl. (71)) wird ebenso bezogen

$$\psi_{yM} \equiv \frac{y_M}{u_B^2/2} = \frac{2y_M}{\pi^2 n^2 D_B^2}. \quad (75)$$

Wirkungsgrad. Für einen Verdichter bzw. eine Turbine gilt:

$$\eta_{MV} = y_M/\Delta h_M = \psi_{yM}/\psi_{hM},$$
$$\eta_{MT} = \Delta h_M/y_M = \psi_{hM}/\psi_{yM}. \quad (76)$$

Durchfluß-Kenngröße. Sie ist das Verhältnis der fiktiven Durchflußgeschwindigkeit (Gl. (73)) zur Umfangsgeschwindigkeit (Gl. (72))

$$\varphi_{\mathrm{M}} \equiv \frac{c_{\mathrm{D}}}{u_{\mathrm{B}}} = \frac{4\dot{V}}{\pi^2 n D_{\mathrm{B}}^3}. \tag{77}$$

Schluck-Kenngröße

$$\mu_{\mathrm{M}} \equiv \frac{\varphi_{\mathrm{M}}}{\sqrt{\psi_{\mathrm{yM}}}} = \frac{4\dot{V}}{\pi D_{\mathrm{B}}^2 \sqrt{2 y_{\mathrm{M}}}}. \tag{78}$$

Momenten-Kenngröße

$$\tau_{\mathrm{M}} \equiv \frac{\psi_{\mathrm{hM}}}{\varphi_{\mathrm{M}}} = \frac{1}{2} \cdot \frac{\Delta h_{\mathrm{M}} D_{\mathrm{B}}}{n\dot{V}} = \frac{\Delta h_{\mathrm{M}}\dot{m}}{\omega} \cdot \frac{\pi D_{\mathrm{B}}}{\rho\dot{V}^2} = M\frac{\pi D_{\mathrm{B}}}{\rho\dot{V}^2}. \tag{79}$$

Reibungseinfluß. Die neben Turbulenzgrad und Oberflächenbeschaffenheit maßgebende Reynoldszahl wird mit der Umfangsgeschwindigkeit (Gl. (72)) definiert

$$Re_{\mathrm{M}} = u_{\mathrm{B}} D_{\mathrm{B}} \rho/\mu. \tag{80}$$

Kompressibilitätseinfluß. Die Machzahl wird ebenfalls mit der Umfangsgeschwindigkeit (Gl. (72)) gebildet

$$Ma_{\mathrm{M}} = u_{\mathrm{B}}/c_{\mathrm{s}}. \tag{81}$$

Sie und die Eigenschaften des Fluids sind die Einflußgrößen der Kompressibilität (s. R 8.1.1).

Ähnlichkeitsbedingungen. Analog zu den Kenngrößen für Gitter (Gl. (40)) gilt auch für die Maschinenkenngrößen

$$\psi_{\mathrm{hM}} = \psi_{\mathrm{hM}}(\varphi_{\mathrm{M}}, Re_{\mathrm{M}}, Tu, Ma_{\mathrm{M}}, k, \alpha, \beta, \text{geom. Größenverh.}).$$

von den gleichen Kenngrößen hängen auch ψ_{yM}, η_{M}, μ_{M} und τ_{M} ab.

1.6.3 Wahl der Bauweise. Selection of machine type

Mit den verschiedenen Maschinenbauarten lassen sich jeweils nur bestimmte Bereiche der Kenngrößen erreichen. Zur Auswahl der zweckmäßigen Bauart werden die Kenngrößen folgendermaßen umgeformt. In den Kenngrößen ψ_{yM} (Gl. (75)) und φ_{M} (Gl. (77)) kommen jeweils beide noch unbekannten Größen D_{B} und n vor, die die Maschine charakterisieren, während nur jeweils eine der beiden Größen y_{M} und $\dot{V}$ enthalten ist, die durch die Aufgabe vorgegeben sind.
Zur Wahl der Bauweise wäre es einfacher, je eine Kenngröße für die beiden Unbekannten n und D_{B} zu haben, wobei in jeder der durch die Aufgabe gegebenen Größen y_{M} und $\dot{V}$ vorkommen können. Deswegen werden die beiden Kenngrößen ψ_{yM} und φ_{M} durch zwei aus ihnen zweckmäßig gebildete Potenzprodukte ersetzt.

Spezifische Drehzahl. Die Forderung, es solle nur n, nicht aber D_{B} vorkommen, würde mit den Gln. (75) und (77) das Potenzprodukt $\varphi_{\mathrm{M}}/|\psi_{\mathrm{yM}}|^{3/2}$ erfüllen; soll die Drehzahl in der ersten Potenz enthalten sein, so ist aus diesem Verhältnis die Wurzel zu ziehen:

$$\sigma_{\mathrm{M}} \equiv \frac{|\varphi_{\mathrm{M}}|^{1/2}}{|\psi_{\mathrm{yM}}|^{3/4}} = \frac{n\sqrt{\dot{V}}}{|y|^{3/4}} (2\pi^2)^{1/4}. \tag{82}$$

Spezifischer Durchmesser. Das Potenzprodukt $\psi_{\mathrm{yM}}/\varphi_{\mathrm{M}}^2$ gemäß den Gln. (75) und (77) enthält die Drehzahl nicht; daraus ist die vierte Wurzel zu ziehen, um den Bezugsdurchmesser D_{B} in der ersten Potenz stehen zu lassen

$$\delta_{\mathrm{M}} \equiv \frac{|\psi_{\mathrm{yM}}|^{1/4}}{|\varphi_{\mathrm{M}}|^{1/2}} = \frac{D_{\mathrm{B}}|y_{\mathrm{M}}|^{1/4}}{\sqrt{\dot{V}}} \left(\frac{\pi^2}{8}\right)^{1/4}. \tag{83}$$

Cordier-Diagramm. Für einstufige Verdichter und Turbinen lassen sich σ_{M} und δ_{M} eindeutig einander zuordnen

(**Bild 38**); dazu dürfen nur Maschinen mit den unter den jeweiligen Verhältnissen besten aus Rechnung oder Messung erreichbaren Wirkungsgraden herangezogen werden, Optimalpunkte in **Bild 32** und **36**. Ist neben dem Volumenstrom $\dot{V}$ und der Strömungsarbeit y eine der beiden Größen n oder D_{B} vorgegeben, so läßt sich eine der beiden Kenngrößen berechnen, die andere folgt aus **Bild 38** und damit die andere Auslegungsgröße [53].
Zusätzlich sind Netze mit Linien konstanter Druck- ψ_{yM} und Durchfluß-Kenngröße φ_{M} eingetragen. Außerdem sind den einzelnen Bereichen von σ_{M} oder δ_{M} bestimmte Bauweisen (axial, diagonal, radial) zugeordnet, mit denen ein guter Wirkungsgrad zu erzielen ist.

Mehrstufige Maschinen. Hier sind keine so einfachen Zusammenhänge zu finden, da hier die Stufenzahl als zusätzlicher Parameter hinzutritt; durch Hintereinanderreihung mehrerer Stufen lassen sich für die Stufen und die Gehäuse aufsummierten Strömungsarbeiten für alle Bauweisen in einem weiten Bereich ändern. Nur bei Umrechnung vielstufiger Maschinen in einstufige lassen sich diese in den gleichen Zusammenhang einordnen. Hierbei spielen die Zustandsänderungen in den Gehäusen bei Maschinen mit sehr vielen Stufen nur eine untergeordnete Rolle.

1.7 Betriebsverhalten und Regelmöglichkeiten
Operational behaviour and control

1.7.1 Maschinencharakteristiken
Machine performance characteristics

Turbomaschinen können nicht immer unter den Auslegungsbedingungen betrieben werden, Eintrittszustand und Austrittsdruck stellen sich nach dem Gleichgewicht zwischen Maschine und Anlage ein. Dies wird durch Eingriffe sowohl in die Anlage, wie auch in die Maschine beeinflußt. Solche Eingriffe können auf der Anlagenseite z.B. durch unterschiedliche Entnahme aus Wasser- oder Luftspeicherbehältern, durch Öffnen oder Schließen von Drossel- oder Beipaßventilen, durch Verstellen der Feuerung von Dampfkesseln oder von Gasturbinenbrennkammern geschehen; Beispiele für Eingriffe an der Maschine sind: Ändern der Drehzahl, Verstellen der Schaufeln (s. R 1.7.3–R 1.7.6). Maschine und Anlage üben also eine gegenseitige Wechselwirkung aufeinander aus, die für den Betriebspunkt maßgebend ist.

Dimensionslose Charakteristiken. Sie geben die Eigenschaften bei allen möglichen Betriebspunkten der Maschine an, **Bild 39**. Üblicherweise werden sie als Verknüpfungen zwischen ψ_{hM} und φ_{M} oder π_{M} und φ_{M} bei bestimmten Werten von Ma_{M} und Re_{M} für ein bestimmtes Fluid angegeben (s. R 1.6.2). Ein auf ihnen gelegener Punkt enthält zwar alle dazu ähnlichen Betriebspunkte, von Punkt zu Punkt verzerren sich jedoch die Geschwindigkeitsdreiecke, und damit ändern sich die Kenngrößen und ihre Beziehungen zueinander.

Beispiel: Ein vielstufiger Verdichter muß einen kleineren Volumenfluß fördern als bei der Auslegung vorgesehen. Im ersten Laufgitter (**Bild 30b**) hat die kleinere Geschwindigkeit c_1 bei gleicher Umfangsgeschwindigkeit also auch kleineren Verhältnis c_1/u einen größeren Zuströmwinkel β_1 mit größerem Umlenkungswinkel $\Delta\beta$ und Verzögerungs-Verhältnis zur Folge.
Größere Verzögerung bedeutet größere Enthalpiezunahme, höhere Dichtesteigerung und deshalb größere Geschwindigkeitsabnahme, die sich in den folgenden Gittern in zunehmendem Maß bemerkbar machen. Dadurch verschieben sich auch die Betriebspunkte zunehmend von Gitter zu Gitter in ihren Charakteristiken (**Bild 21**), und größere Verluste entstehen. Für die Maschine hat die Volumenfluß- bzw. φ_{M}-Abnahme eine ψ_{hM}-Steigerung und einen Wirkungsgradabfall zum Ergebnis. Die Maschinencharakteristiken müssen deshalb von

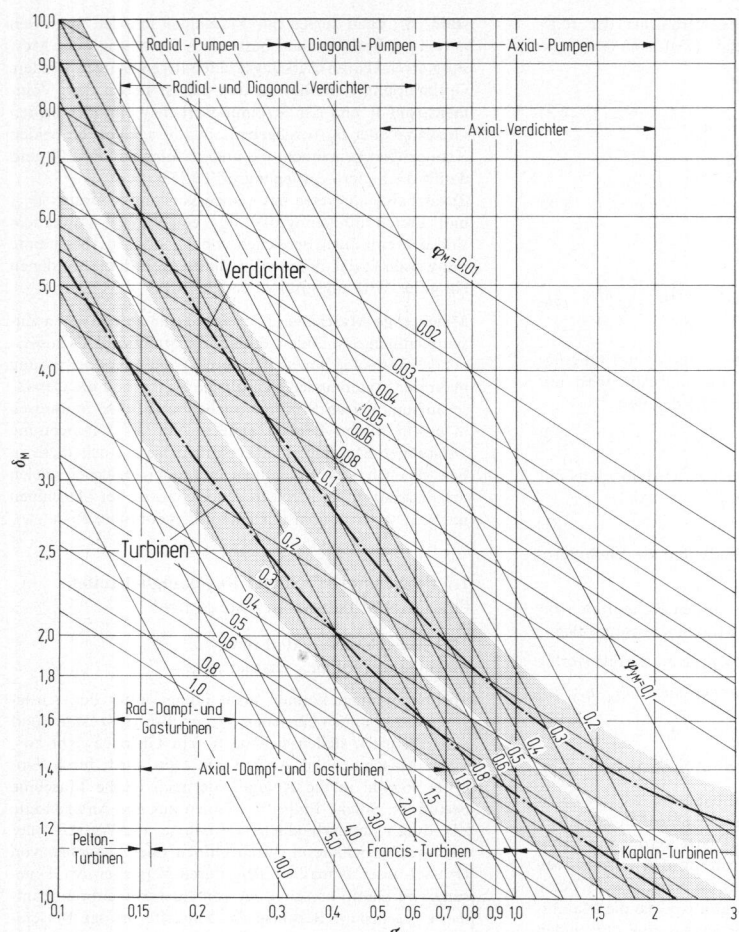

Bild 38. Durchmesser-Kenngröße δ_M in Funktion der spezifischen Drehzahl σ_M für einstufige Turbinenmaschinen (Cordier-Diagramm)

Gitter zu Gitter gerechnet oder an Modell- bzw. ausgeführten Maschinen gemessen werden. Trotzdem lassen sich unter vereinfachenden Annahmen für die Maschinencharakteristiken einige grundsätzliche Tendenzen angeben.

Stufe. Für einen Verdichter bzw. eine Turbine folgt aus den Gln. (52) bzw. (53) mit $c_{u2} = w_{u2} + u_2, w_{u2} = \cot\beta_2 w_{m2}$, $c_{u1} = \cot\alpha_1 c_{m1}$ die Enthalpie-Kenngröße:

$$\psi_h = 2\left[1 + \varphi_2\left(\cot\beta_2 - \cot\alpha_1\frac{u_1}{u_2}\frac{\varphi_1}{\varphi_2}\right)\right] - \frac{\Delta(c^2)}{u_2^2}. \quad (84)$$

Bei einer nicht zu großen Verschiebung des Betriebspunkts sind $\beta_2, \alpha_1, \varphi_1/\varphi_2 = c_{m1}/c_{m2}$ und u_1/u_2 nahezu konstant und $\Delta c^2 \cong 0$. Damit folgt aus Gl. (84) $\psi_h = 2 + \varphi_2 K$. Die negative Konstante K ist klein für Turbinen und groß für Verdichterstufen. In einer radialen Verdichterstufe ist bei $\alpha_1 = 90°$ und $\beta_2 = 90°$, d.h. bei rein radialer Abströmung $K = 0$ und $\psi_h = 2$.

Maschine. Für eine vielstufige Maschine ergibt sich eine ähnliche $(\psi_{hM}, \bar{\varphi}_M)$-Charakteritik (**Bild 39**), wenn in $\bar{\varphi}_M$ das zwischen Eintritt und Austritt gemittelte Fördervolumen eingesetzt wird.
Der Wirkungsgrad η_M fällt i. allg. bei Abweichung vom Auslegungspunkt (mit dem besten Wirkungsgrad) und damit anderen Anströmrichtungen zu den Gittern.

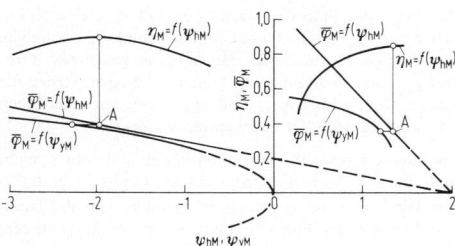

Bild 39. Maschinencharakteristiken (idealisiert) (für bestimmte Werte von Re_u, Ma_u, k, α, β). Verdichter $\psi_{hM} < 0$, A Auslegungspunkt

Mit dem Verlauf von $\bar{\varphi}_M = f(\psi_{hM})$ und von $\eta_M = f(\psi_{hM})$ ist auch der Verlauf von $\bar{\varphi}_M = f(\psi_{yM})$ gegeben.
Die gemessenen Charakteristiken eines zwölfstufigen Axialverdichters (**Bild 40**) bestätigen das unter vereinfachenden Annahmen bestimmte Verhalten.

Anfahren. Das hierbei wichtige Drehmomentenverhalten wird durch die Momenten-Kenngröße τ_M nach Gl. (79) und durch das Drehzahl-Durchflußverhältnis $1/\bar{\varphi}_M$, den

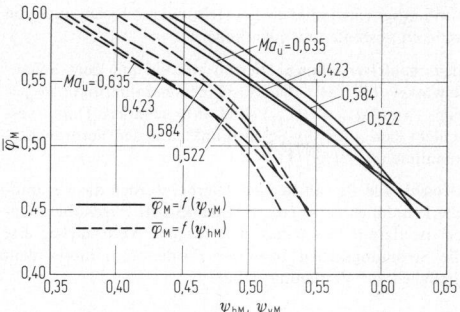

Bild 40. Maschinencharakteristik eines zwölfstufigen Axialverdichters

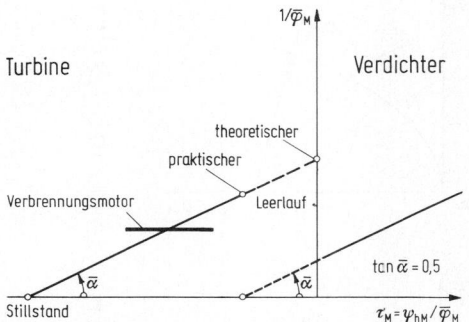

Bild 41. Drehmomentenkennlinie (für bestimmte Werte von Re_u, Ma_u, k, α, β)

Kehrwert der Durchfluß-Kenngröße $\bar{\varphi}_M$ nach Gl. (77) dargestellt.

Unter den vereinfachenden Annahmen (**Bild 41**) gilt

$$\tau_M = \frac{2}{\bar{\varphi}_M} - K. \qquad (85)$$

Das Steigungsmaß der Drehmomenten-Charakteristik ist

$$\tan\bar{\alpha} = \frac{\Delta(1/\bar{\varphi}_M)}{\Delta\tau} = \frac{1}{2}.$$

Der Vergleich der Drehmomenten-Charakteristik für Turbinen mit der von Verbrennungsmotoren zeigt die viel größere Flexibilität der Turbine: Bei Stillstand $1/\bar{\varphi}_M = u/\bar{c}_D = 0$ ist die Momenten-Kenngröße und das Drehmoment selbst am größten und fällt mit steigender Drehzahl ab.

1.7.2 Instabiler Betriebsbereich bei Verdichtern
Unstable operation of compressors

Wird bei Verdichtern der Betriebspunkt bei gleichbleibender Drehzahl mit steigendem Austrittsdruck in das Gebiet kleineren Volumenstroms verschoben, so werden die relativen Zuströmwinkel β_1 zu den einzelnen Gittern immer größer (s. R 1.7.1). Die Strömung wird dann von den Gittern entsprechend stärker umgelenkt, bis sich von den Schaufeln ablöst, weil die kinetische Energie in der Grenzschicht nicht ausreicht, um dem Druckanstieg zu folgen.

Hat sich die Strömung an nebeneinanderliegenden Schaufeln abgelöst, so ist hier der Durchfluß geringer. Das hat zunächst eine stabilisierende Wirkung auf die anderen Bereiche. So können sich abgelöste Zonen bilden, die umlaufen (rotating stall s. R 7.4).

Bei weiterem Anstieg des Austrittsdruckes tritt periodisch Rückströmung im ganzen Querschnitt auf, was Pumpen (surge) genannt wird. Ihr Einsetzen und ihre Frequenz hängt vom Verdichter und der Anlage ab.

Sowohl umlaufende Ablösungen wie erst recht Pumpstöße sind zu vermeiden, weil dadurch die Beschaufelung gefährdet wird. Die Strömungsarbeit für einen Verdichter läßt sich bei gleicher Drehzahl i. allg. nicht wesentlich über ihren Auslegungswert steigern.

1.7.3 Anlagencharakteristik
Plant performance characteristics

Für jede Anlage stehen die Druckdifferenz zwischen den beiden Trennstellen i und k von Anlage und Maschine und der Volumenstrom in einem bestimmten Zusammenhang (Charakteristik). Hierauf kann gegebenenfalls auch durch Regeleingriffe eingewirkt werden (s. R 1.7.5 und R 1.7.6).

Quadratischer Widerstand. Es gibt Anlagen mit einem Widerstand, der proportional zum Quadrat des Volumenstroms ist: $y_A \sim \dot{V}^2$ oder $y_A/\dot{V}^2 = k_1$.

Beispiel: Gitterwindkanal (**Bild 42**). Die Anlagencharakteristik (mit Index A) ergibt sich analog zu den Maschinenkenngrößen nach den Gln. (75) und (77) durch Bezug der Anlagegrößen auf mit der Maschinendrehzahl gebildete Bezugsgrößen.

$$\psi_{yA} \sim y_A/n^2 = k_1(\dot{V}_k + \dot{V}_i)^2/4n^2 = k_1\bar{\dot{V}}_A^2/n^2 \sim k_1\bar{\varphi}_A^2. \qquad (86)$$

Diese Beziehung zwischen den Anlage-Kenngrößen ψ_{yA} und $\bar{\varphi}_A$ hängt nur von dem Widerstandskoeffizienten k_1 ab. Für eine bestimmte Anlage gibt es nur eine Charakteristik.

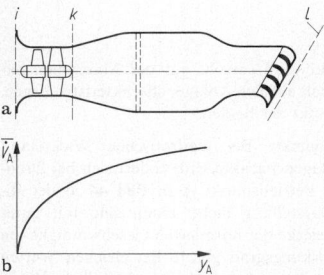

Bild 42. Quadratischer Anlagenwiderstand. **a** Gitter-Windkanal; **b** Kennlinie

Konstanter Widerstand. Es gibt Anlagen mit einem Widerstand, der vom Volumenstrom nahezu unabhängig ist $y_A \cong k_2$.

Beispiel: Von einer Wasserspeicherpumpe (**Bild 43**) ist bei gleichen Spiegelhöhen hauptsächlich die hydrostatische Druckdifferenz aufzubringen, während der Reibungswiderstand der Leitung bei entsprechender Dimensionierung eine untergeordnete Rolle spielt. Als Anlagencharakteritik ergibt sich in diesem Fall näherungsweise

$$\psi_{yA} \sim y_A/n^2 = k_2/n^2 \sim k_2\varphi_A^2/\dot{V}^2. \qquad (87)$$

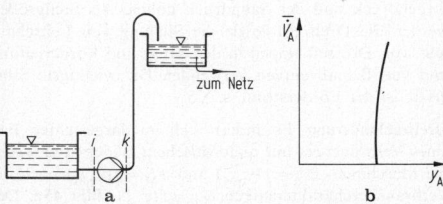

Bild 43. Konstanter Anlagenwiderstand. **a** Wasserspeicher-Pumpe; **b** Kennlinie

Die Anlagencharakteristik mit den Anlage-Kenngrößen ψ_{yA} und φ_A ist in diesem Fall noch von den absoluten Größen Drehzahl oder Volumenfluß abhängig. Die Anlagencharakteristik hängt deshalb von einer dieser Größen ab.

1.7.4 Zusammenarbeit von Maschine und Anlage
Matching of machine and plant

An den Trennstellen zwischen Maschine und Anlage müssen jedenfalls gleiche Zustände und Fluidströme herrschen:

$$y_A = y_M; \quad \psi_{yA} = \psi_{yM},$$
$$\dot{V}_A = \dot{V}_M; \quad \varphi_A = \varphi_M \tag{88}$$

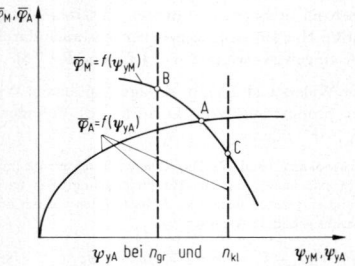

Bild 44. Zusammenwirken Maschine und Anlage; ausgezogen: quadratischer (Betriebspunkt A), gestrichelt: konstanter Widerstand (Betriebspunkte B u. C) bei konstanter Drehzahl in beiden Fällen

Der Betriebspunkt muß sowohl auf der Maschinencharakteristik wie auch auf der Anlagencharakteristik liegen, also im Schnittpunkt der beiden.

Ähnliche Betriebspunkte. Bei quadratischem Widerstand mit nur einer Anlagencharakteristik ändert sich bei Drehzahlregelung der Betriebspunkt A in **Bild 44** in der dimensionslosen Darstellung nicht. Dann sind mit guter Näherung die Dreiecke der normierten Geschwindigkeiten und auch der Wirkungsgrad gleich. Bei gleichen Werten der Kenngrößen stellen sich jedoch unterschiedliche Werte der absoluten Größen ein: $y \sim n^2$ und $\dot{V} \sim n$.

Unähnliche Betriebspunkte. Bei annähernd konstantem Widerstand ergeben sich je nach Drehzahl oder Volumenstrom unterschiedliche Anlagencharakteristiken und damit bei Drehzahlregelung unterschiedliche Schnittpunkte mit der Maschinencharakteritik B und C in **Bild 44**. Mit der Verschiebung des Betriebspunkts auf der Maschinencharakteristik ergeben sich unterschiedliche Dreiecke der normierten Geschwindigkeiten und unterschiedliche Wirkungsgrade.

1.7.5 Regelung von Verdichtern. Control of compressors

Bei Verdichtern sind als Regelgrößen der Förderstrom, der Gegendruck und der Saugdruck üblich. Als Stellgrößen werden die Drehzahl sowie die Stellung von Leitschaufeln, von Drosselklappen in der Saug- und Förderleitung und von Beipaßventilen verwendet. Die wichtigste Störgröße ist der Förderstrom, s. X 5.

Drehzahländerung. Es ändern sich im dargestellten Fall eines Verbrauchers mit quadratischem Widerstand weder die Maschinen- $\bar{\varphi}_M = f(\psi_{yM})$ und $\varphi_M = f(\psi_{hM})$ noch die Verbrauchercharakteristiken $\bar{\varphi}_A = f(\psi_{yA})$, **Bild 45a.** Der Schnittpunkt bleibt bestehen; der Förderstrom wird durch Einwirkung auf die Drehzahl und damit die Bezugsgröße

Umfangsgeschwindigkeit geregelt, wodurch sich auch die anderen absoluten Größen ändern.

Leitschaufelverstellung. Hiermit werden mit dem Schaufelwinkel (Gl. (84)) die Maschinencharakteritiken $\bar{\varphi}_M = f(\psi_{hM})$ und $\bar{\varphi}_M = f(\psi_{yM})$ (**Bild 45b**) geändert. Damit verschiebt sich auch der Schnittpunkt mit der Verbraucherkennlinie $\bar{\varphi}_A = f(\psi_{yA})$.

Drossel- und Beipaß-Betrieb. Hierbei werden die Verbraucherkennlinien $\bar{\varphi}_A = f(\psi_{yA})$ (**Bild 45c, d**) verschoben. Dabei ist darauf zu achten, daß für den Verbraucher erst die Strömungsarbeit bzw. der Förderstrom hinter dem Stellglied zur Verfügung stehen.

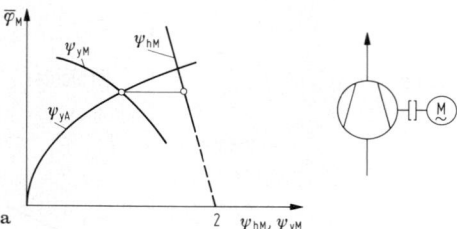

a

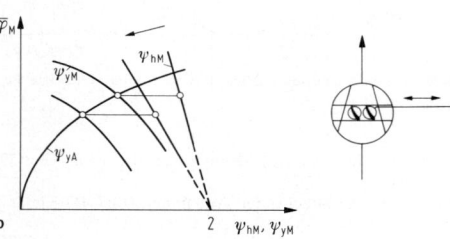

b

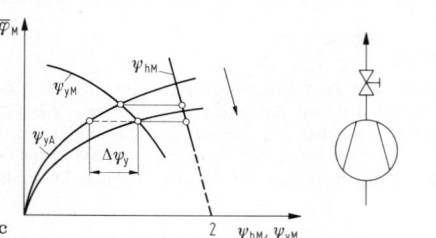

c

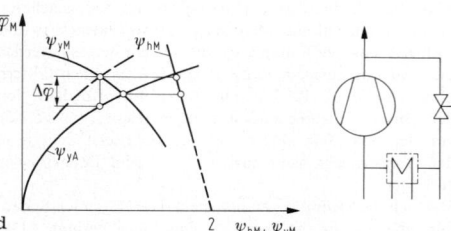

d

Bild 45. Verdichterregelung mit Stellgrößen. **a** Drehzahl; **b** Leitschaufelstellung, in Pfeilrichtung schließen; **c** Drosselventil, $\Delta\psi_y$ Drosselwirkung; **d** Beipaß $\Delta\varphi$ beigepaßter Volumenstrom

1.7.6 Regelung von Turbinen. Control of turbines

Regelgrößen sind Fluidstrom, Zustand vor der Turbine, Gegendruck und Drehzahl, soweit diese nicht durch die angetriebene Arbeitsmaschine z.B. Synchrongenerator, festgelegt ist. Üblichste Störgröße ist die Belastung der Arbeitsmaschine.

Gleitdruck-Betrieb. Da Turbinen ohne Eingriffe näherungsweise bei konstanter Schluckkenngröße nach Gl. (78) $\dot{V} \sim \sqrt{y_M}$ arbeiten, besteht die Möglichkeit, mit der Anlage den Druck zu erzeugen, der dem gewünschten Volumenstrom entspricht (z.B. Gleitdruckverfahren bei Dampfturbinen).

Temperatur-Verfahren. Die von der Turbine geforderte Leistung wird über die Temperatur am Turbineneintritt bestimmt (Beispiel Gasturbine), wobei sich der Druck den Maschinencharakteristiken von Verdichter und Turbine entsprechend ebenfalls ändert.

Düsengruppen-Verfahren. Es wird der dem Fluid im ersten Leitkranz zur Verfügung gestellte Querschnitt dadurch geändert, daß ein Teil der parallelen Zuflüsse abgesperrt wird (Teilbeaufschlagung). Dabei sinkt der Druck nach der Regelstufe, weil die nachfolgende vollbeaufschlagte Beschaufelungsgruppe ihrer Charakteristik entsprechend bei kleinerem Durchfluß auch nur ein kleineres Gefälle verarbeiten kann.

1.8. Beanspruchung und Festigkeit der wichtigsten Bauteile. Stresses and strength of main components

Die Bauteile von Strömungsmaschinen werden durch folgende äußere Kräfte und innere Spannungen beansprucht:

Zentrifugalkräfte. Sie wirken in allen drehenden Teilen in radialer Richtung. Dabei kommt es nicht nur auf die Masseverteilung des Rotorkörpers, sondern auch auf die an ihm befestigten Schaufeln, Deckplatten, -bänder, -scheiben, Dämpfungs- und Bindeelemente zwischen den Schaufeln an.

Strömungskräfte. Die senkrecht auf jedem Oberflächenelement der Schaufeln stehenden Druckkräfte und die wesentlich kleineren in Strömungsrichtung an der Oberfläche wirkenden Schubkräfte ergeben eine resultierende Schaufelkraft, die auch als Reaktion auf die Umlenkung der Strömung aufgefaßt werden kann. Sowohl Lauf- wie auch Leitschaufeln werden durch sie beansprucht, wenn auch nur die Umfangskomponente der an den Laufschaufeln wirkenden Strömungskraft zur Umwandlung von oder in mechanische Arbeit beiträgt. Schaufelkräfte und -momente müssen vom die Schaufeln aufnehmenden Schaufelträger bzw. Rotor übertragen werden. Die Strömungskräfte wirken nicht nur stationär, sondern enthalten periodisch sich ändernde Anteile; dadurch können Schaufeln zu Schwingungen erregt werden.

Druckkräfte. Auch andere Bauteile werden durch Kräfte als Folge ungleicher Drücke, die auf ihre Oberfläche wirken beansprucht. Solche treten z.B. bei Gehäusen durch den Innendruck des Arbeitsfluids und den atmosphärischen Außendruck auf; aber auch infolge der Druckänderung des Arbeitsfluids in der Maschine werden auf Rotor und Gehäuse Kräfte ausgeübt.

Gewichts-, statische und dynamische Stützkräfte. Die infolge des Eigengewichts auftretenden Kräfte müssen für das Gehäuse über Abstützungen und für den Rotor über

Lager und deren Abstützungen in das Fundament geleitet werden. Durch die Abstützungen des Gehäuses ist auch das auf die Leitschaufeln ausgeübte Drehmoment aufzunehmen. Von den Lagern werden nicht nur die Kräfte infolge des Rotorgewichts, sondern auch die dynamischen Kräfte z.B. infolge von Restunwuchten, thermischen Verkrümmungen oder infolge anderer dynamischer Erregungen übertragen. Die Abstützungen der Lager werden zusätzlich durch das Lagerreibungsmoment belastet.

Thermische Beanspruchung. Mit der Temperatur des Arbeitsfluids wird in thermischen Maschinen auch die Temperatur der Bauteile angehoben. Dadurch werden nicht nur die Festigkeitseigenschaften der Werkstoffe beeinflußt, sondern bei ungleicher Temperaturverteilung treten innere thermische Spannungen auf.

Spannungen. Welche Spannungen im Bauteil durch die aufgezählten Beanspruchungen hervorgerufen werden, hängt von ihrer Form und ihrer Lage zur beanspruchenden Kraft, von ihrer Temperaturverteilung und auch von den Werkstoffeigenschaften ab. Ihre Berechnung erfolgt nach C1.1 und C3. Hier seien nur die Zusammenhänge für einige typische Formen von Strömungsmaschinen-Bauteilen zusammengestellt.

1.8.1 Rotierende Scheibe, rotierender Zylinder
Rotating disc, rotating cylinder

In einer rotierenden Scheibe (s. C6.3.2) herrscht ein ebener Spannungszustand, wenn ihre Dicke überall so gering ist, daß sich keine Spannungen in axialer Richtung ausbilden können. Radial- σ_r und Tangentialspannungen σ_t folgen der Differentialgleichung

$$r \frac{d\sigma_r}{dr} + \sigma_r \frac{r}{y} \frac{dy}{dr} + \sigma_r - \sigma_t + \rho(r\omega)^2 = 0, \tag{89}$$

wobei r der Radius des betrachteten Elements und y die Breite der Scheibe an dieser Stelle ist. Bei elastischem Verhalten des Werkstoffs gilt auch die Differentialgleichung

$$r \left(\frac{d\sigma_t}{dr} - \nu \frac{d\sigma_r}{dr} \right) + (1+\nu)(\sigma_t - \sigma_r) = 0. \tag{90}$$

Dabei ist ν das Querkontraktionsverhältnis.
Als Randbedingung am äußeren Umfang ist die Scheibe durch den Schaufelkranz belastet. Bei aufgezogenen Scheiben herrschen am inneren Rand die dort aufgebrachten Schrumpfspannungen. Bei ungelochten Scheiben gehen im Zentrum Radial- und Tangentialspannungen ineinander über. Nach dem Querschnittsverlauf lassen sich folgende Spezialfälle unterscheiden:

Scheibe gleicher Dicke. In diesem Fall ist $dy/dr = 0$,

$$\sigma_r = \sigma_{ra} - \frac{r_i^2}{r^2} \frac{r_a^2 - r^2}{r_a^2 - r_i^2} (\sigma_{ra} - \sigma_{ri})$$
$$+ \frac{3+\nu}{8} \left(1 - \frac{r^2}{r_a^2} \right) \left(1 - \frac{r_i^2}{r^2} \right) \rho u_a^2,$$

$$\sigma_t = \sigma_{ra} + \frac{r_i^2}{r^2} \frac{r_a^2 + r^2}{r_a^2 - r_i^2} (\sigma_{ra} - \sigma_{ri})$$
$$+ \frac{3+\nu}{8} \left(1 + \frac{r_i^2}{r_a^2} + \frac{r_i^2}{r^2} - \frac{1+3\nu}{3+\nu} \frac{r^2}{r_a^2} \right) \rho u_a^2. \tag{91}$$

Hierin bedeuten r_a Außenradius der Scheibe r_i Innenradius der Scheibe, σ_{ra} Radialspannung am Außenrand der Scheibe, σ_{ri} Radialspannung am Innenrand der Scheibe, ν Querkontraktionsverhältnis.
In der gelochten Scheibe ist die Spannung am Lochrand am größten, in der ungelochten Scheibe ($r_i = 0$) erreicht sie im Zentrum ($r = 0$) ihr Maximum. Hier sind Normal- und Tangentialspannung einander gleich.

$$\sigma_t = \sigma_r = \sigma_{ra} + \frac{3+\nu}{8} \rho u_a^2.$$

Sie ist wesentlich kleiner als die Tangentialspannung am Lochrand einer gelochten, aber sonst gleichen Scheibe. Ein beschaufelter Kranz überträgt auf eine Scheibe eine Radialspannung, die nach Gl.(91) auch eine Erhöhung der Tangentialspannung am Rand zur Folge hat. Die Anschlußbedingung für den Kranz auf der Scheibe [58] lautet

$$\sigma_{ta} = \frac{r_K}{r_a} \left(\frac{\Sigma F_s}{2\pi a_K} + \frac{a_K \rho u_K^2}{\alpha a_K} \right) + \left[v \left(1 - \frac{y_a}{y_k} \right) - \frac{r_K y_a}{\alpha a_K} \right] \sigma_{ra}. \tag{92}$$

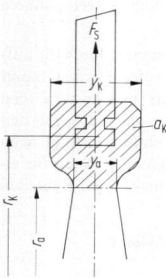

Bild 46. Fliehkraftbeanspruchung durch Radkranz. a_K Querschnitt mit Schaufelfüßen und Zwischenstücken, r_K Schwerpunktradius, y_K Kranzbreite, F_S Fliehkraft der Schaufelblätter

Darin bedeuten für den Kranz r_K Schwerpunktradius, u_K Umfangsgeschwindigkeit im Schwerpunkt, a_K Querschnitt mit Schaufelfüßen und Zwischenstücken, α Querschnittsanteil, der Umfangsspannungen überträgt und y_K Breite. F_S ist die Radialkraft der Schaufelblätter, **Bild 46.**

Scheibe gleicher Festigkeit. Zur optimalen Werkstoffausnutzung wird gefordert: $\sigma_r = \sigma_t = \sigma = $ const (s. C6.3.3). Aus Gl.(89) folgt damit für die Scheibenkontur

$$y = y_a \exp[\rho \omega^2 (r_a^2 - r^2)/(2\sigma)]. \tag{93}$$

Kegelige Scheibe. Für ihre Kontur gilt: $y = y_0 (1 - r/R)$. Hierin ist R Radius der (gelochten) Kegelspitze; y_0 (gedachte) Scheibendicke für $r = 0$. Für den praktischen Gebrauch werden hier die Kurventafeln in [58, 59] empfohlen.

Scheiben mit beliebigem Querschnittsverlauf. Jeder Querschnittsverlauf läßt sich durch Aufteilen der Scheibe in kegelige Ringe beliebig genau annähern. Der Spannungsverlauf in den einzelnen Teilringen ist mit den vorgenannten Tafeln mit genügender Genauigkeit zu bestimmen.

Rotierende Zylinder. Sie sind aus Scheiben gleicher Dicke zusammengesetzt zu denken. Nur sind hier die für Scheiben vernachlässigbaren Axialspannungen zu berücksichtigen; denn bei größerer Länge des Zylinders erzeugen die radialen und tangentialen Spannungen über die Querkontraktion auch axiale Spannungen. Diese hängen ohne eine von außen eingeleitete Axialkraft nur von den beiden anderen Normalspannungskomponenten ab (s. C6.3.5). Die Gln.(91) gelten auch für rotierende Zylinder, wenn darin die Koeffizienten $(3+v)/8$ durch $[3+v/(1-v)]/8$ und $(1+3v)/(3+v)$ durch $(1+2v)/(3-2v)$ ersetzt werden [58]. Die Axialspannung σ_z folgt aus

$$\sigma_z = v \left[(\sigma_t + \sigma_r) - \frac{2}{r_a^2 - r_i^2} \int (\sigma_t + \sigma_r) r \, dn \right].$$

Hohlzylinder (Trommel). Hier ist die Radialspannung an der freien inneren Begrenzung $\sigma_{ri} = 0$.

Vollzylinder. In seinem Zentrum ist wieder $\sigma_r = \sigma_t$. Zusätzlich durch äußere Axialkräfte eingeleitete Axialspannungen dürfen überlagert werden.

Spezielle Rotorformen. Lassen sich diese auch nicht näherungsweise durch die behandelten Formen ersetzen, sind Verfahren mit finiten Elementen zu empfehlen. Dies gilt auch für die Scheiben von Radialrädern, die einseitig durch die Schaufeln auf Biegung beansprucht werden [54–57].

1.8.2 Durchbiegung, kritische Drehzahlen von Rotoren
Deflection, critical speeds of rotors

Bei größerem Lagerabstand und einem biegeweichen Rotor ist die statische Durchbiegung möglichst klein zu halten, damit sich die Spiele an den Schaufeln und in den Dichtungen entsprechend klein einstellen lassen.
Mit der Durchbiegung hängen die biegekritischen Drehzahlen zusammen (s. O2.7.3). Da sich fertigungsbedingte Exzentrizitäten durch Wuchten (s. O2.5.4) nicht restlos beseitigen lassen, liegt der Schwerpunkt etwas exzentrisch zur Rotorachse und lenkt das umlaufende System aus. Die Ausschläge sind bei den biegekritischen Drehzahlen am größten, die mit den Eigenfrequenzen der Biegeschwingungen des Rotors übereinstimmen. Sie liegen um so tiefer, je biegeweicher der Rotor ist, je größer also seine statische Durchbiegung ist. Dies zeigt die für einen dämpfungsfrei gelagerten Einscheibenrotor gültige Gleichung $n_k = \sqrt{g/f}/2\pi$ mit der Erdbeschleunigung g und der Durchbiegung des Rotors f.
Als Abschätzung der ersten Ordnung der biegekritischen Drehzahl von Rotoren mit beliebiger Querschnittsverteilung angewandt, liefert sie etwas zu tiefe Werte. Für genauere Rechnungen sind folgende Einflüsse zu erfassen: Querschnittsverteilung, Lagerelastizität und Lagerdämpfung, Nachgiebigkeit des Lagerbocks und der Fundamente, innere Dämpfung und der Kupplung mit anderen Maschinen. Biegeweiche Rotoren sind auch empfindlich gegenüber einer Spalterregung, die in den Spalten von Strömungsmaschinen auftreten kann z.B. in Schaufelspalten, in Labyrinthspalten usw. [60]. Bei Zusammenarbeit mit anderen rotierenden Maschinen kann es auch zu Torsionsschwingungen kommen.

1.8.3 Beanspruchung der Schaufeln durch Fliehkräfte
Centrifugal stresses in blades

Axialschaufeln. Sie werden durch Fliehkräfte in ihrer Längsachse beansprucht. Kürzere Schaufeln haben oft von Fuß bis Kopf den gleichen Querschnitt; bei längeren Schaufeln müssen die Querschnitte A sowohl den Strömungsbedingungen angepaßt, wie auch mit dem Radius r verjüngt werden (**Bild 47**), um die Beanspruchung durch Fliehkräfte zu verkleinern. Die Spannung an jedem beliebigen Radius t_j beträgt

$$\sigma_{zj} = \rho \omega^2 \int_{r_j}^{r_a} \frac{A}{A_j} r \, dr. \tag{94}$$

Die größte Spannung tritt im Fußquerschnitt $A_j = A_F$ an den Ausrundungsradien auf. Je weiter sich die Schaufel nach außen verjüngt, um so kleiner ist die Spannung am Fuß. Der Querschnittsverlauf A/A_F läßt sich oft so annähern, daß Gl.(94) geschlossen zu integrieren ist. Besonders gilt für zylindrische Schaufeln $A/A_F = 1$ und

$$\sigma_{zF} = \rho \omega^2 (r_a^2 - r_F^2)/2 = 2\rho u_m^2 l/D_m.$$

Hierin bezeichnet $l = r_a - r_F$ die Schaufellänge, D_m den Durchmesser und u_m die Umfangsgeschwindigkeit für die mittlere Schaufelhöhe. Mit der Kontinuitätsgleichung $\dot{V} = $

$c_{ax}\pi D_m l$, wobei $\dot{V}$ der Volumenstrom und c_{ax} die Axialkomponente der Geschwindigkeit ist, folgt

$$\sigma_{zF} = \rho\omega^2\dot{V}/(2\pi c_{ax}).$$

Die Spannung in der Schaufel ist bei dem durch die Aufgabe gegebenen Volumenstrom, bei durch An- oder Abtrieb gegebener Drehzahl oder Winkelgeschwindigkeit und bei nach aerodynamischen Gesichtspunkten gewählter Axialgeschwindigkeit unabhängig davon, ob längere Schaufeln auf kleinerem Durchmesser oder kürzere Schaufeln auf größerem Durchmesser eingesetzt werden.

Zusatzspannungen. Sie werden in den Schaufeln durch Deckbänder, -platten und -scheiben, Bindedrähte, Dämpferdrähte oder andere Dämpfungselemente zur Reduktion von Schwingungen erzeugt. Ringförmige Körper verursachen zwischen ihrer und der Schaufelbefestigung eine Zusatzspannung

$$\sigma_{Zj} = 2\pi\rho u_Z^2 A_Z/(zA_j). \tag{95}$$

Darin bedeuten u_Z Umfangsgeschwindigkeit im Schwerpunkt des Zusatzkörpers, A_Z sein Querschnitt, z Anzahl der tragenden Schaufeln und A_j ihr tragender Restquerschnitt.

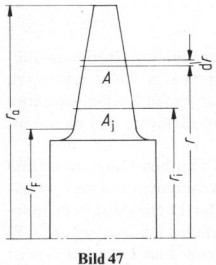 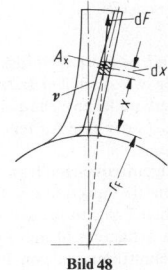

Bild 47   **Bild 48**

Bild 47. Fliehkraftbeanspruchung rotierender Schaufeln

Bild 48. Biegebeanspruchung einer schräg stehenden rotierenden Schaufel

Schräg gestellte Schaufeln. Werden sie gegenüber der radialen Richtung um den Winkel v in Umfangsrichtung (**Bild 48**) etwas schräg gestellt, so wirken die Zentrifugalkräfte der einzelnen Schaufelelemente als Zugkräfte und üben zusätzlich ein Biegemoment aus

$$dM = r_F \sin v\rho\omega^2 A(x)x\,dx.$$

Hierbei ist x die laufende Längenkoordinate der Schaufel, dM ist mit dem Querschnittsverlauf $A(x)$ über die Schaufellänge l zu integrieren. Um die Spannungen und Verformungen zu berechnen, wird das Biegemoment in Komponenten in Richtung der beiden Hauptträgheitsachsen s. C2.4.5 des Profilquerschnitts z.B. des am stärksten belasteten Fußquerschnitts zerlegt.
Schaufeln werden oft etwas schräg gestellt, um dem Biegemoment infolge der Strömungskräfte (s. R1.8.4) entgegen zu wirken und dadurch die Biegespannungen klein zu halten.

Stark verwundene Schaufeln. Hier haben die Verbindungslinien sich entsprechender Punkte in den Schaufelschnitten wie Nasen, Profilschwerpunkte und Hinterkanten unterschiedliche Schräglagen. Die Unterschiede in den Biegemomenten erzeugen ein Torsionsmoment auf die Schaufel, das der Verwindung entgegenwirkt. Berechnungsverfahren nach [58, 59].

Schaufeln von Radial-Dampfturbinen. Die üblicherweise schlanken Schaufeln liegen parallel zur Drehachse und

werden meistens an beiden Enden durch Tragringe gehalten. Sie werden auf Biegung nach der Theorie eines beidseitig gestützten Trägers mit der kontinuierlichen Belastung $dF = r\rho\omega^2 A\,dx$ beansprucht (s. C2.4.8).

Schaufeln zentrifugaler Verdichter und zentripetaler Turbinen. Die Beanspruchung der Schaufeln dieser Maschinen läßt sich nicht unabhängig von der Radscheibe berechnen; wie Spannungen und Verformungen sich in Schaufeln und Scheiben gegenseitig beeinflussen, ist nicht mehr elementar darzustellen [57].

1.8.4 Beanspruchung der Schaufeln durch stationäre Strömungskräfte. Steady flow forces acting on blades

Die Strömung übt Kräfte auf Leit- und Laufschaufeln hauptsächlich durch Druckunterschiede auf beiden Seiten der Schaufel aus; viel kleiner sind die Kräfte infolge der an der Oberfläche der Schaufel wirkenden Schubspannungen.

Biegebeanspruchung einseitig eingespannter Schaufeln. Aus dem Impulssatz folgt für die Komponente der Schaufelkraft in Umfangsrichtung:

$$dF_u = (\rho_a c_{ma} c_{ua} - \rho_e c_{me} c_{ue})\frac{2\pi r}{z}\,dr.$$

Hierin ist z die Anzahl der Schaufeln im Gitter. Für eine Laufschaufel ergibt sich in bezug auf den Radius am Fuß r_F für die Komponenten des Biegemoments in Umfangs- und Meridianrichtung

$$M_u = \frac{2\pi}{z}\int_{r_F}^{r_a}(\rho_a c_{ma} c_{ua} - \rho_e c_{me} c_{ue})(r - r_F)r\,dr,$$

$$M_m = \frac{2\pi}{z}\int_{r_F}^{r_a}(p_a - p_e + \rho_a c_{ma}^2 - \rho_e c_{me}^2)(r - r_F)r\,dr. \tag{96}$$

Für eine Leitschaufel ist der Radius am Fuß gleich dem Außenradius und deshalb $(r - r_F)$ durch $(r_a - r)$ zu ersetzen.
Das resultierende Biegemoment läßt sich in die Richtungen der beiden Hauptträgheitsachsen des Fußprofils zerlegen. Die maximale Spannung wird dann durch die Biegung um die Achse des kleinsten Flächenträgheitsmomentes hervorgerufen.

Näherung für kurze Axialschaufeln.

Bei kleinem l_m/r sind die Größen $c_{me} = c_{ma} = w_m$, ρ, $\Delta w_u = \Delta c_u$, p_e und p_a nahezu unabhängig vom Radius; mit Gl. (96) folgt dann

$$M_u = \frac{\pi r_m}{z}l^2\rho w_m\Delta w_u,$$

$$M_m = \frac{\pi r_m}{z}l^2(p_a - p_e) \cong M_u\cot\gamma. \tag{97}$$

Bei vernachlässigbaren Verlusten steht die Kraft auf die Schaufel senkrecht zum vektoriellen Mittelwert aus Ein- und Austrittsgeschwindigkeit w_∞, **Bild 49**. Diese liegt unter dem Winkel γ zur Umfangsrichtung, so daß gilt $w_m = w_\infty\sin\gamma$.

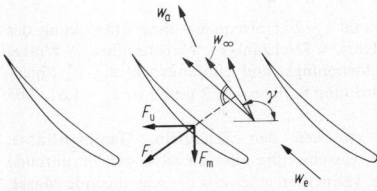

Bild 49. Biegebeanspruchung einer Schaufel infolge von Strömungskräften

Aus Gl. (97) ergibt sich dann

$$M = \sqrt{M_u^2 + M_m^2} \cong \frac{\pi r_m}{z} l^2 \rho w_\infty \Delta w_u. \qquad (98)$$

Fällt die Achse des kleinsten Flächenträgheitsmomentes in die Richtung der mittleren Geschwindigkeit, so ergibt sich die maximale Biegespannung im Fußprofil mit dem Widerstandsmoment W zu

$$\sigma_{Max} = \frac{\pi r_m}{z} \frac{l^2}{W} \rho w_\infty \Delta w_u. \qquad (99)$$

1.8.5 Schaufelschwingungen. Vibration of blades

Erregung. Ein großer Teil der Schäden an Turbomaschinen wird durch Schwingungsbrüche von Schaufeln verursacht. Schwingungen können einerseits durch periodische Strömungsphänomene wie Wirbelablösungen erregt werden; in Verdichterbeschaufelungen können umlaufende Ablösungen (rotating stall) und die als „Pumpen" bezeichneten Gaspulsationen entstehen (s. R 1.7.2). Andererseits wirken sich auch stationäre Ungleichmäßigkeiten in der Absolutströmung in den relativ dazu umlaufenden Gittern als periodische Erregung aus. So sind durch Ein- oder Austrittsgehäuse verursachte ungleiche Geschwindigkeitsverteilungen, der unterbrochene Strom bei Teilbeaufschlagung oder Störungen durch Rippen oder Unrundheiten des Gehäuses für die Laufschaufeln periodische Störungen. Die Nachlaufströmung hinter den Leitschaufeln („Nachlaufdellen") wirkt als periodische Erregung auf die Laufschaufeln und umgekehrt der Laufschaufelnachlauf auf die Leitschaufeln. Bei einer festen Drehzahl können den durch die Relativbewegung verursachten Erregungsmöglichkeiten bestimmte Frequenzen zugeordnet werden. Bei variabler Drehzahl und auch beim An- und Abfahren sind die Frequenzbereiche für die Erregung zu berücksichtigen.

Resonanz. Schaufeln werden zu Schwingungen mit großer Amplitude angeregt, wenn die Erreger- in der Nähe einer Eigenfrequenz liegt (s. B 4.1). Ihren verschiedenen Schwingungsformen entsprechend haben Schaufeln viele Eigenfrequenzen. Die durch Schwingungen verursachte Wechselbeanspruchung ist proportional zur Schwingungsamplitude. Um sie gering zu halten, sind die zu den niedrigen Ordnungen der Biegeschwingungen und zu der ersten Ordnung der Torsionsschwingung gehörenden Resonanzen durch Einwirkung auf die Erregerquellen und/oder die Auslegung der Schaufeln zu vermeiden. Sie können für schlanke Schaufeln (großes l/s) bei starrer Einspannung ohne Wirkung eines Zentrifugalfelds wie für einseitig eingespannte Stäbe berechnet werden, s. B 4.2.4. Jedoch liegen sie infolge der schwer zu erfassenden Elastizität der Einspannung oft tiefer. Über die Einspannung können auch Schwingungen der Scheibe oder der Nachbarschaufeln übertragen werden (Koppelschwingungen). Bei Laufschaufeln hat das Zentifugalfeld einen versteifenden und daher die Eigenfrequenz v_e erhöhenden Einfluß [58]

$$v_e^2 = v_{eo}^2 + n^2 \left[\left(\frac{r_N}{l} + \frac{3}{4} \right) k_n - \cos^2 \vartheta \right]. \qquad (100)$$

Darin bedeuten v_{eo} Eigenfrequenz ohne Einwirkung des Zentrifugalfelds, n Drehzahl, r_N Nabenradius, ϑ Winkel zwischen Schwingungs- und Umfangsrichtung, k_n Eigenwerte der Ordnung n, für $n = 1$, 2 und 3 ist $k_n = 1,61$, 7,05 und 16,7.
Bindungen zwischen den Schaufeln, Dämpferdrähte, Deckbänder, verschweißte oder einzelne sich berührende Deckplatten, vermehren einerseits die schwingende Masse, sie lassen andererseits nur gekoppelte Schwingungen des ganzen Schaufelpakets zu. Der zweite Effekt überwiegt

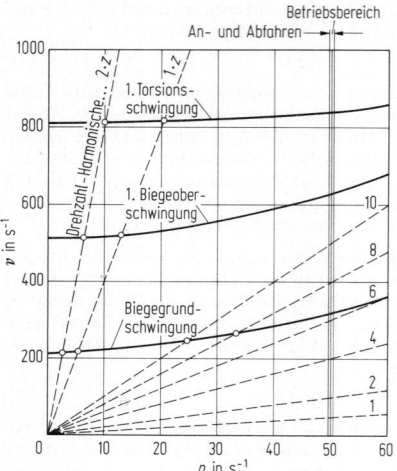

Bild 50. *Campbell*-Diagramm für Eigen- und Erregerfrequenzen in Funktion der Drehzahl. ○ Beim An- und Abfahren durchlaufene Resonanzen

und bewirkt eine Eigenfrequenzerhöhung. In diesen Fällen wie auch bei kurzen Schaufeln (l/s klein) und stark verwundenen Schaufeln sind analytische Rechenverfahren [61] oder eine Aufteilung in finite Elemente [65] anzuwenden.
Eigenfrequenzen lassen sich im Campbell-Diagramm (**Bild 50**) als Funktion der Drehzahl zusammen mit den möglichen Erregungen als Vielfache der Drehzahl (insbesondere Schaufelzahl mal Drehzahl) darstellen. An den (s. C 8) Schnittpunkten von Eigenfrequenz- und Erregerlinien ist bei der entsprechenden Drehzahl Resonanz zu erwarten. Die Betriebsdrehzahl oder deren Bereich muß frei von Resonanzen zumindest der niederen Ordnungen sein.

1.8.6 Gehäuse. Casings

Es nimmt die Leitgitter auf, und schließt den Rotor und das Arbeitsfluid druckdicht ein, das durch das Ein- und Austrittsgehäuse zur und von der Beschaufelung geführt wird. An der oder den Wellendurchführungen muß die Welle gegen das Gehäuse bei hohen Umfangsgeschwindigkeiten berührungslos (Labyrinthe) und nur bei niedrigen Umfangsgeschwindigkeiten mit Dichtlippen oder Stopfbüchsen gedichtet werden. Die Wellenlager können mit dem Gehäuse integriert oder auf gesonderten Böcken angeordnet sein. Beim Betrieb darf sich das Gehäuse weder unter dem Innendruck noch unter den thermischen Beanspruchungen so weit verziehen, daß die Schaufel- oder Labyrinthspiele überbrückt werden.
Die Gehäuse sind insbesondere bei mehrstufigen Maschinen im Mittelteil zylindrisch, bei hohen Innendrücken auch kugelförmig und werden an den Enden durch Ein- und Austrittsgehäuse abgeschlossen.

Zylindrische Gehäuse. Die Spannungen in einem durch Innen- oder Außendruck belasteten Hohlzylinder (C 5.3.2) folgen aus den Gln. (91) ohne Fliehkraftglied, wenn der Druck auf die innere Fläche p_i für $-\sigma_{ri}$ und auf die Außenfläche p_a für $-\sigma_{ra}$ eingeführt werden:

$$\sigma_r = -p_a - \frac{r_i^2}{r^2} \frac{r_a^2 - r^2}{r_a^2 - r_i^2} (p_i - p_a),$$

$$\sigma_t = -p_a + \frac{r_i^2}{r^2} \frac{r_a^2 + r^2}{r_a^2 - r_i^2} (p_i - p_a). \qquad (101)$$

Für die Axialspannung ergibt sich

$$\sigma_a = \frac{r_i^2 p_i - r_a^2 p_a}{r_a^2 - r_i^2}. \tag{102}$$

Für dünnwandige Gehäuse (s/r klein mit s als Wandstärke) folgt hieraus

$$\sigma_t \cong \frac{r}{s}(p_i - p_a), \quad \sigma_a \cong \frac{r}{2s}(p_i - p_a). \tag{103}$$

Die Radialspannung ist in dünnwandigen Gehäusen meist vernachlässigbar.

Kugelförmige Gehäuse. Hier muß in jedem Meridianschnitt die gleiche Kraft übertragen werden, wie in einem senkrecht zur Achse geschnittenen Hohlzylinder; die Spannung ist also nach Gl. (102) zu berechnen. Wie im Fall dünnwandiger Gehäuse aus den Gl. (103) abzulesen ist, könnten kugelförmige Gehäuse mit gleichem Radius unter dem gleichen Innendruck mit ungefähr halber Wandstärke gegenüber zylindrischen Gehäusen ausgeführt werden, jedoch muß eine Hohlkugel (s. C5.3.2) einen größeren Radius haben als ein Hohlzylinder, wenn sie die gleiche Beschaufelung aufnehmen soll.

Ein- und Austrittspartien. Die hier in den Gehäusen auftretenden Spannungen lassen sich wie die in Kugelschalen abschätzen, wenn keine zusätzlichen Schubspannungen auftreten; auch in eingestülpten Schalen können Schubspannungen durch axial gehaltene Innenringe vermieden werden. Sonst gilt die Theorie der biegesteifen Schalen [62].

Zweischalige Gehäuse. Bei hohem Innendruck läßt sich das Gehäuse aufteilen (**Bild 51**) in ein Innengehäuse – meist ein eingesetzter Schaufelträger – und ein Außengehäuse; der Zwischenraum wird mit der Austrittsseite im Gehäuse verbunden, so daß vom bei thermischen Maschinen heißen Innengehäuse nur der Differenzdruck zwischen Ein- und Austritt aufzunehmen ist, während das kältere Außengehäuse den Austrittsdruck gegenüber der Atmosphäre aushalten muß.

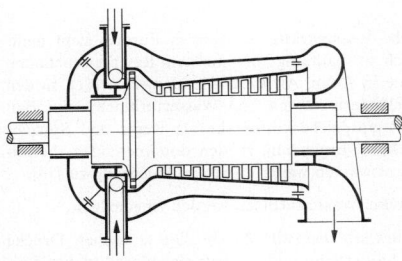

Bild 51. Zweischaliges Gehäuse

Trennflansch. Die Gehäuse müssen sich zum Einbau der Leitschaufeln und zum Einlegen des Rotors öffnen lassen. Dazu wird der Trennflansch parallel (**Bild 52a**) oder senkrecht zur Maschinenachse (Topfgehäuse, **Bild 52b**) gelegt.

Die aus der Spannung im entsprechenden Schnitt des Gehäuses folgende Kraft muß vom Trennflansch übertragen werden. Sie ist für ein dünnwandiges zylindrisches Gehäuse senkrecht zur Maschinenachse nach Gl. (103) halb so groß wie parallel dazu. Der Trennflansch senkrecht zur Achse wird viel bei nur einer radialen oder axialen Stufe mit fliegend gelagertem Läufer angewendet.

Bei vielen Stufen werden meistens zur Maschinenachse parallele Trennflansche zur Montage bevorzugt. Die größeren Kräfte werden durch Flanschkonstruktion oder

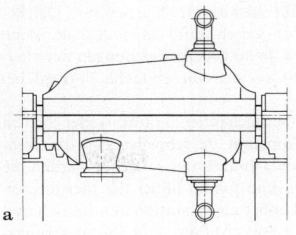

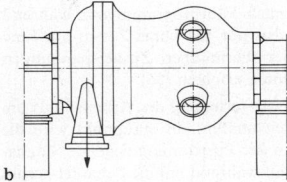

Bild 52. Lage des Trennflansches. **a** parallel, **b** senkrecht zur Maschinenachse

zweischalige Bauweise übertragen. Der Ausbildung der Flansche ist besondere Aufmerksamkeit zu widmen [58].

1.8.7 Thermische Beanspruchung. Thermal stresses

In thermischen Strömungsmaschinen haben Verdichten oder Entspannen Temperaturunterschiede gegenüber der Umgebung und im Arbeitsfluid zur Folge, die sich auf die durch- oder umströmten Teile übertragen. Hierbei sind nicht nur die stationären Temperaturfelder maßgebend, sondern auch die instationären beim An- und Abfahren und bei Laständerungen.

Den Temperaturdifferenzen in den Bauteilen folgen bei freier Einstellmöglichkeit unterschiedliche Ausdehnungen. Soweit sich die Verformungen gegenseitig behindern, haben sie Zusatzspannungen zur Folge (s. C5.1.5). Im Bereich elastischen Verhaltens der Werkstoffe können sie den anderen Spannungen überlagert werden.

$$\sigma = E\beta(T_m - T)/(1 - v). \tag{104}$$

Hierin bedeuten β Längenausdehnungskoeffizient, v Querkontraktionsverhältnis, T_m mittlere Temperatur in der neutralen Faser, in der keine Zusatzspannungen auftreten.

Die örtliche und zeitliche Temperaturverteilung und deren Mittelwert T_m hängen von der Form des Bauteils und dessen Oberflächentemperatur ab.

Dünne ebene Platte. Hier gilt sowohl für die maximale Zugspannung auf der kalten Seite (T_K) wie auch für die maximale Druckspannung auf der heißen Seite (T_H)

$$\sigma_{max} = 0,5 E\beta(T_H - T_K)/(1 - v). \tag{105}$$

Hohlzylinder. Er sei *außen beheizt* (Trommelrotor). Für dünnwandige Zylinder gilt in erster Näherung auch Gl. (105). Bei dickwandigeren Zylindern werden die Temperaturgradienten innen steiler und außen flacher. Die neutrale Faser verschiebt sich dabei nach innen, da Druck- und Zugkräfte im Gleichgewicht stehen müssen. So ergeben sich für ein relativ großes Radienverhältnis $r_a/r_i = 2,0$: Zugspannungen innen um 22% höher; Druckspannungen außen um 22% niedriger als bei der ebenen Platte. Der Hohlzylinder sei *innen beheizt* (Gehäuse). Bei dickwandigen Zylindern mit $r_a/r_i = 2,0$ sind die Druckspannungen innen um 22% höher, Zugspannungen außen um 22% niedriger als bei der ebenen Platte [63].

Diese Rechnungen für idealisierte Körper mit gleicher Oberflächentemperatur geben nur einen Anhalt, denn Flansche, Stutzen usw. bedingen Abweichungen der thermischen Spannungen von den für einfache Formen berechneten.

Außerdem ist die Oberflächentemperatur weder örtlich gleich noch zeitlich konstant. Je schneller sich die Temperatur des Arbeitsfluids ändert, um so steiler werden die Temperaturgradienten und um so höher die thermischen Spannungen. Sie sind höher als im stationären Betrieb und begrenzen deshalb die An-, Abfahr- und Laständerungsgeschwindigkeiten. Im Fall von Maschinen für industrielle Zwecke steht sie je nach Fahrprogramm nur während der Laständerungen, also nur für kurze Zeiten an. Eine genaue Berechnung der thermischen Zusatzspannungen muß mit finiten Elementen erfolgen [56].

Schaufeln. Die Temperaturverteilung des Arbeitsfluids um die Schaufeln ist ungleichmäßig: Im Staupunkt wird die über der Temperatur in der Zuströmung liegende Stagnationstemperatur erreicht, während um die Schaufel herum die Temperatur der Geschwindigkeitsverteilung entsprechend fallen oder steigen kann.

Die Temperatur an der Oberfläche stellt sich dem Übergang der Wärmeströmung folgend ein: Bei ungekühlten Schaufeln sind im stationären Zustand nur diese Temperaturdifferenzen maßgebend für die thermischen Spannungen. Bei gekühlten Schaufeln sind die Temperaturdifferenzen und die dadurch erzeugten thermischen Spannungen wesentlich größer. Besonders groß werden sie beim instationären An- und Abfahren von thermischen Turbomaschinen, weil sich die ungleichen Querschnitte der Schaufel an Kopf und Schwanz unterschiedlich schnell aufwärmen und abkühlen.

1.8.8 Werkstoffeigenschaften. Properties of materials

Die zulässigen Spannungen hängen ab von: der statischen Belastung z.B. durch Fliehkraft oder Druck, der zusätzlich auftretenden Wechselbeanspruchung z.B. durch Schwingungen, der stationären Temperaturverteilung, den Temperaturzyklen. Die zulässigen Spannungen bei statischer und Schwingungsbeanspruchung sind für verschiedene Werkstoffe in E 1.3.1 und E 1.3.2 und ihre Zeitstandfestigkeit in E 1.6.4 angegeben.

Instationäre Temperaturfelder. Mit ihnen ändern sich die thermischen Spannungen in den Bauteilen und die Festigkeitseigenschaften. Entstehen wechselnde plastische Dehnungen, so kommt es für die Ermüdung des Werkstoffs auf die Dehnungsschwingbreite an. Haltezeiten bei dem Extremwert der Dehnung, wie sie im praktischen Betrieb von thermisch belasteten Maschinen auftreten, führen bei hohen Temperaturen infolge Kriechens auf wesentlich kleinere Dehnungsschwingbreiten, die bei gleicher Spielzahl vom Werkstoff ertragen werden.

Kritischer Ermüdungsgrad. In der Praxis wird die Kriech- und die Dehnungswechselermüdung über die lineare Schadensakkumulation zusammengefaßt. Der Ermüdungsgrad, ein Anhalt für den Warnzeitpunkt, errechnet sich zu

$$E_k = \sum_{i,j} \frac{t_{ij}}{t_{Bij}} + \sum_K \frac{N_k}{N_{Bk}}. \tag{106}$$

Darin bedeuten t_{ij} Betriebszeit unter konstanter Zeitstandbeanspruchung ($\sigma_i = \text{const}, T_j = \text{const}$), t_{Bij} unter gleichen Bedingungen erwartete Zeit bis zum Bruch, N_k Zyklenzahl bei gleicher Dehnungsschwingbreite, N_{Bk} Zyklenzahl bis zum erwarteten Anriß bei gleicher Dehnungsschwingbreite. Anhaltwerte sind $E_k = 0,5$ für nahezu gleichförmig und $E_k = 1$ für ungleichförmig beanspruchte Bauteile.

Beim Erreichen des Warnzeitpunkts sind Prüfungen auf Risse und Verformungen oder Werkstoffprüfungen einzuleiten. Die Lebensdauer des Bauteils ist zu dem Zeitpunkt noch nicht erschöpft, weil für die Werkstoffkennwerte die Mindestwerte einzusetzen sind und ein Anriß unter wechselnder Last erst bis zur kritischen Rißlänge weiterwächst.

2 Wasserturbinen. Water turbines

H. Siekmann, Berlin

2.1 Allgemeines[1]). General

2.1.1 Kennzeichen. Characteristics

Wasserturbinen sind Bestandteil eines Wasserkraftwerks, **Bild 1**. Ihre Aufgabe ist die Umwandlung der in Stauseen, Kanälen, Flüssen, Gezeiten enthaltenen potentiellen Energie des Wassers in mechanische Leistung, meist zum Antrieb elektrischer Generatoren [5–12]. Dichte und Temperatur des durchströmenden Wassers ändern sich praktisch nicht. Kleinste Temperaturänderungen (Größenordnung einiger 10^{-3} K) bei Fallhöhen > 100 m eignen sich zur Messung des Wirkungsgrads nach dem thermodynamischen Verfahren [1]. Wegen der relativ niedrigen Umfangsgeschwindigkeiten und Temperaturen sind die Zentrifugalbeanspruchungen leichter zu beherrschen als bei thermischen Strömungsmaschinen. Statt dessen besteht die Gefahr schädlicher Kavitation. Im Normalfall sind schalltechnische Fragen unbedeutend für die Auslegung.

Natürliche Wasserkräfte. Sie sind in Europa nicht mehr wesentlich ausbaufähig; die meisten Reserven befinden sich heute in Asien, Afrika und Südamerika [11]. In den Industrieländern kommt den Wasserturbinen beim Bau großer Pumpspeicherkraftwerke als Regel- und Spitzenkraftwerke in Ergänzung zu den dominierenden thermischen Kraftwerken weiterhin große Bedeutung zu [14].

Arbeitsweise. Wasserturbinen werden eingeteilt in:

Gleichdruckturbinen (**Bild 2a, b**). Die statischen Drücke sind am Laufradein- und -austritt gleich groß (daher Teilbeaufschlagung möglich);

Überdruckturbinen (**Bild 2c–e**). Der statische Druck ist am Eintritt in das Laufrad größer als am Austritt. Daher sind nur vollbeaufschlagte Laufräder möglich.

Einsatzbereich (Bild 3). Der Leistungsbereich beträgt 1 kW bis 1 000 MW; Wasserturbinen sind energiesparend steuerbar infolge der Schaufelstellung, bzw. Turbinenbeaufschlagung. Die Ausführung ist meist einstufig und einströmig, die Aufstellung kann waagerecht bis nahezu waagerecht (Beschaufelung gut zugänglich) oder senkrecht (weniger Grundfläche, bessere Anpassung an schwankende Wasserstände im UW) sein. Die Fallhöhen betragen 2 bis 2 000 m, die Laufraddurchmesser 0,3 bis 11 m [5–11]. Die wichtigsten Begriffe, Zeichen und Einheiten aus der Wasserturbinentechnik sind in DIN 4320, 4323 und 4324 [2–4] festgelegt.

---

[1]) Der Einheitlichkeit wegen wird in den Kapiteln R 2 bis R 5 für den Volumenstrom durchweg das Formelzeichen $\dot{V}$ an der Stelle von Q verwendet

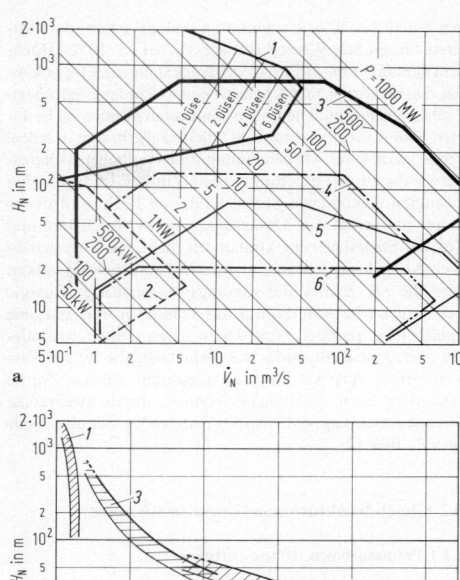

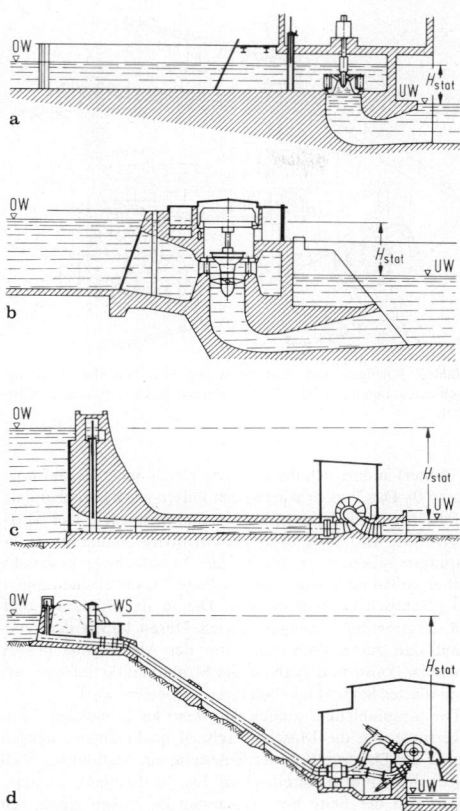

Bild 1. Wasserkraftwerke. **a** Niederdruckanlage mit Seitenkanal mit Francisturbine; **b** Niederdruckanlage im Fluß mit Kaplanturbine; **c** Hochdruckanlage an einer Talsperre mit Francisturbine; **d** Hochdruckanlage im Gebirge mit Peltonturbine. OW Oberwasser, UW Unterwasser, WS Wasserschloß

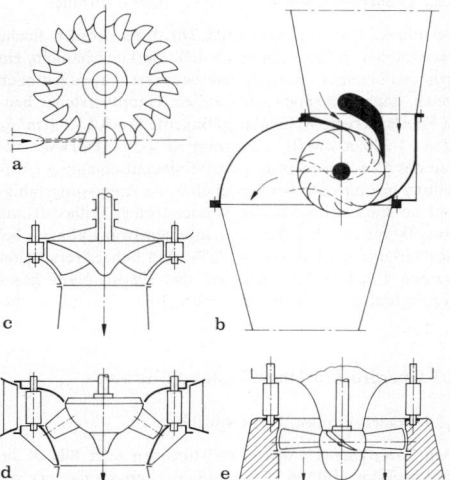

Bild 2. Zur Arbeitsweise der Wasserturbinen. **a** Pelton-; **b** Ossberger-, **c** Francis-; **d** Dériaz- und **e** Kaplanturbine

Bild 3a und **b.** Einsatzbereiche der Wasserturbinen (nach Unterlagen der Firmen Escher Wyss und Voith). Bereiche: *1* Peltonturbinen, *2* Ossbergerturbinen, *3* Francisturbinen, *4* Dériazturbinen, *5* vertikale Kaplanturbinen, *6* horizontale Kaplanturbinen (Rohrturbinen). n_q spezifische Drehzahl (s. R 3.2.1), H_N Nennfallhöhe, $\dot V_N$ Nennvolumenstrom

2.1.2 Wasserkraftwerke. Hydroelectric power plants

Je nach der verfügbaren statischen Fallhöhe H_{stat} lassen sich Wasserkraftwerke in Mittel- bis Hochdruckkraftwerke (≥ 50 m) und Niederdruckkraftwerke (< 50 m) einteilen.

Hauptteile. Ein Wasserkraftwerk besteht in der Regel aus folgenden Hauptteilen (**Bild 1**): − Speicheranlage OW (See, Staustufe, Seitenkanal) − Entnahmeanlage (Rechen, Überlauf, Schütze) − Leitung (bei längeren Leitungen Druckstoßsicherung in Form eines offenen Wasserschlosses WS zur Aufnahme von Wassersäulenschwingungen bis 20 m Höhe erforderlich, Druckleitung auf Gefällstrecke dennoch auf Festigkeit bei schnellen Regelvorgängen nachzurechnen) − Wasserturbine (Maschinenhaus) − Rückgabeanlage UW (bei Niederdruckanlagen Fallhöhenverlust durch Hochwasser möglich).

Sonderformen. Verschiedene Wasserkraftwerke benötigen kein besonderes Maschinenhaus (Freiluftaufstellung); Wasserturbine und Druckleitungen werden sehr häufig in Felsen eingebaut (Kavernenkraftwerk), Zusammenfassung von Turbinen und Pumpen im gemeinsamen Maschinenhaus bei Pumpspeicheranlagen. Zusammenfassende Literatur in [7–14].

2.1.3 Wirtschaftliches. Economics

Bei kleineren Wasserkraftwerken (< 500 kW) liegen die Investitionskosten für Wasserturbinen und Regeleinrichtungen bei 10 bis 50% der gesamten Anlagekosten. Bei mittleren bis großen Wasserkraftwerken bei ca. 10% (Hochdruckanlagen) bis 20% (Niederdruckanlagen). Die gesamten Anlagekosten sind – je nach der Geländeverhältnissen – sehr verschieden. Die hohen Baukosten können nicht immer vom Energieverbraucher allein aufgebracht werden. Trotz finanzieller Mitbeteiligung anderer Stellen (Interessenten für Flußregulierung, Staat) Zinsbelastung für den erzeugten elektrischen Strom häufig so hoch, daß dieser teurer als Strom aus Dampfkraftwerken. Auch Ort und Zeit der Stromlieferung können oft nicht den wirtschaftlichen Anforderungen entsprechen. In Pumpspeicherwerken wird die z.B. nachts und sonntags überschüssige Energie der Kraftwerke genutzt, um das Wasser in hochgelegene Speicher zu pumpen, von denen es zu Zeiten besonderen Spitzenbedarfs wieder zur Arbeitsabgabe durch Wasserturbinen zurückströmt. Anlagekosten solcher Werke besonders hoch, zusätzliche Verluste durch zweimalige Energieumsetzung; daher „Spitzenstrom" teurer als „Nachtstrom", **Bild 12**.

2.2 Gleichdruckturbinen. Impulse turbines

2.2.1 Peltonturbinen. Pelton turbines

Peltonturbinen mit horizontaler Welle werden mit 1 bis 2 Freistrahldüsen und mit vertikaler Welle mit 1 bis 6 Düsen je Rad eingesetzt. **Bild 4** zeigt als Beispiel eine sechsstrahlige Peltonturbine. Bei der Durchströmung der Schaufeln

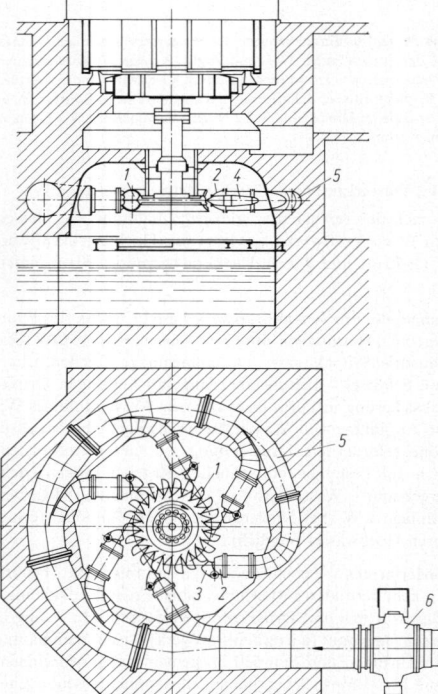

Bild 4. Peltonturbine mit sechs innengesteuerten Düsen (Voith). Strahlkreisdurchmesser 4,35 m, $H_N = 413$ m, $\dot{V}_N = 46,1$ m³/s, $n = 180$ min⁻¹, $P_N = 167$ MW. *1* Laufrad, *2* Düse, *3* Strahlablenker, *4* Innensteuerung der Düsennadel (Schließstellung), *5* Ringleitung, *6* Absperrorgan

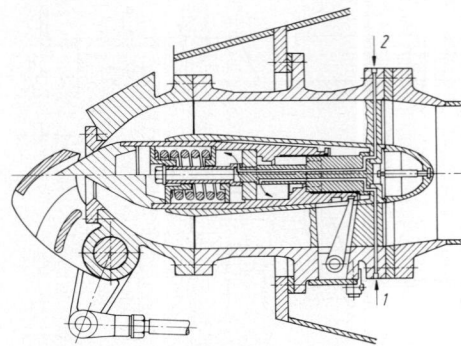

Bild 5. Innengesteuerte Peltondüse mit Strahlablenker, oben geschlossen, unten geöffnet (Voith). Steueröldruck: *1* öffnen, *2* schließen

(Becher) ändert sich der statische Druck nicht (Reaktionsgrad 0). Das Wasser wird in den Düsen stark beschleunigt; am Düsenaustritt herrscht Atmosphärendruck. Der Massenstrom wird über axial verschiebbare Nadeln zur Leistungsregulierung verändert. Die Verschiebung geschieht über außen oder innen angeordnete Verstelleinrichtungen (hydraulisch oder elektrisch). Die in den **Bildern 4** und **5** dargestellten innengesteuerten Düsen haben den Vorteil, daß der Krümmungsradius der Abzweigung größer werden kann und deshalb die Strahlqualität infolge verminderter Sekundärströmungen verbessert wird.

Die Strahlablenker greifen ein, wenn bei plötzlicher Lastverringerung die Maschine schnell nachreguliert werden soll, der Druckstoß in der Zuleitung ein bestimmtes Maß jedoch nicht überschreiten darf. Die Strahlablenker schneiden von der Seite her in den Strahl, lenken einen Teil des Wasserstroms ab und verringern damit sehr schnell die Antriebsleistung der Turbine. Gleichzeitig werden die Düsennadeln, wenn auch wesentlich langsamer, auf den neuen Betriebszustand eingestellt.

Spezialliteratur über Peltonturbinen ist in den diversen Druckschriften der Hersteller zu finden, z.B. Escher Wyss, J.M. Voith sowie in [14].

2.2.2 Ossbergerturbinen. Ossberger (Banki) turbines

Bei diesen Kleinturbinen (**Bild 2b**) durchströmen flache Freistrahlen, geführt durch verstellbare Leitschaufeln, ein trommelförmiges Laufrad, und zwar erst von außen nach innen, dann von innen nach außen. Haupthersteller heute Fa. Ossberger, Weißenburg/Bayern: $\dot{V} = 0,2...7,0$ m³/s, $H = 1...200$ m, $n = 50...1000$ min⁻¹, $P = 1...1000$ kW. Wegen des Gleichdruckprinzips ist Teilbeaufschlagung (Aufteilung in Laufradzellen) möglich; gute Anpassungsfähigkeit an stark schwankende Wasserströme. Teillastströme von 100 bis ca. 15% des Nennvolumenstroms können bei Bestwirkungsgraden von ca. 80% (und höher) verarbeitet werden. Einfache Laufschaufeln (bis 30) aus blank gezogenem Stahlprofil, kein Achsschub [10].

2.3 Überdruckturbinen. Reaction turbines

2.3.1 Francisturbinen. Francis turbines

Den Einsatzbereich von Francisturbinen zeigt **Bild 3**, die Konstruktion **Bild 6**. Das radiale (Langsamläufer) bis halbaxiale (Schnelläufer) Laufrad wird von außen nach innen durchströmt, die Abströmung ist stets axial. Der

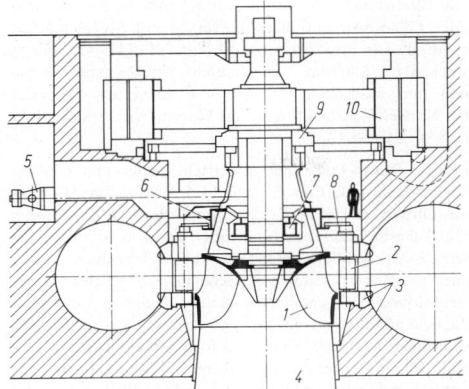

Bild 6. Francisturbine, Laufraddurchmesser 7,13 m, $H_N = 113,5$ m, $\dot{V}_N = 415$ m³/s, $n = 107,1$ min⁻¹, $P_N = 415$ MW (Alsthom-Neyrpic/Voith). *1* Laufrad (Schweißkonstruktion), *2* verstellbare Leitschaufeln, *3* Einlaufspirale mit Stützschaufeln und Traversenring (Schweißkonstruktion), *4* Diffusor (Saugrohr), *5* hydraulische Servomotoren (zu 2), *6* Regelring (Schweißkonstruktion), *7* Führungslager, *8* Lenker, *9* Spurlager, *10* Generator

Druck am Laufradeintritt ist höher als am Austritt. Die Einlaufspirale führt das Wasser axialsymmetrisch in das Leitrad; seine Leitschaufeln sind profiliert und drehbar gelagert.

Schaufelverstellung. Zur Regelung werden die Leitschaufeln über die Lenker eines gemeinsamen Rings verstellt. Stellkräfte von zwei (in Sonderfällen auch vier) hydraulischen Servomotoren. Angewendet werden auch Einzelservomotoren für jede Laufschaufel. Bei einer Änderung der Betriebsverhältnisse aufgrund von Fallhöhen- und/oder Volumenstromschwankungen wird der Drall vor dem Laufrad durch Leitschaufelverstellung in dem Maße reguliert, daß die Laufraddrehzahl je nach abgenommener Antriebsleistung des Generators konstant bleibt. Die Leitschaufeln bewirken in den extremen Betriebsstellungen einen fast freien oder nahezu geschlossenen Durchflußquerschnitt. Bei Abweichungen vom Nennbetriebspunkt, die eine Dralländerung notwendig machen, ist die Abströmung nach dem Laufrad nicht mehr drallfrei (Wirkungsgradverlust). Zudem treten außerhalb des Bestpunktes instationäre Strömungszustände auf [14], die – teilweise auf Kavitation zurückzuführen – mechanische und akustische Schwingungen anregen.

Aufbau. Das Laufrad ist aus einem Stück gegossen oder aus Deckscheiben und Schaufeln zusammengeschweißt. Bei Gußkonstruktionen kann u.U. die vordere Deckscheibe (Außenkranz) fehlen, geringere Reibleistungen – allerdings Gefahr von Schaufelschwingungen. Francisturbinen werden auch bei kleineren Fallhöhen (< 5 m) und Leistungen (< 200 kW) ohne Einlaufspirale als Kleinturbine in Schächten und Seitenkanälen (s. **Bild 1a**) eingesetzt. Weitere konstruktive Details von Francisturbinen in [5, 6, 11, 12, 14].

2.3.2 Kaplanturbinen. Kaplan turbines

Kaplanturbinen sind für relativ niedrige und schwankende Fallhöhen (z.B. bei Laufkraftwerken, s. **Bild 1b**) geeignet. Sowohl die radialen Leitradschaufeln als auch die axialen Laufradschaufeln sind verstellbar, s. **Bilder 7** und **8**. Der Einsatzbereich geht aus **Bild 3** hervor.

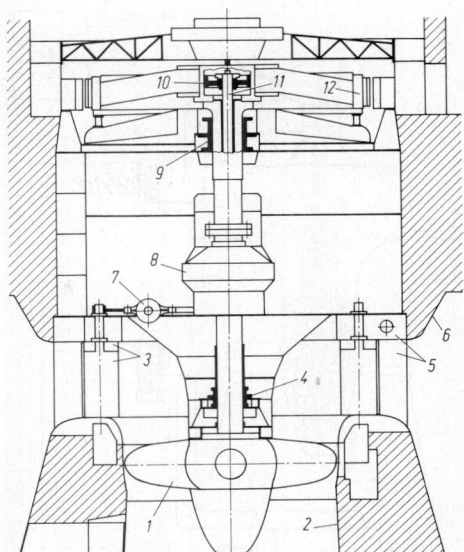

Bild 7. Kaplanturbine, Laufraddurchmesser 7,80 m, $H_N = 9,6$ m, $\dot{V}_N = 408$ m³/s, $n = 65,2$ min⁻¹, $P_N = 3,7$ MW (Voith). *1* Laufrad mit verstellbaren Schaufeln (je 12 t Schaufelgewicht), *2* Diffusor (Saugrohr), *3* verstellbare Leitschaufeln mit Füllstücken, *4* unteres Führungslager, *5* Traversenring mit Stützschaufeln (Schweißkonstruktion), *6* Einlaufspirale (Betonkonstruktion), *7* Regelring mit Leitradservomotor, *8* Spurlager, *9* oberes Führungslager, *10* Servomotor zur Verstellung der Laufradschaufeln, *11* Verstellstange innerhalb der Turbinenwelle, *12* Generator

Aufbau. Er entspricht grundsätzlich dem der Francisturbine, der wesentliche Unterschied liegt im Laufrad. Die Verstellung der Laufradschaufeln erfolgt über einen Hydraulikservomotor, der am oberen Wellenende (Teil *10* in **Bild 7**) oder in der Laufradnabe selbst untergebracht ist (Teil *2* in **Bild 8**). Die Lagerung der Schaufeln in der Nabe gestaltet sich dadurch schwierig, daß die Verstellfunktion auch noch bei der Durchgangsdrehzahl (bei Kaplanturbinen ca. 2,6fache Nenndrehzahl, s. [14]) gewährleistet sein muß. Bei der in **Bild 7** dargestellten Kaplanturbine ergeben sich für die einzelne Schaufel bei Durchgangsdrehzahl konstruktiv zu berücksichtigende Zentrifugalkräfte von max. 11 000 kN.
Sonderbauarten von Kaplanturbinen z.B. als Rohrturbinen (mit axialen bis halbaxialen verstellbaren Leitschaufeln) oder als Spiralturbine mit liegender Welle, s. [14].

Regelung. Regelgröße ist die Drehzahl, Stellgröße die Schaufelstellung, und als Störgrößen treten die Belastung und der Wasserstand auf. Die Kaplanturbinen haben wegen der Lauf- und Leitradverstellung besonders vorteilhaften flachen $\eta(\dot{V})$-Verlauf im Gegensatz zu den „einfachgesteuerten" Francisturbinen. Das Problem besteht bei Kaplanturbinen darin, stets die für den Leistungsbetrieb notwendige, optimale Zuordnung von Leitschaufel- zur Laufschaufelstellung zu finden. In der Vergangenheit wurde die optimale Zuordnung oft durch Abtasten einer (im Probebetrieb endgültig ermittelten) Kurvenscheibe erzwungen [14]. Heute bedient man sich zweckmäßigerweise eines Prozeßrechners.

Elektrohydraulischer Regler (Bild 8). Bei skizzierter Kaplanturbine ist der Laufradservomotor *2* in die Laufradnabe selbst eingebaut. Vom elektrischen Turbinenregler

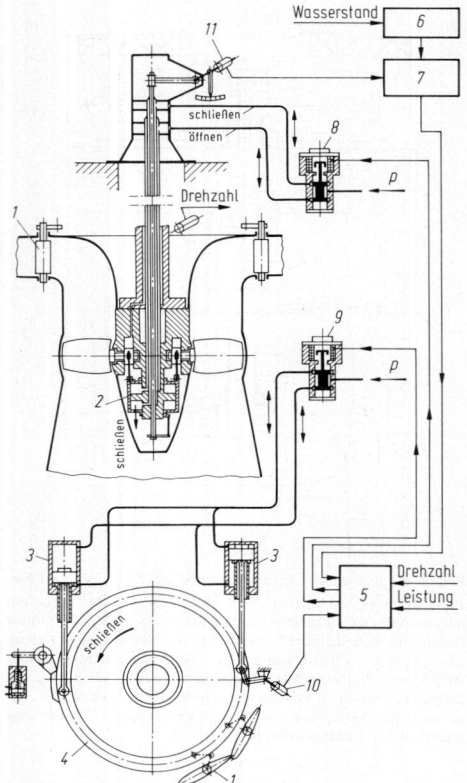

Bild 8. Kaplanturbinen-Regelung (Voith) (s. Text)

5 (Drehzahlregler bzw. Leistungsregler am Verbundnetz) werden über den elektrohydraulischen Wandler 9 (mehrstufiges Servo-Regelventil) primär die beiden Leitradservomotoren 3 angesteuert. Das Rückführsignal wird vom Regelring 4 mit Hilfe des elektrischen Gebers 10 abgenommen (ist gleichzeitig Signal für Stellung der Leitschaufeln 1). Sekundär wird vom Regler 5 über Wandler 8 der Laufradservomotor 2 angesteuert. Die wirkungsgradmäßig optimale Zuordnung der Leitschaufel- zur Laufschaufelstellung wird über das Rückführsignal des Schaufelstellungsgebers 11 (mechanische und elektrische Anzeige) im Leitrad-Laufrad-Kurvenzugrechner 7 verwirklicht. Bei Fallhöhenschwankungen ist eine Korrektur der optimalen Zuordnung von Leitschaufel- zur Laufschaufelstellung in Abhängigkeit von der jeweiligen Fallhöhe ebenfalls auf elektronischem Weg 6 möglich. Der Regler 5 erhält vom Rechner 7 ein der optimalen Zuordnung entsprechendes Signal.

2.3.3 Dériazturbinen. Dériaz turbines

Eine neuere Entwicklung einer doppeltregulierten Halbaxialturbine mit verstellbaren tragflügelähnlichen Schaufeln, **Bild 2d** und 3, [14]. Diese Turbinen eignen sich auch als Umkehrturbinen (Pumpenturbinen s. R 2.7).

2.4 Werkstoffe. Materials

Gehäuse. Hochdruck-Spiralgehäuse (Schweißkonstruktion vorherrschend) meist aus Feinkornbaustahl (z.B. TT STE

36), Blechstärken bis 80 mm; bei Kleinturbinen auch GS- oder GG-Konstruktionen, Traversen mit Stützschaufeln ebenfalls aus Feinkornbaustahl (z.B. TT STE 43), Blechstärken bis 180 mm. Leitschaufeln bei kleineren Turbinen und Fallhöhen oft aus GG, sonst aus GS oder bei Schweißkonstruktionen aus Chrom-Nickel-Stahlblech (z.B. X 5 CrNi 13 4).

Läufer. Pelton-Laufräder praktisch immer aus Chrom-Nickel-Stahl (z.B. G-X 5 CrNi 13 4, Werkstoffnr. 1.4313), Strahlablenker mit Auftragsschweißungen an erosionsgefährdeten Stellen. Francislaufräder bis ca. 3 m Durchmesser aus GS, größere geschweißt (bei Stückzahlen >ca. 6 auch GS-Konstruktionen wirtschaftlich). Bei Schweißkonstruktionen Deckscheiben meist aus GS 20 Mn 5, ebenfalls die Schaufeln (wenn einzeln gegossen), seltener aus rostbeständigem Material, auch heiß formgepreßt (z.B. aus TT STE 36). In der Regel ist Auftragschweißung an den kavitationsgefährdeten Stellen vorgesehen. Bronzelaufräder (z.B. G-SnBz 10) vereinzelt bei Kleinturbinen. Kaplanbinenschaufeln werden in der Regel aus Mangan- oder Chrom-Nickel-Stahl, seltener aus GG oder Bronze gegossen. Bei geschweißten Flügeln Verwendung von Blechen aus Kohlenstoff- oder Chrom-Nickel-Stahl (z.B. X 5 CrNi 13 4). Auftragsschweißungen an kavitationsgefährdeten Stellen (besonders Außenspalt und äußere zur Austrittskante hin gelegene Flächen der Saugseite).
Weitere Bearbeitung der Flügelflächen bei Genauguß nur noch Glätten (Zugabe <ca. 3 mm), sonst Kopierfräsen (in der Regel wirtschaftlicher als Kopierdrehen oder Schleifen nach Koordinatenbohrungen).

Abström- und Zuströmgehäuse. Sie werden bei Niederdruckanlagen sehr oft als Teil des Bauwerks aus Beton gestaltet, bei besonders hohen Maßanforderungen mit sog. „verlorener Schalung" aus St 37-Blech.

2.5 Kennliniendarstellungen
Performance characteristics

Im praktischen Betrieb konstante Drehzahl n (Antrieb von Drehstromgeneratoren) gefordert, Fallhöhe H bleibt in der Regel unverändert, Volumenstrom $\dot{V}$ wird abhängig von Wellenleistung P geregelt.

Spezielle Kennlinien. Bei der Modell-Francisturbine (**Bild 9**) ist die Leitschaufelstellung längs dieser Kurven verschieden, bei Kaplanturbinen auch die Laufschaufelstellung; hier wird die jeweils günstigste Kombination beider

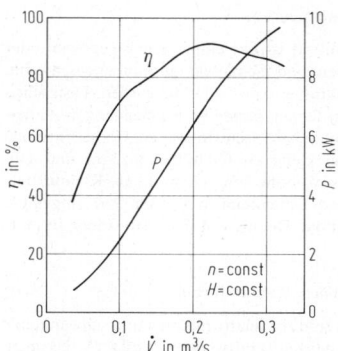

Bild 9. Kennlinien einer Modell-Francisturbine; Leitschaufeln sind für jeden Volumenstrom auf jeweils besten Wirkungsgrad eingestellt

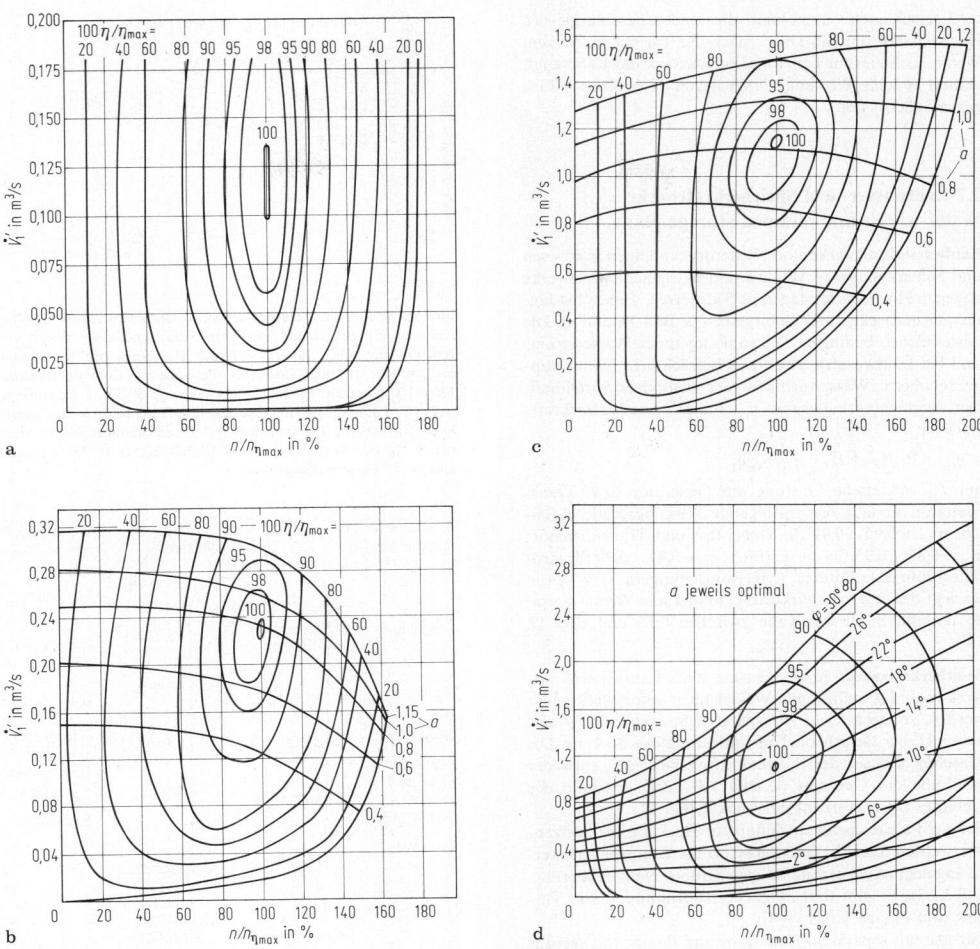

Bild 10. Wasserturbinen-Kennfelder [6]. **a** Peltonturbine $n_q = 16\ \text{min}^{-1}$; **b** Francisturbine $n_q = 23\ \text{min}^{-1}$; **c** Francisturbine $n_q = 90\ \text{min}^{-1}$; **d** Kaplanturbine $n_q = 160\ \text{min}^{-1}$

Bezeichnungen: n_q spez. Drehzahl (s. R 3.1.1), n Drehzahl, $n_{\eta max}$ Drehzahl bei max. Wirkungsgrad, $\dot{V}'_1 = \dot{V}/(D^2 H^{1/2})$ Einheitsvolumenstrom in m^3/s, $\dot{V}$ Volumenstrom in m^3/s, H Fallhöhe in m, D Laufradnenndurchmesser in m, a Maßzahl für Leitradöffnung (dimensionslose Lichtweite), φ Laufschaufelwinkel

Einstellungen durch planmäßige Versuche ermittelt, im praktischen Betrieb angewendet, s. R 2.3 und **Bild 8.**

Einheitsdiagramm. Es entsteht aus den speziellen Kennlinien durch Umrechnung mehrerer solcher Kurven auf eine geometrisch ähnliche Turbine mit 1 m Raddurchmesser und auf 1 m Fallhöhe. Das Einheitsdiagramm zeigt das Betriebsverhalten einer Bauart, **Bild 10.** In Einheitsdiagrammen kann der Einfluß von Änderungen der Reynoldszahl (Baugröße und Drehzahl), der Spaltweite, der relativen Rauhigkeit usw. nicht dargestellt werden. Diese Einflüsse sind bei mittleren Verhältnissen nur gering, müssen jedoch in jedem Fall geprüft werden.

2.6 Extreme Betriebsverhältnisse
Extreme operational ranges

Durchgangsdrehzahl. Wasserturbinen „gehen durch", wenn plötzlich das Lastmoment ausbleibt und die Regelung noch nicht eingegriffen hat, z.B. bei schlagartigem Last-

abwurf eines Generators. Das Verhältnis von Durchgangsdrehzahl zu Normaldrehzahl kann folgende Werte annehmen:

Peltonturbinen: 1,8 bis 1,9;
Francisturbinen: Langsamläufer 1,6, Schnelläufer bis 2,1;
Kaplanturbinen: 2,2 bis 2,8.
Vereinfachte Theorie zur Berechnung der Durchgangsdrehzahl s. [6, 14]. Der Turbinenläufer und die angekuppelten rotierenden Teile müssen diese Drehzahl auch bei dem größtmöglchen Gefälle aushalten.

Maximales Drehmoment. Es liegt bei Francisturbinen bei der Drehzahl 0 und ist das ca. 1,6- bis 1,8fache des Auslegungswertes (günstig für das Anfahren). Bei Kaplanturbinen M_{max} nur ca. 1,05 M_{normal} bei 0,25facher Normaldrehzahl [14].

Unterwasserstand. Bei Hochwasser setzt die Gefälleverringerung die Leistung herab (ausgenommen Peltonturbinen mit durch Überdruck erzwungenem Freihang); in „Ejektor-Leerschüssen" nutzt man die kinetische Energie des Hochwassers, um den Druck nach der Turbine zu senken. Wenn das Saugrohr bei zu tiefem Wasserstand Luft saugt, verliert es seine Wirkung; daher liegen Saugrohrmündungen möglichst tief.

2.7 Laufwasser- und Speicherkraftwerke
Water wheels and pumped-storage plants

Laufwasserkraftwerke sind Niederdruckanlagen in Flüssen und Seitenkanälen (s. **Bild 1a** und **b**), Speicherkraftwerke dagegen Hochdruckanlagen an Talsperren, Tages- bis Jahresspeicherbecken und Gebirgsseen (s. **Bild 1c** und **d**). Die jahreszeitlich bedingten Schwankungen des Wasserstroms sind bei Laufwasserkraftwerken beträchtlich. Daher doppeltregulierte Wasserturbinen hier besonders vorteilhaft. Der Aggregatwirkungsgrad η_{Gr} für das Laufwasserkraftwerk ist

$$\eta_{Gr} = P_{el}/(\rho g \dot{V} H) = \eta_{GT} \eta_{Tu} \eta_L$$

mit P_{el} elektrische Leistung am Generator bzw. Transformator. Er läßt sich in folgende Wirkungsgrade aufteilen: $\eta_{GT} \approx 0{,}95...0{,}99$ für Generator und Transformator; $\eta_{Tu} \approx 0{,}85...0{,}95$ für die Turbine; $\eta_L \approx 0{,}93...0{,}99$ für strömungsführende Bauteile (z.B. Rohrleitungen).
So liegt der Aggregatwirkungsgrad, der alle Wirkungsgrade umfaßt, in diesem Falle zwischen 0,75 und 0,93 [7, 14].

Speicherkraftwerk. Im Gegensatz zum Laufwasserkraftwerk muß das zufließende Wasser nicht sofort ausgenutzt werden, sondern kann zur späteren Spitzendeckung dienen, u.U. bis zur erheblichen Entleerung des Beckens. Die Maschinenhäuser der Spitzenkraftwerke liegen entweder am Fuße des Gebirges (s. **Bild 1d**) oder innerhalb des Gebirges bei Kavernenkraftwerken, **Bild 11**.
Bei nicht ausreichendem Zufluß zur Deckung der Spitzenlast werden Speicherkraftwerke oft als Pumpspeicherwerke angelegt (Ausnutzung billigen Stroms, Netzregulierung, s. R 2.1.3). Es gibt drei mögliche Anordnungen von Turbine und Pumpe [10, 13, 14]:
Turbine mit separatem Generator und Pumpe mit separatem Motor (Vier-Maschinen-Satz),
Turbine und Pumpe mit gemeinsamem Motor-Generator (Drei-Maschinen-Satz),
reversible Pumpturbine mit Motor-Generator (Zwei-Maschinen-Satz).
Entscheidung nach Kosten, Wirkungsgrad, Fall-Förderhöhenbereich, Betriebsart und zur Verfügung stehender Zeit zum Starten oder Wechseln vom Turbinenbetrieb in den Pumpbetrieb und umgekehrt. **Bild 12** zeigt die Energiebilanz eines Pumpspeicherwerks mit einem Drei-Ma-

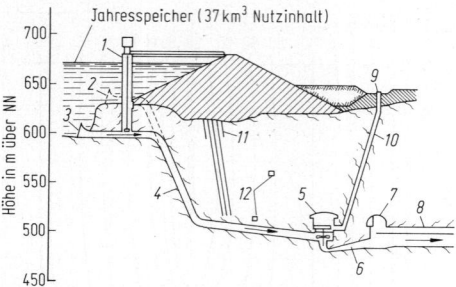

Bild 11. Schema des Speicherkraftwerks Shrum (British-Columbia, Kanada) [7]. Staudamm mit 83 m Höhe und einer Breite von 2040 m, vorgesehen für 10 vertikale Maschinen mit je 227 MW bis 260 MW (Francis-Turbinen), Fallhöhe 152 m, Volumenstrom 170 m³/s, Drehzahl 150 min⁻¹ (24 Polpaare 60 Hz). _1_ Einlaufkontrolle; _2, 3_ Einlauf für 10 Maschinen; _4_ Druckrohr; _5_ Maschinenhaus (Kaverne); _6_ Turbinenauslaß; _7_ Sammelkammer; _8_ Ablaßtunnel; _9_ Umspannwerk 500 kV; _10_ Kabelschacht; _11_ Abdichtungsschirm; _12_ Entwässerungstunnel

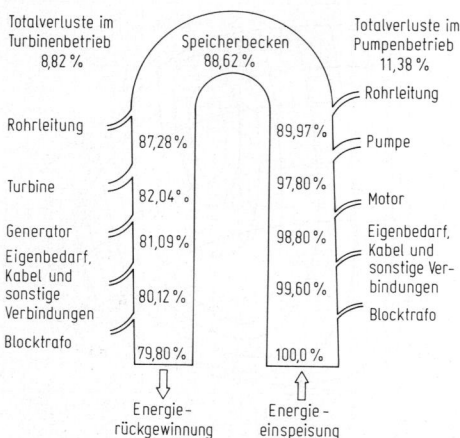

Bild 12. Energiebilanz eines Pumpspeicherwerks mit einem Drei-Maschinen-Satz

schinen-Satz. Der Gesamtwirkungsgrad von nahezu 80% liegt an der oberen heute möglichen Grenze, üblich sind Gesamtwirkungsgrade um 75%. **Bild 13** zeigt die technische Verwirklichung eines Drei-Maschinen-Satzes für das Pumpspeicherwerk Vianden in Luxemburg.

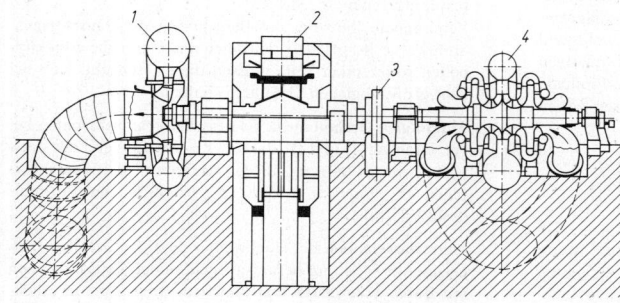

Bild 13. Maschinensatz des Pumpspeicherwerks Vianden (Luxemburg) [7]. _1_ Francis-Spiralturbine, $H = 265...290$ m; $\dot{V} = 37{,}2...39{,}5$ m³/s, $n = 428{,}6$ min⁻¹, $P = 90...100$ MW, $P_{max} = 104$ MW; _2_ Synchronmaschine (Generator oder Motor), _3_ Anwurf-Freistrahlturbine mit Zahnschaltkupplung, $H = 288$ m, $\dot{V} = 1{,}31$ m³/s, $P = 2{,}7$ MW; _4_ zweiflutige-zweistufige Speicherpumpe, $P = 67...69$ MW, $P_{max} = 76$ MW

3 Kreiselpumpen[1]). Centrifugal pumps

H. Siekmann, Berlin

3.1 Allgemeines. General

Pumpen heben Flüssigkeiten bzw. erhöhen deren Druck oder Geschwindigkeit. Bei Kreiselpumpen erfolgt dies, indem mechanische Arbeit durch die Fliehkraft und Umlenkung des Mediums in Schaufelrädern übertragen wird. Hierzu dienen eine bis etwa zwanzig Stufen. Fördermedien sind neben Wasser auch aggressive Medien und zähe Fluide bis hin zum Flüssigbeton.

3.2 Bauarten. Types

Einteilung und Bezeichnung der Kreiselpumpen erfolgen nach verschiedenen Gesichtspunkten: Form der Laufräder, Gehäuseaufbau, Stufenzahl, Antrieb, Fördermedien, Verwendung [1–8].

3.2.1 Laufrad. Impeller

Meist werden die Pumpen nach der Bauart ihrer Laufräder bezeichnet (**Bild 1**): Radiale, halbaxiale, axiale Pumpen.

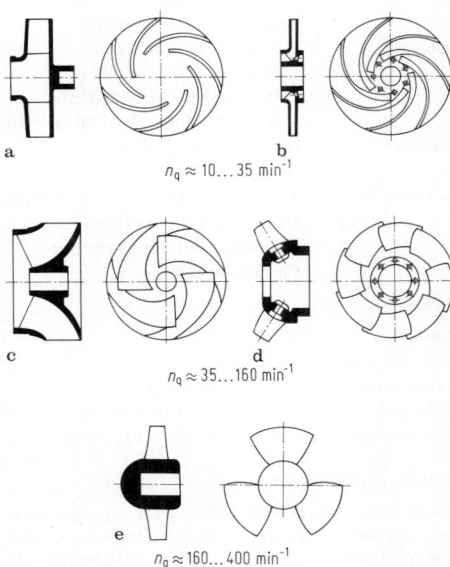

a

b

$n_q \approx 10 \ldots 35 \text{ min}^{-1}$

c

d

$n_q \approx 35 \ldots 160 \text{ min}^{-1}$

e

$n_q \approx 160 \ldots 400 \text{ min}^{-1}$

Bild 1. Laufradbauarten. **a** Radialrad mit **b** axial vorgezogenen Schaufeln; **c** Halbaxialrad mit **d** einstellbaren Schaufeln, **e** Axialrad

Radialräder nach **Bild 2** dienen zur Förderung von reinen Fluiden, Räder nach **Bild 3** für ausgasende Fluide, Abwässer und Feststoffe in Trägerflüssigkeiten. Die vordere Laufraddeckscheibe ist erforderlich bei Förderung faseriger Verunreinigungen („geschlossene" Laufräder), „offene" Laufräder bewähren sich bei dem Transport von gashaltigen Flüssigkeiten und Schlämmen.

[1]) Der Einheitlichkeit wegen wird in den Kapiteln R2 bis R5 für den Volumenstrom durchweg das Formelzeichen $\dot{V}$ an Stelle von Q verwendet (DIN 24260).

Halbaxialräder (Bild 1 c, d). Die Schaufeln (**d**) können während des Betriebs verstellt oder, je nach Konstruktionsaufwand, im Stillstand eingestellt werden. Die Kontur der Laufradnabe und des Pumpengehäuses sind im Bereich der möglichen Schaufelwinkel kugelig auszuführen.

Axialräder (Bild 1e). Hierfür gilt gleiches. Ist keine Winkeländerung erforderlich, so sind die Schaufeln mit der

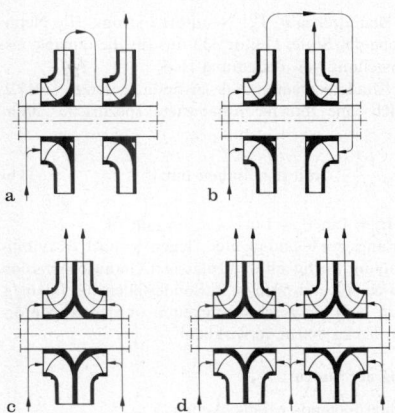

a

b

c

d

Bild 2. Anordnung von Radialrädern. **a, b** zweistufig; **a** gleiche, **b** gegensinnige Durchströmrichtung; **c** zweiströmig; **d** vierströmig

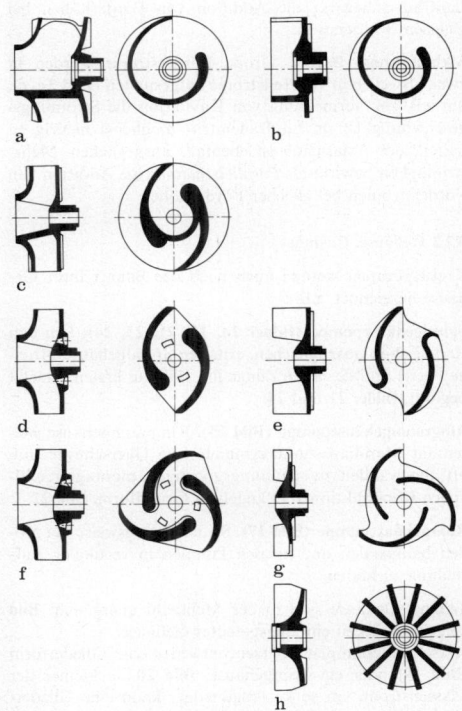

a

b

c

d

e

f

g

h

Bild 3. Sonderformen radialer Laufräder nach [5]. **a, b** Einschaufelräder; **c** Einkanalrad; **d, e** Zweikanalräder; **f, g** Dreikanalräder; **h** Freistromrad. **a, c, d, f** „geschlossen", für Flüssigkeiten mit Feststoffen; **b, e, g, h** „offen", für gasbeladene Flüssigkeiten ohne faserige Beimengungen

R

Nabe meist in einem Stück gegossen, und es entfällt die strömungsungünstige kugelige Kontur an Nabe und Gehäuse.

Spezifische Drehzahl

Sie ermöglicht die Wahl der Laufradbauart mit dem besten Pumpenwirkungsgrad und lautet

$$n_q^* = 333 n_N \dot{V}_N^{1/2}/(g H_N)^{3/4} \qquad (1\,a)$$

mit n_N Nenndrehzahl, $\dot{V}_N$ Nennförderstrom, H_N Nennförderhöhe der Stufe, Faktor 333 nur für die dimensionslose Darstellung von Bedeutung [1–5].
Aus der Ähnlichkeitsmechanik (Affinitätsgesetze), s. B 7.2, ergibt sich eine dimensionsbehaftete spezifische Drehzahl

$$n_q = n_N \frac{\dot{V}_N^{1/2}}{H_N^{3/4}} \quad \text{mit der Einheit } \min^{-1} \qquad (1\,b)$$

(Bezug: $H_q = 1$ m, $\dot{V}_q = 1$ m³/s, n_N in $\min^{-1}$).
Die Umfangsgeschwindigkeiten liegen je nach Kavitationsbedingung, Festigkeit und zulässiger Geräuschemission zwischen ca. 20 und 60 m/s, in Sonderfällen bis 140 m/s. Bei hohen Umfangsgeschwindigkeiten werden Stufenförderhöhen bis zu 800 m verwirklicht.

Verteilung der Stufen

Es bestehen folgende Möglichkeiten:

Mehrstufige Bauart (Bild 2a). Zum Ausgleich des Axialschubs sind die Laufräder häufig spiegelbildlich angeordnet, **Bild 2 b**. Mehrstufigkeit, d.h. *Reihenschaltung* der Laufräder, bewirkt die Addition von Förderhöhen bei gleichem Förderstrom.

Mehrströmige Bauart. Große Förderströme werden in zwei, bisweilen in vier Teilströme aufgespalten (**Bild 2c, d**), um z.B. zur Vermeidung von Kavitation die Strömungsgeschwindigkeit im Laufradeintritt möglichst niedrig zu halten; der Axialschub ist ebenfalls ausgeglichen. Mehrströmigkeit bewirkt als *Parallelschaltung* die Addition von Förderströmen bei gleicher Förderhöhe.

3.2.2 Gehäuse. Casings

Kreiselpumpen werden auch nach der Bauart ihrer Gehäuse bezeichnet, z.B.:

Spiralgehäusepumpe (Bilder 14, 15, 21, 23, 24). Um den Radialschub auszugleichen, erhalten Spiralgehäuse oft eine zweite Spirale, deren Zunge um 180° zur ersten versetzt beginnt, **Bilder 21** und **24**.

Ringraumgehäusepumpe (Bild 25). Ringraumgehäuse weisen im Meridianschnitt symmetrische Querschnitte auf, oft abgewandelt zu spannungsgünstigen, montagefreundlichen Konstruktionen in kugeliger Grundform, **Bild 22**.

Rohrgehäusepumpe (Bild 17). Sie ist vorzugsweise bei großen halbaxialen und axialen Pumpen in vertikaler Aufstellung zu finden.

Teilung. Gehäuse sind in der Mehrzahl quergeteilt. **Bild 15** zeigt dagegen ein längsgeteiltes Gehäuse.
Kesselspeisepumpen besitzen entweder eine Gliederform (**Bild 19**) oder ein Topfgehäuse, **Bild 20**. Je kleiner der Massenstrom, um so kostengünstiger kann eine Gliederpumpe im Vergleich zur Topfgehäusepumpe hergestellt werden [5]; im Falle einer Läuferrevision ist die Topfgehäusepumpe montagefreundlicher.
Charakteristische Merkmale der Pumpen können auch sein: die Befestigung des Pumpengehäuses, z.B. am Elek-

tromotorgehäuse (Blockpumpen **Bilder 18, 21, 23**); die Trocken- oder Naßaufstellung des Gehäuses, bzw. auch des Elektromotors (Tauchmotorpumpen **Bilder 16** und **18**).

3.2.3 Fluid. Fluid

Sehr verbreitet ist die Bezeichnung der Kreiselpumpen nach dem zu fördernden Fluid, z.B.: Reinwasser-, Abwasser-, Schlamm-, Säure-, Öl-, Flüssiggaspumpe. Der Mittransport sowohl von Dampf und Gas als auch von Feststoffen ist nicht auszuschließen, die Viskosität des Fluids beeinflußt erheblich die Kennlinien.

3.2.4 Werkstoff. Material

Die Bezeichnungen Kunststoffpumpe, Betongehäusepumpe, Graugußpumpe usw. geben Auskunft über den Hauptwerkstoff (Gehäusewerkstoff). Die wichtigsten Kriterien bei der Werkstoffauswahl sind Festigkeit (Kesselspeisepumpen), Korrosionsbeständigkeit (Chemiepumpen), Erosionsbeständigkeit (Baggerpumpen), Kavitationsbeständigkeit (Kondensatpumpen) und – gleichermaßen wichtig für alle Pumpen – Kosten für Investition, Bearbeitung, Wiederbeschaffung, u.a.

Gehäuse und Laufräder

Gußeisen:	GG-20 (0.6020), GG-25 (0.6025)
	GGG-40 (0.7040),
	GGG-NiCr 20 2 (0.7660)
Stahlguß:	G-X 20 Cr 14 (1.4027),
	G-X 6 CrNi 18 9 (1.4308)
	G-X 6 CrNiMo 18 10 (1.4408),
	G-X 7 NiCrMoCuNb 25 20 (1.4500)
Bronzen:	G-CuAl 10 Ni (2.0975),
	G-CuSn 10 (2.1050)
Nichtmetalle:	Thermoplaste (z.B. Polyvinylchlorid),
	Duroplaste (z.B. Epoxidharz)
	Kautschuk (z.B. für gummierte
	Chemiepumpen)

Wellen

Baustahl:	St 52-3 (1.0570)
Vergütungsstahl:	C-45 (1.0503)
Nichtrostender	X 20 Cr 13 (1.4021),
Walz- und	X 5 CrNiMo 18 10 (1.4401),
Schmiedestahl:	X 10 CrNiMoTi 18 10 (1.4571)

Kavitationsbeständigkeit

Hierfür gelten Chromnickelstähle, nicht hingegen Gußeisen und Kunststoffe; neben der Werkstoffzusammensetzung spielt hierbei auch die Formgebung (Gießen, Schmieden, Spanen) und die Oberflächenbeschaffenheit (rauh, poliert) eine Rolle. Allen kavitationsbeständigen Werkstoffen gemeinsam ist eine relativ hohe Dauerfestigkeit und Beständigkeit gegen Schwingungsrißkorrosion.

3.2.5 Antrieb. Drive

Tauchmotorpumpen, Dieselmotorpumpen, Turbopumpen u.a. sind Bezeichnungen nach dem Antrieb.

Elektromotoren. Der gebräuchlichste Antrieb für Kreiselpumpen. Üblich sind Einphasen-Wechselstrommotoren in den untersten Leistungsbereichen (<1 kW), sonst Drehstrommotoren (bis ca. 12 MW) und – vorwiegend in den oberen Leistungsbereichen – Synchronmotoren (bis ca. 10 MW), oft kombiniert mit einem Untersetzungsgetriebe.

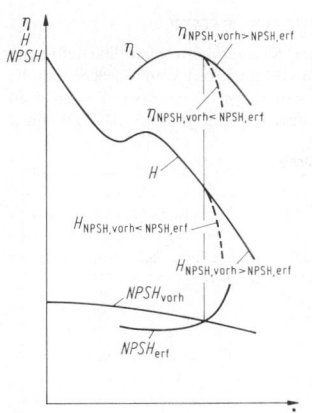

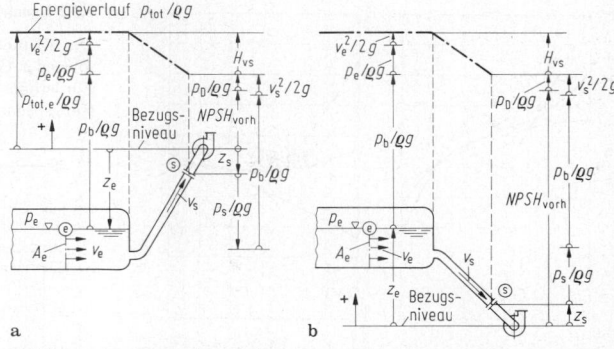

Bild 5. Energieverlauf $p_{tot}/\rho g$ auf der Eintrittsseite einer Pumpenanlage. **a** Pumpe oberhalb des Flüssigkeitsspiegels, $z_e < 0$ geodätische Saughöhe; **b** Pumpe unterhalb des Flüssigkeitsspiegels, $z_e > 0$ geodätische Zulaufhöhe. Bezugspunkt des Saugspiegels im Eintritt der Anlage, s. **Bild 8**

Bild 4. Einfluß des $NSPH$-Wertes auf die Drossel- und Wirkungsgradkurve $H = f(\dot V)$ und $\eta = f(\dot V)$; ausgezogen: $NPSH_{vorh} > NPSH_{erf}$, gestrichelt: $NPSH_{vorh} < NPSH_{erf}$

Tauchmotoren (**Bilder 16** und **18**) sind wassergefüllt (vereinzelt ölgefüllt); Tauchmotorleistungen erreichen mehrere MW bei Betriebsspannungen bis 10 kV.

Spaltrohrmotoren stellen eine Bauart mit nassem Läufer und trockener Statorwicklung dar, **Bild 23**.
Mit dem Fortschritt der Leistungselektronik verbreiten sich thyristorgesteuerte Gleichstromantriebe sehr schnell als verlustarme drehzahlgeregelte Pumpenantriebe im Leistungsbereich bis zu mehreren MW, gleiches gilt für frequenzgesteuerte Drehstromantriebe.

Verbrennungsmotoren. Sie sind bei kleineren transportablen Pumpenantrieben und bei mittleren stationären Aggregaten weitab vom elektrischen Netz sowie bei netzunabhängigen Reserveaggregaten zu finden. Als nachteilig ist der Bauaufwand (Volumen, Anfahrkupplungen, Dämpfungseinrichtungen) anzusehen.

Dampfturbinen. Sie dienen hauptsächlich als Antrieb von Großpumpen der Kraftwerkstechnik (z.B. Direktantrieb von Kesselspeisepumpen, Antriebsleistungen bis 50 MW, Drehzahlbereich 3000 bis 6000 min^{-1}), teilweise auch von Wasserwerkpumpen bis hin zum Antrieb kleinerer Pumpen über Getriebe.

3.3 Betriebsverhalten. Operating characteristics

3.3.1 Kavitation. Cavitation

Kavitation, das Entstehen und schlagartige Vergehen von Dampfblasen, tritt in Flüssigkeitsströmungen an Stellen mit Drücken nahe dem Dampfdruck (Verdampfungsdruck) p_D auf. Zur Einleitung ist die Anwesenheit von Gasspuren (Keimen) erforderlich.

Vorgang. Die Druckabsenkung im Pumpeneintritt durch Beschleunigung der Strömung, Minderung des Systemdrucks oder Absenken des Saugspiegels (**Bild 8**) führt örtlich zum Erreichen des Dampfdrucks. Die Flüssigkeit verdampft unter erheblicher Volumenzunahme. Im weiteren Verlauf der Strömung durch das Laufrad steigt der Druck wieder an. Der Dampf kondensiert unter implosionsartiger Volumenabnahme; hierbei entstehen in hochfrequenter Folge Mikrowasserstrahlen, die beim konzentrierten Aufprallen auf Schaufel und Gehäuse Drücke bis zu mehreren 1000 bar erzeugen.

Folgen. Die Kavitation stellt insbesondere am Beginn der Energieumsetzung im Laufrad, eine Strömungsstörung dar, die sich einerseits auf die Pumpenkennlinien durch Wirkungsgrad- und Förderhöhenabfall (**Bild 4**), andererseits aufgrund der schlagartigen Kondensationsvorgänge durch mechanische Schwingungen, prasselnde Geräusche und Materialverschleiß bemerkbar machen. Das Material wird sowohl mechanisch (Kavitationserosion durch Hochgeschwindigkeitsstrahlen) als auch chemisch (Kavitationskorrosion aufgrund von Zerstörung der Deckschicht) angegriffen.

$NPSH$-Wert (*Net Positive Suction Head*). Dies ist eine international eingeführte Kenngröße zur Quantifizierung der Kavitationsempfindlichkeit einer Kreiselpumpe. Der $NPSH$-Wert ist definiert als Gesamtdruckhöhe der Strömung in Laufradmitte, vermindert um die Verdampfungsdruckhöhe der Flüssigkeit, Einheit m. Es ist zu unterscheiden zwischen dem *vorhandenen* $NPSH$-Wert der *Anlage* (**Bild 5**) und dem mindest *erforderlichen* $NPSH$-Wert der *Pumpe*.

Anlage. Hier gilt

$$NSPH_{vorh} = \frac{p_{tot} - p_D}{\rho g} \qquad (2)$$

mit p_{tot} Gesamtdruck der Strömung in Laufradmitte, genauer: im Schnittpunkt der Drehachse mit der Ebene durch die äußeren Punkte der Schaufeleintrittskanten, ρ Dichte der Förderflüssigkeit, p_D Dampfdruck (Verdampfungsdruck) der Förderflüssigkeit.

Pumpe. Der Wert

$$NPSH_{erf} = \left(\frac{p_{tot} - p_D}{\rho g} \right)_{min} \qquad (3)$$

ist erforderlich, um die Kreiselpumpe ohne Kavitationsfolgen dauernd betreiben zu können. Gebräuchlich sind folgende Alternativkriterien ($\dot V = $const):

Erscheinungsformen

Blasenlänge, eine nach Ort und Größe definierte Ausdehnung des Dampfgebiets auf der Schaufel (z.B. 5 mm auf der äußeren Flußlinie).

Wirkungsgradabfall (z.B. 1% von dem kavitationsfrei gemessenen Wirkungsgrad).

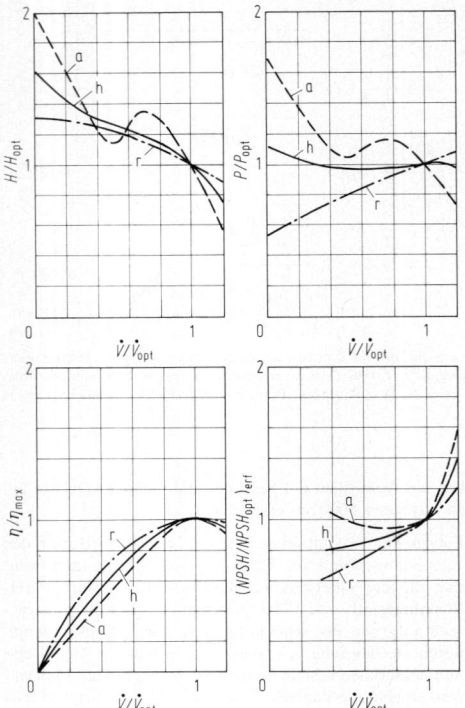

Bild 6. Einfluß der spezifischen Drehzahl n_q auf die Kennlinien der Pumpen (ohne Viskositätseinflüsse). a axial $n_q \approx 200 \, \text{min}^{-1}$, h halbaxial $n_q \approx 80 \, \text{min}^{-1}$, r radial $n_q \approx 25 \, \text{min}^{-1}$

Förderhöhenabfall (z.B. 3% von der kavitationsfrei gemessenen Förderhöhe).

Schalldruckpegel, eine nach Meßort und Größe definierte kavitationsbedingte Erhöhung.

Materialverschleiß, als Pumpenmaterial, das in der Zeiteinheit durch Kavitationswirkung abgetragen wird.

Verläufe (**Bilder 4, 6** und **7**). Aus Gl.(3) ergibt sich die zu verwirklichende geodätische Saughöhe ($z_e < 0$) bzw. Zulaufhöhe ($z_e > 0$) (**Bild 5**) zu

$$z_e > NPSH_{erf} + H_{vs} - \frac{p_b + p_e - p_D}{\rho g} - \frac{v_e^2}{2g}. \tag{4}$$

Durch *Vergleichmäßigung* der Zuströmung und Einsatz eines axialen Vorsatzläufers (Inducer) kann $NPSH_{erf}$ und damit z_e noch wesentlich verringert werden.
Der $NPSH_{vorh}$-Wert ändert sich mit der Anlagenkennlinie (Widerstandsparabel), der $NPSH_{erf}$-Wert mit der Pumpenkennlinie. Ein Betriebspunkt der Pumpe kann nur dann ein Dauerbetriebspunkt ohne schädliche Kavitationsfolgen sein, wenn in diesem Punkt folgende Ungleichung deutlich mit einer Mindestsicherheit von ca. 0,5 m erfüllt ist:

$$NPSH_{vorh} > NPSH_{erf}.$$

Die Gefahr, durch Kavitation Schäden im Dauerbetrieb zu erleiden, ist offensichtlich um so geringer, je größer $NPSH_{vorh}$ gegenüber $NPSH_{erf}$ ist, so daß der Differenz

$$NPSH_{vorh} - NPSH_{erf}$$

die Bedeutung einer Sicherheit gegenüber Kavitation zukommt.

3.3.2 Kennlinien. Characteristic curves

Die Kennlinien einer Kreiselpumpe sind Darstellungen folgender Größen in Abhängigkeit vom Förderstrom $\dot V$: Förderhöhe H oder spezifische Förderarbeit $Y = gH$, Leistungsbedarf P, Pumpenwirkungsgrad $\eta = \rho \dot V Y / P$ mit ρ

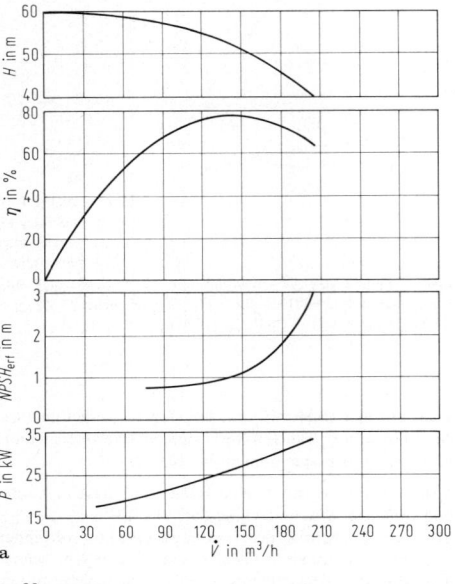

a

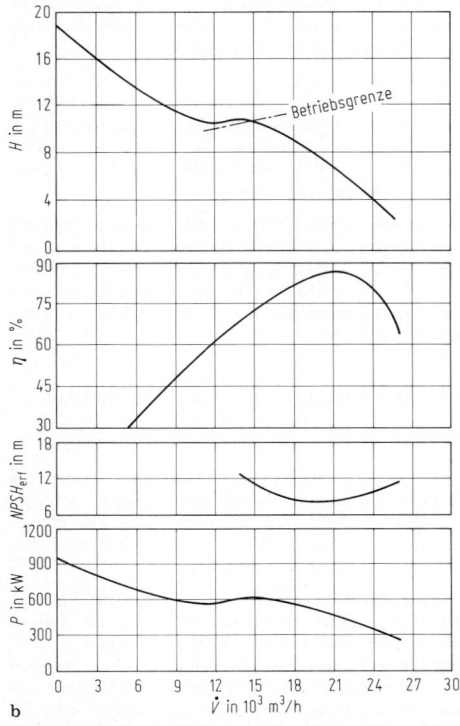

b

Bild 7. Kennlinien ausgeführter einstufiger Pumpen (KSB und SIHI-Halberg). **a** radial $n_q \approx 15 \, \text{min}^{-1}$, $n = 1450 \, \text{min}^{-1}$, Wasser 15 °C; **b** axial $n_q \approx 200 \, \text{min}^{-1}$, $n = 314 \, \text{min}^{-1}$, Wasser 15 °C

Dichte des Fluids unter den Bedingungen am Saugstutzen, $NPSH_{erf}$-Wert und u.U. auch akustische und mechanische Schwingungsgrößen, u.a.

Voraussetzungen für die einzelne Kennlinie sind die Konstanz der Pumpendrehzahl n, der Pumpengeometrie (z.B. Schaufelwinkel) und der physikalischen Beschaffenheit des Fluids. Mit dem maximalen Wirkungsgrad η_{max} ist der Bestpunkt H_{opt}, P_{opt}, $(NPSH_{opt})_{erf}$ über $\dot{V}_{opt}$ bestimmt; der Nennbetriebspunkt sollte i.allg. möglichst nah bei dem Bestpunkt liegen.

Verlauf. In **Bild 6** sind, bezogen auf die Bestwerte, die Kennlinien für drei unterschiedliche Bauarten einstufiger Kreiselpumpen qualitativ dargestellt, in **Bild 7** findet sich eine quantitative Darstellung.

Drosselkurven (Förderhöhenkurven). Die Steigung ist vorwiegend negativ; Kurvenstücke mit positiven Steigungen heißen nichtstabil wegen u.U. nicht eindeutig definierter Betriebspunkte. Die Nullförderhöhe ($\dot{V} = 0$) liegt, bezogen auf H_{opt}, um so höher, je größer n_q ist. Drosselkurven axialer und halbaxialer Kreiselpumpen zeigen – je höher n_q, um so ausgeprägter – einen Sattel im Teillastgebiet $\dot{V}/\dot{V}_{opt} < 1$.

Leistungskurven. Axialpumpen nehmen bei $\dot{V} = 0$ maximale, Radialpumpen dagegen minimale Leistung auf. Daher sind – um Überlastung des Antriebs zu vermeiden – Axialpumpen bei geöffnetem und Radialpumpen bei geschlossenem Absperrorgan anzufahren.

Wirkungsgradkurven. In Richtung Teillast und Überlast fällt der Wirkungsgrad um so mehr, je höher n_q ist. Diesem Nachteil kann durch die günstigeren Regelmöglichkeiten aufgrund von Schaufelverstellung begegnet werden.

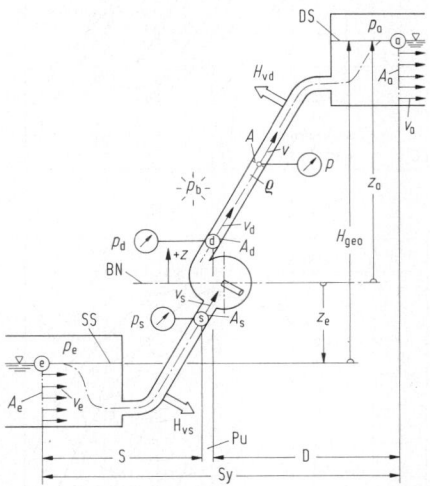

Bild 8. Schema einer Kreiselpumpe und Anlage (DIN 24260). BN Bezugsniveau, SS Saugspiegel, DS Druckspiegel, Pu Pumpe, S saugseitige Anlage, D druckseitige Anlage, Sy System. A_e, A_a Eintritts-, Austrittsquerschnitte der Anlage; A_s, A_d Eintritts-, Austrittsquerschnitte (Saug-, Druckstutzenquerschnitte) der Kreiselpumpe; z Höhenkoten zum Bezugsniveau BN; p Überdruck ($p > 0$) oder Unterdruck ($p < 0$) zum örtlichen barometrischen Luftdruck p_b; v absolute Strömungsgeschwindigkeit (Mittelwert $\dot{V}/A$); H_{vs}, H_{vd} Verlusthöhen in saugseitiger, druckseitiger Anlage; H_{geo} geodätische Förderhöhe ($z_a - z_e$). a Bezugspunkt des Druckspiegels im Austritt der Anlage, e Bezugspunkt des Saugspiegels im Eintritt der Anlage

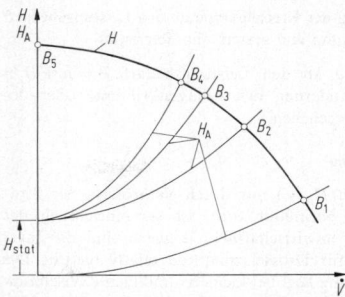

Bild 9. Betriebspunkte B auf der Drosselkurve $H(\dot{V})$ bei Änderung der Anlagenkennlinie $H_A(\dot{V})$. B_1 Anlagenkennlinie ohne statische Förderhöhe $H_{stat} = H_{geo} + (p_a - p_e)/pg = 0$; $B_2 - B_5$ Anlagenkennlinien mit statischer Förderhöhe und unterschiedlicher Drosselstellung der Armatur; B_5 Armatur geschlossen

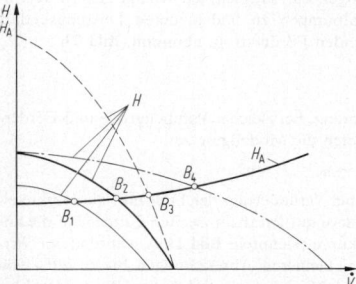

Bild 10. Betriebspunkte B auf der Anlagenkennlinie $H_A(\dot{V})$ infolge Drehzahländerung der Pumpe oder Zuschaltens einer zweiten gleichen Pumpe. B_1, B_2 eine Pumpe bei reduzierter bzw. bei Nenndrehzahl; B_3 zwei gleiche Pumpen in Reihenschaltung (Addition zweier gleicher Förderhöhen gestrichelt); B_4 zwei gleiche Pumpen in Parallelschaltung (Addition zweier gleicher Förderströme strichpunktiert)

NPSH-**Kurven.** Der Verlauf wird von der Radialpumpe zur Axialpumpe ungünstiger (vgl. dazu die winkelabhängigen Unterdruckspitzen von Tragflügeln). In Richtung Teillast werden die meisten Kreiselpumpen zunächst unempfindlicher gegen Kavitation (um so mehr eingeschränkt, je größer n_q).

Betriebspunkt. Er ist der Schnittpunkt zwischen Drosselkurve $H(\dot{V})$ und Anlagenkennlinie (Rohrleitungslinie) $H_A(\dot{V})$ für die Förderhöhe H der Pumpe und Förderhöhe H_A der Anlage (**Bild 9**):

$$H = z_d - z_s + \frac{p_d - p_s}{\rho g} + \frac{v_d^2 - v_s^2}{2g}, \qquad (5)$$

$$H_A = z_a - z_e + \frac{p_a - p_e}{\rho g} + \frac{v_a^2 - v_e^2}{2g} + H_{vd} + H_{vs}. \qquad (6)$$

Während in Gl. (5) für H nur pumpenspezifische Größen enthalten sind (Leistungsangebot), so gibt Gl. (6) für H_A den anlagenbedingten Leistungsbedarf wieder, um den Förderstrom $\dot{V}$ zwischen dem Eintrittsquerschnitt A_e und Austrittsquerschnitt A_a aufrechtzuerhalten. Im Beharrungszustand der Förderung, d.h. im Betriebspunkt, ist $H = H_A$, **Bilder 9** und **10**. In der Regel kann nicht jeder Punkt der Drosselkurve ein Dauerbetriebspunkt sein. Meist ist der Förderstrom nach oben durch nicht mehr ausreichenden *NPSH*-Wert der Anlage, nach unten durch unzulässig starke wirbelerregte Schwingungen (Teillastwirbel), insbesondere bei Drosselkurven mit Sattel, begrenzt.

3.3.3 Anpassung der Kreiselpumpe an den Leistungsbedarf
Matching of pump and system characteristics

Die Anpassung an den Leistungsbedarf $P = \rho g \dot{V} H / \eta$ kann durch Änderung der Anlagenkennlinie oder der Drosselkurve geschehen.

Anlagenkennlinie

Drosselung. Da $H_A(\dot{V})$ nur durch Vergrößern der Strömungsverluste beeinflußt wird, ist sie hinsichtlich der Betriebskosten unwirtschaftlich; dagegen sind die Investitionskosten für Drosselarmaturen relativ niedrig. Die Hauptanwendung liegt bei kleineren radialen Kreiselpumpen, insbesondere auch wegen des mit verringertem Förderstrom fallenden Leistungsbedarfs, **Bild 7a**.

Bypass. Diese Anpassung basiert ebenfalls auf veränderbaren Strömungsverlusten bei relativ geringen Investitionskosten, hier für eine gedrosselte Rückführleitung von der druckseitigen zur saugseitigen Anlage. Er ist vereinzelt bei Axialpumpen zu finden, deren Leistungsbedarf mit zunehmenden Förderstrom abnimmt, **Bild 7b**.

Drosselkurve

Drehzahländerung. Bei gleicher Pumpengröße und Förderflüssigkeit lauten die Modellgesetze:

$$\dot{V} \sim n, \quad H \sim n^2, \quad P \sim n^3.$$

So wandern bei Veränderung der Drehzahl die Punkte einer Drosselkurve auf Parabeln zweiten Grades auf die andere Drosselkurve (Kennfeld **Bild 11a**), während der Wirkungsgrad bei kleineren Abweichungen bis zu 20% von der Nenndrehzahl und genügend hohen Reynoldszahlen konstant bleibt. Bei größeren Drehzahlsprüngen zwischen den Betriebspunkten 1 und 2 und kleineren Reynoldszahlen $Re < 10^6$ (s. D 10.4, auf den Laufradaustritt bezogen) ändert sich der Wirkungsgrad nach der Näherungsformel $\eta_2 = 1 - (1 - \eta_1)(n_1/n_2)^{0,1}$.

Leistungsbedarf. Da dieser mit der dritten Potenz der Drehzahl steigt, kann der Antrieb bei nur geringen Drehzahlsteigerungen schon überlastet sein. Die Drehzahlregelung ist aus der Sicht der Betriebskosten die wirtschaftlichste Regelart, setzt jedoch drehzahlveränderliche Antriebe voraus (Dampfturbinen, Verbrennungsmotoren, Gleichstrommotoren oder Drehstrommotoren mit Frequenz-, Polpaarzahl- oder Schlupfänderung). Riementriebe bieten den Vorteil, durch Anpassen der Riemenscheiben die günstigste Pumpendrehzahl zu verwirklichen.

Vorleitschaufelverstellung. Die übliche hydraulische Auslegung einer Kreiselpumpe geht von einer gleichmäßigen, drallfreien Zuströmung zum Laufrad aus. Wird nun durch ein vorgeschaltetes Leitrad mit veränderlicher Schaufelstellung (Vordrallsteuerung, s. **Bild 17**) der Zuströmung ein Drall aufgeprägt, so wird die Lage der Drosselkurve verändert. Gleichdrall (Umfangskomponenten der Zuströmung in Richtung der Umfangsgeschwindigkeit, Schaufelstellung $<90°$) führt zu einer Absenkung der Drosselkurve, Gegendrall (Schaufelstellung $>90°$) zu einer Anhebung, **Bild 11b**. Aus der Eulerschen Strömungsmaschinenhauptgleichung folgt, daß diese Verstellung um so wirksamer ist, je größer n_q ist. Tatsächlich hat sich die Vordrallregelung bei halbaxialen Kreiselpumpen, bei denen − bis auf die halbaxialen Propellerpumpen − eine Laufschaufelverstellung unmöglich ist, als am wirtschaftlichsten durchgesetzt. Das gilt insbesondere, wenn Förderhöhenschwankungen bei annähernd gleichbleibendem Förderstrom auftreten, z.B. bei Kühlwasserpumpen (s. Wirkungsgrad in **Bild 11b**). Wegen der Verstopfungsgefahr bei Abwässern

wird der Vordrall auch schaufellos durch tangentiale Einführung einer Bypass-Strömung erzeugt.

Laufschaufelverstellung. **Bild 11c** zeigt ihren Einfluß bei einer axialen Kreiselpumpe (Propellerpumpe) auf die Lage der Drosselkurve. An der aufwendigen Konstruktion der laufschaufelverstellbaren Propellerpumpe (auch in halbaxialer Bauart) ist bei gleichbleibender Förderhöhe der

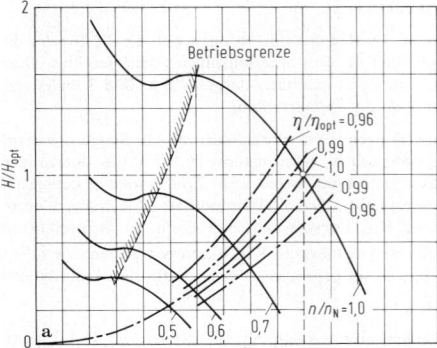

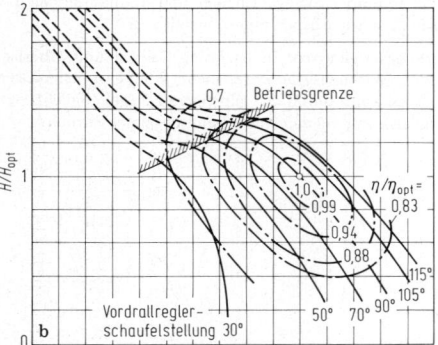

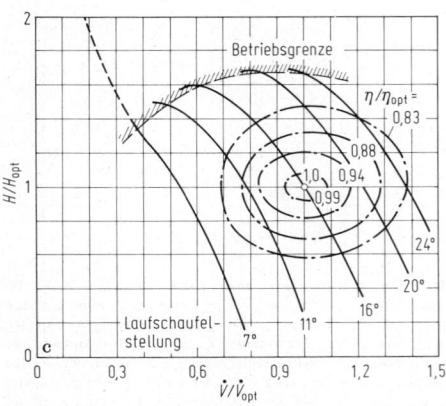

Bild 11. Kennfelder [5] von Kreiselpumpen. **a** axiale Pumpe mit Drehzahländerung $n_q \approx 200 \text{ min}^{-1}$; **b** halbaxiale Pumpe mit Vordralländerung $n_q \approx 160 \text{ min}^{-1}$; **c** axiale Pumpe mit Laufschaufelverstellung $n_q \approx 200 \text{ min}^{-1}$

Förderstrom mit relativ gutem Wirkungsgrad zu verändern. Vorbilder für diese Verstellung sind Schiffspropeller und Kaplanturbinen (s. **R 4 Bild 2**). Konstruktiv weniger aufwendig sind einstellbare Schaufeln, die allerdings wegen der Demontage des Laufrads nur bei langfristigen Eingriffen vorteilhaft sind.

Verändern der Schaufelaustrittskanten

Hierunter wird das Abdrehen des Laufrads (Bauarten a–c **Bild 1**) sowie das Zuschärfen der Schaufelenden als einmalige Anpassung verstanden. *Abdrehen* stellt eine Durchmesserreduktion des Laufrads von D_x auf D_y dar, das *Ausdrehen* bezieht sich dabei nur auf die Schaufeln und nicht auf die Radseitenwände. Wird der Durchmesser nur soweit geändert, daß die Schaufeln gegenseitig überdeckt bleiben, so gilt näherungsweise $\dot{V}_x/\dot{V}_y = H_x/H_y = (D_x/D_y)^2$. Der Wirkungsgrad verringert sich dabei um so weniger, je kleiner n_q ist. Das Zuschärfen der Schaufelenden in Richtung steilerer Schaufelaustrittswinkel ergibt bei radialen und halbaxialen Pumpen eine bis zu 3% höhere Förderhöhe im Bereich des Wirkungsgradmaximums.

Selbstregelung durch Kavitation

Dieser Ausgleich (s. X 4.2) tritt vornehmlich bei Kondensatpumpen auf und nutzt den Blockierungseffekt der Dampfblasen in den Schaufelkanälen aus. Fällt wenig Kondensat an, so sinkt mit dem Flüssigkeitspegel die Zulaufhöhe; dabei wächst das Blasenvolumen und reduziert wie gewünscht den Förderstrom.

3.3.4 Achsschubausgleich. Axial thrust balancing

Bei allen Bauarten tritt abhängig vom Betriebspunkt am Laufrad eine resultierende Axialkraft (Achsschub) auf, deren Wirkungslinie die Drehachse ist und deren Richtung (falls kein Achsschubausgleich vorhanden) zur Saugseite der Kreiselpumpe weist. Der Achsschub F setzt sich aus mehreren in der Drehachse liegenden Komponenten zusammen, die, am Beispiel einer einstufigen radialen Kreiselpumpe im stationären Strömungszustand, aus **Bild 12** hervorgehen: F_{Wd}=resultierende Druckkraft aus den Druckkräften vor und hinter der Wellendichtung, $F_j = \rho\dot{V}(v_{ax,1} - v_{ax,2})$=Impulskraft (Index 1 Laufradeintritt, Index 2 Laufradaustritt), $F_d - F_s$=resultierende Druckkraft aus den Druckkräften auf die druckseitige und saugseitige Laufraddeckscheibe, F_{mech}=resultierende Axialkraft aufgrund mechanischer Einrichtungen (z.B. Achsschubausgleichseinrichtung, magnetischer Zug im Elektromotor), F_G=Axialkomponente der Rotorge-

wichtskraft. Dominierend ist in der Regel der Anteil $F_d - F_s$.

Näherungsformeln. $F_d - F_s = (0{,}7\ldots0{,}9)A_{ne}\rho gH$ bei Radialrädern mit nichtentlasteter Laufradfläche A_{ne} und $F_d - F_s = (1{,}0\ldots1{,}3)\rho gH\pi D_2^2/4$ bei halbaxialen bis axialen Laufrädern.

Achsschubausgleich. Er ist möglich durch:
1. *Axiallager* (Wälz- oder Gleitlager) mit ausreichender Dimensionierung,
2. *gegenströmige bzw. zweiströmige* Anordnung von *Laufrädern* (**Bilder 2b, c, d; 15**),
3. *Rückenschaufeln* (Erzeugung eines verminderten Drucks im inneren Seitenraum (**Bild 13b**)
4. *Entlastungsbohrungen* (Druckausgleich zwischen innerem Seitenraum und Saugraum des Laufrads, kombiniert mit Dichtspalt, **Bild 13a**),
5. *Entlastungsscheibe* (**Bild 13c**),
6. *Entlastungskolben und Axiallager*,
7. *Doppelkolben und Axiallager*.

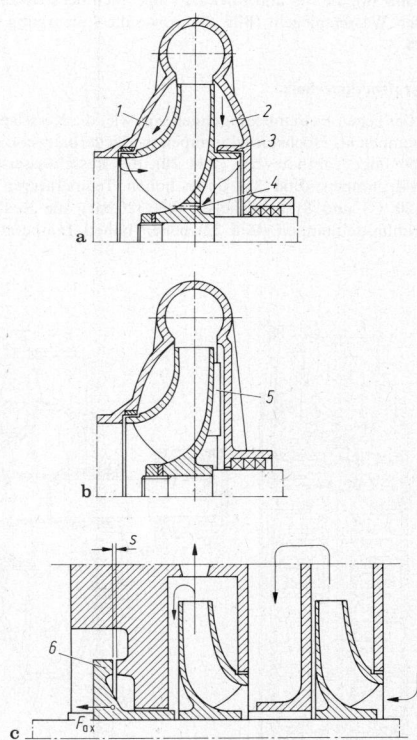

Bild 13. Ausgleich des Axialschubs. **a** mit druckseitigem Dichtspalt und Entlastungsbohrungen, Pfeile: Spaltstrom, *1* und *2* saugseitiger (äußerer) und druckseitiger (innerer) Seitenraum, *3* druckseitiger Dichtspalt, *4* Entlastungsbohrungen; **b** mit Rückenschaufeln *5*; **c** mit Entlastungsscheibe *6*

3.4 Ausgeführte Pumpen. Pump designs

Wasserwirtschaft

Dieser große Anwendungsbereich umfaßt die Wassergewinnung, -aufbereitung (z.B. in Meerwasser-Entsalzungsanlagen) und -verteilung (**Bilder 14, 15**), die Wasserhaltung

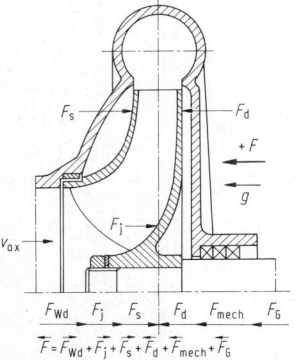

Bild 12. Axialkräfte einer Kreiselpumpe

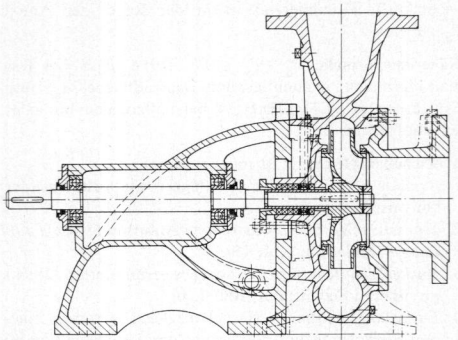

Bild 14. Radiale Spiralgehäusepumpe (Normpumpe DIN 24255) zur allgemeinen Reinwasserversorgung (KSB)

und -absenkung auf Baustellen und den Grubenbetrieb (**Bild 16**), die Be- und Entwässerung, auch bei schwankenden Wasserspiegeln (**Bild 17**), sowie die Entsorgung, **Bild 18**.

Kraftwerkstechnik

Hier liegen Extrembedingungen vor, wie: die Kesselspeisepumpen als Höchstdruckpumpen in Gliederbauweise (**Bild 19**) oder Topfbauweise (**Bild 20**), die Kesselwasser-Umwälzpumpen (**Bild 21**) unter hohen Temperaturen (bis 420 °C) und Systemdrücken (bis 320 bar), die Reaktorkühlmittelpumpen (**Bild 22**) neben hohen Temperaturen

und Drücken (z.B. 350 °C, 170 bar bei Druckwasserreaktoren) unter extremen Dichtproblemen.

Verfahrenstechnik

In diese Gruppe gehören Chemie-, Raffinerie- und Tanklagerpumpen. Extreme Bedingungen sind durch die Förderflüssigkeiten gegeben, die korrosiv, giftig, explosiv oder leichtflüchtig sind oder bei sehr hohen oder tiefen Temperaturen gefördert werden. Hier wird oft die vielseitig einsetzbare, besonders montagefreundliche Spiralgehäusepumpe verwendet, die den Vorschriften des American Petroleum Institute (API) entspricht. **Bild 23** zeigt eine Spaltrohrmotorpumpe zur Förderung von Flüssiggasen (z.B. Ammoniak, Propan, Chlor); Pumpengehäuse und Laufrad sind identisch mit der Chemie-Normpumpe (DIN 24256, ISO 2858).

Andere Einsatzgebiete

Umwälzpumpen aus der Haustechnik werden für Warmwasserheizungsanlagen in Zwillingsausführung gebaut, bei der eine Pumpe als stets betriebsbereite Reservepumpe oder als parallel arbeitende Zweitpumpe dient. Die Schiffspumpe (**Bild 24**) dient als allgemeine Dienstpumpe (z.B. zum Lenzen oder zur Kondensatförderung). Die Vertikalaufstellung hat sich bei den beschränkten Platzverhältnissen an Bord bewährt. Durch den axialen Vorsatzläufer (Inducer) werden auch extreme Saugverhältnisse beherrscht. Die Freistrompumpe (**Bild 25**) hat sich bei der Förderung viskoser Papierstoffkonzentrationen bewährt, außerdem auch bei ungereinigten Abwässern mit Gasbeimischungen.

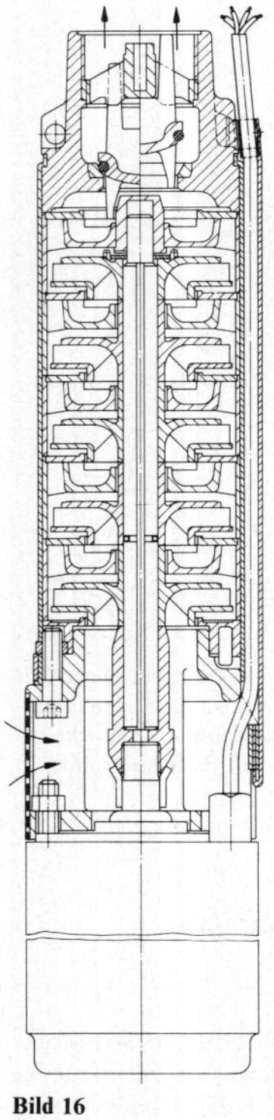

Bild 15

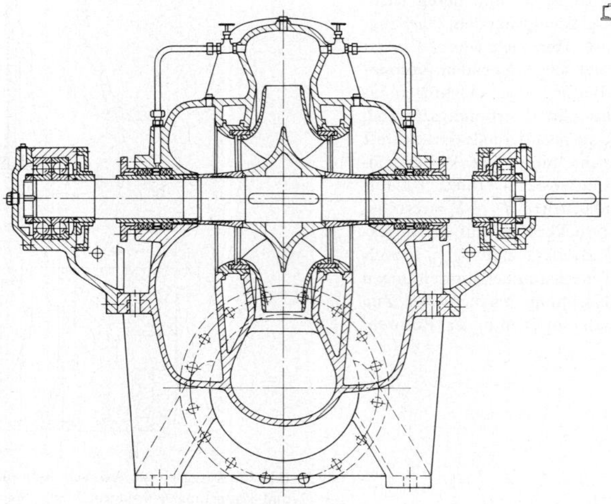

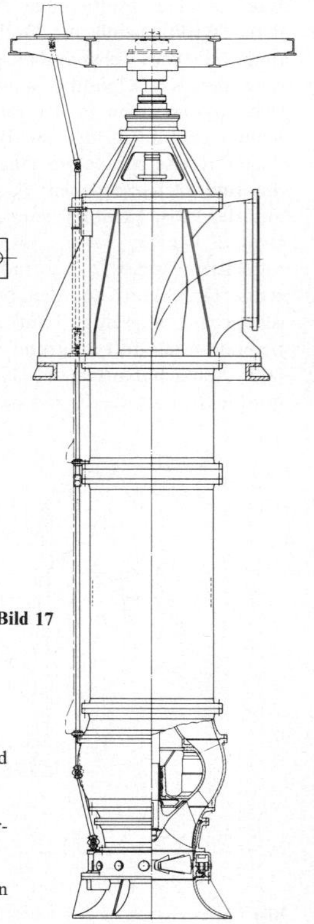

Bild 17

Bild 16

Bild 15. Zweiströmige Spiralgehäusepumpe zur Förderung von Reinwasser und vorgereinigtem Wasser (Sulzer)

Bild 16. Fünfstufige radiale Tauchmotorpumpe (Bohrlochpumpe) zur Wasserhaltung und Wasserabsenkung (KSB)

Bild 17. Vordrallgeregelte halbaxiale Rohrgehäusepumpe zur Förderung von Reinwasser und vorgereinigtem Wasser (KSB)

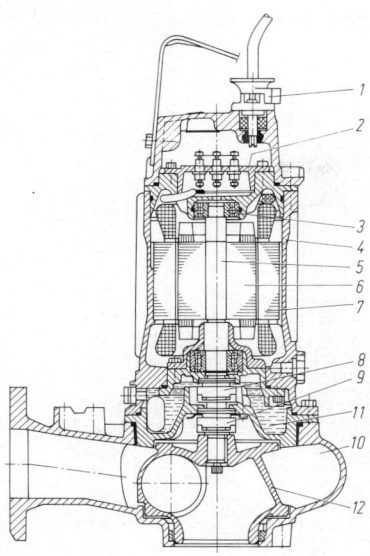

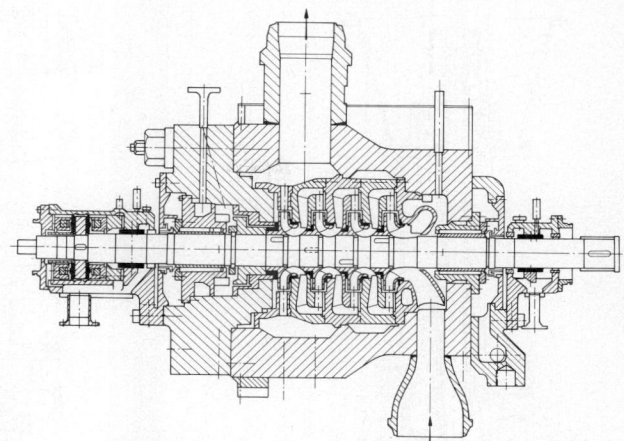

Bild 20. Vierstufige Kesselspeisepumpe mit Topfgehäuse (KSB)

Bild 18. Tauchmotorpumpe mit Kanalrad zur Förderung von Abwasser (Flygt). *1* wasserdichte Kabeldurchführung, *2* Klemmplatte, *3* Kugellager, *4* Statorgehäuse, *5* Welle, *6* Rotor, *7* Stator mit Isolierung nach Klasse F (155 °C), *8* obere Dichtungseinheit mit Hartmetall/Kohle-Gleitringdichtung, *9* untere Dichtungseinheit mit Hartmetall-Gleitringdichtung, *10* Pumpengehäuse, *11* Ölgehäuse: das Öl schmiert und kühlt die Dichtungsringe und dient zur Kontrolle des Zustandes der Dichtung, *12* verstopfungsfreies Kanalrad

R

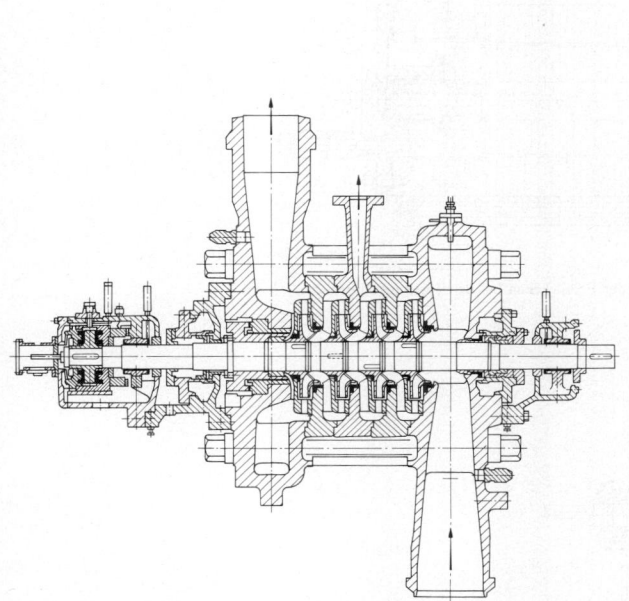

Bild 19. Vierstufige Kesselspeisepumpe in Gliederbauart (KSB)

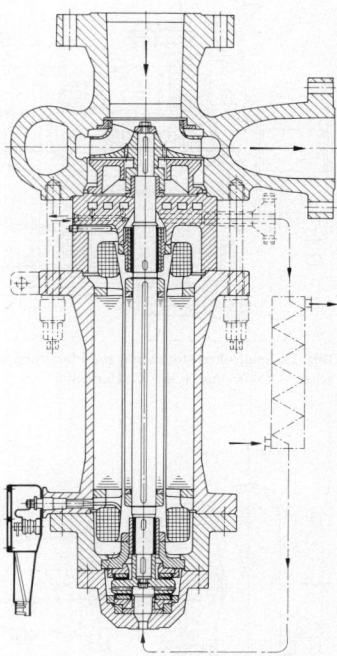

Bild 21. Stopfbuchslose Kesselwasser-Umwälzpumpe (KSB)

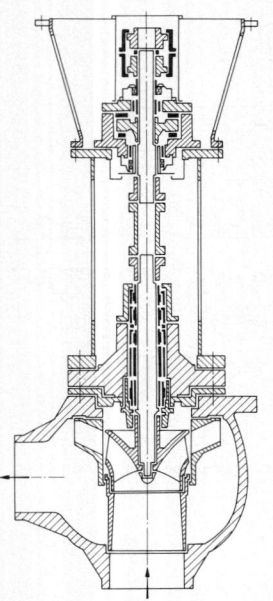

Bild 22. Reaktorkühlmittelpumpe für Druckwasserreaktoren (KSB)

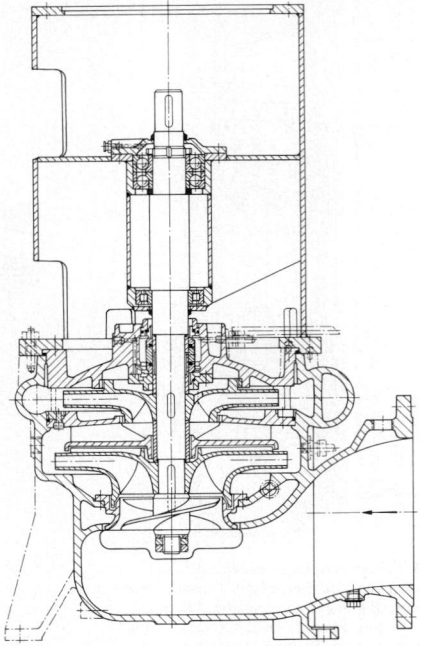

Bild 24. Vertikale zweistufige Spiralgehäusepumpe mit Vorsatzläufer, allgemeine Dienstpumpe auf Schiffen (KSB)

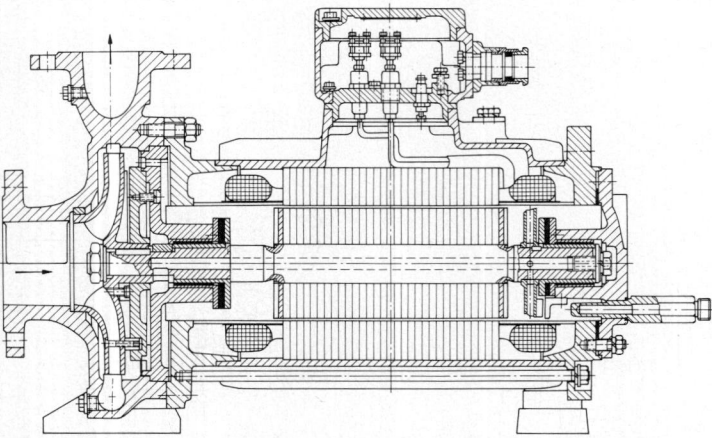

Bild 23. Spaltrohrmotorpumpe zur Förderung siedender Flüssigkeiten bei Betriebstemperaturen zwischen −120 °C und +360 °C (Hermetic)

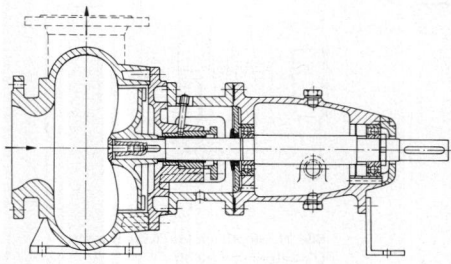

Bild 25. Ringgehäusepumpe mit Freistromrad (Turo-Egger)

4 Propeller[1]). Propellers

H. Siekmann, Berlin

4.1 Vorbemerkungen. Introduction

Propeller sind hydro- oder aerodynamische Strömungs-
arbeitsmaschinen meistens axialer Bauart zur Erzeugung
eines Vortriebs. Der Achsschub, eine sonst lästige Neben-
wirkung auf die Lager, ist hier Hauptwirkung (Impulssatz,
Propellerstrahltheorie, s. B 6.4.1 und B 6.6.5). Für Anwendungen ist die Berechnung der Propeller nach der Wirbel-
oder Tragflügeltheorie [2, 3] sinnvoller als nach der Strahl-
theorie. Profile sind Göttinger, NACA-, Kármán-Trefftz-,
Kreissegment- und Sonder-Profile (z.B. Wageninger Profile). Modellversuche entscheiden die endgültige Auslegung, insbesondere bei ungleichförmigen Geschwindig-
keitsfeldern vor und hinter dem Propeller (Druckschwankungen am Einzelflügel). Entsprechend den extrem ho-
hen spezifischen Drehzahlen $n_q \approx 300\dots1000\ \mathrm{min^{-1}}$ ist die
Schaufelzahl niedrig, 2 bis 6). Strömungstechnische Be-
grenzungen sind bei aerodynamischen Propellern durch
Überschallwirkung, bei hydrodynamischen durch Kavi-
tationswirkungen gegeben. Oft sind Festigkeitsprobleme
oder Schallemissionen ausschlaggebend. Nachgeschaltete
Leiträder können Verlust durch nicht ausgenutzten Aus-
trittsdrall minimieren, bewirken jedoch zusätzliche Reibverluste; daher werden sie nur in Sonderfällen mit Erfolg
angewendet [4].

4.2 Schiffspropeller. Ship propellers

Derzeit technischer Stand geht aus [1] hervor. **Bild 1** zeigt
einen Schiffspropeller für ein schnelles Containerschiff
(21 kn). Bei einer Leistung am Dieselmotor (8 Zyl. 2 T.)
von 18,0 MW hat der Propeller die Daten:
Leistung 17,8 MW, Drehzahl 120 $\mathrm{min^{-1}}$, Durchmesser
6,3 m, Flügelzahl 6, Werkstoff G-NiA1 BzF60, Gewicht
25,3 t, Wirkungsgrad 63,5%.
Der Propeller wurde dem vorliegenden Nachstrom des
Schiffes angepaßt.

Verstellpropeller. Sie ermöglichen größere Sicherheit und
Wirtschaftlichkeit des Antriebs auch bei reduzierten
Schiffsgeschwindigkeiten mit im Betrieb veränderlicher
Flügelsteigung, bessere Beherrschung der von ungleich-
förmigem Nachstromfeld induzierten Wechsellasten und
bessere Abstimmung bei Mehrmotorenanlagen. Sie wer-
den heute bis 7,3 m Durchmesser und 34 MW gebaut
[5, 6]. Hydraulischer Servomotor zur Flügelverstellung im
Schiffsinnern oder in der Propellernabe selbst (**Bild 2**); vgl.
Verstelleinrichtung von Kaplanturbinen R 2.

Kort-Düse. Hierbei ist der Propeller mit einer Düse um-
mantelt. Bei geringer Fahrt und hoher Schubbelastung
ergeben sich folgende

Vorteile: Am Flügelende geringere Verluste. − Abströmquerschnitt aus Düse ist größer als beim freien Strahl (keine Strahlkontraktion), Geschwindigkeit also kleiner, kleinerer Austrittsverlust; in der Schraube selbst gesteigerte
Durchflußgeschwindigkeit, also Leistungs- bzw. Wirkungsgradsteigerung infolge größeren Massenstroms. − Infolge
der Druckverteilung an der mit dem Schiff verbunde-

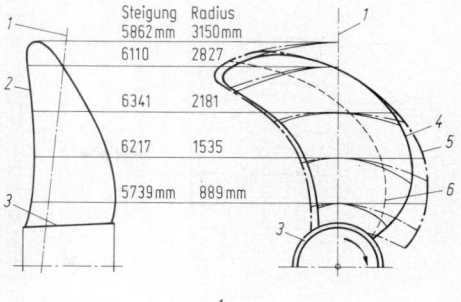

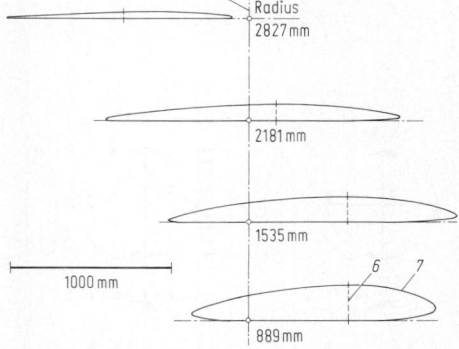

Bild 1. Schiffspropeller mit nichtverstellbaren Schaufeln (Zeise). *1*
Erzeugende, *2* Durchschlagskurve, *3* Nabe, *4* Berandung der proji-
zierten und *5* der abgewickelten Druckseitenfläche, *6* Ort maximaler
Profildicke, *7* Schaufelprofile

nen Düse trägt auch diese zur Vortriebswirkung bei. −
Ruhiger Nachstrom; Ufer und Sohlen von Binnengewäs-
sern werden weniger angegriffen. Ein- und Austrittsquerschnitt der Düse können rechteckig sein zur Anpassung an
den zwischen Oberfläche und Grund vorhandenen Was-
serquerschnitt. Bei herkömmlichen Propellerdüsen macht
sich aber die grobe Wasserverschmutzung durch Verklem-
men fester Bestandteile im Spalt zwischen Propeller und
Düse nachteilig bemerkbar.

Anwendung. Ummantelte Propeller spielen auch als Ma-
növrierhilfen eine große Rolle, z.B. Aktivruder (im Ruder
eingebauter Hilfspropeller mit elektrischem Unterwasser-
motorantrieb oder um 360° schwenkbarer Düsenpropeller
mit Winkeltrieb), Querstrahlsteuer (in Rohrkanälen quer
zur Fahrtrichtung im Vor- und/oder Hinterschiff angeordnete Propeller erzeugen je nach Dreh- und Durchströ-
richtung eine Steuerwirkung nach Back- oder Steuerbord).
Die sog. Strahltriebe sind eher als Kreiselpumpenanlagen an Bord zu betrachten (Erzeugung eines Schubstrahls
unter oder über Wasser. Weiterentwicklungen s. [7]).

Voith-Schneider-Propeller, heißt auch Zykloidenpropeller.
Er hat gute Manövriereigenschaften. An einem Rotor
mit vertikaler Drehachse sind am Umfang in sich un-
verwundene Flügelprofile angeordnet, denen während des
Umlaufs Schwingbewegungen aufgezwungen werden, wodurch stets ein positiver Anstellwinkel zur resultierenden
Anströmrichtung zum Profil und somit Schuberzeugung
möglich ist.

Arbeitsweise (**Bild 3**). Der nicht mitrotierende Hebel ON
kann nach Größe und Richtung verstellt werden. Hierdurch Einstellen des vollen Schubs im Betrieb nach jeder

---

[1]) Der Einheitlichkeit wegen wird in den Kapiteln R 2 bis R 6 für
den Volumenstrom durchweg das Formelzeichen $\dot{V}$ an Stelle von Q
verwendet (DIN 24260).

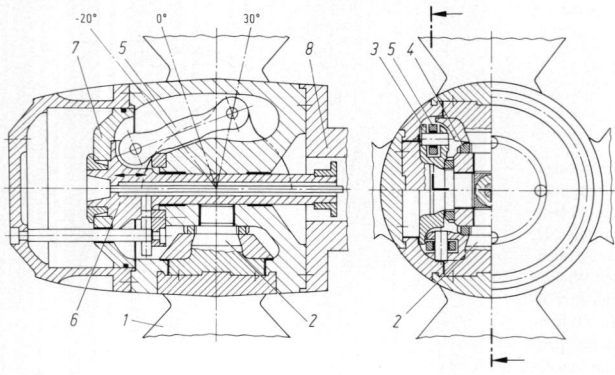

Bild 2. Nabe eines Verstellpropellers (Escher Wyss). *1* Schaufel; *2* Schaufelzapfen, zweifach gelagert; *3* Verstellhebel; *4* Zapfenmutter; *5* Lenker; *6* Verstellkreuz mit zweifach gelagerter Verstellstange; *7* Servomotorkolben; *8* Propellerwelle

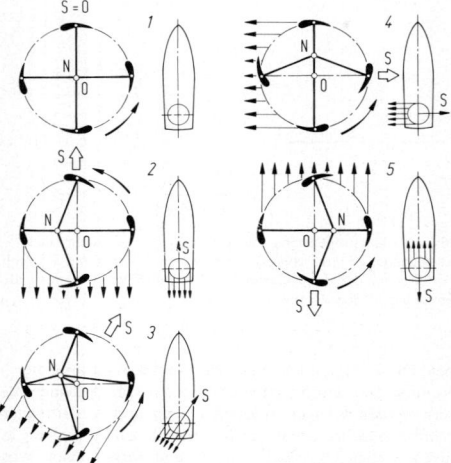

Bild 3. Schubsteuerung eines Voith-Schneider-Propellers (Voith). *1* Steuerpunkt „N" in O-Position, keine Schuberzeugung; *2* „N" ausgelenkt nach links, Schuberzeugung voraus; *3* Phasenverschiebung im Uhrzeigersinn, Schubrichtung schwenkt entsprechend; *4* „N" ausgelenkt nach vorn, Schubrichtung nach Steuerbord; *5* „N" ausgelenkt nach rechts, Schubrichtung zurück. 0 Mittelposition, N Steuerpunkte, S Schub

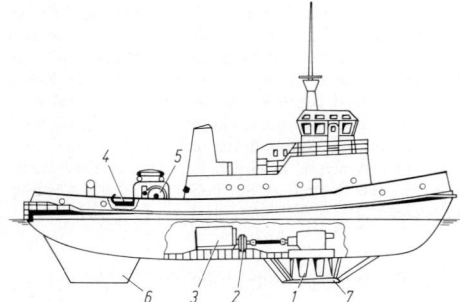

Bild 4. Bugsierfahrzeug mit Voith-Schneider-Propeller (Voith). *1* Voith-Schneider-Propeller, *2* Föttinger-Kupplung, *3* Dieselmotor, *4* Schlepphaken, *5* Schleppwinde, *6* Stabilisierungsflosse, *7* Propellerschutzplatte

4.3 Flugzeugpropeller. Aircraft propellers

Gegenüber den Schiffspropellern werden sie meist am Flugzeug vorn, vor dem Tragflügel angebaut, weil stabile Fluglage wichtig ist. Dadurch praktisch kein Mitstromeinfluß auf den Propeller, aber Auftriebsänderung am nachfolgenden Tragflügel. Flugzeugpropeller sind sehr leicht gebaut, und zwar nicht nur wegen des begrenzten Fluggewichts, sondern auch zur Beherrschung der Fliehkräfte aufgrund hoher Umfangsgeschwindigkeiten. Deshalb schmalere Flügel, insbesondere geringere „Völligkeit" am Blattende. Es ist Rücksicht auf die Schallgeschwindigkeit zu nehmen. Umsteuern ist nicht nötig. Trotzdem werden Verstellpropeller bevorzugt, weil gute Start- und Landungseigenschaften wichtig sind. Holzflügel in Verbundbauweise, gebaut bis ca. 4 MW, haben niedrige Gewichte, Kreiselmomente, Flieh- und Verstellkräfte. Relativ große Blattbreiten, vorteilhaft für das Startverhalten, sind möglich. Ähnliche Vorteile auch bei Kunststoff, verstärkt durch Glasfasern. Bei aus Leichtmetall (voll oder hohl) gepreßten Propellerflügeln können Verstellnaben besonders gedrängt gebaut werden.

4.4 Hubschrauberrotoren. Helicopter rotors

Unsymmetrische Anströmung des Rotors erzeugt über Rotorumlauf veränderliche Luftkräfte, dadurch Schlag- und Schwenkbewegung der Rotorblätter. Wegen Bean-

Steuerrichtung möglich. Hauptdrehbewegung um O, Ausrichten der Flügel jeweils senkrecht zur Verbindungslinie von Flügelmitte nach N. **Bild 3** zeigt je nach Lage von ON fünf verschiedene Schübe S nach Größe und Richtung. Einbau an verschiedenen Stellen des Schiffs möglich; bei **Bild 4** am Bug eines Schleppers, hier zwei Dieselmotoren mit 880 kW und zwei Propeller nebeneinander, Schiffslänge ca. 30 m, Trossenzug voraus ca. 270 kN, Freifahrtgeschwindigkeit 12 kn.

Einsatzgebiete sind: Wassertrecker (Propeller unter Vorschiff, Schleppgeschirr achtern), Schwimmkrane mit Eigenantrieb, Doppelendfähren auf relativ kurzen Fährstrecken, Fahrgastschiffe auf viel befahrenen Binnenwasserstraßen, Meßschiffe und Forschungsschiffe, Bohrschiffe und Arbeitsgeräte, die im Offshore-Gebiet dynamisch positioniert werden müssen.

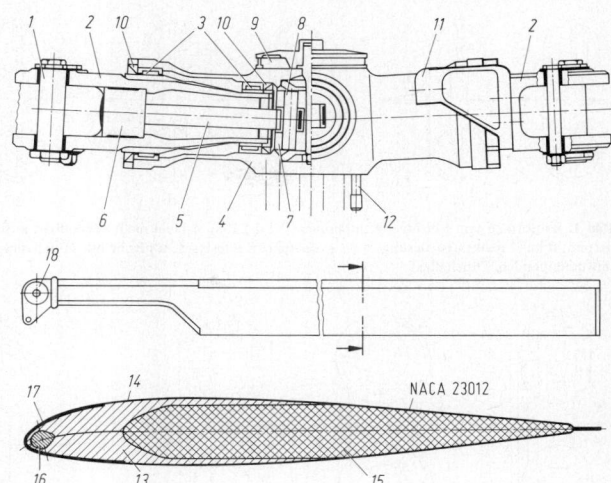

Bild 5. Hauptrotorkopf und Hauptrotorblatt eines Hubschraubers mit starrer Nabe (Messerschmitt-Bölkow-Blohm). Beschreibung der Positionen *1* bis *18* im Text

spruchungen und Flugmechanik Blattanschluß entweder mit Gelenken oder bei modernen gelenklosen Rotoren elastisch (Quasigelenke). Rotorsteuerung durch kollektive und zyklische Veränderung des Blattanstellwinkels. Vorteile der gelenklosen Rotoren sind einfache Bauweise, Wartungsfreundlichkeit sowie hohe Momentenkapazität, dadurch hohe Manövrierfähigkeit. Kreisflächenbelastung, Blattspitzengeschwindigkeit und Blattprofil sind wichtigste Parameter für aerodynamische Auslegung. Dynamisches und flugmechanisches Verhalten ist abhängig von Blattmassenkenngrößen, Steifigkeiten, Frequenzen, Profil, Steuermoment, Rotordämpfung.

Gelenkloses Rotorsystem (Bölkow) (**Bild 5**) mit starrer Titan-Nabe und darin drehbar gelagerten flexiblen Blättern aus glasfaserverstärktem Kunststoff mit niedrigem *E*-Modul, hoher spezifischer Belastbarkeit und geringem Rißfortschritt.

Hauptrotorkopf: Befestigung der Blätter mit Bolzen *1* in Blattgabel *2*, mit Nadellagern *3* im Rotorstern *4* gelagert. Eine Zentrifugalkrafthalterung erfolgt durch torsionsweiches Zugelement *5*, mit Nuß *6*, Zentralstein *7* und Bolzen *8*; dadurch Lasttrennung für Biegemomente und Zugkräfte. Ölschmierung der Nadellager *3* durch Ölsumpf *9*, Dichtringe *10*, Steuerhebel *11*, befestigt an Blattgabel *2*, Rotorstern *4*, angeflanscht an Rotormast mit Stehbolzen *12*.

Hauptrotorblatt: Der C-Holm *13* besteht aus „unidirektionalem" Glasfaserkunststoff (GFK) zur Aufnahme von Längskräften und Biegemomenten, der Haut *14* aus GFK-Gewebe zur Aufnahme von Torsionsmomenten, dem Schaumkern *15*, dem Trimmblei *16* zum Justieren des örtlichen Schwerpunkt, Erosionsschale *17*, der Befestigung mit Beschlag *18* an Blattgabel *2* des Rotorkopfes.

---

5 Föttinger-Getriebe[1]). Hydrodynamic drives and torque convertors

H. Siekmann, Berlin

5.1 Prinzip und Bauformen. Principle and types

Prinzip: Hydrodynamische Leistungsübertragung mit Kreiselpumpe (P) und Flüssigkeitsturbine (T) in einem gemeinsamen Gehäuse. P ist mit der Antriebswelle verbunden, T mit der Abtriebswelle. Die leistungsübertragende Flüssigkeit (meist Öl) zirkuliert zwischen P und T, bei Wandlern ist noch ein Leitrad (Reaktionsglied) R vorhanden. [1–4, 6, 7]. Die Getriebe (**Bilder 1** bis **4**) werden verwendet als *Kupplungen* (P, T), *Wandler* (P, T, R), *Hydrodynamische Bremsen* (P, T fest).

Föttinger-Kupplungen. Sie bewirken eine stufenlose Drehzahlanpassung ohne Drehmomentwandlung als stoß- und

schwingungsdämpfender Überlastschutz in Aggregaten mit Strömungsmaschinen, Kolbenmaschinen, Fördergeräten, Walzenantrieben, Fahrzeugen, Mahlwerken u.a.

Föttinger-Wandler. Ihre Aufgabe ist die stufenlose Drehzahlanpassung und Drehmomentwandlung zwischen

Kraftmaschinen (Benzin-, Diesel-, Elektromotor, Gas-, Dampf- oder Wasserturbine) auf der Antriebsseite und

Arbeitsmaschinen (Kreisel-, Verdrängerpumpe, Propeller, Ventilator, Verdichter, Förderanlage, Schienen-, Straßenfahrzeug, Hebezeug oder Wickelmaschine) auf der Abtriebsseite.

Hydrodynamische Bremsen (Retarder). Sie liefern die verschleißärmste Leistungsumwandlung mechanischer Leistung in Wärmeleistung beim Abbremsen von Schienen- und Straßenfahrzeugen (Omnibussen).

5.2 Auslegung. Basic design principles

Maßgebend für die hydrodynamische Auslegung ist wieder die Eulersche Strömungsmaschinen-Hauptgleichung

---

[1]) Der Einheitlichkeit wegen wird in den Kapiteln R 2 bis R 5 für den Volumenstrom durchweg das Formelzeichen $\dot{V}$ an Stelle von Q verwendet (DIN 24 260)

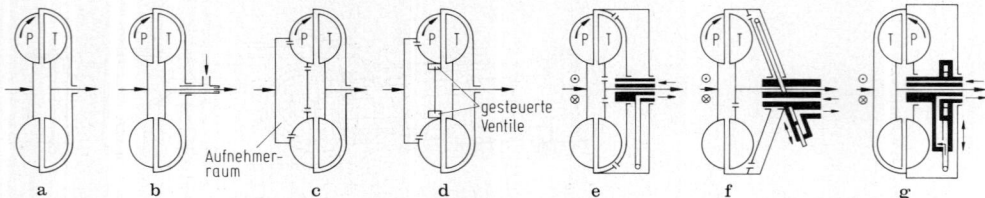

Bild 1. Bauformen von Föttinger-Kupplungen (VDI 2153). **a** bis **d** nicht verstellbar. **a** ohne Durchfluß; **b** mit Durchfluß; **c** mit Füllungsverzögerung; **d** mit Fliehkraftsteuerung; **e** bis **g** verstellbar, **e** festes Schöpfrohr mit Hilfspumpe; **f** bewegliches Schöpfrohr; **g** bewegliches Schöpfrohr mit umlaufendem Ölbehälter

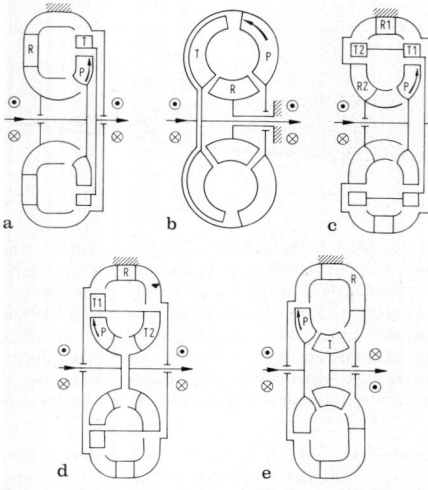

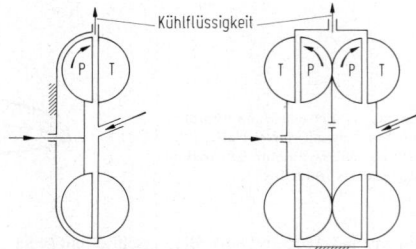

Bild 4. Baumformen hydrodynamischer Bremsen (VDI 2153)

Bild 2. Bauformen einphasiger Föttinger-Wandler (VDI 2153). **a** bis **d** Pumpe und Turbine gleichsinnig laufend; **a** einstufig mit Zentrifugalturbine; **b** einstufig mit Zentripetalturbine; **c, d** zweistufig; mit und ohne Leitrad zwischen Turbine 2 und Pumpe; **e** einstufig; Pumpe und Turbine gegensinnig umlaufend

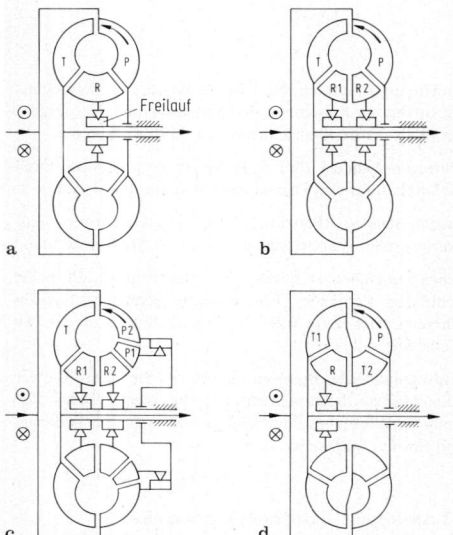

Bild 3. Bauformen mehrphasiger Föttinger-Wandler (VDI 2153). **a** bis **c** zwei-, drei- und vierphasig; **d** zweistufig, zweiphasig

(s. R 1.1.3); übertragene hydraulische Leistung $P_h = \dot{m}Y$ mit $Y = u_2 v_{2u} - u_1 v_{1u}$. Bei gegebenen Leistungswerten ist optimales n_q möglich, da die Betriebswerte Y und $\dot{m}$ des Pumpenrads im Rahmen eines der gegebenen Leistung entsprechenden Produkts $\dot{m}Y$ frei gewählt werden können; man erhält daher günstige Verhältnisse von Radbreiten zu Durchmessern. Bei großen Momenten und kleiner Drehzahl (großes M/n^2) ergeben sich Räder, die im Verhältnis zur übertragenen Leistung zu groß sind; dann besser hydrostatische Getriebe, s. H 3.2. Bei Vorhandensein von Zahnrad- oder Riemenübersetzungen Föttinger-Getriebe mögichst auf schnellaufende Welle setzen.

Leistung und Drehmoment. Für die Pumpe gilt nach Ähnlichkeitsgesetzen der Strömungsmaschinen

$$P_P = \lambda \rho D^5 \omega_P^3, \quad M_P = \lambda \rho D^5 \omega_P^2.$$

Für Kupplungen mit normalem Schlupf $s = (1 - \nu) \cdot 100 \approx 3\%$ gilt, wenn $\nu = n_T/n_P$ das Drehzahlverhältnis ist, erfahrungsgemäß die Zahlenwertgleichung

$$P_P = (0,7 \ldots 0,8) \cdot 10^{-6} D^5 n_P^3$$

mit P_P in kW, D in m, n_P in min^{-1}.
Die Winkelgeschwindigkeit ω_P der Pumpe und die geometrische Größe des Getriebes, wie der Kreislaufdurchmesser D, sind entscheidend für P_P und M_P (weniger die Dichte ρ der Betriebsflüssigkeit).

Charakteristische Parameter sind:

Leistungszahl λ **(Bilder 6 und 8)**,

Drehmomentenzahl $\mu = M_T/M_P$, die bei Kupplungen stets $\mu = 1$ und bei Wandlern $\mu = \mu(\nu)$ ist,

Wandlerwirkungsgrad $\eta_w = \mu\nu$ **(Bilder 8 und 11)**.

5.3 Föttinger-Kupplungen. Fluid couplings

Die Kupplung **(Bild 5)** hat unsymmetrische Radform von Pumpe und Turbine. Dadurch wird unter der Pum-

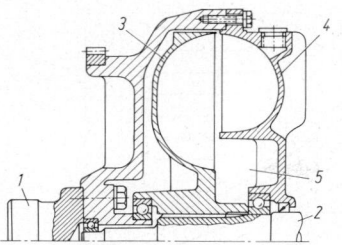

Bild 5. Zur Konstruktion einer Föttinger-Kupplung (Zahnradfabrik Friedrichshafen). *1* Antrieb, *2* Abtrieb, *3* Turbinenrad, *4* Pumpenrad; *5* Stauraum

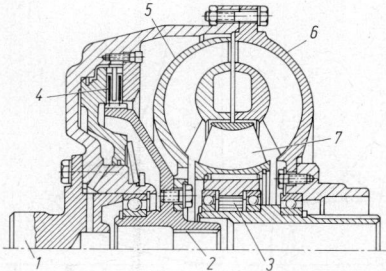

Bild 7. Zur Konstruktion eines Föttinger-Wandlers mit Freilauf und Überbrückungskupplung (Zahnradfabrik Friedrichshafen). *1* Antrieb, *2* Abtrieb, *3* Freilauf, *4* Überbrückungskupplung, *5* Turbinenrad, *6* Pumpenrad, *7* Leitrad

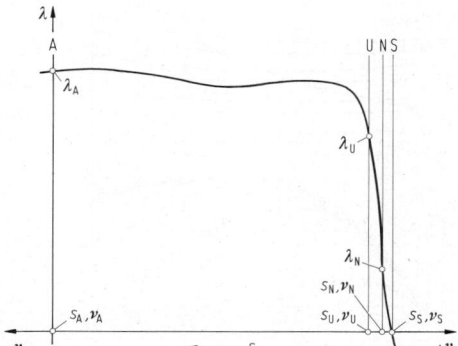

Bild 6. Kupplungskennlinie (qualitativ) für eine Bauart nach **Bild 5** und einer konstanten Ölfüllung. Betriebspunkte: A Anfahrpunkt, U unterer Dauerbetriebspunkt, N Nennbetriebspunkt, S Synchronpunkt. Betriebsbereiche: A bis S Hauptbetrieb, U bis S Dauerbetrieb. $v < 0$ Gegenbremsung, $v > v_s$ übersynchron

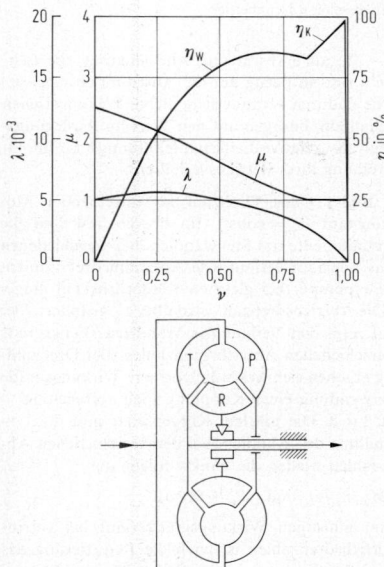

Bild 8. Kennlinien eines einstufigen, zweiphasigen Wandlers

pe ein Stauraum gebildet, der dem Ölkreislauf bei großem Schlupf zwischen Pumpen- und Turbinenrad (kleines Drehzahlverhältnis v) einen Teil des Öls entzieht. Dieses Konstruktionsprinzip bewirkt, daß die Drehmomentaufnahme des Pumpenrads zwischen Anfahrpunkt A und einem bestimmten (vom Anwendungsfall der Kupplung her erforderlichen) Drehzahlverhältnis nahezu konstant bleibt, **Bild 6**. Dieses Drehzahlverhältnis ist durch die Radienverhältnisse der Kupplung und damit der Größe des Stauraums beeinflußbar. Der Kupplungswirkungsgrad ist mit $\mu = 1$

$$\eta_K = v,$$

im Synchronpunkt S $\eta_K = 1$. Hier besteht kein Kreislauf und keine Momenten- und Leistungsübertragung.

5.4 Föttinger-Wandler. Torque convertors

Der Wandler (**Bild 7**) besteht aus dem Pumpenrad P, dem Turbinenrad T und dem Leitrad R, das feststehend oder – wie dargestellt – über einen Freilauf (Trilokprinzip) am feststehenden Gehäuse abgestützt sein kann. Kennlinien **Bild 8** bei Betrieb im Wandlungsbereich $\mu > 1$ ($M_T > M_P$) ist R stets mit dem Gehäuse verbunden; bei $\mu = 1$ ($M_P = M_T$) wirkt Wandler wie Kupplung, Leitrad ist wirkungslos (Freilauf).

Zweiphasige Wandler. Die Leitradabstützung über Freilauf (**Bild 3a, 7**) ermöglicht also zwei Betriebsphasen. In der ersten stützt sich das Leitrad gegen das Gehäuse ab,

das Antriebsdrehmoment wird gewandelt. Die zweite arbeitet mit über den Freilauf gelöstem Leitrad, der Wandler arbeitet als hydraulische Kupplung. Die Überbrückungskupplung verbindet Pumpen- und Turbinenrad mechanisch und wird immer dann betätigt, wenn der Wandler nicht mehr zur Zugkrafterhöhung beiträgt. Damit wird der Übertragungswirkungsgrad verbessert. Hauptanwendungsgebiete sind Automat-Getriebe für Nutzkraftwagen (Bus, Lkw) und Arbeitsmaschinen mit überwiegendem Fahreinsatz.

Stellwandler. Sie besitzen verstellbare Leitschaufeln. Ihre große Bedeutung liegt im Ausgleich bei der Verbindung von Kraft- und Arbeitsmaschinen mit unterschiedlichen Kennlinien, **Bild 9**.

Arbeitsweise. Der Wandler (**Bild 10**) enthält die drei Hauptglieder Pumpe, Turbine, Leitrad in jeweils radialer Bauart. Der Wandlerkreislauf ist ständig mit Öl gefüllt, wird durch Zahnradpumpe (primärseitig) auf Druck gehalten (Absicherung durch Überdruckventil). Das feststehende Leitrad nimmt das Differenzendrehmo-

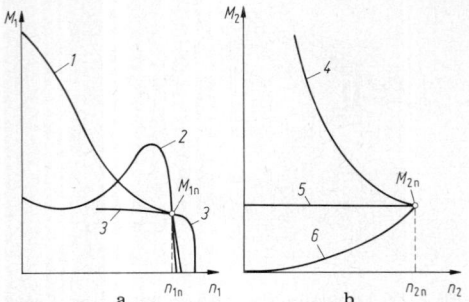

Bild 9. Kennlinien von Kraft- und Arbeitsmaschinen. **a** Kraftmaschinen (am Wandlerantrieb), *1* Dampfmaschine, *2* Elektro-Asynchronmotor, *3* Dieselmotor; **b** Arbeitsmaschinen (am Wandlerabtrieb), *4* Wickelmaschine, Haspel, *5* Hebezeug, Kolbenpumpe, *6* Kreiselpumpe, Ventilator. Indizes: 1 Wandlerantriebsseite, 2 Wandlerabtriebsseite, n Nennbetrieb

ment $M_\mathrm{T} - M_\mathrm{P}$ auf (Abstützung am Gehäuse); die Leitradschaufeln sind in bezug auf die Anströmrichtung verstellbar. Die dadurch veränderliche lichte Weite zwischen den Leitschaufeln, bezogen auf den Wert im Auslegungspunkt, dient als „relative Leitschaufelöffnung" L_x (in %) zur Beschreibung ihres Betriebsverhaltens.

Kennfeld (**Bild 11**). Die Drehzahl des antreibenden Motors ist konstant ($n_\mathrm{p} = \mathrm{const}$). Im oberen Teil sind die Abtriebdrehmomente des Stellwandlers bei verschiedenen L_x und das konstant verlaufende Aufnahmedrehmoment einer Kolbenpumpe (bei gleichen Förderdrücken) eingezeichnet. Die Abtriebsdrehzahl wird über L_x geändert. Der untere Teil zeigt den Verlauf des Wandlerwirkungsgrads bei den verschiedenen Abtriebsdrehzahlen. Bei Drehzahlminderung ergeben sich wesentlich bessere Wirkungsgrade als bei Verwendung einer Kupplung (Schlupfregelung) – punktierte Linie. Die mittlere Kurvenschar gibt die Leistungsaufnahme des Wandlers bei den verschiedenen Abtriebsdrehzahlen wieder, die Punkte folgen aus

$$M_\mathrm{P} = (M_\mathrm{T}/\eta_\mathrm{w})v \quad \text{und} \quad P_\mathrm{P} = M_\mathrm{P}\omega_\mathrm{P}.$$

Neben dem günstigen Wirkungsgradverlauf bei verringerten Abtriebsdrehzahlen ist auch die Reduzierung des Stoßfaktors (Maß für die periodische Ungleichförmig-

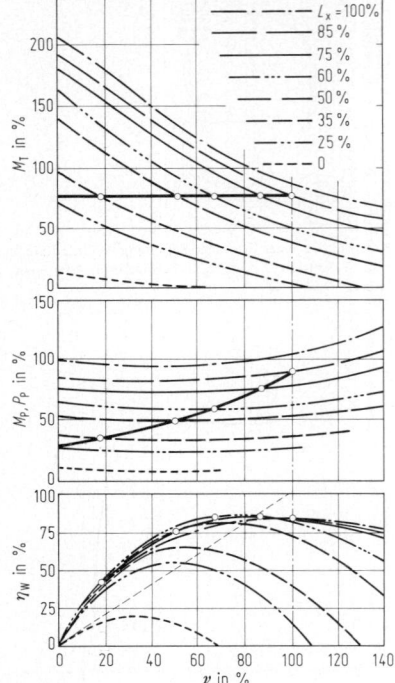

Bild 11. Kennlinien eines Stellwandlers (Voith)

keit in der Drehbewegung von Kolbenmaschine) durch Fluiddämpfung und die sehr kleinen Schwungmassen des Wandlers vorteilhaft [8].

Vollautomatisches Strömungsgetriebe (Bild 12). Es wird bei Gasturbinenantrieben von Schienenfahrzeugen verwendet. Das von der Gasturbine mit angebautem Untersetzungsgetriebe abgegebene Drehmoment wird von der Eingangswelle *1* über das Stirnradpaar *2/3* auf die Primärwelle *4* übertragen; ein Teil der Eingangsleistung kann über ein Kegelradgetriebe *5a* für den Antrieb des Ge-

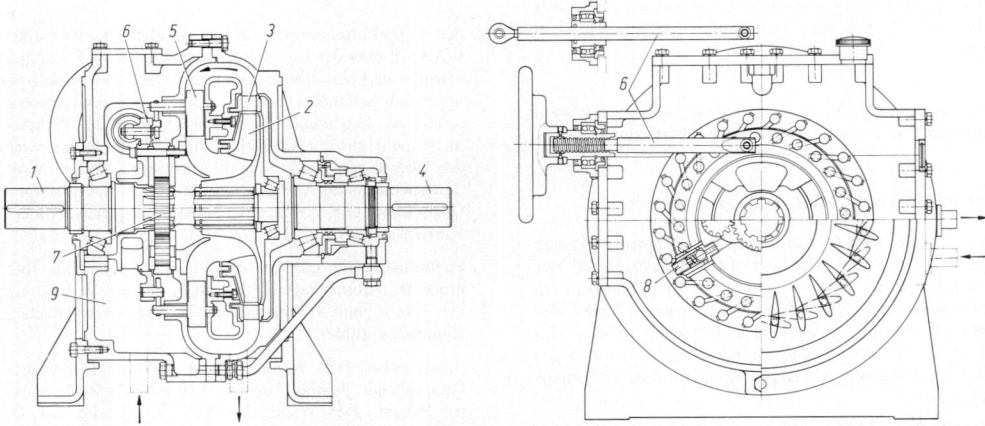

Bild 10. Aufbau eines Stellwandlers (Voith). *1* Antriebswelle, *2* Pumpe, *3* Turbine, *4* Abtriebswelle, *5* Leitrad mit verstellbaren Schaufeln, *6* Verstelleinrichtung (Einleitung der Verstellkraft über Handradspindel oder Servomotor mit Schubstange), *7* Zahnradpumpe, *8* Überdruckventil, *9* Ölraum

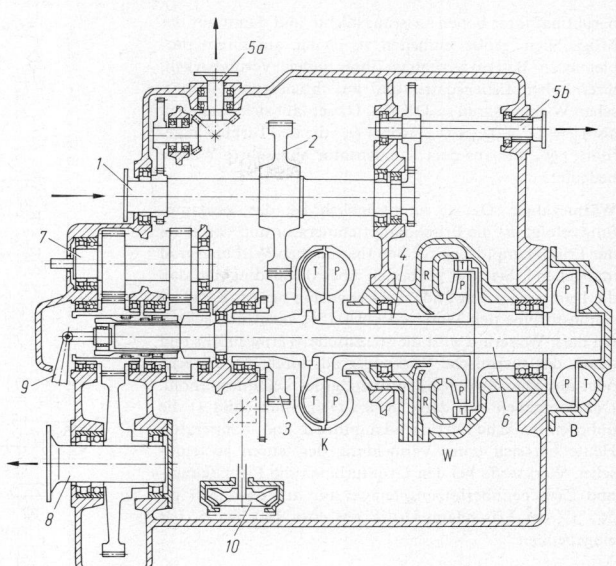

Bild 12. Schematischer Längsschnitt eines Turbogetriebes mit hydrodynamischer Bremse B (Voith) (s. Text). – Bewegliche Teile nicht schraffiert

triebeölkühlers und ein Stirngetriebe 5b für den Antrieb der Lichtmaschine abgezweigt werden. Die Turbinenräder von Wandler (W) und Kupplung (K) treiben gemeinsam die Sekundärwelle 6. Von hier wird die Leistung je nach Stellung des Wendeschalthebels 9 direkt – Vorwärtsgang, Fahrtrichtung I – oder über die Zwischenwelle 7 – Rückwärtsgang, Fahrtrichtung II – auf die Abtriebswelle 8 übertragen. Der Abtrieb erfolgt vom Turbogetriebe über eine Gelenkwelle zu den Achsgetrieben des Triebdrehgestelles der Lokomotive. Die Schmierung der Zahnräder und Wälzlager des Turbogetriebes wird durch Getriebeöl vorgenommen, das von der Füllpumpe 10 gefördert und in einem Spaltfilter gereinigt wird. Bei Fahrt mit abgestellter Gasturbine bzw. Schleppfahrt übernimmt eine Sekundärschmierpumpe die Schmierung der Zahnräder und Wälzlager.

6 Dampfturbinen. Steam turbines

L. Busse und **H. Klepper,** Mannheim

6.1 Benennungen. Terminology, classification

Nach DIN 4304 sind zu unterscheiden:

Dampfturbine. Sie ist eine Wärmekraftmaschine mit rotierenden Laufteilen, in der das Enthalpiegefälle stetig strömenden Dampfes in einer oder mehreren Stufen in mechanische Arbeit umgewandelt wird.

Dampfturbosatz. Er besteht aus einer Dampfturbine mit angetriebener Arbeitsmaschine, auch mit Getriebe.

Dampfturbinenanlage. Dies ist ein Dampfturbosatz einschließlich Kondensationsanlage, verbindender Rohrleitungen und Hilfseinrichtungen.

Weitere Benennungen. Hierfür ist der Zustand und das Verhalten des Dampfes in der Turbine maßgebend.

Durchflußrichtung. Hiernach gibt es Axial- und Radialturbinen.

Arbeitsverfahren. Hiernach gibt es Gleichdruckturbinen (Entspannung des Dampfes vorwiegend im Leitteil der Turbinenstufen) und Überdruckturbinen (Entspannung etwa je zur Hälfte im Leit- und Laufteil).

Eintrittszustand. Es werden unterschieden Heißdampfturbinen, bei denen der Dampfeintrittszustand mindestens 50 K überhitzt ist, und Sattdampfturbinen (vorwiegend für Leichtwasser-Kernkraftwerke), sowie Niederdruck-, Mitteldruck-, Hochdruck und Höchstdruckturbinen.

Dampfzuführung. Es werden Frischdampf-, Abdampf-, Speicherdampf und Zwei- oder Mehrdruckturbinen unterschieden.

Dampfabführung. Hiernach werden die Dampfturbinen meist benannt: Bei Kondensationsturbinen wird die Kondensationswärme des Abdampfes durch ein Kühlmittel ohne weitere Ausnutzung an die Umgebung abgeführt. Bei der Frischwasserkühlung an einen Fluß, See oder das Meer, bei der Rückkühlung durch im Kreislauf geführtes Kühlwasser über einen Naß- oder Trockenkühlturm an die Luft, bei der Luftkondensation direkt an die Luft. Bei Gegendruckturbinen wird die Abdampfenergie noch für andere Zwecke – meist zur Heizung – ausgenutzt. Bei der Anzapfturbine wird ein Teil des Dampfes nach teilweiser Entspannung ungeregelt, bei der Entnahmeturbine geregelt entnommen. Damit bestimmt der weiterfließende Dampfstrom den Anzapfdruck, während der Entnahmedruck durch nachgeschaltete Drosselorgane, Regelstufen oder verstellbare Leitschaufeln konstantgehalten wird.

6.2 Bauarten. Types

6.2.1 Kraftwerksturbinen. Power plant turbines

Turbinen für konventionelle Kraftwerke

Der weltweite Erfolg der Dampfturbine – über 80% der Welt-Stromerzeugung stammen von Dampfturbosätzen –

beruht auf ihrer hohen Leistungsdichte und damit auf der Möglichkeit, große Einheiten zu bauen, auf ihrem problemlosen Betriebsverhalten, ihrer guten Verfügbarkeit, ihrer hohen Lebensdauer und auf ihrem guten thermischen Wirkungsgrad (s. D 8.3.2). Dieser läßt sich darstellen als $\eta_{th} = (Q_{zu} - Q_{ab})/Q_{zu}$, wobei Q_{zu} die der Turbine zugeführte, Q_{ab} die aus dem Kondensator abgeführte Wärme bedeutet.

Wärmezufuhr. Da sie hauptsächlich bei der Verdampfung erfolgt, ist die Frischdampftemperatur und vor allem der Frischdampfdruck für den thermischen Wirkungsgrad maßgebend. Sie sind gekoppelt über die Bedingung, daß die Dampfnässe am Ende der Expansion bei der Kondensationsturbine den Wert von etwa 15% nicht überschreiten darf. Weiterhin wird die spezifische Wärmezufuhr und damit der thermische Wirkungsgrad durch die einfache oder doppelte Zwischenüberhitzung des Dampfes erhöht. Damit ergeben sich dann im h,s-Diagramm (**Bild 1**) die üblichen Bereiche für Frischdampfdruck und -temperatur. Heute hat sich unter Vermeidung der teuren austenitischen Werkstoffe bei den Großturbinen die Frischdampf- und Zwischenüberhitzungstemperatur auf etwa 520 bis 565 °C, der Frischdampfdruck auf etwa 160 bis 250 bar eingependelt.

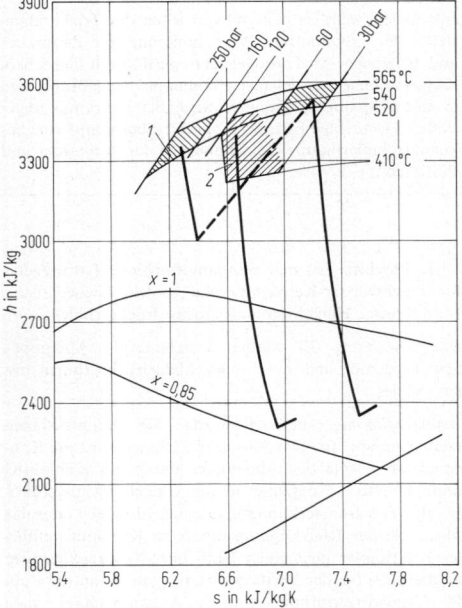

Bild 1. Übliche Dampfzustände von Zwischenüberhitzungsturbinen (*1*) und Kondensationsturbinen (*2*)

Wärmeabfuhr. Um diese zu verringern, wird die untere Prozeßtemperatur möglichst tief, also möglichst nahe an die Umgebungstemperatur abgesenkt wie bei der Frischwasserkühlung, die aber wegen der schon bestehenden Wärmebelastung unserer Gewässer kaum noch zu verwirklichen ist. So bleibt nur die Wärmeabfuhr über Naß- oder Trocken-Kühltürme an die Luft (s. K 4.6). Die Vorwärmung des Speisewassers mit Anzapfdampf aus der Turbine verringert die Prozeßabwärme ebenfalls und hebt die mittlere Temperatur der Wärmezufuhr an. Die obe-

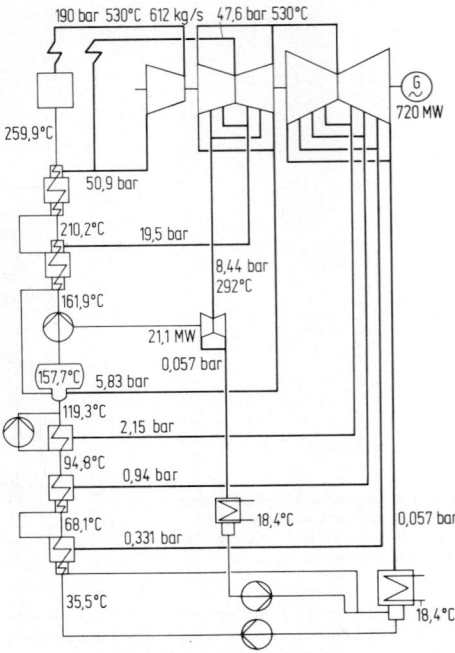

Bild 2. Wärmeschaltbild einer 720-MW-Zwischenüberhitzungs-Dampfturbinenanlage

re Grenze dieses Verfahrens ist dadurch gegeben, daß bei einer zu hohen Vorwärmtemperatur des Speisewassers die Kessel-Abgas-Temperatur trotz Luftvorwärmung nicht mehr auf ihrem Tiefstwert gehalten werden kann. Das Wärmeschaltbild (**Bild 2**) zeigt eine 720-MW-Dampfturbinenanlage mit sechsstufiger Speisewasservorwärmung, bestehend aus drei Niederdruckvorwärmern, einem Mischvorwärmer-Entgaser und zwei Hochdruckvorwärmern.

Moderne Großrechenanlagen ermöglichen die Optimierung der Variablen eines Dampfturbinenprozesses: Frischdampf- und Zwischenüberhitzungszustände, Anzahl, Gütegrad und Anzapfdrücke der Vorwärmer, Anzahl und Größe der Niederdruckbeschaufelungen, Größe und Ausführung des Kondensators, Kühlwasserverhältnisse und Auslegung des Kühlturms unter Berücksichtigung der klimatischen Daten des Aufstellungsortes, des Kraftwerk-Fahrplans, des Brennstoffpreises und der Kraftwerksfinanzierung.

Grenzleistungen. Sie werden bei Kraftwerksturbinen bestimmt durch die mögliche Länge der Endschaufeln (Stahlschaufeln bis 1200 mm, Titanschaufeln bis 1400 mm bei Drehzahlen 50 1/s, wegen Festigkeit, Strömung und Erosion) sowie durch die Kupplung zwischen Turbine und Generator. Die Grenzleistung liegt nach heutiger Sicht bei etwa 4000 MW. **Bild 3** zeigt die erreichbaren Klemmenleistungen P_k bei $n = 50$ 1/s in Abhängigkeit vom Abdampfdruck p_{ab} und der Endschaufellänge l für vierflutige Abdämpfe. Die größten ausgeführten Leistungen liegen heute für Einwellenturbinen bei 850 MW, bei Zweiwellenanlagen bei 1300 MW.

Konstruktiver Aufbau. Den vielfältigen Anforderungen werden am besten Baukastensysteme für Ein- und Mehrgehäuse-Turbinen gerecht. Bei den mehrgehäusigen Großturbinen sind die Niederdruckteile und ihre Beschaufelung

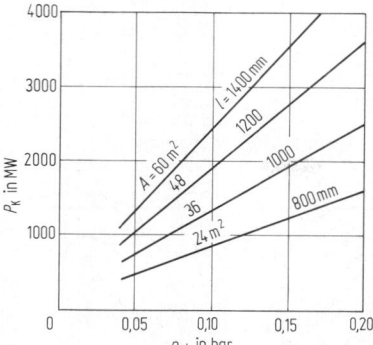

Bild 3. Klemmenleistung von vierflutigen Zwischenüberhitzungsturbinen bei 40 kJ/kg Austrittsverlust. *A* Abdampffläche, *l* Endschaufellänge

genormt, bei den Hochdruck- und Mitteldruckteilen werden die Wellen und Beschaufelungen lediglich angepaßt. Ferner sind Konstruktionselemente wie Ventile, Schaufeln, besonders Endschaufeln, Lagergehäuse und Lager, Kupplungen, Wellendichtungen und Läufer-Dreheinrichtungen durch Werknormen festgelegt.

Der Aufbau der Großturbinen ist bei den verschiedenen Herstellern, bei Gleichdruck- und Überdruckturbinen weitgehend ähnlich. In der 300-MW-Klasse sind Hochdruck- und Mitteldruckbeschaufelungen meist einflutig, die Niederdruckteile bei Kühlturmbetrieb zweiflutig ausgeführt. Zwischen 600 und 800 MW sind die Hochdruckteile einflutig, die Mitteldruckteile zweiflutig und die Niederdruckteile meist vierflutig ausgelegt. Da bei den kürzesten Schaufeln auch die Axialspiele und damit die Relativdehnungen zwischen Läufern und Gehäusen am kleinsten sein müssen, sitzt das Axiallager immer zwischen Hochdruck- und Mitteldruckturbine und die Zudampfstutzen liegen neben dem Axiallager. Hochdruck- und Mitteldruckgehäuse sind in Topf- oder Doppelmantelbauweise, die Niederdruckteile mit geschweißten Außengehäusen und teils gegossenen, teils geschweißten Innengehäusen ausgeführt. Das Hochdruck-Topfgehäuse einer 800-MW-Turbine in Überdruckbauweise für 50 l/s, 180 bar 525 °C (**Bild 4**), der Mitteldruckteil der größten Einwellenturbine mit 850 MW für 60 l/s, 175 bar 538 °C in Gleichdruckbauart (**Bild 5**), sowie der Hochdruck- und zwei von vier Niederdruckteilen einer der größten Zweiwellen-Anlagen mit 1300 MW für 60 l/s, gebaut für 242 bar, 538 °C (**Bild 6**) zeigen die konstruktive Gestaltung moderner Dampfturbinen.

Turbinen für nukleare Kraftwerke

Die Mehrzahl der Kernkraftwerke ist heute mit einem Leichtwasserreaktor ausgestattet. Da sich die Turbinen für Hochtemperatur-Reaktoren und für konventionelle Kraftwerke kaum unterscheiden, werden hier nur Turbinen für Druck- und Siedewasser-Reaktoren (s. L 7.4.1) behandelt. Ihr Frischdampfzustand liegt heute bei etwa 70 bar, der Sättigungstemperatur (etwa 285 °C) und einer Dampffeuchte von etwa 0,3 bis 0,4%. Lediglich der Druckwasserreaktor eines Herstellers liefert um ca. 30 K überhitzten Dampf. Um die Endnässe in zulässigen Grenzen zu halten, wird in die Rohrleitung nach der Hochdruckturbine ein Hochgeschwindigkeitsabscheider und dahinter ein mit Frischdampf beheizter Überhitzer eingeschaltet. Diese verbessern den thermischen Wirkungsgrad um 1,0 bis 1,5%. Das optimale Druckniveau für Wasserabscheidung und

Überhitzung liegt bei 8 bis 12 bar. Das Wärmeschaltbild (**Bild 7**) zeigt eine Anlage mit Druckwasserreaktor; die sechsstufige Speisewasservorwärmung und eine Speisewasserendtemperatur zwischen 215 und 235 °C sind allgemein üblich.

Abmessungen. Besondere Anforderungen an die Konstruktion von Sattdampfturbinen stellen die großen Volumenströme und die Dampfnässe in der Hochdruckteilturbine. Da die Anlagenkosten bei einem Kernkraftwerk mit zwei Dritteln in die Stromgestehungskosten eingehen, sind große Einheiten notwendig. Dazu kommt wegen der niedrigen Frischdampfdaten im Vergleich zu einer konventionellen Zwischenüberhitzungsturbine gleicher Leistung ein vierfacher Volumenstrom am Eintritt und ein um etwa 70% größerer Abdampfvolumenstrom. Dies führte bei den ersten frischwassergekühlten Großanlagen zu sogenannten halbtourigen Turbinen, d.h. zu Drehzahlen von 25 l/s. Werden nämlich bei einer gegebenen Endstufe für 50 l/s alle geometrischen Abmessungen verdoppelt, so bleiben Strömungsverhältnisse, Schaufelbeanspruchungen und relative Lage der Schaufeleigenfrequenzen bei halber Drehzahl konstant, der Abdampfvolumenstrom aber steigt um den Faktor vier. Heute können auch die größten Einheiten volltourig gebaut werden, **Bild 8**. Die Grenzleistung liegt bei volltourigen Anlagen – bedingt durch die Endstufe – bei achtflutigem Abdampf und 0,15 bar Abdampfdruck bei 4000 MW, bei halbtourigen – bedingt durch Abmessungen und Lager – bei 4500 MW. Die Sattdampfturbinen der heute üblichen Leistungsklasse 1000 bis 1300 MW sind im Hochdruckteil zweiflutig und im Niederdruckteil vier- oder sechsflutig, je nach Abdampfdruck und Drehzahl.

Erosion und Korrosion. Hierfür und für die Abschaltsicherheit ist die Dampfnässe in der Hochdruckturbine maßgebend. Erosionskorrosion tritt im Bereich hoher Dampfdichte und hoher Dampfgeschwindigkeit, also in der Hochdruckturbine an allen Drosselstellen, im Wasserabscheider und in den Anzapf- und Überströmleitungen an un- und niedriglegierten Werkstoffen auf. Abhilfe bringen Panzerung durch hochlegierte Schweiß- oder Spritzschichten bzw. Übergang zu hochlegierten Werkstoffen. Die Nachverdampfung des Kondensatfilms in der Beschaufelung und des Kondensats im Wasserabscheider bei einer Abschaltung erfordern zusätzliche Maßnahmen – z.B. Abfang- oder Bypassklappen vor der Niederdruckturbine – um die Sattdampfturbinen abschaltsicher zu machen, also um ein Hochlaufen in die Schnellschlußdrehzahl zu vermeiden.

Speisepumpen-Antriebsturbinen

Speisepumpen werden direkt von der Hauptturbine, von einem Elektromotor oder einer speziellen Dampfturbine angetrieben. Verwendet werden heute meist Turbinen mit eigenem Kondensator, die bei Normalbetrieb mit Dampf aus einer Anzapfung der Hauptturbine zwischen etwa 3 und 10 bar und im Niedriglast-Bereich mit Dampf aus der Leitung zum Zwischenüberhitzer versorgt werden. Die Leistungen der Speisepumpe und der Antriebsturbine im Anzapfbetrieb stimmen über dem Lastbereich relativ gut überein (**Bild 9**), so daß oft ein Regelrad entbehrlich ist. Andererseits verlangen hohe Pumpendrehzahlen und kleine Gefälle meist eine zweiflutige Beschaufelung.

6.2.2 Industrieturbinen. Industrial turbines

Leistungen von einigen Hundert kW bis über 100 MW, einfache Gegendruckturbinen bis zu Doppelentnahme-Kondensationsturbinen, Drehzahlen zwischen 50 und 300 l/s bei niedrigen und hohen Dampfdaten, Antrieb von Ge-

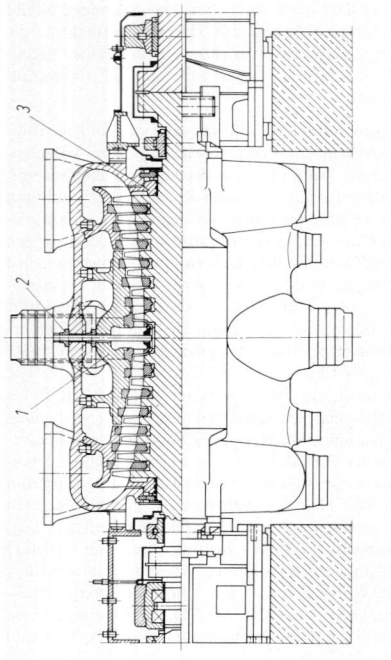

Bild 5. Mitteldruckteil einer 850-MW-Zwischenüberhitzungsturbine (MAN). *1* Innengehäuse, *2* Kühldampf, *3* Wellendichtung

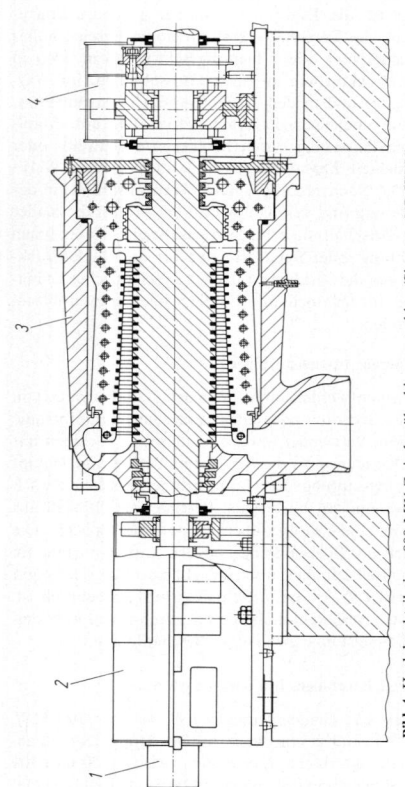

Bild 4. Hochdruckteil einer 800-MW-Zwischenüberhitzungsturbine (Siemens, UB KWU). *1* hydraulische Dreheinrichtung, *2* Lagergehäuse, *3* Hochdruckgehäuse in Topfbauweise, *4* Lagergehäuse mit Radial-Axiallager

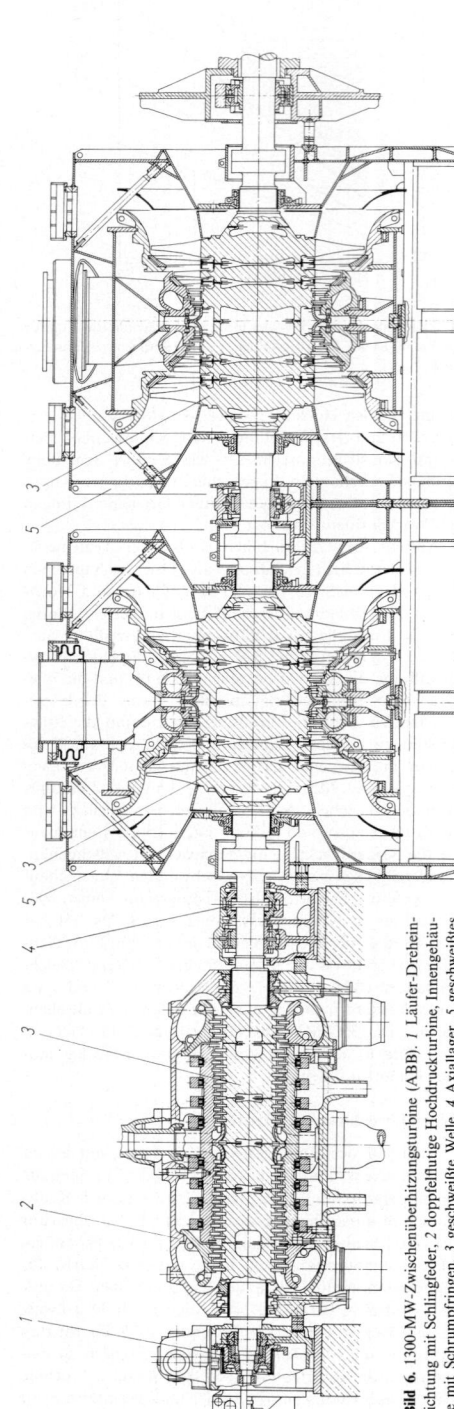

Bild 6. 1300-MW-Zwischenüberhitzungsturbine (ABB). *1* Läufer-Dreheinrichtung mit Schlingfeder, *2* doppelflutige Hochdruckturbine, Innengehäuse mit Schrumpfringen, *3* geschweißte Welle, *4* Axiallager, *5* geschweißtes Niederdruckgehäuse

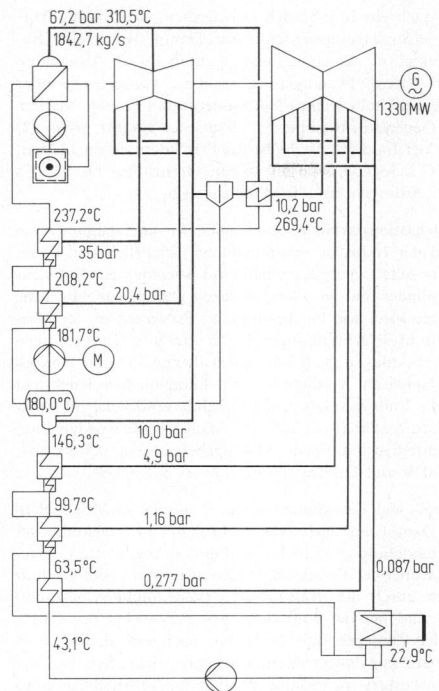

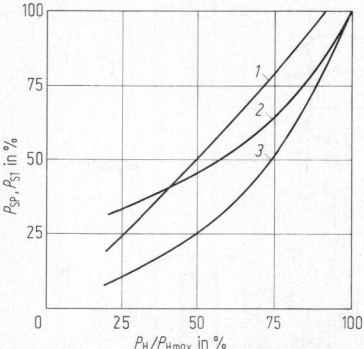

Bild 9. Leistungsbedarf von Speisepumpen-Antriebsturbinen. *1* mögliche Leistung der Speisepumpen-Antriebsturbinen im Anzapfbetrieb, *2* Speisepumpenleistung im Festdruckbetrieb, *3* Speisepumpenleistung im Gleitdruckbetrieb. Leistungen: P_{SP} Speisepumpe, P_{ST} Speisepumpenturbine, $P_H P_{Hmax}$ Hauptturbine

erforderlich. Die bei Industrieturbinen üblichen Frischdampfdaten reichen bis etwa 150 bar und 540 °C, die Gegen- und Entnahmedrücke bis etwa 40 bar. Von den Radialturbinen wird nur noch die auf dem Konstruktionsprinzip von *Köhler* beruhende, von außen nach innen durchströmte Turbine (**Bild 11**) gebaut. Sie eignet sich nur für relativ kleine Volumenströme erreicht aber hohe Wirkungsgrade dank Deckplattenbeschaufelung und verlustarmer Abströmung.

Bild 7. Wärmeschaltbild einer 1330-MW-Dampfturbinenanlage mit Druckwasserreaktor

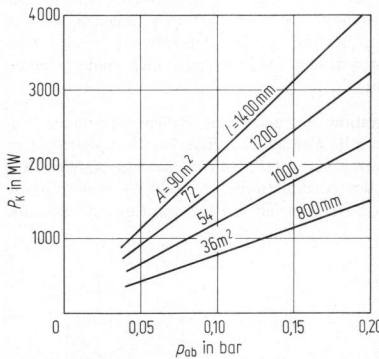

Bild 8. Klemmenleistung von sechsflutigen Sattdampfturbinen für 50 l/s bei 40 KJ/kg Austrittsverlust. *A* Abdampffläche; *l* Endschaufellänge

neratoren, Pumpen, Gebläsen und Kompressoren lassen sich hier mit Baukastensystemen bedienen. Möglich war dies durch Baugruppen auch für die Gehäuse, die durch Steckmodelle und Flansche weitgehend anpassungsfähig sind, **Bild 10**. Die Hauptabmessungen der Baugruppen sind meist nach einer Normzahlreihe abgestuft. Die Drehzahlen sind dann umgekehrt proportional zu den Bezugsdurchmessern der Beschaufelungen, z.B. den Regelraddurchmessern und stammen aus der gleichen Normzahlreihe. Dabei bleiben mit den Gefällen die Stufenzahlen, Durchfluß- und Druck-Kenngrößen (s. 1.6.2) konstant. So ergeben sich auch bei kleinen Leistungen gute Wirkungsgrade, für den Generatorantrieb ist aber ein Getriebe

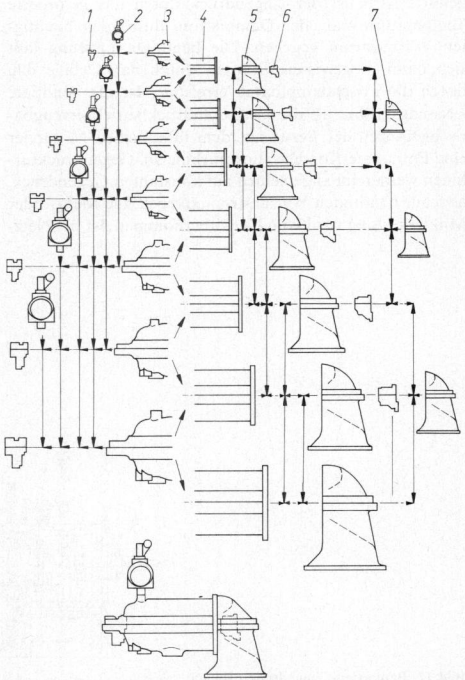

Bild 10. Industrieturbinen-Baukasten (ABB). *1* Lagergehäuse Einströmseite, *2* Stellventilgehäuseblock, *3* Gehäuse-Einströmteil, *4* Gehäuse-Mittelteil, *5* Gehäuse-Abdampfteil, *6* Lagergehäuse Abdampfseite, *7* Gehäuse-Abdampfteil für hohen Gegendruck

R

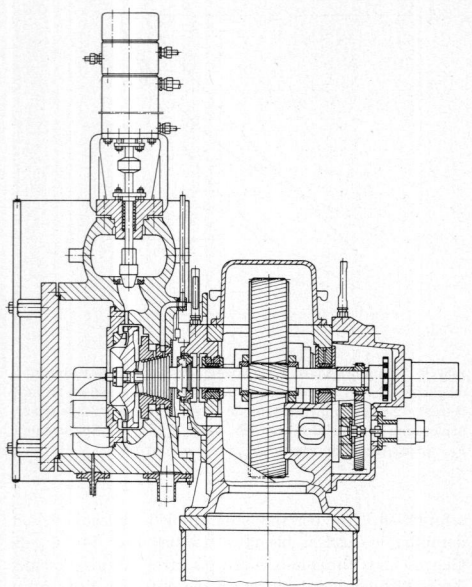

Bild 11. Gegendruck-Radialturbine (KKK). 450 °C Frischdampf-temperatur, 64 bar Frischdampfdruck und 4MW Leistung

Gegendruckturbinen. Sie werden überall dort eingesetzt, wo elektrische Energie *und* Wärme gebraucht wird. Da die Kondensationswärme des Gegendruckdampfes ausgenutzt wird, ist der Gegendruck durch das geforderte Temperaturniveau, der Dampfstrom durch den benötigten Wärmestrom gegeben. Die benötigte Leistung läßt sich dann in gewissen Grenzen durch das Gefälle d.h. durch die Frischdampfdaten erreichen. Ist die benötigte Leistung größer als die im Gegendruckbetrieb erzeugbare, bietet sich der Bezug aus dem öffentlichen Netz oder eine Entnahme-Kondensationsturbine an. Gegendruckturbinen werden im allgemeinen auf konstanten Gegendruck, also auf benötigten Wärmestrom geregelt, die Mehr- oder Minderleistung wird vom Netz übernommen. Ist bei Netz-

störungen ein Inselbetrieb erforderlich, so läuft die Turbine leistungsgeregelt, fehlenden Dampf liefert eine Reduzierstation, fehlende Leistung muß durch Abschalten nicht lebensnotwendiger Verbraucher kompensiert oder durch Zuschalten eines Notkondensators erzeugt werden. Die Gegendruckturbine in Überdruck-Bauart (**Bild 12**) aus einer Baukastenreihe ist für Frischdampf von 140 bar, 540 °C, Gegendrücke bis 16 bar, Drehzahlen bis 270 l/s und Leistungen bis 140 MW ausgelegt.

Kondensationturbinen. Zur reinen Stromerzeugung sind sie in der Industrie meist nicht wirtschaftlich und daher relativ selten. Ausgenommen sind Turbinen für Entwicklungsländer und die Fälle, in denen Dampf aus Abwärme erzeugt wird, wie bei bestimmten Prozessen in der Chemie, in Müllverbrennungsanlagen oder kombinierten Gas-Dampf-Anlagen (s. R 8.6). Meist dienen sie zum Antrieb von Gebläsen, Verdichtern und Pumpen. Mit Rücksicht auf die Endnässe liegen die Frischdampfdrücke oft unter 100 bar, maximal bei 130 bar. Auch hierfür wurden Baukastenreihen mit einem Leistungsbereich von 0,5 bis über 150 MW und Drehzahlen bis 250 l/s entwickelt.

Anzapf- und Entnahmeturbinen. Es gibt zwei Möglichkeiten, Dampf aus einer oder mehreren Zwischenstufen der Beschaufelung zu entnehmen: Bei der Anzapfung ungeregelt, wobei der Druck an der Zwischenstufe vom Dampfstrom durch die nachfolgende Beschaufelung bestimmt wird und bei der Entnahme geregelt, wobei der Druck an der Zwischenstufe durch ein nachgeschaltetes Drosselorgan konstantgehalten wird. Da, abgesehen von der Speisewasservorwärmung, vom Dampfverbraucher meist ein konstanter Druck gefordert wird, muß bei der Anzapfung im Teillastbereich auf eine oder mehrere im Druck höher gelegene Anzapfungen umgeschaltet werden (Wanderanzapfung). Die Anzapfung ist einfacher und billiger als die Entnahme, hat aber dort ihre Grenzen, wo der geforderte Druck bei großen Anzapfmengen, also kleinen weiterströmenden Dampfmengen nicht mehr gehalten werden kann.

Anzapfdiagramm. Es zeigt den Fahrbereich einer Anzapfturbine mit Wanderanzapfung im Dampfstrom-Leistungsdiagramm $\dot{m}_F = f(P_K)$ mit dem relativen Wert $A = \dot{m}_A / \dot{m}_{Amax}$ des Anzapfstroms $\dot{m}_A$, **Bild 13**. Seine Grenzkurven sind: Der Betrieb ohne Anzapfung *a*, die Linie

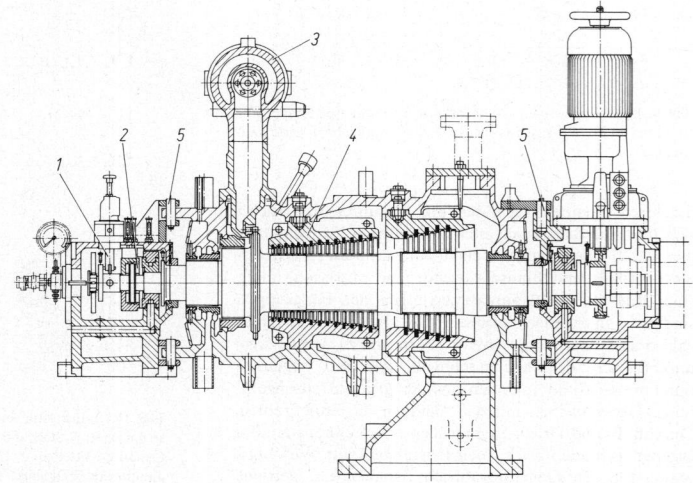

Bild 12. Baukasten-Gegendruckturbine (ABB Nürnberg).
1 Drehzahlwächter, *2* Axiallager,
3 Stellventil-Düsengehäuseblock,
4 Leitschaufelträger, *5* Gehäuseführung

minimalen Anzapfdrucks *b* an der Anzapfung 2, die maximale Anzapfmenge *c* – begrenzt durch die Dampfgeschwindigkeit im Stutzen und die Schaufelbeanspruchung –, die maximale Frischdampfmenge *d* und die maximale Leistung *e*, begrenzt durch den Generator. In dem Zwickel zwischen den Linien *f* und *g*, den Verbindungslinien der Umschaltpunkte von Anzapfung 1 auf Anzapfung 2 ist kein Betrieb möglich, da beim Umschalten bei konstanter Anzapfmenge die Leistung von *f* nach *g* oder umgekehrt springt.

Entnahmediagramm. Bei einer Entnahmeturbine (**Bild 14**) mit dem relativen Entnahmestrom $E = \dot{m}_E/\dot{m}_{Emax}$ ist diese Unstetigkeit nicht vorhanden. Dafür ist hier eine weitere Grenzlinie, nämlich die der Schluckfähigkeit der Überströmventile *h*, zu finden. Die Entnahme-Kondensationsturbine (**Bild 15**) gehört zu einem Bausteinsystem für einen Frischdampfzustand bis 130 bar 540 °C, Entnahmedrücke 45 bar und Abdampfdrücke bis 0,2 bar. Die Regelstufe im Hochdruck ist einkränzig, im Niederdruck zweikränzig ausgeführt. Die für Baukastenturbinen typischen Leitschaufelträger haben folgende Vorzüge: Etwa gleich schnelle Erwärmung von Läufer und dampfumspültem Leitschaufelträger, große zulässige Belastungs- und Temperaturänderungen, Einhaltung kleiner Schaufelspiele, schnelle Reparaturmöglichkeit im Schadensfall und die Unterbringung stark unterschiedlicher Beschaufelungen im gleichen Gehäuse.

Zweidruckturbinen: Sie entsprechen im Aufbau der Entnahmeturbine. An einer Zwischenstufe wird Dampf einer niedrigeren Druckstufe zugeführt. Bei der Entnahme-Zweidruck-Turbine wird der Dampf zugeführt oder entnommen. Eingesetzt werden Zweidruck-Turbinen dort, wo Abdampf aus einem industriellen Prozeß, meist mit stark schwankender Menge angeboten wird oder ein Abhitzekessel Dampf in zwei Druckstufen liefert. Die mittlere Temperaturdifferenz bei der Wärmeübertragung im Abhitzekessel läßt sich dadurch erheblich verringern und damit der Gesamtprozeß verbessern. Zwei- oder Dreidruckturbinen heißen auch die Turbinen, die das Dampfangebot eines Gefällespeichers ausnutzen. Da beim Entladevorgang der Dampfdruck stark sinkt, muß für konstante Turbinenleistung der Speicherdampf stufenweise auf die Stufen niedrigeren Drucks umgeschaltet werden.

6.2.3 Kleinturbinen. Small turbines

Sie werden in der Industrie und im Schiffbau als Haupt- und Hilfsantriebe vielfach verwendet. Meist sind es Einradturbinen mit ein- oder zweikränziger Gleichdruckbeschaufelung, oft mit einem Getriebe zusammengebaut. Sie sind einfach im Aufbau, robust und zuverlässig im Betrieb und unkompliziert in der Bedienung. Das

ist, besonders bei nur zeitweisem Betrieb wichtiger als bester Wirkungsgrad. Die zweikränzige Getriebeturbine (**Bild 16**) ist mit einer radialen Wellendichtung und einem Stabfederregler ausgerüstet. Der exzentrisch angeordnete Stabfederkopf gibt mit steigender Drehzahl einen größer werdenden Querschnitt der Reglerdüse frei und steuert so über einen Verstärkerschieber das Stellventil. Diese Turbine kann maximal mit 3000 kW, 215 l/s, 125 bar, 530 °C und 20 bar Gegendruck betrieben werden.

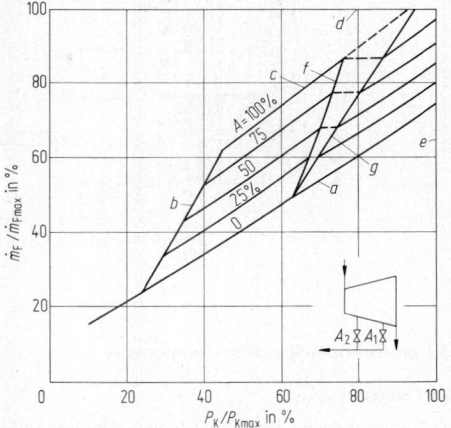

Bild 13. Anzapfdiagramm

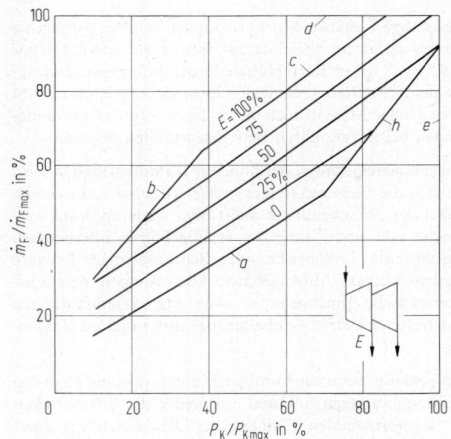

Bild 14. Entnahmediagramm

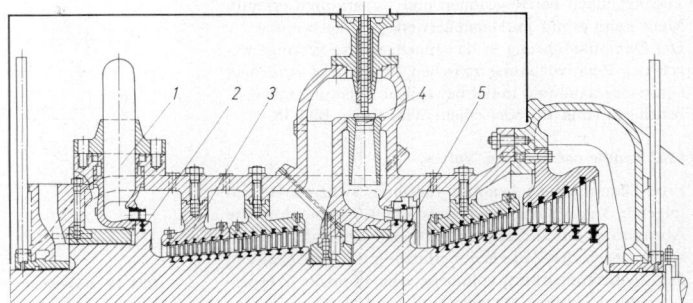

Bild 15. Baukasten-Entnahme-Kondensationsturbine (GHH). *1* Hochdruck-Düsengehäuse, *2* Regelrad einkränzig, *3* Überdruckstufen mit Leitschaufelträger, *4* Überström-Stellventil, *5* Regelrad zweikränzig

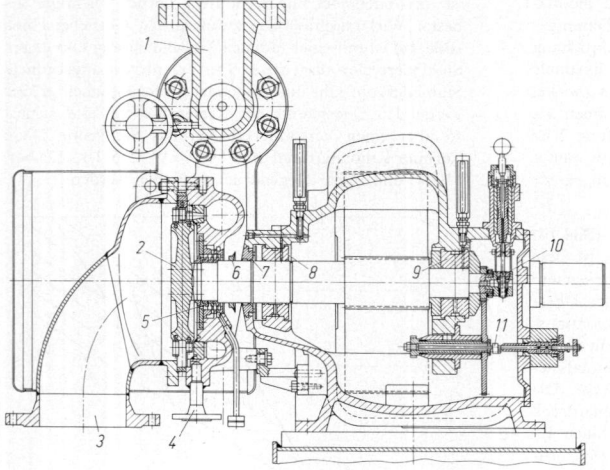

Bild 16. Einrad-Getriebeturbine (KKK).
1 Frischdampfstutzen, *2* Curtis-Rad verschraubt
mit Hirth-Verzahnung, *3* Abdampfstutzen,
4 Radraumentwässerung, *5* Wellendichtung,
6 Spritzring, *7* Ölabstreifer, *8* Radiallager,
9 kombiniertes Axial-Radiallager,
10 Drehzahlwächter, *11* Stabfederregler

6.3 Konstruktionselemente. Components

6.3.1 Gehäuse. Casings

Das Turbinengehäuse hat die Druck- und Temperaturdifferenz zwischen dem Dampf in der Beschaufelung und der
Atmosphäre aufzunehmen.

Einschalige Gehäuse. Mit horizontaler Teilfuge werden sie
nur bis zu einem Frischdampfzustand von etwa 140 bar
und 540 °C ausgeführt. Höhere Druckdifferenzen sind wegen der Flanschabmessungen schwer zu realisieren, die mit
ihren großen Massen auch die zulässigen Temperaturänderungen bei instationären Betriebszuständen begrenzen.

Doppelmantelgehäuse. Bei höheren Dampfzuständen wird
deshalb die Gesamtdifferenz auf zwei Schalen aufgeteilt,
wobei der Zwischendruck meist dem Abdampfdruck entspricht. Die Abdichtung des Innengehäuses übernehmen
verschraubte Teilflansche oder Schrumpfringe. Letztere
ergeben kleinere Außengehäuse-Abmessungen, rotationssymmetrische Innengehäuse ohne Materialanhäufungen
und besseres Betriebsverhalten bei instationären Zuständen.

Topfgehäuse. Sein rohrförmiger Mantel weist die kleinsten
Zusatzspannungen auf und vermeidet die Schwierigkeiten des horizontalen Teilflansches. Die Abdichtung übernimmt hier ein stirnseitiger Deckel, der geflanscht oder mit
einem selbstdichtenden Verschluß versehen sein kann. Die
Vorteile des Topfgehäuses werden mit einer schlechteren
Zugänglichkeit bei Revisionen und Reparaturen erkauft.
Meist kann es nur im Herstellerwerk geöffnet werden.
Die Dampfeinführung in das Innengehäuse verlangt wegen der Relativdehnung zwischen Innen- und Außengehäuse eine axial und radial bewegliche Dichtung mit Kolbenringen (**Bild 17**) oder einem Winkelring, **Bild 18**.

6.3.2 Ventile und Klappen. Valves

Eine Dampfturbine benötigt für ihren sicheren Betrieb
folgende Ventile: Auf der Frischdampfseite eine doppelte
Absperrung durch Schnellschluß- und Frischdampfstell-
ventile, nach der Zwischenüberhitzung zur Ausschaltung
des Zwischenüberhitzervolumens eine doppelte Absperrung durch Abfang-Schnellschluß- und -Stellventile, für

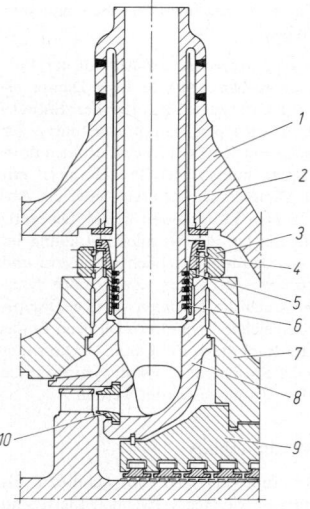

Bild 17. Hochdruck-Dampfeinführung (MAN). *1* Außengehäuse,
2 Strahlungsschutz, *3* Druckring, *4* Dichtring, *5* Führungsbüchse,
6 Kolbenring, *7* Innengehäuse, *8* Dampfführungsgehäuse, *9* Dich-
tungsträger, *10* Düse

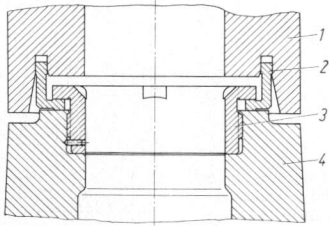

Bild 18. Winkelringverbindung (Siemens, UB KWU). *1* Außengehäuse, *2* Winkelring, *3* Führungsring, *4* Innengehäuse

die Entnahme Überström-Stellventile und Schnellschluß-Rückschlagventile. Dazu kommen Rückschlagklappen in den Anzapfleitungen zu den Vorwärmern, um das Rückströmen von Wasser und Dampf in die Beschaufelung zu verhindern sowie Abfangklappen vor den Niederdruckteilen der Sattdampfturbinen. Alle Schnellschlußventile gehören zum Schutzkreis gegen Überdrehzahlen (s. R 6.5).

Einsitzventile. Sie werden wegen ihrer guten Dichtheit und ihres kleinen Druckverlustes am häufigsten verwendet: Unentlastete Einsitzventile wegen ihrer großen Stellkräfte nur für relativ kleine Sitzdurchmesser, sonst entlastete Einsitzventile mit Vorhubkegel oder Rohrventile. Beide Ventile benötigen nur kleine Stellkräfte, das Rohrventil ist allerdings nicht völlig dicht. Die Abfang-Schnellschlußklappe kombiniert mit dem entlasteten Stellventil hat einen besonders kleinen Druckverlust, **Bild 19**. Der Diffusor des Stellventils ist als Dampfdurchführung zum Innengehäuse ausgestaltet.

Doppelsitzventile. Sie haben kleine Stellkräfte, sind aber schwer dicht zu halten und kommen meist bei Industrieturbinen vor. Der Stellventil-Düsengehäuseblock (**Bild 20**)

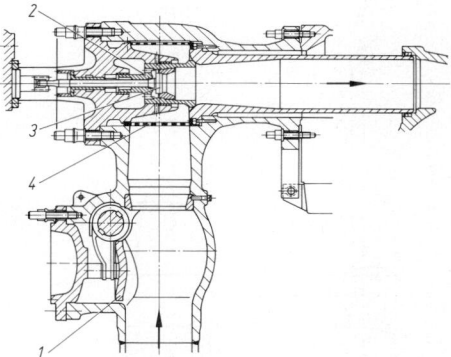

Bild 19. Abfang-Schnellschlußklappe und Stellventil (ABB). *1* Schnellschlußklappe, *2* Stellventil, *3* Entlastungsventil, *4* Dampfsieb

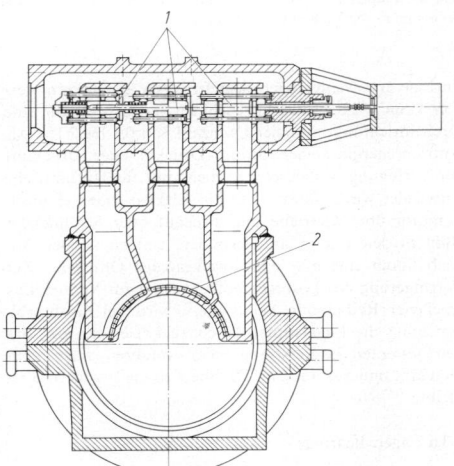

Bild 20. Stellventil-Düsengehäuseblock (ABB, Nürnberg). *1* Stellventil, *2* Düsen

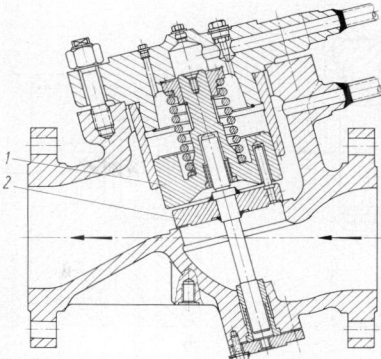

Bild 21. Entnahme-Schnellschluß-Rückschlagventil (ABB, Nürnberg). *1* Ventilkolben, *2* Rückschlagteller

einer Industrieturbine hat drei Doppelsitz-Stellventile, von denen nur das erste vom Stellantrieb direkt betätigt wird, während die beiden anderen durch das jeweils vorhergehende Ventil geöffnet und durch eine Feder geschlossen werden. Wegen der kleinen Stellkräfte genügt ein Antrieb für die drei Stellventile.

Das mediumbetätigte Entnahme-Schnellschluß-Rückschlagventil (**Bild 21**) besitzt einen frei beweglichen Rückschlagteller. Es wird durch Beaufschlagung des Kolbens mit dem Vordruck und durch Federkraft geschlossen und öffnet durch Absenken des Druckes im Kolbenraum.

6.3.3 Beschaufelung. Blading

Sie soll den Wärmeinhalt des Dampfes möglichst verlustlos in Geschwindigkeitsenergie umwandeln und die dabei auftretenden Kräfte auf die Welle und das Gehäuse übertragen. Jedes Schaufelprofil ist infolgedessen ein Kompromiß zwischen strömungstechnischen, festigkeitsmäßigen, schwingungstechnischen und wirtschaftlichen Forderungen. Die Schaufelprofile stehen mit meist geometrisch abgestuften Sehnenlängen zur Verfügung.

Leit- und Laufschaufeln. In Hoch- und Mitteldruckteilturbinen werden fast ausnahmslos Deckplattenschaufeln verwendet, die gute Festigkeitseigenschaften mit hohen Wirkungsgraden verbinden, **Bild 22a** und **b**. Nur im Bereich geringer Dampfdrücke und Temperaturen kommen Leitschaufeln aus gezogenen Profilstangen zum Einsatz, die mit aufgenieteten Deckbändern versehen werden (**Bild 22c**).

Regelstufen. Ihre Laufschaufeln sind besonders hoch beansprucht, da sie teilbeaufschlagt sind und bei Teillast große Gefälle verarbeiten. Sie erhalten bei Großturbinen Steckfüße, axiale Tannenbaumfüße oder werden mit der Welle verschweißt, **Bild 22d**.

Endschaufeln. Sie sind am höchsten beansprucht. Für ihre Auslegung gilt in vermehrtem Maße der schon erwähnte Kompromiß zwischen Aerodynamik, Schaufelfestigkeit und Schwingungsverhalten. Die Modellgesetze erlauben die Bildung von Familien mit geometrisch ähnlichen Schaufeln, wenn sich die Abmessungen umgekehrt proportional zu den Drehzahlen ändern. Bei konstanter Drehzahl trifft dies für verschiedene Austrittsflächen nicht

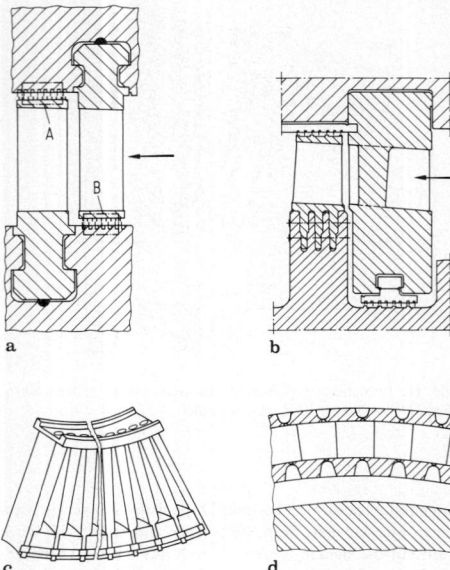

a   b

c   d

Bild 22. Stufenformen. **a** Überdruckstufe mit integralen Füßen und Deckplatte und Spaltabdichtung in Noniusteilung (Siemens, UB KWU); **b** Gleichdruckstufe mit geschweißtem Leitrad und Laufschaufel mit Steckfuß und Deckplatte (MAN); **c** Leitschaufeln aus gezogenen Profilstangen mit Fußzwischenstücken und aufgenieteten Deckband (ABB); **d** Regelradschaufeln mit der Welle verschweißt und mit spaltfrei verschweißten integrierten Deckplatten (ABB)

zu. Der Steck- und der Tannenbaumfuß (**Bild 23**) sind die heute allein üblichen Befestigungsarten für Endschaufeln von Großturbinen.

6.3.4 Wellendichtungen. Shaft seals

Berührungsfreie Labyrinthdichtungen (**Bild 24**) sind heute allgemein üblich. Form **c** wird an Niederdruckteilen mit ihren großen Relativdehnungen zwischen Welle und Gehäuse verwendet. Alle Wellendichtungen von Großturbinen sind in einzelne Abschnitte mit dazwischenliegenden Ringkammern aufgeteilt und haben federnde Dichtsegmente. Die äußerste Kammer besitzt eine Absaugung zur Vermeidung von Dampfaustritt an der Welle, die zweite Kammer ein Sperrdampfsystem. Hier herrscht ein leichter Überdruck, um das Eindringen von Luft in die Niederdruckteile zu verhindern. Das System wird von den Wellendichtungen der Hochdruck- und Mitteldruckteile sowie von den Spindeldichtungen der Ventile und meist auch noch von einem Hilfsnetz gespeist. Überschüssiger Dampf wird in eine Niederdruckanzapfung abgeführt. Ebenfalls in eine Anzapfung und zur Verringerung der Leckverluste geht der Dampf aus einer dritten Kammer der Hochdruck-Wellendichtungen. Auch die Dichtungen der Ausgleichkolben haben meist eine Anzapfung zur Verringerung ihrer Leckverluste.

6.3.5 Läufer-Dreheinrichtung. Turning gear

Wenn beim Abstellen einer Turbine der Läufer zum Stillstand gekommen ist, bildet sich in dem noch heißen Gehäuse eine Temperaturschichtung aus, die zu einer Verkrümmung von Läufer und Gehäuse führt, so daß die

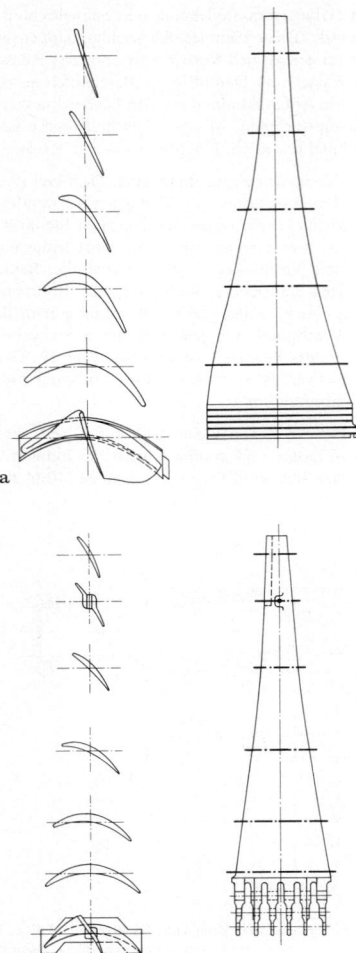

a

b

Bild 23. Endschaufeln von Großturbinen, **a** mit gebogenem Tannenbaumfuß (ABB), **b** mit Steckfuß (MAN)

Turbine erst wieder nach dem Erkalten angefahren werden kann. Alle größeren Turbinen haben deshalb eine Dreheinrichtung mit einer Drehzahl von 0,1 bis 2 1/s. Als Antriebsenergie stehen Strom, Drucköl oder Druckluft zur Verfügung, wobei letztere meist nur für Hilfsantriebe verwendet wird. Meist treibt ein Elektro- oder Hydraulikmotor über Getriebe und Freilauf oder Schlingfeder (**Bild 6**) den Läufer an. Besonders einfach ist der Antrieb durch eine ein- oder zweikränzige Ölturbine. Zur Verringerung des Losbrechmoments und zur Vermeidung trockener Reibung in den Lagern wird bei Großturbinen unter die Lagerzapfen Hochdrucköl eingespeist, das den gesamten Läuferstrang beim Anfahren aufschwimmen läßt und das auch im Drehbetrieb meist zugeschaltet bleibt.

6.3.6 Lager. Bearings

Radiallager. Bei den Dampfturbinen sind fast alle im Maschinenbau vertretenen Gleitlager-Typen zu finden (s. G6): Kreislager (**Bild 25**), Mehrkeillager. Die Lager haben oft zur Überwachung eine eingebaute Temperaturmeßstelle und bei Großturbinen Anschlüsse für das Hochdrucköl zur Läuferanhebung.

Axiallager. Sie nehmen den Restschub der Beschaufelung auf und sind bei Klein- und Industrieturbinen oft starre Mehrflächenlager, sonst meist Klotzlager, deren auf Kippkanten gelagerte Klötze zum Belastungsausgleich auf Federelementen oder Ausgleichebeln (**Bild 26**) sitzen.

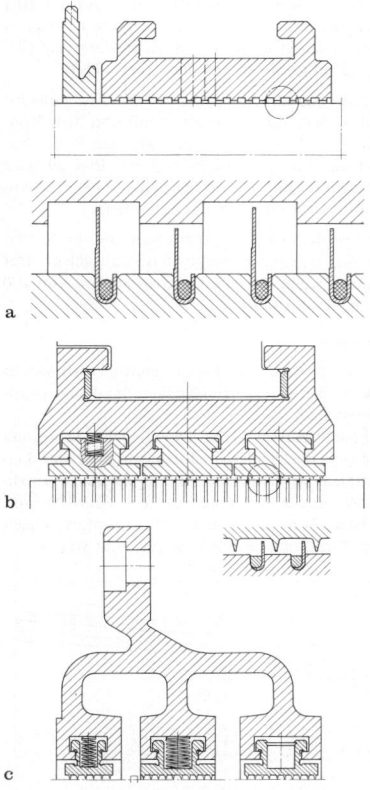

a

b

c

Bild 24. Wellendichtungen, **a** mit eingestemmten Streifen in der Welle, **b** mit federnden Dichtsegmenten, **c** mit glatter Welle

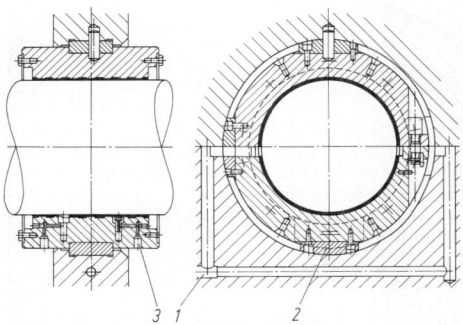

Bild 25. Kreislager (ABB). *1* Ölzulauf, *2* Paßplatte, *3* HD-Ölanschluß

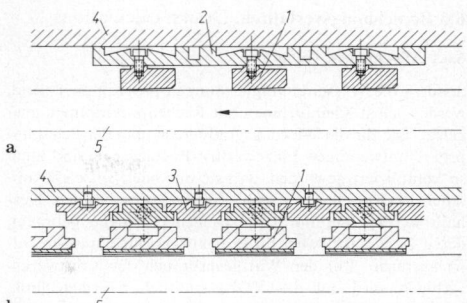

a

b

Bild 26. Segment-Axiallager. **a** mit Ausgleichs-Federring (ABB); **b** mit Ausgleichhebeln (MAN). *1* Tragsegment, *2* Federring, *3* Ausgleichhebel, *4* Lagergehäuse, *5* Wellenscheibe

6.4 Anfahren und Betrieb. Start up and operation

Anfahren. Hierbei treten an den vom Dampf umströmten Bauteilen mit größerer Wandstärke zusätzliche Beanspruchungen auf, die die Lebensdauer verringern. Sie sind vom zeitlichen Ablauf des Anfahrvorgangs und den dabei gefahrenen Dampfdruck- und Temperaturtransienten abhängig. Mit der Finite-Element-Methode ist es heute möglich, diese Anfahrspannungen zu berechnen. Bei Großturbinen ermitteln Geräte aus Temperaturmessungen die Spannungen in den gefährdeten Bauteilen und steuern den Anfahrvorgang automatisch so, daß die Turbine schnell und schonend hochfährt und daß die kritischen Drehzahlbereiche so schnell wie möglich durchfahren werden.

Schwingungsverhalten. Die Lage der biege- und torsionskritischen Drehzahlen der aus bis zu sieben Einzelwellen bestehenden Läuferstränge wird mit Hilfe moderner Rechenverfahren (s. O 2.7) bestimmt, die auch eine Aussage über das Auftreten von Lauf-Instabilitäten erlauben. Der Läuferstrang wird mit Schwingungsaufnehmern an den Lagergehäusen und/oder an den Läufern überwacht. Fehler an diesen Teilen können so rasch erkannt und vor dem Auftreten größerer Schäden beseitigt werden.

6.5 Regelung, Sicherheits- und Schutzeinrichtungen
Control, safety and protection devices

Regelkreis. Turbinen sind meist mit Drehzahlreglern ausgerüstet. Regelgröße ist also die Drehzahl, Stellgröße der Dampfstrom. Störgrößen sind die Belastung, aber auch der Entnahmestrom, der Gegen- und der Vordruck, Stellglieder sind die Stellventile, **Bild 20**. Die Regelstrecken haben, vom Hochfahren abgesehen, einen Ausgleich. Die Regler wirken bei Netzbetrieb nach dem PI-, beim Inselbetrieb nach dem P-Verfahren. Sie arbeiten entweder mechanisch mit Fliehgewichten, also Pendeln oder Stabfedern (**Bild 16**), hydraulisch mit einer Ölpumpe oder elektronisch mit einem Tachogenerator als Impulsgeber. Weiterhin werden noch weitere Größen wie der Vor-, Gegen- und Entnahmedruck geregelt (s. X 6).

Schutzkreis. Schnellschluß- und Stellventile schließen, um Schäden bei Ausfall der Regelung zu verhüten. Auslösend wirken Drehzahlwächter (bei 110% der Nenndrehzahl), Druckwächter (zu niedriger Schmieröldruck, zu hoher Kondensatordruck, Gegendruck, Entnahmedruck), Temperaturwächter (zu hohe Kondensatortemperatur, Lagertemperatur), Niveauwächter (zu hoher Wasserstand in den Vorwärmern), Wellenlagewächter (zu große Axialschubkräfte) und Schwingungsüberwachung.

R

6.6 Berechnungsverfahren. Design calculations

6.6.1 Allgemeines. General

Seitdem die Wasserdampfgleichungen programmiert sind, werden selbst Kleinturbinen mit Rechenprogrammen ausgelegt. Die für die Wirkungsgradberechnung der Schaufelprofile notwendigen Einzelverlust-Rechnungen sind auch so kompliziert geworden, daß sie nur noch auf elektronischen Rechenanlagen durchgeführt werden können. Deshalb werden hier nur Überschlagsrechnungen gebracht, deren Genauigkeit aber für Projektierungsrechnungen völlig ausreicht. Für den Wärmeverbrauch der Kraftwerksturbinen wird auf das VDI-Handbuch Energietechnik, Teil 2 Wärmetechnische Arbeitsmappe, Arbeitsblätter 6.4, 6.5 und 6.6 verwiesen.

6.6.2 Auslegung von Industrieturbinen
Rating of industrial turbines

Gegendruckturbinen

Gegeben sind i. allg. die Kupplungsleistung P_K, der Frischdampfdruck p_F, die Frischdampftemperatur t_F, der Gegendruck p_G.

Kupplungswirkungsgrad. Aus der Dampftafel bzw. dem h,s-Diagramm folgen die Enthalpie h_F und die Entropie s_F des Frischdampfes. Durch Auftragen im h,s-Diagramm oder auch durch Interpolieren in der Dampftafel läßt sich die isentrope Enthalpiedifferenz y_s zwischen dem Frischdampfzustand und dem Gegendruck (Index G) bestimmen, **Bild 27.** $y_s = h_F - h_{Go}$. Mit dem inneren Wirkungsgrad $\eta_i = 0,8$ folgt $y_i = 0,8 y_s$. Damit wird vorläufig die Gegendruckenthalpie $h_G = h_F - y_i$ und der Frischdampfstrom $\dot{m}_F = P_K / y_i \eta_{mech}$. Hierbei ist der mechanische Wirkungsgrad $\eta_{mech} = 0,98$.

Für den Frischdampf- und Abdampfzustand wird aus der Dampftafel das spezifische Volumen v_F und v_G abgelesen. Damit ergibt sich der Zudampf- und Abdampfvolumenstrom $\dot{V}_F = \dot{m}_F v_F$ und $\dot{V}_G = \dot{m}_F v_G$ und ihr Mittelwert
$$\dot{V}_m = \sqrt{\dot{V}_F \dot{V}_G}.$$
Aus dem **Bild 28** folgt damit $\eta_k = \eta_i \eta_{mech}$. Mit diesem Wert wird $\dot{m}_F$ und $\dot{V}_m$ verbessert. Eine weitere Iteration ergibt meist den endgültigen Wirkungsgrad. Höhere Drehzahlen bei kleinem mittlerem Volumenstrom verbessern den Wirkungsgrad, **Bild 28**. Dabei verursacht aber das dann notwendige Getriebe einen Verlust von 2 bis 3% und zusätzliche Kosten.

Stutzen und Ventile. Die Zudampf- und Abdampfstutzenabmessungen lassen sich aus $\dot{V}_F$ und $\dot{V}_G$ und den üblichen Dampfgeschwindigkeiten c bestimmen: 30 bis 60 m/s für Zudampf- und 50 bis 80 m/s für Gegendruckstutzen. Die Druckverluste in den Schnellschluß- und Stellventilen sollen 1 bis 2 bzw. 3 bis 4% nicht überschreiten. Die Durchmesser ergeben sich dann mit $\Delta p = \zeta c^2 \rho / 2$ (s. B 6.2). Die ζ-Werte betragen: Schnellschlußventil 1,5 bis 2,5, Einsitzstellventil 0,4 bis 0,8, Doppelsitzstellventil 1,0 bis 2,0.

Kondensationsturbinen

Gegeben sind i. allg. die Kupplungsleistung P_K, der Frischdampfdruck p_F, die Frischdampftemperatur t_F, der Kondensatordruck p_c oder die Kühlwassertemperatur t_{KW}. Ist nur t_{KW} bekannt, läßt sich der Kondensatordruck $p_c = f(t_s)$ mit der Sättigungstemperatur des Kondensats $t_s = t_{KW} + \Delta t$ abschätzen. Hierbei ist $\Delta t = 13$ K (Kühlwasseraufwärmung=10 K, Grädigkeit des Kondensators = 3 K).

Kupplungswirkungsgrad. Zunächst wird die Enthalpiedifferenz zwischen dem Frischdampfzustand und dem Kondensatordruck $y_s = h_F - h_c$ bestimmt. Mit den Wirkungsgraden $\eta_i = 0,82$ und $\eta_{mech} = 0,99$ und mit **Bild 29** wird dann wie bei der Gegendruckturbine weitergerechnet. (Abdampf-Dampfnässe 15% nicht überschreiten!)

Stutzen und Ventile. Der Zudampfstutzen und die Ventile werden wie für die Gegendruckturbinen ausgelegt. Der Abdampfstutzen sollte für eine Geschwindigkeit von 100 bis 150 m/s bemessen werden.

Entnahmeturbinen

Der Hochdruckteil wird wie eine Gegendruckturbine, der Niederdruckteil wie eine Gegendruck- oder Kondensationsturbine berechnet.

Das Entnahmediagramm (**Bild 14**) entsteht, wenn der Dampfverbrauch der beiden Teilturbinen über der Leistung aufgetragen wird und die Punkte gleichen Entnahmestroms miteinander verbunden werden. Beim Anzapfdiagramm (**Bild 13**) muß dabei, da der Anzapfdruck gleitet, für jeden Punkt das Gefälle neu bestimmt werden.

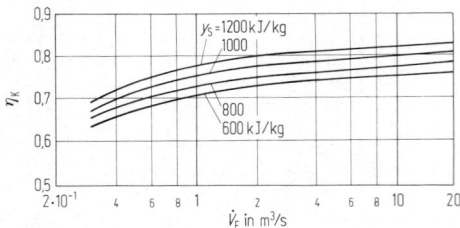

Bild 29. Kupplungswirkungsgrad η_K als Funktion des Frischdampfvolumenstromes $\dot{V}_F$ von Kondensationsturbinen

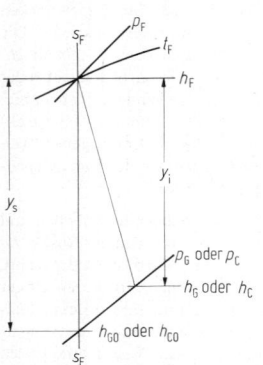

Bild 27. Gefällebestimmung im h,s-Diagramm

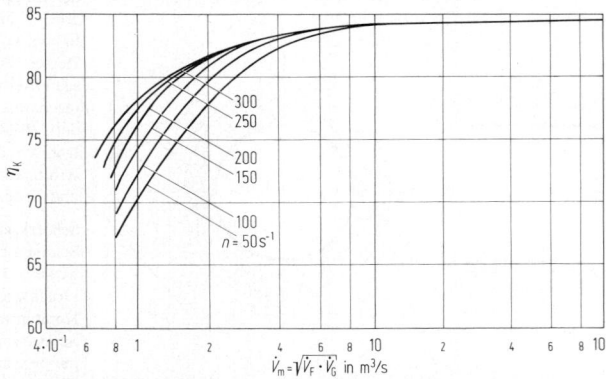

Bild 28. Kupplungswirkungsgrad η_K als Funktion des mittleren Volumenstroms $\dot{V}_m$ von Gegendruckturbinen

7 Turboverdichter. Turbocompressors

K. Lüdtke, Berlin

Turboverdichter sind Strömungsmaschinen zur Verdichtung von Gasen nach dem dynamischen Prinzip. Als Element der Energieübertragung auf das Gas dient das beschaufelte, kontinuierlich durchströmte Laufrad. Druck, Temperatur und Geschwindigkeit des Gases sind nach dem Verlassen des Laufrads größer als am Eintritt. Das dem Laufrad nachgeschaltete Leitteil sorgt für weitere Druck- und Temperaturerhöhung durch Verzögerung der Geschwindigkeit (s. R 1).

7.1 Einteilung und Einsatzbereiche
Classification and rating ranges

Zur Unterteilung in Axial- und Radialmaschinen wird die Hauptströmungsrichtung in der Meridianebene des Laufrads, d.h. einer Ebene, die die Drehachse enthält, herangezogen. Diese für den Durchsatz maßgebende Meridianströmung verläuft bei der Strömungsmaschine axialer Bauart im wesentlichen axial, bei der radialen Bauart im wesentlichen radial von innen nach außen. Gelegentlich trifft man auch Mischbauarten, sog. Diagonalverdichter an. Eine andere Unterteilung in Verdichter und Ventilatoren basiert auf der Höhe der spezifischen Verdichtungsarbeit. Beim Ventilator bleibt sie so gering, so daß keine nennenswerten Dichte- und Temperaturänderungen auftreten. Der Übergang ist jedoch fließend.

7.1.1 Ventilatoren. Fans

Die Auslegungsberechnung wird mit den Formeln für inkompressible Medien durchgeführt. Die niedrige Umfangsgeschwindigkeit des Laufrads und der Betrieb meist auf niedrigem Druckniveau führen im Vergleich zum aufwendigen Turboverdichter zu einfachen, leichten, dünnwandigen Blechkonstruktionen. Der ungefähre Einsatzbereich von Axial- und Radialventilatoren ist aus **Bild 1** ersichtlich. Einsatzbereiche: Gruben- und Tunnelbelüftung, Kesselluftversorgung, Klima-, Chemie-, Verbrennungs-, Entstaubungsanlagen, Zement-, Papier-, Glasindustrie u.a. Außer für Luft auch für erosive, korrosive, explosive, toxische und staubhaltige Gase.

7.1.2 Axialverdichter. Axial compressors

Die statische Druckerhöhung im Laufrad erfolgt ausschließlich durch Strömungsumlenkung und die damit

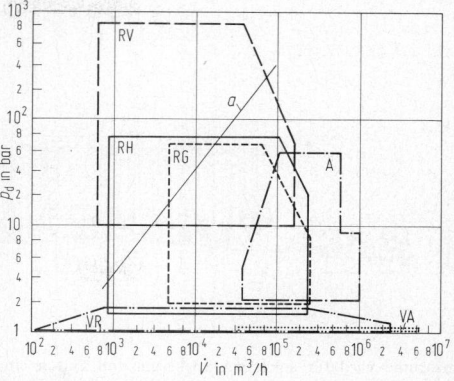

Bild 1. Arbeitsbereiche Verdichter und Ventilatoren. $\dot{V}$ Ansaugevolumenstrom, p_d Enddruck, RV Radialverdichter, vertikal geteiltes Gehäuse, RH Radialverdichter, horizontal geteiltes Gehäuse, RG Radialverdichter, integriertes Getriebe, A Axialverdichter (p_d > 8 bar: 2gehäusig), VR Radialventilatoren (1- bis 2stufig), VA Axialventilatoren, a maximaler Enddruck für Ansaugdruck 1 bar. Bereichsgrenzen variieren erheblich je nach Hersteller

verbundene Verzögerung, weil durch die Abwesenheit jeglicher Radialströmung die Arbeit des Fliehkraftfelds entfällt. Somit bleibt die polytrope Arbeit je Stufe verhältnismäßig gering, wodurch der Axialverdichter für das gleiche Druckverhältnis wesentlich mehr Stufen benötigt als der Radialverdichter, während bei gleichem Volumenstrom die Drehzahl des Axialverdichters höher ist. Kennzeichen des Axialverdichters sind große Volumenströme bei moderaten Druckverhältnissen (s. **Bild 1**) und sehr hohen Wirkungsgraden. Axialverdichter haben steilere Kennlinie und, bei festen Leitschaufeln, einen schmaleren Betriebsbereich. **Bild 2** zeigt einen Axialverdichter mit partieller Leitschaufelverstellung, einer Entnahme und nachgeschalteter Radialstufe. Einsatzbereiche: Luftzerlegungsanlagen, Windkanäle, Hochöfen sowie Luftversorgung für Prozesse in der Chemie, Petrochemie und in Raffinerien; außerdem für Stickstoff, Nitrosegas, Kohlenwasserstoffe, Rauchgas, Wasserdampf u.a.

7.1.3 Radialverdichter. Centrifugal compressors

Es ist die in der Chemie, Petrochemie, Erdöl- und Erdgasindustrie, Verfahrens- und Kältetechnik am meisten verbreitete Turboarbeitsmaschine. Keine andere Strömungs-

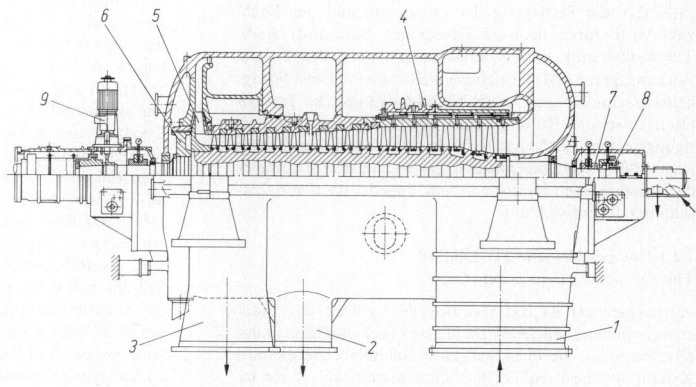

Bild 2. Axialverdichter (MAN GHH) mit 16 Axial- und einer nachgeschalteten Radialstufe, mit Entnahme. $\dot{V} = 515\,500\ \mathrm{m^3/h}$, $p_d/p_s = 5{,}6$, $n = 3000\ 1/\mathrm{min}$, $P = 36\,830\ \mathrm{kW}$. *1, 2, 3* Saug-, Entnahme-, Druckstutzen, *4* Leitschaufelverstelleinrichtung, *5* radiale Endstufe, *6* Ausgleichskolben, *7, 8* Radial-, Axiallager, *9* Rotordrehvorrichtung

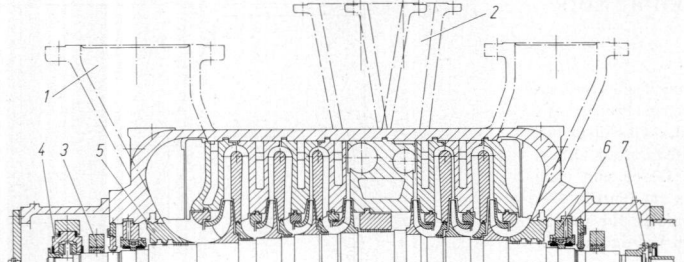

Bild 3. Radialer Einwellenverdichter (Babcock-Borsig) mit horizontal geteiltem Gehäuse, p_d bis 70 bar, $\dot{V}$ bis 250000 m³/h. *1, 2* Saug-, Druckstutzen, *3, 4* Radial-, Axiallager, *5* Zweikammer-Labyrinthdichtung, *6* Gleitringdichtung, *7* Kupplung

maschine wird für solch ein Spektrum von Gasen eingesetzt: Wasserstoff, Erdgas, Ammoniak, Wasserdampf, Kohlenwasserstoffe, Luft und deren Bestandteile, Schwefelwasserstoff, Kohlenoxide, Stickoxide, Chlor, Fluorchlorkohlenwasserstoffe und andere.

Da das Gas während der Energieübertragung im Laufrad von innen nach außen strömt, unterliegt es der Änderung des Zentrifugalfelds. Damit wird die statische Enthalpie um den Summanden $(u_2^2 - u_1^2)/2$ erhöht, wodurch die erzielbaren Druckverhältnisse wesentlich höher als beim Axialverdichter werden. Die radiale Strömungsrichtung im Laufrad erfordert wiederum radial angeordnete Diffusoren, die den Außendurchmesser des Gehäuses auf etwa das Doppelte des Laufraddurchmessers erhöhen.

Serpentinenartig wird das Gas der nächsten Stufe zugeführt, nachdem es in der Rückführbeschaufelung vom Drall befreit wurde (drallbehaftete Eintrittsströmung würde in dieser Stufe nach der Euler-Formel das Druckverhältnis vermindern). Die nach außen wachsenden Leitteile mit vielen Umlenkungen und langen Strömungswegen erklären die gegenüber dem Axialverdichter niedrigeren Wirkungsgrade und setzen dem Radialverdichter durch Anwachsen des Außendurchmessers und der Masse Volumenstromgrenzen, s. **Bild 1**. Einen 7stufigen Radialverdichter mit Zwischenkühlung nach Stufe 4 und gegeneinandergeschalteten Laufrädern zeigt **Bild 3**.

7.2 Radiale Laufradbauarten
Centrifugal impeller types

Die aero-thermodynamischen und strukturmechanischen Möglichkeiten und Grenzen dieses schnellaufenden und daher hochbeanspruchten Bauteils bestimmen das Einsatzpotential des Verdichters. Die Auslegung des Laufrads, d.h. die Festlegung der Geometrie und der Drehzahl wird durch mehrere Disziplinen bestimmt: Aero-Thermodynamik muß Volumenstrom, polytrope Arbeit, Wirkungsgrad und Betriebsbereich sicherstellen; Festigkeitsberechnung muß statische und dynamische Integrität nachweisen; Rotordynamik muß Laufruhe und Fertigungstechnik soll wirtschaftliche Herstellung gewährleisten. **Bild 4** zeigt schematisch die wichtigsten Parameter der verschiedenen Bauformen und, angedeutet, deren fortschreitende Entwicklung.

7.2.1 Das geschlossene 2D-Laufrad
The shrouded 2D-impeller

Ausgangspunkt ist das traditionelle Laufrad des Industrieverdichters mit Deckscheibe und rückwärtsgekrümmten Schaufeln, die über die ganze Schaufelbreite dieselbe Krümmung besitzen (2D). Volumenstromzahl φ bis ca.

0,06; Schaufelaustrittswinkel β_2 meist 40 bis 50° (gemessen von Tangente).

Je höher das Druckverhältnis je Gehäuse, desto stärker nehmen beim Einwellenverdichter die Volumenstromzahlen von Stufe zu Stufe ab. Das führt zu 2D-Laufrädern mit φ-Werten bis unter 0,01 mit erheblich abgesenkten Stufenwirkungsgraden, die jedoch kleine Volumenströme $\dot{V}$, hohe Druckverhältnisse Π_{ges}, niedrige Drehzahlen n und große Stufenzahlen je Gehäuse i erst möglich machen.

7.2.2 Das geschlossene 3D-Laufrad
The shrouded 3D-impeller

Eine Erhöhung des Volumenstroms bei gleichem Raddurchmesser führt zu breiteren Schaufelkanälen und größeren φ-Werten, derzeit bis ca. 0,15. Schaufelaustrittswinkel β_2 meist 45 bis 55°. Zur Erzielung hoher Wirkungsgrade muß die Schaufeleintrittskante an die unterschiedlichen Strömungswinkel an Deck- und Nabenscheibe angepaßt und die Schaufellänge vergrößert werden. Diese Forderungen führen zu räumlich verwundenen Schaufeln mit vorgezogenen Eintrittskanten, mit unterschiedlichen Krümmungen über die Schaufelbreite (3D), zu kleineren Nabenverhältnissen und vergrößerter axialer Baulänge. Geschlossene 3D-Räder sind gekennzeichnet durch hohen Wirkungsgrad bei verringertem Außendurchmesser, weiten Betriebsbereich, hohe Drehzahl und eine reduzierte maximale Stufenzahl je Einwellenverdichtergehäuse.

7.2.3 Das offene Laufrad. The semi-open impeller

Eine höhere Umfangsgeschwindigkeit ist Voraussetzung für eine weitere Steigerung des Volumenstroms und der polytropen Arbeit. Dazu sind erforderlich: Weglassen der Deckscheibe, Gestaltoptimierung der Nabenscheibe, weiteres Vorziehen der Schaufeln in den Einlauf (Vorsatzläufer), Aufdrehen des Schaufelaustrittswinkels, konische Schaufeln mit schwingungsmindernder Dickenverteilung. Die offenen Räder operieren mit engem Spalt zwischen Gehäuse und Schaufelspitzen und haben räumlich verwundene Schaufeln.

Das Rad mit rückwärtsgekrümmten Schaufeln, deren Axialprojektion einen leichten S-Schlag erkennen läßt, sei hier der Kürze halber mit S-Rad bezeichnet. Der Austrittswinkel β_2 beträgt meist 45 bis 65°. Das R-Rad, eine hier gewählte Bezeichnungskurzform für radial endende Schaufeln, mit einem Austrittswinkel von 90°, ermöglicht die höchste Umfangsgeschwindigkeit aller Laufräder bei merklich niedrigerem Wirkungsgrad, eingeschränktem Betriebsbereich und flacher Kennlinie gegenüber Rädern mit rückwärtsgekrümmten Schaufeln.

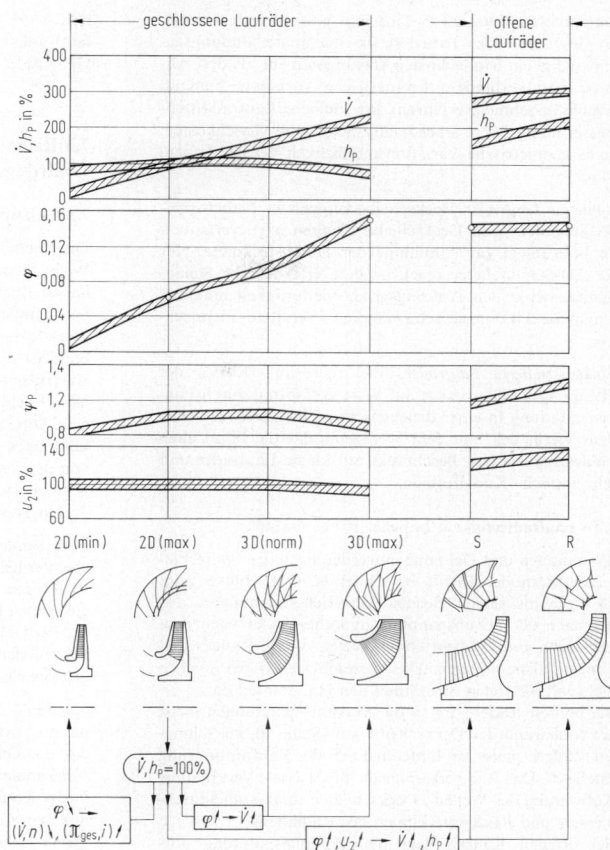

Bild 4. Bauarten und Kenndaten von radialen Laufrädern. ○ max. Volumenstromzahl für betreffenden Radtyp, Π_{ges} Verdichterdruckverhältnis, i Stufenzahl, n Drehzahl, u_2 100% $\approx$ 350 m/s, $\dot{V} = \varphi \frac{\pi}{4} d_2^2 u_2$, $h_P = \psi_P \frac{u_2^2}{2}$, φ Volumenstromzahl, ψ_P polytrope Druckzahl

7.2.4 Laufradverwendung. Impeller application

Einwellenverdichter werden fast ausschließlich mit geschlossenen 2D- und 3D-Laufrädern bestückt. In Einzelfällen ist ein offenes Rad als erste Verdichterstufe anzutreffen. Offene Laufräder sind prädestiniert für den Einsatz als fliegend gelagerte Räder mit axialer Ansaugung, also in ein- und vielstufigen Getriebeverdichtern, weil die Vorteile hoher Umfangsgeschwindigkeiten durch die Rotordynamik der kurzen Ritzelwellen nicht behindert und die Laufradspalte gut beherrscht werden. In vielen Anwendungsfällen werden Getriebeverdichter auch mit geschlossenen 3D- und bei hohen Enddrücken deren letzte Stufen auch mit 2D-Rädern ausgerüstet.

7.2.5 Laufradherstellung. Impeller manufacture

Je nach Firma, Anforderungen der Betreiber, Laufradgröße etc. kommen in Frage:

Fräsen der Schaufeln. Aus dem vollen Schmiedematerial der Nabenscheibe nach dem NC-Verfahren herausgefräste Schaufelkanäle. 2D-Räder erfordern 3 Achsen; Räder mit räumlich verwundenen Schaufeln erfordern 5 Achsen (drei translatorische, zwei rotatorische Bewegungen relativ zwischen Werkzeug und Werkstück). Da die Schaufeloberflächen aus erzeugenden Geraden, die keine Nachteile für die Aerodynamik darstellen, bestehen (s. **Bild 4**, Linienraster), ist Flankenfräsen entlang dieser Geraden möglich,

wobei der Fräser über die gesamte Schaufelhöhe im Eingriff ist.

Vakuum-Hochtemperatur-Löten der Deckscheibe. Bei geschlossenen Rädern wird die Deckscheibe vakuum-hochtemperatur-aufgelötet oder aufgeschweißt. Lötung für Laufraddurchmesser derzeit bis maximal ca. 1000 mm. Für größere Durchmesser wird während der Aufheizung die absolute Verformung so groß, daß die Lötspaltweite die zulässigen Grenzen über- oder unterschreitet und eine einwandfreie Bindung entlang der ganzen Schaufellänge nicht gewährleistet ist. Als Lot wird meist eine Gold-Nickel-Legierung gewählt.

Schweißen der Deckscheibe. Aufschweißen der Deckscheibe durch Einführen der Elektrode in den Strömungskanal vom Innen- oder Außendurchmesser her. Unterschreitet die Strömungskanalbreite am Austritt ca. 20 mm, wird die Deckscheibe mit den Schaufeln von außen durch gefräste Schlitze, die sich exakt der Schaufelgeometrie anpassen müssen, verschweißt (Schlitzschweißen).

Separate Schaufelfertigung. Schaufeln können auch separat durch Gesenkschmieden, Freiverformung oder Gießen hergestellt und mit Deck- und Nabenscheibe verschweißt werden; meist für Laufraddurchmesser über ca. 1300 mm.

Gegossene Laufräder. Sandguß für offene und geschlossene Räder aus einem Stück für Laufräder über ca. 400 mm

Durchmesser. Die durch Einschlüsse verringerte Integrität des Gußstücks reduziert die maximale Umfangsgeschwindigkeit, Modellkosten erzwingen mehr als drei Abgüsse und verhindern geometrische Variation. Feinguß (Wachsausschmelzverfahren) für kleinere Laufraddurchmesser und größere Stückzahlen. Sehr hohe Modellkosten, keine geometrische Variationsmöglichkeit bei gegebenem Modell.

Genietete Laufräder. Deckscheibe aufgenietet. Nabenscheibe, Schaufeln und Deckscheibe erhalten axial verlaufende Bohrungen zur Aufnahme der Durchstreckniete. Nur für 2D-Schaufeln geeignet, größere erforderliche Schaufeldicke senkt den Wirkungsgrad, Nietfestigkeit reduziert maximale Umfangsgeschwindigkeit. Veraltete Fügetechnik.

Elektroerodierte Laufräder. Elektroerosion (EDM) der Strömungskanäle basiert auf Werkstoffabtrag durch Funkenentladung in einer dielektrischen Flüssigkeit zwischen dem Werkstück und dem Werkzeug, das die Form eines Laufradkanals hat. Beschränkt auf kleine Laufräder und sehr einfache Kanalformen.

7.2.6 Laufradfestigkeit. Impeller stress analysis

Spannungen und Dehnungen werden nach der Finite-Elemente-Methode (FEM) berechnet (s. C8). **Bild 5** zeigt als Ergebnis Linien gleicher Vergleichsspannungen, d.h. der nach der Schubspannungshypothese oder nach dem Verfahren von v. Mises kombinierten Axial-, Radial- und Tangentialspannungen. Die letzteren stellen bei solchen fliehkraftbelasteten Strukturen den Hauptanteil dar.

Bei breiten Rädern treten die Maximalspannungen meist am Innenrand der Deckscheibe auf (Stelle *B*), bei schmalen Rädern meist am hinteren Ende der Laufradbohrung (Stelle *A*). Das Rad verformt sich durch axiale Verkürzung, Aufweitung des Wellen-, Deckscheiben- und Außendurchmessers und Rückwärtskippen des Radialteils.

Bei offenen Rädern liegt die Maximalspannung normalerweise am hinteren Ende der Bohrung (Stelle *C*). Durch Materialentnahme an der Nabenrückseite (Stelle *D*) kann die Bohrungsspannung vermindert werden, wodurch gleichzeitig die Spannung an der Hohlkehle er-

höht wird. Das Rad verformt sich durch Vorwärtskippen des Radialteils (Achtung: dadurch Spielverkleinerung zum Gehäuse!).

7.3 Radiale Verdichterbauarten
Centrifugal compressor types

7.3.1 Einwellenverdichter (EW). Single shaft compressor

Die überwiegend geschlossenen Laufräder sind auf einer Welle zwischen den beiden Lagern angeordnet (Räder haben durchgesteckte Welle). Befestigung meist mittels Schrumpfsitz; auch der aus Einzelabschnitten zusammengesetzte und mit Zugankern gehaltene Rad-Wellen-Verband ist anzutreffen. Die Eintrittsstutzen sind radial, die Austrittsstutzen meist tangential zum zylindrischen Gehäusekörper orientiert. Es werden Maschinen mit bis zu acht Stutzen, d.h. vier Stufengruppen mit drei Zwischenkühlungen je Gehäuse ausgeführt. Eine Stufengruppe wird von den zwischen zwei aufeinanderfolgenden Stutzen liegenden Stufen gebildet. In der Prozeßtechnik wird die Stufengruppe oftmals mit Stufe bezeichnet.

Horizontale und vertikale Teilfuge. Der wartungsfreundliche Verdichter mit horizontaler Gehäuseteilfuge (**Bild 3**) wird bis zu einem maximalen Betriebsdruck von ca. 70 bar eingesetzt, bei H_2-haltigen Gasen bis zu einem maximalen H_2-Partialdruck von 14,8 bar [4]. Oberhalb dieser Grenze kommt der (Topf-)Verdichter mit vertikaler Teilfuge, die größere Dichtfähigkeit hat, zum Einsatz (**Bild 6**).

Schaltung der Laufräder. Sind keine Zwischenkühler vorhanden, werden die Laufräder hintereinandergeschaltet, d.h. das Gas wird der jeweils folgenden Stufe über Rückführkanäle rotationssymmetrisch verteilt zugeführt; erst in der letzten Stufe wird es in der Spirale gesammelt und aus dem Gehäuse geleitet (**Bild 7a**). Den Axialschubausgleich besorgt ein auf der Welle montierter, hinter dem letzten Rad sitzender Kolben. Bei Gegeneinanderschaltung, die häufig bei Zwischenkühlung angewandt wird, übernehmen die Räder selbst zum größten Teil den Schubausgleich (**Bild 7a1.2**). Die im mittleren Wellenlabyrinth

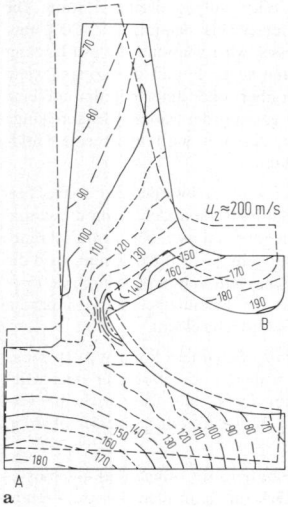

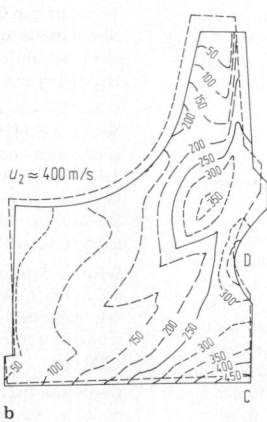

$u_2 \approx 200\ \text{m/s}$

$u_2 \approx 400\ \text{m/s}$

Bild 5. Festigkeitsberechnung von Laufrädern. Verformung (gestrichelt in übertriebenem Maßstab) und Vergleichsspannung nach v. Mises in N/mm² bei Umfangsgeschwindigkeit u_2.
a 2D-Rad; **b** R-Rad

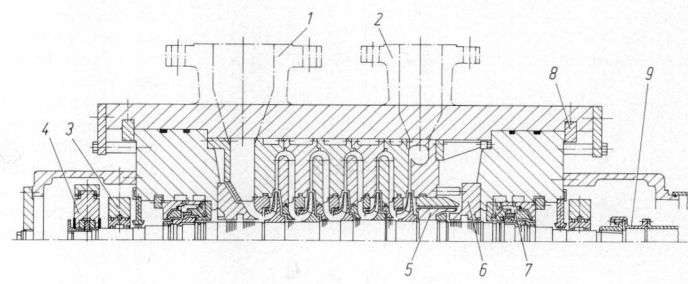

Bild 6. Radialer Einwellenverdichter (Babcock-Borsig) mit vertikal geteiltem Gehäuse (Topfverdichter), p_d bis 300 bar, $\dot V$ bis 150000 m³/h. *1, 2* Saug-, Druckstutzen, *3, 4* Radial-, Axiallager, *5* Ausgleichskolben, *6* Einkammer-Labyrinthdichtung, *7* berührungslose Sperröldichtung mit Pumpring, *8* Scherring-Verschluß, *9* Kupplung

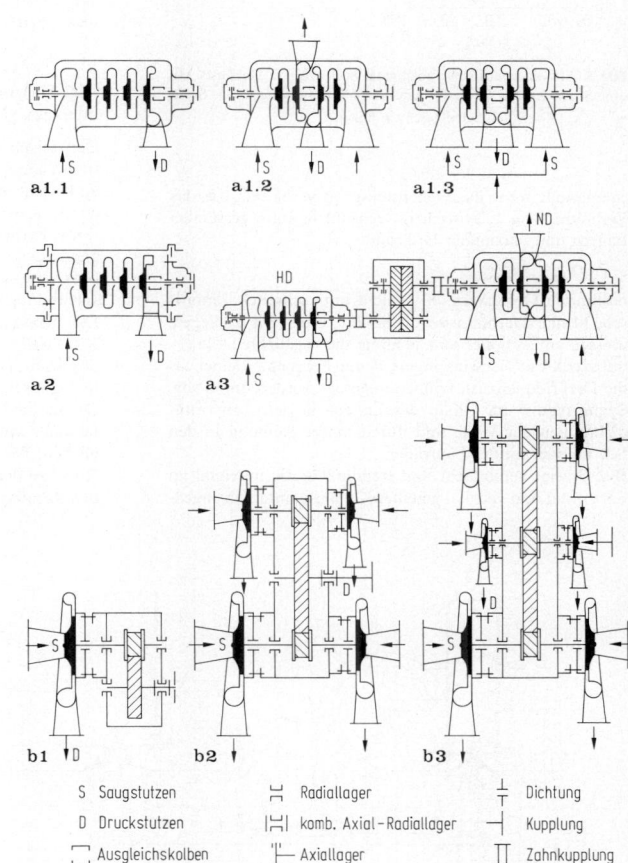

Bild 7. Radialverdichter. **a** Einwellenverdichter (Laufräder beidseitig gelagert), **a1** horizontal geteilte Gehäuse, **a1.1** und **a1.2** Laufräder hinter- bzw. gegeneinander geschaltet, **a1.3** doppelflutig, **a2** Topfbauart, **a3** Zweigehäusig mit Zwischengetriebe; **b** Getriebeverdichter (Laufräder fliegend gelagert, ein- bis sechsstufig), **b1** einstufig mit einer Ritzelwelle, **b2** vierstufig mit zwei Ritzelwellen, **b3** sechsstufig mit drei Ritzelwellen

S Saugstutzen	⊟ Radiallager	Dichtung
D Druckstutzen	komb. Axial–Radiallager	Kupplung
Ausgleichskolben	Axiallager	Zahnkupplung

überfließende Leckmenge ist kleiner und zirkuliert nur in der zweiten Stufengruppe. Der Wirkungsgrad ist daher größer als bei Hintereinanderschaltung.

Zwischenzuführung und Doppelflutigkeit. Maschinen mit Zwischenzuführung(en) haben eine spezielle Rückführbeschaufelung, die Zumischung eines Seitenstroms zwischen zwei Laufrädern gestattet, so wie sie bei Industriekälteverdichtern häufig ausgeführt wird.

Das Konzept der Doppelflutigkeit (**Bild 7 a 1.3**) ermöglicht durch Teilung des Massenstroms auf zwei spiegelbildliche Verdichterhälften die Reduzierung des Außendurchmes-

sers um 30%; bei Stufenzahlen über drei jedoch wird wegen der Verdoppelung der Laufradzahl meist ein zweites Gehäuse erforderlich.

Maximale Stufenzahl. Sie maximale Stufenzahl je Gehäuse wird überwiegend bestimmt durch das Stabilitätsverhalten des Läufers. Die Grenze der Stabilität ist erreicht, wenn bei steigendem Lagerabstand (Zunahme der Stufenzahl) und/oder fallendem Wellendurchmesser (Zunahme der Volumenstromzahl) subsynchrone Wellenschwingungen hoher Amplitude einsetzen, die ein Betreiben des Verdichters unmöglich machen. Rotorstabilität wird si-

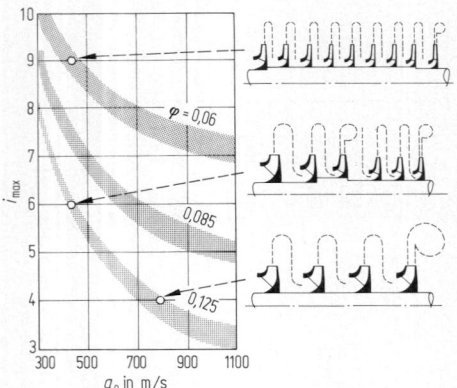

Bild 8. Einwellenverdichter, maximale Stufenzahl je Gehäuse. Mit drei Beispielen für Läuferformen. φ=Volumenstromzahl, 1. Stufe, $a_0 = \sqrt{k_v \cdot Zs \cdot R \cdot T_S}$ Schallgeschwindigkeit

chergestellt, wenn das Wellensteifigkeitsverhältnis, d.h. das Verhältnis von 1. kritischer Drehzahl in starr gestützten Lagern und maximaler Drehzahl

$$F = n_{1\,starr} / n_{max}$$

bestimmte Grenzwerte F_{min} nicht unterschreitet. Empirische Minimalverhältnisse, die bei $F_{min}=0{,}35$ bis 0,8 liegen, müssen um so höher sein, je höher die Gasdichte ist [5]. Subsynchrone Schwingungen, deren Frequenz kleiner als die Drehfrequenz ist, können angeregt werden durch sog. Spalterregung im Ölfilm des Lagers, in den Labyrinthdichtungen der Welle und durch innere Reibung in den Schrumpfsitzen der Laufräder.
Bild 8 zeigt vereinfacht und trendmäßig die maximal im horizontal und vertikal geteilten Gehäuse unterzubringen-

de Stufenzahl als Ergebnis rotordynamischer Berechnungen. Der Einfluß der Volumenstromzahl ist offensichtlich: mit φ steigt die axiale Länge und sinkt der Durchmesser der Welle, wodurch $n_{1\,starr}$ verringert wird. Mit fallender Schallgeschwindigkeit steigt die Kompressibilität, d.h. die Volumenreduzierung des Gases von Stufe zu Stufe, so daß die Volumenstromzahl jedes folgenden Rads stärker abnimmt. Die daraus resultierende Reduzierung der Baulänge kommt der Erhöhung der Stufenzahl zugute.
So kann z.B. ein Verdichter, dessen 1. Stufe bei relativ kleiner Volumenstromzahl von 0,06 ein Gas mit einer Schallgeschwindigkeit von 430 m/s ansaugt, maximal neun Stufen aufnehmen. Dagegen ist für eine Maschine mit der gleichen Umfangsgeschwindigkeit mit einem hochschluckfähigen 1. Laufrad und einer Schallgeschwindigkeit von 780 m/s (wie z.B. bei H_2-reichem Gas) die Aufnahmekapazität mit vier Stufen bereits ausgeschöpft.

7.3.2 Mehrwellen-Getriebeverdichter (MWG)
Integrally geared compressor

Der vielstufige Mehrwellenverdichter mit integriertem Getriebe, kurz auch Getriebeverdichter genannt (**Bild 7** und **9**), besteht aus einzelnen am Getriebe angeflanschten und durch Rohrleitungen verbundenen Spiralgehäusen. Die Eintrittsstutzen sind axial, die Austrittsstutzen tangential angeordnet. Die fliegend gelagerten Laufräder sind meist paarweise auf die verlängerte Ritzelwelle mittels Hirthverzahnung oder Polygonsitz mit Dehnschraube montiert. Die maximale Laufradzahl beträgt derzeit acht auf vier Ritzelwellen mit maximal sieben Zwischenkühlern. Auch doppelflutige Ausführungen sowie Zwischenzuführungen und Entnahmen sind möglich.
Da die Laufräder meist paarweise gegeneinander geschaltet sind, wird ein Teil des Schubs dadurch bereits ausgeglichen. Der Restschub wird über die Druckkämme der Ritzel zu dem auf der langsamlaufenden Radwelle liegenden Axiallager geleitet.

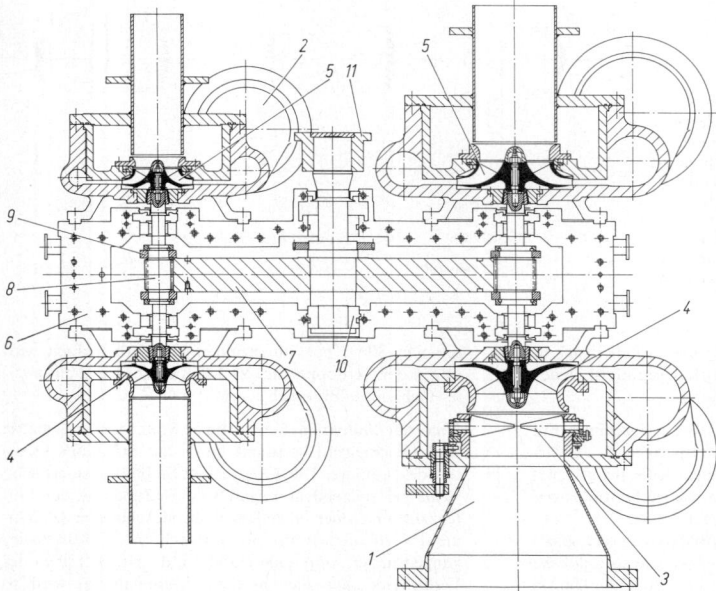

Bild 9. Mehrstufiger Getriebeturboverdichter (Mannesmann-Demag) Stufenzahl 2 bis 6, $\dot{V}$ bis 252000 m³/h, p_d/p_s bis 50, P bis 25000 kW. *1, 2* Saug-, Druckstutzen, *3* verstellbare Eintrittsleitschaufeln, *4* 1. und 3. Stufe offene Laufräder, *5* 2. und 4. Stufe geschlossene Laufräder, *6* Getriebegehäuse, *7* Zahnrad, *8* Ritzel, *9* Druckkamm zur Axialschubübertragung, *10* Axiallager, *11* Kupplung

7.3.3 Bauartmerkmale, zusammengefaßt
Summary of design characteristics

Einwellenverdichter

Fördermedium. Geeignet für alle Prozeßgase, Luft, Erdgas und Kältemittel bis zu ca. 800 bar.

Stufenzahl. Der mit bis zu ca. zehn Laufrädern bestückte Rotor ist unempfindlich gegen mechanisch und thermisch bedingte axiale Differenzbewegung, da die mit Deckscheiben versehenen Räder große Axialspiele zum Gehäuse aufweisen.

Wellendichtungen. Geeignet zur Unterbringung von Labyrinth-, Kohlering-, öl- und gasgeschmierten Gleitring- sowie Sperrölschwimmringdichtungen in Verbindung mit Sperrgassystemen je nach Druck und Gasart. Hierdurch wird der Druckraum am Durchtritt der Welle durch das Gehäuse gegenüber der Umgebung sicher abgedichtet, um Energieverlust und Emission von explosiven und toxischen Gasen zu vermeiden. Unabhängig von der Stufenzahl sind je Gehäuse zwei Dichtungen gleichen Durchmessers, die auf gleichen Öl- bzw. Sperrgasdruck geregelt werden, erforderlich.

Mehrgehäusigkeit. Bis zu drei in Serie geschaltete, direkt oder über Zwischengetriebe gekuppelte Verdichtergehäuse sind ausführbar.

Antriebe. Geeignet für alle Antriebsarten. Antrieb durch Dampf- oder Gasturbine erfolgt direkt, E-Motorantrieb erfordert meist ein Übersetzungsgetriebe.

Ölfreie Ausführung. Verdichter können mit Magnetlagern, gasgeschmierten Dichtungen und ölfreien Kupplungen ausgerüstet werden, d.h. völlig ohne Ölsysteme auskommen.

Getriebeverdichter

Fördermedium. Gut geeignet für nichttoxische und nicht-explosive Gase, wie z.B. Wasserdampf, Luft und Stickstoff bis ca. 80 bar.

Umbauter Raum. Die kompakte Anlage, bestehend aus der Verdichtergetriebeeinheit und den Kühlern fällt hinsichtlich Grundfläche, Raumbedarf und Gewicht günstiger aus als der Einwellenverdichter.

Optimale Auslegung. Die Reduzierung der Laufraddurchmesser, gekoppelt mit einer Drehzahlerhöhung nach jedem Stufenpaar ermöglicht eine optimale Auslegung, so daß sich die Volumenstromzahlen um das Wirkungsgradmaximum gruppieren und schmale verlustreiche Räder meist vermieden werden können.

Hohe Stufenarbeit. Die Festigkeit der häufig benutzten offenen Laufräder, die Rotordynamik der kurzen Verdichterwellen und die Drehzahlerhöhung für jedes folgende Stufenpaar gestatten für die genannten Gase höhere polytrope Stufenarbeiten als die Einwellenverdichter. Dies führt zu weniger Stufen mit im Mittel kleineren Durchmessern.

Wellendichtungen. Am Durchtritt der Welle durch das Spiralgehäuse wird zur Reduzierung von Energieverlusten der Druckraum durch Labyrinthe oder Kohleringe mit geringer Lässigkeit abgedichtet. Im Gegensatz zum Einwellenverdichter ist die Zahl der Dichtungen gleich der Stufenzahl.

Zwischenkühler. Da das Gas ohnehin nach jeder Stufe den Verdichter verlassen muß, bietet sich die Einschaltung eines Zwischenkühlers nach jeder Stufe zur Leistungsreduzierung an.

Regelbare Leitschaufeln. Jede einzelne Stufe kann mit regelbaren Vor- und/oder Nachleitschaufeln ausgerüstet werden zur Verbesserung der Teillastwirkungsgrade und Erweiterung des Betriebsbereichs.

Laufradwechsel. Die Befestigung der Laufräder an den Wellenenden ermöglicht zeitsparenden Austausch von Laufrädern, wenn z.B. auf andere Betriebsbedingungen umgestellt werden soll.

7.4 Regelungsarten. Control methods

Wird der Verdichter mit einem vom Auslegungspunkt abweichenden Volumenstrom betrieben und geschieht das, ohne die Drehzahl, die Komponentengeometrie oder das

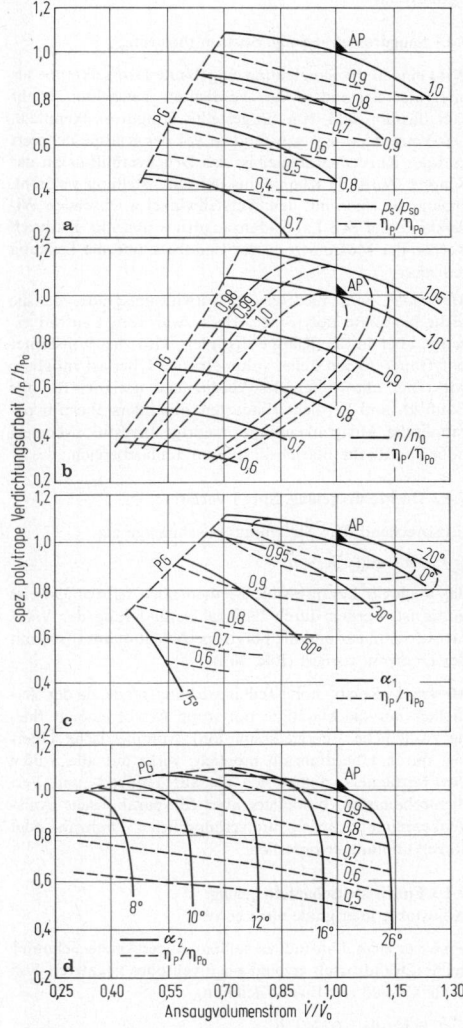

Bild 10. Kennfelder für die einzelnen Regelungsarten. **a** Saugdrosselregelung, p_s/p_{so} Druckverhältnis an der Saugklappe, η_p/η_{po} polytroper Wirkungsgrad; **b** Drehzahlregelung, n/n_0 Drehzahlverhältnis; **c** Eintrittsleitschaufelregelung, α_1 Leitschaufelwinkel; **d** Nachleitschaufelregelung, α_2 Nachleitschaufelwinkel

Gas zu ändern, erweitert sich der Betriebspunkt zur Kennlinie. Durch Saugdrosselung, Drehzahlvariation, Verstellung von Vor- und Nachleitschaufeln entstehen weitere Kennlinien, die in ihrer Gesamtheit als Kennfeld bezeichnet werden. Üblicherweise werden für das gesamte Kennfeld Ansaugdruck, Ansaugtemperatur und Gasdaten konstant gehalten. Durch eine entsprechende Regelung, d.h. automatische Veränderung der Verstellparameter, kann jeder Punkt im Kennfeld angefahren werden. Auch Kombinationen von verschiedenen Regelungsmethoden sind möglich und üblich. Die Merkmale der vier wichtigsten Regelungsarten seien im folgenden charakterisiert. Dazu zeigt **Bild 10** die typischen Kennfelder verschiedener Regelungsarten einzelner Stufen mit Radiallaufrädern mit rückwärtsgekrümmten Schaufeln bei mittleren Umfangsmachzahlen. Hierbei bedeuten PG die Pumpgrenze, die den stabilen Arbeitsbereich abgrenzt und AP den Auslegungspunkt.

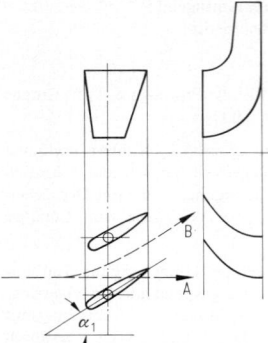

Bild 11. Regelbare Eintrittsleitschaufeln. *A* Stromlinie ohne Leitschaufeln, *B* Stromlinie bei teilweise geschlossenen Leitschaufeln

7.4.1 Saugdrosselregelung. Suction throttling

Wird eine in die Saugleitung eingebaute Drosselklappe als integraler Bestandteil des Verdichters betrachtet, ergibt sich das im **Bild 10a** dargestellte Saugdrosselkennfeld. Der Verdichteransaugzustand ist vor der Klappe definiert und der Kurvenparameter ist das Druckverhältnis an der Klappe. Wird die Klappe aus der Offenstellung verdreht, erzeugt sie einen mit dem Verstellwinkel wachsenden Widerstand, der den Laufradansaugdruck absenkt. Dadurch werden der Massenstrom, der Enddruck und die Leistung reduziert.

Merkmale. Sehr niedrige Teillastwirkungsgrade, da die nicht benötigte polytrope Arbeit zwar vom Laufrad erzeugt, aber in der Klappe dissipiert wird; bei konstanter polytroper Arbeit keine volumetrische Überlast möglich; wirkt auf alle Stufen des Verdichters; geeignet für alle Laufrad- und Verdichterbauarten, besonders aber für parabolische Anlagenkennlinie; niedrige Investitionskosten, hohe spezifische Betriebskosten im Teillastbereich.

7.4.2 Drehzahlregelung. Speed variation

Entsprechend dem Strömungsmaschinengesetz

$$\dot{V} \sim n \quad \text{und} \quad h_p \sim n^2$$

das auch für kompressible Medien noch näherungsweise gültig ist, werden durch Drehzahlveränderung der Volumenstrom linear und die polytrope Arbeit quadratisch mit der Drehzahl variiert (**Bild 10b**).

Merkmale. Relativ hohe Teillastwirkungsgrade, da der Verdichter nur die benötigte polytrope Arbeit erzeugt (keine zusätzliche Energiedissipation); volumetrische Überlast durch Überdrehzahl möglich; wirkt auf alle Stufen des Verdichters; eignet sich für alle Laufrad- und Verdichterbauarten, besonders aber für parabolische Anlagenkennlinie; Antrieb mit veränderlicher Drehzahl oder Regelkupplung erforderlich.

7.4.3 Eintrittsleitschaufelregelung
Adjustable inlet guide vane control

Eine vor dem Laufrad verstellbar angeordnete Schaufelreihe (Dralldrossel) erzeugt positiven oder negativen Vordrall. Gemäß der Euler-Gleichung

$$h_p = (c_{u2} u_2 - c_{u1} u_1) \cdot \eta_p$$

wird damit durch Variation der Umfangskomponenten der Zuströmgeschwindigkeit c_{u1} primär die Arbeit beeinflußt (Förderhöhenregelung) (**Bild 11**). Ein gegebener positiven Vordrall (Mitdrall) erzeugender Schaufelwinkel

bewirkt jedoch keine gleichmäßige Reduzierung der polytropen Arbeit entlang der Kennlinie: im volumetrischen Überlastbereich ist die Wirkung sehr stark, da c_{u1} groß und im Teillastgebiet gering, da c_{u1} klein gegenüber c_{u2} ist. Dadurch tritt bei Mitdrall de facto eine Linksverschiebung des gesamten Kennfelds ein (**Bild 10c**). Die Pumpgrenze wird ebenfalls nach links versetzt, da der für die Einleitung des Pumpens maßgebende kleinste Absolutwinkel α_{2min} erst bei kleinerem Volumenstrom erreicht wird.

Merkmale. Mittlere Teillastwirkungsgrade, der Verdichter erzeugt nur die benötigte polytrope Arbeit; volumetrische Überlast durch negativen Vordrall (Gegendrall); Verstellschaufeln wirken nur auf das nachgeschaltete Laufrad; für Getriebeverdichter sehr gut geeignet, da vor jeder Stufe Platz zur Unterbringung vorhanden, mehrstufige Einwellenverdichter können jedoch in der Regel aus Platzgründen nur mit ein bis zwei Vorleitapparaten bestückt werden; geeignet für alle Laufradtypen; Wirkung bei rückwärtsgekrümmten Rädern stärker, da c_{u2} kleiner, besonders aber für parabolische Anlagenkennlinie; höhere Investitions- und niedrigere spezifische Teillast-Betriebskosten als mit Saugdrosselung.

7.4.4 Nachleitschaufelregelung
Adjustable diffuser vane control

Eine nach dem Laufrad im Diffusor angeordnete verstellbare Schaufelreihe sorgt im ganzen Betriebsbereich für eine effizientere Umsetzung der kinetischen Energie in statische Enthalpie als es der schaufellose Diffusor vermag. Zudrehen der Schaufeln bedeutet Verkleinerung des Schaufelwinkels und der engsten Stelle zwischen zwei Schaufeln, womit die gesamte Durchströmfläche verkleinert wird. Dies bedeutet eine verlustarme Anpassung an den bei reduziertem Volumenstrom ebenfalls kleiner werdenden Strömungswinkel (**Bild 12**).

Diese Beeinflussung des Volumenstroms ist also keine energiedissipative Drosselung wie bei der Saugklappe, sondern eine inzidenzarme (mit kleinem Anstellwinkel durchgeführte) Flächenreduzierung durch Akkommodation des Diffusors an den viel weiteren Betriebsbereich des Laufrads. Die Stufe als Ganzes erhält dadurch bei konstantem Druckverhältnis einen unverhältnismäßig großen Betriebsbereich (**Bild 10d**).

Im Gegensatz zur Eintrittsleitschaufelregelung bleibt bei gegebenem Massenstrom durch Verstellung der Diffusorschaufeln die Leistung nahezu unverändert. Es wird lediglich der Druckrückgewinn im Diffusor verändert.

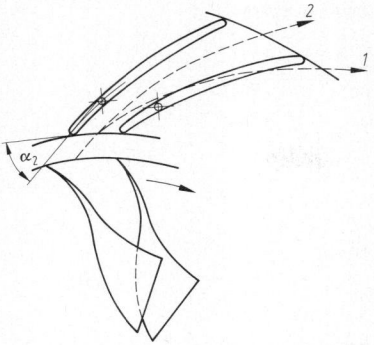

Bild 12. Regelbare Nachleitschaufeln. *1* Stromlinie im schaufellosen Diffusor, *2* Stromlinie im beschaufelten Diffusor

Merkmale. Weiter Betriebsbereich bei konstanter polytroper Arbeit durch sehr gute Pumpgrenze; niedrige Teillast-

wirkungsgrade bei reduzierter polytroper Arbeit; meist volumetrische Überlast möglich durch Schaufelaufdrehung; Diffusorschaufeln wirken nur auf die betreffende Stufe, für Getriebeverdichter sehr gut geeignet, da an jeder Stufe Platz für den Verstellmechanismus vorhanden; für mehrstufige Einwellenverdichter schlecht geeignet aus Platzmangel für den Verstellmechanismus; geeignet für alle Laufradtypen, besonders aber für Konstant-Druck-Anlagenkennlinie; Investitionskosten vergleichbar mit Eintrittsleitschaufelregelung, niedrige spezifische Betriebskosten im Teillastbereich.

7.5 Beispiel einer Radialverdichterauslegung nach vereinfachtem Verfahren. Example of an approximate performance calculation

Vielstufiger Einwellenverdichter mit geschlossenen Laufrädern mit rückwärtsgekrümmten Schaufeln. Berechnung basiert auf Totalzuständen für Drücke und Temperaturen.

7.5.1 Betriebsbedingungen (vorgegeben). Operating conditions

Ansaugdruck (absolut)	p_s	6,2	bar
Enddruck (absolut)	p_d	33,06	bar
Druckverhältnis	$\Pi = p_d/p_s$	5,3323	–
Ansaugtemperatur	$T_s = t_s + 273,15$	305,15	K
Kühlwassertemperatur	$T_K = t_K + 273,15$	298,15	K
Massenstrom	$\dot{m}$	14,85	kg/s
Zusatzbedingungen lt. Anfragespezifikation:			
maximale Drehzahl	n_{max}	15000	1/min
max. spez. polytrope Stufenarbeit	y_{pmax}	40	kJ/kg

7.5.2 Gasdaten. Gas data

Gas: (Kreislaufgas) 63,9% N_2, 36,1% CH_4 (Vol. %)
Sämtliche Gasgemischkennwerte werden gemäß Gasdatenformel mit der Zustandsgleichung nach Lee-Kesler-Plöcker ermittelt. In diesem vereinfachten Verfahren werden nur folgende Größen benötigt:

molare Masse		$M = \sum r_i M_i$	23,693	kg/kmol
Gaskonstante		$R = 8{,}3144/M$	0,3509	kJ/kgK
Realgasfaktor	Saugseite	$Z_s \approx$	1,0	–
	Druckseite	$Z_d \approx$	1,0	–
Verhältnis spez.	Saugseite	$\kappa_s = (c_p/c_v)_s$	1,368	–
Wärmekapazitäten	Druckseite	$\kappa_d = (c_p/c_v)_d$	1,357	–

Die druckseitigen Werte werden iterativ ermittelt, da die Endtemperatur zunächst nicht bekannt ist.

Isentroper Volumenexponent	$k_v \approx \kappa = \dfrac{\kappa_s + \kappa_d}{2}$	1,362	–
Isentroper Temperaturexponent	$k_T \approx \kappa = \dfrac{\kappa_s + \kappa_d}{2}$	1,362	–

7.5.3 Volumenstrom, Laufraddurchmesser, Drehzahl. Volume flow, impeller diameter, speed

Volumenstrom, Saugzustand	$\dot{V} = \dfrac{\dot{m} Z_s R T_s}{p_s}$	2,557	m³/s
mittl. pol. Druckzahl, geschätzt	ψ_p	1,0	–
max. Umfangsgeschwindigkeit	$u_{2max} = \sqrt{\dfrac{2 y_{pmax}}{\psi_p}}$	283	m/s
Umfangsgeschwindigkeit, gewählt	u_2	280	m/s
Volumenstromzahl 1. Stufe	$\varphi = \dfrac{4\pi \dot{V} n_{max}^2}{u_{2max}^3}$	0,0886	–
gewählt	φ	0,085	

Liegen keine Beschränkungen oder Vorgaben für n und u_2 vor, kann für erste Durchrechnung gesetzt werden:

$\varphi \approx 0,1$

$u_2 \approx 300\,\text{m/s};$ jedoch $\leq 0,9 \cdot a_o$

Laufraddurchmesser 1. Stufe	$d_2 = \sqrt{\dot{V} \big/ \left(\dfrac{\pi}{4} u_2 \varphi\right)}$	0,370	m
Drehzahl	$n = u_2 / (\pi d_2)$	14453	1/min

7.5.4 Spezifische polytrope Arbeit. Polytropic head

Temperaturexponent, polytrop	$m \approx (\kappa - 1)/(\kappa \eta_p)$	0,3364	−
(η_p wird iterativ ermittelt)			
Zahl der Zwischenkühler, gewählt	c	1	−
Zahl der Stufengruppen	$c+1$	2	−
mittl. Druckverhältnis Stufengruppe	$\Pi_{Gr} = \Pi^{\frac{1}{c+1}}$	2,3092	−
Endtemperatur 1. Stufengruppe	$t_{d_1} \approx T_S \Pi_{Gr}^m - 273,15$	131	°C
Grädigkeit Zwischenkühler			
$\Delta t = 5 \ldots 15\,\text{K}$ gewählt	Δt	10	K
Rückkühltemperatur	$T_R = T_K + \Delta t$	308,15	K
Endtemperatur	$t_d \approx T_R \Pi_{Gr}^m - 273,15$	135	°C
spezifische polytrope Arbeit			

$$Y_p \approx [T_S + c T_R (1 + h_c)] \frac{Z_s + Z_d}{2} R \frac{n_v}{n_v - 1} \left[\Pi_{Gr}^{\frac{n_v-1}{n_v}} - 1 \right] \qquad 208,6 \qquad \text{kJ/kg}$$

Volumenexponent, polytrop	$(n_v - 1)/n_v \approx (\kappa - 1)/(\kappa \eta_p)$	0,3364	−
Kühlerverlust	$h_c = \Delta h_{pc} / Y_p$	0,005	−

7.5.5 Stufenzahl. Number of stages

Volumenstrom-Faktor	$a = \dfrac{T_R}{T_S} \Pi^{\left(\frac{\kappa-1}{(c+1)\kappa\eta_p} - 1 \right)}$	0,251	−
	für $c = o : T_R / T_S = 1$		
Volumenstromzahl Saugseite	$\varphi_s = 4\dot{V}/(\pi d_2^2 u_2)$	0,085	−
pol. Wirkungsgrad, **Bild 13**	$\eta_{ps} = f(\varphi_s)$	0,83	−
spez. Arbeitszahl, **Bild 13**	$s_s = f(\varphi_s)$	0,62	−
Volumenstromzahl Druckseite	$\varphi_d = a\varphi_s$	0,021	−
pol. Wirkungsgrad, **Bild 13**	$\eta_{pd} = f(\varphi_d)$	0,72	−
spez. Arbeitszahl, **Bild 13**	$s_d = f(\varphi_d)$	0,65	−
mittl. Volumenstromzahl	$\varphi_m = (\varphi_s + \varphi_d)/2$	0,053	−
pol. Wirkungsgrad, **Bild 13**	$\eta_{pm} = f(\varphi_m)$	0,82	−
spez. Arbeitszahl, **Bild 13**	$s_m = f(\varphi_m)$	0,64	−
mittlerer polytroper Wirkungsgrad	$\eta_p = (\eta_{ps} + \eta_{pm} + \eta_{pd})/3$	0,79	−
mittlere polytrope Druckzahl	$\psi_p = 2\eta_p (s_s + s_m + s_d)/3$	1,006	−
spez. polytrope Arbeit je Stufe	$y_p = \psi_p u_2^2 / 2$	39,44	kJ/kg
Stufenzahl	$i = Y_p / y_p$	5,29	−
gewählt	i	6	−
Schallgeschwindigkeit, Saugseite	$a_o = \sqrt{k_{vs} Z_s R T_S}$; $k_{vs} \approx \kappa_s$	382,7	m/s
max. Stufenzahl/Gehäuse, **Bild 8**	i_{max}	7	−
falls $i > i_{max}$, φ reduzieren oder Zahl der Gehäuse erhöhen!			
Umfangs-Machzahl 1. Stufe	$Ma_{u_2} = u_2 / a_o$	0,732	

falls $Ma_{u_2} > (0,9 \ldots 1,1)$, u_2 reduzieren und Stufenzahl, Laufraddurchmesser und Drehzahl neu bestimmen!

7.5.6 Leistung. Power consumption

Labyrinthverluste, geschätzt	$\Delta \dot{m}/\dot{m}$	0,02	−
(Ausgleichskolben + Sperrgas)			
innere Leistung	$P_i = \dot{m}\left(1 + \dfrac{\Delta \dot{m}}{\dot{m}}\right) Y_p / \eta_p$	4000	kW
mechanische Verluste			
(nach Hersteller-Unterlagen)			
Lager (2 Radial-, 1 Axiallager)	P_{VL}	27	kW
Sperröldichtungen (2 Stück)	P_{VS}	15	kW
Gleitringdichtungen	P_{VD}	−	kW
Leistung an der			
Verdichterkupplung	$P_K = P_i + P_{VL} + P_{VS(D)}$	4042	kW

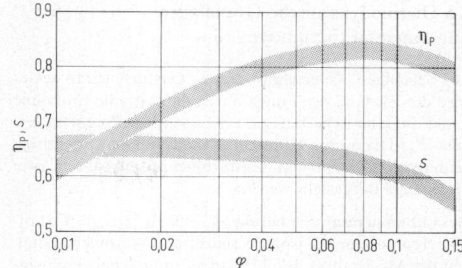

Bild 13. Polytroper Stufenwirkungsgrad η_p und spezifische Arbeitszahl s. Gültig für geschlossene Laufräder mit rückwärtsgekrümmten Schaufeln ($\beta_2 = 40°$ bis $50°$), $\varphi = \dfrac{4\dot{V}}{\pi d_2^2 u_2}$ Volumenstromzahl $s = \Delta h / u_2^2$

8 Gasturbinen. Gas turbines

N. Gašparović, Berlin

8.1 Die Gasturbine als Wärmekraftmaschine
The gas turbine as a heat engine

Die Gasturbine ist eine Wärmekraftmaschine zur Abgabe von mechanischer Leistung (Wellenleistung) bzw. Schubkraft (z.B. bei Luftfahrt-Triebwerken). Sie besteht aus einem oder mehreren Verdichtern und Turbinen sowie Einrichtungen zur Erhitzung des Arbeitsfluids (Brennkammer bei offenem und halboffenem Prozeß bzw. Erhitzer bei geschlossenem Prozeß). Gelegentlich sind Wärmetauscher vorhanden: bei innerem Wärmeaustausch, bei der Zwischenkühlung der Verdichter und bei Abwärmenutzung der Gase zur Erzeugung der Arbeit in einem anderen Prozeß oder zur Lieferung von Wärme.

Entspannung des Arbeitsfluids. Hierbei wird mehr Arbeit erzeugt, als zum Antrieb eines oder mehrerer Verdichter erforderlich ist. **Bild 1 a–d** zeigt, wie das nutzbare Druckgefälle verwendet wird in:
a) *Turbine,* die gleichzeitig einen Verdichter antreibt. In der Praxis handelt es sich meist um Einwellenanlagen.
b) *Nutzleistungsturbine* in Zweiwellenanlage. Hierbei heißen der Verdichter, die Brennkammer und die Turbine, die den Verdichter antreibt, Gaserzeuger.
c) *Schubdüse* eines Turboluftstrahl-Triebwerks.
d) *Propeller-Turboluftstrahl-Triebwerk* und *Zweistrom-Turboluftstrahl-Triebwerk.* Hier wird es zum Antrieb eines Propellers (Luftschraube) oder eines Gebläses für den Zweitstrom, wie auch anschließend in einer Schubdüse, verwendet.

Entnahme-Gasturbinen dienen zur Erzeugung von unter Druck befindlichen Fluids (vor allem Luft).

Luftspeicher-Kraftwerke. Sie sind möglich, da sich bei Gasturbinen eine zeitliche Trennung des Verdichtungs- und des Entspannungsvorgangs durchführen läßt.

Gasturbinenprozesse. Nach dem Weg des Arbeitsfluids unterscheidet man:
– *Offener Prozeß.* Die Luft wird als Arbeitsfluid aus der Atmosphäre angesaugt und nach Durchströmen der Bauteile wieder an die Atmosphäre abgegeben.
– *Geschlossener Prozeß.* Das Arbeitsfluid ist im Kreislauf eingeschlossen und unabhängig von der Atmosphäre. Die Wärme ist dabei mit Hilfe von Wärmetauschern zu- und abzuführen. Neben Luft kommen auch andere Fluide in Betracht (z.B. Helium).

– *Halboffener Prozeß.* Er wird mit Luft betrieben und ist eine Kombination des offenen und des geschlossenen Prozesses.

Prozeßführung. Man unterscheidet hierbei:
– *Einfache Prozesse.* Sie bestehen nur aus einer Verdichtung, einer Erhitzung und einer Entspannung.
– *Regenerativer Prozeß.* Er nutzt einen Teil seiner eigenen Abgaswärme zur Vorwärmung der verdichteten Luft intern aus.
– *Prozeß mit Zwischenkühlung bzw. Zwischenerhitzung.* Das Fluid wird zwischen den Verdichtungsstufen gekühlt bzw. zwischen den Entspannungsstufen erhitzt.

Gasturbosatz. So wird eine Gasturbine mit angetriebener Arbeitsmaschine bezeichnet. Dabei ist unter Umständen ein Getriebe erforderlich. Bei Luftfahrt-Triebwerken ist zumindest eine Schubdüse vorhanden.

Gasturbinenanlage. Sie ist ein Gasturbosatz oder ein Luftfahrt-Triebwerk einschließlich aller für den Betrieb notwendigen Hilfseinrichtungen (z.B. Schalldämpfer, Abgaskammer, Brennstoffversorgung, Schmierölsystem).

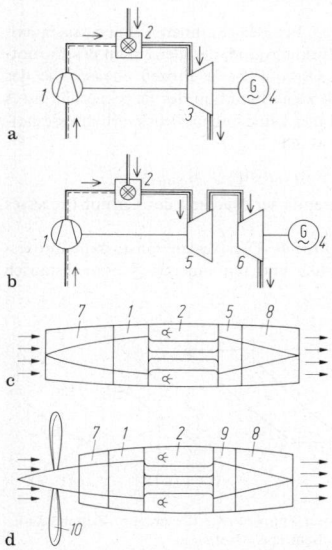

Bild 1 a–d. Schematische Darstellung einiger Gasturbinenanlagen und Luftfahrt-Triebwerke. *1* Verdichter, *2* Brennkammer, *3* Turbine, *4* Stromerzeuger, *5* Turbine, zum Verdichterantrieb, *6* Nutzleistungsturbine, *7* Einlaufdiffusor, *8* Schubdüse, *9* Turbine, zum Verdichter- und Propellerantrieb, *10* Propeller (Luftschraube)

8.2 Thermodynamische Grundlagen
Fundamental thermodynamics

Im beliebigen Querschnitt eines Gasturbinenprozesses wird der Zustand des Fluids durch die statische Enthalpie h und die kinetische Energie $c^2/2$ festgelegt. In einem h,s-oder T,s-Diagramm (Enthalpie- oder Temperatur-Entropiediagramm) kann ein Gasturbinenprozeß durch zwei Linienzüge dargestellt werden.

Gesamttemperatur. Sie beträgt $T_t = T + c^2/(2c_p)$; T statische Temperatur, c_p isobare spezifische Wärmekapazität. Mit der Machzahl (s. B7.2.2) $Ma = c/a$ (a Schallgeschwindigkeit) läßt sich die Gesamttemperatur mit dem Isentropenexponenten k ausdrücken: $T_t = T[1 + Ma^2(k-1)/2]$.

Fluid. Sein statischer Zustand wird auch mit der thermischen Zustandsgleichung (s. D6.1.1) beschrieben. Für den stationären Fließprozeß gilt der erste Hauptsatz (s. R1.2.1).

8.2.1 Reversible Kreisprozesse mit idealen Gasen
Reversible cycles with ideal gases

Voraussetzungen. Da es keinen Massentransport über die Systemgrenzen hinweg gibt, handelt es sich um ein geschlossenes System. Das Fluid ist ideales Gas, das seine Zusammensetzung nicht ändert. Die isobare Wärmekapazität c_p und der Isentropenexponent k sind temperaturunabhängig. Alle Zustandsänderungen verlaufen unendlich langsam (deswegen können statische Zustände des Fluids verwendet werden) und reibungslos. Es gibt keine mechanischen Verluste.

Prozesse (Bild 2a–d). Für Gasturbinen ist besonders hinzuweisen auf (s. D8.3):
a) *Carnot-Prozeß.* Abgesehen von den ungünstigen (unendlich langsamen) isothermen Zustandsänderungen braucht der Carnot-Prozeß hohe Druckverhältnisse bei den isentropen Zustandsänderungen. Aus $T_3/T_1 = 1200\,\text{K}/300\,\text{K} = 4$ und $k = 1,4$ folgt $p_3/p_2 = p_4/p_1 = 128$.
b) *Ericsson-Prozeß.* Bei idealem inneren Wärmeaustausch hat er einen Wirkungsgrad, der gleich dem des Carnot-Prozesses ist. Obwohl dieser Prozeß ebenso wie der Carnot-Prozeß keine Funktion des Druckverhältnisses p_2/p_1 ist, sind hier keine hohen Druckverhältnisse notwendig, denn es gilt
$(p_2/p_1)_{\text{Ericsson}} < [(p_3/p_2)(p_2/p_1)]_{\text{Carnot}}$,
womit ein wesentlicher Nachteil des Carnot-Prozesses entfällt.
c) und d) *Joule-Prozeß.* Den realen Gasturbinenprozessen liegt er ohne und mit innerem Wärmeaustausch zugrunde.

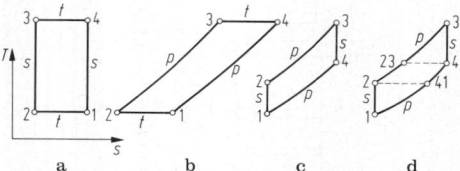

Bild 2a–d. Temperatur-Entropie-(T,s-)Diagramm. Zustandsänderungen: p Isobare, s Isentrope, t Isotherme

Wirkungsgrade η und mit den durch $c_p T_1$ dimensionslos gemachte Arbeiten w dieser Prozesse zeigt **Bild 3**. Voraussetzungen: $T_3 = 1200\,\text{K}$; $T_1 = 300\,\text{K}$; $k = 1,4$; und $R = 0,287\,\text{kJ/(kg\,K)}$.

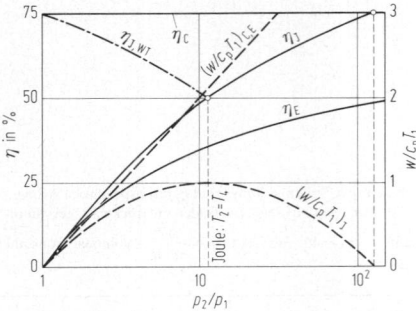

Bild 3. Prozeßwirkungsgrad η und die bezogene spezifische Arbeit $w/(c_p T_1)$ in Abhängigkeit vom Druckverhältnis p_2/p_1. Indizes: WT mit Wärmetauscher; C, E, J Carnot-, Ericsson-, Joule-Prozeß

8.2.2 Reale Gasturbinenprozesse. Real gas turbine cycles

Einfluß der Voraussetzungen auf den Joule-Prozeß. Es handelt sich um ein geschlossenes System mit idealem Gas als Fluid. Die kinetische Energie des Fluids wird vernachlässigt. Die Fälle a bis e in den **Bildern 4** und **5** unterscheiden sich folgendermaßen:

Fluid (Fälle a, d und e). $k = 1,4$; $c_p = 1,0045\,\text{kJ/kg\,K}$) und $R = 0,287\,\text{kJ/(kg\,K)}$. Im Fall b handelt es sich um Helium mit $k = 1,666$, $c_p = 5,1951\,\text{kJ/(kg\,K)}$ sowie $R = 2,087\,\text{kJ/(kg\,K)}$. Für den Fall c wurde Luft mit temperaturabhängigem k und c_p angenommen.

Druckverluste. Bei den Fällen a, b, c und e sind sie entlang der Isobaren 2–3 und 4–1 vernachlässigt. Im Fall d sind die Druckverlustverhältnisse $p_3/p_2 = 0,95$ und $p_1/p_4 = 0,95$ angenommen.

Verdichtung und Entspannung. Sie erfolgen adiabat und für die Fälle a bis d reibungslos. Im Fall e sind reibungsbehaftete Vorgänge zugrunde gelegt, die durch die polytropen (Index p) Wirkungsgrade im Verdichter $\eta_{V,p} = 0,90$ und der Turbine $\eta_{T,p} = 0,86$ festgelegt sind.

Temperaturen. $T_3 = 1200\,\text{K}$ ist die höchste und $T_1 = 300\,\text{K}$ die niedrigste Temperatur des Prozesses.

Prozeßwirkungsgrad η (**Bild 4**). Abgesehen vom Helium (Fall b) vermindert ihn jeder reale Vorgang (Fluid, Druckverluste und reale Turbomaschinen) im Vergleich zum Idealfall a.

Arbeit w (**Bild 5**). Hierbei ist wiederum, abgesehen vom Helium, der Einfluß der Turbomaschinen (Fall e) stark. Im Vergleich zum Idealfall a hat das reale Fluid (Fall c) einen günstigen Einfluß.

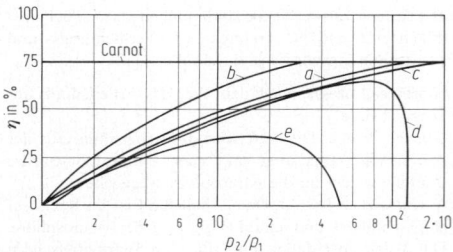

Bild 4. Prozeßwirkungsgrad η in Abhängigkeit vom Druckverhältnis p_2/p_1 des Verdichters

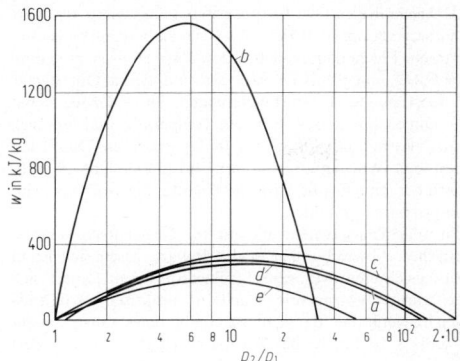

Bild 5. Spezifische Arbeit w in Abhängigkeit vom Druckverhältnis p_2/p_1 des Verdichters

Bei Berechnungen von Gasturbinenprozessen ist also die Wahl der Parameter, die reale Vorgänge kennzeichnen, von großer Bedeutung.

Brennstoffverbrauch und Abmessungen

Die Kenngrößen Arbeit, Wirkungsgrad und Druckverhältnis des Verdichters haben einen unmittelbaren Einfluß auf die Wirtschaftlichkeit einer Gasturbinenanlage.

Wirkungsgrad. Er ist ein Maß für den spezifischen Wärmeverbrauch $q = Q/W = 1/\eta$ bzw. für den spezifischen Brennstoffverbrauch $b \sim 1/\eta$.

Massenstrom. Bei konstanter Leistung $P = \dot{m}w$ einer Gasturbinenanlage wird der Massenstrom $\dot{m}$ kleiner, wenn die Arbeit w zunimmt. Aus der Kontinuitätsgleichung $\dot{m} = \rho c A$ folgt die Durchströmfläche $A \sim \dot{m} \sim 1/w$. Sie bestimmt die Abmessungen der Bauteile senkrecht zur Strömungsrichtung.

Druckverhältnisse. Sie bestimmen beim Verdichter und bei der Turbine die Anzahl der Stufen in der jeweiligen Turbomaschine und damit ihre Länge und Kosten.

Wirtschaftlichkeit. Wegen der Abmessungen, des Gewichts und der Anlagenkosten soll die Arbeit w groß und das Druckverhältnis p_2/p_1 des Prozesses klein sein. In der Praxis wird in den meisten Fällen das Druckverhältnis in die Nähe der maximalen Arbeit gelegt. Sowohl die Arbeit w als auch der Wirkungsgrad η sind von der Maximaltemperatur T_3 am Turbineneintritt abhängig. Durch hohes T_3 werden beide Größen günstig beeinflußt, die Wartungskosten und die Betriebssicherheit der Anlage jedoch nicht.

Primärenergien

Für Gasturbinen sind chemische Energie (gasförmige, flüssige und feste Brennstoffe), nukleare Energie (Kernspaltung, Kernverschmelzung, Zerfallswärme radioaktiver Nuklide) und Sonnenenergie Wärmequellen.

Offene Gasturbine. Hier werden z.Z. ausschließlich gasförmige (Erdgas) und flüssige Brennstoffe (Heizöle, Destillate, Rückstandöle und Rohöle) verwendet. Die bisherigen Anstrengungen, Kohle unmittelbar in Gasturbinen-Brennkammern zu verfeuern, sind wegen der Entstaubungsprobleme ohne Erfolg geblieben. In Erhitzern geschlossener Gasturbinenanlagen kann Kohle wie bei den Dampferzeugern problemlos verbrannt werden.

Kohleverstromung. Wegen der zunehmenden Verknappung von Erdöl und Erdgas wird neuerdings versucht, Kohle unter gleichzeitiger Entschwefelung nach folgenden Verfahren zu verwenden: Kohlevergasung unter Druck in Gleichstrom- oder Gegenstrom-Vergasern, Wirbelschichtverbrennung unter Druck, drucklose Wirbelschichtverbrennung. Für die beiden ersten Verfahren eignen sich Gasturbinen, besonders in Gas-Dampf-Anlagen, vorzüglich. Bei der drucklosen Wirbelschichtverbrennung ist, abgesehen vom reinen Dampfkraftprozeß, der geschlossene Prozeß zu erwägen.

Kern- und Sonnenenergie. Nur geschlossene Gasturbinenprozesse sind mit nuklearer Energie aus Gründen der Umweltgefährdung zulässig. Bei der Nutzung der Sonnenenergie dürfte sich der geschlossene Prozeß wegen seines guten Teillastverhaltens besser eignen als der offene Prozeß.

Energiebilanz der Brennkammer

Innere Verbrennung. Bei ihr wird Brennstoff in verdichteter Luft verbrannt. Die Gase entspannen anschließend in der Turbine und gegebenenfalls zusätzlich in einer Düse. Die durch stöchiometrische Verbrennung (Luftverhältnis $\lambda = 1$) unterschiedlicher Brennöle und Brenngase (sofern sie nicht stark CO- oder H_2-haltig sind) entstehenden Verbrennungsgase haben Molmassen, die sich nur wenig von der Molmasse trockener Luft unterscheiden, besonders bei den hohen Luftverhältnissen in den Gasturbinen-Brennkammern, die auf die Gaskonstante und die thermische Zustandsgleichung kaum Einfluß haben. Für eine adiabate Gasturbinen-Brennkammer (**Bild 6**) mit vollständiger Verbrennung des Brennstoffs gelten die Indizes L, B und G für Luft, Brennstoff und Verbrennungsgase. H_u ist der Heizwert des Brennstoffs und h die spezifische Enthalpie. T_2 ist die Temperatur der Luft, T_3 diejenige der Verbrennungsgase und T_B die Temperatur des Brennstoffs. Wegen $h_G = f(\lambda)$ ist es besser, mit der Enthalpie h_G^* des stöchiometrischen Gases zu rechnen, weil die spezifische Enthalpie h_G des Verbrennungsgases additiv zusammengesetzt ist aus den spezifischen Enthalpien des stöchiometrischen Gases und der überschüssigen Luft: $h_G = x h_G^* + (1-x)h_L$. Dabei ist x der Gasgehalt gemäß $x = (m_B + m_{L,min})/(m_B + m_L)$. Hier ist $m_{L,min}$ die bei der stöchiometrischen Verbrennung benötigte Mindestluftmasse. Für gegebenen Brennstoff ist die spezifische Mindestluftmasse $l_{min} = m_{L,min}/m_B$ eine Konstante. Die Enthalpienullpunkte der Luft und der Gase müssen bei gleicher Temperatur T_0 (z.B. 0 °C) angenommen werden. Ohne großen Fehler kann man $h_B(T_B) = H_u$, dem Heizwert des Brennstoffs, gleichsetzen ($T_B \approx T_0$). Die Energiebilanz lautet dann

$$m_L h_L(T_2) + m_B H_u = (m_L + m_B) h_G(T_3).$$

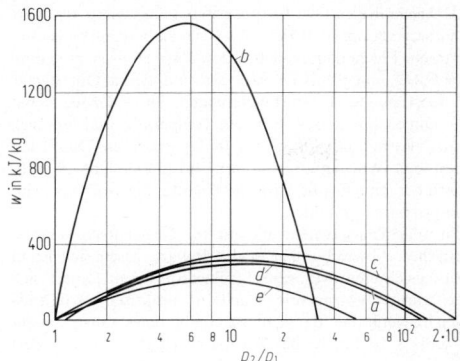

Bild 6. Energiebilanz einer adiabaten Brennkammer

Temperatur am Brennkammeraustritt. Aus der Energiebilanz folgt durch Eliminieren von h_G und danach des Gasgehalts x das Brennstoff/Luft-Verhältnis

$$\mu = \frac{\dot{m}_B}{\dot{m}_L} = \frac{h_L(T_3) - h_L(T_2)}{\eta_{BK} H_u + l_{min} h_L(T_3) - (1 + l_{min})h_G^*(T_3)},$$

das nötig ist, die gewünschte Temperatur T_3 zu erreichen. Hierbei ist η_{BK} der Wirkungsgrad der Brennkammer. Er

berücksichtigt die Wärmeverluste (Konvektion und Abstrahlung der Brennkammerwände) sowie die unvollständige Verbrennung (nicht oder nur teilweise verbrannter
Brennstoff, Bildung von CO anstelle von CO_2, Ruß). Im
Nennlastpunkt beträgt $\eta_{BK} = 90\% \dots 98\%$. Hohe Werte
gelten für stationäre Gasturbinen. Die niedrigen Werte
betreffen Fluggasturbinen bei Höhenflug.

Brennstoffstrom. $\dot{m}_B$ wird bestimmt aus μ über den vorgegebenen Luftstrom $\dot{m}_L$, der tatsächlich zur Brennkammer
gelangt. Er ist immer kleiner als der vom Verdichter angesaugte, weil vorher die Kühlluft und andere Luftströme
entnommen werden.

Luftverhältnis und Gasgehalt. Mit dem Brennstoff/Luft-
Verhältnis μ lassen sich nun der Gasgehalt $x = \mu(1 +
l_{min})/(1 + \mu)$ und das Luftverhältnis $\lambda = 1/(l_{min}\mu)$ berech-
nen.

Prozesse mit Wärmetauschern

Wärmetauscherwirkungsgrad. Heute wird der Wärmetauscher (b in **Bild 7**) fast ausschließlich mit dem Wirkungsgrad $\varepsilon = (T_{23} - T_2)/(T_{41} - T_2)$ und nur selten mit dem
Temperaturunterschied (Grädigkeit) $\Delta t = T_4 - T_{23}$ definiert. Diese Ausdrücke stellen kein Maß für die wirksame
Fläche des Wärmetauschers, d.h. sein Bauvolumen und
seine Kosten, dar. **Bild 8** zeigt, wie bei gegebenen sonstigen Gasturbinenparametern die Größe und die Kosten des
Wärmetauschers von seinem Wirkungsgrad ε abhängen.

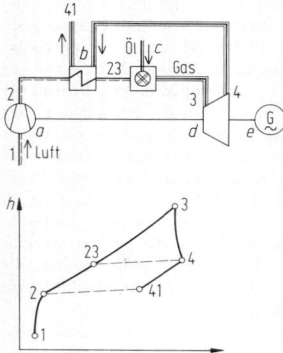

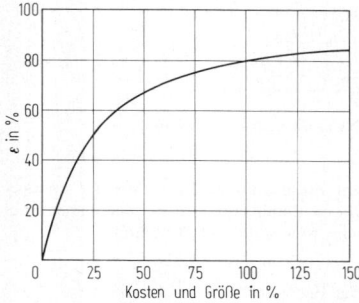

Bild 7. Wärmeschaltbild und h,s-Diagramm einer Gasturbinenanlage mit Wärmetauscher. a Verdichter, b Wärmetauscher, c Brennkammer, d Turbine, e Stromerzeuger, 1 bis 41 Positionen zum Vergleich

Bild 8. Kosten und Größe eines Gegenstrom-Wärmetauschers, abhängig von seinem Wirkungsgrad ε

Flächenäquivalent. Da bei einer ersten Auslegung der Wär-
meübertragungskoeffizient U schwer zu bestimmen ist, hat
man ein Flächenäquivalent a gemäß
$a = UA/P$ eingeführt (A wärmeaustauschende Oberfläche,
P Leistung der Gasturbinenanlage). Diese Größe a hat
die Dimension einer reziproken Temperatur und läßt sich
in der Form $a = c_p(T_{23} - T_2)/(w\,\Delta t)$ schreiben. Damit hat
man den Wärmetauscher verhältnismäßig einfach defi-
niert, d.h. eine Größe a für die Berechnung von Gasturbinenprozessen gefunden.
Das Flächenäquivalent gilt nur für Gegenstrom-Wärme-
tauscher. Abweichungen in der Bauart lassen sich leicht
berücksichtigen. Mit dem Flächenäquivalent ändert sich
die wärmeübertragende Fläche A praktisch verhältnis-
gleich, wenn bei der Untersuchung eines Gasturbinenprozesses die Bauart des Wärmetauschers nicht verändert
wird.

Grädigkeit. Hierfür gilt

$$\Delta t = (T_4 - T_2)/(1 + aw/c_p).$$

Die spezifische Arbeit w und die Temperaturdifferenz $T_4 -
T_2$ sind vom Druckverhältnis p_2/p_1 und der Turbineinein-
trittstemperatur T_3 abhängig. Sofern die Fläche A bzw.
das Flächenäquivalent a konstant sein sollen, sind bei der
Berechnung der Gasturbinenprozesse die Größen Δt und
ε nicht konstant. Bei $\Delta t = $ const oder $\varepsilon = $ const wird also
die Fläche des Wärmetauschers ständig verändert.

Druckverluste. Die durch den Wärmetauscher verursachten Verluste (gas- und luftseitig insgesamt 3 bis 6%) verringern die spezifische Arbeit des Gasturbinenprozesses
im Vergleich zum Prozeß ohne Wärmetauscher.

8.2.3 Ergebnisse der Berechnungen. Computational results

Berechnungsergebnisse einfacher Prozesse mit und ohne
Wärmetauscher zeigen die **Bilder 9** und **10** für drei unterschiedliche Turbineneintrittstemperaturen T_3. Darin sind
die spezifische Arbeit w und der Prozeßwirkungsgrad η in
Abhängigkeit vom Druckverhältnis p_{t2}/p_{t1} der Gesamt-
drücke des Verdichters dargestellt.
Bei dem Prozeßwirkungsgrad nach **Bild 9** handelt es
sich um den Kupplungswirkungsgrad der Gasturbine,
d.h. ohne Verluste in der angetriebenen Einrichtung (z.B.
Stromerzeuger).

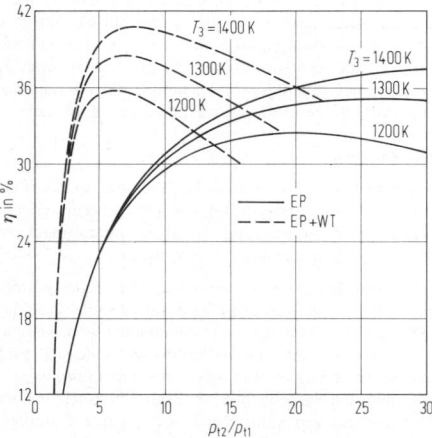

Bild 9. Prozeßwirkungsgrad η bei verschiedenen Turbineneintrittstemperaturen T_3 in Abhängigkeit vom Druckverhältnis p_{t2}/p_{t1} des
Verdichters. EP einfacher Prozeß, mit Wärmetauscher

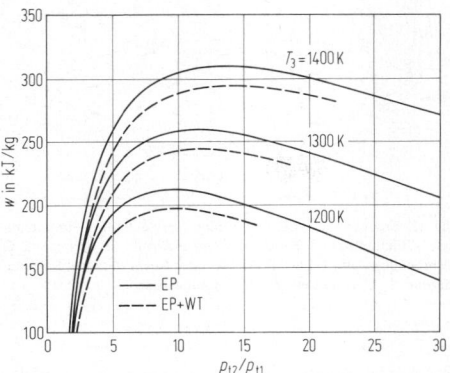

Bild 10. Spezifische Arbeit w bei verschiedenen Turbineneintrittstemperaturen T_3 in Abhängigkeit vom Druckverhältnis p_{t2}/p_{t1} des Verdichters. EP einfacher Prozeß, EP+WT einfacher Prozeß mit Wärmetauscher

In der Praxis machen die Hersteller Angaben über den Wirkungsgrad bzw. spezifischen Wärmeverbrauch, wobei die Druckverluste am Ein- und Austritt des Gasturbosatzes nicht berücksichtigt sind. Abgesehen von anderen Parametern entstehen dadurch gewisse Abweichungen im Vergleich zu **Bild 9**. Das gilt auch für die spezifische Arbeit, **Bild 10**.

Voraussetzungen. Gemäß der ISO-Norm wurde der Außenluftzustand mit 15 °C und 1013 mbar angenommen. Weitere Voraussetzungen sind: polytroper Wirkungsgrad des Verdichters 0,90 und der Turbine 0,87; Druckverlustverhältnisse (Gesamtdruck am Austritt geteilt durch den Gesamtdruck am Eintritt der betreffenden Einrichtung) am Eintritt der Gasturbine 0,99, Wärmetauscher (luft- und gasseitig) 0,96, Brennkammer 0,97 und am Austritt der Gasturbine 0,98; Wirkungsgrad der Brennkammer 0,98; mechanischer Wirkungsgrad $\eta_m = 0,99$ (berücksichtigt Lagerreibungsverluste und Eigenbedarf); Kühlluftstrom (hinter Verdichter abgezweigt) im Verhältnis zum Luftstrom (vom Verdichter angesaugt) 3%; Wirkungsgrad des Wärmetauschers 0,75; Kohlenwasserstoff als Brennstoff mit Heizwert 47 700 kJ/kg, spezifischer Mindestluftbedarf 14,78. Die Temperatur- und Druckabhängigkeit der Zustandsdaten der Luft und Verbrennungsgase wurden berücksichtigt.
Prozesse mit Wärmetauscher sind, wie in der Praxis üblich, mit konstantem Wirkungsgrad berechnet, obwohl er sich in Abhängigkeit vom Druckverhältnis und der Turbineneintrittstemperatur ändert. Der mechanische Wirkungsgrad η_m vermindert die spezifische Nutzarbeit w gemäß $w = (w_T - w_V)\eta_m$; w_T, w_V spezifische Arbeit der Turbine bzw. des Verdichters.

Prozesse ohne Wärmetauscher. Es gilt: Bei stationären Gasturbinen mit den üblichen Druckverhältnissen von etwa 10 und Turbineneintrittstemperaturen von 1200 bis 1 250 K sind Wirkungsrade um 30% und spezifische Arbeiten von 220 kJ/kg möglich. Die Erhöhung der Turbineneintrittstemperatur T_3 verbessert die spezifische Arbeit, erhöht aber den Wirkungsgrad nur minimal, wenn nicht auch das Druckverhältnis größer wird.

Prozesse mit Wärmetauscher. *Auslegung mit Wärmetauscher.* Eine Gasturbine mit Wärmetauscher erfordert niedrige Druckverhältnisse des Verdichters, um das erzielbare Maximum an Wirkungsgrad bei gleichzeitig kleinerer spezifischer Arbeit zu erreichen. Für die gewünschte Leistung

muß der Luftstrom größer werden. Bei Kleingasturbinen (z.B. für Kraftfahrzeuge) werden dadurch die Turbomaschinen größer und haben einen besseren Wirkungsgrad.

Vorläufige Auslegung ohne Wärmetauscher. Die meisten Gasturbinen werden mit einem Druckverhältnis gebaut, bei dem näherungsweise die spezifische Arbeit ihren Maximalwert hat. Bei Zufügen eines Wärmetauschers ist dann nach **Bild 9** der Gewinn an Wirkungsgrad geringer, weil sich der Höchstwert nur bei kleineren Druckverhältnissen verwirklichen läßt.

Grenzen der Wärmetauscher. Der Wärmetauscher mit seinen Druckverlusten mindert die spezifische Arbeit. Die Möglichkeit, einen Wärmetauscher zu verwenden, endet bei demjenigen Druckverhältnis, bei dem die Turbinenaustrittstemperatur T_4 gleich der Verdichteraustrittstemperatur T_2 wird.

8.3 Bauteile der Anlage. System components

8.3.1 Turbomaschinen. Turbomachinery

Isentrope Wirkungsgrade. *Mit Ausnutzung der kinetischen Energie.* Die adiabaten, verlustbehafteten Turbomaschinen werden meist durch isentrope Wirkungsgrade (Index is) gekennzeichnet.

Verdichter $\eta_{V,is} = \Delta h_{V,is}/w_V$,
Turbine $\eta_{T,is} = w_T/\Delta h_{T,is}$.

Nach **Bild 11** gilt für die Strecke

$$w_V = c_p(T_{t12} - T_{t1})/\eta_{V,is} = c_p T_{t1}[(T_{t12}/T_{t1}) - 1]/\eta_{V,is},$$
$$w_T = c_p(T_{t3} - T_{t34})\,\eta_{T,is} = c_p T_{t3}[1 - (T_{t34}/T_{t3})]\eta_{T,is}.$$

Die unbekannten Temperaturverhältnisse T_{t12}/T_{t1} und T_{t34}/T_{t3} folgen aus der Isentropengleichung mit den zugehörigen Gesamtdrücken p_t.

Ohne Ausnutzung der kinetischen Energie. Falls am Austritt der Turbine die kinetische Energie $c_4^2/2$ des Fluids nicht – wie bei Strahltriebwerken – genutzt werden kann, gilt für die Turbine:

isentroper Wirkungsgrad $\eta'_{T,is} = w_T/\Delta h'_{T,is}$,
Arbeit $w_T = c_p T_{t3}[1 - (p_4/p_{t3})\exp(K)]\eta'_{T,is}$
mit $K = (k-1)/k$.

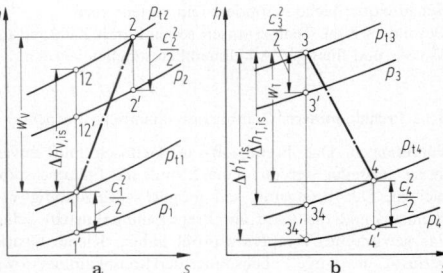

Bild 11. Erläuterung der Wirkungsgrade von **a** Verdichter und **b** Turbine im h,s-Diagramm

Polytrope Wirkungsgrade. Für große Änderungen des Druckverhältnisses ist es realistischer, Turbomaschinen mit den polytropen Wirkungsgraden (Index p) zu kennzeichnen.

$$w_V = c_p T_{t1}[(p_{t2}/p_{t1})\exp(K/\eta_{V,p}) - 1],$$
$$w_T = c_p T_{t3}[1 - (p_{t4}/p_{t3})\exp(K\eta_{T,p})].$$

Wird bei der Turbine die kinetische Energie der Geschwindigkeit c_4 nicht genutzt, so tritt in der letzten Gleichung für w_T der statische Druck p_4 anstelle von p_{t4}, und der polytrope Wirkungsgrad $\eta_{t,p}$ ändert sich.

Erfahrungswerte

Isentrope Wirkungsgrade. Sie betragen mit Luft bzw. Verbrennungsgasen als Fluid (jeweils für eine Stufe)
- Verdichter 84 bis 92% (axial) und 78 bis 83% (radial);
- Turbine 85 bis 93% (axial) und 83 bis 90% (radial).

Druckverhältnisse (je Stufe)
- Verdichter 1,2 bis 2,0 (axial) und radial bis 6,0;
- Turbine 1,3 bis 2,3 (axial) und 2 bis 3,8 (radial).

Bei höheren Druckverhältnissen müssen meist Wirkungsgradeinbußen in Kauf genommen werden. Radiale Turbomaschinen sind für kleine Massenströme geeignet. Stationäre Gasturbinen haben ein Gesamtdruckverhältnis von etwa 10 bis 15, Kleingasturbinen mit Wärmetauscher, besonders für Kraftfahrzeugantrieb, 4 bis 5. Die höchsten Druckverhältnisse findet man bei modernen Zweistrom-Luftfahrt-Triebwerken bis etwa 30. Dies ist eine Folge der hohen Turbineneintrittstemperaturen und der niedrigen Lufttemperatur bei den üblichen Flughöhen. Dabei ist eine Mehrwellenbauart des Gaserzeugers erforderlich.

Temperaturen. Bei ungekühlten Schaufeln und mit den heute verfügbaren Werkstoffen sind Turbineneintrittstemperaturen bis 850 °C zulässig. Durch Kühlung der Schaufeln lassen sich wesentlich höhere Temperaturen erzielen: im stationären Gasturbinenbau von 950 bis 1100 °C und bei geringerer Lebensdauer (Luftfahrt-Triebwerke) bis 1400 °C. Der Kühlluftbedarf beträgt dabei 3 bis 7% des Gesamtluftstroms (höhere Werte für höhere Eintrittstemperaturen).

Kühlverfahren. Bei der konvektiven Kühlung strömt die Kühlluft im Schaufelinneren in geeignete Kühlkanäle und wird meist an der Hinterkante ausgeblasen. Eine Abart ist die Prallkühlung, bei der die Luft intensiv auf die Innenoberfläche der Schaufel prallt.

Im Fall der Filmkühlung gelangt die Luft durch Bohrungen oder Schlitze an die Schaufeloberfläche, wodurch ein Luftfilm gebildet wird, der den Kontakt der Gase mit der Schaufel verhindert. Ähnliche Wirkung hat die Effusionskühlung, bei der die Luft durch Poren in der Schaufeloberfläche besonders fein verteilt wird.

Besonders hohe Temperaturen sollen durch Kühlung mit Wasser und flüssigen Alkalimetallen möglich werden.

8.3.2 Brennkammern. Combustion chambers (burners)

Forderungen. Das Brennstoff-Luft-Gemisch muß zuverlässig gezündet werden; danach muß die Flamme stabil bleiben. Der Brennstoff soll möglichst vollständig verbrennen, und die Gase am Brennkammeraustritt sollen das gewünschte Temperaturprofil haben. Kleine Druckverluste, eine lange Lebensdauer der Brennkammer sowie die geringe Erzeugung von Schadstoffen sind weitere Forderungen.

Aufbau. Eine Gasturbinen-Brennkammer (**Bild 12**) besteht aus der Primär- oder Reaktionszone P, wo die Verbrennung stattfindet, und der Sekundärzone S, die weiter in die Heißgaszone S_1 und in die Verdünnungszone S_2 unterteilt werden kann.

Flüssige Brennstoffe werden bei Drücken bis 100 bar in die Brennkammer eingespritzt und zerstäubt. Man kann auch mit kalter Druckluft zerstäuben. Eine besonders gute

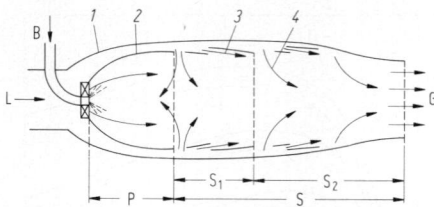

Bild 12. Brennkammer der Gasturbine (vereinfacht). *1* Brennkammer, *2* Flammrohr, *3* Kühlluft, *4* Sekundärluft, B Brennstoff, G Verbrennungsgase, L Luft, P Primär- oder Reaktionszone, S Sekundärzone, S_1 Heißgaszone, S_2 Verdünnungszone

Durchmischung wird mit der Vorverdampfung des Brennstoffs erzielt.

Belastung und Verluste. Die Brennkammerbelastung beträgt bei Gasturbinen in Schwerbauweise 25 bis 35 MW/m³, bei Flugtriebwerken 600 bis 800 MW/m³ und bei Gasturbinen für Kraftfahrzeuge 250 bis 300 MW/m³. Die Druckverluste entstehen durch den Gesamtdruckabfall infolge der Wärmezufuhr in der rohrähnlichen Brennkammer, die Wirbelbildung zur Flammenstabilisierung, turbulente Mischungsvorgänge und etwas Reibung. Sie betragen 1 bis 4% bei Gasturbinen in Schwerbauweise, 3 bis 6% bei Flugtriebwerken und 3 bis 5% bei Fahrzeug-Gasturbinen. *Über den Wirkungsgrad der Brennkammer η_{BK}* s. R 8.2.2.

Bauarten. Hierbei sind zu unterscheiden:
- *Rohrbrennkammern.* Sie sind bei Gasturbinen kleiner Leistung und bei Gasturbinen in Schwerbauweise (Anzahl 1 bis 14) anzutreffen.
- *Ringbrennkammern* und *Rohr-Ringbrennkammern.* Sie werden meist bei Flugtriebwerken verwendet.

Der Luft- bzw. Gasstrom kann in der Brennkammer auch umgelenkt werden. Dabei verringert sich die axiale Länge der Gasturbine. Wegen der Lebensdauer des Flammrohrs muß an der Innenwand ein Kühlluftfilm mit Hilfe kleiner Öffnungen aufrechterhalten werden.

8.3.3 Wärmetauscher. Heat exchangers

Hier werden (s. K 1.1) unterschieden:

Regeneratoren. Sie sind durch Speichermassen gekennzeichnet, die intermittierend vom heißen Abgasstrom und verdichteter Luft durchströmt werden. Sie erreichen hohe Wärmeaustauschgrade, haben jedoch Leckverluste (Anwendung bei Kleingasturbinen).

Rekuperatoren. Sie werden bei stationären Anlagen und bei Gasturbinen für den Antrieb von Handelsschiffen verwendet und vom Medium kontinuierlich durchströmt.

8.4 Gasturbinen in Schwerbauweise und von Flugtriebwerken abgeleitete Gasturbinen
Main types: Aero-engine derivatives and other heavier types

Von Anfang an gab es zwei unterschiedliche Entwicklungswege: leichte und kompakte Fluggasturbinen mit einfachem Prozeß und demgegenüber Gasturbinen in Schwerbauweise mit offenem und geschlossenem Prozeß, bei denen das Gewicht und der Raumbedarf eine untergeordnete Rolle spielen, **Bild 13**.

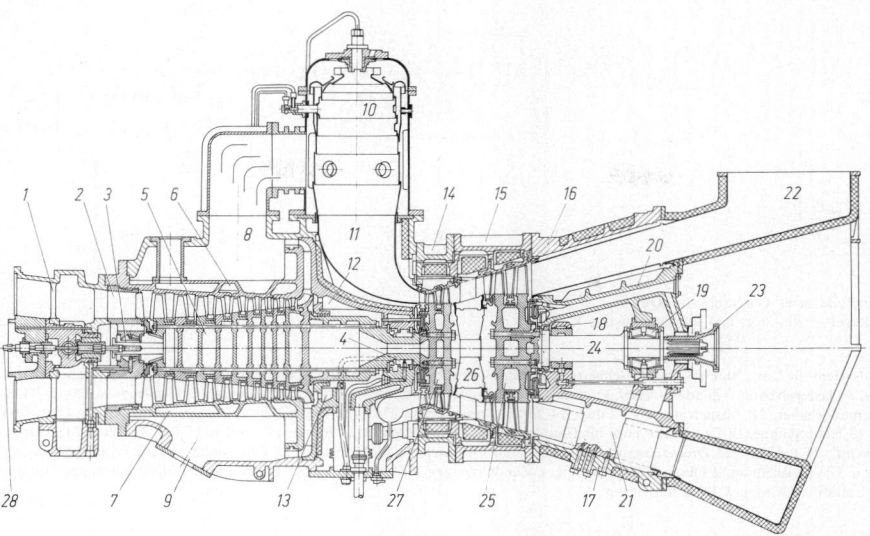

Bild 13. Gasturbine in Schwerbauweise (Niederdruck-(ND-)Turbine Nutzleistungsturbine). *1* vorderes Gehäuse, *2* Gehäuse für vorderes Lager der Gaserzeugerwelle, *3, 4* Lager der Gaserzeugerwelle, *5* Läufer des Verdichters, *6, 7* Hälften des Verdichtergehäuses, *8, 9* Hälften des Gaserzeugergehäuses, *10* Einzelbrennkammer (zwei Stück), *11* Gaseintrittkanal, *12, 13* Hälften des Gehäuses für hinteres Lager der Gaserzeugerwelle, *14* Gehäuse für Leitschaufeln der Hochdruck-(HD-)Turbine, *15* Gehäuse für Leitschaufeln der ND-Turbine, *16, 17* Hälften des Gehäuses für ND-Turbine, *18, 19* Lager der ND-Turbine, *20, 21* Hälften des Gehäuses für Lager der ND-Turbine, *22* Abgaskanal, *23* Kupplungsflansch, *24* Welle der ND-Turbine, *25* ND-Turbine, *26* Abstandhalter, *27* HD-Turbine, *28* Antriebswelle für Hilfsaggregate

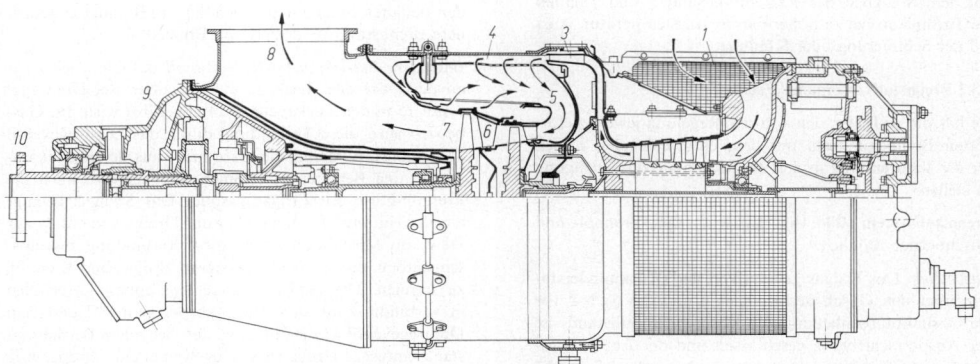

Bild 14. Vom Propeller-Turboluftstrahl-Triebwerk (PTL) abgeleitete Gasturbine für mechanische Nutzleistungsabgabe. *1* Lufteintritt, *2* Verdichtereintritt, *3* Abblasleitung, *4* Ringbrennkammer, *5* Eintritt der Hochdruck-Turbine, *6* Eintritt der Niederdruck-Turbine (Nutzleistungsturbine), *7* Eintritt in Abgaskanal, *8* Austritt aus Abgaskanal, *9* Planetengetriebe, *10* Kupplungsflansch

Neue Anwendungsgebiete der Flugtriebwerke. Es sind angepaßte Propellerluftstrahl-Triebwerke (PTL), die an sich Wellenleistung abgeben (**Bild 14**), Turboluftstrahl-Triebwerke (TL), Zweistrom-Turboluftstrahl-Triebwerke (ZTL) und neuerdings sog. Propfans. Hierbei muß das nutzbare Druckgefälle des Gaserzeugers in einer Nutzleistungsturbine verwertet werden. Im Leistungsbereich bis 25 MW stehen diese Gasturbinen im Wettbewerb mit denen in Schwerbauweise. Letztere, robust gebaute Turbosätze, sind unempfindlicher gegen Erosion und Korrosion und lassen sich mit wesentlich höherer Leistung pro Einheit bauen. Bei vielen Bauarten ist es möglich, Wärmetauscher zu verwenden. Die Wahl der Bauweise hängt meist von den Anlage- und Wartungskosten ab.

8.5 Hilfssysteme. Auxiliary systems

8.5.1 Regelung. Control

Bei im offenen Prozeß arbeitenden Gasturbinen ist die Regelgröße X z.B. die Drehzahl und die Stellgröße Y der Brennstoffstrom, **Bild 15**. Als Störgrößen Z treten neben Belastungs- und Schubänderungen auch der Wechsel der atmosphärischen Bedingungen auf (s. X 1).

Regelstrecke. Infolge der komplexen Vorgänge innerhalb der Gasturbine, besonders wegen der verzögerten Temperaturänderungen, sind die Strecken höherer Ordnung mit ausgeprägter Totzeit schwer zu beherrschen (s. X 4.3).

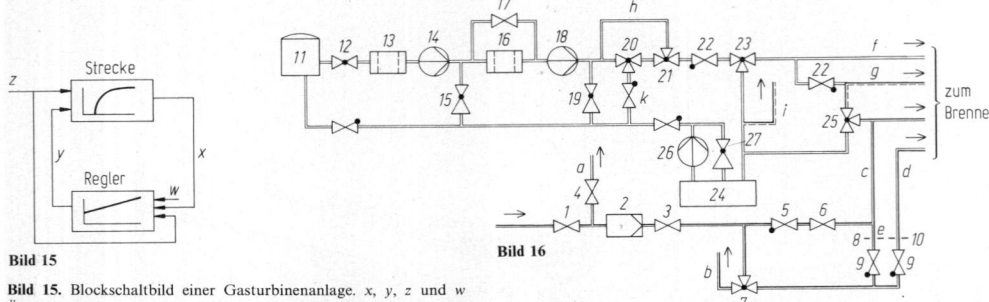

Bild 15. Blockschaltbild einer Gasturbinenanlage. *x, y, z* und *w* Änderungen der Regel-, Stell-, Stör- und Führungsgrößen *X, Y, Z* und *W*

Bild 16. Brennstoffsystem für Gas-, Brennöl- und Mischbetrieb. *1* Gasabsperrschieber, *2* Sieb, *3* Gashauptabschließung, *4* Entlüftungsschieber, *5* Rückschlagklappe, *6* Gasregelventil, *7* Zündgas-Ausblaseventil, *8* Blende in der Zündgasleitung, *9* Rückschlagklappe, *10* Blende in Düsen-Kühlgasleitung, *11* Brennölbehälter, *12* Absperrorgan, *13* Filter, *14* Zubringerpumpe, *15* Druckhalteventil für Zubringerpumpe, *16* umschaltbarer Filter, *17* Bypass, *18* Hauptpumpe, *19* Druckhalteventil für Hauptpumpe, *20* Umwälzventil, *21* Brennstoffventil vor Düse, *22* Rückschlagklappe, *23* Hauptabsperrventil, *24* Behälter, *25* Dreiwegeventil, *26* Pumpe zum Entleeren des Behälters *24*, *27* Druckhalteventil, *a* Entlüftungsleitung, *b* Ausblaseleitung, *c* Hauptgasleitung, *d* Düsen-Kühlgasleitung, *e* Zündgasleitung, *f* Hauptleitung für Brennöl, *g* Brennöl-Entlastungsleitung, *h* Umwälzleitung, *i* Entlüftungsleitung, *k* Rückführleitung

Regler. Einfache Fälle kommen mit P-Reglern aus. Drehzahlkonstanz erfordert PID-Regler, in besonderen Fällen sind Störgrößen-Aufschaltungen erforderlich (hier die Belastung). Häufig wird ein Sollwertsteller für die Führungsgröße *W* (s. X 3.2.5 und X 5.4) angebracht.

Sicherheitseinrichtungen. Bei kleineren Turbinen sind sie mit dem Stellglied des Reglers verbunden und schalten die Turbine ab bei zu hoher Gasaustrittstemperatur, Ausfall der Schmierung oder Kühlung.

8.5.2 Brennstoffversorgung. Fuel supply

Sie hat die Aufgabe, den von der Regelung jeweils geforderten Brennstoffstrom mit dem entsprechenden Druck für die Verbrennung in der Brennkammer zur Verfügung zu stellen.

Brennstoffsystem (Bild 16). Hier sind Gas-, Brennöl- und Mischbetrieb möglich.

Gasbetrieb. Das Erdgas gelangt von der Druckminderstation über den Gasabsperrschieber *1* und das Sieb *2* vor die Gashauptabschließung *3*. Während des Stillstands ist der Absperrschieber *1* geschlossen und der Entlüftungsschieber *4* offen. Beim Anfahren und im Betrieb ist die Hauptabschließung *3* geöffnet. Das Erdgas gelangt weiter über die Rückschlagklappe *5* vor das Gasregelventil *6*. Das Regelventil dosiert den Brennstoff und steht unter dem Einfluß der Regelung oder Anfahrsteuerung.

Das kombinierte Zündgas-Ausblaseventil *7* dient im Stillstand bzw. Ölbetrieb mit der Hauptabschließung *3* als Entlastungsorgan. Der Ausblaseteil ist geöffnet und Gasleckagen werden durch die Gasausblaseleitung *b* abgeführt. Die Zündgasleitung *e* führt im Bypass um das noch geschlossene Gasregelventil *6* in die Hauptgasleitung *c*. Die Zündgasmenge wird durch die Blende *8* bestimmt. Im Gasbetrieb wird die Brennstoffdüse gekühlt. Das Kühlgas strömt ebenfalls über das Ventil *7* sowie die Düsen-Kühlgasleitung *d* und Blende *10* zur Brennstoffdüse. Im Fall einer Verpuffung in der Brennkammer wird das Gasnetz mit Hilfe der Rückschlagklappen *5* und *9* geschützt.

Brennölbetrieb. Die Zubringerpumpe *14* fördert das Öl über den umschaltbaren Filter *16* zur Hauptpumpe *18*. Das Druckhalteventil *19* hält den Brennstoffdruck konstant und steuert die überschüssige Menge in den Behälter *11*. Über das Umwälzventil *20*, die Leitung *f* und das Brennstoffventil vor der Düse *21* gelangt das Brennöl zum Hauptabsperrventil *23*. Dieses Dreiwegeventil gibt den Weg zur Düse frei. Es soll im Schnellschlußfall die Brennstoffzufuhr zur Düse unterbrechen und das in der Brennstoffleitung vor der Düse verbleibende Brennöl in den Behälter *24* ablaufen lassen. Die im Brenner angeordnete Brennstoffdüse dosiert den Brennstoff.

Besondere Betriebszustände. Während des Ölbetriebs tritt an der Düse eine Leckage auf, die über das Dreiwegeventil *25* in den Leckagetank *24* abgeführt wird. Im Gasbetrieb wird diese Verbindung durch das Dreiwegeventil *25* geschlossen, damit die Gase nicht aus der Brennkammer in den Behälter *24* strömen. Hierbei wird auch die Brennöl-Düse mit Erdgas gespült. Das Spülgas gelangt aus der Hauptgasleitung über das Dreiwegeventil *25* zur Düse. Im Mischbetrieb muß diese Verbindung geschlossen werden, um die beiden Systeme, Erdgas und Brennöl, zu trennen. Die beiden Rückschlagklappen *22* erfüllen in Verbindung mit dem Hauptabsperrventil *23* und dem Dreiwegeventil *25* die Aufgabe, daß bei jedem Betriebszustand ein unter Druck stehendes System eine Absperrung mit anschließender Entlastung hat.

Während des Anfahrvorgangs, jedoch vor der Zündung, wird der Brennstoffstrom mit Hilfe des Umwälzventils *20* und der Leitung *k* abgeführt. Über die Umwälzleitung *h* wird dabei das Brennstoffsystem unter Druck gebracht.

8.5.3 Schmierölsystem. Lubrication

Es deckt den erforderlichen Ölbedarf sowohl für die Schmierung und Kühlung aller Lager der Gasturbinengruppe als auch denjenigen für die Steuerung und Regelung.

Zentrale Ölversorgung (Bild 17). Sie liefert das Schmieröl *a* für das verdichterseitige Traglager, das Drucklager der Turbogruppe, alle Lager des Stromerzeugers sowie das Zwischengetriebe, das Kühlöl *b* für das verdichter- und turbinenseitige Traglager, das Hochdruck-Kraftöl *c* für alle vorgesteuerten hydraulischen Stellorgane, das Niederdruck-Kraftöl *d* für die Signalübertragung, das Anhebe-Öl *e* für die Traglager der Turbogruppe und des

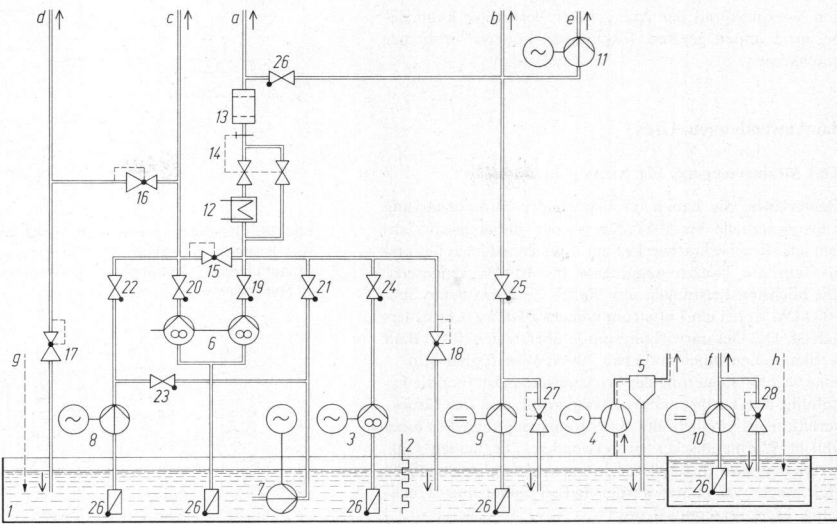

Bild 17. Schmier- und Kraftölsystem. *1* Schmierölbehälter, *2* Widerstandsheizung, *3* Umwälzpumpe, *4* Öldunst-Absaugeventilator, *5* Ölabscheider, *6* Hauptölpumpe, *7* Hilfs-Schmierölpumpe, *8* Hilfs-Kraftölpumpe, *9* Kühlölpumpe, *10* Pumpe für die Wellendrehvorrichtung, *11* Anhebe-Öl-pumpe, *12* Ölkühler, *13* Filter, *14* Temperaturregler mit Dreiwege-Mischventil, *15, 17, 18, 27, 28* Druckhalteventil, *16* Druckminderventil, *19* bis *26* Rückschlagklappen, *a* Schmieröl, *b* Kühlöl, *c* Hochdruck-Kraftöl, *d* Niederdruck-Kraftöl, *e* Wellenanhebe-Öl, *f* Ölversorgung der Wellendrehvorrichtung, *g* Ölrücklauf, *h* Ölrücklauf von der Wellendrehvorrichtung

Stromerzeugers sowie gegebenenfalls für Öl *f* für die Wellendrehvorrichtung. Der Schmierölbehälter ist ausgerüstet mit einem Niveauwächter, einem Belüftungsfilter, einer Stillstand-Heizung *2* mit Umwälzpumpe *3* und einem Öldunst-Absaugeventilator *4*.

Betrieb. Hierbei liefert die durch die Hauptwelle angetriebene zweistufige Hauptölpumpe *6* in der ersten Stufe das Schmieröl und in der zweiten Stufe das Öl mit höherem Druck für Steuerung und Regelung – und das oberhalb 80% der Nenndrehzahl.

Anfahrvorgang. Die Ölversorgung übernehmen die Hilfs-Schmierölpumpe *7* und die Hilfs-Kraftölpumpe *8*, bis die erforderlichen Öldrücke von der Hauptölpumpe aufgebaut sind. Drehzahlabhängig schaltet sich nur die Hilfs-Schmierölpumpe *7* automatisch ein, ebenso bei einem Sinken des Schmieröldrucks während des Betriebs, wobei gleichzeitig die Maschine abgestellt wird.
Um das Losbrechmoment für die Anwurfeinrichtung klein zu halten, wird der Wellenstrang mittels Hochdrucköl der Anhebe-Ölpumpen *11* angehoben.

Spannungsausfall. Hier sichert die von einem Gleichstrommotor angetriebene Kühlölpumpe *9* die Ölversorgung für ein schadenfreies Auslaufen der Maschine sowie die Pumpe *10* für das Wellendrehen mit der Wellendrehvorrichtung.

8.5.4 Weitere Hilfssysteme. Further auxiliary systems

Kühl- und Sperrluft. Aus dem Verdichter des Turbosatzes wird Luft unter Druck entnommen zwecks Kühlung derjenigen Bauteile (Schaufel, Läufer), die in Berührung mit den heißen Gasen kommen. Die Sperrluft verhindert den Verlust an Schmieröl in den Lagern und einen Kontakt zwischen den Verbrennungsgasen und dem Schmieröl.
Die Luft wird nach Erfüllen der Aufgabe dem Gasstrom in der Turbine zugeführt. Die Luftströme sollen nicht mehr als 7% des Gesamtluftstroms betragen, denn dem

Verdichtungsaufwand steht kein entsprechender Gewinn bei der Entspannung in der Turbine gegenüber.
Der Turbosatz und die Hilfseinrichtungen geben viel Wärme an die Umgebung ab. Sofern es sich um eingekapselte Einheiten handelt, die vollständig verkleidet sind, muß für entsprechenden Luftaustausch gesorgt werden.

Kühlwasserversorgung. Es ist meist ein geschlossenes System, an das die Wärme des Schmierölsystems, des Stromerzeugers und, falls vorhanden, der Druckluftzerstäubung abgeleitet wird. Das Wasser wird mit Hilfe eines Oberflächen-Wärmetauschers mit Luft gekühlt. Zum System gehören ein Wasserbehälter, Rohrleitungen, Pumpen, Wärmetauscher, Gebläse des Luft-Wasser-Wärmetauschers, Bypass-Leitungen, Absperrorgane und die Temperatur-Regelung. Bei Luftfahrt-Triebwerken wird die Wärme aus dem Schmierölsystem an die Luft oder den Brennstoff abgeleitet.

Anfahreinrichtungen. Während des Anfahrvorgangs muß das von der Anfahreinrichtung gelieferte Drehmoment höher sein als das von der Gasturbine benötigte; das Losbrechmoment aus dem Ruhezustand muß überwunden werden. Der Turbosatz ist weiter zu beschleunigen, bis die Zündung eingeleitet werden kann. Dann muß die Anfahreinrichtung den Turbosatz auf die Freidrehzahl (etwa 55% der Nenndrehzahl) bringen; danach kann sich die Gasturbine aus eigener Kraft beschleunigen.

Enteisung. Bei gewissen atmosphärischen Bedingungen kann sich im Lufteintrittssystem Eis durch die isentrope Beschleunigung der Luft bilden. Die statische Temperatur sinkt, und an den nun kühleren Wänden entsteht aus der Luftfeuchte Eis von unterschiedlicher Dichte. Freies Wasser in flüssiger oder fester Form, das im Luftstrom bleibt, beeinträchtigt die Gasturbine nicht.
Das ausgeschiedene Eis verengt die Strömungsquerschnitte, erhöht die Drosselung und verringert die Leistung und

den Wirkungsgrad der Anlage. Der Verdichter kann dabei ins Pumpen geraten. Eisklumpen können Verdichter beschädigen.

8.6 Anwendungen. Uses

8.6.1 Stromerzeugung. Electricity generation

Gasturbinen. Sie haben im Bereich der Stromerzeugung Leistungsanteile bis 10%. Sie werden dabei hauptsächlich als Reservekraftwerke, zur Spitzenlastdeckung und als fahrbare Notstromaggregate bis 10 MW eingesetzt. Die höchsten Leistungen pro Einheit betragen heute über 100 MW, wobei ein Luftstrom von etwa 500 kg/s erforderlich ist. Die Gesamtwirkungsgrade übersteigen 30%. Bald werden Gasturbinen von etwa 200 MW verfügbar sein. Eine weitere Steigerung des Wirkungsgrads ist über die Erhöhung der Turbineneintrittstemperatur und des Druckverhältnisses möglich. Bei der Stromerzeugung ist es nicht üblich, Wärmetauscher zu verwenden. Die heißen Gasturbinenabgase (bis 500 °C) können für unterschiedliche Heizzwecke verwendet werden (z.B. Fernheizung, Trocknung, Meerwasserentsalzung).

Gas-Dampf-Anlagen. Sie arbeiten im Mittel- und Grundlastbereich sowie in der industriellen Kraftwirtschaft. Hier sind Wirkungsgrade über 42% möglich.

Gas-Dampf-Anlagen mit Abhitzekessel. Hier hat der Dampfkraftprozeß einen einfachen Aufbau (**Bild 18**), da es nur wenige oder gar keine Speisewasservorwärmer gibt. Indem die Abgastemperatur am Eintritt in den Abhitzekessel etwa 450 bis 550 °C beträgt, kann der erzeugte Frischdampf nur ungünstige Werte (höchstens etwa 60 bar und 450 °C) haben. Bei dieser Schaltung liefert die Dampfturbine rund 30 bis 35% der Gesamtleistung (s. L 3.1.3).

Indem der Sauerstoffgehalt der Gasturbinenabgase über 15% O_2 beträgt, ist eine Nachverbrennung im Dampferzeuger möglich, **Bild 19**. Dabei werden die im Dampfkraftwerk-Bau üblichen Frischdampfparameter wie auch die Zwischenüberhitzung angewendet. Dadurch liefert die Dampfturbine über 80% (in Einzelfällen über 88%) der Gesamtleistung des Kraftwerks. Bei solchen Anlagen ist meist vorgesehen, daß sowohl die Gasturbinengruppe als auch der Dampfkreislauf getrennt arbeiten können.

Heliumkraftwerk. Mit 50 MW Leistung wurde es mit konventioneller Feuerung in Deutschland gebaut, damit später Kernreaktoren als Wärmequelle für geschlossene Gasturbinenprozesse dienen können.

Luftspeicher-Kraftwerk. In Deutschland ist das erste Luftspeicher-Kraftwerk in Betrieb gegangen, **Bild 20**. Die Ein-

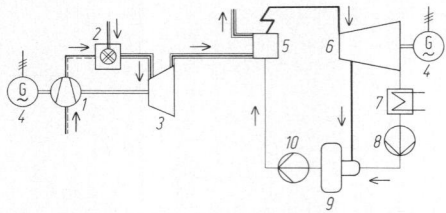

Bild 18. Gas-Dampf-Anlage mit Abhitzekessel. *1* Verdichter, *2* Brennkammer, *3* Turbine, *4* Stromerzeuger, *5* Abhitzekessel, *6* Dampfturbine, *7* Kondensator, *8* Kondensatpumpe, *9* Entgaser, *10* Speisepumpe

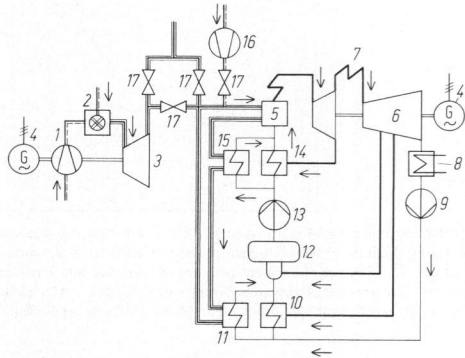

Bild 19. Gas-Dampf-Anlage mit Nachverbrennung im Dampferzeuger. *1* Verdichter, *2* Brennkammer, *3* Turbine, *4* Stromerzeuger, *5* Dampferzeuger, *6* Dampfturbine, *7* Zwischenüberhitzer, *8* Kondensator, *9* Kondensatpumpe, *10* Niederdruck-(ND-)Speisewasservorwärmer, *11* ND-Economiser, *12* Entgaser, *13* Speisepumpe, *14* Hochdruck-(HD)Speisewasservorwärmer, *15* HD-Economiser, *16* Frischluftgebläse, *17* Klappe

trittstemperaturen betragen 550 °C vor der HD-Turbine und 825 °C vor der ND-Turbine. Im Entnahmebetrieb (Verdichter abgeschaltet) werden 290 MW erzeugt. Es wird erwogen, die Luft anstelle in der HD-Brennkammer in einem Wärmetauscher mit Hilfe der heißen Abgase aufzuheizen.

8.6.2 Rohrfernleitungen. Pipelines

Verdichter- und Pumpstationen der Gas- und Ölfernleitungen erhalten zunehmend Gasturbinen in Schwerbauweise, oft mit einem Wärmetauscher zur Verbesserung des Wirkungsgrads. Vorteile dieser Anwendung sind große Betriebssicherheit, ferngesteuerte Stationen, geringe Anlagekosten und Vollastbetrieb.

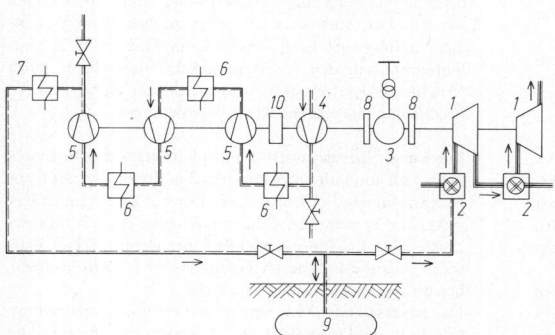

Bild 20. Luftspeicher-Kraftwerk. *1* Turbinen, *2* Brennkammern, *3* Motor-Generator, *4* Niederdruck-Verdichter, *5* Hochdruck-Verdichter, *6* Zwischenkühler, *7* Nachkühler, *8* Kupplungen, *9* Luftspeicher, *10* Getriebe

8.6.3 Verkehr. Transport

Luftfahrt. Hier haben sich Gasturbinen dank des niedrigen Gewichts und Bauvolumens wegen hoher Schubleistungen (bis 200 kW/m^3 beim Kolbenmotor, bis 8000 kW/m^3 bei Gasturbinen) weitgehend durchgesetzt. In den Anfängen waren Turbo- und Propeller-Turboluftstrahl-Triebwerke (TL und PTL) vorherrschend.

Zweistrom-Turboluftstrahl-Triebwerke (ZTL) sind entwickelt worden (**Bild 21**), um Brennstoff zu sparen. Der Schub S eines Luft- oder Gasstrahls ist bei adaptierter Düse

$$S = (\dot{m}_L + \dot{m}_B)c_D - \dot{m}_L c_\infty$$

(c_D Düsenaustrittsgeschwindigkeit relativ zum Flugzeug, c_∞ Fluggeschwindigkeit). Bei hohen Austrittsgeschwindigkeiten c_D ist jedoch der Vortriebwirkungsgrad (propulsiver Wirkungsgrad)

$$\eta_P = 2c_\infty/(c_\infty + c_D)$$

niedrig. Das ZTL-Triebwerk erhöht nun den Luftstrom $\dot{m}_L$ auf Kosten der Geschwindigkeit c_D. Es gibt Ausführungen, bei denen siebenmal soviel Luft im Nebenstrom als im Kernluftstrom zur Schuberhöhung dienen. Dabei werden Schübe über 23000 daN im Stand erzeugt. Nachverbrennung in den Gasen zwischen der Turbine und der Düse liefert hohe Schubleistungen. Sie verbraucht viel Brennstoff und wird deshalb nur kurzzeitig eingesetzt, besonders bei Kampfflugzeugen. Gasturbinen werden weiterhin verwendet zum Antrieb von Hubschraubern, in Hubtriebwerken für senkrecht startende und landende Flugzeuge und in unbemannten Flugkörpern.

Schiffe. Hier ist zwischen Handels- und Kriegsschiffen zu unterscheiden.

Kriegsschiffe. Torpedoboote bis einschließlich Zerstörer werden vornehmlich durch Gasturbinen, die von Flugtriebwerken abgeleitet sind, angetrieben, gelegentlich auch in Kombination mit Dieselmotoren. Der sehr unterschiedliche Leistungsbedarf bei der Marsch- und Höchstfahrt macht Schwierigkeiten im Hinblick auf das schlechte Teillastverhalten von Gasturbinen. Aus diesem Grund werden oft Gasturbinen mit Dieselmotoren kombiniert oder verschieden große Gasturbinen verwendet.

Handelsschiffe. Hier kommen sowohl Gasturbinen in Schwerbauweise mit Wärmetauscher als auch die von Flugtriebwerken abgeleiteten zur Anwendung. Schlechte Rentabilität hat hier aber klare Grenzen gesetzt. Die Gasturbine ist wegen ihres geringen Gewichts ideal für den Antrieb von schnellen Schiffen wie Luftkissenfahrzeugen und Tragflächenbooten.

Straßenfahrzeuge. Im Straßenverkehr dominieren Kolbenmotoren – bei höheren Leistungen als Dieselmotoren mit Abgasturbolader. Dem besseren Drehmomentverlauf bei Gasturbinen, der Schwingungsfreiheit und der geringen Lärm- und Schadstoffbelästigung steht noch der hohe

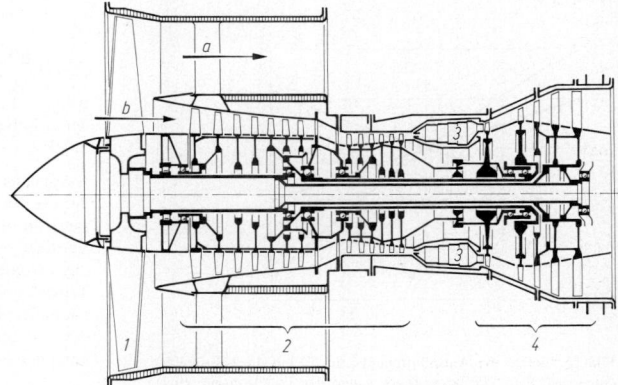

Bild 21. Dreiwelliges Zweistrom-Turboluftstrahl-Triebwerk mit dem Nebenstromverhältnis 6. *a* Nebenluftstrom, *b* Kernluftstrom, *1* Gebläse für Nebenluftstrom (gleichzeitig 1. Verdichterstufe des Kernluftstroms), *2* Verdichter des Kernluftstroms, *3* Brennkammer, *4* Turbinenstufen

Bild 22. Kraftfahrzeug-Gasturbine. *1* Lufteintritt, *2* Verdichter, *3* Brennkammer, *4* Hochdruck-Turbine, *5* Niederdruck-Turbine (Nutzleistungsturbine), *6* Regenerator, *7* Untersetzungsgetriebe, *8* Antriebswelle

Brennstoffverbrauch entgegen. Daher erhalten alle Gasturbinen für Straßenfahrzeuge einen regenerativen Wärmetauscher, **Bild 22**. Hier ist der Fortschritt in der Keramiktechnologie mit den Aussichten auf hohe Turbineneintrittstemperaturen von entscheidender Bedeutung. Wegen der ungünstigen Wirkungsgrade bei kleinen Abmessungen wird sich die Gasturbine eher für Fahrzeuge mit hohem Leistungsbedarf eignen (z.B. schwere Nutzfahrzeuge und Panzer).

8.7 Betrieb. Operation

Atmosphärischer Zustand. Der barometrische Druck beeinflußt die Leistungsabgabe der Gasturbine, aber nicht den spezifischen Wärmeverbrauch. Mit dem Druck steigt die Leistung direkt proportional. Der Luftstrom in der Anlage ist nämlich proportional der Luftdichte. Die Außenlufttemperatur beeinflußt die Leistung und den spezifischen Wärmeverbrauch (s. **Bild 23**, das nur für eine bestimmte Turbineneintrittstemperatur T_3 gilt). Bei niedrigen Lufttemperaturen kann die Leistung z.B. durch maximalen Brennstoffstrom, bestimmte Drehzahlen n oder $n/\sqrt{T_{t1}}$ beim Gaserzeuger begrenzt werden.

Abnahmeprüfungen. Gemäß ISO-Norm gelten hier für den Eintritt am Verdichterflansch der Gesamtdruck 1,013 bar, die Gesamttemperatur 15 °C und die relative Feuchte 60%. Am Austritt der Turbine oder des Wärmetauschers sei der statische Druck 1,013 bar, das Kühlwasser habe 15 °C.

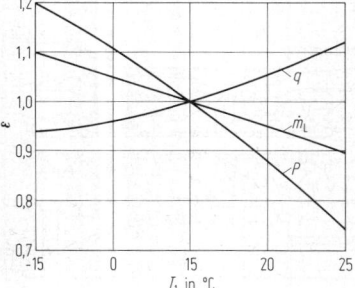

Bild 23. Einfluß der Außenlufttemperatur T_1 auf die Leistung P, den spezifischen Wärmeverbrauch q und den Luftstrom $\dot m_L$ einer Gasturbine, dargestellt durch den Korrekturfaktor ε

8.7.1 Teillastbetrieb. Part load operation

Teillastbetrieb. Er ist von Bedeutung für Schiffs-, Kraftfahrzeugantriebe usw. Der Wirkungsgrad der Gasturbine soll hoch bzw. der spezifische Wärmeverbrauch niedrig sein, und der Verdichter darf nicht pumpen.

Einflußgrößen. Bei Gasturbinen sind es die Erhöhung des Brennstoffstroms, wobei auch die Turbineneintrittstemperatur steigt, die Steigerung des Druckniveaus bei geschlossenen Gasturbinenprozessen und die Änderung der Geometrie der Gasturbine.
Grundsätzlich läßt sich jeder Querschnitt der Gasturbine ändern, womit „Freiheitsgrade" gewonnen werden, die dem Wärmeverbrauch zugute kommen. Praktisch ist die Geometrie nur bei Teilen zu ändern, die nicht rotieren und Höchsttemperaturen nicht ausgesetzt sind. Es handelt sich dabei um die Leitschaufeln einzelner Verdichterstufen, um verstellbare Leitschaufeln am Verdichtereintritt (Vorleit-

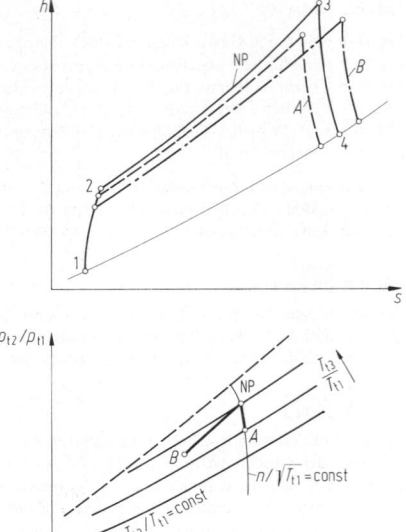

Bild 24. Teillastverfahren einer Einwellenanlage A mit konstanter Drehzahl und einer Zweiwellenanlage B; NP Betrieb im Nennlastpunkt

rad) und bei den Zweiwellenanlagen um die verstellbaren Leitschaufeln der ersten Stufe der freien Nutzleistungsturbine. Bei Luftfahrt-Triebwerken ist die Veränderung der Schubdüse und des Einlaufdiffusors (Überschallflug) möglich.

Geschlossene Gasturbinenanlagen. Hier wird mit der Änderung des Drucks p_{t1} am Verdichtereintritt nur der Massenstrom variiert, wobei das Druckverhältnis p_{t2}/p_{t1} des Verdichters (p_{t2} ist der Druck am Verdichteraustritt) und die Turbineneintrittstemperatur T_{t3} konstant bleiben. Bei Teillast ändert sich der Wirkungsgrad der Gasturbine kaum, er wird nur durch den konstanten Eigenbedarf der Hilfsgeräte verschlechtert, der bei Abnahme der Last anteilmäßig immer größer wird.

Ein- und Zweiwellenanlagen (**Bild 1a** und **b**): **Bild 24** zeigt, wie sich hierbei im Verdichterkennfeld der Betriebspunkt vom Nennlastpunkt (NP) beispielhaft entfernen kann (Außenluftzustand konstant). Fall A: Einwellenanlage mit konstanter Drehzahl, Fall B: Zweiwellenanlage bei Propellergesetz wie auch bei konstanter Drehzahl der Nutzleistungsturbine mit nahezu deckungsgleichen Betriebslinien im Verdichterkennfeld.

h,s-Diagramm (**Bild 24**). Hier sind die Gasturbinenprozesse für die beiden Fälle gezeigt. $T_{t3,B} > T_{t3,A}$, $(p_{t2}/p_{t1})_B < (p_{t2}/p_{t1})_A$, $T_{t2,A} > T_{t2,B}$, $T_{t4,B} > T_{t4,A}$. Im Fall A nimmt der Luftstrom $\dot m_V$ mit Abnahme der Last etwas zu, wobei sich der Verdichterwirkungsgrad verschlechtert. Im Fall B ist die Verkleinerung des Luftstroms stark ausgeprägt (s. R 8.11).
Sofern Anlagen für die Stromerzeugung betrachtet werden, gilt bei gleicher Leistung $w_B > w_A$, weil $\dot m_{V,B} < \dot m_{V,A}$. Falls es keinen Wärmetauscher gibt, ist $Q_B > Q_A$. In beiden Fällen sind die Unterschiede in den Teillast-Wirkungsgraden nicht signifikant. Sind jedoch diese Anlagen mit einem Wärmetauscher ausgerüstet, so ist die Zweiwellenanlage

wesentlich günstiger. Der Wärmerückgewinn im Wärmetauscher ist beim Fall *B* größer. Das gilt auch bei Anlagen mit externem Wärmeaustausch (Gas-Dampf-Anlagen,
Heizkraftwerke).

Die Einwellenanlage in Verbindung mit der Leistungsabgabe nach dem Propellergesetz hat im Verdichterkennfeld
eine Betriebslinie, die mit Lastabnahme zur Pumpgrenze
des Verdichters zuläuft. Bei dem Turboluftstrahl-Trieb-
werk verhält sich die Schubdüse sehr ähnlich wie die
Nutzleistungsturbine einer Zweiwellenanlage; das Teillastverhalten ist somit ebenfalls ähnlich.

Schaufelverstellung. Mit Leitschaufeln am Verdichtereintritt (Vorleitrad) wird der Luftstrom ohne Rücksicht auf
die Drehzahl verändert. So wird die Turbinenabgastem-
peratur hoch gehalten, was bei allen Anlagen mit Abwärmenutzung der Gase (auch bei regenerativem Prozeß)
günstig ist.

Mit verstellbaren Leitschaufeln bei der ersten Stufe der
freien Nutzleistungsturbine läßt sich die Energieverteilung
zwischen ihr und der Hochdruckturbine, die den Verdichter antreibt, steuern. Beim Öffnen der Schaufeln sinkt der
Gegendruck hinter der Hochdruckturbine, und sie erhält
damit ein größeres Energiegefälle. Beim Versperren des
Querschnitts wird die Nutzleistungsturbine mit größerem
Gefälle beaufschlagt. Vorteile sind:

- Beim einfachen Prozeß und einer Leistungsabnahme
  nach dem Propellergesetz kann man den Luftstrom bei
  unveränderlicher Drehzahl konstant halten.
- Bei Anlagen mit Wärmetauscher wird der Luftstrom
  verkleinert, während die Temperaturen am Turbineneintritt und -austritt sowie der Wärmerückgewinn im
  Wärmetauscher hoch bleiben.

8.7.2 Besondere Betriebszustände, Wartung
Special operating conditions, maintenance

Anfahrvorgang. Den Anfahrvorgang aus dem Ruhezustand bei einer großen Einwellen-Gasturbine zur Stromerzeugung zeigt **Bild 25**. Nach Inbetriebnahme der Anfahreinrichtung muß die Gasturbine zuerst gelüftet werden,
um durch Brennstoffleckage vorhandene explosive Dämpfe zu entfernen. Brennstoffzufuhr und Zündung führen
dann zu einem weiteren Anstieg der Drehzahl. Bei etwa 60% der Nenndrehzahl wird die Anwurfeinrichtung
abgeschaltet.

Lastabwurf. Der plötzliche Lastabwurf ist bei Zweiwellenanlagen für Stromerzeugerantrieb wegen der geringen
Massenträgheit der Nutzleistungsturbine gefährlich. Eine
Überdrehzahl muß zugelassen werden, obwohl beim Lastabwurf der Brennstoffstrom auf den Leerlaufwert gedrosselt oder ganz abgeschaltet wird. Die Gaserzeugerwelle
ist, abgesehen von der Trägheit, wegen der Leistungsaufnahme des Verdichters sehr stabil, **Bild 26**. Beim Wärmetauscher ist wegen seiner Wärmekapazität ein schneller
Abfall der Turbineneintrittstemperatur nicht möglich.

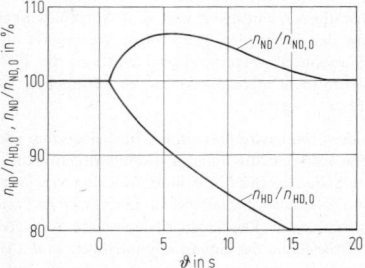

Bild 26. Lastabwurf bei einer Zweiwellenanlage für Stromerzeugung; Änderung der Drehzahl $n_{HD}/n_{HD,0}$ der Gaserzeugerwelle
und $n_{ND}/n_{ND,0}$ der Nutzleistungsturbine in Abhängigkeit von der
Zeit ϑ

Wartung. Die Lebensdauer hängt von der Belastung, den
Anfahrvorgängen, dem Brennstoff und den Umweltbedingungen ab. Sie haben Einfluß auf die Wartungsintervalle
und damit auf die Verfügbarkeit der Anlage. **Bild 27** gibt
den Faktor an, um den die Wartungsarbeiten häufiger
durchgeführt werden müssen, in Abhängigkeit von der
Belastung und von den Anfahrvorgängen (schnell oder
langsam). Die Belastung hängt vom Zeitstandverhalten
der Werkstoffe und die Anfahrvorgänge von den thermischen Spannungen ab. Die Brennstoffe, die stark strahlen und schlecht zu verstäuben sind, verlangen kürzere
Wartungsintervalle als Erdgas. Staub in der Umgebungsluft bewirkt Erosion, die ebenfalls berücksichtigt werden
muß.

Die energiewirtschaftlichen Kenndaten von Gasturbinen
sind im Vergleich zu anderen Wärmekraftanlagen sehr
günstig: Betriebssicherheit 98 bis 99%, Verfügbarkeit 94
bis 97%, Anfahrsicherheit 96%.

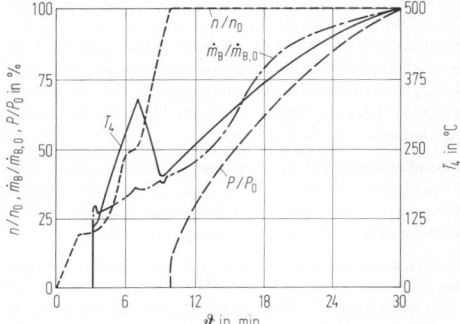

Bild 25. Langsamer Anfahrvorgang aus dem kalten Zustand bei
einer großen Einwellen-Gasturbine in Abhängigkeit von der Zeit ϑ.
n/n_0 Änderung der Drehzahl, $\dot{m}_B/\dot{m}_{B,0}$ Änderung des Brennstoffstroms, P/P_0 Änderung der Leistung, T_4 Turbinenaustrittstemperatur

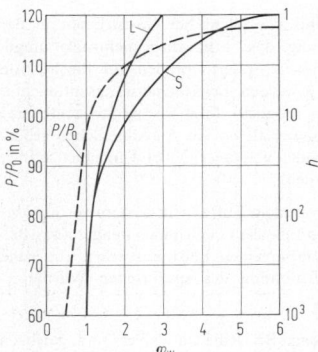

Bild 27. Abhängigkeit des Faktors φ_w für Wartungskosten von der
Belastung P/P_0 und der Anzahl der Betriebsstunden h je Anfahrvorgang beim langsamen (L) und schnellen (S) Anfahrvorgang

8.8 Korrosion, Erosion und Verschmutzung
Corrosion, erosion and fouling

Mechanismen. Der störungsfreie Betrieb einer Gasturbine hängt in starkem Maß von der Luftreinheit und der Qualität des Brennstoffs ab.

Verschmutzung des Verdichters. Sie wird durch Staubteilchen von weniger als 5 μm verursacht. Staubteilchen über etwa 10 μm verursachen Erosion im Verdichter, in der Turbine und am Brenner. Die Stärke der Erosion hängt von Härte, Form, Gewicht und Qualität der Staubteilchen, von der Aufprallgeschwindigkeit und vom Aufprallwinkel wie auch von der Härte des betroffenen Werkstoffs ab. Sofern der Staubanteil unter 500 ppb bleibt und die Teilchen über 10 μm nicht mehr als 5 Gew.-% ausmachen, ist Erosion nicht zu erwarten.

Sulfidation oder Alkalisulfatkorrosion. Hierbei greifen die flüssigen oder teilweise flüssigen, schwefelhaltigen Ablagerungen die Schaufelwerkstoffe unter Bildung von Metallsulfiden an, die durch Sauerstoff in den Gasen in Oxide übergeführt werden. Der hierbei freigesetzte Schwefel kann in die Oberfläche der Schaufel eindringen und z.B. Natriumsulfat-Verbindungen eingehen mit Schmelzpunkten, die den Temperaturen der Schaufeln entsprechen.
Alle hier beschriebenen Erscheinungen lassen sich mit den Maßnahmen Luftreinigung, Behandlung des Brennstoffs, Wahl geeigneter Werkstoffe, Beschichtung von Bauteilen und Reinigung der Gasturbine bekämpfen.

Luftreinigung. *Schwache Staubbelastung.* Oft werden vollautomatische Rollbandfilter mit intermittierendem Antrieb verwendet. Wenn eine bestimmte einstellbare Druckdifferenz erreicht wird, löst ein Kontaktmanometer den Antriebsmechanismus aus, der nur so viel Filterband nachführt, wie zum Einhalten einer konstanten Druckdifferenz notwendig ist. Als Luftfiltermedium dient ein nicht brechendes, nicht faserndes, elastisches, mit Staubbindemitteln benetztes Material. Das Filterband wird nach Sättigung entfernt und durch ein neues ersetzt.

Starke Staubbelastung. Hier werden Luftfilter auf Trägheitsbasis verwendet. Mit der Umlenkung des Luftstroms werden Staubteilchen infolge ihrer Trägheit mit einem Teil des Luftstroms ausgeschieden und dann durch ein Zellenluftfilter als Hochleistungsabscheidung geleitet. Das Glasfibermaterial hat Poren von weniger als 5 μm Durchmesser und wird zickzackförmig gefaltet, so daß das Verhältnis zwischen der wirksamen und der Stirnfläche des Luftfilters groß ist.

Luftentfeuchter sind vor allem bei Gasturbinen in der Schiffahrt notwendig. Die Luft wird mehrmals umgelenkt, und die Wassertröpfchen prallen auf Bleche, von denen sie abgeleitet werden. Bei Hochleistungsentfeuchter (NaCl < 0,01 ppm möglich) folgt als zweite Stufe eine Schicht aus Filtermaterial, wo aus Aerosolteilchen größere Tröpfchen gebildet und anschließend in einer dritten Stufe entfernt werden.

Druckverlust. Der mit dem Lufteintrittssystem verbundene Druckverlust beeinflußt die Gasturbinenanlage. Zum Beispiel bedingen 10 mbar einen Leistungsverlust von rund 2,1% und eine Erhöhung des spezifischen Wärmeverbrauchs um 1,1%.

Brennstoffbehandlung. Bei Rückstandsölen und gewissen Rohölen ist der Gehalt an Natrium und Vanadium hoch. Diese reagieren in der Flamme zu Natriumvanadaten, die einen Schmelzpunkt unter 600 °C haben und stark korrosiv sind.

Kochsalz. Es tritt im Brennstoff als oleophober Stoff auf. Nach Zumischung von wenigen Prozent Wasser geht es in die wäßrige Phase über. Danach werden Öl und Wasser in Zentrifugen getrennt.

Korrosionsinhibitoren. Geeignete Additive bewirken, daß Ablagerungen auf den Turbinenschaufeln nicht mehr korrosiv wirken. Das meist verwendete Element ist Magnesium. Bei der Verbrennung entstehen Magnesiumvanadate mit Schmelzpunkten, die über den Schaufeltemperaturen liegen. Sie haften aber stark an der Oberfläche. Es müssen so viele Additive zugegeben werden, daß sich ein Gewichtsverhältnis Magnesium zu Vanadium von 3 bis 3,5 : 1 einstellt. Bei Zugabe von siliciumhaltigen Additiven wird in der Flamme Siliciumoxid gebildet, das die Haftfestigkeit von Ablagerungen vermindert.

Gasturbinenreinigung. Meßbarer Leistungs- und Wirkungsgradverlust infolge Verschmutzung läßt sich durch Reinigung beheben, im Stillstand durch Waschen mit Wasser und Detergentien oder Dampf und während des Betriebs durch Zufuhr von körnigen Materialien wie Reis oder zerkleinerten Walnußschalen. Bei jedem Stillstand wird der Leistungsverlust um 20 bis 40% vermindert, weil bei der Abkühlung ein Teil der Verschmutzung abblättert.

8.9 Werkstoffe. Materials

Die Zentrifugalkraft verursacht an den Läuferschaufeln gleichzeitig Zug- und Biegespannungen. Das Fluid führt zu Biegespannungen an den Leit- und Laufschaufeln (s. R 1.8.3 und R 1.8.4). Bei hohen Temperaturen des Fluids ist auch das Kriechverhalten der Werkstoffe zu berücksichtigen.
Bei instationärem Verlauf entstehen Kurzzeitermüdungs- und Biegewechselbeanspruchungen mit Rißbildung und Schwingungsbrüchen. Die Temperaturen zu Wechselbeanspruchung (Thermoschocks) mit Ermüdung und Rißbildung. Das Fluid verursacht Erosion und Korrosion, welche den Wirkungsgrad herabsetzen und das Material durch Abtrag schwächen.

Verdichterschaufeln. Sie werden aus ferritischen Chromstählen oder Cr-Ni-Mo-V-Vergütungsstählen hergestellt. Bei Flugtriebwerken wählt man leichte Titanlegierungen, die aber wegen ihrer geringen Kriechfestigkeit und der Sauerstoffversprödung nur bis 500 °C verwendbar sind. Bei Verdichtern mit hohen Druckverhältnissen müssen dann die Hochdruck-Stufen aus Superlegierungen auf Nickelbasis gefertigt werden.
Bei Gasturbinen in Schwerbauweise benutzt man für die Verdichterscheiben hochfeste Vergütungsstähle und bei Luftfahrt-Triebwerken, in Abhängigkeit von der Temperatur, Ti- oder Ni-Superlegierungen. Die Scheiben werden geschmiedet und nachbearbeitet.

Brennkammern. Sie bestehen aus ferritischem Stahl oder Nickelbasislegierungen, gegebenenfalls mit hohem Chromgehalt, die gut schweißbar sind. Einige Brennkammern erhalten wärmedämmende Schutzschichten.

Turbinenleitschaufeln. Sie sind trotz fehlender Zentrifugalkräfte durch hohe Temperaturen sowie große Biege- und Temperaturwechselbeanspruchungen Belastungen ausgesetzt, die zu Rißbildung und Kurzzeitermüdung führen. Sie werden aus Nickelbasislegierungen hergestellt und zwecks Verringerung der Korrosion inchromiert. Es gibt auch andere Schutzschichten (z.B. Ni-Cr-Si-Legierung), die mittels eines Plasmaspritzverfahrens aufgebracht werden. Im

Triebwerkbau werden Superlegierungen auf Kobaltbasis verwendet.

Laufschaufeln. Sie sind gleichzeitig thermischen, mechanischen und chemischen Belastungen ausgesetzt. Für die Turbine werden sie aus Nickelbasis-Superlegierungen geschmiedet oder gegossen. Es ist üblich, korrosionsbeständige Schutzschichten aufzubringen. Neuerdings werden in Luftfahrt-Triebwerken gerichtet erstarrte Superlegierungen verwendet.

Gehäuse. Sie werden aus Stählen, Titanlegierungen und Nickelbasislegierungen gegossen oder geschmiedet.

Entwicklungstendenzen. Die Anstrengungen der Werkstofforschung zielen bezüglich höherer Temperaturen auf keramische Werkstoffe, Einkristallschaufeln und gerichtet erstarrte Eutektika. Bei niedrigen Temperaturen könnten die sehr leichten Verbundwerkstoffe zur Anwendung kommen. Sie würden sich sehr gut für Verdichter- und Gebläseschaufeln bei den ZTL eignen.

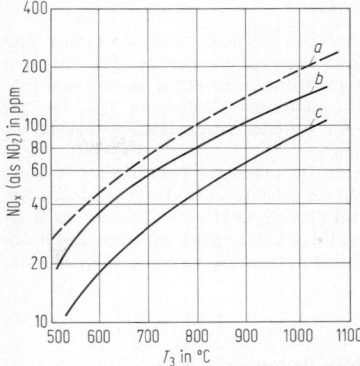

Bild 28. Stickoxid-Konzentration bei einer großen Einwellen-Gasturbine in Abhängigkeit von der Turbineneintrittstemperatur T_3. *a* ursprüngliche Brennkammer mit Brennöl, *b* modifizierte Brennkammer mit Brennöl, *c* modifizierte Brennkammer mit Erdgas

8.10 Umweltaspekte. Environmental pollution

8.10.1 Schadstoffe. Pollutants

Kohlenmonoxid ist ein Produkt unvollständiger Verbrennung und entsteht durch Berührung der Brennstoff-Luftmischung mit den verhältnismäßig kalten Wänden des Verbrennungsraums. Bei Gasturbinen ist während des Anfahrvorgangs und Leerlaufs die CO-Konzentration hoch (etwa 800 ppm). Dieser Wert liegt bei Vollast unter 10 ppm. Eine Umweltbelastung durch Kohlenmonoxid liegt also nicht vor.

Unverbrannte Kohlenwasserstoffe sind verdampfter und unverbrannter Brennstoff sowie auch andere Zwischenprodukte der Verbrennung. Sie entstehen durch schlechtes Mischen des Brennstoffs mit Luft und „Einfrieren" an den Wänden des Flammrohrs. Ihre Entstehung wird mittels lastabhängiger Brennstoffzufuhr in Doppeldüsen sowie Veränderungen im Drall des Drallapparats und der Düsen unterbunden. Bei Leerlauf wurden bis zu 1000 ppm, bei Vollast unter 1 ppm festgestellt.

Bei den unverbrannten Kohlenwasserstoffen belästigen Aldehyde den Geruchssinn, während die polynuklearen aromatischen Kohlenwasserstoffe (z.B. Benzopyren, Benzanthrazen) cancerogene (krebsfördernde) Substanzen sind (**Z Tab. 14**).

Stickoxide (NO_x) sind eine Mischung aus Stickoxid NO und Stickstoffdioxid NO_2. Stickoxid NO entsteht bereits in heißer Luft, wobei auch die Gegenwart von Wasserdampf diese Bildung fördert. Mit Rücksicht auf den Brennstoff wird promptes Stickoxid gebildet mit Hilfe der freien Radikale der Verbrennungskette. Bei Kohlenwasserstoffen gibt es mehr NO als bei Verbrennung von H_2 und CO. NO entsteht auch „organisch" aus dem im Brennstoff gebundenen atomaren N.

NO_2 entsteht aus NO exotherm, eine Reaktion, die der Temperatur invers proportional ist. Mehr als 25 ppm NO_2 im Abgas sind aufgrund der gelb-braunen Farbe zu erkennen. Bei Vollast beträgt der Anteil rund 5 bis 10% NO_2 in NO_x, während er bei Leerlauf bis etwa 50% betragen kann. Der größte Teil von NO wird innerhalb drei bis fünf Stunden in der Atmosphäre in NO_2 umgewandelt. In Gegenwart von unverbrannten Kohlenwasserstoffen und unter Einwirkung von Sonnenlicht entsteht Smog (Auswirkungen: Augenreizung, Atmungsbeschwerden und Vegetationsschäden). NO_2 reizt die Schleimhäute,

verursacht Emphysen (Lungenblähung) und schadet der Vegetation.

Die NO_x-Konzentration steigt mit zunehmendem Brennkammerdruck, mit der Temperatur am Eintritt und Austritt der Brennkammer (**Bild 28**), mit abnehmender Luftfeuchte (Wasserdampfgehalt) und mit schlechter Durchmischung von Brennstoff und Verbrennungsluft. **Bild 28** zeigt, welchen Einfluß der Brennstoff hat: Erdgas ist besser als Brennöl.

Im Rahmen der schnell verwirklichbaren Möglichkeiten konnte innerhalb von wenigen Jahren die Konzentration von Stickoxiden von etwa 300 auf rund 150 ppm gesenkt werden. Eine weitere Senkung der Konzentration bei gasförmigen Brennstoffen auf etwa 55 bis 70 ppm und bei flüssigen Brennstoffen auf rund 70 bis 80 ppm ist mittels Wassereinspritzung in die Primärzone der Brennkammer oder vor dem Verdichter bzw. durch Dampfeinspeisung in die Primärzone möglich. Dabei ist vollentsalztes Wasser zu benutzen. Eine ungünstige Beeinflussung der Verfügbarkeit kann sich dabei ergeben.

Schwefeloxide (SO_2 und SO_3) sind in den Abgasen nur dann vorhanden, wenn Schwefel bereits im Brennstoff vorliegt. Sie reizen die Schleimhäute, sind giftig für bestimmte Pflanzenarten und greifen Bauwerke an. Bei Gasturbinenanlagen mit Abwärmeverwertung darf wegen Korrosion in den Wärmetauschern keine Taupunktunterschreitung vorkommen.

Rauch. Die winzigen Kohlenstoffpartikel entstehen durch örtlichen Sauerstoffmangel und zu schnelles Aufheizen des Brennstoffs. Ruß entsteht immer in Nähe der Düse. Sofern die Rußteilchen Größen erreichen wie die Wellenlänge des sichtbaren Lichts, werden sie als Rauch sichtbar, obwohl ihre Konzentration äußerst gering sein kann. Es hat sich gezeigt, daß flüssige Brennstoffe mit hohem Anteil an Aromaten zur Rußbildung neigen. Dann ist es günstiger, den Brennstoff mit Druckluft zu zerstäuben. Die als Rauch sichtbaren Kohlenstoffpartikel sind nicht giftig, aber lästig. Der Ruß ruft auf weißem Filterpapier eine Schwärzung hervor. Durch die Gegenüberstellung mit einer normierten Vergleichsskala wird die Bacharach-Rußzahl bestimmt. Bei Vollastbetrieb sind die zulässigen Trübungswerte für Rauch: bei leichtem Heizöl Bacharach 2 und bei schwerem Heizöl Bacharach 3.

8.10.2 Lärm. Noise

Die hauptsächlichen Lärmquellen einer Gasturbine sind Verdichtereintritt und Turbinenaustritt 50%, Gehäuse (Verkleidung) und Hilfssysteme 12,5%, angetriebene Einrichtung 12,5%, Lüfter des Kühlsystems 25%. Die angegebenen Werte betreffen eine verkleidete Einheit zur Stromerzeugung.

Die Frequenz des Hauptons am Verdichtereintritt hängt von der Anzahl der Schaufeln und der Drehzahl ab. Am Turbinenaustritt überwiegen hingegen Bereiche mit niedriger Frequenz. Bei Schalldämpfung entstehen die für den Wirkungsgrad und die Leistung nachteiligen Druckverluste (s. O 3.3).

8.11 Kennfelder. Performance maps

Bei Untersuchung des Betriebsverhaltens von Gasturbinenanlagen und Luftfahrttriebwerken müssen die Eigenschaften der Turbomaschinen unter veränderlichen Bedingungen bekannt sein. Bei dem Verdichter ist es z.B. erforderlich, unterschiedliche Außenluftzustände zu berücksichtigen (s. **Bild 23**).

Voraussetzungen. Nach der Ähnlichkeitstheorie (s. R 1 Gl. (40)) liegen bei gegebenen Turbomaschinen und identischem Fluid ähnliche Betriebspunkte vor, wenn für die Viskosität die Reynoldszahlen und die Kompressibilität die Machzahlen identisch sind (s. B 7 Gln. (13) und (17)). Im betrachteten Fall wird das Fluid nicht verändert: Der Isentropenkoeffizient k ist dabei von der Temperatur nur schwach abhängig. Abgesehen von gewissen extremen Flugbedingungen bei Luftfahrttriebwerken ist eine Identität der Reynoldszahlen vorhanden.

Korrigierte Größen. Für zwei Betriebspunkte 1 und 2 sollen nach den Voraussetzungen die Machzahlen der Strömungsgeschwindigkeit c gleich sein: $(c/a)_1 = (c/a)_2$. Bei Berücksichtigung der Kontinuität (s. B 6 Gl. (5))

$$c = \dot{m}/(A\rho) = \dot{m}RT/(Ap) \sim \dot{m}T/p$$

folgt mit Schallgeschwindigkeit $a = \sqrt{kRT}$ (s. D 7.2.1) und der Zustandsgleichung $p/\rho = RT$ (s. D 6.1.1)

$$(\dot{m}\sqrt{T}/p)_1 = (\dot{m}\sqrt{T}/p)_2.$$

Bei $Ma_1 = Ma_2$ gilt auch $(T_t/T)_1 = (T_t/T)_2$ und $(p_t/p)_1 = (p_t/p)_2$. Mit den Gesamtgrößen erhält man nun den ‚korrigierten' Massenstrom

$$(\dot{m}\sqrt{T_t}/p_t)_1 = (\dot{m}\sqrt{T_t}/p_t)_2.$$

Anstelle der Strömungsgeschwindigkeit c darf die Umfangsgeschwindigkeit u des Läufers verwendet werden: $(u/\sqrt{T_t})_1 = (u/\sqrt{T_t})_2$ (Identität der mit Umfangsgeschwindigkeit gebildeten Machzahlen). Über die Beziehung zum Durchmesser D und der Drehzahl n:

$$u = D\pi n \sim n$$

folgt die „korrigierte" Drehzahl

$$(n/\sqrt{T_t})_1 = (n/\sqrt{T_t})_2.$$

Verdichterähnlichkeitskennfeld (Bild 29). Hier sind auch die Muschelkurven des isentropen Wirkungsgrades $\eta_{V,is}$ (s. R 8.3.1) eingetragen. Über die korrigierten Größen ist es gelungen, mit nur einem Kennfeld große Bereiche der Änderungen des Drucks p_{t1} und der Temperatur T_{t1} am Eintritt des Verdichters zu erfassen.

Die in **Bild 29** strichpunktierte Pumpgrenze ergibt sich durch Strömungsablösungen an den Verdichterschaufeln und durch das Zusammenwirken der dem Verdichter nach-

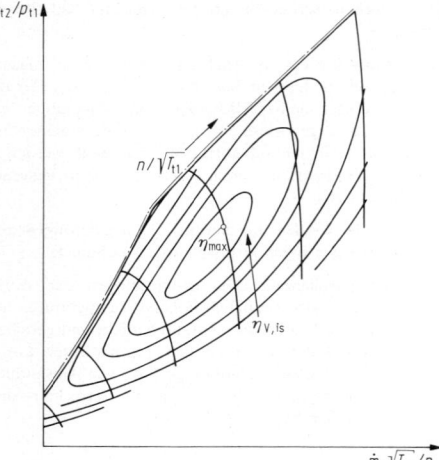

Bild 29. Qualitatives Verdichter-Ähnlichkeitskennfeld. η_{max} höchster Wirkungsgrad, strichpunktiert: Pumpgrenze

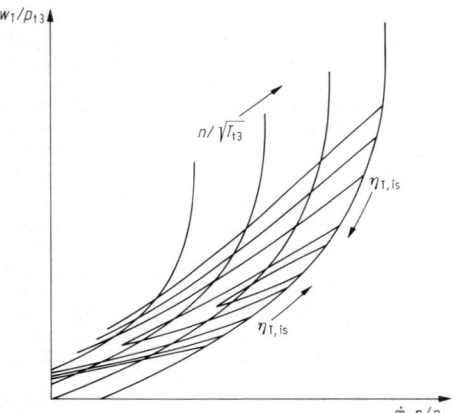

Bild 30. Qualitatives Turbinen-Ähnlichkeitskennfeld

geschalteten Anlageteile. Die letzteren bestimmen den „Drosselgrad" des Verdichters, also die Lage des Betriebspunkts im Kennfeld. Er soll einen genügenden Abstand zur Pumpgrenze haben. Das Pumpen muß vermieden werden, weil durch Schaufelschwingungen oder gar durch Strömungsumkehrung des Fluids Schäden entstehen können.

Beim Anfahrvorgang (niedrige Drehzahlen, kleine Massenströme und Druckverhältnisse) ist das Kennfeld sehr eng: Die Pumpgrenze kann überschritten werden. Abhilfe schafft Abblasen des Fluids an mindestens einer Stelle des Verdichters. Sofern für das Anfahren Druckluft eingeblasen wird, ist Abblasen nicht erforderlich.

Das Kennfeld ist nach unten durch die Schluckfähigkeit begrenzt. Sie wird dann erreicht, wenn in einem Querschnitt des Verdichters die Schallgeschwindigkeit vorliegt.

Der für die Nennlast vorgesehene Betriebspunkt wird im Verdichterkennfeld üblicherweise nach rechts oben vom Punkt (**Bild 29**) des höchsten Wirkungsgrads η_{max} gelegt.

Auf diese Weise werden die Abmessungen kleiner, als wenn man einen Verdichter wählt, bei dem der Betriebspunkt mit η_{max} zusammenfällt.

Die Dimensionen der korrigierten Größen sind unmittelbarer Anschauung nicht zugänglich. Abhilfe schafft eine weitere Korrektur mit gewählten Standardgrößen, z.B.: $\dot{m}\sqrt{T_t}/p_t$ wird multipliziert mit $1{,}013$ bar$/\sqrt{288{,}15\ \text{K}}$ und $n/\sqrt{T_t}$ mit $\sqrt{288{,}15\ \text{K}}$. Der Ähnlichkeitscharakter bleibt so durchaus erhalten.

Turbinenähnlichkeitsfeld. Das **Bild 30** zeigt nur eine der vielen Darstellungsmöglichkeiten eines Turbinenähnlichkeitskennfelds. Auf der Abszisse ist $\dot{m}_T n/p_{t3}$ aufgetragen (Index 3: Turbineneintritt). Das ist ebenfalls eine korrigierte Größe, die sich aus $(\dot{m}\sqrt{T_t}/p_t)\cdot(n/\sqrt{T_t})$ ergibt. Die Ordinate w_T/p_3 ist abgesehen vom Isentropenexponenten k und der Gaskonstante R eine Funktion des Druckverhältnisses. Durch die Schluckfähigkeitsgrenze der Turbine bedingt verlaufen die $n/\sqrt{T_{t3}}$-Linien senkrecht nach oben.

Bei Gasturbinenanlagen ist eine sorgfältige Abstimmung der Zusammenarbeit Turbine-Verdichter erforderlich.

9 Spezielle Literatur
Special bibliography

zu R 1 Gemeinsame Grundlagen
[1] Properties of water and steam in SI-Units. E. Schmidt (Hrsg.). Berlin: Springer 1982. – [2] Dzung, L.S.; Rohrbach, W.: Berechnung der thermodynamischen Differentialquotienten für Wasserdampf. BWK 13 (1961) 441–445. – [3] Endres, W.; Somm, E.: Thermodynamische Differentialquotienten für Wasserdampf. BWK 15 (1963) 439–442. – [4] Gyarmathy, G.: Grundlagen einer Theorie der Naßdampfturbine, Diss. ETH Zürich. Zürich: Juris 1962. – [5] Sanger, N.L.: The Use of optimization techniques to design controlled diffusion compressor blading. ASME, J. Eng. Power 105 (1983). – [6] Schmidt, E.: Design of supercritical compressor and turbine cascades with a numerical method considering axial velocity density ratio. VKI Lecture Series 7 (1979). – [7] Fottner, L.: Review of turbomachinery blading design problems. AGARD-LS-167, 1989. – [8] Starken, H.: Design criteria for optimal blading design. AGARD-LS-167, 1989. – [9] Lomax, H.: Some prospects for the future of computational fluid dynamics. AIAA J. 20 (1982) 1033–1043. – [10] Kutler, P.: A perspective of theoretical and applied computational fluid dynamics. AIAA J 23 (1985) 328–341. – [11] McNally W.O.; Sokol, P.M.: Review – Computational methods for internal flows with emphasis on turbomachinery. Trans. ASME, J. Fluids Eng. 107 (1985) 6–22. – [12] Moore, J.; Moore, J.G.: Performance evaluation of linear turbine cascades using three-dimensional viscous flow calculations. Trans. ASME. J. Eng. for Gas Turbines and Power 107 (1985) 969–975. – [13] Hah, C.: A Navier-Stokes-analysis of three-dimensional turbulent flows inside turbine blade rows at design and off-design conditions. Trans. ASME, J. Eng. for Gas Turbines and Power 106 (1984) 421–429. – [14] Shamroth, S.J.; McDonald, H.; Briley, W.R.: Predictions of cascade flow fields using the averaged Navier-Stokes-equations. Trans. ASME, J. Eng. for Gas Turbines and Power 106 (1984) 383–390. – [15] Patankar, S.V.; Spalding, D.B.: A calculation procedure for heat, mass and momentum transfer in three-dimensional parabolic flows. Int. J. Heat and Mass Transfer 15 (1972). – [16] Moore, J.; Moore, J.G.: Calculations of three-dimensional viscous flow and wake development in a centrifugal impeller. Trans. ASME, J. Eng. for Power 103 (1981) 367–373. – [17] Moore, J.: Performance evaluation of flow in turbomachinery blade rows. AGARD-LS-140, 1985. – [18] Lawerenz, M.: Ein Beitrag zur Berechnung der dreidimensionalen, reibungsbehafteten Strömung durch axiale Turbinengitter. Diss. RWTH Aachen, 1986. – [19] Lakshminarayana, B.: Turbulence modelling for complex flows. AIAA J. 24 (1986) 1901–1915. – [20] Cebeci, T.; Chang, K.C.; Li, C.; Whitelaw, J.H.: Turbulence models for wall boundary layers. AIAA J. 24 (1986) 359–360. – [21] Marvin, J.G.: Turbulence modelling for computational aerodynamics. AIAA J. 21 (1983) 941–955. – [22] Schlichting, H.: Grenzschicht-Theorie. Karlsruhe: Braun 1982. – [23] Martensen, E.: Berechnung der Druckverteilung an Gitterprofilen in ebener Potentialströmung mit einer Fredholmschen Integralgleichung. Arch. Ration. Mech. Analys. 3 (1959) 235–270. – [24] Imbach, H.E.: Die Berechnung der kompressiblen, reibungsfreien Unterschallströmung durch räumliche Gitter auch großer Dicke und starker Wölbung. Diss. ETH Zürich, 1964. – [25] Jacob, K.: Erweiterung des Martensen-Verfahrens auf Einzel- und Gitterprofile mit eckiger Hinterkante oder sehr kleinem Abrundungsradius. AVA-Bericht 67-A21, 1967. – [26] McFarland, E.R.: A rapid blade-to-blade solution for use in turbomachinery design. ASME, J. Eng. Gas Turbines and Power, 106 (1984). – [27] Katsanis, T.: Computer program for calculating velocities and streamlines on a blade-to-blade stream surface of a turbomachine. NASA-TN D-4525 (1968). – [28] Krain, M.: Beitrag zur Berechnung der quasi-dreidimensionalen Strömung in Radialverdichter-Laufrädern. Diss. RWTH Aachen, 1975. – [29] Katsanis, T.; McNally, W.O.: Revised Fortran program for calculating velocities and streamlines on the hub-shroud midchannel stream surface of axial, radial-, or mixed-flow turbo-machine or annular duct. NASA TN D-8430 and NASA TN-8431, 1977. – [30] Denton, J.D.: An improved time marching method for turbomachinery. Trans. ASME, J. Eng. for Power 105 (1983) 514–524. – [31] Arts, T.: Calculation of the three-dimensional, steady, inviscid flow in a transonic axial turbine stage. Trans. ASME, J. Eng. for Gas Turbines and Power 107 (1985) 286–292. – [32] Koya, M.; Kotake, S.: Numerical analysis of fully three-dimensional periodic flows through a turbine stage. Trans. ASME, J. Eng. for Gas Turbines and Power 107 (1985) 945–952. – [33] Denton, J.D.: The calculation of fully three-dimensional flow through any type of turbomachine blade row. AGARD-LS-140, 1985. – [34] Cebeci, T.; Bradshaw, P.: Momentum transfer in boundary layers. Washington: Hemsphere 1977. – [35] Bradshaw, P.; Cebeci, T.; Whitelow, J.H.: Engineering calculation methods for turbulent flows. London. New York: Academic Press 1981. – [36] McDonald, H.; Briley, W.R.: A survey of recent work on interacted boundary-layer theory flow with separation. Numerical and physical aspects of aerodynamic flows II. Berlin: Springer 1983, p. 141–162. – [37] Cebeci, T.; Whitelaw, J.H.: Calculation methods for aerodynamic flow – A review numerical and physical aspects of aerodynamic flows III. Berlin: Springer 1985, p. 1–22. – [38] Kwon, O.K.; Pletcher, R.H.: A viscous-inviscid interaction procedure – Part 1: Method for computing two-dimensional incompressible separated channel flows. ASME, J. Fluids

Eng. 108 (1986) 64–70. – [39] *Veldman, A.E.P.:* New quasi-simultaneous method to calculate interacting boundary layers. AIAA J. 19 (1981). – [40] *Edwards, D.E.; Carter, J.E.:* A quasi-simultaneous finite difference approach for strongly interacting flow. Numerical and physical aspects of aerodynamic flows III. Berlin: Springer 1986, p. 126–142. – [41] *Wu, C.H.:* A general theory of three-dimensional flow in subsonic and supersonic turbomachines of axial, radial and mixed-flow types. Trans. ASME 74 (1952) 1363–1380. – [42] *Katsanis, T.:* Use of arbitrary quasi-orthogonals for calculating flow distribution in the meridional plane of a turbomachine. Cleveland: Lewis Research Center 1964. – [43] *Frost, D.H.:* A streamline curvature through flow computer program for analyzing the flow through axial-flow turbomachines. Aero. Res. Council, Report and Memo. No. 3687, 1972. – [44] *Seipel, C.:* Räumliche Strömung durch vielstufige Turbinen. Brown Boverie Mitt. 45 (1958) 99–107. – [45] *Renaudin, A.; Somm, E.:* Quasi-three-dimensional flow in a multistage turbine. Flow research on blading. Amsterdam: Elsevier 1970. – [46] *Bidard, R.:* Thermopropulsion des avions. Turbines et compresseurs axiaux. Paris: Gauthier-Villars 1954. – [47] *Zweifel, O.:* Die Frage der optimalen Schaufelteilung bei Beschaufelung von Turbomaschinen, insbesondere bei großer Umlenkung in den Schaufelreihen. Brown, Boveri Mitt. 32 (1945) 436. – [48] *Seippel, C.:* Dampfturbinen von heute. Schweizerische Bauzeitung 77 (1959) 305–316. – [49] *Dibelius, G.:* Bewertung der Strömungs- und festigkeitstechnischen Eigenschaften von axialen Beschaufelungen. VDI-Ber. 264 (1976) 5–10. – [50] *Traupel, W.:* Thermische Turbomaschinen. Bd. I u. II. 3. Aufl. Berlin: Springer 1982. – [51] *Binder, A.:* Instationäre Strömungsvorgänge im Laufrad einer Turbine. DFVLR-FB 85–86, 1986. – [52] *Hodson, H.P.:* Measurements of wake-generated unsteadiness in the rotor passages of axial flow turbines. Trans. ASME, J. Eng. for Gas Turbines and Power 107 (1985) 467–476. – [53] *Cordier, O.:* Ähnlichkeitsbedingungen für Strömungsmaschinen. VDI-Ber. 3 (1955) 85. – [54] *Zienkiewicz, O.C.:* The finite element method in structural and continuous mechanics. London: McGraw-Hill 1967. – [55] *Mlejnek, H.P.; Schreineck, R.:* Einsatz der Finite Elemente Methode zur statischen und dynamischen Berechnung von schalenartigen Radial- und Axialschaufeln bei beliebigen Drehzahlen (System Turban). VDI-Ber. 264 (1976) 173–178. – [56] *Hohn, A.:* Die Rotoren großer Dampfturbinen. Brown, Boveri Mitt. 60 (1973) 404–416. – [57] *Fister, W.; Heiderich, H.:* Untersuchungen über den Einfluß von einigen geometrischen Parametern auf den Verformungs- und Spannungszustand von Radialverdichterlaufrädern. VDI-Ber. 264 (1976) 163–171. – [58] *Traupel, W.:* Thermische Turbomaschinen. Bd. II. 2. Aufl. Berlin: Springer 1968. – [59] *Kissel, W.; Salzmann, F.:* Kurvenscharen zur Berechnung der Spannungen in rotierenden und ungleichmäßig erwärmten Scheiben nach dem Verfahren von Keller. Escher-Wyss-Mitt. Sonderheft „Dampfturbinen". – [60] *Thomas, H.J.; Ulrichs, K.; Wohlrab, R.:* Läuferinstabilität bei thermischen Turbomaschinen infolge Spalterregung. VGB Kraftwerkstechnik 56 (1978) 377–383. – [61] *Montoya, J.G.:* Gekoppelte Biege- und Torsionsschwingungen einer stark verwundenen rotierenden Schaufel. Brown Boveri Mitt. 53 (1966) 160–230. – [62] *Gravina, P.B.J.:* Theorie und Berechnung der Rotationsschalen. Berlin: Springer 1961. – [63] *Endres, W.:* Wärmespannungen beim Aufheizen dickwandiger Hohlzylinder. Brown Boveri Mitt. 45 (1958) 21–28.

zu R 2 Wasserturbinen
[1] *Brand, F.L.:* Die Messung des Wirkungsgrades von hydraulischen Maschinen nach dem thermodynamischen Verfahren. Voith Forschung und Konstruktion 7 (1961). – [2] *DIN 4320:* Wasserturbinen; Benennungen nach der Wirkungsweise und nach der Bauweise. Berlin: Beuth 1971. – [3] *DIN 4323:* Wasserturbinen; Begriffe, Zeichen, Einheiten. Berlin: Beuth 1957. – [4] *DIN 4324:* Wasserturbinen; Rechnungsgrößen. Berlin: Beuth 1957. – [5] *Quantz, L., Meerwarth, K.:* Wasserkraftmaschinen, 11. Aufl. Berlin: Springer 1963. – [6] *Raabe, J.:* Hydraulische Maschinen und Anlagen, Teil 2: Wasserturbinen. Düsseldorf: VDI-Verlag 1970. – [7] *Happoldt, H., Oeding, D.:* Elektrische Kraftwerke und Netze, 5. Aufl., S. 58–74. Berlin: Springer 1978. – [8] *Mosonyi, E.:* Wasserkraftwerke, Bd. I u. II. Düsseldorf: VDI-Verlag 1966. – [9] *Raabe, J.:* Hydraulische Maschinen und Anlagen, Teil 4: Wasserkraftanlagen. Düsseldorf: VDI-Verlag 1970. – [10] Water Power & Dam Construction, Januar 1979. – [11] *Bohl, W.:* Strömungsmaschinen 1: Aufbau und Wirkungsweise. Würzburg: Vogel 1977. – [12] *Bohl, W.:* Strömungsmaschinen 2: Berechnung und Konstruktion. Würzburg: Vogel 1980. – [13] *Mühlemann, E.H.:* Arrangements of hydraulic machines for pumped storage and comparison of cost, efficiency and starting time. Druckschrift der Escher Wyss AG, Zürich, Schweiz. – [14] *Raabe, J.:* Hydro Power: The design, use and function of hydromechanical, hydraulic and electrical equipment. Düsseldorf: VDI-Verlag 1985.

zu R 3 Kreiselpumpen
[1] *Pfleiderer, C.; Petermann, H.:* Strömungsmaschinen. 4. Aufl. Berlin: Springer 1972. – [2] *Troskolański, A.T.; Lazarkiewicz, S.:* Kreiselpumpen. Basel: Birkhäuser 1976. – [3] *Schulz, H.:* Die Pumpen, 13. Aufl. Berlin: Springer 1977. – [4] *Sihi-Halberg:* Grundlagen für die Planung von Kreiselpumpenanlagen. Ludwigshafen 1978. – [5] *Klein, Schanzlin & Becker* (KSB): Kreiselpumpenlexikon, 2. Aufl. Frankenthal 1980. – [6] *Bohl, W.:* Strömungsmaschinen 1: Aufbau und Wirkungsweise. Würzburg: Vogel 1977. – [7] *Bohl, W.:* Strömungsmaschinen 2: Berechnung und Konstruktion. Würzburg: Vogel 1980. – [8] *Raabe, J.:* Hydraulische Maschinen und Anlagen, Teil 3: Pumpen. Düsseldorf: VDI-Verlag 1970.

zu R 4 Propeller
[1] Propellers '78, Symposium, Virginia Beach, Va. USA, May 24–25, 1978. The Society of Naval Architects and Marine Engineers, New York 1979. – [2] *Lerbs, H.; Alef, W.; Albrecht, U.:* Numerische Auswertungen zur Theorie der tragenden Fläche von Propellern. In: Jahrbuch 1964 der STG. Berlin: Springer 1965. – [3] *Ulrich, W.; Danckwardt, E.:* Konstruktionsgrundlagen für Schiffsschrauben. Leipzig: Fachbuchverlag 1956. – [4] *Grim, O.:* Propeller und Leitrad, Forschungszentrum des Deutschen Schiffbaus, Bericht 22, Hamburg 1971. – [5] *Wührer, W.:* Konstruktive Fortschritte als Folge erhöhter Anforderungen am Beispiel von Verstellpropelleranlagen. In: Jahrbuch 1978 der STG. Berlin: Springer 1979. – [6] Mehr als 40 Jahre Escher Wyss Verstellpropeller, Druckschrift der Firma Escher Wyss (Sulzer), Ravensburg 1977. – [7] *Luthra, G.:* Untersuchungen der Maßnahmen zur Verbesserung der Betriebssicherheit bei Düsenpropellern. Schiff & Hafen 29 (1977) H. 6. – [8] *Baer, W.:* Der Voith-Schneider-Propeller heute und seine Entwicklungstendenzen. In: Jahrbuch 1972 der STG. Berlin: Springer 1973.

zu R 5 Föttinger-Getriebe
[1] *VDI-Richtlinie 2153:* Hydrodynamische Getriebe, Begriffe – Bauformen – Wirkungsweise. Düsseldorf: VDI-Verlag 1974. – [2] *Voith:* Hydrodynamische Getriebe, Kupplungen, Bremsen. Mainz: Krausskopf 1970. – [3] *Kickbusch, E.:* Föttinger-Kupplungen und Föttinger-

Getriebe. Konstruktionsbücher Bd. 21. Berlin: Springer 1963. – [4] *Wolf, M.:* Strömungskupplungen und Strömungswandler. Berlin: Springer 1962. – [5] *Voith:* Forschung und Konstruktion, Heft 24 „Antriebstechnik", Heidenheim 1978. – [6] *Rohne, E.:* Gestaltung von Strömungsgetrieben und ihr Verhalten in der Anwendung. VDI-Ber. 228 (1975). [7] *Bohl, W.:* Strömungsmaschinen 1: Aufbau und Wirkungsweise. Würzburg: Vogel 1977. – [8] *Hanselmann, K.:* Der hydrodynamische Stellwandler – Aufgaben und Einsatzmöglichkeiten. Voith-Druckschrift, Heidenheim 1977.

zu R 6 Dampfturbinen
[1] *Bald, A.:* Besonderheiten großer Naßdampfturbosätze, VGB-Kraftwerkstechnik 52 (1972) 300–310. – [2] *Bald, A.:* Turbosätze in konventionellen und nuklearen Kraftwerken. Tech. Mitt. 68 (1975) 22–36. – [3] *Buchwald, K.; Merz, K.:* Grenzleistung von Dampfturbogruppen, VGB Kraftwerkstechnik 55 (1975) 720–724. – [4] *Hohn, A.:* Die Rotoren großer Dampfturbinen. Brown Boveri Mitt. 60 (1973) 404–416. – [5] *Hohn, A.; Novacek, P.:* Die Endschaufeln großer Dampfturbinen. Brown Boveri Mitt. 59 (1972) 42–53. – [6] *Loschge, A.:* Konstruktionen aus dem Dampfturbinenbau, 2. Aufl. Berlin: Springer 1967. – Properties of water and steam in SI-Units. E. Schmidt (Hrsg.). Berlin: Springer 1982. – [7] *Somm, E.:* Brown Boveri Dampfturbinenentwicklung zur Realisierung von Größtmaschinen. Brown Boveri Mitt. 63 (1976) 94–105. – [8] *Stodola, A.:* Dampf- und Gasturbinen, 6. Aufl. Berlin: Springer 1924. – [9] *Trassl, W.:* Dampfturbinen für die Zukunft. VGB Kraftwerkstechnik 68 (1988) 783–794. – [10] *Traupel, W.:* Thermische Turbomaschinen, Bd. I u. II. 3. Aufl. Berlin: Springer 1982. – [11] VDI-Handbuch Energietechnik, Teil 2: Wärmetechnische Arbeitsmappe, 13. Aufl. Düsseldorf: VDI-Verlag 1988.

Normen: *DIN 2481:* Wärmekraftanlagen – Bildzeichen, Schaltpläne. – *DIN 4304:* Dampfturbinen, Benennungen. – *DIN 4305 Blatt 1:* Dampfturbinen, Benennungen der Baugruppen und Bauteile der Turbine. – *DIN 4305 Blatt 2:* Dampfturbinen, Benennungen der Baugruppen und Bauteile der Kondensationsanlage. – *DIN 4319:* Thermodynamische und strömungstechnische Begriffe für Dampf- und Gasturbosätze (Entwurf).

zu R 7 Turboverdichter
[1] *VDI-Wärmeatlas.* 5. Aufl. Düsseldorf: VDI 1988, Dc 19–22. – [2] *Knapp, H.:* Vapor-liquid equilibria for mixtures of low boiling substances. Dechema Chem. Data Ser. Vol. VI (1981). – [3] *Beinecke, D.; Lüdtke, K.:* Die Auslegung von Turboverdichtern unter Berücksichtigung des realen Gasverhaltens. VDI-Ber. 487 (1983). – [4] Centrifugal compressors for general refinery service. API-Standard 617, 1988. – [5] *Fulton, J.W.:* The decision to full load test a high pressure centrifugal compressor in its module prior to tow-out. 2nd European Congress on Fluid Machinery. I Mech E Conf. Publ. 1984.

zu R 8 Gasturbinen
[1] *Baehr, H.D.:* Gleichungen und Tafeln der thermodynamischen Funktionen von Luft und einem Modell-Verbrennungsgas zur Berechnung von Gasturbinenprozessen. Fortschr.-Ber. VDI-Z. Reihe 6, Nr. 13 (1967). – [2] *Bammert, K.; Stubbe, H.:* Der Einfluß von Korrosion, Erosion und Verschmutzung auf das Betriebsverhalten von Turbine und Kreislauf einer Gasturbinenanlage. Arch. f. Eisenhüttenwes. 41 (1970) 1055–1068. – [3] *Bammert, K.; u.a.:* Der Einsatz von Meßgeräten und die Anwendung von Meßverfahren bei der Durchführung von Abnahmen und Versuchen an Dampf- und Gasturbinen. Energie u. Tech. 25 (1973) 31–36 und 83–91. – [4] *Bammert, K.; Gökce, A.T.:* Gasturbinen zur Stromerzeugung und Süßwassergewinnung mit nuklearen oder solaren Wärmequellen. Atomkernenergie/Kerntech. 33 (1979) 83–88. – [5] *Buxbaum, J.:* Einflußgrößen bei Gas-Dampfprozessen mit offenen und geschlossenen Gaskreisläufen. Energie u. Tech. 16 (1964) 102–113 und 136–142. – [6] *Dietzel, F.:* Gasturbinen. Würzburg: Vogel 1974. – [7] *Friedrich, R.:* Gasturbinen mit Gleichdruckverbrennung. Karlsruhe: G. Braun 1949. – [8] *Gašparović, N.:* Gasturbinen, Probleme und Anwendungen. Düsseldorf: VDI-Verlag 1967. – [9] *Gašparović, N.:* Zur Theorie der Brayton-Prozesse. Forsch. Ing.-Wes. 37 (1971) 69–77. – [10] *Gašparović, N.:* Die Problematik der „nuklearen" Gasturbinen. Brennst.-Wärme-Kraft 22 (1970) 339–346. – [11] *Hausenblas, H.:* Vorausberechnung des Teillastverhaltens von Gasturbinen. Berlin: Springer 1962. – [12] *Kruschik, J.:* Die Gasturbine, 2. Aufl. Wien: Springer 1960. – [13] *Löffler, A.; u.a.:* Triebwerksforschung und -technologie in der Bundesrepublik Deutschland, 2 Bde. DFVLR-Mitt. 78-04 (1978). – [14] *Maghon, H.:* Die Entwicklung der einwelligen Gasturbine. VGB Kraftwerkstech. 53 (1973) 651–656. – [15] *Münzberg, H.G.:* Flugantriebe. Berlin: Springer 1972. – [16] *Münzberg, H.G.; Kurzke, J.:* Gasturbinen – Betriebsverhalten und Optimierung. Berlin: Springer 1977. – [17] *Ostenrath, H.:* Gasturbinen-Triebwerke. Essen: Girardet 1968. – [18] *Pfenninger, H.:* Das kombinierte Dampf/Gasturbinen-Kraftwerk zur Erzeugung elektrischer Energie. Brown Boveri Mitt. 60 (1973) 389–397. – [19] *Traupel, W.:* Thermische Turbomaschinen Bd. I u. II. 3. Aufl. Berlin: Springer 1982. – [20] *Zacharias, F.:* Mollier-*i,s*-Diagramme für Verbrennungsgase in der Datenverarbeitung. MTZ 31 (1970) 296–303.

Deutsche Normen: *DIN 4340:* Gasturbinen; Begriffe, Benennungen. – *DIN 4341:* Gasturbinen; Abnahmeregeln für Gasturbinen, Grundlagen. – *DIN 4342:* Gasturbinen; Normbezugsbedingungen, Normleistungen, Angaben über Betriebswerte. – *DIN 51402* T 1: Prüfung der Abgase von Ölfeuerungen; Bestimmung der Rußzahl.

ISO-(International Organization for Standardization-) Normen: *ISO 2314:* Gas turbines – Acceptance tests. – *ISO 2533:* Standard atmosphere. – *ISO 3977:* Gas turbines – Procurement.

CIMAC (Congrès International des Machines à Combustion): Recommendations for gas turbine acceptance tests.

American National Standard: *ANSI B133.1-1978:* Gas turbine technology. – *ANSI B133.2-1977:* Basic gas turbine. – *ANSI B133.4-1978:* Gas turbine control and protection systems. – *ANSI B133.5-1978:* Gas turbine electrical equipment. – *ANSI B133.6-1978:* Gas turbine ratings and performance. – *ANSI B133.7-1977:* Gas turbine fuels. – *ANSI B133.8-1978:* Gas turbine installation sound emissions. – *ANSI B133.9-1979:* Gas turbine environmental requirements and responsibilities. – *ANSI B133.16-1978:* Gas turbine marine applications. – *ANSI B133.3-1981:* Procurement standard for gas turbine auxiliary equipment. – *ANSI B133.10-1981:* Procurement standard for gas turbine information to be supplied by user and manufacturer. – *ANSI B133.11-1982:* Procurement for gas turbine preparation for shipping and installation. – *ANSI B133.12-1981:* Gas turbine procurement standard, maintenance and safety.

S | Fertigungsverfahren
Manufacturing processes

K. Herfurth, Düsseldorf; **L. Kiesewetter,** Berlin; **J. Ladwig,** Stuttgart; **G. Mauer,** Aachen; **W. Reuter,** Aachen; **G. Seliger,** Berlin; **K. Siegert,** Stuttgart; **H.K. Tönshoff,** Hannover; **G. Spur,** Berlin; **H.-J. Warnecke,** Stuttgart; **M. Weck,** Aachen

Allgemeine Literatur
zu S1 Fertigungstechnik (Übersicht)
Bücher: *König, W.:* Fertigungsverfahren. Bd. 1: Drehen, Fräsen, Bohren. Bd. 2: Schleifen, Honen, Läppen. Bd. 3: Abtragen. Düsseldorf: VDI-Verlag 1989. – *Shaw, Milton C.:* Metal cutting principles. Oxford Ser. on advanced manufacturing 3. Oxford: Clarendon Press 1984. – *Spur, G.; Stöferle, Th.:* Handbuch der Fertigungstechnik. Bd. 3/1–2 Spanen. München: Hanser 1979 u. 1980. – *Vieregge, G.:* Zerspanung der Eisenwerkstoffe. 2. Aufl. Stahleisen Bücher Bd. 16. Düsseldorf: Verlag Stahleisen 1970.

zu S2 Urformen
Bücher: *Brunhuber, E.:* Praxis der Druckgußfertigung, 3. Aufl. Berlin: Schiele & Schön 1980. – *Brunhuber, E.:* Gießerei-Lexikon. Berlin: Schiele & Schön. – *Czickel, J.:* Gießereikunde, Legierungskunde, Nichteisenmetallegierungen. Freiberg: Bergakademie 1964. – *Dettner, H.W.; Elze, J.:* Handbuch der Galvanotechnik. München: Hanser 1963–1966. – *Doliwa, H.U.:* Gegossene Werkstücke. München: Hanser 1960. – *Dominghaus, H.:* Kunststoffe II, Kunststoffverarbeitung. Düsseldorf: VDI-Verlag 1969. – *Eisenkolb, F.:* Einführung in die Werkstoffkunde, Bd. V: Pulvermetallurgie. Berlin: VEB Verlag Technik 1967. – *Flimm, J.:* Spanlose Formgebung, 3. Aufl. München: Hanser 1975. – *Frommer, L.; Lieby, G.:* Druckgußtechnik, Bd. 1, 2. Aufl. Berlin: Springer 1965. – *Gaida, B.:* Einführung in die Galvanotechnik, 2. Aufl. Saulgau: Leuze 1969. – *Hähnchen, R.:* Gegossene Maschinenteile. München. Hanser 1964. – *Hentze, H.:* Gestaltung von Gußstücken. Berlin. Springer 1969. – *Plöckinger, E.; Straube, H.:* Die Edelstahlerzeugung. Schmelzen, Gießen, Prüfen. Wien: Springer 1965. – *Richter, R.:* Form- und gießgerechtes Konstruieren, 2. Aufl. Leipzig: VEB Deutscher Verlag für Grundstoffindustrie 1970. – *Röhrig, K.; Wolters, D.:* Legiertes Gußeisen, Bd. 1: Gußeisen mit Lamellengraphit und carbidisches Gußeisen. Düsseldorf: Gießerei-Verlag 1970. – *Röhrig, K.; Gerlach, H.G.; Nickel, O.:* Legiertes Gußeisen, Bd. 2. Gußeisen mit Kugelgraphit. Düsseldorf: Gießerei-Verlag 1974. – *Roesch, K.; Zeuner, H.; Zimmermann, K.:* Stahlguß. Düsseldorf: Verlag Stahleisen 1966. – *Roll, F. (Hrsg.):* Handbuch der Gießereitechnik, Bd. 1 u. 2. Berlin: Springer 1959–1970. – *Spur, G.; Stöferle, Th.:* Handbuch der Fertigungstechnik, Bd. 1: Urformen. Müchen: Hanser 1981. – *Stölzel, K.:* Gießereiprozeßtechnik. Leipzig: VEB Deutscher Verlag f. Grundstoffindustrie 1971. – *VDG-Lehrgang:* Formen und Gießen, Teil 1 u. 2. Düsseldorf: Gießerei-Verlag 1975–1976. – *VDG u. VDI:* Konstruieren mit Gußwerkstoffen. Düsseldorf: Gießerei-Verlag 1966. – *VDG:* The gray iron castings handbook (autorisierte Übersetzung der Originalausgabe). Düsseldorf: Gießerei-Verlag 1963. – *VDG:* Malleable iron castings (autorisierte Übersetzung der Originalausgabe). Düsseldorf: Gießerei-Verlag 1966. – *VDG:* Gießerei-Kalender. Düsseldorf: Gießerei-Verlag. – *ZGV* (Zentrale für Gußverwendung): Leitfaden für Gußkonstruktionen. Düsseldorf: Gießerei-Verlag 1966. – *ZGV:* Konstruieren und Gießen. Düsseldorf: VDI-Verlag.

zu S5.2 Verzahnen
Bücher: *Bausch, T.:* Zahnradfertigung, Teil A u. B. Sindelfingen: Expert 1986. – *Dudley, D.W.; Winter, H.:* Zahnräder. Berlin: Springer 1961. – *Keck, K.F.:* Die Zahnradpraxis, Teil 1 u. 2. München: Oldenbourg 1956. – *Klingelnberg:* Technisches Hilfsbuch, 15. Aufl. Berlin: Springer 1967. – *Krumme, W.:* Klingelnberg-Spiralkegelräder. Berlin: Springer 1967. – *Krumme, W.:* Praktische Verzahnungstechnik. München: Hanser 1969. – *Lichtenauer, G.; Rogg, V.; Kallhardt, K.:* Hurth Zahnradschaben. München: Hurth 1964. – *Maag-Taschenbuch.* Zürich: Maag AG 1985. – *Pfauter:* Wälzfräsen, Teil 1. Berlin: Springer 1976. – *Niemann, G.; Winter, H.:* Maschinenelemente. Bd. II u. III. Berlin: Springer 1983.

Normen und Richtlinien: *DIN 3960:* Begriffe und Bestimmungsgrößen für Stirnräder und Stirnradpaare mit Evolventenverzahnung. – *DIN 3971:* Begriffe und Bestimmungsgrößen für Kegelräder und Kegelradpaare. – *DIN 3975:* Begriffe und Bestimmungsgrößen für Zylinderschneckengetriebe mit Achsenwinkel 90°. – *VDI-Richtlinie 3333:* Wälzfräsen von Stirnrädern mit Evolventenprofil. Düsseldorf: VDI-Verlag 1977

zu S6 Montage
Bücher: *Barthelmeß, P.:* Montagegerechtes Konstruieren durch die Integration von Produkt- und Montageprozeßgestaltung. Reihe: IWB-Forschungsberichte Bd. 9. Berlin: Springer 1987. – *Boothroyd, G.; Dewhurst, P.:* Design for assembly. A designer's handbook. Amherst: Dept. Mech. Eng.; Univ. Massachusetts 1983. – *Bullinger, H.J. (Hrsg.):* Systematische Montageplanung. München: Hanser 1986. – *Dilling, H.-J.:* Methodisches Rationalisieren von Fertigungsprozessen am Beispiel montagegerechter Produktgestaltung. Diss. TH Darmstadt 1978. – *Eversheim, W.:* Organisation in der Produktionstechnik. Bd. 4, Fertigung und Montage. Düsseldorf: VDI-Verlag 1981. – *Furgac, I.:* Aufgabenbezogene Auslegung von Robotersystemen. Reihe: Produktionstechnik Berlin, Bd. 39. München: Hanser 1985. – *Lotter, B.:* Arbeitsbuch der Montagetechnik. Mainz: Vereinigte Fachverlage Krausskopf-Ingenieur Digest 1982. – *Mertins, K.:* Steuerung rechnergeführter Fertigungssysteme. Reihe: Produktionstechnik-Berlin, Bd. 37. München: Hanser 1984. – *Milberg, J.:* Montagegerechte Konstruktion einer PKW-Tür und ihre Montage. Tagungsband 5. Deutscher Montagekongreß, München 1983. – *REFA (Hrsg.):* Methodenlehre des Arbeitsstudiums. Teil 2, Datenermittlung. München: Hanser 1978. – *REFA (Hrsg.):* Methodenlehre der Arbeitsstudiums. Teil 3, Kostenrechnung, Arbeitsgestaltung. München: Hanser 1971/1976. – *Richter, E.; Schilling, W.; Weise, M.:* Montage im Maschinenbau. Berlin: VEB Verlag Technik 1978. – *Seliger, G.:* Wirtschaftliche Planung automatisierter Fertigungssysteme. Reihe: Produktionstechnik Berlin, Bd. 31. München: Hanser 1983. – *Seliger, G.:* Montagetechnik. Tagungsbericht Okt. 1989 in Berlin. München: gmft-Gesellschaft für Management und Technologie 1989. – *Warnecke, H.-J.; Löhr, H.G.; Kiener, W.:*

Montagetechnik – Schwerpunkt der Rationalisierung. Reihe: Produktionstechnik heute, Bd. 7. Mainz: Krausskopf 1977. – *TGL 13393* Maschinenbau; Montageprozeß; Begriffe.

Normen und Richtlinien: *DIN 8580:* Einteilung Fertigungsverfahren. – *DIN 8593:* Fertigungsverfahren Fügen. *VDI-Richt-linien-Entwurf 2861 B1* (9.80): Montage- und Handhabungstechnik. Kenngrößen für Handhabungsgeräte, Achsbezeichnun-gen. – *VDI-Richtlinien-Entwurf 2861 B2* (5.82): Montage- und Handhabungstechnik. Kenngrößen für Handhabungseinrich-tungen. Einsatzspezifische Kenngrößen.

zu S7 Fertigungs- und Fabrikbetrieb

Bücher: *Alemann, U.:* Mensch und Technik, Grundlagen und Perspektiven einer sozial verträglichen Technikgestaltung. Opladen: Westdeutscher Verlag 1986. – *Alty, J.L.:* Expert Systems, Concepts and Examples. Manchester: NCC-Publications 1984. – *Anhalt, P.:* Handbuch der Produzentenhaftung. Kissing: WERA 1986. – *AWF:* Flexible Automatisierung. Eschborn 1984. – *AWF:* Flexible Fertigungsorganisation am Beispiel von Fertigungsinseln. Eschborn 1984. – *AWF:* Planung und Aufbau eines Maschinen-Datensystems. Eschborn 1981. – *AWF/REFA* (Hrsg.): Handbuch der Arbeitsvorbereitung. Berlin: Beuth 1968. – *Bläsing, J.P.:* Praxishandbuch Qualitätssicherung. München: GfMT 1986. – *Brankamp, K.:* Terminplanungs-system. Würzburg: Physica 1973. – *Dangelmaier, W.:* Möglichkeiten und Grenzen der rechnerunterstützten Fabrikplanung. Fördern+Heben. (1985) Nr. 6. – *Dangelmaier, W.:* Neue Konzepte für die Fertigungssteuerung. – Integration von Zeit- und Materialwirtschaft. Tagungsunterlagen der IAO-Arbeitstagung vom 22.–23.11.1983 in Böblingen, S. 324–340. – *Desoyer, K.:* Industrieroboter und Handhabungsgeräte. München: Oldenbourg 1985. – *Dutschke, W.:* Prüfplanung in der Fertigung. Mainz: Krausskopf 1975. – *Ellinger, T.; Wildmann, H.:* Planung und Steuerung aus betriebswirtschaft-technologischer Sicht. Wiesbaden: Gabler 1978. – *Gericke, E.:* Verfügbarkeitsrechnung für komplexe Fertigungseinrichtungen. Berlin: Springer 1981. – *Hackstein, R.:* Produktionsplanung und -steuerung (PPS). Düsseldorf: VDI-Verlag 1984. – *Hänel, H.:* Arbeitsbuch Automatisierungstechnik. Düsseldorf: VDI-Verlag 1981. – *Hammer, R.; Hübner, H.; Kritzler, T.; Schertler, W.:* Die optimale Lenkung der Produktion. München: Moderne Industrie 1979. – *Hellwig, H.E.:* CIM, der Schritt nach CAD und CAM, Planung und Verwirklichung der rechner-integrierten Produktion in drei US-Maschinenbauunternehmen. VDI-Z. (1985) Nr. 5. – *Hesse, St.:* Kleines Lexikon der Industrierobotertechnik. Heidelberg: Hüthig 1984. – *Hilf, H.H.:* Arbeitswissen-schaft: Grundlagen von Leistungsforschung und Arbeitsgestaltung. München: Hanser 1957. – *Hüllenkremer, M.:* Computer Aided Process Planning with Help of a Decision Table Generator. In: *Warnecke, H.J.; Bullinger, H.J.:* Toward the Factory of the Future. Berlin: Springer 1985, S. 43ff. – *Kämpfer, S.:* Roboter, die elektronische Hand des Menschen. Düsseldorf: VDI-Verlag 1984. – *Kaminsky, G.:* Praktikum der Arbeitswissenschaft, analytische Untersuchungsverfahren beim Studium menschlicher Arbeit. München: Hanser 1980. – *Kilger, W.:* Flexible Plankostenrechnung und Deckungsbeitragsrechnung, 8. Aufl. Wiesbaden: Gabler 1981. – *Kunerth, W.:* Konzeption eines EDV-gestützten Fertigungssteuerungssystems. Berlin: Beuth 1976. – *Masing, W.:* Handbuch der Qualitätssicherung. München: Hanser 1980. – *Oehlke, R.:* Arbeitsvorbereitung – Instru-ment für den Unternehmenserfolg. Eschborn 1985. – *Raab, H.H.:* Handbuch Industrieroboter. Braunschweig: Vieweg 1986. – *REFA:* Methodenlehre des Arbeitsstudiums. Teil 1, 1984; Teil 2, 1978; Teil 3, 1985; Teil 4, 1977; Teil 5, 1977; Teil 6, 1978. – *REFA:* Methodenlehre der Planung und Steuerung 1985. – *Roschmann, K.:* Datentechnik – Mittel für die Organisation der Fertigung. VDI-Taschenbuch T56. Düsseldorf: VDI-Verlag 1974. – *Rupper, P.; Scheuchzer, R.:* Produktions-Logistik. Zürich: Verlag Industrieller Organisation 1985. – *Salwiczek, P.:* Rechnerunterstützte Planung und Gestaltung manueller Arbeitsmethoden. Düsseldorf: VDI-Verlag 1982. – *Spatke, R.:* Robotergerechte Arbeitsplanung. VDI-Z. (1986) Nr. 13. – *Schmidtke, H.:* Ergonomie 1. München: Hanser 1973. – *Schmidtke, H.:* Ergonomie 2. München: Hanser 1974. – *Team:* Erfahrungen mit flexiblen Fertigungssystemen. VDI-Z. (1985) Nr. 15/16. – *VDI-Taschenbuch T10:* Elektronische Datenver-arbeitung bei der Produktionsplanung und -steuerung 1 – Produktionsterminplanung und -steuerung, 3. Aufl. Düsseldorf: VDI-Verlag 1979. – *VDI-Taschenbuch T23:* Elektronische Datenverarbeitung bei der Produktionsplanung und -steuerung 2 – Fertigungsterminplanung und -steuerung, 2. Aufl. Düsseldorf: VDI-Verlag 1974. – *VDI-Taschenbuch T28:* Elektronische Datenverarbeitung bei der Produktionsplanung und -steuerung III – Informations- und Stücklistenwesen, 2. Aufl. Düsseldorf: VDI-Verlag 1975. – *VDI-Taschenbuch T60:* Elektronische Datenverarbeitung bei der Produktionsplanung und -steuerung IV – Materialbestands- und -bestellrechnung. Düsseldorf: VDI-Verlag 1974. – *VDI-Taschenbuch T61/62:* Elektronische Datenverarbeitung bei der Produktionsplanung und -steuerung V – Automatische Arbeitsplanerstellung. Düsseldorf: VDI-Verlag 1974. – *VDI-Taschenbuch T77:* Elektronische Datenverarbeitung bei der Produktionsplanung und -steuerung VI – Begriffszusammenhänge, 2. Aufl. Düsseldorf: VDI-Verlag 1978. – *VDI-Taschenbuch T78:* Elektronische Datenverarbeitung bei der Produktionsplanung und -steuerung VII – Wirtschaftlichkeit von Fertigungssteuerungssystemen. Düsseldorf: VDI-Verlag 1977. – *Vettin, G.:* Verfahren zur technischen Investitionsplanung automatischer flexibler Fertigungsanlagen. Berlin: Springer 1982. – *Warnecke, H.J.; Bullinger, H.J.; Hichert, R.:* Kostenrechnung für Ingenieure, 2. Aufl. München: Hansa 1981. – *Warnecke, H.J.; Dangelmaier, W.:* Produktionssteuerung als logistisches Instrument. In: 4. Internationaler Logistik-Kongreß: Kongreßhandbuch I, 7.–9. Dezember 1983, S. 83–89. – *Warnecke, H.J.:* Der Produktionsbetrieb. Berlin: Springer 1984. – *Warnecke, H.J.:* Industrieroboter Katalog 1986. Mainz: Vereinigte Fachverlage Krausskopf-Ingenieur Digest 1986. – *Warnecke, H.J. (Hrsg.):* Montage – Handhabung – Industrieroboter. Berlin: Springer 1985. – *Wilhelm, K.-G.:* System zur Planung des Umlaufbestandes in Betrieben mit Serienfertigung. Berlin: Springer 1980. – *Zäpfel, G.:* Produktionswirtschaft. Berlin: de Gruyter 1982.

1 Übersicht über die Fertigungsverfahren. Survey of manufacturing processes

H.K. Tönshoff, Hannover

1.1 Definition und Kriterien. Definition and criteria

Fertigen ist Herstellen von Werkstücken geometrisch bestimmter Gestalt (Kienzle).

Anders als die übrigen Produktionstechniken, das sind die Verfahrenstechnik (chemische, thermische oder mechanische Verfahrenstechnik, s. N) oder die Energietechnik (s. L) erzeugt die Fertigungstechnik Produkte, die durch *stoffliche* und *geometrische* Merkmale gekennzeichnet sind.

Die Wahl eines Fertigungsverfahrens richtet sich nach vier Grundkriterien:

Haupttechnologie. Das sind die mit einem Fertigungsverfahren herstellbaren Größen, Formen und die bearbeitbaren Werkstoffe.

Fehlertechnologie. Das sind die durch die Fertigung bedingten Fehler des Maßes, der Form, der Lage und der Oberfläche. Neben der mikrogeometrischen Ausbildung einer technischen Oberfläche mit ihren Abweichungen von der mathematisch geometrischen Sollform erzeugen Fertigungsverfahren physikalische und chemische Randzonenveränderungen [1]. Qualität der Fertigung bedeutet Fertigen innerhalb vorgegebener Fehlergrenzen.

Wirtschaftlichkeit. Die je Zeiteinheit zu fertigenden Stückzahlen (Mengenleistung), die Kosten zur Vorbereitung (Vorbereitungskosten) zur Auftragswiederholung (Auftragswiederholkosten), die Einzelkosten (dem Einzelstück direkt zuzuordnen) und die Folgekosten (u.a. Lagerkosten) bestimmen typische Einsatzgebiete konkurrierender Fertigungsverfahren. Darin ist die *Flexibilität* eines Fertigungsverfahrens (Mengenflexibilität und Umstellflexibilität) von zunehmender Bedeutung, um neben der Produktivität und Auslastung einer Fertigungsanlage auch den Forderungen an die Durchlaufzeit eines Produkts durch den Betrieb, an die Kapitalbindung über Bestände, und die Termintreue der Lieferung zu genügen [2].

Anpassung der Arbeit an den Menschen. Fertigungsverfahren und Fertigungsmittel sind so zu gestalten, daß der Mensch und die Umwelt möglichst wenig belastet oder beeinträchtigt werden. Immissionsgrenzwerte (Lärm, Erschütterungen, Schadstoffe) und Sicherheitsnormen sind einzuhalten.

Jedes der vier Grundkriterien muß gleichermaßen beachtet werden.

Produktionstechnische Produkte, Baugruppen und Einzelteile werden in Folgen von Arbeitsvorgängen (*Fertigungsstufen*) hergestellt. Rationalisierung zur Verbesserung der Wirtschaftlichkeit und der Qualität darf daher nicht nur an einzelnen Arbeitsvorgängen/Fertigungsstufen ansetzen, sondern muß auf ein Gesamtoptimum zielen. Dazu kann nach *Adaption, Substitution* und/oder *Integration* (A-S-I-Methode) gesucht werden, **Bild 1** [3]. Adaption ist die günstige Abstimmung aufeinanderfolgender

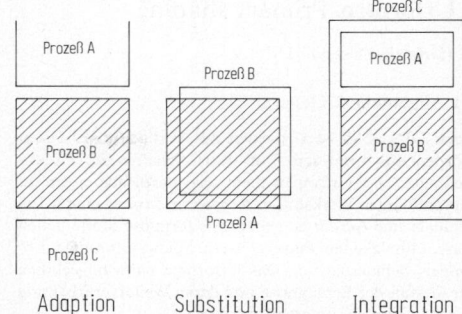

Adaption   Substitution   Integration

Bild 1. ASI-Methode zur Rationalisierung

Prozesse, wie z.B. die Rohteilherstellung durch Schmieden und die anschließende spanende Bearbeitung. Entwicklung von Werkzeugen und Werkzeugmaschinen oder geänderte Kostenstrukturen können Anlaß für die Substitution eines Fertigungsverfahrens durch ein anderes sein, wie z.B. Ersetzen des Schleifens durch Hartdrehen. Integration von Fertigungsstufen verkürzt die Arbeitsvorgangsfolge, ist häufig mit direkten Kosteneinsparungen, jedenfalls aber mit verkürzten Durchlaufzeiten und verringertem Steuerungsaufwand (indirekte Kosten) verbunden. Die Komplettbearbeitung von Bauteilen auf mehrachsigen Drehmaschinen oder Bearbeitungszentren sind aktuelle Beispiele.

1.2 Systematik. Systematic

Die Vielfalt der bekannten und künftigen Fertigungsverfahren läßt sich nach Kienzle [4] unter den Ordnungsgesichtspunkten *Stoffzusammenhalt verändern* (schaffen, beibehalten, vermindern und vermehren) und *Stoffeigenschaften ändern* in sechs Hauptgruppen der Fertigungsverfahren Gliedern (**Bild 2**): Urformen, Umformen, Trennen, Fügen, Beschichten, Stoffeigenschaftändern. Die Hauptgruppen werden untergliedert in Gruppen, z.B. das *Trennen* in das Zerteilen, Spanen mit geometrisch bestimmten Schneiden, Spanen mit geometrisch unbestimmten Schneiden, Abtragen, Zerlegen und Reinigen. Innerhalb der Gruppen werden die Fertigungsverfahren selbst durch Untergruppen gekennzeichnet. Diese Systematik wird nach den Regeln der Dezimalklassifikation mit Ordnungsnummern belegt.

Zusammenhalt schaffen	Zusammenhalt beibehalten	Zusammenhalt vermindern	Zusammenhalt vermehren	
1. Urformen Formschaffen	Formändern			5. Beschichten
	2. Umformen	3. Trennen	4. Fügen	
	6. Stoffeigenschaftändern			
	Umlagern von Stoffteilchen	Aussondern von Stoffteilchen	Einbringen von Stoffteilchen	

Bild 2. Einteilung des Fertigungsverfahren (DIN 8580)

2 Urformen. Primary shaping

K. Herfurth, Düsseldorf

2.1 Allgemeines. General

Nach DIN 8580 ist Urformen das Fertigen eines festen Körpers aus formlosem Stoff durch Schaffen des Zusammenhalts. Das Urformen dient also dazu, aus einem zu verarbeitenden Werkstoff in *formlosem Zustand* einem Teil erstmals eine *Gestalt* zu geben. Als formlose Stoffe gelten Gase, Flüssigkeiten, Pulver, Fasern, Späne, Granulate, Lösungen, Schmelzen u.ä. Das Urformen kann hinsichtlich der Gestalt der Erzeugnisse und deren Weiterverarbeitung in zwei Gruppen unterteilt werden:

1. durch Urformen hergestellte Erzeugnisse, die durch Umformen, Zerteilen, Trennen und Fügen weiterverarbeitet werden. Das endgültige Erzeugnis ist in seiner Gestalt und seinen Abmessungen dem ursprünglich urgeformten Produkt nicht mehr ähnlich, d.h., es erfolgt mit Hilfe anderer Verfahrenshauptgruppen der Fertigungstechnik noch eine wesentliche Gestalts- und Abmessungsänderung.
2. durch Urformen hergestellte Erzeugnisse, die weitestgehend die Gestalt und die Abmessungen von fertigen Bauteilen (z.B. Maschinenelementen) oder von Enderzeugnissen (Finalprodukten) haben, d.h., sie weisen eine Gestalt auf, die dem Verwendungszweck des Erzeugnisses weitestgehend entspricht. Zur Herstellung der gewünschten endgültigen Gestalt sowie der Fertigmaße sind meist nur noch Arbeitsoperationen der Verfahrenshauptgruppe Trennen (Spanen) erforderlich.

Die Herstellung von Formteilen aus metallischen Werkstoffen in der Gießereiindustrie (*Gußstücke*), aus metallischen Werkstoffen in der Pulvermetallurgie (*Sinterteile*) und aus hochpolymeren Werkstoffen in der kunststoffverarbeitenden Industrie weist große wirtschaftliche Vorteile auf:

− Die Herstellung von Formteilen ist der kürzeste Weg vom Rohstoff zum Fertigteil. Sie umgeht das Umformen mit allen damit verbundenen Aufwendungen. In einem direkten Arbeitsgang wird nahezu die endgültige Gestalt eines Fertigteils erreicht, das eine Masse von wenigen Gramm bis zu mehreren hundert Tonnen haben kann.
− Bei der Herstellung von Formteilen, die aus dem flüssigen Zustand urgeformt werden, liegt die größte Freizügigkeit des Gestaltens vor, die mit keinem anderen Fertigungsverfahren erreicht werden kann.
− Durch Urformen können auch Werkstoffe verarbeitet werden, die mit anderen Fertigungsverfahren nicht bearbeitet werden können. Durch den direkten Weg vom Rohstoff zum Formteil oder Finalprodukt ergeben sich eine günstige Material- und Energiebilanz.
− Durch die ständige Weiterentwicklung der Urformverfahren können in zunehmendem Maß Bauteile und Finalprodukte mit höheren Gebrauchseigenschaften erzeugt werden, d.h. Formteile mit geringeren Wanddicken, geringeren Bearbeitungszugaben, geringeren Maßabweichungen und besserer Oberflächenqualität.

Nachstehend wird unter Einschränkung auf die Belange des Maschinenbaus das Urformen von metallischen Werkstoffen aus dem flüssigen Zustand im Rahmen der Gießereitechnik, das Urformen metallischer Werkstoffe aus dem festen Zustand im Rahmen der Pulvermetallurgie und das Urformen von hochpolymeren Werkstoffen (Kunststoffen) aus dem plastifizierten Zustand oder aus Lösungen auf gemeinsamer Basis hinsichtlich der technologischen Grundprinzipien behandelt.

Zur besseren Erkennbarkeit des angewendeten Wirkprinzips werden zahlreiche für die spezielle Fertigungstechnologie zwar unbedingt notwendige, aber untergeordnete technologische Detailoperationen weggelassen. Außerdem werden bei der Behandlung der speziellen Urformverfahren nur einfach gestaltete Erzeugnisse gewählt, weil die Vielfalt der möglichen geometrischen Formen hier nicht dargestellt werden kann.

Es werden nur die wichtigsten Urformverfahren ausgewählt, weil bei den zahlreichen technologischen Verfahren und Verfahrensvarianten keine auch nur annähernde Vollständigkeit erreicht werden kann. Die Auswahl erfolgt einerseits nach der technischen Wichtigkeit und andererseits nach dem angewendeten Wirkprinzip.

Werkstoffkundliche Probleme werden nur kurz erwähnt, obwohl sie für das Verständnis der technologischen Prozesse, deren Anwendbarkeit und Leistungsfähigkeit sowie der Stoffeigenschaftsänderung durch die technologischen Prozesse unbedingt erforderlich sind.

Verfahrensprinzip beim Urformen

Prinzipiell besteht bei den Urformverfahren der technologische Fertigungsprozeß aus folgenden Schritten:

− Bereitstellung oder Herstellung des Ausgangsmaterials als formlosen Stoff,
− Herstellung eines urformfähigen Werkstoffzustands,
− Füllung eines Urformwerkzeugs mit dem Werkstoff im urformfähigen Zustand,
− Übergang des Werkstoffs im Urformwerkzeug in den festen Zustand,
− Entnahme des urgeformten Erzeugnisses aus dem Urformwerkzeug.

Nachstehend sollen diese einzelnen Schritte näher erläutert werden:

Urformfähiger Werkstoffzustand. Beim Urformen von *metallischen Werkstoffen* aus dem *flüssigen Zustand* werden die Ausgangsmaterialien (Roheisen, Schrott, Ferrolegierungen u.ä.) in einem metallurgischen Schmelzofen durch Zufuhr von Wärmeenergie geschmolzen. Die Schmelzöfen sind meist vom Urformwerkzeug örtlich getrennt. Die hergestellte Schmelze wird mit Hilfe von Transportgefäßen (Gießpfannen) zu den Urformwerkzeugen, in der Gießereitechnik Formen genannt, gebracht und dort vergossen.

Beim Urformen von *hochpolymeren Werkstoffen* aus dem *plastifizierten Werkstoffzustand* werden schüttfähige Ausgangsmaterialien (Granulate, Pulver) nach Dosierung in ein Aufbereitungsaggregat gegeben, das mit dem Urformwerkzeug meist eine Einheit bildet, wo unter Einwirkung von Wärme und Druck eine Durchmischung, Homogenisierung und Plastifizierung des zu verarbeitenden Werkstoffs erfolgt. Beim Arbeiten mit Lösungen werden diese in einem Mischaggregat hergestellt und anschließend in das Urformwerkzeug gegossen. Beim Urformen metallischer, aber auch hochpolymerer Werkstoffe aus dem *festen Zustand* werden die schüttfähigen Ausgangsmaterialien (Metallpulver, Plastpulver oder -granulate) direkt in das Urformwerkzeug eingeschüttet, wo sie unter der Wirkung von Druck und Wärmeenergie sintern oder zunächst plastifizieren und anschließend fest werden.

Urformwerkzeuge. Das Urformwerkzeug enthält einen *Hohlraum*, der unter Berücksichtigung des Schwindmaßes in den meisten Fällen der Gestalt des zu fertigenden Produkts (Rohteils) entspricht, aber auch kleiner oder größer als das entstehende Rohteil sein kann. Außerdem sind in den Urformwerkzeugen oft Kanalsysteme für die Zufuhr des urformfähigen Werkstoffs vorhanden. Das Schwindmaß entspricht den Maßänderungen, die am zu verarbeitenden Werkstoff vom Zeitpunkt des Festwerdens bis zu seiner Abkühlung auf Raumtemperatur auftreten.

Man unterscheidet bei der Herstellung von Formteilen Urformwerkzeuge für einmaligen oder für mehrmaligen Gebrauch. Urformwerkzeuge für *einmaligen Gebrauch* werden nur beim Urformen metallischer Werkstoffe aus dem flüssigen Zustand im Rahmen der Gießereitechnik verwendet; sie werden als *verlorene Formen* bezeichnet. Es kann nur ein Erzeugnis (Gußstück) gefertigt werden, da die Form anschließend zerstört wird. In der Gießereitechnik werden aber auch Urformwerkzeuge für *mehrmaligen Gebrauch (Dauerformen)* eingesetzt. Es kann eine größere Anzahl von Formteilen hergestellt werden. Die Urformtechnologien zur Verarbeitung von hochpolymeren Werkstoffen und die Pulvermetallurgie arbeiten ausschließlich mit Urformwerkzeugen für mehrmaligen Gebrauch. Urformwerkzeuge für mehrmaligen Gebrauch bestehen meist aus metallischen, seltener aus nichtmetallischen Werkstoffen. Urformwerkzeuge für einmaligen Gebrauch (verlorene Formen) werden jeweils mit Hilfe von Modellen angefertigt.

Füllung der Urformwerkzeuge. Die Füllung der Urformwerkzeuge mit dem urformfähigen Werkstoff kann mit folgenden Wirkprinzipien verwirklicht werden: Unter dem Einfluß der *Schwerkraft,* eines *erhöhten Drucks* oder einer *Schleuderkraft* (Zentrifugalkraft) sowie durch *Verdrängung*. Der zu verarbeitende Stoff kann dabei in fester schüttfähiger Form (z. B. Pulver), als Schmelze bei metallischen Werkstoffen, im plastifizierten Zustand, als Lösung oder in Form von Pasten bei hochpolymeren Werkstoffen in das Urformwerkzeug gegeben werden.

Übergang des urformfähigen Zustands in den festen Aggregatzustand. *Flüssige metallische Werkstoffe* (Schmelzen) gehen bei der Abkühlung infolge Wärmeentzug durch *Kristallisation* in den festen Aggregatzustand über.

Thermoplaste werden nach der Formgebung im Urformwerkzeug abgekühlt. Infolge Temperaturerniedrigung, die entweder durch Wärmeentzug in gekühlten Werkzeugen oder in Nachfolgeeinrichtungen (Kühlbädern) erfolgt, durchläuft die plastische Masse die Zustandsbereiche plastisch-gummiartig-elastisch-fest. Beim Fixieren durch Abkühlen werden Nebenvalenzbindungen wiederhergestellt. Dieser Vorgang ist wiederholbar; Thermoplaste können also durch Wiedererwärmung abermals in den plastischen Zustand überführt werden.

Duroplaste (vernetzbare Kunststoffe) werden nach der Formgebung durch eine Härtung fixiert. Dabei bilden sich Hauptvalenzbindungen aus, und die plastifizierte Masse geht unter Einwirkung von Druck und/oder Wärme unmittelbar in den festen Zustand über. Das Härten ist ein chemischer Vorgang, der nicht reversibel ist; Duroplaste zersetzen sich bei Wiedererwärmung, ohne einen plastischen Bereich zu durchlaufen zu haben. Chemische Grundreaktionen beim Übergang in den festen Zustand sind Polymerisation, Polykondensation und Polyaddition.

Beim Urformen von *hochpolymeren* Werkstoffen kann der Übergang in den festen Aggregatzustand beim Arbeiten mit Lösungen auch durch den physikalischen Vorgang des Verdunstens des Lösungsmittels erfolgen.

Beim Urformen durch *Sintern* läuft ein Vorgang der Verkleinerung der inneren und äußeren Oberfläche eines aus einem Pulver gepreßten Körpers ab. In Berührung befindliche Pulverteilchen werden durch Auftreten oder Verstärkung von Bindungen (Stoffbrücken) bzw. durch Reduzierung des Hohlraumanteils miteinander verbunden; dabei

bleibt mindestens eine der beteiligten Werkstoffkomponenten während des ganzen Prozesses fest. Die Verbindung des porigen gepreßten Pulverkörpers geschieht vorwiegend durch *Diffusionsvorgänge*.

Im Zusammenhang mit der Darstellung des Urformens aus technologischer Sicht muß auf weitere Einzelheiten der Prozesse, die beim Übergang vom urformfähigen Zustand eines Stoffs in den festen formstabilen Zustand ablaufen, verzichtet werden (s. E 3.1.1 und E 3.1.2).

2.2 Formgebung bei metallischen Werkstoffen durch Gießen. Shaping of metals by casting

2.2.1 Herstellung von Halbzeugen
Manufacturing of half-finished parts

Bei dieser Urformverfahrensgruppe handelt es sich um die Herstellung von Vor- und Zwischenprodukten, die z.B. durch Umformen (plastische Verformung) weiterverarbeitet werden.

Blockgießverfahren

Bei diesem werden Blöcke, Brammen, Drahtbarren u.a. in Dauerformen, das sind Kokillen aus metallischen Werkstoffen (meist Gußeisen) hergestellt, die durch Umformen (Walzen, Schmieden, Pressen, Drahtziehen usw.) zu einem Halbzeug (Blech, Profil, Draht) oder Rohteil (Schmiede- oder Preßteil) weiterverarbeitet werden, das in seiner Gestalt und seinen Abmessungen dem ursprünglichen Block nicht mehr ähnlich ist. Man unterscheidet beim Blockgießverfahren den *Kopfguß* (fallender Guß, **Bild 1a**), bei dem die Kokille durch direktes Eingießen der metallischen Schmelze von oben, und den *Bodenguß* (steigenden Guß, **Bild 1b**), bei dem eine Kokille oder mehrere Kokillen gleichzeitig (Gespannguß) über ein Verteilersystem (Eingußrohr und Kanalsteine) von unten gefüllt werden.

Arbeitsablauf. Die vorbereiteten Kokillen werden in der Gießgrube in der geschilderten Weise aufgebaut. Sie werden mit dem flüssigen metallischen Werkstoff gefüllt, der in ihnen erstarrt. Die Kokillen werden von den Blöcken abgezogen, und die Blöcke werden abtransportiert.

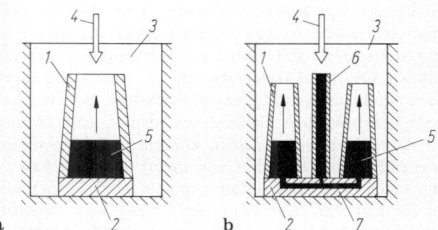

Bild 1. Blockgießverfahren. **a** fallender Guß; **b** steigender Guß; *1* Blockkokille, *2* Bodenplatte, *3* Gießgrube, *4* zugeführte Schmelze, *5* Schmelze, *6* Eingußrohr, *7* Kanalsteine

Stranggießverfahren

Bei diesen Verfahren, mit denen entweder Vorprodukte für das Umformen oder Halbzeuge hergestellt werden, ist das Urformwerkzeug (Durchlaufkokille, Gießwalze, Gießband, Gießrad) stets kleiner als das durch Umformen hergestellte Produkt.

Mit Durchlaufkokille. Bei diesem Gießverfahren wird eine Schmelze des metallischen Werkstoffs einer ortsfesten Durchlaufkokille zugeführt, in der die Erstarrung beginnt.

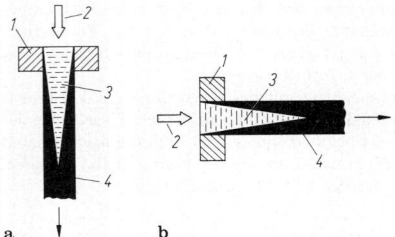

Bild 2. Stranggießanlage [4]. **a** vertikal; **b** horizontal; *1* Durchlauf-kokille, *2* zugeführte Schmelze, *3* Schmelze, *4* erstarrter Strang

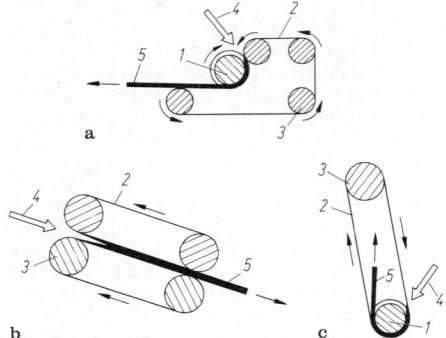

Bild 4. Gießanlagen [4]. **a** Bandgießanlage (Rotary-Verfahren); **b** Bandgießanlage (Hazelett-Verfahren); **c** Drahtgießanlage; *1* Gießrad, *2* Gießband, *3* Umlenkrollen, *4* zugeführte Schmelze, *5* erstarrtes Band bzw. erstarrter Draht

Entsprechend der Bauweise unterscheidet man *diskontinu-ierlich* oder *kontinuierlich* arbeitende *vertikale* (**Bild 2a**) und *horizontale* Stranggießanlagen, **Bild 2b**. Der entste-hende Strang (Voll- oder Hohlprofil) wird nach dem Ver-lassen der Durchlaufkokille bis zu seiner vollständigen Erstarrung gekühlt. Der Strang wird meist periodisch in bestimmte Abschnitte getrennt, die ähnlich wie die Blöcke des Blockgießverfahrens durch Umformen weiterverarbei-tet werden.

Mit sich bewegenden Urformwerkzeugen. Bei diesen Stranggießverfahren sind unter Einsparung von Ferti-gungsstufen des Umformens Umformanlagen zum Wal-zen oder Ziehen direkt nachgeschaltet, so daß meist keine Trennung der entstandenen Stränge in einzelne Abschnitte erfolgt.

Band- und Drahtgießanlagen

Beim vertikal steigenden Gießen zwischen zwei Gießwal-zen (**Bild 3a**) wird die Schmelze des metallischen Werk-stoffs zwischen zwei Gießwalzen von unten zugeführt. Die Erstarrung erfolgt zwischen diesen Walzen, und der ferti-ge Strang (ein Band) tritt senkrecht nach oben aus diesen Gießwalzen aus.
Beim *horizontalen Gießverfahren* (**Bild 3b**) erfolgt sowohl die Zufuhr der Schmelze als auch der Austritt des erstarr-ten Strangs (des Bands) horizontal. Beim Gießen zwi-schen einer *Gießwalze* bzw. einem *Gießrad,* die das Profil des gewünschten Bands oder Drahts enthalten, und einem endlosen Gießband (**Bilder 4a** und **c**) erstarrt die zuge-führte Schmelze des metallischen Werkstoffs zwischen der Gießwalze bzw. dem Gießrad und dem Gießband und tritt dann ins Freie aus. Beim Gießen in *Bänderkokillen* (zwei endlose umlaufende Gießbänder) findet die Erstar-rung unter Benutzung weiterer umlaufender Einrichtun-gen zur seitlichen Begrenzung des Erzeugnisses zwischen diesen Gießbändern statt (**Bild 4b**); anschließend tritt der erstarrte Strang als ein Band in Freie aus.

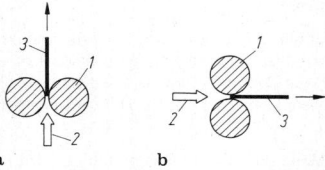

Bild 3. Bandgießanlage [4]. **a** vertikal steigend; **b** horizontal; *1* Gießwalzenpaar, *2* zugeführte Schmelze, *3* erstarrtes Band

2.2.2 Herstellung von Formteilen (Gußteilen)
Manufacturing of cast parts

Bei der Herstellung von Formteilen geht es um Urform-verfahren, mit denen ein nahezu fertiges Bauteil, z. B. Ma-schinenelement oder Finalprodukt, unter Verzicht auf das Umformen gefertigt wird, dessen Gestalt und Abmessun-gen nicht mehr wesentlich verändert werden, sich jedoch noch andere Fertigungsverfahren, z. B. Trennen (Drehen, Hobeln, Fräsen, Bohren) an das Urformen anschließen, um ein einbaufertiges Bauteil zu gewinnen. Dabei wird die Absicht verfolgt, durch Vervollkommnung und Weiter-entwicklung der Urformtechnik z. B. den Arbeitsaufwand beim Spanen immer weiter zu verringern. **Tab. 1** zeigt eine Übersicht über die Form- und Gußverfahren.

Verwendung von verlorenen Urformwerkzeugen (Formen)

Diese Arbeitstechnik, die nur beim Urformen von metalli-schen Werkstoffen aus dem flüssigen Zustand im Rahmen der Gießereitechnik zum Tragen kommt, verwendet zur Herstellung des verlorenen Urformwerkzeugs ein *Modell*. Nach der Art der verwendeten Modelle wird zwischen Ver-fahren mit *Dauermodell* und solchen mit *verlorenem Modell* unterschieden. Mit einem Dauermodell können viele ver-lorene Formen, mit einem verlorenen Modell kann jeweils nur eine verlorene Form angefertigt werden. Verlorene Modelle werden auch in einem entsprechenden Urform-werkzeug hergestellt.
Die Modelle haben eine ähnliche Gestalt wie das herzu-stellende Formteil. Sie haben jedoch um das *Schwindmaß* des Gußwerkstoffs größere Abmessungen. Zusätzlich sind an den Modellen die *Bearbeitungszugaben* angebracht, die später durch Spanen am Gußstück mit dem Ziel der Maß-, Form- und Lagegenauigkeit beseitigt werden. Sie enthal-ten außerdem *Formschrägen,* die als notwendige Konizität der Modelle zur Entnahme aus der Form vorhanden sein müssen. Die Modelle haben in den meisten Fällen eine *Modellteilung,* d.h., sie bestehen mindestens aus zwei Tei-len (Modellhälften); außerdem sind für Gußstücke mit Hohlräumen am Modell *Kernmarken* angebracht, die zur Aufnahme der Kerne in der Form dienen.
Bei *Dauermodellen* zur Herstellung einer verlorenen Form für ein Gußstück werden diese oder Teildauermodelle aus metallischen oder hochpolymeren Werkstoffen oder Holz die Formen nach dem Sandform-, Schablonenform- oder Maskenformverfahren hergestellt.

Tabelle 1. Übersicht über die Form- und Gießverfahren [2]

Formart	Verlorene Formen						Dauerformen			
Modellart	Dauermodelle				verlorene Modelle		ohne Modell			
Verfahren	Hand-formen	Maschinen-formen	Masken-formen	Keramik-formen	Feingießen (Wachsausschmelzverfahren)	Vollform-gießen	Druckgießen	Kokillengießen	Schleudergießen	Stranggießen
Zu verarbeitende Werkstoffe	alle Metalle	alle Metalle	alle Metalle	alle Metalle	alle Metalle	alle Metalle	Druckgußlegierungen auf Al-, Mg-, Zn-, Cu-, Sn- oder Pb-Basis (Eisenwerkstoffe in der Entwicklung)	Leichtmetalle, spezielle Kupferlegierungen, Feinzink, Gußeisen mit Lamellen- und Kugelgraphit	Gußeisen mit Lamellen- und Kugelgraphit, Stahlguß, Leichtmetalle, Kupferlegierungen	Gußeisen mit Lamellen- und Kugelgraphit, Stahlguß, Kupfer- und Kupferlegierungen, Aluminium und Aluminiumlegierungen
Gewichtsbereich (ca.-Werte)	keine Beschränkung. Vorhandene Transporteinrichtungen und Schmelzkapazität bestimmen obere Grenze	bis zu mehreren t, begrenzt durch Größe der Maschinenanlage	...150 kg	...1000 kg	1 g bis mehrere kg (in Sonderfällen ...100 kg)	keine Beschränkung (Transportgrenze); besonders für schwere Teile geeignet	Al-Leg.: ...45 kg; Zn-Leg.: ...20 kg; Mg-Leg.: ...15 kg; Cu-Leg.: ...5 kg (Begrenzt durch Größe der Druckgießmaschine)	...100 kg (in Sonderfällen auch mehr)	...5000 kg	bis zu mehreren Tonnen
Mengenbereich (ca.-Werte)	Einzelteile, kleine Serien	kleine bis große Serien	mittlere und große Serien	Einzelteile, kleine bis mittlere Serien	kleine bis große Serien	Einzelteile, kleine Serien. Bei geeigneten Teilen Serienfertigung	Serienfertigung, Haltbarkeit der Form: Zn ≈ 500000 Abgüsse, Mg ≈ 100000 Abgüsse, Al ≈ 80000 Abgüsse, Cu ≈ 10000 Abgüsse	Serienfertigung, Haltbarkeit der Kokille: Al ≈ 100000 Abgüsse	Serienfertigung. Haltbarkeit der Kokille: 5000...100000 Stck., je nach Werkstückgröße, Gußwerkstoff und Art der Kokille	Länge des Gießstrangs ist maschinenabhängig
Toleranzbereich [a]	2,5...5%	1,5...3%	1...2%	0,3...0,8%	0,3...0,7%	3...5%	0,1...0,4%	0,3...0,6%	1%	0,8%

[a] Für 500 mm Nennmaß (ca.-Werte), abhängig z.B. vom Genauigkeitsgrad, Werkstoff, Werkstückgröße, Gestalt. Werkstoffbezogene Toleranzangaben siehe DIN 1680 sowie DIN 1683 bis DIN 1688.

S

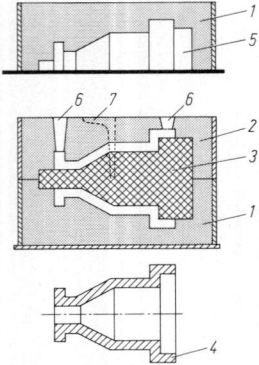

Bild 5. Handformen [3]. *1* Unterkasten, *2* Oberkasten, *3* Kern, *4* Gußstück, *5* Platte mit Holz-Modellhälfte, *6* Speiser, *7* Einguß

Handformen, Bild 5. *Form:* Verlorene (einmal nutzbar) Natursande, synthetischer Sand, auch mit Kunstharzbinder, CO_2-Sand, Zementsand, Formmasse. Verarbeitung von Hand.

Modell: Modelle für mehrmaligen Gebrauch, Modelle und Kernkästen nach DIN 2522 in Güteklasse H 1 a oder H 1 überwiegend aus Hartholz-Furnierplatten; in Güteklasse H 2 oder H 3 überwiegend aus Schnittholz; in Güteklasse S 1, S 2 oder S 3 aus Schaumkunststoff.

Verfahrenscharakteristik: Als Handformen wird die Herstellung einer Sandform ohne Benutzung einer Formmaschine bezeichnet. Die Form besteht aus den Formaußenteilen für die Außenkontur und den Forminnenteilen für die Forminnenkontur. Hohlräume im Gußstück entstehen durch in die Form eingelegte Kerne.
Den Prinzipablauf des Einformens zeigt **Bild 5**. Zunächst wird die untere Hälfte des zweiteiligen Modells geformt. Nach Wenden des Formkastens werden die obere Modellhälfte sowie die Eingießteile aufgelegt und die Oberform hergestellt. Der Oberkasten wird abgehoben, die Modellhälften werden aus der Form genommen und der Kern eingelegt. Die Formhälften werden zusammengefügt, und der Abguß erfolgt.

Gußwerkstoffe: Alle nach dem derzeitigen Stand der Technik gießbaren Metalle und Legierungen.

Gußstückgewichte, ca.: Transportgrenze und Schmelzkapazität bestimmen obere Gewichtsgrenze.

Anzahl der Abgüsse, ca.: Einzelfertigung, kleine Serien.

Toleranzen, ca.: 2,5 bis 5%.

Maschinenformen, Bild 6. *Form:* Verlorene (einmal nutzbar) Natursande, synthetischer Sand, Sand mit Kunstharzbindern, CO_2-Sand. Verarbeitung auf Form- und Kernformmaschinen. Einsatz in teil- und vollautomatischen Fertigungsstraßen.

Modell: Modelle und Kernkästen nach DIN 1511 in Güteklasse H 1 a oder H 1 überwiegend aus Hartholz-Furnierplatten, in Güteklasse M 1 oder M 2 aus Metall, in Güteklasse K 1 oder K 2 aus Kunststoff.

Verfahrenscharakteristik: Das Maschinenformen ist gekennzeichnet durch einen teil- bzw. vollautomatischen Fertigungsvorgang zur rationellen Herstellung gießfertiger Sandformen. Das Abgießen wird oft in die Fertigungsstraße mit einbezogen. Die wesentlichen Stationen: Formstation, Kerneinlege-, Gieß- und Kühlstrecke. Die

Entleerstation gibt die Formgußstücke frei. Die Formstation kann aus einem Formautomaten für komplette Formen oder aus mehreren bestehen, die Ober- und Unterkasten getrennt herstellen. Es gibt auch kastenlose Formanlagen. Hier wird nur während der Formherstellung mit einem Rahmen gearbeitet, der nach Verdichten des Sands abgezogen wird.

Gußwerkstoffe: Alle nach dem derzeitigen Stand der Technik gießbaren Metalle und Legierungen.

Gußstückgewichte, ca.: Durch Größe der Formmaschinen begrenzt: etwa bis 5000 kg.

Anzahl der Abgüsse, ca.: Durch die Maschineneinrichtung für Serien- und Massenfertigung um 1000 Stück und ein Vielfaches davon geeignet.

Toleranzen, ca.: ≈ 1,5 bis 3%.

Saugformen, Bild 7. *Form:* Verloren (einmal nutzbar) verwendet wird synthetischer Naßgußsand.

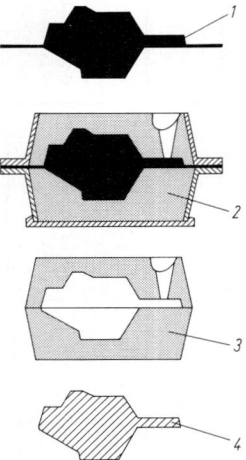

Bild 6. Maschinenformen [3]. *1* Platte mit Metallmodell, *2* Verdichten des Formsandes in einem Rahmen, *3* kastenlose, gießfertige Form, *4* Gußstück

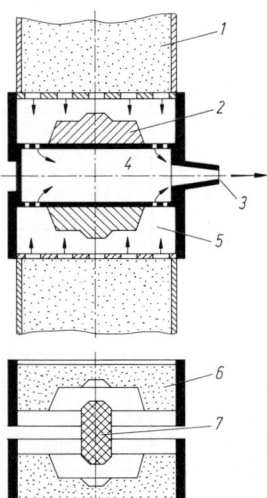

Bild 7. Saugformen [3]. *1* Formsand, *2* Modell, *3* Luftanschluß, *4* Vakuum, *5* Formraum, *6* Sandform, *7* Kern

Modell: Holz, Kunststoff, Metall.

Verfahrenscharakteristik: Das Verfahren ist dadurch gekennzeichnet, daß durch Luftentzug des Formraums und des einströmenden Formsands ein Vakuum entsteht. Der Sand wird dabei beschleunigt und legt sich an die Modellwand an. Nachpressen von der Modellseite möglich. Verfahrensvorteile: Optimale Formverdichtung um das Modell. Keine Schattenwirkung bei geraden Flächen. Abnehmende Ballenhärte nach außen. Hohe Oberflächengüte, Gußstück-Maßhaltigkeit, verminderter Putzaufwand. Dieses Verfahren ist nicht zu verwechseln mit dem Vakuumformverfahren.

Gußwerkstoffe: Eisen- und Aluminiumgußwerkstoffe.

Gußstückgewichte: ca. 0,1 bis 120 kg.

Anzahl der Abgüsse: Kleinere, mittlere und Großserien.

Toleranzen: Konventionell nach DIN 1683 Ballen-Versatz max. 0,3 mm.

Maskenformen, Bild 8. *Form:* Verloren (einmal nutzbar). Harzumhüllte Sande oder Sand-Harz-Gemische.

Modell: Modelle für vielfachen Gebrauch, heizbare Metallmodelle und Metallkernkästen.

Verfahrenscharakteristik: Maskenformen sind einige mm dünne Formmasken. Der Formstoff wird auf das beheizte Metallmodell aufgeschüttet. Dadurch härten die im Formstoff enthaltenen Kunstharze aus und verfestigen die Form. Es entsteht eine selbsttragende, stabile Maskenform. Die Maskenform wird oft in einem Stück gemeinsam geformt und danach getrennt. Nach Einlegen der Kerne werden beide Formhälften zusammengeklebt. Das Maskenformverfahren wird in unterschiedlichen Mechanisierungs- und Automatisierungsstufen eingesetzt. Dieses Verfahren wird nicht nur zur Herstellung von Gießformen für Maskenguß, sondern auch für die Fertigung von Maskenhohlkernen für Sand- und Kokillenguß angewendet. Diese Kerne werden auf speziellen Kernformmaschinen hergestellt. Maskenformguß besitzt hohe Maßgenauigkeit bei ausgezeichneter Oberflächengüte.

Gußwerkstoffe: Alle nach dem derzeitigen Stand der Technik gießbaren Metalle und Legierungen.

Gußstückgewichte, ca.: bis 150 kg.

Anzahl der Abgüsse: Mittlere bis große Serien.

Toleranzen, ca.: 1 bis 2%.

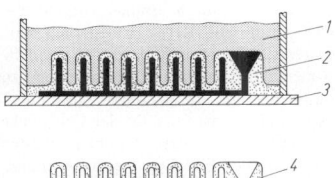

Bild 8. Maskenformen [3]. *1* loser kunstharzumhüllter Sand, *2* ausgehärteter kunstharzumhüllter Sand, *3* beheiztes Metallmodell, *4* Maskenform, *5* Klebenaht, *6* Gußstück

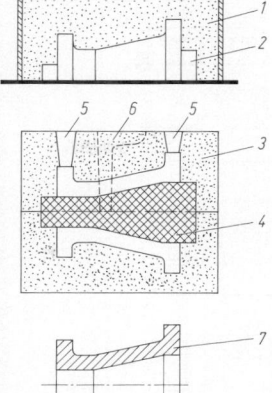

Bild 9. Keramikformen [3]. *1* breiige Keramik-Formmasse, *2* Platte mit Modellhälfte, *3* ausgehärtete geteilte Keramikform, *4* eingelegter Kern, *5* Speiser, *6* Einguß, *7* Gußstück

Keramikformen, Bild 9. *Form:* Verloren (einmal nutzbar), aus hochfeuerfester Keramik in der Art der Feinguß-Formstoffe.

Modell: Wiederholt brauchbar, aus Metall, Kunststoff oder besonders lackiertem Holz.

Verfahrenscharakteristik: Das Modell wird mit einem Schlicker aus hochfeuerfesten Stoffen umgossen, die durch chemische Reaktion aushärten. Aus Kostengründen ist das oft nur eine Schicht, die dann mit „normalem" Formsand hinterfüllt wird. Nach dem Herausnehmen des Modells wird die Keramik gebrannt bzw. abgeflämmt (Shaw-Verfahren). Um das relativ teure Keramikformen zu begrenzen, werden meist nur die Partien der Gießform aus Sonderkeramiken hergestellt, die fertig oder fast fertig gegossen werden sollen. Bei Teilen für Strömungsmaschinen sind das die räumlich gekrümmten Partien; bei Werkzeugen sind es die Konturen, die spanend nicht mehr oder nach dem Härten nur noch funkenerosiv oder durch Schleifen fertigbearbeitet werden. Keramikformguß weist keine Gußhaut im herkömmlichen Sinn auf und zählt zu den Genaugießverfahren, deren Anwendungsgebiet sich im Laufe der technischen Entwicklung wegen ihrer Wirtschaftlichkeit immer mehr verbreitet.

Gußwerkstoffe: Alle nach dem derzeitigen Stand der Technik gießbaren Metalle und Legierungen, vor allem Werkstoffe auf Eisenbasis.

Gußstückgewichte, ca.: Etwa 0,1 bis 2500 kg je nach Fertigungseinrichtung.

Anzahl der Abgüsse, ca.: Einzelstücke, kleine und mittlere Reihen, bei Strömungsmaschinen auch mehr.

Toleranzen, ca.: bis 100 mm etwa ±0,2, über 100 mm etwa ±0,3 bis 0,8% vom Nennmaß.

Vakuumformen, Bild 10. *Form:* Verloren (einmal nutzbar), entsprechend der Modellkontur vakuumgeformte Folie, die mit feinkörnigem, binderfreiem Quarzsand hinterfüllt wird, Abschluß durch eine Deckfolie, Erhaltung der Formstabilität durch Erzeugung eines Unterdrucks in der Form von 0,3 bis 0,6 bar.

Modell: Dauermodelle, die keinem nennenswerten Modellverschleiß unterliegen. Güteklassen 1+2, überwiegend

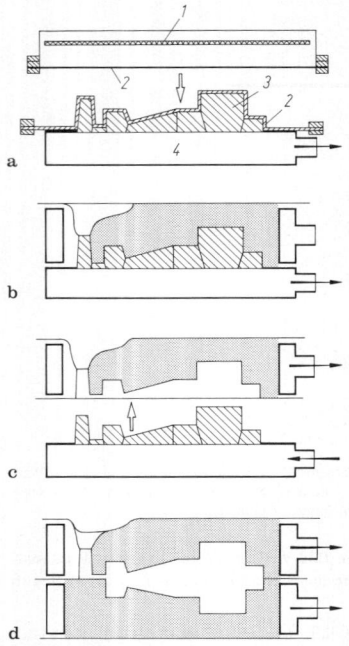

Bild 10. Vakuumformen [3]. *1* Heizung, *2* Kunststoff-Folie, *3* Modell, *4* Vakuumkasten. **a** Eine Flächenheizung macht die Kunststoff-Folie weich. Mittels Unterdruck wird durch Bohrungen die Folie dicht an das Modell gesaugt. **b** Der Formkasten wird aufgesetzt, mit Sand gefüllt, vorverdichtet, die Formkastenoberseite mit Folie abgedeckt. **c** Der Formkasten wird an Vakuum angeschlossen, dadurch wird der Sand verdichtet. Durch Abschalten des Unterdrucks am Vakuumkasten läßt sich der Formkasten leicht vom Modell abheben. **d** Ober- und Unterformkasten werden zusammengefügt. Beim Abgießen bleibt der Unterdruck weiterhin aufrechterhalten

Holz. Kernkästen entsprechend den Kernherstellungsverfahren.

Verfahrenscharakteristik: Das Verfahren ist gekennzeichnet durch die Anwendung von Vakuum sowohl zum Tiefziehen der Modellfolie über ein mit Düsenbohrungen versehenes Modell als auch zur Aufrechterhaltung der Formstabilität. Ein mit Saugsystemen ausgerüsteter Formkasten ist über eine Leitung mit dem Vakuumnetz verbunden. Der feinkörnige, binderfreie Sand, mit dem der Formkasten gefüllt wird, wird durch Vibration verdichtet. Nach dem Auflegen einer Deckfolie wird die Luft aus dem Sand evakuiert und die Form damit verfestigt. Die Form ist vor, während und nach dem Gießen stets mit dem Vakuumnetz verbunden. Zum Ausleeren wird das Vakuum abgeschaltet, Sand und Gußteile fallen ohne zusätzliche Krafteinwirkung aus dem Formkasten. Verfahrensvorteile: Große, reproduzierbare Maßgenauigkeit bei hervorragender Oberflächenqualität, der Formgrat an den Teilungsebenen und an den Kernmarken ist sehr gering, auf Formschrägen kann in Teilbereichen des Gußstücks ganz verzichtet werden.

Gußwerkstoffe: Alle nach dem derzeitigen Stand der Technik gießbaren Metalle und Legierungen.

Gußstückgewichte: Begrenzung durch die jeweils vorhandenen Anlagen, nicht durch das Verfahren.

Toleranzen: 0,3 bis 0,6%.

Gießen unter (Hoch-)Vakuum. *Form:* Verloren (einmal nutzbar), (Feinguß-)Schalenformen und Genaugußformen aus Sonderformstoffen.

Modell: Feingußwachs und andererseits je nach Art der Form auch aus Metall, Kunststoff oder ähnlichem.

Verfahrenscharakteristik: Titan und Zirkonium gehören zu den reaktiven Metallen, die im schmelzflüssigen Zustand zu Sauerstoff, Stickstoff und Wasserstoff hohe Affinitäten aufweisen. Das trifft auch dann zu, wenn sie als Legierungsbestandteile in entsprechenden Prozentsätzen z.B. in flüssigem Nickel enthalten sind. Deshalb müssen alle diese Legierungen unter definierten Bedingungen erschmolzen und gegossen werden; üblich ist unter Hochvakuum.
Die neuen Formkeramiken, z.B. aus Yttrium- und Zirkoniumoxiden, widerstehen dem Antriff reaktiver Metalle bzw. Schmelzen. Für die mit Titan (Aluminium u.a.) nur legierten Nickel-Basis-Legierungen sind diese Sonderkeramiken jedoch (noch) nicht erforderlich.
Um Qualität und Struktur zu optimieren, werden die Gußstücke meist noch im HIP-Verfahren heißisostatisch verdichtet.

Gußwerkstoffe: Legierungen auf Nickel-, Titan-, Kobalt-, Eisen- und Zirkoniumbasis (Reihenfolge=Rangreihe).

Gußstückgewichte: Etwa 0,01 bis 100 kg und mehr, je nach Fertigungseinrichtung.

Anzahl der Abgüsse: Kleine Reihen bis größere Serien.

Toleranzen: Je nach Formverfahren etwa ±0,3 bis ±0,8% vom Nennmaß.

Feingießen, Bild 11. *Form:* Verloren (einmal nutzbar) aus hoch-feuerfesten Keramiken; Einzel- oder Gruppenmodell mit Zuläufen zu Gießeinheiten, sog. Trauben oder Bäumchen, zusammengefaßt.

Modell: Aus Spezialwachsen o.ä., Thermoplasten oder deren Gemischen im Spritzgußverfahren hergestellt.

Verfahrenscharakteristik: Kennzeichnend sind die verlorenen Modelle, die einteiligen Gießformen und das Gießen in heiße Formen (bei Stahl ≈ 900 °C). Eine Gußhaut im herkömmlichen Sinn entsteht nicht. Die Modelle werden in Einfach- oder Mehrfachwerkzeugen gespritzt. Diese bestehen aus Aluminium, Stahl oder Weichmetall, für das ein Urmodell erforderlich ist. Das für den konkreten Fall am besten geeignete Spritzwerkzeug wird je nach vorgesehener Gesamtstückzahl, nach der Gestalt des Gußstücks und nach der Art des Modellstoffs ausgewählt. Für bestimmte hinterschnittene Konturen können vorgeformte wasserlösliche oder keramische Kerne erforderlich sein, für die ein Zusatzwerkzeug gebraucht wird. Die Modelle werden mit meist gleichfalls gespritzten Gießsystemen zu sog. Trauben zusammengefügt. Die Art dieses Zusammenbaus ist ausschlaggebend für die Qualität der Gußstücke und für die Wirtschaftlichkeit. Diese Trauben erhalten dann zähflüssige keramische Überzüge, die durch chemische Reaktionen aushärten. Bei Aluminium werden auch Spezialgipse verwendet. Nach dem Ausschmelzen (Modellausschmelz-Verfahren!) bzw. Herauslösen des Modellstoffs werden die so entstandenen einteiligen Gießformen gebrannt. Nun wird in die meist noch heißen Formen gegossen, damit auch enge Querschnitte und feine Konturen sauber „auslaufen". Feinguß mit seinen knappen Toleranzen und guten Oberflächen ist das Gießverfahren, das bei hoher Qualität die größte Freiheit konstruktiven Gestaltens bietet.

Gußwerkstoffe: Offen oder unter Vakuum erschmolzene Stähle und Legierungen auf Eisen-, Aluminium-,

Kompaktform

Schalenform

Modellherstellung

Hinterfüllen

Schalenbildung durch mehrmaliges Tauchen und Besanden

Montage

Ausschmelzen

Tauchen

Ausschmelzen

Gießen

Besanden

Gießen

Ausklopfen

Ausklopfen

Trennen

Schleifen

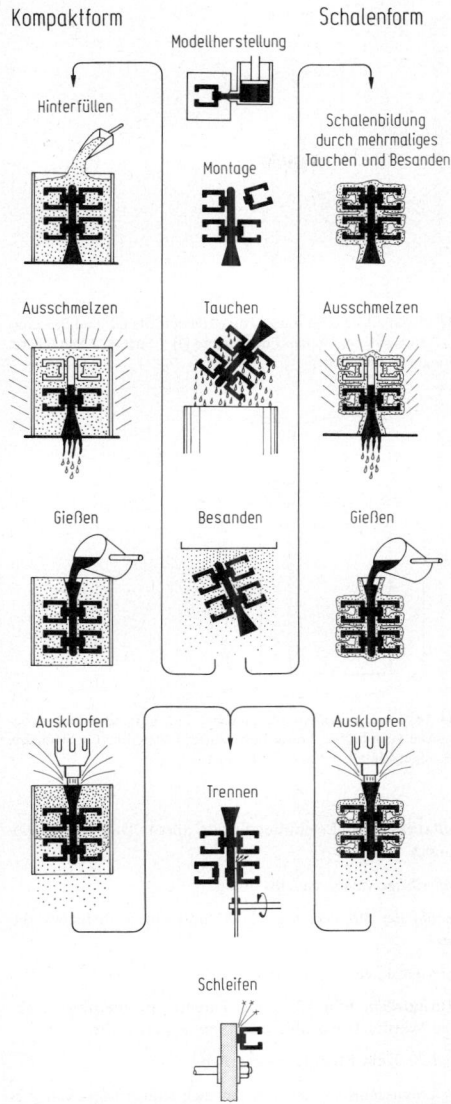

Bild 11. Schematische Darstellung des Fertigungsablaufs beim Feingießverfahren [5]

Nickel-, Kobalt-, Titan-, Kupfer-, Magnesium- oder Zirkoniumbasis, einschließlich Luftfahrtwerkstoffe (Reihenfolge = Rangreihe).

Gußstückgewichte: 0,001 bis 50 kg, je nach Fertigungseinrichtung auch bis 150 kg und mehr.

Anzahl der Abgüsse: Kleine Reihen bis Großserien, je nach Kompliziertheitsgrad und/oder Bearbeitbarkeit des betreffenden Werkstücks.

Toleranzen: Etwa ±0,4 bis ±0,7% vom Nennmaß.

Vollformgießen, Bild 12. *Form:* Verloren (einmal nutzbar), meist selbsthärtender Formstoff.

Modell: Verloren, Schaumstoff.

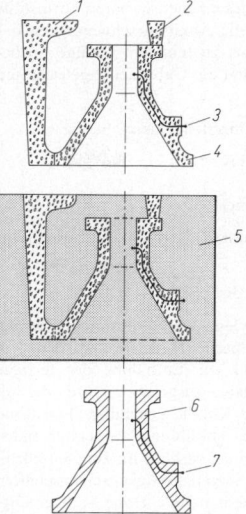

Bild 12. Vollformgießen [3]. *1* Einguß, *2* Speiser, *3* einzugießende Rohrleitung, *4* ungeteiltes Polystyrol-Schaumstoff-Modell, *5* Form, *6* Gußstück, *7* eingegossene Rohrleitung

Verfahrenscharakteristik: Einteiliges Schaumstoff-(Polystyrol-)Modell. Entspricht in Form und Maß (unter Berücksichtigung des Schwindmaßes) dem zu gießenden Teil. Das Modell muß nach dem Einformen nicht aus der Form entfernt werden. Durch die Hitze der in die Vollform einströmenden Schmelze vergast das Modell und wird fortlaufend durch Gießmetall ersetzt. Formteilungen und Kerne sind meistens nicht erforderlich. Bolzen, Büchsen, Schmierleitungen u.a. können mit eingegossen werden. Durch Wegfall der Aushebeschrägen Gewichtseinsparung am Gußstück. Fertigungszeit und Kosten betragen nur einen Bruchteil gegenüber einem Holzmodell.

Gußwerkstoffe: Alle nach dem derzeitigen Stand der Technik gießbaren Metalle und Legierungen, besonders solche mit hohen Gießtemperaturen.

Gußstückgewichte, ca.: Ab 50 kg bis unbegrenzt (Transportgrenze) besonders für großvolumige Teile geeignet.

Anzahl der Abgüsse, ca.: Einzelteile, kleine Serien.

Toleranzen, ca.: 3 bis 5%.

Magnetformen. *Form:* Verloren (einmal nutzbar), Eisengranulat.

Modell: Verloren, Schaumstoff.

Verfahrenscharakteristik: Das Magnetformen ist eine Art des Vollformgießens. Dabei werden die aus Schaumstoff vorgefertigten Gießeinheiten (Modelle mit Zuläufen und Einguß) mit einer feuerfesten Keramik überzogen (ähnlich den Feinguß-Schalenformen). In einem Formkasten werden sie dann mit rieselfähigem Eisengranulat hinterfüllt. Durch Anlegen (bzw. Zuschalten) eines Gleichstrom-Magnetfelds verfestigt sich das Eisenpulver und hinterstützt so die Gießeinheit. Nach dem Gießen und Erstarren des Metalls wird das Magnetfeld abgeschaltet, wodurch das Eisengranulat wieder rieselfähig wird. Dann wird der Abguß entnommen; das Eisengranulat kann wiederverwendet werden.

Gußwerkstoffe: Alle nach dem derzeitigen Stand der Technik gießbaren Metalle und Legierungen. Aufgrund der hö-

S

heren Wärmeleitfähigkeit des magnetisierbaren Formstoffs gegenüber Quarzsand, ist die Abkühlgeschwindigkeit der Gußstücke höher und führt zu feinerem Gefüge. Insbesondere bei Stahlguß werden die Gebrauchseigenschaften verbessert.

Anzahl der Abgüsse, ca.: Einzelteile, kleine Serien.

Toleranzen, ca.: Kleiner 3 bis 5%.

Verwendung von Dauerformen

Kokillengießen, Bild 13. *Form:* Dauerform, Gußeisen oder Stahl, Kerne aus Stahl.

Modell: Kein Modell erforderlich.

Verfahrenscharakteristik: Gegossen wird unter Wirkung der Schwerkraft in metallische Dauerformen, den Kokillen. Diese Formen sind zur Entnahme des fertigen Gußteils zwei- oder mehrteilig ausgeführt. Durch die hohe Wärmeleitfähigkeit der Kokille gegenüber Formsand erfolgt eine beschleunigte Abkühlung der erstarrenden Schmelze. Daraus resultiert ein verhältnismäßig feinkörniges, dichtes Gefüge mit besseren Festigkeitseigenschaften als der im Sandguß hergestellten Teile. Hohe Maßgenauigkeit, ausgezeichnete Oberflächengüte, gute Konturenwiedergabe kennzeichnen den Kokillenguß. Die Forderung nach gas- und flüssigkeitsdichten Armaturen wird durch dieses Verfahren durch Erreichen eines dichten Gefüges voll erfüllt. Schnelle, rationelle Gießfolge und weitgehende Einsparung von Bearbeitung bzw. geringe Bearbeitungszugaben sind weitere Merkmale dieses Verfahrens.

Gußwerkstoffe: Kokillengußlegierungen, DIN 1709 Kupfer-Zink-Legierungen, DIN 1714 Kupfer-Aluminium-Legierungen, DIN 1725 Aluminiumlegierungen, DIN 1729 Magnesiumlegierungen, DIN 1743 Feinzinklegierungen, außerdem Kupfer, Kupfer-Chrom-Legierungen, übereutektische Aluminium-Silizium-Legierungen, Gußeisen mit Lamellen- und Kugelgraphit. Die genormten Kokillengußlegierungen sind durch das Symbol GK gekennzeichnet.

Gußstückgewichte, ca.: NE-Metalle und Gußeisen bis etwa 100 kg, je nach Einrichtung auch mehr. Gußeisen für bestimmte Zwecke bis etwa 20 t (=20000 kg).

Anzahl der Abgüsse, ca.: 1 000 und ein Mehrfaches, je nach Gußwerkstoff (z.B. Al ≈ 100 000 Abgüsse).

Toleranzen, ca.: 0,3 bis 0,6%.

Niederdruck-Kokillengießen, Bild 14. *Form:* Dauerform, Gußeisen oder Stahl.

Modell: Kein Modell erforderlich.

Verfahrenscharakteristik: Gegossen wird unter Druckbeaufschlagung (meist mit Druckluft) in metallische Dauerformen, den Kokillen. Diese Formen sind zur Entnahme des fertigen Gußteils zwei- oder mehrteilig ausgeführt. Durch die hohe Wärmeleitfähigkeit der Kokille gegenüber Formsand erfolgt eine beschleunigte Abkühlung der erstarrenden Schmelze. Daraus resultiert ein verhältnismäßig feinkörniges, dichtes Gefüge mit besseren Festigkeitseigenschaften als der im Sandguß hergestellten Teile. Kennzeichnendes Merkmal ist die Druckbeaufschlagung, durch die keine Speiser am Gußstück erforderlich sind. Hohe Maßgenauigkeit, ausgezeichnete Oberflächengüte, gute Konturenwiedergabe sind neben schneller, rationeller Gießfolge und weitgehender Einsparung von Bearbeitung weitere Merkmale dieses Verfahrens. Gas- und flüssigkeitsdichte Armaturen sind durch das dichte Gußgefüge rationell zu realisieren.

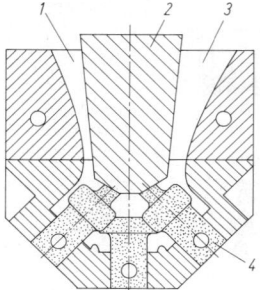

Bild 13. Kokillengießen (Gemischtkokille mit Metall- und Sandkernen, Sandkerne für Hinterschneidungen) [3]. *1* Speiser, *2* Metallkern, *3* Einguß, *4* Sandkern

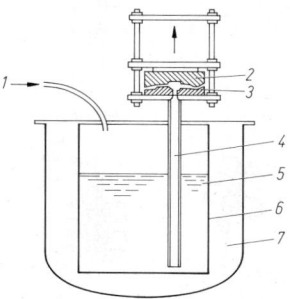

Bild 14. Niederdruck-Kokillengießen [3]. *1* Luft oder Gas, *2* bewegliche Formhälfte, *3* feste Formhälfte, *4* Steigrohr für Schmelze, *5* flüssiges Metall, *6* Tiegel, *7* Heizung

Gußwerkstoffe: Leichtmetall, vor allem Aluminiumlegierungen.

Gußstückgewichte, ca.: bis 70 kg.

Anzahl der Abgüsse, ca.: 1 000 und ein Mehrfaches davon.

Toleranzen, ca.: 0,3 bis 0,6%.

Druckgießen, Bild 15. *Form:* Dauerform, meistens hochfeste Warmarbeitsstähle oder Sonderwerkstoffe.

Modell: Kein Modell erforderlich.

Verfahrenscharakteristik: Kennzeichnendes Merkmal dieses Verfahrens ist, daß die Schmelze in Druckgußmaschinen unter hohem Druck mit relativ großer Geschwindigkeit in die zweiteilige Dauerform gedrückt wird. Man unterscheidet: *Warmkammer-Verfahren:* Druckgußmaschine und Warmhalteofen für die Schmelze bilden eine Einheit. Das Gießaggregat befindet sich in der Schmelze. Bei jedem Gießvorgang wird ein genau vorbestimmtes Volumen Schmelze in die Form gedrückt. Das Warmkammer-Druckgieß-Verfahren eignet sich vor allem für die Werkstoffe Blei, Magnesium, Zink und Zinn. Die Leistung nach diesem Verfahren hergestellter Bauteile ist beträchtlich, je nach Konstruktionsteilgröße und zu vergießendem Werkstoff jedoch verschieden. *Kaltkammer-Verfahren:* Druckgußmaschine und Warmhalteofen für die Schmelze sind getrennt. Die Schmelze wird nach Entnahme aus dem Ofen in die kalte Druckkammer gefüllt und in die Form eingedrückt. Die Druckkammer ist direkt an die eingußseitige Formhälfte angebaut. Dieses Verfahren eignet sich bevorzugt für Legierungen auf Aluminium- und Kupferbasis,

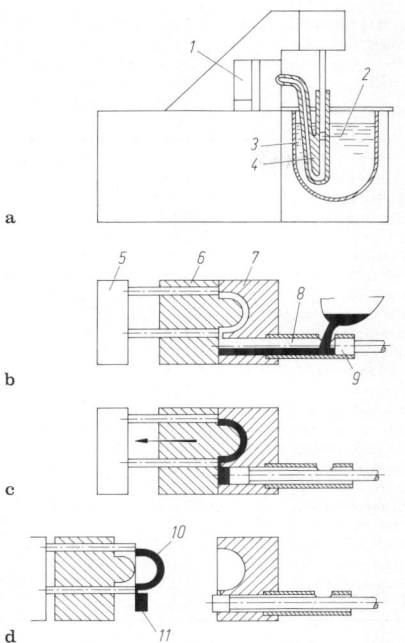

Bild 15. Druckgießen [3]. **a** Warmkammer-Verfahren; **b** bis **d** Kalt-kammer-Verfahren; **b** Gießkammer füllen; **c** Gießkolben drückt Schmelze in Form; **d** Gußstück auswerfen; *1* Druckgießform, *2* Gießkolben, *3* Tiegel mit Schmelze, *4* Gießbehälter, *5* Auswerfen, *6* bewegliche Formhälfte, *7* feste Formhälfte, *8* Gießkammer, *9* Gießkolben, *10* Gußstück, *11* Gießrest

da diese beim Einsatz nach dem Warmkammer-Verfahren im flüssigen Zustand das Stahl-Gießaggregat angreifen würden. Kaltkammer-Druckgießmaschinen erreichen, verfahrensbedingt, nicht die Stückleistungen von Warmkammer-Maschinen. Das Druckgießen ist heute eines der rationellsten Gießverfahren. Die Maschinen arbeiten meistens halb- oder vollautomatisch. Druckgußteile besitzen glatte, saubere Flächen und Kanten. Sie sind äußerst maßgenau. Deshalb müssen allenfalls Paß- und Lagerflächen bearbeitet werden. Geringste Bearbeitungszugaben erlauben kurze Bearbeitungszeiten.

Gußwerkstoffe: Gußwerkstoffe, die für die Druckgießverfahren geeignet sind: DIN 1709 Kupfer-Zink-Legierungen, DIN 1714 Kupfer-Aluminium-Legierungen, DIN 1725 Aluminiumlegierungen, DIN 1729 Magnesiumlegierungen, DIN 1741 Bleilegierungen, DIN 1742 Zinnlegierungen, DIN 1743 Feinzinklegierungen. Die genormten Druckgußlegierungen sind durch das Symbol GD gekennzeichnet. Für *Warmkammer-Verfahren:* Blei-, Magnesium-, Zink- und Zinnlegierungen. Für *Kaltkammer-Verfahren:* Vor allem Werkstoffe auf Aluminium- und Kupferbasis.

Gußstückgewichte, ca.: Leichtmetalle bis 45 kg, andere Werkstoffe bis 20 kg, je nach Gußwerkstoff und Aufspannmaße der Druckgußmaschinen.

Anzahl der Abgüsse, ca.: sehr unterschiedlich je nach Gußwerkstoff, Beispiel: Zn-Legierungen etwa 500000 Stück.

Toleranzen, ca.: 0,1 bis 0,4%.

Schleudergießen, Bild 16. *Form:* Dauerform, Gußeisen- oder Stahlkokille mit Wasserkühlung.

Modell: Kein Modell erforderlich.

Verfahrenscharakteristik: Im Schleudergießverfahren werden Hohlkörper, die einen rotationssymmetrischen Hohlraum haben und deren Achse mit der Drehachse der Schleudergießeinrichtung zusammenfällt, hergestellt. Die Außenform des Gußstücks wird bestimmt durch die Kokillenform. Die Innenform bildet sich unter Einwirkung der Fliehkraft der rotierenden Form. Die Gußstück-Wanddicke wird bestimmt von der Menge des zugeführten flüssigen Metalls. Eine Verfahrensvariante ist der Schleuderformguß, der hohle oder auch massive Formgußteile durch rotierende Kokillen hervorbringt. Es kann auch im Verbund geschleudert werden. Ebenfalls ist Schleudern mit Flansch möglich. Der Lieferzustand bei geschleuderten Fe-, Ni- und Co-Basis-Legierungen ist üblicherweise (zumindest) vorgedreht.

Gußwerkstoffe: Vor allem Gußeisen, Stahlguß, Schwer- und Leichtmetalle.

Gußstückgewichte, ca.: bis 5000 kg.

Anzahl der Abgüsse, ca.: 5000 bis über 100000 Stück, je nach Kokille und Gußwerkstoff. In Sonderfällen z.B. aus Edelstählen und ähnlichem, auch größere Einzelstücke und kleine Reihen (ab etwa 100 mm Innendurchmesser).

Toleranzen, ca.: 1%.

Verbund-(bzw. Ein-)Gießen, Bild 17. *Form:* Kokille z.B. bei Schleuder-Verbundguß.

Modell: Ohne Modell.

Verfahrenscharakteristik: Diese Verfahrensarten werden praktiziert: Beim Gießen von Konstruktionsteilen aus zwei oder mehreren verschiedenen fest miteinander verbundenen metallischen Werkstoffen. Mindestens ein Werkstoff wird im schmelzflüssigen Zustand in eine Form, die auch Teil eines herzustellenden Produkts sein kann, gegossen; beim Verbundgießen verschiedener Metalle und/oder Legierungen im flüssigen bzw. teigigen Zustand, z.B. beim Schleudern; beim Ein-, Aus- und Umgießen fester Teile, die nicht nur aus Metall, sondern z.B. auch aus Keramik bestehen können. Die Verbindung kann dann durch Schrumpfen oder durch Formschluß oder durch beides entstehen.

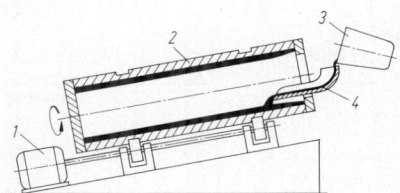

Bild 16. Schleudergießen [3]. *1* Antrieb, *2* Kokille, *3* Gießtiegel, *4* Gießrinne

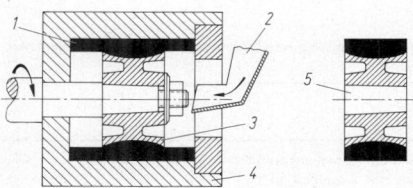

Bild 17. Verbund-(bzw. Ein-)Gießen [3]. *1* Verbundgußwerkstoff mit verlorenen Köpfen, die durch Abstechen entfernt werden, *2* Gießrinne, *3* aufgespannte Nabe, *4* Kokille, *5* Verbundgußstück (2 verschiedene Werkstoffe)

Gußwerkstoffe: Alle nach dem derzeitigen Stand der Technik gießbaren Metalle und Legierungen.

Gußstückgewichte ca.: Bis 50 kg und mehr je nach Fertigungseinrichtung.

Anzahl der Abgüsse, ca.: Mittlere und große Serien.

Toleranzen, ca.: 0,1 bis 0,6% je nach Verfahren.

2.2.3 Gestaltungsrichtlinien. Guidelines for design

Die Formgebung durch Gießen bietet aufgrund ihrer *weitgehenden Gestaltungsfreiheit* in besonders hohem Maße die Möglichkeit, Konstruktionsideen zu verwirklichen. Ein fertigungsgerechter Entwurf, der in entscheidendem Maße zur wirtschaftlichen Herstellung einer Gußkonstruktion beiträgt, ist zumeist nur in enger Zusammenarbeit zwischen Konstrukteur und Gießer zu erstellen. Die Formgebung durch Gießen unterscheidet sich von anderen Formgebungsverfahren dadurch, daß der Werkstoff erst nach dem Abkühlen mit einer teilseise erheblichen Schrumpfung im flüssigen Zustand und während der Erstarrung sowie einer beachtlichen Schwindung im festen Zustand seine Gestalt, Werkstoffstruktur und Güte erhält, **Bild 18, Tab. 2.** Die *Festschwindung* ist durch ein entsprechendes Aufmaß (*Schwindmaß*) zu berücksichtigen. Die legierungsspezifischen Werte erfahren häufig erhebliche Abweichungen infolge Schwindungsbehinderung durch Rippen, Vorsprünge, mehr oder weniger nachgiebige Kerne und Formpartien, **Tab. 3.** Solange sie, wie meist bei kleinen Gußstücken, innerhalb der zulässigen Freimaßtoleranzen liegen oder durch Bearbeitungszugaben aufgefangen werden, stellen sie kein Problem dar. Bei großen Gußstücken sind jedoch Erfahrungswerte über die Schwindungsabweichungen bei der Modellausführung zu berücksichtigen. Liegt eine einseitige Schwindungsbehinderung, z. B. durch die

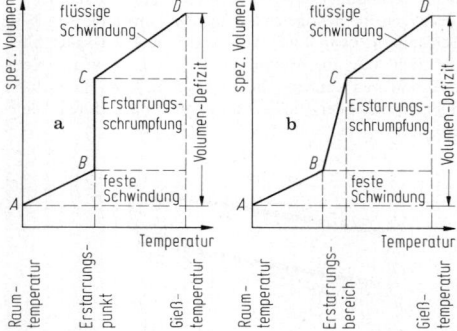

Bild 18. Schematische Darstellung der Volumenkontraktion von metallischen Werkstoffen beim Abkühlen aus dem schmelzflüssigen Zustand; **a** bei reinen Metallen und eutektischen Legierungen; **b** bei nichteutektischen Legierungen [6]

Tabelle 2. Schwindung verschiedener Gußwerkstoffe (Anhaltswerte)

Material	flüssig %	fest %
Gußeisen mit Lamellengraphit	...3	...1
Gußeisen mit Kugelgraphit	...5	...2
Stahlguß	...6	...3
Temperguß	...5,5	...2
Kupferlegierungen	...4	...2
Aluminiumlegierungen	...5	...1,25

Tabelle 3. Richtwerte für die lineare Schwindung und mögliche Abweichungen [7]

Gußwerkstoff	Richtwert %	Mögliche Abweichung %
Gußeisen		
mit Lamellengraphit	1,0	0,5...1,3
mit Kugelgraphit, ungeglüht	1,2	0,8...2,0
mit Kugelgraphit, geglüht	0,5	0,0...0,8
Stahlguß	2,0	1,5...2,5
Manganhartstahl	2,3	2,3...2,8
Temperguß GTW	1,6	1,0...2,0
Temperguß GTS	0,5	0,0...1,5
Aluminium-Gußlegierungen	1,2	0,8...1,5
Magnesium-Gußlegierungen	1,2	1,0...1,5
Kupferguß (Elektrolyt)	1,9	1,5...2,1
Guß-CuSn-Legierungen (Gußbronzen)	1,5	0,8...2,0
Guß-CuSn-Zn-Legierungen (Rotguß)	1,3	0,8...1,6
Guß-CuZn-Legierungen (Gußmessing)	1,2	0,8...1,8
G-CuZn (Mn, Fe, Al)-Legierungen (Guß-Sondermessinge)	2,0	1,8...2,3
G-CuAl (Ni, Fe, Mn)-Legierungen (Guß-Aluminium- und Guß-Mehrstoff-Aluminiumbronzen)	2,1	1,9...2,3
Zinkguß-Legierungen	1,3	1,1...1,5
Weißmetall (Pb, Sn)	0,5	0,4...0,6

Gießform oder auch durch die Gestalt, insbesondere bei längeren Gußstücken vor (unterschiedliche Querschnitte über die Länge und folglich verschiedene Abkühlungsgeschwindigkeiten und thermische Spannungen), so würden sich diese verziehen, sofern das Modell nicht bereits in entgegengesetzter Richtung durchgebogen ist. Große Radkörper sind z. B. zur Vermeidung einer unzulässigen Unrundheit nicht selten geteilt. Thermische Spannungen, die nicht mehr durch plastische Verformung abgebaut werden, können neben Verzug auch eine unerwünschte „Entspannung durch Rißbildung" zur Folge haben. Wird daher der Kontraktion des Gußwerkstoffs nicht bereits bei der konstruktiven Gestaltung unter Einbeziehung der Möglichkeiten der Anschnitt- und Speisertechnik die notwendige Aufmerksamkeit geschenkt, so kann es zu Lunkern (Schrumpfungshohlräumen), Schrumpfungsporen, Einfallstellen, Warm-(Lunker-)Rissen, Verzug und Spannungsrissen kommen.

Gestaltung fertigungsorientiert

Richtige Gestaltung von Wanddickenübergängen mit Blickrichtung auf die Erstarrungsschrumpfung und Festschwindung:

Wanddickenabstufungen sollten eine gerichtete Erstarrung ermöglichen.

Knotenpunkte durch Zusammentreffen mehrerer Wände bilden Materialanhäufungen, d. h. heiße Zonen, und sind daher möglichst aufzulösen oder durch Querschnittverjüngung gießtechnisch günstig zu gestalten. Werkstoffansammlungen, insbesondere an Stellen, die für eine Speisung unzugänglich sind, führen zu Lunkerstellen.

Schroffe Wanddickenübergänge sind zu vermeiden, da sie hohe thermische Spannungen infolge unterschiedlicher Abkühlungsgeschwindigkeiten erzeugen. Hinzu kommt oft noch eine erhöhte Schwindungsbehinderung durch die Form. Die Gefahr der Bildung von Warmrissen („Lunkerrissen" zwischen Liquidus- und Solidustemperatur) und

Spannungsrissen (bei weiterer Abkühlung im festen Zustand) ist daher groß. Rißgefährdete Stellen können durch Rippen geschützt werden.

Scharfe Ecken verursachen zusätzlich einen Wärmestau (Sandkanteneffekt) und demzufolge häufig neben Warmrissen auch Schwindungsporosität sowie Blaslunker. Zusammenfassende Gestaltungsempfehlungen s. **Bild 20** und allgemeine Literatur.

Gestaltung beanspruchungsorientiert

Beim Entwerfen von Gußstücken müssen die wesentlichen im Betrieb auftretenden Beanspruchungen zugrunde gelegt werden. Hier bietet die Freizügigkeit der Gestaltung eine hervorragende Anpassung an die technischen Erfordernisse. Die Formgebung durch Gießen ermöglicht die wirtschaftliche Herstellung von Teilen auch verwickeltster Art mit *hoher Gestaltfestigkeit*. Oft läßt sich durch geeignete Verrippung oder mit nur geringer Änderung die Konstruktion in einen günstigeren Belastungsfall bringen, **Bild 19** und **20**.
Wichtig ist die Kenntnis der Tragfähigkeit von Gußwerkstoffen. Anhaltswerte für Gußeisen mit Lamellengraphit: **Bild 21**.

Beispiele. Ein Gußstück aus GG-15 oberer waagerechter grauer Balken) hat bei 10 mm Wanddicke oder 20 mm Probestab-Durchmesser (senkrechte Linie) eine Zugfestigkeit von etwa $22\,\mathrm{dN/mm^2}$, eine Härte von etwa 220 HB und einen Elastizitätsmodul im Ursprung von knapp $10\,000\,\mathrm{dN/mm^2}$. In einer Wand von 45 mm dagegen beträgt die Zugfestigkeit rund $10\,\mathrm{dN/mm^2}$, die Härte rund 130 HB, der E-Modul knapp $8\,000\,\mathrm{dN/mm^2}$.

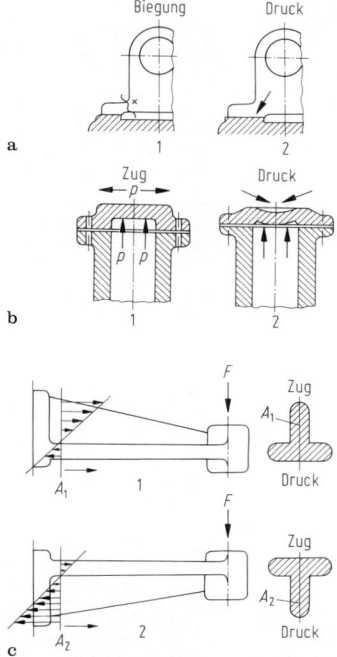

Bild 19. Beispiele für beanspruchungsgerechte Gußstückgestaltung bei einem Werkstoff mit höheren Druck- als Zugfestigkeit nach [6]; **a** Lagerbock, 1 auf Biegung beansprucht – ungünstige Auflage, 2 auf Druck beansprucht – Auflage verbreitert; **b** Zylinderdeckel, 1 auf Zug beansprucht – ungünstige Gestaltung, 2 auf Druck beansprucht – günstige Gestaltung; **c** Wandlagerarm, 1 ungünstige Querschnittanordnung, 2 beanspruchungsgerechte Querschnittanordnung

Soll jedoch diese 45-mm-Wand aus konstruktiven Gründen eine Zugfestigkeit von $22\,\mathrm{dN/mm^2}$ aufweisen, so sind gleichzeitig etwa 180 HB und E_0 etwa $11\,500\,\mathrm{dN/mm^2}$ zu erwarten. Zu wählen ist die Werkstoffsorte GG-30. Bei 10 mm Wanddicke ergibt dieses Gußeisen etwa $35\,\mathrm{dN/mm^2}$ Zugfestigkeit, rund 260 HB und E_0 etwa $13\,000\,\mathrm{dN/mm^2}$.

2.2.4 Vorbereitende und nachbehandelnde Arbeitsvorgänge
Preparing and finishing steps

Erschmelzen von Gußwerkstoffen. Zum Überführen des Gießmetalls sowie der Zuschlagstoffe in den schmelzflüssigen Zustand stehen sehr verschiedenartige Schmelzaggregate – z.B. Schacht-(Kupol-), Tiegel- und Herdöfen – zur Verfügung, die mit Koks, Gas, Öl oder auch elektrischer Energie beheizt werden. Wichtigste Schmelzaggregate sind für *Gußeisen und Temperguß:* Kupol-(Schacht-)Ofen, Induktionsofen, Drehtrommelofen (ölgefeuert); *Stahlguß:* Lichtbogenofen, Induktionsofen; *Nichteisenmetallguß:* Induktionsofen, elektrisch-, gas- oder ölbeheizter Tiegelofen.

Putzen der Gußstücke. Zum Entleeren der Formen dienen Ausleerrüttler und zum Entfernen des Sandanhangs i. allg. Strahlputzanlagen, die durchweg mit Stahlschrott oder Stahldrahtkorn arbeiten.

Wärmebehandlung. Zahlreiche Werkstoffe erhalten erst durch eine Wärmebehandlung die für ihren Gebrauch erforderlichen physikalischen und technologischen Eigenschaften. Hierzu sind elektrisch-, öl- oder auch gasbeheizte kontinuierlich oder auch diskontinuierlich arbeitende Öfen erforderlich. Ihre Größe ist auf die Gußstückgröße und -menge, ihre Arbeitsweise auf die verschiedensten Arten der Wärmebehandlung abgestimmt (s. E 3).

Kontroll- und Prüfverfahren. Die vielfältigen und mit dem technischen Fortschritt steigenden Beanspruchungen sowie der Trend zur Leichtbauweise und damit zur rationelleren Werkstoffausnutzung führen zwangsläufig zur Forderung nach hoher Gußstückgüte mit besonderer Betonung der Gleichmäßigkeit. Verfahrens- und Gußstückkontrollen beginnen mit der Überprüfung der metallischen und nichtmetallischen Einsatzstoffe und enden mit der Ausgangskontrolle der Gußstücke. In der Werkstoff- und Werkstückprüfung werden vor allem die zerstörungsfreien Prüfverfahren wie Röntgen-, Ultraschall-, Magnet- und Penetrationsverfahren angewandt. Für die zerstörenden Prüfverfahren wie beispielsweise Zug-, Kerbschlag- und Biegeversuch werden i. allg. getrennte oder am Gußstück angegossene Proben, in Ausnahmefällen auch Proben aus dem Stück selbst verwendet.

2.3 Formgebung bei Kunststoffen
Forming of plastics

Werkstoffeigenschaften von Kunststoffen s. E 4.

Thermoplaste haben (als Spritzgußmassen) gegenüber *Duroplasten* (Preßmassen und Gießharzen) den weitaus größten Anteil an der Fertigung von Formteilen und Halbzeug. Das Urformen kann durch *Schwerkraft-*(Stand-)*gießen* und auch durch *Schleudergießen* erfolgen, häufiger jedoch durch *Pressen* und überwiegend durch *Spritzgießen* sowie *Extrudieren*. Über die Formtechnik der Formmassen informiert DIN 16700. Wichtig für die diskontinuierliche (taktweise) Herstellung von Formteilen (Pressen, Spritzgießen) sowie die kontinuierliche Fertigung von Profilen, Folien usw. (Extrudieren) aus Formmasse (Pulver, Körner, Schnitzel u.a.) sind die von den Herstel-

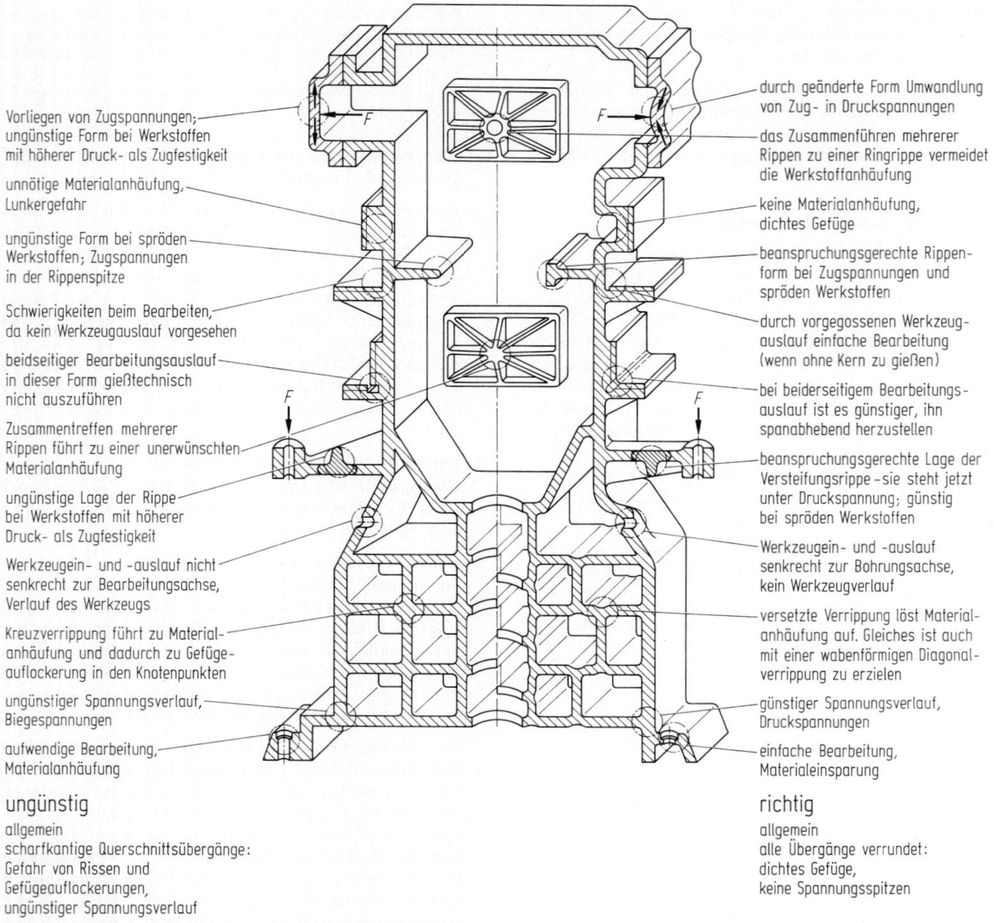

Vorliegen von Zugspannungen; ungünstige Form bei Werkstoffen mit höherer Druck- als Zugfestigkeit
unnötige Materialanhäufung, Lunkergefahr
ungünstige Form bei spröden Werkstoffen; Zugspannungen in der Rippenspitze
Schwierigkeiten beim Bearbeiten, da kein Werkzeugauslauf vorgesehen
beidseitiger Bearbeitungsauslauf in dieser Form gießtechnisch nicht auszuführen
Zusammentreffen mehrerer Rippen führt zu einer unerwünschten Materialanhäufung
ungünstige Lage der Rippe bei Werkstoffen mit höherer Druck- als Zugfestigkeit
Werkzeugein- und -auslauf nicht senkrecht zur Bearbeitungsachse, Verlauf des Werkzeugs
Kreuzverrippung führt zu Materialanhäufung und dadurch zu Gefügeauflockerung in den Knotenpunkten
ungünstiger Spannungsverlauf, Biegespannungen
aufwendige Bearbeitung, Materialanhäufung
ungünstig
allgemein
scharfkantige Querschnittsübergänge: Gefahr von Rissen und Gefügeauflockerungen, ungünstiger Spannungsverlauf
F
durch geänderte Form Umwandlung von Zug- in Druckspannungen
das Zusammenführen mehrerer Rippen zu einer Ringrippe vermeidet die Werkstoffanhäufung
keine Materialanhäufung, dichtes Gefüge
beanspruchungsgerechte Rippenform bei Zugspannungen und spröden Werkstoffen
durch vorgegossenen Werkzeugauslauf einfache Bearbeitung (wenn ohne Kern zu gießen)
bei beiderseitigem Bearbeitungsauslauf ist es günstiger, ihn spanabhebend herzustellen
beanspruchungsgerechte Lage der Versteifungsrippe - sie steht jetzt unter Druckspannung; günstig bei spröden Werkstoffen
Werkzeugein- und -auslauf senkrecht zur Bohrungsachse, kein Werkzeugverlauf
versetzte Verrippung löst Materialanhäufung auf. Gleiches ist auch mit einer wabenförmigen Diagonalverrippung zu erzielen
günstiger Spannungsverlauf, Druckspannungen
einfache Bearbeitung, Materialeinsparung
richtig
allgemein
alle Übergänge verrundet: dichtes Gefüge, keine Spannungsspitzen

Bild 20. Veranschaulichung wichtiger Gestaltungsrichtlinien [11]

annähernde Plattendicke in mm
5
7,5
10
15
30
45
Prüfstabdurchmesser in mm
10
15
20
30
60
90
80 kN/mm²
150 N/mm²
90
200
150
GG-15
100
1
2
250
175
GG-20
110
300
GG-25
120
350
GG-30
3
4
200
225
130 kN/mm²
400 N/mm²
GG-35
250
275
Zugfestigkeit
E-Modul
Härte HB
4,0
3,6
3,2
2,8
2,4
2,0
1,6
1,2
0,8
0,4
0
Verhältnis Oberfläche/Volumen in cm⁻¹
1,2
1,1
1,0
0,9
0,8
0,7
0,6
Sättigungsgrad S_c

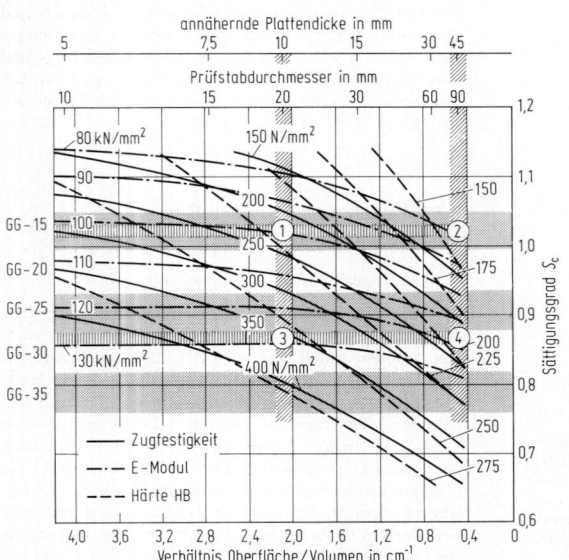

Bild 21. Betriebsschaubild über mechanische Eigenschaften von Gußeisen mit Lamellengraphit. Zusammenhang zwischen chemischer Zusammensetzung, Abkühlungsgeschwindigkeit und mechanischen Eigenschaften (Zugfestigkeit, Härte, Elastizitätsmodul) im Gußstück (Wanddicke) und im getrennt gegossenen Probestab [9, 10]. Jeder Diagrammpunkt bedeutet eine bestimmte Kombination von mechanischen Eigenschaften bei einer bestimmten Wanddicke. Gleichzeitig legt er die zu wählende Werkstoffsorte fest

lern angegebenen „Verarbeitungskennwerte" wie Erweichungsbereich, Viskosität, Schmelzindex, Fließverhalten, Zersetzungstemperaturbereich und weitere (s. E 4).

2.3.1 Foliengießen. Casting of foils

Beim Gießen von Folien fließt der zu verarbeitende Werkstoff aus einem Vorratsbehälter, der am Boden einen regulierbaren Schlitz aufweist, drucklos auf eine unter dem Vorratsbehälter langsam rotierende Trommel (Trommelgießen, **Bild 22b**) oder ein endloses Band aus Kupfer (Bandgießen, **Bild 22a**). Die sich dabei bildende Folie durchläuft eine Trockenzone, in der das Lösungsmittel verdunstet und die Folie dadurch fest wird, und wird mit einer Abstreifvorrichtung von der rotierenden Trommel oder dem umlaufenden Band entfernt.

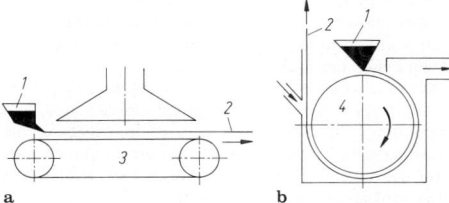

Bild 22. Foliengießanlage [4]. **a** Bandverfahren; **b** Trommelverfahren; *1* zugeführter Werkstoff (Plast), *2* Folie, *3* Gießband, *4* Gießtrommel

2.3.2 Strangpressen (Extrudieren). Extrusion

Das Strangpressen zeichnet sich dadurch aus, daß der zu verarbeitende Werkstoff als Formmasse aus einer Druckkammer im plastifizierten Zustand über ein entsprechend profiliertes Extruderwerkzeug durch eine Düse kontinuierlich ins Freie gepreßt wird. Es entstehen dabei Band, Rohr, Vollprofil, Fasern, Folie oder Schlauch in einem endlosen Strang.

Die Aufgabe des Extruders (**Bild 23**) besteht darin, in der Einzugszone die Formmasse (Granulat, Pulver) aufzunehmen, zu verdichten und vorzuwärmen; in der Umwandlungszone die Formmasse zu plastifizieren; in der Ausstoßzone die Formmasse zu homogenisieren, zu verdichten und aus dem Extruder mit der richtigen Temperatur auszustoßen. Um einen endgültigen Übergang des verarbeiteten Werkstoffs in den festen Zustand zu erreichen, muß der erzeugte Strang nach Passieren des Extruderwerkzeugs noch durch Luft oder Wasser gekühlt werden.

Neben den Schneckenstrangpressen, die kontinuierlich arbeiten, gibt es auch noch diskontinuierlich fertigende Kolbenstrangpressen, die in Einzelabschnitten ähnliche Produkte liefern. Extruder werden auch als Plastifizieraggregate für das Spritzgießen, das Kalandrieren und das Hohlkörperblasen eingesetzt. Das letztgenannte Verarbeitungsverfahren geht jedoch schon von einer bestimmten Gestalt aus, die nur nochmals im gummielastischen Zustand des Werkstoffs verändert wird; es wird deshalb als Umformverfahren angesehen.

2.3.3 Kalandrieren. Calendering

Unter Kalandrieren versteht man das Urformen flächiger Halbzeuge (Folien) aus vorgewärmter und vorplastifizierter Formmasse zwischen rotierenden Walzen. Aus der Aufbereitungsanlage (z.B. Extruder, **Bild 23**) wird über Transporteinrichtungen der vorplastifizierte Werkstoff zwischen die beheizten Walzen des Kalanders (**Bild 24**) geführt, dort erst endgültig homogenisiert und plastifiziert sowie auf die gewünschte Dicke gebracht. Nach der letzten Kalanderwalze läuft die Folie dann über Kühlwalzen, um sie in den festen Zustand zu überführen.

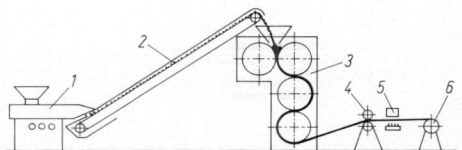

Bild 24. Kalandrieranlage [4]. *1* Extruder, *2* Fördergurt, *3* Vierwalzenkalander, *4* Kühlwalzen, *5* Dickenmeßgerät, *6* Aufwicklung

2.3.4 Schichtpressen. Film pressing

Beim Schichtpressen werden bahnenförmige Füllstoffe (Papier- oder Gewebebahnen) mit hochpolymeren Werkstoffen (Harzträger und Harze, aber auch Thermoplaste) getränkt und anschließend zwischen beheizten Platten als Urformwerkzeug durch Pressen zu Schichtstoffen verarbeitet. Je nach gewünschter Dicke werden mehrere harzgetränkte Bahnen aufeinandergeschichtet, beiderseitig durch Preßbleche begrenzt und in Etagenpressen zu Halbzeug gepreßt. Zwischen den beheizten Preßplatten plastifiziert das Harz, durchtränkt die Bahnen vollständig und geht in den festen Zustand über. Bei der Herstellung von Rohren nach diesem Prinzip werden die harzbestrichenen Bahnen auf einen Dorn gewickelt; das Aushärten erfolgt unter Wärmeeinwirkung und meist auch unter Druck. Die wichtigsten Schichtpreßstoffe sind Hartpapier und Hartgewebe sowie Vulkanfiber, die in Tafeln, gewickelten nichtformgepreßten bzw. formgepreßten Rundrohren, Vollstäben und Flachleisten geliefert werden.

2.3.5 Spritzgießverfahren. Injection moulding

Dieses Verfahren ist dadurch gekennzeichnet, daß der plastifizierte Werkstoff (Spritzgießmasse) bei *Thermoplasten* in ein gekühltes, bei *Duroplasten* in ein beheiztes Urformwerkzeug (Spritzgießwerkzeug) mit hohem Druck eingespritzt wird und dort unter Druckeinwirkung in den festen Zustand übergeht. **Bild 25**: Der zu verarbeitende Werkstoff wird als rieselfähiges *Granulat* oder *Pulver* dem Heizzylinder des Extruders zugeführt. Der Werkstoff wird im Heizzylinder plastifiziert und über eine Düse in diesem Zustand in ein geschlossenes Urformwerkzeug bei einem Druck von 80 bis 180 N/mm^2 gespritzt, wo der Übergang des verarbeitenden Werkstoffs in den festen Zustand erfolgt. Der Schneckenkolben oder auch Zylinderkolben wird zurückgefahren, das Spritzgießwerkzeug geöffnet und das Formteil (Spritzgießteil) entnommen.

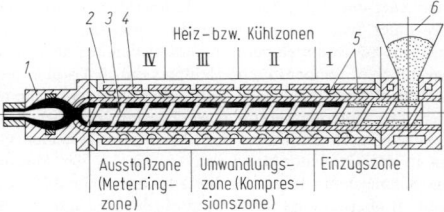

Bild 23. Strangpreßanlage (Extruder) [4]. *1* Umformwerkzeug, *2* Zylinder, *3* Schnecke, *4* Heizelemente, *5* Kühlkanäle, *6* Beschickungsaufsatz

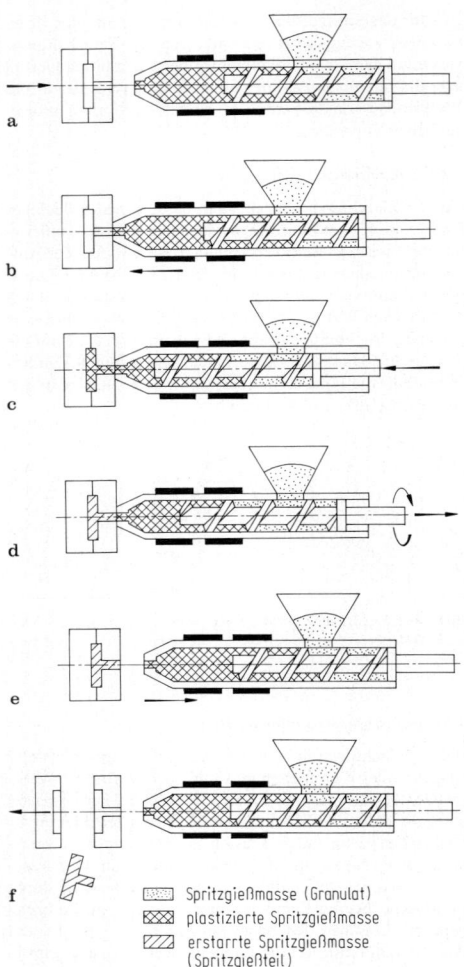

Bild 25. Spritzgießverfahren [4]. **a** Spritzgießwerkzeug schließen; **b** Düse anfahren; **c** Formmasse einspritzen und nachdrücken; **d** Spritzgießteil erstarren. Formmasse dosieren und plastifizieren; **e** Düse abfahren; **f** Spritzgießwerkzeug öffnen, Spritzgießteil auswerfen; *1* Spritzgießwerkzeug, *2* Werkzeughohlraum, *3* Spritzdüse, *4* Heizung, *5* Zylinder, *6* Schnecke, *7* Fülltrichter

Legende:
- Spritzgießmasse (Granulat)
- plastizierte Spritzgießmasse
- erstarrte Spritzgießmasse (Spritzgießteil)

2.3.6 Formpressen. Press moulding

Das Formpressen zeichnet sich dadurch aus, daß der zu verarbeitende Werkstoff (Formpreßmasse) unter Druck und Wärmeeinwirkung im Urformwerkzeug (Preßwerkzeug) plastisch erweicht, bei geschlossenem Werkzeug dessen Hohlraum ausfüllt und anschließend fest wird. In das beheizte Urformwerkzeug wird eine der Masse des Formteils (Preßteil) entsprechende Menge Formpreßmasse (Pulver, Tabletten, Granulat) in meist vorgewärmtem Zustand eingegeben. Bei Drücken von 8 bis 80 N/mm² füllt die Preßmasse den Hohlraum aus und beginnt fest zu werden. Bei ausreichender Vernetzung der Duroplaste bzw. ausreichender Abkühlung der Thermoplaste wird die Preßform geöffnet und das Preßteil ausgestoßen. Beim Formpressen können Kunststoffteile mit und ohne Füllstoffe hergestellt werden.

2.3.7 Spritzpressen. Injection pressing

Das Spritzpressen, auch Transferpressen genannt, ist ein Urformverfahren, bei dem der zu verarbeitende Werkstoff (Spritzpreßmasse) in einem Druckzylinder (Füllraum) unter Wärme- und Druckeinwirkung plastifiziert und anschließend in ein geschlossenes Urformwerkzeug (Spritzpreßwerkzeug) übergeführt und dort fest wird. In den Füllraum wird eine dosierte, zweckmäßig tablettierte Menge der vorgewärmten Spritzpreßmasse eingegeben, die der Masse des Formteils, des Einlaufs und des Verteilers entsprechen muß.

2.3.8 Schäumen. Expanding

Die Herstellung von Teilen aus Zellwerkstoffen spielt bei den hochpolymeren Werkstoffen eine Rolle. Es entstehen Teile, die nur zu einem Bruchteil aus dem eigentlichen Werkstoff bestehen und deren Volumen zu einem hohen Anteil aus Hohlräumen (Blasen, Poren) besteht. Beim Schäumen von hochpolymeren Werkstoffen werden drei Arbeitsweisen unterschieden:

– Zunächst wird ein Trägerschaum gebildet, indem man Luft in ein schaumbildendes Mittel einrührt (z.B. Seifenlösung). In diesen Schaum wird anschließend die Lösung eines härtbaren Kunststoffs geschüttet, die sich auf den Lamellen des Schaumträgers verteilt und dort fest wird (*Schaumschlagverfahren*).

– Es werden zwei Stoffe gemischt, die entweder sofort oder erst bei Wärmeeinwirkung unter Gasabspaltung miteinander reagieren, den zu verarbeitenden Werkstoff aufschäumen und dann in den festen Zustand übergehen (*Mischverfahren*).

– Dem zu verarbeitenden Kunststoff wird ein spezielles Treibmittel zugesetzt, das drucklos oder unter höherem Druck dem schmelzflüssigen Werkstoff beigemischt wird. Durch Abkühlung entsteht eine treibfähige Mischung. Bei Wiedererwärmung dehnt sich das Treibmittel aus oder zersetzt sich, und es entsteht ein Schaumstoff, dessen Struktur durch Abkühlung fixiert wird.

2.4 Formgebung bei metallischen und keramischen Werkstoffen durch Sintern (Pulvermetallurgie). Forming of metals and ceramics by powder metallurgy

2.4.1 Allgemeines. General

Terminologie s. DIN 30900. Die Pulvermetallurgie befaßt sich mit der Gewinnung von Pulvern aus Metallen, Metallegierungen und Metallverbindungen (z.B. Carbiden, Boriden, Siliciden, Nitriden, Oxiden und Metallen) und deren Verarbeitung zu Halbzeugen und Fertigteilen. Bei diesem Urformverfahren werden Pulver mit Korngrößen – je nach Herstellungsverfahren – unter 0,5 mm (etwa 0,1 bis 500 µm) in Formwerkzeugen zumeist mechanisch verdichtet und i. allg. bei hohen Temperaturen durch *Sintern* unter Schutzgas zu Fertigteilen verfestigt. Das Pressen wird bei Raumtemperatur, verschiedentlich aber auch bei höheren Temperaturen (Heißpressen) in Formen aus verschleißfestem bzw. auch warmfestem Stahl vorgenommen. Die Sintertemperatur (zum Zusammenwachsen der Teilchen durch Diffusion) liegt bei Einstoffsystemen etwa in der Größenordnung von $^2/_3$ bis $^4/_5$ der absoluten Schmelztemperatur des Metalls, bei Mehrstoffsystemen oft oberhalb des Schmelzpunkts der niedrigstschmelzenden Komponente. Bei heterogenem Aufbau der Pulvermischung kann durchaus schon eine geringe Menge an flüssiger Phase vorliegen. Vermieden werden muß ein

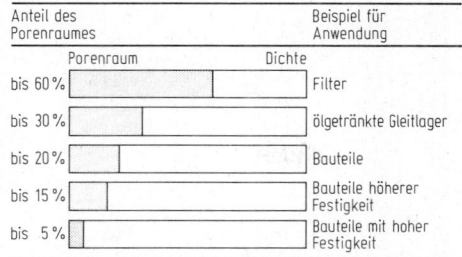

Anteil des Porenraumes		Beispiel für Anwendung
Porenraum	Dichte	
bis 60%		Filter
bis 30%		ölgetränkte Gleitlager
bis 20%		Bauteile
bis 15%		Bauteile höherer Festigkeit
bis 5%		Bauteile mit hoher Festigkeit

Bild 26. Gezielt einstellbare Porositätsgrade von Sinterteilen im Hinblick auf ihren Anwendungsbereich

durchgreifendes Aufschmelzen. Bronzen u.ä. werden z.B. bei 600 bis 800 °C gesintert, Eisenlegierungen zwischen 1000 und 1300 °C, Hartmetalle bei 1400 bis 1600 °C und die hochschmelzenden Metalle wie Molybdän, Wolfram, Tantal zwischen etwa 2000 und 2900 °C. Mit Zunahme des Preßdrucks (etwa 1 bis 10 kbar), der Sinterzeit und Sintertemperatur sowie Abnahme der Korngröße nimmt die Dichte bis zu der des nahezu porenfreien Stoffs zu. Folglich sind auch technologisch wünschenswerte Porositätsgrade gezielt einzustellen, **Bild 26.**

2.4.2 Anwendung. Uses

Die Pulvermetallurgie kommt wegen der teuren Preßwerkzeuge nur für große Serien und wegen des im Vergleich zum Gießen schlechten Formfüllungsvermögens sowie der Begrenzung hinsichtlich einer ausreichenden und vor allem gleichmäßigen Verdichtung und schließlich der geringen Festigkeit im ungesinterten Zustand bevorzugt für kleinere Teile (unter 1 bis einige 1000 g) mit möglichst einfacher Gestalt in Betracht. Nachteilig ist der hohe Kapitalbedarf für Pressen, Werkzeuge und Öfen, die komplizierten Verhältnisse der Volumenänderung beim Pressen und Sintern (bei Vollkörpern bis zu 20% lineare Schwindung während des Sinterns), die verhältnismäßig begrenzte Gestaltungsmöglichkeit und die gegenüber gegossenen Teilen i.allg. geringere Festigkeit und Zähigkeit. Vorteilhaft sind der geringe Personalbedarf, das gute Ausbringen, die hohe Maßgenauigkeit (nach Kalibrierung) und Oberflächengüte sowie besonders auch die verschiedenen nur durch die Pulvermetallurgie gegebenen Möglichkeiten der Werkstofftechnologie. Wichtige *technische Anwendungsbereiche*, die sich nur (oder besser) mit dem Sinterverfahren verwirklichen lassen:

Hochschmelzende Metalle wie Molybdän, Wolfram, Tantal, Niob. Schmelzmetallurgisch neben der hohen Temperatur zusätzliche Schwierigkeiten durch zum Teil unerwünscht starke Reaktion der Metallschmelzen mit dem feuerfesten Tiegel bzw. der Ofenauskleidung sowie durch starke Gaslöslichkeit.

Hartmetalle als Schneidwerkstoffe. Herstellung eines verbundmetallartigen Gefüges aus spröden Hartstoffen wie Wolfram-, Molybdän- und Tantalkarbiden sowie einem zähen, bei Sintertemperatur bereits flüssigen Bindemetall wie Kobalt.

Verbundkörper aus nicht oder schwer legierbaren Komponenten, z.B. Metallkohlen aus Kupfer und Graphit mit der guten Leitfähigkeit des Kupfers und der ausgezeichneten Gleiteigenschaft des Graphits; Kontaktbaustoffe mit der hohen Härte des hochschmelzenden Wolframs und Molybdäns sowie der guten Leitfähigkeit von niedrigschmelzendem Kupfer und Silber; „Diamantmetalle"

durch gleichmäßige Einsinterung feinkörniger Hartstoffe wie Diamantteilchen oder Korund in eine metallische zähe Grundmasse.

Filter und poröse (mit Öl getränkte selbstschmierende und zum Teil wartungsfreie) Lager mit gleichmäßig verteilten sowie untereinander verbundenen Poren; Porengröße und Porenvolumen sind in weiten Grenzen erzielt einstellbar.

Legierungen aus einem Metall mit hoher Schmelztemperatur und einem Metall mit bei dieser Temperatur bereits überschrittener Siedetemperatur, d.h. mit hohem Dampfdruck (z.B. Eisen, Kobalt, Nickel einerseits und Zink, Cadmium, Blei usw. andererseits).

Vorteile ergeben sich auch, wenn *sehr spröde Werkstoffe*, bei denen eine spanende Bearbeitung schwierig oder unmöglich ist, zu verarbeiten sind (z.B. Dauermagnete auf Eisen-Aluminium-Nickel-Kobalt-Kupferbasis oder hochlegierte spröde Stähle auf Eisen-Chrom-Aluminiumbasis), bei anderen Formgebungsverfahren ein vergleichsweise hoher Zeit- und Kostenaufwand durch Bearbeitung entstehen würde (z.B. bei Massenartikeln kleiner Teile aus Eisen- und Nichteisenmetallen), ein sehr hoher Reinheitsgrad und eine gleichbleibende Zusammensetzung erforderlich sind (die beim Schmelzen und dem dabei notwendigen chargenweisen Betrieb nicht immer zu gewährleisten sind).

2.4.3 Technologie. Technology

Der Fertigungsablauf zur Herstellung von Sinterteilen kann in die vier Abschnitte Pulverherstellung, Formgebung, Sintern und Nachbehandeln unterteilt werden.

Pulverherstellung. Sie erfolgt mit Korngrößen von etwa 1 μm bis 0,5 mm durch mechanische Verfahren (Brechen, Mahlen, Granulieren, Zerstäuben, Verdüsen), physikalische Verfahren (Kondensation) und chemische Verfahren (Reduktion, elektrochemische und elektrolytische Verfahren, Zersetzung).

Formgebung. Sie erfolgt zu Fertigteilen und Halbzeug überwiegend durch Kaltpressen in formgebenden, verschleißfesten Werkzeugen, aber auch zur besseren Verdichtbarkeit durch Heißpressen und im Drucksinterverfahren sowie durch Explosionsverdichten und schließlich noch durch Strangpressen und Pulverwalzen. Daneben gibt es die Formgebung ohne Verdichtung durch einfaches Schütten von Pulvern oder auch von Pulveraufschwemmungen in Flüssigkeiten (Schlickergießen) mit dem Ergebnis eines nach dem Sintern sehr porösen Sinterteils (z.B. Metallfilter).

Mit steigendem Preßdruck nimmt das Verdichtungsverhältnis und folglich auch die Dichte sowie die Raumausfüllung zu, **Bild 27.** Da die Druckfortpflanzung in Pulvermischungen infolge der Verluste durch Reibung und Verformung nicht, wie bei Flüssigkeiten, gleichmäßig erfolgt, ist zur Erzielung einer möglichst einheitlichen Verdichtung und damit auch einheitlichen Werkstoffbeschaffenheit die Höhe des Preßlings bzw. sein Höhen/Durchmesser-Verhältnis auf etwa 2:1, in günstigen Ausnahmefällen auf 3:1 begrenzt. Zur gleichmäßigen Verdichtung von mehrstufigen Teilen sind zwangsläufig aufwendige Werkzeuge mit Stempeln in unterschiedlicher Höhe erforderlich.

Kaltpreßverfahren: **Bild 28.** Bei der Gestaltung der Teile muß darauf geachtet werden, daß sie preßtechnisch überhaupt herstellbar und möglichst einfach anzufertigen sind.

Gestaltungsrichtlinien s. [8]: Einhalten von Abmessungsgrenzen und -verhältnissen: Höhe/Breite <2,5, Wanddicke >2 mm, Bohrungen >2 mm. Vermeiden zu kleiner

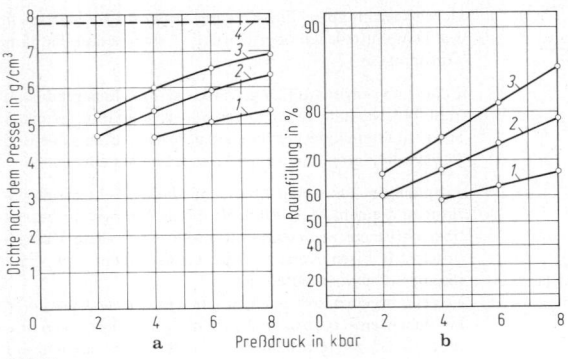

Bild 27

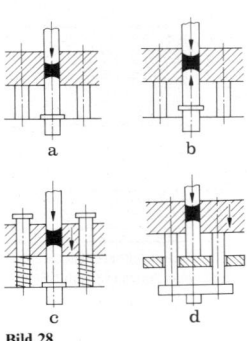

Bild 28

Bild 27. Preßverhalten von Metallpulvern [12]. **a** Abhängigkeit der Preßdichte vom Preßdruck; **b** Abhängigkeit der Raumfüllung. Hametag-Eisenpulver <0,3 mm: *1* ungeglüht ohne Zusatz, *2* geglüht ohne Zusatz, *3* geglüht mit 0,5% Lithiumstearat, *4* theoretische Dichte (porenfreier Werkstoff, 7,86 g/cm^3)

Bild 28. Verfahren des Kaltpressens [13]. **a** einseitiges Pressen; **b** gegenseitiges Pressen; **c** Pressen mit federndem Mantel; **d** Abziehverfahren

Toleranzen: Bohrungen $\geq$ IT7, Breite $>$ IT6, Höhe $\geq$ IT12. Vermeiden scharfer Kanten, spitzen Winkel und tangentialer Übergänge.

Das *Heißpressen* wird zur besseren Verdichtung vor allem bei Pulvern aus spröden Werkstoffen angewendet. Das oft bei Verbundwerkstoffen angewendete *Drucksintern* bewirkt eine hohe Verdichtung bei relativ geringem Preßdruck. Zur besseren Verdichtung führt auch das *isostatische Pressen*, bei dem ein Probekörper in verschlossener plastischer Hülle (Gummihülle) in einer Kompressionsflüssigkeit durch Beaufschlagung mit einem Kolben allseits einem sehr hohen Druck ausgesetzt wird. Noch höhere, bei schwierig verpreßbaren Pulvern erforderliche Preßdrücke sind durch Explosionsverdichten zu erreichen.

Ein kontinuierliches Verdichtungsverfahren zur Erzeugung von Bändern ist das *Pulverwalzen*, wobei Preßdrücke im Walzspalt von mehreren kbar, wie beim üblichen Kaltpressen, auftreten. Bleibronzen und auch schmelzmetallurgisch nicht herstellbare Verbundwerkstoffe werden bereits industriell nach diesem Verfahren erzeugt. Durch das Strangpressen lassen sich geschüttete oder auch vorverdichtete Pulver insbesondere aus niedrigschmelzenden Metallen (z.B. Aluminium) ohne Vorwärmung zu verschiedenen Profilen, auch Rohren, mit nahezu porenfreiem Werkstoff verarbeiten.

Durch *Formgebung ohne Verdichten* können je nach Schüttverfahren Sinterkörper mit hoher Porosität und einfacher Gestalt hergestellt werden. Beim Schlickergießverfahren werden i.allg. feinkörnige Pulver mit einem möglichst geringen Anteil an Wasser oder anderen Flüssigkeiten zu einem gießfähigen Brei gemischt und in poröse Formen gegossen, die die Flüssigkeit aufsaugen, so daß ein nahezu trockener poröser Formkörper zurückbleibt, der anschließend gesintert wird. Es eignen sich hierzu z.B. Pulver aus Nickel und Kupfer ebenso wie aus Bronze und Eisenlegierungen. Vorteilhaft ist insbesondere auch die Verarbeitung von schwer verpreßbaren Verbindungen wie Oxiden, Nitriden und Siliciden, aus denen u.U. nur nach diesem Verfahren (auch kompliziertere) Teile herzustellen sind.

Sintern. In Muffel-, Hauben- und vielfach auch Durchlauföfen werden die Pulverteilchen unter Schutzgas (Wasserstoff, NH$_3$-Spaltgas und – zur Vermeidung einer Aufkohlung – teilweise verbranntem Methan, Leuchtgas oder Generatorgas) sowie verschiedentlich auch im Vakuum

durch Diffusion fest verbunden. Die Beheizung erfolgt elektrisch, bei sehr hochschmelzenden Metallen auch durch direkten Stromdurchgang.

Etappen bei diesem Verfestigungsprozeß sind die Adhäsion der Teilchen (bereits bei Raumtemperatur, begünstigt durch hohe Verdichtung), die Halsbildung zwischen den Partikeln und die Verdichtung des Formkörpers, manchmal bis zu einem Werkstoff mit nahezu geschlossenen Poren.

Die Arbeitsfolgen *Pressen* (Schütten), *Sintern* und *Kalibrieren* (Nachpressen zur höheren Maßgenauigkeit) können bis zu einem gewissen Grad in unterschiedlicher Kombination ablaufen, so z.B. beim

Einfachpreßverfahren: Pressen – Entformen – Sintern – (eventuell noch Kalibrieren).

Doppelpreßverfahren (hohe Dichte, bessere mechanische Eigenschaften): Pressen – Entformen – Sintern – Pressen – Sintern (eventuell noch Kalibrieren).

Drucksintern: Sintern in der Preßform (bei schwer verpreßbaren Pulvern; hohe Dichte bei vergleichsweise niedrigem Preßdruck) – Entformen – (eventuell noch Kalibrieren).

Nachbehandeln. Die gesinterten Formteile können je nach Einsatzbereich durch eine Vielzahl von Nachbehandlungsverfahren in den gebrauchsfertigen Endzustand gebracht werden, z.B. durch spanlose (Kalibrieren bzw. Pressen, Walzen, Ziehen) und spanende Bearbeitung, außerdem durch Oberflächenbehandlung zum Korrosionsschutz oder zur Erhöhung des Verschleißwiderstands (Inchromieren, Aufkohlen, Nitrieren usw.), Wärmebehandlung und Tränken (Erhöhung der Festigkeit durch Füllen des Porenraums mit niedrigschmelzendem Metall, bei selbstschmierenden Lagern mit Öl).

2.5 Weitere Urformverfahren
Other methods of primary shaping

2.5.1 Galvanoformung. Electro-forming

Beim Galvanoformen wird auf einer geformten Kathode durch galvanische Abscheidung ein Metallniederschlag erzeugt, der als Festkörper (Galvano) abgenommen wird oder verschiedentlich auch mit dem Modell verbunden bleibt (Kerngalvano). Die Galvanoformung kommt sowohl bei Einzel- als auch Serienfertigung in Betracht. Das

Modell, ein Negativ des zu formenden Teils, wird spanabhebend, durch Gießen oder auch Pressen hergestellt. Ein positives Urmodell, von dem die Negativmodelle galvanogeformt werden, verwendet man, wenn die Anfertigung eines Negativmodells nicht möglich ist. Ebenso wird von einem Positivmodell ausgegangen, wenn durch Galvanoformung eine größere Anzahl von Negativmodellen für die Serienfertigung herzustellen ist.

Werkstoffe, die aus wäßrigen und organischen Lösungen sowie aus Salzschmelzen zur Herstellung von Galvanos abgeschieden werden, sind z.B. Eisen, Chrom, Wolfram, Niob, Kupfer, Nickel, Kobalt, Zinn, Zink, Aluminium, Silber, Gold, aber auch Legierungen von Nickel-Kobalt, Nickel-Chrom, Nickel-Mangan, Kobalt-Wolfram, Kobalt-Wolfram-Nickel-Eisen, Kupfer und Nickel sowie zunehmend Nickel-Kobalt-Legierungen haben in der Praxis vorrangige Bedeutung erlangt, letztere nicht zuletzt auch wegen der günstigen Kombination von Festigkeits-, Verschleiß- und Korrosionseigenschaften, **Bild 29**. Vorteilhaft ist die extrem hohe Abbildegenauigkeit und, bei entsprechender Modellgüte, die hohe Maßgenauigkeit. Rauhtiefen bis zu 0,5 µm lassen sich noch exakt abbilden. Die durch galvanische Abscheidung hergestellten Teile können als Ganzes der Forderung nach z.B. hoher Oberflächengüte, gleichbleibender Schichtdicke und notwendigen Gebrauchseigenschaften entsprechen (Konstruktionsteile, Siebdruckschablonen, Spinndüsen, Haushaltsartikel wie Kannen, Streudosen, Siebe und Filter, letztere auch für den Mikrobereich).

2.5.2 Chemoformung. Autocatalytic plating

Während bei der Galvanoformung die Metallionen durch Elektronenaufnahme an der Kathode (äußere Stromquelle) reduziert werden und sich dort als Metall oder Metallegierung abscheiden, erfolgt bei der Chemoformung

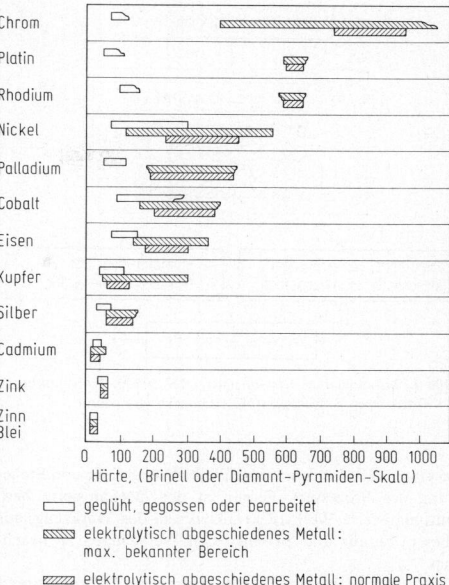

Bild 29. Härte von verschiedenen elektrolytisch abgeschiedenen Metallen

die Reduktion durch Elektronenaustausch mit Reaktionspartnern, die bei dieser stromlosen Abscheidung selbst zwangsläufig in eine höhere Oxidationsstufe übergehen. Dazu sind Katalysatoren notwendig.

3 Umformen. Metal forming

K. Siegert, Stuttgart[*])

3.1 Systematik und Einführung
Systematics and introduction

Umformen ist in Anlehnung an DIN 8580, die gezielte *Änderung* der *Form*, der *Oberfläche* und der *Werkstoffeigenschaften* eines *Werkstücks* unter *Beibehaltung* von Masse und Stoffzusammenhang.

Das Werkstück ist dabei in der Regel aus Metall, bzw. einer schmelzmetallurgisch oder pulvermetallurgisch hergestellten Metall-Legierung oder aus einem Verbundwerkstoff.

Einteilung der Umformverfahren. Es gibt verschiedene Möglichkeiten:

Eine Möglichkeit ist die Einteilung nach den überwiegend *wirksamen Spannungen* (Beanspruchungen). So unterteilt man in

– Druckumformen   (DIN 8583),
– Zugdruckumformen (DIN 8584),
– Zugumformen   (DIN 8585),
– Biegeumformen   (DIN 8586),
– Schubumformen   (DIN 8587).

Eine andere Möglichkeit ist die Einteilung in Verfahren der *Blechumformung* und in Verfahren der *Massivumformung*.

---

[*]) In S 3.5 wurden bewährte Bilder aus der 16. Aufl., S 3.3 (K. Lange u.a.), übernommen.

Sehr wesentlich ist die Frage, ob die Umformung zu einer *Festigkeitsänderung* führt oder nicht. Daher unterscheidet man in Verfahren, bei denen die Umformung zu *keiner* Festigkeitsänderung führt, in Verfahren, bei denen es während der Umformung zu einer *vorübergehenden* Festigkeitsänderung kommt und in Verfahren, bei denen die Umformung zu einer *bleibenden* Festigkeitsänderung führt.

Je nachdem, ob das Werkstück vor der Umformung erwärmt wird oder nicht, spricht man von *Kalt-* oder *Warmumformung* (DIN 8582). Bei den Verfahren der Kaltumformung, bei denen das Werkstück mit Raumtemperatur in den Umformprozeß eingeführt wird, ergibt sich bei metallischen Werkstoffen, deren Rekristallisationstemperatur deutlich oberhalb der Raumtemperatur liegt, in der Regel mit zunehmender Formänderung ein Anstieg der Streckgrenze und der Bruchfestigkeit bei Abnahme der Bruchdehnung. Man spricht dann von *Kaltverfestigung*.

Ferner kann noch nach der *Art der Krafteinleitung* unterschieden werden in Umformverfahren mit *unmittelbarer* und mit *mittelbarer* Krafteinleitung. So ist z.B. das Drahtziehen, bei dem die Ziehkraft über den bereits gezogenen Draht in die Umformzone eingeleitet wird, ein Verfahren der mittelbaren Krafteinleitung. Das Schmieden, bei dem die Kraft über das Werkzeug direkt in die Umformzone eingeleitet wird, ist demnach ein Verfahren der unmittelbaren Krafteinleitung.

Umformprozeß. Er wird durch mehrere Faktoren bestimmt: *Werkstück*, *Werkzeug*, *Schmierstoff*, *Umgebungs-*

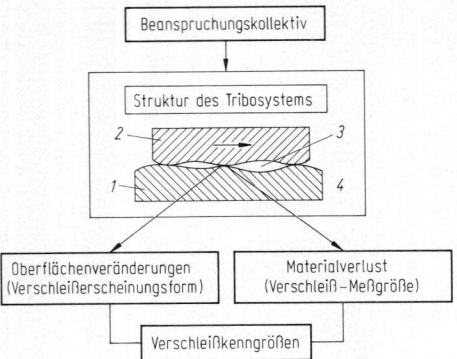

Bild 1. Tribologisches System nach DIN 50350. *1* Grundkörper, *2* Gegenkörper, *3* Zwischenstoff, *4* Umgebungsmedium

medium und *Maschine* (einschließlich Regelung und Steuerung des Prozesses). Ferner ist der mechanisierte bzw. automatisierte Werkstücktransport in das Werkzeug, aus diesem heraus und zwischen den Werkzeugen zu beachten.

Die Tribosysteme des Umformprozesses werden bestimmt durch Werkstück, Werkzeug, Schmierstoff und Umgebungsmedium, **Bild 1** (s. E 5).

Bei der *Beschreibung des Werkstücks* (z.B. Werkstückgefüge, -temperatur, -geometrie, -oberfläche sowie technologische Werte wie Streckgrenze, Bruchfestigkeit, Bruchdehnung und Fließkurve) sind folgende Zustände zu beachten:

– Bei Anlieferung,
– unmittelbar vor der Umformung,
– während der Umformung,
– unmittelbar nach der Umformung und
– nach Auslagerung bei Raumtemperatur oder nach einer Wärmebehandlung.

Für die Eingangsgrößen des Umformprozesses ist der Zustand unmittelbar vor der Umformung von Interesse.

Wichtig ist, daß der Umformprozeß als ein Glied der „Herstellungskette" eines Bauteils gesehen wird. So ist die Herstellung des Rohteils, das umgeformt werden soll, von wesentlichem Einfluß auf den Umformprozeß. Beispielsweise ist das Schmieden eines Gußrohteils nur dann optimierbar, wenn die Legierungsbestandteile, das beim Gießen erzeugte Gefüge und die Wärmebehandlung vor dem Schmieden bekannt sind. Doch auch die Weiterbearbeitung, bzw. -behandlung nach dem Umformen, wie Wärmebehandlung, nachfolgende Umformvorgänge, spanende Bearbeitung, Oberflächenbehandlung usw. sollten zur Optimierung des Umformprozesses bekannt sein, da die gesamte Herstellungskette die Eigenschaften des Bauteils bestimmt. Eine Optimierung des Umformprozesses sollte daher in Kenntnis und in Abstimmung mit den vor- und nachfolgenden Herstellprozessen erfolgen.

3.2 Grundlagen der Umformtechnik
Fundamentals of metal forming

3.2.1 Fließspannung. Flow stress

Fließen eines Werkstoffs ist gegeben, wenn durch einen bestimmten Spannungszustand eine *bleibende Formänderung* erzielt wird. Die Fließspannung k_f (auch Formänderungsfestigkeit genannt) ist beim einachsigen Zugversuch die

Zugkraft F bezogen auf die jeweilige momentane Querschnittsfläche A, bei der der Werkstoff fließt, d.h. eine bleibende Formänderung erfährt:

$$k_f = F/A. \tag{1}$$

(Achtung: Bei $\sigma = F/A_0$ wird die Kraft F auf die Ausgangsquerschnittsfläche A_0 bezogen.)

3.2.2 Formänderungsgrößen
Characteristics of material flow

Die *log. Formänderung (Umformgrad)* beschreibt die Größe der Formänderung. Im kartesischen Koordinatensystem ergeben sich

$$\varphi_1 = \ln\frac{l_1}{l_0}; \quad \varphi_b = \ln\frac{b_1}{b_0}; \quad \varphi_h = \ln\frac{h_1}{h_0}. \tag{2}$$

Im Polarkoordinatensystem erhält man

$$\varphi_1 = \ln\frac{l_1}{l_0}; \quad \varphi_r = \ln\frac{r_1}{r_0} = \varphi_t = \ln\frac{r_1}{r_0}. \tag{3}$$

Überführt man durch Umformung einen Körper der Abmessungen l_0, b_0, h_0 in einen Körper der Abmessungen l_1, b_1, h_1, so ergibt sich bei Volumenkonstanz

$$l_1 b_1 h_1 = l_0 b_0 h_0$$

oder

$$\frac{l_1}{l_0} \cdot \frac{b_1}{b_0} \cdot \frac{h_1}{h_0} = 1. \tag{4}$$

Durch Logarithmieren erhält man hieraus

$$\ln\frac{l_1}{l_0} + \ln\frac{b_1}{b_0} + \ln\frac{h_1}{h_0} = 0. \tag{5}$$

Mit Gl. (2) kann man für Gl. (5) schreiben:

$$\varphi_1 + \varphi_b + \varphi_h = 0. \tag{6}$$

Die Summe der log. Formänderungen ist somit gleich Null: $\sum \varphi = 0$.

Formänderungsgeschwindigkeit ist die zeitliche Ableitung der log. Formänderung

$$\dot{\varphi} = d\varphi/dt. \tag{7}$$

Formänderungsbeschleunigung ist die zeitliche Ableitung der Formänderungsgeschwindigkeit

$$\ddot{\varphi} = d\dot{\varphi}/dt. \tag{8}$$

3.2.3 Fließbedingung. Flow criteria

Der Übergang von der *elastischen* Formänderung zur *bleibenden plastischen* Formänderung wird durch Fließbedingungen *(Fließkriterien)* beschrieben. In der elementaren Theorie der Umformtechnik wendet man in der Regel die Schubspannungshypothese von Tresca an (s. C 9.2.2). Danach tritt Fließen ein, wenn die größtmögliche Schubspannung τ_{max} die Schubfließspannung k eines Werkstoffs erreicht:

$$\tau_{max} = k. \tag{9}$$

Aus dem Mohrschen Spannungskreis (s. C 1.1) erkennt man, daß

$$\tau_{max} = (1/2)(\sigma_{max} - \sigma_{min}) \tag{10}$$

ist, wobei σ_{max} die am weitesten positive und σ_{min} die am weitesten negative Hauptspannung ist. Für den einachsigen Spannungszustand ($\sigma_1 \neq 0$, $\sigma_2 = \sigma_3 = 0$) gilt

$$\sigma_{max} = \sigma_1 = F/A = k_f;$$
$$k_f = 2\tau_{max} = (\sigma_{max} - \sigma_{min}). \tag{11}$$

Diese Beziehung wird „Schubspannungshypothese nach Tresca" genannt.

Die *Hauptformänderung* φ_g ist nach dieser Hypothese die dem Betrag nach größte log. Formänderung

$$\varphi_g = \{|\varphi_1|; |\varphi_2|; |\varphi_3|\}_{max}. \qquad (12)$$

Eine weitere häufig in der Umformtechnik verwendete Hypothese ist die *Gestaltsänderungsenergiehypothese* (GE-Hypothese) nach v. Mises und Henky (s. C1.3.3). Danach tritt Fließen ein, wenn die elastische Gestaltsänderungsenergie einen kritischen Wert erreicht. Mit den Hauptspannungen $\sigma_1, \sigma_2, \sigma_3$ gilt

$$k_f = \sqrt{(1/2)[(\sigma_1 - \sigma_2)^2 + (\sigma_2 - \sigma_3)^2 + (\sigma_3 - \sigma_1)^2]}. \qquad (13)$$

Ist die mittlere Spannung

$$\sigma_m = (1/3)(\sigma_1 + \sigma_2 + \sigma_3), \qquad (14)$$

so ergibt sich aus Gl. (13)

$$k_f = \sqrt{(3/2)[(\sigma_1 - \sigma_m)^2 + (\sigma_2 - \sigma_m)^2 + (\sigma_3 - \sigma_m)^2]}. \qquad (15)$$

Bei reiner Schubspannung ist

$$k_f = \sqrt{3}\tau_{max}. \qquad (16)$$

Die Hauptformänderung φ_g ist nach der GE-Hypothese

$$\varphi_g = \sqrt{(2/3)(\varphi_1^2 + \varphi_2^2 + \varphi_3^2)}. \qquad (17)$$

Die nach der GE-Hypothese berechnete Hauptformänderung φ_g wird auch als *Vergleichsformänderung* φ_v bezeichnet.

Fließgesetz. Für isotrope Werkstoffe gilt nach [1] als Zusammenhang zwischen den Hauptspannungen σ_1, σ_2 und σ_3 und den zugehörigen log. Formänderungen bei Beachtung von Gl. (14):

$$\varphi_1/\varphi_2/\varphi_3 = (\sigma_1 - \sigma_m)/(\sigma_2 - \sigma_m)/(\sigma_3 - \sigma_m). \qquad (18)$$

Wenn also eine Hauptspannung gleich der mittleren Spannung σ_m ist, dann ist die zugehörige Formänderung Null.

3.2.4 Fließkurve. Flow curve

Die zur Erreichung und Aufrechterhaltung des Fließens erforderliche Fließspannung k_f eines Werkstoffs ist abhängig von der *Hauptformänderung* φ_g, der *Hauptformänderungsgeschwindigkeit* $\dot\varphi_g$ und der *Temperatur* des Umformguts ϑ:

$$k_f = f(\varphi_g, \dot\varphi_g, \vartheta). \qquad (19)$$

Bei Hochgeschwindigkeitsumformung ist k_f noch zusätzlich abhängig von der *Hauptformänderungsbeschleunigung* $\ddot\varphi_g$.
Im Bereich der Kaltformgebung metallischer Werkstoffe bei Umformtemperaturen deutlich unterhalb der Rekristallisationstemperatur

$$\vartheta \ll \vartheta_{Rekr.} \qquad (20)$$

ist die Fließspannung k_f für die meisten Werkstoffe (z.B. niedriglegierte Stähle, Kupfer, Messing, Aluminium) nur von der Hauptformänderung φ_g abhängig:

$$k_f = f(\varphi_g). \qquad (21)$$

Es ist jedoch zu beachten, daß bei großen Formänderungen und Formänderungsgeschwindigkeiten sich auch bei der Kaltformgebung (Ausgangstemperatur des Umformguts = Raumtemperatur) im Bereich der Umformzone so hohe Temperaturen ergeben können (z.B. Kalt-Strangpressen von Aluminium), daß die Bedingung Gl. (20) nicht mehr gilt. Gilt Gl. (20), so kann für die meisten metallischen Werkstoffe die Fließkurve beschrieben werden durch die Näherung

$$k_f = a\varphi^n, \qquad (22)$$

wobei gilt $k_f \geq R_{p0,2}$ bzw. R_{eH} ($R_{p0,2}$, R_{eH} s. E2.1).

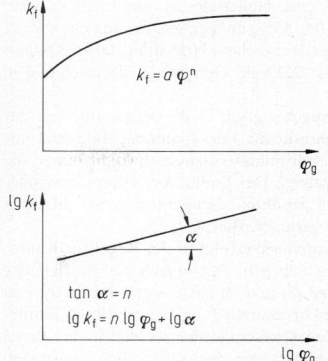

Bild 2. Typischer Verlauf einer Fließkurve für $\vartheta \ll \vartheta_{Rekr.}$

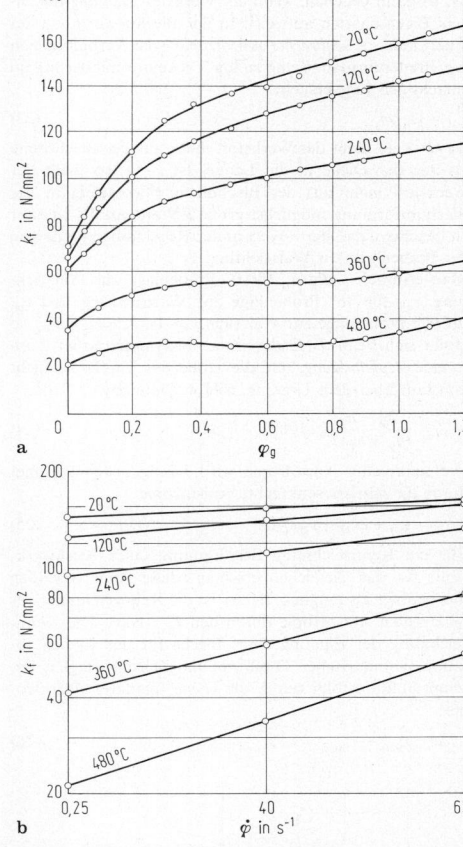

Bild 3. Fließkurven von Al99.5 [2]. **a** Fließspannung in Abhängigkeit von der Hauptformänderung φ_g bei $\dot\varphi = 4\,s^{-1}$; **b** Fließspannung in Abhängigkeit von der Hauptformänderungsgeschwindigkeit $\dot\varphi_g$ bei $\varphi_g = 1$

Der Exponent n heißt *Verfestigungsexponent*, weil er den Anstieg der Fließkurve bestimmt. Ein hoher n-Wert zeigt an, daß der Werkstoff sehr stark mit zunehmender Formänderung verfestigt.

Da Gl. (22) nur eine Näherung ist, empfiehlt es sich, den Bereich $\varphi_{g1} \leqq \varphi_g \leqq \varphi_{g2}$ anzugeben, für den ein n-Wert gilt. In doppelt logarithmischer Darstellung der Fließkurve ergibt sich für Gl. (22) eine Gerade mit der Steigung n, **Bild 2**.

Bei der Warmformgebung gilt in der Regel, daß mit zunehmender Temperatur die Fließspannung sinkt und mit zunehmender Hauptformänderungsgeschwindigkeit $\dot{\varphi}_g$ die Fließspannung ansteigt. Der Einfluß der Hauptformänderung φ_g wird bei erhöhten Temperaturen mit höheren Formänderungen geringer, **Bild 3**.

Eine *Fließkurvenaufnahme* erfolgt in der Regel für Raumtemperatur im einachsigen Zugversuch im Bereich der Gleichmaßdehnung [3] und im einachsigen Stauchversuch [4]. Für die Fließkurvenermittlung bei erhöhten Temperaturen und großen Umformgraden werden in der Regel der Stauchversuch und der Torsionsversuch verwendet. Weitere Verfahren: [5, 6].

3.2.5 Anisotropie. Anisotropy

Sie ist dann gegeben, wenn ein Werkstoff *richtungsabhängige* Eigenschaften aufweist. In der Blechumformung definiert man als *senkrechte Anisotropie* r das Verhältnis von log. Breitenformänderung zu log. Dickenformänderung im einachsigen Zugversuch:

$$r = \varphi_b / \varphi_s. \tag{23}$$

Ist $r > 1$, so fließt der Werkstoff mehr aus der Blechbreite als aus der Dicke in die Länge. Ist $r < 1$, so fließt der Werkstoff mehr aus der Blechdicke. Man strebt in der Blechumformung möglichst große r-Werte an. Es ist aber zu beachten, daß der r-Wert in der Regel abhängig ist von der Probenlage zur Walzrichtung.

Man ermittelt i.allg. r_0 für 0° Probenlage zur Walzrichtung, r_{45} für 45° Probenlage zur Walzrichtung und r_{90} für 90° Probenlage zur Walzrichtung. Ist $r_0 \neq r_{45} \neq r_{45}$, so ergibt sich beim *Tiefziehen* rotationssymmetrischer Töpfe eine *Zipfelbildung*, d.h. die Höhe des Topfes ist nicht konstant über dem Umfang, **Bild 4**. Zipfelung

$$Z = \frac{h_B - h_T}{(h_B + h_T)/2} \cdot 100\%. \tag{24}$$

Die senkrechte Anisotropie wird häufig gekennzeichnet durch die *mittlere* senkrechte Anisotropie

$$r_m = (r_0 + 2r_{45} + r_{90})/4. \tag{25}$$

Für die Kennzeichnung der Eignung eines Blechwerkstoffs für das Tiefziehen erscheint diese Angabe jedoch nur bedingt als tauglich. Besser ist die Kennzeichnung der *senkrechten* Anisotropie durch den r_{min}-Wert. Die Kennzeichnung der Eignung eines Blechs für das Ziehen rotationssymmetrischer Töpfe mit möglichst geringem Beschnittabfall erfolgt durch die *ebene* (planare) Anisotropie:

$$\Delta r = r_{max} - r_{min}. \tag{26}$$

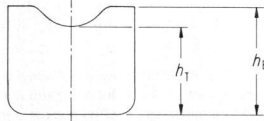

Bild 4. Zipfelbildung als Folge ebener Anisotropie

3.2.6 Formänderungsvermögen. Formability

Hierunter versteht man die plastische Formänderung, die ein bestimmter Werkstoff in der Umformzone bis zum

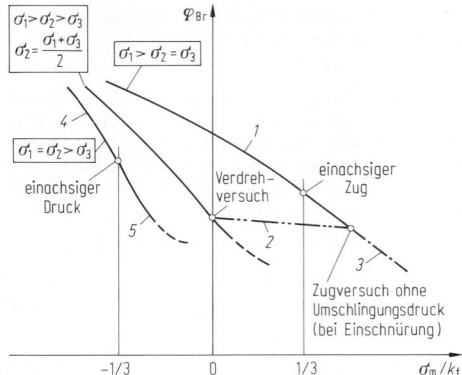

Bild 5. Bruchformänderung als Maß für das Formänderungsvermögen über der auf k_f bezogenen mittleren Spannung σ_m [8]. *1* Zugversuche mit Umschlingungsdruck, *2* Verdrehversuche mit Längszug, *3* Kerbzugversuche, *4* Druckversuche mit Umschlingungsdruck, *5* Druckversuche mit Querzug

Bruch ertragen kann bei einem bestimmten Spannungszustand, einer bestimmten Temperatur und einer bestimmten Formänderungsgeschwindigkeit. Gegebenenfalls sind auch noch andere Parameter, wie z.B. Formänderungsbeschleunigung bei extrem hohen Formänderungsgeschwindigkeiten von Einfluß. Das Formänderungsvermögen, z.B. gemessen als Bruchformänderung, ist sehr wesentlich abhängig vom Spannungszustand. Je weiter die mittlere Spannung nach Gl. (14) negativ ist, oder anders ausgedrückt, je größer die mittlere Druckspannung ist, desto größer ist das Formänderungsvermögen [7]. Hierbei ist aber auch die Hauptspannung σ_2, wenn $\sigma_1 > \sigma_2 > \sigma_3$ gilt, von Einfluß. Das Formänderungsvermögen ist bei gleicher mittlerer Spannung σ_m dann am größten, wenn $\sigma_2 = \sigma_3$ wird. Es nimmt mit größer werdendem σ_2-Wert ab und ist am geringsten, wenn $\sigma_2 = \sigma_1$ wird [8].

Bild 5 zeigt die Bruchformänderung als Maß für das Formänderungsvermögen über der auf k_f bezogenen mittleren Spannung.

Achtung! Bei Verfahren der mittelbaren Krafteinleitung tritt in der Regel der Versagensfall „Bruch" *außerhalb* der Umformzone auf. Hier spricht man von Grenzen der Formänderung, die in der Regel verfahrensspezifisch sind.

3.2.7 Grenzformänderungsdiagramm
Forming limit curve (FLC)

In der Blechumformung erfolgt die Analyse der Formänderungen häufig durch Aufbringen eines Kreisrasters (z.B. Kreisdurchmesser 4,5 mm) vor der Verformung und Ausmessen der nach der Verformung sich ergebenden Ellipsen [9], **Bild 6**.

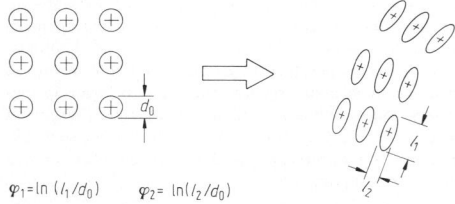

$\varphi_1 = \ln(l_1/d_0)$ $\varphi_2 = \ln(l_2/d_0)$

Bild 6. Formänderungsanalyse in der Blechumformung durch Rasterausmessung

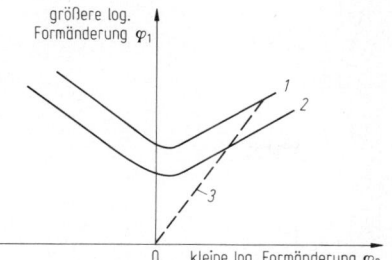

Bild 7. Grenzformänderungsdiagramm (Forming Limit Curve FLC). *1* Bruch, *2* Einschnürung, *3* Formänderungsweg (strain path)

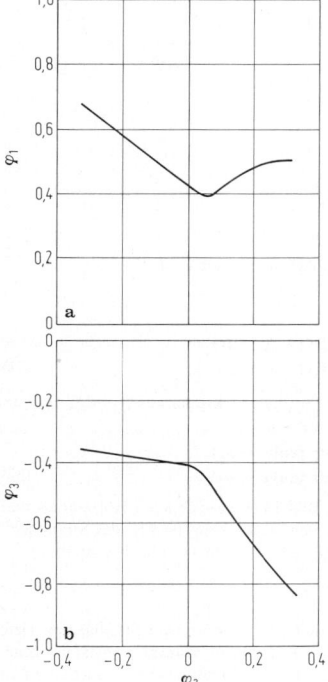

Bild 8. a Grenzformänderungsdiagramm; **b** Dickenformänderung nach Gl. (6)

Das Grenzformänderungsdiagramm erhält man, wenn man die in der Blechebene zu verzeichnenden Formänderungen φ_1 und φ_2, bei denen Einschnürung bzw. Bruch eintritt, gegeneinander aufträgt. Dabei wird die größere Formänderung über der kleineren Formänderung aufgetragen, **Bild 7**.

Dieses Diagramm gilt nur, wenn der Formänderungsweg bis zum Eintreten des Versagens durch Einschnürung bzw. Bruch bei einem konstanten Verhältnis von φ_1 zu φ_2 erfolgt. Zu beachten ist, daß die Dickenformänderung φ_s sich aus Gl. (6) errechnet zu

$$\varphi_3 = \varphi_s = -[\varphi_1 + \varphi_2]. \qquad (27)$$

Bild 8 zeigt für den Einschnürbeginn ein Grenzformänderungsdiagramm für φ_1, φ_2 und $\varphi_3 = \varphi_s$ [10].

3.3 Modellvorstellungen. Theoretical Models

Die elementare Plastizitätstheorie (s. C9) geht zurück auf Arbeiten von Siebel, Karmann, Sachs und Pomp [11–14]. Eine Überarbeitung, Verallgemeinerung und Erweiterung der elementaren Theorie erfolgte durch Lippmann und Mahrenholtz [15, 16] (s. auch [17, 18]).

Es wird von drei Grundmodellen ausgegangen, **Bild 9**. Für die nachfolgenden Betrachtungen werden folgende Annahmen getroffen:

Homogene Umformung (reine Dehnungen/Schiebungen) in den einzelnen Streifen, Scheiben, Röhren. Die Hauptachsen entsprechen den Körperachsen. Die Streifen und Scheiben bleiben während der Umformung eben, die Röhren behalten ihre Zylinderform bei. Bei dieser Betrachtungsweise werden die realen Verhältnisse bewußt vernachlässigt.

Homogener, isotroper Werkstoff.

Reibung nach dem Coulombschen Reibungsgesetz. Die Reibung ist über der Kontaktfläche zwischen Werkzeug und Werkstück konstant.

$$\tau = \mu p_n \quad (\mu = \text{const}). \qquad (28)$$

Massen- und Trägheitskräfte können zwar im Modell berücksichtigt werden, sind aber meist vernachlässigbar. Im Rahmen dieser Ausführungen werden sie nicht berücksichtigt.

Die Fließspannung k_f ist über dem Streifen, bzw. der Scheibe, bzw. der Röhre konstant.

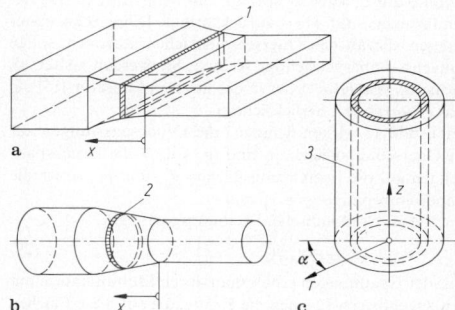

Bild 9. Grundmodelle der elementaren Theorie der Umformtechnik. **a** Streifenmodell; **b** Scheibenmodell; **c** Röhrenmodell. *1* Streifen, *2* Scheibe, *3* Röhre

Streifenmodell

Dieses Modell wurde von Siebel und von v. Karman entwickelt. Betrachtet wird gemäß **Bild 9** ein „Streifen" des Umformguts, der gebildet wird aus zwei parallelen Begrenzungsflächen, deren Abstand differentiell klein ist und der oben und unten durch das formgebende Werkzeug begrenzt wird, **Bild 10**.

Da diese Streifenbreite dx differentiell klein sein soll, kann die obere und untere Begrenzung durch Geraden, die als Tangenten an die Werkzeugkontur zu verstehen sind, beschrieben werden. Der Winkel dieser Tangenten mit der Horizontalen ist eine Funktion von x, ebenso die Höhe des Streifens:

$$\alpha_1 = f(x); \quad \alpha_2 = f(x); \quad h = f(x).$$

Im Rahmen der Modellvorstellung der Streifentheorie wird angenommen, daß der Streifen derart umgeformt wird, daß die beiden Querschnittsflächen, die den Streifen begrenzen, eben und zueinander parallel bleiben. Diese

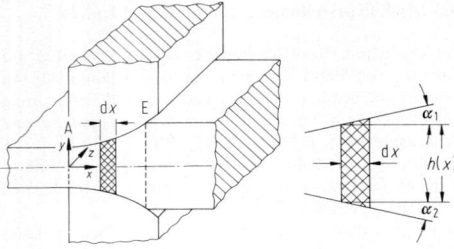

Bild 10. Streifenmodell

Annahmen sind jeweils bei Anwendung dieser Modellvorstellung auf einen bestimmten Umformprozeß dahingehend zu überprüfen, inwieweit sie die tatsächlichen Vorgänge hinreichend beschreiben.

Bei Vernachlässigung der Trägheitskräfte des Umformguts sind lediglich Spannungen, die normal auf die Querschnittsflächen wirken, sowie Spannungen, die normal auf die Begrenzungsflächen wirken, zu berücksichtigen. Tritt zwischen Umformgut und Werkzeug Reibung auf, so entstehen an den Begrenzungsflächen *Randschubspannungen.*

Auch an den Querschnittsflächen können Schubspannungen auftreten, wenn die Werkzeugkontur den Streifen zu einer sprunghaften Formänderung zwingt. So zeigt **Bild 10**, daß beim Eintritt des Streifens in die Umformzone α von 0 auf α_1 bzw. α_2 springt und beim Austritt aus der Umformzone auf $\alpha = 0$ zurückspringt. Diese Schubspannungen, die an den Querschnittsflächen auftreten, sollen zunächst unberücksichtigt bleiben. Sie werden später als „*Schiebungsverluste*" oder in der neueren Literatur [15] als „*Eckenkorrektur*" berücksichtigt.

Nach **Bild 11** wirken demnach die Druckspannungen auf die Querschnittsflächen p_x und $(p_x + dp_x)$, die Druckspannungen auf die Begrenzungsflächen p_{n_1} und p_{n_2} sowie die Randschubspannungen τ_1 und τ_2.

Nach dem Coulombschen Reibungsgesetz gilt

$$\tau_1 = p_{n_1} \mu_1 ; \quad \tau_2 = p_{n_2} \mu_2. \tag{29}$$

Aus den Spannungen erhält man durch Multiplikation mit den zugehörigen Flächen die Kräfte, die auf diese Flächen normal und tangential wirken, **Bild 12**. Durch Zerlegung der Kräfte in Horizontal- und Vertikalkräfte ergibt sich an den Grenzflächen, **Bild 13**:

$$dF_{H_1} = p_{n_1} dx\, dz (\tan\alpha_1 + \mu_1) ;$$
$$dF_{H_2} = p_{n_2} dx\, dz (\tan\alpha_2 + \mu_2). \tag{30}$$

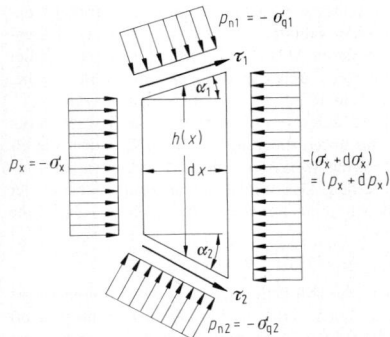

Bild 11. Spannungen am Streifenelement

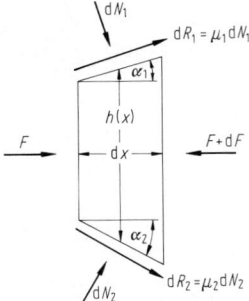

Bild 12. Kräfte am Streifenelement

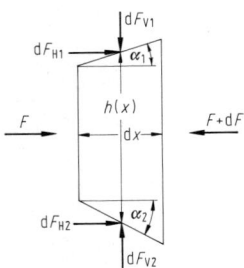

Bild 13. Kräftezerlegung am Streifenelement

$$dF_{V_1} = p_{n_1} dx\, dz (1 - \mu_1 \cdot \tan\alpha_1) ;$$
$$dF_{V_2} = p_{n_2} dx\, dz (1 - \mu_2 \cdot \tan\alpha_2). \tag{31}$$

Definiert man als Vertikaldruckspannung $p_y = dF_V/(dx\, dz)$, erhält man mit $\tan\rho = \mu$:

$$dF_{H_1} = p_{y_1} dx\, dz\, \tan(\alpha_1 + \rho_1) ;$$
$$dF_{H_2} = p_{y_2} dx\, dz\, \tan(\alpha_2 + \rho_2). \tag{32}$$

Somit sind die in **Bild 13** eingezeichneten Horizontal- und Vertikalkräfte an den Begrenzungsflächen des Streifenelements mit Gl. (30), Gl. (31) und Gl. (32) beschreibbar.

Scheibenmodell

Beim Streifenmodell wurde von einem Streifen der Tiefe dz ausgegangen. Für Umformverfahren mit axialsymmetrischer Umformzone (z.B. Fließpressen, Drahtziehen) ist es sinnvoll, sich vorzustellen, daß das Umformgut in der Umformzone aus „Scheiben" aufgebaut ist, **Bild 9**. Diese Scheiben haben eine differentiell kleine Dicke dx und einen definierten Außendurchmesser. Gegebenenfalls geht man auch noch von einem definierten Innendurchmesser aus.

Für das Scheibenmodell gilt die Annahme, daß die Scheiben derart umgeformt werden, daß die Querschnittsflächen eben und zueinander parallel bleiben. Für Vollquerschnitte ist die Kontur beschreibbar durch

$$D = f(x). \tag{33}$$

Um Mißverständnisse beim Differenzieren und Integrieren zu vermeiden, werden die Durchmesser mit D_0, D_1 und $D = f(x)$ bezeichnet, **Bild 14**.

Die Begrenzungsfläche der Scheibe wird durch die Tangentenfläche an die Kontur der Umformzone im Punkt x gebildet. Die Steigung dieser Tangentenflächen erhält man aus

$$d(D(x))/dx. \tag{34}$$

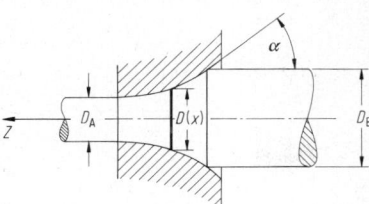

Bild 14. Geometrische Verhältnisse beim Scheibenmodell (Beispiel Drahtzug)

Ist α der Steigungswinkel der Tangente und nach Gl. (34) ebenfalls eine Funktion von x so gilt: $\alpha = f(x)$. Für *konische* Umformzonen ist $\alpha = \mathrm{const}$. Somit gilt für die Begrenzungsfläche $dA(x)$ des Scheibenelements

$$dA(x) = D(x)\pi dx / \cos\alpha. \tag{35}$$

Da beim Streifenmodell die Begrenzungsfläche $dA(x) = dz\, dx/\cos\alpha$ ist, ergibt sich mit Gl. (35) analog zur Gl. (30)

$$dF_H = p_n D(x)\pi dx(\tan\alpha + \mu), \tag{36}$$

und analog zur Gl. (31) ergibt sich

$$dF_r = p_n D(x)\pi dx(1 - \mu\tan\alpha), \tag{37}$$

und analog zur Gl. (32) ergibt sich mit der Radialdruckspannung p_r

$$dF_H = p_r dx\, D(x)\pi\tan(\alpha + \rho). \tag{38}$$

3.4 Spannungen und Kräfte bei ausgewählten Verfahren der Umformtechnik. Stresses and forces of selected processes of metal forming

3.4.1 Stauchen zylindrischer Körper
Upsetting of cylindrical parts

Zur Anwendung kommt das Röhrenmodell, **Bild 15**. Aus dem Gleichgewicht der Kräfte ergibt sich mit $\sigma_r = \sigma_t$, $dr \cdot d\alpha = 0$, $\sin(d\alpha/2) \cong d\alpha/2$, der Hypothese von Tresca und der Annahme Coulombscher Reibung

$$\frac{d\sigma_r}{dr} + \frac{2\mu}{h}\sigma r - \frac{2\mu}{h}k_f = 0. \tag{39}$$

Die Lösung dieser Differentialgleichung 1. Ordnung ergibt bei Beachtung von $\sigma_r = 0$ bei $r = d/2$ und $p_Z = -\sigma_r$:

$$p_Z = k_f \cdot \exp\left[\frac{2\mu}{h}((d/2) - r)\right]. \tag{40}$$

Durch Reihenentwicklung und Abbrechen nach dem 1. Glied erhält man hieraus

$$p_Z = k_f \left[1 + \frac{2\mu}{h}((d/2) - r)\right]. \tag{41}$$

Im reibungsfreien Fall ($\mu = 0$) ist

$$p_Z = k_f. \tag{42}$$

Die Stauchkraft F_Z ergibt sich durch Integration von Gl. (41) über die gedrückten Fläche

$$A_D = A_0 h_0 / h \tag{43}$$

zu

$$F_Z = k_f A_D \left[1 + \frac{1}{3}\frac{\mu d}{h}\right]. \tag{44}$$

Bei Vorgangsende, d.h. bei Erreichen von d_1 und h_1, gilt

$$F_{Z_{max}} = F_{Z_1} = k_{f_1} A_0 \frac{h_0}{h_1}\left[1 + \frac{1}{3}\frac{\mu d_1}{h_1}\right]. \tag{45}$$

Bezeichnet man als Formänderungswiderstand

$$k_{W_1} = k_{f_1}\left[1 + \frac{1}{3}\frac{\mu d_1}{h_1}\right], \tag{46}$$

so kann man für Gl. (45) auch schreiben:

$$F_{Z_{max}} = F_{Z_1} = k_{W_1} A_{D_1}. \tag{47}$$

3.4.2 Stauchen rechteckiger Körper
Upsetting of square parts

Mit dem Streifenmodell erhält man analog zu Gl. (45):

$$F_{Z_{max}} = F_{Z_1} = k_{f_1} A_0 h_0 / h_1 \left[1 + \frac{1}{2}\frac{\mu b_1}{h_1}\right]. \tag{48}$$

3.4.3 Drahtziehen. Wire drawing

Beim Drahtzug wird der Drahtausgangsdurchmesser $D_0 = D_E$ auf den Durchmesser $D_1 = D_A$ reduziert. Die *Ziehdüse*, auch *Ziehhol* genannt, ist hierbei das formgebende Werkzeug. Die Ziehkraft greift am auslaufenden Draht an und wird über diesen in die Umformzone eingeleitet. Es handelt sich also um ein Verfahren mit *mittelbarer* Kraftwirkung, **Bild 16**. Kennzeichnende Geometriegrößen:

$$A_E = \pi D_E^2/4; \quad A_A = \pi D_A^2/4; \quad A(x) = \pi D(x)^2/4. \tag{49}$$
$$l_u(D_E - D_A)/2\tan\alpha; \tag{50}$$
$$D(x) = D_A + 2x\tan\alpha. \tag{51}$$

Vernachlässigt man die Schiebungsverluste und geht von Reibungsfreiheit ($\mu = 0$) aus, so erhält man die sog.

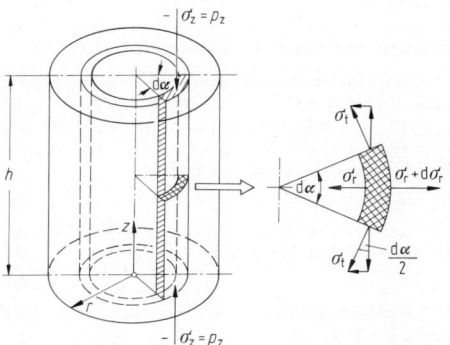

Bild 15. Spannungsverhältnisse am Röhrenmodell

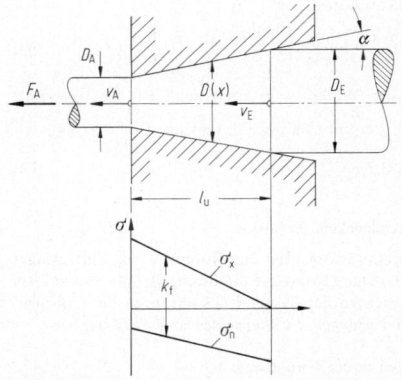

Bild 16. Geometrische Verhältnisse und prinzipieller Verlauf der Spannungen beim Drahtzug mit konischer Matrize

ideelle Spannung σ_{id}. Sie ergibt sich mit Gl. (36) und der Schubspannungshypothese zu

$$\sigma_{\text{id}}(x) = \sigma_x(x) = 2k_{f_m} \cdot \ln D_E/D(x). \tag{52}$$

Hierin ist k_{f_m} das arithmetische Mittel aus der Fließspannung bei Eintritt in die Umformzone k_{f_E} und der Fließspannung im betrachteten Querschnitt $k_f(x)$:

$$k_{f_m} = (k_{f_E} + k_f(x))/2. \tag{53}$$

Am Ziehholaustritt gilt

$$\sigma_{\text{id}_{max}} = \sigma_{\text{id}}(x=0) = 2\bar{k}_f \ln(D_E/D_A), \tag{54}$$

wobei gilt

$$\bar{k}_f = (k_{f_E} + k_{f_A})/2. \tag{55}$$

k_{f_A} ist die Fließspannung in der Austrittsebene der Umformzone.
Mit dem zugehörigen Querschnitt multipliziert, ergibt sich als ideelle Ziehkraft mit Gl. (54):

$$F_{\text{id}} = \sigma_{\text{id}_{max}} A_A = \bar{k}_f \varphi_{\text{gges}} A_A. \tag{56}$$

Hierin ist log. Gesamt-Hauptformänderung

$$\varphi_{\text{gges}} = 2\ln(D_E/D_A). \tag{57}$$

Für den reibungsbehafteten Fall ($\mu \neq 0$) ergibt sich ausgehend von Gl. (36) für konische Ziehhole

$$\sigma_x(x=0) = \bar{k}_f \left(1 + \frac{\tan\alpha}{\mu}\right)\left[1 - \left(\frac{D_A}{D_E}\right)^{\frac{2\mu}{\tan\alpha}}\right]. \tag{58}$$

Berücksichtigt man die Schiebungsverluste, d.h. die Winkelverzerrungen der „Scheiben" bei Eintritt in die Umformzone und bei Austritt aus dieser heraus, so ist hierfür ein Axialspannungsanteil σ_{Sch} erforderlich. Dieser ist gemäß [19, 20]

$$\sigma_{\text{Sch}} = \tfrac{1}{3}\tan\alpha(k_{f_E} + k_{f_A}), \tag{59}$$

oder mit Gl. (55)

$$\sigma_{\text{Sch}} = \tfrac{2}{3}\bar{k}_f \tan\alpha. \tag{60}$$

Fügt man diesem Anteil in Gl. (58) ein, erhält man [19]:

$$\sigma_{x_{\text{ges}}} = \bar{k}_f \left\{\left[1 + \frac{\tan\alpha}{\mu}\right]\left[1 - \left(\frac{D_A}{D_E}\right)^{\frac{2\mu}{\tan\alpha}}\right] + \frac{2}{3}\tan\alpha\right\}. \tag{61}$$

Durch Reihenentwicklung und Abbrechen nach dem 1. Glied erhält man für kleine Winkel α, wie sie beim Drahtziehen gegeben sind, die von E. Siebel ermittelte Beziehung

$$\sigma_{x_{\text{ges}}} = \sigma_x(x=0) = \bar{k}_f \varphi_{\text{gges}}\left[1 + \frac{\mu}{\hat{\alpha}} + \frac{2}{3}\frac{\hat{\alpha}}{\varphi_{\text{gges}}}\right]. \tag{62}$$

Als Ziehkraft ergibt sich

$$F_{\text{ges}} = \frac{\pi \cdot D_A^2}{4}\bar{k}_f \varphi_{\text{gges}}\left[1 + \frac{\mu}{\hat{\alpha}} + \frac{2}{3}\frac{\hat{\alpha}}{\varphi_{\text{gges}}}\right], \tag{63}$$

wobei $\hat{\alpha}$ der Winkel α in Bogenmaß ist. Der optimale Winkel $\hat{\alpha}_{\text{opt}}$ ergibt sich mit Gl. (63) und $\dfrac{dF_{\text{ges}}}{d\alpha} = 0$ zu

$$\hat{\alpha}_{\text{opt}} = \sqrt{1{,}5\mu\varphi_{\text{gges}}}. \tag{64}$$

3.4.4 Durchdrücken. Extrusion

Beim Durchdrücken wird das Rohteil durch ein formgebendes Werkzeug (*Matrize*) hindurchgedrückt. Nach DIN 8583 gehören zu den Durchdrückverfahren die Umformverfahren *Verjüngen*, *Strangpressen* und *Fließpressen*.

Spannungen in der Umformzone

Die nachfolgende Betrachtung der Spannung in der Umformzone gilt für alle drei Verfahren bei Annahme einer

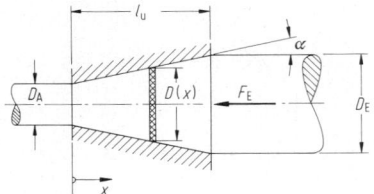

Bild 17. Geometrische Verhältnisse beim Durchdrücken – konische Matrize

konischen Matrize, **Bild 17**. Bei Zugrundelegen der elementaren Theorie sind dann die geometrischen und kinematischen Verhältnisse in der Umformzone identisch, wobei die Umformzone begrenzt wird durch die Matrizenwandung, die Eintrittsebene ($x = l_u$) und die Austrittsebene ($x = 0$). Der Unterschied zum Drahtzug ist im Kraftangriff zu sehen. Analog zum Drahtzug erhält man für das *Verjüngen* als Axial-Druckspannung in der Eintrittsebene

$$P_{x_E} = P_x(x = l_u)$$

$$= \bar{k}_f\left\{\left[1 + \frac{\tan\alpha}{\mu}\right]\left[\left(\frac{D_E}{D_A}\right)^{\frac{2\mu}{\tan\alpha}} - 1\right] + \frac{2}{3}\tan\alpha\right\}. \tag{65}$$

Für kleine Winkel α gilt $\tan\alpha \approx \hat{\alpha}$
Durch Reihenentwicklung und Abbrechen nach dem 1. Glied erhält man aus Gl. (65)

$$P_{x_E} = \bar{k}_f\varphi_{\text{gges}}[1 + (\mu/\hat{\alpha}) + 2/3(\hat{\alpha}/\varphi_{\text{gges}})], \tag{66}$$

wobei $\varphi_{\text{gges}} = 2\ln(D_E/D_A)$ und $\bar{k}_f = (k_{f_E} + k_{f_A})/2$ ist.
Beim Drahtzug und beim Verjüngen sind die halben Matrizenöffnungswinkel α relativ klein, so daß für

$$p_n = p_r[1/(1 - \mu\tan\alpha)]$$

$p_n \approx p_r$ angenommen werden kann.
Für das *Strangpressen* und für das *Fließpressen* ist dieses nicht zulässig. Hier gilt wegen $\alpha \gg 0$: $p_n \neq p_r$ und $p_r = k_f + p_x$.
Hiermit ergibt sich bei Beachtung von Gl. (55) und (22)

$$p_{x_E} = p_x(x = l_u) = \bar{k}_f\frac{C_1}{C_1 - 1}\left[\left(\frac{A_E}{A_A}\right)^{C_1 - 1} - 1\right], \tag{67}$$

wobei $C_1 = (1 + \mu \cdot \cot\alpha)/(1 - \mu\tan\alpha)$.
Erweitert man Gl. (67) um den Axialspannungsanteil σ_{Sch} (Gl. (60)), so ergibt sich mit Gl. (55).

$$p_{x_E} = \bar{k}_f\left\{\frac{C_1}{C_1 - 1}\left[\left(\frac{A_E}{A_A}\right)^{C_1 - 1} - 1\right] + \frac{2}{3}\tan\alpha\right\}. \tag{68}$$

Das ist die Axialdruckspannung in der Matrizeneintrittsebene.

Spannungen im Umformgut außerhalb der Umformzone

Betrachtet wird der Spannungszustand im zylindrischen, aufgestauchten Blockbereich vor der Umformzone $x_E \leq x \leq x_E + l_0 - s$ gemäß **Bild 18**: Für die in diesem Bereich auf die Blockoberfläche wirkende Randschubspannung ergibt sich mit der Coulombschen Reibung

$$\tau_R = \mu_0 p_r. \tag{69}$$

Eine obere Grenze ergibt sich bei Abscheren des Umformguts innerhalb einer Randschicht:

$$\tau_R = \tau_{\text{krit}} = k_{f_0}/2. \tag{70}$$

Die Radialdruckspannung p_r berechnet sich aus der Hypothese von Tresca zu

$$p_r = p_x - k_f. \tag{71}$$

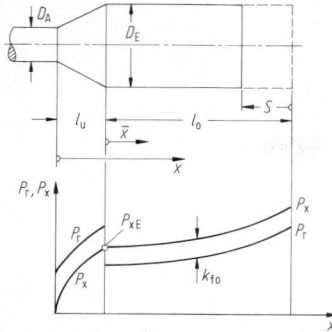

Bild 18. Verlauf der Axialdruckspannung P_x und der Radialdruck-spannung p_r über x bei Annahme Coulombscher Reibung

Zur Ermittlung der Axialdruckspannung P_x im Bereich $0 \leqq \bar{x} \leqq l_0 - s$ erfolgt die Betrachtung des Kräftegleichge-wichts an einer Querschnittsscheibe

$$d_{p_x} = 4(\tau_R/D_E)\,d\bar{x}. \tag{72}$$

Für den Fall des Abscherens ergibt sich hieraus mit Gl. (70) bei Beachtung von Gl. (68):

$$p_x(\bar{x}) = 2(k_{f_0}/D_E)\bar{x} + p_{x_E}. \tag{73}$$

Die Druckspannung am Blockende erhält man hieraus:

$$p_x(\bar{x} = l_0 - s) = 2(k_{f_0}/D_E)(l_0 - s) + p_{x_E}. \tag{74}$$

Für den Fall Coulombscher Reibung erhält man mit Gl. (69) aus Gl. (72) unter Beachtung von Gl. (68).

$$p_x = p_{x_E} e^{4(\mu_0/D_E)\bar{x}} + k_{f_0}[1 - e^{4(\mu_0/D_E)\bar{x}}] \tag{75}$$

(s. [23–25]).

Die Druckspannung am Blockende ergibt sich hieraus:

$$p_x(\bar{x} = l_0 - s) = p_{x_E} e^{4(\mu_0/D_E)(l_0-s)}$$
$$+ k_{f_0}[1 - e^{4(\mu_0/D_E)(l_0-s)}]. \tag{76}$$

Diese Beziehung wurde bereits von Eisbein [23] und Sachs [24] ermittelt (s. [25]).

Die Stempelkraft F_{st} ergibt sich durch Multiplikation der Druckspannung am Ende des Blocks mit der Blockquer-schnittsfläche zu

$$F_{St} = p_x(\bar{x} = l_0 - s) \cdot (\pi D_E^2/4). \tag{77}$$

Je nach Reibungsbedingungen sind hierin Gl. (74) oder Gl. (76) einzusetzen.

3.4.5 Tiefziehen. Deep drawing

Beim Tiefziehen wird ein ebener Blechzuschnitt zu einem Hohlteil umgeformt. **Bild 19** zeigt für das Ziehen rotati-onssymmetrischer Teile die Werkzeuganordnung und die Bezeichnungen. Die *Umformzone* ist der Blechbereich un-ter dem *Niederhalter* bis zum Auslauf aus der Ziehring-rundung. Hierfür zeigt **Bild 20** den prinzipiellen Verlauf der Spannungen. Man erkennt, daß die Normalspannung σ_n die mittlere Spannung σ_m schneidet. Somit gilt für diesen Punkt gemäß Fließgesetz nach Gl. (18), daß in Dickenrichtung keine Formänderung zu verzeichnen ist. Ebenso ist ableitbar, daß sich zum Flanschrand hin eine Blechdickenzunahme und zum Ziehringeinlaufradius hin eine Blechdickenabnahme ergibt. Im Mittel gesehen gilt jedoch, daß die Oberfläche beim Tiefziehen in etwa kon-stant bleibt: $\pi D_0^2/4 = \pi d_0^2/4 + d_0 \pi \cdot h + (\pi/4)(D_a^2 - d_0^2) = d_0\pi \cdot h + (\pi/4)D_a^2$. Nach [26] ergibt sich für die Gesamt-ziehkraft $F_{ges} = F_{St}$:

$$F_{St} = F_{id} + F_{RN} + F_{RZ} + F_{rb}. \tag{78}$$

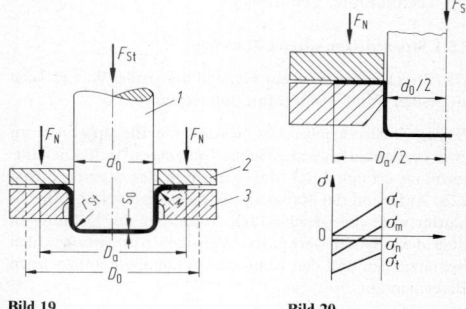

Bild 19 **Bild 20**

Bild 19. Prinzipielle Darstellung des Tiefziehens im Anschlag. *1* Stempel, *2* Niederhalter, *3* Ziehring, D_0 Ausgangsdurchmesser des Zuschnitts (Ronde), d_0 Stempeldurchmesser s_0 Blechdicke der Ronde, F_{ges} Stempelkraft, F_N Niederhalterkraft, r_{St} Stempelkan-tenradius, r_M Ziehringradius

Bild 20. Prinzipielle Darstellung des Spannungsverlaufs beim Tief-ziehen im Anschlag

F_{id} ist die zur verlustlosen Formgebung notwendige ideelle Kraft:

$$F_{id} = \sigma_{id}\pi d_0 s_0 \tag{79}$$

mit $\sigma_{id} = |\sigma_r| = k_{fm}\ln(D_a/d_0)$ und $k_{fm} = (k_{f_i} + k_{f_a})/2$. Hierin ist k_{f_i} die am Ziehringauslauf bei $r = d_0/2$ gegebene Fließ-spannung und k_{f_a} ist die am äußeren Flanschdurchmesser bei $r = D_a/2$ gegebene Fließspannung. Diese werden ermittelt aus

$$\varphi_{g_i} = \ln\sqrt{(D_0^2 + d_0^2 - D_a^2)/d_0^2}, \quad \varphi_{g_a} = \ln D_0/D_a. \tag{80}$$

F_{RN} ist die zwischen Ronde und Ziehring und zwischen Ronde und Niederhalter auftretende Reibungskraft. Nach Panknin [26] gilt

$$F_{RN} = 2\mu F_N(d_0/D_a). \tag{81}$$

Hierin ist $F_N = \pi/4(D_0^2 - d_0^2)p_n$; wobei für die Nieder-halterpressung p_n, die als konstant für den Ziehprozeß eingestellt wird, nach Siebel gilt

$$p_n = (0,002 \text{ bis } 0,0025)[(\beta_0 - 1)^2 + 0,5(d_0/100 s_0)]R_m,$$

$\beta_0 = D_0/d_0$ Ziehverhältnis.

F_{RZ} ist die zwischen Werkstück und Ziehringrundung auf-tretende Reibungskraft

$$F_{RZ} = (e^{\mu\pi/2} - 1)(F_{id} + F_{RN}). \tag{82}$$

R_{rb} ist die nach Auslauf aus dem Ziehring notwendige Rückbiegekraft

$$F_{rb} = \pi d_0 s_0 k_{f_i}(s/4r_m). \tag{83}$$

Nach **Bild 21** weist die Ziehkraft F_{St} ein Maximum auf, das für die meisten metallischen Werkstoffe nach [26] bei $h/h_{max} = 0,4$ liegt.

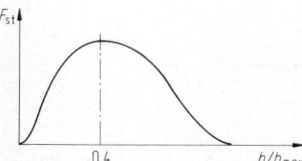

Bild 21. Verlauf der Stempelkraft F_{St} über der bezogenen Ziehteil-höhe

3.5 **Technologie.** Technology

3.5.1 **Streckziehen.** Stretch-forming

Das Streckziehen wird zur Herstellung großer flacher Teile eingesetzt (VDI 3140). Man unterscheidet:

Einfaches Streckziehen. Es werden die Blechplatinen an zwei gegenüberliegenden Seiten fest eingespannt. Die Umformung erfolgt durch das Verfahren des Stempels, **Bild 22a.** Aufgrund der Reibung zwischen Stempel und Blechplatine wird eine gleichmäßige Verteilung der Dehnungen über dem Bauteil verhindert. Versagen tritt zwischen den Spannzangen und den nicht an den Stempeln anliegenden Bereichen auf.

Tangentialstreckziehen, **Bild 22b.** Ermöglicht eine gleichmäßige Verteilung der Dehnungen über dem Werkstück und eine höhere Umformung im Mittenbereich. Die Blechplatine wird an zwei gegenüberliegenden Seiten in vertikal und horizontal verfahrbaren Spannzangen eingespannt und mit diesen vorgespannt, bis eine plastische Dehnung von 2 bis 4% in der Platine erreicht ist. Im nächsten Arbeitsschritt wird die Blechplatine unter Beibehaltung der Vorspannung mit den Spannzangen an den Stempel angelegt. Zur Einbringung von Einprägungen in das Ziehteil kann die Streckzieheinrichtung in eine einfachwirkende Presse mit Gegenform eingebaut werden, **Bild 23.**
Das Cyril-Bath-Verfahren, bei dem die Spannzangen horizontal und vertikal CNC-gesteuert verfahrbar sind, erlaubt es, den Mittenbereich großer flacher Ziehteile stärker umzuformen und damit eine höhere Kaltverfestigung zu erzielen [27, 28].
Blechwerkstoffe, die streckgezogen werden sollen, sollten einen möglichst hohen Verfestigungsexponenten n aufweisen, damit sich die Formänderungen möglichst gleichmäßig über das Bauteil erstrecken und ein zu früher örtlicher Reißer vermieden wird (s. S3.2.4). Zwischen Blech und Streckziehwerkzeug sollte der Reibungswert so gering wie möglich sein ($\mu \rightarrow 0$). Werkstoffe s. E3.1.4.

3.5.2 **Tiefziehen.** Deep drawing

Man unterscheidet:
Tiefziehen im *Erstzug*, **Bild 19.**
Tiefziehen im *Weiterzug* (DIN 8584), **Bild 24.**
Während beim Streckziehen die Form des Ziehteils durch Oberflächenvergrößerung zu Lasten der Blechdicke erfolgt, weil das Blech seitlich fest eingespannt ist und nicht

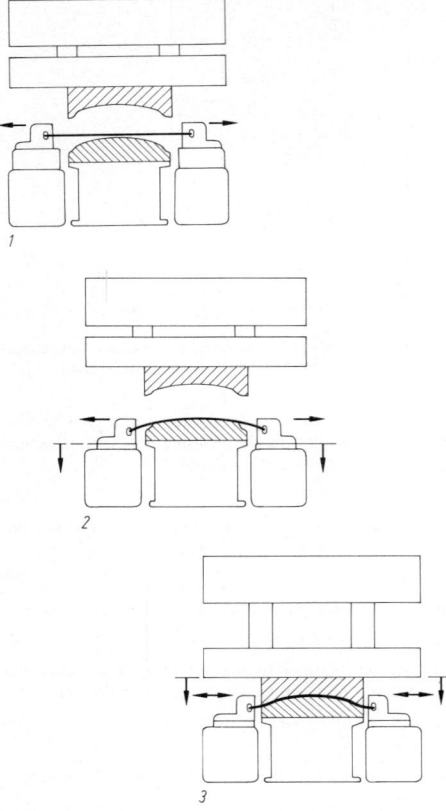

Bild 23. Cyril-Bath-Verfahren (Cyril-Bath Company). *1* bis *3*: Arbeitsfolge

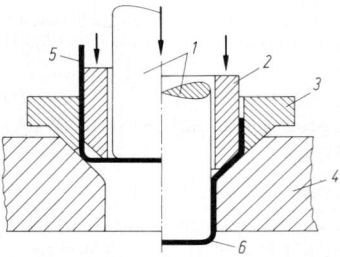

Bild 24. Tiefziehen im Weiterzug [5]. *1* Stempel, *2* Niederhalter, *3* Stützring, *4* Ziehring, *5* vorgezogener Napf, *6* Napf im Weiterzug

nachfließen kann, ist beim Tiefziehen in 1. Näherung die Blechdicke über dem Ziehteil in etwa konstant, so daß die Oberfläche der Ronde (Platine) gleich der Oberfläche des Ziehteils ist. Zur Unterdrückung von Falten unter dem Niederhalter ist eine Mindest-Niederhalterkraft F_N erforderlich (s. S3.4.5). Der Blechwerkstoff sollte möglichst $\Delta r = 0$ aufweisen, um eine Zipfelbildung zu vermeiden. r_{min} sollte genauso wie der n-Wert möglichst groß sein (s. S3.2.5). Zur Verringerung der Reibung an den Flächen Niederhalter-Blech-Ziehring und im Bereich der Ziehringrundung sollte die Reibungszahl möglichst gering sein ($\mu \rightarrow 0$). Ist die Reibungszahl zwischen Blech und Zieh-

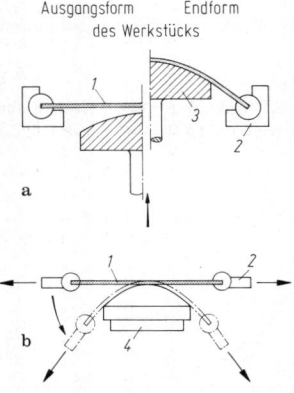

Bild 22. Streckziehen. **a** einfaches Streckziehen; **b** Tangentialstreckziehen. *1* Werkstück, *2* Spannzange, *3* Stempel, *4* Werkzeug

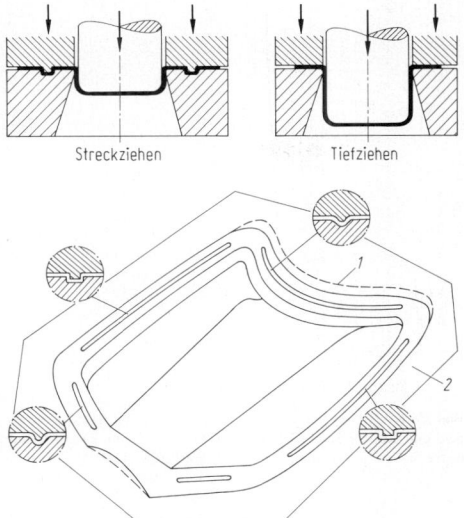

Bild 25. Ziehen großflächiger unsymmetrischer Teile als Kombination von Streckziehen und Tiefziehen. *1* Platinenform, *2* Ziehrahmen

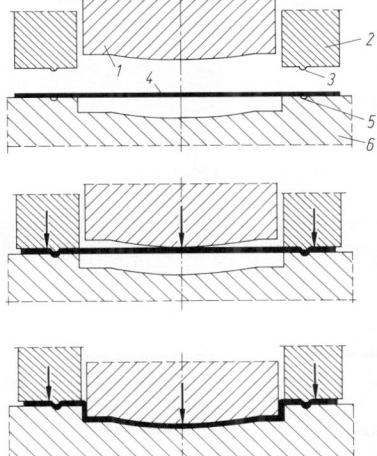

Bild 26. Prinzipielle Darstellung des Ziehens großer unregelmäßiger Blechformteile mit zweifach-wirkender Presse. *1* Stempel, *2* Niederhalter, *3* Ziehstab, *4* Blech, *5* Ziehsicke, *6* Gegendruck

stempel relativ groß ($\mu \to 1$), so kann über Reibungskräfte die eingeleitete Ziehkraft erhöht und ein größeres Grenzziehverhältnis erzielt werden. Werkstoffe s. E 3.1.4.
Ziehen unsymmetrischer Teile (z.B. Karosserieteile) durch Kombination von Streckziehen und Tiefziehen, **Bild 25.** Zur Beeinflussung des Materialflusses unter dem Niederhalter dienen Ziehsicken, Platinenform, Bereiche höherer und niedrigerer Flächenpressung sowie eine gezielte Schmierstoffzufuhr.
Beim Ziehen mit *einfachwirkender* Presse wird im Tisch der Presse eine Zieheinrichtung (Ziehapparat) angeordnet. Diese kann als pneumatische oder hydraulische Zieheinrichtung ausgeführt sein [29, 30]. **Bild 26** zeigt eine Werkzeuganordnung für ein Ziehen mit *zweifachwirkender* Presse.

3.5.3 Biegen. Bending

Das Biegen gehört zu den am häufigsten angewandten Arten der Umformung von Blechen. Es erstreckt sich von der Massenfertigung von Kleinteilen bis hin zur Einzelteilfertigung im Schiffs- und Anlagenbau [32]. Außer Blechen werden vor allem Rohre, Drähte und Stäbe mit den unterschiedlichsten Querschnittsformen gebogen. In den meisten Fällen wird kaltumgeformt, nur in Sonderfällen, bei großen Querschnitten oder sehr kleinen Biegeradien, wird der Werkstoff erwärmt, um die zur Umformung erforderlichen Kräfte zu reduzieren bzw. um höhere Formänderungen mit einem gegebenen Werkstoff erzielen zu können. Elementare Biegetheorie [31] (s. C2.4).

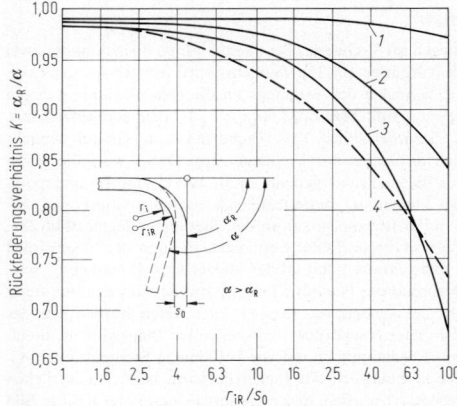

Bild 27. Rückfederungsverhältnis K unterschiedlicher Werkstoffe in Abhängigkeit vom Biegeradius (vgl. [5]). *1* Al99,5w, *2* St 1404, *3* St 1203, *4* CuZn33w

Eine für das Biegen typische Erscheinung ist die elastische *Rückfederung*. Nach Entlastung ist der Biegewinkel kleiner und der Biegeteilradius größer als unter Last. Die Rückfederung beim Entlasten ergibt sich beim querkraftfreien Biegen aus dem Rückfederungsverhältnis zu:

$$K = \frac{\alpha_R}{\alpha} = \frac{\left(r_i + \dfrac{s_0}{2}\right)}{\left(r_{iR} + \dfrac{s_0}{2}\right)}.$$

Die Rückfederung ist abhängig vom Werkstoff (E-Modul, Streckgrenze, n-Wert), Spannungszustand bei dem umgeformt wird und von der Vorverformung des zu biegenden Teils. Je nachdem, ob es gelingt, über den gesamten Querschnitt des zu biegenden Werkstückes eine plastische Formänderung zu bewirken, oder ob im Bereich der neutralen Faser elastische Formänderungen herrschen, ergeben sich geringe oder große Rückfederungen. Um die Rückfederung zu verringern, zu vermeiden oder zu kompensieren, können folgende Maßnahmen ergriffen werden:

– Einschränken der Toleranzen für Blechwerkstoffkennwerte $R_{p0,2}$, n-Wert und Blechdicke als Voraussetzung für reproduzierbare Verhältnisse.
– Überbiegen.
– Nachdrücken im Gesenk.
– Anschließende Umformung unter Zugbeanspruchung zur Erzielung der Endgeometrie, d.h. Weiterformung unter so großen Zugspannungen, daß der gesamte Querschnitt plastisch umgeformt wird.
– Überlagerung von Zugspannungen beim Biegen.

Bei der Zuschnittsermittlung von Biegeteilen ist man bisher auf empirische Formeln angewiesen, da eine exakte Bestimmung der Biegeteilgeometrie bisher nicht möglich ist [33]. Wird ein vom Werkstoff abhängiger minimaler Biegeradius $r_{i\,min}$ unterschritten, so treten an der Außenfaser Risse auf. Angaben über kleinstmögliche Biegeradien für Stahlbleche werden in DIN 6935 in Abhängigkeit von Werkstoff, Blechdicke, Lage der Biegeachse zur Walzrichtung des Bleches gemacht.

Biegeverfahren [32]

Freies Biegen. Technisch wichtig sind das freie Biegen bei Dreipunktauflage oder das freie Biegen eines einseitig eingespannten Bleches mit einem am freien Ende angreifenden Stempel. Führt der Stempel dabei eine Schwenkbewegung aus, so handelt es sich dabei um das Schwenkbiegen.

Biegen im V-Gesenk. Bei diesem laufen nacheinander zwei Teilvorgänge ab [35]. Zunächst wird frei gebogen, bis sich die Schenkel des Biegeteils an die Gesenkwände anlegen ($\alpha = \alpha_G$, **Bild 28a**) oder bis $r_i < r_{st}$ (r_i Biegeteilinnenradius, r_{St} Stempelradius). Das Nachdrücken im Gesenk schließt sich direkt an das Freibiegen an. Dabei wird die Form des Biegeteils weitgehend an die Werkzeugform angepaßt. Bei kleinem r_{St} wird zunächst so lange überbogen, bis sich die Biegeschenkel an den Stempel anlegen, **Bild 28c**. Wird in dieser Stellung entlastet, so kann der Biegewinkel α dann immer noch größer als der Gesenkwinkel α_G sein. Während des Nachdrückens nimmt der Innenradius stetig ab. Bei großem r_{St} (bzw. r_{St}/s_0) treten hinsichtlich des sich beim Nachdrücken einstellenden Biegewinkels dieselben Erscheinungen auf wie bei kleinen Stempelradien r_{St}. Die Genauigkeit der Biegeteile kann beim Nachdrücken verbessert werden, dies erfordert jedoch hohe Kräfte, **Bild 29**.

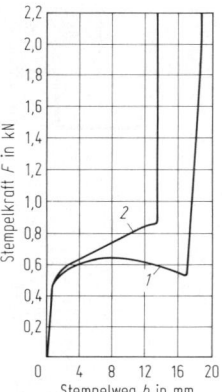

Bild 29. Kraft-Weg-Verlauf beim Biegen im 90° V-Gesenk bei kleinem und großem Stempelradius r_{St} [5]. *1* $r_{St} = 2$ mm, *2* $r_{St} = 15$ mm (Gesenkweite $w = 42$ mm, $s_0 = 2$ mm, Werkstoff St 1404)

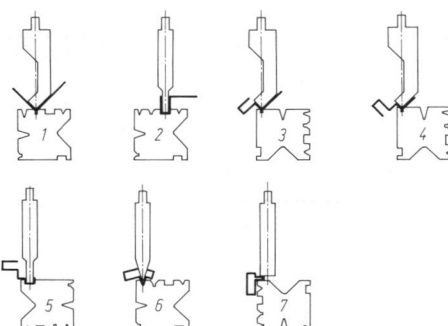

Bild 30. Arbeitsschritte zur Herstellung eines Blechprofils durch Gesenkbiegen

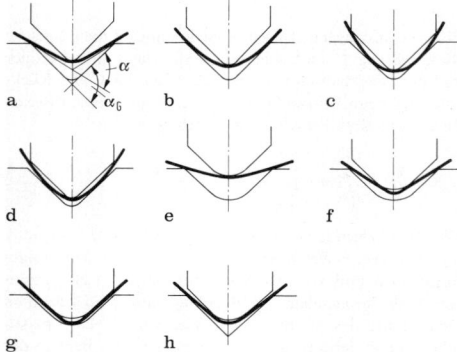

Bild 28. Biegen im 90° V-Gesenk [55]. **a** bis **d** kleiner Stempelradius: **a** freies Biegen; **b** Ende des Freibiegevorganges; **c** Ende des Überbiegens; **d** Rückbiegen; **e** bis **h** großer Stempelradius: **e** freies Biegen; **f** Weiterbiegen bei Zweipunktauflage am Stempelradius; **g** Beginn des Nachdrückens; **h** Nachdrücken im halboffenen Gesenk

Beispiel: Gesenkbiegen zur Herstellung eines Profils, **Bild 30**.

Biegen im U-Gesenk. Hierunter versteht man das gleichzeitige Biegen von zwei durch einen Steg verbundenen Schenkeln um meist 90° zu einem U-förmigen Biegeteil in einem Gesenk, **Bild 31**. Dabei wird zwischen dem U-Biegen *ohne* und *mit* Gegenhalter unterschieden. Beim U-Biegen *ohne Gegenhalter* kann die Verwölbung des Steges durch Nachdrücken weitgehend beseitigt werden. Dies

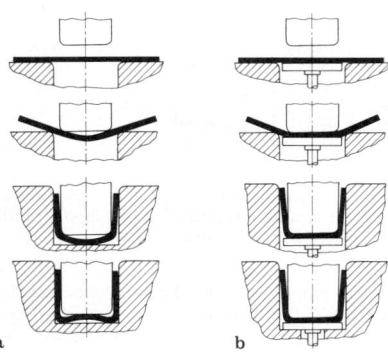

Bild 31. Biegen im U-Gesenk [33]. **a** ohne Gegenhalter; **b** mit Gegenhalter

führt zu einem Kraftanstieg am Vorgangsende [34]. Einflußfaktoren sind die Gesenkrundung, die Gesenktiefe und der Werkzeugspalt. Beim Biegen *mit Gegenhalter* (Gegenhalterkraft ca. 1/3 der Biegekraft) bleibt der Steg während der Umformung eben.

Schwenkbiegen. Bei diesem ist ein Schenkel des Biegeteils fest eingespannt und der zweite Schenkel wird durch

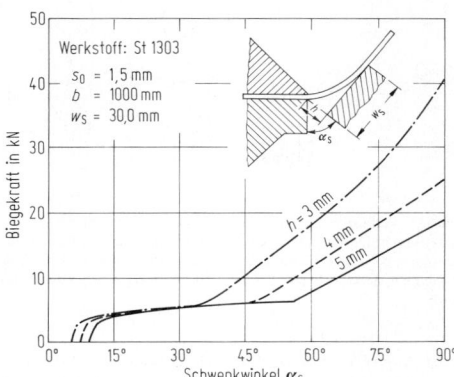

Bild 32. Biegekraft als Funktion vom Schwenkwinkel α_s bei unterschiedlichen Stellungen der Schwenkwangen [36]

eine schwenkbare Wange umgebogen, **Bild 32**. Solange der kleinste auftretende Biegehalbmesser größer ist als der Rundungshalbmesser der Spannbacke (Biegeschiene), handelt es sich um einen *Freibiegevorgang*. Der Verlauf der Biegekraft weist in Abhängigkeit vom Schwenkwinkel α_s zwei deutlich voneinander abgegrenzte Bereiche auf. Im Bereich von kleinen Schwenkwinkeln ist der Kraftbedarf infolge eines großen wirksamen Hebelarms niedrig bei gleichzeitig geringem Anstieg. Dieser Anstieg ist eine Folge der Werkstoffverfestigung. Für den steilen Anstieg der Biegekraft bei großen Schwenkwinkeln ist die Verkürzung des wirksamen Hebelarms verantwortlich.

3.5.4 Superplastisches Umformen von Blechen
Superplastic forming of sheet

Spezielle metallische Werkstoffe (vorzugsweise eutektische und eutektoide) mit extrem feinkörnigem Gefüge können unter folgenden Voraussetzungen extrem große Formänderungen ertragen: $T_u > 0,5 T_s$ (T_s Schmelztemperatur, T_u Umformtemperatur in K) und kleine Umformgeschwindigkeiten $\dot{\varphi}$ (meist $< 10^{-2}$ 1/s).
Die werkstoffseitigen Voraussetzungen für technisch anwendbare superplastische Werkstoffe sind: Extrem feinkörniges Gefüge (Korngröße $< 10\,\mu m$); hoher Widerstand gegen Porenbildung durch Vermeidung grober Einschlüsse vor allem auf den Korngrenzen; niedrige Fließspannungswerte k_f bei niedrigen log. Formänderungsgeschwindigkeiten $\dot{\varphi}$ (s. S 3.2.3).
Beim superplastischen Umformen kommen im allgemeinen Blasverfahren zum Einsatz. Dabei kann das Werkzeug entweder als Positivform (*Patrizenverfahren*, **Bild 33**) oder als Negativform (*Matrizenverfahren*, **Bild 34**) ausgebildet sein. Beim Matrizenverfahren ist das Verhältnis von Ziehtiefe zu kleinster ebener Abmessung auf $h/b <$

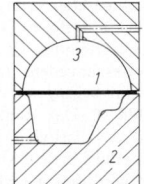 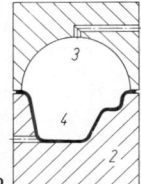

Bild 33. Patrizenverfahren. **a** Blechzuschnitt *1* eingelegt; **b** Werkstück *4* ausgeformt; *2* Formwerkzeug, *3* Druckraum

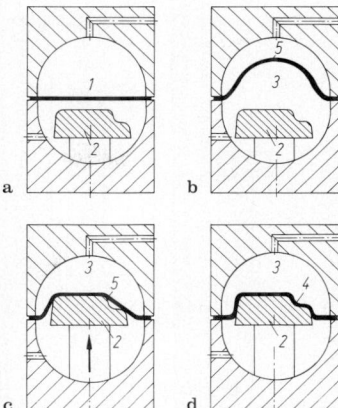

Bild 34. Matrizenverfahren. **a** Zuschnitt *1* eingelegt; **b** Formen des Zuschnitts zu einer Blase mittels Gasdruck *3*; **c** Ziehen über die Patrize *2*; **d** endgültige Werkstückform *4*; *5* Zwischenstufen des Umformens

$0,4$, beim Patrizenverfahren auf $< 0,6$ begrenzt [37]. Die üblichen Blechdicken liegen zwischen 0,5 und 3 mm. Im superplastischen Zustand betragen die Fließspannungen, z.B. bei Aluminium und Titanlegierungen zwischen 4 und $20\,N/mm^2$, d.h. es sind Umformdrücke von 0,5 bis 200 bar notwendig. Die geformten Werkstücke sind nahezu frei von Eigenspannungen und damit frei von Rückfederungen. Anhaltswerte für Al-Teile in [37], für Werkstoffe und einzuhaltende Parameter in [38 bis 42].

3.5.5 Stauchen. Upsetting

Grundverfahren des Schmiedens und Kaltmassivumformens, z.B. von Befestigungsmitteln (DIN 8583). Für theo-

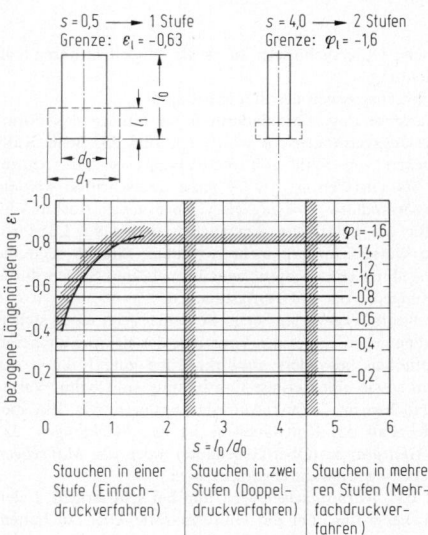

$\varphi_l = -1,6$ Grenze für das Formänderungsvermögen
$\varepsilon_l = f(s)$ Grenze zu erhöhter Werkzeugbeanspruchung bei kleinen Stauchverhältnissen
$s = 2,3$ Knickgrenze beim Einfachdruckverfahren
$s = 4,5$ Knickgrenze beim Doppeldruckverfahren

Bild 35. Verfahrensgrenzen beim Kaltstauchen von Stahl Cq 35 (VDI-Richtlinie 3171, Juli 1981)

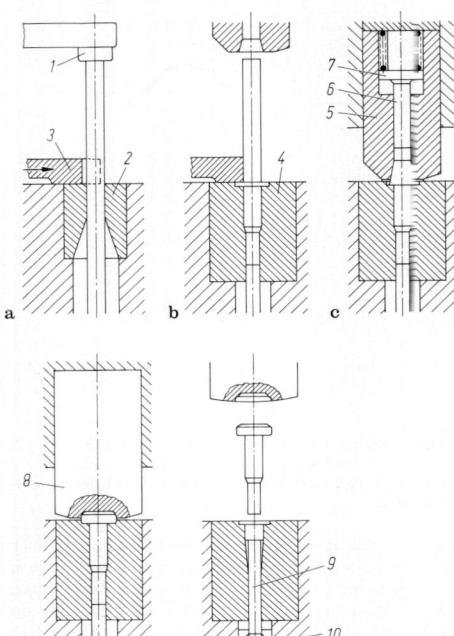

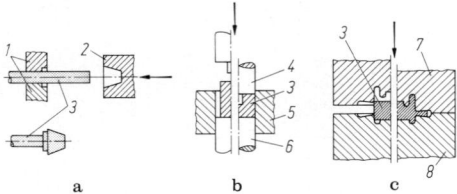

Bild 37. Verfahren des Gesenkschmiedens im engeren Sinne (Gesenkformen) [5]. **a** Anstauchen; **b** Formpressen ohne Grat; **c** Formpressen mit Grat. 1 Klemmbacke, 2 Anstauchgesenk, 3 Werkstück, 4 Stempel, 5 Aufnehmer, 6 Auswerfer, 7 Obergesenk, 8 Untergesenk

Bild 36. Arbeitsvorgänge beim Fertigen eines Kopfbolzens (Quertransportpresse). **a** Zuführen des Werkstoffes und Abscheren durch Schermesser in getrennter Stufe; **b** Zuführen des Rohteils vor die Matrize; **c** Eindrücken in die Matrize und Vorstauchen; **d** Fertigstauchen; **e** Auswerfen. 1 Anschlag, 2 Schermatrize, 3 Schermesser, 4 Matrize (Reduziermatrize), 5 Vorstaucher, 6 Auswerferstift (Stempel), 7 Auswerfer (Stempel), 8 Fertigstauchstempel, 9 Auswerferstift (Matrize), 10 Auswerfer (Matrize). (VDI-Richtlinie 3171, Juli 1981)

retische Untersuchungen ist es als Modellverfahren von Bedeutung.

Verfahrensgrenzen des Stauchens sind:

Stauchgrad (log. Formänderung) als Grenze des Formänderungsvermögens: $\varphi = \ln(l_1/l_0)$, **Bild 35**. Beim Kaltstauchen von Stahl soll unabhängig von der Anzahl der Stauchstufen $\varphi_{max} = 1,6$ nicht überschritten werden. Stauchverhältnis $s = l_0/d_0$ als Grenze gegen Ausknicken. Dafür gilt bei freiem Anstauchen (kalt): $s \leqq 2,3$. Größere Werte erfordern mehrere Stufen. **Bild 36** zeigt die Herstellung eines Kopfbolzens in mehreren Stufen durch Verjüngen, Vor- und Fertigstauchen.

Der Kraft-Weg-Verlauf beim Stauchen zeigt einen steilen Anstieg gegen Endes des Vorgangs, der sich bei kleineren Kopfhöhen besonders auswirkt. Eine gute Füllung der Form sowie eine geringe Gratbildung sind beim Warmanstauchen im Gesenk Anforderungsmerkmale. Ein spezieller Fall des Kaltstauchens ist das Flachprägen, das als Glattprägen (Oberflächengüte) oder als Maßprägen (Dickentoleranz) durchgeführt wird.

Auf das Warmstauchen wird nur bei schwierigen Teilen zurückgegriffen, um die Umformkräfte klein zu halten. Aufgrund des gegebenen Kraft-Weg-Verlaufs eignen sich besonders weggebundene Pressen zum Stauchen.

3.5.6 Schmieden. Forging

Die Grundverfahren des Schmiedens zählen zu den Fertigungsverfahren Trennen, Umformen, Fügen. Es sind Verfahren für Querschnittsänderungen (Recken, Breiten, Voll-

oder Napf-Fließpressen, Stauchen, Anstauchen), für Richtungsänderungen (Biegen, Durchsetzen, Verdrehen), zum Erzeugen von Hohlräumen (Dornen, Durchlochen, Hohldornen, Massivlochen), zum Trennen (Abschneiden, Abgraten, Lochen, Abschroten, Einschroten, Schlitzen) und zum Fügen (Schrumpfen, Schweißen), wenn Elemente komplizierter Schmiedestücke zum ganzen Werkstück vereinigt werden. Die Verfahren des Gesenkschmiedens sind Anstauchen oder Formpressen mit und ohne Grat, **Bild 37**. Die Rohteile sind beim Warmschmieden auf eine Temperatur oberhalb der Rekristallisationstemperatur erwärmt (bei Stahl 850 bis 1250 °C), so daß keine bleibende Verfestigung des Werkstückwerkstoffs auftritt. Die Herstellung der Rohteile für das Schmieden umfaßt die Auswahl von Halbzeug, das Trennen des Halbzeugs zu Abschnitten durch Abscheren, Brechen, Sägen oder Abstechdrehen, ggf. anschließend Setzen (Formpressen ohne Grat zur Herstellung ebener, paralleler Stirnflächen) und das Erwärmen des Rohteils auf Schmiedetemperatur.

Freiformschmieden. Es wird in der Regel für Einzel- und Kleinserienfertigung von Teilen mit einer Masse zwischen 1 kg und 350 t eingesetzt. Typische Arbeitsabläufe zeigt **Bild 38**. Durch Freiformschmieden hergestellte Werkstücke müssen meist spanend fertigbearbeitet werden.

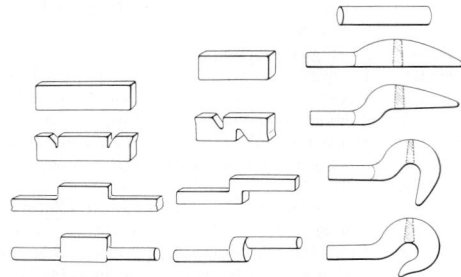

Bild 38. Anwendung von Grundverfahren des Freiformschmiedens von Stahl im Arbeitsablauf [5]

Gesenkschmieden. Hierbei wird das Rohteil über mehrere Zwischenformen zum fertigen Werkstück umgeformt [43]. Der Arbeitsablauf besteht aus Massenverteilung, Querschnittsvorbildung (oft durch Freiformschmieden) und Formpressen (**Bild 39**), das aus den Grundvorgängen Stauchen, Breiten und Steigen besteht, **Bild 40**. Das Rohteil und die Zwischenformen sind so auf das Fertigteil abzustimmen, daß der günstigste Faserverlauf erzielt wird, **Bild 41**. Beim Formpressen mit Grat wird der den Vorgang stark beeinflussende Grat im letzten Arbeitsgang durch Abgraten entfernt. Genauschmieden erlaubt durch

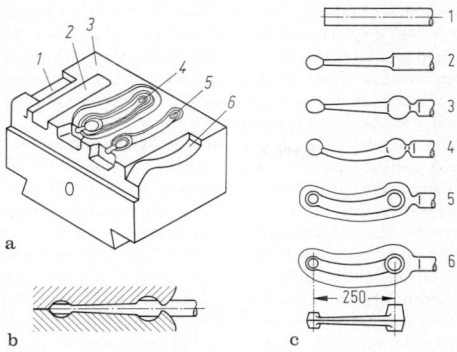

a

b c

Bild 39. Arbeitsablauf beim Schmieden im Mehrstufengesenk [44]. **a** Gesenk, *1* Reckgravur, *2* Rollgravur, *3* Aufschlagfläche, *4* Endgravur, *5* Vorschmiedegravur, *6* Biegegravur; **b** Schnitt durch Rollgravur; **c** Arbeitsablauf, *1* Ausgangsform, *2* Reckstück, *3* Rollstück, *4* Biegestück, *5* Vorschmiedestück, *6* Gesenkschmiedestück

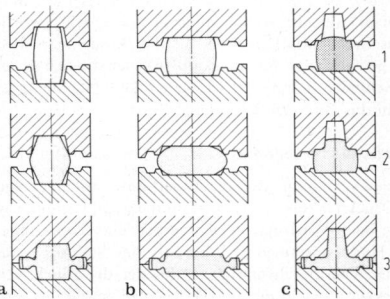

a b c

Bild 40. Grundtypen von Vorgängen beim Füllen von Schmiedegravuren [5]. **a** Stauchen; **b** Breiten; **c** Steigen. *1* Stauchen, *2* Anlegen, *3* Füllen

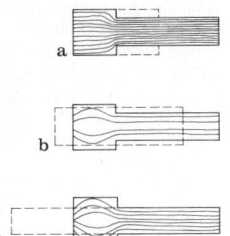

a

b

c

Bild 41. Rohteilwahl, Verfahren und Faserverlauf bei Schmiedeteilen [5]. **a** Recken; **b** Recken und Stauchen; **c** Stauchen

Verwendung von mindestens einem Arbeitsgang im geschlossenen Gesenk und/oder durch Umformen im *Halbwarmbereich* (bei Stahl zwischen 600 und 900 °C) die Herstellung von Schmiedestücken höherer Maßgenauigkeit (IT 9 bis 11 gegenüber IT 12 bis 16) und besserer Oberflächenqualität. *Präzisionsschmieden* (z.B. unter Schutzgas, mit genauer Temperaturführung) erzeugt bei ausgewählten Maschinenteilen (z.B. Turbinenschaufeln, Kegelräder) einbaufertige Werkstücke noch höherer Genauigkeit.
Wichtige Schmiedegesenk-Arten sind bei den *Gesenken mit Gratspalt* das *Vollgesenk* als Einfach- und Mehrfachgesenk, das *Einsatzgesenk* als Einfachgesenk und mit meh-

reren gleichen Gravuren sowie das *Mehrstufengesenk. Geschlossene Gesenke* sind Gesenke ohne Gratspalt mit einer oder – bei Mehrstufengesenken – mehreren Teilfugen. Infolge der hohen thermischen und mechanischen Beanspruchung (Erwärmung bis auf 700 °C, Spannungen bis 1000 N/mm²) ist die Lebensdauer der Werkzeuge begrenzt. Gebräuchliche Stähle für Schmiedegesenke sind niedrig legierte Warmarbeitsstähle wie z.B. 55 NiCrMoV 6, 56 NiCrMoV 7, 57 NiCrMoV 77 für Vollgesenke und hochlegierte Warmarbeitsstähle wie z.B. X 38 CrMoV 51, X 37 CrMoW 51, X 32 CrMoV 33 für Gesenkeinsätze (s. E 3.1.4).

Kaltschmieden. Es umfaßt im wesentlichen die Verfahren des Fließpressens, ferner Stauchen, Prägen (s. diese) und – bei kleineren Teilen aus Stahl und Nichteisen-Metallen – auch das Formpressen mit und ohne Grat. Hierbei wird ohne Anwärmen bei Raumtemperatur umgeformt.

3.5.7 Strangpressen. Extrusion

Eine Übersicht über Strangpreßverfahren zeigt **Bild 42**. Man unterscheidet Kalt- und Warm-Strangpreßverfahren. Unter *Kalt-Strangpressen* wird das Verpressen von Blöcken, die unangewärmt in die Presse eingesetzt werden, verstanden. Unter *Warm-Strangpressen*, allgemein (weil der Regelfall) lediglich *Strangpressen* genannt, versteht man das Verpressen von Blöcken, die vor Einsatz in die Presse angewärmt werden.

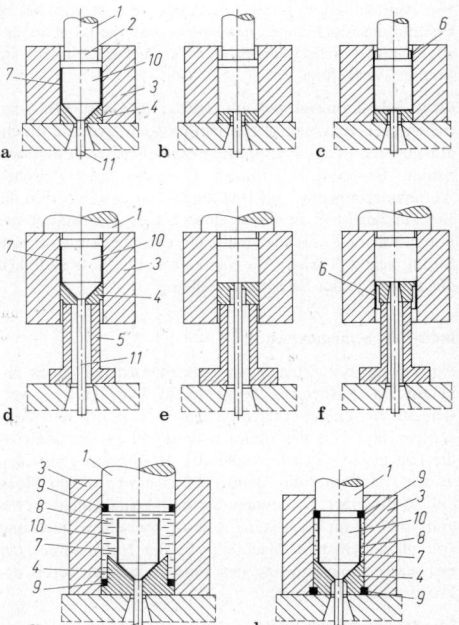

a b c

d e f

g h

Bild 42. Prinzipieller Aufbau von Strangpreßverfahren. **a** bis **c**: Direktes Strangpressen; **a** mit Schmiermittel; **b** ohne Schmiermittel, ohne Schale; **c** ohne Schmiermittel, mit Schale; **d** bis **f**: Indirektes Strangpressen; **d** mit Schmiermittel; **e** ohne Schmiermittel, ohne Schale; **f** ohne Schmiermittel, mit Schale; **g** Hydrostatisches Pressen; **h** Hydrafilm-Verfahren. *1* Stempel, *2* Preßscheibe, *3* Aufnehmer, *4* Matrize, *5* Hohlstempel, *6* Schale, *7* Schmiermittel, *8* Hydrostatikmedium, *9* Dichtung, *10* Block, *11* Strang. Verfahren **a**, **d**, **g** und **h** vorwiegend zum Kalt-Strangpressen, Verfahren **b**, **c**, **e** und **f** vorwiegend zum Warm-Strangpressen

Direktes Strangpressen

Der Block wird zunächst im Aufnehmer aufgestaucht, bis er den Durchmesser der Aufnehmerbohrung annimmt. Anschließend wird er vom Stempel durch die Matrize hindurchgepreßt. Zwischen Block und Aufnehmer entsteht eine Relativbewegung, so daß Reibungsarbeit zu leisten ist.

Mit Schmiermittel, Bild 42a. Verringerung der Reibung durch Schmierfilm zwischen Block und Aufnehmer, was durch konische Matrizen erleichtert wird. Einsatz beim Warm-Strangpressen von Stahl und beim Kalt-Strangpressen von Aluminium-Legierungen.

Ohne Schmiermittel und ohne Schale, Bild 42b. Erfordert aufgrund höherer Reibung zwischen Block und Aufnehmer sowie zwischen Matrize und Block höhere Preßkräfte. Deshalb wird dieses Verfahren in der Regel für Warm-Strangpressen eingesetzt. Das Spiel zwischen Preßscheibe und Aufnehmer wird so gewählt, daß sich keine *„Schale"* (beim Pressen vom Block abgescherte Blockaußenzone) bilden kann. Aufgrund der Wandreibung zwischen Block und Aufnehmer werden je nach Größe der Reibung und thermischen Verhältnissen im Block die Blockaußenzonen beim Verschieben des Blockes im Aufnehmer derart behindert, daß der Blockkern mehr oder weniger stark vorfließt. Somit ist es möglich, die Blockaußenzonen am Einfließen in die sich vor der Matrize ausbildende Umformzone zu hindern. Beim Strangpressen von Leichtmetall wird dieser Effekt ausgenutzt. Hier werden z.B. Blöcke mit stranggegossener Oberfläche je nach Profilform und Verhältnis von Aufnehmerquerschnitt zu Produktquerschnitt bis zu bestimmten Blocklängen so verpreßt, daß die Blockaußenzonen nicht in das Preßprodukt einfließen, sondern im Preßrest verbleiben.

Ohne Schmiermittel und mit Schale, Bild 42c. Will man sichergehen, daß nicht verunreinigte oder oxidierte Blockaußenzonen in das Preßprodukt einfließen, preßt man mit Schale. Bei diesem Verfahren wird das Spiel zwischen Aufnehmerbohrung und Preßscheibe so gewählt, daß die Blockaußenzonen in Form einer Schale am Aufnehmer haften bleiben, so daß lediglich das Blockinnere zum Strang verpreßt wird. Als Nachteil ist die Notwendigkeit des Räumens der Schale anzusehen.

Indirektes Strangpressen

Auch beim indirekten Strangpressen wird der Block zunächst im Aufnehmer aufgestaucht [45]. Hierbei verschließt ein kurzer Verschlußstempel einseitig den Aufnehmer und von der anderen Seite dringt die Matrize, die sich gegen einen feststehenden Hohlstempel abstützt, in den Aufnehmer ein. Beim Pressen bewegen sich Block und Aufnehmer zusammen, so daß keine Relativbewegung und damit auch keine Reibung zwischen Block und Aufnehmer entsteht. Nachteilig ist der Hohlstempel, der mit seiner Innenbohrung den umschreibenden Kreis des Preßprodukts begrenzt.

Mit Schmiermittel, Bild 42d. Verringerung der Reibungen zwischen Matrize und Umformgut sowie zwischen Matrize und Aufnehmer, sofern der Block geschmiert eingesetzt wird und konische Matrizen verwendet werden [46, 47].

Ohne Schmiermittel und ohne Schale, Bild 42e. Da beim indirekten Strangpressen keine Reibung zwischen Block und Aufnehmer vorliegt, bietet sich dieses Preßverfahren als Ersatz für das direkte Strangpressen in den Fällen an, in denen beim direkten Strangpressen, die durch Überwindung der Reibung zwischen Block und Aufnehmer erforderliche Kraft die Gesamtpreßkraft so stark ansteigen läßt, daß die Preßkraft bzw. die auf die Aufnehmerquerschnittsfläche bezogene Gesamtpreßkraft das Preßverfahren zu stark eingrenzt und/oder die aus der Reibungsarbeit entstehende Wärmemenge die Preßgeschwindigkeit und/oder die Produktgüte extrem mindert.

Beim Verfahren ohne Schale wird das Spiel zwischen Matrize und Aufnehmer so eingestellt, daß einerseits die zur Überwindung der Reibung zwischen Matrize und Aufnehmer erforderlichen Kräfte vernachlässigbar gering gegenüber der Umformkraft gehalten werden können und zum anderen zwischen Matrize und Aufnehmer sich keine Schale bilden kann, wobei ein dünner Preßgutfilm die Aufnehmerwandung bedeckt. Da bei diesen Verfahren die Blockaußenzonen in das Preßprodukt mit einfließen, weil sie nicht wie beim direkten Strangpressen durch an der Blockoberfläche wirkende Reibung zurückgehalten werden, müssen entweder abgedrehte Blöcke eingesetzt werden, oder die Blöcke müssen hinreichend gute Stranggußoberflächen besitzen.

Ohne Schmiermittel und mit Schale, Bild 42f. Dieses Verfahren weist den Vorteil auf, daß auch Blöcke mit verunreinigten und oxidierten Blockaußenzonen verpreßt werden können, weil die Außenzonen in der Schale verbleiben. Das Spiel zwischen Matrize und Aufnehmer wird so groß gewählt, daß die Blockaußenzonen als Schale an der Aufnehmerwandung haften bleiben [48]. Nachteilig ist wiederum das Räumen der Schale.

Hydrostatisches Strangpressen

Bei diesem Verfahren wird der Block im Aufnehmer von einem Druckmedium („Hydrostatikmedium") umgeben, **Bild 42g.** Beim Vordringen des Stempels und Komprimieren des Hydrostatikmediums berührt der Stempel nicht den Block. Die Geschwindigkeit, mit der der Block sich beim Pressen in Richtung auf die Matrize bewegt, ist also nicht gleich der Stempelgeschwindigkeit, sondern ist proportional zu dem verdrängten Hydrostatikmedium-Volumen [49]. Weitere Merkmale dieses Verfahrens sind [50 bis 52]: Geringe Flüssigkeitsreibung an der Blockoberfläche, Abdichtung zwischen Block und konischer Matrize durch Preßdruck, bei Schmiereigenschaft des Hydrostatikmediums kann separate Schmierung des Blockes entfallen, sonst muß Block geschmiert eingesetzt werden [53]. Dieses Verfahren wird vorwiegend für Kalt-Strangpressen eingesetzt. Bei Warm-Strangpressen entsteht das Problem einer hohen thermischen Belastung aller Komponenten, außerdem ist eine Temperaturregelung erforderlich.

Hydrafilm-Verfahren

Dieses Verfahren wird auch „thick-film"-Verfahren genannt. Die Menge des Hydrostatikmediums wird so gering gehalten, daß der Stempel den Block beim Pressen berühren kann [54, 55]. Die Matrize stützt sich, da Block und Aufnehmer nur durch einen Flüssigkeitsfilm getrennt sind, gegen den Aufnehmer ab [52], **Bild 42h.** Ferner sind Blockgeschwindigkeit und Stempelgeschwindigkeit praktisch gleich, so daß der Preßprozeß jederzeit durch Stoppen der Stempelbewegung abgebrochen werden kann. Auch bei diesen Verfahren kann der Block von einem gesonderten Schmiermittel umgeben werden [56]. Vorzugsweise Anwendung beim Kalt-Strangpressen, bedingt aber auch beim Warm-Strangpressen, da Zusatzaggregate für das Hydrostatikmedium verwendet werden, die unter Normaldruck in festem Zustand auf den Block von Einsetzen in die Presse aufgebracht werden können und bei Preßdruck dann viskos werden [56].

4 Trennen. Cutting

H.K. Tönshoff, Hannover

4.1 Allgemeines. General

Trennen ist Fertigen durch Ändern der Form eines festen Körpers. Der Stoffzusammenhalt wird örtlich aufgehoben. Die Endform ist in der Ausgangsform enthalten. Das Zerlegen zusammengesetzter (gefügter) Körper wird dem Trennen zugerechnet (nach DIN 8580).

Die *Hauptgruppe Trennen* läßt sich in 7 Gruppen gliedern: Zerteilen (DIN 8588), Spanen mit geometrisch bestimmten Schneiden (DIN 8589, Teil 0), Spanen mit geometrisch unbestimmten Schneiden (DIN 8589, Teil 0), Abtragen (DIN 8590), Zerlegen (DIN 8591), Reinigen und Evakuieren (DIN 8592). Trennen durch *Zerteilen* und *Spanen* erfolgt unter *mechanischer* Einwirkung eines Werkzeugs auf ein Werkstück. Beim Trennen durch *Abtragen* werden Stoffteilchen von einem festen Körper auf nicht-mechanischem Wege entfernt. Beim Trennen durch *Reinigen* werden unerwünschte Stoffe oder Stoffteilchen von der Oberfläche eines Werkstücks entfernt. Trennen durch *Evakuieren* bedeutet das Entfernen von Gasen aus geschlossenen Räumen; es wird in der Regel im Zusammenhang mit einem anderen Fertigungsprozeß wie Elektronenstrahlschweißen oder Beschichten durch Ionenplatieren eingesetzt.

4.2 Spanen mit geometrisch bestimmten Schneiden
Cutting with geometrically well-defined tool edges

4.2.1 Grundlagen. Fundamentals

Spanen ist Fertigen durch *Trennen*. Von einem Rohteil/Werkstück werden durch Schneiden eines Werkzeugs Stoffteile in Form von Spänen mechanisch abgetrennt. Bei Spanen mit geometrisch bestimmter Schneide sind Schneidenanzahl, Form der Schneidteile und Lage der Schneiden zum Werkstück bekannt und beschreibbar (im Gegensatz zum Spanen mit geometrisch unbestimmten Schneiden, z.B. Schleifen). **Bild 1** zeigt wichtige Verfahren dieser

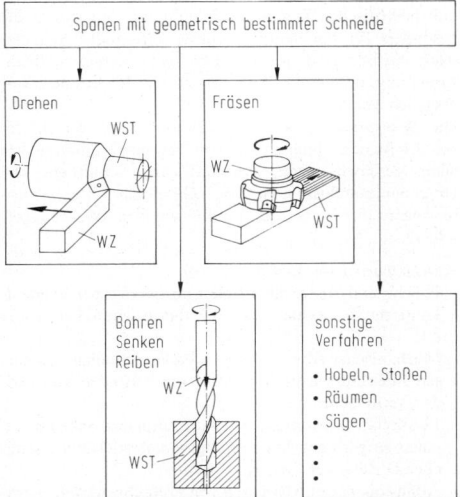

Bild 1. Verfahren des Spanens mit geometrisch bestimmter Schneide

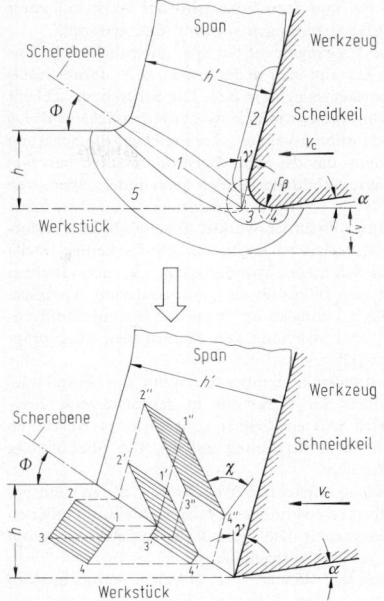

$$\tan \chi = \tan(\Phi - \gamma') + 1/\tan \Phi$$
$$\tan \Phi = \cos \gamma' / (\lambda_h - \sin \gamma)$$
$$\lambda_h = h'/h$$

Bild 2. Wirkzonen bei der Spanentstehung und daraus abgeleitetes Modell der Formänderung in der Scherebene. *1* primäre Scherzone, *2* sekundäre Scherzone an der Spanfläche, *3* sekundäre Scherzone an der Stau- und Trennzone, *4* sekundäre Scherzone an der Freifläche, *5* Verformungsvorlaufzone

Gruppe. Die Verfahren unterscheiden sich nach *Schnittbewegung* (Schnittgeschwindigkeit v_c), *Vorschubbewegung* (Vorschubgeschwindigkeit v_f) und daraus resultierender *Wirkbewegung* (Wirkgeschwindigkeit v_e).

Vorschub- und Schnittrichtungsvektor spannen die Arbeitsebene auf. Der Winkel zwischen beiden Vektoren wird als *Vorschubrichtungswinkel* φ bezeichnet, der Winkel zwischen Wirk- und Schnittrichtung wird als *Wirkrichtungswinkel* η bezeichnet. Es gilt für alle Verfahren die Beziehung (z.B. **Bild 7**)

$$\tan \eta = \frac{\sin \varphi}{(v_c/v_f) + \cos \varphi}.$$

Der mechanische Vorgang des Trennens von Stoffteilen vom Werkstück, d.h. die Spanbildung, kann am besten am Orthogonalprozeß (ebene Formänderung) dargestellt werden. Der *Schneidkeil* wird beschrieben durch den *Spanwinkel* γ, den *Freiwinkel* α und den *Kantenradius* r_β. Durch Eindringen des Schneidkeils wird der Werkstoff plastisch verformt. **Bild 2** zeigt die Zonen plastischer Verformung beispielhaft bei der Fließspanbildung. Es können fünf Zonen unterschieden werden:
- Die primäre Scherzone umfaßt das eigentliche Gebiet der Spanentstehung durch Scherung.
- In den sekundären Scherzonen vor der Spanfläche und an der Freifläche wirken Reibkräfte zwischen Werkzeug und Werkstück, die diese Werkstoffschichten plastisch verformen.
- In der Verformungsvorlaufzone werden durch die Spanentstehung Spannungen wirksam, die zu plastischen und elastischen Verformungen dieser Zone führen.

– In der Stau- und Trennzone wird der Werkstoff unter hohen Druckspannungen verformt und getrennt.

Durch diese Vorgänge geht die Spannungsdicke h im unverformten Zustand über in die *Spandicke* h', daraus resultiert die *Spanstauchung* $\lambda_h = h'/h$. Die Scherebene schließt mit dem Schnittgeschwindigkeitsvektor den *Scherwinkel* ϕ ein. Der Verformungswinkel χ kennzeichnet die Scherung eines Teilchens, das die Scherebene durchlaufen hat. Neben der Fließspanbildung können auch andere Spanarten auftreten:

Beim *Fließspan* fließt der Werkstoff stetig ab. Die Verformung des Materials ist kontinuierlich. Es kann – meist bei höheren Schnittgeschwindigkeiten – zu periodischem Wechsel in der Intensität der Formänderung kommen. Es bilden sich Lamellen im Span, die bis zur Stofftrennung und zur Entstehung von Spanstücken ausgeprägt sein können [1].

Zur *Scherspanbildung* kommt es, wenn das Formänderungsvermögen des Werkstoffs in der Scherzone überschritten wird und ein örtlich konzentriertes Abscheren ohne gänzliche Stofftrennung auftritt. Die Spanbildung ist ungleichmäßig.

Reißspanbildung entsteht in Werkstoffen, die nur ein geringes Verformungsvermögen besitzen, wie z.B. Gußeisen mit Lamellengraphit. Die Trennfläche zwischen Span und Werkstück verläuft unregelmäßig.

Aufbauschneiden können bei duktilen, verfestigenden Werkstoffen, niedrigen Schnittgeschwindigkeiten und ausreichend stetiger Spanbildung (Fließspanbildung) entstehen. Es sind Werkstoffteile, die im Bereich der Stauzone stark verformt und kaltverfestigt wurden, unter hohem Druck an der Schneidkantenrundung und auf der Spanfläche verschweißen und so ein Teil des Schneidteils werden [2].

In der Spanbildungszone wird die zugeführte *Schnittenergie* E_c vollständig umgesetzt. Sie errechnet sich zu

$$E_c = F_c l_c$$

(F_c Schnittkraft, l_c Weg in Schnittrichtung).

Die Schnittenergie setzt sich zusammen aus: Umform- und Scherenergie E, Reibenergie an der Spanfläche E_γ, Reibenergie an der Freifläche E_α, Oberflächenenergie zur Bildung neuer Oberflächen E_T, kinetische Energie durch Umlenkung des Spans E_M.

Die bei der Zerspanung einer Volumeneinheit umgesetzte Energie ist

$$e_c = E_c/V_w$$

(e_c spezifische Energie, V_w zerspantes Volumen). Wie E_c lassen sich auch die einzelnen Anteile von E_c auf V_w beziehen.

Beispiel: Eine zahlenmäßige Abschätzung ergibt, daß der größte Teil der Schnittenergie in Umform- und Reibenergie umgesetzt wird. Bei $e_c = 2760$ N mm^{-2} ergibt sich für eine Beispielrechnung mit: Spanungsdicke $h = 0{,}1$ mm, Schnittgeschwindigkeit $v_c = 60$ m min^{-1}, Spanwinkel $\gamma = +10°$, Spanstauchung $\lambda_h = 3{,}9$; die Energieanteile spezifische Umform- und Scherenergie $e_\varphi = 2010$ N mm^{-2}, spezifische Reibenergie an der Spanfläche $e_\gamma = 745$ N mm^{-2}, spezifische Oberflächenenergie $e_T = 2 \cdot 10^{-2}$ N mm^{-2}, spezifische kinetische Energie $e_M = 1 \cdot 10^{-2}$ N mm^{-2}. Die bezogene Reibenergie an der Freifläche e_α ist bei diesem Beispiel in e_γ enthalten, da beide nicht getrennt voneinander ermittelt werden können.

Aus der zugeführten spezifischen Energie e_c läßt sich als Kennwert für die Errechnung der Schnittkraft die spezifische Schnittkraft k_c herleiten

$$k_c = F_c/A = F_c/(hb)$$

(Spanungsquerschnitt A, Spanungsbreite b, Spanungsdicke h).

$$e_c = E_c/V_w = P_c/Q_w = (F_c v_c)/Av_c = k_c$$

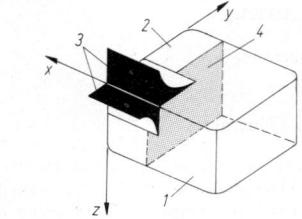

a

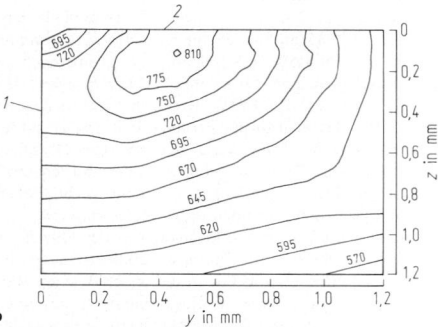

b

Bild 3. a Angenommene Kraft- und **b** Temperaturverteilung einer Schneidplatte. *1* Hauptfreifläche, *2* Spanfläche, *3* Flächenlasten, *4* Rechenebene

(Schnittleistung P_c, Zeitspanvolumen Q_w, Schnittkraft F_c).

Damit läßt sich die spezifische Schnittkraft k_c als energetische Größe verstehen. (Die Anwendung und Ermittlung von k_c wird in S4.2.2 näher behandelt.) Die in die Spanbildungszone eingeleitete Energie wird fast vollständig in Wärme umgesetzt, ein geringer Rest in Eigenspannung im Span und Werkstück (Federenergie). Dadurch entstehen hohe Temperaturen im Schneidteil; es wird damit mechanisch und thermisch beansprucht. *Oberflächenkräfte* und *Temperaturverteilung* sind in **Bild 3** dargestellt [3]. Daraus lassen sich Spannungen berechnen. In **Bild 4** sind nur die kritischen Zugnormalspannungen eingetragen, die besonders für hochtemperaturfeste keramische Schneidstoffe kritisch sind. Mechanische und thermische Beanspruchung, unterstützt durch chemische Reaktionen, verursachen Verschleiß.

Die *Beanspruchung* des Schneidteils ist von verschiedenen Einflüssen abhängig. Neben Einstellparametern wie Schnittgeschwindigkeit, Vorschub und Schnittiefe und Umgebungseinflüssen wie z.B. Kühlschmiermittel hat insbesondere das Werkstück Einfluß auf den Werkzeugverschleiß.

Verschleißarten [4], **Bild 5** (s. E5.4):

– Brüche und Risse, diese treten im Bereich der Schneidkante durch mechanische oder thermische Überlastung auf

– Mechanischer Abrieb, dieser wird vornehmlich von harten Einschlüssen im Werkstoff wie Karbiden und Oxiden verursacht.

– Plastische Verformung tritt auf, wenn der Schneidstoff einen zu geringen Verformungswiderstand aber ausreichende Zähigkeit besitzt.

– Adhäsion ist das Abscheren von Preßschweißstellen zwischen Werkstoff und Span, wobei die Scherstelle im Schneidstoff liegt.

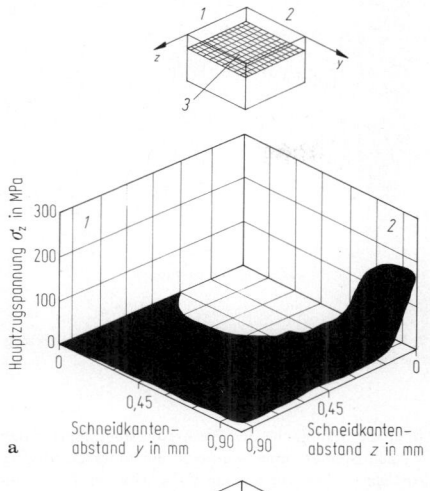

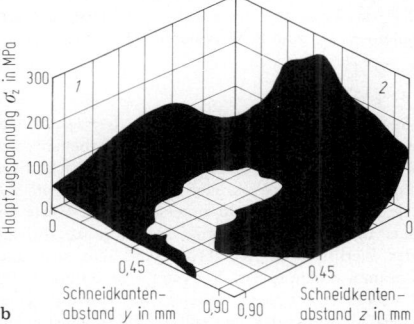

a

b

Bild 4. Berechnete Hauptzugspannungsverteilungen in Al_2O_3-Schneidkeramik-Wendeschneidplatten. **a** Bei mechanischer und **b** thermischer Last [3]. *1* Freifläche, *2* Spanfläche, *3* Rechenebene

Beanspruchung mit		Verschleiß-arten
Langzeit-wirkung	Kurzzeit-wirkung	
stationäre **mechanische** Last	wechselnde **mechanische** Last	Abrasion
		Adhäsion
		Bruch
stationäre **thermische** Last	wechselnde **thermische** Last	Abscherung
		Rißbildung
chemischer Einfluß im Innern	chemischer Einfluß an der Oberfläche	Diffusion
		Oxidation

Bild 5. Typische Verschleißarten und deren Ursachen (s. E 6)

– Diffusion tritt bei hohen Schnittgeschwindigkeiten und gegenseitiger Löslichkeit von Schneidstoff und Werkstoff auf. Der Schneidstoff wird durch chemische Reaktionen geschwächt, löst sich und wird abgetragen.
– Oxidation tritt ebenfalls nur bei hohen Schnittgeschwindigkeiten auf. Durch Kontakt mit dem Luftsauerstoff oxidiert der Schneidstoff, das Gefüge wird geschwächt.
Die *Zerspanbarkeit* eines Werkstücks ergibt sich aus der stofflichen Zusammensetzung des Werkstoffs, seinem Ge-

fügeaufbau im zerspanten Bereich, aus der vorhergehenden Umformung/Urformung, aus der Wärmebehandlung.
Die Bewertung der Zerspanbarkeit wird an Kriterien gemessen:
– Werkzeugverschleiß,
– Oberflächengüte des Werkstücks,
– Zerspankräfte,
– Spanform.
Bei der Gewichtung der Kriterien ist die Bearbeitungsaufgabe zu berücksichtigen.

4.2.2 Drehen. Turning

Nach DIN 8589 E ist das Drehen als Spanen mit geschlossener (meist kreisförmiger) Schnittbewegung und beliebiger Vorschubbewegung in einer zur Schnittrichtung senkrechten Ebene definiert. Die Drehachse der Schnittbewegung behält ihre Lage zum Werkstück unabhängig von der Vorschubbewegung bei. **Bild 6** zeigt einige wichtige Drehverfahren.
Als Beispiel für das Drehen wird im folgenden das *Längs-Runddrehen* betrachtet. Begriffe, Benennungen und Bezeichnungen zur Beschreibung der Geometrie am Schneidteil sind in DIN 6580 und in ISO 3002/1 festgelegt. **Bild 7** zeigt die am Schneidteil definierten Flächen und Schneiden.
Die in **Bild 8** dargestellten Winkel dienen zur Bestimmung von Lage und Form des Werkzeugs im Raum: Der *Einstellwinkel κ* ist der Winkel zwischen der Hauptschneide und der Arbeitsebene. Der *Eckenwinkel ε* ist der Winkel zwischen Haupt- und Nebenschneiden und ist durch die Schneidengeometrie vorgegeben. Der *Neigungswinkel λ* ist der Winkel zwischen der Schneide und der Bezugsebene und ergibt sich bei Draufsicht auf die Hauptschneide. *Freiwinkel α, Keilwinkel β* und *Spanwinkel γ* sind die in der Keilmeßebene gemessenen Winkel und ergeben in ih-

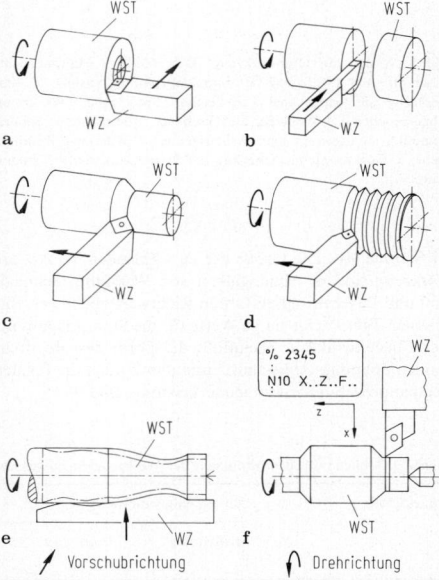

Bild 6. Drehverfahren (DIN 8589 T 1). WST Werkstück, WZ Werkzeug. **a** Plandrehen; **b** Abstechdrehen; **c** Runddrehen; **d** Gewindedrehen; **e** Profildrehen (WST-Kontur ist im WZ abgebildet); **f** Formdrehen

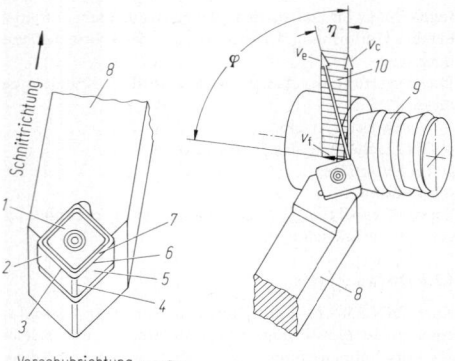

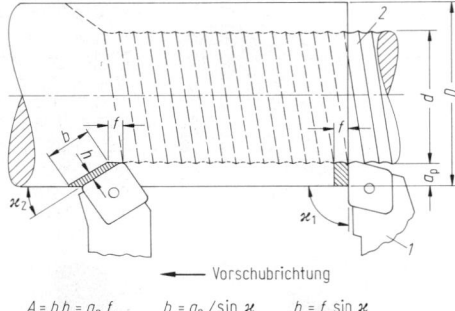

$$A = b h = a_p f \qquad b = a_p / \sin \varkappa \qquad h = f \sin \varkappa$$

Bild 9. Schnitt- und Spanungsgrößen beim Drehen. *1* Werkzeug, *2* Werkstück, *3* Vorschubrichtung

Bild 7. Bezeichnungen am Schneidteil und Bewegungsrichtungen des Werkzeugs (DIN 6580, ISO 3002/1). *1* Wendeschneidplatte, *2* Nebenfreifläche, *3* Nebenschneide, *4* Scheidenecke, *5* Hauptfreifläche, *6* Hauptschneide, *7* Spanfläche, *8* Klemmhalter, *9* Werkstück, *10* Arbeitsebene, v_c Schnittgeschwindigkeit, v_e Wirkgeschwindigkeit, v_f Vorschubgeschwindigkeit, φ Vorschubrichtungswinkel, η Wirkrichtungswinkel

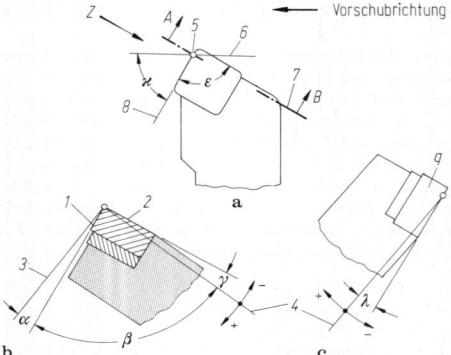

Bild 8. Winkel am Drehwerkzeug (DIN 6581). **a** Hauptansicht; **b** Schnitt *A-B* (Werkzeug-Orthogonalebene); **c** Ansicht *Z* (auf Werkzeug-Schneidenebene). *1* Freifläche, *2* Spanfläche, *3* Werkzeug-Schneidenebene, *4* Werkzeug-Bezugsebene, *5* betrachteter Schneidenpunkt, *6* angenommene Arbeitsebene, *7* Werkzeug-Keilmeßebene, *8* Werkzeugschneidenebene der Hauptschneide, *9* Schneidplatte

Der über die Spanfläche des Werkzeugs ablaufende Span hat je nach Spanart und Spanform ein unterschiedliches *Schüttvolumen*. Kennzeichnende Größe ist die *Spanraumzahl RZ*, das Verhältnis des auf die Zeit bezogenen Zerspanvolumens Q_w zum Schüttvolumen Q'. Hierbei ist

$$RZ = Q'/Q_w,$$
$$Q_w = a_p f v_c = a_p f D \pi n.$$

Die Spanraumzahl kennzeichnet die „*Sperrigkeit*" der Späne. Sie dient der Bemessung von Arbeitsräumen der Werkzeugmaschinen, von Spantransporteinrichtungen und Spanräumen der Werkzeuge. Die Spanraumzahl *RZ* kann je nach Spanform sehr unterschiedliche Werte annehmen, **Bild 10**. Sie ist um so kleiner je kurzbrüchiger der Werkstoff ist. Kurzbrüchigkeit läßt sich über die Zusammensetzung des Werkstoffs beeinflussen. Bei Stahl wirken sich höhere Gehalte von Schwefel (oberhalb 0,04%, Automatenstahl mit 0,2% S) günstig aus. Allerdings kann dadurch je nach Form der eingelagerten Sulfide die Querzähigkeit des Materials verschlechtert werden [5]. Auf der Spanfläche eingesinterte Spanformstufen oder aufgesetzte Spanformer bewirken eine zusätzliche zur Spanverformung, d.h. eine zusätzliche Materialbeanspruchung im Span, und leiten den Span gegen ein Hindernis in Fließrichtung, **Bild 11**. Der Span wird durch Anlaufen an der Schnittfläche des Werkstücks oder der Freifläche des Werkzeugs aufgebogen und bricht (sekundäre Spanbrechung im Gegensatz zur Reißspanbildung oder Lamellenspanbildung mit Stofftrennung (s. S4.2.1), bei denen der Span segmentiert die Spanbildungszone verläßt). Günstige Spanformen lassen sich auch durch die Wahl geeigneter Maschineneinstelldaten wie Vorschub und Schnittiefe erreichen, **Bild 12**.

Jeder Werkstoff setzt dem Eindringen des Werkzeugs bei der Spanabnahme einen Widerstand entgegen, der durch Aufbringen einer Kraft, der Zerspankraft *F*, überwunden werden muß. Zur analytischen Betrachtung zerlegt man diese in ihre drei Komponenten, **Bild 13**

rer Summe 90°. Die Größe der zu wählenden Winkel am Werkzeug sind in Abhängigkeit von Werkstoff, Schneidstoff und Bearbeitungsverfahren Richtwerttabellen zu entnehmen. **Tab. 1** zeigt einige Werte für die Stahlzerspanung. Der Einstellwinkel κ beeinflußt die Form des abzutrennenden Spanungsquerschnitts und damit auch die für den Zerspanprozeß aufzuwendende Leistung, **Bild 9**.

Tabelle 1. Übliche Größenordnungen der Werkzeugwinkel bei der Stahlzerspanung

Schneidstoff	Schneidteilgeometrie					
	Spanwinkel γ	Freiwinkel α	Neigungswinkel λ	Einstellwinkel κ	Eckenwinkel ε	Eckenradius r_ε
Schnellarbeitsstahl	$-6° \ldots +20°$	$6° \ldots 8°$	$-6° \ldots +6°$	$10° \ldots 100°$	$60° \ldots 120°$	$0,4 \ldots 2$ mm
Hartmetall	$-6° \ldots +15°$	$6° \ldots 8°$				
Schneidkeramik	$-6° \ldots 0°$	$6° \ldots 8°$	$-6° \ldots 0°$	$45° \ldots 100°$		$0,8 \ldots 2$ mm

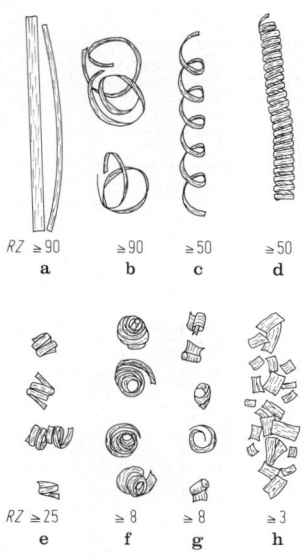

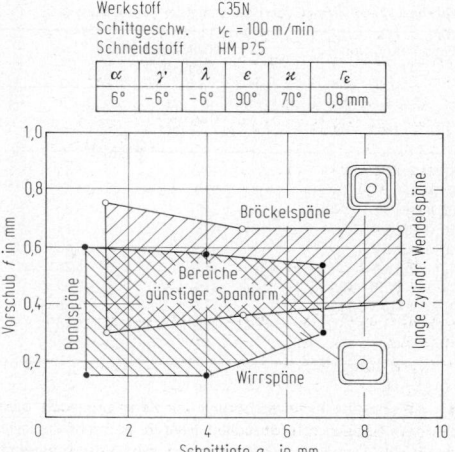

Werkstoff	C35N
Schnittgeschw.	$v_c = 100$ m/min
Schneidstoff	HM P25

α	γ	λ	ε	$\varkappa$	r_ε
6°	−6°	−6°	90°	70°	0,8 mm

Bild 12. Bereiche günstiger Spanform bei Werkzeugen mit Spanformrillen (nach König)

Bild 10. Spanformen (Stahl-Eisen-Prüfblatt 1178-69). **a** Bandspäne; **b** Wirrspäne; **c** Flachwendelspäne; **d** lange, zylindrische Wendelspäne; **e** Wendelspanstücke; **f** Spiralspäne; **g** Spiralspanstricke; **h** Bröckelspäne

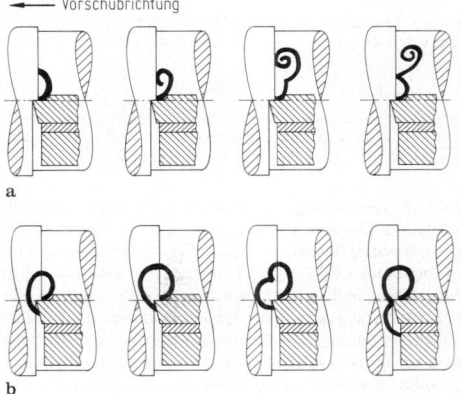

Bild 11. Wirkung von Spanformstufen. **a** Anlaufen an Schnittfläche; **b** Anlaufen an Freifläche

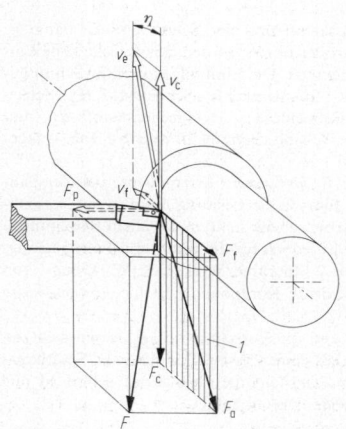

Bild 13. Komponenten der Zerspankraft (DIN 6584). *1* Arbeitsebene

$$F_c = k_c a_p f = k_c bh.$$

Aus Versuchen ist bekannt, daß die spezifische Schnittkraft k_c auch eine Funktion der Spanungsdicke h ist. Aus der doppeltlogarithmischen Darstellung (**Bild 14**) kann entnommen werden [7]

$$k_c = k_{c\,1.1} h^{-m_c}.$$

Darin ist $k_{c\,1.1}$ der „Hauptwert der spezifischen Schnittkraft", also k_c bei $h = 1$ mm (Indices 1.1 wegen $k_{c\,1.1} = F_c/1 \cdot 1$ bei $b = 1$ mm und $h = 1$ mm). Der Exponent m_c kennzeichnet die Steigung und ist der „Anstiegswert der spezifischen Schnittkraft". Die Kienzlesche Schnittkraftformel kann auch geschrieben werden zu

$$F_c = k_{c\,1.1} bh^{1-m_c}.$$

$k_{c\,1.1}$ und $1 - m_c$ sind für verschiedene Eisenwerkstoffe in **Anh. S4 Tab. 1** aufgelistet. Ein unmittelbarer Vergleich der

Werkstoff	20 MnCr 5BG
Schnittgeschw.	$v_c = 100$ m/min
Schnittiefe	$a_p = 3$ mm
Schneidstoff	HM P10

α	γ	λ	ε	$\varkappa$	r_ε
5°	6°	0°	90°	70°	0,8 mm

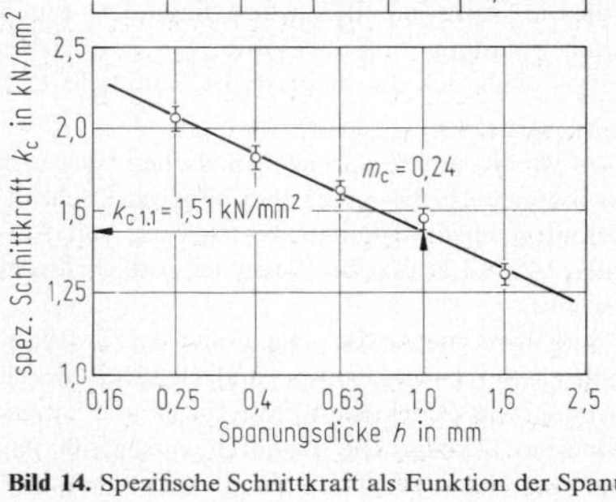

Bild 14. Spezifische Schnittkraft als Funktion der Spanungsdicke

Tabelle 2. Koeffizienten zur Ermittlung der Taylor-Geraden

Taylor-Funktion $v_c = C \cdot T^{1/k}$	Unbeschichtetes Hartmetall		Beschichtetes Hartmetall		Oxidkeramik (Stahl) Nitridkeramik (Guß)	
	C in $\frac{m}{min}$	k	C in $\frac{m}{min}$	k	C in $\frac{m}{min}$	k
St 50-2	299	−3,85	385	−4,55	1210	−2,27
St 70-2	226	−4,55	306	−5,26	1040	−2,27
Ck 45 N	299	−3,85	385	−4,55	1210	−2,27
16 Mn Cr S 5 BG	478	−3,13	588	−3,57	1780	−2,13
20 Mn Cr 5 BG	478	−3,13	588	−3,57	1780	−2,13
42 Cr Mo S 4 V	177	−5,26	234	−6,25	830	−2,44
X 155 Cr V Mo 12 1 G	110	−7,69	163	−8,33	570	−2,63
X 40 Cr Mo V 5 1 G	177	−5,26	234	−6,25	830	−2,44
GG-30	97	−6,25	184	−6,25	2120	−2,50
GG-40	53	−10,0	102	−10,0	1275	−2,78

$k_{c1.1}$-Werte zur Kennzeichnung der Zerspanbarkeit oder der zum Spanen erforderlichen Energie ist nicht zulässig, denn die Anstiegswerte m_c können sehr unterschiedlich sein. Aus $m_c < 1$ folgt, daß bei gegebenem Spanungsquerschnitt der Schnittkraft- und Leistungsbedarf mit geringerer Spanungsdicke wächst. Der physikalische Grund liegt in höheren Reibanteilen bei geringeren Spanungsdicken (s. S 4.2.1).

Außer vom Werkstoff und der Spanungsdicke hängt k_c von weiteren Größen ab. Es werden daher zusätzliche Einflußfaktoren angesetzt. Die Einflußfaktoren für Schnittgeschwindigkeit K_v, Spanwinkel K_γ, Schneidstoff K_{ws}, Schärfezustand der Schneide K_{wv}, Kühlschmierstoff K_{ks} und Werkstückform K_f sind ebenfalls in **Anh. S 4 Tab. 1** angegeben.

Die *Passivkraft* F_p als weitere Komponente der Zerspankraft (**Bild 13**) führt keine Leistung mit sich, da sie senkrecht auf der Arbeitsebene steht, in der allein Bewegungen stattfinden. Sie ist jedoch für die Maß- und Formgenauigkeit des Systems – Maschine/Werkstück/Werkzeug – von Bedeutung. Die dritte Komponente ist die *Vorschubkraft* F_f.

Passivkraft F_p und die Vorschubkraft F_f lassen sich zur *Drangkraft* F_D zusammenfassen. Für schlanke Spanungsquerschnitte ($b \gg h$) steht die Drangkraft senkrecht auf der Hauptschneide. Daraus folgt

$$F_f / F_p = \tan \kappa .$$

Überschlägig kann für übliche Werte von b und h gesetzt werden

$$F_D \approx (0{,}65 - 0{,}75) F_c ,$$

womit F_f und F_p zu ermitteln sind. Zur genaueren Bestimmung dienen Exponentialfunktionen entsprechend der Schnittkraftformel. Exponenten und Hauptwerte sind in **Anh. S 4 Tab. 1** angegeben.

Die Oberflächenfeingestalt wird durch das Profil der Schneide, die die Werkstückoberfläche erzeugt, und durch den Vorschub bestimmt. Aus dem Abformen des Schneideckenradius r_ε läßt sich die theoretische Rauhtiefe $R_{t,th}$ geometrisch ermitteln zu $R_{t,th} = f^2 / (8 r_\varepsilon)$.

Dieser Wert ist als untere Grenze anzusehen, der sich durch Schwingungen insbesondere bei höheren Drehzahlen und Schnittgeschwindigkeiten, bei Bildung von Aufbauschneiden (s. S 4.2.1) und bei Verschleißfortschritt der Schneide erhöht.

Das Werkzeug wird mechanisch als Folge der Zerspankraft, thermisch durch Erwärmung und chemisch durch Wechselwirkung von Schneidstoff, Werkstoff und umgebendem Medium beansprucht. Dadurch verschleißt das Schneidteil (s. S 4.2.1). Typische Verschleißformen zeigt

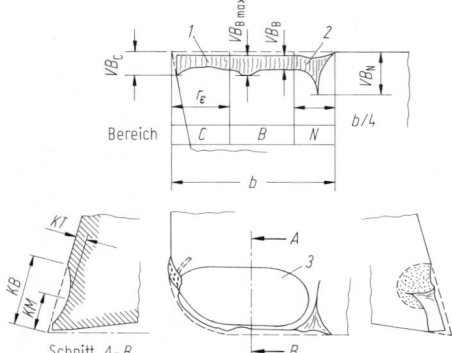

Bild 15. Verschleißformen beim Drehen (ISO 3685). C, B, N Bereich, KB Kolkbreite, KM Kolkmittenabstand, KT Kolktiefe, *1* Freiflächenverschleiß, *2* Kerbverschleiß, *3* Kolkverschleiß

Bild 15. Zudem können Schneidkantenversatz, Schneidkantenrundung und Riefenverschleiß an der Nebenschneide auftreten. Welche Verschleißform das Standzeitende bestimmt (Standzeitkriterium), richtet sich nach dem Einsatzfall. Schwächung des Schneidkeils durch Kolkverschleiß oder Erhöhung der Reibanteile an der Zerspankraft durch Freiflächenverschleiß sind kritisch beim Schruppen. Schneidkantenversatz führt zu Maßänderungen des Werkstücks und Freiflächenverschleiß oder Riefenverschleiß beeinträchtigen die Oberflächengüte und bestimmen das Standzeitende beim Schlichten. Häufig wird das Standende mit $VB = 0{,}4$ mm oder $KT = 0{,}1$ mm angesetzt. Die Freifläche wird zur genaueren Kennzeichnung des Verschleißes in drei Bereiche unterteilt.

Für eine Schneidstoff-Werkstoff-Kombination und bei gegebenem Standkriterium hängt die *Standzeit* hauptsächlich von der Schnittgeschwindigkeit ab, und zwar nach einer Exponentialfunktion (Taylor-Gerade im doppellogarithmischen Diagramm) [6]

$$\frac{T}{T_0} = \frac{v_c^k}{C} .$$

Darin sind T_0 und v_c Bezugsgrößen, T_0 wird üblicherweise zu $T_0 = 1$ min gesetzt, C ist die Schnittgeschwindigkeit für eine Standzeit von $T_0 = 1$ min.

Zur Aufnahme der Taylor-Gerade dient ein Verschleiß-Standzeit-Drehversuch nach ISO 3685. Dort sind geeignete Einstellgrößen für Schnellarbeitsstahl, Hartmetalle aller Zerspanungs-Anwendungsgruppen (s. S 4.2.6) und Schneidkeramik festgelegt. Meist reicht es aus, die Ver-

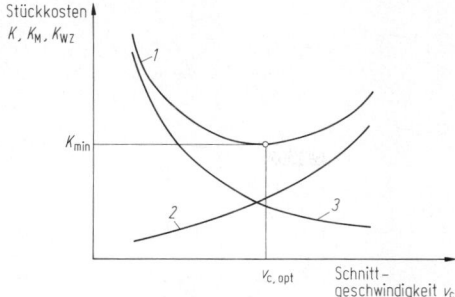

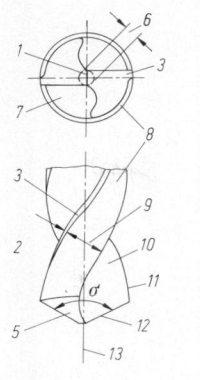

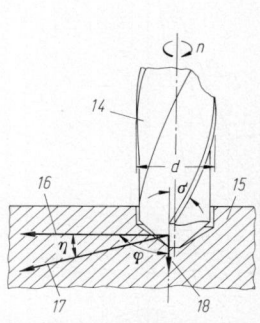

Bild 16. Fertigungskosten als Funktion der Schnittgeschwindigkeit v_c. 1 Stückkosten K, 2 maschinengebundene Stückkosten K_M, 3 werkzeuggebundene Stückkosten K_{WZ}

Bild 18. Bezeichnungen und Wirkungsweise des Spiralbohrers (DIN 6580, 6581, 1412). n Drehzahl, δ Drallwinkel, d Durchmesser, σ Spitzenwinkel, φ Vorschubrichtungswinkel, η Wirkrichtungswinkel. 1 Querschneide (abgeknickter Teil der Hauptschneide), 2 Fasenbreite b, 3 Fase der Nebenfreifläche, 4 Schneidenecke, 5 Hauptfreifläche, 6 Kerndicke K, 7 Spannut, 8 Nebenfreifläche, 9 Stegbreite, 10 Spanfläche, 11 Nebenschneide, 12 Hauptschneide, 13 Werkzeugachse, 14 Werkzeug, 15 Werkstück, 16 Schnittbewegung, 17 Wirkbewegung, 18 Vorschubbewegung

schleißmarkenbreite VB und/oder die Kolktiefe KT sowie den Kolkmittenabstand KM zubestimmen. **Tab. 2** zeigt für verschiedene Werkstoffe gebräuchliche Werte des Steigungsexponenten k sowie die Schnittgeschwindigkeit C für eine Standzeit $T = 1$ min bei einer Verschleißmarkenbreite $VB = 0,4$ mm.

Die optimale Schnittgeschwindigkeit muß bei spanenden Maschinen nach wirtschaftlichen Gesichtspunkten festgelegt werden, **Bild 16**. Die zeitoptimale Schnittgeschwindigkeit ist:

$$v_{c\,opt} = C(-k-1)t_{wz}^{1/k}.$$

Eine Optimierung der Schnittgeschwindigkeit nach minimalen Stückkosten berücksichtigt neben der Werkzeugwechselzeit t_{wz} auch Werkzeugkosten je Schneide K_{WZ} und den Maschinenstundensatz K_M

$$v_{c,\,opt} = C(-k-1)(t_{wz} + (K_{WZ}/K_M))^{1/k}.$$

4.2.3 Bohren. Drilling and boring

Bohren ist ein spanendes Verfahren mit drehender Schnittbewegung (Hauptbewegung). Das Werkzeug, der *Bohrer*, führt eine Vorschubbewegung in Richtung der Drehachse aus. **Bild 17** zeigt gebräuchliche Bohrverfahren. Beim Ein-

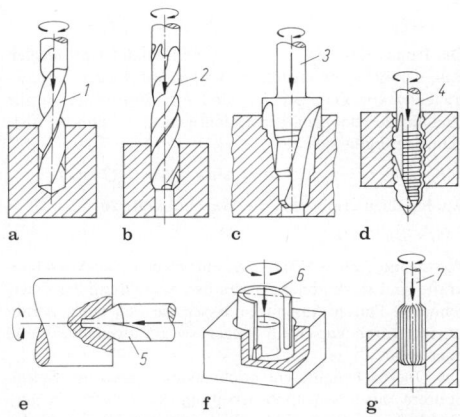

Bild 17. Bohrverfahren (DIN 8589). **a** Einbohren, Bohren ins Volle, 1 Spiralbohrer; **b** Aufbohren, 2 Spiralsenker, Dreischneider; **c** Senken, 3 Profilsenker; **d** Zentrierbohren, 4 Zentrierbohrer; **e** Kernbohren, 5 Kernbohrer; **f** Gewindebohren, 6 Gewindebohrer; **g** Reiben, 7 Maschinenreibahle

bohren oder Bohren ins Volle können Durchgangs- oder Sackbohrungen erzeugt werden. Als Werkzeug wird meist ein *Spiralbohrer* verwendet (diese übliche Bezeichnung ist unzutreffend, da die Schneide auf einer Schraubenlinie und nicht auf einer Spirale angeordnet ist). Beim Aufbohren werden Spiralbohrer oder zwei- oder mehrschneidige *Senker* eingesetzt. *Profilsenker* erzeugen abgesetzte Bohrungen. Sie sind meist mehrschneidig, wobei aus Herstellgründen nicht jede Schneide alle Teile der Kontur tragen muß (z.B. kann eine Schneide die Kante eines Absatzes brechen, die danebenliegende eine Planfläche erzeugen). *Zentrierbohrer* sind spezielle Profilbohrer mit dünnerem Zentrierzapfen und kurzer, steifer Auskragung, um gute Zentrierwirkung zu entwickeln. *Kernbohrer* zerspanen den Werkstoff ringförmig; mit dem Ringraum entsteht ein zylindrischer Kern. *Gewindebohrer* erzeugen Gewinde. *Reiben* ist ein Aufbohren mit geringer Spanungsdicke, um maß- und formgenaue Bohrungen mit hoher Oberflächengüte zu erzeugen.

Für das Bohren im Durchmesserbereich von 1 bis 20 mm bei Bohrungstiefen bis 5mal dem Durchmesser ist der Spiralbohrer das am häufigsten verwendete Werkzeug, **Bild 18**. Der Spiralbohrer setzt sich aus Schaft und Schneidteil zusammen. Über den Schaft wird der Spiralbohrer in die Werkzeugmaschine eingespannt. Er ist zylindrisch oder kegelförmig ausgeführt. Sollen hohe Antriebsmomente übertragen werden, dienen tangentiale Anflächungen zur Kraftübertragung. Der Schneidteil weist eine komplexe Geometrie auf, durch deren Veränderung der Bohrer an die jeweilige Bearbeitungsaufgabe angepaßt werden kann. Wesentliche Größen sind *Profil* und *Kerndicke*, *Spannutengeometrie* und *Drallwinkel*, d.h. Steigung der Spannuten, *Spitzenanschliff* und *Spitzenwinkel*. Davon sind der Spitzenanschliff und der Spitzenwinkel vom Anwender beeinflußbar. Das Profil des Spiralbohrers ist so gestaltet, daß die Spannuten möglichst großen Raum für den Spantranssport bieten, andererseits jedoch der Bohrer ausreichend torsionssteif ist. Zu diesen beiden Hauptforderungen können weitere kommen, wie Erzeugen günstiger Spanformen, die zu einer Vielfalt von Sonderprofilen geführt haben und den Bohrprozeß an besondere Rand-

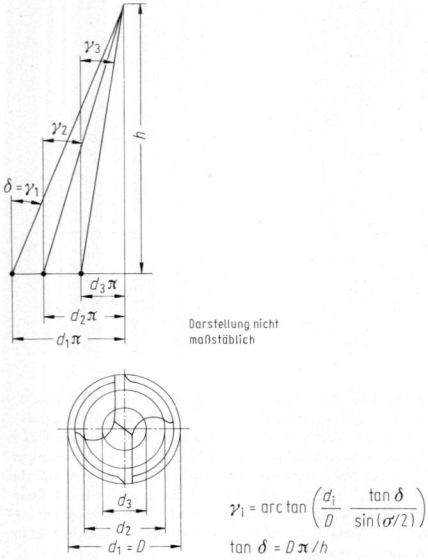

$$\gamma_i = \operatorname{arc\,tan}\left(\frac{d_i}{D}\ \frac{\tan\delta}{\sin(\sigma/2)}\right)$$

$$\tan\delta = D\pi/h$$

Bild 19. Spanwinkel an der Hauptschneide vom Spiralbohrer. h Steigung der Spannut, σ Spitzenwinkel, δ Drallwinkel, D Bohrerdurchmesser, d_i Durchmesser am betrachteten Schneidenpunkt i, γ_i Spanwinkel am betrachteten Schneidenpunkt i

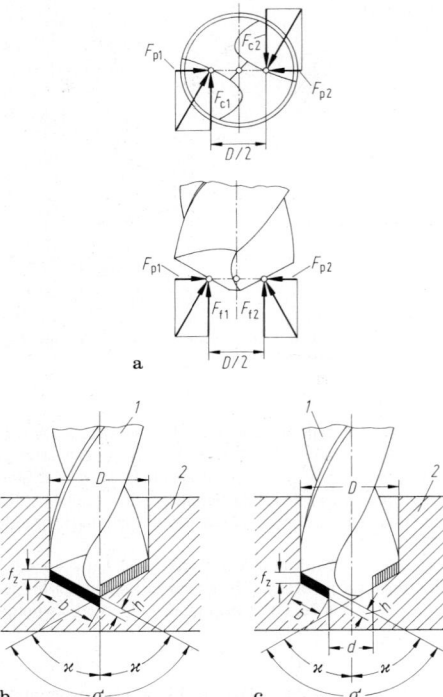

Bild 20. Spanungsgeometrie und Zerspankräfte beim Bohren. **a** Kräfte; **b** Vollbohren; **c** Aufbohren; *1* Werkzeug, *2* Werkstück

bedingungen anzupassen gestatten. Vor dem Kern des Spiralbohrers muß ebenfalls Werkstoff entfernt werden. Dazu dient die Querschneide, die die beiden Hauptschneiden miteinander verbindet.

Entlang von Haupt- und Nebenschneide ist der Spanwinkel γ als wichtige Einflußgröße auf den Bohrprozeß nicht konstant, sondern verringert sich bereits vor der Hauptschneide von außen nach innen. In **Bild 19** sind die Spanwinkel an drei Schneidenpunkten durch Auftragen der Steigung h der Spannut über der Abwicklung der zu den Durchmessern gehörenden Kreise dargestellt [8]. Am Außendurchmesser ist er identisch mit dem Drallwinkel δ und nimmt durchmesserproportional ab. Dabei können bereits vor der Hauptschneide negative Spanwinkel auftreten. Vor der Querschneide sind die Spanwinkel stark negativ. Das Werkstückmaterial muß hier in radialer Richtung verdrängt werden. Negativer Spanwinkel und Materialverdrängungseffekt erzeugen hohe Drücke im Bereich der Querschneiden. Um diese Wirkung zu mindern, werden Spiralbohrer ausgespitzt. Der Kern des Bohrers wird durch einen Profilschliff in Richtung der Spannut und zur Bohrerspitze auf einer Kegel- oder ähnlichen Fläche verlaufend geschwächt. So läßt sich der Spanwinkel an der Querschneide vergrößern bzw. die Querschneide verkürzen.

Die wichtigste Verschleißform am Spiralbohrer ist der Freiflächenverschleiß an der Schneidenecke. Dieser hauptsächlich durch Abrasion hervorgerufene Verschleiß ruft eine Steigerung der Torsionsbelastung des Bohrers hervor, da im Eckenbereich höhere Zerspankräfte auftreten. Diese Torsionsbelastung kann zum Bohrerbruch führen. Verschlissene Spiralbohrer werden deshalb nachgeschliffen, bis der beschädigte Bereich der Nebenschneidenfase abgetragen ist.

Zerspankräfte. Zur Berechnung der *Kräfte* und *Momente* beim Bohren wird der Ansatz von Kienzle [7, 9] verwendet. **Bild 20** zeigt die Spanungsgeometrie und die Kräfte

beim Bohren. Die auftretenden Kräfte je Schneide, von denen angenommen wird, daß sie in der Schneidenmitte angreifen, werden in ihre Komponenten F_c, F_p und F_f zerlegt. Die Schnittkräfte F_{c1} und F_{c2} ergeben über den Hebelarm $D/4$ das Schnittmoment

$$M_c = (F_{c1} + F_{c2})D/4, \quad F_{c1} = F_{c2} = F_{cZ},$$
$$M_c = F_{cZ}D/2.$$

Die Vorschubkräfte F_{f1} und F_{f2} werden addiert zu F_f

$$F_f = F_{f1} + F_{f2}, \quad F_{f1} = F_{f2} = F_{fZ}, \quad F_f = 2F_{fZ}.$$

Die Passivkräfte F_{p1} und F_{p2} heben einander im idealen Fall, d.h. bei symmetrischem Bohrer, auf. Liegen Symmetriefehler vor, erzeugen F_{P1} und F_{P2} Störkräfte, die die Qualität der Bohrung beeinträchtigen. Die Schnittkraft je Schneide ergibt sich zu

$$F_{cZ} = bh^{(1-m_c)}k_{c1\cdot1}, \quad h = f_z\sin\kappa, \quad b = D/(2\sin\kappa).$$

Analog dazu ergibt sich die Vorschubkraft zu

$$F_f = Dh^{(1-m_f)}k_{f1\cdot1}.$$

Werte sind **Anh. S 4 Tab. 2** zu entnehmen. Die Vorschubkräfte sind stark abhängig von der Ausbildung der Querschneide. Durch Ausspitzen lassen sie sich stark herabsetzen. Durch Verschleiß steigen sie auf zweifache Werte oder mehr.

Die Oberflächengüte entspricht beim Bohren mit Spiralbohrern einer Schruppbearbeitung $R_Z = 10$ bis $20\,\mu m$). Durch Reiben kann die Rauhigkeit verringert werden. Eine andere Möglichkeit bietet der Einsatz von Vollhartmetallbohrern. Beim Bohren ins Volle werden Oberflächengüten, Maß- und Formgenauigkeiten wie beim Reiben erreicht.

Kurzlochbohren

Das Kurzlochbohren umfaßt mit Bohrungstiefen von $L <$ $2 \cdot D$ einen großen Teil von Schraubenloch-, Durchgangs- und Gewindebohrungen. Hier können im Durchmesserbereich von 16 bis über 120 mm wendeplattenbestückte Kurzlochbohrer eingesetzt werden. Ihr Vorteil gegenüber Spiralbohrern ist die fehlende Querschneide und die Erhöhung von Schnittgeschwindigkeit und Vorschub durch Einsatz von Hartmetall- oder Keramik-Wendeschneidplatten. Der Einsatz von Kurzlochbohrern erfordert aufgrund der unsymmetrischen Zerspankräfte der versetzten Schneiden steife Werkzeugspindeln, wie sie an Bearbeitungszentren und Fräsmaschinen üblich sind. Die höhere Steifigkeit des Werkzeugs erlaubt das Anbohren schräger oder gekrümmter Flächen. Es werden ohne nachfolgende Arbeitsgänge Genauigkeiten von IT7 erreicht [11].

4.2.4 Fräsen. Milling

Einteilung der Fräsverfahren

Beim Fräsen wird die notwendige Relativbewegung zwischen Werkzeug und Werkstück durch eine kreisförmige Schnittbewegung des Werkzeugs und eine senkrecht oder schräg zur Drehachse des Werkzeugs verlaufende Vorschubbewegung erzielt. Die Schneide ist nicht ständig im Eingriff. Sie unterliegt daher thermischen und mechanischen Wechselbelastungen. Durch den unterbrochenen Schnitt wird das Gesamtsystem Maschine-Werkzeug-Werkstück *dynamisch* belastet.

Die Einteilung der Fräsverfahren erfolgt nach DIN 8589 anhand der Merkmale
– Art der erzeugten Werkstückoberfläche,
– Kinematik des Zerspanvorgangs,
– Profil des Fräswerkzeugs.

Durch Fräsen können nahezu beliebige Werkstückoberflächen erzeugt werden. Ein Verfahrenskennzeichen besteht darin, welcher Schneidenteil die Werkstückoberfläche erzeugt, **Bild 21**: Beim *Stirnfräsen* ist es die an der Stirnseite des Fräswerkzeugs liegende *Nebenschneide*, beim *Umfangsfräsen* ist es die am Umfang des Fräswerkzeugs liegende *Hauptschneide*.

Mit dem Vorschubrichtungswinkel φ läßt sich unterscheiden, **Bild 22**: Beim *Gleichlauffräsen* ist der Vorschubrich-

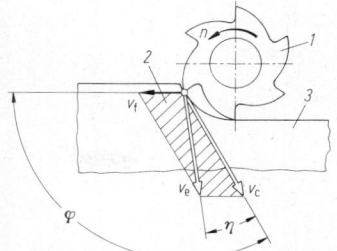

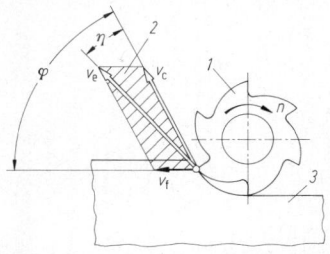

$$\text{Wirkrichtungswinkel } \eta: \quad \tan \eta = \frac{\sin \varphi}{v_c / v_f + \cos \varphi}$$

Bild 22. Gegenüberstellung **a** Gleichlauffräsen und **b** Umfangsfräsen (DIN 6580 E). *1* Fräser, *2* Arbeitsebene, *3* Werkstück

tungswinkel $\varphi > 90°$, so daß die Schneide des Fräsers bei der maximalen Spanungsdicke ins Werkstück eintritt. Beim *Gegenlauffräsen* ist der Vorschubrichtungswinkel $\varphi < 90°$, so daß die Schneide des Fräsers bei der theoretischen Spanungsdicke $h = 0$ eintritt. Dadurch kommt es am Anfang zu Quetsch- und Reibvorgängen.

Ein Fräsvorgang kann einzelne Anteile von Gleichlauf und Gegenlauf aufweisen. Die wesentlichen Fräsverfahren sind in **Bild 23** zusammengefaßt.

Messerkopf-Stirnplanfräsen

Am Beispiel des Messerkopf-Stirnplanfräsens wird die Zerspanungskinematik und die Zerspankraftbeziehung beim Fräsen behandelt. Weitere Fräsverfahren sind in [12] beschrieben.

Zerspanungskinematik. Zur Beschreibung des Prozesses muß zwischen den Eingriffsgrößen und den Spanungsgrößen unterschieden werden. Die *Eingriffsgrößen*, die auf die Arbeitsebene bezogen werden, beschreiben das Ineinandergreifen von Werkzeugschneide und Werkstück. Die Arbeitsebene wird durch Schnittgeschwindigkeitsvektor v_c und Vorschubsgeschwindigkeitsvektor v_f definiert. Die Eingriffsgrößen sind beim Fräsen, **Bild 24**: Schnitttiefe a_p, gemessen senkrecht zur Arbeitsebene; Schnitteingriff a_e, gemessen in der Arbeitsebene senkrecht zur Vorschubrichtung; Vorschub der Schneide f_z, gemessen in Vorschubrichtung.

Zur vollständigen Beschreibung der Zerspanungskinematik sind folgende Angaben notwendig: Fräserdurchmesser D, Zähnezahl des Fräsers z, Werkzeugüberstand $ü$ und Schneidengeometrie (Seitenspanwinkel γ_f, Rückspanwinkel γ_p, Seitenfreiwinkel α_f, Rückfreiwinkel α_p, Einstellwinkel κ_r, Neigungswinkel λ_s, Schneidenradius r, Fase).

Infolge des unterbrochenen Schnitts sind die Ein- und Austrittsbedingungen der Schneide, die Kontaktarten, von

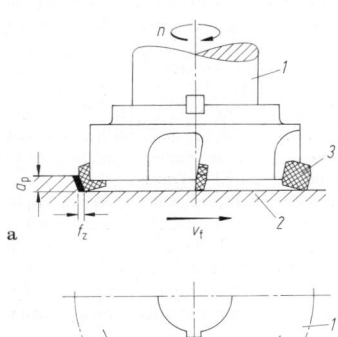

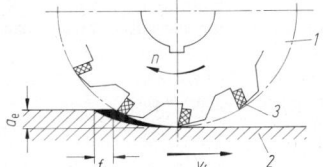

Bild 21. Gegenüberstellung Stirnfräsen und Umfangsfräsen. **a** Stirnfräsen: Werkstückoberfläche erzeugt durch Nebenschneide; **b** Umfangsfräsen: Werkstückoberfläche erzeugt durch Hauptschneide; *1* Werkzeug, *2* Werkstück, *3* Schneide

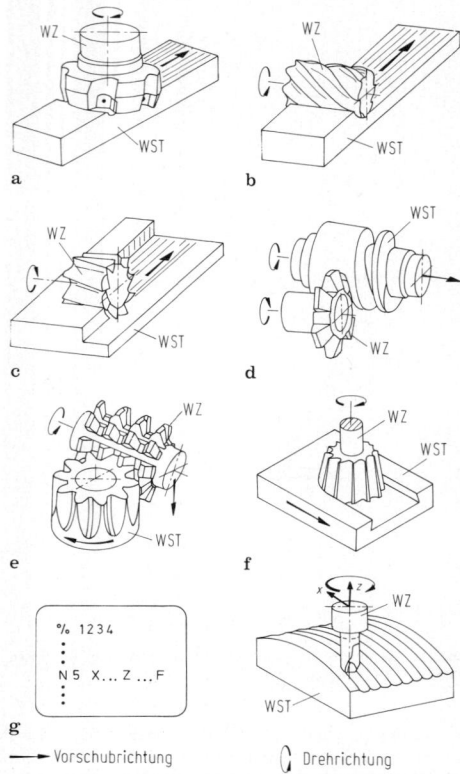

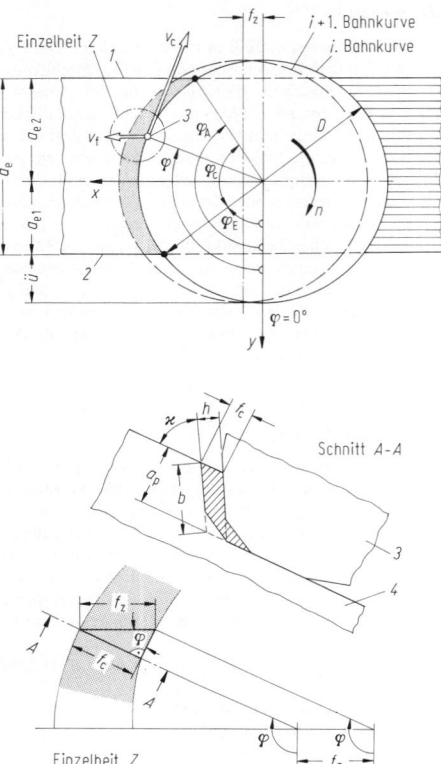

Bild 23. Fräsverfahren (DIN 8589). Planfräsen: **a** Stirn-; **b** Umfangs-; **c** Umfangs-Stirnfräsen; **d** Schraubfräsen; **e** Wälzfräsen; **f** Profilfräsen; **g** Formfräsen; WST Werkstück, WZ Werkzeug

Bild 24. Eingriffsgrößen beim Messerkopf-Stirnplanfräsen. *1* Austrittsebene, *2* Eintrittsebene, *3* Werkzeugschneide, *4* Werkstück

besonderer Bedeutung für den Fräsprozeß. Die Kontaktarten beschreiben die Art der ersten bzw. letzten Berührung der Werkzeugschneide mit dem Werkstück. Sie lassen sich aus Eintritts- und Austrittswinkel sowie der Werkzeuggeometrie ermitteln. Besonders ungünstig ist es, wenn die Schneidenspitze als erster Kontaktpunkt auftritt.

Aus den Eingriffsgrößen lassen sich die *Spanungsgrößen*, die die Abmessungen der vom Werkstück abzunehmenden Schicht angeben, ableiten. Spanungsgrößen sind nicht mit den Spangrößen, die die Abmessung der entstandenen Späne beschreiben, identisch. Die Schneiden beschreiben Zykloiden gegenüber dem Werkstück. Da die Schnittgeschwindigkeit wesentlich größer ist als die Vorschubgeschwindigkeit können sie durch Kreisbahnen angenähert werden. Die Spanungsdicke ist bei dieser Betrachtungsweise, **Bild 24**,

$$h(\varphi) = f_z \sin\kappa \sin\varphi.$$

Mit der Spanungsbreite $b = a_p / \sin\kappa$ ist der Spanungsquerschnitt

$$A(\varphi) = bh(\varphi) = a_p f_z \sin\varphi.$$

Das Zeitspanvolumen ist $Q = a_e a_p v_f$.

Die Spanungsdicke ist eine Funktion des Eingriffswinkels φ und damit nicht, wie z.B. beim Drehen, konstant. Für die Beurteilung des Fräsprozesses wird von der mittleren Spanungsdicke

$$h_m = (1/\hat\varphi_c) \int_{\varphi_E}^{\varphi_A} h(\varphi)\,\mathrm{d}\varphi = (1/\hat\varphi_c) f_z \sin\kappa (\cos\varphi_E - \cos\varphi_A)$$

ausgegangen.

Zerspankraftkomponenten. Die für die Spanbildung notwendige Zerspankraft muß von der Schneide und vom Werkstück aufgenommen werden. Nach DIN 6584 kann die Zerspankraft F in eine Aktivkraft F_a, die in der Arbeitsebene liegt, und in eine Passivkraft F_p, die senkrecht zur Arbeitsebene steht, zerlegt werden. Die Richtung der Aktivkraft F_a ändert sich mit dem Eingriffswinkel φ. Die Komponenten der Aktivkraft können auf folgende Richtungen bezogen werden, **Bild 25**:

Richtung der Schnittgeschwindigkeit v_c: Die Komponenten Schnittkraft F_c und Schnitt-Normalkraft F_{cN} beziehen sich auf ein mitrotierendes Koordinatensystem (werkzeugbezogene Komponenten der Aktivkraft).

Richtung der Vorschubgeschwindigkeit v_f: Die Komponenten Vorschubkraft F_f und Vorschub-Normalkraft F_{fN} beziehen sich auf ein feststehendes Koordinatensystem (werkstückbezogene Komponenten der Aktivkraft). Für die Umrechnung der Aktivkraft vom feststehenden Koordinatensystem in ein mitrotierendes Koordinatensystem gilt

$$F_c(\varphi) = F_f(\varphi)\cos(\varphi) + F_{fN}(\varphi)\sin\varphi,$$
$$F_{cN}(\varphi) = F_f(\varphi)\sin(\varphi) - F_{fN}(\varphi)\cos\varphi,$$
$$F_x(\varphi) = F_f(\varphi),$$
$$F_y(\varphi) = F_{fN}(\varphi).$$

Diese Transformation ist dann von Bedeutung, wenn z.B. die Schnittkraft F_c mit einer 3-Komponenten-Kraftmeßplattform, auf der das Werkstück befestigt ist, gemessen werden soll. **Bild 25** zeigt den Verlauf der Komponenten

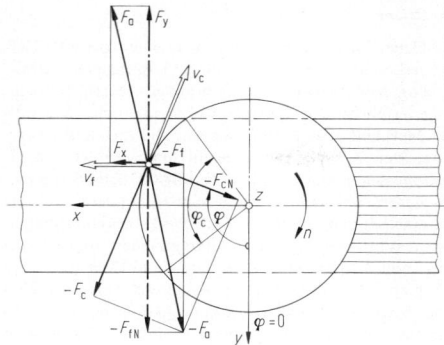

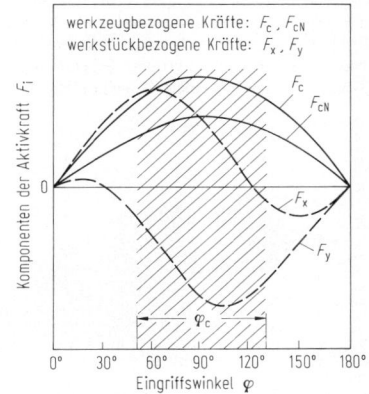

Bild 25. Zerspankraftkomponenten beim Messerkopf-Stirnplanfräsen

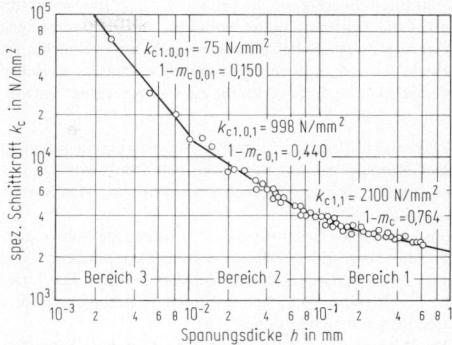

Werkstoff	Ck 45 N
Schneidstoff	HM P25
Schnittbedingungen	v_c = 190 m/min

γ_f	γ_p	α_f	α_p	λ_s	$\varkappa_r$	ε	$\varkappa_F$	Fase in mm
-4°	-7°	6°	23°	-6°	75°	90°	60° / 30° / 0°	1,4 / 1,0 / 1,4

Bild 26. Spezifische Schnittkraft beim Messerkopf-Stirnplanfräsen [13]

der Aktivkraft im werkzeugbezogenen und im werkstückbezogenen Koordinatensystem beim mittigen Messerkopffräsen.

Zerspankraftbeziehung. Die Zerspankraftgleichung von Kienzle [7] ist auch für das Fräsen anwendbar. Für die Komponenten der Zerspankraft Schnittkraft F_c, Schnitt-Normalkraft F_{cN} und Passivkraft F_p gilt

$$F_i = A k_i \quad \text{mit } i = c, cN, p.$$

In dieser Gleichung ist A der Spanungsquerschnitt und k_i die spezifische Zerspankraft. Wegen des weiten Bereichs der Spanungsdicken, der beim Fräsen überdeckt wird (die Spanungsdicke ist von φ abhängig) gilt die Kienzle-Beziehung nur bereichsweise. Der Spanungsdickenbereich von 0,001 mm $< h <$ 1,0 mm wird in drei Abschnitte eingeteilt, **Bild 26** [13, 16]. Für jeden Bereich kann eine Gerade ermittelt werden, die durch den Parameter Hauptwert der spezifischen Zerspankraft und Anstiegswert festgelegt wird. für die spezifische Zerspankraft gilt

$$= k_{i\,1\cdot0,01} \cdot h^{-m_{i0,01}} \quad \text{für } 0,001 \text{ mm} < h < 0,01 \text{ mm}$$
$$k_i = k_{i\,1\cdot0,1} \cdot h^{-m_{i0,1}} \quad \text{für } 0,01 \text{ mm} < h < 0,1 \text{ mm}$$
$$= k_{i\,1\cdot1} \cdot h^{-m_i} \quad \text{für } 0,1 \text{ mm} < h < 1,0 \text{ mm}$$

mit $i = c, cN, p$.
Damit ergibt sich für die Zerspankraft beim Messerkopffräsen

$$F_i = b k_{i\,1\cdot1} \cdot h^{1-m_i} \quad \text{mit } i = c, cN, p.$$

Die jeweilige Zerspankraftkomponente kann für das Fräsen berechnet werden, wenn der Hauptwert der spezifi-

schen Zerspankraftkomponente und der Anstiegswert für die Werkstoff-Schneidstoffpaarung und die Schnittbedingung vorliegt. Für einige Werkstoffe und Schnittbedingungen sind in **Anh. S4 Tab. 3** die Zerspankennwerte für das mittige Messerkopf-Stirnplanfräsen angegeben [7, 13, 14]. Häufig wird man jedoch für eine Abschätzung der Zerspankraft beim Fräsen auf Zerspankennwerte zurückgreifen müssen, die beim Drehen erzielt wurden.
Für die Auslegung der Fräsmaschinenleistung wird von der mittleren Zerspankraft

$$F_{im} = b k_{i\,1\cdot1} \cdot h_m^{1-m_i} K_{ver} K_\gamma K_v K_{ws} K_{wv}$$

mit $i = c, cN, p$ ausgegangen.
In dieser Gleichung sind h_m mittlere Spanungsdicke, $K_{ver} = 1,2$ bis 1,4 Korrekturfaktor Fertigungsverfahren (der Faktor berücksichtigt, daß die Zerspankennwerte aus Drehversuchen gewonnen wurden), K_γ Korrekturfaktor Spanwinkel (s. Drehen), K_v Korrekturfaktor Schnittgeschwindigkeit (s. Drehen), K_{wv} Korrekturfaktor Werkzeugverschleiß (s. Drehen), K_{ws} Korrekturfaktor Werkzeugschneidstoff (s. Drehen).
Untersuchungen beim Stirnplanfräsen zeigen, daß der Einfluß des Verschleißes auf die Zerspankraftkomponenten nicht vernachlässigt werden kann [14].

Schwingungen. Entsprechend dem Nachgiebigkeitsfrequenzgang des Gesamtsystems Fräsmaschine-Fräswerkzeug-Werkstück treten infolge der Zerspankräfte Schwingungen auf, die die Oberflächengüte und die Werkzeugstandzeit beeinflussen können. Nach ihrer Entstehung unterscheidet man zwischen fremderregten und selbsterregten Schwingungen [s. O2].

Fremderregte Schwingungen. Bei Fremderregung schwingt das Gesamtsystem mit der Frequenz der Anregungskräfte. Durch den unterbrochenen Schnitt sind die Schneiden beim Fräsen nicht ständig im Eingriff. Bei einem mehrschneidigen Fräswerkzeug ist zu berücksichtigen, wieviel Schneiden jeweils im Eingriff sind. Je nach dem Verhältnis von a_e/D sind z_{iE} schneiden im Eingriff, dabei gilt der Zusammenhang

$$z_{iE} = (\hat{\varphi}_c / 2\pi) z \quad \text{mit } \varphi_c / 2 = a_e / D.$$

Die auf das Fräswerkzeug und damit auf die Spindel der Fräsmaschine wirkende mittlere Schnittkraft ist

$$F_{cm} = z_{iE} F_{cmz},$$

wobei F_{cmz} die mittlere Schnittkraft einer Schneide ist.
Die mittlere Schnittkraft wird von einem dynamischen Kraftanteil überlagert. Je größer z_{iE} ist, um so geringer ist die Kraftamplitude, wobei bei einem ganzzahligen Wert von z_{iE} die Schnittkraftamplitude am geringsten ist. Durch den dynamischen Kraftanteil kommt es zwischen Werkstück und Fräswerkzeug zu fremderregten Schwingungen.
Selbsterregte Schwingungen. Bei Selbsterregung schwingt das Gesamtsystem mit einer oder mehreren Eigenfrequenzen, ohne daß von außen eine Störkraft auf das System einwirkt.
Von besonderer Bedeutung sind selbsterregte Schwingungen, die aufgrund des Regenerativeffekts entstehen und auch „regeneratives Rattern" genannt werden. Die Ursache des Ratterns sind Schnittkraftschwankungen infolge Spanungsdickenänderungen [15].
Das Rattern kann durch eine Variation von Schnittgeschwindigkeit, Schnittiefe, Vorschub und Schneidengeometrie beeinflußt werden.
Verschleißverhalten. Durch den unterbrochenen Schnitt beim Fräsen unterliegt der Schneidstoff thermischen und mechanischen Wechselbelastungen, so daß neben dem Frei- und Spanflächenverschleiß Rißbildung im Schneidteil standzeitbestimmend sein kann. In **Bild 27** ist der Freiflächenverschleiß der Hauptschneide und die Kolktiefe beim Messerkopf-Stirnplanfräsen dargestellt. Richtwerte für die Wahl der Einstellgrößen sind in **Anh. S4 Tab. 4** angegeben. Mit der Entwicklung des kubischen Bornitrids ist die Feinbearbeitung gehärteter Werkstoffe durch Fräsen weiterentwickelt worden [18−20]. Je nach den Schnittbedingungen werden Oberflächenrauheiten erzielt, die denen beim Schleifen vergleichbar sind. Beim Schleifen wird die Formgenauigkeit durch Ausfunken erzielt. Da beim Fräsen eine Mindestspanungsdicke vorliegen muß, treten Formfehler auf, die auf folgende Einflußgrößen zurückgeführt werden können [21]: Umgebung, Betriebsverhalten der Fräsmaschine, Härteinhomogenitäten des Werkstücks, Werkstückerwärmung infolge der Zerspanung und Eigenspannungsänderung in der Werkstückrandzone.

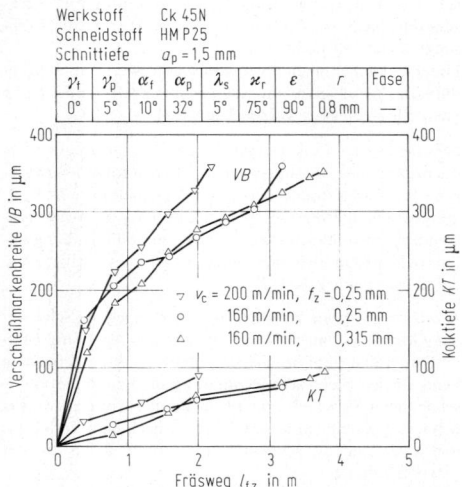

Werkstoff	Ck 45N
Schneidstoff	HM P25
Schnittiefe	$a_p = 1,5$ mm

γ_f	γ_p	α_f	α_p	λ_s	$\varkappa_r$	ε	r	Fase
0°	5°	10°	32°	5°	75°	90°	0,8 mm	—

Bild 27. Verschleißentwicklung beim Messerkopf-Stirnplanfräsen

Formfräsen

Zur Herstellung von Hohlformwerkzeugen wie z.B. Tiefziehwerkzeugen werden spanende und abtragende Verfahren eingesetzt, wobei das Fräsen als gesteuertes Formgebungsverfahren eine zentrale Rolle einnimmt. Wesentliches Merkmal beim Formfräsen sind die Anzahl der aktiv gesteuerten Achsen, entsprechend unterscheidet man *3-Achsenfräsen* und *5-Achsenfräsen*, **Bild 28**. Beim 5-Achsenfräsen wird nicht nur die Fräserspitze, sondern auch die Fräserachsenrichtung relativ zum Werkstückkoordinatensystem kontinuierlich und simultan gesteuert. In der Regel wird beim 3-Achsenfräsen ein Kugelkopffräser und beim 5-Achsenfräsen ein Messerkopf eingesetzt. Das Fräsrillenprofil bestimmt Produktivität und Qualität des Prozesses (geringe Nacharbeit bei geringer Profilhöhe). Es entsteht durch die zeilenweise Bearbeitung einer gekrümmten Fläche und hängt von der Fräsergeometrie, der Werkstückgeometrie und dem Bearbeitungsmodus ab. Bei Vorgabe der Rillentiefe t_R ergeben sich durch 5-Achsenfräsen mit einem Messerkopf wesentlich größere Rillenbreiten b_R als durch 3-Achsenfräsen mit einem Kugelkopffräser [17].

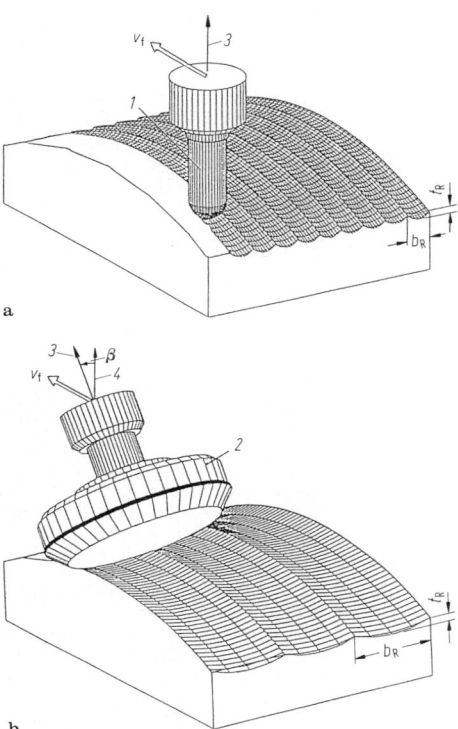

Bild 28. Formfräsen durch **a** 3-Achsenfräsen und **b** 5-Achsenfräsen.
1 Kugelkopffräser, *2* Messerkopf, *3* WZ-Achsenrichtung, *4* Oberflächennormale

4.2.5 Sonstige Verfahren:
Hobeln und Stoßen, Räumen, Sägen
Planing and slotting, roaching, sawing

Hobeln und Stoßen

In DIN 8589, T 4 wird unterschieden zwischen Hobeln und Stoßen. Die Spanabnahme erfolgt während des Arbeitshubs durch einen einschneidigen Meißel. Der anschlie-

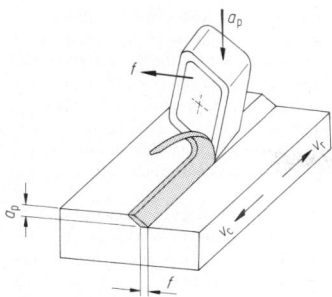

Bild 29. Planhobeln. a_p Schnittiefe, f Vorschub, v_c Schnittgeschwindigkeit, v_r Rücklaufgeschwindigkeit

ßende Rück- oder Leerhub bringt das Werkzeug wieder in Ausgangsstellung. Der Vorschub erfolgt schrittweise, meist am Ende eines Rückhubs.

Beim *Hobeln* führt das Werkstück die Schnitt- und Rücklaufbewegung aus. Vorschub und Zustellung erfolgen durch das Werkzeug, **Bild 29.** Beim *Stoßen* führt das Werkzeug die Schnitt- und Rücklaufbewegung aus, Vorschub und Zustellung erfolgen durch das Werkstück oder das Werkzeug.

Die oszillierende Bewegung des Werkstücks (beim Hobeln) oder des Werkzeugs (beim Stoßen) bedingt hohe Massenkräfte und begrenzt die Schnittgeschwindigkeit. Als Richtwert für die Schnittgeschwindigkeit hat sich bei Stahlwerkstoffen der Bereich $v_c = 60 \ldots 80 \, \text{m/min}$ (Schruppen) bzw. $v_c = 70 \ldots 100 \, \text{m/min}$ (Schlichten) für Hartmetallwerkzeuge bewährt.

Häufig angewandte Sonderformen sind das Wälzhobeln und das Wälzstoßen zur Herstellung von Evolventenverzahnungen s. S 5.2.1.

Räumen

Beim Räumen (DIN 8589, T 5) wird Werkstoff mit einem mehrzahnigen Werkzeug abgetragen, dessen Schneidzähne hintereinander liegen und jeweils um eine Spanungsdicke gestaffelt sind. Eine Vorschubbewegung entfällt damit, sie ist gewissermaßen im Werkzeug „eingebaut". Die Schnittbewegung ist translatorisch, in besonderen Fällen auch schrauben- oder kreisförmig.

Die Vorteile des Verfahrens liegen in hoher Zerspanleistung und der Möglichkeit, Werkstücke mit einem Werkzeug fertigbearbeiten zu können. Darüber hinaus können hohe Oberflächengüten und Maßgenauigkeiten mit Toleranzen bis IT 7 eingehalten werden. Haupteinsatzgebiete sind aufgrund der hohen Werkzeugkosten die Serien- und Massenproduktion, für jede geänderte Werkstückform ist ein neues Werkzeug erforderlich.

Prinzipiell unterscheidet man das *Innenräumen* und das *Außenräumen*, **Bild 30.** Beim Innenräumen wird das Räumwerkzeug (Räumnadel) durch eine Bohrung gezogen bzw. gestoßen, beim Außenräumen wird es an der Außenfläche vorbeibewegt.

Räumwerkzeuge sind unterteilt in Schrupp-, Schlicht- und Kalibrierzahnung. Übliche Spanungsdicken beim Planräumen von Stahlwerkstoffen liegen zwischen $h_z = 0,01 \ldots 0,15 \, \text{mm}$ zum Schruppen und $h_z = 0,003 \ldots 0,023$ mm zum Schlichten. Beim Räumen von Gußwerkstoffen werden im Schruppteil $h_z = 0,02 \ldots 0,2 \, \text{mm}$ und im Schlichtteil $h_z = 0,01 \ldots 0,04 \, \text{mm}$ angeschliffen [22].

Schnittgeschwindigkeiten sind begrenzt durch die Warmhärte des gewählten Schneidstoffs und durch die Leistungsfähigkeit der Maschine. Der am häufigsten einge-

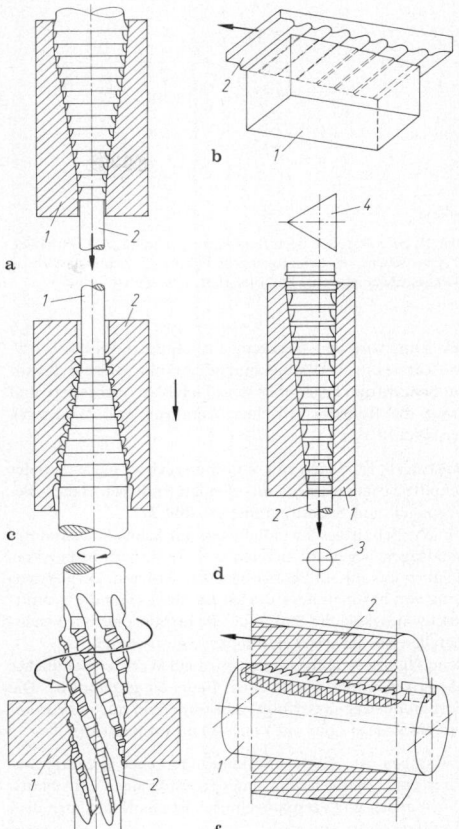

Bild 30. Räumen. **a** Innen-Rundräumen; **b** Außen-Planräumen; **c** Außenrundräumen; **d** Innen-Profilräumen; **e** Innen-Schraubräumen; **f** Außen-Nutenräumen; *1* Werkstück, *2* Werkzeug, *3* Ausgangsquerschnitt, *4* Endquerschnitt

setzte Schneidstoff Schnellarbeitsstahl (HSS) erlaubt durch die bei etwa 600 °C abfallende Warmhärte nur kleine Schnittgeschwindigkeiten, durch Verwendung von TiN-beschichtetem HSS oder Hartmetall kann die Leistung des Verfahrens gesteigert werden. Man verwendet Schnittgeschwindigkeiten zwischen $v_c = 1 \ldots 30 \, \text{m/min}$, in Einzelfällen werden durch Schnittgeschwindigkeiten bis 60 m/min gefahren. Hohe Schnittgeschwindigkeiten erfordern hohe Antriebsleistungen zum Beschleunigen und Abbremsen von Werkzeug und Räumschlitten, so daß die Anlagenkosten überproportional steigen [23]. Auch Schwingungsprobleme treten verstärkt auf, besonders bei schlanken Innenräumwerkzeugen.

Zur Schmierung und Kühlung im Kontaktzonenbereich, vor allem aber zur Verminderung der Aufbauschneidenbildung sowie zur Späneabfuhr werden beim Räumen überwiegend Mineralöle als Kühlschmierstoffe verwendet. Sie sind meist additiviert mit EP-Zusätzen (extreme pressure), in jüngster Zeit vorzugsweise chlorfrei [22].

Sägen

Sägen ist Spanen mit einem vielzahnigen Werkzeug von geringer Schnittbreite zum Trennen oder Schlitzen von Werkstücken, die rotatorische oder translatorische Haupt-

S

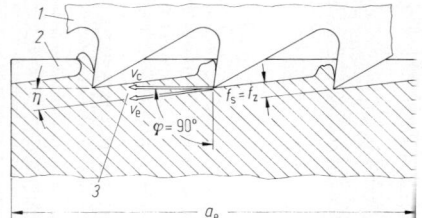

Bild 31. Schnittgrößen beim Bandsägen. *1* Bandsäge, *2* Werkstück, *3* Arbeitsebene, v_c Schnittgeschwindigkeit, f_z Zahnvorschub, v_e Wirkgeschwindigkeit, a_e Eingriffsgröße, f_s Schnittvorschub

bewegung wird von Werkzeug ausgeführt (DIN 8589, T 6). Die Zähne des Werkzeugs sind geschränkt. Hierdurch wird die Schnittfuge gegenüber dem Sägeblatt verbreitert und somit die Reibung zwischen Werkzeug und Werkstück vermindert.

Bandsägen ist Sägen mit kontinuierlicher, meist gerader Schnittbewegung eines umlaufenden, endlosen Bands. Bewegungen und Schnittparameter: **Bild 31.**
Übliche Schnittgeschwindigkeiten mit Schnellarbeitsstahl-Bandsägen liegen im Bereich $v_c = 6 \ldots 45 \, m/min$ bei Vorschüben je Zahn im Bereich $f_z = 0,1 \ldots 0,4 \, mm$. Bei Verwendung von hartmetallbestückten Bändern kann die Schnittgeschwindigkeit bei Stahl auf 200 m/min und bei Leichtmetallen bis auf 2000 m/min gesteigert werden.
Beim *Hubsägen* (Bügelsägen) wird ein Werkzeug endlicher Länge verwendet, das in einen Bügel eingespannt ist. Die Vorschubbewegung erfolgt intermittierend nur im Vorlauf des Werkzeugs oder mit konstanter Normalkraft.

Kreissägen ist Sägen mit kontinuierlicher Schnittbewegung unter Verwendung eines kreisförmigen Sägeblatts. Kinematisch und zerspantechnisch ist das Kreissägen dem Umfangsfräsen ähnlich.

4.2.6 Schneidstoffe. Cutting materials

Werkzeuge zum Spanen mit geometrisch bestimmten Schneiden bestehen aus Schneid-, Halte- und Spannteil, **Bild 32.** Spann- und Halteteil werden nach konstruktiven und organisatorischen Erfordernissen ausgelegt, wie Anschlußmaßen der Maschine, Art und Umfang der Werkzeugspeicherung und des Werkzeugwechsels, Geometrie des Werkstücks. Der Schneidteil übernimmt die Spanabnahme. Er wird mechanisch, thermisch und chemisch beansprucht. Als Folge verschleißt der Schneidteil (Verschleißarten s. S 4.2.2).
Für alle Schneidstoffe gilt der grundlegende Dualismus: Sie sind entweder hart und verschleißfest – dann jedoch weniger zäh und weniger standfest bei zeitlich veränderlicher Belastung wie bei instabilen Schneidverhältnissen und im unterbrochenen Schnitt. Oder sie können mechanisch oder thermisch veränderliche Lasten besser ertragen, sind dann aber weniger verschleißfest. Um diesen

beschränkenden Dualismus zu überwinden, werden verschiedene Schneidstoffe als *Verbundwerkstoffe* ausgeführt. Durch Beschichtungen mit verschleißfesten Karbiden oder Oxiden wird eine *Funktionstrennung* erreicht: Die physikalisch (PVD, physical vapor deposition) oder chemisch (CVD, chemical vapor deposition) aufgedampften Schichten übernehmen den Verschleißschutz, das darunterliegende zähere Substrat die Tragfunktion auch bei instationären Lasten.
Als *Schneidstoffe* werden verwendet: unlegierte und legierte Stähle (noch für handgeführte Werkzeuge von Bedeutung), Schnellarbeitsstähle, Hartmetalle, Keramiken und hochharte Schneidstoffe (Diamant und Bornitrid) (s. E 3.1.4):

Schnellarbeitsstähle. Sie werden für Werkzeuge zum Bohren, Fräsen, Räumen, Sägen und Drehen eingesetzt. Gegenüber den Werkzeugstählen haben sie eine erheblich verbesserte (bis ca. 600 °C) Warmhärte, **Bild 33.** Ihre Härte ergibt sich aus dem martensitischen Grundgefüge und aus eingelagerten Karbiden: W-Karbide, W-Mo-Karbide, Cr-Karbide, V-Karbide. Entsprechend lassen sich die Schnellarbeitsstähle in vier Gruppen gliedern (Bezeichnung der Schnellarbeitsstähle S mit W% – Mo% – V% – Co

18%ige W-Stähle,	z.B. S 18-1-2-10
12%ige W-Stähle,	z.B. S 12-1-4-5
6%ige W, 5%ige Mo-Stähle,	z.B. S 6-5-2
2%ige W, 9%ige Mo-Stähle,	z.B. S 2-9-2-8

Schnellarbeitsstähle sind im Stahl-Eisen-Werkstoffblatt 320 genormt. Die Durchhärtbarkeit bei Werkzeugen mit großen Querschnitten wird durch Mo und/oder durch Zulegieren von Cr erhöht. W steigert die Verschleißfestigkeit und die Anlaßbeständigkeit, V die Verschleißfestigkeit (aber in hartem Zustand schwer schleifbar), Co die Warmhärte. Schnellarbeitsstähle werden schmelzmetallurgisch hergestellt. Gefügebau und Seigerungen sind dadurch bestimmt. Durch pulvermetallurgische Herstellung (gesinterte Schnellarbeitsstähle) lassen sich diese Nachteile überwinden. PM-Stähle weisen Vorteile in der Kantenfestigkeit und Schneidhaltigkeit auf. Sie werden für Gewinde- und Reibwerkzeuge eingesetzt. Bei hohen V-Karbidanteilen sind sie besser schleifbar als erschmolzene Schnellarbeitsstähle. Wegen höherer Kosten haben sie sich bisher nicht durchgesetzt.

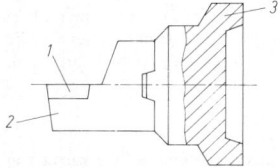

Bild 32. Teile eines spanenden Werkzeugs. *1* Schneidteil, *2* Halteteil, *3* Spannteil

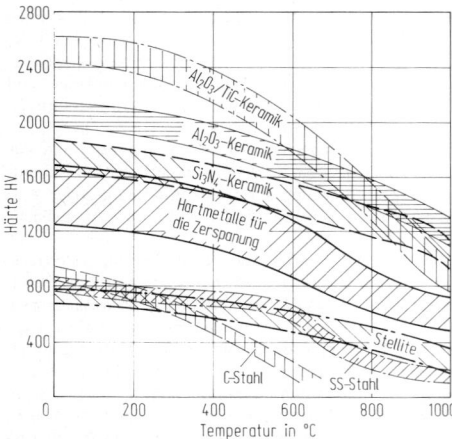

Bild 33. Warmhärte der Schneidstoffe

Schnellarbeitsstähle werden meist durch PVD (reaktives Ionenplattieren), d.h. bei niedrigen Temperaturen, beschichtet, um unterhalb der Anlaßtemperatur zu bleiben. Einfache Formen wie Wendeschneidplatten lassen sich durch CVD mit anschließendem Nachhärten behandeln. Als Schichtstoff wird Titannitrid (TiN, goldfarben) eingesetzt. Beschichtete Werkzeuge (Bohrer, Gewindebohrer, Wälzfräser, Formdrehmeißel) haben 2- bis 8fache Standzeit.

Hartmetalle. Sie sind zwei oder mehrphasige, pulvermetallurgisch erstellte Legierungen mit metallischem Binder. Als Hartstoffe werden Wolframkarbid (WC: α-Phase), Titan- und Tantalkarbid (TiC, TaC: γ-Phase) verwendet. Binder ist Kobalt (Co: β-Phase) mit Anteilen zwischen 5 bis 15%. Es werden auch Nickel- und Molybdänbinder (Ni, Mo) in den sog. Cermets (ebenfalls Hartmetalle) eingesetzt. Höhere Anteile an β-Phase erhöhen die Zähigkeit, α-Phase die Verschleißfestigkeit und γ-Phase die Warmverschleißfestigkeit. Cermets weisen hohe Kantenfestigkeit und Schneidhaltigkeit auf. Sie sind zum Schlichten bei stabilen Schneidverhältnissen geeignet. Durch die pulvermetallurgische Herstellung von Hartmetallen besteht weitgehende Freiheit in der Wahl der Komponenten (im Gegensatz zur Schmelzmetallurgie).

Hartmetalle behalten ihre Härte bis über 1000 °C, **Bild 33**. Sie sind daher bei höheren Schnittgeschwindigkeiten (3fach und mehr) einsetzbar als Schnellarbeitsstähle. Hartmetalle werden nach DIN 4990/ISO 513 in die Zerspanungsanwendungsgruppen P (für langspanende duktile Eisenwerkstoffe), K (für kurzspanende Eisenwerkstoffe und für NE-Metalle) und M als Universalgruppe (für duktile Gußeisenwerkstoffe und für ferritische und austenitische Stähle) eingeteilt. Jede Gruppe wird durch Zahlenzusatz in Zähigkeits- bzw. Verschleißfestigkeitsstufen untergliedert; z.B. steht P02 für sehr verschleißfestes, P40 für zähes Hartmetall. Die Zerspanungsanwendungsgruppen enthalten keine Hinweise auf die Stoffzusammensetzung. Die Klassifizierung wird vom Hersteller vorgenommen.

Hartmetalle werden mit Titankarbid (TiC), Titannitrid (TiN), Aluminiumoxid (Al_2O_3) oder chemischen oder physikalischen Kombinationen aus diesen beschichtet. Meist werden die Schichten durch CVD aufgebracht. Durch Beschichtungen werden höhere Standzeiten bzw. Schnittgeschwindigkeiten erreicht. Beschichtungen verbreitern den Einsatzbereich einer Sorte (Sortenbereinigung durch Breitbandwirkung). Beschichtete Hartmetalle sind nicht einzusetzen für NE-Metalle, hochnickelhaltige Eisenwerkstoffe und − wegen der herstellungsbedingten Kantenverrundung − in der Fein-/Feinstzerspanung (daher hier vorteilhafter Einsatz von Cermets). Für den unterbrochenen Schnitt und zum Fräsen bedarf es besonderer Haftfestigkeit der Schichten, die durch Prozeßführung bei der Beschichtung beeinflußbar ist.

Schneidkeramiken. Sie sind ein- oder mehrphasige, gesinterte Hartstoffe auf der Basis von Metalloxiden, -karbiden oder -nitriden. Sie unterscheiden sich von Hartmetallen durch Fehlen metallischer Binder und weisen hohe Härte auch bei Temperaturen oberhalb 1200 °C auf. Schneidkeramiken eignen sich daher grundsätzlich für das Spanen bei hoher Schnittgeschwindigkeit, meist oberhalb 500 m/min.

Der Einsatz von *Aluminiumoxidkeramik* wird durch die geringere Biegefestigkeit und Bruchzähigkeit gegenüber Hartmetall begrenzt. Bei Schnittunterbrechung, wechselnder mechanischer und thermischer Beanspruchung kommt es zu Mikrorißbildung, Rißwachstum mit Ausbrüchen oder Totalbruch. Dieser Effekt ist stark von der Keramikart und -zusammensetzung abhängig. Durch den Übergang von Einphasenstoffen (Al_2O_3) zu mehrphasigen Stoffen konnte die Zähigkeit wesentlich verbessert werden: Al_2O_3 mit 10 bis 15% Anteil von ZrO_2 (Umwandlungsverstärkung [24]) oder Al_2O_3 mit TiC (Dispersionskeramik). Haupteinsatz: Gußeisen mit Lamellengraphit, Drehen unter stabilen Verhältnissen, Schnittgeschwindigkeit > 500 m/min; Drehen von Stahl möglich. Beimengungen von TiC bis 40% zur Al_2O_3-Keramik (schwarze Mischkeramik) erhöht die Zähigkeit und Kantenfestigkeit. Einsatz zur Hartbearbeitung, Breitschlichtfräsen von Gußeisen. Siliziumnitrid (Si_3N_4) weist ideale Eigenschaften für Schneidstoffe auf (wegen starker kovalenter Bindung der Elemente: hohe Festigkeit, Härte, Oxidationsbeständigkeit, Wärmeleitfähigkeit und Thermoschockbeständigkeit). Hier besteht keine Begrenzung durch mangelnde Bruchzähigkeit. Si_3N_4 wird in drei Varianten als Schneidstoff eingesetzt: gesintertes Si_3N_4 ($\rho = 3,1$ g/cm^{-3}, $R_m = 650$ MPa), heißgepreßtes Si_3N_4 ($\rho = 3,2$ g/cm^3, $R_m = 700$ MPa) und als Stoffsystem Y-Si-Al-O-N. Eingeschränkt sind Herstellung und Einsatz von Si_3N_4 durch bisher notwendige Sinterhilfsmittel (z.B. Magnesiumoxid, Yttriumoxid). Sie bestimmen die Glasphasen im Schneidstoff. Bei der Zerspanung von Stahl oder duktilem Gußeisen kommt es zum Versagen durch starken Verschleiß. Si_3N_4 eignet sich dagegen zum Drehen und Fräsen von Grauguß, auch bei stark unterbrochenem Schnitt und zum Drehen von hochnickelhaltigen Werkstoffen.

Hochharte Schneidstoffe. Sie sind polykristalliner Diamant (PKD) und Bornitrid (PBN). Die Stoffe werden bei hohem Druck und hoher Temperatur synthetisiert. PKD wird als ca. 0,5 mm dicke Schicht auf Hartmetall geliefert. Einsatz: Aluminium und Al-Legierungen, insbesondere stark verschleißende AlSi-Legierungen, faserverstärkte Kunststoffe, Graphit, NE-Metalle; wegen des hohen chemischen Verschleißes für Stahl nicht einsetzbar. PBN ist demgegenüber gegen Eisen chemisch stabil. Einsatz: gehärtete Eisenwerkstoffe. Lieferformen als Massivkörper oder als ca. 0,5 mm dicke Auflage auf Hartmetall. Monokristalliner (Natur-) Diamant wird zur Fein- und Feinstbearbeitung (Drehen, Fräsen) von Al- und Cu-Legierungen mit extrem scharfkantigen Schneiden ($r_\beta < 1$ µm) eingesetzt.

4.3 Spanen mit geometrisch unbestimmter Schneide. Cutting with geometrically non-defined tool angles

4.3.1 Grundlagen. Fundamentals

Spanen mit geometrisch unbestimmter Schneide ist Trennen mit mechanischer Einwirkung von Schneiden auf den Werkstoff (DIN 8580, 3. Gruppe der Hauptgruppe Trennen). Die Schneiden werden von *Hartstoffkörnern* gebildet. Sie sind unregelmäßig geformt und angeordnet. Die Schneidengeometrie wird daher nicht am Einzelkorn beschrieben. Die einzelne Schneide ist geometrisch unbestimmt. Die Unterscheidung erfolgt in Untergruppen:
− Schleifen mit rotierendem Werkzeug,
− Bandschleifen,
− Hubschleifen,
− Honen,
− Läppen,
− Gleitspanen,
− Strahlspanen (DIN 8200).
Den Verfahren ist gemeinsam, daß die Hartstoffkörner meist mehrere Schneiden bilden. Die für die Spanbildung wichtigen Schneidenwinkel, der *Freiwinkel* α, der *Spanwin-*

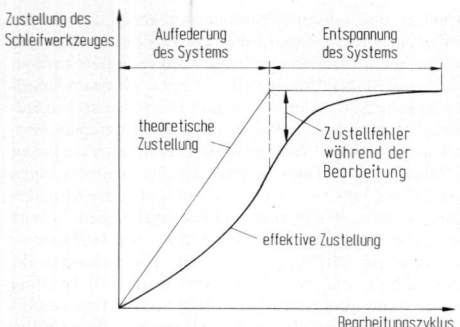

Bild 34. Zustellfehler bei der Feinbearbeitung durch elastische Verformungen im System Maschine-Werkzeug-Werkstück

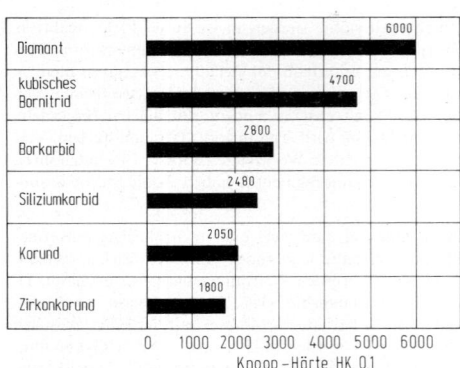

Bild 36. Knoopsche Härte verschiedener Hartstoffe

kel γ bzw. der *Keilwinkel* β werden nur mit statistischen Parametern wie Mittelwerten oder Verteilungen angegeben. Im Mittel treten stark negative Spanwinkel und große Kontakt- und Reibzonen zwischen Korn und Werkstück auf. Die Schneiden dringen meist nur Mikrometer in den Werkstoff ein. Die Spanungsdickenverteilung hängt von der Lage der Schneiden im Kornverbund (Mikrotopographie des Schneidenraums) und von der Mikrogeometrie der zerspanten Werkstückoberfläche ab. Es kommt nicht nur zu einer Spanabnahme, sondern auch zu elastischen und plastischen Verformungen ohne Spanabnahme.

An den überwiegend negativen Spanwinkeln der Schneiden ergeben sich hohe Normalkräfte zwischen Werkzeug und Werkstück. Sie führen zu elastischen Verformungen in der Maschine (Auffederung des Gestells und Spindeldurchbiegung), im Werkzeug und im Werkstück. Die Verformungen können die üblichen geringen Zustellungen deutlich überschreiten. Daher muß zwischen theoretischer und effektiver Zustellung unterschieden werden, **Bild 34.**

Bearbeitungsverfahren mit geometrisch unbestimmter Schneide werden häufig als Endbearbeitungsverfahren für Werkstücke eingesetzt, an die erhöhte Qualitätsanforderungen gestellt werden. **Bild 35** zeigt einen Vergleich verschiedener Feinbearbeitungsverfahren bezüglich Arbeitsergebnis und Wirtschaftlichkeit. Man erkennt, daß die Schleifverfahren hohe Abtragsraten erzielen, die Verfahren Honen und Läppen die besten Oberflächenqualitäten zu erzeugen vermögen.

Die Schneiden zum Trennen des Werkstoffs werden durch die Kontur von Hartstoffkörnern gebildet. Es kommen sprödharte Hartstoffe wie Zirkonkorund (ZrO_2 mit Al_2O_3), Korund (Al_2O_3), Siliziumkarbid (SiC), Borcarbid (B_4C), Bornitrid (BN) und Diamant (C) zum Einsatz, deren Härte in **Bild 36** dargestellt ist. Diamantkörner weisen die höchste Härte auf. Für die Stahlbearbeitung ist Diamant jedoch nicht geeignet, da zwischen Diamant und Eisen eine hohe chemische Affinität besteht, die zu starkem Verschleiß des Werkzeugs führt.

Die Klassierung der Körner nach Größe erfolgt durch Absieben (DIN 69 100). Grundlage aller Standards (s. **Anh. S4 Tab. 5**) ist die Maschenweite der Siebe, durch die die Schleifkörner durchtreten. Dabei wird die mittlere Korngröße von der Form (Splittrigkeit) des Einzelkorns bestimmt. Unterhalb einer bestimmten Korngröße kann durch Absetzen aus einer aufgeschlämmten Wasser-Korn-Suspension klassiert werden. Die Körner werden zu einem Werkzeug gebunden verwandt (Schleifen, Honen) oder auch in loser Form eingesetzt (Läppen, Strahlen).

Die Bindung wird je nach den Erfordernissen des Bearbeitungsprozesses und denen des Kornmaterials gewählt. Es werden anorganische Bindungen (Keramik, Silicat, Magnesit), organische Bindungen (Gummi, Kunstharz, Leim) und metallische Bindungen (Bronze, Stahl, Hartmetall) eingesetzt. Bindungen aus Keramik oder Kunstharz werden überwiegend verwandt. Bei der Herstellung eines

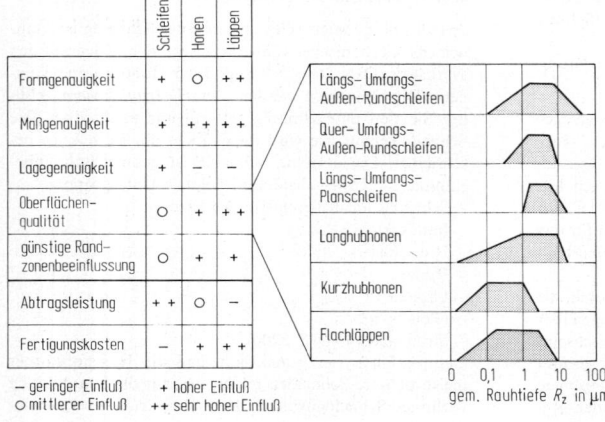

	Schleifen	Honen	Läppen
Formgenauigkeit	+	o	+ +
Maßgenauigkeit	+	+ +	+ +
Lagegenauigkeit	+	−	−
Oberflächenqualität	o	+	+ +
günstige Randzonenbeeinflussung	o	+	+
Abtragsleistung	+ +	o	−
Fertigungskosten	−	+	+ +

− geringer Einfluß + hoher Einfluß
o mittlerer Einfluß + + sehr hoher Einfluß

Bild 35. Wirtschaftlicher und technologischer Vergleich verschiedener Feinbearbeitungsverfahren

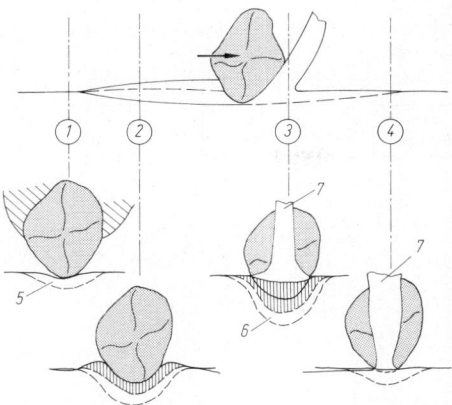

Bild 37. Phasen der Spanbildung. Phasen: *1* elastische Verformung, *2* elastische und plastische Verformung (Pflügen), *3* elastische und plastische Verformung (Pflügen) und Scherverformung des Spans (Trennverformung), *4* elastische Verformung und Scherverformung des Spans, *5* Zone elastischer Verformung, *6* Zone plastischer Verformung, *7* Span

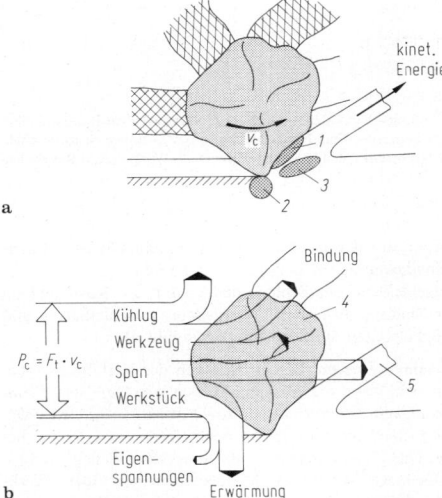

Bild 38. Energieumsetzung. **a** Effekte der Energieumsetzung; **b** Energieflüsse. *1* Reibung, *2* Trennung, *3* Scherung, *4* Korn, *5* Span

Werkzeugs kann dessen Struktur durch Variation der Korn-, Bindungs- und Porenanteile in Grenzen beeinflußt werden.

Der *Spanbildungsmechanismus* beim Einsatz geometrisch unbestimmter Schneiden unterscheidet sich von dem der geometrisch bestimmten Zerspanung, **Bild 37.** Kennzeichnend für diesen Prozeß ist der oftmals stark negative Spanwinkel am Einzelkorn. Hierdurch kommt es in Phase *1* zu elastischen Verformungen des Werkstoffs. In Phase *2* treten plastische Werkstoffverformungen auf, während in Phase *3* die eigentliche Spanabnahme stattfindet. Es treten hohe Reibanteile zwischen Einzelkorn und Werkstoff auf.

Die zugeführte mechanische Energie wird nahezu ausschließlich in Wärme umgesetzt. **Bild 38** zeigt qualitativ die Verteilung der Wärmeströme am Einzelkorn. Der größte Teil der entstandenen Wärmemenge fließt in das Werk-

stück, ein kleinerer Teil in das Korn, die Bindung und die Umgebung (Kühlschmiermittel, Luft). Durch Temperaturerhöhung im Werkstück kann dessen Randzone beeinträchtigt werden. Dies äußert sich in thermisch bedingten Eigenspannungen, Gefügeänderungen oder Rissen, die das spätere Einsatzverhalten beeinflussen. Bei Verwendung gut wärmeleitender Korn- (CBN, Diamant) und Bindungswerkstoffe wird der Wärmeanteil, der in das Werkstück gelangt, vermindert [25].

Beim Spanen mit geometrisch unbestimmter Schneide ist der Einsatz von *Kühlschmiermittel* für das Arbeitsergebnis von Bedeutung. Durch die Kühl- und die Schmierwirkung kann der Werkzeugverschleiß gesenkt werden. Außerdem wird die Temperatur des Werkstücks gemindert und somit die Gefahr thermischer Randzonenschädigungen verringert. Eingesetzt werden nicht wassermischbare (Öle) und wassermischbare (Emulsionen, Lösungen) Kühlschmierstoffe (DIN 51 385), deren Wirkung durch Additive (polare und EP-Additive zur Verbesserung der Schmierwirkung, Entschäumer, Biozide und Rostinhibitoren) noch verbessert werden kann. Die Kühlwirkung hängt von physikalischen Kenngrößen ab: spezifische Wärmekapazität c in kJ/kg K, Wärmeübergangskoeffizient α in W/m² K, Wärmeleitfähigkeit λ in W/m K, Verdampfungswärme l_d in kJ/kg und Oberflächenspannung σ in N/m.

Die Schmierwirkung wird durch die tribologischen Kenngrößen des Kühlschmierstoffs beschrieben.

4.3.2 Schleifen mit rotierendem Werkzeug
Grinding with rotating tool

Verfahren. Schleifen wird in DIN 8589, T 11, in sechs Verfahren nach der Form der erzeugten Flächen unterteilt. **Bild 39 a** zeigt die Gliederung und **Bild 39 b–k** Beispiele für verschiedene Bewegungsaufteilungen und Werkzeugformen.

Spanbildung. Der Materialabtrag erfolgt, indem Schleifkörner auf einer flachen Bahn in den Werkstoff eindringen. Wegen der i. allg. ungünstigen Schneidenform finden neben der eigentlichen Spanbildung Reibungs- und Verdrängungsvorgänge statt. Zur Beurteilung des Verfahrens werden statistische Mittelungen vorgenommen. **Bild 40** zeigt vereinfachend, wie durch das Aufeinanderfolgen zweier Schneiden ein kommaförmiger Span entsteht. Während das Korn *1* den Weg *AB* zurückgelegt hat, hat sich der Schleifscheibenmittelpunkt von *0* nach *01* weiterbewegt. Das nachfolgende Korn *2* wird die Bahn *CD* zurücklegen. Die Dicke eines durchschnittlichen Spans steigt dabei von 0 bis auf h_{max} an. Eine einfache Beziehung für die mittlere unverformte Spanungsdicke h erhält man durch Anwendung der Kontinuitätsbeziehung $v_{ft} a_e a_p = v_c C V_{Sp} a_p$:

$$\bar{h} = \frac{v_{ft}}{v_c} \cdot \frac{1}{bC} \sqrt{\frac{a_e}{d_{eq}}}$$

mit $\bar{l} = \sqrt{a_e d_{eq}}$, $V_{Sp} = \bar{l}b\bar{h}$ und $d_{eq} = \frac{d_w d_s}{d_w \pm d_s}$ (+ Außenrundschleifen, − Innenrundschleifen) oder

$$h = \sqrt{\frac{v_{ft}}{v_c} \cdot \frac{1}{rC} \sqrt{\frac{a_e}{d_{eq}}}} \quad \text{mit } r = \frac{\bar{b}}{\bar{h}}.$$

Hierin sind: $\bar{h}$ mittlere (unverformte) Spanungsdicke, $\bar{l}$ mittlere (unverformte) Spanungslänge, $\bar{b}$ mittlere (unverformte) Spanungsbreite, v_{ft} Werkstück-Vorschubgeschwindigkeit, v_c Schnittgeschwindigkeit, a_e Schnittiefe, Zustellung, a_p Eingriffsbreite (Schleifbreite), d_{eq} äquivalenter Schleifscheibendurchmesser, d_s Schleifscheibendurchmesser, d_w Werkstückdurchmesser ($\to \infty$ beim Planschleifen), C Anzahl der aktiven Schneiden pro Flächeneinheit der

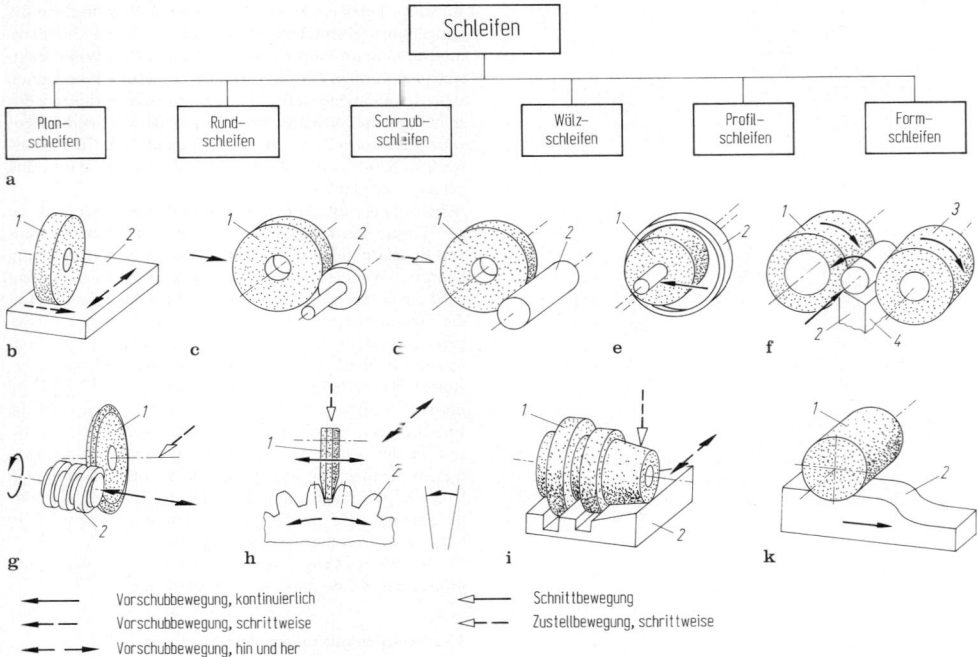

Bild 39. Schleifverfahren, schematisch (DIN 8589). **a** Gliederung; **b** Längs-Umfangs-Planschleifen; **c** Quer-Umfangs-Außen-Rundschleifen; **d** Längs-Umfangs-Außen-Rundschleifen; **e** Quer-Umfangs-Innen-Rundschleifen; **f** Spitzenlos-Durchlaufschleifen; **g** Längs-Außen-Schraubschleifen; **h** diskontinuierliches Außen-Wälzschleifen; **i** Längs-Außen-Profilschleifen; **k** Nachformschleifen. *1* Schleifscheibe, *2* Werkstück, *3* Regelscheibe, *4* Auflage

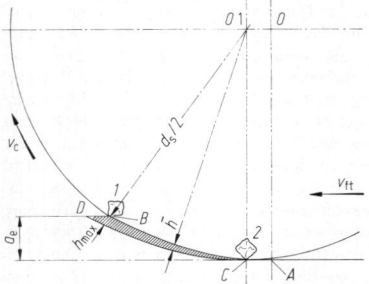

Bild 40. Eingriffsverhältnisse beim Planschleifen (Erläuterungen im Text)

Schleifscheibe, *r* Verhältnis mittlere Spanungsdicke zu mittlerer Spanungsbreite. Die maximale Spanungsdicke h_{max} beträgt das Doppelte der so ermittelten mittleren Spanungsdicke $\bar{h}$.

Wegen meßtechnischer Schwierigkeiten bei der Bestimmung der Kornzahl und -verteilung wird häufig die äquivalente Spanungsdicke h_{eq} als Kenngröße zur Beurteilung des Schleifprozesses verwendet [26, 27]:

$$h_{eq} = a_e v_{ft} / v_c.$$

Schleifscheibenaufbau. Eine Schleifscheibe besteht aus *Korn, Bindung* und *Poren.* Die Spezifikation einer Schleifscheibe ist nach DIN 69100 genormt. Schleifscheiben aus Diamant oder kubischem Bornitrid (CBN) sind in dieser Norm nicht berücksichtigt. Sie bestehen aus einem Grund-

körper, auf den der Schleifbelag aufgebracht ist. Übliche Belagdicken liegen zwischen 2 und 5 mm.

Verschleiß an der Schleifscheibe kann am Korn und an der Bindung auftreten. Verschiedene Verschleißarten und Möglichkeiten der Schärfung zeigt **Bild 41**.

Verfahrensgrenzen. Beschränkungen des Verfahrens ergeben sich, wenn die Ausgangsgrößen wie *Maß- und Formgenauigkeit, Oberflächengüte* sowie *Werkstückrandzonenbeschaffenheit* nicht innerhalb der geforderten Grenzen liegen. Das Zusammenwirken der unterschiedlichen Einflußgrößen, wie Werkstück, Maschineneinstellgrößen, Werkzeug, Kühlschmierung, etc. kann dabei außerordentlich vielfältig sein.

Eine mechanische oder thermische Überlastung des Werkstoffs im Schleifprozeß kann die Eigenschaften eines geschliffenen Bauteils negativ beeinflussen [28]. Typische Schleiffehler, die auf eine fehlerhafte Prozeßführung hinweisen, sind Rattermarken, Zugeigenspannungen [29], Schleifbrand und Risse am Werkstück.

Abrichten. Ziel des Abrichtens ist es, der Schleifscheibe das geforderte *Profil* und den nötigen *Rundlauf* zu geben (Profilieren) sowie die notwendige *Schleifscheibentopographie* mit schneidfähigen Körnern (Schärfen) zu erzeugen. In der Regel werden beide Vorgänge in einem Arbeitsgang durchgeführt, indem ein Abrichtwerkzeug an der Schleifscheibenoberfläche vorbeibewegt wird. In [30] ist eine Übersicht über gebräuchliche *stehende* und *rotierende* Abrichtwerkzeuge enthalten. Wesentlicher Bestandteil der Abrichtwerkzeuge sind mit Diamantkörnern belegte Körper, es gibt aber auch diamantfreie Stahl- und Keramikkörper bzw. -flächen. Galvanisch gebundene, mit nur einer Kornschicht belegte Schleifwerkzeuge

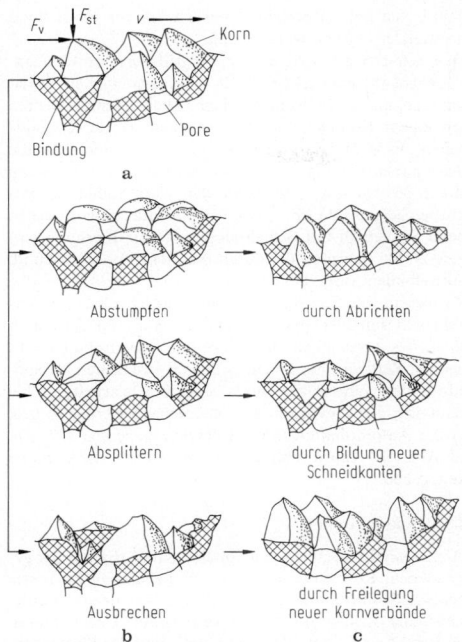

Bild 41. Verschleißarten und Möglichkeiten des Schärfens. **a** scharfe Schleifscheibe; **b** Verschleißarten; **c** Möglichkeiten der Schärfung

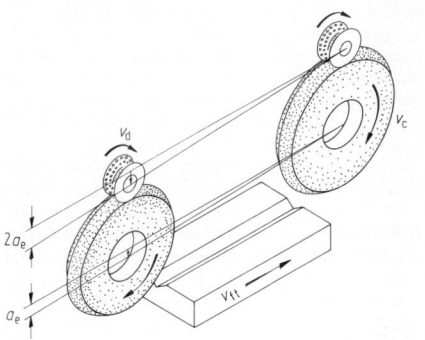

Bild 42. Prinzip des Schleifens mit kontinuierlichem Abrichten

sind nicht abrichtbar. Ihr Standzeitende ist erreicht, wenn diese Kornschicht verbraucht ist.

Eine Sonderstellung nimmt das Schleifen mit kontinuierlichem Abrichten ein (CD-Schleifen = continuous dressing), **Bild 42**. Hierbei ist das Abrichtwerkzeug, in der Regel eine Diamant-Abrichtrolle, während des Schleifens im Eingriff und wird kontinuierlich radial zur Schleifscheibe zugestellt. Dadurch, daß ständig für ein konstantes Schleifscheibenprofil und gleichmäßige Schleifscheibentopographie mit scharfen Schneiden gesorgt wird, läßt sich das Zeitspanvolumen erheblich steigern [31]. Mit Hilfe der Maschinensteuerung müssen Abrichtwerkzeug und Schleifscheibe so in bezug auf das Werkstück zugestellt werden, daß die Durchmesserabnahme der Schleifscheibe kompensiert wird.

Entwicklungstendenzen. Das Schleifen hat sich vom traditionellen Feinbearbeitungsverfahren zur Verbesserung von Maß, Form und Oberflächengüte zu einem sehr vielseitigen und leistungsfähigen Fertigungsverfahren entwickelt.

Neue Schleifverfahren wie Tiefschleifen, Hochgeschwindigkeitsschleifen und Schleifen mit kontinuierlichem Abrichten (CD-Schleifen), der zunehmende Einsatz der superharten Schleifmittel Diamant und kubisches Bornitrid (CBN) sowie die CNC-Technik und Sensorik haben gleichermaßen zur Leistungssteigerung dieses Fertigungsverfahrens beigetragen.

4.3.3 Bandschleifen. Belt grinding

Dies ist ein Schleifen mit Werkzeugen auf einer Unterlage (DIN 8589). Nach den herstellbaren Flächen läßt sich das Bandschleifen entsprechend **Bild 43** gliedern.

Das *Plan-Bandschleifen* überwiegt in der industriellen Anwendung, **Bild 44**. Üblich ist das Bandschleifen mit konstanter Normalkraft F_n (Anpreßkraft). Damit lassen sich gleichbleibende Oberflächengüten erreichen. Das Zeitspanvolumen stellt sich je nach Schärfe des Bands (der aktiven Schneiden) ein. Beim Bandschleifen mit konstantem Arbeitseingriff a_e wird ein gleichbleibendes Zeitspanvolumen abgespant. Oberflächengüten stellen sich in Abhängigkeit vom Schneidenzustand ein. Das Verfahren eignet sich besonders zum Abtragen hoher Volumenraten (Zeitspanvolumina) [33].

Das instationäre Verhalten der Prozeßgrößen beim Bandschleifen mit konstantem Arbeitseingriff hängt von der Veränderung der Schneiden während des Einsatzes ab. Im Gegensatz zu Schleifscheiben bestehen Schleifbän-

S

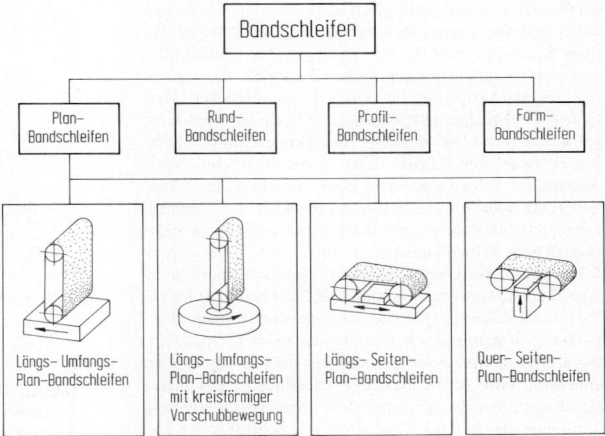

Bild 43. Übersicht der Bandschleifverfahren mit Feingliederung des Plan-Bandschleifens (DIN 8589, T 12)

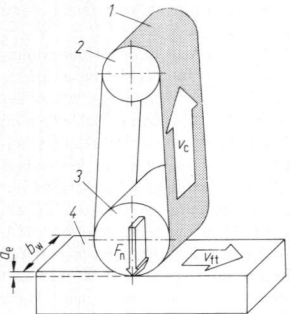

Bild 44. Prinzipielle Darstellung der Verfahrensvarianten beim Plan-Bandschleifen. Schnittgeschwindigkeit v_c, Werkstückgeschwindigkeit v_{ft}, Arbeitseingriff a_e, Schleifbreite b_w, Normalkraft F_n, *1* Schleifband, *2* Umlenkrolle, *3* Kontaktrolle, *4* Werkstück

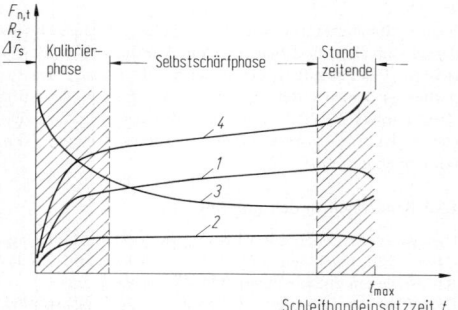

Bild 45. Prozeßverhalten eines Schleifbands während der Einsatzzeit. *1* Normalkraft F_n, *2* Tangentialkraft F_t, *3* gemittelte Rauhtiefe R_z, *4* Radialverschleiß Δr_s

der i. allg. aus einem einlagigen Schleifbelag. Daher wird durch fortschreitenden Korn- und Bindungsverschleiß der Schneidenraum über der Einsatzzeit verändert.

Über die *Standzeit* des Schleifbands lassen sich drei typische Phasen unterscheiden, **Bild 45**. In der Kalibrierphase läuft ein sich schnell verändernder Einschleifvorgang ab. Die wenigen am weitesten aus dem Schneidenraum herausragenden Körner, bedingt durch den Herstellungsprozeß der Bänder, brechen sehr schnell aus. Dadurch steigt der Radialverschleiß anfänglich stark an, und es kommen tiefer liegende Körner in Eingriff. Die Zunahme der aktiven Schneiden bewirkt ein Ansteigen der Schleifkräfte und eine Abnahme der gemittelten Rauhtiefe R_z.

Die Selbstschärfphase ist durch kontinuierlichen Verschleiß, verbunden mit ständiger Neuschneidenbildung, gekennzeichnet. Die Zunahme der aktiven am Zerspanprozeß beteiligten Körner führt zu einem gleichmäßigen Anstieg der Schleifkräfte und einer Abnahme der Rauhtiefe. Das Standzeitende ist gekennzeichnet durch schnell fortschreitenden Korn- und Bindungsverschleiß, der letztendlich zum Schleifbandausfall führt.

Schleifbänder bestehen aus den vier Komponenten Unterlage (Papier, Gewebe), Grund- und Deckbinder (Phenolharze) und Körnung (Korund, Zirkonkorund, Siliziumkarbid). Die Streuung des Kornmaterials auf den Grundbinder erfolgt in einem elektrostatischen Feld. Dadurch wird eine senkrechte Ausrichtung der Schleifkörner gewährleistet. Gegenüber der konventionellen Schwerkraftstreuung kann eine gleichmäßige Verteilung der Schleifkörner und

damit eine hohe Reproduzierbarkeit bei der Herstellung der Bänder erreicht werden [32].

Das Schleifband wird in der Eingriffszone durch Kontaktelemente unterstützt. Beim Umfangsschleifen arbeitet man mit einer Kontaktscheibe, beim Seitenschleifen mit einem Kontaktschuh oder -balken. Harte Kontaktrollen aus Aluminium oder Stahl sind besonders für die Schruppbearbeitung mit Schleifbändern grober Körnung (Korn 36; 50) zum Übertragen der relativ hohen Schleifkräfte geeignet. Weiche, gummierte Kontaktrollen werden beim Schlichten mit Schleifbändern feiner Körnung eingesetzt. Sie dämpfen die durch den Schleifbandverschluß auftretenden Stöße [33].

Konventionelle Einsatzgebiete des Bandschleifens sind das Schleifen von Blechplatten und Blechcoils, das Entgraten sowie das Abschleifen von Schweißnahtüberhöhungen. In neuerer Zeit wird das Hochleistungsbandschleifen als Substitutionsverfahren zur Dreh- und Fräsbearbeitung bei Bauteilen aus Grauguß oder Aluminiumlegierungen u. a. in der Automobilindustrie erfolgreich eingesetzt [32, 33]. In **Anh. S4 Tab. 6** sind einige wesentliche Schleifdaten angegeben.

4.3.4 Honen. Honing

Honen wird mit einem vielschneidigen Werkzeug aus gebundenem Korn mit einer aus zwei Komponenten bestehenden Schnittbewegung ausgeführt, von denen mindestens eine oszillierend ist. Die wesentlichen Honverfahren sind das Außenrund-, das Innenrund- und das Planhonen. Nach der Größe der Oszillationsamplitude können weiterhin zwei Hauptgruppen, das Langhubhonen und das Kurzhubhonen, unterschieden werden, **Bild 46** [34].

Beim *Langhubhonen* wird mit großer Oszillationsamplitude und geringer Frequenz gearbeitet; beim *Kurzhubhonen* wird die Oszillationsbewegung mit geringer Amplitude und entsprechend hoher Frequenz ausgeführt. Die Bahnkurven in **Bild 45** geben die Bewegung einer Honleiste auf einer abgewickelten Werkstückoberfläche wieder.

Aufgrund der überlagerten Bewegung beim Honen zeigt die Werkstückoberfläche gekreuzte Spuren der schneidenden Körner, wobei beide Spuren einen Winkel α einschließen, **Bild 47**. Die Größe des Überschneidungswinkels α wird durch die Wahl des Verhältnisses der axialen (v_a) und

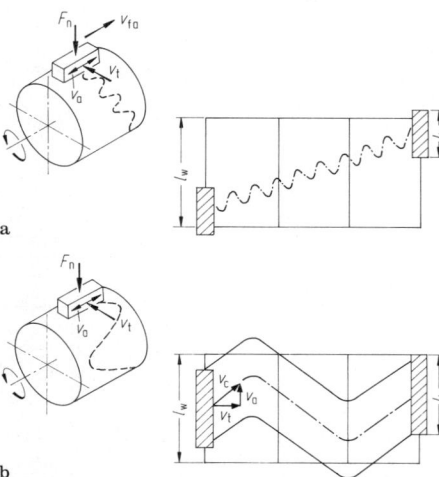

Bild 46. Geometrie und Kinematik **a** beim Kurz- und **b** Langhub-Außenrundhonen [34]. v_{fa} axiale Vorschubgeschwindigkeit, l_w Werkstücklänge, l_n Länge der Honleiste

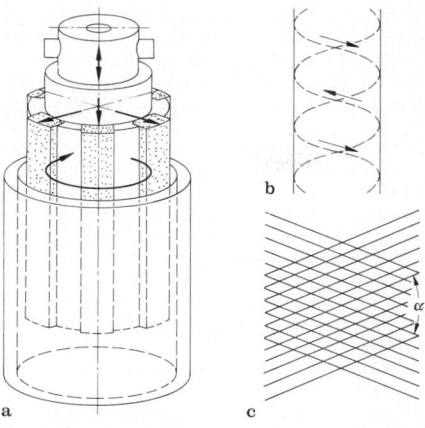

Bild 47. Arbeitsvorgang beim Langhubhonen. **a** Arbeitsprinzip; **b** Honbewegung des Werkzeugs; **c** Oberflächenstruktur (α Überschneidungswinkel)

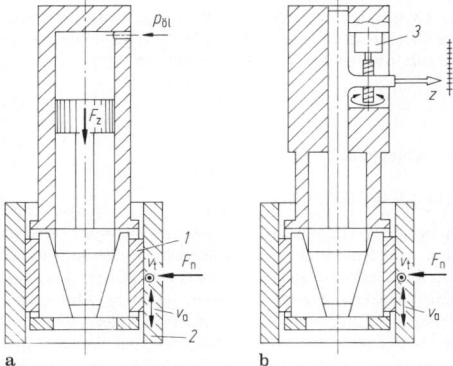

Bild 48. Kraft- und wegabhängige Vorschubeinrichtung zum Honen [37]. **a** kraftabhängig; **b** wegabhängig; *1* Honleiste, *2* Werkstück, *3* Schrittmotor

der tangentialen (v_t) Schnittgeschwindigkeitskomponente bestimmt. Für Werkstücke ohne Längs- und Quernuten wird der Winkel α i. allg. mit 45° angesetzt. Die Schnittgeschwindigkeit v_c läßt sich durch die genannten Geschwindigkeitskomponenten beim Honen nach $v_c = (v_a^2 + v_t^2)^{1/2}$ berechnen. Üblicherweise ist die Schnittgeschwindigkeit nicht höher als $v_c = 1,5$ m/s [35, 36].

Während der Schnittbewegung werden die Honleisten mit der Honnormalkraft F_n, die durch unterschiedliche Vorschubsysteme erzeugt werden kann, an die zu bearbeitende Werkstückfläche gepreßt, **Bild 48**. Bei kraftabhängigem Vorschub wird ein definierter Hydraulikdruck $p_{öl}$ an der Maschine eingestellt. Die daraus resultierende Zustellkraft F_z wird über einen Zustellstift und Konen auf die Honleisten übertragen. Bei wegabhängigem Vorschub werden definierte Vorschubwege, z.B. durch einen Schrittmotor, erzeugt, aus denen dann die Normalkraft F_n an den Honleisten resultiert [37].

Wichtige Einflußgrößen auf das Arbeitsergebnis des Honprozesses sind Kornart, Korngröße, Bindungsart, Härte und Tränkung der Honleisten. Die Kornarten lassen sich in die konventionellen Kornwerkstoffe Korund und Siliziumkarbid sowie in die superharten Kornwerkstoffe Dia-

mant und kubisch kristallines Bornitrid (CBN) unterteilen. Die Korngröße hat einen Einfluß auf das Zeitspanvolumen und die Oberflächenqualität. Die erreichbaren Rauhtiefen liegen bei $R_z = 1$ μm für das Langhubhonen beziehungsweise $R_z = 0,1$ μm für das Kurzhubhonen. Dabei werden Maß und Formgenauigkeiten von 1 bis 3 μm an den bearbeiteten Werkstücken erzielt. Im Gegensatz zum Schleifen werden die in der Honleiste gebundenen Körner durch die Oszillationsbewegung mehrachsig beansprucht. Daher sind Honwerkzeuge selbstschärfend.

Wie beim Schleifen wird auch beim Honen Kühlschmiermittel eingesetzt. Aufgrund der geringen Schnittgeschwindigkeit tritt allerdings kaum eine Erwärmung auf, so daß die Kühlwirkung eine untergeordnete Rolle spielt. Die Flächenberührung zwischen Honstein und Werkstück erfordert vielmehr eine reibungsmindernde Schmierwirkung. Deshalb wird i. allg. reines Öl, gegebenenfalls mit Zusätzen verwendet.

Die Anwendungsbereiche des Honens sind ebenfalls nach Lang- und Kurzhubhonen zu unterteilen. Das Langhubhonen wird i. allg. für innenzylindrische Werkstücke, z.B. Kolbenlaufbahnen in Verbrennungsmotoren, eingesetzt. Das Kurzhubhonen wird vornehmlich zur Bearbeitung kleiner, zylindrischer Bauteile, wie z.B. Laufbahnen an Wälzlagerinnen- und Außenringen oder Wälzlagerrollen, eingesetzt [34].

4.3.5 Sonstige Verfahren: Läppen, Innendurchmesser-Trennschleifen
Lapping, inner diameter cut-off grinding

Läppen

Nach DIN 8589 ist Läppen definiert als Spanen mit losem, in einer Paste oder Flüssigkeit verteiltem Korn, dem Läppgemisch, das auf einem meist formübertragenden Gegenstück (Läppwerkzeug) bei möglichst ungeordneten Schneidbahnen der einzelnen Körner geführt wird. Bei den Läppverfahren wird nach Plan-, Rund- und Bohrungsläppen sowie Schwingläppen unterschieden, **Bild 49**.

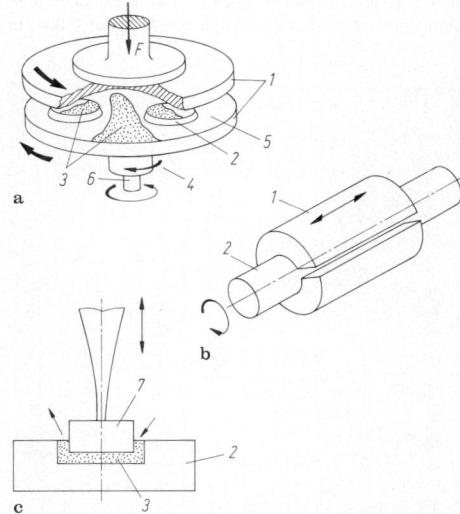

Bild 49. Läppverfahren (DIN 8589, T 15). **a** Planparallelläppen; **b** Läppen von Außenzylindern; **c** Schwingläppen. *1* Läppmittelträger, *2* Werkstück, *3* Läppmittel, *4* Läppscheibenantrieb, *5* Läppkäfig, exzentrisch, gelagert, *6* Käfigantrieb, *7* Schwingrüssel

Beim *Plan-* bzw. *Planparallelläppen* wird mit Ein- oder Zweischeibenläppmaschinen gearbeitet. Die Läppscheiben dienen als Träger des Läppmittels. Sie werden überwiegend aus perlitischen Gußwerkstoffen oder gehärteten Stahllegierungen gefertigt.

Das Läppmittel setzt sich aus dem Läppulver und dem Trägermedium im Verhältnis 1 : 2 bis 1 : 6 zusammen. Als Läppulver werden Körner aus Siliziumkarbid, Korund, Borkarbid oder Diamant verwendet. Welche Kornart im einzelnen Anwendungsfall einzusetzen ist, richtet sich nach dem zu bearbeitenden Werkstoff. Im allgemeinen wird mit Korngrößen von 5 bis 40 µm gearbeitet. Als Trägermedium wird neben dickflüssigen Ölen oder ähnlichen Flüssigkeiten in den letzten Jahren immer häufiger Wasser mit entsprechenden Zusätzen verwendet. Die Läppflüssigkeiten haben u. a. die Aufgabe, das Werkstück zu kühlen und den Spänetransport aus der Wirkzone zu gewährleisten.

Läppen ist ein Fein- bzw. Feinstbearbeitungsverfahren zur Erzeugung von Funktionsflächen höchster Oberflächenqualität. Dabei werden Rauhtiefen bis $R_t = 0,03$ µm, Ebenheiten $< 0,3$ µm/m und Planparallelitäten bis zu 0,2 µm erzielt. Typische Anwendungsgebiete der Läppverfahren sind die Bearbeitung von Präzisions-Hartmetallwerkzeugen, Kaliberlehren oder Hydraulikkolben. Eine Sonderform der Läppverfahren stellt das Ultraschall-Schwingläppen dar, das sich besonders für die Bearbeitung sprödharter Werkstoffe, z.B. fertiggesinterte Keramikbauteile, eignet [38, 39].

Innendurchmesser-Trennschleifen

Das Innendurchmesser-(ID-)Trennschleifen, in der industriellen Praxis auch „Innenlochsägen" genannt, ist ein hochpräzises Feinbearbeitungsverfahren für sprödharte Werkstoffe. Es dient zum Aufteilen von stabförmigen Werkstücken in dünne Scheiben, **Bild 50**.

Neben optischen Werkstoffen (Gläser, Glaskeramiken), magnetischen Materialien (Samarium-Kobalt, Neodym-Eisen-Bor), Keramiken und Kristallen für Festkörperlaser werden vor allem Halbleitermaterialien bearbeitet. Von Silizium-Einkristallstäben werden dünne Scheiben, sog. Wafer, abgetrennt (s. S 5.3).

Im Vergleich zu herkömmlichen Trennschleifverfahren kann mit dem ID-Trennschleifen der Materialverlust im

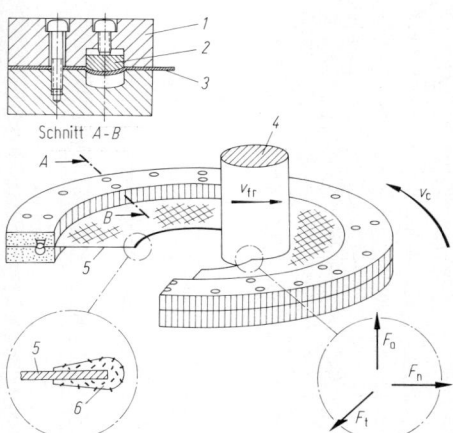

Bild 50. Prinzip des ID-Trennschleifens. *1* Klemmring, *2* Spannring, *3* ID-Trennblatt, *4* Si-Kristall, *5* Blattkern, *6* Schneidkante mit Diamantbelag, v_c Schnittgeschwindigkeit, v_{fr} radiale Vorschubgeschwindigkeit, F_n, F_t, F_a Prozeßkräfte

Schneidspalt durch eine geringe Schnittbreite um ca. 80% verringert werden. Besonders für teure und hochwertige Werkstoffe bedeutet dies einen entscheidenden Vorteil.

Um die für das Verfahren charakteristischen dünnen Schnittbreiten zu realisieren, wird beim ID-Trennschleifen ein vergleichsweise unkonventionelles Werkzeug eingesetzt. Der Werkzeuggrundkörper besteht aus einer hochfesten kaltgewalzten Edelstahlronde mit einer Dicke zwischen 100 und 170 µm.

Am Innenrand des Trennblatts ist galvanisch ein Diamantbelag in einer Nickelbasisbindung aufgebracht, der die tropfenförmige Schneidkante bildet. Die gängigen Körnungen bewegen sich zwischen 45 und 130 µm. Dementsprechend reicht die Schnittbreite von 0,29 bis zu 0,7 mm. Als Schneidstoff wird in der Regel Naturdiamant verwendet. Für spezielle Anwendungsfälle kann auch CBN eingesetzt werden. Werkstückdurchmesser bis 200 mm können bearbeitet werden.

Um die für den Trennprozeß notwendige Steifigkeit an der Schneidkante zu erhalten, wird das Trennblatt, einem Trommelfell vergleichbar, mit einer speziellen Spannvorrichtung am Außenrand aufgespannt. Das ID-Trennblatt wird dabei radial aufgeweitet, bis am Innenrand die tangentialen Spannungen Werte im Bereich von etwa 1800 N/mm² erreichen. Beim Trennschleifprozeß wird das Werkstück in einer radialen Vorschubbewegung relativ zum rotierenden Werkzeug bewegt [40, 41].

4.4 Abtragen. Erosion

4.4.1 Gliederung. Survey

Spanende Verfahren arbeiten mit mechanischer Einwirkung von Schneiden auf das Werkstück. Sie sind daher von den Werkstoffeigenschaften wie Festigkeit, Härte, Verschleißwiderstand oder Zähigkeit abhängig. Abtragende Verfahren nutzen *thermische, chemische* oder *elektrochemische Prozesse* zur Formgebung. Sie sind von den mechanischen Eigenschaften der Werkstoffe unabhängig. Sie sind für das Spanen schwer oder gar nicht bearbeitbarer Stoffe eingeführt (hochvergütete Werkzeugstähle, Nickelbasislegierungen oder hochharte Werkstoffe wie Diamant oder kubisches Bornitrid). Sie werden auch für die Bearbeitung komplexer, schwer zugänglicher oder sehr kleiner (Mikrotechnologie) Flächen und Konturen eingesetzt.

Nach DIN 8590 ist Abtragen Fertigen durch Abtrennen von Stoffteilchen von einem festen Körper ohne mechanische Einwirkung (s. **S 5 Bild 43**).

Der *thermische Abtragprozeß* ist durch das Abtrennen von Werkstoffteilchen in festem, flüssigem oder gasförmigem Zustand unter Wärmeeinwirkung bestimmt. Das Entfernen der abgetrennten Teilchen wird durch mechanische und/oder elektromagnetische Kräfte bewirkt. Nach dem Energieträger, durch den die für den Trennvorgang notwendige Wärme von außen zugeführt wird, erfolgt die weitere Unterteilung dieser Untergruppe.

Das Wirkprinzip des *chemischen Abtragens* beruht auf der chemischen Reaktion des Werkstoffs mit einem Wirkmedium zu einer Verbindung, die flüchtig ist oder sich leicht entfernen läßt. Die Stoffumsetzung kommt durch eine direkte chemische Reaktion zustande.

Das *elektrochemische Abtragen* ergibt sich aus der Reaktion von metallischen Werkstoffen mit einem dissoziierten elektrisch leitenden Wirkmedium unter der Einwirkung elektrischen Stroms zu einer Verbindung, die im Wirkmedium löslich ist oder ausfällt. Der Stromfluß wird durch eine äußere Spannungsquelle initiiert.

4.4.2 Thermisches Abtragen mit Funken
(Funkenerosives Abtragen)
Electro discharge machining (EDM)

Durch Funkenerosives Abtragen werden elektrisch leitende Werkstoffe in einem Dielektrikum bearbeitet. Dazu
werden Entladungen zwischen einer Elektrode und dem
Werkstück in schneller Folge auf- und abgebaut [42], **Bild
51**: In der 1. Phase tritt an der Stelle geringsten Abstands
(größte Feldstärke) Ionisation des Dielektrikums auf (t_1).
Es bildet sich lawinenartig (Stoßionisation) ein Entladekanal. Der Entladestrom baut sich auf, und die Spannung
fällt auf die physikalisch bedingte Spaltspannung von ca.
25 V ab (t_2). In der 3. Phase wird das Plasma im sich erweiternden Entladekanal aufgeheizt. Durch Einschnürung
der Entladung treten Temperaturen von ca. $10 \cdot 10^3$ K auf.
An den Lichtbogenenden (Elektrode und Werkstück) werden kleine Volumina aufgeschmolzen (t_3). Bei Impulsende
verdampft die überhitzte Schmelze explosionsartig (t_4).
Die Energie je Puls bestimmt die Kratergröße und die
Beeinflussung der Randzone am Werkstück [43].
Das *Dielektrikum* hat folgende Aufgaben: Isolation von
Werkstück und Elektrode, Einstellung günstiger Ionisie-
rungseigenschaften, Einschnürung des Entladekanals, Ab-
transport der Abtragpartikel und Kühlung von Elektrode
und Werkstück. Als Dielektrikum werden Kohlenwasser-
stoffe verwendet.
Die Funkenenergie wird von einem Generator erzeugt
(heute ausschließlich statische Impulsgeneratoren). Der
Impuls wird durch einen elektrischen Schalter gesteuert.
Die Strombegrenzung erfolgt durch die Impedanz Z, die
Impulsdauer ist von 1 bis 2000 µs einstellbar. Das Tastverhältnis $T = t_i/t_p$ ist zwischen 0,1 bis 0,5 variierbar, die
Leerlaufspannung von $U_i = 60$ V ... 300 V und der Impuls-
strom $I_e = 1 ... 300$ A umschaltbar.
Funkenerosives Abtragen kann in verschiedenen Varian-
ten betrieben werden, **Bild 52**. Beim *Senkerodieren* ist das
Werkzeug eine Elektrode mit der Negativform der zu
erzeugenden Gravur. Eine Senkerodiermaschine besteht
aus Werkzeugmaschine, Generator, Steuereinheit für
die Achsantriebe und das Dielektrikumsaggregat, **Bild 53**.
Antriebe in drei Raumrichtungen übernehmen die Positio-

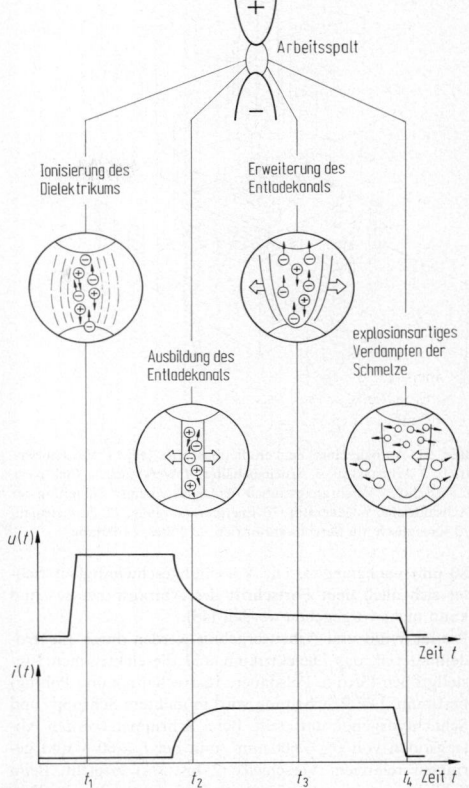

Bild 51. Phasen der Funkenentladung [44]

nierung und die Vorschubbewegung der Elektrode. Durch
Überwachung der elektrischen Größen am Funkenspalt
wird dessen Weite hochdynamisch dem Sollwert (ca. 10 bis

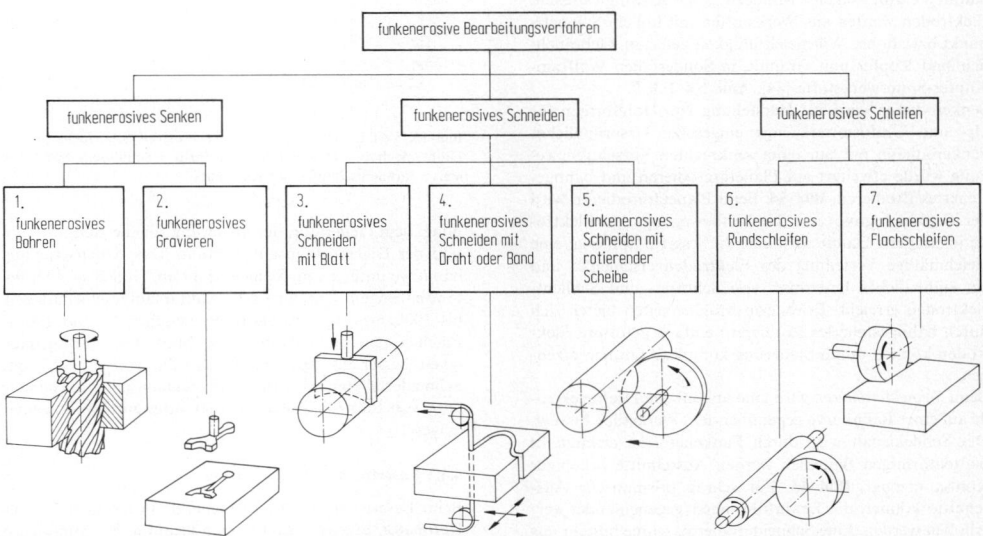

Bild 52. Einteilung der funkenerosiven Verfahren (nach VDI-Richtlinie 3400)

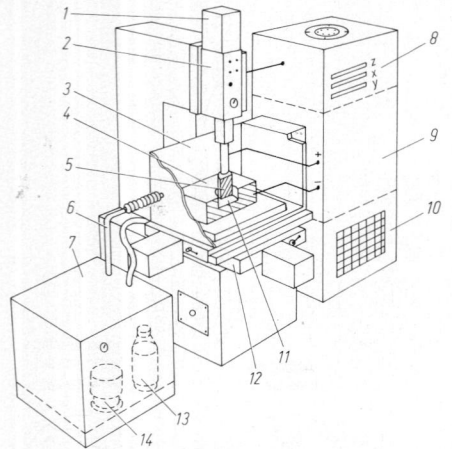

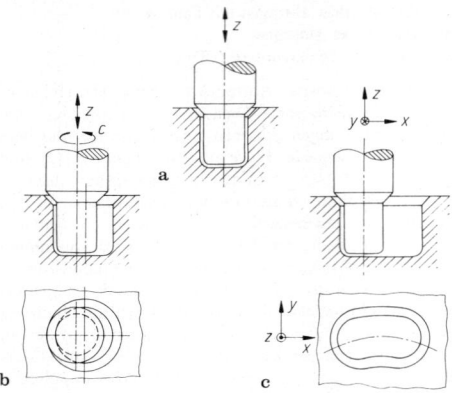

Bild 54. a Senkerodieren; **b** Planetärerodieren; **c** bahngesteuertes Erodieren; x, y, z, c: relative Elektrodenbewegung

Bild 53. Aufbau einer Senkerodiermaschine [45]. *1* Vorschuban-trieb, *2* Arbeitskopf, *3* Arbeitsbehälter, *4* Werkstück, *5* Elektrode, *6* Rückfluß, *7* Versorgungseinheit für Dielektrikum, *8* Steuerung der Achsantriebe, *9* Generator, *10* Energieversorgung, *11* Funkenspalt, *12* Kreuztisch mit Servomotorantrieb, *13* Filter, *14* Pumpe

80 μm) nachgeregelt. Die Vorschubgeschwindigkeit rich-tet sich nach dem Fortschritt des Abtragsprozesses und kann nicht vorgegeben werden [45].

Produktivität und Arbeitsergebnis werden durch Elektro-denmaterial, das Dielektrikum und die elektrischen Ein-stellgrößen (Strom, Pulsdauer, Tastverhältnis und Polung) bestimmt. Die Bearbeitung wird in mehrere Schrupp- und Schlichtvorgänge unterteilt. Beim Schruppen werden Ab-tragsraten von $Q_\mathrm{w} = 600\ \mathrm{mm^3/min}$ bei $I_\mathrm{e} = 60\ \mathrm{A}$ und ge-ringem relativem Verschleiß (2 bis 5%) erreicht. Beim Schlichten wird mit geringen Strömen und geringen Ent-ladedauern gearbeitet. Oberflächengüten von $R_\mathrm{a} = 0,3\ \mathrm{\mu m}$ und Maß- und Formabweichungen von weniger als 10 μm lassen sich erreichen. Der thermische Abtragsprozeß be-einflußt die Werkstückrandzone in einer Dicke von 5 bis 50 μm. Dort kann amorphes Gefüge auftreten. In der oberflächennahen Schicht treten Zugeigenspannungen auf, dadurch ergibt sich eine Minderung der Schwingfestigkeit. Elektroden werden aus Werkstoffen mit hohem Schmelz-punkt bzw. hoher Wärmeleitfähigkeit gefertigt. Gebräuch-lich sind Kupfer und Graphit, in Sonderfällen Wolfram-Kupfer-Sinterwerkstoffe [44], **Anh. S 4 Tab. 7.**

Senkerodieren wird zur Herstellung von Hohlformen für Ur- und Umformwerkzeuge eingesetzt. Ursprüngliches Senkerodieren mit nur einer senkrechten Vorschubbewe-gung wurde erweitert auf Planetärerodieren und bahnge-steuertes Erodieren, **Bild 54.** Beim Planetärerodieren wird der Senkbewegung eine Umlaufbewegung der Elektro-de überlagert. Damit wird eine verbesserte Spülung, eine gleichmäßige Verteilung des Elektrodenverschleißes und ein einheitliches Untermaß von Schrupp- und Schlicht-elektroden erreicht. Erweiterte Möglichkeiten bieten sich durch bahngesteuertes Erodieren: einfach geformte Elek-troden können durch Steuerung komplexe Formen erzeu-gen.

Beim *Schneiderodieren* wird eine ablaufende Drahtelektro-de auf einer Bahnkurve gegenüber dem Werkstück bewegt. Der Schneidspalt wird durch Funkenerosion erzeugt. In plattenförmigen Bauteilen werden Ausschnitte beliebiger Kontur erzeugt, **Bild 55.** Für schräg prismatische Aus-schnitte können die Drahtführungen gegeneinander ver-schoben werden. Eine Schneiderodiermaschine besteht aus der eigentlichen Werkzeugmaschine mit der Drahtversor-

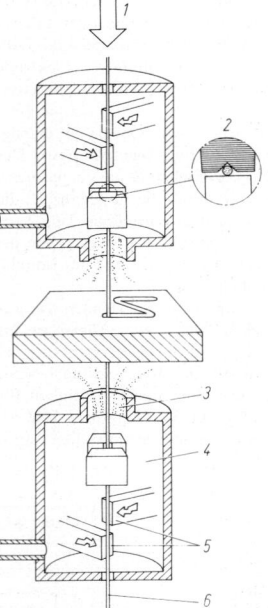

Bild 55. Verfahrensprinzip des funkenerosiven Schneidens [44]. *1* Drahtvorschub, *2* Prismenführungsprinzip, *3* Spüldüse, *4* Spülkam-mer, *5* Stromanschluß, *6* Schneiddraht

gung, dem Generator, der Steuerung für die Achsantriebe und der Dielektrikumsaufbereitung. Das Arbeitsergebnis hängt wesentlich vom Schneiddraht ab. Üblich sind Dräh-te von 0,25 mm Durchmesser. Drahtablaufgeschwindigkeit bis 300 mm/s. Generatorströme zwischen 15 und 100 A, Flächenraten bis 350 mm³/min, Maß- und Formgenau-igkeit besser als 0,01 mm, Rauhtiefen von $R_\mathrm{a} = 0,3\ \mathrm{\mu m}$. Schneiderodieren wird im Werkzeugbau z.B. zur Herstel-lung von Stanz-, Spritzgieß- und Strangpreßwerkzeugen eingesetzt.

4.4.3 Lasertrennen. Laser cutting

Beim Lasertrennen wird Lichtenergie in einem optischen Resonator erzeugt (*L*ight *A*mplification by *S*timulated *E*mission of *R*adiation = Lichtverstärkung durch induzier-

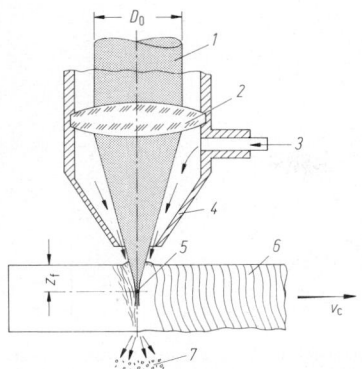

Bild 56. Prinzip des Lasertrennens. v_c Schneidgeschwindigkeit, z_f Fokuslage, 1 Laserstrahl (Wellenlänge λ, Laserleistung P_L, Mode, Pulsfrequenz f_p, Pulsdauer t_j), 2 Fokussierlinse (Brennweite f), 3 Schneidgas (Gasdruck p_g, Gasart), 4 Schneiddüse (Form, Durchmesser), 5 Brennfleckdurchmesser d_f, 6 Werkstück, 7 ausgetriebenes Material

te Emission von Strahlung) und durch Absorption in Form von Wärme an den Werkstoff abgegeben.

Für den Einsatz des Lasers als Trennwerkzeug werden wegen der erforderlichen hohen Strahlleistungen ausschließlich CO_2-, Nd:YAG- und neuerdings auch Excimer-Hochleistungslaser eingesetzt [46–48]. Die für die Materialbearbeitung bedeutenden Strahleigenschaften dieser Laser sind in **S 5 Tab. 2** zusammengefaßt.

Zum Lasertrennen von metallischen Werkstoffen werden Intensitäten von $> 10^6$ W/cm^2 benötigt, die durch Fokussierung der Laserstrahlung mit Hilfe von Linsen oder Spiegeln erzielt werden [49]. Der in die Tiefe des Materials gerichtete thermische Abtragsvorgang bewirkt bei einer Vorschubbewegung eine Schnittfuge im Material. Das Prinzip des Lasertrennens ist in **Bild 56** dargestellt.

Das im Brennpunkt der Laserstrahlung je nach Intensität und Wechselwirkungszeit aufgeschmolzene (*Laser-Schmelzschneiden*), verbrannte (*Laser-Brennschneiden*) oder verdampfte (*Laser-Sublimierschneiden*) Material wird durch einen koaxial zur optischen Achse von einer Düse geformten austretenden Gasstrahl aus der Schnittfuge getrieben. Darüber hinaus hat das Schneidgas auch die Aufgabe, die empfindliche Fokussieroptik vor aufspritzendem Material zu schützen.

Beim Laser-Brennschneiden wird als Schneidgas Sauerstoff bzw. sauerstoffhaltiges Gas verwendet, daß durch die Einbringung zusätzlicher exothermer Energie zu höheren Schneidgeschwindigkeiten aber auch zu einer Oxidation der Schnittflächen führt. Hingegen finden als Schneidgas für die anderen o.g. Laser-Schneidverfahren inerte Gase (z.B. Argon, Stickstoff) Verwendung mit der Folge einer geringeren Schneidgeschwindigkeit, die jedoch einen oxidfreien Schnitt ermöglichen [50].

Die zur Erzeugung einer kontinuierlichen Schnittfuge erforderliche Relativbewegung zwischen Laserstrahl und Werkstück wird in der Praxis auf unterschiedliche Arten realisiert. Zum Lasertrennen kleiner, einfach handzuhabender Bauteile wird dieses vorzugsweise unter dem ortsfesten Laserstrahl beispielsweise mit Hilfe eines X/Y-Koordinatentisches bewegt. Zur Laserbearbeitung größerer Werkstücke wird wahlweise das Laseraggregat einschließlich Schneidkopf über dem ruhenden Werkstück bewegt, oder ein bewegliches Spiegelsystem zusammen mit dem Schneidkopf („fliegende Optik") zwischen ortsfestem Laseraggregat und Werkstück geführt. Ausschließlich für den

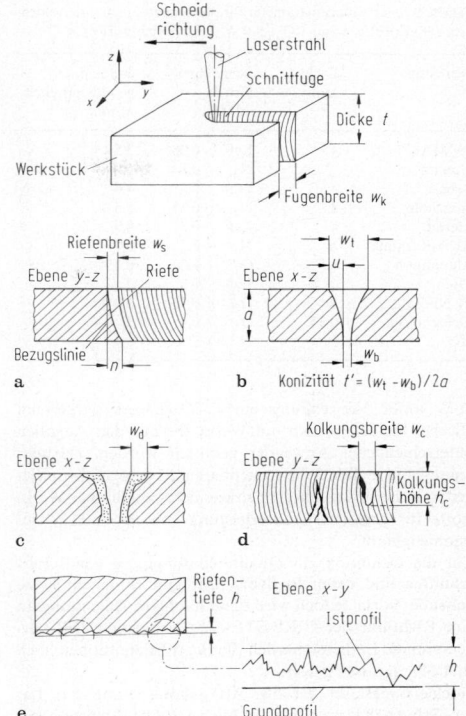

Bild 57. Definitionen zur Beurteilung der Schnittqualität [53]. **a** Riefennachlauf n; **b** Unebenheit u; **c** Breite der Einflußzone w_d (in der Bundesrepublik Deutschland: einschließlich Matrix-Rücksetzung und Wärmeeinflußzone); **d** Kolkung; **e** Riefentiefe $h(z)$

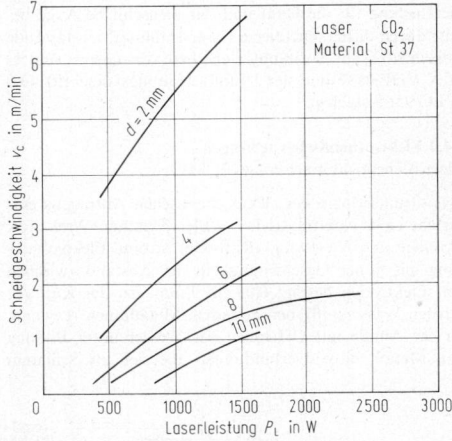

Bild 58. Schneidgeschwindigkeit in Abhängigkeit von der Laserleistung für unterschiedliche Materialdicken

Nd:YAG-Laser können zur Strahlführung auch flexible Lichtleitfasern eingesetzt werden [51, 52].

Der Bearbeitungsprozeß wird von einer Vielzahl unterschiedlicher Prozeßparameter beeinflußt, von denen die wesentlichen einschließlich deren Definition in **Bild 57** angegeben sind. Die in Abhängigkeit von der Laserleistung und der Materialstärke erreichbare maximale Schneidgeschwindigkeit ist in **Bild 58** repräsentativ für Baustahl

Tabelle 3. Bearbeitungsparameter für das Lasertrennen unterschiedlicher Werkstoffe. Laser CO_2/500 W, Linsenbrennweite $f = 5''$

Werkstoff	Dicke mm	Schneidgas/ Druck in MPa	Schneidgeschwindigkeit m/min
PMMA (Plexi)	4	Luft / 0,06	3,5
Gummi	3	N_2 / 0,3	1,8
Asbest	4	Luft / 0,3	1,6
Sperrholz	3	N_2 / 0,15	5,5
Eternit	4	Luft / 0,3	0,8
Al Ti-Keramik	8	N_2 / 0,5	0,07
Aluminium	1,5	O_2 / 0,2	0,4
Titan	3	Luft / 0,5	2
Cr Ni-Stahl	2	O_2 / 0,45	1,9
Elektroblech	0,35	O_2 / 0,6	7
GG	3	N_2 / 1	0,9

St 37 unter Verwendung eines CO_2-Lasers dargestellt. Hierbei handelt es sich um Werte, die aus den Angaben unterschiedlicher Anwender gemittelt wurden. Darüber hinaus sind in **Tab. 3** die erreichbaren Schneidgeschwindigkeiten weiterer metallischer sowie nichtmetallischer Werkstoffe für eine (CO_2-)Laserleistung von $P_L = 500$ W zusammengefaßt.

Für die Definition zur Qualitätsbestimmung von Laserschnitten und deren Meßvorschrift gibt es derzeit keine geltende Norm, jedoch wird diese häufig in Anlehnung an eine Richtlinie der CIRP-STC-„E"-Fachgruppe [53] vorgenommen. In dieser werden die Begriffsdefinitionen nach **Bild 57** zugrunde gelegt.

Hochleistungslaser der o.g. Art gehören i. allg. zur Laser-(Schutz-)Klasse 4 mit der höchsten Gefahrenstufe (eine Ausnahme bilden Laserbearbeitungssysteme mit geschlossener Bearbeitungskammer, die mit zusätzlichen Schutzeinrichtungen wie beispielsweise Interlocksysteme und strahlungsabsorbierendem Schutzfenster ausgestattet sind). Die Einstufung in diese Sicherheitsstufe bedeutet: Gefährdung für die Haut und das menschliche Auge bereits durch diffus reflektierte Laserstrahlung! Umfassende Vorschriften zur Strahlungssicherheit von Lasern sind in DIN VDE 0837 und der Unfallverhütungsvorschrift 46.0 (VBG 93) festgelegt.

4.4.4 Elektrochemisches Abtragen
Electro chemical machining (ECM)

Das Grundprinzip des elektrochemischen Abtragens entspricht einer elektrolytischen Zelle. Zwischen Werkstück (Anode) und Werkzeug (Kathode) strömt Elektrolytlösung mit hoher Geschwindigkeit, der Abstand zwischen den Elektroden beträgt 0,05 bis 1 mm. An der Kathode werden Wasserstoffionen entladen. Metallionen reagieren an der Anode mit OH-Ionen des Wasser unter Bildung von Metallhydroxidverbindungen, die sich als Schlamm

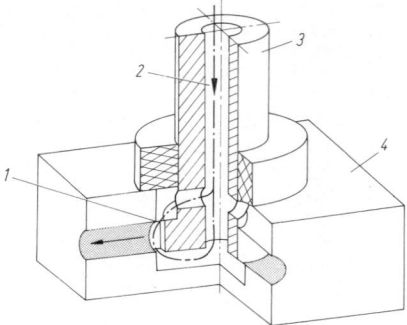

Bild 59. Elektrochemisches Formentgraten (nach DIN 8590). *1* Grat, *2* Strömung der Elektrolytlösung, *3* Werkzeugelektrode (Kathode), *4* Werkstück (Anode)

absetzen. Verbreitet ist das Formentgraten, **Bild 59**. Die Werkzeugelektrode muß an das Werkstück angepaßt werden. Der Grat wird wegen der dort vorhandenen maximalen Stromdichte bevorzugt abgetragen.

4.4.5 Chemisches Abtragen. Chemical machining

Chemisches Abtragen ergibt sich aus einer chemischen Reaktion des Werkstoffs mit einem flüssigen oder gasförmigen Medium. Das Reaktionsprodukt ist gasförmig oder leicht entfernbar. Ein Beispiel für chemisches Abtragen ist das thermische Entgraten (TEM). Es setzt sich aus einer thermischen (Aufheizen des Werkstoffs) und einer chemischen Komponente (Verbrennen des Werkstoffs) zusammen. Beim TEM-Prozeß werden metallische oder nichtmetallische Werkstücke mit einem Schließteller unter eine glockenförmige Entgratkammer gepreßt, **Bild 60**. In die Kammer werden Sauerstoff und Brenngas (Erdgas, Methan oder Wasserstoff) dosiert zugeführt. Gasdruck und Mischungsverhältnis bestimmen die Abtragsleistung. Während des Abbrennens des Gemisches entstehen kurzzeitig Temperaturen von 2 500 bis 3 500 °C. Teile des Werkstücks mit großer Oberfläche und kleinem Volumen (geringe Wärmekapazität) werden verbrannt (oxidiert). Die Grate müssen dünner als dünnste Werkstückbereiche sein. Nach dem Entgraten sind die Werkstücke 100 °C bis 160 °C warm.

4.5 Scheren und Schneiden. Shearing and blanking

K. Siegert und J. Ladwig, Stuttgart

4.5.1 Systematik. Systematics

Nach DIN 8588 unterscheidet man bei den Verfahren des Zerteilens – mechanisches Trennen von Werkstücken ohne

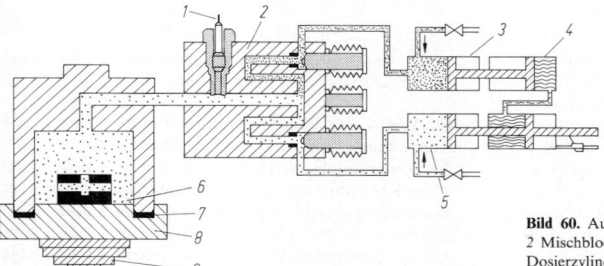

Bild 60. Aufbau einer TEM-Anlage (nach Thilow). *1* Zündkerze, *2* Mischblock, *3* Dosierzylinder Brenngas, *4* Gaseinstoßzylinder, *5* Dosierzylinder Sauerstoff, *6* Entgratkammer, *7* Dichtung, *8* Werkstückaufnahme, *9* Schließteller

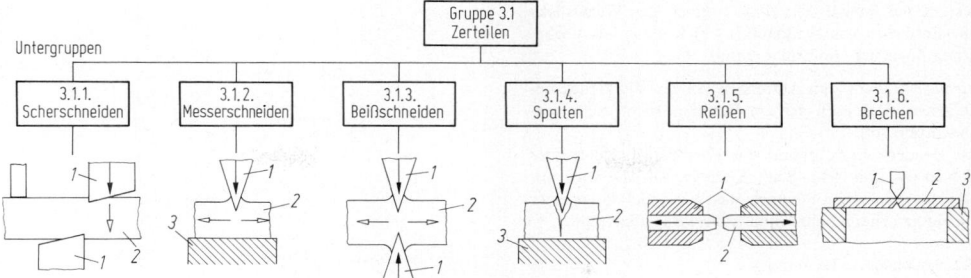

Bild 61. Verfahren des Zerteilens (DIN 8588). *1* Werkzeug, *2* Werkstück, *3* Auflage

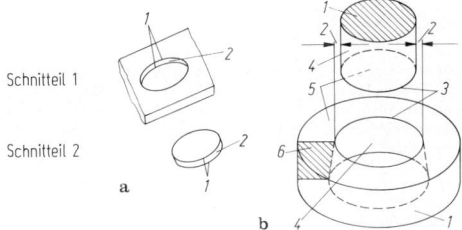

Bild 62. Scherschneiden: Bezeichnungen an Werkstück und Werkzeug [55]. **a** Werkstück, *1* Schnittkanten, *2* Schnittfläche; **b** Werkzeug, *1* Werkzeug, *2* Schneidspalt, *3* Schneide, *4* Freifläche, *5* Druckfläche, *6* Schneidkeil

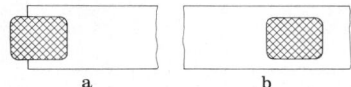

Bild 63. a Offen Schneiden; **b** geschlossen Schneiden

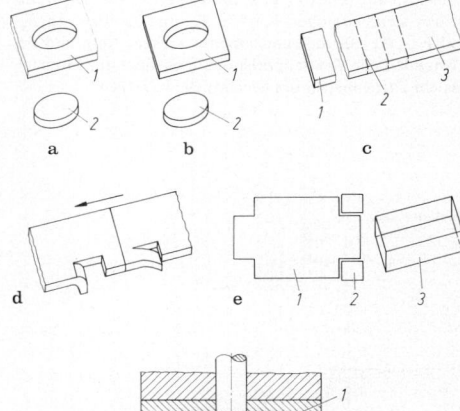

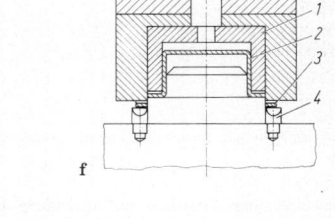

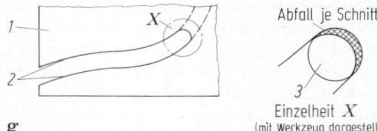

Bild 64 [55]. **a** Ausschneiden: *1* Abfall, *2* Ausschnitt; **b** Lochen: *1* Schnitteil, *2* Abfall; **c** Abschneiden: *1* Schnitteil, *2* Schnittlinie, *3* Blechstreifen; **d** Einschneiden; **e** Ausklinken: *1* Schnitteil, *2* Abfall, *3* Fertigteil; **f** Beschneiden: *1* Auswerfer, *2* Fertigteil, *3* Abfall, *4* Randtrenner; **g** Knabberschneiden oder Nibbeln: *1* Werkstück, *2* Schnittkanten, *3* Werkzeug

Entstehen von formlosem Stoff – *Scherschneiden, Keilschneiden* (Messerschneiden, Beißschneiden, Spalten), *Reißen* und *Brechen*, **Bild 61**. Speziell in der Blechbearbeitung kommt überwiegend das Scherschneiden (kurz: Schneiden) zum Einsatz, was häufig als Vorbereitung oder als Nach- oder Zwischenbearbeitung zum Umformen durchgeführt wird. Eine gewisse Verwandtschaft zu den Umformverfahren ist dadurch gegeben, daß die Schneidvorgänge mit einer plastischen Verformung verbunden sind. Die früher übliche Bezeichnung *Stanzen* ist nicht mehr in der Norm enthalten [54].

Grundsätzlich werden beim Schneiden die Benennungen am Werkzeug von der Stammsilbe *Schneid-* (Schneide, Schneidfläche), jene am Werkstück vom *Schnitt* (Schnittkante, Schnittfläche) abgeleitet, **Bild 62**.

Die Scherschneidverfahren werden entsprechend der Art der Schnittlinie in Verfahren mit *geschlossener* und *offener Schnittlinie* unterteilt, **Bild 63**. Während der geschlossene Schnitt unter Einsatz von Schneidstempeln und Schneidmatrizen auf Pressen erfolgt, arbeitet man bei der Erzeugung offener Schnittlinien außer mit den genannten Werkzeugen auch mit Lang- und Kreismessern auf Spezialmaschinen (s. T3). Zu den Verfahren mit geschlossener Schnittlinie gehören das Ausschneiden und Lochen, **Bild 64a, b**. Durch *Ausschneiden* wird die gesamte Außenform in einem Arbeitsgang erzeugt. Durch *Lochen* wird eine Innenform am Werkstück erzeugt.

Zu den Verfahren mit offener Schnittlinie zählt neben dem Abschneiden auch das Ausklinken, das Einschneiden und das Beschneiden, **Bild 64c–f**.

Abschneiden ist Abtrennen eines Teils vom Rohteil (Blech, Band, Streifen) oder vom Halbfertigteil.

Ausklinken ist ein Herausschneiden von Flächenteilen an einer inneren und äußeren Umgrenzung.

Einschneiden ist ein teilweises Trennen des Werkstücks ohne Entfernen von Werkstoff. Es dient i. allg. als Vorbereitung für einen Umformvorgang.

Beschneiden dient zum Abtrennen von am Werkstück befindlichem Werkstoff, der am Fertigteil nicht mehr vorhanden sein soll.
Eine Sonderstellung nimmt das Knabberschneiden oder Nibbeln ein, **Bild 64** g. Beim *Knabberschneiden* wird mit Hilfe eines einfachen Stempels das Werkstück längs einer beliebig geformten Schnittlinie stückweise abgetrennt.

4.5.2. Technologie. Technology

Krafteinleitung. Beim Auftreffen des Stempels wirkt die vertikale Stempelkraft F_S und mit zunehmender Schnitttiefe die Horizontalkraft F_H, **Bild 65**. Die Zerlegung der Schneidstempelkraft F_S bzw. der Reaktionskraft $F_{S'}$ führt zu den stempelseitigen Kräften F_V und F_H bzw. zu $F_{V'}$ und $F_{H'}$, die auf die Schneidplatte wirken. Aufgrund des Abstands l der Kraftangriffspunkte entsteht ein Moment, das ein Durchbiegen des Werkstücks bewirkt.

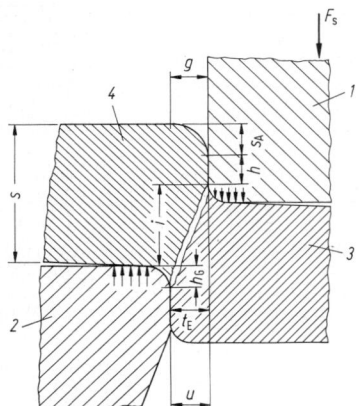

Bild 66. Schneidvorgang beim Scherschneiden [54]. *1* Schneidstempel, *2* Schneidplatte, *3* Butzen, *4* Blechstreifen, *u* Schneidspalt, s_A Kanteneinzughöhe, *g* Kanteneinzugbreite, *h* Schnittzonenhöhe, *i* Bruchzonenhöhe, h_G Grathöhe, t_E Einrißtiefe, *s* Blechdicke, F_s Schneidkraft

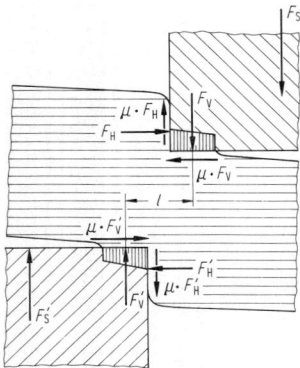

Bild 65. Kraftwirkung beim Scherschneiden (Stanzen), Erläuterungen im Text [54]

Ablauf des Schneidvorgangs (Stanzen) und Ausbildung der Schnittflächen. Diese sind abhängig von der Werkzeuggeometrie – Schneidspalt *u* (**Bild 66**), Schneidkantenabrundung bzw. -abstumpfung sowie dem Werkstoff und den Rohteileigenschaften – Blechdicke *s*, Festigkeitseigenschaften, chem. Zusammensetzung und Gefüge.
Der Ablauf des Schneidvorgangs ist durch folgende Phasen gekennzeichnet: **Bild 67** [55].
Aufgrund des Einflusses der Vertikalkraft erfolgt zuerst eine elastische Deformation, das Blech wölbt sich unter dem Stempel durch und hebt teilweise von der Stirnfläche der Schneidmatrize ab. Danach wird das Blech örtlich plastisch verformt, so daß sich eine bleibende Durchwölbung des Blechs ergibt. Es entsteht der Kanteneinzug an der Blechoberseite und am Ausschnitt. In der nächsten Schneidphase wird der Werkstoff abgeschert, wobei der glattgeschnittene Teil der Schnittfläche entsteht. Im Restquerschnitt steigen die Zugspannungen an, so daß sich von der Schneidkante der Schneidmatrize aus erste Anrisse bilden. Weitere Anrisse entstehen dann anschließend im Blech an der Stempelkante. Im Augenblick der Rißbildung erreicht die maximal auftretende Schubspannung die Schubbruchgrenze, so daß es zu einer Rißbildung kommt [55].
Beim Ausschneiden von Teilen aus Blech wird möglichst eine weitgehende Ausnutzung des Blechbandes angestrebt,

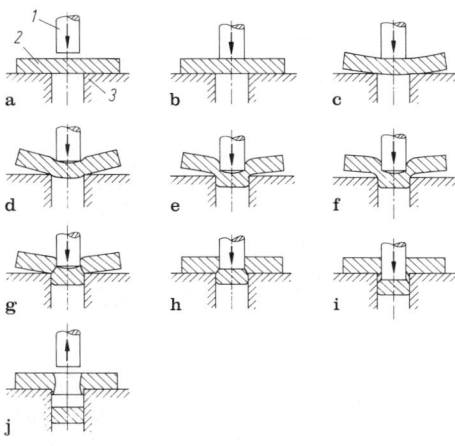

Bild 67. Vorgangsablauf beim Scherschneiden (Stanzen) [55]. *1* Stempel, *2* Blech, *3* Matrize

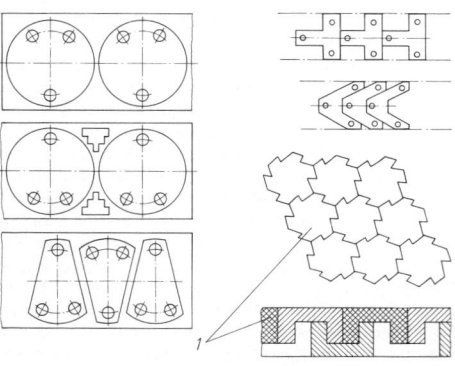

Bild 68. Werkstoffausnutzung beim Schneiden [55]. *1* flächenschlüssige Formen

Bild 68. Anfangs- und Endstücke von Blechstreifen ergeben in der Regel zusätzlichen Abfall; man versucht daher direkt vom Coil (Blechrolle) auszuschneiden. Es sind eine Reihe von CAD-Systemen verfügbar, die eine rechnerunterstützte Optimierung des Platinenschnitts erlauben (Schachtelpläne).

4.5.3 Kräfte und Arbeiten. Forces and energies

Zu den wichtigsten Kenngrößen für die Auslegung bzw. die Auswahl von Pressen gehört die maximal auftretende Schneidkraft. Die maximale Schneidkraft wird beeinflußt von der Blechdicke, Stempelgeometrie, Zugfestigkeit des Blechwerkstoffes, vom Werkzeugverschleiß und dem Schneidspalt u, **Bild 69**. Dabei ist zu beachten, daß auch die Grathöhe h_G vom Schneidspalt abhängt.
Bestimmung der max. auftretenden Schneidkraft: nach empirischer Gleichung mit $k_s \approx 0{,}8 R_m$ und $A_s = l_s s$:

$$F_{s\,max} = A_s k_s.$$

Hierbei ist l_s die Schnittlänge, s die Blechdicke und R_m die Zugfestigkeit des Werkstoffs.

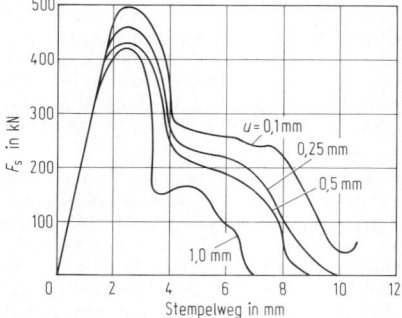

Bild 69. Schneidkraft F_s in Abhängigkeit vom Stempelweg bei Variation des Schneidspalts u [55]

Tabelle 4. Einflußgrößen auf die Schneidkraft

Einflußgröße nimmt zu	Max. Schneidkraft F_s bzw. spez. Schneidkraft k_s
Schneidspalt u	k_s sinkt
Blechdicke s	k_s sinkt
Stempeldurchmesser d_{st}	k_s sinkt
Zugfestigkeit R_m	Faustformel: $k_s = 0{,}8 \cdot R_m$
Werkzeugverschleiß	F_s steigt bis auf das 1,6fache

$F_s = l_s s k_s$
l_s Länge der Schnittlinie

Angaben der Einflußfaktoren auf die maximale Schneidkraft können **Tab. 4** entnommen werden. Die maximal auftretende Schneidkraft kann reduziert werden, indem die wirkende Schnittlinie l_s verringert wird. Auch kann der Eingriff der Schneidstempel zeitlich versetzt erfolgen, **Bild 70**. Als Folge der horizontalen Kräfte zwischen Blech und Schneidstempel entstehen beim Zurückziehen des Stempels Rückzugkräfte, die von Schneidspalt, Stempelabmessung, Blechdicke und den Festigkeitseigenschaften des Blechs beeinflußt werden, **Tab. 5**.
Die Schneidarbeit wird in weit größeren Maße als die maximale Schneidkraft von der Werkzeuggeometrie und

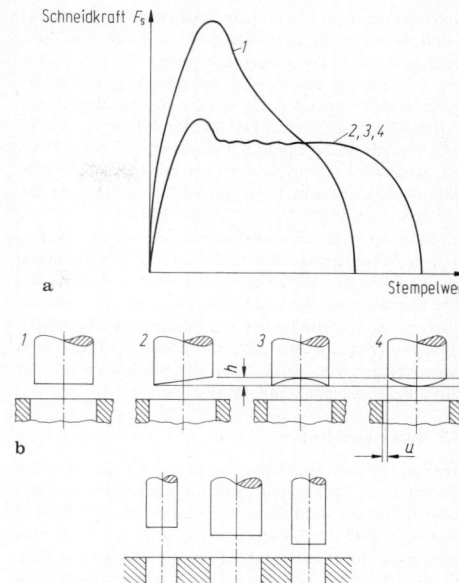

Bild 70 [54]. **a** Schneidkraft-Weg-Verlauf in Abhängigkeit von der Schneidkantenausbildung (**b**); **c** zeitlich versetzter Eingriff der Schneidstempel

Tabelle 5. Verhältnisse der Kräfte beim Schneiden

Seitenkraft/Schneidkraft	0,02 …0,2
Rückzugskraft/Schneidkraft	0,01 …0,4
Auswerferkraft/Schneidkraft	0,005

den Werkstückeigenschaften beeinflußt. Sie nimmt mit zunehmenden Schneidspalt ab und steigt mit zunehmender Blechdicke.

4.5.4 Werkstückeigenschaften. Workpiece properties

Die geschnittenen Teile können ein Reihe von Fehlern aufweisen, **Bild 71**: Die *Formfehler* Kanteneinzug, Einrißtiefe und Grathöhe, sowie bei Teilen mit im Verhältnis zur Blechdicke kleinen Außenabmessungen können Abweichungen von der Ebenheit auftreten. Der Kanteneinzug ist nur bei kreisrunden Teilen konstant, an Vorsprüngen mit kleinen Radien kann er dagegen bis zu 30% der Blechdicke betragen [55]. Die Einrißtiefe ist vom gewählten Schneidspalt und von dem Werkstoff abhängig. Die Gratbildung bei Schnitteilen ist eine Folge des Verschleißes der Schneidkanten und der daraus resultierenden Veränderung des Rißverlaufs.

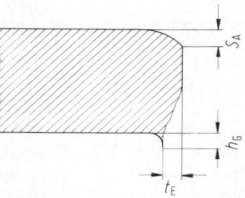

Bild 71. Formfehler an geschnittenen Teilen Kanteneinzughöhe s_A, Grathöhe h_G, Einrißtiefe t_E [55]

Maßfehler treten bei Maßungenauigkeiten der Werkzeuge und/oder bei Folgewerkzeugen als Folge von Vorschubfehlern auf. Die *Lagefehler*, meist Parallelversatz, werden verursacht durch eine fehlerhafte Lage der Werkzeugelemente zueinander. Diese können entstehen durch Fertigungsungenauigkeiten bei der Herstellung der Werkzeuge, Pressen-Stößelkippung und -schiebung oder durch Vorschubfehler bei Folgewerkzeugen. Die *Winkelfehler* der Schnittflächen sind eine Folge der Winkelauffederung, die besonders stark bei C-Gestell Pressen auftritt.

Aufgrund der plastischen Verformung zu Vorgangsbeginn tritt eine Verfestigung unmittelbar an den Schnittflächen auf. Die Höhe der Verfestigung sowie der verfestigte Bereich hängen vom Werkstoff ab. Verschiedene Untersuchungen zeigen, daß sich bei Stahlblechen eine Härtesteigerung auf das 2,0- bis 2,2fache der Ausgangshärte in einem Abstand von 30 bis 50% der Blechdicke von der Schnittfläche ergeben kann. Werkstoffe s. E 3.1.4.

4.5.5 Werkzeuge. Tools

Bauarten. Schneidwerkzeuge werden nach der Art der Führung der schneidenden Elemente zueinander als Frei-, Plattenführungs- und Säulenführungsschneidwerkzeuge bezeichnet, **Bild 72**. Diese eignen sich in der genannten Reihenfolge für kleinere, mittlere und große Stückzahlen, **Tab. 6**. Hierbei ist jedoch auch die Führungsgenauigkeit der Presse von wesentlichem Einfluß auf die Schnittgüte.

Je nach Erfordernissen des Schnitteils wird dieses in einer oder mehreren Stationen aus einem Blechstreifen ausgeschnitten. Demzufolge unterscheidet man zwischen *Einstufen-* oder *Gesamtschneidwerkzeugen* und *Mehrstufen-* oder

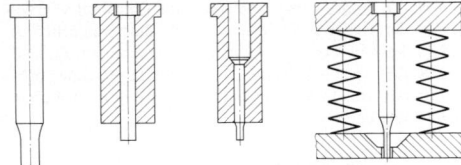

Bild 73. Ausführungen von Lochstempeln und Stempelführungen

Folgeschneidwerkzeugen. Bei Kombinationen von Schneid- und Umformvorgängen spricht man von *Folgeverbundwerkzeugen*.

In einem *Gesamtschneidwerkzeug* werden alle Schnittflächen in einem Arbeitsgang erzeugt. Dies ist in der Regel bei einfachen Schnitteilen möglich. Es entsteht somit bei jedem Pressenhub ein fertiges Schnitteil. Die Präzision des Schnitteils wird durch die Genauigkeit des Werkzeugs bestimmt.

Bei schwierigen Teilen mit schmalen Stegen wird das Werkstück in der Regel im *Folgeschneidwerkzeug* in mehreren Stationen gefertigt. Das Teil bleibt beim Durchlauf durch die Stationen mit dem Blechstreifen verbunden und wird erst in der letzten Station ausgeschnitten. Die Präzision des Schnitteils wird beim Folgeschneidwerkzeug außer von der Genauigkeit des Werkzeugs noch durch die Exaktheit des Bandvorschubs bestimmt. Um diese zu gewährleisten, werden Seitenschneider oder Suchstifte eingesetzt [56].

Lage der Werkzeuge in der Presse. Die Positionierung der Werkzeuge sollte nach Möglichkeit so erfolgen, daß die Resultierende der Einzelkräfte durch die Pressenmitte verläuft. Damit werden durch exzentrische Belastung bedingte Momente und daraus folgende Ungenauigkeiten der Werkstücke sowie erhöhter Werkzeugverschleiß vermieden. Bei der Konstruktion geht man davon aus, daß die Resultierende im Linienschwerpunkt der Schnittlinien angreift. Der Schneidspalt, der die Ausbildung der Schnittflächen und den Schnittkraft-Wegverlauf beeinflußt, wird nach den an die Schnittfläche gestellten Anforderungen – Aussehen, Genauigkeit, Weiterbearbeitung, Funktion – festgelegt [57]. Richtwerte: **Anh. S 4 Tab. 8**.

Schneidende Werkzeugelemente. Die Stempel werden sowohl auf Druck als auch gegen Knicken (beim Lochen) berechnet. Stempelausführungen, **Bild 73**. Durchbrüche (**Bild 74**) an Schneidplatten sind unter 90° zur Auflagefläche auszuführen, wenn das ausgeschnittene Teil entgegen der Schneidrichtung ausgeworfen werden muß. Sonst sind Freiwinkel je nach Blechdicke zwischen $1° \leqq \alpha \leqq 45°$ gebräuchlich. Die Höhe des 90°-Durchbruchs (**Bild 74b**) beträgt zwischen 2 und 15 mm. Bei der Konstruktion ist die

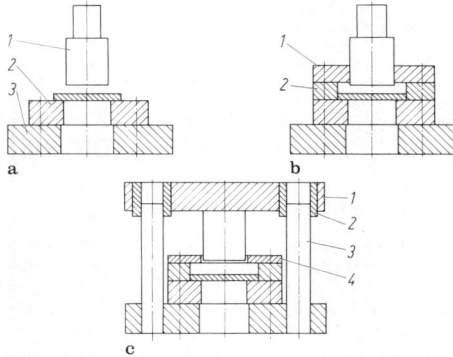

Bild 72. Bauarten von Schneidwerkzeugen. **a** Freischnitt: *1* Stempel, *2* Schneidplatte, *3* Grundplatte; **b** Plattenführungsschnitt: *1* Stempelführungsplatte, *2* Führungsleiste; **c** Säulenführungsschnitt: *1* Oberteil, *2* Führungsbüchse, *3* Führungssäule, *4* Abstreifer

Tabelle 6. Bauarten von Schneidwerkzeugen

	Freischneidwerkzeug	Plattenführungsschneidwerkzeug	Säulenführungsschneidwerkzeug
Führung	Pressenstößel	Führungsplatte Pressenstößel	Säulenführungsgestelle (DIN 9812, 9814, 9816, 9819, 9822)
Vorteil	billig, wegen einfacher Bauart	keine Lagefehler; geringe Gefahr des Ausknickens bei dünnen Stempeln; höhere Werkzeugstandzeit	sehr genaue Werkstücke, geringer Verschleiß; keine Lagefehler; einfaches und billiges Einrichten
Nachteil	schwieriges Einrichten in der Presse; großer Verschleiß bei ungenauem Einbau	schneidendes Werkzeugelement (Stempel) wird als Führungselement verwendet	Verschiebekräfte und Kippmomente bei nicht mittiger Einspannung, teure Werkzeuge notwendig
Einsatz	kleine Stückzahlen	größere Stückzahlen	große Stückzahlen

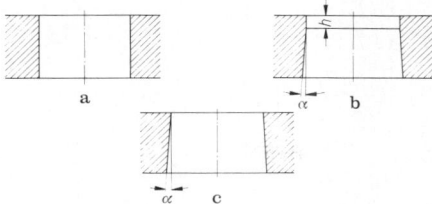

Bild 74a–c. Durchbruchformen an Schneidplatten. Erläuterungen im Text [55]

Möglichkeit des Nachschleifens der schneidenden Werkzeugelemente vorzusehen. Werkstoffe für Schneidwerkzeuge: **Anh. S4 Tab. 9**.

4.5.6 Sonderschneidverfahren. Special blanking processes

Werden ebene Teile mit glatten, rißfreien Schnittflächen und mit hoher Maßgenauigkeit gefordert, so müssen die ausgeschnittenen Teile entweder nachgearbeitet oder mit Hilfe von Sonderverfahren ausgeschnitten werden.

Nachschneiden. Dieses Verfahren preßt die nachzuschneidenden Werkstücke durch eine Schneidplatte, deren Durchbruchmaße um ca. die zweifache Dicke der abzuschälenden Werkstoffschicht kleiner als das Werkstück sind, **Bild 75**.

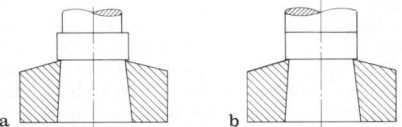

Bild 75. Nachschneiden geschnittener Teile nach [58]. **a** Stempel kleiner als Schneidplatte; **b** Stempel größer als Schneidplatte

Feinschneiden (Genauschneiden). Dieses Verfahren ist dadurch gekennzeichnet, daß unmittelbar vor dem Schneiden des Werkstücks je nach Blechdicke von einer Seite oder von beiden Seiten eine Ringzacke in geringem Abstand von der Schnittlinie in das Blech eingepreßt wird. Während des Schneidens verhindert ein als Gegenhalter dienender Auswerfer das beim normalen Schneiden übliche Verwölben der Ausschnitte, **Bild 76** [59].

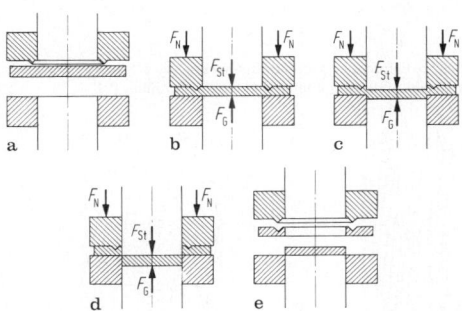

Bild 76. Vorgangsablauf beim Genauschneiden [58]. **a** Ausgangsstellung; **b** Einpressen der Ringzacke; **c** Schneiden mit Gegenhalten durch den Gegenhalter; **d** Ende des Schneidvorgangs; **e** Blech abgestreift und Ausschnitt ausgeworfen. F_N Ringzackenkraft, F_G Gegenhalterkraft, F_{St} Schneidstempelkraft

Wesentlich ist die Wirkung der Ringzacken: Sie erzeugen im Scherbereich senkrecht zur Schnittrichtung Druckspannungen. Dadurch wird der Schnittflächenanteil der plastischen Scherverformung vergrößert und dadurch die Schnittgenauigkeit verbessert.

Wegen der zusätzlich zur Schneidkraft aufzubringenden Ringzacken- und Gegenhalterkraft ist zum Feinschneiden eine dreifach wirkende Presse erforderlich.

Allgemein sind Aluminium und -legierungen, Kupfer, Messing mit einem Cu-Gehalt $\geq 63\%$, unlegierte Stähle mit $C \leq 1\%$, Einsatzstähle, niedriglegierte Vergütungsstähle sowie ferritische und austenitische nichtrostende Stähle feinschneidbar.

Konterschneiden. Hier wird mit zwei oder drei gegenläufigen Schneidstufen gearbeitet, **Bild 77**. In der ersten Stufe wird soweit angeschnitten, daß gerade noch kein Anriß auftritt. Durch den zweiten, gegenläufigen Teilvorgang, erzielt man auch auf der anderen Seite des Werkstücks einen Kanteneinzug. Gegebenenfalls wird auch in diesem zweiten Vorgang nur angeschnitten und erst in der dritten Stufe durchgeschnitten. Der Vorteil dieses Verfahrens besteht darin, daß sowohl am Außen- als auch am Innenteil gratfreie Schnittflächen entstehen und beide Teile Verwendung finden können. Allerdings ist hierzu grundsätzlich entweder ein Gesamt- oder Folgeschneidwerkzeug notwendig.

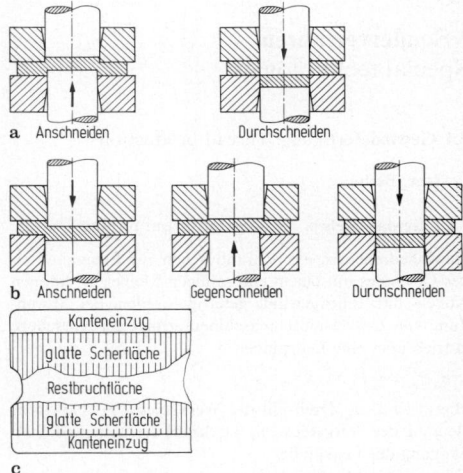

a Anschneiden   Durchschneiden

b Anschneiden   Gegenschneiden   Durchschneiden

c

Bild 77. Konterschneiden [56]. **a** zweistufig; **b** dreistufig; **c** Schnittfläche

Stauchschneiden. Mit dem Stauchschneiden ist es möglich, glatte und gratfreie Schnittflächen zu erzielen. Zunächst erfolgt gemäß **Bild 78** das Abscheren mit einem hohlen Außenstempel. Die Restblechdicke wird anschließend durch den eigentlichen Schneidstempel getrennt und schließlich das geschnittene Werkstück mit dem Auswerfer ausgestoßen. Das Verfahren eignet sich auch zum Trennen von Schichtpreßstoffen aus Phenol- oder Epoxidharz sowie für Kunststoffe, die mit Glasfasern verstärkt sind.

Strahlschneiden. Bei den Strahlschneidverfahren wird durch Einwirkung eines zu einem Strahl gebündelten Wirkmediums bzw. einer strahlförmig zur Verfügung gestellten Wirkenergie der Werkstoff entlang einer zu be-

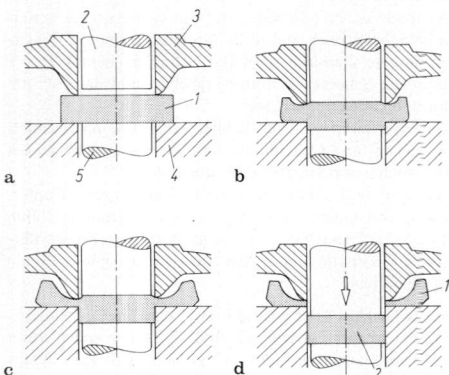

Bild 78. Stauchschneiden [55]. **a** Aufsetzen der Stempel, *1* Blech, *2* Schneidstempel, *3* Stauchstempel, *4* Schneidplatte, *5* Auswerfer; **b** Stauchschneiden; **c** Ende des Stauchschneidens; **d** Ausschneiden, *1* Abfall, *2* Ausschnitt (Werkstück)

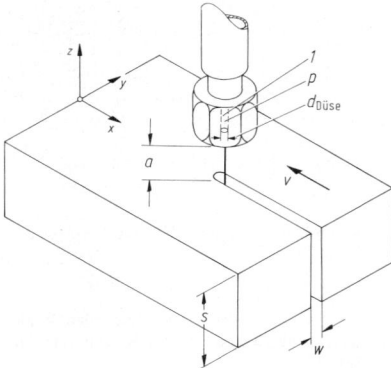

Bild 79. Hochdruck-Wasserstrahlschneiden, *1* Schneiddüse, *p* Pumpendruck, $d_{\text{Düse}}$ Düsendurchmesser, *a* Abstand Düse−Werkstück, *s* Werkstückdicke, *w* Schnittfugenbreite, *v* Vorschubgeschwindigkeit (vgl. [55])

arbeitenden Werkstückkontur abgetragen. Die Verfahren mit *Wirkmedium* arbeiten mit einem massebehafteten Strahl als „Werkzeug" (*Plasmastrahlschneiden* und *Was-*

serstrahlschneiden, **Bild 79**), die Verfahren mit *Wirkenergie* dagegen mit einem quasi masselosen Strahl (*Laserstrahlschneiden*).

5 Sonderverfahren
Special technologies

5.1 Gewindefertigung. Thread production

G. Spur, Berlin

5.1.1 Gewindedrehen. Single point thread turning

Gewindedrehen ist ein Schraubdrehen zur Erzeugung eines Gewindes mit einem einprofiligen Meißel. Es können Außen- und Innengewinde gefertigt werden. Bei Anwendung von Universaldrehmaschinen erfolgt der Vorschubantrieb über eine Leitspindel

$$n_w P_w = n_L P_L.$$

Hierin sind: n_w Drehzahl des Werkstücks, P_w Gewindesteigung des Werkstücks, n_L Drehzahl der Leitspindel, P_L Steigung der Leitspindel.
Konventionell gesteuerte Drehautomaten sind zur Einleitung der Vorschubbewegung mit Leitvorrichtungen (Vorschubkurven, Leitpatronen) ausgestattet. Bei numerisch gesteuerten Drehmaschinen ist der Vorschubantrieb vom Hauptantrieb getrennt. Die Vorschubbewegung erfolgt rechnergesteuert mit Hilfe einer Kugelumlaufspindel. Da das Gewinde in mehreren Schritten gefertigt wird, muß das Werkzeug mehrmals an gleicher Stelle des Werkstückumfangs zugestellt werden. Die Winkellage der Hauptspindel wird hierfür an konventionell gesteuerten Werkzeugmaschinen mit mechanischen Vorrichtungen und an numerisch gesteuerten mit digitalen Gebern erfaßt.
Die *Gewindedrehmeißel* entsprechen dem *Gewindeprofil*. Es gibt *Schaftprofilmeißel, Rundprofilmeißel* und *hinterdrehte Rundprofilmeißel,* **Bild 1**. Der Werkzeug-Seitenspanwinkel beträgt i. allg. $\gamma_f = 0°$, die Spanfläche wird auf die Mitte des Werkstücks eingestellt. Um den erforderlichen Werkzeug-Seitenfreiwinkel von $\alpha_f = 6 \ldots 8°$ beim Rundprofilmeißel zu erhalten, liegt die Werkzeugmitte um ein bestimmtes Maß

h über der Werkstückmitte, **Bild 1 b**. Der Rundprofilmeißel muß an dieser Stelle das gewünschte Gewindeprofil aufweisen. Beim hinterdrehten Rundprofilmeißel wird der erforderliche Werkzeug-Seitenfreiwinkel durch die Hinterdrehung erzeugt, **Bild 1 c**. Der Nachschliff erfolgt an der Spanfläche, wobei diese radial zur Werkzeugachse liegt.
Der Wirk-Seitenfreiwinkel beträgt $\alpha_{fe} = 3 \ldots 5°$, **Bild 2**. Er ist von der Steigung des Gewindes abhängig. Für kleinere Steigungen genügt ein symmetrischer Anschliff, **Bild 2 a**. Bei größeren Steigungen muß der Schaftprofilmeißel unterschiedlich angeschliffen sein, **Bild 2 b**. Dadurch ergeben sich unterschiedliche Wirk-Seitenkeilwinkel β_{fe1} und β_{fe2}, die zu ungünstigen Schnittbedingungen führen können. Um dieses zu umgehen, wird der Schaftprofilmeißel schräg gestellt, **Bild 2 b**. Es ergeben sich aber Profilverzerrungen, die durch entsprechende Profilierung des Schaftprofilmei-

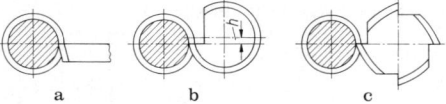

Bild 1. Einprofilige Gewindedrehwerkzeuge. **a** Schaftprofilmeißel; **b** Rundprofilmeißel; **c** hinterdrehter Rundprofilmeißel

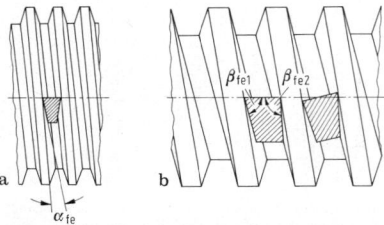

Bild 2. Ausbildung des Schaftprofilmeißels bei unterschiedlichen Gewindesteigungen. **a** bei kleinen Gewindesteigungen; **b** bei großen Gewindesteigungen

ßels ausgeglichen werden müssen. Zur Fertigung genauer Gewinde dienen zwei Meißel, die jeweils eine Flanke bearbeiten.

5.1.2 Gewindestrehlen. Thread chasing

Dabei handelt es sich um ein Schraubdrehen zur Erzeugung eines Gewindes mit einem Werkzeug, das in Vorschubrichtung mehrere Profilschneiden besitzt. An der Einlaufseite weist der *Strehler* meist einen Anschnitt auf, **Bild 3**. Der Strehler kann in radialer oder tangentialer Richtung angestellt werden. Häufige Anwendung findet das Strehlen auf Revolverdrehmaschinen und Drehautomaten unter Verwendung einer Leiteinrichtung. Hierbei wird der Strehler von einer Leitpatrone oder einer Strehlkurve geführt. Es können ein- und mehrgängige Innen- und Außengewinde gestrehlt werden. Über Wechselradgetriebe lassen sich mehrere Gewindesteigungen mit der gleichen Strehlkurve drehen [1].

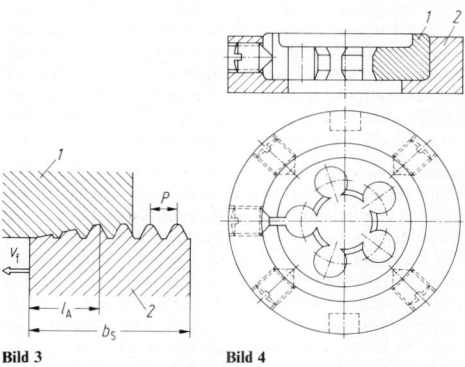

Bild 3   **Bild 4**

Bild 3. Gewindestrehler, l_A Anschnittlänge; v_f Vorschubgeschwindigkeit, b_s Strehlerbreite, P Steigung, 1 Werkstück, 2 Strehler

Bild 4. Gewindeschneideisen im Halter. 1 Gewindeschneideisen, 2 Halter

5.1.3 Gewindeschneiden. Thread cutting with dies

Es ist ein Schraubdrehen zur Erzeugung eines Gewindes mit einem Werkzeug, das mehrere Strehlerbacken besitzt. *Schneideisen* und *Schneidkluppen* werden i. allg. zum Schneiden von Hand und bei Gewinden mit geringen Genauigkeitsanforderungen verwendet. Das Schneideisen (**Bild 4**) kann geschlitzt oder geschlossen sein. Die Schneidkluppe besitzt meist vier radial oder tangential angeordnete Backen. Diese sind für unterschiedliche Gewindedurchmesser und Steigungen verstell- und auswechselbar und nach dem Schneidvorgang zu öffnen, so daß ein Zurückdrehen wie beim Schneideisen entfällt.

Für die Serienfertigung werden selbstöffnende Gewindeschneidköpfe mit radial oder tangential verstellbaren Backen verwendet. Fährt der Schneidkopf gegen einen die Gewindelänge begrenzenden Anschlag, so öffnen sich die Backen selbsttätig.

5.1.4 Gewindebohren. Tapping

Dieses ist Schraubbohren mit einem Gewindebohrer zur Erzeugung eines Innengewindes.

Die geometrische Schneidenform eines Gewindebohrers ist in **Bild 5** dargestellt. Um die Reibarbeit herabzusetzen, werden Gewindebohrer hinterschliffen. Der Rückfreiwinkel (Hinterschliffwinkel) beträgt $\alpha_p = 1 \dots 5°$, der Rück-

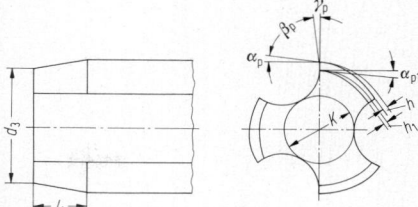

Bild 5. Schneidenform eines Gewindebohrers. α_p Rückfreiwinkel (Flankenhinterschliffwinkel), α_{p1} Rückfreiwinkel am Anschnitt, β_p Rückkeilwinkel, γ_p Rückspanwinkel, h Hinterschliff, h_1 Hinterschliff am Anschnitt, d_3 Anschnittdurchmesser, l_4 Anschnittlänge, K Kerndurchmesser

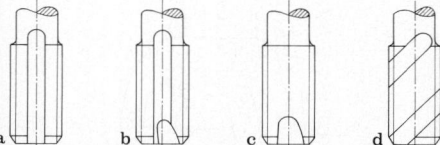

Bild 6a–d. Ausführungsformen für Gewindebohrer (Erläuterungen im Text)

spanwinkel für Grauguß $\gamma_p = 0 \dots 3°$, für Stahl $\gamma_p = 3 \dots 15°$, für Aluminiumlegierungen $\gamma_p = 12 \dots 25°$.

Der Anschnitt übernimmt den Hauptteil der Zerspanung, während der übrige Teil weitgehend der Führung dient und sich leicht (1 : 1000) verjüngt.

Es werden Hand- und Maschinengewindebohrer verwendet. Handgewindebohrer bestehen aus einem Satz mehrerer Bohrer. Die Auswahl erfolgt je nach zu zerspanendem Werkstoff. Üblicherweise werden Sätze aus drei Gewindebohrern verwendet. Die Zerspanarbeit verteilt sich auf die einzelnen Satzgewindebohrer etwa wie folgt: Vorschneider 50%, Mittelschneider 30% und Fertigschneider 20%. Maschinengewindebohrer werden meist als Einschnittgewindebohrer verwendet. Schlechte Spanabfuhr und dadurch verursachte Werkzeugbruchgefahr sowie ungünstige Reibungsverhältnisse bedingen auch beim maschinellen Gewindebohren niedrige Schnittgeschwindigkeiten.

Bild 6 zeigt übliche Ausführungsformen von Maschinengewindebohrern. Für kurzspanende Werkstoffe wird vornehmlich der Gewindebohrer mit geraden Nuten (**Bild 6a**) verwendet. Durch den Schälanschnitt (**Bild 6b**) wird bei der Bearbeitung durchgehender Bohrungen eine bessere Spanabfuhr erreicht. Für das Gewindebohren in Blechen werden Gewindebohrer mit kurzen, nicht durchgehenden Nuten eingesetzt, **Bild 6c**. Für eine gute Spanabfuhr bei der Bearbeitung von Grundbohrungen mit geringem Auslauf ist der mit stark verdrallten Nuten versehene Gewindebohrer (**Bild 6d**) vorteilhaft [2].

5.1.5 Gewindefräsen. Thread milling

Langgewindefräsen. Bei diesem ist die herstellbare Gewindelänge unabhängig vom Werkzeug, **Bild 7**. Es werden scheibenförmige, hinterdrehte *Profilfräser* verwendet, deren Profil bei großen Steigungen korrigiert werden muß. Je nach Gewindesteigung wird die Fräserachse zur Werkstückachse geschwenkt. Liegt der Teilflankenwinkel unter 10°, ergeben sich Profilverzerrungen durch das seitliche Freischneiden des Fräsers. Es kann im Gleichlauf oder Gegenlauf gefräst werden. Das Langgewindefräsen wird bei längeren Gewindespindeln angewendet. Die Schnittgeschwindigkeiten von hinterdrehten Profilfräsern

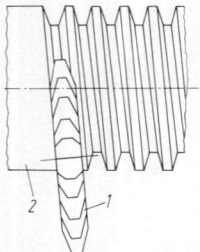

Bild 7. Langgewindefräsen. *1* Werkzeug, *2* Werkstück

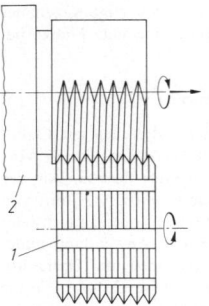

Bild 9. Kurzgewindefräsen. *1* Werkzeug, *2* Werkstück

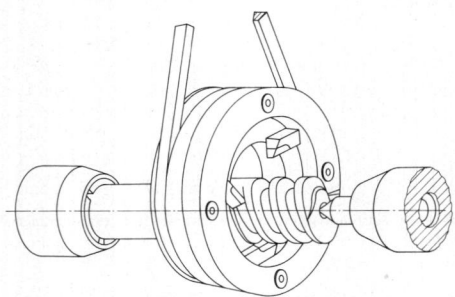

Bild 8. Prinzip des Gewindewirbelns

aus Schnellarbeitsstahl liegen für Stahl je nach Zugfestigkeit bei $v_c = 4 \ldots 20 \, \text{m/min}$ [2].

Das *Gewindewirbeln* (Thread whirling) ist ein weiteres Verfahren des Langgewindefräsens. Das Prinzip des Gewindewirbelns – auch *Gewindeschälen*, Einzahn- oder Schlagzahnfräsen genannt – geht aus **Bild 8** hervor. Ein bis vier zum Drehmittelpunkt des Halters weisende Meißel umlaufen auf einem Flugkreis exzentrisch das Werkstück. Dabei ist der Wirbelkopf um den Steigungswinkel zum Werkstück geneigt. Die Anordnung der Werkzeuge kann radial oder tangential erfolgen. Derartige Gewindewirbeleinrichtungen können auch auf Zug- und Leitspindel-Drehmaschinen benutzt werden. Beim Gewindewirbeln mit Hartmetall liegt für Stahl, je nach Zugfestigkeit, die Schnitt-

geschwindigkeit im Bereich von $v_c = 100 \ldots 125 \, \text{m/min}$ [3]. Die Werkstückumfangsgeschwindigkeiten liegen zwischen 0,5 und 4 m/min. Das Gewindewirbeln kann im Gegenlauf oder Gleichlauf erfolgen. Der einzustellende Flugkreisdurchmesser soll bei Innengewinden 2 bis 5 mm kleiner als der Kerndurchmesser gewählt werden. Bei Innengewinden und Außengewinden mit geringen Gewindetiefen wird nur mit einem Werkzeug gearbeitet.

Kurzgewindefräsen. Bei diesem werden walzenförmige Gewindefräser eingesetzt, **Bild 9**. Sie besitzen nebeneinanderliegende Gewindeprofile ohne Steigung, deren Abstand der Gewindesteigung entspricht. Mit einem Werkzeug können nur Gewinde gleicher Steigung, aber auf unterschiedlichem Durchmesser gefertigt werden. Während etwa 1/6 *Umdrehung* des Werkstücks wird der Fräser auf die erforderliche Gewindetiefe radial zugestellt und während einer weiteren Werkstückumdrehung axial verschoben.

Mehrgängige Gewinde mit großen Profilen, beispielsweise Schnecken, können wirtschaftlich durch Wälzfräsen gefertigt werden. Das Werkzeug wälzt sich auf einer zur Drehachse parallelen Linie am Umfang des Werkstücks ab.

5.1.6 Gewindeschleifen. Thread grinding

Die drei wichtigsten Gewindeschleifverfahren sind in **Tab. 1** dargestellt.

Tabelle 1. Arbeitsverfahren und -genauigkeiten beim Gewindeschleifen [4]

	Längsschraubschleifen mit einprofiliger Schleifscheibe	Längsschraubschleifen mit mehrprofiliger Schleifscheibe	Querschraubschleifen mit mehrprofiliger Schleifscheibe
Vorschubweg l_f	$l_f > L$	$l_f > L + b_S$	$l_f > P$
Werkstückumdrehungen i_W	$i_W = l_f / P$	$i_W = l_f / P$	$i_W > 1$
Schleifscheibenbreite b_S	—	—	$b_S > L + P$
Genauigkeiten: Flankendurchmesser	$\pm 2 \, \mu\text{m}$	Schlichten $\pm 4 \ldots 5 \, \mu\text{m}$ Schruppen $\pm 10 \ldots 15 \, \mu\text{m}$	$\pm 10 \ldots 20 \, \mu\text{m}$
Teilflankenwinkel	$\pm 5'$	$\pm 5' \ldots 10'$	$\pm 10'$
Steigung auf 25 mm Länge	$\pm 2 \ldots 3 \, \mu\text{m}$	$\pm 5 \, \mu\text{m}$	$\pm 5 \, \mu\text{m}$ (25 mm Scheibenbreite)
Steigung auf 300 mm Länge	$\pm 5 \, \mu\text{m}$	$\pm 10 \, \mu\text{m}$	

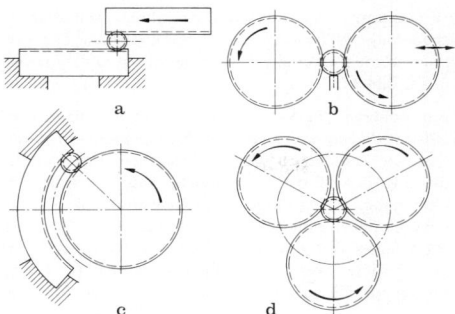

Bild 10 a–d. Gewindewalzverfahren [5] (Erläuterungen im Text)

Längsschraubschleifen. Mit *einprofiliger* Schleifscheibe werden die Gewindegänge nacheinander geschliffen. Dabei wird die Schleifscheibe entsprechend der Gewindesteigung zur Werkstückachse geneigt. Es können alle vorkommenden Steigungen geschliffen werden. Die geringen Zerspankraftkomponenten begünstigen die hohe erreichbare Genauigkeit bei jedoch relativ langer Schleifzeit.

Beim *mehrprofiligen* Längsschraubschleifen befinden sich entsprechend der Gewindesteigung mehrere Gewindeprofile nebeneinander auf der Schleifscheibe. Im Anschnitt sind diese Profile abgestuft. Der Vorschubweg ergibt sich aus der Gewindelänge und der Schleifscheibenbreite. Gewinde mit Bund können nicht gefertigt werden. Der Steigungsbereich beträgt $P = 0,8 \ldots 4$ mm.

Querschraubschleifen. Beim mehrprofiligen Querschraubschleifen wird während einer 1/4 Umdrehung des Werkstücks die Schleifscheibe auf volle Gewindetiefe vorgeschoben. Während einer weiteren Umdrehung wird bei gleichzeitiger axialer Verschiebung um den entsprechenden Steigungsbetrag das Gewinde fertiggeschliffen. Die Zerspankraftkomponenten sind relativ groß. Es können nur Gewindelängen bis etwa 40 mm geschliffen werden. Der Steigungsbereich beträgt $P = 0,8 \ldots 4$ mm. Das mehrprofilige Querschraubschleifen ergibt die kürzesten Schleifzeiten.

Das *spitzenlose Gewindeschleifen* kann im Durchlaufverfahren oder im Querschleifverfahren erfolgen. Die profilierte Schleifscheibe wird entsprechend dem Steigungswinkel des Flankendurchmessers geschwenkt.

Die Schleifscheiben müssen am Umfang durch Abrichten mit dem gewünschten Gewindeprofil versehen werden. Einprofilige Schleifscheiben werden durch Diamantabrichter mit Einzelkorn, mehrprofilige Schleifscheiben mit Profilrollen aus gehärtetem Werkzeugstahl oder mit umlaufenden Diamantprofilrollen abgerichtet.

5.1.7 Gewindeerodieren
Electrical Discharge Machining of threads

Gewindeerodieren wird bei schwer zerspanbaren Werkstoffen meist für die Herstellung von Innengewinden eingesetzt. Die Werkzeugelektrode, bestehend aus Messing, Kupfer oder Stahl, besitzt das Gewindeprofil und schraubt sich in das meist mit einer Kernbohrung vorbearbeitete Werkstück.

5.1.8 Gewindewalzen. Thread rolling

Beim Gewindewalzen mit Flachwerkzeugen (**Bild 10 a**) besitzt das Backenpaar das Gewindegegenprofil mit dem Steigungswinkel des Gewindes, wobei eine Backe fest und die andere beweglich angeordnet ist. Das Werkstück wird

unter Einwirkung von Reibungskräften abgerollt, so daß am ganzen Umfang das Gewinde entsteht. Die Walzbacken besitzen einen angeschrägten Ein- und Auslauf sowie einen geraden Kalibrierteil.

Das Gewindewalzen mit Rundwerkzeugen (**Bild 10 b–d**) kann im Einstech- oder Durchlaufverfahren erfolgen. Es können Kurz- oder Langgewinde auch bis an den Bund gewalzt werden. Beim Einstechverfahren besitzen die Rollen das entsprechende Gewindeprofil mit dem gleichen Steigungswinkel, aber entgegengesetzter Drallrichtung. Das Werkstück wird entweder mit einem Lineal gehalten (spitzenlos) oder zwischen Spitzen gespannt. Abgesehen von leichten Ausgleichsbewegungen bleibt das Werkstück beim Walzvorgang axial ruhig. Da das Verhältnis Rollen- zu Werkstückdurchmesser und die Gangzahl genau aufeinander abgestimmt sein müssen, kann ein Rollenpaar nur für ein ganz bestimmtes Gewinde eingesetzt werden. Beim Durchlaufverfahren weisen die Rollen nebeneinanderliegende, steigungslose Gewindeprofile auf. Sie werden um den erforderlichen Steigungswinkel um ihre horizontale Längsachse geschwenkt. Dadurch wird bei einer Umdrehung der axiale Vorschub des Werkstücks um den Steigungsbetrag erzeugt. Die Rollen können im beschränkten Maße auch für verschiedene Werkstückdurchmesser eingesetzt werden. Bei diesem Verfahren ergibt sich aber im Vergleich zum Einstechverfahren eine geringere Steigungsgenauigkeit.

Selbstöffnende Gewinderollköpfe besitzen meist drei Rollen. Sie werden axial an das Werkstück herangeführt und ziehen sich durch die Schrägstellung der Rollen selbsttätig auf das Werkstück. Wird die vorgesehene Gewindelänge erreicht, öffnet sich der Rollenkopf selbsttätig und kann zurückgezogen werden.

5.1.9 Gewindefurchen. Thread forming

Gewindefurchen ist Eindrücken eines Gewindes in ein Werkstück mit einem Werkzeug mit schraubenförmiger Wirkfläche. Das Verfahren (**Bild 11**) ähnelt kinematisch dem Gewindebohren. Das Werkzeug besitzt aber keine Spannuten und hat im Querschnitt die Form eines abgerundeten Polygons mit drei oder mehr Formstegen. Die aufzubringenden Drehmomente liegen wesentlich höher als beim Gewindebohren und sind u.a. vom Furchlochdurchmesser und dem angewandten Kühlschmierstoff stark abhängig [6]. Zwecks besserer Kühlschmierstoffzufuhr können die Werkzeuge mit Schmiernuten versehen werden.

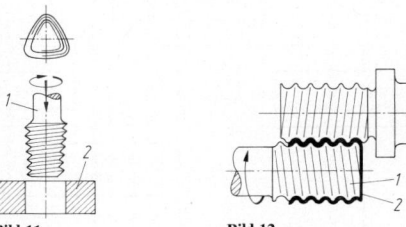

Bild 11   **Bild 12**

Bild 11. Gewindefurchen. *1* Gewindefurcher, *2* Werkstück

Bild 12. Gewindedrücken. *1* Drückwalze, *2* Werkstück

5.1.10 Gewindedrücken. Thread pressing

Gewindedrücken (**Bild 12**) wird meist zur Herstellung von Rundgewinden in dünneren Blechen angewendet. Das Gewinde wird dabei durch zwei profilierte Walzen in das Werkstück gedrückt.

5.2 Verzahnen. Gear cutting

M. Weck, G. Mauer und **W. Reuter,** Aachen

5.2.1 Verzahnen von Stirnrädern
Cutting of cylindrical gears

Grundlagen

Bild 13 zeigt eine Zusammenstellung der Verfahren zur Zahnradherstellung. Zum Vorverzahnen werden hauptsächlich eingesetzt: Wälzfräsen, Wälzstoßen und Räumen. Für große Verzahnungen: Wälzhobeln. Als Feinbearbeitungsverfahren vor der Wärmebehandlung wird das Scha-

ben eingesetzt. Feinbearbeitungsverfahren nach Wärmebehandlung: Wälzschleifen oder Formschleifen. Die Verfahren werden unterteilt in Formverfahren und Wälzverfahren, **Bild 14**.

Formverfahren. Werkzeug (*Scheiben-* oder *Fingerfräser, Stoßstahl, Räumnadel, Schleifscheibe*) hat Profil der Zahnlücke. Die Zahnlücken werden einzeln gefertigt. Zur Bearbeitung der nächsten Zahnlücke wird Werkrad um Zahnteilung weitergedreht (Einzelteilverfahren). Für jede Werkradauslegung (Zähnezahl, Modul, Eingriffswinkel, Schrägungswinkel, Profilverschiebung, Zahnkorrektur) ist entsprechendes Werkzeugprofil erforderlich (s. G 8.1). Werkzeugprofilierung für Schrägverzahnungen ist kom-

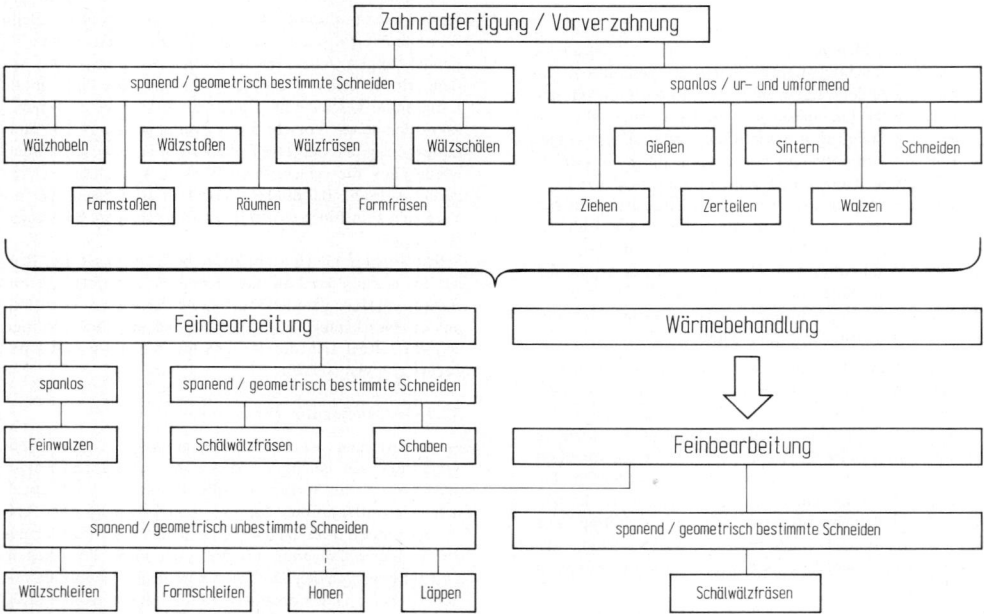

Bild 13. Verfahren zur Zahnradherstellung

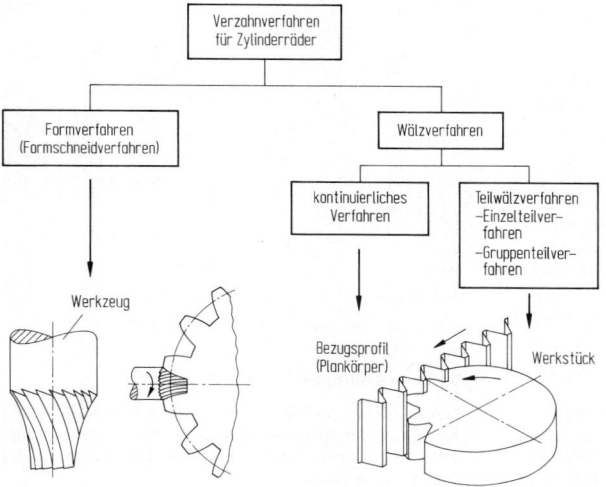

Bild 14. Verfahren zur Herstellung von Zylinderrädern

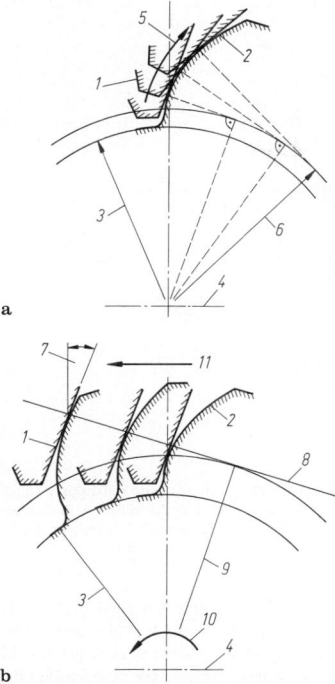

a

b

Bild 15. Erzeugung der evolventischen Zahnflanke. **a** theoretisches Erzeugungsprinzip; **b** Erzeugungsprinzip in der Maschine. *1* Werkzeugschneide, *2* Zahnflanke, *3* Fußkreisradius, *4* Werkradachse, *5* Wälzvorschub, *6* Grundkreisradius, *7* Eingriffswinkel, *8* Eingriffslinie, *9* Wälzkreisradius, *10* rotatorische Wälzkomponente, *11* translatorische Wälzkomponente

pliziert, da Kontaktlinie zwischen Werkrad und Werkzeug Raumkurve ist, die sich nicht auf einfache Weise vom Werkrad-Stirnschnittprofil ableiten läßt (auch Abhängigkeit vom Werkzeugdurchmesser). Schleifscheibenprofil muß mit Rechner ermittelt werden.

Wälzverfahren. Zwischen Werkrad und Werkzeug wird während der Bearbeitung durch kinematische Kopplung (geschlossener Getriebezug, elektronischer Regelkreis) Wälzbewegung realisiert. Flankenform (Evolvente) entsteht als Einhüllende der geradflankigen Werkzeugschneide, **Bild 15** (s. G 8.1.7). Die Evolventenform entsteht durch Wälzkopplung einer Linearbewegung (translatorische Wälzkomponente) mit der Werkstückdrehung (rotatorische Wälzkomponente). Werkzeuge sind dabei: *Wälzfräser, Hobelkamm, Teller-* und *Kegelschleifscheibe, Schleifschnecke.* Werkzeuge sind bei Evolventenprofil universeller einsetzbar als beim Formverfahren (keine Abhängigkeit von Zähnezahl, Schrägungswinkel, Profilverschiebung). Durch schneckenförmiges Werkzeug (*Wälzfräser, Schleifschnecke*) oder zahnradförmiges Werkzeug (*Schneidrad, Schälrad, Schabrad*) ist kontinuierliches Wälzen möglich. Mit *Hobelkamm, Teller-, Plan-* oder *Kegelschleifscheibe* werden eine oder mehrere Zahnlücken bearbeitet (Teil-Wälzverfahren). Nach Bearbeitung des Eingriffsbereichs Drehung um eine oder mehrere Zahnteilungen, und Wälzvorgang wird wiederholt (Reversieren).

Formfräsen

Anwendung. Werkräder mit großer Teilung oder großem Durchmesser. Werkräder mit Profilen, die nicht wälz-

bar sind. Werkräder mit großen Verzahnungstoleranzen. Zur Vorbearbeitung. In Einzelfertigung (Geradverzahnungen können auf gewöhnlichen Universalfräsmaschinen mit Teilkopf gefertigt werden).

Maschine. Werkzeugmotor treibt Formfräser direkt an. Genaue Teileinrichtungen erforderlich. Für Schrägverzahnungen wird von der Werkzeug-Vorschubbewegung die Werkrad-Drehbewegung abgeleitet. (Erzeugung einer Schraubbewegung im werkradfesten Koordinatensystem.) Schraubbewegung ist abhängig vom Werkrad-Schrägungswinkel.

Werkzeug. *Finger-* oder *Scheibenfräser* (auch mit Hartmetall-Messern bestückt). Bei Werkzeugprofilierung wird Schleifscheibe durch Schablone, mechanisches Kurvengetriebe oder numerische Steuerung geführt. Hohe Zerspanungsleistung, da Werkzeug auf ganzer Profillänge schneidet.

Wälzhobeln

Grundlagen. Oszillierender Hobelkamm wälzt mit dem Werkrad, **Bild 16.** Schnittbewegung durch Hubbewegung des Hobelkamms. Vorschubbewegung durch radiales Eintauchen oder durch tangentiales Einlaufen des Hobelkamms und durch Wälzbewegung des Werkrads. Beim Rückhub findet Abhebebewegung des Hobelkamms statt. Wälzvorschub erfolgt zyklisch im oberen Leerhubbereich des Werkzeugs. Es kann jeweils nur eine Gruppe von Zähnen bearbeitet werden. Der Hobelkamm wird dann zurückgeführt und das Werkrad um die entsprechende Zähnezahl weitergeteilt (Gruppen-Teilwälzverfahren).

Anwendung. Vor- und Fertigverzahnen von Gerad- und Schrägverzahnungen großer Abmessung, hoher Werkstoffestigkeit, großer Zahnbreite.

Maschine. Hobelkamm ist auf einem in Schrägungsrichtung der Verzahnung schwenkbaren Schlitten angebracht.

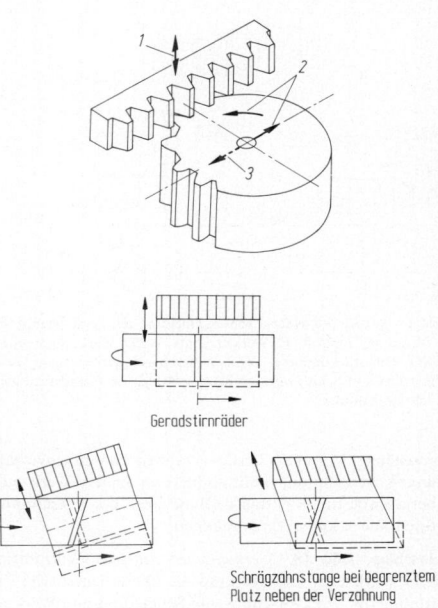

Geradstirnräder

Schrägzahnstange bei begrenztem Platz neben der Verzahnung

Schrägstirnräder

Bild 16. Prinzip des Wälzhobelns. *1* Schnittbewegung, *2* Vorschubbewegung, *3* Reversierbewegung

S

Wälzbewegung erfolgt über Wälzschlitten und Rundtisch. Wälzvorschub wird vom Stößelhubmotor über Wälzvorschubkurbel und Wälzgetriebe zum Wälzschlitten und Rundtisch geleitet. Bei kleineren Maschinen wird Werkzeughub durch Kurbeltrieb realisiert.

Werkzeug. Für Evolventenverzahnung hinterarbeitete, geradflankige Zahnstange, Spanwinkelanpassung durch Hohlschliff der Spanfläche. Kostengünstig und einfach mit Flachschleifmaschine herzustellen. Gutes Verschleißverhalten, einfacher Werkzeugwechsel.

Wälzstoßen

Grundlagen. Drehung des zahnradförmigen Werkzeugs (Schneidrad) wird durch kinematische Kopplung der Drehung des Werkrads so angepaßt, als würden beide Elemente wie Zahnräder im Zylinderradgetriebe wälzen **Bild 17**. Schnittbewegung durch Hubbewegung des Schneidrads. Vorschubbewegung durch radiale Zustellung bis auf Tauchtiefe und durch Wälzbewegung (Wälzgeschwindigkeit in Relation zur Hubzahl).
Beim Rückhub des Schneidrads muß zur Vermeidung von Kollision zwischen kontinuierlich wälzendem Schneidrad und Werkrad Abhebebewegung stattfinden (Werkradflanke ist noch nicht voll profiliert, daher nicht wälzfähig, kontinuierliche radiale Zustellung während Hubbewegung). Abheberichtung kann in bezug auf Werkradflanke durch tangentiales Versetzen der Schneidrad-Werkradachsen bestimmt werden. Bei Schrägverzahnungen muß der Hubbewegung eine Schraubbewegung entsprechend des Schrägungswinkels überlagert werden.

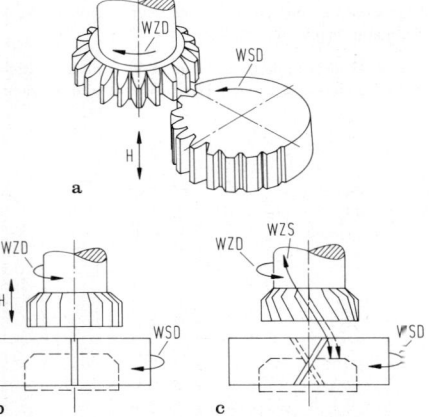

Bild 17. Prinzip des Wälzstoßens. Schneidrad mit geradverzahntem Werkrad im Eingriff, H Werkzeughub, WZD Werkzeugdrehung, WSD Werkstückdrehung, WZS Werkzeugschraubbewegung beim Herstellen von Schrägverzahnungen. **a** Prinzip; **b** Geradstirnräder; **c** Schrägstirnräder

Anwendung. Vor- und Fertigverzahnen von Innenverzahnungen, Verzahnungen mit zu kleinem axialen Werkzeugüberlaufweg für Wälzfräsen (Bund nach der Verzahnung, Stufenräder), kurze Verzahnungen.

Maschine, Bild 18. *Mechanischer Antrieb:* Wälzantrieb treibt Werkzeug- und Werkrad an. Die kinematische Zuordnung des Wälzvorschubs von Schneidrad und Werkrad erfolgt über die Tischwechselräder. Separater Hubantrieb erzeugt oszillierende Stößelbewegung. Abhebebewegung wird über Hubantrieb und Abhebenocken gesteuert.

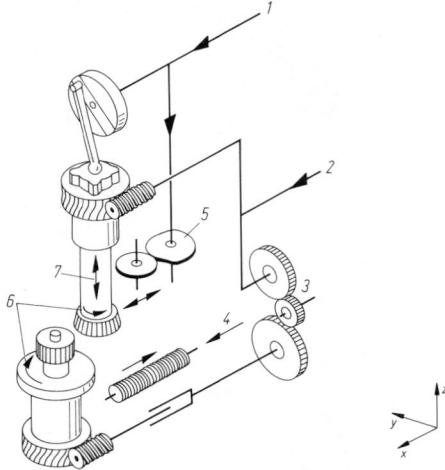

Bild 18. Antriebsschema einer mechanischen Wälzstoßmaschine. *1* Hubantrieb, *2* Wälzantrieb, *3* Tischwechselräder, *4* Radialvorschub, *5* Abhebenockenscheibe, *6* Wälzvorschub, *7* Hubbewegung

NC-gesteuerter Antrieb: Jede Achse hat eigenen Antrieb. Die Wälzkopplung erfolgt elektronisch in der Steuerung. Abhebenocken ist ebenfalls mit Hubbewegung gekoppelt. Schraubbewegung wird mechanisch über eine Schrägführungsbuchse realisiert.

Werkzeug. Schneidrad aus HSS oder TIN beschichtet. Schneidradschrägungswinkel abhängig vom Werkradschrägungswinkel. Bei Schrägverzahnungen wird Spanfläche häufig so geschliffen, daß sie senkrecht auf Schrägungsrichtung steht (Treppenschliff). Freiflächenhinterarbeitung der Schneidradzähne so, daß Schneidrad in jedem Stirnschnitt (d. h. nach jedem Nachschliff der Spanfläche) gewünschtes Werkradprofil erzeugen kann.

Wälzfräsen

Grundlagen. Drehung des Werkrades wird durch kinematische Kopplung der Drehung des schneckenförmigen Werkzeugs (Wälzfräser) so angepaßt, als würden beide Elemente wie Getriebeschnecke mit Schneckenrad wälzen. Durch zusätzliche Überlagerung einer Vorschubbewegung (axial, radial, radial-axial, tangential oder axial-tangential zum Werkradzylinder) zerspant Wälzfräser Werkstoff der Zahnlücken. **Bild 19** zeigt den Eingriff des Wälzfräsers im Werkrad. Wälzbewegung entsteht durch Überlagerung der Werkraddrehbewegung mit idealer Tangentialbewegung der Fräserzähne (bei einer Fräserumdrehung kommen nacheinander tangential versetzte Fräserzähne des Schneckengangs zum Eingriff). Werkradprofil setzt sich polygonartig aus Hüllschnitten zusammen.

Axialverfahren. Fräservorschubrichtung axial zum Werkradzylinder. Am häufigsten angewendetes Verzahnverfahren für Zylinderräder auf Wälzfräsmaschine.

Diagonalverfahren. Fräservorschubrichtung zugleich axial und tangential zum Werkradzylinder. Anwendung für Zylinderräder. Tangentialbewegung des Fräsers muß durch gleich große Zusatzdrehung des Werkrads ausgeglichen werden (analog: Zahnstange wälzt mit Werkrad).

Tangentialverfahren. Fräservorschubrichtung tangential zum Werkradzylinder. Anwendung für Schneckenräder.

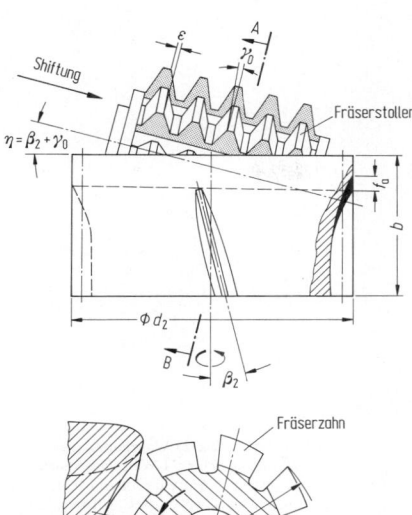

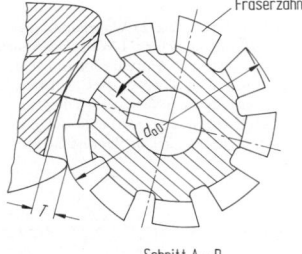

Schnitt A – B

Bild 19. Bezeichnungen an der Paarung Fräser-Werkstück. Rad: d_2 Raddurchmesser, z_2 Zähnezahl, β_2 Schrägungswinkel, b Radbreite. Fräser: d_{a0} Fräserdurchmeser, z_0 Gangzahl, γ_0 Steigungswinkel, ε Axialteilung, i Stollenzahl. Bearbeitung: η Schwenkwinkel $\eta = \beta_2 \pm \gamma_0$, f_a Axialvorschub, T Tauchtiefe

Kinematik wie beim Diagonalverfahren (kein Axialvorschub).

Radialverfahren. Fräservorschubrichtung radial zum Werkradzylinder. Anwendung für Schneckenradverzahnen, Verzahnen von sehr schmalen Rädern.

Anwendung. Vorverzahnungen von Automobilgetrieberädern in Serienfertigung. Vor- und Fertigverzahnen von weichen, vergüteten und gehärteten (mit Hartmetall-Schälwälzfräser) Großverzahnungen bis ca. 4 000 mm Außendurchmesser, Vor- und Fertigverzahnen von Schneckenrädern und Sonderverzahnungen (Axialverdichter-Rotoren, Kerb- und Keilwellenverzahnungen, Kettenräder).

Maschine, Bild 20 und **Bild 21**. *Konventioneller Antrieb:* Vom Hauptmotor werden alle Bewegungen abgeleitet. Über ein stufenlos einstellbares Getriebe ist eine Variation der Wälzfräserdrehzahl (Schnittgeschwindigkeit) möglich. Über das Teilwechselradgetriebe wird die Fräserdrehung mit der Werkraddrehung gekoppelt. Die Werkraddrehung des zu erzeugenden Zahnrads verhält sich zur Fräserdrehung wie die Fräsergangzahl (Zähnezahl) zur Werkstückzähnezahl. Diese Anpassung erfolgt über die Teilwechselräder. Der Axialvorschub wird von der Schneckenwelle des Tischantriebstrangs abgenommen. Dieser Vorschub ist stufenlos einstellbar.

Zum Herstellen von Schrägverzahnungen muß der Axialvorschub mit der Werkstückdrehung und der Fräserdrehung gekoppelt werden. Dazu wird die Vorschubbewegung über das Differentialgetriebe und das Differential in den Tischgetriebezug rückgeleitet. Der äußere Korb des Differentials, der beim Herstellen von Geradverzahnungen

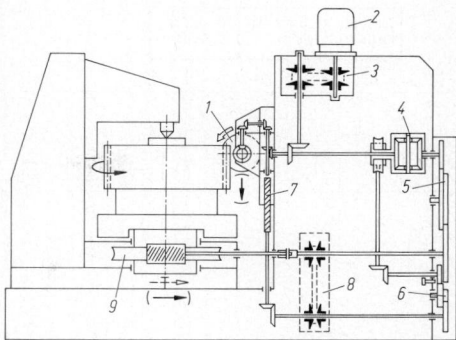

Bild 20. Getriebezug einer Wälzfräsmaschine. *1* Fräser, *2* Hauptmotor, *3* Getriebe, *4* Differential, *5* Teilwechselräder, *6* Differentialwechselräder, *7* Vorschubspindel, *8* Vorschubgetriebe, *9* Teilschneckenrad

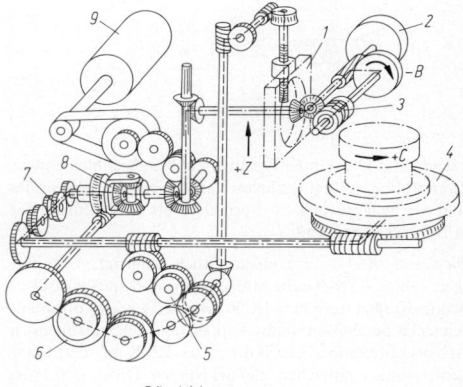

————— Teilgetriebezug

— — — — Axial-Differentialgetriebezug

Bild 21. Wälzmodul einer konventionellen Wälzfräsmaschine. *1* Axialschlitten, *2* Schwungmasse, *3* Wälzfräser, *4* Werkstücktisch, *5* Axial-Vorschubwechselräder, *6* Differentialwechselräder, *7* Teilwechselräder, *8* Differential, *9* Hauptmotor

still steht, bewegt sich entsprechend den Übersetzungen im Differentialgetriebezug und überlagert dem Tischgetriebezug eine zusätzliche Bewegung. Je nach Steigungsrichtung der Werkradverzahnung resultiert daraus zur Realisierung der Werkradschräge eine vergrößerte oder eine verkleinerte Tischdrehzahl.

NC-Antrieb: **Bild 22** zeigt das Antriebsschema einer NC-gesteuerten Wälzfräsmaschine. Alle Achsen werden von eigenen Motoren angetrieben. Die kinematische Kopplung erfolgt über den Steuerungsrechner. Aus den Winkelinformationen des Fräserwinkelmeßsystems und bei Schrägverzahnungen denen des Axialantrieb-Meßsystems wird im Rechner die Sollvorgabe für die Tischdrehung ermittelt. Verglichen mit den Informationen der Werkstückbewegung ergibt sich eine Differenz, die über den Tischantrieb ausgeregelt wird.

Werkzeug. Für Evolventenverzahnungen ist Hüllfläche des Wälzfräsers geradflankige Evolventenschnecke, die quer zu Schneckengängen von Spannuten unterbrochen ist. Die Zähne sind so hinterarbeitet, daß an Zahnkopf und Zahnflanken Freiflächen entstehen, die Nachschleifen der Span-

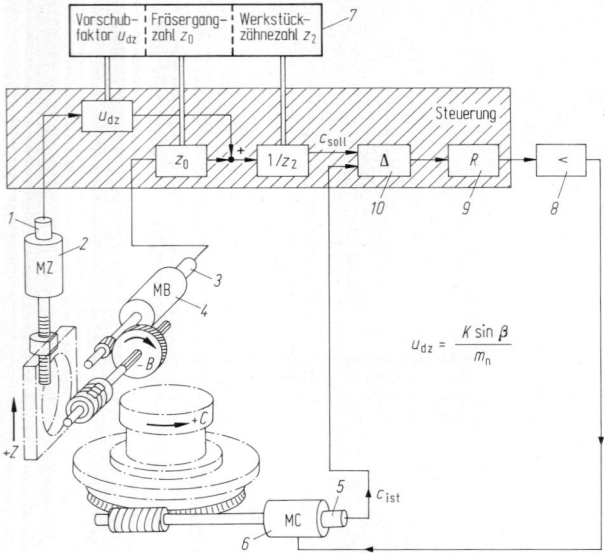

$$u_{dz} = \frac{K \sin \beta}{m_n}$$

Bild 22. Elektronisches Wälzmodul einer NC-Wälzfräsmaschine. *1* Winkelmeßsystem Z, *2* Axialantrieb, *3* Winkelmeßsystem B, *4* Fräserantrieb, *5* Winkelmeßsystem C, *6* Tischantrieb, *7* Eingabedaten, *8* Verstärker, *9* Regler, *10* Differenzbildung. *K* Maschinenkonstante, *β* Schrägungswinkel, m_n Normalmodul

fläche unter konstantem Spanwinkel bei gleichbleibendem Zahnprofil gestatten (radiales Nachschleifen). Zahnprofile sind als Bezugsprofile (= Normalschnitt der Zahnstange) in DIN 3972 genormt.

Blockwälzfräser – aus einem Stück gefertigt, HSS mit oder ohne TIN-Beschichtung. Kippstollenwälzfräser – Schneidstollen werden in Hilfsvorrichtung wie Evolventenschnecke geschliffen, dann Kippen der Schneidstollen in Arbeitsstellung im Grundkörper, so daß Kopf- und Flankenfreiwinkel entstehen. Schneidstollen HSS oder HM; Grundkörper Werkzeugstahl.

Messerschienenwälzfräser – Schneidstollen werden im Grundkörper wie Blockwälzfräser hinterarbeitet. Fräserzahnlänge wegen Rückenstützen sehr weit nachschleifbar. Schneidstollen HSS oder HM; Grundkörper Werkzeugstahl.

Schneidenbelastung ist entlang des Eingriffsbereichs zwischen Fräser und Werkrad unterschiedlich, daher keine gleichmäßige Verschleißverteilung in Fräserlängsrichtung. Abhilfe: Schrittweise Tangentialverschiebung des Fräserarbeitsbereichs (Shifting), wenn Fräser außer Eingriff ist nach Erreichen der zulässigen Verschleißmarkenbreite oder kontinuierliches tangentiales Verschieben durch Diagonalverfahren.

Feinbearbeitung von Verzahnungen

Feinbearbeitung erfolgt im weichen Zustand (vor der Wärmebehandlung) durch *Schaben* und bei gehärteten Rädern durch *Schleifen, Schälwälzfräsen* oder *Schälwälzstoßen.* Hauptaufgabe der Feinbearbeitung ist die Beseitigung der geometrischen Abweichungen an den Werkrädern wie Hüllschnitt- und Vorschubmarkierungen, **Bild 23**. Größere Bedeutung kommt vermehrt dem Anbringen von Zahnflankenkorrekturen zu. Wie **Bild 24** zeigt, läßt sich durch Zurücknehmen des Kopfbereichs oder Korrekturen in Zahnbreitenrichtung das Lauf- und Beanspruchungsverhalten der Zahnräder verbessern. Durch topologische Korrekturen sind die dynamischen Laufeigenschaften gezielt zu beeinflussen.

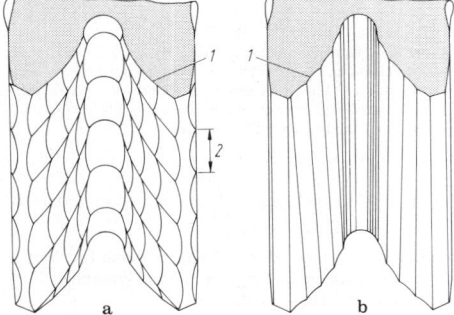

Bild 23. Hüllschnittabweichungen der Vorverzahnung. **a** wälzgefräste Zahnflanken; **b** wälzgestoßene Zahnflanken. *1* Hüllschnittabweichungen, *2* Axialvorschub

Schaben mit Schabrad

Grundlagen. Vorverzahntes Werkrad wälzt unter gekreuzten Achsen ohne kinematische Kopplung mit zahnradförmigem Werkzeug (Schabrad). Schabrad treibt Werkrad an. Durch Achskreuzung (Bedingungen wie beim Schraubradgetriebe) entsteht Gleitung der Schabrad- auf Werkradzahnflanke in Zahnhöhen- und -längsrichtung. Auf der Schabradflanke sind Schneidstollen. Läuft Schabradflanke unter Kraftwirkung über Werkradflanke, erfolgt Spanabnahme. Vorschubbewegung axial zum Werkradzylinder (Parallel-Schaben), tangential (Quer-Schaben), diagonal (Diagonal-Schaben), radial (Tauch-Schaben). **Bild 25** zeigt den Eingriff zwischen Schab- und Werkrad.

Anwendung. Feinbearbeitung von vorverzahnten, weichen Gerad- und Schrägverzahnungen, Serienfertigung von Automobilgetrieberädern, Verbesserung der Oberflächenrauheit und der Verzahnungsfehler, Härteverzugkompensation durch Vorkorrigieren der Werkradflanken.

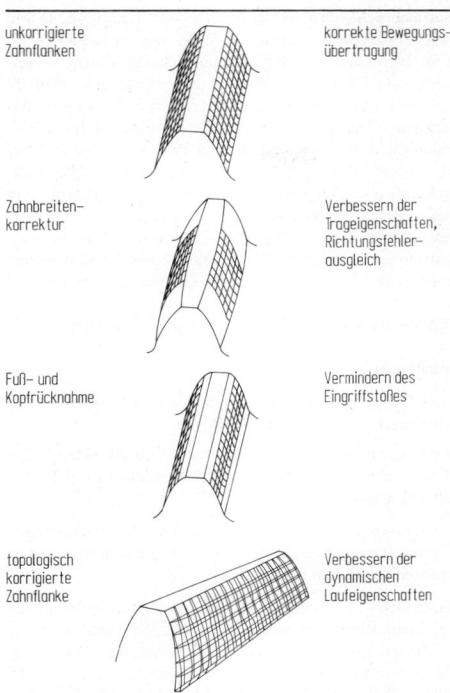

unkorrigierte Zahnflanken		korrekte Bewegungsübertragung
Zahnbreitenkorrektur		Verbessern der Trageigenschaften, Richtungsfehlerausgleich
Fuß- und Kopfrücknahme		Vermindern des Eingriffstoßes
topologisch korrigierte Zahnflanke		Verbessern der dynamischen Laufeigenschaften

Bild 24. Korrektur der Zahnflankengeometrie

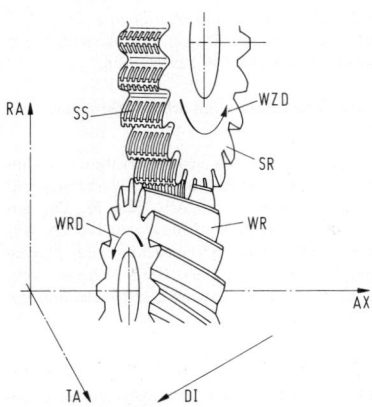

Bild 25. Schabrad SR mit schrägverzahntem Werkrad WR im Eingriff (nach Buschhoff, K.: Diss. RWTH Aachen, 1975). WRD Werkraddrehbewegung, WZD Werkzeugdrehbewegung, AX Richtung axial zum Werkrad, TA Richtung tangential zum Werkrad, DI Richtung diagonal zum Werkrad, SS Schneidstollen

Verzahnungsschleifen

Grundlagen. Fertigbearbeitung von meistens gehärteten oder vergüteten Verzahnungen (Verbesserung der Oberflächenrauheit und der Verzahnungsfehler. Beseitigen des Härteverzugs, Korrekturschleifen). Analog zu den Vorverzahnverfahren Einteilung der Schleifverfahren in Form-, kontinuierliche und Teil-Wälzverfahren, **Bild 26**. Bewegungsabläufe entsprechen prinzipiell denen der Vorverzahnverfahren. Wegen geringeren Schnittkräften und hö-

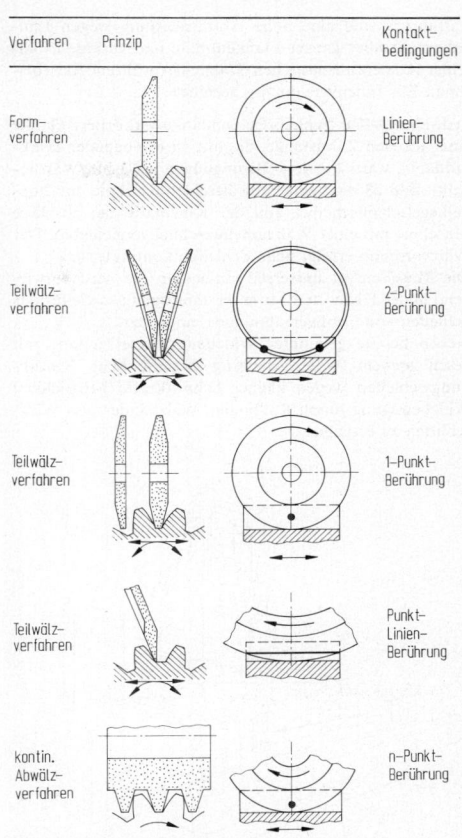

Verfahren	Prinzip		Kontaktbedingungen
Formverfahren			LinienBerührung
Teilwälzverfahren			2-PunktBerührung
Teilwälzverfahren			1-PunktBerührung
Teilwälzverfahren			PunktLinienBerührung
kontin. Abwälzverfahren			n-PunktBerührung

Bild 26. Arten des Verzahnungsschleifens

heren Schnittgeschwindigkeiten muß Maschinenkonzeption diesen Verhältnissen angepaßt sein. Als Werkzeuge werden Korund- und CBN-Schleifscheiben eingesetzt.

Formschleifen. Ähnliche Bedingungen wie beim Formfräsen. Schleifscheibe wird entsprechend Soll-Kontaktlinie zum Werkradprofil abgerichtet. Bei Geradverzahnungen einfach, bei Schrägverzahnungen kompliziert. **Bild 27** zeigt Möglichkeiten der Schleifscheibenanordnung. Vorteile des

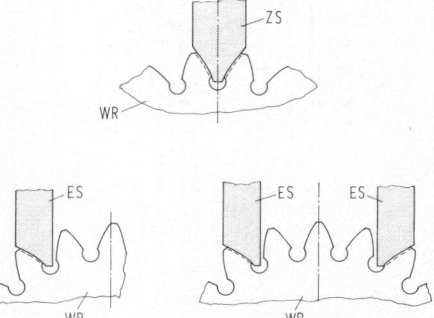

Bild 27. Stellung der Formschleifscheibe zur Verzahnung (nach Dudley, D.W.; Winter, H.: Zahnräder. Berlin: Springer 1961). ZS Zweiflankenschleifscheibe, ES Einflankenschleifscheibe, WR Werkrad

Verfahrens sind eine hohe Abtragsleistung wegen Linienkontakt über ganzer Flankenbreite und geringe Profilfehler (keine kinematischen Wälzfehler während Bearbeitung). Für Innenverzahnung geeignet.

Teilwälzschleifen. Schleifscheibenflanke verkörpert Flanke einer idellen Zahnstange, die mit zu erzeugender Werkradflanke wälzt (analoge Bedingungen wie beim Wälzhobeln). **Bild 28** zeigt eine Teilwälzschleifmaschine mit Doppelkegelschleifscheibe. Von der Kinematik her ist diese Maschine mit einer Wälzhobelmaschine vergleichbar. Der Wälzvorschub erfolgt beim Schleifen kontinuierlich.

Die Maschine ist universell einsetzbar. Sie wird vorwiegend in der Klein- und Mittelserienfertigung sowie für das Schleifen von Großverzahnungen eingesetzt.

Neben bereits genannter Wälzbewegungserzeugung mit geschlossenem Wälzgetriebezug besteht beim Verzahnungsschleifen wegen kleiner Schnittkräfte Möglichkeit Wälzbewegung durch Rollbogen, Wälzbänder und Wälzschlitten zu erzeugen.

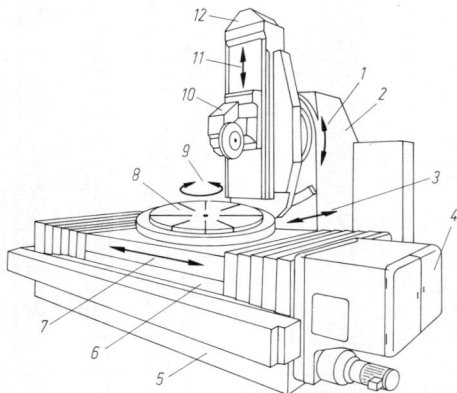

Bild 28. Teilwälzschleifmaschine mit Doppelkegelschleifscheibe. *1* Schrägungswinkeleinstellung, *2* Ständer, *3* Tiefenzustellung, *4* Wechselradkasten, *5* Maschinenbett, *6* Werkstückschlitten, *7* Tischvorschub, *8* Werkstücktisch, *9* Tischdrehung, *10* Schleifschlitten, *11* Werkzeughub, *12* Schleifschlittenträger

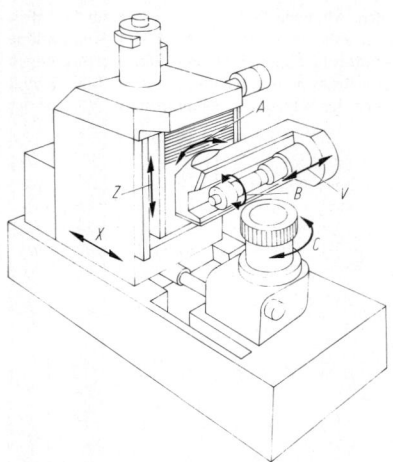

Bild 29. Bewegungsachsen einer kontinuierlich arbeitenden Wälzschleifmaschine. *X* Radialzustellung, *Z* Axialvorschub, *V* Tangentialvorschub, *A* Schwenkwinkel des Werkzeugs, *B* Werkzeugdrehung, *C* Werkstückdrehung

Kontinuierliches Wälzschleifen. Ähnliche Bedingungen wie beim Wälzfräsen, jedoch an Stelle des Wälzfräsers eine im Durchmesser größere Schleifscheibe, deren Außenmantel als Evolventenschnecke abgerichtet ist. **Bild 29** zeigt den Maschinenaufbau mit sechs NC-Achsen. Als Werkzeuge werden Korund-Schleifscheiben oder CBN-Schleifscheiben mit angeflanschter Polierschnecke verwendet. Durch Anwenden des Diagonalverfahrens (gleichzeitig Axial- und Tangentialvorschub) können mit Hilfe von über der Schneckenganglänge veränderlichem Profilverlauf Zahnflankenkorrekturen in Zahnhöhen- und -breitenrichtung erzielt werden. Das Einsatzgebiet des kontinuierlichen Wälzschleifens liegt in der Großserienfertigung.

5.2.2 Verzahnen von Schnecken. Cutting of worms

Grundlagen

Nach DIN 3975 sind vier Arten der Flankenformen von Zylinderschnecken genormt, **Bild 30**:

Flankenform A. Trapezförmige Werkzeugschneiden liegen in Achsschnittebene, Schnecken-Achsschnittprofil ist geradflankig und trapezförmig.

Flankenform N. Trapezförmige Werkzeugschneiden liegen in Normalschnittebene, Schnecken-Normalschnittprofil ist geradflankig und trapezförmig.

Flankenform K. Achsschnittprofil von scheibenförmigem, kegeligem Rotationswerkzeug liegt in Normalschnittebene. Wegen räumlicher Kontaktlinie zwischen Werkzeug- und Schneckenflanke wird nicht Werkzeug-Achsschnittprofil in Schnecken-Normalschnittebene abgebildet, daher bei geradflankigem Werkzeugprofil gewölbtes Schnecken-Normalschnittprofil.

Flankenform I. Entspricht schrägverzahntem Zylinderrad. In Stirnschnittebene Evolventenprofil. Flankenerzeugung der Schnecken im Form- oder Wälzverfahren.

Formfräsen und Formschleifen mit scheibenförmigem Werkzeug

Gleiche Bedingungen wie bei schrägverzahnten Zylinderrädern. Bei kegeliger, geradflankiger Werkzeugprofilierung nur Flankenform K möglich, **Bild 31**. Die anderen Flankenformen, wenn Werkzeugprofil Kontaktverhältnisse zu Schneckenflanke berücksichtigt. Bei planem Werkzeug Flankenform I möglich, wenn Werkzeugachse in Schnecken-Normalschnittebene geschwenkt und um Erzeugungswinkel gekippt ist.

Formdrehen

Für Flankenform A oder N werden trapezförmige Drehmeißelschneiden DR in Schnecken-Achsschnitt- oder Normalschnittebene mit zur Schneckendrehung gekoppelter Axialbewegung (Erzeugen einer Schraubbewegung in werkradfesten Koordinatensystem) geführt, **Bild 32**. Flankenform I dann, wenn trapezförmige Drehmeißelschneiden in Ebene liegen, die Grundzylinder der Evolventenschnecke tangiert. Flankenform N läßt sich auch mit geradflankigem Fingerfräser FI oder Scheibenfräser SC, mit kleinem Durchmesser annähern.

Wälzfräsen und Wälzschälen

Gleiche Bedingungen wie beim Wälzfräsen schrägverzahnter Zylinderräder. Flankenform I. In Wälzmaschinen wird Schneckenrohling statt Wälzfräser und Werkzeug (Schälrad) statt Werkrad eingespannt, Zylinderschnecke macht Tangentialbewegung. Schneckendrehung, Tangen-

Bezeichnung	Bild	Werkzeuge und Werkzeug-Anstellung bei der Schnecken-herstellung
Flankenform A (ZA-Schnecke)	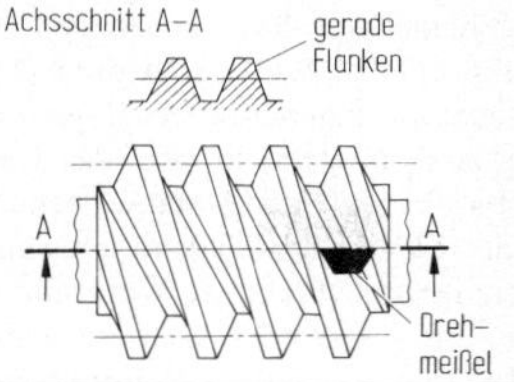 Achsschnitt A–A gerade Flanken	Drehmeißel mit Trapezprofil Anstellung im Achsschnitt parallel zur Achse
Flankenform N (ZN-Schnecke)	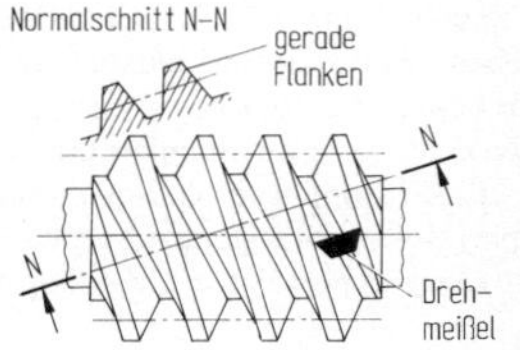 Normalschnitt N–N gerade Flanken	Drehmeißel mit Trapezprofil Anstellung im Normalschnitt senkrecht zum Lückenverlauf
Flankenform I (ZI-Schnecke)	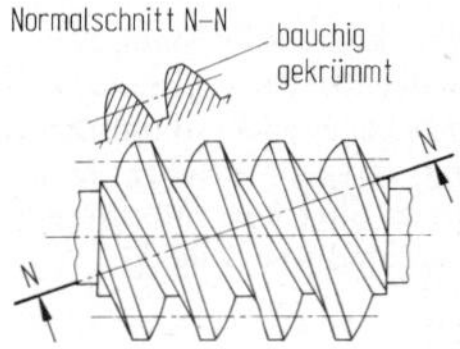 Normalschnitt N–N bauchig gekrümmt	Wälzfräser bzw. Schleif-scheibe mit Geradflanken-profil Anstellung wie beim Her-stellen von Schrägstirn-rädern mit Evolventen-verzahnung
Flankenform K (ZK-Schnecke)	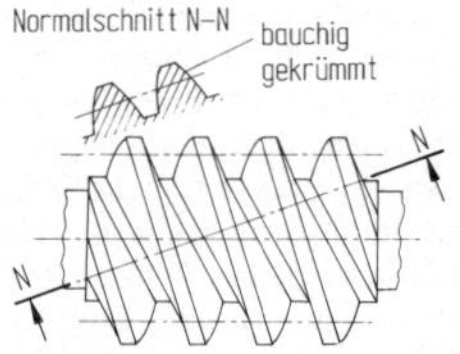 Normalschnitt N–N bauchig gekrümmt	Scheibenfräser bzw. Schleif-scheiben mit Trapezprofil Anstellung im Normalschnitt sekrecht zum Lückenverlauf

Bild 30

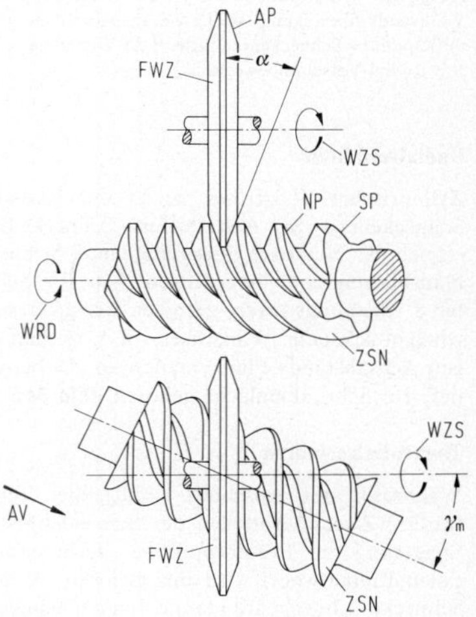

Bild 31

Bild 30. Nach DIN 3975 genormte Flankenformen von Zylinderschnecken

Bild 31. Scheibenförmiges, kegeliges Formwerkzeug FWZ mit Zylinderschnecke ZSN im Eingriff (DIN 3975). α Erzeugungswinkel, γ_m Mit-tensteigungswinkel der Schnecke; AP geradflankiges, trapezförmiges Werkzeugschnittprofil, NP leicht gewölbtes Schnecken-Normalschnittprofil, WRD Werkraddrehbewegung, AV Axial-Vorschubbewegung der Schnecke

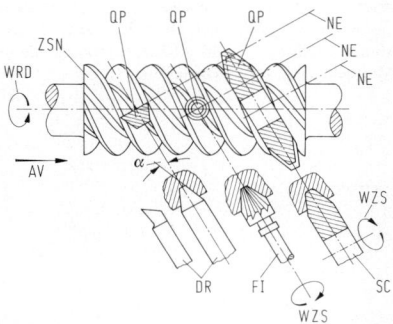

Bild 32. Trapezförmige, geradflankige Formwerkzeuge (DR Dreh-meißel, FI Fingerfräser, SC Scheibenfräser) mit Zylinderschnecke ZSN im Eingriff (DIN 3975). α Erzeugungswinkel, NE Schnecken-Normalschnittebene, OP Werkzeug-Querschnittprofil, WZS Werk-zeugschnittbewegung, WRD Werkraddrehbewegung, AV Axial-Vor-schubbewegung der Schnecke

tialbewegung und Schälraddrehung sind kinematisch ge-koppelt.

Bei Globoidschnecke wird Schälrad in Radialrichtung der Wälzfräsmaschine zugestellt. Flankenform A oder I mög-lich. Globoidschnecke ist Krümmung des Schneckenrad-umfangs angepaßt. Bei Fertigung muß sich Werkzeug-schneide mit Schneckendrehbewegung kinematisch gekop-pelt um Schneckenrad-Mittelpunkt drehen. **Bild 33** zeigt Bewegungszusammenhänge.

5.2.3 Verzahnen von Schneckenrädern
Cutting of worm gears

Grundlagen

Schneckenradflanke ist Schraubenfläche, Grundkörper *globoidförmig*. Flanken werden im Wälzverfahren erzeugt, wobei Werkzeughüllkörper der Schnecke entspricht, mit der Schneckenrad gepaart werden soll.

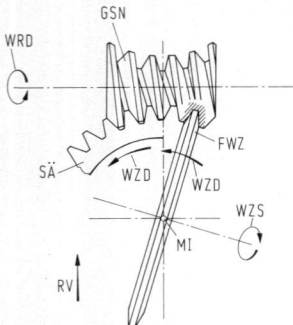

Bild 33. Scheibenförmiges, kegeliges Formwerkzeug FWZ und Schälrad SÄ mit Globoidschnecke GSN im Eingriff (nach Thomas, A.K.: Zahnradherstellung. München: Hanser 1965). WRD Werkraddrehbewegung, WZD Werkzeugdrehbewegung, MI Drehmittelpunkt=Schneckenradmitte, WZS Werkzeug-Schnittbewegung, RV Radial-Vorschubbewegung

Radialverfahren

Zylindrischer Wälzfräser taucht mit Radialvorschub in Schneckenrad, bis Achsabstand Schnecke-Schneckenrad erreicht ist. Nutzbare Fräserlänge muß Schneckenrad-Profilausbildungszone überdecken. Nur für Schneckenräder bis 8° Steigungswinkel geeignet. Bei größeren Steigungswinkeln schneidet Wälzfräser vor Erreichen des endgültigen Achsabstands Flankenteile weg, die bei voller Tauchtiefe zur Schraubenfläche gehören, **Bild 34a**.

Tangentialverfahren

Wälzfräser mit Anschnitt (=kegeliger Teil des Wälzfräsers; Zweck: Aufteilen der Schneidenbelastung durch Steigerung der Fräserkopfhöhe. Verkürzen des tangentialen Einlaufwegs) wird mit gleichem Achsabstand wie Schnecke-Schneckenrad tangential am Schneckenrad-Fußkreiszylinder vorbeigewälzt. Es muß nur ein Fräserzahn ganzes Profil haben. Daher besteht Möglichkeit, Schneckenrad mit einem Schlagzahnmesser im Tangentialverfahren zu fertigen, **Bild 34b, c**.

Radial-Tangentialverfahren

Vereinigt Vorteile vom Radialverfahren (kurzer Vorschubweg-) und Tangentialverfahren (exakte Flankenausbildung). Radial-Tauchen bis Achsabstand Schnecke-Schneckenrad, dann Tangentialvorschub. Fräser ohne Anschnitt und kürzer als Schneckenradprofilausbildungszone möglich, **Bild 34d**.

5.2.4 Verzahnen von Kegelrädern. Bevel gear cutting

Grundlagen

Kegelräder werden zur Bewegungsübertragung zwischen einander schneidenden oder kreuzenden Achsen verwendet. Grundkörper bei Radpaaren ohne Achsversatz sind *Kegel*. Bei achsversetzten Rädern *Hyperboloide*. Beliebige Achswinkel sind möglich; in der Praxis jedoch meistens Achswinkel=90°. Bei Herstellung wälzen (Wälzverfahren) jeweils beide Räder einer Kegelradpaarung mit dem gedachten Erzeugerrad (Planrad), Werkzeug verkörpert eine Zahnflanke, ein Zahn oder mehrere Zähne des Erzeugerrads. Verzahnung wird in Zahnhöhenrichtung durch das Profil und in Zahnlängsrichtung durch Flankenlinien beschrieben. Werkradprofil hängt von Werkzeugprofil und Relativbewegung zwischen Werkzeug und zu fertigendem Werkrad ab. Flankenlinien ergeben sich aus der Kinematik des Erzeugungsprozesses (gerade, kreisbogenförmige, epizykloidenförmige, evolventenförmige Zähne). Die Schnittbewegung erfolgt in Zahnlängsrichtung.

Profilverfahren

Werkzeug (Messerkopf, Hobelstahl, Scheiben-, Fingerfräser, Schleifscheibe) hat Profil der Zahnlücke. Die Zahnlücken werden einzeln oder kontinuierlich gefertigt. Bei der Herstellung zerspant idealer Zahn des Erzeugerrads durch gerade oder kurvenförmige Schnittbewegung *4* Werkstoff der Zahnlücke, **Bild 35**.

Wälzverfahren

Werkradprofil entsteht als Einhüllende der Werkzeugschneide. Bewegung *2* des Erzeugerrads wird durch kinematische Kopplung der Drehbewegung *1* des Werkrads so angepaßt, als würden Rad und Gegenrad in einem Kegelradgetriebe wälzen. Meistens geradflankiges Werkzeugprofil. Mit Messerkopf oder kegligem Wälzfräser (Kegelschnecke) ist kontinuierliches Wälzen möglich. Mit Hobelstahl, Scheibenfräser, Teller- oder Topfschleifscheibe Bearbeitung im Teilwälzverfahren.

Konzept einer NC-Kegelrad-Wälzfräsmaschine

Werkzeugschnittbewegung D (**Bild 36**) und Wälztrommelrotation A liefern Drehgeber-Impulsfolgen für die kontinuierliche Regelung der Werkradrotation B, um die durch Teil- und Wälzübersetzung vorgegebene kinematische Kopplung zu realisieren. Während der Einstechphase kein Wälzen, sondern nur Tauchvorschub X, Maschineneinrichtung durch elektronische Stellachsen: Werkstückpositionierung Y, Werkstückschwenkachse C, Messerkopfdistanzeinstellung V und Messerkopfpositionierachse E. Manuelle Achsversatzeinstellung Z.

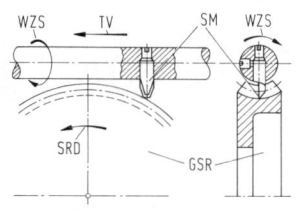
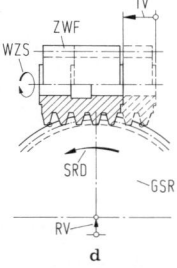

Bild 34. Schneckenrad-Verzahnverfahren. **a** Radialverfahren; **b, c** Tangentialverfahren; **d** Radial-Tangential-Verfahren. SRD Schneckenraddrehbewegung, WZS Werkzeugschnittbewegung, A Achsabstand Schnecke-Schneckenrad, ZWF zylindrischer Wälzfräser, AWF Wälzfräser mit Anschnitt, SM Schlagmesser, TV Tangentialvorschubbewegung, RV Radialvorschubbewegung, GSR Globoid-Schneckenrad

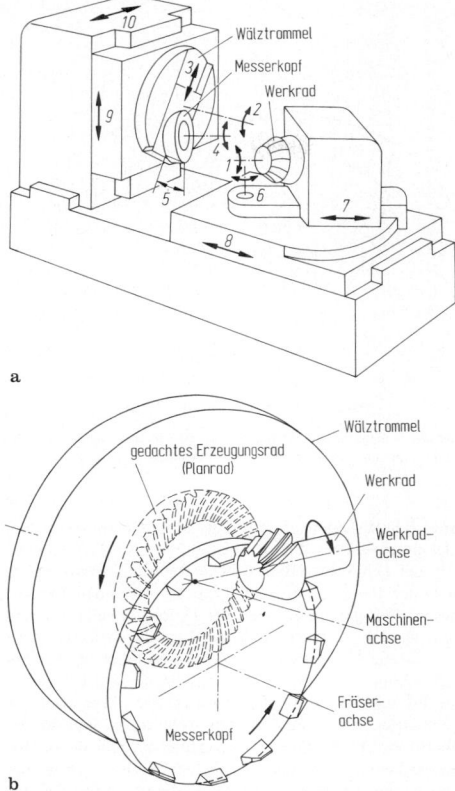

a

b

Bild 35. Prinzipielle Systemkonfiguration zum Profil- und Wälz-fräsen von Kegelrädern. **a** Maschineneinstell- und -bewegungs-freiheitsgrade; **b** Konfiguration Werkrad-Erzeugerrad-Werkzeug. *1* Werkraddrehbewegung, *2* Erzeugerrad-(Wälztrommel-)drehbewe-gung, *3* Messerkopf-Exzentrizitätseinstellung, *4* Messerkopfschnitt-bewegung, *5* Messerkopf-Neigungswinkeleinstellung, *6* Maschinen-achswinkel-Einstellung, *7* Werkradaxial-Einstellung, *8* Vorschubbe-wegung, *9* Achsversatz-Einstellung

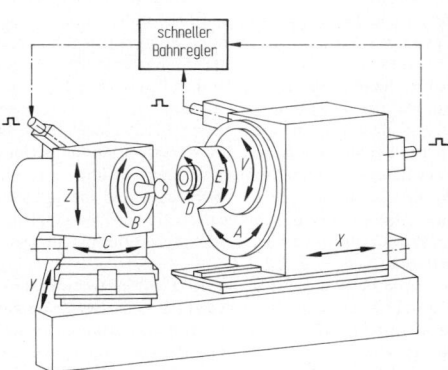

Bild 36. Aufbau einer NC-Kegelrad-Wälzfräsmaschine (nach Fa. Klingelnberg, Hückeswagen). Kontinuierliche, NC-geregelte Werk-radrotation *B*, Messerkopfrotation *D* und Wälztrommeldrehung *A* (im Wechsel mit Vorschubbewegung *X*). NC-geregelte Maschinen-Einstellachsen: Werkstückpositionierachse *Y*, Werkstückschwenk-achse *C*, Messerkopfexzentrizitätseinstellung *V*, Messerkopfpositio-nierachse *E*. Manuelle Achsversatzeinstellung *Z*

Kegelradverzahnungsverfahren

Wälzhobeln. Für Fertigung gerad- oder schrägverzahn-ter Kegelräder. Ein oder zwei Hobelmeißel (gerad-flankige Schneidkante möglich) führen hin- und hergehen-de Schnittbewegung aus. Hobelschlitten ist statt Messer-kopf (**Bild 35**) auf Wälztrommel. Getriebezug für Kopp-lung von Werkzeugschnitt- mit Tischbewegung entfällt. Wälzbewegung erfolgt durch Drehung der Wälztrommel und ausgleichende Drehung des Werkrads. Nach Fertig-stellung einer Zahnlücke wird geteilt und Wälztrommel kehrt in Ausgangslage zurück (Teilwälzverfahren).

Wälzfräsen mit Messerkopf. *Kreisbogenverzahnung* (Glea-son). Für Fertigung kreisbogenverzahnter Kegelräder. Messerkopf mit geradflankigen oder sphärischen Schneid-kanten. Wälzbewegung und Teilung wie beim Wälzhobeln (Teilwälzverfahren).

Zyklo-Palloid-Verfahren (Klingelnberg). Für Fertigung spiralverzahnter Kegelräder. Flankenlinien am Erzeu-gerrad sind Epizykloiden, **Bild 37**. Schnittbewegung *4* des Messerkopfes und kontinuierliche Teilbewegung des Werkrads (**Bild 35**) erfolgt im Verhältnis der Werkrad-zähnezahl zur Messerkopfgangzahl. Drehbewegung der Wälztrommel *2* und Zusatzdrehung des Werkrads erfolgt im Verhältnis der Werkrad- zur Erzeugerradzähnezahl. Längsballigkeitserzeugung durch geteilten Messerkopf mit unterschiedlichen Flugkreisradien.

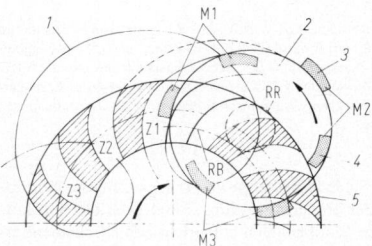

Bild 37. Entstehung der epizykloidischen Flankenlinie am Erzeuger-rad (kontinuierliches Wälzverfahren) aus dem Messerbahnen durch Abrollen des Rollkreises RR auf dem Grundkreis RB. Aus Außen- und Innenmessern bestehende Messergruppen M 1, M 2, M 3 schnei-den aufeinanderfolgende Zahnlücken Z 1, Z 2, Z 3. *1* epizykloidische Flankenlinie des Erzeugerrads, *2* dreigängiger Messerkopf, *3* Au-ßenmesser, *4* Innenmesser, *5* Erzeugerplanrad

Spiroflexverfahren (Oerlikon). Für Fertigung spiralver-zahnter Kegelräder, Flankenlinien und Erzeugung analog Zyklo-Palloidverfahren, jedoch kein geteilter Messerkopf, statt dessen Längsballigkeitserzeugung durch Messerkopf-Spindelneigung *5* (**Bild 35**).

Wälzfräsen mit Kegelschneckenfräser. *Palloidverfahren* (Klingelnberg). Für Fertigung spiralverzahnter Kegelrä-der. Kegelschneckenfräser ist an Stelle des Messerkop-fes auf Wälztrommel. Flankenlinien am Erzeugerrad sind Evolventen (**Bild 38**), die aus kinematischer Kopplung zwi-schen Fräserschnittbewegung WZS und Werkraddrehung WRD entstehen, Teilbewegung des Werkrads erfolgt kon-tinuierlich. Wälzvorschub so, daß Fräser von der Stellung *1* ausgehend, in das Werkrad bis Stellung *2* eintaucht und zur Stellung *3* ausläuft.

Schleifen von Kegelrädern

Zur Verbesserung der Oberflächenqualität. Beseitigen des Härteverzugs und der Verzahnungsfehler. Prinzip: Beim Schleifen von gerad- und schrägverzahnten Kegelrädern

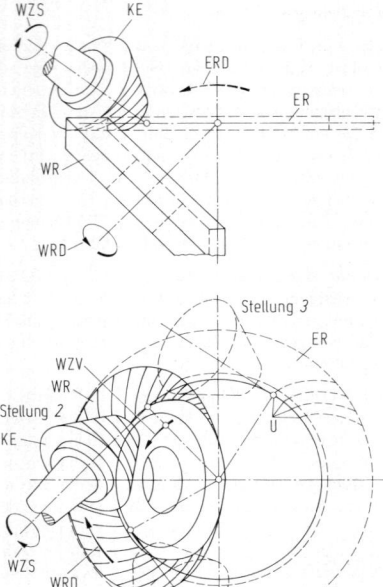

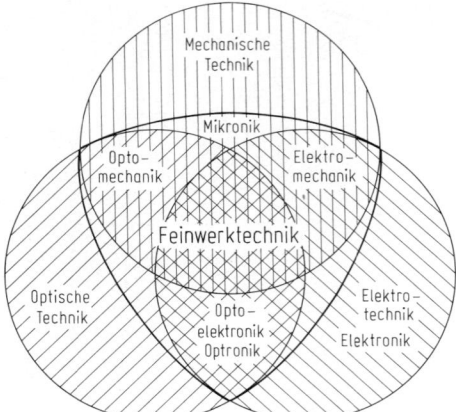

Bild 39. Schematische Darstellung des Anwendungssektors wichtiger Disziplinen innerhalb der Feinwerktechnik

Bild 38. Kegelschnecken-Wälzfräser KE mit spiralverzahntem Werkrad WR im Eingriff (Palloidverfahren, nach Fa. Klingelnberg). ER Erzeugerrad. WZS Werkzeugschnittbewegung. WRD Werkraddrehbewegung. ERD ideelle Drehbewegung des Erzeugerrades. WZV Werkzeug-Wälzvorschubbewegung. U Ursprungspunkt der Evolvente

verkörpert Schleifscheibenprofil (Tellerschleifscheibe) Profil des ideellen Erzeugungszahns. Für Kegelräder mit kurvenförmigen Flankenlinien entspricht Schleifscheibenkörper (Topfschleifscheibe) dem Hüllkörper des Messerkopfs. Bewegungszusammenhänge prinzipiell wie bei Kegelradverzahnverfahren.

5.3 Fertigungsverfahren der Feinwerk- und Mikrotechnik. Manufacturing in precision engineering and microtechnology

L. Kiesewetter, Berlin

5.3.1 Einführung. Introduction

Die Feinwerktechnik muß im Zuge fortschreitender *Miniaturisierung* Probleme besonderer Art lösen, und zwar in konstruktiver als auch in fertigungstechnischer Hinsicht. Sie ist nicht eine Art „verkleinerter Maschinenbau", sondern besitzt ein eigenständiges technisches Gepräge, das sich aus der Kleinheit der Teile, der hohen absoluten Präzision, der signalorientierten Funktionsweise und aus der typisch hier anzutreffenden Massenfertigung herleitet. Diese Merkmale bedingen den Einsatz spezifischer Funktionselemente, Fertigungsverfahren und Werkstoffe mit hohem Veredelungsgrad. Dementsprechend besteht häufig eine enge Verflechtung mit anderen Wissensdisziplinen, insbesondere mit der Physik, der Optik und der Elektronik, **Bild 39**. Die Konstruktion und Fertigungstechnik auf diesen Gebieten befaßt sich mit kleinen Gegenständen, wie Instrumenten, Bauelementen der Meß- und Rege-

lungstechnik, Datenverarbeitungsgeräten, Uhren, Waagen, Kleinantrieben bis hin zu Spielzeugen. Der Trend innerhalb der Feinwerktechnik geht in Richtung *Mikrotechnik*, worunter Bauelemente und Systeme verstanden werden, die mit Fertigungsmethoden der Halbleitertechnik hergestellt werden, in ihrer Funktion aber die Strukturierung in Richtung der dritten Dimension wesentlich stärker berücksichtigen.

Die Produktpalette der Feinwerktechnik reicht also von Geometriekörpern mit engsten Toleranzen und hohen Oberflächengüten bis hin zum Massenartikel der Gerätetechnik und weiterhin zur höchstpräzisen aber in den Abmessungen extrem reduzierten Mikrotechnik. Die zugehörige Fertigungstechnik muß die Bereiche erfassen, die einerseits zu höchstgenauen Unikaten, andererseits zu hochpräzisen Massenartikeln führen. Ersteres gipfelt in allen Verfahren der *Feinbearbeitung* [10, 11].

Mit hochgenauen Maschinen und Werkzeugen führen klassische Bearbeitungstechniken zu extrem genauen Oberflächen und engen Toleranzen. Daneben werden verkleinerte Baugrößen schon sehr lange als Feinmechaniker-Maschinen eingesetzt. Für den Fertigungsprozeß *Drehen* stehen u.a. Tischmaschinen und Drehstühle ohne eigenes Gestell zur Verfügung. Für hohe Stückzahlen setzt man Drehautomaten ein, die von der Stange arbeiten und bei extrem hohen Stückzahlen Drahtrollen verwenden. Eine Analyse der Bewegungsabläufe läßt zu, daß Maschinen in Art einer totalen Umkehrkonstruktion nach **Bild 40** realisierbar sind, bei denen das Werkstück im Sinne eines Vorschubs eine Translationsbewegung ausführt, und die Werkzeuge in einer steifen Werkzeugebene die radialen und rotatorischen Bewegungen ausführen. Ausgangsmaterial in Coilform ist bis zu 30% preiswerter als Stangenmaterial.

Moderne Fertigungsverfahren der Feinwerktechnik beruhen aber häufig auf der Anwendung neuartiger *physikalischer* Effekte [12]. Um diese Fertigungsverfahren verstehen zu können, müssen deshalb die als Basis dienenden physikalischen Effekte bekannt sein.

Es ist eine vordringliche Aufgabe im Bereich der feinwerktechnischen Massenfertigung, die Produkte optimal einer wirtschaftlichen Produktion anzupassen.

Da bis zu 70% der Herstellkosten eines feinwerktechnischen Produkts auf die *Montage* und zugehörige *Qualitätssicherung* entfallen, ist besonderer Wert innerhalb der

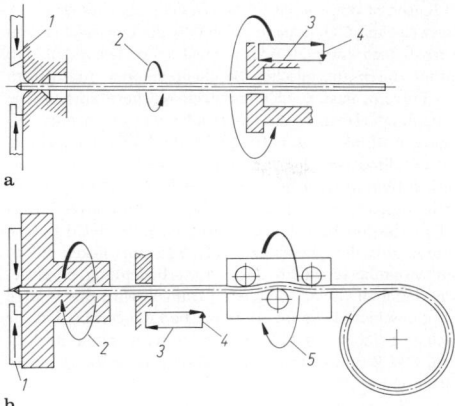

Bild 40. Langdrehen und Drehen vom Coil. *1* Werkzeug, *2* Schnitt-Winkelgeschwindigkeit, *3* Vorschubschritt ≙ Bauteillänge, *4* Spannschritt, *5* Winkelgeschwindigkeit für das Richten

Tabelle 2. Laserarten und ihre Anwendungen in der Fertigungstechnik

Lasertyp	Leistungsbereich in W	Betriebsart	Anwendung
Excimer-Laser (0,193 µm/ 0,248 µm)	$5 \cdot 10^6 \ldots 3 \cdot 10^7$	gepulst (15 … 30 ns)	Abtragen, Ritzen, Fotochemie, Spektroskopie
He-Ne-Laser (0,632 µm)	$< 10^0$	kontinuierlich	Meßtechnik
Rubin-Laser (0,693 µm)	$1 \cdot 10^4 \ldots 4 \cdot 10^4$ $1 \cdot 10^2 \ldots 2 \cdot 10^2$	gepulst (1 … 10 ms) kontinuierlich	Abtragen
Nd-YAG (1,06 µm)	10^6 $1,5 \cdot 10^3$	gepulst (1 … 10 ns) kontinuierlich	Abtragen Fügen
CO_2-Laser (10,6 µm)	$< 5 \cdot 10^6$ $2 \ldots 2,5 \cdot 10^4$	gepulst (1 … 1 · 10^5 µs) kontinuierlich	Trennen, Fügen, Abtragen, Oberflächenbehandlung

Produktgestaltung auf *handhabungsgerechte* Konstruktion zu legen. Kostenvergleiche für Alternativlösungen dürfen nicht bei der Fertigung der Einzelteile enden, sie müssen vielmehr bis zu dem Zustand reichen, bei dem das Bauteil in endgültiger Position funktionsfähig ist. Dazu müssen die *Lagewahrscheinlichkeiten* der Bauelemente berechnet, die *Zubringefunktionen* und *Zubringeeinrichtungen* ausgewählt [13] und der *Automatisierungsgrad* der Fertigungsaufgabe genau angepaßt werden.

Der technische Fortschritt wird besonders in der *Mikrominiaturisierung* erwartet. Dabei ist eine Synthese aus Innovationen auf den Gebieten der Konstruktionswissenschaft und der Werkstofftechnik in Verbindung mit neuentwickelten und neu zu entwickelnden, unkonventionellen Fertigungsmethoden zu erarbeiten [14].

5.3.2 Laserstrahlverfahren. Laser beam processing

Physikalische Grundlagen

1960 gelang es Th. H. Maiman (USA), eine Inversion der Besetzungszahlen diskreter Energieniveaus mit Verweilzeiten im ms-Bereich zu erreichen. Damit war der erste LASER (Akronym für Light Amplification by stimulated Emission of Radiation) erfunden.

Im Gegensatz zu thermischen Strahlern emittiert ein Laser verstärktes und entsprechend intensives, gut monochromatisches Licht von hoher örtlicher und zeitlicher Kohärenz. Der fast parallele Lichtstrahl hat die Eigenschaft scharfer Bündelbarkeit, großer Kohärenzlänge, hoher Fokussierbarkeit bis fast herab zu einer Wellenlänge und extreme Leistungsdichten. Diese sind bis zu Werten von 10^{15} W/cm² nur dann erreichbar, wenn die gespeicherte Energie des Lasers gepulst entnommen und auf kleine Brennflecke fokussiert wird. Der Wert 10^6 bis 10^7 W/cm² ist die Leistungsdichte, bei der die meisten Materialien verdampfen. Damit zeichnet sich die Fertigungstechnik als bevorzugter Anwendungsbereich des Lasers ab [12, 15–17].

Ein Laser ist ein Gerät zur Erzeugung der Inversion von Besetzungszahlen in unterschiedlichen Energieniveaus mit Verweilzeiten im Millisekundenbereich im metastabilen Band. Gepumpt werden derartige Systeme mit kontinuierlich oder impulsförmig zugeführtem Licht bzw. mit Gleich- oder Wechselspannungen zur Erzeugung einer Gasentladung. Zum Aussenden von Laserlicht werden

genau definierte Absorptions- und Emissionsbande der Energieniveaus durchlaufen, was bei breiter Anregung einerseits zu dem hier anzutreffenden schlechten Wirkungsgrad, bei Emission zu sehr eng begrenzten Frequenzspektren und damit zur definierten Wellenlänge des Lichtstrahls führt.

Anwendungen. Für die Anwendungen in der Fertigungstechnik kommen vorzugsweise *Festkörper-* und *Gaslaser* in Betracht, s. **Tab. 2** [18]. Bei den Festkörpern sind besonders Rubin (Al_2O_3 als Wirtsmaterial mit Cr^{3+}-Ionen dotiert, $\lambda = 0,69$ µm), ferner Glas und Granat ($Y_3Al_5O_2$, kurz YAG als Wirtsmaterial, dotiert mit aktiven Nd-Ionen, $\lambda = 1,06$ µm) zu nennen, während der CO_2-Laser die herausragende Stellung unter den Gaslasern einnimmt (CO_2 mit N-Pumpatomen gemischt, $\lambda = 10,6$ µm). Beide können kontinuierlich oder gepulst betrieben werden. Neuerdings finden verstärkt sog. *Excimerlaser* Eingang in die Fertigung. Excimer sind zweiatomige angeregte Moleküle im Hochdruckgas, die aus einem Edelgas- und einem Halogenatom bestehen. Beim Zerfall senden sie Licht besonders kurzer Wellenlängen von 193 bis 248 nm, also im UV-Bereich, aus. Sie sind demnach für die Bearbeitung noch feinerer Abmessungen prädestiniert.

Für die Fertigungstechnik wird der Laserstrahl häufig mit den Wellenlängen angepaßten Linsensystemen fokussiert und über Strahlablenksysteme oder Faseroptiken der Wirkstelle zugeführt.

Als „*Werkzeug*", das keinem Verschleiß unterliegt, eignet sich der Laser zum Schweißen, Ritzen, Gravieren, Schneiden, Bohren, sowie zur Eigenschaftsänderung verschiedener Werkstoffe wie Metall, Glas, Silizium, Diamant, Keramik, Kunststoffe, Papier und Textilien.

Bei den oft geringen Energien sind hohe Leistungsdichten nur bei kleinen Wirkbereichen erzielbar. Parallel dazu führt die Entwicklung zu CO_2-Lasern mit 25-kW-Strahlleistungen für Anwendungen im Maschinenbau. Diese besitzen dann gekühlte Spiegel und aerodynamische Auskoppelfenster zur Vermeidung von Wärmeverlusten im Abschottungsbereich zum Niederdruck.

Schweißen. Gearbeitet wird in Luft oder Schutzgas überwiegend mit Nd- oder CO_2-Lasern. Die Schweißanlagen, insbesondere für Mikroschweißungen sind ausgereift, es wird Naht- und Punktschweißen im ms-Bereich durchgeführt [19]. Es kommt besonders auf Abstimmung von

Geometrie, Werkstoffauswahl und Fertigungstechnik an, um die zu Beginn der Bearbeitung hohen Reflexionsverluste in den Oberflächen zu minimieren. Zudem muß vermieden werden, daß der Laserstrahl in sich selbst zurückreflektiert. Auch durch lichtdurchlässige Wände hindurch, z.B. hinter Glas, läßt sich der Laserstrahl einsetzen. Das *Mikrolöten* gilt als besonders feinfühlig auszuführender Prozeß beim Kontaktieren von Mikrokontakten mit hoher Packungsdichte in der Mikrotechnik. In diesem recht komplexen Vorgang wird mit Infrarotsensoren die beim Schmelzen des Lots erhöhte Absorption des Laserlichtes aus der Messung der Wärmestrahlung sensiert und der Laserstrahl in Bruchteilen von 0,1 s geschaltet [20].

Bohren. Es lassen sich praktisch alle Werkstoffe, auch härtere Materialien wie Glas, Korund und Diamant bei Leistungsdichten von 10^7 bis 10^8 W/cm^2 und Bearbeitungszeiten von 10^{-4} bis 10^{-6} s bohren [21]. Aufgrund der Strahlkaustik sind zylindrische Bohrungen nur bei begrenzten Aspektverhältnissen möglich. Das Material muß verdampfen, die Plasmaformation darf aber nicht den Laserstrahl abschirmen. Infolge geringer Photonenmasse dringt der Strahl nur Bruchteile von μm in die Oberfläche ein, es wird also schichtweise abgetragen.

Schneiden. Für das Schneiden ist der CO$_2$-Laser prädestiniert. Wegen hoher Dauerstrichleistung oft unter Verwendung von Gasen wie Inertgas oder Sauerstoff, lassen sich die meisten technisch genutzten Werkstoffe trennen, bei Leistungsdichten von 10^8 W/cm^2 und bei Geschwindigkeiten von 6 m/min bis zu 5 mm dicke Bleche. Schneidbar sind neben Stählen und Metall-Legierungen auch organische Werkstoffe und Keramiken. Vorzugsweise letztere beiden Werkstoffe lassen sich mit dem Laser gut ritzen, indem durch Aneinanderreihen von Löchern Spannungen in die Werkstücke dergestalt eingebracht werden, daß bei späterer Biegung die Bruchkanten in gewünschten Richtungen verlaufen.

Abtragen. Als präzises, materialabtragendes Werkzeug nutzt man den Laserstrahl zum Trimmen, z.B. zum Abstimmen von Stimmgabeln und Quarzen, oder zum Abgleichen von Widerständen und Kondensatoren in Hybridschaltweise auf ihre Sollwerte. Anfangstoleranzen von −10% lassen sich bei Widerständen auf 1% trimmen, bei Quarzstimmgabeln werden durch Verdampfen dünnster Goldschichtbereiche dagegen Genauigkeiten von 10^6 erreicht. Extrem genaues Abtragen von Kunststoffen geschieht z.B. mit Excimerlasern bis 250 W im Impulsbetrieb. Polymere Schichtwerkstoffe werden auf photochemischem Wege entfernt, ohne die Grundwerkstoffe thermisch auch in engen Randzonen zu belasten. Abtragen im Sinne des Verdampfens von 4-Komponenten-Sinterkörpern, die sich drehend in einer Vakuumkammer befinden, kann auch mit Excimerlasern bei 30 Hz und 40 ns Impulsdauer und $\lambda = 248$ nm geschehen. Mit 5 min Taktzeit für das Evakuieren, Hochheizen, Bedampfen und Ausbauen lassen sich Substrate aus Sr, Ti, O$_3$ für Rechnerchips mit supraleitenden polykristallinen Filmschichten versehen, die aus Yttrium-Barium-Kupfer-Oxid (YBa$_2$Cu$_2$O$_7$) bestehen und bei 77 K Stromdichten bis 1,5 kA/cm^2 tragen.

Beschichten. Strukturiert beschichten lassen sich Keramiksubstrate mit Metallen in Art der LCVD-Technik (Laser-Chemical-Vapour-Deposition) [22]. Hier werden in einer Kammer mit niederem Druck UV-Laser eingesetzt, die die Metallatome im Oberflächenbereich durch direktes programmiertes Schreiben oder über Schablonen aus gasförmigen metallorganischen Verbindungen durch Pyrolyse oder Photolyse freisetzen. Metalle wie Au, Rn, Pd, Os gelangen hier zur Anwendung. Ein weiterer Schwerpunkt

für Laser ist das *Umschmelzbeschichten*. Hier werden vorzugsweise mit CO$_2$-Lasern bei 500 W die Oberflächen von Werkstücken komplett oder speziell derart behandelt, daß vorher durch thermisches Beschichten oder Aufbringen von Pulvern, Pasten oder massiven Körpern vorhandene Schichtmaterialien in die Oberfläche einlegieren oder diffundieren. Eine wirtschaftliche Methode zur Herstellung von dreidimensionalen Prototyp-Formteilen aus Polymerwerkstoffen scheint die Methode der Stereolithographie, fertigungstechnisch vielleicht besser als Multilayer-Laserpolymerisation bezeichnet, zu werden. Mit HeCd-Lasern werden nur die oberen 0,05 bis 0,15 mm dicken flüssigen Monomerschichten durch Laserbelichtung beschrieben, dabei zu ca. 70% vernetzt. Danach wird das Bauteil um die Schichtdicke im Monomerbad abgesenkt und die nächste Schicht mit definierten Geometriedaten strukturiert. Das Raumteil erhält man abschließend durch Nachhärten unter UV-Licht in einem Ofen.

5.3.3 Elektronenstrahlverfahren. Electron beam processing

Physikalische Grundlagen

Beim Bearbeiten von Werkstücken mit Elektronenstrahleinrichtungen werden im Vakuum stark beschleunigte Elektronen in gebündeltem Strahl auf die Wirkstelle gelenkt. Erstaunlich ist, daß die Wirkung oft ähnlich der des Laserstrahls ist, obwohl allein schon die Ruhemasse von Elektronen $3 \cdot 10^5$mal größer als die eines Photons ist, und gleiche Energie schon durch Beschleunigungsspannungen von ca. 2 V erreicht werden. Mit Beschleunigungsspannungen in Elektronenstrahlerzeugern, die aber bei 200 kV liegen, ist damit der *Tiefschweißeffekt* zu erklären und die Abhängigkeit der Fertigungsverfahren von der Dichte des zu bearbeitenden Materials. Der Strahlerzeuger setzt sich aus einer Glühkathode, einer Anode und der Steuerelektrode (Wehneltzylinder) zusammen [23, 24]. Letztere fokussiert und schaltet die Strahlintensität bis zu Leistungsdichten von 10^9 W/cm^2 im Brennfleck. Der Strahl kann auf dem Weg zur Wirkstelle geformt und durch elektrostatische oder elektromagnetische Ablenkeinrichtungen trägheitslos geführt und abgelenkt werden. Kleinste Brennfleckdurchmesser liegen unter 1 μm.

Anwendungen. Man unterscheidet drei Arten von Elektronenstrahlmaschinen: *Hochvakuum-, Halbvakuum-* und *Atmosphärenmaschinen.* Für die Serienfertigung werden Kammermaschinen, Taktmaschinen mit Rundtellern und diskontinuierlich betriebene Durchlaufmaschinen verwendet. Die Steuerbarkeit von Leistung, Fokusfläche und Strahlrichtung in Verbindung mit dem selbsttätigen Auffinden der Wirkstelle durch Intensitätsbestimmung rückgesteuerter Elektronen ermöglicht ein weites Spektrum der Anwendungen gerade im Bereich der Feinwerktechnik. Hier lassen sich im Vakuum präziseste *Punkt-* und *Nahtschweißungen* ausführen, genauso wie das *Abtragen* von Material im Sinne des *Schneidens, Bohrens, Perforierens, Gravierens* und *Schmelzritzens* [25, 26]. Als Werkstoffe kommen Metalle, Legierungen, Keramik, Edelsteine und dergleichen zum Einsatz. Dabei erfolgt nur geringe thermische Belastung in der Umgebung der Wirkstelle, und durch das Arbeiten im Vakuum bleibt eine hohe Reinheit der Werkstoffe erhalten. Die Zeiten für die Positionierung des Strahls und die Wirkdauer z.B. für das punktförmige Fügen oder Abtragen liegen im Bereich von ms.

Eine Hauptanwendung für den Elektronenstrahl ist das Bedampfen in Vakuum, **Bild 41**, [12]. *Dünne Schichten* für optoelektronische Bauelemente, in der Halbleitertechnik, für Filmkondensatoren, großflächige Beschichtungen von Fenstergläsern und dergleichen werden so hergestellt. Das

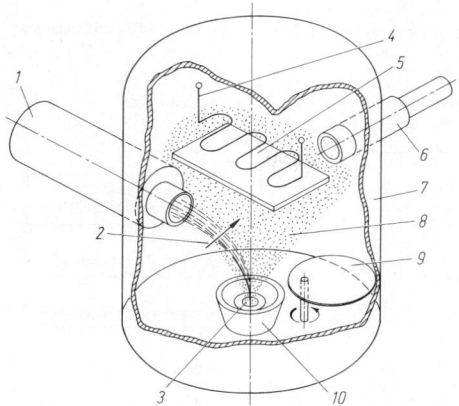

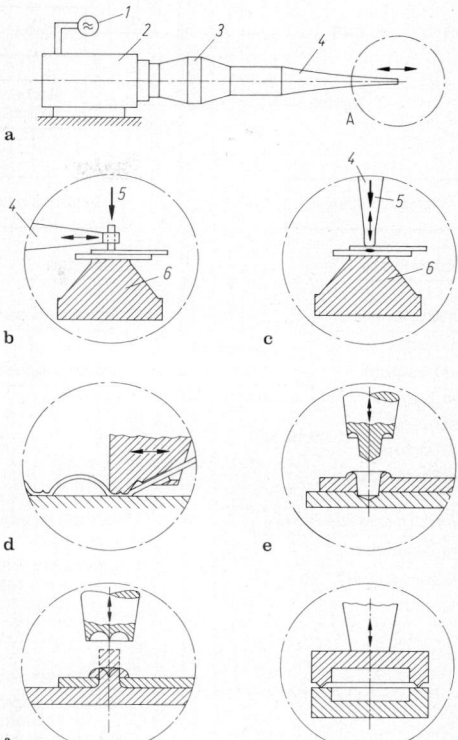

Bild 41. Prinzip der Elektronenstrahlverdampfung. *1* Elektronen-kanone, *2* Magnetfeld $\vec{B}$, *3* Verdampfungsgut, *4* Substratheizung, *5* Substrat, *6* Vakuumpumpe, *7* Rezipient, *8* Dampfstrom, *9* Ver-dampferblende, *10* Tiegel (gekühlt)

Verdampfen mit Elektronenstrahlen zeigt hier die Vorteile der geringsten Tiegelkontamination und die Möglichkeit der Variation in den Schichteigenschaften bei Einsatz von unterschiedlichem Verdampfungsgut in mehreren Tiegeln, die intensitätsmäßig und zeitlich individuell vom Elektronenstrahl angesteuert werden müssen. Verdampfungsraten, die von 1 g/h bis 100 kg/h reichen, erlauben hohe Arbeitsgeschwindigkeiten beim Erreichen auch dickerer Schichten von mehr als 10 µm [27, 28].
Eine nicht-thermische Anwendung des Elektronenstrahls findet man in der Elektronenstrahllithographie, bei der mit dem Strahl Maskenstrukturen in lichtempfindliche Schichten geschrieben werden. Es ist das wichtigste Verfahren zur Herstellung der Muttermasken in der IC-Technik und Mikromechanik.

5.3.4 Ultraschallverfahren. Ultrasonic processing

Physikalische Grundlagen

Ultraschall ist eine elastomechanische Schwingung oberhalb der Hörgrenze. Sie reicht von 20 kHz bis über den MHz-Bereich hinaus und wird aus elektrischer Energie mit *piezoelektrischen* oder *magnetostriktiven Schallwandlern* erzeugt.

Anwendungen. Im Bereich der Fertigungstechnik findet der Ultraschall Anwendung zum *Reinigen* und *Fügen* wie *Schweißen, Nieten, Einbetten,* in der Meßtechnik und in der Medizin. Mit keinem anderen Verfahren lassen sich Reproduzierbarkeit, Reinigungsgrad von 100% und Schnelligkeit in Sekunden- bis Minutenzeiträumen erreichen. Man verwendet hierzu mit Reinigungsflüssigkeit gefüllte V2A-Wannen im 20- bzw. 40-kHz-Betrieb, an denen Schwinger befestigt sind, die zu einem möglichst homogenen Schallfeld führen. Dessen Hauptwirkung besteht in der Kavitation, die bei 20 W/l bevorzugt an verunreinigtem Gut auftritt und Drücke von mehr als 1000 bar hervorruft [29–31].
Zum *Bearbeiten* in definiertem Wirkbereich der Werkstücke bedient man sich der Ultraschalleinrichtungen nach **Bild 42**. Ein im Schwingungsknoten gelagerter Schallkopf überträgt seine Resonanzschwingung auf einen Verstärker (Booster) und zur Amplitudenvergrößerung durch eine Sonotrode in den Werkzeugwirkbereich der Maschine. Hier entstehen Amplituden von 5 bis 35 µm bei 20 bis 40 kHz.

Bild 42. a Schematischer Aufbau einer Ultraschalleinrichtung und die wichtigsten Anwendungen, *1* vom HF-Generator, *2* Schallkopf, *3* Booster, *4* Sonotrode, *5* Kraft, *6* Amboß; **b** Prinzip des Ultraschall-Metallschweißens; **c** Prinzip des Ultraschall-Kunststoffschweißens; **d** Prinzip des Ultraschall-Keilschweißens; **e** Prinzip des Ultraschall-Punktschweißens; **f** Prinzip des Ultraschall-Nietens; **g** Prinzip des Ultraschall-Fernfeldschweißens

Beim *Schweißen* von Metallen nutzt man die Scherwirkung der Fügepartner, beim *Fügen* von Kunststoffen die Druck- und Zugphasen innerhalb der Thermoplaste aus. Bevorzugte Metalle sind Aluminium, dessen Oxidhaut bis zur völligen Zerstörung hohe Reibarbeit leistet. So werden in großem Maßstab ICs mit 27 µm starken Aluminiumdrähten mit „wedge-bonding" kontaktiert [32].
Das Phänomen Ultraschall bietet folgende Vorteile: kurze Schweiß- und Nachhaltezeiten von etwa 1 s, Möglichkeiten des Fügens von Teilen sehr unterschiedlicher Wandstärke, hohe Festigkeiten, keine Vorbehandlung, keine Strukturveränderungen im Material. Bei Kunststoffen erfolgt Fügen im Nahfeldbereich von 6 mm und im Fernfeldbereich [33].
Ultraschallsenken, ein auch mit *Ultraschallbohren* bezeichnetes Verfahren, beruht auf der Zerspanung von harten, spröden Materialien durch eine Schleifmittelsuspension, die im Wirkbereich zwischen dem Werkstück und dem als Werkzeug ausgebildeten Sonotrodenende angreift. Mit relativem Werkzeugverschleiß von 1% erreicht man Abtragsraten von 1200 mm³/min vorzugsweise bei harten, nichtleitenden Materialien, bei denen, sonst als fertigungstechnische Alternative, die Funkenerosion versagt [12]. Es gelangen Glas, Diamant, Materialien der Edelstein- und Halbleiterindustrie zur Bearbeitung. Die Vorschubkraft in Schwingungsrichtung muß so gewählt werden,

S

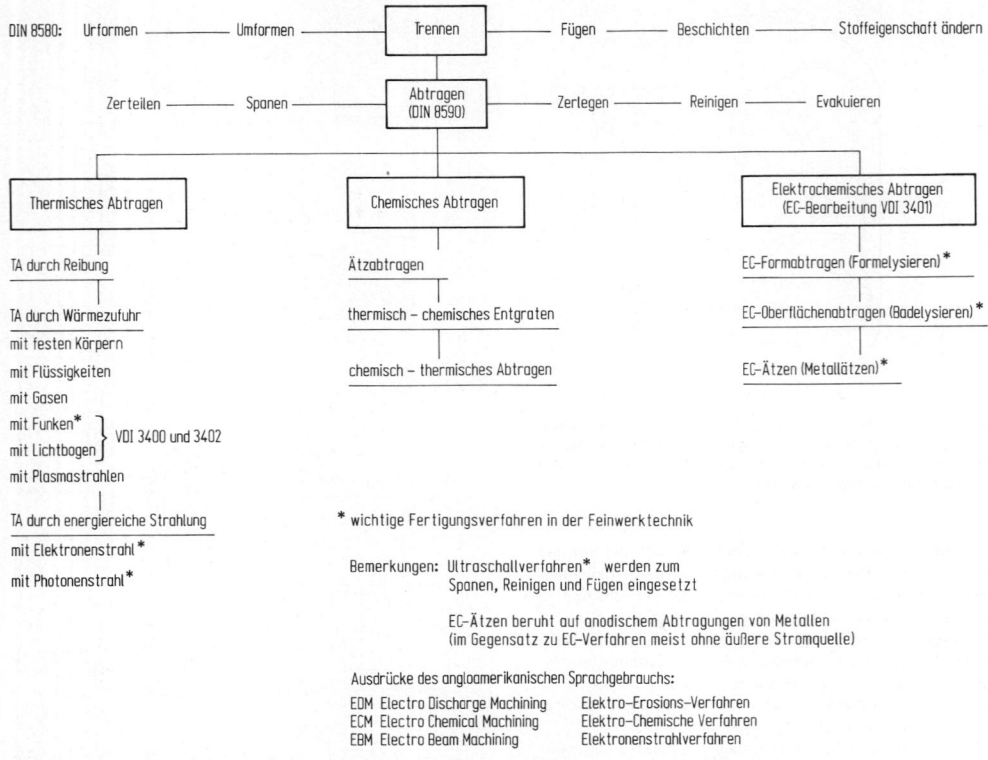

Bild 43. Einordnung der abtragenden Fertigungsverfahren nach DIN 8580 und 8590, VDI-Richtlinie 3400, 3401 und 3402

daß in der Dekompressionsphase das Werkzeug abhebt, um Freiraum für das Wegschwemmen des abgetragenen Werkstoffs und das Heranführen neuer Schleifmittelsuspension, wie Oxide und Carbide, zu schaffen.

5.3.5 Funkenerosion, Elysieren, Metallätzen
Electric discharge machining,
electrochemical machining, metaletching

In der Übersicht der Fertigungsverfahren DIN 8580 (s. S 1) lassen sich die abtragenden Verfahren DIN 8590 nach **Bild 43** einordnen. Die in der Feinwerktechnik interessantesten sind mit einem Stern gekennzeichnet; der Ultraschall ist dabei ein rein mechanisch wirkendes Verfahren, die Verfahren mit Strahlen finden ihren Wirkmechanismus häufig in thermischen Effekten. Für die Formgebung kleiner Teile kommen zusätzlich oft noch die in VDI-Richtlinie 3400 und 3401 aufgeführten Verfahren der *Funkenerosion,* des *Elysierens* und *Metallätzens* zur Anwendung. Gemeinsamkeit besteht darin, daß elektrischer Strom, teilweise in „örtlicher Elementbildung", für die Wirkung verantwortlich ist. Diese Vorgänge finden im Gegensatz zu trockenen Verfahren – wie dem Ionenstrahlätzen – in flüssigen Wirkmedien statt [34–37].

Funkenerosion. Da Lichtbogenerodieren nur zu ungenauer Abbildungstreue führt, wendet man unter dem Begriff der *Elektroerosion* häufig die *Funkenerosion* an, die in Form eines Materialabtrags oder einer Materialwanderung zwischen elektrisch leitenden Kontakten bekannt ist. VDI-Richtlinie 3402 definiert: „Elektroerosion umfaßt durch elektrische Entladungsvorgänge zwischen Elektroden un-

ter einem Arbeitsmedium hervorgerufenes Abtragen von elektrisch leitenden Werkstoffen zum Zwecke der Bearbeitung." Die Elektroden sind formgebendes Werkzeug und zu bearbeitendes Werkstück. Die Elektroerosion stellt demnach die elektrische Alternative zum Ultraschall dar. Zu beachten ist die Polung von Werkstück und Werkzeug, um gezielt niedrigen relativen Werkzeugverschleiß zu erhalten. Die Funken in einem Erosionsspalt stellen zeitliche und örtliche Entladungen dar, deren Wirkung auf der Werkstückoberfläche durch *Abtragstrichter* (Pinch-) und *Abtragskrater* (Skineffekt) gekennzeichnet sind. Die mit Impuls- oder Relaxationsgeneratoren betriebenen Maschinen können die Verfahren des *Senkens, Drahterodierens, Schleifens* und *Sägens* realisieren [38].

Elysieren. Dieses ist ein elektrochemisches Verfahren, bei dem unter Einfluß einer Gleichspannung von etwa 20 V in wäßrigen Lösungen von Salzen oder Säuren als Elektrolyten Metallatome der Anode in Lösungen gehen. Es ist die Umkehrung der Galvanisierung, bei der eine Materialwanderung von einem Grammäquivalent durch 96487 C hervorgerufen werden. Zur Geometriebestimmung wird dazu der Elektrolyt durch eine isolierte Düse auf eine Geschwindigkeit bis 30 m/s gebracht und erreicht bei Stromdichten von 250 A/cm^2 sehr hohe Abtragsraten. Maschinen- und anwendungsspezifisch lassen sich die Verfahren in *elektrochemisches Ätzen, Oberflächenabtragen* bis zu 40 cm^3/min und in Anlehnung und in Verbindung mit spanabhebenden Verfahren in *elektrochemisches Formabtragen* (wie EC-Schleifen) einteilen. Damit sind es gleichzeitig Verfahren zur Erzielung von Geometrien und Oberflächen der Bauteile mit Rauhigkeiten bis herab zu $R_t = 0,5\,\mu m$ bei Gratfreiheit [39].

Metallätzen. Dieses erfolgt mit äußerer Stromquelle am Werkstück bei Polung als Anode. Elektrische Elementbildung findet aber im Elektrolyten auch lokal statt, z.B. bei Kupferteilen im HCL- oder $FeCl_3$-Bad. Weitere Ätzlösungen sind u.a. Ammoniumpersulfat, Schwefelsäure, Salpetersäure, Flußsäure, Kupferchlorid und Natronlauge. Die Auflösung erfolgt dann durch direkte Reaktion der Ätzmittel mit dem Bauteilwerkstoff, oft unter Wasserstoffentwicklung oder Sauerstoffreaktion. Häufig wird dieses Verfahren zum Herstellen komplizierter Formteile in Form von Folien oder Blechteilen oder zur Leiterbahnstrukturierung gedruckter Schaltungen (Folienätzen, Formteilätzen) angewendet. Geätzt wird in *Tauchbädern,* mit *Schleuder- oder Sprühätzeinrichtungen,* wobei Ätzgeschwindigkeiten bis zu 50 $\mu m/min$ erreicht werden. Definierte Strukturen sind erreichbar, wenn die nicht zu ätzenden Flächen mit Abdeckschichten (Ätzresist) versehen werden. Isotrop wirkende Ätzen lassen dabei den Resist unterätzen, was zu schmaleren Teilen oder zu Vorhaltegeometrien führt. Genauere Blechteile erhält man demnach bei beidseitiger Beschichtung und beidseitigem Ätzen, wobei auf Deckungsgleichheit (Overlay) zu achten ist. Wirtschaftlich ist dieses Verfahren vorzugsweise bei Schichtdicken bis 0,2 mm und hohen Anforderungen an Geometrie und Gratfreiheit oder bei kleinen Stückzahlen.

5.3.6 Herstellen von Schichten. Coating processes

Beschichten dient normalerweise der *Dekoration* und dem *Schutz* von Oberflächen [12, 40–42]. In der Feinwerktechnik wird aber oft die Schicht – zumal wenn sie strukturiert wird – zum Träger der *Funktion,* das beschichtete Material demzufolge zum *Substrat.* Es werden je nach Anforderung elektrisch leitende, halbleitende, isolierende, supraleitende, weich- und hartmagnetische, verschleißfeste und selbstschmierende Schichten benötigt. Beschichten nach DIN 8580 ist das Aufbringen einer festhaftenden Schicht aus formlosem Stoff auf einem Werkstück. In Anbetracht fertigungstechnischer Möglichkeiten, gerade zum Herstellen von Schichten, muß hier auch das Einbringen (Implantieren) oder Vergraben von Schichtmaterial verstanden werden.

Hinsichtlich Funktion und Herstellung unterscheidet man in dünne von 0,01 nm bis 1 μm und in die darüber liegenden dicken Schichten, wobei alle Aggregatzustände für das Beschichtungsmaterial vorliegen können, so aus der Gasphase, der flüssigen Phase (Galvanik [43]) und dem festen Partikelmaterial [44]. Eine interessante Variante des großflächigen Beschichtens in monomolekularer Schichtdicke stellt das *Langmuir-Blodgett-Verfahren* dar, bei dem das auf einer Flüssigkeit schwimmende, fein verteilte Schichtmaterial das Substrat beim Herausheben aus dem Flüssigkeitsspiegel vollständig und gerichtet benetzt [45].

Bei allen Verfahren, insbesondere beim Beschichten dünnwandiger Substrate, kommt es auf geringe innere Spannungen an, die aus Unordnungen bzw. dem Einbringen von Fremdatomen und von unterschiedlichen Ausdehnungskoeffizienten herrühren können. Des weiteren ist ein wichtiges Beurteilungskriterium die Haftfestigkeit der Schicht, die sich aus den Bindungskräften zwischen Schichtmaterial und Substrat ergibt. Bei Glas- oder Keramiksubstraten lassen sich die Bindungskräfte zur gewünschten Metallbeschichtung mittels reaktiver Metall-Zwischenschichten in Art von Haftvermittlerschichten aus Ti bzw. Cr gezielt erhöhen.

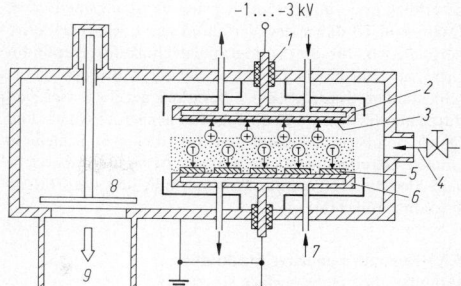

Bild 44. Schema einer Dioden-Bestäubungsanlage. *1* Isolation, *2* Kathode mit Magnetfeld, *3* Target, *4* Argon, *5* Substrate, *6* Aufnahmevorrichtung, *7* Kühlung, *8* Ventil, *9* Pumpensystem

Beim Herstellen dünner Schichten bedient man sich der PVD- und CVD-Prozesse. Das physikalische Abscheiden aus der *Gasphase (PVD)* umfaßt die Verfahren des Bedampfens, Sputterns und Ionenimplantierens sowie deren reaktive Varianten.

Beim *Bedampfen* schlägt sich Schichtmaterial bei geradliniger Ausbreitung vom Verdampfer zum Substrat in einer Vakuumkammer nach einem cosinus-Verteilungsgesetz nieder.

Sputtern ist ein rein mechanischer Prozeß, bei dem in der Vakuumkammer Gasionen, die in einem AC- oder DC-Feld beschleunigt werden, auf das Beschichtungsmaterial (Target) aufschlagen und die Atome „herausheben". Die Zerstäubungsrate ist bei einem Einfallswinkel der aufprallenden Gasionen zwischen 45° und 60° am größten. Im **Bild 44** ist eine Magnetronanlage dargestellt, bei der freigesetzte Elektronen vom Substrat durch gerichtete Magnetfelder ferngehalten werden. Damit wird Sputtern bei tieferen Temperaturen des Substrats erreicht.

Beim *Ionenimplantieren* werden Ionen im elektrischen Feld derart stark beschleunigt, daß sie tief in die Substratoberfläche eindringen und damit die Werkstoffeigenschaften verändern; man erkennt, daß sich leicht geänderten technischen Bedingungen sehr schnell zwischen den Hauptgruppen der DIN 8580 innerhalb der Verfahren gesprungen werden kann.

Chemische Verfahren (CVD) beschreiben die Abscheidung von Schichtmaterial aus der Dampfphase mit den Aktivierungsenergien in Art thermischer CVD, Plasma-CVD, Photonen-CVD und laserinduziertem CVD. Zum Beispiel lassen sich Siliziumschichten nach der Reaktionsgleichung $SiH_4 \rightarrow Si + 2H_2$ bei Raten von 0,5 μm/min herstellen. Oft stellt sich die Aufgabe, Metalle oder isolierende Substrate mit Kunststoffen zu beschichten. **Tab. 3** gibt einen

Tabelle 3. Verfahren zum Beschichten von Metallen mit Kunststoffen

Ausgangsmaterial: Kunststoff		
-Lack	-Pulver	-Folie
Lackieren	Pulverbeschichtung	Walzenbeschichtung
Streichen	Wirbelsintern	Kalandern
Spritzen	Elektrostatisches	Walzenschmelzver-
Tauchen	Wirbelsintern	fahren
Lackgießen	Flammspritzen	Extrusions-
Schleudern	Elektrostatisches	beschichten
	Pulverbeschichten	
	(Beflocken)	Folienkaschieren

Überblick über die gebräuchlichsten Fertigungsmethoden. Interessant ist dabei das Verfahren des Lackschleuderns, bei dem z.B. für die Lithographietechnik fotoempfindlicher Lack mit einem Dispenser auf die Mitte des zu beschichtenden Substrats mit Überschuß gegeben wird und durch anschließendes Zentrifugieren je nach Drehzahl und Dauer definierte Schichtdicken der trockenen Schicht in einigen Sekunden erreicht werden. Anwendungsbereiche sind hier die IC-Technik, Mikrotechnik und die Flüssigkristalltechnik [46].

5.3.7 Herstellen planarer Strukturen
Production of plane surface structures

Die Herstellbarkeit planarer Strukturen ist für die Produkte der Feinwerktechnik ein bestimmender Faktor für die hohe zu erreichende *Packungsdichte* [12, 47]. Kennzeichnend ist immer die Aufgabe, eine Fläche bzw. deren Beschichtung in Flächenelemente oder Bahnen so zu strukturieren, daß sich deren Eigenschaften zu denen der Umgebung grundsätzlich und eindeutig unterscheiden. Diese Binäraussage kann sich auf beliebige chemische und physikalische Eigenschaften beziehen, ein einfaches Beispiel ist die elektrische Leiterplatte [48, 49]. Immer ist aber davon auszugehen, daß sich planare Strukturen auf oder innerhalb eines Substrats befinden und die lateralen Ausdehnungen des Gesamtlayouts wesentlich größer sind als ihre Abmessungen in der dritten Dimension, der Höhe. Unabhängig davon kennt die Praxis Beispiele, bei denen innerhalb einer Querschnittsfläche die Tiefenabmessungen größer als die der Breiten sind (vertikaler Aufbau). Folgt man der DIN 8580, so werden planare Strukturen durch Beschichten, Abtragen und Stoffeigenschaftsändern erreicht. Älteste Beispiele findet man in der Herstellung von Schreib- und Druckerzeugnissen mit den Verfahren des *Hoch-, Tief-, Flach-* und *Siebdrucks,* neue Verfahren in allen *Lithographie-* und *Abformprozessen* zum Erzeugen von Bildplatten, Leiterplatten, Dick- und Dünnschichtschaltungen, Festkörperschaltungen und speziell zur Herstellung von Masken für die Durchführung dieser Fertigungsverfahren.

Beim *Siebdruck* wird eine Rakel über eine Gazeschablone geführt und drückt dabei Farbe bzw. elektrisch leitende Pasten durch diejenigen Flächenbereiche, deren Maschen offen sind [50, 51]. Damit lassen sich 2 bis 3 µm dicke und 200 µm breite Kleberahmen in der LC-Fertigung genauso exakt erstellen wie die gedruckten Goldleiterbahnen auf Keramiksubstraten zur Herstellung von Viellagenschaltungen (Multilayer) auf Keramiksubstraten mit abwechselnden Leiterbahnebenen und Keramikisolatorlagen [52]. Besondere Aufmerksamkeit muß bei paßgenauen Viellagentechniken den Problemen des Overlay gewidmet werden. Bei *Impact-Druckverfahren* wird die kontrasterzeugende Farbe mit mechanischem Druck auf das Papier übertragen, *Thermodruckverfahren* als sog. *Nonimpactverfahren* übertragen das Strukturmaterial durch Einwirkung von Wärme bei nur geringem mechanischem Druck. Ganz frei in der Gestaltung der Struktur und nur abhängig von der Software ist man beim Drucken mit *Laserdruckern,* die elektrostatische Ladungsbilder erzeugen und somit dem Flachdruck zuzuordnen sind. Mit der Verwendung von Licht kommt man aber ganz neuen Techniken und der Herstellbarkeit noch wesentlich feinerer Strukturen näher. Die Techniken der *Fotolithographie* benutzen hochgenaue Masken mit der maßstabgetreuen Abbildung der Strukturdaten in optischen Strahlengängen auf lithographische Beschichtungen des Substrats im Kontaktverfahren oder mit geringstem Maskenabstand (proximity). Das Prinzip

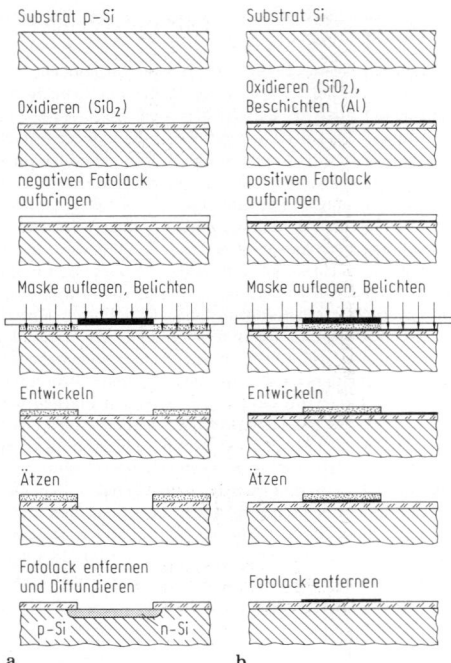

Substrat p-Si   Substrat Si

Oxidieren (SiO₂)   Oxidieren (SiO₂),
                                 Beschichten (Al)

negativen Fotolack   positiven Fotolack
aufbringen   aufbringen

Maske auflegen, Belichten   Maske auflegen, Belichten

Entwickeln   Entwickeln

Ätzen   Ätzen

Fotolack entfernen
und Diffundieren   Fotolack entfernen
    p-Si   n-Si

a   b

Bild 45. Prinzip der Fotolithographie. **a** selektives Ätzen und Diffundieren mit Negativlack; **b** selektives Metallbeschichten mit Positivlack

der Fotolithographie (Fotoresisttechnik), wie es zur Erzeugung von elektrischen Leiterplatten bis zur Herstellung von Strukturen im Sub-µm-Bereich der Siliziumtechnik angewendet wird, ist im **Bild 45** dargestellt. Das Verfahren **b** ist auch in einer reziproken Variante möglich, bei dem in lift-off-Technik die metallisierten Fotoschichten abgehoben werden.

Die Grenzen der fotolithographischen Verfahren liegen in der erzeugbaren Kantenschärfe und der gewünschten Feinheit der Strukturen, beide sind durch die Wellenlänge des Lichts, auftretende Beugung und Interferenz [53] begrenzt oder damit erst zu erreichen [54]. Mit speziellen lichtempfindlichen Farbstoffen, die in einer Dicke von 0,3 µm auf die Fotolackschicht aufgebracht werden, erscheint eine Steigerung der Gradation möglich. Die Erfüllung des Wunsches nach immer feineren Strukturen (Megabit-chip) mit Bahnbreiten von Bruchteilen von µm ist Aufforderung und Ansporn an die Fertigungstechnik, ist doch die „Packungsdichte" auf einem Substrat umgekehrt proportional zum Quadrat der Strukturbreite. Technische Umstände wie Abbildungsfehler, Temperaturausdehnung und Eigenspannungen durch „Festhalten" der Substrate gestatten eine hinreichend genaue Zuordnung von Maske und Substrat nur innerhalb begrenzter Flächenbereiche. Große Ganzfelder sind demnach nur durch „Feldheften" kleiner Teilfelder mit step-and-repeat-Verfahren möglich. Mit Lasersystemen sind Positioniergenauigkeiten von 0,1 µm erreichbar.

Die *Röntgenstrahllithographie* nutzt ein „Wellenlängenfenster" von 0,2 bis 4 nm für die Belichtung spezieller Fotolacke zur Erzeugung von Strukturbreiten von unter 0,5 µm. Als Anwendungsbeispiel ist in S 5.3.8 dieses Verfahren beschrieben. Im Bild des Dualismus Welle-Korpuskel kommen dem Elektronenstrahl noch kürzere Wellenlängen zu, $\lambda < 0,1$ nm [55].

Elektronenstrahlverfahren sind für die Lithographie noch aus einem anderen Grunde von fundamentaler Bedeutung. Wenn bei der Elektronenstrahl-Kathodenprojektion im Abbildungsmaßstab 1 : 1 die Elektronen durch UV-Licht direkt aus der Maske freigesetzt werden, wird in der Elektronenstrahlprojektion der Abbildungsmaßstab durch weitere elektronenoptische Systeme verkleinert.

Die interessanteste Variante der Anwendung ist die des *Elektronenstrahlschreibers*. Sie bietet die Möglichkeit, mit den Elektronenstrahlen softwaregesteuert und mit einstellbarer Brennfleckgröße direkt zu schreiben, einmal zur Erzeugung der anderweitig benötigten hochgenauen Masken, andererseits zum „Direktschreiben" von Strukturen und Substraten für die Erstellung von Prototypen bzw. kleinen Serien zur Produkterprobung.

5.3.8 Verfahren der Mikrotechnik
Manufacturing of microstructures

In [56] wurde ein Verfahren zur Herstellung von Quarz-Stimmgabeln für Kleinuhren beschrieben, die in Art eines „Wafer-batch-processing" im Nutzen aus einer 125 µm dicken SiO$_2$-Platte bei 85 °C chemisch herausätzbar sind [57]. Das Bad aus Flußsäure und Ammoniumfluorid ätzt den Quarz dabei, abhängig von den Richtungen der Kristallachsen, stark anisotrop. Das heißt, daß mit einer Ätzgeschwindigkeit von etwa 4 µm/min in z-Richtung eine extrem kleine Unterätzung in x- und y-Richtung erreicht werden kann. Durch „Vorhalten" in definierten Achsrichtungen sind damit bei Ätzteilen nicht nur die lateralen Dimensionen, sondern auch die Auswirkungen in der dritten Dimension vorherbestimmbar und für die Geometriekonzepte der Mikroteile nutzbar. Mikroelemente und Baugruppen daraus sind Produkte der Mikrotechnik, die sich selbst wieder zusammensetzen aus Elementen der *Mikroelektronik, Mikromechanik* und der *Mikrooptik*. Zu den mikrotechnischen Produkten gehören demnach *Halbleiterschaltkreise, integrierte optische* und *optoelektronische Systeme, Sensoren aus Silizium, Mikrodüsen, Mikroaktoren, subminiaturisierte mechanische, elektrische* und *optische Verbindungen* und *Schalter*. Alle Teile zeichnen sich aus durch extrem kleine Abmessungen im Sub-µm-Bereich, durch integrierten Aufbau und durch einen hier extrem stark geforderten Systemgedanken. Elektronische Systemteile werden als integrierte Schaltungen schon seit vielen Jahren realisiert, und so lag es im Sinne einer monolithischen oder hybriden Integration nahe, die hier verwendeten Materialien und Technologien auch für die mikromechanischen Teile anzuwenden [14, 58].

Die Mikrotechnik umfaßt in der Fertigungstechnik spezielle *Beschichtungs-, Lithographietechniken* und *Ätzverfahren.*

Siliziumtechnik

Von herausragender Bedeutung ist der einkristalline Werkstoff *Silizium,* der durch mechanische Eigenschaften, wie geringste Dämpfung, keinerlei Ermüdung, höchste Kristallreinheit, durch Dotierung bestimmbare elektrische Leitfähigkeit, Ätz- und Beschichtungsfähigkeit besticht. Das Wichtigste für diesen Werkstoff ist aber die Möglichkeit, mit speziellen *selektiven* und *anisotropen Ätzmitteln* in Abhängigkeit von der Kristallorientierung mikromechanisch die dritte Dimension, und zwar die der *Tiefe, räumlich* zu erschließen. Dieses anisotrope und isotrope Ätzen, die Erstellung feinster Strukturen und Masken nicht nur mit dem Laser, sondern auch mit Elektronen-

und Röntgenstrahlen und neben den Abtragsverfahren auch mit galvanischen Beschichtungsverfahren begründen die großen Anstrengungen der Mikrotechnik [59]. Ausgangsmaterial für die Siliziummechanik ist ein *Wafer,* aus dem im „batch-processing" eine Vielzahl gleichartiger Elemente realisiert werden. Für den Aufbau und die Strukturierung des Wafers bedient man sich der unterschiedlichsten Fertigungsrichtungen und Fertigungseinrichtungen, die, meist aus der IC-Technologie her bekannt, speziell an die Dickenverhältnisse angepaßt werden müssen [60]. Je feiner die lateralen Strukturen aufgelöst werden sollen, desto höhere Anforderungen sind an die Lithographieverfahren zu stellen, dabei werden sämtliche Strahlungsarten, wie Licht-, Röntgen- und Korpuskularstrahlung benutzt.

Neben Verfahren mit fokussiertem Strahl, wie z.B. dem Elektronenstrahl, kommen für noch feinere Auflösungen im Sub-µm-Bereich Röntgenstrahlen zur Anwendung, die tangential an den Beschleunigungsstrecken von Elektronen-Synchrotrons entstehen und in Vakuumröhren geführt werden. Sie treten in Form eines breiten Strahlschlitzes aus einem mit Folie bespannten Fenster mit gaußscher Intensitätsverteilung auf ca. 10 mm Höhe aus.

Damit lassen sich lithographische Belichtungen durch Beryllium-Masken hindurch mit Absorberbereichen im Proximityverfahren direkt oder bei größerer Höhe in vertikaler Richtung gemeinsam oszillierend, realisieren.

Zur Strukturierung in Richtung der Schichtdicke, also zur Geometriebestimmung für die Bauelemente innerhalb der Siliziumscheibe, werden *Additivtechniken* und *Subtraktivtechniken* angewendet. Erstere gestatten den Aufbau von Isolationsschichten, z.B. SiO$_2$ bzw. Si$_3$N$_4$, oder dotierter Halbleiterschichten, genauso wie die Beschichtung mit Metallen wie Al, Al/Si, Al/Si/Cu oder organischem Material und Gläsern. Als Technologien dazu sind zu nennen: Epitaxieverfahren für einkristallines Silizium, Verfahren der chemischen Abscheidung aus der Gasphase und Kondensation der Zersetzungsprodukte CVD, thermische Oxidation oder Aufdampfen und Sputtern.

Zur Durchführung gezielten *Materialabtrags* von Silizium und Schichtstrukturen bedient man sich der *naßchemischen Ätzprozesse,* die isotrop sind und damit gleiche Ätzgeschwindigkeiten in allen Raumrichtungen, auch starkes Unterätzen, ergeben. Wichtige Einflüsse auf die Ätzung folgen aus der Art und Defektfreiheit des Ätzguts, den Maskierungen und der Orientierung zu den Kristallachsen, den Ätzmitteln hinsichtlich Temperatur und Alter und den äußeren Einflüssen wie Sauberkeit. Die Vorteile der *Trockenätzverfahren* liegen zum einen in der oft höheren Abtragsrate, der ausgezeichneten Strukturauflösung und einer oft zu beobachtenden Anisotropie oder Richtungsabhängigkeit.

Materialabtragung kann ferner durch *Ionenbeschuß* in Kammern mit niederem Druck erfolgen. Ein Hauptvertreter dieser Geräteklassen ist eine *Sputterätzeinrichtung,* die in umgekehrter Funktionsweise als Beschichtungseinrichtung bekannt ist. Hier wird im Niederdruckplasma aus einem chemisch nicht reaktiven Gas wie Argon das zu ätzende Teil auf negatives Potential gelegt. Die positiven Argonionen schlagen Moleküle und Atome aus dem Substrat heraus, das an anderen Stellen partiell durch Fotolack geschützt wird. Bei Ionenbeam-milling wird in einer Kammer ein Argonionenstrahl gebildet, der auf 0,5 bis 1 keV beschleunigt und unter Hochvakuumbedingungen auf das Substrat auftrifft. Unter Zufügen einer chemisch reaktiven Komponente wird mit Initialisierung durch den Ionenbeschuß dieser Vorgang zum *reaktiven Ionenstrahlätzen.* Mit O$_2$-Zugaben lassen sich vorzugsweise Kunststoffe strukturieren, z.B. Stege mit 1,5 µm Breite bei 30 µm Dicke. Gut lassen sich bislang Si, SiO, Al bearbeiten mit

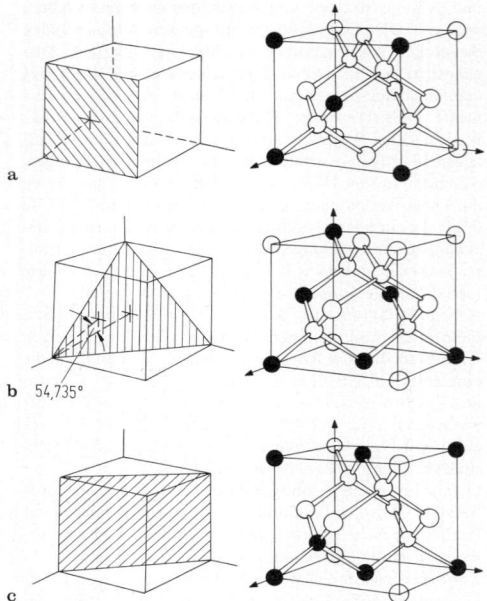

Bild 46. Gitteraufbau von Silizium und Kennzeichnung der **a** 100-, **b** 111-, **c** 110-Ebene

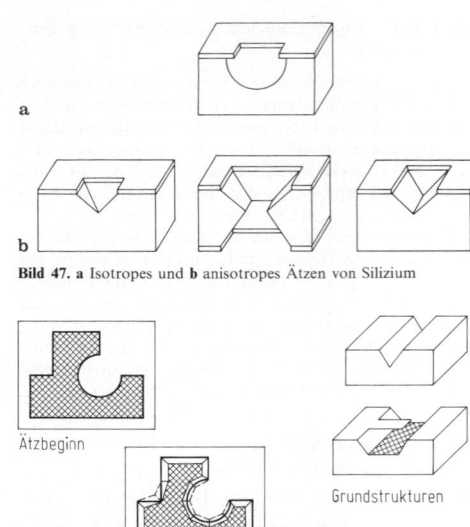

Bild 47. a Isotropes und **b** anisotropes Ätzen von Silizium

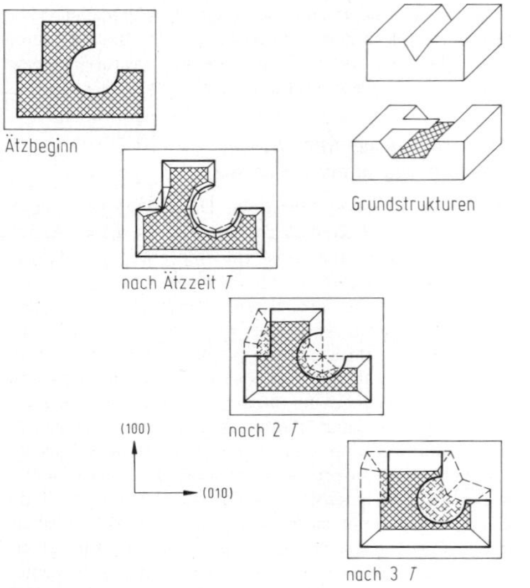

Bild 48. Unterätzungen an konvexen Ecken (Si-Technik)

Ätzraten von 0,1 bis 1 μm/min und einstellbaren Profilen oder Steigungen der Seitenwände und Aspektverhältnissen von 10 : 1. Unter den Aspektverhältnissen versteht man immer die in Bearbeitungsrichtung liegende Tiefe zur Kanal- oder Stegbreite der Struktur.

Anisotrope Siliziumätztechnik. Silizium hat nach **Bild 46** einen Gitteraufbau wie Diamant [14]. Mit Miller-Indizierung der orientierten Einkristalle gibt es bevorzugte Ebenen, die mit anisotrop abtragenden Ätzlösungen, wie den Alkalilaugen KOH und NaOH oder Ethylendiamin mit Brenzkatechin und Wasser bzw. Hydrazin und Wasser sehr unterschiedlich schnell abgetragen werden. Dieses anisotrope Verhalten wird durch den Gitteraufbau des Kristalls und den damit verbundenen unterschiedlichen Bindungskräften hervorgerufen. Da der Energieaufwand für die Auslösung eines Siliziumatoms in Richtung der 111-Ebene am größten ist, bleibt diese Richtung bevorzugt erhalten. Die Abtragsraten sind hier mehr als 100mal so klein wie in den anderen Kristallrichtungen 100 und 110. Für den Fertigungstechniker ergibt sich nunmehr die Aufgabe, die Waferoberfläche so zur Richtung der Kristallachsen zu legen, daß beim Ätzen gewünschte Geometrien erreicht werden. Ein charakteristischer Winkel von 54,735° wird dabei sehr häufig die Geometrie der Bauteile bestimmen. Es ist der Winkel zwischen den 111- und 100-Ebenen mit den sehr unterschiedlichen Ätzraten. Bildet nämlich die Oberfläche des Wafers die 100-Ebene, so entstehen in einem Ätzfenster vier Flächen, die je nach Ätztiefe und Waferdicke zu einer Spitze auslaufen können. Beidseitiges Ätzen mit genauem Overlay führt dann zu doppeltkonischen Durchbrüchen, **Bild 47**. Bei Ätzraten von 5 bis 150 μm/h in der gewünschten Ätzrichtung dauern die Prozesse sehr lang. Deshalb werden die Maskierungsschichten aus SiO_2 oder Si_3N_4 hergestellt. Auch bordotiertes Silizium mit 10^{20} Boratome/cm^3 sind gegen derartige Ätzlösungen resistent. Sollten aber freitragende Zungen und dergleichen zu realisieren sein, so muß beachtet werden, daß Bor eine andere Gitterkonstante oder anderen Atomradius als

Silizium hat und dieser Dotiervorgang zum Einbringen von inneren Spannungen – bei Bor zu Druckspannungen – führt. Es sind aber Verfahren bekannt geworden, diese inneren Verspannungen durch Dotieren z.B. mit Ge-Atomen zu kompensieren [61]. Da generell der „Kristall bestimmt", was fertigungstechnisch machbar ist, kommt es extrem darauf an, daß die Maskenstrukturen auch innerhalb der Waferebene zur Kristallrichtung ausgerichtet sind. Eine Lösung wird bislang darin gesehen, am „flat" des Wafers in anisotropen Ätzversuchen die Richtung der Kristallachsen exakt zu bestimmen. Zur Verdeutlichung stelle man sich in diesem Zusammenhang vor, daß eine beliebig geformte Fensteröffnung auf dem Wafer bei langdauerndem Ätzen immer zu einer Ätzgeometrie führt, deren Gestalt durch die Tangenten an die Fensteröffnung in Richtung der Kristallachsen liegen. Innenecken bilden sich scharfkantig heraus, konvexe Strukturen werden dagegen unterätzt, **Bild 48**. Vertikal in die Waferdicke hinein zeigende Ätzwände werden dann erreicht, wenn diese durch 111-Ebenen des Kristalls gebildet werden.

Mikroelemente aus Silizium müssen in ein geometrisches Konzept zur Bauteilperipherie passen. Zum Fügen von Mehrschichtsystemen, z.B. aus Silizium und Glas, ist das Verfahren des Anodic-Bonding bekannt geworden, bei dem sich die Glassorte Pyrex mit Silizium bei ca. 300 °C unter geringem Druck und elektrischer Spannung durch Leitendwerden im Fugenspalt chemisch fügt. Mit dem anisotropen Ätzen können aus einem massiven 0,5 bis 0,8 mm dicken Siliziumwafer heraus dreidimensionale Mikroelemente durch Abtragen erzielt werden.

Andere Werkstoffe

Zur Herstellung extrem präziser Teile aus Metallen und Kunststoffen in etwa gleichen Dickenabmessungen in einer *„Aufbautechnik"* dient das *LIGA-Verfahren*, abgeleitet aus den Fertigungsschritten Lithographie, Galvanoformung und Abformung [62].

Im **Bild 49** ist die Prozeßfolge dargestellt, bei der zunächst eine strahlenphysikalisch leicht veränderbare Resiststruktur über eine Maske in ca. 40 μm Proximity-Abstand mit hochintensiver, paralleler Röntgenstrahlung über mehrere Stunden hinweg bestrahlt wird. Je nach Resistwerkstoff werden die bestrahlten und unbestrahlten Bereiche durch Entwickeln selektiv entfernt, und es verbleiben Strukturen, die durch die Kurzwelligkeit der Röntgenstrahlung extrem fein aufgelöst werden. Bei wenigen μm Lateralabmessungen sind Schichtdicken von mehreren hundert μm realisierbar. In galvanischen Bädern lassen sich die Lücken oder Freiräume, nunmehr exakt abgebildet, mit Metallen wie z.B. Nickel füllen. Gleiche Höhe wird durch mechanisches Überarbeiten erreicht. Nach Entfernen des Resists existiert nun eine Metallform, die als Abspritzform beliebiger Kunststoffteile verwendet werden kann. Die Kunststoffelemente können selbstverständlich wiederum als Werkzeug für weitere Galvanoformung gelten.

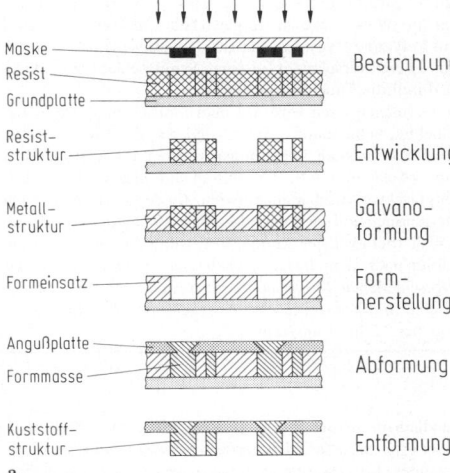

Bild 49. LIGA-Verfahren. **a** Fertigungsschritte; **b** Wabenstruktur aus Kunststoff. Die Wandstärke beträgt 4 μm, die Strukturhöhe 350 μm (Foto KfK)

Wenn in der Siliziumtechnik vorzugsweise ein Verfahren für die direkte Werkstückherstellung in Wafertechnik erkennbar ist, wird die LIGA-Technik sich doch eher als eine Methode zur Herstellung extrem genauer Abformwerkzeuge entwickeln.

5.4 Beschichten. Surface coating

H.K. Tönshoff, Hannover

Beschichten ist das Aufbringen einer *fest haftenden Schicht* aus *formlosem Stoff* auf ein Werkstück (DIN 8580).

Schicht und Substrat (Unterlage) bilden einen *Verbundkörper* aus unterschiedlichen Stoffen. Damit wird eine Funktionstrennung möglich: die *Schicht* übernimmt Kontaktfunktionen wie Schutz gegen chemischen oder korrosiven Angriff und gegen Tribobeanspruchung, beeinflußt das Reibverhalten oder dient optischen oder dekorativen Zwecken. Das *Substrat* übernimmt häufig Tragfunktionen, wobei seine Eigenschaften der spezifischen Beanspruchung ohne Rücksicht auf das Kontaktverhalten angepaßt werden können. In diesem Freiheitsgrad, der durch Eigenschaftskombination von Schicht und Substrat gewonnen wird, liegt der Grund für das steigende Interesse an der Beschichtungstechnik.

Durch *Mehrfachschichten* werden weitere Eigenschaftsvorteile erreicht, z.B. Herabsetzen des Reibwerts mit der obersten Kontaktschicht, gefolgt von Diffusion sperrenden Schichten und Schichten zur Erhöhung der Haftfestigkeit mit dem Substrat.

Grundsätzlich sind drei Bereiche zu unterscheiden: der Schichtbereich, der Haftbereich zur Verbindung von Schicht und Unterlage und das Substrat als formgebender, tragender Körper. Beschichtet werden Metalle, Keramiken, Einkristalle, Gläser und Kunststoffe. Schicht- und Haftbereich sind je nach stofflicher Zusammensetzung und nach dem angewandten Beschichtungsprozeß in fast beliebiger Vielfalt ausführbar, **Tab. 4.**

Nach dem Aggregatzustand des aufzubringenden formlosen Stoffs wird unterschieden: Beschichten aus dem *gas-* oder *dampfförmigen* Zustand, aus *flüssigen, pulverförmigen* (oder festen) sowie aus dem *ionisierten* Zustand mit Schichtdicken zwischen weniger als 1 μm und mehr als 100 μm. Beschichten aus dem gas- oder dampfförmigen Zustand kann durch *physikalische* Vorgänge (PVD, physical vapour deposition) oder *chemische* Vorgänge (CVD, chemical vapour deposition) erfolgen.

Tabelle 4. Beispiele für Beschichtungen

Verfahren	Schicht			Anwendung
	Stoff	Dicke in μm	Härte (HV)	
PVD, Ionen-plattieren	TiN	3...8	2300	Bohrer, Fräser Schneidwerkzeuge Umformwerkzeuge
CVD	TiC	7	3500	Wendeplatte
CVD	TiC	4	3500	Wälzlager/ Nukleartechnik
Plasma-spritzen	Hart-metall	50...300	1600	Nuklear-komponenten
stromlose Abscheidung	Ni-Dis-persion	10...100	550	Zylinderbuchsen
galvanisieren	Cr	10...50	900	Kolbenstangen

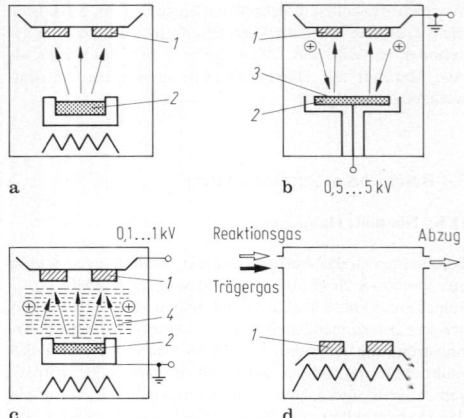

a   b   0,5...5 kV

0,1...1 kV   Reaktionsgas   Abzug

Trägergas

c   d

Bild 50. Beschichten aus der Dampfphase. **a** Aufdampfen (PVD); **b** Zerstäuben (PVD); **c** Ionenplattieren (PVD); **d** chemisches Abscheiden (CVD). *1* Substrat, *2* Schichtstoff, *3* Kathode, *4* Plasma

Bei *PVD-Verfahren* sind drei Phasen zu unterscheiden [63]: 1. Verdampfen des Schichtstoffs, 2. Transportieren von der Quelle zum Substrat, 3. Kondensieren auf dem Substrat. Der gasförmige Zustand wird durch Erhitzen − *Verdampfen* − (Austrittsenergie der Teilchen gering, $<0,5$ eV; Vakuum für den Transport hoch, 10^{-4} Pa) oder durch Teilchenbeschuß − *Zerstäuben* (Sputter) − (Austrittsenergie groß, <40 eV, Vakuum für den Transport geringer, 1 bis 10^{-3} Pa) erreicht, **Bild 50.** Beim Aufdampfen erfolgt die Kondensation ohne große Temperaturänderung des Substrats, beim Aufstäuben kommt es wegen der hohen kinetischen Energie der Teilchen zu einer starken Temperaturänderung. Das *Ionenplattieren* verknüpft Vorteile des Aufdampfens und Sputterns, **Bild 50c.** Das Substrat führt ein negatives Potential, das Plasma entsteht durch Glimmentladung bei einem Vakuum von 1 bis 10^{-1} Pa und einer Teilchenenergie zwischen 10 bis 100 eV. Die hohe Auftreffenergie entfernt gleichzeitig Fremdschichten. Für alle PVD-Verfahren gilt: Prozeßtemperaturen <500 °C, Ent-

wicklung zu niedrigeren Prozeßtemperaturen, um Beeinflussung des Trägerstoffs zu vermeiden.

CVD-Verfahren (**Bild 50d**) beruhen auf chemischen Reaktionen von Gasen. Die Prozeßtemperaturen liegen oberhalb 700 bis 1500 °C. Die Entwicklung bewegt sich auch hier zu niedrigeren Temperaturen. Die Reaktion verläuft zwischen Metallverbindungsgas (wie z.B. $TiCl_4$) und reaktivem Gas (wie CH_4), wobei das Substrat (z.B. Hartmetall) als Katalysator wirken kann. Ein drittes inertes oder reduzierendes Gas sorgt für den Transport der Reaktionsgase. (Im Beispiel wird TiC abgeschieden [64].) Die Energiezufuhr erfolgt beim CVD-Beschichten durch Erhitzen des Substrats (Erwärmung durch Strahlung) und neuerdings auch durch Plasmaentladung oder über Laser. Durch einen gesteuerten Laserstrahl sind Schichtmuster erzeugbar und dadurch örtliche Eigenschaftsveränderungen möglich.

Zum Beschichten aus dem flüssigen Zustand gehören das Aufbringen von organischen Überzügen durch Anstreichen oder Spritzlackieren, das Tauchemaillieren, das Auftragsschweißen und das Laserbeschichten. Das Explosionsplattieren, Walzplattieren und Pulveraufspritzen gehören zum Beschichten aus dem festen oder pulverförmigen Zustand. Die *Pulverbeschichtung* dient als Korrosionsschutz oder zur optischen Oberflächenbehandlung. Im elektrostatischen Feld werden Duroplaste (auf der Basis von Epoxid-Polyester- und Acrylharz) auf Werkstücke aufgetragen, Pulver bei Temperaturen von 150 bis 220 °C eingebrannt. Beim *Wirbelstromsintern* werden erwärmte Werkstücke in aufgewirbeltes Pulver (auf Basis von Polyamid, Polyvinylchlorid, Polyethylen) eingetaucht. Das Pulver verschmilzt zu einer Schutzschicht, die Dicke ist durch die Tauchzeit bestimmt.

Beim *Galvanisieren* wird aus dem ionisierten Zustand beschichtet, Schichtstoffe sind Cr, Ni, Sn, Zn, Cd u.a. Reine Metalle oder auch Legierungen werden aus wäßriger Lösung (Ausnahme z.B. Aluminium aus nichtwäßriger Lösung) elektrolytisch abgeschieden. An der Kathode werden Metallionen entladen und abgeschieden, an der Anode gehen sie (bei löslicher Anode) in Lösung. Die Abscheidung erfolgt nach dem Faradayschen Gesetz: $m = kIt$ mit der abgeschiedenen Masse m, dem Strom I und der Zeit t, k ist eine Stoffkonstante. Die Abscheidungsgeschwindigkeit liegt bei 0,2 bis 1 µm/min.

6 Montage. Assembly

G. Seliger, Berlin

6.1 Begriffe. Definitions

Montieren. Gesamtheit aller Vorgänge, die dem Zusammenbau von geometrisch bestimmten Körpern dienen. Dabei kann zusätzlich formloser Stoff zur Anwendung kommen [1–3]. Als Hauptfunktion der Montage ist das Fertigungsverfahren *Fügen* zu sehen, das den eigentlichen Prozeß des Schaffens einer Verbindung zwischen mehreren Teilen bewirkt.

Fügen. Es ist nicht mit Montieren gleichzusetzen. Montieren wird zwar stets unter Anwendung von Fügeverfahren durchgeführt, es schließt jedoch die Nebenfunktionen *Handhaben, Justieren, Kontrollieren* sowie *Sonderoperationen* ein. Als Hauptgruppe 4 im Gesamtsystem der Fertigungsverfahren nach DIN 8580 ist das Fügen in neun Gruppen unterteilt, **Bild 1** [4].

Handhaben. Dieses ist nach VDI-Richtlinie 2860, Bl. 1 (Entwurf), *Schaffen*, definiertes *Verändern* oder vorübergehendes *Aufrechterhalten* einer vorgegebenen räumlichen Anordnung von geometrisch bestimmten Körpern in einem Bezugskoordinatensystem. Die räumliche Anordnung eines geometrisch bestimmten Körpers im Bezugskoordinatensystem ist definiert durch seine *Orientierung* und *Position*. Die Orientierung eines Körpers ist die Winkelbeziehung zwischen den Achsen des körpereigenen Koordinatensystems. Die Position ist der Ort, den ein bestimmter körpereigener Punkt im Bezugskoordinatensystem einnimmt [5]. Handhaben wird in folgende Funktionen eingeteilt, **Bild 2** (auf S94):
− Speichern (Halten von Mengen),
− Mengen verändern,
− Bewegen (Schaffen und Verändern einer definierten räumlichen Anordnung),
− Sichern (Aufrechterhalten einer definierten räumlichen Anordnung) und
− Kontrollieren (Messen und Prüfen vollzogener Handhabungsoperationen) [5].

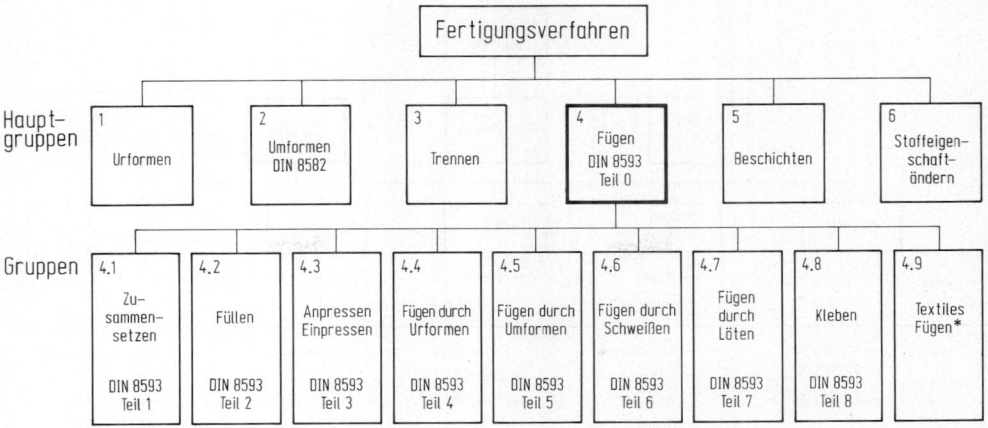

Bild 1. Einordnung und Unterteilung des Fertigungsverfahrens Fügen nach DIN 8593

Justieren. Gesamtheit aller während oder nach dem Zusammenbau von Erzeugnissen planmäßig notwendigen Tätigkeiten zum *Ausgleich* fertigungstechnisch unvermeidbarer *Abweichungen* mit dem Ziel, geforderte Funktionen, Funktionsgenauigkeiten oder Eigenschaften von Erzeugnissen innerhalb vorgegebener Grenzen zu erreichen [1].

Kontrollieren. Wird in *Messen* und *Prüfen* unterteilt. Prüfen ist das Feststellen, ob bestimmte Eigenschaften oder Zustände erfüllt sind. Das Ergebnis hat binären Charakter, beispielsweise in der Form von gut/schlecht oder ja/nein. Man spricht von Messen, wenn Eigenschaften oder Zustände durch eine vorgegebene Bezugsgröße ermittelt werden. Kontrollieren tritt als Teilfunktion in allen Fertigungsfolgen und -schritten auf [5].

Sonderoperationen. Diese umfassen Tätigkeiten, die nicht direkt einer der oben genannten Funktionen zuzuordnen sind, trotzdem aber noch als notwendiger Bestandteil der Montage gelten. Beispiele dafür sind das Auftragen von Flußmitteln oder das Lacksichern von Muttern [1, 3].

6.2 Aufgaben der Montage. Tasks of assembly

An der Schnittstelle zu Entwicklung und Vertrieb wird die Montage als letzte Stufe des Herstellungsprozesses zu einem *logistischen* Orientierungspunkt des Fabrikbetriebs. In der Montage erfolgt eine technologie- und ablaufbe-

zogene Koordination der produktiven Faktoren. *Technologisch* erweist sich in der Montage die Funktionsfähigkeit der Produkte. *Organisatorisch* erweist sich in der Montage die Elastizität der Produktion gegenüber Nachfrageschwankungen am Markt. In der montagegerechten Produktgestaltung und Betriebsmittelplanung liegen große Rationalisierungspotentiale. **Bild 3** zeigt die Einbettung der Montage zwischen Markt, Entwicklung, Konstruktion und Fertigung [6].

Montage in der Produktion ergibt sich aus unterschiedlichen Gründen wie der

– Herstellung funktionsbedingter Beweglichkeit,
– Kombination verschiedener Materialeigenschaften,
– Vereinfachung der Fertigung,
– Ersetzbarkeit von Verschleißteilen,
– Realisierung bestimmter Produktfunktionen,
– Kostensenkung der Fertigung,
– Prüfbarkeit,
– Erhöhung der Variantenvielfalt sowie
– Gewichtsersparnis [7].

6.3 Durchführung der Montage
Realization of assembly

Montageprozeß

Dieser vollzieht sich im Zusammenwirken von produkt-, betriebsmittel- und ablaufbezogenen Einflußgrößen. Das

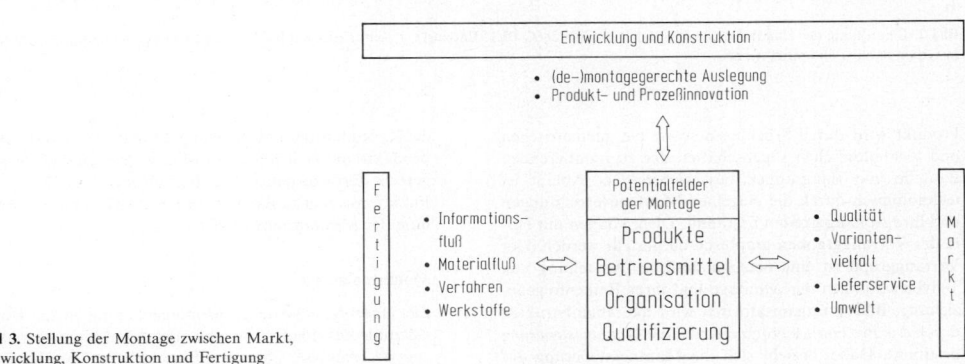

Bild 3. Stellung der Montage zwischen Markt, Entwicklung, Konstruktion und Fertigung

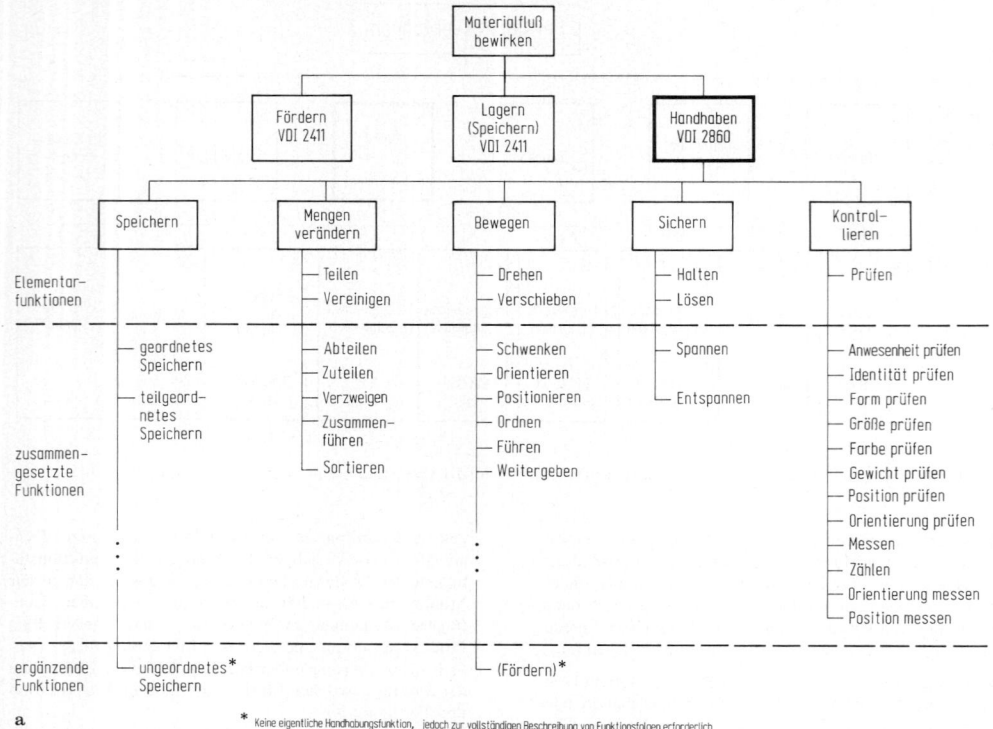

a   * Keine eigentliche Handhabungsfunktion, jedoch zur vollständigen Beschreibung von Funktionsfolgen erforderlich

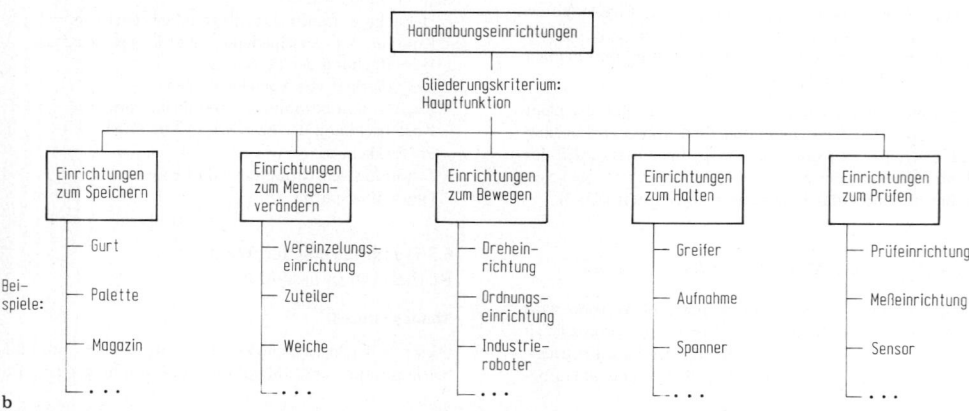

b

Bild 2. Einordnung des Handhabens nach VDI-Richtlinie 2860, Bl. 1 (Entwurf). **a** Teilfunktionen; **b** Gliederung von Handhabungseinrichtungen in Gruppen nach Hauptfunktionen

Produkt wird durch Stücklisten sowie die geometrischen und technologischen Eigenschaften der zu montierenden Bauteile und Baugruppen beschrieben. Der Ablauf ist technologisch durch die einzelnen Montageverrichtungen und ihre Abhängigkeiten bestimmt. Diese können mit Hilfe des Vorranggraphen graphisch dargestellt werden. Der Vorranggraph ist eine netzplanähnliche Darstellung von Teilverrichtungen der Montage und ihrer Reihenfolgebeziehung, **Bild 4**. Organisatorisch wird die Ablaufstruktur durch das *Produktionsprogramm* und die *Montagesteuerung* bestimmt. Dabei bezieht sich die Montagesteuerung auf

die Koordination und Regelung des Ablaufs, um die Endprodukte in der geforderten Menge und Qualität termingerecht fertigzustellen. Die Betriebsmittel umfassen alle Funktionsträger in ihrem Zusammenwirken bei der Erfüllung der Montageaufgaben.

Montageplanung

Ziel einer systematischen Montageplanung ist die Unterstützung des Planers in den einzelnen Planungsphasen von der Analyse, über den Entwurf, die Gestaltung bis

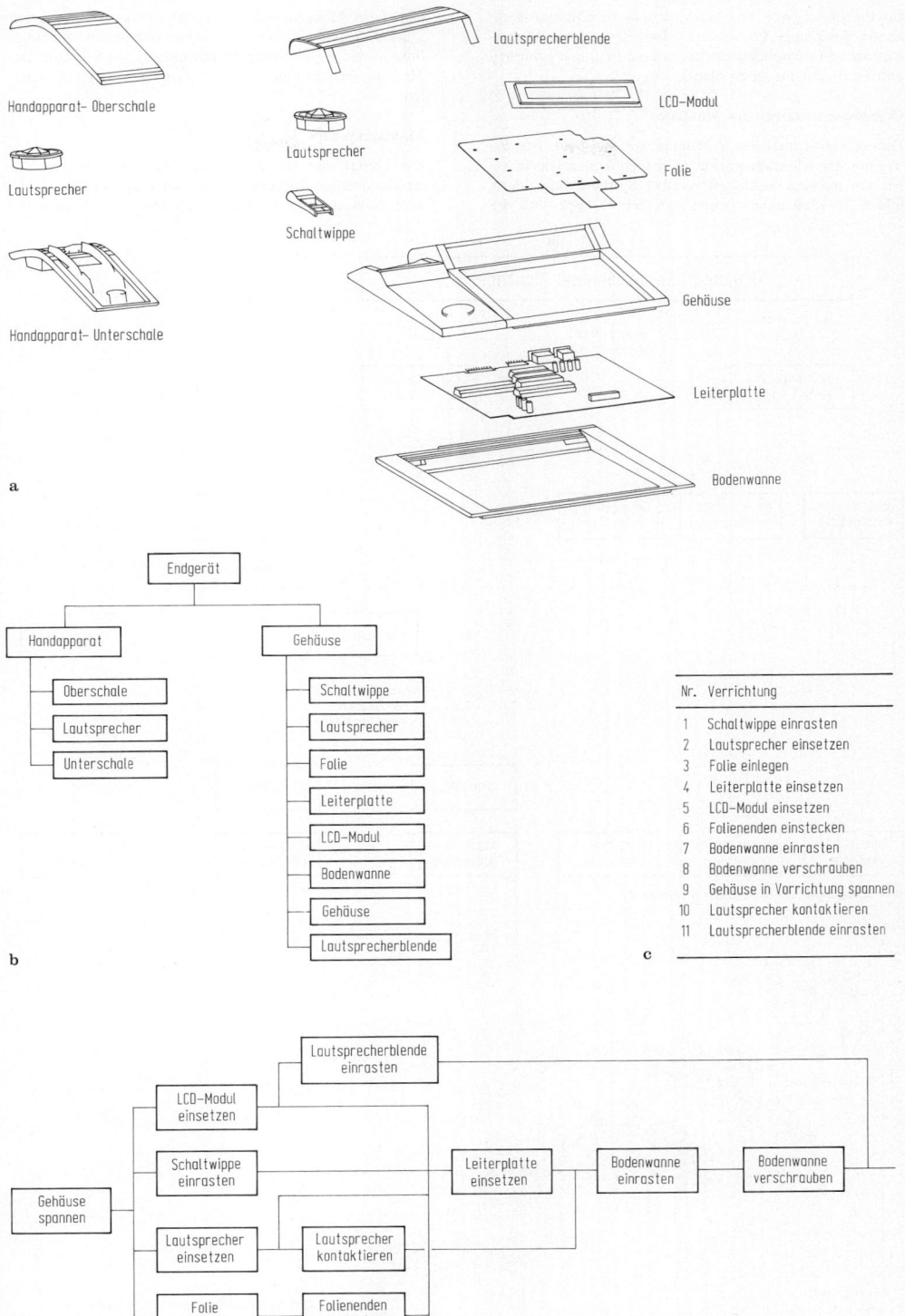

Bild 4. Montageaufgabe am Beispiel eines Kommunikationsendgeräts (Telefon). **a** Explosionsdarstellung; **b** Strukturstückliste, **c** Verrichtungen zur Montage des Gehäuses; **d** Vorranggraph zur Gehäusemontage

zur Einführung von Montagesystemen. Informationstechnische Werkzeuge können zur Modellierung von Montageprozessen verwendet werden, um die Planungssicherheit und Produktivität zu erhöhen.

Organisationsformen der Montage

Diesbezüglich lassen sich Montagesysteme nach der *Bewegung* des Montageobjekts in örtlich konzentrierte sowie auf mehrere Stationen verteilte Systeme aufgliedern, **Bild 5** [1]. Man unterscheidet zwischen *Mengen-* und *Ar-*

tenteilung. Mengenteilung vollzieht sich in der parallelen Durchführung gleicher Montageverrichtungen, Artenteilung in der sequentiellen Durchführung unterschiedlicher Montageverrichtungen an den jeweiligen Kapazitätsstellen.

Montagesysteme

Die Vielfalt der Bauteile, deren Fügeverhalten und unterschiedlichen Aufgaben in der Montage führen zu einem differenzierten Spektrum von Montagesystemen [7].

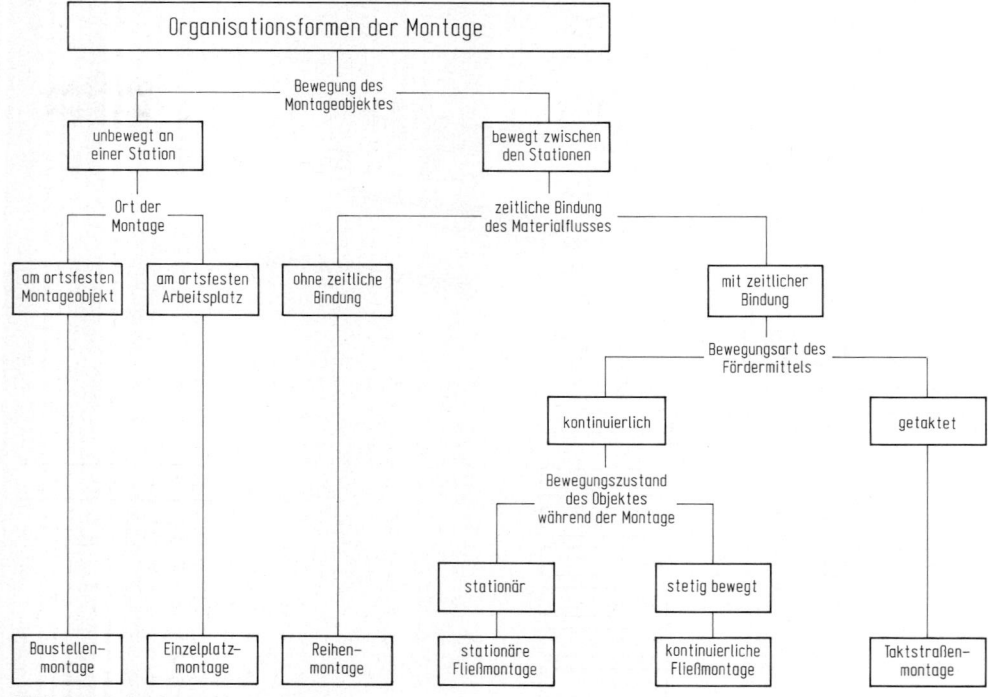

Bild 5. Organisationsformen der Montage [1]

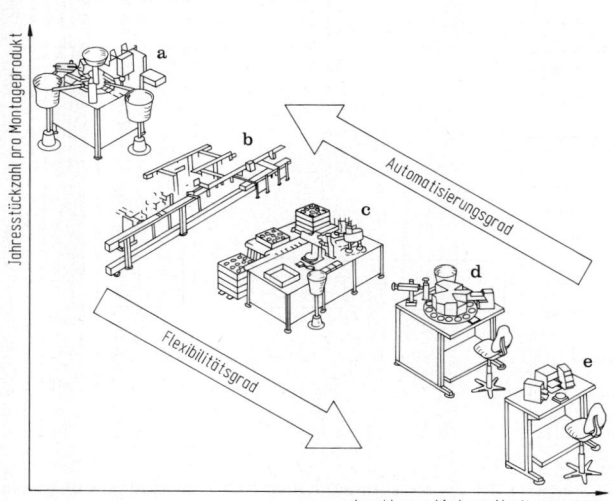

Bild 6. Einsatzbereiche unterschiedlicher Montagemittel [9]. **a** Montageautomat; **b** flexibel automatisierte Montagelinie; **c** flexibel automatisierte Montageinsel; **d** mechanisierter Einzelarbeitsplatz; **e** manueller Einzelarbeitsplatz

In Abhängigkeit von der zu produzierenden *Stückzahl* und dem *Aufbau* des Produkts wird die gesamte Montageaufgabe mengen- oder artenteilig gegliedert. Dabei sind nach wirtschaftlichen Kriterien *Flexibilität* und *Automatisierungsgrad* anzupassen, **Bild 6**. Für die Montage unterschiedlicher Produkte auf einem Montagesystem ist ein niedriger Flexibilitätsbedarf wünschenswert. Durch montagegerechte Produktgestaltung können Fügeverhalten, Füge- und Handhabungskinematiken, Bereitstellungsarten, Bauteile und Baugruppen sowie Fügereihenfolgen bei dem zu montierenden Produktspektrum weitgehend standardisiert werden.

Automatisierte Montage

Mit der Automatisierung der Montage sollen *Wirtschaftlichkeit* und *Produktivität* erhöht werden. Daneben sind die Reduzierung der Belastungen der Mitarbeiter sowie eine Steigerung der Produktqualität wesentlich. Automatische Montagemittel sind technische Einrichtungen, mit denen Montagevorgänge vollständig oder mit manueller Unterstützung automatisiert ausgeführt werden können [3]. Automatisierte Montagesysteme bestehen aus Montagestationen, ihrer Verkettung und der Peripherie [2]. Kennzeichen automatisierter Montagesysteme sind
– die Art des Aufbaus,
– die Flexibilität, die mit dem Montagesystem realisiert wird und
– der Umfang der automatisierten Bereiche [1].
Für eine wirtschaftliche Integration manueller und automatisierter Montagestationen ist die *Standardisierung des Materialflusses* Voraussetzung. Bei räumlich getrennter manueller und automatisierter Montage sind einheit-

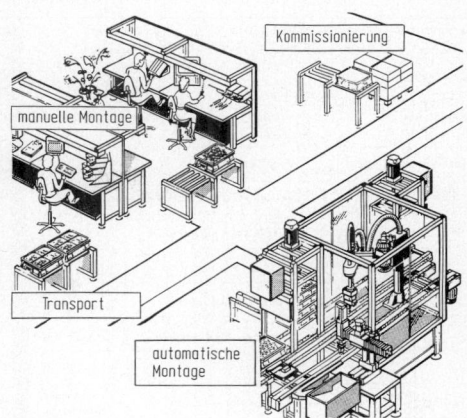

Bild 7. Integrierte manuelle und automatisierte Montage (Bosch GmbH)

liche Transportbehälter für die direkte Weitergabe ohne zwischengeschaltete Handhabung der Teile erforderlich, **Bild 7**. Abfrageelemente für die Positionserkennung sowie Kodiermöglichkeiten mit mobilen Datenträgern oder *Barcode* ermöglichen automatisierten Transport. Durch die Nutzung einheitlicher Transfersysteme läßt sich ein integrierter Materialfluß realisieren. Produktspezifische Vorrichtungen erleichtern eine automatisierte Positionierung und Orientierung der Werkstücke [8].

7 Fertigungs- und Fabrikbetrieb
Production and works management

H.-J. Warnecke, Stuttgart

7.1 Arbeitsvorbereitung. Job planning

Die Arbeitsvorbereitung umfaßt die Gesamtheit aller Maßnahmen einschließlich der Erstellung aller erforderlichen Unterlagen und Betriebsmittel, die durch Planung, Steuerung und Überwachung für die Fertigung von Erzeugnissen ein Minimum an Aufwand gewährleisten (Definition nach AWF – Ausschuß für wirtschaftliche Fertigung). Die Arbeitsvorbereitung wird unterteilt in *Fertigungsplanung* und *Fertigungssteuerung*.

7.1.1 Fertigungsplanung. Production planning

Die Fertigungsplanung umfaßt alle einmalig zu treffenden Maßnahmen. Diese beziehen sich auf die Gestaltung des Erzeugnisses, die Fertigungsvorbereitung, die Planung sowie die Bereitstellung der Betriebsmittel und schließen mit der Freigabe der Fertigung ab (Definition nach AWF).

Aufgaben der Fertigungsplanung (Tab. 1)

Die Hauptaufgabe ist das Erstellen des *Arbeitsplans*. Dieser ist neben der Zeichnung und der Stückliste ein weiteres Grunddokument im technisch-organisatorischen Unternehmensbereich. In die *Arbeitsplandaten* gehen Zeichnungs-, Stücklisten- und Auftragsdaten ein. Die Informationen, die ein Arbeitsplan enthalten soll, sind durch die Aufgaben festgelegt, die in den verschiedenen Bereichen des Unternehmens zu bewältigen sind.

Tabelle 1. Aufgaben der Fertigungsplanung

	fertigungstechnische Beratung ↓	Methodenplanung ↓	Materialplanung ↓	Ablauf- und Zeitplanung ↓	Betriebsmittelplanung ↓	Kostenplanung ↓
Tätigkeiten	– Beratung der Konstruktion hinsichtlich fertigungs- und montagegerechte Gestaltung der Werkstücke – Kontrolle der Zeichnungen	– Planung neuer Methoden und Verfahren – Erstellen von Planungsunterlagen – Experimentelle Verfahrensvergleiche	– Materialfestlegung (Rohmaße, Rohform) – Verschnittoptimierung – Materiallagerplanung	– Arbeitsplanerstellung – Erzeugnisgliederung – Arbeitsunterweisung – Arbeits- – Arbeitsplatzgestaltung – Vorgabezeitwesen	– Produktionsstätte – Maschinen – Vorrichtungen – Werkzeuge – Meß- und Prüfmittel – Förder- und Lagermittel	– Materialkosten – Arbeitsmittelkosten – Lohnkosten – Vorkalkulation – Nachkalkulation

S

Auftrags-Menge	Einheit	Losgröße	Ausstelltag	Durchlaufzeit	Arbeitsplan-Nr.	
2500	Stck.	500	15.9.64	4 Wochen	10 2913	
Benennung				Zeichnungs-Nr.	Baumuster-Type	Bl.-Nr.
Deckel				630-310 32	630	1
Werkstoff-Menge	Einh.	Werkstoff		Abmessung/Modell-Nr.	Kostenart-Konto	
500	Stck.	Deckel-Rohteil GG-22		630-310 31		

Kostenst.	Arbeitsplatz	Arb.-folge	Arbeitsvorgang	Werkzeug Vorrichtung	Lohn-Gruppe	t_r	t_e
255	Revolver-drehmasch.	1	Bohrung ⌀121,5 $^{+0,5}$ u. ⌀120 drehen	Vierbacken-futter	6	48	7,84
			Stirnfläche plandrehen				
256	Raboma	2	4 Löcher ⌀13 bohren,	Bohrvorrichtg. Bohrer ⌀13	5	42	6,0
			entgraten und senken	Senker ⌀25			
258	Waager.-Fräsmasch.	3	2 Flächen Fräsen	Fräsvorrichtg. Walzenstirn-fräser ⌀50	5	72	3,0

Bild 1. Arbeitsplan für eine spanende Fertigung nach Sonnenberg

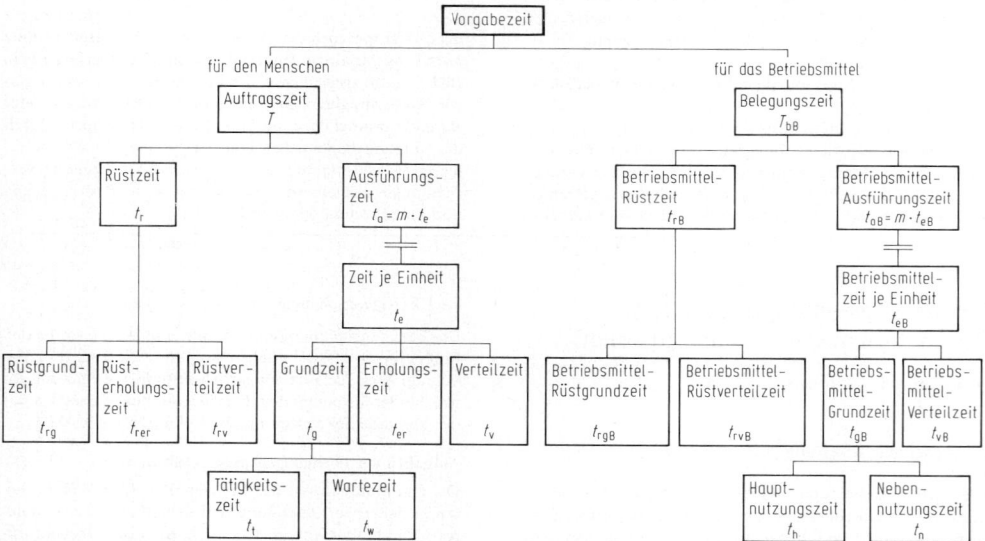

Bild 2. Gliederung der Vorgabezeit nach REFA (REFA-Verband für Arbeitsstudien und Betriebsorganisation e.V., Darmstadt). *m* Anzahl der Einheiten

Arbeitsplan. Er enthält i. allg. folgende Informationen (**Bild 1**):

Kopfdaten. Teilebenennung, Teilenummer, Werkstoff bzw. Rohmaterial, Abmessungen, Losgrößenbereich, Bearbeiter, Datum, Freigabevermerk bzw. Gültigkeit.

Arbeitsvorgangsbeschreibende Daten. Arbeitsvorgangsnummer, Kostenstelle, Bezeichnung des Arbeitsvorgangs, Maschinennummer, Maschinenbenennung, notwendige Werkzeuge und Vorrichtungen bzw. Prüfmittel, Lohngruppe, Rüstzeit, Zeit je Einheit sowie gegebenenfalls Erläuterungen.

Den Zeitangaben liegt meist die Gliederung der Vorgabezeit nach REFA zugrunde, **Bild 2**. Vorgabezeiten sind Soll-Zeiten für von Menschen und Betriebsmitteln ausgeführte Arbeitsabläufe. Bei vorwiegend manuellen Arbeitsabläufen werden häufig *Systeme vorbestimmter Zeiten* verwendet. Dieses sind Verfahren, mit denen Zeiten mit Hilfe von Zeittabellen für das Ausführen solcher Vorgangselemente bestimmt werden können, die vom Menschen voll beeinflußbar sind (z.B. manuelle Montage). Die bekanntesten Verfahren sind MTM (Methods Time Measurement) und Work Factor.

Anwendung. Der Arbeitsplan dient in erster Linie als Arbeitsunterweisung für die Fertigung. Die Arbeitsplandaten sind aber ferner Grundlage für:

Terminierung der Arbeitsvorgänge, Ermitteln des Kapazitätsbedarfs von Maschinen und Personal, Materialdisposition, Betriebsmittelplanung und Beschaffung.

Erstellen von Auftragspapieren, Laufkarten, Lohnbelegen, Betriebsmittelbereitstellungslisten, Materialbereitstellungslisten.

Vor-, Zwischen- und Nachkalkulation, Nacharbeit- und Ausschußbewertung.

Langfristige Planungsaufgaben, Organisation der Datenverwaltung beim Einsatz von EDV.

Rechnerunterstützte Fertigungsplanung

Hinsichtlich des Rechnereinsatzes ist zwischen *Arbeits-planverwaltung* und *Arbeitsplanerstellung* zu unterscheiden.

Arbeitsplanverwaltung. Von ihr spricht man, wenn die Arbeitsplandaten konventionell vom Planer ermittelt und in ein Formblatt eingetragen werden. Der Arbeitsplan kann anschließend in den Rechner eingegeben und in einer Arbeitsplanstammdatei gespeichert werden. Die Ausgabe der gespeicherten Arbeitspläne unter eventueller Hinzufügung aktueller Kunden-Auftragsdaten ist jederzeit möglich. Der Vorteil der Arbeitsplanverwaltung mit EDV (s. Y 3.3.2) ist darin zu sehen, daß die gespeicherten Arbeitsplandaten für weitere Rechenprogramme, wie z.B. für die Terminplanung und -steuerung, Material- und Zeitwirtschaft als Eingabedaten bereitstehen.

Arbeitsplanerstellung. Bei ihr übernimmt der Rechner einen Teil der Tätigkeiten des Arbeitsplaners, **Bild 3**. Ausgehend von einer Beschreibung der Fertigungsaufgabe werden über eine programmierte Planungslogik sowie die entsprechenden Dateien die Arbeitsplandaten maschinell ermittelt und die Arbeitspläne erstellt. Die bisher entwickelten Programmsysteme zur rechnerunterstützten Arbeitsplanerstellung lassen sich auf zwei prinzipielle Planungsmethoden zurückführen, das Variantenprinzip und das Neuplanungsprinzip [1, 2].

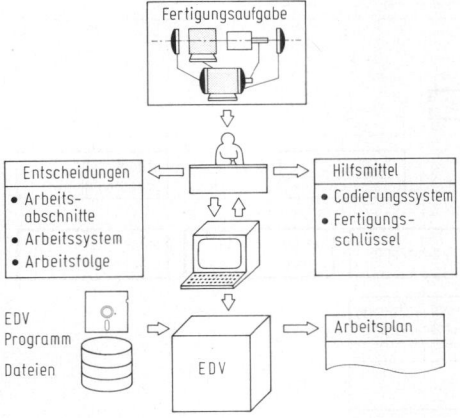

Bild 3. Ablauf einer rechnergestützten Arbeitsplan-Erstellung

Variantenprinzip. Bei diesem wird für gleichartige Werkstücke eine Standardlösung in Form eines Grundtyps mit zugehörigem Arbeitsplan entwickelt, der die jeweiligen Einzellösungen durch Variationen des Grundtyps in vorher festgesetzten Grenzen beinhaltet. Ein aktueller Arbeitsplan kann durch Variation von geometrischen und/oder technologischen Eingabedaten, durch die der Arbeitsablauf beeinflußt wird, erstellt werden.

Neuplanungsprinzip. Es basiert auf einer allgemeingültigen Analyse des Fertigungsprozesses. Ausgehend von einer Beschreibung der Roh- und Fertigteile werden die Arbeitsplandaten durch eine überbetriebliche Planungslogik ermittelt. Dabei können Alternativlösungen nach vorgegebenen Zielkriterien (Kostenminimum, Zeitminimum, optimale Ausweichplanung bei Kapazitätsengpässen) optimiert werden.

7.1.2 Fertigungssteuerung. Production control

Diese umfaßt die Maßnahmen, die zur Durchführung eines Auftrages im Sinne der Fertigungsplanung erforderlich sind (Definition nach AWF). Sie disponiert und überwacht den Ablauf der Aufträge insbesondere im Bereich der Fertigung. Ihre besondere Verantwortung liegt in der wirtschaftlichen Auslastung der Kapazität, der Festlegung von Terminen und der termingerechten Auftragssteuerung.

Die Fertigungssteuerung ist mit ihren beiden Aufgabenbereichen *Materialwirtschaft* und *Zeitwirtschaft* ein integrierter Bestandteil der betrieblichen bzw. technisch-organisatorischen Informationssysteme [3]. **Bild 4** zeigt die Hauptfunktionen eines solchen, insbesondere für die Auftragsablaufsteuerung einsetzbaren Systems. Produktionsprozeß sowie zugehöriges Planungs-, Steuerungs- und Überwachungssystem bilden eine Einheit im Sinne eines Regelkreises.

Die zu verarbeitenden großen Datenmengen und die erforderliche schnelle Übertragung der Steuerungsinformationen führen in zunehmendem Maße zum Einsatz von EDV-Anlagen in der Fertigungssteuerung. Solche rechnerunterstützten Systeme erlauben darüber hinaus, komplexe Planungsmodelle und -methoden anzuwenden, die die Wirtschaftlichkeit der Betriebsprozesse und damit das Betriebsergebnis wesentlich verbessern können [4].

Materialwirtschaft

Diese hat die Aufgabe, das Material in Form von Baugruppen, Einzelteilen, Rohmaterial sowie Hilfs- und Betriebsstoffen zu *disponieren*, d.h. zu planen, zu *steuern* und zu *überwachen*. Daraus ergibt sich als wichtigstes Ziel der Materialwirtschaft, eine hohe Lieferbereitschaft des in der Teilefertigung und in der Montage benötigten Materials zu gewährleisten. Unter dem Gesichtspunkt der Kostenminimierung kommen als weitere Zielsetzungen hinzu: Geringe Kapitalbindung durch niedrige Lager- und Umlaufbestände, geringe Dispositions- und Beschaffungskosten sowie hohe Kapazitätsauslastung der Maschinen durch abgestimmte Materialbereitstellung.

Die genannten Zielsetzungen sind teilweise gegenläufig. Die gewünschte Zielrichtung muß im Rahmen der betrieblichen Lagerhaltungspolitik festgelegt werden (s. U 6). **Bild 5** zeigt die verschiedenen Teilaufgaben der Materialwirtschaft, die wie folgt erläutert werden [5]:

Lagerhaltungspolitik. Festlegen von Richtlinien für die Höhe der Lieferbereitschaft der Material- und Zwischenläger, die maximale Höhe der Kapitalbindung und die Bestellhäufigkeit; Planen von Mindest- und Sicherheitsbeständen für jede Lagerposition; Koordinieren von Beschaffung und Fertigung.

Bedarfsermittlung. *Brutto-Bedarfsermittlung.* Mengen- und terminmäßige Bestimmung des Bruttobedarfs an Baugruppen, Teilen, Rohstoffen (Sekundärbedarf) sowie Hilfs- und Betriebsstoffen (Tertiärbedarf) durch Ableiten aus den eingegangenen Kundenaufträgen bzw. aus dem vorliegenden Produktionsprogramm (Primärbedarf) oder durch Hochrechnen bzw. Schätzen der Bedarfsentwicklung aufgrund der Vergangenheitsnachfrage.

Netto-Bedarfsermittlung. Ermittlung des Nettobedarfs durch Abgleich des Bruttobedarfs mit dem entsprechenden Lagerbestand, darüber hinaus eventuell auch mit Werkstatt-, Bestell- und Vormerkbeständen.

Bestellrechnung. *Losgrößenbestimmung.* Berechnung wirtschaftlicher Auflagestückzahlen (optimale Bestell- und Fertigungslosgrößen) unter Berücksichtigung von Rüstko-

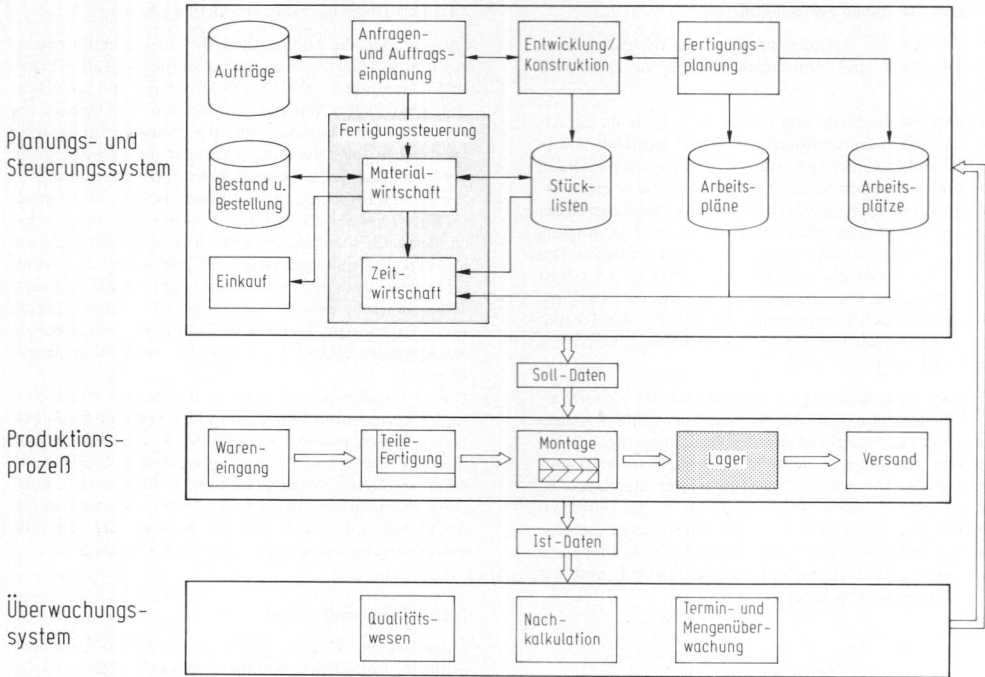

Bild 4. Struktur betrieblicher Informationssysteme [5]

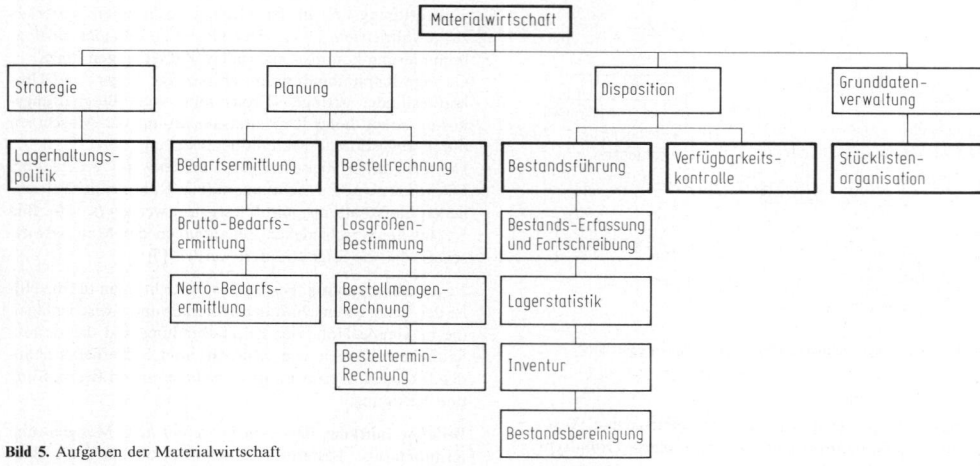

Bild 5. Aufgaben der Materialwirtschaft

sten, Lagerkosten, Produktionsgeschwindigkeit und ähnlichem.

Bestellmengen-Rechnung. Festlegung der zu fertigenden Mengen auf der Grundlage der errechneten optimalen Auflagestückzahl und der prognostizierten zukünftigen Bedarfssituation.

Bestelltermin-Rechnung. Ermittlung der Bestelltermine ausgehend von den entsprechenden Bedarfsterminen unter Berücksichtigung von Durchlauf- bzw. Wiederbeschaffungszeiten und den errechneten optimalen Auflagestückzahlen.

Bestandsführung. *Bestands-Erfassung und -Fortschreibung.* Mengen- sowie wertmäßige Erfassung und Verbuchung der Lagerzu- und -abgänge, getrennt nach unterschiedlichen Bestandsarten.

Lagerstatistik. Aufschreibungen und statistische Auswertungen über Bestände und Verbrauch, z.B. nach Material- und Teilearten sowie Erzeugnissen.

Inventur. Erfassung des effektiven Lagerbestands und Vergleich mit der Lagerbuchführung sowie gegebenenfalls Berichtigung.

Bestandsbereinigung. Überprüfung der Lagerbestände im Hinblick auf Positionen mit überdurchschnittlicher Lagerzeit („Lagerhüter") und gegebenenfalls Anstoß zur Verschrottung.

Verfügbarkeitskontrolle. Überprüfung, ob verfügbarer Lagerbestand den Bedarf für die eingeplanten Fertigungs- und Montageaufträge abdeckt.

Stücklistenorganisation. Verwaltung der Erzeugnisstruktur-Daten und Erstellung von Stücklisten und Teileverwendungsnachweisen unterschiedlicher Art.

Zeitwirtschaft

Der Aufgabenbereich der Zeitwirtschaft umfaßt die Planung, Steuerung und Überwachung aller Fertigungsabläufe im Betrieb. Er beinhaltet im wesentlichen die zeitliche Zuordnung von Fertigungsaufträgen zu Maschinen bzw. Arbeitsplätzen. Diese Aufgabe wird geprägt von dem Ziel der termingerechten Fertigstellung von Produkten bei kleinstmöglichem Aufwand.

Hieraus lassen sich folgende Teilziele der Zeitwirtschaft ableiten, die sich zum Teil mit denen der Materialwirtschaft decken:

Hohe Nutzung der vorhandenen Kapazität (Betriebsmittel und Personal), geringe Durchlaufzeit der Fertigungsaufträge sowie geringe Kapitalbindung im Umlaufvermögen des Betriebes.

Die Zielsetzungen „hohe Kapazitätsauslastung" und „geringe Durchlaufzeit" sind entgegengerichtet („Ablaufplanungsdilemma"). **Bild 6** zeigt die Teilaufgaben der Zeitwirtschaft [6]:

Auftragseinplanungspolitik. Festlegen von Prioritätsregeln nach den vorrangig zu erfüllenden Teilzielen.

Durchlaufterminierung. Berechnung der Anfangs-, Zwischen- und Endtermine auf der Grundlage der Arbeitsvorgangs- und Übergangszeiten ohne Berücksichtigung der verfügbaren Kapazität.

Fertigungsablaufplanung. Festlegen des zeitlichen und örtlichen Fertigungsablaufs aller Fertigungsaufträge.

Kapazitätsbelastungsübersicht. Periodenweise Aufsummierung der aus der Durchlaufterminierung gewonnenen Belastungswerte je Fertigungskapazität (Kapazitätsgruppe oder Einzelkapazität); grafische Darstellung der Belastungssituation je Planungsperiode und/oder Fertigungskapazität.

Arbeitsverteilung. Zuteilung der Aufträge und Arbeitspapiere zu den Einzelkapazitäten; Festlegung des endgültigen Arbeitsbeginns und der endgültigen Reihenfolge der einzelnen Arbeitsvorgänge.

Kapazitätsabgleich. Abstimmung der durchlaufterminierten Aufträge (Kapazitätsbedarf) mit den tatsächlich verfügbaren Kapazitäten (Kapazitätsangebot) durch Verschieben ganzer Aufträge oder einzelner Arbeitsvorgänge (der örtliche Kapazitätsabgleich ordnet dem Auftrag bzw. Arbeitsvorgang eine Ausweichkapazität zu, während beim zeitlichen Abgleich neue Fertigungstermine ermittelt werden).

Fertigungsüberwachung. Überwachung der eingeleiteten Maßnahmen durch örtliche und zeitliche Auftragsverfolgung.

Reihenfolgeplanung. Festlegen der Reihenfolge, in der die vor einer Fertigungskapazität wartenden Aufträge abgearbeitet werden sollen (Vergabe von Auftrags- und Arbeitsvorgangs-Prioritäten).

Arbeitsplanorganisation. Verwalten der Arbeitspläne durch Ändern, Löschen und Hinzufügen von Arbeitsplandaten.

7.2 Fertigungssysteme. Manufacturing systems

7.2.1 Das System „Fertigung"
The system "Manufacturing"

Zum Erfüllen einer Fertigungsaufgabe sind verschiedene, aufeinander abgestimmte Vorgänge notwendig, die von Teilsystemen der Fertigung ausgeführt werden. **Bild 7** zeigt die funktionale Struktur der Fertigung und die Kopplung der dynamischen Teilsysteme durch den Material-, Energie- und Informationsfluß. Die ein- oder mehrfach installierten Teilsysteme üben folgende Teilfunktionen aus (in Anlehnung an [7]):

Arbeitssystem. Änderung geometrischer und/oder stofflicher Eigenschaften der Werkstücke im Sinne der Fertigungsaufgabe (z.B. mit Hilfe einer Werkzeugmaschine).

Steuerungssystem. Verarbeiten, Transportieren und Speichern von technischen und/oder organisatorischen Informationen.

Energieversorgungssystem. Wandeln, Transportieren und Speichern der in allen Teilsystemen benötigten Energie.

Werkstückhandhabungssystem. Speichern, Zubringen, Positionieren, Spannen und Weitergeben der Werkstücke.

Werkzeughandhabungssystem. Speichern, Zubringen, Spannen und Auswechseln der Werkzeuge.

Meß- und Prüfsystem. Vergleichen der Ist-Werte mit vorgegebenen Soll-Werten.

Hilfsstoffversorgungssystem. Zubringen der für den Fertigungsprozeß im Arbeitssystem benötigten Hilfsstoffe (z.B. Kühlmittel).

Abfall- und Hilfsstoffentsorgungssystem. Abführen der nicht verbrauchten Hilfsstoffe und der während des Fertigungsprozesses entstehenden Abfallstoffe (z.B. Späne).

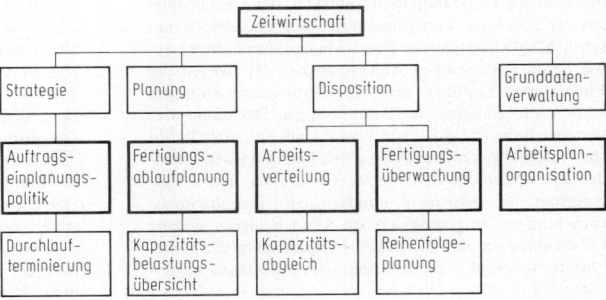

Bild 6. Aufgaben der Zeitwirtschaft

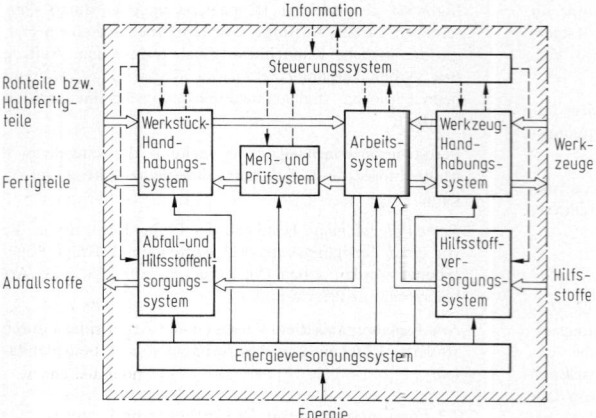

Bild 7. Funktionale Struktur des Systems „Fertigung"

Die Anforderungen an den Menschen im System „Fertigung" haben sich durch die technische Entwicklung wie folgt gewandelt:
Physische Entlastung des Menschen durch Mechanisierung des Energieversorgungssystems und des Arbeitssystems, teilweise Entlastung von der Steuerung des Arbeitssystems sowie Mechanisierung von Transportaufgaben, vollständige Entlastung von manueller Tätigkeit sowie von Steuerfunktionen im Bereich der Massenfertigung durch Einsatz von Betriebsmitteln wie z.B. Transferstraßen; die direkte Bindung Mensch-Arbeitssystem ist aufgehoben.
In der Serienfertigung muß dieser Stand zunächst noch erreicht werden (z.B. durch Einsatz „flexibler Fertigungssysteme").
Die Weiterentwicklung zielt ab auf die „automatische Fabrik", die ein Höchstmaß an Produktivität und Qualität bei minimaler direkter Bindung des Menschen an den Fertigungsprozeß ermöglicht.

7.2.2 Automatisierung von Handhabungsfunktionen
Automation of material handling functions

Zur analytischen Beschreibung von Handhabungsvorgängen werden diese in einzelne Handhabungsfunktionen (nach VDI-Richtlinie 3239: Zubringefunktionen) aufgelöst. Jede Einzelfunktion kann durch ein Sinnbild und eine zugehörige Kenn-Nummer dargestellt werden. Die für den Einsatz von Handhabungseinrichtungen wichtigen Funktionen werden durch die kennzeichnenden Funktionen beschrieben, für deren Durchführung mehrere installierte Funktionen notwendig sein können (s. F 4.2.10).
Das Automatisieren von Handhabungsvorgängen erfordert das Berücksichtigen der Handhabungseigenschaften der Werkstücke (Handhabungsobjekte), der Gegebenheiten der jeweiligen Fertigungseinrichtung und der technischen Möglichkeiten von Handhabungseinrichtungen sowie deren gegenseitigen Abhängigkeiten [8]. Wegen der Fülle dieser Einflüsse sind Handhabungseinrichtungen meist problemangepaßte Einzellösungen. Der damit verbundene hohe Entwicklungsaufwand läßt das wirtschaftliche Automatisieren vielfach nur bei häufig wiederkehrenden Handhabungsaufgaben zu (Großserien- bzw. Massenfertigung), wenn nicht standardisierte Handhabungseinrichtungen eingesetzt werden können, deren weitere Entwicklung durch die erzielten Fortschritte in der Steuerungstechnik und in der Informationsverarbeitung begünstigt wird (s. S6).

Für das Ein- und Ausgeben, Weitergeben und ähnliche Handhabungsfunktionen werden Einlegegeräte, programmierbare Handhabungsgeräte („Industrieroboter") und Telemanipulatoren eingesetzt.

Teleoperatoren. Diese sind ferngesteuerte Manipulatoren [9], die keine Programmsteuerung besitzen. Diese übernimmt der Mensch, der die notwendigen Entscheidungen trifft und die Bewegungen einleitet. Teleoperatoren sind Kraft-, Leistungs- und Reichweitenverstärker der menschlichen Handhabungseigenschaften. Steht ein entsprechendes Kommunikationssystem zur Verfügung, so kann der Teleoperator in beliebiger Entfernung zum Menschen aufgebaut werden und dort arbeiten. Im industriellen Bereich werden Schwerlast-Manipulatoren dort eingesetzt, wo der Mensch von schwerer physischer Arbeit entlastet werden soll, aber das Steuern der Bewegungsabläufe weiterhin dem Menschen überlassen werden muß (zum Beispiel Kerntechnik, Meerestechnik, Weltraumtechnik).

Einlegegeräte. Diese sind meist mit Greifern ausgerüstete mechanische Handhabungseinrichtungen, die vorgegebene Bewegungsabläufe nach einem festen Programm abfahren [10]. Sie arbeiten an Pressen („Eiserne Hände"), in Montagelinien, in der Verpackungsindustrie usw., also überall dort, wo über einen langen Zeitraum hinweg dieselbe Handhabungsaufgabe auszuführen ist.

Industrieroboter. Diese sind dagegen in mehreren Bewegungsachsen programmierbare, mit Greifern oder Werkzeugen ausgerüstete automatische Handhabungseinrichtungen, die für den industriellen Einsatz konzipiert sind, **Bild 8** [11]. Ihr Unterschied zu Einlegegeräten liegt in der Programmierbarkeit und in ihrer meist aufwendigeren Kinematik (s. T 7).
Handhabungsaufgaben lassen sich meist nur dann mit Hilfe von Industrierobotern automatisieren, wenn einige dieser Aufgaben (in der Teilefertigung vor allem das Ordnen, in der Montage das Ordnen und Positionieren) von anderen Einrichtungen übernommen werden.
Beim *Ordnen* bieten sich zwei Möglichkeiten.
Der erforderliche Ordnungszustand wird hergestellt, indem jedes Werkstück in eine vorher festgelegte Lage und Position gebracht wird.
Der Ordnungszustand wird erkannt, und für jedes Werkstück wird ermittelt, in welcher Lage und Position es sich befindet. Sensoren erfassen dabei bestimmte Merkmale der Werkstücke, eine einfache Steuerung verarbeitet diese Werte mit Hilfe eines vorgegebenen „internen Mo-

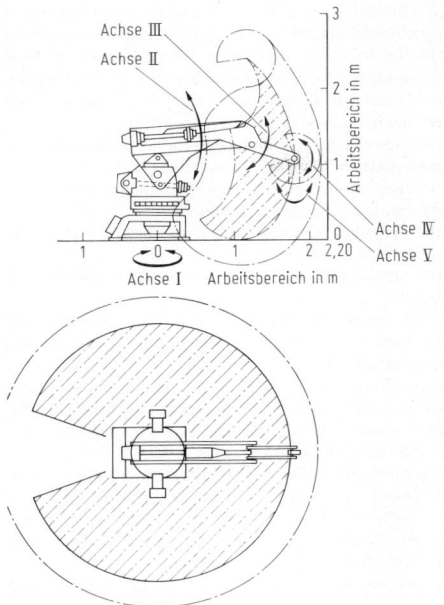

Bild 8. Programmierbares Handhabungsgerät – Industrieroboter (Volkswagenwerk AG). Der Arbeitsraum (schraffierte Flächen) resultiert aus der Drehbewegung der Achse I sowie den Knickbewegungen der Achsen II und III; Arbeitsraum-Erweiterungen sind durch die Handachsen IV (strichpunktierte Linie) und V (Drehbewegung) möglich.

dells", d.h. eines Programms, und leitet daraus Signale für die Steuerung des Handhabungsgeräts ab. Dabei reduziert man das anfallende Datenvolumen soweit, wie es zur Lösung der gestellten Aufgabe zulässig ist, und erreicht dadurch eine einfache und schnelle Verarbeitung.

Die Aufgaben, die heute von Industrierobotern übernommen werden, lassen sich in Werkstück- und Werkzeughandhabung unterteilen [12].

Werkzeughandhabung

Beschichten: Lackieren, Emaillieren sowie das Auftragen von Kleber durch Sprühen.

Punktschweißen: Schweißen von Automobilkarosserien.

Bahnschweißen: Führen eines Schweißbrenners – beim Schutzgasschweißen häufig mit Unterstützung durch Sensoren, die den Nahtanfangspunkt finden und während des Schweißens den Brenner in der Mitte der Schweißfuge führen.

Werkstück- und Werkzeughandhabung

Bearbeiten: Entgraten, Schleifen, Polieren, Wasserstrahlschneiden, Gußputzen, Laser- oder Plasmaschneiden.

Montage: Fügen, Kleben, Schrauben, Einpressen, Durchsetzfügen, Nieten, Löten, Bestücken von Leiterplatten mit elektronischen Bauelementen.

Werkstückhandhabung

Handhabung an Pressen, Schmiedemaschinen, Druck- und Spritzgießmaschinen. Be- und Entladen von Werkzeugmaschinen oder Prüfsystemen. Palettieren, Kommissionieren, Verkettung mehrerer Maschinen miteinander.

7.2.3 Transferstraßen und automatische Fertigungslinien
Transfer lines and automated production lines

Das Taylorsche Prinzip der Arbeitsteilung ist in der automatisierten Fertigung besonders ausgeprägt in Transferstraßen. Man versteht darunter eine Fertigungslinie, in der Werkstücke von Bearbeitungsstation zu Bearbeitungsstation getaktet werden (automatischer Werkstück-Durchlauf). Transferstraßen werden als Sondermaschinen für die Bearbeitung von sehr fertigungsähnlichen Werkstücken in meist großen Stückzahlen ausgelegt. Ihr typischer Einsatzbereich ist die Automobilindustrie. Wenngleich Transferstraßen Einzweckanlagen sind, werden sie entsprechend dem Baukastenprinzip weitgehend aus Baueinheiten zusammengesetzt (s. T 5.12). Diese Baueinheiten sind in sich geschlossene Baugruppen, die jeweils eine oder mehrere Teilfunktionen einer Werkzeugmaschine verkörpern. Es wird unterschieden nach Grundeinheiten, nach Haupteinheiten und Zusatzeinheiten [13]. Um die Austauschbarkeit der Einheiten von unterschiedlichen Herstellern zu gewährleisten, sind die wesentlichen Haupt- und Anschlußmaße der verschiedenen Baugrößen in DIN 69512 ff. genormt.

Die Stationen einer Transferstraße (**Bild 9**) sind starr miteinander verkettet.

Kennzeichen der *starren Verkettung* sind:

Gemeinsame Steuerung der Verkettungseinrichtung und der Bearbeitungsstationen; Werkstückdurchlauf in gleichmäßigem, vom langsamsten Arbeitszyklus vorgeschriebenen Takt; Störung bei einer Bearbeitungsstation hat Stillstand der gesamten Fertigungsanlage zur Folge.

Demgegenüber sind Kennzeichen einer *losen Verkettung:*

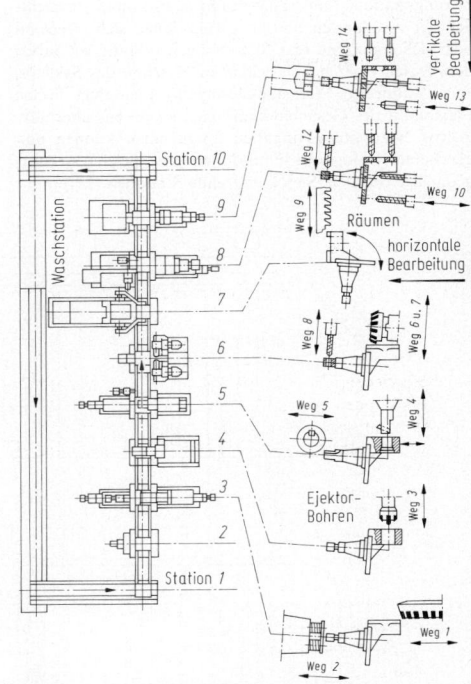

Bild 9. Transferstraße zur Bearbeitung von Achsschenkeln; Grundriß und Bearbeitungsablauf (Mauser Schaerer GmbH). Rückführung der Vorrichtungswagen über Schrägaufzüge zur Be- und Entladestation (Station I), Taktzeit 0,96 min.

Unabhängige Arbeitszyklen der Bearbeitungsstationen (kein gemeinsamer Takt); größere Freizügigkeit bei der Aufstellung und Anordnung der Bearbeitungsstationen; Werkstückspeicher als Störungspuffer mit räumlichem und zeitlichem Aufschließen der Werkstücke zwischen den Bearbeitungsstationen; bei Störungen können die vor- und nachgeschalteten Bearbeitungsstationen weiterarbeiten; nacheinander auftretende Stillstandszeiten addieren sich nicht, solange die Kapazität der Störungspuffer ausreicht.

Durch lose Verkettung werden häufig Serienmaschinen verbunden; ebenfalls durch lose Verkettung können in Fertigungslinien manuelle und automatische Bearbeitungsstationen entkoppelt werden. Kombinationen von loser und starrer Verkettung findet man besonders bei automatischen Fertigungslinien mit einer größeren Anzahl von Stationen, wobei Bearbeitungsstationen gleicher technologischer Vorgänge und Produktivität starr miteinander verkettet werden. Auf diese Weise werden die Vorteile des direkten kurzen Werkstückdurchlaufs einerseits und die abschnittsweise Überbrückung von Stillstandszeiten durch Puffer andererseits teilweise vereinigt.

7.2.4 Flexible Fertigungssysteme
Flexible manufacturing systems

Ein flexibles Fertigungssystem besteht aus mehreren, meist numerisch gesteuerten, miteinander lose verketteten Einzelmaschinen und ist aufgrund der materialfluß- und informationstechnischen Verknüpfung imstande, automatisch Werkstücke in mittleren und kleinen Losen bis zur Grenzlosgröße eins zu bearbeiten. Dabei befinden sich gleichzeitig verschiedene Werkstücke in Bearbeitung, die das System auf verschiedenen Pfaden durchlaufen. Die Bearbeitungsstationen innerhalb des Systems können hinsichtlich der installierten Fertigungsfunktionen sich ersetzend oder sich ergänzend sein. Sich ersetzende Stationen haben den Vorteil einer hohen zeitlichen Nutzung des Systems, eines wahlfreien Werkstückdurchlaufs und einer hohen Flexibilität des Gesamtsystems, weil sie jeweils alternativ gleiche Bearbeitungsaufgaben übernehmen können und gleiche technologische Funktionen und gleiche Arbeitsgeometrie besitzen. Sich ergänzende Stationen führen nur

Bearbeitungsschritte aus, die auf anderen Stationen wegen ungleicher technischer Funktionen und ungleicher Arbeitsraumgeometrie nicht ausgeführt werden können. Systeme mit sich ergänzenden Stationen haben eine hohe technische Nutzung, realisieren das Linienprinzip und verfügen über eine hohe Produktivität.

Die *Verkettung* der Bearbeitungsstationen in flexiblen Fertigungssystemen kann gelöst sein als [14]:

Verkettung mittels Einzeltransportfahrzeug (z.B. Regalbediengerät, fahrbarer Industrieroboter).

Verkettung über mehrere Transportfahrzeuge (z.B. induktiv gesteuerte Flurförderzeuge).

Verkettung über Umlaufförderstrecke (z.B. Friktionsrollenbahn).

Je nach Ausbaustufe eines Systems sind meist folgende *Funktionen* bzw. Einrichtungen Bestandteile des flexiblen Fertigungssystems:

Werkstückwechsel (bei rotationssymmetrischen Werkstücken mittels Handhabungseinrichtungen, bei prismatischen Werkstücken mittels Werkstückträgern (Paletten) und Palettenwechseleinrichtungen).

Werkzeugwechsel (Wechsel von Einzelwerkzeugen, Mehrspindelbohrköpfen oder Werkzeugmagazinen).

Hilfsstoffver- und -entsorgung, Spänefördersystem, automatische Steuerung von Teilsystemen (NC, CNC), Optimierregelungen (Adaptive Control).

NC-Datenverteilung mit DNC-Rechner (Datenverteilrechner).

Puffer- und Lagereinrichtung (je nach Werkstückspektrum, Maschinenaufstellung und Art der Verkettung), automatisches Waschen und Reinigen der Werkstücke, automatisches Messen der Werkstücke.

Rechnersteuerung des Gesamtsystems einschließlich Transportsteuerung.

Rechnergestützte Kapazitäts- und Terminierungsrechnung (organisatorische Steuerung) durch einen übergeordneten Fertigungsleitrechner.

On-Line-Betriebsdatenerfassung.

Automatische Fehlererkennung (monitoring).

Bild 10 zeigt den prinzipiellen Aufbau eines flexiblen Fertigungssystems. Die Maschinen- und Gerätesteuerungen übernehmen das Abarbeiten von NC-Programmen und Transportdaten sowie das Erfassen der Betriebsdaten. Ein

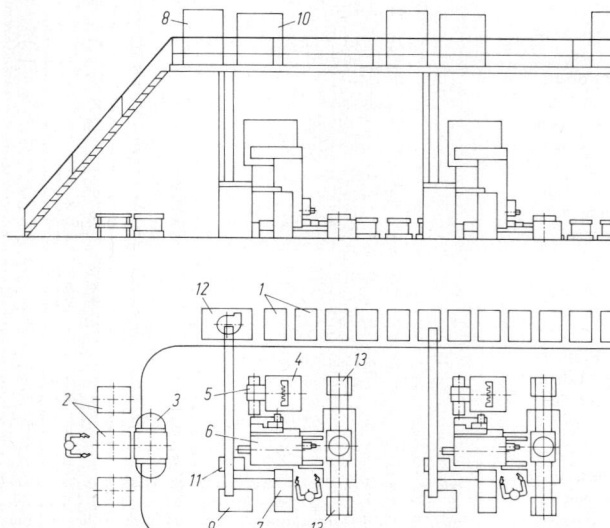

Bild 10. Flexibles Fertigungssystem für Nicht-rotationsteile (Burkhardt u. Weber-Gruppe). *1* Palettenspeicher, *2* Be- und Entladestationen, *3* Paletten-Transportfahrzeug, *4* Werkzeug-großraumspeicher, *5* Werkzeugübergabegerät, *6* Horizontal-Bearbeitungszentrum (Arbeitswege 1250×1000×800 mm), *7* CNC-Steuerung, *8* IC-Anpaßteil, *9* Hydraulikaggregat, *10* Thyristorschrank mit Netzteil, *11* Kühlaggregat, *12* Waschstation, *13* Palettenübergabestationen

übergeordneter Prozeßrechner übernimmt als Aufgaben das Verteilen und Verwalten der NC-Programme (DNC s. T2), die Steuerung des Materialflusses sowie das Erfassen weiterer Betriebsdaten. Der Prozeßrechner ist mit einem zentralen Betriebsrechner gekoppelt, der Aufgaben der Fertigungsplanung, der Fertigungssteuerung und des Management-Informationssystems (MIS) wahrnimmt.

7.3 Qualitätswesen. Quality engineering

7.3.1 Aufgaben der Qualitätssicherung
Scope of quality assurance

Das Qualitätswesen erfüllt den Hauptanteil der Qualitätssicherungsaufgaben. Diese umfassen alle organisatorischen und technischen Aktivitäten zur Sicherung der Produktqualität unter Berücksichtigung der Wirtschaftlichkeit. Sie können in die folgenden Teilaktivitäten nach DIN 55350, Teil 11 und [15] unterteilt werden:

Qualitätsmanagement. Es übernimmt die Gesamtführungsaufgabe zur Festlegung und Ausführung der Qualitätspolitik.

Qualitätsplanung. Sie wählt Qualitätsmerkmale aus, klassifiziert und gewichtet sie und konkretisiert alle Einzelforderungen an die Beschaffenheit eines Produkts unter Berücksichtigung der Realisierungsmöglichkeiten.

Qualitätsprüfung. Sie stellt fest, inwieweit eine Einheit die Qualitätsforderung erfüllt. Die Qualitätsforderung entspricht festgelegten und vorausgesetzten Forderungen an eine Einheit. Sie kann in Lastenheften, Spezifikationen, Zeichnungen u.ä. dokumentiert sein. Zur Qualitätsprüfung gehört insbesondere das Planen und Ausführen von Prüfungen.

Qualitätslenkung. Sie erfüllt vorbeugende, überwachende und korrigierende Aufgaben, um die Qualitätsforderung zu erfüllen. Dabei analysiert sie in der Regel die Ergebnisse der Qualitätsprüfung und korrigiert Prozesse.

7.3.2 Qualitätssicherungssysteme. Quality systems

In Qualitätssicherungssystemen wird die Aufbau- und Ablauforganisation zur Erfüllung der Qualitätssicherungsaufgaben festgelegt. Es beschreibt dabei die Zuständigkeiten, Verfahren, Prozesse und Mittel zur Ausführung des Qualitätsmanagements. Die einzelnen Beiträge von Tätigkeiten oder Prozessen zur Qualität in Planungs-, Realisierungs- und Nutzungsphasen können als Qualitätskreis (**Bild 11**) dargestellt werden. Qualitätssicherungssy-

Montage und Betrieb
Technische Unterstützung und Instandhaltung
Verkauf und Verteilung
Beseitigung
Abnehmer (Verbraucher)
Vertrieb und Marktforschung
Verpackung und Lagerung
Produktdefinition und -entwicklung
Hersteller
Beschaffung
Qualitätsprüfungen und Untersuchungen
Prozeßplanung und -entwicklung
Fertigung

Bild 11. Qualitätskreis

steme werden üblicherweise in Qualitätssicherungs-Handbüchern dokumentiert. Nachweisforderungen an derartige Systeme sind in DIN ISO 9001 bis 9003 genormt.

7.3.3 Methoden und Verfahren. Methods and procedures

Zur Abwicklung der Qualitätssicherungsaufgaben wurden in den letzten Jahren zahlreiche Methoden entwickelt und industriell eingesetzt. Einige wichtige sind im folgenden genannt:

FMEA (Fehlermöglichkeits- und -einflußanalyse). Die FMEA [16] ist eine Methode, um in der Planungsphase das Fehlerrisiko einer Produktkomponente, eines Prozeßschritts oder eines Systems abzuschätzen. Fehlermöglichkeiten sowie deren Ursachen und Wirkungen werden meistens in Teamarbeit ermittelt, systematisch erfaßt und bewertet. Überschreitet die Bewertungsziffer, die Risikoprioritätszahl, einen noch vertretbaren Grenzwert, werden Maßnahmen zur Vermeidung oder Entdeckung des potentiellen Fehlers bzw. dessen Ursache festgelegt.

Prüfplanung [15]. Zur Planung der Qualitätsprüfungen werden Prüfmerkmale ausgewählt und für deren Überwachung Prüfmittel, -häufigkeit, -methode und -ort festgelegt. Die Prüfhäufigkeitsplanung erfolgt mittels statistischer Methoden. Dabei werden zur Beurteilung eines Loses Stichprobensysteme eingesetzt (s. DIN 40080).

CAQ (Computer Aided Quality Control). Ein großer Teil von Qualitätssicherungsaufgaben zur Planung und Durchführung von Prüfungen kann mit CAQ-Systemen unterstützt werden. Standardfunktionen derartiger Systeme sind Prüfplanerstellung, Prüfauftragsverwaltung, Prüfdatenerfassung und Auswertungen von z.B. Meßwerten, Fehlern, Qualitätskosten. CAQ-Systeme sind als Subsystem in der gesamten betrieblichen Systemlandschaft zumindest mit CAD- (Zeichnungsdaten) und PPS-Systemen (Auftragsdaten) zu verknüpfen.

SPC (Statistical Process Control) [17]. Mathematisch statistische Verfahren sind ein wesentlicher Bestandteil der Qualitätssicherung in der Fertigungstechnik (s. *Prüfplanung*). Zur direkten Qualitätsregelung des Fertigungsprozesses werden Qualitätsregelkarten für variable und attributive Merkmale angewandt. Die Beobachtung von statistischen Größen wie Mittelwert, Spannweite oder Standardabweichung erlaubt die Beurteilung der Fähigkeit von Maschinen und Prozessen. Die dazu benutzten Rechnersysteme ermöglichen auch die automatische Meßdatenerfassung und die Steuerung von Meßabläufen.

7.3.4 Prüfmittel. Testing systems

Im Maschinenbau kommen hauptsächlich Prüfmittel der geometrischen Längenprüftechnik zum Einsatz (s. W 2.3.1). Es sind Maßdarstellungen (z.B. Endmaße, Lehren, Maßstäbe) und Meßmittel (Meßzeuge, Meßgeräte und Meßvorrichtungen) zu unterscheiden. Mit zunehmendem Automatisierungsgrad in der Fertigungstechnik werden rechnergesteuerte Meßgeräte eingesetzt. Besonders weit verbreitet sind flexibel einsetzbare CNC-gesteuerte Koordinatenmeßgeräte [18] mit mechanischem oder optischem Meßwertaufnehmer. Der Rechnereinsatz erlaubt das maschineninterne Erstellen der Steuerprogramme. Damit wird die Hauptnutzungszeit der investitionsintensiven Geräte erhöht. Die Möglichkeit, das Steuerprogramm direkt aus CAD-Daten zu generieren, rationalisiert die Programmierung und vermeidet Übertragungsfehler bei Daten, die bei manueller Eingabe aus der Zeichnung entnommen werden.

7.4 Betriebliche Kostenrechnung
Operational costing

7.4.1 Grundlagen der betrieblichen Kostenrechnung
Fundamentals of operational costing

Das betriebliche Rechnungswesen hat die Aufgabe, sämtliche Vorgänge bei Beschaffung, Produktion, Absatz und Finanzierung mengen- und wertmäßig zu erfassen und zu überwachen. Es wird institutionell gegliedert in: Finanz- und Geschäftsbuchhaltung, Kostenrechnung, Statistik sowie Budgetrechnung.

Kosten sind der wertmäßige Verbrauch von Gütern und Dienstleistungen zur Erstellung und zum Absatz betrieblicher Leistungen sowie zur Aufrechterhaltung der hierfür notwendigen Betriebsbereitschaft [19].

Aufgabe der Kostenrechnung ist die Kontrolle der Wirtschaftlichkeit des Leistungserstellungsprozesses durch Erfassen, Verteilen und Zurechnen der Kosten, die im Rahmen der Aufgaben des Betriebs anfallen.

Die Kostenrechnung bildet im einzelnen die Grundlage für [20]:

Kalkulation (Angebotspreis, Preisgrenze), *Betriebskontrolle* (Vergleich von Kosten mit Erträgen, Vergleich von Soll- und Ist-Kosten) sowie *Betriebsdisposition* und *Betriebspolitik.*

Die gesamte Kostenrechnung gliedert sich in drei Bereiche, **Bild 12** [19]:

Kostenartenrechnung. Sie dient der vollständigen Erfassung der Kosten nach Kostenarten.

Kostenstellenrechnung. Die mit Hilfe eines Betriebsabrechnungsbogens (BAB) durchgeführte Kostenstellenrechnung verteilt die nicht unmittelbar dem Erzeugnis zurechenbaren Kosten (Gemeinkosten) auf die Kostenstellen.

Kostenträgerrechnung. Sie ermittelt als Kostenträgerzeitrechnung (Betriebsergebnisrechnung) den Gewinn als Gewinn/Periode, die Kostenträgerrückrechnung (Kalkulation) ermittelt die Kosten je Erzeugnis.

Die Kostenartenrechnung und die Kostenstellenrechnung sind Periodenrechnungen. Die Kostenträgerrechnung als Kostenträgerzeitrechnung ist ebenfalls eine Periodenrechnung. Die Kostenträgerrechnung als Kostenträgerstückrechnung ist hingegen eine Stückrechnung.

Die Kostenrechnung geht im wesentlichen in folgenden Schritten vor [20]:

Erfassen der Kosten nach Kostenarten, *Verrechnen* der Kosten auf Kostenstellen bzw. Kostenträger sowie *Verwenden* der Kosten zum Messen der Betriebstätigkeit zur Kontrolle des Betriebsverhaltens und/oder zur Disposition.

Die Kosten lassen sich im wesentlichen nach zwei Gesichtspunkten gliedern:

Gliederung der Kosten nach ihrer Zurechenbarkeit auf einen Kostenträger in Einzel- und Gemeinkosten, Gliederung der Kosten nach ihrer Reaktion auf Beschäftigungsänderungen in fixe und variable Kosten.

7.4.2 Kostenartenrechnung. Types of cost

Die Kostenartenrechnung erfaßt sämtliche Kosten, die bei der Beschaffung, Lagerung, Produktion und dem Absatz betrieblicher Leistungen während einer Arbeitsperiode in einem Unternehmen angefallen sind. Außerdem grenzt sie die Kosten gegenüber den Aufwendungen des gesamten Unternehmens ab. Die Bedeutung der Kostenartenrechnung liegt in ihrer Aufteilung der Gesamtkosten in einzelne Kostenarten und der sich daraus ergebenden Möglichkeit einer weitgehend verursachungsgerechten Zurechnung der einzelnen Kosten auf Kostenstellen und Kostenträger (s. F 2.5.3).

Nach den wichtigsten betrieblichen Funktionen unterscheidet man:

Kosten der *Beschaffung*, Kosten der *Lagerhaltung*, Kosten der *Fertigung*, Kosten der *Verwaltung* sowie Kosten des *Vertriebs.*

Nach der Entstehung lassen sich fünf natürliche Kostenarten unterscheiden [20]:

Arbeitskosten (Löhne, Gehälter, Lohnnebenkosten, Unternehmerlohn), *Materialkosten* (Roh-, Hilfs- und Betriebsstoffkosten), *Kapitalkosten* (Zinsen, Abschreibungen, Kapitalwagnisse), *Fremdleistungskosten* (Kosten für Reparaturen, Transportleistungen) sowie *Kosten der menschlichen Gesellschaft* (Steuern mit Kostencharakter, Gebühren, Beiträge).

7.4.3 Kostenstellenrechnung und Betriebsabrechnungsbögen
Cost location accounting

Die Kostenstellenrechnung steht zwischen der *Kostenartenrechnung* und der *Kostenträgerrechnung* (Kalkulation).

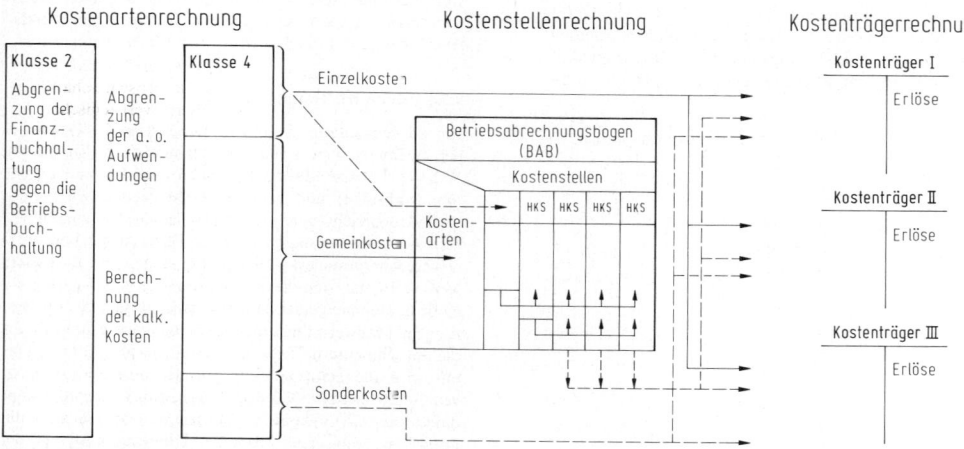

Bild 12. System der Kostenrechnung nach Schönfeld

Tabelle 2. Beispiel für den Aufbau eines einfachen Betriebsabrechnungsbogens nach [21]

| Kostenarten | Zahlen der Buchhaltung | Kostenstellen | | | Material-bereich | Verwaltg.-bereich | Vertriebs-bereich |
| | | Fertigungsbereich | | | | | |
		FKSt. I	FKSt. II	FKSt. III			
Gehälter	2600	300	400		200	1200	500
Hilfslöhne	1800	800	200	200	300	100	200
Soz. Aufwendungen	900	300	150	150	50	180	70
Hilfs- u. Betriebsstoffe	500	100	100				300
Büromaterial	400				100	200	100
Fremdreparaturen	400			300			100
Energieverbrauch	350	50	100	50	20	80	50
Abschreibungen	250	40	60	50	20	40	40
Steuern	100					100	
Postgebühren	150					50	100
Werbekosten	350						350
Sonst. Kosten	200	10	40	50	10	30	60
Summe der GK	8000	1600	1050	800	700	1980	1870
Fertigungslöhne	4500	2000	1000	1500			
Fertigungsmaterial	5300				5350		
Herstellungskosten						14000	14000
GK-Zuschlagsätze		80,0%	105,0%	53,3%	13,1%	14,1%	13,4%

Kostenartenrechnung   Kostenstellenrechnung

In Betrieben mit einem differenzierten Fertigungsprogramm ermöglicht sie eine möglichst verursachungsgerechte Verrechnung der *Gemeinkosten* auf die Kostenträger. Während sich die Erzeugniseinzelkosten auch ohne Kostenstellenrechnung dem Kostenträger direkt zurechnen lassen, würde das Fehlen einer Kostenstellenrechnung bei den Gemeinkosten nur zu einer sehr ungenauen Kostenverteilung führen. Durch die Bildung von Kostenstellen (Abrechnungsbereichen) innerhalb eines Betriebs können die Gemeinkosten stellenweise erfaßt werden und entsprechend der Inanspruchnahme der Stelle durch die Erzeugnisse mit Hilfe besonderer Verteilungsschlüssel auf die Produkte verrechnet werden, **Bild 12**. Da einzelne Kostenstellen (z.B. Energieerzeugung) innerbetriebliche Leistungen an andere Kostenstellen (z.B. Fertigung) abgeben, muß innerhalb der Kostenstellenrechnung eine innerbetriebliche Leistungsverrechnung erfolgen. Formal erfolgt die Kostenstellenrechnung mit Hilfe des Betriebsabrechnungsbogens (BAB), der in tabellarischer Form Kostenarten und Kostenstellen als Zeilen und Spalten aufführt. **Tab. 2** zeigt ein Beispiel für den Aufbau eines Betriebsabrechnungsbogens, bei dem aus Vereinfachungsgründen auf die innerbetriebliche Leistungsverrechnung verzichtet wurde.

Die Aufgaben des BAB sind:

Verursachungsgerechte Verteilung der primären Gemeinkosten auf die Kostenstellen.

Umlage der Kosten der allgemeinen Kostenstellen auf nachgelagerte Kostenstellen.

Umlage der Kosten der Hilfskostenstellen auf die Hauptkostenstellen.

Ermittlung der Gemeinkostenzuschlagsätze für jede Kostenstelle durch Gegenüberstellung von Einzel- und Gemeinkosten.

Nachprüfung der verrechneten Kosten, d.h. Feststellung der Differenz zwischen verrechneten Soll-Kosten und entstandenen Ist-Kosten.

Kontrolle der Wirtschaftlichkeit der Kostenstellen durch Berechnung von Kennzahlen [22].

7.4.4 Maschinenstundensatzrechnung
Calculation of machine hourly rate

Die Maschinenstundensatzrechnung stellt die weitestgehende Gliederung der Kostenstellen im Rahmen der Kostenstellenrechnung dar. Einzelne Maschinen bilden hierbei die Kostenstellen. Die Summe der Kosten einer Maschine bezeichnet man als *Maschinenkosten*. Zweck einer so vertiefenden Kostenstellenrechnung in Form der Maschinenstundensatzrechnung ist eine erhöhte Genauigkeit der Verrechnung der Gemeinkosten.

Der Maschinenstundensatz wird nach VDI-Richtlinie 3258 – Kostenrechnung mit Maschinenstundensätzen – errechnet, indem die ermittelten Maschinenkosten auf die geplante bzw. durchschnittliche, jährliche betriebsübliche Nutzungszeit T_N in h/a bezogen werden:

$$K_{MH} = \frac{K_A + K_Z + K_R + K_E + K_I}{T_n}.$$

Darin bedeuten: K_A die kalkulatorischen Abschreibungen in Geldbetrag/a. Sie werden nach betriebswirtschaftlichen Grundsätzen vom Wiederbeschaffungswert (einschließlich Aufstellungs- und Anlaufkosten) berechnet und auf die voraussichtliche Nutzungsdauer bezogen. K_Z die kalkulatorischen Zinsen in Geldbetrag/a. Sie werden in Höhe der üblichen Zinssätze für langfristiges Fremdkapital eingesetzt. Zur Vereinfachung der Rechnung und im Interesse der Vergleichbarkeit verschiedener Perioden werden die Zinsen vom halben Wiederbeschaffungswert berechnet. K_R die Raumkosten in Geldbetrag/a. Sie werden meist auf die von der Maschine beanspruchte Grundfläche einschließlich der erforderlichen Nebenflächen bezogen. Sie enthalten Abschreibungen und Zinsen auf Gebäude und Werksanlagen, Instandhaltungskosten für Gebäude, Kosten für Licht, Heizung, Versicherung und Reinigung. K_E die Energiekosten in Geldbetrag/a. Sie werden für Strom, Gas, Wasser usw. aufgrund tatsächlicher Jahresdurchschnittswerte ermittelt. K_I die Instandhaltungskosten in Geldbetrag/a. Sie sollen für laufende Wartungen und nicht aktivierte Instandsetzungen als Jahresdurchschnittswerte über längere Zeiträume ermittelt werden. Dabei ist die unterschiedliche Reparaturanfälligkeit verschiedener Maschinenarten zu beachten.

7.4.5 Kalkulation. Cost accounting

Die Kalkulation hat die Aufgabe, die Kosten, die bei der betrieblichen Leistungserstellung und beim Absatz dieser Leistungen entstanden sind, auf die absatzfähigen und innerbetrieblichen Leistungen zu verrechnen. Die Kalkulation kann die Grundlage bilden für:

Preisermittlung (Vorkalkulation), *Preiskontrolle* (Nachkalkulation), *Erfolgsermittlung*, Durchführung von *Vergleichsrechnungen* sowie *Leistungsbewertung*.

Überall dort, wo mehrere Erzeugnisse mit unterschiedlichen Kosten an Material und Fertigungslöhnen mit verschiedenen Fertigungsverfahren hergestellt werden, wird die Zuschlagkalkulation angewendet. Dieses Kalkulationsverfahren geht von einer getrennten Zurechnung der Einzel- und Gemeinkosten auf die Kostenträger aus. Die Einzelkosten werden dabei direkt mit Einzelbeleger (z.B. Materialentnahmeschein), die Gemeinkosten indirekt mit Gemeinkostenzuschlägen (vergleiche BAB) auf die Kostenträger verrechnet. Die Vorgehensweise zur Ermittlung der Selbstkosten mit Hilfe der Zuschlagkalkulation läßt sich durch das in **Bild 13** dargestellte Schema demonstrieren.

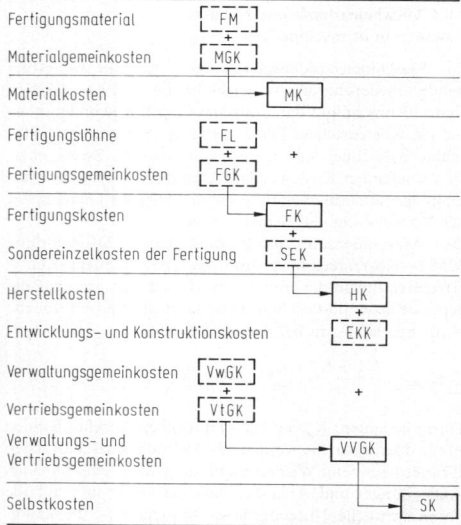

Bild 13. Vorgehensweise bei Zuschlagkalkulation

7.5. Arbeitswissenschaftliche Grundlagen
Basic ergonomics

Gegenstand der Arbeitswissenschaft ist die Arbeit des Menschen. *Arbeit* in diesem Sinne ist auf die Schaffung eines überdauernden Ergebnisses gerichtete planmäßige Tätigkeit des Menschen unter Einsatz seiner körperlichen, geistigen und seelischen Kräfte.

Dementsprechend beschäftigt sich die Arbeitswissenschaft mit den Ausprägungen der Merkmale menschlicher Arbeit (*Belastungen*) und deren Auswirkungen auf den Menschen

(*Beanspruchungen*) in körperlicher, geistiger und seelischer Hinsicht. Die Ergebnisse arbeitswissenschaftlicher Untersuchungen dienen dazu, die Arbeitsbedingungen (Arbeitsplätze, Arbeitsabläufe, Umgebungseinflüsse) so zu gestalten oder zu verändern, daß sie im weitesten Sinne als *menschengerecht* bezeichnet werden können [23]. Der Anpassung der Arbeitsumgebung an den Menschen durch Arbeitsgestaltung steht die Anpassung des Menschen an die Anforderungen der Arbeit gegenüber. Dieser Prozeß kann durch arbeitspädagogische Maßnahmen wie Unterweisung und Training unterstützt werden (s. F 4.3.7).

Ausgangsdaten für die Gestaltung von Arbeitsplätzen sind die Abmessungen des menschlichen Körpers. Dazu wurden in Reihenuntersuchungen mit repräsentativen Stichproben Mittelwerte und Verteilungen von Körpermaßen ermittelt (s. DIN 33403). **Bild 14** zeigt einige dieser Körpermaße für stehende, **Bild 15** für sitzende Erwachsene. Bei körperlicher Arbeit steht meist die Übertragung von Kräften von der Arbeitskraft über Arbeitsmittel auf das Werkstück im Vordergrund. Diese Arbeitsmittel müssen so gestaltet sein, daß bei niedriger Belastung der Arbeitskraft möglichst große Kräfte übertragen werden können. An Maschinen sollen Hebel, Handräder, Taster usw. so angeordnet sein, daß ihre Betätigung dem natürlichen Bewegungsablauf nahe kommt [24].

Die informatorische Arbeit kann in *Informationsaufnahme*, *Informationsverarbeitung* und *Informationsabgabe* gegliedert werden. Die Informationsaufnahme geschieht über die Sinnesorgane meist durch Sehen und Hören, weniger über Tast-, Geruchs- oder Geschmackssinne. Informationsaufnahme über das Auge kann nur dann stattfinden, wenn die zugehörigen Signale im Gesichtsfeld angeboten werden. Das Gesichtsfeld ist ein Kreis, dessen Durchmesser d_G (in m) linear mit dem Abstand vom Auge a (in m) wächst nach der Zahlenwertgleichung $d_G = 1,64\,a$.

Für das Arbeitsfeld ist eine *Beleuchtung* erforderlich, deren Stärke von der Art der auszuführenden Arbeit abhängt, **Tab. 3**. Weitere Angaben finden sich in DIN 5034 und DIN 5035.

Für *visuelle* Informationsmittel (Anzeigeinstrumente) gibt es unterschiedlich zu bewertende Gestaltungsmöglichkeiten. So sind z.B. Rundinstrumente gegenüber länglichen Anzeigen zu bevorzugen. **Bild 16** zeigt eine Gegenüberstellung gebräuchlicher Anzeigen [25].

Tabelle 3. Beleuchtungsstärken für bestimmte Sehaufgaben (s. **Z Tab. 12**)

Stufe	Nennbeleuchtungsstärke lx	Zuordnung von Sehaufgaben
1	15	
2	30	Orientierung; nur vorübergehender Aufenthalt
3	60	
4	120	leichte Sehaufgaben; große Details mit hohen Kontrasten
5	250	
6	500	normale Sehaufgaben; mittelgroße Details mit mittleren Kontrasten
7	750	
8	1000	schwierige Sehaufgaben; kleine Details mit geringeren Kontrasten
9	1500	
10	2000	sehr schwierige Sehaufgaben; sehr kleine Details mit sehr geringen Kontrasten
11	3000	
12	5000	Sonderfälle; z.B. Operationsfeldbeleuchtung

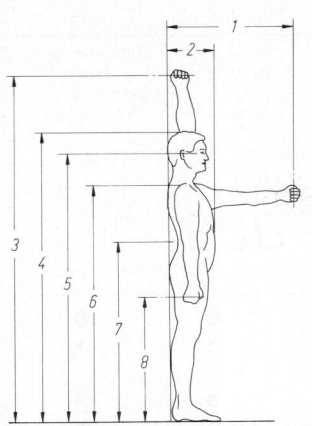

		Perzentile (Maße in cm)					
		männlich			weiblich		
		5 %	50 %	95 %	5 %	50 %	95 %
1	Reichweite nach vorn	66,2	72,2	78,7	61,6	69,0	76,2
2	Körpertiefe	23,3	27,6	31,8	23,8	28,5	35,7
3	Reichweite nach oben (beidarmig)	191,0	205,1	221,0	174,8	187,0	200,0
4	Körperhöhe	162,9	173,3	184,1	151,0	161,9	172,5
5	Augenhöhe	150,9	161,3	172,1	140,2	150,2	159,6
6	Schulterhöhe	134,9	144,5	154,2	123,4	133,9	143,6
7	Ellenbogenhöhe über der Standfläche	102,1	109,6	117,9	95,7	103,0	110,0
8	Höhe der Hand über der Standfläche	72,8	76,7	82,8	66,4	73,8	80,3
9	Hüftbreite stehend	31,0	34,4	36,8	31,4	35,8	40,5
10	Schulterbreite	36,7	39,8	42,8	32,3	35,5	38,8

Bild 14. Körpermaße von deutschen Erwachsenen – Stehen – n. DIN 33402

		Perzentile (Maße in cm)					
		männlich			weiblich		
		5 %	50 %	95 %	5 %	50 %	95 %
11	Körpersitzhöhe (Stammlänge)	84,9	90,7	96,2	80,5	85,7	91,4
12	Augenhöhe im Sitzen	73,9	79,0	84,4	68,0	73,5	78,5
13	Ellenbogenhöhe über der Sitzfläche	19,3	23,0	28,0	19,1	23,3	27,8
14	Länge des Unterschenkels mit Fuß (Sitzflächenhöhe)	39,9	44,2	48,0	35,1	39,5	43,4
15	Ellenbogen-Griffachsen-Abstand	32,7	36,2	38,9	29,2	32,2	36,4
16	Sitztiefe	45,2	50,0	55,2	42,6	48,4	53,2
17	Gesäß-Knie—Länge	55,4	59,9	64,5	53,0	58,7	63,1
18	Gesäß-Bein—Länge	96,4	103,5	112,5	95,5	104,4	112,6
19	Oberschenkelhöhe	11,7	13,6	15,7	11,8	14,4	17,3
20	Breite über dem Ellenbogen	39,9	45,1	51,2	37,0	45,6	54,4
21	Hüftbreite sitzend	32,5	36,2	39,1	34,0	38,7	45,1

Bild 15. Körpermaße von deutschen Erwachsenen – Sitzen – n. DIN 33402

Die Abgabe von Informationen an technische Systeme erfolgt meist über Stellteile. Alternativ ist z.B. Spracheingabe möglich.

Die menschliche Leistungsfähigkeit wird auch von den Umweltbedingungen (Klima, Lärm, Staub) beeinflußt, denen die Arbeit unterliegt (s. M 1.3). Das Klima in Arbeitsräumen wird beschrieben durch die Lufttemperatur, die relative Luftfeuchte und die Geschwindigkeit der Luftbewegung, **Tab. 4.** Die Zufuhr frischer Luft sollte auch bei leichtester Arbeit bei einem Luftraum von 15 m³ pro Person mindestens 30 m³ pro Person und Stunde betragen [26].

Fast alle Arbeitsvorgänge erzeugen Schall in irgendeiner Form. Die meßtechnische Erfassung des Schalls erfolgt mit nach DIN IEC 651 genormten Geräten und nach DIN 45635 festgelegten Verfahren (s. O 3). In der Arbeitsstättenverordnung sind 55 dB(A) als Höchstgrenze in Räumen, in denen überwiegend geistig gearbeitet wird, 70 dB(A) für einfache Büroarbeiten und 85 dB(A) für Industriearbeitsplätze angegeben (s. **Z Tab. 19**).

Für Gase, Stäube und Dämpfe gelten sog. MAK-(maximale Arbeitsplatz-Konzentration-)Werte. Sie geben an, welche Konzentration an Schadstoffen bei einer Einwirkungsdauer von acht Stunden je Tag auch bei längerer Zeitdauer nicht zu Gesundheitsschäden führt (s. **Z Tab. 14** und [27])

Tabelle 4. Klimawerte für bestimmte Tätigkeiten

Art der Tätigkeit	Lufttemperatur			Rel. Luftfeuchte			Luftbewegung
	°C			%			m/s
	min.	opt.	max.	min.	opt.	max.	max.
Büroarbeit	18	21	24	30	50	70	0,1
leichte Handarbeit im Sitzen	18	20	24	30	50	70	0,1
leichte Handarbeit im Stehen	17	18	22	30	50	70	0,2
Schwerarbeit	15	17	21	30	50	70	0,4
Schwerstarbeit	14	16	20	30	50	70	0,5

Bild 16. Gegenüberstellung gebräuchlicher Analog- und Digitalanzeigen nach [25]

8 Anhang S: Diagramme und Tabellen
Appendix S: Diagrams and tables

Korrekturwerte:

Schnittgeschwindigkeits-korrekturfaktor	$K_v = \dfrac{2{,}023}{v_c^{0,153}}$	für $v_c < 100 \text{ m/min}$
für $v_c = 20 \ldots 600$	$K_v = \dfrac{1{,}380}{v_c^{0,07}}$	für $v_c > 100 \text{ m/min}$

Spanwinkel-korrekturfaktor
$K_\gamma = 1{,}09 - 0{,}015 \cdot \gamma°$ (Stahl)
$K_\gamma = 1{,}03 - 0{,}015 \cdot \gamma°$ (Guß)

Schneidstoff-korrekturfaktor
$K_{ws} = 1{,}05$ (HSS)
$K_{ws} = 1{,}0$ (HM)
$K_{ws} = 0{,}9 \ldots 0{,}95$ (SK)

Werkzeugverschleiß-korrekturfaktor
$K_{wv} = 1{,}3 \ldots 1{,}5$
$K_{wv} = 1{,}0$ (arbeitsscharfe Schneide)

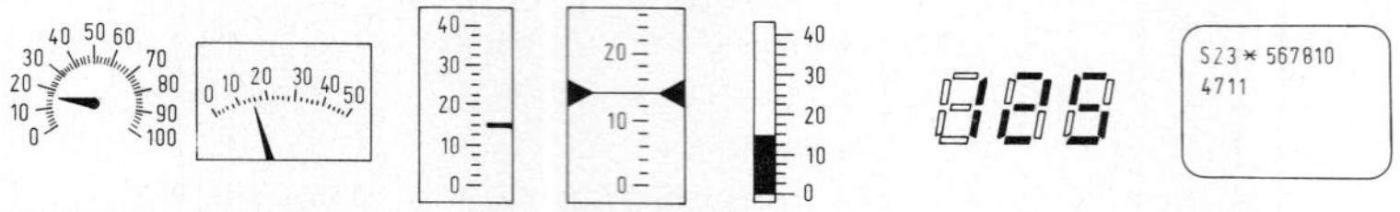

Kühlschmiermittel-korrekturfaktor
$K_{ks} = 1$ (trocken)
$K_{ks} = 0{,}85$ (nicht wassermischbare KSS)
$K_{ks} = 0{,}9$ (Kühlschmier-Emulsion)

Werkstückform-korrekturfaktor
$K_f = 1$ (Außendrehen)
$K_f = 1{,}2$ (Innendrehen)

Anh. S4 Tabelle 1. $k_{c1.1}$ und $1-m_c$ Werte für Eisenwerkstoffe

Schnittbedingungen		Schnittgeschwindigkeit		$v_c = 100 \, n \, \text{min}^{-1}$	
		Schnittiefe		$a_p = 3 \text{ mm}$	
		Schneidstoffe		Hartmetall P10	

	α	γ	λ	ε	κ	r_ε
Stahl:	5°	6°	0°	90°	70°	0,8 mm
Guß:	5°	2°	0°	90°	70°	0,8 mm

Werkstoff	R_m N/ mm²	Spezifische Zerspankräfte $k_{i1.1}$ in N/mm²					
		$k_{c1.1}$	$1-m_c$	$k_{f1.1}$	$1-m_f$	$k_{p1.1}$	$1-m_p$
St 50-2	559	1499	0,71	351	0,30	274	0,51
St 70-2	824	1595	0,68	228	−0,07	152	0,10
Ck 45 N	657	1659	0,79	521	0,51	309	0,60
Ck 45 V	765	1584	0,74	364	0,27	282	0,57
Ck 60 N	775	1686	0,78	285	0,28	259	0,59
Ck 60 V	873	1662	0,77	337	0,29	249	0,53
40 Mn 4V	755	1691	0,78	350	0,31	244	0,55
37 MnSi 5V	892	1656	0,79	239	0,31	249	0,67
18 CrNi8BG	618	1511	0,80	318	0,27	242	0,46
30 CrNiMo8V	971	1704	0,82	337	0,46	371	0,88
34CrNiMo6V	1010	1686	0,82	291	0,37	284	0,72
34 Cr 4 V	902	1536	0,78	327	0,36	222	0,59
41 Cr 4 V	961	1596	0,77	291	0,27	215	0,52
16 MnCr 5N	500	1411	0,70	406	0,37	312	0,50
16 MnCr 5BG	500	1575	0,81	391	0,30	324	0,54
20 MnCr 5N	588	1464	0,74	356	0,24	300	0,58
20 MnCr 5BG	588	1523	0,76	356	0,33	271	0,52
34 CrMo 4V	1000	1632	0,80	276	0,34	172	0,48
42 CrMo 4V	1138	1773	0,83	354	0,43	252	0,49
50 CrV 4V	1050	1698	0,78	295	0,28	195	0,44
Ck 35 V	622	1527	0,72	344	0,25	291	0,46
Ck 55 N	661	1396	0,65	316	0,16	255	0,42
55 NiCrMoV6V	1141	1595	0,71	269	0,21	198	0,34
100 Cr 6	624	1726	0,72	318	0,14	362	0,47
GG 30 HB=206	899	0,59	170	0,09	164	0,30

S

Anh. S4 Tabelle 2. Zerspankraftwerte für das Bohren [9, 10]

Werkstoff	R_m $N \cdot mm^{-2}$	$1 - m_c$	$k_{c1.1}$ $N \cdot mm^{-2}$	$1 - m_f$	$k_{f1.1}$ $N \cdot mm^{-2}$
18 CrNi 8	600	$0,82 \pm 0,04$	2690 ± 230	$0,55 \pm 0,06$	1240 ± 160
42 CrMo 4	1080	$0,86 \pm 0,06$	2720 ± 420	$0,71 \pm 0,04$	2370 ± 230
100 Cr 6	710	$0,76 \pm 0,03$	2780 ± 220	$0,56 \pm 0,07$	1630 ± 300
46 MnSi 4	650	$0,85 \pm 0,04$	2390 ± 250	$0,62 \pm 0,02$	1360 ± 100
Ck 60	850	$0,87 \pm 0,03$	2200 ± 200	$0,57 \pm 0,03$	1170 ± 100
St 50	560	$0,82 \pm 0,03$	1960 ± 160	$0,71 \pm 0,02$	1250 ± 70
16 MnCr 5	560	$0,83 \pm 0,03$	2020 ± 200	$0,64 \pm 0,03$	1220 ± 120
34 CrMo 4	610	$0,80 \pm 0,03$	1840 ± 150	$0,64 \pm 0,03$	1460 ± 140
Grauguß					
bis GG-22	–	0,51	504	0,56	356
über GG-22	–	0,48	535	0,53	381

Anh. S4 Tabelle 3. Haupt- und Anstiegswerte für das mittige Stirnplanfräsen

Werkstoff	Schneid-stoff	Schnitt-geschwindig-keit v_c $m \cdot min^{-1}$	Schneiden-geometrie	Hauptwerte und Anstiegswerte der spez. Zerspankraft beim mittigen Stirnfräsen					
				$k_{c1.1}$ $N \cdot mm^{-2}$	m_c	$k_{cN1.1}$ $N \cdot mm^{-2}$	m_{cN}	$k_{p1.1}$ $N \cdot mm^{-2}$	m_p
St 52-3N	HM P 25	120	negativ	1831	0,29	809	0,54	705	0,41
			positiv	1469	0,25	447	0,57	174	0,56
Ck 45N	HM P 25	190	negativ	1506	0,45	708	0,62	653	0,52
X22CrMoV121	HM P40	120	positiv	1533	0,29	497	0,70	164	0,77

Schneidengeometrie	γ_f	γ_p	α_f	α_p	λ_s	K_r	ε	K_F	Fase in mm
negativ	$-4°$	$-7°$	$6°$	$23°$	$-6°$	$75°$	$90°$	$60°/30°/0°$	1,4/0,8/1,4
positiv	$0°$	$8°$	$9°$	$29°$	$8°$	$75°$	$90°$	$45°/0°$	0,8/1,4

S

Anh. S4 Tabelle 4. Richtwerte für das Fräsen von Eisenwerkstoffen. Die Richtwerte gelten für vorbearbeitete Werkstücke und stabile Bearbeitungsverhältnisse. Bei instabilen Verhältnissen, bei Vorhandensein von Walz-, Schmiede- oder Gußhaut sind die angegebenen Schnittbedingungen entsprechend zu reduzieren. f, Vorschub/Schneide; t, Schnittgeschwindigkeit

Anh. S4 Tabelle 4a. Negative Schneidkeilgeometrie; $\gamma = -6°$

Schneid-stoff	f_z mm/U v_c m/min	Unlegierter Stahl und Stahlguß			Legierter Stahl und Stahlguß		Nichtrostender Stahl und Stahlguß		Gußeisen mit Lamellengraphit		Weißer Temper- guß	Schwarzer Temper- guß
		HB 110...200	HB 200...265	HB 265...450	HB 200...265	HB 280...345	HB 110...265	HB 265...340	HB 130...200	HB 200...280	HB 150...180	HB 130...180
P 10	f_z	0,1 ...0,2		0,1 ...0,2	0,1 ...0,2							
	v_c	80...250		50...90	80...120							
P 25	f_z	0,1 ...1,2	0,1 ...0,4	0,1 ...0,4	0,1 ...0,6	0,1 ...0,4	0,1 ...0,4	0,1 ...0,4				
	v_c	120...200	80...160	30...90	70...130	65...110	40...90	95...130				
P 40	f_z	0,2 ...1,5		0,2 ...0,6	0,2 ...0,8		0,1 ...0,6					
	v_c	35...135		30...70	40...80		40...80					
M 15	f_z								0,1 ...1,2	0,1...1,0	0,1...0,6	0,1 ...1,2
	v_c								90...200	80...150	70...130	90...200
K 01	f_z								0,1 ...0,2	0,1 ...0,2	0,1 ...0,2	0,1 ...0,2
	v_c								120...180	100...160	100...150	120...220
K 10	f_z								0,1 ...0,4	0,1 ...0,4		
	v_c								80...135	60...110		
K 20	f_z								0,1 ...0,4	0,1 ...0,4		
	v_c								80...150	55...110		

S

Anh. S 4 Tabelle 4 b. Positive Schneidkeilgeometrie ($\gamma = +6°$)

Unlegierter Stahl und Stahlguß			Legierter Stahl und Stahlguß			Nichtrostender Stahl und Stahlguß		Gußeisen mit Lamellengraphit		Gußeisen mit Kugelgraphit	Weißer Temperguß	Schwarzer Temperguß
HB 110...200	HB 200...265	HB 265...450	HB 125...200	HB 200...265	HB 280...345	HB 110...265	HB 265...340	HB 130...200	HB 200...280	HB 125...230	HB 150...180	HB 130...180
0,1 ...0,4 80...250		0,1 ...0,4 90...165	0,1 ...0,4 115...190	0,1 ...0,2 135...170	0,1 ...0,2 95...120	0,1 ...0,2 90...180						
0,1 ...0,8 70...205	0,1 ...0,8 70...180	0,1 ...0,8 55...140	0,1 ...0,8 70...165	0,1 ...0,8 65...150	0,1 ...0,8 40...105	0,1 ...0,8 75...210	0,1 ...0,8 85...155					
0,1 ...0,8 35...130		0,1 ...0,8 35...90	0,1 ...0,8 45...105	0,1 ...0,8 45...100	0,1 ...0,8 25...70	0,1 ...0,8 55...130						
								0,1 ...0,5 90...200	0,1 ...0,4 80...150		0,1 ...0,3 70...130	0,1 ...0,5 90...200
								0,1 ...0,2 120...180	0,1 ...0,2 100...160		0,1 ...0,15 100...150	0,1 ...0,2 120...220
								0,1 ...0,2 100...170	0,1 ...0,2 100...170	0,1 ...0,2 170...195	0,1 ...0,3 60...100	0,1 ...0,5 70...170
								0,1 ...0,8 50...120	0,1 ...0,8 30...90	0,1 ...0,8 50...95		

S

Anh. S4 Tabelle 5. Standards für die Körnung der Schleifstoffe (nach DIN 69100, VDI-Richtlinie 3394)

Mittlerer Abstand zweier Siebmasch. µm	U.S. Standard ASTM E11 Bereich eng	weit	FEPA Körnungsbezeichnung Bereich eng	weit	Bezeichnung nach DIN 848 Bereich eng	weit	Mittlerer Korndurchmesser (Korund SiC) µm
420							300
			D426				
	40/50			D427		D350	
		40/60	D356				
297					D280		150
	50/60		D301			D250	
250							125
	60/70		D251		D220		
210		60/80		D252			105
	70/80		D213		D180		
177							90
	80/100		D181			D150	
149					D140		75
	100/120		D151				
125							62
	120/140		D126		D110	D100	45
105							
	140/170		D107		D90		37
88						D70	
	170/200		D91				31
74	200/230		D76		D65		27
63	230/270		D64		D55	D50	22
53	270/325		D54				
44	325/400		D46		D45		18
37	32	300/500			D35		

Anh. S4 Tabelle 6. Wesentliche Bandschleifdaten

Werkstoff	Schruppen			Schlichten		
	Stellgrößen		Arbeits-ergebnis	Stellgrößen		Arbeits-ergebnis
	bez. Zeit-spannvolumen Q'_w mm³/mm·s	Schnitt-geschwindigkeit v_c m/s	gem. Rauhtiefe R_z μm	bez. Zeit-spannvolumen Q'_w mm³/mm·s	Schnitt-geschwindigkeit v_c m/s	gem. Rauhtiefe R_z μm
Wälzlagerstahl (62 HRC)	bis 150	40…60	>40	2…8	30…40	5…8
Grauguß	bis 200	30…50	>50	5…10	20…30	8…10
AlSi-Legierungen	bis 100	20…40	>60	1…5	30…40	10…12

Anh. S4 Tabelle 7. Werkstoffpaarungen beim Funkenerodieren

Elektroden-werkstoff	Werkstück-werkstoff	Bearbeitungs-vorgang	Elektroden-Polarität	Güte der Bearbeitung	Elektroden-verschleiß	Bemerkungen
Kupfer-Wolfram Leg.	Kupfer-Wolfram Leg.	Schruppen	negativ	gut	angemessen	niedrige Abtragsleistung
		Schlichten	negativ	gut	angemessen	
Kupfer-Wolfram	Stahl	Schruppen	positiv	gut	niedrig	verwendet für kleine Preßwerkzeuge
		Schlichten	positiv	gut	niedrig	mit hoher Präzision
Kupfer-Wolfram	Wolfram-Karbid	Schruppen	negativ	gut	mäßig	verwendet für kleine Preßwerkzeuge
		Schlichten	negativ	gut	mäßig	mit hoher Präzision
Kupfer-Legierung	Stahl	Schruppen	positiv	gut	niedrig	höhere Kosten für Elektroden,
		Schlichten	positiv	gut	niedrig	ideal für kleine Stahlwerkstücke
Kupfer-Legierung	Wolfram-Karbid	Schruppen	negativ	gut	mäßig	ideal für Wolfram-Karbid-Werkstücke
		Schlichten	negativ	gut	mäßig	
Graphit	Gußeisen	Schruppen	positiv	gut	niedrig	höhere Abtragsleistung bei
		Schlichten	negativ	gut	mäßig	negativer Polarität, jedoch höherer Elektrodenverschleiß
Graphit	Kupfer	Schruppen	negativ	mäßig	angemessen	niedrige Abtragsleistung
		Schlichten	negativ	mäßig	angemessen	
Graphit	Nimonic	Schruppen	positiv	gut	niedrig	guter Abtrag
		Schlichten	negativ	gut	niedrig	angemessener Abtrag
Graphit	Schnellstahl	Schruppen	negativ	mäßig	angemessen	mäßiger Abtrag
		Schlichten	negativ	mäßig	angemessen	angemessener Abtrag
Graphit	rostfreier Stahl	Schruppen	positiv	mäßig	mäßig	guter Abtrag
		Schlichten	positiv	mäßig	mäßig	
Graphit	Stahl	Schruppen	positiv	gut	niedrig	guter Abtrag
		Schlichten	negativ	gut	niedrig	hoher Abtrag
Graphit	Stellit	Schruppen	negativ	mäßig	angemessen	mäßiger Abtrag
		Schlichten	negativ	mäßig	angemessen	
Graphit	Wolfram-Karbid	Schruppen	negativ	mäßig	hoch	mäßiger Abtrag, Funkenbildung ein
		Schlichten	negativ	mäßig	hoch	Problem wenn t_i zu lange
Stahl	Stahl	Schruppen	positiv	mangelhaft	angemessen	niedriger Abtrag
		Schlichten	positiv	mangelhaft	angemessen	nur für besondere Zwecke
Wolfram-Karbid	Stahl	Schruppen	positiv	mäßig	niedrig	niedriger Abtrag
		Schlichten	positiv	gut	niedrig	
Wolfram-Karbid	Nimonic	Schruppen	positiv	mäßig	niedrig	angemessener Abtrag
		Schlichten	positiv	gut	niedrig	für Bearbeitung kleiner Öffnungen
Aluminium	Stahl	Schruppen	positiv	gut	niedrig	Stabilität bei einigen Güteklassen
		Schlichten	positiv	mangelhaft	hoch	von Al fraglich
Aluminium	Wolfram-Karbid	Schruppen	negativ	mangelhaft	hoch	nicht allgemein empfohlen
		Schlichten	negativ	sehr mangelhaft	sehr hoch	
Messing	Kupfer	Schruppen	negativ	gut	angemessen	nur für besondere Zwecke
		Schlichten	negativ	gut	angemessen	verwenden
Messing	Stahl	Schruppen	negativ	gut	hoch	für schmale Öffnungen
		Schlichten	negativ	gut	hoch	angemessene Abtragrate
Messing	Stellit	Schruppen	negativ	mangelhaft	hoch	mangelnde Stabilität
		Schlichten	negativ	mäßig	hoch	angemessene Abtragrate
Messing	Titan	Schruppen	negativ	gut	hoch	angemessene Abtragrate
		Schlichten	negativ	gut	hoch	

S

Anh. S4, Tabelle 7 (Fortsetzung)

Elektroden-werkstoff	Werkstück-werkstoff	Bearbeitungs-vorgang	Elektroden-Polarität	Güte der Bearbeitung	Elektroden-verschleiß	Bemerkungen
Messing	Wolfram-Karbid	Schruppen Schlichten	negativ negativ	mäßig mäßig	hoch hoch	nicht allgemein empfohlen
Kupfer	Aluminium	Schruppen Schlichten	positiv positiv	gut gut	niedrig niedrig	niedriger Abtrag
Kupfer	Messing	Schruppen Schlichten	positiv positiv	gut gut	angemessen angemessen	nur für besondere Zwecke verwenden
Kupfer	Gußeisen	Schruppen Schlichten	positiv positiv	gut gut	niedrig niedrig	angemessene Abtragrate
Kupfer	Kupfer	Schruppen Schlichten	positiv positiv	mangelhaft mangelhaft		nicht empfohlen
Kupfer	Graphit	Schruppen Schlichten	positiv positiv	mäßig mäßig	angemessen angemessen	nur für besondere Zwecke verwenden
Kupfer	Nimonic	Schruppen Schlichten	positiv positiv	gut gut	niedrig angemessen	angemessener Abtrag guter Abtrag
Kupfer	rostfreier Stahl	Schruppen Schlichten	positiv positiv	mäßig mäßig	angemessen angemessen	Stabilität bei einigen Stahlgüteklassen fragwürdig
Kupfer	Stahl	Schruppen Schlichten	positiv positiv	gut gut	niedrig niedrig	guter Abtrag. Niemals negative Polarität verwenden
Kupfer	Stellit	Schruppen Schlichten	positiv positiv	gut gut	angemessen angemessen	angemessener Abtrag
Kupfer	Wolfram-Karbid	Schruppen Schlichten	negativ negativ	gut gut	hoch hoch	angemessener Abtrag bei zu langem t_i, wird Stabilität problematisch

Anh. S4 Tabelle 8. Richtwerte für das Verhältnis Schneidspalt/Blechdicke

Blechdicke mm	Zugfestigkeit des Werkstoffs N/mm²			
	< 250	250…400	400…600	> 600
ohne Abhängigkeit von der Blechdicke	0,03	0,04	0,05	0,06
< 1	0,025	0,025	0,03	0,035
1…2	0,03	0,03	0,035	0,04
2…3	0,035	0,035	0,04	0,045
3…5	0,04	0,04	0,045	0,05
5…7	0,045	0,045	0,05	0,055
7…10	0,05	0,05	0,055	0,06

S

Anh. S4 Tabelle 9. Gebräuchliche Werkzeugstoffe für Schneidwerkzeuge und Anwendungsbereich

Werkzeugwerkstoff	ca. Gebrauchshärte HRC, HV	Blechdicke mm	Kennzeichnung
1. Kaltarbeitsstähle			
X 155CrVMo12 1			Werkstoffe geringerer Zähigkeit und
X 165CrMoV12	62	bis	höherer Verschleißfestigkeit
X 210CrW12	bis	4 mm	zum Scherschneiden von harten
X 210Cr12	65 HRC		Blechwerkstoffen und geringer Blechdicke
X 210CrCoW12			
S 6-5-2			
90MnV8	60 bis	4 bis	verzugsarme Werkstoffe mittlerer Zähigkeit
105WCr6	64 HRC	6 mm	und mittlerer Verschleißfestigkeit
45WCrV7			zähe Werkstoffe zur Aufnahme hoher
60WCrV7	56	mehr	Spannungsspitzen beim Scherschneiden
X 45NiCrMo4	bis	als	von Blechwerkstoffen großer Dicke;
X 50CrMoW9 11	63 HRC	6 mm	geringere Verschleißfestigkeit gegenüber
X 63CrMoV5 1			abrasiven Verschleißmechanismen
2. Hartmetalle			
GT 15[a]	1450 HV	bis	spröde Werkstoffe zum Scherschneiden dünner
GT 20[a]	1300 HV	1 mm	Bleche; höchste Verschleißfestigkeit gegenüber
GT 30[a]	1200 HV		vorherrschend abrasiven Verschleißmechanismen
GT 40[a]	1050 HV		
THR-F[a]	1500 HV		
3. Hartstoff-Legierungen			
Ferro-Titanit-C-Special[b]	68 – 71 HRC	bis	Werkstoffe hoher Verschleißfestigkeit und
Ferro-Titanit-WFN[b]	68 – 71 HRC	8 mm	hoher Duktilität aufgrund homogener
S 6.5.3 (ASP 23)[c]	61 – 65 HRC		Gefügebeschaffenheit
CPM 10V[d]	61 – 64 HRC		
CPM Rex M 4[d]	61 – 65 HRC		

9 Spezielle Literatur
Special bibliography

zu S 1 Fertigungstechnik (Übersicht)
[1] *Tönshoff, H.K.*: Randzonenbeeinflussung durch Spanen und Abtragen. Ann. CIRP 23 (1974) 187–188. – [2] *Wiendahl, H.-P.*: Belastungsorientierte Fertigungssteuerung. München: Hanser 1987. – [3] *Tönshoff, H.K.*: Processing alternatives for cost reduction. Ann. CIRP 36 (1987) 445–447. – [4] *Kienzle, O.*: Begriffe und Benennungen der Fertigungsverfahren. Werkstattstechnik 56 (1966) 169–173.

zu S 2 Urformen
[1] *Hilgenfeldt, W.; Herfurth, K.*: Tabellenbuch Gußwerkstoffe VEB Deutscher Verlag für Grundstoffindustrie, Leipzig 1983. – [2] *ZGV*: Gießen heute. Hrsg.: Zentrale für Gußverwendung. Düsseldorf 1974. – [3] *Guss Produkte '89*. Darmstadt: Hoppenstedt. – [4] *Herfurth, K.*: Einführung in die Fertigungstechnik. Kapitel Urformen. Berlin: VEB Verlag Technik 1975. – [5] Feinguß für alle Industriebereiche. Hrsg.: Zentrale für Gußverwendung. Düsseldorf 1984. – [6] Leitfaden für Gußkonstruktionen. Hrsg.: Zentrale für Gußverwendung. Düsseldorf: Gießerei-Verlag 1966. – [7] *Verein Deutscher Gießereifachleute (VDG)*: Gießerei-Kalender 1977. Düsseldorf: Gießerei-Verlag 1976. – [8] *Pahl, G.; Beitz, W.*: Konstruktionslehre – Handbuch für Stadium und Praxis, 2. Aufl. Berlin: Springer 1986. – [9] *Patterson, W.; Döpp, R.*: Betriebsnomogramm für Grauguß. Gießerei 47 (1960) 175–180. – [10] *Colland, A.*: Gießerei, techn.-wiss. Beih. 14 (1954) 709–726 und 15 (1955) 767–799. – [11] *ZGV-Mitteilungen*: Düsseldorf 1976. – [12] *Eisenkolb, F.*: Einführung in die Werkstoffkunde, Bd. V: Pulvermetallurgie, 2. Aufl. Berlin:

VEB Verlag Technik 1967. – [13] *Technikum für berufliche Bildung des Ministeriums für Erzbergbau, Metallurgie und Kali*: Lehrbuch Metallurgie. Leipzig: VEB Deutscher Verlag für Grundstoffindustrie 1971.

Normen und Richtlinien: *DIN 1680 Teil 1*: Gußrohteile; Allgemeintoleranzen und Bearbeitungszugaben; Allgemeines; *Teil 2*: Gußrohteile; Allgemeintoleranz-System. – *DIN 1683 Teil 1*: Gußrohteile aus Stahlguß; Allgemeintoleranzen; Bearbeitungszugaben. – *DIN 1684 Teil 1*: Gußrohteile aus Temperguß; Allgemeintoleranzen, Bearbeitungszugaben. – *DIN 1685 Teil 1*: Gußrohteile aus Gußeisen mit Kugelgraphit; Allgemeintoleranzen, Bearbeitungszugaben. – *DIN 1686 Teil 1*: Gußrohteile aus Gußeisen mit Lamellengraphit; Allgemeintoleranzen, Bearbeitungszugaben. – *DIN 1687 Teil 1*: Gußrohteile aus Schwermetallegierungen, Sandguß; Allgemeintoleranzen, Bearbeitungszugaben; *Teil 3*: Gußrohteile aus Schwermetallegierungen, Kokillenguß; Allgemeintoleranzen, Bearbeitungszugaben; *Teil 4*: Gußrohteile aus Schwermetallegierungen, Druckguß; Allgemeintoleranzen. – *DIN 1688 Teil 1*: Gußrohteile aus Leichtmetallegierungen. Sandguß; Allgemeintoleranzen, Bearbeitungszugaben; *Teil 3*: Gußrohteile aus Leichtmetallegierungen, Kokillenguß; Allgemeintoleranzen, Bearbeitungszugaben; *Teil 4*: Gußrohteile aus Leichtmetallegierungen, Druckguß, Allgemeintoleranzen. – *DIN 1690 Teil 1*: Technische Lieferbedingungen für Gußstücke aus metallischen Werkstoffen; Allgemeine Bedingungen.
Eisen-Gußwerkstoffe: *DIN 1691*: Gußeisen mit Lamellengraphit. – *DIN 1693*: Gußeisen mit Kugelgraphit. – *DIN 1694*: Austenitisches Gußeisen. – *DIN 1695*: Verschleißfestes, legiertes Gußeisen. – *DIN 1692*: Temperguß; Begriff, Eigenschaften, Abnahme. – *DIN 1681*: Stahlguß für allgemeine Verwendungszwecke. – *DIN 17245*: Warmfester

ferritischer Stahlguß. – *DIN 17445*: Nichtrostender Stahlguß. – *DIN 17465*: Hitzebeständiger Stahlguß. – *SEW 410*: Nichtrostender Stahlguß (Stahl-Eisen-Werkstoffblätter). – *SEW 685*: Kaltzäher Stahlguß. – *SEW 510*: Vergütungsstahlguß mit Wanddicken bis 100 mm. – *SEW 515*: Vergütungsstahlguß für Wanddicken über 100 mm. – *SEW 595*: Stahlguß für Erdöl- und Erdgasanlagen. – *SEW 471*: Hitzebeständiger Stahlguß. – *SEW 390*: Nichtmagnetisierbarer Stahlguß. – *SEW 835*: Stahlguß für Flamm- und Induktionshärtung.
Leichtmetall-Gußwerkstoffe: *DIN 1725 Bl. 2*: Aluminium-Gußlegierungen. – *DIN 1729 Bl. 2*: Magnesium-Gußlegierungen. Schwermetall-Gußwerkstoffe. – *DIN 1705*: Kupfer-Zinn und Kupfer-Zinn-Zink-Gußlegierungen (Guß-Zinnbronze u. Rotguß), Gußstücke. – *DIN 1709*: Kupfer-Zink-Gußlegierungen (Gußmessing und Guß-Sondermessing), Gußstücke. – *DIN 1714*: Kupfer-Aluminium-Gußlegierungen (Guß-Aluminiumbronze), Gußstücke. – *DIN 1716*: Kupfer-Blei-Zinn-Gußlegierungen (Guß-Zinn-Blei-Bronze), Gußstücke. – *DIN 17655*: Kupfer-Guß-Werkstoffe, unlegiert und niedrig legiert, Gußstücke. – *DIN 17658*: Kupfer-Nickel-Gußlegierungen. – *DIN 1743*: Feinzink-Gußlegierungen (Teil 1: Blockmetall; Teil 2: Gußstücke). – *DIN 1741*: Blei-Druckgußlegierungen. – *DIN 1742*: Zinn-Druckgußlegierungen. – *DIN 17730*: Nickel- und Nickel-Kupfer-Gußlegierungen.

zu S3 Umformen

[1] *Henky, H.*: Z. angew. Math. Mech. 4 (1924) 323–334. – [2] *Bühler, H.; Höpfner, H.G.; Löwen, J.*: Die Formänderungsfestigkeit von Aluminium und einigen Aluminiumlegierungen. BBR 11 (1970) 645–649. – [3] *Krause, K.*: Formänderungsfestigkeit der Werkstoffe beim Kaltumformen. In: Grundlagen der bildsamen Formgebung. Düsseldorf: VDEh, S. 99–145. – [4] *Kienzle, O.; Bühler, H.*: Das Plastometer, eine Prüfmaschine für Staucheigenschaften von Metallen. Z. Metallkd. 55 (1964) 668–673. – [5] *Lange, K.*: Lehrbuch der Umformtechnik. Bd. 1 bis 4. Berlin: Springer, Bd. 1, 2. Aufl., 1984; Bd. 2, 1988; Bd. 3 1990; Bd. 4 (demnächst). – [6] *Müller, G.*: Formänderungsfestigkeit beim Umformen in der Wärme: In Grundlagen der bildsamen Formgebung. Düsseldorf: VDEh, S. 146–161. – [7] *Siebel, E.*: Grenzen der Verformbarkeit. Mitt. für die Mitglieder der Forschungsgesellschaft. Blechverarbeitung 16 (1952) 177–184. – [8] *Stenger, H.*: Über die Abhängigkeit des Formänderungsvermögens metallischer Stoffe vom Spannungszustand. Diss. RWTH Aachen 1965. – [9] *Hasek, V.*: Untersuchung und theoretische Beschreibung wichtiger Einflußgrößen auf das Grenzformänderungsdiagramm. Blech-Rohr-Profile 25 (1978) 213–220, 285–292, 493–499, 620–627. – [10] *Siegert, K.*: Grenzen des Ziehens von Karosserieteilen. Werkst. Betrieb 118 (1985) 709–713. – [11] *Siebel, E.*: Kräfte und Materialfluß bei der bildsamen Formänderung. Stahl Eisen 45 (1925) 139–141. – [12] *Siebel, E.*: Die Formgebung im bildsamen Zustand. Düsseldorf: Stahleisen 1932. – [13] *Sachs, G.*: Zur Theorie des Ziehvorganges. Z. angew. Math. (1927) 235–236. – [14] *Siebel, E.; Pomp, A.*: Zur Weiterentwicklung des Druckversuches. Mitt. K.-Wilh.-Inst. für Eisenforschung 10 (1928) 55–62. – [15] *Lippmann, H.; Mahrenholtz, O.*: Plastomechanik der Umformung metallischer Werkstoffe. Bd. 1. Berlin: Springer 1967. – [16] *Ismar, H.; Mahrenholz, O.*: Technische Plastomechanik. Braunschweig: Vieweg 1979. [17] *Lippmann, H.*: Die elementare Plastizitätstheorie der Umformtechnik. Bänder Bleche Rohre (1962) 374–383. – [18] *Spur, G.; Stöferle, T.*: Handbuch der Fertigungstechnik. Bd. 2. München: Hanser 1983. – [19] *Körper, F.; Eichinger, A.*: Die Grundlagen der bildsamen Formgebung. Mitt. K.-Wilhelm-Inst. für Eisenfor-

schung 22 (1940) 57–80. – [20] *Pawelski, O.*: Grundlagen des Ziehens und Einstoßens I. In: Grundlagen der bildsamen Formgebung. Düsseldorf: VDEh, S. 384–433. – [21] *Sachs, G.*: Zur Theorie des Ziehvorganges. Math. Mech. 7 (1927) 235–236. – [22] *Lippmann, H.*: Theorie der Einstoß- und Strangpreßvorgänge. Bänder Bleche Rohre (1963) 223–225. – [23] *Eisbein, W.*: Kraftbedarf und Fließvorgänge beim Strangpressen. Diss. TH Berlin 1931. – [24] *Sachs, G.*: Spanlose Formgebung der Metalle. In: Handbuch der Metallphysik. Bd. 3. Lief. 1 1937. – [25] *Rathjen, C.*: Untersuchungen über die Größe der Stempelkraft und des Innendruckes im Aufnehmer beim Strangpressen von Metallen. Diss. RWTH Aachen 1966. – [26] *Panknin, W.*: Die Grundlagen des Tiefziehens im Anschlag unter besonderer Berücksichtigung der Tiefziehprüfung. Bänder Bleche Rohre (1961) 133–143, 201–211, 264–271. – [27] *Siegert, K.*: Ziehen von flachen Karosserieteilen, Verfahren-Maschinen-Werkzeuge. VDI-Z 131 (1989), Nr. 4. – [28] *Cyril-Bath-Company*: Streckziehen von Karosserieteilen. Werkstatt und Betrieb (1965) H. 3. – [29] Neuere Entwicklungen in der Blechumformung (Hrsg. K. Siegert) Oberursel: DGM-Informationsgesellschaft mbH 1990. – [30] *Siegert K.*: Zieheinrichtungen im Pressentisch einfach wirkender Pressen. In [29]. – [31] *Ludwik, P.*: Technologische Studie über Blechbiegung. Techn. Blätter (1903) 133–159. – [32] *Zünkler, B.*: Biegeumformen. In: Spur, G.; Stöferle, T.: Handbuch der Fertigungstechnik. Bd. 2/3. München: Hanser 1985. – [33] *Oehler, G.*: Biegen. München: Hanser 1963. – [34] *Kienzle, O.*: Untersuchungen über das Biegen. Mitt. DFBO (1952) 57–65. – [35] *Zünkler, B.*: Rechnerische Erfassung der Vorgänge beim Biegen im V-Gesenk. Ind. Anz. 88 (1966) 1601–1605. – [36] *Fait, J.*: Grundlagenuntersuchungen zur Ermittlung von Kenngrößen für das CNC-Schwenkbiegen. Ind. Anz. 109 (1987) 45–46. – [37] *Eichner, A.J.*: Superplastisches Fertigen komplexer Formstücke. Werkstatt und Betrieb 114 (1981) 715–718. – [38] *Winkler, P.-J.; Keinath, W.*: Superplastische Umformung, ein werkstoffsparendes und kostengünstiges Fertigungsverfahren für die Luft- und Raumfahrt. Metall 34 (1980) 519–525. – [39] *Pischel, H.*: Superplastisches Blechumformen. Werkstatt und Betrieb 122 (1989) 165–169. – [40] *Bunk, W.; Kellerer, H.*: Neue Fertigungsverfahren zur Verbesserung der Wirtschaftlichkeit. Aluminium 61 (1985) 247–251. – [41] *Richards, J.H.*: Einsatz superplastisch umgeformter Blechbauteile im Bauwesen. Aluminium 63 (1987) 360–367. – [42] *Hojas, M.; Külein, W.; Siegert, K.; Werle, T.*: Herstellung von superplastischen Aluminiumblechen und deren Verarbeitung mit numerisch gesteuerten Pressen. In: [29]. – [43] *Lange, K.; Meyer-Nolkemper, H.*: Gesenkschmieden, 2. Aufl., Berlin: Springer 1977. – [44] *Bruchanow, A.W.; Rebelski, A.V.*: Gesenkschmieden und Warmpressen, Berlin: Verlag Technik 1955. – [45] *Rathjen, C.*: Die historische Entwicklung des Strangpreßverfahrens. Ind. Anz. 89. 47 (1967) 17/2. – [46] *Ziegler, W.; Siegert, K.*: Spezielle Anwendungsmöglichkeiten der indirekten Strangpreßmethode. Metall 31 (1977) 845–851. – [47] *Ruppin, D.; Müller, K.*: Kalt-Strangpressen von Aluminium-Werkstoffen mit Druckfilmschmierung. Aluminium 56 (1980) 263–268, 329–331, 403–406. – [48] *Ziegler, W.*: Indirektes Strangpressen von Leichtmetall. Metallkunde 64 (1973) 224–229. – [49] *Pugh, H.Li.D.*: The Mechanical Behaviour of Materials under Pressure. Applied Science Publishers LTD. London 1971. – [50] *Hornmark, N.; Ermel, D.*: Kupferumhülltes Aluminium, ein neuer Werkstoff für die industrielle Fertigung von Kompoundleitern. Draht-Welt 56 (1970) 424–426. – [51] *Fiorentino, R.J.; Richardson, B.D.; Sabrow, A.M.; Boulger, F.W.*: New Developments in Hydrostatic Extrusion. Proc. Int. Conf. Manuf. Techn.

25/28 (1967) 941–954. – [52] *Fiorentino, R.J.; Sabrow, A.M.; Boulger, F.W.:* Advances in hydrostatic extrusion. The Tool and Manufacturing Engineer (1973) 77–83. – [53] *Pugh, H.Li.D.; Donaldson, G.H.H.:* Hydrostatic Extrusion – A Review. Annals of the CIRP Vol. 21/2 (1972). – [54] *Fiorentino, R.J.; Meyer, G.E.; Byrer, T.G.:* Some practical considerations for hydrostatic extrusion. Metallurgia and Metal Forming (1974) 210–213, 296–299. – [55] *Fiorentino, R.J.; Meyer, G.E.; Byrer, T.G.:* Technical and Economic Potential of Hydrostatic Extrusion over Conventional Extrusion. Vorberichte zum Symposium „Neue Verfahren für die Halbzeugherstellung" (1973) Deutsche Gesellschaft f. Metallkunde. – [56] *Fiorentino, R.J.; Meyer, G.E.; Byrer, T.G.:* The thick-film hydrostatic extrusion process. Metallurgia and Metal Forming (1972) 200–203.

zu S 4 Trennen

[1] *Patzke, M.:* Einfluß der Randzone auf die Zerspanbarkeit von Schmiedeteilen. Diss. Univ. Hannover 1987. – [2] *Warnecke, G.:* Spanbildung bei metallischen Werkstoffen. Fertigungstechnische Ber. Bd. 2. Gräfelfing: Resch 1974. – [3] *Bartsch, S.:* Verschleißverhalten von Aluminiumoxid-Schneidstoffen unter stationärer Belastung. Diss. Univ. Hannover 1988. – [4] *Tönshoff, H.K.:* Schneidstoffe für die spanende Fertigung. wt-Z. Ind. Fert. 72 (1982) 201–208. – [5] *Knorr, W.:* Bedeutung des Schwefels für die Zerspanbarkeit der Stähle unter Berücksichtigung ihrer Gebrauchseigenschaften. Stahl und Eisen 97 (1977) 414–423. – [6] *Taylor, F.W.:* On the art of cutting metals. Trans. Am. Soc. Mech. Eng. 28 (1907) 30–351. – [7] *Kienzle, O.; Victor, H.:* Die Bestimmung von Kräften und Leistungen an spanenden Werkzeugmaschinen. VDI-Z. 94 (1952) 299–305. – [8] *Gawehn, H.:* Das Spanwinkelproblem des Spiralbohrers. Maschinenbau und Betrieb (1931) 440–446. – [9] *Spur, G.:* Beitrag zur Schnittkraftmessung beim Bohren mit Spiralbohrern unter Berücksichtigung der Radialkräfte. Diss. TU Braunschweig 1961. – [10] Hütte, Taschenbuch für Betriebsingenieure. Bd. 1 Fertigung. 5. Aufl. Berlin: Ernst 1957. – [11] *Tuffentsammer, K.:* Kurzlochbohren mit unterschiedlichsten Werkzeugen möglich. Ind. Anz. 102 (1980) 100, 38–41. – [12] *Victor, H.; Müller, M.; Opferkuch, R.:* Zerspantechnik. Bd. I–III. Berlin: Springer 1985. – [13] *Kamm, H.:* Beitrag zur Optimierung des Messerkopffräsens. Diss. Univ. Karlsruhe 1977. – [14] *Müller, M.:* Zerspankraft, Werkzeugbeanspruchung und Verschleiß beim Fräsen mit Hartmetall. Diss. Univ. Karlsruhe 1982. – [15] *Roese, H.:* Untersuchung der dynamischen Stabilität beim Fräsen. Diss. RWTH Aachen 1967. – [16] *Victor, H.R.:* Zerspankennwerte. Ind. Anz. 98 (1976) 1825–1830. – [17] *Tönshoff, H.K.; Hernándes-Camacho, J.:* HFF-Ber. 10. Hannover März 1987, S. 1–20. – [18] *Borys, W.E.:* Vergleichsuntersuchungen zum Einsatz hochharter polykristalliner Schneidstoffe beim Fräsen. Diss. Univ. Hannover 1984. – [19] *Chryssolouris, G.:* Einsatz hochharter polykristalliner Schneidstoffe beim Drehen und Fräsen. Diss. Univ. Hannover 1984. – [20] *Töllner, K.:* Fräsen von hochharten Eisenstoffen. wt-Z. Ind. Fert. 72 (1982) 493–496. – [21] *Tönshoff, H.K.; Bußmann, W.:* Formfehler bei der Hartbearbeitung: Fräsen gehärteter Führungsflächen. Ind. Anz. 110 (1988) 29, 35–36. – [22] *Laufer, H.-J.:* Einsatz von Prozeßmodellen zur rechnerunterstützten Auslegung von Räumwerkzeugen. Diss. Univ. Karlsruhe 1988. – [23] *Opferkuch, R.:* Die Werkzeugbeanspruchung beim Räumen. Diss. Univ. Karlsruhe 1981. – [24] *Dworak, U.:* Mechanical strengthening of alumina and zirkonia ceramics through the introduction of secondary phases. Sci. Ceramics 9 (1987) 543. – [25] *Choi, H.-Z.:* Beitrag zur Ursachenanalyse der Randzonenbeeinflussung beim Schleifen. Diss. Univ. Hannover 1986. – [26] *Kurrein, M.:* Die Messung der Schleifkraft. Werkstatttechnik 20 (1927) 585–594. – [27] *Snoeys, R.:* The mean undeformed chip thickness as a basic parameter in grinding. Ann. CIRP 20 (1971) 183–186. – [28] *Tönshoff, H.K.; Brinksmeier, E.; Choi, H.-Z.:* Messung und Berechnung mechanischer und thermischer Werkstoffbeanspruchungen beim Schleifen. Jahrbuch Schleifen, Honen, Läppen und Polieren, 53. Ausgabe. Essen: Vulkan 1985, S. 31–47. – [29] *Brinksmeier, E.:* Randzonenanalyse geschliffener Werkstücke. Diss. Univ. Hannover 1982. – [30] *Saljé, E.:* Abrichtverfahren mit unbewegten und rotierenden Abrichtwerkzeugen. Jahrbuch Schleifen, Hohnen, Läppen und Polieren, 50. Ausgabe. Essen: Vulkan 1981, S. 284–298. – [31] *Saljé, E.:* Abrichten während des Schleifens – Grundlagen. Leistungssteigerungen, Wirtschaftlichkeit. Jahrbuch Schleifen, Honen, Läppen und Polieren, 53. Ausgabe. Essen: Vulkan 1985, S. 1–30. – [32] *König, W.; Tönshoff, H.K.; Fromlowitz, J.; Dennis, P.:* Belt grinding. Ann. CIRP 35 (1986) 487–494. – [33] *Tönshoff, H.K.; Dennis, P.:* Hochleistungsbandschleifen – ein maßgebendes Verfahren. Werkstatttechnik 78 (1988) 665–669. – [34] *Mushardt, H.:* Modellbetrachtungen und Grundlagen zum Innenrundhonen. Diss. TU Braunschweig 1986. – [35] *Tönshoff, T.:* Formgenauigkeit, Oberflächenrauheit und Werkstoffabtrag beim Langhubhonen. Diss. Univ. Karlsruhe 1970. – [36] *Saljé, E.; Möhlen, H.; See, v. M.:* Vergleichende Betrachtungen zum Schleifen und Honen. VDI-Z. 129 (1987) 1, 66–69. – [37] *See, v. M.:* Prozeßoptimierung beim Honen. Jahrbuch Schleifen, Honen, Läppen und Polieren, 55. Ausgabe. Essen: Vulkan 1988, S. 401–414. – [38] *Spur, G.; Simpfendörfer, D.:* Neue Erkenntnisse und Entwicklungstendenzen beim Planläppen. Jahrbuch Schleifen, Honen, Läppen und Polieren, 55. Ausgabe, Essen: Vulkan 1988, S. 469–480. – [39] *Nölke, H.-H.:* Spanende Bearbeitung von Siliziumnitrid-Werkstoffen durch Ultraschall-Schwingläppen. Diss. Univ. Hannover 1980. – [40] *Tönshoff, H.K.; Brinksmeier, E.; Schmieden, v. W.:* Grundlagen und Theorie des Innenlochtrennens. Jahrbuch Schleifen, Honen, Läppen und Polieren, 55. Ausgabe. Essen: Vulkan 1988, S. 481–493. – [41] *Brinksmeier, E.; Schmieden, v. W.:* Werkzeugaufspannung und Prozeßverlauf beim ID-Trennschleifen. Ind. Diamanten Rundsch. (1988) 214–219. – [42] *Weckerle, D.:* Prozeßstörungen bei der funkenerosiven Metallbearbeitung. Tech. Mitt. F. Deckel AG, München 1985. – [43] *Schmohl, H.-P.:* Ermittlung funkenerosiver Bearbeitungseigenspannungen in Werkzeugstählen. Diss. TU Hannover 1973. – [44] *Schumacher, B.; Weckerle, D.:* Funkenerosion – Richtig verstehen und anwenden. Velbert: Technischer Fachverlag 1988. – [45] *Wijers, J.L.C.:* Numerically controlled diesinking. EDM-Digest (1984) 9/10. – [46] *Tönshoff, H.K.; Semrau, H.:* Laser beam machining in new fields of application. Proc. ASME-Symp. Chicago/USA, Dec. 88. – [47] *Tönshoff, H.K.; Bütje, K.:* Excimer laser in material processing. Ann. CIRP 37 (1988). – [48] *Dickmann, K.; Emmelmann, C.; Hohensee, V.; Schmatjko, K.J.:* Excimer-Hochleistungslaser in der Materialbearbeitung. Laser Magazin Teil I: (1987) H. 3, 26–29 und Teil II: (1987) H. 4, 34–44. – [49] *Bimberg, D.:* Laser in Industrie und Technik. Bd. 13. Grafenau: Expert 1985. – [50] *Semrau, H.:* Erzeugen von oxidfreien Schnittflächen durch Laserstrahlschneiden. Diss. Univ. Hannover 1989. – [51] *Beske, E.U.; Meyer, C.:* Schweißen mit kW-Festkörperlasern. Laser Magazin (1989) H. 3, 42–46. – [52] *Beske, E.U.:* Handhabung einer Lichtleitfaser zum Führen eines Nd-Yag-Laserstrahls. Laser und Optoelektronik 21 (1989) 3, 60–61. – [53] *König, W.; Schmitz-Justen, Cl.; Trasser, Fr.-J.; Willerscheid, H.:* Provisional list of terminology for laser beam cutting. Ann.

S

CIRP 37 (1988) 675–680. – [54] *Spur, G.:* Handbuch der Fertigungstechnik, Band 2/3: Stöferle, T. München: Hanser 1985. – [55] *Lange. K.:* Umformtechnik: Handbuch für Industrie und Wissenschaft. Bd. 3. Berlin: Springer 1990. – [56] *VDI-Richtlinie 3368:* Schneidspalt, Schneidstempel und Schnittplattenmaß für Schnittwerkzeuge. Düsseldorf: VDI-Verlag 1965. – [57] *Tschätsch, H.:* Taschenbuch Umformtechnik: Verfahren, Maschinen, Werkzeuge. München: Hanser 1977. – [58] *Guidi, A.:* Nachschneiden und Feinschneiden. München: Hanser 1965. – [59] *VDI-Richtlinie 3345:* Feinschneiden (mit weiterem Schrifttum). Düsseldorf: VDI-Verlag 1980.

Normen und Richtlinien: *DIN 2310:* Thermisches Schneiden. – *DIN 4990:* Zerspanungs-Anwendungsgruppen für Hartmetalle. – *DIN 6580:* Bewegung und Geometrie des Zerspanvorganges. – *DIN 6581:* Bezugssysteme und Winkel am Schneidteil des Werkzeugs. – *DIN 8200:* Strahlverfahrenstechnik. – *DIN 8580:* Fertigungsverfahren. – *DIN 8589:* Fertigungsverfahren Spanen. – *DIN 8590:* Fertigungsverfahren Abtragen. – *DIN 69100:* Schleifkörper aus gebundenem Schleifmittel. – *DIN 51384:* Kühlschmierstoffe.
ISO (International Organization for Standardization): *ISO 513:* Application of carbides for machining by chip removal. – *ISO 3002:* Basic quantities in cutting and grinding: Part 1: Geometry of the active part of cutting tools; Part 3: Geometric and kinematic quantities cutting. – *ISO 3685:* Tool life testing with single point turnig tools.
VDI-Richtlinien: *VDI-Richtlinie 3332:* Spanleitstufen an hartmetallbestückten Drehmeißeln. – *VDI-Richtlinie 3335:* Zerspanungs-Anwendungsgruppen und Arbeitswinkel beim Drehen mit Hartmetallwerkzeugen. – *VDI-Richtlinie 3400:* Elektroerosive Bearbeitung – Begriffe, Verfahren, Anwendung. – *VDI-Richtlinie 3402:* Elektrochemische Bearbeitung – Bad-Elysieren. – Stahl-Eisen-Prüfblatt 1160: Zerspanversuche, Allgemeine Grundbegriffe.

zu S 5.1 Gewindefertigung
[1] *Spur, G.:* Mehrspindel-Drehautomaten. München: Hanser 1970. – [2] *Stock-Taschenbuch.* Druckschrift der Fa. R. Stock AG. Berlin 1979. – [3] *Stender, W.:* Schälen von Gewindespindeln. Druckschrift der Fa. Waldrich. Coburg. – [4] *Druminski, R.:* Analytische und experimentelle Untersuchungen des Gewindeschleifprozesses beim Längs- und Einstechschleifen. Diss. TU Berlin 1977. – [5] *Lickteig, E.:* Schraubenherstellung. Düsseldorf: Verlag Stahleisen 1966. – [6] *Siebert, H.:* Werkstattblatt 501: Gewindefurchen. München: Hanser 1970.

zu S 5.3 Fertigungsverfahren der Feinwerk- und Mikrotechnik
[10] *Degner; Böttger:* Handbuch Feinbearbeitung. München: Hanser 1979. – [11] *Grünwald:* Fertigungsverfahren in der Gerätetechnik. Berlin: VEB-Verlag Technik 1980. – [12] *Schweizer, W.; Kiesewetter, L.:* Moderne Fertigungsverfahren der Feinwerktechnik, ein Überblick. Berlin: Springer 1981. – [13] *Lotter, B.:* Wirtschaftliche Montage. Handbuch für Elektrogerätebau und Feinwerktechnik. Düsseldorf: VDI-Verlag 1986. – [14] *Heuberger, A.:* Mikromechanik. Mikrofertigung mit Methoden der Halbleitertechnologie. Berlin: Springer 1989. – [15] *Weber, H.; Herziger, G.:* Laser. Grundlagen und Anwendungen. Weinheim: Physik-Verlag 1972. – [16] *Bimberg, D.:* Laser in Industrie und Technik. 2. Aufl. Sindelfingen: Expert 1985. – [17] *Kiesewetter, L.:* Laser – Ein Werkzeug der Feinwerktechnik. Wissenschaftsmagazin TU-Berlin H. 9 (1986) 33–37. – [18] *Herziger, G.:* Werkstoffbearbeitung mit Laserstrahlung. Feinwerktechnik + Meßtech-

nik 91 (1983) 156–163. – [19] *Seiler, P.:* Festkörper-Impulslaser zum Fügen und Abtragen im Mikrobereich. Firmenschrift Carl Haas, Schramberg. – [20] *Moller, W.:* Laser-Mikrolöten mit Temperatur- und Zeitsteuerung. Optoelektronik Mag. 4 (1988) 684–689. – [21] *Benninghoff, H.:* Werkstoffbearbeitung mit dem Laser. Tech. Rundsch. 6 (1989) 26–31. – [22] Prospekt der Fa. Kammerer GmbH. Pforzheim-Huckenfeld 1989. – [23] *Schiller, S.; Heisig, U.; Panzer, S.:* Elektronenstrahltechnologie. Stuttgart: Wissenschaftliche Verlagsanstalt 1977. – [24] *Dobeneck, v. D.:* Die Elektronenstrahltechnik – ein vielseitiges Fertigungsverfahren. Feinwerktechnik + microonic 77 (1973) 98–106. – [25] *Behnisch, H.:* Einsatz des Elektronen- und Laserstrahls in der Schweiß- und Schneidtechnik. Technica (CH) 25 (1976) 1341–1347. – [26] *Schulz, H.:* Schweißen von Sondermetallen. Düsseldorf: Deutscher Verlag für Schweißtechnik 1971. – [27] *Schiller, S.; Panzer, S.:* Thermische Oberflächenmodifikation metallischer Bauteile mit Elektronenstrahlen. Metall 39 (1985) 227–232. – [28] *Schiller, S.; Heisig, U.; Frach, P.:* Elektronenstrahlbedampfen. In: Sudarshan, T.S.: Surfacing technologies Handbook. New York: Marcel Dekker 1987. – [29] *Lehfeldt, W.:* Ultraschall. Würzburg: Vogel 1973. – [30] *Matauschek, J.:* Einführung in die Ultraschalltechnik. Berlin: VEB Verlag Technik 1962. – [31] *Millner, R.:* Ultraschalltechnik. Grundlagen und Anwendungen. Weinheim: Physik-Verlag 1987. – [32] *Dorn, L.:* Schweißen in der Elektro- und Feinwerktechnik. Grafenau/Württ.: Expert 1984. – [33] *Abel, F.:* Ultraschall in der Kunststoff-Fügetechnik. Hamburg: Herfurth GmbH 1979. – [34] *Berger, A.:* Elektrisch abtragende Fertigungsverfahren. Düsseldorf: VDI-Verlag 1977. – [35] *Degner, W.; Böttger, H. Chr.:* Handbuch Feinbearbeitung. München: Hanser 1979. – [36] *Grünwald, F.:* Fertigungsverfahren in der Gerätetechnik. Berlin: VEB Verlag Technik 1980. – [37] *Degner, W.:* Elektrochemische Metallbearbeitung. Berlin: VEB Verlag Technik 1984. – [38] *Janicke, J.:* Anwendungstechniken der Funkenerosion. Tech. Rundsch. 31 (1975) 10–11. – [39] *Schadach, P.:* Elektroerosive und elektrochemische Metallbearbeitungsverfahren. VDI-Z. 117 (1975) PT 32–PT 37. – [40] *Haefer, R.A.:* Oberflächen- und Dünnschicht-Technologie. Teil 1: Beschichtungen von Oberflächen. Berlin: Springer 1987. – [41] *Simon, H.; Thoma, M.:* Angewandte Oberflächentechnik für metallische Werkstoffe. München: Hanser 1985. – [42] *Czichos, H.:* Konstruktionselement Oberfläche. Konstruktion 37 (1985) 219–227. – [43] *Paatsch, W.:* Technologische Eigenschaften galvanisch abgeschiedener Schichten. Galvanotechnik 75 (1985) 1234–1241. – [44] *Frey, H.:* Dünnschichttechnologie. Düsseldorf: VDI-Verlag 1987. – [45] *Ikeno, H.:* Electrooptic bistability of a ferroelectric liquid crystal device prepared using polyimide Langmuir-Blodgett orientation films. Jap. J. Appl. Phys. 27 (1988) L 475. – [46] *Kiesewetter, L.; Gleske, G.:* Bauform und Fertigungsverfahren für Flüssigkristall-Anzeigen. Berlin-Tronics 10. Berlin: Verlag für technische Publikationen 1988, 4–8. – [47] *Hanke, H.-J.; Fabian, H.:* Technologie elektronischer Baugruppen. Berlin: VEB Verlag Technik 1977. – [48] *Joachim, F.-W.:* Kupferplattiertes Invar als Metallkern in Leiterplatten mit einstellbarem Wärmeausdehnungskoeffizienten. Feinwerktechnik und Meßtechnik 94 (1986) 507–509. – [49] *Huber, B.:* Leiterplatten- und Hybridtechnologien im Vergleich. Feinwerktechnik und Meßtechnik 94 (1986) 215–220. – [50] *Duppen, v. J.:* Handbuch für den Siebdruck. Lübeck: Verlag der Siebdruck 1981. – [51] *Scheer, H.G.:* Siebdruck und Elektronik-Druckformherstellung in der Elektronik. IS + L 1983/4 (August). – [52] *Steinberg, J.J.; Horowitz, S.J.; Bacher, R.J.:* Herstellen von Mehrlagenschaltungen mit niedrig sinternden grünen Keramikfolien. EPP Hybridtechnik Oktober 1986, S. 43–47. – [53] 0,4 µm-Strukturen mit normaler Optik. Elektronik 17 (1984) 22. – [54] *Lehmann, H.W.; Gale, T.:* Submikrongitter. Tech. Rundsch. (1989) 46–53. – [55] *Jagt, J.C.; Whipps, P.W.:* Elektronenempfindliche Negativlacke für VLSI. Philips Tech. Rundsch. 39 (1981) 368–375. – [56] *Staudte, J.H.:* Proc. 27th. Ann. Symp. Freq. Control 1973, p. 50–54. – [57] *Zwingg, W.:* Miniaturquerschwinger und -Quarzsensoren. Jahrbuch der Deutschen Gesellschaft für Chronometrie e.V. Band 36, Stuttgart 1985. – [58] *Johansson, S.:* Micromechanical properties of silicon. Acta Universitatis Upsaliensis, Faculty of Science, Uppsala 1988. – [59] *Petersen, K.E.:* Silicon as a mechanical material. Proc. IEEE 70 (1982) 420–457. – [60] *Hohm, D.:* Mikromechanik eröffnet neue Wege zu elektroakustischen Wandlern. Spektrum der Wissenschaft (1988) 38–50. – [61] *Herzog, H.-J.; Csepregi, L.:* X-ray investigation of boran- und germanium-doped Silicon epitaxial layers. I. Elektrochem. Soc. 131 (1984). – [62] *Becker, E.W.; Ehrfeld, W.:* Das LIGA-Verfahren. Phys. Bl. 44 (1988) 166–170.

zu S 5.4 Beschichten
[63] *Pulker, H.K.:* Verschleißschutzschichten unter Anwendung der CVD/PVD-Verfahren. Sindelfingen: Expert 1985. – [64] *Günther, K.C.:* Advanced coating by vapour phase processes. Ann. CIRP 38 (1989) 645–655.

zu S 6 Montage
[1] *Spur, G.; Stöferle, Th. (Hrsg.):* Handbuch der Fertigungstechnik, Bd. 5: Fügen, Handhaben, Montieren. München: Hanser 1986. – [2] *Warnecke, H.-J.; Schraft, R.D. (Hrsg.):* Handbuch – Handhabungs-, Montage- und Industrierobotertechnik, Bd. 3: Montagetechnik. München: Verlag moderne industrie 1984. – [3] *Lotter, B.:* Wirtschaftliche Montage. Ein Handbuch für Elektrogerätebau und Feinwerktechnik. Düsseldorf: VDI-Verlag 1986. – [4] *DIN 8593:* Fertigungsverfahren Fügen. Einordnung, Unterteilung, Begriffe. Berlin: Beuth Verlag 1985. – [5] *VDI-Richtlinie 2860,* Bl. 1, Entwurf: Montage- und Handhabungstechnik. Handhabungsfunktionen, Handhabungseinrichtungen, Begriffe, Definitionen, Symbole. Düsseldorf: VDI-Verlag 1982. – [6] *Seliger, G. (Hrsg.):* Montagetechnik. München: gfmt 1989. – [7] *Andreasen; Kähler; Lund:* Montagegerechtes Konstruieren. Berlin: Springer 1985. – [8] *Deutschländer, A.:* Integrierte rechnerunterstützte Montageplanung. Reihe: Produktionstechnik Berlin, Bd. 72. München: Hanser 1989. – [9] *Severin, F.:* Flexibel automatisierte Montageeinrichtungen – Innovationspotential der achtziger Jahre (Teil 1). ZwF 77 (1982) 529–540.

zu S 7 Fertigungs- und Fabrikbetrieb
[1] *Olbrich, W.:* Arbeitsplanerstellung unter Einsatz elektronischer Datenverarbeitungsanlagen. Diss. RWTH Aachen 1970. – [2] *Warnecke, H.J.; Hirschbach, O.; Metzger, H.:* Rechnerunterstützte Montagearbeitsplanerstellung. wt-Z. ind. Fertig. 65 (1975) 147–152. – [3] *Warnecke, H.J.; Graf, H.; Kunerth, W.:* Stand und Entwicklungstendenzen technisch organisatorischer Informationssysteme. In: *Hansen, H.R.:* Informationssysteme im Produktionsbereich. München: Oldenbourg 1975. – [4] *Hahn, R.; Kunerth, W.; Roschmann, K.:* Fertigungssteuerung mit elektronischer Datenverarbeitung. Berlin: Beuth 1973. – [5] *Graf, H.:* Methodenauswahl für die Materialbewirtschaftung in Maschinenbau-Betrieben. Diss. Universität
Stuttgart 1977. – [6] *Rabus, G.; Nakonzer, K.:* Analyse der Fertigungssteuerungsaufgaben im Hinblick auf den EDV-Einsatz. Unveröff. Forschungsbericht des Inst. f. Produktionstechnik und Automatisierung (IPA) 1976. – [7] *Scharf, P.:* Strukturen flexibler Fertigungssysteme. Gestaltung und Bewertung. Mainz: Krausskopf 1976. – [8] *Frank, E.:* Handhabungseinrichtungen. Mainz: Krausskopf 1975. – [9] *Dröge, K.H.:* Telemanipulatoren – Stand der Technik. Unterlage zur 5. Arbeitstagung des Inst. f. Produktionstechnik und Automatisierung (IPA): „Erfahrungsaustausch Industrieroboter". Stuttgart 1975. – [10] *Warnecke, H.J.; Schraft, R.-D.:* Einlegegeräte zur automatischen Werkstückhandhabung. Mainz: Krausskopf 1973. – [11] *Warnecke, H.J.; Schraft, R.-D.:* Industrieroboter. Mainz: Krausskopf 1989. – [12] *Schweizer, M.:* Robotertechnik. Bibliothek der Technik Band 1. Verlag moderne industrie 1987. – [13] *Gerlach, B.:* Spanende Sonderwerkzeugmaschinen. Stuttgart: Techn. Verlag Grossmann 1977. – [14] *Warnecke, H.J.; Gericke, E.; Vettin, G.:* Auslegung der Verkettungseinrichtungen flexibler Fertigungssysteme mit Hilfe der Simulation. Proceedings of the CIRP-Seminars on Manufacturing Systems 5 (1976) 155–164. – [15] *Masing, W.:* Handbuch der Qualitätssicherung, 2. Aufl. München, Wien: Carl Hanser 1988. – [16] VDA: Qualitätskontrolle in der Automobilindustrie – Sicherung der Qualität vor Serieneinsatz. Verband der Automobilindustrie e.V. Frankfurt 1977. – [17] Firmenschrift der Fa. FORD: Statistische Prozeßregelung. Leitfaden Eu880b, April 1986. – [18] *Warnecke, H.J.; Melchior, K.W.; Ahlers, R.-J.; Kring, J.:* Handbuch Qualitätstechnik: Methoden und Geräte zur effizienten Qualitätssicherung. Landsberg/Lech: moderne industrie 1987. – [19] *Warnecke, H.J.; Bullinger, H.-J.; Hichert, R.:* Kostenrechnung für Ingenieure. München: Hanser 1979. – [20] *Mellerowicz, K.:* Kosten und Kostenrechnung, Bd. 1, 5. Aufl. Berlin: de Gruyter 1973. – [21] *Bussmann, K.F.:* Industrielles Rechnungswesen. Stuttgart: Poeschel 1963. – [22] *Warnecke, H.J.; Bullinger, H.-J.; Hichert, R.:* Wirtschaftlichkeitsrechnung für Ingenieure. München: Hanser 1980. – [23] Institut für angewandte Arbeitswissenschaft e.V. (Hrsg.): Arbeitsgestaltung in Produktion und Verwaltung: Taschenbuch für den Praktiker. Köln: Bachem 1989. – [24] *Bullinger, H.-J.; Solf, J.J.:* Ergonomische Arbeitsmittelgestaltung I: Systematik/Forschungsbericht Nr. 196, Bundesanstalt für Arbeitsschutz, Dortmund. Bremerhaven: Wirtschaftsverlag NW 1979. – [25] *Neudörfer, A.:* Anzeiger und Bedienteile: Gesetzmäßigkeiten und systematische Lösungssammlungen. Düsseldorf: VDI Verlag 1981. – [26] *Lange, W.:* Kleine· Ergonomische Datensammlung. Bundesanstalt für Arbeitsschutz (Hrsg.), 4. Aufl. Köln: TÜV Rheinland 1985. – [27] *Schmidtke, H. (Hrsg.):* Lehrbuch der Ergonomie. 2. Aufl. München: Hanser 1981.

Normen und Richtlinien: *DIN 5034:* Innenraumbeleuchtung mit Tageslicht (Leitsätze). – *DIN 5035:* Innenbeleuchtung mit künstlichem Licht. – *DIN 5036:* Strahlenphysikalische und lichttechnische Eigenschaften von Materialien. – *DIN 33402:* Körpermaße von Erwachsenen. – *DIN 40080:* Verfahren und Tabellen für Attribut-Stichprobenprüfung. – *DIN 45635:* Geräuschmessung an Maschinen. – *DIN 69513–69643:* Werkzeugmaschinen (verschiedene Untertitel). – *DIN IEC 651:* Schallpegelmesser.

T | Fertigungsmittel
Manufacturing systems

B. Behr, Aachen, **E. Dannenmann**, Stuttgart, **L. Dorn**, Berlin, **G. Pritschow**, Stuttgart, **K. Siegert**, Stuttgart, **G. Spur**, Berlin, **M. Weck**, Aachen, **T. Werle**, Stuttgart

Allgemeine Literatur

zu T1 Elemente der Werkzeugmaschinen
Bücher: *Betriebshütte*, Bd. 2, 6. Aufl. Berlin: Ernst 1964. – *Bruins, D.H.*: Werkzeuge und Werkzeugmaschinen für die spanende Metallbearbeitung, Teil 1 u. 2, Neuaufl. München: Hanser 1975. – *Koenigsberger, F.*: Berechnungen, Konstruktionsunterlagen und Bauelemente spanender Werkzeugmaschinen. Berlin: Springer 1961. – *Opitz, H.*: Moderne Produktionstechnik, Stand und Tendenzen. Essen: Girardet 1970. – *Rögnitz, H.*: Abspanende Werkzeugmaschinen. Stuttgart: Teubner 1961. – *Schwerd, F.*: Spanende Werkzeugmaschinen. Berlin: Springer 1956. – *Tränkner, B.*: Taschenbuch Maschinenbau, Bd. 3/1: Stoffumformung. Berlin: VEB Verlag Technik 1971. – *Weck, M.*: Werkzeugmaschinen, Bd. 1–4. Düsseldorf: VDI-Verlag 1989/90.

zu T5 Spanende Werkzeugmaschinen
Bücher: *Bruins/Dräger*: Werkzeuge und Werkzeugmaschinen für die spanende Metallbearbeitung, Teil 1–3. München: Hanser 1984. – *Spur/Stöferle*: Handbuch der Fertigungstechnik, Bd. 3/1 u. 3/2: Spanen. München: Hanser 1979, 1980. – *Weck*: Werkzeugmaschinen, Bd. 1–4. Düsseldorf: VDI-Verlag 1985, 1988, 1989.

zu T6 Schweiß- und Lötmaschinen
Bücher: *Beckert, M.; Neumann, A.*: Grundlagen der Schweißtechnik – Löten, 2. Aufl. Berlin: VEB Verlag Technik 1973. – *Königshofer, T.*: Die Lichtbogenschweißmaschinen. Berlin: Cram 1960. – *Owzarek, S.*: Starkstromprobleme bei Schweißmaschinen. Zürich: Leemann 1953. – *VBG 15*: Unfallverhütungsvorschrift Schweißen, Schneiden u. verwandte Arbeitsverfahren. – *VDE 0100*: Bestimmungen für das Errichten von Starkstromanlagen mit Nennspannung bis 1000 V. Berlin: VDE-Verlag. – *VDE 0540, VDE 0540 a*: Bestimmungen für Gleichstrom – Lichtbogen – Schweißgeneratoren und -umformer. Berlin: VDE-Verlag. – *VDE 0541, VDE 0541 a*: Bestimmungen für Stromquellen zum Lichtbogenschweißen mit Wechselstrom. Berlin: VDE-Verlag. – *VDE 0542, VDE 0542 a*: Bestimmungen für Lichtbogen-Schweißgleichrichter. Berlin: VDE-Verlag. – *VDE 0543*: Bestimmungen für Lichtbogen-Kleinschweißtransformatoren für Kurzschweißbetrieb. Berlin: VDE-Verlag. – *VDE 0544*: Schweißeinrichtungen und Betriebsmittel für das Lichtbogenschweißen und verwandte Verfahren. Berlin: VDE-Verlag. – *VDE 0545 T1*: Sicherheitstechnische Festlegungen für den Bau und die Errichtung von Einrichtungen zum Widerstandsschweißen und für verwandte Verfahren. Berlin: VDE-Verlag.

1 Elemente der Werkzeugmaschinen
Machine tool components

M. Weck und B. Behr, Aachen

1.1 Grundlagen. Fundamentals

1.1.1 Funktionsgliederung. Function structure

Systemaufbau

Fertigungsanlagen werden in Anlehnung an DIN 8590 eingeteilt. Teilsysteme sind Werkzeugmaschinen, die nach DIN 69651 als „... mechanisierte und mehr oder weniger automatisierte Fertigungseinrichtungen, die durch relative Bewegungen zwischen *Werkzeug* und *Werkstück* eine vorgegebene Form oder Veränderung am Werkstück erzeugen" definiert werden. Einzelmaschinen und Mehrmaschinensysteme bestehen aus einem bzw. mehreren Maschinengrundsystemen sowie weiteren Funktions- und Hilfssystemen.

Die für die Realisierung der *Grundfunktion* notwendigen Baugruppen (Antriebe, Gestellbauteile, Werkzeugträger und Werkstückträger) bilden das *Maschinengrundsystem*. Die Ausführungen der Werkzeug- und Werkstückträger reichen je nach Maschinenbauform von starren Tischen bis hin zu mehrfach miteinander kombinierten translatorischen und rotatorischen Führungen bzw. Lagerungen. Werkzeuge und Werkstücke werden auf den entsprechenden Trägern gehalten bzw. gespannt. Austausch-

barkeit und flexible Anpassung der Werkzeugmaschine an unterschiedliche Bearbeitungsaufgaben bestimmen die Gestaltung der mechanischen Schnittstellen zwischen Betriebsmittelkomponenten und Maschine. Zum Gesamtsystem Werkzeugmaschine gehören je nach Automatisierungsgrad verschiedene Komponenten von Werkzeug- und Werkstückflußsystemen, deren Elemente zur Realisierung der Funktionen *Handhaben, Transportieren* und *Speichern* zum Teil Gemeinsamkeiten mit den Elementen des Maschinengrundsystems aufweisen. An den jeweiligen Spannstellen werden die Handhabungssysteme mit dem Maschinengrundsystem verknüpft, **Bild 1**.

Wirkpaar, Wirkbewegung

Durch Relativbewegungen zwischen Werkzeug und Werkstück und verfahrensbedingte Energieübertragung (trennend, umformend) wird ein Werkstück mit bestimmter Grundform in eine vorgegebene Form umgewandelt. Maßgenauigkeit und Oberflächenqualität bestimmen die technische Güte eines Werkstücks. Die Weiterentwicklung der Werkzeugmaschinenelemente führt zu wachsenden erreichbaren Fertigungsgenauigkeiten, **Bild 2**.

Die Wirkbewegungen setzen sich aus den Komponenten *Schnittbewegung, Zustellbewegung* und *Vorschubbewegung* zusammen. Je nach Fertigungsverfahren sind sie *translatorisch* oder *rotatorisch, stetig* oder *unstetig*. In Abhängigkeit von der Größe der Vorschub- bzw. Zustellachsen und gegebenenfalls des Arbeitswegs (bei Hobel-, Stoß- und Umformmaschinen) ergibt sich ein *dreidimensiona-*

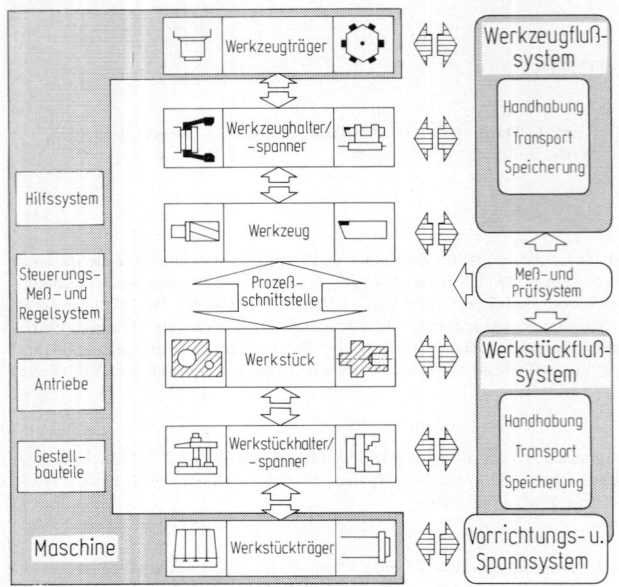

Schnittstellen im Kraftfluß der Maschine

Schnittstellen zur Ver- und Entsorgung

Bild 1. Systemaufbau einer Werkzeugmaschine und Ausrüstungszubehör

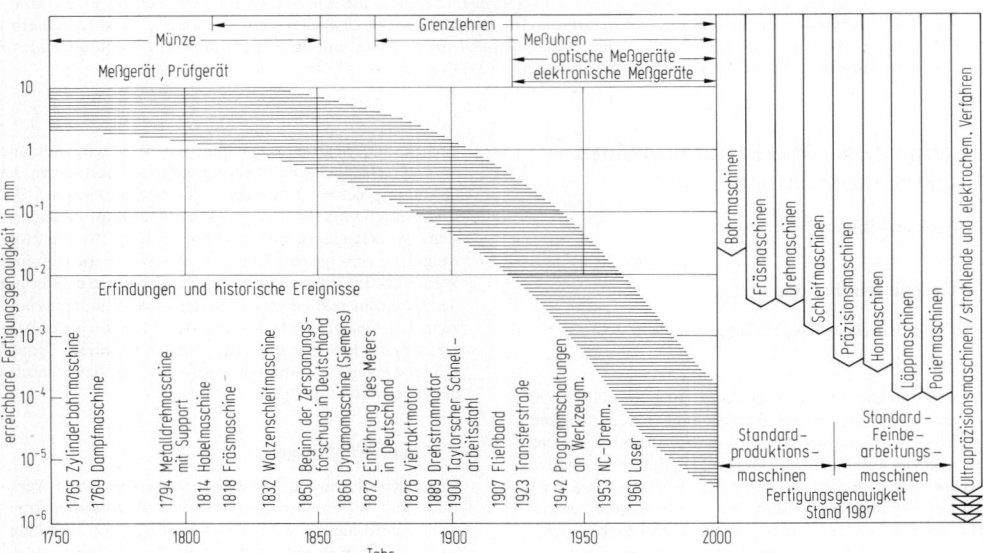

Bild 2. Entwicklungsgeschichtlicher Überblick über die erreichbaren Fertigungsgenauigkeiten von Werkzeugmaschinen

ler Arbeitsraum. Bei Dreh- und Rundschleifmaschinen ist er zylindrisch, bei Fräs-, Bohr- und Stoßmaschinen meist quaderförmig. Größter Hub und größte Werkzeugfläche quer zur Hubrichtung bestimmen den Arbeitsraum in Umformmaschinen.

Drehende Bewegungen kommen vorwiegend als Schnittbewegungen bei spanenden Werkzeugmaschinen vor (z. B.

Drehen, Bohren, Fräsen). Der erforderliche Drehzahlbereich wird von der größten und kleinsten erforderlichen Schnittgeschwindigkeit sowie vom größten und kleinsten Werkstück- bzw. Werkzeugdurchmesser begrenzt. Zu jeder Bearbeitungsaufgabe läßt sich eine optimale Drehzahl angeben, mit der die wirtschaftlichste Schnittgeschwindigkeit erreicht wird. Mit der Steigerung der Leistungsfähigkeit der Schneidstoffe werden immer höhere realisierbare

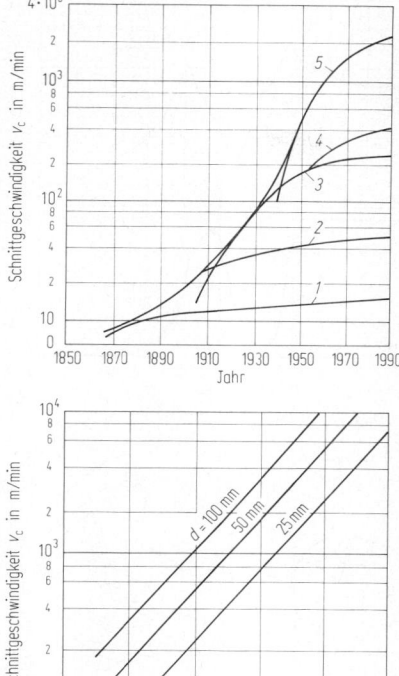

Bild 3. Entwicklung **a** der Schnittgeschwindigkeiten und **b** Drehzahlen im Werkzeugmaschinenbau bei der Zerspanung von Stahl. *1* Werkzeugstahl, *2* Schnellarbeitsstahl, *3* unbeschichtetes Hartmetall, *4* beschichtetes Hartmetall, *5* Schneidkeramik

Schnittgeschwindigkeiten ermöglicht. Derartige Schnittgeschwindigkeiten stellen hohe Anforderungen an die Konstruktion von Spindel-Lager-Systemen, **Bild 3**. So ist z. B. für eine Schnittgeschwindigkeit von 2000 m/min bei einem Fräser von $d = 50$ mm eine Drehzahl von $n = 12\,500$ 1/min erforderlich, die für Wälzlager ab 100 mm Durchmesser Grenzbelastungen darstellt.

Die Zuordnung von Wirkbewegungen zur Werkstückform ist nicht eindeutig. Die Realisierung der erforderlichen Bewegungen mit Werkstück- und Werkzeugträger kann durch kinematische Umkehr sehr vielfältig gestaltet werden, wobei sich die Komponenten der Wirkbewegung vertauschen lassen. So entstehen verschiedene Maschinenbauformen, aus denen sich unterschiedlichste Anforderungen an die translatorischen und rotatorischen Bewegungselemente, die Führungen, ableiten lassen. Sinnvolle Anordnungen ergeben sich aus der Fertigungsaufgabe einschließlich den spezifischen Erfordernissen des automatischen Werkzeug- und Werkstückwechsels. Die Bauformen reichen von Maschinen mit sämtlichen Bewegungen im Werkzeugträger über die entsprechenden kombinatorischen Zwischenstufen bis hin zu jenen, deren Bewegungen durch die Werkstückträger realisiert werden.

Bewegungen werden meist durch getrennte *Haupt-* und *Vorschubmotoren* erzeugt, seltener Ableitung des Vor-

schubs von der Arbeitsspindel. *Getriebe* ändern Drehzahlen und Drehmomente. *Übertragungselemente* (z. B. Gewindespindeln, Zahnriemen) bringen die Bewegung auf den Werkzeug- bzw. Werkstückträger, meist Schlitten mit geradliniger Bewegung.

Die durch den Fertigungsvorgang an der Wirkstelle hervorgerufenen Kräfte sowie Reib- und Gewichtskräfte werden von *Führungen* und *Lagerungen* aufgenommen und in Baugruppen wie Schlitten, Spindelkasten, Reitstock geleitet. Schließen des Kraftflusses über die *Gestellteile* wie Ständer und Betten, die zugleich die Verbindung zum Boden herstellen. Statische, dynamische und auch thermische Belastungen führen zu elastischen Verformungen einzelner Elemente, die sich in Oberflächenfehlern am Werkstück auswirken können oder die Wirtschaftlichkeit beeinflussen.

1.1.2 Mechanisches Verhalten. Mechanical characteristics

Das statische, dynamische und thermo-elastische Verhalten einer Werkzeugmaschine, einer Baugruppe oder eines einzelnen Bauteils kann in hohem Maße die mit der Maschine erreichbaren Bearbeitungsleistungen und Fertigungsqualitäten beeinflussen.

Kriterien bei statischer Belastung

Das statische Verhalten einer Werkzeugmaschine ist durch die elastischen Verformungen, die unter zeitlich konstanter Belastung (Prozeßkräfte und Gewichtskräfte) auftreten, gekennzeichnet. Daraus folgt als wichtigste Kenngröße die *statische Steifigkeit k*. Sie ist ein Maß für den Widerstand gegen Formänderungen und wird als das Verhältnis von der Kraft F zur Verlagerung x des Bauteils in Kraftangriffsrichtung angegebenen, $k = \mathrm{d}F/\mathrm{d}x$. Die Abhängigkeit der Verformung x von der belastenden Kraft F wird in Form von Kennlinien dargestellt, **Bild 4** (s. B 4.1 und G 2.1). Theoretisch ist der Zusammenhang linear, $k = F/x$ (Federsteifigkeit). Praktisch tritt durch eine Vielzahl von Kontaktflächen zwischen den Bauteilen ein progressiver Zusammenhang auf. Für die Steifigkeit an einem Arbeitspunkt gibt es zwei Definitionen. Bei der ersten (**Bild 4a**) wird die Sekante vom Ursprung zum betrachteten Punkt F_0, x_0 herangezogen und bei der zweiten (**Bild 4b**) wird die Steigung der Tangente an die Kennlinie in dem betrachteten Punkt F_0, x_0 benutzt.

Je nach Art der Belastung spricht man von Zug-, Druck-, Biege- und Torsionssteifigkeit, letztere (k_t) ist als Verhältnis von Drehmoment M zu Drehwinkel φ angegeben, $k_t = \mathrm{d}M/\mathrm{d}\varphi$. Die resultierende Steifigkeit k_{ges} an der Kraftangriffsstelle ergibt sich immer aus einer Überlage-

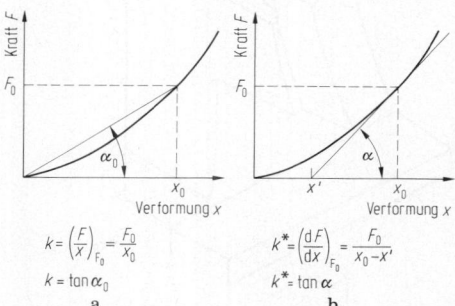

$$k = \left(\frac{F}{x}\right)_{F_0} = \frac{F_0}{x_0}$$
$$k = \tan \alpha_0$$
a

$$k^* = \left(\frac{\mathrm{d}F}{\mathrm{d}x}\right) = \frac{F_0}{x_0 - x'}$$
$$k^* = \tan \alpha$$
b

Bild 4. Definition der Steifigkeit. **a** mit Hilfe der Sekante; **b** mit Hilfe der Tangente

rung der Einzelsteifigkeiten k_i der beteiligten Elemente, berechnet aus der Summe der entsprechenden Nachgiebigkeiten $1/k_i$ als Reziprokwerte der Steifigkeiten; es ist $1/k_{ges} = \sum 1/k_i$. Die Gesamtmaschine ist also stets „weicher" als ihr nachgiebigstes im Kraftfluß liegendes Bauelement. Übliche resultierende Steifigkeitswerte an der Schnittstelle bei spanenden Werkzeugmaschinen liegen zwischen 20 bis 500 N/µm, bei Umformmaschinen zwischen 10^4 bis 10^5 N/µm gemessen zwischen Stößel und Maschinentisch.

Kriterien bei dynamischer Belastung

Das dynamische Verhalten einer Werkzeugmaschine wird in erster Linie von der statischen Steifigkeit, der räumlichen Verteilung und Größe der Bauteilmassen sowie von der Systemdämpfung bestimmt. In Abhängigkeit dieser Größen ergeben sich für jede Maschinenstruktur bzw. Teilstruktur bei bestimmten Eigenfrequenzen spezifische räumliche *Eigenschwingungsformen*. Zur Beschreibung des dynamischen Verhaltens solch komplexer Werkzeugmaschinenstrukturen ist vor allem die Kenntnis der Eigenschwingungsformen wichtig. Man erkennt hieraus, welche Einzelbauteile maßgeblich die Eigenschwingungen verursachen (Schwachstellenanalyse). **Bild 5** zeigt die Eigenschwingungsform einer Bettfräsmaschine für die Eigenfrequenz von 105 Hz. Man erkennt eine Biegeschwingung im senkrechten Teil des Ständers und leichte Torsion des waagerechten Ständerteils.

Zur Veranschaulichung des dynamischen Verhaltens stellt man sich eine Werkzeugmaschine in eine Vielzahl von Masseelementen aufgeteilt vor, die elastisch aneinander gekoppelt sind. Gleichgewichtsbedingungen zwischen *Erregerkräften* $F(t)$, verlagerungsabhängigen *Federkräften*, geschwindigkeitsproportionalen *Dämpfungs*- und beschleunigungsproportionalen *Trägheitskräften* lassen sich durch ein System von Differentialgleichungen beschreiben. Dynamisches Verhalten bestehender Maschinen und Gestelle läßt sich experimentell durch Erregen mit unterschiedlicher Frequenz f ermitteln [60]. Quotient aus dynamischer Verlagerung x_{dyn} und Erregerkraft F_{dyn} an der Kraftangriffsstelle sowie Phasenverschiebung φ zwischen Kraft- und Wegsignal ergibt den *Nachgiebigkeitsfrequenzgang* $1/k_{dyn} = x_{dyn}/F_{dyn}$. Er läßt sich getrennt nach Amplitudengang und Phasengang oder als Zeigerdiagramm (Ortskurve) darstellen. **Bild 6** zeigt gemessene Frequenzgang- und Ortskurven einer Baugruppe mit

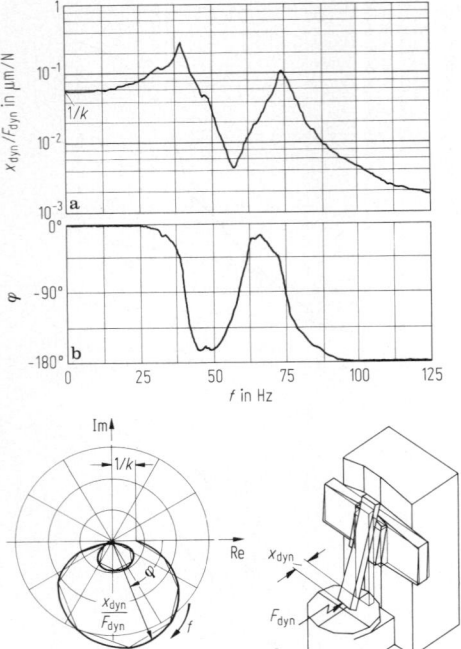

Bild 6. Nachgiebigkeits-Frequenzgang einer Karussell-Drehmaschine mit zwei Resonanzfrequenzen, gemessen bei Erregung des Stößels durch F_{dyn}. **a** Amplitudengang; **b** Phasengang; **c** Ortskurve; **d** Schwingungsform

zwei Resonanzfrequenzen. Bei $f = 0$ läßt sich die statische Nachgiebigkeit ablesen. Dynamische Nachgiebigkeit liegt bei Resonanz je nach Systemdämpfung etwa 2- bis 5mal höher als die statische. Zur Vermeidung von Resonanzschwingungen durch Fremderregung sollten Eigenfrequenzen mindestens um den Faktor 1,2 bis 1,4 außerhalb des z.B. durch Schnittkräfte oder Vorschubantriebe hervorgerufenen Erregerfrequenzbereichs liegen. Bei dynamisch schwachen Maschinen Gefahr des regenerativen *Ratterns* [61] und Zerstörung von Werkzeug und Werkstück. Hohe Eigenfrequenzen erreicht man durch Vorgabe einer hohen statischen Steifigkeit bei gleichzeitiger Minimierung der Massen. Deren Verteilung ist so zu wählen, daß große Massen wie Getriebe und Motoren möglichst an starren Stellen (Bett oder Ständerunterteil) angebracht werden. Die Dämpfung sollte möglichst hoch sein. Größten Einfluß haben Ausbildung der Fügestellen und Führungen (z.B. Ölfilm). Die Dämpfung ist auch durch die Werkstoffauswahl beeinflußbar, z.B. hat Reaktionsharzbeton eine höhere Materialdämpfung als Grauguß und dieser wiederum eine höhere als Stahl. Sandfüllungen (nicht entfernte Gußkerne) oder Beton tragen zu hoher Dämpfung bei. Bei Schweißkonstruktionen wirken die Stoßstellen innerhalb der Schweißverbindungen dämpfend.

Kriterien bei thermischer Belastung

Das thermische Verhalten von Werkzeugmaschinen kann durch die thermoelastische Relativverlagerung an der Wirkstelle zwischen Werkstück und Werkzeug infolge von Wärmequelleneinwirkungen beschrieben werden. Die-

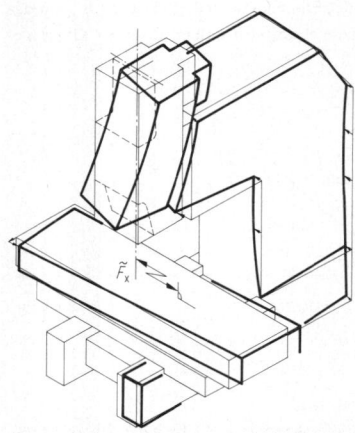

Bild 5. Eigenschwingungsform einer Bettfräsmaschine

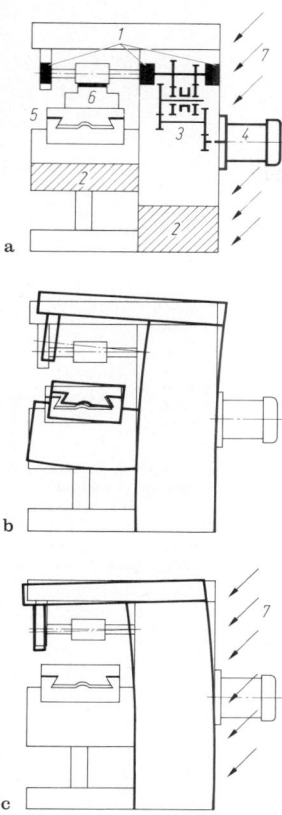

a

b

c

Bild 7. Beispiele für thermisch bedingte Verformungen an einer Fräsmaschine. **a** Hauptwärmequellen, *1* Lagerungen, *2* Getriebe- und Hydrauliköl, *3* Getriebe, Kupplungen, *4* Pumpen, Motoren, *5* Führungen, *6* Schnittstelle und Späne, *7* äußere Wärmezufuhr; **b** Verformung durch innere Wärmequellen; **c** Verformung durch äußere Wärmezufuhr

se Verlagerungen werden durch alle in der thermischen Wirkungskette liegenden Bauteile und deren thermische Verformungseigenschaften bestimmt. Durch die in einer Werkzeugmaschine vorhandenen *inneren Wärmequellen* (Lager, Motoren, Getriebe, Prozeßwärme etc.) und die auf eine Werkzeugmaschine wirkenden *äußeren Wärmequellen* (Temperatur umgebender Körper, Sonneneinstrahlung, Tag/Nacht-Temperaturschwankungen etc.), kommt es in den Bauteilen zu zeitlich veränderlichen Temperaturverteilungen (*Isothermenlinien*) und somit zu zeitlich abhängigen Verformungen. **Bild 7** zeigt am Beispiel einer Konsolfräsmaschine die möglichen Wärmequellen und qualitativ die Auswirkungen dieser thermischen Einflüsse.

Die sich aufgrund der Wärmequellen in den Bauteilen bildenden charakteristischen Temperaturverteilungen werden von den spezifischen thermischen Materialeigenschaften (Wärmekapazität und Wärmeleitfähigkeit) und von den Wärmeübertragungsbedingungen an die Umgebung oder die angrenzenden Bauteile bestimmt. Einfluß auf die aus der Temperaturverteilung folgenden Verformungen an der Zerspanstelle haben neben dem Wärmeausdehnungskoeffizienten, die Anbindung der einzelnen Bauteile, in Abhängigkeit von der Bearbeitungsposition die relative

Lage der Bauteile zueinander und die Wechselwirkungen zwischen den Bauteilverformungen, die sich zum einen aufsummieren aber auch gegenseitig aufheben können. Die gegenseitige Kompensation der thermisch bedingten Verlagerungen in bezug auf die Zerspanstelle kann bewußt durch eine gezielte Gestaltung in Relation zu den Wärmequellen ausgenutzt werden (*thermosymmetrische Konstruktion*).

1.2 Antriebe. Drives

Antriebe werden an Werkzeugmaschinen im wesentlichen für Schnitt- und Vorschubbewegungen benötigt [1–9]. Meistens als getrennte Antriebe für jede Einzelbewegung, besonders bei numerisch gesteuerten Maschinen, seltener als Sammelantrieb mit Verteilergetrieben. Wegen besserer Anpassung an Zerspandaten setzen sich stufenlose Antriebe durch. Je nach Ansteuerungs- und Energieversorgungsart unterscheidet man elektrische, hydraulische und pneumatische Antriebe (DIN 24300) sowie Mischformen, z.B. elektrohydraulische Antriebe.

Der Begriff *Antrieb* beinhaltet Baugruppen wie Motoren, Energiewandler, Getriebe und Übertragungselemente.

1.2.1 Motoren. Motors

Elektrische Drehstrommotoren

Sie werden in Werkzeugmaschinen traditionell als *Asynchronmotoren* in Verbindung mit Stufenrädergetrieben (s. T1.3) eingesetzt (s. V3). Der Trend geht dahin, daß der geregelte Asynchronmotor zunehmend als Maschinenhauptspindelantrieb eingesetzt wird, während der *Synchronmotor*, auch in geregelter Form, sich für Vorschubaufgaben spezialisiert hat. Beide Motorarten weisen einen großen Drehzahlbereich (10^3 bis 10^4) auf, so daß das Schaltgetriebe in der Regel entfällt [2].

Käfigläufer. Sie sind die häufigste Bauform (Kurzschlußläufer), da wartungsarm und stabiles Verhalten im Nennlastbereich. Jedoch hoher Einschaltstrom bei geringem Anlaufmoment. Durch verschiedene Käfigbauarten kann man den Motor der Eigenart der Werkzeugmaschinen anpassen. *Stromverdrängungsläufer* (Wirbelstromläufer) hat höchste Anzugmomente bei niedrigem Einschaltstrom, daher für direktes Einschalten. *Widerstandläufer* hat höchstes Anzugmoment (so groß wie Kippmoment) und niedrigen Einschaltstrom.

Bei Drehstrommotoren kann man Drehzahl n durch Ändern der Polzahl p wechseln, da nach $n = 2f/p$ Drehzahl von Polzahl p und Frequenz f abhängig ist. Polumschaltbare Motoren können für alle Drehzahlen mit gleichbleibendem Moment oder mit gleichbleibender Leistung ausgelegt werden.

Der moderne Einsatz des Asynchronmotors erfolgt im drehzahlgeregelten Betrieb. Solche Antriebe bezeichnet man als *Servoantriebe*. Zur Drehzahlregelung werden die momentane Lage und Größe des magnetischen Felds ermittelt. Durch die gesteuerte Vorgabe der Ständerströme bildet sich das magnetische Feld und Drehmoment in gewünschter Größe unabhängig voneinander. Beim Zusammenwirken der beiden auf dem Ständer gebildeten Größen entsteht eine konstante Rotordrehzahl. Grundlage für den geregelten Asynchronmotor ist die sog. feldorientierte Regelung, **Bild 8** [10–12] (s. T2.2.3).

Beispiel: Bild 8 zeigt den Zusammenhang zwischen den Feld- und Statorwicklungskoordinaten. Die feldorientierte Regelung legt die angegebenen Beziehungen zugrunde, wonach das Drehmoment über die momentbildende und die Drehzahl über die flußbildende Strom-

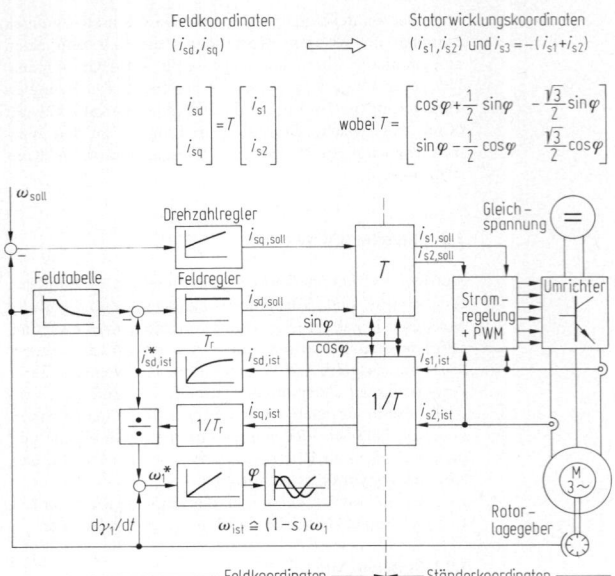

Feldkoordinaten
(i_{sd}, i_{sq}) $\Longrightarrow$ Statorwicklungskoordinaten
(i_{s1}, i_{s2}) und $i_{s3} = -(i_{s1} + i_{s2})$

$$\begin{bmatrix} i_{sd} \\ i_{sq} \end{bmatrix} = T \begin{bmatrix} i_{s1} \\ i_{s2} \end{bmatrix} \quad \text{wobei } T = \begin{bmatrix} \cos\varphi + \frac{1}{2}\sin\varphi & -\frac{\sqrt{3}}{2}\sin\varphi \\ \sin\varphi - \frac{1}{2}\cos\varphi & \frac{\sqrt{3}}{2}\cos\varphi \end{bmatrix}$$

Bild 8. Asynchronmotorregelung nach dem Prinzip der Feldorientierung. ω Drehzahl, i Strom, i_{sd} flußbildende Stromkomponente, i_{sq} momentbildende Stromkomponente, φ Feldkoordinatenwinkel, γ Rotorpositionswinkel, s Schlupf, T_r Rotorzeitkonstante, T Transformationsmatrix

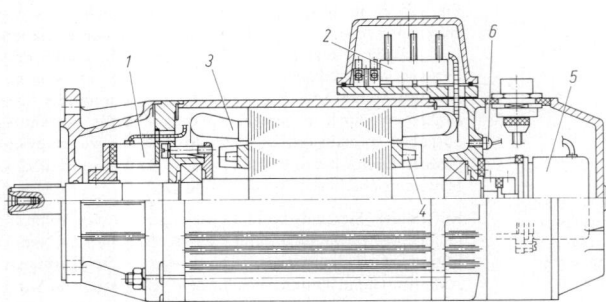

Bild 9. Aufbau eines Asynchronmotors der Kurzschlußläufer-Bauart (ABB). *1* Haltebremse, *2* Anschlüsse Motor und Bremse, *3* Ständerwicklung, *4* Läuferwicklung, *5* Meßsystem, *6* Thermofühler

komponente geregelt werden. Der Temperatureinfluß auf die Rotorzeitkonstante, sowie der Einfluß der magnetischen Sättigung auf die Motorparameter stellen die Grenze des Konzepts dar. Die Beherrschung dieser Einflußgrößen kann die Qualität des geregelten Asynchronmotors weiter verbessern [13].

Bild 9 zeigt einen als Servomotor ausgeführten Asynchronmotor der Kurzschlußläufer-Bauart. Dem relativ aufwendigen Steuerungsaufwand beim Servoverstärker stehen Vorteile wie die Wartungsfreiheit und der große Feldschwächbereich gegenüber. Die letztere Eigenschaft erlaubt die Verstellung der Drehzahl in einem großen Bereich bei konstanter Leistungsabgabe, **Bild 10.** Deswegen erfreut sich der geregelte Asynchronmotor bei Hauptspindelmotoren zunehmender Beliebtheit. Bei Hauptantrieben reichen die Leistung bis 80 kW und die Drehzahl bis 8000 min^{-1}. Für Vorschubbereiche kann die Drehzahl bis zu 14000 min^{-1} groß sein.

Schleifringläufer. Sie werden bei Werkzeugmaschinen mit größerer Antriebsleistung und solchen mit Schwungradantrieben eingebaut, da bei Abfall der Motordrehzahl die im Schwungrad gespeicherte Energie während des Arbeitshubs wirksam werden kann.

Synchronmotoren. Sie entstanden aus der Weiterentwicklung des permanenterregten Gleichstrommotors, wobei die

Rolle von Stator und Rotor vertauscht sind. Bei den Synchronmotoren läuft das elektrisch erzeugte Erregerfeld im Ständer drehzahlabhängig um. Die Permanentmagnete sind im Läufer angebracht. Zur Erzeugung des Ro-

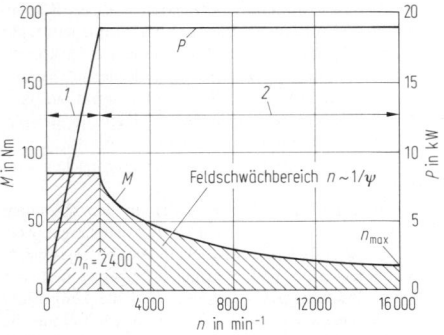

Bild 10. Typische Kennlinien eines Asynchronmotors (AMK). *P* Leistung, *M* Drehmoment, n_N Nenndrehzahl, n_{max} maximale Drehzahl, ψ magnetische Feldstärke. *1* konstantes Drehmoment, *2* konstante Leistung

tationsfelds sind auf dem Stator Drehstromwicklungen angebracht. Die Aufteilung des den Ständerwicklungen zulaufenden Stroms wird in Abhängigkeit des Rotorstellungswinkels vorgenommen. Der Winkel muß zu diesem Zweck gemessen werden. Üblicherweise sind die Geber zur Rotorpositions- und Drehzahlmessung berührungslos, damit keine elektrische Drehübertragung über Kollektoren oder Bürsten vom Stator zum Rotor oder umgekehrt erforderlich ist. Aufgrund des günstigen Aufbaus weisen die Synchronmotoren, auch bürstenlose Gleichstrommotoren genannt, in erster Linie Wartungsfreiheit und günstige Wärmeentwicklung als Vorteile auf. Gleichzeitig ist eine etwas aufwendigere Ansteuerelektronik als bei konventionellen Gleichstrommotoren erforderlich. Die Leistungsmerkmale decken sich weitgehend mit denen der Gleichstrommotoren.

Beispiel: Bild 11 zeigt das Prinzip eines sechspoligen permanenterregten Synchronmotors (die Speisefrequenz ist dreimal so hoch wie die Drehfrequenz des Motors). In der Rotorstellung 1 fließt der Strom in den Strang *a* hinein und aus dem Strang *c* heraus, während in der Stellung 2 der Strom in den Strang *b* hinein und aus dem Strang *c* heraus fließt. Die in dieser Weise zeitlich geschalteten Stromrichtungen in den Ständerwicklungen erzeugen auf dem magnetisierten Rotor ein gleichsinniges Drehmoment, das den Rotor im Uhrzeigersinn in Bewegung setzt. Die Speisung der Stränge erfolgt abwechselnd im 60°-Takt der Rotorstellung. Jede Strangspeisung erfolgt periodisch mit einer Dauer von 40° Speisung und

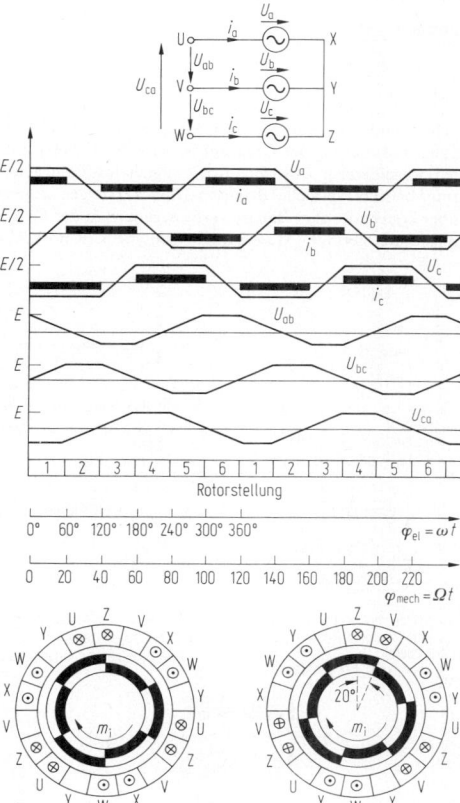

Bild 11. Funktionsprinzip des permanenterregten Synchronmotors (Bosch). $i_{a,b,c}$ Strangstrom, $U_{a,b,c}$ Strangspannung, $U_{ab,bc,ca}$ Klemmenspannung, U, V, W, X, Y, Z Motorklemmen, m_i inneres Drehmoment, E Zwischenkreisspannung

20° Pause, wobei sich diese Angaben auf die Rotorumdrehung beziehen. Elektrisch ergeben sich hierbei Winkeländerungen um 120° und 60°.

Die Verläufe der induzierten Spannung in den einzelnen Strängen bzw. an den Anschlußklemmen sind ebenfalls im **Bild 11** dargestellt. Für eine konstante Leistungsabgabe ist der Verlauf der induzierten Spannung im Bereich der Strompausen prinzipiell unerheblich. Der trapezförmige Verlauf folgt aus einer Schrägung der Magnetplatten auf dem Rotor, die zur Vermeidung von Nutungseffekten vorgenommen wird [14, 15].

Grundsätzlich wird bei Synchronmotoren zwischen Speisung mit sinusförmigen und mit blockförmigen Strömen unterschieden. Der Vorteil der Speisung mit blockförmigen Strömen liegt in der einfacheren Signalverarbeitung und in der Verwendung eines einfachen Gebers zur Lageerfassung des Rotors. Für die Speisung mit sinusförmigen Strömen können je nach Genauigkeitsanforderung zwei verschiedene Rotorstellungsgeber eingesetzt werden. Der nur mit drei Sensorelementen ausgestattete Geber erkennt jeweils die Anfangspunkte für die U-, V-, W-Speisung, während der zyklisch absolut arbeitende Geber neben den Sensorelementen zur Erkennung der Anfangspunkte noch weitere Informationen zur absoluten Rotorstellung zwischen den drei Sensorelementen für eine genaue sinusförmige Speisung liefert. Allgemein kann die Speisung mit sinusförmigen Strömen eine Dämpfung der Oberwellen bewirken und daher hohe Gleichlaufgüte beim Antrieb erzielen [15, 16].

Gemäß der Synchronmotorsteuerung in **Bild 11** kann eine *Elektronikschaltung* realisiert werden, **Bild 12**. Bei diesem Steuerkonzept wird die Speisung in quasi sinusförmiger, genauer trapezförmiger Form, durchgeführt. Für eine echte sinusförmige Speisung bedarf es eines wesentlich höher auflösenden Rotorstellungsgebers als nur mit drei in 60° versetzten Sensorelementen. Nur dadurch kann eine konstante Phasenverschiebung bzw. Phasengleichheit von induzierter Spannung und Strangstrom sichergestellt werden.

Bei Synchronmotoren gibt es keine Kommutierungsgrenze wie bei Gleichstrommotoren. Die Leistungsgrenze ist vielmehr durch den Servoverstärker beschränkt. Zum Vergleich mit Gleichstrommotoren ist in **Bild 13** ein typisches Kennlinienfeld des Synchronmotors dargestellt. Die übliche Drehzahl reicht bis zu $3\,000$ min^{-1} bei einer maximalen Leistung bis 10 kW.

Asynchrone Linearmotoren. Sie haben bei niedrigen Geschwindigkeiten geringe Leistung und schlechten Wirkungsgrad sowie hohe Wärmeentwicklung [17]. Bei Hämmern als Bärantrieb geeignet sowie in flexiblen Fertigungssystemen als Transportantrieb für Werkstückpaletten.

Neue Entwicklungen bei asynchronen Linearmotoren sind dadurch gekennzeichnet, daß das Servoverhalten erheblich verbessert wird. Die Grenzkreisfrequenz reicht von 500 bis $1\,000$ s^{-1}, Geschwindigkeit bis 3 m/s und die maximale Beschleunigung sogar bis zu 10 g [18]. Es ist bereits jetzt abzusehen, daß der Einsatz des servogesteuerten Linearmotors asynchroner Bauart deutlich zunehmen wird.

Elektrische Gleichstrommotoren

Gleichstrom-Nebenschlußmotoren (s. V4 und V5). Sie zeichnen sich durch hohe Drehzahlkonstanz bei Belastung aus und werden wegen ihrer stufenlosen Drehzahl-Regelbarkeit bevorzugt für Haupt- und Vorschubantriebe eingesetzt, für Schwungradantriebe mit zusätzlichen Hauptschlußwicklungen. Hoher Einschaltstrom im Ankerkreis wird durch Vorwiderstand bzw. durch die Thyristor-Stromversorgung begrenzt. Drehsinnänderung durch Vertauschen der Anker- oder Feldanschlüsse.

Drehzahlerhöhung durch Vergrößerung der Ankerspannung bei konstantem Drehmoment und/oder Feldschwächung bei konstanter Leistung und vermindertem Drehmoment. Im Leonardbetrieb erreichbarer Drehzahlbereich bis $B \approx 40$, mit Thyristor-Stromversorgung und Drehzahl-

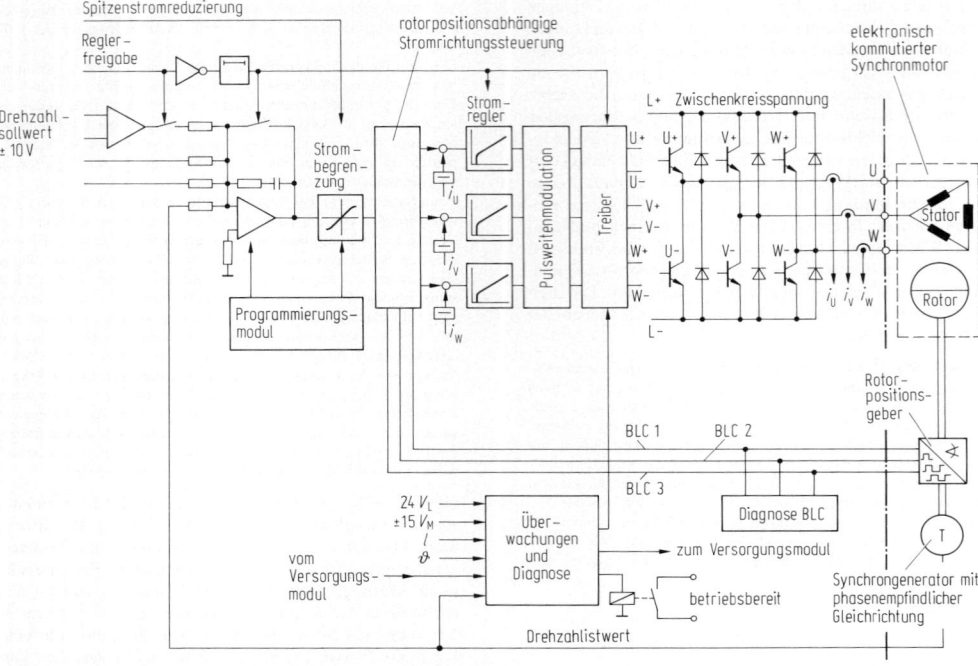

Bild 12. Aufbau einer Synchronmotoransteuerung (nach Indramat)

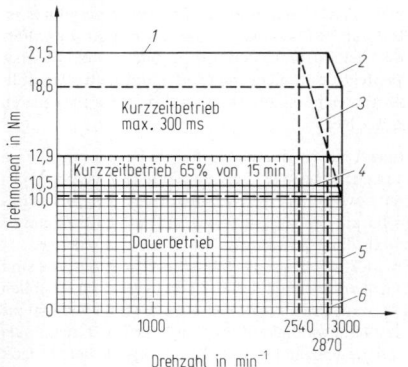

Bild 13. Kennlinienfeld eines Synchronmotors (nach Indramat). *1* max. Drehmoment, *2* Spannungsgrenze bei Nennspannung, *3* Spannungsgrenze bei 15% Netzunterspannung, *4* Dauerdrehmoment, *5* max. Drehzahl, *6* Knickdrehzahl

regelung in Hauptantrieben Ankerregelbereich $B_A > 50$ üblich, in Vorschubantrieben mit Stellmotoren noch größerer Bereich. Bei niedrigen Drehzahlen schlechter Wärmeabtransport, daher Fremdlüftung erforderlich.

Permanenterregte Gleichstrommotoren. Sie werden mit Drehzahlregelung ausschließlich für Vorschubantriebe eingesetzt [19]. Bei permanenter Felderregung zeigen sie Nebenschlußverhalten. Drehzahländerung über Ankerspannung. Energieversorgung durch Thyristor- oder Transistor-Stromrichtersätze aus dem Drehstromnetz unter Zwischenschaltung von Glättungsdrosseln. Drehzahlregelung mit Tachorückführung (direkt mit Motorwelle gekup-

pelt) erlaubt bei hoher Gleichförmigkeit der Drehbewegung Reduzierung der Drehzahl bis nahe Null, daher großer Regelbereich $B \approx 10^3 \ldots 10^4$, geeignet für Bahnsteuerungsbetrieb. Spezielle Bauarten (**Bild 14**) zeigen gegenüber konventioneller Bauart Verbesserungen in der Dynamik durch geringes Massenträgheitsmoment. Rotorwick-

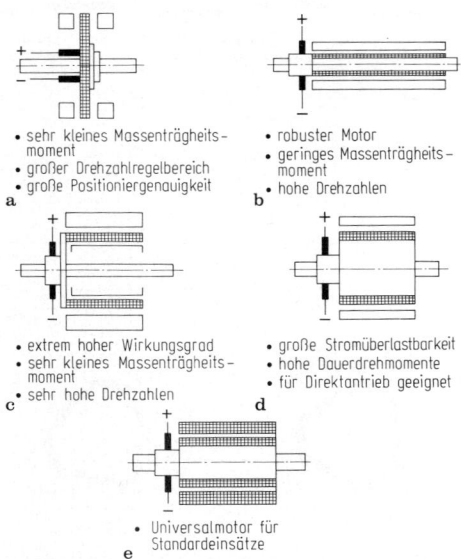

Bild 14. Bauarten von Gleichstrommotoren. **a** Scheibenläufer; **b** Stabläufer; **c** Hohlläufer; **d** Langsamläufer; **e** konventionelle Bauart

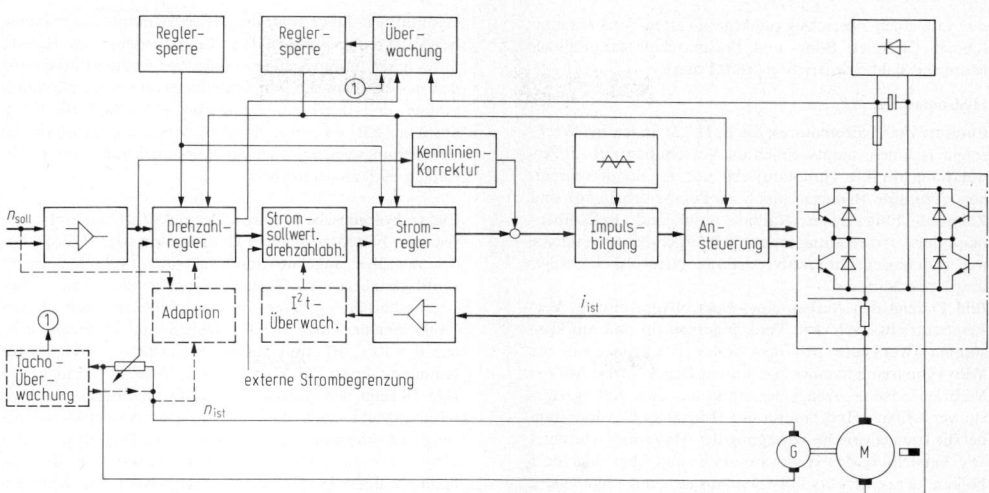

Bild 15. Aufbau einer Gleichstrommotoransteuerung mit Transistor verstärker (nach Siemens). n Drehzahl, i Strom, G Tachogenerator, M Motor.

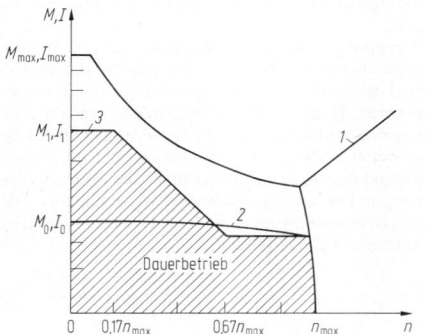

Bild 16. Verlauf einer drehzahlabhängigen Strombegrenzung (nach ABB). _1_ Kommutierungsgrenze, _2_ Motorkennlinie, _3_ Strombegrenzung; Beispiel: $I_0 = 10\,A$, $I_1 = 30\,A$, $I_{max} = 100\,A$, $n_{max} = 2500\,min^{-1}$, $M_0 = 8\,Nm$, $M_1 = 21\,Nm$, $M_{max} = 69\,Nm$

lungen mit hohem Strombelag und hoher Polteilungszahl. Wegen geringer Ankerinduktivität hohe Stromanstiegsgeschwindigkeit, bei kurzzeitig hoher Stromüberlastbarkeit höchste Anfahrmomente möglich (3- bis 10faches Nennmoment je nach Strombegrenzung des Umrichters und Schalthäufigkeit), daher äußerst geringe Hochlaufzeiten von 5 bis 50 ms. **Bild 15** zeigt den Aufbau einer Gleichstrommotoransteuerung mit Transistorverstärker.

Ein spezielles Problem bei Gleichstrommotoren ist die Begrenzung des übertragbaren Stroms. Ursache dafür ist die Art der Stromübertragung, die über _Bürsten_ und _Kollektoren_ erfolgt. Hier liegt eine natürliche Grenze für den maximal übertragbaren Strom vor, der gerade noch ohne Beschädigung der Kontaktelemente übertragen werden kann. Dieses Verhalten zeigt **Bild 16**. Die Grenze der Kommutierung ist drehzahlabhängig und nimmt mit zunehmender Drehzahl rasch ab. Um dieser Eigenschaft Rechnung zu tragen, wird i. allg. eine drehzahlabhängige Strombegrenzung in dem Servoverstärker eingebaut. Dieses führt dazu, daß das Verhältnis von maximal verfügbarem Moment zu Nennmoment effektiv kleiner wird. Die Motorkennlinie

ist wichtig für die Auslegung, da der Motor in der Regel für den Nennbetrieb ausgelegt ist.

Ein langjähriges Handikap beim Einsatz des Gleichstrommotors ist die relativ kurze Standzeit des Kommutators, die einen hohen Wartungsaufwand durch den häufigen Wechsel der Verschleißteile verursacht. Dies hat im Lauf eines Jahrzehnts dazu geführt, den Drehstrommotor vorzuziehen. In jüngster Zeit hat sich die Kommutatortechnik weiterentwickelt. Es kann bereits eine Standzeit von über 30000 h erreicht werden. Die Gleichstromtechnik gewinnt dadurch wieder an Bedeutung [20].

Stabläufer. Sie haben schlanken nutenlosen Rotor mit homogener Wicklung hoher Wicklungsdichte, Drehzahlen bis 3000 min^{-1}, teilweise bis 14000 min^{-1}, nachgeschaltetes spielfreies Getriebe erforderlich (Schnelläufer).

Scheibenläufer. Sie haben Rotor aus leichter glasfaserverstärkter eisenloser Kunstharzscheibe mit aufgeklebten Stromleitern, die zwischen Permanentmagneten läuft; Nenndrehzahlen von 2100 bis 4500 min^{-1}, Maximaldrehzahlen bis 6000 min^{-1}.

Hohlläufer. Sie haben glockenförmigen Wicklungskorb, der innen und außen vom Feld umschlossen ist.

Langsamläufer. Sie (Torque-Motoren) weisen hohe Polzahlen auf; meist ringförmiger genuteter Rotor mit großem Durchmesser. Drehzahlbereich $n < 1$ min^{-1} bis ca. 1200 min^{-1} eignet sich bei hohen Drehmomenten bis 4000 Nm für Direktanschluß an Vorschubspindeln ohne Zwischengetriebe (Spielfreiheit).

Elektrische Schrittmotoren. Diese haben drei, fünf oder mehr Statoren und führen bei entsprechender Ansteuerung der Felder Winkel- bzw. Wegschritte aus, sind daher zugleich Motor und Meßmittel. Höchste Drehzahlen um 3600 min^{-1}; Start-Stop-Frequenz in Abhängigkeit vom Fremdträgheitsmoment begrenzt, damit keine Schritte verlorengehen. Anwendung wegen geringer Drehmomente nur als Vorschubmotoren an kleineren Werkzeugmaschinen und als gesteuerte Hilfsantriebe; für größere Maschinen hydraulische Drehmomentsverstärkung erforderlich.

Linear-Schrittmotoren sind als Abwicklung eines Fünf-Ständer-Rotationsschrittmotors entwickelt worden. Einsatz in kleinen zweiachsig punktgesteuerten Werkzeugmaschinen (Beispiel: Bohr- und Fräsmaschine mit Fujitsu-Motor erreicht Schrittweiten vo 0,1 mm).

Hydromotoren

Rotatorische Hydromotoren. Sie (s. H 2.2) finden bei Werkzeugmaschinen hauptsächlich an Vorschubantrieben Verwendung, direkte Hauptantriebe nur an Sondermaschinen. Häufigste Bauarten (auch als Pumpe arbeitend) sind Zahnrad-, Flügelzellen-, Radial-, Axial- und Drehkolbenmaschinen. Anwendung meist als Pumpen-Motor-Systeme mit stufenloser Drehzahlverstellung oder als elektrohydraulische Motoren.

Bild 17 zeigt den Aufbau eines elektrohydraulischen Vorschubantriebs nach dem Verdrängerprinzip und am konstanten Drucknetz. Mit dem Index 1 erkennt man die Versorgungseinheit eines konstanten Drucknetzes. Auf der Verbraucherseite erzeugt der direkt aus dem Netz gespeiste, verstellbare Hydromotor mit Hilfe einer Gewindespindel die translatorische Bewegung des Maschinenschlittens. Die Verstellung des Hydromotors erfolgt über den Stellkolben, der seinerseits über den Ausgang des Lagereglers, die Rückführungen des Stellwegs y und der Spindeldrehzahl n_2 gesteuert wird. Der durch das Ventil fließende Ölstrom $\dot{V}_Q$ verstellt einen doppelseitig wirkenden Zylinderkolben, der das Schluckvolumen des Hydraulikmotors entsprechend der zu steuernden Drehzahl bzw. Sollposition des Schlittens verändert. In der Praxis weist die Verdrängersteuerung eine sehr gute Energieausnutzung auf, da die von einem elektrischen Steuersignal angesteuerte Verstellpumpe nur soviel hydraulische Leistung erzeugt, wie der Antrieb (Verbraucher) anfordert. Nachteilig wirkt sich das etwas langsame Zeitverhalten aus, da hierbei größere Massen über längere Wege (z.B. 10 bis 100 kg Masse über einen Weg von ca. 10 bis 100 mm) zu bewegen sind. Deswegen ist dieses Steuerungsprinzip hauptsächlich für größere Leistung interessant [21–24].

Hydraulische Linearmotoren (Hydrozylinder). Sie kommen bei Werkzeugmaschinen für Hauptantriebe von Hobel-, Stoß- und Räummaschinen sowie Pressen zum Einsatz, für den Vorschubantrieb von Schleifmaschinen, Kurzdrehmaschinen und Bearbeitungseinheiten, schließlich für Hilfsantriebe, z.B. an automatischen Werkzeugwechslern bei Bearbeitungszentren oder an Werkstücktransporteinrichtungen in Transferstraßen.

Elektrohydraulische Motoren. Der elektrohydraulische Servomotor besteht aus einem Hydromotor oder Hydrozylinder, der über angeflanschtes elektrohydraulisches Servoventil gesteuert wird. Wegen hervorragender dynamischer Eigenschaften – geringes Massenträgheitsmoment, hohes Drehmoment, kurze Hochlaufzeiten und Drehzahlbereiche $B \approx 10^3 \ldots 10^4$ (mit Tachorückführung) – geeignet für bahngesteuerten Direktantrieb von Vorschubspindeln.

Bild 18 zeigt den Aufbau eines elektrohydraulischen Vorschubantriebs nach dem Prinzip der Widerstandssteuerung am konstanten Drucknetz. Das Proportionsregelventil und der Servomotor bilden den Antrieb, der den Schlitten über eine Gewindespindel bewegt. Die Schlittenposition x_{ist} und die Motordrehzahl n_{ist} werden ermittelt und dem Lageregler bzw. dem Geschwindigkeitsregler zurückgeführt. Die Regelabweichung steuert über das Ventil den Volumenstrom V_L zum Motor und verstellt damit die Drehzahl.

Die Widerstandssteuerung ist durch das sehr gute Zeitverhalten, aber auch durch den schlechten Wirkungsgrad aufgrund des hohen Energieverlusts durch Drosselung gekennzeichnet. Dabei ist die hohe Dynamik auf das Bewegen geringer Massen über sehr kurze Wege (z.B. 0,1 kg Masse über einen Weg von ca. 0,1 bis 1 mm) in den Ventilen zurückzuführen. In der Regel findet die Widerstandssteuerung im Leistungsbereich bis 10 kW Anwendung. Die Verdrängersteuerung kommt an deren Stelle für noch größere Leistung in Frage [21–24].

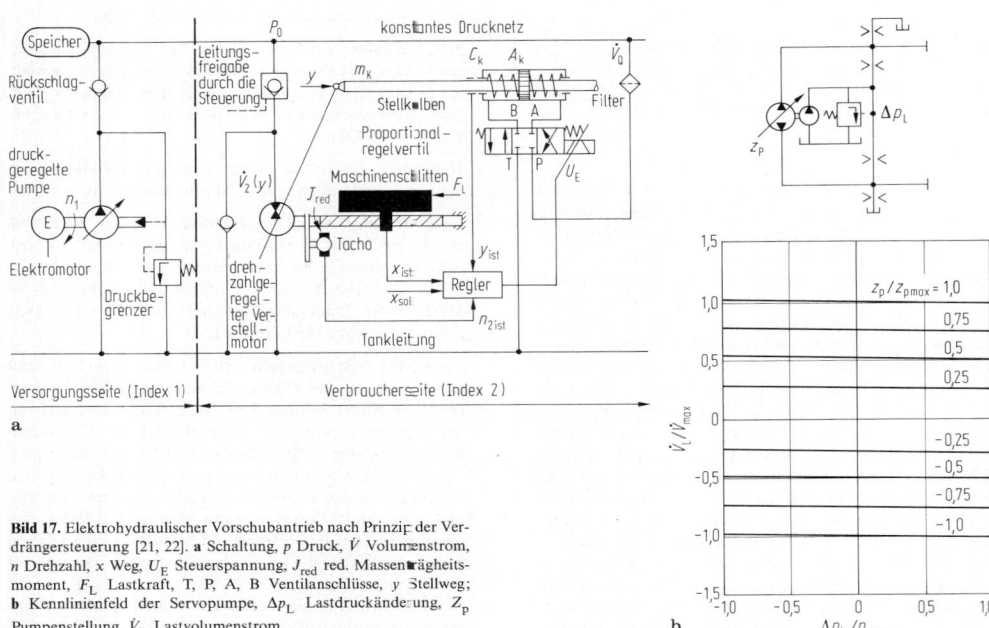

Bild 17. Elektrohydraulischer Vorschubantrieb nach Prinzip der Verdrängersteuerung [21, 22]. **a** Schaltung, p Druck, $\dot{V}$ Volumenstrom, n Drehzahl, x Weg, U_E Steuerspannung, J_{red} red. Massenträgheitsmoment, F_L Lastkraft, T, P, A, B Ventilanschlüsse, y Stellweg; **b** Kennlinienfeld der Servopumpe, Δp_L Lastdruckänderung, Z_p Pumpenstellung, $\dot{V}_L$ Lastvolumenstrom

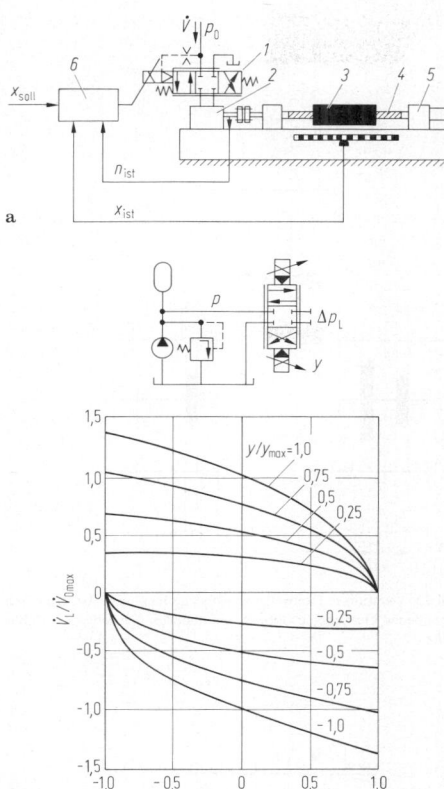

a

b

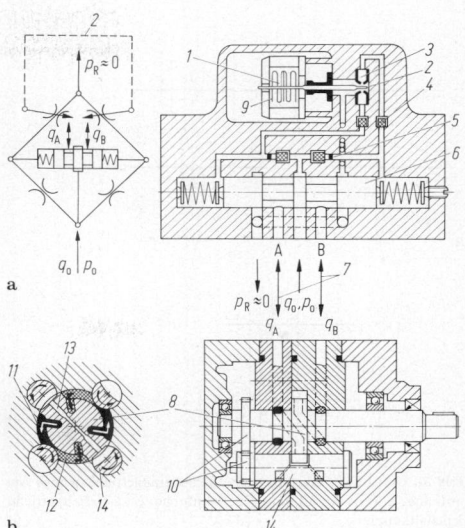

a

b

Bild 19. Elektrohydraulischer Servomotor. **a** elektrohydraulisches Servoventil (Moog, USA) mit Ersatzschaltbild; **b** Rollflügelmotor (Hartmann, USA) in Längs- und Querschnitt. Tatsächliches Größenverhältnis ≈ 1 : 5. *1* Steuerspulen, *2* Flapper, *3* hydraulischer Verstärker, *4* Filter, *5* konstante Drossel, *6* Steuerkolben, *7* Verbraucheranschlüsse, *8* Rotor, *9* Drehschieber, *10* Steuerräder, *11* Drucköl, *12* Rücköl, *13* Lecköl, *14* Rollflügel. $p_0 \approx 140$ bar Druck des Versorgeaggregates, q_0 verfügbare Ölmenge, $p_R \approx 0$ Rücköl

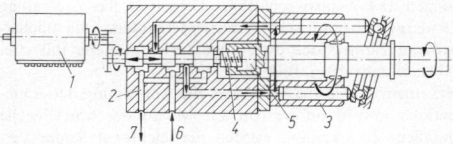

Bild 20. Elektrohydraulischer Schrittmotor (Fujitsu, Japan). *1* elektrischer Schrittmotor, *2* Servoventil, *3* Hydromotor, *4* Schraube, *5* Mutter, *6* Druckölanschluß, *7* Ölrücklauf

Bild 18. Elektrohydraulischer Vorschubantrieb nach dem Prinzip der Widerstandssteuerung [21, 22]. **a** Aufbau, *1* Proportionalregelventil, *2* Servomotor, *3* Schlitten, *4* Spindel, *5* Lager, *6* Regler, p_0 konstanter Netzdruck, $\dot V$ Volumenstrom, n_{ist} Spindeldrehzahl, *x* Schlittenlage; **b** Kennlinienfeld, *y* Stellweg, p_0 Netzdruck, Δp_L Lastdruckänderung, $\dot V_L$ Lastvolumenstrom

Beispiel: Bild 19 zeigt die Kombination Rollflügelmotor mit zweistufigem Servoventil. Eingangsgröße des Ventils ist geringer Steuerstrom *i*, Ausgangsgröße proportionaler Ölstrom q_A bzw. q_B, der im Motor in proportionale Drehzahl umgesetzt wird. Leistungsverstärkung 10^3 bis 10^5. Steuerstrom *i* verursacht über Steuerspulen und Anker Auslenkung des Flappers (Düse-Prallplatte-System, Stufe I). Dadurch unterschiedliche Drücke auf linker und rechter Seite des Steuerkolbens, wodurch dieser verschoben wird (Stufe II). Je nach Stellung des Kolbens fließt Drucköl nach A oder B. Konstantdrosseln und Düsen (variable Drosseln) bilden im Prinzip Brückenschaltung. Für das empfindliche Drosselsystem ist Feinstfilterung des Öls notwendig. Wegen Drosselwirkung treten Druckverluste und starke Erwärmung im Ventil auf, daher meist Kühlaggregat erforderlich. Der Rollflügel-Motor setzt mit zwangsgeführtem Rotor und Drehschiebern das von innen zugeführte Drucköl direkt tangential in kontinuierliches Drehmoment um. Zur Abdichtung der umlaufenden Druckkammern rollen je zwei diagonal angeordnete Drehschieber auf innerem Durchmesser des Rotors ab. Hierzu werden Drehschieber von Motorwelle über Steuerräder im Verhältnis 2:1 angetrieben, zum Durchlaß des Rotors sind linsenförmige Aussparungen vorgesehen. Anordnung ist kompakt und vollkommen symmetrische, daher gleichförmiger Lauf auch bei kleinen Drehzahlen.

Elektrohydraulische Schrittmotoren. Sie werden eingesetzt, wenn Drehmoment elektrischer Schrittmotoren für Vorschubantrieb nicht ausreicht. Dann wird hydraulischer

Drehmomentverstärker an Schrittmotorwelle gekoppelt (**Bild 20**), bestehend aus Servoventil und Hydromotor; beide bilden internen hydromechanischen Folgeregelkreis. Steuerkolben des Servoventils und Hydromotorwelle sind über Schraube-Mutter-Verbindung mechanisch gekoppelt. Hier wird Regelabweichung gebildet: Drehung des Steuerkolbens durch Schrittmotor oder Winkelabweichung der Hydromotorwelle bewirken axiale Auslenkung des Steuerkolbens, ausgelöster Ölstrom treibt Motorwelle so lange, bis Steuerkolben wieder in Mittelstellung geschraubt ist.

1.2.2 Getriebe. Transmission units

Mechanische Getriebe

Im Werkzeugmaschinenbau dienen Getriebe hauptsächlich zur Reduzierung der allgemeinen hohen Drehzahlen der Motoren auf die Arbeitsdrehzahlen und zur Erzeugung definierter Vorschubbewegungen der Werkzeugsupporte [28]. Man unterscheidet gleichförmig und ungleichförmig übersetzende Getriebe (s. G8 und G9).

Stufenrädergetriebe [25]. Die kleinste Funktionsgruppe des Zahnradgetriebes besteht aus einem einzigen Zahnrad-

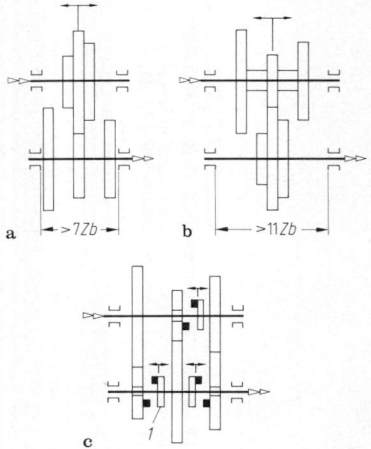

Bild 21. Dreistufiges Grundgetriebe. Schieberadgetriebe: **a** enge Anordnung; **b** weite Anordnung, Zb Zahnbreite; **c** Lastschaltgetriebe, *1* Schaltkupplung

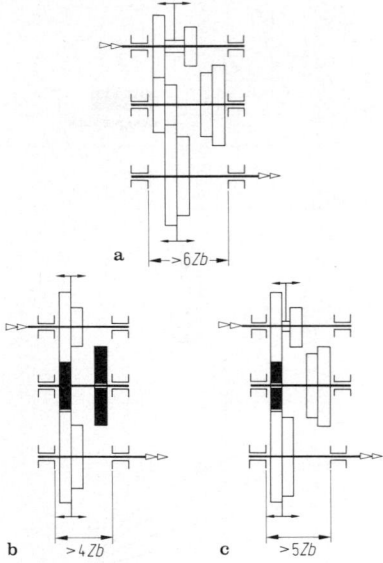

Bild 22. Vierstufiges Dreiwellengetriebe. **a** Grundgetriebe; **b** einfach gebundenes Getriebe; **c** doppelt gebundenes Getriebe, Zb Zahnbreite

paar, wobei Rad und Gegenrad auf verschiedenen Wellen sitzen. Übersetzung $i = n_{an}/n_{ab} =$ Antriebdrehzahl/Abtriebdrehzahl, Zähneverhältnis $u = 1/i = z_1/z_2 =$ Antriebzähnezahl/Abtriebzähnezahl (s. G 8.1).

Bauformen. Es gibt verschiedene Mittel zur Schaltung von Getrieben, z.B. Umsteckräder, Wechselräder [26, 27]. Schieberäder, mechanisch und elektrisch wirkende Kupplungen. Die kleinste schaltbare Einheit ist das zweistufige Grundgetriebe mit zwei Abtriebdrehzahlen, die nächstgrößere Einheit das dreistufige Grundgetriebe mit drei Abtriebdrehzahlen, **Bild 21**.

Bei einem *Schieberadgetriebe* ist die Anordnung der Schieberäder sowohl auf der Antrieb- wie auf der Abtriebwelle möglich. Zweckmäßig werden die leichteren Räder verschoben, da zum einen weniger Masse zu bewegen ist, zum anderen wegen der kleineren Durchmesser kürzere Schaltgabeln erforderlich sind.

Bei einem *Lastschaltgetriebe* erfolgt das Umschalten mittels Kupplung. Es ist deshalb ein Umschalten unter Last und im drehenden Zustand möglich.

Durch Hintereinanderschalten der Grundgetriebe erhält man Getriebe mit mehreren Abtriebdrehzahlen. Zwei hintereinandergeschaltete zweistufige Grundgetriebe (**Bild 22**) ergeben z.B. ein vierstufiges Getriebe mit vier Abtriebdrehzahlen.

Zur Erreichung kleinerer Baulängen und zur Ersparnis von Rädern verwendet man gebundene Getriebe. Dabei gehören ein oder mehrere Räder verschiedenen Teilgetrieben an. Die gebundenen Räder sind in **Bild 22** schraffiert. Da die gebundenen Räder mit zwei Zahnrädern in Eingriff stehen, müssen die drei Räder gleichen Modul haben. Die Größe des Moduls ist durch das Teilgetriebe mit dem größten Drehmoment festgelegt, wodurch u.U. größere Achsabstände entstehen. Die geringere Baulänge in axialer Richtung bedeutet deshalb eine Vergrößerung des Getriebes in radialer Richtung.

Eine häufig angewendete Bauform ist das Vorgelege, **Bild 23**. Dieses Getriebe besteht aus drei Wellen und wird stets durch eine Kupplung geschaltet. Der Kraftfluß geht entweder von der Welle I direkt zur Welle III oder zunächst zur Welle II und von dort auf die Welle III. Im ersten Fall ist das Rädergetriebe zwar in Eingriff, jedoch ohne

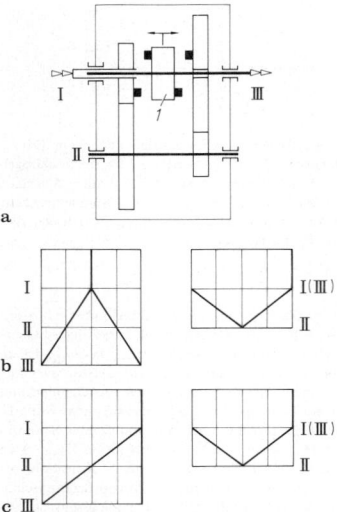

Bild 23. Vorgelege. **a** Räderplan; **b** Aufbaunetz; **c** Drehzahlbild, *1* Kupplung

Wirkung, so daß Ein- und Ausgangsdrehzahl gleich groß sind. Im anderen Fall erreicht man durch das Hintereinanderschalten zweier Radpaare eine große Gesamtübersetzung. Infolge des konstruktiven Aufbaus (Rückführung des Kraftflusses auf die koaxiale Welle III) ergibt sich ein kleineres Bauvolumen. Vorgelege werden meist an die Abtriebwelle gesetzt, um innerhalb des Getriebes solange wie möglich mit hohen Drehzahlen, d.h. mit kleinen Momenten arbeiten zu können.

T

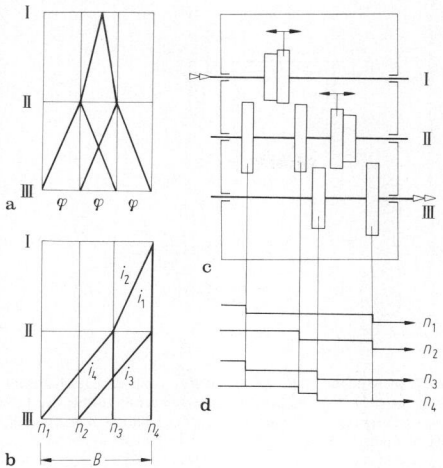

Bild 24. Grundlagen für den Getriebeentwurf. **a** Aufbaunetz; **b** Drehzahlbild, *B* Drehzahlbereich; **c** Getriebeplan; **d** Kraftflußplan

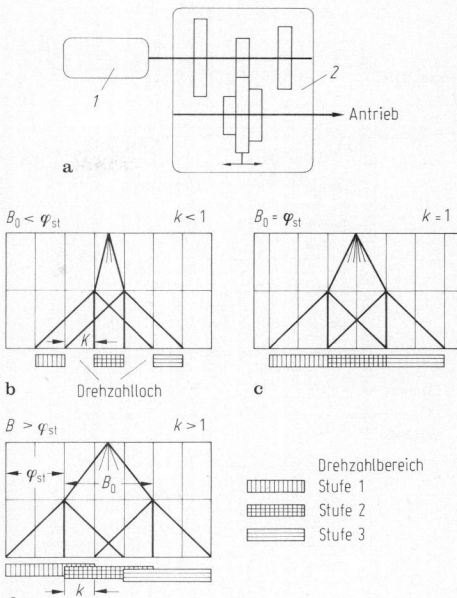

Bild 25. Kombination eines regelbaren elektrischen Motors mit einem Stufengetriebe. **a** Prinzip, *1* regelbarer Gleichstrommotor, *2* Stufengetriebe; **b** negative Überdeckung; **c** keine Überdeckung; **d** positive Überdeckung

Auslegung. Zur *Auslegung* gestufter und ungestufter Getriebe hinsichtlich ihrer Drehzahlen gibt es zeichnerische Hilfsmittel, die die Aufgabe wesentlich erleichtern, **Bild 24** [28]. Das *Aufbaunetz* (**Bild 24a**) ist die Grundlage des Getriebeentwurfs. Es zeigt die verschiedenen Möglichkeiten für die Aufteilung der Stufensprünge innerhalb des Getriebes und der einzelnen Schaltblöcke. Das Aufbaunetz wird grundsätzlich symmetrisch gezeichnet. Jede Verbindungslinie entspricht einer Übersetzungsstufe. Die Größe der einzelnen Übersetzungen ist hierbei noch nicht festgelegt.

Neben dem Aufbaunetz gibt das *Drehzahlbild* (**Bild 24b**) zusätzlich die Drehzahlen jeder Welle und die Größe der Übersetzungen an. Im Drehzahlbild stellen sich bei geometrischer Stufung ($\varphi=$const) die Abtriebdrehzahlen bei Verwendung eines logarithmischen Maßstabs im gleichen Abstand dar. Dieser Abstand ist sowohl als Verhältnis zweier aufeinanderfolgender Drehzahlen als auch als Potenz von φ anzusehen. Die Übersetzungen sind durch die Steigungen der Verbindungslinien der Drehzahlen zweier aufeinanderfolgender Wellen gekennzeichnet. In **Bild 24b** z.B. $i_1=\varphi^0=1$, $i_2=\varphi^1=n_4/n_3$, $i_3=\varphi^0=1$, $i_4=\varphi^2=n_4/n_2=n_3/n_1$.

Weitere Hilfsmittel beim Getriebeentwurf sind der *Getriebeplan* (**Bild 24c**) und der *Kraftflußplan*, **Bild 24d**. Der Getriebeplan gibt die Anordnung und die Anzahl von Wellen, Zahnrädern und eventuell verwendeten Kupplungen an. Der Aufbau wird durch Sinnbilder verdeutlicht. Der Kraftflußplan zeigt, welche Räder in den einzelnen Schaltstellungen den Kraftfluß übertragen. Dem Kraftflußplan kann man weiterhin entnehmen, wie die einzelnen Schaltblöcke zur Erzeugung einer bestimmten Abtriebdrehzahl zu schalten sind.

Weiterentwicklungen der Steuerung elektrischer Antriebe ermöglichen immer mehr Kombinationen von stufenlos regelbaren elektrischen Antrieben mit Stufengetrieben als Hauptantriebe von Werkzeugmaschinen, **Bild 25**. Der Drehzahlbereich B_0 des stufenlosen Antriebs wird durch ein nachgeschaltetes Stufengetriebe erweitert. Dabei wird eine Drehzahlüberdeckung $k>1$ angestrebt, so daß sämtliche Drehzahlen innerhalb des Drehzahlbereichs B_0 er-

reicht werden können. Es gilt

$$B_{\mathrm{ges}}=B_0 B_{\mathrm{St}}; \quad k=B_0/\varphi_{\mathrm{St}}$$

(B_0 Drehzahlbereich des Gleichstrommotors, B_{St} Drehzahlbereich des Stufengetriebes, φ_{St} Stufensprung des Stufengetriebes, k Drehzahlüberdeckung).

Beispiel: Bild 26 zeigt die konstruktive Ausführung eines zwölfstufigen Kupplungsgetriebes im Spindelkasten einer numerisch gesteuerten Drehmaschine sowie das zugehörige Drehzahlbild. Der Antrieb erfolgt durch einen polumschaltbaren Drehstrommotor über Keilriemen und Keilriemenscheibe auf Welle I. Die Drehzahlschaltung wird über schleifringlose Elektromagnet-Lamellenkupplungen K_1 bis K_5 vorgenommen. Die Zahlen im Drehzahlbild und an den Räderstufen geben die Übersetzungsverhältnisse an. Sie sollen aus Gründen der Laufeigenschaften und der Baugröße zwischen 0,5 (ins Schnelle) und 4 (ins Langsame) liegen. Der Stufensprung beträgt im gewählten Beispiel $\varphi=1,6$; im Hauptarbeitsbereich sind kleinere Stufensprünge $\varphi^{0,5}=1,25$ vorgesehen.

Zugmittel- und Reibgetriebe. *Riementriebe* (s. G 6). Sie eignen sich im Werkzeugmaschinenbau zur Übertragung von Drehbewegungen zwischen Motor und Getriebe oder unmittelbar zur Arbeitsspindel. Vorteilhaft zur Dämpfung von Stößen und als Überlastungsschutz.

Bei Spindeln schnelle Stufe oft mit Riemenantrieb (ruhiger Lauf; Aufnahme der Spannkraft über getrennte Lager erforderlich), langsame Stufen über Zahnräder. Flachriemen für höchste Geschwindigkeiten und geringe Drehmomente (z.B. bei Schleifspindeln); sonst meist Keilriemen, seltener Zahnriemen, Kunstoffzahnriemen auch unter Öl verwendbar. Hohe Drehmomente durch Parallelschalten mehrerer Riemen.

Stufenscheiben werden bei schnellaufenden Spindeln und kleineren Leistungen eingebaut, z.B. Kleinbohr- und kleinen Schnelldrehmaschinen; beim Umlegen der Riemen hohe Nebenzeiten. Gleich Spannung des Riemens in al-

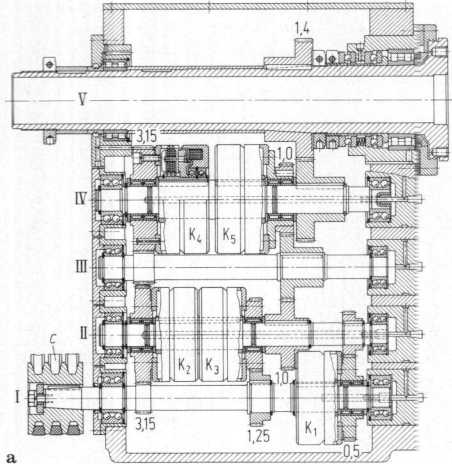

a

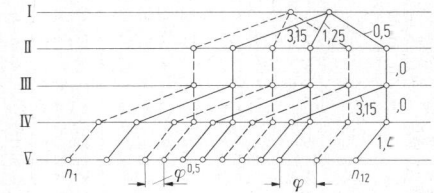

b

Bild 26. a Zwölfstufiges Kupplungsgetriebe einer numerisch gesteuerten Drehmaschine (Gildemeister, Bielefeld); **b** Drehzahlbild. K_1 bis K_5 schleifringlose Elektromagnet-Lamellen-Kupplungen, **c** Antrieb über polumschaltbaren Drehstrommotor und Keilriemen; Zahlenangaben sind Übersetzungsverhältnisse

len Stufen wird erreicht, wenn Achsabstand $a \geqq 10(d_{max} - d_{min})$, wobei d_{max} größter, d_{min} kleinster Scheibendurchmesser. Summe gegenüberliegender Scheibendurchmesser muß konstant sein. Bei kleineren Achsabständen ist eine Spannrolle vorzusehen.

Kettengetriebe (s. G 6). Mit Rollenketten im Werkzeugmaschinenbau meist nur für Hilfs- und Transportbewegungen eingebaut, geräuscharme Zahnketten auch in Vorschub- und Spindelantrieben kleiner Automaten.
Stufenlose Kettengetriebe setzt man vorwiegend in Hauptantrieben bis 40 kW ein. Formschluß durch Lamellenkette, Drehzahlbereich B bis 6; Ausführung mit Rollenkette B bis 10. Nicht formschlüssige Rollenkette auch für höhere Drehzahlen geeignet. Zur Erweiterung des Drehzahlbereichs wird häufig Rädergetriebe nachgeschaltet, in **Bild 27** Planetengetriebe. Durch Leistungsverzweigung besonders kompakte Bauweise erreichbar.

Reibgetriebe (s. G 7). Sie sind stufenlos einstellbar. Einsatz in Haupt- und Vorschubantrieben kleinerer Bohr- und Drehmaschinen, wo bei hohen Drehzahlen begrenzter Drehzahlbereich $B < 5$ ausreicht.

Kurbelgetriebe (s. G 9 und 10). Diese baut man in Werkzeugmaschinen für geradlinige hin- und hergehende Bewegungen ein, wenn ungleichförmige Geschwindigkeit erlaubt oder gewünscht wird [29].

Geradschubkurbel weist gleiche Hin- und Rücklaufzeit auf, d.h. 50% Totzeit. Daher in spanenden Maschinen selten, in Umformmaschinen dagegen häufig eingebaut. Kurbel-

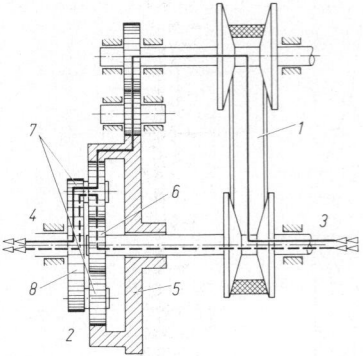

Bild 27. Stufenloses (P.I.V.) Kettengetriebe *1* mit nachgeschaltetem Planetengetriebe *2*, Pfeile kennzeichnen den Kraftfluß bei der Leistungsverzweigung, *3* Antrieb, *4* Abtrieb, *5* Hohlrad, *6* Sonnenrad, *7* Planetenräder, *8* Steg

zapfen ist dort zu einem Exzenter erweitert. Die Koppel (Pleuelstange) wird auf Knickung beansprucht und daher kurz und gedrungen ausgeführt. Drehgelenk (Pleuelzapfen) wird durch Kugel in Kugelpfanne gebildet. Für Gleichgang der Maschine ist Schwungrad vorzusehen.

Kurbelschwingen werden in Kurzhobel- und Stoßmaschinen eingesetzt. In **Bild 28** wird die Stoßspindel durch eine Schwinge mit Zahnradsegment angetrieben. Der Stößelhub ist auf dem Kurbelrad (Hubscheibe) einstellbar.

Kurbelschleifen wendet man bei Waagerecht-Stoßmaschinen als schwingende oder umlaufende Schleife an, um schnellere Rücklaufzeiten zu erreichen; Kinematik s. G 9. Ermittlung der dynamischen Kräfte meist nur für Umkehrpunkte notwendig, statische Kräfte lassen sich zeichnerisch bestimmen.
In Zustellgebieten von Hobel- und Stoßmaschinen setzt man Kurbelschleifengetriebe zur schrittweisen Zustellbewegung über Klinke oder Sperrad ein. Kurbel oder Schwingzapfen sind dort verstellbar.

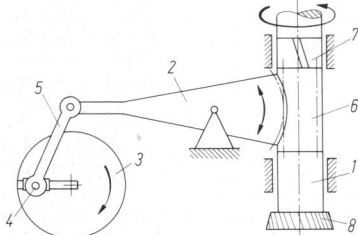

Bild 28. Antrieb der Stoßspindel *1* einer Zahnradstoßmaschine (Lorenz, Ettlingen) durch Kurbelschwinge *2*. *3* Hubscheibe (Antrieb), *4* verstellbarer Kurbelzapfen, *5* Koppel, *6* zylindrische Zahnstange, *7* Schrägführungsbuchse, *8* Schneidrad

Elektrische Getriebe

Der zur Drehzahlregelung von Gleichstrommotoren früher vielfach eingesetzte Leonardsatz hat an Bedeutung verloren und wird durch die Leistungselektronik (Thyristorantriebe) ersetzt (s. V 5). Durch die Steuer- und Regelelektronik können stufenlose elektronische Antriebe in hochgenauen Vorschubantrieben eingesetzt werden (z.B. bei Verzahnmaschinen zur Zahnradherstellung, s. **S5 Bild 22**).

Hydraulische Getriebe

Sie verwenden zur Leistungsübertragung eine unter Druck stehende Flüssigkeit, meist Öl (s. H 3). Die hydraulischen Getriebe an Werkzeugmaschinen sind fast ausschließlich hydrostatische Getriebe. Bei diesen spielt, im Gegensatz zu den hydrodynamischen Getrieben, die kinetische Energie des Flüssigkeitsstroms kaum eine Rolle. Die Flüssigkeit dient lediglich zur Übertragung der Druckkraft. Mit Flüssigkeitsgetrieben kann die Abtriebgeschwindigkeit stufenlos in weiten Grenzen verändert werden. Man erreicht gleichbleibende Arbeitsgeschwindigkeit, stoßfreies Umsteuern und kann den Öldruck auch für Spann- und Steuerbewegungen und zum Abbremsen ausnutzen.

Die angewendeten Hydropumpen und -motoren sind umlaufende Räder- oder Zellenpumpen mit gleichbleibender oder verstellbarer Liefermenge oder Kolbenpumpen mit geradem Hub; Pumpe und Motor können gleich- oder andersartig ausgebildet sein. Je nach Zusammensetzung erhält man dann drehende An- und Abtriebbewegungen oder drehenden Antrieb mit geradlinig hin- und hergehendem Abtrieb [30–32, 34].

Hydraulische Getriebe mit drehendem An- und Abtrieb. Sie werden u.a. in Räum-, Hobel- und Flächenschleifmaschinen verwendet. Pumpe und Motor sind in einem gemeinsamen Gehäuse untergebracht und meist getrennt verstellbar.

Das Leistungsverhalten eines hydraulischen Getriebes ähnelt prinzipiell dem eines elektrischen Getriebes. Wichtig sind Wahl und Gestaltung des Ölkreislaufs (s. **H3 Bild 1**).

Im *offenen Kreislauf* (**Bild 29a**) entnimmt die Pumpe den gesamten Förderstrom dem Tank, während im geschlossenen Kreislauf das Rücköl vom Motor, vermindert um das Lecköl, wieder an die Pumpe zurückgeführt wird.

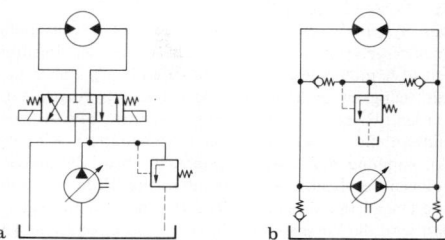

a   b

Bild 29. Ölkreisläufe. **a** offener Kreislauf mit Verstellpumpe und 4/3 Wegeventil; **b** geschlossener Kreislauf ohne Wegeventil, aber mit umsteuerbarer Verstellpumpe

Beim *geschlossenen Kreislauf* (**Bild 29b**) ist der Motor „hydraulisch eingespannt", seine Verdrehsteifigkeit ist höher als beim offenen Kreislauf. Der geschlossene Kreislauf eignet sich deshalb zum Bremsen, zur schnellen Drehrichtungsumkehr und für Vorschubantriebe, bei denen der Werkzeugtisch zu Stick-Slip-Erscheinung neigt. Wegen der notwendigen Wärmeabfuhr muß dafür gesorgt werden, daß das erwärmte Öl im Kreislauf kontinuierlich mit dem Öl aus dem Tank ausgetauscht oder durch zusätzliche Aggregate gekühlt wird.

Hydraulische Getriebe mit kreisendem An- und geradlinigem Abtrieb. Sie kommen für die Hauptbewegung in

Hobel-, Stoß-, Räum- und Flachschleifmaschinen sowie Pressen, für den Vorschubantrieb von Aufbaueinheiten und Automaten, schließlich für Hilfs- und Spannbewegungen in Vorrichtungen zum Einsatz. Ölversorgung der Zylinder durch Konstantpumpe im Drosselkreislauf oder Verstellpumpe mit Eilgangschaltung.

Drosselkreislauf **Bild 30**. Er ist mit konstant fördernder Pumpe ausgerüstet (s. H3.3.2). Feineinstellung des Ölflusses durch Drossel, freier Durchfluß bei Rücklauf des Kolbens durch Richtventil. Drossel möglichst nicht in Vorlauf einbauen, da sich Gegendruck nur über Tischkräfte aufbaut und bei schwankenden Kräften Rattergefahr besteht. Ist Drossel im Rücklauf, baut sich Gegendruck auf, der den Kolben stabilisiert (Gegendruckschaltung). Noch sicherer beherrscht man den Gegendruck, wenn man anstelle der Drossel eine Verstellpumpe als Zumeßgerät einsetzt. Drosselkreislauf ist billiger, einfach und sehr betriebssicher; jedoch schlechter Wirkungsgrad, da Differenzmenge zwischen konstant gefördertem und im Zylinder verbrauchtem Öl über Druckbegrenzungsventil abgeführt wird (Wärmeentwicklung).

Eilganggetriebe. Üblicherweise erzielt man bei Zylindern mit einseitiger Kolbenstange (**Bild 30**) mit der größten Kolbenfläche mehr Kraft und langsamere Arbeitsgeschwindigkeit v_A, mit der kleineren Ringfläche bei geringerer Kraft höhere Eilrücklaufgeschwindigkeit v_E. Soll Eilgang auch in Arbeitsrichtung wirken, setzt man zusätzliches Schaltventil ein (**Bild 31**): In Stellung *1* sind Zylinderräume miteinander verbunden, so daß Ölaustausch stattfindet und gesamte von der Pumpe geförderte Ölmenge auf kleinere Differenzfläche (entsprechend Kolbenstangenquerschnitt) wirkt. So kommt man mit geringer Ölmenge aus, daher häufig Konstantpumpe statt Verstellpumpe ausreichend (preiswerte Lösung).

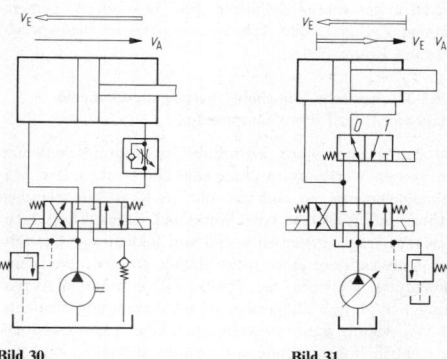

Bild 30   **Bild 31**

Bild 30. Drosselkreislauf im Gegendruckbetrieb mit 4/3 Wegeventil

Bild 31. Eilgangschaltung mit 4/3 Wegeventil und zusätzlichem 3/2 Schaltventil

Pneumatische Getriebe

Sie werden in Werkzeugmaschinen meist als Zylinder für automatische Spann-, Hilfs- und Transportbewegungen eingesetzt (s. H5 und [35]). Von Vorteil sind die einfache Installation, hohe Betriebssicherheit, hohe Arbeitsgeschwindigkeit bis 3 m/s. Nachteile: Geringe Steifigkeit der Luftzylinder, Bewegungen nicht gleichförmig bei Schwankungen von Last- und Reibkräften (Abhilfe durch hydraulische Drosselung), Zwischenpositionen schwer beherrsch-

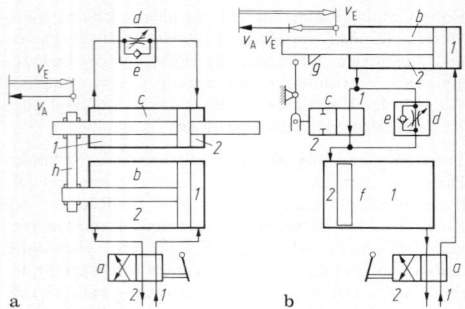

a   b

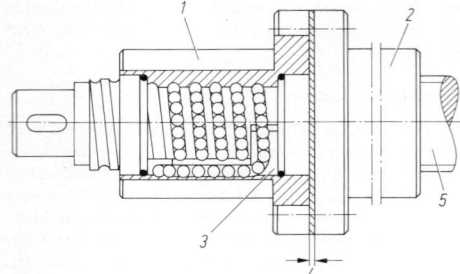

Bild 32. Pneumatisch-hydraulische Vorschubeinheiten. **a** Zylinder getrennt: *b* Luftzylinder, *c* Ölbremszylinder; **b** Zylinder gemeinsam: *b* Arbeitszylinder, *f* Druckmittelwandler; Arbeitsspiele bei **a**: langsamer Vorschub: Luft *a1-b1*-Steg *h*, Öl *c1-d-e2*; Eilrücklauf: Luft *a2-b2-h*, Öl *c2-e-c1*; Arbeitsspiele bei **b**: Eillauf: Luft *a1-b1*, Öl *b2-c1-f2*; Arbeitsvorschub: Luft *a1-b1*, Öl *b2-d-f2*; Rücklauf: Luft *a2-f1*, Öl *f2-e-b2*

bar. Hohe Verbrauchskosten bei größeren Luftzylindern, Geräuschentwicklung beim Austreten der Luft (Abhilfe: Schalldämpfer). Üblicher Netzdruck $p = 4$ bar bis 6 bar, maximal 10 bar. Kolbenkräfte $F = \eta p A_w$ mit A_w als wirksamem Querschnitt. Wirkungsgrad $\eta = 0,8...0,95$ je nach Druck und Größe des Zylinders.

Einfachwirkende Zylinder. Zum Spannen, Hebe, Auswerfen usw. Handelsüblich mit Hub bis 100 mm. Rückholung durch Feder oder Eigengewicht.

Doppeltwirkende Zylinder. Auch mit durchgehender Kolbenstange. Wird gleichmäßiger Arbeitsvorschub verlangt, so muß Pneumatik mit Hydraulik gekoppelt werden, entweder in getrennten Zylindern (**Bild 32 a**) oder in gemeinsamem Zylinder, **Bild 32 b**. Letztere Bauart beansprucht weniger Raum [33].

1.2.3 Mechanische Vorschub-Übertragungselemente
Mechanical feed drive components

Zu den mechanischen Vorschub-Übertragungselementen im System Werkzeugmaschine sind alle Bauteile und Maschinenelemente zu rechnen, die im Kraftfluß zwischen Motor und Werkzeug bzw. Werkstück liegen. Die folgenden Übertragungselemente sind von Bedeutung: Getriebe zur Umwandlung einer rotatorischen in eine geradlinige Bewegung, Getriebe zur Drehzahl-Drehmoment-Anpassung, Kupplungen, Lagerungen und Verbindungselemente. Die Auslegung dieser mechanischen Übertragungselemente trägt in hohem Maße zur Leistungsfähigkeit und Genauigkeit einer numerisch gesteuerten Werkzeugmaschine bei. Wesentliche Auslegungskriterien sind:
– hohe geometrische und kinematische Genauigkeit,
– hohe Steifigkeit und Spielfreiheit,
– hohe erste Resonanzfrequenz,
– geringe Massenträgheitsmomente und Massen der zu bewegenden Maschinenbauteile.
Hinzu kommen noch Forderungen hinsichtlich einer ausreichenden Dämpfung und einer niedrigen Reibung sowie eines linearen Übertragungsverhaltens der Bauelemente.

Gewindespindel-Mutter-Trieb

Häufigstes Maschinenelement zur Umwandlung einer rotatorischen in eine translatorische Bewegung in Vorschubantrieben von Werkzeugmaschinen. Für einfache Ansprüche sind in Werkzeugmaschinen *Trapezgewindespindeln*

Bild 33. Kugelgewindespindel mit Spielausgleich. *1* erste Kugelmutter, *2* zweite Kugelmutter, *3* Kugelumlenkung, *4* Vorbelastungs-Einstellscheibe, *5* Kugelgewindespindel

(s. G 1.6.3) mit Bronzemuttern, in modernen und hochgenauen numerisch gesteuerten Maschinen *Kugelgewindetriebe* (**Bild 33**) gebräuchlich.
Der Kugelgewindetrieb erfüllt in idealer Weise die gestellten Forderungen an das Übertragungsverhalten von Vorschubantriebskomponenten. Hierzu tragen die folgenden positiven Eigenschaften entscheidend bei:
– sehr guter mechanischer Wirkungsgrad ($\eta = 0,95$ bis 0,99) aufgrund der geringen Rollreibung ($\mu = 0,01$ bis 0,02),
– kein Stick-Slip-Effekt (Ruckgleiten),
– geringer Verschleiß und dadurch bedingt eine hohe Lebensdauer,
– geringe Erwärmung,
– hohe Positionier- und Wiederholgenauigkeit infolge Spielfreiheit und ausreichender Federsteifigkeit,
– hohe Verfahrgeschwindigkeit.
Nachteilig wirkt sich nur die geringe Systemdämpfung aus.
Da die Kugeln zwischen den Führungsnuten von Spindel und Mutter abwälzen, führen sie eine Tangential- und Axialbewegung aus. Hierdurch wird eine Rückführung der Kugeln notwendig (s. G 4).
Das System Kugelgewindetrieb kann nicht vollständig spielfrei gefertigt werden. Zur Realisierung der Spielfreiheit (d.h. minimale Umkehrspanne) und einer hohen Gesamtsteifigkeit muß der Kugelgewindetrieb vorgespannt werden. Hierzu verwendet man Doppel- bzw. Einzelmuttern. Bei Verwendung von Doppelmuttern wird die Vorspannung durch das Auseinander- bzw. Zusammendrücken der beiden Mutternhälften mit Hilfe von kalibrierten Distanzscheiben (**Bild 33**) erzielt. In Einzelmuttern wird die Vorspannung durch eine axial versetzte Anordnung der jeweiligen Kugelumläufe um einen Abstand Δl realisiert. Die Steifigkeit des Systems ist direkt von der erzeugten Vorspannkraft und der Anzahl der tragenden Gänge abhängig. Auch unter Einwirkung von äußeren Belastungen muß eine geforderte Mindestvorspannung erhalten bleiben, um die Systemsteifigkeit zu gewährleisten.
Als weitere wichtige Komponente des Kugelgewindetriebes ist die *Spindellagerung* zu nennen. Sie hat die Aufgabe, die Spindel radial zu führen und gleichzeitig die Vorschubkräfte in Axialrichtung aufzunehmen, wobei Spindelverformungen und -verlagerungen in erlaubten Grenzen bleiben müssen. Deshalb stehen bei der Auswahl einer Kugelgewindespindellagerung die Anforderungen hinsichtlich großer axialer Tragfähigkeit, hoher Steifigkeit, geringem Axialspiel, geringer Lagerreibung, hoher Drehzahl und hoher Laufgenauigkeit im Vordergrund. Je nach Einsatzfall kommt den einzelnen Kriterien noch eine besondere Bedeutung zu. Während bei großen Fräsmaschi-

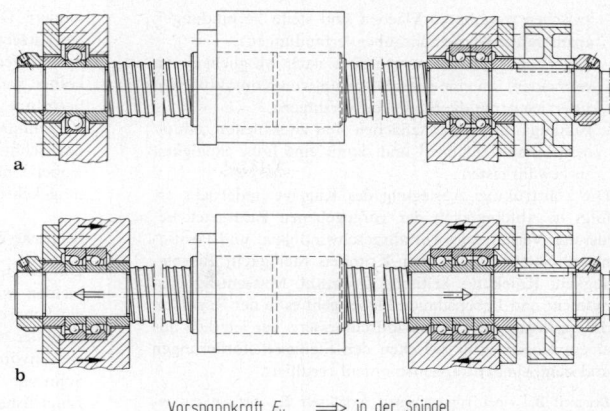

Bild 34. Lagerungsbeispiele für Kugelgewindespindeln (SKF, Schweinfurt). **a** Vorschubspindel-
lagerung für geringe Belastung, einseitig
eingespannt; **b** mit hoher Steifigkeit, beidseitig
eingespannt

Vorspannkraft F_V $\Longrightarrow$ in der Spindel
$\longrightarrow$ im Gehäuse

nen mit hohen Zerspankräften die Steifigkeit des Lagers
eine große Rolle spielt, dominiert bei Schleifmaschinen mit
geringen Belastungen die Reibung im vorgespannten Lager. Hier ist eine reibungsarme Lagerung auch bei hohen
Drehzahlen entscheidend.
Für die Gewindespindellagerung werden i.A. *Axial-
Schrägkugellager* oder *Rollen-* und *Nadellager* eingesetzt
(s. G4). Die Axial-Schrägkugellager weisen einen großen
Druckwinkel von 60° auf und können so hohe Axialkräfte aufnehmen. Aufgrund ihrer einseitigen Wirkungsweise
sind sie gegen ein zweites Lager anzustellen, das die Gegenführung übernimmt. In Kugelgewindetrieben werden
die Axial-Schrägkugellager vorzugsweise in Paaren oder in
Gruppen in X-, O- oder Tandemanordnung eingebaut, **Bilder 34** und **38 b**. Um Fluchtungsfehler zu vermeiden oder
leichter auszugleichen, wird aufgrund der kleineren Stütz-
basis der Einbau von in X-Anordnung zusammengepaß-
ten Lagern bevorzugt. Rollen- und Nadellager werden als
komplette Nadel-Axial-Zylinderrollenlager-Einheiten eingesetzt. Die Zwischenscheibe des Axiallagers übernimmt
dabei gleichzeitig die Funktion des Nadellageraußenrings.
Die Breite des Innenrings ist jeweils so auf die des Außenrings mit den zugehörigen Axial-Zylinderrollenkränzen
abgestimmt, daß eine gezielte axiale Vorspannung nach
dem Anziehen der Nutmutter erreicht wird, **Bilder 38** und
40. Beide Lagerungsarten werden mit Fett- oder Ölschmierung betrieben.
Gemäß den Belastungsanforderungen sind die Lagerungen konstruktiv unterschiedlich ausgeführt. Für geringe
Belastungen ist eine axial einseitig fest gelagerte Gewindespindel mit einem freien Ende üblich, **Bild 34 a**. Für
Vorschubantriebe mit hohen Steifigkeitsanforderungen ist
eine starre Führung der Spindel unerläßlich und es empfiehlt sich ein Einbau mit beidseitiger Einspannung, **Bild
34 b**. Hier sind die Axial-Schrägkugellager zur Erzielung
einer hohen Steifigkeit an beiden Enden als gegeneinander
angestellte Lagersätze in Tandemanordnung eingebaut.
Dadurch wird die Spindel gereckt und die Vorspannung
des Kugelgewindetriebs erhöht. Die Spindelvorspannung
ist bei starr eingespannter Spindel so groß zu wählen, daß
sie durch die Betriebskräfte und die durch Reibungswärme
bedingte Spindelausdehnung nicht aufgehoben wird.
Diese unterschiedlichen Lagerungsarten bedingen ein
axiales Steifigkeitsverhalten des Kugelgewindetriebs, das
abhängig vom Verfahrweg des Vorschubschlittens ist. Bei
der herkömmlichen Lagerung mit einem Festlager und einem Loslager nimmt die Steifigkeit der Anordnung mit

der Entfernung des Schlittens vom Festlager hyperbo-
lisch ab. Führt man die zweite Lagerstelle ebenfalls als
Festlager aus, so läßt sich eine spiegelbildlich verlaufende
Steifigkeitskurve superponieren, so daß eine symmetrische
Kurve entsteht, **Bild 35**. Die Gesamtsteifigkeit wird da-
mit bei zwei Axiallagern wesentlich größer und ist in der
Spindelmitte über einen größeren Bereich annähernd kon-
stant.
Allgemein sind bei der Auslegung von steifen Spindella-
gerungen folgende Konstruktionsregeln zu beachten:
– Nadel- und Rollenlager sind wegen ihrer Linienberüh-
 rung und somit höheren Steifigkeit Kugellagern vorzu-
 ziehen,
– Axiallager sind immer vorzuspannen,

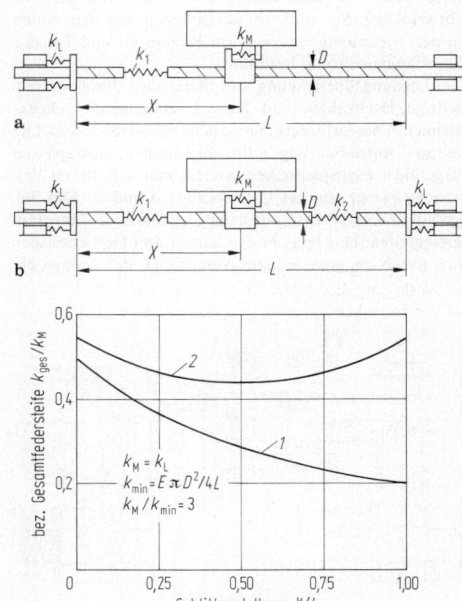

Bild 35. Steifigkeitsverhalten **c** eines Spindelantriebs mit **a** einseitigem und **b** doppelseitigem Axial-Festlager, *1* ein Axiallager, *2* mit
zwei Axiallagern

– zwischen trennbaren Flächen sind steife Verbindungen anzustreben (steife Schraubenverbindungen),
– Lager- und Zwischenringe sind nach Möglichkeit zu vermeiden, um eine geringe Anzahl von Kontaktflächen zu erzielen, die die Steifigkeit verringern,
– Passungs- und Distanzflächen sind zu schleifen, um einen hohen Traganteil und damit eine hohe Steifigkeit zu gewährleisten.

Die konstruktive Auslegung des Kugelgewindetriebs erfolgt in Abhängigkeit der vorgegebenen Parameter Belastung, Verfahrweg, Verfahrgeschwindigkeit und Positioniergenauigkeit nach den Kriterien Steifigkeit, Biegefestigkeit, Knickung, kritische Drehzahl, Massenträgheitsmoment und Lebensdauer. Dabei geht es in der Regel um die Festlegung des Spindeldurchmessers, der letztlich aus einem Kompromiß zwischen den Steifigkeitsforderungen und dem Massenträgheitsmoment resultiert.

Beispiel: Bei einer vorgegebenen Axialkraft F_{ax} beträgt das erforderliche Drehmoment der Spindel $M_{sp} = F_{ax} h / (2\pi\eta)$ mit Gewindesteigung h und Wirkungsgrad η. Für Kugelgewindespindeln beträgt $\eta = 0.8...0.95$, für Trapezgewindespindeln $\eta = 0.2...0.55$ entsprechend den Steigungswinkeln von 2° bis 16°. Die Beziehung zwischen translatorischer Geschwindigkeit v und der Drehzahl n_{sp} der Spindel lautet $n_{sp} = v/h$.

Ritzel-Zahnstange-Trieb

Bei großen Verfahrwegen, z. B. in Langdrehmaschinen, Langtischfräsmaschinen und Plattenbohrwerken, würden sich die langen Vorschubspindeln durch die Axialbelastung und das Eigengewicht stark verformen. Sie neigen zum Ausknicken. Zusätzlich besteht die Gefahr, daß die Spindel-Drehfrequenz in den Bereich der Biegeeigenfrequenz der Spindel fällt. Deshalb empfiehlt sich bei Verfahrweglängen von über 4 m der Einsatz von *Ritzel-Zahnstange-Trieben*. Durch Zusammensetzen von Zahnstangensegmenten können beliebig lange Vorschubwege realisiert werden. Die Gesamtsteifigkeit des Ritzel-Zahnstange-Triebs ist dabei immer unabhängig von der Verfahrweglänge. Sie wird im wesentlichen aus den Anteilen der Torsionssteifigkeiten von Ritzelwelle und Ritzel-/Zahnstangenpaarung bestimmt.

Die Leistungsübertragung am Ritzel ist durch extrem niedrige Drehzahlen und hohe Drehmomente gekennzeichnet. Dies erfordert zusätzliche Getriebestufen. Der gesamte Antriebsstrang sollte torsionssteif und spielfrei ausgeführt sein. Spielfreiheit erreicht man z. B. durch Verspannen zweier gleicher Getriebezüge A und B (**Bild 36**), deren Ritzel in der Endstufe in eine gemeinsame Zahnstange eingreifen. Das Spiel in den letzten drei Getriebestufen wird durch ein gegenseitiges Verspannen der Zweige eli-

miniert. Durch axiales Verschieben einer schrägverzahnten Ritzelwelle mit gegensinniger Schrägungsrichtung der beiden Verzahnungen über Tellerfedern oder Hydraulikkolben werden die letzten drei Stufen der beiden Getriebestränge verspannt, d. h. spielfrei. Dabei werden auch Verzahnungsfehler ausgeglichen. Je nach Verfahrrichtung des Schlittens erfolgt der Antrieb über Getriebezug A, wobei Getriebezug B spielfrei nachgezogen wird, oder umgekehrt.

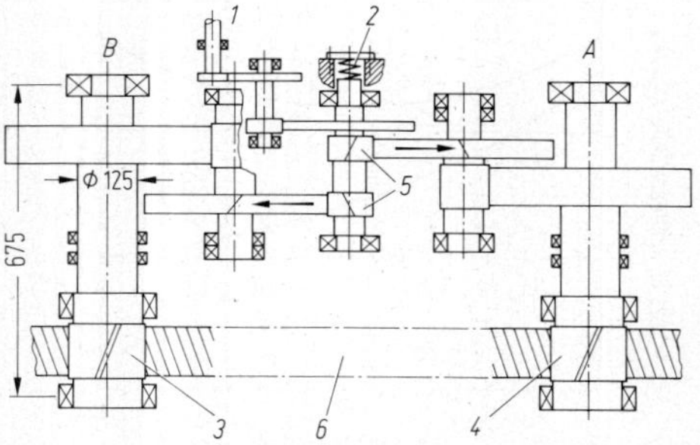

Schnecke-Zahnstange-Trieb

Um bei großen Verfahrwegen mehrstufige Getriebe zu vermeiden, wird statt des Ritzel-Zahnstange-Systems häufig ein Schnecke-Zahnstange-Trieb eingesetzt. Zur Verringerung der Reibung sind Schnecke-Zahnstange-Systeme mit einer hydrostatischen Schmierung ausgeführt, **Bild 37**. Die Schnecke ist mit Drucköltaschen versehen, die nur im Eingriffsbereich der Flanken in der Zahnstange von innen her über einen stationären Verteiler (Steuerspiegel) mit Drucköl beaufschlagt werden. Die Zahnstangenflanken sind mit Kunststoff ausgekleidet. Die sehr genaue Formgebung erfolgt im Abformverfahren durch Abdruck einer Meisterschnecke vor dem Aushärten des aufgespachtelten Kunststoffs. Die Drucköltaschen auf den Schneckenflanken werden durch Fräsen erzeugt. In neueren Konstruktionen befinden sich die Taschen in den Zahnstangenflanken, so daß diese direkt während des Abformens durch auf die Zahnstangenflanken aufgeklebte Wachsfolien wirtschaftlich hergestellt werden können. Die Druckölversorgung erfolgt weiterhin über die Schnecke.

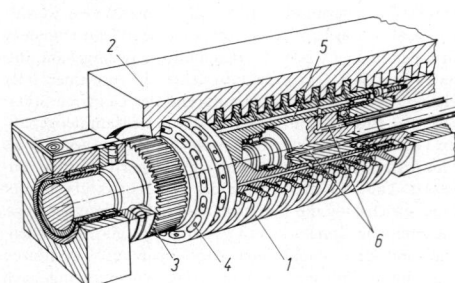

Bild 37. Hydrostatischer Schnecke-Zahnstange-Trieb (Waldrich, Coburg). *1* Schnecke, *2* Schneckenzahnstange, *3* Antriebsrad, *4* Drucköltaschen, *5* Ölverteiler, *6* Druckölzufuhr für vordere bzw. hintere Flanke

Vorschubgetriebe

In Vorschubantrieben werden zwischen Motor und Kugelgewindespindel bzw. Ritzelwelle zusätzliche *Vorschubgetriebe* eingesetzt, um die hohen Motordrehzahlen an die geeigneten Spindel- oder Ritzeldrehzahlen mit höherem Drehmoment anzupassen und die schlittenseitigen Massenträgheitsmomente bezogen auf der Motorwelle weiter zu reduzieren. Die Getriebe sollten torsionssteif, trägheitsarm und verdrehspielfrei ausgeführt sein.

Zahnradgetriebe sollen aus diesem Grund Getrieberäder mit kleinem Durchmesser besitzen, da dieser in der vierten Potenz in das Massenträgheitsmoment eingeht. Die Spielfreiheit von Zahnradgetrieben läßt sich konstruktiv einerseits durch das tangentiale Verspannen der miteinander kämmenden Zahnräder erreichen. Hierzu wird ein Zahnrad geteilt. Die beiden Hälften werden gegeneinan-

Bild 36. Spielfreier Vorschubantrieb mit Ritzel-Zahnstange-System. *A, B* Getriebezweige, *1* Antrieb, *2* Verspanneinheit, *3, 4* durch Zahnstange *6* (Abtrieb) verspannte Ritzel, *5* Verzahnungen mit positivem und negativem Schrägungswinkel

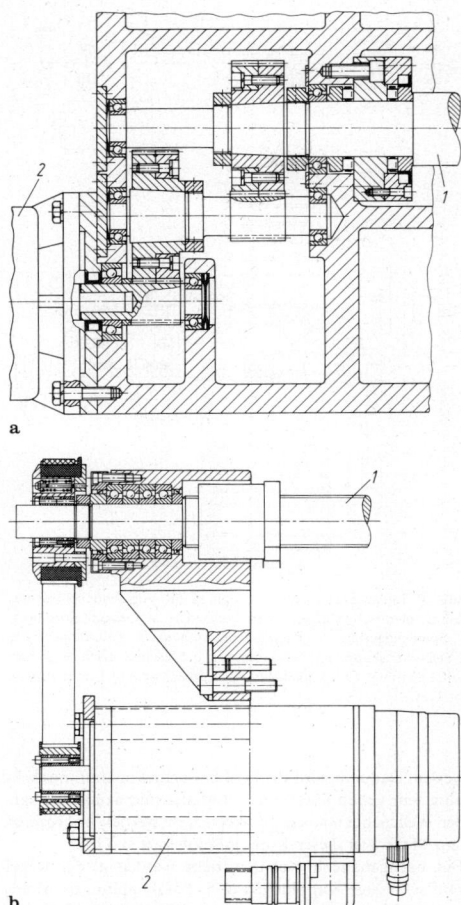

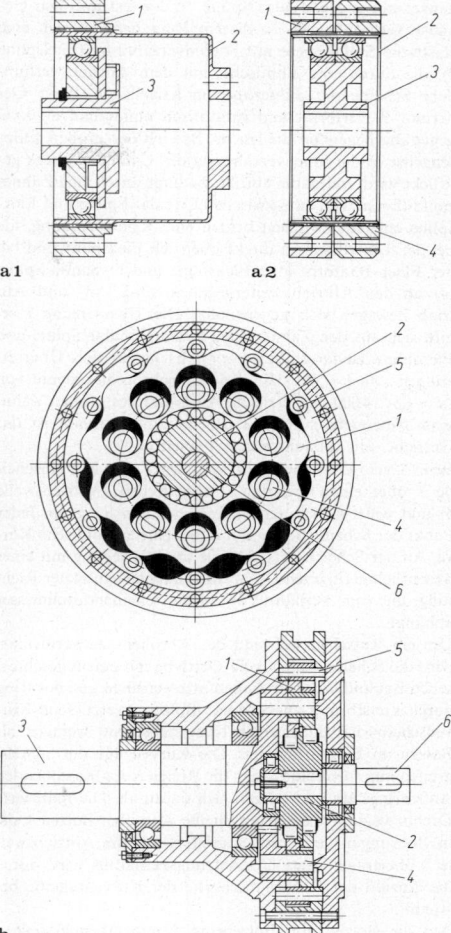

Bild 38. a Spielfreies Übersetzungsgetriebe für Vorschubspindeln (Scharmann, Mönchengladbach); **b** Vorschubantrieb einer Bettfräsmaschine mit integriertem Zahnriemengetriebe (Maho AG). *1* Vorschubspindelschaft, *2* Gleichstromstellmotor

Bild 39. Bauformen hochübersetzender Kompaktgetriebe. **a** Harmonic Drive (Harmonic Drive System GmbH, Limburg); **a**$_1$ Topf-Bauform; **a**$_2$ flache Bauform; **b** Cyclo-Getriebe (Cyclo Getriebebau Lorenz Braren GmbH, Markt Indersdorf); (Erläuterungen im Text)

der verdreht, bis sich die gewünschte Spielfreiheit mit dem Gegenrad von der Breite der beiden Zahnräder einstellt, **Bild 38a**. Andererseits besteht die Möglichkeit, die Zahnräder oder Zahnradwellen in justierbaren Exzenterbüchsen zu lagern. Durch Verdrehen der Exzenterbüchsen läßt sich der Achsabstand verändern, bis das Zahnflankenspiel eliminiert ist.

In Verbindung mit Spindel-Mutter-Systemen werden heute anstelle von Zahnradgetrieben vielfach *Zahnriementriebe* (s. G6) eingesetzt, wenn aus konstruktiven Gründen nicht auf eine zusätzliche Getriebestufe verzichtet werden kann, **Bild 38b**. Der Zahnriemenantrieb erfüllt die an in NC-Werkzeugmaschinen eingesetzten Vorschubgetriebe zu stellenden Forderungen hinsichtlich Steifigkeit, Kraftübertragung und Genauigkeit in besonders kostengünstiger Weise. Durch Zugstränge aus Glasfasern oder Stahllitzen wird eine große Zugfestigkeit, eine gute Biegewilligkeit und eine geringe Dehnung erreicht. Zur Erhöhung der Steifigkeit und zur Vermeidung von Spiel wird der Zahnriemen vorgespannt. Zur Verbesserung des dynamischen Verhaltens werden die Zahnriemenscheiben aus Aluminium gefertigt. Die hohe Materialdämpfung

des Zahnriemenwerkstoffs bewirkt eine schwingungsarme Übertragung der Motorstellbewegung. Des weiteren bietet der Zahnriementrieb aufgrund des größeren Achsabstands wesentlich günstigere konstruktive Gestaltungsmöglichkeiten. Dies führt zu Vorschubantriebskonzepten mit kleinem Einbauraum und damit kleinen Maschinenabmessungen. Aufgrund der geringen Teilezahl ist der Zahnriementrieb letztlich auch kostengünstig herzustellen. Die Spindellagerung ist bei diesem Antriebskonzept über eine hohe axiale Steifigkeit hinaus auch hinsichtlich einer hohen Radial- und Kippsteifigkeit auszulegen.

Die Sondervorschubgetriebe *Harmonic Drive* und *Cyclo* erfüllen die Forderung, eine möglichst hohe Übersetzung in einer Getriebestufe bei kompaktem Bauraum, großer Steifigkeit und koaxialem An- und Abtrieb zu erreichen. Das *Harmonic Drive*-Getriebe (**Bild 39a**) existiert als Topf-Bauform (a_1) und als Flach-Bauform (a_2). Beide bestehen im Prinzip aus einem starren zylindrischen Ring mit Innenverzahnung (Circular Spline *1*), der fest mit dem Gehäuse verbunden ist. In diesem Ring befindet sich eine elastische Stahlbüchse mit Außenverzahnung (Flexspline *2*), die durch eine elliptische, mit dem Antrieb verbundene Scheibe mit aufgezogenem Kugellager (Wave Generator *3*) verformt und rotatorisch umlaufend an zwei gegenüberliegenden Stellen im Bereich der großen Ellipsenachse in die Innenverzahnung des Circular Splines gedrückt wird und dabei abrollt. Bedingt durch eine Zähnezahldifferenz von zwei zwischen Circular Spline und Flexspline entsteht zwischen beiden eine Relativdrehung, die bei der Topf-Bauform direkt über den Flexspline und bei der Flach-Bauform über Flexspline und Dynamic Spline (*4*) an den Abtrieb weitergegeben wird. An- und Abtrieb bewegen sich gegensinnig. Die Übersetzung i ergibt sich aus den Zähnezahlen z von Circular Spline und Flexspline zu $i = z_{Fl}/(z_{Fl} - z_{Ci})$. Es lassen sich Übersetzungen von $i = 50 \ldots 320$ und Abtriebsdrehmomente von $M = 1,5 \ldots 4000$ Nm erzielen. Aufgrund des großen Zahneingriffsbereichs von 15% der Gesamtzähnezahl ist das Getriebe sehr torsionssteif und spielfrei.

Beim Cyclo-Getriebe (**Bild 39 b**) wird eine Kurvenscheibe *1* über einen Exzenter *2* angetrieben (Antriebswelle *6*) und wälzt sich in einem feststehenden Ring ab. Jeder Punkt der Scheibe beschreibt dabei eine zykloidische Kurve. An der Scheibe entsteht eine Drehbewegung mit einer wesentlich geringeren Drehzahl in entgegengesetzter Richtung, die vom Verhältnis Ring- zu Scheibendurchmesser abhängt.

Um ein Rutschen während des Abrollens zu vermeiden, wird die Scheibe beim Cyclo-Getriebe mit einem geschlossenen Zykloidenzug als Außenform versehen und der Ring durch kreisförmig angeordnete Bolzen ersetzt. Jede Kurvenscheibe hat dabei einen Kurvenabschnitt weniger, als Bolzen im Bolzenring sind. Die Kurvenzüge der Scheibe greifen nun formschlüssig in die Rollen *5* des feststehenden Außenrings ein und wälzen sich daran ab. Die reduzierte Drehbewegung der Kurvenscheibe wird über Bolzen *4*, die in Bohrungen derselben eingreifen, auf die Abtriebswelle *3* übertragen. Das Übersetzungsverhältnis wird durch die Anzahl der Kurvenabschnitte der Kurvenscheibe bestimmt.

Auf die Bolzen von Bolzenring *5* und Abtriebswelle *3* sind Rollen aufgesetzt, die eine rein wälzende Kraftübertragung zwischen Kurvenscheibe und Bolzenring *5* sowie Kurvenscheibe und Mitnehmerbolzen *4* der Abtriebswelle bewirken. Dadurch werden Reibungsverluste, Geräuschentwicklung und Verschleiß auf ein Minimum reduziert. Zum Massenausgleich ist das Getriebe mit zwei um 180° versetzten Kurvenscheiben versehen, die über einen Doppelexzenter angetrieben werden.

Anwendung finden diese hochübersetzenden Kompaktgetriebe als Zwischengetriebe in Vorschubantrieben oder zum Antrieb von Drehtischen, Werkzeugmagazinen und Werkzeugwechslern. Darüber hinaus stellen die Kompaktgetriebe eine wesentliche Komponente in Gelenkantrieben von Robotern dar. Hier spielen die Kriterien große Übersetzung bei kleinstem Bauraum, Koaxialität, hohe Dynamik, geringes Spiel, hohe Verdrehsteifigkeit und hohe Überlastbarkeit zur Realisierung hochdynamischer, extrem spielarmer Antriebe mit hoher Positionier- und Wiederholgenauigkeit eine besondere Rolle.

Kupplungen

Zur Verbindung von zwei Wellenenden, insbesondere von Motorwelle und Kugelgewindespindel in Vorschubantrieben, werden spezielle biegeweiche Kupplungen eingesetzt, die jedoch in Umfangsrichtung eine hohe Steifigkeit auf-

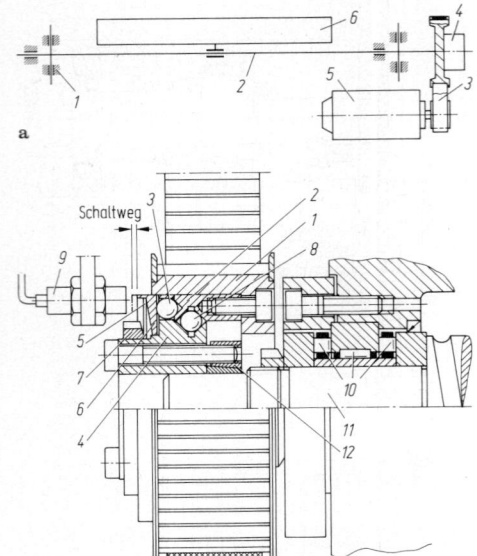

Bild 40. Integrierte Sicherheitskupplung für Vorschubantriebe mit Zahnriementrieb (Jakob, Kleinwallstadt). **a** Gesamtanordnung, *1* Spindellagerung, *2* Kugelgewindespindel, *3* Zahnriementrieb, *4* Sicherheitskupplung, *5* Servomotor, *6* Maschinentisch; **b** Sicherheitskupplung, *10* Spindellager, *11* Spindel, weitere Erläuterungen im Text

weisen. Dadurch wird die Drehbewegung in Umfangsrichtung sehr genau übertragen. Radialer und axialer Versatz der Wellenenden sowie Winkelversatz werden in begrenztem Maße von dieser Kupplung toleriert (s. G 3).

Für hochgenaue Vorschubantriebe werden in der Regel kraftschlüssige Kupplungen (z. B. Balgkupplungen, Membrankupplungen) verwendet. Sie erfüllen die hohen Anforderungen hinsichtlich Torsionssteifigkeit, Spielfreiheit und kleinem Massenträgheitsmoment am besten. Ihre konstruktive Auslegung erfolgt nach dem zu übertragenden Drehmoment, dem Wellendurchmesser und der Torsionssteifigkeit.

Zur wirksamen *Absicherung* von NC-Werkzeugmaschinen gegen Überlast- und Kollisionsschäden infolge von Werkzeugbruch, Programmier- oder Bedienfehlern werden Sicherheitskupplungen eingesetzt, die das wirksame Drehmoment in einem Antriebsstrang auf einen Höchstwert begrenzen. Bei Überschreiten dieses Werts wird der Kraftfluß unterbrochen, um die gefährdeten Bauteile zuverlässig gegen Schäden zu schützen.

Sicherheitskupplungen werden als federbelastete Reib- und Formschlußkupplungen ausgeführt. Bei Spindel-Mutter-Antrieben mit vorgelagertem Zahnriementrieb werden sie häufig in die spindelseitige Zahnriemenscheibe integriert. Die Kupplung ist auf den Wellenzapfen der Kugelgewindespindel aufgesteckt und über ein Konusspannelement *12* reibschlüssig und spielfrei mit dieser verbunden, **Bild 40**.

Im Normalbetrieb erfolgt die Drehmomentübertragung bei der Formschlußkupplung von der Zahnriemenscheibe *1* und der mit ihr verschraubten Flanschring *2* über die Kugeln *3* auf die Nabe *4*. Die Kugeln werden dabei in den eng tolerierten Durchgangsbohrungen der Nabe geführt und durch die Tellerfeder *5* und Schaltscheibe *6* axial in die kegelförmigen Kalotten des Flanschrings gedrückt. Mit Hilfe der Einstellmutter 7 wird die Tellerfeder 5 vorgespannt. Man kann auf diese Weise das übertragbare Moment den jeweiligen Betriebsbedingungen anpassen. Bei Überlast verdreht sich die Nabe gegenüber dem Flanschring, wobei die Kugeln entgegen der Tellerfederkraft aus den kegelförmigen Kalotten des Flanschrings herausgedrückt werden. Das Vierpunktlager 8 übernimmt die Lagerfunktion zwischen laufender Riemenscheibe und stillstehender Nabe. Der Kraftfluß ist auf diese Weise unterbrochen. Die Kupplung rutscht so lange durch, bis das Drehmoment wieder unter den eingestellten Grenzwert abgefallen ist. Dann rastet sie selbsttätig wieder ein. Über den Näherungsschalter 9 wird die Überlastung sofort erkannt, so daß der Antrieb abgeschaltet werden kann.

Kollisionskraftberechnung und -abschätzung. Die Anordnung der Sicherheitskupplung im Kraftfluß hängt einerseits von der Lage der zu schützenden Bauteile und andererseits von der Lage der Maschinenkomponenten ab, die die hohen Kollisionskräfte verursachen. Diese Kräfte werden im wesentlichen durch zwei Mechanismen hervorgerufen: zum einen werden im Kollisionsfall bei der plötzlichen Verzögerung einer Maschinenachse Massenkräfte frei, die von der kinetischen Energie der bewegten Maschinenbauteile (z.B. Schlitten, Werkstück, Spindel, Motor …) bestimmt werden. Zum anderen erhöht sich das Motormoment im Kollisionsfall je nach Motortyp kurzzeitig bis etwa auf das 3- bis 10fache Nennmoment. Massenkräfte und Spitzenmoment des Motors addieren sich zur resultierenden Gesamtkollisionskraft, die zu elastischen Verformungen, im ungünstigsten Fall auch zu bleibenden Deformationen bzw. zu Brüchen der im Kraftfluß liegenden Maschinenbauteile führt. Eine Abschätzung der Gesamtkollisionskraft kann durch ein Simulationsmodell vorgenommen werden.

1.3 Gestelle. Frames

1.3.1 Anforderungen, Bauformen. Requirements, types

Gestelle und Gestellbauteile sind die *tragenden* und *stützenden Grundkörper* der Werkzeugmaschinen [36]. Sie tragen und führen die zur Relativbewegung zwischen Werkstück und Werkzeug erforderlichen Bauteile, z.B. Supporte, Getriebe, Motoren und Steuerorgane. Formgebung und Grobabmessungen dieser Bauteile werden durch den *Arbeitsraum,* die Höhe der *Prozeßkräfte* und durch die geforderte *Genauigkeit* (Steifigkeit) bestimmt. Ferner muß Zugänglichkeit der Maschine für Bedienung, Wartung und Montage gewährleistet sein.

Aus fertigungs- und montagetechnischen Gründen werden vielfach die Gestelle selbst aus mehreren Einzelteilen gefertigt, an den Fügestellen miteinander verschraubt, in Einzelfällen auch verklebt. Gestelle bestehen aus *Betten, Ständern, Tischen, Konsolen* und *Querbalken.* Beispiele für Werkzeugmaschinen-Gestelle s. T4.2.2 und T5.

Der *Aufbau* des Maschinenbetts sowie die *Lage* der Arbeitsspindel sind wichtige konstruktive Merkmale von Drehmaschinen, **Bild 41**. Drehmaschinen in Flachbettausführung 1 werden hauptsächlich bei Großdrehmaschinen (Walzendrehmaschinen) eingesetzt. Die Schrägbettbauweise 2 läßt die heißen Späne und das Kühlschmiermittel aus dem Arbeitsraum herausfallen bzw. -fließen, so daß hier die Gefahr eines Spänestaus und einer thermischen Belastung des Maschinenbetts gegenüber anderen Bauformen nicht so groß ist. Frontbettdrehmaschinen 3 eignen sich besonders gut für die Bearbeitung von Futterteilen mit ei-

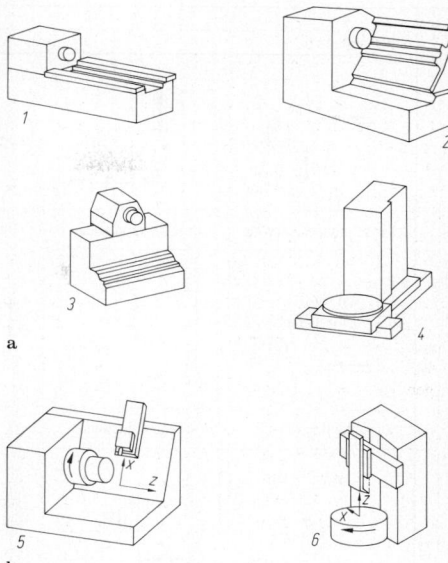

Bild 41. Klassifizierung von Drehmaschinen nach ihren Gestellbauformen. **a** Bettformen; **b** relative Lage zwischen Werkzeug und Werkstück (Erläuterungen im Text)

nem automatisierten Werkstückwechsel. Den Vorteil einer günstigen Werkstückaufnahme von Großbauteilen – ohne Biegebeanspruchung der Spindel – bieten Senkrechtdrehmaschinen in Ständerbauweise 4. Die Spindel (Werkstück) kann parallel 5 und senkrecht 6 zum Fundament liegen.

Bild 42 zeigt die wichtigsten Bauformen horizontaler und vertikaler Bohr- und Fräsmaschinen, gegliedert nach ihren Gestellbauformen (*Konsole, Bett, Portal*) und der Anzahl Achsen im Werkzeugträger bzw. Werkstückträger. Wegen der in lotrechter Richtung zu bewegenden Massen findet die *Konsolständerbauweise* nur bei kleineren Werkzeugmaschinen Anwendung. Für die Bearbeitung schwerer Werkstücke kommen *Bettfräsmaschinen* zum Einsatz. Im Gegensatz zur Konsolfräsmaschine ruht bei dieser Bauart der Tisch auf einem starren Maschinenbett. Bei den Bettbauformen unterscheidet man zwischen *Kreuztischbauweise* und *Kreuzbettbauweise.* Von Kreuztischbauweise spricht man immer dann, wenn der Werkstückträger, also der Tisch, zwei zueinander senkrechte Bewegungsrichtungen ausführt. Da der Kreuztisch auf den breiten Führungsbahnen des Betts liegt, zeichnet sich diese Bauform durch eine hohe statische und dynamische Steifigkeit aus. Als Kreuzbettbauweise bezeichnet man die Ausführungen, bei denen zwei senkrechte Vorschubbewegungen auf dem Bett realisiert werden, wobei die eine der werkzeugtragenden Baugruppe (meist Ständer) und die andere der werkstücktragenden Baugruppe (meist Tisch) zuzuordnen ist.

Eine besonders stabile und für höhere Zerspanleistung bei großflächigen Werkstücken geeignete Bauform stellt die *Portalbauweise* dar (auch Zweiständerbauweise mit Querhaupt genannt). Sie gibt es in zwei Ausführungen. Die *Langtischausführung* (**Bild 42 b**) ist mit einem in einer Richtung verfahrbaren Tisch ausgestattet. Das Bett ist doppelt so lang wie der Tisch. Alle Koordinatenbewegungen senkrecht zur Vorschubbewegung des Tisches

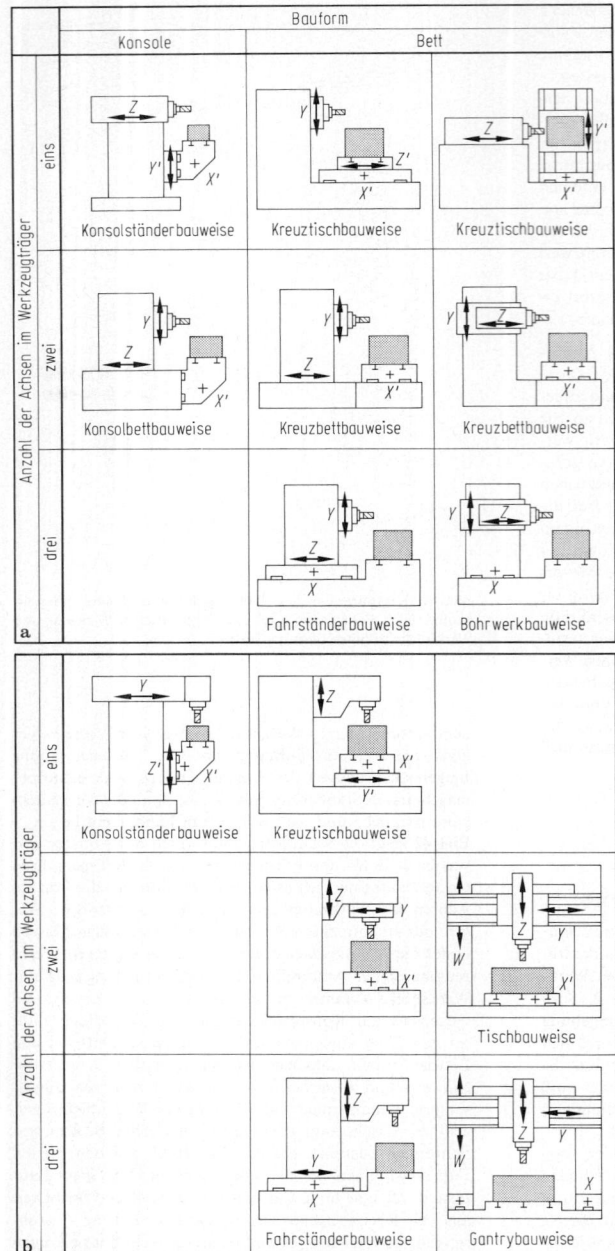

Bild 42. Bauformen von Bohr- und Fräsmaschinen. **a** horizontale; **b** vertikale Bauform

werden vom Werkzeug ausgeführt. Demgegenüber steht die „*Gantry*"-*Bauweise* mit ortsfester Aufspannplatte und verfahrbarem Portal. Der Vorteil dieser Ausführung besteht darin, daß die gesamte Maschine nur noch so lang sein muß, wie das längste zu bearbeitende Werkstück bzw. die Aufspannplatte. Maschinen mit verfahrbarem Tisch benötigen die doppelte Länge. Sowohl hohe Genauigkeit für die Fertigbearbeitung, als auch hohe Spanleistung für die Vorbearbeitung sind die Anforderungen, die an die

beiden zuletzt aufgeführten Maschinengestellbauformen gestellt werden.

Eine Unterteilung von Kurbel- und Exzenterpressen kann ebenfalls nach den Gestellbauformen erfolgen (s. T 3 und T 4). Hier unterscheidet man offene, ausladende *C-Gestelle* und geschlossene *O-Gestelle* in Zweiständerausführung. Die C-Gestelle haben den Nachteil, daß sie sich durch die Umformkraft aufbiegen (**Bild 43 a**), wobei Fluchtungsfehler in den Werkzeughälften auftreten können. Dafür ist je-

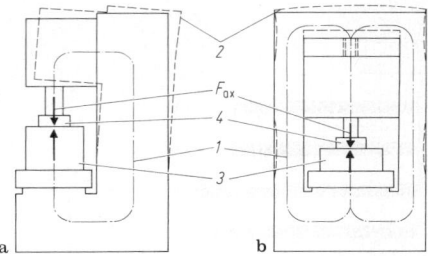

Bild 43. a Einständer- und **b** Zweiständermaschine. *1* Kraftfluß- und *2* Verlagerungskennlinien, *3* Werkstück, *4* Werkzeug, F_{ax} axiale Komponente der Bearbeitungskraft

doch die Zugänglichkeit zum Arbeitsraum von drei Seiten gewährleistet. Geschlossene Gestellbauformen (**Bild 43 b**) werden ab mittleren Baugrößen und vor allem immer dann eingesetzt, wenn das Werkzeug bei den während des Umformvorgangs auftretenden Kräften eine besonders steife und genaue Führung verlangt.

1.3.2 Werkstoffe für Gestellbauteile. Materials for frames

Als Werkstoff für Gestelle und Gestellbauteile wird sowohl *Stahl* und *Stahlguß* als auch *Grauguß* verwendet. In jüngster Zeit wird zunehmend für kleinere Maschinengestelle auch *Reaktionsharzbeton* eingesetzt. **Tab. 1** zeigt die wichtigsten physikalischen Eigenschaften der genannten Gestellwerkstoffe.

Vorteile des Stahlbaus: Bei etwa zweifachem Elastizitätsmodul gegenüber Grauguß Werkstoffersparnis, daher geringes Gewicht; keine Modellkosten, daher besonders für Einzelausführungen geeignet. Man unterscheidet beim Stahlbau zwischen der *Platten-* und der *Zellenbauweise*. Die erste lehnt sich an Guß-Ausführungsformen an. Platten oder Formstücke aus dicken Walzblechen werden unter Einfügung von Rippen zu Gestellen zusammengeschweißt. Häufig zu finden bei Pressen, Scheren und ähnlichen Maschinen, wenn Festigkeit von Grauguß nicht mehr ausreicht. Bei *Zellenbauweise* besteht Rahmen aus Vielzahl einzelner, aus dünnen Blechen gebildeter aneinandergeschweißter Zellen. Man erzielt bei wesentlicher Ersparnis an Gewicht große Starrheit. Durch den geringen Materialeinsatz ist die Wärmekapazität entsprechend kleiner. Daher größere Gefahr des thermoelastischen Verformens gegeben (s. T 1.1.2).

Vorteile des Grauguß: Leichte, vielseitige Möglichkeiten für das Gestalten, hohe Dämpfungsfähigkeit, gute Gleiteigenschaften als Führungsbahnen, gute Bearbeitungsmöglichkeiten, hohe Formbeständigkeit. Die Vorteile werden gesteigert durch Verwenden von Sondergußeisen mit guten Gießeigenschaften bei unterschiedlichen Wanddicken und hoher Festigkeit ($R_m = 400 \, \text{N/mm}^2$ und mehr), ferner durch Sphäroguß mit hohem Elastizitätsmodul.

Kleine und mittelgroße ($< 5 \, \text{m}$) Gestellbauteile, insbesondere Maschinenbetten, werden heute auch aus *Reaktionsharzbeton* gebaut.

Vorteile des Reaktionsharzbetons: Noch höhere Dämpfung als z.B. Grauguß und damit höhere dynamische Stabilität. Niedrigere Wärmeleitfähigkeit und größere Wärmekapazität als die anderen Werkstoffe, daher unempfindlich gegen kurzzeitige Temperaturschwankungen. Vielseitige Gestaltungsmöglichkeiten. Eingußteile, z.B. Spannflächen zum späteren Anschrauben von Abdeckungen, Motoren, Spindelkästen etc., können so positioniert werden, daß später keine Nacharbeiten erforderlich sind; Rohre, Kabel- und Schlauchführung für die Energieversorgung können in den Guß direkt eingelegt werden; einfache Möglichkeiten Formen modular aufzubauen; einfache und rasche Änderungsmöglichkeiten der Formen und damit auch schnelle Verfügbarkeit des Abgusses nach einer Konstruktionsänderung. Genau zu positionierende Teile (z.B. Führungsbahnen) werden später in vorbereitete Nuten bzw. Aussparungen mit einem Mörtel eingeklebt [37]. Beispiel: **Bild 44**.

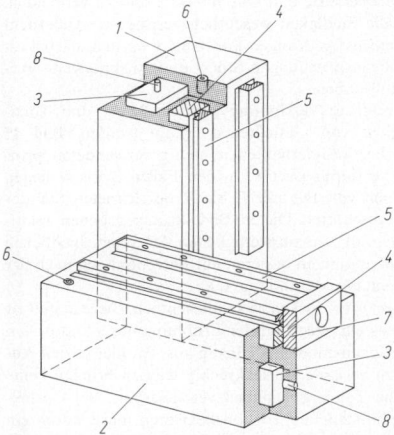

Bild 44. Maschinengestell aus Reaktionsharzbeton. *1* Maschinenständer aus Reaktionsharzbeton, *2* Maschinenbett aus Reaktionsharzbeton, *3* Kern aus Polyurethanschaum, *4* Schraubleiste (nachträglich eingeklebt), *5* Führungsbahnen (aufgeschraubt), *6* Gewindebuchse, *7* Lagerflansch (nachträglich eingeklebt), *8* Rohr zum Halten des Kerns

1.3.3 Gestaltung der Gestellbauteile
Embodiment design of structural components (frames)

Die Gestaltung der Gestellbauteile wird von der Forderung nach *statischer* und *dynamischer Steifigkeit* und möglichst *geringem Werkstoffeinsatz* bestimmt. Man baut daher starr und leicht, indem man das Trägheitsmoment

Tabelle 1. Physikalische Werkstoffeigenschaften für Gestellwerkstoffe von Werkzeugmaschinen [37]

Werkstoff	Elastizitäts-modul	Spezifisches Gewicht	Wärmeaus-dehnungs-Koeffizient	Spezifische Wärme-kapazität	Wärmeleit-fähigkeit	Festigkeits-bereich
	E in N/mm²	γ in N/dm³	α in 1/K	C in J/(gK)	λ in W/(mK)	σ in N/mm²
Stahl	$2,1 \cdot 10^5$	78,5	$11,1 \cdot 10^{-6}$	0,45	14…52	400…1300
Guß GGG	$1,7 \cdot 10^5$	74,0	$9,5 \cdot 10^{-6}$	0,63	29	400… 700
Grauguß	$0,8…1,4 \cdot 10^5$	72,0	$9,0 \cdot 10^{-6}$	0,54	54	100… 300
RH-Beton	$0,4 \cdot 10^5$	23,0	$10…20 \cdot 10^{-6}$	0,9…1,1	1,5	10… 15

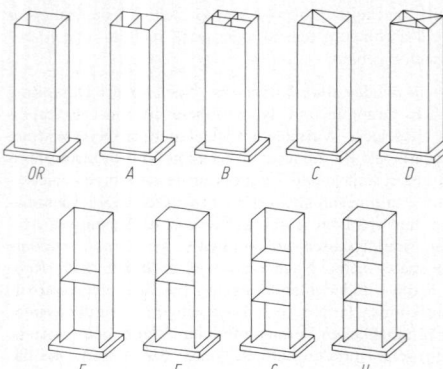

Bild 45. Verrippungsarten von Ständern

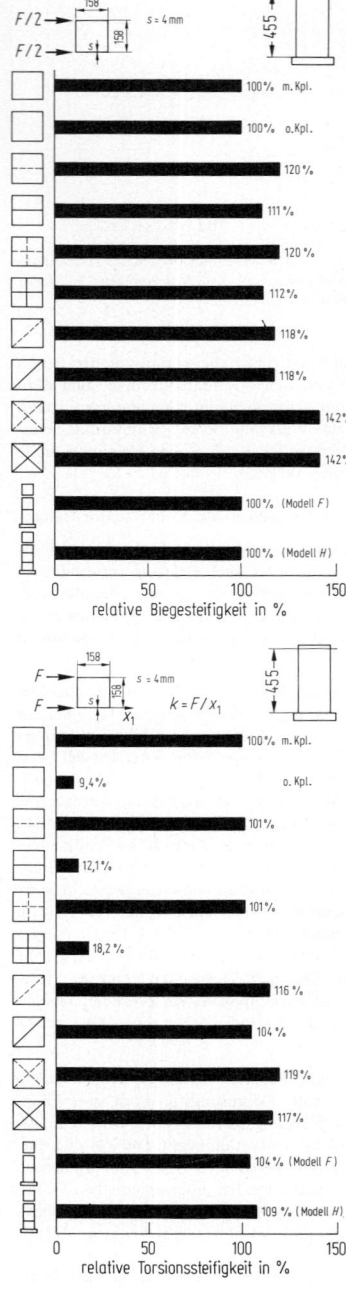

durch geeignetes Ausbilden des Querschnitts vergrößert. Offene Querschnitte und Durchbrüche sind zu vermeiden, da diese die Steifigkeit wesentlich verringern. Außerdem sollte möglichst gedrungen konstruiert werden, da bei allen Biegebeanspruchungen Stütz- und Auskragweite großen Einfluß haben.

Durch geeignete Verrippung können Biege- und Torsionssteifigkeit von Gestellteilen erhöht werden. **Bild 45** zeigt die bei Ständerbauteilen häufig verwendeten prinzipiellen Verrippungsarten. In den Fällen *A* bis *D* liegen Längsrippen vor. Die mit *E* bis *H* bezeichneten Ständer sind quergeschottet. Die in **Bild 46** angegebenen relativen Biege- und Torsionssteifigkeiten der unterschiedlichen Ständerverrippungen basieren auf Berechnungen nach der Finite-Elemente-Methode (s. C 8).

Die *Längsrippen* wirken sich hinsichtlich Biegesteifigkeit des Bauteils entsprechend der Erhöhung des äquatorialen Flächenträgheitsmoments günstig aus. Parallel zu den Außenwänden verlaufende senkrechte Rippen bringen keine wesentliche Torsionssteifigkeitsverbesserung. Bei Gestellbauteilen entsteht die Torsionsbelastung meist durch ein an den Führungsbahnen angreifendes Kräftepaar, das eine starke Querschnittsverzerrung verursachen kann. Zur Verhinderung dieser Querschnittsverzerrung bieten sich bei den Längsrippen insbesondere Diagonalrippen an.

Horizontale Rippen (Querschotten und Kopfplatten) bewirken ebenfalls eine wirksame Behinderung der Querschnittsverzerrung bei Torsionsbelastung durch ein Kräftepaar. Auf die Biegesteifigkeit haben horizontale Rippen praktisch keinen Einfluß, sie können aber eine wesentliche Versteifung der Wände gegen lokales Ausbeulen und Verbiegen bewirken und damit auch einen Beitrag zur Verhinderung der lokalen Verformungen an den Krafteinleitungsstellen leisten.

Beispiel: Bild 47 zeigt einen Ständer mit Rechteckquerschnitt, dessen Wände zellenartig verrippt sind. Da der Ständerinnenraum zur Aufnahme eines Gegengewichts freibleibt, sind zur Erhöhung der Torsionssteifigkeit durchbrochene Querschotten vorgesehen. Längsrippen erhöhen die Biegesteifigkeit. Die Führungsbahnen liegen nicht im Bereich der Seitenwände, sondern werden über die Querschotten abgestützt. Runde Querschnitte sind besonders torsionssteif und weisen bei Beanspruchung keine Verzerrungen auf; Formherstellung ist allerdings schwierig.

Beispiel: Bild 48 zeigt die Gußkonstruktion des verfahrbaren Ständers einer Wälzfräsmaschine. Die Querschotten und die diagonalen Längsrippen sorgen für eine ausreichende Biege- und Torsionsstei-

Bild 46. Relative Biege- und Torsionssteifigkeiten bei verschiedenen Verrippungen (FEM-Rechnungen)

figkeit des Ständers. Die Anbindung der diagonalen Längsrippen an die Vorderwand im Bereich der Führungsbahnen gewährleistet zum einen eine gleichmäßige Verteilung der Belastungen von den Führungsbahnen in den gesamten Ständer und verhindert zum anderen zu große lokale Verformungen an den Krafteinleitungsstellen.

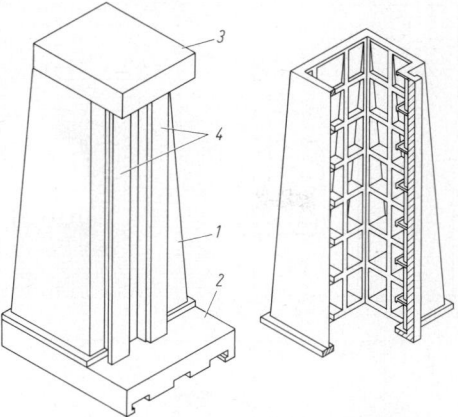

Bild 47. *1* Ständer einer Horizontal-Bohr- und Fräsmaschine mit Verrippung, *2* Bettschlitten, *3* Kopfplatte bzw. Haube, *4* Führungsbahnen für Spindelkasten

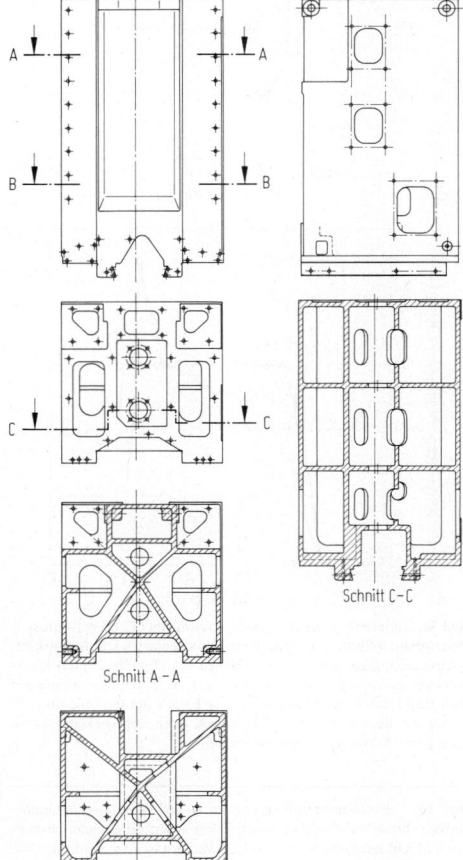

Schnitt C–C

Schnitt A–A

Schnitt B–B

Bild 48. Maschinenständer mit Diagonalverrippung und Querschotten

1.3.4 Berechnung und Optimierung
Calculation and optimization

Ein entscheidendes Hilfsmittel zur wirksamen Voraussage des Verhaltens einer Maschine im Konstruktions- und Entwicklungsstadium ist die Rechnertechnik. Für den Rechnereinsatz ist eine leistungsfähige Anwendersoftware Voraussetzung. Die allgemein anwendbare Berechnungssoftware zur Ermittlung des mechanischen Verhaltens von Gestellbauteilen hinsichtlich Statik, Dynamik, Thermik sowie Spannungsanalyse sind Programme, die auf der Finite-Elemente-Methode (FEM) basieren (s. C8). Mit dieser Methode lassen sich statische und dynamische Verlagerungen bzw. Nachgiebigkeiten und Steifigkeiten, Eigenfrequenzen und auch Temperaturverteilungen bei vorgegebenen Wärmequellen sowie thermoelastische Verformungen berechnen. Die Durchführung einer Strukturanalyse mit der FEM besteht aus den Phasen *Datenaufbereitung* (Preprocessing), *Berechnung* und *Ergebnisauswertung* (Postprocessing).

Für die Strukturanalyse gewinnen Optimierungsstrategien, basierend auf der Finite-Elemente-Methode, zunehmend an Bedeutung. Derartige Programmsysteme dienen zur Optimierung von Gewicht und Steifigkeit mechanischer Strukturen sowie zur Minimierung von Spannungsspitzen auf den Rändern von Ausrundungen. Sie sind in der Lage die geometrischen Bauteilparameter, z.B. Wandstärken, innerhalb bestimmter Grenzen automatisch zu variieren, so daß das Optimierungsziel (Optimum) erreicht wird. Dabei muß in jedem Iterationsschritt eine vollständige FEM-Analyse berechnet werden. Bei spanenden Werkzeugmaschinen ist es ein wesentliches Ziel, die während der Bearbeitung auftretenden Verformungen an der Bearbeitungsstelle so klein wie möglich zu halten. Dies führt zu der Forderung Gestellbauteile spanender Werkzeugmaschinen hinsichtlich maximaler Steifigkeit bei vorgegebenem Gesamtgewicht zu optimieren.

Beispiel: Bild 49 zeigt den verfahrbaren Ständer einer Bohr- und Fräsmaschine. Ziel dieser Optimierung war die Minimierung der Verformungen an dem Strukturpunkt *P* im Bereich der rechten Führungsbahn. Entsprechend der Bearbeitungskraft wirken auf den Ständer die eingezeichneten Belastungen, die eine leichte Biegung und eine starke Torsion des Ständers zur Folge haben. Als Optimierungsparameter wurden die Außen- und Rippenwandstärken des Ständers definiert. Da der Ständer als Schweißkonstruktion ausgeführt wurde, durften die Optimierungsparameter nur die unter Restriktionen aufgeführten acht diskreten Wandstärken zwischen 8 und 40 mm annehmen. In **Bild 49c** ist die Wandstärkenverteilung vor und nach der Optimierungsrechnung bei vorgegebenem Materialeinsatz (Gewicht) als Balkendiagramm dargestellt. Die Auswirkungen der Umverteilung des Materialvolumens auf die Verformungen der Führungsbahnen des Ständers zeigt **Bild 49d**. Bei Einsatz eines dualen Optimierungsalgorithmus (Universität Lüttich, Fleury, Braibant), ergaben sich Verformungsverminderungen bis zu 17% der Ausgangsstruktur.

Bei Umformmaschinen, z.B. Pressen, bei denen neben einer genügenden Steifigkeit die Spannungen im Bauteil im Vordergrund stehen, sind insbesondere lokale Spannungsüberhöhungen zu beachten, die sich infolge Kerbwirkung bei unstetigen Querschnittsübergängen (Bohrungen) ausbilden. Sie führen nicht selten zum Versagen einer ganzen Maschine.

Beispiel: Bild 50 zeigt die Optimierung der Ausrundungsform einer C-Gestell-Presse zur Minimierung von Spannungsspitzen auf dem Rand der Ausrundung. Es wird deutlich, daß die Spannungsspitze bei 235° um etwa 30% abgebaut werden konnte.

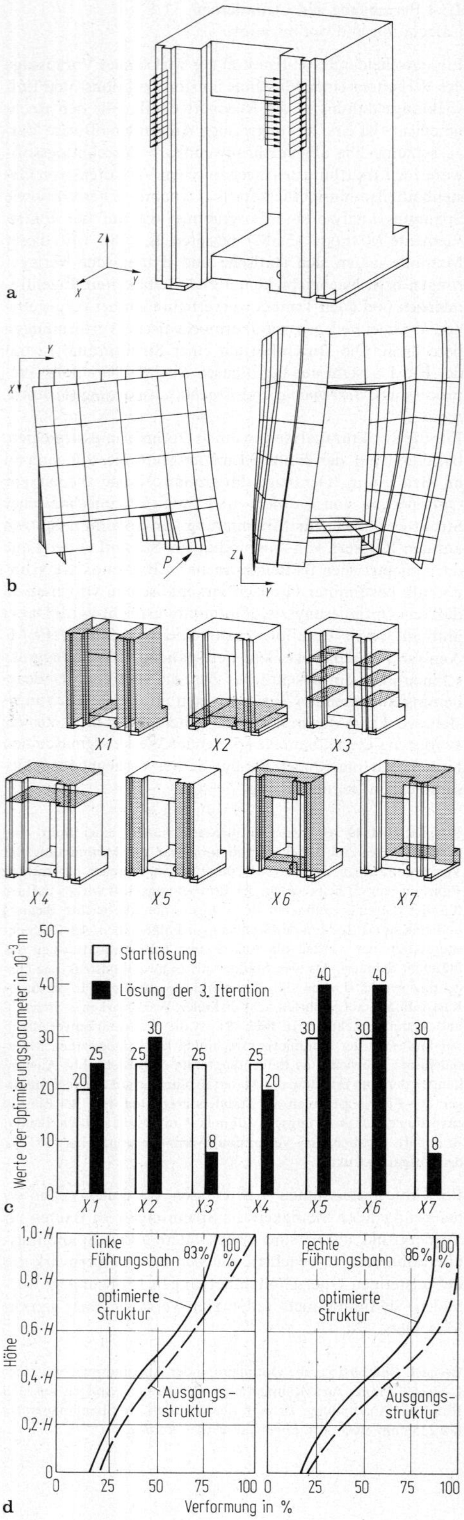

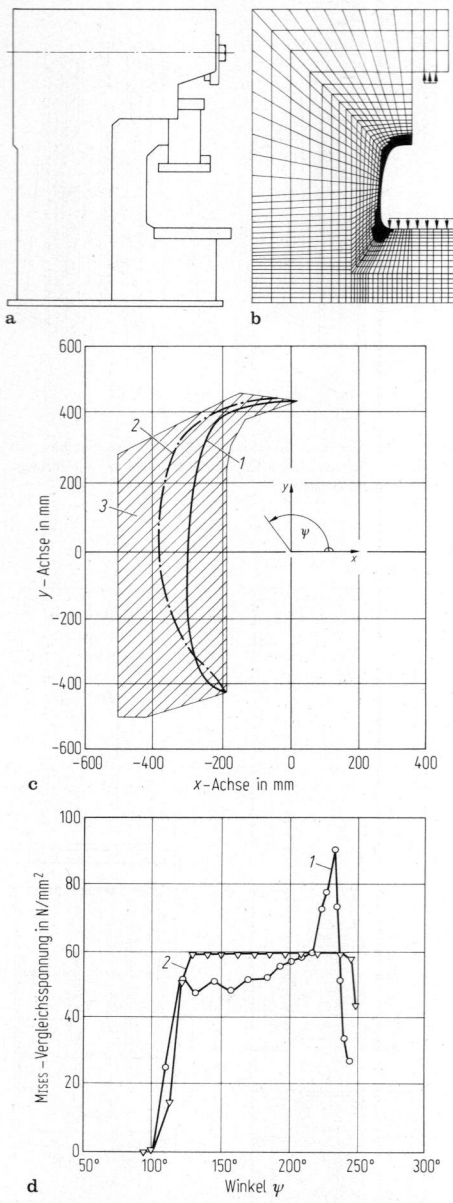

a

b

X1   X2   X3   X4   X5   X6   X7

□ Startlösung
■ Lösung der 3. Iteration

Werte der Optimierungsparameter in 10^{-3} m

c

d

linke Führungsbahn   83% 100%/%

optimierte Struktur

Ausgangs-struktur

rechte Führungsbahn   86% 100%/%

optimierte Struktur

Ausgangs-struktur

Höhe

Verformung in %

y – Achse in mm

x-Achse in mm

Mises – Vergleichsspannung in N/mm²

Winkel ψ

Bild 50. Optimierung der Ausrundungsform einer C-Gestell-Presse. **a** Prinzipbild; **b** Finite-Elemente-Netz (Streckenlasten jeweils 800 kN); **c** Ausrundungskurven vor (1) und nach der Optimierung (2) innerhalb des zulässigen Variationsgebiets (3); **d** Spannungsverläufe auf dem Rand der Ausrundung vor (1) und nach der Optimierung (2), wobei die Berandung über den Winkel ψ in abgewickelter Form (gegen den Uhrzeiger) aufgetragen ist

Bild 49. Verformungsminimierung an einem Werkzeugmaschinen-ständer durch Wandstärkenvariation bei gleichbleibendem Gesamt-gewicht. Optimierungsziel: Minimale Verformung an Strukturpunkt P; Restriktionen: gleiches Gewicht, Verwendung der Blechdicken 8, 10, 12, 15, 20, 25, 30, 40 mm; **a** Prinzipskizze; **b** verformte Strukturen; **c** Optimierungsparameter X1 bis X7; **d** Verformungen der Führungsbahnen (im Raum)

1.4 Führungen
Linear and rotary guides and bearings

Führungen an Werkzeugmaschinen haben die Aufgabe, den zur Ausführung der Schnitt- und Vorschubbewegungen bestimmten Bauteilen wie Schlitten, Spindelkasten, Pressenstößel, Pinolen usw. eine exakte, lineare Bewegungsbahn zu geben. Ferner sind Gewichte der geführten Bauteile und Werkstücke zu tragen und Prozeßkräfte möglichst verformungsfrei aufzunehmen [38]. Wichtige Anforderungen an die Führungen von Werkzeugmaschinen sind: Hohe Arbeitsgenauigkeit und großes Leistungsvermögen über lange Zeit bei niedrigen Herstell- und Betriebskosten [39].

Zur Erfüllung dieser Anforderungen müssen die Führungen folgende Eigenschaften besitzen:

– Geringe Reibung und Stick-Slip-Freiheit als Voraussetzung für exaktes Positionieren mit geringen Vorschubkräften,
– geringen Verschleiß und Sicherheit gegen Fressen, damit Genauigkeit über lange Zeit erhalten bleibt,
– hohe Steifigkeit und geringes Führungsspiel bzw. Spielfreiheit, um die Lageveränderungen der geführten Bauteile gering zu halten,
– gute Dämpfung in Trag- und Bewegungsrichtungen, um Überschwingungen der Vorschubantriebe und Ratterneigung der Werkzeugmaschine zu vermeiden.

Weitere Kriterien wie Verlustleistung und thermisches Verhalten bedingt durch Wärmeableitung, Eindringschutz gegen Späne, Schmutz und Kühlmittel sowie Klemmen der Führung beeinflussen ebenfalls die Arbeitsgenauigkeit und das Leistungsvermögen der Werkzeugmaschine und müssen daher beachtet werden.

Herstell- und Betriebskosten werden hauptsächlich durch die Wahl des Führungsprinzips festgelegt. Die Einteilung der Führungen nach ihrem physikalischen Prinzip bzw.

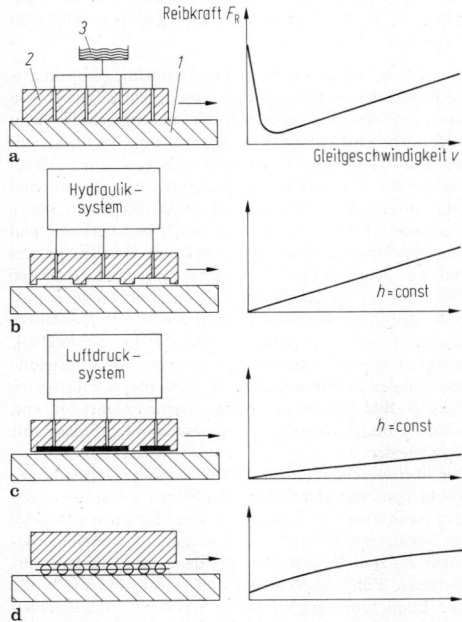

Bild 51. Führungsprinzipien und Reibungskennlinien. **a** hydrodynamische Führung, *1* Bett, *2* Schlitten, *3* Ölvorratsbehälter; **b** hydrostatische Führung; **c** aerostatische Führung; **d** Wälzführung

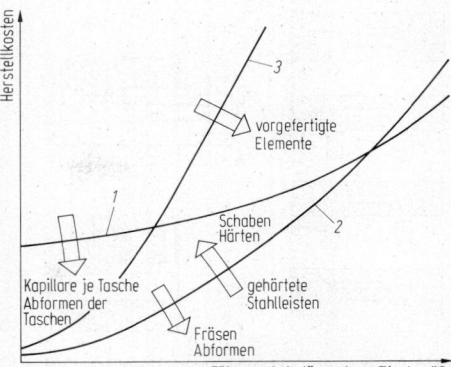

Bild 52. Trend von Herstellkosten der Führungsprinzipien. *1* Hydrostatik, eine Pumpe pro Tasche, GG/GG, Fräsen/Fräsen; *2* Gleitführung, GG/GG, Schleifen/Schleifen; *3* Wälzführung, Rollenumlaufschuhe/gehärtete Stahlleisten

nach Art des Schmiermittels und des Schmierfilmaufbaus ist zusammen mit den Reibungskennlinien in **Bild 51** dargestellt.

Die Herstellkosten (**Bild 52**) lassen sich durch Einfachheit der Herstellung, durch die Nutzung von vorgefertigten bzw. Norm- und Standardelementen sowie durch die Auswahl geeigneter Werkstoffe wie z.B. Kunststoffgleitbeläge, die abgeformt werden, senken. Auch die gute Montagefähigkeit einer kompletten Führung spielt eine wichtige Rolle [39].

Die Betriebssicherheit und die Störanfälligkeit zusammen mit der Fähigkeit eventuell auftretende Überlastungen aufzunehmen, beeinflussen die Betriebskosten der Führung. Der Wartungsbedarf sowie die Schmutzempfindlichkeit der verschiedenen Führungsprinzipien sind weitere Kriterien, die die Betriebskosten beeinflussen und somit bei der Auswahl Berücksichtigung finden müssen.

1.4.1 Geradführungen. Linear guides

Flachführungen. Sie sind, unabhängig vom Führungsprinzip, die meist eingesetzte Bauform im Werkzeugmaschinenbau. Sie ermöglichen die Aufnahme der Gewichts-, Massen- und Schnittkräfte weitgehend senkrecht zur Führungsbahn, **Bild 53**. Gegen Abheben des Schlittens sind Umgriffleisten vorzusehen. Seitliche Führung wird durch nachstellbare Keilleisten spielarm gemacht, Neigung 1:40 bis 1:100. Nachstellmöglichkeiten sind in **Bild 53e** und **f** dargestellt.

Schwalbenschwanzführungen (Bild 53b). Sie verhindern das Abheben des Schlittens durch Abschrägen der Seitenflächen um 55°. Nachstellbarkeit durch schräg angeordnete Keilleisten. Vorteile gegenüber Flachführung sind geringe Bauhöhe und gutes Dämpfungsverhalten. Auch Ausführungen (**Bild 53c**) mit Abschrägung auf der einen, Flachführung auf der anderen Seite. Anwendung von Schwalbenschwanzführungen an Kurzhobel-, Stoß- und kleinen Fräsmaschinen, sonst nur noch an Schlitten für Neben- und Zustellbewegungen. Hauptsächlich werden sie als Gleitführungen eingesetzt.

Prismenführungen (Bild 53d). (Dach- und V-Form.) Diese nehmen Kräfte in zwei Richtungen auf. Anwendung der Dachform bei kleinen und mittleren Drehmaschinen zur Führung des Hauptsupports, auch in Kombination mit Flachführung. Sicherung gegen Abheben durch Umgriffleiste, die über Schräge spieleinstellbar ist.

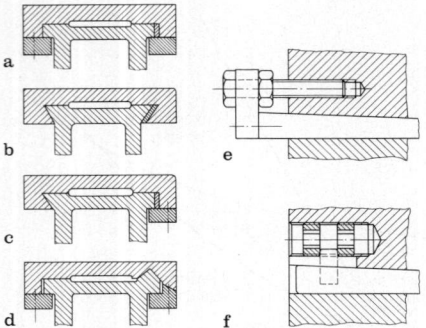

Bild 53. Führungsarten: **a** Flachführung mit Umgriffleiste und nach-stellbarer Keilleiste; **b** Schwalbenschwanzführung mit Keilleiste; **c** Flachführung mit Schwalbenschwanz-Gegenführung; **d** Prismenführung (Dachform) mit nachstellbarer Umgriffleiste und flacher Gegenführung. Nachstellmöglichkeiten für Keilleisten: **e** außen; **f** innen über Innensechskant-Gewindemuffen

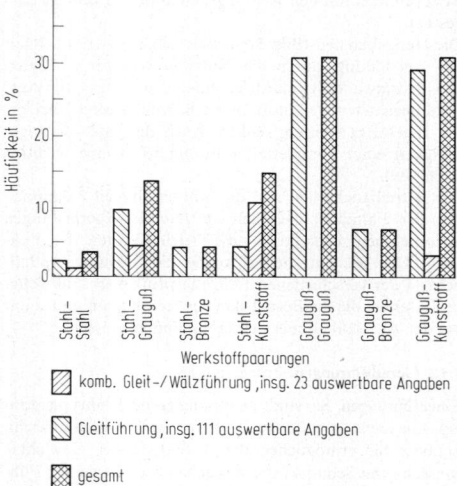

Bild 54. Eingesetzte Werkstoffpaarungen bei Gleitführungen und kombinierten Gleit-/Wälzführungen

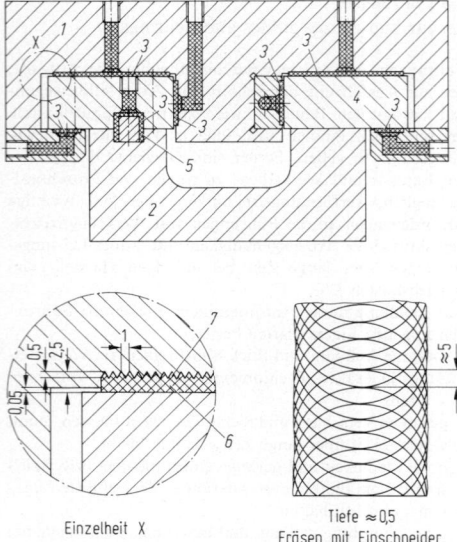

Bild 55. Einspritztechnik bei kunststoffbeschichteten Gleitführungen (SKC-Gleitbelagtechnik). *1* Schlitten, *2* Bett, *3* Kunststoffgleitbelag, *4* Einpreßbohrungen, *5* geschraubte Führungsleiste und Paßfeder

Zylindrische Führungen. Sie werden als Richtführungen (z.B. Bohrspindelhülse) oder Gleitführungen mit spieleinstellbaren Wellhülsen (Spiethülsen) oder Wälzführungen eingebaut (s. G 4). Vorteil: Leichte Herstellung und hohe Führungsgenauigkeit, jedoch schwierige Montage (Achsabstand) und nur für begrenzte seitliche Belastung geeignet.

Gleitführungen mit hydrodynamischer Schmierung. Sie sind im Bereich des Werkzeugmaschinenbaus am häufigsten vertreten. Gründe hierfür sind die große Dämpfungsfähigkeit sowie eine hohe erreichbare Genauigkeit und Steifigkeit bei relativ niedrigem Konstruktions- und Fertigungsaufwand [38]. Nachteilig können sich die relativ hohen Reibkräfte bei den Vorschubantrieben auswirken.

Werkstoffpaarung. **Bild 54** zeigt die eingesetzten Werkstoffpaarungen für Gleitführungen sowie kombinierte Wälz-/Gleitführungen [40]. Hierbei werden zu 30% Grau-

guß-Grauguß-Werkstoffpaarungen und zu 28% Grauguß-Kunststoff-Werkstoffpaarungen eingesetzt, während die übrigen Paarungen nur in geringem Maße verwendet werden. Beim bewegten Teil der Führung (Schlitten) kommen überwiegend Grauguß und Kunststoffe auf Epoxidharz- und Teflonbasis (PTFE) zum Einsatz. Der feststehende Führungsteil (Bett) wird meistens aus Grauguß und in geringem Maße aus Stahl (Ck 45, 16MnCr5 oder 90MnV8) hergestellt.

Herstellung und Bearbeitung. Die Herstellung von kunststoffbeschichteten Führungen erfolgt durch Aufkleben von Kunststoffolien oder mit Hilfe der Abformtechnik. Beim Abformen wird die grob vorbearbeitete Gleitfläche mit der Kunststoffmasse bespachtelt und vor dem Aushärten auf die fertigbearbeitete und mit einem Trennmittel eingesprühte Gegenführung eingesenkt (Spachteltechnik). Um eine korrekte Ausrichtung der Führungsbahn und eine gleichmäßige Kunststoffschicht zu erzielen, justiert man vor dem Einlegen Positionier- bzw. Abstandsleisten zwischen den beiden Partnern. Der überflüssige Kunststoff wird durch die Gewichtskräfte und evtl. zusätzliche Lasten aus der Fuge gedrückt. Bei der Einspritztechnik erfolgt die Beschichtung durch Einpressen der Kunststoffmasse in den Zwischenraum voreingestellter und justierter Bauteile, **Bild 55.** Gute Haftung zwischen Kunststoff und Schlitten durch Hobeln mit Spitzstahl oder Fräsen mit Einschneider.

Der überwiegende Teil (ca. 60%) der mit Kunststoff gespachtelten oder gespritzten Gleitführungen werden nach dem Aushärten zur Ausbildung von Öltaschen geschabt. Ein geringerer Teil (ca. 25%) kommt ohne weitere Bearbeitung zum Einsatz [40]. Bei dem am häufigsten verwendeten Führungsbahnwerkstoff, Grauguß, finden die vier Endbearbeitungsverfahren Schaben, Umfangschleifen, Stirnschleifen und Feinfräsen Anwendung, während Stahl meist nur durch Umfangs- und Stirnschleifen bearbeitet wird.

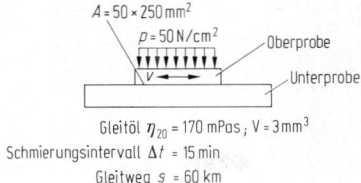

$A = 50 \times 250 \, mm^2$

$p = 50 \, N/cm^2$

Oberprobe

Unterprobe

Gleitöl $\eta_{20} = 170 \, mPas$; $V = 3 \, mm^3$

Schmierungsintervall $\Delta t = 15 \, min$

Gleitweg $s = 60 \, km$

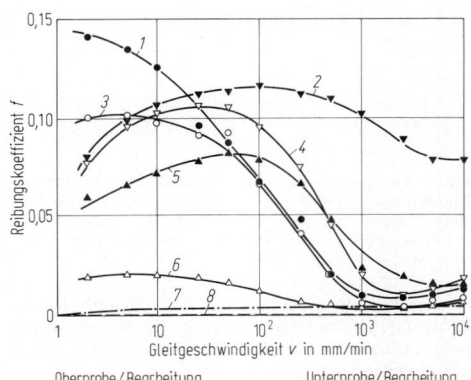

Oberprobe/Bearbeitung	Unterprobe/Bearbeitung
1 GG 25/Umfangschleifen	GG 25/Umfangschleifen
2 GG 25/Stirnfräsen HM	GG 25/Umfangfräsen
3 GG 25/Stirnschleifen	GG 25/Umfangschleifen
4 GG 25/Stirnfräsen m.Schneidkeramik	GG 25/Umfangschleifen
5 gef. Epoxidharz/Abformen	GG 25/Umfangschleifen
6 PTFE mit Bronze/Umfangschleifen	GG 25/Stirnfräsen HM

Bild 56. Reibungsverhalten unterschiedlicher Führungen. *1–6* Gleitführungen, *7* Wälzführungen, *8* hydrostatische Führungen

Tragende Führungsbahnen sollten wegen Freßgefahr und Verschleiß gehärtet sein. Grauguß durch Brenn- oder Induktionshärtung oder Gießen gegen Kokillen härtbar (HB=4,5 bis 6 kN/mm²). Oberflächengehärtete Stahlführungen (HRC 58 bis 63) sind als Rundsäulen, Blockleisten, Platten oder Federbandstahl erhältlich.

Tribologische Eigenschaften. Bei der tribologischen Betrachtung (s. E6) von Reibung und Verschleiß muß stets das Beanspruchungskollektiv berücksichtigt werden [41]. Das Beanspruchungskollektiv umfaßt die Bewegungsart (Gleiten, Rollen usw.), den zeitlichen Bewegungsablauf (kontinuierlich, oszillierend usw.) sowie die Belastungsparameter (Normalkraft F_N, Geschwindigkeit v, Temperatur und Beanspruchungsdauer t_B). Von besonderer Bedeutung sind ferner die Eigenschaften von Grund- und Gegenkörper mit ihren Werkstoffen und ihren Oberflächenstrukturen, sowie der Zwischenstoff nach seiner Art, Viskosität und Menge.

Das *Reibungsverhalten* von unterschiedlichen Führungsprinzipien und von Gleitführungen mit verschiedenen Werkstoffen und Oberflächenstrukturen zeigt **Bild 56** [39]. Die hydrostatische Führung weist die niedrigsten Reibungskoeffizienten aus. Deutlich größer als bei hydrostatischer und Wälzführung sind die Reibungskoeffizienten bei hydrodynamischer Gleitführung. Bei dieser Führungsart haben die Oberflächenstrukturen starken Einfluß auf den Verlauf der Reibungskennlinie (Stribeck-Kurve). Die Anwendung des Bearbeitungsverhaltens Umfangschleifen auf der feststehenden Unterprobe (Bett) und bewegten Oberprobe (Schlitten) führt zu einem steilen Abfall der Reibungskoeffizienten mit steigender Geschwindigkeit (Kenn-

linie *1*). Dies begünstigt die unerwünschte Stick-Slip-Neigung (Ruckgleiten) bei niedrigen Vorschubgeschwindigkeiten. Zur Vermeidung dieses steilen Abfalls sollte ein Teil der Gleitführung, vorzugsweise Schlitten, Bearbeitungsriefen quer zur Gleitrichtung aufweisen [42]. Dies ist durch Stirnschleifen oder noch besser durch Stirnfräsen erreichbar (Kennlinie *2, 3, 4*). In diesem Fall liegt das gesamte Niveau der Reibungskoeffizienten im unteren Gleitgeschwindigkeitsbereich bedeutend niedriger. Dadurch wird der Stick-Slip-Neigung entgegengewirkt. Eine günstige Reibungskennlinie, auch bezüglich niedriger Stick-Slip-Neigung, zeigen gefüllte Epoxidharze und PTFE (Teflon) mit Bronze (Kennlinie *5* und *6*). Teflon erlaubt sogar Trockenlauf, weist jedoch geringe Drucksteifigkeit (Kantenfestigkeit) auf.

Tab. 2 zeigt Untersuchungsergebnisse hinsichtlich des Verschleißverhaltens unterschiedlicher Gleitführungen [43]. Der Verschleiß geschmierter ungehärteter Grauguß-Gleitführungen liegt bei einer Belastung von 50 N/cm² in der Größenordnung 1 bis 3 µm je Gleitpartner nach 60 km Gleitweg, die bei einem Einschichtbetrieb einer Betriebsdauer von rund fünf Jahren entsprechen. Ein Härten der metallischen Führungen bewirkt bei einer geschmierten Gleitbeanspruchung keine gravierende Reduzierung des Verschleißes. Die heutigen abformbaren Kunststoffmaterialien führen durch Quellerscheinungen zu einer negativen Spalthöhenveränderung (d.h. Spalt wird kleiner) in der Größenordnung von 3 µm. Da während eines Fertigungsprozesses neben notwendigem Gleitbahnöl auch Kühlemulsion auf die Führungsbahn gelangen kann, ist i. allg. mit höheren Quellwerten der Kunststoffe zu rechnen.

Sehr weiche Führungsmaterialien wie reines PFTE führen unter einer im Werkzeugmaschinenbau üblichen Belastung von 50 N/cm² zu unvertretbar hohem Verschleiß. Durch Beigabe von geeigneten Zusatzstoffen (z.B. Bronzepulver) werden bei weiterhin günstigen Reibungseigenschaften geringere Verschleißwerte erzielt.

Die *Schmierung* von hydrodynamischen Gleitführungen ist im Hinblick auf deren Verschleiß ein wichtiger Aspekt. Die meisten Werkzeugmaschinen (bis zu 80%) sind mit Impulsschmieranlagen ausgestattet. Kontinuierliche Fallölschmierung und Handschmierungen finden nur in ge-

Tabelle 2. Linearer Verschleißbetrag in µm nach Gleitweg 60 km

Bearbeitungs-verfahren[a]) Oberprobe/Unterprobe	Werkstoffpaarung der Gleitführungen (Oberprobe/Unterprobe)			
	GG/GG	GG[b])/GG	Epoxid[e])/GG	PTFE[c])/GG
1	2,7/1,1 (2,0/0,6)[d])			
2	1,8/1,7			
3	2,3/1,7			
4	2,5/0,6	1,5/0,6		
5			−2,8/0,8 (−1,2/0,6)[d]) (−1,7/0,5)[f])	3,5/0,3

[a]) Versuchsbedingungen und Bearbeitungsverfahren nach **Bild 56.**
[b]) Gehärtet.
[c]) Mit Bronze.
[d]) Bei Gleitweg 20 km.
[e]) Gefüllt.
[f]) Bei Gleitweg 5 km.

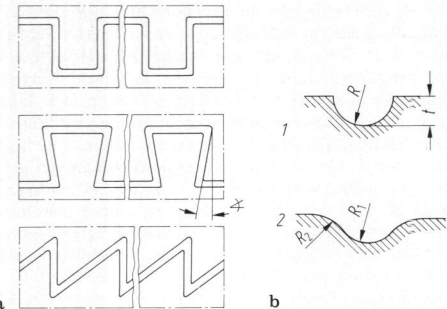

Bild 57. Schmiernutformen. **a** Formen; **b** Schmiernutquerschnitte, Querschnittsform 2 tritt häufiger auf als Form 1

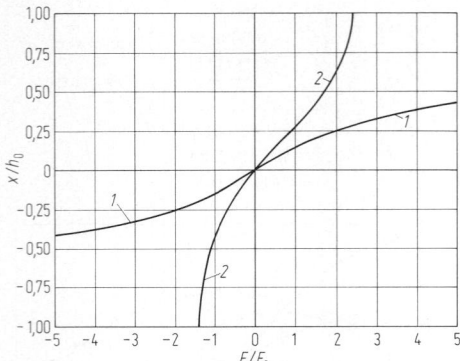

Bild 59. Verlagerungs-Belastungskennlinien für hydrostatische Gleitführungen gemäß **Bild 5**. h_0 Spalthöhe im Ausgangszustand, F_0 innere Vorspannkraft des Umgriffs, Technische Daten: Flächenverhältnis $\varphi = 0{,}6$, Anfangsspalthöhenverhältnis $\lambda = 1{,}0$, Drosselverhältnisse $\xi_1 = 1{,}67$ und $\xi_2 = 0{,}6$

ringem Maße Anwendung. Bei der Schmierung werden Gleitbahnöle mit Viskositäten $\eta_{50} = 30 \cdot 10^{-3}$ bis $80 \cdot 10^{-3}$ Ns/m^2 eingesetzt. **Bild 57** zeigt Schmiernutformen und -querschnitte für Gleitführungen. Als Eindringschutz gegen Schmutzpartikel werden an Gleitführungen Abstreifer (meist aus Kunststoff) angebracht.

Gleitführungen mit hydrostatischer Schmierung. Bei diesem Führungsprinzip sind die Gleitflächen der geführten Maschinenelemente berührungsfrei durch einen Ölfilm voneinander getrennt, der unter Druck steht und von einem externen Ölversorgungssystem aufrechterhalten wird [38]. Das Drucköl gelangt über Zuführbohrungen in hydrostatische Taschen und strömt im Parallelspalt zwischen den Gleitflächen unter Druckverlust ab. Ölversorgung geschieht entweder über eine separate Pumpe je Tasche (**Bild 58 a**) oder eine gemeinsame Pumpe bei konstantem Druck und hydraulischer Entkopplung der Taschen durch Vordrosseln, meist Kapillarrohre, **Bild 58 b**. Der erste Fall bietet höhere Steifigkeit und Überlastfähigkeit **Bild 59** (Kurve 1) bei geringerer Verlustleistung, im zweiten Fall ist der Herstellungsaufwand geringer bei halber Anfangssteifigkeit, **Bild 59**, Kurve 2.

Vorteile hydrostatischer Führungen. Sie arbeiten verschleißfrei, weisen keine Anlaufreibung und nur geringe Reibung ohne Ruckgleiten (Stick-Slip-Effekt) im Bereich der Vor-

schubgeschwindigkeiten auf. Sehr gute Dämpfungseigenschaften durch den Ölfilm auch quer zur Führungsbahn. Hohe Steifigkeiten bei kleinem Bauraum sind erzielbar und in weiten Grenzen beeinflußbar.

Gleitführungen mit aerostatischer Schmierung. *Gasgeschmierte* Lager arbeiten nach demselben Funktionsprinzip wie flüssigkeitsgeschmierte. Die Unterschiede beider bestehen hauptsächlich in den Eigenschaften ihrer Schmiermittel. Vorteile sind sehr geringe Reibung, geringe Wärmeentwicklung, sehr hohe Wiederholgenauigkeit sowie durch den Wegfall der Dichtungen und der Schmiermittelrückführung geringer konstruktiver Aufwand. Als nachteilig sind größere Bauteilabmessungen, geringere Dämpfung, schlechte Notlaufeigenschaften sowie erhöhter Aufwand für die Fertigung und Luftaufbereitung zu nennen. Durch die Kompressibilität des Schmiermittels können selbsterregte pneumatische Instabilitäten entstehen, die unter dem Begriff *„air-hammer"* bekannt sind. Sie lassen sich jedoch durch konstruktive Maßnahmen beseitigen. Zu ihrer Vermeidung muß der Speisedruck auf 4 bis $10 \cdot 10^5$ Pa begrenzt werden. Die sehr engen Lagerspalte von etwa 10 µm setzen sehr hohe Fertigungsgenauigkeiten sowie geringe statische, dynamische und insbesondere thermisch bedingte Verlagerungen voraus. Die Berechnung aerostatischer Lager erfolgt unter Annahme viskoser Spaltströmung mit Hilfe der Navier-Stokesschen Gleichungen.

Bild 60 zeigt einen aerostatisch gelagerten Schlitten mit Rundtisch. Zur Reduzierung des Fertigungsaufwandes

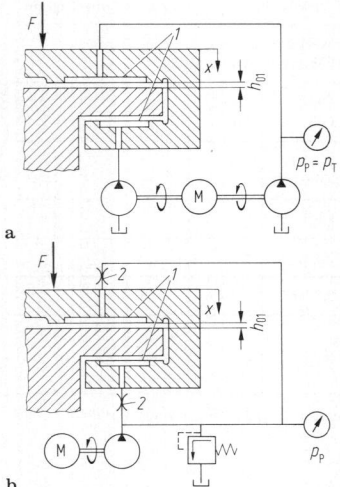

Bild 58. Ölversorgung hydrostatischer Drucköltaschen 1 über Mehrfachpumpen **a**, gemeinsame Pumpen **b** und Kapillardrosseln 2

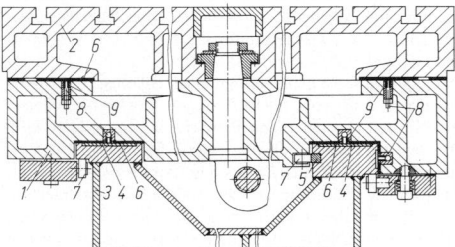

Bild 60. Aerostatische Führung eines Querschlittens 1 mit aerostatisch gelagertem Drehtisch 2 (Wotan, Düsseldorf), 3 Bett, 4 eingeklebte gehärtete Stahlplatten, 5 eingeklebte Stahlleiste, 6 aufgeklebte Kunststoffplatten, 7 federbelastete Stützrollen, 8 Luftzufuhr, 9 Einströmöffnung mit Düsen als Drosseln

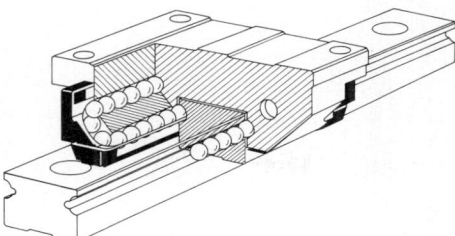

Bild 61. Kugelumlaufeinheit (INA-Lineartechnik)

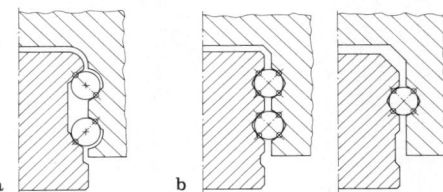

a   b

Bild 62. Kugelführungen **a** mit 2-Punkt und **b** 4-Punkt-Berührung der Kugeln (Deutsche Star, Schweinfurt)

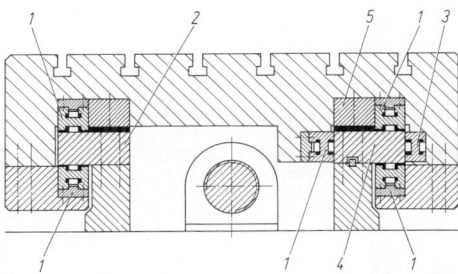

Bild 63. Schlittenführung einer Fräsmaschine. *1, 3* Rollenumlaufschuh, *2, 4* Führungsschiene, *5* Dämpfungsleiste (INA-Lineartechnik)

wird der Schlitten mit federbelasteten Stützrollen vorgespannt, die im Vergleich zu den aerostatischen Lagern sehr geringe Steifigkeiten besitzen. Dadurch ist ihr Einfluß auf die Führungsgenauigkeit sehr gering.

Wälzführungen. Außer Gleitführungen finden wälzgelagerte Geradführungen in der Praxis eine breite Anwendung. Sie bieten gegenüber Gleitführungen folgende *Vorteile*: leichter Lauf wegen Rollreibung, geringer Anfahrwiderstand, kein Stick-Slip, Wartungsfreiheit. Als nachteilig ist bei dieser Führungsart gegenüber hydrostatischen und hydrodynamischen Führungen die geringe Dämpfung normal zur Bewegungsrichtung zu nennen [38]. Aus diesem Grunde werden häufig kombinierte Wälz-/Gleitführungen eingesetzt.
Wälzführungselemente werden in unterschiedlichen Baugrößen und Genauigkeitsklassen angeboten. Als Wälzkörper kommen Kugeln, Zylinderrollen und Nadeln zum Einsatz (s. G4). Umlaufelemente mit Rückführung der Wälzkörper, die ein-, zwei- oder vierreihig angeordnet werden, sind besonders für lange Verfahrwege geeignet und können zum Erreichen höherer Steifigkeit auch mit Vorspannung eingebaut werden, **Bild 61**. Als eine weitere Konstruktionsvariante werden die kugelförmigen Wälzkörper mit 2- oder 4-Punktberührung (Gotikbogen) zwischen Umlaufschuh und Führungsleiste angebracht, **Bild 62**.

Beispiel: Bild 63. In der Schlittenführung übernehmen die vier aufliegenden Wälzführungselemente (Rollenumlaufschuh) die Haupt-

last des horizontalen Schlittens. Neben diesen Elementen liegen die Dämpfungsleisten. Das im Kapillarspalt zwischen Leiste und Führungsbahn verbleibende Öl wirkt als Schwingungsdämpfer.

1.4.2 Drehführungen, Lagerungen
Rotary guides, bearings

Die Eignung verschiedener Lagerarten für im Werkzeugmaschinenbau gebräuchliche Anwendungskriterien zeigt **Tab. 3** [51]. **Tab. 4** gibt einen Überblick der daraus folgenden Einsatzbereiche der verschiedenen Lagersysteme.

Hauptlagerungen. Sie dienen zur Führung und Kraftaufnahme der an der Erzeugung der Schnitt- oder Umformbewegung beteiligten rotierenden Bauteile. An Spindellagerungen für Bohr-, Fräs-, Dreh- und Schleifspindeln werden höchste Anforderungen hinsichtlich der Laufgenauigkeit gestellt. Daher sind die Abmaße der verschiedenen Elemente des Spindel-Lager-Systems wie u.a. Lager,

Tabelle 3. Vergleich der Lagerarten

	Wälzlager	hydrodyn. Lager	hydrostat. Lager	aerostat. Lager	magnet. Lager
Drehzahlgrenze	◕[a]	●	●	●	●
Lebensdauer	◕	◑	●[b]	●[b]	●[b]
Laufgenauigkeit	◕	◑	●	●	●
Dämpfung	○	◕	●	◐	●
Steifigkeit	◕	●	●	◕	●
Schmierung (Aufwand)	○[c]	◑	●	○	✕
Verlustleistung	◐	●	●	◐	●
Preis (Beschaffung, Wartung)	○[c]	◐	●	◐	●

[a] Abhängig von Schmiersystem und Wälzlagerart
[b] unbegrenzt bei störungsfreiem Betrieb
[c] mittel bei Öl–Schmierung

● sehr hoch   ◕ hoch   ◐ mittel   ○ gering

Tabelle 4. Einsatzbereiche der verschiedenen Lagersysteme für Werkzeugmaschinen

		Wälzlager	hydrodyn. Lager	hydrostat. Lager	aerostat. Lager	magnet. Lager
Bohr-, Fräs-, Schleif- und Drehspindeln	Standard–Fräsen	●	◐	◐	●	○
	Hochgeschw.–Fräsen[c]	◕[b]	◐	◐	●	●
	Innen–Rundschleifen	●[b]	◐	◐	●	●
	Außen–Rundschleifen	●	●	●	◐	◐
	Drehen	●	◐[a]	●	◐[a]	○[a]
	Bohren	●	◐	◐	○	○
Planscheiben an Bohr- und Fräsmaschinen		●	◐	●	○	○
Walzen- und Kugellager		●	●	◐	○	○
Vorschubspindeln		●	○	◐	○	○
Getriebewellen		●	◐	◐	○	○

[a] falls Oberflächenrauhigkeit kleiner als 0,2 μm gefordert
[b] bei Fettschmierung bedingt geeignet
[c] $n \cdot D_m > 10^6$ mm/min

○ ungeeignet   ◐ bedingt geeignet   ● gut geeignet

Spindel und Gehäuse sehr eng zu tolerieren [53]. Neben der Drehzahlgrenze hat auch der geforderte Drehzahlbereich und -verlauf Einfluß auf die Lagerauswahl. Bei Verwendung des Wälzlagers ist das Schmierprinzip (Fett-, Ölminimalmengen- oder Ölkühlschmierung) entsprechend Einsatzdrehzahl, Systembelastung und zulässiger Verlustleistung zu wählen [54–56]. Walzen- und Kurbellagerungen müssen zumeist größte Kräfte bei geringem Bauraum übertragen. Daher sind sie häufig als Gleitlagerungen ausgeführt [52].

Vorschubspindellagerungen. Sie stellen hohe Genauigkeits- und Belastungsanforderungen an die Axiallager bei sehr hohem Drehzahlbereich, daher grundsätzlich Wälzlagerungen mit Vorspannung.

Getriebelager. In diesen laufen Wellen, Radnaben usw. als Bauteile von Rädergetrieben. Sie übertragen meist höhere Drehzahlen bei kleinem bis mittlerem Drehzahlbereich. Einsatz von Normwälzlagern, bei kleinen Relativdrehzahlen und geringem Bauraum auch Gleitlager aus Bronze oder Grauguß.

Gestaltung

Gleitlagerungen mit hydrodynamischer Schmierung [38, 45–47, 49] (s. G 5). Sie werden bei Werkzeugmaschinen als Hauptlagerungen eingesetzt, wenn hohe Genauigkeit und gute Dämpfungseigenschaften bei hohen, nahezu konstanten Drehzahlen gefordert sind, d.h. verschleißfreier Betrieb im Flüssigkeitsreibungsgebiet, oder wenn hohe Kräfte auf geringem Bauraum zum Teil im Mischreibungsgebiet zu übertragen sind. Lager mit Kreisquerschnitt kommen im Schwerwerkzeugmaschinenbau z.B. bei Walzmaschinen, Großdrehmaschinen und Exzenterpressen zur Anwendung.

Mehrgleitflächenlager (MGF-Lager) (s. G 5.6) als Spindellagerungen für geringe Kräfte aber hohe Drehzahlen bei Schleif-, Feinbohr- und Feindrehmaschinen. Wechselnde Kräfte und Drehrichtungen oder häufiges Anlaufen sind bei diesen Lagern zu vermeiden.

Gleitlagerbuchsen werden zwecks Nachstellbarkeit meist kegelig ausgeführt und eingepreßt, zum Teil auch eingeklebt. Zur Vermeidung von Kantentragen ist auf genauen Einbau und geringe Wellendurchbiegung zu achten. Gleitwerkstoffe [48] sind Zinn-Blei-Legierungen oder Bronze. Oberfläche der Welle muß gehärtet, geschliffen und superfiniert sein. Rauhtiefen und Unrundheit 1 bis 2 µm, Durchmessertoleranz h7 bis h8, Lagerspiel 0,4 bis 3‰ vom Durchmesser, Länge/Durchmesser Verhältnis 0,5 bis 1.

Beispiel: Bild 64. Schleifspindellagerung [50]. Diese wird von zwei MGF-Lagern mit feststehenden Gleitflächen durch Einspanneffekt von vier Druckbergen zentriert.

Gleitlagerungen mit hydrostatischer Schmierung [38, 44] (s. G 5.10). Sie werden als Hauptlagerungen von Schleif-, Feindreh-, Bohr- und Fräsmaschinen eingesetzt, wenn hohe Belastungen aufzunehmen und große Drehzahlbereiche zu verwirklichen sind. Jedoch lassen sich durch geeignete Wahl der konstruktiven Parameter beinahe beliebige Betriebseigenschaften erzielen. Diesen Vorteilen steht der hohe Aufwand für ein Ölversorgungssystem und Sicherheitseinrichtungen bei dessen Ausfall gegenüber. Bei hohen Gleitgeschwindigkeiten (15 m/s und mehr) und kleinen Ölspalten (um 30 µm) ist geringe Ölviskosität zu wählen, um Reibungsverluste und Erwärmung gering zu halten. Sorgfältiger Einbau und Berücksichtigung der Wellendurchbiegung erforderlich, da bei Verkanten Festkörperkontakt auftreten kann.

Beispiel: Bild 65.

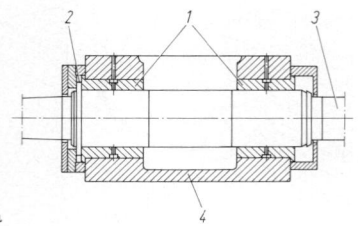

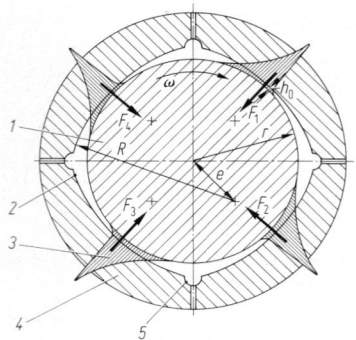

$F_{1...4}$ Tragkraft einer Gleitfläche
h_0 engste Spaltstelle
e Formexzentrizität

Bild 64. a Schleifspindellagerung mit hydrodynamischen MGF-Lagern. *1* Lagerbuchsen, *2* Axiallager, *3* Spindel, *4* Spindelkasten; **b** Querschnitt durch ein MGF-Lager (*1* Spindel, *2* Gleitfläche, *3* Druckberg, *4* Lagerschale, *5* Schmiernut).

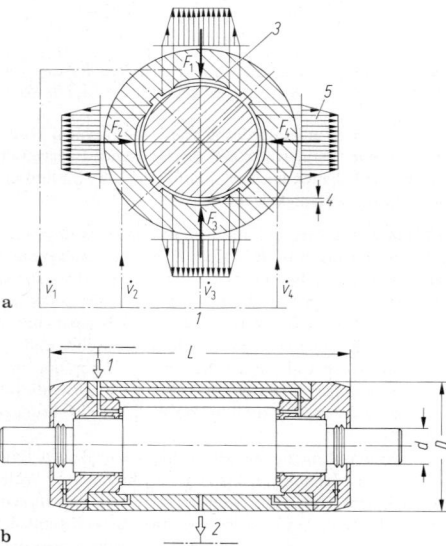

Bild 65. Hydrostatisch gelagerte Spindel (FAG, Schweinfurt), *1* Ölzufuhr, *2* Ölabfuhr, *3* hydrostatische Tasche, *4* Spalt, *5* Druckberg, $\dot{V}$ Ölmengen; **a** Querschnitt mit Druckbergen (resultierende Druckkräfte *F*); **b** Längsschnitt

Wälzlagerungen (s. G 4). Diese haben im Werkzeugmaschinenbau wegen ihrer Anpassungsfähigkeit an zum Teil extreme Anforderungen wie hohe Dauergenauigkeit, hohe Tragfähigkeit und Steifigkeit, großer Drehzahlbereich mit hohen Geschwindigkeiten bei geringer Erwärmung großes Einsatzgebiet. Diese Anforderungen werden durch Kombination geeigneter Wälzkörper, Käfig- und Laufflächenausführung und -anordnung, Lagerspiel bzw. Vorspannung, Schmierung und Güteklassenauswahl erfüllt. Wälzlager sind genormt, daher Kostenvorteile und leichte Beschaffbarkeit.

Für Spindellagerungen setzt man Wälzlager bis zur höchsten Genauigkeitsklasse nach DIN 620 ein.

Um die Steifigkeit sowie die Rundlaufgenauigkeit möglichst hoch und den Verschleiß der Lager möglichst gering zu halten, ist i.allg. eine geringe bis mittlere Lagervorspannung angebracht [57, 58]. Eine Schmierung der Wälzlager ist unumgänglich, da sonst die Lager nach kurzer Einsatzzeit ausfallen und zudem die Lagertemperatur zu hoch ist. Für kleine bis mittlere Lagerdrehzahlen wird zur Schmierung Fett verwendet. Ein Lagereinsatz bei höheren Drehzahlen, denen Drehzahlkennwerte nd_m von 0,5 bis $1 \cdot 10^6$ mm/min (d_m mittlerer Lagerdurchmesser) entsprechen, erfordert die Ölminimalmengen- oder die Öleinspritzschmierung. Für höchste Drehzahlkennwerte mit $nd_m > 10^6$ wird in den meisten Fällen die Öleinspritz- der Minimalmengenschmierung wegen ihrer größeren Betriebssicherheit vorgezogen [54, 55]. Bei der Einspritzschmierung wird das Schmieröl in größeren Mengen in einem gekühlten Ölkreislauf geführt und dient somit auch der Lagerkühlung. Bei Verwendung von Präzisionsschrägkugellagern, die insbesondere zur Lagerung von Hochgeschwindigkeitsspindeln üblich sind, ist das Fettschmierprinzip auch bis zu Drehzahlkennwerten von $nd_m = 0,8 \cdot 10^6$ mm/min möglich. Hierbei sind jedoch spezielle Synthetikfette mit genau auf die Wälzlager abgestimmten Dosiermengen erforderlich. Daneben ist in diesem Fall auf einen präzisen Einlaufvorgang bei langsamer Drehzahlsteigerung und intermittierenden Betrieb zu achten [54, 55].

Zylinderrollenlager werden häufig zur Radiallagerung eingesetzt, **Bild 66**. Hohe Steifigkeit und Dämpfung durch Rollen, besonders bei zweireihiger Ausführung. Spieleinstellbarkeit durch Kegelsitz auf der Spindel.

Kegelrollenlager ermöglichen Nachstellbarkeit durch axiales Zustellen eines Lagerrings, **Bild 67**. Gute Dämpfungseigenschaften, jedoch Drehzahl durch Bordreibung der Rollen nach oben begrenzt. O-förmige Anordnung der

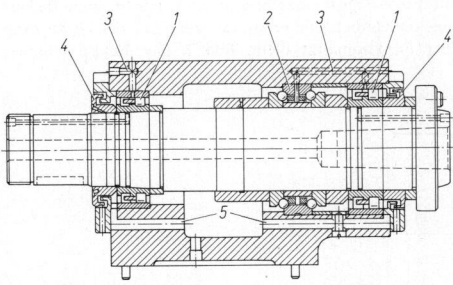

Bild 66. Frässpindel (SKF, Schweinfurt). *1* Zylinderrollenlager, *2* Axialschrägkugellager, *3* Ölzufuhr, *4* Labyrinthabdichtung, *5* Ölablauf

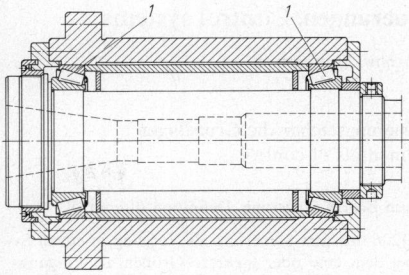

Bild 67. Fräsmaschinenspindel (SKF, Schweinfurt). *1* Kegelrollenlager

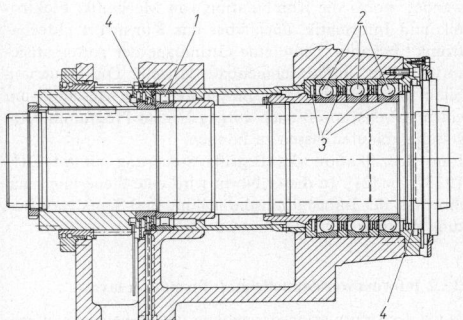

Bild 68. Drehmaschinenarbeitsspindel (FAG, Schweinfurt). *1* Zylinderrollenlager, *2* Schrägkugellager, *3* Fettkammern, *4* Labyrinthabdichtung [59]

Kegelrollenlager erlaubt Kompensation der Temperaturausdehnung.

Axial-Schrägkugellager erlauben bei geringerer Vorspannung Drehzahlkennwerte bis $nd_m = 5 \cdot 10^5$, **Bild 66**.

Axial-Zylinderrollenlager sind bei großen Axialkräften und nicht zu hohen Drehzahlen ($nd_m \leqq 0,4 \cdot 10^5$) im Einsatz, z.B. für die Planscheibenlagerung großer Drehmaschinen oder Vorschubspindellagerungen. Bei letzteren ist zur Erhöhung der Gesamtsteifigkeit die Spindel an beiden Enden axial zu lagern.

Axialrillenkugellager dienen zur Übertragung von Axialkräften. Sie verlieren für Spindellagerungen an Bedeutung. Um hohe axiale Spindelbelastungen aufnehmen zu können, werden zunehmend Axialschrägkugellager bevorzugt.

Schrägkugellager erlauben hohe Drehzahlen. Die geringere Steifigkeit dieser Lager vor allem in axialer Richtung wird durch Aneinanderreihen mehrerer (bis zu 4) Lager in Tandemanordnung, die mit bis zu zwei Stützlagern vorgespannt werden, erhöht, **Bild 68**. Häufig werden die Schrägkugellager in Kombination mit einem ein- oder mehrreihigen Zylinderrollenlager eingesetzt. Wenn die zu lagernde Spindel mit höchsten Drehzahlen (Drehzahlkennwert $nd_m = 1$ bis $2 \cdot 10^6$ mm/min) betrieben werden soll, sind ausschließlich Schrägkugellager im Einsatz.

2 Steuerungen. Control systems

G. Pritschow, Stuttgart

2.1 Steuerungstechnische Grundlagen
Fundamentals of control

2.1.1 Zum Begriff Steuerung. Definition of control

DIN 19226 definiert Steuerung als Vorgang in einem System, bei dem eine oder mehrere Größen als Eingangsgrößen die Ausgangsgrößen auf Grund der dem System eigentümlichen Gesetzmäßigkeiten beeinflussen. Die Benennung Steuerung wird auch als Gerätebezeichnung verwendet, wobei die Kombination von Mechanik, Elektronik und Informatik, auch über das Kunstwort „Mechatronik" bekannt, heute eine Grundlage der Automatisierungstechnik im Maschinenbau darstellt. Die Steuerung bildet den unabdingbaren Bestandteil einer Maschine, um einen Arbeitsprozeß nach vorgegebenem Programm selbständig ablaufen lassen zu können.

Eine Spezifikation des Begriffs Steuerung nimmt DIN 19237 vor [21]. In dieser Norm wird eine Steuerung nach ihrer Art der Informationsdarstellung und Signalverarbeitung definiert.

2.1.2 Informationsdarstellung. Information layout

Nach der Informationsdarstellung unterscheidet man zwischen *analog* (z. B. Kurven-, Nocken-, Nachformsteuerungen) und *digital* (NC-Steuerungen) arbeitenden Steuerungen. Letztere arbeiten mit digitalen (quantisierten) Signalen, die üblicherweise *binär* (zweiwertig) dargestellt werden. Eine weitere Art der Steuerungsklassifizierung nach der Informationsdarstellung stellt die Unterscheidung in digitale und binäre Steuerungen dar. Binäre Steuerungen arbeiten vorwiegend mit binären Signalen, die üblicherweise nicht Bestandteil zahlenmäßig dargestellter Informationen sind.

2.1.3 Programmsteuerung und Funktionssteuerung
Program control and function control

Werden Maschinenfunktionen (z. B. Bewegungen, Schaltfunktionen) von Hand aufgerufen, spricht man von einer *Handsteuerung,* werden sie dagegen über die einzelnen Schritte eines gespeicherten Programms aufgerufen, han-

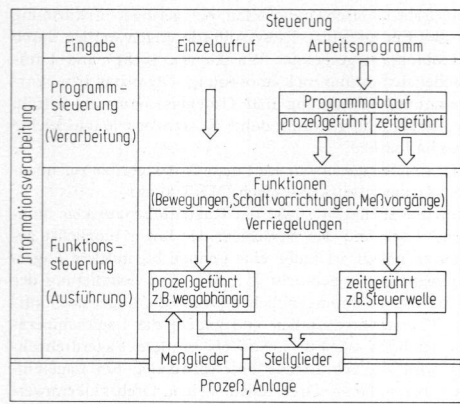

Bild 1. Steuerungsstruktur

delt es sich um eine *Programmsteuerung* [1]. Digital arbeitende Programmsteuerungen verfügen über ein Schaltwerk, das schrittweise das Anwenderprogramm interpretiert.

Programmsteuerungen verarbeiten *Programmanweisungen* zu einzelnen Funktionsaufrufen und koordinieren den Ablauf der Funktionen selbsttätig. Ist der Steuerungszustand zeitlich determiniert, wie z. B. bei der Führung eines Drehmeißels durch eine Kurvenscheibe − hier ist die Drehwinkellage eine Funktion der Zeit −, dann wird von einer *zeitgeführten* Steuerung gesprochen (z. B. Kurvensteuerung). Alle anderen Programmsteuerungen sind *prozeßgeführt,* d. h. die Weiterschaltbedingungen zum nächsten Programmschritt sind vom Erreichen bestimmter Werte der Prozeßgrößen wie Weg, Temperatur, Kraft abhängig. Für die Steuerung von Werkzeugmaschinen kommen häufig Wegplansteuerungen zur Anwendung, deren bekannteste Variante die *numerische Steuerung* ist [3, 4].

Die Umsetzung der von Hand oder per Programm aufgerufenen Funktionen einer Maschine erfolgt über eine *Funktionssteuerung*, **Bild 1**. Diese zerlegt die aufgerufenen Funktionen in eine festgelegte Folge von Arbeitsschritten und leitet deren Ausführung ein. Abhängig von der Komplexität ihrer Aufgaben können Funktionssteuerungen in sich wiederum Programmsteuerungen enthalten. Damit erhält dieser Begriff eine übergeordnete allgemeinere Bedeutung, da letztlich jede Programmsteuerung der Umsetzung einer Funktionalität dient, **Bild 2**. Der Funktionssteue-

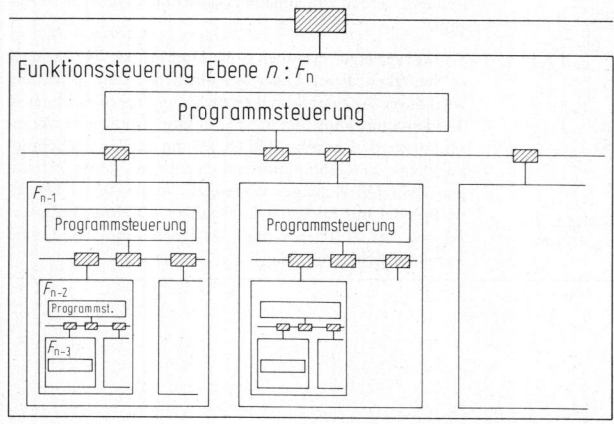

Bild 2. Funktions- und Programmsteuerung

rung untergeordnet sind hier Stell- und Meßglieder. Als Stellglieder werden diejenigen Elemente bezeichnet, die als Ausgang der Regel- oder Steuereinrichtungen direkten Einfluß auf die Anlage oder den Prozeß nehmen. Zu stellende Elemente sind z. B. Hydro- und Elektromotoren, hydraulische und pneumatische Stellzylinder, Kupplungen und Getriebe. Läuft das Arbeitsprogramm prozeßgeführt ab, so sind an der Maschine Meßglieder, z. B. Wegmeßsysteme angebracht. Sie melden den Zustand des Prozesses, z. B. die Lage des Werkzeugs, an die Steuerung. Damit ist es möglich, in Abhängigkeit von zurückgelegten Wegen oder bestimmten Positionen Bearbeitungsschritte einzuleiten oder zu beenden.

2.1.4 Signaleingabe und -ausgabe
Input and output of signals

Ein Signal am Eingang eines Funktionsglieds bezeichnet man als Eingangs- oder Eingabesignal, analog dazu nennt man Signale am Ausgang Ausgangs- oder Ausgabesignale. Vor oder nach der Verarbeitung werden Signale häufig einer Behandlung durch Ein- bzw. Ausgabeglieder unterzogen. Funktionen sind dabei für das
– *Eingabeglied:* Entstören, Umformen, Umsetzen, Potential trennen, Anpassen, Wandeln (Analog/Digital, Digital/Analog);
– *Ausgabeglied:* Verstärken, Wandeln, Sichern, Entkoppeln.
Eingabe- und Ausgabeglieder können entfallen, wenn die Schaltungstechnik der Signalumgebung der Steuerung angepaßt ist (systemgerechte Signale).

2.1.5 Signalbildung. Signal forming

Eingangs- und Ausgangssignale einer Steuerung sind Signale einer Signalbildungsquelle. Je nach Art der Signale unterscheidet man zwischen
– *Meldung:* Signal über den Zustand oder des Prozesses zur Information des Menschen (optische und akustische Signalisierung nach DIN 19235) und
– *Rückmeldung:* Signal, das als unmittelbare Auswirkung auf einen Befehl erfolgt.

2.1.6 Signalverarbeitung. Signal processing

Jede Steuerungsfunktion, unabhängig vom Umfang und der Steuerungsebene, läßt sich strukturell in *Signaleingabe, Signalverarbeitung* und *Signalausgabe* gliedern. Die Signalverarbeitung erfolgt entweder in Form der Verknüpfungssteuerung oder der Ablaufsteuerung.

Verknüpfungssteuerung. Werden Ausgangssignale im Sinne von Verknüpfungen bestimmten Eingangssignalen zugeordnet, spricht man von Verknüpfungssteuerungen. Die Signalverarbeitung erfolgt über *Grundfunktionsglieder.* Beispiele für Grundfunktionsglieder sind:
– Verknüpfungsglieder: UND, ODER, NICHT,
– Zeitglieder zur Signalverkürzung, -verzögerung, -verlängerung,
– Speicherglieder wie RS-, D-, JK-Speicherglieder (R = Reset, S = Set).

Ablaufsteuerung. Steuerungen mit zwangsläufig schrittweisen Abläufen nennt man Ablaufsteuerungen. Hierbei unterscheidet man Steuerungen mit zeit- oder prozeßgeführten Weiterschaltbedingungen. Das Steuerungsproblem läßt sich dabei in Form einer Ablaufkette beschreiben, **Bild 3.**
Wichtige Merkmale einer prozeßgeführten Ablaufsteuerung sind:

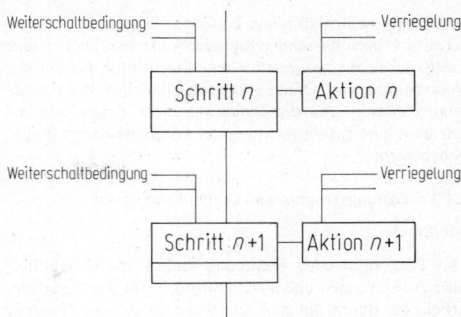

Bild 3. Beschreibung einer Ablaufkette

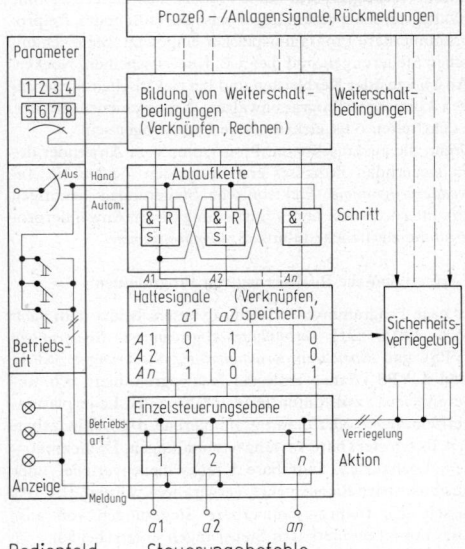

Bild 4. Struktur einer prozeßgeführten Steuerung

– Nur ein Ablaufglied ist gesetzt.
– Weiterschaltbedingung ist nur von den dem aktuellen Schritt folgenden Bedingungen abhängig.
– Sicherheitsverriegelungen erfolgen unabhängig von der Ablaufkette.
– Umfangreiche Steuerungsaufgaben verlangen häufig mehrere Ablaufketten, die sich aus der in **Bild 4** dargestellten Struktur ableiten lassen.
Ein weiteres Unterscheidungsmerkmal ergibt sich aufgrund der zeitlichen Steuerung der Signalverarbeitung:

Taktsynchrone Steuerung. Bei ihr erfolgt die Signalverarbeitung in den einzelnen Elementen der Steuerung nur zu bestimmten Zeitpunkten, die durch einen Takt synchronisiert werden. Diese Vorgehensweise ist vor allem dann sinnvoll, wenn unterschiedliche Signallaufzeiten in verschiedenen Steuerungsteilen und ihre Streuung das auftretende Steuerungsergebnis nicht eindeutig machen würden. Sie wird insbesondere bei elektronischen Steuerungen angewendet.

Asynchrone Steuerung. Eine asynchrone Signalverarbeitung ist bedarfs- und laufzeitorientiert und nicht an einen festen Takt geknüpft. Durch die Art der Steuerung ist sichergestellt, daß keine laufzeitbedingten Fehler zwischen sich beeinflussenden Signalen auftreten. Dies erfolgt i. allg. durch eine vorgeschriebene Signalfolge, bei der die Verarbeitung von Daten erst nach speziellen Freigabesignalen erlaubt und die Einleitung einer Folgeoperation nur über eine Erfolgsmeldung der vorhergehenden freigegeben wird.

2.1.7 Steuerungsprogramme. Control programs

Merkmale

Das Programm einer Steuerung umfaßt die Gesamtheit aller Anweisungen und Vereinbarungen für die Signalverarbeitung, durch die eine zu steuernde Anlage (Prozeß) aufgabengemäß beeinflußt wird. Es kann in unterschiedlicher Form vorliegen. Starre Systeme arbeiten mit festen Programmen, wobei eine Auswahl zwischen mehreren Programmen möglich sein kann. Ändern sich die Programme häufig, werden zweckmäßigerweise austauschbare, freiprogrammierbare Programmspeicher eingesetzt. Bei mechanischen Steuerungen sind dies z. B. Kurvenscheiben, Nocken, Anschläge oder Kerbleisten und bei elektrischen Steuerungen können es Programmwalzen, Kreuzschienenverteiler, Lochstreifen oder elektronische Datenträger sein.

Wenn die austauschbaren Programme vom Anwender des zu steuernden Prozesses erstellt werden, heißen sie *Anwenderprogramme*. Elektronische Steuerungen benötigen zur Interpretation und Verarbeitung dieser Anwenderprogramme zusätzliche interne *Systemprogramme*.

Gerätetechnische Realisierung von Programmen

Je nach Programmverwirklichung unterscheidet man nach DIN 19237 [21] *Verbindungsprogrammierte Steuerungen* (VPS) und *Speicherprogrammierbare Steuerungen* (SPS), **Bild 5**. VPS können entweder festprogrammiert, d.h. unveränderbar, z. B. durch feste Draht- oder Leiterplattenverbindungen, oder umprogrammierbar, d.h. veränderbar, z. B. durch steckbare Leitungsverbindungen, Diodenmatrizen, Lochkarten, änderbare Kreuzschienenverteiler oder austauschbare Bauelemente, verwirklicht werden. Bei SPS lassen sich freiprogrammierbare Steuerungen von austauschprogrammierbaren Steuerungen unterscheiden.

Bei *freiprogrammierbaren elektronischen Steuerungen* ist der Programmspeicher ein Schreib-Lese-Speicher (RAM = Random Access Memory), dessen gesamter Inhalt ohne mechanischen Eingriff frei, d.h. in beliebig kleinem Umfang, geändert werden kann.

Austauschprogrammierbare Steuerungen hingegen haben als Programmspeicher Nur-Lese-Speicher (ROM = Read Only Memory), deren Inhalt nach erfolgtem Programmieren nur durch mechanischen Eingriff in die Steuerungseinrichtung verändert werden kann. Hierbei lassen sich Steuerungen mit Nur-Lese-Speichern unterscheiden, die nach der Herstellung programmiert und mehrmals verändert werden können (RPROM = Re-Programmable ROM), sowie solche, die nur einmalig bei oder nach der Herstellung programmiert werden können und dann unveränderbar sind (PROM = Programmable ROM).

2.1.8 Aufbauorganisation von Steuerungen
Organization of control

Große Bedeutung kommt für industrielle Anwendungen dem hierarchisch organisierten prozeßgeführten Steuerungssystem zu. Die den unterschiedlichen Hierarchieebenen zugehörigen Steuerungen sind:

Einzelsteuerung. Die Einwirkung einer Steuerungseinrichtung auf den Prozeß erfolgt i. allg. durch Stelleingriffe von der Einzelsteuerung aus. Sie dient als kleinste Steuerungseinheit der Ansteuerung von Antriebselementen und kann entweder von Hand oder durch eine übergeordnete Einheit betätigt werden.

Die jeweilige Betriebsart wird fallweise durch eine besondere Vorgabe festgelegt. Erfolgt die Betätigung mit flüchtigem Befehl, so erhält die Einzelsteuerung zur zeitlichen Fixierung der Befehlsgabe einen Befehlsspeicher. Die Betätigung (Befehlseingabe) wird erst dann wirksam, wenn die Schutzverriegelung erfüllt und (falls vorhanden) eine Freigabe gegeben wurde. Zur Meldung des Betriebszustands eines Stellglieds (Beharrung, Übergang, nicht steuerbereit, Störung) umfaßt die Einzelsteuerung meistens auch einen Überwachungs- und Meldeteil.

Die Gesamtheit aller Einzelsteuerungen (Antriebssteuerungen) nennt man Einzelsteuerungsebene (Antriebssteuerungsebene).

Gruppensteuerung. Die zum Steuern eines Teilprozesses erforderliche Funktionseinheit wird Gruppensteuerung genannt. Sie ist den zum Teilprozeß zugehörenden Einzelsteuerungen (Antriebssteuerungen) übergeordnet. Sollte es die geplante Beeinflussung des Prozesses erfordern, können mehrere Gruppensteuerungen hierarchisch übereinander angeordnet sein. Die Gesamtheit aller Gruppensteuerungen nennt man Gruppensteuerungsebene.

Leitsteuerung. Die Leitsteuerung ist die der Gruppensteuerungsebene übergeordnete Funktionseinheit zur Steuerung des Gesamtprozesses.

Die Unterteilung in Einzel-, Gruppen- und Leitsteuerung ist eine Strukturierung in Funktionseinheiten, wobei i. allg. die darüberliegende Ebene jeweils Führungsebene der darunterliegenden ist.

Steuerungsebenen in Fertigungsanlagen

Die Unterteilung der Steuerungsaufgaben in Ebenen führt zu einer Dezentralisierung der Datenverarbeitungsaufgaben und damit zu überschaubaren Teilsystemen mit eigener Datenhaltung und standardisierbaren Schnittstellen sowie zu modularer Software. Die Vorteile der autonomen Teilsysteme liegen in einer höheren Verfügbarkeit des Gesamtsystems sowie in vereinfachten Bedingungen für Inbetriebnahme oder Anpassungen.

Hierarchisch unterteilt man die Steuerungsaufgaben in der Fertigungstechnik in Leit-, Zellen- und Maschinensteuerungsebene. Auch hier stellt die Unterteilung eine Strukturierung in Funktionseinheiten dar, **Bild 6**.

Obige Einteilung läßt sich nicht für alle Anwendungsfälle übernehmen. Die Ebene der Zellensteuerung kann abhängig von der Größe des Fertigungssystems mit der Leitsteuerungsebene zusammenfallen oder bei geeigneten

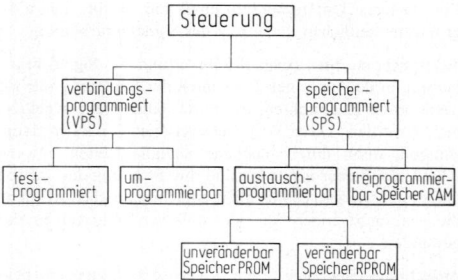

Bild 5. Steuerungseinteilung nach DIN 19237 (funktional nach Programmverwirklichung)

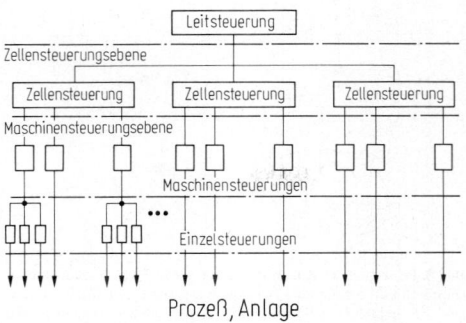

Bild 6. Steuerungshierarchie

gerätetechnischen Voraussetzungen auch Maschinensteuerungsaufgaben übernehmen.

Die Steuerungsaufgaben in einem verketteten Fertigungssystem können also nicht fest den genannten Ebenen zugeordnet werden, jedoch gilt i. allg. eine dem folgenden Beispiel ähnliche Aufteilung:

Leitsteuerungsebene:
– Steuerdatengenerierung für Werkstück- und Werkzeugfluß (interne Disposition),
– NC-Programmverwaltung,
– Führen des Systemabbilds,
– Aufbereiten von BDE/MDE-Daten (BDE = Betriebs-Daten-Erfassung, M = Maschinen) für Anzeige, Dokumentation und Beeinflussung.

Zellensteuerungsebene:
– Verwaltung von Werkzeugdaten,
– NC-Programmverteilung,

– Erfassen und Auswerten von BDE/MDE-Daten,
– Synchronisation zwischen Geräten der Maschinensteuerungsebene,
– Auswerten von Meßdaten und gegebenenfalls Beeinflussung.

Maschinensteuerungsebene:
– Handbedienung/Einrichtebetrieb,
– Programmkorrektur,
– Verarbeitung der Werkzeugkorrekturen,
– Erzeugen der Achsenbewegung,
– Verarbeitung von Schaltfunktionen,
– Überwachungs- und Diagnosefunktionen,
– Meßabläufe,
– Erfassen von BDE/MDE-Daten.

2.1.9 Datenquellen und Verbindungsstrukturen in der Fertigung
Data bases and link structures in manufacturing

Die Anforderung an die Produktion lautet: Marktwünsche flexibel und häufig bis hin zur Losgröße 1 erfüllen zu können. Das bedeutet, daß die Reaktionszeit zwischen Auftrag und Lieferung über die einfache, aber doch schwierig lösbare Formel Durchlaufzeit/Bearbeitungszeit → 1 bei einem Höchstmaß an flexibler Automatisierung der Betriebsmittel minimiert werden muß. Diesem Ziel kann man sich nur nähern, wenn alle Planungs- und Ausführungsebenen der Produktion mit ihren Datenquellen und -senken rechnerunterstützt arbeiten und die entsprechend zugeordneten Datenbasen und Rechnersysteme über ein Kommunikationssystem in einem Rechnerverbund integriert sind. Die damit erreichbare kurze Reaktionsfähigkeit zwischen den beteiligten Bereichen, die Datenvollständigkeit und die Mächtigkeit der dezentral arbeitenden, aber miteinander kommunizierenden fertigungstech-

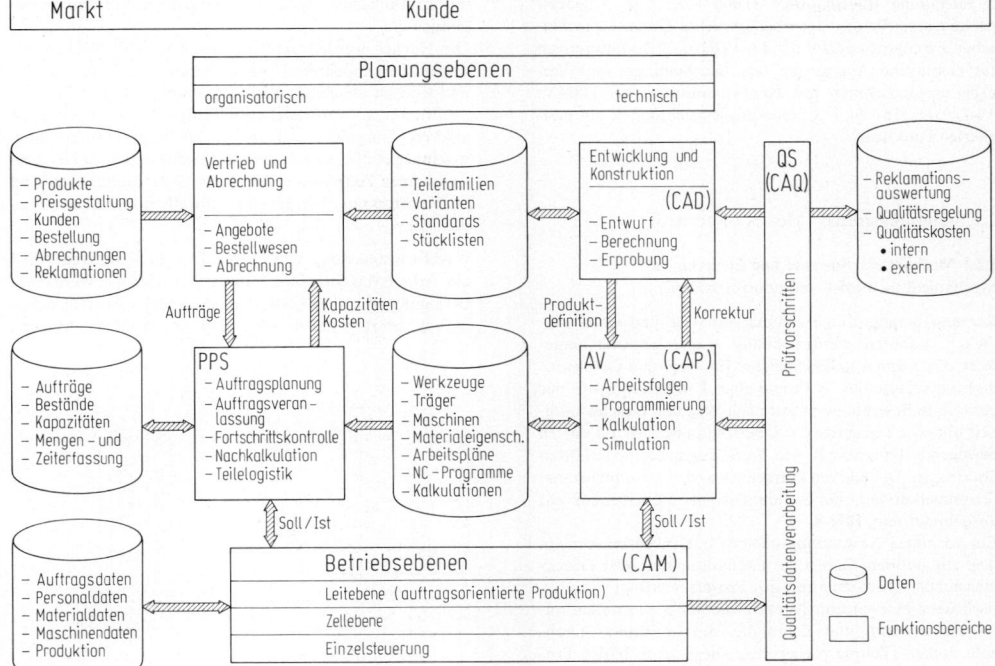

Bild 7. Datenbasen in der Fabrikorganisation

nischen Regelkreise bieten die Möglichkeit, dem weitge-steckten Ziel näher zu kommen. Welche Bereiche hiervon vornehmlich betroffen sind, zeigt **Bild 7** mit den daten-erzeugenden Bereichen einer Fabrik, die zu einem CIM-System (Computer Integrated Manufacturing) zusammen-wachsen sollen.

Unter dem Aspekt einer integrierten Informationsverar-beitung ist das Datenaufkommen nur mit Hilfe verteilter Datenbanksysteme und deren Vernetzung und Koordi-nation zu lösen. Neben der reinen Übertragungstechnik sind also auch Datenmanagement- und -inhaltsfragen zu lösen.

Folgende *Basisfunktionen* sind für eine CIM-Lösung Vor-aussetzung:

– Kommunikation der EDV-Anlagen über Netzwerke mit standardisierten Netzprotokollen,
– einheitliche Datenformate und Zugriffe für den Infor-mationsaustausch zwischen den Bereichen,
– Koordination des Informationsflusses.

2.1.10 Sicherheitsbestimmungen. Safety standards

Von Automatisierungssystemen, die neben Steuerungs- und Regelungsaufgaben auch Sicherheitsfunktionen er-füllen müssen, darf im Fehlerfall keine Gefährdung für Leben und Gesundheit von Personen ausgehen. Für den Bereich der industriellen Steuerungstechnik sind die ein-schlägigen anerkannten Regeln der Technik zu beachten, wie:

– Gesetz über technische Arbeitsmittel (Gerätesicherheits-gesetz GSG, Bundesgesetzblatt Teil 1, S. 717),
– Unfallverhütungsvorschriften entsprechend dem Ver-zeichnis der gewerblichen Berufsgenossenschaft (VBG-Vorschriften),
– Sicherheitsregeln: Regeln und Grundsätze entsprechend dem ZH-1-Verzeichnis (Berufsgenossenschaftliche Schrif-ten für Arbeitssicherheit),
– Technische Regeln: *DIN 31000/VDE 1000* Allgemei-ne Leitsätze für das sicherheitsgerechte Gestalten techni-scher Erzeugnisse; *DIN 57113/VDE 0113* Bestimmungen für elektrische Ausrüstung von Bearbeitungs- und Ver-arbeitungsmaschinen mit Nennspannungen bis 1000 V; *VDI/VDE 3541 Bl. 1–3* Steuerungseinrichtungen mit gesi-cherter Funktion.

2.2 Steuerungsmittel. Means of control

2.2.1 Mechanische Speicher und Steuerungen
Mechanical memories and control systems

Kurvensteuerung. Zur Erzielung von Weg- und Geschwin-digkeitsverläufen werden häufig Kurvengetriebe einge-setzt, d.h. Kurven stellen Speicher für Weg- und Geschwin-digkeitsverläufe dar. Während einer Umdrehung wird der geforderte Bewegungsverlauf nach Weg und Geschwindig-keit über die Tastspitze des Übertragungsglieds auf das zu bewegende Bauteil, z.B. den Werkzeugmaschinenschlitten übertragen. Die Kurven können entweder dreidimensional (Trommelkurven) oder zweidimensional (Scheibenkurven) ausgebildet sein, **Bild 8**.

Ein wichtiges Anwendungsgebiet für Kurvensteuerungen liegt z.B. auf dem Gebiet der Drehautomaten oder Druck-maschinen. Die Steuerung des Prozesses erfolgt automa-tisch über Kurven und Nocken, die auf Steuerwellen un-tergebracht sind und sich i.allg. mit konstanter Drehzahl drehen (Zeitplansteuerung). Die Kurven bilden Pro-grammspeicher für die Wege und Geschwindigkeiten mit den Beziehungen

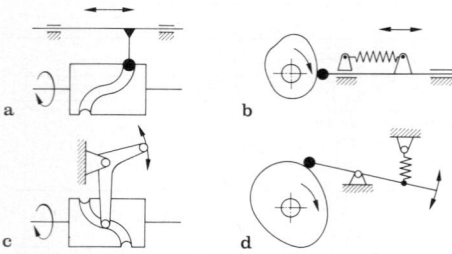

Bild 8. Prinzipien der Kurvensteuerung. **a** schieben – Trommelkurve (Formschluß); **b** schieben – Scheibenkurve (Kraftschluß); **c** schwen-ken – Trommelkurve (Formschluß); **d** schwenken – Scheibenkurve (Kraftschluß)

Wegspeicherung:

$$\text{Hub} \quad \Delta s = f(\alpha); \quad \Delta s_{max} = r_{max} - r_{min};$$

Geschwindigkeitsspeicherung:

$$v = \omega(\mathrm{d}s/\mathrm{d}\alpha), \quad \omega = 2\pi/T, \quad \alpha = \omega t.$$

Hierin sind α Winkellage der Kurve, r Kurvenscheibenra-dius, ω Winkelgeschwindigkeit und T Umdrehungszeit. Sie übertragen z.B. die am Stellglied benötigte Vorschub-leistung sowie die zur Beschleunigung erforderlichen Mo-mente bzw. Kräfte. Der Übertragungsmechanismus be-steht aus mechanischen Elementen, wie Rollen, Hebel, Kugellager, Führungen und Federn.

Nockensteuerung. Nocken bewegen beim Überfahren ei-nen Stößel, der eine Schaltfunktion mechanischer, elektri-scher, hydraulischer oder pneumatischer Art auslöst. Eine genaue Auslösung der Schaltfunktion wird mit elektri-schen Sprungendschaltern erreicht. Beispiele für Schalt-funktionen sind Hauptspindeldrehzahländerungen, Kühl-mittelzuführschaltungen, Schaltungen von Vorschubbewe-gungen etc.

Die Nocken werden auf Nockenleisten oder Nockenwal-zen, die i.allg. mehrere Nockenbahnen aufweisen, befestigt und sind an beliebigen Stellen klemmbar, **Bild 9**. Die am Schlitten oder Werkzeugbett befestigte Nockenleiste dient als Wegplanspeicher für die Nockenprogrammsteuerung, wohingegen die sich mit der Steuerwelle drehende Nocken-walze einen Zeitplanspeicher darstellt. Nockenbahnen sind als Rechtecknut, T-Nut oder Schwalbenschwanznut aus-gebildet.

Nachformsteuerung. Unter Nachformen (Kopieren) wird ein Arbeitsverfahren verstanden, bei dem die Werkzeug-bewegung von einer Leitkurve oder -fläche (Modell, Scha-blone) derart gesteuert wird, daß das Profil des Musters

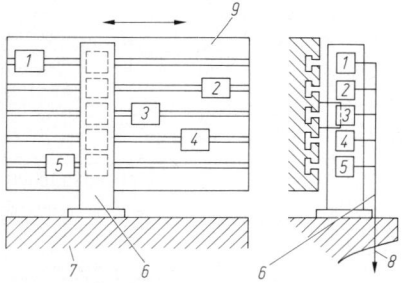

Bild 9. Wegabhängige Nockensteuerung. *1* bis *5* verstellbare Nocken, *6* Nockenschalter, *7* Bett, *8* Meldung, *9* Schlitten

auf das Werkstück übertragen wird. Das Nachformen wird für die Fertigung schwierig geformter Werkstücke (z.B. Formwerkzeuge) besonders in der Kleinserienfertigung eingesetzt, wird aber zunehmend durch die NC-Technik abgelöst.

Beim Nachformen unterscheidet man ein-, zwei- und dreiachsiges Nachformen. Beim *einachsigen Nachformen* wird die Bewegung des Nachformschlittens nur in einer Achse gesteuert, während er in der anderen Achsrichtung mit konstantem Leitvorschub durchläuft. Analog werden dazu beim *zwei- und dreiachsigen Nachformen* zwei bzw. drei Bewegungsachsen gesteuert, wobei beide Verfahren ein räumliches Nachformen gestatten. Bei der zweiachsigen Steuerung läuft dann die Schlittenbewegung längs der dritten Achse mit dem Leitvorschub mit ($=2^{1}/_{2}$ Achsverfahren), z.B. beim Zeilenfräsen und mehrschichtigen Umlauffräsen, **Bild 10**.

Die Übertragung von ebenen Kurven der Musterstücke auf das Werkstück erfolgt über Äquidistanten (Parallelkurven). Als Grenzfälle und in bezug auf Konturverzerrungen sind die Krümmungsradien der Musterkurve, der Tast- bzw. Rollenradius des Tasters r sowie der Werkzeugradius R zu beachten. So führt $r \neq R$ zu Verzerrungen bei der Übertragung. Diese bedeutet z.B. für den Fall $R < r$ (**Bild 11**), daß bei konkaven Konturen der Konturradius des Werkstücks größer bzw. bei konvexen Konturen kleiner als der der Schablone wird. Abtastradien der Schablone $\rho_s < r$ haben Vergröberungen der Werkstückkontur zur Folge.

2.2.2 Fluidische Steuerungen. Fluidics

Fluidische Steuerungen (s. H) arbeiten mit *Druckluft* oder *Hydrauliköl* [5–7]. Sie werden angewendet, wenn fluidische Antriebe aufgrund ihrer Besonderheiten eingesetzt werden und die Steuerungsaufgaben einfach sind. Man erspart dann die Umsetzung einer Energieform in eine andere. Die Einleitung und Beendigung von Bewegungen erfolgt meist über Wegeventile (**Bild 12**), wobei die Geschwindigkeit der Bewegung über Mengenventile eingestellt wird. Eine Betätigung der Wegeventile geschieht entweder mechanisch direkt aus der Anlage oder elektromagnetisch aufgrund elektrischer Signale. Gelegentlich wird auch druckabhängiges Schalten vorgenommen. Die Kombination elektrischer Signalverarbeitung mit ölhydraulischer Kraftverstärkung wird als *Elektrohydraulik* bezeichnet. Man kombiniert hier die einfache Verknüpfbarkeit und leichte Handhabbarkeit elektrischer Signale mit der hohen Kraftverstärkung und dem guten Zeitverhalten ölhydraulischer Antriebe [13].

Eine Kombination der Wirkung von Wegeventilen und Mengenventilen läßt sich mit Servoventilen erzeugen. Sie bestehen aus einem elektrischen Motor mit einem ein- oder mehrstufigen Kolbenzylindersystem, das die stetige Einstellung der Drosselstellen entsprechend der Erregung des elektrischen Motors erlaubt. Mit Servoventilen lassen sich stetig drehzahlverstellbare Antriebe aufbauen, deren

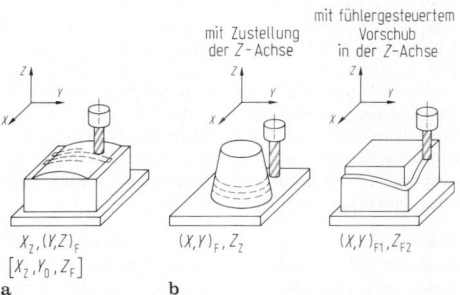

mit Zustellung der Z-Achse   mit fühlergesteuertem Vorschub in der Z-Achse

$X_Z,(Y,Z)_F$
$[X_Z,Y_0,Z_F]$ $(X,Y)_F,Z_Z$ $(X,Y)_{F1},Z_{F2}$

a   b

Bild 10. Möglichkeiten des Nachformfräsens. **a** Zeilenfräsen; **b** Umrißfräsen, F Fühler, z Zeilenvorschub

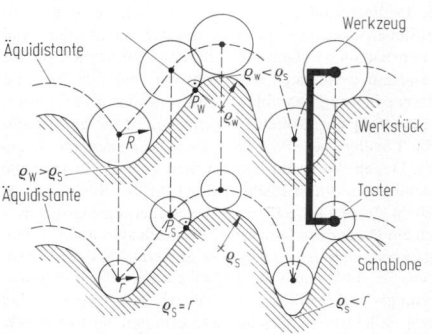

Äquidistante   Werkzeug
$\rho_w < \rho_s$
ρ_w
R Werkstück
$\rho_w > \rho_s$ ρ_w
Äquidistante
ρ_s Taster
ρ_s
Schablone
r
$\rho_s = r$ $\rho_s < r$

Bild 11. Übertragung einer Musterkurve auf das Werkstück über Äquidistanten bei unterschiedlichem Taster- und Werkzeugradius. R Werkzeugradius, r Tastradius, P Punkt, ρ Konturradius, Index S Schablone, Index W Werkstück

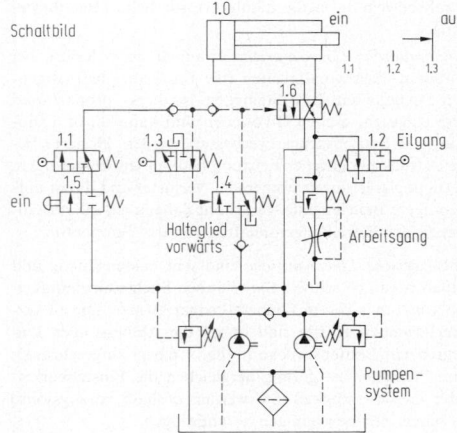

Schaltbild

Funktionsplan (Weg–Zeit–Diagramm)

Nr.	Benennung	Pos	Arbeitsablauf t in s 1 2 3 4 5 6 7 8 9 10
1.0	Zylinder	aus / ein	
1.1	3/2 Wegeventil	1 / 0	
1.2	2/2 Wegeventil	1 / 0	
1.3	3/2 Wegeventil	1 / 0	
1.4	3/2 Wegeventil	1 / 0	
1.5	2/2 Wegeventil	1 / 0	Handauslösung
1.6	4/2 Wegeventil	1 / 0	

Bild 12. Schaltungsbeispiel für eine hydraulische Bohrvorschubeinheit

Eigenschaften vor allem durch Einsatz einer Drehzahlregelung verbessert werden können (Servohydraulik). Bei der *Servohydraulik* erfolgt die Geschwindigkeitseinstellung durch ein analoges Verändern von Drosselstellen, die den Ölstrom beeinflussen. Das gleiche Ziel, nämlich die Veränderung des Ölstroms, kann bei der *Digitalhydraulik* dadurch erreicht werden, daß über ein schnell schaltendes Ventil mit hoher Frequenz der Ölstrom zu- und abgeschaltet wird, und die Zeitanteile, in denen zu- oder abgeschaltet ist, veränderbar sind.

Fluidische Antriebe sind in Form von Rotations- und Linearmotoren verfügbar. Aufgrund des hohen Drucks fluidischer Medien und den damit verbundenen hohen Drehmomenten kann im Gegensatz zu Elektromotoren häufig auf ein Getriebe verzichtet werden.

Bei *fluidischen Rotationsmotoren* ist das Verhältnis von Trägheitsmoment zu Drehmoment, das der Anlaufzeit des Motors entspricht, geringer als bei den meisten elektromagnetischen Rotationsmotoren. Da das günstige Verhältnis auch durch das geringere Trägheitsmoment erzielt wird, ist für die endgültige Beurteilung jedoch das Zusatzträgheitsmoment der anzutreibenden Maschinen zu berücksichtigen.

Fluidische Linearmotoren lassen sich nach dem Prinzip von Kolben und Zylinder sehr kostengünstig herstellen. Sie ersparen zudem die mechanische Umsetzung einer Rotationsbewegung in die häufig erforderliche Linearbewegung.

Ölhydraulische Linearantriebe erlauben hohe Kräfte bei mittleren Geschwindigkeiten (bis 1 m/s) bei befriedigenden Steifigkeiten. Ihre Steifigkeit ist direkt proportional dem eingeschlossenen Ölvolumen und kann durch Erhöhung des Betriebsdrucks verbessert werden. Höherer Betriebsdruck bei gleicher Leistung bedingt jedoch geringere Fertigungstoleranzen (wegen der Verluste) und damit aufwendigere Bauelemente. Er erhöht dabei auch die Abhängigkeit der Betriebseigenschaften von der Temperatur.

Pneumatische Linearantriebe sind sehr kostengünstig und außerordentlich schnell. Sie erlauben Stellgeschwindigkeiten von 1 m/s bis im Grenzfall sogar 10 m/s. Die zu verwirklichenden Kräfte sind durch die Abmessungen und begrenzten Betriebsdrücke (i. allg. < 6 bar) eingeschränkt. Ihre Steifigkeit ist gering, dergleichen die Einstellbarkeit ihrer Geschwindigkeit. Sie werden deshalb vorzugsweise zu reinen Stellbewegungen herangezogen.

Die Verwendung *ölhydraulischer Antriebe* an einer Maschine setzt ein *Hydraulikaggregat* voraus, das die elektrische Energie in ölhydraulische umsetzt. Es wird aus Wartungsgründen angestrebt, dieses Aggregat mit den Steuerventilen in einem hydraulischen Steuerschrank zusammenzufassen. Dabei können diese Steuerungen aus Einzelelementen aufgebaut sein oder mehrere Ventile in einem gemeinsamen Steuerblock zusammengefaßt werden (*Blockhydraulik*). Bei hohen Anforderungen an das Zeitverhalten sind die Schaltelemente zur Verringerung der zu schaltenden Ölvolumina direkt bei den Antrieben anzuordnen.

Ölhydraulische Anlagen werden durch Hydraulikplan und Stückliste beschrieben. Die dafür zu verwendenden Symbole sind in DIN 24 300 bzw. ISO 1219 zusammengefaßt und erläutert.

2.2.3 Elektrische Steuerungen. Electrical control

Elektrische Steuerungen werden als Kontaktsteuerungen oder elektronische Steuerungen ausgeführt.

Kontaktsteuerungen. Über Kontakte lassen sich mit geringem Aufwand große Leistungen schalten. Sie eignen sich ferner für binäre Schaltungen (DIN 19237), bei denen durch Veränderung eines zweiwertigen Signals durch ein Stellglied eine Veränderung des Anlagenzustands durchgeführt wird. Die Zusammenfassung von Kontakten mit einem elektromagnetischen Antrieb wird *Schütz* oder *Relais* genannt.

Da sowohl die Schaltung von Drehstrommotoren als auch die Betätigung von Stellgliedern häufig über Schütze erfolgt, können mit weiteren Kontakten dieser Elemente auch Verknüpfungen durchgeführt werden. Leistungs- und Verknüpfungsebene sind hier gerätemäßig miteinander verquickt. Bei nicht zu umfangreichen Steuerungen im Bereich der Funktionssteuerungen sind derartige Kontaktsteuerungen eine günstige Lösung. Dabei ist zu beachten, daß die Zahl der Schaltungen für Schütze sowohl mechanisch auf etwa 10^6 bis 10^7 Schaltungen begrenzt, als auch das elektrische Schaltvermögen des Kontakts selbst zu beachten ist. Des weiteren erfordern Schütze Schaltzeiten von 10 bis 200 ms, die bei schnellen Vorgängen zu berücksichtigen sind, z.B. beim Abschalten aus hohen Geschwindigkeiten. Die Schaltzeiten sind von Typ und Leistungsvermögen der Geräte abhängig und mit Streuung behaftet.

Kontaktsteuerungen werden durch Stromlaufpläne und Stücklisten beschrieben und verbindungsprogrammiert aufgebaut, **Bild 13**. Die Möglichkeiten zur Rationalisierung der Steuerungsfertigung sind daher begrenzt. Die zur Darstellung verwendeten Symbole und die Regeln zu ihrer Anwendung sind in DIN 40 703 und DIN 40 713 festgehalten. Bei der praktischen Ausführung sind außerdem die VDE-Vorschriften zu beachten, die den Stand der Technik definieren, so ist dies VDE 0100 ff. sowie besonders VDE 0113, die Ausrüstungen für Be- und Verarbeitungsmaschinen betreffen. Die zu verwendenden Schaltgeräte müssen danach bestimmten Schaltgruppen entsprechen.

Die Steuerspannung in Kontaktsteuerungen sollte 220 V betragen. Wegen der auftretenden Schaltunsicherheit ist das Schalten von Spannungen unter 24 V mit Kontakten generell zu vermeiden. Ein Schalten von Gleichspannungen sollte nur mit dazu ausgelegten Kontakten und unter Verwendung von Schutzeinrichtungen, die Lichtbogenbildung vermeiden, durchgeführt werden.

Elektronische Steuerungen. Geht die Informationsverarbeitung über einfache Verknüpfungsaufgaben hinaus, so verwendet man üblicherweise elektronisch arbeitende Steuerungen. Sie werden sowohl für binäre (Bit) wie digitale (Wort) Signalverarbeitung eingesetzt. In einem Halbleiterbaustein wird die Verarbeitung einfacher Funktionen wie UND- bzw. ODER-Verknüpfung oder komplexer Funktionen, wie die Realisierung eines Zählers oder eines Digital/Analog-Umsetzers verwirklicht. Elektronische Steuerungen sind in der Zahl der Schaltungen und der Lebensdauer unbegrenzt, schalten sehr schnell (ns bis μs) und auf geringem Leistungsniveau. Für die Bit- und Wortverarbeitung von ablauf- und verknüpfungsorientierten Steuerungsproblemen verwendet man als gerätetechnische Lösung die SPS (*Speicherprogrammierbare Steuerung*). Daneben werden digitale Steuerungen für spezielle Anwendungen durch Rechner (auch Mikro-Rechner) verwirklicht. In beiden Fällen ist der Steuerungsalgorithmus durch ein Programm realisiert. Vereinzelt sind noch *verbindungsprogrammierte elektronische Steuerungen* (VPS) anzutreffen. Sie sind wegen der Entwicklungs-, Fertigungsvorbereitungs- und Prüfkosten für Leiterbahnenträger nur bei großen Stückzahlen gleicher Steuerungen wirtschaftlich. Elektronische Steuerungen können aufgrund ihres schnellen Schaltens und der enthaltenen gespeicherten oder speicherbaren Zustände durch Spannungsspitzen, die galvanisch oder elektromagnetisch eingestreut werden, gestört

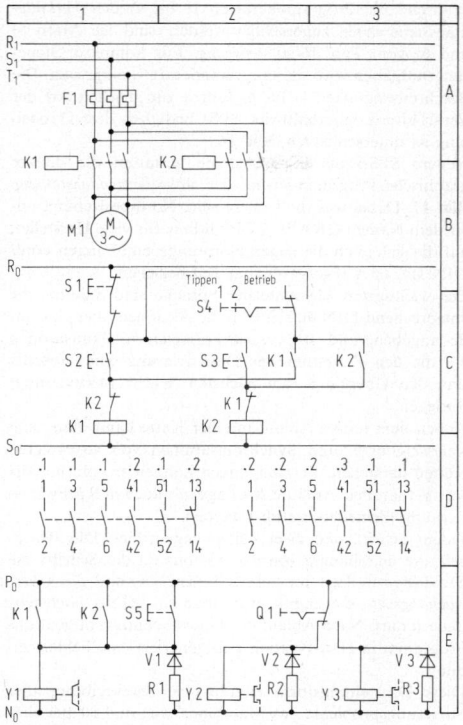

Liste der Steuerungs-und Antriebselemente

M1	Hauptmotor
S1	Taster Haupt. Aus
K1	Schütz Haupt. Rechtslauf
K2	Schütz Haupt. Linkslauf
S2	Taster Haupt. Rechtslauf
S3	Taster Haupt. Linkslauf
S4	Wahlschalter Tippen–Betrieb
F1	therm. Auslöser
Y1	Bremse Spindel
V1	Gleichrichter zu Y1
R1	Widerstand zu Y1

Y2	Kupplung Drehzahl 1
V2	Gleichrichter zu Y2
R2	Widerstand zu Y2
Y3	Kupplung Drehzahl 2
V3	Gleichrichter zu Y3
R3	Widerstand zu Y3
Q1	Schalter Drehzahl 1,2
S5	Taster Spindelbremse lösen

(Auszug)

Bild 13. Beispiel einer Kontaktsteuerung: Spindelantrieb einer Drehmaschine

werden. Maßnahmen dagegen sind eine sorgfältige Dimensionierung der Netzgeräte, ausreichende Leiterbahnen
sowie eine Abschirmung des Geräts selbst. Ein- und Ausgänge sind durch einen Tiefpaß von Störungen freizuhalten, gegebenenfalls auch galvanisch zu entkoppeln. Auch
ist auf Eindeutigkeit des Bezugspotentials durch ausreichende Masseleitungen zu achten.

Da die Steuergeräte, bedingt durch das geringe Leistungsniveau in der signalverarbeitenden Elektronik nur gering erwärmt werden, ist ein Schutz der elektronischen
Bauelemente gegen Staub und Feuchtigkeit problemlos
möglich. Die Ausgangssignale sind durch Schaltverstär-
ker oder stetig veränderbare Leistungsverstärker auf das
für Stellglieder erforderliche Niveau zu bringen. Dabei
werden Stellglieder vielfach auch über zwischengeschaltete Kontaktsteuergeräte angesteuert. Stetig veränderbare Leistungsverstärker sind für entsprechend drehzahlverstellbare Gleichstromantriebe erforderlich. Sie können als
Thyristor- oder Transistorsteller aufgebaut sein.
Aufgrund ihrer Bedeutung bei der Steuerung von Fertigungseinrichtungen wird auf Speicherprogrammierbare
Steuerungen (SPS) und numerische Steuerungen (NC) im
folgenden vertiefend eingegangen.

2.3 Speicherprogrammierbare Steuerungen
Programmable logic controller (PLC)

Nach der VDI-Richtlinie 2880 wird der Begriff „Speicherprogrammierbare Steuerung (SPS)" wie folgt definiert:
Speicherprogrammierbares Automatisierungsgerät mit an-
wenderorientierter Programmiersprache, das im Schwerpunkt zum Steuern eingesetzt wird [14].
Dieser Steuerungstyp besteht im Prinzip aus einem bit-
oder wortorientierten Prozessor mit RAM-, ROM- und
PROM-Speichern (**Bild 14**), wobei eine spezielle Software
die Beschreibung von Steuerungsproblemen in einer an-
wenderorientierten Programmiersprache (Stromlaufplan,
Funktionsplan, Boolesche Algebra, Zustandsgraphen, Ablaufkette) ermöglicht.

2.3.1 Aufbau. Structure

Einfache SPS-Steuerungen sind bis auf Ausnahmen nur
für *logische* Operationen programmierbar. Da solche Operationen im Steuerungsbereich auf Bit-Informationen basieren, arbeiten die Prozessoren vorzugsweise mit Wortlängen von einem Bit.
Jede Verknüpfung, die die Steuerung durchzuführen hat,
steht in fester Reihenfolge im Speicher und wird nacheinander in zyklischer Folge aufgerufen und bearbeitet, **Bild
15**. Das Gesamtprogramm einer SPS besteht aus dem
Systemprogramm und den *Anwenderprogrammen*. Das Systemprogramm ist die Gesamtheit aller Anweisungen und
Vereinbarungen geräteinterner Betriebsfunktionen und ist
fester (EPROM) Bestandteil der SPS. Eine Veränderung
dieses Programms durch den Anwender kann nicht erfolgen. Die Abarbeitung des Anwenderprogramms durch die
SPS erfolgt zyklisch. Ist das Programm einmal durchge-
laufen, beginnt der Zyklus von vorne.

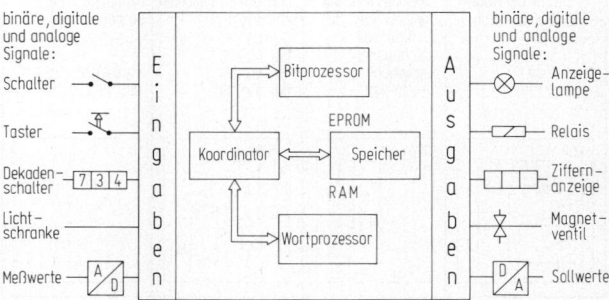

Bild 14. Struktur einer programmierbaren
Steuerung mit Bit- und Wortprozessor

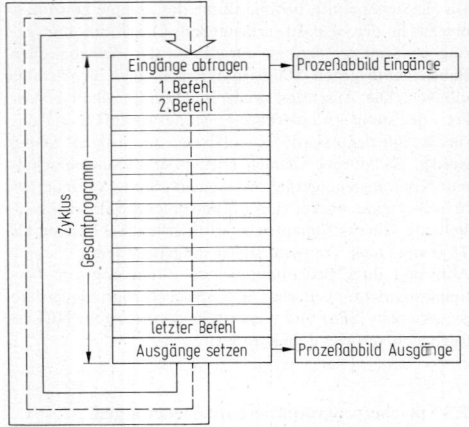

Bild 15. Programmorganisation mit Prozeßabbild

Durch eine Programmorganisation mit Prozeßabbild werden auch Inkonsistenzen verhindert, die dann entstehen können, wenn man auf einen Eingang zugreift, der sich während des Zyklus ändert. Entsprechend der einmaligen Abfrage aller Eingänge und Hinterlegung ihrer Werte in einem Prozeßabbild werden am Ende eines Zyklus alle Ausgänge auf einmal aktualisiert und ihre Werte in einem internen Speicher als Prozeßabbild festgehalten.

2.3.2 Programmierung. Programming

Die Programmierung von SPS lehnt sich eng an die üblichen Beschreibungsarten von konventionellen Steuerungen an, die im wesentlichen genormt sind. Man unterscheidet die folgenden Programmierarten:
1. Kontaktplanprogrammierung nach DIN IEC 65 A (SEC) 67 [23] (Stromlaufplan, graphisch).
2. Mnemotechnische Darstellung in Form einer Anweisungsliste nach DIN 19239 (alphanumerisch).
3. Funktionsplan nach DIN 19239-Symbolen [22] (graphisch, Logikplan).
4. Boolesche Gleichungen nach DIN 19239 (mathematische Beschreibung).
5. Ablaufgraphprogrammierung nach DIN 40719 Bl. 6 und DIN IEC 65 A (SEC) 67.
6. Flußdiagramm nach DIN 66001.
7. Verwendung einer höheren Programmiersprache nach DIN IEC 65 A (SEC) 67.

Während die Programmierarten 1) bis 4) den *Verknüpfungssteuerungen* zugerechnet werden, sind die Arten 5) und 6) vom Typ *Ablaufsteuerung*. Für komplexe Steuerungsaufgaben wird die Programmierart 7) eingesetzt. Die Beschreibungsarten 1) bis 4) führen zur gleichen Art der Verarbeitung innerhalb der SPS. Lediglich ihre Darstellung ist unterschiedlich, **Bild 16**.

Neuere SPS-Programmiersysteme gestatten die direkte graphische Programmierung der *Ablaufkettendarstellung*, **Bild 17**. Dabei war die französische Normbestrebung unter dem Namen GRAFCET Richtlinie für viele Hersteller, auf die sich auch die neuen Normungsbemühungen unter DIN IEC 65 A (Entwurf) zum Teil beziehen.

Die wichtigsten Elemente der Sprache sind *Schritte*, die entsprechend DIN 40719 Bl. 6 die Aktionen oder Zustände angeben, und *Weiterschaltbedingungen* (Transitionen T), die den Zeitpunkt der Deaktivierung eines Schritts und den Übergang zum nächsten Schritt (Aktivierung) festlegen.

Neben dem reinen Ablauf in einer Kette kann man auch Verzweigungen und Synchronisationen von verzweigten Ketten darstellen. Verzweigungen können sowohl in Vorwärts- (parallele Abläufe, Sprünge) als auch in Rückwärtsrichtung (Schleifen) geführt werden.

Jedem Schritt sind zwei Zeiten zugeordnet. Die *Wartezeit*, die unabhängig von der Aktionszeit des Schritts die Mindestverweilzeit im Schritt beschreibt, und die *Überwachungszeit*, die angibt, wie lange ein Schritt höchstens dauern darf. Nach Ablauf der Überwachungszeit geht das Programm in Halt-Position und generiert eine Fehlermeldung.

Diese Darstellungsform erlaubt eine Beschreibung aller Steuerungsprobleme des Maschinenbaus und ist bei einigen Herstellern von SPS eingeführt.

2.4 Numerische Steuerungen
Numerical control (NC)

2.4.1 Zum Begriff. Definition

Für Aufgaben der Fertigungstechnik entstand 1951 am MIT (Massachusetts Institute of Technology) das Konzept der numerischen Steuerung. Numerisch heißt zahlenmäßig und bedeutet, daß die Eingabe der Steuerinformationen in Form von Zahlen erfolgt. Diese werden in einem Binärcode dargestellt und können direkt von der Steuerung verarbeitet werden. Einzugeben sind Zahlen für die Beschreibung der Werkstückgeometrie (Weginformationen) sowie technologische Angaben über Werkzeuge und Arbeitsgeschwindigkeiten (Schaltinformationen), ebenfalls in

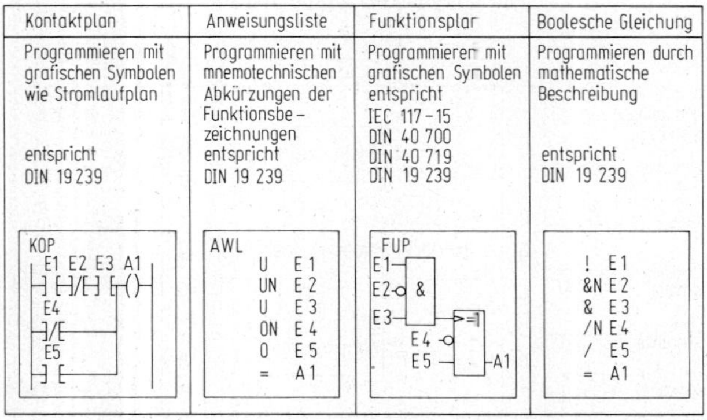

Kontaktplan	Anweisungsliste	Funktionsplan	Boolesche Gleichung
Programmieren mit grafischen Symbolen wie Stromlaufplan entspricht DIN 19239	Programmieren mit mnemotechnischen Abkürzungen der Funktionsbe-zeichnungen entspricht DIN 19239	Programmieren mit grafischen Symbolen entspricht IEC 117 – 15 DIN 40 700 DIN 40 719 DIN 19 239	Programmieren durch mathematische Beschreibung entspricht DIN 19 239
KOP E1 E2 E3 A1 E4 E5	AWL U E 1 UN E 2 U E 3 ON E 4 O E 5 = A 1	FUP E1 E2 & E3 E4 E5 —A1	! E1 &N E2 & E3 /N E4 / E5 = A 1

Bild 16. Codierungsarten zur SPS-Programmierung

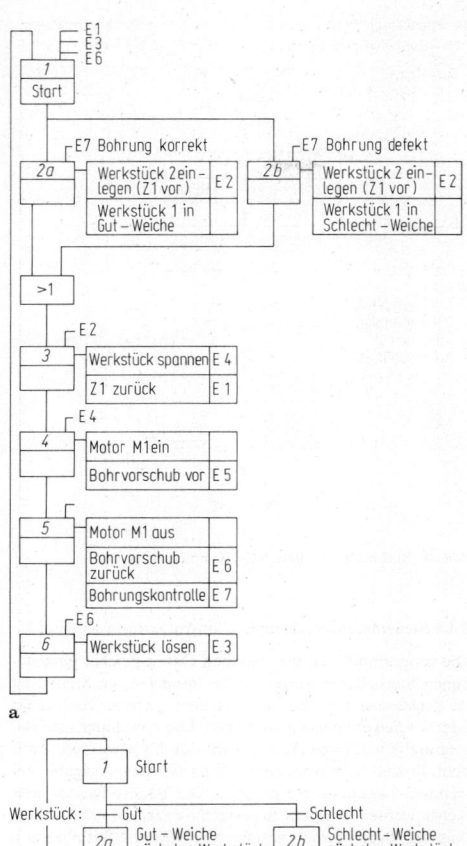

a

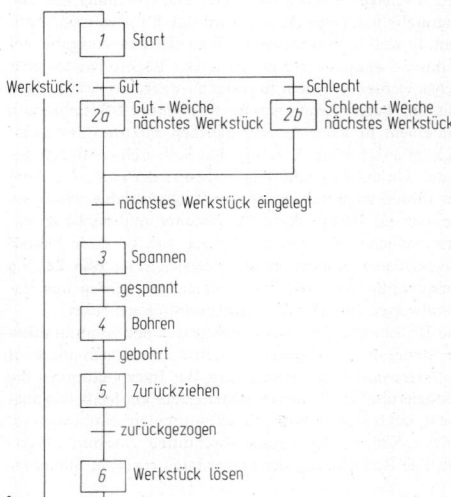

b

Bild 17. a Ablaufplan nach DIN 40719 Teil 6 für automatische Bohrstation. **b** Ablaufplan nach GRAFCET für das gleiche Problem

Zahlenform. Die Bedeutung der Zahlen wird durch einen vorangestellten Adreßbuchstaben erkannt (DIN 66025). Jede Steuerung, bei der die Weginformationen durch Zahlen eingegeben werden, ist eine numerische Steuerung, unabhängig vom Eingabegerät und Datenspeicher [8–10, 17].

2.4.2 Programmierung. Programming

Unter *Werkstückprogrammierung* wird die Erstellung von werkstückabhängigen Steuerdaten für numerische Steue-

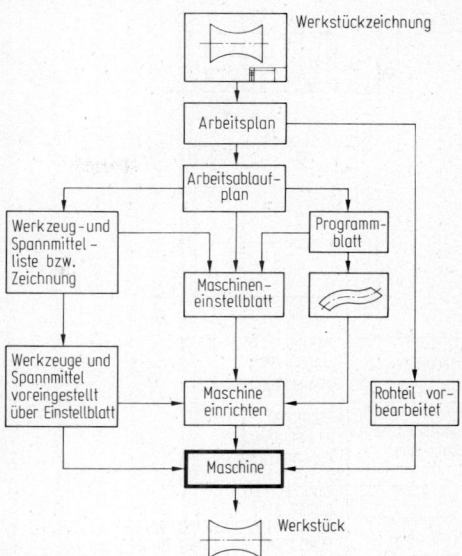

Bild 18. Informationsfluß von der Zeichnung bis zur Bearbeitung (konventionell)

rungen verstanden, **Bild 18**. Weg- und Schaltinformationen sind in einer festgelegten Anordnung in einen Datenspeicher zu bringen. Häufig verwendeter Datenspeicher war der Lochstreifen, da er robust aufgebaut, in der Reihenfolge der Operationen unverwechselbar war, eine große Datenmenge billig speichern und schritthaltend mit dem Prozeß gelesen werden konnte. Der Einsatz preiswerter elektronischer Speicher erlaubt heute viel einfacher die Speicherung großer Datenmengen, so daß die Eingabe ganzer Programme entweder von Hand, z.B. über magnetische Informationsträger oder über Datenverbindungen aus übergeordneten Leitrechnern praktiziert wird.

Die NC-Programme können sowohl *on line*, d.h. durch den Bedienungsmann direkt an der Maschine (Werkstattprogrammierung) als auch *off line* in der Arbeitsvorbereitung erstellt werden [15]. Als Ausgangsdaten für die Programmerstellung unter Verwendung einer höheren fertigungstechnischen Programmiersprache wie EXAPT dienen Werkstückbeschreibungen in Form von Konstruktionszeichnungen (**Bild 19**) oder CAD-Daten [16]. Mit Hilfe eines Processors (Übersetzerprogramm) wird das Quellprogramm in CLDATA-Code übersetzt. Dabei verarbeitet der Processor die geometrischen Informationen und ergänzt unter Zuhilfenahme von Werkstoff- und Werkstückdateien die technologischen Bearbeitungsvorschriften. Ein Postprocessor paßt den maschinenunabhängigen CLDATA-Code an eine spezielle NC-Maschine an.

2.4.3 Datenschnittstellen. Data interfaces

Wie aus **Bild 20** ersichtlich, ist neben der NC-Programmschnittstelle nach DIN 66025 eine weitere Datenschnittstelle für numerische Steuerungen von Interesse: die CLDATA (Cutter Location Data) Schnittstelle für eine maschinenunabhängige Programmierung von Werkzeugmaschinen, z.B. mit der fertigungstechnischen Hochsprache EXAPT (vgl. T 2.4.2). CLDATA ist im Gegensatz zur DIN 66025 erst dann auf einer Steuerung lauffähig, wenn es mit steuerungsspezifischen Parametern versehen wird. Dies

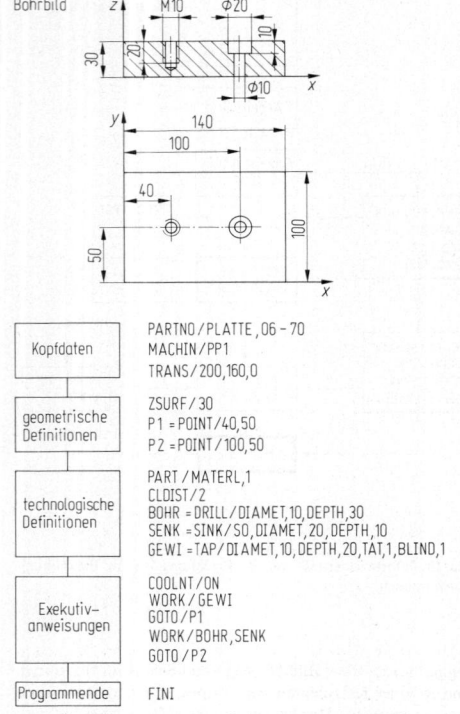

Bohrbild

Kopfdaten	PARTNO/PLATTE,06–70 MACHIN/PP1 TRANS/200,160,0
geometrische Definitionen	ZSURF/30 P1 =POINT/40,50 P2 =POINT/100,50
technologische Definitionen	PART/MATERL,1 CLDIST/2 BOHR =DRILL/DIAMET,10,DEPTH,30 SENK =SINK/SO,DIAMET,20,DEPTH,10 GEWI =TAP/DIAMET,10,DEPTH,20,TAT,1,BLIND,1
Exekutiv- anweisungen	COOLNT/ON WORK/GEWI GOTO/P1 WORK/BOHR,SENK GOTO/P2
Programmende	FINI

Bild 19. EXAPT Teileprogramm

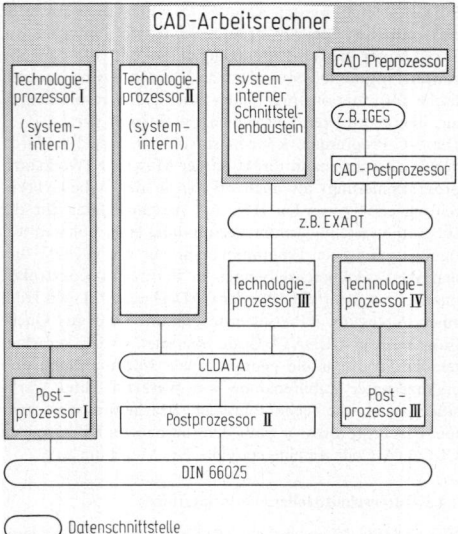

⬭ Datenschnittstelle

Bild 20. Datenschnittstellen in Steuerungstechnik

geschieht entweder über den erwähnten Postprocessor, der CLDATA in eine Form nach DIN 66025 compiliert (**Bild 21**), oder die NC-Steuerung besitzt einen Interpreter, der die Übersetzung und Anpassung satzweise während der Programmbearbeitung durchführt.

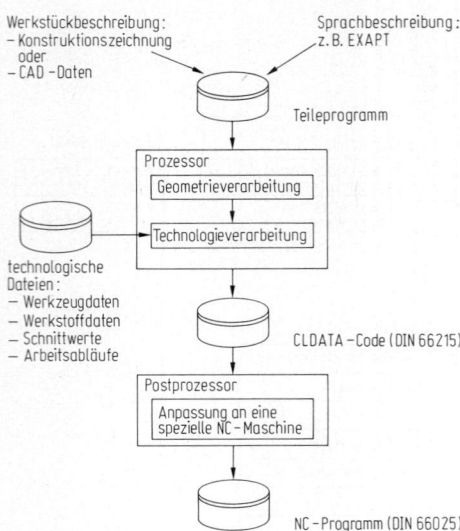

Bild 21. Rechnerunterstützte NC-Programmierung

2.4.4 Steuerdatenverarbeitung. Control data processing

Die programmierten und in einen Datenspeicher eingegebenen Steuerdaten werden in der numerischen Steuerung zu *Lagesollwerten* für die einzelnen Achsen verarbeitet oder als *Schaltbefehle* ausgegeben. Die kontinuierliche Bewegung in mehreren Achsen wird durch fortwährende mit dem Prozeß schritthaltende taktsynchrone Ausgabe getrennter Lagesollwerte erreicht. Die Lagesollwerte jeder Achse werden mit dem jeweiligen *Lageistwert* verglichen. Aus der *Lageregelabweichung* wird durch Multiplikation mit einem in allen Achsen gleichen Faktor (Geschwindigkeitsverstärkung K_v [1/s]) eine Sollgeschwindigkeit gebildet. Unterschiedliche Lagesollwerte der einzelnen Achsen führen zu unterschiedlichen Lageregelabweichungen, die man als *Schleppabstand* bezeichnet, und damit zu unterschiedlichen Geschwindigkeiten, wie sie zum Fahren verschiedener Kurswinkel erforderlich sind, **Bild 22**. Bei Verwendung von Schrittmotorantrieben werden aus Lagesollwerten Impulse für Schrittmotoren generiert.

Die Errechnung der Lagesollwerte aus den programmierten Steuerdaten erfolgt nach festen Rechenregeln und wird als *Interpolation* bezeichnet. Sinn der Interpolation ist die Reduzierung der Steuerdatenmenge auf ein Maß, das ausreicht, um beliebige Werkstückkonturen aus einfachen Geraden-, Kreis- oder Parabelabschnitten zusammenzusetzen. Die Reduzierung der Steuerdaten entlastet Steuerda-

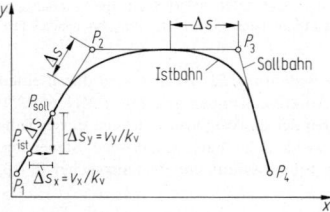

Bild 22. Numerische Bahnsteuerung bei Geradeninterpolation und Bahnrichtungsänderung ohne Halt. Δs Schleppabstand, K_v Geschwindigkeitsverstärkung, v_x; v_y Geschwindigkeit

tenspeicher und -eingabegeräte. Für die meisten Aufgaben genügt Geraden- und Kreisinterpolation, d.h. die eingegebenen Steuerdaten werden als Stützpunkte benutzt, zwischen denen als Lagesollwerte Zwischenwerte auf diesen Kurven so errechnet werden, daß etwa alle 5 bis 10 ms ein Lagesollwert in jeder Achse ausgegeben wird. Bei der selteneren, für Raumkurven angewendeten Parabelinterpolation wird durch jeweils drei Punkte eine Ausgleichsparabel gelegt.

Vor der Interpolation sind i.allg. noch Korrekturrechnungen (Koordinatentransformation, Werkzeuglängen- und -radiuskorrektur u.ä.) vorzunehmen. Die Lageeinstellung kann sowohl als gesonderte Baugruppe außerhalb oder bei NC-Steuerungen auch teilweise in der Steuerungssoftware realisiert sein. Im zweiten Fall stellen Abtastsysteme rechnergerechte Lösungen dar, wobei die diskrete Lageregelung durch Rechnerprogramme erfolgt und der Lageregelkreis innerhalb des Steuerungsrechners geschlossen wird.

Schaltinformationen werden vorzugsweise in der numerischen Steuerung nur gespeichert und zeitgerecht über eine definierte Schnittstelle (VDI 3422) an die untergeordnete Funktionssteuerung ausgegeben. Bei Verwendung speicherprogrammierbarer Steuerungen als Funktionssteuerungen kann die Schnittstelle nach VDI 3422 entfallen, wenn die SPS unmittelbar in die numerische Steuerung integriert wird.

2.4.5 Numerische Grundfunktionen
Numerical basic functions

Zerlegt man die Funktionen einer NC in funktionsorientierte Einheiten, so ergeben sich vier grundlegende Aufgabenstellungen gemäß **Bild 23**, die den Mindestfunktionsumfang einer NC darstellen. Dazu gehören: die Bedien- und Steuerdatenein-/ausgabe (BSEA), die NC-Datenverwaltung, -aufbereitung und -verteilung (NCVA), die Technologiedatenverarbeitung und die Geometriedatenverarbeitung (GEO).

Im folgenden werden diese Grundfunktionen kurz erläutert

Bedien- und Steuerdatenein-/ausgabe (BSEA). Die Mensch-Maschine-Kommunikation steht bei numerischen Steuerungen immer mehr im Vordergrund. Bei der Schnittstelle zum Benutzer zeigen sich neue Entwicklungen wie Menütechnik, grafische Bildschirme, Fensterfunktionen

etc. Die Möglichkeiten der Bedienung und Programmierung werden immer komplexer, bei modernen NCs umfaßt dieser Teil der Systemsoftware schon mehr als die Hälfte des Gesamtsystems. Zur Bedienoberfläche einer NC-Steuerung zählen heute im wesentlichen folgende Funktionen:
– NC-Programmspeicherung (mit zugehörigen Verwaltungsarbeiten),
– Bedienung und Bedienerführung,
– Plausibilitätskontrolle für Eingabedaten sowie
– Editierfunktionen.

NC-Datenverwaltung und -aufbereitung (NCVA). Wesentliche Aufgaben dieser Funktionseinheit sind u.a.:
– Bereitstellen von NC-Sätzen für die Decodierung und für die Anzeige,
– Decodierung von NC-Sätzen (Umwandlung von ASCII-Zeichen in steuerungsinterne Darstellung),
– Auflösung von Arbeitszyklen und Unterprogrammen, Parameterrechnung,
– Durchführung von Korrekturrechnungen (Werkzeuglängenkorrektur, Werkzeugradiuskorrektur).

Technologiedatenverarbeitung. Die technologische Informationsverarbeitung übernimmt die Ausführung von Schaltinformationen (= technologische Anweisungen), die über die Einzelsteuerungsebene z.B. das Schalten von Hauptspindeldrehzahlen, Vorschubgeschwindigkeiten, Werkzeugwechseleinrichtungen, Kühlmittelzuflüssen etc. bewirken.

Geometriedatenverarbeitung (GEO). Die Geometriedatenverarbeitung umfaßt alle Grundfunktionen zur Bahnerzeugung. Eine Bahn wird erzeugt durch die überlagerte Bewegung einzelner Achsen. Zur Lageeinstellung einer Achse benötigt man die Funktionseinheiten Sollwerterzeugung (Interpolation), Sollwertbeeinflussung (Slope) und Lageregelung. Abschnitt T2.4.6 geht auf diese Funktionen näher ein.

2.4.6 Lageeinstellung. Position adjustment

Lagesollwertbildung

Aus geometrischen Eingabeinformationen werden in der numerischen Steuerung Lagesollwerte für die einzelnen Achsen der gesteuerten Anlage gebildet. Abhängig von den kinematischen Abläufen unterscheidet man drei

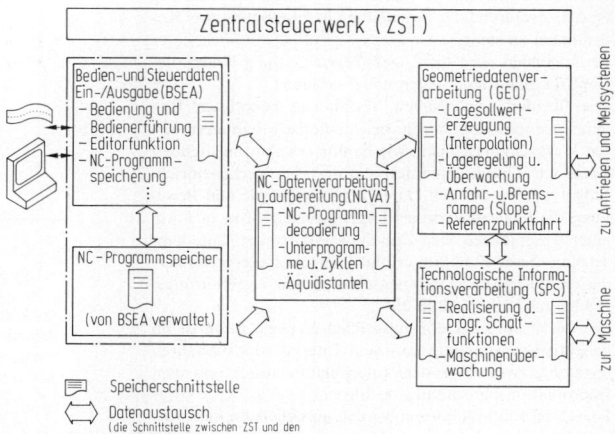

Bild 23. Beispiele für Funktionsblöcke in einer numerischen Steuerung

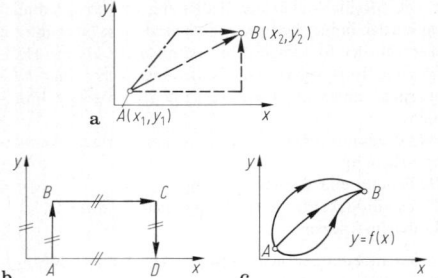

Bild 24. NC-Steuerungsarten. **a** Punktsteuerung; **b** Streckensteuerung; **c** Bahnsteuerung

Steuerungsarten: die Punktsteuerung, die Streckensteuerung und die Bahnsteuerung [17].

Bei der *Punktsteuerung* kann der durch den Sollwert definierte Punkt auf beliebigen Wegen angelaufen werden, da während des Einfahrens das Werkzeug nicht im Eingriff ist, **Bild 24a**. In der Regel wird aus Zeitgründen der kürzeste Weg ausgewählt, lediglich in Ausnahmefällen beeinflußt die geometrische Form des Werkstücks den Verfahrweg. Diese Steuerungsart ist die einfachste numerische Steuerung und findet i. allg. bei Bohrmaschinen, Punktschweißmaschinen und Bestückungsmaschinen für elektronische Bauelemente Verwendung.

Die den Punktsteuerungen verwandten *Streckensteuerungen* unterscheiden sich von diesen im wesentlichen dadurch, daß das Werkzeug beim Verfahren im Eingriff sein kann. Der Bewegungsablauf erfolgt dabei parallel zu den Bewegungsachsen der Maschine, wobei die Arbeitsgeschwindigkeit vorgegeben werden kann, **Bild 24b**. Einen Sonderfall stellt die gleichzeitige Betätigung von zwei oder drei Achsen bei gleicher Geschwindigkeit (Bewegungen unter 45°) dar.

Ist nun eine Bearbeitung beliebiger zwei- oder mehrdimensionaler Kurven erforderlich, wie dies z. B. bei Fräsmaschinen, Drehmaschinen und Brennschneidmaschinen vornehmlich der Fall ist, so sind *Bahnsteuerungen* zu verwenden. In ihrem Verhalten sind sie am besten mit den Nachformsteuerungen zu vergleichen. Beim Verfahren des Werkzeugs z. B. von Punkt A zu Punkt B, wie in **Bild 24c** gezeigt, folgt das Werkzeug der eingezeichneten Funktion $y = f(x)$, wobei es im Eingriff ist. Hierbei ist die Relativbewegung zwischen Werkstück und Werkzeug stetig nach Größe und Richtung veränderlich. Die Schlittenbewegung ist daher während der Bearbeitung in mindestens zwei Koordinaten zu steuern.

Im folgenden wird die *Lagesollwerterzeugung* (Interpolation) für Bahnsteuerungen näher erläutert.

Die für den gewünschten Verfahrweg benötigten Eingabeinformationen liegen bei numerisch bahngesteuerten Werkzeugmaschinen, wie bereits erwähnt, in digitaler Form vor. Durch den Interpolator – eine Recheneinrichtung – werden aus den Daten über Geometrie und Bewegung die Lagesollwerte als Lageführungsgrößen in Form einer feingestuften Weg-Zeit-Funktion erzeugt. Eine Umsetzung dieser Funktion erfolgt über die Lageregelungen, die die einzelnen Maschinenschlitten den Lageführungsgrößen nachführen, **Bild 25**.

Die durch die Lageführungsgrößen erzeugte Bahn ist im wesentlichen abhängig von dem Interpolationsverfahren (einstufig, zweistufig), dem Interpolationsraster und dem Interpolationsberechnungsverfahren.

Diese drei Einflußfaktoren werden anschließend kurz vorgestellt.

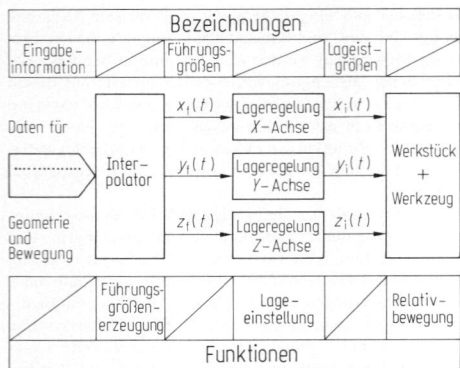

Bild 25. Signalflußplan zur Erzeugung von Relativbewegungen zwischen Werkstück und Werkzeug

Interpolationsverfahren. Bei der *einstufigen Interpolation* werden die Stützpunkte direkt als Führungsgrößen für die Lageregelung berechnet. Aufwendig ist dabei der hohe Rechenaufwand im Falle einer nichtlinearen Interpolation wie z. B. der Kreisinterpolation. Dieser kann durch eine *zweistufige Interpolation* erheblich reduziert werden. Bei dieser Vorgehensweise wird zuerst eine Grobinterpolation durchgeführt, wobei Stützpunkte in größeren Abständen erzeugt werden. Anschließend erfolgt durch die Feininterpolation in Form der einfachen Geradeninterpolation nochmals eine Unterteilung dieser Abstände, **Bild 26**. Der so vorgegebene Polygonzug anstelle einer stetigen Kurve wird durch das Tiefpaßverhalten der Antriebe geglättet.

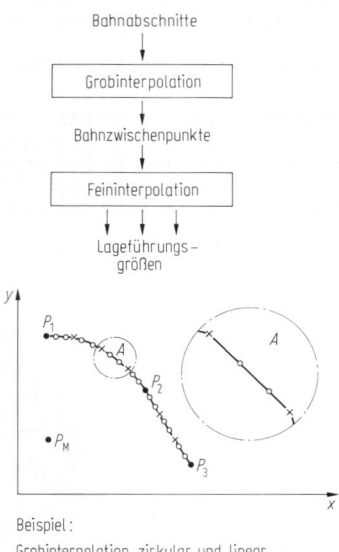

Beispiel:

Grobinterpolation zirkular und linear
Feininterpolation linear
Bahn in der x/y-Ebene

• Kennzeichnung der Bahnabschnitte
× Kennzeichnung der Bahnzwischenpunkte
○ Kennzeichnung der Bahnstützpunkte, (den zeitdiskreten Lageführungsgrößen entsprechend)

Bild 26. Prinzip der zweistufigen Interpolation

Interpolationsraster. Die Interpolation erfolgt in Form eines
- *konstanten Zeitrasters:* Hierbei wird der zu verfahrende Weg pro Interpolationstakt vorgegeben;
- *konstanten Wegrasters:* Entsprechend der vorgegebenen Geschwindigkeit gibt der Interpolator einzelne Wegelemente in Form von kleinsten verfahrbaren Einheiten aus.

Interpolationsberechnungsverfahren. Folgende Verfahren können unterschieden werden: Suchschrittverfahren, DDA-Verfahren (DDA=Digital Differential Analyzer), direkte Funktionsberechnung und rekursive Funktionsberechnung.

Das Suchschritt- und das DDA-Verfahren, beides Interpolationsverfahren mit konstanten Wegrastern, erfordern bei Rasterweiten im Bereich der Auflösung üblicher Meßsysteme i. allg. spezielle Hardwareinterpolatoren und sind heute nicht mehr üblich.

Die direkte oder rekursive Funktionsberechnung, beides Interpolationsverfahren mit konstanten Zeitrastern, lassen sich auf Mikroprozessoren relativ einfach implementieren und besitzen daher große Verbreitung. Letzteres Verfahren führt zu besonders einfachen Berechnungen, jedoch muß infolge der Fehlerfortpflanzung die Berechnung mit erhöhter Genauigkeit durchgeführt werden.

Die Berechnung von Interpolationszwischenpunkten nach den beiden Funktionsberechnungsverfahren wird in **Bild 27** anhand der zweidimensionalen Linearinterpolation, auch als Geradeninterpolation bezeichnet, veranschaulicht. Wird der Parameter τ im Interpolationstakt ΔT um jeweils ein Inkrement $\Delta\tau$ erhöht, so ergibt sich in einem kartesischen Arbeitsraum eine konstante Bahngeschwindigkeit v_B. Die Größe des Inkements $\Delta\tau$ ist proportional zur programmierten Bahngeschwindigkeit v_B und umgekehrt proportional zum räumlichen Verfahrweg s.

$$s = \sqrt{a_1^2 + b_1^2}, \quad \Delta\tau/1 = \Delta T/T, \quad v_B = s/T.$$

Somit ist der Parameter $\Delta\tau = (v_B/s)\Delta T$, wobei ΔT die Interpolationstaktzeit und T die Gesamtverfahrzeit ist.

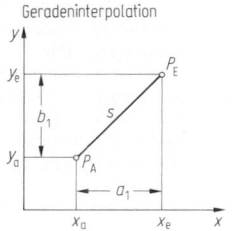

Geradeninterpolation

direkte Berechnung: rekursive Berechnung:
$x = x_a + a_1\tau$ $x_{n+1} = x_n + a_1\Delta\tau$
$y = y_a + b_1\tau$ $y_{n+1} = y_n + b_1\Delta\tau$
$0 \leq \tau \leq 1$

Bild 27. Funktionsberechnung bei der Geradeninterpolation

Transformation von Raumkoordinaten in Achskoordinaten

Die Programmierung der Geometrie erfolgt i. allg. in den Koordinaten x, y, z des kartesischen Koordinatensystems. Sind die Achskoordinaten nicht identisch mit den Hauptkoordinaten des kartesischen Koordinatensystems, so ist vom Steuerungsrechner eine entsprechende Transformation vom Raum- zum Achskoordinatensystem durchzuführen, die i. allg. einer Matrizenoperation entspricht. Die

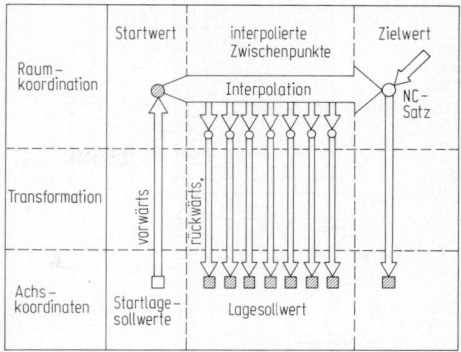

Interpolation in Raumkoordinaten

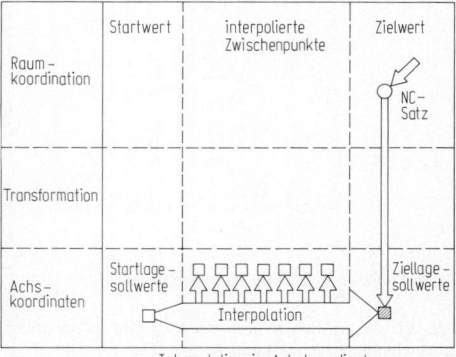

Interpolation in Achskoordinaten

▨ ⊘ transformierte Koordinaten
▢ ○ vorgegebene Koordinaten

Bild 28. Datenfluß der Interpolation in Raumkoordinaten und in Achskoordinaten

Transformation sollte im Interpolationstakt erfolgen und kann für mehrachsige Maschinen wie z. B. fünfachsiges Fräsen oder sechsachsige Roboterführung sehr rechenintensiv werden. Deshalb wird häufig vom Prinzip der Grobinterpolation im Raum- und der Feininterpolation im Achskoordinatensystem Gebrauch gemacht. Der Datenfluß von der Interpolation in Raumkoordinaten (kartesische Koordinaten) bis zur Führungsgröße der einzelnen Achsen ist aus dem **Bild 28** ersichtlich.

Wird auf die Transformation aus Rechenzeitgründen ganz verzichtet und nur in den Achskoordinaten interpoliert, so ist i. allg. mit starken Abweichungen von der gewünschten Bahn im Raum (Gerade, Kreis) zu rechnen.

Lageregelung

Die Relativbewegung zwischen Werkzeug oder Meßzeug und Werkstück erfolgt bei bahngesteuerten NC-Maschinen durch die überlagerte Bewegung von mindestens zwei Achsen [11].

Bild 29 zeigt den Aufbau einer lagegeregelten Achse mit einem einfachen regelungstechnischen Strukturbild, wobei der Antrieb als System 1. Ordnung nachgebildet wird und der Lageregler typischerweise als P-Regler mit der Geschwindigkeitsverstärkung K_v ausgeführt ist [12].

Um ein Überschwingen zu vermeiden, wird für den dargestellten Lageregelkreis eine Dämpfung von $D_L = 0,7$ bevor-

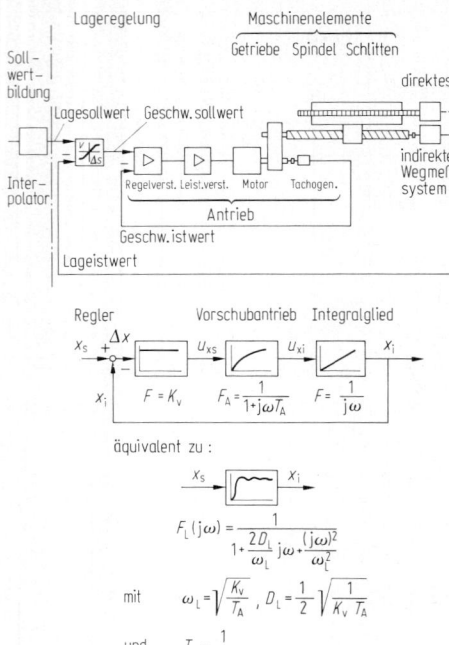

Bild 29. Einfaches Modell einer lagegeregelten Achse

zugt, d.h. die Antriebszeitkonstante T_A gibt die mögliche Geschwindigkeitsverstärkung K_v vor. Der K_v-Faktor bestimmt wiederum den Schleppabstand z.B. für die x-Achse mit Δs_x in Abhängigkeit von der Geschwindigkeit $\dot{x}_i = $ const über die Beziehung $\Delta s_x = \dot{x}_i K_v^{-1}$. Wird dieser Schleppabstand Δs_x durch eine geeignete Schaltung kompensiert, läßt sich der zusätzliche Schleppabstand für konstante Beschleunigung $\ddot{x}_i = $const zu $\Delta s_x = \ddot{x}_i K_v^{-1} T_A$ berechnen. Wie man erkennt, wirkt sich die Antriebszeitkonstante erst bei Beschleunigungsvorgängen direkt auf den Schleppabstand aus. Über diese beiden Beziehungen lassen sich nun für die Geradenfahrt einer kartesischen Achskonfiguration die Auswirkungen des Schleppabstands unter verschiedenen Einflüssen ableiten. Konturverzerrungen bei der Geradenfahrt werden dann vermieden, wenn sowohl die Geschwindigkeitsverstärkungsfaktoren K_v als auch die Antriebszeitkonstanten T_A in beiden Achsen gleich sind.

2.5 Einrichtungen zur Positionsmessung bei NC-Maschinen. Equipment for position measurement at NC-machines

Die Positionsmeßsysteme bei NC-Maschinen dienen dazu, eine als analoge geometrische Größe vorgegebene Strecke zu erfassen und sie als digitalen Positionswert zur Verfügung zu stellen. Sie sind wesentliche Bestandteile des Lageregelkreises und bestimmen über ihre Genauigkeit mit die Fertigungsqualität einer Maschine.

Ihr Aufbau besteht aus einer Maßverkörperung, z.B. in Form eines Maßstabs, einer Ablese- und einer Auswerteinrichtung (s. dazu Begriffe der Meßtechnik [24, 25]). Von besonderer Bedeutung sind dabei:

Das Auflösungsvermögen, die Genauigkeit, die Empfindlichkeit gegen äußere Einflüsse und die Anbaubarkeit.

2.5.1 Arten der Positionswerterfassung
Types of position data registration

Grundsätzlich lassen sich die Meßsysteme durch Merkmale unterscheiden, **Bild 30**.

2.5.2 Meßort und Meßwertabnahme
Measuring spot and data sensing

Nach der Lage des Meßorts unterscheidet man zwischen der direkten und der indirekten Messung [18].

Bei der *direkten* Messung ist das Meßsystem unmittelbar am Maschinenschlitten angebracht.

Bei der *indirekten* Messung übertragen Zwischenglieder die Lage- bzw. Streckenänderung auf ein meist rotatorisch wirkendes Meßsystem. Zwischenglieder können die Vorschubspindel evtl. mit einem Meßgetriebe sowie Zahnstange und Ritzel sein. Verbunden ist die indirekte Messung sehr häufig mit konstruktiven und auch kostenmäßigen Vorteilen. Fertigungsungenauigkeiten der Zwischenglieder sowie Maßänderungen durch Temperatureinflüsse wirken sich aber direkt auf das Meßergebnis aus. Damit ist die direkte Messung der indirekten in der Genauigkeit überlegen. Möglichkeiten für den Anbau von Strecken- bzw. Lagemeßsystemen und Fehlereinflüsse zeigt **Bild 31**.

Grundsätzlich sind die Fehlereinflüsse um so geringer, je besser die Meßanordnung den Abbeschen Grundsatz (nach Abbe, 1890) erfüllt. Danach sollen Prüfling und Vergleichsstrecke in Meßrichtung fluchtend angeordnet werden. Der Fluchtungswinkelfehler geht dann nur mit 2. Ordnung in das Meßergebnis ein.

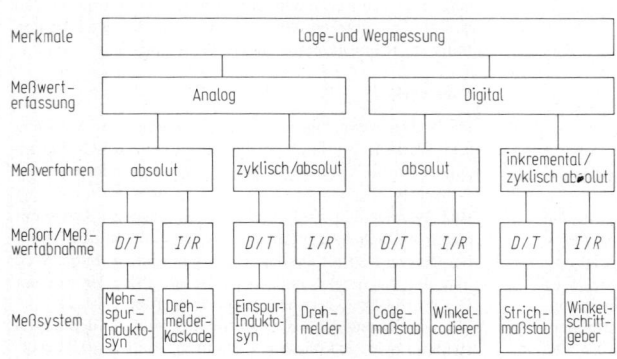

Merkmale	Lage- und Wegmessung							
Meßwert-erfassung	Analog				Digital			
Meßverfahren	absolut		zyklisch/absolut		absolut		inkremental/zyklisch absolut	
Meßort/Meß-wertabnahme	D/T	I/R	D/T	I/R	D/T	I/R	D/T	I/R
Meßsystem	Mehr-spur-Induktosyn	Dreh-melder-Kaskade	Einspur-Induktosyn	Dreh-melder	Code-maßstab	Winkel-codierer	Strich-maßstab	Winkel-schritt-geber

Bild 30. Arten der Lage- und Wegmessung. *D* Direkt, *I* Indirekt, *R* Rotatorisch, *T* Translatorisch

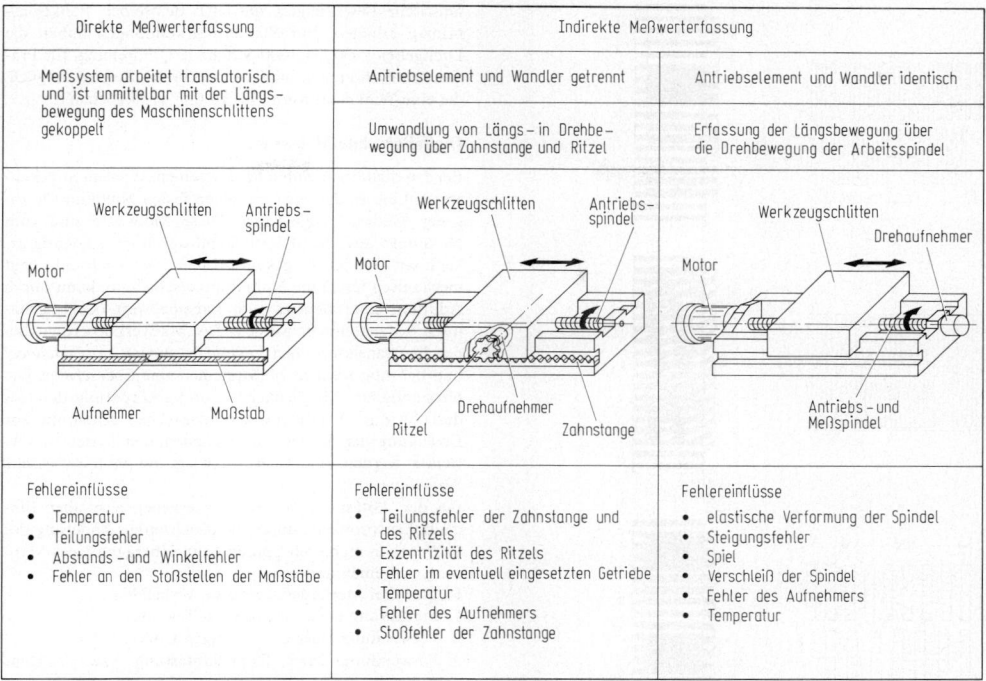

Direkte Meßwerterfassung	Indirekte Meßwerterfassung	
Meßsystem arbeitet translatorisch und ist unmittelbar mit der Längs-bewegung des Maschinenschlittens gekoppelt	Antriebselement und Wandler getrennt	Antriebselement und Wandler identisch
	Umwandlung von Längs- in Drehbe-wegung über Zahnstange und Ritzel	Erfassung der Längsbewegung über die Drehbewegung der Arbeitsspindel
(Abbildung: Werkzeugschlitten, Antriebsspindel, Motor, Aufnehmer, Maßstab)	*(Abbildung: Werkzeugschlitten, Antriebsspindel, Motor, Drehaufnehmer, Ritzel, Zahnstange)*	*(Abbildung: Werkzeugschlitten, Drehaufnehmer, Motor, Antriebs- und Meßspindel)*
Fehlereinflüsse • Temperatur • Teilungsfehler • Abstands- und Winkelfehler • Fehler an den Stoßstellen der Maßstäbe	**Fehlereinflüsse** • Teilungsfehler der Zahnstange und des Ritzels • Exzentrizität des Ritzels • Fehler im eventuell eingesetzten Getriebe • Temperatur • Fehler des Aufnehmers • Stoßfehler der Zahnstange	**Fehlereinflüsse** • elastische Verformung der Spindel • Steigungsfehler • Spiel • Verschleiß der Spindel • Fehler des Aufnehmers • Temperatur

Bild 31. Fehlereinflüsse bei der direkten und indirekten Meßwerterfassung [2]

2.5.3 Digitale Meßwerterfassung. Digital data logging

Bei der digitalen Meßwerterfassung liegt die zu messende Größe in quantitativer Form vor. Dabei sind zwei Funktionsprinzipien zu unterscheiden: die inkrementalen und die absoluten Meßsysteme. Zunächst soll auf die Funktionsprinzipien der inkremental arbeitenden Meßsysteme eingegangen werden.

Digital-inkrementale Meßsysteme

Dem digital-inkrementalen Meßsystem liegt über die Unterteilung des Wegs in gleich große Teilstücke (Inkremente) das Prinzip der Kettenmaßbildung zugrunde. Die Messung einer Strecke (eines Winkels) erfolgt durch Aufsummieren der von einer Abtasteinrichtung überstrichenen Inkremente eines Rastermaßstabs oder einer Rasterscheibe in Abhängigkeit von der Richtung. Zur Unterscheidung zweier benachbarter Inkremente wird den einzelnen Inkrementen abwechselnd eine andere physikalische Eigenschaft gegeben. Die Abtasteinrichtung liefert dann bei der Relativbewegung gegenüber dem Raster die sog. Zählimpulse, die vom Zähler aufsummiert werden.
Die meisten inkrementalen Meßsysteme verwenden photoelektrische Impulsgeber. Daneben werden bei geringeren Anforderungen an die Auflösung auch Impulsgeber mit magnetischer Abtastung eingesetzt (z.B. Zahnrad und magnetischer Impulsgeber).
Bei der konstruktiven Ausführung der photoelektrischen Impulsgeber wird unterschieden zwischen:
Durchlichtverfahren, Auflichtverfahren, Polygonspiegelverfahren [19] und Multiprismaverfahren.
Wesentliche Funktionselemente dieser Meßsysteme sind:
Inkrementalmaßstab, Gegengitter, Beleuchtungseinheit, Zähleinheit und Richtungsdiskriminator.

Der *Inkrementalmeßstab* ist charakterisiert durch eine regelmäßige Reihe von Markierungen. Je nach Ausführung handelt es sich z.B. um lichtdurchlässige und nicht lichtdurchlässige, reflektierende und nicht reflektierende Streifen. Die Teilung (Gitterkonstante) kann äußerst fein sein (bis 1 μm).
Das *Gegengitter* ist Bestandteil des Abtasters und bedingt die Form des auszuwertenden Signals. Man unterscheidet drei Ausführungsformen der Gegengitter, **Bild 32**. Bei der ersten Form ist die Gegengitterteilung gleich der Maßstabsteilung und parallel zu dieser. Bei der Bewegung wird das ganze Gitterfeld abwechselnd hell und dunkel. Bei schräg gestelltem Gegengitterfeld entstehen Moiré-Streifen. In der dritten Form ist die Gegengitterteilung ungleich. Die entstehenden Hell-Dunkel-Zonen wandern längs der Maßstabsrichtung.
Mit allen Ausführungsformen erreicht man das gleiche Ziel: Die feine Hell-Dunkel-Teilung des Maßstabs wird umgesetzt in großflächige Hell-Dunkel-Zonen. Dies ist notwendig, um die Abtastung mit lichtempfindlichen Elementen durchführen zu können.

Durchlichtmeßsysteme

Stellvertretend für alle Systeme soll am Durchlichtverfahren die Auswertemethode erläutert werden. Das Licht gelangt von der Lampe über eine Optik, die paralleles Licht erzeugt, durch den Maßstab und die Abtastplatte auf die Photoelemente, **Bild 33**. Bei einer Bewegung des Maßstabs relativ zur Abtasteinheit erzeugen die Photoelemente periodisch annähernd sinusförmige Signale. Diese Signale sind zueinander um 90° phasenverschoben (= 1/4 Teilungsperiode oder Gitterkonstante), um eine Richtungserkennung durchführen zu können. Nach einer Vorverstärkung kön-

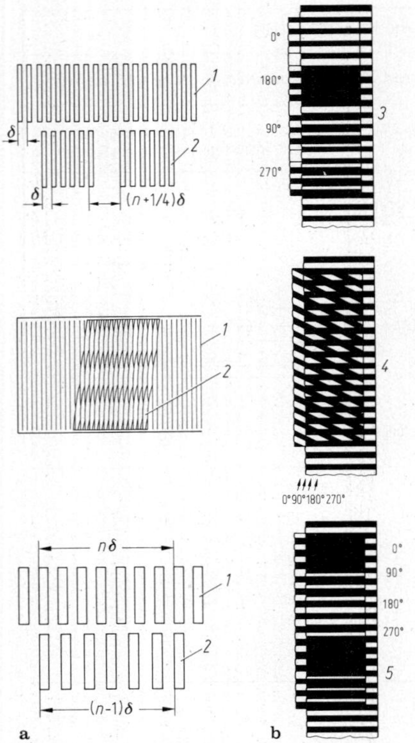

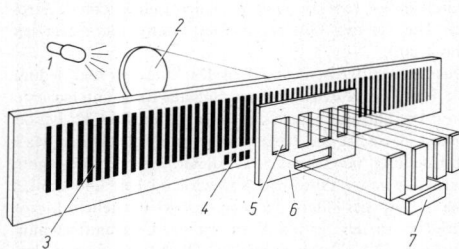

Bild 32. Ausführungsformen des Gegengitters bei Inkremental-Meßsystemen. **a** Ausführungsform; **b** Ausgangssignal. *1* Maßstab, *2* Gegengitter, *3* Hell-Dunkel, *4* Moiréstreifen, *5* Virnierstreifen

Bild 33. Funktionsprinzip des Durchlichtverfahrens. *1* Miniaturlampe, *2* Kondensor, *3* Maßstabgitter, *4* Referenzmarke, *5* Abtastgitter, *6* Abtastplatte, *7* Siliziumphotoelemente

nen die beiden analogen Meßsignale (zwischen 1:4 bis 1:64) zusätzlich über eine Vervielfachungsschaltung unterteilt werden. In einem nachfolgenden Umformer werden aus den analogen Signalen zwei um 90° elektrisch verschobene Rechteckimpulsfolgen erzeugt. Zur Anzeige bzw. Verarbeitung wird in einer Zählschaltung mit Richtungslogik die Richtungserkennung und die Addition der Impulse durchgeführt. Der Zählerstand gibt nach einer durchgeführten Referenzpunktfahrt ein Maß für den zurückgelegten Weg bezüglich dieses Referenzpunkts an. Die maximal erfaßbare Verfahrensgeschwindigkeit wird von der größtmöglichen Zählfrequenz begrenzt.

Neben dem dargestellten inkrementalen Meßsystem für translatorische Bewegungen gibt es entsprechende für ro-

tatorische Bewegungen, die nach demselben Funktionsprinzip arbeiten. Für Standardanwendungen haben die Drehgeber 1 000 bis 3 000 Striche je Umdrehung, für Präzisionsanwendungen sind bis zu 36 000 Striche möglich, die eine Winkelauflösung bis zu 0,5″ ermöglichen.

Digital-absolute Meßsysteme

Bei den digital-absoluten Meßsystemen ist jedem Streckenelement ein eindeutiger, auf einen festen Nullpunkt bezogener Meßwert zugeordnet. Diese Meßwerte sind vom Nullpunkt ausgehend fortlaufend durch ein eindeutig erkennbares Codewort gekennzeichnet. Der Nullpunkt liegt mechanisch fest. Eine Nullpunktverschiebung kann durch Addition eines Betrags zum Lagemeßwert oder mechanisch vorgenommen werden. Als Maßverkörperung dienen bei translatorischen Lagemeßsystemen ein *Codelineal* und bei rotatorischen Meßsystemen eine *Codescheibe*. Die physikalischen Möglichkeiten zur Verkörperung des Codes und die Abtastverfahren entsprechen denen, die zur Erzeugung der Raster von inkrementalen Systemen verwendet werden. Auch hier überwiegt die photoelektrische Abtastung.

Bei der Abtastung des Rasters ergeben sich aber Eindeutigkeitsprobleme durch die gleichzeitige Änderung des Zustands in mehreren Spuren beim Übergang eines Meßwerts auf einen anderen.

Es gibt drei Methoden, dieses zu vermeiden:

1. Einführung einer zusätzlichen Taktspur,
2. Verwendung eines einschrittigen Codes,
3. Verwendung einer Doppelabtastung bzw. V-Abtastung

Zu 1): Mit der zusätzlichen Taktspur wird dafür gesorgt, daß die Messung nur freigegeben wird, wenn in allen Spuren mit Sicherheit der Übergang erreicht ist.

Zu 2): Als einschrittiger Code ist der Gray-Code am bekanntesten. Er hat die Eigenschaft, daß beim Übergang von einem Teilstück zum benachbarten immer nur ein Signalwechsel auftritt.

Zu 3): Die Doppelabtastung wird bevorzugt beim dual bzw. beim dual-dezimal verschlüsselten Coderaster angewandt, um Fehler in der Teilung des Rasters und der Abtastanordnung unwirksam zu machen. Es werden dabei in jeder Codespur, außer der feinsten, die als Bezugsspur dient, jeweils zwei Abtaster vorgesehen. Ausgenutzt wird dabei die Eigenschaft des Dualsystems, daß beim Auftreten des Signals *L* in einer Spur in der nachfolgenden Spur stets die rechte Kante kritisch ist. Beim Auftreten einer 0 in einer Spur ist in der nachfolgenden Spur stets die linke Kante kritisch. Man ordnet daher in den nachfolgenden Spuren jeweils zwei Abtaster an, die um die halbe Teilungsbreite der vorhergehenden Spur verschoben sind, **Bild 34.** Damit wird ein genügend großes Toleranzfeld für den Übergang von einem auf den anderen Wert in den

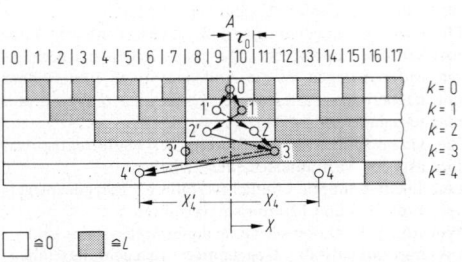

Bild 34. Doppelabtastung für ein dual-verschlüsseltes Coderaster

Spuren erzeugt. Der jeweils benutzte Abtaster wird von der vorhergehenden Spur ausgewählt.

Der Aufwand für diese V-Abtastung ist zwar höher als beim Gray-Code, jedoch können hier die Toleranzen der Spuren mit größer werdender Bewertung gröber werden. Dieser Vorteil gewinnt bei rotatorischen Meßsystemen mit hintereinander geschalteten Codescheiben große Bedeutung wegen der Genauigkeit der Zwischengetriebe.

2.5.4 Analoge Meßwerterfassung. Analog data logging

Eine analoge Meßwerterfassung ist dadurch gekennzeichnet, daß jedem Wert der Meßgröße stetig ein Meßsignalwert zugeordnet werden kann.

Im einfachsten Fall wird die Änderung des Widerstands in Abhängigkeit von der Länge des elektrischen Leiters zur Erzeugung eines elektrischen Meßsignals benutzt. In der Praxis werden Potentiometer als Spannungsteiler geschaltet.

Solche Meßeinrichtungen (linear oder rotatorisch) werden, da sie nicht verschleißfrei arbeiten und ihr Auflösungsvermögen begrenzt ist, nur in Sonderfällen, z.B. bei einer Grobpositionierung, eingesetzt. Außerdem ist ihre Linearität auch bei Spezialpotentiometern i. allg. nicht besser als 1%.

Durchgesetzt haben sich bei der analogen Lage- bzw. Streckenmessung induktiv arbeitende Meßsysteme, nämlich *Resolver (=Drehmelder)* und *Inductosyn.*

Drehmelder. Diese sind rotatorisch wirkende Meßsysteme, bei denen Winkel induktiv berührungslos erfaßt werden. Sie sind ein im wesentlichen aus Rotor (Läufer) und Stator (Ständer) bestehender Drehtransformator, **Bild 35.**

Die in **Bild 35a** dargestellte Anordnung hat je einen einphasig bewickelten Ständer und Läufer. Sie besitzt zwar keine praktische Bedeutung, jedoch sind hier die Verhältnisse der Ausgangs- und Eingangsspannung zueinander am deutlichsten zu erkennen.

Liegt an der Ständerwicklung die Wechselspannung $u_1 = U_1 \sin \omega t$, so induziert der entstehende magnetische Fluß in der Läuferwicklung eine amplitudenmodulierte Spannung gleicher Frequenz mit $u_2 = (U_1 \sin \omega t) \cos \alpha = U_2^* \sin \omega t$.

Wie aus **Bild 35a** hervorgeht, wird die zeitliche Amplitudenänderung durch die winkelabhängige Änderung von $\cos \alpha$ moduliert. Die Einhüllende gibt die jeweilige Winkelstellung wieder, bei den Nulldurchgängen dieser Einhüllenden macht die modulierte Spannung einen Phasensprung von 180°_{el}. Daraus ergibt sich ein eindeutiger Zusammenhang zwischen Amplitude und dem Winkel.

Von den vielen in der Praxis möglichen Wicklungsanordnungen und Schaltungsarten zeigt **Bild 35b** einen Drehmelder mit einphasiger Läuferwicklung und zwei um 90° räumlich versetzte Ständerwicklungen.

Die in der Läuferwicklung induzierte Spannung ist, wenn an den Ständerwicklungen eine Cos- und eine Sin-Spannung angelegt wird:

$$u_2 = [U_1 \cos \alpha] \sin \omega t + \left[U_1 \cos\left(\alpha + \frac{\pi}{2}\right)\right] \cos \omega t$$
$$= [U_1 \cos \alpha] \sin \omega t - [U_1 \sin \alpha] \cos \omega t$$
$$= U_1 \sin(\omega t - \alpha).$$

Die Spannung an der Sekundärwicklung ändert sich mit dem räumlichen Winkel stetig in der Phasenlage gegenüber der Spannung an einer der Primärwicklungen. Ein Phasendiskriminator liefert ein Signal proportional zu α.

Inductosyn. Dieses ist ein induktiv arbeitender Maßstab, der auf dem Wirkungsprinzip des Drehmelders basiert. Beim Inductosyn ist eine mäanderförmige Teilung auf einem Maßstab in gedruckter Schaltung aufgebracht, **Bild 36.**

Darüber bewegt sich berührungslos ein Gleiter mit zwei ebenfalls mäanderförmig ausgebildeten Wicklungen, die räumlich um 90° gegeneinander versetzt sind. Diese Einrichtung arbeitet genau wie ein zweiphasiger Drehmelder, da auch hier die beiden um 90° versetzten Spulen innerhalb der Teilung einen bestimmten Feldvektor erzeugen. Inductosyn-Maßstäbe haben i. allg. eine Teilung von 1/10 Zoll oder 2 mm. Sie erlauben eine Auflösung im unteren µm-Bereich. Absolut kann nur innerhalb der Teilung gemessen werden.

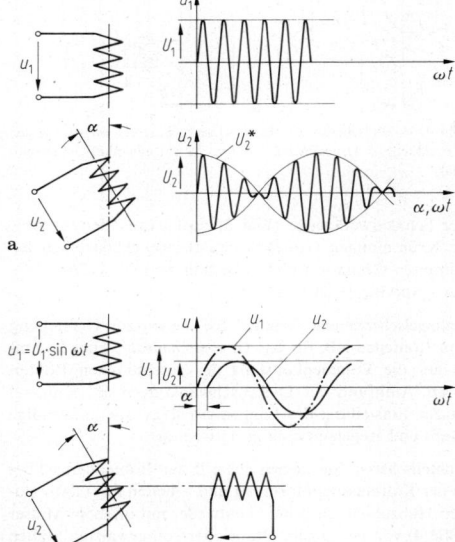

Bild 35. Drehmelder, Prinzip. **a** mit einer Erregerspule; **b** mit zwei Erregerspulen

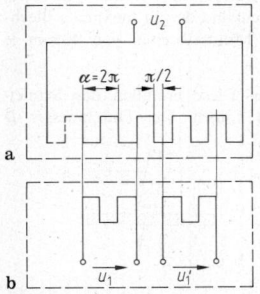

Bild 36. Prinzip des Inductosyn-Meßsystems. **a** Lineal ≙ Rotor beim Drehmelder; **b** Reiter ≙ Ständer beim Drehmelder

2.5.5 Laserinterferometer. Laser interferometer

Das Laserinterferometer ist ein hochgenaues Meßsystem zur Vermessung von Werkzeugmaschinen (Vermessen und Justage von Maßstäben, Vermessen der Genauigkeit von Kugelrollspindeln und Zahnstangen usw.). Es wird darüber hinaus bei hochgenauen und Groß-Werkzeugmaschinen auch als Lagemeßsystem eingesetzt [20].

Bei einem Michelson-Interferometer (s. **W 2 Bild 2**) sendet eine Lichtquelle einen kohärenten monochromatischen

Lichtstrahl gleicher Frequenz und Phasenlänge, der über einen halbdurchlässigen Spiegel in zwei Anteile gespalten wird. Die beiden Strahlen werden an zwei total reflektierenden Spiegeln reflektiert, wobei der eine Spiegel ortsfest ist und als Referenzstrecke dient und der andere beweglich auf dem Meßobjekt sitzt. Werden die reflektierten Teilstrahlen miteinander vereinigt, dann interferieren sie miteinander. Dabei tritt in Abhängigkeit von der gegenseitigen Phasenlage im Photoempfänger eine gegenseitige Auslöschung oder Verstärkung auf. Aus dem empfangenen Signal werden Impulse geformt, deren Anzahl dem Weg proportional ist. Die Genauigkeit des Laser-

interferenzverfahrens hängt sehr von der Stabilität der Lichtwellenlänge ab, die durch Umgebungsbedingungen wie Luftdruck, Temperatur, Feuchtigkeit, CO_2-Gehalt der Luft und dem Betriebszustand des Lasers beeinflußt wird. Zur Erhöhung der Wellenstabilität gibt es unterschiedliche Möglichkeiten, wobei das Zweifrequenzlaserverfahren besondere Vorzüge aufweist.

Mit so stabilisierten Laserinterferometern wird eine Meßunsicherheit von etwa $1\,\mu m/m$ erreicht und es können translatorische Geschwindigkeiten von $18\,m/min$ erfaßt werden. Über Frequenzvervielfachung läßt sich eine Auflösung von $5 \cdot 10^{-3}\,\mu m$ erreichen.

3 Maschinen zum Scheren und Schneiden. Shearing and blanking machines

K. Siegert und T. Werle, Stuttgart[*])

3.1 Maschinen zum Scheren. Shearing machines

Tafelscheren. Sie dienen zum Schneiden von Streifen oder geradliniger Platinenzuschnitte aus Blechtafeln. Mit Hilfe eines Blechhalters, entsprechend ausgebildetem Ober- und Untermesser sollen durch Antrieb eines oder beider Messer möglichst gratfreie und zur Blechebene rechtwinklig verlaufende Schnittflächen erzeugt werden, **Bild 1.** Parallel zum Untermesser geführte Obermesser führen prinzipiell zu leicht schrägen Schnittkanten. Schräggestellte und schwingende Obermesser verbessern die Rechtwinkligkeit der Schnittfläche. Als Getriebe kommen Kurbel- und Kniehebelantriebe sowie deren Varianten in Frage. Daneben findet man auch hydraulische Antriebe. Unabhängig vom Antriebskonzept werden heute CNC-gesteuerte Maschinen angeboten, bei denen Schnittwinkel, Schnittspalt und maximale Schnittkraft programmiert werden können.

Streifenscheren. Sie teilen Bänder im Durchlaufverfahren, **Bild 2.** Anwendungsgrenzen sind derzeit maximale Blechdicken von 6,5 mm und Mindestbreiten von 40 mm je Streifen.

Kreis- und Kurvenscheren. Diese erlauben das Schneiden entlang gekrümmter Linien. Der Durchmesser D

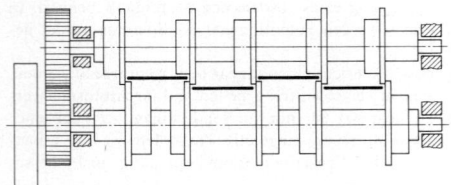

Bild 2. Funktionsprinzip einer Streifenschere

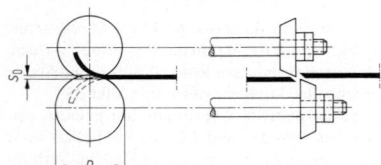

Bild 3. Funktionsprinzip einer Kurvenschere

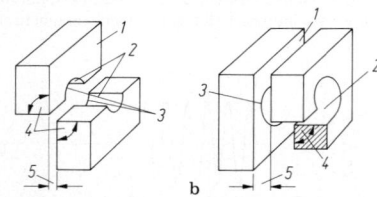

Bild 4. Rohteilscheren. **a** offenes Messer; **b** geschlossenes Messer. *1* Freifläche, *2* Druckfläche, *3* Schneide, *4* Keilwinkel, *5* Schneidspalt

der Schneidwerkzeuge (**Bild 3**) darf wegen der für starke Krümmungen erforderlichen Beweglichkeit einen bestimmten Grenzwert nicht überschreiten ($D \leq 120 s_0$), wobei s_0 die Blechdicke ist.

Knüppelscheren und -brecher. Sie dienen zur Herstellung von Rohteilen z.B. für das *Gesenkschmieden.* Hier kommt es auf die Volumenkonstanz der geschnittenen Rohteile an. Aufgrund der Dickenschwankungen der Knüppel ist zur Einstellung des Längenanschlags eine aufwendige Meß- und Regeleinrichtung notwendig.

Rohteilscheren. Sie dienen speziell zur Rohteilherstellung in der Kaltmassivumformung und arbeiten mit relativ hohen Hubzahlen. Sie scheren entweder mit offenem Messer (**Bild 4**) von gewalztem Draht oder von gewalzten Stäben oder mit geschlossenem Messer vom Stangenmaterial die Rohteile ab. Als Antrieb findet man überwiegend Kurbeltriebe.

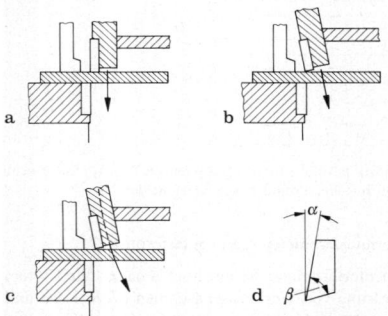

Bild 1. Tafelschere. **a** parallel geführtes Obermesser; **b** schräggeführtes Obermesser; **c** schwingendes Obermesser; **d** Winkel am Schermesser

[*]) In T3 wurden bewährte Bilder mit Textteil aus der 16.Aufl., S4.7 (K. Lange u.a.), übernommen.

3.2 Maschinen zum Schneiden. Blanking machines

Der für das Schneiden typische Kraft-Weg-Verlauf (**Bild 5**) erfordert Maschinen mit hoher Nennkraft bei nur relativ geringem Arbeitsvermögen, wobei letzteres beim Schneiden von Blechen mit großer Bruchdehnung aufgrund der sich dann ergebenden längeren Scherwege größer sein muß als bei Blechen mit geringer Bruchdehnung und gleicher Festigkeit. Zum Schneiden werden schnellaufende Kurbel- und in Sonderfällen auch Kniehebelpressen mit kleinem Hub und hoher Drehzahl sowie hydraulische Pressen mit Hubbegrenzung eingesetzt. Als Zusatzeinrichtung werden im Interesse der Geräuschdämpfung bei Schneidanlagen zunehmend Schnittschlagdämpfungen, die das Durchfallen des Stößels bei Vorgangsende verhindern, gefordert. Üblich sind für mechanische Schneidautomaten Hubzahlen bis 800 min^{-1}. *Nutenschneidautomaten* mit einem durch seine Strecklage schwingenden Kniehebelantrieb erreichen Hubzahlen von 1 300 min^{-1}. Dies setzt entsprechend leistungsfähige und genaue Vorschubapparate (Vorschubgenauigkeit $\pm 0,01$ mm, mittlere Durchlaufgeschwindigkeit bis zu 120 m/min) beim Arbeiten vom Band bzw. exakte Teilapparate beim Schneiden von Nuten in Stator- oder Rotorbleche von Elektromotoren voraus. Moderne Präzisions-Stanzautomaten erlauben aufgrund von CNC-Steuerungen Hubzahlen bis zu 1 800 1/min bei einer Nennkraft von 200 kN. Derartige Hubzahlen sind allerdings nur bei optimierter Stößelführung (Führung des Stößels in der Bandlaufebene zur Vermeidung des Verkippens, **Bild 6**), Massenausgleich (Ausgleich der dynamischen Kräfte bei schnellaufenden Pressen, **Bild 7**) und aufwendiger

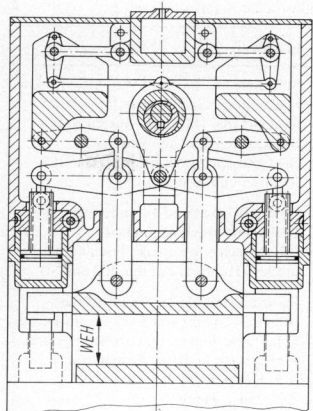

Bild 7. Wirkungsweise einer Stanzmaschine mit Massenausgleich (Bruderer), Vier-Punkt-Stützung des Stößels sowie Reduktion der Stanzkraft auf den Exzenter. *WEH* Werkzeug-Einbauhöhe

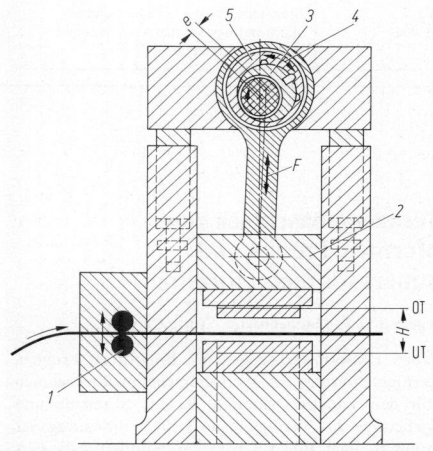

Bild 8. Schema einer Exzenterpresse mit Vorschubapparat, Einstellungen durch numerisch gesteuerte Stellglieder. *F* Preßkraft, *H* Hub, *e* Exzentrizität, *1* Walzenvorschub, *2* Stößel, *3* Exzenterbüchse, *4* Stößelhubverstellung, *5* Exzenter

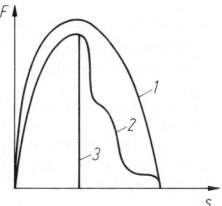

Bild 5. Kraft-Weg-Verlauf beim Schneiden. *1* Feinschneiden, *2* Schneiden von Blech mit großer Bruchdehnung, *3* Schneiden von Blech mit geringer Bruchdehnung

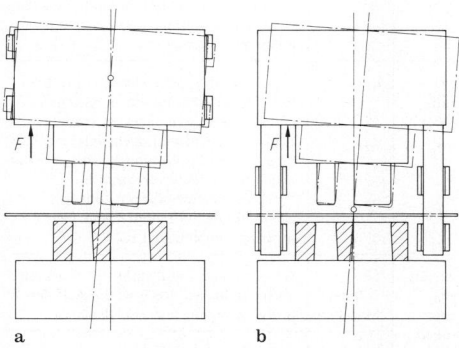

Bild 6. Möglichkeiten der Stößelführung an Schnelläuferpressen. **a** schematische Darstellung einer Stößelführung oberhalb der Bandlaufebene; **b** schematische Darstellung einer Stößelführung in der Bandlaufebene

Sensorik (Überwachung aller entscheidenden Einflußparameter) sowie Regelung der Schnitteintauchtiefe möglich. Es werden maschinenseitig die Eintauchtiefe, der automatische Stößelhalt im oberen Totpunkt, die Vorschublängen, werkstückseitig die Banddicke und Bandbreite sowie werkzeugseitige Parameter wie Bandeinlaufhöhe, Vorschubgenauigkeit des Walzenvorschubs und Schnittkraft überwacht, **Bild 8** [1]. Letztere Größe erlaubt durch einen Ist/Sollkraftvergleich auch Aussagen über den Werkzeugverschleiß. Zur Minimierung des Verschleißes sollten die Pressen möglichst steif ausgebildet sein und die Stößelführungen optimiert werden. Schnelläuferpressen eignen sich besonders zum Einsatz in flexiblen Stanzzentren. **Tab. 1** zeigt eine Einteilung industrieller Stanztechniken nach den Merkmalen Genauigkeit, Einsatzgebieten und Hubfrequenzen [2].

Tabelle 1. Einteilung industrieller Stanztechniken [2]

Stanztechnik	Merkmale
Hochleistungs-Stanztechnik	Stanzteile aus Bändern von 0,1 bis 3 mm Dicke hoher Genauigkeit, hohe Hubfrequenz (bis 1 800 min^{-1}), sehr große Stückzahlen (z.B. Steckkontakte, elektronische Systemträger, geblechte Rotoren und Statoren)
Konventionelle Stanztechnik	Stanzteile aus Bändern von 1 bis 6 mm Dicke mittlerer Genauigkeit (z.B. Maschinenbauteile Beschläge) mittlere Hubfrequenz (bis 400 min^{-1})
Feinschneid-Stanztechnik	Stanzteile mit glatter Schnittfläche ($R_a = 0,8$–$2,4$ μm) von 1 bis 15 mm Dicke, hoher Genauigkeit und großer Formenvielfalt auch in dritter Dimension (z.B. Kupplungsteile, Schalthebel, Zahnradsegmente)
Nibbel- und Laserschneid-Technik	Stanzteile aus 0,5 bis 3 mm (und dicker) dickem Blech oder Platinen für Losgrößen ab „eins", vor allem für größere, sperrige Teile, Tischbewegung CNC-gesteuert. (z.B. formgeschnittene Gehäusebleche)
Großteil-Stanztechnik	Stanzteile aus 0,3 bis 2 mm dicken Blechplatinen großer Abmessungen (z.B Karosserieteile)

3.3 Maschinen zum Knabberschneiden
Nibbling machines

Sie existieren in allen Baugrößen und Automatisierungsstufen vom Handnibbler bis zum numerisch gesteuerten Blechbearbeitungszentrum. Bei ortsfesten Maschinen wird das Werkstück relativ zum Werkzeug bewegt [3]. Die Blechbearbeitungszentren verfügen über Werkzeugspeicher, aus denen eine Vielzahl eingestellter Werkzeuge automatisiert entnommen werden kann. Die numerische Steuerung gibt Steuerbefehle für Bewegung und Positionierung des Werkstücks durch den Koordinatentisch, die Schaltbefehle zur Hubauslösung und -umstellung (Einzel-Dauerhub) sowie die Befehle für den Werkzeugwechsel. Der Maschinenkörper besteht aus einem weit ausladenden C-Gestell, seltener aus einem Torgestell (s. T 1.3). Der Stößel wird i.allg. über einen Kurbeltrieb angetrieben.

3.4 Maschinen zum Strahlschneiden
Beam cutting machines

Sie dienen dazu, mittels eines zu einem Strahl gebündelten Wirkmediums bzw. Wirkenergie, individuell programmierte Platinengeometrien oder Rohteilzuschnitte zu erstellen (s. S 4.5.6). Die Maschinen sind häufig Element einer Fertigungszelle. Aufgrund ihrer hohen Flexibilität eignen sich diese Maschinen insbesondere zum Schneiden von Klein- und Mittelserien. *Wasserstrahlschneidanlagen* erzielen Genauigkeiten ≥ 0,1 mm, *Laserschneidanlagen* bis zu +≥ 0,005 mm.

4 Werkzeugmaschinen zum Umformen. Presses and hammers for metal forming

K. Siegert und **E. Dannenmann**, Stuttgart[*]

Sie haben Umformwerkzeuge zum Eingriff zu bringen, gegenseitige Führung der Werkzeugteile zu übernehmen und für den Vorgang benötigte Kräfte, Momente und Energiebeträge zur Verfügung zu stellen. Einteilung der Umformmaschinen **Bild 1**. Größte Bedeutung für die Fertigung von Stückgut kommt den Preßmaschinen zu, die hier behandelt werden.

4.1 Kenngrößen von Preßmaschinen
Characteristics of presses and hammers

Kenngrößen beschreiben die Eigenschaften einer Umformmaschine. Im Vergleich mit den Anforderungen des Umformvorgangs ermöglichen sie, die für den jeweiligen Vorgang geeignete Maschine auszuwählen. Bei Preßmaschinen unterscheidet man drei Gruppen von Kenngrößen: *Kraft- und Energiekenngrößen, Zeitkenngrößen* und *Genauigkeitskenngrößen*, **Tab. 1**.
Neben diesen Kenngrößen und ihren Zahlenwerten (Kennwerten) sind für den Einsatz von Preßmaschinen noch Maschinendaten wie Hubweg des Stößels bzw. Bären, Abmessungen und Beschaffenheit des Werkzeugeinbauraums, Anschlußleistung, Raumbedarf, Gewicht von Bedeutung. Für eine Reihe von Preßmaschinen sind Baugrößen genormt (DIN 55170, DIN 55181, DIN 55184, DIN 55185, DIN 55222)

[*] In T4 wurden bewährte Bilder mit Textteilen aus der 15. Aufl., S 3.4 (K. Lange u.a.), übernommen.

Tabelle 1. Kenngrößen von Preßmaschinen

Kraft- und Energiekenngrößen	F_{St}	Stößelkraft, von Maschine zu jedem Zeitpunkt des Vorgangs zur Verfügung gestellte Kraft
	F_N	Nennkraft, für Auslegung der Maschine maßgebende Kraft
	F_{Prell}	Prellschlagkraft, Preßkraft bei größter Auftreffgeschwindigkeit ohne Abgabe von Nutzarbeit (arbeitgebundene Preßmaschinen)
	$F_{max\,zul}$	größte (im Dauerbetrieb) zulässige Kraft (Spindelpressen)
	E_M	Arbeitsvermögen der Maschine
	E_N	Nennarbeitsvermögen der Maschine, für ein Arbeitsspiel maximal zur Verfügung stehende Energiemenge
	W_F	Federarbeit, in Maschine und Werkzeug beim Arbeitsvorgang gespeicherte potentielle Energie
Zeitkenngrößen	t_H	Schlag-, Hubfolgezeit, Dauer eines Bär- bzw. Stößelhubes bis zur Bereitschaft der Maschine zum nächsten Hub
	n_H	Schlagzahl, Hubzahl, Kehrwert der Hubfolgezeit, bei Pressen mit Kurbelgetrieben gleich Kurbelwellendrehzahl n_K
	v_{Wz}	Werkzeuggeschwindigkeit zu jedem Zeitpunkt des Vorgangs (i.allg. gleich Stößelgeschwindigkeit v_{St})
Genauigkeitskenngrößen	Unbelastete Maschine	Ebenheit und Parallelität der Werkzeugaufspannflächen, Rechtwinkligkeit der Stößelbewegung zur Tischfläche
	Belastete Maschine	c_Z Steifigkeit in Arbeitsrichtung; c_{kA}, c_{kB} Kippsteifigkeiten; $v_{ges\,X}$, $v_{ges\,Y}$ Verlagerungen senkrecht zur Arbeitsrichtung (Versatz)

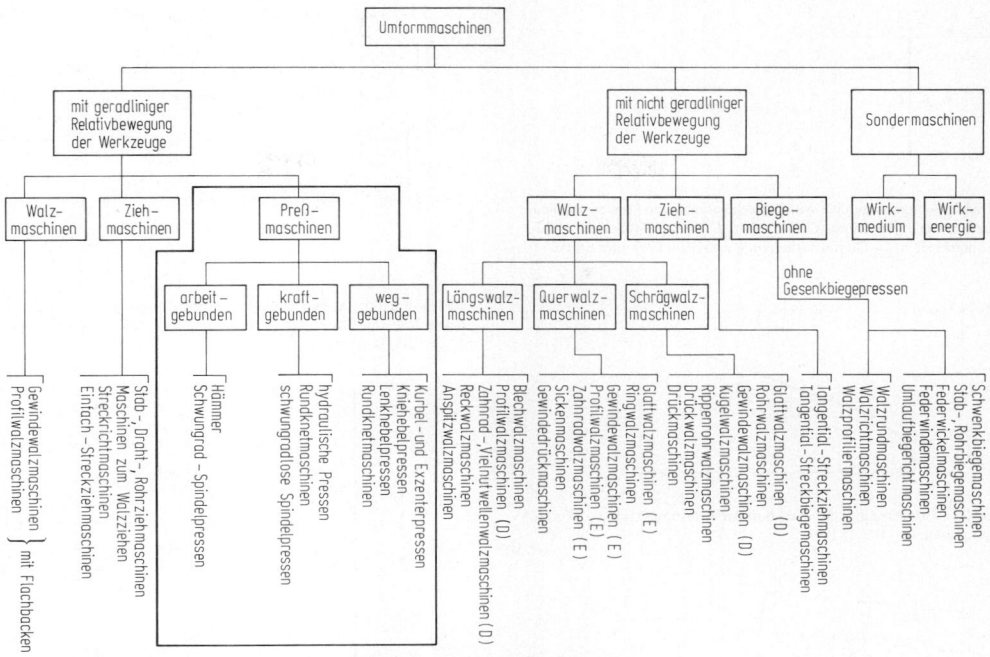

Bild 1. Einteilung der Umformmaschinen (*D* Durchlaufverfahren, *E* Einstechverfahren)

Wesentliche *Kraft-* und *Energiekenngrößen* einer Umformmaschine sind Stößelkraft F_{St} und Arbeitsvermögen E_M. Sie müssen betragsmäßig mindestens der vom Vorgang geforderten Umformkraft F und -arbeit W entsprechen, damit der Vorgang auf der Maschine durchgeführt werden kann. Neben Umformkräften und -arbeiten sind gegebenenfalls für den Betrieb von Zusatzaggregaten wie Ziehapparat, Blechhalter, Ausstoßer usw. zusätzliche Kraft- und Arbeitsbeträge erforderlich. Zu berücksichtigen sind weiterhin – je nach Vorgang – die im System Maschine/Werkzeug gespeicherten Federarbeiten.

Nach Art der Bereitstellung der Kraft- und Energiekenngrößen durch die Maschine unterscheidet man weg-, kraft- und arbeitgebundene Preßmaschinen, **Bild 2**.

Zeitkenngrößen beschreiben von einer Umformmaschine abhängige Vorgangszeiten und -geschwindigkeiten wie Schlag- bzw. Hubfolgezeit, Druckberührzeit, Werkzeuggeschwindigkeit.

Genauigkeitskenngrößen geben Hinweise auf mit einer Umformmaschine erreichbare Werkstückgenauigkeiten. Zu unterscheiden sind Kenngrößen der unbelasteten (Herstellgenauigkeit) und der belasteten Maschine. Richtwerte für Herstellgenauigkeit, sie betreffen Geometrie des Werkzeugeinbauraums und Bewegungsgenauigkeit des Stößels, sind für weggebundene Pressen, abhängig von Maschinenbauart und -größe, in DIN 8650 und DIN 8651 festgelegt. Genauigkeitskenngrößen der belasteten Maschine, definiert in DIN 55189 für mechanische (weggebundene) und hydraulische Pressen, beschreiben die Verlagerungen der werkzeugtragenden Flächen unter Last gegenüber dem unbelasteten Zustand.

Bei Pressen mit symmetrisch aufgebauten Gestellen (O-Gestellen) und Triebwerken tritt bei mittiger Belastung nur eine Verlagerung ($v_{ges Z}$) in Arbeitsrichtung auf, **Bild 3**. Sie setzt sich zusammen aus Anfangsverlagerung $v_{a Z}$, her-

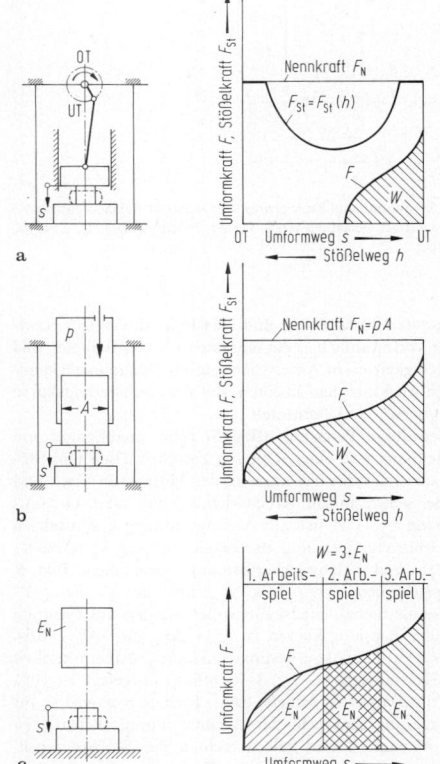

Bild 2. Prinzipien von Preßmaschinen. **a** weggebunden; **b** kraftgebunden; **c** arbeitgebunden

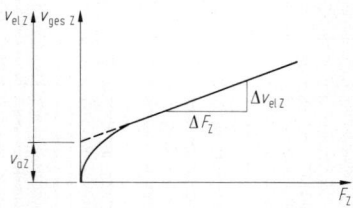

Bild 3. Verlagerungen bei symmetrisch aufgebauten Pressengestellen und mittiger Belastung (DIN 55189). *1* Tisch, *2* Stößel, F_Z Belastungskraft, $v_{ges\,Z}$ Gesamtverlagerung zwischen Tisch und Stößel

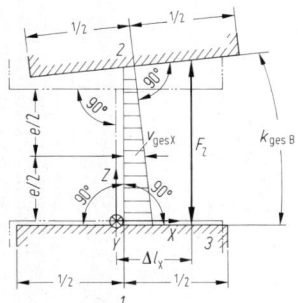

Bild 4. Verlagerung v_Z als Funktion der Belastungskraft F_Z (Verlagerungskurve, DIN 55189)

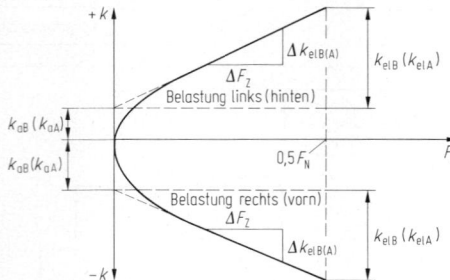

Bild 6. Kippung k als Funktion der Belastungskraft F_Z bei gegebener Außermittigkeit $\Delta l_{X(Y)}$ (Kippungskurven, DIN 55189), k_{aA}, k_{aB} Anfangskippung

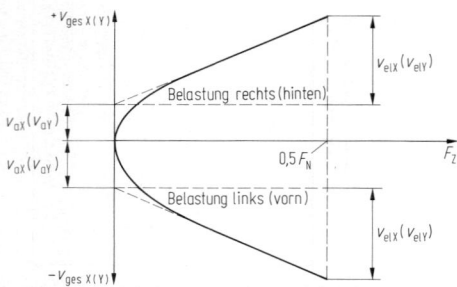

Bild 7. Verlagerung $v_{ges\,X(Y)}$ senkrecht zur Arbeitsrichtung als Funktion der Belastungskraft F_Z bei gegebener Außermittigkeit $\Delta l_{X(Y)}$ (DIN 55189), v_{aX}, v_{aY} Anfangsverlagerung

$v_{ges\,X} = v_{aX} + v_{el\,X}$ bzw. $v_{ges\,Y} = v_{aY} + v_{el\,Y}$ bei einer Belastung (F_Z) in Höhe von 50% der Nennkraft (F_N) und einer Außermittigkeit ($\Delta l_{X(Y)}$) von 10% der nutzbaren Stößelbreite bzw. -tiefe, **Bild 7**.

4.2 Weggebundene Preßmaschinen
Mechanical presses

Bei weggebundenen Preßmaschinen (**Bild 2a**) durchläuft Maschinenstößel einen durch Kinematik des Hauptgetriebes vorgegebenen Weg. Antrieb des Hauptgetriebes erfolgt durch Elektromotor über Schwungrad und Schaltkupplung. Zwischen Schwungrad und Hauptgetriebe kann Vorgelege angeordnet sein. Größe der vom Stößel ausübbaren Kraft F_{St} von Stößelstellung h abhängig. Maßgebende Kenngrößen daher Verlauf der Stößelkraft in Abhängigkeit vom Stößelweg – $F_{St} = F_{St}(h)$ – und deren zulässiger Größtwert, die Nennkraft F_N, für die im Kraftfluß liegende Bauteile ausgelegt sind. Energiebedarf eines Arbeitsspiels fast ausschließlich durch Energieabgabe des Schwungrads gedeckt. Arbeitsvermögen als weitere wichtige Kenngröße durch Auslegung des Schwungrads und Betriebsart gegeben: Im Dauerhubbetrieb maximal verfügbar Nennarbeitsvermögen E_N. Im Einzelhubbetrieb wegen geringerer relativer Einschaltdauer und dadurch niedrigerer thermischer Belastung des Antriebsmotors höheres Arbeitsvermögen $E_E = 2E_N$ nutzbar.

4.2.1 Bauarten. Types

Nach Art und Aufbau des Hauptgetriebes werden Pressen mit *Kurbel-* und *Kurvengetrieben* (**Bild 8**) unterschieden. Kurvengetriebe auf kleine F_N beschränkt; ermöglichen

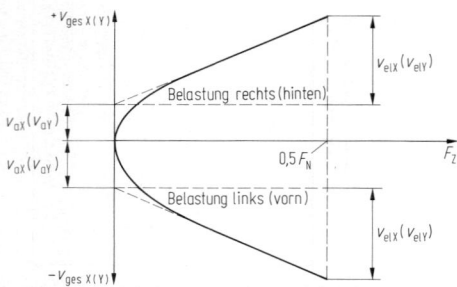

Bild 5. Kippung und Verlagerung senkrecht zur Arbeitsrichtung bei außermittiger Belastung (DIN 55189). *1* Bedienungsseite, *2* Stößel, *3* Tisch

vorgerufen durch Spiele, und belastungsabhängiger elastischer Verformung $v_{el\,Z}$ der einzelnen Pressen-Bauteile, **Bild 4**. Steifigkeit c_Z in Arbeitsrichtung als Genauigkeitskenngröße wird aus dem linearen Teil der Verlagerungskurve zu $c_Z = \Delta F_Z / \Delta v_{el\,Z}$ ermittelt.

Außermittige Belastung (**Bild 5**) führt unabhängig von Gestellbauart zu einer Kippung zwischen Tisch und Stößel sowie zu einer Verlagerung der Mitten von Tisch und Stößel senkrecht zur Arbeitsrichtung (Versatz). Gesamtkippung k_{ges} setzt sich aus Anfangskippung k_a (Ausgleich von Führungsspiel) und elastischer Kippung k_{el} (Gestell-, Stößel- und Triebwerkverformung) zusammen, **Bild 6**. Kippsteifigkeiten c_{kA} bzw. c_{kB} um die *X*- bzw. *Y*-Achse als Genauigkeitskenngrößen werden aus linearem Teil der Kippungskurven zu $c_{kA} = \Delta F_Z \cdot \Delta l_Y / \Delta k_{el\,A}$ bzw. $c_{kB} = \Delta F_Z \cdot \Delta l_X / \Delta k_{el\,B}$ bestimmt (Δl_Y, Δl_X Außermittigkeit des Kraftangriffs in *Y*-, *X*-Richtung; festgelegt zu 10% der nutzbaren Stößeltiefe bzw. -breite). Kenngröße für Verlagerung senkrecht zur Arbeitsrichtung (Versatz) ist der Abstand der Mittelsenkrechten des Stößels gegenüber der Mittelsenkrechten des Tisches, gemessen bei halbem Abstand zwischen Tischaufspannfläche und Stößelfläche, **Bild 5**. Sie wird ermittelt als Gesamtverlagerung

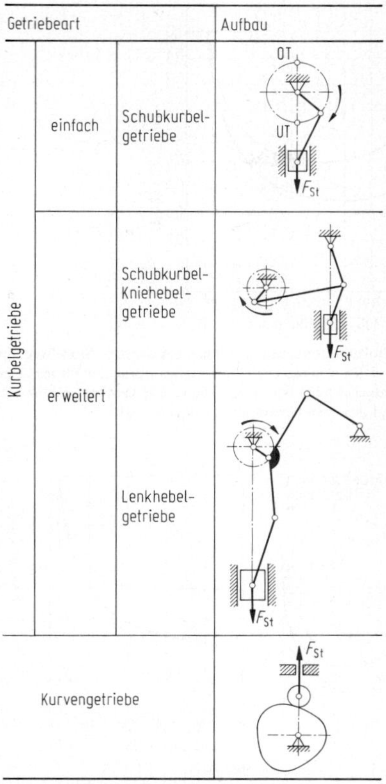

Getriebeart		Aufbau
Kurbelgetriebe	einfach — Schubkurbel-getriebe	
	erweitert — Schubkurbel-Kniehebel-getriebe	
	Lenkhebel-getriebe	
Kurvengetriebe		

Bild 8. Aufbau von Hauptgetriebe-Arten

aber nahezu beliebige Bewegungsabläufe. Unterteilung der Pressen mit Kurbelgetriebe in solche mit einfachem und mit erweitertem Kurbelgetriebe. Am weitesten verbreitet Pressen mit *Schubkurbelgetriebe*, das sind Kurbelpressen (Gesamthub unveränderlich) und Exzenterpressen (Gesamthub veränderlich). Erweiterte Kurbelgetriebe eingesetzt, wenn bei kleinem Hub große F_{St} gefordert sind (Kniehebelgetriebe) oder wenn im Arbeitsbereich verminderte Arbeitsgeschwindigkeit erwünscht (Lenkhebelgetriebe).

4.2.2 Baugruppen. Assemblies

Gestelle, **Bild 9**. *C-Gestelle* in Ein- und Doppelständerausführung, stehend, neigbar, liegend, teilweise mit Zugankern. Überwiegend für Pressen kleiner bis mittlerer Nennkraft. *O-Gestelle* in Zwei-, Drei- und Vierständerbauart mit Durchbrüchen in den Seitenständern für Werkzeug-

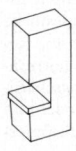 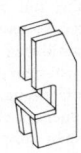 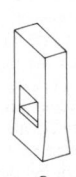 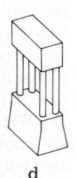

a   b   c   d

Bild 9. Bauformen und Bauarten von Gestellen für weggebundene Pressen. **a** C-Gestellform, Einständer-Bauart; **b** C-Gestellform, Doppelständer-Bauart; **c** O-Gestellform, Zweiständer-Bauart; **d** O-Gestellform, Säulen-Bauart

wechsel sowie Werkstückzu- und -abführung, seltener in Säulenbauart. Für Pressen mittlerer Baugröße in der Regel einteilige, bei Großpressen mehrteilige Zweiständergestelle: Tisch, Seitenständer, Querhaupt durch Zuganker miteinander verbunden. Ausführung der Gestelle in Grauguß, Stahlguß und – heute vermehrt – in Stahlblechschweißkonstruktion.

Antrieb. Schwungrad meist über Drehstrom-Asynchronmotoren angetrieben. Hubzahländerung bei Pressen kleiner bis mittlerer Nennkraft über Getriebe zwischen Antriebsmotor und Schwungrad, bei Pressen großer Nennkraft über Antriebsmotor mit veränderlicher Drehzahl.

Kupplung, Bremse. Heute überwiegend kraftschlüssige (Reib-)Kupplungen in Ein- oder Mehrscheibenbauart (s. G 3). Anpreßkräfte meist durch Druckmedium (Luft, seltener Öl) aufgebracht. Bremsen im Grundaufbau diesen Kupplungen ähnlich. Anpreßkräfte hierbei aus Sicherheitsgründen durch Federn erzeugt. Formschlüssige Kupplungen (Drehkeil- und Bolzenkupplungen) verlieren aufgrund heutiger Sicherheitsanforderungen an Bedeutung.

4.2.3 Kinetik und Kinematik. Dynamics and kinematics

Beim *Schubkurbelgetriebe* (**Bild 8**) Stößelweg h und Stößelgeschwindigkeit v_{St} von Kurbelwinkel α abhängig (s. G 10.1).
Für Stößelkraft F_{St} gilt vereinfacht:

$$F_{St} = M_K/(r \sin \alpha),$$

M_K Kurbelmoment, r Kurbelhalbmesser, α Kurbelwinkel. F_{St} weist Kleinstwert ($F_{St\,min}$) für $\alpha = 90°$ ($h \approx H/2$; $H = 2r$ Gesamthub) auf und strebt in Endlagen ($\alpha = 0°$; $\alpha = 180°$) gegen Unendlich. Mit Rücksicht auf die im Kraftfluß liegenden Maschinenteile muß Stößelkraft über bestimmten Kurbelwinkel (Nennkraftwinkel α_N) oder über bestimmten Stößelweg (Nennkraftweg h_N) vor unterem Totpunkt auf endlichen Wert, die Nennkraft F_N, beschränkt bleiben. Kraftbegrenzung durch Überlastsicherungen (Scherplatte, Hydraulikkissen, Kraftmeßglied, das auf Maschinensteuerung einwirkt) erreicht. Größe des Nennkraftwinkels α_N bzw. des Nennkraftwegs h_N abhängig von Bauart und Einsatzbereich.
Nach DIN 55170 und den bis 1985 gültigen Normen für Exzenterpressen mit C-Gestell ist Antrieb so auszulegen, daß für Größthub H_{max} Nennkraft F_N bei $\alpha_N = 30°$ (entspr. $h_N = 0,073 H_{max}$) zur Verfügung steht (Normalauslegung). Weitere übliche Auslegungsarten nach Verwendungszweck: Gesenkschmieden $\alpha_N = 10°$, Schneiden $\alpha_N = 20°$, Fließpressen $\alpha_N = 45°$, Tiefziehen bis $\alpha_N = 75°$. Stößelkraftgrenzen für $\alpha > \alpha_N$ bzw. $h > h_N$ durch $F_{St} = F_N (\sin \alpha_N / \sin \alpha)$ gegeben, **Bild 10 a**.
In neueren Normen über Baugrößen von weggebundenen Pressen ist Auslegung nach Nennkraftweg h_N vorgesehen: Für Pressen mit C-Gestell (DIN 55184) Nennkraftwege im Bereich 2 mm $\leq h_N \leq$ 9 mm, für Pressen mit Torgestell (DIN 55181) Nennkraftwege von $h_N = 3,5$, 7, 12,5 und 25 mm festgelegt. Für letztgenannten Fall sind Stößelkraftgrenzen der möglichen Auslegungen in **Bild 10 b** dargestellt.
Nennarbeitsvermögen im Dauerhubbetrieb (E_N) üblicherweise $E_N = F_N \cdot h_N$.
Gesamthub bei Exzenterpressen meist im Bereich $H_{max}/H_{min} = 10$ verstellbar. Mit Hubverstellung ändern sich Verlauf und Größe von F_{St} (**Bild 11**) sowie die Stößelgeschwindigkeit v_{St}, dagegen nicht Arbeitsvermögen.
Bei *Schubkurbel-Kniehebelgetrieben* (**Bild 8**) mit zug- oder druckbeanspruchtem Pleuel Stößelbewegung in Nähe vom unteren Totpunkt verzögert. Dadurch verglichen mit

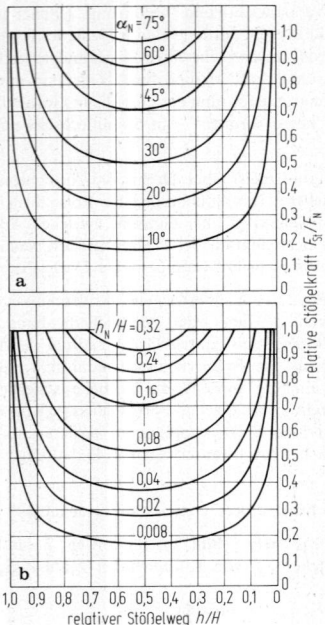

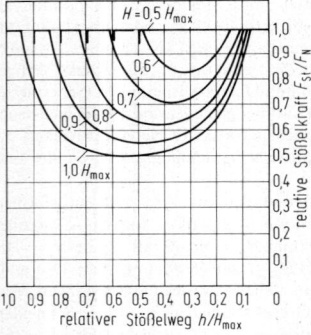

Bild 10. Stößelkraftgrenzen in Abhängigkeit vom Stößelweg für Kurbelpressen verschiedener Auslegung. **a** Auslegung nach dem Nennkraftwinkel α_N; **b** Auslegung nach dem Nennkraftweg h_N. ($\lambda = 0,1$)

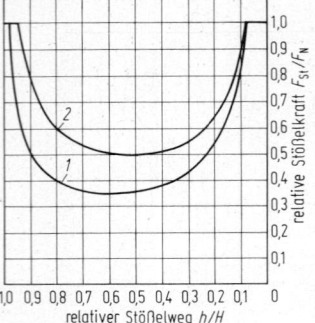

Bild 12. Stößelkraftgrenzen in Abhängigkeit vom Stößelweg für Schubkurbel-Kniehebelgetriebe mit zugbeanspruchter Pleuelstange (*1*) und einfaches Schubkurbelgetriebe (*2*) bei gleichem Nennkraftweg h_N und gleichem Gesamthub H ($h_N/H = 0,073$)

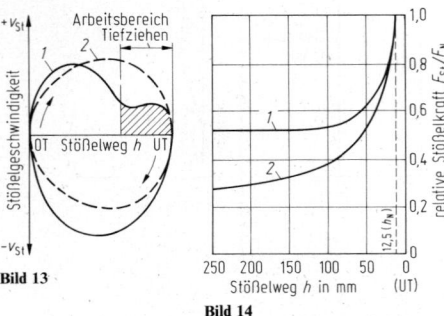

Bild 13 ·

Bild 13. Stößelgeschwindigkeit in Abhängigkeit vom Stößelweg (Schuler). *1* Lenkhebelgetriebe, *2* Schubkurbelgetriebe

Bild 14. Stößelkraftgrenzen in Abhängigkeit vom Stößelweg (Schuler). *1* Lenkhebelgetriebe, *2* Schubkurbelgetriebe, Nennkraftweg $h_N = 12,5$ mm

Bild 11. Stößelkraftgrenzen in Abhängigkeit vom Stößelweg bei Hubverstellung (Auslegung: $\alpha_N = 30°$ für $H = H_{max}$)

Schubkurbelgetrieben gleicher Auslegung bezüglich Nennkraftweg h_N und Gesamthub H niedrigere Stößelkräfte im Bereich $h > h_N$, **Bild 12**.

Lenkhebelgetriebe (**Bild 8** und **Bild 18a**) ermöglichen niedrige und nahezu konstante Stößelgeschwindigkeit v_{St} im Arbeitsbereich. Leerwege werden mit hoher Geschwindigkeit durchlaufen, **Bild 13**. Im Vergleich zum Schubkurbelgetriebe mit gleich großem Nennkraftweg h_N ist für $h > h_N$ höhere Stößelkraft verfügbar, **Bild 14**.

4.2.4 Anwendung, Ausführungsbeispiele. Applications

Weggebundene Pressen stellen den Großteil der für die Stückgutfertigung eingesetzten Umformmaschinen mit ei-

ner Vielzahl von den Anforderungen des jeweiligen Einsatzgebiets angepaßten Bauformen.

Die bei der *Massivumformung* (Gesenkschmieden, Fließpressen) mit Rücksicht auf Arbeitsgenauigkeit und Druckberührzeit geforderte hohe Steifigkeit wird erreicht durch Gestellbauform (O-Gestelle mit geringer Ständerweite) in Verbindung mit der Ausbildung des Triebwerks (Hauptantriebswelle bei Gesenkschmiedepressen als biegesteife Exzenterwelle mit kurzem breitem Pleuel; Keilpresse; Schubkurbel-Kniehebelgetriebe bei Maschinen zum Fließpressen). Bei Keilpresse (**Bild 15**) erfolgt Stößelantrieb vom Pleuel über zwischengeschalteten Keil (Keilwinkel 30°). Pleuel dadurch nur mit etwa halber Stößelkraft beaufschlagt. Keil verhindert Kippen des Stößels um Führungsspiel. Keilpressen, ausgeführt mit Nennkräften bis 125 MN, zur Herstellung langer Genauschmiedestücke eingesetzt. Neben der meist ausgeführten Bauart mit vertikaler Arbeitsbewegung auch Ausführungen mit horizontaler Arbeitsbewegung für die Herstellung von langschäftigen Werkstücken (Waagerechtstauchmaschinen) oder hülsenförmigen Teilen (z.B. Maschinen zum Tubenfließpressen) mit Vorteilen bei der Werkstückhandhabung.

Für *Blechumformung* Pressen mit C- und O-Gestellen eingesetzt. Bei C-Gestell-Pressen (**Bild 16**) Arbeitsraum von drei Seiten frei zugänglich; Ausführung meist mit Hubverstellung, dadurch an unterschiedliche Aufgaben leicht

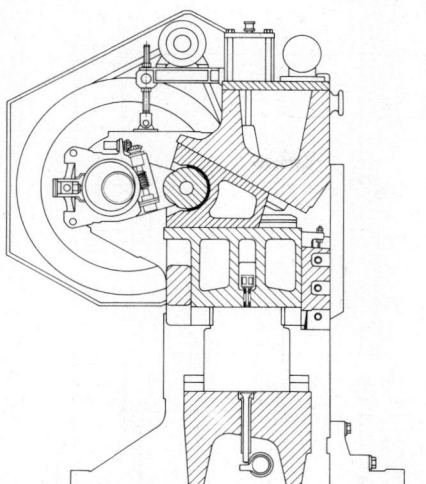

Bild 15. Keilpresse (EUMUCO)

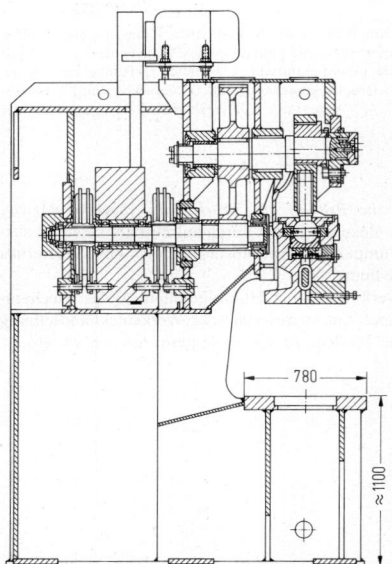

Bild 16. Exzenterpresse mit C-Gestell (Müller-Weingarten). $F_N = 1600$ kN, $H_{max} = 160$ mm, $H_{min} = 20$ mm, $n_K = 50$ min^{-1}

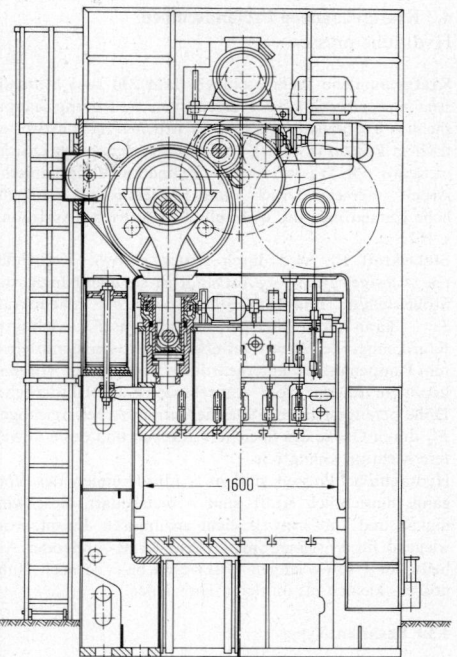

Bild 17. Zweiständerpresse mit 2-Punkt-Querwellenantrieb (Schuler). $F_N = 1600$ kN, $H = 300$ mm, $n_K = 32$ min^{-1}

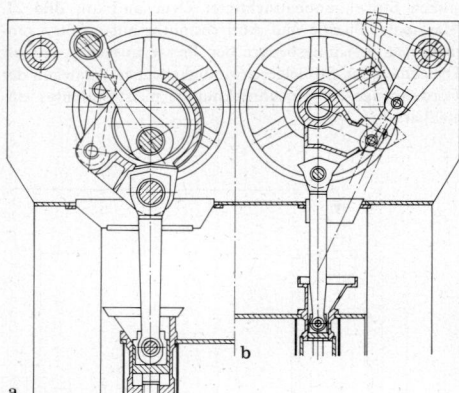

Bild 18. Prinzipieller Aufbau der Getriebe einer zweifachwirkenden Presse [2]. **a** Lenkhebelgetriebe für Ziehstößel; **b** Rastgetriebe für Blechhalterstößel

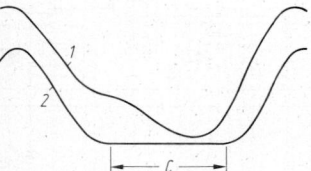

Bild 19. Bewegungsablauf des Ziehstößels (*1*) und des Blechhalterstößels (*2*) der Presse nach **Bild 18** [2], *C* Stillstandsphase des Blechhalterstößels

anzupassen (Universalpressen). Pressen mit O-Gestellen für Blechumformung wegen relativ großer Ständerweite mit Mehrpunktantrieb des Stößels, heute in der Mehrzahl als Querwellenantrieb, **Bild 17**. Tiefziehen mit Blechhalter macht Einrichtung an Presse zur Betätigung des Blechhalters im Werkzeug erforderlich. Betätigung des Werkzeug-Blechhalters erfolgt bei zweifachwirkenden Pressen durch vom Ziehstößel getrennten Blechhalterstößel (**Bild 18 b**) mit Rastgetriebe (Bewegungsablauf von Zieh- und Blechhalterstößel, **Bild 19**), bei einfachwirkenden Pressen durch meist pneumatisch beaufschlagten Ziehapparat. In jüngerer Zeit vermehrt Einsatz von hydraulisch beaufschlagten Ziehapparaten mit besser reproduzierbarer Einstellung der Blechhalterkraft und Möglichkeit zu ihrer gezielten Veränderung in Abhängigkeit vom Ziehweg [3].

4.3 Kraftgebundene Preßmaschinen
Hydraulic presses

Kraftgebundene Preßmaschinen (**Bild 2b**) sind *hydrauli-sche* und *pneumatische Pressen*; von Bedeutung haupt-sächlich hydraulische Pressen. Sie arbeiten nach hydrosta-tischem Prinzip (s. H 1.1). Hohe Druckenergie des Druck-mediums (Öl, Wasser) wird in Zylindern in mechanische Arbeit umgesetzt. Druck p und Förderstrom $\dot{V}$ maßgeb-liche Kenngrößen des hydraulischen Antriebs. Auslegung s. H 2.

Stößelkraft F_{St} wird durch Druck p sowie Kolbenflä-che A festgelegt: $F_{St} = pA$. Damit ist sie unabhängig von Stößelstellung, **Bild 2b**. Größtwert von F_{St} – Nennkraft F_N – kann nicht überschritten werden. F_N wichtigste Kraftkenngröße. Arbeitsvermögen spielt bei unmittelba-rem Pumpenantrieb untergeordnete Rolle, da für Vorgang benötigte Energie vom Antriebsmotor in erforderlicher Höhe bereitgestellt; bei Speicherantrieb Arbeitsvermögen E_N durch Größe des Speichers gegeben und deshalb wei-tere wichtige Kenngröße.

Hydraulische Pressen sind an Anforderungen des Vor-gangs hinsichtlich Kraft- und Arbeitsbedarf, Geschwin-digkeit und Umformweg leicht anzupassen. Einsatz vor-wiegend für Vorgänge mit großem Kraft- und/oder Ar-beitsbedarf sowie langen Wirkwegen bei – je nach Hub-größe – kleinen bis mittleren Hubzahlen.

4.3.1 Bauarten. Types

Nach Art des Antriebs werden unterschieden:

Hydraulische Pressen mit Förderstromquelle (unmittelbarer Pumpenantrieb). Grundschema des Hydraulikkreislaufs, **Bild 20a**; Ausführung mit Sicherheitsüberwachung (Ab-sinken Stößel, unbeabsichtigter Druckaufbau), **Bild 21**. Merkmale: Pumpe und Antriebsmotor auf größten mo-mentanen Leistungsbedarf der Presse ausgelegt. Öl als Druckmedium. Stößelgeschwindigkeit über Verstellen der Fördermenge der Hochdruckpumpe meist stufenlos ein-stellbar.

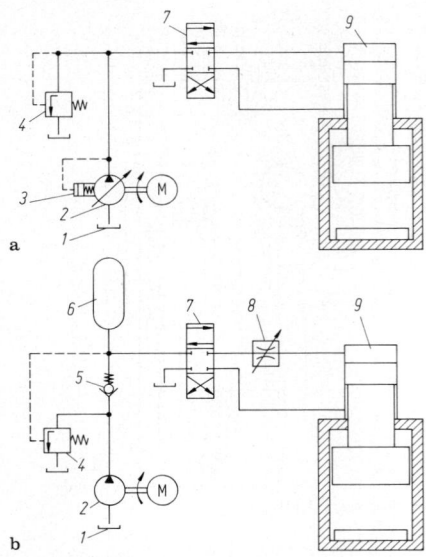

Bild 20. Grundschema des hydraulischen Kreislaufs einer Presse. **a** mit Förderstromquelle (unmittelbarer Pumpenantrieb) und **b** mit Druckquelle (Speicherantrieb). *1* Behälter, *2* Pumpe mit Motor, *3* Regler, *4* Druckbegrenzungsventil, *5* Rückschlagventil, *6* Hydro-speicher, *7* 4/3-Wegeventil, *8* Drosselventil, *9* Hydrozylinder der Presse

Hydraulische Pressen mit Druckquelle (Speicherantrieb), **Bild 20b**. Gekennzeichnet durch auf mittlere Leistung aus-gelegte Pumpen und Antriebsmotoren. Öl oder Wasser als Druckmedium.
Wegen Verkürzung der Hubfolgezeiten infolge Mechani-sierung und Automatisierung der Werkstückhandhabung verstärkte Tendenz zu unmittelbarem Pumpenantrieb.

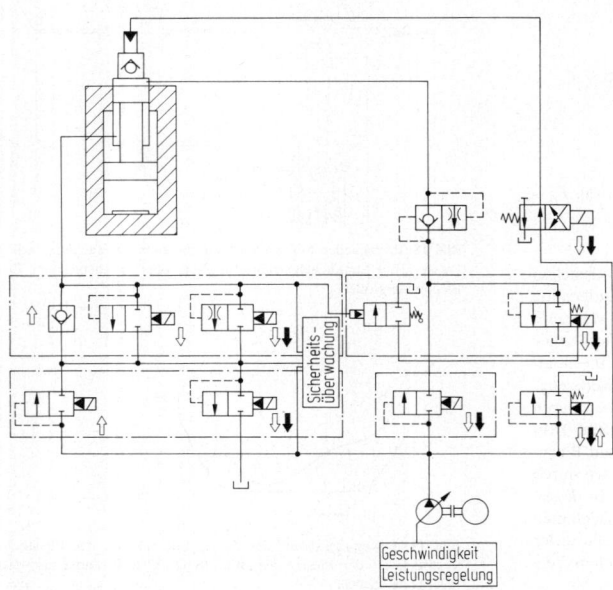

Bild 21. Hydraulikkreislauf einer Presse mit unmittelbarem Pumpenantrieb und Sicherheits-überwachung gegen Absinken des Stößels und unbeabsichtigten Druckaufbau (SMG)

4.3.2 Baugruppen. Assemblies

Bei hydraulischen Pressen neben Ein- und Zweiständergestellen auch Säulengestelle mit 2 und 4 Säulen üblich, letztere besonders bei Pressen hoher Nennkraft zum Freiformschmieden und Strangpressen.

Als Hochdrucköleumpen Vielkolbenpumpen (Axial-, Radial-, Reihenkolbenpumpen) mit kleinem Hub und Kolbendurchmesser verwendet. Bauarten mit konstantem und mit stufenlos einstellbarem Förderstrom. Über Regeleinrichtungen (Leistungs-, Druck-, Nullhubregler) Förderstrom und Druck an Arbeitsvorgang anpaßbar. Daneben für konstanten Förderstrom auch Zahnradpumpen im Einsatz. Übliche Drücke p liegen bei 200 bis 315 bar, in Ausnahmefällen auch darüber.

Bei Speicherantrieb Stickstoffblasenspeicher, Kolbenspeicher oder bei Wasser als Druckmedium direkt mit Druckluft beaufschlagte Hydrospeicher verwendet.

4.3.3 Anwendung, Ausführungsbeispiele. Applications

Wegen guter Steuerbarkeit von Stößelkraft und -geschwindigkeit hydraulischer Antrieb bei Maschinen zum Massiv- und Blechumformen häufig eingesetzt. Hydraulische Pressen für Serienfertigung von *Blechteilen* (durch Genauschneiden, Ziehen, **Bild 22**, Gesenkbiegen) und zum *Kaltmassivumformen* (Fließpressen, Einsenken, Prägen) fast ausschließlich mit unmittelbarem Pumpenantrieb. *Schmiedepressen* (Freiformschmieden, Gesenkschmieden von Leichtmetallen) mit Nennkräften bis ca. 30 MN und Stößelgeschwindigkeiten unterhalb 80 mm/s ebenfalls mit direktem Pumpenantrieb; bei höheren Nennkräften und großen Stößelgeschwindigkeiten bis ca. 250 mm/s Speicherantrieb bevorzugt. *Freiformschmiedepressen* vielfach mit Säulengestellen, die den Zugang zum Arbeitsraum erleichtern. Besondere Vorteile in dieser Hinsicht bei Unterflurantrieb gegeben.

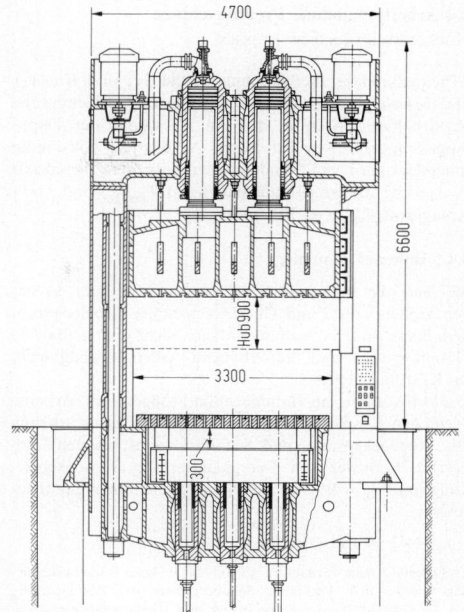

Bild 22. Ölhydraulische Presse mit Ziehkissen (Müller-Weingarten), $F_N = 6000$ kN

Strangpressen (**Bild 23, Bild 24**) fast ausschließlich in horizontaler Bauart mit Säulen-Gestellen.

Pneumatischer Antrieb auf Pressen kleiner Baugröße zum Ziehen, Schneiden, Biegen und Nieten beschränkt.

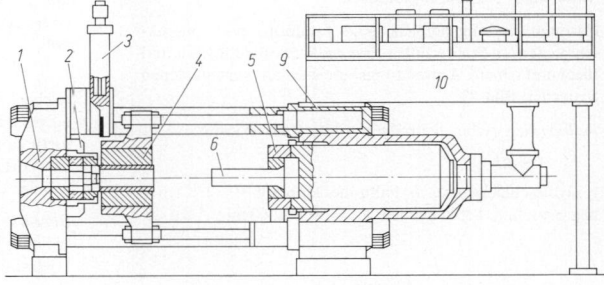

Bild 23. Strangpresse für direktes Pressen (SMS Hasenclever). *1* Gegenholm, *2* Werkzeugschieber oder Werkzeugdrehkopf, *3* Schere, *4* Blockaufnehmer, *5* Laufholm, *6* Stempel, *9* Zylinderholm, *10* Ölbehälter mit Antrieb und Steuerungen

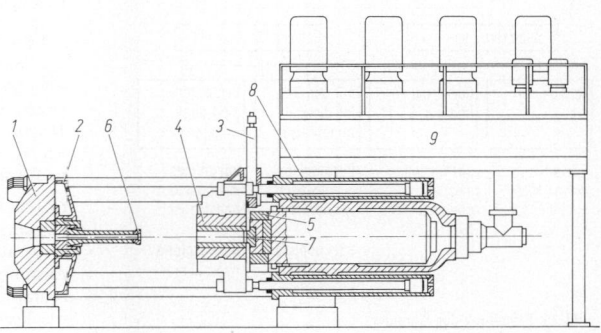

Bild 24. Strangpresse für indirektes Pressen (SMS Hasenclever). *1* Gegenholm, *2* Werkzeugschieber, *3* Schere, *4* Blockaufnehmer, *5* Laufholm, *6* Matrizenstempel, *7* Verschlußstück, *8* Zylinderholm, *9* Ölbehälter mit Antrieb und Steuerungen

4.4 Arbeitgebundene Preßmaschinen
Hammers and screw presses

Arbeitgebundene Preßmaschinen (**Bild 2c**) sind *Hämmer* und *Schwungradspindelpressen*. Maßgebende Kenngröße ist Arbeitsvermögen E, das mit Ausnahme der Kupplungs-Spindelpressen bei jedem Arbeitsspiel vollständig umgesetzt wird. Bei Spindelpressen außerdem Nennkraft F_N, größte (dauernd) zulässige Kraft $F_{\text{max zul}}$ und Prellschlagkraft F_{Prell} von Bedeutung.

4.4.1 Hämmer. Hammers

Sie sind die billigsten Umformmaschinen zum Erzeugen großer Kräfte und Übertragen hoher Arbeitsvermögen. Konstruktiver Aufbau einfach. Nicht überlastbar, da Hammergestell und -antrieb beim Arbeitsvorgang nicht im Kraftfluß liegen.
Umformvorgang im Hammer folgt Stoßgesetzen. Arbeitsvermögen E wird in Nutzarbeit W_N und Verlustarbeiten W_V (Bärrücksprung- und Schabotteverlustarbeiten) umgesetzt. Kennwert der Energieumsetzung ist Schlagwirkungsgrad $\eta_S = W_N/E$. Für Schabottehammer gilt theoretisch:

$$\eta_S = (1-k^2)/(1+m_B/m_S).$$

k Stoßzahl: beim Stauchen $k = 0{,}1\ldots0{,}3$; beim Gesenkschmieden $k = 0{,}6\ldots0{,}8$. Verhältnis Schabottemasse m_S/Bärmasse m_B hat Einfluß auf Fundamentbelastung und Rücksprungbeschleunigung der Schabotte (Springen des Schmiedestücks). Mindestwerte: $m_S/m_B = 10\ldots20$ bei feststehender Schabotte; bei bewegter Schabotte $m_S/m_B = 3\ldots5$.

Bauarten

Man unterscheidet *Schabottehämmer*, unterteilt in *Fall-* und *Oberdruckhämmer*, sowie *Gegenschlaghämmer*, **Bild 25**. Schabottehämmer (**Bild 26a**) haben feststehende Schabotte, Gegenschlaghämmer (**Bild 26b**) zwei gegeneinander bewegte Bären.

Anwendung, Ausführungsbeispiele

Hauptanwendungsbereiche sind Freiform- und Gesenkschmieden; in Sonderfällen Prägen, Warmfließpressen und Blechumformen. Anwendungsbereiche der verschiedenen Bauarten, **Bild 27**.

Fallhämmer. Arbeitsvermögen (ohne Reibverluste):

$$E_N = m_B g H.$$

g Erdbeschleunigung, H Fallhöhe. Hub auf $H = 1\ldots1{,}6$ m begrenzt, um Schlagzahlen $n_H = 50$ bis 60 min^{-1} zu er-

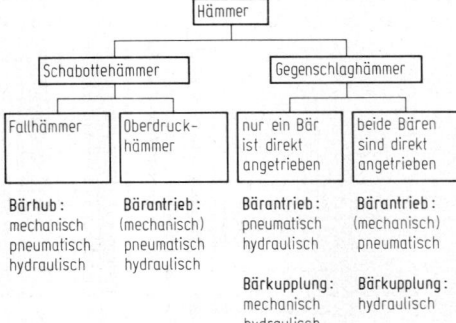

Bild 25. Einteilung der Hämmer

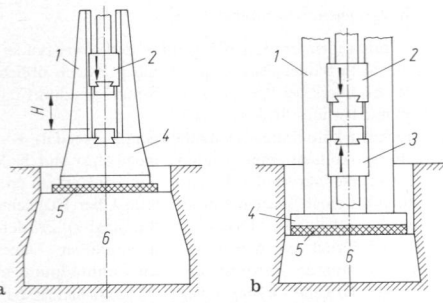

Bild 26. Hammerprinzipien. **a** Schabottehammer; **b** Gegenschlaghammer. *1* Gestell, *2* (Ober-)Bär, *3* Unterbär, *4* Schabotte bzw. Grundplatte, *5* Zwischenlage, *6* Fundament

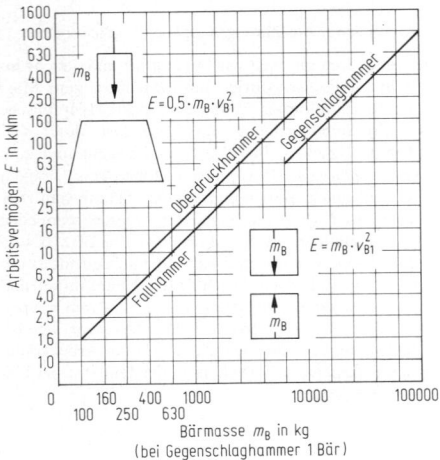

Bild 27. Anwendungsbereiche von Schabottehämmern (Fall- und Oberdruckhämmer) und Gegenschlaghämmern zum Gesenkschmieden

reichen. Bärauftreffgeschwindigkeit liegt zwischen 4 und 6,5 m/s. Entwicklung ging von Riemen- und Brettfallhämmern zu pneumatischen oder hydraulischen Fallhämmern, mit Vorteil des geringeren Verschleißes der Huborgane sowie der einfacheren Steuerung und Energiedosierung.

Oberdruckhämmer. Haben neben Bär zusätzlichen Energiespeicher in Form von Druckluft, Dampf (6 bis 7 bar) oder Hydrauliköl (20 bis 200 bar). Hydraulisch angetriebene Oberdruckhämmer (**Bild 28**) wegen günstiger Energiebilanz heute vermehrt im Einsatz. Arbeitsvermögen

$$E_N = (m_B g + p_{mi} A) H.$$

p_{mi} mittlerer indizierter Arbeitsdruck, A Kolbenfläche. Oberdruckhämmer lassen bei gleichen Bärauftreffgeschwindigkeiten wie Fallhämmer kürzeren Hub von $H = 0{,}4\ldots0{,}7$ m zu, damit wesentlich höhere Schlagzahlen ($n_H = 55$ bis 250 (450) min^{-1}, abhängig von Baugröße und Antriebsart) möglich.

Gegenschlaghämmer. Sie weisen bei gleichem Arbeitsvermögen nur etwa 1/3 der Baumasse von Oberdruckhämmern auf. Entsprechend kleinere Fundamente möglich. Ausführungen mit vertikaler (hauptsächlich) und horizontaler Arbeitsbewegung üblich. Antrieb in der Regel wie bei Oberdruckhämmern. Beide Bären sind in ihrer

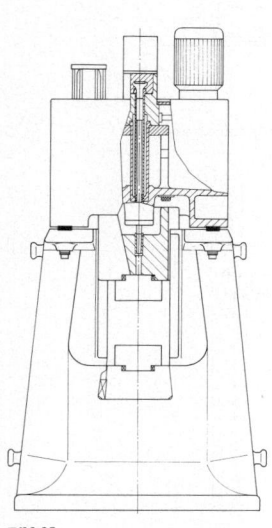 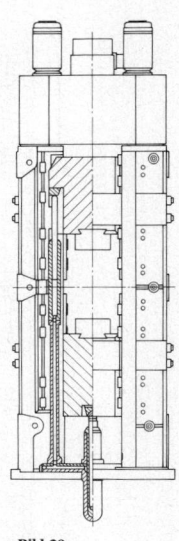 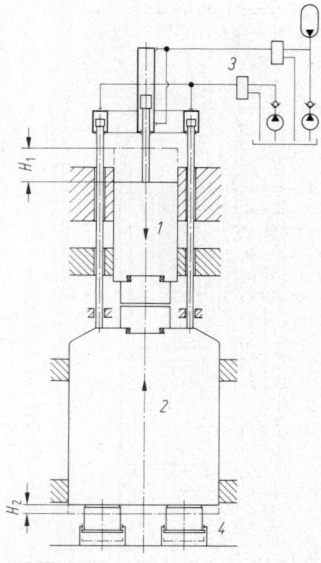

Bild 28   **Bild 29**   **Bild 30**

Bild 28. Hydraulisch angetriebener Oberdruckhammer (Lasco)

Bild 29. Gegenschlaghammer, Antrieb und Bärkupplung hydraulisch (Bêché & Grohs)

Bild 30. Antriebssystem (schematisch) eines Gegenschlaghammers mit ungleichen Bärmassen (Lasco). *1* Oberbär mit Masse m_1, *2* Unterbär mit Masse m_2, *3* Öl, *4* Luft, H_1 Hub Oberbär, H_2 Hub Unterbär, v_1 Geschwindigkeit Oberbär, v_2 Geschwindigkeit Unterbär, $m_1/m_2 = 1/4$, $H_1/H_2 = 4/1$, $v_1/v_2 = 4/1$

Bewegung mechanisch (Band) oder hydraulisch gekuppelt, **Bild 29**. Neben Bauarten mit etwa gleich großen Massen von Ober- und Unterbär neuere Entwicklung, bei der Masse des Unterbären wesentlich größer als die des Oberbären, **Bild 30**. Dadurch Hub des Unterbären sehr viel kleiner als der des Oberbären, woraus sich Vorteile bei der Beschickung ergeben. Schlagzahlen, abhängig von Antriebsart, 30 bis 120 min^{-1}.

4.4.2 Spindelpressen. Screw presses

Bei der traditionellen Bauart der (Schwungrad-)Spindelpresse ist Spindel form- oder kraftschlüssig dauernd mit Schwungrad verbunden. Drehbewegung von Schwungrad und Spindel über steilgängiges Dreifach- oder Vierfachgewinde (Steigungswinkel 12° bis 17°) in geradlinige Stößelbewegung umgesetzt. Beim Auftreffen des Werkzeugs auf das Werkstück wird kinetische Energie von Schwungrad, Spindel und Stößel vollständig in Nutz- und Verlustarbeit (Längs- und Torsionsfederverluste in Spindel und Gestell sowie Reibungsverluste an Führung und Spindel) umgewandelt.
Energieumsetzung durch Schlagwirkungsgrad η_S gekennzeichnet.
Bestimmende Kenngröße ist das Arbeitsvermögen

$$E = (J\omega_0^2/2) + (m_B v_{St}^2/2).$$

J Trägheitsmoment von Schwungrad und Spindel, ω_0 Winkelgeschwindigkeit von Schwungrad/Spindel beim Auftreffen auf Werkstück, m_B Stößelmasse, v_{St} Auftreffgeschwindigkeit des Stößels auf Werkstück (üblich zwischen 0,5 und 1 m/s).

Weiter wichtig Nennkraft F_N, größte (im Dauerbetrieb) zulässige Kraft $F_{max\,zul}$ und Prellschlagkraft F_{Prell}, da Spindel und Gestell (abhängig von Bauart) durch Preßkraft beansprucht. Prellschlagkraft F_{Prell} tritt auf, wenn gesamtes

Arbeitsvermögen ohne Abgabe von Nutzarbeit in Federarbeit umgesetzt wird. F_{Prell} kann aus Nennarbeitsvermögen E_N und Steifigkeit der Presse in Arbeitsrichtung c_Z zu $F_{Prell} \approx \sqrt{2c_Z E_N}$ abgeschätzt werden. Zwischen F_N, F_{Prell} und $F_{max\,zul}$ gilt i. allg.: $F_{Prell} = 2F_N$; $F_{max\,zul} = 1,6F_N = 0,8F_{Prell}$.
Spindelpressen mit großem Arbeitsvermögen (für Warmumformung) sind aus wirtschaftlichen Gründen kaum prellschlagsicher auszulegen. Begrenzung der in der Maschine auftretenden Kräfte durch Hydraulikkissen zwischen Zugankermutter und Gestell (**Bild 31**), Rutschkupplung zwischen Schwungrad und Spindel oder durch Energiedosierung. Bei Spindelpressen abhängig von Bauart und -größe Hubzahlen von 12 bis etwa 65 min^{-1} erreichbar.

Bauarten, Ausführungsbeispiele

Klassische Antriebsform ist der Reibscheibenantrieb mit 2 oder 3 dauernd umlaufenden ebenen Seitenscheiben bei längsbeweglicher Spindel bzw. 2 kegeligen Seitenscheiben bei ortsfester Spindel (Vincent-Presse). Nachteilig bei diesen Bauarten ist die hohe Beanspruchung und der damit verbundene starke Verschleiß der Reibbeläge. Entwicklung ging deshalb zur Verwendung von elektrischen Reversiermotoren, die über Reibrollen bzw. Ritzel das Schwungrad antreiben oder direkt auf diesem angeordnet sind, **Bild 31**. Bei Großspindelpressen (größte ausgeführte Presse mit Arbeitsvermögen von 4,5 MNm und Prellschlagkraft von 315 MN) erfolgt Antrieb durch mehrere am Schwungradumfang angeordnete elektrische Reversiermotoren oder Hydromotoren (**Bild 32**) über Ritzel auf verzahnten Schwungradkranz. Entwicklung der jüngeren Zeit ist Kupplungs-Spindelpresse (**Bild 33**) mit ständig umlaufendem Schwungrad, das zur Einleitung eines Arbeitshubs über schaltbare Reibungskupplung mit der Spindel

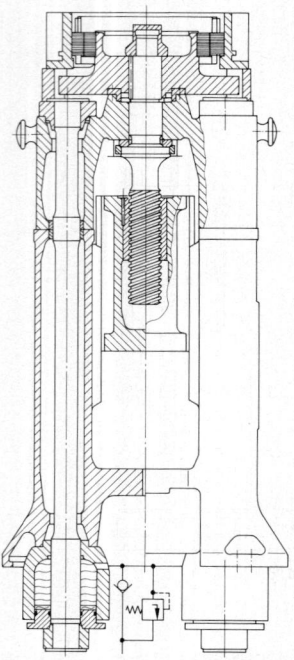

Bild 31. Direkt angetriebene Spindelpresse mit hydraulischer Überlastsicherung (Müller-Weingarten)

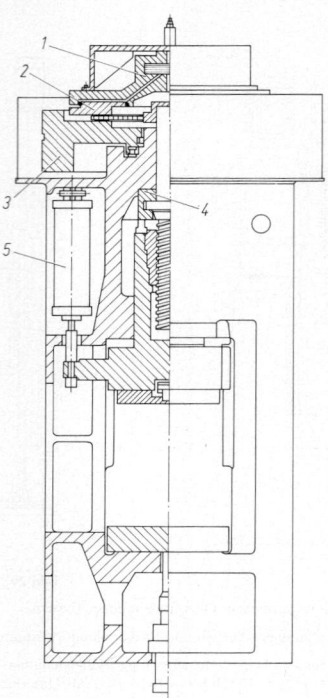

Bild 33. Spindelpresse mit dauernd umlaufendem Schwungrad und Schaltkupplung (Siempelkamp). *1* Kupplungszylinder, *2* Kupplungskolben, *3* Schwungrad, *4* Drucklager, *5* Rückzugzylinder

verbunden wird. Bei Erreichen einer einstellbaren Kraft trennt Kupplung Schwungrad von Spindel, Rückhub des Stößels erfolgt durch Rückzugzylinder. Kurze Beschleunigungszeiten des Stößels, da die beim Arbeitshub zu beschleunigenden Massen klein sind. Preßkraft läßt sich über Rutschmoment der Reibungskupplung begrenzen.

Anwendung

Spindelpressen finden sowohl im Schmiedebetrieb (Gesenkschmieden von NE-Metallen, Herstellung von Genau- und Präzisionsschmiedeteilen) als auch beim Kaltmassivumformen (Besteckfertigung, Münz- und Maßprägen, Kalibrieren) und Blechumformen (Herstellen flacher Ziehteile aus dicken Blechen) Anwendung.

4.5 Arbeitssicherheit. Safety

Arbeiten an Pressen machen Schutzmaßnahmen erforderlich. Diese haben *Hineingreifen* in den Gefahrenbereich (Werkzeugeinbauraum) während der Schließbewegung der Werkzeuge zu verhindern („*Handschutz*") und eine unbeabsichtigte Schließbewegung der Werkzeuge zu unterbinden („Pressen-Sicherheitseinrichtungen") sowie Lärmemissionen zu beschränken.

Für Arbeitssicherheit an Pressen haben von den in §3 des Gesetzes über technische Arbeitsmittel allgemein angesprochenen Regeln der Technik die in **Bild 34** zusammengestellten Vorschriften, Regeln und Normen Bedeutung: Hiernach Handschutz erreichbar durch sicheres Werkzeug, feste Abschirmung der Gefahrenstelle, Zweihandschaltungen und berührungslos wirkende Schutzein-

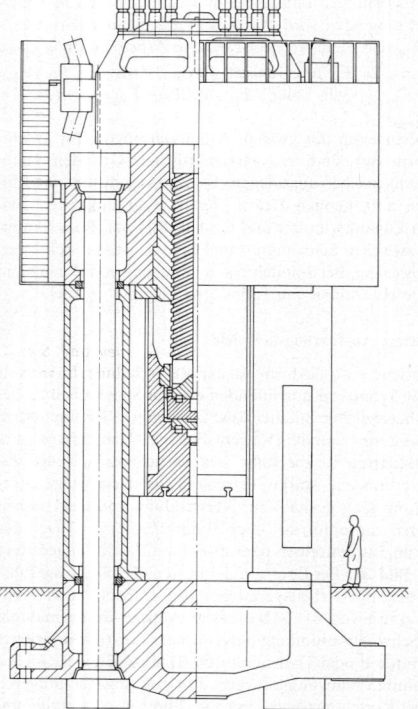

Bild 32. Großspindelpresse mit Antrieb durch Hydromotoren (SMS Hasenclever)

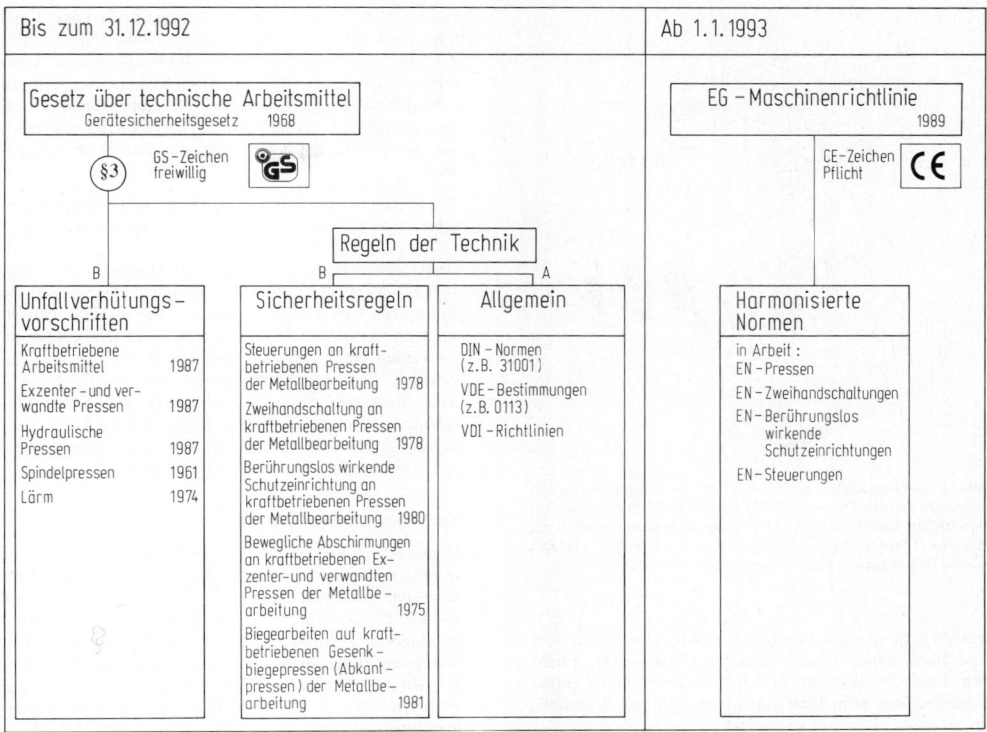

Bild 34. Vorschriften für die Arbeitssicherheit an Pressen (Müller-Weingarten)

richtungen (Lichtschranken). Pressen-Sicherheitseinrichtungen umfassen sichere Kupplung, sichere Bremse, sichere Steuerung, Nachlaufüberwachung, bewegliche Abschirmungen und Einrichtungen zur zwangsläufigen Verhinderung eines Durchlaufs. Eine konstruktive Verwirklichung der letztgenannten Maßnahme zeigt **Bild 16**: Aufteilung der Betriebsbremse in zwei gleiche, unabhängig voneinander arbeitende Einheiten.

In Unfallverhütungsvorschrift Lärm (VBG 121) festgelegte Beurteilungspegel von 90 dB (A), bei deren Überschreiten von „Lärmbereichen" gesprochen wird, von Preßmaschinen nach derzeitigem Stand der Technik bei vielen Arbeitsverfahren nicht einzuhalten. In diesen Fällen sekundäre Lärmminderungsmaßnahmen (Teil- oder Vollkapselung, Abschirmwände) und persönlicher Schallschutz der Beschäftigten erforderlich.

5 Spanende Werkzeugmaschinen
Metal cutting machine tools

G. Spur, Berlin

5.1 Drehmaschinen. Lathes

5.1.1 Allgemeines. General

Rotationsorientierte Teile werden auf Drehmaschinen gefertigt. Das Werkstück führt die kreisförmige Schnittbewegung um eine werkstückgebundene Drehachse aus, während das Werkzeug die Vorschubbewegung in einer zur Schnittrichtung senkrechten Ebene vollzieht. Bei Sonderbauformen kann auch das Werkzeug umlaufen. Die Verwendung angetriebener Werkzeuge erlaubt auch leichte Bohr- und Fräsoperationen und damit die Fertigung von Planflächen, Nuten sowie außermittiger oder quer zur Werkstückachse orientierter Bohrungen auf der Drehmaschine.

Einteilung. Aus der Praxis des Drehmaschinenbaus stammt die Einteilung in *Universaldrehmaschinen, Drehautomaten, Frontdrehmaschinen, Karusselldrehmaschinen* und *Sonderdrehmaschinen*. Eine systematische Einteilung kann nach der Lage der Hauptachse in Senkrecht- und Waagerechtmaschinen, der Anzahl der Spindeln in Ein- und Mehrspindler sowie nach der Steuerungsart in handbediente Maschinen, mechanisch programmgesteuerte Automaten und numerisch gesteuerte Maschinen erfolgen.

Konstruktion. Das Drehbearbeitungssystem kann in die Untersysteme Werkstücksystem, Werkzeugsystem, Kinematiksystem, Energiesystem, Informationssystem und Hilfssystem gegliedert werden.

Werkstücksystem. Es umfaßt Werkstück, Werkstückspannung und Werkstückabstützung. Das gebräuchlichste Spannmittel ist das *Dreibackenfutter,* **Bild 1**. Es wird in konventionellen Maschinen als Handspannfutter und in NC-Maschinen als Kraftspannfutter mit hydraulischer aber auch elektrischer oder pneumatischer Betätigung verwendet. Auch Drehfutter mit zwei, vier oder sechs Backen

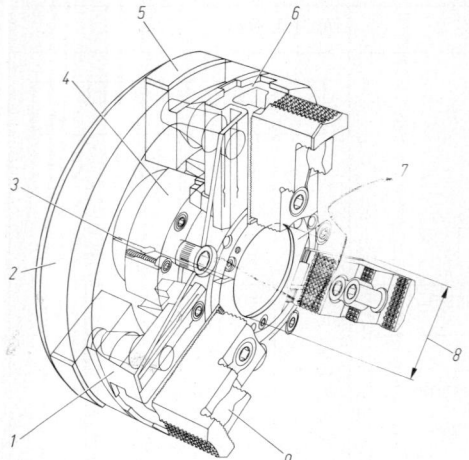

Bild 1. Kraftbetätigtes Keilhakenfutter mit Fliehkraftausgleich (Forkardt GmbH, Düsseldorf). *1* Futterkörper, *2* Futterdeckel zur universellen Spindelmontage, *3* Gewindering zum Anschluß an das Zugrohr, *4* Spannkolben, *5* Fliehgewicht, *6* Grundbacke, *7* Schutzbüchse, *8* Stangendurchlaß, *9* Standardaufsatzbacke

werden in Sonderfällen eingesetzt. Als weitere Spannmittel sind *Spannzangen, Planscheiben* und *Drehdorne* zu erwähnen. Lange Werkstücke werden zwischen *Spitzen* aufgenommen, über *Mitnehmer* angetrieben und gegebenenfalls im *Setzstock* (Lünette) abgestützt.

Werkzeugsystem. Hierzu gehören Werkzeug, Werkzeugspannmittel und Werkzeugträger. Neben Schnellwechselwerkzeughaltern werden insbesondere für programmgesteuerte Maschinen *Revolverköpfe* als Werkzeugträger für jeweils 4 bis 16 Werkzeuge verwendet. Die Werkzeughalter werden in genormten Zylinderschaftaufnahmen, T-Nuten oder prismatischen Führungen aufgenommen. Darüber hinaus finden zunehmend Werkzeugwechselsysteme Anwendung, bei denen entweder nur der Schneidkopf oder das gesamte Werkzeug mit Schaft und Aufnahme gewechselt werden. Insbesondere letztgenannte lassen auch den Wechsel angetriebener Werkzeuge zu.

Energiesystem und Kinematiksystem. Das Kinematiksystem ist unterteilt in ein System zur Erzeugung der Schnittbewegung und ein System zur Erzeugung der Vorschubbewegung, denen das Energiesystem direkt zugeordnet ist. Als *Hauptantriebe* werden einstufige oder polumschaltbare Drehstrommotoren zur Abdeckung eines weiten Drehzahlbereichs mit vielstufigen mechanischen Schaltgetrieben kombiniert. Bei numerisch gesteuerten Maschinen werden meist Gleichstrommotoren mit elektrischer Drehzahlverstellung mit zwei- bis vierstufigen elektrisch geschalteten Getrieben gekoppelt. Die *Hauptspindel* ist meist wälzgelagert. Hohe Anforderungen an das thermische Verhalten und hohe Drehzahlen können spezielle Schmiersysteme bedingen.

Bei nicht vom Hauptantrieb abgeleiteten *Vorschubantrieben* werden ebenfalls Elektromotoren, vereinzelt auch hydraulische Antriebe, verwendet. Die Schlitten laufen überwiegend in prismatischen *Führungen*; auch geschlossene Flachführungen, Rundführungen sowie Kombinationen werden angewandt.

Informationssystem. Es dient der Steuerung der Funktionszusammenhänge zwischen den Untersystemen, nimmt

Informationen wie Bearbeitungsprogramme oder Teilefolgen von außen in das Fertigungssystem auf und gibt Zustandsmeldungen an übergeordnete Leitsysteme. Steuerkurven, Anschläge und Schaltnocken als mechanische Informationsspeicher werden in Automaten für die Großserienfertigung eingesetzt. Für Klein- und Mittelserien hat sich die flexibler rüstbare numerische Steuerung durchgesetzt.

Hilfssystem. Hierzu gehören die Funktionskomplexe Kühlschmiermittel, Späneförderung und Zentralschmierung.

Bestimmend für die Grundform der Maschine ist das *Gestell* als Träger der weiteren Baugruppen, das als *Bett* die Führungen der Werkzeugschlitten trägt und als *Spindelstock* die Hauptspindel und den Hauptantrieb aufnimmt. Es werden Guß-, Schweiß- und Betonkonstruktionen angewandt. Das bei handbedienten Maschinen gebräuchliche *Waagrechtbett* ist bei numerisch gesteuerten Maschinen aufgrund des besseren Spänefalls meist durch ein *Schrägbett* ersetzt. Drehmaschinen mit senkrechter Hauptachse werden in Ständerbauweise gestaltet.

5.1.2 Universaldrehmaschinen. Universal lathes

In der Klein- und Mittelserienfertigung überwiegen Einspindel-Drehmaschinen in unterschiedlichen Baugrößen, die durch Antriebsleistung und Arbeitsbereich klassifiziert werden. Der Arbeitsbereich ist durch den größten Drehdurchmesser sowie die größte Drehlänge bestimmt. Die häufigsten Baugrößen haben maximale Drehdurchmesser zwischen 100 und 500 mm und maximale Drehlängen zwischen 250 und 1250 mm. Darunter liegen Kleindrehmaschinen, darüber die Großdrehmaschinen mit Drehdurchmessern bis etwa 2500 mm und Drehlängen bis etwa 10 m.

Die handbediente *Leit- und Zugspindeldrehmaschine* ist die Grundform der Universaldrehmaschine, **Bild 2.** Die Hauptspindel wird über ein mehrstufiges Schieberadgetriebe angetrieben, um einen großen Drehzahlbereich mit konstanter Leistung durchfahren zu können. Der Vorschubantrieb wird vom Hauptantrieb über Vorschubgetriebe, Zugspindel und Bettschlittenantrieb abgeleitet. Die Leitspindel dient zur Einhaltung des kinematischen Zusammenhangs zwischen Hauptspindel und Längsvorschub bei der Gewindefertigung.

Mit der Verwendung von Revolvern als Träger der zur Bearbeitung eines Werkstücks notwendigen Werkzeuge wurde die *Revolverdrehmaschine* entwickelt. Nach der Orientierung von Werkzeugachse und Schaltachse werden die Bauformen *Trommelrevolver, Stern-* oder *Scheibenrevolver* und *Flachtischrevolver* unterschieden, **Bild 3.** Sonderausführungen sind Block-, Kreuz- und Kronenrevolver. Die handbediente Revolverdrehmaschine ist heute weitgehend durch die numerisch gesteuerten Maschinen ersetzt. Der mechanisch programmgesteuerte Typ wird in der Großserienfertigung als Einspindel-Drehautomat verwendet.

Nachformdrehmaschinen verwenden mechanische, elektrische oder hydraulische Systeme zur Abtastung eines zweioder dreidimensionalen Formspeichers, woraus die Steuerung der Vorschubbewegung des Drehwerkzeugs abgeleitet wird. Neben dem Längsnachformdrehen für die Wellenbearbeitung werden auch Vorrichtungen zum Unrund-Nachformdrehen eingesetzt. Mechanische Systeme arbeiten mit direkter Kraftübertragung und Leitkurve oder Leitlineal (Kegeldrehen), kraftverstärkende Systeme mit feinfühlender Abtastung und elektrisch oder hydraulisch gesteuerter Nachfahrbewegung des Werkzeugs. Da numerische Bahnsteuerungen gleiche Aufgaben erfüllen und

Bild 2. Leit- und Zugspindel-Drehmaschine (Gebr. Boehringer GmbH, Göppingen). *1* Antriebs-Flanschmotor, *2* Vorschubantrieb, *3* Spindelstock mit Hauptgetriebe, *4* Drehzahlschaltung, *5* Schaltschrank, *6* Bedientafel, *7* Hauptspindel, *8* Planscheibe, *9* Längsanschlag, *10* Bettschlitten (Längsschlitten), *11* Werkzeughalter, *12* Planschlitten, *13* Obersupport, *14* Plananschlag, *15* Körnerspitze, *16* Reitstock, *17* Späneschutz, *18* Hebel für Reitstock-Pinolenklemmung, *19* Reitstock-Klemmhebel, *20* Handrad, *21* Zahnstange, *22* Leitspindel, *23* Zugspindel, *24* Schaltwelle, *25* Fernschalthebel, *26* Bettfuß, *27* Spänewanne, *28* Kreuzschalthebel für Vorschubrichtungen, *29* Schloßmutter, *30* Handrad für Planschlitten, *31* Handrad für Längsschlitten, *32* Schloßkasten, *33* Bett, *34* Vorschub- und Gewindewähltrommel, *35* Vorschubkasten, *36* Umschaltung mm/Zoll, *37* Leit-Zugspindelwendehebel

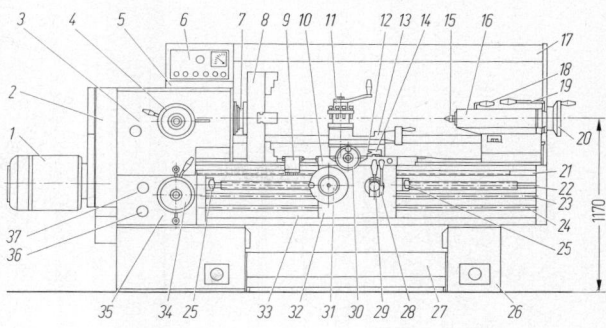

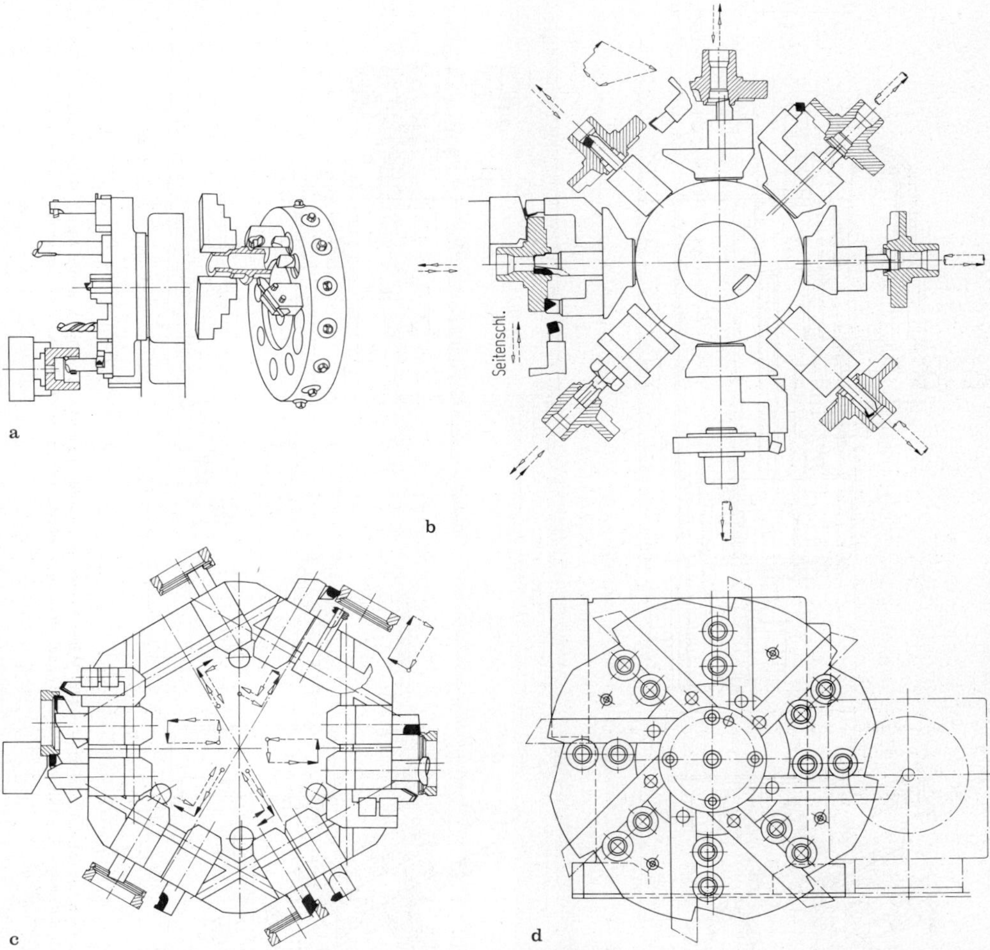

Bild 3. Bauformen von Revolverköpfen. **a** Trommelrevolverkopf (Pittler, Langen); **b** Sternrevolverkopf (Pittler, Langen); **c** Flachtischrevolverkopf (Pittler, Langen); **d** Scheibenrevolverkopf (=Sternrevolverkopf) (Gebr. Boehringer GmbH, Göppingen)

die Beschreibung der Werkstückkontur im NC-Programm weniger aufwendig als die Fertigung einer Leitkurve ist, wurde auch das Nachformdrehen weitgehend durch den Einsatz von NC-Maschinen ersetzt.

In *numerisch gesteuerten Universaldrehmaschinen* wird die Hauptspindel von einem drehzahlgeregelten Hauptmotor über einen Riementrieb entweder direkt oder über ein Zwischengetriebe angetrieben, **Bild 4**. Die Vorschubschlitten

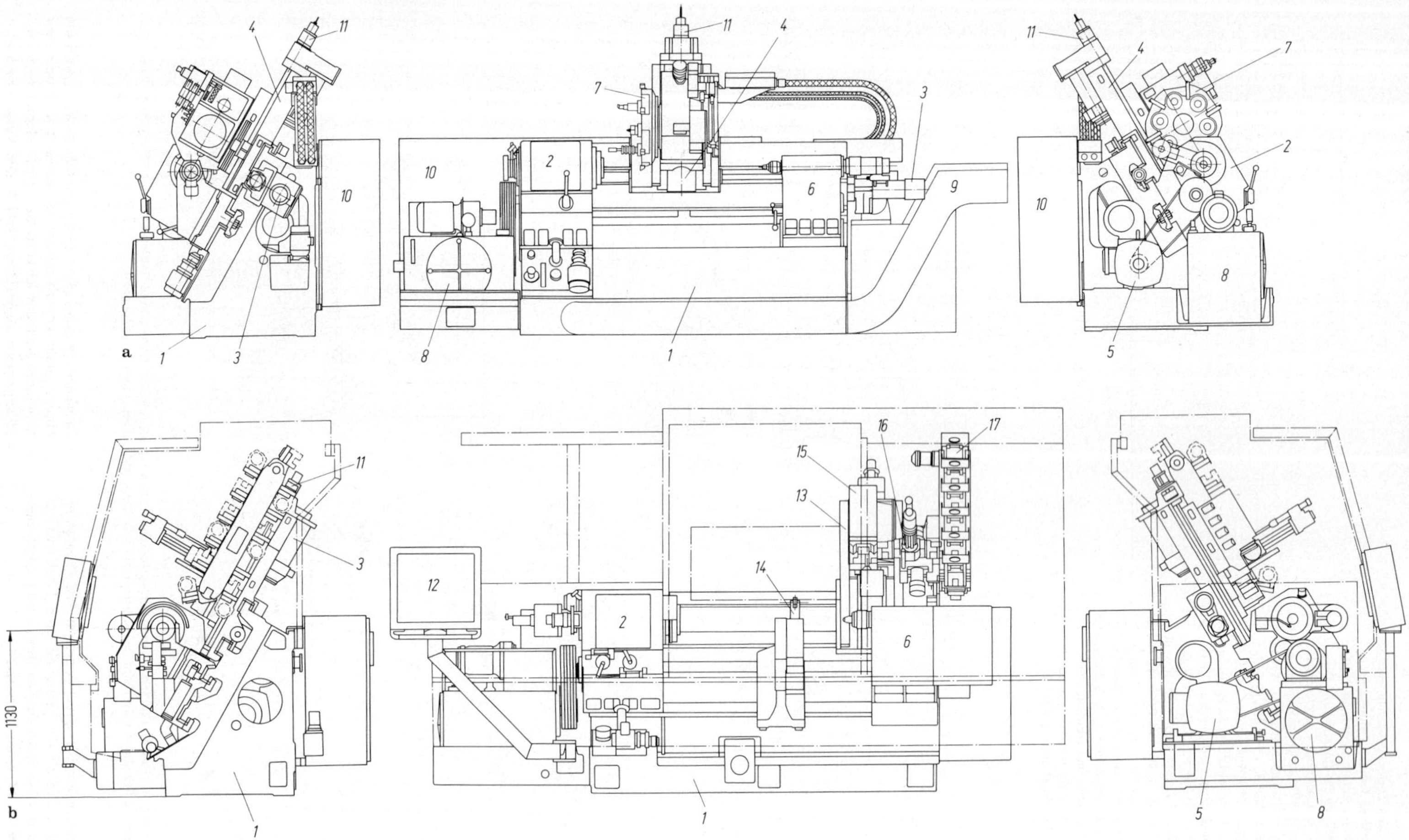

Bild 4 Numerisch gesteuerte Drehmaschine (Gildemeister AG – Max Müller, Hannover). **a** Ausführung mit Revolverkopf; **b** Ausführung mit Werkzeugmagazin. *1* Maschinenbett, *2* Spindelstock, *3* Vorschubantrieb, *4* Kreuzschlitten, *5* Gleichstrom-Hauptantrieb, *6* Reitstock, *7* Scheibenrevolver, *8* Hydraulikaggregat, *9* Spänefürderer, *10* Schaltschrank, *11* Wegmeßelemente, *12* Bedientafel, *13* Längsschlitten, *14* Lünette, *15* Werkzeugträger, *16* Werkzeuggreifer, *17* Werkzeugmagazin

werden über eigene weggeregelte Antriebe unter Verwendung von Kugelgewindetrieben hoher Genauigkeit positioniert. Bei großen Baulängen wird meist eine feststehende Spindel mit angetriebener Mutter (Antriebsmotor am Bettschlitten) oder ein angetriebenes Ritzel mit am Bett angeordneter Zahnstange angewendet. Zur Synchronisation der Spindeldrehung mit dem Längsvorschub bei der Gewindefertigung wird die Winkelposition der Spindel mit einem rotatorischen Meßsystem erfaßt und über die Steuerung mit dem Vorschub gekoppelt. CNC-Bahnsteuerungen (s. T 2.4) ermöglichen eine hohe Produktivität durch Bedienungs- und Programmiererleichterungen wie Unterprogramme für Bearbeitungszyklen, Gewindedrehprogramme, selbsttätige Schnittaufteilung sowie graphische Prozeßsimulation am Bildschirm der Steuerung.

5.1.3 Frontdrehmaschinen. Front turning machines

Für die Bearbeitung scheibenförmiger Werkstücke, je nach Baugröße bis zu 800 mm Drehdurchmesser, werden Futterdrehmaschinen mit Frontbedienung eingesetzt, **Bild 5**. Die Maschinen werden ein- und zweispindlig ausgeführt, ermöglichen Mehrschnittbearbeitung und verfügen über elektrohydraulische oder numerische Programmsteuerungen. Es werden Revolverschlitten, Plan- und Kreuzschlitten eingesetzt. Für Futterarbeiten werden die Maschinen auch in Ständerbauweise mit Blockrevolverkopf und Seitenschlitten gebaut sowie als *Plandrehmaschinen* mit Hauptbettführung, meist quer zur horizontal liegenden Spindelachse für die Bearbeitung großer und sperriger Werkstücke auf Planscheiben.
Eine hohe Mengenleistung wird bei automatisierter Werkstückhandhabung durch Doppelarmsysteme zum Greifen, Laden, Wenden und Entladen in Verbindung mit Werkstückspeichern möglich.

5.1.4 Drehautomaten. Automatic lathes

Sie ermöglichen die selbsttätige Bearbeitung von Werkstücken aus Stangenwerkstoff oder vorgeformten Futterteilen. Gemeinsames Merkmal der verschiedenen Bauformen ist die *Mehrschnittbearbeitung*, die bei mehrspindligen Maschinen durch *Mehrstückbearbeitung* ergänzt wird. Unterscheidungskriterien sind neben der Spindelzahl die waagrechte oder senkrechte Lage der Maschinenhauptachse, Gestellbauweise, Art der Werkzeugträger, Zuordnung von Schnitt- und Vorschubbewegung sowie die An-

zahl der möglichen Vorschubbewegungen. In der Großserienfertigung eingesetzte Automaten mit mechanischer Steuerung verwenden Steuerkurven und Schaltnocken für folgende Funktionen: Werkstoffvorschub oder Werkstückzuführung, Bewegung von Längs- und Querschlitten sowie Pinole und Revolverkopf, Drehzahl- und Drehrichtungsänderung, Spannmittelbetätigung, Bewegung der Zusatz- oder Sondereinrichtungen sowie erforderlichenfalls Spindelstock- oder Spindelpinolenbewegung. Die *Hauptsteuerwelle*, die einen Umlauf pro gefertigtem Werkstück ausführt, bestimmt die zeitliche Reihenfolge der Haupt- und Nebenzeitbewegungen. Zur Erzeugung unabhängiger Nebenzeitbewegungen wird sie durch eine *Hilfssteuerwelle* ergänzt. Die mechanische Kurvensteuerung kann durch elektrische, hydraulische oder numerische Steuerungen ergänzt oder ersetzt werden. Die Automatisierung der Werkstoffhandhabung durch angepaßte Lade- und Magazineinrichtungen für Stangen- oder Futterteile ermöglicht auch die Verkettung mehrerer Maschinen.

Einspindeldrehautomaten. Bei mechanisch gesteuerten Automaten werden alle Vorschub- und Schaltbewegungen durch Kurven und Nocken gesteuert, deren Bewegung über komplexe Getriebe vom Hauptantrieb abgeleitet wird, **Bild 6**. Da die Kurven zur Steuerung der Werkzeugwege und -geschwindigkeiten aufwendig an die Bearbeitungsaufgabe angepaßt werden müssen, werden die mechanisch gesteuerten Einspindler zunehmend durch numerisch gesteuerte Maschinen ersetzt.
Zur Fertigung langer, schlanker Werkstücke werden *Langdrehautomaten* eingesetzt (**Bild 7**), bei denen das Werkstück dicht an der Bearbeitungsstelle geführt wird. Die Quervorschubbewegungen erfolgen über sternförmig zur Drehachse angeordnete Werkzeugträger, die auf einem feststehenden Wippenständer befestigt sind. Der Längsvorschub wird beim *Schweizer System* durch einen beweglichen Spindelstock ausgeführt, beim *Offenbacher System* durch eine bewegliche Lünette. Zur Erhöhung der erzielbaren Genauigkeit werden beim Schweizer System Führungsbuchsen verwendet. Es werden sowohl numerische Steuerungen als auch mechanische Kurvensteuerungen eingesetzt.

Mehrspindeldrehautomaten. Zur automatisierten Großserienbearbeitung von Drehteilen werden mehrspindlige Stangen- oder Futterdrehautomaten eingesetzt, **Bild 8**.

Einteilung. Es existieren Bauarten mit oder ohne Werkstückträgerschaltung, mit umlaufenden Werkstücken oder

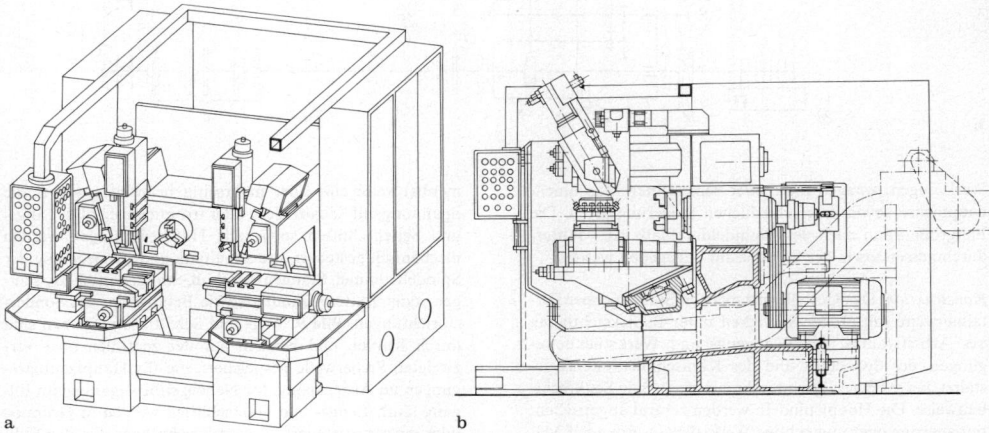

a   b

Bild 5. Doppelspindlige Frontdrehmaschine (J.G. Weisser & Söhne, St. Georgen). **a** Gesamtansicht; **b** Schnitt durch einen Frontdrehautomaten

Bild 6. Mechanisch gesteuerter Einspindel-Kurzdrehautomat mit Hilfssteuerwelle und geteilter Hauptsteuerwelle (H. Traub AG, Reichenbach). **a** Getriebeanordnung; **b** Getriebeplan. *1* Kurve für den Werkzeugschlitten S1 (Quersupport vorn), *2* Kurve für den Werkzeugschlitten S2 (Quersupport hinten), *3* Kurve für den Werkzeugschlitten S3 (Senkrechtsupport hinten), *4* Kurve für den Werkzeugschlitten S4 (Senkrechtsupport vorn), *5* Trommelkurve für den Antriebshub des Sternrevolvers, *6* Kurve für den Schnellrückzug des Sternrevolvers, *7* Kurve der Sortiereinrichtung, *8* Kurven für die Greifeinrichtung, *9* Kurve für den Längshub des Greiferhebels, *10* Kurve für die Schwenkbewegung des Greiferhebels, *11* Kurve für die Spannung im Greiferhebel, *12* Kurve für Langdreheinrichtung vorn, *13* Kurve für Langdreheinrichtung hinten, *14* Spannkurventrommel der Werkstoffspannung bzw. Werkstoffschnellspannung, *15* Spindelschaltgetriebe, *16* Winkelgetriebe, *17* Hauptspindel, *18* Vorschubantrieb, *19.1* Steuerwelle hinten, *19.2* Steuerwelle vorn, *20* Hilfssteuerwelle, *21* Schaltwelle für den Vorschubantrieb, *22* Schneckenwelle, *23* Klauenkupplung der Werkstoffschnellspannung, *24* Hinterbohreinrichtung bzw. Schlitzeinrichtung, *25* Querbohreinrichtung, *26* Sternrevolverkopf mit Schnellrückzug, *27* Antriebseinrichtung für Sternrevolverwerkzeuge, *28* Reihengrenztaster (Mehrfachsteuerschalter), *29* Überlastsicherung der Hilfssteuerwelle, *30.1* Führungswelle hinten, *30.2* Führungswelle vorn

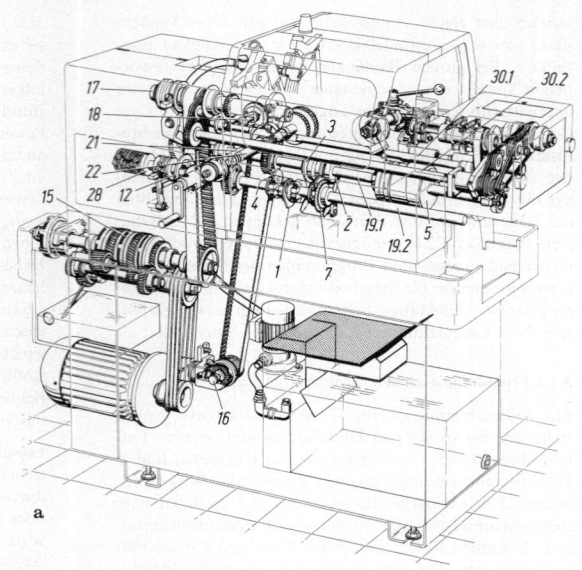

a

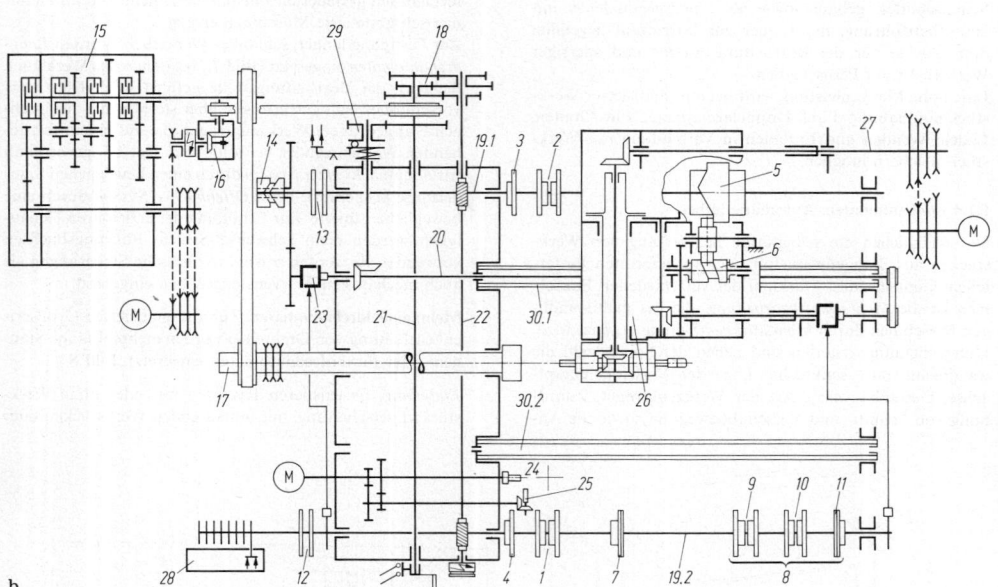

b

Werkzeugen, waagerechter oder senkrechter Maschinenhauptachse sowie unterschiedlichen Steuerungsarten. Die Baugröße kann nach dem Spindeldurchlaß- oder Futterdurchmesser sowie der Spindelzahl angegeben werden.

Konstruktion. Das Gestell wird meist in Ständer- oder Portalbauweise mit großer Steifigkeit unter Berücksichtigung des Arbeitsraums, der Werkzeug- und Werkstückbewegungen, des Spänefalls und des Kühlschmiersystems gestaltet, bei größeren Drehdurchmessern auch in Senkrechtbauweise. Die Hauptspindeln werden zentral angetrieben; nur sperrige oder unwuchtige Werkstücke werden auf Maschinen mit umlaufenden Werkzeugen in Bett- oder Rahmenbauweise ein- oder mehrseitig bearbeitet, wobei die Spannung auf Schalttellern oder -trommeln erfolgt. Längs- und Seitenschlitten sowie alle Hilfsbewegungen werden mechanisch gesteuert, wie Schaltung und Verriegelung der Spindeltrommel, Stangenvorschub, Stangenanschlag, Zangen- oder Futterspannung sowie Betätigung von Sondereinrichtungen, **Bild 9.** Weg- und Schaltinformationen sind durch Kurven und Nocken auf der zentralen oder verzweigten Steuerwelle gespeichert, die für Hauptzeitbewegungen im Arbeitsgang, für Nebenzeitbewegungen im Eilgang läuft. Längs- und Querschlitten werden in Gruppen oder einzeln gesteuert. Zusatzeinrichtungen für das Stillsetzen der Spindeln, den Antrieb mit unterschiedlichen

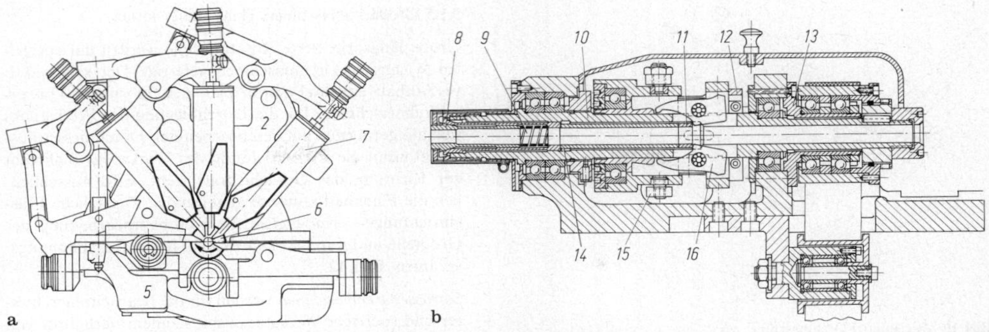

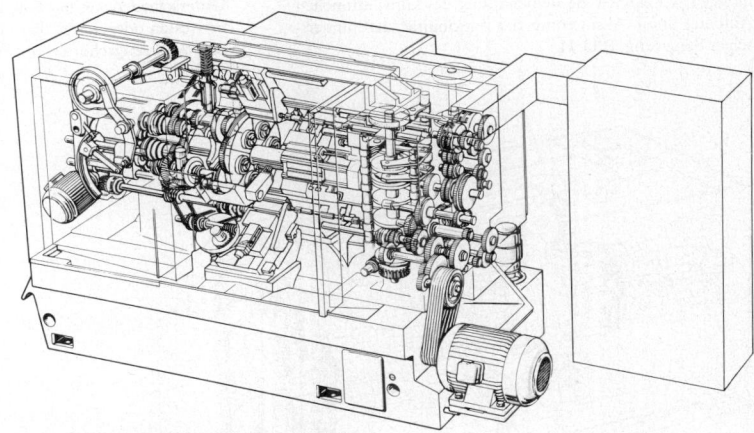

Bild 7. Werkzeugständer und Spindelstock eines Langdrehautomaten (H. Traub AG, Reichenbach). **a** Werkzeug- oder Wippenständer; **b** Schnitt durch den längsbeweglichen Spindelstock. *1* Wippe, *2* Führungsbüchse, *3* Werkzeugschlitten, *4* Spannzange, *5* Entlastungsfeder, *6* Vorschubspindel, *7* Spannbuchse, *8* Stellring, *9* querkraftfreie Spindellagerung, *10* Zwischenrohr, *11* Gabel, *12* Spannhebel

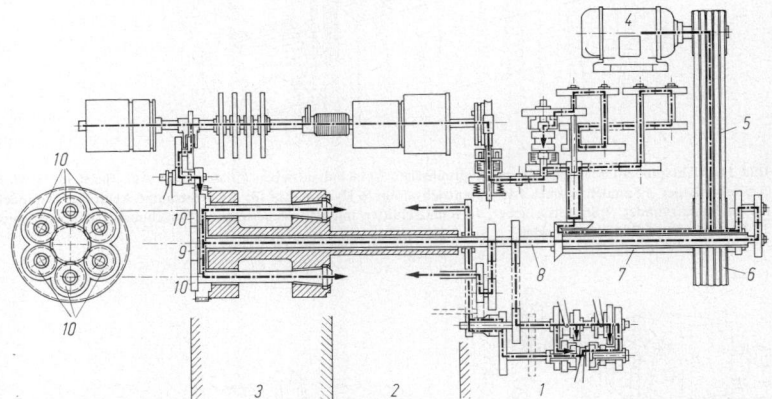

Bild 8. Sechsspindel-Stangenautomat mit Kreuzschlitten (Gildemeister AG, Bielefeld)

Bild 9. Getriebeplan eines Mehrspindeldrehautomaten. *1* Antriebsständer, *2* Werkzeugraum, *3* Spindelständer, *4* Motor, *5* Keilriemen, *6* Antriebsscheibe, *7* Hohlwelle, *8* Zentralwelle, *9* Zentralrad, *10* Spindelräder

Drehzahlen, die Doppelschaltung für zwei Spannstellen sowie Stangen- und Futterspannung erweitern den Arbeitsbereich.

Die Anwendung der numerischen Steuerung und unabhängiger Vorschubantriebe wird im Mehrspindel-Dreh-automaten durch die beengten Raumverhältnisse erschwert. Numerisch gesteuerte Schlitten werden daher häufig nur an kritischen Bearbeitungsstationen vorgesehen. Die *Zweispindel-Drehmaschine*, **Bild 10**, bietet den Vorteil der Mehrstückbearbeitung und ausreichende Platz-

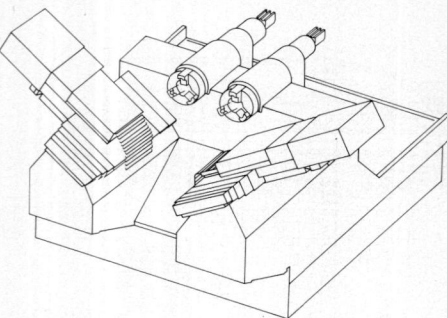

Bild 10. Zweispindel-Drehmaschine

verhältnisse für den Aufbau als NC-Maschine. Die Verwendung kompakter hydraulischer Vorschubantriebe ermöglicht schließlich die Beibehaltung des konventionellen Aufbaus unter Ausnutzung der Flexibilität der numerischen Steuerung, **Bild 11**.

5.1.5 Großdrehmaschinen. Heavy duty lathes

Große längsorientierte Rotationsteile werden auf speziellen Waagrecht-Drehmaschinen gefertigt. Der konstruktive Aufbau entspricht prinzipiell den Einspindel-Universaldrehmaschinen. Da die Durchbiegung des Werkstücks sich am geringsten auf den bearbeiteten Durchmesser auswirkt, wenn die Zustellrichtung des Werkzeugs senkrecht zur Richtung der Gewichtskraft steht, wird ausschließlich die Flachbettbauweise angewendet. Zusätzliche Fräseinrichtungen ermöglichen die Komplettbearbeitung der Großteile und durch *Drehfräsen* ein hohes Zeitspannungsvolumen, **Bild 12**.

Karusselldrehmaschinen werden für die Bearbeitung schwerer und sperriger Werkstücke mit kleinem Verhältnis von Länge zu Umlaufdurchmesser eingesetzt. Kennzeichnend ist die um eine senkrechte Achse drehende *Planscheibe* als Träger des Werkstücks, das möglichst in der späteren Einbaulage und in einer Aufspannung zu bearbeiten ist. Unterschieden werden *Ein-* und *Zweiständermaschinen* mit ortsfesten oder verfahrbaren Gestellbauteilen und mehreren Werkzeugschlitten an Ständer und Querbalken, **Bild**

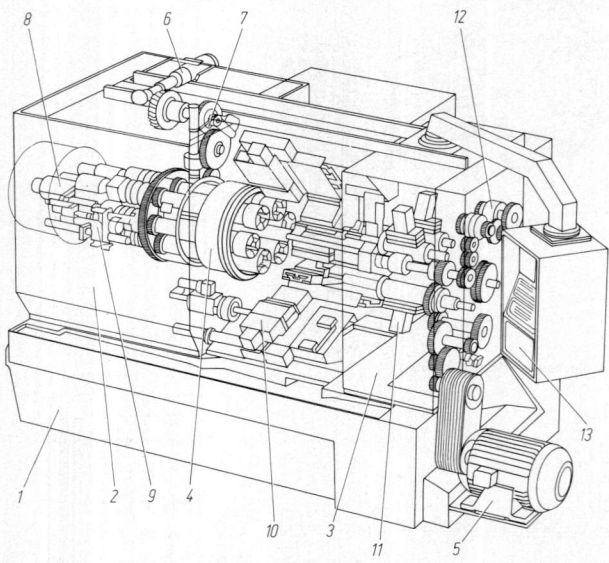

Bild 11. Mehrspindel-Drehmaschine mit hydraulischen Vorschubantrieben (Gildemeister AG, Bielefeld). *1* Maschinenbett, *2* Spindelständer, *3* Antriebsständer, *4* Spindeltrommel, *5* Hauptantriebsmotor, *6* Hydromotor für Spindeltrommelschaltung, *7* Spindeltrommelverriegelung, *8* hydraulischer Spannzylinder, *9* Stillsetzschieber, *10* Kreuzschlitten mit Bahnsteuerung, *11* Vorschubantrieb Längsschieber, *12* Gewindeschneidantrieb, *13* Bedienpult mit Bildschirmanzeige

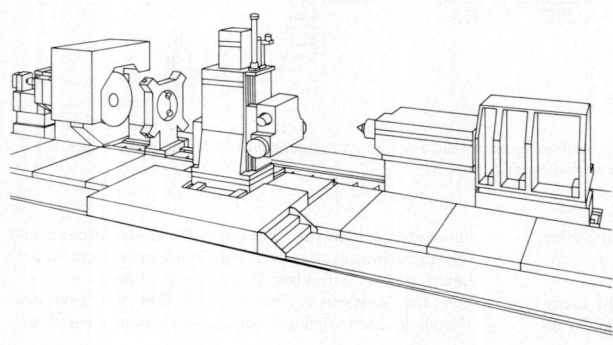

Bild 12. Großdrehmaschine mit Fräseinrichtung (Wohlenberg KG, Hannover)

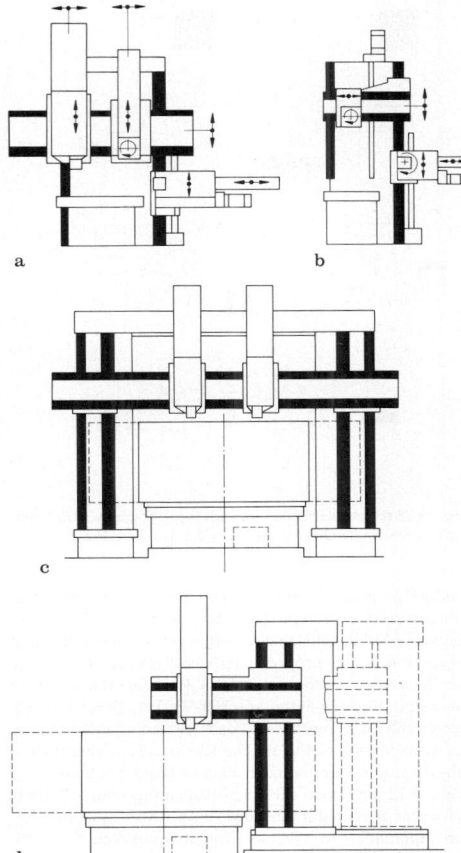

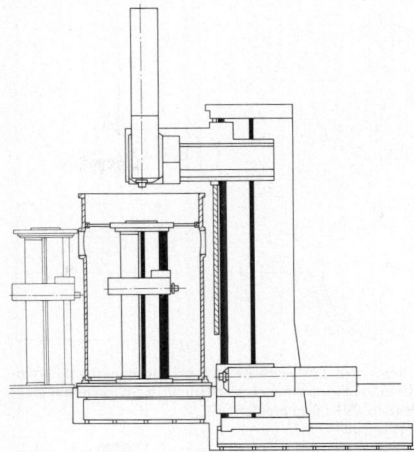

Bild 14. Einständer-Karuselldrehmaschine mit verfahrbarem Ständer zur Außenbearbeitung von Reaktordruckkesseln; umsetzbarer Hilfsständer zur Kesselinnenbearbeitung auf stationärem Planscheibenzentrum

Bild 13. Karuselldrehmaschinen. **a** Einständer-Karuselldrehmaschine mit linkem Stößelschlitten, rechtem Vierkantenrevolverschlitten und rechtem Seitenschlitten; **b** Einständer-Karuselldrehmaschine mit Kreuzschlitten und Seitenschlitten sowie zwei Vierkantrevolverköpfen; **c** Zweiständermaschine mit verfahrbarem Portal; **d** Einständermaschine mit verfahrbarem Ständer

13. Über 3 m Drehdurchmesser wird die Zweiständermaschine in Portalbauweise oder die Einständermaschine mit auskragendem Querbalken eingesetzt. Portal, Ständer oder Planscheibenuntergestell können verfahrbar sein, um den Drehdurchmesser zu vergrößern oder die Zugänglichkeit für Kranbeschickung zu erleichtern. Der Planscheibendurchmesser beträgt meist zwischen 800 und 5000 mm, maximal bis zu etwa 18 m, der größte Drehdurchmesser zwischen 1400 und 5200 mm, maximal etwa 25 m. Die Belastbarkeit der Planscheibe begrenzt das Werkstückgewicht. Bei Großmaschinen sind Kern- und Ringplanscheiben kombinierbar. Der Vorschub erfolgt zunehmend durch numerisch gesteuerte Einzelantriebe. Als Hauptantrieb werden überwiegend Gleichstrommotoren mit bis zu 200 kW Antriebsleistung eingesetzt; Positionierbarkeit und NC-Bahnsteuerung des Planscheibenantriebs ist möglich. Revolver- oder Stößelschlitten bilden das Werkzeugsystem. Die Bedienung erfolgt von einer Pendeltafel oder bei großen Drehwerken von einem mitfahrenden Bedienungsstand. Zusatzeinrichtungen werden für spezielle Arbeitsgänge angewendet, **Bild 14.**

Werkstück- und Eigengewichte von Gestellbauteilen bewirken Werkzeugverlagerungen, die konstruktiv zu berücksichtigen sind.

5.1.6 Sonderdrehmaschinen. Special purpose lathes

Für Werkstücke, deren Bearbeitung auf Standardmaschinen nicht möglich oder unwirtschaftlich ist, werden Sonderdrehmaschinen eingesetzt. Ihre Konstruktion wird durch die Größe und Art der Werkstücke bestimmt. Der Aufbau erfolgt zweckmäßigerweise aus genormten Baueinheiten nach dem Baukastenprinzip mit unterschiedlichen Baugrößen, im Bedarfsfall werden Anpaß- oder Neukonstruktionen vorgenommen. Nach der Fertigungsaufgabe benannt existieren beispielsweise Walzenzapfen-, Kurbelwellen-, Turbinenscheiben-, Zylinderbuchsen-, Achsen-, Nockenwellen-, Radsatz-, Radscheiben-, Rohr-, Muffen- sowie Unrund-Drehmaschinen.

5.1.7 Flexible Drehbearbeitungssysteme
Flexible turning centres

Numerisch gesteuerte Maschinen können durch eine Erweiterung des Kinematiksystems, den Einsatz angetriebener Werkzeuge und Zusatzeinrichtungen zur rückseitigen Bearbeitung für die Komplettbearbeitung eines umfangreichen Werkstückspektrums ausgerüstet werden.
Die Verwendung einer zweiten Schlitteneinheit führt zur *Vierachs-Drehmaschine*, die durch Mehrschnittbearbeitung eine Steigerung der Mengenleistung ermöglicht. In Verbindung mit angetriebenen Werkzeugen für Bohr- und Fräsbearbeitungen wird häufig eine *C-Achse* für die Winkelpositionierung der Spindel eingesetzt, in seltenen Fällen auch eine *Y-Achse* als dritte Schlittenachse. **Bild 15** zeigt Beispiele von Formelementen, die durch eine gesteuerte C-Achse in Verbindung mit angetriebenen Werkzeugen gefertigt werden können. Zur *Rückseitenbearbeitung* kann das vorderseitig fertig bearbeitete Werkstück von einer Spanneinrichtung auf einer der Schlitteneinheiten aufgenommen und z.B. an einer separaten Bearbeitungsstation rückseitig fertig bearbeitet werden.
Bild 16 zeigt eine zweispindlige Maschine mit jeweils einer ortsfesten und einer verfahrbaren Spindel- und Re-

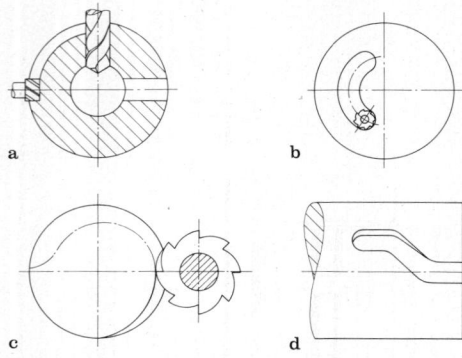

Bild 15. Bohr- und Fräsbearbeitungen bei Steuerung der C-Achse. **a** Positionierung und Streckensteuerung; **b** Streckensteuerung; **c** Interpolation C/X; **d** Interpolation C/Z

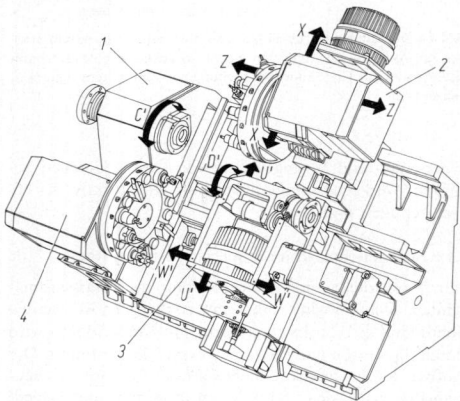

Bild 16. Zweispindel-Drehmaschine (Boley GmbH, Esslingen). *1* Spindelstock I, *2* Revolverschlitten I, *3* verfahrbare Spindeleinheit II, *4* ortsfester Revolverträger II

volvereinheit. Die in **Bild 17** dargestellte CNC-Maschine mit Schwenkspindelkopf ermöglicht durch den Werkstückwechsel außerhalb des Arbeitsraums eine Verringerung der Nebenzeit.

Wird die Drehmaschine für bedienungsarmen Betrieb mit Speichern und Handhabungssystemen für Werkstücke und

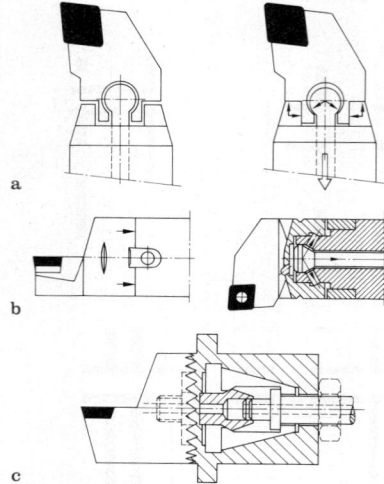

Bild 19. Wechselsysteme für Schneidköpfe (Traub AG, Reichenbach). **a** System Sandvik; **b** System Widia; **c** System Hertel

Werkzeuge ausgerüstet, entsteht eine *Drehzelle*, **Bild 18**. Für die externe Werkzeugspeicherung werden Trommel-, Ketten- oder Ringmagazine eingesetzt, die Handhabung erfolgt durch frei programmierbare Systeme, die analog zur Werkstückhandhabung oft in Portalbauweise ausgeführt sind. Für den automatischen Werkzeugwechsel nach Verschleiß existieren verschiedene Systeme zum Wechsel des Schneidkopfes, **Bild 19**. Die Werkstückspeicherung erfolgt häufig in Paletten oder auch in Bandspeichern.

Weitere Maßnahmen für einen bedienungsarmen Betrieb bei hoher Flexibilität sind der Einsatz von Systemen für den automatischen Wechsel von Spannbacken oder des gesamten Spannmittels sowie von Systemen zur Werkzeugüberwachung und Werkstückmessung.

5.2 Bohrmaschinen. Drilling and boring machines

5.2.1 Allgemeines. General

Bei Bohrmaschinen werden Schnittbewegung und Vorschubbewegung je nach Verfahren dem Werkzeug oder Werkstück zugeordnet. Nach Lage der Bohrspindel und

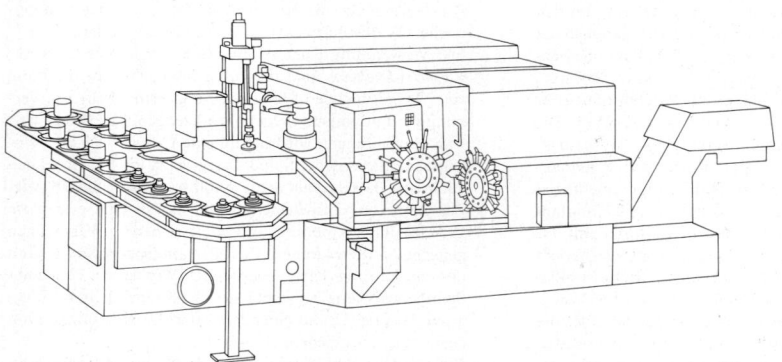

Bild 17. CNC-Futterdrehmaschine (Index-Werke KG, Esslingen). *1* Schwenkspindelstock, *2* Schwenkarmlader, *3* Ovalförderband

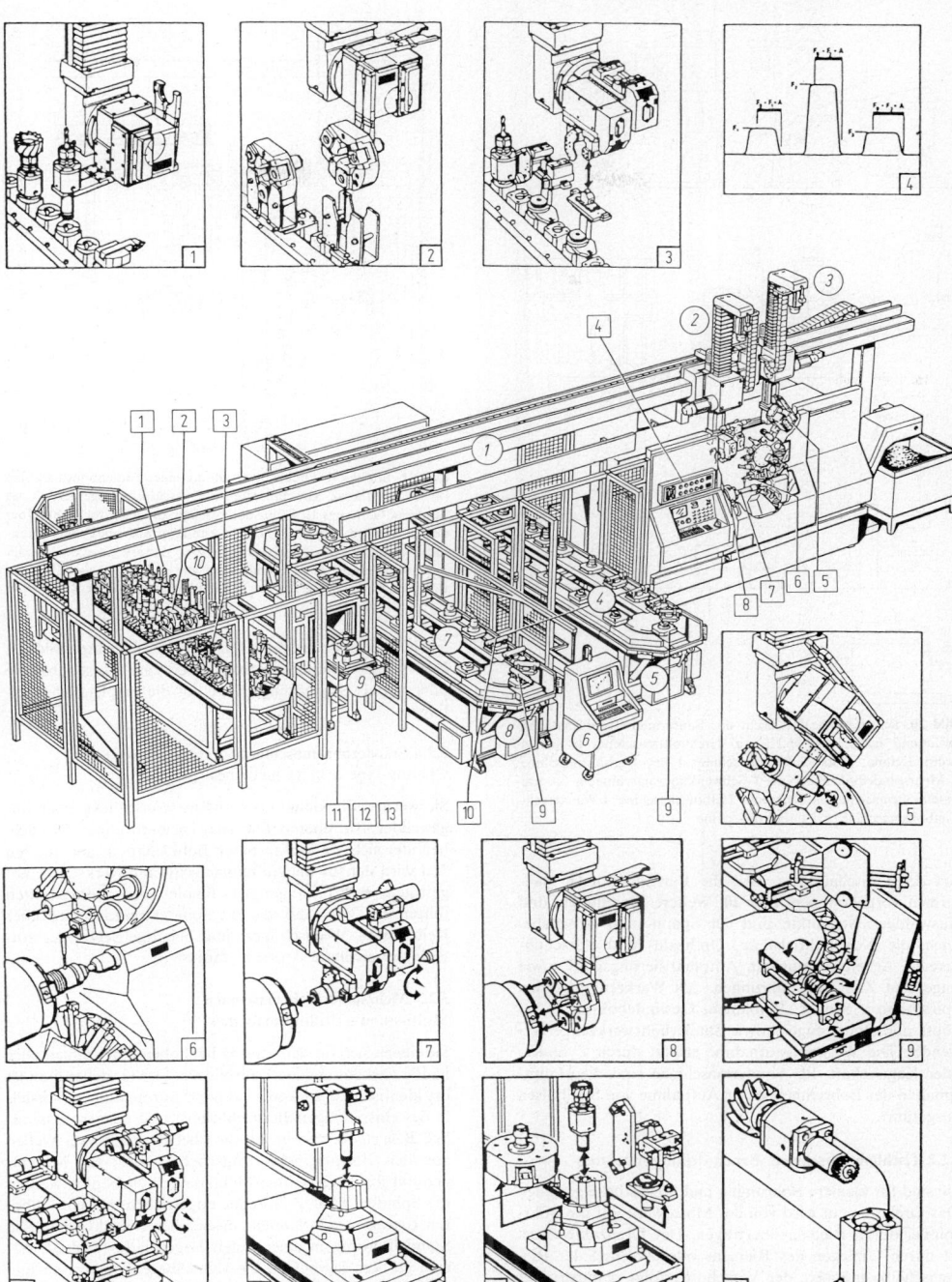

Bild 18. Flexible Drehzelle (Traub AG, Reichenbach). *1* Linienportal, *2* Werkstückgreifer, *3* Rüstmittelgreifer, *4* Werkstückspeicher 1, *5* Schleuse für Werkstückspeicher 1, *6* Einricht-Terminal, *7* Werkstückspeicher 2, *8* Schleuse für Werkstückspeicher 2, *9* Schleuse für Rüstmittelspeicher, *10* Rüstmittelspeicher für Werkzeuge, Spannmittel und Greifer. 1 Werkzeug entnehmen, Werkzeug magazinieren, 2 Futterbacken entnehmen, Futterbacken magazinieren, 3 Greiferbacken wechseln, Greiferbacken magazinieren, 4 Werkzeuge überwachen, 5 Werkzeuge wechseln, 6 Werkstückmaße überwachen, Werkzeug korrigieren, 7 Fertigteil entnehmen, Rohteil zuführen, 8 Futterbacken wechseln, 9 Fertigteil ausschleusen, Rohteil einschleusen, Codeträger an Werkstück-Paletten, Lesestation für Paletten, 10 Rohteil entnehmen, Fertigteil ablegen, 11 Werkzeughalter für Querbearbeitung ein-/ausschleusen, 12 Rüstmittel ein-/ausschleusen, 13 Greiferplatte an Werkzeughaltern nach DIN 69880 mit Codeträger, Lesestation für Rüstmittel

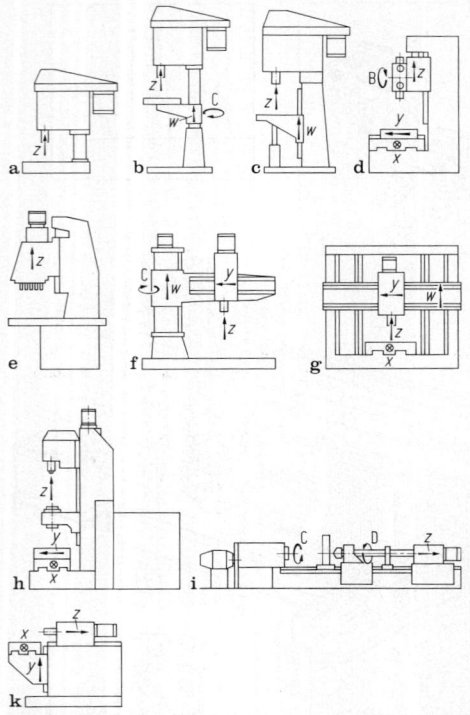

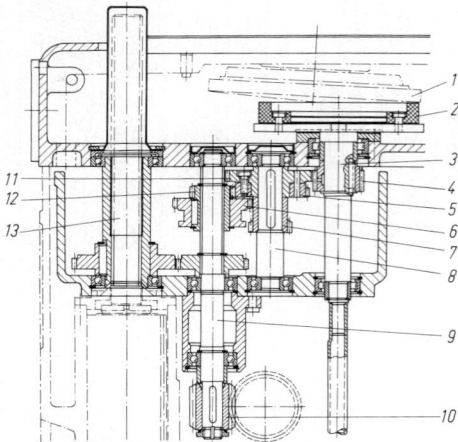

Bild 21. Stufenlose Drehzahlverstellung einer Säulenbohrmaschine (WEBO-Hofheinz, Maschinenfabrik, Düsseldorf). Regelbereich des 2stufigen Getriebes 10,4 (mit polumschaltbarem Motor 20,8). Über oberes Reibrad *1* und Reibring *2* treibt Antriebswelle *3* über Zahnräder *4* und *11* Zwischenwelle *8*. Über Zahnradpaar *5*, *12* oder *7*, *6* Weiterleitung des Drehmoments von der Vorgelegewelle *9* auf Bohrspindel *13*. Ableitung der Vorschubbewegung über Ritzel *10*

Bild 20. Schematische Übersicht der Bauformen (Koordinatenbezeichnung nach DIN 66217). **a** Tischbohrmaschine; **b** Säulenbohrmaschine; **c** Ständerbohrmaschine; **d** Revolverbohrmaschine; **e** Mehrspindelbohrmaschine; **f** Schwenkbohrmaschine; **g** Koordinatenbohrmaschine; **h** Senkrecht-Tiefbohrmaschine; **i** Waagerecht-Tiefbohrmaschine; **k** Feinbohrmaschine

Art des Gestellaufbaus wird die Einteilung nach Bauformen vorgenommen, **Bild 20.** Weitere Einteilungs- und Auswahlgesichtspunkte sind der Spann- und Arbeitsbereich, die Nennbohrleistung, Drehzahl- und Vorschubbereich, Arbeitsgenauigkeitsgrad sowie Lage und Zahl der Bohrungen. Als Werkzeuge werden Spiralbohrer, Senker, Reibahlen, Gewindebohrer, Bohrköpfe und Bohrstangen sowie Sonderbohrwerkzeuge verwendet. Die Werkzeugaufnahme erfolgt durch Zylinder- oder Kegelschaft. Bei Sondermaschinen sind die Hauptspindeln der Bohreinheiten zur Aufnahme von Stellhülsen ausgeführt.

5.2.2 Tischbohrmaschinen. Bench drilling machines

Sie sind für kleinere Bohrungen und Werkstücke geeignet. Das Drehmoment wird von der Motorwelle auf die Bohrspindel durch Riemen übertragen. Der Drehzahlwechsel ist durch Umlegen des Riemens oder Wechsel der Riemenscheibe möglich, der Vorschub erfolgt manuell über Handhebelwelle, Vorschubritzel und Zahnstange.

5.2.3 Säulenbohrmaschinen
Free-standing pillar machinces

Das Gestell ist als Hohlsäule ausgebildet, an der das Antriebsgehäuse mit der Bohrspindel fest oder im höhenverstellbaren Bohrschlitten angebracht ist. Am unteren Teil trägt die Säule den höhenverstellbaren und schwenkbaren, meist nicht abgestützten Bohrtisch. Räder- oder Reibrad-

getriebe ermöglichen die Drehzahlveränderung, **Bild 21.** Der Vorschub kann manuell über eine Vorschubkurve oder mittels Schneckengetriebe auf die Pinoleneinheit erfolgen.

5.2.4 Ständerbohrmaschinen
Column-type drilling machines

Sie werden für kleine und mittlere Werkstückgrößen angewendet. Am oberen Teil eines kastenförmigen Ständers befindet sich ein verfahrbarer Bohrschlitten, am unteren Teil wird der für die Aufnahme schwerer Werkstücke abgestützte Bohrtisch geführt. Pinole- oder Bohrschlitten führen den Vorschub aus, die Spindeldrehzahl wird über Keilriemen-, Wechselräder- und Schaltgetriebe oder stufenlos verstellbare Antriebe variiert.

5.2.5 Mehrspindelbohrmaschinen
Multi-spindle drilling machines

Sie eignen sich für den Einsatz bei hohen Stückzahlen oder häufig vorkommenden Bohrbildern. Der Gestellaufbau ist oft identisch zu schweren Ständerbohrmaschinen. Anstelle des einspindligen Bohrschlittens wird eine mehrspindlige *Bohrglocke* verwendet, die über ein oder zwei Wellen von den Hauptspindeln angetrieben wird. Bei Maschinen mit fest eingestellten Mehrspindelbohrköpfen werden die Spindeln über Zahnräder angetrieben, bei einstellbaren *Gelenkspindel-Bohrmaschinen* über Gelenkwellen. Die Spindelführung in einer festen Lagerplatte (**Bild 22**) hat eine größere Steifigkeit, die verstellbare Tragarmführung beeinträchtigt die Wiederholgenauigkeit. Auf einer Lagerplatte können mehrere Bohrbilder für die Spindelführung vorhanden sein.

Getrennte Antriebszüge mit polumschaltbaren Motoren sowie Haupt- und Schaltgetriebe ermöglichen die Übertragung voneinander unabhängiger Drehzahlen in den Verteilergetrieben, die Zentralrad, Planeten- und Zwischenräder enthalten. Letztere können je nach Drehrichtung der Spindel und Baugröße des Getriebes entfallen. Eilgangbewegungen werden von einem Drehstrommotor erzeugt,

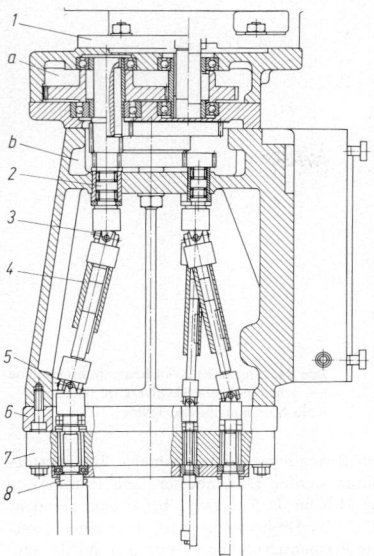

Bild 22. Spindelglocke einer Mehrspindelbohrmaschine mit fester Lagerplatte (Bernhard Steinel, Werkzeugmaschinenfabrik GmbH & Co., Schwenningen). Antriebsmotorflansch 1, Hauptgetriebe a, Verteilergetriebe (Gelenkspindelantrieb) b, Antriebsspindel 2, Gelenkstücke 3, 5, Mitnehmerbuchse für Längenausgleich 4, Zwischenstück 6, Spindelplatte 7, Bohrspindel 8

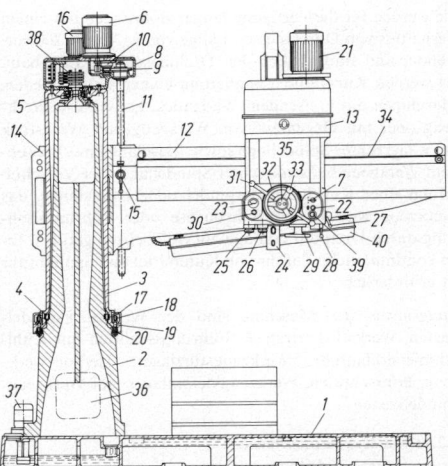

Bild 23. Aufbau einer Schwenkbohrmaschine (Radialbohrmaschine Typ RABOMA; Hermann Kolb Maschinenfabrik, Köln).
Aufspannplatte 1 trägt Innensäule 2, auf dem Mantelrohr 3 um 360° drehbar bei 4 und 5 gelagert. Hubmotor 6, geschaltet mit 7 auf Windwerk 8, treibt über Getriebe 9 mit Überlastkupplung 10 Gewindespindel 11 an und verstellt den Ausleger 12 mit Bohrschlitten 13 in der Höhe. Auslegerhub schaltet in Endstellungen automatisch ab. Geschlitzte Auslegerschelle 14 öffnet und schließt sich vor bzw. nach Höhenverstellung des Auslegers 12 selbsttätig (Hubspannsteuerung). Schmierung der Gewindespindel 11 mit Muttern, der Auslegerschelle 14 und des Klemmantriebs durch Zentralölpumpe 15. Zum Festspannen des Auslegers 12 wird Mantelrohr 3 durch hydraulisches Spannwerk (nicht gezeichnet) an Innensäule 2 geklemmt. Dazu treibt Spannmotor 16 Zahnradpumpe mit eingebautem Überdruckventil. Kolbenbewegung wird in Drehbewegung des Spannrings 17 umgesetzt, wodurch exzentrisch gelagerte Kur-

der Vorschub wegen der besseren Geschwindigkeitsabstimmung von stufenlos einstellbaren Gleichstrommotoren. Mehrspindelbohrköpfe werden auch bei Sondermaschinen mit horizontaler und schräger Vorschubrichtung verwendet.

5.2.6 Schwenkbohrmaschinen. Radial drilling machines

Radial- oder Auslegerbohrmaschinen werden zum Bohren großer und sperriger Werkstücke nach Anriß eingesetzt. Die wichtigsten Baugruppen sind Grundplatte, Säule, Auslegerarm, Bohrschlitten und Bohrtisch, **Bild 23**. Die Grundplatte ist als Kastenprofil oder bei Sonderausführungen als Winkel-, Kreuz-, Doppel-, Stern- oder Kreisgrundplatte gestaltet. Die Maschinen werden in der Klein- und Mittelserie als Universalmaschinen eingesetzt. Bei *Wand-Schwenkbohrmaschinen* ist der Ausleger an der Wand ortsfest oder an Führungsbahnen höhenverstellbar angebracht.

5.2.7 Koordinatenbohrmaschinen. Jig boring machines

Auf Koordinatenbohrmaschinen können Bohrungen, Senkungen und leichte Ausfräsungen ohne Anreißen und Schablonen mit einer hohen Maßgenauigkeit gefertigt werden. Sie werden in der Einzelfertigung eingesetzt, z. B. im Lehren-, Werkzeug- und Vorrichtungsbau. Für kleinere Werkstücke werden Einständermaschinen eingesetzt, für größere Portalmaschinen in Säulen- und Ständerausführung.
Einständermaschinen (**Bild 24**) werden mit Kreuztisch, Zweiständermaschinen mit Längstisch ausgeführt. Der Bohrschlitten wird auf einem Querbalken zwischen den beiden Säulen oder Ständern in Wälzführungen spielfrei horizontal positioniert. Der senkrechte Vorschub wird über ein Ritzel auf die Pinole geleitet. Eine waagerechte Welle treibt synchron zwei Schneckengetriebe für das Senken und Heben des Querbalkens, der durch hydraulische Klemmung mit Selbsthemmung arretiert wird.

---

venhebel 18 Spannbolzen 19 heben und Doppelkegelklemmring 20 zur Wirkung kommt: Axiale Klemmbewegung verhindert Wegwandern des Auslegers beim Festspannen.
Bohrmotor 21, geschaltet mit 22, überwacht mit 23, treibt über Stufenrädergetriebe Bohrspindel 24, von der Vorschubantrieb abgeleitet wird. Hydraulisch geschalteter Wechsel mit Vorwahl aller Bohrspindeldrehzahlen und -vorschübe, eingestellt mit Drehknöpfen 25 und 26. Handhebel 27 steuert hydraulisch geschaltete Lamellenwendekupplung mit automatischer Spindelbremse in Nullstellung. Zur Schaltung Zahn-auf-Zahn stehender Getrieberäder läuft Kupplung beim Einschalten selbsttätig verzögert an.
Handhebel 28 betätigt Vorschubkupplung mit Überlastsicherung und setzt beim Einschalten Vorschubrad 29 still. Selbsttätige Unterbrechung des Vorschubantriebs an beiden Hubenden der Bohrspindel 24. Drucktaster 30 löst Bohrspindel 24 zum Werkzeugwechsel vom Getriebe. Flügelhebel 31 unterbrechen Vorschubantrieb am Schaltkopf und ermöglichen Schnellverstellung der Bohrspindel 24 von Hand. Skalascheibe 32 zum Feineinstellen der Bohrtiefe mit Auslösebereich über gesamten Bohrspindelhub (Anschlagbohren). Bohrspindelgewicht ausgeglichen durch Gegengewicht.
Bohrschlitten 13 mit Handrad 33 auf Ausleger verschiebbar. Festspannen auf mit nachspannbarem, gehärtetem Stahlband 34 belegter Führungsbahn mit exzentrisch auf Spannwelle gelagerter Klemmstelze, angetrieben durch im Bohrschlitten enthaltenes hydraulisches Spannaggregat mit Selbstnachstellung. Festspanneinrichtung für Schwenkbewegung des Auslegers 12 und Bohrschlitten 13, betätigt mit Druckknopf 35, sind durch zwangsläufige elektrische Folgeschaltung miteinander verbunden. Stromzuführung von Schalttafel 36 zur Kühlmitteltauchpumpe 37 und über Schleifringe 38 zur elektrischen Steuereinheit (nicht gezeichnet) am Auslegerrücken. Von dort zu Bedienelementen und Motoren. Pilztaste 39 für „Alles aus". Beleuchtung des Arbeitsfelds durch Langfeldleuchte 40

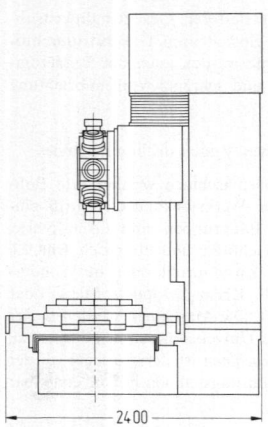
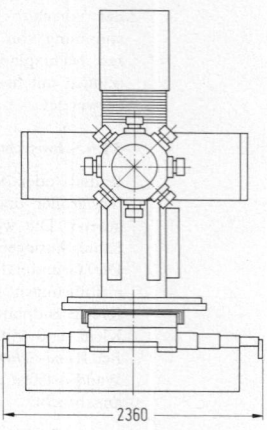

├──── 2400 ────┤   ├──── 2360 ────┤

Bild 24. Einständer-Koordinatenbohrmaschine mit achtspindligem Revolverkopf (Hermann Kolb Maschinenfabrik, Köln)

5.2.8 Revolverbohrmaschinen. Turret drilling machines

Der Gestellaufbau ist der Ständerbohrmaschine ähnlich. Antrieb und Getriebe sind entweder im verfahrbaren Bohrschlitten oder getrennt angeordnet. Die Spindel wird über Gelenkwellen und eine Ausrückkupplung angetrieben. Überwiegend erfolgt der Vorschub durch Schlitten. Die Revolverschaltung wird über Malteserkreuz und Indexierbolzen oder mittels Planverzahnung ausgeführt, **Bild 25**. Als Werkzeugträger dienen Sternrevolver, zusätzlich können Werkzeugwechsler eingesetzt werden. Maschinen mit Kreuztischen erlauben auch leichte Fräsbearbeitungen. In Verbindung mit numerischen Steuerungen ist der Ausbau zum Bearbeitungszentrum möglich.

5.2.9 Feinbohrmaschinen. Precision drilling machines

Merkmale sind hohe statische und dynamische Steifigkeit, großes Dämpfungsvermögen, hoher Gleichförmig-

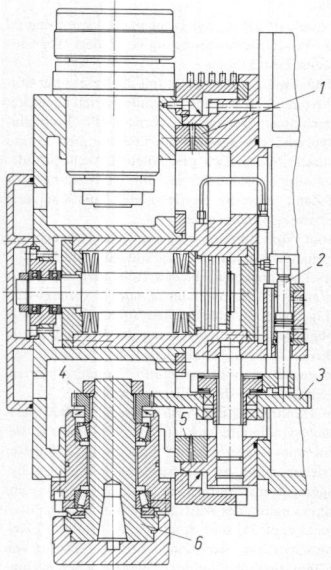

Bild 25. Sternrevolverkopf (Hermann Kolb Maschinenfabrik, Köln). Antrieb der Bohrspindel *6* über Zahnräder *3* und *4*. Planzahnringe *1*, *5* zur Indexierung. Hydraulische Verschiebung von Zahnrad *3* und Kolben *2*

keitsgrad der Bewegungen und minimaler Temperaturgang. Hierdurch werden Durchmesser- und Positionstoleranzen von IT 6 bis IT 5 erreicht, bei entsprechendem Aufwand IT 4. Das Drehmoment wird über eine besonders gelagerte Riemenscheibe und Kupplung auf die vertikal oder horizontal orientierte Hauptspindel geleitet, um Querkräfte und Schwingungen zu vermeiden. Es werden sowohl Drehstrommotoren als auch stufenlos einstellbare Gleichstrommotoren verwendet. Die Vorschubbewegung erfolgt meist hydraulisch und wird entweder vom Spindelstock oder vom Bettschlitten (Werkstück) ausgeführt.

5.2.10 Tiefbohrmaschinen. Deep hole drilling machines

Sie werden für die Fertigung langer Bohrungen mit einem Verhältnis von Durchmesser : Länge von 1 : 3 bis 1 : 200 verwendet und sind ähnlich den Drehmaschinen aufgebaut. Es werden Kurz- und Langbettmaschinen unterschieden, Maschinen mit kreisendem Werkstück, kreisendem Werkzeug oder mit Gegenlauf von Werkzeug und Werkstück bei waagrechter Spindellage sowie Maschinen mit kreisendem Werkzeug bei senkrechter Spindellage. Der Vorschub erfolgt über Kugelgewindespindel oder Zahnstange, das Werkzeug wird in der Bohrbuchse oder Führungsbohrung durch Dreipunktauflage auf Stützleisten geführt. Eine kontinuierliche Zufuhr von Kühlmittel und Spanabfuhr ist erforderlich.

Baugruppen der Maschine sind der Werkstückspindelkasten, Werkstücksetzstock, Führungsschlitten mit Kühlschmierstoffzufuhr, Werkzeugstützlager, Tiefbohrwerkzeug, Bohrschlitten, Werkzeugklemmlager und Werkzeugspindelkasten.

5.2.11 Sonderbohrmaschinen
Special purpose drilling machines

Die einfachste Art einer Sonderbohrmaschine entsteht durch Reihenanordnung von Tisch-, Säulen- oder Ständerbohrmaschinen. Es wird eine konstruktive Anpassung an die Fertigungsaufgabe vorgenommen, wobei unter Schnittwert- und Taktzeitoptimierung eine bestimmte Bearbeitungsfolge mit zugeordneter Vorschubrichtung festgelegt wird. Es werden Einweg- und Mehrwegmaschinen unterschieden sowie Rundtaktmaschinen mit Umschlagtisch, Rundtisch, Ringtisch oder Trommel. Getaktete Schalttische erlauben einen automatisierten Fertigungsablauf. Im Baukastensystem lassen sich Sonderbohrmaschinen aus Bohrspindel- und Bewegungseinheiten aufbauen. Zur Fertigung bestimmter Bohrbilder werden Mehrspindelbohrköpfe verwendet.

Plattenbohrmaschinen in Brückenbauweise dienen der Bearbeitung großer Werkstücke. Die Brücke verfährt hierbei auf festmontierten Schienen beliebiger Länge. Es können mehrspindlige Bohreinheiten mit verschiebbaren Bohrspindeln verwendet werden. Eine Sonderbauform ist die numerisch gesteuerte *Leiterplattenbohrmaschine,* deren Leistungsfähigkeit von der erzielbaren Zahl von Bohrzyklen pro Zeiteinheit abhängt.

5.3 Fräsmaschinen. Milling machines

5.3.1 Allgemeines. General

Fräsmaschinen sind durch drei oder mehr *Bewegungsachsen* gekennzeichnet, die dem Werkzeug- oder Werkstückträger zugeordnet sind. Die Lage der Bewegungsachsen bestimmt den Maschinentyp. Weitere Einteilungsgesichtspunkte ergeben sich aus der Kinematik und dem konstruktiven Aufbau des Gestells. Technologische Vorzüge bestimmter Fräsverfahren und die Häufigkeit ihrer Anwendung haben zu bewährten Bauformen geführt (**Bild 26**), deren kennzeichnende Größen Hauptspindeldurchmesser, Tischfläche, Hauptspindellage und Steuerungsart sind. Nach Lage der Hauptspindel wird zwischen *Waagrecht-* und *Senkrecht-Fräsmaschinen* unterschieden. Kleinere Werkstücke mit komplizierten Bearbeitungsvorgängen werden auf Maschinen mit mehreren Tischbewegungen bearbeitet. Bei großen, sperrigen Werkstücken werden die Vorschubbewegungen vorteilhafter vom Werkzeug ausgeführt. Entsprechend lassen sich *Konsol-* und *Bettfräsmaschinen* unterscheiden. Die Werkzeuge werden direkt oder über einen Fräsdorn gespannt. Anpassung an spezielle Bearbeitungsaufgaben erfolgt durch Rundtische, Teilköpfe, Winkelfräsköpfe, Feinmeßeinrichtungen und Digitalanzeigen.

5.3.2 Konsolfräsmaschinen. Knee-type milling machines

Sie werden als *Waagrecht-, Senkrecht-* und *Universal*-Maschinen ausgeführt, **Bild 27**. Durch einfache Positionierbarkeit des Werkstücks in allen Bearbeitungsrichtungen sowie durch gute Zugänglichkeit eignen sie sich besonders für die vielseitigen Bearbeitungsfälle in der Einzel- und Kleinserienfertigung. Das Maschinengestell besteht aus Grundplatte und Ständer und nimmt Hauptantrieb, Hauptspindel und Führungsbahnen der Konsole auf. Waagrecht-Fräsmaschinen tragen auf dem Ständer einen axial verstellbaren Gegenhalter. Während des Fräsvorgangs wird die Konsole, die den Querschieber und den Frästisch trägt, geklemmt. Die Querbewegung ist auch über einen verschiebbaren Frässpindelkasten oder eine

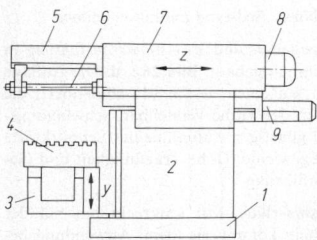

Bild 27. Waagerecht-Konsolfräsmaschine, die auch mit Drei-Achsen-NC-Steuerung ausgerüstet wird (DIAG (heute: Werner & Kolb), Werk Fritz Werner, Berlin). Tischaufspannfläche 1500×400 mm^2: Hauptantrieb $P=12$ (14) kW. 22 Drehzahlen mit $\varphi = 1{,}25$ von 22,4 bis 2800 min^{-1}; drei getrennte Vorschubtriebe von 6,3 bis 3150 mm/min. Eilgang 8000 mm/min. Schleichgang 2 mm/min. *1* Grundplatte, *2* Ständer, *3* Konsole, *4* Arbeitstisch, *5* Gegenhalter, *6* Fräsdorn, *7* Spindelkasten, *8* Hauptantrieb, *9* Vorschubantrieb (Z-Achse)

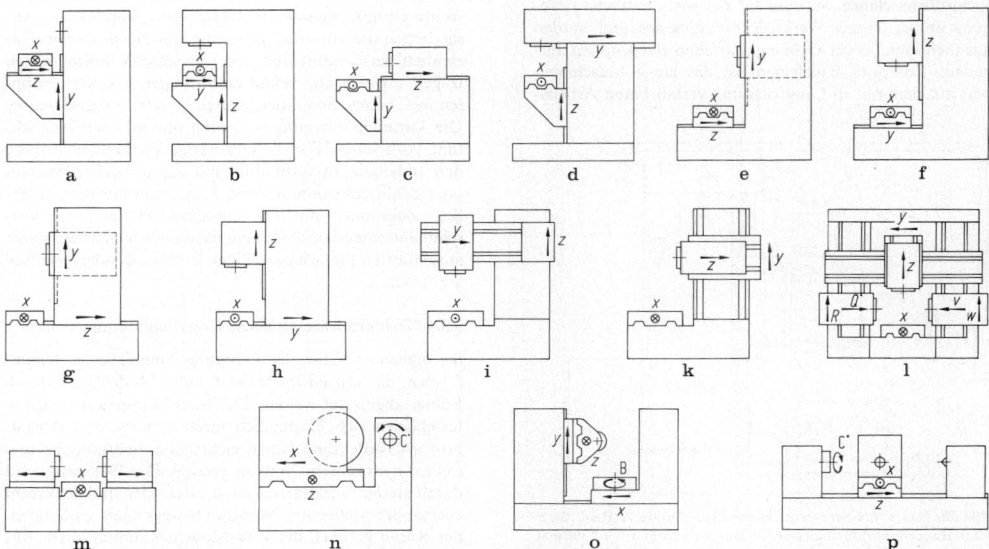

Bild 26. Systematik der Fräsmaschinen (Koordinatenbezeichnung nach DIN 66217). Konsolfräsmaschinen in Waagrecht- und Senkrecht-Ausführung. **a, b** drei Achsen in der Konsole oder zwei Achsen in der Konsole und eine Achse im Spindelkasten; **c, d** Bettfräsmaschinen als waagerechte und senkrechte Bauform; **e, f** zwei Achsen im Kreuztisch und eine Achse im Spindelkasten oder **g, h** je eine Achse in Tisch, Ständer und Spindelkasten; Langfräsmaschinen, eine Achse im Tisch und je zwei Achsen im waagerecht oder senkrecht angeordneten Fräseinheiten; **i** Einständer-Langfräsmaschine mit Ausleger; **k** Einständer-Langfräsmaschine; **l** Portalfräsmaschine; **m** Planfräsmaschine; **n** Rundfräsmaschine, eine Drehachse für Werkstückvorschub; Sonderfräsmaschinen; **o** Wälzfräsmaschine, zwei Achsen und eine Schwenkbewegung in der Fräseinheit, zwei Achsen (eine Drehachse) im Tischschlitten; **p** Gewindefräsmaschine, eine Drehachse für Werkstückvorschub, zwei Achsen im Frässchlitten

Pinolenbewegung möglich. Der Einzelantrieb ersetzt zunehmend den Zentralantrieb, bei dem der Vorschub vom Hauptgetriebe abgeleitet und über eine teleskopartige Gelenkwelle auf die Konsole übertragen wird. Schwere Konsolfräsmaschinen haben ortsfest gelagerte Hauptspindeln, Universalfräsmaschinen besitzen einen um die senkrechte Achse schwenkbar gelagerten Aufspanntisch. Bei gleichem Grundaufbau kann häufig der Gegenhalter durch einen Vertikal- oder Universalfräskopf ausgetauscht werden.

Steuerungen (s. T 2). Man unterscheidet Handsteuerungen über Wähl- oder Druckschalter, Programmsteuerungen mit fest oder frei programmierbaren Arbeitsabläufen und numerische Steuerungen mit Vorschubbewegungen in allen Achsen durch Gleichstrommotoren über Kugelgewindetriebe.

5.3.3 Bettfräsmaschinen. Bed-type milling machines

Sie werden als *Einständer-* und *Zweiständerausführung* in verschiedenen Varianten gebaut, **Bild 26 c, d**. Die Auflage des Tisches erfolgt auf einem festen Maschinenbett; die Frässchlitten sind in der Höhe verstellbar, schwingungssteife Bauweise bei günstiger Aufnahme der Schnittkräfte und der Werkstückgewichte. Hohe Tragfähigkeit und Genauigkeit der Tischführung.

Einständer-Bettfräsmaschine. Mit senkrecht am Ständer geführter Fräseinheit kommt sie dem Anwendungsbereich der Konsolfräsmaschine nahe, **Bild 28**. Die Hauptspindel ist überwiegend senkrecht, seltener waagerecht in der Fräseinheit gelagert. Das Maschinenbett trägt in zwei Dachprismen- oder Dreibahnen-Flachführungen den Kreuztisch. Abgeänderte Bauform: In Querrichtung verfahrbarer Maschinenständer und Arbeitstischbewegung in Längsrichtung. Der Frässchlitten wird kippfrei, teilweise gewichtsentlastet am Ständer geführt und mit einer Klemmeinrichtung festgesetzt.

Langfräsmaschinen. Sie sind für die wirtschaftliche Fertigung großer, langer Werkstücke vorgesehen und werden aus mehreren, in der Größe gestaffelten Baugruppen aufgebaut. Zentrales Bauelement ist das lange Maschinenbett mit dem nur in Längsrichtung verfahrbaren Arbeitstisch. Seitlich am Bett sind je nach Ausbaustufe ein oder zwei Ständer angeordnet. Bis zu vier Fräseinheiten für die gleichzeitige Bearbeitung mehrerer Flächen, geführt an den Ständern, einem zusätzlichen Ausleger oder am Querbalken, sind möglich. Die einzelnen Baugruppen werden zu verschiedenen Ausführungsformen kombiniert. Anpassung durch normzahlgestufte Tischbreiten. Aufspannlängen und Durchgangshöhen sowie Ausstattung mit unterschiedlichen Fräseinheiten. Die Portalbauweise zeichnet sich durch hohe Steifigkeit und Vielseitigkeit aus. Bei der Bauform mit feststehendem oder beweglichem Portal sind die beiden Ständer, die den Querbalken führen, zusammen mit Bett und Traverse zu einem verwindungssteifen Rahmen verbunden. Bei Maschinen mit beweglichem Portal (*Gantry*-Bauweise) wird dieses entweder auf zwei seitlich am Bett angebrachten oder völlig getrennt im Fundament verlegten Führungen verfahren, während der Werkstückaufspanntisch fest steht. Für die Verstellbewegung von Querbalken und Portal sind zwei synchronisierte Vorschubantriebe erforderlich.

Weitere Konstruktionsmerkmale von Langfräsmaschinen sind austauschbare Fräseinheiten, Gewichtsausgleich des Querbalkens für die feinfühlige Senkrechtzustellung, stufenlos einstellbare Drehzahlen und Vorschübe, motorische Werkzeugspannung, automatische Klemmvorrichtungen, Zentralschmierung, selbsttätige Werkzeugabhebung und zentrales Bedienpult für alle Funktionen. Zusatzeinrichtungen ermöglichen umfangreiche Bearbeitungen der Werkstücke in einer Aufspannung. Die Fräseinheiten mit Antriebsmotor und Schaltgetriebe gibt es in mehreren Ausführungen: Schlittenfräseinheiten, Pinolenfräseinheiten, schwenkbare Fräseinheiten.

Die Vorschubbewegung erfolgt durch getrennt stufenlos einstellbare Gleichstrommotoren und Kugelgewindetriebe, die Tisch- oder Portalbewegung meist über Schnecke und Schneckenzahnstange.

Planfräsmaschinen. Sie sind in ihrer Ausstattung vereinfachte Langfräsmaschinen. Üblich sind Ständer und Ansatzbetten die ein- oder beidseitig mit einem langen Kastenbett verschraubt sind und waagerechte Fräseinheiten tragen. Anwendung: Planbearbeitungen mit Messerköpfen bei hohen Schnittleistungen in der Serienfertigung. Die Vorschubbewegung ist häufig nur in Tischlängsrichtung vorgesehen. Für die selbsttätige Werkzeugzustellung und -abhebung in Verbindung mit automatischer Pinolen- oder Schlittenklemmung sind Programmsteuerungen üblich. Zusammen mit den einfachen Haupt- und Vorschubantrieben lassen sich die nach dem Baukastensystem ausgeführten Planfräsmaschinen leicht anwenderspezifisch aufbauen.

5.3.4 Nachformfräsmaschinen. Copy milling machines

Sie eignen sich für die Fertigung komplizierter Raumformen, die von einem Meister- oder Modellstück durch Fühler abgetastet werden. Die Nachformsteuerungen unterscheiden sich hinsichtlich ihres Arbeits- und Abtastprinzips. Bedeutung haben elektrische, hydraulische und elektro-hydraulische Systeme erlangt. Das Werkzeug wird durch stetige Veränderung von zwei oder drei senkrecht zueinander stehenden Vorschubbewegungen entlang einer Kurve geführt, die vom Modell bestimmt wird. Aus dem der Tasterauslenkung proportionalen Signal bildet der Nachform-Regelverstärker die Vorschubsignale für die Stellantriebe. Eine automatische Zeilenschaltung mit zwei Tastvorschüben und einem Leitvorschub erlaubt die räumliche Bearbeitung auch mit einer 2D-Steuerung. Das Modell wird in Zeilen abgetastet. Nach jedem Umlauf wird um den eingestellten Zeilenabstand zugestellt. 3D-Steue-

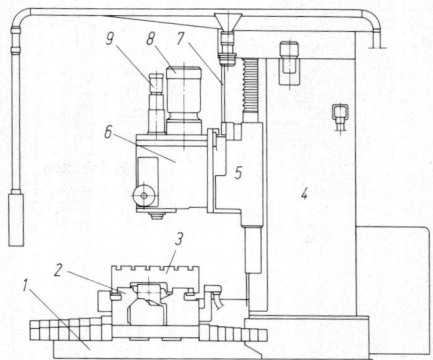

Bild 28. Einständer-Senkrechtfräsmaschine (Droop & Rein, Bielefeld). Hauptspindeldurchmesser 130 mm, Arbeitsraum $x = 2300$ mm, $y = 950$ mm, $z = 800$ mm, Tischaufspannfläche 3000×1000 mm², Hauptantriebsleistung, $P = 30$ kW, 18 Drehzahlen von 31,5 bis 1600 min⁻¹, Vorschub in drei Bereichen stufenlos einstellbar von 3 bis 3000 mm. *Gestell:* 1 Maschinenbett, 2 Bettschlitten, 3 Tisch, 4 Ständer, 5 Unterschlitten, 6 hydraulisch schwenkbare Fräseinheit, 7 Kette für den Gewichtsausgleich; *Antrieb:* 8 Gleichstrom-Hauptmotor, 9 Werkzeugspannmotor; *Steuerung:* Alternativ sind Handeingabe-, Programm-, Nachform- und NC-Steuerung möglich

rungen eignen sich für drei Tastvorschübe entweder mit zwei getrennten Fühlern oder einem Sonderfühler, der gleichzeitig auf radiale und axiale Auslenkungen reagiert. Häufig werden Bettfräsmaschinen üblicher Bauart mit einem Ausleger für die Tasteinrichtung versehen. Sondermaschinen dienen speziellen Nachformarbeiten.

5.3.5 Rundfräsmaschinen. Machines for circular milling

Kennzeichnendes Merkmal der Rundfräsmaschine ist die Baueinheit für die Rundvorschubbewegung zur Erzeugung zylindrischer Flächen. Der Rundvorschub kann von einem Einstech- oder einem Längsvorschub überlagert sein. Beispiel: Kurbelwellen-Rundfräsen.
Rundfräsarbeiten sind auch auf üblichen Senkrechtfräsmaschinen möglich; anstelle des Maschinentisches ist ein Rundtisch für die kreisende Vorschubbewegung erforderlich.
Bei Rundfräsmaschinen sind die Hauptspindel der Fräseinheit und die Werkstückspindel des Spannstocks parallel zueinander angeordnet. Das Werkstück wird in zentrisch laufenden Spannfuttern aufgenommen. Synchronantrieb beider Werkstückspindeln erfolgt durch ein Schneckengetriebe, Spannstock und querverschiebbare Fräseinheit sind auf einem gemeinsamen Maschinenbett angeordnet. Ein zusätzlicher Schlitten ist für Längsverschiebung der Fräseinheit und Lünette vorgesehen.

5.3.6 Universal-Werkzeugfräsmaschinen
Universal milling machines

Sie haben einen breiten Anwendungsbereich im Werkzeug- und Vorrichtungsbau. Sie besitzen einen großen, feingestuften Drehzahl- und Vorschubbereich, hohe Arbeitsgenauigkeit und ein variables Baukastenprogramm von Zusatzeinrichtungen für verschiedenartige Arbeitsverfahren. So wird Fräsen, Bohren, Drehen, Stoßen und Schleifen in einer Aufspannung möglich. Vielfältige Aufspann- und Teilvorrichtungen gestatten die Fertigung komplizierter Formen.

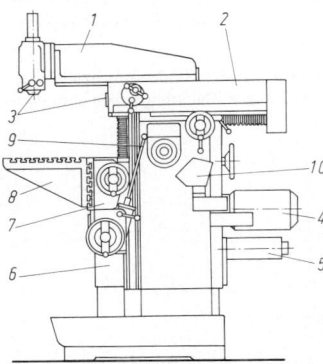

Bild 29. Universal Werkzeugfräs- und Bohrmaschine (Friedrich Deckel AG, München). Eine erweiterte Ausführung dieses Grundmodells mit automatischer Getriebeschaltung und Schrittmotoren für die Vorschubbewegung wird auch mit einer NC-Steuerung (tastenprogrammierbare Speichersteuerung oder Bahnsteuerung) für 3 bzw. 4 Achsen ausgerüstet. *1* verschiebbarer Vertikalfräskopf, *2* Spindelbock, *3* Hauptspindel mit ausfahrbarer Pinole, *4* Hauptantriebsmotor (Bremsmotor), *5* stufenlos regelbarer Vorschubmotor (Gleichstrom), *6* Konsolschlitten mit Arbeitstischführungen, *7* Tischschlitten, *8* Winkeltisch, *9* Vorschubschaltung, gegenseitig verriegelt mit den Klemmungen, *10* Bedienpult und Digitalanzeige mit Feinauflösung

Hauptmerkmal. Einfach ausgestattete Grundmaschine in Konsolbauweise, **Bild 29.** Höhen- und Längsvorschub erfolgt über die Konsole, Quervorschub durch Frässpindelstock. Zur Bearbeitung schwerer Werkstücke Bauform mit beweglichem Maschinenständer und querbeweglichem Frässpindelstock. Alle Vorschubbewegungen sind dem Werkzeug zugeordnet.

Zusatzeinrichtungen. Gegenhalter, Senkrechtfräskopf, Winkelfräskopf, schnellaufender Senkrechtfräskopf, Stoßapparat, Bohrkopf, Schleifeinrichtung, Winkeltisch (fest, schwenkbar), Umschlagtisch, Rundtisch, Rundtisch mit optischer Einstellung, Teilkopf, Stempelfräseinrichtung, Spiralfräseinrichtung, Feinmeßeinrichtung.

5.3.7 Sonderfräsmaschinen
Special purpose milling machines

Sonderfräsmaschinen sind Einzweckmaschinen oder Maschinen zur Bearbeitung begrenzter Werkstückarten.

Gewindefräsmaschinen. Aufbau und Kinematik ähnlich der Rundfräsmaschine. Die Langgewindefräsmaschine gleicht im Aufbau der durch einen Frässupport ergänzten Leitspindel-Drehmaschine. Kurzgewindefräsmaschinen arbeiten mit mehrgängigen Gewinde-Profilfräsern im Einstechverfahren.

Wälzfräsmaschinen. Sie dienen zum Verzahnen von Stirnrädern, Schneckenrädern und Sonderverzahnungen. Besonderheit: Wälzgetriebebezug und Wechselrädergetriebe erzeugen einen Zwangslauf zwischen Werkstück- und Werkzeugdrehung.

Gravierfräsmaschinen. Sie arbeiten auf der Grundlage eines in der Ebene oder im Raum beweglichen Pantographen. Das Übersetzungsverhältnis zwischen Fühlerstift und Fräskopf kann über Schieber eingestellt und durch Abtasten von Führungsschablonen auf das Werkstück übertragen werden.

Nuten- und Langlochfräsmaschinen. Sie erzeugen Nuten, Keilnuten, Keilwellen und Langlöcher nach einem festen Bewegungsprogramm, das meist automatisch abläuft.

Rotornuten-Fräsmaschinen. Sie stellen eine spezielle Bauform zur Fertigung der Wicklungs- und Luftnuten in Generatorrotoren dar und heben sich durch ihre Größe von den oben genannten Maschinen ab.

Kurvenfräsmaschinen. Sie dienen zur Fertigung von Steuerkurven mit Fingerfräsern durch Überlagerung der Frästischlängsbewegung mit einer Werkstückdrehung. Die Steuerung erfolgt durch Abtasten einer Schablone.

Ablängfräsmaschinen. Sie sind aus zwei Fräseinheiten aufgebaute Maschinen zur beidseitigen Bearbeitung von Rohteilen auf eine vorgegebene Länge. Gleichzeitige Zentrierbearbeitung möglich.

5.4 Waagrecht-Bohr- und -Fräsmaschinen
Horizontal boring and milling machines

Ihre Bauweise mit zahlreichen Bewegungs- und Verstellmöglichkeiten gestattet die Fertigung sehr genau fluchtender Bohrungen und rundlaufender Lagerstirnflächen sowie die Bearbeitung großer, sperriger Werkstücke. Vielseitige Anwendungsgebiete führten zu verschiedenen Bauformen und -größen, **Bild 30.**

Konstruktion. Für die überwiegenden Bohr- oder Fräsbearbeitungen sind die Antriebe und Hauptspindeln entsprechend ausgelegt. Kennzeichnend sind große Dreh-

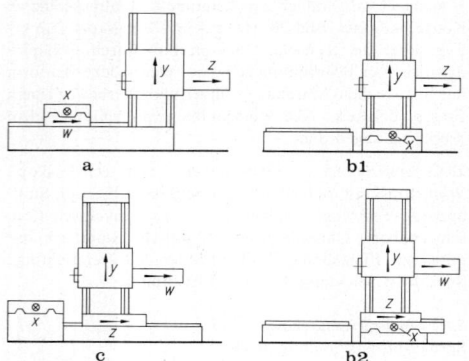

a   b1

c   b2

Bild 30. Schematische Darstellung grundsätzlicher Bauformen von Waagerecht-Bohr- und -Fräswerken (Koordinatenbezeichnung nach DIN 66217). **a** Tisch-Bohr- und -Fräswerk; **b** Platten-Bohr- und -Fräswerke, **1** Normalausführung, **2** mit kreuzbeweglichem Ständer; **c** kombinierte Bauweise (Planer-Type)

zahl- und Vorschubbereiche, vier und mehr Bewegungsachsen und umfangreiche Zusatzeinrichtungen. Gleichzeitige Durchführung voneinander unabhängiger Bearbeitungen bei getrennter Spindel- und Planscheibenlagerung möglich. Drehtische hoher Teilegenauigkeit und spielfreie Tischantriebssysteme gewährleisten die Fertigung fluchtender Bohrungen im Umschlagverfahren. Konstruktive Gestaltung des Hauptspindelsystems: Hauptspindellagerung mit fest auf der Spindelhülse angebrachter Planscheibe oder getrennte Lagerung von Hauptspindel und Planscheibe, die mit unterschiedlichen Drehzahlen umlaufen können.

Bei Tischbohrwerken und Tischfräswerken trägt das Maschinenbett einen feststehenden Ständer, den Kreuzschlitten und einen Setzstock. Der Spindelkasten mit der ausfahrbaren Hauptspindel wird seitlich am versetzt angeordneten Ständer oder zentral im torförmigen Ständer höhenverstellbar geführt. Der Kreuzschlitten trägt gewöhnlich einen Drehtisch. Für schwere und genaue Ausbohrarbeiten bei größeren Auskraglängen wird die Bohrstange im einstellbaren Setzstock geführt. Der Hauptantrieb ist für einen weiten Drehzahlbereich, schnellen Drehrichtungswechsel und rasches Abbremsen der Hauptspindel ausgelegt. Meist Gleichstrommotor mit stufenloser Drehzahleinstellung und nachgeschaltetem mechanischen Getriebe. Einzelantriebe für alle Bewegungsachsen mit hoher Eilganggeschwindigkeit, kurzer Beschleunigungs- und Abbremszeit, weitem Geschwindigkeitsbereich und Spielfreiheit. Die einzelnen Maschinenschlitten sind mit Klemmeinrichtungen versehen. Der Einsatz dieses flexiblen Maschinentyps ist hauptsächlich durch Größe und Gewicht der Werkstücke begrenzt.

Plattenbohrwerke und Plattenfräswerke eignen sich für schwere Werkstücke. Alle Verstellmöglichkeiten und Vorschubbewegungen im Ständer und Spindelkasten. Das Werkstück wird auf einer fest neben dem Maschinenbett angeordneten Aufspannplatte gespannt. Ständerbewegungen in zwei Varianten: Bei einfachen Ausführungen wird der Ständer auf dem Bett rechtwinklig zur Hauptspindelachse verschoben. Um das Werkzeug an das Werkstück heranzuführen, ist die Hauptspindel axial verstellbar. Ein erweiterter Anwendungsbereich wird durch den kreuzbeweglichen Ständer erreicht. Bei Traghülsenbohrwerken und Traghülsenfräswerken wird die Hauptspindel in einer ausfahrbaren steifen Traghülse abgestützt. Dadurch Aufnahme größerer Schnittkräfte bei weiter Spindelausladung

möglich. An der Traghülse können auch Winkelfräsköpfe befestigt werden. Für spezielle Aufgaben entstanden zahlreiche Sonderbauarten mit schwenkbarem Spindelkasten oder drehbarem Ständer.

Neuere Entwicklungen bei Waagerechtbohrwerken und Waagerechtfräsmaschinen vereinen die Vorteile beider Grundbauformen. Der Ausbau zum Bearbeitungszentrum wird angestrebt, wobei die Anpassung an die Bearbeitungsaufgabe sowohl von der Werkzeug- als auch von der Werkstückseite her erfolgt.

5.5 Bearbeitungszentren. Machining centers

Sie sind für die numerisch gesteuerte Bearbeitung komplizierter prismatischer Werkstücke in einer Aufspannung konzipiert. Neben verschiedenen auszuführenden Zerspanungsoperationen sind mehrere Fertigungsverfahren, vornehmlich Bohren und Fräsen, vorgesehen. Bearbeitungszentren besitzen bei einem hohen Automatisierungsumfang eine große Flexibilität. Typisches Merkmal: Automatischer Betrieb, der sowohl den Bearbeitungsablauf mit allen Weg- und Schaltfunktionen und die schnelle Wiederholbarkeit einzelner Arbeitsvorgänge als auch den Werkzeugwechsel aus entsprechend großen Magazinen umfaßt. Höchste Ausbaustufe der Bearbeitungszentren: Palettenwechseleinrichtungen, Bohrkopfwechsler, Werkzeugmagazinwechsel.

Bearbeitungszentren verfügen über mindestens drei numerisch gesteuerte translatorische Achsen, die um zwei rotatorische Achsen ergänzt werden können, **Bild 31**. Die Art der Zuordnung der Bewegungsachsen auf dem Werkstückträger (Tisch) oder Werkzeugträger (Spindel) bestimmt den Typ eines Bearbeitungszentrums. Horizontale oder vertikale Lage der Hauptspindel. Die Bauarten horizontaler Bearbeitungszentren ergeben sich durch unterschiedliche Zuordnung der Bewegungsachsen. **Bild 32** zeigt die gebräuchlichsten.

Die Kennzeichen eines Bearbeitungszentrums sind Art und Anzahl der gesteuerten Achsen, Schnittleistung, Drehzahl- und Vorschubbereich, Länge der Arbeitswege, Tischfläche und -belastung, Auflösungsvermögen, Einfahrtoleranz sowie Anzahl der magazinierten Werkzeuge.

Werkzeugspeicher. Es sind Revolver oder Magazine möglich. Bei den scheibenförmigen Tellermagazinen sind häu-

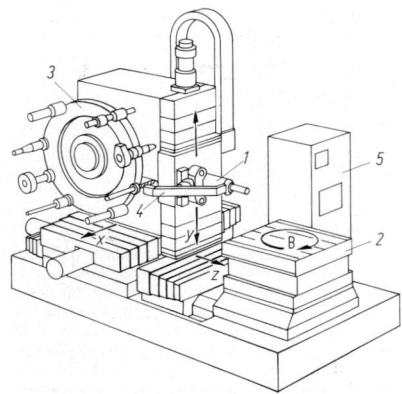

Bild 31. Definition der Bewegungsrichtungen an einem Vier-Achsen-Bearbeitungszentrum (DIAG (heute: Werner & Kolb); Werk Fritz Werner, Berlin). *1* Hauptspindel, *2* Drehtisch, *3* Werkzeugmagazin, *4* Werkzeugwechsler, *5* NC-Steuerung

Zuordnung der Bewegungsachsen

| 1 Achse im Werkzeug | 2 Achsen im Werkzeug | 3 Achsen im Werkzeug |

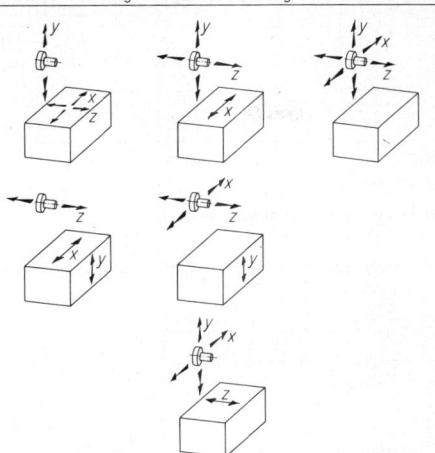

Bild 32. Bauarten horizontaler Bearbeitungszentren

fig bis zu 40 Werkzeuge am Umfang gespeichert. Größere Magazine werden im allgemeinen als Kettenmagazine gestaltet. Neben der Grundform eines Magazins ist die Lage der Werkzeuge und die Richtung ihrer Fügebewegung in bezug auf die Magazinachse von Bedeutung. Grundsätzlich kann zwischen stern- und trommelförmiger Werkzeuganordnung sowie zwischen paralleler und senkrechter Fügebewegung unterschieden werden, **Bild 33**.
Bauform und Anordnung des Magazins bestimmen die Kinematik des Werkzeugwechsels. Die Werkzeugerkennung erfolgt durch Werkzeugkodierung (die einzelnen Werkzeuge sind gekennzeichnet), Platzkodierung (die Magazinplätze müssen in der richtigen Reihenfolge mit Werkzeugen bestückt werden) oder, seit Einführung der CNC-Steuerungen, durch elektronische Buchführung (Kombination beider Kodierungsarten).

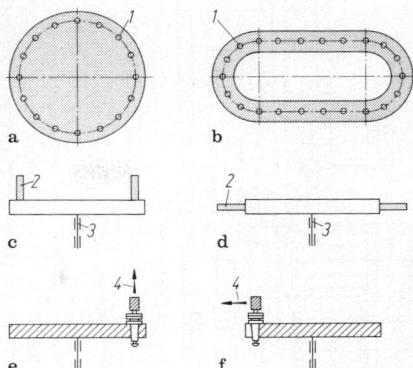

Bild 33. Grundtypen von Werkzeugmagazinen. *Bauformen:* **a** Tellermagazin; **b** Kettenmagazin. *Lage der Werkzeuge:* **c** trommelförmig; **d** sternförmig. *Fügerichtung:* **e** parallel; **f** senkrecht. *1* Werkzeugplatz, *2* Werkzeug, *3* Magazinachse, *4* Fügerichtung

Die Nebenzeit wird von der Werkzeugwechselzeit beeinflußt. Diese ist abhängig von der Anzahl der notwendigen Bewegungen (Freiheitsgrade) und der Größe der Wege bzw. Winkel, die bei einem Werkzeugwechsel vollzogen werden müssen. Einfachwechsler handhaben jeweils ein Werkzeug und sind daher nur in Verbindung mit einem Werkzeugrevolver oder als Hilfsgreifer wirtschaftlich einsetzbar, da sie ohne eine Zwischenspeichermöglichkeit den gesamten Wechselvorgang, also auch die Vorwählbewegung des Magazins, in der Nebenzeit ausführen. Doppelwechsler entnehmen gleichzeitig je ein Werkzeug aus der Hauptspindel und dem Magazin bzw. Zwischenspeicher und tauschen beide Positionen simultan. Damit sind generell kurze Wechselzeiten möglich.
Bild 34 zeigt eine Ausführung, bei der die Arme des Wechslers in einem Winkel von 90° zueinander stehen. Damit ist es möglich, Werkzeuge in kurzer Zeit aus einem seitlich oder oben am Ständer angebrachten Tellermagazin zu wechseln. In **Bild 35** ist eine als Universaleinheit bezeichne-

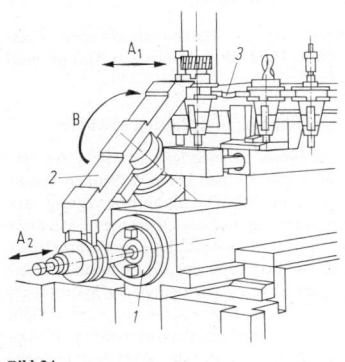

Bild 34

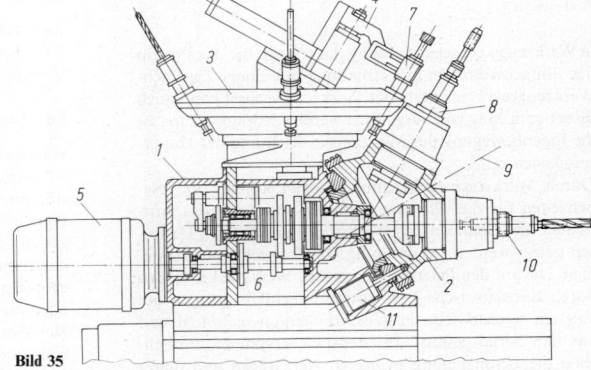

Bild 35

Bild 34. Doppelgreifer für den automatischen Werkzeugwechsel (Friedrich Deckel AG, München). Der Funktionsablauf des Werkzeugwechslers *2* beginnt mit dem Greifer je eines Werkzeuges aus dem Magazin *3* und der Hauptspindel *1*. Durch Bewegung in Z-Richtung werden die Werkzeuge gleichzeitig aus Hauptspindel und Magazin herausgezogen. Es folgt eine Schwenkbewegung um 180°, der sich die Fügebewegung in der entgegengesetzten Z-Richtung und das Ausklinken der Greiffinger anschließt.
A Entnahme- und Fügebewegung in Richtung der Z-Achse, A_1 am Magazin, A_2 an der Hauptspindel, B Schwenkbewegung

Bild 35. Universaleinheit (Burkhardt & Weber GmbH + Co KG, Reutlingen). Das Gehäuse *1* trägt den Doppelschwenkkopf *2*, das Tellermagazin *3* mit 30 Werkzeugplätzen, den Werkzeugwechsler *4*, den Hauptantrieb *5* mit $P = 11$ kW Leistung sowie das Stufengetriebe *6*. Zum Wechseln werden die Werkzeuge vom Greifer *7* gefaßt und in der Position *8* zwischen Doppelschwenkkopf und Magazin getauscht. Soll ein neues Werkzeug eingesetzt werden, macht der Doppelschwenkkopf eine Drehung von 180° um die Achse *9*, so daß die Positionen *8* und *10* ihre Lage wechseln. Die Indexierung des Schwenkkopfes erfolgt durch Kolben *11*

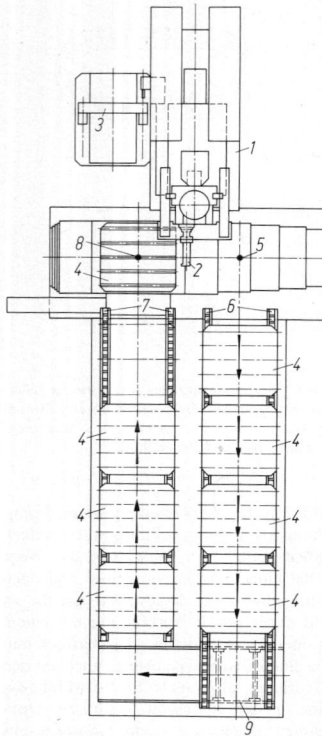

Bild 36. Palettenspeichersystem (Hüller Hille GmbH, Ludwigsburg). Bearbeitungszentrum *1* mit Hauptspindel und Werkzeug *2* sowie Werkzeugspeicher *3*. Die Paletten *4* werden innerhalb der Maschine vom Arbeitstisch aufgenommen und transportiert. Beim Wechsel verfährt die Palette mit dem fertigen Werkstück zum Punkt *5* und wird auf die Rollenbahn *6* geschoben. Die nächste Palette verläßt die Rollenbahn *7* und wird im Punkt *8* auf dem Arbeitstisch fixiert. Die Paletten durchlaufen den Speicher in einer Richtung. Sie werden dabei über die angetriebenen Rollen transportiert. Der Querwagen *9* dient zur Überführung der Paletten von der Rollenbahn *6* auf die Rollenbahn *7*.

te Werkzeugwechseleinrichtung dargestellt, die das Prinzip des Einfachwechslers in Verbindung mit einem Zweifach-Werkzeugrevolver nutzt. Der Werkzeugwechsel kann auch direkt vom Magazin ausgeführt werden. Voraussetzung ist die Eigenbewegung des Magazins in Richtung der Hauptspindelachse.

Durch Werkstückwechseleinrichtungen können die Nebenzeiten für das Be- und Entladen sowie für das Ausrichten und Spannen der Werkstücke parallel zur Hauptzeit gelegt werden. Anwendung von Palettenwechselsystemen. Die auf den Paletten gespannten Werkstücke werden durch translatorische bzw. rotatorische Bewegungen der Paletten wechselweise in den Arbeitsraum gebracht und aus ihm herausgeführt. Palettenspeichersysteme ermöglichen die Bereitstellung mehrerer Werkstücke und damit den automatischen Werkstückwechsel innerhalb einer längeren Fertigungszeit, **Bild 36**.

5.6 Hobel- und Stoßmaschinen
Planing, shaping and slotting machines

5.6.1 Hobelmaschinen. Planing machines

Einständer-Hobelmaschinen. Sie gestatten die Bearbeitung sperriger Werkstücke, **Bild 37**. Baueinheiten: Bett, Ständer

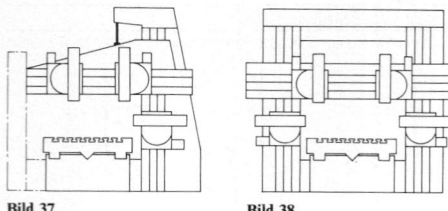

Bild 37   **Bild 38**

Bild 37. Einständer-Hobelmaschine

Bild 38. Zweiständer-Hobelmaschine

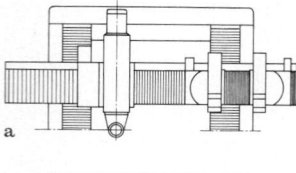

a

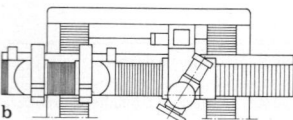

b

Bild 39. a Hobelmaschine mit Fräseinheit; **b** Hobelmaschine mit Schleifeinheit

und höhenverstellbarer Ausleger, im Bedarfsfall mit wechselbarem Hilfsständer zur Abstützung. Seitlich überkragende Werkstücke können durch ein auf der offenen Seite angeordnetes Stützrollen-Bett gehalten werden. Hauptantrieb des Tisches: Gleichstrommotor mit Kupplungsgetriebe und Zahnstange oder hydraulisch. Die Werkzeugschlitten sind am Ausleger und am Ständer angeordnet.

Zweiständer-Hobelmaschinen. Sie haben einen geschlossenen Portalrahmen mit einem in der Höhe verstellbaren Querbalken, **Bild 38**. Die Werkzeugschlitten werden vorzugsweise am Querbalken, bei größeren Maschinen aber auch an den Ständern angeordnet.

Zusatzeinrichtungen. Am Querbalken angebrachte Fräs- oder Schleifeinheiten (**Bild 39**) mit eigenen Haupt- und Vorschubantrieben.

5.6.2 Stoßmaschinen. Shaping and slotting machines

Waagrecht-Stoßmaschinen. Sie werden vor allem zur Bearbeitung von Flächen an kleinen bis mittelgroßen Werkstücken verwendet, **Bild 40**. Die Schnittbewegung des Werkzeugs erfolgt durch den auf der Oberseite des Grundgestells geführten Stößel. Die Aufnahme des Werkstücks übernimmt ein an der Stirnseite des Grundgestells *1* angeordneter Tisch. Der Stößel *2* wird entweder hydraulisch oder mechanisch über eine Kurbelschwinge angetrieben. Das Werkzeug wird durch den drehbar angeordneten Meißelhalterkopf *3* aufgenommen, der das Werkzeug in senkrechter Richtung zustellt. Die Meißelklappe hebt beim Rücklauf des Stößels das Werkzeug vom Werkstück ab. Die Lage des Stößelhubs zum Tisch kann mit Hilfe einer Verstellspindel verändert werden. Die Kurbelschwinge *4* ist oben mit dem Stößel und unten mit einem Festpunkt im Grundgestell *1* verbunden. Das Kulissenrad *5* treibt über einen Kulissenstein *6* die Kurbelschwinge an. Die Drehbewegung des Antriebsmotors wird über ein Stufenschaltgetriebe auf das Kulissenrad übertragen. Das zu bearbeitende Werkstück wird auf dem mit T-Nuten ver-

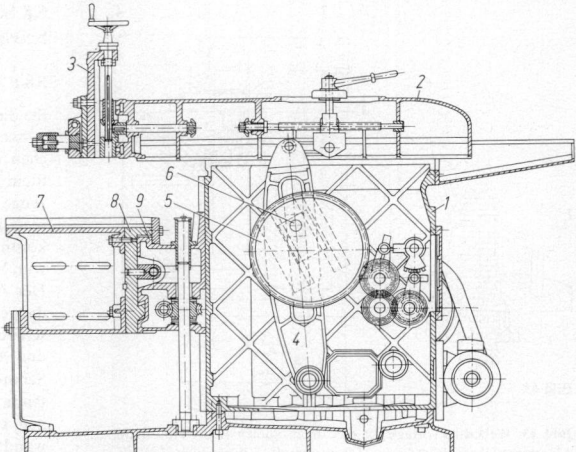

Bild 40. Waagrecht-Stoßmaschine (Schlenker & Cie. GmbH, Werkzeugmaschinenfabrik, Hornberg). *1* Grundgestell, *2* Stößel, *3* Meißelhalterkopf, *4* Kurbelschwinge, *5* Kulissenrad, *6* Kulissenstein, *7* Tisch, *8* Vortisch, *9* Support

sehenen Tisch *7* aufgespannt, der um eine waagerechte Achse im Vortisch *8* drehbar gelagert ist. Die Vorschubbewegung führt der auf dem Support *9* in Querrichtung verfahrbare Vortisch aus. Der Support ist in der Höhe verstellbar.

Senkrecht-Stoßmaschinen. Bei diesen führt der Stößel entweder eine senkrechte oder eine in einer oder in zwei Richtungen geneigte Bewegung aus. Bei kleineren Senkrecht-Stoßmaschinen (**Bild 41**) sind Ständer und Bett aus einem Teil, bei größeren Maschinen sind sie aus zwei Teilen zusammengesetzt. Kreuztisch oder zusätzlicher Rundtisch dienen der Werkstückaufnahme. Bei kleineren Maschinen mit Hublängen bis etwa 630 mm überwiegt der mechanische Antrieb über Räderschaltgetriebe und Kurbelumlaufschleife, bei größeren Hublängen der hydraulische Antrieb, der durch konstante, stufenlos einstellbare Geschwindigkeit und stoßfreies Umsteuern gegenüber dem mechanischen Antrieb Vorteile aufweist.

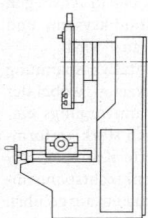

Bild 41. Senkrecht-Stoßmaschine mit einteiligem Ständer und Bett

5.7 Räummaschinen. Broaching machines

Sie werden nach Art des Räumverfahrens in *Außen- und Innenräummaschinen* sowie nach Lage der Hauptachse in *Senkrecht- und Waagrecht-Räummaschinen* eingeteilt. Als besondere Bauformen sind *Kettenräummaschinen* und *Sondermaschinen* (z.B. in Transferstraßen) anzuführen. Einteilung erfolgt nach Baugröße, Schnittbewegung sowie nach Haupt- und Anschlußmaßen genormt. Vorteile der senkrechten Bauweise: Geringer Flächenbedarf, keine Durchbiegung des Räumwerkzeugs durch Eigengewicht, bessere Kühlschmierwirkung, gute Einordnungsmöglichkeiten in Transferstraßen. Vorteile der waagerechten Bauweise: Niedrige Aufstellhöhe, Möglichkeit größerer Hublängen,

einfachere Zuführung schwerer Werkstücke, Vermeidung von Grubenfundament bzw. Bedienungspodest. Die Arbeitsgenauigkeit von Räummaschinen ist im wesentlichen abhängig von der Schlittenführung des Werkzeugs oder Werkstücks. **Bild 42** zeigt den konstruktiven Aufbau einer Senkrecht-Außenräummaschine.

Räummaschinen werden in der Großserienfertigung eingesetzt. Durch Automatisierungs- und Zuführeinrichtungen Verkettung von Räummaschinen und Transferstraßen möglich.

Die Gestelle von Räummaschinen müssen so gestaltet sein, daß sie hohe statische und dynamische Steifigkeit besit-

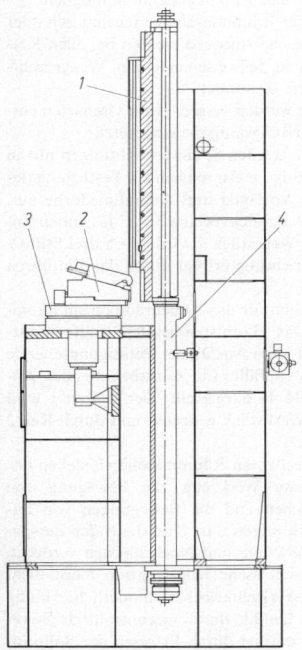

Bild 42. Gesamtaufbau am Beispiel einer Senkrecht-Außenräummaschine (Kurt Hoffmann, Maschinenfabrik, Pforzheim). *1* Werkzeugschlitten, *2* Werkstücktisch, *3* Drehtisch, *4* Hydraulikzylinder

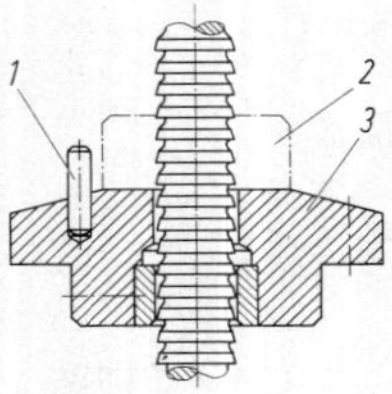

Bild 43

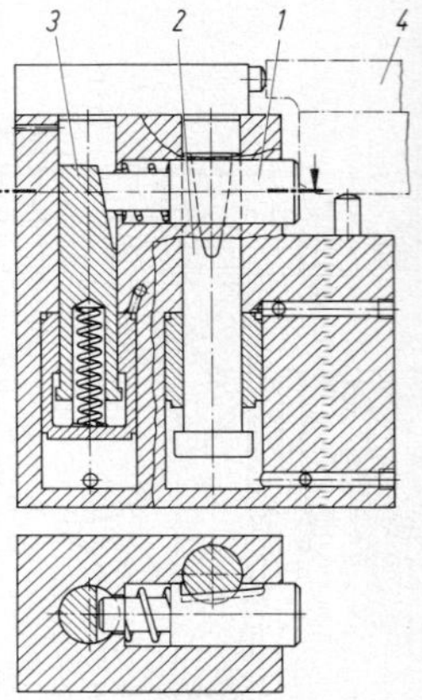

Bild 44

Bild 43. Werkstückvorlage für das Innenräumen (Kurt Hoffmann, Maschinenfabrik, Pforzheim). *1* Zentrierstift, *2* Werkstück, *3* Werkstückvorlage

Bild 44. Selbsthemmendes Werkstückabstützsystem (Kurt Hoffmann, Maschinenfabrik, Pforzheim). *1* Bolzen, *2* Keil, *3* Sicherungsbolzen, *4* Werkstück

zen. Maßnahmen: geeignete Verrippung, Zellenbauweise, Schweißkonstruktion mit Dämpfungsflächen.

Bei Innenräummaschinen hat die Zweizylinderbauweise gegenüber der Einzylinderbauweise dadurch Vorteile, daß die Zugkraft und die Führungen in einer Ebene liegen, so daß die Maschine weniger auf Biegung beansprucht wird. Beim Außenräumen treten Biegeschwingungen in der Form auf, daß der Ständer senkrecht zur Räumrichtung schwingt. Abhilfe ist u.a. durch eine sehr steife Verbindung von Ständer und Räumvorrichtung möglich.

Schnittbewegungen der Räummaschinen mechanisch oder hydraulisch. Mechanische Antriebe werden bei allen Kettenräummaschinen und teilweise auch bei Waagerecht-Außenräummaschinen verwendet.

Auf Räummaschinen werden verschiedene Tischarten entsprechend der Bearbeitungsaufgabe eingesetzt.

Für das Innenräumen werden Spannvorrichtungen nur in Ausnahmefällen benötigt, meist reichen zur Festlegung des Werkstücks einfache Vorlagen und Aufnahmedorne aus. In **Bild 43** ist eine Werkstückvorlage *3* für das Innenräumen dargestellt. Das Werkstück *2* wird durch drei Stifte *1* vorzentriert, die Ausrichtung erfolgt durch das Einführen der Räumnadel.

Die Spannvorrichtungen für das Außenräumen sind kompliziert aufgebaut. Das Hauptspannsystem sollte selbsthemmend sein, damit beim Ausfall der Betätigungsenergie die Spannkraft nicht abfällt. Ein selbsthemmendes Abstützsystem ist in **Bild 44** dargestellt. Der Bolzen *1* wird zunächst gegen das Werkstück gedrückt und durch Keil *2* und Bolzen *3* gesichert.

Wichtige Gefahrenquellen an Räummaschinen stellen das offenstehende, bewegte Werkzeug, die Bewegung von Schiebe- und Teiltischen und die Bewegungen von Lade- und Spannvorrichtungen dar. Unterhalb der Zerspanungsstelle liegen Werkzeug und Nockenleisten verdeckt, oberhalb ist eine geschlossene Konstruktion meist nicht nötig und für den Werkzeugwechsel hinderlich. Häufig Zweihandbedienung. Unfälle durch unkontrollierte Bewegungen von Tischen werden durch Erfassen der Sollposition bewegter Maschinenteile verhindert. Lärmminderung durch richtige Wahl der Antriebsaggregate und aktivisolierte Aufstellung der Räummaschinen.

5.8 Säge- und Feilmaschinen
Sawing and filing machines

5.8.1 Allgemeines. General

Sie dienen zum Trennen und zur Erzeugung von Ein- und Ausschnitten mit ebenen oder einachsig gekrümmten Flächen an Werkstücken aus Metall, Holz, Glas, Keramik, Stein und Kunststoffen. Es werden mehrschneidige Werkzeuge aus Werkzeugstahl, Schnellarbeitsstahl oder Hartmetall verwendet. Die rotatorische oder translatorische, kontinuierliche oder oszillierende Schnittbewegung wird vom Werkzeug ausgeführt, ebenso die Vorschubbewegung. Der Anwendungsbereich der Sägemaschinen überstreicht die gesamte Einzel-, Serien- und Massenfertigung. Feilmaschinen werden überwiegend im Werkzeug-, Vorrichtungs- und Apparatebau eingesetzt.

Schmelzschnitt-Trennmaschinen sowie elektroerosiv arbeitende Maschinen, wie beispielsweise Drahterodiermaschinen, sind nur von der Kinematik den Sägemaschinen verwandt, gehören jedoch aus fertigungssystematischer Sicht zu den abtragenden Werkzeugmaschinen.

Einteilung. Sägemaschinen werden in Kalt- und Warmsägemaschinen sowie nach der Kinematik in Kreis-, Band- und Hubsägemaschinen eingeteilt, Feilmaschinen in Band- und Hubfeilmaschinen. Weitere Einteilungsgesichtspunkte sind Kennzeichen der verwendeten Werkzeuge, Antriebs- und Steuerungsart sowie der Grad der Automatisierung.

5.8.2 Kaltkreissägemaschinen. Circular sawing machines

Verschiedene Bauformen (**Bild 45**) werden nach Richtung und Art der Vorschubbewegung bezeichnet, die waagerecht oder senkrecht sowie geradlinig oder bogenförmig sein kann und vom *Sägeschlitten* ausgeführt wird. Dieser besteht aus der Sägeblattwelle zur Werkzeugaufnahme, Getriebe und Antriebsmotor sowie Gehäuse und Führungen und wird meist hydraulisch durch Zylinder und Kolben oder Hydraulikmotor und Kugelgewindetrieb angetrieben. Eine selbsttätig wirkende Vorschubanpassung verhindert vor allem beim Sägen veränderlicher Querschnitte, wie beispielsweise T-Trägern, die Überlastung von Werkzeug und Maschine, indem bei einem Ansteigen der Vorschubkraft der Druck im Hydrauliksystem und damit die Vorschubgeschwindigkeit begrenzt wird.

Die für Sägeautomaten notwendige selbsttätige Spannung der Werkstücke wird meist hydraulisch erzeugt, wobei der Vorschub erst nach Beendigung des Spannvorgangs eingeschaltet werden kann, **Bild 46**. Um auch stark verformte Werkstücke, wie z.B. warm abgescherte Knüppel, störungsfrei trennen zu können, wird die Senkrechtspanneinrichtung bei einigen Maschinen schwimmend ausgeführt. Abhebeeinrichtungen an der Abschnittseinspannung verhindern das Einklemmen des Sägeblatts nach Beenden des Schnitts. Die Spannbacken sind planparallel oder prismatisch ausgeführt. Mehrstückspannung ermöglicht eine Erhöhung der Wirtschaftlichkeit.

Die Materialzufuhr (Werkstückvorschub) erfolgt auf Rollen oder Rollenböcken, deren Betätigung in den automatischen Bewegungsablauf der Maschine einbezogen ist, gegen einen meist schwenkbaren Anschlag. Die größten Werkstückabmessungen für Rund- und Vierkantmaterial sowie Profile sind vom Sägeblattdurchmesser abhängig. Der Bereich der Schnittgeschwindigkeit für die Bearbeitung von Stahl und Gußwerkstoffen liegt bei HSS-Blättern zwischen 5 und 40 m/min, bei hartmetallbestückten zwischen 60 und 200 m/min. Beim Sägen von NE-Metallen sind 500 bis 1 600 m/min üblich. Die maximale Vorschubgeschwindigkeit beträgt bei Stahl und Gußwerkstoffen

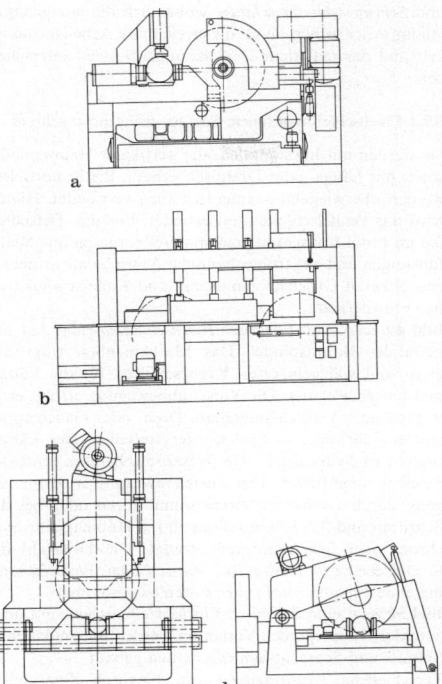

Bild 45. Bauarten von Kaltkreissägemaschinen. **a** Kreissägemaschine mit waagerechter Vorschubbewegung (Heller, Nürtingen); **b** Langschnitt-Kreissägemaschine mit waagerechter Vorschubbewegung (Trennjaeger, Euskirchen); **c** Kreissägemaschine mit senkrechter Vorschubbewegung (Ohler, Remscheid); **d** Kreissägemaschine mit bogenförmiger Vorschubbewegung (Kaltenbach, Lörrach)

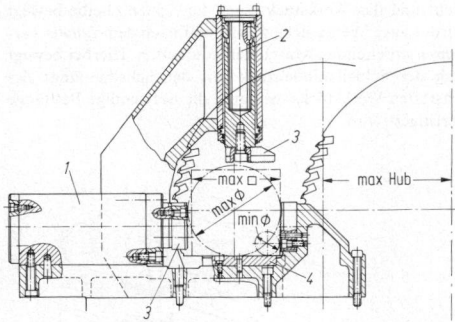

Bild 46. Hydraulisch betätigte Werkstückspanneinrichtung einer Kaltkreissägemaschine (Heller, Nürtingen). *1* hydraulischer Waagerechtspannzylinder, *2* hydraulischer Senkrechtspannzylinder, *3* einsatzgehärtete, auswechselbare Spannbacken, *4* Werkstückauflage

etwa 1250 mm/min und für die NE-Metallbearbeitung 2 300 mm/min und darüber. Die erforderliche Antriebsleistung für große Sägeblattdurchmesser von $d = 1120$ mm beträgt etwa 55 kW.

5.8.3 Bandsäge- und Feilmaschinen
Bandsawing and filing machines

Sie werden in waagrechten und senkrechten Bauformen ausgeführt. Wesentliche Konstruktionsmerkmale sind die

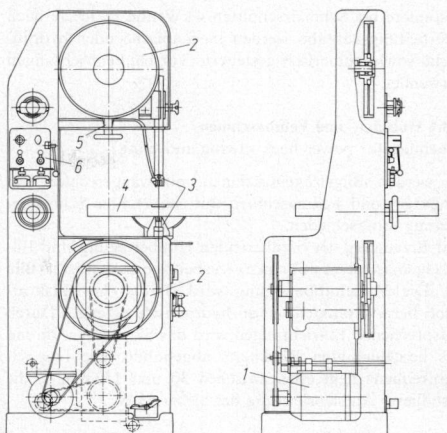

Bild 47. Bandsäge- und Feilmaschine mit zwei Bandrollen und senkrechter Bandführung (Mössner, Mutlangen). *1* Antriebsmotor und Riemenscheibe, *2* Bandrollen, *3* Bandführung (auswechsel- und verstellbar), *4* schwenkbarer Tisch, *5* Einstellvorrichtung für die Bandspannung, *6* Bandschweißvorrichtung

für den Säge- oder Feilbandumlauf vorgesehenen Bandrollen sowie deren Anordnung im Maschinengestell oder Sägerahmen, **Bild 47**. Meist sind zwei, für einen großen Durchlaß auch drei, mit einem Schutzbelag, zum Beispiel Gummi, zur Schonung der Schränkung versehene Rollen für die umlaufende Führung des endlos geschweißten Sägebands bzw. des Feilbands oder der Feilkette vorgesehen. Dabei ist eine Rolle für die Gewährleistung eines störungsfreien Bandlaufs in engen Grenzen schwenkbar angeordnet. Unmittelbar vor und nach dem Schnitt wird das Säge- oder Feilband in meist gehärteten oder hartmetallbestückten Vorrichtungen geführt. Die Bandgeschwindigkeit ist überwiegend stufenlos mittels Riemengetriebe einstellbar und reicht bei universell einsetzbaren Maschinen von 10 bis 1 200 m/min und darüber. Für kleine Schnittgeschwindigkeiten werden Antriebsleistungen von unter 1 kW benötigt, bei mehr als 1 000 m/min und ins-

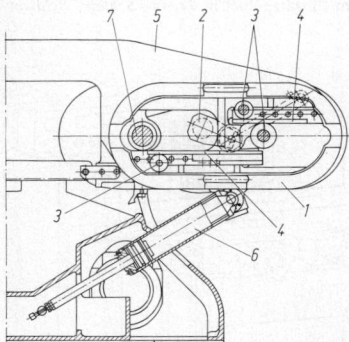

Bild 48. Antrieb einer Bügelsägemaschine für bogenförmig stoßende Schnittbewegung (Stolzer, Achern). *1* Sägerahmen, *2* Antriebskurbel, *3* Führungsrollen, *4* Führungsleisten, *5* Sägebügel, *6* Hydraulikzylinder, *7* Drehpunkt des Sägerahmens.
Erzeugung der Kinematik: Die Hubbewegung des Sägerahmens *1* wird mit der Antriebskurbel *2* erzeugt. Der Rahmen wird mit den Rollen *3* auf den Leisten *4* geführt. Das Anpressen im Arbeitshub und Abheben im Rückhub des Sägebügels *5* wird durch Betätigung des Hydraulikzylinders *6* erreicht, wobei die Drehung um Punkt *7* erfolgt

besondere bei Schmelzschnitten 4 kW und mehr. Je nach Bearbeitungsaufgabe werden mechanische oder hydraulische sowie numerisch gesteuerte Vorschubeinrichtungen verwendet.

5.8.4 Hubsäge- und Feilmaschinen
Machines for power hack sawing and filing

Es werden Bügelsägemaschinen mit waagerechter und Hubsäge- und Feilmaschinen mit senkrechter Schnittbewegung unterschieden.
Zur Erzeugung der oszillierenden Hubbewegung sind Bügelsägemaschinen mit einem Kurbeltrieb ausgerüstet, **Bild 48**. Die Vorschubbewegung wird durch Gewichtskraft oder bei Automaten meist hydraulisch erzeugt. Durch entsprechende Einrichtungen wird das Sägeblatt während des beschleunigten Rücklaufs abgehoben. Die Doppelhubfrequenz liegt etwa zwischen 30 und 150 min⁻¹, die installierte Antriebsleistung bei bis zu 6 kW.

5.9 Schleifmaschinen. Grinding machines

5.9.1 Allgemeines. General
Einteilung. Das Hauptkriterium ist die Art der am Werkstück erzeugten Fläche. Auf *Planschleifmaschinen* (Flachschleifmaschinen) werden ebene Flächen erzeugt, auf *Rundschleifmaschinen* kreiszylindrische. Weitere Bauformen sind *Schraubflächenschleifmaschinen*, *Verzahnungsschleifmaschinen*, *Profilschleifmaschinen* zur Erzeugung beliebiger, durch ein Profilwerkzeug bestimmter Profilflächen und *Nachformschleifmaschinen* zur Erzeugung beliebiger Formflächen durch mechanische Steuerung der Vorschubbewegung.
Weitere Einteilungskriterien sind die Lage der zu bearbeitenden Fläche, nach der z.B. *Außen-* und *Innenrundschleifmaschinen* unterschieden werden, die überwiegend wirksame Fläche der Schleifscheibe, nach der *Umfangs-* und *Stirnschleifmaschinen* unterschieden werden, sowie die Art der Vorschubbewegung, die zur Unterteilung in *Stirn-* und *Querschleifmaschinen* (Einstechschleifmaschinen) führt. Eine weitere Unterteilung erfolgt nach der Art der Werkstückaufnahme in *Spitzenschleifmaschinen*, *Futterschleifmaschinen* und *spitzenlose Rundschleifmaschinen* sowie nach dem Einsatzgebiet in *Trenn-, Schleif-, Schlicht-*

und *Schruppschleifmaschinen,* wobei sich die letztgenannten im wesentlichen durch die erreichbare Arbeitsgenauigkeit und das maximale Zeitspanungsvolumen unterscheiden.

5.9.2 Flachschleifmaschinen. Surface grinding machines

Sie werden mit horizontaler oder vertikaler Hauptspindel sowie mit Längs- oder Drehtisch gebaut. Bei Rundtischen werden überwiegend Segmentscheiben verwendet. Häufig wird das Pendelschleifen angewendet. Für das Tiefschleifen im Profil-Vollschnitt sind spielfrei vorgespannte Wälzführungen und elektromechanische Antriebe mit stufenlos einstellbaren Gleichstrommotoren und Kugelgewindetrieben erforderlich.
Bild 49 zeigt eine *Langtisch-Flachschleifmaschine* mit horizontaler Hauptspindel. Das Maschinenbett trägt den gleit- und wälzgelagerten Kreuzschlitten für die Längs- und Querbewegung. Die Vorschubbewegung erfolgt elektromechanisch durch steuerbare Dreh- oder Gleichstromantriebe entweder in Stufen oder stufenlos. Der Längstisch wird hydraulisch oder elektromechanisch stufenlos regelbar angetrieben. Die Zustellbewegung wird im Eilgang durch Drehstrom-Asynchronmotoren oder bei der Schrupp- und Schlichtzustellung durch Hubmagnete, Synchron- oder Schrittmotoren erzeugt. Die Drehzahl der Schleifscheibe ist häufig über statisch oder dynamisch arbeitende Frequenzumformer stufenlos einstellbar.
Bild 50 zeigt eine *Rundtisch-Flachschleifmaschine* mit horizontaler Hauptspindel. Varianten werden mit senkrechter Spindel und Segment-Schleifscheiben gebaut.
Verschiedene Bauprinzipien von Flachschleifmaschinen mit horizontaler Hauptspindel und Variationen der Bewegungszuordnung sind in **Bild 51** dargestellt.

5.9.3 Rundschleifmaschinen
Cylindrical grinding machines

Für kurze und mittellange Werkstücke wird das *Norton-Verfahren* angewendet, bei dem der Schleifspindelstock steht und das Werkstück längs der Schleifscheibe bewegt wird. Lange Werkstücke werden auf nach dem *Landis-Verfahren* arbeitenden Maschinen geschliffen. Hierbei bewegt sich der Schleifspindelstock mit der Scheibe längs des ortsfesten Werkstücks, wodurch die notwendige Bettlänge verringert wird.

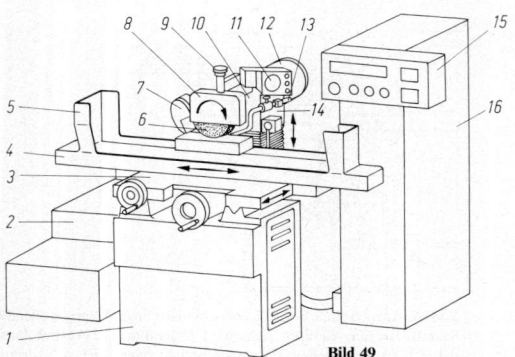

Bild 49

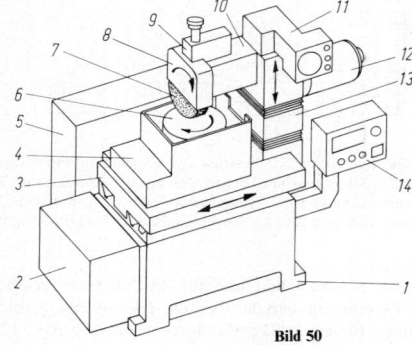

Bild 50

Bild 49. Langtisch-Flachschleifmaschine mit horizontaler Hauptspindel. *1* Maschinenbett, *2* Kühlschmierstoffbehälter, *3* Querschlitten, *4* Schleiftisch, *5* Spritzschutz, *6* Schleifscheibe, *7* Absauganlage, *8* Schutzhaube, *9* Abrichteinrichtung, *10* Hauptspindelstock, *11* Zustellarm, *12* Hauptspindel-Antriebsmotor, *13* Kühlschmierstoffzuführung, *14* Säule, *15* Steuertafel, *16* Steuerschrank

Bild 50. Rundtisch-Flachschleifmaschine mit horizontaler Hauptspindel. *1* Maschinenbett, *2* Hydraulikaggregat, *3* Querschlitten, *4* Spritzschutz, *5* Steuerschrank, *6* Rundtisch, *7* Schleifscheibe, *8* Schutzhaube, *9* Abrichtvorrichtung, *10* Hauptspindelstock, *11* Zustellarm, *12* Hauptspindel-Antriebsmotor, *13* Säule, *14* Steuertafel

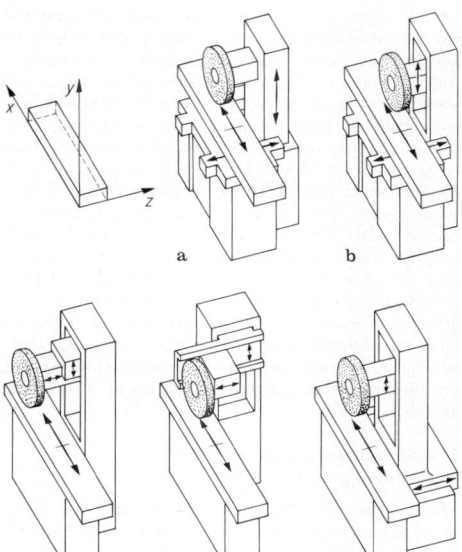

Bild 51. Bauprinzipien von Flachschleifmaschinen mit horizontaler Hauptspindel. **a** Support-Bauform I, Säule tauchend, Kreuzschlitten; **b** Support-Bauform II, Säule stehend, Kreuzschlitten; **c** Traversen-Bauform I, Säule stehend, Ausleger innen; **d** Traversen-Bauform II, Säule stehend, Ausleger außen; **e** Säulenschlitten-Bauform, Querschlitten mit Säule integriert

Das Maschinenbett ist bei kleinen und mittelgroßen Maschinen häufig in Schweißkonstruktion ausgeführt und die Hauptspindel in hydrodynamischen Mehrflächengleitlagern für Umfangsgeschwindigkeiten der Schleifscheibe bis 60 m/s gelagert. Neben dem Längsschleifen sind die Maschinen häufig auch für das Einstechschleifen ausgerüstet; besonders in der Massenfertigung wird das *Schrägeinstechschleifen* angewendet, wobei eine Längsausrichtung des Werkstücks unumgänglich ist. Zur Standardausrüstung in der Mittelserien- und Massenfertigung gehört eine Meßsteuerung. Es stehen verschiedene Längsmeßköpfe für die selbsttätige und manuelle Positionierung zur Verfügung.

Bei *Universal-Rundschleifmaschinen* kann der Hauptspindelstock oder der Tisch zum Schleifen von Kegeln gedreht und für die Bearbeitung von Bohrungen eine Innenschleifspindel eingeschwenkt werden.

Auf *NC-Rundschleifmaschinen* können der Außendurchmesser, die Planschultern oder auch der Innendurchmesser eines Werkstücks bearbeitet werden; mit Bahnsteuerungen lassen sich auch unterschiedliche Radien und Profile schleifen. **Bild 52** zeigt die gesteuerten Achsen einer NC-Außenrundschleifmaschine. Dem Hauptspindelstock und dem Werkstückschlitten sind die Bearbeitungsachsen X und Z zugeordnet, in der V-Achse erfolgt die Steuerung des Durchmesser-Meßkopfes, der über die W-Achse auf die Mitte der Schleifstelle eingestellt wird. Über die U-Achse läßt sich der Längenmeßkopf auf die zu messende Schulter einfahren.

Spitzenlose Rundschleifmaschinen. Diese Maschinen mit besonders hohem Automatisierungsgrad werden in der Massenfertigung eingesetzt. Der Arbeitsbereich liegt zwischen 0,1 und 400 mm. Die Werkstücke liegen längs auf einer Auflage zwischen *Schleif-* und *Regelscheibe*. Da die Bearbeitungskräfte durch die meist in gleicher Breite wie die Schleifscheibe am Werkstück anliegende Regelscheibe

gut aufgenommen werden, können auch dünne und lange Werkstücke ohne Biege- und Torsionsbeanspruchung bei hohen Zeitspanungsvolumina geschliffen werden, **Bild 53**. Der *Hauptspindelstock* ist fest auf dem Maschinenbett verschraubt, Regelspindelstock und Werkstückauflagehalterung sind auf einem Schlitten angeordnet, der die Zustellbewegung ausführt. Bei Ausführungen mit Anordnung von Haupt- und Regelspindelstock auf Schlitten führt der Schleifschlitten die Zustellbewegung aus, die Werkstückauflage ist stationär im Maschinenbett angeordnet und nur in der Höhe verstellbar. Dieses Prinzip wird vor allem bei schweren Werkstücken angewendet, damit die Beschickungseinrichtungen nicht verstellt werden müssen. Regelscheibe und Schleifscheibe sind entweder fliegend oder doppelseitig gelagert. Zur Erzeugung eines Längsvorschubs des Werkstücks beim spitzenlosen Durchlaufschleifen wird die Regelscheibe um einen kleinen Winkel geschwenkt. Die meisten Maschinen sind auch für das spitzenlose Einstechschleifen ausgerüstet.

Die Durchmesser und Breiten der Schleifscheiben reichen bis zu 650 mm; die Regelscheibe hat immer einen kleineren Durchmesser als die Schleifscheibe. Für beide Spindeln kommen meist hydrodynamische Mehrflächengleitlagerungen zur Anwendung. Die Spindel der Regelscheibe wird häufig durch einen stufenlos einstellbaren Gleichstrommotor über Schnecke und Schneckenrad angetrieben.

Zur Maschinenausstattung gehören automatische Zufuhr-, Be- und Entladeeinrichtungen; auch eine Verkettung ist

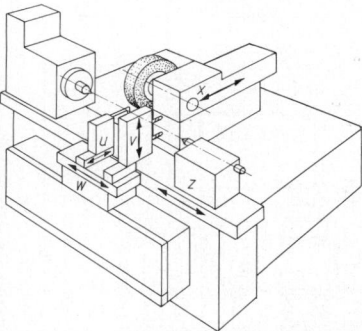

Bild 52. Gesteuerte Achsen einer NC-Außenrundschleifmaschine (Schaudt GmbH, Stuttgart-Hedelfingen). X-Achse (Hauptspindelstock), Z-Achse (Werkstückschlitten), U-Achse (Querpositionierung Längenmeßkopf), V-Achse (Steuerung des Durchmesser-Meßkopfes), W-Achse (Längspositionierung des Durchmesser-Meßkopfes)

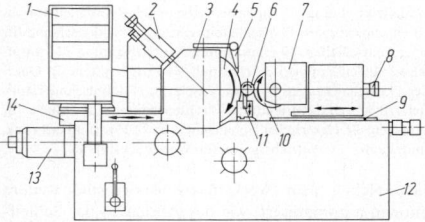

Bild 53. Spitzenlose Rundschleifmaschine. *1* Steuerpult, *2* Abrichtvorrichtung für die Schleifscheibe, *3* Hauptspindelstock, *4* Schleifscheibe, *5* Kühlschmierstoffzuführung, *6* Werkstück, *7* Regelscheibenspindelstock, *8* Abrichtvorrichtung für Regelscheibe, *9* Regelscheibenspindelstockschlitten, *10* Regelscheibe, *11* Stützlineal, *12* Maschinenbett, *13* Zustelleinrichtung, *14* Schleifspindelstockschlitten

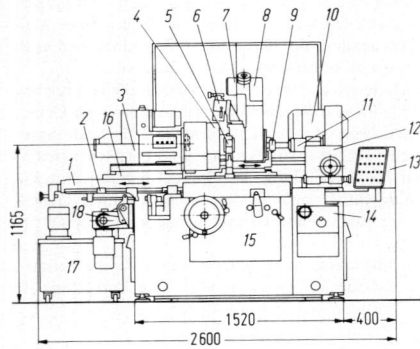

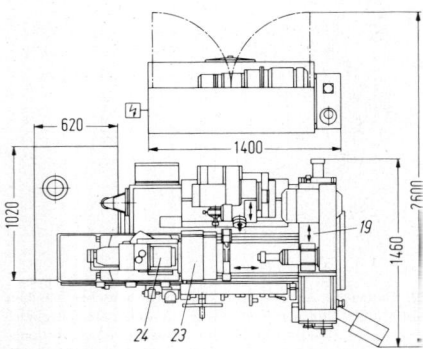

Bild 54. Baugruppen einer Innenrundschleifmaschine (ehem. Jung Schleifmaschinen H. Gaub, Berlin). *1* Langschlitten, *2* Tischanschläge, *3* Werkstückspindelkasten, *4* Spannfutter, *5* Abrichtvorrichtung für Bohrungsschleifen, *6* Abrichtvorrichtung für Topfschleifscheibe (Planschleifeinrichtung), *7* Topfschleifscheibe der Planschleifeinrichtung, *8* einschwenkbare Planschleifeinrichtung, *9* Schleifscheibe für das Innenrundschleifen, *10* Hauptspindel-Antriebsmotor, *11* Hauptspindel, *12* Schleifsupport, *13* Schaltpult, *14* Zustellsystem für Querschlitten, *15* Schaltkasten, *16* Zwischenplatte, *17* Kühlschmierstoffbehälter, *18* Kurzhubeinrichtung, *19* Querschlitten, *20* Brücke für Querschlitten, *21* elektrischer Schaltschrank, *22* Hydraulikschrank, *23* Schutzhaube, *24* Antriebsmotor für Werkstückspindel

möglich. Neben dem Werkstücktransport sind weitere Funktionen automatisiert, wie das Abrichten der Schleifscheibe, die Kompensation des Schleifscheibenverschleißes an der Abrichtvorrichtung, die Kompensation des Abrichtbetrags durch die Feinzustellung sowie Meßsteuern.

Innenrundschleifmaschinen. Die wesentlichen Baugruppen einer Innenrundschleifmaschine mit zusätzlicher Plan-

schleifeinrichtung sind in **Bild 54** gezeigt. Auf einer fest mit dem Maschinenbett verbundenen Brücke *20* befindet sich der Querschlitten *19* für die Zustellbewegung mit dem Antriebsmotor *10* der Hauptspindel *11*. Die Längs- und Vorschubbewegung erfolgt über den im Maschinenbett gleitgelagerten Tisch *1*, auf dem der Werkstückspindelstock *3* fest montiert ist. Zum Schleifen von Kegelbohrungen kann der Spindelkasten auf der Zwischenplatte *16* geschwenkt werden. Die Werkstückspindel wird über einen Asynchronmotor *24* und ein Schieberadgetriebe angetrieben. Die Planschleifeinrichtung *8* kann in die Bearbeitungsposition eingeschwenkt werden, ist in Längsrichtung auf einer Bett-Grundplatte verschiebbar und kann zum Schleifen von Planflächen an Werkstücken mit Kegelbohrung bis zu 10° geschwenkt werden. Zur Erzeugung kleiner Tischoszillationen bis zu 6 mm wird eine Kurzhubeinrichtung *18* verwendet, die mit einem Exzenter arbeitet, der über ein Schneckengetriebe von einem Bremsmotor angetrieben wird.

5.9.4 Schraubflächenschleifmaschinen
Screw thread grinding machines

Man unterscheidet Maschinen für das ein- und mehrprofilige Längsschleifen sowie das mehrprofilige Einstechschleifen von Gewinden.

5.9.5 Verzahnungsschleifmaschinen
Gear grinding machines

Man unterscheidet die Maschinen nach den von ihnen auszuführenden Verfahren. Hier sind das Teil- und die kontinuierlichen Wälzverfahren nach Maag, Niles, Kolb und Reishauer zu nennen.

5.9.6 Entwicklungstendenzen. Development trends

Die Einführung des *Hochgeschwindigkeitsschleifens* sowie neuer Technologien erfordert höhere statische und dynamische Steifigkeiten der Maschinen, hohe Antriebsleistungen, verbesserte Spindellagerungen, Kühlschmierstoffsysteme und Sicherheitseinrichtungen sowie Einrichtungen zum schnellen Auswuchten bei Arbeitsdrehzahl.
Im Bereich der Werkzeugschleifmaschinen ist ein eindeutiger Trend zum Tiefschleifen mit Bornitrid- und Diamantscheiben festzustellen.
Weitere Entwicklungstendenzen sind höhere und stufenlos einstellbare Werkstück- und Schleifscheibenumfangsgeschwindigkeiten, verbesserte Systeme zur Feinzustellung, Wälz- oder hydrostatische Führungen, steigender Einsatz von Diamant-Abrichtrollen, dem jeweiligen Werkstück angepaßte Zufuhr-, Be- und Entladeeinrichtungen und verbesserte Steuerungen (Meßsteuerungen, numerische Steuerungen, AC-Systeme). Im Zuge der Komplettbearbeitung sind Maschinen für das Außen- und Innenschleifen entstanden, wie die in **Bild 55** gezeigte Maschine, bei der beide Spindelstöcke parallel auf einem Drehtisch angeordnet sind.

5.10 Honmaschinen. Honing machines

5.10.1 Langhubhonmaschinen
Long stroke honing machines

Bild 56 zeigt eine Einteilung der Langhubhonmaschinen. Horizontale Bauweise meist bei Handhonmaschinen Hierbei wird die Drehbewegung von der Honahle ausgeführt und die für das Honen typische Hubbewegung von Hand erzeugt. Verkürzung der Hauptzeiten durch maschinell erzeugte Hubbewegung. Honen von Außenrundflächen:

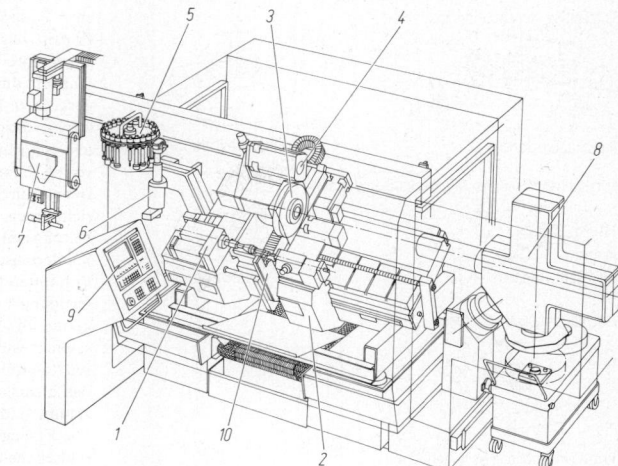

Bild 55. Flexible Schleifzelle für Außen-, Innen-
und Profilschleifen in einer Aufspannung
(Schaudt Maschinenbau GmbH, Stuttgart).
1 Werkstückspindelstock, *2* Reitstock, *3* Außen-
schleifspindel, *4* Innenschleifspindel, *5* Magazin
für Innenschleifstifte, *6* Schleifstiftwechsler,
7 Portallader für Werkstückwechsel, *8* automatischer Schleifscheibenwechsler, *9* CNC-Steuerung
für bis zu fünf Achsen, *10* Meßsystem zur
permanenten Durchmesser- und Längenmessung
während des Schleifprozesses

Drehbewegung des Werkstücks über die Hauptspindel.
Hubbewegung mit einem Außenhonwerkzeug von Hand
oder maschinell. Zur Bearbeitung größerer Werkstücke,
insbesondere zum Innenhonen von langen Rohren, wird
ebenfalls die horizontale Anordnung gewählt. Die Dreh-
und Hubbewegung können dem Werkstück oder dem
Werkzeug bzw. beiden zugeordnet sein.

Bei der vertikalen Langhubhonmaschine werden die erforderlichen Bewegungen durch das Werkzeug ausgeführt. Der Antrieb der Hauptspindel erfolgt vom Drehstrommotor über ein stufenlos einstellbares Reibradgetriebe und Keilriemen. Die Hubbewegung wird hydraulisch
über eine Flügelzellenpumpe mit veränderlichem Volumenstrom erzeugt. Es können Hublänge, Hublage und
Hubgeschwindigkeit stufenlos eingestellt werden. Übliche
Umfangsgeschwindigkeiten des Honwerkzeugs zwischen
15 und 40 m/min, Axialgeschwindigkeiten zwischen 12
und 25 m/min. Die bezogenen Honsteinanpreßdrücke liegen bei Honsteinen aus Korund oder Siliciumcarbid zwischen 20 und 200 N/cm^2 aus kubisch kristallinem Bornitrid (CBN) zwischen 200 und 350 N/cm^2 und bei gesinterten Diamanthonleisten zwischen 300 und 600 N/mm^2.
Langhubhonmaschinen werden zur Bearbeitung von Bohrungen bis zu einem Durchmesser von 1 200 mm und einer
Länge von 12 000 mm (auf Umschlag 24 000 mm) hergestellt.

Zustellung der formschlüssigen Honahle mechanisch,
pneumatisch, hydraulisch oder elektro-hydraulisch. Eine

schrittweise Zustellung bewirkt zuerst die Bearbeitung der
engsten Punkte und Flächen einer Bohrung. Die Zeitintervalle für die Zustellung sind einstellbar und können
den jeweiligen Bedingungen angepaßt werden. Einhalten
bestimmter Bearbeitungsdurchmesser mit Zeitsteuerung
oder mechanischen bzw. pneumatischen Meßeinrichtungen. Die Meßeinrichtungen haben den Vorteil, daß der
Honsteinverschleiß berücksichtigt wird.

Die Einspannung des Honwerkzeugs und des Werkstücks
erfolgt so, daß eine Ausgleichsbewegung für kleine Achs-
verschiebungen besteht. Dies kann durch eine pendelnde Aufhängung der Honahle erreicht werden. Bei kleinen oder mittelgroßen Werkstücken oder dann, wenn
das Werkstück leicht verspannt werden kann, wird dieses „schwimmend" gelagert und die Honahle starr mit
der Honspindel verbunden. Zuführeinrichtungen für die
Werkstücke erlauben eine einfachere Beschickung und eine
Verkettung bei Langhubhonmaschinen in Transferstraßen.
Zum Außenhonen auf einer Langhubhonmaschine wird
das Außenhonwerkzeug auf dem Arbeitstisch gespannt
und das Werkstück mit der Hauptspindel verbunden.

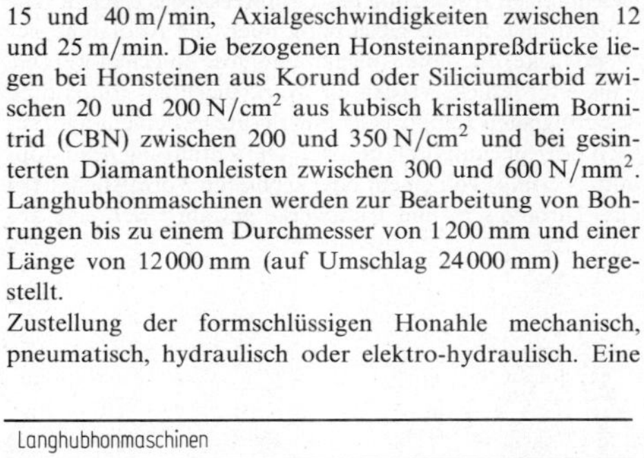

5.10.2 Kurzhubhonmaschinen
Short stroke homing machines

Kurzhubhonmaschinen (**Bild 57**), auch Superfinish-, Fein-
ziehschleif- oder Schwingschleifmaschinen genannt, werden zur Bearbeitung von Innen- und Außenflächen eingesetzt.

Aufbau einer spitzenlosen Durchlauf-Kurzhubhonmaschine: **Bild 58**. Zur Erzeugung der sinusförmigen oszillierenden Bewegung der Honsteine wird ein Schwingkopf
1 eingesetzt, der durch einen Gerätehalter an zwei mit
einem Querhaupt verbundenen Säulen geführt wird. Höhenverstellung des Schwingkopfes durch Gewindespindel.
Beim Durchlaufverfahren wird im allgemeinen mit mehreren hintereinander liegenden Honsteinen verschiedener
Körnung und Härte gearbeitet, so daß sich die Oberflächengüte stufenweise verbessert. Aufnahme und Führung
der Honsteine in Steinführungen *2*, die entsprechend der
erforderlichen Anzahl auf dem Schwingkopf montiert sind.
Jede Steinführung besteht aus einem Zylinder, in dem ein
Kolben das Auf- und Absenken des Honsteines bewirkt.
Steuerung pneumatisch oder hydraulisch. Anpreßdrücke
entsprechend der Bearbeitungsaufgabe einzeln stufenlos
einstellbar. Durch die gleichsinnig drehenden Transport-

Langhubhonmaschinen				
Bearbeitungs-aufgabe				
	Innen-Bearbeitung		Außen-Bearbeitung	
Lage der Hauptspindel	horizontal		vertikal	
Anzahl der Hauptspindeln	ein-spindlig	mehr-spindlig	ein-spindlig	mehr-spindlig

Bild 56. Einteilung der Langhubhonmaschinen

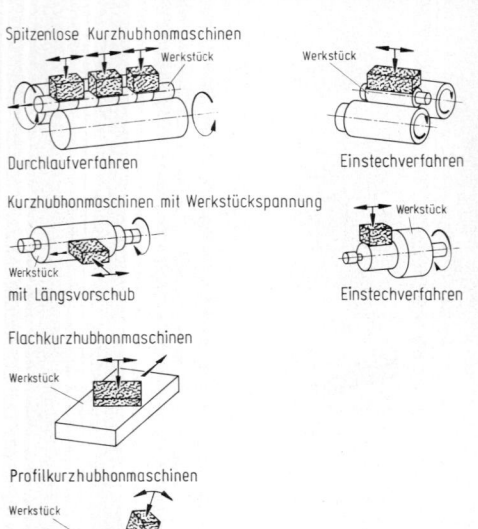

Spitzenlose Kurzhubhonmaschinen

Durchlaufverfahren

Einstechverfahren

Kurzhubhonmaschinen mit Werkstückspannung

mit Längsvorschub

Einstechverfahren

Flachkurzhubhonmaschinen

Profilkurzhubhonmaschinen

Innenkurzhubhonmaschinen

Bild 57. Einteilung der Kurzhubhonmaschinen

walzen *3* werden die Werkstücke mit einem definierten Vorschub parallel zur Schwingachse unter den Steinführungen verschoben. Der parallele Durchlauf wird durch Form und Verstellbarkeit der Transportwalzen (Neigungswinkel 0,5° bis 2°) ermöglicht. In Sonderfällen, z. B. Kurzhubhonen von Kegelrollen, sind die Transportwalzen nicht gegeneinander geneigt und der Durchlauf wird über eine geeignete Form der Walzen realisiert. Oszillationsfrequenzen zwischen 4 und 45 Hz, Steinanpreßdruck etwa 25 bis 100 N/cm^2.

Die Schwingbewegung kann mechanisch erzeugt werden, indem eine Rotationsbewegung über eine Exzenterwelle in eine Translationsbewegung umgesetzt wird. Ein anderes Prinzip zeigt **Bild 59**. Dort besteht der Schwingkopf aus einem Drei-Massen-Schwing-System mit pneumatischem Antrieb durch zwei sich selbst synchronisierende Erregerkolben. Die Einstellung von Frequenz und Amplitude erfolgt durch ein Druckminderventil mit nachgeschaltetem Schwingungsdämpfer. Die Hublänge ist im Bereich von ±15 mm stufenlos einstellbar.

Innen-Kurzhubhonmaschinen sind meist mit Spanneinrichtungen versehen, die dem Werkstück und der Bearbeitungsaufgabe angepaßt sind. Darüber hinaus gibt es Sondermaschinen zum Kurzhubhonen von ebenen und gekrümmten Flächen. Für die Feinbearbeitung in der Einzelfertigung und bei kleineren Serien können Kurzhubhongeräte an anderen Werkzeugmaschinen, z. B. an Drehmaschinen, aufgebaut werden. Diese mit einer oder mehreren Steinführungen ausgerüsteten Aufbaueinheiten werden anstelle des Werkzeugs in den Werkzeugträger eingespannt. Längs- und Einstechbearbeitungen sind möglich. Die Erzeugung der Schnittbewegung erfolgt nach den beschriebenen Prinzipien.

5.11 Läppmaschinen. Lapping machines

5.11.1 Allgemeines. General

Das maschinelle Läppen wird nach **Bild 60** eingeteilt.

5.11.2 Einscheiben-Läppmaschinen
Single wheel lapping machines

Prinzipieller Aufbau: **Bild 61**. Ein Grundgestell trägt den Läpptisch, der aus einem Untertisch und je nach Maschinengröße aus einer aufgesetzten Läppscheibe oder Läppsegmenten besteht. Auf dem Läpptisch laufen, durch seitliche Führungsarme abgestützt, die Abrichtringe. Durch die Reibungsverhältnisse auf der umlaufenden Bewegung (*Reibungskopplung*) richten diese die Läppscheibe während des Arbeitsvorganges ständig ab. Dadurch wird eine gleichmäßige Abnutzung des Läppwerkzeugs erreicht. Die Abrichtringe dienen gleichzeitig auch zur Aufnahme der Werkstücke, die ohne Aufspannung lose eingelegt werden. Falls erforderlich, werden die Werkstücke zur Einhaltung des geeigneten Läppdrucks mit Zusatzgewichten, hydraulisch oder pneumatisch belastet. Die Zuführung des Läppmittels erfolgt von einem oder mehreren Vorratsbehältern aus. Turbomisch- und Rührwerke gewährleisten eine ho-

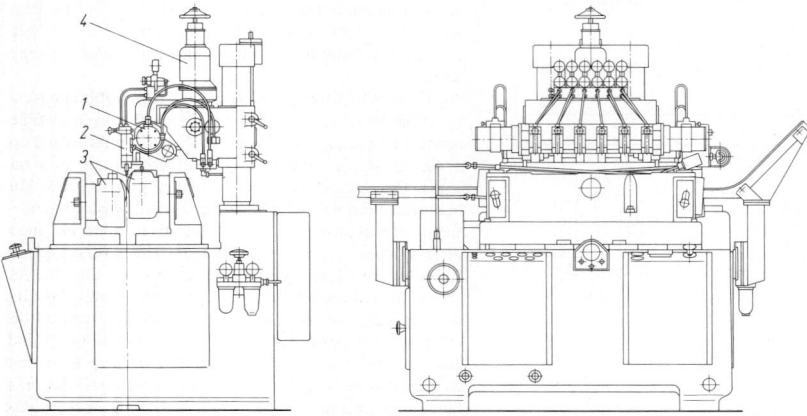

Bild 58. Aufbau einer spitzenlosen Durchlauf-Kurzhubhonmaschine (Supfina, Remscheid). *1* Schwingkopf, *2* Steinführung, *3* Transportwalzen, *4* mechanische Schwingungserzeugung

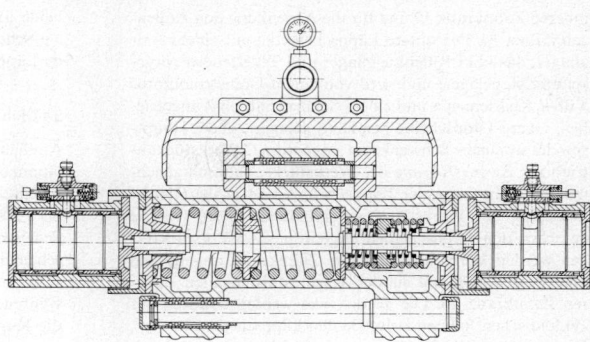

Bild 59. Schwingkopf mit pneumatischem Antrieb durch zwei Erregerkolben (Supfina, Remscheid)

mogene Mischung des Läppmittels (meist Suspension aus Wasser und Läppkorn: Korund, SiC, Borcarbid). Regelgeräte und Düsen im Läppmittelkreislauf gestatten eine Dosiermöglichkeit und Anpassung an die jeweilige

Maschinentyp	Anordnung der Hauptspindel	Bearbeitungsaufgabe	kennzeichnende Maschinengröße
Einscheiben-Läppmaschine	vertikal	Werkstück Planläppen	Läppscheiben-durchmesser
Zweischeiben-Läppmaschine	vertikal	Werkstück Planparallel	
Dreischeiben-Läppmaschine	vertikal	Werkstück Seiten-Außen-Rundläppen mit Linienberührung	
Kugel-Läppmaschine	vertikal	Werkstück	
	horizontal	Läppen von Kugeln	
Innen- und Außenrund-Läppmaschine	vertikal	Werkstück Umfangs-Innen-Rundläppen	Durchmesser und Länge der zu läppenden Innen- bzw. Außenfläche
	horizontal	Werkstück Umfangs-Außen-Rundläppen mit Flächenberührung	
Schwingläpp-maschine	vertikal	Werkstück	Verfahrwege
	horizontal	beliebige Innen- und Außenflächen	

Bild 60. Einteilung der Läppmaschinen nach DIN 8589 T 15

Bearbeitungsaufgabe. Einscheiben-Läppmaschinen werden mit Läppscheibendurchmessern von 350 bis 5000 mm ausgeführt.

5.11.3 Zweischeiben-Läppmaschinen
Twin wheel lapping machines

Sie werden zum Plan-, Planparallel- und Außenrundläppen verwendet, **Bild 62.** Läppscheibendurchmesser: 250 bis 1000 mm. Für alle Bewegungen sind bis zu vier getrennte, drehzahlge- oder entkoppelte Antriebe vorhanden. Gestuft oder stufenlos veränderliche Drehzahlen. Der Untersatz enthält die Antriebe für die untere Läppscheibe 8, den

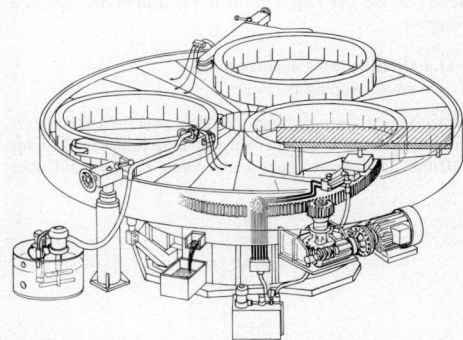

Bild 61. Einscheiben-Läppmaschine (Waldrich Coburg, Coburg)

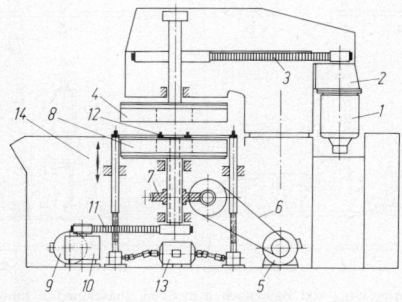

Bild 62. Aufbau einer Zweischeiben-Läppmaschine (Peter Wolters Maschinenfabrik GmbH & Co., Rendsburg). 1 Motor für oberen Läppscheibenantrieb, 2 Getriebe, 3 Zahnriementrieb, 4 obere Läppscheibe, 5 Motor für unteren Läppscheibenantrieb, 6 Keilriementrieb, 7 Schneckentrieb, 8 untere Läppscheibe, 9 Motor für Werkstückantrieb, 10 Schneckengetriebe, 11 Zahnriementrieb, 12 innerer Zahnkranz, 13 Motor zum Absenken des äußeren Zahnkranzes, 14 äußere Zahnkranzabsenkung

inneren Zahnkranz 12 und für die Absenkung den Außen-
zahnkranz 14. Die untere Läppscheibe ist auf einem Axiallager, das über Rillenkugellager und Tellerfedern vorgespannt ist, gelagert und wird von einem Drehstrommotor
5 über Keilriemen 6 und einem Schneckentrieb 7 angetrieben. Obere Läppscheibe pendelnd gelagert, obere Hauptspindel in einem Schwenkarm angeordnet. Werkstückantrieb zur Zwangsführung der Werkstücke, dadurch gleichmäßige Abnutzung der Läppscheiben und große Gleichmäßigkeit der Werkstücke untereinander 9, 10, 11. Die
zwischen den Läppscheiben angeordneten Werkstückträger werden durch den inneren Zahnkranz angetrieben
und wälzen sich am in der Regel stillstehenden äußeren Zahnkranz ab. Die Werkstücke werden dadurch auf
zykloidischen Bahnen zwischen den Läppscheiben bewegt.
Die Antriebswelle für den inneren Zahnkranz wird durch
zwei Schrägkugellager in X-Anordnung in Verbindung mit
einem Nadellager geführt. Der äußere Zahnkranz wird
zum Auswechseln der Werkstückträger abgesenkt. Der
Läppdruck wird hydraulisch oder pneumatisch aufgebaut.
Das Druckniveau kann durch eine SP-Steuerung variiert
werden.
Das Einhalten bestimmter Werkstückmaße bzw. -toleran-
zen erfolgt meist mit einer Zeitsteuerung. Die erforderliche
Läppzeit wird nach Erfahrungswerten eingestellt. Weitere
Möglichkeit: Indirekte Meßsteuerung. Hierbei wird der
Abstand zwischen beiden Läppscheiben gemessen und die
Maschine nach Erreichen eines eingestellten Maßes abge-
schaltet. Diese Steuerungsart findet Anwendung bei größeren zugelassenen Werkstücktoleranzen, da die Läppmittel-
filmdicke und der Läppscheibenverschleiß in die Messung
eingehen.

5.11.4 Dreischeiben-Läppmaschinen
Triple wheel lapping machines

Dreischeibenläppmaschinen besitzen zwei nebeneinanderliegende untere Läppscheiben des Durchmessers 580 bis
810 mm. Die obere Läppscheibe kann abwechselnd über

beide untere Scheiben geschwenkt werden. Während sich
ein Scheibenpaar im Eingriff befindet, kann die freiliegende Läppscheibe be- und entladen werden.

5.11.5 Kugelläppmaschinen. Spherical lapping machines

Ähnlich wie Zweischeiben-Läppmaschinen sind Kugel-
läppmaschinen aufgebaut. Es wird jedoch nur eine Läppscheibe angetrieben. Läppscheibendurchmesser von 100
bis 1200 mm. Vertikale oder horizontale Anordnung der
Scheiben. Im allgemeinen besitzt eine der beiden Läppscheiben konzentrische, V-förmige Rillen, deren Abmessungen der zu läppenden Kugelgröße angepaßt sind und
während des Läppens halbkreisförmig verschleißen. Da
die Kugeln mehrmals und jeweils in anderen Rillen zwischen den Läppscheiben durchlaufen müssen, sind Zuführeinrichtungen, die gleichzeitig für eine Durchmischung
sorgen, notwendig. Vorbearbeitung: Scheiben aus gebundenem Korn: Feinstbearbeitung: Gußläppscheiben und
lose Läppsuspension.

5.12 Mehrmaschinensysteme
Multi-machine Systems

Zur Erzielung einer hohen Produktivität in der Großserienfertigung werden Sondermaschinen und Transferstraßen
eingesetzt. Der Aufbau erfolgt unter Verwendung modularer Baueinheiten mit genormten Haupt- und Anschlußmaßen, die in waagerechter, senkrechter oder beliebiger
Winkellage zu Sondermaschinen unterschiedlicher Bauformen kombiniert werden können. Bild 63 zeigt einige
Formen von Einweg- und Mehrwegmaschinen, Maschinen mit festem Tisch und mit geradliniger oder kreisförmiger Zubringbewegung der Werkstücke. In Bild 64 ist
eine Transferstraße zur Bearbeitung von Gelenkwellenteilen dargestellt. Die Werkstücke durchlaufen hier nach-

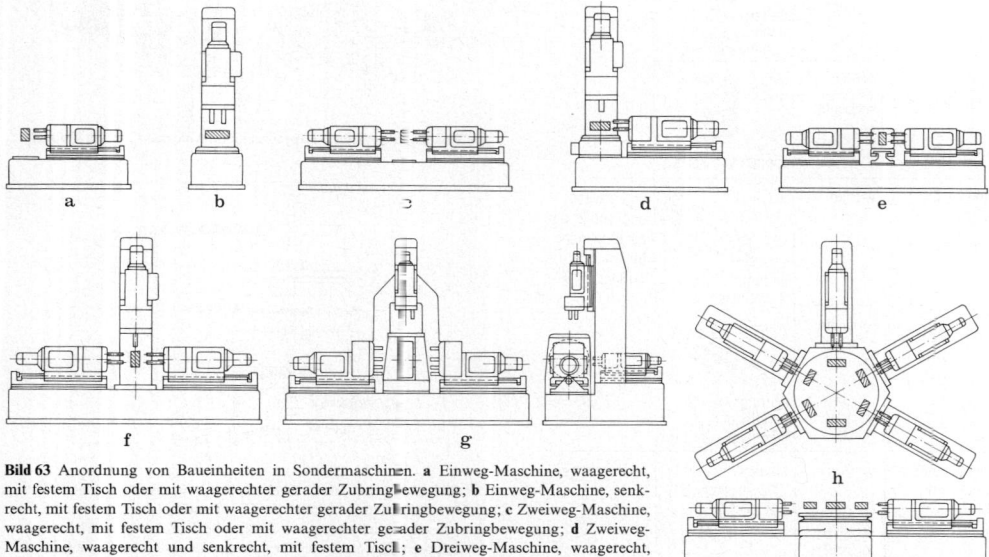

Bild 63 Anordnung von Baueinheiten in Sondermaschinen. **a** Einweg-Maschine, waagerecht,
mit festem Tisch oder mit waagerechter gerader Zubringbewegung; **b** Einweg-Maschine, senkrecht, mit festem Tisch oder mit waagerechter gerader Zubringbewegung; **c** Zweiweg-Maschine,
waagerecht, mit festem Tisch oder mit waagerechter gerader Zubringbewegung; **d** Zweiweg-
Maschine, waagerecht und senkrecht, mit festem Tisch; **e** Dreiweg-Maschine, waagerecht,
mit festem Tisch; **f** Dreiweg-Maschine, waagerecht und senkrecht, mit festem Tisch; **g** Dreiweg-Maschine, waagerecht und senkrecht, mit senkrechter kreisförmiger Zubringbewegung; **h**
Fünfweg-Maschine, waagerecht, mit waagerechter kreisförmiger Zubringbewegung, mit fünf
Arbeitsstationen und einer Lade- und Entladestation

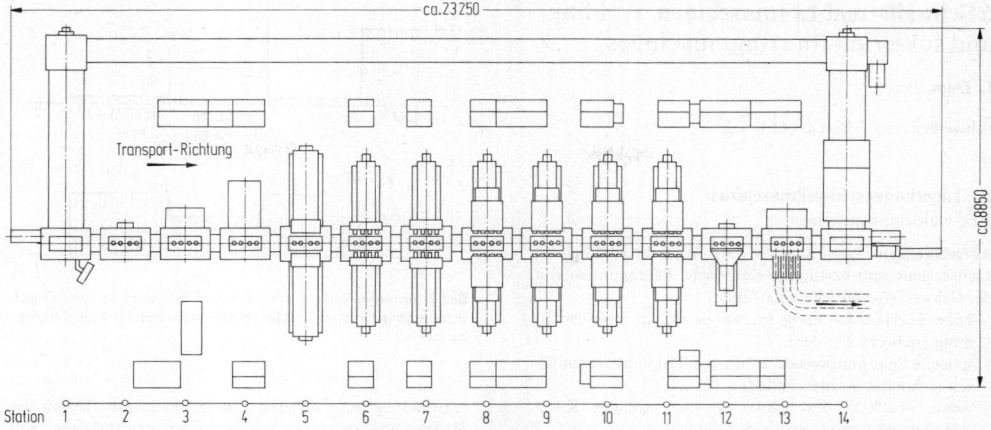

Bild 64. 14-Stationen-Transferstraße zur Bearbeitung von Gelenkwellenteilen (Hüller Hille GmbH, Werkzeugmaschinen, Ludwigsburg)

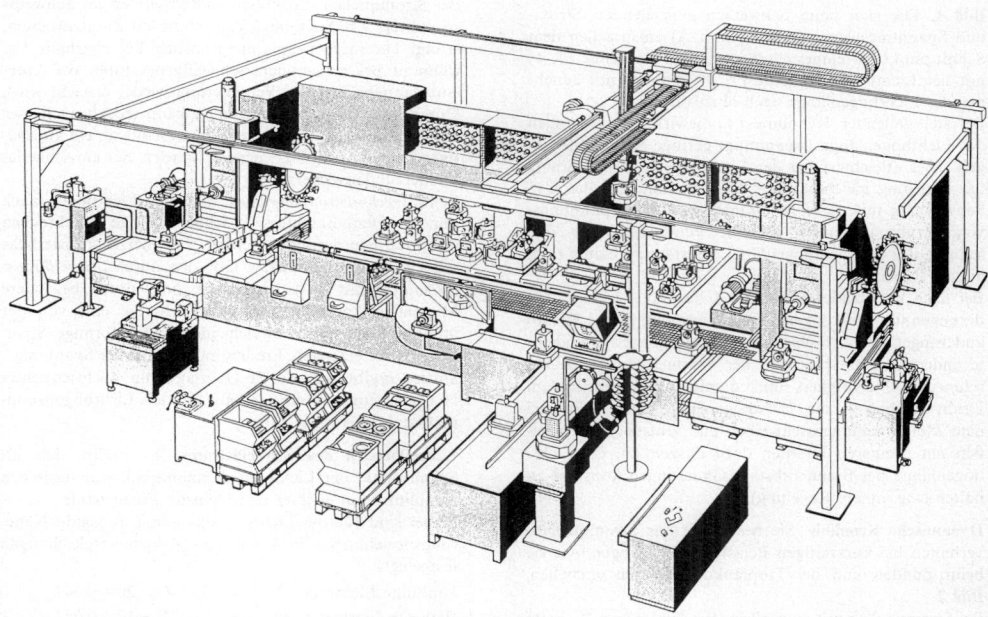

Bild 65. Flexibles Fertigungssystem mit zwei Bearbeitungsstationen für prismatische Werkstücke (Fritz Werner, Berlin)

einander die Bearbeitungs-, Wasch- und Ausblasstationen, wobei der Transport von Station zu Station gleichzeitig und vollautomatisch erfolgt. Die Taktzeit wird von der Station mit der längsten Bearbeitungszeit bestimmt.

Mit der wachsenden Teilevielfalt und damit abnehmenden Stückzahlen in der Serienproduktion steigen die Forderungen an die Flexibilität von Fertigungseinrichtungen. In der *flexiblen Transferstraße* werden anstatt von Einzweckmaschinen mit fest vorgegebenen Werkzeugen Bearbeitungsmaschinen mit Werkzeugmagazin und Werkzeugwechseleinrichtung an den Stationen eingesetzt, wodurch die Herstellung eines Teilespektrums möglich wird.

Für die Serienfertigung mittlerer Losgrößen werden *flexible Fertigungszellen* eingesetzt, die neben dem numerisch gesteuerten Bearbeitungszentrum für prismatische oder rotationsorientierte Bauteile Werkstück- und Werkzeugspeicher sowie Handhabungs-, Meß- und Überwachungssysteme beinhalten. Mit der Vernetzung derartiger Fertigungszellen entstehen *flexible Fertigungssysteme,* in denen sich ersetzende bzw. ergänzende Bearbeitungsstationen eine ungetaktete und losgrößenunabhängige Fertigung ermöglichen. **Bild 65** zeigt ein flexibles Fertigungssystem mit zwei Bearbeitungsstationen für prismatische Werkstücke.

6 Schweiß- und Lötmaschinen. Welding and soldering (brazing) machines

L. Dorn, Berlin

Schweißen und Löten s. G 1.1–1.2.

6.1 Lichtbogenschweißmaschinen
Arc welding machines

Anforderungen. Zum Zünden und Aufrechterhalten des Lichtbogens sind bestimmte elektrische Bedingungen von der Schweißstromquelle zu erfüllen:
– hohe Leerlaufspannung im Vergleich zur Brennspannung (sicheres Zünden),
– schnelle Spannungswiederkehr nach Tropfenkurzschlüssen (schnelles Wiederzünden),
– wenig oberhalb des Schweißstroms liegender Kurzschlußstrom (spritzerarmes Schweißen).

Statische Kennlinie. Sie beschreibt die Veränderung der Quellspannung U mit der Höhe des Schweißstroms I, **Bild 1**. Die sich beim Schweißen einstellenden Strom- und Spannungswerte (Arbeitspunkt A) entsprechen dem Schnittpunkt der eingestellten statischen Kennlinie *(1, 4)* mit der Lichtbogenkennlinie *(2, 3)*, die sich mit zunehmender Lichtbogenlänge nach oben verschiebt.
Bei steil fallender Kennlinie *(4)* bewirken Änderungen der Lichtbogenlänge (-spannung) geringe Stromänderungen. Dies erleichtert bei der Lichtbogenhandschweißung die Erzielung gleichmäßiger Wärmezufuhr. Bei der UP-Schweißung mit dickeren Drähten wird die Spannungsveränderung ausgenutzt, um über einen regelbaren Vorschubmotor die Lichtbogenlänge konstant zu halten (sog. äußere Regelung).
Bei flach abfallender Kennlinie *1* bewirken geringe Änderungen der Lichtbogenlänge (-spannung) starke Stromänderungen. Bei Abschmelzelektroden hoher Stromdichte ändert sich entsprechend der Wärmeleistung die Abschmelzgeschwindigkeit und damit – bei konstantem Drahtvorschub – die Lichtbogenlänge. Dies wird bei dem Metall-Schutzgasschweißen und Unterpulverschweißen mit dünneren Drähten dazu ausgenutzt, die Lichtbogenlänge bei Brennerabstandsänderungen konstant zu halten (sog. innere Regelung).

Dynamische Kennlinie. Sie beschreibt das Stromquellenverhalten bei kurzzeitigen Belastungsänderungen, wie sie beim Zünden und bei Tropfenkurzschlüssen entstehen, **Bild 2**.
Bei Stromquellen mit zu großem Zündstromstoß I_{kst} neigt die Elektrode beim Zünden zum Festhaften am Werkstück und bei Tropfenkurzschlüssen entsteht starke Spritzerbildung; bei zu kleinem Zündstromstoß reicht die Wärme-

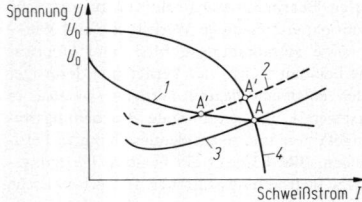

Bild 1. Veränderung des Arbeitspunktes durch Vergrößerung der Lichtbogenlänge bei steiler und flacher statischer Stromquellenkennlinie. *1* flache Kennlinie, *2* langer Lichtbogen, *3* kurzer Lichtbogen, *4* steile Kennlinie

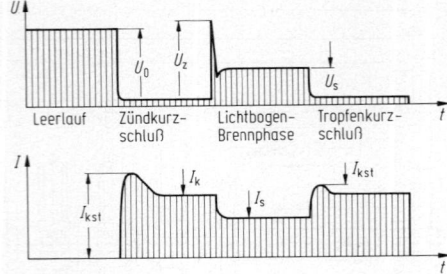

Bild 2. Zeitlicher Verlauf von Strom und Spannung bei kurzzeitigen Belastungsänderungen infolge Berührungszündung und Tropfenkurzschluß

entwicklung zum sicheren Zünden nicht aus. Damit die Stromquelle ein gutes Wiederzünden gewährleistet, soll die Spannung nach Aufheben des Kurzschlusses möglichst rasch die volle Leerlaufspannung U_0 wieder erreichen. Bei Stromquellen mit hohen Induktivitäten im Schweißstromkreis, z.B. Schweißgleichrichtern mit Zusatzdrosseln, erfolgt ein rascher Spannungsanstieg bis oberhalb U_0, während bei rotierenden Schweißgeneratoren die Leerlaufspannung erst mit Verzögerung wieder erreicht wird. Durch konstruktive Maßnahmen kann jedoch auch hier unmittelbar nach Aufheben des Kurzschlusses ein kurzzeitiger Spannungsstoß U_z erzeugt werden, der ein schnelles Wiederzünden sicherstellt.
Beim *Wechselstromschweißen* wird der Lichtbogen auch ohne Tropfenkurzschlüsse in schneller Folge unterbrochen und muß neu gezündet werden. Der hierzu erforderliche schnelle Spannungsanstieg läßt sich durch *Schweißtransformatoren* mit Luftspaltdrosseln oder durch besondere Magnetkernkombinationen erreichen, die eine von der üblichen Sinusform abweichende rechteckförmige Spannungskurve erzeugen. Ein besonders schneller Spannungsanstieg ergibt sich durch Überlagerung hochfrequenter Hochspannungsimpulse (3 000 V) mittels Lichtbogenzünd- und -stabilisierungsgeräten.

Einstellbereich des Schweißstroms. Er ergibt sich als Schnittpunkt der Lichtbogenkennlinie mit den statischen Kennlinien auf größter und kleinster Einstellstufe.
Dabei sind für die Lichtbogenkennlinie folgende Näherungsbeziehungen in Form von Zahlenwertgleichungen festgelegt:

Umhüllte Elektroden	$U = 20 + 0,04\,I$,
Wolfram-Inertgas-Schweißen	$U = 10 + 0,04\,I$,
Metall-Schutzgas-Schweißen	$U = 14 + 0,05\,I$,
Unterpulver-Schweißen	$U = 20 + 0,04\,I$ bzw.
	$U = 14 + 0,05\,I$.

Schweißstrom und Einschaltdauer. Beim Schweißen wird die Stromquelle i.allg. nicht kontinuierlich, sondern mit Unterbrechung belastet, entsprechend einer bestimmten relativen Einstelldauer.

$$ED = \frac{\text{Belastungszeit}}{\text{Belastungszeit} + \text{Pausenzeit}} \cdot 100\%.$$

Daher wird der von der Maschinenerwärmung zulässige Schweißstrom nicht nur für $ED = 100\%$ (Dauerbetrieb), sondern auch für $ED = 35$ bzw. 60% angegeben, wie es dem üblichen Handschweißbetrieb entspricht. Bei abweichender betrieblicher Einschaltdauer ergibt sich der zulässige Maximalstrom nach

$$I_2 = I_1 \sqrt{ED_1 / ED_2}.$$

Zulässige Leerlaufspannungen. Aus Sicherheitsgründen sind die Leerlaufspannungen begrenzt, und zwar bei Gleichstromquellen auf 113 V Scheitelwert sowie bei Schweißtransformatoren auf 113 V Scheitelwert und 80 V Effektivwert. Für das Schweißen in Kesseln und engen Räumen sind bei Schweißtransformatoren nur Leerlaufspannungen bis 68 V Scheitelwert und 48 V Effektivwert zugelassen. Bei vollmechanisierten Schweißanlagen sind demgegenüber 141 V Scheitelwert und 100 V Wechselstrom-Effektivwert zulässig.

Bauausführungen

Die kennzeichnenden Eigenschaften und Anwendungsbeispiele üblicher Schweißstromquellen sind in **Tab. 1** gegenübergestellt (s. V3 und V4).

Tabelle 1. Netzanschlußwerte, Betriebseigenschaften, Kosten und Anwendungsbereiche von Schweißstromquellen

	Schweiß-transformator	Schweiß-gleichrichter	Gleichstrom-umformer
Netzanschluß	einphasig	dreiphasig	dreiphasig
Netzbelastung	unsymmetrisch	symmetrisch	symmetrisch
Rückwirkungen auf das Netz	ungedämpft	ungedämpft	gedämpft
Einfluß der Netzschwankungen	proportional	proportional	bei Teillast unbedeutend
Wirkungsgrad	80....90%	65....85%	45...60%
Leerlaufaufnahme	0,06...0,15 K W	0,1...0,25 K W	1...3 K W
Leistungsfaktor, unkompensiert	cos φ 0,4....0,6	cos φ 0,5...0,75	cos φ 0,85...0,9
Zündeigenschaften	befriedigend	gut	gut
Schweiß-eigenschaften	befriedigend bis gut	gut bis sehr gut	gut bis sehr gut
Verwendbarkeit	eingeschränkt	universell	universell
Blaswirkung	unbedeutend	stark	stark
Leistungsabfall in Schweißleitung	hoch	niedrig	niedrig
Geräusche	unbedeutend	wenig	viel
Beschaffungs-kostenvergleich	50%	80%	100%
Betriebskosten	sehr niedrig	niedrig	hoch
Wartungs- und Reparaturkosten	sehr niedrig	niedrig	hoch
E-Schweißen	kaum für B- u. C-Typen	alle Elektrodentypen	alle Elektrodentypen
UP-Schweißen	keine hochbasischen Pulver	alle Pulvertypen	alle Pulvertypen
MIG/MAG-Schweißen	nicht üblich	Pluspolung	Pluspolung
WIG-Schweißen	Leichtmetalle	Stähle, NE-Schwer-metalle	Stähle, NE-Schwer-metalle

Schweißtransformatoren. Sie werden i.allg. an zwei Außenleitern des Drehstromnetzes, bei kleinen Leistungen auch an einem Außenleiter und dem Mittelpunktsleiter angeschlossen. Die Erzeugung der fallenden Kennlinie geschieht durch Veränderung der Kopplung zwischen den Spulen *(Streufeldtrafo)*, durch Erzeugung eines magnetischen Nebenschlusses beim Einschieben eines Tauchkerns *(Streukerntrafo)* oder durch Induktivitätsveränderung mittels nachgeschalteter *Stelldrossel*. Eine stufenlose und ferneinstellbare Stromsteuerung ermöglichen mittels vormagnetisierbarem Eisenkern verstellbare Drosseln *(Transduktoren)*.

Schweißgleichrichter. Die Netzspannung wird über einen Dreiphasentransformator herabtransformiert und mittels Stelldrossel oder Transduktor die gewünschte Kennlinie eingestellt. Ein Halbleiter-Gleichrichtersatz sorgt für die Gleichrichtung des Schweißstroms. Oft werden zusätzliche Stromdämpfungsdrosseln zur Beeinflussung der dynamischen Eigenschaften eingebaut.

Schweißumformer und -aggregate. Je nachdem, ob der rotierende Gleichstromgenerator von einem Elektromotor oder einem Verbrennungsmotor angetrieben wird, spricht man vom Schweißumformer oder Schweißaggregat. Bei den sog. Einwellenumformern sind Motor und Generator (einschließlich Lüfter) auf einer gemeinsamen Welle angeordnet. Aggregate werden wegen ihrer Netzunabhängigkeit vor allem auf Baustellen eingesetzt. Die verwendeten Gegenverbund-, Querfeld- und Streufeld-Generatoren erzeugen auf unterschiedliche Weise die steilfallende Kennlinie, in dem das Hauptfeld (und damit die induzierte Spannung) durch ein mit dem Schweißstrom zunehmende Gegenfeld geschwächt wird. Neuzeitliche bürstenlose Generatoren erfordern infolge Fortfalls von Schleifkontakten und Kollektorlamellen besonders wenig Wartung.

Mehrstellenanlagen. Sofern viele Schweißplätze jeweils mit geringer Einschaltdauer betrieben werden, kann die Versorgung durch eine Mehrstellenanlage wirtschaftliche Vorteile bringen. Im Gegensatz zu Einstellengeräten handelt es sich um Transformatoren- bzw. Gleichrichter mit Konstantspannungscharakteristik und hoher elektrischer Leistung. Die individuelle Einstellung der gewünschten fallenden Kennlinien am Schweißplatz geschieht bei Wechselstrom durch Streu- oder Stufendrosseln, bei Gleichstrom durch vielstufige, hochbelastbare Widerstände.

Elektronische Schweißstromquellen. Thyristor- oder Transistor-Stromquellen zeichnen sich durch genaue und schnelle Aussteuerbarkeit und vielfältige Einstellmöglichkeiten (z.B. Impulsschweißen) aus.

6.2 Widerstandsschweißmaschinen
Resistance welding machines

Widerstandsschweißeinrichtungen umfassen ortsfeste Schweißmaschinen (**Bild 3**) und Vielpunktanlagen sowie tragbare Schweißzangen und Stoßpunkter Nach dem Verfahren werden *Punkt-, Buckel-, Rollennaht-* und *Stumpfschweißmaschinen* unterschieden. Die Aufgabe der Elektrodenkraft- und Schweißstromzuführung erfordert eine Verknüpfung mechanischer und elektrischer Funktionen.

Mechanische Funktionen. Die Elektrodenkraft soll sich in einem weiten Bereich verändern lassen. Hierdurch ergibt sich eine bestmögliche Anpassung an die jeweiligen Schweißaufgaben. Maschinengestell und Elektrodenarme sind mit hoher Steifigkeit auszuführen. Ein Aufbiegen unter der Elektrodenkraft würde während der Erwei-

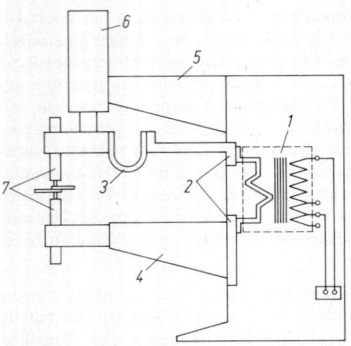

Bild 3. Schematischer Aufbau einer Punktschweißmaschine. *1* Transformator, *2* Stromschienen, *3* Stromfeder, *4* Unterarmhalter mit Unterarm, *5* Oberarm, *6* Druckluftzylinder und Stößelführung, *7* Elektrodenhalter mit Elektroden

chungsphase des Werkstoffs eine gegenseitige Verschiebung der Elektroden herbeiführen. Die Starrheit ist für Buckelschweißmaschinen von besonderer Bedeutung, um eine gleichmäßige Stromverteilung auf die gleichzeitig zu schweißenden Buckel sicherzustellen.

Wegen der Produktionsgeschwindigkeit ist eine schnelle Schließbewegung der Elektroden zu fordern. Dennoch soll die Elektrode schlagfrei aufsetzen, um das Arbeitsgeräusch und den Elektrodenverschleiß auf ein Mindestmaß zu beschränken.

Das bewegliche Elektrodensystem ist möglichst massearm auszuführen, damit die Elektrode dem in der Erweichungsphase nachgebenden Werkstoff mit geringer Trägheit folgen kann. Bei kurzzeitigem Aufheben der Kraftschlüssigkeit zwischen Elektrode und Werkstück entstehen unerwünschte Überhitzungseffekte.

Elektrische Funktionen. Die Schweißmaschine soll kurzzeitig einen möglichst hohen Sekundärstrom abgeben. Der bei zusammengefahrenen Elektroden gemessene maximale Kurzschlußstrom ist ein besonders wichtiger Kennwert. Gleichzeitig sind für die Sekundärspannung niedrige Werte anzustreben, um die Anschlußleistung möglichst klein zu halten. Hierzu müssen die Energieverluste von Transformator, Sekundärkreis und Schweißstromsteuerung auf ein Mindestmaß beschränkt werden.

Für die Serienproduktion ist eine hohe Dauerbelastbarkeit der Maschine, insbesondere des Schweißstromtransformators sicherzustellen. Die Dauerleistung, d.h. die durchschnittliche Leistung, die ohne Übertemperaturen langzeitig aufgenommen werden kann, ist in besonderem Maß bei der Auswahl von Naht- und Stumpfschweißmaschinen zu beachten.

Die Schweißstromsteuerung hat die Aufgabe, kurze Schweißzeiten von einigen hundertstel Sekunden zu erzeugen und genau einzuhalten. Außerdem muß sichergestellt sein, daß bei Beginn des Stromflusses bereits die volle Elektrodenkraft ansteht.

Dreiphasenschweißmaschinen. Wegen günstigeren Netzanschlusses und zum Teil verbesserter Schweißeigenschaften gewinnen Dreiphasenmaschinen mit dem Prinzip der sekundärseitigen Gleichrichtung oder der primärseitigen Frequenzwandlung zunehmend an Bedeutung gegenüber herkömmlichen Einphasentypen, **Bild 3.**

Schweißzangen. Bewegliche Schweißeinrichtungen, die entweder von Hand (meist mit Gewichtsentlastung) oder von Industrierobotern geführt werden.

6.3 Löteinrichtungen
Soldering and brazing equipment

Mechanisierte Lötanlagen

Der Lötvorgang läßt sich durch geeignete Lotzuführung, z.B. als *Lotformteil, Lotpulver, Lotpaste* oder als *Lotplattierung*, gut mechanisieren. Als Fördereinrichtung werden meist Drehtische oder Förderschlitten verwendet, die die Werkstücke durch die Erwärmungszone führen. Die Erwärmung geschieht durch Gasbrenner, Induktionsspulen, Infrarotstrahler oder über den elektrischen Widerstand.

Zum Induktionslöten dickerer Teile werden rotierende Stromwandler mit Mittelfrequenz von 1 bis 10 kHz bevorzugt. Für dünne Teile eignen sich Röhrengeneratoren im Hochfrequenzbereich von > 100 kHz. Bei den Induktoren kommen abhängig von der Werkstückform Spulen- und Flächeninduktoren zum Einsatz.

Der Aufbau von Widerstands-Lötmaschinen entspricht weitgehend demjenigen von Schweißmaschinen. Bei der Innenwiderstandserwärmung wird die Lötwärme im Werkstück selbst erzeugt. Verwendet werden Kupferelektroden und kurze Erwärmungszeiten. Bei der Kohlewiderstandserwärmung wird die Wärme langzeitiger und bevorzugt in den Graphitelektroden erzeugt.

Ofenlöten

Die Lötöfen sind entweder gas-, öl- oder elektrisch beheizt. Letztere haben den Vorzug genauer Temperatureinhaltung und definierter Schutzgasatmosphäre im Ofenraum. Weiterhin ist zwischen diskontinuierlich arbeitenden Öfen, wie Kammer-, Schacht- und Haubenöfen, sowie Durchlauföfen zu unterscheiden. Durch Verwendung von reduzierendem Schutzgas – z.B. H_2-CO/CO_2-Gemischen – kann u.U. auf Flußmittel verzichtet werden. Zum flußmittelfreien Vakuumlöten bei Drücken zwischen 10^{-1} bis 10^{-6} mbar werden entweder Heizwandöfen oder Kaltwandöfen mit Heizwiderständen oder Induktionsbeheizung eingesetzt.

Tauch- und Schwallöten

Das Weichlöten von Anschlußfahnen elektrischer Bauteile an die Leiterbahnen von Schaltplatten erfolgt durch Eintauchen in ein Lötbad bzw. eine Lotwelle, die gleichzeitig die Aufgabe der Lotzuführung und Lötstellenerwärmung übernehmen.

7 Industrieroboter. Industrial robot

G. Spur, Berlin

7.1 Einteilung von Handhabungseinrichtungen
Systematic of handling systems

Handhabungsgeräte sind Arbeitsmaschinen, die zur Handhabung von Objekten mit zweckdienlichen Einrichtungen, wie z.B. Greifern, Werkzeugen oder Schikanen, ausgerüstet sind (s. S6.2.2).

Bei den weiteren Ausführungen steht dabei die Gruppe der universellen Handhabungsgeräte im Vordergrund, die *maschinell* gesteuert werden und deren Arbeitsablauf *programmierbar* ist. Diese Gruppe unterteilt man in Geräte mit *einstellbarer Wegbegrenzung*, wie z.B. Nocken, Endlagenschalter oder Festanschläge, und in Geräte mit *steuerbarer Sollwertvorgabe*. Bei Geräten mit einstellbarer Wegbegrenzung lassen sich in jeder Bewegungsachse nur zwei unterschiedliche Positionen anfahren. Dagegen können bei Geräten mit steuerbarer Sollwertvorgabe beliebig viele Positionen je Bewegungsachse angefahren werden. Die Anzahl der Positionen wird dabei nur durch die Kapazität der Sollwertspeicher in der Steuerung begrenzt. Bei den maschinell gesteuerten Handhabungsgeräten nimmt die Flexibilität mit der Programmierbarkeit zu.

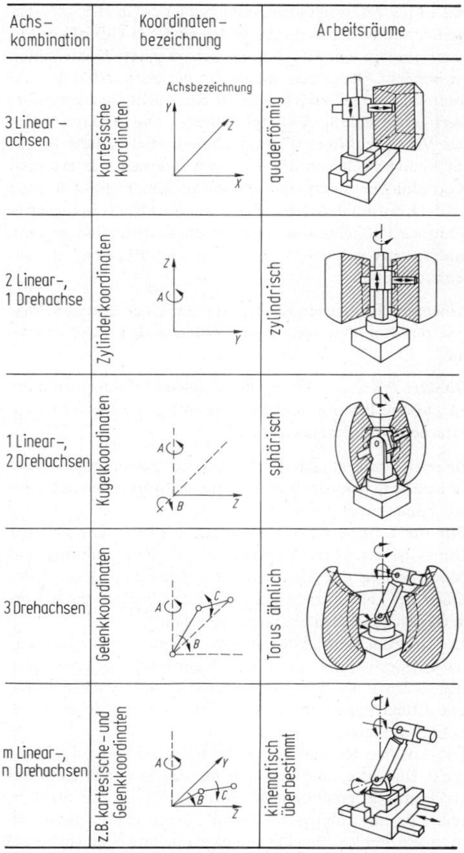

Entsprechend der Systematik in **Bild 1** lassen sich flexible Handhabungsgeräte folgendermaßen definieren:

Flexible Handhabungsgeräte (Industrieroboter) sind Arbeitsmaschinen, die, zur selbsttätigen Handhabung von Objekten mit zweckdienlichen Werkzeugen ausgerüstet, in mehreren Bewegungsachsen hinsichtlich Orientierung, Position sowie Arbeitsablauf programmierbar sind.

Da sich der mechanische Aufbau von Handhabungsgeräten durch kinematische Ketten darstellen läßt, ist die Anzahl der Freiheitsgrade eines Handhabungsgeräts gleich der Anzahl der unabhängig zu bewegenden Glieder der kinematischen Kette, wenn jedes Gelenk nur einen Freiheitsgrad hat.

Zur technischen Realisierung eines kinematischen Systems werden Gelenke, Hebel und Antriebe als Elemente benutzt. Jede einzelne Kombination von Gelenk – Hebel – Antrieb wird als Bewegungsachse bezeichnet. Jede Bewegungsachse entspricht einem Freiheitsgrad der kinematischen Kette. Durch die Verwendung von Dreh- oder Schubgelenken entstehen Rotations- oder Translationsachsen (s. G9.1).

Mit Handhabungsgeräten werden die Orientierung und die Position von festen Körpern verändert. Zur Einstellung der Lage eines festen Körpers im Raum sind *sechs unabhängige Bewegungen* (Freiheitsgrade) notwendig. Legt man ein raumfestes kartesisches Koordinatensystem zugrunde, werden drei translatorische Freiheitsgrade zur Festlegung der Position eines Körperpunkts und drei rotatorische zur Orientierung des Körpers benötigt. Bewegungen im Raum, die beim Handhaben benötigt werden, lassen sich durch *Schiebungen* und *Drehungen* erzeugen. Zum Positionieren eines Körperpunkts innerhalb eines raumfesten kartesischen Koordinatensystems sind drei Freiheitsgrade notwendig. Die dafür erforderlichen, voneinander unabhängigen Bewegungen, lassen sich durch eine geeignete Anordnung von mindestens drei steuerbaren Achsen realisieren.

Die Kombination von Linear- und Drehachsen sowie deren Anordnung legen den *Arbeitsraum* des Handhabungsgeräts fest, der sich durch das Bewegungskoordinatensystem oder auch durch die Geometrie seiner Begrenzungsflächen definieren läßt. In **Bild 1** sind diese Zusammenhänge für dreiachsige Grundsysteme dargestellt. In jüngster Zeit sind neben diesen vier Grundtypen noch weitere Konfigurationen vorgestellt worden, die mehr als sechs steuerbare Achsen haben [1].

Achs-kombination	Koordinaten-bezeichnung	Arbeitsräume
3 Linear-achsen	kartesische Koordinaten	quaderförmig
2 Linear-, 1 Drehachse	Zylinderkoordinaten	zylindrisch
1 Linear-, 2 Drehachsen	Kugelkoordinaten	sphärisch
3 Drehachsen	Gelenkkoordinaten	Torus ähnlich
m Linear-, n Drehachsen	z.B. kartesische- und Gelenkkoordinaten	kinematisch überbestimmt

Bild 1. Arbeitsräume und Bewegungskoordinaten bei Handhabungseinrichtungen

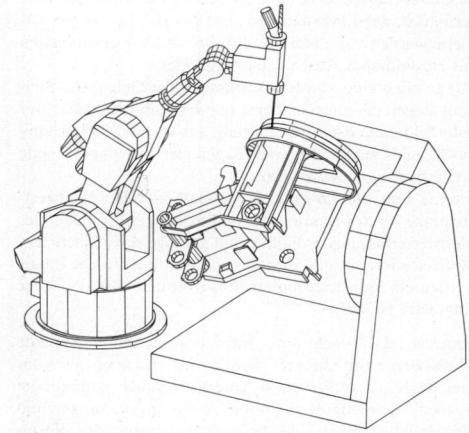

Bild 2. Robotersystem mit verteilten Achsen (KUKA, Augsburg)

Beispiele hierfür sind *Portal-* oder *schienengeführte Roboter* sowie Roboter auf *schwenkbaren Plattformen*. Die zusätzlichen Bewegungsachsen erweitern den Arbeitsraum des Handhabungssystems, und die Überbestimmung der Freiheitsgrade ermöglicht Kollisionsvermeidungsstrategien sowie Bewegungsablaufoptimierungen.

Roboter können auch als Systeme mit *verteilten Achsen* aufgebaut werden, wie beispielsweise die Kombination von sechsachsigen Robotern mit Dreh- und Kipptisch zum Nahtschweißen (**Bild 2**) oder die mehrarmige Handhabung durch kooperierende Roboter.

7.2 Komponenten des Roboters
Components of robot

Im Hinblick auf das dynamische Bewegungsverhalten des Roboters müssen die Antriebseinheiten der aktiven Gelenke hohen, teils schwer miteinander zu vereinbarenden Anforderungen genügen. Dazu zählen geringe Massenträgheit, niedriges Leistungsgewicht, hohe Impulsleistung, hohe Kurzzeitüberlastbarkeit, hohe Auflösung sowohl über den Wegstellbereich als auch den Geschwindigkeitsbereich.

Neben hydraulischen und pneumatischen sind überwiegend elektrische Antriebe im Einsatz (s. T 1.2.1).

Die Gleichstrommaschinen werden hauptsächlich in Scheibenläufer- und Stabankerbauformen verwendet. In jüngster Zeit zeichnet sich eine Entwicklung zugunsten des Einsatzes von bürstenlosen Gleichstrommaschinen mit Seltene-Erden-Magneten sowie von Asynchronmaschinen ab. Diese Maschinen können mit sehr geringer Wartung betrieben werden und haben ein besseres Gewicht-Leistungsverhältnis. Der hierfür notwendige Aufwand in der Leistungselektronik wird meistens durch die genannten Vorteile ausgeglichen.

Die elektrischen Maschinen werden in Verbindung mit hochuntersetzenden Getrieben, wie beispielsweise Harmonic-Drive, Schnecken- oder Planetengetriebe verwendet (s. T 1.2.2).

Der nicht untersetzte Direct-Drive ist auf wenige Einsatzfälle beschränkt.

Die hydraulischen Antriebe in Form von Hydraulikzylindern erlauben sehr hohe Antriebskräfte bei relativ geringem Eigengewicht. Daher dienen sie bevorzugt zum Antrieb von Großkinematiken.

Die pneumatischen Zylinder ermöglichen zwar sehr hohe Geschwindigkeiten, aber die Kompressibilität der Luft verhindert das Einhalten von genauen Bahnen. Diese Antriebe werden vor allem für Zufuhr- und Einlegeeinheiten mit einstellbaren Anschlägen verwendet.

Zur genauen und schnellen Erfassung der Gelenk-Ist-Stellung dienen die internen Sensoren des Roboters. Mit ihrer Hilfe bildet die Robotersteuerung aus Ist- und Sollstellung die Regeldifferenz, die vom Lageregler in entsprechende Stellgrößen umgesetzt wird.

Interne Sensoren lassen sich einteilen nach der Meßwertabnahme in translatorische und rotatorische, nach der Meßwerterfassung in digitale und analoge sowie nach dem Meßverfahren in inkrementale und absolute. In der Praxis werden bei Industrierobotern Resolver und digitale Geber eingesetzt (s. W 2).

Resolver sind nach dem Induktionsprinzip arbeitende Meßsysteme mit direkter Winkelwerterfassung. Sie können auch als indirekte Wegmeßaufnehmer angewendet werden. Kleine Bauweise, hohes Auflösungsvermögen und Verschleißfestigkeit sind besondere Vorteile des Resolvers.

Die *digitalen Geber* erfassen den Meßwert als ganzzahliges Vielfaches des Weg- oder Winkelinkrements. Je nachdem, ob sich der Meßwert als Inkrementanzahl oder durch Ablesen einer codierten Skala ergibt, unterscheidet man zwischen *inkrementalen* (relativen) und *codierten* (absoluten) Meßsystemen. Absolute digitale Geber erfordern einen relativ hohen konstruktiven Aufwand, um einen großen Verfahrweg bei hoher Auflösung zu erreichen. Inkrementale digitale Geber sind preisgünstiger als absolute und weisen einen prinzipiell unbegrenzten Meßbereich auf. Als Nachteile inkrementaler Meßsysteme werden häufig die Kumulierung von Meßfehlern und der Verlust des Referenzpunkts bei Stromausfall genannt.

7.3 Kinematisches und dynamisches Modell
Kinematic and dynamic model

7.3.1 Kinematisches Modell. Kinematic model

Zur Beschreibung der allgemeinen räumlichen Bewegung eines starren Endeffektors benötigt man sechs voneinander unabhängige Koordinaten als Funktion der Zeit. Drei dieser Koordinaten bestimmen die Position des Effektorkoordinatenursprungs, die restlichen drei die Orientierung des Effektorkoordinatensystems gegenüber dem fundamentfesten Bezugskoordinatensystem. Diese Koordinaten bezeichnet man als *externe Koordinaten X*. Bei Strukturen ohne Verzweigungen oder Schleifen in der kinematischen Kette der Roboterglieder sind die Gelenkkoordinaten (innere Koordinaten) als generalisierte Koordinaten zu wählen. Der Zusammenhang zwischen externen und internen Koordinaten ist durch eine nichtlineare, vektorwertige Abbildung $X = f(q)$ definiert. Die konkrete Form der Vektorfunktion f hängt über die betrachtete Struktur hinaus auch von der Wahl des internen und externen Koordinatensystems ab. Im praktischen Einsatz werden beide Koordinatensysteme gebraucht. Die Roboterbewegung wird üblicherweise in externen Koordinaten geplant, andererseits geschehen Steuerung und Regelung in Gelenkkoordinaten.

Kinematische Grundaufgaben. Bei der kinematischen Analyse des Roboters stellen sich grundsätzlich zwei Probleme.

Direktes Problem. Für gegebene Gelenkstellungen sind die zugehörige Position und Orientierung des Endeffektors in externen Koordinaten gesucht.

Inverses Problem. Zur Erzeugung der gewünschten Bahn in externen Koordinaten sind die erforderlichen internen Koordinaten zu bestimmen.

Für die Lösung beider Aufgaben bedient man sich der Denavit-Hartenberg-Konvention zur Beschreibung und Modellierung der kinematischen Roboterstruktur. Jedes Glied der kinematischen Kette wird dabei mit einem körperfesten Koordinatensystem versehen.

Die Koordinatentransformation zwischen zwei benachbarten Gliedern hängt nur von der Koordinate des verbindenden Gelenks ab, die Transformation $f(q)$ zwischen Basis- und Effektorglied der unverzweigten kinematischen Kette von allen Gelenkkoordinaten.

Die Lösung der inversen Aufgabe, $q = f^{-1}(X)$, ist i.allg. nicht eindeutig und läßt sich nur für spezielle Roboterstrukturen in geschlossener Form ermitteln. Für Strukturen, z.B. mit „sphärischer Hand", deren Handachsen sich in einem Punkt schneiden, sind explizite Lösungen in geschlossener Form möglich [1]. Im allgemeinen Fall sind numerische Lösungsverfahren anzuwenden (s. A 10).

7.3.2 Dynamisches Modell. Dynamic model

Das System der Bewegungsdifferentialgleichungen des Roboters läßt sich in der Form der *Newton-Eulerschen Gleichungen* für *holonome* Systeme angeben

$$H(q)q + h(q)q + G(q) = P.$$

Dabei stellt $H = (H_{ij})$ die n-dimensionale Trägheitsmatrix dar, $h = (h_1 \dots h_n)$ den Vektor der generalisierten Zwangskräfte (Zentrifugal- und Coriolis-), $G = (G_1 \dots G_n)$ den Vektor der generalisierten Gewichtskräfte und P den Vektor der Antriebskräfte [2]. Ausgehend von diesem Modell stellen sich zwei dynamische Grundaufgaben:

Direktes Problem. Für gegebene Antriebskräfte $P(t)$ soll die Roboterbewegung $q(t)$ ermittelt werden.

Inverses Problem. Zur Erzeugung der gewünschten Roboterbewegungen $q(t)$ sind die erforderlichen Antriebskräfte $P(t)$ zu bestimmen.

Die Aufstellung der dynamischen Gleichungen für Industrieroboter von Hand ist äußerst mühsam und fehleranfällig. Deshalb sind zur mathematischen Modellierung von Robotern verschiedene Algorithmen und entsprechend effiziente numerische oder symbolische Programmpakete entwickelt worden. Symbolische Programme bringen die Bewegungsgleichungen für die jeweilige Aufgabenstellung in eine Form, die den Aufwand ihrer arithmetischen Auswertung minimiert.

7.4 Kenngrößen, Genauigkeit
Characteristics, accuracy

Die speziellen Eigenschaften der Maschine „Roboter" im Hinblick auf die konstruktive Auslegung und die Bewegungsabläufe verlangen die Definition spezieller Kenngrößen und der Verfahren zu ihrer Bestimmung, um Roboter vergleichbar und Veränderungen, z.B. durch Verschleiß, beurteilbar zu machen. In der VDI-Richtlinie 2861 „Kenngrößen für Industrieroboter" sind folgende Kenngrößen und die entsprechenden Bestimmungsverfahren spezifiziert: Arbeitsraum, Nutzlast, Geschwindigkeit, Beschleunigung, Verfahrzeit, Wiederholgenauigkeit, Referenzgenauigkeit, Bahngenauigkeit, Programmiergenauigkeit.
Eine Weiterentwicklung wird die ISO-Norm DP 9283 darstellen. Eine Erhöhung der Genauigkeit von Robotern, die gegenwärtig noch ca. um den Faktor 10 schlechter ist als die Genauigkeit von Werkzeugmaschinen, eröffnet zahlreiche Anwendungen in Bereichen mit erheblichen Expansionspotentialen, wie beispielsweise Montageaufgaben. Da eine Erhöhung der Genauigkeit durch Maßnahmen auf der Seite der Robotermechanik zu einer erheblichen Kostensteigerung führen würde, gibt es in den letzten Jahren Bestrebungen, durch Identifikation systematischer Fehler und ihre Berücksichtigung in den der Steuerung zugrundeliegenden mathematisch-physikalischen Modellen oder in Kompensationsverfahren die Genauigkeit zu erhöhen. Damit ist es möglich, kleine Abweichungen in den geometrisch-kinematischen Daten, Elastizitäten oder Getriebeeinflüsse numerisch zu erfassen und in den Transformationsberechnungen zwischen externen (Effektorposition und -orientierung) und internen (Gelenkstellungen) Koordinaten zu berücksichtigen [15].

7.5 Steuerungssystem eines Industrieroboters
Industrial robot control systems

Die Aufgabe einer Industrierobotersteuerung besteht darin, ein oder mehrere Handhabungsgeräte gemäß der im technologischen Prozeß geforderten Handhabungs- oder Bearbeitungsaufgabe zu steuern. Bewegungsfolgen und Aktionen sind in einem „Anwenderprogramm" festgelegt, das von der Steuerung abgearbeitet wird. Über Sensoren erhält sie Prozeßinformationen und ist damit in der Lage, die vordefinierten Abläufe, Bewegungen und Aktionen den sich ändernden oder a priori unbekannten Gegebenheiten der Umwelt in gewissen Grenzen anzupassen. Darüber hinaus muß eine Industrierobotersteuerung bestimmte Anforderungen an Betriebsarten, Bedienung und Programmierung sowie Überwachungs- und Sicherheitsfunktionen erfüllen [1, 5].
Industrierobotersteuerungen werden heute weitgehend auf Mikrorechnerbasis, zum Teil in Multiprozessortechnik realisiert (s. T2). Für die Anbindung an übergeordnete Steuerungs- und Programmiersysteme stehen Schnittstellen zu Fabrikkommunikationssystemen (z.B. MAP) zur Verfügung. Ebenso erfolgt auch zunehmend die Anbindung peripherer Prozesse (z.B. Schweißsteuerung, Fördersysteme) und externer Sensorik über serielle Bussysteme (z.B. Feldbus, Bitbus).

Software-Komponenten einer Robotersteuerung, Bild 3.
Über das *Kommunikationsmodul* wird der Datenaustausch mit anderen Steuerungssystemen (IR-Steuerungen, Zellrechner, Leitrechner) abgewickelt. Insbesondere erfolgt hierüber das Laden der Anwenderprogramme in die Robotersteuerung und der Austausch von Zustandsdaten und Meldungen mit anderen Steuerungssystemen (DNC-Betrieb = Direct Numerical Control). In der ISO-Norm 9506 „Manufacturing Message Specification (MMS)" wird für die verschiedenen Geräteklassen ein gemeinsamer Kommunikationsstandard festgelegt [3, 4].

Ablaufsteuerung. Das Anwenderprogramm eines Industrieroboters enthält Bewegungsanweisungen, Effektoranweisungen, Sensoranweisungen, Programmablaufkontrollanweisungen, arithmetische Anweisungen, technologische Anweisungen. Die Ablaufsteuerung organisiert die Abarbeitung des Anwenderprogramms und ist meist mit dem sog. Interpreter identisch. Darunter ist ein Programm zu verstehen, das die Anweisungen des Anwenderprogramms oder einen entsprechenden, von einem Compiler gene-

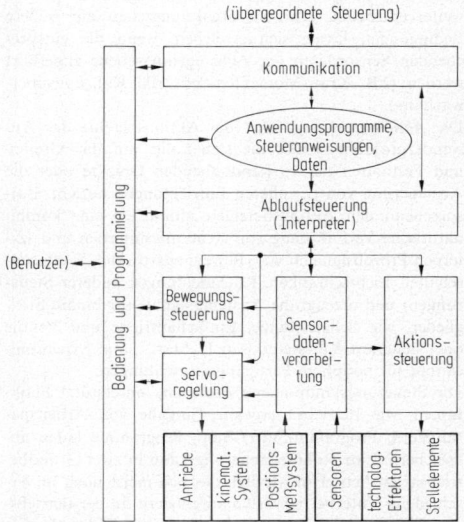

Bild 3. Software-Komponenten einer Industrierobotersteuerung

rierten Code (z.B. IRDATA [6]) liest, die Anweisungen dekodiert und die entsprechenden Ausführungsroutinen bzw. -komponenten aufruft und koordiniert.

Die Aufgabe der *Bewegungssteuerung* ist es, anhand des durch Anwenderprogramm und Anwenderdaten vorgegebenen Bewegungsverlaufs entsprechende Führungsgrößen für den Servoregler zur Ansteuerung der jeweils an der Bewegung beteiligten Handhabungseinrichtungen (Roboter, Drehtisch, Teilkinematiken und andere Zusatzachsen) zu erzeugen. *Punktsteuerungen* (PTP=Point-to-Point) gestatten das Abspeichern und Anfahren einer Folge diskreter Raumpunkte. Die Bewegungsbahn des Endeffektors zwischen den Raumpunkten ist dabei nicht exakt festgelegt. Mit ihnen läßt sich ein zeitlich sehr effizientes Bewegungsverhalten realisieren. Sie werden für Aufgaben eingesetzt, bei denen der genaue Bahnverlauf unwesentlich ist, z.B. bei Handhabungs- und Punktschweißaufgaben. *Bahnsteuerungen* (CP=Continous Path) bieten die Möglichkeit, im Aufgabenraum mathematisch definierte Bewegungsbahnen zu verfahren. Der Bahnrechner (Interpolator) ermittelt entsprechend einer vorgegebenen Bahnfunktion (Gerade, Kreis, höhere Polynome) und Geschwindigkeitsfunktion eine Anzahl von Zwischenwerten auf der punktmäßig programmierten Raumkurve und gibt sie entsprechend der vorgegebenen Geschwindigkeit an den Servoregler. Bahnsteuerungen werden z.B. bei Bahnschweißaufgaben und beim Entgraten eingesetzt.

Der *Servoregler* hat die Aufgabe, die Achsen des Roboters entsprechend den vorliegenden Stellungssollwerten zu verfahren. Im Achsregler werden noch einmal achsspezifisch Zwischenpunkte in einem engeren Zeitraster berechnet (Feininterpolation). Die Werte der Achswinkel und -wege werden in Motorströme, -spannungen oder -inkremente umgesetzt und an die Stellmotoren ausgegeben. Das Anfahren der Achspositionen wird anhand der von Weg- oder Winkelmeßsystemen rückgemeldeten Istpositionen überwacht und ausgeregelt.

Die *Sensordatenverarbeitung* empfängt von roboterinternen (Weg- und Winkelmeßsystemen, Kraft-Momentensensoren) und -externen Sensoren (z.B. Näherungssensoren, Erkennungssysteme) Signale oder Daten, wie z.B. Koordinatenwerte von Objekten. Diese Daten werden auf verschiedenen Ebenen der Robotersteuerung (Ablaufsteuerung, Bewegungssteuerung, Achsregelung) benötigt und weiterverarbeitet. Kürzeste Reaktionszeiten auf äußere Bedingungen lassen sich erreichen, wenn die entsprechenden Sensordaten der Achsregelungsebene zugeführt werden (z.B. Kraft-Momenten-Sensorik, Kollisionsüberwachung).

Die *Aktionssteuerung* führt die Aktionsbefehle des Anwenderprogramms aus, die sich i. allg. auf das Greifen und Festhalten der zu handhabenden Objekte oder die Ansteuerung von peripheren Einrichtungen bezieht. Entsprechend den Aktionsbefehlen nimmt sie eine kombinatorische Verknüpfung von steuerungsinternen und -externen Prozeßsignalen vor (Bewegungszustand, Endlagenschalter, Lichtschranken, Rückmeldungen anderer Steuerungen) und erzeugt die Ansteuersignale für binäre Stellglieder, wie Schaltschütze, Einfachantriebe und Ventile oder generiert Kommandos (z.B. Start, Stop, Synchronisation) für periphere Fertigungseinrichtungen.

Die Steuerungskomponente *Bedienung* unterstützt Funktionen, wie Betriebsartenwahl, Eingabe von Arbeitsparametern, Programm-Start/-Stop, Programme laden/abspeichern. Eine Robotersteuerung kann in zwei Grundbetriebsarten betrieben werden, die sich meist noch in verschiedene Unterbetriebsarten aufgliedern. In der Betriebsart „Einrichten" kann der Bediener auf alle Bedienelemente der Steuerung zugreifen, mit deren Hilfe der Roboter

verfahren sowie ein Handhabungsprogramm erstellt oder geändert werden kann. In der „Automatik"-Betriebsart sind nur wenige einfache Bedienfunktionen auszuführen (z.B. Programmwahl, Start, Stop, Fortsetzung). Informationen über das laufende Handhabungsprogramm, sowie Bedienungshinweise und Fehlermeldungen werden angezeigt.

Die *Programmierkomponente* dient zur Erstellung, Wartung und Verwaltung von Anwenderprogrammen. Die zur Programmerstellung benötigten Funktionsmodule, wie Editor, Debugger, Compiler können Teil des Steuerungssystems sein oder auch auf andere Rechner (z.B. PC) ausgelagert werden. Eine interaktive Programmierkomponente erlaubt es, Programme oder ausgewählte Stellungen des Roboters bzw. Effektors im Teach-In-Verfahren einzugeben sowie Bewegungsprogramme auszutesten.

7.6 Programmierung. Programming

7.6.1 Programmierverfahren. Programming procedures

Unter einem Programmierverfahren ist das planmäßige Vorgehen zur Erzeugung von Anwenderprogrammen zu verstehen. Nach VDI-Richtlinie 2863 (IRDATA) ist dabei ein Anwenderprogramm eine Sequenz von Anweisungen mit dem Zweck, eine vorgegebene Fertigungsaufgabe zu erfüllen [7]. Programmiersysteme ermöglichen die Erstellung von Anwenderprogrammen und stellen hierzu entsprechende Programmierhilfen zur Verfügung (s. T 2 und Y 3.2.5).

Die Programmierverfahren lassen sich in *direkte* Verfahren (*On-line*-Verfahren), *indirekte* Verfahren (*Off-line*-Verfahren) und *hybride* Verfahren einteilen [8].

Direkte Verfahren. Sie sind dadurch gekennzeichnet, daß die Erstellung der Anwenderprogramme unter Verwendung des Robotersystems erfolgt. Dies bewirkt, daß während der Programmierung einschließlich der Testzeit die Fertigungsanlage nicht zur Verfügung steht, was zu hohen Rüstzeiten führt. Die Integration betrieblicher, rechnerunterstützter Informationssysteme ist nur beschränkt möglich. Die Qualität der Anwenderprogramme ist in hohem Maße von der Erfahrung des Programmierers abhängig.

Man unterscheidet weiter in Play-Back-, Teach-In- und sensorgestützte Verfahren:

Beim *Play-Back-Verfahren* erfolgt die Programmierung eines Arbeitsvorgangs durch manuelles Führen des Roboters entlang der gewünschten Raumkurve. Dabei werden die Lage-Ist-Werte (Achsstellungen) in einem definierten Zeit- oder Wegraster in das Anwenderprogramm übernommen. Bei Verwendung eines speziellen leichten Programmierhilfsarms lassen sich Bewegungen programmieren, die in ihrer Dynamik der menschlichen Arbeitsweise sehr nahe kommen. Eine typische Anwendung ist die Programmierung von Lackierrobotern [9].

Bei der *Teach-In-Programmierung* wird die Bewegungsinformation durch Anfahren der gewünschten Raumpunkte mit Hilfe eines Programmierhandgeräts (PHG) oder Bedienfelds und der Übernahme dieser Punkte durch Betätigen einer Funktionstaste erstellt. Darüber hinaus können über die Tastatur weitere Bewegungsanweisungen, wie z.B. Geschwindigkeits-, Beschleunigungsvorgaben oder die Steuerungsart (Punkt-zu-Punkt- oder Bahnsteuerung) eingegeben werden.

Heute bekannte *sensorunterstützte Programmierverfahren* lassen sich in automatisch sensorgeführte Verfahren und manuell sensorkontrollierte Verfahren einteilen [10]. Bei dem erstgenannten Verfahren erfolgt, ausgehend von groben Bewegungsvorgaben (wie Start- und Zielpunkt), ein automatisches, sensorgeführtes Abtasten des Werkstücks durch den Roboter. Bei dem zweiten Verfahren wird der Roboter vom Bediener unter Verwendung eines Sensors, auch Programmiergriffel genannt, entlang der gewünschten Raumkurve geführt. Im Gegensatz zum Play-Back-Programmierverfahren, bei dem der Roboter ein passives Element darstellt, werden hier Sensorsignale den Regelkreisen in der Robotersteuerung zugeführt. Sie bewirken ein aktives Folgen der Bedienvorgaben. Während des sensor- bzw. handgeführten Programmierlaufs wird eine automatische Speicherung der gefahrenen Bahn durchgeführt. Dies geschieht durch Abspeichern von Bahnstützpunkten nach vorgegebenen Kriterien, wie z. B. der gewünschten Genauigkeit [11].

Indirekte Verfahren. Sie zeichnen sich dadurch aus, daß die Erstellung der Anwenderprogramme auf steuerungsunabhängigen Rechneranlagen getrennt vom Robotersystem erfolgt. Sie erfordern ein Rechnermodell des Robotersystems und der Anlagenumgebung. Programmierung und Test der Anwenderprogramme werden in die Arbeitsvorbereitung verlagert und sind somit Bestandteil der Fertigungsplanung. Eine Integration betrieblicher Informationssysteme sowie intelligente, rechnerbasierte Hilfsmittel unterstützen den Programmierer.

Bei den indirekten Programmierverfahren, die in *Off-line-Programmiersystemen* angewendet werden, ist zwischen textuellen und CAD-gestützten Verfahren zu unterscheiden:

Die *textuellen* Programmiersysteme erforderten Geometrieeingaben über eine Tastatur, wie es bei Rechner- und auch NC-Programmiersprachen üblich war. Eine weitere Entwicklung bestand in der textuellen Eingabe mit graphischer Unterstützung. Neuere Programmiersysteme erlauben direkte CAD-Unterstützung für die Beschreibung der Geometrie und der Bewegungen.

CAD-unterstützte Programmierverfahren basieren auf der Nutzung geometrischer Modelle der am Fertigungsprozeß beteiligten Komponenten. Die Geometriemodellierung erfolgt hierbei unter Verwendung von CAD-Systemen. Am Graphikbildschirm werden Funktionen zur Verfügung gestellt, die eine Festlegung von anzufahrenden Positionen sowie von Verfahrwegen ermöglichen. Integrierte Simulationsmodule bieten die Möglichkeit einer Visualisierung der Bewegungsausführung des Roboters. CAD-unterstützte Programmierverfahren zeichnen sich daher durch ihre Anschaulichkeit aus.

Weiterhin ist zwischen bewegungsorientierten (expliziten) und aufgabenorientierten (impliziten) Programmierverfahren zu unterscheiden [12].

Bei den *bewegungsorientierten* Programmierverfahren werden alle Aktionen des Roboters, insbesondere die Bewegungen, einschließlich der notwendigen Ausführungsparameter (z. B. Geschwindigkeit, Beschleunigung) vom Programmierer vorgegeben. Somit ist die Beschreibung aller Verfahrwege und anzufahrenden Positionen unter Berücksichtigung der Kollisionsfreiheit erforderlich.

Bei den *aufgabenorientierten* Programmierverfahren erfolgt die Programmierung nicht durch Beschreibung des Verfahrwegs, sondern durch Beschreibung der Handhabungsaufgabe. Die Weginformation wird u.a. vom Programmiersystem unter Verwendung eines Modells der Roboterzelle (Umweltmodell) selbsttätig abgeleitet. Programmiersysteme, die auf solchen Verfahren basieren, sind Gegenstand der Forschung.

Hybride Verfahren. Sie stellen eine Kombination von direkten und indirekten Programmierverfahren dar, **Tab. 1.**

Tabelle 1. Merkmale direkter und indirekter Programmierverfahren

Direkte Programmierverfahren	Indirekte Programmierverfahren
– reales Robotersystem und Anlagenumgebung erforderlich	– Rechnermodell von Robotersystem und Anlagenumgebung erforderlich
– Fertigungsanlage steht während der Programmierung nicht zur Verfügung	– Programmierung in der Arbeitsvorbereitung als Teil der Fertigungsplanung
– Testen der Anwenderprogramme am realen System	– Testen der Programme durch Simulation
– beschränkter Zugriff auf betriebliche Informationssysteme	– volle Integration betrieblicher Informationssysteme möglich
– Qualität der Anwenderprogramme abhängig von der Erfahrung des Programmierers	– Unterstützung des Programmierers durch intelligente, rechnerbasierte Hilfsmittel

Dabei wird der Programmablauf durch indirekte Verfahren festgelegt. Der Bewegungsteil des Programmes kann durch Teach-In- oder Play-Back-Verfahren sowie durch Sensorführung definiert werden.

7.6.2 Off-line-Programmiersysteme
Off-line programming systems

Das National Bureau of Standards, USA hat 1986 eine Studie über weltweit existierende Off-line-Programmiersysteme für Roboter vorgelegt. Es werden etwa 95 verschiedene Roboterprogrammiersprachen genannt, die, nach modernen Maßstäben, nicht alle in Off-line-Programmiersystemen eingesetzt werden können. Basierend auf einer Analyse der Sprach- und Systemstrukturen wurden Roboterprogrammiersprachen klassifiziert [13].

Steuerungsnahe Off-line-Programmiersysteme

Die Programmerstellung mit Hilfe dieser Systeme erfolgt in derselben Programmiersprache, wie sie auch in der Robotersteuerung verwendet wird. Durch komfortable Editorprogramme (z. B. menügeführt) und bessere Kommunikationsmöglichkeiten wird die textuelle Programmerstellung erleichtert.

Derartige Off-line-Programmiersysteme ermöglichen die vollständige Erstellung eines Programms, das den zeitlichen Ablauf der Handhabungs- bzw. Bearbeitungsaufgabe, die Kommunikation mit der Prozeßperipherie und deren Synchronisation mit den Bewegungen des Industrieroboters beschreibt. Die Festlegung der Geometriedaten des Bewegungsprogramms, d. h. Position und Orientierung des Endeffektorsystems, erfolgt anschließend entweder durch numerische Vorgaben oder durch nachträgliches Teachen am realen Roboter.

Alle Systeme dieser Kategorie führen eine syntaktische Überprüfung der erstellten Anwenderprogramme durch, so daß nur syntaktisch korrekte Anwenderprogramme in die Robotersteuerung geladen werden können. Obwohl einige Systeme die Verträglichkeit vorgegebener Endeffektorpositionen mit der Roboterkinematik überprüfen (Einhaltung der Achsverfahrbereiche), kann über die Ausführbarkeit der erstellten Anwenderprogramme am realen Robotersystem keine Aussage gemacht werden (z. B. Kollision). Hierzu werden Simulationsmöglichkeiten der Programmausführung mit entsprechender Graphikunterstützung benötigt, die jedoch nicht Bestandteil dieser Systeme sind.

Aufgrund der i.allg. mangelnden Möglichkeit zur Geometriedefinition und der begrenzten Simulations- und Testunterstützung ist die Verwendung steuerungsnaher Off-line-Programmiersysteme nur im Rahmen einer hybriden Programmierung zu sehen.

CAD-orientierte Off-line-Programmiersysteme

Kennzeichnend sind die grafische Unterstützung der Programmierung und der Test der Anwenderprogramme durch Simulation. Systeme dieser Art basieren entweder auf bestehenden CAD-Systemen, erweitert um roboterspezifische Module, oder auf speziellen Entwicklungen mit integrierten Graphikfunktionen [14].

Die Funktionalität dieser Systeme beschränkt sich nicht auf die eigentliche Programmierung eines Industrieroboters, sondern ermöglicht die Modellierung, Programmierung und Simulation der gesamten Produktionszelle. Sie stellen somit ein Werkzeug für die Planung roboterbasierter Anlagen dar. Erleichtert wird die Anwendung solcher Systeme durch das Bereitstellen von Bibliotheken mit Roboter- und Steuerungsmodellen. Zusätzlich werden oftmals Hilfsmittel für die Definition neuer bzw. Modifikation bestehender Robotermodelle bereitgestellt. Die Programmerstellung erfolgt entweder in systemspezifischen Hochsprachen oder in robotersteuerungsspezifischen Sprachen. Postprozessoren ermöglichen die Übersetzung der Programme für verschiedene Steuerungen. Die geometrischen Daten der Anwenderprogramme lassen sich unter Verwendung von CAD-Modellen der Werkstücke und anderer relevanter Komponenten ableiten. Hierbei bieten die CAD-orientierten Systeme die vielfältigste Unterstützung.

Der Test off-line erstellter Anwenderprogramme mittels eines Simulationssystems erfordert die rechnerinterne Nachbildung (Modellierung) des Roboters und seiner Arbeitsumgebung hinsichtlich aller relevanten Aspekte (Steuerungs-, Kinematik-, Gestalt- und Kommunikationsmodell). Zielsetzung dabei ist, daß die derart getesteten Anwenderprogramme mit möglichst geringen Änderungen im realen System ausführbar sind. Zur Unterstützung des

Tabelle 2. Anforderungen an Robotersysteme beim Formgeben und Formändern

Anforderungen	Anwendungsbereiche von roboterintegrierten Fertigungszellen		
	Formgeben	Formändern	
	Urformen	Umformen	Trennen
Prozeßdurchführung			
Werkstückhandhabung	entfällt	wegen hoher Prozeßkräfte wenig Anwendungen	Schleifen Bürsten Laserstrahl
– Aufnahme von End-Effektoren, Werkstücken und Prozeßkräften			
– Schutz vor Umwelteinflüssen, Prozeßrückständen			
– Ausreichende Bewegungsgenauigkeit für Bearbeitung			
Werkzeughandhabung	nicht bekannt	wegen hoher Reaktionskräfte wenig Anwendungen Ausnahme: Fügen durch Umformen	Schleifspindel Bürstwerkzeug Bohreinheit Fräser Lasergerät Wasserstrahlkopf
– Aufnahme des Werkzeugs und der Reaktionskräfte			
– Energie-Signalführung zum Armende			
– meist Bahnsteuerung, Teach-in-Programmierung und Prozeßdatenrückführung erforderlich			
Objekthandhabung			
– hohe Verfahrensgeschwindigkeit	Beladen entfällt	Palettieren von Werkstücken an Schmiedepressen, Biegemaschinen	Palettieren von Werkstücken an Werkzeugmaschinen
– mittlere Positioniergenauigkeit			
– großer Arbeitsraum			
– häufig Punktsteuerung ausreichend	Entladen Abstapeln von Werkstücken an Druckguß-, Kokillenguß-, Spritzguß- maschinen und Sinterpressen	Große Geometrie- änderungen	Späne, Kühlwasser, Grate
– Anwesenheitskontrolle von Objekten			
– niedrige Achsanzahl			
– flexibles Greifersystem			
Prüfer			
– Taktile und visuelle Sensoren	Geometrie Werkstoffprüfung, z.B. Lunker, Oberflächengüte	Geometrie Abmessungen, z.B. Wandstärke, Übergangsradien	Geometrie Abmessungen Oberflächengüte Werkstoff
– Programmsynchronisation mit Prüfereignis			
– Erfüllung von definierten Umweltbedingungen			

Benutzers werden die Arbeitsabläufe durch Graphikrechner visualisiert.

Bei der Programmierung und Simulation wird von den nominalen Daten des Roboters und seiner Arbeitsumgebung ausgegangen. Beide Systeme sind jedoch toleranz- und fehlerbehaftet, so daß i. allg. nicht von einer direkten Ausführbarkeit off-line erstellter Anwenderprogramme ausgegangen werden kann. Hierzu ist eine Vermessung des Roboters und der Anlage sowie die Kompensierung der Fehler erforderlich [15].

7.7 Anwendungsgebiete und Auswahl von Industrierobotern. Main applications and selection of robots

Der industrielle Einsatz von Robotern konzentriert sich im wesentlichen auf die Anwendungsgebiete Punktschweißen, Bahnschweißen, Beschichten, Montage und Maschinenbeschickung [16].

In **Tab. 2** und **Tab. 3** sind den industriellen Einsatzbereichen verfahrensspezifische Anforderungen gegenübergestellt [17]. Die wichtigsten zu ermittelnden Gerätemerk-

male sind nutzbarer Arbeitsraum, Anzahl der Nebenachsen, Nennlast, Verfahrgeschwindigkeit und auszuführender Funktionsumfang. Dieser umfaßt die Art der Steuerung (Punkt- oder Bahnsteuerung), Programmlänge, erforderliche Anzahl Unterprogramme, Verkettungsfähigkeit und die Anzahl erforderlicher Signalein- und -ausgänge.

In **Tab. 4** sind beispielhaft Anforderungen an die charakteristischen Gerätemerkmale von Industrierobotern für unterschiedliche Anwendungen zusammengestellt.

Bei der Planung von Industrieroboteranwendungen macht die Vielzahl der seitens des Fertigungsprozesses und der Handhabungstätigkeiten zu berücksichtigenden Einflußgrößen ein systematisches, methodisches Vorgehen notwendig [18]. Die Planungsaufgaben werden schrittweise, jedoch auch zum Teil parallel bearbeitet. Während das Pflichtenheft die Planungsbasisdaten für alle Beteiligten als festgeschriebene Größen beinhalten sollte, müssen bei der Erstellung des endgültigen Konzepts die Phasen Layoutplanung, Geräteauswahl sowie Peripheriegestaltung iterativ durchlaufen werden, bis eine zufriedenstellende Lösung gefunden wird. Eine Vorentscheidung ist anhand von „aufstellungsunabhängigen" Anforderungen zu treffen. Die endgültige Roboterauswahl sowie die

Tabelle 3. Anforderungen an Robotersysteme beim Behandeln und Montieren

Anforderungen	Anwendungsbereiche von roboterintegrierten Fertigungszellen		
	Behandeln		Montieren
	Stoffeigenschaften ändern	Beschichten	Fügen
Prozeßdurchführung			
Werkstückhandhabung	Magnetisieren	Tauschen von Objekten	– Objekt an- und einpressen
– Aufnahme von End-Effektoren, Werkstücken und Prozeßkräften	Laser-Wärme-behandlung		– Fügen durch Umformen
– Schutz vor Umwelteinflüssen, Prozeßrückständen			– Zusammenlegen
– Ausreichende Bewegungsgenauigkeit für Bearbeitung			– Ineinanderschieben
Werkzeughandhabung	Magnetisierknopf	– Lackieren mit Spritzpistole	– Schweißen mit Zange, Brenner, Laser
– Aufnahme des Werkzeugs und der Reaktionskräfte	Lasergerät	– Glasfaser-Kunstharz	– Nieten, Klammern
– Energie-Signalführung zum Armende	Nitriereinrichtung am Roboter	– PUR-Beschichtung	– Schrauben, Kleben
– meist Bahnsteuerung, Teach-In-Programmierung und Prozeßdatenrückführung erforderlich		– Kleberauftrag	– Meßzunge
		– Plasmaspritzen	– Sensoren
Objekthandhabung			
– hohe Verfahrensgeschwindigkeit	Be- und Entladen von Tunnelofenwagen und Wärmebehandlungs-einrichtungen	Be- und Entladen von Tabletts und Trockenregalen in der Galvanik und Emailliertechnik	– Palettieren von Klein-Baugruppen
– mittlere Positioniergenauigkeit			– Be- und Entladen von Montageautomaten
– großer Arbeitsraum			
– häufig Punktsteuerung ausreichend	– Induktionsanlage		– Fügeautomaten
– Anwesenheitskontrolle von Objekten	– Tauchbäder		● Nietmaschinen
– niedrige Achsanzahl	– Brennöfen		● Schweißautomaten
– flexibles Greifersystem			● Bördelmaschinen
Prüfer			
– Taktile und visuelle Sensoren	Werkstoffeigenschaften z.B.: Härte	Schichtdicke Oberflächengüte	Kraft- und Moment-anpassung
– Programmsynchronisation mit Prüfereignis			Vollständigkeits-kontrolle
– Erfüllung von definierten Umweltbedingungen			

Tabelle 4. Anforderungen an charakteristische Gerätemerkmale von Industrierobotern für unterschiedliche Anwendungsgebiete

IR-Anwendung	Anforderung								
	Tragfähig-keit [kg]	Anzahl der Achsen	max. Vorschub-geschwindig-keit [mm/s]	Wiederhol-genauigkeit [±mm]	Steuerungs-komfort	Sensorfunktion		erforderliche Sensordaten-verarbeitungs-zeit [ms]
						während der Bewegung	inter-mittierend	
Handhaben								
Maschinenbeschickung	10…40	4…5	–	0,5	PTP	–	B	–
Palettieren	10…40	3…5	–	1,5	PTP	–	B, BDV	–
Montieren								
Kleinteilemontage	2…5	4…5	–	0,1	CP	B, (F)	B, BDV	–
Klebstoffauftragen	5…10	5…6	…600	0,5	Zirk.-CP	B	B	–
Punktschweißen	40…90	5…6	–	1,0	PTP	B	B	–
Bahnschweißen	5…10	6	…20	0,5	Zirk.-CP	S, F, T	B	< 70
Bahnbehandeln								
Beschichten	5…10	5…7	…1 500	2,0	PTP(CP)	B	B	–
Formändern								
Fräsen	10…60	6	40…100	0,2	Zirk.-CP	S, F, T	B, geom.	< 30
Wasserstrahlschneiden	10…60	6	20…250	0,1	Zirk.-CP	(F)	B, (BDV)	(< 25)
Band-, Tellerschleifen	10…60	6	60…120	1,0	Zirk.-CP	S, F, T	B, geom.	< 20
Laserschneiden	10…60	6	100…300	0,05	Zirk.-CP	S, F	B, (BDV)	< 15

B: binäre Signalverarbeitung
F: Konturfolgefunktionen
S: Suchfunktionen
T: Technologiewertadaption
BDV: Bilddatenverarbeitung
geom.: Bahngeometrieanpassung
PTP: Punktsteuerung
CP: Bahnsteuerung
Zirk.-CP: Bahnsteuerung mit Kreisinterpolation

( ) bedingt erforderlich

vollständige Bestimmung der Peripheriegeräte kann erst im Zuge der Layoutplanung erfolgen. In dieser Planungsphase wird in Abhängigkeit vom ausgewählten Industrieroboter die jeweils optimale räumliche Anordnung aller Komponenten des Systems ermittelt.
Für die Auswahl von Robotern sind Sicherheit, Raumbedarf, Ausbringung, Zugänglichkeit für Wartungs- und Reparaturarbeiten und Umstellungs- bzw. Umbauaufwand zu beachten.

Es wurden rechnerunterstützte Planungssysteme entwickelt, die es ermöglichen, auf der Grundlage von CAD-Systemen und Simulationsverfahren Lösungsalternativen bezüglich der Betriebsmittelanordnung, Erreichbarkeit von Raumpunkten, Kollisionsgefahren, Ermittlung der Ausführungszeit, Dimensionierung von Speichern und Optimierungsmöglichkeiten hinsichtlich der Montagereihenfolge, der Teile- und Werkzeugbereitstellung sowie des Materialflusses zu beurteilen [19].

8 Spezielle Literatur
Special bibliography

zu T1 Elemente der Werkzeugmaschinen
[1] *Stute, G.*: Regelung an Werkzeugmaschinen. München: Hanser 1981. – [2] *Weck, M.*: Werkzeugmaschinen, Bd. 3, Automatisierung und Steuerungstechnik, 3. Aufl., Düsseldorf: VDI-Verlag 1989. – [3] *Weck, M.; Ye, G.*: Elektrische Stell- und Positionsantriebe – Systemaspekte und Anwendungen bei Werkzeugmaschinen. ETG-Fachber. 27. Berlin: VDE-Verlag 1989, S. 217–231. – [4] *Bederke, H.J.*: Elektrische Antriebe und Steuerungen. Stuttgart: Teubner 1969. – [5] *Birett, H.*: Der elektrische Antrieb von Werkzeugmaschinen, 2. Aufl. WB 54. Berlin: Springer 1951. – [6] *Dutcher, J.L.*: Maschinengestaltung und Regelantrieb für numerische Steuerungen. General Electric. Waynesboro/USA 1963. – [7] *Lehmann, W.; Geisweid, R.*: Elektrotechnik und elektrische Antriebe. 7. Aufl. Berlin: Springer 1973. – [8] *Opitz, H.*: Auslegung von Vorschubantrieben für numerische gesteuerte Maschinen. RWTH Aachen, Werkzeugmaschinenlabor, 1969. – [9] *VEM-Handbuch*: Die Technik der elektrischen Antriebe. Berlin: VEB Verlag Technik 1964. – [10] *Kennel*: Ein mikroprozessorgeregelter Hauptspindelantrieb mit Feldorientierung für Werkzeugmaschinen. Bosch Kolloquium Antriebstechnik, Solothurn 1986. – [11] *Blaschke, F.*: Das Verfahren der Feldorientierung zur Regelung der Drehmaschine. Diss. TU Braunschweig 1974. – [12] *Vogt, G.*: Digitale Regelung von Asynchronmotoren für numerisch gesteuerte Fertigungseinrichtungen. Berlin: Springer 1985. – [13] *Pfaff, G.*: Neue Entwicklungen bei elektrischen Servoantrieben. tz für Metallverarbeitung (1984) H. 8, 15–21. – [14] *Zimmermann, P.*: Bürstenlose Servoantriebe für Werkzeugmaschinen. wt-Z. ind. Fert. 73 (1983) 629–632. – [15] *Henneberger, G.*: Servoantriebe für Werkzeugmaschinen und Roboter. Stand der Technik, Entwicklungstendenzen. Conf. Proc. ICEM, München, Sept. 1986. – [16] *Polymotor*: Firmen-

druckschrift FASTTACT, Genova 1987. – [17] *Wolters, P.:* Lageregelung für asynchrone Linearmotoren. Ind. Anz. 99 (1977) 129ff. – [18] *Götz, F.R.:* Hochdynamische Antriebe – Umrichtergespeiste Drehstromservoantriebe und Linearmotoren. ETG-Fachber. 27, Berlin: VDE-Verlag 1989, S. 159–167. – [19] *Stute, G.:* Untersuchungen über die Verwendbarkeit von Gleichstromnebenschlußmotoren als Vorschubantriebe für numerisch gesteuerte Werkzeugmaschinen. VDW-Ber. TU-Stuttgart, Inst. für Steuerungstechnik, 1971. – [20] *Wilhelmy, L.:* LongLife-Tachodynamos im Vergleich zu anderen modernen Drehzahlistwertaufnehmern für die Antriebs- und Regelungstechnik. ETG-Fachber. 27. Berlin: VDE-Verlag 1989, S. 147–157. – [21] *Backé, W.:* Umdruck zur Vorlesung „Grundlagen der Öldydraulik". Inst. für hydraulische und pneumatische Antriebe und Steuerungen, RWTH Aachen 1988. – [22] *Backé, W.:* Umdruck zur Vorlesung „Servohydraulik". Inst. für hydraulische und pneumatische Antriebe und Steuerungen, RWTH Aachen 1986. – [23] *Backé, W.:* Fluidtechnische Realisierung ungleichmäßiger periodischer Bewegungen. Ölhydraulik und Pneumatik Mai (1987) 22–28. – [24] *Backé, W.:* Neue Möglichkeiten der Verdrängerregelung. Tagungsunterlagen zum 8. Aachener Fluidtechnischen Kolloquium, Bd. 2, 1988, S. 5–59. – [25] *Rögnitz, H.:* Stufengetriebe an Werkzeugmaschinen, 4. Aufl. WB 55, Berlin: Springer 1965. – [26] *Riegel, F.:* Rechnen an spanenden Werkzeugmaschinen, Bd. 1, 5. Aufl. Berlin: Springer 1964. – [27] *DIN 781:* Zähnezahlen für Wechselräder. Berlin: Beuth 1973. – [28] *Schöpke, H.:* Grundlagen der Konstruktion von Werkzeugmaschinengetrieben. Braunschweig: Westermann 1960. – [29] *Rögnitz, H.:* Getriebe für Geradwege an Werkzeugmaschinen, 2. Aufl. WB 101. Berlin: Springer 1964. – [30] *Dürr, A.; Wachter, O.:* Hydraulik in Werkzeugmaschinen, 6. Aufl. München: Hanser 1968. – [31] *Ebertshäuser, H.:* Bauelemente der Ölhydraulik, O+P TB 3. Mainz: Krausskopf 1974. – [32] *Krug, H.:* Flüssigkeitsgetriebe bei Werkzeugmaschinen, 2. Aufl. Berlin: Springer 1959. – [33] *Wiessner, H.:* Über pneumatisch-hydraulische Vorschubeinheiten. wt 55 (1965) 163ff. – [34] *VDI-Richtlinie 3230:* Technische Ausführungsrichtlinien für Werkzeugmaschinen und andere Fertigungsmittel, H-Hydraulische Ausrüstung. Düsseldorf: VDI-Verlag 1967. – [35] *VDI-Richtlinie 3229:* Technische Ausführungsrichtlinien für Werkzeugmaschinen und andere Fertigungsmittel, P-Pneumatische Ausrüstung. Düsseldorf: VDI-Verlag 1967. – [36] *Weck, M.:* Werkzeugmaschinen. Bd. 1. Maschinenarten, Bauformen und Anwendungsbereiche. 3. Aufl. Düsseldorf: VDI-Verlag 1988. – [37] *Sahm, D.:* Reaktionsharzbeton für Gestellbauteile spanender Werkzeugmaschinen. Diss. RWTH Aachen 1987. – [38] *Weck, M.:* Werkzeugmaschinen. Bd. 2, Konstruktion und Berechnung. Düsseldorf: VDI-Verlag 1990. – [39] *Rinker, U.:* Werkzeugmaschinen-Führungen, Ziele künftiger Entwicklungen, VDI-Z 130 (1988). – [40] *Weck, M.; Rinker, U.:* Einsatz von Geradführungen an Werkzeugmaschinen. Ind. Anz. 79 (1981). – [41] *DIN 50320:* Verschleiß, Begriffe, Systemanalyse von Verschleißvorgängen, Gliederung des Verschleißgebietes. Berlin: Beuth 1979. – [42] *Weck, M.; Rinker, U.:* Reibungsverhalten von Gleitführungen. Einfluß der Oberflächenbearbeitung. Ind. Anz. 28 (1986) – [43] Untersuchungen am Lehrstuhl für Werkzeugmaschinen. RWTH Aachen 1988. – [44] *Weck, M.; Mießen, W.:* Optimierung und/oder Berechnung hydrostatischer Radial- und Axiallagerungen. KfK-CAD 77. Kernforschungszentrum Karlsruhe 1979. – [45] *Peeken, H.; Benner, J.:* In: Goldschmidt informiert. Aus der Arbeit der Th. Goldschmidt AG Nr. 52, 1980. – [46] *VDI-Richtlinie 2201:* Gestaltung von Lagerungen, Bl. 1 und 2. Düsseldorf: VDI-Verlag 1975. – [47] *VDI-*

Richtlinie 2202: Schmierstoffe und Schmiereinrichtungen für Gleit- und Wälzlager. Düsseldorf: VDI-Verlag 1970. – [48] *VDI-Richtlinie 2203:* Gestaltung von Lagerungen, Gleitwerkstoffe. Düsseldorf: VDI-Verlag 1964. – [49] *VDI-Richtlinie 2204:* Gleitlagerberechnung hydrodynamischer Gleitlager für stationäre Belastung. Düsseldorf: VDI-Verlag 1968. – [50] *Bräuning, H.:* Einsatz mehrflächiger hydrodynamischer Gleitlager in Schleifspindellagerungen. Ind. Anz. 59 (1973). – [51] *Weck, M.; Koch, A.:* Vergleich von Hauptspindel-Lager-Systemen. Vortrag am Lehrgang: Konstruktion von Spindel-Lager-Systemen für die Hochgeschwindigkeits-Materialbearbeitung an der TAE-Esslingen, 1988. – [52] *Korrenn, H.; Kleinhenz, G.; Voll, H.:* Spindellagerungen in Werkzeugmaschinen. Teil 1: Wälzlager; Teil 2: Gleitlager. Klepzig Fachberichte 12 (1972) und 3 (1973) – [53] *Brändlein, J.:* Eigenschaften von wälzgelagerten Werkzeugmaschinenspindeln. FAG-Publikation Nr. WL02113 DA. – [54] *Ophey, L.:* Entwicklung schnellaufender, wälzgelagerter Hauptspindeln für Werkzeugmaschinen. VDW Forschungsberichte 1986. – [55] *Weck, M.; Koch, A.:* Experimentelle Untersuchung von Hochgeschwindigkeits-Spindel-Lager-Systemen mit Wälzlagern. Vortrag am Lehrgang: Konstruktion von Spindel-Lager-Systemen für die Hochgeschwindigkeits-Materialbearbeitung an der TAE-Esslingen, 1988. – [56] *Weck, M.; Ophey, L.:* Wälzgelagerte Spindel-Lagersysteme für die Hochgeschwindigkeits-Hochleistungs-Bearbeitung. Ind. Anz. 37 (1987). – [57] *Weck, M.; Steinert, T.:* Konstruktive Auslegung der Wälzlagerung schnellaufender Werkzeugmaschinen-Spindeln. Vortrag am Lehrgang: Konstruktion von Spindel-Lager-Systemen für die Hochgeschwindigkeits-Materialbearbeitung an der TAE-Esslingen, 1989. – [58] *Giebner, E.:* Die Auslegung von Arbeitsspindellagerungen. SKF Publikation Nr. WTS 83 06 20. – [59] *Fritz, E.; Haas, W.; Müller, H.K.:* Abdichtung von Werkzeugmaschinenspindeln. Konstruktion 41 (1989). – [60] *Weck, M.:* Werkzeugmaschinen, Bd. 4, Meßtechnische Untersuchung und Beurteilung, 2. Aufl. Düsseldorf: VDI-Verlag 1985. – [61] *Weck, M.; Teipel, K.:* Dynamisches Verhalten spanender Werkzeugmaschinen. Berlin: Springer 1977.

zu T 2 Steuerungen
[1] *Berthold, H.:* Programmgesteuerte Werkzeugmaschinen. Berlin: VEB-Verlag Technik 1975. – [2] *Weck, M.:* Automatisierung und Steuerungstechnik. Werkzeugmaschinen, Bd. 3. Düsseldorf: VDI-Verlag 1989. – [3] *Herold, H.-H.; Maßberg, W.; Stute, G.:* Die numerische Steuerung in der Fertigungstechnik. Düsseldorf: VDI-Verlag 1971. – [4] *Simon, W.:* Die numerische Steuerung von Werkzeugmaschinen. München: Hanser 1971. – [5] *Ammann, J.:* Grundlagen der Pneumatik und Hydraulik. 3. Aufl. Heidenheim: Halscheidt 1973. – [6] *Dürr, A.; Wachter, O.:* Hydraulik in Werkzeugmaschinen. München: Hanser 1968. – [7] *Hemming, W.:* Steuern mit Pneumatik. Kreuzlingen: Archimedes 1970. – [8] *Binder, D.:* Interpolation in numerischen Steuerungen. Berlin: Springer 1979. – [9] *Schmid, D.:* Die numerische Bahnsteuerung. Berlin: Springer 1979. – [10] *Walker, B.:* Konfigurierbarer Funktionsblock Geometriedatenverarbeitung für numerische Steuerungen. ISW Forschung und Praxis, Bd. 68. Berlin: Springer 1987. – [11] *Pritschow, G.* (Hrsg.): Die Lageregelung an numerisch gesteuerten Maschinen. Stuttgart: Selbstverlag FISW-GmbH 1986. – [12] *Stute, G.:* Regelung an Werkzeugmaschinen. München: Hanser 1981. – [13] *Egner, M.:* Hochdynamische Lageregelung mit elektrohydraulischen Antrieben. ISW Forschung und Praxis, Bd. 74. Berlin: Springer 1988. – [14] Speicherprogrammierbare Steuerungsgeräte. VDI-Ber. 481 (1983). – [15] *Storr, A.:* Planung und Steuerung flexibler Fertigungs-

T

systeme. Stuttgart: Selbstverlag ISW 1984. – [16] *Spur, G.; Krause, F.-L.:* CAD-Technik. München: Hanser 1984. – [17] *Spur, G.; Stute, G.; Weck, M.* (Hrsg.): Fortschritte der Fertigung auf Werkzeugmaschinen, Bd. 4. (6.) Rechnergeführte Fertigung (Beiträge zur Weiterentwicklung der Automatisierungstechnik). München: Hanser 1977 (1983). – [18] *Walcher, H.:* Digitale Lagemeßtechnik. Düsseldorf: VDI-Verlag 1974. – [19] *Philips AG:* Philips-Linear-Meßsystem LM SIV. Eindhoven: Firmenprospekt. – [20] *Hewlett Packard:* Laser Transducer Systems Computer Interface Electronics. California, USA: Firmenprospekt 1976. – [21] *DIN 19237:* Steuerungstechnik, Begriffe. – [22] *DIN 19239:* Speicherprogrammierbare Steuerungen, Programmierung. – [23] *DIN/IEC 65A(SEC)67:* Speicherprogrammierbare Steuerungen, T. 3: Programmiersprachen. – [24] *VDI/VDE-Richtlinie 2600:* Meßtechnik, Bl. 2. Düsseldorf: VDI-Verlag 1973. – [25] *DIN 1319:* Grundbegriffe der Meßtechnik.

zu T3 Maschinen zum Scheren und Schneiden
[1] *Hellwig, W.:* Automatisierung in der Hochleistungs-Stanztechnik, VDI-Ber. 694 (1988) 251–273. – [2] *Hellwig, W.:* Entwicklungsfortschritte in der Stanzerei. Bänder Bleche Rohre 31 (1990) 1, 73–78. – [3] *Oehler/Kaiser:* Schnitt-, Stanz- und Ziehwerkzeuge. 5. Aufl. Berlin: Springer 1966.

zu T4 Werkzeugmaschinen zum Umformen
[1] *Lange, K.* (Hrsg.): Umformtechnik – Handbuch für Industrie und Wissenschaft, Bd. 1: Grundlagen, 2. Aufl. Berlin: Springer 1984. – [2] *Doege, E. u.a.:* Tiefziehen auf einfach- und doppeltwirkenden Karosseriepressen unter Berücksichtigung des Gelenkantriebs. Werkstatt u. Betrieb 104 (1971) 737–747. – [3] *Siegert, K.:* Einfachwirkende mechanische Karosseriepressen mit hydraulischer Zieheinrichtung im Pressentisch. ZwF CIM-Zeitschrift für wirtschaftliche Fertigung und Automatisierung 83 (1988) Sondernummer 24–26.

zu T7 Industrieroboter
[1] *Spur, G.; Auer, B.H.; Sinnig, H.:* Industrieroboter. München: Hanser 1979. – [2] *Vukobratovic, M.; Kircanski, M.:* Scientific fundamentals of robotic 3: Kinematics and trajectory synthesis of manipulation robots. Berlin: Springer 1986. – [3] ISO: Manufacturing message specification (MMS). ISO 9506, 1989. – [4] ISO: Robot companion standard to MMS. ISO/TC 184/SC 2/WG 6 N6&, 1988 (Draft). – [5] *Duelen, G.:* Robotersteuerungen. Automatisierungstechnische Praxis 30 (1988) 4–10. – [6] *VDI:* Industrial robot data (IRDATA). VDI 2863, 1987. – [7] *VDI-Richtlinie 2860:* Handhabungsfunktionen, Handhabungseinrichtungen, Begriffe, Definitionen, Symbole. Düsseldorf: VDI-Verlag 1982. – [8] *Spur, G.:* Stand der Programmiertechnik für Industrieroboter. Vortrag am FTK '88, Stuttgart, 5.–6. Oktober 1988 und wt Werkstatttstechnik, Sonderheft FTK 17, 1988. – [9] *Prager, K.-P.:* Kopplung externer Programmiersysteme für Industrieroboter. Reihe Produktionstechnik Berlin, Bd. 33. München: Hanser 1983. – [10] *Pritschow, G.; Gruhler, G.:* Selbstprogrammierung von Industrierobotern durch Führung im geschlossenen Sensorregelkreis. VDI-Ber. 598, Düsseldorf: VDI-Verlag 1986. – [11] *Balling, G.; Fuehrer, D.:* Einfache Programmerstellung für Roboter durch sensorgesteuerte Raumpunktgenerierung. Energie & Automation 9 (1987) 12–14. – [12] *Rembold, U.; Frommherz, B.; Hörmann, K.:* Programmiertechnik für Industrieroboter – Stand und Tendenzen. Techn. Rundsch. (1986) H. 25, 96–108. – [13] *Hocken, R.; Morris, G.:* An overview of offline robot programming systems. Ann. CIRP 35 (1986). – [14] *Spur, G.; Kirchhoff, U.; Bernhardt, R.; Held, H.:* Computer-aided application program synthesis for industrial robots. In CAD-based programming for sensor-based robots. Nato Advanced Research Workshop, July 4th–6th, Il Ciocco, Italy, 1988. – [15] *Duelen, G.; Held, J.; Kirchhoff, U.:* Approach for the estimation of kinematic parameters and joint stiffness of industrial robots. Robotics and flexible automatization. Proc. 5th Yugoslav Symp. Applied Robotics and Flexible Automatization, Bled, Yugoslavia, 1–4 June 1988. – [16] *Spur, G. et al.:* Anforderungsprofile für die Weiterentwicklung der Robotertechnik. 4. Konferenz „Jurob 88", Ljubljana, Jugoslawien. 11.–12. April 1988. – [17] *Severin, F.:* Planung der Flexibilität von roboterintegrierten Bearbeitungs- und Montagezellen. München: Hanser 1987. – [18] *Furgac, I.:* Aufgabenbezogene Auslegung von Robotersystemen. München: Hanser 1985. – [19] *Deutschländer, A.; Severin, F.:* Rechnerunterstützte Layout-Planung für Industrieroboteranwendungen. ZwF 81 (1986) 515–522.

U | Fördertechnik
Materials handling and conveying

M. Hager, Hannover; **R. Jünemann,** Dortmund; **W. Poppy,** Berlin; **D. Severin,** Berlin

Allgemeine Literatur
zu U1 Grundlagen und U2 Hebezeuge und Krane
Bücher: *Bahke, E.:* Materialflußsysteme, Bd. I–III. Mainz: Krausskopf 1975. – *Czitary, E.:* Seilschwebebahnen. 2. Aufl.
Wien: Springer 1962. – *Durst, W. u.a.:* Bucket wheel excavator. Clausthal-Zellerfeld: Trans Tech Publications 1988. – *Ernst,
H.:* Die Hebezeuge, Bd. I–III. Braunschweig: Vieweg 1973, 1966, 1964. – *Großeschallau, W.:* Materialflußrechnung. Berlin:
Springer 1984. – *Hannover, H.-O.:* Sicherheit bei Kranen. VDI Verlag: Düsseldorf 1984. – *Hoffmann, K.:* Fördertechnik. Bd.
1 u. 2. München: Oldenbourg 1983. – *Jehmlich, G.:* Anwendung und Überwachung von Drahtseilen. Berlin: VEB Verlag
Technik 1985. – *Jünemann, R.:* Materialfluß und Logistik. Berlin: Springer 1989. – *Kos, M.:* Aseismischer Anlagenbau.
Berlin: Springer 1983. – *Lenzkes, D.:* Hebezeugtechnik. Sindelfingen: Expert 1985. – *Martin, H.:* Förder- und Lagertechnik.
Braunschweig: Vieweg 1978. – *Meyercodt, W.:* Behälter und Paletten, 2. Aufl. Darmstadt: Hestra 1964. – *Meyercordt, W.:*
Paletten-Fibel. Heidelberg: Hageneier 1967. – *Meyercordt, W.:* Container-Fibel. Mainz: Krausskopf 1974. – *Molerus, O.:*
Schüttgutmechanik. Berlin: Springer 1985. – *Pajer, G. u.a.:* Tagebaugroßgeräte und Universalbagger, 2. Aufl. Berlin: VEB
Verlag Technik 1979. – *Pfeifer, H.:* Grundlagen der Fördertechnik. Braunschweig: Vieweg 1977. – *Pfohl, H.-Ch.:* Logistik-
systeme. Berlin: Springer 1985. – *RKW-Handbuch:* Logistik. Berlin: Schmidt 1981. – *Reitor, G.:* Fördertechnik. München:
Hanser 1979. – *Scheffler, M. u.a.:* Unstetigförderer 1 u. 2, 5. u. 4. Aufl. Berlin: VEB Verlag Technik 1990/85. – *Scheffler,
M. u.a.:* Grundlagen der Fördertechnik, 7. Aufl. Berlin: VEB Verlag Technik 1987. – *Zillich, E.:* Fördertechnik, Bd. I–II.
Düsseldorf: Werner 1971/72.

Normen und Richtlinien: *DIN-Taschenbücher:* Berlin, Beuth-Verlag. – Nr. 59 Normen über Drahtseile, 1977. – Nr. 44 Fördertechnik 1, Normen über Krane und Hebezeuge, 1985. – Nr. 185 Fördertechnik 2, Normen über Krane und Hebezeuge,
1985. – Nr. 64 Fördertechnik 3, Normen über Aufzüge, Flurförderzeuge, Stetigförderer, Rohrpostanlagen.

Zeitschriften: Deutsche Hebe- und Fördertechnik. Ludwigsburg: AGT-Verlag. – Fördern und Heben. Mainz: Krausskopf.
– Hebezeuge und Fördermittel. Berlin: VEB Verlag Technik. – Fördertechnik. Zürich: Industrieverlag. – Distribution.
Mainz. Krausskopf. – Ölhydraulik und Pneumatik. Mainz: Krausskopf. – Konstruktion. Berlin: Springer. – Stahl und Eisen.
Düsseldorf: Verlag Stahleisen. – Der Stahlbau. Berlin: Ernst & Sohn.

zu U3 Stetigförderer
Bücher: *Pajer, G. u.a.:* Stetigförderer, 5. Aufl. Berlin: VEB Verlag Technik 1988. – *Salzer, G.:* Stetigförderer, Teil 1 u. 2.
Mainz: Krausskopf 1967/68. – *Weber, M.:* Strömungsfördertechnik. Mainz: Krausskopf 1974.

Zeitschriften: Braunkohle. Düsseldorf. Droste. – Glückauf. Essen: Verlag Glückauf. – Bulk solids handling. Clausthal: Trans
Tech Publications.

zu U4 Flurförderer
Bücher: *Rödig, W.:* Dr. Rödigs Enzyklopädie der Flurförderzeuge, 3. Aufl. München: Europa-Fachpresseverlag 1989. –
VDI-Ber.: Flurförderzeuge. Nr. 507 (1984), Nr. 585 (1986), Nr. 671 (1988), Düsseldorf: VDI-Verlag.

zu U5 Baumaschinen
Bücher: *Baugeräteliste (BGL).* Wiesbaden: Bauverlag 1981. – Beton-Handbuch. Wiesbaden: Bauverlag 1984. – BML –
Daten für die Berechnung von Baumaschinen-Leistungen (Erdbaumaschinen), 3. Aufl.; Frankfurt: ztv-Verlag 1983. –
Goergen, H.: Festgesteinstagebau. Clausthal-Zellerfeld: Trans Tech Publications 1987. – *Jurecka, W.:* Kosten und Leistungen
von Baumaschinen. Wien: Springer 1975. – *Knaupe, W.:* Erdbau. Düsseldorf: Bertelsmann 1975. – *Kühn, G.:* Der maschinelle
Erdbau. Stuttgart: Teubner 1984. – *Simons, K.; Kolbe, P.:* Verfahrenstechnik im Ortbetonbau. Stuttgart: Teubner 1987.

U

1 Grundlagen. Fundamentals

D. Severin, Berlin

1.1 Begriffsbestimmungen. Terminology definitions

Fördertechnik befaßt sich mit dem Fortbewegen von Gütern und Personen zwischen zwei in begrenzter Entfernung zueinander liegenden Orten unter Einsatz von Fördermitteln, wie Kran, Stapler, Gurtförderer, Elektrohängebahn, Aufzug, Fahrtreppe [1]. Der Transport von Gütern und Personen über große Entfernungen gehört zur
Verkehrstechnik. Verkehrsmittel sind Lkw, Bahn, Schiff,
Flugzeug. Mit dem Transport von Flüssigkeiten und Gasen durch Rohrleitungen befaßt sich die Verfahrenstechnik.

Die Folge von technisch und organisatorisch verknüpf-
ten Vorgängen, durch die Güter von einem Ausgangs-
ort (Quelle) zu einem Ziel (Senke) bewegt werden, heißt
Transportkette [2]. Darin können Fördermittel allein (innerbetriebliche Transportkette) oder Verkehrsmittel allein
(außerbetriebliche Transportkette) oder Förder- und Verkehrsmittel gemeinsam arbeiten. Der Überbegriff *Trans-
porttechnik* umfaßt die Fördertechnik (innerbetrieblich)
und die Verkehrstechnik (außerbetrieblich) [3]. Hauptope-
rationen in der Transportkette sind: *Transportieren, Um-
schlagen, Lagern.* Umschlag ist die Gesamtheit der Förder-
und Lagervorgänge beim Übergang der Güter auf ein Verkehrsmittel, beim Abgang von einem Verkehrsmittel und
beim Wechseln des Verkehrsmittels. Abgeleitete Begriffe:
Umschlagtechnik, Umschlagmittel (z.B. Schiffsentlader).

Handhaben ist die positionsgerechte Übergabe von Transporteinheiten mit Hilfe von Robotern.

Materialfluß ist die Verkettung aller Vorgänge beim Gewinnen, Bearbeiten und Verteilen von Gütern innerhalb festgelegter Bereiche. Die Materialflußtechnik plant die Fördersysteme. Richtlinien dafür sind im VDI-Handbuch „Materialfluß und Fördertechnik" zusammengefaßt.

Logistik plant, steuert und überwacht den gesamten Güter- und Informationsfluß zwischen Quelle und Ziel. Sie stellt sich die Aufgabe, das richtige Objekt (Material, Güter, Informationen, Dienstleistungen, Energien) zum richtigen Zeitpunkt in der richtigen Qualität und Quantität, versehen mit den notwendigen Informationen, am rechten Ort wirtschaftlich bereitzustellen, um die Gesamtkosten zu minimieren. Die *logistische Kette* wird als System behandelt, in dem Güter- und Informationsfluß gleichrangig sind und, aufeinander abgestimmt, organisiert werden.

In Abgrenzung zum Materialfluß und zur Logistik liegt der Schwerpunkt der Fördertechnik heute in der Entwicklung von Förder-, Umschlag- und Lagermethoden sowie in der Konstruktion der Förder-, Umschlag- und Lagermittel einschließlich der Steuerung.

1.2 Fördergüter und Fördermittel
Materials and systems for conveying

Fördergüter (Transportgüter) lassen sich einteilen nach ihrer Beschaffenheit in *Schüttgüter* (z.B. Kohle, Erz, Getreide) und *Stückgüter* (Kiste, Container, Pkw) oder nach der anfallenden Menge in *Einzelgüter* und *Mengengüter* (bisher Massengüter). Eine Transporteinheit (TE) kann ein Einzelstück sein oder aus mehreren Einzelstücken bestehen, die auf einem Transporthilfsmittel (z.B. Palette, Container) zusammengefaßt sind.

Die große Zahl der Fördermittel gliedert sich in *Unstetigförderer* (z.B. Kran, Stapler, Aufzug, fahrerlose Fahrzeuge) und *Stetigförderer* (z.B. Gurtförderer, Schwingrinne, Schneckenförderer, Kreisförderer, Becherwerk) [4].

Unstetigförderer erledigen ihre Transportaufgabe durch mehrere, zeitlich hintereinander, teilweise auch gleichzeitig, ablaufende Einzelbewegungen (z.B. Greifen, Heben, Katzfahren usw.). Wiederholt sich dieser Ablauf in gleicher Reihenfolge, so bilden die zwischen dem Aufnehmen der einen und der nächsten Last ausgeführten Einzelbewegungen das Spiel, **Bild 1**. Die dazwischen liegende Zeit heißt *Spielzeit* t_s. Die *Spielzahl* z_s ist die Anzahl der in der Zeiteinheit ausgeführten Spiele. Das ständige Anfahren und Bremsen der Antriebe erfordert, verglichen mit den Stetigförderern, einen größeren Aufwand in der Steuerung und führt zu größeren dynamischen Beanspruchungen.

Stetigförderer bringen das Transportgut i.allg. mit konstanter Fördergeschwindigkeit bei stetig fließendem (Gurtförderer) oder bei pulsierend fließendem Materialstrom

(Becherwerk, Kreisförderer) von der Aufgabe- zur Abgabestelle.

Ein anderes Gliederungskriterium für Fördermittel ist, ob sie auf dem Flur (Flurförderer) oder über dem Flur (flurfreie Förderer) arbeiten.

1.3 Stromstärke und Durchsatz. Conveyer capacity

Die Stromstärke λ ist die im Augenblick pro Zeiteinheit geförderte Menge, **Bild 2**. Der über einen größeren Zeitabschnitt, z.B. eine Stunde, gebildete Mittelwert ist der Durchsatz I

$$I = \frac{1}{t_2 - t_1} \int_{t_1}^{t_2} \lambda \, dt.$$

Es sind λ_V die Volumenstromstärke, λ_M die Massenstromstärke, λ_S die Stückgutstromstärke und entsprechend I_V, I_M, I_S der Volumen-, Massen-, Stückgutdurchsatz. Die Stromstärke ist bestimmend bei der Auslegung des Fördermittels, der Durchsatz gibt Auskunft über seine Leistungsfähigkeit.

Bei Unstetigförderern errechnet sich der Durchsatz aus der Zahl der Spiele je Zeiteinheit z_s (Spielzahl) und der je Spiel transportierten Menge Q (Nutzlast). $I_M = Q z_s$.

Bei stetiger Schüttgutförderung bestimmen Fördergeschwindigkeit v und Transportstromquerschnitt A die Stromstärke und den Durchsatz. Für z.B. einen Gurtförderer mit konstanter Streckenbelegung und Fördergeschwindigkeit v (**Bild 3a**) ist $I_V = Av$. Mit der Schüttgutdichte ρ folgt der Massendurchsatz $I_M = \rho I_V$.

Bei stetig pulsierender Schüttgutförderung (z.B. Becherwerk, **Bild 3b**) ist entsprechend $I_V = Vv/e$, wobei e der Abstand der Tragelemente und V deren nutzbares Volumen bedeuten.

Bei stetig pulsierender Stückgutförderung bestimmt die Fördergeschwindigkeit v und der erforderliche Mindestabstand b zweier aufeinanderfolgender Transporteinheiten (**Bild 3c**) die Stückgutstromstärke bzw. den Stückgutdurchsatz. Es ist $I_S = v/b$.

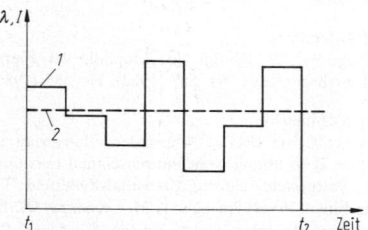

Bild 2. Definition von *1* Stromstärke λ und *2* Durchsatz I

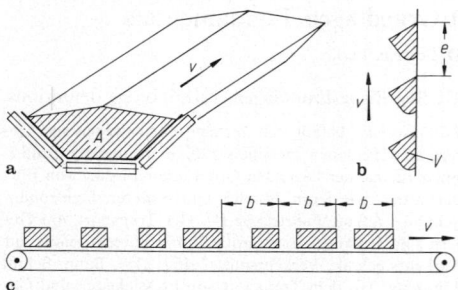

Bild 3a–c. Zur Durchsatzbestimmung in Stetigförderern (Erläuterungen im Text)

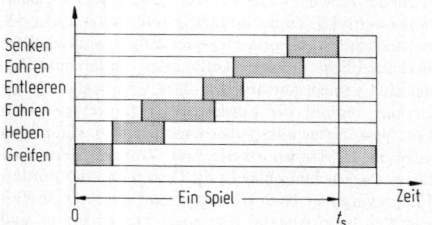

Bild 1. Spieldiagramm für Unstetigförderer. Beispiel: Greiferschiffsentlader

2 Hebezeuge und Krane
Lifting equipment and cranes

D. Severin, Berlin

2.1 Ketten und Kettentriebe
Chain drives and chains

2.1.1 Rundstahlketten. Circular section steel chains

Rundstahlketten arbeiten als Zugmittel in Hebezeugen und Förderanlagen sowie als Verbindungsmittel. Ihr Aufbau ist einfach. Durch ihre unterschiedlichen Ausführungen in bezug auf Geometrie und Werkstoffgütewerte ihrer Kettenglieder, sowie durch die allseitige Bewegung der Glieder gegeneinander, gibt es für Rundstahlketten vielseitige Einsatzmöglichkeiten [1].

Die Rundstahlkette (**Bild 1, Tab. 1**) wird gekennzeichnet durch ihre Nenndicke d, Teilung t, äußere Breite b und Güteklasse (GK). Ketten der einzelnen Güteklassen unterscheiden sich durch andere Bruchspannungen und -dehnungen, durch andere Tragfähigkeiten und Prüfkräfte. Die Benennung der GK leitet sich von der Mindestbruchspannung ab. Beispielsweise besitzen Ketten der GK 8 eine Mindestbruchspannung von 800 N/mm². Geprüfte Ketten sind mit dem Zulassungszeichen der Berufsgenossenschaft (BG) gekennzeichnet, das auch die Herstellerkennzahl einschließt.

Anschlagketten und Zubehör. Sie werden als Mittel zur Verbindung zwischen Kranhaken und Last verwendet, z.B. Haken-, Ring-, Klauenketten. Hierfür sind nur geprüfte, nichtlehrenhaltige, kurzgliedrige Rundstahlketten (Teilung $\leq 3d$) zugelassen (z.B. DIN 5687, T 1 und 3). Komplettgehänge (**Bild 2a**) sind nach DIN 5688 von BG-zugelassenen Herstellerfirmen zu schweißen und mit einem Tragfähigkeits-Kennzeichnungsanhänger *8* ausgestattet. Häufig werden Gehänge aus lösbaren Elementen in Baukastenausführung zusammengestellt, um sich den besonderen Einsatzfällen anzupassen. Dafür sind verwechselungsfreie Kettenanschlüsse (**Bild 2 b-e**) erforderlich. Lehrenhaltige Hebezeugketten nach DIN 5684 dürfen wegen ihrer geringeren Dehnung nicht als Anschlagketten verwendet werden.

Zugmittelketten in Hebezeugen. In Handhebezeugen und Elektrokettenzügen werden lehrenhaltige, vergütete, geprüfte Rundstahlketten nach DIN 766 und DIN 5684 T 1 bis 3 eingesetzt. Sie werden durch verzahnte Räder (sog. Taschenräder) angetrieben und besitzen daher klei-

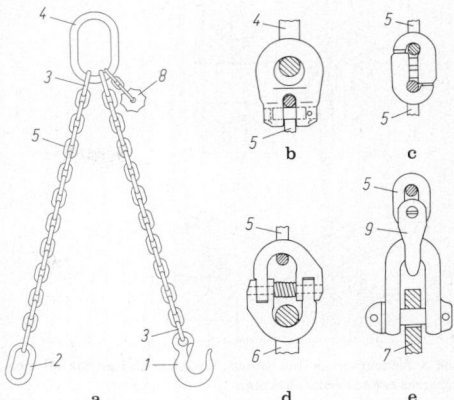

Bild 2. Anschlagketten und Zubehör (RUD). **a** zweisträngige Anschlagketten, geschweißt, DIN 5688, wahlweise mit Ösenhaken *1* oder mit ösenförmigen Endgliedern *2* (Ringkette), mit Übergangsgliedern *3* und Aufhängeglied *4*, Tragfähigkeits-Kennzeichnungsanhänger *8*; **b** Kettenverbindungsglied, das fest mit dem Aufhängeglied *4* verbunden ist; **c** Kettenverbindungsglied zum Verlängern bzw. Endlosmachen des Kettenstrangs *5*; **d** Verbindungsglied zwischen Kette *5* und Lastaufnahmemittel *6*; **e** Schäkel und Schäkelanschlußelemente *9* zwischen Kette *5* und Last *7*.

ne Teilungstoleranzen. Oberflächenhärtung kann ihre Betriebsdauer zusätzlich vergrößern. Gegenüber Seilen sind wesentlich kleinere Raddurchmesser und damit kleinere Abmessungen der Hebezeuge möglich. Die Hubgeschwindigkeit ist geringer als bei Seilzügen ($v \leq 1$ m/s). Die Kette läßt sich auf engstem Raum in sog. Kettenkästen speichern.

Antriebsräder und Umlenkrollen. Antriebsräder in Hebezeugen sind gefräste, einsatzgehärtete Taschenräder (**Bild 3a**) aus z.B. 17CrNiMo6 oder 16MnCr5, in Handhebezeugen auch aus C45 oder C60. Kleine Taschenzahl − bei Handhebezeugen $z_{min} = 3$, bei motorischem Antrieb $z_{min} = 4$ − ermöglicht kleine Durchmesser D_A. Antriebsräder mit festen oder auswechselbaren (**Bild 3b**), gehärteten Zähnen aus Stahlguß arbeiten in Fördermitteln, die starkem Verschleiß ausgesetzt sind (z.B. Kratzerförderer). Umlenkrollen (**Bild 4**) bestehen bei kleiner Belastung aus Gußeisen mit Lamellengraphit, sonst aus Stahlguß. Als Richtwert gilt $D_U \geq 20d$. Nur bei sehr geringer Belastung sind kleinere Werte möglich. Ketten mit Oberflächenhärtung sollen nicht über Umlenkrollen laufen. Wirkungsgrade bei guter Schmierung: Für Umlenkrollen $\eta \approx 0,95$, für Antriebsräder $\eta \approx 0,93$.

Normen: DIN 685 *T 1 bis 5:* Geprüfte Rundstahlketten (Begriffe, sicherheitstechnische Anforderungen, Prüfung, Kennzeichnung usw.). − DIN 5684 *T 1 bis 3:* Rundstahlketten für Hebezeuge, Güteklasse 5, 6 und 8, lehrenhaltig,

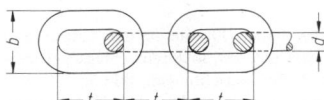

Bild 1. Maße der Rundstahlkette

Tabelle 1. Rundstahlkette, Güteklasse 8, lehrenhaltig, geprüft (DIN 5684 T 3, Auszug)

Nenndicke d in mm	7	8	9	10	11	13	14	16	18	20	22
Teilung t in mm	21	24	27	28	31	36	41	45	50	60	66
äußere Breite b in mm	23,6	27	30,4	34	37,4	44,2	47,6	54,4	61,2	68	75
Masse pro m in kg/m	1,1	1,4	1,8	2,2	2,7	3,8	4,4	5,7	7,3	8,8	10,7
Tragfähigkeit[a]) in kg	1250	1600	2000	2500	3000	4250	5000	6300	8000	10000	12500
Mindestbruchkraft in kN	60	80	100	125	150	212	250	320	400	500	630

[a]) für motorisch angetriebene Hebezeuge. Für Handhebezeuge ist Tragfähigkeit 20% größer.

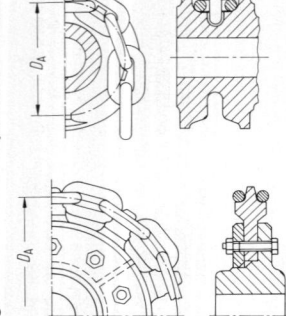

a

b

Bild 3. Kettenräder. **a** Taschenrad; **b** Kettenrad, hier mit auswechselbarem zweiteiligen Zahnkranz

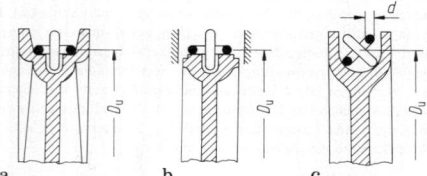

a   b   c

Bild 4. Kettenumlenkrollen. **a** mit Ringnut für definierten Ketteneinlauf; **b** wie **a**, aber ohne Seitenwände. Seitenführung der Kette ist anderweitig sicherzustellen; **c** mit Rundrille für undefinierten Ketteneinlauf. Sie hat größeren Verschleiß als Rillen nach **a** und **b**

geprüft. – DIN 5687 *T 1 und 3:* Rundstahlketten für Anschlagketten, Güteklasse 5 und 8, nichtlehrenhaltig, geprüft.

2.1.2 Stahlgelenkketten. Steel roller chains

Infolge Formschluß der Kettenglieder können Stahlgelenkketten i. allg. nur in einer Ebene geführt werden. Gallketten nach DIN 8150 werden hauptsächlich als Lastketten für geringe Geschwindigkeiten bis 0,5 m/s, Buchsenketten nach DIN 8164 werden als Förderkette für Stetigförderer bis 5 m/s, Rollenketten nach DIN 8187 und DIN 8188 werden als Antriebsketten bis zu 30 m/s eingesetzt.

2.2 Seile und Seiltriebe. Ropes and rope drives

2.2.1 Faserseile. Fibre ropes

Faserseile werden aus Pflanzenfasern (z.B. Sisal, Manila, Hanf) oder aus synthetischen Fasern (z.B. Polyamid, Polyester, Polypropylen) gefertigt. Sie sind leicht zu biegen und besitzen gegenüber Stahlseilen eine wesentlich größere elastische Dehnung. Wegen geringer Verletzungsgefahr werden sie u.a. in Handrollenzügen und als Anschlagseile eingesetzt. Aufbau, Eigenschaften, Auswahl, Bemessung s. VDI-Richtlinie 2500, „Faserseile" und DIN 83305.

2.2.2 Drahtseile. Wire ropes

Einen zusammenfassenden Überblick liefert die VDI-Richtlinie 2358 Drahtseile für Fördermittel.

Herstellung und Eigenschaften

Herstellung der Seile (**Bild 5**) aus kaltgezogenen, blanken (bk) oder verzinkten (zn k) oder dickverzinkten (di zn)

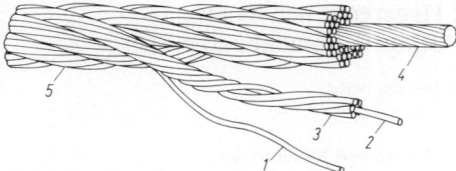

Bild 5. Rundlitzenseil (Thyssen) (Erläuterungen im Text)

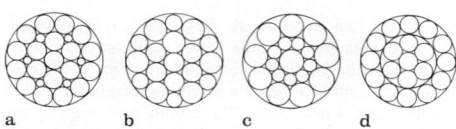

a   b   c   d

Bild 6. Gebräuchliche Litzenkonstruktionen mit zwei Drahtlagen. **a** Filler; **b** Warrington; **c** Seale; **d** Standard

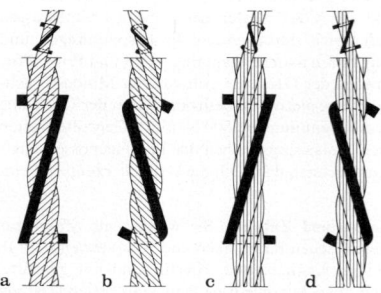

a   b   c   d

Bild 7. a Gleichschlagseil rechtsgängig (zZ); **b** linksgängig (sS); **c** Kreuzschlagseil rechtsgängig (sZ); **d** linksgängig (zS). (DIN 3051)

Drähten (DIN 2078) großer Zugfestigkeit (R_o = 1570 bis 2450 N/mm^2), in Sonderfällen aus legierten (z.B. nichtrostenden) Stählen. Drähte *1* werden schraubenlinienförmig um Kerndraht *2* zur Litze *3* geschlagen. Diese werden um eine Faserstoffeinlage (FE) *4* aus pflanzlichen oder synthetischen Fasern wie Sisal oder Polyamid zum Seil *5* geschlagen oder um eine Stahleinlage (SE) *4*, die eine Litze oder ein Seil sein kann.
Die Litzenkonstruktionen unterscheiden sich durch Zahl, Anordnung und Dicke ihrer Drähte sowie durch die Zahl ihrer Drahtlagen (eine oder mehr). Bei Parallelverseilung (**Bild 6a–c**) laufen die Drähte aller Drahtlagen einer Litze parallel, bei Kreuzverseilung (**Bild 6d**) kreuzen sich die Drähte der einzelnen Drahtlagen auch bei gleicher Schlagrichtung.
In *Gleichschlagseilen* haben Drähte in den Litzen und Litzen im Seil gleiche (zZ, sS), in Kreuzschlagseilen entgegengesetzte (sZ, zS) Schlagrichtungen, **Bild 7**.
Zur leichteren Handhabung kann die innere Verspannung der Drähte und Litzen durch besondere Verfahren bei der Herstellung reduziert werden (spannungsarme Seile, Bezeichnung: spa).
Drahtseile ermöglichen Fahrgeschwindigkeiten bis zu 20 m/s, geräuscharmen Lauf, Temperaturen von –40 bis +100 °C, kurzzeitig bis 250 °C. Sie lassen sich leicht biegen. Damit sich dabei die Drähte gegenseitig verschieben können, müssen Seile geschmiert werden. Durch die Parallelschaltung vieler Drähte hat das Seil eine große immanente Sicherheit. Gebrochener Draht trägt kurz hinter Bruchort wieder mit. Grundlagen, Begriffe, Seilarten s. DIN 3051 T 1 bis 4.

Wichtige Rechengrößen

Füllfaktor f ist das Verhältnis des metallischen Querschnitts im Seil zum Flächeninhalt seines Umkreises. Für Hebezeugseile $f = 0,47$ bis $0,77$ je nach Seilkonstruktion.

Metallischer Querschnitt $A_m = f d^2 \pi / 4$, mit d Seildurchmesser.

Rechnerische Bruchkraft $F_r = A_m R_o$, mit R_o Nennfestigkeit der Drähte.

Mindestbruchkraft $F_{min} = F_r k$.

Verseilfaktor k berücksichtigt die Abminderung der Seilbruchkraft infolge Verseilung gegenüber der Bruchkraft, die das unverseilte Drahtbündel aus parallelen Einzeldrähten hätte. $k = 0,74$ bis $0,90$ je nach Seilkonstruktion.

Wirkliche Bruchkraft F_w ist die beim Zerreißen des Seils gemessene Bruchkraft.
F_r und F_{min} werden in den Drahtseilnormen, in Abhängigkeit von Seildurchmesser und Drahtnennfestigkeit R_o angegeben (z.B. **Tab. 2**).

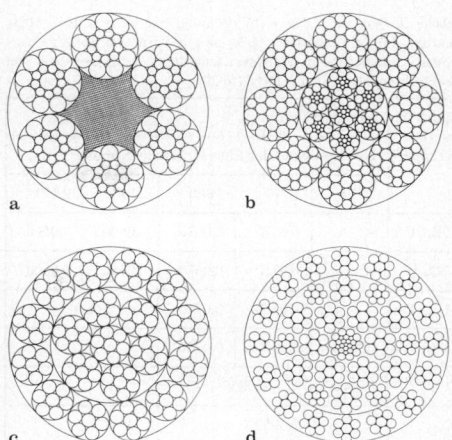

Bild 8. Beispiele für Seilkonstruktionen. **a** Rundlitzenseil 6×19 Seale mit FE, DIN 3058; **b** Rundlitzenseil 8×19 Warrington mit SE, DIN 3063; **c** Spiral-Rundlitzenseil 18×7 mit SE, DIN 3069; **d** drehungsfreies Seil mit SE (Casar)

Tabelle 2. Bruchkräfte für Warrington-Seil 6×19 (FE) mit Drahtnennfestigkeit 1770 N/mm^2 (DIN 3059, Auszug).

Seilnenn-durchmesser mm	Masse pro Längeneinheit kg/m	Rechnerische Bruchkraft kN	Mindest-bruchkraft kN
6	0,134	24,5	21,1
8	0,238	43,6	37,5
10	0,238	68,1	58,6
12	0,537	98,1	84,4
14	0,730	134	114
16	0,954	174	150
18	1,21	221	190
20	1,49	272	234
24	2,15	392	337
28	2,92	534	459
32	3,82	698	597
36	4,83	883	759

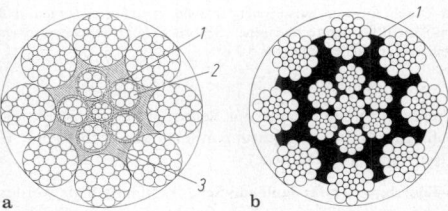

Bild 9. a Seil mit Faserstoffbettung *3* der Außenlitzen und zusätzlicher Umwicklung der Stahleinlagenlitzen *2* mit Kunststoff *1* (Thyssen); **b** Seil mit Kunststoff *1* umspritzter Stahleinlage (Casar)

↑
Bezeichnung eines Rundlitzenseils 6×19 Warrington mit $d = 20$ mm, Faserstoffeinlage, Drähte blank mit Nennfestigkeit 1770 N/mm^2, Kreuzschlag rechtsgängig, in spannungsarmer Ausführung: Seil 20 DIN 3059 – FE – bk 1770 sZ – spa.

Dehnung von Drahtseilen. Die Spannungs-Dehnungslinie von neuen Drahtseilen ist nicht linear und bei Be- und Entlastung wegen der Hystereseverluste unterschiedlich [2]. Zahlenwerte für Seil-*E*-Modul sind Mittelwerte. Sie sind um so größer, je kleiner die Zahl der Drähte und Litzen im Seil, je größer die Schlaglänge und je länger die Aufliegezeit.

Anhaltswerte:

Litzenseile mit Fasereinlage: $E = 0,9$ bis $1,2 \cdot 10^5$ N/mm^2,

Litzenseile mit Stahleinlage: $E = 1,0$ bis $1,3 \cdot 10^5$ N/mm^2,

Spiralseile und verschlossene Seile: $E = 1,4$ bis $1,7 \cdot 10^5$ N/mm^2.

Auswahl von laufenden Drahtseilen

Laufende Seile werden über Rollen bewegt. In Seiltrieben von Hebezeugen arbeiten i. allg. sechs- oder achtlitzige spannungsarme (spa) Seile mit zwei oder drei Drahtlagen je Litze (**Bild 8a, b**). Seile, bei denen sich die Drähte in den Litzen linienförmig berühren (Parallelverseilung, DIN 3057 bis DIN 3059 und DIN 3061 bis DIN 3064) haben größere Betriebsdauer als Seile mit sich punktförmig berührenden Drähten (DIN 3060, 3066, 3068). Die achtlitzigen haben eine größere Betriebsdauer als die sechslitzigen Seile. Trotz etwas geringerer Betriebsdauer beim Lauf in der Rundrille werden Kreuzschlagseile gegenüber Gleichschlagseilen wegen ihrer besseren Handhabung häufiger eingesetzt. Seile mit Faserstoffeinlagen können unter normalen Betriebsbedingungen eine größere Betriebsdauer haben. Bei stoßartiger Belastung oder Temperaturen über 100 °C Seile mit Stahleinlage einsetzen. Durch Kunststoffummantelung der Stahleinlage (**Bild 9**) kann die Seillebensdauer dynamisch belasteter Seile erheblich gesteigert werden. Einsetzbar bis 100 °C. Seile gleichen Durchmessers sind um so biegsamer, je dünner die Drähte in den Außenlagen der Litzen. Bei verschleißbehaftetem Betrieb (z.B. Greiferseile, Schrapperseile) Konstruktionen mit dicken Außendrähten wählen (z.B. Seale). Langlebige, der Korrosion ausgesetzte Seile mit verzinkten Drähten ausrüsten. In einlagigen Rundlitzenseilen entsteht infolge der schraubenlinienförmigen Lage der Drähte und Litzen ein von der Seilkonstruktion und der Belastung abhängiges Drehmoment. Bei einsträngiger Aufhängung Drehen der Last vermeiden durch Wahl drehungsarmer oder -freier Seilkonstruktionen, z.B. Spiral-Rundlitzenseil nach DIN 3071 und DIN 3069 (**Bild 8c**) oder durch andere nicht genormte Spezialseile, **Bild 8d**. Wegen der sonst nicht ausge-

U

Tabelle 3. Beiwerte c für nicht drehungsfreie Seile (DIN 15020, Auszug). Für drehungsfreie Seile sind c-Werte um 10% zu vergrößern. Für Seile zum Transport feuerflüssiger Massen oder von Reaktorbrennelementen s. DIN 15020

Trieb-werk-gruppe	c in mm/$\sqrt{\text{N}}$ für				
	Nennfestigkeit der Einzeldrähte in N/mm^2				
	1570	1770	1960	2160	2450
1 E_m a)	–	0,0670	0,0630	0,0600	0,0560
1 D_m a)	–	0,0710	0,0670	0,0630	0,0600
1 C_m a)	–	0,0750	0,0710	0,0670	
1 B_m	0,0850	0,0800	0,0750	–	
1 A_m	0,0900	0,0850			
2$_m$	0,0950				
3$_m$	0,106			–	
4$_m$	0,118				
5$_m$	0,132				

a) Durch Auswahl entsprechender Seile ist dafür zu sorgen, daß das Verhältnis der rechnerischen Seilbruchkraft zur rechnerischen Seilzugkraft nicht kleiner als 3,0 ist.

glichenen Drehmomente nur Seile gleicher Konstruktion, Schlagart und Schlagrichtung miteinander verbinden (z.B. Greiferseile und Hubseile).

Seildurchmesser für laufende Seile. Laufende Seile werden aus wirtschaftlichen Gründen nicht dauerfest dimensioniert. Die Drähte brechen nach und nach, wenn das Seil eine bestimmte Zahl von Biegewechseln erfahren hat. Ablegekriterium ist die Anzahl der auf eine definierte Seillänge von außen sichtbaren Drahtbrüche (DIN 15020 T 2). Dieses Kriterium gilt nicht bei Einsatz von relativ weichen Kunststoffumlenkrollen oder bei Seilen mit mehr als zwei Litzenlagen, da sich hier der Ort der Schädigung von außen ins Seilinnere verlagern könnte.
Nach DIN 15020 T 1 werden die Durchmesser der Seiltriebelemente so bemessen, daß das Seil eine wirtschaftlich vertretbare Betriebsdauer hat. Der kleinste erforderliche Seilnenndurchmesser errechnet sich aus der größten auftretenden Seilzugkraft S zu

$$d_{\min} = c\sqrt{S}. \tag{1}$$

c (**Tab. 3**) ist ein Betriebsfestigkeitswert, der durch die Nennfestigkeit R_o der Drähte und die Triebwerkgruppe bestimmt wird. Er ist unabhängig vom Füllfaktor, von der Draht-, Litzenzahl und Art der Einlage. Die Triebwerkgruppe ergibt sich aus dem Lastkollektiv und der mittleren Laufzeit je Tag, **Tab. 4**.
In vielen Anwendungsfällen wird die zulässige Seilzugkraft aus der rechnerischen Seilbruchkraft F_r über eine sog. Sicherheitskennzahl v bestimmt: $S_{zul} = F_r/v$. Anschlagseile $v = 5$ oder 6, Schrapperseile $v = 6$ bis 10, Seile für Personen- und Lastenaufzüge $v = 14$.
v macht keine Aussagen über die wahre Sicherheit im Seil, da die Bemessung, nicht die Biege- und Druckspannungen beim Lauf über die Rollen, berücksichtigt. Einige Bereiche arbeiten anstelle von F_r mit $F_{\min}$. ISO 4308 berechnet auch den Seildurchmesser von Kranseilen nach der v-Methode.

Seilrollen- und Seiltrommeldurchmesser. Die kleinstmöglichen Seilrollen- und Seiltrommeldurchmesser, bezogen auf Mitte Drahtseil, sind nach DIN 15020 T 1: $D_{\min} = h_1 h_2 d_{\min}$. Der Faktor h_1 begrenzt die Biege- und Druckspannungen zwischen Seil und Rille, **Tab. 5**. h_2 berücksichtigt die Zahl der Biege- und Gegenbiegewechsel des am häufigsten gebogenen Seilstücks während eines Spiels. Für Trommeln und Ausgleichsrollen ist $h_2 = 1$. Für laufende Rollen ist $h_2 = 1$ bis 1,25, je nach Seilführung und Zahl der Rollen im Seiltrieb (DIN 15020 T 1).

Tabelle 5. Beiwert h_1 für nicht drehungsfreie Seile. Für drehungsfreie Seile sind h_1-Werte mit dem Faktor 1,12 zu vergrößern

Triebwerk-gruppe	Beiwert h_1 für		
	Seiltrommel	Seilrolle	Ausgleich-rolle
1 E_m	10	11,2	10
1 D_m	11,2	12,5	10
1 C_m	12,5	14	12,5
1 B_m	14	16	12,5
1 A_m	16	18	14
2$_m$	18	20	14
3$_m$	20	22,4	16
4$_m$	22,4	25	16
5$_m$	25	28	18

Grundsysteme der Seiltriebe

Seilführungen bei Eintrommelseiltrieben zeigt **Bild 10**. **Bild 10a** einsträngige Lastaufhängung. **Bild 10b** zweisträngige Aufhängung mit Unterflasche 1 und oberem Festpunkt 2. Bei Hubhöhe/Rollendurchmesser > 80 drehungsarme oder -freie Seile einsetzen. **Bild 10c** Lastaufhängung mittels Traverse 3 an zwei Stellen mit entgegengesetzter Schlag-

Tabelle 4. Triebwerkgruppen, gebildet aus Lastkollektiv und Laufzeit (DIN 15020, Auszug)

Mittlere Laufzeit je Tag in h, bezogen auf 1 Jahr		bis 0,125	über 0,125 bis 0,25	über 0,25 bis 0,5	über 0,5 bis 1	über 1 bis 2	über 2 bis 4	über 4 bis 8	über 8 bis 16	über 16
Lastkollektiv	Erklärung	Triebwerkgruppe a)								
leicht	geringe Häufigkeit	1 E_m	1 E_m	1 D_m	1 C_m	1 B_m	1 A_m	2$_m$	3$_m$	4$_m$
mittel	etwa gleiche Häufigkeit von kleinen, mittleren und größten Lasten	1 E_m	1 D_m	1 C_m	1 B_m	1 A_m	2$_m$	3$_m$	4$_m$	5$_m$
schwer	nahezu ständig die größte Last	1 D_m	1 C_m	1 B_m	1 A_m	2$_m$	3$_m$	4$_m$	5$_m$	5$_m$

a) Bei einer Dauer eines Arbeitsspiels ≥ 12 min darf der Seiltrieb um eine Triebwerkgruppe niedriger eingestuft werden.

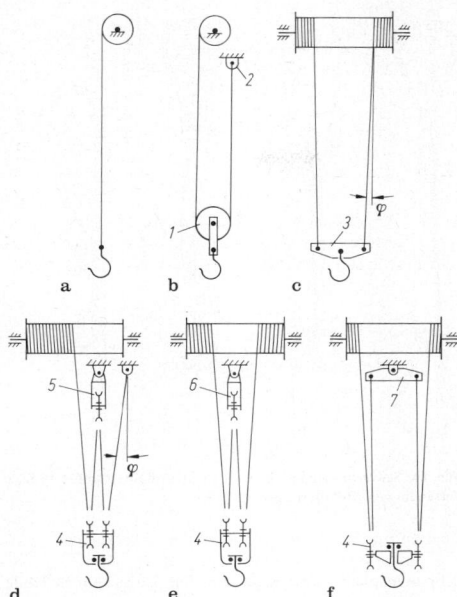

a b c

d e f

Bild 10a–f. Grundsysteme von Seiltrieben (Erläuterungen im Text)

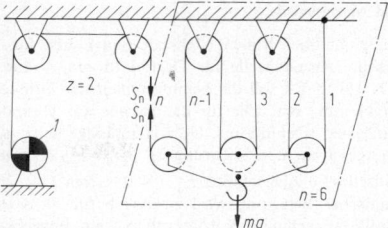

Bild 11. Beispiel für Seiltrieb mit Trommel, zwei Umlenkrollen und Flaschenzug. *1* Trommel

richtung ermöglicht Drehmomentenausgleich an der Traverse 3. Zweifaches Trommelmoment bei gleicher Last gegenüber Lösung **b** erfordert ein größeres Getriebe. **Bild 10d** viersträngige Aufhängung mit Unterflasche 4 und Oberflasche 5. **Bild 10e** viersträngige Aufhängung mit einem Seil und Ausgleichsrolle 6. **Bild 10f** viersträngige Aufhängung mit zwei Seilen entgegengesetzter Schlagrichtung und Ausgleichshebel 7.

Die *Strangzahl* n je Rollenzug ist bis $n = 8$ wirtschaftlich. Darüber hinaus kann die Tragfähigkeit durch Parallelschaltung von zwei oder mehr Rollenzügen vergrößert werden. Eine kleinere Strangzahl führt bei gleicher Last zu kürzeren, dickeren, schwerer handhabbaren Seilen, zu größeren Seilrollen, größeren Trommeldurchmessern und Trommelmomenten. Entscheidend für die Ausbildung des Seiltriebs sind oft die Platzverhältnisse und die erforderliche Begrenzung des Ablenkwinkels φ zwischen Seil und Seilrolle bzw. Trommelrille. Die Seilablenkung hat einen starken Einfluß auf den Seilverschleiß. Günstig ist $\varphi \leq 2°$. Maximal zulässig nach DIN 15020 ist $\varphi = 4°$.

Redundante Seiltriebe arbeiten mit zwei parallellaufenden Seilen, von denen das eine die volle Last aufnehmen kann, wenn das andere versagt (z.B. in Gießkranen s. U 2.5.3).

Wirkungsgrad von Seiltrieben

Hystereseverluste im Seil und Lagerwiderstände der Rollen und Trommeln führen zur Vergrößerung des Seilzugs. Anhaltswerte: Seilrollenwirkungsgrad $\eta_R = 0,98$ bei Wälzlagerung, $\eta_R = 0,96$ bei Gleitlagerung. Trommelwirkungsgrad $\eta_T = \eta_R$.

Für einen Rollenzug mit n-strängiger Lastaufhängung (**Bild 11** abgegrenzter Bereich) ist der Wirkungsgrad beim Heben der Last

$$\eta_F = \frac{1}{n} \cdot \frac{1 - \eta_R^n}{1 - \eta_R}.$$

Bei angehängter Last m ist die Zugkraft im Strang n: $S_n = mg/(n\eta_F)$. Für einen Seiltrieb mit z weiteren Umlen-

kungen und der Trommel (**Bild 11**) ist der Wirkungsgrad $\eta_S = \eta_F \eta_R^z \eta_T$.

Beispiel: Seiltrieb **Bild 11**, $n = 6, z = 2$, wälzgelagerte Rollen

$$\eta_S = \frac{1}{6} \cdot \frac{1 - 0,98^6}{1 - 0,98} \cdot 0,98^2 \cdot 0,98 = 0,90.$$

Ausgleichshebel oder -rollen teilen den Seiltrieb in zwei parallelgeschaltete kleinere Seiltriebe, von denen jeder die halbe Last trägt. Für Seiltriebe nach z.B. **Bild 10e** und **10f** ist $n = 2$.

Der Wirkungsgrad beim Senken unterscheidet sich nur geringfügig von dem beim Heben.

Anschlagseile

Sie werden nach DIN 3088 im Kreuzschlag aus blanken oder verzinkten Drähten mit Nennfestigkeiten von 1 770 N/mm² gefertigt. Sie müssen bei Durchmessern bis 14 mm mindestens 114 Drähte und darüber mindestens 200 Drähte besitzen.

Entsprechend dem Produkt aus Füllfaktor f und Verseilfaktor k werden Anschlagseilarten N (mit $fk \geq 0,3649$) und F (mit $fk \geq 0,4536$) festgelegt und dafür tabellarisch in Abhängigkeit des Seildurchmessers und der Anschlagart (**Bild 12**) die Tragfähigkeiten angegeben. Tabellenwerte basieren auf einer Sicherheitskennzahl $\nu = 6$ (Seilart N) und $\nu = 5$ (Seilart F). Die Enden der Anschlagseile der Seilart F dürfen nur mit einem *Flämischen Auge* ausgerüstet werden. Für Anschlagseile mit Durchmessern ab 24 mm können auch Kabelschlagseile (K) oder endlos gemachte Seile (G) sog. *Grummets* verwendet werden. Angaben über ihre Tragfähigkeit s. DIN 3088. Es ist nicht erlaubt, gebrauchte Kranseile als Anschlagseile zu verwenden.

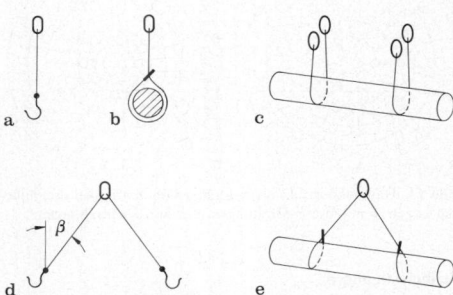

Bild 12. Anschlagmöglichkeiten nach DIN 3088. Einsträngig: **a** direkt; **b** geschnürt; **c** zweifach umgelegt. Zweisträngig: **d** direkt; **e** geschnürt. Für **d** und **e** sind die Tragfähigkeiten bei Neigungswinkeln 45 bis 60° um das 1,25fache kleiner als bei 0 bis 45°

Halte- und Abspannseile

Sie laufen nicht über Rollen (stehende Seile), z.B. Auslegerhalteseile, Abspannseile für Derrick-Montagekrane. Nach DIN 15018 T 1 soll die Nennfestigkeit der Drähte $R_o = 1570\ N/mm^2$ sein. Die für die Summe aus Haupt- und Zusatzlasten (Definition s. U 2.8.1) zulässige Seilzugkraft im ungeschwächten Seilstrang ist $S_{H,Z} = \sigma_{zul} A_m$ mit A_m metallischer Seilquerschnitt, $\sigma_{zul} = 450\ N/mm^2$.

Bei dynamischer Belastung wird zusätzlich für die von den Hauptlasten erzeugte Seilzugkraft S_H ein Betriebsfestigkeitsnachweis gefordert. $S_H \leqq zul\ \sigma_{Dz} A_m$. Werte für zul σ_{Dz} enthält **Tab. 6**. Für Fahrzeugkrane s. DIN 15018 T 3.

Seilbefestigungen mindern bei dynamischer Belastung die Betriebsdauer. Nach DIN 15018 darf daher die für das ungeschwächte Seil errechnete zulässige Seilzugkraft nur zu 100% bei vergossenen Seilbefestigungen, 90% bei Preßklemmen, 80% bei Keilschlössern, 40% bei Seilklemmen (s. Seilbefestigungen) genutzt werden.

Tabelle 6. Zulässige Spannungen im Betriebsfestigkeitsnachweis für Halte- und Abspannseile (DIN 15018 T 1)

Drahtseil-durchmesser	Zulässige Spannung zul σ_{Dz} in N/mm^2 bei Beanspruchungsgruppe	
mm	B1, B2 und B3	B4, B5 und B6
bis 5	450	$400 + 50 \cdot \kappa$
über 5 bis 20	$350 + 100 \cdot \kappa$	$250 + 200 \cdot \kappa$
über 20 bis 30	$300 + 150 \cdot \kappa$	$200 + 250 \cdot \kappa$
über 30 bis 40	$250 + 200 \cdot \kappa$	$150 + 300 \cdot \kappa$

Erläuterung: κ ist das Verhältnis der kleinsten zur größten auftretenden Hauptlast. Beanspruchungsgruppen B_1 bis B_6 s. **Tab. 15**.

Tragseile

Sie dienen in Kabelkranen und Seilbahnen als Fahrbahn für Räder mit kunststoffgefütterter Rundrille (Polyamid oder Polyurethan). Tragseile sind verschlossene Spiralseile (**Bild 13**), bei denen die Drähte der äußeren Lagen durch ihre besondere Form eine glatte Lauffläche bilden und die innenliegenden Drähte vor Korrosion schützen. Nennfestigkeit ist i.allg. $R_o = 1570\ N/mm^2$. Anhaltswerte für zulässige Pressung zwischen Rad und Seil $p = R/(Dd) = 40\ N/mm^2$. R Radlast, D Raddurchmesser, d Seildurchmesser.

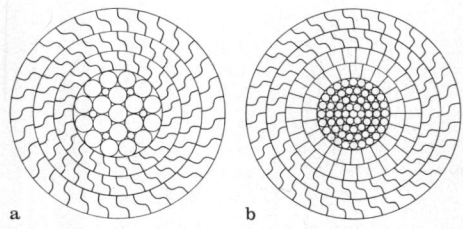

Bild 13. Tragseilkonstruktionen. **a** mit z-Drähten in den drei äußeren Lagen; **b** mit zwei z-Drahtlagen und zwei Keildrahtlagen

Seilbefestigungen

Sie sind als Bindeglied zwischen Seil und Anschlußkonstruktion lösbar oder nicht lösbar mit dem Seilende verbunden, **Bild 14a**. *Kauschenspleiß* mit Formstahlkausche *1* (DIN 3090), alternativ Vollkausche (DIN 3091) oder

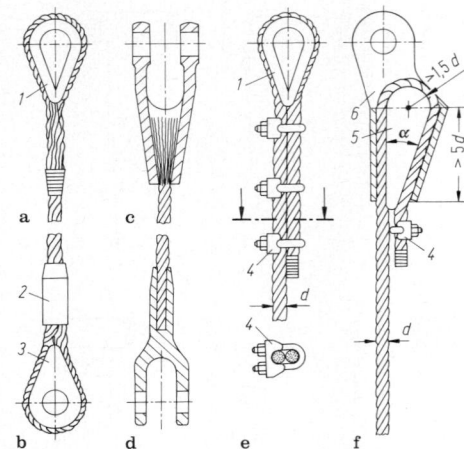

Bild 14. Seilverbindungen. **a** bis **d** nicht lösbare, **e** und **f** lösbare Verbindungen (Erläuterungen im Text)

Schlaufenspleiß (ohne Kausche). Die Litzen am Seilende werden geöffnet und nach Bildung einer Öse miteinander verflochten (DIN 3089). **Bild 14b** *Kausche* mit Preßklemme *2* aus Aluminiumknetlegierung (DIN 3093) bei 150°C und Vollkausche *3* (DIN 3091) alternativ Formstahlkausche. Die Klemme umschließt das Seil und das die Schlaufe bildende Seilende. Sie erzeugt nach starker plastischer Verformung unter einer Presse eine form- und reibschlüssige Verbindung zwischen Seil und Seilende. Besonders zuverlässig ist diese Befestigung, wenn das Seilende geöffnet, je zwei Litzengruppen gegenläufig um das Seil gelegt und dann mit einer Stahlklemme verpreßt werden (Flämisches Auge DIN 3095). **Bild 14c** *Gabelseilhülse* (DIN 83313). Drähte des Seilendes werden besenartig geöffnet, entfettet, Hohlräume in der kegelförmigen Hülse werden mit Vergußmetall, neuerdings auch mit Kunststoff gefüllt. Vergußwerkstoffe und sicherheitstechnische Anforderungen s. DIN 3092. **Bild 14d** *Stahlfitting* z.Z. noch nicht genormt. Durch plastische Verformung der Stahlhülse wird diese mit dem Seil form- und reibschlüssig verbunden. **Bild 14e** *Kausche mit Drahtseilklemme 4* (DIN 1142). Über Schraubklemmen werden das Seil und das die Kausche bildende Seilende reibschlüssig miteinander verbunden. Die erforderliche Klemmenzahl z wird bestimmt durch den Seildurchmesser. $z = 3$; 4; 5 bzw. 6 für $d = 5$ bis 6,5 mm; 8 bis 19 mm; 22 bis 26 mm bzw. 30 bis 40 mm. **Bild 14f** *asymmetrisches Keilschloß* (günstiger als das symmetrische [3] Keilschloß). Das Seilende umschließt einen Keil *5*, der bei Zugbelastung das Seil reibschlüssig mit dem Seilschloß *6* verbindet. Zusätzliche Seilklemme *4* dient als Notsicherung gegen Herausgleiten des Seils aus Keilschloß. Günstig ist $\alpha = 14°$: Bei möglichem Schlaffseil kann selbsttätiges Öffnen des Schlosses durch selbsthemmend wirkende Keilwinkel ($\alpha = 10°$) verhindert werden. Einsatz z.B. in Aufzügen (DIN 15315) und in Greifern.

Einsatzempfehlung: Im Übergangsbereich zwischen Seil und Seilbefestigung entstehen Zusatzspannungen infolge Verformungsbehinderung und ungleicher Lastverteilung auf die Drähte. Bei dynamischer Belastung sind daher Seilhülse, Flämisches Auge, Preßklemme, Stahlfitting geeigneter als Keilschloß. Nicht zu empfehlen sind Seilklemmen und Spleiße, letztere insbesondere nicht bei schwellender Belastung ($S_{min}/S_{max} = 0$) [4].

2.2.3 Seilrollen und Seiltrommeln
Rope sheaves and drums

Seilrillen. Abmessung (**Bild 15**) nach DIN 15061. Rillenprofil mechanisch bearbeitet $r_1 \approx 0{,}53d$. Bei Seilrollen ändert sich Rillentiefe h von $1{,}87d$ bei $d = 8$ mm auf $h = 1{,}41d$ bei $d = 32$ mm. Eine Seilablenkung um $\varphi = 4°$ kann größere Rillentiefe und größeren Öffnungswinkel als 45° (z.B. 60°) erfordern. Für Trommeln ist $h \geq 0{,}375d$, Steigung $p = 1{,}1$ bis $1{,}2d$.

Seilrollen. Für untergeordnete Zwecke aus Gußeisen mit Lamellengraphit (GG), sonst mit Kugelgraphit (GGG), aus Stahlguß (GS) (**Bild 16a**) oder geschweißt aus St37-3 oder St52-3 (**Bild 16b–d**), in Autokranen auch aus Kunststoff (Polyamid). Bauformen, Maße sowie Zuordnung der Breite b_3 und des Achsdurchmessers d_5 zum Rillengrunddurchmesser d_2 in DIN 15062. d_2 entspricht dem Seilrollen-Nenndurchmesser.
Gleitlager (**Bild 16d**) für untergeordnete Zwecke. Sonst Wälzlager mit Dauerschmierung; bei feuchter oder staubiger Umgebung besser mit Nachschmierung durch die Achse oder Nabe. Wälzlager sitzen direkt auf der Achse (**Bild 16b**) oder zur besseren Montage auf Zwischenhülse (**Bild 16a**). Lagerabstand a beeinflußt bei Schrägzug die Lager-Radialkraft $F_{r1} = S(\cos\varphi + D/(a \sin\varphi))$; Axialkraft $F_a = 2S \cdot \sin\varphi$, Schrägzugwinkel $\varphi \leq 4°$. Technische Lieferbedingungen für Seilrollen s. DIN 15063.

Seiltrommel, einlagig bewickelt. Trommeln i.allg. geschweißt aus St37-3 oder St52-3 (**Bild 17**), nur noch bei manchen Serienhebezeugen gegossen. Trommelmantel 1 bei kleinen Durchmessern aus Rohr, sonst aus Blech gerollt und mit Längsnaht verschweißt. Eine Trommelbordwand 2 stützt sich i.allg. auf die Getriebewelle 3 und überträgt das Drehmoment über ein Keilwellenprofil 4 (DIN ISO 14) oder über eine Bogenzahn- oder Tonnenkupplung 5. Die andere Bordwand stützt sich über Zapfen

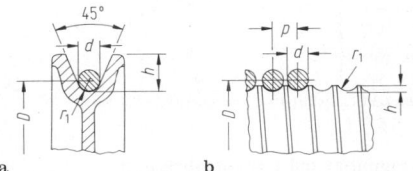

Bild 15. Rillenprofile. **a** Seilrolle; **b** Seiltrommel

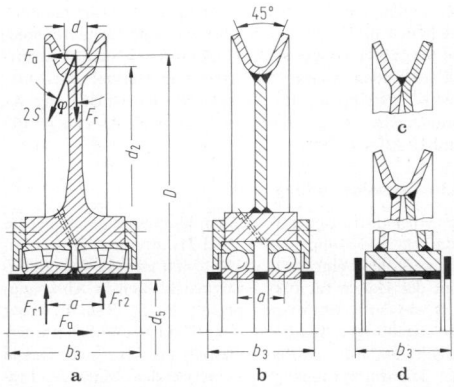

Bild 16a–d. Seilrollenquerschnitte und -lagerung (Erläuterungen im Text)

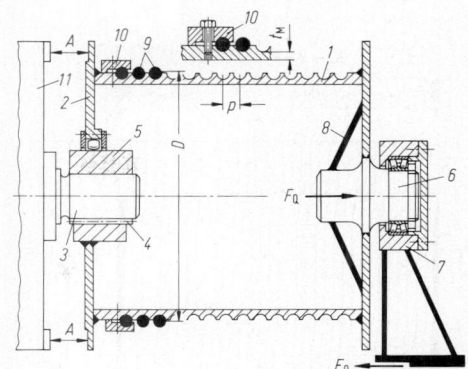

Bild 17. Seiltrommel mit Lagerung und Antriebsmöglichkeit (Erläuterungen im Text)

6 in einem Festlager 7, das auch die Axialkraft infolge Schrägzug aufnimmt. Blechkegel 8 zwischen Zapfen und Bordwand ist besser als Rippen (große Kerbspannungen an unzugänglicher Schweißnaht), weil die Ringnaht zwischen Zapfen und Kegel das umlaufende Biegemoment günstiger aufnimmt. Ausrichten der Trommel über Maß A zwischen bearbeiteten Hilfsflächen an Bordwand 2 und Getriebe 11.
Einleitung der Seilkraft in den Trommelmantel durch Reibung über zwei Sicherheitswindungen 9 und drei nachgeschaltete Seilklemmen 10. Erforderliche Windungszahl W zum Aufwickeln der Seillänge L_S bei Wickeldurchmesser D: $W = 2 + L_S/(D\pi)$.
Trommeln von Winden mit großen Drehmomenten werden über einen an der Trommelbordwand verschraubten offenen Zahnkranz getrieben und auf feststehender Achse gelagert.

Trommelwanddicke. Beim Aufwickeln des belasteten Seils schnürt sich der Trommelzylinder ein. Nach Ernst sind die in einem Mantelringsegment tangential wirkende Druckspannung σ_d und die durch Einschnürung des Trommelzylinders in Achsrichtung wirkende Biegespannung σ_b für die Bemessung der kleinsten Trommelwanddicke t_M unter der Seilrille (**Bild 17**) im Bereich der ersten auflaufenden Seilwindung maßgebend:

$$\sigma_d = -\frac{0{,}5S_{nen}\,\Psi}{pt_M} \quad \text{und} \quad \sigma_b = \pm\frac{0{,}96S_{nen}\,\Psi}{\sqrt{Dt_M^3}},$$

mit S_{nen} Seilzugkraft, Ψ Hublastbeiwert nach **Bild 69**, D Trommeldurchmesser, p Seilsteigung. Nach Berechnungen von σ_d und σ_b mit gewählter Wandstärke t_M ist nachzuweisen, daß

$$\sigma_v = \sqrt{\sigma_d^2 + \sigma_b^2 - \sigma_d\sigma_b} \leq \sigma_{zul}.$$

Die maximale Vergleichsspannung liegt am inneren Trommelrand (da dort $\sigma_b > 0$ und $\sigma_d < 0$). σ_{zul}: 140 N/mm² für St37-3; 210 N/mm² für St52-3; 160 N/mm² für GGG 40; 80 N/mm² für GG 20. Bei Trommeln länger ca. $1{,}5D$ oder $D > 1000$ mm ist die Beulsicherheit zu überprüfen [5, 6].

Seiltrommel, mehrlagig bewickelt. Geordnetes Spulen auf mehrlagig bewickelter Trommel bis sieben Lagen durch z.B. Lebus-System, **Bild 18**. Erste Lage wird in Rillen gebettet. Speziell geformte Führungsstücke 1 an den Trommelenden sorgen für geordnetes Einlaufen in die darüber liegende Lage. Dabei wird das Seil auf 70% des Trommelumfangs (Bereiche AB, CD, EA) parallel zu Bordscheiben 2 geführt. Auf zweimal 15% des Trommelumfangs (Be-

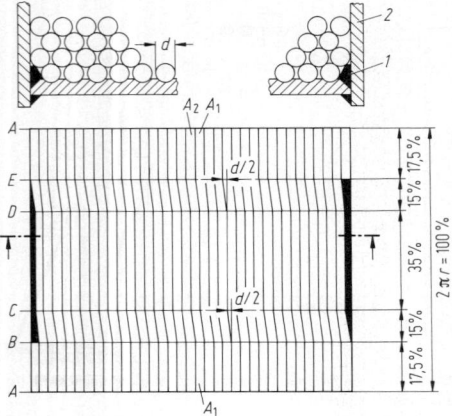

Bild 18. Mehrlagig bewickelte Trommel (Lebus) (Erläuterungen im Text)

reiche BC, DE) steigt das Seil um $d/2$ und kreuzt dabei die darunter liegende Seillage. Einsatz z.B. in Autokranen, Montage- und Schiffswinden und in der Erdölindustrie. Ungeordnetes Seilwickeln im Kranbau ist nicht erlaubt. Genaue Berechnung ein- und mehrlagig bewickelter Trommeln s. [7, 8].

2.2.4 Treibscheiben und Treibtrommeln
Drive pulleys and drums

Treibscheiben. Aus GG 25 oder in Ausnahmefällen aus Stahl mit gehärteter Rille [9]. Kraftübertragung zwischen Treibscheibenrille und Seil erfolgt über Reibschluß. Maximal übertragbare Umfangskraft $F_{u max}$ wird durch Umschlingungswinkel β, Reibungszahl μ und Seilzugkraft S_2 am Ablaufpunkt bestimmt. Nach Eytelweinscher Gleichung ist (s. G 6) $F_{u max} = S_1 - S_2 = S_2(e^{f_{(\mu)} \cdot \beta} - 1)$. Erforderliche Vorspannkraft S_2 kann durch Feder, Gegengewicht (z.B. Aufzug) oder durch eine Speichertrommel aufgebracht werden, die durch Mehrfachbewicklung raumsparende Unterbringung großer Seillängen ermöglicht.

$f_{(\mu)}$ wird nach TRA 003 (Technische Regeln für Aufzüge) durch die Reibungszahl $\mu = 0,09$ und die Rillenform bestimmt (**Bild 19a–d**). Vergrößerung der Treibfähigkeit

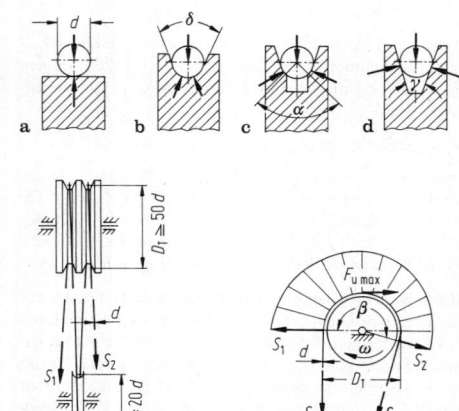

Bild 19a–f. Treibscheibe (Erläuterungen im Text)

durch besondere Rillenform (**Bild 19**) (nach TRA 003): **Bild 19a** Flachrille $f_{(\mu)} = \mu$; **Bild 19b** Halbrundrille für Geschwindigkeiten $> 2,5$ m/s, $f_{(\mu)} = 1,21\mu$ bei $\delta = 45°$; **Bild 19c** Unterschnittrille für Geschwindigkeiten bis 2,5 m/s in Deutschland am verbreitetsten, $f_{(\mu)} = 4\mu(1 - \sin(\alpha/2))/(\pi - \alpha - \sin\alpha)$, üblich ist $\alpha = 70$ bis $106°$; **Bild 19d** Keilrille bis $v = 2,5$ m/s (üblich $\gamma = 30$ bis $45°$); $f_{(\mu)} = \mu/\sin(\gamma/2)$. Sie ermöglicht größte Treibfähigkeit, zur Erhaltung ihrer Formbeständigkeit muß Oberflächenhärte mindestens 50 HRC sein. **Bild 19e** Vergrößerung der Treibfähigkeit durch Zwei- oder Mehrfachumschlingung und Umlenkrollen 1 mit Rundrille.

Abbau der Seilzugkraft von S_1 auf S_2 während des Treibvorgangs (**Bild 19f**) führt zu Relativbewegung zwischen Seil und Treibelement (Dehnschlupf) und dadurch zu Verschleiß. Biegebeanspruchung im Seil durch großen Treibdurchmesser ($D_T \geq 50d$) begrenzen.

Treibtrommel. Sie überträgt Kräfte in der gleichen Weise wie die Treibscheibe. Das Seil ist mehrfach um die glatte Trommel geschlungen ($f_{(\mu)} = \mu$) und wandert beim Treibvorgang von einem Trommelende zum anderen. Daher nur für kurze Seilwege geeignet.

Spilltrommel Bild 20a. Gegossen, für Stahldraht- und Faserseile. Die konkav gekrümmte Lauffläche ermöglicht während des Treibvorgangs eine ständige Querverschiebung des Seils im Arbeitsbereich $A - B$ nach oben. In dem Arbeitsbereich (z.B. Punkt C, **Bild 20b**) teilt sich die auf ein Flächenelement wirkende Seilkraft ΔF in eine zur Reibfläche normal wirkende Kraft $\Delta F_N = \Delta F \cdot \cos\alpha$ und in eine tangential wirkende Kraft $\Delta F \cdot \sin\alpha$. Die Querverschiebung findet statt, solange die Reibkraft $\Delta F_N \mu < \Delta F \cdot \sin\alpha$ ist; μ ist die Reibungszahl.

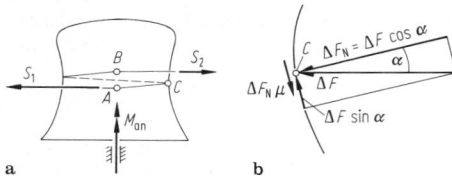

Bild 20a und b. Spilltrommel (Erläuterungen im Text)

2.3 Tragmittel und Lastaufnahmemittel
Load carrying equipment

Tragmittel sind nach DIN 15003 mit dem Hebezeug fest verbunden, z.B. Lasthaken. Last wird über Anschlagmittel (z.B. Anschlagseil) oder über spezielle Lastaufnahmemittel (z.B. Lasthebemagnet, Greifer) mit dem Tragmittel verbunden. Masse von Lastaufnahmemittel und Nutzlast = Tragfähigkeit des Hebezeugs. Eine Aufstellung gebräuchlicher Trag-, Lastaufnahme- und Anschlagmittel enthält DIN 15002.

2.3.1 Lasthaken. Lifting hook

Im Stückguttransport werden am häufigsten geschmiedete Einfach- und Doppelhaken (**Bild 21**) aus alterungsbeständigen Stählen eingesetzt. DIN 15400 gibt die Tragfähigkeit der Haken für fünf Festigkeitsklassen in Abhängigkeit von der Triebwerkgruppe $1 B_m$ bis 5_m (**Tab. 4**), ferner die zugehörigen Spannungen im Haken- und Schaftquerschnitt an. Für leichteren Betrieb als $1 B_m$ sind Haken der Triebwerkgruppe $1 B_m$ zu verwenden. Maße für Einfachhaken in DIN 15401 und für Doppelhaken in DIN 15402.

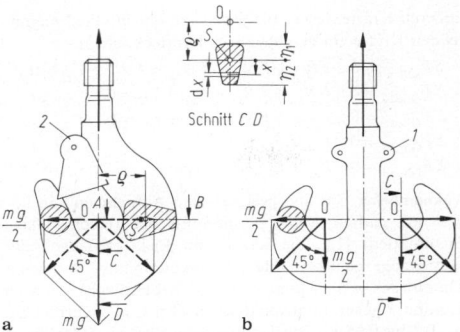

Bild 21. Formen von Lasthaken. **a** Einfachhaken, DIN 15401; **b** Doppelhaken, DIN 15402; **a** und **b** geschmiedet, wahlweise mit oder ohne Nocken *1* zum Anbau einer Sperre *2*

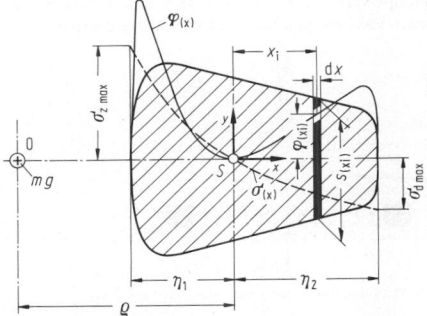

Bild 22. Lasthakenquerschnitt *AB* von **Bild 21 a** zur Berechnung der Spannungen

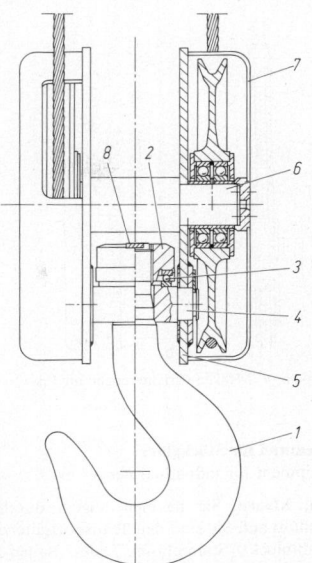

Bild 23. Zweirollige Unterflasche (Erläuterungen im Text)

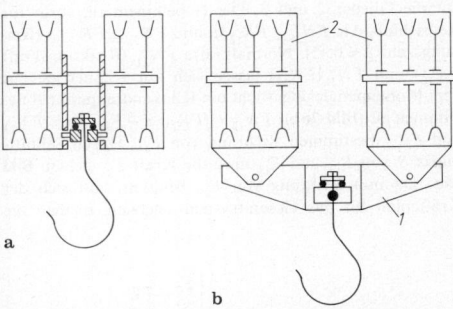

Bild 24. Unterflaschenbauformen. **a** mit vier Seilrollen und gemeinsamer Achse; **b** große Lasten werden über Hakentraverse *1* auf zwei mehrrollige Unterflaschen *2* verteilt

Hakenquerschnitte werden zur Innenfaser hin zunehmend breiter, da sich an ihrem Rand Zug- und maximale Zug-Biegespannung addieren. Bei Berechnung der Querschnittsspannungen nach [10] wird der Haken als gekrümmter Träger betrachtet. Für den Einfachhaken (**Bild 21 a**) ist im Querschnitt *AB* (**Bild 22**) die Spannungsverteilung

$$\sigma_{(x)} = -\frac{mg\rho}{Z} \frac{x}{\rho+x}, \tag{2}$$

$$Z = \int_{x=-\eta_1}^{+\eta_2} \frac{x^2 s_{(x)}}{\rho+x} \, dx.$$

Zur Bestimmung der querschnittsabhängigen Konstanten Z ermittelt man nach [11] für mehrere Punkte x_i im Bereich $-\eta_1 \leqq x \leqq \eta_2$ die zugehörigen Querschnittsbreiten $s_{(x_i)}$ und errechnet für diese Orte die Beträge von $\varphi_{(x_i)} = x_i^2 s_{(x_i)}/(\rho+x_i)$. Die Verbindung der Spitzen von $\varphi_{(x_i)}$ ergibt die Kurve $\varphi_{(x)}$. Deren Flächeninhalt entspricht dem Wert des Integrals Z. Die größte Zugspannung herrscht an der Innenfaser $(x=-\eta_1)$, die größte Druckspannung an der Außenfaser $(x=+\eta_2)$.
In gleicher Weise erfolgt die Spannungsberechnung der Querschnitte *CD* von Einfach- und Doppelhaken. Dort sind die Spannungen am größten, wenn die Last an zwei gespreizten Seilsträngen hängt. Bei einem Spreizwinkel von 90° ist in Gl. (2) anstelle von mg mit $mg/2$ zu rechnen.
Lasthaken werden in Unterflaschen um die vertikale und um eine horizontale Achse drehbar gelagert, **Bild 23**. Die Last läuft durch Haken *1* über die durch Vierkantprofil *8*

formschlüssig gesicherte Lasthakenmutter *2* (DIN 15413) und über ein Axialkugellager *3* in die Hakentraverse *4* (DIN 15412). Lasthakenmutter hat ab 50 mm Durchmesser Rundgewinde (DIN 15403) darunter Normalgewinde (DIN 13). Zuglaschen *5* verbinden drehbar gelagerte Hakentraverse mit Seilrollenachse *6*. Schutzkasten *7* verhindert Abspringen des schlaffen Seils aus der Seilrille. Mehrrollige Unterflaschenkonstruktionen s. **Bild 24**. Unterflaschen und Zubehör in DIN 15408 bis DIN 15414, DIN 15417, DIN 15418, DIN 15421, DIN 15422.
In der Seeschiffahrt werden Ladehaken nach DIN 82017 eingesetzt, bei denen ein Abweiser das Hängenbleiben an Lukenkanten verhindert.
Bei Transport von feuerflüssigem Gut arbeiten Lamellenhaken nach DIN 15407, **Bild 25a**. Sie bestehen aus mehreren parallelgeschalteten und miteinander verschraubten Blechen *1* aus alterungsbeständigem Stahl (z.B. StE 285 und StE 355 nach DIN 17102 für die Festigkeitsklassen M bzw. P nach DIN 15400). Maulschale *2* und Schlagschutz *3* verhindern Entstehung von Kerben an den Blechkanten. Zum Aufnehmen ringförmiger Lasten, wie Blech-, Draht- und Papierrollen dienen C-Haken, **Bild 25b**.

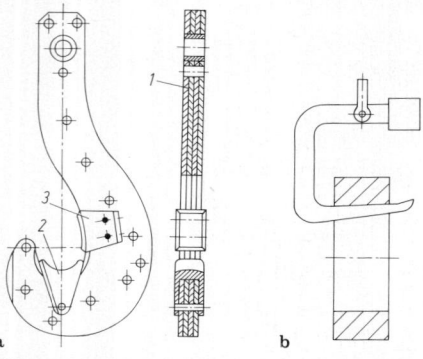

Bild 25. a Lamellenhaken; **b** C-Haken (Erläuterungen im Text)

2.3.2 Lastaufnahmemittel für Stückgüter
Load carrying equipment for individual items

Klemmen, Zangen, Klauen. Sie nehmen Lasten durch Reib- oder Formschluß auf. Sie sind den Transportgütern angepaßt, z.B. Stahlblock-, Stammholz-, Sack-, Ballen-, Kisten-, Steinzangen oder Blechklemmen. **Bild 26** zeigt die Kräfte an einer Blechklemme. **Bild 26a:** Die Last 1 (m) wirkt mit gleich großen Reibkräften FR_{12} und FR_{13} auf die Glieder 2 und 3. Die Hebelkinematik sorgt für Reibschluß, d.h. $FN_{21} \geqq FR_{12}/\mu$ und $FN_{31} \geqq FR_{13}/\mu$ (Reibungszahl $\mu \approx 0{,}35$). Normalkräfte FN_{21} (Reaktionskraft FN_{12}) und $FN_{31}(FN_{13})$ lassen sich nur rechnerisch aus dem Momentengleichgewicht um Klinkendrehpunkt B bestimmen zu (**Bild 26b**): $FN_{13} = (FR_{13} \cdot a + F_{43} \cdot c)/b$. FN_{13} und FR_{13} bestimmen Richtung von F_{13}. Durch Schnittpunkt S von F_{13} und F_{43} muß die Kraft F_{23} gehen. **Bild 26c:** Da nun Richtung von F_{23} bekannt, läßt sich der Kräfteplan für das Gesamtsystem zeichnen, in dem die

äußeren Kräfte, ferner die jeweils an einem Glied angreifenden Kräfte ein geschlossenes Krafteck bilden.

$$\Sigma F_{\text{außen}} = 0: \ FR_{13} + FN_{13} + FN_{12} + FR_{12} + F_{a5} = 0.$$
$$\Sigma F_{\text{Glied }2} = 0: \ FN_{12} + FR_{12} + F_{52} + F_{32} = 0.$$
$$\Sigma F_{\text{Glied }3} = 0: \ FR_{13} + FN_{13} + F_{23} + F_{43} = 0.$$
$$\Sigma F_{\text{Glied }4} = 0: \ F_{34} + F_{54} = 0.$$
$$\Sigma F_{\text{Glied }5} = 0: \ F_{a5} + F_{45} + F_{25} = 0.$$

Vakuumheber. Sie sind geeignet zum Aufnehmen von Lasten mit glatten, wenig porösen Flächen (Blech-, Glas-, Spanplatten) [12]. Sie werden an Elektroseilzüge oder -kettenzüge gehängt. **Bild 27:** Vakuumpumpe 1 erzeugt Unterdruck p im Raum 2, dessen Arbeitsfläche A durch Gummi 3 gegen atmosphärischen Druck p_0 gedichtet ist. $p = 0{,}2$ bis $0{,}35\ p_0$. Die Tragfähigkeit (250 bis 5000 kg) ist $A(p_0 - p)/Sg$. Sicherheit $S = 1{,}1$. Bei senkrecht stehender Kraftangriffsfläche ist die Tragfähigkeit um 50% kleiner. Bei großen Lastflächen können mehrere Saugelemente federnd an eine Lasttraverse gehängt werden und, durch eine Pumpe versorgt, gemeinsam die Last aufnehmen. Zusätzlicher Vakuumspeicher vergrößert die Sicherheit.

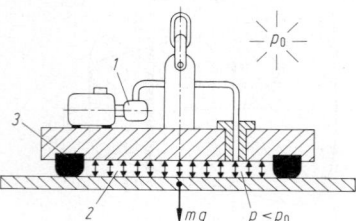

Bild 27. Vakuumheber (Fezer) (Erläuterungen im Text)

Lasthebemagnet. Sie nehmen magnetisierbare Güter, wie Brammen bis 600 °C, Masseln, Schrott, Späne auf [13]. Ihre kennzeichnende Größe ist die nach VDE 0580 zu bestimmende Abreißkraft. Tragfähigkeit ist je nach Luftspalt zwischen Magnetboden und Gut sowie dessen Form um das Zwei- bis Mehrfache kleiner als die Abreißkraft. Größte Tragfähigkeit (bis 90 t bei 17 t Eigengewicht und 2,3 m Durchmesser) haben Rundmagnete, **Bild 28**. Magnetkraft wird erzeugt durch stromdurchflossene Spule 1, die in einem Stahlguß- oder geschweißten Gehäuse 7 stoßgeschützt eingebaut ist. Spezielle Spulenanordnung z.B. in Rechteckmagneten ermöglicht gezielte Kraftlinienausrichtung in Längs- oder Querrichtung. In Sonderfällen ist die Form der Aufnahmefläche dem Transportgut (Profilstan-

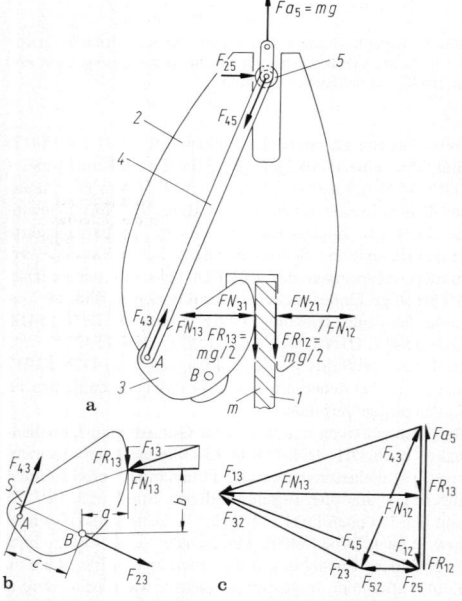

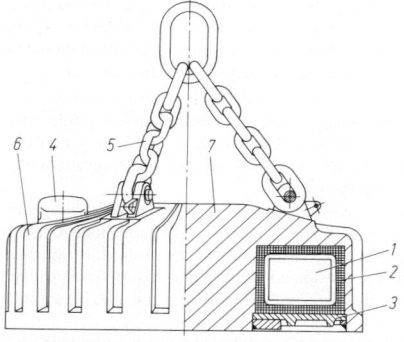

Bild 28. Lasthebemagnet (Steiner). 1 Spule, 2 Vergußmasse, 3 Manganhartstahlplatte, 4 Klemmkasten, 5 Kette, 6 Kühlrippen, 7 Stahlgehäuse

Bild 26a–c. Blechklemme (TIGRIP) (Erläuterungen im Text)

gen) angepaßt. Speisespannung ist i.allg. die gleichgerichtete Netzspannung von 220 oder 380 V. Bei Stromausfall kann eine zusätzliche Stützbatterie die Last 20 min lang halten. Zum Transport von Blechen oder langen Profilstählen werden mehrere Magnete federnd an eine Lasttraverse gehängt. Bei kleinen Lasten werden auch batteriegespeiste Magnete oder Dauermagnete eingesetzt.

2.3.3 Lastaufnahmemittel für Schüttgüter
Load carrying equipment for bulk materials

Greifer (grabs). Sie nehmen selbsttätig Schüttgut auf, **Bild 29**. Sie bestehen aus zwei drehbar miteinander verbundenen Halbschalen _1_ und _2_, die im geschlossenen Zustand einen Transportbehälter bilden. Schalen _1_ und _2_ sind aus St52 geschweißt. Schneiden _3_ aus St52 oder aus hochfesten Feinkornbaustählen, in Sonderfällen mit Reißzähnen aus Manganhartstahl versehen. Gelenke _4_ sind mit Gleitlagern ausgerüstet, Seilrollen i.allg. mit Wälzlagern. Schließseile _S_ und Halteseile _H_ werden durch Schließtrommel und Haltetrommel von zwei unabhängigen Triebwerken bewegt (s. U 2.5.4). **Bild 29 a**: Füllen erfolgt durch Ziehen am Schließseil _S_ bei losem Halteseil _H_. **Bild 29 b**: Heben des gefüllten Greifers erfolgt durch beide Seile bei annähernd gleicher Lastaufteilung. **Bild 29 c**: Durch unterschiedliche Geschwindigkeiten v_S und v_H läßt sich der Greifer während der Hub- und Senkbewegung öffnen und schließen. Vollständig geöffneter Greifer hängt nur am Halteseil. Zweiseilgreifer haben ein Halte- und ein Schließseil. Vierseilgreifer haben je zwei Halte- und Schließseile.

Stangengreifer, Bild 30. Schalen _1_ und _2_ sind drehbar in Untertraverse _3_ gelagert und mit der Obertraverse _4_ über Gelenkstangen _5_ verbunden. Schließseile _S_ erzeugen über Rollenzug _6_ (nur eine Hälfte dargestellt), der zwischen Ober- und Untertraverse arbeitet, die Kräfte an den Schneiden _7_. Die Bestimmung einer an der unteren Schneide angreifend gedachten Schneidenkraft _FW_ zeigt **Bild 31**. Richtung und Größe von _FW_ hängen ab von der Kinematik, der Flaschenzugstrangzahl und dem Eigengewicht (0,3- bis 0,45mal Nutzlast je nach Schüttgutart und Greifersystem). Da _FW_ bei Stangengreifern mit abnehmendem Schließwinkel kleiner wird, benötigen sie gegenüber Trimm- und Scherengreifern – die eine entgegengesetzte Schließkraftcharakteristik haben – eine größere Flaschenzugübersetzung, folglich größere Seilwege beim Schließen. Sie besitzen auch eine kleinere Maulweite. Wegen ihres einfachen Aufbaus werden sie trotzdem bei leicht aufnehmbaren Gütern, wie gewachsener Boden, Sand, Kohle, Schutt bevorzugt eingesetzt.

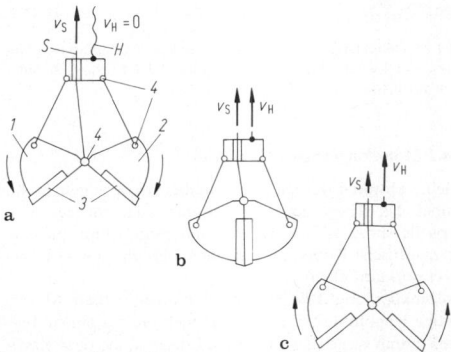

Bild 29 a–c. Elemente und Funktion des Greifers (Erläuterungen im Text)

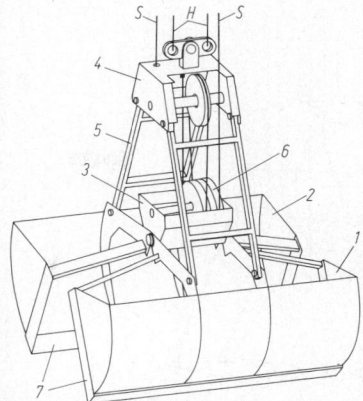

Bild 30. Vierseil-Stangengreifer (auch Schalengreifer) (Peiner AG) (Erläuterungen im Text)

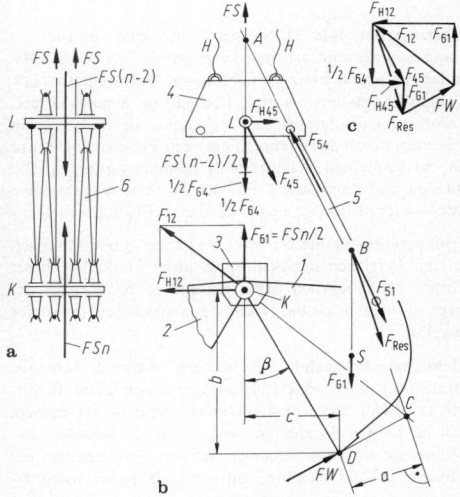

Bild 31. Bestimmung der Schneidenkraft _FW_ beim Schließen eines Vierseil-Stangengreifers. **a** zeigt die Kräfte am Rollenzug _6_ (Strangzahl $n=8$) für den ganzen Greifer. _FS_ ist die Kraft je Schließseil; **b** bezogen auf eine Greiferhälfte erzeugt _FS_ über die Untertraverse _3_ an der Achse _K_ die Kraft $FS \cdot n/2 = F_{61}$ und an der Obertraverse _4_ (Achse _L_) die Kraft $FS(n-2)/2$. Diese bildet zusammen mit der halben Eigengewichtskraft $(1/2)\,F_{G4}$ der Obertraverse _4_ die Kraft $(1/2)\,F_{64}$. Mit der Komponente F_{45} wirkt $(1/2)\,F_{64}$ auf die Stangen _5_ und über diese mit $F_{51}=F_{45}=-F_{54}$ auf die Greiferschale _1_. Das Gewicht der Stangen _5_ wurde vernachlässigt. Die Schale _1_, das darin befindliche Schüttgut und das halbe Gewicht der Untertraverse _3_ verursachen die Gewichtskraft F_{G1}, die zusammen mit F_{51} die Resultierende F_{Res} bildet. Die drei nun an _1_ angreifenden Kräfte F_{Res}, F_{12} und _FW_ schneiden sich in _C_ und bestimmen so die Richtung von _FW_. Die noch unbekannte Komponente von F_{12}, nämlich F_{H12}, wird vorher rechnerisch durch das Momentengleichgewicht um Schneidenpunkt _D_ ermittelt zu: $F_{H12}=(F_{Res}\,a+F_{61}c)/b$. Um Größe und Lage von F_{G1} angeben zu können, muß die Greiferfüllung als Funktion des Schließwinkels β bekannt sein; **c** Kräfteplan für eine Greiferhälfte zur Bestimmung der Schneidenkraft _FW_. Die maximal mögliche Schneidenkraft FW_{max} in einer bestimmten Greiferstellung wird erreicht, wenn $FS=FS_{max}=F_{G1}+(1/2)F_{G4}$ ist. Nach Erreichen von FS_{max} hebt sich der Greifer aus dem Gut, auch wenn er noch nicht geschlossen ist

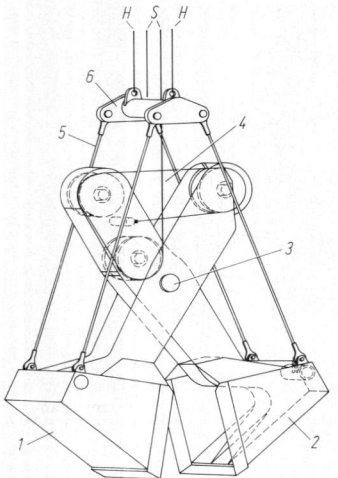

Bild 32. Scherengreifer (Peiner AG) (Erläuterungen im Text)

Scherengreifer, Bild 32. Sie sind teurer und robuster als Stangengreifer und arbeiten vorzugsweise bei der Schiffsentladung von schwer aufnehmbaren Schüttgütern (Erz, Kohle). Nutzlasten bis 50 t. Löffelartige Schalen *1* und *2* sind in einem Drehgelenk *3* gelagert. Sie werden beim Schließen durch den darüber liegenden Flaschenzug *4* (nur für ein Schließseil *S* dargestellt) zusammengezogen. Die Schalen sind über Seile *5* mit der Traverse *6* verbunden. Der Greifer öffnet sich beim Nachlassen des Schließseils.

Trimmgreifer. Sie besitzen eine besonders große Maulweite zum Erreichen des Schüttguts unter Deck. Da dieser Vorteil bei modernen Schüttgutschiffen nicht mehr gefragt ist, werden sie bei Neuanlagen durch Scherengreifer abgelöst.

Mehrschalenseilgreifer. Sie besitzen mehrere, schmale, kreisförmig angeordnete Schalen, die sich beim Betätigen des Schließseils in der Untertraverse derart drehen, daß bei breiten Schalen ein vollständig geschlossener Behälterraum oder bei schmalen Schalen (Polypgreifer) ein teilweise offener Behälter entsteht. Mehrschalenseilgrei-

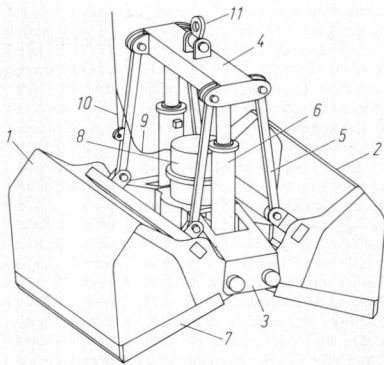

Bild 33. Zweischalen-Motorgreifer (Peiner AG). *1* und *2* Schalen, *3* Untertraverse, *4* Obertraverse, *5* Gelenkstangen, *6* Hydraulikzylinder, *7* Schneiden, *8* elektrohydraulisches Aggregat, *9* flexible Stromleitung, *10* Zugentlastung, *11* Anschlagmöglichkeit

fer werden eingesetzt zum Aufnehmen von gewachsenem Boden, Schlacke, Schrott, Müll, Steinen usw. Mehrschalengreifer werden auch als Motorgreifer gebaut.

Motorgreifer, Bild 33. Sie können an ein einfaches Stückguthubwerk gehängt werden. Ein greiferintegriertes elektrohydraulisches Aggregat, das über eine Leitungstrommel mit Strom versorgt wird, erzeugt die Schließkraft. Motorgreifer können auch als Mehrschalengreifer ausgebildet werden.

Kübel. Sie werden von oben fremdbefüllt und durch Drehen um eine horizontale Achse entleert (Kippkübel), oder durch Aufklappen des gesamten Kübels (Klappkübel), oder durch Öffnen einer Bodenklappe oder eines -schiebers (Bodenentleerkübel), z.B. Betonkübel. Die Klappen können durch ein angetriebenes Seil oder manuell betätigt werden.

2.4 Mechanische Elemente der Antriebe
Mechanical components for drive systems

2.4.1 Getriebe. Gears

Offene Vorgelege nur bei großen Winden, bei über Zahnkränze angetriebenen Laufrädern und bei Drehwerkantrieben. Sonst geschlossene Getriebe möglichst aus Standardbaureihe mit vergüteten oder einsatzgehärteten Rädern, bei großen Kranen auch als Sonderkonstruktion. Schrägverzahnung in den ersten Stufen. Tauchschmierung bei Umfangsgeschwindigkeiten bis 10 m/s, darüber Umlaufschmierung. Schaltgetriebe werden mit verschiebbaren Zahnmuffen oder mit im Ölbad laufenden Lamellenkupplungen ausgerüstet. Zwangskräfte auf Getriebekästen infolge Verformung weicher Unterkonstruktionen (z.B. Katzrahmen) vermeiden durch Aufsteckgetriebe oder durch Dreipunktlagerung (**Bild 34**) mit Drehmomentenstütze *4* [15]. Symmetrischer Aufbau der Lagerungen sowie der Ober- und Unterkästen *1* und *2* erlauben Variation der Einbaulage des Getriebes sowie der An- und Abtriebsseiten.

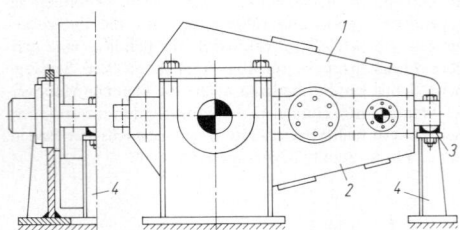

Bild 34. Dreipunktgestütztes Hubwerkgetriebe. *1* Oberkasten, *2* Unterkasten, *3* Kugelscheibe in Kegelpfanne (DIN 6319), *4* Drehmomentenstütze

2.4.2 Motorkupplungen. Couplings

Kleine Motoren werden direkt an das Getriebe geflanscht, wobei das Ritzel der ersten Stufe i.allg. auf der Motorwelle sitzt, größere Motore nur dann, wenn auf eine drehelastische Kupplung verzichtet werden kann (z.B. bei Drehwerkantrieben).
Bolzenkupplung (**Bild 35a**) für Trommelbremsen. Motorseitige Kupplungshälfte *1* besitzt mehrere auf einem Teilkreis durch Kegelsitze befestigte Bolzen *2*, die über elastische Buchsen *3* aus Buna oder Kunststoff (Shore-Härte-A ca. 80 bei 80 °C, zulässige Pressung 1 bis 1,4 N/mm²) das

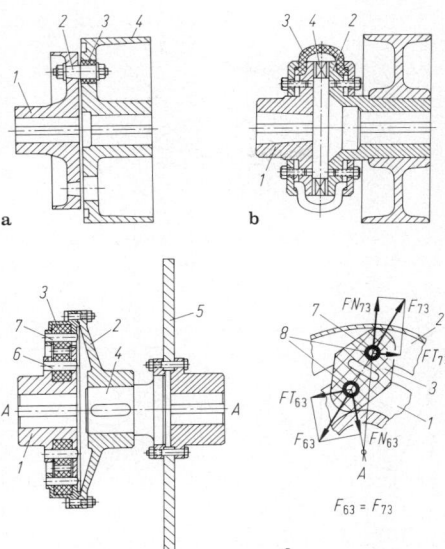

Bild 35. Drehelastische Motorkupplungen mit Bremskörpern kombiniert. **a** Bolzenkupplung (Krupp); **b** Reifenkupplung (Stromag); **c** Gummielementkupplung (Stromag); **d** Lage des Gummielements *3* von **c** und Kräfteplan bei Drehmomentübertragung. *A* ist der gemeinsame Drehpunkt von *1* und *2* (weitere Erläuterungen im Text)

Drehmoment in die getriebeseitige Kupplungshälfte leiten. Diese kann gleichzeitig Bremstrommel *4* sein. Die stoßdämpfende Wirkung der elastischen Elemente *3* ist gering. Bei ungenauer Ausrichtung des Motors verschleißen sie schnell und es entsteht ein umlaufendes Biegemoment an den gekuppelten Wellen.

Reifenkupplung (**Bild 35 b**) für Trommel und Scheibenbremsen hat bessere Dämpfungseigenschaften, ist unempfindlicher gegen Ausrichtfehler, benötigt aber mehr Bauraum als die Bolzenkupplung. Ein in beide Kupplungshälften *1* und *2* geklemmter Gummireifen *3* überträgt das Drehmoment. Mit großem Spiel ausgerüstete Anschlagnocken *4* verhindern das Durchdrehen bei Beschädigung des Reifens.

Gummielementkupplung (**Bild 35 c**) für Scheibenbremsen. Das Drehmoment wird von der getriebeseitigen Kupplungshälfte *1* auf die bremsseitige Kupplungshälfte *2* durch elastische Gummielemente *3* übertragen. Diese werden dabei über einvulkanisierte Buchsen *8* zwischen Bolzen *6* und *7* (**Bild 35 d**) nur durch Zugkräfte belastet. Zwischenflansch *4* schützt diese vor Überhitzung und ermöglicht Auswechseln der Bremsscheibe *5* ohne Motordemontage (s. G 4.3).

2.4.3 Mechanische Bremsen. Mechanical brakes

Sie sind im Hebezeugbau aus Sicherheitsgründen stets so auszuführen, daß bei Stromausfall sofort die volle Bremswirkung eintritt (s. G 3.4.7).

Betriebsart

Stoppbremsen. Sie bringen geradlinig sich bewegende und rotierende Massen zum Stillstand. Die kleinsten Abmessungen haben die Bremsen, wenn die Trommel bzw. Scheibe auf der am schnellsten sich drehenden Welle sitzt.

Haltebremsen. Bei neuzeitigen Antrieben nimmt die elektrische Maschine 80 bis 90% der Bewegungsenergie auf. Die mechanische Bremse arbeitet dann vorwiegend als Haltebremse. Sie wird erst nach Erreichen einer Geschwindigkeit $v \approx 0{,}1 v_{nen}$ geschlossen. Im Ausnahmefall arbeitet die Haltebremse als Notstoppbremse. Sie muß daher wie eine Stoppbremse ausgelegt werden.

Sicherheitsbremsen. Bremsen werden als Sicherheitsbremsen bezeichnet, wenn sie in Hubwerken als zusätzliche Bremse am Ende der kinematischen Kette stehen und nur dann aktiv werden, wenn eines der davor liegenden Glieder der Antriebskette versagt. Da ihre Bremskörper (i. allg. die Trommelbordwand) mit relativ kleiner Geschwindigkeit drehen, müssen sie große Bremsmomente aufnehmen. Entscheidend bei der Auswahl der Bremse ist die möglichst kleine Einfallzeit.

Werkstoffe der Reibpaarung. Bremstrommeln und -scheiben werden nach DIN 15437 aus Gußeisen mit Lamellengraphit GG 25 (nicht für Hüttenwerkskrane) oder mit Kugelgraphit GGG 40, GGG 60, Stahlguß GS 60, aus Baustahl St 52-3 oder seltener aus Vergütungsstählen C45, 42 Cr Mo 4 hergestellt.

Reibbeläge sind ein unter großem Druck und großer Temperatur gepreßtes Gemisch aus organischen und anorganischen Stoffen. Sie sollen ausreichend widerstandsfähig sein gegen thermische Belastung (bis 400 °C), einen geringen Verschleiß haben, den anderen Bremskörper nicht angreifen und nicht geräuschanregend wirken. Die mittlere Reibungszahl μ_m unter Normalbelastung ist je nach Belagfabrikat 0,25 bis 0,45. Bei Überschreitung der zulässigen Reibflächentemperatur kann μ_m stark abfallen [16, 17]. Bremsmomente werden i. allg. mit $\mu_m = 0{,}35$ berechnet. Bei Reibflächentemperaturen bis 150 °C werden auch gewebte Baumwollbeläge eingesetzt. Bremsbeläge (DIN 15436) werden auf die Belaghalter geklebt, bei Trommelbremsen auch noch genietet.

Der Belagverschleiß, bezogen auf die Reibarbeit, ist bei Normalbelastung $q = 0{,}1$ bis $1{,}0$ cm^3/kWh je nach Werkstoffpaarung und Reibflächenrauheit. Über die zulässige Verschleißdicke Δs, die wirksamen Reibflächen $\sum A_1$ und über die je Bremsung in Wärme umgesetzte Energie $W_{BR} = M_{BR} \omega_1 t_a / 2$ läßt sich die Zahl Z_B der mit einem Belagsatz erreichbaren Stoppbremsungen abschätzen zu: $Z_B = \sum A_1 \cdot \Delta s / (q W_{BR})$. Es sind M_{BR} Bremsmoment, ω_1 Winkelgeschwindigkeit der Bremswelle bei Bremsbeginn, t_a Bremszeit. Nach DIN 15434 ist $\Delta s = 0{,}8$mal Dicke des neu geklebten Belags. Für genietete Beläge ist Δs 2 mm kleiner.

Der Trommel- und Scheibenverschleiß ist bei abgestimmter Reibpaarung unter Normalbelastung unbedeutend. Er kann aber bei unpassender Werkstoffkombination der Reibpartner oder bei zu großer thermischer Belastung unannehmbar groß werden.

Bauarten

Kegel- und Lamellenbremsen. Sie werden bei leichten Kranen in Verbindung mit seriengefertigten Getriebemotoren und in Elektrozügen eingesetzt.

Trommelbremsen (DIN 15435 T 1). Sie sind in schweren Kranen die gebräuchlichsten Bremsen (Trommelabmessungen s. DIN 15431), **Bild 36**: Bremsbeläge *10* (DIN 15435 T 3) sind auf zwei leicht auswechselbaren Bremsbacken *3* und *5* (DIN 15435 T 2) aus Gußeisen, Stahl- oder Aluminiumguß geklebt, selten noch genietet. Diese sind drehbar in den Bremshebeln *4* und *6* gelagert. Eine Bremsfeder *9* erzeugt beidseitig über das Hebelsystem *8, 6, 7, 4* die zwischen den Reibbelägen *10* und der

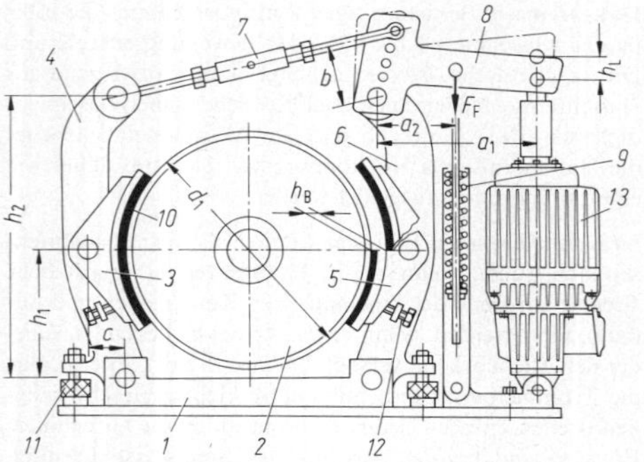

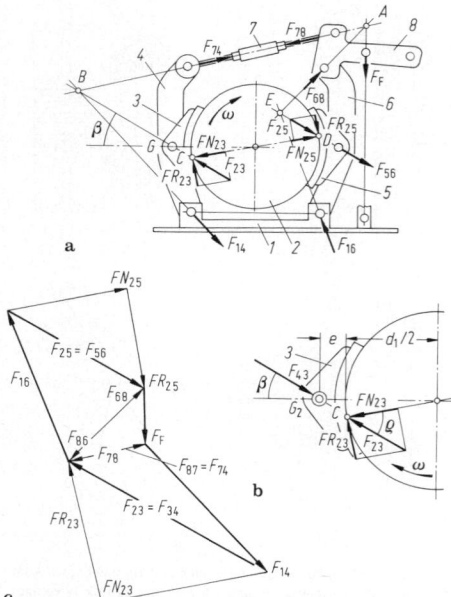

Bild 36. Doppelbacken-Trommelbremse (Krupp) (Erläuterungen im Text)

Trommel 2 wirkende Bremskraft. Durch Verändern der Federkraft F_F und der Hebellänge b läßt sich das Bremsmoment bis zum Fünffachen verstellen. Nachstellen des Verschleißwegs erfolgt über ein manuell oder automatisch betätigtes Spannschloß 7. Einstellbare Pufferelemente 11 sorgen für gleichmäßiges Öffnen. Stellschrauben 12 verhindern Schleifen der Beläge bei geöffneter Bremse.

Das Bremsmoment ist überschlägig: $M_{BR} = F_F \cdot a_2/(b) \cdot h_2/(h_1) \cdot \mu_m d_1 \eta \leqq M_{BR\,zul}$ mit $\eta \approx 0{,}9$ Wirkungsgrad des Bremshebelsystems. $M_{BR\,zul} = 2A_1 (pv_1\mu_m)_{zul}/\omega_1$ mit A_1 Reibfläche eines Belags. $A_1 = 0{,}204 d_1^2$ nach DIN 15434 T 1. p ist die mittlere Flächenpressung zwischen Trommel und Belag ($p = 10$ bis $40\,\mathrm{N/cm^2}$), v_1 die Reibgeschwindigkeit bei Bremsbeginn (bis 60 m/s) und ω_1 die Winkelgeschwindigkeit bei Bremsbeginn. $(pv_1\mu_m)$ ist die Reibleistung, bezogen auf die Reibflächeneinheit des Belages, zulässige Werte s. **Tab. 7.** Bei thermisch stark beanspruchten Trommelbremsen ist nachzuweisen, daß die mittlere Reibflächenbeharrungstemperatur 150 °C nicht überschreitet. Rechengang s. DIN 15434. **Bild 37** zeigt die Kräfte an den Gliedern der Bremse.

Bild 36: Trommelbremsen werden fast ausschließlich durch elektrohydraulische Hubgeräte 13 (Eldro) nach DIN 15430 geöffnet. Häufig ist die Bremsfeder 9 in das Hubgerät integriert. **Bild 38**: Nach dem Einschalten treibt Drehstrommotor 2 Pumpenräder 3 und 4. Diese fördern Öl 1 aus Raum 5 in Raum 6 und drücken dabei Hubkolben 7, gegen Bremsfeder 9 wirkend, nach oben. Nach Stromunterbrechung drückt Bremsfeder 9 Kolben 7 und damit Hubstange 8 in Ausgangsstellung zurück. Je nach Baugröße ist die Öffnungszeit 0,2 bis 1,0 s, Schließzeit 0,2 bis 0,6 s. Durch Hub- und Senkventile lassen sie sich um ein Vielfaches vergrößern. Öldämpfung sorgt für nahezu stoßfreies Moment bei Bremsbeginn. Die erforderliche Hubkraft ist $F_L = F_{F\,max} \cdot a_2/(a_1) \cdot 1/(\eta)$. Erforderlicher

a

b

c

Bild 37. Kräfte an der Doppelbackenbremse. **a** Die an Glied 8 wirkenden Kräfte F_F, F_{78} und F_{68} schneiden sich in A. $F_{78} = -F_{74}$. Die an Bremshebel 4 wirkenden Kräfte $F_{74}, F_{34} = F_{23}$ und F_{14} schneiden sich in B. Entsprechend ist E der Schnittpunkt für die Kräfte am Bremshebel 6; **b** Kräfte zwischen Trommel 2 und Bremsbacke 3. F_{23} muß als Resultierende aus Normalkraft FN_{23} und Reibkraft FR_{23} durch Punkt C und Gelenk G_2 laufen. Ferner muß die von Trommel 2 auf Bremsbacke 3 wirkende Normalkraft FN_{23} durch Trommeldrehpunkt O gehen. Zur Richtungsfindung von $F_{23} = F_{34}$ muß für Punkt C Winkel β über e, d_1 und über Reibungswinkel ρ ($\tan\rho = \mu = FR_{23}/FN_{23}$) errechnet werden. Es ist: $\sin\beta = d_1 \sin\rho/(d_1 + 2e)$; **c** im Kräfteplan bilden alle an einem Glied angreifenden Kräfte ein geschlossenes Krafteck (z.B. für Glied 6: $F_{16} + F_{56} + F_{86} = 0$), ferner alle am Bremshebelsystem wirkenden äußeren Kräfte ($F_F + F_{14} + F_{34} + F_{16} + F_{56} = 0$)

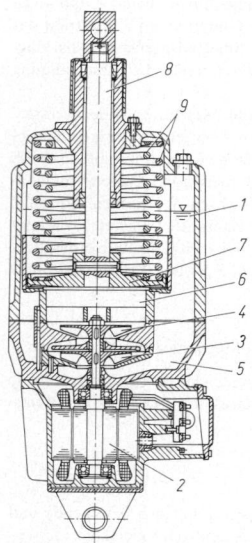

Bild 38. Elektrohydraulisches Hubgerät (Eldro) mit integrierter Bremsfeder (EMG) (Erläuterungen im Text)

Tabelle 7. Zulässige $(pv_1\mu_m)$-Werte, Trommeldurchmesser und Bremsmomente (DIN 15434)

d_1	$(p\,v_1\,\mu_m)_{zul}$	Bei Drehzahl n_1 in min^{-1}			
		1500	1000	750	600
cm	W/cm²	$M_{BR\,zul}$ in Nm			
20	75	78	117	–	–
25	80	130	195	260	–
31,5	90	–	348	464	580
40	100	–	624	832	1040
50	110	–	–	1430	1788
63	125	–	–	2580	3225
71	135	–	–	–	4423

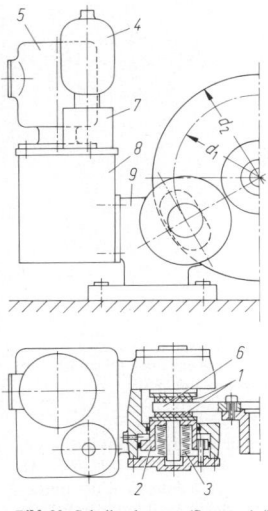

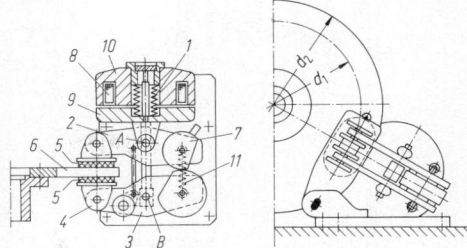

Bild 40. Scheibenbremse (Sime) (Erläuterungen im Text)

Bild 39. Scheibenbremse (Stromag) (Erläuterungen im Text)

Hubweg h_L zum Abheben der Beläge von der Trommel um den Weg h_B ist bei Zuschlag von 10% für Gelenkspiel

$$h_L = 1,1 \cdot 2h_B \cdot a_1/(b) \cdot h_2/(h_1). \qquad (3)$$

Die kennzeichnenden Größen von Hubgeräten sind maximale Hubkraft, Hubweg, ertragbare Einschaltdauer, Schalthäufigkeit und, die eingebaute Bremsfeder, auch die Federkennlinie. Der maximale Hubweg sollte 20 bis 30% größer sein als der nach Gl. (3) bzw. (6) erforderliche.

Scheibenbremsen (DIN 15433). Scheiben als Bremskörper bringen wegen ihrer kleineren Massenträgheitsmomente und ihrer größeren zulässigen Reibflächenbeharrungstemperatur (350°C nach DIN 15434) gegenüber Trommeln Vorteile. Sie werden daher zunehmend in Krantriebwerken eingesetzt, wenn deren Bremsen bei großen Geschwindigkeiten oder bei großer thermischer Belastung arbeiten. Greift nur ein Bremsbackenpaar an der Scheibe an, so erzeugt die Bremskraft ein Biegemoment an der Bremswelle.
Standardisierte Scheibenaußendurchmesser (DIN 15432) entsprechen den Bremstrommeldurchmessern (**Tab. 7**). Es sind z.Z. 15 und 30 mm dicke Vollscheiben und 30, 42, 80, 112 mm dicke Scheiben mit radialen Lüftungskanälen im Einsatz. Diese selbstbelüfteten Scheiben haben ein größeres Wärmeabgabevermögen. Sie sind vorteilhaft in Stoppbremsen, wenn diese im oberen Temperaturbereich arbeiten. Die kostengünstigeren massiven Scheiben haben bei gleicher Dicke ein größeres Wärmespeichervermögen. Sie sind für Halte- und Sicherheitsbremsen zu empfehlen [18]. Bei kleinen Motoren werden die Scheibenbremsen in den Motor integriert. Das Bremsmoment errechnet sich aus der Zahl Z der Bremsbacken (z.B. ist $Z = 2$ für Bremse nach **Bild 39**), der Anpreßkraft F_N zwischen diesen und der Bremsscheibe, deren mittleren Reibkreisdurchmesser d_1 und der mittleren Reibungszahl μ_m zu $M_{BR} = Z F_N \mu_m d_1/2$. Das zulässige Bremsmoment ist $M_{BR\,zul} = (pv_1\mu_m)_{zul} A_1 Z (1/\omega_1)$. In Ermangelung anderer Werte kann $(pv_1\mu_m)_{zul}$ nach **Tab. 7** gewählt werden. A_1 ist die wirksame Reibfläche eines Bremsbelags (s. DIN 15433). Bei thermisch stark beanspruchten Scheiben ist nachzuweisen, daß die mittlere Reibflächentemperatur 350°C nicht überschreitet. Rechengang s. DIN 15434.

Konstruktionsarten, Bild 39. Bei der direkt wirkenden Federkraftbremse (Schließzeit ca. 0,15 s) sitzen die Bremsbeläge *1* auf zwei gegeneinander arbeitenden Hydraulikkolben *2*. Ein Tellerfederpaket *3* erzeugt die Bremskraft zwischen den Belägen *1* und der Scheibe *6*. Drucköl aus dem Speicher *4* öffnet die Bremse nach Betätigen eines Ventils. Für konstanten Druck sorgt Pumpe *5*, die mit dem Speicher *4*, dem Ventilblock *7* und dem Ölbehälter *8* eine Baueinheit bildet. Diese ist mit dem Bremsgehäuse *9* verschraubt.
Bild 40. Bei der Bremszange (Schließzeit ca. 0,17 s) drückt die Bremsfeder *1* die radial zur Scheibe angeordneten Zangenhebel *2* und *3* zusammen, wobei sich der Hebel *3* nur um den ortsfesten Drehpunkt *B* dreht und drückt damit Bremsbacken *4*, auf die Bremsbeläge *5* geklebt sind, gegen die Bremsscheibe *6*. Exzenter *7* sorgen für Verschleißnachstellung. Das Öffnen der Bremszange erfolgt durch das Magnetfeld der Spule *8*, das das Joch *9*, gegen die Bremsfederkraft wirkend, an das Gehäuse *10* zieht und so die Entfernung der Zangenhebellagerpunkte *A* und *B* (ortsfest) vergrößert. Rückzugfeder *11* sorgt für das vollständige Öffnen der Zange. Zur Vergrößerung des Bremsmoments können mehrere Bremszangen am Scheibenumfang angeordnet werden.
Bild 41. Die Bremskraft zwischen der Scheibe *1* und den Bremsbelägen *2* wird durch die Feder *3* über zwei parallel zur Reibfläche liegende Hebel *4* und *5* aufgebracht. Das Öffnen der Bremse erfolgt durch das Eldrogerät *6* (z.B. nach **Bild 38**, aber ohne Bremsfeder *9*). Die Schließzeit ist ca. 0,2 bis 0,6 s je nach Größe des Eldros. Es wirkt über Hebel *7* und über einen zwischen Bremshebeln *4* und *5* wirkenden Drehkeil *8* gegen die Bremsfeder *3*. Rollen *9* mindern Keilreibung. Verschleißnachstellung erfolgt selbsttätig oder manuell über Gewindestange *10*. Bei größeren Bremsmomenten kann auf der anderen Seite der Scheibe ein zweites Hebelpaar untergebracht werden, das über ein Gestänge mit dem ersten verbunden und durch dasselbe Eldrogerät geöffnet werden kann.

Bandbremsen

Sie werden eingesetzt bei Bremstrommeln mit großem Durchmesser (Fördermaschinen, Bagger-, Schiffs-, Montagewinden). Bandbremsen beanspruchen die Bremswelle stark auf Biegung. Die Betätigungskraft F_F wird manuell oder durch ein Gewicht oder durch eine Bremsfeder aufgebracht. Bei Betätigung durch Gewichts- oder Federkraft besorgt das Öffnen der Bremse ein Eldro-Hubgerät (z.B. nach **Bild 38**, aber ohne Bremsfeder *9*). Bandbremsen können bei kleinen Betätigungskräften F_F große Bremsmomente M_{BR} erzeugen. **Bild 42**: Ein Stahlband *1* mit aufgenietetem Bremsbelag *2* umschlingt die Bremstrommel *3* beliebigen Durchmessers d_1 und erzeugt über die

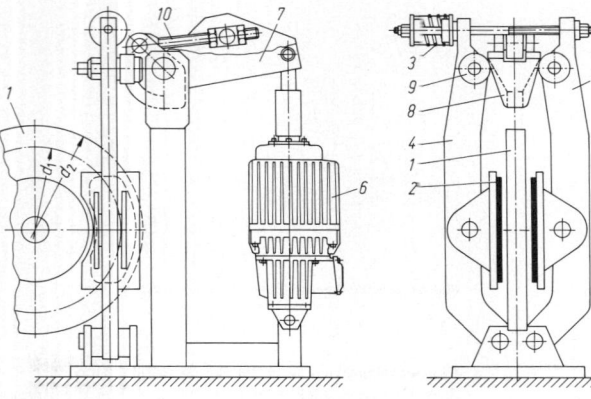

Bild 41. Scheibenbremse (Asku-Scholten)
(Erläuterungen im Text)

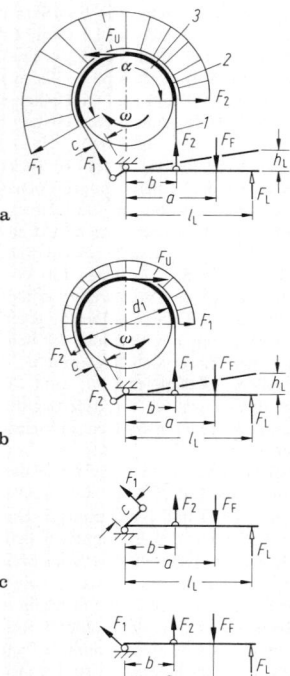

Bild 42. Bandbremse. Örtliche Umfangskräfte sind für die Differentialbandbremse als Kraftbögen über Trommelumfang aufgetragen. Bei gleicher Bremsfederkraft F_F verhalten sich die Bremsbandkräfte F_1 und F_2 bei Rechts- und Linkslauf wie die in **a** und **b** gezeigten Kraftvektoren in den Kraftbögen; **a** Differentialbandbremse rechtsdrehend; **b** Differentialbandbremse linksdrehend; **c** Summenbandbremse rechtsdrehend; **d** einfache Bandbremse rechtsdrehend (weitere Erläuterungen im Text)

Kräfte F_1 und F_2 ein großes Biegemoment an der Bremswelle. **Bild 42 a**: Nach Aufbringen der Betätigungskraft F_F am Bremshebel wirken an den Anlenkpunkten des Bremsbands die Zugkräfte F_1 und F_2. Bei Drehrichtung im Uhrzeigersinn ist $F_1 > F_2$. **Bild 42 b**: Bei Drehrichtungsumkehr vertauschen die größte (F_1) und die kleinste (F_2) Zugkraft ihre Lage. Die Umfangskraft an der Trommel ist: $F_U = F_1 - F_2$. Das Bremsmoment ist: $M_{BR} = F_U d_1/2$. Die

Zugkräfte F_1 und F_2 sind über die Eytelweinsche Beziehung verbunden. $F_1 = F_2 e^{\mu\alpha}$, damit wird $F_U = F_2(e^{\mu\alpha} - 1)$. Es ist α der Umschlingungswinkel. μ entspricht der mittleren Reibungszahl μ_m. Die Art der Anlenkung des Bremsbands 1 an den Bremshebel 4 entscheidet über das Wirkprinzip der Bandbremse.

Differentialbandbremse. F_1 und F_2 erzeugen entgegengesetzt wirkende Momente am Bremshebel 4. Bei rechtsdrehender Trommel (**Bild 42a**) ist $F_F a + F_1 c - F_2 b = 0$. Bei linksdrehender Trommel (**Bild 42b**) ist $F_F a + F_2 c - F_1 b = 0$. Die in beiden Drehrichtungen stark unterschiedlichen Bremsmomente folgen durch Einsetzen der abgeleiteten Gleichungen

$$\text{rechtsdrehend: } M_{BR(r)} = \frac{F_F d_1}{2} \cdot \frac{(a/b)(e^{\mu\alpha} - 1)}{1 - (c/b)e^{\mu\alpha}}, \qquad (4)$$

$$\text{linksdrehend: } M_{BR(l)} = \frac{F_F d_1}{2} \cdot \frac{(a/b)(e^{\mu\alpha} - 1)}{e^{\mu\alpha} - (c/b)}. \qquad (5)$$

Bei Rechtsdrehung kann nach Gl. (4) eine kleine Betätigungskraft F_F (Hand- oder Fußbetrieb) große Bremsmomente erzeugen; um Selbsthemmung zu vermeiden, muß $(c/b)e^{\mu\alpha} < 1$ sein. Um Anliegen des Bremsbands zu ermöglichen, muß stets $c < b$ sein.

Summenbandbremse, Bild 42c: F_1 und F_2 erzeugen gleichgerichtete Momente am Bremshebel 4. Bei gleicher Betätigungskraft F_F sind die Bremsmomente daher kleiner als die der Differentialbandbremse. Bremsmomente errechnen sich für die jeweilige Drehrichtung aus Gl. (4) bzw. Gl. (5), wenn dort c mit negativem Vorzeichen eingesetzt wird. Für $|b| = |c|$ sind die Bremsmomente in beiden Drehrichtungen gleich.

Einfache Bandbremse, Bild 42d: Das eine Bandende ist im Drehpunkt des Hebels befestigt. Aus Gl. (4) und Gl. (5) folgen für $c = 0$ die in beiden Drehrichtungen um den Faktor $e^{\mu\alpha}$ unterschiedlichen Bremsmomente.

Der Hubweg aller Bandbremsen ist bei Berücksichtigung eines Zuschlags von 10% für das Gelenkspiel (**Bild 42a**)

$$h_L = 1,1\lambda\alpha l_L/(b - c). \qquad (6)$$

Für die Summenbandbremse ist wieder c mit negativem Vorzeichen einzusetzen. λ ist der radiale Abstand des gelüfteten Bands von der Trommel. $\lambda = 1,5$ mm bei $d_1 \leqq$ 300 mm ansteigend auf $\lambda = 3$ mm bei $d_1 \geqq 1000$ mm. α ist der Umschlingungswinkel.
Am Umfang verteilte ortsfeste Anschläge ermöglichen gleichmäßiges Abheben des Bands nach dem Öffnen der Bremse. Stahlbanddicke $t = F_1 S/(BR_e)$. Sicherheitsfaktor $S = 1,5$ bis $2,0$. Bandbreite B (10- bis 15mal Stahlband-

dicke t). R_e Streckgrenze des Bandwerkstoffs (gebräuchlich ist St 52-3). Die maximale Bremsbelagflächenpressung ist $p_{max} = 2F_1/(d_1 B) < p_{zul}$. Für gebräuchliche Belagwerkstoffe ist $p_{zul} = 30$ bis $40\,\mathrm{N/cm^2}$. Für Stoppbremsen ist zu überprüfen, ob $(p_{max}v_1\mu_m) \leqq (pv_1\mu_m)_{zul}$. In Ermangelung anderer Werte kann mit den in **Tab. 7** festgelegten $(pv_1\mu_m)_{zul}$-Werten gerechnet werden. v_1 Reibgeschwindigkeit bei Bremsbeginn.

2.5 Hubwerke und Winden. Hoists and winches

Winden – manuell oder motorisch getrieben – können Zugkräfte in beliebiger Richtung aufbringen und dabei das Zugmittel speichern. Hubwerke sind stationär oder auf Laufkatzen von Kranen angeordnete Winden einschließlich des Seiltriebs, die Lasten heben und senken. Übliche Hubgeschwindigkeiten (DIN 15022) 0,8 bis 40 m/min, bei Umschlagkranen bis 180 m/min. Tragfähigkeiten s. DIN 15021.

Das Hubwerk – bestehend aus Motorläufer, drehelastischer Kupplung, Getriebezahnrädern und -wellen, dem Seil und der Last – ist ein schwingungsfähiges System. Die Größe der dynamischen Beanspruchung seiner Glieder kann nur in einer zeitaufwendigen Simulationsrechnung bestimmt werden [19]. In der Praxis werden die Triebwerke daher heute noch über ein starrkörperkinetisches Modell berechnet, wobei die Spannungserhöhung infolge dynamischer Belastung durch einen Schwingbeiwert berücksichtigt wird, der zwischen 1,5 und 2,5 liegt [20, 21]. Er ist um so höher, je größer der Momentenstoß des Motors beim Anfahren, die Hubgeschwindigkeit, das Getriebespiel und die Schlaffseillänge sind.

2.5.1 Antriebsleistung. Drive power

Die Bewegungsphasen des Hubwerks innerhalb eines Spiels lassen sich in einem Bewegungsdiagramm darstellen, **Bild 43**. In der Phase 2 wird die Hublast m (Masse der Nennlast, des Lastaufnahmemittels und des anteiligen Seilgewichts) mit Nenngeschwindigkeit v gehoben. Die Vollastbeharrungsleistung ist $P_L = mgv/\eta$.

Wirkungsgrad $\eta = \eta_{Seiltrieb}\eta_{Getriebe}$. Überschlägig: $\eta = 0,85$. In der Phase 1 sind zusätzlich die Leistung P_{BL} und P_{BJ} zur Beschleunigung der Hublast m und der rotierenden Massen J_{red} aufzubringen. $P_{BL} = mv^2/(t_a\eta)$ und $P_{BJ} = J_{red}\omega^2/(t_a\eta)$.

J_{red} ist das auf die mit ω drehende Motorwelle reduzierte Massenträgheitsmoment aller rotierenden Teile. Hochlaufzeit $t_a = 0,2$ bis $1,0\,\mathrm{s}$ je nach Motorgröße. In den meisten Fällen ist $P_{BL} \leqq 0,1P_L$.

Da P_{BL} und P_{BJ} nur kurzzeitig wirken, werden sie bei der überschlägigen Motordimensionierung vernachlässigt. Diese erfolgt über die Vollastbeharrungsleistung P_L und über die relative Einschaltdauer $ED = (\sum$ Einschalt-

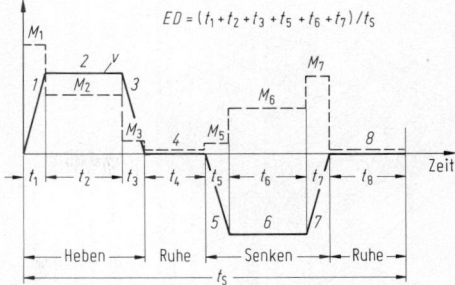

Bild 43. Bewegungsdiagramm eines Hubwerks und Definition der Einschaltdauer *ED*. *M* Motormoment, *v* Hubgeschwindigkeit, *1* bis *8* Bewegungsphasen

zeiten $\cdot 100\%)/(\sum$ Einschaltzeiten $+ \sum$ stromlose Pausen). Die Motornennleistung P_{Mnen} ist in den Motorkatalogen für $ED = 15, 25, 40, 60, 100\%$ angegeben. Es muß sein $P_{Mnen} \geqq P_L$. Genaue Motordimensionierung und -auswahl s. U 2.7.1.

Beim Senken mit Nenngeschwindigkeit (Phase 6) ist die elektrisch zu bremsende Leistung $P_{BR} = P_L\eta^2$. Die maximale Bremsleistung wird in Phase 7 benötigt. Dort ist für Abbremszeit gleich Hochlaufzeit $P_{BR\,max} = (P_L + P_{BL} + P_{BJ})\eta^2$.

Bei Winden bestimmen Seilzugkraft S und Aufwickelgeschwindigkeit v_S die Vollastbeharrungsleistung $P_L = Sv_S/\eta$.

2.5.2 Serienhebezeuge. Standard hoists

Dazu zählen die motorisch getriebenen Elektroseilzüge, -kettenzüge und Druckluftkettenzüge, ferner u.a. manuell getriebene, mit Ketten ausgerüstete Flaschenzüge für Montagearbeiten mit Tragfähigkeiten bis 50 t sowie Hebebühnen, DIN 15100. Serienhebezeuge sind nach dem Baukastensystem konzipiert und werden in größerer Stückzahl gefertigt.

Sie können als Hubwerke arbeiten, wenn sie z.B. an manuell oder motorisch angetriebenen Untergurtkatzen befestigt werden, die z.B. auf dem Untergurt von I-förmigen Kranträgern **Bild 76** oder in speziell geformten Hohlprofilen fahren, **Bild 73**. Berechnung der I-Trägerflanschbiegung s. [22]. Elektrozüge arbeiten auch als Hubwerke auf Laufkatzen von leichten Brückenkranen.

Die Tragfähigkeit wird nach FEM 9.661 oder nach DIN 15020 über die Triebwerkgruppe (TWG) bestimmt, **Tab. 4**. Aufeinanderfolgende TWGs unterscheiden sich durch den Stufensprung 1,26 in der Tragfähigkeit.

Beispiel: Dasselbe Serienhebezeug trägt in der TWG 2_m 4000 kg in der TWG 4_m nur noch $4000/(1,26 \cdot 1,26) \approx 2500\,\mathrm{kg}$.

Elektroseilzug, Bild 44. Motor *1*, Bremse *2*, Mehrfachplanetengetriebe *3* und Trommel *4* mit Seilführungseinrich-

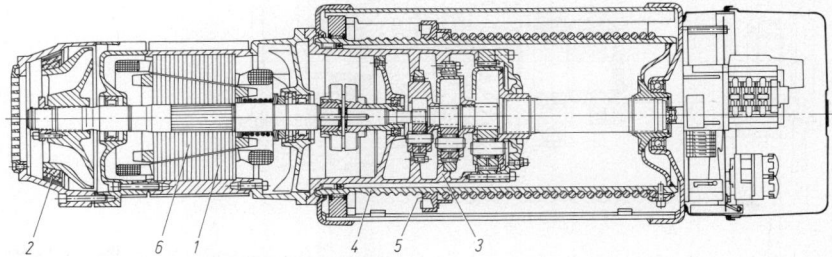

Bild 44. Elektroseilzug (Demag) (Erläuterungen im Text)

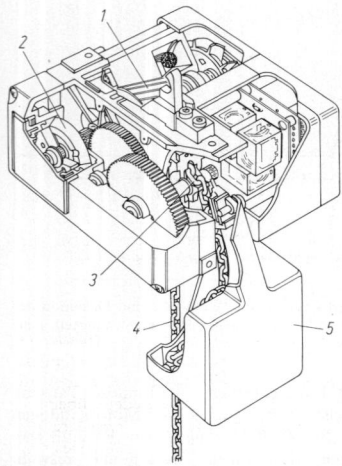

Bild 45. Elektrokettenzug (Stahl) (Erläuterungen im Text)

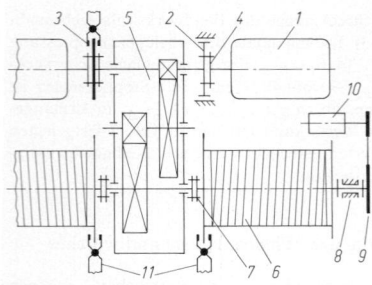

Bild 46. Stückgutwinde (Erläuterungen im Text)

tung 5 sind zu einer raumsparenden Baueinheit zusammengefaßt. Der Antrieb erfolgt durch Asynchronmotor mit konischem Verschiebeläufer 6 in Verbindung mit Kegelbremse 2 oder mit zylindrischem Läufer in Verbindung mit Kegel- oder Scheibenbremse. Reduzierung der Nenngeschwindigkeit auf 1/4 oder 1/6 durch Polumschaltung und 1/10 durch zusätzlichen Feinhubantrieb. Motorleistung bis 40 kW. Tragfähigkeit von 250 kg bis 50 t, dann bei 4facher Seileinscherung. Hubgeschwindigkeit je nach Tragfähigkeit 2 bis 40 m/min. In Sonderausführungen arbeiten geregelte Motoren. Einbau einer auf die Trommelbordwand wirkenden Zusatzbremse ist möglich.

Elektrokettenzug, Bild 45. Verschiebeläufermotor 1 bis 3 kW mit Kegelbremse 2 treibt über Stirnradgetriebe das Taschenrad 3. Das Zugmittel ist eine lehrenhaltige Rundstahlkette 4 der GK 8 (s. U 2.1.1). Anbau eines Kettenspeicherkastens 5 ist möglich. Zulässige Kettenzugkraft ist kleiner als 1/10 der Kettenbruchkraft. Lastaufhängung erfolgt ein- oder zweisträngig. Tragfähigkeit des Elektrokettenzuges 50 bis 5000 kg. Einstufung erfolgt i. allg. in Triebwerkgruppe 1 A$_M$ (**Tab. 4**). Hubgeschwindigkeiten liegen zwischen 1,5 und 20 m/min. Zusätzliche Polum-

schaltung ermöglicht 0,3 m/min. Hubhöhe ist begrenzt auf 3 bis 8 m.

Druckluftkettenzug. Ein schnellaufender Druckluftmotor (0,75 bis 10 kW, Nenndruck 6 bar) treibt über ein mehrstufiges Umlaufgetriebe das Kettenrad, Hubhöhe 3 bis 5 m, Tragfähigkeit 250 kg bei 24 m/min bis 100 t bei 0,5 m/min. Stufenlose Verringerung der Hubgeschwindigkeit durch Reduzierung des Druckluftvolumenstroms möglich. Einsatz als Hebezeug oder als Montagegerät vorzugsweise in explosionsgefährdeter oder staubiger Umgebung (Bergbau, Gießerei) und unter Wasser.

2.5.3 Stückguthubwerke. Hoists for individual items

Übliche Ausführung (**Bild 46**) besteht aus einem Motor 1, Trommelbremse 2 oder Scheibenbremse 3 auf Getriebeeingangswelle, drehelastischer Kupplung 4, zwei- oder dreistufigem Stirnradgetriebe 5, einer Seiltrommel 6 mit Trommelkupplung 7 und nicht gezeichneter Unterflasche. Die Axialkraft der Trommel nimmt Festlager 8 auf. Begrenzung der oberen und unteren Hakenstellung durch über Rollenkettentrieb 9 betätigten Endschalter 10. Erweiterung durch zweiten Motor, zweite Trommel und auf Trommelbordwand wirkende Sicherheitsbremse 11 ist möglich. In Sonderfällen werden Schaltgetriebe mit bis zu vier Schaltstufen eingesetzt (z.B. Baukrane).
In die Seiltrommel integrierte Getriebe mit mehreren hintereinandergeschalteten Planetengetriebestufen sind gewichts- und raumsparend [23]. **Bild 47**: Das Getriebegehäuse 1 steht fest und trägt Trommellager 2. Die durch den angeflanschten Hydraulikmotor (nicht gezeichnet) ange-

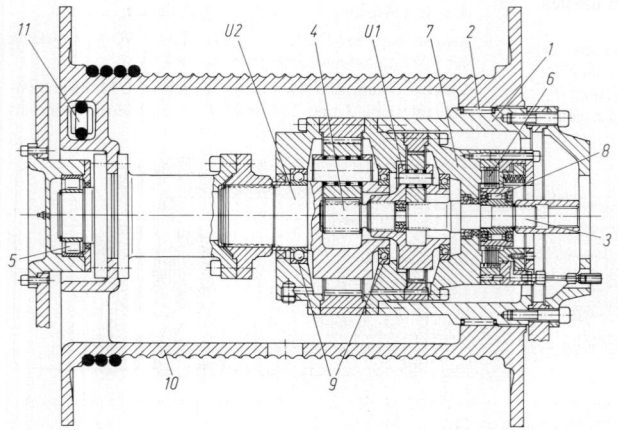

Bild 47. Planeten-Seilwinde (Siebenhaar) (Erläuterungen im Text)

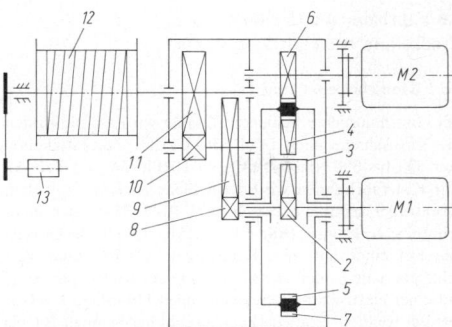

Bild 48. Stückgutwinde mit Planetengetriebe (Erläuterungen im Text)

triebene Welle *3* ist Sonnenrad für erstes Planetengetriebe. Dessen Umlaufträger *U 1* treibt Sonnenrad *4* des zweiten Planetengetriebes. Dessen Umlaufträger *U 2* treibt Trommel und ist in den Lagern *5* und *9* gestützt. Hydraulisch zu öffnende Lamellenbremse *6*, zwischen Eingangswelle *3* und dem festen Planetengetriebegehäuse *7* wirkt als Haltebremse. Dabei ist der Freilauf *8* in Senkrichtung gesperrt. Senkbremsen erfolgt über den Hydraulikmotor. Seiltrommel *10* ist gegossen. Endbefestigung des Hubseils erfolgt durch Keil *11*. Einsatz in hydrostatisch getriebenen Autokranhubwerken, zunehmend auch in anderen Winden. Seilzugkräfte bis 500 kN sind möglich.

Stückgutwinde mit Planetengetriebe ermöglicht die Geschwindigkeiten zweier voneinander unabhängiger gleich großer Motoren zu überlagern, **Bild 48**. Motor *M 1* bewegt über Sonnenrad *2* Umlaufträger *3* und über Räder *8* bis *11* die Trommel *12*. Dabei wälzt sich Planetenrad *4* in Glockenrad *5* ab. Zusätzlich kann Motor *M 2* über das Ritzel *6* das Glockenrad über Zahnkranz *7* treiben. Endschalter *13* begrenzt den Hubweg. Bei Ausfall eines Motors kann der andere die Last mit halber Nenngeschwindigkeit bewegen (erforderlich z.B. in Gießkran, Reaktorkran). Dazu muß bei stillstehendem Motor *M 2* die Übersetzung zwischen Motor *M 1* und der Planetenträgerwelle *3* genauso groß sein wie die Übersetzung zwischen Motor *M 2* und der Welle *3* bei stehendem Motor *M 1*.

Redundante Stückguthubwerke. Sie besitzen zwei gleichbelastete parallelgeschaltete Antriebsstränge und Seiltriebe, **Bild 49**. Wenn in einem Teilsystem ein sicherheitsrelevan-

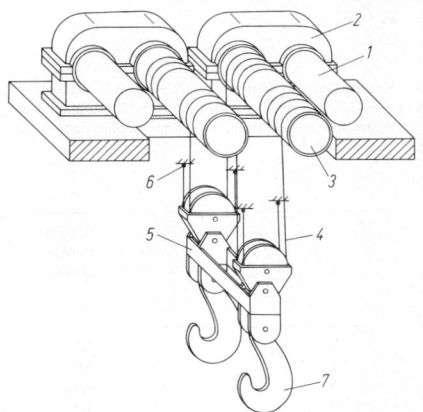

Bild 49. Beispiel für vollredundantes Hubwerk (Erläuterungen im Text)

tes Bauteil ausfällt, übernimmt das andere die volle Last, wobei die Lasttraverse ihre horizontale Lage behält [24, 25]. Einsatz z.B. in Gießereikranen und Reaktorkranen. Zwei Motoren *1* treiben über getrennte Getriebe *2* die beiden Trommeln *3*, von denen je zwei getrennte Seile *4* über die Lasttraverse *5* zu je einem Festpunkt *6* laufen, *7* ist der Lamellenhaken (s. **Bild 25 a**).

Teilredundante Hubwerke. Sie haben nur einen doppelten Seiltrieb. Eine sog. Sicherheitsbremse, die auf die Trommelbordscheibe wirkt, verhindert den Lastabsturz bei Versagen eines Glieds im vorgeschalteten Antriebsstrang. Bei Seilriß übernimmt das andere Seil die volle Last.

2.5.4 Greiferhubwerke. Grab hoists

Umschlagkrane besitzen für das Hub- und Schließwerk heute i.allg. zwei baugleiche Winden und regelbare Antriebsmaschinen, **Bild 50**. Die eine Winde führt über die Haltetrommel HT die Halteseile, die andere über die Schließtrommel ST die Schließseile. Bei Vierseilgreifern besitzt jede Trommel ein rechts- und ein linksgängiges Seilrillengewinde. Die Greiferbetätigung erfolgt durch Überlagerung der Bewegung beider Winden, für deren Synchronisation der Differentialendschalter *1* sorgt. Seilgeschwindigkeit bis 180 m/min.

Bei Tragfähigkeiten unter 5 t werden Greiferwinden manchmal mit einem Planetengetriebe ausgerüstet, **Bild 51**. Beim Heben des Greifers arbeitet allein der Hubmotor M_H. Er treibt Haltetrommel HT und Schließtrommel ST mit gleicher Geschwindigkeit, letztere über das Zwischenrad *6*, das Glockenrad *1*, den Steg *2* und über die Radpaarung *4/5*. Das Füllen (Schließen) des Greifers erfolgt durch den Schließmotor M_S über das Sonnenrad *3* und den Steg *2* bei stehendem Hubmotor, also bei stehendem Glockenrad *1*. Er ist kleiner als der Hubmotor. Zum Schließen oder Öffnen des Greifers während des Hebens oder Senkens arbeiten beide Motoren.

Anschlagen des Greifers, Bild 52. Die Hubwerkhalteseile werden direkt mit dem Greifer, die Hubwerkschließseile *2* mit den Greiferschließseilen *1* über schnell lösbare Seil-

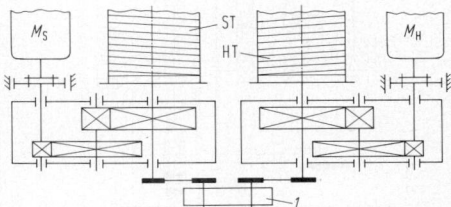

Bild 50. Zweimotoren-Greiferwinde mit zwei gleichen Winden (Erläuterungen im Text)

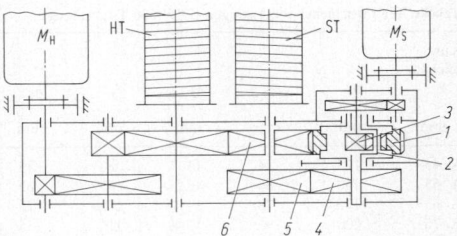

Bild 51. Zweimotoren-Greiferwinde mit Planetengetriebe (Erläuterungen im Text)

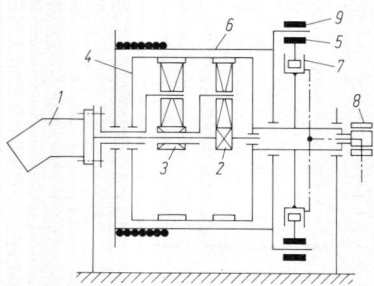

Bild 52. Schnabelseilrolle mit lösbarer Seilverbindung (Erläuterungen im Text)

verbinder 3 gekoppelt. Die Seilbirnen 4 der Schließseile laufen, nachdem der geschlossene Greifer eine bestimmte Hubhöhe erreicht hat, über sog. Schnabelrollen 5, die sowohl das Seil 1 in einer Rille als auch die Seilbirnen 4 führen. Seilrolle 5 und Seilbirnen 4 sind aufeinander abzustimmen, um Zusatzbiegung der Seile im Übergangsbereich A klein zu halten. Bei Vierseilgreifern ist ein Schließ- und ein Halteseil rechtsgängig, das jeweils andere linksgängig ausgeführt, um das Drehen des Greifers zu vermeiden. Bei Zweiseilgreifern haben Schließ- und Halteseil entgegengesetzte Schlagrichtung. Die Greiferseile haben die gleiche Konstruktion wie die Kranseile. Dimensionierung der Schließ- und Halteseile erfolgt jeweils mit 60% der Gesamtlast.

2.5.5 Freifallwinden. Winches for free falling items

Sie können Lasten heben, senken und aus dem freien Fall abbremsen, **Bild 53.** Einsatz z.B. in Baggern und Bohrtürmen. Beim Heben treibt der hydraulische Motor 1 über die Planetenstufen 2 und 3 das Hohlrad 4. Dieses ist über die Kupplung 5 mit dem Trommelmantel 6 reibschlüssig verbunden. Die Hydraulikzylinder 7, die die Reibkraft erzeugen, werden über die Drehdurchführung 8 versorgt. Zum Senken im freien Fall wird die Kupplung 5 geöffnet. Das Abbremsen erfolgt dann durch die Bandbremse 9.

Bild 53. Freifallwinde (Lohmann+Stolterfoht) (Erläuterungen im Text)

Tabelle 8. Kranschienenabmessungen (DIN 536 T 1, Auszug)

Kurz-zeichen k	b_1	b_2	f_2	f_3	h_1	h_3	r_1	r_5	Masse $\approx$	Trägheits-moment J_x	Schwer-punkt-abstand e_x
	mm	mm	mm	mm	mm	mm	mm	mm	kg/m	cm⁴	cm
A 45	125	54	11	8	55	20	4	4	22,2	91	3,31
A 55	150	66	12,5	9	65	25	5	5	32,0	182	3,88
A 65	175	78	14	10	75	30	6	5	43,5	327	4,44
A 75	200	90	15,4	11	85	35	8	6	56,6	545	5,00
A 100	200	100	16,5	12	95	40	10	6	75,2	888	5,21
A 120	220	120	20	14	105	47,5	10	6	101,3	1420	5,70

2.6 Fahrbahnen und Fahrwerke
Tracks and travel drive systems

2.6.1 Kranschienen. Crane rails

Bei kontinuierlicher Schienenstützung wird am häufigsten die Kranschiene nach DIN 536 T 1 mit Zugfestigkeiten von 590 bis 880 N/mm² eingesetzt (**Bild 54** und **Tab. 8**). Für Katzfahrbahnen wird die Schiene entweder mit dem Kranträger schubfest verschraubt (**Bild 54a**) oder nicht schubfest verklemmt (**Bild 54b**). Geklemmte Schienen werden auf einer mit dem Kranträger verschweißten Verschleißlamelle 1 oder, zur Minderung der Kantenpressung, auf einer elastischen drehnachgiebigen Unterlage 1 gebettet. Bei leichten Kranen (Beanspruchungsgruppen B1 bis B3 Tab. 15) kann ein auf den Kranträger geschweißter Flachstahl (DIN 1017) aus St52-3 mit scharfen, abgeschrägten oder gerundeten Ecken (**Bild 55a**) als Kranschiene verwendet werden. Bei durch Fertigungsungenauigkeiten bedingter, abschnittsweise hohlliegender Schiene (**Bild 55b**) können frühzeitig Schweißnahtbrüche auftreten.
Bei Kranbahnen mit kontinuierlicher Schienenstützung können die gleichen Schienen und Befestigungsarten wie bei den Katzfahrbahnen eingesetzt werden. Bei diskontinuierlicher Schienenstützung durch Schwellen oder Schienenstühle sind Schienen mit größerem Widerstandsmoment einzusetzen, z.B. nach DIN 5901, DIN 5902, oder bei großen Radlasten hochstegige Sonderprofile (Fa. Gleis- und Tiefbau).

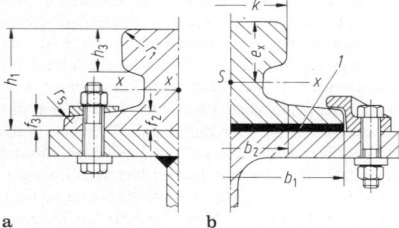

a   b

Bild 54a und **b.** Kranschiene (DIN 536 T 1) mit Befestigungsmöglichkeiten (Erläuterungen im Text)

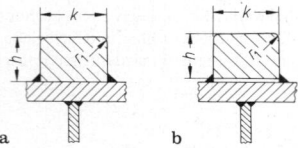

a   b

Bild 55a. Kranschiene aus Flachstahl (DIN 1017). Übliche Querschnitte $k \times h$: 50 × 30; 50 × 40; 60 × 30; 60 × 40 (Erläuterungen im Text). **b** gefährdete Schweißnähte durch hohlliegende Kranschiene

2.6.2 Laufräder und ihre Lagerung
Wheels and wheel support

Radkörper für untergeordnete Einsatzfälle aus Gußeisen mit Lamellengraphit, sonst mit Kugelgraphit, aus Stahlguß oder geschmiedet und vergütet, selten mit Laufflächenhärtung. Toleranzen, Werkstoffe, Wärmebehandlung s. DIN 15085. Lagerung der Radkörper: **Bild 56a**. Bei kleiner Beanspruchung kann Lagerung in Gleitlagern *1* und *2* mit Anlaufscheiben *3* erfolgen. Radkörper s. DIN 15049 oder DIN 15074. **Bild 56b**: Am gebräuchlichsten sind Räder nach DIN 15078 mit Wälzlagern *1* und *2*, die mit leichter Passung auf einer Lagerhülse *3* sitzen. Die Lagerkräfte infolge der vertikalen Radlast R und der Seitenkraft F_H sind: Radialkräfte: $F_{r1,2} = R/(2) \mp F_H d_1/(2e)$. Axialkräfte: $F_{a1} = F_H$ und $F_{a2} = 0$. Für die Lagerberechnung gilt $F_H = 0{,}1R$ (s. DIN 15071).

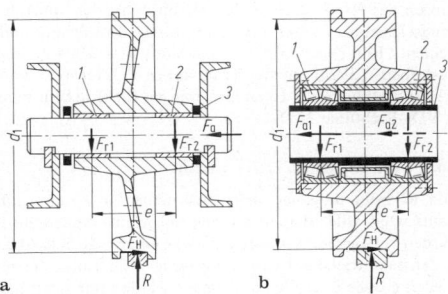

a **b**

Bild 56a und **b.** Laufradlagerungen mit feststehender Achse (Erläuterungen im Text)

Bei Produktionskranen werden Radkörper häufig auf Achsen und Wellen geschrumpft und durch Drucköl-Preßverband nach DIN 15055 gelöst. Für schnellen Radsatzwechsel wird ein Treib- oder Mitlaufsatz nach DIN 15090 verwendet, **Bild 57**. Wälzlager *1* sitzen in eigenen Gehäusen *2*. Diese werden über Halbschalen *3* mit Tragkonstruktion *4* verschraubt. Die Welle kann in einem Fest- und in einem Loslager gelagert werden oder in zwei Festlagern, um dann Seitenkräfte F_H zwischen Rad und Schiene in beiden Seitenwänden *5* ableiten zu können. Laufräder mit aufgeschrumpften Radreifen z.B. nach DIN 15080 sind bei Neuanlagen selten. Laufräder-Übersicht s. DIN 15073.

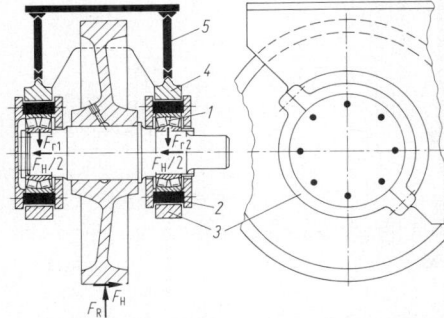

Bild 57. Laufradlagerung mit umlaufender Welle (Erläuterungen im Text)

2.6.3 Berechnung der Laufräder. Wheel calculation

Laufraddurchmesser d_1 sind im Bereich von 200 bis 1 250 mm für schmale und breite Laufräder in DIN 15072 genormt, **Tab. 9**. Die zulässige Radlast R_{zul} wird nach DIN

Tabelle 9. Laufradabmessungen und zugeordnete Schienenkopfbreite k in Millimeter (DIN 15072, Auszug). Dazu **Bild 58**

Durchmesser		Für Laufräder					
		schmal			breit		
Laufrad d_1 h9	Spurkranz d_2	k	b_1 max.	b_2	k	b_1 max.	b_2
200	230	45	55	90	−	−	−
250	280	45	55	90	−	−	−
315	350	45	55	90	55	65	110
400	440	55	65	110	75	90	140
500	540	55	65	110	75	90	140
630	680	55	75	120	75	110	160
710	760	65	90	140	100	160	210
800	850	65	90	140	100	160	210
900	950	75	90	140	100	160	210
1000	1050	75	90	140	100	160	210
1120	1180	−	−	−	100	160	220
1250	1310	−	−	−	100	160	220

Tabelle 10. Zulässige Pressung zwischen Laufrad und Schiene (DIN 15070, Auszug)

Mindestzugfestigkeit des Werkstoffs N/mm²		p_{zul}
Schiene	Laufrad	N/mm²
590	≦330	2,8
	410	3,6
	490	4,5
	590	5,6
≧690	≧740	7,0

Tabelle 11. Drehzahlbeiwert c_2 (DIN 15070, Auszug)

n min^{-1}	10	16	25	40	63	100	160	200
c_2	1,13	1,09	1,03	0,97	0,91	0,82	0,72	0,66

Tabelle 12. Betriebsdauerbeiwert c_3 (DIN 15070, Auszug)

Betriebsdauer des Fahrantriebes (bezogen auf 1 h)	bis 16%	über 16% bis 25%	über 25% bis 40%	über 40% bis 63%	über 63%
c_3		1,25	1,12	1,0	0,9	0,8

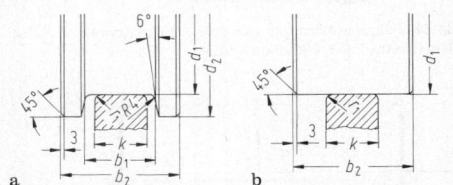

a **b**

Bild 58. Bezeichnungen am Laufrad (dazu **Tab. 9**). **a** mit Spurkranz; **b** ohne Spurkranz

15070 durch die zulässige Stribeck-Pressung p_{zul} (**Tab. 10**), den Drehzahlbeiwert c_2 (**Tab. 11**), den Betriebsdauerbeiwert c_3 (**Tab. 12**) und die tragende Breite $k - 2r_1$ (**Tab. 8**) bestimmt. $R_{zul} = p_{zul} c_2 c_3 d_1 (k - 2r_1)$. Bei Schienen mit quer zur Längsachse gewölbten Laufflächen (z.B. nach DIN 5901, DIN 5902, DIN 20501) darf mit $(k - (4/3)r_1)$ gerechnet werden. (r_1 s. **Bild 58**).

Die Nenn-Radlast für Kranlaufräder ist $R_{nen} = (R_{min} + 2R_{max})/3$. Es sind R_{min} und R_{max} die infolge unterschiedlicher Katzstellungen, Windlast usw. auftretenden größten und kleinsten vertikalen Lasten an dem Rad. Es muß $R_{nen} \leqq R_{zul}$ sein. Katzlaufräder sind mit $R_{nen} = R_{max}$ zu berechnen.

2.6.4 Spurführung. Mechanics of crane guidance

Führung der Krane und Laufkatzen an den Schienen erfolgt durch Spurkränze der Laufräder, **Bild 58a**, **Tab. 9**. Bei angestrengtem Betrieb kann der Kran durch seitliche Führungsrollen *1* (**Bild 59**) aus legiertem Vergütungsstahl (z.B. 42 Cr Mo 4-V), häufig oberflächengehärtet, geführt werden. Achse *2* kann auch als Exzenter ausgeführt werden, um ein Einstellen des Spiels *s* zwischen Rolle und Schiene zu ermöglichen. Führungsrollen möglichst nahe am Laufrad anordnen. Andernfalls könnte bei elastischer Bettung oder bei diskontinuierlicher Stützung die Seitenkraft F_S die Schiene verdrehen und eine zusätzliche vertikale Reibkraft $F_R = \mu F_S$ zwischen Führungsrolle und Schiene erzeugen, die die Lagerkräfte um den Betrag $F_S \mu d/(2a)$ vergrößern könnte.

Spurführungskraft F_S, Bild 60. Die größte Führungskraft entsteht am vorderen Spurführungselement E, wenn nur dieses an die Schiene anläuft (hintere Freilaufstellung), und dadurch der Kran, um den Gleitpol drehend, in seinen Radaufstandsflächen verschoben wird. Dort bilden die Reibreaktionskräfte $F_{R1}, F_{R2}, F_{R3}, F_{R4}$, die an den Hebeln r_1 bis r_4 wirken, das Gegenmoment zu $F_S h$. Nach DIN 15018 T 1 ist $F_S = \lambda f \sum R$, mit $\sum R$ Summe aller Radlasten, f Kraftschlußbeiwert, und $f = 0.3(1 - \epsilon^{-0.25\alpha})$. Dabei ist α der Schräglaufwinkel in ‰ [26–28]. Der Beiwert λ hängt ab von der Zahl der Radachsen, deren relativer Lage zum vorderen Spurführungselement (e_1, e_2), von der Antriebsart (Einzelradantrieb oder drehzahlgekoppelte Räder oder frei mitlaufende Räder), von der axialen Bewegungsmöglichkeit der Räder (axial fest oder axial verschiebbar) und von der Lage des Kranschwerpunkts (Berechnung von λ s. DIN 15018 T 1). Für Krane nach **Bild 60** mit Führungsrollen, zwei Einzelradantrieben vorn, zwei freilaufenden Rädern hinten und axial festgelegten Laufrädern ist $\lambda = 1 - (e_1 + e_2)^2/(2(e_1^2 + e_2^2))$. Wenn bei diesem Kran die Führung über Spurkränze erfolgt, ist $e_1 = 0$ und $\lambda = 0.5$. Der Gleitpol liegt dann auf der hinteren Radachse.

Minimierung der Spurführungskraft F_S und des Verschleißes der Laufflächen ist zu erreichen durch enge Toleranzen der Achsparallelität der Laufräder, ferner durch steife Anschlußkonstruktionen der Laufräder und durch kleine Schräglaufwinkel α, d.h. durch enge Kranbahntoleranzen und kleines Spiel zwischen Spurführungselementen und Schiene. Dafür ist es vorteilhaft, den Kran (wie in **Bild 60**) nur an einer Schiene zu führen. Nach DIN 15018 T 1, ist der maximal zulässige Schräglaufwinkel $\alpha = 15\ ‰$. Eingeschlossen sind: Herstellungstoleranzen des Krans und der Kranbahn, Spiel der Spurführungselemente, Breitenverschleiß von Radspurkranz und Schiene. Für neue Krane ist ein Wert von $\alpha \leqq 4\ ‰$ anzustreben. Toleranzen für Kranbahnen s. DIN 4132 und VDI-Richtlinie 3576. Herstelltoleranzen für Brückenkrane s. VDI-Richtlinie 3571.

2.6.5 Antriebssysteme. Drive systems

Bild 61 zeigt mögliche Antriebssysteme für Krane und Laufkatzen. **Bild 61 a:** In Kranen mit großer Spurweite l werden vorwiegend Einzelradantriebe eingesetzt. **Bild 61 b, c:** Zentralantriebe mit Kopplung zweier Räder über starre Wellen 6 oder über Gelenkwellen 7 werden nur noch bei kleiner Spurweite (z.B. Laufkatze) und bei manuell über Kettenzug bewegten Kleinkranen verwendet.

Die Drehmomenteneinleitung in Laufrädern (**Bild 62**) kann bei leichten Kranen und Katzen über einen in das Laufrad gefrästen Zahnkranz (**Bild 62a**), bei schweren Kranen und Katzen über einen mit dem Laufrad verschraubten Zahnkranz (**Bild 62b, c**) erfolgen. Zur Vermeidung offener Zahnräder können Laufräder durch die Radwelle angetrieben werden (**Bild 62d**). Bei leichten Kranen und Katzen können dafür an den Kran geflanschte Getriebemotoren (**Bild 63**) verwendet werden. Bei schweren Kranen werden Aufsteckgetriebe (**Bild 64**) mit Drehmomentstütze 5 eingesetzt, die das Moment über Keilwellenprofil DIN 5471 oder über Schrumpfscheiben in die Radwelle übertragen, oder es werden über Flanschkupplungen angeschlossene Getriebe (**Bild 65**) mit Drehmomentstütze 5 eingesetzt.

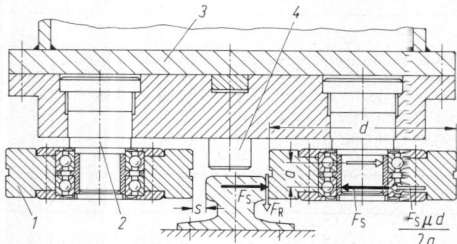

Bild 59. Führungsrollenpaar (Krupp). *1* Führungsrolle, *2* Achse, *3* Krankonstruktion, *4* Radbruchstütze

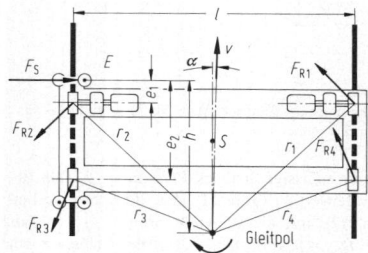

Bild 60. Spurführungsmechanik: Durch Schräglauf hervorgerufene Horizontalkräfte am Brückenkran bei symmetrischer Vertikalbelastung

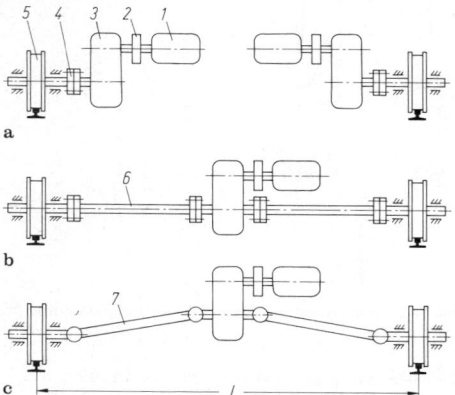

Bild 61 a–c. Antriebssysteme für Krane und Laufkatzen. *1* E-Motor, *2* Bremse, *3* Getriebe, *4* Flanschkupplung, *5* Laufrad, *6* starre Welle, *7* Gelenkwelle (weitere Erläuterungen im Text)

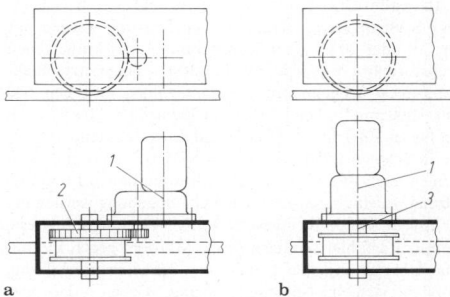

Bild 62 a–d. Drehmomenteinleitung in Laufräder (Erläuterungen im Text)

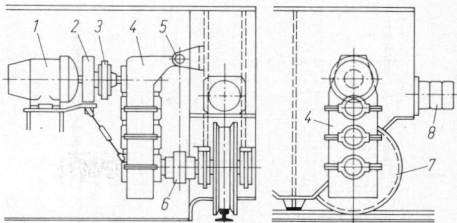

Bild 65. Einzelradantrieb (Krupp-Kranbau). *1* Motor, *2* Bremstrommel, *3* elastische Kupplung, *4* Getriebe mit Ölumlaufschmierung, *5* Drehmomentstütze, *6* starre Kupplung, *7* Laufrad, *8* Kunststoffpuffer

teilt sich in F_1 und F_2 auf. Diese sind ungleich, wenn eine Seitenführungskraft F_S wirkt: $F_{1,2} = F_V/(2) \mp F_S h_1/b$. Durch den Hebelarm h_2 erzeugt die Antriebskraft F_{an} ungleiche Radlasten R_1 und R_2. Sie errechnen sich zu $R_{1,2} = F_V/(2) \mp F_{an} h_2/a$. Die erforderliche Anzahl n_R der Räder je Kranecke ist der Quotient aus maximaler Ecklast und zulässiger Radlast.

Beim Verfahren des Krans sind der Fahrwiderstand F_F (Reibungskräfte in Radlagerung und zwischen Rädern und Schiene), Windkräfte F_W und Massenkräfte F_B zum Beschleunigen des Krans zu überwinden.

Die Fahrwiderstandskraft ist $F_F = w \sum R$ mit w Fahrwiderstandsbeiwert (**Tab. 13**) und $\sum R$ Summe der Radlasten. Die Windkraft ist

$$F_W = q \sum c_{fi} A_i. \tag{7}$$

Tabelle 13. Fahrwiderstandsbeiwert w in ‰ (nach Ernst)

Laufrad-durchmesser d_1 mm	Fahrwiderstandsbeiwert w in ‰			
	bei Wälzlagerung		bei Gleitlagerung	
	mit Spurkranz	ohne Spurkranz	mit Spurkranz	ohne Spurkranz
200	10,5	5,5	32	27
250	9,5	4,5	28	23
315	8,5	3,5	26	21
400	8,0	3,0	23,5	18,5
500	7,5	2,5	21,5	16,5
630	7,0	2,0	19,5	14,5
710	7,0	2,0	19	14
800	6,5	1,5	19	14
900	6,5	1,5	19	14
1000	6,5	1,5	19	14
1120	6,0	1,0	19	14
1250	6,0	1,0	19	14

Bild 63. Einzelradantriebe durch angeflanschte Getriebemotore *1*. **a** über Zahnkranz *2*; **b** über Laufradwelle *3*

Die Kranlaufräder werden unter den Ecken des Kranträgers angeordnet. Bei großen Ecklasten haben Krane zwei oder mehr Räder je Ecke, die in Schwingen gelagert sind (**Bild 64**). Schwinge *1* mit einem angetriebenen und einem nicht angetriebenen Rad ist in A_1 und A_2 drehbar in der Krankonstruktion *2* gelagert. Die Ecklast F_V

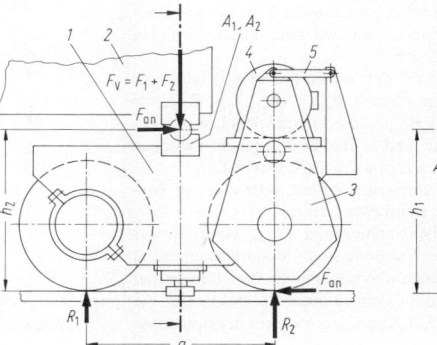
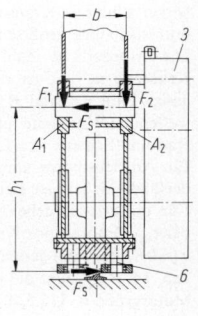

Bild 64. Äußere Kräfte an einer Radschwinge.
1 Radschwinge, *2* Krankonstruktion, *3* Aufsteckgetriebe, *4* E-Motor, *5* Drehmomentstütze, *6* Führungsrollen

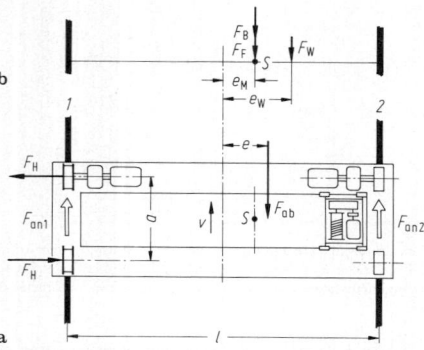

Bild 66. a Durch asymmetrische Katzstellung hervorgerufene Horizontalkräfte am Brückenkran mit zwei Einzelradantrieben; **b** Bestimmung der resultierenden Abtriebskraft F_{ab} und der Exzentrizität e beim Anfahren gegen den Wind

Tabelle 14. Erforderliche Nennleistung eines Fahrwerkmotors P_{Mnen} (überschlägig). Dazu **Bild 66**

Betriebsart	R_{Mnen}	
	Gleichlaufsteuerung vorhanden	Gleichlaufsteuerung nicht vorhanden
Im Freien arbeitende Krane	$\dfrac{F_F+F_W}{1,2\cdot z_M\cdot\eta}\left(\dfrac{1}{2}+\dfrac{e}{l}\right)\cdot v_{Fnen}$	$\dfrac{F_F+F_W}{1,2\cdot z_M\cdot\eta}\cdot\dfrac{1}{2}\cdot v_{Fnen}$
	sowie[a]	sowie[a]
	$\dfrac{F_F+F_W+F_B}{1,7\cdot z_M\cdot\eta}\left(\dfrac{1}{2}+\dfrac{e}{l}\right)\cdot v_{Fnen}$	$\dfrac{F_F+F_W+F_B}{1,7\cdot z_M\cdot\eta}\cdot\dfrac{1}{2}\cdot v_{Fnen}$
Hallenkrane	$\dfrac{F_F+F_B}{1,6\cdot z_M\cdot\eta}\left(\dfrac{1}{2}+\dfrac{e}{l}\right)\cdot v_{Fnen}$	$\dfrac{F_F+F_B}{1,6\cdot z_M\cdot\eta}\cdot\dfrac{1}{2}\cdot v_{Fnen}$

[a]) Der größere der beiden Werte ist die erforderliche Nennleistung

2.7 Antriebe. Drives

2.7.1 Elektromotorische Antriebe. Electric motor drives

Die Dreiphasenspannung der Kran-Drehstrommotoren, die auch stromrichtergetriebene Kran-Gleichstrommaschinen nutzen, beträgt 380, 500 oder 660 V bei 50 Hz Netzfrequenz (in manchen Ländern 60 Hz. Festsetzung zukünftiger Normspannungen s. DIN IEC 38). Direkteinspeisung in fahrende Krane oder Katzen erfolgt durch Schleifoder Schleppleitung. Krane großer Leistung werden mit 3, 6, 10 oder 20 kV über Kabeltrommel und kraneigenen Transformator versorgt. Am häufigsten eingesetzte Elektromotoren arbeiten mit Nenndrehzahlen zwischen 600 und 1 800 min⁻¹, bei Leistungen kleiner ca. 20 kW auch mit bis zu 3 000 min⁻¹. Üblich sind selbstbelüftende Motoren in Schutzart IP44 nach DIN VDE 0530 T 5 und Bauformen nach **Bild 67**. Geregelte Motoren haben Fremdbelüftung. In staubiger oder feuchter Umgebung werden geschlossene Motoren eingesetzt. In die Wicklung integrierte Temperaturfühler schützen große Motoren gegen thermische Überlastung. Bei Gefahr der Schwitzwasserbildung empfiehlt sich eine Stillstandsheizung. Wirken Axial- oder Querkräfte z.B. durch Ritzel oder Riemenscheiben auf die Motorwelle, sind die Lager zu überprüfen.

Motorgröße. Hebezeugmotoren arbeiten im Aussetzbetrieb nach DIN VDE 0530 T 1. Ihr Anlaufmoment ist 2- bis 3mal größer als das Nennmoment M_{nen}. Die Motorauswahl erfolgt überschlägig nach der Vollastbeharrungsleistung und Einschaltdauer (für Hubwerke s. U 2.5.1, für Fahrwerke s. U 2.6.5, für Drehwerke s. U 2.9.5). Bei Laständerungen innerhalb eines Spiels (z.B. Vollast, Teillast, ohne Last) kann, solange die Spielzeiten $t_S < 10$ min sind, die Motorgröße genauer über das äquivalente Moment $M_{äq}$ bestimmt werden. Dazu werden die Motormomente $M_1, M_2, \ldots M_n$ der einzelnen Bewegungsphasen eines Spiels ihren Wirkzeiten $t_1, t_2, \ldots t_n$ wie folgt zugeordnet

$$M_{äq}=\sqrt{\frac{M_1^2 t_1+M_2^2 t_2+\ldots+M_n^2 t_n}{t_S-t_{sP}}},\qquad(8)$$

mit t_S Spielzeit, t_{sP} stromlose Pausenzeit innerhalb t_S.

Dabei sind q der Staudruck (i.allg. $q = 250\,\text{N/m}^2$ nach DIN 15018), A_i die Windangriffsflächen der angeströmten Bauteile des Krans sowie der Last und c_f der zugehörige, von der Form der einzelnen Bauteile bzw. von der Form der Last abhängige, aerodynamische Kraftbeiwert, s. U 2.8.1 und DIN 1055 T 4.

Die Beschleunigungskraft ist $F_B = m_{ges} v_{Fnen}/t_a$ mit m_{ges} Masse aus Eigengewicht und Last, v_{Fnen} Nennfahrgeschwindigkeit und t_a Beschleunigungszeit.

Bild 66: Die von den Fahrantrieben zu überwindende resultierende Abtriebskraft F_{ab} des gesamten Krans ist $F_{ab} = F_F + F_W + F_B$. Die Exzentrizität e ihrer Kraftwirkungslinie berechnet sich zu $e = ((F_F + F_B)e_M + F_W e_W)/(F_F + F_B + F_W)$. Dabei ist e_M der Abstand des gemeinsamen Schwerpunkts S von Kran-, Katzmasse und Last zur Kranmitte und e_W der Abstand der resultierenden Windkraft F_W. Wenn Krane eine Gleichlaufsteuerung (s. U 2.9.4) haben, sind die Antriebskräfte der Kranseiten $F_{an\,1,2} = F_{ab}(1/2) \mp e/l)$. Hierbei wird für die Katze die ungünstigste aller Laststellungen berücksichtigt. Für Krane mit steifen Kranträgern, in Verbindung mit Einzelradantrieben, kann eine Gleichlaufsteuerung entfallen. Bei beidseitig gleich starken, ungeregelten Motoren sind die Antriebskräfte dann wegen der Drehzahlkopplung (s. U 2.7.1) $F_{an\,1} = F_{an\,2} = F_{ab}/2$. In diesem Fall entsteht bei außermittiger Abtriebskraft ein Moment $F_{ab}e$, das an den Spurführungselementen die Horizontalkräfte $F_H = F_{ab}e/a$ hervorruft.

Aus Symmetriegründen ist i.allg. die Zahl der angetriebenen Räder sowie die Zahl und Größe der Antriebsmotore auf beiden Kranseiten gleich. Nur bei großen Kranen (Bockkrane, Verladebrücken) kann die Zahl der angetriebenen Räder je Kranseite aus wirtschaftlichen Gründen unterschiedlich groß sein.

Die erforderliche Zahl der anzutreibenden Räder pro Kranseite $n_{Ran\,1,2}$ ist die auf $F_{an\,1,2}/(R_{min\,1,2}\mu)$ folgende ganze Zahl. Es sind $R_{min\,1,2}$ die kleinste Radlast der betreffenden Kranseite und μ die Reibungszahl zwischen Rad und Schiene ($\mu = 0,14$ nach DIN 15019 T 1).

Ein Antriebsmotor kann ein Laufrad, oder zwei, in Sonderfällen bis zu vier Laufräder treiben.

Für die erforderliche Nennleistung P_{Mnen} eines Motors bei z_M Motoren pro Kranseite und Gesamtwirkungsgrad η ($\approx 0,87$ bis $0,92$) gelten überschlägig die Gleichungen der **Tab. 14**. P_{Mnen} und die Einschaltdauer ED bestimmen die Motorgröße (s. U 2.5.1). Genauere Motordimensionierung s. U 2.7.1.

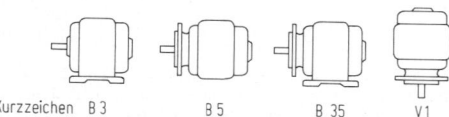

Kurzzeichen   B 3   B 5   B 35   V1

Bild 67. Übliche Bauformen der Elektromotoren nach DIN IEC 34 T 7

Beispiel: Bewegungsdiagramm **Bild 43**:

$$M_{\text{äq}} = \sqrt{\frac{M_1^2 t_1 + M_2^2 t_2 + M_3^2 t_3 + M_5^2 t_5 + M_6^2 t_6 + M_7^2 t_7}{t_S - t_4 - t_8}}.$$

$M_{\text{äq}}$ würde bei gleicher Einschaltdauer ED (Definition s. U 2.5.1) den Motor gleich stark erwärmen wie das Momentenkollektiv. Daher wird die Motorgröße aus dem Katalog über $M_{\text{äq}}$ und der ermittelten Einschaltdauer ED bestimmt, wobei $M_{\text{Mnen (ED)}} \geq M_{\text{äq}}$ sein muß. Zur Motorauswahl nach Herstellerkatalog ist über die Winkelgeschwindigkeit die äquivalente Leistung $P_{\text{äq}}$ zu berechnen, so daß $P_{\text{Mnen (ED)}} \geq P_{\text{äq}}$.

Anmerkung: Liegt die ermittelte Einschaltdauer zwischen zwei genormten Einschaltdauern (15; 25; 40; 60; 100%), so kann aus der nächstliegenden genormten Einschaltdauer das für die Motorauswahl zugrunde zu legende äquivalente Moment zu

$$M_{\text{äq}} \sqrt{ED_{\text{ermittelt}} / ED_{\text{genormt}}}$$

bestimmt werden.

Motorsteuerung. Krantriebwerke werden häufig angefahren und gebremst. Sie sind schwingungsfähige Systeme. Die durch die elektrische Maschine stoßartig eingeleiteten Momentensprünge beim Anfahren und Umschalten bestimmen i.allg. die maximalen Schnittlasten, von denen im Betriebsfestigkeitsnachweis auszugehen ist [29]. Um zu kleinen Bauteilabmessungen zu kommen, sollen die elektrische Maschine, ihre Steuerung und Regelung auf den mechanischen Teil beanspruchungsgünstig abgestimmt werden [30, 31].

Ungeregelte Antriebe. Bis 20 kW können preiswerte, dem Hebezeugbetrieb angepaßte, Drehstrom-Kurzschlußläufermotoren mit unveränderlicher Drehmoment-Drehzahl-

kennlinie verwendet werden. Kurze Hochlaufzeiten sind anzustreben, da während des Anlaufs ca. die Hälfte der elektrischen Energie im Motor in Wärme gewandelt wird. Zur Reduzierung des Anlaufmoments (Anlaufstroms) ist Hochlauf möglich mit Stern/Dreieckschaltung, mit Polumschaltung oder mit sog. KUSA-Widerständen im Ständerkreis (KUSA steht für Kurzschlußläufer-Sanft-Anlauf).

Bei Leistungen über 20 kW arbeiten Drehstromschleifringläufermotoren. Vorwiderstände R_v im Läuferkreis ermöglichen bei konstantem Kippmoment Veränderung der Kennlinie und des Anlaufmoments M_{an}. Sie nehmen während des Hochlaufs den größten Teil der Verlustenergie auf.

Ungeregelte Hubwerkantriebe. Mit Drehstromschleifringläufermotoren, **Bild 68 a**. Hochlauf in Hubrichtung im I. Quadranten beginnt auf Kennlinie 1 bei M_{an} und erfolgt durch stufenweises Überbrücken der Vorwiderstände R_v bei S_1, S_2 usw. durch Zeit- oder Frequenzrelais. Nach Hochlauf arbeitet der Motor bei ca. 5% Schlupf ($s = 1 - n/n_0$) auf seiner natürlichen Kennlinie 4 (Arbeitspunkt A_1, $R_v = 0$, Motormoment $M_{\text{M (H)}} = M_L/\eta$). M_L ist das Motormoment infolge der Hublast ohne Berücksichtigung des mechanischen Wirkungsgrads η. Stillsetzen erfolgt durch Netztrennung und Einschalten der mechanischen Bremse.

Beim Senken arbeitet der Motor im übersynchronen Bereich des IV. Quadranten, z.B. mit Kennlinie 6 (Arbeitspunkt A_2, $M_{\text{M (S)}} = M_L \eta$). Die Maschine arbeitet hier als elektrische Bremse (Generator) mit Rückspeisung ins Netz

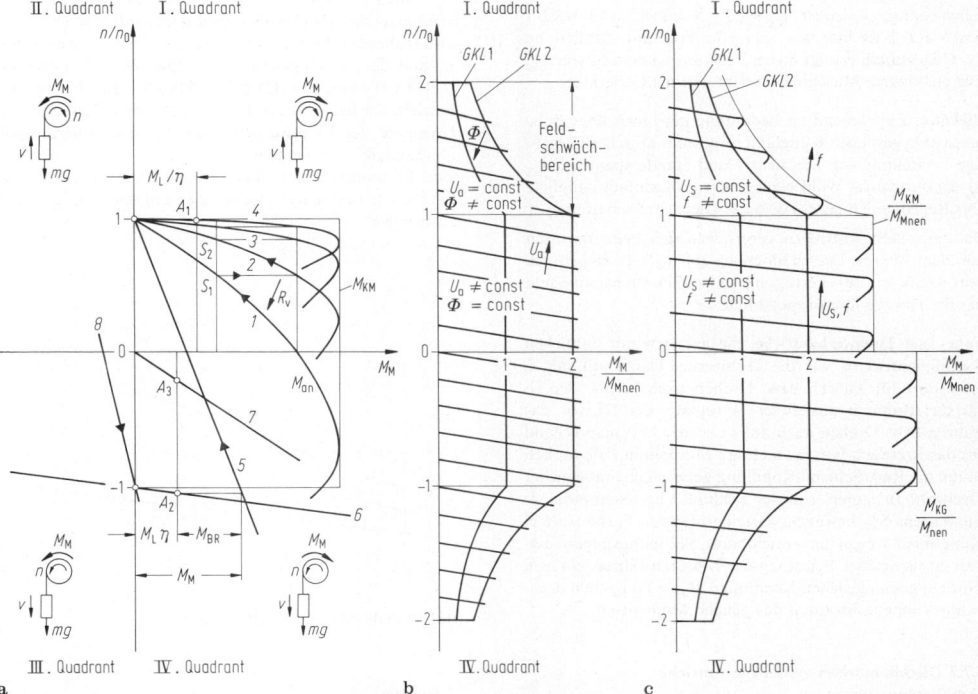

Bild 68. Elektromotorische Hubwerkantriebe (Siemens); **a** Drehstromschleifringläufermotor, im Vier-Quadrantenbetrieb, ungeregelt; **b** Gleichstromnebenschlußmotor, im I. und IV. Quadranten, geregelt; **c** Pulsumrichter getriebener Drehstromkurzschlußläufermotor, im I. und IV. Quadranten, geregelt; Bezeichnungen: n Motordrehzahl, n_0 Drehzahl bei $M_M = 0$ ($n_0 \approx$ Leerlaufdrehzahl), M_M Motormoment, M_{KM} Kippmoment im Motorbetrieb, M_{KG} Kippmoment im Generatorbetrieb, M_L Lastmoment, M_{BR} Bremsmoment, U_a Läuferspannung, U_S Ständerspannung, f Frequenz, R_v Läufervorwiderstand, ϕ magnetischer Fluß

$(M_{M(S)} = M_{M(H)} \eta^2)$. Stillsetzen des Antriebs erfolgt durch Kontern, d.h. kurzzeitige Netztrennung und Umschalten von A_2 auf eine in Hubrichtung wirkende Kennlinie 5. Das mit abnehmender Drehzahl sinkende motorische Bremsmoment ist dann $M_{BR} = M_M - (M_L \eta)$.

Weitere Kennlinien zum Senken kleiner Lasten bei kleiner Geschwindigkeit sind möglich, wenn die Ständerwicklung mit Gleichstrom gespeist wird (Kennlinie 7, Arbeitspunkt A_3, der Motor arbeitet dann als Wirbelstrombremse), oder wenn nur zwei der drei Wicklungen des Motors an nur zwei Phasen des Netzes geschaltet werden (untersynchrone Senkbremsung, sog. h-Stufe). Die im III. Quadranten beginnende Kennlinie 8 wird zum schnellen Beschleunigen kleiner Lasten in Senkrichtung benutzt. Sie ergibt sich aus der Kennlinie 6, bei einem großen Vorwiderstand im Läuferkreis. Der II. und III. Quadrant liefern bei Hubwerken keinen stabilen Arbeitspunkt. Alle Umschaltungen im Läuferkreis erzeugen Drehmomentensprünge an den Antriebselementen. Bei Schalthandlungen im Statorkreis (z.B. Anlauf, Kontern) entstehen zusätzliche Drehschwingungen im Bereich um 50 Hz.

Geregelte Hubwerkantriebe. Zunehmend auch bei kleinen Leistungen. Sie ermöglichen sanftes Anfahren und Bremsen und stufenlose Geschwindigkeitseinstellung im Bereich zwischen der Ordinate und der Grenzkennlinie $GKL\,1$ bei Beharrung und $GKL\,2$ bei Beschleunigung [32]. **Bild 68 b:** Am günstigsten sind Gleichstromnebenschlußmotore. Drehzahlregelung im Bereich $1:100$ geschieht durch Veränderung der Läuferspannung U_a bei konstantem Erregerstrom (magnetischer Fluß $\phi = \text{const.}$). Im Teillastbereich oberhalb n_0 ist Drehzahlvergrößerung auf ca. $2n_{\text{nen}}$ durch Verkleinerung des Erregerstroms möglich (Feldschwächung, $\phi \neq \text{const.}$, $U_a = U_{\text{anen}} = \text{const.}$). Für $GKL\,1$ und $GKL\,2$ ist hier Mn ungefähr konstant. Senken im IV. Quadranten erfolgt durch Richtungsänderung von U_a. Die elektrische Maschine arbeitet hier als Generator.

Bild 68 c: Zunehmend an Bedeutung gewinnen über Pulsumrichter gespeiste Käfigläufermotoren. Durch gleichzeitige Verstellung von Frequenz f und Ständerspannung U_S ist die stufenlose Wahl einer anderen Kennlinie möglich. Der Regelbereich gleicht dem der Gleichstrommaschine.

Bei geregelten Antrieben vergrößern sich beim Bremsen aus dem oberen Drehzahlbereich ($|n/n_0| > 1$) wegen der dort kleineren zur Verfügung stehenden Bremsmomente die Bremswege überproportional.

Fahr- und Drehwerkantriebe. Sie arbeiten mit ähnlichen Kennlinienfeldern wie die Hubwerke. Dabei gilt der I. Quadrant für Fahren bzw. Drehen nach rechts, der II. für das Bremsen aus dieser Bewegung, der III. für das Fahren bzw. Drehen nach links und der IV. entsprechend für das Bremsen. Werden mehrere Motoren in Fahrwerken durch die Rad/Schiene-Kopplung gezwungen, mit gleicher Drehzahl zu laufen, soll der Schlupf s bei Nennmoment mindestens 5% betragen, da andernfalls zu flache (starre) Kennlinien wegen unvermeidbarer Fertigungsungenauigkeit zu ungleicher Belastung der Motoren führen können. Nur bei genau gleichen Kennlinien $M_M = f(n)$ geben drehzahlgekoppelte Motoren das gleiche Moment ab.

2.7.2 Dieselmotorisch getriebene Antriebe
Diesel engine drives

Dieselhydraulische Antriebe werden in Mobil-, Auto- und Raupenkranen eingesetzt. Mit dieselelektrischen Antrieben arbeiten Schwimm- und Schienendrehkrane (Eisenbahnkrane).

2.8 Krantragwerke. Crane structures

Tragelemente, wie *Kranträger, Ausleger, Stützen, Portale, Katzrahmen,* dienen der Kraftweiterleitung über größere Strecken. Es sind i.allg. geschweißte, dynamisch belastete Kasten-, Vollwand- oder Fachwerkkonstruktionen aus Baustählen nach DIN 17100, vorzugsweise aus St 37-3, bei Kranen in den Beanspruchungsgruppen B1 bis B3 auch aus St 52-3. Höherfeste Feinkorn-Baustähle StE 460, StE 690 und StE 885 nach DASt-Richtlinie 011 nur bei Fahrzeugkranen wegen der kleineren Lastspielzahlen und der selten auftretenden Höchstlast. In Tragkonstruktionen müssen oft große Kräfte und Momente auf kleinstem Raum beanspruchungsgünstig eingeleitet werden. Vom Konstrukteur werden daher besondere Kenntnisse auf dem Gebiet der kraftflußgerechten Gestaltung verlangt.

2.8.1 Berechnung. Structural analysis

Während der Konstrukteur bei der Lastannahme und Berechnung der Maschinenteile z.Z. noch relativ frei ist, bestehen bei Tragwerken enge Vorschriften. Eine Vereinheitlichung wird angestrebt [33]. Programm zur Berechnung von Krantragwerken s. [34].

Für Tragwerke sind die Vorgehensweise, Lastannahmen, Werkstoffe und zulässigen Spannungen in DIN 15018 festgelegt. Für Tragwerke in Kernkraftwerken gelten darüber hinaus Sondervorschriften (s. KTA 3902 und 3903).

Das Krantragwerk wird als quasistatisch belastetes System behandelt. Die spannungserhöhende Wirkung der schwingenden Massen berücksichtigen Beiwerte. Die für die Hublast $P = m_L g$ und für das Eigengewicht $G = m_E g$ anzusetzenden Kraftgrößen sind daher ψP und φG.

Der Hublastbeiwert ψ wird durch die Hubgeschwindigkeit v_H und die Hubklasse bestimmt, **Bild 69.** Die Hubklasse (H1 bis H4 aus **Tab. 15**) ist ein Maß für die Schwere des Betriebs der betreffenden Kranart. Der Eigenlastbeiwert φ hängt von der Fahrgeschwindigkeit v_F und Fahrbahngüte ab, **Tab. 16**.

Zur Bestimmung der Schnittkräfte ist die Last in die für den betreffenden Querschnitt ungünstigste Stellung zu bringen.

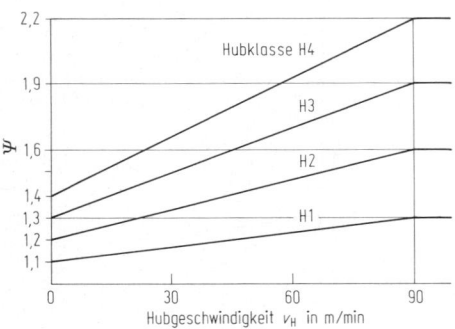

Bild 69. Hublastbeiwert ψ (DIN 15018)

Lastarten

Hauptlasten H wirken ständig. Dazu zählen die Hublast (ψP), Eigengewichtskraft (φG), Massenkräfte durch Anfahren oder Bremsen des Krans (Kr) oder der Katze (Ka), durch Drehen (Dr) oder Wippen (Wp).

Tabelle 15. Einteilung der Krane in Hubklassen H1 und H4 und Betriebsgruppen B1 bis B6 (DIN 15018, Auszug)

Kranart	Hub-klassen	Beanspru-chungs-gruppen
Handkrane	H1	B1, B2
Auto-, Mobil-Schwerlastkrane	H1	B1, B2
Bockkrane	H1	B2, B3
Turmdrehkrane im Baubetrieb	H1	B3
Montagekrane	H1, H2	B1, B2
Bordkrane	H2[a]	B3, B4[a]
Autokrane, Mobilkrane	H2[a]	B3, B4[a]
Verladebrücken, Portalkrane	H2[b]	B4, B5[b]
Hafen-, Dreh-, Schwimmkrane	H2[a]	B4, B5[b]
Werkstattkrane	H2, H3	B3, B4
Gießkrane	H2, H3	B5, B6
Lagerkrane		
– Unterbrochener Betrieb	H2	B4
– Dauerbetrieb	H3, H4	B5, B6
Tiefofenkrane	H3, H4	B6

[a]) für Hakenbetrieb. Bei Greifer oder Magnetbetrieb H3, H4 und B4, B5
[b]) für Hakenbetrieb. Bei Greifer oder Magnetbetrieb H3, H4 und B5, B6

Tabelle 16. Eigenlastbeiwert φ (DIN 15018)

Fahrgeschwindigkeit v_F in m/min		Eigenlast-beiwert
Fahrbahn mit Schienenstößen oder Unebenheiten (Straße)	Fahrbahn ohne oder mit geschweißten, bearbeiteten Schienenstößen	φ
bis 60	bis 90	1,1
über 60…200	über 90…300	1,2
über 200	–	$\geq 1{,}2$

Zusatzlasten Z wirken nur zeitweise. Dazu zählen Kräfte durch Schräglauf (*Sr*) (Berechnung der Schräglaufkraft F_S s. U2.6.4), Windkräfte im Betrieb (*Wi*) oder außer Betrieb bei Sturm (*Wa*). Berechnung von *Wi* und *Wa* erfolgt nach Gl. (7). *Wi* wird mit Staudruck $q = 250\ \text{N/m}^2$ bestimmt. Für *Wa* ist nach DIN 1055 mit einem höhenabhängigen Staudruck zu rechnen: (für $h = 0$ bis 8 m ist $q = 500\ \text{N/m}^2$, für $h > 8$ bis 20 m ist $q = 800\ \text{N/m}^2$, für $h > 20$ bis 100 m ist $q = 1100\ \text{N/m}^2$).
Die in Gl. (7) benötigten aerodynamischen Kraftbeiwerte c_f können nach DIN 1055 T4 ermittelt werden. c_f-Werte für übliche Profile und Profilabmessungen enthält **Bild 70**.

Sonderlasten S, wie Pufferkräfte *(Pu)* und die kleine Prüflast *(Pk)* bzw. die große Prüflast *(Pg)*, wirken nur in Ausnahmefällen. $Pk = 1{,}25$ mal Hublast. $Pg = 1{,}33$ bis 1,5 mal Hublast, je nach Hubklasse und Kranart.

Lastfälle

Gleichzeitig wirkende Lasten werden zu Lastfällen zusammengefaßt. *H-Lastfälle* enthalten nur Hauptlasten. *HZ-Lastfälle* schließen auch Zusatzlasten ein. *HS-Lastfälle* enthalten Haupt- und Sonderlasten. Nach DIN 15018 sind z.B. für einen Brückenkran, der während des Kranfahrens die Last heben kann, folgende, aber auch weitere Lastkombinationen möglich.

H-Lastfall: $\psi P + \varphi G + Kr$
HZ-Lastfall: $\varphi P + \varphi G + Wi + Sr$
HS-Lastfall: $G + P + Pu$

Im HZ-Lastfall wird auch die Hublast P mit dem Eigenlastbeiwert φ multipliziert, da angenommen wird, daß der Kran fährt, ohne dabei die Last anzuheben.

Vergleichsspannung. Gleichartige Lastfälle bilden eine Lastfallgruppe. Für jeweils den ungünstigsten Lastfall jeder Lastfallgruppe werden die Schnittlasten, und aus diesen über die zugehörigen Querschnittswerte die Normalspannungen $\sigma_x, \sigma_y, \sigma_z$, die Schubspannungen $\tau_{xy}, \tau_{yz}, \tau_{zx}$ und danach die Vergleichsspannung σ_v ermittelt. Dünnwandige Tragelemente unterliegen einem ebenen Spannungszustand. Dafür gilt, da die Kräfte in x- und y-Richtung wirken ($\sigma_z = 0, \tau_{yz} = \tau_{zx} = 0$, s. C1.3):

$$\sigma_v = \sqrt{\sigma_x^2 + \sigma_y^2 - \sigma_x \sigma_y + 3\tau_{xy}^2}.$$

Jede dieser Vergleichsspannungen $\sigma_{v(H)}, \sigma_{v(HZ)}, \sigma_{v(HS)}$ muß in den zugehörigen Spannungsnachweisen kleiner sein als die dort jeweils zulässige Spannung. Dreiachsige Spannungszustände ($\sigma_z \neq 0$) sind möglichst zu vermeiden, da sie die Dehnung behindern und dadurch zu örtlich großen Spannungsspitzen, in ungünstigen Fällen zu Sprödbruch, führen können.

Spannungsnachweise

Allgemeiner Spannungsnachweis. Er soll zeigen, daß $\sigma_{v(H)}$, $\sigma_{v(HZ)}, \sigma_{v(HS)}$ ausreichend weit unterhalb der Fließgrenze

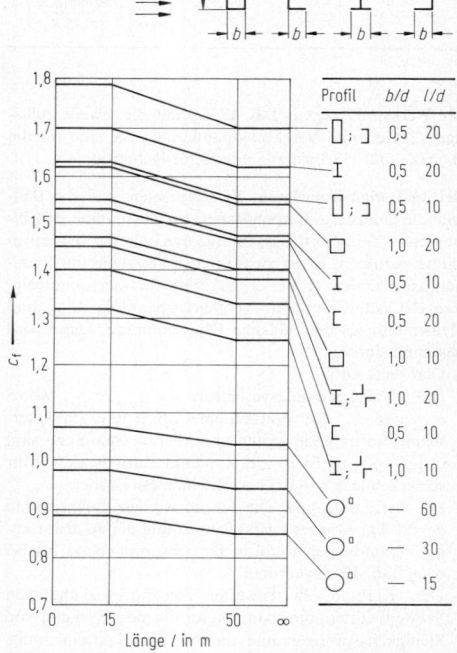

Bild 70. Aerodynamische Kraftbeiwerte c_f (DIN 1055, Auszug)
[a]) c_f-Werte gelten für senkrecht stehende Rundsäulen bei Reynoldszahlen $< 1{,}8 \cdot 10^5$. Bei größeren Reynoldszahlen können sie um bis zu 50% niedriger liegen.

Tabelle 17. Zulässige Spannungen im allgemeinen Spannungsnachweis (DIN 15018, Auszug)

Lastfall	Zulässige vergleichs-spannung N/mm² zul σ_v	Zulässige Einzelspannung N/mm²		
		Zug[a] zul σ_z	Druck[a] zul σ_d	Schub[b] zul τ
Für St 37 nach DIN 17100				
H	160	160	140	92
HZ	180	180	160	104
HS	198	198	176	114
Für St 52-3 nach DIN 17100				
H	240	240	210	138
HZ	270	270	240	156
HS	297	297	264	172

[a]) Diese Werte gelten nicht für querbeanspruchte Schweißnähte
[b]) Für Schweißnähte sind zul τ Werte um den Faktor 1,22 größer

Tabelle 18. Gleichungen für zulässige Oberspannungen im Betriebsfestigkeitsnachweis (DIN 15018). R_m ist die Zugfestigkeit des Werkstoffs

	Wechselbereich $-1 < \kappa < 0$	Schwellbereich $0 \leq \kappa < +1$
	für Zugbelastung	
zul $\sigma_{Dz(\kappa)} =$	$\dfrac{5}{3 - 2\kappa} \cdot$ zul $\sigma_{D(-1)}$	$\dfrac{1{,}67 \cdot \text{zul } \sigma_{D(-1)}}{1 - \kappa \cdot \left[1 - \dfrac{\text{zul } \sigma_{D(-1)}}{0{,}45\, R_m} \right]}$
	für Druckbelastung	
zul $\sigma_{Dd}(\kappa) =$	$\dfrac{2}{1 - \kappa} \cdot$ zul $\sigma_{D(-1)}$	$\dfrac{2 \cdot \text{zul } \sigma_{D(-1)}}{1 - \kappa \cdot \left[1 - \dfrac{\text{zul } \sigma_{D(-1)}}{0{,}45\, R_m} \right]}$

des Werkstoffs liegen. **Tab. 17** enthält die jeweils zulässigen Einzel- und Vergleichsspannungen. Sie sind für die H-, HZ- und HS-Lastfälle unterschiedlich groß.

Betriebsfestigkeitsnachweis. Er soll zeigen, daß die Bauteile ihre geforderte Betriebsdauer erreichen, ohne daß bis zu diesem Zeitpunkt Risse infolge dynamischer Beanspruchung auftreten. Er ist zu führen für Bauteile mit Spannungsspielzahlen größer $2 \cdot 10^4$. Die für den ungünstigsten H-Lastfall ermittelte Vergleichsspannung $\sigma_{v(H)}$ muß kleiner sein als die zulässige Oberspannung. Diese wird bestimmt durch:
- Den Werkstoff.
- Das Grenzspannungsverhältnis $\kappa = \sigma_{min}/\sigma_{max}$, wobei σ_{max} und σ_{min} die während eines Spiels in einem Querschnitt auftretende größte und kleinste Spannung sind $(-1 \leq \kappa \leq +1)$. Es ist z.B. $\kappa = 1$ für statische, $\kappa = 0$ für schwellende, $\kappa = -1$ für wechselnde Belastung.
- Die Betriebsgruppe. Die Krane werden entsprechend der Völligkeit ihres Lastkollektivs und der zu erwartenden Spannungsspielzahl in Betriebsgruppen B1 bis B6 nach **Tab. 15** eingeordnet.
- Den Kerbfall. Er bewertet die Kerbwirkung von Schweißnähten, die spannungserhöhende Wirkung von Steifigkeitssprüngen und die Art der Krafteinleitung. DIN 15018 ordnet mögliche Schweißverbindungen in fünf Kerbfälle K0 bis K4, s. **G1 Tab. 6**. Je größer der Kerbfall, um so kleiner ist die zulässige Spannung zul $\sigma_{D(\kappa=-1)}$ bei Wechselbelastung.

Die zulässige Oberspannung für $\kappa = -1$ ist zul $\sigma_{D(\kappa=-1)}$. Sie wird aus **G1 Tab. 7** in Abhängigkeit von dem Werkstoff, der Beanspruchungsgruppe und dem Kerbfall bestimmt. Für $\kappa \neq -1$ läßt sich mit zul $\sigma_{D(\kappa=-1)}$ aus der zuständigen Gleichung in **Tab. 18** die in dem Betriebsfestigkeitsnachweis zulässige Oberspannung für Zugbelastung zul $\sigma_{Dz(\kappa)}$ bzw. für Druckbelastung zul $\sigma_{Dd(\kappa)}$ bestimmen. Die zulässige Schubspannung für Schweißnähte ergibt sich aus zul $\tau_{D(\kappa)} =$ zul $\sigma_{Dz(\kappa)}/\sqrt{2}$, wobei zul $\sigma_{Dz(\kappa)}$ dem Kerbfall K0 zugeordnet wird.

Stabilitätsnachweis. Es ist für alle drei Lastfälle zu zeigen, daß sowohl die Gesamtkonstruktion als auch ihre einzelnen Bauteile ausreichend sicher bemessen sind gegen Knicken, Kippen, Beulen. Berechnung erfolgt nach DIN 4114, T 1 und 2. Die Beulsicherheiten ν_B sind, abweichend davon, in DIN 15018 festgelegt.

2.8.2 Puffer. Shock absorber

Um den Kraftstoß beim unbeabsichtigten Fahren gegen Endanschläge zu mildern, sind an den Katz- bzw. Kranecken Puffer anzubringen, z.B. großvolumige, geschäumte Polyurethankörper oder ölhydraulische Dämpfer. Nach DIN 15018 ist die zu speichernde Energie $W = \eta m v_F^2 / 2$. Dabei sind m die auffahrende Masse ohne die am Seil hängende Last, v_F die Fahrgeschwindigkeit, $\eta = 1{,}0$ für Katzen, $\eta = 0{,}72$ für Krane, $\eta = 0{,}49$ für Krane, wenn diese Einrichtungen zum selbsttätigen Herabsetzen der Fahrgeschwindigkeit haben (z.B. Endschalter). Falls zwei Krane mit den Massen m_1 und m_2 und mit den Geschwindigkeiten v_1 und v_2 gegeneinander fahren können, müssen die beteiligten Puffer eine Energie $W = (v_1 + v_2)^2 m_1 m_2 / (2(m_1 + m_2))$ aufnehmen können.
Entsprechend der ungünstigsten Massenverteilung ist W auf die beiden Fahrwerkseiten I und 2 zu verteilen. Der größere Energieanteil W_1 ist nach **Bild 66** $W_1 = W((l/2) + e_M)/l$. Für W_1 wird dann aus der Pufferkennlinie die maximale Pufferkraft Pu^* ermittelt. Der Spannungsnachweis ist mit $Pu = \xi Pu^*$ zu führen. Den Schwingbeiwert ξ bestimmt die Form der Pufferkennlinie, **Tab. 19**.

Tabelle 19. Schwingbeiwert ξ zur Berechnung der Pufferkraft (DIN 15018)

Form der Fläche unter der Pufferkennlinie	Schwingbeiwert ξ beim Anprall mit	
	Kran	Katze
ähnlich Dreieck	1,25	1,35
ähnlich Viereck	1,50	1,60

2.8.3 Schraubenverbindungen. Bolt connections

Montagestöße werden auf Baustellen verschweißt oder verschraubt. Die günstigste Schraubverbindung für „vorwiegend nicht ruhende Belastung" im Kranbau ist der symmetrische Laschenstoß (**Bild 71a**), der Kräfte entweder über Scherkräfte und Lochleibung mit Hilfe von Paßschrauben (SLP-Verbindung) oder über Reibkräfte mit Hilfe von vorgespannten hochfesten Schrauben (Gleitfeste-, sog. GV-Verbindung) überträgt [35]. Kontaktflächen dürfen mit einem gleitfesten Alkali-Silikat-Zinkstaubanstrich (zulässige maximale Dicke 40 µm) versehen werden. Anstrich muß den Technischen Lieferbedingungen Nr. 918385 der Deutschen Bundesbahn genügen. Lochdurchmesser d für Paßschrauben (DIN 7968) erfordern enge Toleranzen (H11) und dickere Laschen l (zulässige Scher- und Lochleibungsspannungen s. DIN 15018). Da-

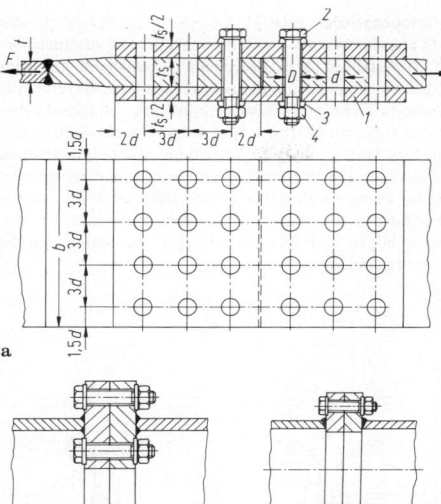

Bild 71. Schraubstöße. **a** zweischnittiger Laschenstoß (Lochabstände nach DIN 18800 T 1), **b** symmetrischer Flanschstoß, **c** einseitiger Flanschstoß (weitere Erläuterungen im Text)

Tabelle 20. Zulässige übertragbare Kraft zul Q_{GV} und zul Q_{GVP} je HV-Schraube und je Reibfläche senkrecht zur Schraubenachse für die Bauteilwerkstoffe St 37 und St 52 (DIN 18800 T 1)

Schrauben-größe D	Vor-spann-kraft F_V kN	zul Q_{GV}[a] in kN GV-Verbindung Lastfall		zul Q_{GVP}[b] in kN GVP-Verbindung Lastfall	
		H	HZ	H	HZ
M 12	50	20,0	22,5	38,5	43,5
M 16	100	40,0	45,5	72,0	82,0
M 20	160	64,0	72,5	112,5	128,0
M 22	190	76,0	86,5	134,0	153,0
M 24	220	88,0	100,0	156,5	178,5
M 27	290	116,0	132,0	202,0	230,5
M 30	350	140,0	159,0	245,5	280,0
M 36	510	204,0	232,0	354,5	404,0

[a]) Lochspiel Δd: 0,3 bis 2 mm. Für 2 mm < Δd ≤ 3 mm sind die Werte von zul Q_{GV} auf 80% zu reduzieren.
[b]) Lochspiel Δd ≤ 0,3 mm.

her werden heute bevorzugt HV-Schrauben *2* nach DIN 6914 in der Festigkeitsklasse 10.9 (Lochspiel $\Delta d = 1$ mm) in Verbindung mit gehärteten Unterlegscheiben *3* (DIN 6916) und Muttern *4* nach DIN 6915 in der Festigkeitsklasse 10 eingesetzt. Einstellung der Vorspannkraft F_V muß kontrolliert durch Drehmomentschlüssel oder andere Verfahren erfolgen (s. DIN 18800 T 7), s. G 1.6.
Der günstigste Paßschraubendurchmesser D für SLP-Verbindungen (optimale Werkstoffausnutzung) ist gegeben, wenn die zulässige Lochleibungsspannung zul σ_l und die zulässige Scherspannung im Schraubenschaft zul τ_a gleich hoch ausgenutzt sind. Für zweischnittige Verbindung folgt aus $Dt_S \cdot$ zul $\sigma_l = 2(D^2\pi/4)/$zul τ_a die Schraubengröße $D = (2/\pi)t_S \cdot$ zul $\sigma_l/$zul τ_a. Für den Kranbau gilt nach DIN 15018 zul $\sigma_l = 2 \cdot$ zul σ_d und zul $\tau_a = 0,8 \cdot$ zul σ_d. Es ist zul σ_d die zulässige Druckspannung für das Blech (**Tab. 17**). Für Blechstärken zwischen 5 bis 20 mm ist $D \approx 1,6 t_S$ zu empfehlen. Bei dickeren Blechen werden schlankere Schrauben eingesetzt, wobei ein möglichst großes Verhältnis von Schaftlänge zu Schraubendurchmesser anzustreben ist.
Für GV-Verbindungen empfehlen sich aus konstruktiven Gründen die gleichen Schraubendurchmesser wie bei SLP-Verbindungen.
Konstruktive Ausbildung (**Bild 71 a**) und Berechnung von Schraubenverbindungen erfolgt nach DIN 18800 T 1. Übertragbare Reibkraft zul Q_{GV} senkrecht zur Schraubenachse je Schraube und Reibfläche s. **Tab. 20**. In Sonderfällen werden kombinierte Gleit-/Paßverbindungen (GVP) mit noch größeren übertragbaren Kräften eingesetzt.
Die Mindestschraubenzahl bei der Zweilaschenverbindung (**Bild 71 a**) ist $n_S = F/(2 \cdot$ zul $Q)$. Dabei ist F die vom Schraubstoß zu übertragende Kraft. Bei GV- bzw. GVP- bzw. SLP-Verbindungen ist zul $Q =$ zul Q_{GV} (**Tab. 20**) bzw. zul Q_{GVP} (**Tab. 20**) bzw. zul Q_{SLP} (DIN 18800 T 1). Die Schraubenzahl je Schraubenreihe ist $n_{SR} = b/(3d)$. Die erforderliche Schraubenreihenzahl n_R ist die nächstfolgende ganze Zahl auf n_S/n_{SR}.
Die Blechdicke t muß im Stoßbereich auf t_S verstärkt werden, wenn dort die gleiche Kraft F übertragen wer-

den soll wie im ungeschwächten Querschnitt der Dicke t. Bei einer SLP-Verbindung ist $t_{S(SLP)} = t/(1 - n_{SR}d/b)$. Bei einem Schraubenabstand von $3d$ in Breitenrichtung ist $t_{S(SLP)} = 1,5t$. Bei einer GV-Verbindung ist t_S kleiner, da davon ausgegangen werden darf, daß 40% des von der ersten Schraubenreihe übertragenen Kraftanteils vor Beginn der Lochschwächung durch Reibschluß übertragen wird (Voranschluß), nicht aber mehr als 20% der Gesamtkraft. Damit ist: $t_{S(GV)} = (1 - 0,4n_{SR}/n_S)t_{S(SLP)}$.
Auch für Schraubstöße ist der Betriebsfestigkeitsnachweis zu führen. Für gelochte Bauteile sind die Kerbfälle $W1$ und $W2$ nach DIN 15018 maßgebend.
Muß in Gleitverbindung die Schraube zusätzlich eine äußere Kraft Z in Achsrichtung aufnehmen, verringert sich ihre übertragbare Kraft in Gleitrichtung nach DIN 18800 T 1, auf zul $Q_{GV,Z} =$ zul $Q_{GV}(1 - 0,8Z/Z_{zul})$. Zur zulässigen übertragbaren Zugkraft Z_{zul} je Schraube in Achsrichtung s. DIN 18800 T 1.
Die symmetrische (**Bild 71 b**) und die einseitige (**Bild 71 c**) Flanschverbindung (letztere nur für von innen unzugängliche Hohlkästen) sind geeignet bei Übertragung von Druckkräften, weniger bei Zugkräften, da dann große Biegespannungen in Schweißnähten und Schrauben entstehen können.

2.8.4 Standsicherheit und Sicherheit gegen Abtreiben durch Wind. Stability and wind drift resistance

Sie sind nach DIN 15019 T 1 und 2 nachzuweisen. Sicherung gegen Abtreiben bei Sturm erfolgt durch eine formschlüssige Verriegelung mit der Kranbahn, durch handbetätigte oder durch automatisch wirkende Schienenzangen. Standsicherheit s. U 2.9.5.

2.8.5 Abnahmeprüfung von Kranen
Acceptance testing of cranes

Sie erfolgt nach DIN 15030. Dazu autorisiert sind nur der TÜV und von der Berufsgenossenschaft ermächtigte Sachverständige. Geprüft werden insbesondere die Einhaltung der Unfallverhütungsvorschriften (VBG 9), u.a. die Funktion der Sicherheitseinrichtungen, die Sicherheitsabstände, Arbeitsbereiche und -geschwindigkeiten. Die Prüfung der Trag- und Triebwerke erfolgt bei angehängter kleiner Prüflast P_k durch vorsichtiges Verfahren der Katze, dann des Krans und durch Heben und Senken der Prüflast einschließlich einer Bremsprobe aus Nenn-Senkgeschwindigkeit.

2.9 Kranarten. Crane types

Krane sind Unstetigförderer, die Lasten heben, senken und verfahren können. Die Last hängt an einem Tragmittel (Seil, Kette) oder an einem Lastaufnahmemittel (s. U2.3). Krane können auf Schienen oder frei (Autokrane) verfahren, ortsfest oder auf Schwimmkörpern angeordnet sein. Einteilung nach Bauart und Verwendung s. DIN 15001.

2.9.1 Hängebahnen. Monorail systems

Sie werden nach dem Baukastensystem erstellt (**Bild 72**), i.allg. mit flurgesteuerten Elektrokettenzügen *1* ausgerüstet, und zur Bedienung von Arbeitsplätzen in der Fertigung bei Lasten bis ca. 2000 kg eingesetzt. Ihre Fahrbahnen aus kaltgeformten Schienen *2* werden pendelnd oder fest über Gewindestangen *3* an Decken *4* oder an Dachkonstruktionen aufgehängt und justiert. Im Trägerinneren oder auf dem Trägeruntergurt laufen mit Kunststofffrädern *5* ausgerüstete Vierradfahrwerke *6*, die manuell bewegt oder bei Lasten über 500 kg elektromotorisch über Reibräder getrieben werden. Der Einbau von Horizontalbögen und Weichen ist möglich. Traversen *7* verteilen größere Lasten auf mehrere Fahrwerke. Stromzuführung erfolgt bei kurzen Fahrwegen durch an Leitungswagen *8* gehängte Flachleitungen *9*, sonst durch Stromschienen, **Bild 73**.

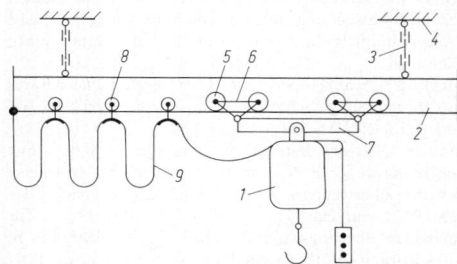

Bild 72. Hängebahn, schematisch (Erläuterungen im Text)

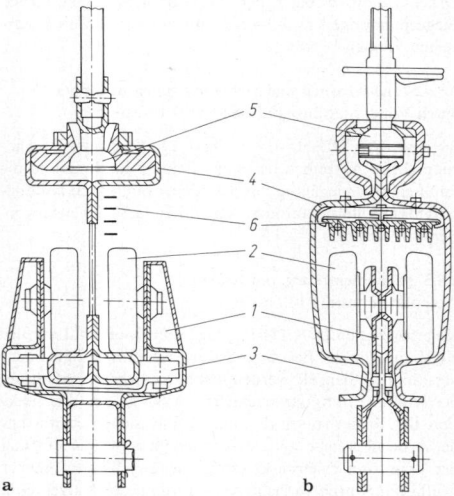

Bild 73. Hängebahnquerschnitte. **a** Fa. Stahl, **b** Fa. Demag. *1* Fahrwerk, *2* Laufräder, *3* Seitenführungsrollen, *4* Laufschiene, *5* Aufhängegelenk, *6* Stromschienen

Elektrohängebahn, Bild 74. Sie ist ein in VDI-Richtlinie 3643 standardisiertes Fördersystem für den automatisierten Materialfluß. Ihre Fahrzeuge – bestehend aus dem treibenden Fahrwerk und aus dem über eine Traverse verbundenen nicht angetriebenen Laufwerk – tragen Lasten bis 2000 kg. Sie haben i.allg. keine eigene Hubeinrichtung. Sie laufen auf stranggepreßten Aluminiumschienen und werden über Stromschienen versorgt und ferngesteuert. Sie können sich daher individuell – auch mit kurzen Abständen zueinander – auf geraden Strecken, durch Horizontalbögen und Weichen bewegen und Steigungen bis 5% überwinden.

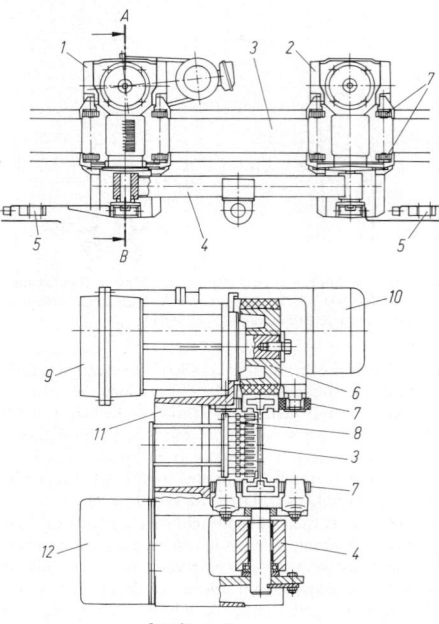

Schnitt *A-B*

Bild 74. Elektrohängebahn (Fredenhagen). *1* Fahrwerk, *2* Laufwerk (nicht angetrieben), *3* Laufschiene, *4* Lasttraverse, *5* Endschalter (berührungslos), *6* Antriebsrad, *7* Seitenführungsrollen, *8* Stromabnehmer, *9* Getriebe, *10* Antriebsmotor, *11* Rahmen, *12* Steuerung

2.9.2 Hängekrane. Suspension cranes

Manuell bewegte oder angetriebene Hängekrane (**Bild 75**) verwenden die gleichen Trag- und Fahrelemente sowie die gleiche Stromzuführung und Steuerung wie die Hängebahn (nach **Bild 72**). Die Kranfahrbahn *4* ist aus pendelnd oder fest aufgehängten Hängebahnschienen zusammengebaut, die in gleicher Bauart auch als Kranträger *1* dienen. Die Laufkatzen *2* können bei Bedarf von einem Kranträger auf einen anderen wechseln. Durch gelenkige Aufhängung des Kranträgers *1* in den Kranfahrwerken *3* ist das Durchfahren von Abschnitten mit unterschiedlich großen Kranschienenabständen möglich. Je nach Spannweite und Last ist der Kranträger ein Einfach- oder ein Paralleltträger. Bei Tragfähigkeit über 2,5 t sind Hängekrane mit I-förmigen Kranträgern und Untergurtlaufkatzen ausgerüstet (ähnlich **Bild 76**).

2.9.3 Brückenkrane. Bridge girder cranes

Brückenkrane fahren auf hochliegenden Bahnen. Bei Lasten bis ca. 10 t und Spannweiten bis 20 m können die Katzen auf den Kranträgeruntergurten von I-Profilen fahren,

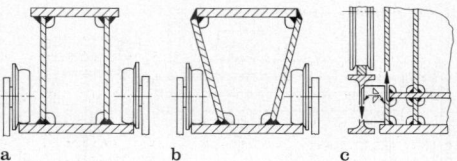

Bild 77. Geschlossene Kranträgerquerschnitte für Untergurtlaufkatzen. **a, b** Gestaltvarianten; **c** für große Radlasten

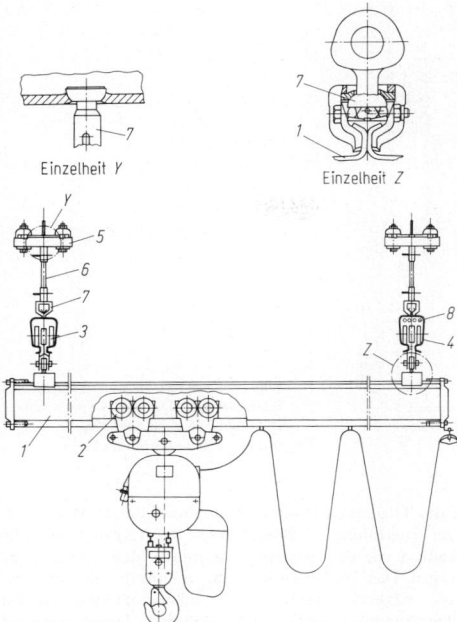

Bild 75. Einträgerhängekran, Kran und Katze handverfahrbar.(Demag). *1* Kranträger, *2* Katzlaufwerk, *3* Kranfahrwerk, *4* Kranbahnträger, *5* Dachkonstruktion, *6* Gewindestangen, *7* Pendelgelenke, *8* Stromschienen

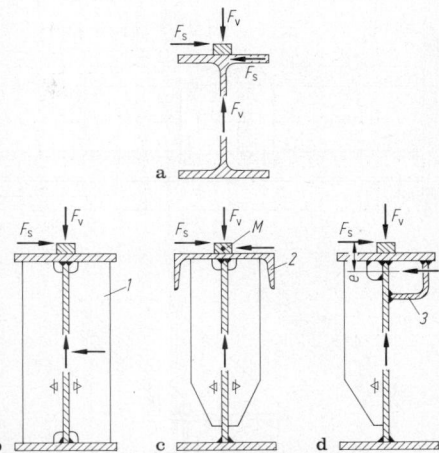

Bild 78. Querschnitte von Vollwand-Kranträgern. **a** gewalzter I-Träger (z.B. IPE-Reihe DIN 1025); **b** geschweißt mit Querstegen *1*; **c** liegendes U-Profil *2* stützt Seitenkraft F_S im Schubmittelpunkt *M*; **d** durch Winkelblech *3* erzeugtes Torsionsrohr nimmt Seitenkraft F_S und Moment $F_S \cdot e$ auf

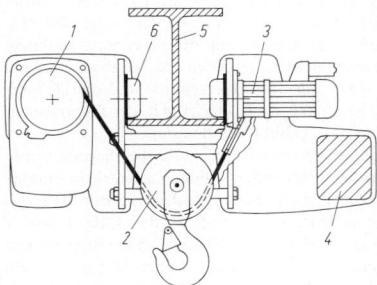

Bild 76. Untergurtlaufkatze (ABUS). *1* Elektrozug, *2* Unterflasche, *3* Katzfahrwerk, *4* Gegengewicht, *5* Kranträger, *6* Laufräder

Bild 76. Als Hebezeug dienen hier flurgesteuerte Handketten-, Elektroketten- oder Elektroseilzüge. Als Kran- und Katzfahrantriebe arbeiten i.allg. Getriebemotoren mit eingebauten Bremsen. Bei seltenem Einsatz können diese Krane und ihre Katzen auch durch Handkettentriebe verfahren werden (z.B. Maschinenhauskran). **Bild 77** zeigt geschlossene Kastenträgerquerschnitte für Krane mit Untergurtlaufkatzen und Tragfähigkeiten über 10 t und Spannweiten über 20 m. **Bild 77 c**: Bei großen Radlasten muß die Schiene durch einen zusätzlichen I-Träger gestützt werden (Sekundärträger), der in kurzen Abständen an den Hauptträger anzuschließen ist. **Bild 78**: Für leichte Krane mit oben fahrender Katze werden häufig zwei parallel liegende Vollwandträger eingesetzt, bei denen die Katzschienen über den Stegen liegen. Man erkennt, wie bei verschiedenen Kranträgerkonstruktionen die Radlast (Vertikalkraft F_V) und die Seitenkraft F_S gestützt werden.

Bei schweren Brückenkranen (**Bild 79**) liegen die Katzfahrschienen i.allg. über den Innenstegen von zwei rechteckförmigen Kastenträgern *1*. Diese sind an beiden Enden mit den Kopfträgern *2* verschraubt oder verschweißt. In deren Enden sind die Kranlaufräder *3* oder die Fahrwerkschwingen (s. **Bild 64**) gelagert. Die Hälfte der Räder sind i. allg. durch die Kranfahrwerke *4* angetrieben. Die Katze *5* besitzt ein oder zwei (z.B. Gießkran) Hubwerke *6*. Kran und Katze werden über Stromschienen oder Schleppleitungen *7* mit Strom versorgt und vom Führerhaus *8* aus gesteuert. Der Zugang zur Laufkatze erfolgt über den Kranträgerobergurt oder über einen eigenen Laufsteg *9*. Elastische Kunststoffpuffer *10* oder hydraulische Puffer mildern den Stoß bei Fahrt gegen ein Hindernis.
Den Kastenträgeraufbau zeigt **Bild 80b**. Aus statischer Sicht ist das Verhältnis Trägerhöhe zu Trägerbreite von 1,5:1 bis 2:1 günstig, obwohl auch andere h/b-Verhältnisse gewählt werden. Stege *1* leiten die Querkräfte infolge Eigengewicht und vertikaler Radlasten zu den Trägerauflagern (Kopfträger). Obergurt *2* und Untergurt *3* übertragen die Längskräfte infolge der Biegemomente. Stege und Gurte werden mit einer Kehlnaht, im Bereich unter der Schiene mit einer K-Naht, verschweißt oder dort durch ein gewalztes T-Profil *4* verbunden, auf das die Schiene unmittelbar aufgesetzt wird, **Bild 80a**. Die druckbelasteten Bereiche der Gurt- und Stegbleche (aus Fertigungsgründen oft auch die zugbelasteten) sind aus Stabilitätsgründen durch Walzprofile *5* (Beulsteifen) versteift, **Bild 80b**. Beulsteifen müssen auch vorhandene Schraubstöße überdecken. In Abständen von 3 bis 4 m besitzt der Kranträger Querrahmen *6*. Ein Querrahmen kann aus Profilen zusam-

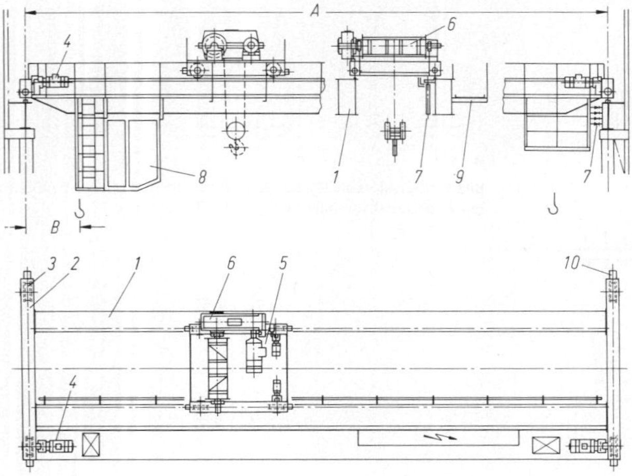

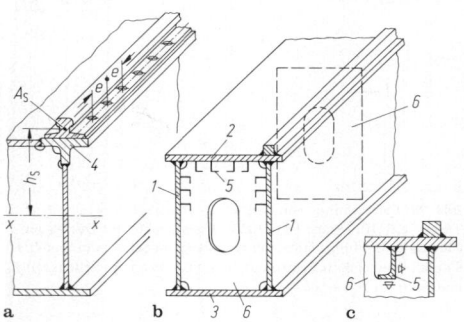

Bild 79. Brückenkran mit zwei parallelen Kastenträgern (Demag). *A* Spannweite. *B* Anfahrmaß der Laufkatze (weitere Erläuterungen im Text)

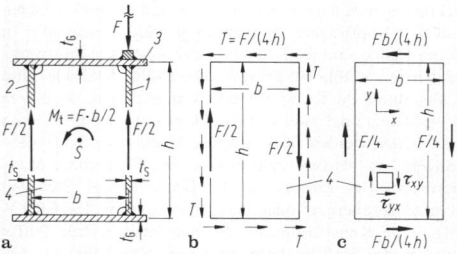

Bild 80. Kastenträgerquerschnitt (Erläuterungen im Text)

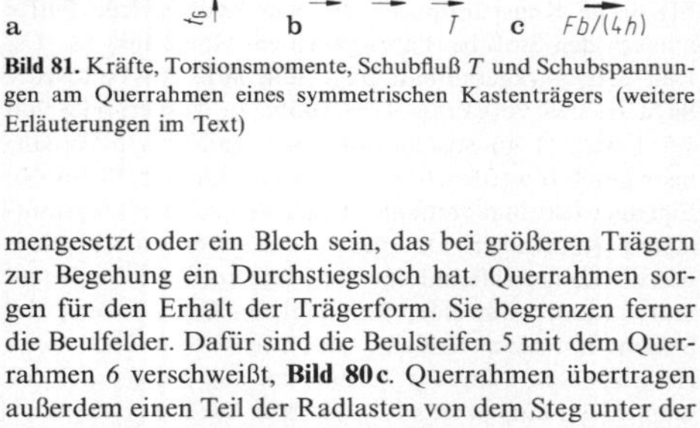

Bild 81. Kräfte, Torsionsmomente, Schubfluß *T* und Schubspannungen am Querrahmen eines symmetrischen Kastenträgers (weitere Erläuterungen im Text)

mengesetzt oder ein Blech sein, das bei größeren Trägern zur Begehung ein Durchstiegsloch hat. Querrahmen sorgen für den Erhalt der Trägerform. Sie begrenzen ferner die Beulfelder. Dafür sind die Beulsteifen *5* mit dem Querrahmen *6* verschweißt, **Bild 80 c**. Querrahmen übertragen außerdem einen Teil der Radlasten von dem Steg unter der Schiene in den anderen Steg [36]. Die dabei am Querrahmen wirkenden Kräfte werden anhand **Bild 81** abgeleitet. Eine über dem Steg *1* wirkende Radlast *F* (**Bild 81 a**) wird gestützt durch die beiden Stege *1* und *2*. Bei symmetrischem Trägerquerschnitt wirkt in jedem Steg *F*/2. Infolge der außermittigen Stellung von *F* wirkt im Schwerpunkt

S des Trägerquerschnitts ein Torsionsmoment $M_t = Fb/2$. Der Querrahmen *4* (**Bild 81 b**) hat die Aufgabe, die halbe Radlast von der rechten auf die linke Stegseite zu übertragen. Das Torsionsmoment M_t nimmt der als Torsionsrohr wirkende Kranträger auf. Er erzeugt einen an den Querrändern umlaufenden Schubfluß *T*. Dieser errechnet sich aus $2(T b(h/2) + T h(b/2)) = M_t$. Mit $M_t = Fb/2$ folgt $T = F/(4h)$. Die resultierende Kraft infolge des Schubflusses *T* ist für jeden Rand das Produkt aus *T* und der betreffenden Randlänge *h* bzw. *b*. An den vertikalen Rändern überlagert sich diese Kraft ($Th = F/4$) mit der dort entgegengesetzt wirkenden Querkraft *F*/2. Die resultierenden Kräfte an den Querrahmenrändern zeigt **Bild 81 c**. Die Randkräfte, dividiert durch die jeweilige Randlänge und Querrahmendicke t_Q, ergeben die Schubspannungen τ_{xy} und τ_{yx} zwischen dem Querrahmen und den Trägerwänden. Es ist $\tau_{xy} = \tau_{yx} = F/(4ht_Q)$, d.h. der Querrahmen wird wie ein reines Schubblech belastet.

Bild 82 zeigt den Querkraftfluß sowie die Biegemomente in einem symmetrisch aufgebauten Kastenträger infolge einer in Trägermitte stehenden Radlast *F*. **Bild 82 a**: Jeweils *F*/2 wandern als Querkraft zu den Querrahmen *4* und *5*. Ab hier laufen jeweils *F*/4 im vorderen Stegblech zu den Auflagern *A, B* und jeweils *F*/4 über die Querrahmen in das hintere Stegblech und von hier zu den Auflagern *A', B'*. Das dabei entstehende Moment $M_t = (F/2)b$ wird je zur Hälfte an den Trägerenden *AA'* und *BB'* in die Kopfträger geleitet.

Bild 82 b: Im Bereich des vorderen Stegblechs *1* zwischen den Querrahmen *4* und *5* wirkt das maximale Biegemoment $M_{1(l/2)} \approx Fa/6$ (Annahme: halbelastische Einspannung). Dieses wird aufgenommen durch den U-förmigen Träger mit dem Widerstandsmoment $W_{1x-x(l/2)}$, bestehend aus dem vorderen Stegblech *1* und den angeschlossenen Bereichen von Ober- und Untergurt mit der sog. mittragenden Breite $b^* \approx 20 t_G$ (genauer s. DASt-Richtlinie 012). Die in Trägerlängsrichtung wirkende Biegespannung ist $\sigma_{1(l/2)} = \pm M_{1(l/2)}/W_{1x-x(l/2)}$.

Bild 82 c: Der Gesamtquerschnitt hat zwischen Querrahmen *4* und *5* das Moment $M_{2(l/2)} = (F/2) \cdot ((l/2) - (a/2))$ zu übertragen, das die in Trägerlängsrichtung wirkenden Spannungen $\sigma_{2(l/2)} = \pm M_{2(l/2)}/W_{2x-x}$ hervorruft. W_{2x-x} ist das Widerstandsmoment des gesamten Kastenträgers der Höhe *h* und der Breite *b* an der Stelle *l*/2.

Die Biegespannung im Kastenträgerbereich unterhalb der Radlast an der Stelle *l*/2 infolge der dort wirkenden Rad-

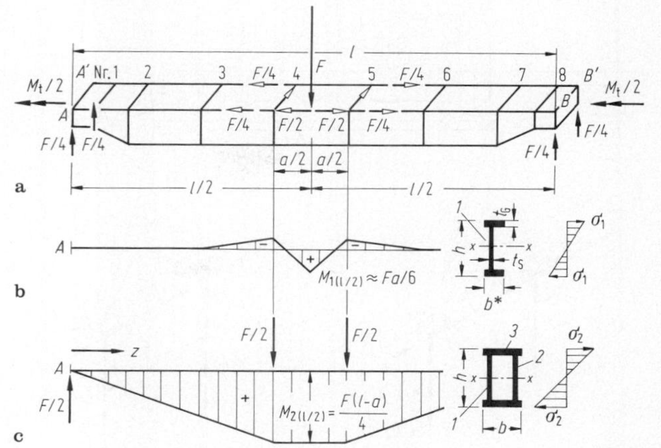

Bild 82a–c. Kraftfluß und Biegemomente in einem Kastenträger mit symmetrischem Querschnitt (Erläuterungen im Text)

last F ist $\sigma_{(l/2)} = \sigma_{1(l/2)} + \sigma_{2(l/2)}$. Die gesamte Biegespannung enthält zusätzlich die Spannungskomponenten infolge der anderen Radlasten, des Krantträgereigengewichts und der Zusatzlasten. Genauere Berechnungen berücksichtigen die mehrfache statische Unbestimmtheit des Trägersystems [34]. Wegen der dünnen Stegdicke t_S sind bei Kastenträgern auch die Schubspannungen τ von Bedeutung. Durch eine infolge der Radlast F erzeugte Querkraft $F/2$ wirkt in der Schweißnaht zwischen Steg 1 und Obergurt 3 (**Bild 81a**) ungefähr $\tau_{(l/2)} \approx F/(2t_S(h-t_G))$. Der Spannungsnachweis ist daher mit der Vergleichsspannung $\sigma_{v(l/2)} = \sqrt{\sigma_{(l/2)}^2 + 3\tau_{(l/2)}^2} \leqq \sigma_{zul}$ zu führen.

Fest mit dem Träger verschweißte oder verschraubte Schienen (**Bild 80a**) beteiligen sich an der Übertragung der Biegemomente, wobei je Schraubenpaar eine Schubkraft von $F_S = FS_{x-x}e/(2J_{1x-x})$ zwischen Träger und Schiene zu übertragen ist. $F/2$ ist die Querkraft infolge der in Trägermitte stehenden Radlast F und $S_{x-x} = h_s A_s$ ist das statische Moment der Schiene, bezogen auf die Krantträgerschwerachse $x-x$, A_s ist die Querschnittsfläche der Schiene. e ist

der Schraubenabstand in Trägerlängsrichtung, J_{1x-x} das axiale Flächenträgheitsmoment des aus dem Steg, der mittragenden Breite b^* der Gurte gebildeten Profils und der Schiene. Bestimmung von b^* s. Text zu **Bild 82b**.

Winkellaufkatzen. Sie können zusätzlich zu Zweischienenlaufkatzen oder allein an der Seite eines geschlossenen Kastenträgers 1 arbeiten, **Bild 83**. Sie fahren auf nur einer Schiene 2. Das um die Kranschiene 2 wirkende Moment $M = \Psi m_L g r_1 + \varphi m_E g r_2$ aus Last m_L und Eigengewicht m_E wird durch ein Kräftepaar gestützt, das an den seitlichen Führungsrollen 3 die Kräfte $F_S = M/h$ erzeugt. Hublastbeiwert Ψ s. **Bild 69**, Eigenlastbeiwert φ, s. **Tab. 16**. Die Kräfte F_S werden als Horizontalkräfte in den Ober- und Untergurt des Krantträgers abgeleitet. Die Spurkränze der Laufräder 4 wirken nur, wenn die Seitenführungsrollen 3 beschädigt sind. Fanghaken 5 sichert bei außerplanmäßigen Ereignissen die Spurführung.

2.9.4 Verladebrücken. Portal cranes

Verladebrücken sind Vollportalkrane, die im Umschlagbetrieb auf Lagerplätzen (Holz, Steine, Schrott) und in Häfen (Schüttgut, Container) eingesetzt werden.

Bild 84: Wegen ihrer großen Spannweite lagert der Krantträger 3 statisch bestimmt auf einer Pendelstütze 1, die nur Vertikalkräfte aufnimmt, und auf einer festen Stütze 2, die auch die Horizontalkräfte ableitet. Die Stützkräfte werden über Fahrwerksschwingen 4 auf mehrere Räder verteilt (s. **Bild 64**). Eine Gleichlaufsteuerung begrenzt die Wegdifferenz zwischen beiden Stützen durch Abbremsen der Fahrwerke der voreilenden Seite. Brücken mit kleiner Spannweite und steifer Rahmenkonstruktion verzichten auf eine Gleichlaufsteuerung (z.B. Schiffsentlader **Bild 86**). Dynamisch stark beanspruchte Krane werden in Kastenkonstruktion gebaut. In Binnenhäfen oder auf Lagerplätzen arbeitet oft ein auf der Brücke 3 fahrender Drehkran 5. Die Brücke muß selten verfahren, da der Drehkranausleger 6 einen großen Arbeitsbereich überstreicht.

Bild 85: Leichte Lagerplatzbrücken sind in Fachwerkrohrkonstruktion gebaut und i.allg. mit dreieckförmigen Krantträgern 1 sowie mit Ein- oder Zweischienen-Untergurtlaufkatzen 3 ausgerüstet. Hinweise für die konstruktive Ausbildung der geschweißten Rohrknoten gibt DIN 18808.

In neuen Greiferschiffsentladern arbeiten von der Reibkraftübertragung zwischen Rad und Schiene unabhängi-

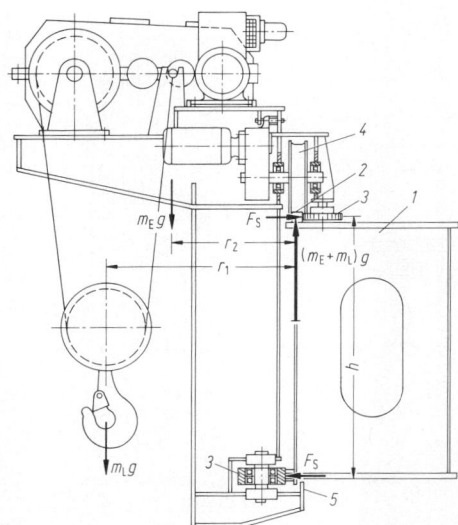

Bild 83. Winkellaufkatze (Erläuterungen im Text)

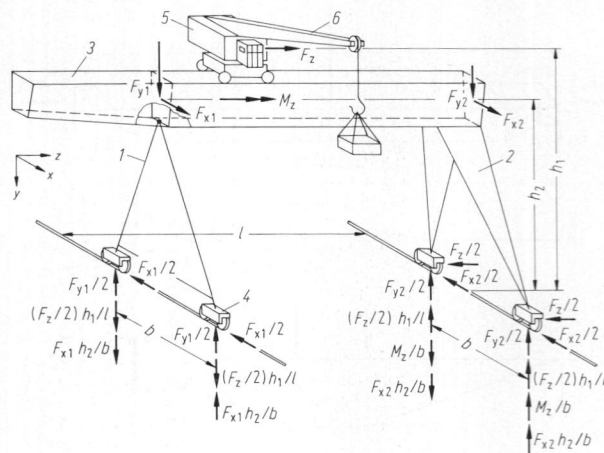

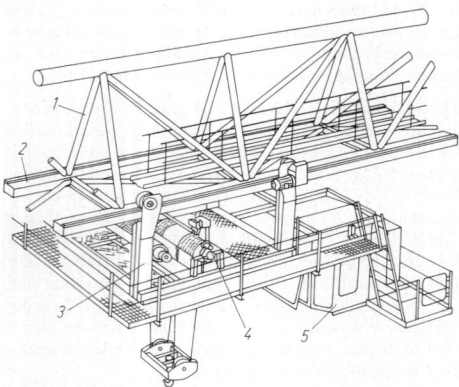

Bild 85. Rohrportalkranträger mit Untergurtlaufkatze (Aumund). *1* dreieckförmiger Kranträger, *2* Kranschiene auf Untergurtträger aus Vierkantrohr, *3* Untergurt-Laufkatze mit Hubwerk *4* und Führerhaus *5*

Bild 84. Verladebrücke mit Drehkran, Aufbau und Stützkräfte. F_{y1} und F_{y2} sind die auf die Pendelstütze *1* und feste Stütze *2* verteilten Eigengewichtskräfte des Brückenträgers *3* und des Drehkrans *5*. F_{x1} und F_{x2} sind die beim Anfahren der Brücke entstehenden Massenkräfte, F_z ist die Massenkraft beim Anfahren des Drehkrans, M_z ist das durch die außermittige Schwerpunktlage des Drehkrans und der Last erzeugte Torsionsmoment im Brückenträger

ge, seilgezogene, Laufkatzen, **Bild 86**. Um deren Eigengewicht möglichst klein zu machen, sind Katzfahrwerk *1*, Haltewerk *2* und Schließwerk *3* in einem festen Maschinenhaus *4* untergebracht. Damit sich der Greifer *5* beim Verfahren der Laufkatze *6* auf einem horizontalen Lastweg bewegt, sind besondere Seilsysteme erforderlich [37]. Bevorzugt werden solche mit zwei Katzen, **Bild 87**. Die Hub- und Schließseile laufen von der Haltetrommel *2* und Schließtrommel *3* über feststehende Umlenkrollen *7* zu der Zwischenkatze *8*, von dort über die Hauptkatze *6* zum Greifer *5*. Von der Katzfahrtrommel *1* laufen zwei parallele Seile zur Auslegerspitze, dort über Umlenkrollen *9* zur Hauptkatze *6*. Zwei andere Seile laufen von der Katzfahrtrommel *1* zum hinteren Auslegerende, dort über Rollen *10* zur Zwischenkatze *8* und nach Umlenkung wieder zurück zu einem Festpunkt *11* am Auslegerende. Die Hauptkatze *6* fährt dadurch mit doppelter Geschwindigkeit wie die Zwischenkatze *8*. Dabei ist die Verkürzung der Greiferseillänge zwischen beiden Katzen genauso groß wie deren Verlängerung zwischen der Zwischenkatze *8* und den festen Rollen *7*, so daß der Greifer beim Verfahren

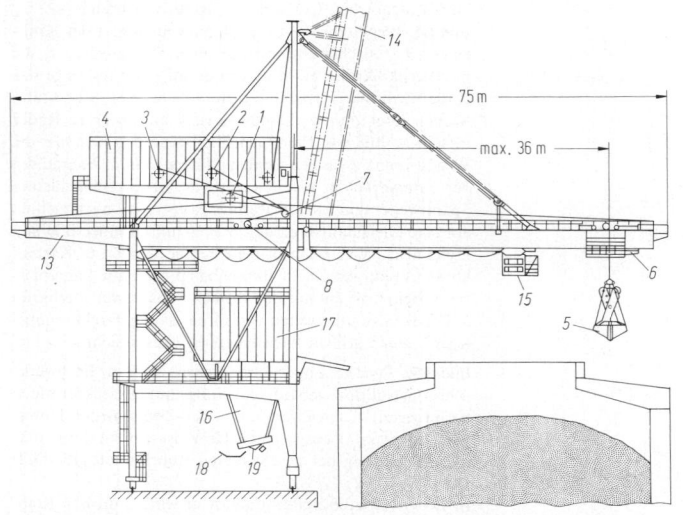

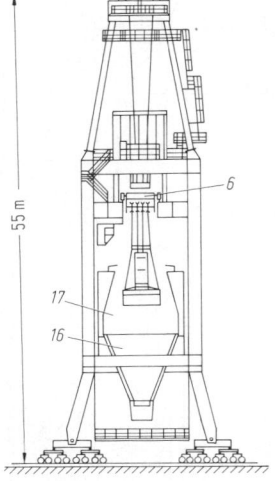

Bild 86. Greiferschiffsentlader mit Seilzugkatze (Vulkan Hafentechnik) (Erläuterungen im Text)

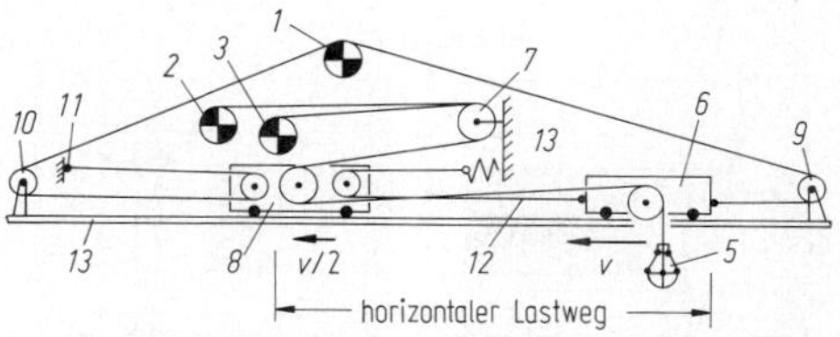

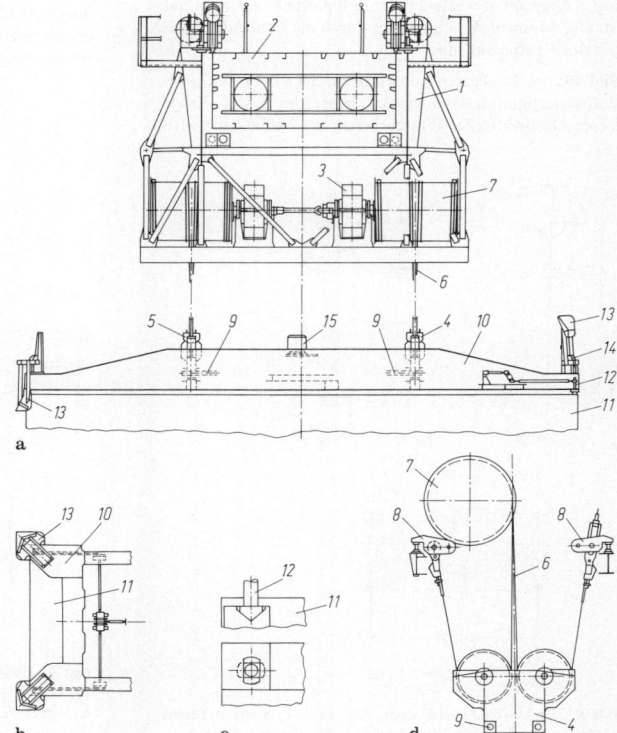

Bild 87. Seilsystem für Schiffsentlader nach **Bild 86** (Erläuterungen im Text)

der Katzen seine Höhenlage nicht ändert. Zwischenseile 12 sorgen für eine Vorspannung im Katzfahrseilsystem.

Die Hubwerke und das Katzfahrwerk arbeiten mit geregelten Antrieben. Die automatische Pendelunterdrückung des Greifers 5 geschieht für die Triebwerke am schonendsten, wenn die Hauptkatze in der Eigenschwingungszeit des Greifers $T = 2\pi\sqrt{l/g}$ beschleunigt und gebremst wird [38]. l ist die Pendellänge (Abstand zwischen Greiferschwerpunkt und Umlenkrolle in der Hauptkatze), g ist die Erdbeschleunigung. Hubgeschwindigkeiten bis 150 m/min, Katzfahrgeschwindigkeiten bis 240 m/min (Beschleunigungszeit 2 s). Mittlere Durchsätze bis zu 4500 t/h sind möglich. Katzfahrbetrieb auf dem festen Kranträger 13 ist auch bei hochgeklapptem Ausleger 14 möglich, **Bild 86.** Das Kranführerhaus 15 kann entlang des Auslegers verfahren. Neue Entlader besitzen über dem Bunker 16 eine Entstaubungskammer 17. Schwingrinnen 19 oder Plattenbänder ziehen das Gut aus dem Bunker ab und geben es dosiert auf einen Gurtbandförderer 18. Dieser bringt es direkt zur Waggonbeladestation oder in ein Flußschiff, i.allg. aber auf einen Schüttgutlagerplatz,

wo es später wieder von kontinuierlich arbeitenden Schaufelradladern aufgenommen wird.

Containerkrane. In Containerbrücken (**Bild 88**) fahren die Katzen 1 i. allg. selbstgetrieben auf einem breiten Kastenträger 2. Die Hubwerke 3 sitzen meistens auf der Katze. Seltener sind sie stationär im Portal angeordnet. Angestrebt wird eine ausreichende Stützweite (hier 4900 mm) zwischen der rechten 4 und der linken Unterflasche 5. Über diese laufen je zwei Seile 6 von den Trommeln 7 zu den Festpunkten 8. Die beiden Unterflaschen 4 und 5 sind durch je zwei lösbare Bolzen 9 mit dem Lastaufnahmemittel 10 (Spreader) für die standardisierten Container 11 (DIN ISO 668 und DIN 15190) verbunden. Die Verbindung zwischen Spreader und Container erfolgt vom Kranführer fernbetätigt über hydraulisch getriebene Drehbolzen 12 (Twistlocks). Beim Anschlagen des Containers an Land dienen Führungsarme 13 (Flipper) zur Zentrierung von Spreader und Container. Beim Anschlagen im Schiff werden diese hochgeklappt. Der Spreader wird dort über Rollen 14, die in schiffseigenen Rahmen laufen, geführt und zentriert.

Feste Spreader haben unveränderliche Längenmaße. Bei den schwereren Teleskopspreadern kann der Abstand zwischen den Twistlock-Bolzen in Längsrichtung verstellt werden, so daß wahlweise 6, 9 oder 12 m lange Container angeschlagen werden können. Der Spreader besteht dann aus einem Mittelteil und aus zwei darin ausfahrbaren Teleskopgabeln, an deren äußeren Ecken die Verriegelungseinheiten sitzen. Wegen der schnell lösbaren Bolzenverriegelung 9 lassen sich Spreader leicht austauschen und auch durch eine Stückgut-Lasttraverse ersetzen. Die Stromversorgung für die Hydraulikstation 15 auf dem Spreader erfolgt durch eine Leitungstrommel.

Bild 88. Containerkran, Querschnitt (Vulkan Hafentechnik). **a** auf Kranträger 2 selbstfahrende Katze 1 mit Spreader 10; **b** Zentrierung zwischen Spreader 10 und Container 11 durch Führungsarme 13; **c** Twistlockbolzen 12 verriegelt Spreader mit Container 11; **d** Seilführung zwischen Trommel 7, Unterflasche 4 und Festpunkten 8

Die Tragfähigkeit beträgt 45 bis 75 t unter den Flaschen *4* und *5*. Die Hubgeschwindigkeit ist 45 bis 52 m/min für die Nennlast und bis 120 m/min für den leeren Spreader. Die Fahrgeschwindigkeit der Laufkatzen ist 150 bis 180 m/min. Im Mittel können 30 Container pro Stunde umgeschlagen werden. Den innerbetrieblichen Containertransport im Hafen übernehmen gummibereifte Portalstapler (cradle carrier). Auf den Containerstapelplätzen arbeiten auch auf Schienen verfahrbare Portalkrane, die bis zu sechs Container übereinander stapeln können.

2.9.5 Drehkrane. Slewing cranes

Das Oberteil, das den Ausleger trägt, kann sich gegenüber dem Unterteil drehen. Dieses kann fest stehen (z.B. Säulendreh-, Derrickkran), auf Schienen verfahren (z.B. Wippdrehkran, Eisenbahnkran), auf einem Schwimmkörper montiert sein (Schwimmkran) oder ein straßengängiges Fahrgestell sein (Autokran, Mobilkran).

Drehverbindung, Bild 89. Die Drehverbindung zwischen Ober- und Unterteil überträgt Vertikalkräfte F_y, Horizontalkräfte F_x und Momente M_z. Letztere entstehen durch die außermittige Schwerpunktlage des Oberteils und der Last, durch Windkräfte und durch Massenkräfte beim Drehen und Fahren. **Bild 89 a**: Oberteil *1* stützt sich oben über Axialpendellager *2* (F_x, F_y) und unten über am Umfang verteilte Laufräder *3* (F_x) an der fest mit dem Unterteil *4* verbundenen Säule *5* ab. Die Momente M_z überträgt ein Kräftepaar (Hebelarm h), dessen gleich große Horizontalkräfte durch *2* und *3* gestützt werden. In **Bild 89 b** sind Einbaulage von Axialpendellager *2* und Laufräder *3* vertauscht. Die Säule *5* gehört hier zum drehenden Oberteil *1*. **Bild 89 c**: Oberteil *1* stützt sich über Laufräder *2* (F_y) und über eine Kreisringschiene *3* auf das Unterteil *4*. Horizontalkräfte F_x werden über ein Gleitlager *5* in den sog. Königzapfen *6* geleitet, der in Unterteil *4* eingespannt ist. Das Moment M_z nimmt ein durch die Laufräder *2* gestütztes Kräftepaar auf.

Bild 90: Am häufigsten werden heute die Kugel- und Rollendrehverbindungen eingesetzt. Einer der beiden Ringe dieser Großwälzlager (Durchmesser bis 14 000 mm) wird

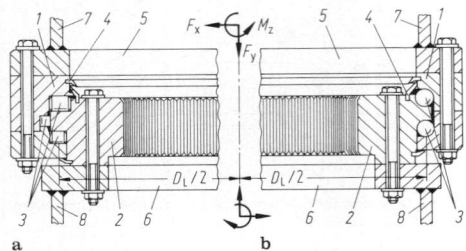

Bild 90. Wälzkörperdrehverbindungen (Rothe Erde). **a** dreireihige Rollendrehverbindung; **b** zweireihige Kugeldrehverbindung. *1* Außenring, *2* Innenring mit Verzahnung, *3* Wälzkörper, *4* Dichtung, *5* Kranoberteil, *6* Kranunterteil, *7, 8* Abstützungen

mit dem Kranoberteil *5*, der andere mit dem Kranunterteil *6* verschraubt und dort am günstigsten durch Zylinderrohre *7* und *8* gleichmäßig gestützt. Steifigkeitssprünge in der Unterkonstruktion, z.B. durch Rippen, können örtlich zu starker Überlastung der Wälzkörper führen [39, 40]. In einen der beiden Wälzringe ist der Zahnkranz für das Drehwerk gefräst.

Drehwerke, Bild 91. Das Drehwerk ist i. allg. auf dem Oberteil *6* befestigt. Es bewirkt dessen Verdrehung gegenüber dem Unterteil *8*. Dabei wälzt das Drehwerkritzel *5* in einem mit dem Unterteil *8* fest verbundenen Zahnkranz *9*. Die Drehzahl des Oberteils ist $n = n_{Motor}/(i_1(1 - i_2))$. Es ist i_1 die Übersetzung des Drehwerkgetriebes *3*, i_2 ist die Standübersetzung zwischen Zahnkranz *9* und Drehwerkritzel *5*. $i_2 = +r_2/r_1$. Um ein Ausschlagen der Drehwerkbefestigung in Oberteil *6* zu vermeiden, empfiehlt sich ein fester Sitz z.B. über eine Kegelspannhülse *7*.

Drehwerke für schwere Krane werden über Gleichstrom- oder Schleifringläufermotore getrieben und gebremst. Die mechanische Bremse wirkt nur als Haltebremse. Wenn das Bremsmoment kleiner ist als das durch die Sturmkräfte

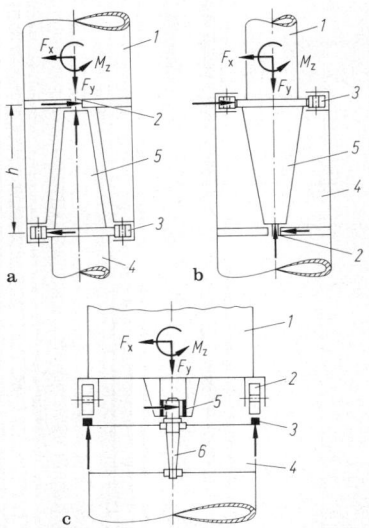

Bild 89. Drehverbindungen. **a** mit fester Säule *4*; **b** mit drehender Säule *5*; **c** mit Königzapfen *6* (weitere Erläuterungen im Text)

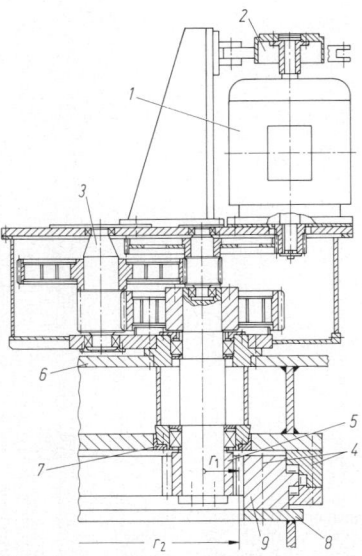

Bild 91. Drehwerk für schwere Krane. *1* Motor, *2* mechanische Bremse, *3* Getriebe, *4* Rollendrehverbindung, *5* Abtriebsritzel, *6* Kranoberteil, *7* Kegelspannhülse, *8* Kranunterteil, *9* Zahnkranz (Krupp)

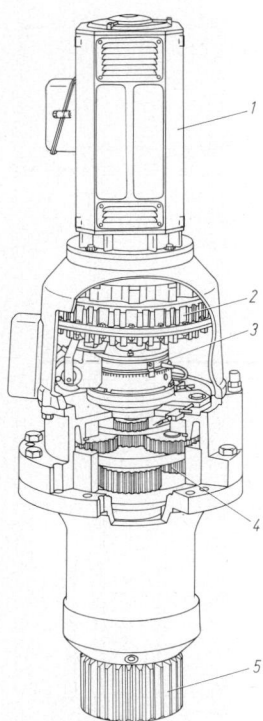

Bild 92. Drehwerk für leichte Krane. *1* Motor, *2* Strömungskupplung, *3* elektrohydraulische Scheibenbremse, *4* dreistufiges Planetengetriebe, *5* Drehwerkritzel (Liebherr)

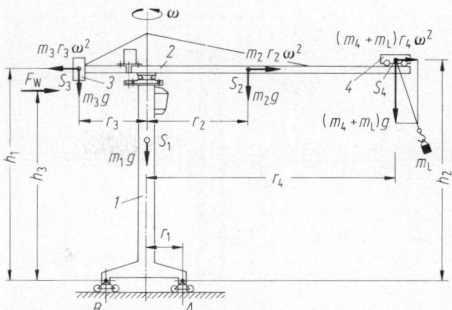

Bild 93. Kräfte am Drehkran (schematisch) beim Drehen. *1* Unterteil, *2* Oberteil mit Ausleger, *3* Gegengewicht, *4* Laufkatze

erzeugte Moment, werden zur Vermeidung von Kollisionen, z.B. mit benachbarten Kranen oder Schiffsaufbauten, Kranoberteil 6 und -unterteil 8 in der Außerbetriebsstellung des Krans durch Bolzen verriegelt. **Bild 92:** Drehwerke für leichte Krane können durch Kurzschlußläufermotore über eine zwischengeschaltete Strömungskupplung angetrieben werden. Bei Baukranen wird die mechanische Drehwerkbremse in der Außerbetriebstellung geöffnet, damit sich der Ausleger selbsttätig in den Wind stellen kann. Drehwerke von Autokranen werden hydraulisch getrieben und gebremst.

Momente am Drehwerkmotor. Das größte Motormoment $M_{M\,max}$ entsteht beim Drehbeschleunigen des Kranoberteils mit Ausleger und Last unter Gegenwind. Die um die Drehachse des Oberteils wirkenden Momentenanteile sind M_D, M_W, M_a.

M_D berücksichtigt die Reibungswiderstände in der Drehverbindung. Für einen Kran mit Wälzkörperdrehverbindung nach **Bild 90** ist

$$M_D = [|F_y/(2) + M_z/(0{,}75 D_L)| + |F_y/(2) - M_z/(0{,}75 D_L)| + |F_x|](D_L/2)\mu.$$

Mit D_L mittlerer Rollkreisdurchmesser, μ Rollreibungszahl ($\mu = 0{,}003$ bis $0{,}006$), F_y die Vertikal-, F_x die Horizontalkraft. M_z ist das auf die Drehverbindung wirkende resultierende Moment, das durch ein Kräftepaar mit dem Hebelarm $0{,}75 D_L$ gestützt wird.

M_W entsteht durch die Windkräfte. $M_W = \Sigma(A_{ri} r_i c_{fi}) q - \Sigma(A_{lj} r_j c_{fj}) q$. Es sind A_{ri} und A_{lj} die rechts und links der Drehachse (**Bild 93**) liegenden Windwirkflächen der Bauteile des Oberteils, r die Abstände ihrer Flächenschwer-

punkte zur Drehachse, c_f der zugehörige aerodynamische Kraftbeiwert nach DIN 1055 T 4 (oder **Bild 70**) und q der Staudruck ($q = 250$ N/m^2 nach DIN 15018).

M_a beschleunigt in der Zeit t_a die um die Drehachse rotierenden Massen des Oberteils. Zur Berechnung von M_a gliedert man das mit der Winkelgeschwindigkeit ω drehende Oberteil in einzelne Massen m_i, bestimmt deren Schwerpunktsabstände r_i zur Drehachse und deren Massenträgheitsmomente J_{0i} um den eigenen Schwerpunkt. $M_a = \Sigma(m_i r_i^2 + J_{0i})\omega/t_a$. Bei geringer Ausdehnung der Massen m_i in horizontaler Richtung kann J_{0i} vernachlässigt werden (z.B. Gegengewicht). Unberücksichtigt bleiben auch die relativ kleinen rotierenden Massen des Antriebs.

Beispiel: Für den Kran nach **Bild 93** ist

$$M_a = (m_2 r_2^2 + J_{02} + m_3 r_3^2 + m_4 r_4^2 + m_L r_4^2)\omega/t_a.$$

Das maximale Motormoment ist $M_{M\,max} = (M_D + |M_W| + M_a)/(i_1 \cdot (1 - i_2) \cdot \eta)$. Es sind i_1 die Übersetzung des Drehwerkgetriebes, i_2 die Standübersetzung zwischen Zahnkranz und Drehwerkritzel (s. Beschreibung von **Bild 91**). Der Gesamtwirkungsgrad von Zahnkranz/Ritzel und Getriebe ist $\eta \approx 0{,}85$. Das erforderliche Motornennmoment ist überschlägig $M_{M\,erf} \lessgtr M_{M\,max}/1{,}7$. Mit der zugehörigen Motornennleistung P_{Mnen} und der Einschaltdauer ED (25 oder 40%. Definition der ED s. U2.5.1) läßt sich die Motorgröße aus dem Motorkatalog ermitteln. Es muß sein: $P_{Motor\,(ED)} \geqq P_{Mnen}$. Genauere Motordimensionierung s. U 2.7.1.

Beim Schwimmkran ist ein zusätzliches Moment zu überwinden, da das Drehwerk infolge der Schräglage seines Unterteils (schwimmender Ponton) Hubarbeit leisten muß.

Standsicherheit. Ein Kran gilt als sicher gegen Umkippen, wenn der Quotient aus den Rückstell- und Kippmomenten, gerechnet um die ungünstigste Kippkante, größer ist als eins. Die Standsicherheitsberechnung für Drehkrane ist nach DIN 15019 für folgende vier Lastfälle durchzuführen: „Kran in Betrieb mit und ohne Wind", „plötzliches Abreißen der Last", „plötzlicher Energieausfall", „Kran außer Betrieb bei Sturm". Zu berücksichtigen sind Eigenlasten $m_i g$, Massenkräfte durch Fahrbeschleunigung $m_i v/t_a$ (v Fahrgeschwindigkeit, t_a Beschleunigungszeit), Massenkräfte durch Drehbewegungen $m_i r_i \omega^2$ (r_i Schwerpunktsabstand der Masse m_i zur Drehachse, ω Winkelgeschwindigkeit), resultierende Windkraft F_W und die Hublast $m_L g$. Um eine ausreichende Standsicherheit zu gewährleisten, wird die Hublast mit einem Lastvergrößerungsfaktor Ψ' multipliziert. Ψ' liegt je nach Betriebszustand und Kranart zwischen 1,1 und 1,6. Es sind z.B. für Turmdrehkrane bei „Betrieb mit (ohne) Wind" $\Psi' = 1{,}1$ (1,45), für Hafenkrane $\Psi' = 1{,}4$ (1,5).

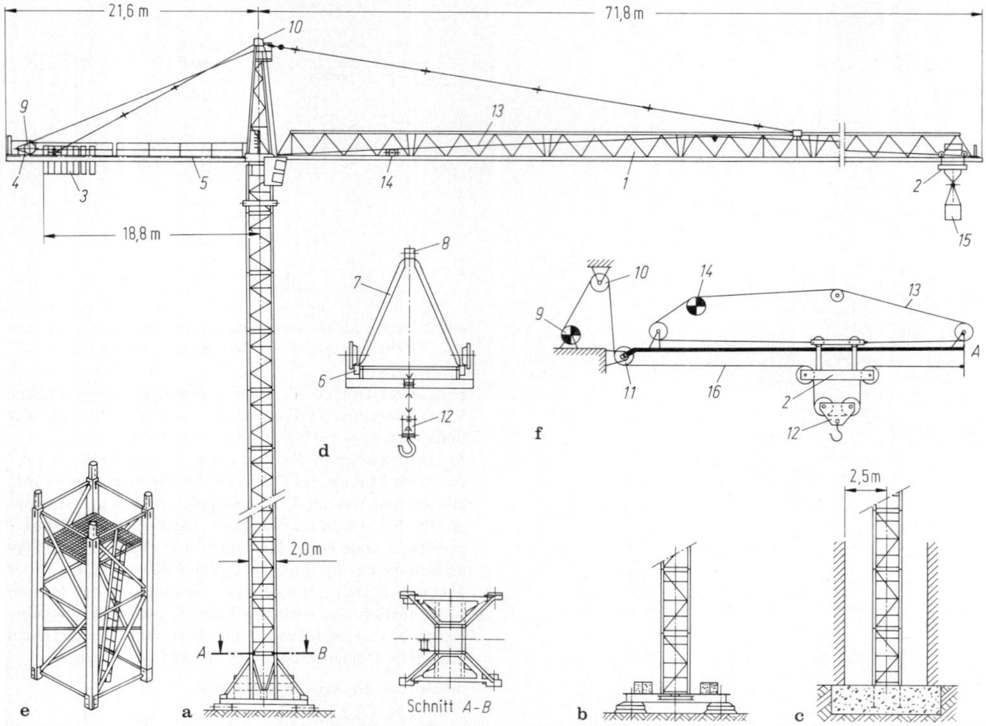

Bild 94. Turmdrehkran (Wolff). **a** obendrehender Turmdrehkran mit Laufkatzenausleger und verfahrbarem Unterwagen (Schnitt *A-B*); **b** feststehender Kreuzrahmen; **c** Kransäule auf Betonfundament befestigt; **d** Schnitt durch Kranausleger *1*; **e** Turmelement mit Bolzenverbindungen; **f** Seilführung von Hubseil *16* und Katzfahrseil *13* (weitere Erläuterungen im Text)

Beispiel: Für den Drehkran nach **Bild 93** ist *A* die Kippkante. Der Standsicherheitsnachweis für „Kran in Betrieb" beim Drehen lautet:

$$\{[m_1 r_1 + m_3(r_3 + r_1)]g + m_3 r_3 \omega^2 h_1\}/$$
$$\{[m_2(r_2 - r_1) + (m_4 + \Psi' m_L)(r_4 - r_1)]g + m_2 r_2 \omega^2 h_1$$
$$+ (m_4 + m_L)r_4 \omega^2 h_2 + F_W h_3\} \geqq 1.$$

Das Gegengewicht m_3 ist optimal gewählt, wenn der Quotient aus den Rückstell- und Kippmomenten am unbelasteten Kran (Kippkante *B*) genau so groß ist wie am voll belasteten Kran (Kippkante *A*).

Turmdrehkrane, Bild 94a. Sie werden im Hoch- und Tiefbau eingesetzt (Baukrane), müssen häufig auf- und abgebaut werden und sich den Bedürfnissen der Baustellen in bezug auf Tragfähigkeit, Hubhöhe und Ausladung anpassen. Sie werden daher aus standardisierten und einfach montierbaren Baugruppen bedarfsgerecht zusammengesetzt. Gegengewicht *3*, Gewicht des Hubwerks *4* und Gewicht des festen Auslegers *5* bilden das Gegenmoment zum Gewicht des Auslegers *1*, der Laufkatze *2* und der Last *15*. Überlastsicherungen schalten die Hubbewegung nach Überschreiten der zulässigen Lastmoments ab [41]. Die Tragwerkelemente (**Bild 94e**) sind leichte Fachwerkkonstruktionen aus Viereckrohren oder offenen Walzprofilen. Turmdrehkrane können innerhalb eines zu errichtenden Gebäudes stehen (**Bild 94c**), außerhalb auf einem festen Fundament stehen (**Bild 94b**), oder auf Schienen verfahren, **Bild 94a**. Kurvenfahrt ist möglich. Turmdrehkrane können mit einer Klettervorrichtung ausgerüstet werden und dann ihre Turmhöhe mit wachsender Gebäudehöhe vergrößern. Sie können einen verstellbaren Ausleger mit

festen Seilrollen in der Auslegerspitze oder, heute bevorzugt (**Bild 94a**), einen festen horizontal liegenden Ausleger *1* besitzen, auf dem eine Seilzugkatze *2* mit bis zu 80 m/min fährt. **Bild 94d**: Die Katzfahrbahn besteht aus zwei offenen Walzprofilen oder Reckteckrohren *6*, die mit den Diagonalen *7* und einem obenliegenden Rechteckrohr *8* zu einem dreieckförmigen Kranträger verschweißt sind. **Bild 94f**: Das Hubseil wird von der Trommel *9* über zwei feste Rollen *10* und *11* im Turm, dann entlang des Trägers *1* durch die Laufkatze *2* und Unterflasche *12* zum Festpunkt *A* am Trägerende geführt. Über ein geschlossenes Seilsystem *13* wird die Laufkatze durch das Katzfahrwerk *14* bewegt. Bei Teillast wird die Hubgeschwindigkeit (bis 125 m/min) durch fernbetätigte Getriebeumschaltung (bis vier Schaltstufen) vergrößert. Als Antrieb für Hub- und Katzfahrwerke arbeiten polumschaltbare Kurzschlußläufermotore, Schleifringläufer in Verbindung mit einer Wirbelstrombremse, in Sonderfällen geregelte Elektromotoren oder hydrostatische Antriebe. Turmdrehkrane können auch auf Kettenfahrwerke, kleinere Turmdrehkrane können auf gummibereifte, straßengängige Fahrgestelle gesetzt werden.

Portaldrehkrane, Bild 95. Sie werden vorzugsweise in Häfen und Werften eingesetzt. Ihre Tragwerksteile werden in Vollwand-, Kasten-, Fachwerk- oder Mischkonstruktion gebaut. Das portalartige i.allg. vierbeinige Unterteil ermöglicht den Durchgangsverkehr für Bahn und Lkw. Es ist verformungsweich auszubilden, denn bei steifen Portalkonstruktionen mit kurzen Spannweiten könnte bei Fahrbahnunebenheiten eines der vier Fahrwerke den Kontakt

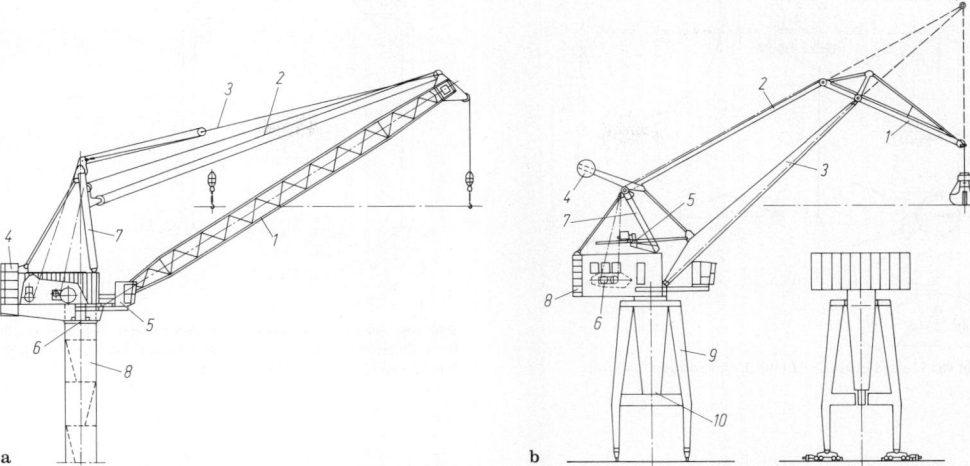

Bild 95. Portaldrehkrane (MAN). **a** Auslegerkran. *1* Ausleger, *2* Hubseil, *3* Auslegereinziehseil, *4* Gegengewicht, *5* Kranführerkanzel, *6* Wälzkörperdrehverbindung, *7* Pylon, *8* Unterteil; **b** Doppellenkerwippkran. *1* Ausleger, *2* Zuglenker, *3* Drucklenker, *4* Ausgleichsgewicht für Lenkersystem, *5* Auslegereinziehwerk (Wippwerk), *6* Hubwerk, *7* Pylon, *8* Gegengewicht, *9* Unterteil, *10* Axialpendellager

mit der Schiene verlieren, so daß sich die Last dann vorwiegend auf zwei diagonal gegenüberliegende Portalbeine verteilen würde.

Die Kinematik der Ausleger- und Hubseilführung wird so gestaltet, daß sich die Last beim Verändern der Ausladung auf einer möglichst horizontalen Bahn bewegt [42]. Vorteilhaft ist dann, daß die Verstelleinrichtung (Wippwerk) keine Hubarbeit aufbringen muß.

Bild 95a: Das Oberteil ist über eine Wälzkörperdrehverbindung *6* mit der Rohrsäule *8* des Unterteils verbunden. Die Verstellung des Auslegers *1* erfolgt durch den Seilrollenzug *3*. Der annähernd horizontale Lastweg wird erreicht durch die Dreifacheinscherung des Hubseils *2* zwischen Ausleger *1* und Pylon *7* in Verbindung mit der besonderen Lagezuordnung der Seilrollen des Hubseilflaschenzugs. **Bild 95b:** Bei dem sog. Doppellenkerwippkran laufen die Seile vom Hubwerk *6* über zwei Lenker *2* und *1* zu dem Lastaufnahmemittel. Durch die aufeinander abgestimmten Gliedlängen des Gelenkvierecks, gebildet aus dem Ausleger *1*, Zuglenker *2*, Drucklenker *3* und dem feststehenden Pylon *7* schneiden sich die Verlängerungen der Glieder *2* und *3* in jeder Lenkerstellung annähernd auf der Wirkungslinie der Last (Momentanpol *P*). Nur dann ergibt sich der gewünschte, annähernd horizontale, Lastweg. Die Größe des beweglichen Ausgleichsgewichts *4* und die Kinematik seiner Ankopplung an den Drucklenker *3* sind so auf das Lenkersystem abgestimmt, daß in jeder Lenkerstellung ein annähernder Eigengewichtsausgleich des Lenkersystems stattfindet. Dessen Verstellung erfolgt entweder über ein Spindelgetriebe *5* (Wippwerk **Bild 96**), über einen doppelt wirkenden Hydraulikzylinder oder bei großen Kranen über ein geschlossenes, vorgespanntes Seilzugsystem.

Wandschwenkkrane, Bild 97. Für Lasten bis 2 t und Ausladungen bis 6 m. Das Lastmoment wird als Kräftepaar über eine Konsole *1* in die Wand eingeleitet. Schwenken des Auslegers erfolgt i.allg. manuell. Der Schwenkbereich ist eingeschränkt. Wandschwenkkrane werden i.allg. mit Elektrokettenzügen oder -seilzügen ausgerüstet, die an manuell verschiebbaren Unterflanschkatzen hängen. Wird die Konsole *1* mit Laufrädern ausgerüstet, die auf parallel zur Wand hori-

zontal verlegten Schienen fahren, entsteht der Wandlaufkran. Ausleger und Konsole sind dann fest miteinander verbunden.

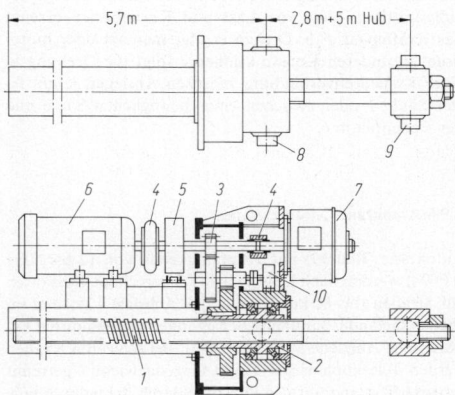

Bild 96. Wippwerk (Krupp). *1* Trapezgewindespindel, *2* Mutter, *3* Getriebe, *4* Kupplung, *5* Bremstrommel, *6* Antriebsmotor, *7* Wirbelstrombremse, *8* Anschlußbolzen, Kran, *9* Anschlußbolzen, Auslegersystem, *10* Endschalter

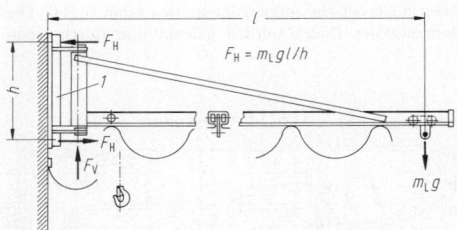

$$F_H = m_L g l / h$$

Bild 97. Wandschwenkkran (ABUS). *1* Konsole

U

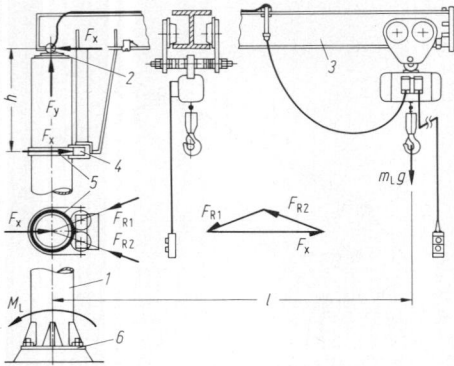

Bild 98. Säulendrehkran (ABUS) (Erläuterungen im Text)

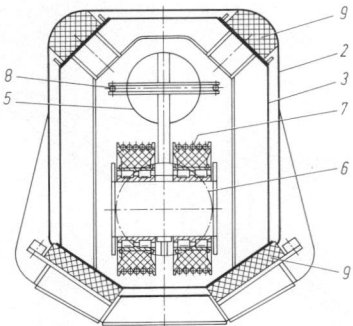

Bild 100. Schnitt durch dreifach teleskopierbaren Ausleger (Liebherr). *2* und *3* Teleskopteile, *5* und *6* einstufige Zylinder, *7* Vorhol-, *8* Rückzugseil, *9* Polyamid-Gleitplatten

Säulendrehkrane. Für Lasten bis 5 t und Ausladungen bis 10 m. Sie werden i.allg. mit Elektroseil- oder Kettenzügen ausgerüstet und in Werkstätten oder auf kleinen Lagerplätzen eingesetzt, **Bild 98.** Die als Rohr ausgebildete feststehende Säule *1* leitet unten das Lastmoment $M_L = \Psi m_L g l$ über Ankerschrauben in den Boden. Hublastbeiwert Ψ, s. **Bild 69.** Oben nimmt das Drehlager *2* die Vertikalkraft F_y und die Horizontalkraft F_x auf. Die Führung des Auslegers *3* beim Drehen übernehmen zwei Rollen *4*, die sich am Laufring *5* stützen. Das Moment infolge der außermittigen Lage von Last und Kranoberteil erzeugt das Kräftepaar $F_x h$. Drehen erfolgt manuell oder motorisch. In anderen Konstruktionen erfolgt die Drehung in einer Kugeldrehverbindung zwischen Ausleger *3* und fester Säule *1* oder zwischen einer beweglichen Säule und der Bodenplatte *6*.

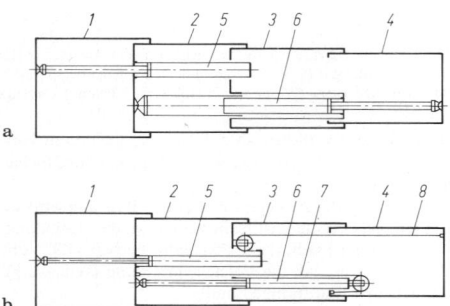

Bild 101. Dreifach teleskopierbarer Ausleger (Liebherr) mit Anlenkstück *1* und Teleskopteilen *2* bis *4*; **a** mit einstufigem Zylinder *5* und zweistufigem Zylinder *6*; **b** mit einstufigen Zylindern *5* und *6* sowie Vorholseil *7* und Rückzugseil *8*

2.9.6 Autokrane. Mobile cranes

Autokrane (**Bild 99**) mit Tragfähigkeiten von 12 bis 500 t (1 000 t) werden nach DIN 15018 T 3 berechnet. Sie fahren auf Straßen (bis 80 km/h, zulässige Achslast 12 t) und im ebenen Gelände. Sämtliche Bewegungen werden durch hydraulische Antriebe ausgeführt [43]. Bei schweren Kranen werden Teleskopausleger *1* und Gegengewicht *2* getrennt transportiert und auf der Baustelle durch Schnellmontage angebaut. Geländegängige sog. AT-Krane (All Terrain) haben zusätzliche Radantriebe und eine hydropneumatische Achsfederung für den Radlastausgleich. Während des Hubs stützt sich der Unterwagen *3* auf vier hydraulisch ausfahrbare Stützarme *4*, deren Verbindungslinien als Kippkanten in die Standsicherheitsberechnung eingehen. Autokrane haben bis zu zehn Achsen, wobei die Räder auch einzeln aufgehängt werden können [44]. Die Mehrzahl der Räder werden gelenkt und durch einen Dieselmotor *5* auf dem Unterwagen *3* über ein Automatikschaltgetriebe, Gelenkwellen, Verteilergetriebe und blockierbare Differentialgetriebe angetrieben. Die Steuerung der Fahrbewegung erfolgt aus dem Führerstand *6*. Der drehbare Kranoberwagen besitzt ein eigenes Führerhaus *7* zur Steuerung der Kranbewegungen und einen eigenen Dieselmotor *8* mit verstellbaren Axialkolbenpumpen zur Versorgung des Hubmotors, des Drehwerkmotors und der Hydraulikzylinder für die Auslegerverstellung und -teleskopierung. Die Seilrollen *9* am Kopf des innersten Auslegerrohrs und in der Unterflasche *10* sind aus Polyamid. Der Ausleger (**Bild 100** und **Bild 101**) wird gebildet durch bis zu vier ineinandergesteckte, statisch günstig geformte, geschweißte Mehreckrohre *1* bis *4* aus StE 690 oder StE 885, die gegeneinander auf zwischengeschalteten

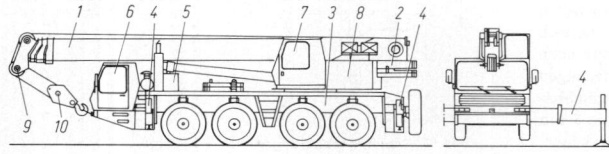

Bild 99. Autokran (Krupp), dreifach teleskopierbar (Erläuterungen im Text)

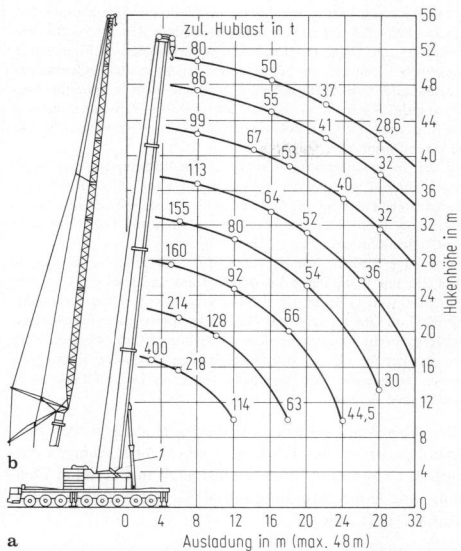

a Ausladung in m (max. 48 m)

Bild 102. Autokran (Liebherr). **a** mit Teleskopausleger und Belastungsdiagramm; es gibt die Tragfähigkeit bei gegebener Hubhöhe und Ausladung an; **b** zusätzlicher Spitzenausleger. *1* Verstellzylinder

Polyamidplatten *9* gleiten, und die durch mehrfach teleskopierbare Hydraulikzylinder (**Bild 101 a**) [45], manchmal auch mit einstufigen Hydraulikzylindern in Verbindung mit einem Seilzugsystem (**Bild 101 b**), rasch ausgefahren und auch unter Last verstellt werden können. Bei großen Kranen werden die Auslegerrohre nach dem Ausfahren zur Entlastung der Zylinder gegeneinander formschlüssig verriegelt. **Bild 102 b**: Durch zusätzlichen Anbau eines Spitzenauslegers in Fachwerkbauweise, der zur Vermeidung einer Biegebeanspruchung nach hinten über Seile abgespannt werden kann, lassen sich Hubhöhen über 130 m erreichen. **Bild 102 a**: Die Tragfähigkeit eines Autokrans hängt von der Hubhöhe und der Ausladung ab. Das Lastmoment wird durch Messung der Last, der Auslegerlänge und des Winkels zwischen Auslegerachse und der Horizontalen überwacht. Der Zylinder *1* verstellt die Auslegerneigung auch unter Last.

Bei Kranen größter Tragfähigkeit ist der gesamte Ausleger eine Rohrfachwerkkonstruktion (Gittermastausleger). Er wird auf der Baustelle aus straßentransportierbaren Sektionen zusammengesetzt und gegen das drehbare Oberteil über Seile abgespannt (ähnlich **Bild 102 b**). Der Festpunkt ist das hintere Ende des Oberwagens.

Mobilkrane (Tragfähigkeit bis 80 t). Sie besitzen nur ein Führerhaus und einen Dieselmotor, der über eine hydraulische Drehdurchführung die Verbraucher im Oberwagen versorgt. Bauformen gleisloser Fahrzeugkrane s. VDI-Richtlinie 2395.

3 Stetigförderer. Conveyors

M. Hager, Hannover

3.1 Förderprinzip, Einteilung, Leistungsfähigkeiten. Conveyor principles, classification and performance criteria

Das *Fördergut* wird in stetigem Fluß von einer Aufgabestelle über einen festgelegten Förderweg zu einer Abgabestelle transportiert. Die kontinuierliche Arbeitsweise ermöglicht die Bewältigung großer Mengen in kurzer Zeit. Je nach Art des Förderers waagerechte, geneigte, senkrechte Förderung über gerade, abgewinkelte oder gekrümmte Strecke möglich. Durch geringe Streckenlast nur leichte Unterstützungskonstruktion sowie kleine räumliche Querschnitte notwendig.

DIN 15201: Benennungen, Bildbeispiele. Es werden Stetigförderer für Schüttgut, für Schütt- und Stückgut und für Stückgut unterschieden. Hier Einteilung nach gleichartigen konstruktiven Gesichtspunkten.

Kennzeichnend für die Leistungsfähigkeit ist die Fördermenge in der Zeiteinheit, der „Fördergutstrom" als Volumenstrom $\dot{V}$ oder der Massenstrom $\dot{m}$, wobei die Schüttdichte ρ den Zusammenhang ergibt

$$\dot{m} = \rho \dot{V}, \qquad (1)$$

z.B. $\dot{m}$ in kg/s mit $\dot{V}$ in m³/s und ρ in kg/m³. Zur Auslegung ist außer dem mittleren der maximal mögliche Fördergutstrom von wesentlicher Bedeutung. Er wird von den zu fördernden Produktions- bzw. Gewinnungsanlagen vorgegeben. Vergleichmäßigung durch Puffer mit Zustelleinrichtung möglich.

3.2 Stetigförderer, Zug- und Tragorgan vereinigt (Gurtförderer). Belt conveyors with same component for hauling and carrying

Ein endloser Gurt, am einen Ende um eine Antriebstrommel, am andern um eine Umlenktrommel geführt und dazwischen durch Tragrollen gestützt, fördert das Gut von der Aufgabe- zur Abgabestelle, **Bild 1**. Gurtführung im Obertrum flach oder gemuldet, im Untertrum flach, aber auch leicht gemuldet. Zum Übertragen der Umfangskraft der Antriebstrommel auf den Gurt Vorspannung erforderlich.

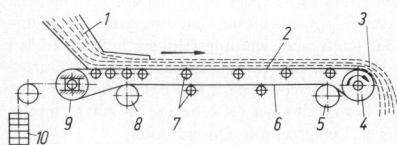

Bild 1. Schema eines Gurtförderers. *1* Gutaufgabe, *2* oberes Gurttrum, *3* Gutabgabe, *4* Antriebstrommel, *5* Ablenktrommel, *6* unteres Gurttrum, *7* Tragrollen, *8* Ablenktrommel, *9* Umlenktrommel, *10* Spanngewicht

3.2.1 Gurtarten. Types of belt

Fördergurt mit zugfesten Einlagen

Verfügbar sind Fördergurte mit Textil- oder Stahlseil-Einlagen, Aufbau **Bild 2**. Die Einlagen (auch Festigkeitsträger) werden durch Elastomer (Gummi oder Weich-PVC) miteinander verbunden, verfüllt und abgedeckt. Gegenüber der einfachen Ausführung werden für harte Betriebs-

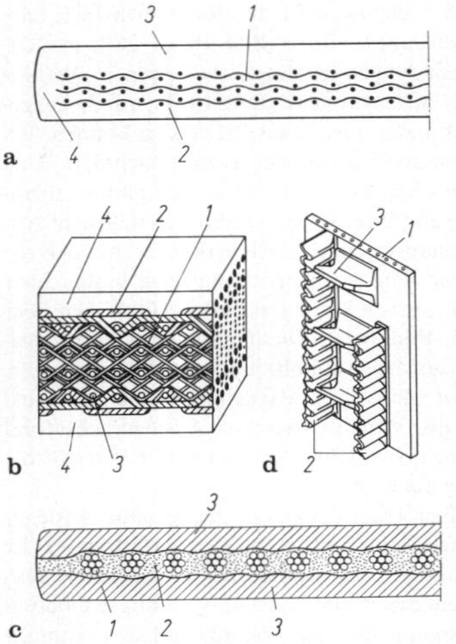

Bild 2. Gurtarten. **a** Fördergurt mit Textileinlagen, *1* Einlagen-paket aus Gewebebahnen und Gummibindeschichten, *2* untere, *3* obere Gummideckplatte, *4* Gummiseitenkante; **b** Einlagiger, durch-gewebter Fördergurt mit PVC-Kern, *1* zugtragende Polyesterkette, *2* abdeckende Baumwollkette, *3* Polyamidschuß in vier Ebenen, *4* Deckplatte (PVC oder Gummi) (Clouth AG, Köln); **c** Gewebe-freier Stahlseilgurt, *1* Stahlseile, *2* metallbindender Innengummi, *3* Gummideckplatten; **d** Wellkantengurt, *1* Stahlseile, *2* Wellkanten (Gummi), *3* Querstollen (Gummi) (C. Scholtz GmbH, Hamburg)

verhältnisse Schutzeinlagen in Kante und Deckplatten ein-gearbeitet. Stahlseilgurte meist ohne Gewebeeinlagen, zum Schutz gegen Durchschlag auch mit Querarmierung, z.B. Polyamid-Cordfäden in den Deckplatten.
Bei den *Fördergurten mit Textileinlagen* wird die Gewebe-qualität gekennzeichnet durch den Werkstoff (Kennbuch-staben) und die gewährleistete Bruchfestigkeit (Nennzug-festigkeit), z.B. in N/mm Breite und Lage in Längs- und Querrichtung im fertigen Gurt.
Neben Gewebeeinlagen aus Baumwolle (B) und Zellwolle (Z) solche höherer Zugfestigkeit aus Chemiefasern: Po-lyamid (P, Perlon, Nylon), Polyester (E, Diolen, Trevira, Terylene), Aramid (D, Kevlar, Twaron). Zur Erzielung günstiger technologischer Eigenschaften des Gewebes für Längsfäden (Kette) und Querfäden (Schuß) verschiedene Faserwerkstoffe z.B. hochfeste, dehnungsarme Polyester-fäden in der Kette und dehnungsfähigere Polyamidfäden im Schuß (EP). Für den Einsatz in verlöschenden Gurten unter Tage auch Mischzwirne, z.B. Eb/Pb. Zahl der Ein-lagen bis 4, Festigkeit einer Gewebelage bis 400 N/mm in Längs-, bis ca. 100 N/mm in Querrichtung.

Kennzeichnung der Gurtart durch die genannten Kennbuchstaben für das verwendete Gewebe, die Nennzugfestigkeit je mm Breite und die Anzahl der Lagen, mit der diese Festigkeit erzielt wird, z.B. EP250/2 oder EP400/3 mit einer Einzellagenfestigkeit von jeweils 125 N/mm Breite. Bruchdehnung bei Gummigurten mit Baumwoll-einlagen etwa 14%, mit Chemiefasereinlagen 10 bis 12%. Wichtiger ist zur Auslegung des Spannwegs die elastische Betriebsdehnung, die 1 bis 2% bei üblicher Ausnutzung der Nennfestigkeit von 10 bis 20% beträgt. Vor allem mit Rücksicht auf die Endlosverbindungen sowie wegen zusätzlicher, durch geometrische Verhältnisse (z.B. im Auf- und Abmuldungsbereich) aufgezwungener Beanspruchungen werden Sicherheiten gegen die Nennfestigkeit im Bereich von 5 bis 10 gewählt. Hierbei sind auch die Anfahrkräfte zu berücksichtigen, s.a. U 3.2.2.
Für Fördergurte mit Textileinlagen für allgemeine Verwendungs-zwecke gilt DIN 22102, 22103, 22104, 22108. Wegen der Forderung nach Schwerentflammbarkeit, Selbstverlöschen und Antistatik DIN

22109 Fördergurte mit Textileinlagen für den Steinkohlenbergbau [1]. Sonderausführungen für steileres Fördern durch Oberflächen-musterung der Tragseite (Fischgräten-, Pyramiden-, Riffelmuster). Zusätzliches Stützen von Schütt- oder Stückgut durch Querleisten (Kastenband) oder pfeilförmig angeordnete Stollen. Spezielle Aus-führung des Kastenbands ist der ungemuldete Wellkantengurt, für Steilförderung mit Querstollen geeignet für alle Neigungen bis zur Senkrechtförderung (**Bild 2d**).
Für den innerbetrieblichen Transport Textilfördergurte aus weich eingestelltem PVC (Polyvinylchlorid) mit zwei, max. drei Lagen aus leichtem Polyester- auch Baumwollgewebe, mit dünnen Deck-platten bis 1 mm, teilweise ohne Deckplatten auf Tragrollen oder Gleitflächen laufend.
Unter Tage Einsatz von schweren, durchgewebten Textileinlagen (**Bild 2b**) mit Festigkeiten bis 4000 N/mm und sehr guter Durch-schlagfestigkeit. Häufig als PVG-(PVC/Gummi-)Gurt ausgeführt mit PVC im Gewebekern und Gummideckplatten zur Erzielung ei-ner Kombination von technologisch wichtigen Eigenschaften. Sehr gut geeignet für Einsatz von mechanischen Haken-Verbindungssy-stemen zur schnellen Montage beim Verkürzen und Verlängern von bestehenden Anlagen.

Für Anlagen mit großen Achsabständen oder großen För-derhöhen wurde der *Fördergurt mit Stahlseileinlagen* ent-wickelt. Er vereinigt hohe Zugfestigkeit mit geringer Deh-nung und guter Muldungsfähigkeit. Ausführung nur in Gummi [1−3], **Bild 2c**.

Kennbuchstabe St, Nennzugfestigkeit, üblich in N/mm Gurtbreite. Aufbau, technologische Daten, Verbindungen für die Zugkraftstufen St 1000, St 1250, St 1600, St 2500, St 3150 DIN 22131, für Unter-tage-Bergbau DIN 22129. Höhere Festigkeiten als St 4500, St 6600 und St 7500 ausgeführt. Bruchdehnung etwa 2%, Betriebsdehnung ca. 0,15%, daher Eignung der Stahlseilgurte für lange Anlagen, heute bis 12 km, bei kurzen Spannwegen.

Drahtgurte

Stahl- oder Metalldrahtgurte als: Drahtglieder-, Drahtge-flecht-, Drahtösenbänder für schweres Fördergut; Stan-gen- und Drahtgewebebänder für leichteste Güter. An-wendung auch für heiße und glühende Schütt- und Stück-güter, ferner als Entwässerungs- und Trocknungsbänder [4].

Stahlband

Das aus Kohlenstoffstahl, kalt gewalzt und gehärtet (1 200 N/mm^2 Zugfestigkeit) hergestellte Stahlband (0,4 bis 1,6 mm stark) ist besonders für den Transport harter Mineralien oder gesinterten Materials sowie von feuchtem oder klebendem Gut geeignet. Anwendung auch in Bad- und Trockenöfen und in Arbeitstischen bei der Fließferti-gung. Meist ebene Führung jedoch auch leichte Mul-dung möglich. Sonderausführungen aus rostbeständigem, hartgewalztem Chromnickelstahl, mit Gummischicht um-kleidet. Sowohl das nackte als auch das gummibelegte Stahlband erfordern angepaßte Gestaltung der stützenden Tragrollen oder Gleitflächen, der Antriebs- und Umlenk-trommeln und der Spannvorrichtung (Sandvikens Trans-portband-GmbH, Stuttgart-Bad Cannstatt).

3.2.2 Berechnungsgrundlagen
Fundamentals of calculation

DIN 22101: Gurtförderer für Schüttgüter. Grundlagen für die Berechnung und Auslegung, und [5].

Fördergutstrom, Füllquerschnitt, Fördergeschwindigkeit

Fördergutstrom. Er folgt aus dem *Gutquerschnitt („Füll-querschnitt")* A, der Fördergeschwindigkeit v und der Schüttdichte ρ als *Volumenstrom* $\dot{V}$ oder *Massenstrom* $\dot{m}$

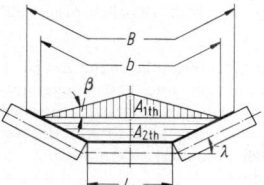

Bild 3. Geometrische Verhältnisse zur Berechnung des Füllquerschnitts bei dreiteiligen Muldenrollensätzen

zu

$$\dot{V} = vA, \quad \dot{m} = \dot{V}\rho \tag{2}$$

z.B. mit v in m/s, A in m² und ρ in kg/m³.

Großförderbandanlagen für Abraumbewegung in Braunkohlentagebauen erreichen Fördergutströme bis zu 10 000 kg/s.

Füllquerschnitt. Der Berechnung des Füllquerschnitts bei waagerechter Förderung können für dreiteilige Muldensätze die in **Bild 3** dargestellten geometrischen Verhältnisse zugrunde gelegt werden. Dabei ist ein dynamischer Böschungswinkel des Förderguts β vorzugeben. Man geht von der Gurtbreite B aus und setzt für

$$B < 2000 \text{ mm} \quad b = 0,9\,B - 50 \text{ mm}$$

und für

$$B \geq 2000 \text{ mm} \quad b = B - 250 \text{ mm}.$$

Damit ergibt sich der *theoretische* Füllquerschnitt, der auch der Berechnung des *Nennfördergutstroms* zugrunde gelegt werden kann, zu:

$$A_{\text{th}} = A_{1\,\text{th}} + A_{2\,\text{th}} = 0,25[l_{\text{M}} + (b - l_{\text{M}})\cos\lambda]^2 \tan\beta + 0,5[l_{\text{M}} + 0,5(b - l_{\text{M}})\cos\lambda](b - l_{\text{M}})\sin\lambda. \tag{3}$$

Der praktisch mögliche Fördergutstrom wird beeinflußt durch Korngröße und -form, inneren Reibungswinkel, dynamischen Böschungswinkel, Übergabegeometrie, Aufschüttverhältnisse, Geradlauf des Gurts, Gleichmäßigkeit der Gutaufgabe und damit Vorhaltung einer Reserveförderkapazität. Daher Abminderung des theoretischen Füllquerschnitts um Faktor φ_{Betr}. Bei geneigter Förderung berücksichtigt der Abminderungsfaktor φ_{St}, daß $A_{1\,\text{th}}$ reduziert wird. Damit wird der Nennvolumenstrom abhängig von Förderguteigenschaften, Betriebs- und Anlagendaten

$$\dot{V}_{\text{N}} = \varphi_{\text{Betr}}\,\varphi_{\text{St}}\,v A_{\text{th}} \tag{4}$$

mit $0,5 \leq \varphi_{\text{Betr}} \leq 1,0$; so kann $A_{1\,\text{th}} = 0$ sein bei wechselndem Fördergut mit stark fließenden Eigenschaften. Mit dem größten Neigungswinkel der Anlage $\delta_{\max}$ ist für $\delta_{\max} \leq \beta$

$$\varphi_{\text{St}} = 1 - \frac{A_{1\,\text{th}}}{A_{\text{th}}}\left(1 - \sqrt{\frac{\cos^2\delta_{\max} - \cos^2\beta}{1 - \cos^2\beta}}\right). \tag{5}$$

Wird in Gl. (3) $l_{\text{M}} = 0$ gesetzt, so erhält man den Füllquerschnitt für zweiteilige Muldensätze mit $l_{\text{M}} = 0$ und $\lambda = 0$ denjenigen für den flachen Gurt (s.a. DIN 22101). Normalerweise werden wegen vereinfachter Lagerhaltung für die Bildung des Muldensatzes gleich lange Tragrollen verwendet. Bei dreiteiligen Muldensätzen können dann den Gurtbreiten die in **Tab. 1** angeführten Tragrollenlängen und Tragrollendurchmesser zugeordnet werden. Die Wahl einer kürzeren Mitteltragrolle ergibt einen bis um 15% größeren Füllquerschnitt (z.B. **Bild 21**). In Gutaufgabestellen auch fünfteilige Muldensätze [6].

Tabelle 1. Normale Gurtbreiten, Tragrollenlängen und Tragrollendurchmesser in mm

Gurtbreite B	Muldenrolle l[a]	Rollendurchmesser D wahlweise	
500	200	63,5	89
650	250	63,5	89
800	315	89	108
1 000	380	108	133
1 200	465	133	159
1 400	530	133	159
1 600	600	133	159
1 800	670	159	194
2 000	750	159	194
2 200	800	194	219
2 400	900	194	219
2 600	950	194	219
2 800	1 000	219	
3 000	1 100	219	

[a]) Länge der Flachrolle $\approx 3 \times l$

Siehe hierzu auch Gurtförderer für den Kohlenbergbau unter Tage: DIN 22112: Tragrollen. – DIN 22111: Leichtes Traggerüst. – DIN 22114: Schweres Traggerüst.

Fördergeschwindigkeit. Die Bewegung großer Massen (Erdbau, Braunkohlentagebau) verlangt hohe *Gurtgeschwindigkeiten* bis zu 7,5 m/s. Erz und andere stark schleißende Schüttgüter werden z.Z. mit bis 3,3 m/s befördert. Kesselbekohlungsanlagen und Kohleförderung unter Tage 2 bis 3 m/s; Getreideförderer 1 bis 2 m/s; stark staubende Güter (Mehl, Zement) 1 m/s; trag- und fahrbare Förderer für den Baubetrieb 1 m/s. Für Stückgutförderung und Fließfertigung von 2 m/s abwärts bis zu kleinsten Geschwindigkeiten.

Bewegungswiderstände und Leistungsbedarf

Bewegungswiderstände. Sie bestehen bei einer Gurtförderanlage im Beharrungszustand [5] aus *Reibungswiderständen*, an Aufgabestellen auch aus *Beschleunigungswiderständen*, und bei geneigten Anlagen dazu aus dem *Steigungswiderstand* $\pm F_{\text{St}}$.
Bei den Reibungswiderständen (und Trägheitswiderständen) unterscheidet man:

Hauptwiderstände F_{H} (auf der Strecke). Laufwiderstand der Tragrollen (Lager- und Dichtungsreibung), Walkwiderstand von Gurt (Gurteindrückung an den Tragrollen, Schwingbiegung des Gurts) und Fördergut (Fördergutwalkung).

Nebenwiderstände F_{N} (an einzelnen Anlagenstellen). Trägheits- und Reibungswiderstände F_{aA} zur Beschleunigung des Förderguts an Aufgabestellen, Schurrenreibung $F_{\text{sch A}}$, falls dort Schurren vorhanden, von geringerer Bedeutung i.allg. Gurt-Umlenkwiderstand F_{l} beim Lauf über die Trommeln, Trommellagerwiderstand F_{t} (ohne Antriebstrommeln) [7].

Sonderwiderstände F_{S}. Sie können auf der Strecke vorhanden sein als Sturzwiderstand F_{ε} (durch zur besseren Gurtführung schräg zur Förderrichtung gestellte äußere Tragrollen), als Widerstand an Materialführungsleisten F_{sch} und an einzelnen Anlagenstellen als Widerstände durch Gurtreiniger F_{r}, durch Abstreifer oder Abwurfwagen, durch stellenweise Materialführungsleisten F_{s}.

Steigungswiderstand F_{St}. Er ist aus gesamter Förderhöhe H und der auf die Längeneinheit bezogenen Masse aus Fördergut m'_{F} zu ermitteln.

Tabelle 2. Beiwert C in Abhängigkeit von der Förderlänge L (Richtwerte)

L in m	80	100	150	200	300	500	900	2000	$\geqq 4000$
C	1,9	1,8	1,6	1,5	1,3	1,2	1,1	1,04	1,03

Leistungsbedarf. Die von der Antriebstrommel auf den Gurt zu übertragende Umfangskraft wird damit

$$F_U = F_H + F_N + F_S \pm F_{St}.$$

Für Anlagen mit Achsabständen über 80 m können die Hauptwiderstände mittels eines Gesamtreibungsbeiwertes f berechnet und die Nebenwiderstände durch einen von der Anlagenlänge abhängigen Beiwert C (**Tab. 2**) berücksichtigt werden. Er ist definiert durch

$$C = (F_H + F_N)/F_H.$$

Unter diesen Voraussetzungen wird die Umfangskraft

$$\begin{aligned} F_U &= C F_H + F_S \pm F_{St} \\ &= C L f g [m'_R + (2m'_G + m'_F) \cos\delta] + F_S \pm m'_F g H. \end{aligned} \quad (6)$$

Für kleine Anlagen-Neigungen ($\cos\delta \approx 1$) läßt sich vereinfacht schreiben

$$F_U = C L f g [m'_R + 2m'_G + m'_F] + F_S \pm m'_F g H.$$

Die am Umfang der Antriebstrommel erforderliche Antriebsleistung ergibt sich dann zu

$$P_U = F_U v$$

und die Motorleistung zu

$$P_{Mot} = P_U / \eta_{ges}$$

mit $\dot{m}$ Fördergutstrom (Massenstrom), m'_F Masse des Förderguts je Längeneinheit ($m'_F = \dot{m}/v$), m'_R Masse der drehenden Teile der Tragrollen je Einheit der Förderlänge (Ober- und Untertrum), m'_G Masse des Gurts je Längeneinheit, v Gurtgeschwindigkeit, H gesamte Förderhöhe, δ Neigungswinkel der Anlage, η_{ges} Gesamtwirkungsgrad aller Übertragungsglieder zwischen Gurt und Motorwelle ($\approx 0,8...0,97$).
Die Masse je Längeneinheit wird üblich in kg/m, v in m/s, L und H in m eingesetzt.

Werte für f bei Wälzlagerung und Labyrinthdichtung der Tragrollen: 0,017 gut verlegte Anlagen mit leichtlaufenden Tragrollen und Fördergut mit geringer innerer Reibung; 0,020 normal ausgeführte Anlagen; 0,023 bis 0,035 ungünstige Betriebsbedingungen; staubiger Betrieb, Fördergut mit großer innerer Reibung, gelegentliche Überladungen, extrem niedrige Temperaturen, gering gespannte Anlagen.
Für stark abwärtsfördernde Anlagen (generatorischer Betrieb der Antriebe) soll aus Sicherheitsgründen der Reibwert sehr klein angenommen werden: $f = 0,012...0,016$.
Zur Verfeinerung bei der Wahl des f-Werts, insbesondere auch zur Berücksichtigung der Außentemperatur [5, 22].

Sonderwiderstände F_S. Beispielhaft wird der Rechenansatz für den *Sturzwiderstand* dargestellt: Der an einer auf Sturz unter dem Winkel $\varepsilon (= 1...3°)$ in Förderrichtung gestellten Tragrolle, auf die eine Normalkraft F_{NR} wirkt, beträgt: $F_{\varepsilon R} = \mu_\varepsilon F_{NR} \cdot \sin\varepsilon$. Damit wird der Sturzwiderstand für dreiteilige Muldensätze mit gleich langen Tragrollen auf der Anlagenlänge L im Obertrum

$$F_\varepsilon = L C_\varepsilon \mu_\varepsilon g (m'_G + m'_F) \cos\delta \cdot \sin\varepsilon$$

und für zweiteilig gemuldete Tragrollen im Untertrum

$$F_\varepsilon = L \cos\lambda \mu_\varepsilon g m'_G \cdot \cos\delta \cdot \sin\varepsilon$$

(L Länge der Anlage mit auf Sturz gestellten Tragrollen, C_ε Belastungsfaktor: $\approx 0,4$ bei Muldungswinkel $\lambda = 30°$, $\approx 0,5$ bei Muldungswinkel $\lambda = 45°$, [8], $= \cos\lambda$ bei zwei-

teiligen Muldensätzen, μ_ε Reibwert zwischen Gurt und Tragrolle $\approx 0,3$).

Nebenwiderstände F_N. Bei kürzeren Anlagen mit $L < 80$ m, insbesondere bei kurzen Abzugs- und Beschleunigungsbändern, können zwar die Hauptwiderstände pauschal berechnet werden aus $F_H = f L g (m'_R + 2m'_G + m'_F)$; die Nebenwiderstände sind jedoch gesondert zu ermitteln. Hierfür gelten die Beziehungen:

Trägheits- und Reibungswiderstand im Beschleunigungsbereich an der Aufgabestelle zwischen Fördergut und Gurt

$$F_{aA} = \dot{m}(v - v_0),$$

Reibungswiderstand zwischen Fördergut und seitlichen Führungsleisten im Beschleunigungsbereich

$$F_{sch A} = \frac{\mu_2 \dot{m}^2 g}{\rho \left(\dfrac{v + v_0}{2}\right)^2} \cdot \frac{l_a}{b^2},$$

mit v_0 Zuführungsgeschwindigkeit des Förderguts in Förderrichtung, l_a Beschleunigungsstrecke mindestens $l_{a\,min} = (v^2 - v_0^2)/(2\mu_1 g)$, b lichte Weite zwischen den Führungs-(Schurren-)leisten, $\mu_1 = 0,5...0,7$ Reibwert zwischen Fördergut und Gurt, $\mu_2 = 0,5...0,7$ Reibwert zwischen Fördergut und Schurrenwand, z.B. mit l und b in m, $\dot{m}$ in kg/s, v in m/s und ρ in kg/m^3.
Gurtbiegewiderstand beim Lauf über die Trommeln und Trommellagerwiderstand nicht angetriebener Trommeln sind fast immer vernachlässigbar klein gegenüber den vorgenannten Widerständen. Im Bedarfsfall Berechnung nach [5, 7, 11].

Gurtzugkräfte und ihre Einleitung in den Gurt

Siehe [12]. Die Gurtzugkraft F_{T1} errechnet sich aus der Eytelweinschen Gleichung $F_{T1}/F_{T2} \leqq \exp(\mu\alpha)$ und der Beziehung $F_U = F_{T1} - F_{T2}$ (**Bild 4**) zu

$$F_{T1} = F_U [1 + 1/(\exp(\mu\alpha) - 1)] \quad (7)$$

(μ Reibwert zwischen Gurt und Antriebstrommel: Werte für μ: Blankgedrehte Trommel naß 0,1, trocken 0,35 bis 0,4; Trommel mit Gummireibbelag (pfeilförmig angeordnete Nuten) schlüpfrig feucht 0,3, trocken 0,45 (im Mittel 0,35) [13] (s. G6)).
Aus den beiden angeführten Beziehungen ergibt sich auch die für die Übertragung der Umfangskraft F_U erforderliche Kraft $F_{T2} = F_U/(\exp(\mu\alpha) - 1)$. Wird F_{T2} größer als diesem Ausdruck entspricht, etwa infolge Hangabtriebs bei stark geneigt aufwärts fördernden Anlagen oder zur

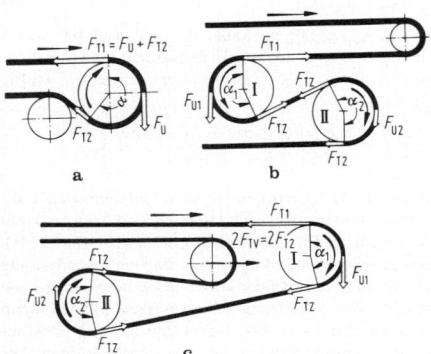

Bild 4. Kräfte an der Antriebstrommel. **a** Eintrommelantrieb; **b** Zweitrommelantrieb für beengte Verhältnisse (z.B. unter Tage); **c** Zweitrommelantrieb am Kopf von Großförderanlagen

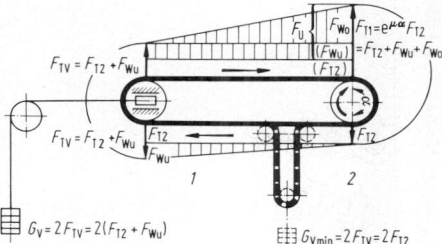

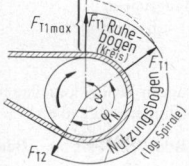

Bild 6. Ausnutzung des Umschlingungswinkels α

Bild 5. Kräfteverlauf längs eines horizontalen Fördergurts zur Ermittlung der Vorspannkraft F_{TV} im Beharrungszustand. *1* Umlenktrommel, *2* Antriebstrommel

Vermeidung zu großen Gurtdurchhangs, so ist F_{T1} als Summe aus dieser größeren Kraft F_{T2} und F_U zu ermitteln.

Doppeltrommelantrieb, wenn Übertragungsfähigkeit eines Eintrommelantriebs bei mäßiger Vorspannung F_{T2} nicht ausreicht oder die maximale Gurtzugkraft verringert werden soll. Theoretische Verteilung der Umfangskraft F_U auf die beiden angetriebenen Trommeln (**Bild 4**) mit $F_U = F_{U1} + F_{U2}$:

$$F_{U1}/F_{U2} = \exp(\mu\alpha_2)(\exp(\mu\alpha_1)-1)/(\exp(\mu\alpha_2)-1).$$

Praktische Aufteilung 2:1 (**Bild 15**), zuweilen auch 1:1 unter Verzicht auf beste Ausnutzung der Übertragungsfähigkeit der Trommel *I*, jedoch unter Ausnutzung aller Anbaumöglichkeiten gleicher Antriebe (**Bild 16**). Bei langen horizontalen und schwach geneigten Anlagen Aufteilung auch auf Kopf- und Heck der Anlage und zwar so, daß über die Hecktrommel etwa die Widerstandskräfte im Untertrum eingeleitet werden.

Der *Kräfteverlauf* längs des Fördergurtes ist in **Bild 5** für waagerechte Förderung und vollständige Ausnutzung des Umschlingungswinkels α schematisch dargestellt; Kräfte im Gurt sind senkrecht zu ihrer Wirkungslinie aufgetragen. Größe der Vorspannkraft F_{TV} bestimmt durch Ablaufkraft F_{T2}. Bei kürzeren Gurtförderern Aufbringen der Vorspannkraft an der Umlenktrommel. Bei längeren Anlagen Spannvorrichtung dicht am Ablaufpunkt, ergibt kleinste Vorspannkraft ($F_{TV} = F_{T2}$) und nimmt die beim Anfahren anfallende Gurtlängung auf.

Ausgehend von Ablaufkraft $F_{T2} = F_{T1} - F_U = F_U/(\exp(\mu\alpha) - 1)$ kommen auf dem Weg des Untertrums dessen Bewegungswiderstände F_{Wu} dazu und nach Gurtumlenkung die Widerstände im beladenen Obertrum F_{Wo}. Insgesamt sind $F_{Wo} + F_{Wu} = F_U$ zu überwinden. F_{Wo}/F_{Wu} 5:1 bis 4:1 sind längs des Umschlingungsbogens α der Antriebstrommel logarithmische Spirale. Abnahme der Gurtzugkraft auf Antriebstrommel von F_{T1} auf F_{T2} hat Verringerung der Gurtdehnung zur Folge, so daß Gurt gegenüber Trommelbewegung etwas zurückbleibt (Dehnschlupf). Wird der Reibungsschluß zwischen Gurt und Trommel unterbrochen (z.B. zu geringe Vorspannkraft), so tritt Gleitschlupf auf. Normalerweise wird im Beharrungszustand der Umschlingungsbogen nur teilweise zur Kraftübertragung ausgenutzt; dann tritt der Dehnschlupf nur auf dem von F_{T2} an sich aufbauenden *Nutzungsbogen* φ_N auf, während der Gurt auf dem nicht ausgenutzten Bogenteil, dem *Ruhebogen*, ohne Schlupf läuft, **Bild 6**. Zur Ergänzung dieser vereinfachten Darstellung [13, 14].

Dehnschlupf bedingt, daß das Zweitrommelantrieb Trommel *II* mit etwas geringerer Umfangsgeschwindigkeit laufen müßte als Trommel *I*. Bei Antrieb durch einen Motor daher Ausgleichgetriebe zwischen beiden Antriebstrommeln erforderlich; bei Antrieb mit getrennten Motoren

Anwendung von Flüssigkeitskupplung hinter Käfigläufermotor oder angepaßter Trommeldurchmesser oder stärker lastabhängige Drehzahlcharakteristik des Motors *II* (fester Schlupfwiderstand) bei Schleifringläufermotorantrieb.

Die *Gurtauslegung* wird unter Zugrundelegung der im Beharrungszustand auftretenden größten Gurtzugkraft F_{T1} und einer Sicherheitszahl S vorgenommen. Bedeuten noch B die Gurtbreite, K_z die Zerreißfestigkeit des Gurts je Einlage und Längeneinheit der Gurtbreite sowie z die Einlagenzahl, so besteht die Beziehung

$$F_{T1}S = zBK_z. \tag{8}$$

Sicherheitszahl $S = 6...10$ bei Gurten mit Gewebeeinlagen (Einlagenzahl bis 4) und $S = 5...9$ bei Stahlseilgurten [3], s.a. DIN 22101.

Anlaufverhältnisse

Bei kurzen und wenig belasteten Anlagen nehmen Motor und Gurt die beim Anfahren auftretenden Mehrbelastungen mit genügender Sicherheit auf. Lange und hochbelastete Anlagen haben erhebliche Losbrech- und Trägheitswiderstand. Für das Losbrechen kann das 1,2- bis 1,5fache des Beharrungswiderstands angesetzt werden; daher auch Beschleunigungsvorgang so einrichten, daß Beschleunigungskraft mindestens einen 0,2fachen Überschuß über die Beharrungskraft aufweist und den 0,5fachen nicht überschreitet. Begrenzen des Anfahrdrehmoments bei Verwendung von Drehstrom-Asynchronmotoren mit Schleifringläufer durch vielstufig wirkenden Anlasser; bei Käfigläufer-Motoren Flüssigkeitskupplung (mit Füllungsverzögerung) oder Magnetpulverkupplung [15]. Zur Begrenzung der Amplituden von Longitudinalschwingungen im Gurt ist die Anstiegszeit des Moments ausreichend zu bemessen; Näheres in [16].

Die Beschleunigungszeit t_a kann genau genug ermittelt werden aus

$$t_a = [(2m'_G + m'_F)L + \sum J_{Tr}/(0,5D_{Tr})^2 + \sum J_R/(0,5D_R)^2]v/F_a \tag{9}$$

mit v Gurtgeschwindigkeit, L Förderlänge, D_{Tr} Trommeldurchmesser, D_R Tragrollendurchmesser, m'_G Masse des Gurts je Längeneinheit, m'_F Masse des Förderguts je Längeneinheit, J Massenträgheitsmoment (Trommel Index Tr, Tragrolle Index R), F_a Trägheitskraft $F_a = (0,3...0,5)F_U$; gesamte Umfangskraft beim Anlauf $F_{UA} = (1,3...1,5)F_U$, z.B. t_a in s mit L und D in m, J in kgm², F_a in N, v in m/s und m' in kg/m.

Die Vorspannkraft muß für Anfahren ebenfalls den 1,2- bis 1,5fachen Betrag gegenüber dem Beharrungszustand haben, d.h. die Spannvorrichtung ist für den Anfahrzustand auszulegen; damit ist bei Gewichtsspannvorrichtungen diese erhöhte Vorspannkraft auch im Beharrungszustand vorhanden; gesteuerte Verringerung möglich bei elektrischer Spannwinde.

3.2.3 Konstruktionselemente und Baugruppen
Conveyor system components and subassemblies

Tragrollen

Ausrüstung. Durchweg mit Wälzlagern (Rillenkugellager dauergeschmiert, selten mit Nachschmiermöglichkeit).

Zwei Bauarten: Kappenlagerung, **Bild 7a**; *Festachse,* **Bild 7b, c**. Rollenmantel gerolltes, geschweißtes Blech, selten nahtlos gezogenes Rohr; Rollenboden aus tiefgezogenem Stahlblech (**Bild 7b**), geschmiedet (**Bild 7a, c**), auch aus Guß.

Dichtung: Labyrinthdichtung, Nilos Blechdichtringe sowie gesickte Blechabschlußscheibe (**Bild 7b, c**); nur Fettrillen (**Bild 7a**); bei Dichtungsausbildung und Fettauswahl auf geringen Laufwiderstand achten, besonders bei niedriger Umgebungstemperatur. Unwuchten vermeiden [6, 19, 22, 23].

Die Tragrollen werden in Halterungen aus Blech (oder Temperguß) eingelegt, dabei diejenigen für das gemuldete Gurt-Obertrum in Tragstühlen zusammengefaßt. Bei backendem Fördergut Ausrüstung der Untergurt-Tragrollen mit Gummi-Stützringen, **Bild 8**. Untertrumstützung bei breiteren Gurten durch zweiteilige Tragrollensätze mit 10 bis 15° Neigung der Einzelrollen, **Bild 21**. Zur Milderung der Stoßbeanspruchung des Gurts an Aufgabestellen enggestellte Polsterrollensätze, **Bild 9a**–

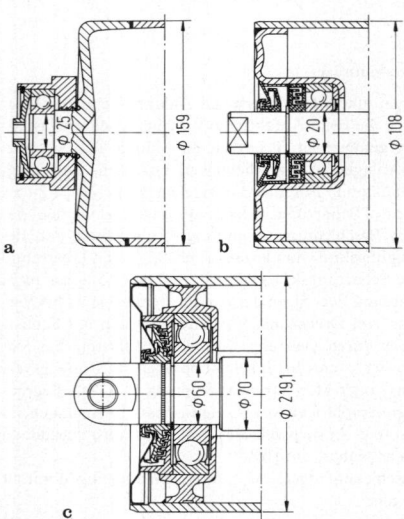

Bild 7. Tragrollenausführungen. **a** Kappenlagerung; **b, c** Festachse (Precismeca, Sulzbach/Saar)

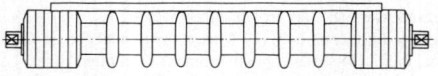

Bild 8. Untertrum-Tragrolle mit Gummi-Stützringen

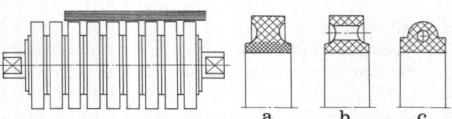

Bild 9a–c. Polsterrolle und Ausführungen der Polsterringe; **a** mit weicher äußerer auf härterer innerer Gummischicht; **b** mit Speichen; **c** mit Hohlprofil

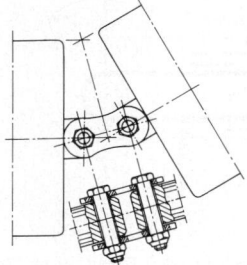

Bild 10. Gelenkverbindung zur Bildung von Rollengirlanden (Precismeca, Sulzbach/Saar)

c. Bei Ausfall der Lager und Blockieren bei Polsterrollen allerdings Brandgefahr für die Gummiringe.

Bildung von Muldensätzen auch in Girlandenform durch Aneinanderreihung von Festachs-Rollen mittels Gelenken. Gelenkverbindung mit Rundstahl-Kettengliedern oder Laschenkettengliedern, **Bild 10**. Drei-, seltener fünfteilige Rollengirlandensätze für Aufgabestellen (ohne Polsterringe) [6, 17].

Tragrollenabstand. Er wird bestimmt durch den zulässigen Gurtdurchhang. Unter Vereinfachung der tatsächlichen Verhältnisse kann die Gleichung der Seilparabel zugrunde gelegt werden. Im beladenen Trum:

Gurtdurchhang: $h = [l^2(m'_G + m'_F)g]/(8F_T)$,
relativer Durchhang: $h/l = [l(m'_G + m'_F)g]/(8F_T)$.   (10)

Für das unbeladene Trum ist $m'_F = 0$ zu setzen (F_T Gurtzugkraft, m'_G Masse des Gurts je Längeneinheit, m'_F Masse des Förderguts je Längeneinheit, l Tragrollenabstand, g Erdbeschleunigung), z.B. F_T in N, l und h in m, m' in kg/m und g in m/s².
Relativer Durchhang $\leqq 0,01$, d.h., der maximal zulässige Wert des Durchhangs h soll 1% des Tragrollenabstands l nicht überschreiten. Wählt man einen zulässigen Wert und setzt ihn in die entsprechenden Gleichungen ein, so Zuordnung von Tragrollenabständen zu den längs der Förderstrecke herrschenden Gurtzugkräften möglich (Staffelung). Bei großen Tragrollenabständen Belastbarkeit der Tragrollen nachprüfen! (Lebensdauer der Rollenkugellager und Durchbiegung der Rollenachse); s. [12, 19, 22].

Verfahren zur Gurtlenkung. Sie beruhen auf der Richtwirkung einer schräg zur Förderrichtung gestellten Tragrolle. Hierzu bei mehrteiligen Muldensätzen Stellung der seitlichen Tragrollen auf Sturz (Anordnung um 1 bis 2° in Förderrichtung geschwenkt); auch besondere Lenkrollenstühle in Abständen von 30 bis 50 m. Muldenrollensatz, auf Drehzapfen gelagert und mit gegen Stuhlmitte versetzten Lenkrollen versehen, **Bild 11**.
Ursachen für Schieflauf des Gurts: schlecht ausgerichtetes Traggerüst, einseitige Bandbeladung, Mängel an Gurt-Verbindungsstellen, unregelmäßige Verschmutzung von Tragrollen und Trommeln.

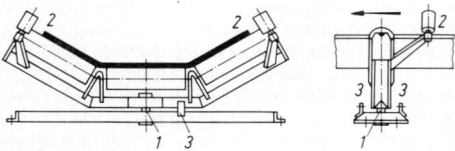

Bild 11. Muldenrollensatz als Lenkrollenstuhl. *1* Drehzapfen, *2* Lenkrollen, *3* Anschläge

Der Lenkeffekt kann durch entsprechende Einstellung der Rollen genutzt werden, um bei in Kurven verlegten Anlagen die den Gurt austreibenden Kräfte mit Reibungskräften auszugleichen. Dabei muß dafür gesorgt werden, daß der Reibungsbeiwert zwischen Gurt und Rolle unter allen Betriebsbedingungen möglichst konstant bleibt; Abdeckungen gegen Feuchtigkeit sind notwendig [20, 21].

Antriebs-, Spann- und Umlenktrommeln, Knicktrommeln

Trommeldurchmesser je nach Gurtart und Zugkraftausnutzung wählen, **Tab. 3** und **4**.

Tabelle 3. Richtwerte der Antriebstrommel-Durchmesser D in mm für Fördergurte mit Gewebeeinlagen in Abhängigkeit von der Einlagenzahl z

Einlagen-qualität	B 60	EP 160	EP 200	EP 250	EP 315	EP 400	EP 500
Trommel-Durch-messer D	$100z$	$150z$	$175z$	$200z$	$225z$	$250z$	$275z$

Tabelle 4. Mindest-Durchmesser von Antriebs-, Spann- oder Umlenktrommeln und Knicktrommeln für Stahlseilgurte in mm

	Antriebs-trommel		Spann- u. Um-lenktrommel		Knick-trommel
Ausnutzung der Gurtzugkraft bei $S=8$	100%	60%	100%	60%	–
St 1000, St 1250	800	630	630	630	400
St 1600, St 2000	1000	800	800	630	500
St 2500, St 3150	1250	1000	1000	800	500
St 4000, St 5400	1500	1250	1250	1000	630

Bei Verringerung der zulässigen Gurtzugkraft um 25 bis 50% kann der nächstkleinere Trommeldurchmesser der Normzahlenreihe gewählt werden. Spann- oder Umlenktrommeln erhalten Durchmesser $D_1 \approx 0,8D$; Knicktrommeln $D_2 \approx 0,6D$.
Die Trommeln werden aus Stahl in Schweißkonstruktion hergestellt, Naben auch aus Stahlguß, Antriebstrommeln auf ihre Welle aufgekeilt, aufgeschrumpft, oder mit Spannsätzen mit konischen Ringen befestigt; blank oder mit Belägen aus Gummi oder Polyurethan belegt (**Bild 12** und **13**), Spann-, Umlenk- und Knicktrommeln laufen oft mit in ihren Naben befestigten Wälzlagern auf festen Achsen, **Bild 12b**; Trommelböden mit gleichbleibender oder veränderlicher Stärke (Turbinenböden **Bild 13**); keine Rippen!
Ihre Beanspruchungsweise ist in **Bild 14** dargestellt. Stärke t des Trommelmantels wird nach der Biegetheorie

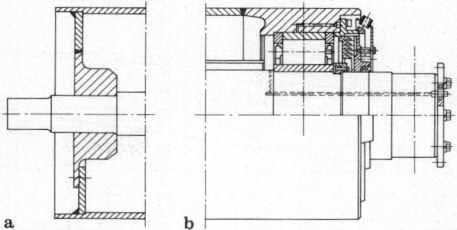

Bild 12. Spann- oder Umlenktrommel. a Nabe auf Achse aufgeschrumpft oder aufgekeilt: obere Hälfte, Stirnwand angeschweißt; untere Hälfte, Stirnwand angeschraubt (für niedrige Beanspruchungen); b Festachse, Lagerung als Pendelrollen- oder Zylinderrollenlager, letztere auf Achsdurchbiegung abstimmen (Rheinbraun AG, Köln)

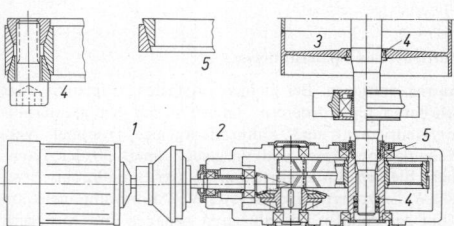

Bild 13. Antriebseinheit. 1 Motor und Kupplung, 2 Steckgetriebe, 3 Trommel (Trommelboden aus Stahlguß), 4 Spannsatz mit konischen Ringen, 5 Spannelemente mit konischen Ringen

der Kreiszylinderschale berechnet. Größte Spannungen in Trommelmitte an der Außenseite in Umfangsrichtung, vgl. σ_φ in **Bild 14a** für den Fall gleicher Trumkräfte ($F_{T1} = F_{T2}$), wie bei Spann- oder Umlenktrommeln; σ_φ ist dort senkrecht zur Mantellinie über dem Umschlingungswinkel φ aufgetragen; Maxima und Minima bei etwa 110 bzw. 70°. Bei Antriebstrommeln ($F_{T1} > F_{T2}$) kommt noch ein asymmetrischer Anteil hinzu, der die Größe der Spannungen nur unwesentlich verändert, die Verteilungsfunktion aber etwas gegen F_{T1} verschiebt. Die Stirnwände werden als Kreiszylinderplatte berechnet. In radialer Richtung auftretende Biegespannung σ_r (**Bild 14b**), ausgezogen bei $h =$ const., strichpunktiert bei Turbinenboden. **Bild 14c** gibt die Verformung wieder; dort wird Übernahme eines Teils M_N des Biegemoments M der Welle durch die Stirnwand ersichtlich, der um so kleiner wird, je weicher die Stirnwand ist; zwischen den Naben verbleibt für die Welle der meist größere Anteil M_W [24].

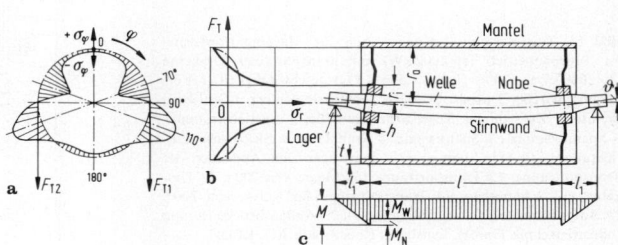

Bild 14. Beanspruchung von Förderbandtrommeln (Erläuterungen im Text)

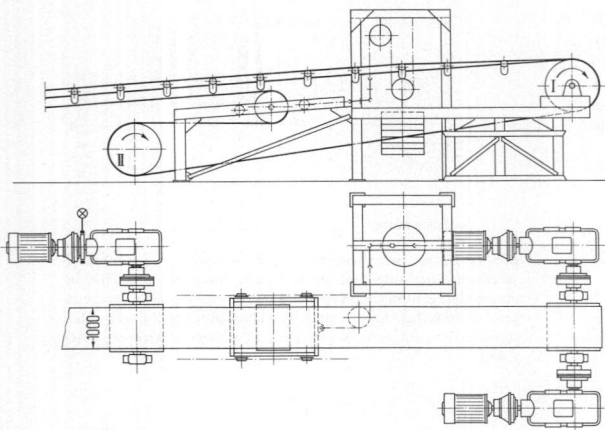

Bild 15. Zweitrommelantrieb mit drei gleichen Käfigläufermotoren und füllungsverzögerten Strömungskupplungen für waagerechte Förderbandanlage 1 200 m Länge, 1 400 m³/h bei 4 m/s Gurtgeschwindigkeit. Stahlseilgurt. Antriebstrommeln nur von sauberer Gurtseite berührt. Vorspannkraft durch seitlich angebrachtes Spanngewicht. Zum raschen Stillsetzen Doppel-Backenbremse mit Bremslüfter auf Antrieb *II*

Antriebs- und Spannstationen

Antriebsstationen. Bei kleinen ortsfesten, tragbaren oder fahrbaren Gurtförderern *Antrieb* durch Käfigläufermotor/Keilriemen- und Zahnradvorgelege/Trommel. Vereinigung von Motor und Vorgelege innerhalb der Trommel: Elektro-Fördergurttrommel (serienmäßig bis etwa 20 kW, Einzelfertigung bis 150 kW). Anordnung meist am Kopf der Anlage; bei fahrbaren Anlagen und Auslegern zum Vermeiden der Kopflastigkeit auch am Aufgabeende (hohe Gurtbeanspruchung auch im Untertrum).

Mittlere und große Anlagen sind meist am Kopf angetrieben. Trommelantrieb durch ein oder zwei Antriebseinheiten: Motor/Kupplung (elastische oder Anlaufkupplung)/Getriebe/Kupplung/Trommel (auf festem Rahmen) **(Bild 15)** oder Motor/Kupplung/Steckgetriebe/Trommel; Trommelwellenstumpf trägt hier die davorliegenden Antriebselemente, deren Tragrahmen mit Drehmomentenstütze abgefangen ist: Tatzlagerung, **Bild 13**.

Für stark ansteigend fördernde Anlagen Anbau einer Rücklaufsperre an zweite Stufe eines Getriebes oder *Schlingbandbremsen* auf den Getriebeeingangswellen.

Zur Bewältigung größter Massenströme (bis 40 000 t/h) im Tagebaubetrieb Einsatz von transportablen Antriebsstationen und -umkehren (Eigenmasse 700 t) **(Bild 16)**. Mobilität wird erreicht durch eigenverfahrbare Transportraupen oder durch anbaubare, hydraulisch betätigte Schreitwerke. Vorspannung im Seilwinde auf im Betrieb fest eingestellte Spanntrommel aufgebracht. Einsatz von Asynchronmaschinen mit Schleifringläufern (zur Begrenzung des Anfahrmoments), Kegelstirnradgetriebe über Flanschkupplungen zur schnellen Montage an der Trommelwelle stirnseitig angeschraubt. Einzelantrieb 2 000 kW, vier Einheiten an der Station, zwei an der Umkehre, Gurtbreite 2 800 mm, Gurtgeschwindigkeit 7,5 m/s, Muldungswinkel 43°, Mitteltragrolle $l_M = 600$ mm [17, 18, 29].

Bild 16. Transportable Antriebsstation für Massengutförderung im Tagebaubetrieb (4×2 000 kW) mit transportabler Umkehre (2×2 000 kW), 40 000 t/h bei 7,5 m/s Gurtgeschwindigkeit. *1* Fördergurt St 4 500, *2* Motor 2 000 kW (Schleifringläufer), *3* Scheibenbremse, *4* Zweistufiges Kegelstirnradgetriebe, *5* Antriebstrommel, *6* Spanntrommel, *7* Spannwinde, *8* Prallplatte, *9* Elektrische Einrichtungen, *10* Standponton, *11* Längsträger zum Andocken der Transportraupen, *12* Transportraupe für Masse von 700 t, *13* Umkehre mit 2 Antrieben, *14* Transportraupe für Masse von 200 t, *15* Aufgabetrichter, *16* Schmutzfanggurt, *17* Auflaufbrücke (Krupp Industrietechnik GmbH, Duisburg, Rheinbraun AG, Köln)

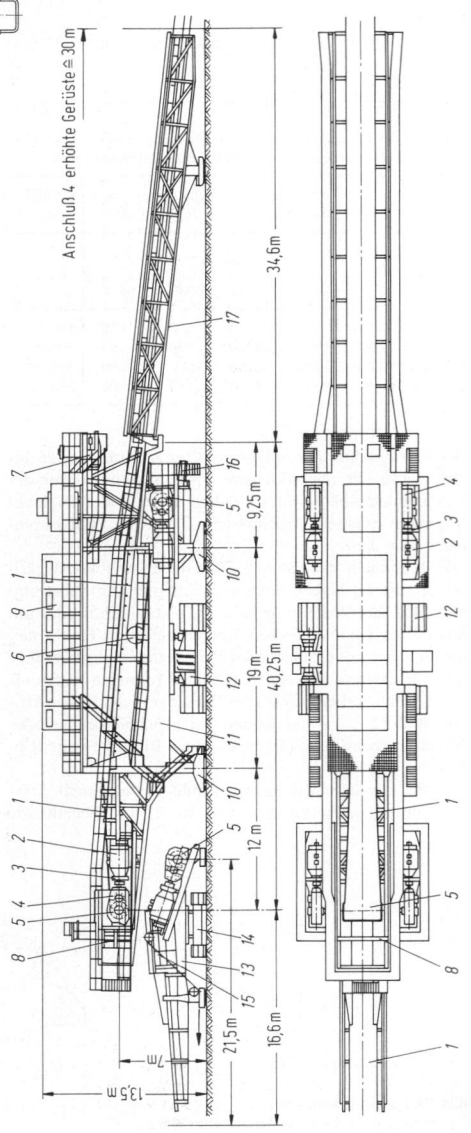

Anschluß 4 erhöhte Gerüste ≅ 30 m

34,6 m

9,25 m

19 m — 40,25 m

12 m

21,5 m — 16,6 m

7 m

13,5 m

Bild 16.

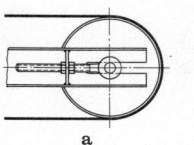
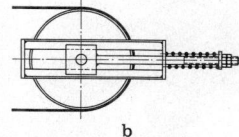

Bild 17. Spindelspannvorrichtungen; **a** mit Druckschraube; **b** mit gefederter Zugschraube

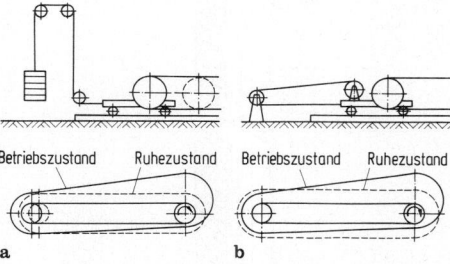

Bild 18. Wirkung einer Gewichts- oder Winden-Vorspanneinrichtung auf die Gurtzugkraft. **a** Spannstation mit konstanter Vorspannkraft; **b** Spannstation mit fest einstellbarem Achsabstand

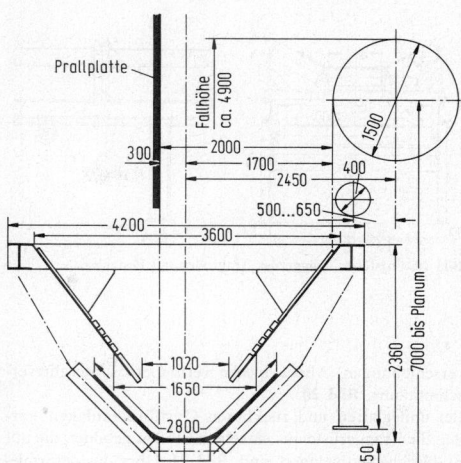

Bild 19. Rechtwinklige Übergabe mit Gurtbreite 2800 mm (Rheinbraun AG, Köln)

Weitere Antriebsformen. Ein- oder Zweitrommelantrieb am Kopf und Eintrommelantrieb am Heck (für wenig abwärts fördernde Anlagen günstig; auch für schwere etwa waagerechte Anlagen) gegebenenfalls zusätzlicher Mittelantrieb zur Verringerung der maximalen Gurtzugkräfte; reversierbare Anlagen, angetrieben in Mitte Untertrum oder an einem der Enden oder an beiden. Einleitung von Antriebskraft in den Gurt auch durch angetriebene *Treibgurte*, die durch Reibung das aufliegende Ober- oder angepreßte Untertrum mitnehmen [25].

Spannstationen. Für trag- und fahrbare Gurtförderer, auch für ortsfeste Kleinanlagen Spindelspannvorrichtungen, **Bild 17a**; zum Begrenzen der Vorspannung auch gefedert, **Bild 17b**.
Bei größeren Anlagen wird bewegliche Spannstation erforderlich. Spanntrommel auf Spannwagen gelagert dicht am Kopfantrieb (**Bild 15**) oder in senkrechten Führungen fahrend. Spannkraft durch Gewicht oder Winde. Gewichte erzeugen konstante Vorspannkraft; fest eingestellter Achsabstand bedingt im Ruhezustand größere Vorspannkraft, damit im Betrieb die noch notwendige vorhanden ist, **Bild 18**. Einstellen der *Windenzugkraft* von Hand oder elektromotorisch nach Anzeige eines eingebauten Dynamometers. Elektrische Spannwinde gestattet auch Ausbildung selbsttätiger Einstellung der Windenzugkraft zwischen zwei Grenzwerten oder Regelung auf konstante Größe (**Bild 16**).
Vorzusehender *Spannweg* abhängig von Achsabstand und Betriebsdehnung der Gurtart. Wird zulässige Gurtzugkraft voll ausgenutzt, so kann gerechnet werden mit Betriebsdehnungen von etwa: 2% bei Baumwoll-, 1,5% bei Chemiefaser- und 0,15% bei Stahlseil-Einlagen.

Fördergutaufgabe, -übergabe und -abgabestellen

Fördergutaufgabe. Möglichst in Laufrichtung und unter Vermeidung größerer Fallhöhen. Bei Schüttgütern Anbringen von Trichtern und Zulaufschurren, deren Kanten mit Gummileisten gegenüber dem laufenden Gurt ab-

gedichtet werden. Schonende Aufgabe von Schüttgütern mit verschiedener Körnung durch Anbringen eines Rosts, auch Rollenrosts (bei kohäsivem Fördergut Verstopfungsgefahr!).

Fördergutübergabe. Winklig angeordnete Übergabestellen erhalten einstellbare Prallplatten zum mittigen Beschicken des abfördernden Gurts, **Bild 19**.
Zur Vermeidung von Anbackungen bei kohäsivem, klebrigem Fördergut Ausrüstung der Prallplatten mit profilierten Gummischürzen [26].

Fördergutabwurf (-abgabe). Meist über Kopf am Anlagenende; auf der Förderstrecke durch einseitige oder pflugförmige Abstreifer oder Abwurfwagen (Gurtschleifenwagen). Der längs der Förderstrecke verfahrbare Gurtschleifenwagen gibt entweder in einen Trichter ab, von dem das Schüttgut seitlich durch ein oder zwei Rohre weitergeleitet wird, oder wirft es auf ein nachgeschaltetes Querband ab. Zum Beseitigen der nach dem Fördergutabwurf noch am Gurt haftenden Schüttgutreste Anordnung von gewichts- oder federbelasteten Abstreifern bestehend aus nachstellbaren Gummileisten; für breite Gurte und klebriges Schüttgut: Fächerabstreifer. Rotierende Abstreifer mit Gummilamellen oder Perlonborsten nur bei leichtem, wenig backendem Schüttgut. Pflugabstreifer auf dem Gurtuntertrum vor Trommeln. Zur Trommelreinigung bei blanken Trommeln Stahlabstreifer mit festen oder querbeweglichen Vorrichtungen: glatte oder kammartige Stahlschiene, Abstreiffinger. Gummibeläge auf Trommelmänteln vermindern Anbackungen [9, 10]. Verschmutzung der Untergurt-Tragrollen und Schmutzansammlung unter dem Untertrum werden vermieden durch Wenden des Gurts im Untertrum hinter dem Antrieb und vor der Umkehre.

Stützkonstruktionen

Die Traggerüste bestehen aus Längsholmen und Stützen aus U-Normal- oder Abkantprofilen; Quersteifigkeit durch die aus U-Profilen, dachförmig gestellten Winkeleisen oder Rohren gebildeten Träger der Muldensätze; zuweilen eingefügte Diagonalverbände verhindern Längs-

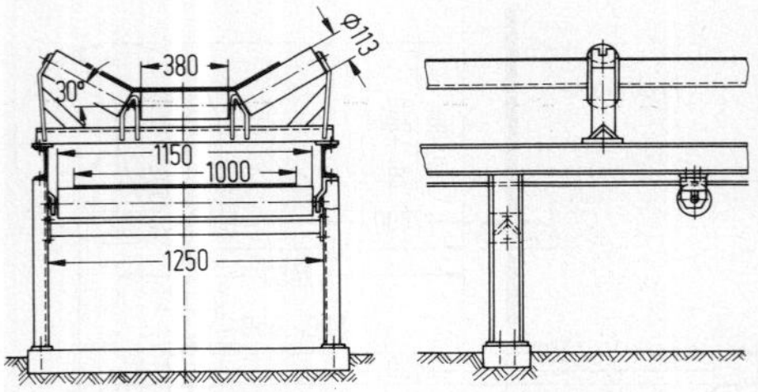

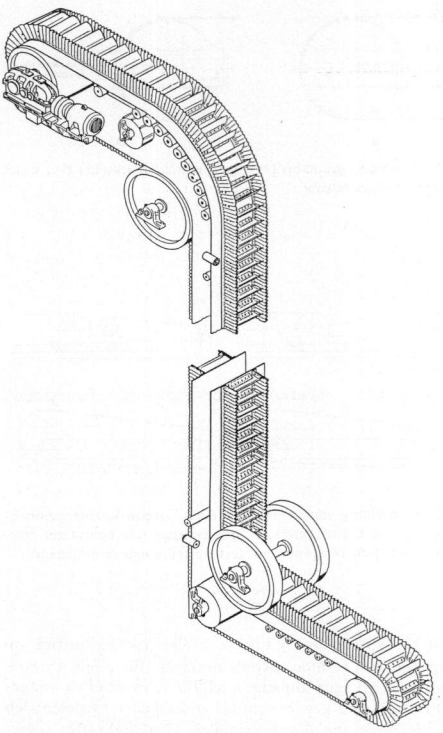

Bild 20. Ortsfestes Traggerüst. Tragrollen mit Festachse

verschiebungen, Abdeckbleche verhindern Untergurtver-
schmutzung, **Bild 20**.

Bei umlegbaren und rückbaren Gurtförderanlagen werden
den die Traggerüste aus einzelnen Stößen gebildet, die auf
Stahlschwellen gelagert sind, **Bild 21**. Über das deformierende Rücken von Gurtförderanlagen s. [27].

Abgedeckte, leicht auf- und abbaubare Gurttraggerüste
für unter Tage DIN 22111. Stationäre Anlagen dort zuweilen mit Traggerüsten, die mit nachstellbaren Ketten
oder Seilen am Grubenausbau oder dem Gestein hängend
befestigt sind.

Rollengirlanden können auch an längs der Förderstrecke
ausgespannten, vielfach unterstützten Tragseilen angebracht werden: *Tragseil-Gurtförderer*.

Gurtlenkkonstruktionen

Zur Führung von Gurten für die Steilförderung, z.B. Wellkantengurt mit Stollen (s.a. **Bild 2 d**), werden zur Erzielung
sehr kleiner Vertikalradien Umlenkscheiben und eng gestellte, durchgehende Rollen eingesetzt. Aufgabe des Förderguts auf horizontaler Strecke und Einstellung von Neigungen zwischen 0 und 90° möglich, **Bild 22**. Bei vertikaler
Lage angepaßt an die Eigenschaften des Festigkeitsträgers
Drehen der beiden Trume um die vertikale Achse ohne

Bild 22. Führung eines Wellkantengurtförderers (Scholtz GmbH,
Hamburg)

Stützung durch Rollen ausführbar [28]. Dadurch Einstellmöglichkeit einer veränderbaren, winkligen Lage zwischen
den horizontalen Strecken (Aufgabe und Abgabe).

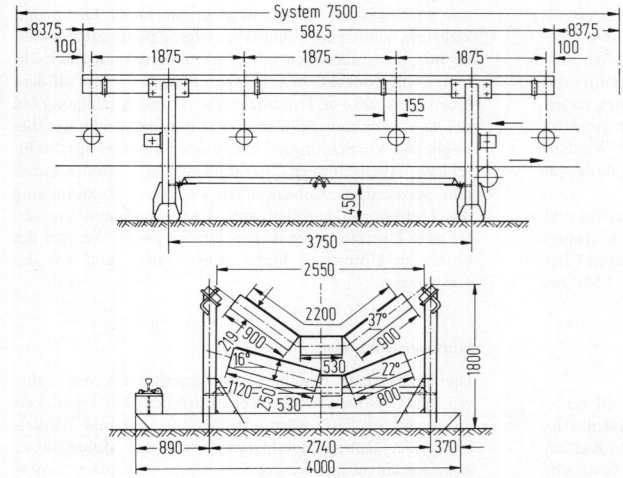

Bild 21. Rückbarer Traggerüststoß eines
Langstreckengurtförderers. Rollengirlanden an
festen Längsholmen (oben), an einer Stütze (unten).
Fördergutstrom 17000 t/h bei 6,5 m/s Fördergeschwindigkeit (Rheinbraun AG, Köln)

3.3 Stetigförderer, Zug- und Tragorgan getrennt. Conveyors with separate components for hauling and carrying

3.3.1 Gliederförderer. Conveyors with articulated links

Gleichartige Förderelemente (Platten, Tröge, Kästen, Becher, Gehänge, Kratzer) sind an einem endlosen Zugmittel (Rundstahlkette, Laschenkette, Sonderkette, Gurt, Drahtseil) in gleichen Abständen aneinandergereiht. Die in DIN 22200 angegebenen Berechnungsgrundlagen beziehen sich auf Platten- und Kastenband- sowie Trogbandförderer. Sinngemäße Anwendung auch auf Kreisförderer. DIN 22200 behandelt nur Berechnungsgrundsätze von *Gliederbandförderern*.

Gliederbandförderer

Je nach Ausbildung der Tragglieder: *Platten-, Trog-* und *Kastenbänder;* sie überdecken sich gelenkig; bei Plattenbändern für Stückgut auch stumpf aneinanderstoßend. Genormte Abmessungen und Anordnungen: allgemein DIN 15275; Trogbandförderer mit zwei Kettensträngen und außenliegenden, mitwandernden Rollen: DIN 22241 (Ketten neben oder unter dem Bandglied), mit einem Kettenstrang DIN 22242.

Zugmittel (s. G6). Zerlegbare Gelenkketten DIN 686 oder Stahlbolzenketten DIN 654 mit ein- oder zweiseitigen Befestigungslappen; an Stelle der Tempergußausführung Buchsenförderketten mit gekröpften Stahllaschen; für schwereren Betrieb auch Stahlgelenkketten mit geraden Laschen (DIN 8165 und DIN 8175), oder als Buchsenketten mit glatten oder Bund-Laufrollen DIN 8166, Rundstahlketten DIN 764 auch in hochfester Sonderausführung, hauptsächlich für Trogbänder. Anordnung zwei- oder einsträngig; letztere erforderlich bei kurvengängigen Gliederbändern.

Tragglieder. Leisten oder Platten aus Holz oder Stahl für Stückgut-Plattenbänder. Für Schüttgut sich überdeckende Platten, z.B. Platten-Doppelglieder DIN 22204. Bei den Trogbändern überdecken sich auch die hochgezogenen Seitenwände schuppenförmig, **Bild 23.** Kasten werden gebildet durch eingezogene Querwände: Kasten-Doppelglieder DIN 22207 und Verladekasten-Doppelglieder DIN 22208; Einzelteile zu Doppelgliedern DIN 22210.

Abstützung. Sie erfolgt beim Gliederband durch Laufrollen und Führungsschienen; selten schleifend oder auf Stützrollen. Meist werden die mit Bund (Spurkranz) versehenen Laufrollen auf im Zugmittel befestigten Steck- oder durchgehenden Achsen fliegend mittels Wälzlagern gelagert (**Bild 23b–d**).
Anordnung im Abstand von 1 bis zu 12 Kettenteilungen. Außenabmessungen der Laufrollen für Trogbandförderer DIN 22243. Bei kurvengängigen Gliederbändern zusätzlich Führungsrollen mit senkrechter Achse.

Antrieb und Umlenkung. Sie erfolgen durch Kettenräder oder Kettensterne (Turasse) aus Grau- oder Stahlguß. Antriebsstation für Trogbandförderer gemäß DIN 22244. Fördergeschwindigkeiten 0,1 bis 1,2 m/s. Lange Trogbandförderer erfordern Anlaufkupplungen (z.B. Flüssigkeitskupplung); hier auch Zwischenantrieb anwendbar, bei dem kurze endlose Kette mit Mitnehmern in die Förderkette eingreift. An Umkehre gefederte Spindelspannvorrichtung, **Bild 17b**.

Anwendung. Holz- und Stahlplattenbänder für Stückgüter, insbesondere in der Fließfertigung. Trogbänder für schwere, grobstückige, stark schleißende, auch heiße Stück- oder

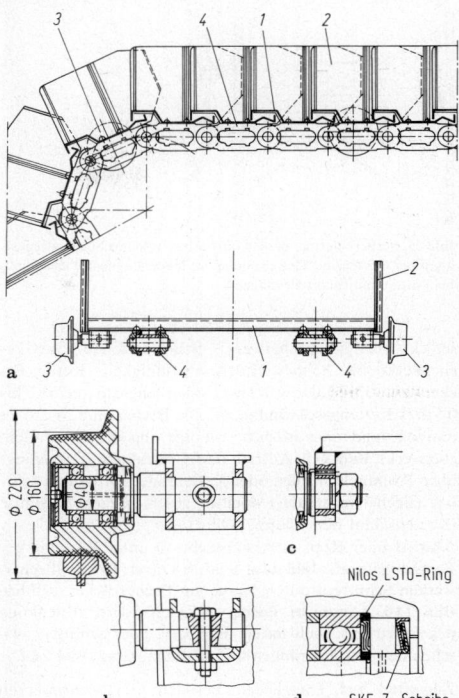

Bild 23. a Plattenband mit seitlichen Borden, *1* Platten, *2* Borde, *3* Laufrollen, *4* Ketten, **b** Laufrolle mit Befestigung durch Steckachse, **c** Befestigung mit Mutter, **d** Lagerdichtung (Aumund, Rheinberg)

Schüttgüter, z.B. kurze Bunker-Austragbänder, Förderbänder für Kohle und Berge unter Tage (Fördergutstrom bis 300 t/h, Förderlänge bis 400 m mit Antrieb am Kopf und Schluß des Bands; größere Längen mit Zwischenantrieben); bei Steigungen (bis 50°) Kastenbänder (z.B. für Koksverladung).

Becherwerke

Senkrecht- oder Schrägbecherwerke (Elevatoren) mit Bechern als Tragorgan, die am Zugorgan (Gurt, Ein- oder Zweistrangkette) befestigt sind. Selbstschöpfend (Schöpfbecherwerk), **Bild 24a**, oder durch Aufgabetrichter be-

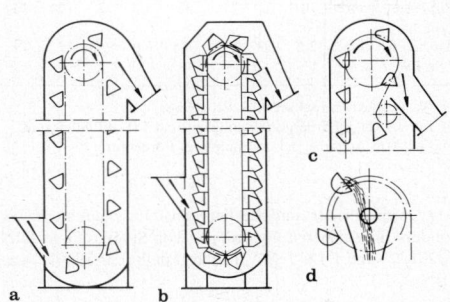

Bild 24. Becherwerke. **a** Schöpfbecherwerk (Abwurf durch Zentrifugalkraft); **b** Vollbecherwerk (Abwurf durch Zentrifugalkraft); **c** Becherführung bei Abwurf durch Schwerkraft; **d** Schwerkraftentleerung mit Mittenaustrag

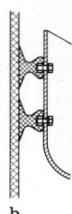

a   b

Bild 25. Becherbefestigung bei Gurtbecherwerken. **a** Segmentbefestigung bei Gurten mit Gewebeeinlagen; **b** Schwingmetallbefestigung bei Gurten mit Stahlseileinlagen

schickt (Aufgabebecherwerk). Schnellaufende Gurt-Becherwerke bis 2,5 m/s Gurtgeschwindigkeit; Ketten-Becherwerke mit 1,0 bis 1,2 m/s oder langsam mit 0,3 bis 0,5 m/s Kettengeschwindigkeit. Die Becher sind in größerem Abstand oder in dichter Folge angebracht (Vollbecherwerk), **Bild 24b**. Antrieb und Umlenkung (Spannung) über Trommeln, Rollen oder Kettenräder. Offen und fahrbar (Becherwerkslader) oder in geschlossenem Gehäuse (Kastenschlot oder Doppelschlot).

Abwurf über Kopf in Abgabeschurre unter Wirkung der Zentrifugalkraft, **Bild 24a, b** (ab 0,8 m/s); bei Vollbecherwerken Schüttgut durch Rinne am Becherrücken geführt, **Bild 24b**. Langsame Becherwerke erfordern Ablenkung des Leertrums nach innen, **Bild 24c**, oder schütten zwischen den Kettensträngen aus, Mittenaustrag, **Bild 24d**.

Zugmittel und Tragglieder. Bei den Gurtbecherwerken werden die Becher am Textil-, Gummi- oder Drahtgurt mittels Tellerschrauben und Tellerscheiben angebracht: DIN 15236 Bl. 1 und DIN 15237; auch *Segment*-Befestigung ausgeführt, **Bild 25a**; bei Verwendung von Gummigurten mit Stahlseileinlagen für Hochleistungsbecherwerke Befestigung an aufgeklebten Gummiprofilleisten (*Schwingmetall*), **Bild 25b**. Befestigung der Becher an Stahlbolzenketten, Rundstahlketten oder Buchsenketten durch Schrauben gemäß DIN 15236 Bl. 3, 4 und 5. Becherformen (0,1 bis 140 l) je nach Schüttgut genormt (DIN 15231/35) aus Blech, auch aus Leichtmetall oder Kunststoff, **Tab. 5**.

Tabelle 5. Senkrechtbecherwerke (DIN 15251) mit Bechern (DIN 15234) (Beumer, Beckum)

Becherbreite in mm	160	200	250	315	400	500	630	800
Becherinhalt[a] in l	1,5	2,4	3,75	6	9,5	15	21,6	37,5
Fördergutstrom[b] in m³/h	10	16	21	33	52	72	100	140
Antriebsleistung[c] in kW	2,6	2,9	3,7	4,4	6,6	9,2	12	19

[a]) Wasserinhalt bei senkrechter Becherlage.
[b]) Für 1,15 m/s Fördergeschwindigkeit und 75% Füllungsgrad.
[c]) Für 20 m Achsabstand und normales Fördergut.

Als Doppelglieder sind Becher nebst Laschenketten, besonders für Aufbereitungsanlagen von Steinkohle in DIN 22201/03 und DIN 22211/13 dargestellt; Einzelteile dazu DIN 22210.

Antrieb und Umlenkung. Antriebswelle im Becherwerkskopf trägt Antriebstrommel bzw. Antriebsrollen, Antriebskettenräder oder Turasse (Vierkantsterne DIN 22214, Sechskantsterne DIN 22215). Ungleichförmige Kettenge-

schwindigkeit, die zusätzlich Trägheitskräfte im Zugorgan ergibt, wird in Kauf genommen. Die Umkehre im Becherwerksfuß wird durch Schraubenspindel (ohne oder mit Feder) oder gewichtsbelasteten Hebel gespannt. Bei Antrieb durch Käfigläufermotor Turbokupplung als Anfahrhilfe.

Anwendung. Zur Schräg- und Senkrechtförderung (ab etwa 50°) auf Höhen bis 60 m (max. bis 120 m), Fördergutstrom bis 400 kg/s. Gurtbecherwerke für Getreide und andere leichte Schüttgüter. Kettenbecherwerke in Kies-, Kohle-, Erz-Aufbereitungsanlagen, in der Industrie der Steine und Erden; als Bestandteil von Eimerketten-Naßbaggern.

Fördergutstrom. Er ergibt sich aus dem Becherinhalt (*Wasserinhalt*) V, dem Füllungsgrad φ, der Schüttdichte ρ, der Fördergeschwindigkeit v und dem Becherabstand a zu

$$\dot{V} = (V\varphi v)/a, \quad \dot{m} = (V\varphi \rho v)/a, \tag{11}$$

z.B. mit V in m³, v in m/s, a in m und ρ in kg/m³. Füllungsgrad $\varphi = 0{,}6...0{,}8$ bei kleinstückigem, $0{,}4...0{,}5$ bei grobstückigem Schüttgut; auch bei größeren Fördergeschwindigkeiten kleinere Füllungsgrade.

Leistungsbedarf und Kräfte im Zugorgan. In Anlehnung an DIN 22200 und [30] berechnet sich die Beharrungsleistung P_U an der Antriebswelle zu $P_U =$ Hubleistung + Reibungsleistung + Schöpfleistung

$$P_U = \dot{m}gH + P_R + P_S,$$

z.B. mit P in kW für $\dot{m}$ in kg/s, H in m und g in m/s². Für die Reibungsleistung kann bei Senkrecht-Kettenbecherwerken geschrieben werden

$$P_R = Hgf[\dot{m} + (2m'_B + 2F_{TV}/Hg)v], \tag{12}$$

mit H Förderhöhe, f Gesamtverlustbeiwert (abhängig von Vorspannkraft F_{TV}; $f = 0{,}07$ bei kleiner, $0{,}03$ bei großer Vorspannkraft), m'_B Masse eines leeren Becherstrangs pro Längeneinheit. F_{TV} Vorspannkraft je Becherstrang (herrührend von Spanngewicht, Spannspindeln oder sonstigen Spanneinrichtungen, einschließlich Gewichtskraft der unteren Umlenktrommel). Der bei Gurtbecherwerken auftretende Umlenkwiderstand beim Biegen des Gurts um die Trommeln sowie der Trommellagerwiderstand können vernachlässigt werden.

Die bei Becherwerken erforderliche *Schöpfleistung* P_S kann mit Hilfe der Diagramme **Bild 26** und **Bild 27** (aus [30]) ermittelt werden:

Bild 26 zeigt die spezifische Schöpfarbeit in Abhängigkeit von der Bechergeschwindigkeit v in m/s für verschiedene Materialien. Die Kurven wurden experimentell an einem Becherwerk mit 400 mm Becherbreite, einer Becherausladung l von 0,244 m bei einer Becherfolge von mehreren Sekunden gewonnen. Bei anderer Becherausladung und anderen zeitlichen Becherfolgen sind die Diagrammwerte mit einem Minderungsfaktor K zu multiplizieren, der in **Bild 27** über der „relativen zeitlichen Becherfolge" aufgetragen ist; diese beträgt nach der Zahlenwertgleichung $t_F = 0{,}244 \cdot a/(lv)$, wobei a in m der Becherabstand und l in m die Becherausladung sind. Für einen Fördergutstrom $\dot{m}$ in kg/s wird mit den Diagrammwerten A_S in Nm/kg und K die Schöpfleistung in W

$$P_S = KA_S\dot{m}. \tag{13}$$

Die Motorleistung P_{Mot} ergibt sich aus P_U durch Division durch den Getriebewirkungsgrad $\eta_a \approx 0{,}90$ und gegebenenfalls den der Turbokupplung $\eta_T \approx 0{,}97$.

Die *größte Zugkraft* im Ketten- oder Gurtstrang für den Beharrungszustand folgt aus der Umfangskraft an Antriebsrädern (an der Antriebstrommel) und der Becherstrangmasse zu

$$F_{T1} = P_U/v + m'_B gH + F_{TV}. \tag{14}$$

Bei schnellaufenden Becherwerken ist zu beachten, daß der Anteil der Zugkraft, der durch den Schöpfwiderstand

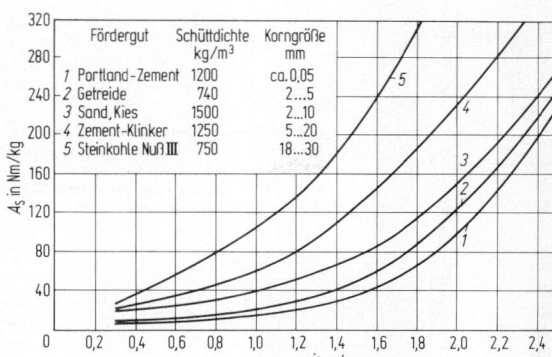

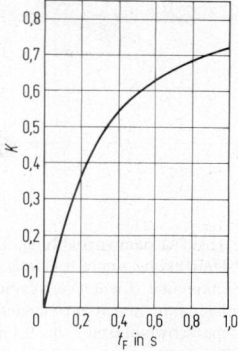

Bild 26. Spez. Schöpfarbeit A_S als Funktion der Bechergeschwindigkeit v für verschiedene Fördergüter [30]

Bild 27. Minderfaktor K in Abhängigkeit von der relativen zeitlichen Becherfolge t_F [30]

verursacht wird, beim Schöpfen von Null über einen Mittelwert F_S bis zu einem Wert von $2F_S$ etwa geradlinig ansteigt und ebenso wieder auf Null abfällt. Der Höchstwert $F_{S\,max}$ ist aus der Schöpfleistung zu ermitteln

$$F_{S\,max} = 2F_S = 2 \cdot P_S / v.$$

Die höchste Zugkraft während des Anfahrens kann durch eine Turbokupplung zwischen Motor und Getriebe auf das 1,5fache der Kraft im Beharrungszustand begrenzt werden.

Pendelbecherwerke. Die gegossenen, meist aber aus Stahlblech geschweißten Becher (30 bis 300 l) sind in gleichen Abständen an Achsen pendelnd zwischen zwei mit Laufrollen versehenen endlosen Laschen-Kettensträngen aufgehängt (vgl. DIN 15256, Pendelbecherwerke). Kettengeschwindigkeit 0,25 bis 0,5 m/s. Beschicken durch vom Becherstrang selbst getätigte Fülleinrichtungen z.B. Fülltrommel mit Schlitzen, deren Entfernung voneinander dem Becherabstand entspricht). Schüttgutabgabe durch Kippen der Becher um etwa 90°. Die Becherstirnwände tragen hierfür Rollen oder Nocken, die gegen ein- und ausrückbare Kurvenbahnen der ortsfesten oder verschiebbaren Kippvorrichtung fahren. Führung des Becherstrangs waagerecht, schräg, senkrecht; auch raumbewegliche Ausbildung möglich.
Als *Zugmittel* dienen meist zweisträngige Förderketten (z.B. DIN 8165, mit Rollen DIN 8166); die Becher werden mittels Flanschlagern an den Kettenachsen aufgehängt.
Anwendung für Bunkerbekohlung und Aschetransport in kleineren Kraft- und Gaswerken, aber auch für andere Schüttgüter, wenn Förderweg von der Horizontalen in die Vertikale abgelenkt werden muß und Abgabeort wechselt.

Kreisförderer

An Laufrollenpaaren (einem oder zwei), die durch eine offene oder geschlossene Laufbahn geführt werden, sind angepaßte Traggliedern z.B. ein- oder mehrstöckige Plattformen, Gestelle, Gabeln, Bügel, Haken, Mulden, Behälter. Sie sind durch eine endlose Kette verbunden, die über ein Kettenrad angetrieben wird (bei längeren Strecken mehrmals auch durch Mitnehmerketten): Ab- und Umlenkung durch Kettenräder, Scheiben oder Rollenbatterien; Spannvorrichtung erforderlich. Beliebige Streckenführung mit raumbeweglicher Kette, Aufnahme und Abgabe des Förderguts von Hand oder selbsttätig. Vorwahl der Abgabestellen durch rechnergestützte Zielsteuerungen.

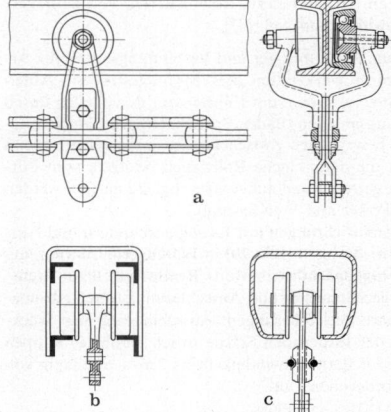

Bild 28. Kreisförderer. **a** Laufrollenpaar mit Steck-Kette auf I-Laufbahn; **b** Winkelschienen-Laufbahn; **c** Kastenprofil-Laufbahn

Laufbahnen und -rollen. I-Schiene für Einschienen-Kreisförderer, **Bild 28a.** Winkelstahlschienen für Zweischienen-Kreisförderer, DIN 15281 und **Bild 28b**; Rohr mit Schlitz (Tubusförderer, Stotz AG, Stuttgart-Kornwestheim); Kastenprofil, **Bild 28c**. Die Rollen (glatt oder mit Bund) laufen auf Wälz- oder Gleitlagern, DIN 8166.

Zugmittel. Die Ketten, raumbewegliche Rundstahlketten DIN 762, Stahlbolzenketten DIN 654, Förderketten DIN 8165 (nötigenfalls mit Kardangelenk), im Gesenk geschmiedete, zerlegbare Steck-Ketten (**Bild 28a**) greifen an einem einfachen oder doppelten Zugbügel des Laufrollenpaars unterhalb der Laufbahn an. Am Zugbügel ist auch das Gehänge beweglich befestigt. Bei rohrförmiger Laufbahn Kettenangriff auch in Mitte Laufrollenachse; dann Rollenpaare abwechselnd mit um 90° versetzten Achsen an Kardankette befestigt. Drahtseile als Zugmittel selten.

Antrieb und Umlenkung. Antriebsort günstig hinter Strecken großen Bewegungswiderstands, z.B. hinter Steigungen und nach Gutabgabe. Antriebskettenrad in waagerechter Kurve; Mitnehmerkettenantrieb auf waagerechter gerader Strecke; Antrieb- und Umlenkkettenräder der Kettenart angepaßt; Kettenumlenkung in waagerechter Ebene auch durch Rollenkurven. Kettenspannung mittels Spin-

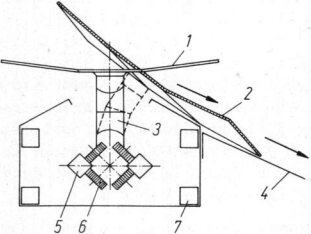

Bild 29. Kippschalen-Sortierförderer (Beumer, Beckum). *1* Taktband, *2* Beschleunigungsband, *3* Einschleusband, *4* Dreh-Kippelement mit Schale, *5* Rutsche zur Endstelle, *6* Dreh-Kippelement mit Schale (gekippt)

del- oder Gewichtsspannvorrichtung, die an verschiebbarer 180°-Umlenkung angreift. Umlenken des Förderstrangs in senkrechter Ebene (Vertikalbögen) durch Führen der Rollenpaare in entsprechender Laufbahnkrümmung. Kettengeschwindigkeit v bis 0,4 m/s; oft stufenlos regelbar. Fördergutstrom $\dot{m} = (mv)/a$; m Gutmasse in kg je Tragglied, a in m Abstand der Glieder.

Zur Berechnung des Leistungsbedarfs und der Kettenzugkraft aus den Einzelwiderständen (Fahrwiderstand, Widerstand an Umlenkrädern, Rollenkurven, Vertikalbögen, Steigungswiderstand) vgl. [31].

Anwendung. Als Zubringer und Verbindungsmittel für Arbeitsplätze in Werkstätten (z.B. Montagestraßen), Abteilungen, Stockwerken; zum Führen von Einzelteilen durch Behandlungsanlagen (Bäder, Spritzkammern, Trockenräume); als bewegliches Zwischenlager, insbesondere wenn Gehänge, die dann eigene Rollwagen besitzen, vom Förderstrang getrennt und auf Ausweichgleise geleitet werden können (Power and Free-System).

Als Sortiereinrichtungen mit Einschleusbändern und Ausschleuseinrichtungen (**Bild 29**) in Warenverteilzentren und in der Fluggepäckdistribution. Rechnergestützte Steuerung der gezielten Ein- und Ausschleusung durch automatisch lesbare Zielcodierungen. Ausschleusung des Stückguts von der fördernden Schale durch geführtes Kippen (**Bild 30**). Fördergeschwindigkeit bis 2 m/s, abhängig von dem zu fördernden Gut.

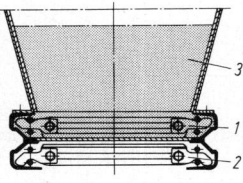

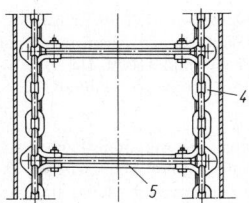

Bild 31. Rinnen- und Kettenausführung eines Doppelketten-Kratzerförderers zum Bunkeraustrag (Aumund, Rheinberg). *1* Förderndes Trum, *2* Rücklaufendes Trum, *3* Bunkerinhalt, *4* Rundstahlkette, *5* Mitnehmer

Kratzerförderer

In waagerechter oder wenig geneigter feststehender Holz- oder Stahlblechrinne schieben Kratzerbleche oder -stege, die an Ein- oder Doppelstrangkette befestigt sind, kleine Schüttguthaufen vor sich her. Stützung der Kratzer durch mitlaufende Rollen; Rückführung des Leertrums ober- oder unterhalb des Fördertrogs. Zum Erzielen niedriger Bauhöhe für Bunkerabzug; Gleitstützung von Ketten und Stegen, **Bild 31**.

Trotz einfacher Bauweise und hohen Leistungsbedarfs Anwendung als Bunkeraustragsorgan (z.B. für aggressive

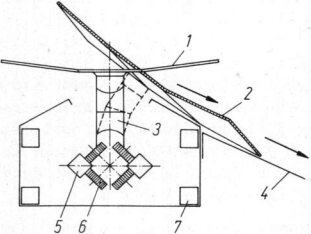

Bild 30. Kippschalen-Sortierförderer (Beumer, Beckum). *1* Schale fördernd, *2* Schale gekippt zum Ausschleusen des Stückguts, *3* Dreh-Kippelement, *4* Rutsche zur Endstelle, *5* Kettenlaufgerüst, *6* Kettenlaufrollen, *7* Gerüst

Schüttgüter). Untertageausführung ist häufigstes Strebfördermittel im Steinkohlenbergbau.

Kratzerförderer für den Bergbau werden aus 1,5 m langen Rinnenschüssen zusammengesetzt, deren Verbindung eine geringe Ablenkbarkeit in der Waagerechten und Senkrechten gestattet. Zugmittel: hochfeste Rundstahlketten DIN 22 252. Häufigste Bauart heute im Steinkohlenbergbau unter Tage mit Doppelmittelkette. Antrieb vom Elektromotor (mit Flüssigkeits- oder mechanischer Anlaufkupplung) über Untersetzungsgetriebe auf Kettensternräder. Fördergeschwindigkeit 0,6 bis 0,9 m/s. Kohlenstrom je nach Förderergröße 25 bis 85 kg/s. Förderlänge bis 200 m (mit Kopf- und Schlußantrieb). Rinnenkonstruktion gestattet, Gewinnungsmaschine (Schrämmaschine, Kohlenhobel) zu tragen und zu führen. Einfach- und Zweifach-Kratzerkette für Gleitstützung DIN 8177 (Stahlgelenkkette mit Mitnehmern).

Trogkettenförderer

Im Gegensatz zum Kratzerförderer wird hier eine Einstrang- oder Zweistrangkette mit eng aufeinanderfolgenden Mitnehmern in einem geschlossenen Trog mit mäßiger Geschwindigkeit ($\approx 0,3$ m/s) vorwärtsbewegt. An der Aufgabestelle fällt das Fördergut (feinkörniges Gut oder Grobgut mit Feingut gemischt) auf das fördernde Kettentrum und wird zunächst durch die Querstege und dann durch die bereits in Bewegung befindliche Gutschicht mitgenommen. Die Bewegung der unteren Gutschichten wird bis zu einer bestimmten, sich selbst einstellenden Höhe auf die oberen übertragen, so daß das gesamte Fördergut zusammen mit der Kette einen mit gleichmäßiger Geschwindigkeit dahingleitenden Körper bildet. Förderung waagerecht und leicht geneigt, **Bild 32**; bei Vertikalkurven

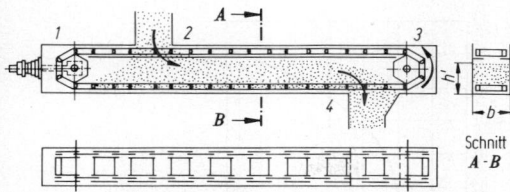

Bild 32. Waagerechter Trogkettenförderer mit Zweistrangkette. *1* Spannstelle, *2* Guteinlauf, *3* Antriebsstelle, *4* Gutauslauf

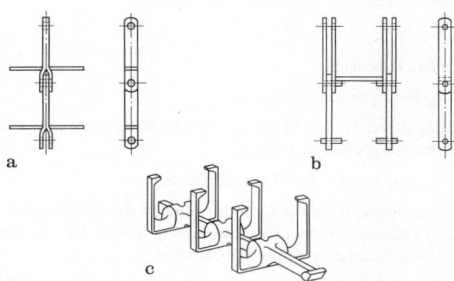

Bild 33. Kettenformen für Trogkettenförderer. **a** Einstrang-Gabelkette; **b** Zweigstrang-Blockkette; **c** Kette Bauart Redler

und Senkrecht-Förderung: besondere Ketten- und Trogausbildung. Mehrfach Auf- und Abgabe möglich.

Kettenformen und ihre Abmessungen. Für waagerechte und leicht geneigte Förderung DIN 15263 (daraus **Bild 33 a, b**); die nicht genormte U-förmige Ausbildung der Mitnehmer **Bild 33 c** ist auch für senkrechte Linienführung geeignet.

Antrieb und Umkehre über Kettenräder oder -sterne. Zu den genormten Ketten gehören Sternausbildungen nach DIN 15266/69. Antriebsgehäuse und Welle DIN 15264, Troganschlüsse DIN 15265. Kettenspannung an Umkehre mit ungefederter oder gefederter Spindelspannvorrichtung.

Berechnungsgrundlagen. Der Fördergutstrom $\dot{V}$ ergibt sich aus dem gefüllten Fördererquerschnitt bh' abzüglich der durch die Kette in Anspruch genommenen Fläche m'_K/ρ_K (m'_K Kettenmasse je Längeneinheit, ρ_K spez. Masse der Kette) und der Gutgeschwindigkeit (v Kettengeschwindigkeit, c Minderungsfaktor für Zurückbleiben des Guts gegenüber Kette: 0,6 bis 0,9 für fein- bis grobkörniges Gut und waagerechte oder wenig geneigte Förderung, 0,5 bis 0,7 für steiles oder senkrechtes Fördern) zu $\dot{V} = cv(bh' - m'_K/\rho_K)$ und mit der Schüttdichte ρ der Massenstrom (s. Gl. (1)), z.B. mit $\dot{V}$ in m³/s, m'_K in kg/m, ρ_K in kg/m³, v in m/s, ρ in kg/m³, b und h' in m.
Zum Zusammenhang zwischen Schüttguthöhe (über Mitnehmer), Kettenteilung und Trogbreite bei verschiedenen Schüttguteigenschaften und waagerechter sowie leicht geneigter Förderung vgl. [32].

Leistungsbedarf. An Antriebswelle angenähert mit Gesamtverlustbeiwert f_1 (0,75 bis 0,6 bei staubförmigem bis gröberem Gut; Kette gleitet auf dünner Gutschicht):

$$P_U = Lf_1 g(\dot{m} + 2m'_K \cdot v) + \dot{m}gH,$$

worin L Förderlänge und H Förderhöhe in m, $\dot{m}$ in kg/s, m'_K in kg/m einzusetzen sind, um P in W zu erhalten.

Anwendung. Für Mehl, Zucker, Zement, Brikettierkohle, Ölsaaten, Getreide, Chemikalien, jedoch nicht für klebri-

ges, backendes und stark schleißendes Gut; Transport auf kurze und mittlere Entfernung, Silobeschickung und -abzug, Schiffsentladung. Den Vorteilen schonender Gutbehandlung und staubdichter Förderung bei geringem Platzbedarf stehen Ketten- und Trogverschleiß nachteilig gegenüber.

3.3.2 Schneckenförderer. Screw conveyors

Förderndes Element ist eine Schraubenfläche aus Blech oder Bandstahl (selten Guß), die um ihre Achse gedreht wird und das Fördergut in einem Trog oder Rohr vorwärtsschiebt [33].

Schneckenförderer mit umlaufender Welle

Gelochte und längs eines Radius aufgeschnittene Blechronden sind zu einem Schneckengang gepreßt und untereinander und mit einer Rohrwelle (seltener Vollwelle) verschweißt. Vollschnecke, **Bild 34**; Herstellung der Schraubenfläche auch durch Walzen. Bei der *Bandschnecke* (für stückiges Gut) stützt sich eine Wendel aus Flachstahl mit Armen gegen die Schneckenwelle ab. Besondere Misch- und Rührwirkung durch einzeln auf die Welle aufgesetzte einstellbare Paletten, von denen jede den Teil einer Voll- oder Bandschnecke bildet: *Rührschnecke.* In die Rohrwelle werden Antriebs- und Endlagerzapfen eingenietet; Längen über 2,5 bis 3,5 m erfordern Zwischenlagerzapfen oder Flanschkuppelstücke; die zugehörigen am Trog aufgehängten Lager bedingen Unterbrechung der Schraubenfläche. Der Stahlblechtrog soll mit seiner Rundung eng an die Schraubenfläche anschließen (sonst erhöhter Abrieb und Zermahlen) und hat gewöhnlich gerade Seitenwände, die auf Abkantung oder Saumwinkel den Trogdeckel tragen. Verwendung von Gleit- oder Wälzlagern, wobei ein Lager auch Axialschub aufnehmen muß, der entgegen Förderrichtung wirkt: Anordnung so, daß Schneckenwelle auf Zug beansprucht. Welle vor Endlager an Trog-Stirnwand durch Stopfbuchse gedichtet, während Antriebslager meist als Flanschlager ausgebildet ist. Antrieb durch Elektromotor über Vorgelege; heute häufig Getriebemotor.
Abmessungen (**Tab. 6**) und Berechnungsgrundsätze nach DIN 15261 und 15262.
Mit Schneckendurchmesser D, Ganghöhe S, Drehzahl n, Schüttdichte des Förderguts ρ und Füllungsgrad φ (von 0,15 bei schwerem, stark schleißendem Fördergut bis 0,45 bei leichten, gut fließenden, nicht schleißenden Gütern) wird der Fördergutstrom $\dot{V}$ bzw. $\dot{m}$ beim waagerechten und leicht geneigten (bis $\delta = \beta_{dyn}$, dem dynamischen Böschungswinkel des Förderguts) Schneckenförderer mit Vollschnecke

$$\dot{V} = \varphi\pi D^2 Sn/4 \quad \text{bzw.} \quad \dot{m} = \rho\dot{V}. \qquad (15)$$

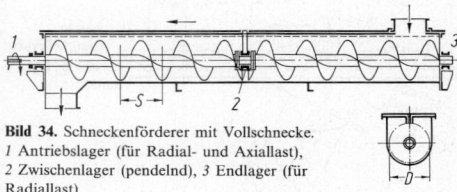

Bild 34. Schneckenförderer mit Vollschnecke. *1* Antriebslager (für Radial- und Axiallast), *2* Zwischenlager (pendelnd), *3* Endlager (für Radiallast)

Tabelle 6. Hauptdaten von Vollschnecken (DIN 15262)

Durchmesser D mm	160	200	250	315	400	500	630	800	1000
Ganghöhe S mm	160	200	250	300	355	400	450	500	560
Drehzahl n_{max} 1/min	148	120	96	80	68	60	52	48	40

Die *Antriebsleistung* P_U an der Schneckenwelle besteht aus einem Anteil P_R zur Überwindung der Reibungswiderstände (Verschiebewiderstandsbeiwert λ zwischen 4 und 2, vgl. **Tab. 2** in DIN 15262) und der Hubleistung P_H. Sie ergibt sich zu

$$P_U = P_R + P_H = Lg\lambda\dot{m}\cos\delta + \dot{m}gH. \qquad (16)$$

Steile und senkrechte Förderung mit Vollschnecken in Rohrtrog bei hoher Drehzahl möglich; hierfür gelten andere Berechnungsgrundlagen [34].

Anwendung. Schneckenförderer mit umlaufender Welle für staubförmige, feinkörnige bis stückige Fördergüter über verhältnismäßig kurze Entfernungen (selten über 40 m), vielfach als Zubringer oder Zwischenförderer; Verbindung von Förder- und Mischvorgang.

Schneckenrohrförderer

Andere seltenere Ausführungsform des Schneckenförderers. In dem auf Rollen gestützten, umlaufenden Rohr, meist großen Durchmessers, ist ein Schraubengang aus Flachstahl innen angeschweißt. Ganghöhe S gegenüber Rohrdurchmesser D klein ($S/D \approx 0,5$), ebenso Drehzahl, um Gutumlauf mit Rohr zu vermeiden; auch Füllungsgrad sinkt gegenüber Schneckenförderer auf etwa die Hälfte. Dagegen gute Mischwirkung; außerdem einfache Heiz- und Kühlmöglichkeit für das Gut während des Fördervorgangs.

3.4 Stetigförderer ohne Zugorgan, mit Energiezufuhr (Schwingförderer) Vibrating conveyors

Förderprinzip. Die trog- oder rohrförmige Rinne wird durch schnelle Schwingungen mit kleiner Amplitude voraufwärts und zurück-abwärts bewegt. Hin- und Rückgang der schräg gerichteten, im Idealfall sinusförmigen Schwingbewegung haben gleiche Zeitdauer. Das in der Rinne liegende Schüttgut wird hierdurch in eine fließende Bewegung versetzt.
Den Gutteilchen kann eine Mikro-Wurfbewegung zugeordnet werden (**Bild 35**), sie werden zunächst im Kontakt mit der Rinne bewegt und lösen sich, wenn die Vertikalbeschleunigung die Fallbeschleunigung überwindet.

Rinnen- und Gutbewegung [35, 36]. Mit den in **Bild 35** angegebenen Bezeichnungen wird bei sinusförmigem Schwingungsverlauf der *Rinnenweg* $s_R = r[1 - \cos(2\pi ft)]$ und daraus (nach zweimaliger Differentiation) die *Rin-*

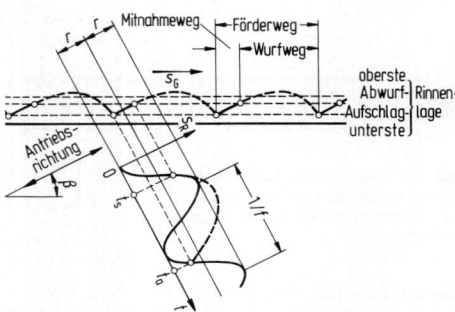

Bild 35. Schematische Darstellung der Mikro-Wurfbewegung bei Schwingrinnen. f Frequenz, r Amplitude, t Zeit, t_s Ablösezeitpunkt, t_a Aufschlagzeitpunkt, s_R Rinnenweg, s_G Gutweg, β Anstellwinkel üblich 25° bis 30°

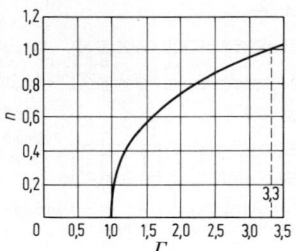

Bild 36. Diagramm zur Ermittlung des Faktors n

nenbeschleunigung

$$\ddot{s}_R = 4\pi^2 f^2 r\cos(2\pi ft).$$

Maßgebend für den Mikrowurf ist die Vertikalkomponente der Rinnenbeschleunigung

$$\ddot{y}_R = \ddot{s}_R \cdot \sin\beta = 4\pi^2 f^2 r\cos(2\pi ft)\sin\beta.$$

Kennzeichnend für die Gutbewegung ist das Verhältnis Γ der maximalen Vertikalbeschleunigung ($\cos(2\pi ft) = 1$) zur Fallbeschleunigung g, die *Wurfkennziffer*

$$\Gamma = (4\pi^2 f^2 r\sin\beta)/g \qquad (17)$$

($\Gamma \leq 1$: keine Wurfbewegung, $\Gamma > 1$: Wurfbewegung (Schwingrinne). Die Fördergeschwindigkeit v_{theor} des Guts ergibt sich aus der mittleren horizontalen Rinnengeschwindigkeit während der Haftzeit t_a bis t_s und der horizontalen Gutgeschwindigkeit während der Wurfzeit t_s bis t_a zu $v_{theor} = (gn^2 \cot\beta)/2f$.
Der Faktor n bedeutet den Anteil der Wurfzeit an der gesamten Periodendauer $T = 1/f$, also $n = (t_a - t_s)/T$ und ist mit dem Kennwert Γ verknüpft durch

$$\Gamma = \sqrt{\left(\frac{\cos 2\pi n + 2\pi^2 n^2 - 1}{2\pi n - \sin(2\pi n)}\right)^2 + 1}.$$

Diese implizite Funktion ist für die Berechnung von v_{theor} in **Bild 36** graphisch dargestellt, so daß zu der aus den gewählten Schwingrinnendaten f, r und β berechneten Wurfkennziffer Γ die Größe n daraus entnommen werden kann. Die Geschwindigkeitsformel gilt für den Bereich: $0 \leq n \leq 1$, entsprechend: $1 \leq \Gamma \leq 3,3$, d.h. bis zu einer Wurfzeit von einer Periodendauer. Die so errechnete theoretische Fördergeschwindigkeit stimmt mit der praktisch auftretenden bei körnigem Schüttgut und geringer Schütthöhe gut überein; bei normaler Schütthöhe wirkliche Fördergeschwindigkeit 10 bis 20% kleiner. Diese Minderung wird bedingt durch die Rückwirkung der Schüttguteigenschaften, wie Korngröße, Schüttdichte, Schütthöhe auf der Rinne.
Mit der Querschnittsfläche A und der Schüttdichte ρ des Förderguts wird der Fördergutstrom $\dot{m} = Av\rho$.
Werte für Frequenz und Amplitude sind durch die auftretenden Massenkräfte begrenzt. Größte Massenkraft (bei leerer Rinne) mit m als Masse der Rinne

$$F_{max} = m\ddot{s}_{R\,max} = m(4\pi^2 f^2 r), \qquad (18)$$

z.B. mit F in N, A in m², v in m/s, ρ in kg/m³, r in m, f in 1/s, m in kg.
Verhältnis $F_{max}/mg = K = 4\pi^2 f^2 r/g$; K heißt *Maschinenkennziffer* und gilt als Maß für die Beanspruchung der Rinnenteile; normale Schwingrinne $K = 3$ bis 10 meist ≤ 5 (mit $\beta = 30°$ wird hierfür $\Gamma = K\sin\beta = 2,5$). Masse des Förderguts wird durch Erhöhung von m um bis 20% berücksichtigt (Ankopplungsfaktor bis 0,2) [37, 38].
Bild 37 gibt den optimalen Anstellwinkel β zur Erzielung einer hohen Fördergeschwindigkeit als Funktion der

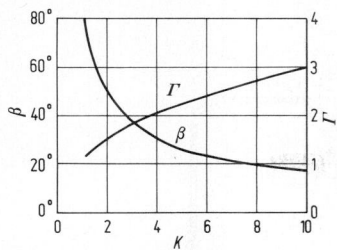

Bild 37. Anstellwinkel β zur Erzielung einer hohen Fördergeschwindigkeit als Funktion der Maschinenkennziffer K, sowie die zugehörige Wurfkennziffer Γ

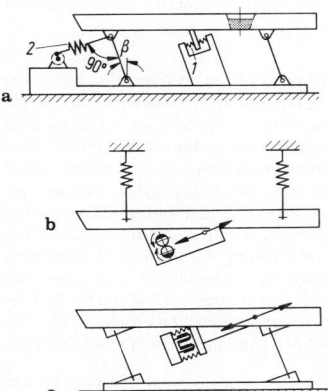

Bild 38. Schwingrinnenantriebe. **a** Schubkurbelantrieb, *1* Speicherfeder, *2* Koppelfeder; **b** Wuchtmassenantrieb, federnd aufgehängt; **c** elektromagnetischer Vibrator

Maschinenkennziffer K an, sowie die zugehörige Wurfkennziffer Γ.

Antriebsarten [39] (s. G 10). *Zwanglaufantrieb* durch Kurbeltrieb mit kleinem Schubstangenverhältnis ($\lambda = r/l = 0,1 \ldots 0,01$), Amplituden von 15 bis 3 mm, dazu Frequenzen f von 5 bis 25 Hz. Stützung der Rinne auf Lenkern oder Blattfedern aus Stahl. Zusätzliche Federelemente (Stahl oder Gummi), damit Eigenfrequenz des Systems nahe der Betriebsfrequenz, um Kraftbedarf zum Aufrechterhalten der Schwingung klein zu halten (Betriebsfrequenz $\approx 10\%$ kleiner als Resonanzfrequenz), **Bild 38 a**. Erreichbare Fördergeschwindigkeit 0,4 m/s.

Wuchtmassenantrieb mittels zweier um 180° versetzter, gegenläufiger, gleich großer Unwuchtmassen. Zum Antrieb verwendete gleiche Drehstrom-Asynchronmotoren laufen selbsttätig synchron, wenn sie auf einer gemeinsamen, beweglichen Plattform befestigt sind. Blatt- oder Schraubenfederstützung der Rinne, auch Gummifederstützung oder gefederte Aufhängung der Rinne; Amplituden 5 bis 0,5 mm; Frequenz 15 bis 30 Hz (kleinere Ausführungen bis 50 Hz), **Bild 38 b**. Fördergeschwindigkeit bis 0,25 m/s.
Werden die Unwuchtmotoren nicht starr mit der Rinne verbunden, sondern über Federn mit stark progressiver Kennlinie an die Rinne angeschlossen, so entsteht ein Zwei-Massen-Schwingsystem, das in der Nähe der Resonanz betrieben werden kann. Durch Schlupfregelung der Motoren über Drehstrom-Stelltransformatoren oder Thyristoren ist eine einfache Regelung der Schwingweite und damit des Fördergutstroms während des Betriebs möglich.

Antrieb durch elektromagnetischen Vibrator, **Bild 38 c**. Der Anker eines Elektromagneten ist mit der Rinne fest verbunden, während der mit einer Freimasse versehene Spulenkörper über vorgespannte Druckfedern mit der Nutzmasse (Anker, Rinne, Schüttgut) gekoppelt ist. Da die elektromagnetische Kraft dem Quadrat des Stroms proportional ist, erzeugt eine angelegte Wechselspannung von 50 Hz eine Rinnenfrequenz von 100 Hz, mit der kleinere Rinnen betrieben werden. Die größeren Ausführungen werden über Einweggleichrichter angeschlossen, so daß die Rinne mit 50 Hz schwingt. Amplituden 0,05 bis 1 mm. Einfache Änderung der Amplitude und damit der Fördergeschwindigkeit, auch während des Betriebs, mittels vorgeschalteten Spannungsreglers. Fördergeschwindigkeit bis 0,12 m/s.
Zur Erzielung größerer Fördergeschwindigkeiten, leiseren Laufs und kleinerer dynamischer Kräfte Betrieb auch mit 25 Hz; Anschluß an das übliche Netz von 220 V/50 Hz über Thyristor-Geräte.

Anwendung. Zur Förderung stückiger, grob-feinkörniger Schüttgüter, auch wenn mechanisch oder chemisch aggressiv (Rinne oder Auskleidung aus nicht rostendem Stahl, Gummi, Kunststoff), auf kurze Entfernungen bis ≈ 30 m mit einer Einheit; größere Förderstrecken durch Aneinanderreihen mehrerer Einzelrinnen; waagerecht und leicht geneigt. Fördergutstrom bis 250 kg/s; als Bunkerabzugsrinnen, Aufgabe- und Dosierrinnen, Schüttelsiebe. Das Förderverfahren ergibt geringen Rinnenverschleiß und Leistungsbedarf.

3.5 Stetigförderer ohne Zugorgan und ohne Energiezufuhr (Schwerkraftförderer)
Gravity conveyors

3.5.1 Rutschen. Chutes

Offene oder geschlossene Rinnen (Rutschen, Schurren, Rohre) fördern in gerader oder gekrümmter Ein- oder Mehrwegbahn Schüttgut oder Stückgüter geneigt oder senkrecht abwärts. Erforderliches Gefälle δ größer als Reibungswinkel ρ_r der Ruhe zwischen Rutsche und Gut ($\tan \rho_r = \mu_r$).
Praktisch angewendete Gefälle für gerade *Stahlblech-Rutschen:* Getreide 30 bis 35°, Säcke 25 bis 30°, Kohle je nach Stückigkeit 30 bis 40°, Erze $\approx 45°$, Salze $\approx 50°$, staubförmige Güter $\approx 60°$. Die Austrittsgeschwindigkeit aus der Rutsche (Anfangsgeschwindigkeit gleich Null) bei Höhenunterschied h, Rutschenneigung δ und Gleitreibungsbeiwert μ_{gl} zwischen Rutsche und Gut wird

$$v_a = \sqrt{2gh(1 - \mu_{gl}\cot\delta)}.$$

Formen feststehender Rutschen für den Bergbau DIN 20902. Bei *Kurven- und Wendelrutschen* wird als Weg des Schwerpunkts der Fördergutstücke eine Schraubenlinie vorgesehen. Rutschenboden dabei in Kreis-, Ellipsen- oder Parabelform [40]. Offene Wendelrutschen mit Mittelsäule für Pakete und Säcke; geschlossene, in Rohrschüssen von 850 bis 1450 mm Durchmesser eingebaute Wendeln für Abwärtsförderung von Kohlen und Bergen unter Tage (1,5 m/s, bis 100 kg/s Kohle bei 1250 mm Wendelaußendurchmesser).
Teleskop-Fallrohre zum Niedertragen von Schüttgut (auf Lagerplätze, in Schiffe).

3.5.2 Rollenbahnen. Roller conveyors

In Flach- oder Winkelstahlrahmen sind engaufeinanderfolgend Tragrollen mit fester Achse angeordnet. Abmessungen DIN 15291. Notwendiges Gefälle bei kugelgelagerten Rollen 2 bis 5%. Die Rahmen von 1 bis 3 m Länge, auf höhenverstellbaren Böcken oder fest gestützt, werden zur Bahn zusammengesetzt. Kurvenweichen, Drehscheiben- und aufklappbare Durchgangsstücke, Senkrecht-Abwärtsfördern mit Wendelrollenbahn.

Kurvenstücke können zwar mit zylindrischen Rollen in radialer Anordnung gebildet werden, ergeben aber teilweises Gleiten des Stückguts, das verringert wird durch Unterteilen der zylindrischen Rollen oder Verwenden kegeliger Tragrollen.

Bei längeren Förderstrecken Wiederanheben des Stückguts durch angetriebene Rollen (Kettentrieb). Leichte Rollenbahnbauart: *Scheibenrollen- oder Röllchenbahnen.* Sie bestehen aus kugelgelagerten Scheibenrollen, die auf dünnen, im Rahmen eingespannten Achsen laufen.

Kugeltische zum leichten Verschieben von Stückgut von Hand in waagerechter Ebene. Kugeln sitzen in Kugeltöpfen, auf kleinen Kugeln gestützt.

Vielseitige *Anwendung* für Stückgut mit ebener Bodenfläche, z.B. Pakete und Kisten beim Warenumschlag und in Lagern. In Werkstätten, insbesondere Gießereien, für Werkstücktransport.

3.6 Strömungsförderer. Fluid operated conveyors

3.6.1 Förderung im Luftstrom. Pneumatic conveyors

Für den pneumatischen Transport der Gutteilchen von einer Einführungs- zu einer Austragstelle ist in der Förderrohrleitung eine Mindestluftgeschwindigkeit erforderlich. Je nach Erzeugung des tragenden Luftstroms zwei Förderarten: Förderung im *Saugluftstrom:* Gebläse am Ende der Förderstrecke; Förderung von mehreren Aufnahmestellen nach Sammelstelle. Förderung im *Druckluftstrom:* Drucklufteinführung am Anfang der Förderstrecke; Förderung von einer Aufgabestelle nach mehreren Verteilerstellen. Saug- und Druckanlagen auch hintereinander schaltbar (Sonderfälle). Beide Verfahren für staubförmige, körnige, kleinstückige Schüttgüter geeignet. Neben der pneumatischen Flugförderung (Dünnstromförderung) erlangt die pneumatische Dichtstromförderung zunehmende Bedeutung.

Saugluft-Förderanlagen

Bild 39. Aufnahme des Förderguts durch Saugdüse *1;* Weiterführung in Rohrleitung *2* (flexible Zwischenstücke, Gelenke) zum Abscheider *3.* Dort fällt das Fördergut infolge Richtungsänderung der Luftströmung und erheblicher Querschnittsvergrößerung (Verringerung der Luftgeschwindigkeit) aus. Ausschleusen des Förderguts mittels Zellenrads (ohne Förderunterbrechung). Reinigen der Trägerluft in Trocken-Staubabscheider *4* (*3* und *4* auch in einem Rezipienten vereinigt). Erzeugen des Saugluftstroms durch Vakuum-Kolbenpumpe *5* (0,2 bis 0,5 bar Unterdruck). Anlagen ortsfest, verfahrbar, schwimmend.

Statt der Luftpumpe mit Scheibenkolben werden verwendet: Drehkolbenpumpen (Rotationsgebläse), Wasserringpumpen (unempfindlich gegen Staub, aber nur für kleinere Leistungen), Zentrifugalventilatoren; letztere dort, wo Fördergut durch Luftstromerzeuger hindurchtritt (z.B. Späneabsauganlage). Für mehr oder minder gute Förderbarkeit eines Schüttguts im Luftstrom ist dessen Schwebegeschwindigkeit maßgebend, worunter die Luftgeschwindigkeit verstanden wird, bei der die Teilchen im senkrechten Luftstrom gerade in Schwebe gehalten werden (abhängig von Teilchenform und -größe, Dichte von Teilchen und Luft). Die für den Fördervorgang notwendige Luftgeschwindigkeit ist wesentlich größer (20 bis 40 m/s).

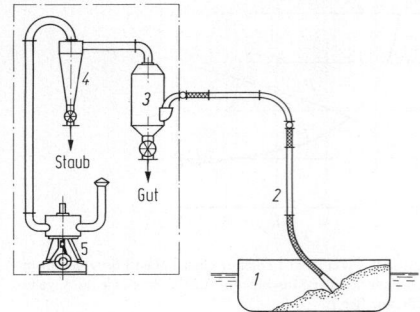

Bild 39. Schema einer Saugluftförderanlage (Erläuterungen im Text)

Der *Energiebedarf* ist hoch; er beträgt z.B. bei einem aus dem Vollen ansaugenden Getreideheber der 40 t/h durch ein Rohr von 120 mm Durchmesser auf 20 bis 25 m Höhe fördert (geringe waagerechte Förderstrecke) etwa 1 kWh/t an der Pumpenantriebswelle. *Anwendung* daher nur, wenn Vorteile des Verfahrens: große Anpassungsfähigkeit, bequeme Verlegung und geringer Raumbedarf der Rohrleitung, ruhiges staubfreies Arbeiten, Durchlüftung (Getreide) und Kühlung des Förderguts (chemische Erzeugnisse), Wegfall von Trimmarbeit (Aufnahme von Restmengen möglich) überwiegen. Überbrückbare Förderstrecke bis 300 m; erreichbare Förderhöhe 25 m; Fördergutstrom bei großen Getreidehebern 150 (bis 500) t/h je Einheit.

Druckluft-Förderanlagen

An der Aufgabestelle wird das Fördergut einem Gebläse- oder Druckluftstrom zugegeben. Abschluß gegen Außenluft durch Fördergut selbst (**Bild 40a**) bzw. durch Zellenrad; bei staubförmigem Gut unter Zwischenschalten einer raschlaufenden Preßschnecke (**Bild 40b**) Gutzufuhr auch durch Mehrkammer-Schleusensystem. Abgabe aus der Förderleitung in Abscheider, die unten mit Gutaustrittsstutzen, oben mit Abluftöffnung versehen sind.

Drucklufterzeuger. Gebläse bis 0,03 bar (Exhaustoren für Getreideförderung auf Entfernungen bis 100 m); Drehkolbenverdichter 1,3 bis 1,8 bar (für normale Druckluftförderanlagen bis 100 t/h über Entfernungen bis 500 m); bei staubförmigem Gut und Preßschnecke: Preßluftdruck

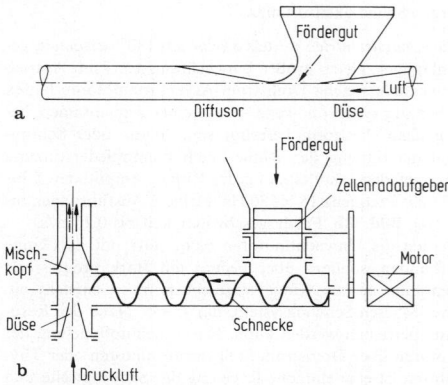

Bild 40. Aufgabevorrichtung für Druckluftförderanlagen. **a** Diffusor-Aufgabe; **b** Preßschnecke und Zellenradaufgeber

von 1,5 bis 4 bar je nach Entfernung (bis 1 500 m, bis 100 t/h); Entnahme aus Preßluftnetz, 5,5 bis 7 bar, unter Drosselung auf 3,5 bis 4,5 bar für Blasversatzanlagen.

Anwendung. Innerhalb von Getreidesilos; in Zementfabriken, in Kraftwerken für Kohlenstaubtransport, in chemischen Fabriken. Unter Tage für Blasversatz. Rohrleitungen, insbesondere Krümmer, unterliegen starkem Verschleiß. Hoher Energieverbrauch.

Pneumatische Förderrinne. Pulvriges oder feingrießiges Fördergut wird durch Zufuhr von Gebläseluft oder Inertgas durch porösen, schwach geneigten Rinnenboden zum Fließen gebracht. Rinnenneigung 2 bis 4%; Luftdruck 0,01 bis 0,03 bar; Fördergutstrom 15 bis 100 t/h bei 125 bis 500 mm Rinnenbreite.

3.6.2 Förderung im Wasserstrom. Hydraulic conveyors

Das Fördergut wird in offenen geneigten Rinnen in Wasser vorwärtsbewegt: *Spülverfahren;* in geschlossener Rohrleitung beliebiger Streckenführung durch Druckwasser getragen und gefördert: *Druckwasserförderung;* mit dem Saugrohr einer Pumpe aufgenommen und durch das Druckrohr weitergeleitet: *kombinierte Saug- und Druckwasserförderung.*
Die hydraulische Förderung von Erzen, Kohle und anderen Feststoffen wird auch über größere Entfernungen eingesetzt [41, 42, 44].
Druckwasserförderung von feiner bis kleinstückiger Kohle über weite Entfernungen (z.Z. bis 450 km), in Schachtsteigleitungen. Einführung auch zum Transport von gemahlenem Rohkalk und Ton von Gewinnungs- zur Verarbeitungsstelle; wirtschaftlich unter Ausnutzung natürlichen Gefälles. Feststoffzugabe bereits als Wasser-Gut-Gemisch in Saugleitung der Förder-Kreiselpumpe oder Einschleusung in die Druckwasserleitung. Trennung von Gut und Wasser am Ziel in Absetzbecken.
Saugbagger nehmen Baggergut durch Ansaugtrichter der auf den Baggergrund schräg abgesenkten Saugleitung auf (Wasser zu Gut 6 : 1 bis 3 : 1); Gemisch passiert Förder-Kreiselpumpe und wird durch Druckrohr in Schuten oder an Land abgegeben. Gemischabgabe auch in eigene Schiffsbunker (Hopperbagger).

3.6.3 Förderung nach dem Lufthebeverfahren
Air-lift conveying of solid/liquid suspensions

Unter Lufthebeverfahren (Synonyme: *Löscherpumpe, Mammutpumpe, Airlift, Mischluftantrieb*) versteht man ein Pumpenprinzip, das speziell zur Vertikalförderung von Wasser-Feststoff-Gemischen verwendet wird [43]. Als Antriebsmedium dient Druckluft, die in das Innere des Förderrohrs eingeblasen wird. Die Pumpwirkung entsteht durch Verringerung der Dichte des Luft-Wasser-Gemisches im Pumpenrohr, das unter Druck des umgebenden Wassers steht.

3.6.4 Berechnungsgrundlagen zur Strömungsförderung. Fundamentals of calculation for pneumatic and hydraulic conveyors

Die aufzubringende Leistung zur hydraulischen sowie pneumatischen Förderung von Feststoffen setzt sich aus der Gesamtdruckänderung im Förderrohr und dem Gesamtvolumenstrom zusammen [45]

$$P = (\Delta p_{\text{ges}} \dot{V}_{\text{ges}})/\eta_{\text{ges}}. \tag{19}$$

Der Gesamtvolumenstrom berechnet sich zu

$$\dot{V}_{\text{ges}} = \dot{V}_{\text{S}} + \dot{V}_{\text{f}} = [c_{\text{v}}v_{\text{s}} + (1-c_{\text{v}})v_{\text{f}}]A, \tag{20}$$

mit $\dot{V}_{\text{S}}$ Feststoffvolumenstrom, $\dot{V}_{\text{f}}$ Volumenstrom des Trägermediums, A Querschnitt des Rohrs, c_{v} Feststoffvolumenanteil, v_{s} Fördergeschwindigkeit des Feststoffs, v_{f} Strömungsgeschwindigkeit des Trägermediums, η_{ges} Gesamtwirkungsgrad.
Die Gesamtdruckänderung setzt sich im stationären Zustand aus einer geodätisch bedingten Druckabnahme (bei Abwärtsförderung Druckzunahme) und dem dynamischen Druckverlust zusammen:

$$\Delta p_{\text{ges}} = \Delta p_{\text{geod}} + \Delta p_{\text{dyn}}, \tag{21}$$

$$\Delta p_{\text{geod}} = [(1-c_{\text{v}})\rho_{\text{f}}g + c_{\text{v}}\rho_{\text{s}}g]\sin\delta\,\Delta l,$$

$$\Delta p_{\text{dyn}} = \left[(1-c_{\text{v}})\lambda_{\text{f}}\frac{\rho_{\text{f}}v_{\text{f}}^2}{2d} + c_{\text{v}}\lambda_{\text{z}}^*\frac{\rho_{\text{s}}v_{\text{s}}^2}{2d} \right.$$
$$\left. + c_{\text{v}}(\rho_{\text{s}} - \rho_{\text{f}})g\cos^2\delta\,\frac{w_{\text{s}}}{v_{\text{f}}}\right]\Delta l,$$

mit ρ_{f} Dichte des Trägermediums, ρ_{s} Dichte des Förderguts, λ_{f} Rohrreibungsbeiwert des Trägermediums, λ_{z}^* Rohrreibungsbeiwert des Feststoffs, Δl Förderstrecke, d Rohrdurchmesser, g Erdbeschleunigung, δ Neigung der Förderstrecke, w_{s} Sinkgeschwindigkeit des Feststoffs. Für die kompressible pneumatische Förderung wird in die Gleichung das Mischungsverhältnis μ eingeführt

$$\mu = \frac{\dot{m}_{\text{s}}}{\dot{m}_{\text{f}}} = \frac{c_{\text{v}}\rho_{\text{s}}v_{\text{s}}A}{(1-c_{\text{v}})\rho_{\text{f}}v_{\text{f}}A},$$

mit $\dot{m}_{\text{s}}$ Massenstrom des Feststoffs, $\dot{m}_{\text{f}}$ Massenstrom des Trägermediums.

U

4 Flurförderer. Industrial trucks

M. Hager, Hannover

4.1 Hand-Flurförderzeuge. Hand trucks

Für kurze Entfernungen (bis 50 m Förderweg), kleine Tragfähigkeiten (bis 1 t) und zeitlich unregelmäßig anfallende Transporte finden gezogene oder geschobene Handfahrzeuge (Einteilung nach DIN 4902) und Hand-Hubwagen Verwendung.

4.1.1 Karren. Barrows

Lastaufnahme im Stillstand durch ein oder zwei Räder und Stützen, beim Verfahren durch Räder und Bedienungsmann. Einrädrige Karre mit Platten- oder Kastenaufbau. Zweirädrige Stechkarre für Sack-, Faß- und Kistentransport. Sonderkarren mit zweckbedingtem Gerüstaufbau für Stahlflaschen, Tonnen usw. Für geringe Anhebearbeit wird Rad möglichst unter Last angeordnet.

4.1.2 Wagen. Hand trolleys

Last ruht auf drei oder vier Rädern. Günstiger Kraftangriff zum Schieben in 90 cm, zum Ziehen, auch bei Deichsel, in 75 cm Höhe. Je nach Aufbau Plattformwagen, Wandwagen mit Stirn- oder Seitenwänden, Kastenwagen. Bei Dreiradstützung mindestens ein gelenktes Rad oder eine Lenkrolle, bei Vierradstützung mindestens zwei; deichselgeführte Handwagen auch mit vorderem Drehschemel.

4.1.3 Roller. Dollies

Drei oder vier Lenkrollen kleinen Durchmessers sind durch Tragrahmen verbunden: Dreieckroller, Viereckroller; letztere auch mit festen Rollen. Sonderausführung Rollpritsche mit Heberoller: die auf zwei Rädern und zwei Stützen ruhende Rollpritsche wird durch zweirädrige Deichsel mit Hebeleinrichtung unterfahren, angehoben, fortbewegt und wieder abgesetzt.

4.1.4 Hubwagen. Hand lift trucks

Zum Unterfahren von Ladepritschen und zur Aufnahme von Flachpaletten usw. werden Hand-Hubwagen (DIN 15131 Bl. 1) und Gabelhubwagen (DIN 15137) eingesetzt, **Bild 1**. Hubeinrichtungen zumeist hydraulisch durch Deichsel betätigt. Für größere Hubhöhen werden Hochhubwagen (DIN 15131 Bl. 2). Benennungen und Kurzzeichen nach DIN 15140: Flurförderzeuge (H Handantrieb).

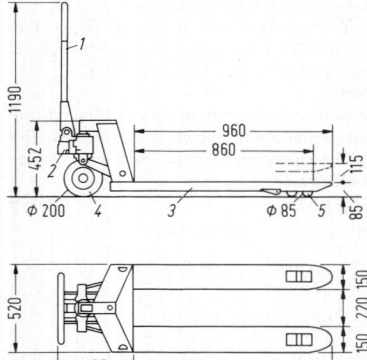

Bild 1. Gabelhubwagen 2 t Tragfähigkeit mit hydraulisch betätigter Hubeinrichtung (Still GmbH, Hamburg). *1* Stahlrohr-Deichsel, *2* Pumpengehäuse enthält Ölbehälter, Pumpenkolben und Steuerventile, *3* Hubgabel, *4* Lenkräder, *5* Tandem-Gabelrollen

4.2 Motorisch angetriebene Stückgutförderer
Power-driven unit load carriers

Benennungen und Kurzzeichen gemäß DIN 15140: Flurförderzeuge. Die Kurzzeichen bestehen zumeist aus drei Buchstaben, von denen der erste den Fahrantrieb, der zweite die Bedienung, der dritte die Bauform kennzeichnet:

Erster Buchstabe (Fahr- und gegebenenfalls Hubantrieb). B Benzin, D Diesel, E Elektro (Batterie), N Netz, P Preßluft, T Treibgas;

Zweiter Buchstabe (Bedienung). G durch Gehenden, S vom Fahrerstand, F vom Fahrersitz, K vom hebbaren Fahrerplatz (Kommissionierförderzeuge);

Dritter Buchstabe (Bauform). Wird im folgenden bei jeder behandelten Bauform angegeben.

Bei zwangsgelenkten oder -geführten Flurförderzeugen zusätzlich:

Vierter Buchstabe (Leitlinienführung). I induktiv zwangsgelenkt, R mechanisch zwangsgelenkt, Z mechanisch zwangsgeführt.

Normen für kraftbetriebene Flurförderzeuge allgemein: DIN 15161, Bremsausrüstung, Bremsung; DIN 15180, Sicherung von Gefahrstellen, Sicherheitstechnische Anforderungen und Prüfung.

4.2.1 Wagen W. Trucks

Elektrowagen EFW (ESW)

Sie werden eingesetzt für regelmäßige, schnelle Förderung größerer Lasten (600, 1 000, 2 000, 3 000 kg und höher) auf einer Plattform. Bedienung vom Fahrersitz (selten und nur noch bei Tragfähigkeiten bis 1 000 kg vom Fahrerstand). Abstützung auf vier Räder, von denen zwei oder seltener alle vier gelenkt werden, **Bild 2**.

Die Batterie (24, 48 oder 80 V), unter der Plattform zwischen den Achsen angeordnet, versorgt einen Gleichstrom-Reihenschlußmotor, der ein Räderpaar über ein Ausgleichsgetriebe antreibt. Werden zwei Motoren ver-

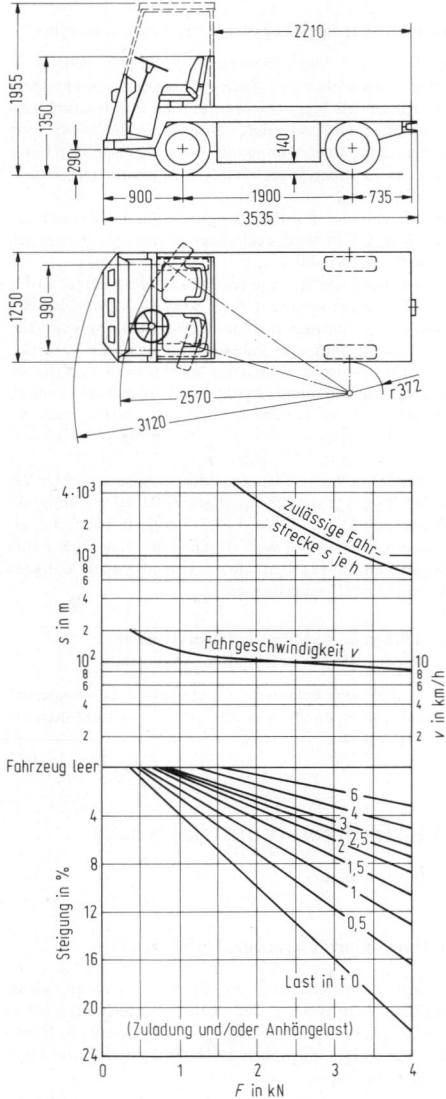

Bild 2. Elektrofahrersitzwagen für 2 t Tragfähigkeit mit Hinterradantrieb 4,5 kW – 80 V (Still GmbH, Hamburg). Hierzu Leistungsdiagramm zur Ermittlung der Zugkraft, Fahrgeschwindigkeit und pro Stunde zulässigen Fahrstrecke je nach Belastung und Steigung

wendet, so treibt jeder ein Rad über ein Zahnradvorgelege. Fahrgeschwindigkeiten 10 bis 25 km/h; Fahrbereich 30 bis 50 km mit einer Batterieladung. Geschwindigkeitssteuerung durch Verändern der Motorspannung (Widerstandschaltung, Reihen-Parallel-Schaltung der Fahrmotoren oder zweier Batteriehälften; heute zumeist Impulssteuerung). Auch hydraulische Spurhaltung, so daß beim Überfahren von Bodenunebenheiten Lenkradstellung unbeeinflußt bleibt.

Hydraulisch betätigte Allradbremsung und zusätzliche elektrische Nutzbremsung mit Energierückspeisung. Bereifung mit Elastik- oder Lufreifen auf Stahlblech-Scheibenrädern. An Stelle einer Plattform können Sonderaufbauten treten: Pritsche, Kasten, Tank, Kippmulde, Schwenkkran usw.

Wagen mit Verbrennungsmotor DFW (BFW, TFW)

Für Hoftransporte und Werkrundverkehr bietet ein Wagenantrieb mit Dieselmotor (seltener Benzin- oder Treibgasmotor) wirtschaftliche Vorteile. Tragfähigkeiten 3 bis 10 t (auch bis 30 t), Geschwindigkeiten bis 30 km/h. Der Verbrennungsmotor wird an Stelle der Batterie unter der Plattform (oder über den vorderen gelenkten Rädern) angeordnet. Bei schweren Fahrzeugen zumeist Antrieb über hydraulischen Drehmomentwandler. Lenkung, Bremseinrichtungen, Federung wie bei Kraftfahrzeugen ausgebildet. Bei Anwendung einer hydrostatischen Kraftübertragung treibt der Dieselmotor eine stufenlos regelbare Axialkolbenpumpe an, die ihrerseits die Hydraulikmotoren an den angetriebenen Rädern mit Drucköl versorgt.

Deichselgeführte Elektrowagen

Bild 3. Für kurze Transportwege, bei beengten Raumverhältnissen, insbesondere als Zubringerfahrzeuge, dienen mit Schrittgeschwindigkeit (4 bis 6 km/h) fahrende, deichselgeführte, dreiradgestützte Elektro-Niederhubwagen mit Gabeln (oder Plattform).

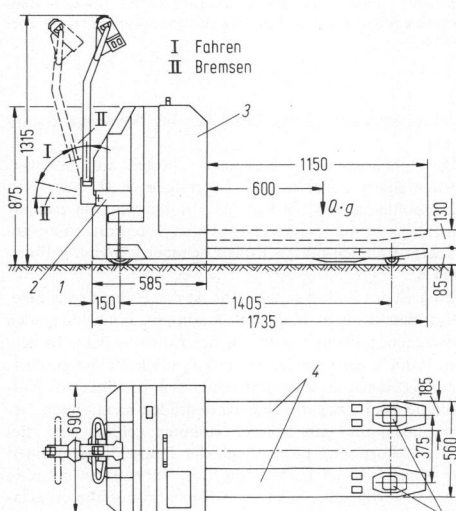

I Fahren
II Bremsen

Bild 3. Deichselgeführter Elektro-Gabelhubwagen mit 2 t Tragfähigkeit (Jungheinrich, Hamburg). *1* Antriebsrad ∅ 230 mm und seitlich je ein gefedertes Stützrad ∅ 100 mm, *2* auf Motorwelle wirkende Bremse, *3* Batterie 24 V 200 Ah, *4* Hubgabel, *5* Lasträder ∅ 85 mm

Tragfähigkeit 1,2 bis 3 t (auch bis 10 t), Batterie 24 V 100 bis 200 (350) Ah.

4.2.2 Schlepper Z. Industrial tractors

DIN 15172, Schlepper und schleppende Flurförderzeuge, Zugkraft, Anhängelast.

Elektro-Schlepper EFZ

Ausgeführt in Dreirad- und Vierradbauweise.

Dreirad-Elektroschlepper sind kleine, wendige Fahrzeuge mit Fahrersitz für Zugkräfte ab 0,6 kN (bis 8,5 kN) mit 6 bis 15 km/h Fahrgeschwindigkeit in der Ebene; Fahrbereich mit einer Batterieladung 30 km. Motorleistungen 2 bis 8,5 kW; Batterie 24 oder 48 V, bis 600 Ah. Üblich sowohl Lenkung und Antrieb des Vorderrads als auch Vorderrad nur gelenkt, Einmotorenantrieb über Differential auf die beiden Hinterräder wirkend, **Bild 4.**

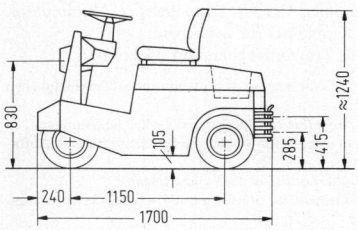

Bild 4. Elektroschlepper in Dreiradbauweise mit 6 t Schleppvermögen (1,2 kN Zugkraft am Haken), Fahrmotor 2,8 kW — 24 V; Fahrgeschwindigkeit horizontal mit (ohne) Last bis 6,5 (14,0) km/h (Still GmbH, Hamburg)

Vierrad-Elektroschlepper mit Fahrersitz werden für größere Zugkräfte (Anhängelasten bis 30 t) und zumeist höhere Fahrgeschwindigkeiten (bis 20 km/h) eingesetzt. Entweder Einmotorenantrieb mit mechanischem Ausgleichsgetriebe auf Hinterachse wirkend oder Zweimotorenantrieb, wobei jeder Motor über eine Getriebestufe ein Hinterrad treibt. Batterie 24, 48 oder 80 V; Motorleistung bis 18 kW. Konstruktion der Lenk- und Bremseinrichtungen wie bei Elektrowagen.

Schlepper mit Verbrennungsmotor DFZ (BFZ, TFZ)

Sie werden bis zu größten Zugkräften (über 300 kN) vorzugsweise mit Dieselmotor (seltener Benzin- oder Treibgasmotor) gebaut (Anhängelasten 14 bis 400 t). Lenkung und Bremsen werden wie bei Kraftfahrzeugen ausgebildet. Kraftübertragung zumeist über hydraulischen Drehmomentwandler und Lastschaltgetriebe, nur bei kleineren Schleppern Kupplung und mechanisches Schaltgetriebe. Auch hydrostatische Kraftübertragung.

Sonderbauarten: Schlepper für den Einsatz im Roll on/roll off-Verkehr, ausgebildet als Sattelschlepper mit hebbarer Sattelkupplung zum Anheben und Transportieren von Rollplattformen. Flughafenschlepper zum Bewegen von Flugzeugen. Schwerlastschlepper, z.B. auf Werften und in Fertigungsbetrieben.

Schlepper mit Hybridantrieb

Kombinierter Antrieb: batterieelektrisch und durch Verbrennungsmotor (Dieselmotor). Bei der Fahrt in geschlossenen Hallen erhält der elektrische Fahrmotor seine Energie aus einer Batterie, im Freien treibt der Dieselmotor einen Gleichstromgenerator, dessen Strom je nach Leistungsbedarf des Schleppers sowohl den Fahrmotor versorgen als auch gleichzeitig die Batterie aufladen kann. Bei hohen erforderlichen Antriebsleistungen speisen Generator und Batterie gemeinsam den Fahrmotor. Einsatz z.B. auf Flughäfen und in Flugzeughallen sowie in Fertigungsbetrieben.

Zur Zusammenstellung der technischen Daten von Wagen und Schleppern dienen Typenblätter nach VDI-Richtlinie 2197.

4.2.3 Gabelstapler. Fork lift trucks

Frontgabelstapler G

Häufigstes und universell einsetzbares motorisch getriebenes Flurförderzeug. Einzelne oder zu Ladeeinheiten zusammengestellte Stückgüter werden aufgenommen (normalerweise auf Gabel), angehoben, verfahren und wieder abgesetzt oder gestapelt. Bei allen Arbeitsvorgängen befindet sich die Last außerhalb der Radbasis.
An Stelle der Gabel auch andere Lastaufnahmemittel: Dorn, Klammer, Greifer, Kranausleger, Manipulator, Schaufel und Kippkübel für Schüttgut.
Ausführung für Tragfähigkeiten von 0,3 bis 80 t.

DIN 15133 Bl. 1, Gabelstapler, Hauptkennwerte (Tragfähigkeiten von 0,4 bis 20 t);
DIN 15136, Anbaugeräte für Stapler und Lader, Benennungen;
DIN 15165, Schutzdächer für Stapler, Sicherheitstechnische Anforderungen, Prüfung;
DIN 15173, Anschlußmaße für ISO-Gabelträger;
DIN 15174, Gabelzinken für Stapler mit ISO-Gabelträgern, Hauptmaße;
DIN 15175, Gabelzinken für Stapler, Anforderungen und Prüfung.

Der Gabelstapler besteht aus einem auf drei oder vier Rädern ungefedert gestützten Fahrzeugkörper, einem zumeist unmittelbar an der Vorderachse neigbar gelagerten, durch einen oder zwei Hubzylinder teleskopartig ausfahrbaren Hubmast und dem in ihm geführten Hubschlitten mit Gabel, **Bild 5**.
Der Fahrzeugkörper enthält den gesamten Fahrantrieb und den Hydraulikantrieb sowie Steuerorgane und Lenkung; zum Erzielen der Standsicherheit wird die Fahrzeugrückwand durch ein Gegengewicht gebildet. Als Energiequelle dienen Elektrobatterien oder Verbrennungsmotoren.

Dreiradbauweise

Sie ergibt für Fahrzeuge mit elektrischem Antrieb bis 3 t Tragfähigkeit sehr wendige Fahrzeuge. Die Batterie treibt zwei Fahrmotoren, die über je ein Vorgelege auf die Vorderräder wirken. Der Fahrzeugrahmen stützt sich über ein Wälzlager auf dem gelenkten, nicht angetriebenen Hinterrad und vorn auf den Antriebseinheiten ab. Weitere übliche Anordnung der Fahrantriebe: Einzelner Fahrmotor wirkt über Differential und Vorgelege auf beide Vorderräder oder drehbar angeordnet auf das gelenkte Hinterrad. Bei besonders ungünstigen Fahrbedingungen (z.B. Naßbetrieb) wird Allradantrieb vorgesehen.
Dreirad-Gabelstapler leichter Bauweise werden auch mit Bedienung durch Mitgehenden, also deichselgeführt, ausgebildet (Tragfähigkeiten 0,25 bis 2 t).

Vierradbauweise

Bei dieser (von etwa 1 t Tragfähigkeit aufwärts) wird der Stahlblech-Fahrzeugrahmen vorn (lastseitig) von der Treibachse und hinten von der als Pendelachse ausgebildeten Lenkachse getragen. Bei Tragfähigkeiten ab etwa 6 t werden die Räder der Lastachse als Zwillingsräder ausgeführt, um die Bodenbelastung zu verringern (auch

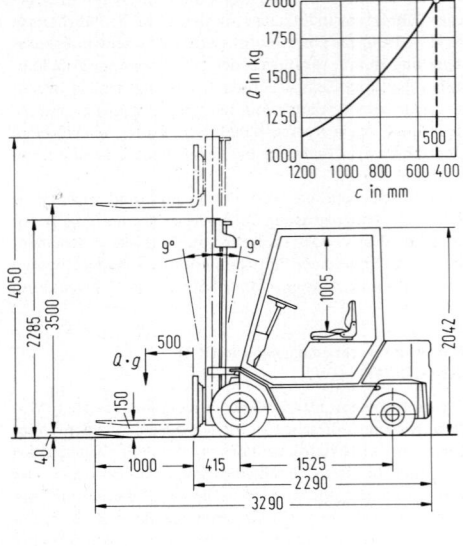

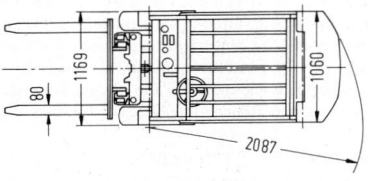

Bild 5. Diesel-Gabelstapler mit 2 t Tragfähigkeit (Steinbock GmbH Moosburg a.d. Isar). *c* Abstand des Lastschwerpunkts von der Lastanlage am Gabelrücken. Last 2 t und Lastschwerpunktabstand 500 mm in der Ansicht entsprechen dem im Diagramm hervorgehobenen Punkt (Nenntragfähigkeit). Vierradbauweise, Freisichthubgerüst, hydrostatischer Fahrantrieb. Vier-Zylinder-Dieselmotor 26,2 kW − 2500 1/min; Fahrgeschwindigkeit bis 18 km/h, Hubgeschwindigkeit mit Last 0,46 m/s, Senkgeschwindigkeit mit Last 0,50 m/s.

Dreifachanordnung der Laströder bei Schwergabelstaplern).
Das Hubgerüst − der Hubmast − besteht normalerweise aus einem äußeren, aus I-förmigen Walz- oder Abkantprofilen gebildeten Rahmen. In ihm wird ein zweiter, ausfahrbarer mit I- oder I-förmigen Seitenträgern ausgebildeter Rahmen mittels Rollen, seltener gleitend, geführt, **Bild 6**.
Am Fuß des äußeren Rahmens ist der Hubzylinder befestigt. Sein Kolben trägt ein Querhaupt, mit dem er den beweglichen inneren Rahmen nach oben drückt. In dessen Profilen wird der Hubschlitten mittels Rollen geführt; er hängt meist an zwei Laschenketten, die über am Kolbenquerhaupt angebrachte Kettenräder nach einem Befestigungspunkt am äußeren Rahmen geführt sind. Bei dieser Anordnung bewegt sich der Hubschlitten doppelt so schnell wie der Hubkolben. Der Hubmast ist gelenkig an der Vorderachse oder vorn am Fahrzeugrahmen gelagert und kann durch die Neighydraulik nach vorn und nach hinten geneigt werden.
Um einerseits eine große Hubhöhe, andererseits eine kleine eingefahrene Masthöhe zu erzielen, kann der Hubmast mehrfach teleskopartig ausfahrbar ausgebildet werden (Dreifach-, Vierfachhubgerüst).

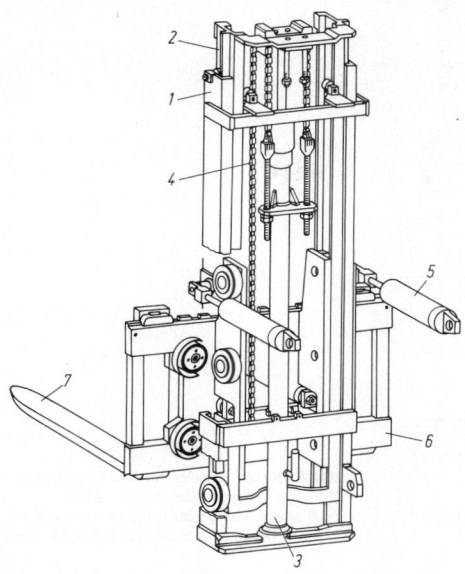

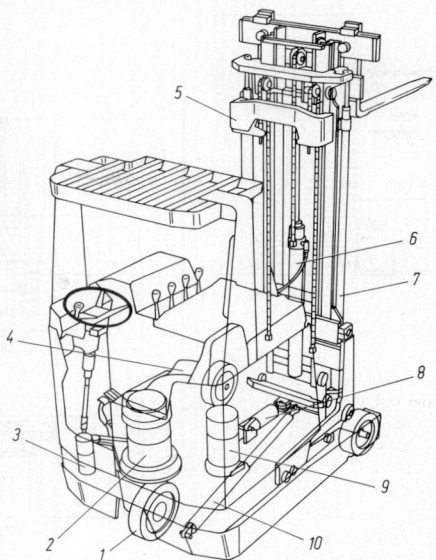

Bild 6. Hubgerüst mit Rollenführung (Steinbock GmbH, Moosburg a.d. Isar). *1* fester Hubrahmen, *2* beweglicher Hubrahmen, *3* Hubzylinder, *4* Hubketten, *5* Neigzylinder, *6* Gabelträger, *7* Gabelzinke

Bild 7. Schubmaststapler mit 1,6 t Tragfähigkeit (Jungheinrich, Hamburg). *1* angetriebenes und gelenktes Rad, *2* Fahrmotor und Getriebeeinheit, *3* elektrische Lenkhilfe, *4* Fahrersitz quer zum Stapler, *5* Dreifachhubgerüst mit Sonderfreihub, *6* Hubzylinder für Freihub der Gabel, *7* Hubzylinder für Masthub (1 je Seite), *8* Neigzylinder, *9* Hubmotor mit Innenzahnradpumpe, *10* Schubzylinder

Zur Erzielung eines großen Freihubs (Hubhöhe des Schlittens ohne Ausfahren des inneren Rahmens) wird auch der Schlitten durch Hydraulikzylinder erst allein gehoben, ehe der innere Rahmen beim Erreichen eines oberen Anschlags mit ausgeschoben wird.

Die Führungsrollen des Hubschlittens sind in zwei Wangen befestigt, an denen der Gabelträger zur Aufnahme der beiden seitlich verstellbaren Gabelzinken angeordnet ist. Betätigung des Hubkolbens und der beiden Neigkolben durch Hydraulikanlage, die aus einer Hochdruck-Zahnrad- oder -Rotations-Kolbenpumpe, den Steuerorganen (Ventile oder Schieber und Betätigungshebel), einem Überdruck-Sicherheitsventil, einem Senkbremsventil und dem Ölbehälter besteht. Öldruck zwischen 120 und 200 bar. Hubgeschwindigkeiten 0,2 bis 0,6 m/s.

Hubgerüste werden zunehmend mit zwei seitlich an den Rahmenträgern angeordneten Hubzylindern und zwei ebenfalls möglichst weit außen laufenden Hubketten ausgeführt, um die Sicht des Fahrers auf die Fahrbahn und die Gabelzinken zu verbessern (Freisichthubgerüst).

Vierradgabelstapler mit Dieselmotor (auch Benzin- oder Treibgasmotor) werden luftbereift vorwiegend im Freien, auf Fahrbahnen mit höherem Fahrwiderstand oder größerer Steigung eingesetzt. Für Tragfähigkeiten über 12 t werden Gabelstapler nur mit Verbrennungsmotor ausgerüstet. Im Gelände eingesetzte Gabelstapler (z.B. im Forstbereich) besitzen Allradantrieb.

Zur Kraftübertragung vom Verbrennungsmotor zu den Antriebsrädern dienen Drehmomentwandler, Lastschaltgetriebe und Differential oder hydrostatische Kreisläufe aus Verstellpumpe und hydraulischen Axialkolbenmotoren.

Eine dieselelektrische Kraftübertragung wird für Stapler bis 8 t Tragfähigkeit eingesetzt.

Weitere Bauarten von Gabelstaplern

Sie sind dadurch gekennzeichnet, daß die Last – im Unterschied zum Frontgabelstapler – innerhalb der Radbasis transportiert (zum Teil auch aufgenommen) wird.

Gabelhochhubwagen V. Die Vorderräder sind in festen Radarmen angeordnet, über denen sich die Gabelzinken befinden. Die aufzunehmende Last wird von den Radarmen und der Gabel unterfahren (z.B. Paletten ohne Bodenauflagen quer zur Fahrtrichtung).

Spreizenstapler P. Hier ist der Fahrzeugrahmen so weit nach vorn offen, daß die vorderen in Pratzen gelagerten Räder jeweils seitlich an der Last vorbeirollen. Die Gabel kann bis auf Flur gesenkt werden.

Gabelhochhubwagen und Spreizenstapler gehören zu den Radarmstaplern, die die Last innerhalb der Radbasis aufnehmen, transportieren und heben. Antrieb für Fahren und Heben durch batteriegespeiste Elektromotoren.

Schubmaststapler M. Der gesamte Mast ist zwischen den Pratzen nach vorn verschiebbar angeordnet, **Bild 7**. Die Last wird außerhalb der Radbasis aufgenommen und innerhalb transportiert. Auch Schubmaststapler werden nur mit Elektroantrieb ausgeführt.

Quergabelstapler Q (Langgutgabelstapler). Der Hubmast mit Schlitten und Gabel ist in der Mitte eines Plattformfahrzeugs quer zur Fahrzeuglängsachse in einer Aussparung verschiebbar angeordnet. Bei Lastaufnahme und Stapeln steht der Hubmast bündig mit der Fahrzeugseitenwand. Für das Verfahren der Last wird der Hubmast durch diagonal angeordnete Hydraulikzylinder in die Aussparung hineingezogen und die Last auf die Plattform abgesenkt, **Bild 8**. Mastneigung durch Neigen des gesamten Staplers über Hydraulikzylinder zwischen Fahrzeugrahmen und Achsen auf der Fahrerseite.

Vierwegestapler Y. Eine Kombination der beiden letztgenannten Bauarten, die Räder sind um 90° verstellbar, so daß in Fahrzeuglängs- und -querrichtung gefahren werden kann, **Bild 9**.

U

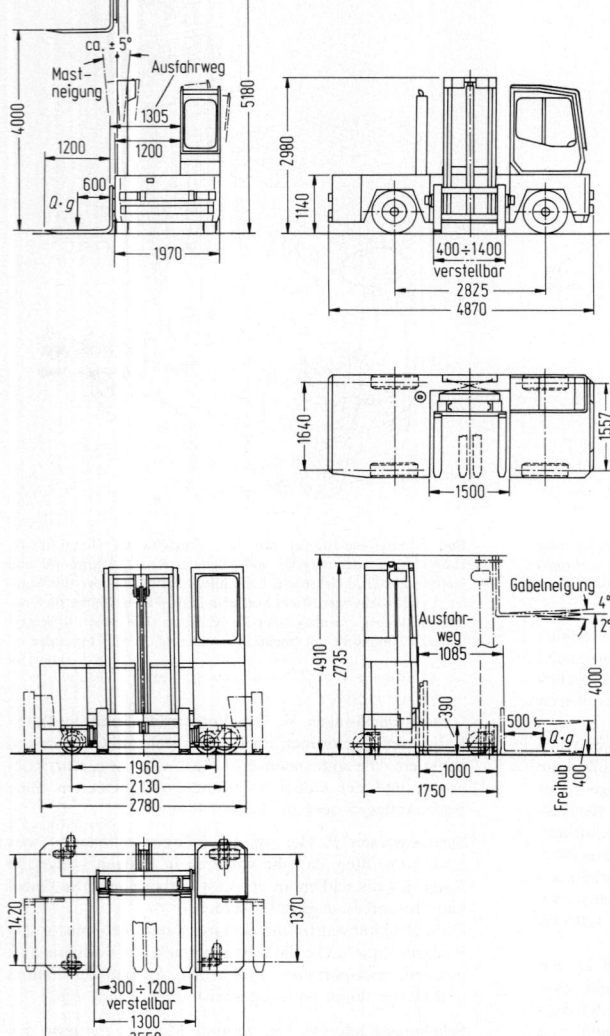

Bild 8. Quergabelstapler mit 6,5 t Tragfähigkeit. Hubhöhe 4000 mm; Dieselmotor 56 kW – 2400 1/min; Fahrgeschwindigkeit horizontal bis 22 km/h (Kalmar Deutschland GmbH, Illingen)

Bild 9. Vierwegegabelstapler mit 3 t Tragfähigkeit. 80-V-Elektrobatterie-Antrieb, 5-kW-Fahrmotor, 8-kW-Hubmotor; Fahrgeschwindigkeit horizontal bis 8 km/h; Hubgeschwindigkeit mit (ohne) Last 0,16 (0,22) m/s (Kalmar Deutschland GmbH, Illingen)

Der Hubmast ist bis zur Außenkante des Staplers verschiebbar; die Last wird je nach Fahrtrichtung entweder vor Kopf oder seitlich aufgenommen und bei zurückgezogenem Mast innerhalb der Radbasis transportiert. Fahrantrieb elektromotorisch, je nach Tragfähigkeit (1 bis 15 t) ein, zwei oder alle vier schwenkbaren Räder angetrieben.

Standsicherheit

Allgemeine Angaben zur Standsicherheit von Flurförderzeugen in DIN 15138 Bl. 1.
Für Gabelstapler mit neigbarem Hubgerüst und Tragfähigkeiten bis 5 t und von 5 bis 10 t, ist die Standsicherheit auf einer neigbaren Plattform in Längs- und Querrichtung, jeweils für einen Typ, vom Hersteller nachzuweisen. Versuchsbedingungen in DIN 15138 Bl. 2; für Gabelstapler bis 5 t Tragfähigkeit, **Bild 10**.

4.2.4 Portalhubwagen und -stapler
Straddle carriers and van carriers

Zum Transport von schweren Stückgütern, z.B. Langgut, Brammen, Unit Loads und Containern, werden Flurförderzeuge eingesetzt, die als portalartig hochgebaute Fahrzeuge die Last zwischen den Rädern aufnehmen. Der dieselmotorische Antrieb mit Getriebe, die Fahrerkabine und die Hubwerke sind zumeist oben auf dem Portal angeordnet.

Portalhubwagen F

Für Lasten bis 30 t (**Bild 11**) werden zwei von vier Rädern über vertikale Ketten angetrieben und alle Räder in Drehschemeln gelenkt. Die Last wird mit Lastschuhen beiderseits unten erfaßt und mit hydraulischen Zylindern um ca. 500 mm gehoben. Eine Horizontiereinrichtung

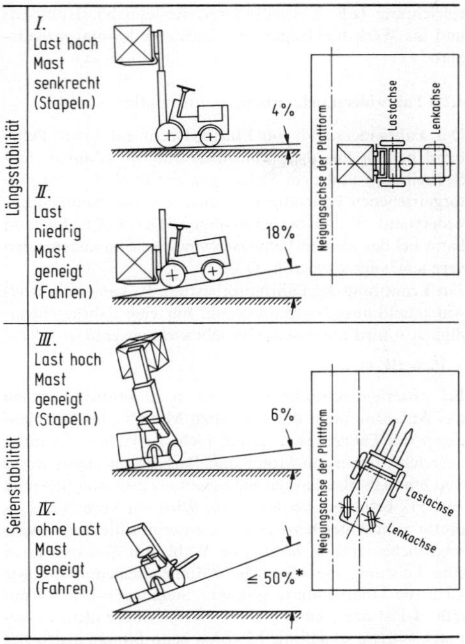

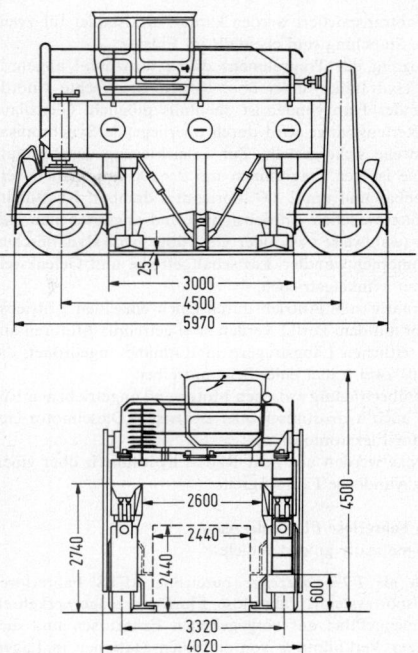

I.
Last hoch
Mast
senkrecht
(Stapeln)   4 %

II.
Last
niedrig
Mast
geneigt
(Fahren)   18 %

Längsstabilität

III.
Last hoch
Mast
geneigt
(Stapeln)   6 %

IV.
ohne Last
Mast
geneigt
(Fahren)   ≤ 50 %*

Seitenstabilität

*Plattformneigung abhängig von der Höchstgeschwindigkeit des unbelasteten Gabelstaplers

Bild 10. Versuchsbedingungen zur Ermittlung der Standsicherheit von Gabelstaplern bis 5 t Nennlast (DIN 15138)

Bild 11. Portalhubwagen mit 30 t Tragfähigkeit. Hubhöhe 600 mm; Dieselmotor 144 kW – 2400 1/min; Fahrgeschwindigkeit horizontal bis 30 km/h vor- und rückwärts; hydraulische Allradlenkung (Valmet, Tampere)

sorgt für gleichmäßiges Heben auch für den Fall, daß der Lastschwerpunkt außermittig liegt. Beim Transport von Containern wird ein Tragrahmen (Spreader) eingesetzt (s. Portalstapler). Portalhubwagen auch für größere Tragfähigkeiten (bis 60 t) mit acht gelenkten Rädern, von denen die inneren vier angetrieben werden. Kraftübertragung zwischen Motor und angetriebenen Rädern auch hydrostatisch, oder über Drehmomentwandler, Lastschaltgetriebe und Gelenkwellen.

Portalstapler E

Portalstapler nehmen Container mit einem Tragrahmen (Spreader) von oben auf. Dabei werden drehbare Bolzen in den Eckbeschlägen der Container automatisch verriegelt. Containerlänge bis 40 ft (12 192 mm), Containerhöhen bis 9½ ft (2896 mm). Zumeist Ausführung der Portalstapler für Dreifachstapelung (**Bild 12**), damit an jeder Stelle eines Zweifachstapels ein Container aufgenommen

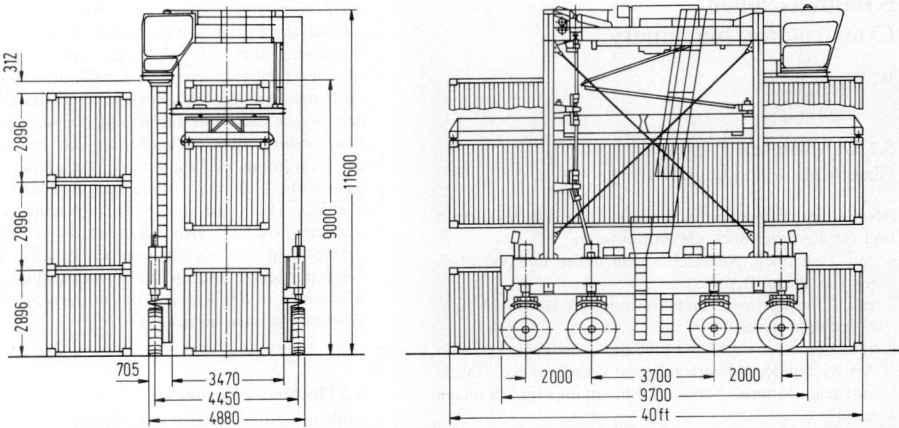

Bild 12. Portalstapler mit 40 t Tragfähigkeit zum Stapeln von Containern bis 9½ Fuß (2896 mm) Höhe dreifach aufeinander. Dieselmotor 223 kW, 2300 1/min; Fahrgeschwindigkeit mit (ohne) Last bis 25 (27) km/h; Hubgeschwindigkeit mit (ohne) Last bis 12,5 (16) m/min; hydraulische Allradlenkung (Noell GmbH, PEINER Portalstapler, Langenhagen)

und abtransportiert werden kann. Portalstapler für zweifache Stapelung sind ebenfalls im Einsatz.

Bewegung des Tragrahmens durch horizontal angeordnete Hydraulikzylinder über Ketten. Senkrechte Anordnung der Hubzylinder ist ebenfalls möglich. Gleichlauf der Kettenstränge wird durch querliegende Synchronisationswelle sichergestellt. Zur Erleichterung der Lastaufnahme ist der Tragrahmen um 2×300 mm seitlich verschiebbar und um $2 \times 6°$ horizontal drehbar. Kraftübertragung zwischen Antriebsmotor und angetriebenen Rädern (wahlweise zwei oder vier) über hydrodynamischen Drehmomentwandler, Lastschaltgetriebe und Gelenkwellen mit Winkelgetrieben.

Alternativ zum Antrieb durch einen einzelnen Antriebsmotor auf dem Portal werden zwei getrennte Motoren auf den seitlichen Längsträgern in Radnähe angeordnet, die jeweils zwei Räder einer Seite antreiben.

Kraftübertragung zwischen Motor und angetriebenen Rädern auch hydrostatisch oder elektrisch (Dieselmotor-Generator-Elektromotoren).

Gelenkt werden alle acht Räder, hydraulisch über einen Lenkzylinder je Fahrzeugseite.

4.2.5 Fahrerlose Flurförderzeuge
Automatically guided vehicles

Auch als *FTS-Fahrzeuge* bezeichnet (FTS Fahrerloses Transportsystem). Fahrerlose Flurförderzeuge verkehren leitliniengeführt auf vorgegebenen Fahrkursen und dienen zur Verknüpfung von einzelnen Stationen in Lager, Fertigung und Montage. Einsatz auch für Warenverteil- und Kommissionieraufgaben.

Die batteriebetriebenen FTS-Fahrzeuge fahren mit Schrittgeschwindigkeit; Leitlinienführung zumeist induktiv. Dabei erfassen Tastspulen im Fahrzeug das elektromagnetische Feld eines stromdurchflossenen, im Boden verlegten Leitdrahts (Wechselstrom 5 bis 10 kHz) und veranlassen bei Fahrkursabweichungen Stellbewegungen des Lenkmotors. Leitlinienführung auch optisch (Abtasten einer Farbspur) oder induktiv mit passivem, auf dem Boden aufgeklebten Leitband.

Ausführung der FTS-Fahrzeuge als Schlepper, Gabelhubwagen, Gabelstapler oder mit besonderer Lastübergabe-einrichtung (z.B. Kettenförderer, Rollenbahn, Hubtisch) und als Werkstückträger und fahrbarer Montagearbeitsplatz.

4.2.6 Fahrwiderstände. Resistance to motion

Der Fahrwiderstand von Flurförderern auf fester Fahrbahn besteht aus dem Rollwiderstand W_r (Zapfen- und Rollreibung) und dem Steigungswiderstand W_st, bei motorgetriebenen Fahrzeugen ist auch der Beschleunigungswiderstand W_a zu berücksichtigen. Der Luftwiderstand kann bei der kleinen Fahrgeschwindigkeit im allgemeinen vernachlässigt werden (s. Q2).

Zur Ermittlung der Fahrmotorleistung P_F kann vom Rollwiderstand ausgegangen werden. Für eine Fahrgeschwindigkeit v wird mit einem Getriebewirkungsgrad η

$$P_\mathrm{F} = (W_\mathrm{r} v)/\eta.$$

Bei batterie-elektrischem Antrieb ist zu kontrollieren, ob das Anfahrmoment des gewählten Motors zum Beschleunigen des Fahrzeugs in einem nicht zu langen Zeitraum ausreicht; ferner, ob Motor und Batterie für eine kürzere Zeit eine Überlastbarkeit aufweisen, so daß eine Steigung von 5% befahren werden kann. Wird ein Verbrennungsmotor zum Antrieb vorgesehen, so ergibt die durch wirtschaftliche Gründe bestimmte Wahl von Serienmotoren eine Leistung, die reichliche Anfahrbeschleunigung wie auch die Überwindung größerer Steigungen als 5% zuläßt. Selbst dann kann oft ihre Nennleistung nicht ausgenutzt werden, so daß die Motoren beim Einbau gedrosselt werden.

4.3 Motorisch angetriebene Schüttgut-Flurförderer
Power-driven mobile bulk handling equipment

Schüttgut-Flurförderer werden vorwiegend im Bau- und Bergwerksbetrieb eingesetzt. Sie können nach Art der Schüttgutbewegung in *Förderer für bodenfreien Transport*, z.B. Schaufellader und Schürfmaschinen, und in *Förderer für bodengebundenen Transport*, z.B. Planiermaschinen und Grader, untergliedert werden.

Entsprechend ihrem Haupteinsatzgebiet werden sie bei den *Erdbaumaschinen* (s. U 5.3) behandelt.

---

5 Baumaschinen
Construction machinery

W. Poppy, Berlin

5.1 Einteilung und Begriffe
Classification and definitions

Als Baumaschinen wird die Gesamtheit der Maschinen und Geräte bezeichnet, die im Bauwesen
- zum Gewinnen, Aufbereiten, Herstellen und Verarbeiten von Baustoffen,
- zum Transportieren und Fördern von Bau- und Bauhilfsstoffen sowie
- zum Herstellen und Instandhalten von Bauwerken aller Art (Gebäude, Industrieanlagen, Verkehrswege, Hafenanlagen, Dämme, Ver- und Entsorgungseinrichtungen usw.)

verwendet werden. Die übliche Einteilung in *Baumaschinen* und *Baustoffmaschinen* ist nicht in allen Fällen eindeutig möglich, ebensowenig die Abgrenzung von *stationär* zu *mobil* eingesetzten Maschinen. Viele Baumaschinen lassen sich der Fördertechnik zuordnen, andere gehören zur Verfahrens- und zur Fahrzeugtechnik. Wegen universeller Einsatzmöglichkeiten sind zahlreiche Baumaschinen im Laufe ihrer Entwicklung zu Industriemaschinen geworden. Wegen dieser Vielfalt ist eine Definition des Begriffs Baumaschine nicht eindeutig möglich. Bewährt hat sich die Zuordnung zu bestimmten Bausparten: z.B. Betonbau; Erd-, Tief- und Tunnelbau; Straßen-, Kanal- und Gleisbau. Hier wird eine Auswahl häufig verwendeter Baumaschinen behandelt, die der Fördertechnik zuzurechnen sind. Größenangaben beziehen sich auf das Gesamtangebot. Mit größeren Stückzahlen werden die Maschinen in der Regel in der unteren Hälfte der angegebenen Spannen hergestellt.

5.2 Hochbaumaschinen
Building construction machinery

Hochbaumaschinen sind alle für das Errichten von Gebäuden erforderlichen Hebezeuge und Fördermittel sowie die Maschinen für Aufbereitung, Transport, Förderung und Verarbeitung der Baustoffe, insbesondere Beton.

5.2.1 Turmdrehkrane. Tower cranes

Siehe U 2.9.5.

5.2.2 Betonmischanlagen
Mixing installations for concrete

Die Maschinen und Anlagen zur Betonherstellung umfassen alle Einrichtungen zum *Lagern, Fördern, Dosieren, Abmessen* (z.B. Wiegen) und *Mischen* der Betonbestandteile (Zuschläge, Bindemittel und Wasser, gegebenenfalls

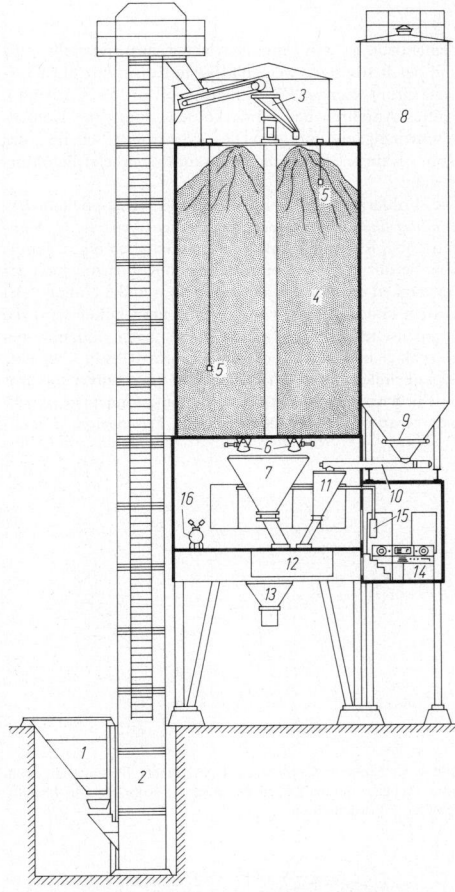

Bild 1. Mischturm zur Herstellung von Beton (Liebherr, Bad Schussenried). *1* Aufgabetrichter für Turmbeschickung mit Abdeckrost, *2* Gurtbecherwerk, *3* Drehverteiler zum Verteilen der Zuschläge in die Silokammern, *4* Mehrkammersilo für Zuschläge, *5* Füllstandsanzeiger zum Überwachen des Siloinhaltes (Zuschläge und Zement), *6* Dosierorgane für Zuschläge, *7* Zuschlagwaage für additive Mehrkomponenten-Verwiegung, *8* Zementsilos mit pneumatischer Befüllung, *9* Zement-Auflockerungseinrichtung, *10* Zementschnecken, *11* Zementwaage, *12* Ringtellermischer, *13* Auslauftrichter mit Gummirüssel zur Fahrmischer- bzw. Lkw-Beladung, *14* Steuerpult zur vollautomatischen Bedienung der gesamten Anlage, *15* Zeigerköpfe der Zuschlag- und Zementwaagen (bei elektromechanischen Waagen werden die Anzeiger in das Steuerpult eingebaut), *16* Drucklufterzeuger zur Speisung der Betätigungszylinder sowie der Zement-Auflockerungseinrichtung

Zusatzmittel und -stoffe) sowie zur *Abgabe* des fertig gemischten Betons gemäß DIN 1045 [1]. Zuschläge gemäß DIN 4226 (Sand, Kies) werden, nach Korngruppen getrennt, in sternförmigen oder parallelen *Boxen* auf dem Boden, in *Reihensilos* oder in mehrkammerigen *Turmsilos* (**Bild 1**) gelagert, über Dosiereinrichtungen in Wiegebehälter mechanischer oder elektronischer *Waagen* oder auf *Bandwaagen* (bei Zuschlägen mit wechselnder Dichte auch volumetrische Dosierung) übergeben und mit Aufzügen, Schrägbändern oder im freien Fall in den *Mischer* gefördert. *Zuschlagförderung* in *Sternboxen* mit *Schrappern* im Hand- oder Automatikbetrieb. Beschickung von Reihensilos mit Radladern, von Turmsilos mit *Becherwerk* oder *Schrägband* und *Drehverteiler*. *Zement* gemäß DIN 1164 wird in pneumatisch beschickten Silos gelagert, mit *Schneckenförderern* in den Wiegebehälter und im freien Fall in den Mischer gefördert. Staubdichte Übergabewege und *Abluftfilterung* sind vorgeschrieben. Wasser wird mit Wasseruhren oder -waagen abgemessen. Für eine gleichbleibende Betonqualität muß die Gesamtwassermenge unter Berücksichtigung der *Zuschlageigenfeuchte* genau eingehalten werden. Dazu wird die *Sandfeuchte* durch Messung der elektrischen Leitfähigkeit, der Dielektrizitätskonstanten oder der Moderation schneller Neutronen bestimmt [2]. *Mischanlagen* auf Baustellen arbeiten mit *Druckknopf-* oder *Programmsteuerungen*, stationäre *Betonwerke* vollautomatisch mit *Mikroprozessorsteuerungen* für wechselnde Betonrezepturen [3]. Für alle Antriebe der Betonmischanlagen werden Elektromotoren verwendet, Verschlüsse werden pneumatisch oder hydraulisch betätigt. *Mischleistungen*: 20 bis 250 m^3/h.

Betonmischer. Spielweise arbeitende Betonmischer gemäß DIN 459 haben in der Regel zylindrische *Mischgefäße* mit senkrechter, geneigter oder waagerechter Drehachse (Teller-, Trommel- oder Trogmischer). Die *Mischwerkzeuge* sind mit der drehenden Trommel fest verbunden (wendelförmig) oder laufen zentrisch oder exzentrisch im Mischgefäß um (Rührarme mit Mischschaufeln, **Bild 2**). Schnelldrehende Zusatzwerkzeuge (Wirbler) können die Mischwirkung verbessern. Verschleißschutz durch Spezialstahlbleche und -kacheln. Die *Mischzeiten* betragen nach DIN 1045 mindestens 30 s, in der Praxis meist länger. Kenngröße ist der *Nenninhalt* (0,1 bis 12 m^3), das ist das mit einem Arbeitsspiel herstellbare *Frischbetonvolumen* in verdichtetem Zustand. In selten angewendeten stetig arbeitenden Mischern wird der Beton bei kontinuierlicher Komponentenzugabe und Betonabgabe im Durchlauf gemischt. Kenngröße ist die in einer Stunde theoretisch herstellbare Betonmasse.

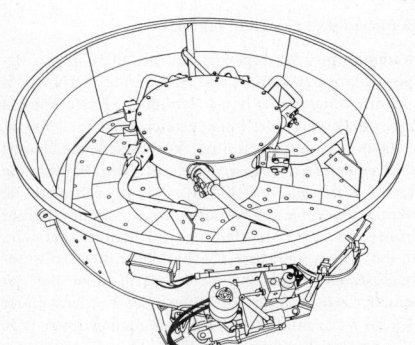

Bild 2. Tellermischer mit Verschleißkacheln. Entleerung durch Bodenöffnung (Liebherr, Bad Schussenried)

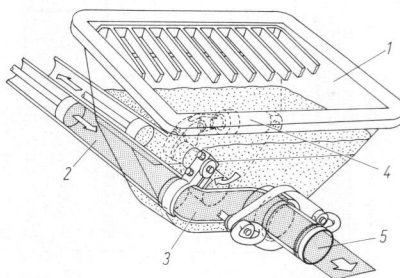

Bild 3. Transportbetonmischer mit 6-m³-Trommel (Liebherr, Bad Schussenried). *1* Mischtrommel, *2* Laufring für die Trommellagerung, *3* Beschicktrichter, *4* Wasserbehälter, *5* Trommelantrieb mit Hydromotor und Planetengetriebe

5.2.3 Transportbetonmischer. Truck mixers

Mit Transportbetonmischern (**Bild 3**) wird Beton über größere Entfernungen von der Mischanlage zur Verarbeitungsstelle transportiert. Die *Mischtrommel* (4 bis 12 m³) mit geneigter Drehachse und auf die Innenwand geschweißten Mischwendeln aus verschleißfesten 6 bis 8 mm dicken Stahlblechen wird je nach Trommelgröße und zulässiger Achslast mit einem Hilfsrahmen auf serienmäßige Lkw-Fahrgestelle (2 bis 4 Achsen) oder Sattelzüge (3 bis 5 Achsen) montiert (selten als Wechselaufbau). Die Trommel liegt mit einem gewalzten Laufring auf zwei geschmiedeten Laufrollen mit einstellbaren Kegelrollenlagern und ist mit einem Zapfen am Trommelboden in einem Bock auf dem Hilfsrahmen so gelagert, daß Spannungen aus Verwindungen des Fahrzeugrahmens bei Geländefahrten nicht auf den Trommelantrieb übertragen werden. Beim Füllen und Entleeren dreht die Trommel in jeweils entgegengesetzter Richtung. Sie wird durch einen Nebenabtrieb vom Fahrzeugmotor (FEPTO=front end power take off; NMV=Nebenabtrieb, motorabhängig, vorgebaut; Nockenwellenabtrieb) hydraulisch (Axialkolbeneinheiten) über ein Planetengetriebe, zum Teil mit vorgeschaltetem Winkelgetriebe am Trommelzapfen angetrieben. Vor allem große Transportbetonmischer (10 bis 12 m³) haben einen Separatmotor für den Trommelantrieb.

Abgabe des Betons über eine schwenkbare *Verteilschurre* in *Krankübel*, in den Trichter einer Betonpumpe (s. U 5.2.4) oder direkt in die Schalung. Transportbetonmischer für die Lieferung kleiner Betonmengen haben Zusatzeinrichtungen zum Fördern des Betons bis zur Einbaustelle (schwenkbares Verteilerband; kleine Betonpumpe, zum Teil mit Verteilermast − s. U 5.2.5).

5.2.4 Betonpumpen. Concrete pumps

Mit Betonpumpen wird plastischer bis fließfähiger Beton (Konsistenzen KP, KR und KF gemäß DIN 1045) durch Rohrleitungen über baustellenübliche Entfernungen zur Einbaustelle gefördert (max. erreichte Weite: 1 500 m; Höhe: 500 m − nicht gleichzeitig). Vorherrschende Bauart ist die *Zwei-Zylinder-Kolbenpumpe* mit fabrikatabhängig gestaltetem *Rohrschieber* (**Bild 4**), der abwechselnd die Verbindung eines Förderzylinders zum Aufgabetrichter (Saughub) und zur Förderleitung (Förderhub) herstellt. Er hat die früher üblichen Flachschieber fast vollständig abgelöst. Der Spalt zur Brillenplatte, über die der Rohrschieber zwischen den Öffnungen der Förderzylinder geschwenkt wird, muß stets dicht gehalten werden (z.B. durch Spanneinrichtungen oder durch Querschnittsänderungen, die ein Anpressen des Schiebers gegen die Brillenplatte bewirken), damit beim Förderhub möglichst kein

Zementleim in den Aufgabetrichter zurückgepreßt wird und der Beton seine weichplastische Konsistenz nicht verliert. Großvolumige *Förderzylinder* ($d = 140$ bis 230 mm), sanftes Anfahren des Förderkolbens, langsame Kolbengeschwindigkeit und schnelles synchrones Schalten des Rohrschiebers ermöglichen fast kontinuierliche Betonförderung.

Die Förderzylinder werden mit starr gekoppelten *Hydraulikzylindern* von einer *Axialkolbenpumpe* (s. H 2) angetrieben. Richtungsumkehr durch Schalten eines Ventils über berührungslose Kontakte an den Kolbenstangen oder Schwenken der Axialkolbenpumpe durch die Nullage. Bei kleinen und mittleren Förderweiten und -höhen wird die Stangenseite des Hydraulikzylinders beim Saughub beaufschlagt und der Druckzylinder vom Rücköl über eine Schaukelölleitung an der Kolbenseite angetrieben, um große Fördermengen zu erzielen. (Betonkolonnen im Hochbau verarbeiten etwa 20 bis 30 m³ *Frischbeton* je Stun-

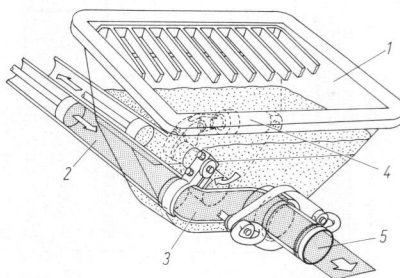

Bild 4. Kolbenbetonpumpe mit S-Rohrschieber (Putzmeister, Aichtal). *1* Aufgabetrichter, *2* Förderzylinder, *3* S-Rohrschieber, *4* Schaltzylinder, *5* Förderleitung

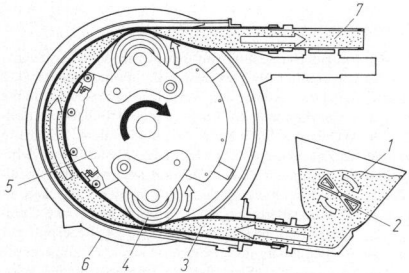

Bild 5. Rotorbetonpumpe (WIBAU, Gelnhausen). *1* Aufgabetrichter, *2* Rührwerk, *3* Förderschlauch, *4* Druckrolle, *5* Rotor, *6* Gehäuse, *7* Förderleitung

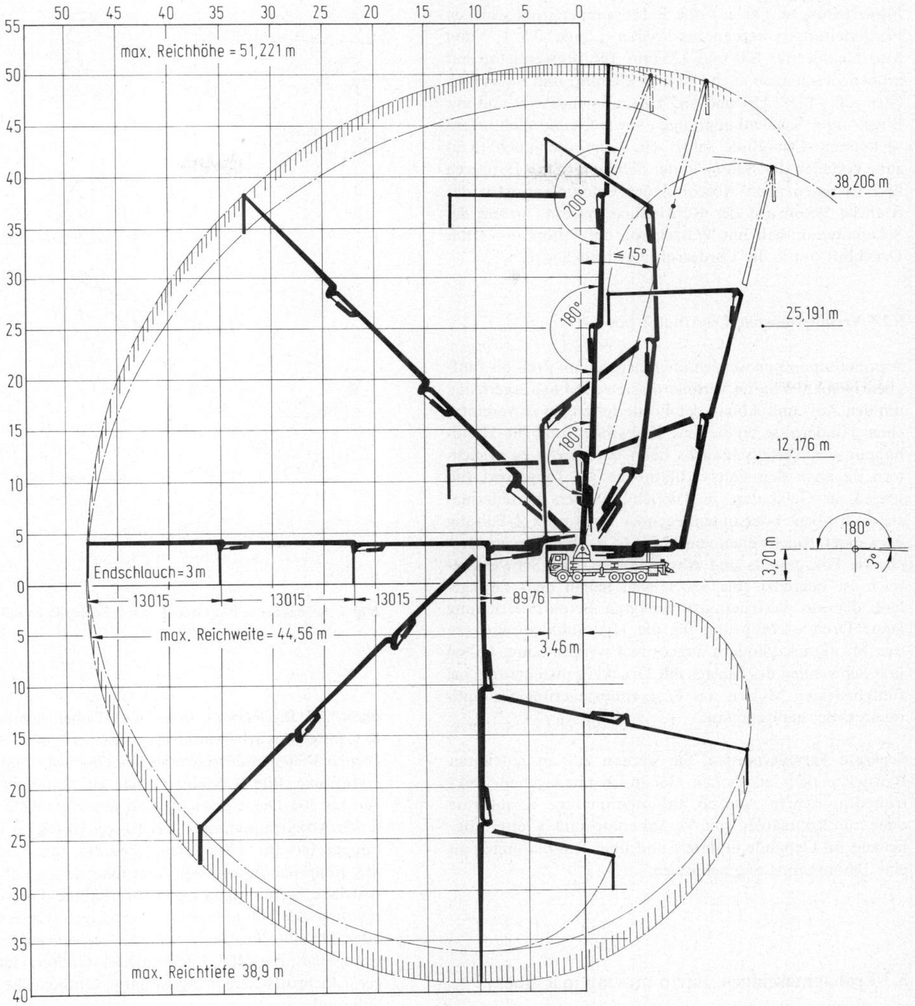

Diagramm a

max. Reichhöhe = 51,221 m

200°

≤ 15°

180°

180°

180°
3°

38,206 m

25,191 m

12,176 m

3,20 m

Endschlauch = 3 m

13015   13015   13015   8976

max. Reichweite = 44,56 m

3,46 m

max. Reichtiefe 38,9 m

a

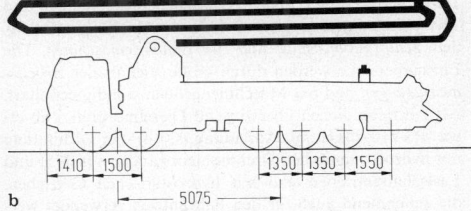

1410 1500   1350 1350 1550

5075

b

Bild 6. Autobetonpumpe mit Knickverteilermast mit obenliegender Rollfaltung (Schwing, Herne). **a** Einsatzmöglichkeiten; **b** Falttechnik

de. Großgeräte fördern bei *Massenbeton* bis 160 m³/h). Bei höherem Druckbedarf (steiferer Beton, lange Förderleitung) kann auf Druckbeaufschlagung der Kolbenseite des Druckzylinders umgeschaltet oder umgerüstet werden (möglich: 80 bis 160 bar im Beton). Stationäre Baustellenbetonpumpen mit Kufen oder abnehmbaren Transportachsen werden mit Diesel- oder Elektromotoren, Autobetonpumpen auf serienmäßigen Lkw-Fahrgetellen vom Fahrzeugmotor angetrieben.

Rotorbetonpumpen, Bild 5. Sie fördern den Beton, indem ein stahlbewehrter Gummiförderschlauch in einem geschlossenen Gehäuse mit zwei Rollen, die an einem um die Gehäuseachse drehenden Rotor umlaufen, zusammengedrückt und der vor den Rollen im Schlauch befindliche Beton in die Rohrleitung geschoben wird. Im Gehäuse wird ein Unterdruck erzeugt, der den Förderschlauch hinter der ablaufenden Druckrolle zu seinem ursprünglichen Kreisquerschnitt aufrichtet. Dabei entsteht im Schlauch ebenfalls ein Unterdruck, wodurch weiterer Frischbeton

aus dem Aufgabebehälter nachgesaugt wird. Der Förderdruck erreicht maximal 30 bar, womit Beton etwa 200 m weit und 80 m hoch gefördert werden kann. Der Rotor wird hydrostatisch mit *Axialkolbeneinheiten* (s. H 2) (Primärleistungsregelung zur stufenlosen Drehzahlverstellung) angetrieben.

Förderleitungen. Die für alle Betonpumpenarten gleichen Förderleitungen werden aus *Rohren* (Länge: 0,5, 1, 2 und 3 m; Nennweite: 100 und 125 mm, für Massenbeton mit groben Zuschlägen auch 150 und 180 mm) und *Krümmern* (90°, 120°, 135°, 150°und 165°) zusammengesetzt und mit Bügel- oder Schalenkupplungen sowie Gummidichtungen verbunden. Das Ende bildet ein Gummischlauch (5 m) zum Verteilen des Betons in der Schalung. Zum Entleeren und Reinigen nach Abschluß des Betonierens wird der restliche Beton aus der Rohrleitung entfernt, indem ein Schaumgummiball mit Wasser von der Pumpe oder mit Druckluft durch die Förderrohre gedrückt wird.

5.2.5 Verteilermasten. Distributor booms

Autobetonpumpen werden überwiegend mit drei- bis fünfgliedrigen knickbaren Verteilermasten (**Bild 6**) ausgerüstet, um den Auf- und Abbau der Förderleitungen zu vereinfachen, Hindernisse einfach zu überwinden und die Handhabung des Verteilschlauchs beim Betonieren zu erleichtern. Je nach den Platzverhältnissen am Einsatzort (im Freien, in Gebäuden, in Tunneln) werden Verteilermasten mit oben- oder untenliegender Roll- oder Z-Faltung verwendet. Reichweiten von 17 bis 65 m erfordern entsprechende Fahrgestelle und Abstützungen. Der Schwenkbereich ist begrenzt (bis 370°), weil neben dem Drehgelenk der am Verteilermast verlegten Betonförderleitung keine Drehdurchführung für die Hydraulikleitungen zu den Mastknickzylindern angeordnet werden kann. Falten und Schwenken des Mastes mit Druckknopfsteuerung, bei fünfgliedrigen Masten mit Programmsteuerung für optimierten Bewegungsablauf.

Separate Verteilermasten. Sie werden auf ausgedehnten Baustellen oder auf hohen Gebäuden mit eigenem elektrohydraulischem Antrieb auf serienmäßige Krantürme oder auf Rohrsäulen mit Verankerung und Klettermöglichkeit im Gebäude montiert und über Rohrleitungen an eine Betonpumpe angeschlossen.

5.3 Erdbaumaschinen. Earth moving machinery

Erdbaumaschinen werden im Erd- und Tiefbau für die Teilvorgänge *Lösen, Laden, Transportieren, Einbauen* und *Verdichten* eingesetzt, aber auch für die *Materialgewinnung*, den *Schüttgutumschlag* und als *Industriemaschinen*. Die Einsatzbereiche werden durch große Vielfalt der *Arbeitsausrüstungen* und der Maschinengrößen ständig erweitert. Als Antriebe dienen überwiegend Dieselmotoren – ab etwa 70 kW vielfach mit Aufladung (s. P4) – in Verbindung mit hydrodynamischen Drehmomentwandlern (s. R 5) und Lastschaltgetrieben und mit hydrostatischen Getrieben, die zunehmend auch für den Fahrantrieb verwendet werden. Die Maschinen für das Lösen und Laden haben Rad- oder Raupenfahrwerke, die für den Betrieb im Gelände ausgelegt sind.

5.3.1 Bagger. Excavators

Bagger werden fast ausschließlich als *Hydraulikbagger* für alle Löse- und Ladearbeiten im Erd- und Tiefbau verwendet. *Seilbagger* mit *Greifer* oder *Schleppschaufel* arbeiten bevorzugt in der Materialgewinnung, **Bild 7**. Außerdem dienen sie als *Hebezeuge* im Kranbetrieb oder als *Träger-*

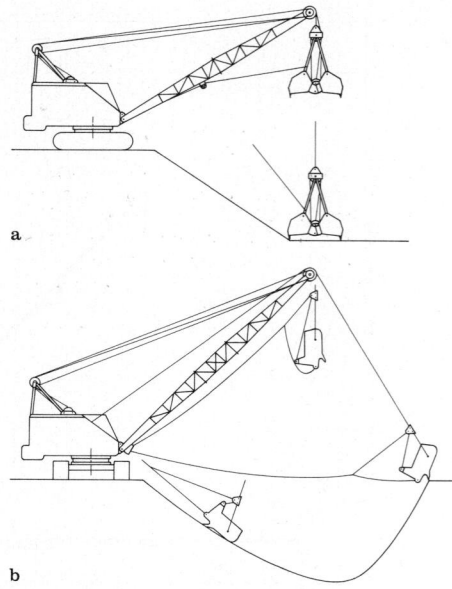

a

b

Bild 7. Seilbagger. **a** mit Greifer; **b** mit Schleppschaufel

gerät, z.B. für Ramm-, Bohr- und Zieheinrichtungen, **Bild 8**. Großgeräte arbeiten im Tagebau.

Bagger bestehen aus *Unterwagen, Oberwagen* und *Arbeitseinrichtung*, **Bild 9**. Kleine Geräte auf Rädern (*Mobilbagger*, bis 30 t Dienstgewicht) sind gemäß StVZO selbstfahrende Arbeitsmaschinen. *Minibagger* (bis 2,5 t) und große Bagger (40 bis 500 t Dienstgewicht) haben ausschließlich *Raupenlaufwerke*. Auf dem Oberwagen befinden sich Antriebe, Steuerungen und Fahrerkabine. Die Arbeitseinrichtung besteht aus dem mehrteiligen *Verstell-, Knick-* oder *Monoblockausleger* und der *Arbeitsausrüstung*, z.B. *Grabgefäß* (Tieflöffel, Ladeschaufel, Greifer) oder *Anbaugerät* (Schrottschere, Magnetplatte, Grabenfräse, Hydraulikhammer u.a.).

Die Fahr- und Arbeitsbewegungen werden – auch bei Seilbaggern – hydraulisch mit leistungsgeregelten Axialkolbenpumpen und -motoren bzw. Differentialzylindern angetrieben (s. H 2). Zur bedarfsgerechten Wandlung der mechanischen Leistung des Antriebsmotors mit hohem Wirkungsgrad in hydraulische Leistung dienen elektronische Regelungen und Load-Sensing-Systeme [4, 5]. Mit Zwei-Kreis-Systemen können mehrere Verbraucher unabhängig voneinander oder ein Verbraucher durch Summenschaltung doppelt beaufschlagt werden. Drei-Kreis-Systeme haben einen separaten Antrieb für das Schwenkwerk, das den Oberwagen gegenüber dem Unterwagen dreht, **Bild 10**.

Ober- und Unterwagen sind mechanisch durch eine Drehverbindung (mittenfreies Großwälzlager, ein- oder mehrreihig, Kugeln oder Rollen) verbunden, die Axialkräfte, Radialkräfte und Momente aufnehmen kann, und hydraulisch (gegebenenfalls auch pneumatisch) durch eine Drehdurchführung (Rotor) für den Fahrantrieb und seine Steuerung (s. U 2.9).

Mobilbagger haben einen Verstellfahrmotor, ein Verteilerschaltgetriebe für Gelände- und Straßengang mit Hal-

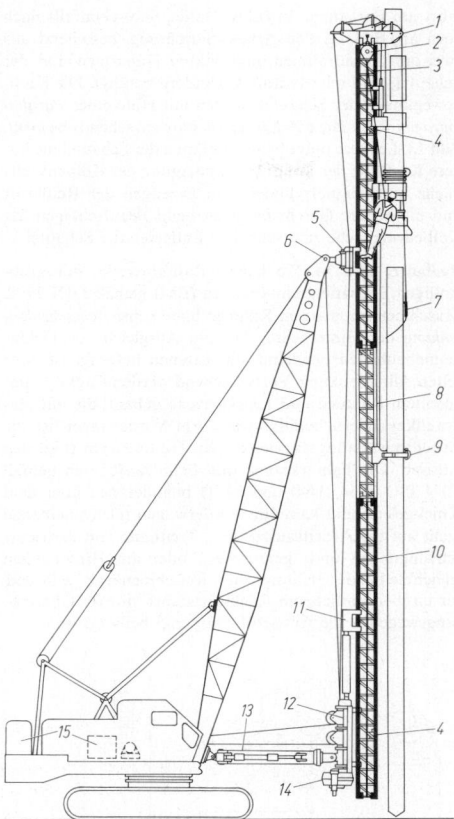

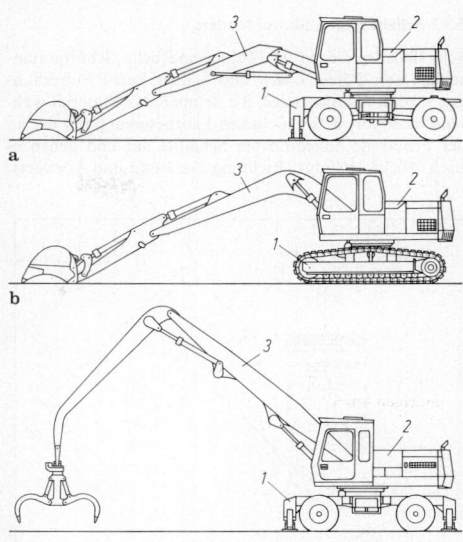

Bild 9. Hydraulikbagger (Liebherr, Kirchdorf). **a** Mobilbagger mit Knickausleger; **b** Raupenbagger mit Monoblockausleger; **c** Mobilbagger mit Industrieausrüstung (Holzgreifer); *1* Unterwagen, *2* Oberwagen, *3* Arbeitseinrichtung

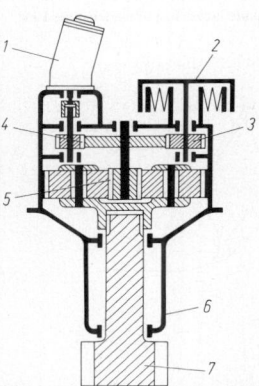

Bild 10. Schwenkantrieb für Hydraulikbagger (Lohmann & Stolterfoht, Witten). *1* Antriebsmotor, *2* Innenbackenbremse, *3* separate Bremswelle mit Ritzel, *4* Stirnradvorstufe, *5* Planeten-Abtriebsstufe, *6* Gehäuse, *7* Abtriebsritzel mit Welle

Bild 8. Seilbagger als Trägergerät mit Raumausrüstung (Delmag, Esslingen). *1* Seilrollenkopf, *2* Sicherheitseinrichtung, *3* Mäkleroberteil mit Leiter, *4* Absetzvorrichtung für Dieselbär, *5* Mäkleraufhängung, *6* Anbausatz zum Anbau des Mäklers an den Baggerausleger, *7* Seilrollengehänge zur Rammgutaufnahme, *8* Mäklerverlängerung mit Leiter, *9* Pfahlführung, *10* Mäklerunterteil mit Leiter, *11* Senkeinrichtung, *12* Mäklerlagerung, *13* Mäklerabstützung, *14* Dreheinrichtung, *15* Antriebsaggregat (unabhängig oder abhängig vom Bagger)

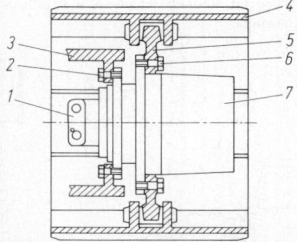

Bild 11. Fahrantrieb für Raupenbagger mit Planetengetriebe und integriertem Hydromotor (Lohmann & Stolterfoht, Witten). *1* Hydraulik-Einschubmotor, *2* Schraubenverbindung zum Geräterahmen *3, 4* Raupenkette, *5* Kettenrad (Turas), *6* Schraubenverbindung zum Kettenrad, *7* Planetengetriebe

tebremse und wahlweise ein integriertes Fahrbremsventil für verschleißloses Bremsen bei Talfahrt. Beide Achsen werden über Gelenkwellen angetrieben.

Raupenbagger haben an jedem Laufwerk einen Konstanthydraulikmotor, der mit einem Planetengetriebe und einer Trommel- oder einer Lamellenbremse in das Antriebsrad integriert ist, **Bild 11**. Ungleicher Antrieb der Laufwerke ermöglicht Kurvenfahrten, gegenläufiger Antrieb das Drehen auf der Stelle.

Bagger arbeiten als *Standgeräte* durch Betätigen der Arbeitseinrichtung und durch Drehen des Oberwagens je nach Arbeitsausrüstung unter- und oberhalb ihrer Standebene. Fahrbewegungen dienen in der Regel nur dem *Standortwechsel*. Die Standsicherheit der Mobilbagger wird mit Stützschild oder Pratzenabstützungen erhöht. Raupenunterwagen werden in Standard-, LC- (long crawler – mit breiterer Spur und längerem Fahrschiff) und HD-Ausführung (heavy duty – für schwere Einsätze) angeboten.

5.3.2 Schaufellader. Shovel loaders

Schaufellader dienen im Erdbau und beim Schüttgutumschlag zum *Lösen, Laden* und – über kurze Entfernungen – zum *Transportieren*. Sie nehmen das Material während einer vorwärts gerichteten Fahrbewegung mit der an der Frontseite angeordneten Schaufel auf und geben es nach Rückwärtsfahrt, Richtungsänderung und Vorwärts-

fahrt am Entladepunkt (Lkw, Halde, Silo) ebenfalls nach vorn ab, **Bild 12**. Die Arbeitseinrichtung, bestehend aus zwei am Grundrahmen angelenkten Hubarmen und der Schaufel, wird mit Hydraulikzylindern betätigt. Die Kippbewegungen der Schaufel werden mit Hilfe einer *Parallelogramm-* oder einer *Z-Kinematik* (vorherrschend) bewirkt, **Bild 13**. Letztere nutzt beim Ankippen der Schaufel die höhere Kraft bei der Druckbeaufschlagung der Kolbenkreisfläche im Schaufelzylinder zum Erzeugen der Reißkraft und die höhere Geschwindigkeit beim Beaufschlagen der Kolbenringfläche zum schnellen Entleeren der Schaufel.

Radlader, Bild 14. Sie haben Radfahrwerke mit grobstolligen Erdbaumaschinenreifen (EM) gemäß DIN 7798. Maschinen mit starrem Rahmen haben eine *Achsschenkellenkung* der Hinterachse, die zum Ausgleich von Geländeunebenheiten pendelnd am Rahmen befestigt ist, sehr selten Allradlenkung. Vorherrschend werden Radlader mit geteiltem Rahmen und *Knicklenkung* gebaut, die mit Hydraulikzylindern betätigt wird. Am Vorderwagen ist die Arbeitsausrüstung angelenkt. Der Hinterwagen trägt den Antrieb. Die Fahrerkabine (mit Schutzaufbauten gemäß DIN ISO 3164, 3449 und 3471) befindet sich über dem Knickgelenk und kann am Vorderwagen (gleichbleibende Sicht auf die Arbeitsausrüstung, Trennung von Antriebsschwingungen und -geräuschen) oder am Hinterwagen (gleichbleibende Stellung zum Maschinenheck während der unübersichtlicheren Rückwärtsfahrt, direkte Übertragungswege für die Antriebsbetätigung) befestigt sein.

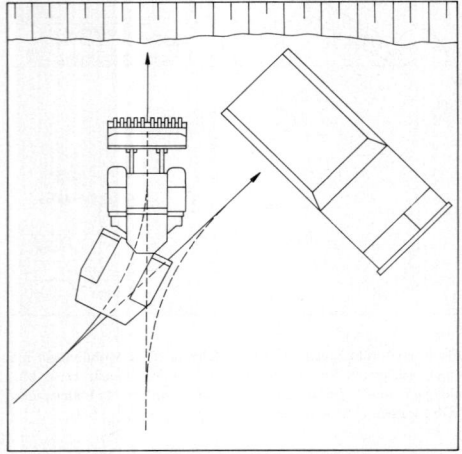

Bild 12. Fahrschema eines Schaufelladers beim Beladen eines Lkw

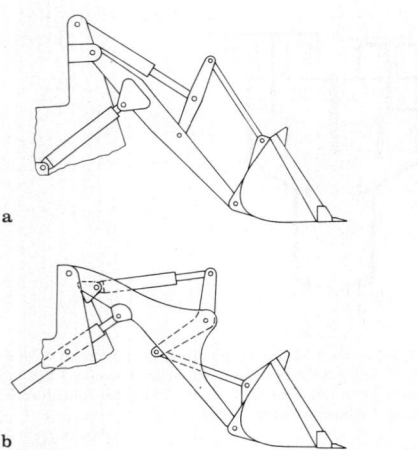

a

b

Bild 13. Kippzylindergetriebe für Radladerschaufeln. **a** Parallelogrammkinematik; **b** Z-Kinematik

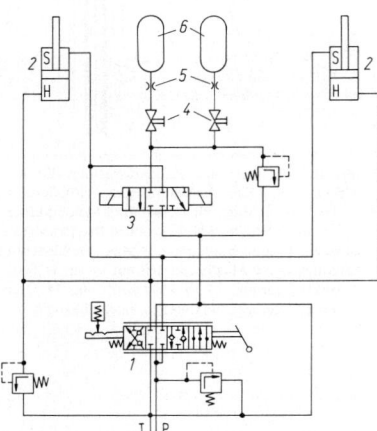

T P

Bild 15. Feder-Dämpfer-System in der Hubhydraulik der Arbeitsausrüstung eines Radladers zur Reduzierung betriebsbedingter Nickschwingungen [6]. *1* Steuerblock für die Hubzylinder, *2* Hubzylinder, *3* 4/3-Wegeventil, *4* Absperrhahn, *5* Drosseln, *6* Hydrospeicher

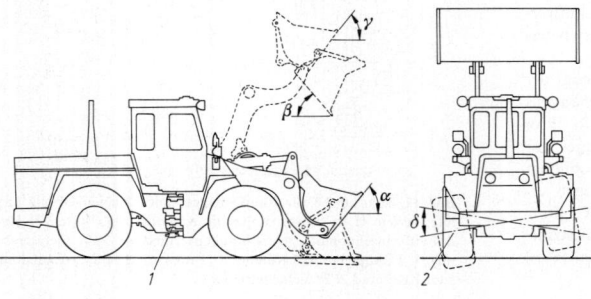

Bild 14. Radlader mit Z-Kinematik zum Kippen der Ladeschaufel, mit Rahmenknicklenkung *1* und mit Pendelhinterachse *2* (Hanomag, Hannover)

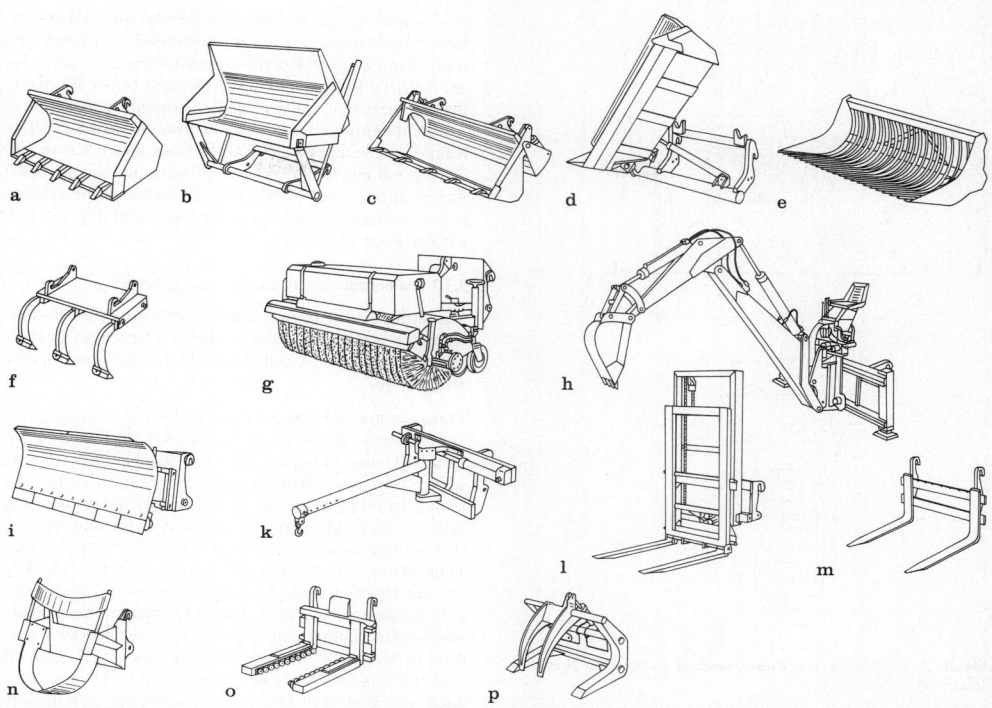

Bild 16. Grabgefäße und Anbaugeräte für kleine Radlader (Kramer, Überlingen). **a** Standardschaufel; **b** Hochkippschaufel; **c** Greiferschaufel; **d** Seitenschwenkschaufel; **e** Steinschaufel; **f** Frontaufreißer; **g** Kehrmaschine; **h** Tieflöffelbagger; **i** Schneepflug; **k** Schwenkkran; **l** Hubstapler; **m** Stapeleinrichtung; **n** Baumversetzgerät; **o** Steinklammer; **p** Rundholzzange

Nickschwingungen, zu denen die üblicherweise ungefederten Radlader durch Fahrbahnunebenheiten angeregt werden und die schädlich für den Fahrer und die Maschine sind, können durch Einbau eines Feder-Dämpfer-Systems in die Hubhydraulik der Arbeitsausrüstung reduziert werden [6], **Bild 15**.

Größen: Motorleistung 10 bis 500 kW; Schaufelinhalt 0,15 bis 10 m³; Dienstgewicht 0,7 bis 80 t. Kleinere Radlader werden als universell einsetzbare Maschinen mit vielfältigen Arbeitsausrüstungen und Anbaugeräten angeboten, **Bild 16**.

Raupenlader (Laderaupen), **Bild 17**. Sie haben Raupenlaufwerke, zum Teil mit vertikal um die heckseitige Stützachse pendelnden Fahrschiffen zum Ausgleich von Geländeunebenheiten. Je nach Motoranordnung befindet sich

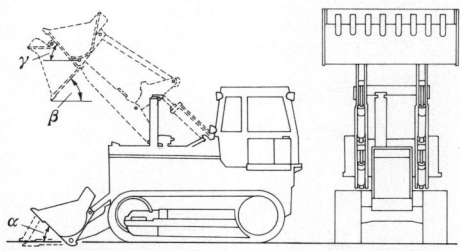

Bild 17. Raupenlader mit Frontmotor und Parallelogrammkinematik (Hanomag, Hannover)

die Fahrerkabine am Heck der Maschine (vorherrschend) oder direkt hinter der Arbeitsausrüstung. Heckmotor ist günstig als Gegengewicht für die Schaufelfüllung. *Größen:* Motorleistung 15 bis 230 kW; Schaufelinhalt 0,3 bis 4,5 m³; Dienstgewicht 3 bis 42 t.

Kompaktlader, Bild 18. Sie werden als kleine Radgeräte für beengte Baustellen verwendet. Hydrostatische Einzelantriebe der Räder jeder Seite ermöglichen bei gegenläufigem Antrieb das Wenden auf der Stelle. Die Hubarme sind hinter der Fahrerkabine angelenkt. *Größen:* Motorleistung 10 bis 70 kW; Schaufelinhalt 0,1 bis 0,5 m³; Dienstgewicht 0,5 bis 3,5 t.

Baggerlader, Bild 19. Sie haben als Mehrzweckgeräte neben der Ladeschaufel (0,5 bis 1 m³) einen Heckbagger, der teleskopierbar und über die Maschinenbreite quer verschiebbar sein kann und in der Regel mit einem Tieflöffel ausgerüstet ist. *Größen:* Motorleistung 30 bis 65 kW; Dienstgewicht 5 bis 7,5 t.

Schaufellader werden mit Dieselmotoren angetrieben, die Arbeitsausrüstung hydrostatisch mit Zahnradpumpen oder leistungsgeregelten Axialkolben-Verstellpumpen, der Fahrantrieb der Radlader (Allrad) vorwiegend mit hydrodynamischem Drehmomentwandler und Lastschaltgetriebe sowie vielfach Selbstsperrdifferentialen und Planeten-Radnabengetrieben. Als Betriebsbremsen werden neben Trommel- und Scheibenbremsen zunehmend nasse Lamellenbremsen eingebaut. Kleine Radlader haben auch hydrostatische Fahrantriebe, größere vereinzelt in Verbindung mit Automatikschaltgetriebe.

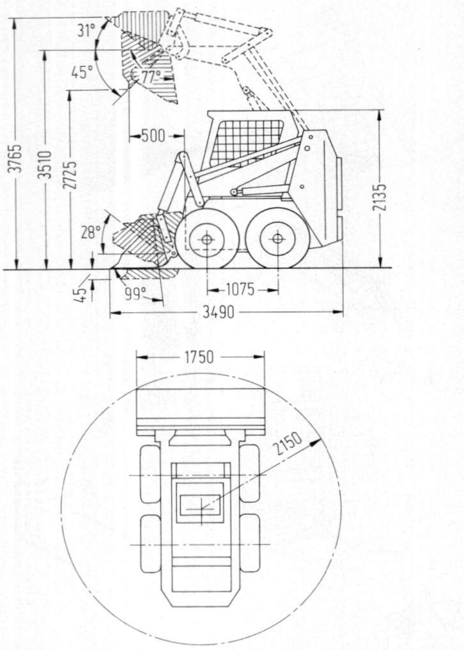

Bei Laderaupen mit Wandler-Lastschaltgetriebe dient eine Kupplungsbremslenkung zum einseitigen Verzögern des Raupenantriebs für Kurvenfahrten (selten ein aufwendiges Getriebe für den getrennten Antrieb beider Raupen). Bei Geradeausfahrt sind beide Lenkkupplungen geschlossen. Zum Fahren einer weiten Rechtskurve wird die rechte Raupe ausgekuppelt, zum Fahren einer engen Kurve zusätzlich mit der Lenkbremse verzögert, und nur die linke Raupe angetrieben. Hydrostatische Fahrantriebe ermöglichen kraftschlüssige Lenkbewegungen und das Wenden auf der Stelle (s. U 5.3.3).

5.3.3 Planiermaschinen. Dozers and graders

Planiermaschinen dienen zum Abtragen dünner Bodenschichten und zum Herstellen ebener Flächen im Erdbau sowie im Straßen-, Landschafts-, Flughafen- und Sportanlagenbau.

Planierraupen, Bild 20. Sie lösen und verschieben den Boden mit einem Schild (max. Förderweite 50 m), der an der Frontseite der Maschine an zwei Schubholmen (Brustschild) oder einem U-förmigen Schubrahmen (Schwenkschild) befestigt ist. Letzterer kann beidseitig mechanisch oder mit Hydraulikzylindern stufenlos so verstellt werden, daß der Boden zur Seite abfließt, z.B. beim Planieren einer Dammkrone. Die Schnitthöhe wird bei beiden Schildarten mit Hydraulikzylindern, der Schnittwinkel in der Regel mechanisch eingestellt. Durch Querneigen des Schilds (*Tilten/Tiltzylinder*) können mit einer Schildecke flache Rinnen hergestellt werden. *Wölbung, Breite* (2,2 bis 6 m) und *Höhe* (0,6 bis 2,2 m) des Schilds richten sich nach Einsatz- und Bodenart. Die Anlenkpunkte der Schubholme

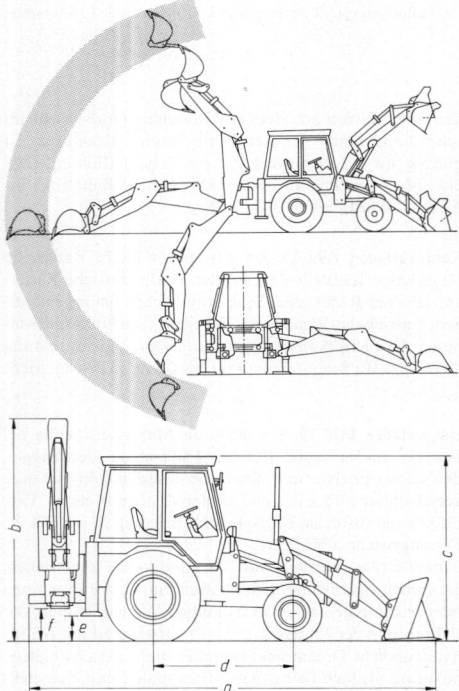

Bild 18. Kompaktlader mit hydrostatischem Fahrantrieb (Lanz, Aulendorf)

Bild 19. Baggerlader mit Ladeschaufel und Tieflöffel-Heckbagger (JCB, Köln). Abmessungen: *a* Gesamtlänge 6,15 m, *b* Gesamthöhe 3,56 m, *c* Kabinenhöhe 2,81 m, *d* Radstand 2,11 m, *e* Minimum Bodenfreiheit 0,36 m, *f* Schwenkwerk Bodenfreiheit 0,48 m, Breite 2,44 m, Spurbreite vorn 1,80 m, Spurbreite hinten 1,70 m

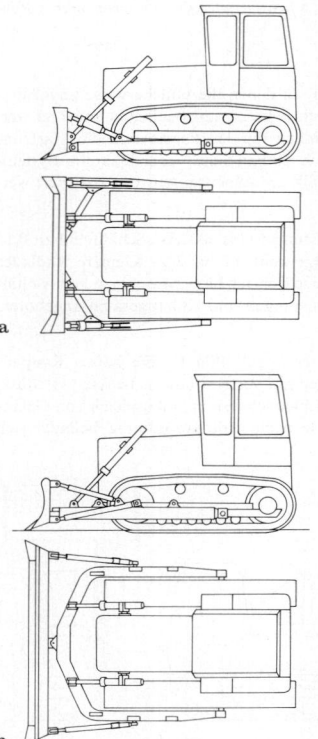

Bild 20. Planierraupe. **a** Brustschild-; **b** Schwenkschildausrüstung

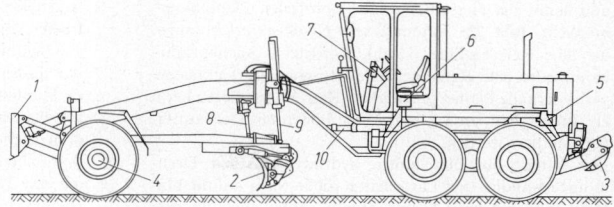

Bild 21. Drei-Achs-Grader mit Frontschild *1*, Hauptschild *2* und Heckaufreißer *3* sowie mit elektronischer Regelung des hydrostatischen Vorderachsantriebes (O & K, Dortmund). *4* Hydromotor, *5* Verstellpumpe, *6* Elektronik, *7* Steuerkonsole, *8, 9, 10* Schwenk-, Hub- und Lenkzylinder

bzw. des Schubrahmens befinden sich hinten seitlich an den Raupenfahrschiffen. Schwere Böden und Fels können mit Ein- oder Mehrzahn-*Heckaufreißern* gelöst werden.

Der Antrieb gleicht prinzipiell dem der Laderaupen. Hydrostatische Fahrantriebe werden mit Primär- und Sekundärregelung ausgeführt, um ein größeres Geschwindigkeitsspektrum zu erreichen [7]. *Größen:* Motorleistung 25 bis 550 kW – überwiegend (75%) im Bereich 40 bis 150 kW; Dienstgewicht 4 bis 90 t.

Raddozer. Sie werden wegen ihrer höheren Fahrgeschwindigkeit für Planierarbeiten an häufig wechselnden Arbeitspunkten eingesetzt, z.B. in Tagebaubetrieben. Wie Radlader haben sie Knicklenkung und Allradantrieb. Die Einstellungen des Schwenkschilds werden hydraulisch betätigt, um eine schnelle Anpassung an veränderte Arbeitsbedingungen zu ermöglichen. *Größen:* Motorleistung 120 bis 230 kW; Dienstgewicht 12 bis 30 t.

Grader (Erd- oder Straßenhobel), **Bild 21.** Die besonders guten Planiereigenschaften dieser Maschinen ergeben sich aus dem langen Radstand und der Anordnung des Planierschilds (*Schar*) zwischen den Achsen, wodurch die

Wirkung der von den Rädern überfahrenen Unebenheiten auf die Schildstellung gemildert wird (Strahlensatz). Der mit einem Zugbalken an der Vorderachse angelenkte Planierschild kann mit einem Drehwerk, einem Schildzylinder, zwei Hub- und einem Schwenkzylinder sowie durch Verstellung des Jochs für die Anlenkung dieser Zylinder am Hauptrahmen um eine senkrechte Achse gedreht, beidseitig ausgefahren, einseitig angehoben und nach beiden Seiten ausgeschwenkt werden. Dadurch lassen sich waagerechte sowie geneigte Flächen wie Rinnen und Böschungen bei Vorwärts- und Rückwärtsfahrt und auch außerhalb der Spur herstellen. Neben der *Achsschenkellenkung* der Vorderräder haben die meisten Grader eine *Rahmenknicklenkung*, die ein spurversetztes Fahren (*Hundegang*)

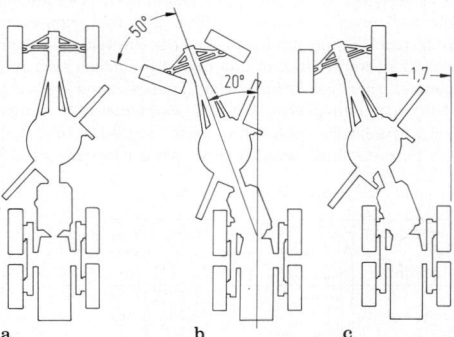

Bild 22. Grader mit Vorderachs- und Rahmenknicklenkung für kleine Wenderadien und spurversetztes Fahren (Caterpillar, Garching). **a** Geradfahrt; **b** Knicklenkung; **c** spurversetzt (Hundegang)

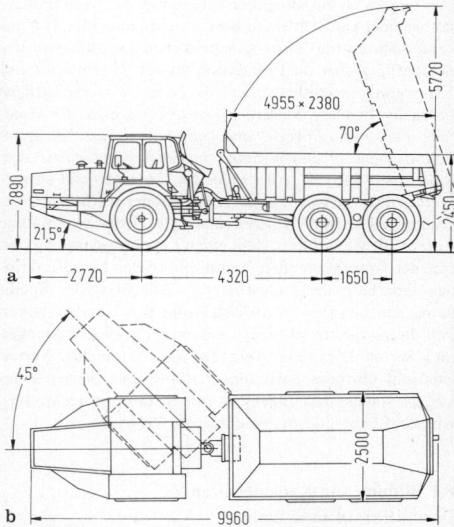

Bild 24. Muldenkipper mit Rahmenknicklenkung (Volvo, Zwingenberg)

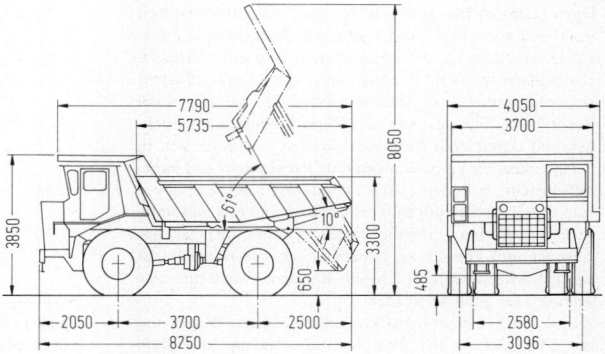

Bild 23. Muldenkipper für Großbaustellen und Tagebaubetriebe (O & K Faun, Butzbach)

und somit die Herstellung eines spurfreien Planums ermöglicht, **Bild 22**. Automatische Nivelliereinrichtungen, die eine Referenzlinie (Draht, Bordstein, Nachbarfahrbahn) oder eine Referenzfläche (Rundumlaser) abtasten, verbessern die Planiergenauigkeit. Zum Vorplanieren kann ein Frontschild, zum Lösen fester Böden ein Heckaufreißer montiert werden.

Der Antrieb mit Dieselmotor, hydrodynamischem Drehmomentwandler und Lastschaltgetriebe wirkt auf die hinteren Tandemachsen. Kleine Grader werden auch mit zwei Achsen und hydrostatischem Allradantrieb gebaut. *Größen:* Motorleistung 35 bis 230 kW; Dienstgewicht 5 bis 35 t.

5.3.4 Muldenkipper. Dumpers

Muldenkipper (Schwerlastkraftwagen − Slkw) werden für den Transport größerer Boden- und Felsmassen auf Groß-

baustellen, bei der Materialgewinnung und in Tagebaubetrieben eingesetzt, **Bild 23**. Größe und Gewicht lassen ein Befahren öffentlicher Straßen in der Regel nicht zu. Die außen mit Kastenprofilrippen versteifte selbsttragende Stahlmulde ruht auf dem Rahmen des Zweiachsfahrgestells und wird zum Entleeren mit zwei Hydraulikzylindern nach hinten gekippt. Zur gleichmäßigen Verteilung des Fahrzeuggewichts auf den Untergrund werden auf die mit Dieselmotor, hydrodynamischem Drehmomentwandler und Lastschaltgetriebe angetriebene Hinterachse Zwillingsreifen montiert. Kleinere Muldenkipper werden auch mit *Rahmenknicklenkung* gebaut (**Bild 24**) und für gute Geländegängigkeit wahlweise mit Allradantrieb ausgerüstet. *Größen:* Motorleistung 115 bis 2400 kW; Muldeninhalt 8,5 bis 170 m³; Nutzlast 12 bis 320 t; zulässiges Gesamtgewicht 23 bis 550 t; max. Fahrgeschwindigkeit 30 bis 75 km/h.

---

6 Lagertechnik
Warehouse engineering

R. Jünemann, Dortmund

Das Lagern ist ein integraler Bestandteil des Materialflusses bei einer ganzheitlichen Berücksichtigung aller Systemkomponenten und einer ganzheitlichen Logistik von der Beschaffung über die Produktion bis zur Distribution und Entsorgung geworden. *„Logistik ist die wissenschaftliche Lehre der Planung, Steuerung und Überwachung der Material-, Personen-, Energie- und Informationsflüsse in Systemen. Systeme in diesem Sinne, in denen Logistik eine Rolle spielt, können“* u.a. *„Industrie-, Handels- und Dienstleistungsunternehmen … sein“* [101]. Jeder statische Ruhezustand eines Stoffs in Systemen, d.h., jeder planmäßige Aufenthalt von Gütern, stellt einen Lagerungsvorgang dar. Mit der fortschreitenden Verknüpfung der Lagerfunktionen innerhalb der Industrie, der Zulieferer, der Spediteure, der Logistik-Dienstleister und des Handels haben sich die Aufgaben erweitert, indem bei größeren Mengen und Sorten komplexe Aufgaben des Sammelns, Verteilens und Ordnens auftreten. Planung und Betrieb eines Lagers stellen den Ingenieur vor schwierige technische, wirtschaftliche und organisatorische Probleme.

6.1 Bildung von Ladeeinheiten
Formation of unit loads

Für eine rationelle Lagerung und Förderung von Gütern werden hauptsächlich für Zwischen- und Versandläger *Ladeeinheiten* [13] gebildet. Ladeeinheiten bestehen aus dem Lager- bzw. Fördergut (auch *Stückgut* bzw. *Packstück*), aus dem für die Zusammenfassung erforderlichen Ladehilfsmittel (z.B. *Paletten*) und dem Ladeeinheitensicherungsmittel (z.B. Schrumpffolie) [31, 53, 76]. Auch Schüttgüter, Flüssigkeiten und Gase können zum Stückgut und damit zum Packstück werden, wenn sie sich in entsprechenden Verpackungen (d.h. Packmitteln und Packhilfsmitteln) befinden [101]. Packstücke bzw. Stückgüter sind durch Abmessungen, Form, Masse und evtl. besondere Eigenschaften (Empfindlichkeit, Temperatur) gekennzeichnet und können zu Ladeeinheiten zusammengefaßt werden. Mit mehreren Ladeeinheiten kann wiederum eine *Ladung* [13] gebildet werden.

Zum Erreichen eines logistikgerechten Materialflusses und zur Minimierung der Handhabungsvorgänge innerhalb

der Transportkette sollte die Gestaltung der Güter an dem Postulat − *Ladeeinheit = Produktionseinheit = Lagereinheit = Transporteinheit = Verkaufseinheit* − ausgerichtet werden. Die heutige Lagertechnik kennt Hunderte unterschiedlicher Typen von Ladehilfsmitteln in teils genormter, teils firmeninterner oder branchenspezifischer Ausführung. Für die Bildung von Ladeeinheiten ist es notwendig und wirtschaftlich, möglichst genormte und damit aufeinander abgestimmte Packmittel [14, 19], Paletten, Behälter und Container einzusetzen.

6.1.1 Packstücke. Packages

Eine geeignete *Verpackung* (Oberbegriff für die Gesamtheit der Packmittel und Packhilfsmittel [14]) muß zum einen füllgerecht (Schutz des Inhalts und der Umwelt), gut manipulierbar, werbewirksam und umweltfreundlich sein, zum anderen aber auch kostengünstig Transport und Lagerung der Güter ermöglichen [82, 91]. *Packmittel* [14] werden nach verschiedenen Gesichtspunkten gegliedert, z.B. nach der Formstabilität, der Größe, der Art der Begrenzungsflä-

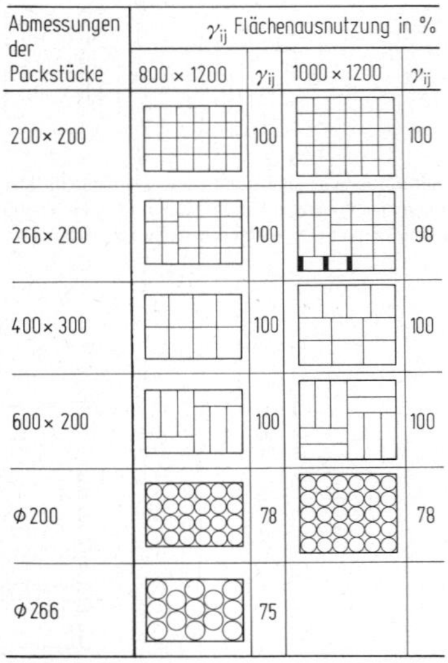

Abmessungen der Packstücke	γ_{ij} Flächenausnutzung in %			
	800 × 1200	γ_{ij}	1000 × 1200	γ_{ij}
200 × 200		100		100
266 × 200		100		98
400 × 300		100		100
600 × 200		100		100
Φ 200		78		78
Φ 266		75		

Bild 1. Stapelbilder für ausgesuchte Packstücke. Modulsystem (RGV-Merkblatt 187 [75])

chen und den Querschnittsformen. Als Werkstoffe werden hauptsächlich verwendet: Papier, Pappe, Holz, Kunststoff, Metalle, Gewebe und Glas. Für manuelle Handhabung sollte die Gesamtmasse eines Packstücks nicht größer als 15 kg sein. Unterschieden wird zwischen Dauer- und Einwegverpackung. Die Abmessungen der Packstücke sind nach verschiedenen Richtlinien [15, 75, 77, 108] den genormten Ladehilfsmitteln weitgehend angepaßt (**Bild 1**), um den Laderaum von Fahrzeugen und die Lagerräume bestmöglich zu nutzen sowie einen mechanisierten Umschlag zwischen verschiedenen Arbeitsmitteln in Transportketten zu ermöglichen [76, 101, 102, 108, 113].

6.1.2 Ladehilfsmittel. Handling aids

Ladehilfsmittel (**Bild 2**) besitzen neben der Funktion der Ladeeinheitenbildung auch die Aufgabe, schwere, nicht stapelbare und sperrige Güter einheitlich handhabbar und transportierbar zu machen. Häufig eingesetzte Ladehilfsmittel sind genormt [1–13, 16–18]. Die Maße für *Flachpaletten* betragen nach DIN 15141 T1 bis 4 [1] 600 mm×800 mm, 800 mm×1 200 mm, 1 000 mm×1 200 mm. Von besonderer Bedeutung ist die *Vierwege-Flachpalette* 800 mm×1 200 mm aus Weichholz, die durch Vereinbarung zwischen den dem Palettenpool angehörenden Teilnehmern austauschbar ist [4, 75]. Die Tragfähigkeit beträgt 1 000 kg auf dem Lastaufnahmemittel eines Fördermittels und 4 000 kg im Stapel. Die *Gitterboxpalette* nach DIN 15155 [9] ist ebenfalls als Tauschpalette zugelassen und erlaubt das Stapeln von Gütern, die den Stapeldruck nicht aufnehmen können.
Viele Güter erfordern *Spezialpaletten* [22, 23, 33, 44, 45]. So werden beispielsweise für den Hafenumschlag Großpaletten mit den Abmessungen 1 200 mm×1 600 mm und 1 200 mm×1 800 mm verwendet. Zur besseren Nutzung des vorhandenen Raums werden bei geeigneten Stückgütern *Slipsheets* (auch Ziehpalette, teppichartige Stapelunterlage aus Kunststoff) eingesetzt. Nur für einen oder wenige Umläufe sind *Einmal-Paletten* bestimmt. Spezielle Ladehilfsmittel gibt es u.a. für verschiedene Güter wie Fässer und schweres Stückgut. Allseitig mit Blech verkleidete *Bunker- und Tankpaletten* [26] für staubförmiges Gut und

Flüssigkeiten werden auch als Stapel- oder Kleinbehälter bezeichnet. Teilweise sind *Kleinbehälter* auch rollbar gestaltet (z.B. Stückgutpaletten 700 mm×810 mm in der Lebensmittelbranche) [12].
Für die Aufbewahrung von Kleinteilen und zur Kommissionierung im Lager wurden *Lagersichtkästen* entwickelt. Auch in der Automobilindustrie wurden zum Transport und zur Lagerung spezielle *Behälter* konstruiert, **Bild 1j**. Besondere *Langgutkassetten* eignen sich zur Aufnahme von Langgutteilen [32].

6.1.3 Container. Containers

Container (Frachtbehälter) eignen sich besonders für nicht oder nur leicht verpackte, feuchtigkeitsempfindliche Güter oder zur Bildung größerer Ladeeinheiten. Es werden dadurch nicht nur Packmittel und Ladungssicherungsmittel eingespart, sondern auch die Umschlaggeschwindigkeiten beträchtlich erhöht. Die Abmessungen müssen den Lademaßen der wichtigsten Verkehrsmittel (Straßen-, Schienen-, See- und Luftfahrzeuge), aber auch den international vereinbarten Palettenabmessungen angepaßt sein [101].
Die Abmessungen von Containern (Länge L, Breite B, Höhe H) sind international genormt [10, 11, 18, 38], **Tab. 1**. Es werden Ausführungen ganz in Stahl, mit Stahlgerippe und Aluminiumwänden und mit Wänden aus glasfaserverstärktem Kunststoff gebaut. Die Eckbeschläge sind zur Verriegelung der Container mit Umschlageinrichtungen ausgebildet [16, 38]. Die Boden- und Längsträger enthalten oft Gabeltaschen zum Einfahren von Gabeln der Gabelstapler und Greifkanten zum Transport mittels Portalstaplern. Neben geschlossenen *Frachtbehältern* gibt es noch Sonderausführungen als *Kühl-Container, Tank-Container, Schüttgut-Container, Open-Top-Container*. Für Europa wurde der *Binnencontainer* [10, 11] entwickelt, der im Gegensatz zum ISO-Container [18] auf die europäischen Palettenmaße abgestimmt ist. Container werden in Hafenbereichen und bei den Verladern zwischengelagert und mit speziellen Umschlageinrichtungen, z.B. Portalstaplern, Frontstaplern mit Container-Spreadern und Container-Verladebrücken, umgeschlagen.

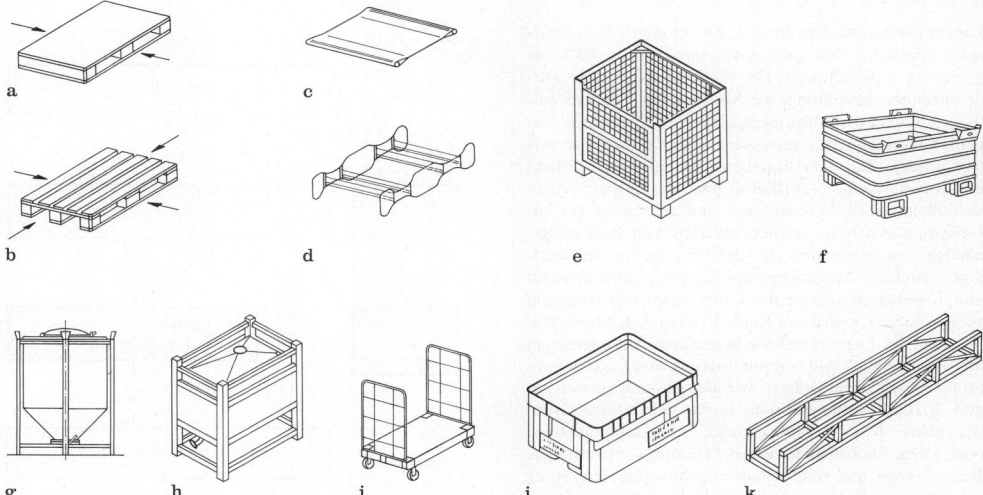

Bild 2. Ladehilfsmittel. **a** Zweiwege-Flachpalette; **b** Vierwege-Flachpalette DIN 15146; **c** Einmal-Palette; **d** Faßpalette; **e** Gitterboxpalette DIN 15155; **f** Schwergutpalette; **g** Bunkerpalette (Schüttgut); **h** Tankpalette (Flüssigkeiten); **i** Rollbehälter; **j** Behälter (VDA); **k** Langgut-Kassette

Tabelle 1. Abmessungen und technische Daten der ISO- und Binnen-Container

	Größe	Außenmaße			Innenmaße			Ladefläche m²	Laderaum m³	Max. Anzahl der Paletten 800 × 1 200 mm auf der Bodenfl.	Zulässiges Bruttogewicht t	Stapelbarkeit der Container
		L mm	B mm	H mm	Länge mm	Breite mm	Höhe mm					
ISO-Container der Reihe 1	1 A			2438			2197		60,6			
	1 AA	12 192	2438	2591	11 998	2 300	2350	27,6	64,9	23	30[a])	6
	1 B			2438			2197		45,1			
	1 BB	9 125	2438	2591	8931	2 300	2350	20,5	48,3	18	25	6
	1 C			2438			2197		29,6			
	1 CC	6 058	2438	2591	5867	2 300	2350	13,5	31,7	11	20	6
	1 D	2 991	2438	2438	2802	2 300	2197	6,4	14,2	5	10	6
	1 E	1 968	2438	2438	1780	2 300	2197	4,1	9,0	3	7	6
	1 F	1 460	2438	2438	1273	2 300	2197	2,9	6,4	2	5	6
Binnen-Container	12	12 192	2 500	2 600	12 000	2 440	2 400	29,3	70,3	28	30[a])	3
	9	9 125	2 500	2 600	8 875	2 440	2 400	21,7	52,0	22	25	3
	6	6 058	2 500	2 600	5 900	2 440	2 400	14,4	34,6	14	20	3
	3	2 991	2 500	2 600	2 740	2 440	2 400	6,7	16,1	6	10	3

[a]) Im Straßenverkehr nur 27 t.

6.2 Stückgutlagertechnik
Warehousing of piece-goods

6.2.1 Lagersysteme. Warehousesystems

Lagersysteme bestehen aus der *Lagertechnik* (Anlagen), aus der *Lagerorganisation*, aus *Fördermitteln* zum Ein- und Auslagern bzw. Fördermitteln in der Lagervorzone sowie gegebenenfalls einer *Handhabungstechnik*, **Bild 3**.

Lagertechnik. Sie setzt sich aus den Anlagengruppen *Freilagerflächen* oder *Gebäude, Lagermittel* (Einrichtungen zum Lagern, z.B. Regale) inklusive *Fördermitteln* als Bestandteil dynamischer Läger sowie der *Lagerbauweise* zusammen. Aufgabe der Lagertechnik ist es, verschiedene Arbeitsabläufe (Funktionen) an den Stückgütern so auszuführen, daß der vorgeschriebene räumliche und zeitliche Ablauf für die Lagerung und Bereitstellung von Gütern mit geringstem Kostenaufwand gewährleistet ist. Solche Funktionen sind: *Lagern, Ein- und Auslagern* (Fördern und Transportieren), *Palettieren, Depalettieren, Kommissionieren, Sammeln, Verteilen* und Ausübung von Zusatzfunktionen, wie z.B. das *Sichern* von Ladeeinheiten.

Lagerorganisation. Sie umfaßt die erforderlichen *Informationsflußmittel* und wird nach *Aufbau-* und *Ablauforganisation* unterschieden. Die Aufbauorganisation wurde gekennzeichnet durch die Struktur der Lagerverwaltung, während die Ablauforganisation den gesamten Datenfluß repräsentiert. Lagergüter müssen im Lager so verteilt werden, daß gleichermaßen eine optimale Flächen- und Raumnutzung [30] (**Bild 4**) und ein günstiger Materialfluß entstehen. Verkehrswege sind günstig zu den Lagerflächen und unter Berücksichtigung von Bedienungshäufigkeiten anzuordnen. Bei der Planung von Stückgutlägern sind die Ausgangsgrößen *Lagerkapazität* (Menge) und *Umschlagshäufigkeit* der Güter besonders sorgfältig zu analysieren, weil deren Einfluß neben Art, Masse und Volumen des Lagerguts sowie besonderen Anforderungen an Arbeitsabläufe und Automatisierung eine Lagerorganisation entscheidend prägen. Die *Betriebskosten* eines Lagers k_l (Lagerhaltungskosten) lassen sich in vier Gruppen teilen: *Kosten des Lagerraums* k_r (Abschreibungen oder Miete für Gebäude, Regal-, Heizungs-, Belüftungs-, Beleuchtungs- und Brandschutzeinrichtungen, Verzinsung des eingesetzten Kapitals, Instandhaltungskosten, Versicherungen, Steuern, Energiekosten), *Güterhandhabungskosten* k_h (Abschreibungen, Instandhaltungskosten usw. für

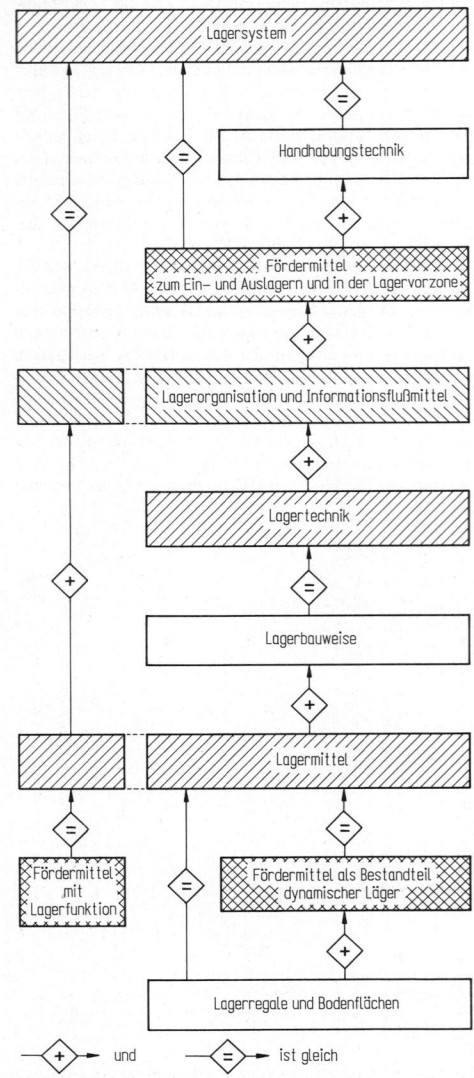

Bild 3. Aufbau von Lagersystemen

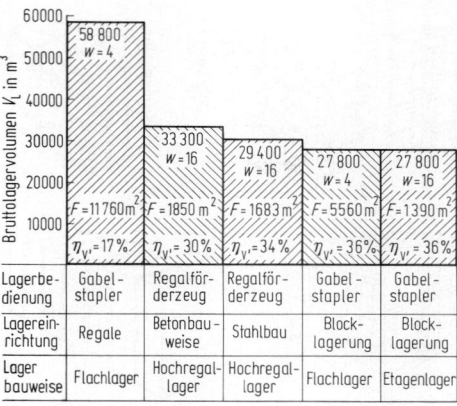

Bild 4. Nutzung des umbauten Raums bei ausgewählten Lagertypen. Lagernutzungsgrad $h'_v = (Z\,V')/V\,L$, Bruttolagerkapazität $K' = Z\,V'$, Normeinheit $V' = l \cdot b \cdot h = 1\,\text{m}^3$, Anzahl Normeinheiten $Z = 10000$, Lagergrundfläche (gemittelt) F, Anzahl der Ladeeinheiten übereinander W

z.B. Fördermittel, Paletten, Lohnkosten), *Verwaltungskosten* k_v (Personalkosten), *Lagerbestandskosten* k_b (Verzinsung des gebundenen Kapitals der Güter, Versicherung der Güter, Verderb u.a.).

$$k_l = k_r + k_k + k_v + k_b.$$

6.2.2 Lagerbauweise. Warehouse design

Als grundlegendes Unterscheidungsmerkmal von Lägern gilt allgemein ihre Bauweise. Läger werden daher nach Flach-, Etagen-, Hochregal-, Traglufthallen- und Freilägern unterschieden, **Bild 5.** Am häufigsten findet man Läger in festen Gebäuden, die sowohl ein- als auch mehretagig ausgeführt sein können.

Flachläger. Sie können heute durch spezielle Gabelstapler bis 12 m Höhe bedient werden. Man hat eine gute Über-

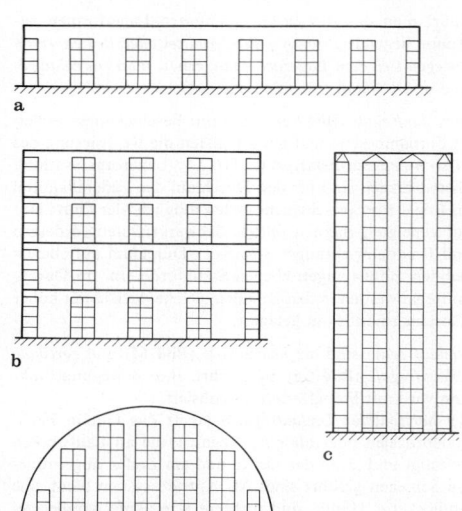

Bild 5. Lagerbauweise. **a** Flachlager; **b** Etagenlager; **c** Hochregallager; **d** Traglufthallenlager

sicht über das gesamte Lager, dessen Lagerraum beliebig erweitert werden kann. Es entstehen nur geringe Baukosten, da Vertikal- bzw. Etagenförderer (Aufzüge) [56] und Treppen entfallen. Mit nur einem Flurförderzeug können die Ladeeinheiten vom Wareneingang (Lkw oder Eisenbahnwagen) bis zum Regalfach und umgekehrt evtl. ohne Umschlag transportiert werden.

Etagenläger. (Auch Stockwerks- und Geschoßläger genannt.) Sie weisen im Vergleich zum Flachlager bei gleichem Lagervolumen durch die übereinander liegenden Etagen kürzere Transportwege auf. In bestimmten Industriezweigen besteht darüber hinaus die Möglichkeit, Produktion und Lager in einem Gebäude unterzubringen. Nachteilig sind oft die geringe Deckentragfähigkeit, die zusätzlich notwendigen Aufzüge und Treppen und die größeren Baukosten.

Hochregalläger. Sie werden bis maximal 50 m Höhe und 150 m Länge gebaut, wobei sich für die Zukunft ein Trend zu Hochregallägern mit einer Höhe von ca. 20 m aus städtebaulichen Aspekten abzeichnet. Die bauliche Hülle, Regale, Regalbediengeräte und andere bauliche Mittel stellen eine gelungene Synthese der Lagertechnik dar. Dabei dient die Regalkonstruktion (in Stahl) neben der Aufnahme der Ladeeinheiten oft gleichzeitig als Auflage für die Dachkonstruktion und zum Anhängen der Wandverkleidungen (Silobauweise). Wird das Regal in Betonbauweise (Gleit- oder Fertigbetonbauweise) errichtet, sind tragende Regalkonstruktionen und Wandverkleidung ein Bauteil geworden.

Traglufthallenläger. Sie sind nicht in festen Gebäuden, sondern in der Regel auf ehemaligen Freiflächen angeordnet. Durch kontinuierlich arbeitende Gebläse wird ein Überdruck von 1 bis 3 mbar innerhalb einer Hallenhaut erzeugt, die Flächen zwischen 200 und 3000 m² überdacht. Die bauliche Hülle diese Läger bietet Wetterschutz, Klimatisierung, Temperierung, Feuchtigkeitsschutz usw. für die zu lagernden Güter.

Freiläger. Sie sind zumeist befestigte Freiflächen ohne Schutzhülle.

Die Bauplanung von Lägern wird oft mit schwierigen Heizungs-, Lüftungs-, und Brandschutzproblemen konfrontiert [48].

6.2.3 Lagermittel. Racking and other storage systems

Man unterscheidet zwischen Lägern mit und ohne Einsatz von Regalen, wobei in Lägern ohne Regale eine *Bodenlagerung* und in Lägern mit Regalen eine *Regallagerung* vorzufinden ist. In beiden Fällen kann man die Ladeeinheiten wahlweise zu einem Block zusammenfassen und damit in einer *Kompaktlagerung* anordnen oder aber in Form von Zeilen mit Zwischenräumen als Bedienwege zu einer *Zeilenlagerung* konfigurieren.

Bei einer Bodenlagerung werden die Ladeeinheiten auf einer Ebene oder, sofern stapelbar, auf mehreren Ebenen gelagert. Bei der Regallagerung wird grundsätzlich in mehreren Ebenen gelagert. Während man die Bodenlagerung in der Regel als statische Lagerform vorfindet, kann man bei der Regallagerung zwischen statischen und dynamischen Lagermitteln unterscheiden.

Statisch werden Lagermittel genannt, wenn die Ladeeinheiten nach der Einlagerung bis zur Auslagerung in Ruhe im Lager an einem Platz verbleiben. Als *dynamisch* hingegen werden sie bezeichnet, wenn die Ladeeinheiten nach dem Einlagern bewegt werden, wobei man zwischen einer Bewegung der Ladeeinheiten in feststehenden Regalen, ei-

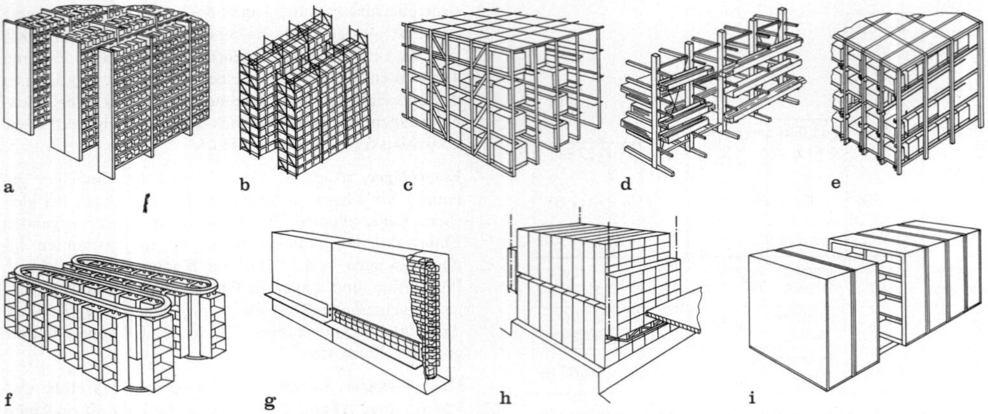

Bild 6. Beispielhafte Darstellung wichtiger Lagermittel. **a** Behälterregal; **b** Hochregal; **c** Einfahr-/Durchfahrregal; **d** Kragarmregal; **e** Durchlauf-regal mit Stetigförderer, schwerkraftbetrieben; **f** horizontales Umlaufregal; **g** vertikales Umlaufregal; **h** Verschiebeumlaufregal; **i** Verschieberegal (Zeilen)

ner Bewegung der Ladeeinheiten mit den Regalen und einer Bewegung der Ladeeinheiten auf Fördermitteln mit Lagerfunktion differenzieren kann.

Die Ladeeinheiten werden in der einfachsten Form mit und ohne Ladehilfsmittel bei guter Flächennutzung am Boden gelagert. Größere Mengen von gleichartigem und stapelfähigem Gut können je nach Umfang des Sortiments und der Lagermenge pro Artikel zu Stapelblöcken (*Blocklagerung*) oder zu Stapelzeilen (*Zeilenlagerung*) zusammengestellt werden. Die Größe der Blöcke und Zeilen richtet sich nach der Art des Lagerguts und seiner Umschlagshäufigkeit. Die falsche Anordnung großer Stapelblöcke oder die Lagerung zu kleiner Lagermengen pro Artikel können erhebliche Umlagerungen und zusätzliche Arbeiten verursachen. Die Blocklagerung gestattet den direkten Zugriff nur auf die oberste Ladeeinheit des vordersten Stapels einer Zeile. Je nach Stapelfähigkeit der Ladeeinheiten sowie Druck- und Standfestigkeit der Stapel ist eine 2- bis 5fache Stapelung bei Stapelhöhen bis zu 10 m möglich. Besitzt man empfindliche oder nicht stapelbare Güter oder möchte man größere Höhen im Lager realisieren, so muß man stapelbare Ladehilfsmittel einsetzen oder in Regalen lagern. Eine Lagerung in Regalen ist zudem erforderlich, wenn ein direkter Zugriff zu allen Artikeln eines großen Lagersortiments verlangt wird, **Bild 6**. Zur Unterscheidung der Lagerorte werden die Regalfächer gekennzeichnet. Sondereinrichtungen wie Ausziehtablare, Schubladen, Lagersichtkästen und dergleichen können die Bedienbarkeit verbessern.

Regale müssen statisch geprüft sein und ihre Systembauteile sollten den Güte- und Prüfbestimmungen für Lager- und Betriebseinrichtungen RAL-RG 613 und 614 [124] genügen. Man unterscheidet *ortsfeste* und *bewegliche* Regale. Ortsfeste Regale weisen Bediengänge auf, die nach den Maßen des ein- und auslagernden Fördermittels ausgelegt werden. Die wichtigsten Regaltypen sind Kleinteileregale und Palettenregale sowie einige Regalsonderformen.

Kleinteileregale. Zunehmend als automatische Behälterregale ausgeführt (**Bild 6a**), wurden sie bisher überwiegend manuell bedient. Bei Einzelbeschickung und Entnahme von Stückgütern durch Personen sollten 15 kg pro Packstück nicht überschritten werden. Als Sonderform des Kleinteileregals gibt es *mehrgeschossige Anlagen* mit mehreren Bedienungsebenen.

Palettenregale. Sie werden ohne durchgehende Böden nur mit Auflageholmen hergestellt, **Bild 6b**. Fachbreite und -tiefe sind den Palettenmaßen angepaßt; die Fachhöhen können häufig durch schraubenlose Steckverbindungen beliebig verstellt werden. Palettenregale werden bis etwa 12 m Höhe (in Hochregallägern bis max. 50 m) gebaut und als Einfach- und Doppelregale ausgebildet.

Regalsonderformen. Heute noch selten eingesetzt:

Einfahrregale (**Bild 6c**) dienen einer *Quasi-Blocklagerung* druckempfindlicher palettierter Güter. Ihre Bedienung erfolgt mit Flurförderzeugen, die zwischen den Stehern und Konsolen verfahren.

Kragarmregale (**Bild 6d**) sind eine Regalform, die besonderen Gütereigenschaften Rechnung trägt. Sie sind vor allem für Langgut von Bedeutung. Es gibt sie in einer Ausführung mit starren oder beweglichen Kragarmen.

Kehrt man das den bisher genannten Lagerformen zugrunde liegende Prinzip – *Fördermittel oder Bedienperson bewegen sich zum Lagerort* – um, erhält man *Durchlaufregale* und *Umlaufregale* als Lagermittel.

Durchlaufregale (**Bild 6e**) haben eine Beschickungs- und eine Entnahmeseite und gewährleisten die Realisierung des *First-in-first-out-Prinzips* (s. U 6.2.4; Lagerorganisation). Grundsätzlich sind für den Durchlauf der Ladehilfsmittel im Regal zwei verschiedene Arten möglich: der Durchlauf auf geneigten Bahnen mittels Schwerkraftstetigförderern und Bremseinrichtungen sowie der Durchlauf auf ebenen Bahnen mittels angetriebenen Stetigförderern. Im Durchlaufregal werden in den Kanälen gleiche Artikel mit hoher Umschlagshäufigkeit gelagert.

Umlaufregale sind als *horizontale* (**Bild 6f**) und *vertikale* Umlaufregale (**Bild 6g**) ausgeführt. Ihre Bewegungsfunktion wird mit Stetigförderern realisiert.

Bei *horizontalen Umlaufregalen* lagert das Gut in Fachbodenregalen oder anderen Regalen, die an Laufwerken befestigt und in an der Decke und am Boden angeordneten Schienen geführt sind. Als Antriebssystem dient eine Endloskette. Häufig sind mehrere Kreisläufe parallel geschaltet.

Bei *vertikalen Umlaufregalen* (*Paternosterregalen*) lagert das Gut auf sog. Lastschaukelwannen, die drehbeweglich zwischen zwei vertikal verlaufenden Kettensträngen montiert sind. Der Antrieb ist elektromotorisch. Die Lastschaukelwannen sind in der Regel unterteilt, so daß sie mehrere Artikelsorten aufnehmen können. Häufig sind Paternosterregale durch Blechverkleidungen gekapselt, um das Lagergut vor Zugriffen zu schützen.

Verschiebeumlaufregale (**Bild 6h**) sind eine Kombination der Umlaufregale und der nachfolgend beschriebenen Verschieberegale. Sie können *vertikal* oder *horizontal* als Verschiebeumlaufregale konzipiert werden. Beim vertikalen Verschiebeumlaufregal wird das Gut in Regalzeilen gelagert, die auf zwei Ebenen übereinander, gegensinnig horizontal bewegt werden. Jeweils an den beiden Kopfseiten des Lagers wird dann die überzählige bzw. fehlende Zeile einer Ebene durch eine Vertikalverschiebung auf die andere Ebene oder von der anderen Ebene ab- oder zugeführt. Die Horizontal- und die Vertikalbewegung erfolgen hierbei nacheinander, so daß ein intermittierender Umlaufzyklus resultiert.

Verschieberegale (**Bild 6i**) sind als Regale, bei denen *vertikale Lagerebenen* (*Regalzeilen*) oder *horizontale Lagerebenen* (*Tische*) horizontal verschoben werden, ausgeführt. Verschieberegale sind aus einer Kombination von Block- und Zeilenlagerung entstanden. Typische Regalarten der Zeilenlagerung wie Fachboden-, Kragarm-, und Palettenregale werden auf Fahrschienen mit Fahrschemeln manuell oder automatisch horizontal bewegt. Die Regale sind dabei so verschiebbar, daß sich lediglich neben derjenigen Regalzeile eine Gasse bildet, der aus eine Ladeeinheit entnommen werden soll. Die übrigen Regale bilden jeweils zwei unterschiedlich große Blöcke. Die Verschiebebewegung wird dabei auch durch elektrische Einzelantriebe, manuellen Antrieb oder Sammelantrieb über Ketten mit Mitnehmern realisiert.
In vielen Anwendungsfällen, wie beispielsweise in Krankenhäusern, der Kleiderspedition und der Kühlhauslagerung, verweilt das Lagergut nur eine kurze und definierte Zeit in Lägern. Hier kommt es zu einem Ineinandergreifen der Funktionen Fördern und Lagern, da das Gut auf dem *Fördermittel* verbleibt und dort auch gepuffert wird.

6.2.4 Lagerorganisation. Warehouse organisation

Die Lagerorganisation beschreibt eine Vielzahl von Regelungen, Vorschriften und Einrichtungen, die die Erfüllung der Lageraufgaben zum Ziel haben. Die wichtigste Aufgabe der Lagerorganisation ist die Überwachung (Disposition) und Verwaltung (Administration) aller Abläufe und Zustände im Lagerbereich. Eine unzureichende Lagerorganisation verursacht direkt und indirekt zusätzliche Kosten durch personellen, zeitlichen und materiellen Aufwand für Tätigkeiten, wie beispielsweise Suche nach Artikeln, Umlagerungen, Zugangsbehinderungen, Schwund oder Verderb bzw. Warten auf Transportmittel. Eine gute Lagerorganisation gewährleistet eine unternehmensspezifisch optimale Lieferbereitschaft des Lagers auf einer wirtschaftlichen Grundlage. Die Lagerorganisation bestimmt also die Güte, in den Waren in der auftragsgemäß geforderten Quantität und Qualität für die eigene Produktion oder für den Absatzmarkt bereitgestellt werden.
Sie untergliedert sich dabei in eine sog. *Aufbauorganisation*, eine hierarchische Struktur, in der die Verteilung von Arbeitsinhalten und Kompetenzen festgelegt wird, und eine *Ablauforganisation*, eine zeitliche und räumliche Folge von einzelnen Arbeitsvorgängen und Tätigkeiten auf jeder Ebene der vorgenannten Aufbauorganisation.

Aufbauorganisation. Diese spiegelt sich in einer hierarchischen Struktur wider, innerhalb derer im Lagerbereich die Arbeitsinhalte und Kompetenzen festgelegt sind. Im klassischen, manuell bedienten Lager wird sie durch den Meister auf der obersten Ebene, einen Lagerverwaltungsangestellten auf der zweiten Stufe, einem Vorarbeiter im Lager selbst und einigen Lagerarbeitern auf der unteren Ebene verkörpert. Eine vergleichbare Hierarchie findet man in modernen, vollautomatischen Lägern, wobei Aufgaben und Kompetenzen hier an Steuerungen und Rechner übertragen werden. Auf der untersten Ebene findet man hier anstelle der Lagerarbeiter die Regalbediengeräte und deren Fahrzeugsteuerungen, die beispielsweise über ein lokales Netzwerk an eine gemeinsame Steuereinheit angekoppelt sind. Dieser ist in der Regel ein Lagerverwaltungsrechner zu- oder übergeordnet, der dem Verwaltungsangestellten im manuell bedienten Lager entspricht. In vielen Fällen ist die Hierarchie damit abgeschlossen. In einigen Realisierungen wird dieser Rechnerebene noch einmal eine weitere Rechnerebene überlagert, die neben der Lagersystemsteuerung auch beispielsweise eine Transport- oder die Produktionssystemsteuerung übernimmt und vorrangig für Abstimmungs- und Koordinationsaufgaben zuständig ist.

Ablauforganisation. Diese wird durch die Folge der Arbeitsvorgänge auf den verschiedenen Ebenen der zuvor beschriebenen Aufbauorganisation bestimmt. Dabei werden die Tätigkeiten auf der untersten Ebene, beispielsweise die Steuerung der Regalbediengeräte, häufig nicht als Bestandteil der Lagerorganisation gewertet.
Auf der *dispositiven Ebene* werden Tätigkeiten wie die *Verwaltung* der *Plätze* und *Bestände* im Lager, die *Verwaltung* der *Fördermittel* und der *Hilfsmittel* (Paletten oder Packmittel) sowie die *Auftragsannahme* bzw. *-verwaltung* nach Artikeln, Mengen, Quellen und Senken sowie Zeitpunkten für die Ein- und Auslagerung durchgeführt. Darüber hinaus sind die *Bildung* lagerinterner *Aufträge* aus den Lageraufträgen unter Berücksichtigung unterschiedlicher Lagerstrategien, die *Zuordnung von Aufträgen zu Fördermitteln* für die Ein- und Auslagerung sowie die *Auftragsübermittlung* an die jeweiligen Fördermittel Bestandteil des Leistungsumfangs.
Zu den Tätigkeiten auf der *administrativen Ebene* gehören der *Fakturierung* und die *Kostenstellenbelastung* sowie die Bereitstellung von Daten in Form von *Statistiken*. Eine weitere Tätigkeit auf der administrativen Ebene stellt die Durchführung der *Inventur* dar sowie die *Überwachung von Bestellaufträgen* bzw. die *allgemeine Kontrolle* der Durchführung der Aufgaben.
Wichtige Bestandteile der Lagerorganisation sind die *Lagerbewirtschaftungsstrategien*, **Tab. 2**. Die Strategien der Lagerplatzauswahl und -vergabe sowie der Ein- und Auslagerung bestimmen in besonderem Maße die Art und Weise, in der ein Lager bewirtschaftet werden soll. Sie ermöglichen eine Minimierung der Lagerbedienwege, eine gleichmäßige Auslastung der vorhandenen Lagerkapazität und vermeiden eine Überalterung der gelagerten Güter. Ihrer unternehmensspezifischen Auswahl und Festlegung kommt daher eine große Bedeutung zu. Die Gestaltung des Lagers, d.h. die Auswahl und Dimensionierung der technischen Systemelemente, wird entscheidend durch die festgelegte Strategie geprägt. Von grundlegendem Einfluß auf die Lagerbewirtschaftungsstrategien ist die Wahl des Anlieferungs- und Abzugsorts. Diese sollten möglichst an einer Lagerseite angeordnet sein, um unnötige Verfahrwege bei *Doppelspielen* zu minimieren. Größere Läger mit hoher Umschlagsleistung sind in Ausnahmefällen auch von zwei senkrecht zueinanderliegenden Seiten zu ver- und entsorgen, damit es bei den Lagerbewegungen nicht zu Behinderungen kommt.

U

Tabelle 2. Lagerbewirtschaftungsstrategien

Strategie		Kurzbeschreibung	Vorteile
Lagerplatzvergabestrategien			
feste Lagerplatzvergabe	Festplatzlagerung	Fester Lagerplatz für jeden Artikel	Zugriffssicherheit bei Verlust der Vollplatzdatei
freie Lagerplatzvergabe innerhalb fester Bereiche	Zonung	Lagerung der Ladeeinheiten entsprechend der Umschlaghäufigkeit	erhöhte Umschlagsleistung
	Querverteilung	Lagerung mehrerer Ladeeinheiten auf beliebigen freien Lagerplätzen	Zugriffssicherheit bei Ausfall eines Fördermittels
vollständig freie Lagerplatzvergabe	chaotische Lagerung	Lagerung der Ladeeinheiten auf beliebigen freien Lagerplätzen	erhöhte Ausnutzung der Lagerkapazität
Ein- und Auslagerungsstrategien			
Fifo		Auslagerung der zuerst eingelagerten Ladeeinheiten eines Artikels	Vermeidung von Alterung
Mengenanpassung		Auslagerung von vollen und angebrochenen Ladeeinheiten entsprechend der Auftragsmenge	erhöhte Raumnutzung, weniger Rücklagerungen
Wegoptimierte Ein- und Auslagerung		Auslagerung der Ladeeinheiten eines Artikels mit dem kürzesten Bedienweg	Fahrwegminimierung
Lifo		Auslagerung der zuletzt eingelagerten Ladeeinheit eines Artikels	Vermeidung von Umlagerungen bei bestimmten Lagertechniken

6.2.5 Fördermittel im Lager. Warehouse conveyors

In Anlehnung an ihre Bestimmung unterscheidet man im wesentlichen zwei Gruppen von Fördermitteln im Lager, **Tab. 3.**
Die erste Gruppe bilden die *Fördermittel als Bestandteil dynamischer Lagermittel.* Hier sind jene Fördertechniken zusammengefaßt, die innerhalb dynamischer Lagermittel die Bewegungsfunktion von Ladeeinheiten oder Regalen realisieren. Sie gliedern sich in stetige und unstetige, flurgebundene, aufgeständerte und flurfreie Fördermittel. Aufgeständerte Stetigförderer beispielsweise findet man in Einschub- und Durchlaufregallägern, flurfreie Stetigförderer, wie den Kreisförderer, in horizontalen Umlaufregallägern, flurgebundene Unstetigförderer als Fahrschemel in Verschieberegallägern und aufgeständerte Unstetigförderer, wie Satelliten, in Kanalregallägern.
Die wichtigste Gruppe bilden *Fördermittel zum Ein- und Auslagern,* die auch als Lagerbediengeräte bezeichnet werden. Eine wichtige Untergruppe stellen die Fördermittel zum *Verteilen, Kommissionieren* etc. dar. Wichtige Fördermittel zum Ein- und Auslagern von Stückgütern sind *Kra-*

Tabelle 3. Verwendungsübersicht der Fördermittel im Lager

Fördermittel am Lager

Fördermittel	als Bestandteil dynamischer Läger	zum Ein- und Auslagern
stetige Fördermittel		
aufgeständert		
Rollenbahn (angetrieben)	●	●
Rollenbahn (Schwerkraft)	●	
Röllchenbahn	●	
Tragkettenförderer	●	●
Bandförderer		●
Paternoster	●	
flur-frei		
Kreisförderer	●	
unstetige Fördermittel		
flurgebunden		
Regalbediengerät		●
Verschiebewagen	●	
Gabelhubwagen		●
Gabelstapler		●
Hochregalstapler		●
Automatisches Flurförderzeug		●
aufgeständert		
Aufzug	●	●
Kanalfahrzeug	●	●
Verteilfahrzeug		●
flurfrei		
Brücken-/Hänge-/Portalkran		●
Stapelkran		●
Automatischer Kran		●
Elektro-Hängebahn		●

ne (s. U 2), *Flurförderzeuge* (s. U 4), *Regalbediengeräte* und *Stetigförderer* (s. U 3). Aus der Gruppe der Flurförderzeuge sind zu nennen: Vierwegestapler, Stapler für schmale Gangbreiten, Hochhubwagen, Stapler mit Teleskoparm, regalunabhängige Kommissioniergeräte [21], Hochregalstapler und Automatische Flurförderzeuge. Automatische Stapler befinden sich derzeit in mehreren Ländern in der Entwicklung. In Lagerräumen wird der batterie-elektrische Antrieb der Flurförderzeuge wegen seiner Umweltfreundlichkeit bevorzugt. Lastaufnahmemittel und Tragfähigkeit (600 bis 3000 kg) sind den jeweiligen Ladeeinheiten angepaßt.

Regalabhängige Fördermittel. Sie werden unter dem Begriff *Regalförderzeuge* [20, 36, 46, 60, 70–73, 78] zusammengefaßt. Man unterscheidet *Regalbediengeräte* für Kommissionierung bzw. Palettenförderung (**Bild 7**), *Stapelkrane* und *Sondergeräte* für Langgut, Kleinteile und Großpaletten sowie Geräte, die mit mehreren Lastaufnahmemitteln oder Satellitenfahrzeugen ausgerüstet sind.
Umsetzgeräte für Regalbediengeräte und zunehmend eine kurvengängige Ausführung ermöglichen die Bedienung mehrerer Gänge mit einem Gerät. Bei den Stapelkranen [24] werden vom konstruktiven Aufbau her solche mit starrer Säule, Teleskopsäule und mit Überfahrmöglichkeit unterschieden. Für Euro-Paletten können folgende Daten für Regalbediengeräte genannt werden: Tragfähigkeiten 300 bis 1500 kg, Gangbreiten je nach Quer- und Längseinlagerung 950 bis 1800 mm, Gerätehöhe 11000 bis 50000 mm, Geschwindigkeiten: **Bild 8.** Bei den Regalbediengeräten mit großen Bedienhöhen sind eine schwingungssteife Stahlkonstruktion, große Laufruhe der Antriebe und ein günstiges Beschleunigungs- und Bremsverhal-

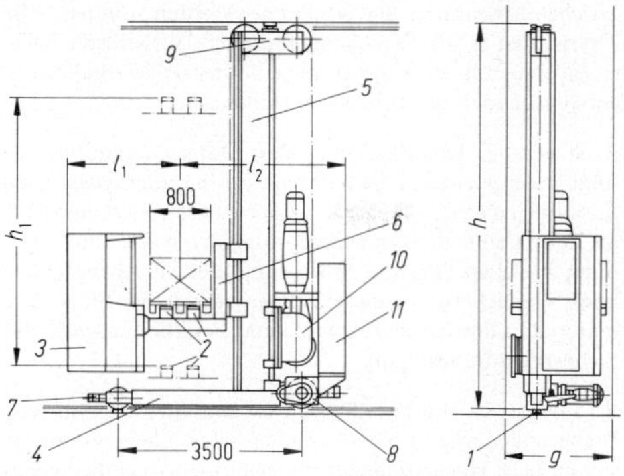

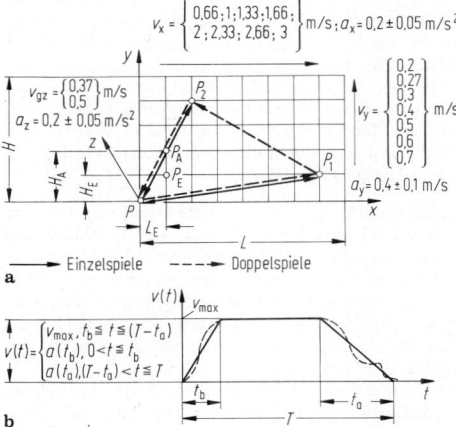

Bild 7. Einsäulen-Regalbediengerät. *1* Bodenschiene, *2* Teleskopgabeln, *3* Führerstand, *4* Bodentraverse, *5* Gerätesäule, *6* Hubwagen, *7* Radgehäuse, *8* Fahrantrieb, *9* Kopftraverse, *10* Hubwerk, *11* Schaltschrank, *h* Gesamthöhe, *h_1* Hubhöhe, *g* Gangbreite, *l_1* Lastmitte bis Vorderkante, *l_2* Lastmitte bis Hinterkante

$$v_x = \begin{cases} 0{,}66\,;1\,;1{,}33\,;1{,}66\,; \\ 2\,;2{,}33\,;2{,}66\,;3 \end{cases} \text{m/s}\,; a_x = 0{,}2 \pm 0{,}05 \text{ m/s}^2$$

$$v_{gz} = \begin{cases} 0{,}37 \\ 0{,}5 \end{cases} \text{m/s}$$

$$a_z = 0{,}2 \pm 0{,}05 \text{ m/s}^2$$

$$v_y = \begin{cases} 0{,}2 \\ 0{,}27 \\ 0{,}3 \\ 0{,}4 \\ 0{,}5 \\ 0{,}6 \\ 0{,}7 \end{cases} \text{m/s}$$

$$a_y = 0{,}4 \pm 0{,}1 \text{ m/s}$$

→ Einzelspiele   ---- Doppelspiele

a

$$v(t) = \begin{cases} v_{max}, t_b \leqq t \leqq (T - t_a) \\ a(t_b), 0 < t \leqq t_b \\ a(t_a), (T - t_a) < t \leqq T \end{cases}$$

b

Bild 8. Spielzeitberechnung. **a** Testpunkte und typische Gerätekonstanten von Regalförderzeugen (RFZ); *P* Eckpunktlage von Einlagerungs- und Auslagerungsbereitstellplatz, P_E Einlagerungsbereitstellplatz außerhalb der Eckpunktlage, P_A Auslagerungsbereitstellplatz außerhalb der Eckpunktlage, P_1, P_2 Testpunkte, P_1 (2/3L + 1/3L_E, 1/6H + 1/3H_E), P_2 (1/6L + 1/3L_E, 2/3H + 1/3H_E); **b** Geschwindigkeitscharakteristik eines RFZ

ten Voraussetzung, um zu geringen Spielzeiten T_s zu kommen. Zum Leistungsvergleich werden mittlere Spielzeiten $\bar{t}$ ermittelt. Dabei geht man davon aus, daß ein Verhältnis $v_x/v_y = L/H$ erreicht werden kann. Die Testpunkte nach **Bild 8** gelten für die Verhältnisse: $0{,}5 < (H/L)(v_x/v_y) < 2$. Unter diesen Voraussetzungen betragen die *mittleren Spielzeiten* für Testspiele [46]:

Einzelspiel: $\bar{t}_1 = (1/2)[t_1(P_1) + t_2(P_2)]$,

Doppelspiel aus Eckpunktlage *P*: $\bar{t}_2 = t(P_1, P_2)$,

Doppelspiel von P_E nach P_A:

$\bar{t}_2 = (1/2)[t(P_{1E}, P_{2E}) + t(P_{1A}, P_{2A})]$.

Die Spielzeiten $\bar{t}_1, \bar{t}_2$ werden entweder gemessen oder gemäß der angenäherten Geschwindigkeitscharakteristik eines Regalbediengeräts (**Bild 8**) berechnet, wobei folgende Komponenten berücksichtigt werden:

$$T_s = (t_b + T - (t_b + t_a) + t_a) + t_v;$$
$$t_f = T - (t_b + t_a)$$

(*T* Zykluszeit des Förderspiels, t_a Abbremszeit, t_b Beschleunigungszeit, t_f Fahrzeit mit v_{max}, t_v Verweilzeit bei Schalt- und Kontrollgängen).

Steuerungen für Regalbediengeräte [36], Zusammenwirken mit vor- und nachgeschalteten Arbeitsmitteln in Gesamtsystemen [43].

Folgende *Stetigförderer* werden im Stückgutlager hauptsächlich eingesetzt [47]: *Rollenbahnen, Gurt-, Tragketten-, Band-, Unterflur-, Kreisförderer* und *Paternoster*. Als Verteil- und Sammelelemente haben sich im mechanisierten und automatisierten Betrieb *Drehtische* und *Verschiebewagen* bewährt.

6.2.6 Handhabungseinrichtungen und Hilfseinrichtungen zur Bildung von Versandeinheiten
Palletizing und depalletizing equipment

Für verschiedene Einsatzzwecke im Lager wurden Einrichtungen mit hohem Mechanisierungs- bzw. Automatisierungsgrad entwickelt.

Palettiermaschinen. Man unterscheidet zwei Grundsysteme für die Stapelung, von oben nach unten und umgekehrt. Infolge der Verschiedenartigkeit zu stapelnder Packstücke müssen mehrere Stapelmuster realisiert werden können. Die Palette stellt die gebräuchlichste Ladeeinheit für Stückgutstapel dar. Es kommen jedoch auch andere Stapelträger zum Einsatz. Zur Erhöhung des Raumnutzungsgrads erfolgt die trägerlose Stapelung (bevorzugt bei Säcken) [66].

Depalettiermaschinen. Wenn die gelagerten Paletten nicht als Gesamtheit verladen werden können und ein entsprechender Mengendurchsatz vorhanden ist, werden diese eingesetzt. Im Prinzip arbeiten solche Einrichtungen lagenweise mit Klammergreifern oder pneumatischen Hubplatten.

Die *Kommissionierung* stellt einen der personalintensivsten Vorgänge im Stückgutlager dar [54, 101]. Aus diesem Grund wurden auch für kleinere, unterschiedliche Packungen automatische *Abzugs-, Verteil-* und *Sammeleinrichtungen* geschaffen, die die verschiedensten Kommissioniergeräte (Regalbediengeräte, Flurförderzeuge) ergänzen. In jüngster Zeit wurden für Kommissioniersysteme unter geeigneten Randbedingungen (geordneter Zustand der bereitgestellten Waren, gleichartiges Artikelspektrum etc.) auch teil- bzw. vollautomatische Lösungen entwickelt. Beispielhaft ist u.a. die *automatische Schachtkommissionierung* zu nennen. Hier werden die in Warenschächten gestapelten Stückgüter (häufig Pharmaartikel) über automatische Ausschieber in einen Behälter befördert, der mit Hilfe eines Förderbands an den verschiedenen Warenschächten entlanggeführt wird. Auch die Robotertechnik bietet in ausgewählten Fällen eine wirtschaftliche Alternative zur manuellen Kommissionierung. Vornehmlich *mobile Roboter* gelangen in der Lagervorzone oder im Lager zum Einsatz [88, 111, 112]. Unterschiedliche Formen und Eigenschaften der Packstücke, vergleichsweise hohe Lage- und Formtoleranzen sowie die Realisierung eines optimalen Packmusters stellen die größten Hindernisse auf dem Weg zur automatischen Kommissionierung dar. Mit Hilfe der *Bildverarbeitung* und einem *Kommissionierleitsystem*, das zur Auftragsannahme, -verwaltung und -abwicklung sowie zur Bestandsverwaltung, Packmustergenerierung und zur Steuerung der notwendigen Materialflußmittel dient, werden Roboter jedoch in die Lage versetzt, den bis heute geringen Anteil der automatischen Kommissioniersysteme zu erhöhen [101]. Weite Verbreitung hat demgegenüber die papier- bzw. *beleglose Kommissionierung* gefunden. Bei dieser manuell geprägten, teilautomatisierten Form der

U

Kommissionierung erhält der Kommissionierer die Aufträge über *Infrarotsende-* und *-empfangseinheiten*, die mit einem *Kommissionierleitrechner* verbunden sind. Eine erhöhte Kommissionierleistung bei geringerer Fehlerquote und hoher Flexibilität stellen die wesentlichen Vorzüge diese Lösung dar.

Ladeeinheiten müssen häufig gegen Verrutschen gesichert werden, z.B. durch Gurte, durch *Umreifen* mittels *Umreifungsmaschinen* (horizontal oder vertikal), durch *Stretchen* mit gewickelten Stretchfolien oder durch das *Umschrumpfen* [53, 76, 101]. Beim letzten Verfahren werden Ladeeinheiten in *Folienumhüllungsmaschinen* mit Polyethylen- (PE), Polypropylen- (PP) oder Polyvinylchlorid-Folie (PVC) umhüllt (Foliendicken 0,050 bis 0,250 mm, Folienbreiten 1 600 bis 2 400 mm), anschließend im Schrumpfofen einige Sekunden auf etwa 180 bis 220 °C erwärmt und 30 bis 60 s abgekühlt. Diese Art der Ladungssicherung gewährleistet zudem große Widerstandsfähigkeit gegen Witterungseinflüsse, gute Erkennbarkeit der Packstücke, Diebstahl- und Staubsicherung, höhere Stapelbarkeit der Güter, Verwendung preiswerter Ladehilfsmittel oder Packmittel. Vor Eingabe der Ladeeinheiten in automatische Fördersysteme müssen sie bezüglich ihrer Abmessungen sorgfältig überprüft werden [69]. Solche *Profilkontrollstationen* werden für eine Prüfung im Stand und Durchlauf gebaut. Der Durchsatz beträgt 120 bis 180 Paletten/h. Beim Stretchen wird eine Kunststofffolie (Dicke ca. 0,017 bis 0,050 mm) unter Spannung um eine Ladeeinheit gewickelt. Es können jedoch nur vergleichsweise stabile Packungsverbände gesichert werden [101].

6.2.7 Automatisierung. Automation

Die Automatisierung hat im Stückgutlager durch die Entwicklungen der Steuerungs-, Regelungs- und Informationstechnik große Fortschritte erzielt. In komplexen Stückgutlager- und -fördersystemen werden die Systeme zur Automatisierung in der Form *vernetzter Rechnerstrukturen* aufgebaut, wobei diese Strukturen eine abgestufte Hierarchie darstellen. Ein mögliches Modell einer *Hierarchie zur Automatisierung* könnte beispielsweise fünf Ebenen (Stufen) aufweisen:

1. Materialflußmittel, wie z.B. Regalbediengeräte, Automatische Flurförderzeuge, komplexe Stückgutförderer usw., werden mit leistungsfähigen intelligenten *Sensoren* (z.B.

Strichcode-Scanner) und weiterentwickelten *Aktoren* (z.B. Thyristoren (s. I4), Frequenzumrichter) ausgerüstet. Diese müssen mit einer genormten, industriellen Standards entsprechenden Schnittstelle versehen sein.

2. Steuerung. Die Steuerung der Materialflußmittel erfolgt in den meisten Fällen durch *Speicherprogrammierbare Steuerungen (SPS)* (s. T2.3). In der Regel besitzt eine SPS als Zentraleinheit einen Mikroprozessor, so daß eine Trennung zwischen SPS und Mikrocomputer-Steuerung kaum noch möglich ist. In dieser Ebene erfolgt die Steuerung materialflußtechnischer Abläufe und Funktionen sowie die Sicherheitsüberwachung.

3. Subsysteme. Materialflußmittel und ihre zugehörigen Steuerungen, die in einem gemeinsamen Lagersystem arbeiten (z.B. Hochregallager mit mehreren Regalbediengeräten, Behälterlager mit Satellitenfahrzeugen) werden zu Subsystemen zusammengefaßt. Die Subsysteme enthalten Mikrocomputer oder Minirechner, die die Fahraufträge aus der Disposition und Kontrolle des Subsystems ableiten und Fertig- bzw. Störungsmeldungen entgegennehmen.

4. Logistischer Leitrechner. Zur Organisation und Optimierung der logistischen Funktionsbereiche wird ein logistischer Leitrechner eingesetzt, der aus einem Minirechner besteht. Der Leitrechner ist sehr häufig nicht mehr mit Realzeit-Aufgaben betraut. Zudem sollte er sinnvollerweise mit einer komfortablen Bedieneroberfläche ausgestattet sein, um Planung, Steuerung und Überwachung der Materialflußprozesse durch den Disponenten einfacher und übersichtlicher zu gestalten.

5. Kommerzielle EDV. Oberhalb des logistischen Leitrechners ist die kommerzielle EDV angeordnet, die sämtliche übergeordneten, auch nicht logistischen Rechen- und Kontrolloperationen im Unternehmen verwaltet (s. Y3.3.5). Die EDV wird von entsprechend ausgelegten Rechenanlagen (z.B. Mainframe) durchgeführt. Sie übermittelt die Aufträge, die den logistischen Bereich betreffen, an den logistischen Leitrechner.

Die verschiedenen Hierarchiestufen, die je nach System unterschiedlich stark ausgeprägt sein können, werden durch *genormte Rechnerschnittstellen* miteinander verbunden, wobei zunehmend *Rechner-* bzw. *Datennetze* Verwendung finden [101].

7 Spezielle Literatur
Special bibliography

zu U1 Grundlagen
[1] *VDI-Richtlinie 2411:* Begriffe und Erläuterungen im Förderwesen. – [2] *DIN 30781:* Transportkette; Grundbegriffe. – [3] *Beisteiner, F.:* Einheitliche Begriffe in Fördertechnik und Transportwesen. fördern und heben 27 (1977) Nr. 5. – [4] *VDI-Richtlinie 2366:* Gliederung der Fördermittel.

zu U2 Hebezeuge und Krane
[1] Die Deutsche Rundstahlkette. Köln: Fachverband Ketten e.V. – [2] *Feyrer, K.; Jahne, K.:* Seilelastizitätsmodul von Rundlitzenseilen. Draht 40 (1990). – [3] *Kraft, G.; Leicht, B.:* Untersuchungen an unsymmetrischen Seilschlössern. fördern und heben 38 (1988) Nr. 5. – [4] *Kraft, G.:* Das Festigkeitsverhalten herkömmlicher und neuartiger Seilanschlüsse. Teil I und II. dtsch. hebe- und fördertechnik 11 und 12 (1981). – [5] *Girkmann, K.:* Flächen-

tragwerke. Wien: Springer 1974. – [6] *Pflüger, A.:* Stabilitätsprobleme der Elastostatik. Berlin: Springer 1975. – [7] *Hoeland, G.:* Ein Beitrag zur Berechnung von Seiltrommeln unter Berücksichtigung der Verformungen und der Reibung zwischen Seil und Trommel. fördern und heben 19 (1969) Nr. 6. – [8] *Dietz, P.:* Ein Verfahren zur Berechnung ein- und mehrlagig bewickelter Seiltrommeln. TU Darmstadt 1971. – [9] *Feyrer, K.; Molkow, M.:* Die Treibfähigkeit von gehärteten Treibscheiben mit Keilrillen. dtsch. hebe- und fördertechnik 7/8 (1983). – [10] *Tolle, M.:* Zur Ermittlung der Spannungen krummer Stäbe. VDI-Z. 47 (1903) Nr. 25. – [11] *Rötscher, F.:* Einfache Verfahren zur Ermittlung des Schwerpunktes, des Rauminhalts und der Momente höherer Ordnung. VDI-Z. 80 (1936) Nr. 45. – [12] *Ziesling, K.:* Drucklufthebezeuge mit Vakuum-Greifvorrichtung. Ölhydraulik und Pneumatik 9 (1965) Nr. 2. – [13] *Freitag, K.:* Lasthebemagnete im Stahlhandel (Teil I). dtsch. hebe- und fördertechnik 5 (1986). – [14] *Freitag, K.:* Neue Erkenntnisse über die Auslegung von Zweischalen-Schüttgutgreifern, Teil I und

II. dtsch. hebe- und fördertechnik 11 und 12 (1972). Teil III und Schluß. dtsch. hebe- und fördertechnik 1 und 2 (1973). – [15] *Neugebauer, R.; Stenger, R.; Sting, M.:* Zur Lagerung von Kranhubwerken auf den Katzrahmen. dtsch. hebe- und fördertechnik 9 (1986). – [16] *Severin, D.; Lührsen, B.; Haering, J.:* Wirkung betriebsbedingter und belagspezifischer Einflußgrößen auf die Reibungszahl von Reibpaarungen in Industriebremsen. Konstruktion 34 (1982). – [17] *Severin, D.; Lührsen, B.:* Reibung und Verschleiß von asbestfreien Reibbelägen für Industriebremsen. dtsch. hebe- und fördertechnik 5 (1985). – [18] *Severin, D.; Lührsen, B.:* Vergleich von Trommel- und Scheibenbremsen für Kranhubwerke. Stahl u. Eisen 103 (1983) H. 18. – [19] *Wünsch, D.; Seeliger, A.:* Drehschwingungen in Hubwerksantriebswellen beim Anfahren zum Heben. Antriebstechnik 12 (1973) Nr. 2. – [20] *Neugebauer, R.:* Gesamtheitliche Betractung elektromechanischer Kranantriebe. Stahl und Eisen 101 (1981) H. 11. – [21] *Roos, H.J.:* Beitrag zur Nachrechnung von Hubwerkfunktionen bei Kranen. Der Stahlbau 6 (1977) (Sonderdruck). – [22] *Mendel, G.:* Berechnung der Trägerflanschbeanspruchung mit Hilfe der Plattentheorie, Teil I und II. fördern und heben 22 (1972) Nr. 14 und 15. – [23] *Kreyß, G.; Müller, W.:* Neue Wege im Kranbau für Hüttenwerke. Stahl und Eisen 102 (1982) Nr. 7. – [24] *Sedlmayer, F.:* Unfallsichere Hubwerke für Gießkrane. fördern und heben 14 (1968) (Sonderdruck). – [25] *Stenkamp, W.:* Hebezeuge in kerntechnischen Anlagen. fördern und heben 33 (1983) Nr. 1. – [26] *Neugebauer, R.:* Zur Fahrmechanik nichtidealer Brückenkrane. Der Stahlbau 6 (1983). – [27] *Ma, D.Z.:* Zur Elastokinetik fahrender nichtidealer Brückenkrane. Der Stahlbau 57 (1988) H. 2. – [28] *Thormann, D.:* Querkraftschluß-Schlupf-Funktionen an Kranlaufrädern. fördern und heben 39 (1989) Nr. 1. – [29] *Ludwig, H.G.:* Vergleich elektromotorischer Antriebe für Kranfahrwerke. Konstruktion 40 (1988). – [30] *Yang, Z.:* Schwingungen unterdrücken am Kranfahrwerk. fördern und heben 38 (1988) Nr. 11. – [31] *Schneidersmann, B.; Baumann, B.; Jakob, R.; Leicht, B.:* Mikroelektronik zur Regelung des Betriebsverhaltens mechanischer Systeme. fördern und heben 38 (1988) Nr. 6. – [32] *Carbon, L.:* Zukunftsorientierte Antriebstechnik für Krane in Hüttenwerken, in der Fertigung in Umschlaganlagen. Fördertechnik 55 (1986) H. 3 (Sonderdruck). – [33] *Neugebauer, R.:* Zum praktischen Festigkeitsnachweis der Stahl- und Maschinenbauteile von Kranen mit Hilfe der EDV. Konstruktion 35 (1983) H. 5. – [34] *Neugebauer, R.:* KRASTA, Programmsystem zur Berechnung von Krantragwerken. TH Darmstadt, Fachgebiet Fördertechnik 1989. – [35] *Deutscher Stahlbau-Verband:* Stahlbau-Handbuch. Köln: Stahlbau (1982). – [36] *Schindler, O.:* Untersuchung an geschweißten Hüttenkranen der Kastenträgerbauart. Stahl und Eisen 79 (1959) Nr. 26. – [37] *Severin, D.:* Seilsysteme für Schiffsentlader mit fernbetrieblichen Seilzugkatzen. dtsch. hebe- und fördertechnik 5 (1969). – [38] *Traunitz, W.:* Seeschiffsentlader mit automatischer Steuerung. Siemens-Z. 48 (1974) H. 2. – [39] *Brändlein, J.:* Lastübertragung in Großwälzlagern. fördern und heben 30 (1980) Nr. 3. – [40] *Wozniak, J.:* Einfluß von Steifigkeitssprüngen in Stahlkonstruktionen fördertechnischer Geräte auf die Lastverteilung in Großwälzlagern. dtsch. hebe- und fördertechnik 3 (1986). – [41] *Meyer, F.:* Überlastsicherungen für Turmdrehkrane mit Laufkatz- und Wippausleger. fördern und heben 34 (1984) Nr. 11. – [42] *Malcher, K.; Nogieċ, T.:* Wippdrehkrane: Lastausgleich bei idealem Lastweg. fördern und heben 36 (1986) Nr. 3. – [43] *Rückgauer, N.:* Hydraulische Antriebe im Kranbau. fördern und heben 36 (1986) Nr. 4. – [44] *Cohrs, H.H.:* Einzelradaufhängung bei Fahrzeugkranen. fördern und heben

38 (1988) Nr. 12. – [45] *Bräckelmann, G.:* Teleskopierzylinder im Autokran. Ölhydraulik und Pneumatik 9 (1974) (Sonderdruck).

zu U 3 Stetigförderer

[1] *Hartlieb von Wallthor, R.:* Entwicklungsrichtungen bei Fördergurten im Steinkohlenbergbau. Glückauf 112 (1976) 694–700. – [2] *Hager, M.:* Die Stahlseilfördergurte der 3-m-Bandanlagen im Zusammenhang mit der Antriebstation. Braunkohle 29 (1977) 22–28. – [3] *Flebbe, H.:* Prüfung der dynamischen Beanspruchbarkeit von Fördergurtverbindungen. Diss. Univ. Hannover 1984. – [4] *Vierling, A.; Gerber, P.:* Trommeldurchmesser bei Drahtgurtfördern. Fördern u. Heben 18 (1968) 764–770. – [5] *Vierling, A.:* Zum Stand der Berechnungsgrundlagen für Gurtförderer. Braunkohle, Wärme, Energ. 19 (1967) 309–315. – [6] *Vierling, A.:* Gestaltung der Förderbandanlagen für den Massenguttransport. VDI-Z. 107 (1965) 1389–1393, 1446–1450 u. 1537–1542. – [7] *Magens, E.-P.:* Spezielle Reibwiderstände in Gurtförderanlagen. Diss. Univ. Hannover 1984. – [8] *Grimmer, K.-J.:* Zwei ausgewählte Probleme der Bandfördertechnik. VDI-Fortschrittsber. Reihe 13, Nr. 10, Sept. 1968. – [9] *Vierling, A.; Oehmen, H.:* Experimentelle Untersuchungen zum Abstreifvorgang bei der Gurtreinigung von Förderbandanlagen. Braunkohle, Wärme, Energ. 20 (1968) 73–79. – [10] *Vierling, A.; Oehmen, H.:* Reinigungsvorrichtungen für Förderbandanlagen und deren Zweckmäßigkeit. Braunkohle, Wärme, Energ. 19 (1967) 1–13. – [11] *Grimmer, K.-J.; Thormann, D.:* Zur Problematik der Kraft- u. Bewegungsverhältnisse des Schüttgutes an Aufgabestellen von Förderbandanlagen. Fördern u. Heben 17 (1967) 345–351. – [12] *Vierling, A.:* Zur Theorie der Bandförderung. Continental-Transportbanddienst, Heft 8, 3. Aufl., 1972. – [13] *Grimmer, K.-J.:* Das Reibungsverhalten des Gurtes auf der Antriebstrommel von Bandförderanlagen. VDI-Z. 107 (1965) 1160–1169 u. 1267. – [14] *Zeddies, H.:* Untersuchung der Beanspruchung von Trommelbelägen mit dem Ziel der Belagsoptimierung. Diss. Univ. Hannover 1987. – [15] *Funke, H.:* Hydrodynamische Kupplungen als Anlaufhilfen in Gurtförderern. Maschinenmarkt Würzburg 82 (1976) 1031–1034. – [16] *Funke, H.:* Zum dynamischen Verhalten von Gurtförderanlagen beim Anfahren und Stillsetzen unter Berücksichtigung der Bewegungswiderstände. Diss. TU Hannover 1973; Auszug hieraus Braunkohle 26 (1974) 64–73. – [17] *Sartor, W.:* Die Entwicklung der 3 m-Bandanlage. Braunkohle 31 (1979) 267–276. – [18] *Hager, M.:* Technische und wirtschaftliche Grenzen bei Planung und Einsatz von Gurtförderanlagen für große Massenströme. Braunkohle 33 (1981) 346–350. – [19] *Grimmer, K.-J.:* Auslegung von Förderbandrollen aufgrund ihrer Beanspruchung. Fördern u. Heben 20 (1970) 612–618. – [20] *Grimmer, K.-J.; Kessler, F.:* Spezielle Betrachtungen zur Gurtführung bei Gurtförderern mit Horizontalkurven. Berg- und Hüttenmänn. Monatsh. 132 (1987) 27–32 u. 206–211. – [21] *Lauhoff, H.:* Horizontalkurvengängige Gurtförderer. Zem. Kalk Gips 40 (1987) 190–195. – [22] *Barbey, H.-P.:* Untersuchung an Tragrollen bei tiefen Temperaturen und hohen Lasten. Diss. Univ. Hannover 1987. – [23] *Hager, M.:* Problematik der Geräuschemission an Bandanlagen und Versuche zu ihrer Minderung unter besonderer Berücksichtigung der Tragrollen. Braunkohle 31 (1979) 122–126. – [24] *Lange, H.:* Untersuchungen zur Beanspruchung von Förderbandtrommeln. Diss. TH Hannover 1963. – [25] *Alles, R.:* Zwischenantriebe nach dem TT-System für Förderbänder. Antriebstechnik 15 (1976) 94. – [26] *vom Stein, R.:* Optimierung der Übergabezonen von Gurtförderanlagen. Diss. Univ. Hannover 1985. – [27] *Pfab, R.:* Das deformierende Rücken von För-

derbandstraßen. D. Hebe- u. Fördertech. (1959) 154–159, 199–202, 238–243 u. (1960) 21–27, 62–71. – [28] *Hinkelmann, R.:* Zur Auslegung schnellaufender Vertikalförderanlagen für stetige Massengutförderung. Diss. Univ. Hannover 1986. – [29] *Hager, M.:* Die Abraumbandanlagen vom Tagebau Hambach zum Tagebau Fortuna. Braunkohle 37 (1985) 93–97. – [30] *Wehmeier, K.-H.:* Beitrag zur Berechnung von Hochleistungsbecherwerken. Fördern u. Heben 14 (1964) 670–676. – [31] *Geissler, H.J.:* Zugkraft- und Leistungsberechnung von Kreisförderanlagen. Fördern u. Heben 9 (1959) 132–138. – [32] *Vierling, A.; Lamm, M.:* Untersuchungen zur Trogkettenförderung. VDI-Z. 83 (1939) 499–502. – [33] *Vierling, A.; Ephremidis, Ch.:* Untersuchungen zum Fördervorgang beim waagerechten Schneckenförderer. Fördern u. Heben 7 (1957) 433–440 u. 490–497. – [34] *Vierling, A.; Sinha, G.L.:* Untersuchungen zum Fördervorgang beim senkrechten Schneckenförderer. Fördern u. Heben 10 (1960) 587–592. – [35] *Böttcher, S.:* Beitrag zur Klärung der Gutbewegung auf Schwingrinnen. Diss. TH Hannover 1957 und Fördern u. Heben 8 (1958) 127–131, 235–240 u. 307–315. – [36] *Wehmeier, K.-H.:* Untersuchungen zum Fördervorgang auf Schwingrinnen. Diss. TH Hannover 1961 und Fördern u. Heben 11 (1961) 317–327 u. 375–381. – [37] *Hoormann, W.:* Untersuchungen zum Einfluß des Fördergutes auf das Betriebsverhalten von Schwingrinnen durch Dämpfung u. Massenankopplung. Diss. TH Hannover 1967. – [38] *Steinbrück, K.:* Zur Fördergutrückwirkung auf Schwingrinnen. Diss. Univ. Hannover 1980. – [39] *Wehmeier, K.-H.:* Schwingförderrinnen – eine Systematik der Bauformen und ihrer Eigenarten. Fördern u. Heben 14 (1964) 155–161. – [40] *Thüsing, H.:* Zur Theorie von Förderrutschen, Bahn- und Straßenkurven. VDI-Z. 96 (1954) 805–813. – [41] *Oettel, R.:* Hydraulischer Abbau u. hydraulische Förderung. Braunkohle, Wärme, Energ. 13 (1961) 341–354; dort ausführliche Literaturangaben. [42] *Führbötter, A.:* Über die Förderung von Sand-Wasser-Gemischen in Rohrleitungen. Mitt. Franziusinst. f. Grundund Wasserbau der TH Hannover, H. 19 (1961). – [43] *Degil, Y.:* Theoretische und experimentelle Untersuchungen zur Förderung von Schüttgütern nach dem Lufthebeverfahren. Diss. TU Karlsruhe 1974. – [44] *Spieß, J.:* Hydraulische Vertikalförderung kleinstückiger Feststoffe im stationären und instationären Betrieb. Diss. Univ. Hannover 1984. – [45] *Molerus, O.:* Fluid-Feststoff-Strömungen. Berlin: Springer 1982.

zu U 5 Baumaschinen
[1] *Weber, R.; Tegelaar, F.; Soller, R.:* Guter Beton – Ratschläge für die richtige Betonherstellung. Düsseldorf: Beton-Verlag 1989. – [2] *Feger, H.:* Betonbereitung – Entwicklung, Stand und Trends. Betonwerk+Fertigteil-Technik 52 (1986) 148–152. – [3] *Frenking, H.:* Mikroprozessor-Steuerungen in Transportbetonanlagen. Düsseldorf: Beton-Verlag 1987. – [4] *Melchinger, U.; Poppy, W.:* Elektronisch geregeltes Drei-Pumpen-System – Erhöhung der Wirtschaftlichkeit bei Standard-Hydraulikbaggern. o+p 32 (1988) 549–553. – [5] *Friedrichsen, W.; van Hamme, Th.:* Load-Sensing in der Mobilhydraulik. o+p 30 (1986) 916–919. – [6] *Poppy, W.:* Hydraulische Tilgung betriebsbedingter Schwingungen bei selbstfahrenden Arbeitsmaschinen. Konstruktion 38 (1986) 461–468. – [7] *Garnier, D.:* Der hydrostatische Antrieb in Planier- und Laderaupen. BMT 29 (1982) 431–433.

Normen und Richtlinien

Beton (Herstellen, Transportieren, Fördern, Verdichten)
DIN 495: Betonmischer; Begriffe, Größen, Anforderungen. – *DIN 1045:* Beton und Stahlbeton; Bemessung und Ausführung. – *DIN 1164:* Portland-, Eisenportland-, Hochofen- und Traßement. – *DIN 4226:* Zuschlag für Beton. – *DIN 24117:* Bau- und Baustoffmaschinen; Verteilermaste für Betonpumpen; Berechnungsgrundsätze und Standsicherheit. – *DIN 24118:* Bau- und Baustoffmaschinen; Betonförderleitungen; Maße. – *DIN 24900:* Bildzeichen für den Maschinenbau; Betonpumpen.

Erdbaumaschinen
DIN 7798: Reifen für Erdbaumaschinen, Muldenfahrzeuge und Spezialfahrzeuge auf und abseits der Straße. – *DIN 7799:* Reifen für Straßenbaumaschinen, Erdbaumaschinen und Zugmaschinen (Tractor-Grader-Reifen). – *DIN 24080:* Erdbaumaschinen; Hydraulikbagger, Seilbagger; Begriffe. – *DIN 24082:* Erdbaumaschinen; Schutzaufbauten gegen herabfallende Gegenstände für Hydraulik- und Seilbagger; Sicherheitstechnische Anforderungen und Prüfung. – *DIN 24083:* Erdbaumaschinen; Hydraulikbagger; Angabe der Tragfähigkeit. – *DIN 24086:* Erdbaumaschinen; Hydraulikbagger; Grabkräfte, Nennwerte. – *DIN 24087:* Erdbaumaschinen; Ermittlung der Standsicherheit von Hydraulikbaggern; Sicherheitstechnische Anforderungen. – *DIN 24092:* Erdbaumaschinen; Sicherheitstechnische Anforderungen. – *DIN 24094:* Erdbaumaschinen; Ermittlung der Standsicherheit von Frontladern; Sicherheitstechnische Anforderungen. – *E DIN 24094:* Erdbaumaschinen; Lader; Nutzlast. – *DIN 24095:* Erdbaumaschinen; Leistungsermittlung; Begriffe, Einheiten, Formelzeichen. – *E DIN 24097:* Erdbaumaschinen; Stellteile. – *DIN ISO 2867:* Erdbaumaschinen; Zugänge. – *DIN ISO 3164:* Erdbaumaschinen; Überrollschutzaufbauten und Schutzaufbauten gegen herabfallende Gegenstände; Verformungsgrenzbereich. – *DIN ISO 3411:* Erdbaumaschinen; Maschinenführersitz; Körpermaße, Mindest-Freiraum. – *DIN ISO 3449:* Erdbaumaschinen; Schutzaufbauten gegen herabfallende Gegenstände; Prüfungen, Anforderungen. – *DIN ISO 3471:* Erdbaumaschinen; Überrollschutzaufbauten; Prüfungen, Anforderungen. – *DIN ISO 5353:* Erdbaumaschinen; Sitzindexpunkt. – *E DIN ISO 6746:* Erdbaumaschinen; Abmessungen und deren Kurzzeichen. – *DIN ISO 7096:* Erdbaumaschinen; Maschinenführersitz; Schwingungsübertragung. – *DIN ISO 7451:* Erdbaumaschinen; Hydraulikbagger; Nenninhalt von Tieflöffeln. – *DIN ISO 7546:* Erdbaumaschinen; Lader und Bagger; Nenninhalt von Ladeschaufeln. – *VBG 40:* Bagger, Lader, Planiergeräte, Schürfgeräte und Spezialmaschinen des Erdbaus (Erdbaumaschinen).

Instandhaltung
DIN ISO 2860: Erdbaumaschinen; Öffnungen; Mindestmaße. – *DIN 51516:* Auswahl von Schmierstoffen für Baumaschinen.

Umweltschutz (Lärmemission)
DIN 45635 T 33: Geräuschmessung an Maschinen; Luftschallmessung, Hüllflächenverfahren; Baumaschinen. – Allgemeine Verwaltungsvorschriften (AVwV) zum Schutz gegen Baulärm; Emissionsrichtwerte für Bagger, Betonmischeinrichtungen und Transportbetonmischer, Betonpumpen, Kettenlader, Planierraupen und Radlader; Bundesanzeiger 1972 und 1973.

zu U 6 Lagertechnik
[1] *DIN 15141 T 1–4:* Transportkette; Paletten. – [2] *DIN 15142 T 1:* Flurfördergeräte; Boxpaletten, Rungenpaletten, Hauptmaße und Stapelvorrichtungen. – [3] *DIN 15145:* Transportkette; Paletten; Systematik und Begriffe für Paletten mit Einfahröffnungen. – [4] *DIN 15146 T 2:*

Vierwege-Flachpaletten aus Holz; 800 mm×1200 mm. – [5] *DIN 15146 T3:* Vierwege-Flachpaletten aus Holz; 1000 mm×1200 mm. – [6] *DIN 15147:* Flachpaletten aus Holz; Gütebedingungen. – [7] *DIN 15148:* Flurfördergeräte; Boxpaletten aus Holz, aus Flachpaletten mit zusammensteckbaren Aufsetzrahmen. – [8] *DIN 15150:* Flurfördergeräte; Ansteckbretter für Flachpaletten. – [9] *DIN 15155:* Paletten; Gitterboxpalette mit 2 Vorderwandklappen. – [10] *DIN 15190 T101:* Frachtbehälter, Binnencontainer; Hauptmaße, Eckbeschläge, Prüfungen. – [11] *DIN 15190 T102:* Frachtbehälter, Binnencontainer; Geschlossene Bauart. – [12] *DIN 30790:* Transportkette; Rollbehälter; Rollpalette mit Aufsteckwänden; Maße. – [13] *DIN 30781:* Transportkette. – [14] *DIN 55405:* Begriffe für das Verpackungswesen. – [15] *DIN 55510:* Verpackung; Modulare Koordination im Verpackungswesen; Modulare Teilflächen des Flächenmoduls 600 mm×400 mm. – [16] *DIN 70013 T1:* Wechselbehälter für Lastkraftwagen und Anhänger; Anschlußmaße und Zentriereinrichtungen. – [17] *DIN 70013 T3:* Wechselbehälter für Lastkraftwagen und Anhänger; Anforderungen, Prüfungen. – [18] *DIN ISO 668:* ISO-Container der Reihe 1; Klassifikation, Maße, Gesamtgewichte. – [19] DIN-Taschenbuch, Bd. 135 und 136. Berlin: Beuth 1982. – [20] *VDI-Richtline 2361 Bl.1:* Regalförderzeuge (regalabhängig). – [21] *VDI-Richtlinie 2361 Bl.2:* Flurförderzeuge für die Regalbedienung. – [22] *VDI-Richtlinie 2362:* Konservierung, Verpackung und Versand von Stahlblechtafeln. – [23] *VDI-Richtlinie 2365:* Einheitliche Verpackung von Blei-Batterien für Kraftfahrzeuge. – [24] *VDI-Richtlinie 2370:* Übersichtsblätter Krane; Stapelkran. – [25] *VDI-Richtlinie 2373:* Konservierung, Verpackung und Versand von Stahlblechcoils. – [26] *VDI-Richtlinie 2383:* Stapelbehälter mit Traggestell für Flüssigkeiten und zähflüssige Güter. Nenninhalt 800 bis 2600 l. – [27] *VDI-Richtlinie 2385:* Leitfaden für die materialflußgerechte Planung von Industrieanlagen. – [28] *VDI-Richtlinie 2403:* Übersichtsblätter Flurförderzeuge; Niederhubwagen und Hochhubwagen mit Gabeln oder Plattform. – [29] *VDI-Richtlinie 2411:* Begriffe und Erläuterungen im Förderwesen. – [30] *VDI-Richtlinie 2488:* Ermittlung von Lagerkennzahlen zur Flächen- und Raumnutzung. – [31] *VDI-Richtlinie 2490:* Verpackung, Transport und Lagerung von Material. – [32] *VDI-Richtlinie 2493:* Fördern und Lagern von Langgut in der Metallverarbeitung. – [33] *VDI-Richtlinie 2496:* Stahlpalette. – [34] *VDI-Richtlinie 2498:* Vorgehen bei einer Materialflußplanung. – [35] *VDI-Richtlinie 2520:* Einführung einer Unternehmenslogistik; Arbeitsplan. – [36] *VDI-Richtlinie 2681:* Übersichtsblätter Lagereinrichtungen; Steuerungen für Regalförderzeuge. – [37] *VDI-Richtlinie 2686:* Anforderungen der Lagertechnik an die Baukonstruktion. – [38] *VDI-Richtlinie 2687:* Lastaufnahmemittel für Container, Wechselbehälter und Sattelanhänger. – [39] *VDI-Richtlinie 2690:* Leitfaden für Materialflußuntersuchungen. – [40] *VDI-Richtlinien 2690:* Material- und Datenfluß im Bereich von automatisierten Hochregallagern. – [41] *VDI-Richtlinie 2691:* Wirtschaftliche Vorratshaltung in Fertigungsbetrieben. – [42] *VDI-Richtlinie 2694:* Bunker und Silos zur Speicherung von Schüttgut. – [43] *VDI-Richtlinie 2697:* Hochregalanlagen mit regalabhängigen Förderzeugen; Planungsstufen. – [44] *VDI-Richtlinie 2698:* Lagerung und Transport von Coils. – [45] *VDI-Richtlinie 2699:* Lagerung und Transport von schmalen Bändern (Coils). – [46] *VDI-Richtlinie 3561:* Testspiele zum Leistungsvergleich und zur Abnahme von Regalförderzeugen. – [47] *VDI-Richtlinie 3563:* Stetigfördern von Kleinbehältern und Paletten. – [48] *VDI-Richtlinie 3564:* Empfehlungen für Brandschutz in Hochregalanlagen. – [49] *VDI-Richtlinie 3579:* Empfeh-

lungen für die Vergabe und Abnahme von Hochregalanlagen. – [50] *VDI-Richtlinie 3580:* Grundlagen zur Erfassung von Störungen an Hochregalanlagen. – [51] *VDI-Richtlinie 3581:* Zuverlässigkeit und Verfügbarkeit von Transport- und Lageranlagen. – [52] *VDI-Richtlinie 3584:* Fließlagerung für Stückgut. – [53] *VDI-Richtlinie 3588:* Sicherung von Ladeeinheiten (Palettenladungen) durch Schrumpfen von Kunststoffolien. – [54] *VDI-Richtlinie 3590:* Kommissioniersysteme. – [55] *VDI-Richtlinie 3592:* Kriterien und Methoden zum Vergleich von Stückgutlagern. – [56] *VDI-Richtlinie 3599:* Übersichtsblätter Stetigförderer; Etagenförderer. – [57] *VDI-Richtlinie 3601:* Sicherheit für Mensch und Gut in Hochregallagern. – [58] *VDI-Richtlinie 3612:* Wareneingang/Warenausgang. – [59] *VDI-Richtlinie 3626:* Checkliste für die Ausführung von Hochregalanlagen. – [60] *VDI-Richtlinie 3627:* Regalförderzeuge; Empfehlungen für den Angebotsvergleich. – [61] *VDI-Richtlinie 3628:* Automatisierte Materialflußsysteme; Schnittstellen zwischen den Funktionsebenen. – [62] *VDI-Richtlinie 3629:* Organisatorische Grundfunktionen im Lager. – [63] *VDI-Richtlinie 3630:* Automatische Kleinteilelager (AKL). [64] *VDI-Richtlinie 3631:* Materialpuffer zwischen den Arbeitsbereichen. – [65] *VDI-Richtlinie 3636 – SSRG 304:* Hilfsmittel zur rationellen Lastenbewegung mit Flurförderzeugen. – [66] *VDI-Richtlinie 3638:* Palettiermaschinen. – [67] *VDI-Richtlinie 3639:* Materialbereitstellung für die Großserienfertigung; Entscheidungshilfen. – [68] *VDI-Richtlinie 3645:* Empfehlungen für Böden, Regale und Leitlinienführungen beim Einsatz von Flurförderzeugen in Lager. – [69] *VDI-Richtlinie 3655:* Anforderungen an Flachpaletten für den Einsatz in automatischen Förder- und Lagersystemen. – [70] *FEM-Regel 9.311:* Berechnungsgrundlagen für Regalbediengeräte; Tragwerke. – [71] *FEM-Regel 9.754:* Sicherheitsregeln für automatische Klein-Regalbediengeräte. – [72] *FEM-Regel 9.831:* Berechnungsgrundlagen für Regalbediengeräte; Toleranzen und Freimaße im Hochregallager. – [73] *FEM-Regel 9.851:* Leistungsnachweis für Regalbediengeräte; Spielzeiten. – [74] *RAL-RG 614:* Lager und Betriebseinrichtungen; Gütesicherung. – [75] *RGV-Merkblatt 187:* Modul-Empfehlung. Berlin: Rationalisierungs-Gemeinschaft Verpackung im RKW 1981. – [76] *RKW-Merkblatt 3013:* Zusammenhalten von Ladeeinheiten, Packstücken und Packgütern im Überseeverband durch Umschrumpfen und Umreifen. Frankfurt: Rationalisierungs-Kuratorium der Deutschen Wirtschaft (RKW). – [77] *SSRG-Empfehlung 231:* Höhenmaße für Packstücke und Ladungen. Bern: Schweizerische Studiengesellschaft für rationellen Güterumschlag (SSRG) 1977. – [78] *ZH 1-Schriften 1/361:* Richtlinien für Geräte und Anlagen zur Regalbedienung. – [79] *ZH 1-Schriften 1/428:* Richtlinien für Lagereinrichtungen und -geräte. – [80] *Appelt, G.; Krampe, H.:* Stückgutlagerung. Berlin: VEB Verlag Technik 1985. – [81] *Augusta, G.; Flader, H.-D.; Kugel, M.:* Transportieren und Lagern. Berlin: VEB Verlag Technik 1971. – [82] *Bauer, U.:* Verpackung. Würzburg: Vogel 1981. – [83] *Baumgarten, H.; Gail, M.:* Ladeeinheitenbildung. fördern und heben 25 (1975) Nr. 1, 7, 15. – [84] *Baumgarten, H.; Böckmann, H.; Gail, M.:* Voraussetzungen automatisierter Läger. Betriebstechnische Reihe RKW/REFA. Berlin: Beuth 1978. – [85] *Belitz, P.:* Der Material- und Warenfluß im Wareneingang, Lager und Warenausgang, Teil 1. Eschborn: Rationalisierungs-Kuratorium der Deutschen Wirtschaft (RKW) 1982. – [86] *Belitz, P.; Kämmerling, W.:* Der Material- und Warenfluß im Wareneingang, Lager und Warenausgang, Teil 2. Eschborn: Rationalisierungs-Kuratorium der Deutschen Wirtschaft (RKW) 1982. – [87] *Bernard, J.; Daum, M.; Tielker, U.:* Integriertes Lager. Ind.-Anz. Extra (1987) 71. –

U

[88] *Daum, M.:* Mobile Roboter im Lager – Kommissionierung von Behältern. Köln: TÜV Rheinland 1990. – [89] *Daum, M.; Eggenstein, F.:* Lagerfahrzeuge als bereichsübergreifende Systemkomponenten. fördern und heben 36 (1986) 5. – [90] *Daum, M.; Tielker, U.:* Entwicklungstendenzen in der Lagertechnik, Lagertechnik '89. München: Europa Fachpresse 1989. – [91] *Dietz, G.; Lippmann, R.:* Verpackungstechnik. Heidelberg: Hüthig 1985. – [92] *Fachabteilung Lagertechnik der Fachgemeinschaft Fördertechnik im VDMA (Hrsg.):* Lagern – Stapeln – Fördern. Frankfurt: Maschinenbauverlag 1975. – [93] *Fehr, G.:* Moderne Lagertechniken im Handel. Köln: Rationalisierungs-Gemeinschaft des Handels (RGH) 1986. – [94] *Großmann, G.; Krampe, H.; Ziems, D.:* Technologie für Transport, Umschlag und Lagerung im Betrieb. Berlin: VEB-Verlag Technik 1983. – [95] *Gudehus, T.:* Grundlagen der Spielzeitberechnung für automatisierte Hochregalläger. Deutsche Hebe- und Fördertechnik (1972) Sonderheft. – [96] *Haus der Technik (Hrsg.):* Lagertechnik für Stückgüter, Tagung, Essen, 15. Jan. 1976. Essen: Vulkan 1976. – [97] *Haussmann, G.:* Transcontainer-Umschlag. Mainz: Krausskopf 1968. – [98] *Haussmann, G.:* Automatisierte Lager. Mainz: Krausskopf 1972. – [99] *Jünemann, R.:* Wirtschaftlichkeitsvergleich verschiedener Lagersysteme. Düsseldorf: VDI-Verlag 1970. – [100] *Jünemann, R.:* Systemplanung für Stückgutlager. Mainz: Krausskopf 1971. – [101] *Jünemann, R.; Daum, M.; Piepel, U.; Schwinning, S.:* Materialfluß und Logistik. Berlin: Springer 1989. – [102] *Kesten, J.:* Palettentransport und Lastkraftwagen. Schriftenreihe Material- und Warenfluß, Bd. 770. Eschborn: Rationalisierungs-Kuratorium der Deutschen Wirtschaft (RKW) 1982. – [103] *Klein, T.:* Lagerbewirtschaftung, Sortimentsgestaltung. Zürich: Forster 1980. – [104] *Krippendorf, H.:* Wirtschaftlich Lagern. München: Moderne Industrie 1969. – [105] *Kuntze, H.-B.; Strobel, H.:* Stand und Entwicklungstendenzen bei der Automatisierung von Lagerhaltungsprozessen. Teil 1: Übersichtsbericht. Düsseldorf: VDI-Verlag 1975. – [106] *Lahde, H.:* Neues Handbuch der Lagerorganisation und Lagertechnik. München: Moderne Industrie 1967. – [107] *Management Information Center (mic) (Hrsg.):* Lagerplanung und Lagertechnik, Seminar, Frankfurt, 21. u. 22. März 1988. Landsberg: Moderne Industrie 1988. – [108] *Mertel, R.:* Höhenmaße für Ladeeinheiten. Schriftenreihe Material- und Warenfluß, Bd. 876. Eschborn: Rationalisierungs-Kuratorium der Deutschen Wirtschaft 1984. – [109] *Meyercord, W.:* Container-Fibel. Mainz: Krausskopf 1974. – [110] *Miebach, J.R.:* Die Grundlagen einer systembezogenen Planung von Stückgutlagern, dargestellt am Beispiel des Kommissionierlagers. Diss. TU Berlin 1971. – [111] *Piepel, U.:* Neue Technologien in der Logistik – Erfolgsfaktoren der Zukunft, Just-in-time Optimierung im Info- und Materialfluß. Tagung, Wien, 29. u. 30. November 1988. Köln: TÜV Rheinland 1988. – [112] *Piepel, U.; Schwinning, S.:* Mobile Roboter: Systematik/Technische Alternativen, Logistische Systeme. Tagung, Dortmund, 1. u. 2. Dezember 1988. Köln: TÜV Rheinland 1988. – [113] *Rationalisierungs-Kuratorium der Deutschen Wirtschaft (RKW) (Hrsg.):* RKW-Handbuch Logistik, Bd. 1 und 2. Berlin: Erich Schmidt 1981. – [114] *Reinicke, W.:* Optimierung in der Lagerraumnutzung durch Einsatz unterschiedlicher Lagertechniken. Leinfelden-Echterdingen: Reinecke Consult o.J. – [115] *Rupper, P.; Scheuchzer, R. (Hrsg.):* Lager- und Transportlogistik. Zürich: Industrielle Organisation 1988. – [116] *Scheffler, M.:* Einführung in die Fördertechnik. Darmstadt: Technik-Tabellen-Verlag Fikentscher 1973. – [117] *Schramm, W.:* Lager- und Speicher für Stück- und Schüttgüter, Flüssigkeiten und Gase. Wiesbaden: Bauverlag 1965. – [118] *Schulte, K.:* DV im Lager. Köln: Rationalisierungsgemeinschaft des Handels (RGH) 1980. – [119] *Verband für Lagertechnik und Betriebseinrichtung (Hrsg.):* Fachhandbuch Lagertechnik und Betriebseinrichtung. Hagen: Verband für Lagertechnik und Betriebseinrichtung 1985. – [120] *Vetter, H.:* Container-Transportsystem. Berlin: Transpress VEB Verlag für Verkehrswesen 1970. – [121] *Weimar, H.:* Hochregallager. Mainz: Krausskopf 1973. – [122] *Zillich, E.:* Fördertechnik. Bd. 1: Elemente, Lastaufnahmemittel, Winden und Krane. Düsseldorf: Werner 1973. – [123] *Zillich, E.:* Fördertechnik. Bd. 3: Strömungsförderer, Flurförderer, Lager- und Materialflußtechnik. Düsseldorf: Werner 1973. – [124] Verbriefte Qualität und Sicherheit. Hagen: Informationsbroschüre der Gütegemeinschaft Lager und Betriebseinrichtungen e.V.

U

V | Elektrotechnik
Electrical Engineering

M. Stiebler, Berlin

Allgemeine Literatur
zu V1 bis V7
Bücher: *Frohne, H.:* Einführung in die Elektrotechnik, Bd. 1 Grundlagen und Netzwerke, 5. Aufl. 1987; Bd. 2 Elektrische und magnetische Felder, 5. Aufl. 1989; Bd. 3 Wechselstrom, 4. Aufl. 1985. Stuttgart: Teubner. – *Philippow, E.:* Grundlagen der Elektrotechnik, 8. Aufl. Heidelberg: Hüthig 1988. – *Lunze, K.:* Einführung in die Elektrotechnik, 12. Aufl. Heidelberg: Hüthig 1988. – *Johannsen, K.* (Hrsg.): Hilfsbuch der Elektrotechnik, Bd. 1 Grundlagen, 3. Aufl.; Bd. 2 Anwendungen, 11. Aufl. Heidelberg: Hüthig. – *Ameling, W.:* Grundlagen der Elektrotechnik, Bd. I, 3. Aufl. 1984; Bd. II, 2. Aufl. 1984. Wiesbaden: Vieweg. – *Pregla, R.:* Grundlagen der Elektrotechnik, Bd. 1 Felder und Gleichstromnetzwerke, 2. Aufl. 1986, Bd. 2 Induktion, Wechselströme, elektromechanische Energieumformung, 2. Aufl. Heidelberg: Hüthig 1985. – *Bosse, G.:* Grundlagen der Elektrotechnik, Bd. 1 Elektrostatisches Feld und Gleichstrom, 2. Aufl. 1989; Bd. 2 Magnetisches Feld und Induktion, 3. Aufl. 1989; Bd. 3 Wechselstromlehre, Vierpol- und Leitungstheorie, 2. Aufl. 1978; Bd. 4 Drehstrom, Ausgleichsvorgänge in linearen Netzen, 1973. Mannheim: Bibl. Inst. – *Moeller, Fricke, Frohne, Vaske:* Grundlagen der Elektrotechnik, 17. Aufl. Stuttgart: Teubner 1986. – *Peier, D.:* Einführung in die elektrische Energietechnik. Heidelberg: Hüthig 1987.

Normen und Richtlinien: *DIN 1304* Teil 1: Allgemeine Formelzeichen. – *DIN 13321* Komponenten in Drehstromsystemen; Begriffe, Größen, Formelzeichen. – *DIN 19226*: Regelungstechnik und Steuerungstechnik; Begriffe und Benennungen. – *DIN 19229*: Übertragungsverhalten dynamischer Systeme; Begriffe. – *DIN 40108*: Elektrische Energiesysteme, Stromsysteme; Begriffe, Größen, Formelzeichen. – *DIN 40110*: Wechselstromgrößen. – *DIN 41750*: Begriffe für Stromrichter; Teil 1: Aufbau und Funktionsarten; Teil 4: Netzgeführte Stromrichter zum Gleichrichten und Wechselrichten; Teil 5: Selbstgeführte Stromrichter; Teil 6: Lastgeführte Stromrichter. – *DIN 45630*: Grundlagen der Schallmessung (2 Teile). – *DIN 45635*: Geräuschmessung an Maschinen (mehrere Teile). – *DIN VDE 0100*: Bestimmungen für das Errichten von Starkstromanlagen mit Nennspannungen bis 1000 V. – *DIN VDE 0170/0171* Teil 1: Elektrische Betriebsmittel für explosionsgefährdete Bereiche; Allgemeine Bestimmungen (EN 50014). – *DIN VDE 0510*: Bestimmungen für Akkumulatoren und Batterie-Anlagen; Teil 2: Ortsfeste Batterieanlagen. – *DIN VDE 0530*: Umlaufende elektrische Maschinen; Teil 1: Nennbetrieb und Kenndaten; Teil 2: Ermittlung der Verluste und des Wirkungsgrades (und weitere Teile). – *DIN VDE 0532*: Transformatoren und Drosselspulen; Teil 1: Allgemeines. – *DIN VDE 0535*: Elektrische Maschinen, Transformatoren und Drosseln auf Schienen- und Straßenfahrzeugen; Teil 1: Elektrische Maschinen; Teil 2: Transformatoren und Drosselspulen. – *DIN VDE 0558*: Halbleiter-Stromrichter; Teil 1: Allgemeine Bestimmungen und besondere Bestimmungen für netzgeführte Stromrichter; Teil 2: Besondere Bestimmungen für selbstgeführte Stromrichter; Teil 3: Besondere Bestimmungen für Gleichstromsteller. – *DIN VDE 0660*: Schaltgeräte (Normenreihe). – *DIN VDE 0700*: Sicherheit elektrischer Geräte für den Hausgebrauch und ähnliche Zwecke (Normenreihe); Teil 1: Allgemeine Anforderungen. – *DIN VDE 0875*: Funk-Entstörung von elektrischen Betriebsmitteln und Anlagen; Teil 1: Grenzwerte und Meßverfahren für Funkstörungen von Elektro-Hausgeräten, handgeführten Elektrowerkzeugen und ähnlichen Elektrogeräten (EN 55014); Teil 3: Funkentstörung von besonderen elektrischen Betriebsmitteln und von elektrischen Anlagen.

1 Grundlagen. Fundamentals

Die Elektrotechnik umfaßt die Gesamtheit der technischen Anwendungen, in denen die Wirkungen des elektrischen Stroms und die Eigenschaften elektrischer und magnetischer Felder ausgenutzt werden. Ihre Verfahren und Produkte unterliegen der laufenden Weiterentwicklung und durchdringen zunehmend alle Bereiche des öffentlichen und privaten Lebens. Die Einteilung der Elektrotechnik in Bereiche, bei der verschiedene Varianten in Gebrauch sind, kann in folgender Weise erfolgen:

- Die *elektrische Energietechnik* befaßt sich mit der Erzeugung, Übertragung, Verteilung und Anwendung elektrischer Energie;
- die *Informationstechnik* ist die Technik der Übertragung, Vermittlung, Speicherung und Verarbeitung von Text, Bild, Sprache und Daten;
- die *allgemeine Elektrotechnik* umfaßt mit den theoretischen Grundlagen und der Meß-, Regelungs- und Automatisierungstechnik jene Fachgebiete, die in den vorgenannten Bereichen zur Anwendung kommen;
- *Halbleitertechnik* und *Mikroelektronik* befassen sich mit Entwurf und Technologie diskreter und integrierter

Schaltungen; es sind dies die Fachgebiete, die derzeit die höchsten Innovationsraten aufweisen.

Für die elektrotechnischen Geräte und Verfahren sind in internationalen und nationalen Normen die technischen Anforderungen und die der Sicherheit von Menschen und Sachen dienenden Sicherheitsvorschriften formuliert (Größen der Elektrotechnik: **Anh. V 1 Tab. 1**).

In diesem Teil wird vorwiegend die elektrische Energietechnik dargestellt. Elektronische Konstruktionskomponenten s. I, Elektrische Meßtechnik s. W 3.

1.1 Grundgesetze. Basic rules

1.1.1 Feldgrößen und -gleichungen
Field units and equations

Nach der klassischen Elektrodynamik [1, 4] wird der Raum vom elektromagnetischen Feld erfüllt. Dieses wird durch fünf Feldgrößen beschrieben, die Vektorcharakter haben; es sind die elektrische und die magnetische Feldstärke, die elektrische Verschiebungsdichte und die magnetische Flußdichte sowie die elektrische Stromdichte, **Tab. 1**.

Tabelle 1. Feldgrößen und ihre Formelzeichen

elektrisches Feld	Verschiebungsdichte D	el. Feldstärke E
magnetisches Feld	Flußdichte B	magn. Feldstärke H
Strömungsfeld	Stromdichte S	

Aufgrund der Erfahrung gelten für die makroskopischen elektromagnetischen Erscheinungen die vier *Maxwellschen Gleichungen*. Sie werden hier in der Integralform notiert

$$Durchflutungsgesetz: \oint_c \boldsymbol{H} \, \mathrm{d}\boldsymbol{s} = \iint_A \left(\boldsymbol{S} + \frac{\partial \boldsymbol{D}}{\partial t} \right) \mathrm{d}\boldsymbol{A}. \qquad (1)$$

Das Umlaufintegral der magnetischen Feldstärke längs der Berandung einer Fläche ist gleich der Summe aus Leitungsstrom und Verschiebungsstrom durch diese Fläche.

$$Induktionsgesetz: \oint_c \boldsymbol{E} \, \mathrm{d}\boldsymbol{s} = -\frac{\partial}{\partial t} \iint_A \boldsymbol{B} \, \mathrm{d}\boldsymbol{A}. \qquad (2)$$

Das Umlaufintegral der elektrischen Feldstärke längs der Berandung einer Fläche ist gleich der negativen zeitlichen Änderung des magnetischen Flusses durch diese Fläche.

$$Quellenfreiheit \ des \ Magnetfelds: \oiint_A \boldsymbol{B} \, \mathrm{d}\boldsymbol{A} = 0. \qquad (3)$$

Der magnetische Fluß durch eine geschlossene Hüllfläche verschwindet.

$$4. \ Maxwellsche \ Gleichung: \oiint_A \boldsymbol{D} \, \mathrm{d}\boldsymbol{A} = \iiint_V \rho \, \mathrm{d}V. \qquad (4)$$

Der Verschiebungsfluß durch eine geschlossene Hüllfläche ist gleich der umschlossenen Ladung, dargestellt durch das Volumenintegral über die Ladungsdichte ρ.

Die Feldgrößen sind durch drei *Materialgleichungen* verknüpft:

$$\boldsymbol{S} = \kappa \boldsymbol{E}; \quad \boldsymbol{D} = \varepsilon \boldsymbol{E}; \quad \boldsymbol{B} = \mu \boldsymbol{H}. \qquad (5)$$

Stromdichte und Verschiebungsdichte sind der elektrischen Feldstärke, die Flußdichte der magnetischen Feldstärke proportional. Die *elektrische Leitfähigkeit* κ, die *Dielektrizitätskonstante* ε und die *Permeabilität* μ sind i. allg. Tensoren, bei isotropen Stoffen jedoch skalare Ortsfunktionen. Die Feldgleichungen sind gültig für rasch veränderliche Vorgänge; sie lassen sich für langsame Vorgänge, wie sie bei den technischen Frequenzen auftreten, spezialisieren. Schließlich können die Gleichungen für zeitlich konstante Feldgrößen noch stärker vereinfacht werden.

1.1.2 Elektrostatisches Feld. Electrostatic field

In einem Feld mit konstanten Feldgrößen und ruhenden Ladungen gilt, daß das Umlaufintegral der Feldstärke über eine geschlossene Bahnkurve verschwindet

$$\oint_s \boldsymbol{E} \, \mathrm{d}\boldsymbol{s} = 0. \qquad (6)$$

Diese Beziehung bildet zusammen mit Gl. (4) und der Materialgleichung aus Gl. (5)

$$\boldsymbol{D} = \varepsilon \boldsymbol{E}$$

die Grundgleichungen der Elektrostatik. Die Dielektrizitätskonstante ε läßt sich darstellen als Produkt aus der elektrischen Feldkonstante ε_0 des Vakuums und der relativen Dielektrizitätszahl ε_r, die eine Stoffeigenschaft ist (s. **Anh. V1 Tab. 2**): $\varepsilon = \varepsilon_0 \varepsilon_r$ mit $\varepsilon_0 = 8,85 \cdot 10^{-12} \, \text{A} \cdot \text{s/V} \cdot \text{m}$. Nach Gl. (6) kann die elektrische Feldstärke mittels $\boldsymbol{E} = -\mathrm{grad}\varphi$ durch den negativen Gradienten einer skalaren Potentialfunktion φ dargestellt werden. Die Spannung

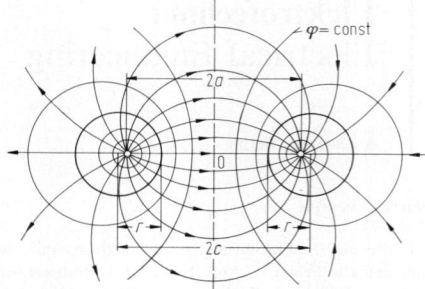

Bild 1. Feldbild paralleler Linienquellen ungleichnamiger Ladungen

zwischen zwei Punkten 1 und 2 ist unabhängig vom Integrationsweg

$$U_{12} = \int_1^2 \boldsymbol{E} \, \mathrm{d}\boldsymbol{s} = \varphi_1 - \varphi_2. \qquad (7)$$

Das elektrostatische Feld läßt sich bildhaft darstellen mit Hilfe von Äquipotentiallinien, $\varphi = \text{const}$, und dazu orthogonalen Feldlinien, die tangential zum Vektor der elektrischen Feldstärke verlaufen. Zur Ermittlung des Felds gibt es verschiedene Verfahren, die analytisch oder numerisch die Potentialgleichungen lösen. **Bild 1** zeigt als Beispiel das Feld zweier ungleichnamiger Linienladungen im Abstand $2a$. Wegen der zylindrischen Form der Äquipotentialflächen wird dadurch gleichzeitig das äußere Feld paralleler Leiter mit Kreisquerschnitt beschrieben, hier beispielsweise mit Radius r im Abstand $2c$ der Mittelachsen. Auf einen geladenen Körper wird im elektrischen Feld eine Kraft ausgeübt

$$\boldsymbol{F} = \int_Q \boldsymbol{E} \, \mathrm{d}Q. \qquad (8)$$

Im einfachen Fall wird das Feld durch eine Punktladung Q_1 erzeugt; nach dem Coulombschen Gesetz wirkt dann auf eine „Probeladung" Q_2 im Abstand r die Kraft

$$\boldsymbol{F} = \frac{Q_1 \cdot Q_2}{4\pi\varepsilon r^2} \boldsymbol{r}_0 = \boldsymbol{E}_1 \cdot Q_2. \qquad (9)$$

Darin gibt der Einheits-Radiusvektor $\boldsymbol{r}_0$ die Richtung der Kraft an, die bei gleichen Vorzeichen von Q_1 und Q_2 abstoßend, im anderen Falle anziehend wirkt.

1.1.3 Stationäres Strömungsfeld. Stationary flow field

Im stationären elektromagnetischen Feld sind die fließenden Ströme zeitlich konstant. Der durch eine Fläche tretende Strom ergibt sich aus dem Integral der Stromdichte. Elektrische Feldstärke und Stromdichte stehen in linearem Zusammenhang, wobei der Quotient den spezifischen *Widerstand* ρ darstellt, dessen Kehrwert der spezifische Leitwert κ ist

$$I = \iint_A \boldsymbol{S} \, \mathrm{d}\boldsymbol{A} \quad \text{mit } \boldsymbol{S} = \kappa \boldsymbol{E} \text{ und } \kappa = 1/\rho. \qquad (10)$$

Hieraus geht das *Ohmsche Gesetz* hervor. Liegt nämlich zwischen zwei Punkten *1, 2* eines Stromkreises die Spannung U nach Gl. (7), so ist bei konstantem Leitwert der Ohmsche Widerstand

$$R = \frac{U}{I} = \frac{1}{\kappa} \int_1^2 \boldsymbol{E} \, \mathrm{d}\boldsymbol{s} / \iint_A \boldsymbol{E} \, \mathrm{d}\boldsymbol{A}. \qquad (11)$$

Weiter läßt sich der 1. Kirchhoffsche Satz herleiten, wonach das Integral der Stromdichte über eine geschlossene

Fläche verschwindet

$$\iint\limits_A S\, \mathrm{d}A = 0. \tag{12}$$

Die Stromrichtung ist dabei konventionell vom Punkte höheren Potentials zum Punkte niederen Potentials festgelegt. Der fließende Strom erzeugt im Widerstand Verluste, die als Wärme anfallen; ihr spezifischer Wert ist nach dem Jouleschen Gesetz

$$p = \kappa E^2 = (1/\kappa)S^2. \tag{13}$$

1.1.4 Stationäres magnetisches Feld
Stationary magnetic field

Aus der 1. Maxwellschen Gleichung läßt sich für statische Bedingungen herleiten, daß das Umlaufintegral der magnetischen Feldstärke längs einer Bahnkurve gleich dem umschlossenen Strom ist [2, 3]:

$$\oint\limits_s H\, \mathrm{d}s = I. \tag{14}$$

Ferner gilt die Quellenfreiheit des magnetischen Felds Gl. (3) und die in Gl. (5) enthaltene Beziehung zwischen Flußdichte und Feldstärke

$$B = \mu H.$$

Die *Permeabilität* μ läßt sich, ähnlich wie die Dielektrizitätskonstante des elektrischen Felds, als Produkt der magnetischen Feldkonstante μ_0 für den leeren Raum und der relativen Permeabilitätszahl μ_r ausdrücken.

$$\mu = \mu_0\mu_r \quad \text{mit } \mu_0 = \frac{4\pi}{10}\cdot 10^{-6} = 1{,}256\cdot 10^{-6}\,\mathrm{V\cdot s/A\cdot m}.$$

Die Magnetisierungskennlinie als Darstellung der Flußdichte B über der Feldstärke H ist bei den ferromagnetischen Stoffen nichtlinear. Auch ist bei Vorliegen von Hysterese der Zusammenhang nicht eindeutig.

1.1.5 Quasistationäres elektromagnetisches Feld
Quasistationary electromagnetic field

Bei veränderlichen elektromagnetischen Feldern gelten die vollständigen Maxwellschen Gleichungen. Kann dabei der Beitrag der Verschiebungsströme vernachlässigt werden ($|\partial D/\partial t| \ll |S|$), so daß der Strom in nicht verzweigten Abschnitten eines Stromkreises überall gleich ist, heißen solche Felder langsam veränderlich. Diese quasistationäre Betrachtungsweise ist bei den in vielen Problemen, insbesondere der elektrischen Energietechnik vorkommenden Frequenzen zulässig. Als Grundgesetze des quasistationären Felds treten das Induktionsgesetz Gl. (2) und die spezialisierte Form des Durchflutungsgesetztes Gl. (1) auf

$$\oint\limits_s H\, \mathrm{d}s = \iint\limits_A S\, \mathrm{d}A. \tag{15}$$

Es gilt weiterhin die Quellenfreiheit des magnetischen Felds nach Gl. (3) und die Aussage über die Ladung nach Gl. (4) gemäß dem 4. Maxwellschen Gesetz.

Werden Leiter von einem veränderlichen magnetischen Feld durchsetzt, so werden darin Wirbelströme induziert. Durch die Wechselwirkung von Magnetfeld und induzierten Strömen tritt eine ungleichmäßige Verteilung der Stromdichte über den Leiterquerschnitt auf. Ein dem Leiter eingeprägter Wechselstrom ist dann mit höheren Verlusten verknüpft, als dies bei Gleichstrom nach dem Ohmschen Gesetz der Fall wäre. Die Erscheinung wird als Stromverdrängung oder Skineffekt bezeichnet.

Im Gegensatz zum quasistationären Feld sind für Probleme der Wellenausbreitung und Strahlung instationäre elektromagnetische Felder zu betrachten, bei denen nunmehr die Verschiebungsstromdichte überwiegt und damit die Voraussetzung $|\partial D/\partial t| \gg |S|$ vorliegt.

1.2 Elektrische Stromkreise. Electric circuits

1.2.1 Gleichstromkreise. Direct-current (d.c.) circuits

Betrachtet werden Schaltungen, die aus Gleichspannungs- oder Gleichstromquellen, ohmschen Widerständen und verbindenden Leitungen bestehen. An einem Widerstand, der vom Strom I durchflossen wird, fällt eine zu I proportionale Spannung ab, die dem Ohmschen Gesetz Gl. (11) folgt [4]:

$$U = RI \quad \text{bzw.} \quad I = GU \quad \text{bei } G = 1/R. \tag{16}$$

Der *Leitwert* G ist der Kehrwert des Ohmschen Widerstands R. Im Widerstand wird eine Leistung umgesetzt, die sich ergibt als

$$P = UI = RI^2 = U^2/R. \tag{17}$$

Eine Gleichstromquelle, z.B. eine Batterie, kann durch eine ideale Quelle der Quellenspannung U_s (auch als elektromotorische Kraft, EMK, bezeichnet) mit einem in Reihe geschalteten Innenwiderstand R_s dargestellt werden. Gleichwertig ist eine Darstellung mittels eines eingeprägten Stroms I_s und Innenwiderstand R_s, der jetzt parallel zu schalten ist, **Bild 2**. Liegt ein langgestreckter Leiter in Form eines Drahts der Länge l und des Querschnitts A vor, so kann unter Voraussetzung der bei Gleichstrom konstanten Stromdichte der *Widerstand* berechnet werden als

$$R = \rho l/A.$$

Der *spezifische Widerstand* $\rho = 1/\kappa$ ist i. allg. temperaturabhängig; bei vielen Widerstandsmaterialien gilt, abgesehen von sehr tiefen und sehr hohen Temperaturen ein linearer Zusammenhang. Der Bezugswert wird als ρ_{20} bei der Temperatur $\vartheta = 20\,^\circ\mathrm{C}$ angegeben

$$\rho = \rho_{20}(1 + \alpha(\vartheta - 20\,^\circ\mathrm{C})). \tag{18}$$

In **Anh. V1 Tab. 3** sind für verschiedene Materialien die spezifischen Widerstände und Temperaturkoeffizienten angegeben.

Lineare Widerstände erscheinen in der Darstellung $I = f(U)$ als Geraden. Nichtlineare Widerstände weisen dagegen gekrümmte Kennlinien auf. **Bild 3** zeigt als Beispiel

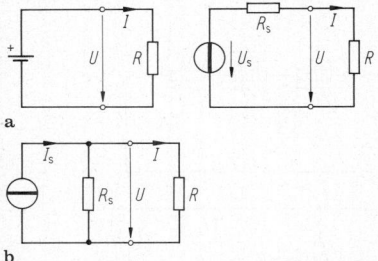

a

b

Bild 2. Spannungs- und Stromquellen mit Innenwiederstand. **a** eingeprägte Spannung; **b** eingeprägter Strom (DIN 5489)

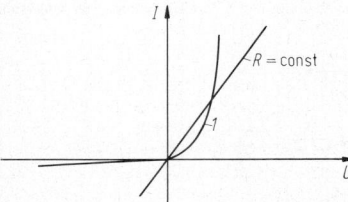

Bild 3. Kennlinien eines linearen und eines nichtlinearen Widerstands (Beispiel Diode). *1* Diode

die Strom-Spannungskennlinie einer Halbleiterdiode; diese folgt näherungsweise einer Exponentialfunktion und weist im 1. Quadranten den Durchlaßbereich und im 3. Quadranten den Sperrbereich auf.

1.2.2 Kirchhoffsche Sätze. Kirchhoff's laws

Bei der Analyse von Stromkreisen und Netzwerken ist zunächst ein Zählpfeilsystem festzulegen. Hier wird die Konvention des Verbrauchersystems verwendet. Danach sind an Verbrauchern (passiven Elementen) Strom und Spannungsabfall gleichgerichtet; von Erzeugern (Generatoren) eingeprägte (Quellen-)Spannungen werden jedoch entgegen der Stromrichtung gezählt.

Der *1. Kirchhoffsche Satz* besagt (in Übereinstimmung mit der allgemeinen Form Gl. (12)), daß in jedem Knoten eines elektrischen Netzwerks die Summe der zufließenden gleich der Summe der abfließenden Ströme ist. Für einen Knoten mit n abgehenden Zweigen gilt

$$\sum_{i=1}^{n} I_i = 0. \qquad (19)$$

Nach dem *2. Kirchhoffschen Satz* (bereits allgemein in Gl. (6) enthalten) wird die Summe der Zweigspannungen in einem beliebigen, geschlossenen Umlauf gleich Null. In einer Schleife aus n Zweigen ist also

$$\sum_{i=1}^{n} U_i = 0. \qquad (20)$$

Auf einfache Weise lassen sich jetzt die resultierenden Werte von Reihen- und Parallelschaltungen verschiedener Widerstände berechnen, **Bild 4**:

$$R_{\text{res}} = \sum_{i=1}^{n} R_i \quad \text{bei } \textit{Reihenschaltung} \quad \text{und}$$

$$G_{\text{res}} = \sum_{i=1}^{n} G_i = \sum_{i=1}^{n} \frac{1}{R_i} = \frac{1}{R_{\text{res}}} \quad \text{bei } \textit{Parallelschaltung}. \quad (21)$$

Die Kirchhoffschen Sätze gelten allgemein auch bei zeitlich veränderlichen Strömen und Spannungen. Sie bilden die Grundlag der *Netzwerktheorie* [5, 6].

Beispiel: Es wird der allgemeine Fall einer Brückenschaltung berechnet. In **Bild 5** speist die eingeprägte Spannung U eine Schaltung, die die Brückenzweige $R_1 \ldots R_4$ und den Diagonalzweig R_5 enthält.

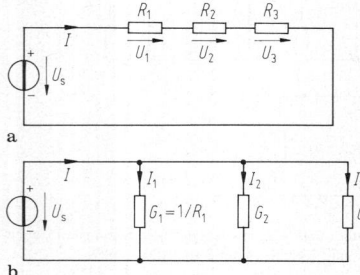

a

b

Bild 4. a Reihenschaltung und **b** Parallelschaltung von Widerständen

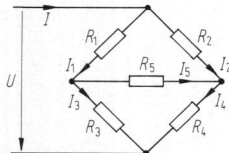

Bild 5. Brückenschaltung als Netzwerk

Das Netzwerk weist $n = 4$ Knoten auf, und es lassen sich dafür $(n - 1) = 3$ linear unabhängige Gleichungen angeben:

$$I = I_1 + I_2 = I_3 + I_4; \quad I_5 = I_1 - I_3.$$

Die Zahl der linear unabhängigen Maschengleichungen ergibt sich aus der Anzahl der von den Zweigen des Netzwerks aufgespannten Flächen, wobei jeder Zweig mindestens einmal vertreten sein muß; diese Anzahl ist hier $m = 3$.

$$U = R_1 I_1 + R_3 I_3 = R_2 I_2 + R_4 I_4; \quad 0 = R_1 I_1 - R_2 I_2 + I_5 R_5.$$

Es interessiert besonders der Strom I_5 durch den Diagonalzweig. Man errechnet

$$I_5 = U \frac{R_2 R_3 - R_1 R_4}{R_5(R_1 + R_3)(R_2 + R_4) + R_1 R_3(R_2 + R_4) + R_2 R_4(R_1 + R_3)}.$$

Bei abgeglichener Brücke verschwindet der Diagonalstrom i_5. Es ist unmittelbar ersichtlich, daß dies der Fall ist, wenn

$$R_1/R_2 = R_3/R_4.$$

Von dieser Tatsache macht die *Wheatstonebrücke* zur Widerstandsmessung Gebrauch (s. W 3.2.2). Darin sind beispielsweise R_1 ein Festwiderstand bekannter Größe, R_2 der Prüfling und R_3, R_4 einstellbare Vergleichsnormale. Im Diagonalzweig wird ein Nullindikator eingesetzt.

Beispiel: Umrechnung einer Sternschaltung in eine gleichwertige Dreieckschaltung, die zur Vereinfachung der Berechnung größerer Netzwerke beitragen kann. Die Sternschaltung mit den Widerständen R_1, R_2, R_3 weist die gleichen Ströme und Spannungsabfälle in bezug auf die Punkte *1, 2, 3* auf wie die Dreieckschaltung mit den Widerständen R_{12}, R_{23}, R_{31} (**Bild 6**), wenn

$$R_1 = R_{31}R_{12}/(R_1 + R_2 + R_3); \quad R_{12} = R_1 + R_2 + R_1 R_2/R_3.$$
$$R_2 = R_{12}R_{23}/(R_1 + R_2 + R_3); \quad R_{23} = R_2 + R_3 + R_2 R_3/R_1.$$
$$R_3 = R_{23}R_{31}/(R_1 + R_2 + R_3); \quad R_{31} = R_3 + R_1 + R_3 R_1/R_2.$$

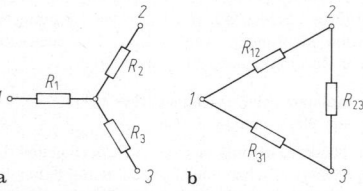

a   b

Bild 6. Zur Umwandlung von Stern- in Dreieckschaltung und umgekehrt. **a** Sternschaltung; **b** Dreieckschaltung

1.2.3 Kapazitäten. Capacitances

In einer Anordnung mit zwei Elektroden besteht zwischen Ladung Q und Spannung U eine lineare Beziehung, wobei der Quotient die Kapazität C darstellt

$$C = \frac{Q}{U} = \iint_A \boldsymbol{D} \, dA / \int_s \boldsymbol{E} \, ds. \qquad (22)$$

Ein Bauelement aus zwei flächenhaften Elektroden mit dazwischenliegendem Dielektrikum stellt einen *Kondensator* dar. Das einfachste Beispiel hierfür ist der *Plattenkondensator*, bei dem die Elektroden parallele Platten sind. Vernachlässigt man die Randeffekte, so sind nach Gl. (5) und **Bild 7** Potential, Feldstärke und Kapazität gegeben durch

$$\varphi = \frac{Q}{\varepsilon A} x; \quad E = \frac{Q}{\varepsilon A} = \frac{U}{d}; \quad C = \frac{Q}{U} = \varepsilon \frac{A}{d}. \qquad (23)$$

Für einige Stoffe ist die relative Dielektivitätszahl ε_r und die Durchschlagfestigkeit E_d in **Anh. V 1 Tab. 2** angegeben. Die Beziehungen Gl. (23) gelten auch für veränderliche Ladung q und Spannung u. Die zeitliche Ableitung der Ladung ist der Strom i; daraus folgt

$$i = \frac{dq}{dt} = C \frac{du}{dt}. \qquad (24)$$

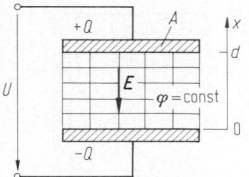

Bild 7. Prinzipdarstellung eines Plattenkondensators

Die im Kondensator gespeicherte Energie ist allgemein

$$W_e = \int_0^U q \, du = \tfrac{1}{2} C U^2.$$

1.2.4 Induktionsgesetz. Faraday's law

Betrachtet wird zunächst eine Leiterschleife, die von einem Magnetfeld durchsetzt wird. Der magnetische Fluß ist

$$\Phi = \iint_A B \, dA. \tag{25}$$

Nach dem Induktionsgesetz wird in dieser aus einer Windung bestehenden Schleife bei Flußänderung eine Spannung induziert

$$u_i = d\phi/dt.$$

Dabei ist es unerheblich, auf welche Weise die Flußänderung herbeigeführt wird:

– durch Relativbewegung einer Leiterschleife gegenüber einem zeitlich konstanten Feld (generatorisch) und/oder

– in einer relativ zur Feldachse ruhenden Leiterschleife infolge zeitlicher Flußänderung (transformatisch).

Zur Erläuterung des ersten Falles wird angenommen, daß eine rechteckige Schleife mit den Seiten *1, 2* drehbar um die Mittelachse in einem homogenen Feld der Induktion *B* angeordnet ist, **Bild 8**. Bei Rotation mit der konstanten Winkelgeschwindigkeit $\omega = d\gamma/dt = \text{const}$ gilt

$$\phi = BA \cos \gamma = BA \cos \omega t; \quad u_i = BA\omega \sin \omega t.$$

Das gleiche Ergebnis stellt sich ein, wenn die Schleife in der Position $\gamma = 0$ feststeht und die Flußdichte sich zeitlich nach dem Sinusgesetz ändert

$$B = \hat{B} \cos \omega t.$$

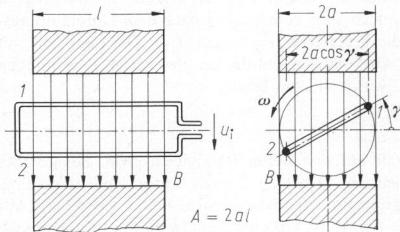

Bild 8. Zur Erläuterung des Induktionsgesetzes

1.2.5 Induktivitäten. Inductances

Liegt eine komplizierter berandete Fläche vor als bei der einfachen Schleife, so wird die nach Gl. (25) maßgebende Fläche von einem Teil der Feldlinien mehrfach durchsetzt. Insbesondere ist bei einer Spule der verkettete Fluß Ψ gleich der Summe der Teilflüsse Φ_n, die die einzelnen Windungen durchsetzen. Der Quotient aus Ψ und I stellt

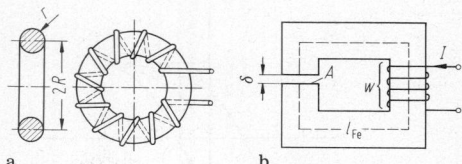

a   b

Bild 9. Drosselspulen. **a** Ringspule; **b** Luftspaltdrossel

eine Kenngröße der Anordnung dar, die als Koeffizient der Selbstinduktion (*Selbstinduktivität*) bezeichnet wird

$$L = \frac{\Psi}{I} = \frac{\Sigma \Phi_n}{I} \tag{26}$$

Ein einfaches Beispiel stellt die Ringspule mit kreisförmigem Querschnitt des Radius $r \ll R$ dar, **Bild 9**. Man kann davon ausgehen, daß im Inneren ein homogenes Feld mit der Induktion *B* herrscht; bei *w* Windungen ist der Verkettungsfluß

$$\Psi = w\Phi \quad \text{mit} \quad \Phi = Br^2\pi \quad \text{bei } B = \mu w I/2R\pi.$$

Damit ergibt sich die *Induktivität* zu

$$L = \frac{\Psi}{I} = w^2 \mu \frac{r^2}{2R}.$$

Ein anderes Beispiel liegt bei einer Luftspaltspule vor, deren magnetischer Kreis aus dem Luftspalt der Länge δ und dem Eisenrückschluß besteht. Bei nicht zu großen Flußdichten im Eisen ist $\mu_r \gg 1$, so daß näherungsweise die gesamte magnetische Spannung am Luftspalt abfällt. Bei Voraussetzung eines homogenen Felds ist die Induktivität der Spule mit *w* Windungen einfach

$$L = w^2 \mu_0 \frac{A}{\delta} = w^2 \Lambda = w^2/R_m.$$

Darin bezeichnet Λ den *magnetischen Leitwert*; R_m ist der *magnetische Widerstand*. In Analogie zum elektrischen Stromkreis fällt an einem magnetischen Widerstand R_m bei Durchgang des Flusses Φ eine magnetische Spannung V ab, die durch eine eingeprägte magnetische Spannung (*Durchflutung*) Θ aufzubringen ist

$$V = R_m \Phi \quad \text{bei} \quad \Psi = w\Phi \quad \text{und} \quad V = wI = \Theta.$$

Die im Magnetfeld gespeicherte Energie ist

$$W_m = \int_0^I \psi \, di = \tfrac{1}{2} L I^2. \tag{27}$$

Bei Stromänderung wird in der Spule durch Selbstinduktion eine Spannung induziert, die der Flußänderung entgegenwirkt und im Verbraucher-Zählpfeilsystem lautet

$$u = d\psi/dt = L \, di/dt. \tag{28}$$

In beiden obigen Gleichungen gilt das zweite Gleichheitszeichen nur dann, wenn die Permeabilität nicht von der herrschenden Feldstärke abhängt und die Induktivität konstant ist.

1.2.6 Magnetische Materialien. Magnetic materials

Nach dem Verhalten der Stoffe im Magnetfeld werden paramagnetische, diamagnetische und ferromagnetische Materialien unterschieden. Bei den beiden erstgenannten ist die Permeabilitätszahl μ_r wenig verschieden von 1. Ganz anders verhalten sich die ferromagnetischen Stoffe, zu denen insbesondere Eisen, Nickel, Kobalt und ihre Legierungen gehören. Diese führen bei gegebener magnetischer Feldstärke wesentlich höhere Flußdichten als Luft. Die Feldverstärkung läßt sich durch die *magnetische Polarisation J* oder die Magnetisierung *M* ausdrücken

$$B = J + \mu_0 H = \mu_0 (M + H).$$

V

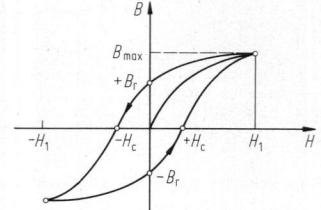

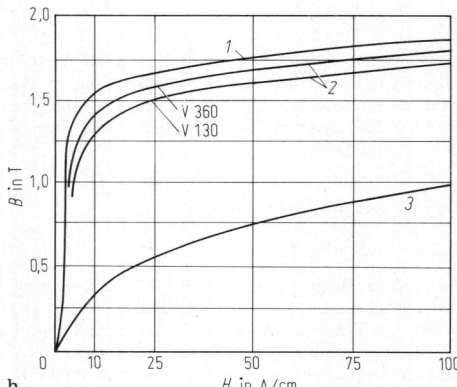

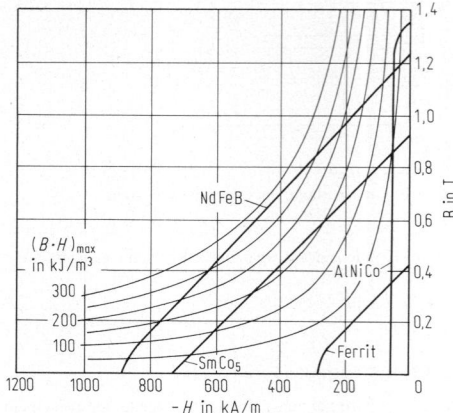

Bild 11. Entmagnetisierungskennlinien permanentmagnetischer Werkstoffe

Bild 10. Magnetisierungskennlinien. **a** Hystereseschleife (Prinzipbild); **b** Kennlinien weichmagnetischer Werkstoffe. _1_ Kaltband, Stahlguß, _2_ Elektroblech, siliziert, _3_ Grauguß

In der Regel werden ferromagnetische Materialeigenschaften in der Magnetisierungskennlinie $B = f(H)$ dargestellt, **Bild 10.** Steuert man eine Probe, ausgehend von $H = 0$, bis $H = H_1$ aus, so ergibt sich die sog. Neukurve mit der typischen Sättigungseigenschaft. Wird nun die Erregung zurückgenommen, so folgt die Flußdichte nicht der ursprünglichen Kurve. Bei langsamer Änderung der Aussteuerung zwischen H_1 und $-H_1$ ergibt sich eine _Hystereseschleife._ Ihre Flächeninhalt ist den spezifischen Hystereseverlusten proportional.

In der Elektrotechnik werden _weichmagnetische_ und _hartmagnetische_ Materialien verwendet. Erstere sind für den Aufbau magnetischer Kreise in elektrischen Maschinen und Apparaten vorgesehen. Ihre Koerzitivfeldstärken liegen unterhalb von 300 A/m. Erwünscht sind neben einer möglichst hohen Sättigungsinduktion möglichst niedrige Ummagnetisierungsverluste. Diese setzen sich aus den Hystereseverlusten und den Wirbelstromverlusten zusammen.

Bei hartmagnetischen Werkstoffen liegt dagegen eine breite Hystereseschleife vor (H_c größer als 10 kA/m). Sie werden in den Permanentmagneten eingesetzt, deren Qualität vor allem durch die Remanenzinduktion B_r, die Koerzitivfeldstärke H_c und die maximale spezifische magnetische Energie $(BH)_{max}$ beschrieben wird. Diese Kenngrößen gehen aus der Entmagnetisierungskennlinie hervor, das ist die $B = f(H)$ Kurve im 2. Quadranten, **Bild 11.** Außer den bekannten AlNiCo-Magneten und Ferritmagneten werden heute erheblich verbesserte Eigenschaften mit den Seltenerdmagneten erzielt. Kobalt-Samarium-Magnete und die neuen Neodymium-Eisen-Bor-Magnete sind im Bild berücksichtigt.

1.2.7 Kraftwirkungen im elektromagnetischen Feld
Forces in electromagnetic field

Die Kraft auf einen Körper im Feld folgt dem allgemeinen Gesetz für die volumenbezogene Kraftdichte

$$f_V = (S \times B) - \tfrac{1}{2} H^2 \cdot \mathrm{grad}\,\mu. \tag{29}$$

Der erste Term gibt die Stromkraftdichte an, die ein die Stromdichte S führender Leiter im äußeren Feld der Induktion B erfährt. Der zweite Term tritt nur bei Ortsabhängigkeit der Permeabilität auf und wird als permeable Kraftdichte bezeichnet.

Auf ein Längenelement eines linienhaften stromdurchflossenen Leiters wirkt die Kraft

$$\mathrm{d}F = I(\mathrm{d}s \times B). \tag{30}$$

Speziell ergibt sich für einen geraden Leiter der Länge l in einem senkrecht dazu verlaufenden Magnetfeld der Flußdichte B die Kraft

$$F = IBl.$$

Die Richtung der Kraft ergibt sich aus der Vorschubrichtung einer Rechtsschraube („_Rechte-Hand-Regel_").

Damit läßt sich auch die Kraft zwischen zwei parallelen stromführenden Leitern angeben. Der Strom I_1 erzeugt in einer Entfernung r vom Leiter 1 nach dem Durchflutungsgesetz die Feldstärke $H = 1/(2\pi) \cdot I_1/r$. Die Kraft, die auf den im Abstand d angeordneten, den Strom I_2 führenden Leiter 2 wirkt, ist vom Betrag

$$F = \frac{\mu_0}{2\pi}\,\frac{I_1 I_2}{d}\, l.$$

Die Kraft auf den Leiter l ist gleich groß. Bei gleicher Stromrichtung erfolgt in beiden Leitern eine Anziehung, bei entgegengesetzter Stromrichtung eine Abstoßung. Mit $I_1 = I_2 = I$ wird die Beziehung als Definitionsgleichung für die Einheit der elektrischen Stromstärke herangezogen.

Andererseits entstehen in einem Magnetfeld an Grenzflächen zwischen Bereichen unterschiedlicher Permeabilität mechanische Spannungen. Bei Grenzflächen zwischen Eisen und Luft tritt auf diese Weise Längszug und Querdruck auf. Geht ein Feld der Induktion B senkrecht durch eine Fläche, die Bereiche mit μ_1 und μ_2 trennt, so entsteht die normal zur Fläche gerichtete spezifische Kraft

$$\sigma = \frac{1}{2}\left(\frac{1}{\mu_1} - \frac{1}{\mu_2}\right) B^2. \tag{31}$$

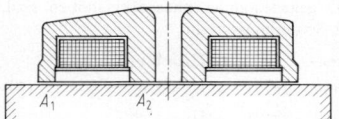

Bild 12. Elektromagnet (Prinzipbild)

Im Falle von $\mu_1 = \mu_0$ für Luft und $\mu_2 = \mu_0\mu_r \gg \mu_0$ für Eisen ist die Anziehungskraft über die Fläche A näherungsweise

$$F = \frac{1}{2\mu_0} B^2 A.$$

Eine Anwendung erfolgt im Elektromagneten für ferromagnetische Lasten, **Bild 12**.

1.3 Wechselstromtechnik
Alternating – current (a.c.) engineering

1.3.1 Wechselstromgrößen. Alternating current quantities

Ist der zeitliche Verlauf eines Stroms $i(t)$ periodisch mit der Periodendauer T, deren Kehrwert die Frequenz $f = 1/T$ ist, so gelten folgende Festlegungen:
– *Gleichwert* (arithmetischer Mittelwert)

$$\bar{i} = \frac{1}{T} \int_0^T i \, dt; \tag{32}$$

– *Effektivwert* (quadratischer Mittelwert)

$$I = \sqrt{\frac{1}{T} \int_0^T i^2 dt}. \tag{33}$$

In gleicher Weise sind Mittelwert $\bar{u}$ und Effektivwert U einer periodischen Spannung $u(t)$ definiert.
Ein Mischstrom weist neben einem Gleichwert die Grundschwingung der Frequenz f und Oberschwingungen ganzzahliger Vielfacher der Grundfrequenz auf. Der Effektivwert eines solchen Stroms ist dann

$$I = \sqrt{\bar{i}^2 + I_1^2 + I_2^2 + I_3^2 + \ldots} = \sqrt{\bar{i}^2 + I_\sim^2}.$$

Betrachtet man weiter nur Wechselgrößen ($\bar{i} = 0$, $I = I_\sim$), so läßt sich deren Grundschwingungsgehalt angeben mit $g_i = I_1/I$. Ein Maß für die Verzerrung eines Wechselstroms durch Oberschwingungen ist der *Klirrfaktor*

$$k_i = \sqrt{1 - g_i^2}.$$

Ist $\hat{i}$ der Scheitelwert des Wechselstroms, so gilt als Scheitelfaktor der Quotient $\hat{i}/I$.
Ein reiner Grundschwingungsstrom liegt vor bei

$$i = \hat{i}\cos(\omega t + \varphi_i) \quad \text{mit } \omega = 2\pi f. \tag{34}$$

Sein arithmetischer Mittelwert ist Null, und der Effektivwert wird $I = \hat{i}/\sqrt{2}$. Er ist maßgebend für die Verluste in einem ohmschen Widerstand R

$$P_V = R\frac{1}{T} \int_0^T i^2 dt = RI^2.$$

Ströme nach Gl. (34) stellen sich ein in den Zweigen von Schaltungen aus linearen Elementen, wenn die eingeprägten Spannungen und Ströme ebenfalls sinusförmig mit Grundfrequenz verlaufen und etwaige Übergangsvorgänge abgeklungen sind.

Darstellung der Wechselstromgrößen

Wechselströme nach Gl. (34) und gleicher Gesetzmäßigkeit folgende Wechselspannungen sind gekennzeichnet durch

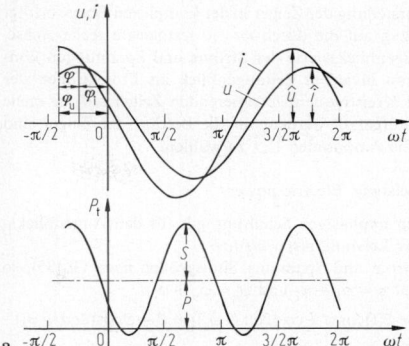

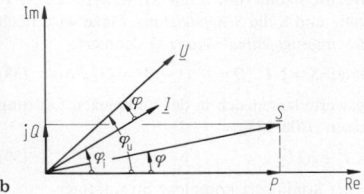

Bild 13. Darstellung von Wechselstromgrößen. **a** Verlauf von Spannung, Strom und Leistung; **b** Zeigerbild

Betrag (Amplitude oder Effektivwert), Frequenz und Phasenlage gegenüber einer willkürlich festgelegten Zeitachse $t = 0$. Sie lassen sich als Realteile komplexer periodischer Funktionen darstellen

$$\begin{aligned}
i &= \mathrm{Re}(\sqrt{2}Ie^{j(\omega t + \varphi_i)}) = \mathrm{Re}(\sqrt{2}\underline{I}e^{j\omega t}) \quad \text{mit } \underline{I} = Ie^{j\varphi_i}; \\
u &= \mathrm{Re}(\sqrt{2}Ue^{j(\omega t + \varphi_u)}) = \mathrm{Re}(\sqrt{2}\underline{U}e^{j\omega t}) \quad \text{mit } \underline{U} = Ue^{j\varphi_u}.
\end{aligned} \tag{35}$$

Danach sind bei gegebener Kreisfrequenz ω Strom und Spannung ausreichend beschrieben durch die komplexen Größen $\underline{I}$, $\underline{U}$, die die Informationen über Betrag und Phasenlage enthalten, **Bild 13**. Ihre Darstellung in der komplexen Ebene bietet sich hier an; sie werden dann *Zeiger* (engl.: phasor) genannt. Der Quotient aus $\underline{U}$ und $\underline{I}$ ist ebenfalls komplex und bezeichnet die *Impedanz* mit den Komponenten *Resistanz* und *Reaktanz*. Ihr Kehrwert wird *Admittanz* genannt und hat die Komponenten *Konduktanz* und *Suszeptanz*.

$$\underline{Z} = \underline{U}/\underline{I} = R + jX \quad \text{und} \quad \underline{Y} = \underline{I}/\underline{U} = 1/\underline{Z} = G + jB. \tag{36}$$

Passive lineare Elemente in Wechselstromschaltungen sind Widerstände, Kapazitäten und Induktivitäten. Aufgrund der Ansätze Gl. (35) und Gl. (36) lassen sich ihre Wechselstromwiderstände einfach berechnen

$$\begin{aligned}
u_R &= Ri & &\rightarrow \underline{U}_R = R\underline{I} & &\rightarrow \underline{Z}_R = R; \\
i_C &= C\frac{du}{dt} & &\rightarrow \underline{I}_C = j\omega C\underline{U} & &\rightarrow \underline{Z}_C = \frac{1}{j\omega C} = -jX_C; \\
u_L &= L\frac{di}{dt} & &\rightarrow \underline{U}_L = j\omega L\underline{I} & &\rightarrow \underline{Z}_L = j\omega L = jX_L.
\end{aligned} \tag{37}$$

Danach eilt der Strom gegenüber der Spannung in der Induktivität um $\pi/2$ nach, während er bei der Kapazität um $\pi/2$ vordreht. Im ohmschen Widerstand tritt dagegen keine Phasendrehung auf. Eine *Drossel* läßt sich aus der Reihenschaltung ihrer Selbstinduktivität mit dem ohmschen Wicklungswiderstand darstellen. Ihre Impedanz ist

$$\underline{Z} = R + j\omega L = Z \cdot e^{j\varphi} \quad \text{mit} \quad Z = \sqrt{R^2 + \omega^2 L^2}; \\ \tan\varphi = \omega L/R.$$

Die Darstellung der Zeiger in der komplexen Ebene erfolgt mit Bezug auf die durch $\omega t = 0$ festgelegte reelle Achse. Die Augenblickswerte der Ströme und Spannungen können dann in jedem Zeitaugenblick als Projektionen der mit der Kreisfrequenz ω rotierenden Zeiger auf die reelle Achse aufgefaßt werden; für die Beträge der Zeiger sind dabei die Amplituden $\hat{U}, \hat{I}$ zu wählen.

1.3.2 Leistung. Electric power

In einer einphasigen Schaltung gilt für den Augenblickswert der Leistung $p(t) = u(t)i(t)$.
Sind Strom und Spannung Sinusgrößen nach Gl. (35), so folgt mit $\varphi = \varphi_u - \varphi_i$ und $\varphi_\varepsilon = \varphi_u + \varphi_i$:

$$p(t) = UI[\cos\varphi + \cos(2\omega t + \varphi_\varepsilon)] = P + S\cos(2\omega t + \varphi_\varepsilon).$$

Danach schwingt die Leistung mit der zweifachen Frequenz des Wechselstroms um ihren Mittelwert. Es ist P die *Wirkleistung* und S die *Scheinleistung*. Dazu wird noch die Grundschwingungs-*Blindleistung* Q definiert:

$$P = UI\cos\varphi; \quad S = UI; \quad Q = \sqrt{S^2 - P^2} = UI\sin\varphi. \quad (38)$$

Die Leistungswerte lassen sich in der komplexen Leistung zusammenfassen (**Bild 13 b**):

$$\underline{S} = \underline{U}\underline{I}^* = P + jQ. \quad (39)$$

Darin ist $\underline{I}^*$ der konjugiert komplexe Stromzeiger.

1.3.3 Drehstrom. Three-phase-current

Als Drehstromsystem wird ein verkettetes dreiphasiges Wechselstromsystem bezeichnet. Die Verkettung erfolgt in Form von Stern- oder Dreieckschaltungen. Ein symmetrisches System liegt vor, wenn die Wechselgrößen bei gleicher Frequenz gleich große Amplituden aufweisen und

jeweils um $2\pi/3$ gegeneinander phasenverschoben sind. Dies gilt für das Spannungssystem

$$
\begin{aligned}
u_1 &= \sqrt{2}U\cos\omega t & &\to \underline{U}_1 = U; \\
u_2 &= \sqrt{2}U\cos(\omega t - 2\pi/3) & &\to \underline{U}_2 = Ue^{-j2\pi/3}; \quad (40) \\
u_3 &= \sqrt{2}U\cos(\omega t - 4\pi/3) & &\to \underline{U}_3 = Ue^{j2\pi/3}.
\end{aligned}
$$

Normgemäß werden im Drehstromsystem die Phasen U, V, W bezeichnet; die zugehörigen abgehenden Leitungen heißen L1, L2, L3. Ein Drehstrom-Dreileitersystem führt nur diese drei Außenleiter; ein Vierleitersystem weist zusätzlich einen Sternpunktleiter auf, der gleichzeitig Nulleiter ist. In **Bild 14** sind symmetrische Dreiphasensysteme in *Stern-* und in *Dreieckschaltung* dargestellt. Sind $\underline{U}_{12}, \underline{U}_{23}, \underline{U}_{31}$ die Außenleiterspannungen und $\underline{I}_1, \underline{I}_2, \underline{I}_3$ die Außenleiterströme, so gelten die folgenden Beziehungen.
Bei *Sternschaltung*:
Die Außenleiterströme sind gleich den Strangströmen

$$\underline{I}_1 = \underline{I}_{1N}; \quad \underline{I}_2 = \underline{I}_{2N}; \quad \underline{I}_3 = \underline{I}_{3N}.$$

Die Außenleiterspannungen sind gleich den Differenzen der jeweiligen Strangspannungen

$$\underline{U}_{12} = \underline{U}_{1N} - \underline{U}_{2N}; \quad \underline{U}_{23} = \underline{U}_{2N} - \underline{U}_{3N}; $$
$$\underline{U}_{31} = \underline{U}_{3N} - \underline{U}_{1N}.$$

Bei Symmetrie gilt $I_L = I_{Str}$ und $U_L = \sqrt{3}U_{Str}$ sowie $\underline{I}_N = \underline{I}_1 + \underline{I}_2 + \underline{I}_3 = 0$. Der Nulleiter führt somit keinen Strom und ist entbehrlich.
Bei *Dreieckschaltung*:
Die Außenleiterströme sind gleich den Differenzen der jeweiligen Strangströme

$$\underline{I}_1 = \underline{I}_{12} - \underline{I}_{31}; \quad \underline{I}_2 = \underline{I}_{23} - \underline{I}_{12}; \quad \underline{I}_3 = \underline{I}_{31} - \underline{I}_{23}.$$

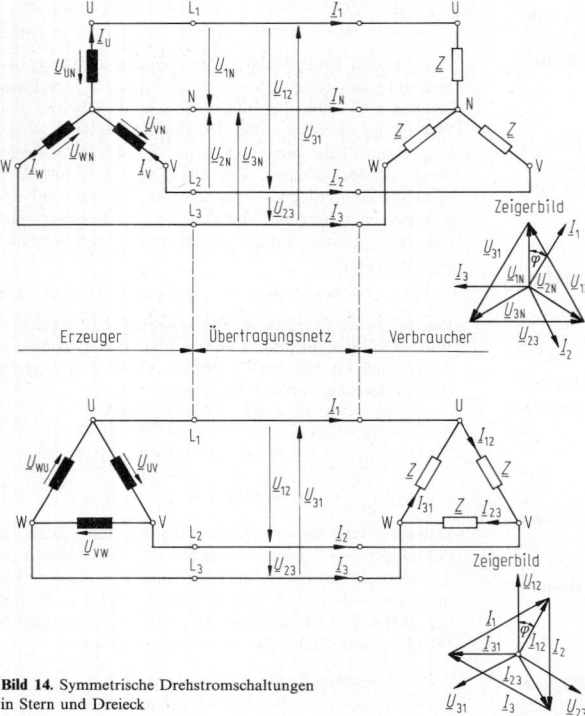

Bild 14. Symmetrische Drehstromschaltungen in Stern und Dreieck

Die Außenleiterspannungen sind gleich den Strangspannungen

$$\underline{U}_{12} = \underline{U}_{\mathrm{UV}}; \quad \underline{U}_{23} = \underline{U}_{\mathrm{VW}}; \quad \underline{U}_{31} = \underline{U}_{\mathrm{WU}}.$$

In der symmetrischen Schaltung ist $I_{\mathrm{L}} = \sqrt{3}I_{\mathrm{Str}}$ und $U_{\mathrm{L}} = U_{\mathrm{Str}}$. Die Leistung im symmetrischen Drehstromsystem ist unabhängig von der Schaltung

$$P = 3U_{\mathrm{Str}}I_{\mathrm{Str}}\cos\varphi = \sqrt{3}U_{\mathrm{L}}I_{\mathrm{L}}\cos\varphi = S\cos\varphi.$$

Die Wirkleistung ist zeitlich konstant; Leistungspulsationen treten nicht auf. Analog dem Wechselstromsystem gilt für die Blindleistung

$$Q = \sqrt{3}U_{\mathrm{L}}I_{\mathrm{L}}\sin\varphi = S\sin\varphi.$$

Symmetrische Komponenten

Die in **Bild 14** dargestellten Drehstromgrößen bilden symmetrische Strom- und Spannungssysteme, gekennzeichnet durch gleich große Amplituden bzw. gleiche Effektivwerte und eine Phasenverschiebung gegeneinander um jeweils den Winkel $2\pi/3$. Dabei ist beispielsweise das dreiphasige Stromsystem $\underline{I}_{\mathrm{U}}, \underline{I}_{\mathrm{V}}, \underline{I}_{\mathrm{W}}$ durch den Strom $\underline{I}_{\mathrm{U}}$ eindeutig beschrieben. Bei unsymmetrischer Belastung, insbesondere auch bei unsymmetrischen Kurzschlüssen stellt sich jedoch ein unsymmetrisches Stromsystem ein. Zur Untersuchung des Verhaltens der Schaltungen wird die Methode der symmetrischen Komponenten eingesetzt.

Durch eine geeignete, umkehrbare Transformation werden den Originalkomponenten, hier $\underline{I}_{\mathrm{U}}, \underline{I}_{\mathrm{V}}, \underline{I}_{\mathrm{W}}$, die symmetrischen Komponenten $\underline{I}_0, \underline{I}_1, \underline{I}_2$ für das Nullsystem, das Mit- und das Gegensystem zugeordnet; die Transformation lautet in der bezugskomponenteninvarianten Form

$$\begin{pmatrix} \underline{I}_0 \\ \underline{I}_1 \\ \underline{I}_2 \end{pmatrix} = \frac{1}{3}\begin{pmatrix} 1 & 1 & 1 \\ 1 & \underline{a} & \underline{a}^2 \\ 1 & \underline{a}^2 & \underline{a} \end{pmatrix}\begin{pmatrix} \underline{I}_{\mathrm{U}} \\ \underline{I}_{\mathrm{V}} \\ \underline{I}_{\mathrm{W}} \end{pmatrix} \quad \text{mit } \underline{a} = \mathrm{e}^{\mathrm{j}2\pi/3}$$

$$\begin{pmatrix} \underline{I}_{\mathrm{U}} \\ \underline{I}_{\mathrm{V}} \\ \underline{I}_{\mathrm{W}} \end{pmatrix} = \begin{pmatrix} 1 & 1 & 1 \\ 1 & \underline{a}^2 & \underline{a} \\ 1 & \underline{a} & \underline{a}^2 \end{pmatrix}\begin{pmatrix} \underline{I}_0 \\ \underline{I}_1 \\ \underline{I}_2 \end{pmatrix}. \tag{41}$$

Durch die Anwendung der Transformation wird ein symmetrisches Mitsystem *1*, ein symmetrisches Gegensystem

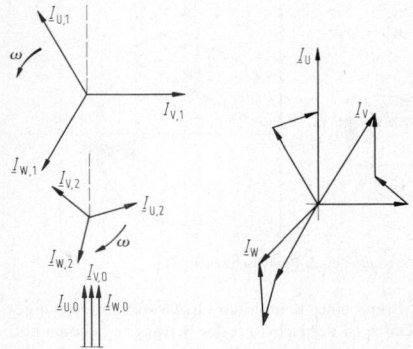

Bild 15. Drehstromsystem aus symmetrischen Komponenten

2 und ein Nullsystem *0* erzeugt. Letzteres tritt nur auf, wenn sie Stromsumme der Originalkomponenten von Null verschieden ist. In den Betriebsmitteln (Generatoren, Motoren) bilden die Mitkomponenten synchron umlaufende, die Gegenkomponenten gegenlaufende Felder. Die Nullkomponenten (Homopolarkomponenten) sind phasengleich und tragen nicht zum Drehfeld bei. Aus den symmetrischen Komponenten eines Stromsystems lassen sich wiederum die Phasenströme zusammensetzen, **Bild 15**. Die Anwendung der symmetrischen Komponenten erfolgt vornehmlich bei Kurzschlußuntersuchungen in elektrischen Maschinen und Netzen.

Ortskurvendarstellung

Eine Ortskurve ist in der komplexen Ebene der geometrische Ort der Endpunkte aller Zeiger einer Wechselgröße in Abhängigkeit von einem reellen Parameter. Der interessierende Parameter ist in der Regel die Kreisfrequenz ω bzw. die Frequenz f der Schwingung.

Betrachtet man eine Drossel als Reihenschaltung aus ohmschen Widerstand und Induktivität, so ist die Impedanz-Ortskurve $\underline{Z} = R + \mathrm{j}\omega L$ eine Gerade, **Bild 16**. Die Bildung

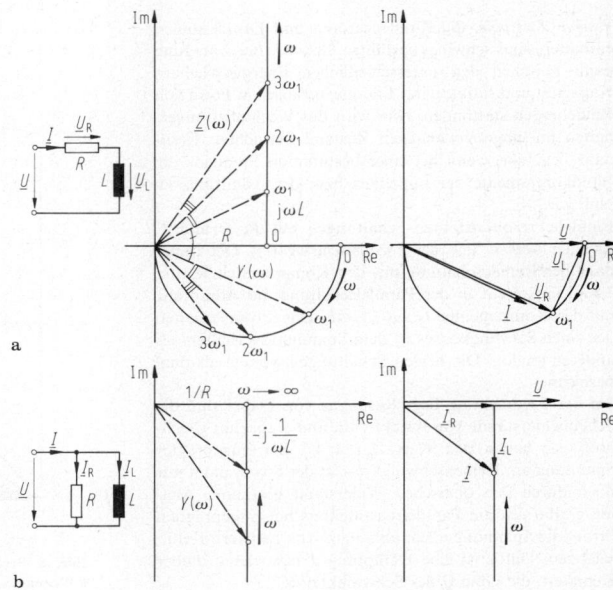

Bild 16. Ortskurven einer ohmsch-induktiven Last. **a** als Reihenschaltung; **b** als Parallelschaltung

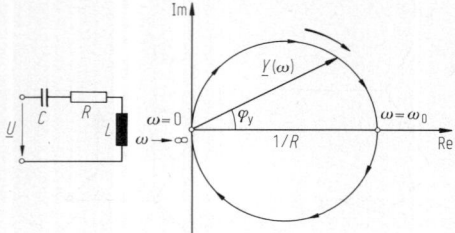

Bild 17. Ortskurve eines Reihenschwingkreises

des Kehrwerts einer komplexen Größe wird Inversion genannt. Dabei ist der Kehrwert des Betrags zu nehmen und der Phasenwinkel an der reellen Achse zu spiegeln. Die Inversion einer Geraden, die nicht durch den Ursprung geht, ist ein Kreis, der durch den Ursprung geht. Hier ergibt sich für die Admittanz $\underline{Y} = 1/\underline{Z}$ ein Halbkreis, da die Impedanzgerade $\underline{Z}(\omega)$ nur für positive imaginäre Werte existiert.

Die Ortskurve $\underline{Y}(\omega)$ stellt bei angepaßtem Maßstab gleichzeitig die Ortskurve des Stroms $\underline{I}(\omega)$ bei Einprägung einer festen Spannung $\underline{U}$ dar, die in die reelle Achse der komplexen Ebene gelegt wird. Die jeweils am Widerstand und an der Induktivität auftretenden Spannungsabfälle setzen sich zur angelegten Spannung zusammen.

Bei einer aus Widerstand und Induktivität bestehenden Parallelschaltung liegt die komplexe Admittanz $\underline{Y} = \dfrac{1}{R} - j\dfrac{1}{\omega L}$ vor. Die Ortskurve ist jetzt eine Gerade parallel zur imaginären Achse, die für negative Imaginärwerte definiert ist, **Bild 17**. Wiederum gilt die Admittanzkurve im veränderten Maßstab auch als Stromortskurve, wenn die angelegte Spannung $\underline{U}$ reell und nicht von ω abhängig ist.

Bei komplizierteren Schaltungen ergeben sich Ortskurven höherer Ordnung. Eine Anwendung erfolgt beispielsweise in der Theorie der Wechselstrommaschinen (s. V 3.2).

1.3.4 Schwingkreise und Filter
Oscillating circuits and filters

Passive *Zweipole*, die Kondensatoren und Drosselspulen enthalten, sind schwingungsfähige Gebilde. Bei Anregung kann zwischen den unterschiedlichen Energiespeichern Kapazität und Induktivität Energieaustausch in Form von Pendelungen stattfinden. Hier wird das Wechselstromverhalten im eingeschwungenen Zustand betrachtet. Resonanz liegt vor, wenn bei einer bestimmten Frequenz die Blindkomponente der Impedanz bzw. der Admittanz zu Null wird.

Einfache resonanzfähige Schaltungen mit R, L und C sind der *Reihen-* und der *Parallelschwingkreis*. Der Impedanz der Reihenschaltung mit den Komponenten R, ωL, $1/\omega C$ entspricht in der Parallelschaltung die Admittanz mit den Komponenten G, ωC, $1/\omega L$. Das Stromverhalten des einen Schwingkreises ist dem Spannungsverhalten des anderen analog. Die beiden Schaltungen werden als dual bezeichnet.

Bei der Frequenz ω_0 liegt Resonanz vor. Dabei sind die Scheinwiderstände von Induktivität und Kapazität gleichgroß; sie haben den Wert $Z_0 = 1/Y_0$. Bei eingeprägter Spannung am Reihenschwingkreis ist der Strom dann nur noch durch den ohmschen Widerstand bestimmt. Analog ergibt sich am Parallelschwingkreis bei eingeprägtem Strom die Spannung allein abhängig vom Leitwert. Kennzeichnend dafür ist eine Dämpfung d bzw. deren halber Kehrwert, die Güte Q des Schwingkreises.

Schaltung	Reihe	Parallel
	$\underline{Z} = R + j\left(\omega L - \dfrac{1}{\omega C}\right)$	$\underline{Y} = G + j\left(\omega C - \dfrac{1}{\omega L}\right)$
Resonanzfall	$\omega_0 = \dfrac{1}{\sqrt{LC}}$	
	$Z_0 = \sqrt{\dfrac{L}{C}} = \dfrac{1}{Y_0}$	
Dämpfung	$d_r = \dfrac{1}{2}\dfrac{R}{Z_0} = \dfrac{1}{2Q_r}$	$d_p = \dfrac{1}{2}\dfrac{G}{Y_0} = \dfrac{1}{2Q_p}$
	$\underline{Y} = Y_0\dfrac{1}{2d_r + j\left(\dfrac{\omega}{\omega_0} - \dfrac{\omega_0}{\omega}\right)}$	$\underline{Z} = Z_0\dfrac{1}{2d_p + j\left(\dfrac{\omega}{\omega_0} - \dfrac{\omega_0}{\omega}\right)}$
	$\underline{I} = \underline{Y}\,\underline{U}$	$\underline{U} = \underline{Z}\,\underline{I}$

Charakteristisch für das Resonanzverhalten ist die Funktion $\underline{Y}/Y_0$ bei der Reihenschaltung bzw. $\underline{Z}/Z_0$ bei der Parallelschaltung. Ihr Betrag wird Amplitudenresonanzkurve genannt und mit $A(\omega)$ bezeichnet, während der Winkel $\varphi(\omega)$ die Phasenresonanzkurve darstellt, **Bild 18**:

$$\underline{A} = A\mathrm{e}^{-\varphi} \quad \text{mit } A = 1/\sqrt{4d^2 + (\omega/\omega_0 - \omega_0/\omega)^2};$$

$$\tan\varphi = \frac{1}{2d}(\omega/\omega_0 - \omega_0/\omega).$$

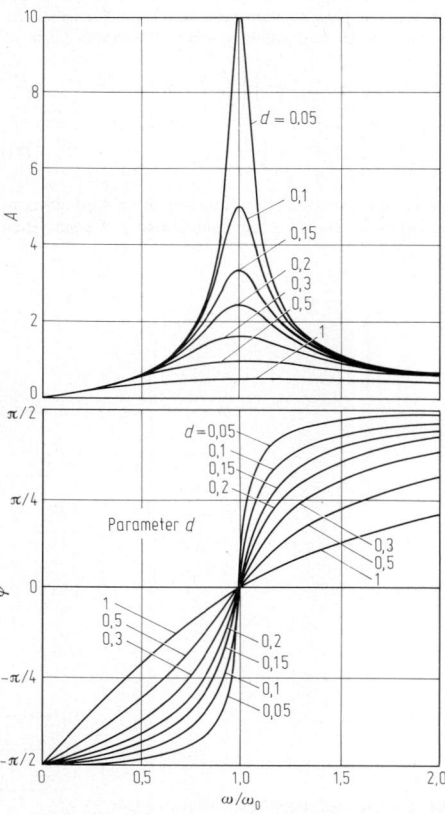

Bild 18. Resonanzkurven eines Schwingkreises. **a** Amplitudengang, **b** Phasengang

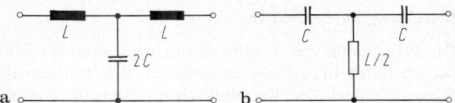

Bild 20. Reaktanz-Vierpole. **a** Tiefpaß; **b** Hochpaß

Vierpole

Vierpole sind Netzwerke mit vier zugänglichen Anschlüssen. Im engeren Sinne werden damit *Zweitore* bezeichnet, die die Eingangsklemmen eines Zweipols *1* und die Ausgangsklemmen eines anderen Zweipols *2* aufweisen. Die Beziehungen zwischen den vier komplexen Größen $\underline{U}_1, \underline{U}_2, \underline{I}_1, \underline{I}_2$ beschreiben ihr Verhalten.

Aktive Vierpole enthalten Strom- oder Spannungsquellen, andernfalls heißen sie passiv. Für passive, insbesondere lineare Vierpole gelten Beschreibungsgleichungen unterschiedlicher Form; die gebräuchlichsten sind:

Kettenform (vorwärts):

$$\begin{pmatrix} \underline{U}_1 \\ \underline{I}_1 \end{pmatrix} = \begin{pmatrix} \underline{A}_{11} & \underline{A}_{12} \\ \underline{A}_{21} & \underline{A}_{22} \end{pmatrix} \begin{pmatrix} \underline{U}_2 \\ \underline{I}_2 \end{pmatrix}.$$

Widerstandsform:

$$\begin{pmatrix} \underline{U}_1 \\ \underline{U}_2 \end{pmatrix} = \begin{pmatrix} \underline{Z}_{11} & \underline{Z}_{12} \\ \underline{Z}_{21} & \underline{Z}_{22} \end{pmatrix} \begin{pmatrix} \underline{I}_1 \\ \underline{I}_2 \end{pmatrix}. \qquad (42)$$

Leitwertform:

$$\begin{pmatrix} \underline{I}_1 \\ \underline{I}_2 \end{pmatrix} = \begin{pmatrix} \underline{Y}_{11} & \underline{Y}_{12} \\ \underline{Y}_{21} & \underline{Y}_{22} \end{pmatrix} \begin{pmatrix} \underline{U}_1 \\ \underline{U}_2 \end{pmatrix}.$$

Hybridform *I*:

$$\begin{pmatrix} \underline{U}_1 \\ \underline{I}_2 \end{pmatrix} = \begin{pmatrix} \underline{H}_{11} & \underline{H}_{12} \\ \underline{H}_{21} & \underline{H}_{22} \end{pmatrix} \begin{pmatrix} \underline{I}_1 \\ \underline{U}_2 \end{pmatrix}.$$

Meßtechnisch können die Koeffizienten durch Leerlauf- und Kurzschlußversuche ermittelt werden. Sind in der Widerstandsform die Bedingungen $\underline{Z}_{22} = \underline{Z}_{11}$ und $\underline{Z}_{21} = \underline{Z}_{12}$ erfüllt, so ist der Vierpol symmetrisch.

Die Anwendung der Vierpolgleichungen ist zweckmäßig bei der Berechnung umfangreicher Schaltungen (Kettenschaltungen, Filter); dazu wird aus den Gln. (42) die mit Rücksicht auf die Aufgabe zweckmäßige Form ausgewählt.

Passive lineare Vierpole können durch Ersatzschaltungen in T- oder Π-Form dargestellt werden; wegen der Gleichheit der Koppelimpedanzen bei den sog. umkehrbaren Schaltungen treten drei unabhängige Koeffizienten auf, **Bild 19**. Die Zuordnung der Z-Parameter zur T-Schaltung und der Y-Parameter zur Π-Schaltung ist besonders sinnfällig.

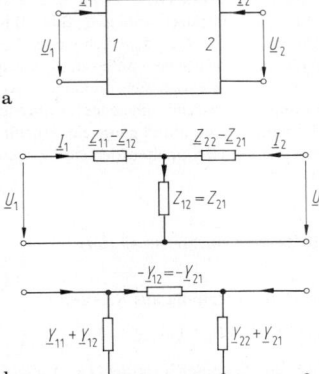

a

b

Bild 19. Vierpole. **a** allgemeine Darstellung; **b** umkehrbare Vierpole als T- und Π-Schaltung

Filter

Die Frequenzabhängigkeit der Blindwiderstände kann ausgenutzt werden, um bei nichtsinusförmigen Wechselgrößen oder bei Mischgrößen die Amplituden bestimmter

Frequenzbereiche zu unterdrücken. Dem Durchlaßbereich mit niedriger Dämpfung steht der Sperrbereich mit hoher Dämpfung gegenüber. Durchlaß- und Sperrbereiche sind durch die Grenzfrequenzen getrennt. Filter können als *Hochpässe, Tiefpässe, Bandpässe* oder *Bandsperren* konzipiert sein.

In **Bild 20** sind zwei Reaktanzvierpole dargestellt, ein Tiefpaß und ein Hochpaß. Im folgenden werden einige Eigenschaften des Tiefpasses erläutert.

Für die T-Schaltung gilt nach Gl. (42)

$$A_{11} = A = 1 - \omega^2 \cdot 2LC.$$

Der Durchlaßbereich ist gegeben durch $1 > A > -1$; er erstreckt sich danach von $\omega = 0$ bis zur oberen Grenzfrequenz

$$\omega_\mathrm{g} = 1/\sqrt{LC}.$$

Als *Wellenwiderstand* wird die im Durchlaßbereich reelle Impedanz Z_W bezeichnet

$$Z_\mathrm{W} = \sqrt{\frac{A_{12}}{A_{21}}} = \sqrt{\frac{L}{C} - \omega^2 L^2}.$$

Wird ein symmetrischer Vierpol mit dem Wellenwiderstand abgeschlossen, so ist sein Eingangswiderstand ebenfalls gleich dem Wellenwiderstand. Die Ausgangsspannung ist dann dem Betrage nach gleich der Eingangsspannung.

Filter- und Siebschaltungen der Nachrichtentechnik werden nach dem Wellenparameterverfahren als Kettenschaltungen aus Elementar-Vierpolen aufgebaut derart, daß der eingangsseitige Wellenwiderstand eines Vierpols der Kette gleich dem ausgangsseitigen Wellenwiderstand des vorausgehenden Vierpols ist.

1.4 Netzwerke. Networks

1.4.1 Ausgleichsvorgänge. Transient phenomena

In einem *Netzwerk* [5, 6] finden beim Übergang von einem stationären Zustand in einen anderen Ausgleichsvorgänge statt. Ausgelöst werden sie in der Regel durch einen Schaltvorgang.

Die Berechnung von Übergangsvorgängen kann im Zeitbereich erfolgen. Daneben wird bei linearen Systemen auch die Laplace-Transformation eingesetzt. Bei passiven Netzwerken mit verschwindenden Anfangswerten läßt sich auch die Operatorenrechnung verwenden, wobei die Operatorgleichungen für eine Schaltung den komplexen Gleichungen für harmonische Wechselgrößen im eingeschwungenen Zustand entsprechen.

Das Öffnen oder Schließen eines Schalters soll zum Zeitpunkt $t = 0$ erfolgen. Unmittelbar vorher seien die Zweigströme und Zweigspannungen $i(-0)$, $u(-0)$; unmittelbar nach dem Schalten weisen sie die Anfangswerte $i(+0)$, $u(+0)$ auf. Da die gespeicherten Energien im elektrischen und magnetischen Feld sich nicht sprunghaft ändern können, gilt dies auch für Spannung und Ladung eines Kondensators sowie für Strom und magnetischem Fluß einer Spule.

V

Berechnung im Zeitbereich

Die Berechnung von Ausgleichsvorgängen kann im Zeitbereich durch Integration der Differentialgleichungen erfolgen, die nach den Kirchhoffschen Sätzen für das betrachtete Netzwerk aufgestellt werden. In einem linearen System mit konstanten Koeffizienten ist die Differentialgleichung für die Ströme in einem System n-ter Ordnung von der Form

$$\frac{d}{dt}(i) = Ai + Bu \quad \text{mit } i(+0) = I_0. \tag{43a}$$

In dieser allgemeinen Schreibweise bezeichnet $i(n)$ den Stromvektor, allgem. Vektor der Zustandsgrößen, $A(n,n)$ die Systemmatrix, $B(n,m)$ die Eingangsmatrix, auch Steuermatrix genannt und $u(m)$ den Vektor der eingeprägten Spannungen, allgemein der Eingangsgrößen. Die Lösung setzt sich aus der homogenen und einer partikulären Lösung zusammen

$$i = i_h + i_p \quad \text{mit } i_h = VQC. \tag{44a}$$

Darin ist V Matrix der Eigenvektoren V_k, Q die Diagonalmatrix der Exponentialfunktionen $\exp(s_K t)$, C die Spaltenmatrix der Integrationskonstanten c_k. Bei Anwendung des Verfahrens werden berechnet ($E = $ Einheitsmatrix):
– die Eigenwerte s_k aus $\det(A - sE) = 0$,
– die Eigenvektoren V_k aus $(A - s_k E)V_k = 0$,
– die Konstanten c_K aus den Anfangsbedingungen.
Es ist $i_h(t)$ der Vektor der flüchtigen Ströme, die partikuläre Lösung $i_p(z)$ bezeichnet den eingeschwungenen Zustand, der bei Einprägung von konstanten oder periodischen Spannungen mit den bekannten Methoden für Gleich- und Wechselstromnetzwerke berechnet werden kann.

Behandlung mittels Laplace-Transformation

Soll das lineare Gleichungssystem Gl. (43a) mit Hilfe der Laplace-Transformation gelöst werden, so ist zunächst die Gleichung im Bildbereich anzugeben. Unter Benutzung des Laplace-Operators s ist dies

$$(sE - A)I(s) - I(+0) = U(s). \tag{43b}$$

Die Funktion der Eingangsgrößen muß dazu in den Bildbereich (*Laplace-Bereich*) transformiert werden gemäß dem Basisintegral

$$F(s) = \int_0^\infty f(t)\, e^{-st} dt.$$

Danach erfolgt die Lösung der algebraischen Gleichung Gl. (43b) im Bildbereich und schließlich die Rücktransformation in den Zeitbereich. Dazu ist der Entwicklungssatz der Laplace-Transformation nützlich. Ist die Bildbereichslösung der Ströme I_i $(i = 1 \dots n)$ eine rationale Funktion von Polynomen in s nach

$$I_i(s) = Z_i(s)/N(s),$$

mit den Nennerwurzeln s_k $(k = 1 \dots n)$ als Einfachwurzeln, so erhält man

$$i_i(t) = \sum_{k=1}^n \frac{Z_i(s_k)}{(dN/ds)_{s_k}} e^{s_k t}. \tag{44b}$$

Bei den Transformationen leisten Korrespondenztabellen gute Dienste.

Einschalten einer ohmsch-induktiven Last

Für das Einschalten einer mittels R und L dargestellten Drossel gilt

$$L\frac{di}{dt} + Ri = u(t) \quad \text{mit } i(0) = 0.$$

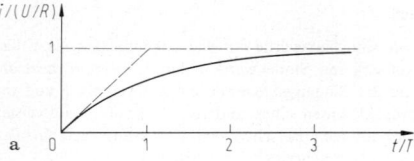

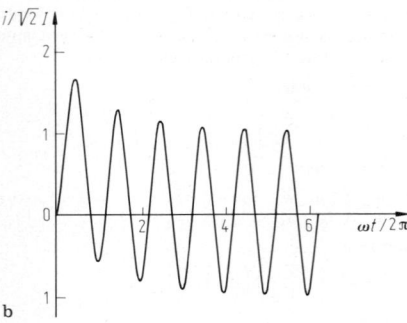

Bild 21. Einschaltvorgänge bei einer ohmsch-induktiven Last. **a** an Gleichspannung; **b** an Wechselspannung

Beim Aufschalten einer Gleichspannung ist

$$u(t) = U_0 \text{ für } t \geq 0 \Rightarrow i = U_0/R(1 - e^{-t/T}) \text{ mit } T = L/R. \tag{45}$$

Der Stromanstieg erfolgt nach einer Exponentialfunktion mit der Zeitkonstante T, **Bild 21a**. Beim Aufschalten einer Wechselspannung wird

$$u(t) = \sqrt{2}U \cdot \cos(\omega t + \varphi) \Rightarrow$$
$$i = \sqrt{2}I[\cos(\omega t + \varphi - \Phi) - e^{-t/T} \cdot \cos(\varphi - \Phi)]$$
$$\text{mit } Z = \sqrt{R^2 + \omega^2 L^2}; \quad I = U/Z; \quad \Phi = \arctan \omega T;$$
$$T = L/R. \tag{46}$$

In der Gleichung des Stroms gibt I den Effektivwert des eingeschwungenen Zustands an. Der Übergangsvorgang ist gekennzeichnet durch ein Gleichstromglied, dessen Größe vom Einschaltzeitpunkt abhängt, **Bild 21 b**. Es hat sein Maximum bei $\varphi = \Phi$ und verschwindet bei $|\varphi - \Phi| = \pi/2$. Schaltet man also eine Spule mit $R \ll \omega L$ im Spannungsmaximum ein, so wird sich annähernd sofort der eingeschwungene Zustand einstellen, während beim Schalten im Spannungsnulldurchgang ein erhebliches Überschwingen bis zum Doppelten der stationären Amplitude auftritt.

Einschalten eines Reihenresonanzkreises an einer Gleichspannung

Betrachtet wird die Reihenschaltung aus R, L und C

$$L\, di/dt + Ri + 1/C \int i\, dt = U_0 \quad \text{bei } i(0) = 0.$$

Der Lösungsansatz im Zeitbereich lautet $i = A_1 e^{p_1 t} + A_2 e^{p_2 t}$, und die charakteristische Gleichung ist

$$p^2 + 2\delta p + \omega_0^2 = 0 \quad \text{bei } \omega_0^2 = 1/(LC);$$
$$\delta = R/(2L) = d\omega_0.$$

Sie hat die Lösungen

$$p_{1,2} = -\delta \pm \sqrt{\delta^2 - \omega_0^2}.$$

Dazu sind drei Fälle zu unterscheiden:

Aperiodischer Fall:

Bei $\delta^2 > \omega_0^2$ bzw. $d > 1$ ergeben sich zwei reelle Wurzeln und die Lösung

$$i = \frac{U_0}{\alpha L} e^{-\delta t} \sinh(\alpha t) \quad \text{mit } \alpha = \sqrt{\delta^2 - \omega_0^2} = \omega_0 \sqrt{d^2 - 1}.$$

(47a)

Aperiodischer Grenzfall:

Eine reelle Doppelwurzel tritt auf bei $\delta^2 = \omega_0^2$; man erhält

$$i = \frac{U_0}{L} t \, e^{-\delta t}.$$

(47b)

Periodischer Fall:

Im Falle $\delta^2 < \omega_0^2$ bzw. $d < 1$ liegt ein konjugiert komplexes Wurzelpaar vor; die Lösung ist dann

$$i = \frac{U_0}{\omega L} e^{-\delta t} \sin \omega t \quad \text{mit } \omega = \sqrt{\omega_0^2 - \delta^2} = \omega_0 \sqrt{1 - d^2}.$$

(47c)

In **Bild 22** sind die prinzipiellen Verläufe der Übergangsvorgänge dargestellt.

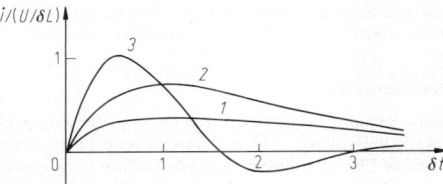

Bild 22. Einschalten eines Reihenresonanzkreises. *1* aperiodischer Fall, *2* aperiodischer Grenzfall, *3* periodischer Fall

1.4.2 Netzwerkberechnung. Network analysis

Mit dem stationären und dynamischen Verhalten von Netzwerken befaßt sich die Netzwerktheorie [5, 6]. Grundlage der Berechnung des Verhaltens von Netzwerken sind die Kirchhoffschen Sätze. Auf dem ersten Kirchhoffschen Gesetz beruht die Knotenanalyse, auf dem zweiten die Maschenanalyse.

Zur Analyse größerer Netzwerke empfiehlt sich die Anwendung topologischer Verfahren. Sie erlauben ein systematisches Vorgehen bei der Aufstellung der Gleichungssysteme. Dazu wird die Graphentheorie herangezogen und als Hilfsmittel die Matrizenrechnung verwendet. Die Lösung erfolgt schließlich mit Hilfe des Digitalrechners.

Grundbegriffe für die Schnittmengen- und Schleifenanalyse sind Knoten, Zweig, Masche und Baum. Der Schaltung in **Bild 5** läßt sich beispielsweise ein Graph zuordnen, der sechs Zweige und vier Knoten enthält. Gibt es k Knoten und z Zweige, so weist das Netzwerk $p = k - 1$ unabhängige Knotengleichungen auf. Als Masche wird eine in sich geschlossene Kette von Zweigen bezeichnet. Es gibt $m = z - k + 1$ unabhängige Maschengleichungen. (Im Beispiel ist $p = 5$ und $m = 3$). Ein Baum ist ein Teil des Netzwerks, der alle Knoten und soviele Zweige (Baumzweige) enthält, daß keine Masche gebildet wird. Die nicht im Baum enthaltenen Zweige heißen Verbindungszweige. Die Vorschrift zum Aufstellen der Maschengleichungen lautet dann: Man zeichne einen beliebigen Baum und wähle m Maschenumläufe derart, daß jeder Verbindungszweig genau einmal durchlaufen wird. Zusammen mit den Knotengleichungen für $k - 1$ beliebig gewählte Knoten liegen dann z unabhängige Gleichungen für die Zweigströme vor. Die Zweigspannungen lassen sich daraus leicht berechnen.

1.5 Werkstoffe und Bauelemente
Materials and components

1.5.1 Leiter, Halbleiter, Isolatoren
Conductors, semiconductors, insulators

Bei den festen Stoffen [8] erstrecken sich die vorkommenden Werte des spezifischen Widerstands über etwa 25 Zehnerpotenzen. Die Stromleitung geschieht durch Elektronen und Defektelektronen („Löcher"). Nach der Trägerdichte und ihrer Beweglichkeit werden die Feststoffe eingeteilt in (**Bild 23**):
– gute *metallische Leiter* (insbesondere Cu, Al, Ag), zulässige Dauerbelastung **Anh. V 6 Tab. 1**,
– *Halbleiter* (Si, Ge, Se sowie Verbindungen der III. und V. Gruppe des periodischen Systems der Elemente),
– *Isolatoren* (organische und anorganische wie z.B. Porzellan, Glas, Glimmer), **Anh. V 1 Tab. 2**.

Halbleiter, die die Grundlage für die Bauelemente und Schaltkreise der Elektronik und Mikroelektronik bilden [7], weisen im ungestörten, reinen Halbleiterkristall bei tiefen Temperaturen keine freien Ladungsträger auf und verhalten sich wie Isolatoren. Frei bewegliche Träger können durch Wärmezufuhr oder Lichteinstrahlung entstehen.

Durch Dotierung mit Atomen der III. Gruppe (Akzeptoren) oder der V. Gruppe (Donatoren) werden Halbleiter p-leitend bzw. n-leitend. Für die jeweiligen Eigenschaften der Halbleiterelemente sind die Sperrschichteffekte an pn-Übergängen maßgebend.

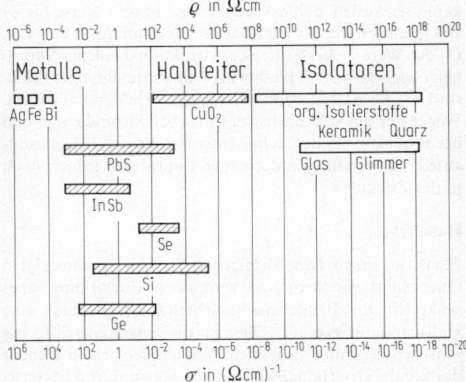

Bild 23. Spezifischer Widerstand von Materialien der Elektrotechnik

1.5.2 Besondere Eigenschaften bei Leitern
Special properties of conductors

Supraleitung

Die bei den Metallen vorliegende Temperaturabhängigkeit des spezifischen Widerstands ist im Bereich der normal bei Betriebsmitteln vorkommenden Temperaturen linear (s. Gl. (18)). Im Bereich sehr tiefer Temperaturen weisen jedoch einige Metalle und Metallegierungen supraleitende Eigenschaften auf: Bei Unterschreitung der sog. *Sprungtemperatur* T_c ist kein nachweisbarer elektrischer Widerstand vorhanden. Zur Aufrechterhaltung der Supraleitung dürfen neben der Temperatur bestimmte kritische Werte der Stromdichte und der Stärke des äußeren Magnetfelds nicht überschritten werden.

Die Anwendung der Supraleitung wird in der Energietechnik für Generatoren, Kabel und induktive elektrische

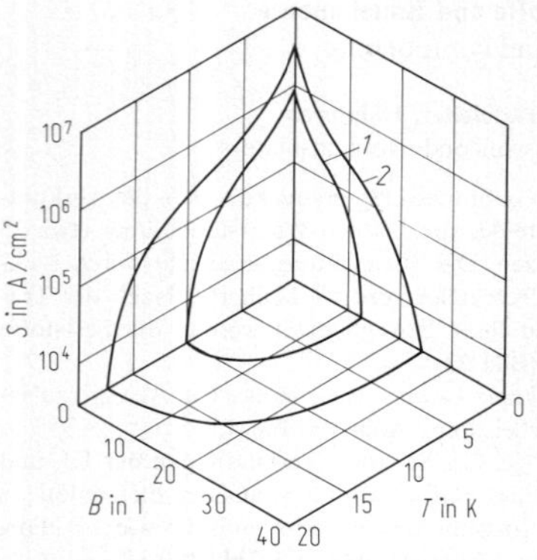

Bild 24. Sprungtemperaturen der Supraleiter *1* Niobtitan und *2* Niobzinn

Speicher in Betracht gezogen. Es wurden die Hochfeldsupraleiter entwickelt, zu denen NbTi ($T_c = 9,3$ K), Nb_3Sn ($T_c = 18,0$ K) und V_3Ga zählen, **Bild 24.** Beispielsweise erreicht man mit Nb Ti-Supraleitern bei einer Temperatur von 4,2 K und einer Stromdichte von 70 kA/cm² eine kritische magnetische Flußdichte von 8 T. Wegen der niedrigen Sprungtemperaturen ist als Kühlmittel Helium erforderlich, das in einer Kälteanlage verflüssigt werden muß.

In letzter Zeit sind sog. Hochtemperatur-Supraleiter bekannt geworden, deren Sprungtemperaturen Werte bis zu 100 K aufweisen. So liegt bei der Verbindung $YBa_2 Cu_3 O_7$ der Wert T_c bei 93 K. Die Attraktivität solcher Supraleiter liegt darin, daß hierbei als Kühlmittel flüssiger Stickstoff (77 K) anstelle des viel teureren Heliums ausreicht. Wegen der nur sehr niedrigen kritischen Stromdichten und der Probleme bei der technischen Herstellung liegen industrielle Anwendungen der neuen Supraleiter jedoch noch in der Zukunft.

Halleffekt

Fließt in einem bandförmigen Leiter von rechteckigem Querschnitt ein Strom, so wird unter Einwirkung eines senkrecht zur Bandebene gerichteten Magnetfelds eine Hallspannung erzeugt. Dies ist die Spannungsdifferenz zwischen gegenüberliegenden Punkten der beiden Ränder des Bands. Der Halleffekt wird zur Messung von Magnetfeldern in Luftspalten herangezogen. Eingesetzt werden dünne Plättchen aus Materialien mit hohen Hallkoeffizienten. Beispielsweise erzielt man mit In As-Hallsonden bei einem Meßstrom von 0,1 A infolge einer Induktion von 1 T eine Hallspannung in der Größenordnung 100 mV.

Seebeck- und Peltier-Effekt

Werden zwei verschiedenartige Leiter durch eine Lötstelle verbunden, so tritt entsprechend der thermoelektrischen Spannungsreihe eine Thermospannung auf. In einem geschlossenen Stromkreis macht sich die Thermospannung nach außen nur bemerkbar, wenn die beiden vorkommenden Lötstellen unterschiedliche Temperaturen aufweisen (s. W 2.7).

Nach dem *Seebeck-Effekt* ist die entstehende Urspannung in einem aus zwei verschiedenen Metallen zusammengesetzten Kreis proportional der Temperaturdifferenz zwischen der warmen und der kalten Lötstelle. Dies wird in den sog. Thermoelementen ausgenutzt. Als Beispiel wird das Kupfer-Konstantan-Element angeführt, das bei einer Temperaturdifferenz von 100 K die Thermospannung 4,15 mV liefert.

Der *Peltier-Effekt* bezeichnet die Umkehrung des Seebeck-Effekts. Bei einem stromdurchflossenen Kreis aus zwei Metallen wird, abgesehen von der Jouleschen Wärme, der einen Lötstelle Wärme zugeführt, von der anderen abgeführt. Diese Peltier-Wärme ist dem Strom proportional. Eine Anwendung findet sich bei speziellen Kühlelementen.

1.5.3 Stoffe im elektrischen Feld
Materials in electric field

Isolierstoffe sind gekennzeichnet durch ihre Dielektrizitätszahl oder Permittivität ε_r und ihre Durchschlagsfeldstärke E_d (s. **Anh. V 1 Tab. 2**). Im elektrischen Feld erfolgt eine Polarisation der Ladungen in den Molekülen. Mit der Feldstärke ist die Polarisation verknüpft über $P = \chi_e \varepsilon_0 E$ mit $\chi_e = \varepsilon_r - 1 =$ dielektrische Suszeptibilität.

Bei einigen dielektrischen Stoffen ist der Zusammenhang zwischen Polarisation und elektrischer Feldstärke nichtlinear und außerdem nicht eindeutig (Hystereseverhalten). Dieses Verhalten wird mit *Ferroelektrizität* bezeichnet.

Piezoelektrizität

Einige Kristalle lassen sich durch Druck- oder Zugspannungen polarisieren. Auf entgegengesetzten Oberflächen entstehen Flächenladungen unterschiedlichen Vorzeichens. Umgekehrt kann man bei solchen Stoffen (z.B. Quarz, Turmalin) durch Anlegen eines elektrischen Felds abhängig von dessen Polarität und Richtung eine Längenänderung herbeiführen. Dies ist der reziproke piezoelektrische Effekt.

Piezoelektrische Werkstoffe werden zur elektromechanischen Wandlung von Schwingungen eingesetzt. Beispiele sind Piezoaufnehmer in der Meßtechnik und Kristallmikrophone, insbesondere aber die Verwendung von Quarzkristallen in Oszillatoren (Quarzuhren). Neuerdings finden piezoelektrische Wandler auch als Aktoren in die Antriebstechnik Eingang [s. W 2.5].

Photoelemente und Solarzellen

Solarzellen sind Photoelemente mit pn-Übergang, in denen bei Lichteinfall durch Trennung der Elektronen und Löcher an der Raumladungszone eine Spannung entsteht; die Zelle kann dann Energie in eine äußere Last liefern. Das Verhalten beschreibt eine Diodenkennlinie, die abhängig von der Einstrahlung um den (negativen) Photostrom verschoben wird und im 4. Quadraten zwischen Leerlaufspannung und Kurzschlußstrom verläuft, **Bild 25a.**

Solarzellen können aus monokristallinem, polykristallinem oder amorphem Silizium hergestellt werden. Die Siliziumzellen unterschiedlicher Technologie unterscheiden sich nach Herstellungsaufwand und Wirkungsgrad; bei industriellen Zellen werden derzeit Wirkungsgrade zwischen 10 und 14% erzielt. Durch Reihen- und Parallelschaltungen werden die Zellen zu Solargeneratoren zusammengeschaltet. **Bild 25b** zeigt Kennlinien eines Solarmoduls für einen solchen Generator, der mit 5 × 4 Zellen je 10 × 10 cm aus multikristallinem Silizium bestückt ist und bei 25 °C und einer Einstrahlung von 100 mW/cm² eine maximale Leistung von 19,2 W abgibt.

Solargeneratoren haben in der Satellitentechnik ihren festen Platz als Stromerzeuger. Für den Einsatz auf der Erde finden sie zunehmendes Interesse zur umweltfreundlichen Nutzung der Sonne als Energiequelle (s. L 2.6).

V

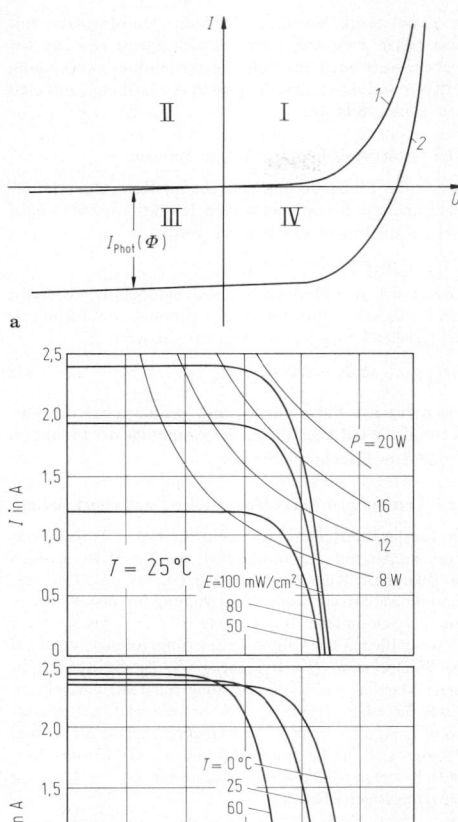

a

b

Bild 25. Kennlinien photovoltaischer Wandler. **a** Solarzelle als Diode mit Photostromanteil, *1* Diode, *2* Solarzelle; **b** Solarmodul (AEG PQ 10/20)

2 Transformatoren und Wandler
Transformers

2.1 Einphasentransformatoren
Single phase transformers

2.1.1 Wirkungsweise und Ersatzschaltbilder
Working principle and equivalent circuit diagram

Ein einfacher Transformator weist zwei Wicklungen (*Primärwicklung 1* und *Sekundärwicklung 2*) auf, die magnetisch gekoppelt sind [2]. Er stellt damit einen umkehrbaren Vierpol dar. Aktive Teile des Transformators sind das Wicklungskupfer und das den magnetischen Fluß führende Eisen; je nach Aufbau spricht man vom *Kern-* oder *Manteltransformator*, **Bild 1**.

1.5.4 Stoffe im Magnetfeld. Materials in magnetic field

Die magentischen Eigenschaften eines Stoffs werden durch die magnetische Suzeptibilität χ_m bestimmt, die den Zusammenhang zwischen Magnetisierung M und magnetischer Feldstärke H bestimmt

$$M = \chi_m H \quad \text{mit } \chi_m = \mu_r - 1.$$

Es sind folgende Materialgruppen zu unterscheiden:
– *paramagnetische* Stoffe, χ_m wenig größer als 1 (z.B. Al mit $0{,}21 \cdot 10^{-4}$),
– *diamagnetische* Stoffe, χ_m wenig kleiner als 1 (z.B. Ag mit $-0{,}19 \cdot 10^{-4}$),
– *ferromagnetische* Stoffe (Fe, Ni, Co und einige Legierungen), χ_m wesentlich größer als 1, und zwar bis $1 \cdot 10^5$.

Die Magnetisierungskennlinien $B(H)$ oder $M(H)$ ferromagnetischer Stoffe weisen die Eigenschaften Sättigung und Hysterese auf. (Erläuterungen zu diesen technisch relevanten Eigenschaften s. V 1.2.) Werden die Stoffe von einem Wechselfeld durchsetzt, so entstehen Ummagnetisierungsverluste, die sich im wesentlichen aus Wirbelstrom- und Hystereseanteilen zusammensetzen.

Ferromagnetische Körper erfahren durch Ummagnetisierung elastische Längenänderungen. Diese Erscheinung wird als Magnetostriktion bezeichnet. Sie kann für die Herstellung von Ultraschallschwingungen genutzt werden, ist andererseits aber auch bei Transformatoren die Ursache für Geräuscherzeugung.

1.5.5 Elektrolyte. Electrolytic charge transfer

Bei Strömen durch Elektrolyte (Basen, Säuren, Salzlösungen und -schmelzen) erfolgt der Ladungstransport durch Ionen, nämlich positiv (*Kationen*) oder negativ (*Anioden*) geladene Molekülteile. Ionen in einem flüssigen Leiter wandern unter Einwirkung eines elektrischen Felds zur Kathode (negativer Pol) bzw. zur Anode (positiv geladener Pol). Damit geht ein Materialtransport einher. Dieser Vorgang wird bei der Elektrolyse technisch eingesetzt.

Elektrolyseanlagen sind Einrichtungen zur getrennten Abscheidung von Anionen und Kationen mit Hilfe des elektrischen Stroms. Dabei ist eine hohe Reinheit der abgeschiedenen Stoffe erzielbar. Elektrolytkupfer für elektrische Leitzwecke weist 99,9% Reinheit auf. Die Aluminiumelektrolyse erfolgt unter Einsatz von Bauxit und Kryolith in schmelzflüssigem Zustand. Galvanisieren ist das elektrolytische Aufbringen von Oberflächenüberzügen (z.B. Vernickeln, Vercadmen).

Die magnetischen Eigenschaften werden durch die Induktivitäten L_1, L_2 der Wicklungen und durch die Gegeninduktivität M beschrieben. Fließen die Wicklungsströme i_1, i_2, so entstehen die mit der Primär- und Sekundärwicklung verketteten Flüsse (Gesamtflüsse):

$$\psi_1 = L_1 i_1 + M i_2; \quad \psi_2 = M i_1 + L_2 i_2. \tag{1}$$

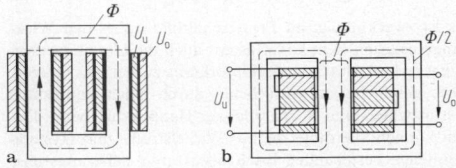

a   **b**

Bild 1. Aufbau von Einphasentransformatoren. **a** Kerntrafo; **b** Manteltrafo

Bild 2. Ersatzschaltbilder des Transformators mit zwei Wicklungen. **a** Grundschaltung; **b** Umrechnung der Sekundärseite auf die Primärseite; **c** Ersatzschaltbild für Wechselstrom (mit Eisen-Verlustwiderstand)

Der Grad der magnetischen Kopplung äußert sich in dem Streukoeffizienten

$$\sigma = 1 - M^2/(L_1 L_2). \qquad (2)$$

Außerdem weisen die Wicklungen die ohmschen Widerstände R_1, R_2 auf. Dem Transformator läßt sich dann ein *Ersatzschaltbild* nach **Bild 2a** zuordnen. Das Verhalten im eingeschwungenen Zustand bei sinusförmigen Klemmengrößen der Kreisfrequenz ω wird dann beschrieben durch die Spannungsgleichungen

$$\underline{U}_1 = (R_1 + j\omega L_1)\underline{I}_1 + j\omega M \underline{I}_2;$$
$$\underline{U}_2 = j\omega M \underline{I}_1 + (R_2 + j\omega L_2)\underline{I}_2. \qquad (3)$$

Es ist zweckmäßig, durch Einführung eines Übersetzungsverhältnisses $\ddot{u}$ die Schaltung derart umzuformen, daß sich das Ersatzschaltbild als ein galvanisch gekoppeltes T-Glied darstellen läßt. Darin sollen die Sekundärgrößen in einer auf die Primärseite bezogenen Form auftreten, **Bild 2b**:

$$\underline{U}_2' = \ddot{u}\underline{U}_2; \quad \underline{I}_2' = \underline{I}_2/\ddot{u}.$$

Die beiden Ersatzschaltbilder sind leistungsinvariant. Das Übersetzungsverhältnis $\ddot{u}$ ist im Prinzip frei wählbar; es ist aber naheliegend, $\ddot{u}$ durch das Verhältnis der Windungszahlen zu definieren

$$\ddot{u} = w_1/w_2.$$

Dies ist physikalisch sinnvoll, denn damit wird dem Querzweig des Ersatzschaltbilds der Haupt- oder Nutzfluß Φ_h zugeordnet, während die Längszweige die primären und sekundären Streuflüsse Φ_{σ_1}, Φ_{σ_2} erfassen. Als induktive Parameter der Schaltung treten die *Hauptinduktivität* L_h und die *Streuinduktivitäten* L_{σ_1}, L_{σ_2} auf

$$L_h = \ddot{u}M; \quad L_{1\sigma} = L_1 - \ddot{u}M = L_1 - L_h; \quad L_{2\sigma} = L_2 - M/\ddot{u};$$
$$L_2' = \ddot{u}^2 L_2; \quad L_{2\sigma}' = \ddot{u}^2 L_{2\sigma}; \quad R_2' = \ddot{u}^2 R_2. \qquad (4)$$

Es ist zweckmäßig, im Ersatzschaltbild außer den Wicklungsverlusten (Kupferverlusten) auch die Ummagnetisierungsverluste des Transformatorkerns zu berücksichtigen. Dies geschieht am einfachsten durch einen konstanten Verlustwiderstand R_V parallel zur Hauptinduktivität. Damit können allerdings die aus Wirbelstrom- und Hystereseanteilen bestehenden Eisenverluste nur näherungsweise erfaßt werden, weil die im Verlustwiderstand anfallende Leistung dem Quadrat der Spannung an der Hauptin-

duktivität proportional ist. Wird der Transformator mit einer festen Frequenz f bzw. Kreisfrequenz $\omega = 2\pi f$ betrieben, so benutzt man im Ersatzschaltbild zweckmäßig statt der Induktivitäten die gemäß $X = \omega L$ zugeordneten *Reaktanzen*, **Bild 2c**.

2.1.2 Spannungsinduktion. Voltage induction

Durch die Flußänderung entsteht im Kern eine Hauptfeldspannung, die sich nach dem Induktionsgesetz ergibt und auf die Primärseite bezogen wird

$$U_h = -w_1 \, d\Phi_h/dt = -d\psi_h/dt.$$

Ändert sich der Fluß nach einem Sinusgesetz, so ergibt sich die induzierte Spannung als harmonische Schwingung mit gleicher Frequenz und dem Effektivwert

$$U_h = \frac{\omega}{\sqrt{2}} w_1 \hat{\Phi}_h = 4{,}44 f w_1 \hat{B} A_{Fe}. \qquad (5)$$

Die induzierte Spannung ist also proportional der Frequenz, der Windungszahl w_1, der Amplitude der Induktion $\hat{B}$ und dem Eisenquerschnitt A_{Fe}.

2.1.3 Leerlauf und Kurzschluß. No-load and short circuit

Im Leerlauf verhalten sich nicht zu kleine Transformatoren annähernd spannungsideal; bei $I_2 = 0$ ist nämlich die sekundäre Klemmenspannung $\underline{U}_{20} \approx \underline{U}_1/\ddot{u}$. Der aufgenommene Strom I_0 eilt der Spannung um fast 90° nach. Die aufgenommene *Wirkleistung* $P = U_1 I_0 \cos\varphi_0$ deckt im wesentlichen die Ummagnetisierungsverluste, während die Komponente $Q = U_1 I_0 \sin\varphi_0 \approx U_1 I_0$ die aufgenommene Magnetisierungsblindleistung darstellt. Charakteristisch für einen Transformator ist der relative Leerlaufstrom $i_0 = I_0/I_N$; er liegt bei wenigen Prozent. Aus P und Q lassen sich die Parameter R_V und $\underline{X}_h$ des Ersatzschaltbilds berechnen. Die Leerlaufkennlinie $\underline{U}_1 = f(I_0)$ weist Sättigungseigenschaft auf.

Beim Kurzschluß, $\underline{U}_2 = 0$, zeigt der Transformator annähernd stromideales Verhalten, so daß der Magnetisierungsstrom nicht mehr ins Gewicht fällt und $\underline{I}_{2k} \approx -I_1 \ddot{u}$ ist.

Das Verhalten wird jetzt nur noch durch die ohmschen Strangwiderstände und die Streureaktanzen bestimmt. Die Kurzschlußimpedanz ist näherungsweise

$$\underline{Z}_k = R_K + jX_K \quad \text{mit} \quad R_k = R_1 + \ddot{u}^2 R_2;$$
$$X_k = \omega(L_{\sigma_1} + \ddot{u}^2 L_{\sigma_2}).$$

Dazu läßt sich das Ersatzschaltbild auf die Darstellung in **Bild 3** vereinfachen. Als relative Kurzschlußspannung wird bezeichnet das Verhältnis

$$u_k = X_k I_N/U_N.$$

Bei Leistungstransformatoren liegen typische Werte von u_k zwischen 4 und 6%.

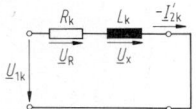 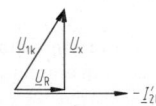

Bild 3. Ersatzschaltbild und Zeigerdiagramm im Kurzschluß

2.1.4 Zeigerdiagramm. Phasor diagram

Bezieht man alle Größen mit Hilfe des Übersetzungsverhältnisses $\ddot{u}$ auf die Primärseite, so wird aus der Spannungsgleichung (3) die neue Form

$$\underline{U}_1 = (R_1 + j\omega L_{\sigma_1})\underline{I}_1 + j\omega L_h \underline{I}_\mu;$$
$$\underline{U}_2' = j\omega L_h \underline{I}_\mu + (R_2' + j\omega L_{\sigma_2}')\underline{I}_2' \quad \text{mit} \quad \underline{I}_\mu = \underline{I}_1 + \underline{I}_2'. \qquad (6)$$

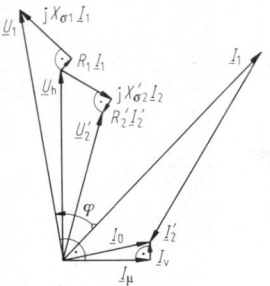

Bild 4. Zeigerdiagramm für einen Betrieb mit ohmsch-induktiver Last

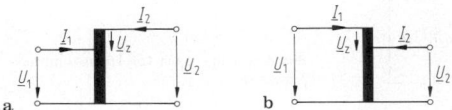

Bild 5. Spartransformator. **a** $U_2 > U_1$; **b** $U_1 > U_2$

Nach diesem Zusammenhang und bei zusätzlicher Berücksichtigung des Eisenverlustwiderstands R_v (**Bild 2c**) wurde für einen Betriebszustand mit ohmsch-induktiver Last auf der Sekundärseite mit den Klemmengrößen $\underline{U}'_2$, $\underline{I}'_2$ das Zeigerdiagramm **Bild 4** gezeichnet. Darin ist $\underline{I}_\mu$ der Magnetisierungsstrom, der der Hauptspannung $\underline{U}_h = j\omega L_h \underline{I}_\mu$ um 90° nacheilt. $\underline{I}_\mu$ und die Verluststromkomponente $\underline{I}_v$, die ihrerseits in Phase mit $\underline{U}_h$ liegen muß, setzen sich zum Strom $\underline{I}_0$ zusammen. Dieser stellt sich jetzt als geometrische Summe aus Primärstrom und bezogenem Sekundärstrom.

Beim *Spartransformator* (Autotransformator) haben Primär- und Sekundärwicklung einen gemeinsamen Teil und sind daher nicht mehr galvanisch getrennt, **Bild 5**. Sofern die Windungszahl der Zusatzwicklung w_Z kleiner ist als die Windungszahl w_g des gemeinsamen Wicklungsteils, so wird dieser, bei Vernachlässigung des Magnetisierungsstroms, nur von dem w_Z/w_g fachen Teil des oberspannungsseitigen Stroms durchflossen. Dadurch vermindert sich die Typenleistung S_T gegenüber der Leistung S_N des Transformators mit zwei getrennten Wicklungen entsprechend dem Verhältnis $S_T/S_N = U_Z/U_o = (1 - U_u/U_o)$ bei U_o Oberspannung; U_u Unterspannung. Der Vorteil der Materialeinsparung zeigt sich besonders bei Übersetzungsverhältnissen, die wenig von 1 abweichen.

2.2 Meßwandler. Instrument transformers

Meßwandler sind im Prinzip Transformatoren, die in Energieanlagen auftretende Spannungen und Ströme maßstabsgetreu umwandeln, so daß damit Meßgeräte, Zähler und Schutzeinrichtungen bequem angesteuert werden können (s. W 3.2). Normwerte der Sekundärgrößen sind 100 V bei Spannungswandlern und 1 bzw. 5 A bei Stromwandlern. Die Sekundärseite ist galvanisch von der Primärseite getrennt; diese Eigenschaft der Meßwandler ist vor allem in Hochspannungsanlagen wichtig, **Bild 6**. Wandlerfehler äußern sich als Betragsfehler und Winkelfehler. Nach der Genauigkeit werden die Meßwandler in Klassen eingeteilt, die nach dem zulässigen Betragsfehler in Prozent benannt sind (Kl. 0,1; 0,2 oder 1,0).

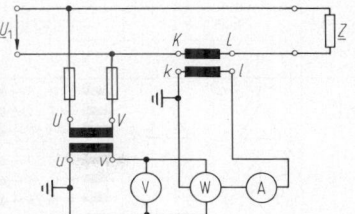

Bild 6. Meßwandler für Spannung und Strom in einer einphasigen Schaltung

2.2.1 Stromwandler. Current transformers

Im Stromwandler sind Primär- und Sekundärwicklung über einen ferromagnetischen Schicht- oder Ringkern magnetisch streuungsarm gekoppelt. Sind hohe Ströme zu messen, so wird der Kern mit der Sekundärwicklung über den Primärleiter (Stromschiene oder Kabel) geschoben, so daß als primäre Windungszahl 1 oder, bei mehrfachem Durchstecken eines Kabels, eine kleine natürliche Zahl auftritt. Der Sekundärkreis wird durch eine niederohmige Bürde abgeschlossen; die Nennleistung liegt dabei in der Größenordnung 10 VA.

Da der Wandlerfehler direkt mit dem Auftreten des Leerlaufstroms I_0 zusammenhängt, werden für die Kerne Bleche mit hoher Permeabilität im Arbeitsbereich benötigt. Meßfehler treten weiterhin auf, wenn der Kern durch Gleichstromglieder im Primärkreis bis in den gesättigten Bereich vormagnetisiert wird.

2.2.2 Spannungswandler. Voltage transformers

Spannungswandler sind für sekundärseitige Belastung in der Größenordnung 10 VA, bemessen und arbeiten dabei praktisch im Leerlauf. Dadurch ist annähernd spannungsideales Verhalten gegeben, und die Meßgröße folgt im Rahmen der Meßgenauigkeit der Primärspannung.

2.3 Drehstromtransformatoren
Three phase transformers

Drehstromtransformatoren weisen eine Primärwicklung und (mindestens) eine Sekundärwicklung mit je drei Strängen auf. Leistungstransformatoren in der Energieversorgung enthalten primär die Oberspannungswicklung, sekundär die Unterspannungswicklung. Der Kern besteht in der Regel aus geschichteten Elektroblechen; zur Erzielung niedriger Ummagnetisierungsverluste werden silizierte, kornorientierte Bleche von 0,35 mm Dicke mit Goss-Textur verwendet.

Als Kernbauformen werden, ausgehend von den Kern- und Mantel-Einphasen-Transformatoren, hauptsächlich *Dreischenkelausführungen* eingesetzt, **Bild 7**. *Fünfschenkeltransformatoren* weisen außerdem zwei äußere Rückschlußschenkel auf. Die Wicklungen bestehen in der Regel aus isolierten Kupferleitern. Leistungstransformatoren be-

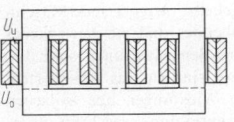

Bild 7. Aufbau eines Dreischenkeltransformators für Drehstrom

Bezeichnung		Zeigerbild		Schaltungsbild		Über-setzung
Kenn-zahl	Schalt-gruppe	OS	US	OS	US	U_{L1}/U_{L2}
0	Dd0					w_1/w_2
	Yy0					w_1/w_2
5	Dy5					$w_1/\sqrt{3}\,w_2$
	Yd5					$\sqrt{3}\,w_1/w_2$
	Yz5					$2w_1/\sqrt{3}\,w_2$

Bild 8. Schaltgruppen von Drehstromtransformatoren

finden sich im Kessel unter Öl, das gleichzeitig als Isolier- und Kühlmittel für die Wicklung dient. Äußeres Kühlmittel ist in der Regel Luft.

Die Wicklungen der Transformatoren werden nach Schaltgruppen eingeteilt. Deren dreistelliger Schlüssel gibt erst die Schaltung der *Oberspannungsseite* OS an (Großbuchstaben), danach die Schaltung der *Unterspannungsseite* US (Kleinbuchstaben) und schließlich eine Kennziffer für die Winkeldifferenz zwischen den Zeigern der (tatsächlichen oder fiktiven) Sternspannungen von entsprechenden Wicklungen der Ober- und Unterspannungsseite an. Diese Kennziffer bezeichnet (wie bei einer Uhr) Vielfache von 30°. In **Bild 8** ist eine Reihe gebräuchlicher Schaltungen dargestellt.

Wie beim Einphasentransformator wird die Nennkurzschlußspannung definiert als diejenige Klemmenspannung, die den Nennstrom durch eine Wicklung treibt, während die andere kurzgeschlossen ist. Bezogen auf die Nennspannung ergibt sich die relative Nennkurzschlußspannung.

Als Spannungsänderung wird die aufgrund der Wicklungswiderstände und der Streuung sich ergebende Differenz der Spannung $\underline{U}'_2$ gegenüber der festen Spannung $\underline{U}_1$ bezeichnet; sie ist abhängig vom Belastungsstrom und dessen Phasenlage. Bei Nennstrom ist die relative Spannungsänderung gegenüber Nennspannung

$$\Delta u = u'_\varphi + \tfrac{1}{2}u''^2_\varphi \approx u'_\varphi$$

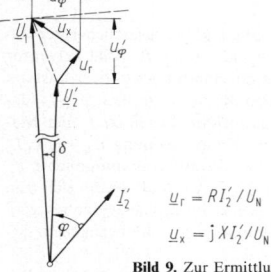

Bild 9. Zur Ermittlung der Spannungsänderung

$$\underline{u}_r = RI'_2/U_N$$
$$\underline{u}_x = \mathrm{j}\,XI'_2/U_N$$

mit

$$u'_\varphi = u_r\cos\varphi + u_x\sin\varphi; \quad u''_\varphi = u_x\cos\varphi - u_r\sin\varphi.$$

Darin sind u_r und u_x die relativen ohmschen und induktiven Spannungsabfälle bei Nennstrom, die zusammen (**Bild 9**) das *Kappsche Dreieck* bilden. Die elektrischen Daten für Transformatoren bis 40 MVA sind genormt. Durch Anzapfungen der Wicklung kann in Verbindung mit einem Stufenschalter schrittweise eine Anpassung an die Oberspannung innerhalb eines Stellbereichs erfolgen. Stelltransformatoren werden auch mit kleinen Leistungen für Labor- und Prüfzwecke eingesetzt.

3 Elektrische Maschinen
Rotating electrical machines

3.1 Allgemeines. General

Elektrische Maschinen wandeln mechanische in elektrische Energie (*Generator*) oder umgekehrt (*Motor*). Jede Maschine weist (mindestens) ein ruhendes und ein bewegliches Hauptelement auf; bei rotierenden Maschinen sind dies *Stator* und *Rotor*. In der Regel sind sie aus lamelliertem Eisen aufgebaut und tragen Wicklungen aus isolierten Kupferleitern. Die Drehmomentbildung geschieht überwiegend elektromagnetisch durch die Kraftwirkung auf stromdurchflossene Leiter im magnetischen Feld. Maßgebend dafür sind der Strombelag der Wicklung, die den Laststrom führt, und die magnetische Flußdichte im Luftspalt zwischen Stator und Rotor [1, 3, 4].

Die Bemessungswerte der Leistungen und Drehzahlen ausgeführter elektrischer Maschinen überspannen sehr weite Bereiche. Zwischen Kleinstmotoren unter 1 W Leistung und Grenzleistungsgeneratoren in der Größenordnung 1,7 GVA treten die verschiedensten Ausführungen auf.

3.1.1 Maschinenarten. Machine types

Nach ihrer Wirkungsweise lassen sich fast alle elektrischen Maschinen auf drei Grundtypen zurückführen:

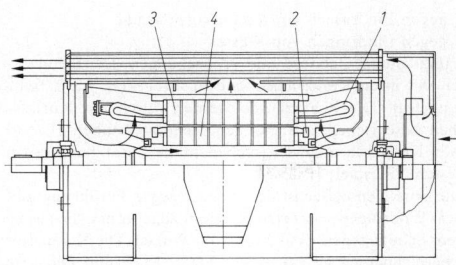

Bild 1. Asynchronmotor (AEG; Erläuterungen im Text)

Asynchronmaschinen. Sie weisen in der Regel im Stator *3* (*Primärteil*) eine Drehstromwicklung *1* und im Rotor *4* (*Sekundärteil*) eine Kurzschlußwicklung *2* auf, **Bild 1**. Für einige Zwecke werden auch Schleifringläufer mit einer mehrsträngigen Wicklung gebaut. Die Leistung wird mittels des im Primärteil erzeugten Drehfelds auf den asynchron rotierenden Sekundärteil übertragen.

Synchronmaschinen. Meistens ist im Stator *1* eine Drehstromwicklung *2* (*Ankerwicklung*) angeordnet. Der Rotor *3* (*Induktor*) stellt das Magnetfeld bereit. Bei mittleren und großen Maschinen dient dazu eine Erregerwicklung auf dem als Schenkelpolläufer oder Turboläufer *4* ausgebildeten Rotor, **Bild 2**. Bei kleineren Maschinen verwendet man vorteilhaft Permanentmagnete. Als Sonderfälle sind Reluktanzmaschinen zu nennen, die im Rotor weder Wicklungen noch Magnete aufweisen.

Gleichstrommaschinen. Bei ihnen ist eine *Kommutatorwicklung 1* (Ankerwicklung) im Rotor *2* angeordnet, während der magnetische Fluß vom Stator *3* erzeugt wird. Dies kann wiederum mittels einer Erregerwicklung oder durch Permanentmagnete geschehen. Ähnlich wie bei der Synchronmaschine wird durch das Erregerfeld in der Ankerwicklung eine Wechselspannung induziert, die bei der Gleichstrommaschine jedoch durch den mechanischen Kommutator *4* und die darauf schleifenden Bürsten *5* in eine Gleichspannung umgeformt wird, **Bild 3**. Kommutatormaschinen kommen auch als *Einphasen-Reihenschlußmotoren* vor; bei kleinen Leistungen ist dafür die Bezeichnung Universalmotor üblich. Im Zusammenhang mit der Anwendung der Leistungselektronik für gesteuerte und geregelte Antriebe haben sich kommutatorlose Gleichstrommotoren (Elektronikmotoren) und Schrittmo-

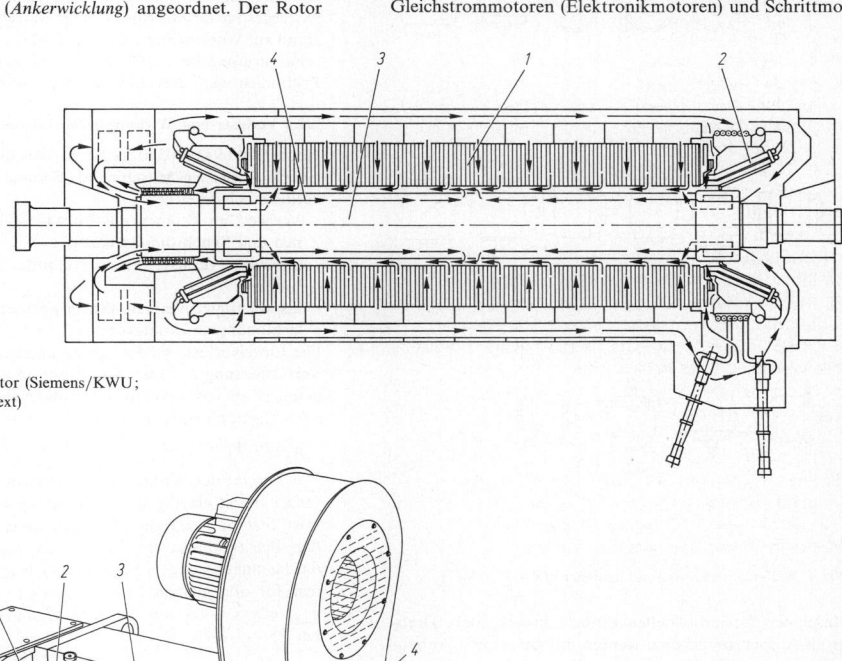

Bild 2. Turbogenerator (Siemens/KWU; Erläuterungen im Text)

Bild 3. Gleichstrommotor, fremdbelüftet (BBC/ABB; Erläuterungen im Text)

toren eingeführt; beides sind vom Prinzip her Synchronmotoren. Für umrichtergespeiste Antriebe sind auch besondere Bauformen von Asynchron- und Synchronmotoren entwickelt worden (s. T 1.2).

Linearmotoren sind nichtrotierende Maschinen asynchroner oder synchroner Bauart. Sie können als Langstator- oder als Kurzstatormaschinen ausgeführt werden. Bei einem Langstator-Synchronmotor ist die Ankerwicklung längs des Fahrwegs angeordnet, während der bewegliche Teil die Felderregung enthält. Ein Kurzstator-Asynchronmotor weist einen beweglichen Primärteil auf, der als Sekundärteil die ruhende Reaktionsschiene umfaßt.

3.1.2 Bauformen und Achshöhen
Types of construction and shaft heights

Die Bauformen für umlaufende elektrische Maschinen werden in DIN IEC 34 Teil 7 beschrieben. In **Bild 4** ist neben dem DIN-Kurzzeichen entsprechend IEC-Code I auch das Zeichen nach IEC-Code II angegeben.

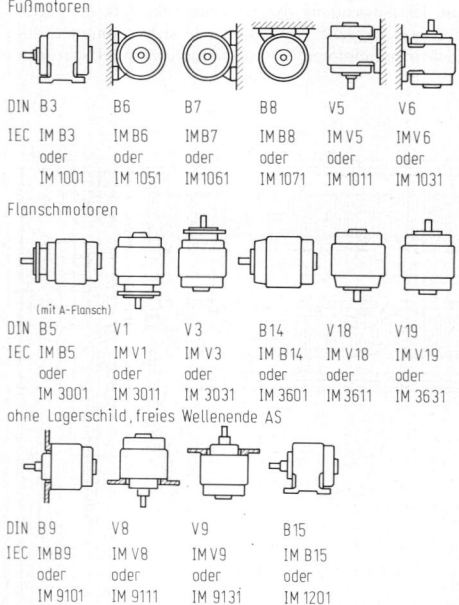

Bild 4. Bauformen elektrischer Maschinen (DIN IEC 34–7)

Maschinen für industriellen Einsatz, insbesondere Drehstrom-Asynchronmotoren werden mit genormten Anbaumaßen nach IEC 72 hergestellt. Kennzeichnend für eine Baugröße ist die Achshöhe H; das ist das Maß von der Aufspannebene (bei Fußmotoren) und der Wellenmitte in mm. Die Achshöhen sind nach der Normreihe R 20 gestuft; sie sind verbindlich für Maschinen der Achshöhen $H = 56$ bis $H = 315$ (Normbereich) bzw. weiter bis $H = 400$ (Transnormbereich).

Die Nennleistungen sind den Baugrößen zugeordnet, z.B. für Drehstrommotoren mit Kurzschlußläufer in DIN 42672 und DIN 42673. Die Nennleistungen steigen etwas stärker als mit der 3. Potenz der Achshöhe.

3.1.3 Schutzarten. Degrees of protection

Der Schutz von elektrischen Maschinen
– gegen Berühren unter Spannung stehender oder sich bewegender Teile durch Menschen,

– gegen Eindringen von Fremdkörpern und
– gegen Eindringen von Wasser

erfolgt durch Gehäuse und Abdeckungen. Die Schutzarten mit ihren Kurzzeichen sind in DIN VDE 0530 Teil 5 festgelegt. Die Schutzgrade werden durch ein Kurzzeichen beschrieben, das aus den Kennbuchstaben IP und zwei Kennziffern sowie gegebenenfalls Zusatzbuchstaben besteht (Beispiel: IP 23 S).

Die *erste* Kennziffer ist dem Schutz gegen Berührung und dem Eindringen von Fremdkörpern zugeordnet, die *zweite* dem Schutz gegen Eindringen von Wasser. Die Kennziffer 0 bezeichnet jeweils eine ungeschützte Maschine. Die erste Kennziffer gibt in der Reihenfolge 1 bis 5 in Abstufungen an, daß die Maschine gegen das Eindringen fester Fremdkörper größer als 50 mm bis hinunter zu 1 mm geschützt ist bzw. auch gegen das Eindringen von Staub. Die zweite Kennziffer besagt in acht Stufen, daß die Maschine geschützt ist gegen Tropfwasser, gegen Tropfwasser bei Schrägstellung bis zu 15°, gegen Sprühwasser, gegen Spritzwasser, gegen Strahlwasser, gegen schwere See, oder daß die Maschine geschützt ist beim Eintauchen oder beim Untertauchen.

Zulässige Zusatzbuchstaben beim Kennzeichen sind W für *wettergeschützte Maschinen*, S für Maschinen, die im Stillstand auf Wasserschutz geprüft werden und M für Wasserschutzprüfung bei laufender Maschine. In der Norm sind Prüfungen nach den einzelnen Kennziffern festgelegt.

3.1.4 Verluste und Wirkungsgrad. Losses and efficiency

Nach DIN VDE 0530 Teil 2 werden die Gesamtverluste einer elektrischen Maschine als Summe folgender Einzelverluste behandelt:
– Verluste im Erregerkreis (nur bei Gleichstrommaschinen und Synchronmaschinen),
– konstante Verluste (Eisen-, Reibungs- und Lüftungsverluste),
– lastabhängige Verluste (Stromwärmeverluste),
– lastabhängige Zusatzverluste.

Die Einzelverluste setzen sich zusammen zu der gesamten Verlustleistung P_V. Der Wirkungsgrad η der Maschine ist definiert als das Verhältnis der abgegebenen Leistung P_2 zur aufgenommenen Leistung P_1

$$\eta = P_2/P_1 = P_2/(P_2 + P_V) = (P_1 - P_V)/P_1. \tag{1}$$

Der Verlauf des Wirkungsgrads in Abhängigkeit der Last (ausgedrückt als abgegebene Leistung oder Drehmoment oder Strom) weist ein Maximum auf; es stellt sich für den Betriebspunkt ein, in dem die lastabhängigen und die lastunabhängigen Verluste gleich groß sind. Maschinen für allgemeinen Einsatz werden so bemessen, daß η_{max} etwas unterhalb der Bemessungslast, beispielsweise bei $P_2 = (7/8)P_N$ liegt.

3.1.5 Erwärmung und Kühlung. Heating and cooling

Zur Gewährleistung einer angemessenen Lebensdauer ist die Erwärmung der Maschinen (insbesondere der Wicklungen) zu begrenzen. Maßgebend sind dafür vor allem die Grenztemperaturen der Isolierung entsprechend der eingesetzten *Isolierstoffklasse* (künftig: Wärmeklasse). Mit Bezug auf eine Umgebungstemperatur (Kühlmitteleintrittstemperatur) von 40 °C ergeben sich daraus die zulässigen Grenz-Übertemperaturen. Dabei wird eine Heißpunkt-Übertemperatur eingerechnet, die den Unterschied zwischen der Temperatur der heißesten Stelle und der durch Messung bestimmten (mittleren) Übertemperatur berücksichtigt.

Für die bei Maschinen hauptsächlich eingesetzten Isolierstoffklassen E, B, F und H legt DIN VDE 0530 Teil 1 Grenz-Übertemperaturen fest, **Anh. V 3 Tab. 1.**

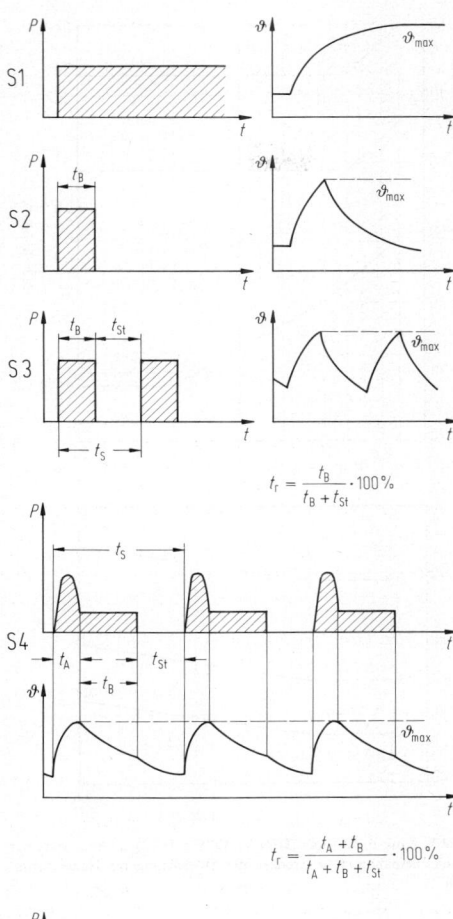

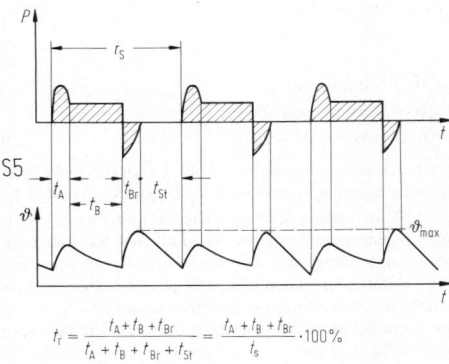

$$t_r = \frac{t_B}{t_B + t_{St}} \cdot 100\%$$

$$t_r = \frac{t_A + t_B}{t_A + t_B + t_{St}} \cdot 100\%$$

$$t_r = \frac{t_A + t_B + t_{Br}}{t_A + t_B + t_{Br} + t_{St}} = \frac{t_A + t_B + t_{Br}}{t_s} \cdot 100\%$$

Bild 5. Betriebsarten (DIN VDE 0530 Teil 1).
Empfohlene Werte: $t_s = 10, 30, 60, 90$ min; $t_r = 15, 25, 40, 60\%$;
S1 Dauerbetrieb, S2 Kurzzeitbetrieb, S3 Aussetzbetrieb, S4 Aussetzbetrieb mit Einfluß des Anlaufvorgangs, S5 Aussetzbetrieb mit elektrischer Bremsung

Die Werte der Tabelle gelten für die Wicklungen im Bemessungsbetrieb, gemessen mit dem Widerstandsverfahren. Bei dieser Methode wird die Erwärmung aus der Widerstandszunahme der Wicklung entsprechend dem Temperaturkoeffizienten des Leitermaterials ermittelt. Für die anderen Maschinenteile wie Eisenkerne, Kommutatoren

und Schleifringe, Gleit- und Wälzlager werden in der Vorschrift ebenfalls die Grenz-Übertemperaturen angegeben.
Die in der Maschine entstehende Wärme wird an ein primäres Kühlmittel abgegeben, das sich entweder dauernd ersetzt oder in einem Wärmetauscher durch ein sekundäres Kühlmittel rückgekühlt wird. Die Kühlmittel können dabei gasförmige (Luft, Wasserstoff) oder flüssige (Wasser, Öl) Stoffe sein. Die Kennzeichnung der verschiedenen Kühlarten erfolgt in DIN VDE 0530 Teil 6 unter Verwendung von Kennziffern.

3.1.6 Betriebsarten. Duty cycles

Höhe und zeitlicher Verlauf der Belastung und der Drehzahl sind maßgebend für die Erwärmung einer Maschine. Es lassen sich *Dauerbetrieb, Kurzzeitbetrieb, periodischer* und *nicht-periodischer Betrieb* unterscheiden. DIN VDE 0530 nennt neun Betriebsarten, deren wichtigste (S1 bis S5) in **Bild 5** angegeben sind. Es zeigt sich, daß Maschinen einer Baugröße in den Betriebsarten S2 und S3 bei Einhaltung derselben maximalen Übertemperatur höher ausgenutzt werden können als im Dauerbetrieb S1.

3.1.7 Schwingungen und Geräusche. Vibrations and noise

Mechanische *Schwingungen* treten infolge von Unwucht und durch magnetische Anregungen auf. Man beurteilt die Maschinenschwingungen nach der VDI-Richtlinie 2056 und speziell nach DIN 45665 (s. O2). Darin wird von den möglichen Meßgrößen als maßgebend für die Schwingstärke die Schwinggeschwindigkeit (oder Schnelle) v in mm/s festgesetzt. Die gemessene effektive Schnelle v_{eff}, zu der unter der Annahme einer harmonischen Schwingung der äquivalente Schwinggeschwindigkeits-Scheitelwert $v_{äqu} = \sqrt{2} \cdot v_{eff}$ gehört, wird nach einem Stufenschema beurteilt. Es werden die Schwingstärkestufen N (normal), R (reduziert) und S (spezial) unterschieden. Für elektrische Maschinen findet in der Regel die Schwingstärkestufe N Anwendung. Danach ist beispielsweise der Grenzwert der zulässigen Schwingstärke für Motoren der Baugrößen 160 bis 225 $v_{eff} = 2{,}8$ mm/s. Bezogen auf die Schwingfrequenz f ergibt sich die äquivalente Wegamplitude $\hat{s} = \sqrt{2}/(2\pi f) \cdot v_{eff}$. Dazu gehören die Stufengrenzen nach **Bild 6**.
Die Ursachen des von elektrischen Maschinen abgestrahlten *Lärms* sind
– aerodynamische Geräusche,

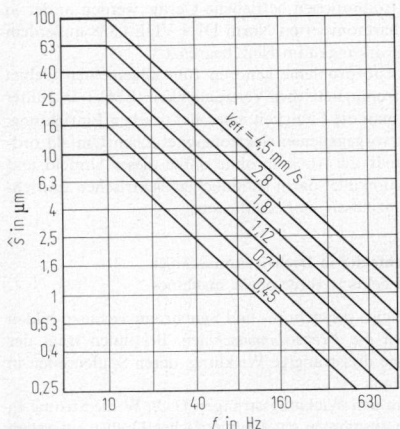

Bild 6. Grenzen der Schwingstärkestufen (VDI 2056)

– magnetische Geräusche,
– Lager- und Bürstengeräusche.

Die Entwicklung geräuscharmer Motoren ist ein Beitrag zum Umweltschutz. Bei Antrieben überwiegt allerdings häufig die Geräuschstärke der Arbeitsmaschine.

Die in DIN 45630 definierten physikalischen und subjektiven Schallgrößen werden mit dem Präzisionsschallpegelmesser nach DIN 45633 mittels der in DIN 45635 beschriebenen Luftschallmessung bestimmt (s. O3).

Die Beurteilung des Geräuschpegels erfolgt nach einer Bewertungskurve, die von den Kurven gleicher Lautstärkepegel abgeleitet ist. Für elektrische Maschinen ist die Bewertungskurve A festgelegt.

In VDE 0530 Teil 9 werden Grenzwerte des Schallleistungspegels L_W in dB(A) angegeben: **Anh. V3 Tab. 2**. In der Prüfung wird der Schalldruckpegel L_p im Leerlauf auf einer Meßfläche über dem Umfang der Maschine gemessen und mit Hilfe des Meßflächenmaßes auf den Schallleistungspegel L_W umgerechnet

$$L_W = L_p + 10 \lg(S/S_0); \quad S_0 = 1\ \text{m}^2.$$

Darin ist S die Meßfläche in m^2. Für elektrische Maschinen ist als Maßfläche ein Quader festgelegt, wobei der bevorzugte Meßabstand 1 m beträgt.

3.1.8 Funkstörungen. Electromagnetic interference

Elektrische Maschinen können infolge von Kommutierungsvorgängen Dauerstörungen erzeugen. Außerdem sind Antriebe mit Halbleiter-Stellgliedern Funkstörquellen. Diskontinuierliche Störungen treten bei Schaltvorgängen auf. Die Anforderungen auf diesem Gebiet sind gegeben durch DIN VDE 0875 „Funk-Entstörung von elektrischen Betriebsmitteln und Anlagen". Darin werden im Frequenzbereich 0,15 bis 30 MHz Grenzwerte der Störspannung und im Bereich 30 bis 300 MHz Grenzwerte der Störleistung oder, alternativ, der Störfeldstärke angegeben. Bei elektrischen Anlagen unterscheidet man nach Teil 3 der Norm die *Funkstörgrade* G (grob) N (normal) und K (klein). Die Störspannungen sind mit einer definierten Netznachbildung (vorgegeben 50 Ω‖50 μH) zu messen.

In **Bild 7** sind die Grenzwerte der Funkstörspannungen und der Störleistung dargestellt. Als Grenzen der Störfeldstärke in 10 m Entfernung werden für Dauerstörungen im Frequenzbereich 30 bis 300 MHz angegeben: 500 μV/m für Funkstörgrad G, 100 μV/m für Funkstörgrad N und 40 μV/m für Funkstörgrad K.

Für elektromotorisch betriebene Geräte werden in der in Europa harmonisierten Norm DIN VDE 0838 außerdem die Rückwirkungen im Netz begrenzt.

Die Funkstörprobleme gehören zum allgemeinen Gebiet der Elektromagnetischen Verträglichkeit (EMV). Darunter versteht man die Fähigkeit einer elektrischen Einrichtung, in einem vorgegebenen elektromagnetischen Umfeld ordnungsgemäß zu arbeiten, ohne dabei dieses Umfeld und die Funktion aller darin befindlichen elektrischen Einrichtungen unzulässig zu beeinflussen.

3.1.9 Drehfelder in Drehstrommaschinen
Rotating fields in three-phase machines

Dreisträngige Asynchron- und Synchronmaschinen bilden zusammen die *Drehstrommaschinen*. Bei ihnen trägt der Stator eine dreisträngige Wicklung, deren Spulenseiten in Nuten liegen.

Fließen in den Wicklungssträngen U, V, W die Ströme i_a, i_b, i_c, die zusammen ein symmetrisches Drehstromsystem bilden, so gilt

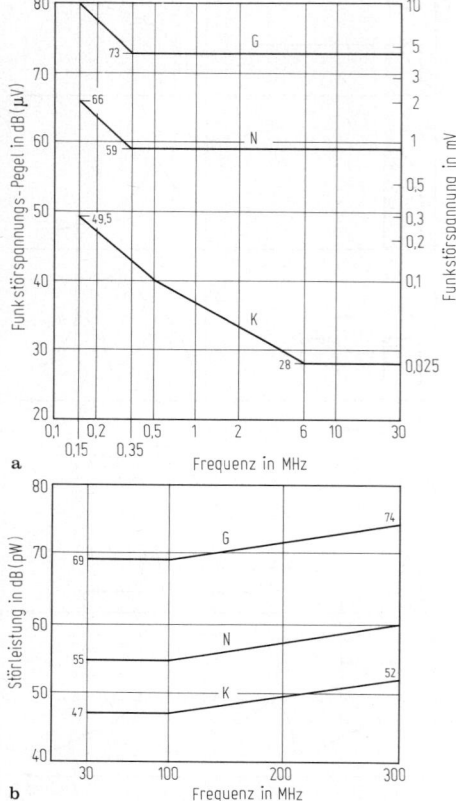

a

b

Bild 7. Funk-Entstörung (DIN VDE 0875 Teil 3). **a** Grenzwerte der Funkstörspannung; **b** Grenzen der Störleistung für Dauerstörungen

$$i_a(t) = \hat{I}\cos(\omega t - \varphi);$$
$$i_b(t) = \hat{I}\cos(\omega t - \varphi - 2\pi/3);$$
$$i_c(t) = \hat{I}\cos(\omega t - \varphi + 2\pi/3). \tag{2}$$

In Übereinstimmung mit V1 Gl. (40) lassen sich diese Ströme mit Zeigerdiagramm durch die komplexen Größen $\hat{I}_a$, $\hat{I}_b$ und $\hat{I}_c$ darstellen, die bei gleicher Amplitude um jeweils $2\pi/3$ gegeneinander verschoben sind, **Bild 8a**. Die Ströme erzeugen längs des Bohrungsumfangs der Maschine eine Felderregung, deren orts- und zeitabhängiger Verlauf mittels der Durchflutung θ beschrieben wird.

Die Grundfelddurchflutung ergibt sich aus den Beiträgen der drei Stränge zu

$$\theta_{s,1}(\zeta,t) = \hat{\theta}_{s_1}\cos(\omega t - \varphi - \zeta) \quad \text{mit} \quad \hat{\theta}_{s_1} = \frac{3}{2}\frac{4}{\pi}\frac{w\xi_1}{2p}\hat{I}. \tag{3}$$

Darin bezeichnet w die Windungszahl und ξ_1 den Wicklungsfaktor für die Grundwelle; $2p$ ist die Polzahl der Maschine.

Diese räumlich sinusförmig verteilte Durchflutung kann mit Hilfe der Raumzeigermethode dargestellt werden. Dazu legt man eine weitere komplexe Ebene fest (**Bild 8b**), die als Schnittebene eines zweipoligen Stators vorgestellt werden kann. Hier ist ζ die Winkelkoordinate, die von der Strangachse U aus gezählt wird und als Periode die doppelte Polteilung aufweist.

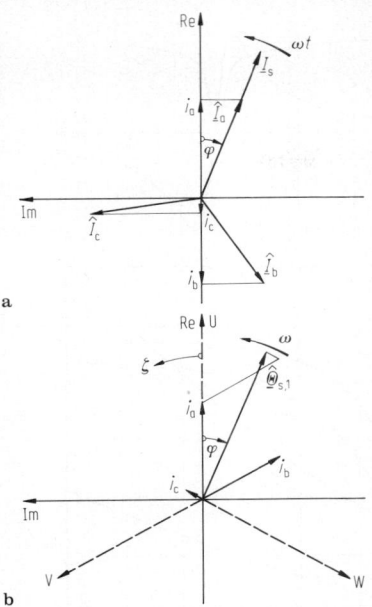

a

b

Bild 8. Zur Entstehung des Drehfelds in Drehstrommaschinen. **a** Zeigerdiagramm der Ströme; **b** Raumzeigerdarstellung der Durchflutung

Zunächst wird der Stromraumzeiger definiert

$$i_s = i_a + i_b e^{j\frac{2\pi}{3}} + i_c e^{-j\frac{2\pi}{3}}. \qquad (4)$$

Angewendet auf das symmetrische Stromsystem (Gl. (2)) ergibt sich

$$i_s = \hat{I}_s e^{j\omega t} \quad \text{mit} \quad \hat{I}_s = \tfrac{3}{2}\hat{I} e^{-j\varphi}.$$

Diesem Stromraumzeiger wird nun der Raumzeiger der umlaufenden Grundwellendurchflutung zugeordnet

$$\theta_s = \hat{\theta}_{s,1} e^{j\omega t} \quad \text{mit} \quad \hat{\theta}_{s,1} = \hat{\theta}_{s,1} e^{-j\varphi}. \qquad (5)$$

Dieser läuft, wie der Stromraumzeiger in bezug auf die Zeitachse, mit synchroner Geschwindigkeit gegenüber der Raumachse um. Den ortsabhängigen Funktionswert erhält man in Übereinstimmung mit Gl. (3) zu

$$\theta_{s,1}(\zeta,t) = \text{Re}[\hat{\theta}_{s,1} \cdot e^{j(\omega t - \zeta)}]. \qquad (6)$$

In **Bild 8** sind die Zeitzeiger der Ströme den Raumzeigern der Durchflutung gegenübergestellt. Der Raumzeiger gibt durch Amplitude und Phasenlage die augenblickliche, räumlich sinusförmige Verteilung der Feldkurve an.

Die Raumzeigermethode ist ein wirkungsvolles Mittel zur Untersuchung stationärer und dynamischer Vorgänge in Drehstrommaschinen. Sie wird insbesondere in der Theorie der Steuerung und Regelung drehzahlstellbarer Drehstromantriebe verwendet.

3.2 Asynchronmaschinen. Asynchronous machines

3.2.1 Ausführungen. Types

Überwiegende wirtschaftliche Bedeutung haben die Asynchronmotoren mit *Kurzschlußläufer*. Sie sind kostengünstig, robust und wartungsarm. Hergestellt werden Baureihen mit Normabmessungen. Die Polzahlen sind 2, 4 und 6; seltener werden 8- oder 10polige Motoren eingesetzt. Bei niedrigen Abtriebsdrehzahlen werden Getriebe-

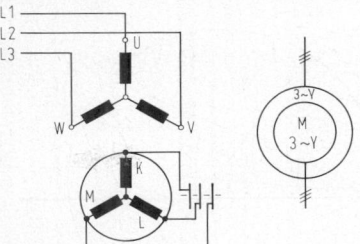

Bild 9. Schaltbilder einer Asynchronmaschine (Schleifringläufermaschine)

motoren verwendet, die ebenfalls in Baureihen angeboten werden.

Die Wicklung des Kurzschlußläufers ist symmetrisch und besteht aus Stäben, die in Nuten eingebettet sind und deren Enden beidseitig mit Kurzschlußringen verbunden sind. Der Käfig wird mit Stäben aus Profilmaterial (Kupfer, Messing) oder im Druckgußverfahren (mit Aluminium oder Legierungen) hergestellt.

Asynchronmaschinen mit *Schleifringläufern* werden dort eingesetzt, wo eine Schlupfsteuerung vorgesehen ist. Hier trägt der Läufer eine vorzugsweise wie im Stator dreisträngige Wicklung, deren Zuleitungen mit drei Schleifringen verbunden sind. Mittels Bürsten können dann Ströme zu- oder abgeführt werden. **Bild 9** zeigt Schaltbilder.

3.2.2 Ersatzschaltbild und Kreisdiagramm
Equivalent circuit diagram and circle diagram

Von der Theorie her ist die Asynchronmaschine mit Schleifringläufer am einfachsten zu übersehen, da der Läuferwiderstand praktisch schlupfunabhängig ist. Diese Voraussetzung gilt auch für kleinere Motoren mit Einfachkäfigläufern.

Wird eine solche Maschine von einem Netz mit der symmetrischen Spannung $\underline{U}_1$ und der festen Frequenz f_1 gespeist, so ist ihre synchrone Drehzahl n_s bzw. die in der Antriebstechnik bevorzugt benutzte synchrone Winkelgeschwindigkeit

$$\Omega_s = 2\pi f_1/p = \omega_1/p; \quad \text{bzw.} \quad n_s = 60 f_1/p \text{ in min}^{-1}. \quad (7)$$

Läuft sie mit einer asynchronen Geschwindigkeit Ω, so hat der Rotor gegenüber dem Grunddrehfeld den Schlupf s; dieser kann als die auf f_1 normierte Frequenz f_2 der im Rotor induzierten Ströme aufgefaßt werden

$$s = 1 - (\Omega/\Omega_s); \quad f_2 = s f_1 \quad \text{bzw.} \quad \omega_2 = s\omega_1. \quad (8)$$

Zur Beschreibung des stationären Betriebsverhaltens werden Spannungsgleichungen und zugeordnete Ersatzschaltbilder eingesetzt. **Bild 10** ist aus einer Reihe von in Gebrauch befindlichen Varianten das physikalisch nächstliegende; es ähnelt dem Transformator-Ersatzschaltbild (**V 2 Bild 2c**). Ständerstreuinduktivität, Hauptinduktivität und auf Ständerseite umgerechnete Läuferstreuinduktivität stellen bei Frequenz ω_1 die Reaktanzparameter X_{σ_1}, X_h und X_{σ_2} dar. Bei der Umrechnung der Rotorgrößen auf die Statorseite war somit auch die Frequenz mit dem Fak-

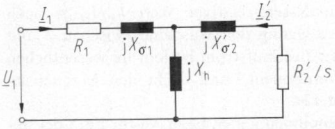

Bild 10. Ersatzschaltbild einer Asynchronmaschine

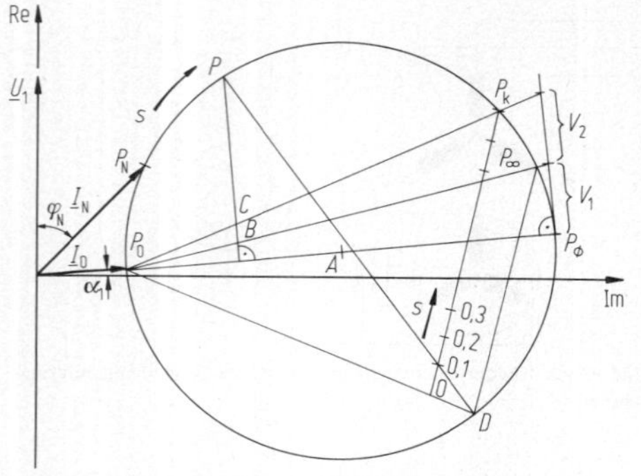

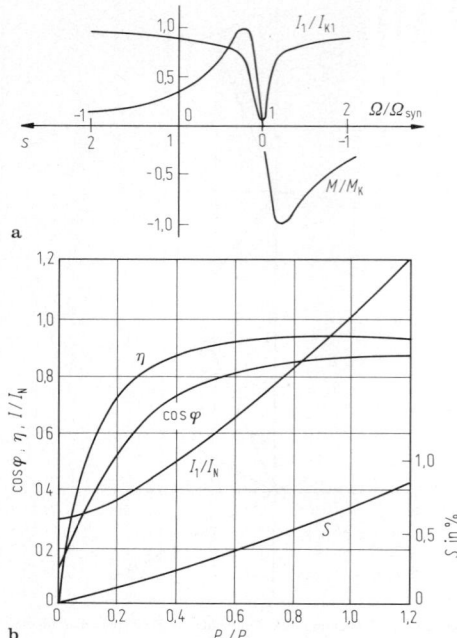

Bild 11. Stromortskurve als Kreisdiagramm

tor ω_1/ω_2 anzupassen. Daher tritt rotorseitig der schlupfabhängige Widerstand R'_2/s auf.

Das Betriebsverhalten des Motors wird durch die Stromortskurve beschrieben. Diese bildet einen Kreis (Ossannakreis) als geometrischer Ort der Endpunkte des Ständerstromzeigers beim Durchlaufen des Parameters Schlupf $-\infty < s \le +\infty$ (**Bild 11**).

Zwei ausgezeichnete Punkte des Kreisdiagramms sind der Leerlaufpunkt P_0 $(s=0)$ und der Punkt P_∞ $(s=\infty)$. Durch einen dritten Punkt, beispielsweise den Kurzschlußpunkt P_k bei Stillstand $(s=1)$ ist der Kreis festgelegt. Sein Mittelpunkt liegt in A, und sein Durchmesser ist durch die Strecke $\overline{P_0 P_\varnothing}$ gegeben. Die Strecken V_1 und V_2 bezeichnen die primär- und sekundärseitigen ohmschen Verluste bei einem Strom, der dem Durchmesser des Kreises entspricht. Der zu einem Punkt P der Ortskurve gehörende Schlupf läßt sich an einer linear geteilten Geraden ablesen. Zur Konstruktion der Schlupfgeraden kann der Punkt D auf dem Kreis beliebig gewählt werden. Aus dem Diagramm können neben den komplexen Strömen auch Drehmoment und abgegebene Leistung entnommen werden. Für einen Betrieb im Arbeitspunkt P greift man dazu senkrecht zu dem Durchmesser $\overline{P_0 P_\varnothing}$ die Strecke $\overline{BP}$ im Drehmomentmaßstab und die Strecke $\overline{CP}$ im Leistungsmaßstab ab. Ähnlich wie beim Transformator (**V2 Bild 2c**) lassen sich im Ersatzschaltbild (**Bild 10**) die Eisenverluste näherungsweise durch einen zusätzlichen Widerstand im Querzweig erfassen.

3.2.3 Betriebskennlinien. Operating characteristics

Der Verlauf $M(\Omega)$ des Drehmoments in Abhängigkeit der Drehgeschwindigkeit weist ein *Kippmoment* M_k auf; der zugeordnete Schlupf ist der *Kippschlupf* s_k. Das Drehmoment bei $s=1$ heißt *Anzugsmoment* M_A.

Eine einfache Beziehung $M(s)$ ergibt sich bei Vernachlässigung des Ständerwiderstands R_1 nach der Formel von Kloss

$$M = M_k \frac{2(s/s_k)}{1+(s/s_k)^2} \quad \text{mit} \quad s_k = \frac{R'_2}{X'_{\sigma 2} + X_{\sigma 1} \| X_h}. \quad (9)$$

Nach VDE 0530 muß bei Nennspannung das relative Kippmoment M_k/M_N größer als 1,6 sein.

Im übersynchronen Drehzahlbereich, d.h. bei negativen Schlupfwerten arbeitet die Maschine im generatorischen Betrieb. Der aufgenommene Strom ist im Stillstand der Kurzschlußstrom, dessen relativer Wert I_A/I_N je nach Baugröße und Auslegung der Maschine zwischen 3 und 7 liegen kann. Der Leerlaufstrom besteht im wesentlichen aus einer Blindkomponente und deckt den Magnetisierungsbedarf, **Bild 12 a**.

Die Belastungskennlinien geben beim Motor über der abgegebenen (mechanischen) Leistung P_2 die interessieren-

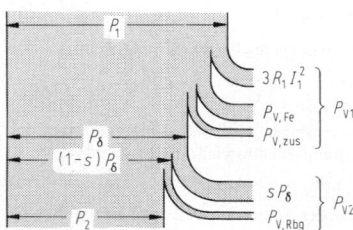

Bild 12. Betriebsverhalten einer Asynchronmaschine. **a** Kennlinien von Strom und Drehmoment (drehzahlabhängig); **b** Betriebskennlinien (lastabhängig)

Bild 13. Leistungsflußdiagramm

den Größen Strom I, Leistungsfaktor $\cos\varphi$, Wirkungsgrad η und Schlupf s an, **Bild 12 b**.

Das Leistungsflußdiagramm (*Sankey-Diagramm*) **Bild 13** gibt eine bildliche Darstellung der Größen, die für den Wirkungsgrad maßgebend sind. Von der elektrisch aufgenommenen Leistung P_1 sind die Statorverluste abzuziehen; sie bestehen aus den Ständer-Wicklungsverlusten $3R_1 I_1^2$, den Eisen-Ummagnetisierungsverlusten $P_{V,Fe}$ und den lastabhängigen Zusatzverlusten $P_{V,zus}$. Die verbleibende Luftspaltleistung P_δ wird induktiv zum Läufer übertragen. Dort fallen die Stromwärmeverluste sP_δ an. Schließlich sind noch die Reibungsverluste $P_{V,Rbg}$ zu decken, so daß mechanisch die Leistung P_2 abgegeben wird.

3.2.4 Einfluß der Stromverdrängung
Current displacement

Im Drehzahlbereich zwischen Kurzschluß und Leerlauf ändert sich die Frequenz der induzierten Läuferströme zwischen $f_2 = f_1$ und $f_2 = 0$. Kurzschlußläufer, deren Stabhöhe nicht deutlich kleiner ist als die von Frequenz, Stab-

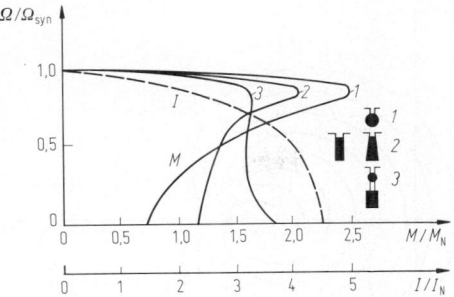

Bild 14. Kennlinien von Asynchronmotoren mit Kurzschlußläufer. *1* Rundstab, *2* Hochstab, Keilstab, *3* Doppelkäfig

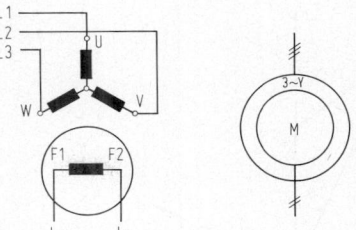

Bild 15. Schaltbilder einer Synchronmaschine

leitwert und Permeabilität abhängige Eindringtiefe

$$\delta = 1 \Big/ \sqrt{\frac{\omega_2}{2}\kappa\mu_0}$$

werden durch die Stromverdrängung (den *Skineffekt*) be-einflußt: Die Stromdichte konzentriert sich im oberen (dem Luftspalt zugewandten) Stabbereich. Damit geht eine Erhöhung des effektiven Widerstands und eine Minderung der Streuinduktivität einher.

Bei Kurzschlußläufermotoren sind daher die Betriebs-kennlinien abhängig von der Geometrie der Läuferstäbe. Es werden sehr unterschiedliche Formen als *Hochstab, Keilstab* oder *Doppelstäbe* ausgeführt, um unterschiedliche Drehmomentverläufe zu erzielen. So können Motoren für Schweranlauf unter Inkaufnahme einer Absenkung des Kippmoments für hohes Anzugsmoment bemessen werden, **Bild 14.**

3.2.5 Einphasenmotoren. Single-phase motors

Bei der bisherigen Betrachtung wurde eine symmetrische Speisung der Asynchronmaschine vorausgesetzt. Einpha-sig gespeiste Induktionsmotoren können zwar ein asyn-chrones Drehmoment im Lauf, jedoch kein Anzugsmo-ment entwickeln, es sei denn, daß durch phasendrehen-de Mittel die Entstehung eines Drehfelds herbeigeführt wird. Dies geschieht bei Einphasensynchronmotoren, die als Kleinmotoren (s. V 3.5) eine große Rolle spielen, in unterschiedlichen Varianten. Meistens ist neben der di-rekt gespeisten Hauptwicklung eine Hilfswicklung vorge-sehen, die über eine Kapazität (*Kondensatormotor*), einen erhöhten Widerstand (*Widerstandshilfsphasenmotor*) oder die Ausführung der Hilfswicklung als kurzgeschlossene Spaltpolwicklung (*Spaltpolmotor*) den Motor zur Erzeu-gung eines Anzugsmoments befähigt.

3.3 Synchronmaschinen. Synchronous machines

3.3.1 Ausführungen. Types

Synchronmaschinen (**Bild 15**) werden sowohl als Gene-ratoren wie auch als Motoren eingesetzt. Die Synchron-generatoren zur Versorgung öffentlicher oder industrieller Netze wie auch zur Bahnstromversorgung sind die größten elektrischen Maschinen. Sie werden ausgeführt als *Turbo-generatoren* mit Vollpolläufer 2- oder 4polig für Antrieb mit Dampfturbinen (**Bild 2**) und als *Schenkelpolmaschinen* mit 4 und mehr Polen für Antrieb mit Wasserturbinen oder Dieselmotoren, **Bild 16**.

Die ausführbaren Leistungen sind begrenzt durch die größtmöglichen Rotorabmessungen (wegen der mechani-

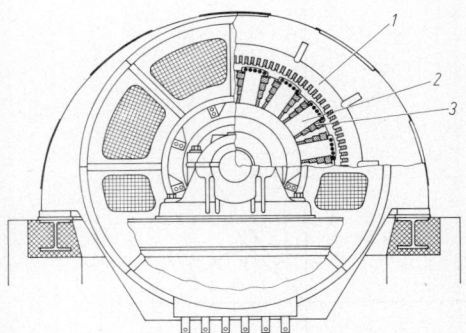

Bild 16. Schenkelpolmaschine (AEG-Lloyd Dynamowerke). *1* Sta-torblechpaket, *2* Läufer mit Einzelpolen, *3* Schenkelpolwicklung

schen Beanspruchungen) und den zulässigen Ankerstrom-belag (wegen der Übertemperaturen). Anhaltswerte für Grenzleistungen zweipoliger Turbogeneratoren für 50 Hz gibt folgende Übersicht:

Luftkühlung indirekt	80 MVA
direkte Leiterkühlung	150 MVA
Wasserstoffkühlung ohne Kompressor	250 MVA
mit 5 bar Überdruck	800 MVA
Wasserkühlung, 2polig	1 200 MVA
4polig	1 700 MVA

In der Entwicklung sind Maschinen mit supraleitender Erregerwicklung, mit denen ein weiterer Sprung in der Ausnutzung erreicht werden kann.

Synchronmotoren mit Schenkelpolläufern oder geblech-ten Vollpolläufern werden bis zu Leistungen von 20 MW gebaut; mit Massivläufern werden noch höhere Einheitslei-stungen erreicht. Sie werden bei durchlaufenden Antrieben wie Kompressoren und Pumpen eingesetzt. Durch die Art ihrer Erregung weisen sie im Vergleich zu Asynchronmo-toren am Netz eine bessere Stabilität auf und erlauben den Betrieb mit $\cos\varphi = 1$ um im übererregten Bereich (Blindleistungslieferung ins Netz).

Die dreisträngigen Wicklungen der Generatoren werden auf eine möglichst oberschwingungsfreie induzierte Span-nung ausgelegt. Die Erregerwicklungen werden entweder über Stromrichter oder von gekuppelten Erregermaschi-nen mit Hilfe von rotierenden Gleichrichtern gespeist.

3.3.2 Betriebsverhalten. Operating characteristics

Durch die Felderregung weist der Läufer eine elektrische Anisotropie auf; die Erregerachse wird als Längsachse (*d*-Achse), die dazu orthogonale Achse als Querachse (*q*-Ach-se) bezeichnet. Kennzeichnend für das Betriebsverhalten an einem Netz konstanter Frequenz ist der Polradwinkel

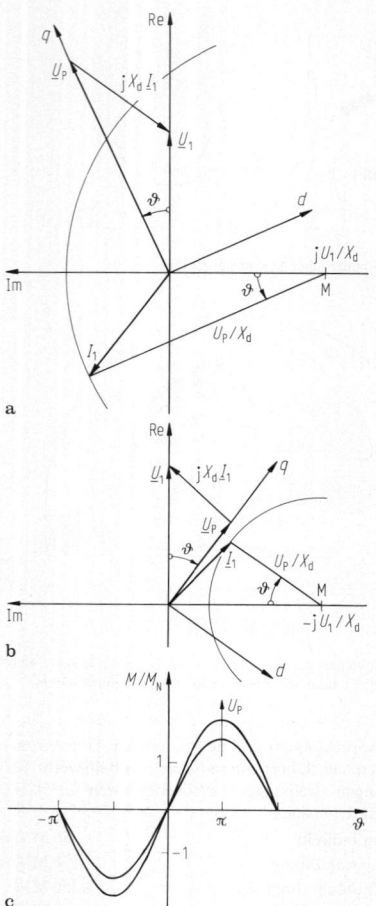

Bild 17. Zeigerbilder und Drehmomentverlauf von Vollpolmaschinen. **a** Generatorbetrieb, übererregt; **b** Motorbetrieb, untererregt; **c** Drehmoment als Funktion des Polradwinkels

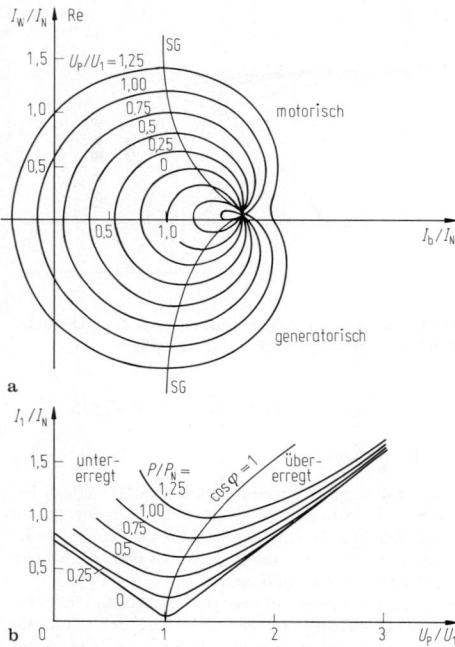

Bild 18. Betriebsverhalten von Schenkelpolmaschinen. **a** Stromortskurven; **b** V-Kurven

Bei Schenkelpolmaschinen liegt eine magnetische Anisotropie vor; bei Generatoren und großen Synchronmotoren ist das Verhältnis X_q/X_d in der Größenordnung 0,7. Die Stromortskurven stellen sich nunmehr als Pascalsche Schnecken dar. In **Bild 18a** ist die statische Stabilitätsgrenze SG mit eingezeichnet, die den stabilen Betriebsbereich bei Untererregung einschränkt.

Die Zuordnung von Werten des Statorstroms I_1 zur Polradspannung U_P mit der Wirkleistung P als Parameter erfolgt in den sog. V-Kurven, **Bild 18b**. Die relative Polradspannung U_P/U_1 auf der Abszisse kann ebenfalls als relativer Erregerstrom aufgefaßt werden, dieser bezogen auf die Leerlauferregung.

3.3.3 Kurzschlußverhalten. Short-circuit characteristics

Wird die Ankerwicklung einer Synchronmaschine plötzlich kurzgeschlossen, so laufen Übergangsvorgänge der Ströme und des Drehmoments ab. Nach dem Abklingen der flüchtigen Anteile des Stroms bleibt der Dauerkurzschlußstrom bestehen.

Betrachtet wird nun der dreipolige Klemmenkurzschluß einer Maschine mit Dämpferkäfig. Der Ausgangszustand sei Leerlauf mit Spannung U. Der Verlauf des Kurzschlußstroms in einem Strang ergibt sich beispielsweise nach **Bild 19a**. Das Stromoszillogramm weist zwei langsam abklingenden und einen schnellabklingenden Anteil sowie ein Gleichstromglied auf.

Die Auswertung des Oszillogramms ist in VDE 0530 Teil 4 beschrieben. Dabei wird der Verlauf des Kurzschlußwechselstroms durch zwei Exponentialfunktionen approximiert. Für den Stromverlauf sind außer der Synchronreaktanz X_d, die den Dauerkurzschlußstrom bestimmt, die Transientreaktanz X'_d und die Subtransientreaktanz X''_d maßgebend, wobei das Abklingen der transienten und subtransienten Anteile mit den Kurzschlußzeitkonstanten T'_d

ϑ, er bezeichnet den Winkel (elektrisch), der sich vom Zeiger der Klemmenspannung $\underline{U}_1$ zum Zeiger der Polradspannung $\underline{U}_P$ erstreckt, nämlich der gedachten induzierten Spannung, die sich allein aufgrund der Erregung, ohne Berücksichtigung der Ankerrückwirkung infolge des Stroms $\underline{I}_1$, ergeben würde.

Der Polradwinkel (Lastwinkel) ϑ ist im Leerlauf Null; er nimmt im generatorischen Betrieb positive Werte (voreilendes Polrad) und im motorischen Betrieb negative Werte an (nacheilendes Polrad).

Am einfachsten ist das Betriebsverhalten der Vollpolmaschine zu überblicken, bei der die maßgebenden synchronen Reaktanzen X_d der Längsachse und X_q der Querachse gleich groß sind.

Bei konstanter Spannung und konstanter Erregung ist dann die Stromortskurve ein Kreis, während das Drehmoment $M(\vartheta)$ sinusförmig verläuft. (In **Bild 17** ist der Widerstand R_1 vernachlässigt; und es wurde das Verbraucher-Zählpfeilsystem angewendet.) Hiernach weist der Drehmomentverlauf sowohl im Motorbetrieb wie im Generatorbetrieb einen von der Polradspannung abhängigen Kippunkt auf.

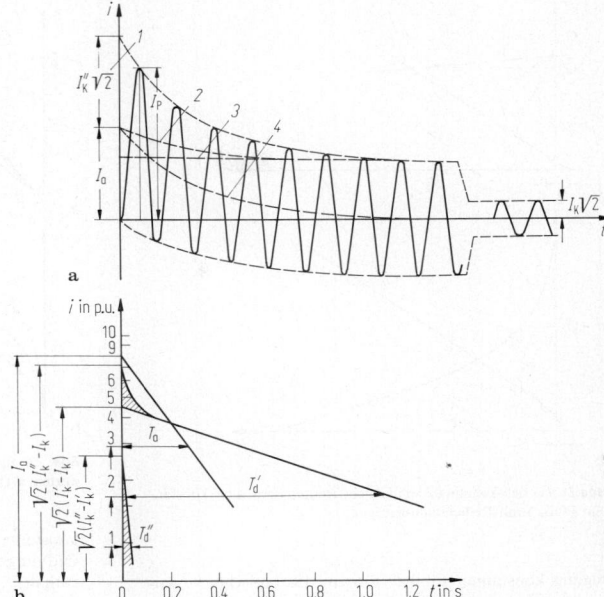

Bild 19. Verhalten beim dreipoligen Stoßkurzschluß. **a** Stromverlauf, *1* Scheitelwort des Stoßkurzschlußwechselstroms, *2* schnell abklingender Wechselstromanteil, *3* langsam abklingender Wechselstromanteil, *4* abklingender Gleichstromanteil; **b** Auswertung des Kurzschlußoszillogramms

und T_d'' erfolgt. Schließlich kann noch aus dem abklingenden Gleichstromglied die Ankerzeitkonstante T_a bestimmt werden, **Bild 19 b**.

Spezielle Werte sind der *Dauerkurzschlußstrom* I_k, der *Stoßkurzschlußwechselstrom* I_k'' und der *Stoßkurzschlußstrom* I_p. Weiter ist der transiente *Kurzschlußwechselstrom* I_k' zu nennen

$$I_k = U/X_d; \quad I_k' = U/X_d'; \quad I_k'' = U/X_d'';$$
$$I_p = \sqrt{2}\kappa I_k'' \approx \sqrt{2} \cdot 1{,}8I_k''. \tag{10}$$

Der Stoßkurzschlußstrom darf bei Schenkelpolmaschinen höchstens das 15fache des Scheitelwerts des Nennstrom betragen.

3.4 Gleichstrommaschinen
Direct-current machines

3.4.1 Ausführungen. Types

Gleichstrommaschinen werden fast ausschließlich als Motoren ausgeführt. Gleichstromkleinmotoren mit permanentmagnetischer Erregung finden in großer Zahl Anwendung als Hilfsantriebe in Kraftfahrzeugen. Im Industriebereich werden Gleichstrommotoren mit genormten Achshöhen, Leistungen bis einige 100 kW und Drehzahlen bis 3000 1/min in geregelten Antrieben mit zum Teil großen Stellbereichen eingesetzt. Anwendungen sind u.a. Werkzeugmaschinen, Hebezeuge und Antriebe in der Grundstoff- und Papierindustrie. Für große, langsamlaufende Gleichstrommaschinen sind Walzantriebe und Förderantriebe die klassischen Einsatzfälle.

Mechanische und elektrische Probleme in Zusammenhang mit dem mechanischen Kommutator begrenzen die ausführbare Leistung von Einankermaschinen auf etwa 12000 kW.

Die Wicklungen der Gleichstrommaschinen werden mit Kennbuchstaben nach DIN VDE 0530 Teil 8 bezeichnet. Jede Maschine hat eine rotierende Ankerwicklung A und,

abgesehen von den erwähnten Motoren mit Permanentmagneten, eine Erregerwicklung. Diese kann als Fremderregerwicklung F (**Bild 20**) oder als Erregerwicklung für Nebenschluß (E) oder Reihenschluß (D) ausgeführt sein. Der Sicherstellung einer befriedigenden Kommutierung dient die Wendepolwicklung B, die vom Ankerstrom durchflossen wird. Maschinen für hohe Anforderungen an das dynamische Verhalten tragen darüber hinaus eine Kompensationswicklung C zur Kompensation des Ankerfelds. Damit lassen sich zulässige Stromanstiegsgeschwindigkeiten $\left(\dfrac{di_A}{dt}\right) \Big/ I_N$ bis 300 s^{-1} erzielen.

Gleichstrommaschinen für Regelantriebe werden zur Unterdrückung von Flußverzögerungen nicht nur im Anker, sondern auch im Stator mit lamelliertem Eisen (geblecht) ausgeführt.

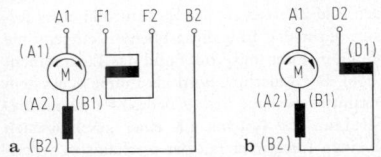

Bild 20. Schaltbilder von Gleichstrommaschinen mit Wendepolen. **a** mit Fremderregung; **b** mit Reihenschlußerregung

3.4.2 Stationäres Betriebsverhalten
Steady-state operating characteristics

Die Verläufe der Drehgeschwindigkeit und des Ankerstroms in Abhängigkeit vom Drehmoment kennzeichnen das Betriebsverhalten von Gleichstrommotoren. Unter Vernachlässigung der konstanten Verluste gilt

$$\Omega = U/(c\Phi) - R_A/(c\Phi)^2 M; \quad I_A = 1/(c\Phi)M. \tag{11}$$

Bei Speisung mit konstanter Spannung U weisen Maschinen, die mittels Fremderregung oder Nebenschlußer-

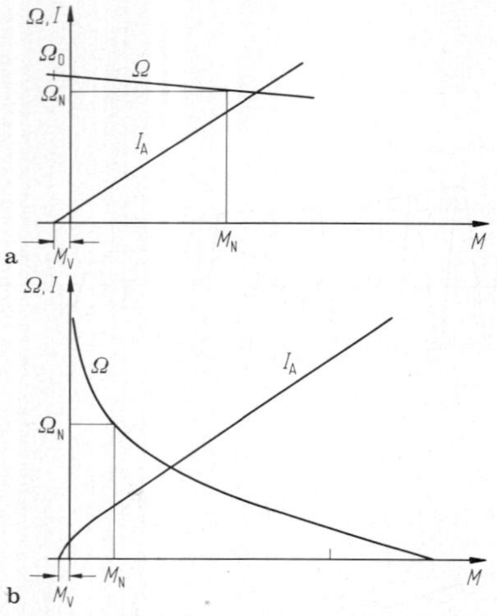

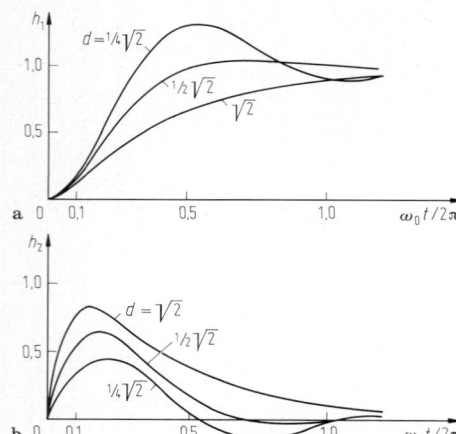

a

b

Bild 21. Betriebskennlinien von Gleichstrommotoren. **a** bei konstantem Fluß; **b** mit Reihenschlußerregung

Bild 23. Beschreibung des Führungsverhaltens durch Sprungantworten. **a** Drehzahl; **b** Ankerstrom

regung konstanten Fluß Φ führen, das typische Nebenschlußverhalten auf: Die Drehzahl nimmt entsprechend der durch den Ankerkreiswiderstand gegebenen Neigung bei Belastung linear etwas ab, während der Ankerstrom linear ansteigt, **Bild 21 a**. Bei der Reihenschlußmaschine dagegen ist der Fluß über eine sättigungsbehaftete Kennlinie mit dem Ankerstrom verknüpft. Die Drehzahlkennlinie zeigt dann das Reihenschlußverhalten mit einer nur durch die Reibungsverluste begrenzten Leerlaufdrehzahl und starker Drehzahlabnahme bei zunehmender Last, **Bild 21 b**.

Reihenschluß-Kommutatormaschinen für Wechselstrom, die im Bereich kleiner Leistungen Universalmotoren genannt werden, weisen ein ähnliches Verhalten auf.

3.4.3 Instationäres Betriebsverhalten
Transient operating characteristics

Im Hinblick auf den Einsatz der Gleichstrommotoren in Regelantrieben mit hohen Anforderungen interessiert ihr dynamisches Verhalten. Besonders einfach ist die Maschine mit Fremderregung bei konstantem Fluß Φ zu überblicken. Nach **Bild 22** weist sie das Strukturbild eines Regelkreises auf; darin sind Eingangsgrößen die eingeprägte Ankerspannung u (Führungsgröße) und das Lastmoment m_L (Störgröße). Die Maschine wird als Einmassensystem mit dem Gesamtträgheitsmoment J betrachtet. Damit besteht die Struktur des Systems aus einer geschlossenen Schleife, die einen Integrierer mit der mechanischen Zeit-

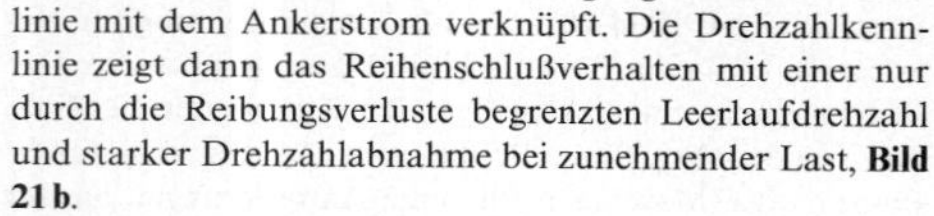

konstante T_M in Reihe mit einem Verzögerungsglied 1. Ordnung mit der (elektrischen) Ankerzeitkonstante T_A enthält.

Dieses System zweiter Ordnung weist eine elektromechanische Eigenfrequenz $\dot{w}$ auf, wenn sich aus den Zeitkonstanten der periodische Fall (s. V1 Gl. (47c)) mit $d < 1$ ergibt

$$w = \omega_0 \sqrt{1 - d^2} \quad \text{mit} \quad \omega_0^2 = 1/(T_A T_M);$$
$$d^2 = T_M/(4 T_A) < 1.$$

In diesem in der Praxis überwiegend vorkommenden Fall führt die Maschine bei Anregung, z.B. durch eine Sprungfunktion, gedämpfte Schwingungen aus. Exemplarisch zeigt sich dies in den Sprungantworten, die den normierten Verlauf einer Ausgangsgröße infolge des Einheitssprungs einer Eingangsgröße angeben. **Bild 23** zeigt als Beispiel das Führungsverhalten der Drehzahl h_1 und des Ankerstroms h_2 einer Gleichstrommaschine bei einem Sprung der eingeprägten Ankerspannung.

3.5 Kleinmotoren. Fractional-horsepower motors

Allgemeines

Unter Kleinmotoren versteht man in der Regel elektrische Maschinen bis zu einer Leistung von 1 kW; im angelsächsischen Bereich ist durch die Bezeichnung „fractional horsepower motors" die Leistungsgrenze mit 746 W vorgegeben. Ihre Anwendung erfolgt als *Einbaumotoren* in großen Stückzahlen im Konsumgüterbereich, nämlich in der Hausgerätetechnik und der Audio- und Videotechnik. Ein weiterer Bereich sind die Elektrowerkzeuge. Große Bedeutung haben Kleinmotoren als Hilfsantriebe in Kraftfahrzeugen. Professionelle Anwendungen reichen von den Antrieben für die Büro- und Datentechnik bis zu speziellen Antrieben für industrielle und wissenschaftliche Geräte.

In der Kleinmotorentechnik werden in der Regel nicht Maschinen mit genormten Abmessungen (*Listenmotoren*), sondern speziell für die Antriebsaufgabe entwickelte Konstruktionen (*Kundenmotoren*) eingesetzt, die häufig in Großserien gefertigt werden. Nach der physikalischen Wirkungsweise finden sich der Größenordnung angepaßte Ausführungen von Asynchron-, Synchron- und Kommutatormaschinen.

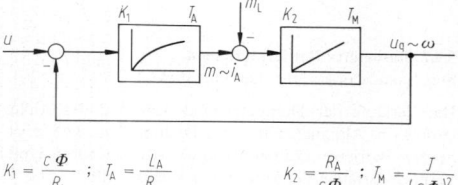

$$K_1 = \frac{c\,\Phi}{R_A} \quad ; \quad T_A = \frac{L_A}{R_A} \qquad\qquad K_2 = \frac{R_A}{c\,\Phi} \quad ; \quad T_M = \frac{J}{(c\,\Phi)^2}$$

$$m = c\,\Phi\,i_A \quad ; \quad u_q = c\,\Phi\,\omega$$

Bild 22. Strukturbild der Gleichstrommaschine bei konstantem Fluß

Asynchron-Kleinmotoren

Im Gegensatz zu den in V3.2 behandelten Drehstrommotoren für dreiphasige Versorgungsspannung handelt es
sich jetzt um Asynchronmaschinen, die am *Einphasen-
netz* 230 V, 50 Hz betrieben werden. Es ist bekannt, daß
ein Drehstrommotor im Falle der Unterbrechung einer
Phasenzuleitung im Lauf weiter ein (vermindertes) Drehmoment erzeugen, jedoch kein Anzugsmoment entwickeln
kann. Durch Anwerfen von außen kann er in jeder der
beiden Drehrichtungen hochlaufen.

Die Wirkungsweise des einphasig gespeisten Motors läßt
sich mit Hilfe der symmetrischen Komponenten erklären. Das Statorfeld weist dabei neben dem Mitsystem ein
ebenfalls synchron, aber in entgegengesetzter Richtung
drehendes Gegensystem auf. Bezüglich des Rotors läuft
das Mitsystem mit Schlupffrequenz sf_1, das Gegensystem
jedoch mit der Frequenz $(2-s)f_1$ um. Daher gilt das
Ersatzschaltbild (**Bild 10**) nunmehr für das Mitsystem,
für das Ersatzschaltbild des Gegensystems ist der bezogene Rotarwiderstand R_2'/s durch $R_2'/(2-s)$ zu ersetzen.
Im Falle des Drehstrommotors mit einer unterbrochenen
Phasenzuleitung speist die Außenleiterspannung die Reihenschaltung aus beiden Teilschaltbildern. Nach **Bild 24**
überlagern sich daher in der Maschine ein mitlaufendes
und ein gegenlaufendes Drehmoment. Man kann sich vorstellen, daß zwei gleiche Motoren als Mitsystemmotor und
als Gegensystemmotor auf eine gemeinsame Welle arbeiten.

Die Einphasen-Kleinmotoren sind gekennzeichnet durch
eine *Haupt-* oder *Arbeitswicklung* und eine *Hilfswicklung,*
wobei der Strom im Hilfsstrang eine räumlich und zeitlich
gegenüber dem Hauptstrang versetzte Wechselfeldkom-
ponente erzeugt, damit ein i.allg. unvollständiges Drehfeld entstehen kann. Dies geschieht durch phasendrehende
Mittel im Hilfsstromzweig; dafür sind im Prinzip Kapazitäten, Zusatzwiderstände oder Induktivitäten geeignet.
Bild 25 erläutert die Erzeugung eines Drehfelds, in dem
das Mitsystem das Gegensystem überwiegt. Es sei $\underline{B}_1$
der mit der Kreisfrequenz $+\Omega$ umlaufende Raumzeiger
des Mitsystems der Flußdichte, während das Gegensy-
stem $\underline{B}_2$ mit $-\Omega$ rotiert. Durch Superposition entsteht ein
unvollständiges Drehfeld, das durch die Ellipse mit gro-
ßer Halbachse $\overline{OC} = |\underline{B}_1| + |\underline{B}_2|$ und der kleinen Halbach-
se $\overline{OD} = |\underline{B}_1| - |\underline{B}_2|$ beschrieben wird. Ein symmetrisches

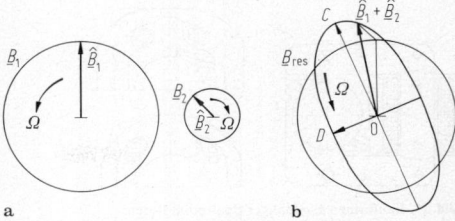

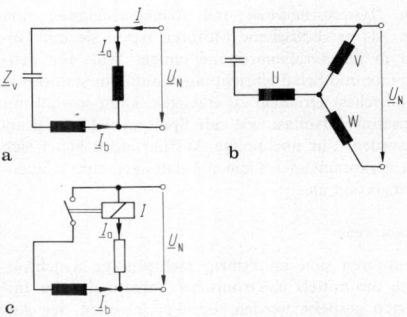

Bild 25. Raumzeigerbild zur Entstehung eines elliptischen Drehfelds. **a** Mitsystem- und Gegensystemkomponenten der Induktion;
b Überlagerung zum resultierenden Feld

Bild 26. Schaltbilder von Einphasen-Asynchronmotoren. **a** zwei-
strängiger Kondensatormotor; **b** dreisträngiger Motor in Steinmetzschaltung; **c** Widerstands-Hilfsphasenmotor mit Stromrelais

Drehfeld wäre in dieser Darstellung bei Verschwinden
der Gegensystemkomponente B_2 kreisförmig. Als Folge
erzeugt der Motor ein mittleres asynchrones Drehmoment, das von einem mit doppelter Netzfrequenz schwingenden Pendelmoment überlagert wird. Durch geeignete
Wahl der phasendrehenden Mittel kann für eine spezielle
Drehzahl ein symmetrischer Betrieb herbeigeführt werden,
wobei das Gegendrehfeld verschwindet. Die Symmetrierung erfolgt vorzugsweise für den Anlauf und/oder im
Bemessungspunkt.

Bild 26 zeigt gebräuchliche Schaltungen von *Einphasen-
Asynchronmotoren*. Ein Motor, bei dem der Hauptstrang
direkt und der Hilfsstrang über eine Kapazität ans Netz
angeschlossen wird, heißt *Kondensatormotor*. Bei **Bild 26a**
bleibt die Kapazität während des Betriebes eingeschaltet
(Betriebskondensator). **Bild 26b** zeigt eine Schaltung zur
Symmetrierung eines Drehstrommotors für Einphasenbe-
trieb (*Steinmetzschaltung*). Schließlich ist in **Bild 26c** ein
Widerstandshilfsphasenmotor abgebildet; beim Einschalten
wird mit Hilfe des erhöhten Widerstands im Hilfsstrang
ein Anzugsmoment erzeugt; nach erfolgtem Hochlauf wird
der Hilfsstrang (hier durch ein Stromrelais) abgeschaltet,
so daß im Betrieb nur die Hauptwicklung Strom führt.

Bei *Spaltpolmotoren* ist die Hilfswicklung in Form einer
kurzgeschlossenen, aus ein bis zwei Windungen pro Pol
bestehenden kurzgeschlossenen Spaltpolwicklung ausgeführt; der darin transformatorisch erzeugte Strom trägt
zur Entstehung eines unvollständigen Drehfelds bei und
verleiht dem Motor ein Anzugsmoment. **Bild 27** zeigt Beispiele für den Aufbau zweipoliger Spaltpolmotoren. Sie
sind gekennzeichnet durch sehr einfachen Aufbau, dem
aber andererseits nur geringe Werte des Leistungsfaktors
und des Wirkungsgrads gegenüberstehen.

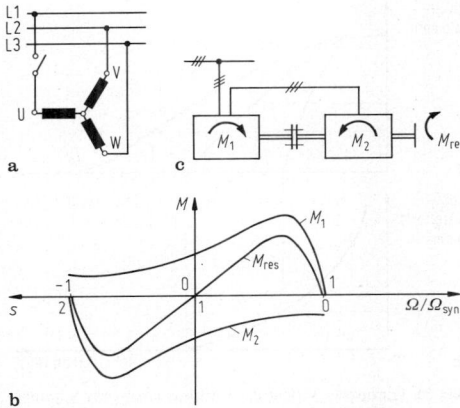

Bild 24. Einphasiger Betrieb eines Drehstrommotors infolge Unterbrechung einer Phase. **a** Schaltbild; **b** Entstehung des resultierenden Drehmomentverlaufs; **c** Ersatzanordnung aus zwei gekuppelten
symmetrischen Maschinen für Mitsystem *1* und Gegensystem *2*

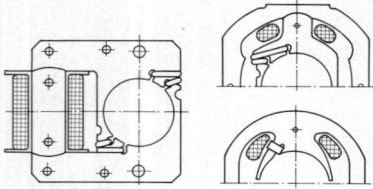

Bild 27. Bauformen zweipoliger Spaltpolmotoren

Synchron-Kleinmotoren für Netzbetrieb

Als Synchron-Kleinmotoren kommen *Permanentmagnet-motoren, Hysteresemotoren* und *Reluktanzmotoren* zum Einsatz. Als netzbetriebene Motoren treten sie mit Leistungen in der Größenordnung einiger Watt für Zeitdienstgeräte und Schalteinrichtungen auf. Um statorseitig ein (elliptisches) Drehfeld zu erzeugen, kann sowohl mit Kondensator-Hilfsphase wie mit Spaltpolwicklung gearbeitet werden. Für hochpolige Ausführungen bietet sich bei den vorkommenden kleinen Leistungen eine Klauenpolkonstruktion an.

Schrittmotoren

Schrittmotoren sind im Prinzip mehrphasige Synchronmotoren, die mittels elektronischer Schaltungen im Impulsbetrieb gespeist werden. Bei Fortschreiten der Ansteuerung um einen Schritt führen sie eine Drehung um den Schrittwinkel aus, so daß man sie auch als elektromechanische Digital-Analogwandler bezeichnen kann. Sie arbeiten permanenterregt oder nach dem Reluktanzprinzip; in den sog. *Hybridmotoren* tragen Komponenten nach beiden Prinzipien zum Drehmoment bei. Reine Reluktanz-Schrittmotoren können kein Haltemoment entwickeln. Für große Schrittwinkel (z. B. 7,5° bis 15°) werden auch Klauenpolmaschinen eingesetzt. Bei kleinen Schrittwinkeln (bis deutlich unter 1°) und hohen Anforderungen an die Genauigkeit sind Hybridmotoren üblich. Sie werden vorzugsweise mit hochwertigen Magneten (Cobalt-Samarium) ausgerüstet.

Die Wirkungsweise kann man sich anhand des einfachen Beispiels in **Bild 28** klarmachen. Es handelt sich um einen zweiphasigen, viersträngigen Motor mit Permanentmagnetrotor. Die Ansteuerung erfolgt unipolar über vier Transistorschalter. Bei Vorgabe eines Takts mit der Schrittfrequenz f_s führt der Motor im Vollschrittbetrieb die Schritte nach dem dargestellten Schema aus.

Der Hybridmotor weist im Rotor einen axial magnetisierten, konzentrisch angeordneten Ringmagneten auf, der zwischen zwei weichmagnetischen, mit Zahnkränzen versehenen Rotorscheiben angeordnet ist. Diese haben je z_r Zähne und sind um eine halbe Zahnteilung (eine Polteilung) gegeneinander verdreht. Für die Prinzipdarstellung in **Bild 29 a** wurden Rotorscheiben mit lediglich zwei Vorsprüngen (Zähnen) gewählt. In **Bild 29 b** erkennt man die Ausführung eines zweiphasigen Hybridmotors mit $z_r = 9$.

Das Betriebsverhalten eines Schrittmotors wird durch die *Betriebsgrenzlinien* im *Drehmoment-Schrittfrequenz-Diagramm* beschrieben. Bei der Darstellung ist die Betriebsweise anzugeben (Vollschritt- oder Halbschrittbetrieb, Speisung mit Konstantspannung oder Konstantstrom). **Bild 30** gibt ein Beispiel, in dem Kurve *a* die Begrenzung des Betriebsbereichs im synchronen Lauf bezeichnet. Kurve *b* zeigt die Begrenzung des Startbereichs des Motors ohne Zusatzmasse. Gegenüber Kurve *a* ist hier berücksichtigt, daß die Rotormasse aus dem Stand

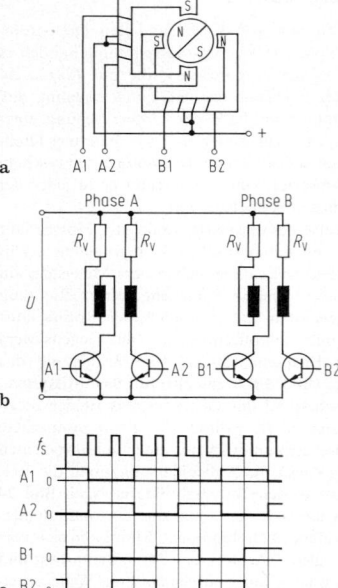

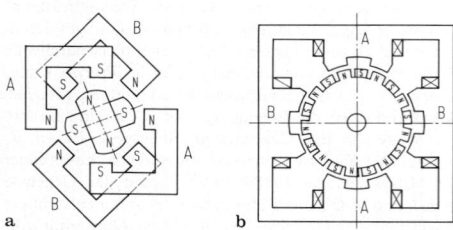

Bild 28. Zweiphasiger Permanentmagnet-Schrittmotor. **a** prinzipieller Aufbau für $2p = 2$ Pole, Schrittwinkel $\alpha = 90°$; **b** Schaltung zur unipolaren Speisung; **c** Steuerung im Vollschrittbetrieb

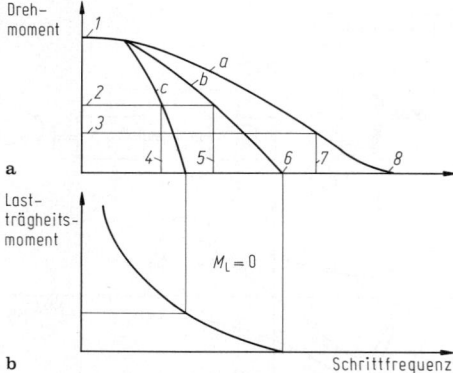

Bild 29. Zweiphasiger Hybrid-Schrittmotor. **a** prinzipieller Aufbau mit zwei Rotorscheiben $z_r = 2$, $\alpha = 45°$; **b** Ausführung mit $z_r = 9$, Schrittwinkel $\alpha = 10°$

Bild 30. Prinzipieller Verlauf der Betriebsgrenzen eines Schrittmotors nach DIN 42021 Teil 2. **a** Grenz-Drehmomente; **b** Grenz-Lastträgheitsmoment. *1* maximales Drehmoment, *2* Startgrenzmoment, *3* Betriebsgrenzmoment, *4* Startgrenzfrequenz ($J_L > 0$), *5* Startgrenzfrequenz ($J_L = 0$), *6* maximale Startfrequenz, *7* Betriebsgrenzfrequenz, *8* maximale Betriebsfrequenz

beschleunigt werden muß, ohne daß der Motor Schritte verliert. Wird der Motor mit einem Last-Trägheitsmoment gekuppelt, so vermindert sich die zulässige Startfrequenz weiter; **Bild 30 b** zeigt das Grenz-Lastträgheitsmoment als Funktion der Schrittfrequenz bei Lastmoment Null.

Elektronisch kommutierte Motoren

Diese Motoren sind vom Prinzip her ebenfalls Synchronmaschinen, die im Rotor eine Permanentmagneterregung und im Stator eine mehrsträngige Wicklung aufweisen, die von einer elektronischen Schaltung angesteuert wird. Im Gegensatz zu Schrittmotoren, die in offener Steuerkette betrieben werden, erfolgt hier die Ansteuerung in Abhängigkeit der Rotorposition, die mit Hilfe einer geeigneten Einrichtung, z.B. durch Hall-Sensoren gemessen werden muß, **Bild 31**. Meist wird durch eine Drehzahlregelung mit unterlagerter Stromregelung ein Verhalten wie beim Gleichstromantrieb herbeigeführt, so daß dieser Antrieb auch bürstenloser Gleichstrommotor genannt wird.

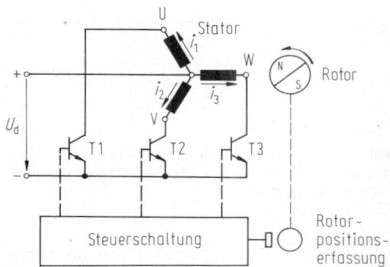

Bild 31. Schaltung eines bürstenlosen Gleichstrommotors (dreisträngig in Mittelpunktschaltung)

Gleichstrom-Kleinmotoren

Diese Motoren werden in großer Anzahl im Kraftfahrzeug als Hilfsantriebe eingesetzt und von Batteriespannung 12 oder 24 V gespeist. Im Vordergrund steht die kostengünstige Lösung, daher kommen bisher ausschließlich Ferritmagnete zum Einsatz, **Bild 32 a**. Dabei ist der hohe Wert des Temperaturkoeffizienten der Koerzitivfeldstärke von $+0,004\ \text{K}^{-1}$ und die Tatsache zu beachten, daß die Entmagnetisierungskennlinie bei großen negativen Feldstärken abknickt (s. **V 1** Bild 11). Die Auslegung hat daher sicherzustellen, daß bei der niedrigsten spezifizierten Umgebungstemperatur (z.B. −20° C) durch den Kurzschlußstrom beim Anlauf keine bleibende Entmagnetisierung herbeigeführt werden kann.

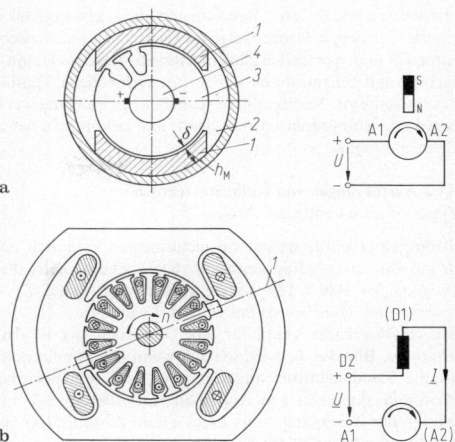

Bild 32. Aufbau und Schaltbilder von Kommutator-Kleinmotoren. **a** Ferritmagnet-Gleichstrommotor für 12 V, 1 Magnetsegment, 2 Eisenrückschluß, 3 Anker, 4 Kommutator mit aufliegenden Bürsten; **b** Universalmotor mit Verschiebung der Bürstenachse, 1 Kommutierungsachse

Universalmotoren

Der Name bezeichnet Reihenschluß-Kommutatormotoren, die an Gleich- und Wechselspannung laufen können; sie werden heute ausschließlich für Einphasen-Wechselstrom und zwar in der Hausgerätetechnik eingesetzt. Von Vorteil ist, daß ihre Höchstdrehzahl nicht an die Netzfrequenz gebunden ist; bei Drehzahlen bis 25 000 min^{-1} wie bei Staubsaugergebläsen werden daher günstige Leistungsgewichte der Motoren erzielt.

Der Universalmotor ist nach **Bild 32 b** aufgebaut und weist im Prinzip eine Reihenschlußkennlinie nach **Bild 21 b** auf. Da Ankerstrom und Fluß netzfrequente Schwingungen ausführen, besteht das Drehmoment aus einem Gleichwert und einem überlagerten Pendelmoment doppelter Speisefrequenz mit annähernd gleich großer Amplitude. Der einfache Aufbau erlaubt den Einbau von Wendepolen nicht, jedoch kann eine befriedigende Kommutierung dadurch herbeigeführt werden, daß durch Verdrehung der Bürstenachse, beim Motor gegen die Drehrichtung, in der Wendezone ein Feld erzeugt wird derart, daß die Reaktanzspannung (in einem Lastpunkt vollständig) kompensiert wird. Allerdings tritt in den kommutierenden Spulen zusätzlich eine transformatorisch induzierte Spannung auf, die sich mit einfachen Mittel nicht kompensieren läßt. Die Betriebsdauer mit einem Bürstensatz liegt daher bei maximal etwa 2 500 h.

---

4 Leistungselektronik
Power electronic

4.1 Grundlagen und Bauelemente
Fundamentals and components

4.1.1 Allgemeines. General

Die Aufgaben der Leistungselektronik sind das *Schalten, Steuern* und *Umformen* elektrischer Energie mittels elektronischer Bauelemente. In der elektrischen Antriebstechnik, in der Energieverteilung, in Elektrochemie und Elektrowärme werden Betriebsmittel der Leistungselektronik in zunehmendem Umfange eingesetzt [5–7].

Aufgabe der *Stromrichter* ist das Umformen oder Steuern elektrischer Energie. Nach ihren Grundfunktionen sind es *Gleichrichter* und *Wechselrichter*, des weiteren *Umrichter* für Gleichstrom und Umrichter für Wechselstrom. In allen Fällen werden Wechsel- und/oder Gleichstromsysteme miteinander gekuppelt. Beim *Gleichrichterbetrieb* fließt elektrische Energie vom Wechsel- zum Gleichstromsystem; im *Wechselrichterbetrieb* ist es umgekehrt.

Stromrichterventile sind Bauelemente der Leistungselektronik, mit denen Stromzweige abwechselnd in elektrisch leitenden und sperrenden Zustand versetzt werden. Hauptsächlich auf Siliziumbasis stehen unterschiedliche Ventilbauelemente zur Verfügung. In schneller Entwicklung werden die Leistungsgrenzen verbessert, und es kommen neue Elemente hinzu.

4.1.2 Ausführungen von Halbleiterventilen
Types of semi-conductor valves

Stromrichterventile weisen ein nichtlineares Verhalten im Strom-/Spannungsdiagramm auf. Nicht steuerbar ist die *Diode* (s. **V 1 Bild 3**, I 2). Als steuerbare Ventile sind *Thyristoren* und *Transistoren* bekannt (s. I 3 und 4).
Ein einschaltbares Ventil für eine Stromrichtung ist der *Thyristor*, **Bild 1 a**. Er wird leitend, wenn ein Zündimpuls an die Steuerelektrode angelegt wird und eine positive Spannung (gerichtet von Anode zu Kathode) anliegt. Es erfolgt der Übergang vom blockierten Zustand (A) in den Durchlaßbereich (E). Der Thyristor schaltet ab, wenn sein Strom den Wert des Haltestroms unterschreitet. Dazu muß er durch eine äußere Spannung in den Sperrzustand (R) gebracht werden. Die Quelle dieser Spannung kann außerhalb oder innerhalb des Stromrichters angeordnet sein.
Im Unterschied hierzu gibt es abschaltbare Thyristoren, für die sich die Bezeichnung *GTO-Thyristor* (engl.: gate turn-off thyristor) eingeführt hat.
Ein *Triac* verhält sich wie zwei gegenparallel geschaltete Thyristoren, weist jedoch nur eine Steuerelektrode auf, **Bild 2 a**.
GTO-Thyristoren lassen sich über die Steuerelektrode sowohl einschalten als auch abschalten, **Bild 2 b**. Eine löschbare Ventilschaltung läßt sich mit Hilfe eines (einfachen) Thyristors S_1 und eines Hilfsthyristors S_2 herstellen.
Wird einem Thyristor (Stromventil) eine gegenparallele Diode zugeschaltet, so entsteht ein Ventil für zwei Stromrichtungen, das *Spannungsventil* genannt wird, **Bild 2 c**.
Die beiden Grundbauformen der *Transistoren* sind Bipolar- und Feldeffekttransistoren; bei letzteren werden Sperrschicht-Feldeffekttransistoren (*JFET*) und *MOS*-Transistoren (engl.: metal oxide semiconductor) unterschieden.
In der Emitterschaltung eines Transistors fließt der Last-

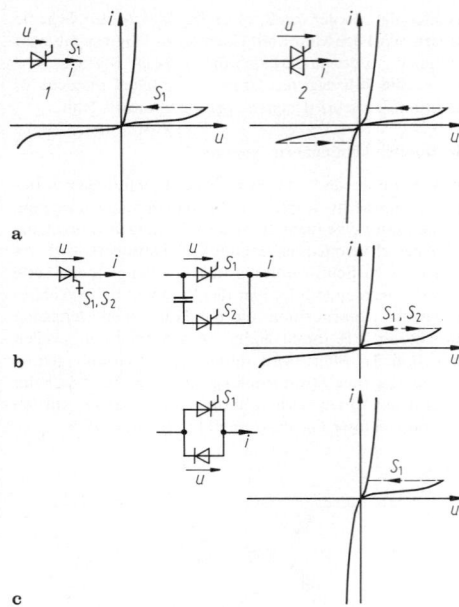

a

b

c

Bild 2. Verhalten von Ventilen. **a** Stromventile, *1* Thyristor, *2* Triac; **b** Stromventile abschaltbar (GTO bzw. Zwangslöschung); **c** Spannungsventil (Thyristor mit Diode)

strom von Collector zu Emitter; er wird über die Basis-Emitterstrecke durch den Strom i_B gesteuert, **Bild 1 b**. Im Kennfeld läßt sich der Sperrbereich (A) und der Sättigungsbereich (E) erkennen. Feldeffekttransistoren dagegen führen den Laststrom zwischen Drain und Source; sie werden durch die Spannung u_{GS} zwischen Gate und Source gesteuert.
Ein neues Bauelement ist der *IGBT* (engl.: insulated-gate bipolar transistor). Er verbindet Vorteile des bipolaren Transistors (niedrige Durchlaßverluste) mit denen des FET (niedrige Steuerleistung). Weitere Bauelemente sind in der Entwicklung oder Einführung.

4.1.3 Leistungsmerkmale der Ventile
Power characteristics of valves

Zu den technischen Daten der Leistungshalbleiter gehören die Grenzwerte für Sperrspannung und Durchlaßstrom. Außerdem sind bei den schaltbaren Elementen die zulässigen Schaltfrequenzen zu beachten. Zusammen bestimmen diese Größen die Grenzen des Schaltvermögens.
Die Halbleiter-Datenblätter geben verschiedene Grenzwerte an, die als absolute Obergrenzen zu verstehen sind. Es sind dies für Dioden die höchste Stoßspitzensperrspannung U_{RSM} und für Transistoren die höchste zulässige positive bzw. negative Spitzensperrspannung (U_{RDM}, U_{RRM}) als Augenblickswerte. Der Dauergrenzstrom I_{TAV} für Thyristoren und I_{FAV} für Dioden ist der höchstzulässige arithmetische Mittelwert des Durchflußstroms bei 180° Stromflußwinkel.
Zum Schutz vor unzulässigen Spannungsbeanspruchungen werden Halbleiterventile beschaltet. Solche Beschaltungen dienen der Dämpfung von Überspannung infolge des Trägerstaueffekts durch die beim Abschalten auftretende Rückstromspitze, ferner zur Begrenzung der Spannungssteilheit und der Stromsteilheit im Betrieb. Dazu werden RC-Glieder eingesetzt, die im Zusammenwirken

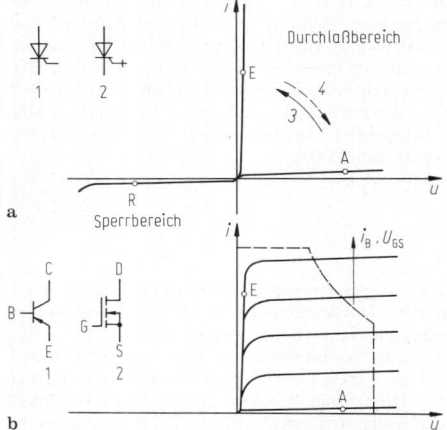

a

b

Bild 1. Steuerbare Ventilbauelemente. **a** Thyristor (einschaltbar) und GTO-Thyristor (ein- und abschaltbar), *1* zündbar, *2* abschaltbar (GTO), *3* zünden, *4* abschalten; **b** Transistoren, *1* bipolar, *2* MOSFET

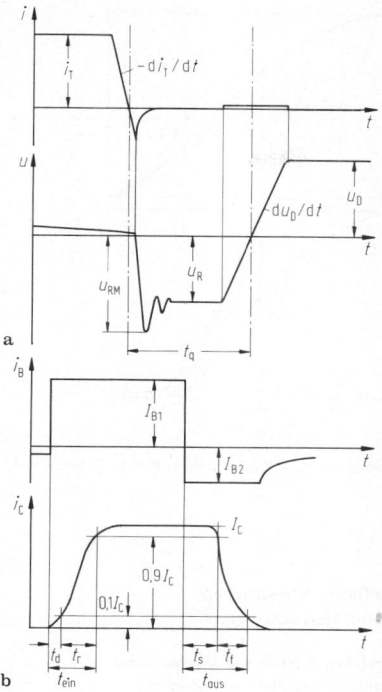

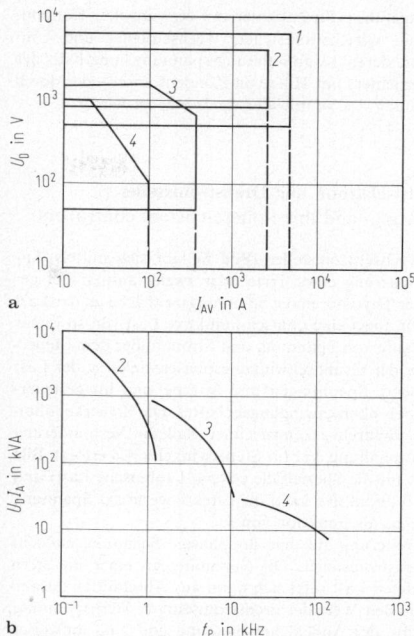

Bild 3. Schaltverhalten von Halbleiterventilen. **a** Thyristor (i_T Durchlaßstrom, u_A negative Sperrspannung, u_D positive Sperrspannung; **b** Transistor (i_B Basisstrom, i_C Kollektorstrom)

Bild 4. Einsatzbereiche der Ventilbauelemente (Erläuterungen im Text). **a** Leistungsvermögen; **b** Pulsfrequenzen

mit der Streuinduktivität der Schaltung Schwingkreise bilden. Zur Begrenzung der Stromsteilheiten können zusätzliche Induktivitäten in der Stromrichterschaltung erforderlich werden.

Beim Abschalten des Stroms durch einen Thyristor muß vorübergehend eine negative Sperrspannung zwischen Anode und Kathode anliegen, ehe eine Sperrspannung in Vorwärtsrichtung gehalten werden kann. Die dafür erforderliche Zeitdauer wird Freiwerdezeit t_q genannt, **Bild 3a**. Typische Freiwerdezeiten normaler Thyristoren (Netzthyristoren) liegen, mit der Baugröße zunehmend, zwischen 20 und 200 µs. Für den Betrieb in selbstgeführten Wechselrichtern und bei Frequenzen oberhalb 60 Hz werden sog. Frequenzthyristoren mit kürzeren Freiwerdezeiten zwischen 12 und 20 µs angeboten.

Leistungstransistoren werden in unterschiedlichen Technologien gefertigt. Der Arbeitsbereich von bipolaren Transistoren wird durch die zulässigen Werte der Kollektor-Emitterspannung U_{CE} und des Kollektorstroms I_C begrenzt, wobei die zulässige Verlustleistung nicht überschritten werden darf. Charakteristisch ist weiterhin eine Einschaltzeit t_{ein} und eine Abschaltzeit t_{aus}. Letztere ist jene Zeit, während der im Schaltbetrieb nach dem Abschalten des Steuerstroms I_{B1} der Ausgangsstrom auf 10% seines Maximalwerts absinkt, **Bild 3b**; sie setzt sich aus der Speicherzeit t_s und der Abfallzeit t_f zusammen. Bei Feldeffekttransistoren ist der Arbeitsbereich durch die Maximalwerte der Drain-Source-Spannung U_{DS} und des Drainstroms I_D gegeben. Auch hier spielt für den Impulsbetrieb die Abschaltverzögerungszeit t_{aus} eine Rolle. Nach dem Stand der Technik lassen sich in einem Bauelement Grenzwerte des Produkts aus periodischer Sperr-

spannung und Gleichstrommittelwert von über 10 MVA darstellen, **Bild 4**. Die höchsten Schaltleistungen bei den größten Spannungen lassen sich mit Thyristoren *1* darstellen. GTO-Thyristoren *2* stehen ihnen heute in den Leistungsmerkmalen wenig nach. Im Bereich niedrigerer Schaltleistungen finden mit zunehmender Tendenz Transistoren *3* und MOSFETs *4* Anwendung. Die zulässigen Pulsfrequenzen liegen für Thyristoren bei einigen hundert Hz und steigen bei MOSFET-Transistoren auf über 50 kHz.

In den Halbleiterventilen entstehen Durchlaß-, Sperr- und Schaltverluste. Letztere steigen mit zunehmender Stromsteilheit und Frequenz an. Die zulässige Verlustleistung eines Bauelements bestimmt sich abhängig von der Sperrschichttemperatur, dem gesamten Wärmewiderstand und der Kühlmitteltemperatur.

4.1.4 Einteilung der Stromrichter. Definition of converters

In den Stromrichterschaltungen wird der Übergang des Stroms von einem Zweig in einen anderen als Kommutierung bezeichnet, wobei während einer Überlappungszeit in beiden Zweigen Strom fließt. Dabei bewirkt die Kommutierungsspannung, daß der Strom im einen Zweig abnimmt, während er im anderen zunimmt.

Die Herkunft der Kommutierungsspannung ist ein wichtiges Merkmal für die Stromrichterschaltungen. Sie können hiernach eingeteilt werden; in der folgenden Aufzählung sind jedoch auch Stromrichter aufgenommen, bei denen keine Kommutierungsvorgänge auftreten:

– Stromrichter ohne Kommutierung: Wechselstrom- und Drehstromsteller; Halbleiterschalter.
– Fremdgeführte Stromrichter mit natürlicher Kommutierung: Gleichrichter, Wechselrichter und Umrichter, deren Kommutierungsspannung vom Netz oder von der Last bereitgestellt wird.

– Selbstgeführte Stromrichter mit erzwungener Kommutierung: Gleichstromsteller, Wechselrichter und Umrichter, deren Kommutierungsspannung innerhalb des Stromrichters mit Hilfe von Kondensatoren oder durch Erhöhung des Ventilwiderstands erzeugt wird.

4.2 Wechselstrom- und Drehstromsteller
Alternating- and three-phase-current controllers

Beim Wechselstromsteller (**Bild 5**) läßt sich mittels Anschnittsteuerung eines Triac oder zweier antiparallel geschalteter Thyristoren die Spannungszeitfläche an der Last einstellen. Liegt eine ohmsch-induktive Last vor, so ist für die Verläufe von Spannung und Strom außer dem Steuerwinkel α der Grundschwingungsphasenwinkel φ der Last maßgebend. Spannungen und Ströme sind im gesteuerten Betrieb oberschwingungsbehaftet. Die Steuerkennlinien sind dadurch gekennzeichnet, daß die Verminderung der Lastspannung erst für Steuerwinkel $\alpha > \varphi$ erfolgt. **Bild 6a** zeigt für die Spezialfälle $\cos \varphi = 1$ (ohmsche Last) und $\cos \varphi = 0$ (induktive Last) die Effektivwerte der Spannung des Stroms als Funktion von α.

Bei Erweiterung auf eine dreiphasige Schaltung entsteht der Drehstromsteller. Die Spannung an einer im Stern geschalteten Last setzt sich dann aus Abschnitten zusammen, die den Wert der drehstromseitigen Sternspannung, die Hälfte der Außenleiterspannung und Null aufweisen können. **Bild 6b** zeigt Steuerkennlinien, die nunmehr bei $\alpha = 150°$ begrenzt sind.

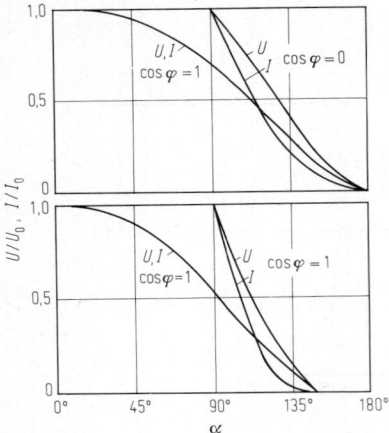

Bild 6. Steuerkennlinien. **a** Wechselstromsteller; **b** Drehstromsteller

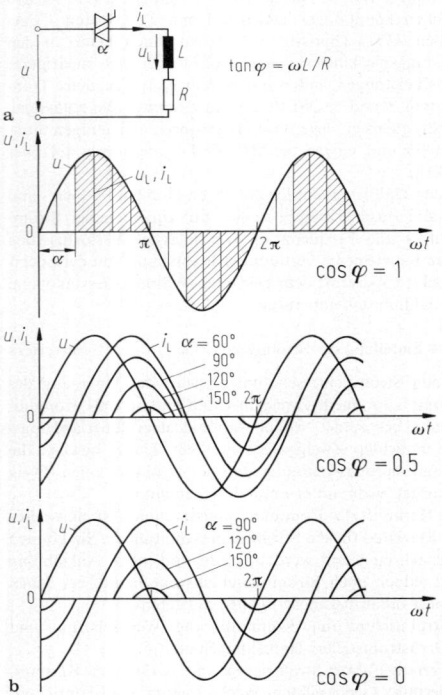

Bild 5. Wechselstromsteller. **a** Schaltung; **b** Spannungs- und Stromverlauf

4.3 Netzgeführte Stromrichter
Line-commutated converters

4.3.1 Netzgeführte Gleich- und Wechselrichter
Line-commutated rectifiers and inverters

Die meisten regelbaren Gleichstromantriebe werden aus dem Drehstromnetz über einen netzgeführten Stromrichter gespeist. Den Mittelwert der Gleichspannung verändert man durch Anschnittsteuerung. Bei entsprechender Schaltung kann der Stromrichter außer im Gleichrichterbetrieb auch im Wechselrichterbetrieb gefahren werden.
In der Regel wird die Drehstromleistung über einen Stromrichtertransformator umgeformt. Die leistungselektronischen Schaltungen weisen verschiedene Merkmale auf, darunter die Art der Schaltung (hauptsächlich Mittelpunkt- und Brückenschaltung) und die Art der Steuerung (ungesteuert, halbgesteuert oder vollgesteuert). Für das Betriebsverhalten sind kennzeichnend
– die Pulszahl p (Anzahl der nicht gleichzeitig auftretenden Kommutierungen in einer Netzperiode),
– die Kommutierungszahl q (Anzahl der während einer Netzperiode auftretenden Kommutierungen einer Kommutierungsgruppe) und
– die Anzahl s der in Reihe geschalteten Kommutierungsgruppen.
Die ideelle Gleichspannung ergibt sich in Abhängigkeit der ventilseitigen Transformatorsternspannung U_s als

$$U_{di} = \sqrt{2} U_s (s \cdot q/\pi) \sin(\pi/q). \tag{1}$$

Zur Beschreibung des Betriebsverhaltens eines netzgeführten Stromrichters wird wechselstromseitig eingeprägte sinusförmige Spannung und gleichstromseitig eingeprägter (reiner) Gleichstrom vorausgesetzt; dazu dient die Vorstellung, daß gleichstromseitig eine Drossel unendlich großer Induktivität vorhanden ist.
In **Bild 7** sind Beispiele häufig vorkommender Schaltungen angegeben. Neben der relativen ideellen Gleichspannung U_{di}/U_s sind charakteristische Parameter für eine gegebene Schaltung weitere Größen wie die auf U_{di} bezogene Ventilspannung U_v und der auf den Gleichstromwert I_d bezogene relative Zweigstrom (als Mittelwert und als Effektivwert) sowie der relative netzseitige Strom.

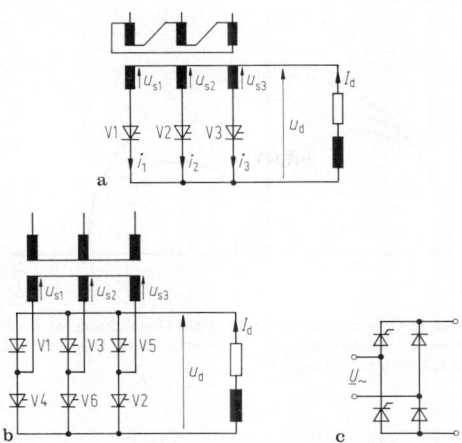

Bild 7. Netzgeführte Stromrichterschaltungen. **a** Dreipuls-Mittelpunktschaltung; **b** Sechspuls-Brückenschaltung; **c** Zweipuls-Brückenschaltung, unsymmetrisch halbgesteuert

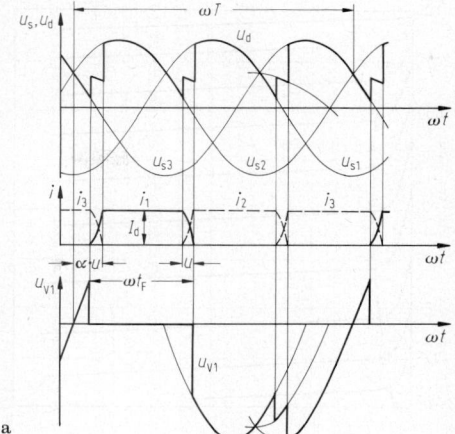

4.3.2 Steuerkennlinien. Control characteristics

Die Steuerkennlinien geben den Verlauf der gesteuerten ideellen Gleichspannung in Abhängigkeit vom Steuerwinkel α an. Dabei ist von Bedeutung, ob der Strom I_d lückt. Nicht lückender Strom ist dadurch gekennzeichnet, daß der Strom zu keiner Zeit während der Netzperiode Null wird. Außerdem ist die Überlappung der Ströme während des Kommutierungsvorgangs zu beachten.

Vollgesteuerte Schaltungen (**Bild 7a, b**) lassen sich über den Gleichrichterbetrieb ($0 < \alpha < 90°$) hinaus in den Wechselrichterbetrieb steuern ($90° < \alpha < \alpha_{max}$ mit $\alpha_{max} \approx 150°$); beim Durchfahren von $\alpha = 90°$ wechselt das Vorzeichen der Spannung U_d. Daneben werden auch halbgesteuerte Schaltungen eingesetzt (z.B. nach **Bild 7c**), bei denen nur die Hälfte der Stromrichterzweige steuerbar ausgeführt ist. Diese lassen keinen Wechselrichterbetrieb zu. Bei Voraussetzung nicht lückenden Stroms und Vernachlässigung der Überlappung folgt die gesteuerte ideelle Gleichspannung einem Sinusgesetz:

– Für vollgesteuerte Schaltungen (ohne Freilaufdiode)

$$U_{di\alpha}/U_{di} = \cos\alpha. \tag{2}$$

– Für halbgesteuerte Schaltungen (und solche mit Freilaufdiode)

$$U_{di\alpha}/U_{di} = 1/2(1 + \cos\alpha). \tag{3}$$

Bei Belastung tritt die Kommutierung auf. Jeweils zwei Phasen bilden einen Stromkreis, in dem die Außenleiterspannung der beteiligten Phasen als Kommutierungsspannung eingeprägt ist und der die wechselstromseitige Kurzschlußimpedanz der Schaltung enthält. Letztere ist im wesentlichen durch den Stromrichtertransformator bestimmt; es überwiegt der induktive Anteil, dargestellt durch die Kurzschlußinduktivität L_k oder die relative Kurzschlußspannung u_k. Eine ebenfalls auftretende ohmsche Gleichspannungsänderung aufgrund des Widerstands im Kommutierungskreis ist in der Regel klein gegen die induktive Änderung.

Die Kommutierung, gekennzeichnet durch den Überlappungswinkel u, wirkt sich in einer Verminderung der gesteuerten Gleichspannung aus, **Bild 8**. Es tritt ein Spannungsabfall U_{dx} auf, der induktive Gleichspannungsän-

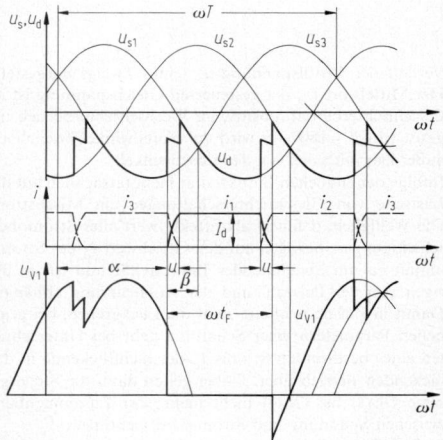

Bild 8. Spannungs- und Stromverlauf der Dreipuls-Schaltung. **a** Gleichrichterbetrieb; **b** Wechselrichterbetrieb

derung genannt wird. Für vollgesteuerte Schaltungen ist nunmehr (anstelle von Gl. (2)) die gesteuerte Gleichspannung

$$U_{d\alpha}/U_{di} = \cos\alpha - d_x; \quad \text{mit } d_x = U_{dx}/U_{di},$$
$$\cos u_0 = 1 - 2d_x. \tag{4}$$

Für eine gegebene Schaltung ist das Verhältnis d_x/u_k ein konstanter Parameter. Der Überlappungswinkel u ist abhängig vom Steuerwinkel α; bei Vollaussteuerung ($\alpha = 0$) tritt die oben angegebene Anfangsüberlappung u_0 auf.

Bild 8 zeigt für das Beispiel der gesteuerten *Dreipuls-Mittelpunktschaltung* den zeitlichen Verlauf der Spannungen und Ströme in einem Gleichrichter- und einem Wechselrichterbetrieb. Es sind u_{s1}, u_{s2}, u_{s3} die sekundärseitigen Sternspannungen des Stromrichtertransformators. Der Strom I_d ist konstant vorausgesetzt; er setzt sich aus den Ventilströmen i_1, i_2, i_3 zusammen. Dabei ist die Kommutierung berücksichtigt. Die gleichstromseitige Spannung u_d setzt sich aus Abschnitten der sinusförmigen Phasenspannungen zusammen; für die Zeitdauer des Überlappungswinkels u jedoch ist der Spannungsmittelwert der beteiligten Zweige maßgebend. Weiter ist der

V

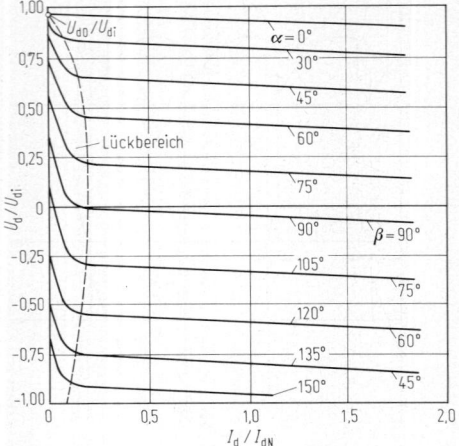

Bild 9. Lastkennlinien des netzgeführten Stromrichters

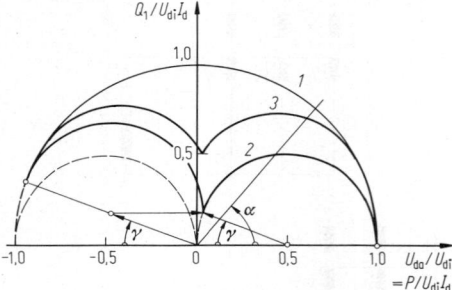

Bild 10. Ortskurven der Wirkleistung und Grundschwingungsblindleistung. *1* vollgesteuert, *2* halbgesteuert, auch Folgesteuerung, *3* Folgesteuerung bei $u_0 = 40°$

Verlauf der Ventilspannung u_{v1} eines Zweigs dargestellt. Der Mittelwert U_d der gesteuerten Gleichspannung ist im Gleichrichterbetrieb positiv, im Wechselrichterbetrieb negativ. Mit $\beta = 180° - \alpha$ wird der Voreilwinkel bezeichnet; außerdem mit $\gamma = \beta - u$ der Löschwinkel.

Infolge der endlichen Induktivität fließt tatsächlich auf der Lastseite von Gleichrichterschaltungen ein Mischstrom. Die Welligkeit, definiert als Effektivwert aller Stromoberschwingungen, bezogen auf den Gleichwert I_d des Stroms, nimmt zu mit abnehmender Induktivität und ist im übrigen von der Pulszahl und der Aussteuerung abhängig. Damit in Zusammenhang steht die Lückgrenze; bei gegebenen Parametern einer Schaltung geht bei Unterschreiten eines bestimmten Stroms I_d der nichtlückende in den lückenden Betrieb über. Dabei gelten dann die Steuergesetze Gl. (2) bis Gl. (4) nicht mehr; der Zusammenhang zwischen Spannung und Strom wird nichtlinear.

In **Bild 9** sind Belastungskennlinien eines vollgesteuerten, netzgeführten Stromrichters dargestellt. Dem I. Quadranten ist der Gleichrichter-, dem IV. Quadranten der Wechselrichterbetrieb zugeordnet. Parameter ist der Steuerwinkel α, im Wechselrichterbetrieb wird auch der Voreilwinkel β verwendet.

4.3.3 Umkehrstromrichter. Reversing converters

Umkehrstromrichter ermöglichen den Betrieb in allen vier Quadranten der gleichstromseitigen $U_d(I_d)$-Ebene. Dazu werden vorzugsweise zwei Drehstrombrückenschaltungen gegenparallel angeordnet. Gefordert wird die Möglichkeit einer schnellen Umsteuerung des Gleichrichterbetriebs von einer Stromrichtung in die andere. Dies ist sowohl mit der kreisstrombehafteten wie mit der kreisstromfreien Schaltung möglich. Im ersten Falle wird durch einen Kreisstrom, der größer als der Lückeinsatzstrom ist, eine hohe Dynamik erreicht. Verlustärmer ist der kreisstromfreie Betrieb, in dem beim Reversieren eine stromlose Pause von einigen Millisekunden eingehalten werden muß.

4.3.4 Netzrückwirkungen. Line interaction

Die Leistungsumformung durch Stromrichter erzeugt im Netz
– *Stromoberschwingungen*, die infolge der Netzimpedanzen Spannungsoberschwingungen hervorrufen und

– *Blindleistungsbedarf* durch die Kommutierung (Kommutierungsblindleistung) und durch die Anschnittsteuerung (Steuerblindleistung) [8].

Oberschwingungsströme können durch Saugkreise (Reihenschaltungen aus L und C), die auf die Frequenzen der auftretenden Harmonischen abzustimmen sind, kurzgeschlossen und damit vom Netz ferngehalten werden. Saugkreise sind hauptsächlich für die Ordnungszahlen $(p \pm 1)$ vorzusehen.

Die Scheinleistung am Eingang der Stromrichterschaltung setzt sich nun aus der Wirkleistung P, der Grundschwingungsblindleistung Q_1 und der Verzerrungsleistung D zusammen. Letztere erfaßt man, wenn die Spannung als oberschwingungsfrei vorausgesetzt wird, in Erweiterung von V 1 Gl. (38) für die einphasige Schaltung durch das Produkt

$$D = U\sqrt{I_2^2 + I_3^2 + \dots}$$

Bei verlustlos angenommenem Stromrichter können Leistung und Grundschwingungs-Steuerblindleistung auch aus den gleichstromseitigen Größen berechnet werden. In der Ortskurvendarstellung der komplexen Leistung (**Bild 10**) ergeben sich Kreise mit dem Steuerwinkel α als Parameter. Es zeigt sich, daß bei der vollgesteuerten Schaltung *1* mit zunehmender Aussteuerung die Steuerblindleistung zunimmt, bis sie bei $U_{di\,\alpha} = 0$ gleich groß ist wie die Wirkleistung bei Vollaussteuerung. Günstiger ist das Blindleistungsverhalten der halbgesteuerten Schaltung *2*; hier erreicht die Blindleistung maximal den halben Wert des vorher beschriebenen Falls. Ähnliche Einsparungen an Blindleistung erzielt man mit einer Folgesteuerung, bei der zwei gleichartige Teilstromrichter in Reihe geschaltet sind. Ein kleinster Löschwinkel γ ist jeweils einzuhalten. Außer der Steuerblindleistung nimmt der Stromrichter auch die Kommutierungsblindleistung auf. Daher sind die Werte bei Vollaussteuerung von der Anfangsüberlappung u_0 abhängig *3*. Die Ortskurven sind annähernd weiterhin Kreisbögen.

4.3.5 Direktumrichter. Direct converters

Direktumrichter als Drehstrom-Drehstrom-Umrichter sind netzgeführte Schaltungen, die für jede Phase einen Doppelstromrichter benötigen. Am bekanntesten ist die aus sechs vollständigen Drehstrom-Brückenschaltungen bestehende Lösung.

Die Ausgangsspannung wird durch ein Steuerverfahren (Trapezumrichter oder Steuerumrichter mit sinusförmiger Ansteuerung) aus Abschnitten der sinusförmigen Eingangsspannung gebildet, **Bild 11**. Die Ausgangsfrequenz

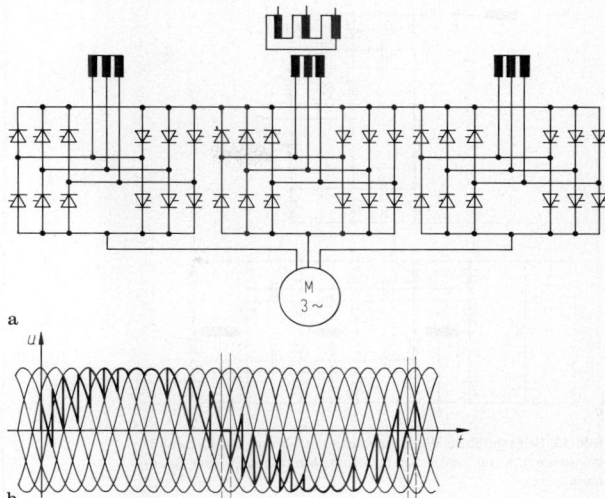

Bild 11. Direktumrichter. **a** Prinzipschaltbild;
b Betriebsverhalten als Steuerumrichter

ist beschränkt auf den Bereich zwischen 0 und etwa 40%
der Eingangsfrequenz. Daher ist der Direktumrichter mit
Einspeisung vom Netz auf Anwendungen mit relativ niedrigen Frequenzen beschränkt.

4.4. Selbstgeführte Stromrichter
Self-commutated converters

4.4.1 Gleichstromsteller. Chopper controllers

Gleichstromsteller erlauben die verlustarme Verstellung
des Gleichwerts der Spannung an einer Last, die von einer Gleichstromquelle gespeist wird. Dies geschieht unter
Verwendung eines Schalters S (**Bild 12a**), der im Pulsbetrieb ein- und ausschaltet. Die Ausführung des Schalters erfordert löschbare Ventile. Neben Transistoren oder
GTO-Thyristoren können dies auch Thyristorschaltungen
mit Zwangskommutierung leisten. **Bild 12a** zeigt eine solche Schaltung mit dem Hauptthyristor T_1 und der aus
Löschkondensator C_k und Hilfsthyristor T_2 bestehenden
Löscheinrichtung. Der Löschvorgang wird durch Zünden

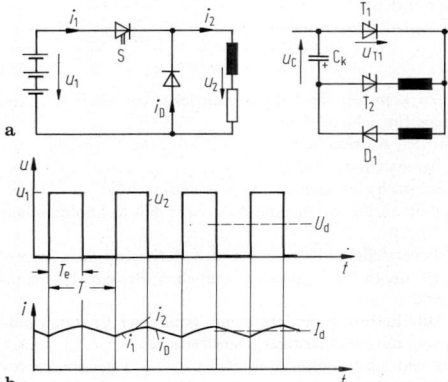

Bild 12. Gleichstromsteller. **a** Tiefsetzsteller (S Schalter allgemein,
daneben als zwangsgelöschter Thyristor); **b** Betriebsverhalten bei
Pulsbreitensteuerung

des Hilfsthyristors eingeleitet. Nach dem Wiedereinschalten des Hauptthyristors wird der Löschkondensator über
den Umschwingkreis aus einer Induktivität mit Sperrdi-
ode wieder für den nächsten Löschvorgang aufgeladen.
Zur Verstellung der Spannung wird in einem Pulsverfahren das Verhältnis der Einschaltdauer T_e zur Periodendauer T verändert. Dazu kann die Pulsbreitensteuerung
($T = $ const) oder die Pulsfolgesteuerung ($T_e = $ const) verwendet werden. In **Bild 12b** ist ein stationärer Betrieb mit
Pulsbreitensteuerung dargestellt; für die Einschaltzeit T_e
liegt die Batteriespannung an der Last, während für den
Rest der Periodendauer T der Laststrom mit Hilfe der
Kreisinduktivität als i_D durch die Freilaufdiode weiter-
fließt. Die Schaltung in **Bild 12a** zeigt einen Tiefsetzsteller;
als Variante hierzu kann im Gleichstrom-Hochsetzsteller
Leistung von der Seite niedriger zu der Seite höherer Spannung transportiert werden. In der Antriebstechnik wird
diese Möglichkeit zur Energierücklieferung beim Bremsen
genutzt.

4.4.2 Selbstgeführte Wechselrichter und Umrichter
Self-commutated inverters and converters

Selbstgeführte Wechselrichter treten meistens in Zwischenkreisumrichtern auf. Dies sind Wechselstromumrichter, die
durch Hintereinanderschaltung eines Gleichrichters und
eines selbstgeführten Wechselrichters mit einem Energiespeicher im Zwischenkreis entstehen.
Es haben sich einige Grundformen solcher Wechselrichter
herausgebildet:

Wechselrichter mit eingeprägtem Zwischenkreisstrom. Die
Ventile sind als Thyristoren in Brückenschaltung angeordnet; Kommutierungskondensatoren befinden sich zwischen den Phasen. In einem solchen Sechspuls-Wechsel-
richter wird der Zwischenkreisstrom durch zyklisches Zünden der Ventile den Phasen als Rechteckschwingung eingeprägt, **Bild 13a**.

Wechselrichter mit eingeprägter Zwischenkreisspannung.
Der Wechselrichter hat Ventile für beide Stromrichtungen.
Bei ohmscher Last fließen die Ströme über abschaltbare
oder zwangskommutierte Ventile. Treten lastseitig Blind-
ströme auf, so tragen auch die in den Rücklaufzweigen
angeordneten Dioden zum Stromfluß bei, **Bild 13b**.

V

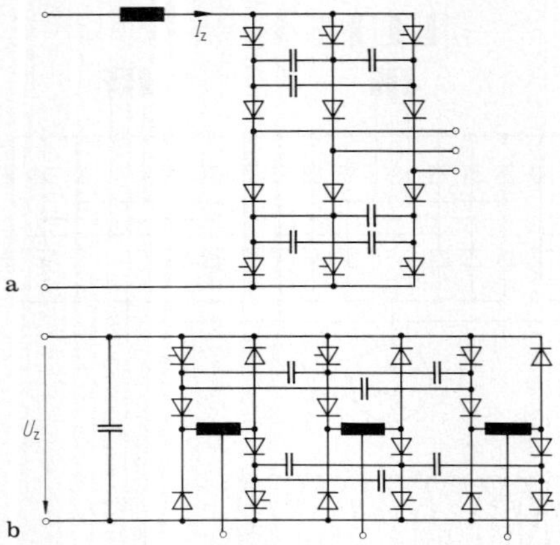

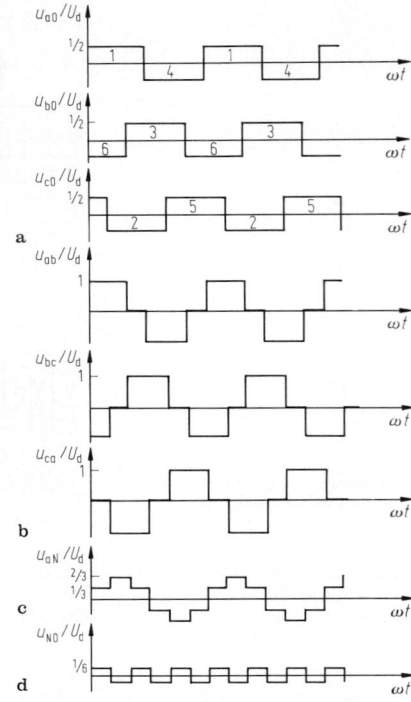

Bild 13. Selbstgeführte Wechselrichter (Ausführung mit Phasenfolgelöschung). **a** mit eingeprägtem Strom; **b** mit eingeprägter Spannung

Bild 14. Spannungsverläufe beim U-Umrichter. **a** Klemmenpotentiale; **b** Außenleiterspannungen; **c** Phasenspannung; **d** Spannung zwischen Sternpunkt N der Last und Nullpotential der Gleichstromquelle

Solche Wechselrichter werden mit Grundfrequenztaktung betrieben (six-step-inverter). **Bild 14** zeigt idealisiert die blockförmigen' Spannungsverläufe der Schaltung. Eine Gleichstromquelle der Spannung $\pm U_d/2$ (bezogen auf mittleres Potential 0) speist über den Wechselrichter auf eine dreiphasige, symmetrische Last in Sternschaltung mit den Klemmen a, b, c und dem (nicht mit 0 verbundenen) Sternpunkt N. An der Last verlaufen die Außenleiterspannungen als 120°-Blöcke der Höhe U_d, während die Sternspannungen Stufenkurven darstellen.

Durch Einsatz von Pulsverfahren wird neben der Grundfrequenz auch die Grundschwingungsspannung des Wechselrichters einstellbar. Von dieser Möglichkeit wird zunehmend in den Pulswechselrichtern Gebrauch gemacht.

Da ein besonders wichtiges Anwendungsgebiet der Zwischenkreisumrichter in der Antriebstechnik liegt, wird auf weitere Ausführungen in V 5.3 verwiesen.

4.4.3 Blindleistungskompensation
Reactive power compensation

Zur stellbaren statischen Blindleistungskompensation lassen sich verschiedene Verfahren anwenden, in denen Leistungshalbleiter eine Rolle spielen. Teilweise wird dabei eine veränderliche induktive Blindlast realisiert, die im Parallelbetrieb mit einer Festkapazität (Kondensatorbank) je nach Bemessung resultierend eine variable Blindleistung liefern kann. Dies geschieht entweder durch einen Drehstromsteller mit Induktivitäten als Last oder durch einen netzgeführten Blindstromrichter mit induktivem Speicher.

Eine moderne Möglichkeit ist der selbstgeführte Blindstromrichter, der wie ein selbstgeführter Wechselrichter aufgebaut ist und gleichstromseitig einen kapazitiven Speicher enthält.

5 Elektrische Antriebstechnik
Electric drives

5.1 Allgemeines. General

5.1.1 Aufgaben. Functions

Antriebe sollen in geeigneter Form die Energie für technische Bewegungs- und Stellvorgänge liefern. Die anzutreibenden Arbeitsmaschinen sind hauptsächlich
– Werkzeugmaschinen (s. T 1.2),
– Aufzüge, Krananlagen, Fördereinrichtungen (s. U 2.7.1),
– Pumpen, Lüfter, Kompressoren,
– Walzanlagen, Kalander,
– Ventile, Schieber,
– Positioniereinrichtungen, Roboter (s. T 1.2).

Dazu kommen die Fahrzeugantriebe, vor allem die Antriebe für Schienenfahrzeuge.

Für den Antrieb bestehen dabei folgende Aufgaben:
– Bereitstellung von Drehmomenten (Kräften) und Winkelgeschwindigkeiten (Geschwindigkeiten) in Anpassung an die Arbeitsmaschine bzw. den technologischen Prozeß,
– Sicherstellung eines nach den Kriterien des Prozesses möglichst optimalen zeitlichen Bewegungsablaufs und
– Durchführung der elektromechanischen Energiewandlung mit möglichst geringen Verlusten.

Als Antriebsmotoren kommen alle in V 3 genannten rotierenden Maschinen (Asynchron-, Synchron- und Gleichstrommaschinen sowie ihre Sonderbauformen) in Frage. Für manche Zwecke werden auch Linearmotoren eingesetzt.

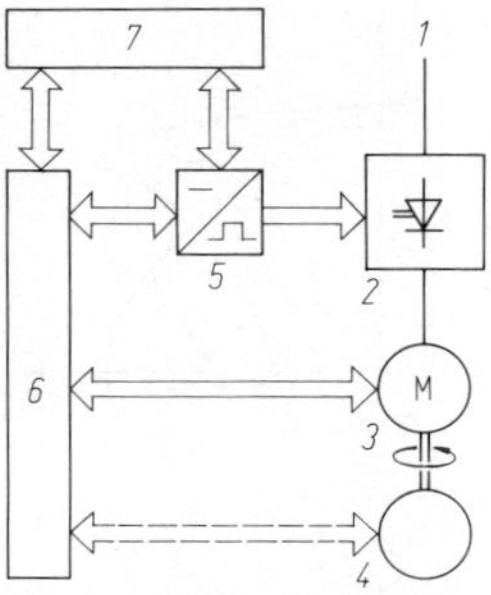

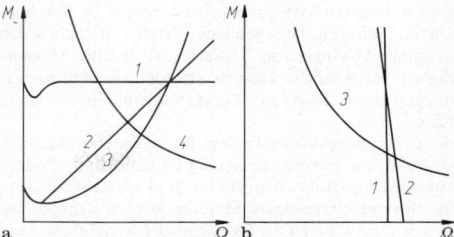

Bild 1. Prinzipbild eines geregelten Industrieantriebs. *1* Netz, *2* Stellglied, *3* Motor, *4* Arbeitsmaschine, *5* Steuereinheit, *6* Schutz und Überwachung, *7* Prozeßregelung

Die antriebstechnischen Lösungen werden von den Anforderungen des Prozesses bestimmt:
– Teilweise werden die Motoren direkt an das Netz oder eine Bordversorgung geschaltet und mit fester Spannung (und Frequenz) betrieben.
– Ist eine Steuerung oder Regelung erforderlich, so muß eine stellbare Speisung der Motoren vorhanden sein. Diese Aufgabe wird überwiegend durch Betriebsmittel der Leistungselektronik gelöst.
– Zur Regelung und Stabilisierung in geschlossenen Regelkreisen werden die Elemente und Verfahren der Regelungstechnik eingesetzt.

Auf diese Weise wirken in der elektrischen Antriebstechnik die Fachgebiete Elektrische Maschinen, Leistungselektronik und Meß- und Regelungstechnik zusammen, **Bild 1** [1–5].

5.1.2 Stationärer Betrieb. Steady-state operation

Im stationären Betrieb führt der Antrieb konstantes Drehmoment bei konstanter Drehzahl. Es stellt sich ein Arbeitspunkt als Schnittpunkt der Antriebs- und Lastkennlinie ein, dessen Stabilität sichergestellt sein muß.
Die unterschiedlichen Kennlinien der Arbeitsmaschinen lassen sich häufig idealisiert durch einen konstanten oder quadratischen Verlauf, seltener durch eine lineare Abhängigkeit des Lastmoments M_L von der Drehzahl n (in min^{-1}) bzw. der Winkelgeschwindigkeit $\Omega = 2\pi n/60$ darstellen. Im Anfahrbereich gibt es Abweichungen vom idealisierten Verlauf, insbesondere wegen des erforderlichen Losbrechmoments einiger Arbeitsmaschinen. Manche Antriebsaufgaben (z.B. Haspel) verlangen auch eine Kennlinie konstanter Leistung, **Bild 2 a**.
Die Antriebsmotoren stellen im Betrieb mit fester Spannung drei typische Kennlinien $M(\Omega)$ zur Verfügung (**Bild 2 b**): Die *synchrone Kennlinie* (des Synchronmotors), die *Nebenschlußkennlinie* (des Gleichstrommotors mit konstantem Fluß und näherungsweise auch des Asynchronmotors) sowie die *Reihenschlußkennlinie* (der Reihenschluß-Kommutatormotoren für Gleich- oder Wechselstrom).
Bei manchen Antrieben werden die zeitlich konstanten Drehmomente von Pendelmomenten überlagert. So treten bei Einphasenmotoren periodische Momente doppelter Netzfrequenz auf; bei Umrichterantrieben stellen sich Pendelmomente entsprechend der Pulszahl des Wechselrichters ein. Unter den Antriebsmaschinen erzeugen die Kolbenverdichter Pendelmomente infolge der Harmonischen der Drehkraftkurve. Bei der Antriebsprojektierung ist sicherzustellen, daß die auftretenden Pendelmomente keine Schäden durch Resonanzerscheinungen hervorrufen können.

Bild 2. Drehmoment-Drehzahlverhalten im stationären Betrieb. **a** Lastkennlinien von Arbeitsmaschinen, *1* $M_L = \text{const}$; $P_L \sim \Omega$ (konstantes Drehmoment), *Beispiele*: Hebezeuge, Werkzeugmaschinen mit konstanter Schnittkraft, Kolbenverdichter bei Förderung gegen konstanten Druck, Mühlen, Walzwerke, Förderbänder. *2* $M_L \sim \Omega$; $P_L \sim \Omega^2$, *Beispiele*: Maschinen für Oberflächenvergütung von Papier und Geweben. *3* $M_L \sim \Omega^2$; $P_L \sim \Omega^3$ (quadratisches Drehmoment), *Beispiele*: Zentrifugalgebläse, Lüfter, Kreiselpumpen (Drosselkennlinien gegen konstanten Leitungswiderstand). *4* $M_L \sim 1/\Omega$; $P_L = \text{const}$ (konstante Leistung), *Beispiele*: Auf konstante Leistung geregelte Drehmaschinen, Aufwickel- und Rundschälmaschinen; **b** Antriebskennlinien von Motoren, *1* synchrone Kennlinie (Synchronmotor), *2* Nebenschlußkennlinie (Gleichstrommotor bei konstantem Fluß); Asynchronmotor (im Arbeitsbereich näherungsweise), *3* Reihenschlußkennlinie (Reihenschluß-Kommutatormotor für Gleich- oder Wechselstrom)

5.1.3 Anfahren. Starting period

Asynchronmotoren mit Kurzschlußläufer für Netzbetrieb werden in der Regel direkt eingeschaltet. Eine Entlastung des Netzes vom Kurzschlußstrom kann durch den bekannten Stern-Dreieck-Anlauf erfolgen. Bei Sternschaltung tritt im Vergleich zur Dreieckschaltung nur die $1/\sqrt{3}$fache Strangspannung auf. Daher reduzieren sich die Strangströme auf $1/\sqrt{3}$, die Leistung sowie das Drehmoment auf $1/3$, **Bild 3**. Bei großen Motoren kann der Teilspannungsanlauf mit Hilfe eines Anlaßtrafos in Sparschaltung geschehen. Erst nach erfolgtem Hochlauf wird auf volle Spannung umgeschaltet.
Andererseits gibt es für Motoren kleinerer Leistung auch Sanftanlaufschaltungen, um Drehmomentstöße von Lagern und Getrieben fernzuhalten. Bekannt ist die *Kusa-Schaltung*, bei der in einer Phasenleitung ein Vorwiderstand eingeschaltet wird. Anstelle des Widerstands lassen sich auch steuerbare Halbleiterventile einsetzen.
Synchronmotoren werden in der Regel für asynchronen Anlauf ausgelegt. Sie benötigen daher im Rotor einen als Anlaufkäfig ausgebildeten Dämpferkäfig. Die Erregerwicklung wird beim Anlauf, vorzugsweise über einen Widerstand, kurzgeschlossen. Nach erfolgtem Hochlauf in

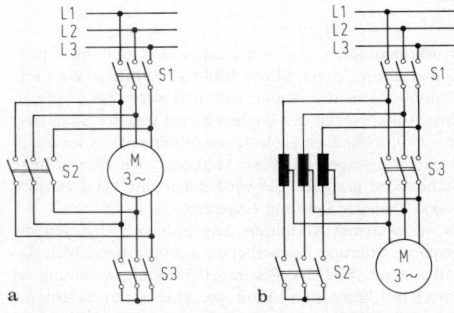

Bild 3. Anlassen von Asynchronmotoren. **a** Stern-Dreieck-Anlauf; **b** Anfahren mit Anlaßtransformator

einen stationären asynchronen Betrieb muß die Synchronisierung erfolgen. Dies geschieht durch Aufschalten der Erregung. Abhängig vom Lastmoment und der Massenträgheit des Antriebs kann es erforderlich werden, den Vorgang durch besondere Synchronisierhilfen zu unterstützen.

Für *Gleichstrommotoren* besteht die klassische Methode des Anfahrens an fester Spannung im Einsatz von Widerstandsgeräten (Anlassern), die in Stufen geschaltet werden. Stromrichtergespeiste Motoren können dagegen im Stromleitverfahren an der Stromgrenze hochgefahren werden.

5.1.4 Drehzahlverstellung. Speed control

In gesteuerten und geregelten Antrieben ist mit Hilfe von Stellgliedern die Drehgeschwindigkeit veränderbar. Dabei stehen verschiedene Eingriffsmöglichkeiten zur Verfügung.

Gleichstrommotoren. Eine verlustarme Drehzahlverstellung geschieht durch Steuerung der Ankerspannung. Bei entsprechender Auslegung des Stellglieds ist dabei der Betrieb in allen vier Quadranten möglich. Weiter wird die Feldsteuerung in Form der Feldschwächung oberhalb der Nenndrehzahl eingesetzt. Als verlustbehaftetes Verfahren ist schließlich die Widerstandssteuerung im Ankerkreis zu nennen (**Bild 4**).

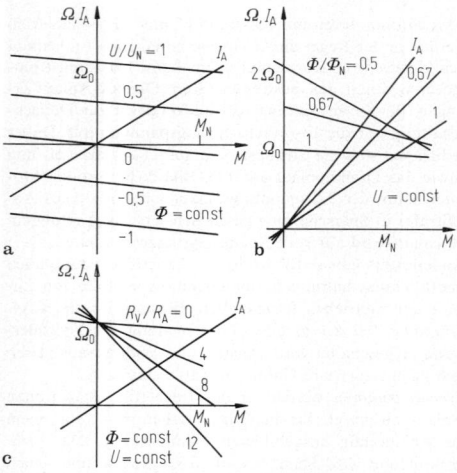

Bild 4. Steuerkennlinien von Gleichstrommaschinen. **a** Spannungssteuerung; **b** Feldsteuerung; **c** Widerstandssteuerung im Ankerkreis

Asynchronmotoren. Am einfachsten läßt sich die Spannungssteuerung durchführen, **Bild 5a**. Da hierbei die Leerlaufdrehzahl nicht verändert wird und wegen der quadratischen Abhängigkeit des Drehmoments von der Spannung ($M \sim U^2$), schließlich auch wegen erhöhter Verluste durch Oberschwingungen ist diese Methode nicht für größere Stellbereiche geeignet. Sie wird daher nur bei Lüfterantrieben kleinerer Leistung eingesetzt.

Als verlustarmes Verfahren empfiehlt sich dagegen die Frequenzsteuerung, da hierbei die Leerlaufdrehzahlen einstellbar sind, **Bild 5b**. Bis zur Bemessungsspannung ist Betrieb mit konstantem Fluß zweckmäßig; in diesem Bereich bleibt das Kippmoment konstant. Hierzu ist in erster Näherung eine Verstellung der Spannung $U_1 \sim f_1$ erforder-

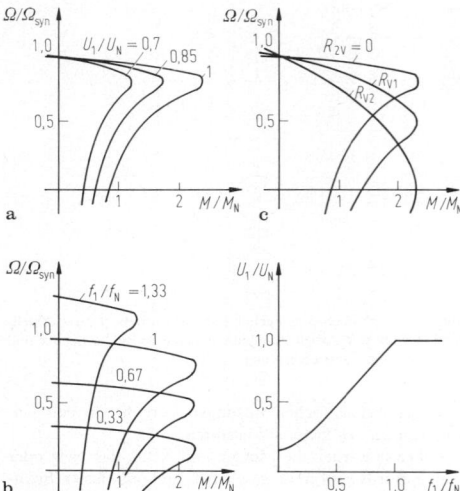

Bild 5. Steuerkennlinien von Asynchronmaschinen. **a** Spannungssteuerung bei fester Frequenz; **b** Frequenzsteuerung mit Spannungsanpassung; **c** Widerstandssteuerung im Läuferkreis

lich. Unter Berücksichtigung des ohmschen Statorwiderstands muß jedoch bei kleinen Frequenzen die Spannung angehoben werden. Bei Steigerung der Frequenz über den Bemessungspunkt hinaus, $f_1 > f_N$, bleibt die Spannung konstant. Die Maschine arbeitet dann im Feldschwächebereich; das Kippmoment nimmt ab. Der im **Bild 5b** gezeigte Verlauf der Spannung über der Frequenz kann für eine Kennliniensteuerung herangezogen werden.

Zu erwähnen ist noch das konventionelle Verfahren der Drehzahlverstellung in Stufen mittels Polumschaltung. Im Verhältnis 1:2 umschaltbar sind die Motoren in Dahlanderschaltung. Die Drehstromwicklung besteht hier aus sechs Teilwicklungen, die in der einen wie der anderen Drehzahlstufe Strom führen.

Schleifringläufermaschinen bieten darüber hinaus die Möglichkeit der Steuerung mittels Vorwiderständen im Rotorstromkreis, **Bild 5c**. Dieses verlustbehaftete Verfahren empfiehlt sich, außer bei kleinen Maschinen, nur bei Antrieben mit Schweranlauf. Es kann beispielsweise im Stillstand (Anzugsmoment) das Kippmoment erzeugt werden, während die Maschine im normalen Betrieb ohne Vorwiderstände betrieben wird und dabei höchstmöglichen Wirkungsgrad erreicht.

Allgemein kann bei Schleifringläufermaschinen auf der Rotorseite Schlupfleistung entnommen oder eingespeist und damit eine Drehzahlverstellung herbeigeführt werden. Da die rotorseitigen Spannungen und Ströme die Schlupffrequenz aufweisen, ist gegebenenfalls für eine schlupffrequente Einspeisung zu sorgen (Doppeltgespeiste Maschine für übersynchronen Betrieb).

Synchronmotoren. Bei Synchronmotoren kann Drehzahlverstellung nur durch Änderung der Speisefrequenz bei gleichzeitiger Anpassung der Spannung erfolgen.

Die Leistungsfähigkeit eines Antriebs wird elektrisch durch Strom- und Spannungsgrenzen beschränkt. Bei Maschinen für einen Stellbereich der Drehgeschwindigkeit $0 \leq \Omega \leq \Omega_{max}$ können allgemein drei Bereiche vorkommen. **Bild 6** zeigt hierzu eine für Fahrmotoren übliche Darstellung. *1* Konstante Werte von Strom und Fluß; bei linearem Anstieg der Spannung, $U \sim \Omega$, nimmt die Leistung

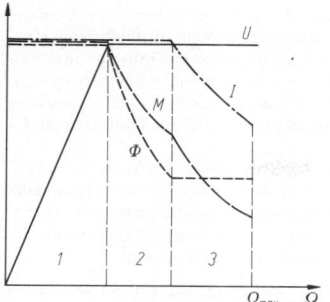

Bild 6. Leistungsfähigkeit eines Antriebs (Erläuterungen im Text)

ebenfalls etwa linear zu, $P \sim \Omega$. *2* Feldschwächbereich bei konstanter Spannung und konstantem Strom; bei abnehmendem Drehmoment bleibt die Leistung konstant. *3* Betrieb bei minimalem Fluß Φ_{min}. Im Beispiel der Reihenschlußkennlinie geht der Strom zurück; die Leistung nimmt ab.

5.1.5 Drehschwingungen. Torsional vibrations

Durch Anregungen wie Pendelmomente, Laststöße und Kurzschlußvorgänge entstehen in Antrieben Drehschwingungen. Durch Resonanzen im elektromechanischen System können bei falscher Bemessung Schäden entstehen. Zur Untersuchung der dynamischen Beanspruchungen von Wellen, Kupplungen und Getrieben werden daher im Projektierungsstadium *Simulationsrechnungen* durchgeführt. Dazu bildet man den mechanischen Teil des Antriebs als Mehrmassensystem nach (s. O 2.5).
Bei solchen Problemen der Maschinendynamik ist gegebenenfalls auch die Rückwirkung von Drehzahlpendelungen auf das elektromagnetische Drehmoment zu berücksichtigen.

5.1.6 Elektrische Bremsung. Electric braking

In elektrischen Antrieben wird außer mechanischen Bremsen die Möglichkeiten der elektrischen Bremsung genutzt. Dazu ist eine Umkehr des Drehmoments erforderlich (Betrieb im 2. Quadranten des $\Omega(M)$-Kennfelds). Einen Sonderfall stellt das Gegenstrom-Senkbremsen dar, mit dem bei Hebezeugen das Senken der Last (Betrieb im 4. Quadranten) erfolgen kann.
Es stehen verschiedene Verfahren der elektrischen Bremsung zur Verfügung:

Nutzbremsen. Die Rückspeisung von Bremsenergie in das Versorgungsnetz ist ein vorteilhaftes Verfahren, das bei Vorhandensein geeigneter Stellglieder bei Gleichstrommaschinen mit Fremd- oder Nebenschlußerregung (nicht bei Reihenschlußmotoren) und bei Asynchronmotoren verwirklicht werden kann.

Widerstandsbremsen. Durch Trennen von der Einspeisung und stufenweises Einschalten von Widerständen können Gleichstrommaschinen elektrisch gebremst werden. Dies ist die klassische Bremsmethode bei Gleichstromfahrmotoren. Die Widerstandsbremse ist jedoch nicht in der Lage, bis hinab zur Drehzahl Null ein verzögerndes Moment auszuüben. Eine mechanische oder magnetische Bremse ist daher zusätzlich erforderlich.

Gegenstrombremsen. Hierbei wird die Versorgungsspannung umgeschaltet derart, daß der Motor versucht zu reversieren. Es würde zu einem stationären Betrieb in Ge-

gendrehrichtung (im 3. Quadranten) kommen, wenn der Motor nicht mit Hilfe eines Drehzahlwächters vor oder bei Drehzahl Null abgeschaltet würde.
Dieses Bremsverfahren ist bei Gleichstrom- und Asynchronmotoren unter Verwendung von Vorwiderständen einsetzbar. Es ist stark verlustbehaftet, da nicht nur die Bremsenergie, sondern außerdem noch von der Versorgung bezogene elektrische Energie dabei in den Widerständen in Wärme umgewandelt wird.

Gleichstrombremsen. Ein spezielles elektrisches Bremsverfahren, bei Drehstrommaschinen einsetzbar, ist die Gleichstrombremse. Die Maschine fährt als Generator auf eine Widerstandslast. Bei Asynchronmaschinen wird für eine Gleichstromerregung gesorgt dadurch, daß in die Drehstromwicklung, z.B. durch Anschluß an die Klemmen V und W bei Sternschaltung, ein Gleichstrom eingespeist wird. Im Rotor werden dann Ströme von Drehzahlfrequenz induziert. Bei Schleifringläufermaschinen ist über Rotorvorwiderstände das Bremsmoment einstellbar.

5.2 Gleichstromantriebe
Direct-current machine drives

5.2.1 Gleichstromantriebe mit netzgeführten Stromrichtern
Drives with line-commutated converters

Mit Schaltungen für eine Gleichstromrichtung ergeben sich Zweiquadrantenantriebe; neben Treiben (1. Quadrant) ist auch Senkbremsen (4. Quadrant) möglich, **Bild 7 a**. Vorteile bezüglich der Steuerblindleistung können bei Verwendung von zwei Teilstromrichtern erreicht werden, **Bild 7 b**. In der Ersatzschaltung (**Bild 7 c**), die bei nicht lückendem Strom gilt, speist eine Gleichspannungsquelle mit Oberschwingungsgehalt auf eine ohmsch-induktive Last mit Gegenspannung.
Im Lückbereich verliert der Motor das Nebenschlußverhalten; es tritt zwischen $I_d = 0$ und $I_d = I_{dl}$ (Lückeinsatz) ein nichtlinearer Verlauf der Belastungskennlinie auf. Das Ersatzschaltbild **Bild 7 c** ist dann so nicht mehr gültig; im Ankerkreis sind vielmehr die tatsächlichen Werte von Induktivität und Widerstand durch einen fiktiven, erhöhten

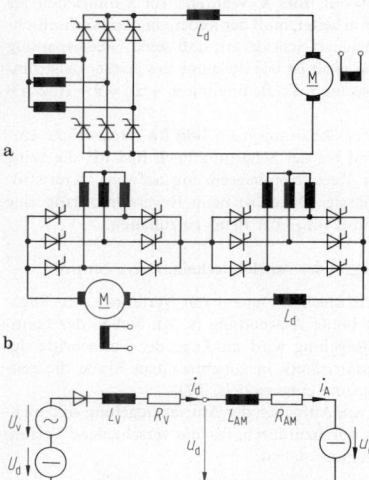

Bild 7. Gleichstromantrieb für zwei Quadranten. **a** Schaltung mit einem Stromrichter; **b** Schaltung mit zwei Stromrichtern für Folgesteuerung; **c** Ersatzschaltbild für nicht lückenden Betrieb

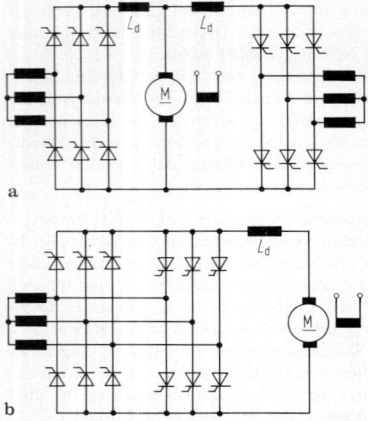

a

b

Bild 8. Umkehrstromrichter. **a** Kreuzschaltung; **b** kreisstromfreie Schaltung

Widerstand zu ersetzen. Das System ändert somit beim Einsatz des Lückens seine Struktur; befriedigende Eigenschaften im drehzahlgeregelten Antrieb können dann nur mit Einsatz eines adaptiven Verfahrens erreicht werden.

Im stationären Betrieb bei konstantem Fluß ergeben sich Kennlinien der Drehzahl in Abhängigkeit vom Drehmoment, die den Lastkennlinien des netzgeführten Stromrichters im Gleich- und Wechselrichterbetrieb ähneln (s. **V 4** Bild 9).

Umkehrantriebe erlauben den Betrieb in allen vier Quadranten. Zum Reversieren ist Umkehrung des Ankerstroms oder Umkehrung des Flusses erforderlich. Wegen der relativ hohen Feldzeitkonstanten (Größenordnung 1 s) ist die Feldumkehr deutlich langsamer als die Ankerstromumkehr. Abgesehen von mechanischen Polwendern werden für die Ankerspeisung Umkehrstromrichter eingesetzt. Es kommen Schaltungen mit zwei gegenparallelen Einzelstromrichtern zur Anwendung. Als Varianten treten die Kreuzschaltung und die Schaltung für kreisstromfreien Betrieb auf, **Bild 8**. Während ein Stromrichter als Gleichrichter arbeitet, muß der andere in den Wechselrichterbetrieb gesteuert sein derart, daß seine Gleichspannung mindestens so groß ist wie diejenige des ersten Teilstromrichters. Dazu muß die Bedingung $\alpha_I + \alpha_{II} = \pi + \Delta$; $\delta \geq 0$ erfüllt sein.

Können in der Schaltung nach **Bild 8a** Kreisströme entstehen, so sind bei der Schaltung nach **Bild 8b**, die keine Drosseln zur Kreisstrombegrenzung aufweist, Kreisströme nicht zulässig. Daher ist beim Reversiervorgang eine stromlose Pause von 3 bis 10 ms einzuhalten.

5.2.2 Regelung in der Antriebstechnik. Drive control

In der Antriebstechnik finden die Verfahren der Regelungstechnik breite Anwendung (s. X). Neben der kontinuierlichen Regelung wird im Zuge der Fortschritte der Mikroprozessortechnik in zunehmendem Maße die zeitdiskrete Regelung eingesetzt (s. T 2).

Zur Lösung von Aufgaben der Antriebsregelung sind mehrere Schritte durchzuführen, für die verschiedene Verfahren zur Verfügung stehen:

Systemanalyse und Modellbildung. Der Antrieb als Regelstrecke wird mit Hilfe gewöhnlicher Differentialgleichungen oder äquivalenter blockorientierter Strukturbilder beschrieben.

Auf lineare, zeitinvariante Systeme kann die Laplace-Transformation angewendet werden. Im Bildbereich ergeben sich Übertragungsfunktionen in Form von algebraischen Gleichungen. Als Sonderform der Übertragungsfunktion entsteht ein Frequenzgang, dessen Darstellung bevorzugt mit Frequenzkennlinien (im Bode-Diagramm) erfolgt (s. X 2.3).

Zeitdiskrete Systeme werden mittels Differenzengleichungen beschrieben, auf die die z-Transformation angewendet werden kann. Bei kontinuierlichen Systemen mit Abtast- und Halteglied kann die z-Übertragungsfunktion aus der Laplace-Transformierten berechnet werden.

Entwurf des Reglers und Ermittlung der einzustellenden Reglerparameter. Hierzu finden Anwendung das Frequenzkennlinienverfahren und das Wurzelortsverfahren. Eine besondere Rolle spielt die Untersuchung der Stabilität des Regelkreises, die ohne Lösung der Gleichungen im Zeitbereich mit Hilfe bestimmter Kriterien erfolgen kann. Bei der Reglersynthese können u.a. Einstellregeln aufgrund von Optimierungskriterien angegeben werden.

5.2.3 Drehzahlregelung. Speed control

Bei vielen Antriebsaufgaben ist eine Regelung der Drehzahl erforderlich. Der Antrieb, bestehend aus *Stellglied* (Stromrichter), *elektromechanischem Energiewandler* (Motor) und *Last* (Arbeitsmaschine) stellt die Regelstrecke dar. Regelgröße ist hier die Drehzahl, deren Verlauf der Führungsgröße (dem Drehzahlsollwert) folgen soll. Als Störgröße tritt das Lastdrehmoment auf. Die Regelung ist gekennzeichnet durch eine geschlossene Kreisstruktur, wobei die Regelabweichung als Differenz zwischen Soll- und Istwert über eine Korrektureinrichtung (den Regler) auf die Strecke zurückwirkt. Im Zusammenhang mit der Drehzahlregelung wird bei Antrieben auch eine Regelung des Stroms oder des magnetischen Flusses vorgenommen.

Das dynamische Verhalten des geregelten Antriebs kann anhand des Übergangsverhaltens nach sprungartigen Änderungen der Führungsgröße (*Führungsverhalten*) und der Störgröße (*Störverhalten*) beurteilt werden. Nach **Bild 9** geht die Regelgröße infolge eines Sprungs der Führungsgröße oder der Störgröße nach einer gedämpften Schwin-

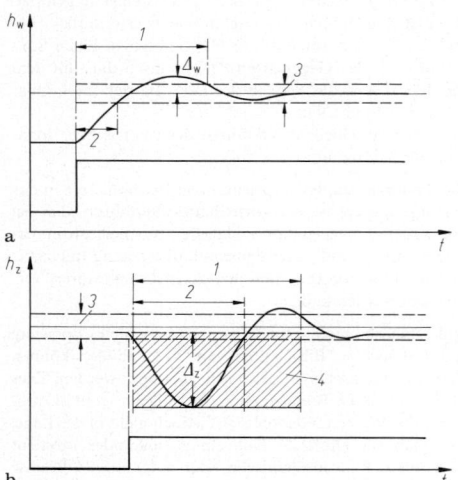

a

b

Bild 9. Übergangsverhalten eines geregelten Antriebs. **a** Führungsverhalten, *1* Führungs-Ausregelzeit, *2* Führungs-Anregelzeit, *3* Toleranzband; **b** Störverhalten, *1* Last-Ausregelzeit, *2* Last-Anregelzeit, *3* Toleranzband, *4* umschriebene Regelfläche

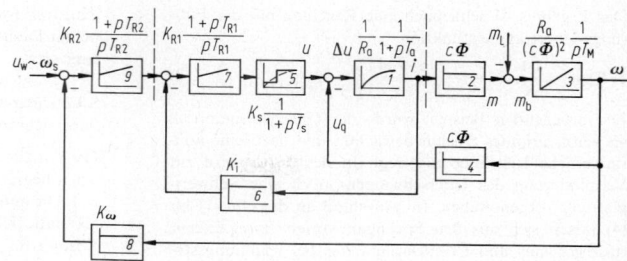

Bild 10. Strukturbild eines Gleichstromantriebs
mit Kaskadenregelung

gung in den Beharrungszustand innerhalb eines festgelegten Toleranzbands über. Nach der Anregelzeit tritt die
Regelgröße erstmals in das Toleranzband ein; als Ausregelzeit gilt derjenige Zeitabschnitt, nach dem die Regelgröße das Toleranzband endgültig erreicht hat und nicht
mehr verläßt. Ein weiteres Kennzeichen ist die maximale
Überschwingweite während des Übergangsvorgangs.

Ein gebräuchliches Regelgütekriterium ist die quadrierte
Regelfläche, das ist die über die Zeit integrierte quadrierte
Regelabweichung. Gelegentlich wird auch, wie in **Bild 9b**
für das Störverhalten dargestellt, die umschriebene Regelfläche als Kriterium herangezogen.

Die analoge Drehzahlregelung eines Gleichstromantriebs
wird im folgenden näher betrachtet. Sie stellt das klassische Beispiel für eine *Kaskadenregelung* dar. Dabei wird der
Drehzahlregelung eine Stromregelung unterlagert (Stromleitverfahren). Falls erforderlich, kann dem Drehzahlregelkreis noch ein Lagerregelkreis überlagert werden.

In **Bild 10** wird der Motor als Regelstrecke durch die
Blöcke *1* bis *4* dargestellt (s. **V3 Bild 22**). Eingangsgrößen sind Ankerspannung u und Lastmoment m_L. Der
Ankerstromkreis *1* wird durch ein Verzögerungsglied mit
der Zeitkonstante T_A nachgebildet; bei konstantem Fluß
ist das Drehmoment proportional dem Ankerstrom (P-
Glied *2*). Die Drehgeschwindigkeit ω entsteht aus dem
Beschleunigungsmoment m_b über den Integrierer *3*, der
die mechanische Zeitkonstante T_M enthält. Die Rotati-
onsspannung u_q wird über das P-Glied *4* gebildet und auf
den Eingang des Verzögerungsglieds *1* rückgekoppelt.

Der Stromrichter als Stellglied wird lediglich durch ein
Totzeitglied *5* mit Verstärkung dargestellt. Vereinfachend
kann der Block *5* durch ein Verzögerungsglied 1. Ordnung angenähert werden. In den Blöcken *6* und *8* sind
die Meßeinrichtungen für Ankerstrom und Drehzahl als
Proportionalglieder dargestellt.

Der Antrieb weist eine Drehzahlregelung mit unterlagerter
Stromregelung auf. Dazu werden üblicherweise PI-Regler
oder PID-Regler eingesetzt. Im Beispiel sind mit *7* und
9 zwei PI-Regler vorgesehen. Eingangsgröße des Drehzahlreglers ist die Regelabweichung ($\omega_s - \omega$). Seine Ausgangsgröße stellt den Stromsollwert dar, für den durch
ein Begrenzungsglied (hier nicht dargestellt) Höchstwerte
vorgegeben werden.

Die Parameter der verwendeten PI-Regler können nach
bekannten Einstellregeln bestimmt werden. Dieses Verfahren wird am vorliegenden Beispiel erläutert. Zunächst wird
der Stromregelkreis und danach der überlagerte Drehzahlregelkreis optimiert. In beiden Stufen können die Block-
schaltbilder zu Standardregelkreisen nach **Bild 11** zusammengefaßt werden, in denen die Strecke mitsamt der Korrektureinrichtung durch $F_k(s)$ erfaßt und in Form einer
Übertragungsfunktion beschrieben werden kann.

Der Ansatz zur Parameterbestimmung des Reglers für
optimales Führungsverhalten fordert, daß der Betrag
des Frequenzgangs des geschlossenen Regelkreises bis zu

möglichst hohen Frequenzen annähernd Eins sein soll.
Nach diesem Betragsoptimum wird im vorliegenden Falle
der *Stromregelkreis* eingestellt. Bei Vernachlässigung der
Rückwirkung der Drehzahl auf den Ankerkreis wird im
Beispiel **Bild 10** die Übertragungsfunktion des offenen
Kreises

$$F_{k1}(s) = K_{R_1} \frac{(1 + s T_{R_1})}{s T_{R_1}} \cdot \frac{K_S}{(1 + s T_s)} \cdot \frac{(1/R_A)}{(1 + s T_A)} K_i. \quad (1)$$

Die Berechnungsvorschrift nach dem Betragsoptimum
führt hier zu folgenden Einstellregeln für den Stromregler

$$T_{R_1} = T_A; \quad K_{res} = K_{R_1} K_S K_i 1/R_A = 1/2 \cdot T_A/T_s.$$

Man erkennt, daß durch T_{R_1} die Zeitkonstante T_A kompensiert wird. Damit ergibt sich die Übertragungsfunktion
des geschlossenen Kreises

$$F_{w1}(s) = \frac{1}{K_i} \cdot \frac{1}{(1 + s 2 T_s + s^2 2 T_s^2)} \approx \frac{1}{K_i} \cdot \frac{1}{(1 + s 2 T_s)} \quad (2)$$

Die letztgenannte Näherung wird nun weiter bei der Berechnung des Drehzahlregelkreises verwendet. Hierfür ergibt sich jetzt die Funktion des offenen Kreises zu

$$F_{k2}(s) = K_{R_2} \frac{(1 + s T_{R_2})}{s T_{R_2}} \cdot \frac{1}{K_i} \cdot \frac{R_A}{(1 + s T_\Sigma)} \cdot \frac{R_A}{(c\Phi)} \cdot \frac{1}{(s T_M)} K_\omega;$$

mit $T_\Sigma = 2 T_s$. $\quad (3)$

Der Drehzahlregelkreis wird gewöhnlich nach dem sog.
symmetrischen Optimum eingestellt, dessen Anwendung
ein gutes Störverhalten bei gleichzeitig kurzer Anregelzeit
nach einem Führungsgrößensprung herbeiführt. Der Name bezieht sich auf eine Eigenschaft des offenen, korrigierten Kreises: in der Frequenzkennliniendarstellung liegt die
Durchtrittsfrequenz, verknüpft mit dem größten Phasenrand, symmetrisch zu den Kehrwerten der Zeitkonstanten
T_{R_2} und T_Σ. Die *Einstellregeln* lauten hier

$$T_{R_2} = 4 T_\Sigma; \quad K_{res} = K_{R_2} \frac{K_\omega}{K_i} \cdot \frac{R_A}{c\Phi} = \frac{1}{2} \frac{T_M}{T_\Sigma}.$$

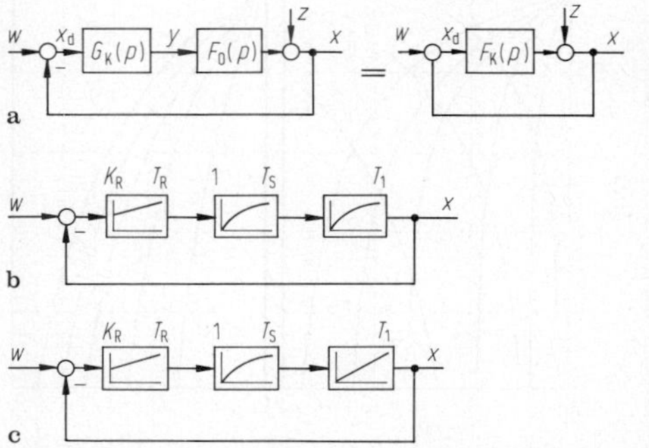

a

b

c

Bild 11. Modellstrukturen von Regelkreisen. **a** Standardregelkreis;
b Stromregelkreis; **c** Drehzahlregelkreis

Das Ergebnis ist schließlich eine Regelung mit der Führungs-Übertragungsfunktion

$$F_{w2}(s) = \frac{1}{K_\omega} \cdot \frac{1 + s4T_\Sigma}{1 + s4T_\Sigma + s^28T_\Sigma^2 + s^38T_\Sigma^3}. \tag{4}$$

Im vorliegenden Beispiel wurde der Gleichstromantrieb als zeitinvariantes System betrachtet und dazu eine kontinuierliche Regelung ausgelegt. In der Praxis wird zur Verminderung des Überschwingens noch eine Sollwertglättung vorgenommen. Im Anschluß an die Gln. (1) bis (4) lassen sich aus den Sprungantworten *Anregelzeiten*, *Ausregelzeiten* und *Überschwingweiten* bei Führungsstößen (Führungsgrößenänderungen) und Lastmomentstößen (Störgrößenänderungen) bestimmen. Das Führungsverhalten solcher Strecken zweiter Ordnung mit PI-Regler wird durch folgende Werte charakterisiert:

Einstellregel		Betrags-optimum	Symmetrisches Optimum	
			ohne	mit Sollwertglättung
Anregelzeit	t_a/T_s	4,7	3,1	7,6
Ausregelzeit	$t_\ddot{u}/T_s$	11,0	11,0	14,0
Überschwingweite	Δ_m	0,043	0,434	0,08

Hierbei entspricht die Anregelzeit t_a dem erstmaligen Durchgang der Regelgröße durch den Sollwert, die Überschwingzeit $t_\ddot{u}$ dem zweiten Durchgang (von oben) nach dem erstmaligen Überschwingen der Weite Δ_m.

5.3. Drehstromantriebe. Three-phase drives

5.3.1 Antriebe mit Drehstromsteller
Drives with three-phase current controllers

Ein Asynchronmotorantrieb mit Drehstromsteller ist in gewissen Grenzen drehzahlregelbar, **Bild 12**. Der Effektivwert der Klemmenspannung am Motor ist durch Anschnittsteuerung (*Spannungssteuerung*) einstellbar. Um stabile Arbeitspunkte in einem akzeptablen Drehzahlbereich einstellen zu können, ist die Verwendung eines Asynchronmotors mit Widerstandsläufer angebracht.
Der Betriebsbereich wird durch den größten zulässigen Strom begrenzt. Hohe Schlupfwerte bedingen hohe Läuferverluste, die bei niedriger Drehzahl durch die Eigenlüftung überdies schlechter abführbar sind. Gegenüber dem Betrieb an Sinusspannung treten zusätzlich Oberschwin-

gungsverluste auf. Wegen dieser Nachteile werden Antriebe mit Drehstromsteller nur für Antriebe kleiner Leistung eingesetzt.

5.3.2 Untersynchrone Stromrichterkaskade
Subsynchronous static Kraemer system

Die Vorteile dieser Lösung liegen bei großen Antrieben für einen begrenzten Drehzahlstellbereich von nicht mehr als 2:1. Die untersynchrone Stromrichterkaskade, im Ausland als static Kraemer system bekannt, stellt die klassische Lösung für Kesselspeisepumpenantriebe in Kraftwerken dar.
Nach **Bild 13** ist ein Asynchron-Schleifringläufermotor statorseitig ans Netz angeschlossen, während die Rotorwicklung über eine umgesteuerte Brückenschaltung einen Gleichstromzwischenkreis speist. Die Schlupfleistung wird über einen netzgeführten Wechselrichter und einen Anpaßtrafo zurück ins Netz geliefert.
Bei Vernachlässigung aller Verluste kann folgende Leistungsbetrachtung angestellt werden:

Wirkleistung. Der Motor nimmt vom Netz die Leistung P_{M_1} auf. Fährt er mit dem Schlupf s, so gibt er mechanisch die Leistung $P_{M_2} = (1-s)P_{M_1}$ ab. Der Rest wird als Schlupfleistung $P_s = sP_{M_1}$ über den Wechselrichter durch Steuerung mit $90° \leq \alpha \leq 150°$ wieder dem Netz zugeführt. Das Netz wird somit nur durch $P_1 = (1-s)P_{M_1}$ belastet.

Blindleistung. Der Motor benötigt für sich die Blindleistung Q_{M_1}. Dazu kommt der Blindleistungsbedarf des Wechselrichters. Die Grundschwingungs-Steuerblindleistung ist bekanntlich $Q_{W_1} = U_{di}I_d \sin\alpha$. Das Netz muß beide Komponenten bereitstellen, so daß $Q_1 = Q_{M_1} + Q_{W_1}$.
Man erkennt, daß der $\cos\varphi_1$ des Antriebs um so niedriger wird, je höher die Bemessungsleistung des Wechselrichters ist. Sie ist von $P_{s\,max} = s_{max}P_{M_1}$ und somit vom Stellbereich abhängig. Daher ist die Untersynchrone Stromrichterkaskade für hohe Stellbereiche weniger attraktiv.

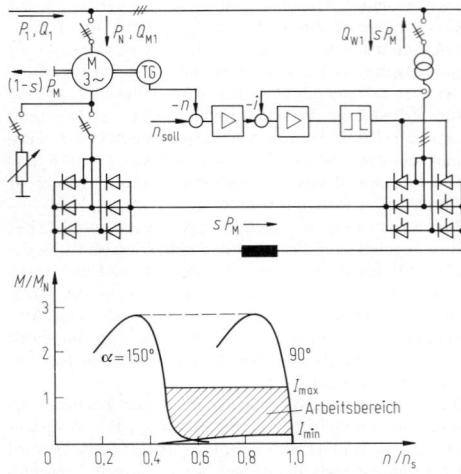

Bild 13. Untersynchrone Stromrichterkaskade. **a** Schaltbild; **b** Kennlinien mit Stellbereich $\alpha = 90° \ldots 150°$

5.3.3 Stromrichtermotor. Converter-fed motor

Beim Stromrichtermotor **Bild 14** wird eine Synchronmaschine von einem Zwischenkreisumrichter mit eingeprägtem Strom gespeist. Der Wechselrichter ist lastgeführt;

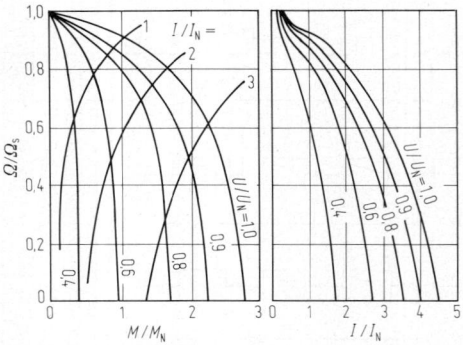

Bild 12. Kennlinien eines Antriebs mit Asynchron-Widerstandsläufer und Drehstromsteller

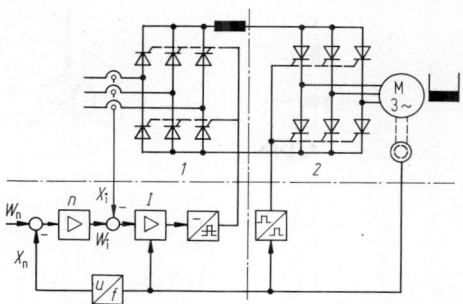

Bild 14. Stromrichtermotor. *1* Netzstromrichter mit Gleichstrom-Zwischenkreis, *2* Motorstromrichter

dabei wird die Kommutierungsspannung von der induzierten Spannung der Maschine bereitgestellt. Diese liefert die Kommutjerungsblindleistung und ist daher übererregt zu fahren.

Der Stromrichtermotor hat sich mit Leistungen von einigen 1 000 kW bis etwa 20 MW auch solche Anwendungen erschlossen, die früher der Untersynchronen Stromrichterkaskade vorbehalten waren. In bevorzugter Konstruktion wird der Stromrichtermotor bürstenlos ausgeführt, wobei die Erregerleistung von einer gekuppelten Drehstrommaschine bereitgestellt und durch mitrotierende Stromrichterventile gleichgerichtet wird.

Beim Anfahren (Drehzahlen zwischen Null und 5 bis 8% der Bemessungsdrehzahl) kann der Motor die Kommutierung des Wechselrichters noch nicht sicherstellen. Es sind im Anfahrbereich zusätzliche Maßnahmen erforderlich. Am bekanntesten ist die Zwischenkreistaktung, wobei der Zwischenkreisstrom vom netzseitigen Stromrichter gepulst und vom Wechselrichter zyklisch auf die Motorstränge geschaltet wird.

5.3.4 Umrichterantriebe mit selbstgeführtem Wechselrichter. A.c. drives with self-commutated inverters

Drehstrommotoren mit Speisung über Zwischenkreisumrichter erlangen zunehmende Bedeutung für geregelte An-

triebe. Mit den robusten Kurzschlußläufer-Asynchronmotoren bestehen gegenüber Gleichstromantrieben Vorteile durch höhere gewichts- und volumenbezogene Leistung sowie geringeren Wartungsaufwand.

Grundformen der Antriebe mit Zwischenkreisumrichter sind in **Bild 15** dargestellt.

Schaltungen mit eingeprägtem Strom (**Bild 15a**) werden für *Einmotorenantriebe* eingesetzt. Der typische Verlauf der Motorströme ist blockförmig, während die Spannung annähernd Sinusform mit (bei Verwendung zwangskommutierter Thyristoren) überlagerten Kommutierungsspitzen aufweist. Obwohl auch Schaltungen mit Pulsbetrieb möglich sind, wird dieser Typ in der Regel nur in der Form des Sechspulsumrichters (Blockrichters) eingesetzt.

Die **Bilder 15b–d** bezeichnen Schaltungen mit eingeprägter Spannung. Sie sind auch geeignet zum Parallelbetrieb mehrerer Motoren. In der Grundform (**Bild 15b**) mit Thyristoren im Wechselrichter werden an die Motorklemmen Spannungen mit blockförmigem Verlauf gelegt. Die Ströme stellen sich entsprechend der Motorimpedanz dann als eine Folge von Abschnitten aus Exponentialfunktionen dar. Bei dieser Schaltung muß die Spannung am netzseitigen Stromrichter eingestellt·werden. Die damit verbundenen Nachteile (Steuerblindleistung) vermeidet man, indem die Aufgabe der Spannungseinstellung einem Gleichstromsteller zugewiesen wird, **Bild 15c**.

Neuere Entwicklungen bevorzugen *Pulswechselrichter*. Nach **Bild 15d** werden sowohl Spannung wie Frequenz der Lastseite am Wechselrichter gesteuert. Die Einstellung der Grundschwingungsspannung erfolgt mit Hilfe eines Pulsverfahrens; dieses soll außerdem Spannungsoberschwingungen unerwünschter Ordnungszahlen möglichst eliminieren.

Von den *Pulsverfahren* am bekanntesten ist das Sinusverfahren, auch Unterschwingungsverfahren genannt, **Bild 16**. Eine sinusförmige Referenzspannung wird mit einer Sägezahnspannung abgetastet. Entsprechend dem Abstastverhältnis entsteht eine pulsweitenmodulierte Ausgangsspannung. In Abhängigkeit des Modulationsgrads (Verhältnis der Scheitelwerte von Referenzspannung und Abtastspannung) ergibt sich im Bereiche zwischen 0 und 1 eine lineare Zunahme der Ausgangsspannungs-Grundschwingung.

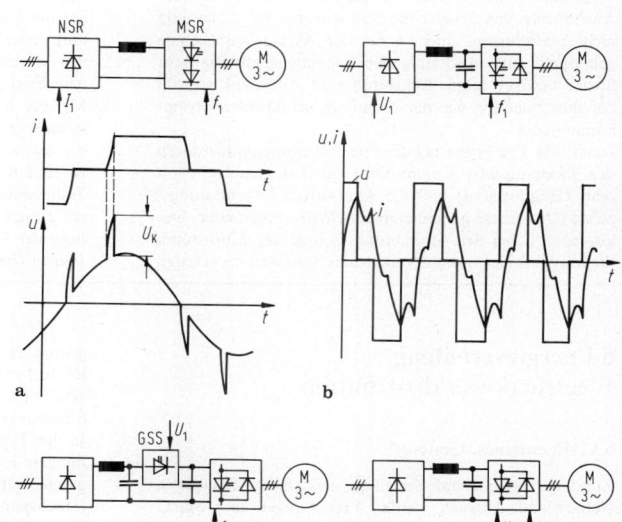

Bild 15. Grundformen von Drehstromantrieben mit Zwischenkreisumrichtern. **a** mit eingeprägtem Strom (I-Umrichter); **b** mit eingeprägter Spannung (U-Umrichter); **c** Variante mit Gleichstromsteller im Zwischenkreis; **d** mit Pulswechselrichter

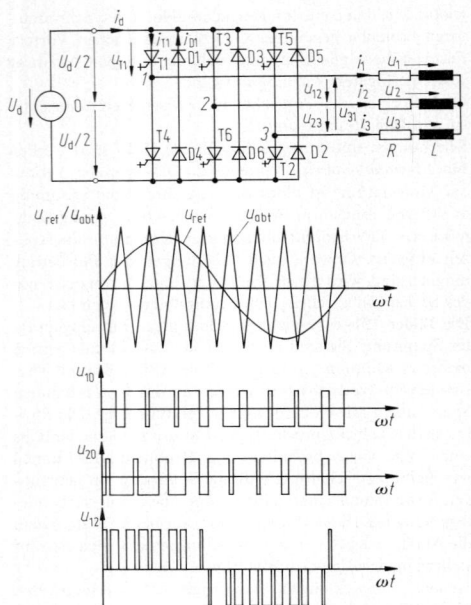

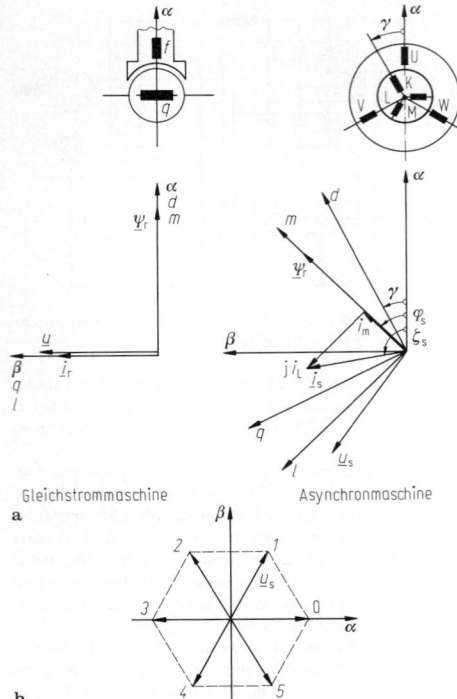

Bild 16. Pulsdauermodulation mit Sinusbewertung

Die maximale Pulsfrequenz ist mit Rücksicht auf die zulässige Schaltfrequenz der Halbleiterbauelemente im Wechselrichter zu wählen. Können Pulsfrequenzen von einigen kHz eingesetzt werden (z.B. bei Power-MOSFETs), so läßt sich der Verlauf des Motorstroms immer besser der Sinuskurve annähern. Mit neueren Ventilbauelementen lassen sich Pulsfrequenzen über 20 kHz erreichen, wodurch Geräuschprobleme im Hörbereich eliminiert werden können.

5.3.5 Regelung von Drehstromantrieben
Control of three-phase drives

Während bei der Gleichstrommaschine in kompensierter Ausführung sich Erregerfluß und Ankerstrom gegenseitig nicht beeinflussen, sind sie bei der Asynchronmaschine gekoppelt: Eine Änderung von Klemmenspannung bzw. Strom bewirkt (ohne Regelung) eine Änderung sowohl der flußbildenden wie der drehmomentbildenden Stromkomponente.
Nach **Bild 17a** liegen bei der Gleichstrommaschine durch den mechanischen Kommutator die Erregerachse (Pol- oder Längsachse d) und die Ankerstrom-Durchflutungsachse (Querachse q) immer rechtwinklig zueinander. Dagegen wird bei der Asynchronmaschine der Fluß durch die Magnetisierungskomponente des Statorstroms erzeugt.

Bild 17. Steuerverfahren für Drehstromantriebe. **a** Raumzeigerbild mit Flußorientierung; **b** Spannungszustände im Raumzeigerdiagramm

Aus dem Raumzeigerbild geht hervor, daß in einem bestimmten Betriebszustand der Flußzeiger (hier des Rotorflusses) gegenüber der ruhenden Bezugsachse α des α, β-Koordinatensystems den Winkel φ_s aufweist. Hiernach läßt sich das flußorientierte Koordinatensystem m, l festlegen. In diesem System weist der Statorstrom-Raumzeiger die Komponenten i_m und i_l auf, die als flußbildende und drehmomentbildende Komponenten bezeichnet werden können. Das Drehmoment ist nämlich proportional dem Produkt aus Ψ_r und i_l.
Mit der feldorientierten Regelung können einem Drehstromantrieb dynamisch hochwertige Eigenschaften erteilt werden, wie sie vom Gleichstromantrieb bekannt sind. Dazu sind Koordinatentransformationen vorzunehmen und Teilmodelle des Motors einzusetzen, um aus den der Messung zugänglichen Maschinengrößen und nach Entkopplung der Variablen die gewünschten Steuergrößen zu erzeugen (Beispiel: **T 1 Bild 8**).

6 Energieverteilung
Electric power distribution

6.1 Allgemeines. General

Zur Übertragung und Verteilung elektrischer Energie in Netzen und Anlagen werden Freileitungen und Starkstromkabel sowie Transformatoren und Schaltgeräte eingesetzt (s. L1). Weitere Betriebsmittel sind Meßwandler, Sicherungen, elektrische Relais und Meldeeinrichtungen. Schließlich sind unter den Betriebsmitteln hier auch Stromrichter zu nennen [1–3, 5].
In den Hochspannungsnetzen wird Drehstrom mit Spannungen bis zu 765 kV übertragen. Gleichstromübertragungen gibt es mit Spannungen von einigen hundert kV (Hochspannungs-Gleichstromübertragung, HGÜ), u.a. auch als Kurzkupplungen zur asynchronen Verbindung

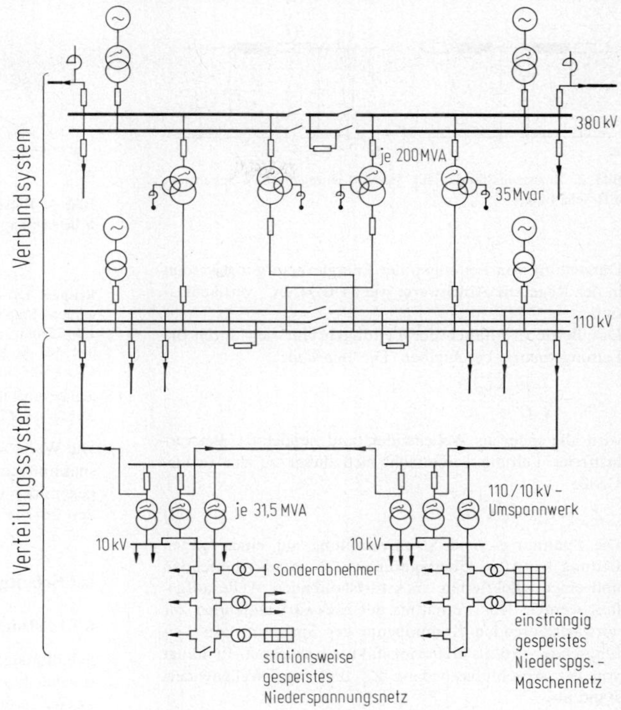

Bild 1. Prinzipschaltung eines Energieversorgungssystems (BEWAG, Berlin)

zweier Netze bei gleichzeitiger Entkopplung der Kurz-
schlußleistungen.

In den europäischen Ländern beträgt die Betriebsfrequenz
der Drehstromnetze 50 Hz. Speziell für die Bahnstromversorgung wird in den deutschsprachigen und skandinavischen Ländern auch Einphasenstrom von $16\frac{2}{3}$ Hz eingesetzt.

Die Nennspannungen der Hochspannungs-Drehstrom-
übertragung sind 110, 220 und 380 kV. In Energiever-
teilungsebene wird eine Spannungsebene von 10 oder
20 kV eingesetzt. Die Niederspannungsversorgung in den
Ortsnetzen hat die Nennspannung 220/380 V, künftig
230/400 V.

Gesichtspunkte bei der Wahl der Spannung sind technischer und wirtschaftlicher Art. Für die Fernübertragung
sind Spannungshaltung und Stabilität, in den Netzen die
Beherrschung der Kurzschlußströme von vordringlichem
Interesse.

Bild 1 zeigt die Prinzipschaltung des Netzes eines Energieversorgungsunternehmens. Die Spannungsebenen des
Verbundsystems sind 380 und 110 kV. Im Verteilungssystem transformieren Umspannwerke von 110 kV auf die
Mittelspannung 10 kV; von dieser Ebene aus wird schließlich das Niederspannungsnetz versorgt.

Mit der Steigerung der Leistung und der Vermaschung
der Verteilungsnetze ging eine Steigerung der Kurzschluß-
leistungen einher. Zu ihrer Beherrschung und Begrenzung
werden unterschiedliche Maßnahmen eingesetzt. Hinsichtlich der Sternpunktbehandlung werden Netze mit iso-
liertem Sternpunkt, solche mit Erdschlußkompensation
und Netze mit niederohmiger Sternpunkterdung unterschieden. Bei der Erdschlußkompensation wird durch eine Induktivität (Petersenspule) im Falle eines einpoligen Erdschlusses die kapazitive Komponente des Feh-

lerstroms kompensiert. Der Reststrom ist dann so klein,
daß Lichtbögen in Luft von selbst erlöschen. In Hochspannungsnetzen ab 110 kV wird die niederohmige Sternpunkterdung durchgeführt, da das selbsttätige Erlöschen
eines Erdschlußlichtbogens durch Erdschlußkompensation nicht mehr sichergestellt werden kann.

6.2 Kabel und Leitungen. Cables and lines

Die relativen Verluste auf einer Drehstromleitung mit dem
elektrischen Leitwert κ (s. **Anh. V1 Tab. 3**) und dem Querschnitt A je Phase betragen, bezogen auf die Einheit der
Länge l, bei Übertragung einer Scheinleistung S

$$(P_v/l)/S = S/(U_L^2 \kappa A).\tag{1}$$

Aus dieser einfachen Beziehung gehen die Vorteile einer hohen Leiterspannung U_L zur Übertragung einer bestimmten Scheinleistung hervor.

Im Hochspannungsbereich von 110 bis 380 kV werden
aus technischen und wirtschaftlichen Gründen ganz überwiegend Freileitungen eingesetzt [6, 7]. Als Leitungen für
niedrigere Spannungen, insbesondere in dichtbesiedelten
Gebieten, kommen Kabel zum Einsatz. Heute werden unter ökologischen Gesichtspunkten Kabel auch bei Über-
tragungsspannungen von 110 kV und mehr projektiert
(s. L4.1).

6.2.1 Leitungsnachbildung. Line simulation

Elektrisch weist eine Leitung verteilte Parameter auf, die
sich durch die Leitungskonstanten Widerstandsbelag R',
Induktivitätsbelag L', Ableitungsbelag G' und Kapazitätsbelag C' beschreiben lassen. Dazu kann man Ersatzschaltbilder in T- oder Π-Form angeben, **Bild 2**. Bei der

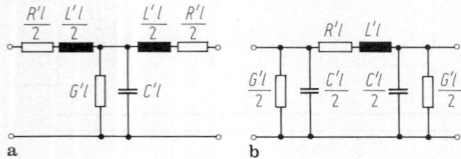

Bild 2. Ersatzschaltbilder für kurze Leitungen. **a** T-Schaltung; **b** Π-Schaltung

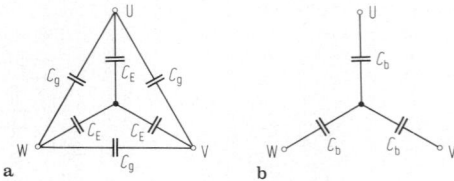

Bild 3. Kapazitäten einer Drehstromleitung. **a** Teilkapazitäten; **b** Betriebskapazitäten

Darstellung von Leitungen der Energieversorgung werden in der Regel die Ableitwerte wegen $G' \ll \omega C'$ vernachlässigt.

Das Betriebsverhalten der Leitungen läßt sich durch die Leitungstheorie beschreiben. Die *Impedanz*

$$\underline{Z}_{\mathrm w} = \sqrt{\frac{R' + \mathrm j \omega L'}{G' + \mathrm j \omega C'}}$$

wird allgemein als Wellenwiderstand bezeichnet. Bei verlustfreier Leitung vereinfacht sich dieser zu der reellen Größe

$$\underline{Z}_{\mathrm w} = Z_{\mathrm w} = \sqrt{L'/C'}. \tag{2}$$

Die Spannungs- und Stromverteilung auf einer langen Leitung kann als Überlagerung einer vorwärtslaufenden und einer reflektierten, rückwärtslaufenden Welle aufgefaßt werden. Das Verhältnis der rückwärtslaufenden zur vorwärtslaufenden Komponente der Spannung am Leitungsende wird als Reflexionsfaktor bezeichnet. Er hängt von der Abschlußimpedanz $\underline{Z}_{\mathrm a}$ und dem Wellenwiderstand ab

$$\underline{r} = \frac{U_{2\mathrm r}}{U_{2\mathrm v}} = \frac{\underline{Z}_{\mathrm a} - \underline{Z}_{\mathrm w}}{\underline{Z}_{\mathrm a} + \underline{Z}_{\mathrm w}}. \tag{3}$$

Während sich bei Leerlauf $\underline{r} = 1$ und bei Kurzschluß $\underline{r} = -1$ ergibt, stellt sich bei Anpassung ($\underline{Z}_{\mathrm a} = \underline{Z}_{\mathrm w}$) der Reflexionsfaktor $\underline{r} = 0$ ein. Hierbei gibt es keine rückwärtslaufenden Wellen, und es erfolgt die größtmögliche Leistungsübertragung bei minimalen Verlusten. Diese Leistung

$$P_{\mathrm n} = U_{\mathrm L}^2 / Z_{\mathrm w} \tag{4}$$

wird natürliche Leistung genannt. Bei 380-kV-Freileitungen liegt die natürliche Leistung in der Größenordnung 450 MW.

6.2.2 Kenngrößen der Leitungen. Characteristics of lines

Drehstromkabel sind durch ihren Aufbau symmetrisch, während Drehstromfreileitungen infolge Platzwechsel der Leiter (Verdrillung) in bestimmten Abständen ebenfalls als symmetrische Anordnung angesehen werden können. Das einphasige Ersatzbild (**Bild 2**) ist für Kabel und Freileitungen gleichermaßen anwendbar.

Der Wirkwiderstand ist außer von Länge l, Querschnitt A und elektrischem Leitwert κ nur von der Temperatur abhängig (s. **Anh. V 1 Tab. 3**): $R = l/(\kappa A)(1 + \alpha \cdot \Delta \vartheta)$.

Die Betriebsinduktivität einer Phasenleitung ist unter Berücksichtigung der Rückleitung in den beiden anderen Außenleitern $L_{\mathrm b} = \mu_0 l/(2\pi)(\ln d_{\mathrm m}/r + \frac14)$. Darin ist $d_{\mathrm m}$ der mittlere Leiterabstand, r der Leiterradius.

Die Betriebskapazität enthält die Erdkapazität $C_{\mathrm e}$ und die auf Sternschaltung umgerechnete Kapazität $C_{\mathrm g}$ der Dreieckschaltung Leiter gegen Leiter (**Bild 3**)

$$C_{\mathrm b} = C_{\mathrm e} + 3 C_{\mathrm g} = (2\pi\varepsilon_0 l)/\ln d_{\mathrm m}/r.$$

Kabel weisen einen erheblich höheren Kapazitätsbelag auf als Freileitungen; dies wirkt sich in Ladeströmen und Erdschlußströmen aus. Strombelastbarkeit von isolierten Leitungen: **Anh. V 6 Tab. 1** und **2**.

Beispiel: Es sei eine Einfachfreileitung 110 kV, 50 Hz aus Aluminium/Stahlseilen gegeben. Bei einem Nennquerschnitt von 150/25 mm² und einem mittleren Leiterabstand von 4,5 m ergeben sich die Kenngrößen $R' = 0,22\,\Omega/\mathrm{km}$, $X'_{\mathrm L} = \omega L'_{\mathrm b} = 0,41\,\Omega/\mathrm{km}$, $C'_{\mathrm b} = 8,9\,\mathrm{nF/km}$. Andererseits sind die Kenngrößen für ein Dreimantelkabel für 20 kV, 50 Hz mit 95 mm² Querschnitt $X'_{\mathrm L} = \omega L'_{\mathrm b} = 0,12\,\Omega/\mathrm{km}$, $C'_{\mathrm b} = 0,38\,\mu\mathrm{F/km}$.

Die Werte ändern sich bei Leitungen für andere Betriebsspannungen nicht sehr stark. Tatsächlich nehmen Kabel gegenüber Freileitungen bei sonst gleichen Bedingungen den 25- bis 40fachen Ladestrom $I_{\mathrm C} = U_{\mathrm L} \omega C_{\mathrm b}/\sqrt{3}$ auf.

6.3 Schaltgeräte. Switchgear

6.3.1 Schaltanlagen. Switching stations

Schaltanlagen dienen der Sammlung und Verteilung elektrischer Energie. Von einer Sammelschiene gehen die Abzweige zu den Verbrauchern über die Schaltgeräte und die zugeordneten Meßeinrichtungen.

Hochspannungsschaltanlagen bis zu Spannungen von 100 kV werden in der Regel in Gebäuden untergebracht, während für höhere Spannungen Freiluftausführungen vorherrschen. Im steigenden Maße werden jedoch bei den hohen Reihenspannungen gekapselte Anlagen mit Schwefelhexafluorid (SF$_6$) eingesetzt. Dieses Gas hoher dielektrischer Festigkeit erlaubt kompakte Ausführungen dort, wo die Luftisolation übergroße Abstände erfordern würde.

6.3.2 Hochspannungsschaltgeräte
High voltage switchgear

Die Schaltgeräte werden in Leistungsschalter, Lastschalter sowie Trenn- und Erdungsschalter eingeteilt. Sie weisen bewegliche Kontakte auf und dienen dem Ein- und Ausschalten von Stromkreisen.

Leistungsschalter sind in der Lage, Betriebs- und Kurzschlußströme zu schalten. Die *Ausschaltleistung* ist das Produkt aus Nennspannung und Ausschaltstrom, für Drehstrom multipliziert mit $\sqrt{3}$. Die Bemessung dient der Vermeidung von Schäden an den Betriebsmitteln (Generatoren, Transformatoren, Schaltanlagen, Leitungen) durch die dynamischen und thermischen Wirkungen der Kurzschlußströme. *Lastschalter* oder *Lasttrennschalter* sind geeignet für das Ein- und Ausschalten ungestörter Anlagen. *Trenner* werden annähernd stromlos geschaltet; sie stellen beim Ausschalten die zuverlässig angezeigte Trennstrecke her. Sie dienen dem Schutz von Personen und Betriebsmitteln und werden in Hochspannungsanlagen in Reihe mit den Leistungsschaltern angeordnet.

Bei Unterbrechung eines Stroms entstehen Lichtbögen, deren Löschung Aufgabe der Schalter ist. Nach dem Löschmittel werden Luft-, Öl-, Druckgasschalter unterschieden. Mit Hilfe einer Löschmittelströmung wird im Schalter eine intensive Kühlung des Lichtbogens und dadurch ein schnelles Abschalten herbeigeführt. Eine andere Technik stellen die Vakuumschalter dar, die sich im Mittelspannungsbereich bis 40 kV eingeführt haben. Zur Prüfung des Schaltvermögens sind synthetische Prüfschaltungen im Gebrauch.

Zur Erläuterung eines Einschaltvorgangs kann **V1 Bild 21** dienen. Liegt der Schaltzeitpunkt im Maximum des stationären Stroms ($\varphi = \Phi$ in V1 Gl. (41)), so entsteht das größtmögliche Gleichstromglied. Das Verhältnis des Scheitelwerts, der bei überwiegend induktiver Last bei annähernd $\omega t = \pi$ erreicht wird, zum Scheitelwert des stationären Wechselstroms wird Stoßfaktor κ genannt. In Abhängigkeit von $\cos\Phi$ der Last nimmt er Werte zwischen 1 und 2 an.

Beim Ausschaltvorgang eines Einphasenwechselstroms, der zu einem zufälligen Zeitpunkt $t = 0$ beginnt, entsteht zwischen den sich öffnenden Kontaktstücken der Schalter ein Lichtbogen der Bogenspannung u_B. Da deren Größe im Vergleich zur Netzspannung vernachlässigbar ist, brennt der Lichtbogen bis zum nächsten Nulldurchgang des Stroms. Je nach Steilheit der einschwingenden Spannung und der Verfestigung der Schaltstrecke zündet der Lichtbogen für eine weitere Halbwelle, bevor er endgültig erlischt, **Bild 4**.

Die während des Schaltvorgangs aus dem Netz gelieferte Energie abzüglich der in der Last umgesetzten ohmschen Verluste wird im Lichtbogen in Wärme umgesetzt. Im Gegensatz dazu fällt beim Abschalten von Gleichstrom außerdem die magnetische Energie im Schalter als Wärme an. Dort muß daher die Lichtbogenspannung größer als die Netzspannung werden.

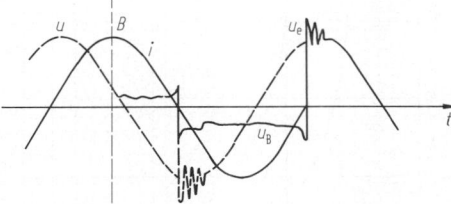

Bild 4. Ausschaltvorgang bei überwiegend induktiver Last

6.3.3 Niederspannungsschaltgeräte
Low voltage switchgear

Im Niederspannungsbereich bis 1 000 V gibt es eine große Zahl von Varianten der Schaltgeräte. Sie können u.a. nach der Betätigungsart (Handschalter, Anstoßschalter, Schütz), nach dem Schaltvermögem (Leerschalter, Lastschalter, Motorschalter, Leistungsschalter) und nach dem Verwendungszweck (Steuerschalter, Grenzschalter, Trennschalter, Schutzschalter) eingeteilt werden.

6.4 Schutzeinrichtungen
Devices for circuit protection

6.4.1 Kurzschlußschutz. Short-circuit protection

Zum schnellen Abschalten von Kurzschlüssen, bei denen der Strom ein Vielfaches des Nennstroms erreichen kann, werden Leistungsschalter mit magnetischer Auslösung vorgesehen, oder es werden Schmelzsicherungen eingesetzt.

6.4.2 Schutzschalter. Protection switches

Im Niederspannungsbereich werden in großem Umfange Schutzaufgaben von Schaltgeräten übernommen. Im Stö-

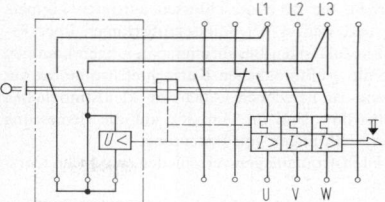

Bild 5. Schaltbild eines Motorschutzschalters

rungsfälle, z.B. durch Überströme oder bei Spannungsabsenkungen, sprechen die Geräte über entsprechende Schaltorgane an und schalten die gefährdeten Anlagenteile ab. Bei *Schloßschaltern* wird die im Schaltschloß gespeicherte Energie bei Auslösung freigegeben und führt die Abschaltung herbei. *Tastschalter* werden durch eine Rückstellkraft bei Fortfall der Antriebskraft in ihre Ausgangslage versetzt. *Schütze* sind Tastschalter, deren Kontakte mittels einer stromdurchflossenen Magnetspule in Einschaltstellung gehalten werden. Durch Kontakte, die im Steuerstromkreis des Schützes liegen, wird bei dessen Unterbrechung die Abschaltung herbeigeführt. Schütze werden hauptsächlich als Motorschutzschalter in Verbindung mit thermischen Überstromauslösern und magnetischer Schnellauslösung eingesetzt, **Bild 5**.

Auslöser und *Relais* können im Störungsfalle in unterschiedlicher Weise, unverzögert, verzögert oder zeitselektiv für die Abschaltung von Leistungsschaltern sorgen.

6.4.3 Thermischer Überstromschutz
Thermic overload protection

Konventionelle Schutzgeräte sind Bimetallauslöser und -relais. Ihre Wirkung beruht auf dem Verhalten von Bändern, in denen zwei Materialien unterschiedlicher Ausdehnungskoeffizienten verbunden sind. Ausgenutzt wird dabei die Krümmung durch innere Spannungen bei Erwärmung infolge Stromfluß, **Bild 6**.

Andere thermische Überstromauslöser, wie sie z.B. im Motorschutz verwendet werden, arbeiten mit Kaltleitern (PTC-Widerständen) als Temperaturfühlern.

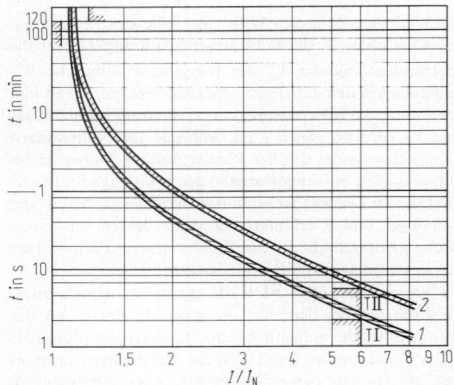

Bild 6. Auslösekennlinien thermischer Überstromrelais für zwei Trägheitsgrade (AEG)

6.4.4 Kurzschlußströme. Short-circuit currents

Bei der Auswahl der Betriebsmittel und Anlagen müssen die dynamischen und thermischen Beanspruchungen beachtet werden, die bei Kurzschlüssen auftreten können. Deswegen und weil es bei Kurzschlußströmen über Erde auch zu unzulässigen Berührungsspannungen kommen kann, sind die größtmöglichen Kurzschlußströme bei der Projektierung zu berechnen. Auch die kleinstmöglichen Kurzschlußströme sind im Hinblick auf die Bemessung der Schutzeinrichtungen von Bedeutung.

Es gibt in Drehstromanlagen verschiedene mögliche Kurzschlußarten:

Der *dreipolige Kurzschluß* ist ein symmetrischer Kurzschlußfall, bei dem die Kurzschlußwechselströme nur von der Mitsystemimpedanz abhängen und ein symmetrisches Drehstromsystem bilden.

Unsymmetrische Kurzschlußfälle sind der *zweipolige Kurzschluß* mit und ohne Erdberührung, der einpolige Kurzschluß (*Erdschluß*) und der *Doppelerdschluß*. Für die Kurzschlußwechselströme sind hier neben der Mitsystemimpedanz die Gegensystemimpedanz und gegebenenfalls die Nullimpedanz maßgebend.

Zur Berechnung von Kurzschlußströmen müssen die eingeprägten Spannungen und die Kurzschlußimpedanzen bekannt sein. Betrachtet man ein einfaches Netz mit einem Drehstromgenerator, so ist für den Stoßkurzschluß-(Anfangs-)Wechselstrom die subtransiente Spannung E'' maßgebend. Da der Generator nur eine symmetrische Mitsystemspannung erzeugen kann, sind also die symmetrischen Komponenten (s. V 1.3) der Spannung: $\underline{E}_1'' = E''$; $\underline{E}_2'' = 0$; $\underline{E}_0'' = 0$.

Die Impedanz zwischen Generator und Kurzschlußstelle besteht aus den symmetrischen Komponenten $\underline{Z}_1$, $\underline{Z}_2$ und $\underline{Z}_0$. Im folgenden werden die drei wichtigsten Fälle betrachtet:

– Der dreipolige Stoßkurzschluß-Wechselstrom läßt sich mittels des einphasigen Ersatzschaltbild einfach errechnen: $\underline{I}_{k3}'' = E'' / \underline{Z}_1$.

– Der Anfangsstrom beim zweipoligen Kurzschlußstrom ohne Erdberührung zwischen den Phasen V und W ist mit den Bedingungen $I_U = 0$, $I_W = -I_V$ und $U_V - U_W = 0$ und bei Beachtung der Definitionsgleichung V 1 Gl. (41) der symmetrischen Komponenten: $\underline{I}_{k2}'' = \sqrt{3}\underline{E}'' / (\underline{Z}_1 + \underline{Z}_2)$.

– Der Anfangsstrom beim einpoligen Erdschluß der Phase U ist unter Berücksichtigung von $I_V = I_W = 0$ und $U_U = 0$: $\underline{I}_{k1}'' = 3\underline{E}'' / (\underline{Z}_1 + \underline{Z}_2 + \underline{Z}_0)$.

Bei *Synchrongeneratoren* wirkt im Falle des dreisträngigen Kurzschlusses die Subtransientspannung E_q'' auf die Subtransientreaktanz X_d'' der Längsachse; ohmsche Widerstände können dabei vernachlässigt werden. X_d'' ist hier gleichzeitig die Mitsystemreaktanz; die Gegensystemreaktanz X_2 ist etwa gleich groß, während die Nullreaktanz X_0 des Generators deutlich kleiner ausfällt. Daher ist bei Kurzschlüssen in Generatornähe der zweipolige Stoßkurzschlußstrom kleiner, der einpolige meistens größer als der dreipolige. **Bild 7** erläutert für diese beiden unsymmetrischen Kurzschlußfälle die Schaltungen in dreiphasigen und in symmetrischen Komponenten.

Die Vorschriften DIN VDE 102 geben ein Berechnungsverfahren an, bei dem für alle Kurzschlußarten an der Kurzschlußstelle einheitlich die Ersatzspannungsquelle $cU_h/\sqrt{3}$ wirksam ist. Für U_h ist die Außenleiternennspannung einzusetzen; der größtmögliche Kurzschlußstrom in Hochspannungsnetzen berechnet sich mit $c = 1{,}1$. Andererseits ermittelt man in Niederspannungsnetzen den kleinstmöglichen Kurzschlußstrom mit $c = 0{,}95$.

Ist der Anfangswechselstrom bekannt, so läßt sich der Stoßkurzschlußstrom als Scheitelwert unter Berücksichtigung des abklingenden Gleichstromglieds (s. V 3 Gl. (10)) berechnen: $I_s = \kappa\sqrt{2}I_k''$; κ ist abhängig vom Verhältnis

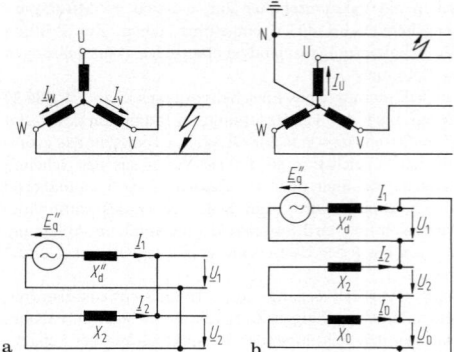

Bild 7. Unsymmetrische Generatorkurzschlüsse. **a** zweisträngig; **b** einsträngig. Schaltungen für Phasen- und in symmetrischen Komponenten

R_k/X_k des Kurzschlußstromkreises und nimmt Werte zwischen 1 und 2 an.

In komplizierteren Netzen erfordert die Kurzschlußstromberechnung den Einsatz von Rechnern oder speziellen Netzmodellen. Dabei können auch dynamische Vorgänge berücksichtigt werden.

6.4.5 Selektiver Netzschutz. Selective network protection

Im Falle von Kurzschlüssen sollen möglichst nur die gestörten Netzteile spannungslos geschaltet werden. Daher

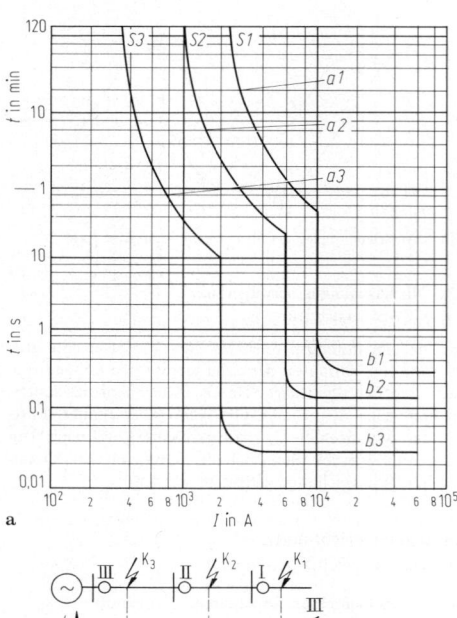

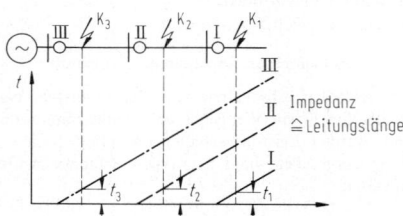

Bild 8. Selektiver Netzschutz. **a** Zeitselektiv gestaffelte Leistungsschalter, Auslösekennlinien; **b** Distanzschutz, Auslösezeiten in Abhängigkeit vom Kurzschlußort

wird eine selektive Abschaltung angestrebt. Dies läßt sich bei Strahlennetzen durch Zeitstaffelung erreichen. Dazu soll die Verzögerungszeit stromunabhängig und bei einem vorgeordneten Schalters größer sein als die Ausschaltzeit des nachgeordneten Schalters. In einer Kette hintereinanderliegende Leistungsschalter werden Staffelzeiten von um 60 ms verwendet. Beispielsweise haben drei zeitselektiv gestaffelte Schalter *Auslösekennlinien* nach **Bild 8a**.

In vermaschten Netzen wird Selektivität durch einen Distanzschutz erreicht. Am Ort des Leistungsschalters werden Spannung und Strom erfaßt und daraus die Netzimpedanz ermittelt. Die Verzögerungszeit für die Auslösung wird mit zunehmender Netzimpedanz größer eingestellt, so daß die der Kurzschlußstelle zunächst liegenden Schalter als erste abschalten, **Bild 8 b**.

Alternativ können Schnellschalter, wie von der Kurzschlußfortschaltung bekannt, mit Kurzunterbrechungsselektivität eingesetzt werden. Dabei lösen alle in einem Strompfad liegenden Schalter bei Kurzschluß nach etwa 10 ms gleichzeitig aus. Nach einer Kurzunterbrechungszeit von beispielsweise 700 ms werden sie wieder eingeschaltet. Fließt dabei wiederum der Kurzschlußstrom, wird erneut abgeschaltet.

Bei Anlagenteilen, die keine Erzeuger und Verbraucher enthalten, kann der Differentialschutz eingesetzt werden. Die Ströme am Eingang und am Ausgang werden, gegebenenfalls unter Berücksichtigung des Übersetzungsverhältnisses bei Transformatoren, miteinander verglichen; auftretende Fehler werden erkannt und führen zur Abschaltung. Öltransformatoren werden außerdem mit dem Buchholzschutz ausgerüstet, der auf Gasentwicklung im Kessel infolge eines Fehlers anspricht.

6.4.6 Berührungsschutz. Protection against electric shock

Wegen der Gefahren bei Berührung von unter Spannung stehenden Anlagenteilen sind Schutzmaßnahmen vorgeschrieben. Nach DIN VDE 0100 gelten 65 V als *Grenzwert* der zulässigen Berührungsspannung. Die Schutzmaßnahmen sollen verhindern, daß im Betrieb und vor allem im Fehlerfalle berührbare Teile eine höhere Spannung annehmen oder beibehalten können:

– Bei Betriebsmitteln für *Schutzkleinspannung* ist eine höchste Betriebsspannung von 42 V vorgeschrieben.
– *Schutzisolierung* soll das Überbrücken zu hoher Berührungsspannungen verhindern; dazu ist eine Isolierung zusätzlich zur Betriebsisolierung vorzusehen.
– Die *Schutztrennung* trennt den Verbraucherstromkreis durch einen Trenntransformator vom speisenden Netz und verhindert damit bei Körperschluß eine Berührungsspannung zwischen dem Körper des Betriebsmittels und Erde.

Die übrigen Schutzmaßnahmen haben dafür zu sorgen, daß im Falle von Isolationsfehlern das geschützte Betriebsmittel abgeschaltet wird, so daß eine unzulässige Berührungsspannung nicht bestehen bleiben kann. Sie brauchen dazu einen *Schutzleiter*:

– Bei *Schutzerdung* werden die Körper (z. B. Gehäuse) an Erder oder geerdete Teile angeschlossen.
– Die *Nullung* erfordert eine Verbindung der Körper mit einem unmittelbar geerdeten Leiter, z. B. den geerdeten Mittelleiter.
– Beim *Schutzleitersystem* werden mittels eines Schutzleiters alle Körper einer elektrischen Anlage untereinander und mit leitenden Gebäudeteilen, Rohrleitungen und mit Erdern verbunden.
– Die *Fehlerspannungs-(FU-)Schutzschaltung* sorgt beim Auftreten zu hoher Berührungsspannungen innerhalb von 0,2 s für Abschaltung aller Außenleiter.

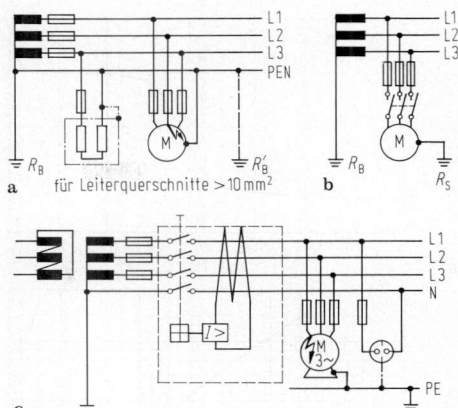

Bild 9. Beispiele für Schutzmaßnahmen. **a** Nullung ohne besonderen Schutzleiter; **b** Schutzerdung; **c** Fehlerstrom-(FI-)Schutzschaltung. N Mittelleiter/Sternpunktleiter, PE Schutzleiter geerdet, PEN Nulleiter

– Die *Fehlerstrom-(FI-)Schutzschaltung* sorgt bei Auftreten eines Fehlerstroms (von z. B. 60 mA) durch Abschalten innerhalb von 0,2 s dafür, daß keine zu hohe Berührungsspannung an Körpern bestehen bleibt. Dazu werden die Betriebsströme, deren Summe in den Leitern im Normalbetrieb Null ist, über einen Summenstromwandler geführt, dessen Sekundärwicklung auf ein Überstromrelais arbeitet.

In **Bild 9** sind Beispiele für die Anwendung von Schutzmaßnahmen angegeben.

6.5 Energiespeicherung (s. L 4.2). Energy storage

6.5.1 Speicherkraftwerke. Storage power stations

Elektrische Energie läßt sich als solche nicht speichern. In der Energieversorgung wird mit Hilfe von Speicherkraftwerken die Möglichkeit genutzt, in Schwachlastzeiten Wasser in einen Speichersee zu pumpen und die kinetische Energie des Wassers in Spitzenlastzeiten wieder zur Erzeugung elektrischer Energie zu nutzen. Es werden Synchronmaschinen als Motorgeneratoren eingesetzt. Die Synchronmaschine ist dazu mit einer Wasserturbine und mit einer Pumpe gekuppelt.

Eine technische Variante bildet die Ausführung mit nur einer hydraulischen Maschine, die sowohl für Turbinen- als auch Pumpbetrieb geeignet ist. Beim Übergang von der einen zur anderen Betriebsart ändert sich allerdings die Drehrichtung. Die Synchronmaschine muß dann auch in der Lage sein, zum Pumpbetrieb als Motor hochzufahren.

In Speicherkraftwerken läßt sich ein Gesamtwirkungsgrad für die Energieumsetzung von 0,6 bis 0,65 erzielen.

6.5.2 Batterien. Batteries

In Batterien oder Akkumulatoren wird beim Laden elektrische in chemische Energie umgesetzt und beim Entladen als elektrische Energie zurückgewonnen [4].

Bleiakkumulatoren. Sie werden in ortsfesten Anlagen, für Traktionszwecke und vor allem in großer Zahl als Starterbatterien in Kraftfahrzeugen eingesetzt.

Die Bleibatterie tritt als *Gitterplattenakkumulator* und als *Panzerplattenakkumulator* auf. Das aktive Material wird

V

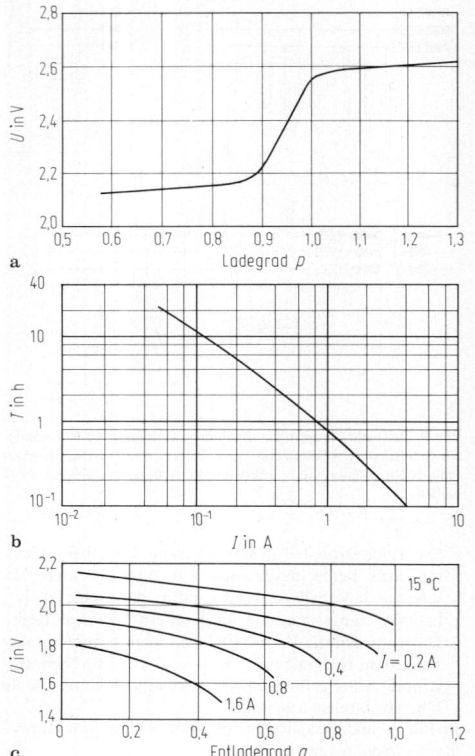

Bild 10. Kennlinien von Bleiakkumulatoren. **a** Ladekennlinie; **b** Entladezeit über Entladestrom einer Zelle; **c** Entladekennlinien einer Zelle bei 15 °C

aus Blei und Bleioxid unter Verwendung von Zusätzen hergestellt und als Plastiermasse maschinell in die aus Blei bestehenden Gitterplatten eingestrichen. Der Elektrolyt ist Schwefelsäure mit einer Konzentration von etwa 5 mol/l (ca. 39 Gew.-%) entsprechend einer Dichte von 1,28 g/cm^3. Die Konzentration nimmt bei Entladung der Zelle ab; sie soll 1,05 g/cm^3 nicht unterschreiten.
Nach Gladstone und Tribe läßt sich die Gesamtreaktion in der Zelle beschreiben durch die chemische Gleichung

$$Pb + 2H_2SO_4 + PbO_2 \rightleftharpoons 2PbSO_4 + 2H_2O.$$

(geladen)   (entladen)

Als Nennspannung pro Zelle ist beim Bleiakkumulator 2,0 V festgelegt. Die Kapazität bemißt sich nach der Typgröße und wird in Ah angegeben.
Den Ladevorgang einer Zelle beschreibt **Bild 10a**. Bei etwa 2,4 V Zellenspannung tritt Gasen des Elektrolyten auf. Die Ladeschlußspannung beträgt etwa 2,65 V. Bei der Entladung soll eine minimale Spannung von etwa 1,8 V nicht unterschritten werden.
Die nutzbare Kapazität ist eine Funktion des Entladestroms; in **Bild 10b** ist dazu für eine Zelle in logarithmischem Maßstab die Entladezeit über dem Strom dargestellt. **Bild 10c** zeigt Entladekennlinien einer Zelle über dem Entladegrad mit dem Entladestrom als Parameter.
Der Entwicklungsstand der Bleibatterien ermöglicht auch ihren Einsatz für Speicheranlagen in der Elektrizitätsversorgung. Die Batterieanlage leistet dann Beiträge zur Spitzenlastdeckung und bei der Frequenzregelung. Eine

in Betrieb befindliche Anlage (BEWAG, Berlin) stellt eine Sofortreserve von 17 MW dar, die mit ±8,5 MW zur Frequenzregelung eingesetzt werden kann. Die Kapazität beträgt bei einer Betriebsspannung von 1 180 V 12 kA, so daß die Anlage bei 5 h Entladungszeit einer Energie von 14,4 MWh liefern kann.

Andere Akkumulatoren. *Cadmium/Nickelbatterien* gehören zu den Akkumulatoren mit alkalischen Elektrolyten; sie sind wiederaufladbar und werden als Knopf- oder Rundzellen sowie als prismatische Zellen mit Kapazitäten zwischen 10 mAh und 25 Ah gefertigt.
Die Aussichten für eine breite Einführung des Elektroantriebs für Kraftfahrzeuge hängen im wesentlichen von der Bereitstellung einer Speicherbatterie mit hoher Energiedichte ab. Der Bleiakkumulator mit einer spezifischen Kapazität von 30 bis maximal 40 Wh/kg (bei zweistündiger Entladung) kann die Anforderungen nicht befriedigend erfüllen. Eine vielversprechende Entwicklung ist die *Natrium/Schwefelbatterie* mit keramischem Elektrolyt und den flüssigen Reaktanden Natrium und Schwefel. Darin kann eine Energiedichte von 120 Wh/kg und damit das 3- bis 4fache der Bleibatterie realisiert werden. Allerdings erfordert die Natrium/Schwefelbatterie eine Betriebstemperatur von mindestens 285 °C, um ein Erstarren des entstehenden Natriumpolysulfids zu verhindern.

6.5.3 Andere Energiespeicher
Other energy storage methods

Eine Zukunftentwicklung beschäftigt sich mit der Speicherung magnetischer Energie in *supraleitenden* Spulen, in denen der Strom praktisch verlustlos über längere Zeit fließen kann. Die Einkopplung und Auskopplung elektrischer Energie erfolgt über Stromrichter; es werden auch unkonventionelle Ladeverfahren mit Schaltern in Betracht gezogen, die vom supraleitenden in den normalleitenden Zustand versetzt werden können.
Ein anderes Konzept wird bei *Schwungradspeichern* verfolgt, die aus einer elektrischen Quelle aufgeladen und bei Bedarf wieder entladen werden können.

6.6 Elektrische Energie aus erneuerbaren Quellen
Electric energy from renewable sources

Unter Umweltgesichtspunkten wird angestrebt, den Beitrag regenerativer Quellen zur Deckung des Energiebedarfs zu erhöhen [8]. Im Vordergrund des Interesses stehen dabei von der Sonne herrührende Energieformen: solare Strahlung, Wasserkraft, Windenergie, Umweltwärme und biochemische Energie. Hinzu kommt die geothermische Energie und die Gezeitenenergie (s. L 2.6).
Wasserkraftwerke sind seit langem im Einsatz; ein weiterer Ausbau der Wasserkräfte ist jedoch durch wirtschaftliche und ökologische Gesichtspunkte begrenzt. In der Bundesrepublik Deutschland leisten die Wasserkräfte zur elektrischen Energieerzeugung einen Beitrag von 4,5%.
Sonnenenergie kann solarthermisch und solarelektrisch genutzt werden. Die Solarstrahlung hat mit maximal 1 000 W/m^2 eine relativ niedrige Energiedichte. Die Windenergie bringt eine noch geringe Energiedichte von etwa 300 W/m^2 auf. Bei der technischen Nutzung muß von der nicht konstanten Darbietung ausgegangen werden; dadurch ist in der Regel ein Speicher oder eine Pufferung durch ein anderes System erforderlich.

6.6.1 Solarenergie. Solar energy

In solarthermischen Kraftwerken wird Strahlungsenergie mit Hilfe von Spiegelsystemen konzentriert und dadurch

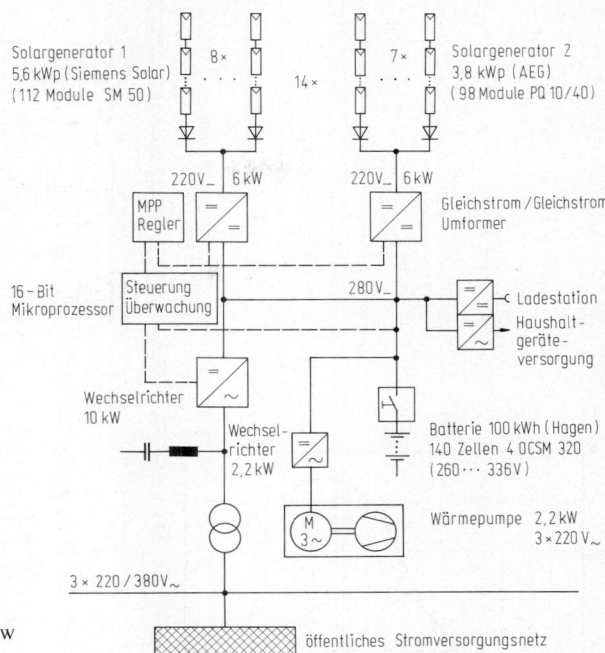

Bild 11. Schaltung einer Photovoltaik-Pilotanlage 10 kW
(BEWAG, Berlin)

ein Medium erhitzt. Damit wird Dampf erzeugt und die Energie in einer konventionellen Anlage mit Turbine und Generator umgesetzt. Bekannt ist eine Konstruktion, bei der die Strahlung auf den auf einem Turm befindlichen Dampferzeuger gebündelt wird. Damit können Gesamtwirkungsgrade von etwa 11% erzielt werden. Neuerdings wird die Wirtschaftlichkeit mehr von Anlagen erwartet, die mittels Spiegelfurchen über größere Längen ein in Rohren fließendes Medium erhitzen.

In der *Photovoltaik* wird elektrische Energie direkt in Solargeneratoren erzeugt, die aus Moduln aufgebaut sind (s. **V 1 Bild 25**). Der entstehende Gleichstrom kann mit Hilfe von Wechselrichtern in Wechsel- oder Drehstrom umgeformt werden. Solargeneratoren sind geeignet sowohl für dezentrale Energieversorgung als auch zur Netzeinspeisung.

Bild 11 zeigt eine 10-kW-Photovoltaikanlage. Die Solargeneratoren speisen über eine Gleichstrom/Gleichstromumformung auf eine 280-V-Sammelschiene. Von dort kann Solarenergie über Wechselrichter und einen Anpaßtransformator in das öffentliche Netz eingespeist werden. In der Anlage ist eine Pufferbatterie vorgesehen.

6.6.2 Windenergie. Wind energy

Die Nutzung dieser Energieform mit Hilfe von Windmühlen ist seit langem bekannt. Zur Erzeugung elektrischer Energie werden schnellaufende Windturbinen mit ein bis vier Flügeln eingesetzt, mit denen, in der Regel über ein Übersetzungsgetriebe, ein Generator gekoppelt ist. Die Leistung des Windenergiekonverters ist der vom Rotor überstrichenen Fläche und der dritten Potenz der Windgeschwindigkeit proportional. Nach der Theorie von Betz kann das Windrad höchstens 59,3% der im Wind enthalte-

nen kinetischen Energie ausnutzen. Windgeneratoranlagen im Bereich einiger hundert kW sind ausgereift. Die größte derzeitige Anlage hat 2 MW Leistung.

Für einen Windenergiekonverter mit 4,2 m Rotordurchmesser als Beispiel ergibt sich ein Verlauf der Leistung P an der Welle in Abhängigkeit von der Drehzahl n mit der Windgeschwindigkeit v als Parameter nach **Bild 12**. Man erkennt, daß das Leistungsmaximum (der Bestpunkt) sich mit zunehmendem v zu höheren Drehzahlen verlagert. Soll der Generator als Drehstrommaschine in ein Netz fester Frequenz speisen, so kann mit einer Synchron- oder Kurzschlußläufer-Asynchronmaschine nicht gleichzeitig der Bestpunkt bei hohen Windgeschwindigkeiten und eine gute Ausnutzung bei Schwachwind gefahren werden. Verbesserungen sind hier durch Einsatz polumschaltbarer Asynchrongeneratoren, durch eine Stromrichterkaskade mit Asynchron-Schleifringläufermaschine oder durch Verwendung eines Zwischenkreisumrichters zwischen Synchrongenerator und Drehstromnetz erzielbar.

Für dezentrale Energieversorgungssysteme gibt es Konzepte, die den Windgenerator mit Dieselgeneratoren kombinieren. Die Häufigkeit der beim Eintreten von Schwachwindzeiten erforderlichen Anläufe des Dieselmotors kann durch Hinzufügen einer Batterie vermindert werden. Ein Betriebsführungssystem hat last- und windabhängig den Einsatz der beteiligten Einheiten zu optimieren. Im Beispiel nach **Bild 12b** sind ein asynchroner Windgenerator und zwei synchrone Dieselgeneratoren vorgesehen. Die erforderliche Blindleistung kann vom Dieselgenerator bereitgestellt werden, sofern durch eine Fliehkraftkupplung dafür gesorgt wird, daß er auch bei abgeschaltetem Diesel als Phasenschiebermaschine mitläuft. Ansonsten ist eine statische Kompensationseinrichtung einzusetzen.

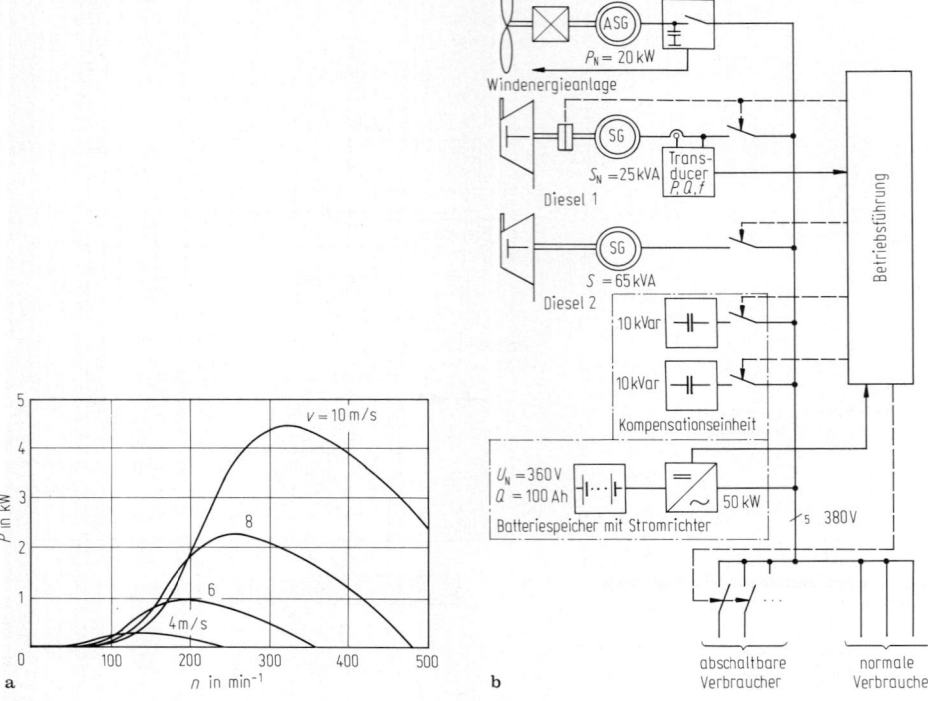

Bild 12. Einsatz der Windenergie. **a** Leistungskennlinien eines Windenergiekonverters 4,2 m Durchmesser; **b** Schaltungskonzept eines Wind-Diesel-Energiesystems (IBEK, Bremen)

7 Elektrowärme. Electric heating

Beim Stromdurchgang durch einen ohmschen Widerstand wird nach $P_w = UI\cos\varphi = I^2 R = U^2/R$ elektrische Leistung in Wärme umgewandelt. Die verschiedenen Elektrowärmeverfahren unterscheiden sich nach der Art des Widerstands und der Energiezufuhr in Widerstands-, Lichtbogen-, Induktions- und dielektrische Erwärmung. Für Schmelz-(Ofen-)anlagen werden nur die ersten drei Prinzipien angewandt, vgl. **Bild 1**.
Bei den Verfahren nach **Bild 1a, e** und **f** wirkt das zu erhitzende Gut selbst als ohmscher Widerstand, bei **Bild 1c**

und **d** das Plasma eines Lichtbogens. Praktisch einzige Anwendung des Verfahrens nach **Bild 1c** ist der Lichtbogen-Stahlofen. Die meisten Reduktionsöfen, z.B. zur Herstellung von Carbid, Ferrosilicium, Korund sind Mischformen von **Bild 1a** und **c**.

7.1 Widerstandserwärmung. Resistance heating

Neben dem Schmelzofen sind die Widerstandserwärmung von Werkstücken, von Walzgut, bestimmte Bauformen von Wassererhitzern und -verdampfern, sowie das Wider-

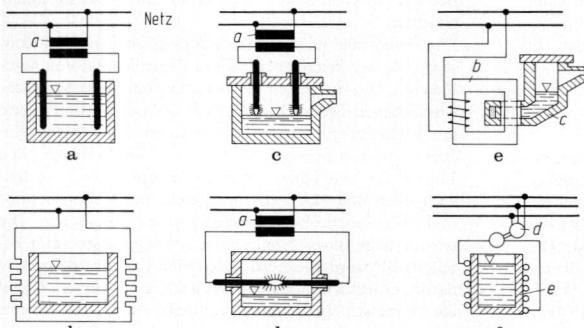

Bild 1. Verschiedene Beheizungsarten für Elektroöfen. **a** direkte Widerstandserhitzung; **b** indirekte Widerstanderhitzung; **c** direkte Lichtbogenerhitzung; **d** indirekte Lichtbogenerhitzung; **e** Niederfrequenz-Induktionserhitzung; **f** Mittelfrequenz-Induktionserhitzung. *a* Transformator, *b* Eisenkern, *c* Schmelzrinne, *d* Mittelfrequenz-Umformer, *e* wassergekühlte Induktionsspule

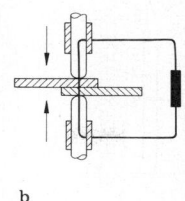 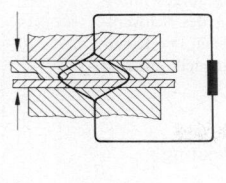 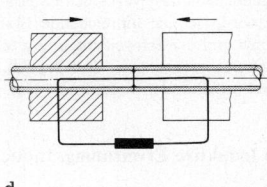

a   b   c   d

Bild 2. Werkstück- und Elektrodenanordnung bei Widerstandsschweißen nach Lauster. **a** Punktschweißen; **b** Rollennahtschweißen; **c** Buckel-schweißen; **d** Wulststumpfschweißen

standsschweißen, vgl. **Bild 2** Beispiele der direkten Widerstanderwärmung; sie sind i.allg. durch hohen Strombedarf bei relativ niedrigen Spannungen gekennzeichnet.

Für die indirekte Widerstandserwärmung werden Heizleiter benötigt, die den auftretenden thermischen, chemischen und mechanischen Beanspruchungen gewachsen sind. Die Heizleiter unterscheiden sich stark bezüglich der Temperaturabhängigkeit ihrer Leitfähigkeit.

Je nach Temperaturbereich kommen Metalle wie Molybdän und Molybdänverbindungen, Tantal und in Sonderfällen Platin oder keramische Leiter (meist Siliziumcarbide) und Graphit zur Anwendung.

Während sich metallische Heizleiter als Drähte, Bänder oder in anderen Querschnittsformen herstellen lassen, sind die übrigen Heizleiter auf Stab-, Rohr- oder daraus abgeleitete Formen beschränkt. Flüssiges Glas kann ebenfalls als Heizleiter dienen, wenn es zuvor auf andere Art verflüssigt und dadurch leitfähig wurde.

Zur Halterung von Heizleitern werden keramische und andere temperaturbeständige Isolierstoffe verwendet.

7.2 Lichtbogenerwärmung. Electric arc-heating

Außer im Lichtbogen-Stahlschmelzofen wird der Lichtbogen als Widerstand beim Lichtbogenschweißen verwendet. Der Lichtbogen stellt einen nicht nur von seiner Länge, sondern auch von der Stromstärke abhängigen Widerstand dar. Der Zusammenhang zwischen Lichtbogenspannung und -strom ist daher nicht linear, vgl. **Bild 3**.

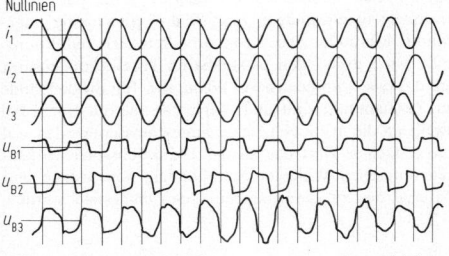

Bild 3. Ströme und Lichtbogenspannungen eines Lichtbogenofens

7.2.1 Lichtbogenofen. Arc furnaces

Große Lichtbogenöfen sind sehr niederohmige (einige mΩ) Verbraucher (mehrere 10000 A einigen 100 V Spannung). Der Drehstrom wird über Graphit-Elektroden den gegen die Stahlbadoberfläche brennenden Lichtbögen zugeführt. Zur Einstellung der gewünschten Stromstärke bzw. Lichtbogenimpedanz werden die Elektroden von

einer Elektrodenregelung vertikal auf die erforderliche Lichtbogenlänge verstellt. Außerdem ist die dem Ofen zugeführte Spannung am Ofentransformator verstellbar. Die dafür erforderlichen Wicklungsanzapfungen befinden sich an der Oberspannungswicklung oder an einer Tertiärwicklung des Transformators, weil die Hochstrom-(Sekundär-)wicklungen nur aus einer oder wenigen Windungen bestehen. Die Ofenspannung wird also über den magnetischen Fluß im Transformator verändert.

Die starken magnetischen Wechselfelder der Hochstrombahnen haben hohe induktive Spannungsabfälle zur Folge, durch die z.B. der Strom bei Elektrodenkurzschluß begrenzt und die höchste Sekundärspannung des Ofentransformators bestimmt werden. Außerdem sind sie u.U. Ursache unsymmetrischer Netzbelastungen.

Die Elektroden werden hydraulisch oder elektromotorisch verstellt. Regelgröße ist meist die Lichtbogenimpedanz, die jedoch nur mit speziellen Verfahren richtig meßbar ist; anderenfalls werden Meßfehler von den Magnetfeldern der Hochstrombahnen hervorgerufen. Im Ersatzschaltbild (**Bild 4**) ist u_{0M} die Fehlerspannung bei normaler Messung.

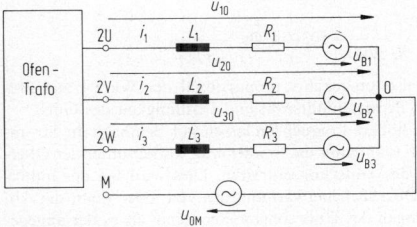

Bild 4. Ersatzschaltbild für einen Lichtbogenofen

Die Induktivitäten L_1, L_2 und L_3 sind tatsächlich Gegeninduktivitäten der Hochstrombahn-Schleifen, nämlich:

$$L_1 = M_{12,13}, \quad L_2 = M_{23,21}, \quad L_3 = M_{31,32}.$$

Die auf der Meßleitung zur Ofenwanne (Badsternpunkt) entstehende Fehlerspannung ergibt sich zu

$$u_{0M} = M_{2M,M3}(di_1/dt) + M_{3M,M1}(di_2/dt) + M_{1M,M2}(di_3/dt).$$

u_{B1}, u_{B2}, u_{B3} sind die Lichtbogenspannungen und R_1, R_2, R_3 die ohmschen Widerstände der Hochstrombahnen.

7.2.2 Lichtbogenschweißen. Arc-welding

Das Lichtbogenschweißen erfordert Spannungen bis etwa 40 V, also für Handschweißungen ungefährliche Werte. Die Gleich- oder Wechselspannungsquelle wird mit dem einen Pol an das Werkstück, mit dem anderen (bei Gleichstrom meist dem negativen) an die Schweißelektrode (Schweißdraht) angeschlossen. Damit durch das Lichtbogenplasma das Werkstückmaterial richtig aufgeschmolzen wird, ist eine hinreichende Einhaltung des Schweißstroms und der Schweißspannung erforderlich. Die Kennlinien des Lichtbogens und der Spannungsquelle müssen daher aufeinander abgestimmt sein.

7.3 Induktive Erwärmung. Induction heating

Bei der induktiven Erwärmung wird die Leistung nach dem Transformatorprinzip auf das Gut übertragen, wobei das Gut die Funktion einer kurzgeschlossenen Sekundärwicklung mit einer Windung hat. Beim Tiegelofen, vgl. **Bild 1 f**, ist die Sekundärwicklung ein massiver zylindrischer Körper im Gegensatz zur Ringform beim Rinnenofen, vgl. **Bild 1 e**, weshalb auch ein Eisenkern innerhalb des Sekundärteils entfallen muß.
Wegen der Eisenverluste wird der Rinnenofen fast ausschließlich für Netzfrequenz (50 oder 60 Hz) eingesetzt, während Tiegelöfen vielfach mit Mittelfrequenz (bis etwa 10 kHz) betrieben werden.

7.3.1 Stromverdrängung, Eindringtiefe
Skin effect, depth of penetration

Die Stromverdrängung der Wirbelströme (Sekundärströme) im Gut bewirkt, daß die Stromdichten um so größer sind, je näher die betrachtete Strombahn an der Primärwicklung (Induktionsspule) liegt. Die „Eindringtiefe" δ ist diejenige Tiefe x im Gut, von der der Induktionsspule zugewandten Oberfläche gerechnet, in der die Stromdichte S nur noch den e-ten Teil ($e = 2{,}718\dots$) des Werts an der Oberfläche S_0 hat. Dabei sind Abmessungen des Guts vorausgesetzt, die einem Tiegeldurchmesser von mindestens 4δ entsprechen. Für die Stromdichte gilt dann

$$S(x,t) = \hat{S}_0 \cdot \exp(-x/\delta)\cos(\omega t - x/\delta)$$

und für die Eindringtiefe δ

$$\delta = \sqrt{\frac{2}{\omega\mu\kappa}} = 503\sqrt{\mathrm{m}/\Omega\mathrm{s}} \cdot \frac{1}{\sqrt{f\mu_r\kappa}}.$$

δ ist also umgekehrt proportional der Wurzel aus Frequenz, Permeabilitätszahl und Leitfähigkeit des Guts. Durch höhere Frequenzen lassen sich demnach die Stromdichten und damit die Erwärmung stärker unter der Oberfläche des Guts konzentrieren. Dies wird bei der induktiven Oberflächenerwärmung genutzt, oder wenn die Abmessungen des Guts sonst kleiner sind, als es der angegebenen Voraussetzung entspricht.

7.3.2 Aufwölbung und Bewegungen im Schmelzgut
Bulging of the surface and melt circulation in induction furnaces

Die Ströme in der Induktionsspule und im Gut erzeugen einander abstoßende Kräfte, im Schmelzgut also in Rich-

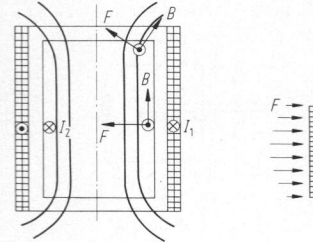
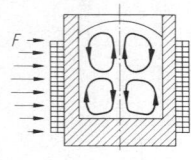

Bild 5. Feldverteilung und Badbewegung im Tiegelofen

tung auf die Zylinderachse. Wegen des dadurch vom Zylinderumfang des Tiegelinhalts zur Zylinderachse zunehmenden statischen Drucks nimmt die Schmelzoberfläche die Form einer Kuppe an, vgl. **Bild 5**. Da das Magnetfeld außerdem am oberen und unteren Zylinderende radiale Komponenten enthält, entstehen im Schmelzgut Drehmomente der Volumenkräfte, die Wirbelbewegungen des Schmelzguts zur Folge haben. Badkuppenhöhe und Drehmomente sind näherungsweise proportional $\sqrt{1/f}$, so daß die Durchwirbelung des Schmelzguts und die Badkuppenhöhe entsprechend den metallurgischen Bedürfnissen über die Frequenz beeinflußbar sind.

7.3.3 Oberflächenerwärmung
High-frequency induction surface heating

Durch Anwendung hoher Frequenzen mit Induktionsspulen geeigneter Form können ausgewählte Oberflächenbereiche von Werkstücken zwecks Oberflächenvergütung selektiv erwärmt werden, vgl. **Bild 6**. Je höher die zugeführte Leistung ist, um so schneller wird der oberflächennahe Bereich erwärmt und um so weniger Wärme fließt während dieser Zeit in das Innere des Guts ab, wodurch sich, wie auch über die Frequenz, z.B. die Einhärttiefe verändern läßt.

7.3.4 Stromversorgung. Electric power supply

Anlagen der induktiven Erwärmung sind durchweg einphasige Verbraucher, die großenteils mit höherer als Netzfrequenz zu speisen sind. Von den Möglichkeiten, bei Netzfrequenz eine Einphasenbelastung in symmetrische und zugleich blindstromfreie Belastung für das Drehstromnetz umzuwandeln, zeigt **Bild 7** eine häufig angewandte Methode. Die Stromaufnahme der Induktionsspule wird durch den einstellbaren Parallelkondensator auf $\cos\varphi = 1$ kompensiert. Wenn die Blindwiderstände der Zusatzinduktivität und -kapazität, die mit einem Pol jeweils an die dritte Netzphase angeschlossen werden, auf den $\sqrt{3}$fachen Wert des an der Induktionsspule wirksamen ohmschen Widerstands (abhängig von Menge und Material des zu erwärmenden Guts) eingestellt werden,

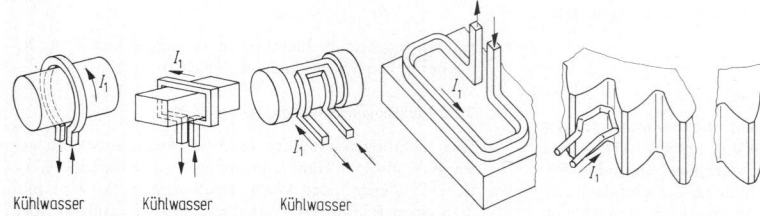

Kühlwasser   Kühlwasser   Kühlwasser

Bild 6. Induktive Oberflächenerwärmung nach Lauster

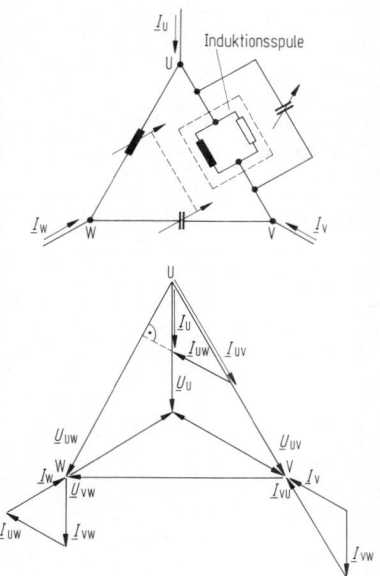

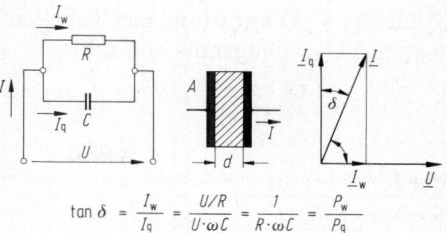

$$\tan \delta = \frac{I_w}{I_q} = \frac{U/R}{U \cdot \omega C} = \frac{1}{R \cdot \omega C} = \frac{P_w}{P_q}$$

Bild 8. Ersatzschaltbild und Zeigerdiagramm für verlustbehafteten Kondensator nach Lauster

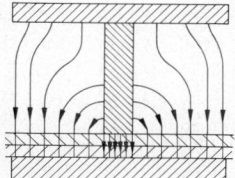

Bild 9. Feldkonzentrationen im Kondensatorfeld nach Lauster

Bild 7. Symmetrierung einer kompensierten Einphasenlast

entsteht für das Drehstromnetz eine symmetrische, drei-phasige, ohmsche Belastung.

Zur Erzeugung von Mittelfrequenz bis etwa 10 kHz wer-den Maschinenumformer zunehmend durch Thyristorum-richter verdrängt. Höhere Frequenzen, die für Oberflä-chenhärten, Hart- und Weichlöten und auch für bestimm-te Glüh- und Schweißprozesse benötigt werden, liegen meist im Bereich von 300 bis 1000 kHz und werden mit Röhrengeneratoren erzeugt.

7.4 Dielektrische Erwärmung. Dielectric heating

Ein hochfrequentes elektrisches Wechselfeld verursacht auch in Isolierstoffen durch die Lageänderung moleku-larer Dipole Verluste, die sich in einem Phasenwinkel $\varphi < 90°$ des zugeführten Wechselstroms auswirken, vgl. **Bild 8.** Es entsteht der Verlustwinkel δ, der sich als weit-gehend frequenzunabhängig erweist.

Für die spezifische Verlust- und damit Wärmeleistung gilt

$$P'_w = E^2 \omega \varepsilon_0 \varepsilon_r \tan \delta.$$

Die anwendbare elektrische Feldstärke E ist durch die Durchbruch-Feldstärke begrenzt. Eine Steigerung der Lei-stungsdichte P'_w ist somit nur über die Frequenz mög-lich. $\tan \delta$ ist u.U. stark von der Temperatur und der Feuchtigkeit des Guts abhängig, was vielfach für eine gün-stige Selbstregulierung von P'_w ausgenutzt werden kann. Bei Anwendung der dielektrischen Erwärmung auf mehr-schichtiges Gut ist sowohl nach technologischen Gesichts-punkten als auch nach der Leistungsdichte und ihrer even-tuellen Veränderung zu entscheiden, ob eine parallele oder senkrechte Lage der Schichten-Grenzfläche zum Feldver-lauf zweckmäßiger ist (Längs- bzw. Querfelderwärmung). Luftschichten im Feldraum wirken sich i.allg. nachteilig aus.

Ein wesentliches Anwendungsgebiet der dielektrischen Er-wärmung ist die Verschweißung von Kunststoffolien, ins-besondere in der Art von Nähten, z.B. bei Polsterbezü-gen oder Verkleidungen im Automobilbau. Dabei wird die Feldkonzentration unter schneidenförmigen Elektro-den, vgl. **Bild 9**, zur selektiven Verschweißung auf der gewünschten Naht genutzt.

Hinreichende Leistungsdichten sind nur mit Hochfrequenz erreichbar. Dafür sind bestimmte Frequenzbänder mit fol-genden Mittenfrequenzen zugelassen: 13,6; 27,12; 40,68; 433,92 MHz; für Erwärmungsprozesse im Mikrowellen-strahlungsfeld ist die Frequenz 2450 MHz zugelassen. Bei Anwendung anderer Frequenzen müssen Abschirmungen gegen Abstrahlungen, durch die Funkstörungen entstehen könnten, vorgesehen werden (Abstrahlungsfeldstärke in 100 m Entfernung $< 45\,\mu V/m$). Die genannten Frequen-zen werden mit Röhrengeneratoren erzeugt.

8 Anhang V: Diagramme und Tabellen
Appendix V: Diagrams and tables

Anh. V 1 Tabelle 1. Größen der Elektrotechnik mit Formelzeichen und Einheiten (nach DIN 1304)

Benennung	Formel-zeichen	Einheit	Name	Bemerkung	Umrechnung
elektrische Ladung	Q	C	Coulomb		$1\,\mathrm{C} = 1\,\mathrm{A}\cdot\mathrm{s}$
Elementarladung	e	C		$e = 1{,}6\cdot10^{-19}\,\mathrm{C}$	
Raumladungsdichte	ρ	C/m^3			
el. Flußdichte (Verschiebungsdichte)	D	C/m^2			
el. Polarisation	P	C/m^2		$P = D - \varepsilon_0 E$	
el. Potential	φ	V			
el. Spannung (Potentialdifferenz)	U	V	Volt		
el. Feldstärke	E	V/m			
el. Kapazität	C	F	Farad	$C = Q/U$	$1\,\mathrm{F} = 1\,\mathrm{C/V} = 1\,\mathrm{A}\cdot\mathrm{s/V}$
Dielektrizitätskonstante	ε	F/m		$\varepsilon = D/E$	
el. Feldkonstante	ε_0	F/m		$\varepsilon_0 = 8{,}854\cdot10^{-12}\,\mathrm{F/m}$	
Dielektrizitätszahl	ε_r	1		$\varepsilon_\mathrm{r} = \varepsilon/\varepsilon_0$	
el. Suszeptibilität	χ_e	1		$\chi_\mathrm{e} = \varepsilon_\mathrm{r} - 1$	
el. Stromstärke	I	A	Ampere		
el. Stromdichte	S, J	A/m^2			
el. Strombelag	A	A/m			
el. Durchflutung	Θ	A			
magn. Spannung	V	A			
magn. Feldstärke	H	A/m			
magn. Fluß	Φ	Wb	Weber		$1\,\mathrm{Wb} = 1\,\mathrm{V}\cdot\mathrm{s}$
Verkettungsfluß	Ψ	Wb		$\Psi = \xi N \Phi$	
magn. Flußdichte (Induktion)	B	T	Tesla		$1\,\mathrm{T} = 1\,\mathrm{Wb/m}^2$
Induktivität	L	H	Henry	$L = \Psi/I$	$1\,\mathrm{H} = 1\,\mathrm{Wb/A} = 1\,\mathrm{V}\cdot\mathrm{s/A}$
Permeabilität	μ	H/m		$\mu = B/H$	
magn. Feldkonstante	μ_0	H/m		$\mu_0 = 1{,}257\cdot10^{-6}\,\mathrm{H/m}$	
Permeabilitätszahl	μ_r	1		$\mu_\mathrm{r} = \mu/\mu_0$	
magn. Suszeptibilität	χ_m	1		$\chi_\mathrm{m} = \mu_\mathrm{r} - 1$	
Magnetisierung	M	A/m		$M = \chi_\mathrm{m} H = B/\mu_0 - H$	
magn. Polarisation	J	T		$J = \mu_0 M = B - \mu_0 H$	
magn. Widerstand, Reluktanz	R_m	H^{-1}		$R_\mathrm{m} = \Theta/\Phi$	
magn. Leitwert	Λ	H		$\Lambda = 1/R_\mathrm{m}$	
el. Widerstand (Wirkwiderstand, Resistanz)	R	Ω	Ohm	$R = U/I$	
el. Leitwert (Wirkleitwert, Konduktanz)	G	S	Siemens	$G = 1/R$	
spez. el. Widerstand (Resistivität)	ρ	$\Omega\cdot\mathrm{m}$			
el. Leitfähigkeit (Konduktivität)	κ, γ, σ	S/m		$\kappa = 1/\rho$	
Blindwiderstand (Reaktanz)	X	Ω			
Impedanz (komplex)	$\underline{Z}$	Ω		$\underline{Z} = R + \mathrm{j}\,X$	
Scheinwiderstand (Betrag der Impedanz)	Z	Ω		$Z = \sqrt{R^2 + X^2}$	
Blindleitwert (Suszeptanz)	B	S			
Admittanz (komplex)	$\underline{Y}$	S		$\underline{Y} = G + \mathrm{j}\,B$	
Scheinleitwert (Betrag der Admittanz)	Y	S		$Y = \sqrt{G^2 + B^2}$	
Energie, Arbeit	W	J	Joule		$1\,\mathrm{J} = 1\,\mathrm{N}\cdot\mathrm{m} = 1\,\mathrm{W}\cdot\mathrm{s}$
Leistung, Wirkleistung	P	W	Watt		$1\,\mathrm{W} = 1\,\mathrm{J/s}$
Blindleistung	Q	var	var		$1\,\mathrm{var} = 1\,\mathrm{V}\cdot\mathrm{A}$
Scheinleistung	S	VA	Voltampere		$1\,\mathrm{VA} = 1\,\mathrm{V}\cdot\mathrm{A}$
Phasenverschiebungswinkel	φ	rad	Radiant		$1\,\mathrm{rad} = 57{,}296°$
Leistungsfaktor	λ	1		$\lambda = P/S$	
Streufaktor	σ	1			
Windungszahl	N, w	1			
Wicklungsfaktor	ξ	1			
Kraft	F	N	Newton		$1\,\mathrm{N} = 1\,\mathrm{kg}\cdot\mathrm{m/s}^2$
Drehmoment	M	N$\cdot$m			
Periodendauer	T	s	Sekunde		
Frequenz	f	Hz	Hertz		$1\,\mathrm{Hz} = 1/\mathrm{s}$
Kreisfrequenz	ω	s^{-1}		$\omega = 2\pi f$	
Drehzahl	n	s^{-1}		(auch in min^{-1})	
Winkelgeschwindigkeit	Ω	rad/s		$\Omega = 2\pi n$	
Trägheitsmoment	J	kg$\cdot$m^2			$1\,\mathrm{kg}\cdot\mathrm{m}^2 = 1\,\mathrm{N}\cdot\mathrm{m}\cdot\mathrm{s}^2$

V

Anh. V1 Tabelle 2. Eigenschaften einiger Isolierstoffe: Dielektrizitätszahlen ε_r, Verlustfaktor $\tan\delta$ bei 50 Hz und Durchschlagfestigkeit E_d

	ε_r	$\tan\delta \cdot 10^4$	E_d in $\dfrac{kV}{mm}$
Glas	5...7	10...100	10...40
Hartporzellan	6	170...250	35
Glimmer	4,5...8		50
Hartpapier	4	200...400	25
Epoxid Gießharz	3,2...3,9	35...50	20...45
Polyester Gießharz	3...7	30...300	25...45
Polyethylen	2,3	2...4	40
Polycarbonat	3	7	100
Transformatoröl	2,2...2,4	1...5	15...25
Wasser, dest.	80,8		
Luft, 1 bar, 18 °C			3

Anh. V1 Tabelle 3. Spezifische Widerstände ρ, Leitwerte κ und Temperaturkoeffizienten α einiger Leiter

	$\dfrac{\rho_{20}}{\Omega \cdot mm^2/m}$	$\dfrac{\kappa_{20}}{S \cdot m/mm^2}$	$\dfrac{\alpha}{1/K}$
Silber	0,016	62,5	0,0038
Kupfer	0,01786	56,0	0,0039
Aluminium	0,02857	35,0	0,0038
Stahl	0,1...0,15	7...10	0,0045...0,006
Zinn	0,11	9	0,0042
Bronze	0,018...0,056	18...55	
Messing	0,07...0,09	11...14	0,0015
Manganin	0,43	2,3	0,00001
Konstantan	0,5	2	−0,00003
Chromnickelstahl	1,1	0,91	0,0002

Anh. V3 Tabelle 1. Grenztemperaturen der Isolierstoffklassen und Grenz-Übertemperaturen von indirekt mit Luft gekühlten umlaufenden elektrischen Maschinen nach DIN VDE 0530 Teil 1

Isolierstoffklasse	A	E	B	F	H
Grenztemperaturen	105	120	130	155	180
Grenz-Übertemperaturen [a])					
Arbeitswicklungen [b])[c])	60	75	80	105	125
Feldwicklungen von					
Vollpolläufern [c])	−	−	90	110	135
Eisenkerne [d])	60	75	80	100	125
Kommutatoren u. Schleifringe	60	70	80	90	100

[a]) Maximale Umgebungstemperatur 40 °C.
[b]) Wechselstromwicklungen von Maschinen < 5000 kW (kVA) und Kommutatorwicklungen.
[c]) Gemessen mit dem Widerstandsverfahren.
[d]) Eisenkerne, die mit Wicklungen in Berührung sind.

Anh. V3 Tabelle 2. Grenzwerte des Schalleistungspegels L_w in dB(A) für den von umlaufenden elektrischen Maschinen emittierten Luftschall nach DIN VDE 0530 Teil 9

Drehzahl min^{-1}	$600 < n \le 960$		$960 < n \le 1320$		$1320 < n \le 1900$		$1900 < n \le 2360$		$2360 < n \le 3150$		$3150 < n \le 3750$	
Schutzart	IP 22	IP 44	IP 22	IP 44	IP 22	IP 44	IP 22	IP 44	IP 22	IP 44	IP 22	IP 44
Art der Kühlung	Kühlung und Einzelheiten der Klassifikation siehe IEC 34-6											
elektrische Nennleistung kW	L_w	L_w	L_w	L_w	L_w	L_w	L_w	L_w	L_w	L_w	L_w	L_w
$P \le 1,1$	−	76	−	79	−	80	−	83	−	84	−	88
$1,1 < P \le 2,2$	−	79	−	80	−	83	−	87	−	89	−	91
$2,2 < P \le 5,5$	−	82	−	84	−	87	−	92	−	93	−	95
$5,5 < P \le 11$	82	85	85	88	88	91	91	96	94	97	97	100
$11 < P \le 22$	86	89	89	93	92	96	94	98	97	101	100	103
$22 < P \le 37$	89	91	92	95	94	97	96	100	99	103	102	105
$37 < P \le 55$	90	92	94	97	97	99	99	103	101	105	104	107
$55 < P \le 110$	94	96	97	101	100	104	102	105	104	107	106	109
$110 < P \le 220$	98	100	100	104	103	106	105	108	107	110	108	112
$220 < P \le 400$	100	102	104	106	106	109	107	111	108	112	110	114

V

Anh. V 6 Tabelle 1. Strombelastbarkeit von isolierten Leitungen nach DIN VDE 0100 Teil 523 Zulässige Dauerbelastung bei Umgebungstemperaturen bis 30 °C

Nenn-Querschnitt mm²	Gruppe 1		Gruppe 2		Gruppe 3	
	Cu A	Al A	Cu A	Al A	Cu A	Al A
0,75	–		12	–	15	–
1	11	–	15	–	19	–
1,5	15	–	18	–	24	–
2,5	20	15	26	20	32	26
4	25	20	34	27	42	33
6	33	26	44	35	54	42
10	45	36	61	48	73	57
16	61	48	82	64	98	77
25	83	65	108	85	129	103
35	103	81	135	105	158	124
50	132	103	168	132	198	155
70	165	–	207	163	245	193

Gruppe 1: Eine oder mehrere in Rohr verlegte einadrige Leitungen
Gruppe 2: Mehraderleitungen, z.B. Mantelleitungen, Rohrdrähte, Bleimantelleitungen, Stegleitungen, bewegliche Leitungen
Gruppe 3: Einadrige, frei in Luft verlegte Leitungen, wobei diese mit einem Zwischenraum verlegt sind, der mindestens ihrem Durchmesser entspricht

Zulässige Belastbarkeit bei Umgebungstemperaturen über 30 °C bis 55 °C

Umgebungstemperatur bis °C	35	40	45	50	55
zul. Belastbarkeit					
– Gummiisolierung in %	91	82	71	58	41
– PVC-Isolierung in %	94	87	79	71	61

Anh. V 6 Tabelle 2. Zuordnung von Überstromschutzorganen zu den Nennquerschnitten von Leitungen bis 30° Umgebungstemperatur nach DIN VDE 0100 Teil 430 Der Schutz bei Kurzschluß ist gewährleistet, wenn das Ausschaltvermögen des Überstromschutzorgans mindestens dem vollen Kurzschlußstrom an der Einbaustelle entspricht.

Nenn-Querschnitt mm²	Gruppe 1		Gruppe 2		Gruppe 3	
	Cu A	Al A	Cu A	Al A	Cu A	Al A
0,75	–		6		10	–
1	6	–	10		10	–
1,5	10	–	10(16)	–	20	–
2,5	16	10	20	16	25	20
4	20	16	25	20	35	25
6	25	20	35	25	50	35
10	35	25	50	35	63	50
16	50	35	63	50	80	63
25	63	50	80	63	100	80
35	80	63	100	80	125	100
50	100	80	125	100	160	125
70	125		160	125	200	160

9 Spezielle Literatur
Special bibliography

zu V1 Grundlagen
[1] *Küpfmüller, K.:* Einführung in die theoretische Elektrotechnik, 12. Aufl. Berlin: Springer 1988. – [2] *Blume, S.:* Theorie elektromagnetischer Felder, 2. Aufl. Heidelberg: Hüthig 1986. – [3] *Lautz, G.:* Elektromagnetische Felder, 3. Aufl. Stuttgart: Teubner 1985. – [4] Taschenbuch Elektrotechnik (*Philippow, E.* Hrsg.): Bd. 1 Allgemeine Grundlagen, 3. Aufl. Berlin (Ost): Verlag Technik 1986. – [5] *Unbehauen, R.:* Elektrische Netzwerke, 3. Aufl. Berlin: Springer 1987. – [6] *Naunin, D.:* Einführung in die Netzwerktheorie, 2. Aufl. Wiesbaden: Vieweg 1985. – [7] *Unger, H.G.; Schultz, W.:* Elektronische Bauelemente und Netzwerke, Bd. 1 Phys. Grundlagen d. Halbleiterbauelemente, 3. Aufl. 1979, Bd. 2 Berechnungsmethoden elektronischer Schaltungen, 3. Aufl. 1981, Wiesbaden: Vieweg. – [8] *Münch, W. von:* Werkstoffe der Elektrotechnik, 6. Aufl. Stuttgart: Teubner 1989. – [9] *Unbehauen, R.:* Elektrische Netzwerke, 3. Aufl. Berlin: Springer 1987.

zu V2 bis V4
[1] HÜTTE Elektrische Energietechnik: Bd. 1 Maschinen, Bd. 2 Geräte (*Böning, W.* Hrsg.), Berlin: Springer 1978. – [2] Taschenbuch Elektrotechnik (*Philippow, E.* Hrsg.): Bd. 5 Elemente und Baugruppen der Elektroenergietechnik, 2. Aufl. Berlin (Ost): Verlag Technik 1986. – [3] *Müller, G.:* Elektrische Maschinen: Grundlagen, Aufbau und Wirkungsweise, 6. Aufl. Berlin: VDE-Verlag 1985. – [4] *Müller, G.:* Betriebsverhalten rotierender elektrischer Maschinen, 2. Aufl. Berlin: VDE-Verlag 1990. – *Fischer, R.:* Elektrische Maschinen, 7. Aufl. München: Hanser 1989. – [5] *Lappe, R. u.a.:* Leistungselektronik. Berlin: Springer 1988. – [6] *Heumann, K.:* Grundlagen der Leistungselektronik, 4. Aufl. Stuttgart: Teubner 1989. – [7] *Tietze, U.; Schenk, C.:* Halbleiter-Schaltungstechnik, 9. Aufl. Berlin: Springer 1988. – [8] *Habiger, E.:* Elektromagnetische Verträglichkeit, Heidelberg: Hüthig 1985. – [9] *Stölting, H.D.; Blisse, A.:* Elektrische Kleinmaschinen, Stuttgart: Teubner 1987. – [10] *Schwab, A.J.:* Elektromagnetische Verträglichkeit. Berlin: Springer 1990.

zu V5 Elektrische Antriebstechnik
[1] *Vogel, J.:* Grundlagen der elektrischen Antriebstechnik, 4. Aufl. Heidelberg: Hüthig 1989. – [2] *Mayer, M.:* Elektrische Antriebstechnik, Bd. 1 Asynchronmaschinen im Netzbetrieb und drehzahlgeregelte Schleifringläufermaschinen, 1985, Bd. 2 Stromrichtergespeiste Gleichstrommaschinen und umrichtergespeiste Drehstrommaschinen, 1987. Berlin: Springer. – [3] *Schönfeld, R.; Habiger, E.:* Automatisierte Elektroantriebe, 2. Aufl. Heidelberg: Hüthig 1986. – [4] *Kümmel, F.:* Elektrische Antriebstechnik, Bd. 1 Maschinen, Bd. 2 Leistungsstellglieder. Berlin: VDE-Verlag 1986. – [5] *Leonhard, W.:* Regelung in der elektrischen Antriebstechnik. Stuttgart: Teubner 1974. – [6] *Budig, P.-K.:* Drehzahlvariable Drehstromantriebe mit Asynchronmotoren. Berlin (Ost): Verlag Technik 1988.

zu V6 Energieverteilung
[1] HÜTTE Elektrische Energietechnik: Bd. 3 (*Hosemann, G.* Hrsg.) Netze. Berlin: Springer 1988. – [2] *Handschin, E.:* Elektrische Energieübertragungssysteme, 2. Aufl. Heidelberg: Hüthig 1987. – [3] *Hosemann, G.; Boeck, W.:* Grundlagen der elektrischen Energietechnik, 3. Aufl. Berlin: Springer 1987. – [4] *Kiehne, H.A.:* Batterien, 3. Aufl. Ehingen: expert 1988. – [5] Taschenbuch Elektrotechnik (*Philippow, E.* Hrsg.): Bd. 6 Systeme der Elektroenergietechnik, 2. Aufl. Berlin (Ost): Verlag Technik 1988. –

[6] *Fischer, F.; Kießling, F.:* Freileitungen, 3. Aufl. Berlin: Springer 1988. – [7] *Beyer, M. u.a.:* Hochspannungstechnik, Berlin: Springer 1986. – [8] *Kleemann, M.; Meliß, M.:* Regenerative Energiequellen. Berlin: Springer 1988.

zu V7 Elektrowärme
[1] *Benkowsky, G.:* Induktionserwärmung, 4. Aufl. Berlin: Verlag Technik 1980. – [2] *Rudolph, M.; Schaefer, H.:* Elektrothermische Verfahren. Berlin: Springer 1989.

V

W | Meßtechnik
Metrology

H. Czichos, Berlin

Allgemeine Literatur
zu W1 bis W4
Bücher: *Anthony, D.M:* Engineering metrology. Oxford: Pergamon 1986. – *Collett, C.V.:* Engineering measurements. London: Pitman Books 1983. – *Cooper, W.D.:* Electronic instrumentation and measurement techniques. Englewood Cliffs: Prentice Hall 1985. – *Gruhle, W.:* Elektronisches Messen. Berlin: Springer 1987. – *Hart, H.:* Einführung in die Meßtechnik. Berlin: VEB Verlag Technik 1987. – *Hofmann, D.:* Handbuch Meßtechnik und Qualitätssicherung. Berlin: VEB Verlag Technik 1986. – *Heywang, W.; Müller, R.* (Hrsg.): Sensorik. Berlin: Springer 1984. – *Jüttemann, H.:* Grundlagen des elektrischen Messens nichtelektrischer Größen. Düsseldorf: VDI-Verlag 1974. – *Morris, A.S.:* Principles of measurement and instrumentation. Hemel Hempstead (GB): Prentice Hall 1988. – *Müller, R.K.:* Mechanische Größen elektrisch gemessen. Sindelfingen: Expert 1984. – *Mylroi, M.D.; Calvert, G.:* Measurement and instrumentation for control. London: Peregrinus 1984. – *Neumann, H.; Schäfer, K.:* Elektrische und elektronische Meßtechnik. Berlin: Akademie 1984. – *Öhme, F.; Jola, M.:* Betriebsmeßtechnik. Heidelberg: Hüthig 1982. – *Profos, P.* (Hrsg.): Handbuch der industriellen Meßtechnik. Essen: Vulkan 1984. – *Rohrbach, Chr.:* Handbuch für elektrisches Messen mechanischer Größen. Düsseldorf: VDI-Verlag 1967. – *Seiler, E.* (Hrsg.): Grundbegriffe des Meß- und Eichwesens. Braunschweig: Vieweg 1983. – *Sydenham, P.H.* (Hrsg.): Handbook of measurement science; Vol. 1: Theoretical fundamentals. Vol. 2: Practical fundamentals. New York: Wiley 1982, 1983. – *Thiel, R.:* Elektrisches Messen nichtelektrischer Größen. Stuttgart: Teubner 1983. – *Tränkler, H.R.:* Taschenbuch der Meßtechnik. München: Oldenbourg 1989.

1 Grundlagen. Fundamentals

1.1 Aufgabe der Meßtechnik. Task of metrology

Aufgabe der Meßtechnik ist die experimentelle Bestimmung quantitativ erfaßbarer Größen in Wissenschaft und Technik. Für die Ingenieurwissenschaften liefert die Meß- und Prüftechnik Unterlagen zur Optimierung der Entwicklung, Konstruktion und Fertigung von Bauteilen und technischen Systemen sowie zur Beurteilung der Eigenschaften, Funktion, Qualität und Zuverlässigkeit technischer Produkte.

Messen. Dieses ist der experimentelle Vorgang durch den ein zahlenmäßiger Wert einer physikalischen oder technischen Größe (Meßgröße) ermittelt wird; der Meßwert wird als Produkt aus Zahlenwert und Einheit der Meßgröße angegeben. Der übergeordnete Begriff *Prüfen* umfaßt auch die Beurteilung, ob Meßwerte, oder qualitative Merkmale von Untersuchungsobjekten, vorgegebenen Anforderungen entsprechen.

Meßmethoden. Sie sind allgemeine, grundlegende Regeln für die Durchführung von Messungen. Sie können gegliedert werden in *direkte* Methoden (Meßgröße gleich Aufgabengröße), *indirekte* Methoden (Meßgröße ungleich Aufgabengröße) sowie *analoge* und *digitale* Methoden

mit kontinuierlicher bzw. diskreter Meßwertangabe. *Ausschlagmethoden* führen zu einer unmittelbaren Meßwertdarstellung; bei *Kompensationsmethoden* wird ein Nullabgleich zwischen der Meßgröße und einer Referenzgröße durchgeführt.

Meßprinzipien. Diese sind physikalische Effekte oder Gesetzesmäßigkeiten, die einer Messung zugrunde liegen.

Meßverfahren. Sie sind technische Realisierungen und Anwendungen von Meßprinzipien.

1.2 Strukturen der Meßtechnik
Structures of metrology

Für die Durchführung einer Messung sind i.allg. mehrere Meßgeräte oder Meßglieder erforderlich, die eine Meßeinrichtung oder ein Meßsystem bilden. Die Art und Weise, wie die Meßgeräte zusammengeschaltet und die Meßsignale verknüpft sind, wird als Struktur des Meßsystems bezeichnet.

1.2.1 Meßkette. Measuring chain

Die grundlegende Struktur eines Meßsystems ist die Meßkette, bestehend aus Meßgliedern und Hilfsgeräten, mit den folgenden hauptsächlichen Aufgaben, **Bild 1:**

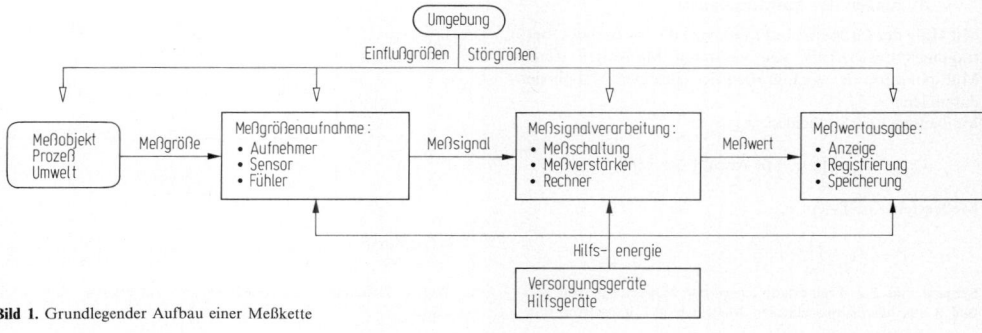

Bild 1. Grundlegender Aufbau einer Meßkette

Meßgrößenaufnahme. Erfassung der Meßgröße mit geeigneten Aufnehmern, Sensoren oder Fühlern und Abgabe von weiterverarbeitungsfähigen (meist elektrischen) Meßsignalen.

Meßsignalverarbeitung. Anpassung, Verstärkung oder Umwandlung von elektrischen Meßsignalen in darstellbare Meßwerte mit Hilfe von Meßschaltungen, Meßverstärkern oder Rechnern.

Meßwertausgabe. Anzeige und Registrierung bzw. Speicherung und Dokumentation von Meßwerten in analoger oder digitaler Form.
Die Struktur des Meßsystems bestimmt das statische und dynamische Verhalten der Meßeinrichtung, wobei äußere Einfluß- oder Störgrößen aus der Umgebung die Meßgeräteparameter, den Signalfluß und das Meßergebnis beeinflussen können.

1.2.2 Kenngrößen von Meßgliedern
Characteristics of measuring components

Der stationäre Zustand eines Meßglieds wird durch die Kennlinie, dem funktionellen Zusammenhang zwischen dem Ausgangssignal y und dem Eingangssignal x beschrieben: $y = f(x)$, **Bild 2.** Aus der Kennlinie ergeben sich die folgenden (statischen) Kenngrößen von Meßgliedern:

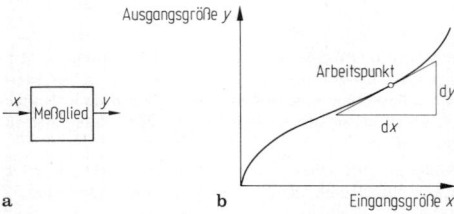

a   **b**

Bild 2. Kenngrößen von Meßgliedern. **a** Signalflußplan; **b** Kennlinie

Meßglied-Empfindlichkeit ε. Differentialquotient (näherungsweise Differenzenquotient) von Ausgangssignal und Eingangssignal am Arbeitspunkt

$$\varepsilon = \frac{dy}{dx} \frac{\text{Einheit des Ausgangssignals}}{\text{Einheit des Eingangssignals}}.$$

Bei Meßgliedern mit gleichartigen Eingangs- und Ausgangssignalen z.B. Verstärkern ist die Empfindlichkeit („Verstärkung") eine dimensionslose, i.allg. Fall eine dimensionsbehaftete Zahl.

Meßglied-Koeffizient c. Differentialquotient (näherungsweise Differenzenquotient) von Eingangssignal und Ausgangssignal am Arbeitspunkt

$$c = \frac{dx}{dy} \frac{\text{Einheit des Eingangssignals}}{\text{Einheit des Ausgangssignals}}.$$

Mit Hilfe der Größen ε und c läßt sich die (statische) Übertragungscharakteristik von gesamten Meßketten durch Multiplikation der Kenngrößen der einzelnen Meßglieder darstellen:
Meßketten-Empfindlichkeit ε_M

$$\varepsilon_M = \varepsilon_1 \varepsilon_2 \ldots \varepsilon_n = \prod_{i=1}^{n} \varepsilon_i. \quad (n \text{ Anzahl der Meßglieder})$$

Meßketten-Koeffizient c_M

$$c_M = c_1 c_2 \ldots c_n = \prod_{i=1}^{n} c_i.$$

Beispiel: Eine zur Wegmessung eingesetzte Meßkette besteht nach **Bild 3** aus den hauptsächlichen Meßgliedern 1 induktiver Weg-

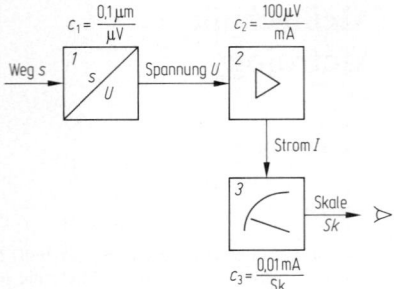

Bild 3. Meßkette mit 1 induktivem Wegaufnehmer, 2 Spannungs-Strom-Verstärker, 3 Anzeigegerät

aufnehmer, 2 Spannungs-Strom-Verstärker und 3 Anzeigegerät mit den zugehörigen Meßgliedkoeffizienten c_1, c_2, c_3. Der gesamte Meßkettenkoeffizient ist $c_M = c_1 c_2 c_3 = 0{,}1 \mu\text{m/Sk}$, d.h. der Veränderung des Eingangswegsignals um $\Delta s = 0{,}1 \mu\text{m}$ entspricht eine Anzeige von 1 Skalenteil am Ausgangs-Anzeigegerät.

1.2.3 Fehler von Meßgliedern
Errors of measuring components

Fehler (s. A 9.2) bei Meßgliedern ergeben sich durch unerwünschte Abweichungen des Istwerts y_i der Ausgangsgröße vom Sollwert y_S bei gleicher Eingangs-Größe, **Bild 4:**

Absoluter Fehler. $F_{abs} = y_i - y_s = \Delta y$.

Relativer Fehler. $F_{rel} = \dfrac{y_i - y_s}{y_s} = \delta y$.

Nullpunktfehler. $F_0 = y_{0i} - y_{0s}$
Relative Fehler von Meßgeräten (*Gerätefehler*) werden häufig nicht auf den Sollwert y_s sondern auf andere Bezugswerte, wie z.B. die Meßspanne oder den Meßbereichsendwert bezogen

$$\text{Gerätefehler} = \frac{\text{Istanzeige-Sollanzeige}}{\text{Bezugswert}}.$$

Linearitätsfehler. Er ist die Abweichung einer Istkennlinie von der Sollkennlinie (Gerade), bestimmbar auf verschiedene Weise, **Bild 5.**

Festpunktmethode. Die Sollkennlinie wird mit Meßbereichanfang A (Nullpunkt) und Meßbereichende E (Skalenende) der Istkennlinie zur Deckung gebracht. Die größ-

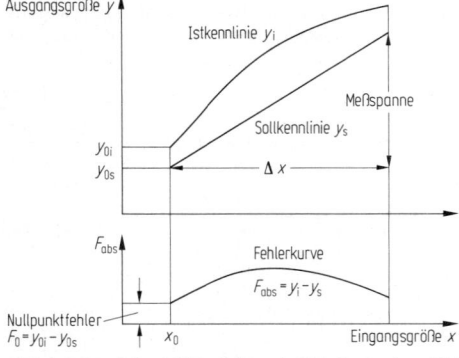

Bild 4. Istkennlinie, Sollkennlinie und Fehlerkurve eines Meßglieds

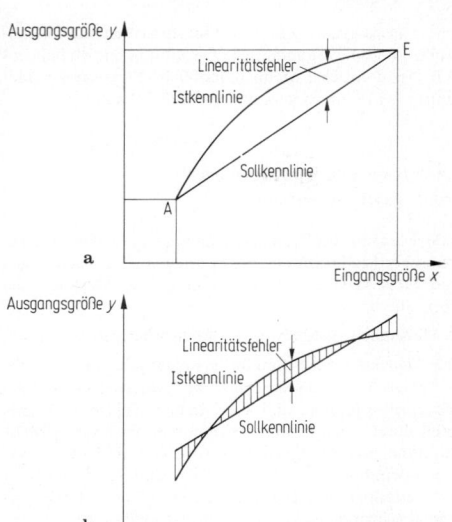

Bild 5. Bestimmung des Linearitätsfehlers. **a** Festpunktmethode; **b** Toleranzbandmethode

te Abweichung zwischen Ist- und Sollkennlinie ist der maximale Linearitätsfehler.

Toleranzbandmethode. Die Lage der Sollkennlinie wird so gewählt, daß die Abweichungen zur Istkennlinie ein bestimmtes Minimalprinzip erfüllen, z.B. daß die Summe der Quadrate der Ist-Soll-Abweichungen ein Minimum wird oder die größte vorkommende Abweichung möglichst klein wird (Tschebyscheff-Approximation).

1.2.4 Dynamische Übertragungseigenschaften von Meßgliedern. Dynamic transient behaviour of measuring components

Die Ausgangssignale von Meßgliedern folgen zeitlichen Änderungen der Eingangssignale i.allg. nur mit Verzögerungen. Zur Kennzeichnung des Zeitverhaltens von Meßgliedern werden sprungförmige oder sinusförmige Änderungen der Eingangsgrößen verwendet, der zugehörige zeitliche Verlauf der Ausgangsgröße wird als Sprungantwort oder als Sinusantwort bezeichnet (s. X 2.2).

Sprungantwort. Bei Meßgliedern, deren Signalübertragungseigenschaften durch eine Differentialgleichung 1. Ordnung beschrieben werden (Verzögerungsglied 1. Ordnung) ist die Sprungantwort y auf ein sich sprunghaft änderndes Eingangssignal x (**Bild 6a**) gegeben durch

$$y(t) = y_0(1 - e^{-t/\tau}) \quad (\tau \text{ Zeitkonstante}).$$

Durch Bezugnahme auf das Eingangs-Sprungsignal x_0 ergibt sich die Übergangsfunktion $h(t)$ zu

$$h(t) = \frac{y(t)}{x_0} = \varepsilon(1 - e^{-t/\tau}).$$

Die Übergangsfunktion (**Bild 6b**) hat bei einer Zeitkonstanten $t = \tau$ den Wert $(1 - 1/e)\varepsilon$, d.h. 63,2% ihres Endwerts und bei 3 bzw. 5 Zeitkonstanten 95% bzw. 99% ihres Endwerts erreicht. Für große Zeiten $t \to \infty$ resultiert die statische Empfindlichkeit $\varepsilon = y_0/x_0$.

Das Ausgangssignal von Meßgliedern mit Verzögerungen 2. oder höherer Ordnung kann den Endwert schwingend oder kriechend erreichen. Bei schwingender Einstel-

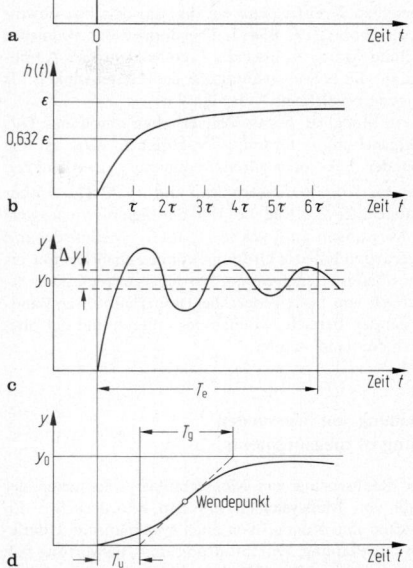

Bild 6. Dynamische Eigenschaften von Meßgliedern. **a** sprungförmiges Eingangssignal; **b** Sprungantwort Meßglied 1. Ordnung; **c** Sprungantwort Meßglied höherer Ordnung, schwingende Einstellung; **d** Sprungantwort Meßglied höherer Ordnung, kriechende Einstellung

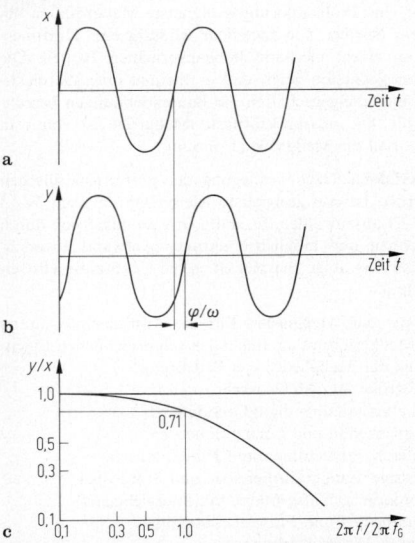

Bild 7. Dynamisches Verhalten eines Meßglieds mit Zeitverhalten 1. Ordnung. **a** Eingangssignal x; **b** Ausgangssignal y bei $\omega = \omega_G$; **c** Amplitudengang

lung (**Bild 6c**) verwendet man als Kenngröße die Einstellzeit T_e, die notwendig ist, bis die Sprungantwort eines Meßglieds innerhalb vorgegebener Toleranzgrenzen z.B. $\Delta y = \pm 0,05 y_0$ bleibt. Kenngrößen bei kriechender Einstellung (**Bild 6d**) sind die Verzugszeit T_u und die Ausgleichszeit T_g.

Sinusantwort. Ein sinusförmiges Eingangssignal $x = x_0 \cdot \sin \omega t$ führt zu einem Ausgangssignal $y = y_0 \sin(\omega t + \varphi)$ mit derselben Kreisfrequenz ω, das um den Phasenwinkel φ verschoben ist, **Bild 7**. Die doppeltlogarithmische Darstellung von y_0/x_0 über der Frequenz wird als Amplitudengang, die halblogarithmische des Phasenwinkels als Phasengang bezeichnet.

Bei einem Meßglied, dessen Zeitverhalten durch eine Differentialgleichung 1. Ordnung beschrieben wird, ist die Angabe der Eck- oder Grenzfrequenz f_G zweckmäßig, bei der das Amplitudenverhältnis auf $1/\sqrt{2}$ (71% oder 3 dB) abgefallen ist, **Bild 7c**. Für die Signalfrequenzwerte von Messungen muß gelten $f \leqq 0{,}1 f_G$. Meßglieder mit Verzögerungen höherer Ordnung können ebenfalls nur bis zu einer oberen Grenzfrequenz betrieben werden. Der Arbeitsbereich von Meßgliedern liegt innerhalb ihrer Bandbreite, die den Bereich zwischen der unteren und der oberen Grenzfrequenz angibt.

1.3 Planung von Messungen
Planning of measurements

Bei der Realisierung von Meßtechniken sind neben der Auswahl von Meßsystemen mit den erforderlichen Eigenschaften und Kenngrößen auch systematische Überlegungen zur Planung, Durchführung und Auswertung von Messungen anzustellen. Hierbei sind außer den technischen besonders auch ergonomische Gesichtspunkte zu beachten. Die Planung von Messungen umfaßt im wesentlichen die folgenden Teilschritte:

Meßgröße. Aufgrund einer sorgfältigen Problemanalyse ist die für eine Problemlösung geeignetste Meßgröße zu definieren. *Beispiel:* Ein Ingenieur wünscht eine Kraftmessung an einem mechanisch beanspruchten Bauteil. Die Problemdiskussion zeigt, daß er hieraus über die elastischen Bauteileigenschaften die Bauteildehnungen berechnen will. Die aussagekräftigste Meßgröße ist somit in diesem Fall die Meßgröße „Dehnung".

Meßverfahren. Nach Festlegung der problemspezifischen Meßgröße ist das geeignetste Meßverfahren nach W 2.3 bis W 2.9 auszuwählen. Es sollte sich grundsätzlich durch Einfachheit und möglichst geringen Aufwand auszeichnen. Für das obige Beispiel ist es die Dehnungsmeßstreifentechnik.

Meßkette und Meßglieder. Für die Ausführungsplanung einer Meßkette sind die folgenden hauptsächlichen Eigenschaften der Meßglieder von Bedeutung:
− Meßgröße und Meßbereiche,
− Signalart (analog, digital, moduliert),
− Frequenzgang und Grenzfrequenzen,
− Fehlercharakteristiken und Fehlergrenzen,
− zulässige Temperaturbereiche und Störgrößen,
− erforderliche Hilfsgrößen (z.B. Energiebedarf),
− Raumbedarf und Einbaubedingungen,
− Umwelt-Wechselwirkungen,
− Schnittstelleneigenschaften (z.B. Entkopplung, DV-Kompatibilität),
− Kosten, Lieferzeit, Installation.

Durchführung. Die wesentlichen Gesichtspunkte für die Durchführung von Messungen sind neben einer möglichst mit Methoden der *Statistischen Versuchsplanung* durchgeführten Vorgabe des Meßparameterumfangs die Festlegung des zeitlichen Ablaufs des Meßvorgangs (Ablaufplan

mit „Check-Liste", z.B. von Einzelschritten und Handgriffen) und die ergonomische Gestaltung des Meßplatzes (z.B. ergonomisches Meßplatzmobiliar, flimmerfreier Bildschirm bei rechnerunterstütztem Meßaufbau).

1.4 Auswertung von Messungen
Analysis of measurements

Jede Messung muß unter Benutzung geeigneter mathematischer Methoden der Auswertung von Beobachtungen und Messungen (s. A9) zu Resultaten in der folgenden Form führen:

Meßergebnis = Meßwert + Meßunsicherheit.

Die *Meßunsicherheit* umfaßt systematische und zufällige Fehler. *Systematische Fehler* sind vorzeichenbehaftete, prinzipiell erfaßbare und korrigierbare Fehler, hervorgerufen durch Unvollkommenheiten von Meßobjekt, Meßverfahren und Meßgliedern sowie (bestimmbaren) Umgebungseinflüssen. *Zufällige Fehler* sind deterministisch nicht erfaßbar und beeinflußbar; sie können durch mathematisch-statistische Methoden der Fehlerrechnung abgeschätzt werden (s. A9.2).

Bei der Auswertung von Messungen müssen zunächst eventuelle systematische Fehler korrigiert werden. Zur Erfassung zufälliger Fehler sind Wiederholungsmessungen erforderlich. Die statistische Auswertung von Messungen bezieht sich damit i. allg. auf eine „Stichprobe", d.h. eine Meßreihe mit n voneinander unabhängigen Einzelmeßwerten $x_1 \ldots x_n$, gekennzeichnet nach „Ausreißerkontrolle" durch den arithmetischen Mittelwert (s. A9.3.2)

$$\bar{x} = \frac{1}{n} \sum_{i=1}^{n} x_i$$

und die Standardabweichung s als Maß für die Streuung der Einzelmeßwerte um den Mittelwert

$$s = \sqrt{\frac{1}{n-1} \sum_{i=1}^{n} (x_i - \bar{x})^2}.$$

Die einer Stichprobe zugrunde liegende „Grundgesamtheit" $(n \to \infty)$ einer Verteilungsfunktion, z.B. Normalverteilung ist gekennzeichnet durch

Mittelwert $\mu = \lim \bar{x}$ für $n \to \infty$,
Varianz $\sigma^2 (\sigma = \lim s$ für $n \to \infty)$.

Bei Kenntnis von Mittelwert $\bar{x}$ und Standardabweichung s einer Stichprobe von n Einzelmessungen können „Vertrauensbereiche", d.h. Intervalle um $\bar{x}$ angegeben werden, innerhalb derer mit einer vorgegebenen Wahrscheinlichkeit (z.B. $P = 95\%$) der „wahre" Wert des Mittelwerts μ liegt. Bei annähernd *normalverteilter* Grundgesamtheit gilt (s. **A9 Tab. 9**)

$$\bar{x} - \frac{ts}{\sqrt{n}} \leq \mu \leq \bar{x} + \frac{ts}{\sqrt{n}}.$$

Die Werte für t (Student's t-Verteilung) können **Anh. W1 Tab. 1** entnommen werden. Als Meßergebnis kann damit angegeben werden

$$\text{Meßergebnis} = \bar{x} \pm \frac{ts}{\sqrt{n}}.$$

Bei Vorliegen einer Normalverteilung liegen 68,3% der Meßwerte im Bereich $\bar{x} \pm s$, 95,5% im Bereich $x \pm 2s$ und 99,7% im Bereich $\bar{x} \pm 3s$.

Gaußsches Fehlerfortpflanzungsgesetz. In der Meßtechnik ist vielfach das anzugebende Meßergebnis $y = f(A, B, C)$ eine Funktion mehrerer unabhängiger Meßgrößen A, B, C, z.B. Mechanische Spannung = Kraft/Fläche, Elektrischer Widerstand = Elektrische Spannung/Elektrischer Strom.

Bei Kenntnis der absoluten Fehler (Δ) der einzelnen Meßgrößen A, B, C, gilt für den absoluten Fehler der gesamten Funktion y (s. A 9.3.4)

$$\Delta y = \sqrt{\left(\frac{\partial f}{\partial A}\Delta A\right)^2 + \left(\frac{\partial f}{\partial B}\Delta B\right)^2 + \ldots}$$

Hieraus ergeben sich die folgenden Spezialfälle:
− Summen- oder Differenzfunktion

$$y = A + B \quad \text{oder} \quad y = A - B$$
$$\Rightarrow \Delta y = \sqrt{(\Delta A)^2 + (\Delta B)^2}.$$

− Produkt- oder Quotientenfunktion

$$y = AB \quad \text{oder} \quad y = A/B$$
$$\Rightarrow \delta y = \Delta y / y = \sqrt{(\delta A)^2 + (\delta B)^2}.$$

− Potenzfunktion

$$y = A^P \Rightarrow \delta y = \Delta y / y = |p|\delta A$$

Die bei der Auswertung von Messungen erhaltenen Meßergebnisse (d.h. Meßwerte und Meßunsicherheiten) sind zusammen mit der Angabe aller zu einer Reproduzierung der betreffenden Messung erforderlichen Angaben in einem Meßprotokoll zusammenzufassen (s. W 4.3).

2 Meßgrößen und Meßverfahren
Measuring quantities and methods

Die Meßgrößen und Meßverfahren der Technik basieren auf dem Internationalen Einheitensystem sowie auf geeigneten Aufnehmer- und Sensorprinzipien.

2.1 Einheitensystem und Gliederung der Meßgrößen
System and classification of measuring quantities

2.1.1 Internationales Einheitensystem
International system of units

Die Basisgrößen und Basiseinheiten des Meßwesens sind im „Système International d'Unités" (SI-System) definiert; die Basisgrößen sind Länge (m), Masse (kg), Zeit (s), Elektrische Stromstärke (A), Thermodynamische Temperatur (K), Lichtstärke (cd), Stoffmenge (mol). Unter Benutzung der SI-Basiseinheiten können durch Multiplikation und Division die für andere Meßgrößen benötigten Einheiten gewonnen werden (s. **Anh. Z Tab. 2** bis 4).

2.1.2 Gliederung der Meßgrößen
Classification of measuring quantities

Unter Benutzung des Internationalen Einheitensystems kann mit Hilfe einer systemtechnischen Betrachtung eine allgemeine Gliederung der Meßgrößen der Technik erhalten werden.
Nach den Methoden der Systemtechnik sind technische Objekte, und damit auch alle Meßobjekte, durch die Merkmale *Struktur, Funktion* und *Wechselwirkungen mit der Umwelt* umfassend beschrieben. Damit ergeben sich die folgenden, durch die Meßtechnik zu erfassenden Parametergruppen von Meßobjekten:
− Form- und Stoffparameter,
− Funktions- bzw. Prozeßparameter,
− Umwelt-Wechselwirkungsparameter.

Die wichtigsten Meßgrößenarten dieser Parametergruppen sind in **Tab. 1** zusammengestellt; sie bilden die Basis für die Gliederung der im folgenden behandelten Meßgrößen und Meßverfahren. (Im Hinblick auf die hier nicht aufgenommenen Verfahren der Zeitmessung wird auf die entsprechende Literatur verwiesen.)

2.2 Aufnehmer- und Sensorprinzipien
Pick-up and sensor principles

Aufnehmer- und Sensorprinzipien sind (physikalische) Effekte, mit denen eine Meßgröße erfaßt und in ein weiterverarbeitbares Meßsignal oder einen anzeigbaren Meßwert umgeformt werden kann [1, 2].

2.2.1 Meßgrößenumformung
Transducing of measuring quantities

Die für eine Meßgrößenumformung geeigneten physikalischen Prinzipien sind in **Tab. 2** mit charakteristischen Beispielen in einer Matrixdarstellung zusammengestellt. Sie können vereinfacht in zwei große Gruppen eingeteilt werden:

Ausschlagmethoden. Die Meßgrößen, z.B. mechanischer, thermischer oder elektrischer Art, werden unmittelbar zur Darstellung gebracht:

Mechanische Meßgröße	Hebel Schiefe Ebene	
Thermische Meßgröße	Thermo- elastizität	Zeigerausschlag, Skalenanzeige
Elektrische Meßgröße	Induktion Lorentz-Kraft	

Methoden mit elektrischer Meßsignalumformung. Nichtelektrische Meßgrößen werden möglichst in elektrische Meßsignale umgeformt, um sie der analogen oder digitalen

Tabelle 1. Meßobjekt-Kennzeichen und Gliederung der Meßgrößen

Meßobjekt-Kennzeichen	Parametergruppen	Meßgrößenarten
Struktur von Meßobjekten	Form- und Stoffparameter	→ geometrische Meßgrößen (W 2.3) → Stoffmeßgrößen (W 2.10)
Funktion von Meßobjekten	Funktions- bzw. Prozeßparameter	→ kinematische Meßgrößen (W 2.4) → mechanische Beanspruchungen (W 2.5) → strömungstechnische Meßgrößen (W 2.6) → thermische Meßgrößen (W 2.7) → optische Meßgrößen (W 2.8) → elektrische Meßgrößen (W 3.2, 3.3)
Wechselwirkungen von Meßobjekten	Umwelt-Wechselwirkungsparameter	→ Strahlungsmeßgrößen (W 2.9.1) → akustische Meßgrößen (W 2.9.2) → Klimameßgrößen (W 2.9.3)

Tabelle 2. Physikalische Effekte und Prinzipien zur Meßgrößenumformung

Eingangs-größe	Ausgangsgröße				
	mechanisch	thermisch	elektrisch	magnetisch	optisch
mechanisch	Hebel, Pendel schiefe Ebene elast. Deformation Fluidik	Wärmepumpe Kältepumpe Reibung	Geometrieabhängigkeit von R, L, C Induktion Piezoeffekt	magnetoelastische Effekte Magnetohydrodynamik	Interferometrie Spannungsoptik Triboluminenszenz
thermisch	Thermoelastizität Dampfdruck Explosionsdruck	thermische Kreisprozesse	Temperaturabhängigkeit von R, L, C Thermoelektrizität Pyroelektrizität	thermomagnetische Effekte	Wärmestrahlung Thermoluminenszenz
elektrisch	Induktion Lorentz-Kraft Piezoeffekte Elektrostriktion	Joulesche Wärme Peltier-Effekt Thomsoneffekt	Transformator Transistor Influenz	Elektromagnetismus magnetoelektrische Effekte	elektrooptischer Kerr-Effekt Elektroluminenszenz
magnetisch	magnetomechanische Effekte Magnetostriktion	magnetokalorische Effekte	magnetoelektrische Effekte Hall Effekt	magnetische Suszeptibilität magnetische Hysterese	magnetooptische Effekte
optisch	Strahlungsdruck	Absorption	Photoeffekt Optoelektronik	magnetooptische Speicher	Interferenz Bildwandler Laser

elektrischen Meßtechnik sowie einer rechnerunterstützten Meßsignalverarbeitung zugänglich zu machen.

Nichtelektrische $\xrightarrow[\text{umformung}]{\text{Meßgrößen-}}$ Elektrisches $\xrightarrow[\text{verarbeitung}]{\text{Meßsignal-}}$ Meßwert
Meßgröße $\qquad$ Meßsignal

2.2.2 Zerstörungsfreie Bauteil- und Maschinendiagnostik. Non-destructive diagnosis and machinery condition monitoring

Im Maschinenbau sind häufig Untersuchungen der *Stoff- und Formeigenschaften* von Maschinenelementen und des Funktionsverhaltens kompletter Baugruppen, Maschinenanlagen und -systeme erforderlich. Für diese Aufgaben der Bauteil- und Maschinendiagnostik können verschiedene aus der zerstörungsfreien Materialprüfung bekannte Meß- und Prüfungsprinzipien eingesetzt werden [3, 4]. Untersuchung von *Bauteil-Oberflächenfehlern:* Bestimmung von Bauteilinhomogenitäten in oberflächennahen Bereichen (z.B. Risse, Härtungsfehler) durch Analyse der Wechselwirkung des Bauteils mit Ultraschallwellen (US), elektromagnetischen Feldern oder optischer Strahlung; Verfahrensbeispiele: US-Mikroskop, Wirbelstromprüfung, Thermographie, Optische Holographie, Rißnachweis durch Flüssigkeitseindringverfahren unter Ausnutzung der Kapillarwirkung feiner Risse im μm-Bereich. Untersuchung von *Bauteil-Volumenfehlern:* Bestimmung von Inhomogenitäten im Bauteilinnern (z.B. Poren, Lunker, Wanddickenschwächungen) durch Durchstrahlung mit Ultraschallwellen sowie Röntgen- oder Gammastrahlen. Verfahrensbeispiele: US-Impulsechoverfahren, Radiographie, Computertomographie.

Zur *Funktionsüberwachung* laufender Maschinenanlagen eignen sich Verfahren des „machinery condition monitoring". Unter Verwendung geeigneter Sensoren (z.B. Seismische Aufnehmer, s. W 2.4.3) können beispielsweise aus Körperschallanalysen Hinweise auf eventuelle Betriebsstörungen gewonnen werden. Zur Auswertung werden Schwingungsformen, Eigenfrequenzen, Impulsformen, Dämpfungen oder Spektren herangezogen.

2.3 Geometrische Meßgrößen
Geometric quantities

Geometrische Meßgrößen kennzeichnen Strecken, Entfernungen und Abmessungen sowie die Makro- und Mikro-geometrie von Bauteilen und beschreiben die geometrischen Eigenschaften von Bauteilpaarungen (z.B. Passungen, Gewinde, Lagerungen, Führungen, Getriebe).

2.3.1 Längenmeßtechnik. Length measurement

Längenmeßtechnik zur Strecken- und Entfernungsbestimmung

Mechanische und optische Verfahren. Einfache Distanzmeßverfahren verwenden Meßlatten und Meßbänder sowie freihängende Drähte auf Stativen (Durchhangkorrektur beachten) als Längenmaßstab. Bei optisch-trigonometrischen Verfahren wird eine Strecke $\bar{AB}$ dadurch bestimmt, daß im Punkt A mit einem Theodolit der Winkel α zwischen den Endpunkten einer Basislatte (Länge b) gemessen wird, die sich rechtwinklig zu $\bar{AB}$ im Punkt B befindet: $\bar{AB} = b \cdot \cot \alpha$.

Elektromagnetische Verfahren. Die Bestimmung einer Entfernung $s = ct$ basiert auf der Messung der Laufzeit t elektromagnetischer Wellen der Geschwindigkeit $c = c_0/n$ (c_0 Geschwindigkeit im Vakuum, n Brechungsindex der Luft in Abhängigkeit von Temperatur, Druck und Feuchtigkeit). Bei Impulsverfahren (z.B. Radar, radio detecting and ranging) kann eine Entfernung $\bar{AB}$ aus der Laufzeitmessung eines elektromagnetischen Impulses zwischen Senderort A und Echoort B bestimmt werden. (Radar-Geschwindigkeitsmessungen nutzen den Doppler-Effekt: Messung der geschwindigkeitsabhängigen Impuls-Frequenzänderung bei einer Relativbewegung zwischen Senderort und Echoort.) Bei Phasenvergleichsverfahren lassen sich aus Phasendifferenzen der gesendeten, im Endpunkt reflektierten und über die Meßstrecke zurückkommenden Wellen die Laufzeit der Wellen und daraus die Länge der Strecke ableiten.

Längenmeßtechnik technischer Objekte

Längen und Abmessungen von Bauteilen werden durch Vergleich mit einem Längenstandard, gegeben durch Maßverkörperungen oder anzeigende Längenmeßgeräte bestimmt [5] (Wegmeßverfahren, s. W 2.4.1). Als Maßverkörperungen dienen Strichmaßstäbe, Meßspindeln und Parallelendmaße (Längenstufungen von 1 μm durch „An-

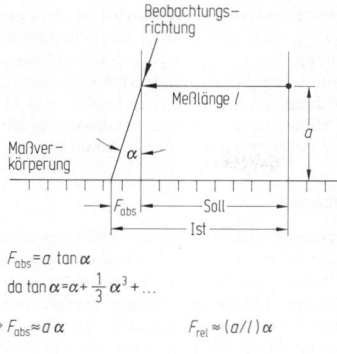

$F_{abs} = a \tan\alpha$

da $\tan\alpha = \alpha + \frac{1}{3}\alpha^3 + \dots$

$\Longrightarrow F_{abs} \approx a\,\alpha$ $F_{rel} \approx (a/l)\,\alpha$

a

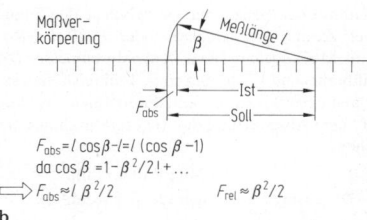

$F_{abs} = l\cos\beta - l = l\,(\cos\beta - 1)$

da $\cos\beta = 1 - \beta^2/2! + \dots$

$\Longrightarrow F_{abs} \approx l\,\beta^2/2$ $F_{rel} \approx \beta^2/2$

b

Bild 1. Abbesches Prinzip. **a** nicht erfüllt: Fehler 1. Ordnung, z.B. Parallaxefehler; **b** erfüllt: Fehler 2. Ordnung, z.B. Schieflagenfehler

sprengen") sowie inkrementale und absolut kodierte Maßstäbe (z.B. Dualkode, BCD-Kode) mit optoelektronisch abgetasteten Hell-Dunkel-Feldern, s. W2.4.1. Nach dem *Abbeschen Komparatorprinzip* sollen Meßstrecke und Maßverkörperung in der Meßrichtung fluchtend angeordnet sein, um „Fehler 1. Ordnung", die relativ groß sein können, zu vermeiden, **Bild 1.**

Beispiel: a. Parallaxe mit $\alpha = 1°$ und einem Meßlänge-Abstand-Verhältnis von $1:1$ ergibt einen Fehler 1. Ordnung: $F_{rel} = 1,7\%$; **b.** Schieflage mit $\beta = 1°$ bei der Koinzidenz-Verschiebung von Meßstrecke und Maßverkörperung ergibt einen erheblich kleineren Fehler 2. Ordnung: $F_{rel} = 1,5 \cdot 10^{-2}\%$.

Mechanische Verfahren. Hauptsächliche Meßgeräte sind: Meßschieber mit einem festen und einem beweglichen Meßschenkel, Ablesemöglichkeit $\Delta l = 0,1$ mm mit Nonius; Meßschraube mit Meßgewinde, $\Delta l = 0,01$ mm; Meßuhr mit Zahnstange, Ritzel und Zahnradübersetzung, $\Delta l = 0,01$ mm; Feinzeiger mit Torsionsband und Hebelübersetzung, $\Delta l = 0,005$ mm.

Optische Verfahren. *Meßmikroskope* und *Mehrkoordinatenmeßgeräte* bestehen aus optischen oder mechanischen Prüfling-Antastsystemen (z.B. Okular-Strichvisier, Kontaktrelais), Führungsbahnen zur 1-, 2- oder 3dimensionalen Verschiebung des Meßobjekts sowie Koordinatenmeßsystemen mit verschiedenen Maßverkörperungen (z.B. Zahnstangen, $\Delta l = 10$ µm; Meßspindeln, $\Delta l = 0,1$ µm; Strichmaßstäben $\Delta l = 0,1$ µm; Laserinterferometer, $\Delta l = 0,01$ µm), gängige Meßbereiche $1,2 \times 1 \times 0,6$ m^3.

Interferometer ermöglichen präzise Längenmessungen durch Auszählen von Interferenz-Lichtwellenlängen in Vielfachen oder Bruchteilen von $\lambda/2$. Die erforderliche Voraussetzung der örtlichen und zeitlichen Kohärenz der interferierenden Lichtwellen wird durch Strahlenteilung und Monochromasie (z.B. Laser) realisiert, **Bild 2.**

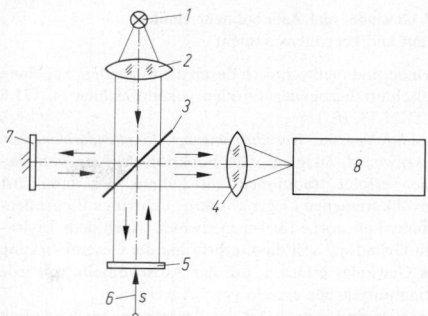

Bild 2. Interferometerprinzip (Michelson-Interferometer). *1* Strahlungsquelle, *2* Kondensor, *3* Strahlenteiler, *4* Objektiv, *5* Reflektor (beweglich), *6* Meßobjekt, *7* Reflektor (fest), *8* optoelektronischer Empfänger

Die optische *Holographie* liefert eine photographische Aufzeichnung (Hologramm) von optischen Wellenfeldern nach Amplitude und Phase und gestattet es, räumliche Objektdarstellungen in voller 3dimensionaler Gestalt zu speichern und bei Beleuchtung des Hologramms mit kohärentem Licht 3dimensional wiederzugeben. Doppelt belichtete Hologramme und andere interferometrische Anordnungen erlauben einen sehr empfindlichen Nachweis geringfügiger Verformungen und Verschiebungen von Meßobjekten.

Elektrische Verfahren. Bei diesen Verfahren wird die Geometrieabhängigkeit ohmscher, induktiver und kapazitiver Widerstände oder elektro-magnetischer Effekte zur Längen- bzw. Wegmessung ausgenutzt (s. W2.4.1).

Fluidische Verfahren. Als Signalmedien dienen Luft oder Inertgase. Bei dem fluidischen LM-Kompensationsverfahren (**Bild 3**) bewegt die Meßgröße s eine konische Nadel in einer Düse und steuert so den Massenfluß. Die Meßdüse wird mit einer Kompensatordüse und zwei Festdüsen zu einer fluidischen Meßbrücke zusammengeschaltet. Eine automatische fluidische Kompensationseinrichtung gleicht durch eine Verschiebung der Abgleichnadel den Differenzdruck in der Brückendiagonalen auf Null ab. Im Kompensator wird der Nadelweg s' in ein elektrisches Ausgangssignal umgeformt, das der Meßgröße s proportional ist. Das Verfahren ist sehr robust und kann für (statische) Längenmessungen bei Temperaturen bis zu 1000 °C eingesetzt werden; Meßbereich 0,1 bis 2,5 mm, Auflösung 0,01% vom Meßbereichsendwert.

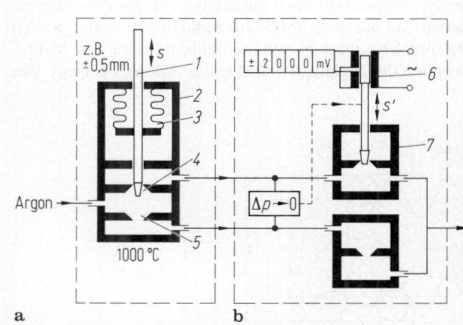

a   **b**

Bild 3. Fluidisches Längenmeßverfahren. **a** Hochtemperatur-Aufnehmer; **b** Kompensator. *1* Wegaufnehmer-Taststift, *2* Meßkammer, *3* Metallbalg, *4* Meßdüse, *5* Festdüse, *6* Wheatstone-Brücke mit Anzeigegerät, *7* Vergleichskammer

W

2.3.2 Gewinde- und Zahnradmeßtechnik
Thread and gear measurement

Gewinde sind meßtechnisch durch die folgenden, auf einen Axialschnitt bezogenen Größen gekennzeichnet (s. G 1.6 und DIN 13, Bl. 13):
Außendurchmesser, Kerndurchmesser, Flankendurchmesser, Flankenwinkel, Steigung. Die Funktionsprüfung von Gewinden erfolgt traditionell mit Lehren, d.h. möglichst formvollkommenen Gegenkörpern: Lehrringe für Außengewinde, Lehrdorne für Innengewinde. Nach dem Taylorschen Grundsatz soll die Gutprüfung die Gesamtwirkung eines Gewindes erfassen; auf der Ausschußseite soll jede Bestimmungsgröße einzeln geprüft werden.

Zahnräder sind je nach Art der Verzahnung meßtechnisch im wesentlichen durch die folgenden Größen gekennzeichnet (s. G 8.2 und DIN 3960):
Zahnflankenform, Zahndicke, Zahnweite, Teilkreisdurchmesser, Teilung, Rundlauf der Verzahnung.

Gewindemeßtechnik

Mechanische Verfahren. Sie dienen vorzugsweise zur Messung von Außen-, Kern- und Flankendurchmesser mit Methoden der Längenmeßtechnik (s. W 2.3.1) [5, 6]. Bei der Bestimmung der Außendurchmesser von Außengewinden und der Kerndurchmesser von Innengewinden müssen die Meßgerät-Tastflächen mindestens zwei Gewindespitzen überdecken; bei der Bestimmung der Außendurchmesser von Innengewinden und der Kerndurchmesser von Außengewinden müssen die Meßgerät-Tastflächen auf dem Gewindegrund aufliegen. Flankendurchmesser von Außengewinden können mit der *Dreidrahtmethode* mit hoher Genauigkeit bestimmt werden, **Bild 4**. Hierzu werden die Meßdrähte gleichen Durchmessers d_D in benachbarte Gewindelücken eingelegt. Aus der Messung des Prüfmaßes M mit einem Längenmeßgerät ergibt sich der Flankendurchmesser (für symmetrisches Grundprofil) aus

$$d_2 = M - d_D(1/\sin(\alpha/2) + 1) + 1/2p \cdot \cot(\alpha/2) + A_1 + A_2.$$

Die Größen A_1 und A_2 sind gegebenenfalls zu berücksichtigende Zusatzterme für die Schiefstellung der Drähte und ihre Abplattung unter Wirkung der Meßkraft bei der Bestimmung von M. Der für die Dreidrahtmethode günstigste Drahtdurchmesser ist

$$d_D = (p/2) \cdot \cos\alpha/2.$$

Optische Verfahren. Mit Werkstatt-Mikroskopen oder Universal-Meßmikroskopen können alle Kenngrößen von Außengewinden nach dem Schattenbildverfahren berührungslos gemessen werden. Außen- und Kerndurchmesser lassen sich konventionell mittels Fadenkreuzabtastung erfassen. Zur Messung von Flankendurchmesser und -winkel mit optisch scharfem Schattenbildrand wird das Mikroskop um den Steigungswinkel ψ des Prüflings geneigt. Der

Flankenwinkel α des Gewindeprofils wird aus dem gemessenen Wert α_M gemäß $\tan\alpha = \tan\alpha_M / \cos\psi$ bestimmt. Bei der Bestimmung von Flankendurchmesser und Steigung nach dem optischen Schattenbildverfahren kann durch Mittelwertbildung von Messungen an Rechts- und Linksflanken ein Meßfehler 1. Ordnung vermieden werden, da dabei nur Fehler 2. Ordnung auftreten können.

Zahnradmeßtechnik

Einzelfehlerprüfung. Die verschiedenen Bestimmungsgrößen von Zahnrädern, wie z.B. Flankenform, Zahndicke, Zahnweite, Teilkreisdurchmesser können mit konventionell-mechanischen Meßgeräten einzeln geprüft werden: *Meßtaster* mit Diagrammaufzeichnung zur Darstellung der Abweichung der Zahnflankenform von der Sollevolvente; *Meßschieber* zur Bestimmung des Sehnenmaßes zwischen den Flanken eines Zahns; *Meßschraube* zur Bestimmung des Zahnweiten-Sehnenmaßes zwischen den Flanken mehrerer Zähne; *Schraublehren* oder *Fühlhebel-Rachenlehren* mit Meßkugeleinsätzen (Kugeldurchmesser D), die in gegenüberliegende Zahnlücken in Teilkreishöhe eingreifen und aus einer Messung des „diametralen Zweikugelmaßes M" eine Abschätzung des Teilkreisdurchmessers d_k ermöglichen:

$$d_k \approx M - D \qquad \text{(gerade Zahnezahl)},$$
$$d_k \approx (M - D)/\cos(\pi/2z) \quad \text{(ungerade Zahnezahl } z\text{)}.$$

Darüber hinaus gibt es Meßmaschinen, die alle wesentlichen Kenngrößen nach Programmen automatisch messen.

Sammelfehlerprüfung. Sie dient der Bestimmung der gleichzeitigen Auswirkung von Form- und Lagefehlern der Zahnflanken durch Abwälzen des zu prüfenden Zahnrads mit einem Lehrzahnrad. Bei der *Einflankenwälzprüfung* kommt nur eine Flanke mit der Gegenflanke in Berührung, während bei der in der industriellen Praxis häufig angewendeten *Zweiflankenwälzprüfung* jeweils beide Flanken in spielfreiem Eingriff sind. Beim Abwälzen des Zahnradpaars ergeben alle vorhandenen Verzahnungsfehler Änderungen des Achsabstands, die mit spielfrei und reibungsarm geführten Prüfgeräten erfaßt und in kreis- oder streifenförmigen Fehlerdiagrammen aufgezeichnet werden (s. **Bild 5**) [5, 6].

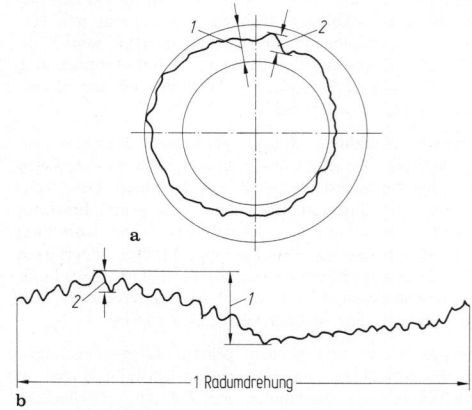

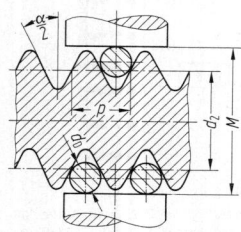

Bild 4. Dreidrahtmethode zur Bestimmung des Flankendurchmessers von Gewinden

Bild 5. Zweiflanken-Wälzdiagramme zur Sammelfehlerprüfung von Zahnrädern. **a** Kreisdiagramm; **b** Streifendiagramm. *1* Wälzabweichung F_i', *2* Wälzsprung f_i'

2.3.3 Oberflächenmeßtechnik. Surface measurement

Abbildung von Oberflächen

Lichtmikroskopische Verfahren zur Abbildung technischer Oberflächen arbeiten mit Hellfeld- oder Dunkelfeldbeleuchtung; sie gestatten mittels Okularmikrometern ein laterales Ausmessen von Oberflächenstrukturen und sind durch folgende Grenzdaten gekennzeichnet: Maximale Vergrößerung ca. 1000fach, laterales Auflösungsvermögen in der Objektebene ca. 0,3 μm, Steigerung der Tiefenauflösung auf ca. 1 nm durch Methoden des Interferenzkontrasts nach Nomarski. Gleichzeitig hohe Vergrößerung (bis zu 10^5fach) und große Tiefenschärfe (> 10 μm bei 5000facher Vergrößerung) liefert das Rasterelektronenmikroskop (REM). Bei REM wird in einer Probenkammer unter Hochvakuum ein Elektronenstrahl rasterförmig über die Probenoberfläche bewegt, und die in Abhängigkeit von der Oberflächen-Mikrogeometrie rückgestreuten Elektronen (oder ausgelöste Sekundärelektronen) werden zur Helligkeitssteuerung (Topographiekontrast) einer Fernsehröhre verwendet. Mit Methoden der Bildverarbeitung (z.B. Graustufenanalyse, s. W 2.3.4) oder stereoskopischen Auswerteverfahren kann außer der Oberflächenabbildung eine numerische Klassifizierung der Oberflächenmikrogeometrie vorgenommen werden.

Oberflächenrauheitsmeßtechnik

Aufgabe der Oberflächenrauheitsmeßtechnik ist die Erfassung der *Mikrogeometrie* technischer Oberflächen und die Bestimmung der *Gestaltabweichung* realer Istoberflächen von geometrisch-idealen Solloberflächen (s. F 6.2.1). Oberflächenmeßgrößen können sich in integraler Art auf gesamte Oberflächenbereiche oder auf Profilschnitte, Tangentialschnitte oder Äquidistanzschnitte beziehen, **Bild 6**. Da örtlich verschiedene Profilschnitte einer realen technischen Oberfläche naturgemäß auch unterschiedliche Rauheitsprofilkurven und darauf bezogene Rauheitsgrößen ergeben, werden zur allgemeinen Kennzeichnung technischer Oberflächen auch mathematisch-statistische Methoden, wie z.B. Autokorrelationsfunktionen, Fourieranalysen oder Spektraldarstellungen herangezogen.

Tastschnittverfahren. Es besteht aus der Abtastung des Oberflächenprofils durch eine Diamantnadel mit einem Tastsystem (z.B. Einkufentastsystem, Pendeltastsystem, Bezugsflächentastsystem), Aufzeichnung eines Profilschnitts mit elektronischen Hilfsmitteln und Berechnung von Rauheitsmeßgrößen. Verfahrenskennzeichen: vertikale Auflösung ≈ 0,01 μm, horizontale Auflösung be-

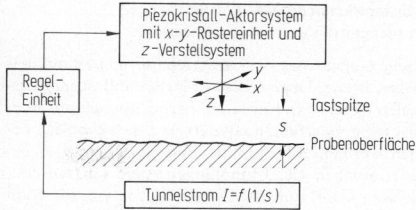

Bild 7. Prinzip des Rastertunnel-Mikroskops

grenzt durch Spitzenradius (z.B. 5 μm) und Kegelwinkel (z.B. 60°), Problematik der Nichterfassung von „Profil-Hinterschneidungen" und plastischer Kontaktdeformation bei der Abtastung weicher Oberflächen.

Lichtschnittmikroskop. Eine unter 45° auf eine technische Oberfläche projizierte schmale Lichtlinie (optisches Spaltbild) erfährt durch die Oberflächenmikrogeometrie eine affine Verzerrung, die photographisch dargestellt oder mit einem Okularmikrometer mikroskopisch ausgemessen werden kann und eine Bestimmung von Rauhtiefen für $R_z > 1$ μm gestattet.

Interferenzmikroskop. Optische Schnitte parallel zur auszumessenden Oberfläche durch Lichtinterferenz ergeben ein Höhenschichtlinienbild von (spiegelnden, nicht zu rauhen) Oberflächen mit Niveaulinien im Abstand von $\lambda/2$; die meßbaren Rauhtiefenunterschiede betragen ca. 0,02 μm.

Rastertunnelmikroskop. Abbildung und berührungslose Ausmessung von Oberflächen im atomaren Maßstab mit Hilfe einer Abtastnadel in einem elektronisch geregelten Piezokristall-Aktorsystem, **Bild 7**. Der zwischen Abtastnadel und Oberfläche bestehende Tunnelstrom wird bei rasterförmiger äquidistanter Abtastung der Oberfläche durch das Aktorregelsystem konstant gehalten; das elektronische Regelgrößensignal ist ein Maß für die Oberflächenmikrogeometrie im Nanometerbereich.

Mit den folgenden Verfahren können durch flächige Abtastung mittels optischer, elektrischer oder pneumatischer Methoden Oberflächenkenngrößen erhalten werden, die sich auf gesamte Oberflächenbereiche beziehen; ihre Korrelation zu Profilschnittkenngrößen (**Bild 6**) bereitet jedoch häufig Schwierigkeiten.

Streulichtverfahren. Eine vergleichende Intensitätsmessung bei der Reflexion der auf eine Oberfläche projizierten Lichtbündel ergibt durch eine statistische Auswertung (Bildung des zweiten Moments) eine mit dem arithmetischen Mittenrauhwert R_a korrelierte Kennzahl. Da Streulichtverfahren überwiegend auf Oberflächenneigungen der mikroskopischen Rauheitshügel reagieren, sind diese Verfahren nicht nur zur Rauheitsmessung, sondern auch zur Erfassung von Welligkeiten geeignet.

Kondensatorverfahren. Eine Meßelektrode wird mit einer dielektrischen, in die Oberflächenmikrogeometrie eindringende Zwischenschicht auf die Oberfläche gebracht. Für den sich so ergebenden Plattenkondensator kann aus der Beziehung zwischen Kapazität und Plattenabstand (im Vergleich mit ideal glatten Flächen) auf die „Glättungstiefe" der Oberfläche geschlossen werden.

Luftspaltverfahren. Eine Düse wird direkt über der Oberfläche angeordnet und der Druckabfall eines Luftstroms mittels Druckteiler gemessen. Die Rauhtiefe wird mittelbar über ihren Einfluß auf den Strömungswiderstand bestimmt.

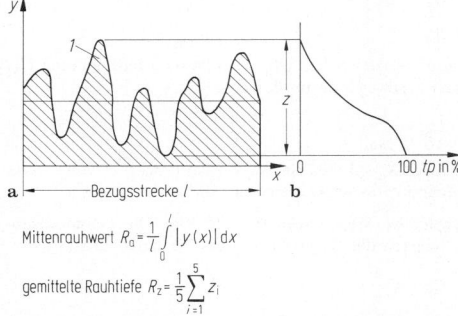

Mittenrauhwert $R_a = \dfrac{1}{l} \int\limits_0^l |y(x)| \, dx$

gemittelte Rauhtiefe $R_z = \dfrac{1}{5} \sum\limits_{i=1}^{5} z_i$

Bild 6. Kennzeichnung der Rauheit technischer Oberflächen. **a** Profilschnitt, Kenngrößen R_a, R_z; **b** Traganteilkurve (Verteilungskurve der Ordinatenwerte). *1* Rauheitsprofil

2.3.4 Mustererkennung und Bildverarbeitung
Pattern recognition and image processing

Technische Objekte mit strukturierten Geometriemerkmalen (Länge, Breite, Durchmesser, Fläche) und Strahlungsmerkmalen (Intensität, Reflexion, Farbe) können mit *Bildaufnahmesensoren* erfaßt, analysiert und meßtechnisch beschrieben werden, **Bild 8**. Eine *Videokamera* mit einem optoelektronischen CCD-Empfängersystem (charge coupled device) liefert mittels Graustufenanalyse ein Bildraster mit diskreten Bildpunkten (picture elements, Pixel). Die Videoinformation wird als Graubild von z.B. 6 bis 8 Bit, d.h. 64 bis 256 Graustufen bei einer geeigneten Abtastfrequenz (z.B. 10 MHz) mit Analog-Digital-Umsetzern (A/D-U) digitalisiert, in einem *Bildspeicher* abgelegt und durch *Mikroprozessoren* mit Arithmetik-Logik-Einheiten (ALUs) weiterverarbeitet. In einem *Digital-Analog-Umsetzer* (D/A-U) kann die digitale Information wieder in ein analoges Videosignal überführt, auf einem *Monitor* dargestellt oder mit Hilfe eines *Videodruckers* kopiert werden. CCD-Zeilenkameras erlauben empfängerseitig z.B. eine Auflösung von 1024, 2028 oder 4096 Bildpunkten; CCD-Matrixkameras besitzen Sensorelemente mit 500 × 580 Bildpunkten, Meßzeit <1 s. Die Meßfeldauflösung wird objektseitig durch den Abbildungsmaßstab des Kamera-Aufnahmeobjektivs bestimmt; z.B. Meßobjektlänge = 4 mm, Auflösung = 4/4096 ≈ 1 μm.
Durch Methoden der digitalen Bildverarbeitung kann eine statistische Bildbeschreibung des untersuchten technischen Objekts in Form von Grauwertverteilungen, Histogrammen und Momenten vorgenommen werden. Darüber hinaus können Ist-Soll-Konturenvergleiche, Bildverbesserungen durch Kontrastverstärkung (z.B. von Kanten, Texturen), Filterungen zur Eliminierung von Bildstörstellen und Rauschen sowie Pseudo-Farbdarstellungen von Graustufen erzielt werden [7, 8].
Zur Kennzeichnung von Artikeln aller Art werden aufgedruckte, optisch-maschinell erkennbare *Strichcodes* (SC) verwendet (DIN 66236 „Schrift SC für maschinelle Zeichenerkennung"). Sie basieren auf dem *Binärprinzip* mit einer Anzahl von dunklen Strichen (gelesen als „1") und hellen Lücken (gelesen als „0"). Der Strichcode zur „Europäischen Artikelnumerierung" (EAN) besteht beispielsweise aus einer 13stelligen Ziffernserie mit 2 Stellen für das Länderkennzeichen, 5 Stellen für die bundeseinheit-liche Betriebsnummer (bbn), 5 Stellen für die Artikelbezeichnung und 1 Stelle als Prüfziffer. Ein Stellenwert wird dargestellt durch eine 7teilige Abfolge von Strichen (S) und Lücken (L), z.B. Ziffer 1: Strichcodefolge LLLSSLS, gelesen als 0001101. Bei optischer Abtastung mit einer Strahlungsquelle entsteht durch die unterschiedliche Reflexion der dunklen Striche und hellen Lücken in einem optoelektronischen Empfänger ein Impulszug, der durch eine anschließende elektronische Auswertung (Decodierung) als Datenfolge interpretiert wird. Zur optischen Abtastung werden als Strahlungsquelle Lumineszenzdioden (LED), Laserdioden oder He-Ne-Laser und als Signalempfänger Photodioden, Phototransistoren oder CCD-Empfängersysteme verwendet. Die Abtastung stillstehender Objekte kann manuell durch Bewegung des Abtast-Lesesystems (Lesestift, Lesepistole) bzw. bei stillstehenden oder bewegten Objekten durch automatische „Scanner", z.B. rotierende Spiegelsysteme, erfolgen. Der Anwendungsbereiche von Strichcodes reichen von der Kennzeichnung von Verpackungen, Ausweisen, Flugscheinen über die automatische Steuerung von Maschinen-, Transport und Lagersystemen bis hin zur Automatisierung der Briefverteilung.

2.4 Kinematische und schwingungstechnische Meßgrößen. Kinematic and vibration quantities

Kinematische Meßgrößen dienen zur Beschreibung von Bewegungsvorgängen aller Art, z.B. Translationen, Rotationen, Stoß- und Prallvorgängen. Die zugehörigen Meßaufnehmer für Wege, Geschwindigkeiten und Beschleunigungen werden auch in der Schwingungsmeßtechnik verwendet.

2.4.1 Wegmeßtechnik. Motion measurement

Vorteilhaft sind Wegmeßverfahren mit elektrischem Meßsignalausgang. Sie beruhen hauptsächlich auf der Geometrieabhängigkeit von ohmschen, kapazitiven und induktiven Widerständen oder optoelektronischen Strahlengängen (**Bild 9**) sowie magnetischen Effekten.

Resistive Wegaufnehmer (Meßpotentiometer) (Bild 9a).
Die Aufnehmer basieren auf dem wegabhängigen Schleiferabgriff an einem ohmschen Widerstant in Form eines ausgespannten Meßdrahts (z.B. $R_0 = 10\ \Omega$, $\Delta s = 10\ \mu\text{m}$) oder einer Meßspule ($R_0 = 10\ \Omega$ bis $100\ \text{k}\Omega$, $\Delta s = 100\ \mu\text{m}$). Nach den Kirchhoffschen Regeln ergibt sich für die Meßspannung (R_B Belastungswiderstand)

$$U_\text{M} = U_0 \left[\frac{s/s_\text{max}}{1 + \dfrac{R_0}{R_\text{B}} \cdot \dfrac{s}{s_\text{max}} \left(1 - \dfrac{s}{s_\text{max}}\right)} \right].$$

Im unbelasteten Fall ($R_\text{B} \to \infty$) ist die Meßspannung U_M dem Meßweg s proportional

$$U_\text{M} = \frac{U_0}{s_\text{max}} \cdot s.$$

Für $R_0/R_\text{B} < 1/200$ ist der relative Linearitätsfehler eines Meßpotentiometers kleiner als 0,1%.

Kapazitive Wegaufnehmer (Bild 9b). Die Geometrieabhängigkeit der Kapazität C eines Plattenkondensators

$$C = \varepsilon \varepsilon_0 \frac{A}{s}$$

($\varepsilon, \varepsilon_0$ Dielektrizitätskonstanten des Mediums und des Vakuums) kann durch Variation der Kondensatorfläche A (Drehkondensator) oder des Abstands s zur Winkel- bzw.

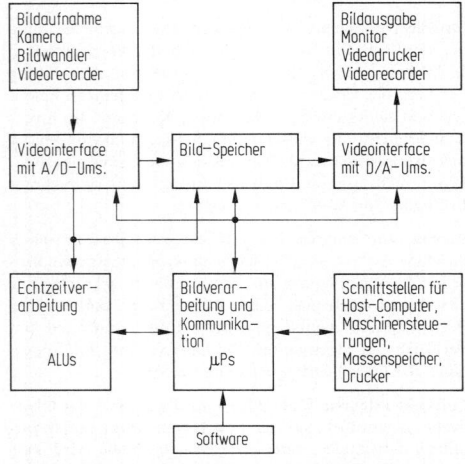

Bild 8. Aufbau eines computerunterstützten Bildverarbeitungssystems

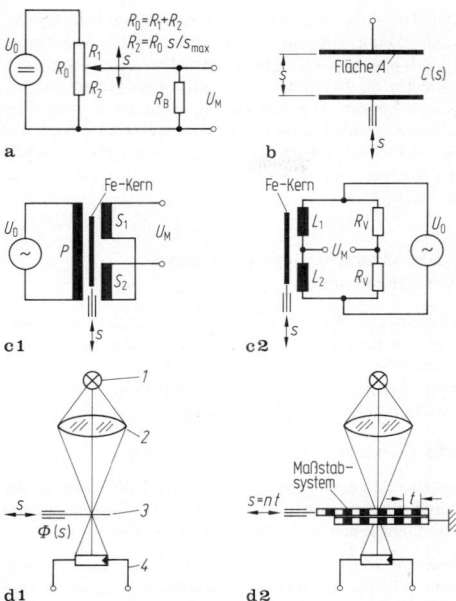

Bild 9. Wegmeßverfahren mit elektrischem Meßsignalausgang. **a** resistiver Wegaufnehmer (Meßpotentiometer); **b** kapazitiver Wegaufnehmer; **c** induktive Wegaufnehmer (**c1** Differentialtransformator, **c2** Differentialdrossel); **d** optoelektronische Wegaufnehmer (**d1** Analogverfahren, **d2** Digitalverfahren). *1* Strahlungsquelle, *2* Optik, *3* Meßblende, *4* optoelektronischer Empfänger

Wegmessung verwendet werden,

$$\Delta C = -C \frac{\Delta s}{s + \Delta s}.$$

Kapazitive Wegaufnehmer benötigen wegen ihrer nichtlinearen hyperbolischen Kennlinie und der Problematik von (Stör-)Kapazitäten der Kabelanschlußleitungen spezielle Meßschaltungen (z.B. Kapazitive Meßbrücken).

Induktive Wegaufnehmer (Bild 9c). Die Verfahren nutzen die wegabhängige Beeinflussung der Induktion von wechselspannungsgespeisten Spulensystemen durch Verschiebung von Eisenkernen (Tauchanker- und Queranker-Prinzipien); die erzielbare Wegauflösung ist besser als 0,1 µm, die Meßlängen können 0,1 bis zu mehreren 100 mm betragen. Bei einem *Differentialtransformator-Wegaufnehmer* (**Bild 9c1**) ist bei Symmetrielage des Fe-Kerns die transformatische Kopplung zwischen der Primärspule *P* und den beiden Sekundärspulen S_1 und S_2 gleich groß. Schaltet man S_1 und S_2 gegeneinander, so erhält man die Meßspannung $U_M = \text{const.} \cdot U_0 \cdot \Delta s$. Beim Differentialdrossel-Wegaufnehmer (**Bild 9c2**) ergeben sich in Abhängigkeit von der Lage des Fe-Kerns Induktivitäten L_1 und L_2, die mit Vergleichswiderständen R_V in einer Brückenschaltung mit Verstärker und phasenempfindlichem Gleichrichter eine empfindliche Wegmessung $U_M(s)$ gestatten.

Optoelektronische Wegaufnehmer (Bild 9d). In optischen Strahlengängen können durch Verwendung von Meßblenden oder Maßstabsystemen mit codierten oder inkrementalen (gleichabständigen) lichtdurchlässigen Flächen bzw. Rastern analoge bzw. in Verbindung mit Zähl- und Auswerteeinheiten digitale Wegmeßsignale erhalten werden. Bei inkrementalen Wegaufnehmern ergibt sich der Meßweg *s* als Vielfaches *n* der Maßstabteilung *t*, erzielba-

re Auflösung $\Delta s = 0,1$ µm. Beim Laser-Doppler-Verfahren kann aus der Analyse reflektierter, frequenzmodulierter Laserstrahlung eine Bewegungs- bzw. Schwingungsanalyse von Meßobjekten vorgenommen werden.

Magnetische Wegaufnehmer. Sie basieren auf der wegabhängigen Beeinflussung magnetischer Effekte in geeigneten Sensoren, z.B. Hall-Sensoren (Elektrische Hallspannung ~ Elektrischer Steuerstrom × wegproportionaler Induktion) und Feldplatten, das sind Ohmsche Widerstände, steuerbar durch wegabhängige magnetische Induktion.

2.4.2 Geschwindigkeits- und Drehzahlmeßtechnik
Velocity and speed measurement

Entsprechend der Definition der Geschwindigkeit *v* als Ableitung des Wegs *s* nach der Zeit *t*, $v = ds/dt = \dot{s}$, können Geschwindigkeitsmessungen auf Wegmessungen zurückgeführt werden, indem Wegmeßsignale (z.B. eines induktiven Wegaufnehmers) elektronisch differenziert werden, **Bild 10**. Störsignale, die gegebenenfalls ebenfalls differenziert werden, müssen durch gute Abschirmung und Filterung eliminiert werden.
Zur Messung von *Rotations- oder Winkelgeschwindigkeiten* bzw. *Drehzahlen* können Aufnehmer mit geeigneten Impulsabgriffen, z.B. induktiver, magnetischer oder optischer Art, verwendet und die Drehzahlfrequenzen unter Verwendung von Zählern digital dargestellt werden, **Bild 11**. Beim elektrodynamischen Tauchankerprinzip bewirkt die Bewegung *s* eines Magneten in einer Spule durch die damit verbundene Magnetflußänderung $\Phi = ds/dt$ bei geeigneter Sensordimensionierung eine geschwindigkeitsproportionale Spannung an den Spulenenden. Zur Drehzahlmessung mit Wechselspannungs-Tachogeneratoren wer-

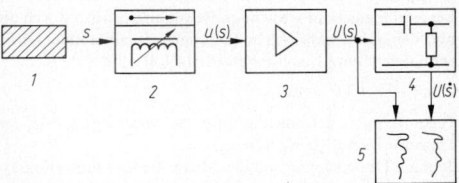

Bild 10. Meßkette zur Geschwindigkeitsmessung mittels Wegaufnehmer und Differentiationsglied. *1* bewegtes Bauteil, *2* induktiver Wegaufnehmer, *3* Verstärker, *4* Differentiator, *5* 2-Kanal-Schreiber

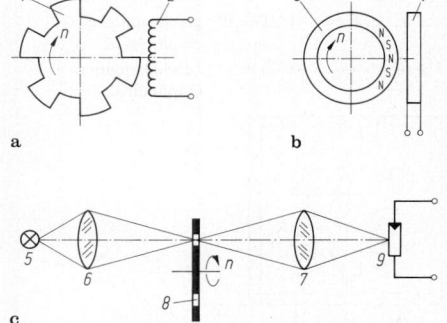

Bild 11. Impulsabgriffe zur digitalen Drehzahlmessung. **a** induktiv; **b** magnetisch; **c** optoelektronisch. *1* weichmagnetisches Zahnrad, *2* Induktionsspule, *3* codierter Ringmagnet, *4* Magnetsensor, *5* Lichtquelle, *6* Kondensor, *7* Objektiv, *8* Lochscheibe, *9* optoelektronischer Empfänger

den über feststehende Spulen und rotierende Magnete Wechselspannungen erzeugt, deren Amplitude der Drehzahl proportional ist. Bei der *stroboskopischen* Messung einer Drehzahl n wird ein mit z Zeilen markiertes Meßobjekt mit einer pulsgeregelten Lichtquelle der Frequenz f beleuchtet, bis sich ein stehendes Bild ergibt; es gilt $n = f/z$.

2.4.3 Beschleunigungsmeßtechnik
Acceleration measurement

Beschleunigungsmessungen können entsprechend der Definition der Beschleunigung a als Ableitung der Geschwindigkeit v bzw. des Wegs s nach der Zeit t, $a = \mathrm{d}v/\mathrm{d}t = \dot{v} = \mathrm{d}^2 s/\mathrm{d}t^2 = \ddot{s}$, durch Verwendung von Differentiatoren analog zu **Bild 10** auf Geschwindigkeits- bzw. Wegmessungen zurückgeführt werden. Vorteilhaft ist dabei die Möglichkeit der gleichzeitigen Erfassung von Weg-, Geschwindigkeits- und Beschleunigungsverläufen, nachteilig die mögliche Differentiation von Störgrößen (Abhilfe: gute Abschirmung, gegebenenfalls Filter).

Seismische Aufnehmer. Sie werden in der Schwingungsmeßtechnik verwendet und stellen Masse-Feder-Dämpfungssysteme dar, bestehend aus einer (trägen) seismischen Masse m, einer Feder mit wegproportionaler Federkraft $F_F = ks$ (k Federrate) und einer geschwindigkeitsproportionalen Dämpfungskomponente $F_D = r\dot{s}$ (r Dämpfungs- oder Reibungskonstante) in einem (masselos gedachten) Gehäuse, **Bild 12**. Die auf einen seismischen Aufnehmer einwirkenden zu messenden Bewegungsgrößen (Weg s, Geschwindigkeit $\dot{s}$ oder Beschleunigung $\ddot{s}$) bewirken über das Masse-Feder-Dämpfungssystem eine Auslenkung der seismischen Masse relativ zum Gehäuse (Meßgröße x), die mit einem geeigneten Wegaufnehmer bestimmt wird. Das dynamische Verhalten eines seismischen Aufnehmers wird bei eindimensional wirkenden Bewegungsgrößen durch die aus den Gleichgewichtsbedingungen resultierende Differentialgleichung beschrieben (s. B 4.1.4):

$$m\ddot{x} + r\dot{x} + kx = -m\ddot{s}.$$

Eigenfrequenz der ungedämpften Schwingung $\omega_0 = \sqrt{k/m}$, Dämpfungsmaß $D = r/(2m\omega_0)$.
Je nach Dimensionierung des Masse-Feder-Dämpfungssystems, z.B. mit der Federcharakteristik weich (k klein) oder hart (k groß) und der Dämpfungscharakteristik schwach gedämpft (r klein) oder stark gedämpft (r groß) ergibt sich ein unterschiedliches meßtechnisches Verhalten eines seismischen Aufnehmers, das stark vereinfacht folgendermaßen gekennzeichnet werden kann:

$$m \gg r, \quad k \Rightarrow x \approx -s: \qquad \text{wegempfindlich}$$
$$r \gg m, \quad k \Rightarrow x \approx (-1/2D\omega_0)\dot{s}: \qquad \text{geschwindigkeits-}$$
$$\text{empfindlich,}$$
$$k \gg m, \quad r \Rightarrow x \approx (-1/\omega_0)\ddot{s}: \qquad \text{beschleunigungs-}$$
$$\text{empfindlich.}$$

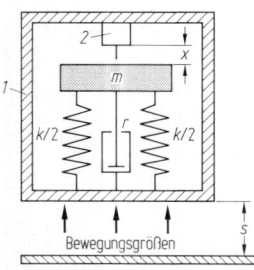

Bild 12. Prinzipieller Aufbau eines seismischen Aufnehmers. *1* Gehäuse, *2* Wegaufnehmer, *m* seismische Masse, *k* Federrate, *r* Dämpfungskonstante

Danach müssen Masse-Feder-Dämpfungssysteme für Beschleunigungsmessungen möglichst „hoch" abgestimmt sein (Masse und Dämpfung klein, Feder steif), um auch schnellen Signalverläufen möglichst verzögerungsfrei folgen zu können. Die Analyse von Amplituden- und Phasengang seismischer Beschleunigungsaufnehmer zeigt, daß für Beschleunigungsmessungen die folgenden Kenndaten günstig sind: Dämpfung $D \approx 0,65$, Arbeitsfrequenz $\omega < 0,2\omega_0$.

2.5 Mechanische Beanspruchungen
Mechanical action

Mechanische Beanspruchungen sind durch das Einwirken von Kräften und Drehmomenten auf Bauteile gekennzeichnet. Sie führen zu Verformungen und mechanischen Spannungen und werden mit Kraft-, Dehnungs- und Spannungsmeßtechniken untersucht [9, 10].

2.5.1 Kraftmeßtechnik. Force measurement

Kräfte können meßtechnisch mittels Untersuchung der durch sie ausgelösten Wirkungen, z.B. Längenänderungen, Dehnungen (s. 2.5.2), bestimmt werden.

Federkörper-Kraftmeßtechnik. Mit Hilfe von Federkörpern, z.B. Schraubenfedern, Blattfedern, können zu messende Kräfte auf Längen- oder Wegänderungen zurückgeführt und mit Längen- oder Wegaufnehmern bestimmt werden (s. W 2.3.1 und W 2.4.1). Beispiele meßtechnisch ausnutzbarer Kraft-Weg-Relationen, **Bild 13** (s. G 2):

$$\text{Schraubenfeder:} \quad s = \frac{8nD^3}{d^4 G} F \qquad (G \text{ Schubmodul}),$$

$$\text{Parallelfeder:} \quad s = \frac{1}{2bE}\left(\frac{1}{h}\right)^3 F \qquad (E \text{ Elastizitätsmodul}).$$

Piezoelektrische Kraftmeßtechnik. Bei Krafteinwirkung auf Piezokristalle (z.B. Quarz, Bariumtitanat $BaTiO_3$) werden im Kristallgitter negative gegen positive Gitterpunkte verschoben, so daß an den Kristalloberflächen Ladungsunterschiede Q als Funktion der Kraft F gemessen werden $Q = kF$; k Piezomodul, z.B. $2,3 \cdot 10^{-12}$ As/N für Quarz, **Bild 14**. Piezoelektrische Kraftaufnehmer sind mechanisch sehr

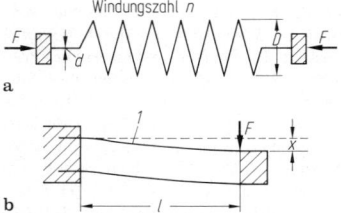

a

b

Bild 13. Federkörper als Meßelement für die Rückführung einer Kraftmessung auf eine Längen- oder Wegmessung. **a** zylindrische Schraubenfeder; **b** parallele Blattfeder. *1* Breite b

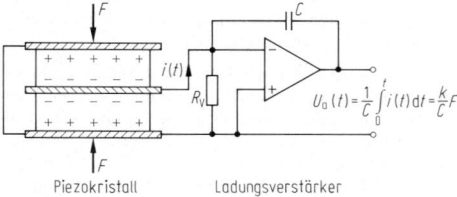

$$U_a(t) = \frac{1}{C}\int_0^t i(t)\,\mathrm{d}t = \frac{k}{C}F$$

Piezokristall   Ladungsverstärker

Bild 14. Prinzipieller Aufbau eines piezoelektrischen Kraftaufnehmers mit Ladungsverstärker

steif, sie erfordern Ladungsverstärker zur Meßsignalverarbeitung und sind hauptsächlich zur Messung dynamischer Vorgänge ($f > 1$ Hz) geeignet, z.B. Aufnahme von p–V-Indikatordiagrammen an Verbrennungsmotoren. Kenndaten piezoelektrischer Kraftaufnehmer: hohe Druckfestigkeit von ca. $4 \cdot 10^5 \mathrm{N/cm^2}$, Meßgliedkoeffizient $c = 6 \cdot 10^2$ bis $3 \cdot 10^3$ N/μm, Temperaturkoeffizient $\Delta C(T) < 0,5\%/°C$, Betriebstemperaturen bis 500 °C.

Drehmomentmeßtechnik. Bei Torsionsdynamometern wird die Torsion eines Voll- oder Hohlzylinders (Drehmomentmeßnabe) als Maß für das wirkende Drehmoment gemessen (s. C2.5). Es gilt $M_t = I_p G\varphi/l$, mit I_p polares Trägheitsmoment, G Schubmodul, l Zylinderlänge, φ Torsionswinkel. Hilfsmittel sind Dehnungsmeßstreifen (45° zur Achse, s. W 2.5.2), optische Winkelmeßgeräte oder induktive sowie kapazitive Wegaufnehmer. Drehmomentmessungen können auch mit Bremsen (z.B. Wirbelstrombremsen, Wasserwirbelbremsen) durchgeführt werden, wie bei Motoren oder Turbinen oder durch Momentenmesser bei Verdichtern und Pumpen.

Wägetechnik. Sie dient der Bestimmung von Massen und wird häufig auf Kraftmessungen zurückgeführt, d.h. Bestimmung der Masse m eines Körpers, im Schwerefeld g der Erde durch Messung der Anziehungskraft (Gewichtskraft F_G), die der Masse proportional ist, $F_G = mg$. Zur Erfassung von Gewichtskräften werden verschiedene Prinzipien angewendet, z.B. Federwaagen (**Bild 13**), Wägezellen mit sehr steifen Federkörpern und Dehnungsmeßstreifen, elektrodynamische Gewichtskraftkompensation durch Kraftwirkung einer stromdurchflossenen Spule in einem Permanentmagnetfeld (Spulenstrom ∼ Gewichtskraft), pneumatische oder hydraulische Gewichtskraftkompensation, wobei der Luft- bzw. Flüssigkeitsdruck ein Maß für das zu bestimmende Gewicht ist [11].

2.5.2 Dehnungsmeßtechnik. Strain measurement

Die (einachsige) mechanische Beanspruchung eines Bauteils (Ausgangslänge l_0, Querschnitt A) durch eine Kraft F führt zu einer Dehnung $\varepsilon = \Delta l/l_0$, einer mechanischen Spannung $\sigma = F/A$ und, bei linear elastischer (reversibler) Deformation, zu einer Proportionalität zwischen Spannung und Dehnung $\sigma = E\varepsilon$ (E Elastizitätsmodul). Dehnungsmeßtechniken liefern Aussagen über Verformungseigenschaften und Spannungszustände von Bauteilen und gestatten mittels geeigneter Elastizitätskörper die Realisierung empfindlicher Kraftaufnehmer und Wägetechniken.

Mechanische und optische Dehnungsmeßgeräte. Sie besitzen im Abstand l_0 (bis zu mehreren 100 mm) eine feste und eine bewegliche Schneide. Längenänderungen Δl werden mit der beweglichen Schneide abgegriffen, durch Hebelübersetzungen, Torsionsbänder oder Spiegelsysteme vergrößert (bis zu 2000fach) und auf einer Skale mit einer optimal erreichbaren Auflösung von 0,5 μm angezeigt.

Dehnungsmeßstreifen (DMS). Sie bestehen aus einem mäanderförmigen Meßgitter in einer dünnen Trägerfolie (**Bild 15**) und wandeln Dehnungen in elektrische Widerstandsänderungen um:

$$\text{Kraft } F \xrightarrow[\text{Elastizität}]{\text{Bauteil-}} \text{Bauteil-} \atop \text{dehnung } \varepsilon \xrightarrow[\text{Kleber}]{\text{Träger}} \text{Meßdraht-} \atop \text{dehnung } \varepsilon \rightarrow \Delta R.$$

Der elektrische Widerstand R eines Drahts und seine Änderung bei einer infinitesimalen Variation von Durchmesser D, Länge l und spezifischem Widerstand ρ sind gege-

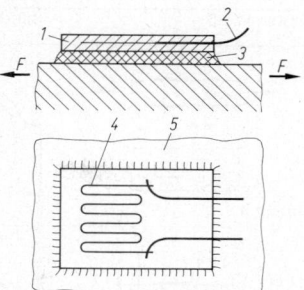

Bild 15. Dehnungsmeßstreifen (DMS). *1* Träger (z.B. Polyimid), *2* Anschlußdrähte, *3* Kleber (z.B. Phenolharz), *4* Meßdraht (z.B. Konstantan 20 μm⌀), *5* Bauteil

ben durch

$$R = \frac{4\rho l}{\pi D^2},$$

$$\frac{\mathrm{d}R}{R} = \frac{\mathrm{d}\rho}{\rho} + \frac{\mathrm{d}l}{l} - 2\frac{\mathrm{d}D}{D}.$$

Mit $\varepsilon = \mathrm{d}l/l$ und der Poissonschen Zahl (Querkontraktionszahl) $\mu = -(\mathrm{d}D/D)/(\mathrm{d}l/l)$ folgt

$$\frac{\Delta R}{R} = \left(1 + 2\mu + \frac{\Delta\rho/\rho}{\varepsilon}\right)\varepsilon = k\varepsilon.$$

Für *Metall-DMS* (ρ = const; $0,2 < \mu < 0,5$) z.B. Konstantan, 60% Cu, 40% Ni oder Karma, 74% Ni, 20% Cr, 3% Fe, 3% Al ist der k-Faktor $k \approx 2$; für Halbleiter-DMS z.B. Silicium mit piezoresitivem Effekt ($\rho(F) \neq$ const, jedoch stark temperaturabhängig) ist $k \approx 100$.

Hauptsächliche Eigenschaften von Metall-DMS (Folien-DMS, Draht-DMS): Nennwiderstand $R_0 = 120, 350, 600\,\Omega$; max. zulässige Dehnung $\varepsilon \approx 10^{-3}$; zul. Meßstrom 10 mA; Grenzfrequenz 50 kHz; temperaturbedingte Dehnung $\pm 15 \cdot 10^{-6}/°C$; Betriebstemperatur -270 bis 1000 °C; Umgebungsdruck bis 10^4 bar; Meßgitterlängen 0,4 bis 150 mm.

Als Meßschaltung für DMS werden Wheatstone-Brücken (s. W 3.2.2) in Form von Viertel-, Halb- oder Vollbrücken (*1, 2* oder *4* aktive DMS) eingesetzt. Für das Meßsignal U_M in der Brückendiagonale als Funktion von ΔR_1 bis ΔR_4 bei gleichem Nennwiderstand R_0 aller vier Brückenwiderstände gilt näherungsweise

$$U_M \approx \frac{U_0}{4R_0}(\Delta R_1 - \Delta R_2 + \Delta R_3 - \Delta R_4).$$

Die Eigenschaft, daß sich gleichsinnige ΔR in nicht benachbarten Zweigen addieren und in benachbarten Zweigen subtrahieren, muß bei der DMS-Zuordnung (z.B. $+\Delta R$ bei Dehnung, $-\Delta R$ bei Stauchung) berücksichtigt werden und kann zur Kompensation von mechanischen und thermischen Störeinflüssen ausgenutzt werden. Die Applikation von DMS zur Bestimmung der grundlegenden mechanischen Beanspruchungen Zug, Druck, Biegung und Torsion ist übersichtsmäßig in **Bild 16** dargestellt. Mit Hilfe geeigneter Federkörper lassen sich damit auch vielfältige Kraft- und Beanspruchungsaufnehmer, z.B. Kraftmeßdosen, Wägemeßzellen, Drehmomentmeßnaben, aufbauen. Zur Bestimmung mehraxialer Beanspruchungen sind DMS-Sonderbauformen, z.B. DMS mit zwei unter 90° zueinander angeordneten Meßgittern oder DMS-Rosetten mit jeweils drei Meßgittern in 0°/45°/90°- oder 0°/60°/120°-Anordnung entwickelt worden.

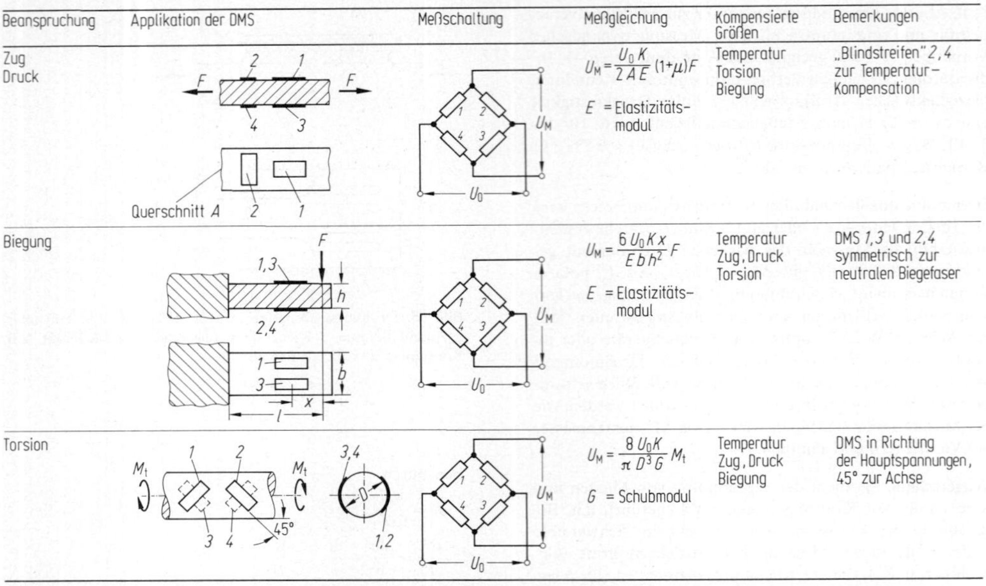

Beanspruchung	Applikation der DMS	Meßschaltung	Meßgleichung	Kompensierte Größen	Bemerkungen
Zug Druck			$U_M = \dfrac{U_0\,K}{2\,A\,E}(1+\mu)F$ E = Elastizitätsmodul	Temperatur Torsion Biegung	„Blindstreifen" 2, 4 zur Temperatur– Kompensation
Biegung			$U_M = \dfrac{6\,U_0\,K\,x}{E\,b\,h^2}F$ E = Elastizitätsmodul	Temperatur Zug, Druck Torsion	DMS 1,3 und 2,4 symmetrisch zur neutralen Biegefaser
Torsion			$U_M = \dfrac{8\,U_0\,K}{\pi\,D^3\,G}M_t$ G = Schubmodul	Temperatur Zug, Druck Biegung	DMS in Richtung der Hauptspannungen, 45° zur Achse

Bild 16. Dehnungsmeßstreifen – Applikation zur Bestimmung der mechanischen Grundbeanspruchungen Zug, Druck, Biegung, Torsion

2.5.3 Experimentelle Spannungsanalyse
Experimental stress analysis

Die Kenntnis mechanischer Spannungen bildet die Basis für die Festigkeitsauslegung und -beurteilung von Bauteilen. Mechanische Spannungen können bei einfachen Beanspruchungen prinzipiell aus der Messung von Kräften F oder Dehnungen ε gemäß $\sigma = F/A$ bzw. $\sigma = E\varepsilon$ (E Elastizitätsmodul, A Bauteilquerschnitt) bestimmt werden. Eine experimentelle Spannungsanalyse kann mit den folgenden hauptsächlichen Verfahren vorgenommen werden [9] (s. W 2.3).

Spannungsoptik. Die Verfahren analysieren die Spannungsdoppelbrechung in nach der Ähnlichkeitsmechanik hergestellten Bauteilmodellen (z.B. aus Epoxidharz oder PMMA) mit einer optischen Polarisator-Analysator-Anordnung. Die bei Durchstrahlung des mechanisch beanspruchten Modells mit monochromatischem Licht entstehenden dunklen Linien (Isoklinen und Isochromatbilder) zeigen den Verlauf der Hauptspannungsrichtungen und Hauptspannungsdifferenzen an.

Moire-Verfahren. Die Spannungsbestimmung erfolgt durch Ermittlung von flächigen Dehnungsverteilungen an Bauteiloberflächen, d.h. Auswerten von Streifenmustern, die sich aus der optischen Überlagerung eines fest mit dem Bauteil verbundenen Objektgitters (10 bis 100 Linien/mm) und eines stationären Vergleichsgitters ergeben.

Röntgenographische Spannungsmessung. Die durch äußere Kräfte oder Eigenspannungen hervorgerufenen Spannungen führen zur Änderung von Netzebenenabständen kristalliner Werkstoffe und können durch Analyse von Beugungs- oder Interferenzerscheinungen von Röntgenstrahlen bestimmt werden. Aus den mittels Goniometern (Winkelmeßgeräte) für verschiedene Neigungswinkel registrierten Interferenzlinien können rechnerisch die zugehörigen Spannungskomponenten ermittelt werden.

2.6 Strömungstechnische Meßgrößen
Fluid flow quantities

Strömungstechnische Meßgrößen sind Kenngrößen fluidischer Systeme, z.B. in Steuer- und Regelungseinrichtungen, Strömungsmaschinen, Behältern oder Anlagen der Prozeß- und Verfahrenstechnik [12, 13].

2.6.1 Flüssigkeitsstand, Druck. Liquid level, fluid pressure

Flüssigkeitsstandmessungen können mittels mechanischer, elektrischer, hydraulischer, pneumatischer oder Lichtschranken-Verfahren auf Wegmessungen zurückgeführt werden (s. W 2.3.1 und W 2.4.1). An schwer zugänglichen Objekten werden Ultraschall- oder Isotopenverfahren eingesetzt.

Schwimmer und Tastplatten. Zur Bestimmung des Flüssigkeitsstands können in einfacher Weise kugel-, linsen- oder plattenförmige Meßaufnehmer verwendet werden, mit denen über eine mechanische Übertragung (z.B. Seilzug, Zahnradgetriebe) oder eine elektrische Signalumwandlung (z.B. Potentiometer, Induktivtaster) die Flüssigkeitshöhe erfaßt wird.

Elektrische Verfahren. Die flüssigkeitsstandabhängige Veränderung des elektrischen Widerstands oder der Kapazität zwischen zwei Sonden (z.B. Behälterwand und Tauchsonde) wird als Indikator für die Flüssigkeitshöhe genutzt.

Hydrostatische und pneumatische Verfahren. Die Flüssigkeitsstandbestimmung basiert auf der (manometrischen) Messung des von einer Flüssigkeit hervorgerufenen hydrostatischen Bodendrucks bzw. des pneumatischen Drucks von Luft oder Schutzgas in einem in die Flüssigkeit eingeführten Tauchrohr.

Flüssigkeitsmanometer. Die Druckbestimmung (**Tab. 3**) erfolgt durch Messung der Höhendifferenz h der Flüssigkeitssäule, Dichte ρ (z.B. Alkohol, Wasser oder auch

Tabelle 3. Druckbereiche und Druckmeßverfahren (Übersicht)

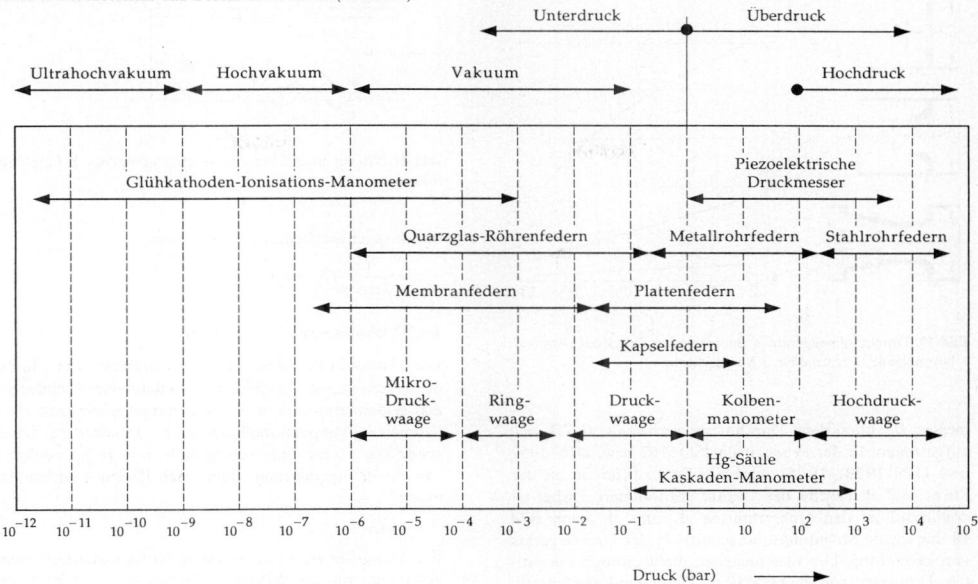

Quecksilber), in einem U-Rohr gemäß $p = \rho h$ mittels optischer Ablesung, Schrägstellen des einen Schenkels des U-Rohrs (Schrägrohrmanometer) oder mechanischer, elektrischer oder optoelektronischer Abtastung des Meniskus.

Druckwaagen und Kolbenmanometer. Die Druckbestimmung basiert auf der Kompensation der auf einen Kolben bekannter Querschnittsfläche oder die Sperrflüssigkeit in einem Ringrohr wirkenden Druckkraft durch eine bekannte Gegenkraft, realisiert durch Federn, Massen oder elektrodynamische Kräfte.

Federmanometer. Die elastische Verformung der Wand eines Druckraums (z.B. Kapselmembrane) oder die druckabhängige Aufbiegung eines gekrümmten, einseitig verschlossenen Rohrs (sog. Bourdonfeder) wird mechanisch auf ein Zeigerwerk übertragen und zur Druckanzeige benutzt.

2.6.2 Volumen, Durchfluß, Strömungsgeschwindigkeit
Volume, flow rate, fluid velocity

Der Durchfluß ist das Verhältnis aus der Menge des strömenden Mediums (Volumen V oder Masse m) zu der Zeit in der diese Menge einen Leitungsquerschnitt durchfließt. Neben *volumetrischen Verfahren* (Volumenzähler) werden zur Durchflußmessung *Wirkdruckverfahren* (Blende, Düse, Venturi-Rohr) und zur Strömungsgeschwindigkeitsmessung *induktive und Ultraschall-Verfahren* sowie *Drucksonden* (Pitotrohr, Prandtlstaurohr) und *Thermosonden* (Hitzdrahtanemometer) verwendet.

Volumenzähler. Bei einer Umdrehung der Ovalräder, die in einer Meßkammer abrollen (**Bild 17**), werden vier Teilvolumina transportiert, die dem Meßinhalt V_M entsprechen. Mittelbar über eine Drehzahlmessung kann der Volumendurchsatz durch Volumenzähler mit Meßflügeln (Turbinenzähler) gemessen werden.

Wirkdruckverfahren. Durch Einschnürung des Querschnitts einer Rohrleitung mittels einer Drosseleinrichtung (**Bild 18**) ergibt sich aus der resultierenden Druck-

erniedrigung $\Delta p = p_1 - p_2$ (sog. Wirkdruck) der Durchfluß einer Flüssigkeit. Mit A_1, A_2 Strömungsquerschnitte $(A_2/A_1 = k), v_1, v_2$ Strömungsgeschwindigkeiten und p_1, p_2 Druckwerten folgt aus der Bernoulli- und der Kontinuitätsgleichung unter den idealisierten Verhältnissen von **Bild 18** für den Volumendurchfluß

$$\dot{V} = \frac{kA_1}{\sqrt{1-k^2}} \sqrt{\frac{2\Delta p}{\rho}}$$

(ρ Dichte). Zur Durchflußmessung werden *Normblenden, Normdüsen* und *Venturi-Rohre* eingesetzt. In **Bild 19** sind typische Bauformen zusammen mit den zugehörigen Druckverlustzahlen $\xi_2 = (k-1)^2$, bezogen auf den Durch-

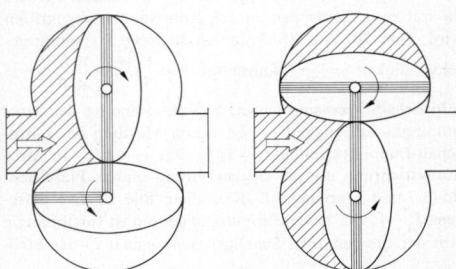

Bild 17. Ovalradzähler zur Bestimmung des Volumendurchsatzes

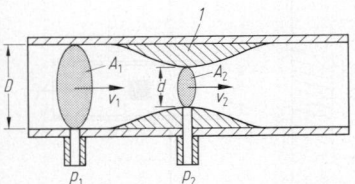

Bild 18. Durchflußmessung nach dem Wirkdruckverfahren. *1* Drosseleinrichtung

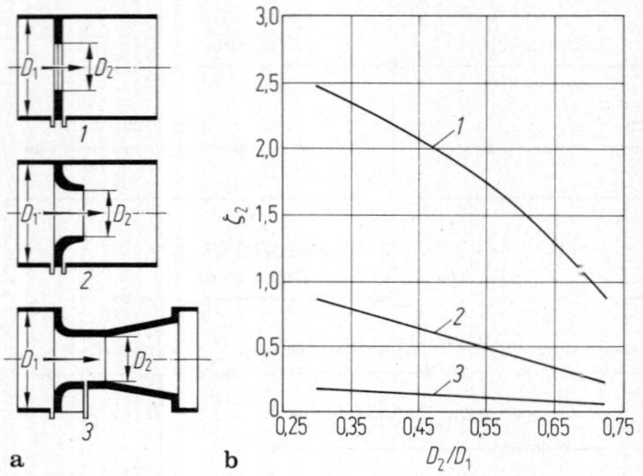

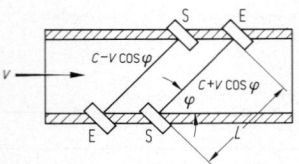

Bild 21. Prinzip eines Ultraschall-Durchflußmessers. E Empfänger, S Sender

Bild 19. Durchflußmeßgeräte. **a** Bauformen; **b** Druckverlustzahlen; *1* Normblende, *2* Normdüse, *3* Venturi-Rohr

messer D_2 über dem Durchmesserverhältnis $D_2/D_1 = k$ aufgetragen. In der Praxis nach ISO 5167 bzw. DIN 1952 und DIN 19201–19251 wird die Druckdifferenz an der Stirn- und Rückseite der Geräte entnommen. Dabei ist ergänzend zu den Querschnitten A_1 und A_2 nach **Bild 18** der engste Strömungsquerschnitt A_0 des Drosselgeräts von Bedeutung. Die verschiedenen meßtechnisch relevanten Faktoren, wie Kontraktion, Geschwindigkeitsprofil, Lage der Druckentnahme werden zur Durchflußzahl α zusammengefaßt, wobei vereinfacht gilt

$$\dot{V} = \alpha A_0 \sqrt{\frac{2\Delta p}{\rho}}.$$

Die Durchflußzahl hängt u.a. ab von der Kontraktionszahl $m = A_0/A_1 = \beta^2$ und der Reynolds-Zahl Re. Zahlenwerte der Durchflußzahl für Normblende, Normdüse und Venturi-Rohr sind im **Anh. W 2 Tab. 1 bis 3** zusammengestellt.

Induktive Durchflußmesser. Nach dem Induktionsgesetz kann die Geschwindigkeit v einer senkrecht zu einem Magnetfeld (gekennzeichnet durch magnetischen Fluß Φ und Induktion B) in einem isolierten Rohrstück strömenden Flüssigkeit (Mindestleitfähigkeit $\approx 1\,\mu\text{S/cm}$) über die in der Flüssigkeit induzierten Spannung U bestimmt werden, die mit zwei Elektroden an den Rohrwänden abgegriffen wird, **Bild 20**. Aus $U\,d\Phi/dt = BDv$ folgt Strömungsgeschwindigkeit $v = \dfrac{U}{BD}$, Durchfluß $\dot{V} = \dfrac{\pi}{4}D^2 v = \dfrac{\pi}{4}\dfrac{D}{B}\cdot U$.

Ultraschall-Strömungsmesser. Die Bestimmung der Strömungsgeschwindigkeit erfolgt durch Messung der Ultraschall-Impulslaufzeiten $t_1 = 1/f_1$ und $t_2 = 1/f_2$ in Strömungsrichtung und in Gegenrichtung mittels Piezo-Sende-(S-) und Empfangs-(E-)Kristallen, **Bild 21**. Die Differenz $f_2 - f_1$ der beiden Impulsfrequenzen ist (unabhängig von der momentanen Schallgeschwindigkeit c) der Strö-

mungsgeschwindigkeit v proportional

$$v = \frac{L}{2\cos\varphi}(f_2 - f_1).$$

2.6.3 Viskosimetrie. Viscosimetry

Die Viskosität kennzeichnet die Eigenschaft von Fluiden, der gegenseitigen Verschiebung benachbarter Schichten einen Widerstand (innere Reibung) entgegenzusetzen. Sie ist definiert als Proportionalitätsfaktor η zwischen der Schubspannung τ und dem Schergefälle $D = dv/dy$ senkrecht zur Strömungsrichtung einer wirbelfreien Laminarströmung

$$\tau = \eta D.$$

Die Viskosität ist keine generelle Stoffkonstante, sondern abhängig von verschiedenen Parametern, wie z.B. Temperatur T, Druck p, Schergefälle D und Zeit t, d.h. $\eta = \eta(T,p,D,t)$.

Kapillarviskosimeter. Die Viskosität wird für eine laminare Rohrströmung (Volumendurchfluß $\dot{V}$) in einer Kapillare (Länge l, Durchmesser $2r$) aus der Messung der Druckdifferenz Δp an den Kapillarenden gemäß der Hagen-Poiseuille-Beziehung bestimmt

$$\eta = \frac{\pi r^4 \Delta p}{8\dot{V}l}.$$

Rotationsviskosimeter. Die Bestimmung der Viskosität erfolgt durch Messung des Drehmoments M_t zur Scherung einer Flüssigkeit in einem koaxialen Zylindersystem (Länge l). *Couette-Viskosimeter:* Ruhender Innenzylinder (Radius R_i) und rotierender Außenzylinder (Radius R_a); *Searle-Viskosimeter:* Rotierender Innenzylinder (Winkelgeschwindigkeit ω_0) und ruhender Außenzylinder

$$\eta = \frac{M_t(R_a^2 - R_i^2)}{4\pi l\omega_0 R_i^2 R_a^2}.$$

2.7 Thermische Meßgrößen. Thermal quantities

Thermische Meßgrößen kennzeichnen durch die Temperatur den thermischen Zustand und durch kalorimetrische Größen die thermische Energiebilanz von Stoffen, Bauteilen und technischen Systemen.

2.7.1 Temperaturmeßtechnik. Temperature measurement

Zur Temperaturmessung können prinzipiell alle sich mit der Temperatur reproduzierbar ändernden Eigenschaften fester, flüssiger und gasförmiger Stoffe herangezogen werden, z.B. temperaturbedingte Änderungen von Längen und Volumen, elektrischen Widerständen oder optischen Strahlungseigenschaften [14, 15].

Ausdehnungsthermometer. Sie basieren auf der thermischen Ausdehnung, wonach für das Volumen $V(T)$ einer Flüssigkeit, (z.B. Alkohol, Meßbereich -110 bis $210\,°\text{C}$) bei der Temperatur T gegenüber Volumen $V_0(T_0)$ bei

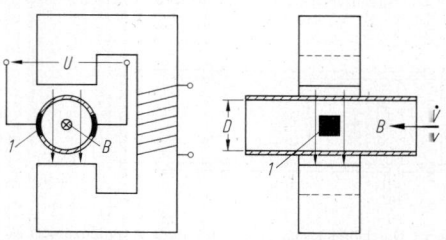

Bild 20. Prinzip eines induktiven Durchflußmessers. *1* Elektrode

einer Vergleichstemperatur T_0 gilt

$$V(T) = V_0[1 + \beta(T - T_0)].$$

β ist der Volumen-Ausdehnungskoeffizient. Bei Bimetall-thermometern wird die Differenzausdehnung zweier aufeinander gewalzter Materialien mit unterschiedlichen Ausdehnungskoeffizienten zur Temperaturanzeige genutzt; Meßbereich −50 bis 600 °C.

Widerstandsthermometer. Sie besitzen Widerstandstemperaturkennlinien mit positiver Steigung (Metalle) oder negativer Steigung (Heißleiter, Negative Temperature Coefficient-[NTC-]Widerstände, Thermistoren) je nach dominierendem elektrischen Leitungsmechanismus des Temperatursensors. Die Temperaturabhängigkeit des Widerstands $R_0 = 100\,\Omega$ bei $T = 0\,°C$ eines Platin-Widerstandsthermometers im Bereich $T_0 = 0\,°C \leq T \leq 850\,°C$ ist gegeben durch

$$R = R_0[1 + A(T - T_0) + B(T - T_0)^2],$$

mit $A = 3,90802 \cdot 10^{-3}\,\mathrm{K}^{-1}$ und $B = -0,580195^{-6}\,\mathrm{K}^{-2}$. Für Heißleiter-Temperatursensoren (Halbleitermaterialien mit $R_0 = 1\,\mathrm{k}\Omega$ bis $1\,\mu\Omega$) gilt im Bereich von $T = -100$ bis $400\,°C$

$$R = R_0\exp[B(1/T - 1/T_0)],$$

wobei B eine Materialkonstante mit einem Zahlenwert zwischen 3000 und 4000 K ist. Widerstandsthermometer benötigen analoge oder digitale elektrische Meßschaltungen (s. W 3.2 und W 3.3); für höhere Anforderungen werden Meßbrücken und Kompensatoren (s. W 3.2.2) verwendet.

Thermoelemente. Sie basieren auf dem thermoelektrischen Effekt (*Seebeck*) [16]. In einem Leiterkreis mit zwei unterschiedlichen Metallen, an deren Berührungspunkten unterschiedliche Temperaturen $T_v = \mathrm{const}$, z.B. 0 oder 50 °C und T_M herrschen (**Bild 22**) besteht eine Thermospannung

$$U = a + b\Delta T + c\Delta T^2.$$

b, c sind materialabhängige, durch Kalibrierung an Temperaturfixpunkten bestimmbare Größen. Für kleine Temperaturmeßbereiche ist näherungsweise $U = k\Delta T$; k ist die arbeitspunktabhängige Thermoempfindlichkeit. *Typische Thermopaare*: Pt-13% Rh/Pt, Meßbereich −50 bis 1700 °C, $k \approx 10\,\mu\mathrm{V}/°C$; NiCr/Ni, Meßbereich −270 bis 1300 °C, $k \approx 40\,\mu\mathrm{V}/°C$. Die Messung von Thermospannungen erfordert hochohmige Spannungsmeßgeräte mit geeigneten Verstärkerschaltungen oder Kompensationsverfahren; evtl. störende Sekundärthermoeffekte an Zuleitungskontaktstellen müssen gegebenenfalls durch spezielle Ausgleichsleitungen eliminiert werden.

Pyrometer. Die Temperaturbestimmung erfolgt berührungslos durch Messung der von einem Meßobjekt (Emissionsgrad ε) in einem Spektralbereich $\Delta\lambda$ abgestrahlten temperaturabhängigen optischen Strahlungsleistung P (theoretische Grundlage: Plancksches Strahlungsgesetz). Gesamtstrahlungspyrometer (Meßbereich −50 bis

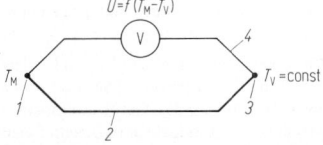

Bild 22. Thermoelement. *1* Meßstelle (*M*), *2* Metall *A*, *3* Vergleichsstelle (*V*), *4* Metall *B*

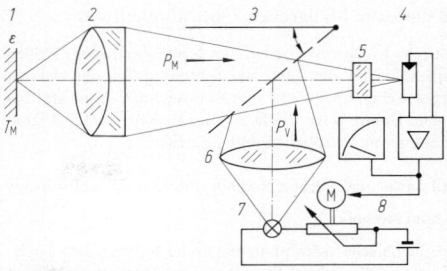

Bild 23. Prinzip eines Teilstrahlungspyrometers (Wechsellichtverfahren). *1* Meßobjekt, *2* Objektiv, *3* Chopper (z.B. Schwingungsspiegel), *4* optoelektronisches Empfängersystem, *5* Filter, *6* Kondensor, *7* Vergleichsstrahler, *8* Abgleichsystem

> 2000 °C) basieren auf dem *Stephan-Boltzmann-Gesetz*

$$P = \sigma\varepsilon T^4 (\sigma = 5,67 \cdot 10^{-8}\,\mathrm{W/m}^2 \cdot \mathrm{K}^4)$$

und verwenden für den gesamten Strahlungsbereich geeignete thermische Strahlungsempfänger (*Bolometer*). Bei Teilstrahlungspyrometern (**Bild 23**) wird in einem vorgegebenen Spektralbereich $\Delta\lambda$ die spektrale Strahldichte des Meßobjekts P_M mit der eines Vergleichsstrahlers P_V im Wechsellicht-(Chopper-)Betrieb verglichen. Bei Nullabgleich ist das Vergleichsstrahlungssignal ein Maß für die spektrale Strahlungstemperatur $T_M(P,\varepsilon)$ des Meßobjekts. Bei Kenntnis des Emissionsgrads ε des Meßobjekts und vorheriger Kalibrierung des Pyrometers mit einem Strahler des Emissionsgrads $\varepsilon = 1$ (Schwarzer Körper) kann von $T_M(P,\varepsilon)$ auf die wahre Temperatur des Meßobjekts geschlossen werden. Durch Verwendung von Infrarot-Empfängerelementen können flächenhafte Temperaturverteilungen gewonnen werden (Thermographie). Meßbereich der Infrarotkameras: −50 bis 2000 °C; Auflösung $\Delta T = 0,1$ bis $1\,\mathrm{K}$ je nach Meßbereich.

2.7.2 Kalorimetrie. Calorimetry

Kalorimeter dienen zur Bestimmung von Wärmemengen, indem das Meßobjekt die zu messende Wärmemenge ΔQ mit möglichst geringen Wärmeverlusten an das Kalorimeter abgibt oder von ihm aufnimmt, wobei eine Temperaturänderung auftritt

$$\Delta Q = C_K \Delta T + \text{Wärmeverluste} \quad (C_K \text{ Wärmeäquivalent}).$$

Flüssigkeits- und Metallkalorimeter. Die zu messende Wärmemenge wird an ein Reaktionsgefäß (Flüssigkeitsbad oder Metallblock für größere Temperaturbereiche) abgegeben; die Temperaturänderung ΔT des Reaktionsgefäßes ist ein Maß für die Wärmemenge ΔQ.

Adiabatische Kalorimeter. Durch adiabatische Versuchsführung, d.h. Unterdrückung des Wärmeaustausches zwischen einem thermostatisierten, temperaturgeregelten Kalorimetergefäß und seiner unmittelbaren Umgebung kann – besonders bei der Untersuchung langsamer Wärmetönungsprozesse – eine erhöhte Meßgenauigkeit erzielt werden.

Wärmestrommessungen. Sie dienen der Messung von Erzeugung und Verbrauch thermischer Energie und wärmewirtschaftlichen Untersuchungen. Im Fall der Wärmeübertragung, z.B. durch strömende Medien in einem Rohrabschnitt (T_E Eingangstemperatur, T_A Ausgangstemperatur) kann die Wärmestrombestimmung auf die Messung des Massenstroms $\dot{m}$ und die Messung zweier Temperaturen zurückgeführt werden

$$\dot{Q} = \dot{m}(C_E T_E - C_A T_A).$$

W

2.8 Optische Meßgrößen. Optical quantities

Optische Meßgrößen geben durch *photometrische* Größen Maßzahlen für das Licht als sichtbaren Teil des elektromagnetischen Spektrums und kennzeichnen durch stoffbezogene Kenngrößen die licht- und farbmetrischen Eigenschaften von Materialien und Bauteilen.

2.8.1 Licht- und Farbmeßtechnik. Photometry, colorimetry

Lichtmeßtechnik

Lichttechnische oder photometrische Kenngrößen beziehen sich auf sichtbare Strahlung im Wellenlängenbereich $\lambda = 380$ nm (blau) bis 780 nm (rot). Sie ergeben sich aus physikalischen Größen der elektromagnetischen Strahlung unter Benutzung des photometrischen Strahlungsäquivalents $K_m = 683$ lm/W bei Bewertung durch den spektralen Hellempfindlichkeitsgrad $V(\lambda)$ des menschlichen Auges. Die Lichtmenge Q ist die $V(\lambda)$ getreu bewertete Strahlungsmenge $Q_e(\lambda)$

$$Q = K_m \int Q_e(\lambda) \cdot V(\lambda)\, d\lambda.$$

Lichtstrom $\Phi = dQ/dt$. Quotient aus Lichtmenge Q und Zeit t, Einheit Lumen (lm).

Lichtstärke $I = d\Phi/d\Omega$. Quotient aus Lichtstrom Φ und durchstrahltem Raumwinkel, Einheit 1 Candela (cd) = 1 lm/sterad.

Beleuchtungsstärke $E = d\Phi/dA$. Quotient aus Lichtstrom und davon beleuchteter Fläche, Einheit 1 Lux (lx) = 1 lm/m². *Empfehlungen:* Straßen 4 bis 16 lx; Wohnräume 120 bis 250 lx; Zeichensäle 250 bis 600 lx; Arbeitsplätze mit sehr hohen Anforderungen 1000 bis 2000 lx.

Leuchtdichte $L = d^2\Phi/(d\Omega \cdot dA\cos\varepsilon)$. Quotient aus dem durch eine Fläche A in einer bestimmten Richtung ε durchtretenden (oder auftreffenden) Lichtstrom Φ und dem Produkt aus durchstrahltem Raumwinkel Ω und der Flächenprojektion $A \cdot \cos\varepsilon$ senkrecht zur Richtung ε, Einheit Candela/Quadratmeter (cd/m²).
Fällt ein Lichtstrom Φ_0 auf ein Material so wird ein Teil reflektiert (Φ_r), ein Teil absorbiert (Φ_a) und häufig ein Teil durchgelassen (Φ_d)

$$\Phi_r + \Phi_a + \Phi_d = \Phi_0,$$
$$\frac{\Phi_r}{\Phi_0} + \frac{\Phi_a}{\Phi_0} + \frac{\Phi_d}{\Phi_0} = 1,$$
$$\rho + \alpha + \tau = 1.$$

Die Größen *Reflexionsgrad* ρ, *Absorptionsgrad* α und *Transmissionsgrad* τ bilden zusammen mit den photometrischen Grundgrößen Φ, I, E, L die Basis zur Kennzeichnung der lichttechnischen Eigenschaften von optischen Strahlungsquellen und Materialien.

Photometer. Sie bestehen aus einem Photometerkopf mit optoelektronischem Empfänger (z.B. Photoelement mit linearem Zusammenhang zwischen Kurzschluß-Photostrom und Beleutungsstärke) sowie Einrichtungen zur spektralen Bewertung (z.B. mittels Filtern) und zur richtungsabhängigen Bewertung (z.B. mittels Goniometern) des zu messenden Lichts. Die Messung von Lichtstärke und Leuchtdichte kann häufig auf die Messung von Beleuchtungsstärken zurückgeführt werden. Wird eine auszumessende Lichtquelle (z.B. eine Leuchte) in einem Kugelphotometer (*Ulbrichtsche Kugel*) angebracht, so kann ihr Lichtstrom Φ aus Messung der Beleuchtungsstärke E_K auf der Kugeloberfläche A (ρ Reflexionsgrad der Kugelwand) bestimmt werden aus

$$\Phi = E_k \frac{1-\rho}{\rho} A.$$

Photometer werden mittels Strahlungsnormalen mit verschiedenen Normlichtarten kalibriert.

Farbmeßtechnik

Basis der Farbmessung ist das *Farbmetrische Grundgesetz* [17]: Das helladaptierte Auge bewertet eine einfallende Strahlung (Farbreiz) nach drei voneinander unabhängigen, spektral verschiedenen Wirkungsfunktionen linear und stetig, wobei sich die Einzelwirkungen additiv linear zu einer einheitlichen Gesamtwirkung zusammensetzen, die *Farbvalenz* genannt wird. Jeder Farbvalenz ist ein *Farbvektor* F zugeordnet, der vom sog. Schwarzpunkt ausgeht und durch Farbwerte X, Y, Z als Vektorkoordinaten eines (virtuellen) Normvalenzsystems X, Y, Z festgelegt ist (Vektorraum der Farben mit Normfarbwert Y als Hellbezugswert)

$$F = XX + YY + ZZ.$$

Die Kennzeichnung einer Farbe erfolgt durch Angabe der relativen Größen ihrer Farbwerte (Normfarbwertanteile $x = X/(X + Y + Z)$, $y = Y/(X + Y + Z)$; $z = Z/(X + Y + Z)$. Da $x + y + z = 1$, genügt die Angabe von x und y allein, so daß eine Farbe durch zwei rechtwinklige Koordinaten in einer ebenen Farbtafel dargestellt werden kann, **Bild 24**. Die meßtechnische Bestimmung von Normfarbwerten erfolgt mit *Dreibereichsverfahren* oder *Spektralverfahren*. Als Maß für die Farbvalenz von Lichtquellen wird näherungsweise die Temperatur („Farbtemperatur T_f") eines farbgleich strahlenden Planckschen Strahlers verwendet.

Dreibereichsverfahren. Mit diesem Verfahren werden die drei Farbwerte der zu messenden Farbvalenz durch photometrische Messungen bestimmt. Für jeden Farbwert wird ein optoelektronischer Empfänger benutzt, dessen relative spektrale Empfindlichkeit an die jeweilige Normspektralwertfunktion angepaßt ist. Bei entsprechendem Abgleich der drei Empfänger können die Normfarbwertanteile x, y direkt angezeigt werden.

Spektralverfahren. Bei diesem Verfahren wird jede Farbvalenz als additive Mischung aus spektralen Farbvalenzen aufgefaßt. Der Meßvorgang mit einem *Spektralphotometer*, bestehend aus einem Spektralteil (Monochromator) und einem Photometerteil (Optoelektronischer Empfänger), erstreckt sich hier auf die Bestimmung der Farbreizfunktion, die anschließend in einer „valenzmetrischen Auswertung" mit den Farbseheigenschaften des Normalbeobachters rechnerisch vereinigt wird.

2.8.2 Refraktometrie. Refractometry

Eine wichtige optische Stoffkenngröße ist die *Brechungszahl* n = Lichtgeschwindigkeit im Vakuum/Lichtgeschwindigkeit im Medium. Beim Durchtritt eines Lichtstrahls durch die Grenzfläche zweier optisch transparenter (homogener und isotroper) Stoffe der Brechungszahlen n_1 und n_2 tritt eine Richtungsänderung des Lichtstrahls (Lichtbrechung oder Refraktion) ein, beschrieben durch das Brechungsgesetz $n_1 \sin\alpha_1 = n_2 \sin\alpha_2$ (α_1, α_2 Eintritts- bzw. Austrittswinkel bezogen auf die Grenzflächennormale). Die Brechungszahl n ist außer vom Stoff auch von der Dichte und der Wellenlänge λ des Lichts abhängig (Dispersion); n nimmt mit abnehmendem λ zu.

Refraktometer. Sie dienen zur Bestimmung der Brechungszahl von (flüssigen) Substanzen. Die Meßprobe wird auf ein Meßprisma gegeben, das Gerät thermostatiert und die Grenzfläche mit monochromatischem Licht bestrahlt. Grundlage der Messung ist das Brechungsgesetz: n_1 (Meßprisma) ist bekannt, Einfalls- und Ausfalls-

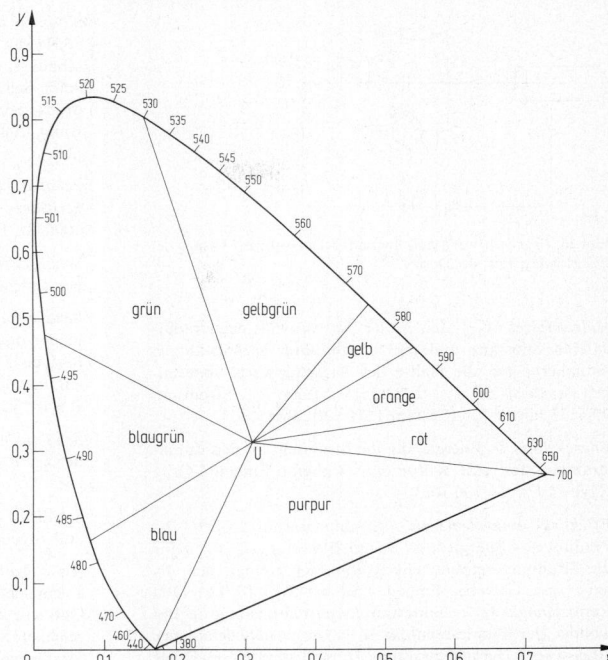

Bild 24. Normfarbtafel; der Kurvenzug kennzeichnet den Ort der Spektralfarben, angegeben in Wellenlängen (Farbtongleiche Wellenlängen)

winkel werden gemessen und daraus n_2 (Meßsubstanz) bestimmt. Das *Abbe-Refraktometer* arbeitet nach dem Prinzip der Totalreflektion mit einem zur Grenzfläche Meßprisma/Meßsubstanz streifend einfallendem Lichtbündel. Meßbereich $n = 1{,}3$ bis $1{,}8$; Auflösung 10^{-4} bis $5 \cdot 10^{-6}$.

2.8.3 Polarimetrie. Polarimetry

Optisch aktive Stoffe drehen die Lichtebene linear polarisierten Lichts, woraus mit Polarimetern ihre Konzentration in wäßriger Lösung bestimmt werden kann. *Polarimeter* bestehen (**Bild 25**) aus einer Lichtquelle mit Wellenlängeneinstellung, einem Polarisator zur Erzeugung linear polarisierten Lichts, einem Halbschattenelement bzw. einem Drehschwingmodulator (Faraday-Spule), einem drehbaren Analysator mit Teilkreis und einem optoelektronischen Empfänger. Ausgehend von einer gekreuzten Stellung von Polarisator und Analysator (kein Lichtdurchgang) wird der beim Einbringen einer optisch aktiven Substanz eintretende Lichtdurchgang durch Drehen des Polarisators wieder auf Null abgeglichen. Aus dem gemessenen Drehwinkel kann nach dem Gesetz von Biot die Konzentration mit einer Genauigkeit von ca. 0,1% bestimmt werden.

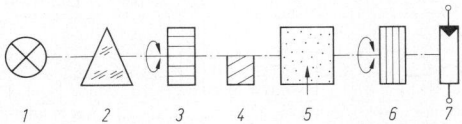

Bild 25. Prinzipieller Aufbau eines Polarimeters. *1* Lichtquelle, *2* Wellenlängeneinstellung, *3* Polarisator, *4* Halbschattenelement, *5* Küvette mit Probe, *6* Analysator mit Teilkreis, *7* Empfänger

2.9 Umweltmeßgrößen. Environmental quantities

Bei der meßtechnischen Beschreibung technischer Objekte und Prozesse sind häufig nicht nur ihre Eigenschaften und Zustände, sondern auch ihre energetischen und stofflichen Wechselwirkungen mit der Umgebung zu kennzeichnen. Die hauptsächlichen Kenngrößen dieser Wechselwirkungen, z.B. im Hinblick auf die Aussendung (*Emission*) oder Einwirkung (*Immission*) von ionisierender Strahlung, Luft- und Körperschall oder von Klimaeinflüssen, lassen sich unter dem allgemeinen Begriff „Umweltmeßgrößen" zusammenfassen.

2.9.1 Strahlungsmeßtechnik. Radiation measurement

Für die Strahlungsmeßtechnik ist neben der niederenergetischen elektromagnetischen Strahlung, z.B. der Temperaturstrahlung (s. W2.7.1) oder der optischen Strahlung (s. W2.8.1) besonders die bei Atomkernumwandlungen auftretende hochenergetische ionisierende Strahlung, z.B. in Form von radioaktiven α-, β- oder γ-Strahlen von Interesse. α-*Strahlen* bestehen aus Heliumkernen (zwei Protonen, zwei Neutronen) mit einer Reichweite von wenigen cm in Luft. β-*Strahlen* sind freie Elektronen hoher Geschwindigkeit; Reichweite in Luft etwa 5 m. γ-*Strahlen* sind kurzwellige ($\lambda = 10^{-9}$ bis 10^{-12} cm), aus Atomkernen stammende elektromagnetische Wellen, ähnlich wie Röntgenstrahlen, jedoch mit noch höherer Durchdringungsfähigkeit. Die wichtigen Kenngrößen ionisierender Strahlung sind [18, 19]:

Aktivität. Eigenschaft bestimmter Atomkerne, sich spontan unter Anwendung von Strahlung umzuwandeln, Einheit 1 Becquerel (Bq) = 1 Umwandlung/s; typischer Grenzwert für Atemluft 300 Bq/m³.

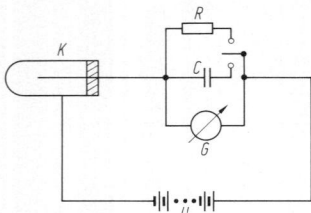

Bild 26. Grundschaltung einer Ionisationskammer zur Messung der Dosisleistung bzw. der Dosis

Halbwertszeit $T_{1/2}$. Zeit in der die Aktivität einer radioaktiven Substanz und die Anzahl ihrer zerfallsfähigen Atomkerne auf die Hälfte des Ausgangswerts abgesunken ist; *Beispiele:* $T_{1/2}$ (Jod 131) = 8 Tage, $T_{1/2}$ (Strontium 90) = 28 Jahre, $T_{1/2}$ (Cäsium 137) = 30 Jahre.

Energiedosis D. Energie, die die Strahlung an den durchstrahlten Stoff (z.B. Körpermasse) abgibt, Einheit 1 Gray (Gy) = 1 J/kg (= 100 Rad).

Effektive Äquivalentdosis (Strahlungsschutzgröße) D_q. Produkt aus Energiedosis D und Bewertungsfaktor q für die Strahlungsempfindlichkeit einzelner biologischer Organe und Gewebe, Einheit 1 Sievert (Sv) = 1 J/kg (= 100 Rem). *Anhaltswerte:* Jahresdurchschnittsbelastung für Bewohner der Bundesrepublik D_q = 3 mSv, unbedenklicher Höchstwert (Berufsbelastung) D_q = 50 mSv, letale Dosis 7 Sv.

Ionisationsdetektoren. Als Meßprinzip wird die Erzeugung elektrischer Ladungsträger durch die zu messende Strahlung ausgenutzt, z.B. in Gasen (Ionisationskammerprinzip, Meßbereich µGy bis kGy; *Geiger-Müller-Zählrohr*) oder in Halbleitern (strahlungsabhängige Erzeugung von Elektronenlochpaaren im *p-n*-Übergang einer Diode). Ein *Ionisationskammergerät* besteht nach **Bild 26** aus der Kammer K mit Innen- und Außenelektrode, Spannungsquelle U, Meßwiderstand R bzw. Meßkondensator C und Anzeigesystem G. Die Bestimmung der Dosisleistung erfolgt durch Messen des Spannungsabfalls am Hochohmwiderstand R; die Bestimmung der Fluenz bzw. Dosis durch Messung der Ladung an C als Zeitintegral über dem Strom.

Anregungsdetektoren. Die zu messende Strahlung führt zu einer Lichtemission in Kristallen, Kunststoffen, Flüssigkeiten und Gasen. Bei Szintillationszählern werden in strahlungsempfindlichen Detektoren (z.B. NaJ-Kristalle) Lichtblitze erzeugt und mit einem Sekundärelektronenvervielfacher in elektrische Signale umgesetzt. Andere Ausführungsarten arbeiten mit Thermolumineszenzdetektoren oder Radiophotolumineszenzdetektoren.

Aktivierungsanalyse. Die Methode beruht auf der Aktivierung der zu untersuchenden Materialien durch den Beschuß mit Strahlungen (Neutronenquelle), die nukleare Umwandlungen auslösen. Die in der Probe enthaltenen Spurenelemente werden dabei aktiviert und können z.B. mit Halbleiterzählern und Vielkanalanalysatoren aus der bei ihrem Zerfall freigesetzten Strahlung qualitativ und quantitativ bestimmt werden; die Nachweisempfindlichkeit für einzelne Elemente liegt bei Stoffmengen bis zu 10^{-13} g.

2.9.2 Akustische Meßtechnik. Acoustic measurement

Die akustische Meßtechnik untersucht den *Schall*, d.h. mechanische Schwingungen und Wellen elastischer Medien in Form von *Luftschall*, *Flüssigkeitsschall* und *Körper-*

schall in den Frequenzbereichen $f < 16$ Hz (Infraschall), 16 Hz $< f < 16$ kHz (Hörschall) und $f > 16$ kHz (Ultraschall) (s. O 3). Ein von Schallwellen erfaßtes Raumgebiet heißt Schallfeld, es wird durch *Schallfeldgrößen* (Schalldruck, Schallschnelle) und *Schallenergiegrößen* (Schalleistung, Schallintensität, Schallenergiedichte) beschrieben [20].

Schalldruck p (N/m^2). Durch Schallschwingungen hervorgerufener Wechseldruck. Hörschwelle $p = 20$ µN/m^2 bei 1000 Hz, Bezugsschalldruck $p_0 = 2 \cdot 10^{-5}$ N/m^2.

Schallschnelle v (m/s). Wechselgeschwindigkeit schwingender Teilchen, Bezugsschallschnelle $v_0 = 5 \cdot 10^{-8}$ m/s.

Schalleistung P (W). Quotient aus abgegebener, durchtretender oder aufgenommener Schallenergie und der zugehörigen Zeitdauer. Größenordnungen der Schalleistung, z.B. menschliche Stimme $P \approx 10^{-5}$ W, Großlautsprecher $P \approx 10^2$ W, Flugzeugstrahlantrieb bei Vollast $P \approx 10^4$ W.

Schallintensität I (W/m^2). Quotient aus Schalleistung und der zur Richtung des Energietransportes senkrechten Fläche.

Schallenergiedichte w (J/m^3). Quotient aus Schallenergie und zugehörigem Volumen.

Als *Schallpegel* der Feld- und Energiegrößen wird in einem definierten Frequenzbereich der logarithmische Quotient zweier Schallgrößen (Bezugsgrößen X_0, Y_0) bezeichnet; Schallpegel für Feldgrößen $X : L_x = 20 \lg(X/X_0)$, Schallpegel für Energiegrößen: $L_y = 10 \lg(Y/Y_0)$, Einheit Dezibel (dB). Bei einer Abstandsverdoppelung fällt der Schallpegel um ca. 6 dB ab.
Schallereignisse, die einem Hörer als unerwünscht oder unangenehm erscheinen werden als *Lärm* bezeichnet:

Lärmbereich I (30 dB $< L_p < 65$ dB) bewirkt nur psychische Reaktionen. Schallemissionswerte für Wohngebiete 40 dB (nachts) und 55 dB (tags), für Industriegebiete <70 dB.

Lärmbereich II (65 dB $< L_p < 90$ dB) bewirkt vegetative Veränderungen, z.B. Veränderungen von Kreislaufvorgängen und Herztätigkeit.

Lärmbereich III (90 dB $< L_p < 120$ dB) bewirkt vegetative Fehlsteuerungen und organische Schädigungen.

Lärmbereich IV ($L_p > 120$ dB) kennzeichnet das Erreichen bzw. Überschreiten der Schmerzschwelle.

Akustische Meßgeräte. Sie bestehen im wesentlichen aus einem Schallsensor, einem Verstärker, einem Filter und einer Anzeige- oder Registriereinheit **Bild 27**. Als *Schallsensoren* werden für Luftschall Mikrofone (elektrodynamische, elektrostatische oder piezoelektrische Wandler) mit linearem Frequenzgang, für Flüssigkeitsschall piezoelektrische Hydrofone bis ca. 150 kHz und für Körperschall seismische Aufnehmer (s. W 2.4.3) verwendet. Das elektrische (meist hochimpedante) Sensorausgangssignal am Meßbereichwahlschalter wird von Meßverstärkern mit großer Dynamik (µV bis einige 100 V), linearem Frequenzgang und breitem Frequenzbereich (1 Hz bis >100 kHz) in ein verstärktes Meßsignal mit niedriger Impedanz (zur Wei-

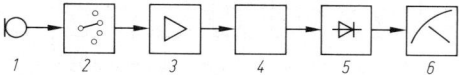

Bild 27. Meßkette eines Schallpegelmessers. *1* Mikrofon, *2* Meßbereichwahlschalter, *3* Verstärker, *4* Frequenzbewertungsfilter, *5* Gleichrichtung und Quadrierschaltung, *6* Anzeigeinstrument

terleitung über eventuell lange Verbindungskabel) umgeformt. Als *Frequenzfilter* dienen feste und variable Filter zur Beeinflussung des Meßverstärkersignals, z.B. mit Bewertungskurven *A*, *B*, *C* und mit Terz- oder Oktavdurchlaßcharakteristik. Das gemessene Signal wird nach Gleichrichtung und Logarithmierung als Schallpegel entweder mit einem Zeigerinstrument oder einem Pegelschreiber analog dargestellt bzw. registriert oder einer digitalen Anzeige oder Registrierung zugeführt.

2.9.3 Klimameßtechnik. Climatic measurement

Technische Objekte aller Art und Lebewesen sind von Klimaten umgeben und ihren Einflüssen ausgesetzt (s. M 1). Ein Klima kann in allgemeiner Form durch die Umgebungsatmosphäre, ihre chemische Zusammensetzung und ihre weiteren Bestandteile, z.B. radioaktive Stoffe sowie ihre kinematischen und thermischen Zustände (s. W 2.6 und W 2.7) charakterisiert werden. Der Begriff *Klima* im engeren Sinn beschreibt den Ablauf von Zuständen der Atmosphäre an einem Ort, gekennzeichnet durch (Meß-) Größen für die Temperatur und die Feuchte (Normalklima).

Die *Feuchte* gibt den Wassergehalt in der Atmosphäre an:

$$absolute\ Feuchte\ f = \frac{m_w}{V}$$
$$= \frac{\text{Masse des Wassers (g)}}{\text{Volumen feuchter Atmosphäre (m}^3)},$$

$$Feuchtegrad\ x = \frac{m_w}{m_L}$$
$$= \frac{\text{Masse des Wassers (g)}}{\text{Masse trockener Atmosphäre (kg)}}.$$

Da Wasserstoff und Luft sich unter atmosphärischen Bedingungen aufgrund der großen Molekülabstände gegenseitig nicht stören, addieren sich Wasserdampfteildruck p_w und Lufteildruck p_L zum barometrischen Gesamtdruck $p = p_w + p_L$. Mit der Gasgleichung $p_w V = m_w R T$ (R Gaskonstante) folgt:

$$absolute\ Feuchte\ f = \frac{p_w}{R_w T}.$$

Als relative Feuchte wird der Quotient von Wasserdampfteildruck p_w zum Wasserdampfsättigungsdruck p_{ws} bei der gerade herrschenden Temperatur T bezeichnet:

$$relative\ Feuchte\ \varphi = \frac{p_w}{p_{ws}}\ (\%).$$

Beim Taupunkt ist die feuchte Luft gerade mit Wasserdampf gesättigt.
Zur Kennzeichnung des Wassergehalts fester und flüssiger Stoffe werden Relationen zwischen der Wassermasse m_w und der Masse der Probe nach Trocknung m_{tr} verwendet:

$$Feuchte \qquad \psi = \frac{m_w}{m_{tr} + m_w} \quad oder \quad \psi_{tr} = \frac{m_w}{m_{tr}}\ (\%),$$
$$Trockengehalt\ TG = \frac{m_{tr}}{m_{tr} + m_w}\ (\%).$$

Taupunkthygrometer. Ein kleiner Metallspiegel wird im Meßgasstrom so gekühlt (z.B. durch elektrisch regelbare Peltierelemente) daß mittels optoelektronischen Sensoren ein Tau- oder Eisniederschlag festgestellt wird. Die mit einem Temperaturfühler s. W 2.7.1 gemessene zugehörige Spiegeltemperatur entspricht der Taupunkttemperatur τ und ist ein Maß für die absolute Feuchte.

LiCl-Hygrometer. Das Verfahren basiert auf der feuchteabhängigen Widerstandsänderung $R(f, T)$ von Lithiumchlorid (LiCl), **Bild 28**. Ein mit dem stark hygroskopischen LiCl getränktes Glasgewebe wird durch einen geregel-

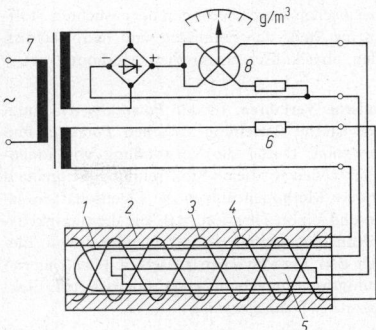

Bild 28. Prinzip einer LiCl-Feuchtemeßeinrichtung. *1* Glasröhrchen, *2* LiCl-getränktes Glasgewebe, *3, 4* Elektroden, *5* Widerstandsthermometer, *6* Widerstand, *7* Netztransformator, *8* Kreuzspulanzeiger

ten elektronischen Wechselstrom erwärmt und dadurch getrocknet. Zwischen Trocknung (Abnahme von R) und Wasseraufnahme im LiCl (Zunahme von R) stellt sich eine Gleichgewichtstemperatur ein, die z.B. mit einem Pt-Widerstandsthermometer bestimmt werden kann und ein Maß für die absolute Feuchte darstellt. Das Verfahren gestattet mit Einstellzeiten von einigen Minuten eine kontinuierliche Luftfeuchtemessung im Bereich von -20 bis $60\,°C$ Taupunkt.

2.10 Stoffmeßgrößen
Quantities of substances and matter

Zur Beschreibung technischer Objekte und Prozesse werden neben *physikalisch-technischen Meßgrößen*, häufig auch *chemische Kenndaten* von Stoffen, Materialien und Bauteilen benötigt. Beispielsweise können Abgasanalysen vereinfacht durch eine gasspezifische Verfärbung von Silicagel in Prüfröhrchen oder genauer durch physikalische Verfahren, wie Gaschromatographie oder Spektralphotometrie durchgeführt werden. Bei der chemischen Analyse wird allgemein zwischen der Analytik anorganischer Stoffe (z.B. Metalle, keramische Werkstoffe) und der organischer Stoffe (z.B. Polymerwerkstoffe) unterschieden. Zur Untersuchung der chemischen Zusammensetzung technischer Oberflächen dienen Methoden der Oberflächenanalytik.

2.10.1 Anorganisch-chemische Analytik
Inorganic chemical analysis

Bei der klassischen „naß-chemischen" Analyse werden durch Aufschlüsse, z.B. mit starken Säuren, die im zu untersuchenden Material vorliegenden Elemente und Verbindungen in Ionen umgewandelt. Diese werden voneinander getrennt, identifiziert und quantitativ bestimmt, z.B. durch Fällung oder Titration. Diese bekannte Art der Identifizierung wird ergänzt durch *spektroskopische* Methoden (z.B. Röntgenemissions- und Röntgenfluoreszenzspektrometrie), die mittels Kalibrierung durch Vergleichsproben (Referenzmaterialien) auch zu quantitativen Analysen herangezogen werden und bei denen die Intensität des vom Atom abgegebenen charakteristischen Lichts als Maß für die Menge dient. Bei den heutigen Verfahren der naß-chemischen quantitativen Analyse arbeitet man nicht mehr mit einzelnen Trennungsgängen, sondern erfaßt mit summarischen Abtrennungen von störenden Io-

W

nen oder spezifischen Anreicherungen die gesuchten Stoffmengen. An die Stelle der Fällungen sind hauptsächlich die folgenden physikalisch-chemischen Methoden getreten:

Elektrochemische Verfahren. In der *Potentiometrie* nutzt man die Nernstsche Beziehung zwischen *Potential* und *Ionenkonzentration.* Durch die Verwendung von ionensensitiven Elektroden wird eine Stofftrennung weitgehend unnötig. Andere Methoden nutzen die Eigenschaftsänderungen während einer Titration, z.B. die Leitfähigkeitsänderung (*Konduktometrie*), die Abscheidung von Elementen nach den Faradayschen Gesetzen (*Coulometrie*) oder Spannungsänderungen an einer polarisierten Elektrode (*Voltametrie, Polarographie*).

Photochemische Verfahren. Herstellung farbiger Ionenkomplexe und Messung der auftretenden Farbintensität. Diese Methode und die Inverse-Polarographie sind besonders empfindlich. Daneben hat sich neuerdings die Ionenchromatographie, insbesondere für Anionen, etabliert, bei der mehrere Ionen getrennt und nacheinander bestimmt werden.

Atomabsorptionsspektrometrie (AAS). Ausnutzung der Absorption von Licht durch die zu analysierenden Metallionen in Aerosolen und Dämpfen, das von einer Hohlkathodenlampe des betreffenden Elements ausgeht. Umgekehrt kann man Ionen im Plasma zur Lichtemission anregen (ICP, inductive coupled plasma) oder Festkörper im Funken- oder Lichtbogen (OES, optical emission spectroscopy) anhand der Spektren identifizieren und mittels der Intensität bestimmen.

2.10.2 Organisch-chemische Analytik
Organic chemical analysis

Bei der Analyse organischer Stoffe werden zur Identifizierung vornehmlich die auf der Absorption von Licht im Wellenbereich von 2 bis 25 µm beruhende *Infrarot-*(IR-) und *Ramanspektrometrie* (RS) herangezogen. Ein weiteres Hilfsmittel ist die NMR-(nuclear magnetic resonance-) *Spektrometrie,* vornehmlich gemessen an ^{1}H- und ^{12}C-Atomen in Lösung oder im Festkörper (CP-MAS-NMR, cross polarization, magic angle spinning, nuclear magnetic resonance). Mit diesen Methoden kann z.B. die Matrix von Kunststoffen, das Polymer, meist ohne größere Probenvorbereitung untersucht werden. Die Größe der Polymermoleküle und die Verteilung der Molekulargewichte werden mit Hilfe der Ausschlußchromatographie ermittelt (GPC-Gelpermeationschromatographie). Die in geringerer Menge im Werkstoff vorliegenden Bestandteile wie Weichmacher, Stabilisatoren und Alterungsschutzmittel werden aus der Matrix entfernt und durch chromatographische Methoden wie *Dünnschichtchromatographie* (DC), *Flüssigkeitschromatographie* (HPLC-high pressure liquid chromatography) oder *Gaschromatograpie* (GC) getrennt und in ihrer Menge anhand der spezifischen Fluoreszenz, der Brechungszahl oder Lichtabsorption bestimmt. Die GC (**Bild 29**) dient besonders auch zur Analyse komplexer Gasgemische, die an einer Trennsäule mit einem Trägergas in leichte und schwere Bestandteile getrennt werden. Mit einer Wheatstone-Brücke (s. W 3.2.2) bestehend aus gaskontaminationsabhängigen Wärmeleitfähigkeitsdetektoren in Meß- und Vergleichskammer und zwei Vergleichswiderständen *R* können Spurengehalte bis in den ppm-Bereich gemessen werden. Ein weiteres Instrument zur Detektion organischer Stoffe ist die *Massenspektrometrie* (MS), die die weitestgehenden Aussagen über die Molekülart liefert. In Hochleistungsgeräten werden chromatographische und Identifizierungsverfahren kombiniert (HPLC/MS, GC/MS, GC/IR). Die Ge-

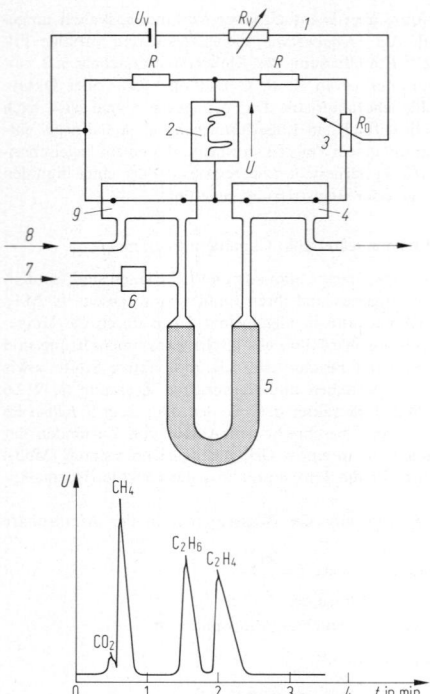

Bild 29. Prinzip eines Gaschromatographen. **a** Aufbau; **b** Beispiel eines Chromatogramms. *1* Stromeinstellung, *2* Schreiber, *3* Nullpunktseinstellung, *4* Meßkammer, *5* Trennsäule, *6* Dosierung, *7* Meßgas, *8* Trägergas, *9* Vergleichskammer

rätetechnologien sind gekennzeichnet durch die zum Teil integrierte Verwendung von Computern und Mikroprozessoren, wodurch die Anwendung leistungsfähiger Auswertemethoden, wie z.B. die Fourier-Transformationstechnik (FFT), möglich wird.

2.10.3 Oberflächenanalytik. Surface analysis

Bei den Verfahren der Oberflächenanalytik werden die zu untersuchenden Oberflächen fester Körper mit Photonen, Elektronen, Ionen oder Neutralteilchen beschossen bzw. durch Anlegen hoher elektrischer Feldstärken oder Erwärmen aktiviert und die dabei stoffspezifisch emittierten Photonen, Elektronen, Neutralteilchen oder Ionen analysiert [21]. Die *Elektronenstrahlmikroanalyse* (Mikrosonde) liefert eine Elementaranalyse für chemische Elemente der Ordnungszahl $Z > 3$ (Untersuchungsvolumen $> 1\,\mu^3$) durch wellenlängendispersive oder energiedispersive (EDAX, energy dispersive analysis of x-rays) Spektrometeranalyse der durch einen Elektronenstrahl in den Probenoberflächen ausgelösten stoffspezifischen Röntgenstrahlung. Oberflächenanalyseverfahren mit „atomarer Auflösung" sind die folgenden, unter Ultrahochvolumen arbeitenden Methoden: *Auger-Elektronenspektroskopie* (AES), $Z > 2$, Lateralauflösung ca. $0,1\,\mu m^2$, Tiefenauflösung ca. 10 nm, Nachweisgrenze 0,1 bis 0,01 Atom-% einer Monolage; *Elektronenspektroskopie* für die chemische Analyse (ESCA), $Z > 2$, Lateralauflösung ca. $0,2\,\mu m^2$ (small spot ESCA), Tiefenauflösung ca. 10 nm, Nachweisgrenze 0,1 Atom-% einer Monolage; *Sekundärionen-Massenspektrometrie* (SIMS), $Z > 1$, Lateralauflösung ca. $1\,\mu m^2$, Tiefenauflösung ca. 10 nm, Nachweisgrenze 1 bis 10^{-3} Atom-% einer Monolage.

3 Meßsignalverarbeitung
Transduction of measured signals

3.1 Signalarten. Types of signals

Die mit den verschiedenen Meßaufnehmern und Sensoren erfaßten Meßsignale sind i. allg. Zeitfunktionen von statischen oder dynamischen, z.B. periodischen, sinusoidalen, impulsförmigen oder stochastischen Vorgängen. Dabei bestehen die folgenden grundlegenden Signalarten:

Amplitudenanaloges Signal. Meßwert ist die Amplitude der Zeitfunktion.

Zeitanaloges Signal. Meßwert ist die Zeitdauer des Impulses.

Frequenzanaloges Signal. Meßwert ist die Frequenz einer (periodischen oder stochastischen) Impulsfolge.

Digitales Signal. Meßwert ist ein Binärsignal.

Signalcharakteristika im Zeit- und Frequenzbereich sind durch die Fourier-Transformation verbunden und deswegen prinzipiell gleich aussagefähig.
Bei den *Signalfunktionen* $S(t)$ kann unterschieden werden zwischen *wert-* oder *zeitkontinuierlichen* sowie *wert-* oder *zeitdiskreten* Verläufen, **Bild 1**.

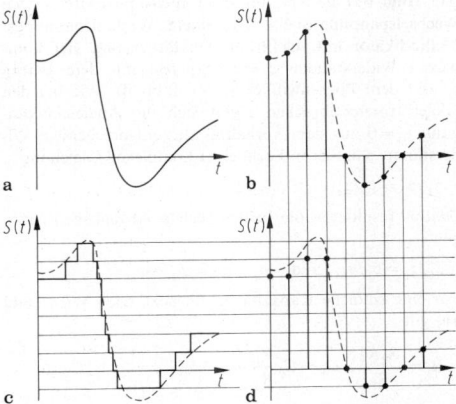

a   b

c   d

Bild 1. Kontinuierliche und diskrete Signalarten. **a** wert- und zeitkontinuierlich; **b** wertkontinuierlich und zeitdiskret; **c** wertdiskret und zeitkontinuierlich; **d** wert- und zeitdiskret

Bei der Meßsignalverarbeitung in den einzelnen Gliedern einer Meßkette kann vielfach durch eine Modulation, d.h. durch Hinzufügen eines periodischen oder impulsförmigen Hilfssignals, das Übertragungsverhalten verbessert werden, z.B. durch Verminderung von Störeinflüssen des Übertragungswegs. Man unterscheidet amplitudenmodulierte, frequenzmodulierte, pulscodemodulierte und impulsbreitenmodulierte Signalverläufe.

3.2 Analoge elektrische Meßtechnik
Analog electrical measurement

Aufgabe der analogen elektrischen Meßtechnik ist die Bestimmung oder Verarbeitung amplitudenanaloger elektrischer Signale, die entweder direkte elektrische Meßgrößen

darstellen oder in einer Meßkette am Ausgang von Aufnehmern oder Sensoren für nichtelektrische Größen abgegriffen werden [1–3]. **Anh. W 3 Tab. 1** gibt eine Übersicht über Sinnbilder für Meßgeräte und ihre Verwendung.

3.2.1 Strom-, Spannungs- und Widerstandsmeßtechnik
Measurement of current, voltage and resistance

Strommessung. Sie erfolgt prinzipiell dadurch, daß ein Stromkreis aufgetrennt und ein Strommeßgerät (*Amperemeter*) mit möglichst niedrigem Innenwiderstand R_A an der Trennstelle eingefügt wird, **Bild 2**. Für das Verhältnis von angezeigtem Strom I_M und dem Kurzschlußstrom I_K im ungestörten Stromkreis gilt

$$\frac{I_M}{I_K} = \frac{1}{1 + (R_A/R_0)}.$$

Für $R_A < 0{,}01\, R_0$ ist die Differenz zwischen I_M und I_K kleiner als 1%.

Spannungsmessung. Sie erfolgt prinzipiell dadurch, daß ein Spannungsmeßgerät (*Voltmeter*) mit möglichst hohem Innenwiderstand R_V parallel zu der zu messenden Spannung (Leerlaufspannung U_L) geschaltet wird, **Bild 3**. Für das Verhältnis zwischen angezeigter Spannung U_M und Leerlaufspannung U_L gilt

$$\frac{U_M}{U_L} = \frac{1}{1 + (R_0/R_V)}.$$

Für $R_V > 100\, R_0$ ist die Differenz zwischen U_M und U_L kleiner als 1%.
Bei der Messung von Wechselströmen $I(t)$ oder Wechselspannungen $u(t) = u_0 \sin \omega t$ muß unterschieden werden zwischen

Spitzenwert u_0,

Gleichrichtwert $\;|\bar{u}| = \dfrac{1}{T} \displaystyle\int_0^T |u_0 \sin \omega t|\, \mathrm{d}t = \dfrac{2}{\pi} u_0 = 0{,}637 u_0$,

Effektivwert $\;\;U = \sqrt{\dfrac{1}{T} \displaystyle\int_0^t (u_0 \sin \omega t)^2\, \mathrm{d}t} = \dfrac{u_0}{\sqrt{2}} = 0{,}707 u_0$.

Widerstandsmessung. Sie kann nach dem Ohmschen Gesetz $R_x = U/I$ prinzipiell durch eine gleichzeitige Messung von Spannung U und Strom I vorgenommen werden. Infolge der Innenwiderstände R_V, R_A der Spannungs- und Strommeßgeräte treten dabei systematische Fehler auf, die bei genauen Messungen korrigiert werden müssen, **Bild 4**. Bei der stromrichtigen Meßschaltung (**Bild 4a**) muß von dem Quotienten U/I der Instrumentenablesungen

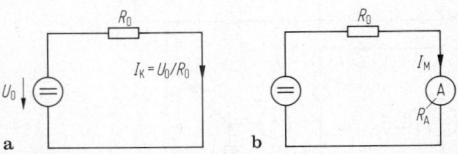

a   b

Bild 2. Strommessung. **a** ungestörter Stromkreis; **b** gestörter Stromkreis; A Amperemeter

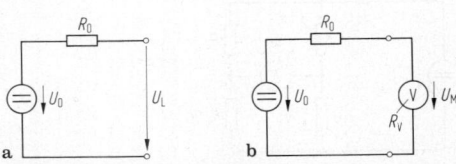

a   b

Bild 3. Spannungsmessung. **a** unbelastete Spannungsquelle; **b** belastete Spannungsquelle; V Voltmeter

W

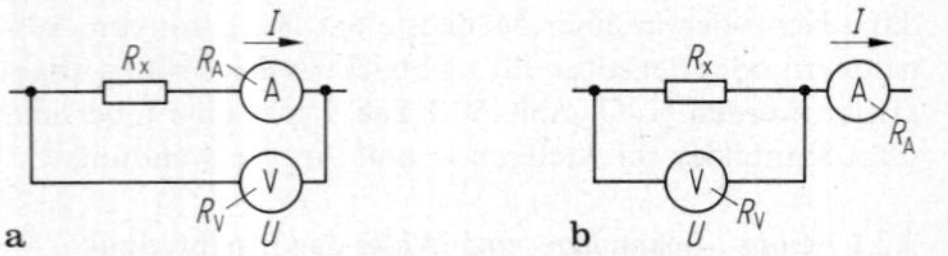

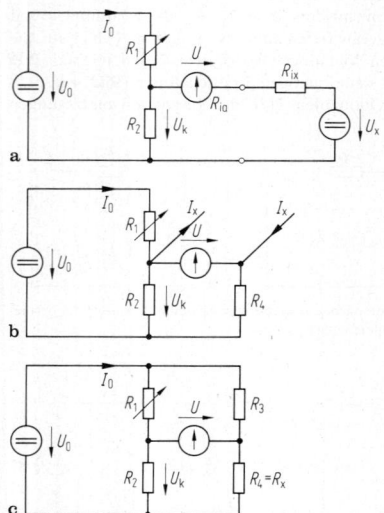

Bild 4. Widerstandsmessung durch gleichzeitige Strom- und Spannungsmessung. *A* Amperemeter, *V* Voltmeter; **a** Schaltung für Messung großer Widerstände; **b** Schaltung für Messung kleiner Widerstände

der innere Widerstand R_A des Strommeßgeräts subtrahiert werden: $R_x (U/I) - R_A$. Bei der spannungsrichtigen Meßschaltung (**Bild 4b**) muß von dem Strom I der durch das Spannungsmeßgerät gehende Teil U/R_V abgezogen werden: $R_x = U/(1 - (U/R_y))$.

3.2.2 Kompensatoren und Meßbrücken
Compensators and bridges

Kompensatoren. Sie gestatten es, Spannungen und Ströme mit hoher Genauigkeit leistungslos zu erfassen. Die Prinzipschaltungen zur Spannungs-, Strom- und Widerstandskompensation (**Bild 5**) enthalten eine Spannungsquelle U_0, mindestens zwei Widerstände R_1, R_2 zur Spannungs- bzw. Stromteilung und ein Spannungs- bzw. Strommeßinstrument, das bei Teilkompensation als Nullindikator betrieben wird.
Bei der *Spannungskompensation* (**Bild 5a**) wird eine unbekannte Spannung U_x unter Variation des Widerstands R_1 durch die am Widerstand R_2 anliegende Spannung kompensiert. Für die vollständige Spannungskompensation, $U = 0$, gilt

$$U_x = \frac{R_2}{R_1 + R_2} U_0.$$

Zur *Stromkompensation* (**Bild 5b**) wird ein bekannter Strom I_x rückwirkungsfrei dadurch kompensiert, daß der Widerstand R_1 so lange verändert wird, bis die Spannung U am Nullindikator (und damit auch der Strom durch den Nullindikator) zu Null wird. Der zu bestimmende Strom

ergibt sich aus

$$I_x = \frac{R_2}{R_2 + R_4} I_0.$$

Meßbrücken. Sie dienen zur Widerstandskompensation bzw. -messung und bestehen nach Wheatstone aus zwei Spannungsteilern, die von der gleichen Quelle U_0 gespeist werden und deren Teilspannungen miteinander verglichen, d.h. voneinander subtrahiert werden (**Bild 5c**). Bei Teilkompensation kann aus der gemessenen Brückenspannung U einer der Brückenwiderstände bestimmt werden, wenn die Speisespannung U_0 und die drei anderen Widerstände bekannt sind

$$U = \left(\frac{R_3}{R_3 + R_4} - \frac{R_1}{R_1 + R_2} \right) U_0.$$

Bei vollständiger Kompensation, $U = 0$, gilt

$$\frac{R_1}{R_2} = \frac{R_3}{R_4} \quad \text{d.h.} \quad R_x = \frac{R_2 R_3}{R_1}.$$

Mit Meßbrücken können sehr empfindlich kleine Widerstandsänderungen ΔR der Brückenwiderstände gemessen werden, wie sie bei resistiven Meßaufnehmern oder Sensoren, z.B. Dehnungsmeßstreifen (DMS), zu bestimmen sind (s. W 2.5.2).
Zur Messung von *Kapazitäten, Induktivitäten* und deren *Verlustwiderständen*, aber auch ganz allgemein zur Messung komplexer Widerstände können *Wechselstrommeßbrücken* (**Bild 6**) eingesetzt werden. Ihr prinzipieller Aufbau (**Bild 6a**) besteht aus einer meist niederfrequenten Wechselspannungsquelle $\underline{U}_0$, einem Wechselspannungs-Nullindikator mit selektivem Verstärker und vier komplexen Widerständen $\underline{z}_i = z_i \cdot \exp(j\varphi_i)$ mit dem Betrag z_i und dem Phasenwinkel φ_i ($i = 1$ bis 4). Wie bei den Gleichstrommeßbrücken ergibt sich die Abgleichbedingung $\underline{U} = 0$ aus dem Verhältnis der entsprechenden Widerstände, d.h. hier in Form einer komplexen Gleichung

$$\underline{z}_1/\underline{z}_2 = \underline{z}_3/\underline{z}_4.$$

Daraus resultieren die beiden reellen Abgleichbedingungen

$$z_1/z_2 = z_3/z_4 \quad \text{und} \quad \varphi_1 + \varphi_4 = \varphi_2 + \varphi_3.$$

Für eine einfache Kapazitätsmeßbrücke nach Wien (**Bild 6b**) gilt

$$R_x = \frac{R_2 R_3}{R_1}; \quad C_x = C_2 \frac{R_1}{R_3}.$$

Bild 5. Kompensationsschaltungen. **a** Spannungsmessung (U_x); **b** Strommessung (I_x); **c** Widerstandsmessung (R_x)

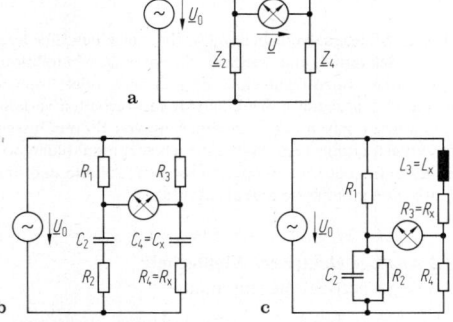

Bild 6. Wechselstrom-Meßbrücken. **a** prinzipieller Aufbau einer Wechselstrombrücke; **b** Kapazitäts-Meßbrücke; **c** Induktivitäts-Meßbrücke

Bei einer Induktivitätsmeßbrücke nach Maxwell und Wien (**Bild 6c**) ergeben sich

$$R_x = \frac{R_1 R_4}{R_2} \; ; \quad L_x = R_1 R_4 C_2.$$

3.2.3 Meßverstärker. Amplifiers

Meßverstärker sind i. allg. gegengekoppelte Operationsverstärker (**Bild 7**) und dienen zur Verstärkung kleiner Spannungen und Ströme, wobei die folgenden allgemeinen Forderungen erfüllt sein müssen: geringe Rückwirkung auf die Meßgröße, hohes Auflösungsvermögen, definiertes Übertragungsverhalten, gute dynamische Eigenschaften, eingeprägtes Ausgangssignal.

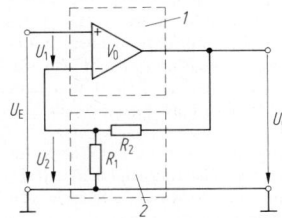

Bild 7. Prinzipschaltbild eines gegengekoppelten Meßverstärkers mit Operationsverstärker. *1* Operationsverstärker (idealisiert), *2* Gegenkopplungsnetzwerk (vereinfacht)

Operationsverstärker sind mehrstufige integrierte Gleichspannungsverstärker großer Empfindlichkeit und Bandbreite. Die Ausgangsspannung U_A eines Operationsverstärkers ist proportional der Differenz U_1 (Steuerspannung) aus der am p-Eingang liegenden Spannung U_E und der am n-Eingang anstehenden Spannung U_2. Zur Erläuterung des Gegenkopplungsprinzips dienen folgende Begriffe

Innere Verstärkung $V_0 = \dfrac{U_A}{U_1}$ (i. allg. 10^3 bis 10^7),

Rückführfaktor $k = \dfrac{U_2}{U_A} = \dfrac{R_1}{R_1 + R_2}$,

Betriebsverstärkung $V_B = \dfrac{U_A}{U_E}$.

Nach **Bild 7** gilt für die Ausgangsspannung

$$U_A = V_0 U_1 = V_0 (U_E - U_2) = V_0 (U_E - k U_A).$$

Hieraus folgt für die Betriebsverstärkung

$$V_B = \frac{U_A}{U_E} = \frac{V_0}{1 + k V_0}.$$

Die Gegenkopplung hat den Vorteil, daß bei hinreichend großer innerer Verstärkung V_0 des Operationsverstärkers, die Betriebsverstärkung V_B des gesamten Meßverstärkers unabhängig von V_0 wird und nur noch dem Gegenkopplungsnetzwerk abhängt. Für sog. „ideale Operationsverstärker" gilt

$$\lim V_B (\text{für } V_0 \to \infty) = \lim \frac{1}{(1/V_0) + k} = \frac{1}{k}.$$

Verwendet man zur Realisierung von k stabile hochwertige Bauelemente, so kann eine präzise Festlegung der Verstärkereigenschaften erreicht werden.

Die Grundschaltungen gegengekoppelter idealer Meßverstärker sind, **Bild 8**:

Spannungsverstärker (Bild 8a). Mit den Erläuterungen zu **Bild 7** gilt unter der Annahme eines idealen Operations-

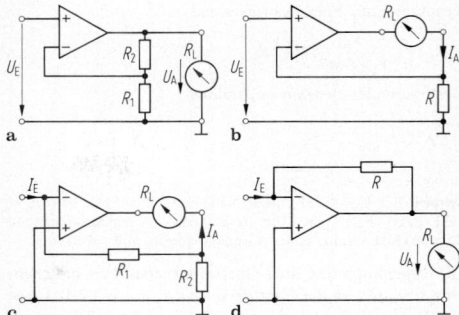

Bild 8. Grundschaltungen gegengekoppelter Meßverstärker. **a** Spannungsverstärker; **b** Spannungsverstärker mit Stromausgang; **c** Stromverstärker; **d** Stromverstärker mit Spannungsausgang

verstärkers mit sehr hoher innerer Verstärkung V_0 für die Betriebsverstärkung

$$V_B = \frac{R_1 + R_2}{R_1}.$$

Spannungsverstärker mit Stromausgang (Bild 8b). In der Prinzipschaltung fließt unter Vernachlässigung des Steuerstroms am Eingang des Operationsverstärkers der Ausgangsstrom I_A durch R und bewirkt die Spannung $I_A R$. Unter Vernachlässigung der Steuerspannung des Operationsverstärkers wird die gegengekoppelte Spannung $I_A R$ gleich der Eingangsspannung U_E, so daß für die Betriebsverstärkung gilt

$$V_B = \frac{I_A}{U_E} = \frac{1}{R}.$$

Stromverstärker (Bild 8c). Nach der Prinzipschaltung fließt unter Vernachlässigung des Steuerstroms am Eingang des Operationsverstärkers der Eingangsstrom I_E durch den Widerstand R_1 und bewirkt an diesem die Spannung $I_E R_1$. Durch den Widerstand R_2 fließt der Differenzstrom $I_A - I_E$ und bewirkt am Widerstand die Spannung $(I_A - I_E) R_2$. Unter Vernachlässigung der Steuerspannung des Operationsverstärkers sind die Spannungen an den beiden Widerständen gleich groß. Daraus errechnet sich die ideale Betriebsverstärkung zu

$$V_B = \frac{I_A}{I_E} = \frac{R_1 + R_2}{R_2}.$$

Stromverstärker mit Spannungsausgang (Bild 8d). In der Prinzipschaltung fließt unter Vernachlässigung des Steuerstroms am Eingang des Operationsverstärkers der Eingangsstrom I_E durch den Widerstand R und bewirkt an diesem die Spannung $I_E R$. Unter Vernachlässigung der Steuerspannung des Operationsverstärkers ist diese Spannung $I_E R$ gleich der Ausgangsspannung U_A. Die ideale Betriebsverstärkung beträgt also

$$V_B = \frac{U_A}{I_E} = R.$$

Bei realen gegengekoppelten Operationsverstärkern ergeben sich im Vergleich zu idealen Operationsverstärkern durch die endliche Grundverstärkung V_0 sowie endliche Eingangs- und Ausgangswiderstände R_e, R_a näherungsweise folgende Änderungen:

Relativer Fehler der Betriebsverstärkung

$$F_{\text{rel}}(V_B) = \frac{V_B(\text{real}) - V_B(\text{ideal})}{V_B(\text{ideal})} \approx - \frac{V_B(\text{ideal})}{V_0}.$$

W

Resultierender *Eingangswiderstand*

$$R_E > \left(\frac{V_0}{V_B(\text{ideal})} + 1 \right) R_e.$$

Resultierender *Ausgangswiderstand*

$$R_A = R_a \frac{1}{1 + \dfrac{V_0}{V_B(\text{ideal})}}.$$

Beispiel: Für $V_0 = 10^5$, $V_B(\text{ideal}) = 1000$ und $R_e = 1\,\text{M}\Omega$ bzw. $R_a = 1\,\text{k}\Omega$ folgt: $F_{rel}(V_B) = -1\%$, resultierender Eingangswiderstand $R_E > 100\,\text{M}\Omega$, resultierender Ausgangswiderstand $R_A = 10\,\Omega$.

Die Gegenkopplung eines Operationsverstärkers hat ebenfalls Einfluß auf die Grenzfrequenz f_g (s. W1.2.4) sowie die Transitfrequenz f_T, bei der die Grundverstärkung auf den Wert $V_0(f_T) = 1$ abgefallen ist. Näherungsweise gilt:

$$V_B f_g = \text{const} = f_T.$$

3.2.4 Funktionsbausteine. Functional components

Mit Hilfe von Funktionsbausteinen in Form integrierter Operationsverstärker lassen sich durch geeigneten Schaltungsaufbau mathematische Operationen durchführen, z.B. Addition, Subtraktion, Multiplikation, Division, Differentiation, Integration, Potenzieren, Radizieren, Effektivwertbestimmung. Da für diese Operationen häufig Digitaltechniken und Rechner eingesetzt werden, sollen hier nur die Differentiation und Integration mit Operationsverstärkern betrachtet werden. (Anwendungsbeispiel: Bestimmung von Beschleunigung $a = dv/dt$ bzw. Weg $s = \int v\,dt$ aus einer Geschwindigkeitsmessung v.)
Die einfachsten Schaltungen zur Durchführung einer Differentiation oder Integration ergeben sich durch die Anwendung von RC-Gliedern bzw. entsprechend beschalteter Operationsverstärker, **Bild 9**.
Für die *Differentiation* gilt

$$U_A = Ri(t) = R\,dQ/dt.$$

Unter der Voraussetzung, daß für die Periodendauer T eines dynamischen Meßsignals $T \gg RC$ gilt, fällt die gesamte Spannung am Kondensator $C = Q/U_E$ ab, so daß folgt

$$U_A \approx RC \frac{dU_E}{dt}.$$

Für die *Integration* gilt

$$U_c = \frac{1}{C} \int i(t)\,dt = \frac{1}{RC} \int U_R(t)\,dt.$$

Wenn $T \ll RC$ ist, fällt die gesamte Eingangsspannung U_E am Widerstand R ab

$$U_A \approx \frac{1}{RC} \int U_E(t)\,dt.$$

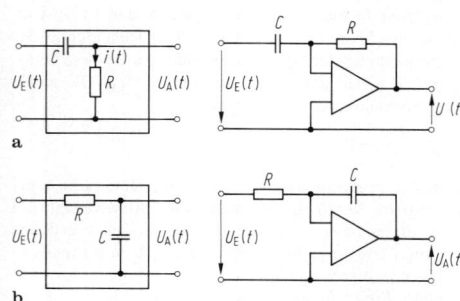

Bild 9. Prinzipschaltungen von Funktionsbausteinen. **a** Differentiation; **b** Integration

3.3 Digitale elektrische Meßtechnik
Digital electrical measurements

Die digitale Meßsignalverarbeitung operiert mit quantisierten Meßsignalverläufen und ist u.a. gekennzeichnet durch Störsicherheit der Signalübertragung, Einfachheit der galvanischen Trennung von Meßgliedern und Möglichkeit der rechnerunterstützten Meßsignalverarbeitung.

3.3.1 Digitale Meßsignaldarstellung
Digital signal representation

Die digitale Meßtechnik benötigt diskrete Meßsignale [4, 5]. Da nur wenige Meßaufnehmer derartige Signale liefern, wie z.B. inkrementale Wegaufnehmer (s. W2.4.1) müssen sie i.allg. durch Quantisierung analoger Meßsignalverläufe mittels Analog-Digital-Umsetzern (A/D-U) gewonnen werden. Die Quantisierung führt zu einem Informationsverlust. Der Quantisierungsfehler ergibt sich aus der Differenz zwischen dem digitalen Istwert und dem analogen Sollwert. **Bild 10** illustriert dies für den Fall eines linearen Analogsignalverlaufs.
Die digitale Zahlendarstellung erfolgt mittels Codes. Im einfachsten Fall sind den Quantisierungsstufen Dualzahlen zugeordnet, d.h. jede Zahl N wird als Summe von Potenzen der Basis 2 angegeben:

$$N = a_n \cdot 2^n + a_{n-1} 2^{n-1} + \ldots + a_1 \cdot 2^1 + a_0 \cdot 2^0 = \sum_{i=0}^{n} a_i 2^i.$$

Die Koeffizienten a_i sind Binärsignale; sie können nur die Werte 0 (kein Signal) und 1 (Signal) annehmen. Ein binäres Zeichen wird als Bit und 8 Bit werden als Byte bezeichnet. Setzt man bei ganzzahligen Dualzahlen den absoluten Quantisierungsfehler gleich Eins, so berechnet sich der relative Quantisierungsfehler F_{rq} durch Bezugnahme auf den Zeilenumfang von 2^n zu

$$F_{rq} = 1 : 2^n = 2^{-n}.$$

Damit ergeben sich z.B. folgende Quantisierungsfehler: 4 Stellen: $F_{rq} \approx 6\%$; 7 Stellen: $F_{rq} \approx 0,8\%$; 10 Stellen: $F_{rq} < 0,1\%$.
Die wichtigsten Codes der digitalen Zahlendarstellung sind:

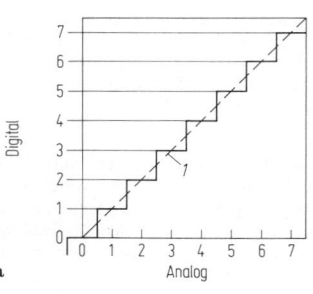

Bild 10. Quantisierung eines analogen Signalverlaufs. a Kennlinie und diskrete Digitalstufen; b Quantisierungsfehler. 1 analoger Signalverlauf

– *Binärcodierung*. Darstellung im Zweiersystem; jedes Codewort hat die gleiche Länge b, so daß sich $Z = 2^b$ verschiedene Meßwerte codieren lassen. *Beispiel*: Analog-Digital-Umsetzer.
– *BCD-Code* (Binary Coded Decimals). Darstellung jeder Dezimalziffer binär als Viererbitwert. *Beispiel*: Digitalvoltmeter, Zähler.
– *ASCII-Code* (American Standard Code for Information Interchange). 7-Bit-Code mit einem freien Bit je Byte. Für jedes Codezeichen wird im Sender die binäre Quersumme gebildet und mit Hilfe des achten Bits eine vereinbarte Parität (gerade oder ungerade) erzeugt. Die Empfängerstation kann nach Erkennen einer falschen Parität einen Fehler anzeigen, bzw. eine Wiederholung der Übertragung veranlassen.

Bei der Quantisierung dynamischer Signalverläufe muß eine geeignete Abtastfrequenz gewählt werden. Nach dem Shannonschen Abtasttheorem soll die halbe Abtastfrequenz f_t größer sein als die höchste im Meßsignal enthaltene Frequenz f_m, damit der Verlauf eines dynamischen Meßsignals wieder hinreichend genau rekonstruiert werden kann. Für die Abtastfrequenz f_t muß also gelten $f_t > 2 f_m$. Frequenzen, die höher als die Abtastfrequenz sind, können durch ein sog. „Antialiasing-Filter" abgeschnitten werden.

3.3.2 Analog-Digital-Umsetzer.
Analog-digital converter Analog/Digital-Umsetzer (A/D-U) können nach dem Funktionsprinzip in *seriell* und *parallel* arbeitende Umsetzer eingeteilt werden. Daneben existieren verschiedene Verfahren, die mit einer Kombination beider Prinzipien oder mit Zwischengrößen arbeiten. Zeitintervalle und Frequenzen lassen sich mit einfachen Mitteln digital messen, so daß eine analoge Größe, z.B. eine elektrische Spannung zunächst in ein Zeitintervall oder in eine Frequenz umgeformt und der Wert dieser Zwischengröße über eine Impulszählung erfaßt werden kann.

Serielle A/D-Umsetzer. Bei den seriellen A/D-Umsetzern werden die n Stellen eines digitalen Meßsignals in n Schritten gebildet. Im einfachsten Fall ist der Wert einer zu messenden Spannung als binäres Signal anzugeben, d.h. es ist zu entscheiden, ob die Spannung größer oder kleiner als eine Vergleichsspannung ist. Bei *Inkremental-Umsetzern* wird nur ein Komparator eingesetzt und die Vergleichsspannung inkrementweise erhöht. Beim Verfahren der *sukzessiven Approximation* („Wäge-Umsetzer") wird die Referenzspannung nicht in gleichen sondern in unterschiedlich großen Stufen, $U_{ref}/2^k$ $(k = 1, 2, \ldots n)$, geändert. Diese Arbeitsweise kann mit der einer Balkenwaage verglichen werden, bei der nicht viele kleine, sondern wenige, gestaffelte Gewichtsstücke verwendet werden.

Sägezahn-, Zweirampen- (Dual Slope-) und *Spannungs-Frequenz-Umsetzer* arbeiten mit Zwischengrößen (Zeit oder Frequenz). Mit Hilfe von Integrationsverstärkern und Komparatoren wird eine Spannung integriert, bis sie einen bestimmten Wert erreicht hat. Die dazu benötigte Zeit wird mittels einer bekannten Referenzfrequenz in ein digitales Signal umgesetzt, das der zu messenden Spannung proportional ist. Da bei den integrierenden A/D-Umsetzern die Umsetzung durch zeitliche Integration der umzusetzenden Eingangsspannung erfolgt, können bei geeigneter Wahl der Integrationszeit überlagerte Störspannungen stark unterdrückt oder sogar vollständig ausgefiltert werden. Bei allen A/D-Umsetzern mit Zeit oder Frequenz als Zwischengröße sind die erreichbaren Umsetzzeiten t_u beschränkt und liegen zwischen 1 bis 20 ms. Die Meßunsicherheit kann dabei aufgrund der großen Genauigkeit des Zeitnormals sehr gering gehalten werden (vier bis fünf gültige Dezimalstellen).

Parallele A/D-Umsetzer. Bei ihnen wird das Meßsignal direkt mit Referenzspannungen verglichen, wobei für 2^n Quantisierungsstufen $2^n - 1$ Komparatoren erforderlich sind. Die Ausgangssignale der Komparatoren liefern eine logische Null, wenn die Eingangsspannung U_x kleiner als die entsprechende Referenzspannung U_{ri} ist. Sie liefern eine logische Eins für $U_x > U_{ri}$. Über eine Umschlüsselungslogik erfolgt die Umcodierung in den Binärcode. Wegen des hohen Schaltungsaufwands eignet sich dieses Verfahren nur für Umsetzer mit kleinen Stellenzahlen; für einen Parallelumsetzer mit 4 bis 8 Binärstellen am Ausgang werden 15 bzw. 255 Komparatoren benötigt. Die gleichzeitige Bestimmung aller Koeffizienten („flash-converter") ergibt aber sehr kurze Umsetzzeiten ($t_n < 50$ ns).

3.4 Rechnerunterstützte Meßsignalverarbeitung
Computer-aided transduction of measured signals

Die rechnerunterstützte Meßsignalverarbeitung arbeitet mit direkt integrierten *Mikrorechnern* zur Signalvorverarbeitung sowie mit *Prozeßrechnern* und *Personal Computern*, denen die Meßsignale über „Bussysteme" (Datensammelschienen) zugeleitet werden [6, 7]. Die integrierte digitale Meßsignalvorverarbeitung kann am Beispiel der Dehnungsmeßstreifentechnik (s. W 2.5.2) erläutert werden, **Bild 11**. Die analoge Lösung (**Bild 11 a**) verwendet sechs Dehnungsmeßstreifen, drei Korrekturglieder zur Kompensation der Einflußgröße Temperatur T und sieben Kalibrierelemente. Bei der digitalen rechnerunterstützten Meßsignalverarbeitung (**Bild 11 b**) wird nur jeweils ein Sensor für die Meßgröße und die Einflußgröße sowie ein Mikrorechner zur algorithmischen Korrektur des Effekts der Einflußgröße auf die Meßgröße benötigt. Alle notwendigen Einstell- und Abgleichmaßnahmen werden hier softwaremäßig vollzogen. Die Koeffizienten zur Kalibrierung werden in einem Halbleiterspeicher abgelegt.

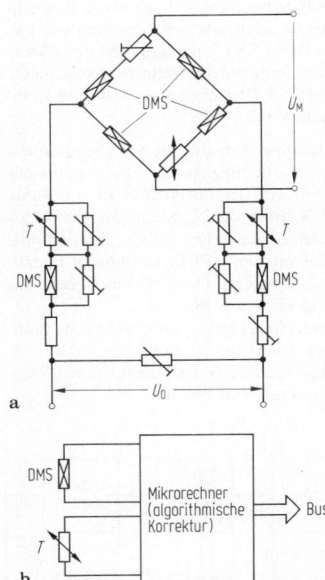

Bild 11. Meßsignalverarbeitung am Beispiel der Dehnungsmeßstreifen-(DMS-)Technik. **a** analoge Lösung (Präzisionsschaltung); **b** digitale Lösung (Prinzip)

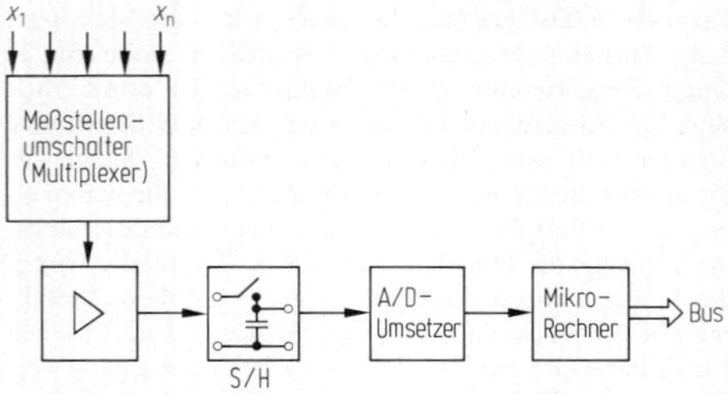

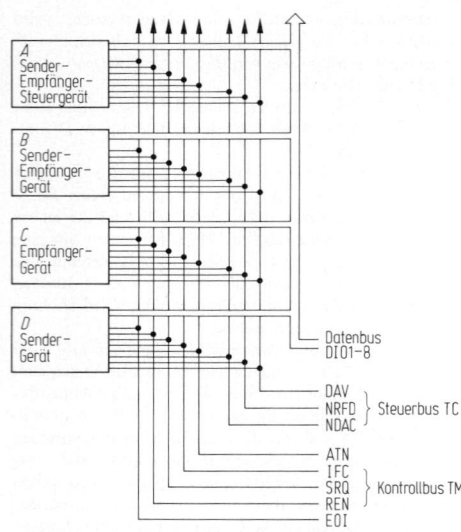

Bild 12. Rechnerunterstützte Meßsignalverarbeitung in Parallelstruktur

Die rechnerunterstützte Meßsignalverarbeitung kann mit Parallelstrukturen oder Kreisstrukturen realisiert werden.

Parallelstruktur. Die Meßsignale x_i mehrerer Aufnehmer oder Sensoren werden mit einem Meßstellenumschalter (Multiplexer) zeitlich nacheinander in möglichst minimalem Zeitabstand abgetastet und verstärkt, **Bild 12**. Zur Erhöhung der Arbeitsgeschwindigkeit sind dabei gegebenenfalls Abtast-Halteschaltungen (Sample and Hold, S/H) zwischenzuschalten, mit denen eine Zwischenspeicherung einzelner Signalwerte vorgenommen werden kann. Nach A/D-Umsetzung kann in einem Mikrorechner unmittelbar eine Meßvorverarbeitung vorgenommen werden oder eine Weiterleitung an einen Prozeßrechner oder Personal Computer über einen Datenbus erfolgen.

Kreisstruktur. Nach Meßsignalaufnahme und Digitalisierung läßt sich durch Verwendung von Mikrorechnern und Aktoren eine Signalrückführung zur Kompensation oder Prozeßregelung vornehmen, **Bild 13**. Aktoren sind Stell- oder Regeleinheiten, die in Abhängigkeit eines elektrischen Eingangssignals ein elektrisches oder nicht-elektrisches Ausgangssignal abgeben. Beispiele sind elektromagnetische Servosysteme, elektrisch geheizte Bimetallstreifen oder elektrisch gesteuerte mikromechanische Piezokristall-Verstellsysteme. Die Eingangsgröße des Aktors wird dabei mit Hilfe eines Mikrorechners nachgeregelt, bis der Differenzdetektor Gleichheit von Meß- und Kompensationsgröße indiziert.

Bussystem. Eine wichtige Aufgabe bei der rechnerunterstützten Meßsignalverarbeitung kommt der Schnittstelle zwischen Meßsystem und Rechnersystem zu. Im Jahre 1974 wurde als „IEC-Bus" die Normung der IEC-625/-IEEE-488-Schnittstelle eingeführt (IEC: International Electrotechnical Commission; IEEE: Institute of Electrical and Electronics Engineers). Der IEC-Bus besteht aus den folgenden Geräteeinheiten, **Bild 14**:
A, Sender-Empfänger-Steuergerät (Controller), z.B. Tischrechner (able to talk, listen and control).
B, Sender-Empfänger-Gerät, z.B. programmierbares Digitalmultimeter (able to talk and listen).

Bild 14. Prinzip des IEC-Bus (IEEE-488-Schnittstelle), Busstruktur und Geräte

C, Empfänger-Gerät, z.B. Signalgenerator (listen only).
D, Sender-Gerät, z.B. Zähler (only able to talk).
Die Leitungsgruppen eines IEC-Bus sind:
Datenbus (DB) zur Übertragung von Geräteadressen und Informationen mit allen Leitungen DI01 bis DI08.
Steuerbus für die Datenübertragung (Transfer Control, TC) mit den Aufgaben:
DAV, Data Valid: Daten gültig;
NRFD, Not Ready for Data: nicht aufnahmebereit;
NDAC, No Data Accepted: keine Daten aufgenommen.
Kontrollbus (Interface Management, IM) mit den fünf Leitungen:
ATN, Attention: Achtung;
IFC, Interface Clear: Schnittstelle bereit;
SRQ, Service Request: Bedienungsanforderung;
REN, Remote Enable: Fernbedienung möglich;
EOI, End or Identify: Ende oder Kennung.
Zur Ausführung einer Messung müssen zuerst die Adresse des Meßgeräts und anschließend über die drei Steuerleitungen (TC) die Befehle für den Meßbeginn gesendet werden. Die codierten Daten (ASCII-Code) werden in bitparalleler byteserieller Form über die acht Leitungen des Datenbus (DB) von und zu den Geräten übertragen. Die fünf Interface-Steuerleitungen (IM) stellen die Übertragung von Informationen innerhalb des IEC-Bus sicher. Mit einem IEC-Bus können bis zu 15 Meß- und Rechengeräte in sternförmiger oder linearer Anordnung mit Gesamtübertragungswegen bis ca. 20 m bei Datenraten bis 1 Mbyte/s verbunden werden.

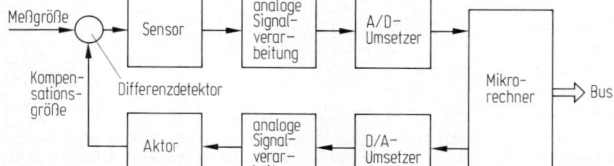

Bild 13. Rechnerunterstützte Meßsignalverarbeitung in Kreisstruktur

4 Meßwertausgabe
Output of measured quantities

Jedes Meßsystem hat prinzipiell die kombinierten Aufgaben der Meßgrößenaufnahme, Meßsignalverarbeitung und Meßwertausgabe zu erfüllen (s. **Bild W 1.1**). Die Meßgrößenaufnahme führt entweder unmittelbar zu einer Meßwertdarstellung (Ausschlagmethoden, s. W 2.2.1) oder liefert elektrische Signale für eine analoge oder digitale Meßwertanzeige bzw. Meßwertregistrierung.

4.1 Meßwertanzeige. Indicating instruments

Die Verfahren der Meßwertanzeige dienen zur Darstellung von Meßwerten in visuell wahrnehmbarer Form der Skalen- oder Zifferndarstellung.

4.1.1 Meßwerke. Moving coil instruments

Meßwerke sind analoge elektromechanische Weg- oder Winkelanzeiger. Sie basieren auf der Kraftwirkung F, die senkrecht zwischen einem Magnetfeld (Induktion B) und einem stromdurchflossenen elektrischen Leiter (Ladung q) wirkt

Lorentz-Kraft: $F = q v \times B$

(v Geschwindigkeit der Ladung).

Drehspulmeßwerke. Der zu messende Strom fließt durch eine beweglich aufgehängte Rechteckspule (Durchmesser d, Höhe h, Windungszahl n) im radialhomogenen Magnetfeld eines Dauermagneten (**Bild 1**) und bewirkt ein Drehmoment

$$M_{el} = F_{el} d = n d h B I.$$

Das elektromagnetisch bedingte Drehmoment M_{el} wird kompensiert durch ein mechanisches Drehmoment M_m, das dem Drehwinkel der Spule α und der Rückstell-Drehfederkonstanten proportional ist, $M_m = D \alpha$. Im Gleichgewichtszustand, $M_{el} = M_m$, gilt

$$\alpha = \frac{n d h B}{D} \cdot I.$$

Je nach konstruktiver Gestaltung der beweglichen und feststehenden Teile von Meßwerken ergeben sich unterschiedliche Ausführungsarten und Einsatzbereiche, z.B.:

– *Drehmagnetmeßwerk* mit beweglichen Dauermagneten im Magnetfeld einer oder mehrerer stromdurchflossener stationärer Spulen zur (nichtlinearen) Gleichstrommessung $\alpha = \arctan k \cdot I$,
– *Kreuzspulmeßwerke* mit zwei zueinander gekreuzten Spulen in einem beweglichen Spulenrahmen im homogenen stationären Magnetfeld zur Bestimmung des Quotienten zweier Gleichströme $\alpha = \arctan(I_1 / I_2)$ oder zur Widerstandsbestimmung,

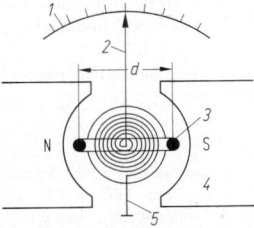

Bild 1. Prinzip eines Drehspulmeßwerks. *1* Skala, *2* Zeiger, *3* Spule, *4* Permanentmagnet, *5* Rückstelldrehfeder

– *Dreheisenmeßwerk* mit beweglichem Eisenteil im Magnetfeld einer feststehenden stromdurchflossenen Spule zur Effektivwertmessung $\alpha = \text{const} \cdot I^2$,
– *Elektrodynamisches Meßwerk* mit beweglicher Spule (Meßspannung U) und feststehender Spule (Meßstrom I) zur Leistungsmessung $\alpha = \text{const} \cdot U I$.

Induktionszähler. Sie dienen durch zeitliche Integration der Wirkleistung $P_w(t)$ zur Bestimmung des Energieverbrauchs von Wechselstromverbrauchern. Im Meßwerk werden in einer Leichtmetallscheibe ein von Strom I und ein von der Spannung U erzeugter Fluß Φ überlagert. Durch Wirbelströme entsteht ein Drehmoment M_{el}, das der Netzfrequenz f, den Flüssen Φ_u und Φ_s und dem Sinus des Phasenwinkels proportional ist

$$M_{el} = \text{const} f \Phi_u \Phi_s \sin(\Phi_u, \Phi_s).$$

Dieses bewirkt zusammen mit einem Dämpfungsmagneten eine leistungsproportionale Winkelgeschwindigkeit ω, deren zeitliches Integral über ein Zählwerk eine Umdrehungszahl N ergibt, die dem elektrischen Energieverbrauch proportional ist

$$N = \text{const} \int_{t_1}^{t_2} \omega(t) \mathrm{d}t = \text{const} \int_{t_1}^{t_2} P_\omega(t) \mathrm{d}t.$$

4.1.2 Digitalvoltmeter, Digitalmultimeter
Digital voltmeters, multimeters

Digitalvoltmeter sind im Prinzip mit einer Ziffernanzeigeeinrichtung kombinierte Analog-Digital-Umsetzer (z.B. Zweirampenverfahren). Am Eingang ist häufig ein Filter vorgesehen, durch das eine über den Integrationsprozeß des Zweirampenverfahrens hinausgehende zusätzliche Störsignalunterdrückung erreicht werden kann. Neben der Anzeigeeinheit besitzen Digitalvoltmeter auch eine BCD-Ausgabe des Meßergebnisses sowie eine Vornullenunterdrückung zur Dunkelsteuerung aller Nullanzeigen vor der höchsten signifikanten Ziffer. Die Anzeigegenauigkeit ist i. allg. höher als bei der analogen Anzeige mit Zeigerinstrumenten; sie beträgt bestenfalls ± 1 Einheit der letzten Digitalstelle. Unter Berücksichtigung eventuell nichtidealer Eigenschaften des Verstärkers liegt der relative Fehler bei etwa 0,5% des Meßbereichs für einfache Instrumente und bei 10^{-4} bis 10^{-5} für Präzisionsgeräte.

Digitalmultimeter enthalten außer Gleichspannungsmeßbereichen verschiedene andere, durch Umschalter wählbare Meßmöglichkeiten, z.B. Gleichstrom- und Widerstandsmeßbereich sowie Meßbereiche für Wechselspannung und Wechselstrom. Die Wechselspannungen werden durch Präzisionsgleichrichter oder Effektivwertumformer in Gleichspannungen umgeformt. Die Meßgenauigkeit der Wechselgrößenbereiche bleibt – insbesondere bei steigender Frequenz – hinter der Genauigkeit der Gleichgrößenbereiche zurück.

4.1.3 Oszilloskope. Oscilloscopes

Elektronenstrahl-Oszilloskope gestatten die Darstellung des zeitlichen Verlaufs von Signalen mit Frequenzen bis in den GHz-Bereich auf einem Leuchtschirm, **Bild 2**. In einer Elektronenstrahlröhre werden von einer Kathode Elektronen emittiert, zur Anode hin beschleunigt (Beschleunigungsspannung einige keV) und über eine Steuerelektrode (Wehneltzylinder zur Hell-Dunkel-Steuerung) auf einem fluoreszierenden Bildschirm in Form eines Leuchtpunkts bzw. einer Leuchtspur sichtbar gemacht. Durch elektrostatische Ablenkplatten in y-Richtung (Meßsignal $y(t)$) und x-Richtung (Sägezahn-Zeitablenkung $x(t)$) wird der Elektronenstrahl ausgelenkt, so daß sich durch passende

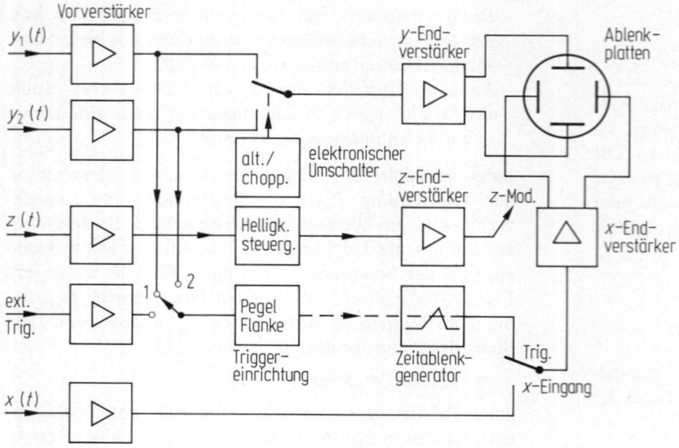

Bild 2. Blockschaltbild eines Elektronenstrahl-Oszillographen in Standardausführung

Auslegung des Zeitablenkungsgenerators $x(t)$ (Triggerung) ein stehendes Schirmbild ergibt.

Typische Kenndaten eines Oszilloskops: Meßspannung 10 μV bis 10 mV/cm Auslenkung, obere Grenzfrequenz 1 bis 500 MHz, Eingangswiderstand 1 MΩ, Eingangskapazität 50 pF. Die gleichzeitige Darstellung mehrerer Meßgrößen kann bei Verwendung einer Röhre durch einen Umschalter („Chopper-Betrieb") oder durch echte Zwei- oder Mehrstrahlgeräte erzielt werden.

Speicheroszilloskope arbeiten entweder mit speziellen Speicherröhren, die eine Bildspeicherung bis zu mehreren Stunden zulassen oder sind als digitale Speicheroszilloskope ausgelegt. Bei digitalen Speicheroszilloskopen wird das Bild in regelmäßigen Abständen abgetastet, in einen Zahlenwert umgewandelt und in einen elektrischen Speicher eingeschrieben. Für die anschließende Darstellung werden die gespeicherten Werte fortlaufend abgefragt und über einen Digital-Analog-(D/A-)Umsetzer wieder in eine analoge periodische Spannung zurückverwandelt. Hauptgesichtspunkte bei der Auswahl eines digitalen Speicheroszilloskopen sind:
Abtastfrequenz, typisch sind einige 10 MHz ($\Delta t = 100$ ns); Auflösung des A/D-Umsetzers, normalerweise 8 oder 10 bit (entsprechend $2^8 = 256$ oder $2^{10} = 1024$ diskreten Amplitudenwerten über den ganzen Meßbereich); Speichertiefe, die angibt wieviele Werte n in Einheiten von 1 K ($n = 1024$) abgespeichert werden können.

4.2 Meßwertregistrierung. Registrating instruments

Mit Methoden der Meßwertregistrierung erfolgt eine Aufzeichnung von Meßdaten in analoger oder digitaler Form.

4.2.1 Schreiber. Recorders

Die für Schreiber hauptsächlich verwendeten Aufzeichnungssysteme sind: Papier/Tintenstift, Metallfolie/Brennelektrode, Thermopapier/Heizstift, Wachspapier/Ritzstift, Papier/Flüssigkeitsstrahl, Photopapier/Lichtstrahl. In Abhängigkeit vom Schreibsystem und den beim Aufzeichnungsvorgang zu bewegenden Massen ergeben sich unterschiedliche Grenzfrequenzen der möglichen Signalaufzeichnung, wobei die Schreiber in drei Klassen eingeteilt werden können.

Schreiber mit niedriger Grenzfrequenz, $f_g < 1$ Hz.

Typische Systeme. Drehspul-Linearschreiber (Meßwerke) und Kompensationsschreiber (automatische Spannungskompensatoren) mit Schreibbreiten 250 bis 300 mm.

Schreiber mit mittlerer Grenzfrequenz $f_g < 300$ Hz.

Typische Systeme. Schnellschreiber mit tintenlosen Systemen (z.B. Brennelektrode, Ritzstift) und Schreibbreiten von 40 bis 80 mm.

Schreiber mit hoher Grenzfrequenz, $f_g < 20$ kHz.

Typische Systeme. Flüssigkeitsstrahl- und Licht- bzw. UV-Oszillographen mit Spulenschwingern (trägheitsarme Drehspulsysteme) und Schreibbreiten 250 bis 300 mm.

Koordinatenschreiber sind Kompensationsschreiber, bei denen das Schreiborgan in zwei (zueinander senkrechten) Koordinatenrichtungen bewegt werden kann (xy-Schreiber); bei zeitproportionalem Vorschub können auch zeitabhängige Vorgänge dargestellt werden (yt-Schreiber). Da die Schrittweite sehr klein ist (je nach Ausführung zwischen 0,05 und 0,5 mm) können damit auch stetig erscheinende Kurvenzüge dargestellt werden.

4.2.2 Drucker. Printers

Drucker geben Ziffernsymbole oder, bei erweiterter Ausstattung, Ziffern, Buchstaben und Sonderzeichen (alphanumerische Zeichen) aus. In Verbindung mit digitalen Datenverarbeitungseinrichtungen können so z.B. Meßprotokolle in Tabellenform hergestellt werden. Je nach konstruktiver Ausbildung des Druckersystems werden unterschieden:

Typenraddrucker, die ein vollständiges alphanumerisches Zeichen in jeweils einem Druckschritt erzeugen, der Zeichensatz ist hardwaremäßig vorgegeben.

Matrixdrucker, die ein alphanumerisches Zeichen (oder auch punktförmige Linienzüge) softwaregesteuert aus Teilpunkten (9 bis 24 Nadelausdrucke) zusammensetzen.

Laserdrucker mit ebenfalls variablen softwaregesteuerten Zeichenrealisierungsmöglichkeiten.

4.2.3 Meßwertspeicherung. Storage

Meßwerte, die als analoge oder digitale elektrische Signale am Ausgang einer Meßkette vorliegen, können auf verschiedenen Speichermedien auf magnetischer Basis (z.B. Magnetband, Diskette) registriert und anschließend mit Schreibern oder Druckern ausgegeben werden.

Transientenrecorder. Sie dienen zur *Meßwertspeicherung* und *Meßwertanalyse* und können in Verbindung mit einem Oszislloskop oder einem Schreiber zur universellen Meßwertangabe eingesetzt werden. In einem Transientenrecorder werden über schnelle Analog-Digital-Umsetzer die interessierenden Signalverläufe mit Abtastfrequenzen im MHz-Bereich abgetastet, digitalisiert und in einen 8- oder 10stelligen Schreiberegisterspeicher bitparallel eingeschrieben. Beim Erreichen der Speicherkapazität (i. allg. 2^{10} Speicherplätze, entsprechend 1024 Datenwerten) werden die zuerst eingespeicherten Datenwerte ersetzt. Ein Triggersignal stoppt beim Auftreten eines bestimmten Ereignisses und nach Ablauf einer weiteren, einstellbaren Verzögerungzeit das Einspeichern weiterer Werte in den Speicher. Mit einem variablen Auslesetakt kann der Transientenspeicher repetierend abgefragt werden. Mit einer erhöhten Taktfrequenz ist es auf diese Weise möglich, langsame Vorgänge flimmerfrei auf einem nichtspeichernden Oszillographen darzustellen oder sehr schnelle Vorgänge mit hoher Auflösung auf einem einfachen Schreiber, z.B. einem Kompensationsschreiber aufzuzeichnen.

4.3 Ergebnisdarstellung und Dokumentation
Representation and documentation of results

Die Ergebnisse einer Messung sind in einem Meßprotokoll oder Meßbericht zusammenfassend darzustellen. Hierin sollen alle kennzeichnenden Größen und Daten enthalten sein. Es muß möglich sein, anhand eines Meßberichts einen Meßversuch zu einem späteren Zeitpunkt originalgetreu zu wiederholen. Ein Meßbericht hat i. allg. die folgenden Angaben zu umfassen:

1. Aufgabenstellung,
2. Bearbeiter, Ort, Datum (eventuell Uhrzeit),
3. Meßgrößen und Meßverfahren,
   - Kennzeichnung der Meßgrößen,
   - Erläuterung von Meßprinzip und Meßverfahren,
   - Ergonomie
4. Meßkette und Meßglieder,
   - Darstellung der Meßkette (Gerätesymbole nach DIN 30600),
   - Erläuterung der verwendeten Meßaufnehmer,
   - Skizze der Meßanordnung,
   - Gerätezusammenstellung (Hersteller, Gerätebezeichnung, Typennummer),
5. Versuchsdurchführung
   - Statistische Versuchsplanung,
   - Arbeitsschritte,
   - Datenregistrierung (Meßwerttabellen, Schreiberaufzeichnungen, Datenausdruck),
6. Auswertung (Berechnungen, Kurven, Diagramme),
7. Meßergebnisse und Fehlerbetrachtung,
8. Abschlußdiskussion,
9. Zusammenfassung,
10. Literatur.

5 Anhang W: Diagramme und Tabellen
Appendix W: Diagrams and tables

Anh. W1 Tabelle 1. t-Faktoren in Abhängigkeit der statistischen Sicherheit P und der Anzahl der Meßwerte n

n	P in %		
	90	95	99
3	2,920	4,303	9,925
5	2,132	2,776	4,604
7	1,943	2,447	3,707
10	1,833	2,262	3,250
15	1,761	2,145	2,977
20	1,729	2,093	2,861
25	1,711	2,064	2,797
30	1,699	2,045	2,756
40	1,695	2,021	2,704
60	1,672	2,000	2,660
120	1,658	1,980	2,617
∞	1,645	1,960	2,576

Anh. W2 Tabelle 3. Durchflußzahl α als Funktion des Durchmesserverhältnisses $\beta = \sqrt{m}$ für Venturidüsen

β	α	β	α
0,316	0,9896	0,600	1,0356
0,320	0,9898	0,620	1,0431
0,340	0,9909	0,640	1,0518
0,360	0,9922	0,660	1,0616
0,380	0,9937	0,680	1,0728
0,400	0,9955	0,700	1,0857
0,420	0,9975	0,720	1,1005
0,440	1,9998	0,740	1,1177
0,460	1,0025	0,760	1,1378
0,480	1,0056	0,775	1,1551
0,500	1,0092		
0,520	1,0132		
0,540	1,0178		
0,560	1,0230		
0,580	1,0289		

Nach ISO 5167/1980 (E) gelten die Werte innerhalb folgender Grenzen:

$$65 \text{ mm} \leq D \leq 500 \text{ mm}, \qquad 0,316 \leq \beta \leq 0,775,$$
$$d \geq 50 \text{ mm}, \qquad 1,5 \cdot 10^5 \leq Re_D \leq 2 \cdot 10^6$$

Anh. W2 Tabelle 1. Durchflußzahlen $\alpha = f(\beta, Re)$ für Normblenden mit Eckentnahme nach ISO 5167; $\beta = \sqrt{m}$ Durchmesserverhältnis

β	Re_D									
	$5 \cdot 10^3$	10^4	$2 \cdot 10^4$	$3 \cdot 10^4$	$5 \cdot 10^4$	$7 \cdot 10^4$	10^5	$3 \cdot 10^5$	10^6	10^7
0,23	0,6021	0,6005	0,5995	0,5992	0,5989	0,5987	0,5986	0,5983	0,5982	0,5982
0,24	0,6028	0,6010	0,6000	0,5996	0,5992	0,5991	0,5989	0,5987	0,5985	0,5985
0,26	0,6044	0,6023	0,6010	0,6005	0,6001	0,5998	0,5997	0,5994	0,5992	0,5991
0,28	0,6063	0,6037	0,6022	0,6016	0,6010	0,6008	0,6006	0,6002	0,6000	0,5999
0,30	0,6084	0,6054	0,6035	0,6028	0,6022	0,6019	0,6016	0,6012	0,6010	0,6008
0,32	0,6109	0,6072	0,6051	0,6042	0,6035	0,6031	0,6028	0,6023	0,6021	0,6019
0,34	0,6136	0,6094	0,6068	0,6059	0,6050	0,6046	0,6043	0,6036	0,6033	0,6032
0,36	0,6167	0,6118	0,6089	0,6078	0,6067	0,6063	0,6059	0,6052	0,6048	0,6046
0,38	0,6201	0,6145	0,6112	0,6099	0,6087	0,6082	0,6077	0,6069	0,6065	0,6063
0,40	0,6240	0,6176	0,6138	0,6123	0,6110	0,6104	0,6098	0,6089	0,6085	0,6082
0,42	0,6283	0,6210	0,6167	0,6150	0,6135	0,6128	0,6122	0,6112	0,6107	0,6104
0,44	0,6330	0,6248	0,6199	0,6181	0,6164	0,6156	0,6149	0,6137	0,6132	0,6128
0,46	0,6382	0,6290	0,6236	0,6215	0,6196	0,6187	0,6180	0,6166	0,6160	0,6157
0,48	−	0,6338	0,6277	0,6253	0,6232	0,6222	0,6214	0,6199	0,6192	0,6188
0,50	−	0,6390	0,6322	0,6296	0,6272	0,6261	0,6252	0,6235	0,6227	0,6223
0,52	−	0,6447	0,6372	0,6343	0,6317	0,6305	0,6294	0,6276	0,6267	0,6262
0,54	−	0,6511	0,6427	0,6395	0,6367	0,6353	0,6342	0,6321	0,6312	0,6306
0,56	−	0,6581	0,6489	0,6453	0,6422	0,6407	0,6394	0,6372	0,6361	0,6355
0,58	−	0,6658	0,6557	0,6518	0,6483	0,6466	0,6453	0,6428	0,6416	0,6410
0,60	−	0,6743	0,6632	0,6589	0,6550	0,6532	0,6517	0,6490	0,6477	0,6470
0,62	−	0,6836	0,6714	0,6667	0,6625	0,6605	0,6589	0,6559	0,6545	0,6537
0,64	−	0,6939	0,6805	0,6754	0,6708	0,6686	0,6668	0,6635	0,6620	0,6611
0,65	−	0,6994	0,6854	0,6800	0,6752	0,6729	0,6711	0,6676	0,6660	0,6651
0,66	−	0,7052	0,6906	0,6849	0,6799	0,6775	0,6755	0,6719	0,6703	0,6693
0,67	−	0,7113	0,6960	0,6901	0,6848	0,6823	0,6803	0,6765	0,6748	0,6738
0,68	−	0,7177	0,7017	0,6955	0,6900	0,6874	0,6852	0,6813	0,6795	0,6785
0,69	−	0,7244	0,7077	0,7012	0,6955	0,6927	0,6905	0,6864	0,6845	0,6834
0,70	−	0,7315	0,7140	0,7073	0,7012	0,6984	0,6960	0,6917	0,6897	0,6886
0,71	−	0,7389	0,7206	0,7136	0,7073	0,7043	0,7018	0,6973	0,6952	0,6941
0,72	−	0,7468	0,7277	0,7203	0,7137	0,7106	0,7080	0,7033	0,7011	0,6999
0,73	−	0,7551	0,7351	0,7274	0,7205	0,7172	0,7145	0,7096	0,7073	0,7060
0,74	−	0,7638	0,7429	0,7349	0,7276	0,7242	0,7214	0,7162	0,7138	0,7125
0,75	−	0,7731	0,7512	0,7428	0,7352	0,7316	0,7287	0,7233	0,7208	0,7194
0,76	−	0,7829	0,7600	0,7512	0,7433	0,7395	0,7364	0,7308	0,7282	0,7267
0,77	−	0,7934	0,7694	0,7601	0,7519	0,7479	0,7447	0,7388	0,7360	0,7345
0,78	−	−	0,7793	0,7697	0,7610	0,7568	0,7535	0,7473	0,7444	0,7428
0,79	−	−	0,7900	0,7798	0,7707	0,7664	0,7629	0,7564	0,7533	0,7516
0,80	−	−	0,8014	0,7907	0,7812	0,7766	0,7729	0,7661	0,7629	0,7612

W

Anh. W 2 Tabelle 2. Durchflußzahlen $\alpha = f(\beta, Re)$ für Normdüsen mit Eckentnahme nach ISO 5167; $\beta = \sqrt{m}$ Durchmesserverhältnis

β	Re_D							
	$2 \cdot 10^4$	$3 \cdot 10^4$	$5 \cdot 10^4$	$7 \cdot 10^4$	10^5	$3 \cdot 10^5$	10^6	$2 \cdot 10^6$
0,30	–	–	–	0,9900	0,9908	0,9919	0,9923	0,9924
0,32	–	–	–	0,9903	0,9912	0,9926	0,9930	0,9930
0,34	–	–	–	0,9907	0,9918	0,9933	0,9938	0,9939
0,36	–	–	–	0,9913	0,9925	0,9943	0,9948	0,9949
0,38	–	–	–	0,9922	0,9935	0,9954	0,9960	0,9961
0,40	–	–	–	0,9932	0,9947	0,9968	0,9974	0,9975
0,42	–	–	–	0,9946	0,9961	0,9983	0,9990	0,9991
0,44	0,9803	0,9881	0,9939	0,9962	0,9979	1,0002	1,0009	1,0010
0,46	0,9815	0,9896	0,9957	0,9982	0,9999	1,0024	1,0031	1,0032
0,48	0,9832	0,9917	0,9980	1,0005	1,0023	1,0049	1,0057	1,0058
0,50	0,9855	0,9942	1,0007	1,0033	1,0052	1,0078	1,0086	1,0087
0,52	0,9884	0,9973	1,0039	1,0066	1,0085	1,0112	1,0120	1,0121
0,54	0,9921	1,0010	1,0077	1,0104	1,0123	1,0150	1,0158	1,0160
0,56	0,9966	1,0055	1,0122	1,0148	1,0167	1,0194	1,0202	1,0204
0,58	1,0021	1,0109	1,0174	1,0200	1,0219	1,0245	1,0253	1,0254
0,60	1,0087	1,0171	1,0234	1,0259	1,0277	1,0303	1,0310	1,0312
0,62	1,0165	1,0245	1,0304	1,0328	1,0345	1,0369	1,0376	1,0378
0,64	1,0258	1,0331	1,0386	1,0408	1,0423	1,0446	1,0452	1,0453
0,66	1,0367	1,0432	1,0480	1,0500	1,0514	1,0533	1,0539	1,0540
0,68	1,0495	1,0549	1,0590	1,0606	1,0618	1,0634	1,0639	1,0640
0,70	1,0646	1,0687	1,0717	1,0730	1,0738	1,0751	1,0754	1,0755
0,72	1,0823	1,0847	1,0866	1,0873	1,0879	1,0886	1,0888	1,0889
0,74	1,1031	1,1036	1,1040	1,1042	1,1043	1,1044	1,1045	1,1045
0,76	1,1278	1,1260	1,1246	1,1240	1,1236	1,1230	1,1229	1,1228
0,78	1,1572	1,1525	1,1489	1,1475	1,1465	1,1451	1,1447	1,1446
0,80	1,1924	1,1843	1,1782	1,1757	1,1740	1,1715	1,1708	1,1706

Anh. W 3 Tabelle 1. Sinnbilder für Meßgeräte und ihre Verwendung nach VDE 0410

Drehspulmeßwerk mit Dauermagnet, allgemein

Drehspul-Quotientenmeßwerk

Drehmagnetmeßwerk

Drehmagnet-Quotientenmeßwerk

Dreheisenmeßwerk

Elektrodynamisches Meßwerk, eisenlos

Elektrodynamisches Quotientenmeßwerk, eisenlos

Elektrodynamisches Meßwerk, eisengeschlossen

Elektrodynamisches Quotientenmeßwerk, eisengeschlossen

Drehspulmeßgerät mit eingebautem Thermoumformer

Gleichrichter

Drehspulgerät mit eingebautem Gleichrichter

Magnetische Schirmung

Elektrostatische Schirmung

Gleichstrom

Wechselstrom

Gleich- und Wechselstrom

Drehstromgerät mit einem Meßwerk

Induktionsmeßwerk

Induktions-Quotientenmeßwerk

Hitzdrahtmeßwerk

Bimetallmeßwerk

Elektrostatisches Meßwerk

Vibrationsmeßwerk

Thermoumformer, allgemein

Isolierter Thermoumformer

Drehstromgerät mit zwei Meßwerken

Drehstromgerät mit drei Meßwerken

Senkrechte Gebrauchslage (Nennlage)

Waagerechte Gebrauchslage

Schräge Gebrauchslage, z.B. 60°

Zeigernullstellung

Prüfspannungszeichen (500 V)

Prüfspannung höher als 500 V z.B. 2kV

Beispiel: $\not\equiv \sim 1{,}5 \sqcap \; \stackrel{\wedge}{\Rightarrow} 100/5\,A$

Dreheisenmeßwerk für Wechselstrom Güteklasse 1,5 Gebrauchslage liegend, Prüfspannung 3kV, Stromwandler 100/5A

W

6 Spezielle Literatur
Special bibliography

zu W2 Meßgrößen und Meßverfahren
[1] *Bonfig, K.W.:* Das Handbuch für Ingenieure; Sensoren, Meßaufnehmer. Ehningen: Expert 1988. – [2] *Schanz, G.W.:* Sensoren; Fühler der Meßtechnik. Heilbronn: Hüthig 1986. – [3] *Decker, H.J.:* Technische Fehlerfrühdiagnose-Einrichtungen. München: Oldenbourg 1985. – [4] *Yang, S.J.; Ellison, A.J.:* Machinery noise measurement. Oxford: University Press 1985. – [5] *Leineweber, P.:* Taschenbuch der Längenmeßtechnik. Berlin: Springer 1954. – [6] *Warnecke, H.J.; Dutschke, W.* (Hrsg.): Fertigungsmeßtechnik; Handbuch für Industrie und Wissenschaft. Berlin: Springer 1984. – [7] *Haberäcker, P.:* Digitale Bildverarbeitung; Grundlagen und Anwendungen. München: Hanser 1987. – [8] *Wahl, F.M.; Marko, H.* (Hrsg.): Digitale Bildsignalverarbeitung. Berlin: Springer 1984. – [9] *Rohrbach, Chr.:* Handbuch für experimentelle Spannungsanalyse. Düsseldorf: VDI-Verlag 1989. – [10] *Kobayashi, A.S.:* Handbook on experimental mechanics. Englewood Cliffs: Prentice Hall 1987. – [11] *Kochsiek, M.* (Hrsg.): Handbuch des Wägens. Braunschweig: Vieweg 1985. – [12] *Bonfig, K.W.:* Technische Durchflußmessung. Essen: Vulkan 1987. – [13] *Miller, R.W.:* Flow measurement engineering handbook. New York: McGraw-Hill 1983. – [14] *Eder, F.X.:* Arbeitsmethoden der Thermodynamik. Bd. 1. Temperaturmessung. Berlin: Springer 1981. – [15] *Weichert, L.:* Temperaturmessung in der Technik. Sindelfingen: Expert 1987. – [16] *Körtvelyessy, L. von:* Thermoelement Praxis. Essen: Vulkan 1987. – [17] *Richter, M.:* Einführung in die Farbmetrik. Berlin: de Gruyter 1981. – [18] *Högl, A.:* Strahlenschutzmeßtechnik: Geräte, Verfahren, Richtlinien. Landsberg/Lech: ecomed 1985. – [19] *Manshart, R.:* Strahlenschutz-Meßtechnik für Praktiker. Darmstadt: GIT 1985. – [20] *Rieländer, M.M.:* Reallexikon der Akustik. Frankfurt/Main: Bochinsky 1982. – [21] *Grasserbauer, M., Dudek, H.J., Ebel, M.F.:* Angewandte Oberflächenanalyse. Berlin: Springer 1985.

zu W3 Meßsignalverarbeitung
[1] *Bergmann, K.:* Elektrische Meßtechnik. Braunschweig: Vieweg 1988. – [2] *Germer, H.; Wefers, N.:* Meßelektronik. Bd. 1. Grundlagen; Sensoren; Analoge Signalverarbeitung; Bd. 2. Digitale Signalverarbeitung. Heidelberg: Hüthig 1985, 1986. – [3] *Schrüfer, E.:* Elektrische Meßtechnik. München: Hanser 1984. – [4] *Sahner, G.; Trumpold, H.; Woschni, E.G.* (Hrsg.): Digitale Meßverfahren. Berlin: VEB Verlag Technik 1987. – [5] *Paul, M.:* Digitale Meßwertverarbeitung; Methoden und Fallstudien. Berlin: VDE-Verlag 1982. – [6] *Schumny, H.* (Hrsg.): Personal Computer in Labor, Versuchs- und Prüffeld. Berlin: Springer 1988. – [7] *Lobjinski, M.:* Meßtechnik mit Mikrocomputern. München: Oldenbourg 1984.

W

X | Regelungstechnik
Automatic control

B. Jäger, Berlin

Allgemeine Literatur
zu X1 bis X7
Bücher: *Böcker, J.; Hartmann, J.; Zwanzig, Ch.:* Nichtlineare und adaptive Regelungssysteme. (Hochschultext), Berlin: Springer 1986. – *Böttiger, A.:* Regelungstechnik. München: Oldenbourg 1988. – *DiStefano, J.J.; Stubberud, A.R.; Williams, I.J.:* Regelsysteme. Düsseldorf: McGraw-Hill 1976. – *Dorrscheidt, F.; Latzel, W.:* Grundlagen der Regelungstechnik. Stuttgart: Teubner 1989. – *Föllinger, O.:* Regelungstechnik, 5. Aufl. Heidelberg: Hüthig 1985. – *Fröhr, F.; Orttenburger, F.:* Einführung in die elektronische Regelungstechnik, 4. Aufl. Berlin: Siemens AG 1976. – *Geering, H.P.:* Meß- und Regelungstechnik. (Hochschultext), Berlin: Springer 1988. – *Gißler, J.; Schmid, M.:* Vom Prozeß zur Regelung. Berlin: Siemens AG 1990. – *Hoffmann, N.:* Digitale Regelung mit Mikroprozessoren. Berlin: Vieweg 1983. – *Isermann, R.:* Digitale Regelsysteme, Bd. I (1988) u. II (1987), 2. Aufl. Berlin: Springer. – *Krist, Th.:* Meß-Steuerungs-Regelungstechnik, Formeln, Daten, Begriffe, 3. Aufl. Darmstadt: Hoppenstedt 1987. - *Leonhard, W.:* Einführung in die Regelungstechnik, 4. Aufl. Braunschweig: Vieweg 1987. – *Mann, H.; Schiffelgen, H.:* Einführung in die Regelungstechnik, 6. Aufl. München: Hanser 1988. – *Merz, L.; Jaschek, H.:* Grundkurs der Regelungstechnik, 9. Aufl. München: Oldenbourg 1988. – *Reuter, M.:* Regelungstechnik für Ingenieure, 6. Aufl. Wiesbaden: Vieweg 1988. – *Schlitt, H.:* Regelungstechnik. Würzburg: Vogel Buchverlag 1988. – *Schmidt, G.:* Grundlagen der Regelungstechnik. (Hochschultext), 2. Aufl. Berlin: Springer 1987. – *Unbehauen, H.:* Regelungstechnik Bd. I, 6. Aufl. 1988, Bd. II, 5. Aufl. 1989, Bd. III, 3. Aufl. 1988. Braunschweig: Vieweg.

Normen und Richtlinien: *DIN 19225:* Benennung und Einteilung von Reglern. – *DIN 19226:* Regelungstechnik und Steuerungstechnik. - *DIN 19228:* Bildzeichen für MSR, allg. Bildzeichen. – *DIN 19229:* Übertragungsverhalten dynamischer Systeme. – *VDI/VDE-Richtlinie 2173:* Strömungstechnische Kenngrößen von Stellventilen und deren Bestimmung. *VDI/VDE-Richtlinie 2189, Bl. 1 u. 2:* Beschreibung und Untersuchung von Zwei- und Mehrpunktreglern ohne Rückführung (Bl. 1) und von Zwei- und Dreipunktreglern mit Rückführung (Bl. 2).

1 Grundbegriffe. Basic concepts

Die Regelungstechnik behandelt Ursache-Wirkung-Beziehungen in technischen Systemen, besonders das Finden zweckgerichteter Beziehungen. Die Änderung x_a der Ausgangsgröße infolge einer Änderung x_e der Eingangsgröße kennzeichnet die Ursache-Wirkung-Beziehung eines Übertragungsglieds $\ddot U$ (**Bild 1a**). Bei Kettenstrukturen ist die Ausgangsgröße eines Glieds zugleich die Eingangsgröße des folgenden Glieds (**Bild 1b**).
Wirkungspläne (Signalflußpläne) stellen parallel- und hintereinandergeschaltete Glieder mit den Wirkungs- und Signalwegen zwischen den Gliedern symbolisch dar. Übertragungsglieder werden rückwirkungsfrei betrachtet, d.h. x_a hat keinen (oder vernachlässigbaren) Einfluß auf x_e. Reale Rückwirkungen von x_a auf x_e werden über zusätzliche Glieder berücksichtigt, **Bild 7**. 2 Eingangsänderungen x_{e1} und x_{e2} bewirken Ausgangsänderungen x_{a1} und x_{a2}, für *lineare Glieder* gilt $x_{a1} + x_{a2} = f(x_{e1} + x_{e2})$. *Nichtlineare Glieder* lassen sich entweder über Teilbereiche als näherungsweise linear ansehen (Linearisierung s. X2.1) oder erfordern spezielle Verfahren (s. X2.2.8 und X3.3). Lineare Glieder setzen *Stetigkeit* oder *analoge* Zuordnung zwischen x_e und x_a voraus, jedem x_e ist ein x_a zugeordnet (Beispiel: temperaturabhängige Verformung eines Bimetallstreifens). Dagegen entspricht die Ausgangsgröße *digitaler* Geräte der Eingangsgröße in schrittweisen (diskreten) Abständen (Beispiel: Digitalvoltmeter). *Quasistetig* arbeitende, digitale elektronische Geräte (Mikroprozessoren etc.) kleiner Schrittweiten ersetzen zunehmend stetige (analoge) Regler (DDC: Direct Digital Control). Digital-Analog-*Umsetzer* formen digitale in analoge Signale um und umgekehrt. Außer in X2.2.8 und X3.3 wird lineares oder linearisiertes, stetiges Verhalten behandelt, das auch als gute Näherung für quasistetige Geräte bei Digi-

tal-Analog-Umsetzung mit hoher Signalverarbeitungsgeschwindigkeit gilt.

Steuerung. Ein System mit nur bestimmtem Zusammenhang zwischen x_e und x_a heißt *Steuerkette* (**Bild 1b**). Es können weitere Eingangssignale als *Störgrößen* Z_i einwirken und x_a zusätzlich beeinflussen. Nach DIN 19226 gilt: Steuern ist der Vorgang in einem System, bei dem eine oder mehrere Eingangsgrößen die Ausgangsgrößen aufgrund der Gesetzmäßigkeiten des Systems beeinflussen.

Regelung. Viele technische Prozesse erfordern das Halten einer *Regelgröße* X auf einem vorgegebenen *Sollwert* oder *Aufgabenwert* der *Führungsgröße* W, auch wenn Störgrößen Z dies störend beeinflussen. Nach DIN 19226 gilt: *Regeln* ist ein Vorgang, bei dem die Regelgröße fortlaufend erfaßt, mit der Führungsgröße verglichen und abhängig von diesem Vergleich über entsprechende Änderungen der *Stellgröße* im Sinne einer Angleichung an die Führungsgröße angepaßt wird. Der daraus entstehende Wirkungsablauf findet im geschlossenen *Regelkreis* statt.
Bild 2 zeigt den geschlossenen Wirkungsablauf eines Regelkreises, bestehend aus Regler R und Regelstrecke S.

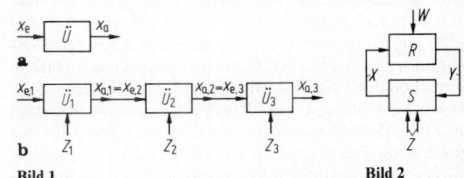

Bild 1. a Übertragungsglied $\ddot U$; **b** Kettenstruktur (Hintereinanderschaltung) von Übertragungsgliedern $\ddot U_i$ als Steuerkette mit Störgrößen Z_i

Bild 2. Regelkreis bzw. Kreisstruktur

Tabelle 1. Symbolische Wirkungsweise (DIN 2481)

⊕	⊖	⊕	⊖	⊕	⊽
Öffnen bei Zunahme der Regelgröße	Öffnen bei Abnahme der Regelgröße	Öffnen bei Erreichen eines oberen Grenzwerts	Öffnen bei Erreichen eines unteren Grenzwerts	Schließen bei Erreichen eines oberen Grenzwerts	Schließen bei Erreichen eines unteren Grenzwerts

Der Wirkungsablauf des Regelkreises enthält stets eine Vorzeichenumkehr: eine Zunahme der Regelgröße wirkt über den Regler und die Stellgröße auf die Regelstrecke im Sinne einer Abnahme der Regelgröße ein (und umgekehrt).

Beispiel: Bei einer Raumtemperatur-Regelung verringert der Regler mit steigender Raumtemperatur (Regelgröße) den Wärmezufluß zum Heizkörper: die Temperatur sinkt. Mit abnehmender Raumtemperatur erhöht der Regler den Wärmezufluß: die Raumtemperatur steigt.

Beim Regler ist die Regelgröße X der Eingang, die Stellgröße Y der Ausgang; die Strecke beginnt mit der Stellgröße Y, die Regelgröße X ist Ausgangsgröße. Die Stellgröße wirkt auf den Energie- oder Stoffluß der Regelstrecke (Anlage) und beeinflußt die Regelgröße entgegen dem Einfluß von Störgrößen Z. Bei *Handregelung* übernimmt ein Mensch die Aufgabe mindestens eines Glieds.

Beispiel: Bei einer Pumpenanlage (**Bild 3a**) soll die Kreiselpumpe K über den drehzahlvariablen Antrieb M den Förderdruck p auf dem Wert W_0 (Führungsgröße) halten. – Eine Stellung des Ventils V ergibt die Widerstandskennlinie W_1 (**Bild 3b**), welche die Arbeitskennlinie A_1 der Pumpe im Punkt 1 (Massenstrom $\dot m_1$ bei p_0) schneidet. Eine geringere Ventilöffnung als Störung ergibt die Widerstandskennlinie W_2 mit Schnittpunkt 2 auf A_1 ($p_2 > p_0$; $\dot m_2 < \dot m_1$). Bei Handregelung wird die Drehzahl n (Stellgröße) verringert, bis bei $p = p_0$ Schnittpunkt 3 von A_2 und W_2 erreicht ist. Die selbsttätige Regelung folgt dagegen der Geraden 1–3.

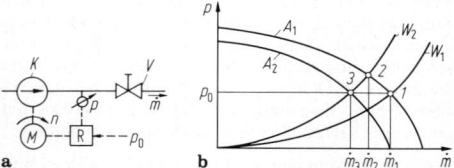

Bild 3. Druckregelung einer Pumpe. **a** Schaltbild; **b** Kennlinienfeld

Die Regelfunktion erfordert in kontinuierlicher (oder intermittierender) Folge mindestens *Messen* des Istwerts der Regelgröße, *Vergleichen* des Istwerts mit dem Wert der Führungsgröße und *Verstellen* der Stellgröße bei Soll-Istwert-Differenz zum Angleichen der Regelgröße an die Führungsgröße. Ein Regelkreis arbeitet nur befriedigend, wenn keine Größe durch Anschläge begrenzt ist.
Die Regelgröße ist meist nur indirekt meßbar (z.B. Temperatur als Längenänderung, Drehzahl als Fliehkraft). Der Vergleich von Regel- und Führungsgröße erfordert dieselbe physikalische Größe, also gegebenenfalls *Meßwertumformer*. Beim Prinzipaufbau eines Regelkreises wird nach den Meßumformern *1* und *2* die Differenz zwischen der Führungs- und Regelgröße, also die *Regeldifferenz* x_d (*Soll-Istwert-Differenz*) gebildet. Glied *3* für das gewünschte Regelverhalten (s. X3.2) bildet den Eingang für den meist benötigten Vorverstärker *4* und Stellantrieb *5*. Sein Ausgang ist über Stellglieder die Stellgröße Y als Eingang der Strecke S. Ihr Ausgang ist die Regelgröße X. Damit ist der Wirkungsablauf geschlossen.
Oft verhindert eine Regelung als *Sicherheitseinrichtung* das

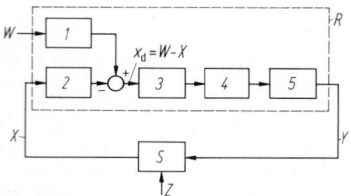

Bild 4. Regelkreis mit Übertragungsgliedern *1* bis *5* des Reglers

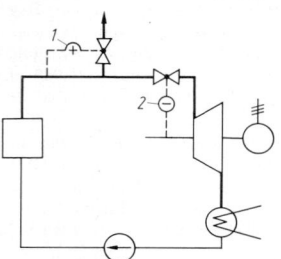

Bild 5. Schaltbild einer Dampfkraftanlage

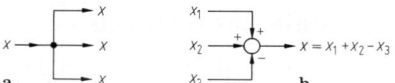

Bild 6. a Verzweigungsstelle; **b** Summierstelle

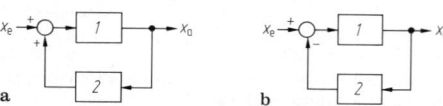

Bild 7. Kreisstrukturen. **a** Mitkopplung; **b** Gegenkopplung

Unter- oder Überschreiten von Grenzwerten (*Grenzregler*). **Tab. 1** gibt die Bildzeichen für die vereinfachten Funktionen wieder, **Bild 5** zeigt das vereinfachte Schaltbild einer Dampfkraftanlage mit Kessel-Sicherheitsventil als Grenzregler *1* und Turbinen-Drehzahlregelung *2*.
Änderungen von Größen werden mit kleinen Buchstaben bezeichnet, z.B. $\Delta X = X_2 - X_1 \equiv x$.
Normierte Größen sind auf ihren Nennwert bezogen, sie ergeben also Zahlenwerte meist zwischen 0 und 1 wie z.B. der Quotient des Durchflusses $\dot V$ zu seinem Wert $\dot V_0$ bei voller Ventilöffnung ($\dot V^* = \dot V / \dot V_0$).
Eine Größe x kann über die als Punkt dargestellte Verzweigungsstelle (**Bild 6a**) die Eingangsgröße für mehrere Glieder sein. Mehrere Größen lassen sich in einer als Kreis dargestellten Additionsstelle (Pfeilspitzen geben die Wirkungsrichtung an) vorzeichenrichtig summieren (**Bild 6b**). Neben der Ketten- und Parallelstruktur gibt es die Kreisstruktur mit der *Rückführung* (Rückkopplung) der Ausgangsgröße auf den Eingang eines Glieds. Für die *Mitkopplung* hat sie ein positives (**Bild 7a**), für die häufige, schwächende *Gegenkopplung* (**Bild 7b**) ein negatives Vorzeichen. Rückführungen dienen auch dazu, die Rückwirkung innerhalb eines Glieds darzustellen.

2 Übertragungsverhalten
Transient response

Die Größen sind zeitabhängig. Der zeitabhängige Zusammenhang zwischen der Änderung der Ein- und Ausgangsgröße heißt *Übertragungsverhalten* eines Glieds.

2.1 Statisches Verhalten. Steady-state response

Erreicht x_a nach einer Änderung x_e für $t \to \infty$ einen festen Wert, so ist dieser der *stationäre* Wert (*eingeschwungener Zustand*). Die experimentell oder rechnerisch ermittelte Abhängigkeit stationärer Werte X_a von X_e wird in einem Diagramm als *statische Kennlinie* (**Bild 1a**), ggf. für mehrere Eingangsgrößen Z als Kennlinienfeld (**Bild 1b**) dargestellt. Allgemein gilt

$$x_a = (\partial X_a / \partial X_e)_Z x_e = K_P x_e \qquad (1)$$

mit dem Übertragungsbeiwert $K_P = (\partial X_a / \partial X_e)_Z$ als Neigung der Kennlinie für den betrachteten Arbeitspunkt A und Parameter Z. Bei gekrümmten Kennlinien dienen Ersatzgeraden *1–2, 2–3, 3–4* zur *Linearisierung*.

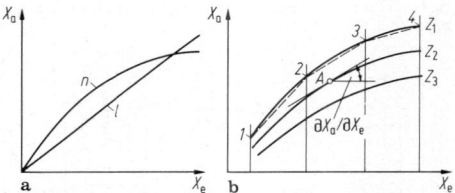

Bild 1. Statisches Verhalten. **a** lineare (*l*) und nichtlineare (*n*) Kennlinie; **b** nichtlineares Kennlinienfeld mit Eingangsgrößen Z, Ersatzgeraden gestrichelt

2.2 Übergangsverhalten. Dynamic response

2.2.1 Antwortfunktion. Response functions

Der allgemeine Zusammenhang $x_a(t) = f[x_e(t)]$ ist eine Differentialgleichung mit $x_e(t)$ als beliebiger Funktion. Bevorzugt werden hierfür Standardfunktionen, wie die *Sprungfunktion* (**Bild 2a**) mit $x_e(t) = 0$ für $t < 0$ und $x_e(t) = x_{es}$ für $t > 0$. Die zugehörige Änderung $x_a(t)$ als *Sprungantwort* (*Übergangsfunktion*) dient zur Kennzeichnung. Eine weitere Standardfunktion ist die *Anstiegsfunktion* (**Bild 2b**) mit linearem Anstieg $x_e(t)$ und zugehöriger *Anstiegsantwort* $x_a(t)$. Weiterhin ist für X 2.3 die Sinusfunktion wichtig (s. **Anh. X2 Tab. 1**).

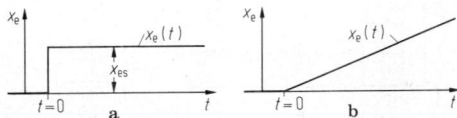

Bild 2. Standardfunktionen $x_e(t)$. **a** Sprungfunktion. **b** Anstiegsfunktion

2.2.2 Proportionales (P-)Verhalten. Proportional response

Für das proportionale (P-)Glied gilt zwischen den Änderungen der Eingangs- und Ausgangsgröße

$$x_a = K_P x_e. \qquad (2)$$

Der *Proportionalbeiwert* K_P ist der Faktor nach Gl. (1). **Bild 3a** zeigt die Sprungantwort, **Bild 3b** das Blockbild.

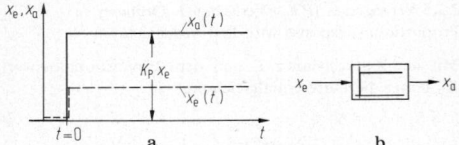

Bild 3. P-Glied. **a** Sprungantwort; **b** Blockbild

Die Trägheits- und Dämpfungskräfte sowie endliche Geschwindigkeiten wirken verzögernd. Daher gibt es ein P-Verhalten meist nur annähernd.

2.2.3 Integrales (I-)Verhalten. Integral response

Für das integrale (I-)Glied gilt mit der *Nachstellzeit* T_n und Integrierbeiwert $K_I = K_P / T_n$ zwischen den Änderungen der Eingangs- und Ausgangsgröße

$$x_a = K_I \int x_e \, dt. \qquad (3)$$

Nach einer Sprungänderung von x_e (**Bild 4a**) vergeht die Zeit T_n, bis x_a sich um den Wert $K_P x_e$ geändert hat.

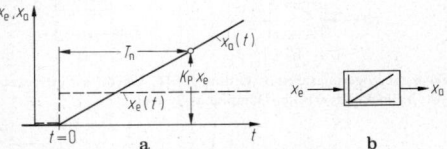

Bild 4. I-Glied. **a** Sprungantwort; **b** Blockbild

Beispiel: Eine rotierende Schwungmasse (Trägheitsmoment I) unterliegt bei einer Differenz zwischen Antriebsmoment M_{DA} und Bremsmoment M_{DB} der Winkelgeschwindigkeitsänderung $d\omega / dt = (M_{DA} - M_{DB})/I$.
Mit der Nennwinkelgeschwindigkeit ω_0 und dem Nenndrehmoment M_{D0} (z.B. bei Nennleistung und Nenndrehzahl) ergibt sich

$$\frac{\Delta \omega}{\omega_0} = \frac{M_{D0}}{I \omega_0} \int \left[\frac{M_{DA}}{M_{D0}} - \frac{M_{DB}}{M_{D0}} \right] dt. \qquad (4)$$

$I\omega_0 / M_{D0} = T_A$ heißt *Anlaufzeit* einer Maschine (s. X 4.2), die idealisiert für $M_{DA} = M_{D0}$ und $M_{DB} = 0$ zur Beschleunigung der Schwungmasse I von $\omega = 0$ auf ω_0 erforderlich ist.

2.2.4 Differentiales (D-)Verhalten. Derivative response

Für das differentiale (D-)Glied (**Bild 5a**) gilt zwischen den Änderungen der Ausgangs- und Eingangsgröße

$$x_a = K_D \dot{x}_e. \qquad (5)$$

Der Beiwert K_P und die *Vorhaltzeit* T_v führen auf den Differenzierbeiwert $K_D = K_P T_v$. Die Sprungantwort ist theoretisch eine Nadelfunktion unendlicher Größe. Rein D-wirkende Glieder sind wegen der Massen und endlichen Geschwindigkeiten nicht exakt realisierbar. Das reale, technische Lösungen besser angepaßte *Vorhaltglied* oder DT_1-*Glied* (**Bild 5b, c**) folgt der Gleichung

$$T_1 \dot{x}_a + x_a = K_P T_v \dot{x}_e. \qquad (6)$$

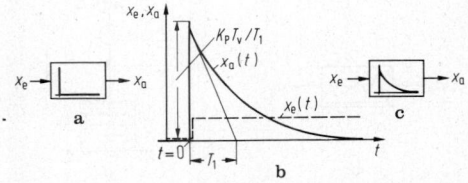

Bild 5. a D-Glied, Blockbild; **b** und **c** Sprungantwort, Blockbild eines realen (DT_1)-Vorhaltglieds

X

2.2.5 Verzögertes (PT₁-)Verhalten 1. Ordnung
Proportional response with first order delay

Mit der Zeitkonstante T und dem Proportionalbeiwert K_P lautet die Differentialgleichung

$$T\dot{x}_a + x_a = K_P x_e. \tag{7}$$

Für die Antwort $x_a(t)$ (**Bild 6a**) auf einen Eingangssprung x_{es} gilt $x_a = K_P x_{es}(1 - e^{-t/T})$.

Beispiel: Masseloses Feder-Dämpfungs-System (**Bild 6c**), c_F Federkonstante und d_F geschwindigkeitsproportionale, viskose Dämpfung. Wie lautet die Übertragungsgleichung zwischen x_e und x_a? – Das Kräftegleichgewicht ergibt $c_F(x_e - x_a) - d_F\dot{x}_a = 0$ bzw. $(d_F/c_F)\dot{x}_a + x_a = x_e$, also Gl. (7) mit $K_P = 1$ und $T = d_F/c_F$.

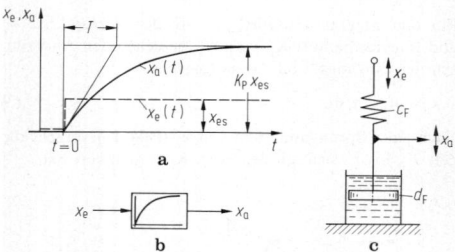

Bild 6. Verzögerungsglied 1. Ordnung (PT₁-Glied). **a** Sprungantwort; **b** Blockbild; **c** Feder-Dämpfungs-System

2.2.6 Verzögertes (PT₂-)Verhalten 2. Ordnung
Proportional response with second order delay

Für das Verzögerungsglied 2. Ordnung oder PT_2-Glied gilt mit der Kreisfrequenz ω_0 bzw. der Dauer $T_0 = 2\pi/\omega_0$ der ungedämpften Schwingung, dem Dämpfungsgrad d und der Eigenfrequenz $\omega_e = \omega_0\sqrt{1-d^2}$ der gedämpften Schwingung die Differentialgleichung

$$\ddot{x}_a/\omega_0^2 + 2d\dot{x}_a/\omega_0 + x_a = K_P x_e. \tag{8}$$

Bild 7a zeigt die Sprungantwort x_{a1} für $d < 1$ und x_{a2} für $d > 1$. Der günstigste Dämpfungsgrad ist meist mit $d \approx 0,7$ gegeben. Zwischen dem Dämpfungsgrad und dem logarithmischen Dekrement ϑ als Abklingmaß zweier aufeinanderfolgender Schwingungsamplituden A_1 und A_2 gilt nach B4.1.2 mit $\omega_0 \equiv \omega_1$; $\delta \equiv d\omega_0$ und $\omega_0 \equiv \lambda$

$$\vartheta = \ln(|A_1|/|A_2|) \quad \text{und} \quad d = \vartheta/\sqrt{\pi^2 + \vartheta^2}. \tag{9}$$

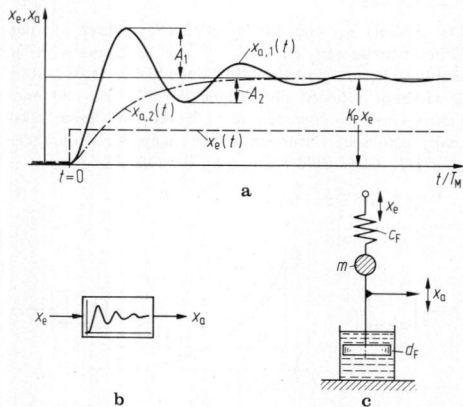

Bild 7. Verzögerungsglied 2. Ordnung (PT₂-Glied). **a** Sprungantwort; **b** Blockbild; **c** Feder-Masse-Dämpfungs-System

Beispiel: Feder-Masse-Dämpfungs-System (**Bild 7c**), c_F Federkonstante, d_F geschwindigkeitsproportionale, viskose Dämpfung, m Masse. Wie lautet die Übertragungsgleichung zwischen x_e und x_a? – Das Kräftegleichgewicht ergibt $m\ddot{x}_a + d_F\dot{x}_a + c_F(x_a - x_e) = 0$ bzw. $(m/c_F)\ddot{x}_a + (d_F/c_F)\dot{x}_a + x_a = x_e$, also Gl. (8) mit $\omega_0^2 = c_F/m, 2d/\omega_0 = d_F/c_F$ und $K_P = 1$.

2.2.7 Verzögerungsverhalten höherer Ordnung
Linear response with higher order delay

Ein Glied mit mehreren Verzögerungen in Serienschaltung heißt *Verzögerungsglied höherer Ordnung*. **Bild 8a** zeigt die Sprungantwort mit der Wendetangente. Der Schnittpunkt der Wendetangente mit der Abszisse ergibt gegenüber $t = 0$ die *Verzugszeit* T_u und gegenüber dem Schnittpunkt mit der Asymptote des Beharrungszustands die *Ausgleichszeit* T_g (*Ersatzzeitkonstante*). Oft ist ein solches Verzögerungsglied durch mehrere PT₁-Glieder in Serienschaltung darstellbar. Weitere Näherungslösungen sind in Hintereinanderschaltung eines T_t-Glieds (s. X2.2.8) mit $T_t = T_u$ und eines PT₁-Glieds mit $T = T_g$ sowie für $T_g < T_u$ ein Totzeitglied mit $T_t = T_u + T_g/2$.

Beispiel: Bei einem elektrisch beheizten Wasserbad (**Bild 8b**) erwärmt sich nach Einschalten der Heizleistung P die elektrische Heizplatte H, anschließend Flüssigkeit F_1 und schließlich Flüssigkeit F_2. Die drei Wärmespeicher H, F_1 und F_2 bilden ein Verzögerungsglied 3. Ordnung.

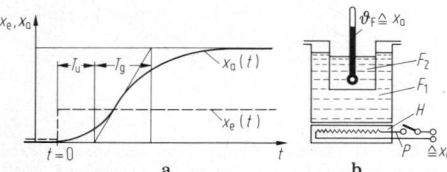

Bild 8. Verzögerungsglied höherer Ordnung mit Verzugszeit T_u und Ausgleichszeit T_g. **a** Sprungantwort; **b** elektrische Heizplatte H mit Flüssigkeiten F_1, F_2 (Verzögerungsglied 3. Ordnung)

2.2.8 Totzeit-(T_t-)Verhalten. Dead time response

Beim *Totzeit-* oder T_t-*Glied* (Laufzeitglied) ist die Sprungantwort x_a (**Bild 9a**) um die Totzeit T_t gegenüber x_e verschoben.

$$x_a(t) = x_e(t - T_t) \quad \text{für} \quad t > T_t. \tag{10}$$

Beispiel: Bei einem Förderband (**Bild 9c**) tritt die Änderung x_e des Schüttguteingangs in Abhängigkeit von der Bandgeschwindigkeit v_B und der Bandlänge s_B erst nach der Totzeit $T_t = s_B/v_B$ am Bandende als Ausgangsänderung x_a auf.

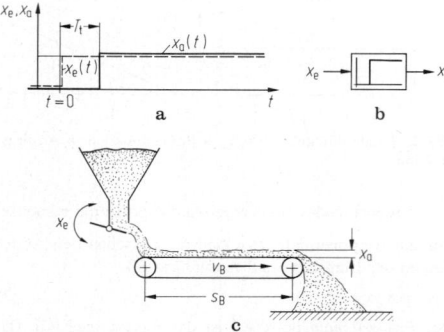

Bild 9. T_t-Glied. **a** Sprungantwort; **b** Blockbild; **c** Förderband

2.3 Frequenzgang. Frequency response

2.3.1 Grundbegriffe des Frequenzgangs
Basic concepts of frequency response

Viele technische Übertragungssysteme lassen sich ausreichend genau aus den in X 2.2 genannten Gliedern zusammensetzen und durch eine lineare Differentialgleichung beschreiben. Die allgemeine Form lautet mit den Abkürzungen $a_n = T_{an}^n, a_2 = T_{a2}^2, a_1 = T_{a1}, a_0 = 1, a_{-1} = 1/T_{a-1}$ sowie $e_m = T_{em}^m, e_2 = T_{e2}^2, e_1 = T_{e1}, e_0 = K_P$ und $e_{-1} = 1/T_{e-1}$:

$$a_n x_a^{(n)} + \ldots + a_2 \ddot{x}_a + a_1 \dot{x}_a + a_0 x_a + a_{-1} \int x_a dt + \ldots$$
$$= e_m x_e^{(m)} + \ldots + e_2 \ddot{x}_e + e_1 \dot{x}_e + e_0 x_e + e_{-1} \int x_e dt + \ldots \quad (11)$$

Für die homogene Gleichung (Glieder der Eingangsgröße gleich Null) führt der Ansatz $x_a = x_{a0} e^{pt}$ auf die charakteristische Gleichung

$$a_n p^n + \ldots + a_2 p^2 + a_1 p + 1 + a_{-1}/p + \ldots = 0. \quad (12)$$

Die Lösung der inhomogenen Gl. (11) umfaßt das homogene (s. A 8.1.4 und A 8.1.5) sowie ein partikuläres Integral, das sich aus dem Beharrungszustand ergibt. Meist ist die Betrachtung der Übertragung sinusförmiger Signale mit der Kreisfrequenz ω für $0 < \omega < \infty$ zweckmäßiger. x_a und x_e sind dabei durch ihr *Amplitudenverhältnis* x_{a0}/x_{e0} und ihre *Phasenverschiebung* φ gekennzeichnet (**Bild 10 a**). Die Abhängigkeit des Amplitudenverhältnisses und der Phasenverschiebung von der Frequenz ω im eingeschwungenen Zustand für $0 < \omega < \infty$ heißt *Frequenzgang*.

Mit dem *Satz von Euler* (s. A 4.2.1) $e^{j\omega t} = \cos \omega t + j \sin \omega t$ lassen sich x_e und x_a in der Form

$$x_e(j\omega) = x_{e0} e^{j(\omega t)} \quad \text{und} \quad x_a(j\omega) = x_{a0} e^{j(\omega t + \varphi)} \quad (13)$$

in der komplexen Zahlenebene als mit ω umlaufende Zeiger x_e und x_a darstellen (**Bild 10 b**). Die Projektion auf die Ordinate ergibt den Anteil $x_e = x_{e0} \sin \omega t$ bzw. $x_a = x_{a0} \sin(\omega t + \varphi)$. Der Frequenzgang lautet mit Gl. (13)

$$F(j\omega) = x_a(j\omega)/x_e(j\omega) = (x_{a0}/x_{e0}) e^{j\varphi}$$
$$= \text{Re}(\omega) + j \text{ Im}(\omega) \quad (14)$$

und ist stets als Zeiger für $0 < \omega < \infty$ darstellbar. Die Betrachtung des mit ω umlaufenden Zeigers x_e der Länge $x_{e0} = 1$ jeweils zum Zeitpunkt des Nulldurchgangs ergibt die Phasenverschiebung φ zwischen x_e und x_a von der realen, positiven Achse aus. Für $|F| = x_{a0}/x_{e0}$ (Zeigerlänge = Amplitudenverhältnis) und φ gibt nach Gl. (14) für den jeweiligen Wert von ω

$$|F| = x_{a0}/x_{e0} = \sqrt{\text{Re}^2(\omega) + \text{Im}^2(\omega)} \quad \text{und}$$
$$\varphi = \arctan[\text{Im}(\omega)/\text{Re}(\omega)]. \quad (15)$$

Die Darstellung des Frequenzgangs gemäß Gl. (14) als geometrischer Ort aller Zeigerspitzen für $0 < \omega < \infty$ heißt *Ortskurve*, ein Pfeil gibt die Richtung steigender ω an.

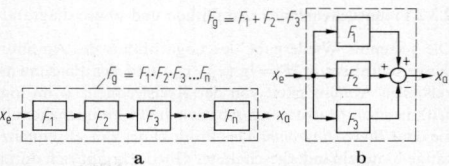

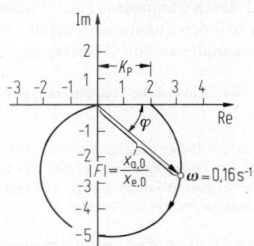

Bild 11. Übertragungsglieder. **a** Ketten-; **b** Parallelstruktur

Bild 12. PT$_2$-Glied. Ortskurve mit $\omega_0 = 0,2 s^{-1}$, $d = 0,2$ und $K_P = 2$

Mit $p \equiv j\omega$ führt Gl. (13) für beliebige Ableitungen auf

$$d^m x_e/dt^m = p^m x_{e0} e^{pt} = p^m x_e \quad \text{bzw.}$$
$$d^n x_a dt^n = p^n x_{a0} e^{pt} e^{j\varphi} = p^n x_a \quad (16)$$

sowie für die Integration auf

$$\int x_e dt = x_e/p \quad \text{und} \quad \int x_a dt = x_a/p. \quad (17)$$

Diese Darstellung (eingeschwungener Zustand) ist nach den Rechenregeln komplexer Zahlen (s. A 2.2.2) einfach zu handhaben. Gleichung (11) ergibt mit den Gln. (16) und (17) die allgemeine Form des Frequenzgangs

$$F(p) = \frac{e_m p^m + \ldots + e_2 p^2 + e_1 p + e_0 + e_{-1}/p + \ldots}{a_n p^n + \ldots + a_2 p^2 + a_1 p + a_0 + a_{-1}/p + \ldots}. \quad (18)$$

Für den Frequenzgang F_g einer Ketten- bzw. Parallelstruktur (**Bild 11 a** bzw. **11 b**) mit den Einzelfrequenzgängen $F_1, F_2, \ldots, F_n$ gilt

$$F_g = F_1 \cdot F_2 \cdot F_3 \ldots F_n \quad \text{bzw.} \quad F_g = F_1 + F_2 - F_3. \quad (19)$$

Beispiel: Welchen Verlauf hat die Ortskurve eines PT$_2$-Glieds? – Der Frequenzgang entsprechend Gl. (8) lautet mit $p = j\omega$ nach Gl. (18) $F(p) = K_P/(p^2/\omega_0^2 + 2dp/\omega_0 + 1)$ oder

$$F(j\omega) = \frac{K_P}{1 - (\omega/\omega_0)^2 + j2d\omega/\omega_0}.$$

Die Erweiterung mit dem konjugiert-komplexen Nenner und die Spaltung in Real- und Imaginärteil nach Gl. (14) ergibt

$$F(j\omega) = \frac{K_P(1 - \omega^2/\omega_0^2)}{(1 - \omega^2/\omega_0^2)^2 + 4d^2\omega^2/\omega_0^2} - j\frac{K_P 2d\omega/\omega_0}{(1 - \omega^2/\omega_0^2)^2 + 4d\omega^2/\omega_0^2}.$$

Bild 12 zeigt die Ortskurve für $\omega_0 = 0,2 s^{-1}, d = 0,2$ und $K_P = 2$ mit dem Zeiger für $\omega = 0,16 s^{-1}$.

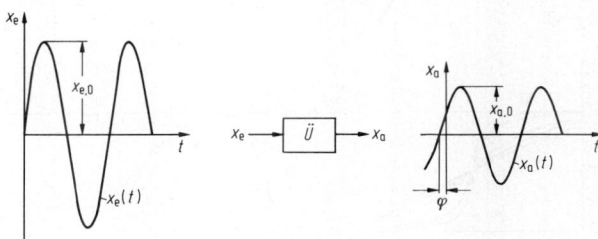

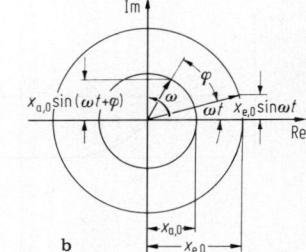

Bild 10. a Übertragungsglied $\ddot{U}$ mit Ein- und Ausgangsschwingung x_e und x_a; **b** Zeigerbild

2.3.2 Frequenzkennlinien. Amplitude und phase diagram

Die getrennte Wiedergabe des Logarithmus des Amplitudenverhältnisses $\lg |F| = \lg (x_{a0}/x_{e0})$ und des Phasenwinkels ω in Abhängigkeit von der Kreisfrequenz φ im logarithmischen Maßstab als Abszisse heißt Frequenzkennlinie oder *Bode-Diagramm*. Das Produkt der Einzelfrequenzgänge hintereinandergeschalteter Glieder ergibt sich durch Summierung jeweils der Logarithmen der Amplitudenverhältnisse und durch Summierung der Phasenwinkel. **Anh. X 2 Tab. 1** enthält den qualitativen Verlauf der Ortskurven und Frequenzkennlinien von Übertragungsgliedern.

P-Glied. Nach Gl. (2) hat es die Frequenzgangleichung

$$F = K_P;\qquad(20)$$

die Ortskurve ist ein Punkt auf der reellen Achse im Abstand K_P vom Nullpunkt. Im Bode-Diagramm ergibt sich für das Amplitudenverhältnis $\lg |F|$ eine Waagerechte im Abstand $\lg |K_P|$ von der Abszisse; die Phasenverschiebung beträgt 0°.

I-Glied. Nach Gl. (3) hat es die Frequenzgangleichung

$$F = K_I/(j\omega) = K_P/(j\omega T_n) = -jK_P/(\omega T_n);\qquad(21)$$

die Ortskurve ist eine Gerade auf der negativen, imaginären Achse. Wird die Kreisfrequenz ω auf $1/T_n$ bezogen, ergibt Gl. (21) im Bode-Diagramm die Gerade $\lg |F| = \lg |K_P| - \lg(\omega T_n)$, sie hat den Richtungsfaktor −1 (s. A5.1.5). $|F|$ fällt also um eine Dekade pro Dekade von ωT_n und hat bei $\omega T_n = 1$ den Abstand $\lg |K_P|$ von der Abszisse. Die Phasenverschiebung beträgt $\varphi_I = -90°$.

D-Glied. Nach Gl. (5) hat es die Frequenzgangleichung

$$F = j\omega K_D = j\omega K_P T_v;\qquad(22)$$

die Ortskurve ist eine Gerade auf der positiven, imaginären Achse. Im Bode-Diagramm gilt nach Gl. (22) $\lg |F| = \lg |K_P| + \lg (\omega T_v)$, d.h. eine nach rechts ansteigende Gerade. Die Phasenverschiebung beträgt $\varphi_D = +90°$.

PT$_1$-Glied. Nach Gl. (7) hat es die Frequenzgangleichung

$$F = K_P/(1 + pT) = K_P/(1 + \omega^2 T^2) - jK_P\omega T/(1 + \omega^2 T^2);\qquad(23)$$

die Ortskurve ist ein an der Abszisse anliegender Halbkreis (Radius $K_P/2$) im 4. Quadranten. Das Amplitudenverhältnis

$$|F| = K_P/\sqrt{1 + \omega^2 T^2}\qquad(24)$$

führt mit $\omega T \ll 1$ auf $|F| \approx K_P$ und mit $\omega T \gg 1$ auf $|F| \approx K_P/(\omega T)$. Im Bode-Diagramm (**Bild 13a**) ergibt das Amplitudenverhältnis $|F|$ für $\omega T \ll 1$ die Waagerechte $\lg |F| = \lg |K_P|$ und für $\omega T \gg 1$ die Gerade $\lg |F| = \lg |K_P| - \lg (\omega T)$. Ihre Asymptoten (strichpunktiert) schneiden einander bei der *Knickfrequenz* $\omega_K = 1/T$. Die Phasennacheilung nach Gl. (15) ergibt $0 > \varphi > -90°$. Das PT$_1$-Glied verhält sich für $\omega T \ll 1$ wie ein P-Glied, für $\omega T \gg 1$ wie ein I-Glied.

PT$_2$-Glied. Nach Gl. (8) hat es die Frequenzgangleichung nach dem Ortskurvenbeispiel in X2.3.1. Ihr Amplitudenverhältnis beträgt dann

$$|F| = K_P/\sqrt{[1 - (\omega/\omega_0)^2]^2 + 4d^2(\omega/\omega_0)^2}.\qquad(25)$$

Bild 13b zeigt das Bode-Diagramm für verschiedene Dämpfungsgrade d. Die Kreisfrequenz ω wird auf die ungedämpfte Resonanzfrequenz ω_0 bezogen. Für $\omega/\omega_0 < 0,01$ ergibt das Amplitudenverhältnis $|F|$ eine Waagerechte im Abstand $\lg |K_P|$ und für $\omega/\omega_0 > 100$ eine Gerade mit dem Richtungsfaktor −2 als jeweilige Asymptote. Die Phasenverschiebung beginnt mit $\varphi \approx 0$ und strebt den Wert $\varphi = -180°$ an. Ein PT$_2$-Glied verhält sich für niedrige ω wie ein P-Glied, für große ω wie zwei I-Glieder in Serienschaltung. Für $d > 1$ läßt sich das PT$_2$-Glied durch die Serienschaltung von zwei PT$_1$-Gliedern (Zeitkonstanten T_1 und T_2, Übertragungsfaktoren K_{P1} und K_{P2}) annähern. Mit Gl. (23) gilt

$$F = \frac{K_{P1}}{(P + T_1 p)}\,\frac{K_{P2}}{(1 + T_2 p)} = \frac{K_{P1}K_{P2}}{1 + (T_1 + T_2)p + T_1 T_2 p^2}.\qquad(26)$$

T$_t$-Glied. Seine Frequenzgleichung lautet

$$F = \exp(-j\omega T_t);\qquad(27)$$

die Ortskurve ist ein Kreis um den Koordinatennullpunkt. **Bild 13c** zeigt das Bode-Diagramm. Zur Normierung dient die Totzeit T_t; die Phasenverschiebung φ nimmt gemäß $\varphi = -\omega T_t$ zu. Regelkreise mit Totzeitgliedern führen wegen der mit ω stark zunehmenden Phasenverschiebung leicht zu Instabilität.

Der Betrag des Frequenzgangs wird – wie in der Nachrichtentechnik – häufig als 20facher Wert des dekadischen Logarithmus des Amplitudenverhältnisses in Dezibel (db) aufgetragen. Der Maßstabsfaktor M folgt aus der Zahlenwertgleichung $M = 20 \lg |F|$ in db (F dimensionslos).

Beispielsweise beträgt dann die Neigung der Betragkurve eines I-Glieds 20 db/Dekade. Die Produktbildung von Gliedern in Serienschaltung erfolgt ebenfalls durch Addition der db-Werte der Amplitudenverhältnisse sowie der Beträge der Phasenwinkel. Zur einfachen Bestimmung der Phasenwinkel von PT$_1$- und T$_t$-Gliedern dienen *Phasenlineale*.

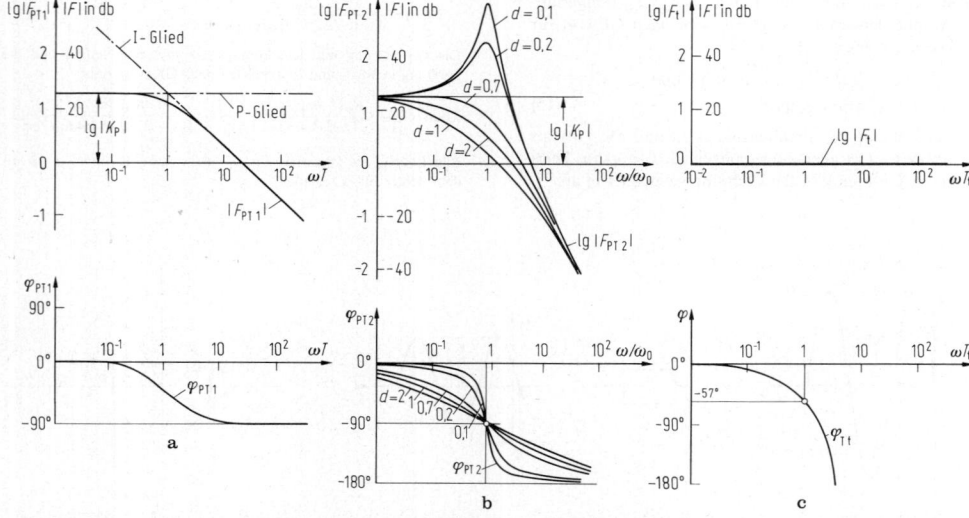

Bild 13. Frequenzkennlinien. **a** PT$_1$-Glied; **b** PT$_2$-Glied für verschiedene Dämpfungsgrade d; **c** T$_t$-Glied

3 Regler. Controllers

Die *Regeleinrichtung* umfaßt die zur Beeinflussung der Regelstrecke erforderlichen Geräte für Meßwerterfassung, Vergleich mit der Führungsgröße (Sollwert), dynamische Korrektur des Regelsignals (oft als eigentlicher Regler bezeichnet) und Bildung der Stellgröße. Bei stetigen Reglern kann die Stellgröße jeden Wert innerhalb des Stellbereichs annehmen.

3.1 Regler ohne und mit Hilfsenergie. Controllers with and without auxiliary power supply

Beeinflußt die Regelabweichung die Stellgröße direkt, so handelt es sich um einen *Regler ohne Hilfsenergie.* Diese kostengünstige Anordnung ist nur für kleine Stelleistungen, -kräfte, und -geschwindigkeiten geeignet. **Bild 1** zeigt die Regelung eines Flüssigkeitsstands (Regelgröße X), bei welcher der Schwimmer unmittelbar die Ventilstellung beeinflußt. Die Führungsgröße W ist am Drehpunkt einstellbar. Auf **Bild 1a** verstellt der Schwimmer – proportional der Änderung des Flüssigkeitsstands – als Stellgröße Y den Zufluß; der Abfluß ist die Störgröße Z. Auf **Bild 1b** ist der Zufluß die Störgröße Z und der Abfluß die Stellgröße Y. **Bild 1c** zeigt den Wirkungsplan.

Der Antrieb der Stellglieder und Zwischenverstärker erfordert meist *Hilfsenergien* elektrischer, pneumatischer oder hydraulischer Art oder deren Kombination (s. X6 und **Anh. X6 Tab. 1**). Die Stellzeiten T_y für die Änderung Y_h der Stellgröße betragen zwischen ms und min über den vollen Stellbereich je nach Anwendungsgebiet.

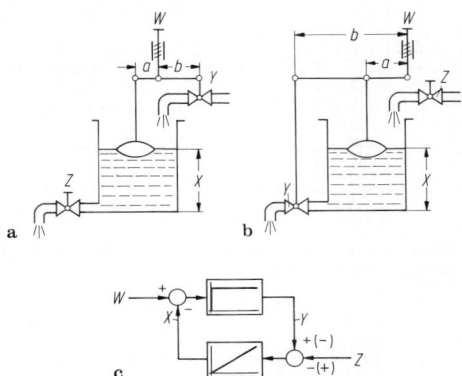

Bild 1. Regler ohne Hilfsenergie; Regelung eines Flüssigkeitsstands durch Verstellen **a** des Zuflusses bzw. **b** des Abflusses; **c** Wirkungsplan, in ( ) Vorzeichen für **b**

3.2 Grundtypen von stetigen Reglern
Basic types of continuous controllers

3.2.1 P-Regler. Proportional controllers

Beim P-Regler ist jeder Differenz zwischen dem Istwert der Regelgröße und der Führungsgröße (Regeldifferenz) ein bestimmter Wert der Stellgröße zugeordnet. Mit den Änderungen x der Regel-, y der Stell- und w der Führungsgröße gilt

$$y = K_P(w - x). \qquad (1)$$

Um bei fester Führungsgröße ($w = 0$) die Stellgröße über den gesamten Stellbereich Y_h (z.B. bei Antriebsmaschinen

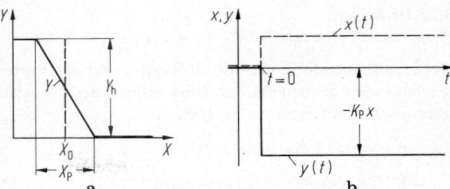

Bild 2. P-Regler. **a** statische Kennlinie; **b** Sprungantwort

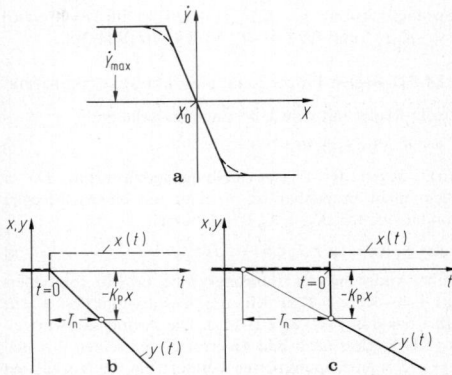

Bild 3. I-Regler. **a** statische Kennlinie; **b** Sprungantwort; **c** Sprungantwort eines PI-Reglers

von Leerlauf bis Nennleistung) zu ändern, muß die Regelgröße den *P-Bereich* X_P durchlaufen (**Bild 2a**). Mit dem Nennwert X_0 der Regelgröße (Sollwert) wird meist der normierte P-Bereich x_P (*P-Grad*) benutzt. Mit dem Verstärkungsgrad V_R wird $x_P = (x/X_0)/(y/Y_h)$ zu

$$x_P = 1/V_R = Y_h/K_P X_0. \qquad (2)$$

Gekrümmte Kennlinien eines P-Reglers (s. **X2 Bild 1b**) ergeben den örtlichen P-Grad $x_{P\ddot{o}} = Y_h/(\partial y/\partial x)X_0$ aus der Neigung der Kennlinie im betrachteten Arbeitspunkt. Bei geeignetem P-Grad arbeiten Regelkreise ohne zu große Streckenverzögerungen stabil. Die Zuordnung der Stellgröße zur jeweiligen Regelabweichung ermöglicht die Parallelarbeit mehrerer geregelter Anlagen. Bei hohen Genauigkeitsforderungen ist jedoch die *bleibende P-Abweichung* der Regelgröße nach Gl. (1) nachteilig. Die Sprungantwort des P-Reglers ist ebenfalls eine Sprungfunktion (**Bild 2b** für $w = 0$).

3.2.2 I-Regler. Integral controller

Beim I-Regler ist jeder Regelabweichung eine bestimmte Stellgeschwindigkeit zugeordnet, d.h.

$$\dot{y} = K_I(w - x) \quad \text{bzw.} \quad y = K_I \int (w - x)\,dt. \qquad (3)$$

Für $w = 0$ (konstante Führungsgröße) folgt hieraus $\dot{y} = -K_I x$ bzw. $y = -K_I \int x\,dt$ mit $K_I = K_P/T_n$ nach X2.2.3. **Bild 3a** zeigt die Abhängigkeit der Stellgeschwindigkeit $\dot{Y}$ von der Regelgröße X, **Bild 3b** die Sprungantwort des I-Reglers. Nach Gl. (3) ändert sich die Stellgröße, bis innerhalb der Arbeitsgenauigkeit die bleibende Arbeitsabweichung $w - x$ Null wird. Die Phasenverschiebung $\varphi = -90°$ des I-Reglers (s. X2.3.2) führt bei verzögernden Regelstrecken zu erhöhtem Überschwingen bis zur Gefahr der Instabilität.

3.2.3 PI-Regler
Proportional plus reset (integral) controllers

Der stabilisierende Einfluß des P-Reglers und der Vorteil der fehlenden bleibenden Regelabweichung des I-Reglers lassen sich im PI-Regler verbinden zu

$$y = K_P(w - x) + K_I \int (w - x)\mathrm{d}t$$
$$= K_P[(w - x) + (1/T_n) \int (w - x)\mathrm{d}t]. \qquad (4)$$

Ohne Änderung der Führungsgröße $(w = 0)$ gilt $y = -K_P[x + (1/T_n) \int x\,\mathrm{d}t]$. Hieraus folgt für $x_{es} = \text{const}$ (Sprungfunktion) $y = K_P x_{es}(1 + t/T_n)$; für $t = 0$ wird $y = -K_P x_{es}$, und für $t = -T_n$ wird $y = 0$ (**Bild 3c**).

3.2.4 PD-Regler. Proportional plus derivative controllers

Ein D-Regler mit dem Übertragungsverhalten

$$y = K_D \mathrm{d}(w - x)/\mathrm{d}t \qquad (5)$$

wirkt wegen der Phasenvoreilung stabilisierend. Da er allein nicht brauchbar ist, wird er mit einem P-Regler kombiniert. Mit $K_D = K_P T_v$ ergibt sich

$$y = K_P[(w - x) + T_v \mathrm{d}(w - x)/\mathrm{d}t]. \qquad (6)$$

Ohne Änderung der Führungsgröße $(w = 0)$ folgt hieraus $y = -K_P(x + T_v \dot{x})$. Mit der Anstiegsfunktion $x = \bar{x}t$ führt das auf $y = -K_P \bar{x}(t + T_v)$. Die Anstiegsantwort eines PD-Reglers nach **Bild 4a** erreicht den reinen P-Anteil $y = -K_P x$ (strichpunktierter Verlauf) um die Vorhaltezeit T_v früher. Für den realen PDT$_1$-Regler mit der Sprungantwort nach **Bild 4b** gilt

$$T_1 \dot{y} + y = -K_P[(w - x) + T_v \mathrm{d}(w - x)/\mathrm{d}t]. \qquad (7)$$

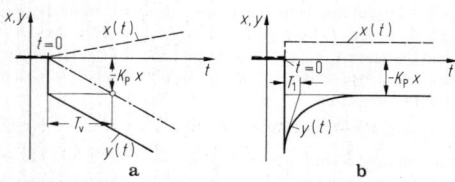

Bild 4. PD-Regler. **a** Anstiegsantwort (strichpunktiert nur P-Regler); **b** Sprungantwort eines PDT$_1$-Reglers

3.2.5 PID-Regler. Proportional plus reset plus derivative („three term") controllers

Für den meist als Standardgerät ausgeführten PID-Regler gilt

$$y = K_P(w - x) + K_I \int (w - x)\mathrm{d}t + K_D \mathrm{d}(w - x)/\mathrm{d}t. \qquad (8)$$

Für $w = 0$ folgt hieraus $y = -K_P[x + (1/T_n) \int x\,\mathrm{d}t + T_v \dot{x}]$. Die Sprungantwort des idealen PID-Reglers gibt **Bild 5a** und die eines PIDT$_1$-Reglers für $w = 0$ **Bild 5b** wieder; es gilt

$$T\dot{y} + y = [(w - x) + (1/T_n) \int (w - x)\mathrm{d}t + T_v \mathrm{d}(w - x)/\mathrm{d}t]. \qquad (9)$$

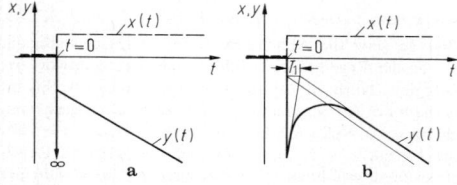

Bild 5. Sprungantwort. **a** PID-Regler; **b** PIDT$_1$-Regler

3.3 Unstetige Regler. Two-position (ON-OFF) and multi-position discontinuous controllers

Bei geringer Regelgenauigkeit lassen sich unstetige, diskrete Werte der Stellgröße – im einfachsten Fall „ein" oder „aus" – heranziehen, die dem Unter- bzw. Überschreiten des Sollwerts der Regelgröße zugeordnet sind. Sie sind als *Zweipunkt-* oder *Mehrpunkt-Regelungen* einfach aufgebaut und besonders für elektrische Stellglieder geeignet (Beispiele: Thermostaten für Heizungen, Kühlschränke; Druckschalter für Kompressoraggregate, s. P 3.7.1).

Bild 6 zeigt den Verlauf der Regelgröße X und der Stellgröße Y für einen Zweipunktregler in Verbindung mit einer I-Regelstrecke mit Ausgleich (Übertragungsbeiwert K_S, s. X 4.2) und Totzeit (z.B. Raumtemperaturregelung über Thermostaten). Nach Einschalten des Reglers (Stellung Y_1: „ein" der Stellgröße) steigt X bis zum oberen Schaltpunkt S_0, Y wird auf Y_0 „aus"-geschaltet, andernfalls würde X den stationären Endwert $X_\infty = K_S Y_h$ erreichen (gestrichelt). Wegen der Totzeit steigt X auf den Maximalwert 2, fällt wieder bis zum unteren Schaltpunkt S_1 ab, bei dem Y wieder in Stellung Y_1 geschaltet wird. Infolge der Totzeit fällt X noch bis zum Minimalwert 1 und steigt danach wieder an. Das stabile Arbeiten erfordert zwischem dem Ein- und Ausschaltpunkt i. allg. eine Schaltdifferenz (Schalthysterese) X_S; die Regelgröße schwankt um den Sollwert X_0 (Schwankungsbreite X_B). Die Periodendauer T_Z umfaßt die Einschaltdauer t_e und die Ausschaltdauer t_a. Für das *Schaltverhältnis* (*Stellgrad*) α sowie den zugeordneten Mittelwert y^* der Stellgröße gelten

$$\alpha = t_e/(t_e + t_a) = t_e/T_Z \quad \text{und} \quad y^* = \alpha Y_h. \qquad (10)$$

Sie hängen von X_S sowie der Regelstrecke (K_S, T_1, T_t) ab; anzustreben ist $\alpha \approx 0,5$.

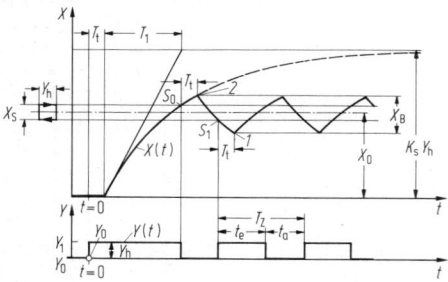

Bild 6. Zeitlicher Verlauf von Regel- und Stellgröße eines Regelkreises mit Zweipunktregler

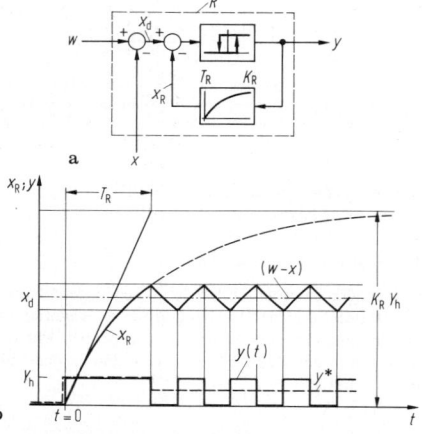

Bild 7. a Zweipunktregler mit verzögerter (PT$_1$-)Rückführung; **b** Übergangsfunktion (x_d s. **X 1 Bild 4**)

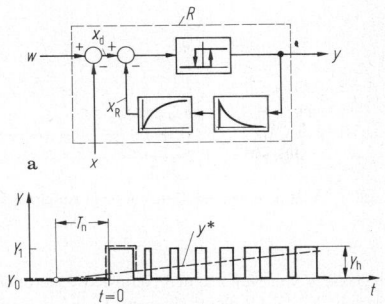

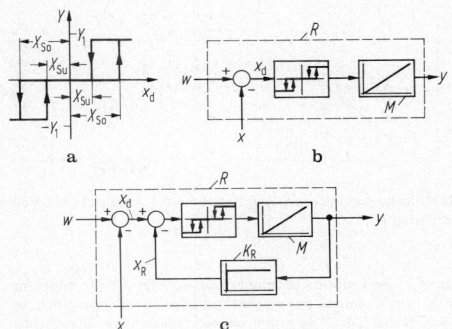

Bild 8. a Zweipunktregler mit verzögert nachgebender Rückführung; **b** Verlauf der Stellgröße

Bild 9. Dreipunktregler. **a** Schaltcharakteristik; **b** mit Stellmotor M; **c** mit Stellmotor und starrer (P-)Rückführung

Der Anpassung des Zweipunktreglers an schwierige Regelstrecken dient eine innere Rückführung als Gegenkopplung (**Bild 7a**) mit einem PT_1-Glied. **Bild 7b** zeigt die Übergangsfunktion des Reglers und die Stellgröße. Die Gegenkopplung wirkt wie eine Regelstrecke, deren Übertragungsbeiwert K_R und Rückführzeitkonstante T_R einstellbar sind. Der gestrichelte Verlauf von y^* zeigt näherungsweise ein PD-Verhalten des Reglers mit $T_v \approx T_R$ und $K_P \approx 1/K_R$. Die Hintereinanderschaltung eines DT_1- und eines PT_1-Glieds als Rückführung zeigt **Bild 8a**; **Bild 8b** gibt den Verlauf der Schaltimpulse wieder. Bei sprungförmiger Regelabweichung entsteht zunächst ein längerer Schaltimpuls. Mit Anstieg des Rückführsignals wird er kürzer und mit Abklingen des Rückführsignals wieder länger. Der gestrichelte Mittelwert y^* folgt angenähert dem Zeitverhalten eines PID-Reglers.

Zum elektromotorischen Antrieb von Ventilen, Klappen u.a. eignen sich *Dreipunktregler* mit den Schaltstellungen $+Y_1$ für Vorwärtslauf, 0 für Stillstand und $-Y_1$ für Rück-

wärtslauf des Motors. **Bild 9a** zeigt die Schaltcharakteristik (obere und untere Schalthysterese X_{So} und X_{Su}), **Bild 9b** das Schaltbild des Reglers R einschließlich des Motors M mit seinem I-Verhalten. Überschreitet die Regelabweichung die obere Schalthysterese X_{So}, so läuft der Motor mit voller Stellgeschwindigkeit; erreicht die Regelabweichung den unteren Wert X_{Su}, wird der Motor abgeschaltet. Unterschreitet die Regelabweichung die Schalthysterese X_{So} in anderer Richtung, so läuft der Motor in umgekehrtem Drehsinn, bis die Regelabweichung auf X_{Su} abgebaut ist und der Motor abgeschaltet wird. Für I-Regelstrecken mit geringem oder ohne Ausgleich (s. X 4.2) ist der Dreipunktregler mit Elektromotor (I-Verhalten) ohne Rückführung nicht brauchbar. Es empfiehlt sich eine P-Rückführung (**Bild 9c**, starre Rückführung) mit dem Übertragungsbeiwert K_R; sie ergibt näherungsweise P-Verhalten. Ist die Stellzeit T_h für vollen Stellhub klein gegenüber der Zeitkonstante T der Strecke, so gilt $K_P \approx 1/K_R$.

4 Grundtypen von Regelstrecken
Basic types of processes

Der zu regelnde Prozeß bestimmt das Verhalten der Strecke. Die Stellgröße soll die Regelgröße möglichst weitreichend verändern. Es gilt

$$x = f_1(y) + f_2(z_1, z_2, \ldots, z_n). \qquad (1)$$

Die Art einer Strecke läßt sich (zumindest näherungsweise) analytisch feststellen, ihre Kenngrößen sind häufig nur experimentell ermittelbar.

4.1 P-Regelstrecke
Processes with proportional response

Die P-Strecke mit proportionalem Verhalten zwischen den Änderungen x, y und z hat die Gleichung

$$x = K_S y + K_Z z = K_S(y + K_{SZ} z). \qquad (2)$$

K_S kennzeichnet den Übertragungsbeiwert des Stelleinflusses und $K_Z = K_S K_{SZ}$ den des Störeinflusses auf die Regelgröße.

Beispiel: Der Druck X als Regelgröße in einer Gasleitung (**Bild 1a**) mit variablem Abströmquerschnitt als Störgröße Z wird durch Verstellen des Zuströmquerschnitts Y konstant gehalten. Der Sollwert betrage $X_0 = 7$ bar, der Zuströmdruck $p_0 = 10$ bar, der maximale Abströmquerschnitt $Z_h = 50$ mm^2 und der maximale Zuströmquerschnitt $Y_h = 100$ mm^2. Wie lauten die Beiwerte K_S, K_Z und die Übertragungsgleichung für einen Arbeitspunkt A mit $Z_A \approx$

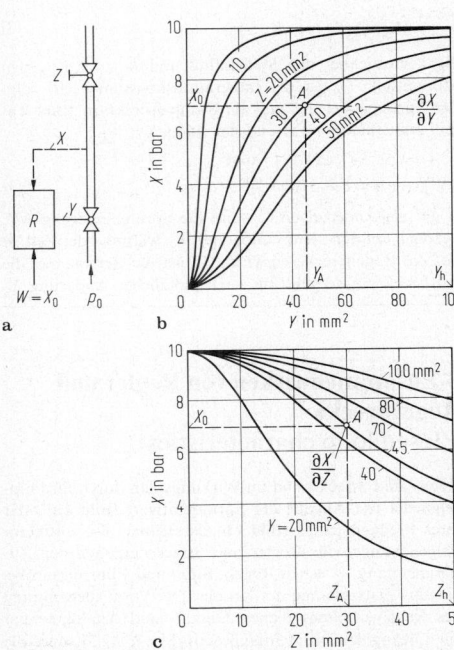

Bild 1. a Gasleitung als P-Regelstrecke; **b** Kennlinienfeld $X = f(Y)$; **c** Kennlinienfeld $X = f(Z)$

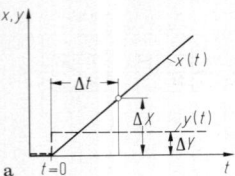 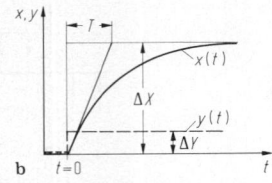 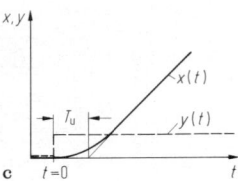

a $t=0$ b $t=0$ c $t=0$

Bild 2. Sprungantwort. **a** I-Regelstrecke ohne Ausgleich; **b** I-Regelstrecke mit Ausgleich T_u; **c** Strecke höherer Ordnung ohne Ausgleich mit Verzugszeit

30 mm²? − Bei kleinem Gasleitungsvolumen folgt X einer Änderung von Y bzw. Z nahezu unverzögert nach der Zweiblendengleichung $X = p_0/(1 + Z^2/Y^2)$. Sie ergibt die nichtlinearen Kennlinienfelder $X = f(Y)$ und $X = f(Z)$ (**Bild 1 b, c**). Mit $Z_\mathrm{A} \approx 30$ mm² folgt

$$Y_\mathrm{A} = Z_\mathrm{A} \sqrt{X_0/(p_0 - X_0)} = 30\,\mathrm{mm}^2 \sqrt{7/(10-7)} = 46\,\mathrm{mm}^2.$$

Aus X2 Gl.(1) folgen

$$K_\mathrm{S} = \partial X/\partial Y = (2 p_0 Z_\mathrm{A}^2/Y_\mathrm{A}^3)/(1 + Z_\mathrm{A}^2/Y_\mathrm{A}^2)^2$$
$$= [2 \cdot 10\,\mathrm{bar} \cdot 30^2\,\mathrm{mm}^4/46^3\,\mathrm{mm}^6] : [1 + (30/46)^2]^2$$
$$= 0{,}0910\,\mathrm{bar/mm}^2 \text{ und}$$
$$K_\mathrm{Z} = \partial X/\partial Z = -(2 p_0 Z_\mathrm{A}/Y_\mathrm{A}^2)/(1 + Z_\mathrm{A}^2/Y_\mathrm{A}^2)^2$$
$$= -[2 \cdot 10\,\mathrm{bar} \cdot 30\,\mathrm{mm}^2/46^2\,\mathrm{mm}^4]/[1 + (30/46)^2]^2$$
$$= -0{,}1396\,\mathrm{bar/mm}^2.$$

Die Streckengleichung lautet linearisiert für den Arbeitspunkt A

$$x = y \cdot 0{,}091\,\mathrm{bar/mm}^2 - z \cdot 0{,}1396\,\mathrm{bar/mm}^2.$$

4.2 Regelstrecke ohne und mit Ausgleich
Process with integral response
without and with self-regulation

Entsprechend dem I-Glied, X2 Gl.(3), folgt die integrale oder *I-Regelstrecke ohne Ausgleich* der Gleichung

$$x = (1/T_\mathrm{IS}) \int (K_\mathrm{S} y + K_\mathrm{Z} z)\mathrm{d}t$$
$$= (K_\mathrm{S}/T_\mathrm{IS}) \int (y + K_\mathrm{SZ} z)\mathrm{d}t. \tag{3}$$

K_S kennzeichnet den Stelleinfluß und $K_\mathrm{Z} = K_\mathrm{S} K_\mathrm{SZ}$ den Störeinfluß, T_IS ist die Integrationskonstante. $x(t)$ folgt der Sprungänderung $y(t)$ als Rampenfunktion (**Bild 2 a**) mit dem *Anlaufwert* A und der *Anlaufzeit* T_A:

$$A = \Delta t\,\Delta Y/(\Delta X Y_\mathrm{h}) \quad \text{und}$$
$$T_\mathrm{A} = (\Delta t\,\Delta Y X_0)/(\Delta X Y_\mathrm{h}) = A X_0. \tag{4}$$

A gilt als Änderung ΔX, wenn die Sprungänderung ΔY, bezogen auf den Nennstellbereich Y_h, während der Zeit Δt auf die Regelstrecke einwirkt. T_A ist die Zeitspanne, die bei Linearität vergeht, bis nach plötzlicher Änderung Y_h

die Regelgröße X von Null aus den Nennwert X_0 erreicht. (Gl.(3) ist mit X2 Gl.(4) identisch, wenn $K_\mathrm{S} = 1$, $K_\mathrm{SZ} = 1$, $T_\mathrm{IS} = T_\mathrm{A}$, $x = \Delta \omega/\omega_0$, $y = M_\mathrm{DA}/M_\mathrm{D0}$ und $z = M_\mathrm{DB}/M_\mathrm{D0}$ ist). Weist die Änderung x nach einer Änderung y zunächst I-Verhalten auf und erreicht sie mit Zunahme der Ausgangsgröße einen stationären Endwert, so liegt eine *I-Regelstrecke mit Ausgleich* vor (**Bild 2 b**). Sie wird auch als P-Regelstrecke mit Verzögerung (PT$_1$-Strecke, s. X2.2.5) oder Strecke mit *Selbstregelung* bezeichnet und folgt analog dem PT$_1$-Glied der Gleichung

$$T\dot{x} + x = K_\mathrm{S} y + K_\mathrm{Z} z. \tag{5}$$

Der Anlaufwert A ist mit den Bezeichnungen nach **Bild 2 b** zu

$$A = T\,\Delta Y/(\Delta X Y_\mathrm{h}) \tag{6}$$

gegeben.

Beispiel: Das Gaszufuhrventil eines Ofens hat den Gesamthub (Stellbereich) $Y_\mathrm{h} = 16$ mm. Wie groß ist der Anlaufwert, wenn sich bei Vergrößerung des Ventilhubs um $\Delta Y = 2$ mm mit einer Zeitkonstante $T = 60$ s die Ofentemperatur um $\Delta X = 20$ K erhöht? − Nach Gl.(6) beträgt der Anlaufwert $A = 60\,\mathrm{s} \cdot 2\,\mathrm{mm}/(20\,\mathrm{K} \cdot 16\,\mathrm{mm} = 0{,}375\,\mathrm{s/K}$.

4.3 Regelstrecken höherer Ordnung
Processes with higher-order response

Bei Strecken *mit Ausgleich* ist die Sprungantwort in **X 2 Bild 8 a** dargestellt. Der Verlauf nach X2.2.7 ist meist nur experimentell feststellbar. Die Verzugszeit T_u enthält häufig einen Totzeit-Anteil T_t. Das Verhältnis $T_\mathrm{g}/T_\mathrm{u}$ bestimmt die Regelbarkeit; empirisch gilt: Regelbarkeit gut bei $T_\mathrm{g}/T_\mathrm{u} > 10$, mäßig bei $10 > T_\mathrm{g}/T_\mathrm{u} > 3$ und sehr schlecht bei $T_\mathrm{g}/T_\mathrm{u} < 3$. Strecken höherer Ordnung *ohne Ausgleich* sind selten; **Bild 2 c** zeigt die Sprungantwort $x(t)$. Sie bestehen meist aus mehreren PT$_1$-Gliedern und einem I-Glied oder vereinfacht aus einem Totzeitglied mit $T_\mathrm{t} \approx T_\mathrm{u}$ und einem I-Glied in Serienschaltung.

5 Zusammenwirken von Regler und Regelstrecke
Closed loop characteristics

Regler und Strecke sind im Wirkungsplan durch ihre Einzelglieder mit Angabe der Sprungantwort (**Bild 1 a**) oder ihres Frequenzgangs (**Bild 1 b**) darstellbar. Die Differentialgleichungen für Regler und Strecke ergeben den Zusammenhang zwischen Regel-, Stör- und Führungsgröße, d.h. das Zeitverhalten des Kreises. Der Vorausberechnung des Regelverhaltens dienen Digital- und Analogrechner zur Lösung der Differentialgleichung (s. Y2.2.3) sowie die Frequenzgangmethode. Das Verhältnis der Abweichungen x infolge einer Störung mit Eingriff und ohne Eingriff

eines P-Reglers heißt *Regelfaktor*

$$R = 1/(1 + K_\mathrm{S} K_\mathrm{P}). \tag{1}$$

Beispiel: Welchen Endwert erreicht die bleibende Regelabweichung $x_{2\infty}$ einer I-Regelstrecke mit Ausgleich und P-Regler nach sprunghafter Störgrößenänderung z? − Die Strecke hat die Gl.(5) in X4, der Regler die Gl.(1) in X3. Mit $w = 0$ folgt $T\dot{x} + x(1 + K_\mathrm{S} K_\mathrm{P}) = K_\mathrm{Z} z$. Für den stationären Wert gilt $\dot{x} \to 0$ und damit $x_{2\infty} = K_\mathrm{Z} z/(1 + K_\mathrm{S} K_\mathrm{P})$. **Bild 2** zeigt den Verlauf x_2 der Regelgröße und zum Vergleich die Verläufe x_1 mit $X_{1\infty} = K_\mathrm{Z} z$ ohne Reglereingriff und x_3 mit einem PI-Regler ohne stationäre Regelabweichung.

Störverhalten bedeutet $x = f[z(t)]$, *Führungsverhalten* $x = f[w(t)]$. Letzteres interessiert bei Folgesteuerungen, bei denen die Regelgröße dem veränderlichen Wert der Führungsgröße folgt (z.B. Kopiereinrichtungen, Kursregelun-

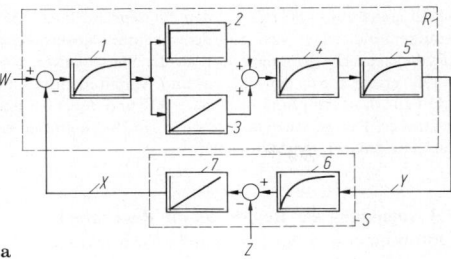

a

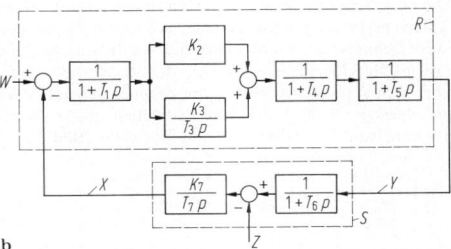

b

Bild 1. Wirkungsplan eines Kreises. **a** mit Sprungantworten; **b** mit Frequenzgängen, *1* Meßwertumformer, *2* u. *3* PI-Regler, *4* Zwischenverstärker, *5* Stellmotor, *6* PT$_1$-Streckenanteil, *7* I-Streckenanteil

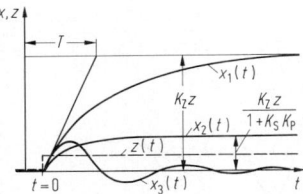

Bild 2. Übergangsfunktion für I-Strecke mit Ausgleich; x_1 ohne Regler, x_2 mit P-Regler, x_3 mit PI-Regler

gen, Nachlaufsteuerungen). Stör- ($w = 0$) und Führungsverhalten ($z = 0$) sind meist unterschiedlich.

Beispiel: Wie lauten die Differentialgleichungen für das Stör- und Führungsverhalten einer I-Regelstrecke mit Ausgleich und PI-Regler? – Die Strecke hat die Gl.(5) in X 4, der Regler die Gl.(4) in X 3. Einsetzen der zweiten in die erste Gleichung und Differenzieren führen zu

$$T\ddot{x} + (1 + K_S K_P)\dot{x} + K_S K_P x/T_n = K_S K_P(\dot{w} + w/T_n) + K_Z \dot{z}, \quad (2)$$

d.h. einer linearen Differentialgleichung zweiter Ordnung mit konstanten Koeffizienten und Störglied (A 8.1.5). Für $w = 0$ ergibt sich das Stör-, für $z = 0$ das Führungsverhalten.

Die Lösung von Gl.(2) enthält meist gedämpfte Schwingungsanteile, so daß die Regelgröße ihren neuen stationä-

ren Wert x_∞ schnell und ohne größeres Überschwingen erreicht. **Bild 3** zeigt z.B. Einschwingvorgänge einer Regelstrecke mit Verzögerung und P-Regler. Die Zeit t ist auf die ungedämpfte Schwingungsdauer T_k bezogen.

5.1 Stabilität des Regelkreises
Closed loop stability

Die Frequenzgänge F_R des Reglers und F_S der Strecke, bestehend aus Einzelfrequenzgängen F_i (s. z.B. **Bild 1 b**), ergeben den Frequenzgang F_g des geschlossenen Regelkreises (**Bild 4 a**)

$$F_g = F_R/(1 + F_R F_S). \quad (3)$$

Neben Methoden zur Betrachtung der Pole des Frequenzgangs (Nullstellen des Nenners) läßt sich aus dem Frequenzgang des *aufgeschnittenen* oder *offenen Regelkreises* die Stabilität und das Übertragungsverhalten eines Regelkreises vorausbestimmen. Zu der angenommenen Schnittstelle S (**Bild 4 b**) wird eine Sinusschwingung x_1 eingeführt. Der Frequenzgang des offenen Regelkreisen lautet (Hintereinanderschaltung von F_R und F_S)

$$F_0 = F_R F_S = x_2/x_1 \widehat{=} x_{20}\sin(\omega t + \varphi)/(x_{10}\sin \omega t);$$

x_{10}, x_{20} Amplituden, φ Phasenverschiebung. Findet sich für eine Kreisfrequenz ω ein Amplitudenverhältnis $x_{20}/x_{10} \geq 1$ bei $\varphi = -180°$, so tritt x_2 beim Schließen des Kreises mit dem negativen Vorzeichen der Summierstelle, d.h. einer weiteren Phasendrehung um 180°, gleichphasig anstelle des Sinussignals x_1 mit einer gleichen oder größeren Amplitude ein. Der Regelkreis ist dann instabil, da er mit gleicher oder angefachter ($x_{20} \geq x_{10}$) Amplitude weiterschwingt. Aus der Ortskurve des offenen Frequenzgangs F_0 in der komplexen Zahlenebene ergibt sich die Stabilitätsgrenze $x_{20}/x_{10} = 1$ für $\varphi = -180°$ durch den *kritischen Punkt* $P_K(-1;0)$. Umschließt die Ortskurve P_K nicht, ist der geschlossene Kreis stabil, Kurve *s* in **Bild 5 a** für ein Beispiel, Kurve *i* zeigt den instabilen Fall. Dieses *vereinfachte Nyquist-Kriterium* führt beim geschlossenen Kreis nach Gl.(3) mit $F_0 = F_R F_S = -1$ auf eine Polstelle. Im Frequenzkennliniendiagramm (**Bild 5 b**) ist der Phasenwinkel bei der *Durchtrittsfrequenz* ω_D maßgebend, bei welcher der Amplitudengang $|F_0| = x_{20}/x_{10} = 1$, d.h. $\lg |F_0| = 0$ wird und die Abszisse schneidet. Dies ent-

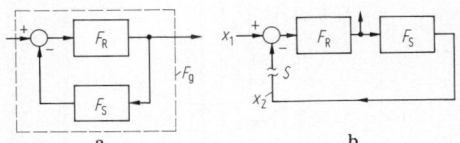

Bild 4. Regelkreis. **a** geschlossen; **b** offen, mit Schnittstelle S

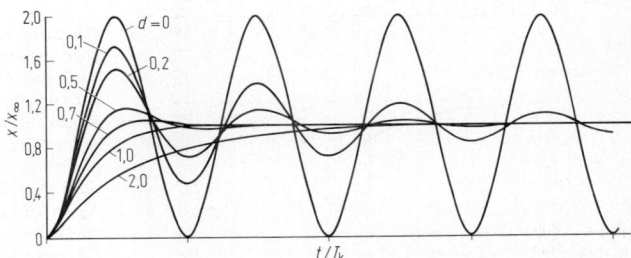

Bild 3. Einschwingung für verschiedene Dämpfungsgrade d

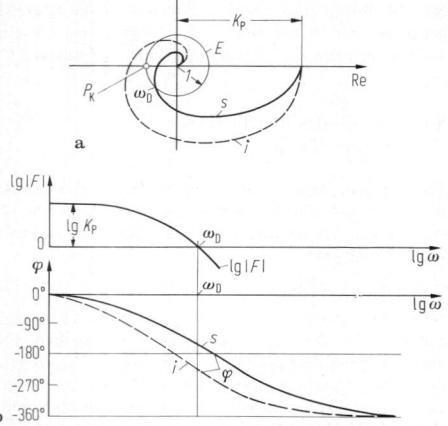

a

b

Bild 5. a Ortskurve eines offenen Kreises mit P-Regler, s stabil, i instabil; **b** zugeordnete Frequenzkennlinien

spricht auf **Bild 5a** dem Schnittpunkt der Ortskurve mit dem Einheitskreis E. Kurve s zeigt den stabilen, Kurve i den instabilen Fall.

5.2 Übertragungsverhalten des Regelkreises
Closed loop dynamic response

Der Schnittpunkt der Ortskurve des offenen Kreises mit dem Einheitskreis E ergibt außerdem Anhaltspunkte für das Einschwingverhalten (**Bild 6a**). Der Winkel zwischen dem Vektor dieses Schnittpunkts und der negativen reellen Achse bildet den *Phasenrand* (Phasenreserve) φ_R, der Abstand zwischen dem Schnittpunkt der Ortskurve mit negativen reellen Achse und dem kritischen Punkt den *Amplitudenrand* A_R (in der Literatur teilweise auch $A_R^* = 1/(1-A_R)$). Im Bode-Diagramm (**Bild 6** ergibt die Win-

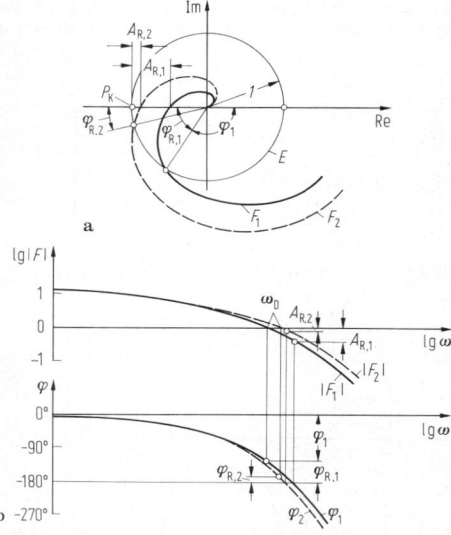

a

b

Bild 6. a Einheitskreis E mit zwei Ortskurven; **b** zugeordnete Frequenzkennlinien eines offenen Kreises (mit P-Regler)

keldifferenz zu $-180°$ bei ω_D den Phasenrand. Der Amplitudenrand bildet sich aus dem Amplitudenverhältnis für diejenige Kreisfrequenz, bei der der Phasenwinkel $\varphi = -180°$ erreicht. Für den Phasen- und Amplitudenrand als Maß für die Dämpfung sind $\varphi_R > 30°$ und $A_R > 0,3$ anzustreben. Der gestrichelte Verlauf F_2 in **Bild 6** gibt einen schlecht gedämpften Fall wieder.

5.3 Anpassung des Reglers an die Regelstrecke
Optimum controller parameters for a process

Die beste Reglereinstellung wird meist im Versuch an der Anlage bestimmt, jedoch empfiehlt sich zumindest die Vorausberechnung der Stabilitätsgrenze vor Inbetriebnahme. Die größte Überschwingweite A_1 der Regelgröße gegenüber dem stationären Wert x_∞ nach einer Störung sowie die *Ausregelzeit* T_{aus} bis zum Verbleiben innerhalb des Toleranzbands B_T bestimmten die *Regelgüte* (**Bild 7a**).

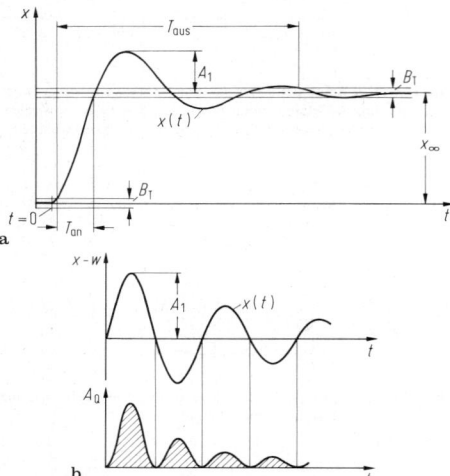

a

b

Bild 7. Einschwingvorgang der Regelgröße. Kreis mit **a** P-Regler; **b** I-Regler und quadratischer Regelfläche A_Q

Ferner ist die *Anregelzeit* T_{an} (Anschwingzeit) maßgebend, nach der die Regelgröße erstmals innerhalb von B_T den Wert x_∞ (bleibende Regelabweichung) erreicht. Ein Regler mit I-Anteil ergibt qualitativ einen Einschwingvorgang nach **Bild 7b**, oben.
Als Optimum ist das *Minimum der quadratischen Regelfläche* A_Q (schraffiert, Beispiel in **Bild 7b**, unten) gebräuchlich:

$$A_Q = \int_0^\infty (x-w)^2 \, \mathrm{d}t \to \min. \tag{4}$$

Für Strecken mit Verzugszeiten mit und ohne Ausgleich liegen bei bekannten Daten empirische Reglereinstellwerte vor. Ohne Kenntnis der Streckendaten ist bei Reglern mit P-Anteil das *Ziegler-Nichols-Verfahren* anwendbar. Der Regelkreis wird durch empirische Einstellung des P-Bereichs ohne I- und D-Anteil ($T_n \to \infty, T_v \to 0$) von großen Werten hin an seine Stabilitätsgrenze herangeführt. Aus der Schwingungsdauer T_k und dem P-Bereich X_k an der Stabilitätsgrenze ergeben sich Anhaltswerte für günstige Reglereinstellungen. **Anh. X 5 Tab. 1** enthält empfehlenswerte Richtwerte.

5.4 Mittel zur Verbesserung der Regelgüte
Methods for improving closed-loop performance

Bei Strecken mit großen Verzögerungen arbeitet der einfache Regelkreis nicht immer befriedigend. Zusätzliche Einrichtungen können dann die Signalwege (Verzögerungen) zur Einwirkung auf die Strecke verkürzen. Ist die Regelgröße innerhalb der Strecke beeinflußbar, kann nach **Bild 8a** eine zusätzliche *Hilfsstellgröße* Y_H Anteile der Gesamtverzögerung innerhalb der in Teilstrecken S_1 und S_2 zerlegten Strecke vermeiden. Läßt sich bereits innerhalb der Strecke der Störeinfluß eindeutig erkennen, so kann eine *Hilfsregelgröße* X_H, ggf. mit einer *Hilfsführungsgröße* W_H, die Stellgröße zusätzlich beeinflussen (**Bild 8b**). Der Vorteil liegt ebenfalls im Umgehen von Anteilen der Gesamtverzögerung. Wirkt eine meßtechnisch erfaßbare Störgröße eindeutig auf die Regelgröße, so kann eine *Störgrößenaufschaltung SG* die Stellgröße im Sinne einer Steuerung zusätzlich unmittelbar beeinflussen, **Bild 8c**. Bei geeigneter Auslegung muß der Regler dann kaum noch eingreifen. Dies erlaubt hohe P-Grade des Reglers (stabil bei Strecken mit großen Verzögerungen) ohne große bleibende Regelabweichungen. Die Überlagerung mehrerer Regelkreise heißt *Kaskadenregelung;* sie kompensiert Störgrößeneinflüsse in *Unterregelkreisen*. Dem Aufwand für mehrere Regelkreise steht die Aufteilung in einfachere Regelkreise und die bessere Stabilität gegenüber.

Beispiel: Regelstrecke nach **Bild 9** für Druck p_2 im zweiten Behälter bei stark schwankendem Vordruck p_0. − Die Regler R_1 und

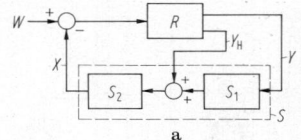

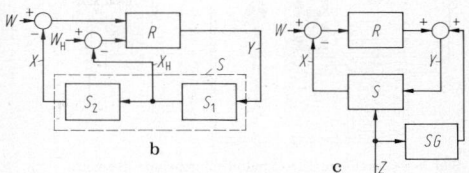

Bild 8. Kreis mit **a** Hilfsstellgröße Y_H; **b** Hilfsregelgröße X_H und Hilfsführungsgröße W_H; **c** Störgrößenaufschaltung SG

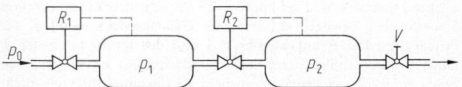

Bild 9. Kaskadenregelung als Hintereinanderschaltung von zwei Druckregelstrecken

R_2 regeln die Drücke p_1 und p_2 im ersten und zweiten Behälter durch Änderung des Zuflusses. Dabei führt R_1 die Grob- und R_2 die Feinregelung für den Verbraucher V aus.

6 Ausführung von Reglern
Controller component details

Die Randbedingungen bestimmen die Reglerausführung, d.h., Signal- und Stellgeschwindigkeiten, Stellkräfte, Regelgröße, Hilfsenergie, Sicherheit bei Hilfsenergieausfall, Abmessungen und Art der Strecke, Explosionsgefahr, Klima, Wartungsmöglichkeiten u.a. **Anh. X6 Tab. 1** enthält Vor- und Nachteile von Hilfsenergien zur Gerätewahl. Bei *elektrischer* Hilfsenergie sind auch Regler mit weiten Einstellbereichen kostengünstig realisierbar; Mikroprozessoren führen auch zu quasistetige Regelungen. *Pneumatische* Hilfenergie ist mit Standardgeräten und Stellzeiten von Zehntelsekunden bis Sekunden weit verbreitet. Die Kompressibilität der Luft führt aber bei längeren Leitungen zu nachteiligen Verzögerungen und begrenzt die räumliche Anordnung. *Hydraulische* Hilfsenergie ermöglicht höchste Stelleistungen in Zehntelsekunden, verlangt aber sorgfältige konstruktive Lösungen, besonders wegen möglicher auftretender Druckspitzen. Bei Brandgefahr sind schwerbrennbare Flüssigkeiten, die besondere Werkstoffe erfordern, zu verwenden.

6.1 Erfassung der Regelgröße. Sensors

Der Istwert der Regelgröße ist meist nur über die mittelbare Wirkung meßbar (s. W 2). Besondere Bedeutung kommt der digitalen Meßwerterfassung mit anschließender Digital-Analogumsetzung zu. Die Regelgröße muß sehr genau gemessen werden, da die Soll-Istwertdifferenz eine Differenz zweier nahezu gleicher Werte ist. Die Messung bedingt geringe Hysterese ε_H (**Bild 1a**) und geringe Unempfindlichkeit ε_U (**Bild 1b**), d.h. geringe Reibung und Lose (Spiel). Zur Weiterverarbeitung geeignete Signalgrö-

ßen sind u.a. Wege, Kräfte, Drücke, elektrische Spannungen und Ströme. Industrielle Standardgeräte haben genormte Ausgangsgrößen (s. **Anh. X6 Tab. 1**).

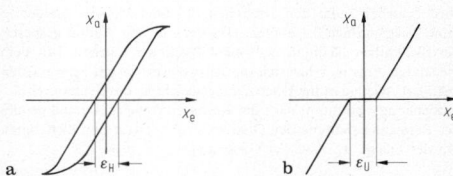

Bild 1. Kennlinien eines Glieds. **a** mit Hysterese ε_H; **b** mit Unempfindlichkeit ε_U

6.2 Regelgeräte. Controllers

Vielfältige Ausführungen pneumatischer oder elektrischer Geräte mit ebenfalls genormten Ausgangssignalen ermöglichen das gewünschte Regelverhalten (P-, PI-, PID-Regler). An Standardgeräten lassen sich X_p, T_n und T_v einstellen. Daneben finden sich den Anlagen speziell zugeordnete Einzelgeräte.

Beispiel: Bild 2 zeigt eine hydraulische Turbinendrehzahlregelung. Drehzahlmeßumformer *1* (Kreiselpumpe) erfaßt die Änderung x_e der Turbinendrehzahl (Regelgröße) als Primäröldruck in Leitung *2*. Er beaufschlagt Membran *3*; die resultierende Kraft entspricht der Regelgröße; die einstellbare Kraft (Handrad *5*) der Feder *4* wirkt als Führungsgröße entgegen. Die Kraftdifferenz (Regelabweichung) bestimmt über Hebel *6* die Lage der Steuerhülse *7*, die auf dem federbelasteten, über Blende *9* mit Drucköl gespisten Folgekolben *8* verschiebbar ist. Ablaufschlitze der Steuerhülse verdecken teilweise die Ablaufbohrungen des Folgekolbens. Der Querschnitt der Zulaufblende *9* und der von den Ablaufschlitzen freigegebene Querschnitt bestimmen über die Kraft der Federn *10* den Sekundär-

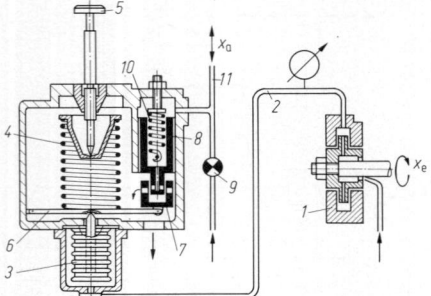

Bild 2. Hydraulische Turbinendrehzahlregelung (Siemens)

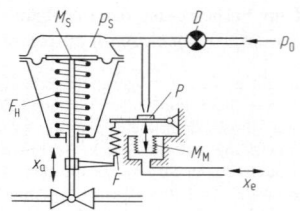

Bild 4. Pneumatischer Stellantrieb mit Stellungsrückführung

öldruck im Folgekolben und damit in Leitung *11* als Ausgangsgröße x_a. Ein Drehzahlabfall vermindert den Primäröldruck; Hebel *6* und Steuerhülse *7* bewegen sich bis zum Gleichgewicht zwischen der Primäröldruckkraft auf Membran *3* und der Kraft der Feder *4*. Über die Steuerhülse steigt der Sekundäröldruck im Folgekolben gegen die Kraft der Feder *10*; er dient als Eingangsgröße der (nicht gezeichneten) Stellantriebe zum Öffnen der Dampfzufuhr.

6.3 Stellantriebe. Drives

Die Beeinflussung des Stoff- oder Energiestroms kann erhebliche Stellkräfte und damit Verstärker mit Hilfsenergie erfordern, deren Ausgangsgröße nahezu rückwirkungsfrei mit kleinen Eingangskräften steuerbar ist.

Beispiel 1: Hydraulischer Stellantrieb mit doppeltbeaufschlagtem Stellkolben (**Bild 3**). Auslenkung x_e des Rückführhebel *1* von *1'* nach *1''* um den zunächst festen Punkt *3'* bewegt Steuerschieber *2* um Hub *s* von *2'* nach *2''*. Die Steuerkanten *2a* und *2b* öffnen den Ab- bzw. Zufluß zum Kolben *3*. Der Ölzufluß (Dichte ρ) über Steuerkante *2b* bewegt den Stellkolben von *3'* nach *3''*, dabei wird Schieber *2* um den Drehpunkt *1''* über Hebel *1* wieder in seine Ausgangslage *2'* gebracht und der Zu- und Abfluß gesperrt; der Stellkolben bleibt in der neuen Position *3''* stehen. Mit dem Hebelverhältnis $a:b$ hat sich die Ausgangsgröße um $x_a = -x_e b/a$ geändert. Wie lautet die Übertragungsgleichung des Stellantriebs? − Auslenkung *s* bestimmt nach der Kontinuitätsgleichung und gemäß der Bewegungsrichtung den Ölstrom $\dot V$. Er bewegt den Stellkolben mit der Fläche A_K nach der Gleichung $-A_K \dot x_a = \dot V$;

$$\dot V = k_s s = k_s (bx_e + ax_a)/(a+b) \quad \text{und} \quad k_s = \pi d_s \mu \sqrt{2(p_0 - p_1)/\rho}.$$

Die Normierung auf die Maximalwerte $\dot V_0$ und s_0 bei maximaler Schieberauslenkung führt auf $[A_K s_0(a+b)/(\dot V_0 a)]\dot x_a + x_a = -(b/a)x_e$. Mit $K_P = -b/a$ und $T = A_K s_0(a+b)/(\dot V_0 a)$ folgt $T \dot x_a + x_a = K_P x_e$. Es liegt also ein PT_1-Glied nach X2 Gl. (7) vor. **Bild 3b** zeigt nach **X1 Bild 7b** den Stellkolben *St* und die Rückführung *Rf*. **Bild 3c** zeigt eine Ausführung, in der bei Ausfall der Hilfsenergie die Federkraft eine Endlage erzwingt und den Ölkraftanteil auf der Kolbenoberseite des Stellantriebs nach **Bild 3a** übernimmt.

Beispiel 2: Pneumatischer Ventilstellantrieb (**Bild 4**). − Änderung x_e des Steuerluftdrucks drückt über Membran M_M gegen die Kraft der Feder *F*, die von der Ventilstellung x_a abhängt. Eine Erhöhung x_e hebt zunächst Prallplatte *P* und verringert den Austrittsquerschnitt für die Stelluft, die der Stellmembran M_S über Drossel *D* zuströmt. Druck p_S steigt und bewegt die Ventilspindel gegen die Kraft der Feder F_H, bis die Änderung der Steuerluft über die geänderte Kraft der Feder *F* und den Prallplattenabstand kompensiert wird. Hub x_a kopiert damit die Größe des Steuerdrucks x_e.

6.4 Ventile und Klappen als Stellglieder
Valves and throttle-flaps as corrective elements

Stellglieder beeinflussen Energie- oder Stoffströme und müssen dem Verwendungszweck angepaßt sein (z.B. Drosselklappen bei Klimaanlagen, Ventile bei Dampfturbinen, Widerstände oder Thyristoren bei Elektroantrieben, Ruderblätter bei Schiffen). Besonders verbreitet sind die im folgenden beschriebenen Ventile und Drosselklappen. Sie erzeugen − in Abhängigkeit vom Hub bzw. der Klappenstellung − mit dem Widerstandsbeiwert ξ, der Dichte ρ und der Geschwindigkeit c_M des Mediums im Ventil einen Druckabfall $\Delta p_V = \xi \rho c_M^2 / 2$.

Den Durchfluß *inkompressibler* Medien kennzeichnet nach VDI/VDE-Richtlinie 2173 der für jede Armatur experimentell bestimmte k_v-Wert (Kenngröße des Ventils) als Volumenstrom $\dot V_v$ in $m^3 Wasser/h$ bei Temperaturen von 5 °C bis 30 °C (Dichte ρ_0) und einem Druckabfall $\Delta p_{v0} = 0,98$ bar. Beliebige Druckabfälle Δp_v und andere Dichten ρ ergeben den Volumenstrom

$$\dot V_v = k_v \sqrt{\Delta p_v \rho_0/(\Delta p_{v0}\rho)}.$$

Die Abhängigkeit des k_v-Werts von der Stellgröße *Y* ist die Ventilkennlinie. k_v wird auf den maximalen Wert k_{vs} bei vollständig geöffnetem Ventil und *Y* auf Y_h bezogen. Der Wert

$$k_{vs} = \dot V_0 \sqrt{\Delta p_{v0} \rho/(\Delta p_v \rho_0)} \tag{1}$$

mit dem maximalen Durchfluß $\dot V_0$ wird vom Hersteller angegeben. Bei der *gleichprozentigen* Kennlinie *g* mit dem Koeffizienten n_{gl} in **Bild 5a** führen Hubänderungen auf

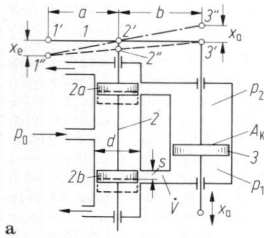

a

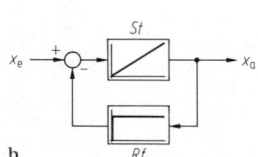

b

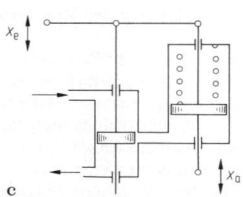

c

Bild 3. Hydraulischer Stellantrieb. **a** mit doppelt beaufschlagtem Stellkolben; **b** Wirkungsplan; **c** mit einseitig beaufschlagtem, federbelastetem Stellkolben

gleiche prozentuale Änderungen des k_v-Werts

$$k_v = k_{vs}\exp[n_{gl}(Y - Y_h)/Y_h] = k_{v0}\exp(n_{gl}\,Y/Y_h). \qquad (2)$$

Sie schneidet die k_v-Achse im Punkt k_{v0}. Zum Schließen des Ventils wird sie bei k_{vr} (Richtwert 5%) abgeknickt; der Quotient k_{vs}/k_{vr} heißt Stellverhältnis. Bei der *linearen* Kennlinie *l* gilt für den k_v-Wert mit dem Koeffizienten n_{lin}

$$k_v = k_{v0} + n_{lin}k_{vs}\,Y/Y_h. \qquad (3)$$

Absperrventile haben eine für Regelungen meist unbrauchbare Kennlinie *v*. **Bild 5b** zeigt ein Ventil mit zwei Ausführungen von Drosselkragen am Ventilkegel zur Kennlinienbeeinflussung. Außerdem können Nocken oder Kurbeltriebe Kennlinien, abhängig von der Stellgröße, einem gewünschten Verlauf anpassen. Stellventile sind für etwa 30 bis 50% größeren Durchfluß bei einem Druckabfall auszulegen, der etwa 50% des Druckabfalls der Strecke beträgt.

Beispiel: Eine Heizanlage (Strecke) mit Vordruck $p_0 = 4$ bar benötigt einen Nenndurchfluß $\dot V_n = 10\,m^3/h$; die Strecke hat dabei einen Druckabfall von 2,5 bar. Wie groß muß der k_{vs}-Wert des Stellventils sein? – Mit dem Druckabfall $\Delta p_v = (4-2,5)$ bar $= 1,5$ bar $(> 0,5 \cdot 2,5$ bar$)$ im Ventil, der Dichte $\rho \approx \rho_0 = 1000\,kg/m^3$ und $\dot V_0 = 1,4\,\dot V_n$ (Auslegung für 40% größeren Durchfluß) folgt aus Gl. (1)

$$k_{vs} = 1,4 \cdot 10\,m^3/h\sqrt{\frac{0,98\,bar \cdot 1000\,kg/m^3}{1,5\,bar \cdot 1000\,kg/m^3}} = 11,3\,m^3/h.$$

Für *kompressible Medien* hängt der Durchfluß vom Verhältnis des Drucks p_1 vor und p_2 hinter dem Ventil und vom Isentropenexponenten n_i ab. Maßgebend ist die vom Druckverhältnis p_2/p_1 abhängige Durchflußfunktion

Tabelle 1. Beiwerte für Gase und Wasserdampf

mehratomige Gase, $n_i = 1,3$	$K_G = 241\sqrt{kg \cdot K/m^3}$/bar
zweiatomige Gase, $n_i = 1,4$	$K_G = 248\sqrt{kg \cdot K/m^3}$/bar
einatomige Gase, $n_i = 1,67$	$K_G = 262\sqrt{kg \cdot K/m^3}$/bar
überhitzter Dampf, $n_i = 1,3$	$K_D^* = 15,4\sqrt{kg/m^3 \cdot bar}$
trocken gesättigter Dampf, $n_i = 1,135$	$K_D^* = 14,4\sqrt{kg/m^3 \cdot bar}$

ψ/ψ_0 (**Bild 6**) mit $\psi/\psi_0 = 1$ für $p_2/p_1 < p_{kr}/p_1 \approx 0,5$ (unterhalb des kritischen Druckverhältnisses). Mit dem maximalen Volumenstrom $\dot V_0$ gilt *für Gase* bei den Anfangsdaten Temperatur Θ_{G1}, Druck p_1, Dichte ρ_n im Normzustand und dem Beiwert K_G nach **Tab. 1**

$$k_{vs} = \dot V_0\sqrt{\rho_n\Theta_{G1}}/[K_G p_1(\psi/\psi_0)]. \qquad (4)$$

Mit dem maximalen Massenstrom $\dot m_0$ gilt *für Wasserdampf* bei den Anfangsdaten Druck p_1, spezifisches Volumen v_1 sowie dem Beiwert K_D^* nach **Tab. 1**

$$k_{vs} = \dot m_0/[K_D^*\sqrt{p_1/v_1}(\psi/\psi_0)]. \qquad (5)$$

Die Öffnungskennlinie nach **Bild 5a** und der Einfluß des sich zumeist ändernden Druckabfalls im Ventil ergibt die *Betriebskennlinie*. Für Stellklappen gilt **Bild 7a**. Die im Bereich großer Öffnung flache Kennlinie läßt sich durch nichtlineare Antriebe (z.B. Kurbelschwinge) gemäß dem gestrichelten Verlauf verbessern. Die Ermittlung des Durchflusses erfolgt wie bei Ventilen. **Bild 7b** gibt als Richtwert die Abhängigkeit der k_{vs}-Werte von der Nennweite der Klappen wieder.

6.5 Entwicklungstendenzen. Trends

Mit der fortschreitenden Automatisierung technischer Prozesse wird die Anwendung selbsttätiger Regelungen weiterhin zunehmen.

Stellgeräte. Als Stellantriebe finden hydraulische Geräte (s. H2 und H3) vor allem bei der Automatisierung von Fertigungsprozessen (s. T2.2), aber auch in der Fahrzeugtechnik Anwendung. Bedeutend ist dabei die Kombination der elektrischen Sensoren, der elektronischen Signale und der hydraulischen Verstellung, ergänzend wird auch die Pneumatik weiterhin große Anwendungsbereiche behalten (s. **Anh. X 6 Tab. 1**).

Während sich die Arbeitsmethoden und die Druckbereiche für pneumatische Geräte (s. H5) vermutlich kaum noch wesentlich ändern, werden hydraulische Geräte mit

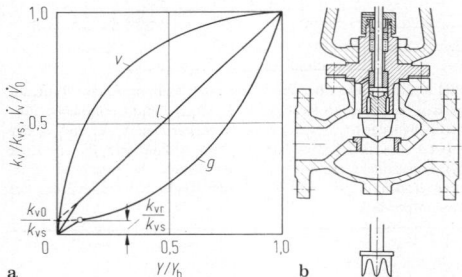

a   b

Bild 5. Ventile. **a** Durchflußkennwerte mit gleichprozentiger (*g*) und linearer (*l*) Durchflußkennlinie sowie eines einfachen (*v*) Absperrventils; **b** zwei Arten von Drosselkragen

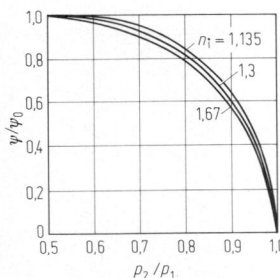

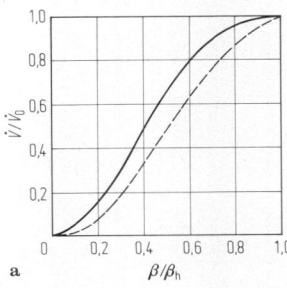

Bild 6. Durchflußfunktion ψ/ψ_0 für Gase und Dämpfe in Abhängigkeit vom Druckverhältnis p_2/p_1

a

Bild 7. Drosselklappen; **a** Durchflußkennlinie, gestrichelt mit Korrektur; **b** k_{vs}-Richtwerte   b

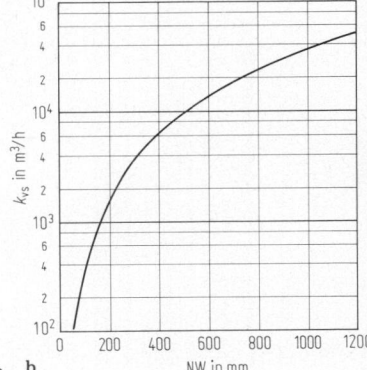

hohen Arbeitsdrücken und damit kleinen Abmessungen, d.h. einem günstigen Verhältnis von Masse und Leistung weiter vordringen. Neuere Entwicklungen mit hohen Drücken (z.B. 250 bar) führen auf Stellantriebe großer Leistungen bei eigener Versorgung mit Druckflüssigkeit. Solche kompakten Geräte lassen sich auch an weit entfernten Stellen anordnen. Sie benötigen nur noch elektrische Verbindungen für die Energieversorgung sowie den Anschluß der Stell- und Rückmeldesignale mit zentralen Steuer- und Regelgeräten.

Entwicklungsziele bei hydraulischen und pneumatischen Geräten sind die Erhöhung der Lebensdauer und der Zuverlässigkeit von Einzelbaugruppen. Ergänzend dazu soll die Verfügbarkeit über entsprechenden Sensoren und Mikroprozessen durch selbsttätige Fehlererkennung – z.B. durch Funktionsdiagnose mit Fehlersignalisierung – erhöht und die Störfallanalyse erleichtert werden.

Meßgeräte. Die physikalisch-technologischen Prinzipien der Meßgrößenumformung (s. W 2.1) durch elektrische Messung nichtelektrischer Größen sind weitgehend bekannt. Besonders wichtig sind berührungslose Meßfühler auf induktiver, kapazitiver und vor allem optischer Basis, deren Weiterentwicklung die Meßgenauigkeit erhöht. Weiterhin haben Mikroprozessoren in der Regelungstechnik zunehmend Eingang gefunden. Schnelle und feinstufige digitale Bausteine zur Verarbeitung diskreter Signale ersetzen in steigendem Maße analoge Elemente ohne Einbuße an Übertragungsqualität, sie ermöglichen ferner die funktionale Selbstüberwachung.

Bei der digitalen Signalverarbeitung wird der Meßwert am Ausgang der Meßkette in kodierter Form als Kombination binärer Signale (s. Y 3.1.3 und DIN 19225 dargestellt. Diese erfordert die Quantisierung (Unterteilung des Meßbereiches in Stufen) der Eingangs- oder deren Abbildungsgrößen und die Kodierung, d.h. Zuordnung einer Kombination von Signalen oder Schaltzuständen zu jedem benötigten Zahlenwert (z.B. W 4.1) der Ergebnisse.

Alle zeitlich veränderlichen Größen erfordern mit zunehmender Meßgenauigkeit hinreichend kleine Meßzeitintervalle und damit hohe Zählfrequenzen f_z.

Beispiel: Gefordert wird für eine Drehzahl- oder Frequenzmessung die Meßgenauigkeit von $\varepsilon = 10^{-5}$ auf der Basis einer Impulszählung bei einer maximal zulässigen Zählzeit von $t_z = 0,02$ s. Wie hoch ist die Größenordnung der erforderlichen Meßfrequenz f_M? Die Meßzeit t_M für einen Impuls ergibt sich aus dem Quotienten von zulässiger Zählzeit t_z und geforderter Meßgenauigkeit ε

$$t_M = t_z \cdot \varepsilon = 0,02 \text{ s} \cdot 10^{-5} = 0,2 \cdot 10^{-6} \text{ s}.$$

Daraus folgt die erforderliche Meßfrequenz

$$f_M = 1/t_M = 5 \cdot 10^6 \text{ Hz} = 5 \text{ MHz}.$$

Regel- und Leittechnik. Die Mikroprozessortechnik erlaubt die selbsttätige Optimierung von untereinander vermaschten Regelkreisen innerhalb von Prozeßabläufen auch bei sehr unterschiedlichen Betriebsbedingungen. Prozeßrechner, **Bild 8** ermitteln in kurzen Zeitintervallen, am Anfang und am Ende (oder auch im Mittenbereich) des Prozesses aufgrund von Prozeßdaten die günstigsten Führungsgrößen (Sollwert) für einzelne Regelkreise (R_1, R_2, R_3) innerhalb des Prozesses. Nichtlineare Zusammenhänge zwischen den Werten der einzelnen Führungsgrößen lassen sich dabei berücksichtigen.

Eine der wichtigsten Aufgaben wird auch zukünftig die Analyse der jeweiligen Prozesse und die genaue Darstellung der strukturellen Zusammenhänge (Ursache-Wirkungs-Beziehungen) bleiben.

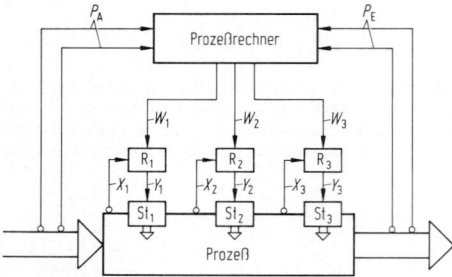

Bild 8. Prinzipbild einer Prozeßregelung: mehrere Regler R_1, R_2, R_3 messen die jeweilige Regelgröße X_1, X_2, X_3 und beeinflussen über die Stellglieder St_1, St_2, St_3 bzw. die Stellgrößen Y_1, Y_2 und Y_3 den Prozeß. Aus den Prozeßdaten P_A am Anfang und P_E am Ende der Regelstrecke ermittelt ein Prozeßrechner die günstigsten Führungsgrößen W_1, W_2 und W_3 für die Regler zur Optimierung des Gesamtprozesses

7 Anhang X: Diagramme und Tabellen
Appendix X: Diagrams and tables

Anh. X5 Tabelle 1. Erfahrungswerte zur Reglereinstellung für I-Regelstrecken mit Verzugszeit sowie mit und ohne Ausgleich (s. X 5.3)

Anlagentyp, Verfahren	P-Regler	PD-Regler	PI-Regler	PID-Regler
Strecke *mit* Ausgleich, Übergangsfunktion und Streckendaten bekannt	$X_P \approx 1{,}0\,Y_h K_S T_u/T_g$	$X_P \approx 0{,}85\,Y_h K_S T_u/T_g$ $T_v \approx (0{,}25-0{,}5)T_u$	$X_P \approx 1{,}3\,Y_h K_S T_u/T_g$ $T_n \approx 3\,T_u$	$X_P \approx 0{,}85\,Y_h K_S T_u/T_g$ $T_n \approx 2\,T_u$; $T_v \approx 0{,}5\,T_u$
Strecke *ohne* Ausgleich, Übergangsfunktion und Streckendaten bekannt	$X_P \approx 2{,}0\,T_u/A$	$X_P \approx 2\,T_u/A$ $T_v \approx 0{,}5\,T_u$	$X_P \approx 2{,}3\,T_u/A$ $T_n \approx 6\,T_u$	$X_P \approx 2{,}5\,T_u/A$ $T_n \approx 3\,T_u$; $T_v \approx 0{,}8\,T_u$
Stabilitätsgrenze nach Ziegler und Nichols, Streckendaten unbekannt	$X_P \approx 2\,X_k$	$X_P \approx 1{,}8\,X_k$ $T_v \approx 0{,}15\,T_k$	$X_P \approx 2{,}2\,X_k$ $T_n \approx 0{,}85\,T_k$	$X_P \approx 1{,}7\,X_k$ $T_n \approx 0{,}5\,T_k$; $T_v \approx 0{,}12\,T_k$

A Anlaufwert, K_S Übertragungsfaktor der Regelstrecke, T_g Ausgleichszeit, T_k Schwingungsdauer an der Stabilitätsgrenze, T_n Nachstellzeit, T_u Verzugszeit, T_v Vorhaltzeit, X_k P-Bereich an der Stabilitätsgrenze, X_P P-Bereich des Reglers, Y_h Stellbereich

Anh. X6 Tabelle 1. Eigenschaften von Regelgeräten mit verschiedenen Hilfsenergien

Hilfsenergie	genormt	Vorteile	Nachteile
elektrisch	0...20 V 0...20 mA 4...20 mA	·hohe Signalgeschwindigkeit, einfache Signalumformung, einfache Schaltungsänderungen, vielfältige Meßwerterfassung, einfache Signalverstärkung	hohe Stellzeiten, aufwendige Umformung in andere Größen (pneum., hydr.), begrenzte Explosionssicherheit, begrenzte Stelleistungen
pneumatisch	0,2...1 bar	absolute Explosionssicherheit, keine Brandgefahr, relativ universelle Anwendbarkeit, einfache Umwandlung in elektrische Größen, unproblematische Leckagen	Aufwand für Hilfsenergie, begrenzte Übertragungswege, begrenzte Stelleistungen
hydraulisch	ND 0...25 bar HD 0...250 bar	Explosionssicherheit, höchste Stelleistungen, hohe Stellgeschwindigkeiten und -kräfte	Brandgefahr, Leckagemöglichkeit, hoher Aufwand für Signalverarbeitung und -umformung sowie Meßwerterfassung, begrenzte Übertragungswege, Druckspitzen, Aufwand für Hilfsenergie

X

Anh. X 2 Tabelle 1. Ortskurven und Frequenzkennlinien von Übertragungsgliedern

Übertragungsglied	Übertragungsgleichung	Übergangsfunktion (Sprungantwort)	Übertragungsfunktion	Ortskurve	Frequenzkennlinie
P	$x_a = K_P x_e$		$F = K_P$		
I	$x_a = K_I \int x_e \, dt = \frac{K_P}{T_n} \int x_e \, dt$		$F = \frac{K_I}{p} = \frac{K_P}{T_n p}$		
D	$x_a = K_D \frac{dx_e}{dt} = K_P T_v \frac{dx_e}{dt}$		$F = K_D p = K_P T_v p$		
PT$_1$	$T_1 \frac{dx_a}{dt} + x_a = K_P x_e$		$F = \frac{K_P}{1 + T_1 p}$		
PT$_2$	$T_M^2 \frac{d^2 x_a}{dt^2} + 2 d T_M \frac{dx_a}{dt} + x_a = K_P x_e$		$F = \frac{K_P}{T_M^2 p^2 + 2 d T_M p + 1}$		
DT$_1$	$T_1 \frac{dx_a}{dt} + x_a = K_P T_v \frac{dx_e}{dt}$		$F = \frac{K_P T_v p}{1 + T_1 p}$		
PI	$x_a = K_P \left(x_e + \frac{1}{T_n} \int x_e \, dt \right)$		$F = K_P \left(1 + \frac{1}{T_n p} \right)$		
PD	$x_a = K_P \left(x_e + T_v \frac{dx_e}{dt} \right)$		$F = K_P \left(1 + T_v p \right)$		
PDT$_1$	$T_1 \frac{dx_a}{dt} + x_a = K_P \left(x_e + T_v \frac{dx_e}{dt} \right)$		$F = \frac{K_P \left(1 + T_v p \right)}{1 + T_1 p}$		
PID	$x_a = K_P \left(x_e + \frac{1}{T_n} \int x_e \, dt + T_v \frac{dx_e}{dt} \right)$		$F = K_P \left(1 + \frac{1}{T_n p} + T_v p \right)$		
PIDT$_1$	$T_1 \frac{dx_a}{dt} + x_a = K_P \left(x_e + \frac{1}{T_n} \int x_e \, dt + T_v \frac{dx_e}{dt} \right)$		$F = \frac{K_P \left(1 + \frac{1}{T_n p} + T_v p \right)}{1 + T_1 p}$		
T$_t$	$x_a = x_e$ für $t > T_t$		$F = \exp(-T_t p)$		

X

Y | Elektronische Datenverarbeitung
Electronic data processing

H. Grabowski, Karlsruhe

Allgemeine Literatur
zu Y 1 und Y 3
Bücher: *Ameling, W.:* Digitalrechner, Grundlagen und Anwendung. Braunschweig: Vieweg 1990. – *Bauer, F.L.; Goos, G.:* Informatik, eine einführende Übersicht Teil 1 und 2. Berlin: Springer 1982. – *Encarnacao, J.; Straßer, W.:* Computer Graphics; Gerätetechnik, Programmierung und Anwendung graphischer Systeme. München: R. Oldenbourg 1988. – *Newman, W.; Sproull, R.:* Grundzüge der interaktiven Computergrafik. Hamburg: McGraw-Hill Book Comp. 1986. – *Rembold, U.* (Hrsg.): Einführung in die Informatik für Naturwissenschaftler und Ingenieure. München: C. Hanser 1987. – *Tanenbaum, A.S.:* Structured Computer Organisation, 3rd Ed. Englewood Cliffs: Prentice Hall Int. Ed. 1990.

Zeitschriften: *Informatik-Spektrum.* Berlin: Springer. – CAD Computer Aided Design. London: Butterworth Scientific Ltd. – CIME Computers in Mechanical Engineering. New York: Springer. – Informationstechnik-it, Computersysteme und -anwendungen. München: R. Oldenbourg.

1 Einführung. Introduction

1.1 Begriffserläuterungen. Definitions

Daten sind Werte, speziell auch Zahlenwerte, der Merkmale von Objekten, Ereignissen, Prozessen und Abläufen. Sie werden durch Zeichen oder kontinuierliche Funktionen dargestellt (DIN 44 300). Zeichen sind z.B. Buchstaben und Ziffern. Funktionen sind mathematische Vorschriften über Werte in einem Wertebereich. Zu einem Einzeldatum gehört immer die Kenntnis über seine Interpretation, z.B. „SCHWARZ" als Personenname oder Haarfarbe, „100" als Zahlenwert hundert im Dezimalzahlensystem oder vier im Dualzahlensystem.

Als *Datenverarbeitung* (DV) wird ein Prozeß bezeichnet, bei dem aus *Eingangsdaten* nach einer gegebenen *Verarbeitungsvorschrift Ausgangsdaten* gewonnen werden. Im Zusammenhang mit dem Inhalt (Wert) von Daten wird Datenverarbeitung auch als Informationsverarbeitung bezeichnet.

Abhängig von der Darstellung der Daten in Form von Zeichen oder Funktionen und ihrer Verarbeitung in Geräten spricht man von *digitaler* oder *analoger* Datenverarbeitung. Die Gesamtheit des hierfür notwendigen Rechensystems und die Geräte werden als *Digitalrechner* oder *Analogrechner* bezeichnet. Aufgrund der heute ausschließlich verwendeten elektronischen Bauelemente in Rechnern spricht man von elektronischer Datenverarbeitung (EDV).

1.2 Analogrechner. Analog computers

Beim Analogrechner wird die Möglichkeit genutzt, zwei verschiedene physikalische Systeme durch die gleiche mathematische Beziehung darzustellen. Die beiden Systeme sind dann untereinander oder auch der entsprechenden mathematischen Beziehung analog. **Bild 1** zeigt zwei analoge physikalische Systeme und die dazugehörigen mathematischen Gleichungen. Bei passender Wahl der elektrischen Größen kann das elektrische System zur Simulation des mechanischen Systems dienen.

Analogrechner lösen ein mathematisches Problem durch den Aufbau eines analogen physikalischen Systems und

die Messung des Zustands oder des zeitlichen Ablaufs der physikalischen Größen des aufgebauten Systems [1, 2]. Die Elemente des Systems sind Rechenbausteine, die bestimmte Rechenoperationen auf die ihm zugeführten Rechengrößen ausführen. Jeder Rechenoperation eines Rechenbausteins entspricht eine Operation einer mathematischen Gleichung. Die Rechengrößen können feste Werte oder kontinuierlich veränderliche Variable sein.

Die Rechenwerte (Daten) werden bei elektrischen Analogrechnern i.allg. durch analoge Größen von Gleichspannungen dargestellt. (Rechenwerte können auch durch mechanische Größen, z.B. Länge oder Winkelstellung dargestellt werden. Rechner, die nach diesem Prinzip arbeiten, heißen mechanische Analogrechner.) Die Rechenbausteine sind elektronische Bauelemente. Daher spricht man auch von *elektronischen Analogrechnern.* Sie besitzen wegen ihrer kontinuierlichen Arbeitsweise, höheren Rechengeschwindigkeiten und ihres flexiblen Aufbaus die größte Bedeutung für die Lösung von Differential- und Integralgleichungen und die Simulation von Vorgängen in vielen Bereichen der Technik. Ein Nachteil des Analogrechners kann seine begrenzte Genauigkeit sein. Gebräuchliche Analogrechner arbeiten mit einer Genauigkeit $\geq 10^{-3}$, Präzisionsrechner erreichen Genauigkeiten von $\geq 10^{-4}$ (10^{-5}) [3]. Sie heißen danach 10^{-3}-Rechner bzw. 10^{-4}-Rechner.

1.3 Digitalrechner. Digital computers

Digitalrechner verarbeiten nur digitale Daten. Digitale Daten sind solche, die nur aus Zeichen bestehen (DIN 44 300). Zeichen stammen allgemein aus einem definierten Zeichenvorrat. Ist in diesem Zeichenvorrat eine Reihenfolge festgelegt, so nennt man den Zeichenvorrat Alphabet.

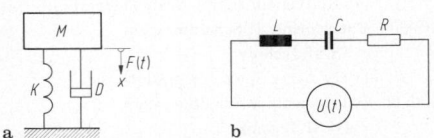

Bild 1. Analogie zwischen technischen Systemen [2]. **a** mechanisches Schwingungssystem $M\ddot{x} + D\dot{x} + Kx = F(t)$; **b** elektrisches Schwingungssystem $L\ddot{q} + R\dot{q} + \dfrac{1}{C}q = U(t)$

Tabelle 1. Binäre Zahlencodes [4]

Ziffernsymbol	Binäre Codierung								
	direkt	Gray	Exzess-3 (Stibitz)	Gray-Stibitz	Aiken	biquinär	1 - aus - 10	2 - aus - 5	CCIT-2
0	OOOO	OOOO	OOLL	OOLO	OOOO	OOOOOL	OOOOOOOOOL	LLOOO	OLLOL
1	OOOL	OOOL	OLOO	OLLO	OOOL	OOOOLO	OOOOOOOOLO	OOOLL	LLLOL
2	OOLO	OOLL	OLOL	OLLL	OOLO	OOOLOO	OOOOOOOLOO	OOLOL	LLOOL
3	OOLL	OOLO	OLLO	OLOL	OOLL	OOLOOO	OOOOOOLOOO	OOLLO	LOOOO
4	OLOO	OLLO	OLLL	OLOO	OLOO	OLOOOO	OOOOOLOOOO	OLOOL	OLOLO
5	OLOL	OLLL	LOOO	LLOO	LOLL	LOOOOL	OOOOLOOOOO	OLOLO	OOOOL
6	OLLO	OLOL	LOOL	LLOL	LLOO	LOOOLO	OOOLOOOOOO	OLLOO	LOLOL
7	OLLL	OLOO	LOLO	LLLL	LLOL	LOOLOO	OOLOOOOOOO	LOOOL	LLLOO
8	LOOO	LLOO	LOLL	LLLO	LLLO	LOLOOO	OLOOOOOOOO	LOOLO	OLLOO
9	LOOL	LLOL	LLOO	LOLO	LLLL	LLOOOO	LOOOOOOOOO	LOLOO	OOOLL
Gewichte der Stellen	8 4 2 1	15 7 3 1			2 4 2 1	5 4 3 2 1 0	9 8 7 6 5 4 3 2 1 0	7 4 2 1 0	

Beispiele: Das Alphabet der Dezimalziffern {0, 1, 2, 3, 4, 5, 6, 7, 8, 9} Das Alphabet der großen lateinischen Buchstaben {A, B, C, D, E, F, G, H, I, J, K, L, M, N, O, P, Q, R, S, T, U, V, W, X, Y, Z} Aus einem bestimmten Zeichenvorrat gebildete Daten, z.B. Namen, Zahlen lassen sich in solche über einen anderen Zeichenvorrat definierte abbilden *(codieren)*. Für die Datenverarbeitung im Digitalrechner wird das *binäre Alphabet* benutzt, das aus dem Zeichenpaar {L, O} besteht. L und O heißen Binärzeichen (Abk. *Bit* von engl. *binary digit*). Alle Daten müssen zur Verarbeitung in eine binäre Form gebracht werden. **Tab. 1** zeigt einige Möglichkeiten der Codierung von Dezimalziffern in Binärcodes [4].

Die Verarbeitung der Daten erfolgt in Rechenwerken, die die in der Verarbeitungsvorschrift vorgegebenen Operationen i.allg. nacheinander (seriell) ausführen. Es können arithmetische (Grundrechenarten), boolsche und organisatorische Operationen ausgeführt werden. Alle anderen Operationen müssen auf diese zurückgeführt werden. Der Ablauf der Verarbeitung wird von einem Leitwerk gesteuert. Rechen- und Leitwerk zusammen werden auch als Prozessor bezeichnet. Als wesentliche Funktionseinheit besitzen Digitalrechner einen *Speicher*, in dem Daten und Verarbeitungsvorschriften gespeichert werden können. *Rechen-*, *Leitwerk* und *Speicher* werden durch einfache Bauelemente realisiert, wobei für das Rechen- und Leitwerk heute ausschließlich Halbleiterelemente in verschiedenen Schaltungstechniken benutzt werden. Bevorzugt werden monolithische Halbleiterschaltungen und Schichtschaltungen hoher Integrationsdichte (auch als Chips bezeichnet). Die Anzahl je Schaltungschip integrierter Bauelemente bezeichnet man mit Integrationsgrad. Unterschieden werden folgende Integrationsgrade (**Bild 2**):

10 bis 100 Bauelemente je Schaltungschip
 = SSI-Technik (*S*mall *S*cale *I*ntegration).

50 bis 500 Bauelemente je Schaltungschip
 = MSI-Technik (*M*edium *S*cale *I*ntegration),

> 1000 Bauelemente je Schaltungschip
 = LSI-Technik (*L*arge *S*cale *I*ntegration),

> 10000 Bauelemente je Schaltungschip
 = VLSI-Technik
 (*V*ery *L*arge *S*cale *I*ntegration).

> 100000 Bauelemente je Schaltungschip
 = ULSI-Technik
 (*U*ltra *L*arge *S*cale *I*ntegration), auch V²LSI.

Für den Aufbau digitaler Speicher werden unterschiedliche physikalische Prinzipien benutzt, wobei für den

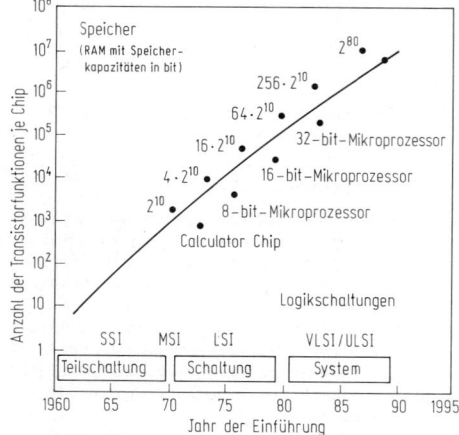

Bild 2. Entwicklung des Integrationsgrads bei Speicherbausteinen und Mikroprozessoren [4]

Hauptspeicher (s. Y 3.1.4) ebenfalls Halbleiterspeicher verwendet werden.

Infolge der geringen Schaltzeiten der Bauelemente werden für Grundbefehle Rechenzeiten im Bereich von ns benötigt. Die Rechengenauigkeit ist nur abhängig von der Stellenzahl eines zu verarbeitenden Werts und praktisch unbegrenzt.

Digitalrechner werden zur Lösung aller Aufgaben eingesetzt, für die Lösungsvorschriften in Form von Programmen formuliert werden können (programmierbare Digitalrechner). Mikroprozessoren sind Funktionseinheiten, bestehend aus Rechen- und Leitwerken, die mikroprogrammierbar sind. Sie übernehmen auf allen Gebieten der Technik zunehmend Funktionen, die bisher durch fest verdrahtete Steuerungen ausgeführt wurden.

1.4 Hybridrechner. Hybrid computers

Unter einem Hybridrechner versteht man die Kopplung von analog und digital arbeitenden Funktionseinheiten in einem System. Je nach der Art, wie die Einheiten miteinander verbunden sind, unterscheidet man (**Bild 3**): **Bild 3a** Hybridrechensysteme mit *einseitigem* Informationsaustausch und **Bild 3b** Hybridrechensysteme mit *zwei-*

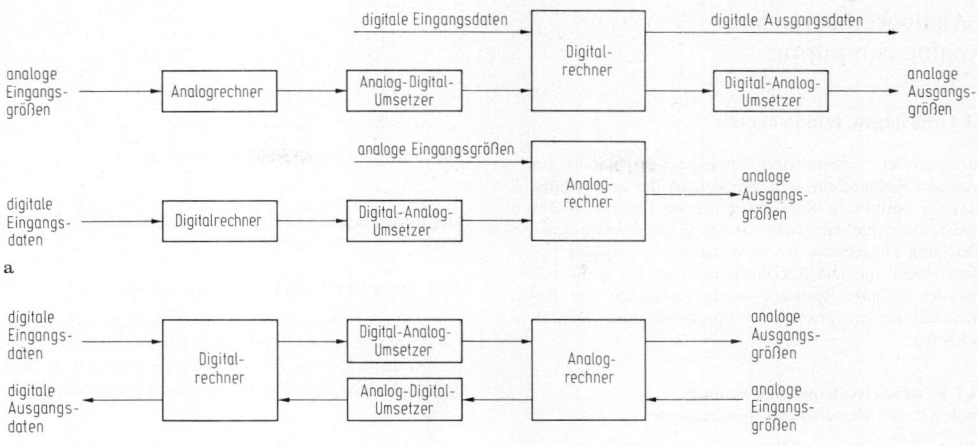

Bild 3. Aufbau von Hybridrechensystemen [3]. **a** mit einseitigem Informationsaustausch; **b** mit zweiseitigem Informationsaustausch

seitigem Informationsaustausch. Die Kopplung der unterschiedlichen Funktionseinheiten erfolgt über Analog-Digital-Umsetzer (ADU) bzw. Digital-Analog-Umsetzer (DAU).

Aus den verschiedenen Arten des Aufbaus ergeben sich vielfältige Anwendungsmöglichkeiten, vorwiegend der Simulation [2, 3].

1.5 Rechnerkenngrößen. Computer characteristics

Mit der Entwicklung der Digitalrechner haben sich verschiedene Kenngrößen zur Unterscheidung von Rechnern ergeben, deren Anwendung durch die stürmische Entwicklung der Rechnerbausteine jedoch schwierig ist. Ein häufig benutztes Kennzeichen ist die *Rechnergröße*, meist gemessen am Kaufpreis, an Prozessorkenndaten und der Kapazität des Hauptspeichers.

Ein gebräuchliches Unterscheidungsmerkmal ist das Einsatzgebiet z.B. für die *kommerzielle Datenverarbeitung* (kommerzieller Rechner), *Prozeßdatenverarbeitung* (Pro-

zeßrechner), *mathematisch-technische Datenverarbeitung* (wissenschaftlicher Rechner). Diese Merkmale ergeben sich aus der Architektur des Rechneraufbaus und der durch die Betriebssoftware ermöglichten Betriebsform [5]. Die *Architektur* eines Rechners wird durch das Operationsprinzip nach dem die Hardware arbeitet und die Rechnerstruktur, d.h. die Art und Anzahl der Hardwarekomponenten und ihr Zusammenwirken, unterschieden. Danach unterscheidet man z.B. *Einprozessoranlagen* (von Neumann-Maschine), *Mehrprozessoranlagen, Feldrechner* und *Prozessorketten* (Prozessor-Pipeline).

Die Betriebsformen von Rechenanlagen ergeben sich aus den Optimierungszielen des Anwenders z.B. minimale Kosten je Rechenauftrag, große Anzahl gleichzeitig zu bedienender Teilnehmer, sofortige Erfüllung eines Benutzertermins usw. und werden durch unterschiedliche Betriebssysteme realisiert.

Es empfiehlt sich daher, Digitalrechner nicht durch die im Lauf der historischen Entwicklung geprägten Begriffe, wie z.B. Taschenrechner, Personal-Computer, Minirechner zu kennzeichnen, sondern durch Funktions- und Leistungskriterien, **Bild 4**.

niedrig	hoch	sehr hoch	Preis
einfach strukturiert	differenzierte Struktur und hohe Leistung	sehr ausgeprägte Struktur und hohes Leistungsverhalten	Kanäle und Busse
Mikroprozessor als CPU	diskreter Aufbau mit Übergang zur Einchip CPU	diskreter Aufbau der CPU	Technologie der CPU
Mikrorechner	Minirechner	Großrechner	historisch technologisch
PC	Workstation / Server	Mainframe	Super-computer	Gebrauchstyp
–single user –foreground/ background –PC – Netze	–Multitasking, –ausgeprägte lokale Vernetzung	Multiuser, lokale und nicht lokale Vernetzung		typische Betriebsart

Bild 4. Typisierung von Rechnern als Mikrorechner, Minirechner und Großrechner

2 Analogrechnertechnik
Analog computing

2.1 Grundlagen. Fundamentals

Ein universell verwendbarer Analogrechner besteht aus einzelnen Rechenelementen, die je nach der zu lösenden Aufgabe bestimmte Rechenoperationen ausführen. Zur Lösung einer mathematischen Aufgabe tritt für jede in der Gleichung angegebene Rechenoperation ein eigenes Rechenelement auf. Die Rechenelemente werden dazu miteinander zu einer Rechenschaltung verbunden. Die Rechenschaltung entspricht dem Programm eines Digitalrechners.

2.1.1 Rechenelemente und ihre Symbole
Analog circuit elements and their symbols

Der Analogrechner enthält *lineare* und *nichtlineare* Rechenelemente. Als linear werden Rechenelemente bezeichnet, die folgende Eigenschaften besitzen:
Ist $Y_e(t)$ eine Eingangsvariable und C eine beliebige Konstante, so gilt

$$F(CY_e(t)) = CF(Y_e(t)). \qquad (1)$$

Für zwei beliebige Eingangsvariable $Y_{e1}(t)$ und $Y_{e2}(t)$ gilt

$$F(Y_{e1}(t) + Y_{e2}(t)) = F(Y_{e1}(t)) + F(Y_{e2}(t)). \qquad (2)$$

Der gleiche Zusammenhang (2) muß auch für mehrere Eingangsvariable gelten.
Jedes Rechenelement, das die Eigenschaften (1) und (2) nicht erfüllt, heißt nichtlinear.
Bild 1 zeigt die wichtigsten Rechenelemente, ihre Operationen und Schaltzeichen für elektrische bzw. elektronische Bausteine s. DIN 40700 Bl. 18). Ein wesentliches Grundelement ist der *Operationsverstärker*. Die in **Bild 1** mit Y_e und Y_a bezeichneten Ausgangs- und Eingangsgrößen sind normierte, dimensionslose Variable.

2.1.2 Koeffizient. Coefficient setting

Das Koeffizientelement, auch *Potentiometer* genannt, dient zur Einstellung von Koeffizienten, z.B. bei der Multiplikation und konstanten Faktoren, **Bild 2**. Es gilt

$$u_a = \alpha u_1 \quad \text{mit } 0 \leq \alpha \leq 1. \qquad (3)$$

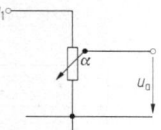

Bild 2. Schaltbild eines Koeffizientelements [3]

Der Einstellbereich α kann durch Verstärker erweitert werden.

2.1.3 Operationsverstärker. Operational amplifiers

Unter einem Operationsverstärker versteht man einen Gleichspannungsverstärker mit hoher Verstärkung. In einer Rechenschaltung ist er immer gegengekoppelt. **Bild 3** zeigt die allgemeine Schaltung eines Operationsverstär-

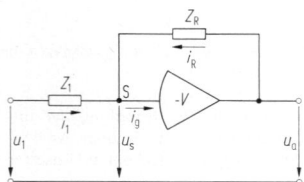

Bild 3. Schaltbild eines Operationsverstärkers [3]

kers mit Rückkopplungsimpedanz Z_R. Die Verstärkung V ist definiert als das Verhältnis von Ausgangsspannung u_a zur Summationsspannung u_s. Wird die Verstärkung V und der Eingangswiderstand zwischen dem Punkt S und Masse sehr groß und die Ausgangsspannung negativ gegenüber der Summationsspannung, so ist

$$u_s = -u_a/V \to 0 \quad \text{für } V \to \infty.$$

Mit $i_g = 0$, $i_1 = -i_R$ wird

$$u_a/u_1 = -(Z_R/Z_1) \qquad (4)$$

und daraus

$$u_a = -(Z_R/Z_1)u_1. \qquad (5)$$

Das zeitliche Verhalten der Ausgangsspannung des idealen Operationsverstärkers ist nur vom Verhältnis der Eingangs- und Ausgangimpedanz und von der Eingangsspannung abhängig. Durch 3- bis 5stufige Gleichspan-

Benennung	Lineare Rechenelemente					Nichtlineare Rechenelemente		
	offener Rechenverstärker	Potentiometer	Umkehrer (Inverter)	Summierer	(summierender) Integrierer	Multiplizierer	Komparator	Funktionsgeber
Rechenoperation		Multiplikation mit einer Konstanten	Vorzeichenumkehr	Addition	Integration und Addition	Multiplikation mit Variablen	logische Entscheidung	Erzeugung von Funktionen
Symbol	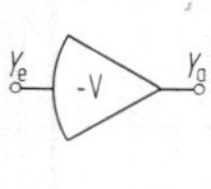 Y_e ⊳$-V$⊳ Y_a	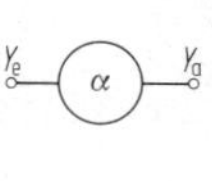 Y_e ─(α)─ Y_a	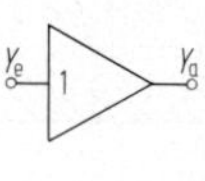 Y_e ⊳1⊳ Y_a	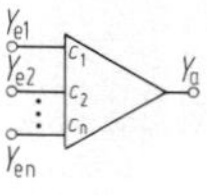 Y_{e1} Y_{e2} ⋮ Y_{en} ⊳ Y_a	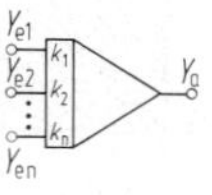 Y_{e1} Y_{e2} ⋮ Y_{en} ⊳ Y_a	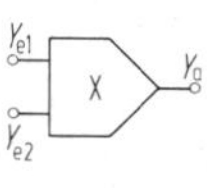 Y_{e1} Y_{e2} ⊳X⊳ Y_a	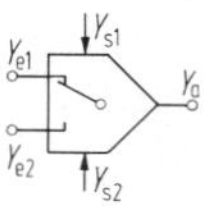 Y_{e1} Y_{e2} ⊳ Y_a	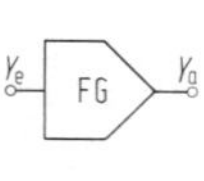 Y_e ▷FG▷ Y_a
Ergebnis	Grundelement	$Y_a = \alpha Y_e$ $0 \leq \alpha \leq 1$	$Y_a = -Y_e$	$Y_a = -\sum\limits_{i=1}^{n} c_i Y_{ei}$	$Y_a = -\int\limits_0^{t_0}\sum\limits_{i=1}^{n} k_i Y_{ei}\,\mathrm{d}t$	$Y_a = Y_{e1}\cdot Y_{e2}$	$Y_a = Y_{e1}$ für $Y_{s1}+Y_{s2} > 0$ $Y_a = Y_{e2}$ für $Y_{s1}+Y_{s2} < 0$	$Y_a = f(Y_e)$

Bild 1. Rechenelemente eines Analogrechners [3]

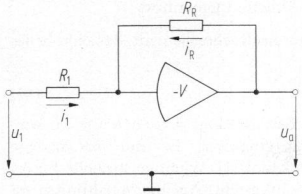

Bild 4. Schaltbild eines Umkehrers [3]

nungsverstärker werden Verstärkungsfaktoren von 10^4 bis 10^7 erreicht.

Unkontrollierte Störspannungen und Temperaturschwankungen bewirken ein Abwandern des Nullpunkts (sog. Driften) des Verstärkers. Gegenmaßnahmen sind sog. Driftpotentiometer zur Nullpunkteinstellung oder vorgeschaltete Zerhacker (Chopper) (weitere Methoden zur Reduzierung des Nullpunktfehlers s. [1]).

2.1.4 Umkehrer. Analog inverters

Ein Umkehrer ist ein mit einem ohmschen Widerstand beschalteter Operationsverstärker, **Bild 4**. Es gilt

$$u_1/R_1 = -(u_a/R_R)$$

und daraus

$$u_a = -(R_R/R_1)u_1. \qquad (6)$$

Durch Verändern der Widerstände können verschiedene Verstärkungen eingestellt werden.

2.1.5 Summierer. Analog adders

Ein Summierer ist ein Operationsverstärker, in dem mehrere Eingangsspannungen summiert werden. Hierfür werden ein ohmscher Widerstand als Rückkopplung und mehrere ohmsche Eingangswiderstände verwendet, **Bild 5**. Aus $i_n = 0$ und $i_n = u_n/R_n$ mit $V \to \infty$ ergibt sich

$$u_a = -[(R_R/R_1)u_1 + (R_R/R_2)u_2 + \ldots + (R_R/R_n)u_n]. \qquad (7)$$

Setzt man $R_R/R_i = C_i$, so wird

$$U_a = -\sum_{i=1}^{n} C_i u_i. \qquad (8)$$

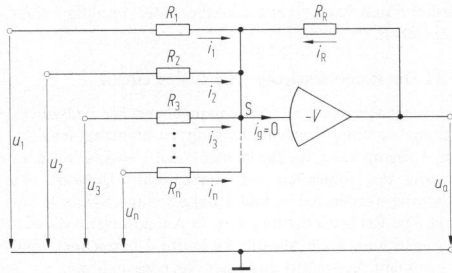

Bild 5. Schaltbild eines Summierers [3]

Statische Fehler entstehen durch Toleranzen der Eingangswiderstände. Dynamische Fehler ergeben sich hauptsächlich durch einen Verstärkungsabfall bei hohen Frequenzen der Eingangsspannung.

2.1.6 Integrierer. Analog integrators

Ein Integrierer entsteht aus einem Summierer, bei dem der Rückkopplungswiderstand durch eine Kapazität C_R

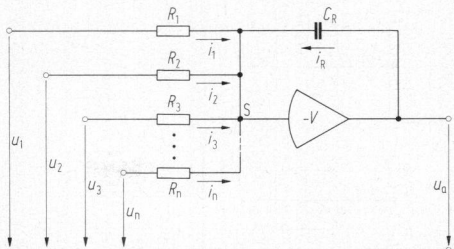

Bild 6. Schaltbild eines Integrierers [3]

ersetzt wird, **Bild 6**. Für den Rückkopplungskreis gilt

$$i_R = C_R (du_a/dt).$$

Vorausgesetzt wird außerdem $V \to \infty$ und ein idealer Kondensator.

Analog Gl. (7) erhält man

$$\frac{du_a}{dt} = -\left(\frac{1}{R_1 C_R} u_1 + \frac{1}{R_2 C_R} u_2 + \ldots + \frac{1}{R_n C_R} u_n \right)$$

und nach Integration

$$u_a = -[\int (1/R_1 C_R)u_1 dt + \int (1/R_2 C_2)u_2 dt + \ldots \\ + \int (1/R_n C_R)u_n dt] + u_{a0}. \qquad (9)$$

u_{a0} ist die Anfangsbedingung für $t = 0$.

Setzt man $1/R_i C_R = k_i$, so wird

$$u_a = u_{a0} - \sum_{i=1}^{n} k_i \int u_i dt. \qquad (10)$$

k_i gibt die Geschwindigkeit der Integration an. Mit Hilfe von Potentiometern können beliebige Anfangsbedingungen eingestellt werden.

2.1.7 Multiplizierer. Analog multipliers

Für Multiplizierer gibt es mehrere Verfahren, wobei sich für langsame Analogrechner der Servo-Multiplizierer und für schnell ablaufende Simulationen der Zweiparabelmultiplizierer bewährt haben. Beim Servo-Multiplizierer werden den Potentiometer mit einem Differenzverstärker zusammengeschaltet, **Bild 7**. Der Stellmotor M wird durch den Differenzverstärker angetrieben. Wird in der Gl. (5) des Koeffizientelements der Einstellbereich zeitabhängig gemacht, so ergibt sich

$$u_a(t) = \alpha(t)u_1(t).$$

Das Potentiometer P_E liefert die Spannung $\alpha_1 E$ ($E = $ maximale Rechenspannung), die zusammen mit u_1 dem Differenzverstärker zugeführt wird. Der Stellmotor wird mit der Differenzspannung $u_1 - \alpha_1 E$ mit $-1 \leq \alpha_1 \leq +1$ gespeist und verändert den Potentiometerabgriff so lange, bis $u_1 - \alpha_1 E = 0$ ist.

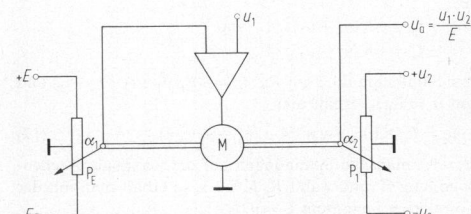

Bild 7. Schaltbild eines Servo-Multiplizierers [3]

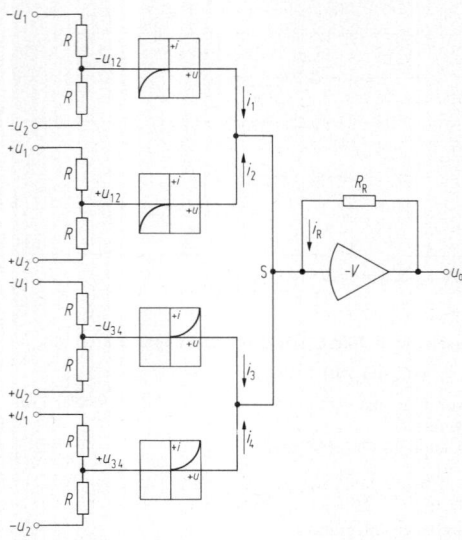

Bild 8. Schaltbild eines Zweiparabelmultiplizierers [3]

Daraus folgt: $\alpha_1 = u_1/E$. Am Abgriff des Potentiometers P_1 ist die Spannung $a_2 u_2$ mit $-1 \leq a_2 \leq +1$.
Da $\alpha_1 = \alpha_2$ ist, erhält man

$$u_a = \alpha_2 u_2 = (u_1/E)u_2. \tag{11}$$

Auf der Seite des Potentiometers P_1 können weitere Potentiometer angebracht werden, so daß mehrere Produkte mit verschiedenen Multiplikanden gebildet werden können [3]. Servo-Multiplizierer arbeiten nur bei Spannungen mit niedriger Frequenz (Grenzfrequenz ≤ 1 Hz). Bei höheren Frequenzen entsteht infolge der Trägheit des Stellmotors ein dynamischer Fehler.
Der Zweiparabelmultiplizierer basiert auf der mathematischen Beziehung

$$y_0 = y_1 y_2 = (y_1 + y_2)^2/4 - (y_1 - y_2)^2/4.$$

Die erforderlichen quadratischen Kennlinien lassen sich mit elektronischen Hilfsmitteln (Dioden, Sägezahnschwingungen) realisieren, **Bild 8.** Das Schaltbild besteht aus vier Spannungsteilern, vier Quadratbildern (z.B. Dioden) und einem Operationsverstärker. Am Eingang der Quadratbildner ist die Spannung

$$u_{12} = (u_1 + u_2)/2 \quad \text{bzw.} \quad u_{34} = (u_1 - u_2)/2.$$

Die Quadratbildner sind so geschaltet, daß die beiden oberen bei negativer, die beiden unteren bei positiver Eingangsspannung leiten. Es ist mit K Proportionalitätsfaktor:

$$i_1 + i_2 = -K(u_1 + u_2)^2/4 \quad \text{und}$$
$$i_3 + i_4 = +K(u_1 - u_2)^2/4.$$

Am Sammelpunkt S gilt $R_R \cdot i_R = -R_R(i_1 + i_2 + i_3 + i_4)$ und mit $u_a = R_R i_R$ erhält man

$$u_a = R_R K((u_1 + u_2)^2/4 - (u_1 - u_2)^2/4). \tag{12}$$

Bezieht man alle Spannungen auf die maximale Rechenspannung E, und wählt $R_R K E = 1$, so erhält man mit der normierten Spannung $U = u/E$:

$$U_A = U_1 U_2. \tag{13}$$

2.1.8 Funktionsgeber. Function generators

Ein Funktionsgeber ist ein Rechenelement, das eine beliebige Funktion

$$u_a(t) = f(u_1(t)) \tag{14}$$

erzeugen kann. Zur Realisierung werden heute vorwiegend Diodennetzwerke eingesetzt. Es sind verschiedene Schaltanordnungen bekannt [1]. Wichtige spezielle Funktionen sind in **Bild 9** dargestellt. Auf die Schaltungen sei in der Literatur hingewiesen [1]. Analogrechner enthalten üblicherweise einige festeingestellte Funktionsgeber.

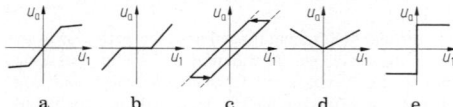

Bild 9. Spezielle Funktionen. **a** Begrenzer; **b** tote Zone; **c** Getriebelose (toter Gang); **d** Betrag; **e** Signumfunktion

2.1.9 Komparatoren und Schalter
Comparators and switches

Die Aufgabe zwei analoge Größen miteinander zu vergleichen und aus dem Vergleich ein binäres Signal abzuleiten wird mittels eines Komparators gelöst. Durch einen Schalter wird eine von zwei analogen Größen in Abhängigkeit von einem binären Signal ausgewählt. Komparatoren und Schalter sind Bindeglieder zwischen analogen und digitalen Elementen eines hybriden Analogrechners.

2.1.10 Ein- und Ausgabegeräte. Input- und output-devices

Einfache Analogrechner haben keine speziellen Eingabegeräte. Die Eingabe erfolgt durch Aufstecken der Rechenschaltung auf das Programmierfeld und Einstellen der Potentiometer von Hand. Komfortable Analogrechner besitzen Einrichtungen zur automatischen Ausführung von Befehlen z.B. „Rechnen", „Halt" usw. und Einstellung der Potentiometer. Der Rechenablauf erfolgt programmgesteuert.
Ausgabeergebnisse des Analogrechners sind Spannungen als Festwerte oder Funktionen. Zur Messung der Festwerte werden Analog- oder Digitalvoltmeter benutzt und über Drucker ausgegeben. Zeitlich veränderliche Spannungen werden durch Koordinatenschreiber oder Oszillographen ausgegeben.

2.1.11 Die Rechenschaltung. The analog circuit

Die Rechenelemente werden entsprechend der Aufgabenstellung zu einer Rechenschaltung zusammengeschaltet. Der Ausgang eines Rechenelements wird jeweils mit dem Eingang des folgenden verbunden. Zum Entwurf der Schaltung werden die in **Bild 1** dargestellten Symbole benutzt. Die Rechenschaltung wird in Anlehnung an die Regelungstechnik auch als Blockschaltbild bezeichnet. **Bild 10** zeigt den Ausschnitt aus einer Rechenschaltung.

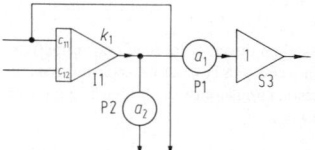

Bild 10. Ausschnitt einer Rechenschaltung [6]. I1 Integrierer 1, Gewichte $(c_1)_1 = c_{11}$ usw.; S3 Summierer 3, als Umkehrer geschaltet; P1(2) Potentiometer 1(2) mit $a_{1(2)}$

2.1.12 Steuerung und Rechenabläufe
Operation and control of the computer

Zur Steuerung von Rechenabläufen dient das Bedienungsfeld mit *Steuer- und Überwachungsgeräten*, wie *Schalter, Voltmeter, Potentiometer, Funktionsgeber, Zeitgeber* und *Überwachungsanzeigen*.

Vor Beginn der Rechnung müssen mit Hilfe des Voltmeters die Koeffizientenpotentiometer eingestellt werden. Zur Funktionsgebereinstellung muß eine Kurve oder Wertetabelle für die einzustellende Funktion vorliegen.

Bei den Rechenabläufen unterscheidet man *normales Rechnen* mit den Schritten *Pause* (Anfangswert), *Rechnen* und *Halt*. Mehrere Zyklen dieser Schritte bezeichnet man als *repetierendes Rechnen*.

Daneben gibt es das *iterierende Rechnen* bei dem neben der normalen Rechenschaltung eine sog. komplementäre Rechenschaltung verwendet wird, in der die Integrierer als komplementäre Integrierer arbeiten. In Verbindung mit zwei Zeitgebern können so eine im Normaltakt und eine im Komplementärtakt arbeitende Rechenschaltung verschieden lange Schleifen durchlaufen, bei denen die Rechenergebnisse des einen Takts die Anfangswerte des anderen Takts sind.

Große Analogrechner haben zur Kontrolle der gesteckten Rechenschaltung die Betriebsart *statische Prüfung* und zur Prüfung der Integrierer die sog. *dynamische Prüfung*.

2.1.13 Grundsätzliches Verfahren der Programmierung
Fundamentals of analog computer programming

Die Rechenelemente arbeiten nur innerhalb bestimmter Spannungsbereiche z.B. ± 10 V bzw. ± 100 V. Die Variablen einer Gleichung müssen daher in sog. Maschinenvariable transformiert werden.

Die maximale Rechenspannung sei E, die Rechenspannung u. Dann ist

$$u/E = U, \quad -1 \leqq U \leqq +1. \tag{15}$$

Ebenso bezieht man eine beliebige Variable y auf ihren Maximalwert y_{max}:

$$Y = y/y_{max} \quad \text{und} \quad U = Y. \tag{16}$$

Dem Maximalwert $Y = 1$ entspricht immer die maximal zulässige Spannung $U = 1$ am Analogrechner.
Für die Variable y ergibt sich aus Gl. (16)

$$y = (y_{max}/E)u \tag{17}$$

der Amplitudenmaßstab y_{max}/E. Durch diesen Maßstabsfaktor wird die Problemvariable den Spannungen an den Rechenelementen zugeordnet. Die Einführung des Amplitudenmaßstabs erlaubt eine gute Ausnutzung der Rechenspannungsbereiche.

Zur Herstellung eines Zusammenhangs zwischen der Problemzeit t und der Maschinenzeit τ dient die sog. Zeitmaßstabsfaktor. Er wird wie folgt definiert: Ist t die Zeit, in der das Problem in Wirklichkeit abläuft, so gilt mit $\lambda < 1$ (Zeitraffung), $\lambda > 1$ (Zeitdehnung), $\lambda = 1$ (Echtzeit):

$$t = (1/\lambda)t^*. \tag{18}$$

Analog dazu ergibt sich eine normierte Maschinenvariable

$$t^* = k_R \tau. \tag{19}$$

Durch Gleichsetzen von Gl. (18) und Gl. (19) erhält man mit dem Zeitmaßstabsfaktor k_R/λ:

$$t = (k_R/\lambda)\tau. \tag{20}$$

λ beeinflußt die Koeffizienten einer Gleichung und k_R als Integrationskonstante die Rechengeschwindigkeit.

Die Schritte zur Programmierung eines Analogrechners sind wie folgt [3]: Formulierung der Aufgabe – Wahl der Maßstabsfaktoren – Aufstellung der Rechenschaltung – Anfertigen von Listen mit Koeffizienten der Rechenelemente – Stecken der Rechenschaltung – Programmprüfung – Ausführung der Rechnung.

Bei der Ausführung der Rechnung ist darauf zu achten, daß alle Rechenelemente im Wertebereich $|u| \leqq 1$ und möglichst nahe bei 1 arbeiten.

Treten Werte $|u| > 1$ auf, so ist die Rechnung nicht mehr brauchbar, wenn die übersteuerten Rechenelemente ihre mathematischen Funktionen verlieren. In diesem Fall ist die Normierung zu verbessern. Rechenschaltungen müssen stabil sein, d.h. reproduzierbare Ergebnisse liefern.

2.2 Aufgaben und Anwendungen
Functions and uses

2.2.1 Abgrenzung gegenüber Digitalrechnern
Comparison with digital computers

Die Stärke des Analogrechners ist seine Fähigkeit, unmittelbar zu integrieren. Er kann daher Differentialgleichungen mit hoher Geschwindigkeit lösen (Beispiel: **Bild 11**). Unabhängige Veränderliche ist die Zeit t. Für die Lösung partieller Probleme ist der Analogrechner daher nur bedingt geeignet. Obwohl algebraische Operationen durchführbar sind, fallen umfangreiche Rechnungen dieser Art schwer. Durch die gute Erkennbarkeit von Parameteränderungen ist der Analogrechner für Optimierungsaufgaben hervorragend geeignet.

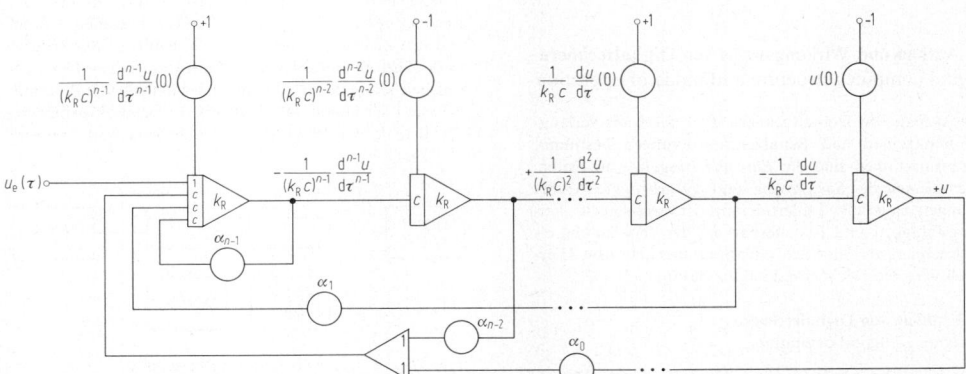

Bild 11. Rechenschaltung zur Lösung linearer Differentialgleichungen [3]

Tabelle 1. Analoge Größen verschiedener technischer Systeme [3]

Größe	elektrisch	mech.-trans.	mech.-rot.	hydraulisch	pneumatisch	thermisch
Quantität	Ladung	Weg	Auslenkung	Volumen	Gasmenge	Wärmemenge
	Q in C	x in m	α	V in cm^3	m in kg	Q in J
Potential-differenz	Spannung	Kraft	Drehmoment	Druckdifferenz	Druckdifferenz	Temperatur-differenz
	U in V	F in N	M in m N	p_D in $\dfrac{N}{cm^2}$	p_D in $\dfrac{N}{cm^2}$	ϑ in K
Zeit	Zeit	Zeit	Zeit			
	t in s	t in s	t in s			
Strömung	Stromstärke	Geschwindigkeit	Winkel-geschwindigkeit	Durchfluß	Durchflußmenge	Wärmestrom
	$I=\dfrac{dQ}{dt}$ in A	$v=\dfrac{dx}{dt}$ in $\dfrac{m}{s}$	$\omega=\dfrac{d\alpha}{dt}$ in $\dfrac{1}{s}$	$Q=\dfrac{dV}{dt}$ in $\dfrac{cm^3}{s}$	$Q=\dfrac{dm}{dt}$ in $\dfrac{kg}{s}$	$\Phi=\dfrac{dQ}{dt}$ in $\dfrac{J}{h}$
Wider-stand	El. Widerstand	Dämpfungs-konstante	Dämpfungs-konstante	Laminar-widerstand	Pneumat. Widerstand	Wärme-widerstand
	$R=\dfrac{U}{I}$ in Ω	$d=\dfrac{F}{v}$ in $\dfrac{N\,s}{m}$	$d_r=\dfrac{M}{\omega}$ in m N s	$\eta=\dfrac{p_D}{Q}$ in $\dfrac{N\,s}{cm^5}$	$r=\dfrac{p}{Q}$ in $\dfrac{Ns}{cm^2/kg}$	$R_w=\dfrac{\vartheta}{\Phi}$ in $\dfrac{K\,h}{J}$
Kapazität	El. Kapazität	Rez. Federkonstante	Rez. Federkonstante	Speicherkapazität	Speicherkapazität	Wärmekapazität
	$C=\dfrac{Q}{U}$ in F	$\dfrac{1}{c}=\dfrac{x}{F}$ in $\dfrac{m}{N}$	$\dfrac{1}{c_r}=\dfrac{\alpha}{M}$ in $\dfrac{1}{m\,N}$	$k=\dfrac{V_0}{p_0}$ in $\dfrac{cm^5}{N}$	$k=\dfrac{m}{p_D}$ in $\dfrac{cm^2\,kg}{N}$	$k=\dfrac{Q}{\vartheta}$ in $\dfrac{J}{K}$
Trägheit	Selbstinduktion	Masse	Trägheitsmoment			
	$L=\dfrac{U}{dI/dt}$ in H	$m=\dfrac{F}{dv/dt}$ in $\dfrac{N\,s^2}{m}$	$J=\dfrac{M}{d\omega/dt}$ in m Ns^2			

Als Nachteil gegenüber dem Digitalrechner erweist sich die umfangreiche manuelle Programmierarbeit. Hinzu kommt, bei der Programmierung bestimmte technische Bedingungen, wie z.B. Belastbarkeit und Dynamik der Rechenelemente zu beachten, sowie die Notwendigkeit, alle Variablen dem relativ schmalen Wertebereich anzupassen.

Bei Hybridrechnern treten die Probleme der Programmierung des Digitalrechners und des Anaolgrechners gleichzeitig auf, was die Programmierung dieser Systeme außerordentlich kompliziert macht.

2.2.2 Spezielle Anwendungen. Special applications

Analogrechner werden vorzugsweise zur Simulation technischer Probleme eingesetzt [3]. Das Verfahren ist im Prinzip immer das gleiche. Aus dem vom technischen Problem abgeleiteten Modell muß das mathematische Modell gebildet werden. Dieses ist in eine Rechenschaltung zu überführen.

In vielen technischen Systemen kommen vergleichbare analoge Größen vor, die in **Tab. 1** zusammengestellt sind. Die Kenntnis dieser Zusammenhänge erleichtert das Aufstellen technischer Modelle.

3 Digitalrechnertechnik
Digital computing

3.1 Aufbau und Wirkungsweise von Digitalrechnern
Digital computer structure and mode of operation

Der Aufbau von Digitalrechnern wird durch die verlangten Funktionen und Benutzeranforderungen bestimmt. Hauptfunktionen sind die *Ein- und Ausgabe* von Daten, deren *Sammlung, Speicherung* und *Verarbeitung*. Anforderungen sind z.B. Fehlertoleranz, Zuverlässigkeit, Leistungsfähigkeit und Erweiterbarkeit, die Verwendung eines Rechners als Allzweck- oder Spezialrechner usw. Hierdurch wird die Rechnerarchitektur bestimmt [1, 10].

3.1.1 Aufbau von Digitalrechnern
Structure of digital computers

Grundsätzlicher Aufbau einer Digitalrechners: **Bild 1**. Darin sind die erforderlichen Funktionseinheiten (Hard-

warebetriebsmittel), die Verbindungseinrichtungen und deren Zusammenwirken schematisch dargestellt. Die Zentraleinheit (CPU, Central Processor Unit), oft auch als Rechner bezeichnet, enthält das *Rechenwerk*, das *Leitwerk* und den *Zentralspeicher* in einer Baueinheit. Das Rechenwerk führt alle erforderlichen Operationen aus. Der Zentralspeicher dient zur Aufnahme der Befehle von Programmen und der Daten. Das Leitwerk steuert die Ausführung der Befehle der Programme. Rechenwerk und Leitwerk

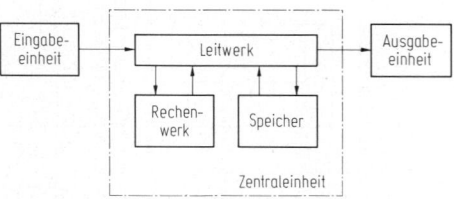

Bild 1. Grundsätzlicher Aufbau eines Digitalrechners

zusammen werden auch *Prozessor* genannt. Die Zeit, die von der Zentraleinheit zur Ausführung eines Auftrages benötigt wird, wird CPU-Zeit genannt.

Die Eingabeeinheit dient zur Aufnahme der Daten vom Benutzer, die Ausgabeeinheit gibt die Rechenergebnisse an den Benutzer. Daten können mittels eines Datenträgers indirekt in den Rechner (*Off-line-Betrieb*) oder direkt über eine Datenleitung (*On-line-Betrieb*) eingegeben werden.

Unterhalb der Ebene der funktionalen Gliederung des Rechners gibt es weitere Ebenen mit eigener Terminologie und Beschreibungsmethodik. Es sind dies die Ebenen des logischen Schaltungsentwurfs, des elektrischen Schaltungsentwurfs (Verdrahtung und/oder Integration elektronischer Bausteine) und die Ebene der physikalischen Vorgänge in den Schaltungselementen.

3.1.2 Informationsverarbeitung im Digitalrechner
Data processing operations in digital computer

Die Verarbeitung von Daten in einem Digitalrechner beruht auf der Fähigkeit der Ausführung von *Operationen*. Die Operationen wirken auf Daten. Man unterscheidet *arithmetische* Operationen, *logische* Operationen und *organisatorische* Operationen.

Arithmetische Operationen. Diese sind die vier Grundrechenarten Addition, Subtraktion, Multiplikation und Division. Zusätzliche Operationen vereinfachen die Programmierung, sie können jedoch auf die Grundrechenarten zurückgeführt werden.

Logische Operationen. Diese sind Vergleichen und Entscheiden. Durch sie kann ein Verarbeitungsvorgang abhängig von Zwischenresultaten in seinem Ablauf gesteuert werden.

Organisatorische Operationen. Sie dienen zum Daten- und Befehlstransport zwischen den Funktionseinheiten einer DVA.

Entsprechend den Operationen stehen die dazu erforderlichen Befehle in einer bestimmten Sprache zur Verfügung.

Arithmetische Befehle. Additionsbefehle, Subtraktionsbefehle, Multiplikationsbefehle und Divisionsbefehle.

Logische Befehle

Vergleichsbefehle. Sie erlauben den Vergleich zwischen numerischen Daten. Operationen sind: $>$, $\geqq$, $=$, $\leqq$, $<$, $\neq$.

Sprungbefehle. Unbedingter Sprungbefehl: Der Programmablauf wird mit dem Befehl fortgesetzt, der in der Sprungadresse angegeben ist.
Bedingter Sprungbefehl. Der bedingte Sprungbefehl umfaßt einen Vergleich (s. Vergleichsbefehl), bei dessen Erfüllung der Sprung ausgeführt wird, bei Nichterfüllung bleibt der Befehl ohne Wirkung.

Organisatorische Befehle

Stop-Befehle. Sie bewirken das Anhalten am derzeitigen Programmpunkt. Man unterscheidet analog zu den Sprungbefehlen ebenfalls zwischen unbedingtem und bedingtem Stop-Befehl.

Ein- und Ausgabe-Befehle. Sie bewirken den Austausch von Daten- und Befehlsworten zwischen Zentraleinheit und E-/A-Geräten.

Verschiebe-Befehle. Sie bewirken das Verschieben des Inhalts der Register im Rechenwerk.

Transport-Befehle. Sie bewirken den Transport der Daten- und Befehlsworte zwischen den Funktionseinheiten der Zentraleinheit.

Darstellung von Daten und Befehlen

Daten und Befehle werden in Digitalrechnern als Kombination von Binärzeichen dargestellt. Die Menge der Binärzeichen ist üblicherweise in Worten mit fester Länge zusammengefaßt. Üblich sind Wortlängen mit 12, 16, 32, 48 und 64 Bits (bei Microcomputern u.U. auch kleinere Wortlängen). Die wichtigsten darstellbaren Daten- und Befehlsarten zeigt **Bild 2**.

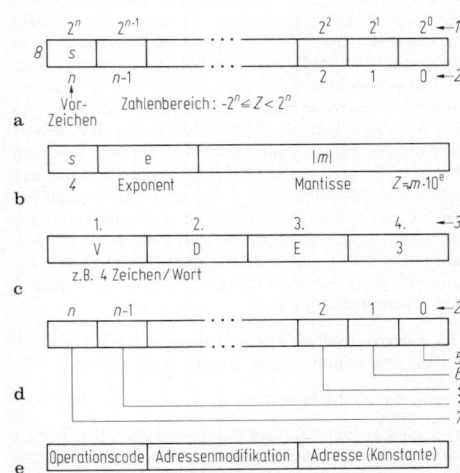

Bild 2. Darstellungsmöglichkeiten für Daten und Befehle [2]. **a** Festpunktzahl, Dualziffer; **b** Gleitpunktzahl, halblogarithmische Darstellung; **c** codierte alphanumerische Zeichen; **d** Zustandsdaten des Prozesses; **e** Programmdaten (Befehle). *1* Bewertung, *2* Zählung, *3* Zeichenfolge (Beispiel), *4* Vorzeichen der Mantisse, *5* Fotozelle (Beispiel), *6* Ventil (Beispiel), *7* Sicherung (Beispiel), *8* Register oder Speicherzelle

Bei der Zahlendarstellung in *Stellenschreibweise* (auch Festkomma- oder Festpunktzahl genannt) ist der betragsmäßig größte darstellbare Wert durch die Wortlänge begrenzt. Beispielsweise bei einem 16-Bit-Wort-Format $(2^{15} - 1) = 32\,767$. Wird ein größerer Zahlenbereich benötigt, so können Doppelwörter aus zwei aneinandergehängten Worten gebildet werden. Das Vorzeichenbit kann auch für Markierungen oder andere Zahlendarstellungen (z.B. Komplement, s. Y 3.1.3) benutzt werden.

Bei der Zahlendarstellung in *Gleitpunktschreibweise* (auch Gleitkomma- oder Gleitpunktzahlen genannt) ist die Anzahl der Bits der Mantisse verantwortlich für die Genauigkeit der Zahl, die des Exponenten für die Größe des Zahlenbereichs. Die Aufteilung des Worts in die einzelnen Bereiche ist je nach Rechnerhersteller verschieden [3]. Oft werden zur Darstellung Doppelworte verwendet. Statt des Exponenten q wird zur Vermeidung einer weiteren Vorzeichenstelle für den Exponenten eine sog. Charakteristik q' eingeführt, wobei $q' = q + q_0$ ist. q_0 ist eine konstante Zahl.

Beispiel: Im Dezimalsystem ist bei gewünschtem B^q von 10^{-50} bis 10^{49} (**Bild 2b**) mit $q_0 = 50$, $-50 \leqq q \leqq +49$ und $0 \leqq q' \leqq 99$, also immer positiv.

Die alphanumerischen Daten sind zeichenweise in codierter Form in einem Wort aneinandergereiht, die verwendeten Codes hängen von den Geräten ab (z.B. Fernschreibcode, ISO-7-Bit-Code, Lochkarten-Code). Die am häufigsten verwendete Codierung der Zeichen erfolgt in 8 Bits (= 1 Byte).

In der Prozeßdatenverarbeitung kann eine feste Zuordnung der binären Eigenschaften eines Anlagenteils zu einem Bit getroffen werden.

Beispiel (Bild 2d): Bit-Nr. 1 = L Ventil geschlossen, Bit-Nr. 1 = O Ventil geöffnet.

Bei der Befehlsdarstellung enthält der Operationsteil die Angabe über die auszuführenden Operationen des Prozessors. Der Adreßteil enthält die Adresse des Operanden. Die Adresse kann die eines Operanden im Hauptspeicher oder eines Peripheriegeräts bei Ein- und Ausgabebefehlen sein. Der andere Operand befindet sich immer im Rechenwerk. In **Bild 2e** ist das Befehlsformat einer sog. *Ein-Adreß-Maschine* dargestellt. Enthält ein Befehlswort mehrere Adressen, so spricht man von *Mehradreß-Maschinen.* Bei Zweiadreß-Maschinen enthält das Befehlswort die Adressen beider Operanden. Das Ergebnis erscheint im AC (Akkumulator s. Y 3.1.4). Bei Dreiadreß-Maschinen enthält das Befehlswort die Adressen beider Operanden und die des Ergebnisses. Der Teil der Adreßmodifikationen läßt unterschiedliche Adressierungsarten (direkte, indirekte, relative, Indexadressierung) zu. Sie dienen zur Ausweitung des Adressierungsumfangs und zur bequemeren Programmierung [4].

3.1.3 Zahlendarstellung und arithmetische Opertionen
Number representation and arithmetic operations

Formen der Zahlendarstellung

Eigenschaften eines Zahlensystems sind der Ziffernvorrat und die Stellenschreibweise (s. A 2.1.6). Der Wert der Ziffer hängt von der Stelle in der Ziffernreihe ab. Nichtnegative ganze Zahlen lassen sich damit darstellen in der Form

$$N_{10} = 257_{10} = 2 \cdot 10^2 + 5 \cdot 10^1 + 7 \cdot 10^0$$

(Dezimalsystem).

$$N_2 = 110101_2 = 1 \cdot 2^5 + 1 \cdot 2^4 + 0 \cdot 2^3 + 1 \cdot 2^2 + 0 \cdot 2^1 + 1 \cdot 2^0$$

(Dualsystem)

oder allgemein

$$N_B = \sum_{i=0}^{n-1} Z_i \cdot B^i = Z_{n-1} B^{n-1} + \ldots + Z_1 B^1 + Z_0 B^0$$

mit $0 \leq Z_i < B$.

B ist die Basis des Zahlensystems, Z_i der Ziffernvorrat zu einer Basis $(0, 1, \ldots, B-1)$. Beispiele für Zahlensysteme verschiedener Basen zeigt **Tab. 1.** Da im Hexadezimalsystem die Dezimalziffern nicht ausreichen, werden die fehlenden Ziffern 10 bis 15 durch die Großbuchstaben A bis F ersetzt.

Die allgemeine Form gebrochener Zahlen ist

$$R_B = \sum_{i=1}^{m} Z_i \cdot B^{-i} = Z_1 B^{-1} + Z_2 B^{-2} + \ldots + Z_m B^{-m}.$$

Umwandlung von Zahlen

Zahlen lassen sich von einem Zahlensystem (N_{Quelle}) in ein anderes Zahlensystem (N_{Ziel}) konvertieren (umwandeln). Es gilt immer $N_{Quelle} = N_{Ziel}$. Hierfür gibt es mehrere Methoden.

Zuordnung von Zahlen. Hierbei wird der Vorgang der Codierung eines Alphabets (1) in ein anderes Alphabet (2) benutzt, z.B. Verschlüsselung der zehn Dezimalziffern in die Tedradendarstellung eines Binärsystems, **Tab. 1.**

Beispiel: 123 = OOOL OOLO OOLL.

Gerätetechnisch erfolgt die Zahlenumwandlung in beiden Richtungen in sog. Umwandlern.

Divisionsmethode (Rechnen im Quellsystem). Rechnen im Quellsystem bedeutet, daß bei der Anwendung der Methoden ausschließlich mit Zahlen in der Quellsystemdarstellung gearbeitet wird.

Die Divisionsmethode basiert auf der Division der Zahl des Quellsystems N_Q durch die größtmöglichen Potenzen B_Z^{n-1} der Zahlenbasis B_Z bei gleichzeitiger Abspaltung des jeweiligen ganzzahligen Quotienten, der im Divisionsschritt erzeugt wird. Der verbleibende Rest wird durch die nächstniedrigere Potenz B_Z^{n-2} dividiert usw., bis schließlich die nullte Potenz abgearbeitet ist. Diese Methode läßt sich besonders gut mit einem Programm beschreiben.

Konvertierungsmethoden für Zahlensysteme zur Basis 2^n

Für Zahlendarstellungen der Basis 2, 8 und 16 bestehen untereinander einfachere Umwandlungsmethoden. Sie basieren darauf, daß Quell- und Zielsystembasis in einem Zweierpotenzverhältnis zueinander stehen. Mit einer dreistelligen Dualzahl wird der Ziffernvorrat des Oktalsystems, mit einer vierstelligen Dualzahl der des Hexade-

Tabelle 1. Binäre Zahlencodes und -systeme [4]

Dezimalsystem	Hexadezimalsystem	Oktalsystem	Dualsystem	Tetradendarstellung	BCD-Darstellung	Exceß-3 oder Stibitz-Code	Aiken-Code	1 aus 10-Code
0	0	0	0	0000	0000	0011	0000	0000000001
1	1	1	1	0001	0001	0100	0001	0000000010
2	2	2	10	0010	0010	0101	0010	0000000100
3	3	3	11	0011	0011	0110	0011	0000001000
4	4	4	100	0100	0100	0111	0100	0000010000
5	5	5	101	0101	0101	1000	1011	0000100000
6	6	6	110	0110	0110	1001	1100	0001000000
7	7	7	111	0111	0111	1010	1101	0010000000
8	8	10	1000	1000	1000	1011	1110	0100000000
9	9	11	1001	1001	1001	1100	1111	1000000000
10	A	12	1010	1010	0001 0000	0100 0011	0001 0000	0000000010 0000000001
11	B	13	1011	1011	0001 0001	0100 0100	0001 0001	0000000010 0000000010
12	C	14	1100	1100	0001 0010	0100 0101	0001 0010	0000000010 0000000100
13	D	15	1101	1101	0001 0011	0100 0110	0001 0011	0000000010 0000001000
14	E	16	1110	1110	0001 0100	0100 0111	0001 0100	0000000010 0000010000
15	F	17	1111	1111	0001 0101	0100 1000	0001 1011	0000000010 0000100000

zimalsystems erfaßt. Die Umwandlung einer Dualzahl in eine Oktal- oder Hexadezimalzahl wird einfach durch das Zusammenfassen von Dreier- oder Vierergruppen der Dualzahl erreicht.

Beispiel: Wandlung von 101111010_2 in eine Oktal- bzw. Hexadezimalzahl

	5 7 2	Oktalzahl
	⌣⌣ ⌣⌣ ⌣⌣	Dreiergruppen
	101111010	Dualzahl
	⌣⌣⌣ ⌣⌣⌣⌣	Vierergruppen
	1 7 A	Hexadezimalzahl

Die Dualzahl kann auch als Zwischendarstellung bei der Umwandlung von Oktal- in Hexadezimalzahlen dienen, Hilfsmittel bei der Umwandlung ist **Tab. 1**.
Weitere Konvertierungsmethoden s. [4, 5].

Grundrechenarten im Dualsystem

Für die arithmetischen Operationen Addieren, Subtrahieren und Multiplizieren gelten die in **Tab. 2** aufgeführten Rechenregeln. Bezieht man bei der Anwendung der Operationen bei mehrstelligen Zahlen den Übertrag (das „Borgen") mit in die Rechnung ein, so gelten die gleichen Regeln wie im Dezimalsystem.

Tabelle 2. Rechenregeln für Dualoperationen [4]

Operation	Ergebnis	Übertrag auf nächsthöhere Stelle
$0 + 0$	0	0
$0 + 1$	1	0
$1 + 0$	1	0
$1 + 1$	0	$+1$ = Übertragbit
$0 - 0$	0	0
$0 - 1$	1	-1 = „Borgbit"
$1 - 0$	1	0
$1 - 1$	0	0
$0 \cdot 0$	0	0
$0 \cdot 1$	0	0
$1 \cdot 0$	0	0
$1 \cdot 1$	1	0

Die Subtraktion läßt sich jedoch durch Verwenden von Komplementen auf die Addition zurückführen. Die Bildungsgesetze für Komplemente lauten:

$$\overline{N} = B^S - N \qquad \text{für das } B\text{-Komplement,}$$
$$\overline{N} = B^S - 1 - N \qquad \text{für das } B\text{-1-Komplement.}$$

B Basis des Zahlensystems, S Stellenzahl des Betrags von N, N beliebige, negative Zahl.
Bei negativen Zahlen muß eine Stelle für das Vorzeichen mitgeführt werden.

Beispiel:

$+ 168 \triangleq 0168 =$ positive Zahl.
$- 168 \triangleq 9832 = B$-Komplement,
$- 168 \triangleq 9831 = B$-1-Komplement.

Die Komplementbildung einer Dualzahl geschieht einfach durch Umwandlung der 0 in 1 und umgekehrt in jeder Stelle. Multiplikation und Division werden in Rechenwerken unter Verwendung besonderer Befehle auf die Addition mit zum Teil besonderen Verfahren zur Verkürzung der Operationszeiten zurückgeführt [6, 7].

Grundrechenarten bei Gleitkommadarstellung

Technisch-wissenschaftliche Rechnungen werden meist mit Zahlen in Gleitkommadarstellung ausgeführt. Bei den Grundrechenarten in der Gleitkommadarstellung (Gleitkomma-Arithmetik) werden beide Teile der Zahl, Mantisse und Exponent (Charakteristik) getrennt verarbeitet. Hierzu muß die Zahl zunächst normiert werden.
Zahlen der Form $Z = mB^q$ heißen normiert, wenn

$$|m| = Z_1 B^{-1} + Z_2 B^{-2} + \ldots + Z_m B^{-m}$$

mit $Z_i \in \{0, 1, \ldots, B - 1\}$ und $Z_1 \neq 0$ ist.
Die Verarbeitung erfolgt nach den Prinzipien der Festkommatechnik.

Addition. Bei der Addition dürfen nur Zahlen mit gleichen Exponenten q bzw. q' verarbeitet werden. Die Exponentenangleichung erfolgt derart, daß die Zahl mit dem kleineren Exponenten an die mit dem größeren angeglichen wird. Danach erfolgt die Addition der Mantissen.

Beispiel: $68\,000 + 743$ (Angenommen sei eine Stellenzahl, von 3 für die Darstellung der Mantisse).

		Darstellung als Maschinenwort mit Charakteristik	
1. Schritt: Normierung	q' $(q_0 = 50)$		
	$0{,}68 \cdot 10^5$	55	680
	$+ 0{,}743 \cdot 10^3$	53	743
		q'	m

2. Schritt: Exponentenangleichung
Sie erfolgt durch Verschiebung der Mantisse um die Differenz der Exponenten, bei gleichzeitiger Erhöhung des kleineren Exponenten

			Bedeutung
	55	680	$0{,}680 \cdot 10^5$
	55	007	$0{,}007 \cdot 10^5$

3. Schritt: Addition 55 687 $0{,}687 \cdot 10^5 = 68\,700$

Bei der hier gewählten Stellenzahl von drei Stellen für die Mantisse wird das Problem der Rundungsfehler, bedingt durch die Verschiebeoperationen, deutlich. Abhängig davon ist die Genauigkeit der Rechenoperationen.
Ein Übertrag bei der Mantisse (Überschreiten des zugelassenen Wertebereichs von 0,999) wird durch Rechtsverschiebung um eine Stelle (Normierung) ausgeglichen.
Der gleiche im Beispiel gezeigte Vorgang kann auch im Dualzahlensystem durchgeführt werden.
Ungenauigkeiten, d.h. Rechenfehler können jedoch auch entstehen bei der Umwandlung der Eingabedaten in die maschineninterne Darstellung und die Auslöschung von Ziffern bei der Differenzbildung von nahezu gleichen Zahlen.
Eine Abhilfe hierfür bieten Verfahren der hochgenauen Numerik. Sie basieren auf der Intervallrechnung und liefern in engen Schranken liegende Ergebnisse [8].

3.1.4 Komponenten eines Digitalrechners
Digital computer components

Zur Hardware eines Digitalrechners werden alle mechanischen und elektronischen Komponenten gezählt.

Prozessor

Aufgabe des Prozessors (Zentralprozessors) ist es Programmbefehle (Maschineninstruktionen, -befehle) auszuführen. Er besteht aus den Funktionseinheiten Rechenwerk und Leitwerk (Steuerwerk). Prozessoren können in Form fest verdrahteter Schaltwerke oder als Mikroprozessoren ausgeführt werden, **Bild 3**. Bei Mikroprozessoren werden die Maschineninstruktionen (*Makrobefehle*) durch

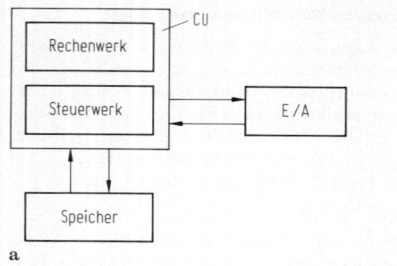

a

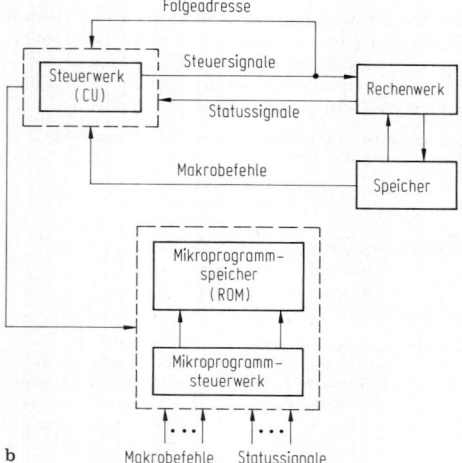

b

Bild 3. Unterschied zwischen **a** konventionellem Prozessor und **b** Mikroprozessor. CU Control Unit

Mikroprogramme ausgeführt, die in einem eigens dafür erforderlichen Mikroprogrammspeicher residieren.

Prozessoren arbeiten nach einem vorgegebenen Schema:

1. Ermitteln der Adresse des Befehls, der als nächster ausgeführt wird.
2. Auslesen des Befehls aus dem Hauptspeicher, Analyse des Befehls und Auslösen weiterer Operationen (Adressenmodifikation, Stop).
3. Adresse des Operanden ermitteln und Operand dem Rechenwerk zuführen.
4. Ausführung von Verknüpfungen zwischen Operanden im Rechenwerk.
5. Beginn der Bearbeitung des nächsten Befehls.

Das Rechenwerk führt arithmetische und logische Operationen aus. Es besteht aus den Komponenten *Arbeitsregister, Verknüpfungslogik* (Arithmetic Logic Unit, ALU) und *Statusregister*. Arbeitsregister sind schnelle Speicher zur Aufnahme von Operanden, die von der Verknüpfungslogik bearbeitet, oder auch zu Manipulation von Adressen benutzt werden. *Akkumulatoren* sind spezielle Arbeitsregister, die Resultate von Operationen aufnehmen können. Rechner können über 16, 32 und mehr Arbeitsregister verfügen. Die Verknüpfungslogik führt Operationen auf die in den Arbeitsregistern gespeicherten Operanden aus. Typische Operationen sind Transferoperationen (Laden, Speichern). Boolsche Operationen, Schiebeoperationen, Registermanipulationen (Inkrementieren, Dekrementieren, Komplementieren) und arithmetische Operationen (Addition, Subtraktion). Die Multiplikation und

Division können durch eigene Verknüpfungslogiken ausgeführt oder auf die Addition und Subtraktion zurückgeführt werden. Der Zustand der Verknüpfungslogik nach jeder Operation wird im Statusregister angezeigt. Das *Steuerwerk* (Leitwerk) steuert und kontrolliert das Rechenwerk sowie den Verkehr mit dem Hauptspeicher und den peripheren Geräten, falls diese hierzu keine eigenen Ein-/Ausgabeprozessoren besitzen. Es besitzt ebenfalls eine Reihe von Registern (Befehlszähler BZ, Befehlsregister, Adreßregister und Indexregister).

Bei *Mikroprozessoren* läßt sich eine Zuordnung zu einer der beiden Funktionen oft nicht durchführen, da sie auf einem Halbleiterbauteil (Chip) untergebracht sind (Ein-Chip-Mikroprozessor). Durch die Mikroprogrammierung können Maschinenbefehle erzeugt werden, die nicht zum Hersteller-Befehlsvorrat gehören. Auf diese Weise lassen sich Befehle anderer Rechner umsetzen. Dieser Vorgang wird Emulation genannt.

Die zeitliche Steuerung der Schaltschritt kann *synchron* (synchroner Betrieb) oder *asynchron* (asynchroner Betrieb) erfolgen. Bei synchronem Betrieb werden alle Operationen während vorgegebener Taktperioden ausgeführt. Die dazu erforderlichen Taktgeber erzeugen Frequenzen von mehreren MHz. Beim asynchronen Betrieb bestimmen die einzelnen Operationen ihren Zeitablauf selbst. Nach Beendigung jeder Operation löst das Leitwerk den Beginn der nächsten Operation aus.

Eine besondere Prozessorausführung ist die *RISC-Architektur* (RISC Reduced Instruction Set Computer). Hierbei wird der Befehlssatz des Prozessors stark reduziert, im Gegensatz zu der CISC-Architektur (CISC Complex Instruction Set Computer), bei der der Befehlssatz umfangreich und in der Komplexität höheren Programmiersprachen angenähert wird. Durch die Beschränkung auf einen elementaren Grundbefehlssatz ergibt sich eine Leistungssteigerung der Prozessoren. Die in der Regel nur selten gebrauchten komplexen Befehle werden durch von einem Compiler explizit formulierte Unterprogramme statt durch fest gespeicherte Mikroprogramme realisiert.

Leistungsparameter von Prozessoren sind die Anzahl pro Zeiteinheit ausführbare *Instruktionen* (MIPS Mega Instructions Per Second) oder spezielle *Rechenoperationen* (MFLOPS Mega Floating Point Operation Per Second).

Speicher

Sie haben die Aufgabe der Aufbewahrung von Daten und Befehlen. Aufgrund der Anforderungen aus der Verarbeitung der Befehle (schnelle Ausführung) und Daten (große Datenmengen, kurze Zugriffszeit) sowie der Kosten, ergibt sich eine Aufteilung von Speichern (Speicherhierarchie), **Bild 4**. In der Nähe des Prozessors werden schnelle, in der Kapazität jedoch begrenzte Speicher eingesetzt.

Hauptspeicher (Main memory). Er hat die Aufgabe, Befehle und Daten für das Rechenwerk bereitzuhalten. Er besteht aus Speicherzellen für die Speicherung eines Bytes oder Worts. Jede Speicherzelle des Hauptspeichers hat eine eigene *Adresse* und steht in wahlfreiem (direktem) Zugriff (RAM Random-access Memory). Die Speichersteuerung veranlaßt je nach auszuführendem Befehl das Einlesen bzw. Auslesen des Speicherinhalts in das zur Weiterverarbeitung bestimmte Register. Die Speichersteuerung arbeitet in der Regel asynchron unter dem Prozessor.

Pufferspeicher (Cache memory). Es sind kleinere, sehr schnelle Speicher, die zwischen Prozessor und Hauptspeicher angeordnet sind. Cache-Speicher sind üblicherweise als *Assoziativspeicher* ausgeführt. Der Zugriff zu den Speicherzellen ist wahlfrei über eine Methode, die den

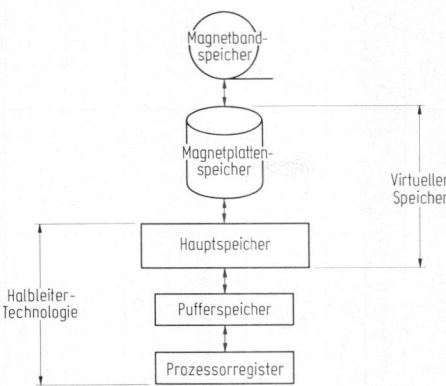

Bild 4. Aufteilung von Speichern [8]

Inhalt eines bestimmten Teils aller Speicherzellen parallel mit einem vorgegebenen Schlüssel vergleicht. Somit genügt ein Teil des Inhalts einer Speicherzelle um diese anzusprechen. Speicherzellen bei denen der Vergleich positiv ausfällt, können in nachfolgenden Zyklen ausgelesen werden. Haupt- und Cache-Speicher bilden einen Speicherverbund.

Register. Sie sind Speicher zur Aufnahme der aktuell in einem Verarbeitungsschritt benötigten Daten. Ihre Zugriffszeiten sind auf die Verarbeitungsgeschwindigkeit der Verarbeitungseinheiten z.B. des Prozessors ausgelegt.

Hauptspeicher, Pufferspeicher und Register werden als *Halbleiterspeicher* unterschiedlicher Technologie [10] hergestellt. Sie werden unterschieden in *Nur-Lese-Speicher* (ROM Read Only Memory) und in *Schreib-Lese-Speicher* (RAM Random Access Memory). Beide Speicherarten haben wahlfreien Zugriff. Bei den Nur-Lese-Speichern wird weiter unterschieden in PROM (Programmable Read Only Memory) als *Festwertspeicher*, der mit einem Programmiergerät einmal elektrisch programmiert werden kann; EPROM (Erasable Programmable Read Only Memory) als *löschbarer programmierbarer Festwertspeicher*; REPROM (REProgrammable ROM) der nach Löschen des Inhalts erneut programmiert werden kann und EAROM (Electrically Alterable Read Only Memory) als *elektrisch veränderbarer Festwertspeicher*. Weitere Speicherausführungen sind *Landungstransportspeicher* (CCD Charge Coupled Devices) and *Magnetblasenspeicher* (MBM Magnetic Bubble Memory) [4].

Zur Speicherung großer Datenmengen werden periphere Speicher unterschiedlicher Bauform als sog. *Hintergrundspeicher* verwendet.

Speicherkenngrößen. *Zugriffszeit.* Sie ist die Zeitspanne zwischen dem Zeitpunkt, zu dem vom Prozessor die Übertragung bestimmter Daten nach oder vor der Funktionseinheit gefordert wird, und dem Zeitpunkt, zu dem die Übertragung beendet ist (DIN 44300). Es ist also die Zeit zum Auffinden und Lesen (bzw. Schreiben) aus einer (in eine) Speicherzelle.

Speicherzykluszeit. Sie ist die kürzeste Zeitspanne zwischen dem Beginn zweier aufeinanderfolgender, zyklisch wiederkehrender Schreib- und Lesevorgänge (DIN 44300). Da ein Lesevorgang in der Regel mit dem Löschen der gespeicherten Informationen verbunden ist, muß die Information parallel zu anderen Vorgängen wieder zurückgeschrieben werden. Die Speicherzykluszeit ist daher größer als die Zugriffszeit.

Speicherkapazität. Sie ist die maximale Anzahl von Bits, Bytes oder Worten, die ein Speicher aufnehmen kann. Als Maßeinheit wird $1 K = 1$ Kilo $= 2^{10}$, $1 M = 1$ Mega $= 2^{20}$, $1 G = 1$ Giga $= 2^{30}$ in Verbindung mit den Grundeinheiten Byte oder Wort verwendet. **Tab. 3** zeigt einige charakteristische Eigenschaften verschiedener Speicherarten.

Struktur von Kommunikationswegen

Zwischen den Bausteinen des Rechners müssen Verbindungen zum Transport von Daten (Nachrichten) geschaffen werden. Dazu gehören Kabel, aber auch zwischengeschaltete Speichermedien. Bei den Datenleitungen wird unterschieden zwischen einseitigem Datenfluß (*Simplex*-Leitung) und zweiseitigem Datenfluß (*Duplex*-Leitung: in beiden Richtungen gleichzeitig; *Halbduplex*-Leitung: umschaltbar, zu einem Zeitpunkt nur in eine Richtung). Weiterhin wird unterschieden, wieviel Daten gleichzeitig übertragen werden können (*seriell*: jeweils nur eine Stelle eines Datenwerts; *parallel*: vollständiger Datenwert), und ob eine Datenvermittlung in Form einer Vermittlungsstation zwischen Sender und Empfänger erforderlich ist. Auf dieser Grundlage lassen sich Kommunikationssysteme unterschiedlicher Strukturen aufbauen, **Bild 5**. Kommunikationsstrategie bedeutet, ob Vermittlungsstationen vorhanden sind oder nicht. Bei den Kommunikationskontrollmethoden wird unterschieden ob eine einzige zentrale Vermittlungsstation benutzt wird oder mehrere dezentrale.

Die Struktur von Kommunikationswegen bezeichnet die Form der Datenleitung zwischen Sender und Empfänger. Es gibt dedizierte Weg-Datenleitungen, die genau zwei Komponenten verbindet und allgemeine Weg-Datenleitungen, die mehr als zwei Komponenten untereinander verbindet (auch als BUS bekannt). Damit lassen sich die in der letzten Zeile von **Bild 5** aufgeführten Architekturen des Kommunikationssystems bilden.

3.1.5 Architektur von Digitalrechnern. System architecture

Aus den Komponenten von Digitalrechnern lassen sich Rechner unterschiedlicher Struktur und Operationsprinzipien entwerfen. Die Struktur wird durch die Art und Anzahl der Komponenten (Hardware-Betriebsmittel) und ihre Kommunikationswege bestimmt. Das Operationsprinzip ist die Art des Zusammenarbeitens der Komponenten [1].

Eine Einteilung der Rechnerstruktur nach FLYNN erfolgt auf der Basis der Aussagen „Rechner bearbeitet in einem gegebenen Zeitpunkt einen oder mehr als einen Befehl" und „Rechner bearbeitet in einem gegebenen Zeitpunkt einen oder mehr als einen Datenwert". Es ergeben sich vier Kombinationen

00: Single Instruction – Single Data (SISD),
01: Single Instruction – Multiple Data (SIMD),
10: Multiple Instruction – Single Data (MISD),
11: Multiple Instruction – Multiple Data (MIMD).

Auf dieser Basis erhält man die nachfolgenden Rechnerstrukturen:

00: den einfachsten, sog. *von Neumann-Rechner*,
01: enthält mehrere Möglichkeiten: *Zellulares System* bestehend aus einer regulären Anordnung von vielen gleichartigen „Verarbeitungszellen" (Prozessor und Speicher) zu denen jede eine (oder mehrere) spezielle Operation(en) ausführen kann. Die Verbindungswege zwischen den Zellen liegen nicht fest. *Prozessor-Array* bestehend aus einer Anordnung gleichartiger Prozessorelemente. Ein Prozessorelement kann üblicherweise die arithmetischen Grundrechenarten und einige logische Operationen ausführen. Die Datenwege zwi-

Tabelle 3. Übersicht über Geräte und Speichermedien [11]

Sinnbild in Anlehnung an DIN 40700 Blatt 10	Gerät	Speichermedium	Zugriffseigenschaften	Schriftträger	Auswechselbar	Schreibdichte Bit/mm	Mittl. Zugriffszeit	Laufgeschwindigkeit	Übertragungsgeschwindigkeit in Bit/s	Transporteinheit	Übertragungseinheit	Kapazität Bit
	Halbleiterspeicher	Halbleiter Flipflops	direkt		nein	–	50...200 ns	–	10^9	Wort	Wort	$\leq 16\cdot10^6$
	Kernspeicher	magnetische Ringkerne	direkt		nein	–	0,5...2 µs	–	10^8	12...128 Bit	Wort	$\leq 16\cdot10^6$
	Massenkernspeicher		(direkt) / indirekt		nein	–	1...10 µs	–	10^7	12...60 Bit	Wort / $\leq 2^{10}$ Worte	$32\cdot10^6$
	Trommelspeicher	Magnettrommel	indirekt rotierend	Magnetschicht	nein	40/Spur	5...20 ms	5000...20000 min^{-1}	10^6/Spur	1 Bit bei Massenspeichern 12...60 Bit bei Hauptspeichern	Blöcke meist fester Länge	$\leq 10^9$
	Plattenspeicher	Magnetplattenstapel	indirekt rotierend	Magnetschicht	nein/ja	80/Spur	35...150 ms	1000...2000 min^{-1}	10^7/Spur	1 Bit	Blöcke meist fester Länge	$\leq 10^{10}$
	Magnetbandkassettenspeicher	Magnetbandschleife	indirekt zyklisch	Magnetschicht	ja	ca. 40/Spur	ca. 80 ms	15 m/s			Blöcke fester Länge	$5\cdot10^7$
	Magnetbandgerät	Magnetbandspule (750 m)	indirekt sequentiell	Magnetschicht	ja	≤ 64/Spur	≤ 300 s für Rückspulen	1...3 m/s	10^5/Spur	6...8 Bit (eine Sprosse)	Blöcke variabler Länge	$\leq 10^9$ bzw. $5\cdot10^5$ pro Meter
	Lochkartenstanzer/leser	Lochkartenstapel	indirekt sequentiell	Papier	ja	0,45/Zeile			8000 / 30000	960 Bit / 12 oder 80 Bit	Karte	960/Karte
	Lochstreifenstanzer/leser	Lochstreifenrolle	indirekt sequentiell	Papier	ja	0,25/Spur		0,6 m/s / 1...8 m/s	300/Spur / 1000/Spur	5...8 Bit (eine Sprosse)	eine oder mehrere Sprossen	≤ 2000 pro Meter
	Schnelldrucker	gefaltete Papierbahn	indirekt sequentiell	Papier	ja				mechanisch $2,5\cdot10^4$ nicht mech. $5\cdot10^5$	1 Zeile (80...160 Zeichen)	Zeile	
	Belegleser	Formularstoß	indirekt sequentiell	Papier	ja				$\leq 10^3$ Belege/s		Beleg	
	elektrische Schreibmaschine	Papierbahn	indirekt sequentiell	Papier	ja				≤ 80	1 Bit oder 1 Zeichen		
	Eingabetastatur				ja						Zeichen	

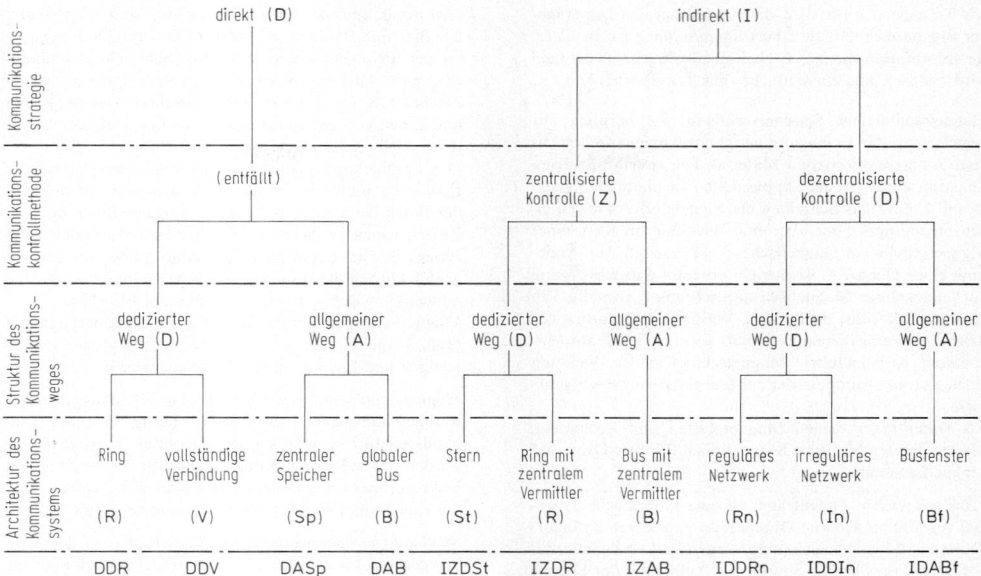

Bild 5. Struktur von Kommunikationssystemen

schen den Prozessorelementen sind festgelegt. *Prozessor-Pipeline* bestehend aus einer Anordnung von Prozessorelementen, zu denen jedes nur eine bestimmte Operation ausführen kann.

11: enthält alle Multiprozessorsysteme. Hierbei unterscheidet man: *Symmetrisches Multiprozessor-System* bestehend aus einer Anzahl von Allzweckprozessoren, die auf vielfältige Weise untereinander und mit den Speichereinheiten verbunden werden können. (Allzweckprozessoren können sein: von Neumann-Prozessor, aber auch Prozessor-Array oder Prozessor-Pipelines.) *Asymmetrisches Multiprozessor-System* bestehend aus einer Anzahl von Prozessoren, die nicht alle Allzweckprozessoren sind.

Bei den Operationsprinzipien unterscheidet man *spezielle Operationsprinzipien* (SO) und *allgemeine Operationsprinzipien* (AO).

Prinzip zur Speicherung und Verarbeitung skalarer Speicherinhalte (Daten oder Befehle), d.h. unstrukturierte Daten (von Neumann-Prinzip: →AO).

Prinzip der Verarbeitung von „arrayförmig" geordneten Datenmengen (*Array-Verarbeitung*) (→SO). Prinzip der *Datenfluß-Steuerung*: Nicht der algorithmische Ablauf des Programms steht im Vordergrund, sondern der Datenfluß. *Beispiel:* Eine Menge von Anfangswerten (üblicherweise als Feld geordnet) wird durch Anwendung einer fest vorgegebenen Folge von Transformationen über eine Folge von Zwischenwerten in eine Menge von Endwerten überführt (→SO). Prinzip der Speicherung und Verarbeitung strukturierter Datenmengen (*Datenstrukturen*) (→AO). Prinzip der Speicherung und Verarbeitung *selbstbeschreibender Daten* (→AO). Weitere Prinzipien s. [1].

Entwurfsziele sind maximale Leistung, z.B. hohe Rechengeschwindigkeit, geringe Fehlertoleranz, z.B. Betriebsbereitschaft auch bei Ausfall einzelner Komponenten, gute Erweiterbarkeit, z.B. verschiedene Ausbaustufen, Verarbeitung höherer Programmiersprachen durch Hardware.

3.1.6 Periphere Speicher und E/A-Geräte
Peripheral memories and input/output devices

Die nicht in der Zentraleinheit enthaltenen Funktionseinheiten zur Erfassung, Übertragung, Speicherung, Ein- und Ausgabe von Daten heißen *periphere* Geräte. Die Daten müssen in einer für die peripheren Geräte verarbeitbaren Form vorliegen. Man verwendet standardisierte Codes (z.B. EBCDI-Code, ASCII-Code, usw.). Die Übertragung von Daten zwischen dem Hauptspeicher und den peripheren Geräten erfordert neben der eigentlichen Übertragungsleitung technische Einrichtungen z.B. für Abstimmung der unterschiedlichen Arbeitsgeschwindigkeiten, Entschlüsselung des Übertragungswunsches, Codesicherung usw. Die Einrichtungen werden *Kanäle* genannt. Man unterscheidet *Selektorkanäle* für die Versorgung schneller Anschlußgeräte (Hintergrundspeicher) und *Multiplexkanäle* für den Anschluß mehrerer langsamer Geräte. Kanäle sind selbständige *Prozessoren* (E/A-Prozessoren) und werden zur Zentraleinheit gezählt.

Die peripheren Geräte können eigene Einrichtungen zur *Speicherung* und *Steuerung* (Mikroprozessoren) enthalten, durch die die Übertragungs- und die Zentraleinheit entlastet wird. Man spricht hierbei von „*Intelligenz*" der Geräte.

Periphere Speicher

Ihre Aufgabe ist die Lagerung der nicht im Hauptspeicher unterzubringenden Daten und Programme. Sie unterscheiden sich hinsichtlich des Speicherverfahrens und damit des Datenträgers (Papier, Magnetband) und der Geräte, sowie des Zugriffs und der Transport- und Übertragungseinheiten [10, 11].

Der Zugriff auf Daten im Hintergrundspeicher erfolgt i.allg. indirekt (sequentiell, index-sequentiell). Bei indirektem Zugriff ist meist ein Bewegungsvorgang zwischen Schreib-/Leseeinrichtung und Datenträger notwendig. Hierbei ist zwischen rotierendem, zyklischen und sequentiellen Zugriff zu unterscheiden.

Als Transporteinheit wird die Anzahl parallel übertragener Bits bezeichnet. Die Übertragungseinheit ist die kleinste Informationsmenge, die bei einem Zugriff übertragen wird. Sie ist i.allg. ein vielfaches der Transporteinheit.

Magnetomotorische Speicherverfahren. Sie beruhen auf dem Prinzip der Erzeugung gerichteter, magnetischer Dipole in magnetisierbarem Material. Die zwei Magnetisierungseinrichtungen der Dipole stellen die digitalen Signale **O** und **L** dar. Das Schreiben der Signale erfolgt durch einen Stromimpuls, der über eine Wicklung im Kern eines Magnetkopfes ein magnetisches Feld erzeugt. Zur Änderung einer **O** oder **L** ist nur ein erneuter Schreibvorgang mit umgekehrter Magnetisierungsrichtung notwendig. Ein Stromausfall führt nicht zum Verlust der Information. Beim Lesen eines linearen Signals verursacht die am Magnetkopf vorbeigeführte Magnetschicht in der Wicklung einen Spannungsimpuls, der zur Identifizierung des Signals dient.

Als Datenträger dienen Magnetplatten und -trommeln, Magnetbänder, biegsame Magnetfolien (Floppy-Disk) und Magnetkassetten.

Trommelspeicher. Datenträger ist eine zylindrische Trommel von 100 bis 450 mm Durchmesser, auf deren Zylinderfläche eine Magnetschicht aufgetragen ist. Die Zylinderfläche ist in kreisförmige Spuren zur Aufnahme der Signale unterteilt. Es gibt Trommelspeicher, die für jede Spur einen Schreib-/Lesekopf besitzen und solche, die wenige, jedoch in Achsrichtung verschiebbare Köpfe besitzen. Zur Synchronisation werden auf einer Spur Taktimpulse gespeichert. Geschrieben oder gelesen wird immer ein ganzes Wort (oder Byte).

Plattenspeicher. Datenträger sind (meist mehrere) kreisscheibenförmige, übereinander angeordnete Platten von 140 bis 600 mm Durchmesser, auf deren Kreisflächen eine Magnetschicht aufgetragen ist. Die Plattenoberfläche ist in kreisförmige, konzentrische Spuren und diese in Sektoren eingeteilt. Kenndaten von Plattenspeicher: **Tab. 3** (weitere Angaben enthalten DIN 66201 Bl. 1 und 3 für Einzelplattenkassetten, DIN 66205 Bl. 1 bis 3 für Sechsplattenstapel und DIN 66206 Bl. 1 für Elfplattenstapel). Zu jeder Platte gehören auf einem Kamm sitzende Schreib-/Leseköpfe. Bei einer auswechselbaren Platte (Wechselplattenspeicher) wird der Kamm radial auf die jeweils zu lesende (schreibende) Spur eingestellt. Bei nicht auswechselbaren Platten gibt es gekapselte Plattenspeicher mit beweglichem Schreib-/Lesekamm (sog. Winchesterplatten) und Festkopfplattenspeicher, bei denen der Kamm Schreib-/Leseköpfe für jede Spur enthält. Die Köpfe gleiten in Arbeitsstellung auf einem Luftpolster. Festkopfplattenspeicher erlauben einen schnelleren Zugriff, da die Positionierzeit für den Schreib-/Lesekopf entfällt. Kennzeichnung der Schnelligkeit des Plattenzugriffs durch mittlere Zugriffszeit: Zeit für den halben Maximalweg des Plattenarms, für eine halbe Plattenumdrehung und eine Stabilisierungszeit für den Plattenarm.

Floppy-Disk (Disketten). Diese sind einseitig beschichtete Magnetplatten aus biegsamen, unzerbrechlichen Material. Sie sind auswechselbar. Der bewegliche Schreib-/Lesekopf berührt in Arbeitsstellung die Plattenoberfläche, so daß sie einem Verschleiß unterliegt. Floppy-Disk-Laufwerke sind wegen ihres einfachen technischen Aufbaus preiswert.

Magnetbandspeicher. Datenträger ist ein Kunststoffband mit einseitig angebrachter Magnetschicht und den Abmessungen 12,7 mm (= 1/2 Zoll) Breite und 730 bis 1600 m Länge (DIN 66011 Bl. 1). Das Magnetband ist quer zur Bandrichtung in Spuren (7 oder 9 Spuren) eingeteilt.

Genormte Speicherdichten (Bitdichte) sind 32, 64 und 246 Bits/mm Bandlänge (= 800, 1600 und 6250 bpi, engl.: bit per inch). Die unter dem Lese-/Schreibkopf befindliche Spalte wird Sprosse genannt. In einer Sprosse wird ein Zeichen z.B. im ASCII-Code gespeichert. Das Schreiben und Lesen von Daten erfolgt in Blöcken variabler Länge (max. 2048 Sprossen).

Das Magnetband gestattet keinen wahlfreien Zugriff auf Daten. Es muß bis zu der Stelle ablaufen, an der sich der Block befindet. Anschließend wird der Block in einen Zwischenspeicher gelesen. Die Zeit zum Auffinden eines Blocks ist die Zugriffszeit. Sie hängt stark von der augenblicklichen Position des Lese-/Schreibkopfes ab und schwankt zwischen 10 ms und mehreren Minuten.

Magnetbandspeicher haben eine große Speicherkapazität **(Tab. 3)** und eignen sich zur Archivierung großer Datenmengen und für den off-line-Datenaustausch.

Magnetbandkassettenspeicher. Sie sind Kleinausgaben der Mangetbandspeicher (Streamer). Häufig wird die Tonbandkassettennorm (Compact-Cassette) verwendet. Sie werden vor allem als Komponenten in Verbindung mit Mikrorechnern angeboten. Die Speicherung erfolgt analog zum Magnetbandspeicher (Kennwerte s. **Tab. 3**).

Mechanische Speicherverfahren. Sie beruhen auf dem Einbringen von Lochmustern in Datenträgern durch Stanzen. Datenträger sind *Lochkarten* und *Lochstreifen.* Diese Datenträger lassen sich mit geringem maschinellen Aufwand herstellen und lesen.

Lochkarten. Datenträger ist eine rechteckige Karte unterschiedlicher Form (DIN 66018 Bl. 1) aus geeignetem Papier. Die Karte ist in 12 Zeilen und 80 Spalten eingeteilt (DIN 66004). Ein Zeichen wird in einer Spalte durch Kombination von rechteckigen Löchern dargestellt. Zur Erleichterung des Lesens gelochter Daten stehen die Daten und die Zeichen meist am oberen Rand in Klarschrift übersetzt.

Das Lesen der Lochkarten erfolgt durch elektromechanisch oder photoelektrisch arbeitende Lochkartenleser mit einer Geschwindigkeit von 300 bis 1000 Lochkarten/min.

Zur Lochung von Programmen und Daten werden Kartenlocher verwendet. Die Zeichen werden über Schreibmaschinentastaturen eingegeben. An den Rechner angeschlossene Ausgabegeräte für Lochkarten werden Lochkartenstanzer genannt.

Eine besondere Form der Lochkarte ist die Mikrofilmlochkarte (DIN 19053), die sowohl codierte Zeichen als auch ein 35-mm-Filmband enthält. Die Mikrofilmlochkarte dient dem Austausch von technischen Informationen durch das Mikrofilmbild in Verbindung mit einer Dateneintragung auf der Lochkarte. Die maschinelle Verarbeitung ist nur in beschränktem Umfang möglich.

Lochstreifen. Datenträger ist ein Papierstreifen mit einer Breite von 17,4 oder 25,4 mm Breite und 200 bis 325 m Länge (DIN 66016 Bl. 1 und 2). Auf 5 oder 8 Informationsspuren (Kanälen) werden Informationslöcher aufgebracht. Parallel dazu liegt eine Taktspur zum Transport des Lochstreifens. Im Gegensatz zur Lochkarte ist auf dem Lochstreifen eine praktisch unbegrenzte Anzahl von Zeichen darstellbar. Das Lesen von Lochstreifen erfolgt durch Lochstreifenleser. Zum Herstellen von Lochstreifen dienen Lochstreifenstanzer.

Ein-Ausgabe-Geräte (E/A-Geräte)

Sie haben die Aufgabe, Daten von außen in eine Rechenanlage einzugeben oder aus einer Rechenanlage auszugeben. Sie sind die für die Kommunikation mit dem Benutzer wichtigsten Geräte. Die Einteilung von E/A-Geräten erfolgt nach unterschiedlichen Gesichtspunkten, z.B. der Form der Daten (codiert, uncodiert), der Art der Daten (alphanumerisch, graphisch), Häufigkeit der Anwendung (Standardgeräte, aufgabenorientierte Geräte). Die wichtigsten E/A-Geräte für alphanumerische und graphische Daten sind:

Drucker. Diese dienen zur Ausgabe großer Mengen von alphanumerischen Zeichen in lesbarer Form auf Papier. Nach dem Verfahren der Erzeugung der Schriftzeichen unterscheidet man *mechanische* Drucker (auch Schnelldrucker) und *nichtmechanische* Drucker. Mechanische Drucker verwenden als Typenträger Ketten (Kettendrucker), Trommeln (Trommeldrucker), Typenräder, Kugelköpfe oder ähnliche, meist auswechselbare Einrichtungen, auf denen Typen (Zeichen) aufgebracht sind. Ein anderes Prinzip ist das des *Rasterdruckers* (Matrixdrucker), bei dem die Zeichen aus einem Punktraster gebildet werden. Die Punkte werden wahlfrei von Elektromagneten ansteuerbare Drucknadeln erzeugt.
Bei den nichtmechanischen Druckern werden die Schriftzeichen ohne mechanischen Anschlag durch Anwendung verschiedener, meist elektrophysikalischer Effekte erzeugt. Bekannte Verfahren sind elektrostatische, elektrothermische, elektromagnetische, xerographische und photographische (COM) Zeichenerzeugung.

Bildschirmgeräte (Datensichtgeräte/Display). Sie dienen zur optischen Ausgabe von alphanumerischen und graphischen Daten (passives Bildschirmgerät) in schwarzweiß oder Farbe. In Verbindung mit Zusatzgeräten erlauben sie auch die Eingabe von Daten (interaktives Bildschirmgerät).
Datensichtgeräte arbeiten nach unterschiedlichen physikalischen Prinzipien, wie Kathodenstrahlröhre, Gasentladung (Plasmabildschirm), Laserstrahl, Flüssigkeitskristallanzeige (LCD) [12, 14].
Bei den *Kathodenstrahlröhren* ist das auf dem Leuchtschirm aufgezeichnete Bild flüchtig und erfordert daher eine ständige Bildauffrischung (display refresh). Hierzu werden spezielle Bildschirmsteuerungen (display controller) benötigt. Diese Bildröhren werden auch *bildwiederholende* Bildröhren (refresh tube) genannt. Auf ihnen lassen sich bewegte Bilder erzeugen.
Die Bilder können aus einzelnen Punkten (engl.: pixel von picture element) oder Vektoren in Farbe oder schwarzweiß zusammengesetzt werden. Im ersten Fall wird der Schreibstrahl durch die Steuerung zeilenweise mit einer Frequenz zwischen 25 und 60 Hz über den Leuchtschirm geführt und die einzelnen Punkte hell- (farbig-) oder dunkelgetastet (Rasterbildschirm). Dazu verfügt die Bildschirmsteuerung über einen Bildpunktspeicher (frame-buffer, bitmap), der sequentiell ausgelesen wird. Es besteht mindestens eine 1:1-Beziehung zwischen der Anzahl der ansteuerbaren Bildpunkte des Leuchtschirms und der adressierbaren Speicherzellen des Bildpunktspeichers. Dessen Speicherzellen haben eine Kapazität von 8 bis 24 bit, so daß eine Vielzahl von Grautönen bzw. Farben erzeugt werden können. Vor der Ausgabe müssen die vom Programm erzeugten Linieninformationen in Punkte gewandelt werden (Vektor-Raster-Konvertierung).
Im Fall der Ausgabe von *Vektoren* wird der Schreibstrahl durch die Steuerung vom jeweiligen Ausgangspunkt mit gleichförmiger Geschwindigkeit entlang einer Geraden zu einem Endpunkt bewegt (*Vektorbildschirm*). Hierzu ist ein Vektorgenerator erforderlich. Beliebige Kurven und Zeichen können durch kurze Geradenstücke angenähert oder durch spezielle Generatoren (Kreisgenerator, Text- bzw.

Zeichengenerator) erzeugt werden. Zum Vektorbildschirm gehörige Steuerungen verfügen über einen Satz von Befehlen (Instruktionen). Sie sind Basis für das Bildausgabeprogramm (display file), das von der Steuerung mit einer Frequenz zwischen 25 und 60 Hz ausgeführt wird. Dazu enthalten Steuerungen üblicherweise eigene Speicher (display buffer).
Die Genauigkeit von Bildschirmen wird durch die Zahl der Bildpunkte in horizontaler und vertikaler Richtung angegeben.
In Verbindung mit Bildschirmgeräten verwendete Eingabegeräte sind *alphanumerische Tastaturen* für alphanumerische Daten und *Funktionstastaturen* zum Aufruf von System-Unterprogrammen. Sie sind vielfach bereits in alphanumerische Tastaturen integriert. Zur Eingabe graphischer Daten dienen *Eingabetabletts* mit Tablettstift, Maus, Steuerknüppel oder Rollkugel als Positionsgeber [13]. Analog zur eingestellten Position wird auf dem Bildschirm ein Lichtkreuz (*Cursor*) oder Fadenkreuz erzeugt. Der Lichtstift dient als Identifizierer in Verbindung mit Vektorbildschirmen. Bildschirmgeräte für alphanumerische Informationen werden für die schnelle Datenausgabe im Dialogbetrieb eingesetzt. Bildschirmgeräte für die Ausgaben graphischer Informationen haben große Bedeutung für das rechnerunterstützte Konstruieren.

Zeichenmaschinen (Plotter) [15]. Sie werden nach ihrer Funktionsweise unterschieden. Elektromechanische Zeichenmaschinen zeichnen mit einem Zeichenwerkzeug (Tuschefüller, Filzstift) auf Papier oder Folie. Komponenten dieser Zeichenmaschinen sind Gestell, Antrieb und Steuerung. Das Gestell bestimmt die Bauform. Es wird zwischen *Tisch- und Trommelplotter* unterschieden, **Bild 6**. Daraus abgeleitete Bauformen sind *Flachbandplotter* und *Reibungsplotter*. Als Antrieb werden Servo- oder Schrittmotoren verwendet. Steuerungen können mit oder ohne Lageregelung des Zeichenwerkzeugs ausgeführt werden. Die Werkzeughalter nehmen ein oder mehrere Werkzeuge unterschiedlicher Strichdicken bzw. Farben auf. Die Vorschubgeschwindigkeit des Werkzeugs beträgt bis zu 1 m/s.
Elektrostatische Zeichenmaschinen (*Rasterplotter*) erzeugen die graphischen Daten (schwarzweiß oder farbig) in Form von zunächst unsichtbaren Punkten auf einem elektrostatisch aufladbaren Spezialpapier. Durch ein Tonerbad werden die Punkte sichtbar gemacht. Die Genauigkeit wird durch die Anzahl der in einer Reihe für Reihe angeordneten Nadeln bestimmt (200 bis 400 Nadeln pro inch).
Die Vorschubgeschwindigkeit des Papiers beträgt bis zu 2,5 cm/s (Vergleich: Zeichnen einer DIN-A0-Zeichnung (Schaltplan mit ca. 16000 Vektoren) auf einer Stiftzeichenmaschine in 35 min, mit einem Rasterplotter 75 s). Dafür sind jedoch größere CU-Zeiten zur Berechnung der Bildpunkte als bei normalen Zeichenmaschinen erforderlich.

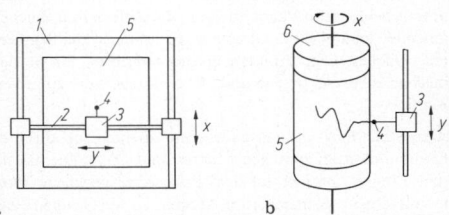

a   b

Bild 6. a Tischplotter (Tischgerät); **b** Trommelplotter. *1* Tischplatte, *2* Ordinatenschiene, *3* Schlitten, *4* Zeichenstift, *5* Zeichnungsträger, *6* Zylinder

Sogenannte Photoaufzeichnungsgeräte (COM Computer Output Microfilm) bzw. Mikrofilmplotter schreiben direkt auf Filmmaterial oder benutzen die auf Bildschirmgeräten ausgegebenen graphischen und alphanumerischen Daten zum Abfotografieren auf Kleinbildfilm. Der Kleinbildfilm wird i. allg. in Lochkarten eingeklebt (Filmlochkarten) und steht dann dem Anwender zur Verfügung. Die Arbeitsgeschwindigkeit des Elektronenstrahls beträgt ca. 10^5 m/min [16].

Beim *Laserplotter* wird durch eine akusto-optische Ablenkung eines Laserstrahls eine Photohalbleitertrommel an den Bildpunkten entladen. An diesen Punkten haftet der im Farbpulverbad befindliche Toner, der an der Umdruckstation auf den synchron zu Trommel laufenden Datenträger übertragen und anschließend fixiert wird.

Der *Tintenstrahlplotter* (ink-jet plotter) ist eine besondere Bauform des nach dem Rasterverfahren arbeitenden Plotters. Die graphischen Daten werden durch Aufsprühen von Tinte auf Papier erzeugt. Farbbilder entstehen durch Mischen verschiedener Farben, die aus drei bis vier Düsen aufgebracht werden.

Viele Drucker besitzen ebenfalls die Fähigkeit zur Graphikausgabe. Ihre Genauigkeit (Auflösung) ist geringer, dafür sind sie jedoch preiswerter als Zeichenmaschinen.

Digitalisiergeräte. Sie dienen der Eingabe von geometrischen Daten in digitaler Form. Die Koordinaten von Abtastpunkten werden als Parameter geometrischer Elemente z.B. Anfangs- und Endpunkt einer Geraden, Mittelpunkt und Radius eines Kreises, Stützpunkte einer Kurve usw. mit einem Positionsgeber aufgenommen, im Speicher abgelegt und können von Anwendungsprogrammen verarbeitet werden. Als Meßprinzipien sind vorwiegend elektromagnetische Prinzipien im Einsatz [12, 17]. Es gibt Digitalisiergeräte zur Aufnahme ebener geometrischer Darstellungen und räumlicher Objekte. Flache Digitalisierungsbretter werden auch *Digitalisierungs-Tablett* genannt.

Sonstige Periphere E/A-Geräte. Für besondere Anwendungsgebiete gibt es eine Reihe weiterer E/A-Geräte.

Schriftleser dienen zur automatischen Klarschrifterkennung auf Formularen, Belegen, Schecks usw. Sie erfordern spezielle Schriften (z.B. OCR Optical Character Recognition), die ein Vergleichen des jeweils gelesenen Zeichens mit einem gespeicherten Zeichenvorrat ermöglichen. Ein anderes Verfahren beruht auf magnetisch lesbarer Schrift, die mit magnetischer Tinte oder Druckfarbe geschrieben wird. Durch die verschieden großen magnetischen Flächen der Zeichen werden beim Lesen charakteristische Spannungssignale erzeugt.

Strichcodeleser (barcode) dienen zum Lesen von durch schwarze und weiße Felder unterschiedlicher Breite und Anordnung codierten Schriftzeichen (EAN-System; EAN Europäische-Artikel-Nummerierung).

Digitale Anzeigevorrichtungen verwendet man zur Ausgabe besonderer Zeichen und Ziffern. Vom Arbeitsprinzip unterscheidet man Vorrichtungen, die Ziffern und Zeichen ab- oder nachbilden und solche, die Ziffern aus Segmenten, Flächen oder Punkten zusammensetzen. Es werden mechanische, elektrische und elektronische Verfahren verwendet.

Akustische Ein- und Ausgabegeräte dienen zur direkten Kommunikation zwischen Mensch und DVA. Die akustische Eingabe basiert auf dem Prinzip, gesprochene Worte mit einem gespeicherten Muster zu vergleichen. Zur Sprachausgabe benutzt man analog oder digital gespeicherte Signalfunktionen. Der Umfang des Vokabulars ist heute noch gering (bis ca. 1000 Worte).

Analog/Digital-Umsetzer (ADU) werden bei der Prozeßdatenverarbeitung benötigt, die eine als Analogwert vorliegende physikalische Größe (Spannung, Strom, Frequenz usw.) ihrem Wert entsprechend in eine binär codierte Darstellung umsetzt und umgekehrt. Die Geräte unterscheiden sich in den Umsetzverfahren, der Arbeitsweise, den Fehlergrenzen, der Geschwindigkeit und den verwendeten Codes [11].

3.1.7 Betriebssystem. Operating system

Das Zusammenspiel der Funktionseinheiten einer DVA (*Hardwarebetriebsmittel*) während des Ablaufs von Rechenprozessen wird durch das Betriebssystem realisiert. Das Betriebssystem besteht aus Programmen (*Software*).

Die allgemeine Aufgabe eines Betriebssystems besteht in der wirtschaftlichen Nutzung der Betriebsmittel und der Bereitstellung einer zugänglichen Umgebung für die Anwenderprogramme. Spezielle Aufgaben eines Betriebssystems sind: Erledigen möglichst vieler Aufgaben pro Zeiteinheit; Durchführen von Datenverarbeitungsaufträgen ohne Einschaltung von Personal; Kontrolle und Abweisen von Datenverarbeitungsaufträgen, die nicht den Konventionen entsprechen; Steigern des Bedienungskomforts einer Rechenanlage; Buchführung über Datenverarbeitungsaufträge; Schutz gegen Mißbrauch von Programmen und Daten; sowie Anpassen einer Datenverarbeitungsanlage an ein Benutzerprofil.

Das Betriebssystem enthält, nach Funktionen unterteilt, folgende Komponenten [18, 19]: Die *Auftragssteuerung* (job management), die den Ablauf einzelner Aufträge überwacht; die Unterbrechungsverarbeitung (interrupt handling) mit Erkennung des Unterbrechungssignals (Interrupt, Alarm) und Anstoß der erforderlichen Aktionen; die *Prozeßsteuerung* (process management), die den Ablauf einzelner Prozesse steuert (Verwaltung der Betriebsmittel, Wechsel zwischen einzelnen Prozessen usw.); die *Daten- bzw. Dateiverwaltung* (data management, file management), mit der Datenbestandskontrolle und dem Transport der Daten von und zur Zentraleinheit; die *Fehlerbearbeitung* (error recovery management), die den Wiederanlauf nach aufgetretenen Maschinen-, Programm- und Datenfehlern ermöglicht.

Hinsichtlich des Programmaufbaus besteht das Betriebssystem aus *Steuerprogrammen* (control programs) und *Dienstprogrammen* (service programs). Die für die Funktionen des Betriebssystems zuständigen Steuerprogramme sind der *Überwacher* (supervisor), der wichtige Teile der Prozeßsteuerung, Datenverwaltung und Fehlerbehandlung übernimmt, und der *Verteiler* (scheduler) für die Auftragssteuerung. Der Überwacher ist der Kern des Betriebssystems. Bei den Dienstprogrammen unterscheidet man systembezogene Dienstprogramme (Übersetzer, Binder, Editor usw.) und anwendungsbezogene Dienstprogramme (Sortierprogramme, Mischprogramme usw.).

Betriebssysteme können bis zu einigen Millionen Befehle enthalten und sind daher i. allg. nur zu einem Teil im Hauptspeicherbereich resident. Der Rest liegt auf schnellen externen Speichern und wird nur bei Bedarf in einen reservierten Hauptspeicherbereich (transienter Bereich) geladen.

Für eine bestimmte Anlagenkonfiguration und Betriebsart muß ein Betriebssystem angepaßt werden. Dieser Vorgang wird *Generierung* genannt. Betriebssystemfunktionen sind bisher nicht genormt und daher rechnerabhängig. Durch die weite Verbreitung bestimmter Betriebssysteme haben sich jedoch sog. Industriestandards herausgebildet.

Eine Ausnahme bildet das Betriebssystem UNIX, das weitgehend rechnerunabhängig ist und inzwischen für

Rechner fast aller Hersteller, oft als sog. *Gastsystem* auf dem eigenen Betriebssystem aufgesetzt, angeboten wird [126]. UNIX ist bereits für Arbeitsplatzrechner verfügbar und besitzt eine Reihe von Funktionen, die in dieser Kombination selbst bei Betriebssystemen für Großrechner nicht anzutreffen sind: *Hierarchisches Dateisystem* zur Organisation und Verwaltung beliebiger hierarchischer Strukturen; Prozeßkonzept zur Realisierung synchroner und asynchroner Prozesse; mächtige Bedienoberfläche (shell), die bei Bedarf einfach ausgetauscht werden kann; Mechanismus zur Bildung von Programmketten für komplexe Funktionen; eine Menge leistungsfähiger Unterprogramme und Dienstprogramme (Werkzeuge) mit vielfältiger Verwendungs- und Kombinationsmöglichkeit; die Programmiersprache C.

Zur Vorbereitung eines Standards wurde das /usr/ group Standard Committee, eine Vereinigung von UNIX-Anbietern, Entwicklern und UNIX-Endbenutzern gebildet.

3.1.8 Betriebssystemarten. Operating modes

Für die verschiedenen Anwendungsfälle der Datenverarbeitung haben sich im Laufe der Entwicklung von Betriebssystemen bestimmte Arten herauskristallisiert, bei denen funktionelle Eigenschaften der Prozeßverarbeitung besonders hervorgehoben und zur Namensgebung verwendet werden. Als Prozeßverarbeitung ist im Gegensatz zu einem Programm, das eine statische Aufzählung einer Folge von Anweisungen ist, ein laufendes Programm mit den dazugehörigen Datenmengen gemeint. Zu einem laufenden Programm gehörige Datenmengen können fallweise unterschiedlich sein. Bei gleichem Programm ergeben sich dadurch verschiedene Prozesse. Prozesse sind von Einprozessorsystemen auch auf Mehrprozessorsysteme übertragbar. Beispiele für Betriebssystemarten sind: Stapelverarbeitungssystem, Mehrprogrammsystem, Plattenbetriebssystem usw. Unterschiede und Gemeinsamkeiten verschiedener Betriebssysteme treten dabei nicht deutlich genug hervor. Eine Klassifizierung läßt sich nur unter gleichzeitiger Berücksichtigung mehrerer Merkmale durchführen, **Bild 7**. Man unterscheidet Merkmale, die durch den Prozeßablauf und durch die Benutzung geprägt sind.

Rechnerausnutzung

Einprogrammbetrieb (single programming). Hierbei befindet sich jeweils nur ein Anwendungsprogramm im Hauptspeicher. Es belegt ausschließlich sowohl den Hauptspeicher als auch alle anderen Betriebsmittel. Bei Ein- und Ausgabevorgängen steht der Prozessor ungenutzt im Wartezustand. Einprogrammbetrieb ist bei Rechnern für spezielle Zwecke und bei heutigen Personalcomputern anzutreffen.

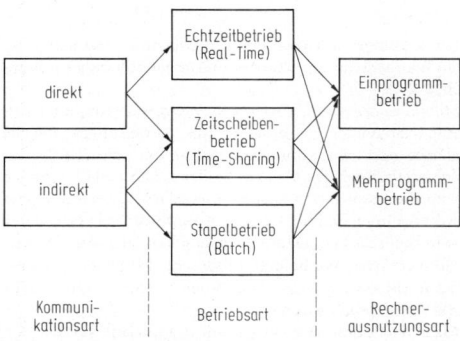

Bild 7. Klassifizierung von Betriebssystemen

Mehrprogrammbetrieb (multiprogramming). Beim Mehrprogrammbetrieb (präziser: Mehrprozeßbetrieb, multiprocessing) sind mehrere Anwenderprogramme gleichzeitig im Hauptspeicher. Sie beanspruchen zu einem bestimmten Zeitpunkt die jeweilig freien Betriebsmittel, insbesondere den Prozessor, **Bild 8**.

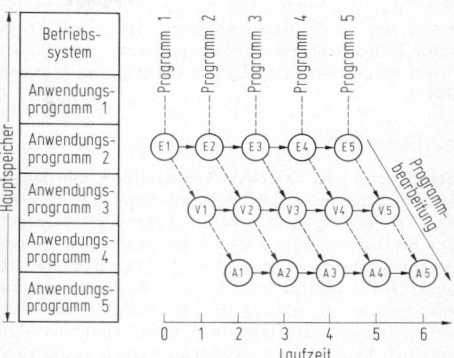

Bild 8. Mehrprogrammbetrieb. E Eingabe, V Verarbeitung, A Ausgabe

Bei der Bearbeitung von Programm 1 können Daten für das Programm 2 von einem Eingabegerät eingegeben werden. Die Auslastung aller Betriebsmittel steigt, wenn die Zusammensetzung der Programme so ist, daß jeweils ein- bzw. ausgabeintensive Programme und recheneintensive Programme einander folgen. Ein Sonderfall des Mehrprogrammbetriebs ist das SPOOL-System, bei dem Hintergrundspeicher als Zwischenspeicher für die Ein- und Ausgabe von Aufträgen dienen, ohne daß der Prozessor damit belastet wird.

Bei der Bearbeitung mehrerer Programme entsteht das Problem der optimalen Ausnutzung des Hauptspeichers.

Methoden der Hauptspeicherverwaltung. Bei der *festen Einteilung* des Hauptspeichers in *Speicherzonen* (partition) werden Benutzerprogramme entsprechend ihrer Größe den Speicherzonen zugewiesen. Für diese Art der Speicherverwaltung ist keine besondere Hardware erforderlich. Eine wirkungsvolle Methode ist das *dynamische Verschieben* (dynamic relocation). Hierbei werden Programme beim Binden für eine fiktive Lage im Hauptspeicher vorbereitet. Die fiktive Lage wird allgemein durch die Adresse $n = 0$ für das erste Wort des Programms festgelegt. Die wirkliche Lage des Programms, gegeben durch die spätere absolute Adresse m, wird durch eine Addition der *Basisadresse* des Werts $m - n$ errechnet. Hierfür ist ein sog. Basisregister erforderlich. Programme können dadurch an jede beliebige Stelle des Hauptspeichers geschoben werden. Häufig werden für die Adreßrechnung unabhängige Prozessoren verwendet. Eine weitere Methode ist die *Seitenadressierung* (paging). Hierbei wird der Hauptspeicher in eine große Zahl gleich langer Seiten (pages) unterteilt. Aus mehreren diskontinuierlichen, verteilten Seiten kann ein kontinuierlicher Adreßraum zusammengesetzt werden. Ein Anwenderprogramm, das in mehrere Seiten unterteilt wird, kann dann in beliebigen Seiten des Hauptspeichers abgelegt werden. Die Verwaltung der einzelnen Programmseiten erfolgt über eine Seitentabelle. Ist der Hauptspeicher zu klein, erfolgt eine Erweiterung des Hauptspeichers durch externe Speicher (Hintergrundspeicher). Als Hintergrundspeicher dienen Magnetplatten. Im

Hintergrundspeicher befindliche Programme müssen bei Bedarf in den Hauptspeicher gebracht werden. Bei DV-Anlagen ohne Seitenadressierung erfolgt dies durch Speichertausch (swapping), bei solchen mit Seitenadressierung durch das bedarfsweise Einlagern der jeweils benötigten Seiten in den Hauptspeicher (demandpaging). Die Speicherverwaltung mit Seitenadressierung erlaubt auf diese Weise die Verarbeitung von Anwenderprogrammen, die größer sind als der (real vorhandene) Hauptspeicher. In voller Länge steht das Anwenderprogramm dann nie im realen Hauptspeicher, sondern im sog. *virtuellen* Speicher, **Bild 4**.

Betriebsarten

Stapelbetrieb oder Stapelverarbeitung (batch processing). Beim Stapelbetrieb stehen die Anwenderprogramme in einer Warteschlange und werden nacheinander bearbeitet. Die Bearbeitung eines Stapels kann im Ein- oder Mehrprogrammbetrieb erfolgen. Beim Mehrprogrammbetrieb läßt sich die Bearbeitungsfolge über Strategien steuern, z.B. der kürzeste Auftrag wird als nächster bearbeitet, der Auftrag mit dem kürzesten Fertigstellungstermin wird vorrangig bearbeitet usw. Beim Stapelbetrieb wird der Zugang zur DV-Anlage häufig verschlossen (closed shop).

Zeitscheibenbetrieb (time sharing). Er beruht auf der dynamischen Verwaltung des Prozessors, der einem Anwenderprogramm nicht bis zum Ende der Bearbeitung zur Verfügung steht, sondern ihn einem noch aktiven (d.h. laufenden) Prozeß entzieht, um ihn einem anderen zuzuteilen. Erfolgt die Zuteilung des Prozessors und der anderen Betriebsmittel an mehrere Anwenderprogramme periodisch in festen Zeitspannen (Zeitscheibe), so spricht man vom Zeitscheibenbetrieb. Diese Betriebsart erfolgt meist in Verbindung mit dem Dialogbetrieb. Jeder Benutzer hat dabei den Eindruck, ausschließlich mit dem Rechner zu kommunizieren. Zeitscheibenbetrieb wird beim sog. Teilnehmerbetrieb angewendet, bei dem mehrere Anwender mit mehreren Programmen arbeiten.

Echtzeitbetrieb (real time processing). Bei diesem wird der Prozessor und die anderen Betriebsmittel beim Eintritt bestimmter Ereignisse (Alarm, Interrupt) an vorbestimmte Prozesse zugeteilt. Die Zuteilung des Prozessors erfolgt durch Errechnen einer Priorität für den jeweils dringlichsten Prozeß (Vorrangsteuerung). Ereignisse werden i.allg. durch erwartete oder unerwartete Alarme angezeigt. Echtzeitbetrieb ist bei Prozeßrechnern anzutreffen. Arbeiten mehrere Benutzer mit einem Programm unter Echtzeitbetrieb, so spricht man auch von *Teilhaberbetrieb*. Beispiele: Platzbuchungssysteme, Kontoführungssysteme.

Kommunikationsart

Indirekte Kommunikation. Bei einer indirekten Kommunikation zwischen Anwender und DV-Anlage erfolgt eine von der Verarbeitung getrennte Datenerfassung. Daten oder Daten und Programme werden als Benutzeraufträge an den Rechner übergeben. Der Benutzer hat keinen weiteren Einfluß auf den Ablauf der Auftragsbearbeitung. Die Bearbeitung erfolgt im Stapelbetrieb.

Direkte Kommunikation (Dialog). Bei der direkten Kommunikation erfolgt eine Eingabe direkt durch den Anwender, die Ausgabe erfolgt unmittelbar. Abhängig von der Ausgabe kann der Anwender weitere Eingaben durchführen. Das Wechselspiel von Ein- und Ausgabe wird Dialog genannt. Man unterscheidet zwischen programmgeführtem und benutzergeführtem Dialog. Die Kombination beider Kommunikationsarten wird bei der Dateneingabe im

Dialog zur Vorbereitung eines Programmlaufs, der dann im Stapelbetrieb abgearbeitet wird, benutzt. Diese Art der Datenverarbeitung wird häufig bei Datenfernverarbeitung unter der Bezeichnung Auftragsferneingabe (remote job entry) angetroffen. Dialogbetrieb erfolgt in Verbindung mit Echtzeit- oder Zeitscheibenbetrieb.

Zu den Betriebssystemfunktionen gehört oft die Möglichkeit der Gestaltung von *Bedienoberflächen*, z.B. Menü- und Objekt-orientierte Oberflächen, sowie *Mehrfenstertechnik* (Window-Technik) [126]. Sie sollen einem im Umgang mit den Betriebssystemfunktionen wenig geübten Programmierer das Arbeiten erleichtern. Bei der *Menütechnik* wird der Programmierer durch die Menge der Funktionen eines Programms geführt. Objekte bei objekt-orientierten Oberflächen sind Dateien mit den auf ihnen zulässigen Operationen. Sowohl Menüs als auch Objekte werden auf graphischen Bildschirmen angeboten und können mit einem Positionsgeber (Maus) angesprochen werden.

Die Mehrfenstertechnik erlaubt es, mehrere, voneinander unabhängige Vorgänge gleichzeitig am Bildschirm zu verfolgen und zu steuern. Sie ist eine Erweiterung des bisherigen Mechanismus aus der Auftragssteuerung, bei der jeweils nur ein Auftrag im Vordergrund bearbeitet werden kann [126]. Ein bekanntes System zur Realisierung der Mehrfenstertechnik ist *X-Windows* [96].

3.2 Programmieren digitaler Datenverarbeitungsanlagen
Programming of digital computers

Ein Digitalrechner ist ein Automat, in dem nach genau vorgeschriebenen Anweisungen Informationsvorgänge ablaufen. Die vollständige Folge von Anweisungen zur Lösung einer Aufgabe heißt *Programm*. Die Grundlage eines Programms ist ein *Algorithmus*, eine präzise, in einer festgelegten Sprache abgefaßte, endliche Beschreibung eines allgemeinen Verfahrens unter Verwendung ausführbarer elementarer Schritte. Die Menge aller Anweisungen zur Beschreibung von Algorithmen bilden eine algorithmische *Programmiersprache*, auch als *prozedurale Sprache* bezeichnet. Höhere Anforderungen an Datenverarbeitung und bestimmte Anwendungsgebiete, wie z.B. Künstliche Intelligenz (KI, engl.: AI Artificial Intelligence) haben zu *deklarativen Sprachen* geführt. Mit ihnen lassen sich Denkprozesse und die Wissensverarbeitung des Menschen besser formulieren. Die auf einer Datenverarbeitungsanlage eingesetzten Programme werden als *Software* bezeichnet. Man unterscheidet *Systemsoftware* (Betriebssystemsoftware) und *Anwendersoftware*.

3.2.1 Einteilung von Programmiersprachen
Classification of programming languages

Bei den algorithmischen Programmiersprachen unterscheidet man *maschinenorientierte* und *problemorientierte* Sprachen [20].

Maschinenorientierte Programmiersprachen (computer oriented language). Sie bestehen aus Anweisungen, die die gleiche oder eine ähnliche Struktur wie die Befehle einer bestimmten DV-Anlage besitzen. Die Befehle können vom Prozessor direkt ausgeführt werden. Operations- und Adreßteil der Befehle werden in Binärform als eine Folge von Binärzeichen (Maschinensprache) oder durch mnemotechnische Symbole (symbolische Maschinensprache) dargestellt. Symbolische Maschinensprachen werden auch *Assemblersprachen* genannt.

Maschinenorientierte Programmiersprachen finden Anwendung, wenn hohe Ansprüche bezüglich der Ausfüh-

Tabelle 4. Eigenschaften algorithmischer und deklarativer Sprachen im Vergleich zum menschlichen Denkprozeß

menschlicher Denkprozeß	maschinelle Informations- bzw. Wissensverarbeitung
	algorithmische Sprachen
Nachvollziehen, repetieren vorgedachter Problemlösungen mit exakter Vorgabe was, wie, womit, in welcher Reihenfolge zu erfolgen hat	Eingabe, Ausgabe und Verarbeitungsanweisungen (→was), die nach vorgegebenem Ablaufschema (→wie) mit definierten Variablen/Datentypen (→womit) verarbeitet werden
	funktionale Sprachen[a]
Analytisches Denken durch Aufgliedern einer Problemstellung in ineinander geschachtelte Teilproblemstellungen	modularer Aufbau durch Formulierung des Problemlösungsprozesses in definierte Teilfunktionen
	logische Sprachen[a]
Ziehen von Schlußfolgerungen durch gegenüberstellendes Prüfen von Bedingungen	Abbildung von Regeln und Fakten, die in wahlfreier Folge definiert sind und zum Beweis einer Behauptung herangezogen werden
	objektorientierte Sprachen[a]
Problemlösung durch Heranziehen von Erfahrung bzw. Wissen; Analyse von komplexen Zusammenhängen; Sammeln von Erfahrungen und strukturiertem Wissen; Synthetisches Denken und kreative Problemlösung →kreieren neuer Lösungen	Abbildung hierarchischer Objektstrukturen, die aufgrund von Regeln oder Ereignissen ihre definierten Eigenschaften verändern

[a]) Deklarative Sprache

rungszeit oder der erforderlichen Speicherkapazität zu erfüllen sind, die ein durch einen Kompilierer automatisch erstelltes Maschinenprogramm nicht bietet.

Problemorientierte Programmiersprachen (problem oriented language) orientieren sich in ihren Anweisungen und syntaktischem Aufbau an bestimmten Anwendungen (Fachsprachen), z.B. mathematisch-naturwissenschaftliche oder graphische Anwendungen. Programme in diesen Sprachen müssen vor ihrer Ausführung in ein Maschinenprogramm umgewandelt werden.

Deklarative Sprachen lassen sich unterteilen in funktionale, logikorientierte und objektorientierte Sprachen, **Tab. 4.**

Funktionsorientierte Sprachen basieren auf dem sog. Lambda-Kalkül der Mathematik; einer Notationsform für Funktionen und Ausdrücke, die aus Funktionen gebildet und ausgewertet werden können.

Logikorientierte Sprachen basieren auf der Prädikatenlogik erster Ordnung, einem Teil der mathematischen Logik, bei der Aussagen (Fakten und Regeln) spezifiziert werden. Sie werden vom System benutzt um eine Benutzeranfrage durch eine Beweisführung zu bestätigen und den in den Regeln und Fakten enthaltenen Variablen Werte zuzuweisen.

Objektorientierte Sprachen basieren auf gekapselten Objekten, die aus Datenstrukturen und den darauf definierten Operationen (Methoden) bestehen. Die in einem Objekt gekapselten Informationen können nur durch die zu einer

Objektklasse definierten Methoden von außerhalb manipuliert werden. Um eine Methode eines Objekts auszuführen wird dem Objekt eine Nachricht geschickt (Name und Parameter der Methode). Das Zuordnen einer Operation zu einer Nachricht geschieht erst zur Laufzeit des Programms.

3.2.2 Elemente von algorithmischen Programmiersprachen
Programming instruction sets

Jede Programmiersprache hat einen durch eine Grammatik eindeutig festgelegten Aufbau. Die Elemente (Zeichenfolgen) der Sprache werden über einem vorgegebenen Alphabet (Buchstaben, Ziffern, Sonderzeichen) und Wortsymbole festgelegt. Der Aufbau der Elemente folgt lexikalischen Regeln, in denen die Art und Anzahl der Zeichen je Element angegeben ist. Die Struktur der Elemente in Form von Anweisungen und Programmen wird in *syntaktischen* Regeln festgelegt. Die *Semantik* ordnet den syntaktisch richtigen Elementen eine Wirkung der Anweisung oder eines Programms zu.

Elemente einer Programmiersprache sind Objekte und Objektsorten (auch Datentypen genannt), auf die definierte Operationen ausgeführt werden können. Nur dem Objekt eigene Datenstrukturen und Methoden (Eigenschaften) werden diesem zugeordnet; weitere Eigenschaften können über einen Vererbungsmechanismus hinzugefügt werden [97].

Deklarative Sprachen werden angewandt in den Gebieten der *künstlichen Intelligenz* und *Expertensysteme*. Objektorientierte Sprachen finden auch Eingang in Gebiete, die früher mit algorithmischen Sprachen bearbeitet wurden, z.B. CAD und CAP.

Ein Übersicht über Merkmale der prozeduralen und deklarativen Sprachen zeigt **Tab. 5.**

Objekte werden durch Bezeichnungen gekennzeichnet und besitzen einen bestimmten Wert. Beispielsweise besitzt die Bezeichnung 7 den Wert „sieben", die Bezeichnung 007 ebenfalls den Wert „sieben". Verschiedene Bezeichnungen können den gleichen Wert besitzen. Mit den Objekten „natürliche Zahlen" sind beispielsweise die Operationen „Addition" und „Multiplikation" definiert [11, 21, 22].

Eine Menge von Objekten, für die üblicherweise eine Anzahl von Operationen definiert ist, heißt von einer bestimmten Art. Für oft verwendete Arten werden Wortsymbole (Artindikationen) als Standardabkürzungen verwendet. Eine Reihe häufig vorkommender, einfacher *Artindikationen* zeigt **Tab. 6.** In einem Programm müssen im Vereinbarungsteil die Namen der verwendeten Objekte deklariert und ihre Artindikation definiert werden. Die syntaktische Form ist in den verschiedenen Programmiersprachen unterschiedlich. Beispiel in PASCAL:

var S, I : integer;

mit S, I als Namen von Variablen vom Typ Integer.
Die wichtigsten Operationen von Programmiersprachen sind:

Wertzuweisung. Sie dient dazu, einer Variablen den Wert eines Ausdrucks zuzuordnen. Sie hat die syntaktische Form

⟨Variable⟩ := ⟨Ausdruck⟩.

Der Operator wird durch das Symbol := dargestellt. Die Operation heißt Zuweisung. Beispiel: $x := 123$.

Arithmetische Operationen. Diese sind die elementaren Operationen *Addition, Subtraktion, Multiplikation,* und *Division.* Die Operatoren werden durch die üblichen mathematischen Symbole +, −, × und / (bzw. div für ganzzahlige Division) dargestellt. Solche Operationen werden

Tabelle 5. Strukturelle Unterschiede prozeduraler und deklarativer Programmiersprachen

Beispiele Charakteristika	Sprachentyp			
	prozedurale Sprachen	funktionale Sprachen	logische Sprachen	objektorientierte Sprachen
Beispiele	ADA, ALGOL, BASIC, C, COBOL, FORTRAN, MODULA, PL1, PASCAL, SIMULA	LISP, LOGO	PROLOG	SMALLTALK, FLAVORS, LOOPS
Programmaufbau	Folge von Befehlen, durch deren Ausführung man die Lösung erhält	Funktionen von Mengen von Eingabe- und Ausgabewerten, Modularer Funktionsaufbau, d.h. Parameter einer Fkt. kann selbst Fkt. sein	Fakten und Regeln, Tatsachen, Formulierung des eigenen Wissens über das Problem	Aufbau einer Objekthierarchie als Abbild eines realen Zusammen- hangs, Vererbung von Eigenschaften innerhalb der Objekthierarchie
Programmablauf	schrittweise entsprechend der programmtechni- schen Vorgabe	Lösungsweg wird programmiert, hierarchischer Funktionsaufruf, Ausführung der Funktionen	wird dem Rechner überlassen, Rechner versucht eine Frage als richtig oder falsch zu beantworten	Nachrichtenaus- tausch zwischen Objekten
wichtigste Datenstrukturen	integer, Real, Character, Record	lineare Listen	Fakten, Regeln, Strukturen	Klassen, Objekte, Nachrichten, Methoden
Anwendung	technisch-wissen- schaftliche Problemstellungen, mathematische Problemstellungen, Konventionelle DV	Künstliche Intel- ligenz (Listenverar- beitung kommt Suchstrategien entgegen), Expertensysteme	Künstliche Intelligenz, Expertensysteme	Modellierung komplexer Zusammenhänge, Simulation
Abarbeitung	Compiler, Interpreter	meist Interpreter	Interpreter oder inkrementelle Überselzer	Übersetzer
Logikverarbeitung	starr vorgegeben durch den Programmierer		automatisch durch den Rechner	
Änderbarkeit von Programmen	gut	mäßig	gut (nur Fakten und Regeln)	gut
Grafik-Möglichkeiten	gut	gut	meist nicht	sehr gut (durch grafische Entwick- lungsumgebung hervorragende Möglichkeiten
Verbreitung	sehr stark	mäßig	schwach	sehr schwach
Erlernbarkeit	gut	mäßig	gut	mäßig
selbständige Programmmodifikation	nein	ja (LISP-Programme sind Daten, also manipulierbar)	ja (Programme sind Daten)	

als zweistellige Operationen bezeichnet, da sie auf zwei Operanden wirken. Im Gegensatz dazu sind die Vorzeichenoperationen „+" und „−" einstellige Operationen. Aus Operanden und Operatoren können beliebige arithmetische Ausdrücke gebildet werden. Für die Auswertung der Ausdrücke sind Regeln vorgegeben.

Neben den arithmetischen Operationen bieten die meisten problemorientierten Programmiersprachen noch Prozedu-

ren (Standardfunktionen) für die *trigonometrischen Funktionen*, den *Logarithmus*, sowie die *Exponentialfunktion*.

Logische Operationen. Arithmetische Ausdrücke können durch die Relationssymbole $=, \neq, >, <, \geq, \leq$ zu Relationen zusammengefaßt werden. Der Wert einer Relation ist entweder wahr (true) oder falsch (false). Variablen, die die Werte true oder false annehmen, sind als Typ Boolean zu

Tabelle 6. Artindikationen von Objekten der Datenverarbeitung [4]

Artindikationen	Klassenbildende Eigenschaft	Beispiele für Wertdarstellung
Integer	ganzzahlig	17, 101011
Real	reellzahlig, im Gleitpunktformat darstellbar	$87.381, 0.89 \cdot 10^5$
Boolean	kann nur als Wahrheitswerte „true" und „false" aufnehmen	true, false
Char	Einzelzeichen (engl.: character)	7, A, a, ?

vereinbaren. Damit können dann die üblichen logischen Operationen (DIN 66000) Negation (¬), UND-Verknüpfung (∧), ODER-Verknüpfung (∨), Implikation (⊃) und Äquivalenz (≡) ausgeführt werden (s. A 1.3.2). Symbole s. **Anh. Y3 Tab. 1.**

Eingabe- und Ausgabeoperationen. Sie dienen zum Datentransport von Ein-/Ausgabegeräten und externen Speichern.

Weitere Operationen. Für bestimmte Anwendungsbereiche, wie z.B. Textverarbeitung, graphische Datenverarbeitung, Prozeßdatenverarbeitung, bestehen weitere Operationen. Hierzu muß auf die Spezialliteratur verwiesen werden [23–25].

Bedingte Anweisung. Um den Ablauf eines Programms steuern zu können, gibt es eine Reihe von Anweisungen: Die bedingte Anweisung hat die syntaktische Form

if ⟨Bedingung⟩ *then* ⟨Anweisung 1⟩

else ⟨Anweisung 2⟩,

ist der Wert der logischen Operation „Bedingung" true, so wird „Anweisung 1" ausgeführt, ansonsten wird „Anweisung 2" ausgeführt. Bei mehr als zwei Fallunterscheidungen können if-Anweisungen geschachtelt werden.

Repetitive Anweisung. Mit dieser Anweisung werden Schleifen (Wiederholungen) gebildet. Man unterscheidet drei Formen:

while ⟨Bedingung⟩ *do* ⟨Anweisung⟩.

Die auf do folgende Anweisung wird so lange repetitiv ausgeführt, wie der logische Ausdruck „Bedingung" true ist. Die zweite Form ist:

repeat ⟨Anweisung 1⟩;

⟨Anweisung 2⟩...*until* ⟨Bedingung⟩.

Die Anweisungen der Schleife werden so lange wiederholt, bis der logische Ausdruck „Bedingung" wahr wird. Der logische Ausdruck wird erst nach dem Durchlaufen der Schleife überprüft.

Eine fest definierte Anzahl von Schleifendurchgängen steuert die Anweisung:

for ⟨Variable⟩ := ⟨Anfangswert⟩ *to* ⟨Endwert⟩

do ⟨Anweisung⟩.

Die Schleife wird für alle Werte der Laufvariablen zwischen Anfangs- und Endwert je einmal ausgeführt.

Prozeduranweisungen. Hierbei handelt es sich um den Aufruf von Unterprogrammen (*Subroutinen*). Unterprogramme sind Teile eines Programms, die an mehreren Stellen in gleicher Form vorkommen. Sie werden aufgerufen durch *UP1* mit UP1 als Name des Unterprogramms. Aus Unterprogrammen können weitere Unterprogramme aufgerufen werden. Ruft ein Unterprogramm sich selbst auf,

Procedure UP1(...)

Begin

    :

    :

UP1(...);

    :

    :

End;

so wird dies als rekursives Programmkonstrukt bezeichnet. Die Vorgehensweise der rekursiven Programmierung ist für spezielle Informatikanwendungen von großer Bedeutung.

Records. In vielen Programmiersprachen (z.B.: PASCAL) besteht die Möglichkeit Datentypen zu erzeugen, die aus Komponenten verschiedener Objektsorten bestehen (sog. Verbunde). So können komplizierte Objektstrukturen als Geflechte unterschiedlicher Objekte und Objektsorten aufgebaut werden:

    type⟨*Name*⟩ = record

        a : *real*;

        b : *integer*;

        c : *boolean*;

        :

        end;

Zeiger sind Datenobjekte, die Speicheradressen auf eine Stelle enthalten, an der sich ein beliebig komplexes Datum befindet. Die Speicheradressen selbst sind anonym und können nicht manipuliert werden. Der Zeigertyp wird durch einen stilisierten Pfeil ^, gefolgt von einem Typnamen definiert.

    var <*Typname*> : *integer*.

Der Datentyp Zeiger ist eine mögliche Komponente des Verbunddatentyps *Record*. Die Zeiger eines Records stellen Bezeichnungen zu bestimmten Komponenten weiterer Records her. Durch diese Eigenschaft besteht die Möglichkeit, sog. komplexe dynamische Datenstrukturen zu definieren.

Die in Y 3.2.2 verwendeten symbolischen Bezeichnungen für Objekte, Operationen und Anweisungen sind nicht einheitlich in allen Programmiersprachen.

3.2.3 Datenstrukturen. Data structures

In vielen Fällen, insbesondere bei nichtnumerischen Aufgaben, operieren Algorithmen auf komplex zusammengesetzten Objekten. Aufgaben dieser Art sind z.B. Material- und Zeitwirtschaft, Lohnabrechnung, rechnerunterstütztes Konstruieren. Daten zusammengesetzter Objekte besitzen eine Struktur, die *Datenstruktur*. Sie ist gekennzeichnet durch ihre *Objekte*, auch *Datenelemente* oder *Knoten* genannt und den *Beziehungen* zwischen den Objekten, auch *Verweise* oder *Relationen* (reference, pointer) genannt. Verweise sind ein Spezialfall von Daten. Ein einfaches Beispiel einer Datenstruktur zeigt **Bild 9.**

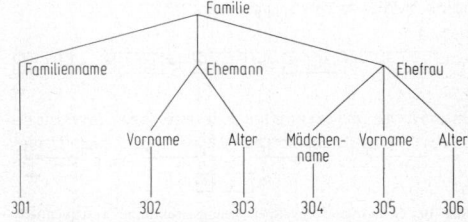

Bild 9. Beispiel einer Datenstruktur [12]

Schwierigkeiten bei der Abbildung von Strukturen ergeben sich dadurch, daß der Speicher einer DVA nur linear nacheinander angeordnete Speicherzellen besitzt. Von der Datenstruktur selbst, die die logischen Beziehungen der Daten zueinander festlegt, ist daher ihre Darstellung im Speicher zu unterscheiden. Datenelemente, die logisch zusammengehören, brauchen im Speicher nicht benachbart zu sein. Im folgenden werden typische Datenstrukturen und ihre Darstellung im Speicher besprochen.

Lineare Listen. Eine lineare Liste (linear list) ist eine geordnete Datenmenge, deren Beziehungen meist durch eine lexikographische Ordnung der Namen für die Größen festgelegt ist. Gehören die Werte der Daten einer linearen Liste derselben Artindikation an, dann spricht man auch von einem *Vektor* und bezeichnet die Größen durch *indizierte Variablen*.

Die einfachste Art der Abbildung linearer Listen im Speicher besteht darin, die Datenelemente in aufeinanderfolgende Speicherplätze zu bringen. Man spricht dann von *sequentieller Darstellung*, **Bild 10a**. Jedes Element kann also zu einer Basisadresse direkt adressiert werden. Sollen Elemente an beliebiger Stelle einer Liste eingefügt oder entfernt werden können, so benutzt man die *verkettete Darstellung*, **Bild 10b**. Die Folgebeziehung von Elementen wird dadurch festgelegt, daß jedes Datenelement als Wert einen Verweis zu seinem Nachfolger enthält. Der einem Datenelement zugeordnete Speicherplatz besteht aus zwei Teilen. Das letzte Element einer Kette enthält als Verweis ein besonderes Zeichen, das das Ende der Kette anzeigt. Neue Elemente werden durch Änderung der Verweise eingefügt oder entfernt. Schließt man die Kette durch einen Verweis auf das Anfangselement, so spricht man von einer *Ringstruktur*. Der Vorteil von Ringstrukturen besteht darin, daß das Suchen eines Elements nicht immer am Anfang einer Liste beginnen muß. Noch größere Flexibilität bietet die doppelte Verkettung der Elemente, **Bild 11**.

Lineare Liste:

Adresse	Inhalt
100	Information 1
101	Information 2
102	Information 3
103	Information 4
104	⋮

a

Zeigerliste:

Adresse	Inhalt	
A	Information 1	B
B	Information 2	C
C	Information 3	D
D	Information 4	E
E	Information 5	Ende

übliche, äquivalente Darstellungsweise:

Eingang

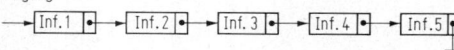

Beispiel für das Einfügen eines neuen Elementes in eine Zeigerliste:

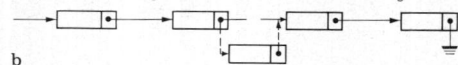

b

Bild 10. Grundtypen der Speicherungsstrukturen. **a** sequentielle Darstellung; **b** verkettete Darstellung

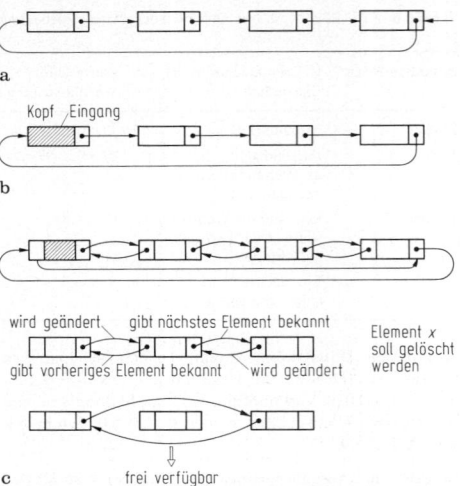

a

Kopf   Eingang

b

wird geändert   gibt nächstes Element bekannt

gibt vorheriges Element bekannt   wird geändert

Element x soll gelöscht werden

c   frei verfügbar

Bild 11. Speicherungsstrukturen mit Ringstrukturen. **a** einfache Ringstruktur; **b** Ringstruktur mit Kopf; **c** Ringstruktur mit doppelter Verkettung

Felder. Ein Feld (array) entsteht aus einer linearen Liste dadurch, daß man jedes Element der linearen Liste durch eine lineare Liste gleicher Länge ergänzt. Das bekannteste Beispiel sind zweidimensionale Felder, die man auch in Form von Matrizen darstellt. **Tab. 7** zeigt ein Feld als Liste von Listen und als Matrix. Die Substitution von Elementen einer Liste durch Listen kann beliebig oft wiederholt werden. Felder können ebenfalls in sequentieller und verketteter Darstellung im Speicher abgebildet werden [26].

Baumstrukturen. Eine Baumstruktur (tree) ist eine Liste, deren Elemente selbst wieder Listenstrukturen sind, **Bild 12**. Die Darstellung von Bäumen im Speicher ist sehr vielfältig [26]. Eine einfache Lösung besteht darin, jedem Knoten so viele Verweise zuzuordnen, wie Zweige von ihm ausgehen, **Bild 13**. Eine Abbildung im Speicher führt wegen der variablen Länge von Datenelementen i. allg. auf Schwierigkeiten [27].

Tabelle 7. Darstellung von Feldern

Feld als Liste:
$$((A_{00}, A_{01}, A_{02}, A_{03}), (A_{10}, A_{11}, A_{12}, A_{13}),$$
$$(A_{20}, A_{21}, A_{22}, A_{23}))$$

Feld als Matrix:
$$A_{00}\ A_{01}\ A_{02}\ A_{03}$$
$$A_{10}\ A_{11}\ A_{12}\ A_{13}$$
$$A_{20}\ A_{21}\ A_{22}\ A_{23}$$

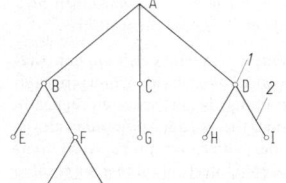

Bild 12. Baumstruktur. *1* Knoten, *2* Zweig

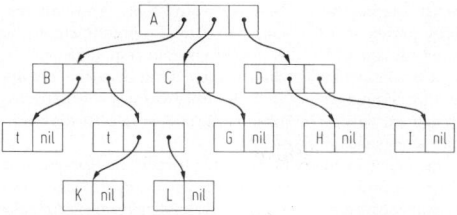

Bild 13. Darstellung eines Baums [12]. nil=letztes Element der Kette

3.2.4 Übersetzen einer Programmiersprache
Compiling and interpreting highlevel languages

Höhere Programmiersprachen müssen zu ihrer Ausführung im Rechner übersetzt werden. Dies erfolgt durch einen sog. *Übersetzer* (compiler). Das in einer höheren Programmiersprache geschriebene *Quellprogramm* (source program) wird in ein bedeutungsgleiches *Maschinenprogramm* (object program) übersetzt. Dabei müssen die im Programm aufgerufenen Unterprogramme an das Hauptprogramm gebunden werden.

Eine andere Form der Programmbearbeitung ist die *Interpretation*. Von einem *Interpretierer* (interpreter) wird jede Anweisung des Quellprogramms übersetzt und sofort ausgeführt.

Der Vorteil der Übersetzung ist, daß die Transformation der höheren Programmiersprache in die Maschinensprache nur einmal erfolgen muß und das Maschinenprogramm beliebig oft abgearbeitet werden kann. Bei der Interpretation ist dagegen die Übersetzung bei jedem Programmlauf neu zu leisten. Dadurch können sich Zeitverluste ergeben. Andererseits werden aber nur die durch den Steuerfluß vorgegebenen Programmteile durchlaufen.

3.2.5 Ausgewählte Programmiersprachen
Selected programming languages

Angesichts der Vielzahl vorhandener Programmiersprachen und ihrer „Dialekte" ist es nur möglich, einige wegen ihrer Verbreitung wichtige zu behandeln.

ALGOL

ALGOL (ALGOrithmic Language) ist eine Formelsprache zur Darstellung von Rechenvorschriften und dient vorwiegend zum Abfassen von Programmen zur Lösung numerisch-mathematischer, naturwissenschaftlicher und technischer Probleme. Eine etwa 1958 begonnene Entwicklung (ALGOL 58) führte zum Vorschlag von ALGOL 60 [28, 29, 71].

In ALGOL 60 ist die herkömmliche Symbolik der Mathematik weitgehend verwendet und um Ausdrucksmittel des dynamischen Programmablaufs ergänzt. Diese Programmiersprache zeichnet sich durch die ausgeprägte Klammerstruktur und den rekursiven Charakter besonders aus. Geringes Augenmerk wurde auf die Formulierbarkeit kommerzieller Probleme gelegt. Die Beschreibung großer Datenmengen macht erhebliche Schwierigkeiten. Eine Beschreibung der Datenein- und -ausgabe sowie eine konkrete Form der Darstellung von Programmen auf den üblichen Datenträgern fehlten. Da für eine praktische Anwendung hierüber Festlegungen getroffen werden mußten, entstanden viele, nur teilweise untereinander verträgliche, Sprachen.

Um diese Mängel zu beseitigen und um ALGOL an die in der Zwischenzeit erfolgte Entwicklung der DV-Technik

anzupassen, wurde eine Neudefinition ALGOL 68 vorgelegt [30]. Die in der Programmierung zu verarbeitenden Objekte wurden weiter gefaßt (Komplexe Zahlen, Aneinanderreihung von logischen Aussagen (struct bits), mehrfache Genauigkeit, strukturierte Datentypen), so daß eine Vielzahl gebräuchlicher Datentypen verfügbar ist. Eine leistungsfähige Definition für die Datenein- und -ausgabe wurde vorgenommen.

ALGOL 60 ist unter ISO/R 1538 als Standard empfohlen und mit einigen Ein-/Ausgabeprozeduren in DIN 66026 übernommen worden. Einführende Literatur zur Programmierung mit ALGOL ist [31, 32].

BASIC

BASIC (Beginner's All purpose Symbolic Instruction Code) ist eine Programmiersprache vorwiegend für Probleme aus Naturwissenschaft und Technik und kann als ein für Dialogzwecke vereinfachtes FORTRAN betrachtet werden. Als Datentypen sind ganze Zahlen, Gleitpunktzahlen oder Zeichenketten, Variable oder Felder von Variablen und die üblichen mathematischen Operationen verfügbar [35].

Für Ein-/Ausgabeanweisungen ist kein Format zu vereinbaren. Die neueste Version enthält Anweisungen für die Graphik- und Echtzeitverarbeitung. Es existieren Normen in USA (ANSI X 3.60: Programming Minimal Basic 1978) und von der European Computer Manufacturers Association (Standard ECMA-55 Minimal BASIC 1978).

FORTRAN

FORTRAN (FORmular TRANslating system) ist eine vorwiegend zur Programmierung von Problemen aus Naturwissenschaft und Technik entwickelte Programmiersprache, die aber genauso im kommerziellen Bereich verwendet werden kann. Entwickelt wurde FORTRAN in den Jahren 1954 bis 1956 für IBM-Rechner (FORTRAN I und II) und 1963 erweitert und verbessert als FORTRAN IV vorgelegt. Die Symbolik von FORTRAN ist der Mathematik entnommen. Die Anweisungen werden in festem Format niedergeschrieben. Verfügbare Datentypen sind in **Tab. 8** aufgeführt. FORTRAN erlaubt i.allg.

Tabelle 8. Datentypen in FORTRAN [12]

Bedeutung	Vereinbarung	Literale Form
Ganze Zahl	nicht erforderlich, wenn Name mit I, J, K, L, M, N beginnt	173
Gleitpunktzahl	nicht erforderlich, wenn Name mit I, J, K, L, M, N beginnt	19761.25E-1 (einfache Länge) 7.9D3 (doppelte Länge)
Paar von Gleitpunktzahlen zur Darstellung einer komplexen Zahl	durch IMPLIZIT-Anweisung oder explizite Vereinbarung als COMPLEX	(−1., 0.)
Logische Aussage	durch IMPLIZIT-Anweisung oder explizite Vereinbarung als COMPLEX	.TRUE. .FALSE.
Zeichenkette, nur als Konstante in literaler Form		'MAERZ' 5 HAPRIL
Feld gleicher PO	DIMENSION-Anweisung	−
Unterprogramme, Funktionen	verschiedene Formen	−

eine sehr wirkungsvolle Programmierung, so daß diese Programme fast so schnell wie in Assembler geschriebene ausgeführt werden. FORTRAN bietet eine gute Beschreibung des Datenflusses zu E/A-Geräten [36, 37]. Übersetzer für FORTRAN werden für fast alle Rechner angeboten, daher ist die Programmiersprache für technisch-wissenschaftliche Anwendungen am meisten verbreitet.

FORTRAN ist unter der ISO-Empfehlung R 1539 als Norm in DIN 66027 aufgenommen worden. Eine Verbesserung und Erweiterung wurde in FORTRAN 77 vorgenommen [38]. FORTRAN 77 ist in USA unter ANSI X 3,9 genormt und wurde von ISO übernommen.

COBOL

COBOL (Common Business Oriented Language) ist auf die Anwendungen der kaufmännischen und buchhalterischen Datenverarbeitung zugeschnitten, insbesondere durch die mögliche Strukturierung der Datentypen. COBOL wurde 1959/60 auf Initiative der Regierung der USA durch Benutzer und Hersteller von DVAn festgelegt. COBOL ist schwerfällig in der vom Programmierer zu erstellenden Beschreibung der Daten eines Programms, dafür aber vielseitig in der Möglichkeit der Datenstrukturierung. Die Programme werden sehr umfangreich, sind aber selbstdokumentierend. Ein besonderes Merkmal dieser Sprache ist die Aufteilung eines Programms in die vier Teile: Erkennungsteil, Maschinenteil, Datenteil und Prozedurteil [39].

COBOL wurde entsprechend der ISO-Empfehlung ISO/R 1987 in DIN 66028 genormt [29].

PASCAL

PASCAL (nach dem französischen Mathematiker) ist eine auf numerische und nichtnumerische Anwendungen ausgerichtete Programmiersprache [32, 40]. PASCAL wurde 1969 an der ETH in Zürich entwickelt und zeichnet sich besonders durch eine kompakte Syntax mit Überlegungen zur strukturierten Programmierung aus. PASCAL kennt neben den Standard-Datentypen Integer, Real, Boolean, Character (jedoch nicht Complex, Double precision) eine Reihe von strukturierten Typen wie Record, Array (Vektoren, Matrizen, Tabellen), File (Datei) und dynamische Datenstrukturen [33, 34]. PASCAL wurde in ISO 7185 genormt.

PL/I

PL/I (Programming Language 1) ist als Vielzwecksprache für technisch-wissenschaftliche, kaufmännische und Echtzeitanforderungen sowie Systemprogrammierer geeignet. PL/I wurde 1964 durch eine Benutzerorganisation namens SHARE und der Firma IBM ausgearbeitet, wobei die mit ALGOL 60, COBOL und FORTRAN gemachten Erfahrungen berücksichtigt wurden. Die äußere Syntax ist ähnlich ALGOL 60. Bedingt durch die aus FORTRAN und COBOL übernommenen Datentypen, besonders von Dateien, komplexen Werten, Festpunktfeldern und strukturierten Objekten, weicht die innere Syntax hiervon erheblich ab [41, 42]. Einige Fähigkeiten von PL/I sind Unterbrechungsbehandlung, Programmierung paralleler Prozesse, Speicherverwaltung komplizierter Datenstrukturen. Durch den modularen Sprachaufbau ist die Sprache in Stufen erlernbar [43].

PL/I ist nach ISO 6160 genormt.

C

Die prozedurale Programmiersprache C wurde etwa 1975 parallel zu dem Betriebssystem UNIX entwickelt. Heu-te ist der gesamte UNIX-Kern und viele Anwendungsprogramme in C geschrieben. Die Programmiersprache C wurde am M.I.T. aus den Programmiersprachen BCPL und B von Dennis Ritchie entwickelt mit dem Ziel, die Systemprogrammierung (d.h. die Entwicklung von Betriebssystemen) zu unterstützen. Aufgrund dessen ist die Sprache sehr maschinennah [65].

Allgemeine Eigenschaften sind: prozedurale Sprache, die für viele Probleme eingesetzt werden kann; einfache Kontrollflußstrukturen; einfache Datenstrukturen; einfache Operationen.

Als Stärken von C sind zu nennen: Durch die Verbreitung von UNIX ist C auf fast allen Rechnern verfügbar; C-Programme sind portabel; relativ einfach erlernbar; sehr effiziente Programme entwickelbar (bezüglich Laufzeit); viele Bibliotheken und Werkzeuge verfügbar.

Dafür besitzt C auch einige Schwächen: maschinennahe Programme sind schwer lesbar (Manipulation von Bits möglich); keine strenge Typprüfung; keine Operationen zur Manipulation von komplexen Objekten.

C++

C++ wurde von Bjarne Stroustrup an den Bell Laboratories um 1983 entwickelt. Die Version 1.0 wurde 1987 veröffentlicht. C++ ist eine Weiterentwicklung von C hin zu einer objektorientierten Programmiersprache. Man spricht jedoch von einer hybriden Sprache, da beide Aspekte (prozedural/objektorientiert) enthalten sind [87].

Vorteile von C++ sind: C++ kann mit einem Precompiler in C umgesetzt werden, damit sind alle Vorteile von C wie z.B. vorhandene Bibliotheken, Werkzeuge, usw. weiterhin nutzbar; ein C-Programmierer kann C++ schnell erlernen; fast alle Vorteile einer objektorientierten Sprache sind vorhanden; strukturierte/modulare Programme.

Smalltalk

Smalltalk wurde ab 1970 am Xerox Palo Alto Research Center entwickelt. Smalltalk ist einerseits eine objektorientierte Programmiersprache und andererseits ein Betriebssystem mit eigener Benutzeroberfläche. Wichtigste Konstrukte der Sprache sind Objekte und die auf ihnen ausführbaren Operationen. Smalltalk wird schwerpunktmäßig zur Prototypentwicklung genutzt [64].

ADA

ADA wurde auf Betreiben des amerikanischen Verteidigungsministeriums entwickelt. Es ist der bisher mit größtem Aufwand betriebene Versuch, eine umfassende, portable Sprache für Rechner aller Größen- und Aufgabenklassen zu entwickeln. Sie soll sowohl als Universalsprache für große Programmierprojekte ersetzbar sein, als auch die unterschiedlichen Leistungsfähigkeiten vom größten Großrechner bis zu einer Mikroprozessorsteuerung unterstützen [88].

Prolog

Prolog wurde Anfang der siebziger Jahre von A. Colmenauer in Marseille entwickelt. Die Sprache basiert auf der Prädikatenlogik erster Ordnung. Mit dieser Sprachentwicklung wurde der Grundstein für das logische Programmieren gelegt [89].

Der grundsätzliche Unterschied zur prozeduralen Programmierung, bei der explizit die gesamte Lösungsvorschrift (Algorithmus) in der jeweiligen Programmiersprache codiert wird, besteht bei der logischen oder deskriptiven Programmierung in der „Programmierung des Problems", d.h. es wird dem Rechner überlassen wie er das

prozedural   Algorithmus

Kann eine gekerbte Welle
mit dem Berechnungsver-
fahren A berechnet werden ?

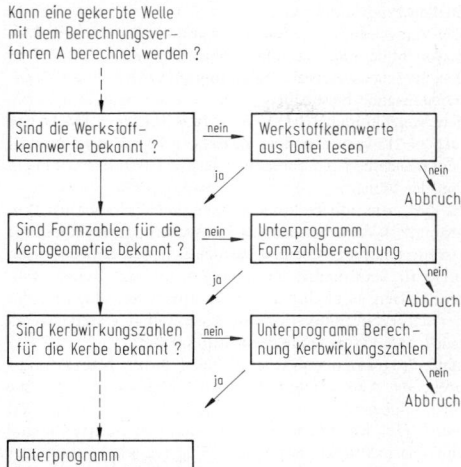

deskriptiv   logische Beschreibung

(1) Wenn   Formzahlen bekannt sind und Kerbwirkungs-
           zahlen bekannt sind und die Kerbgeometrie
           eine Nut ist,

    Dann   Berechnungsverfahren A

(2) Wenn   Kerbgeometrie eine Rechtecknut ist
           und DIN... entspricht

    Dann   berechne Formzahlen nach Formeln
           von Heinrich

(3) Wenn   Kerbgeometrie eine Rechtecknut ist und der
           Wellenwerkstoff Ck45 ist und die Belastung
           Umlaufbiegung ist

    Dann   berechne die Kerbwirkungszahlen nach Neuber

Bild 14. Unterschiede zwischen prozeduraler und deskriptiver Programmierung

Problem löst. Nicht mehr das „wie" sondern das „was" wird programmiert, **Bild 14**. Bezogen auf die Laufzeiteffizienz eines Prologprogramms kann dies eventuell erheblich negative Auswirkungen haben, da die Lösung quasi durch Ausprobieren aller möglichen Lösungen des Lösungsraums gefunden wird. Die Anordnung der einzelnen Anweisungen spielt hier insofern eine Rolle, da in der Sprache Prolog implizit vorhandene Lösungsmechanismus sequentiell die „Anweisung" auf ihre Relevanz für den Lösungsprozeß hin untersucht.

LISP

LISP (LISt Processing Language) steht für listenverarbeitende Sprache; sie wurde 1960 von J. McCarthy am M.I.T. entwickelt. Sie eignet sich – analog zu Prolog – in hervorragender Weise für Listenverarbeitung und Symbolmanipulation. Ebenso wie in Prolog können Datenstrukturen beliebiger Tiefe aufgebaut werden; Rekursivität ist möglich und es gibt keinen formalen Unterschied zwischen Programmen und Daten. Damit ist es möglich, daß Programme sich selbst verändern bzw. neue Programme erzeugen können [90, 92].

Echtzeitsprachen

Als Echtzeitsprachen (real-time languages) bezeichnet man Sprachen zur Steuerung von Prozessen (industrial process control). Sie lassen sich grob in drei Klassen einteilen [29]:

Spezialsprachen, die meist zur Implementierung von Realzeitsystemen dienen, wobei die Echtzeiteigenschaften, die das System unterstützen, außerhalb der Programmiersprache liegen. Beispiele sind Coral 66 [44] und RTL/2 [45].

Sprachen, die Echtzeiteigenschaften als Teil der Syntax besitzen. Beispiele sind PEARL und BASIC PEARL (DIN 66 253 T 1), LTR [46] und ADA [47].

Universalsprachen, für die eine Erweiterung in Form von Standard-Echtzeitzusätzen definiert wurden. Beispiele hierfür sind Zusätze in FORTRAN und BASIC.

PEARL

PEARL (Process and Experiment Automation Real-Time Language) wurde ab 1970 entwickelt und 1980 zur Norm DIN 66253. Ziel der Sprache ist es, Prozeßabläufe mit Echtzeitbedingungen programmieren zu können. PEARL beinhaltet Konstrukte zur Steuerung des Zeitverhaltens von Prozessen, Synchronisation paralleler Prozesse, Beschreibung der Hardwarekonfiguration, Handhabung von peripheren Geräten für die Prozeßsteuerung sowie Organisation der Mensch-Maschine-Kommunikation mittels graphischer Geräte [91].

Sprachen zur Modellierung und Simulation

Eine Vorhersage der Eigenschaften komplexer Systeme (z.B. Fördersysteme) kann mit Hilfe einer Simulation erfolgen. Zur Unterstützung der Simulation werden eine Reihe von Simulationssystemen angeboten. Sie enthalten Elemente zur Formalisierung und Modellierung von Prozessen, zur einfachen Formulierung von Anweisungen für das Experiment und die Programmbearbeitung sowie die Dateneingabe und Darstellung der Ergebnisse (z.B. in graphischer Form). Diese Möglichkeiten sind für den Anwender meist in einer Simulationssprache oder in einem Simulationssystem zugänglich [78].
Bei Verwendung einer Simulationssprache vereinfacht sich die Vorbereitung einer Simulation gegenüber Methoden oder Unterstützung durch Hilfsmittel erheblich, weil Sprachbildung zahlreiche Einzelheiten der Formalisierung realer Prozesse, des Modellentwurfs, der Aufbereitung von Daten und der Programmierung generell vorab gelöst werden. Zum Verständnis des Gesamtablaufes der Simulation ist es jedoch erforderlich, alle in der Vorbereitung enthaltenen bzw. zu beachtenden Aspekte einmal genau zu erfassen.
Voraussetzung für eine so weitgehende Unterstützung des Anwenders durch Simulationssprachen ist, daß Simulationsmodelle und -programme für konkret sehr verschiedene reale Prozesse – bedingt durch die mit der Modellierung verbundene Abstraktion – zahlreiche Gemeinsamkeiten aufweisen. Wesentlich für den Anwender ist die Beschreibung des *Simulationsmodells* mit den im jeweiligen Simulationssystem enthaltenen vorgeprägten *Modellelementen*. Simulationssprachen sind Programmiersprachen, die über geeignete Ausdrucksmittel zur Beschreibung von Modellen und zur Steuerung von Experimenten mit diesen Modellen verfügen. Allgemein verwendbare Simulationssprachen unterscheidet man nach Modellen mit diskreten und kontinuierlichen Änderungen. Die Bezeichnung *kontinuierlich* bezieht sich auf die Zeit, d.h. die Zustandsänderungen können zu jedem beliebigen Zeitpunkt eintreten. Bei *dis-*

kreten Systemen wird der Zustand eines Systemes nur zu festen Zeitpunkten beobachtet und erfaßt. Im Normalfall liegen die Zustandsbeobachtungen in einem festen Zeitraster. Es ist aber auch ein variables Zeitraster möglich. Gebräuchliche Simulationssprachen für kontinuierliche Systeme sind MIMIC, CSSL IV oder DSL/90. Simulationssprachen zur Simulation kontinuierlicher Systeme unterliegen derzeit immer mehr Standardisierungsbestrebungen. Diese Sprachen werden auch unter dem Oberbegriff CSSL (Continuous System Simulation Language) zusammengefaßt [79, 125].

Bekannte Simulationssprachen für diskrete Systeme sind SIMSCRIPT [48], GPSS [49, 77], SIMULA [50] und SIMPL/1. Sie haben gegenüber den Sprachen für kontinuierliche Simulation die größere Verbreitung [112, 113].

Programmiersprachen in der Produktionstechnik

Für die Herstellung von Produkten werden heute häufig numerisch gesteuerte Produktionseinrichtungen eingesetzt. Als Produktionseinrichtungen werden Maschinen und Geräte für das Bearbeiten (Bohren, Drehen, Fräsen, Schweißen usw.), Montieren/Handhaben, Messen/Prüfen, Transportieren und Lagern bezeichnet. In den universellen Programmiersprachen, z.B. FORTRAN, PASCAL, C, fehlen die für die Beschreibung zugehörigen Produktionsprozesse notwendigen geometrischen und technologischen Beschreibungsmöglichkeiten.

Programmiersprachen für Bearbeitungsprozesse und damit für Werkzeugmaschinen werden danach unterschieden ob sie sich mehr an den Funktionen der Maschinensteuerung (Sprachen für manuelle Programmierung) oder den Bearbeitungsverfahren z.B. Drehen, Drahterodieren (Sprachen für maschinelle Programmierung) orientieren [52].

Sprachen für die manuelle Programmierung (direkte Programmierung) bestehen aus einer Menge von Steuerbefehlen (Sätze) mit festgelegtem syntaktischen Aufbau (DIN 66025). Jeder Satz besteht aus mehreren Wörtern, die von der Steuerung direkt lesbar sind. Jedes Wort besteht aus einem Adreßbuchstaben zur Kennzeichnung des Typs und einer Ziffernfolge mit oder ohne Vorzeichen. Zum Wortvorrat gehören z.B. vorbereitende Wegbedingungen, Vorschubgeschwindigkeit, Hauptspindeldrehzahl, Werkzeugnummer, Werkzeugkorrekturen [127]. Die Reihenfolge der Worte ist vorgeschrieben.

Im Programm wird der Weg des Werkzeugs relativ zum Werkstück beschrieben. Als schwierig erweist sich dabei oft die Ermittlung der Koordinaten des Werkzeugwegs aus der Bemaßung der Zeichnung. Die Anwendung der Programmiersprache beschränkt sich daher auf die Bohrbearbeitung sowie leichte Dreh- und Fräsbearbeitung.

Sprachen für die maschinelle Programmierung (höhere, technologieorientierte Programmierung) bestehen aus einer Menge von Anweisungen, die aus mnemotechnischen Abkürzungen von Begriffen der Arbeitsvorbereitung und Fertigung (symbolische Namen), Parametern und Sonderzeichen gebildet werden. Arten von Anweisungen sind z.B. Allgemeine Anweisungen zur Identifikation von Werkstück, Maschine, Werkzeug; Anweisungen zur Beschreibung von Roh- und Fertigungsgeometrie, Anweisungen zur Technologie, arithmetische und trigonometrische Funktionen, sowie Anweisungen zur Steuerung des Programmablaufs (bedingte und unbedingte Sprunganweisung, repetitive Anweisungen (Programmschleifen) Prozeduranweisungen (programmierbare Makros) und Anweisungen zur Transformation der Teilegeometrie [56].

Im Programm wird die Roh- und Fertigteilgeometrie beschrieben. Die Werkzeugwege werden daraus bei der Übersetzung des Programms meist automatisch ermittelt.

Dies führt zu wesentlich kürzeren und übersichtlichen Programmen und einer Zeiteinsparung gegenüber der manuellen Programmierung.

Die Verarbeitung des Teileprogramms kann in einem Prozessor ohne oder mit Zwischenstufen erfolgen. Die in den Zwischenstufen erzeugte Programmform wird als Zwischenausgabe bezeichnet. Sie ist in einer neutralen Form, dem sogenannten CLDATA (Cutter Location DATA) in DIN 66215 genormt. Die Zwischenausgabe wird von einem maschinensteuerungsspezifischen Postprozessor in ein von der Steuerung verarbeitbares Programm übersetzt.

Es gibt viele höhere Programmiersprachen (auch als Programmiersystem bezeichnet) für Werkzeugmaschinen. Sie lassen sich unterscheiden hinsichtlich der Anwendungsbreite für verschiedene Fertigungsverfahren (Drehen, Bohren, Fräsen, Nibbeln) und der Automatisierungstiefe der bei der Programmverarbeitung erzeugten Daten (Werkstück- oder Werkzeugwegermittlung) [99].

Eine Programmiersprache für eine große Anwendungsbreite ist APT (Automatically Programmed Tools), die für komplizierte dreidimensionale Fräsarbeiten konzipiert wurde [51]. Mit dieser Sprache lassen sich analytische und einfache nichtanalytische Oberflächen sowie Punktmuster beschreiben [124]. Der Wortvorrat von APT ist sehr umfangreich und in dieser Mächtigkeit nur für die Beschreibung komplizierter Werkstückformen erforderlich. Außerdem fehlten Fähigkeiten der automatischen Schnittaufteilung, der automatischen Bestimmung von Werkzeugen, Spindeldrehzahlen und Vorschüben. Daher wurden weitere Sprachen, die Erweiterungen oder Untermengen von APT darstellen entwickelt. Verbreitetste Programmiersysteme sind: EXAPT (EXtended subset of APT) ist ein modular aufgebautes Programmiersystem für verschiedene Fertigungsverfahren, wie Drehen, Polieren, Fräsen, Nibbeln, Brennschneiden und Drahterodieren [53–55]. Grundbaustein ist BASIC-EXAPT.

EXAPT ermöglicht u.a. aus der Geometriebeschreibung die Ermittlung umfangreicher technologischer Daten, Verwaltung und automatische Bereitstellung von Makros, Speicherung von Werkzeugdaten [123]. Für einzelne Fertigungsverfahren können grafische Kontrollausgaben erzeugt werden.

COMPACT II ist ein dialogorientiertes Programmiersystem für die Fertigungsverfahren, Drehen, Fräsen, Schleifen, Brenn- und Laserschneiden sowie Stanzen aber auch für mehrere in Bearbeitungszentren enthaltene Verfahren. Die aus dem Teileprogramm ermittelten Werkzeugwege können am Bildschirm oder auf einer Zeichenmaschine sichtbar gemacht werden. EUKLID ist ein Programmiersystem zur Fertigung von Bauteilen mit Freiformflächen (z.B. Turbinenschaufeln) auf 3- oder 5-Achsen-Fräsmaschinen [98]. Eine übersichtliche Beschreibung weiterer Programmiersysteme befindet sich in [99].

Programmiersprachen für Handhabungs- und Montageverfahren orientieren sich an den Funktionen von Robotersteuerungen. Sie enthalten Anweisungen für die explizite und implizite Spezifikation für Bewegungen, Schaltvorgänge (z.B. Greifer auf/zu), Sensorsignalverarbeitung (Kraftsensoren, Sichtsysteme), Programmstrukturierung (Prozeduren, Unterprogramme, Makros), Programmablaufkontrolle (Sprunganweisungen, Wiederholungen), sowie spezielle Anweisungen für Einlernprogrammierung (teach-in), Schrittmodus usw. [106, 107]. Einzelne Sprachen sind als Erweiterung existierender Sprachen, wie z.B. APT, Basic, Pascal [108] realisiert oder eigene Sprachentwicklungen.

Bekannte Programmiersprachen sind: AL (Assembly Language) ist eine algolähnliche, blockstrukturierte Programmiersprache für Montageroboter [109]. Neben den

oben angeführten Anweisungen bietet AL die Möglichkeit einer quasiparallelen Bearbeitung von Programmteilen. Es besteht die Möglichkeit zur Synchronisation von mehreren Geräten z.B. mehrere Roboterarme.
ROBEX (ROBoter EXapt) ist eine auf EXAPT bzw. APT basierende Programmiersprache für Roboter in Fertigungssystemen (-zellen) [110]. Weitere Programmiersprachen sind in [99, 111] beschrieben.
Programmiersprachen für das Prüfen bzw. Messen orientieren sich an den Funktionen von Steuerungen für NC-Koordinatenmeßmaschinen. Sie enthalten Anweisungen für die Geometriebeschreibung der Objekte und die Meßaufgabe. Eine bekannte Sprache ist:
NCMES (Numerical Controlled Measuring and Evaluation System)

Sprachen für graphische Datenverarbeitung

Sprachen der graphischen Datenverarbeitung dienen zur Erzeugung, Manipulation und Ausgabe graphischer Informationen (Bilddarstellungen) für verschiedenste Aufgabengebiete z.B. Technik, Karthographie, Animation, Computer-Kunst. Die Entwicklung derartiger Sprachen begann etwa 1960 [57]. Ähnlich wie bei der Programmierung von Digitalrechnern wird unterschieden zwischen Maschinensprachen (LLL: Low Level Language), die sich am Instruktionssatz der Gerätessteuerung (Plotter, Bildschirm) orientieren und höheren, problemorientierten Sprachen (HLL: High Level Language), die unabhängig von den Steuerungen sind [59].
Für die Ausgabe werden als Primitivelemente (output primitives) benötigt: Punkt, Strecke, Streckenzug, Zeichen bzw. Zeichenkette (Text- und Sonderzeichen) und verschiedene Markierungszeichen. Ihre Position und Abmessungen werden üblicherweise in einem zwei- oder dreidimensionalen kartesischen Koordinaten (Weltkoordinatensystem, Benutzerkoordinatensytem) angegeben. Zur Ausgabe am Bildschirm (oder Plotter) ist ihre Abbildung in das geräteabhängige Koordinatensystem erforderlich. Höhere Ausgabeelemente sind Flächen (analytische Flächen, Freiformflächen).
Für die Ausgabe von Bilddarstellungen an Bildschirmen sind weitere Funktionen erforderlich: Definition eines Ansichtsfensters, d.h. eines rechteckigen Ausschnitts (window) einer Bilddarstellung; Abschneiden nicht sichtbarer Teile der Bilddarstellung (clipping); Zusammenfassen logisch zusammengehöriger Elemente zu einem Segment (z.B. Linien des Symbols für elektr. Widerstand); Unterteilen der Bildschirmfläche in einzelne Flächensegmente (viewport), in die Ansichtsfenster abgebildet werden.
Einzelnen Elementen können Attribute zugewiesen werden, z.B. *Linien:* voll, gestrichelt, strichpunktiert; Liniendicke, Linienfarbe (Halterung unterschiedlicher Plotterstifte). *Flächen:* Füllgebiet (Grauton, Farbton).
Für die Vielzahl von Eingabegeräten werden in graphischen Programmiersprachen sog. logische Eingabegeräte definiert [58, 60]. Diese sind: *Auswähler* (button) zur Auswahl einer oder mehrerer Möglichkeiten (Funktionstastatur); *Identifizier* (pick) zum Zeigen auf ein am Bildschirm ausgegebenes Element oder Segment (Lichtstift); *Textgeber* (character string) zur Eingabe von Zeichenketten (alphanumerische Tastatur); *Wertgeber* (valuator) zum Erzeugen einer Gleitkommazahl (Drehknöpfe); *Liniengeber* (stroke) und *Positionierer* (locator) zum Erzeugen von Bildschirmkoordinaten (Tablett-Stift, Maus).
Weitere Funktionen sind: geometrische Tranformationen von Bilddarstellungen, dazu gehören Translation (verschieben), Skalieren (Maßstabänderung) und Rotation (Drehen); die Abbildung von 3D-Objekten auf die 2D-Bildschirmebene; das Ausblenden verdeckter Kanten (Visibilitätstest), für die es mehrere Verfahren gibt [61, 128].
Diese Funktionen werden in eine Sprache implementiert (language bindings) z.B. PASCAL.
Funktionen graphischer Programmiersprachen sind bereits standardisiert worden. Hierzu gehören: Das Graphische Kernsystem (GKS) DIN 66252 [62, 63, 100, 101]. GKS gibt es sowohl für die 2D- und 3D-Graphik. Programmer's Hierarchical Interactive Graphics System (PHIGS), als Draft International Standard (ISO/IEC/DIS 9592-1 [102, 103]). Graphiksysteme basierend auf X-Windows bieten die oben beschriebenen Graphikfunktionen auf Arbeitsplatzrechnern (workstation) unterschiedlicher Hersteller [104].

3.2.6 Hilfsmittel der Programmierung. Programming aids

Bei der Programmierung insbesondere komplexer Aufgaben ist vor Beginn der eigentlichen Programmierungsarbeit (Codierung in einer Programmiersprache) der Ablauf der Lösung einer Datenverarbeitungsaufgabe festzulegen. Man bedient sich dazu unterschiedlicher Diagramme.

Datenflußplan. In einem Datenflußplan wird die Art und Reihenfolge der Verwendung, Bereitstellung und Veränderung der Daten dargestellt. Der Datenflußplan entsteht durch Zusammenfügen von graphischen Sinnbildern durch Verarbeitungsfließlinien, Datenträgertransportlinien und Datenübertragungslinien. **Anh. Y 3 Tab. 2** zeigt die nach DIN 66001 genormten Sinnbilder, **Bild 15** ein einfaches Anwendungsbeispiel.

Programmablaufplan. Ein Programmablaufplan zeigt die Operationen auf Daten und deren Aufeinanderfolge zur Durchführung der Lösung einer Datenverarbeitungsaufgabe. Die Operationen werden durch einen Formeltext in graphischen Sinnbildern, die durch Ablauflinien miteinander verbunden sind, dargestellt. **Anh. Y 3 Tab. 3** zeigt die nach DIN 66001 genormten Sinnbilder, **Bild 16** ein Beispiel für die Lösung der Gleichung $ax^2 + bx + c = 0$ unter Berücksichtigung aller Sonderfälle F [12] **Bild 17** ein weiteres Beispiel mit verbal formulierten Operationen.

Struktogramm. Ein Struktogramm zeigt den Ablauf eines Programms mit den entsprechenden Operationen. **Bild 18** enthält die Darstellungselemente für den Programmablauf. Die Darstellung mit Struktogrammen erlaubt eine Programmierung, bei der die Strukturelemente des Programms gleichzeitig Grundlage der modularen Einteilung sind [66]. Beispiel: **Bild 19**.

HIPO-Diagramm. HIPO-Diagramme (Hierarchy plus Input-Process-Output) sind ein Entwurfs- und Dokumentationshilfsmittel, bei dem die Aufgaben und die dazugehörigen Ein- und Ausgabedaten eines Programms betrachtet werden. Die Darstellung der algorithmischen Realisierung der Aufgaben tritt in den Hintergrund. Vorangehen muß eine Aufgabenstrukturierung [67]. Beispiel: **Bild 20**.

Entscheidungstabellen. Sie sind ein Darstellungshilfsmittel für Entscheidungsprozesse mit sehr weitreichenden Aufgabenstellungen. Im Gegensatz zum Datenfluß- und Programmablaufplan sagt eine Entscheidungstabelle zunächst nichts über eine Reihenfolge von Operationen aus. Sie gibt nur die Bedingungen an, unter denen eine bestimmte Operation durchzuführen ist. Das Aufbauschema einer Entscheidungstabelle zeigt **Bild 21**. Im oberen, zweiteiligen Bedingungsteil stehen links zeilenweise die Bedingungen, rechts in Spalten die einzelnen Regeln und die für ihre Anwendung geforderten Werte, im einfachsten Fall ja (J), nein (N) und ohne Einfluß (leeres Feld), der Bedingungen eingetragen. Im unteren ebenfalls zweiteiligen Operations-

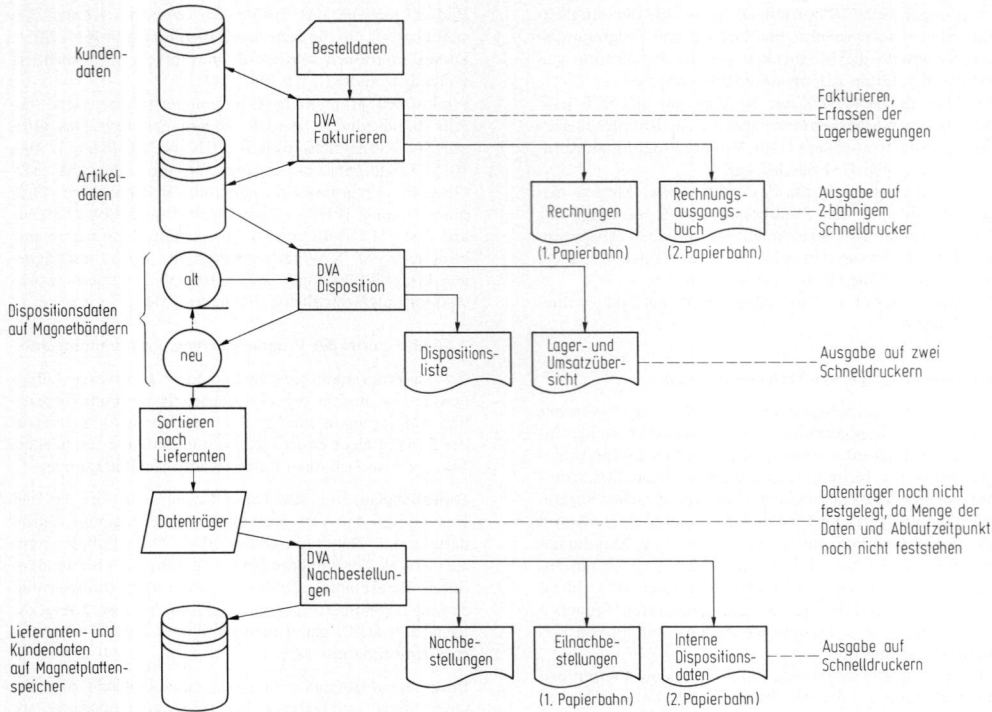

Bild 15. Datenflußplan für das Fakturieren auszuliefernder Ware, die Lagerdisposition und das Drucken von Nachbestellungen [65]

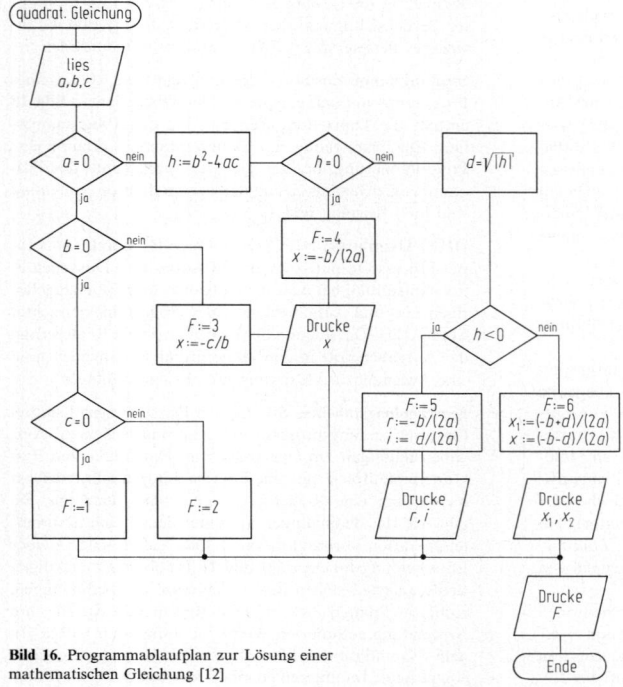

Bild 16. Programmablaufplan zur Lösung einer
mathematischen Gleichung [12]

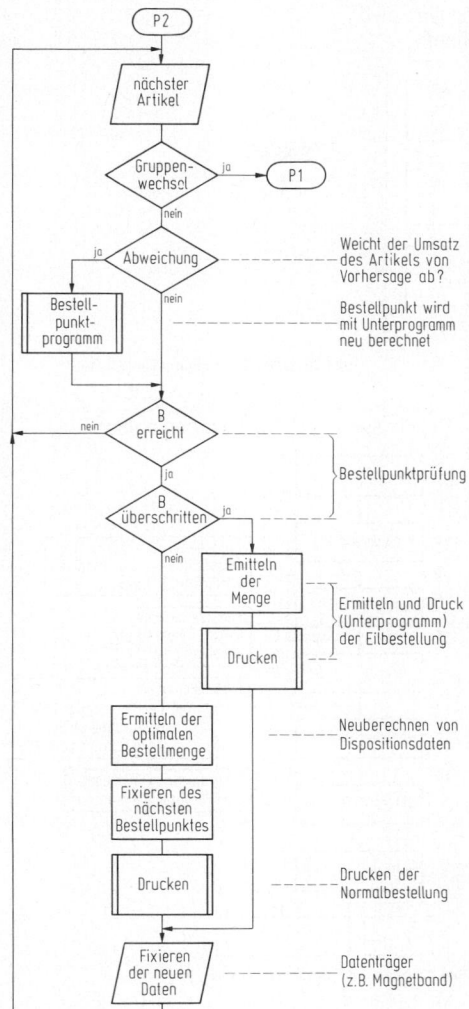

Bild 17. Ausschnitt aus einem Programmablaufplan für die Lagerbestandsüberwachung und das Drucken von Nachbestellungen

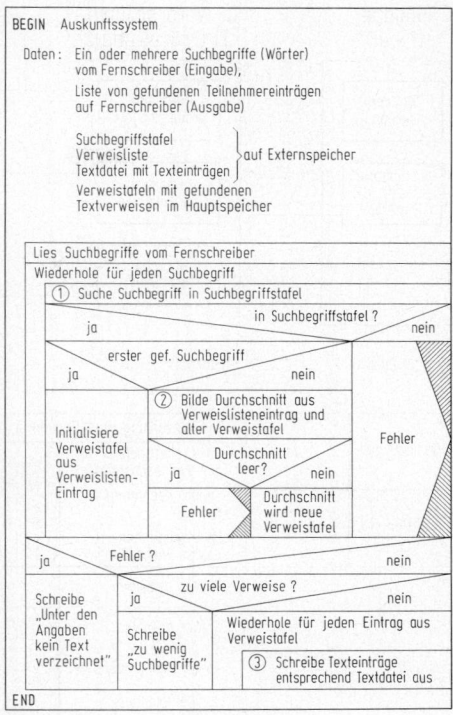

Bild 19. Beispiel für ein Struktogramm [66]

teil stehen links die möglichen Operationen und rechts die für jede Regel durch X gekennzeichnete Operation. **Bild 21 b** zeigt ein einfaches Beispiel.

Diese Form wird als *begrenzte Entscheidungstabelle* bezeichnet.

In einer *erweiterten Entscheidungstabelle* (**Bild 21 c**) ist der Bedingungswert im Bedingungsteil freier gestaltet und die Einträge im Operationsteil können arithmetische Ausdrücke oder Verweise auf ausführende Unterprogramme und die als Fortsetzung im Ablauf zu beachtende Tabelle enthalten. Die ausgeführten Hilfsmittel werden häufig als Programm-Entwicklungswerkzeuge (Softwaretools) in

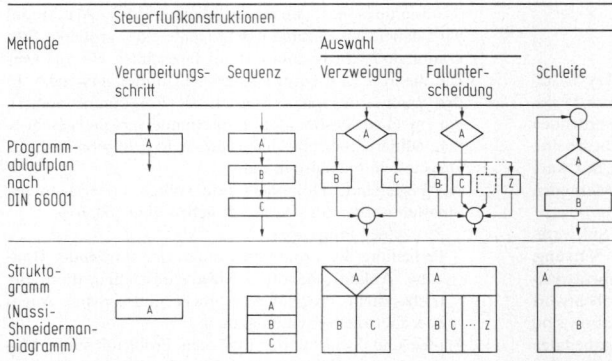

Bild 18. Elementare Steuerflußkonstruktionen in Programmablaufplänen und Struktogrammen

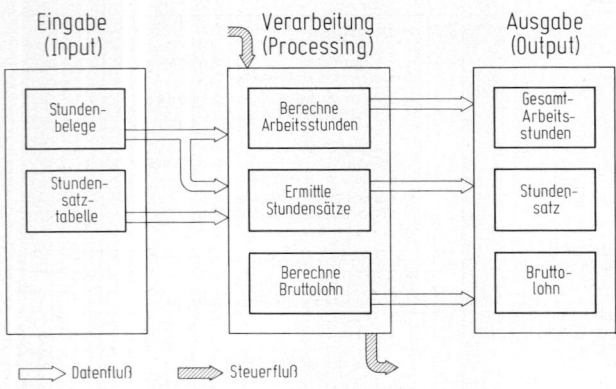

Bild 20. HIPO-Diagramm nach [35]

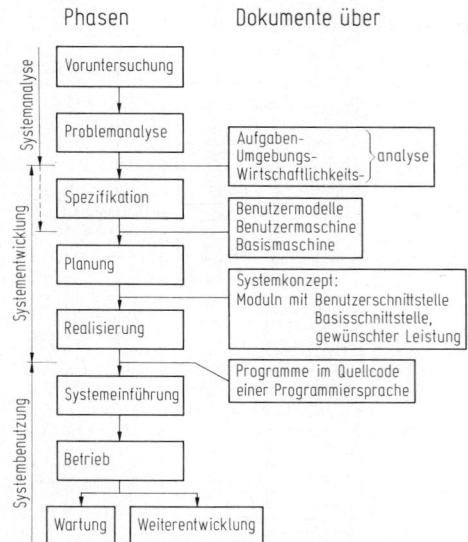

Bild 21. Entscheidungstabellen DIN 66241. **a** Schema; **b** Entscheidungstabelle mit begrenzten Anzeigern; **c** Entscheidungstabelle mit erweiterten Anzeigern

Bild 22. Phasen der Systementwicklung [66]

Software ausgeführt und ermöglichen eine Reduzierung des Programmieraufwands [86].

3.2.7 Methoden der Programmentwicklung
Software engineering

Der Anteil der Kosten für die Software von DV-Systemen ist oft weitaus größer als die Kosten der Hardware. Der Grund liegt in den immer komplizierter werdenden Aufgaben, die mit Datenverarbeitungsanlagen bearbeitet werden und den sinkenden Kosten für Hardware. Software muß daher mit rationellen, qualitätsorientierten Methoden entwickelt und hergestellt werden.

Ähnlich stofflichen Produkten durchläuft ein Softwareprodukt mehrere Phasen der Erstellung bis zur Nutzung, **Bild 22**. Die entscheidenden Phasen der Systementwicklung sind die *Spezifikation,* die *Planung* (auch Grobentwurf genannt) und die *Realisierung.* Bei der Spezifikation sind die Anwenderfunktionen mit den Ein- und Ausgabedaten festzulegen, sowie rechnerseitig die Daten- und Speiche-

rungsstrukturen, Programm- und Datenschnittstellen und der Anweisungsvorrat. In der Planung wird das Programm in Module aufgeteilt, die von einem Programmierer in der Realisierungsphase weiter detailiert werden. Als Modul wird dabei eine einzelne Komponente eines größeren Programms oder Programmsystems bezeichnet. Hierfür werden die in Y 3.2.6 besprochenen Hilfsmittel verwendet. In der Realisierungsphase werden die Programme codiert, d.h. in einer bestimmten Programmiersprache geschrieben, editiert übersetzt und getestet. Das Ergebnis ist das ausgetestete Quellprogramm.

Als begleitende Dokumentation sollten Unterlagen geschaffen werden, die Auskunft geben über [66, 67]:
– Zweck des Programms;
– Bedienung des Programms durch den Anwender (Eingabe, Ablauf), benötigte Hardwarekonfiguration, Betriebssystem, Programmiersprache und sonstige Angaben über die Systemumgebung;
– Idee und Struktur der logischen Problemlösung; Modulstruktur, Funktion und Schnittstellen der Module;

nicht aus Programmtext ersichtliche Informationen (organisatorische, benutzte Algorithmen, Voraussetzungen und Einschränkungen für die Anwendbarkeit);
– nicht sofort verständliche Details der technischen Lösung;
– Tests, Testdaten, Testprotokolle.

Diese Unterlagen sollen in einem *Benutzerhandbuch* und einem *Datenverarbeitungshandbuch* ihren Niederschlag finden. Das Benutzerhandbuch enthält eine fachliche Kurzbeschreibung (Aufgabe, Theorie und Lösungsverfahren, DV-Lösung, Anwendungsfälle), die Benutzeranleitung und Beispiele. Das Datenverarbeitungshandbuch enthält eine Beschreibung für den Programmierer (Übersicht, Datenflußpläne, Dateien- und Datenstrukturbeschreibung, Programmablaufübersicht, Module bzw. Unterprogramme) und die Beschreibung für die Installation und den Betrieb.

3.2.8 Wirtschaftlichkeitsbetrachtungen
Economic considerations

Datenverarbeitungsanlagen sind Investitionsgüter und unterliegen bei ihrer Einführung einer Investitionsentscheidung. Grundlage bildet eine Wirtschaftlichkeitsrechnung, die mit eindimensionalen Verfahren z.B. statische oder dynamische Investitionsrechnung oder mehrdimensionalen Verfahren z.B. Nutzwertanalyse durchgeführt werden kann [68]. Die Nutzwertanalyse hat eine große Bedeutung, da hier nicht quantifizierbare Einflußgrößen wie z.B. Verkürzung von Bearbeitungszeiten, Sicherheit der Ergebnisse, die in Investitionsberechnungen nicht berücksichtigt werden können, mit eingehen. In **Tab. 9** ist ein Beispiel einer statischen Kostenvergleichsrechnung angegeben.
Eine Beurteilung der Wirtschaftlichkeit von Softwareprodukten ergibt sich aus einem Verfahrensvergleich zwischen der manuellen und maschinellen Bearbeitung einer Aufgabe. Aufgrund der Ermittlung der Anzahl n_j der Anwendungen eines Programms pro Jahr nach der folgenden Formel läßt sich abschätzen, ob eine Entwicklung zweckmäßig ist [69, 70].

$$n_j > (A + Z + W)/(MK - AK).$$

Hierin sind: A jährliche Abschreibung der Entwicklungskosten, Z jährliche Zinsen der Entwicklungskosten, W Wartungskosten des Programms, MK Kosten pro Aufgabe bei manueller Bearbeitung. AK laufende Kosten pro Aufgabe bei maschineller Bearbeitung.
Die jährlichen Wartungskosten betragen ca. 10% der Entwicklungskosten.

3.3 Aufgaben und Anwendungen
Functions and uses

Durch die ständig abnehmenden Preise bei zunehmender Leistungsfähigkeit digitaler Rechner haben sich die Aufgabenbereiche erweitert. Für den Ingenieur fallen in der Konstruktion, Entwicklung, im Produktionsprozeß, d.h. Fertigung, Montage, Qualitätssicherung sowie Produktionsplanung und -steuerung eine Vielzahl unterschiedlicher Aufgaben an, für die heute DV-Systeme eingesetzt werden. Im folgenden sollen einige Anwendungsgebiete erörtert werden [105].

3.3.1 Rechnerunterstütztes Konstruieren
(CAD, Computer Aided Design)

Der Einsatz von DV-Systemen für Aufgaben beim Entwickeln und Konstruieren wird mit CAD bezeichnet [129]. Aufgaben lassen sich danach unterscheiden, in welcher

Tabelle 9. Beispiel für eine Kostenvergleichsrechnung [68]

Nr.	Einmalige Kosten	System A herkömmlich	System B Anlage gekauft	System C Anlage gemietet
1	Ausbild. + Informat.		16 788	2 555
2	Systemanl. + Programmier.		87 770	91 050
3	Umstellungskosten	33 200	76 500	77 700
4	Modifizierte Ansch. + Einr. d. Anlage	1 770 400	8 048 400	3 210 000
5	Ansch. d. zusätzl. Einr.	476 300	177 300	161 300
6	Umbaukosten	5 000	108 000	97 000
7	Pers.- + Arb.-Platz-gemeinkosten	53 600	18 000	18 000
8	Veränderungskosten		1 360 000	988.400
9	Sonstige Kosten			
	Summe	2 338 500	9 892 758	4 646 005
	$\dfrac{\text{Summe d. einmal. Kosten}}{\text{Nutzungsdauer}}$	465 770	1 979 111	929 221
	$\text{Zinsen} = \dfrac{1}{2} \cdot \text{Summe} \cdot \dfrac{i}{100}$	116 425	494 777	232 305

Nutzungsdauer: 5 Jahre
Zinssatz: 10%

Nr.	Laufende Kosten p.a.	System A	System B	System C
1	Jahresabschreibung	465 700	1 979 111	929 221
2	Zinsen	116 425	494 777	232 305
3	Mieten	18 000	4 800	166 186
4	Betriebskosten	21 400	34 900	25 600
5	Personalkosten	384 300	219 810	227 010
6	Pers.- + Arb.-Platz-gemeinkosten	196 300	74 100	74 100
7	Archivierungskosten	65 100	26 500	28 600
8	Sonstige Kosten	48 600	30 476	28 200
	Gesamtstumme	1 315 825	2 864 474	1 711 222

Konstruktionsphase sie anfallen (Konzipieren, Entwerfen, Gestalten) und welcher Art sie sind (Lösungsfindung, Lösungsdarstellung, Berechnung bzw. Simulation [93].

Lösungsdarstellung

Bei der Lösungsdarstellung kommt es primär nicht auf das zeichnerische Darstellen der Lösungsideen an, sondern die Informationsmenge der Lösung in Form eines sogenannten *rechnerinternen Modells* (kurz Modell) im Speicher des Rechners abzulegen, **Bild 23**. Aus diesem rechnerinter-

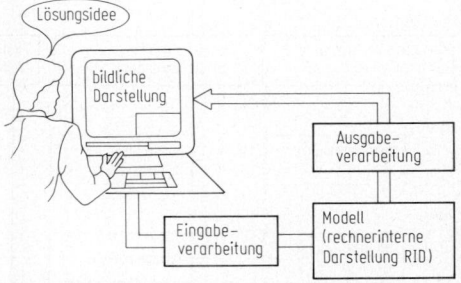

Bild 23. Modellieren mit CAD-Systemen als Arbeitsweise bei der Produktentwicklung. Werkzeuge: Tablett mit Stift, Tastaturen; Kommunikation: Dialog; zum Modellieren gehören: Kommunikationsverfahren, Modelle (Informationsmenge, statisch), Modellierungsverfahren (Ablauf)

nen Modell lassen sich dann die bekannten Zeichnungen (Schaltpläne, Einzelteilzeichnungen usw.) durch Ausgabeprogramme erzeugen. Das rechnerinterne Modell entsteht im allgemeinen im Dialog. Arbeitsweise und die angewandten Verfahren sind anders als beim konventionellen Konstruieren, daher spricht man vom „Modellieren".

Kennzeichnende Merkmale von Modellen

a) Die Menge der Informationen, die für eine Lösung gespeichert wird. Z.B.: können in der Entwurfphase nur Linien oder auch Flächen und Volumeneigenschaften von Bauteilen (2D-Linienmodelle, bzw. 3D-Linien, -Flächen oder Volumenmodelle) im Modell abgelegt werden [94, 99, 131, 132]. In der Konzeptphase können nur die Symbole und Linien eines Schaltplans oder die dahinterstehenden physikalischen Effekte der Schaltelemente mit ihren Eingangs- und Ausgangsbeziehungen untereinander im Modell gespeichert sein. Die Entwicklung bei den Modellen geht in Richtung sog. *integrierter Produktmodelle*, die alle während des Konstruktions- und Arbeitsplanungsprozesses anfallenden Informationen aufnehmen können [130].

b) Die Art und Weise der Abbildung der Informationsmenge im Speicher. Hierbei gibt es die in **Bild 24** und **Bild 25** dargestellten Möglichkeiten, gezeigt am Beispiel von Volumenmodellen [130]. Bei den *generativen Modellen* ist die Informationsmenge in Form eines Programms gespeichert mit dem Nachteil, daß bei der Modifikation einzelner Modellinformationen, das gesamte Programm neu durchlaufen werden muß. Bei den *akkumulativen Modellen* werden die Modelldaten getrennt von den Erzeugungsprogrammen abgelegt mit dem Vorteil der direk-

ten Modifizierbarkeit einzelner Informationen, jedoch mit dem Nachteil eines großen Speicherplatzbedarfs. Beide Modellarten können in einem *Hybridmodell* benutzt werden. Für CAD-Systeme haben die topologisch-geometrischen Strukturmodelle (B-Rep-Model, Boundary Representation Model) die größte Bedeutung.

Die Speicherung und Verwaltung der Modelldaten erfolgt in speziellen *Datenbankmanagementsystemen* (DBMS) oder allgemeinen *Datenbanksystemen* [81].

Die Art und Weise der Beschreibung des Modells wird als Modellierungsverfahren bezeichnet. Erforderlich sind vordefinierte parametrische Grundelemente (**Bild 26**) und daraus zusammengesetzte Benutzerelemente. Mit Hilfe dieser Elemente können Konstruktionsobjekte zusammengefügt oder modifiziert werden. Die zugehörigen Modellierungsoperationen zeigt **Bild 27**.

Zur eindeutigen Definition eines parametrischen Elements sind folgende Daten erforderlich: Angabe des Elementtyps, Dimensionen, z.B. Radius sowie Anfangs- und Endpunkt für einen Kreisbogen, Position des Elements im Objektkoordinatensystem, Orientierung des Elementkoordinatensystems gegenüber dem Objektkoordinatensystem. Zur Reduzierung der Dateneingabe können Beziehungen (Assoziationen) zu bestehenden Modelldaten in Modellierungsfunktionen verwendet werden; z.B. Eingabe einer Strecke parallel zu einer vorhandenen oder Zylinder senkrecht zu einer Ebene. Funktionen dieser Art werden als *assoziative Modellierungsverfahren* bezeichnet [130]. Daneben sind Funktionen zur Hilfsgeometrie, Bemaßung, Technologie- und Stücklisteneingabe erforderlich.

Beim rechnerunterstützten Konstruieren tauschen Anwender und CAD-System ständig Informationen unterschied-

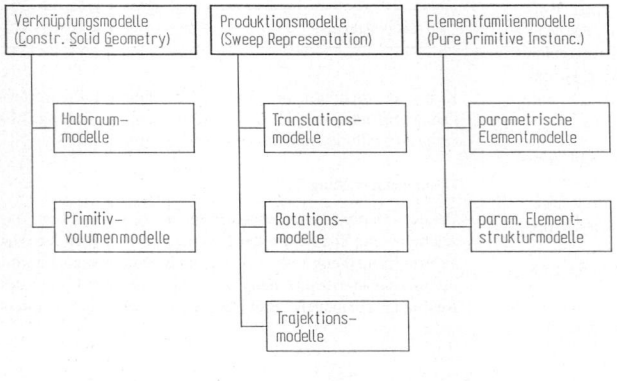

Bild 24. Arten von „Generativen Volumenmodellen" (Produktmodellen)

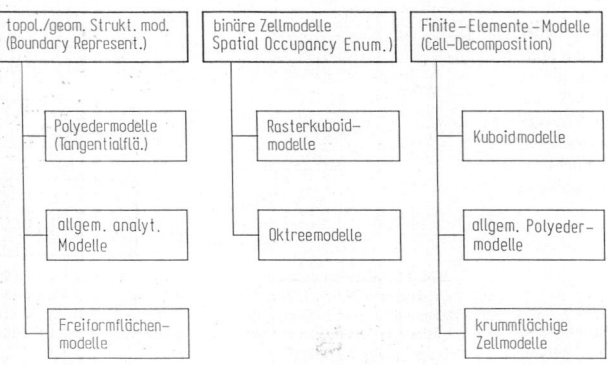

Bild 25. Arten von „Akkumulativen Volumenmodellen" (Produktmodellen)

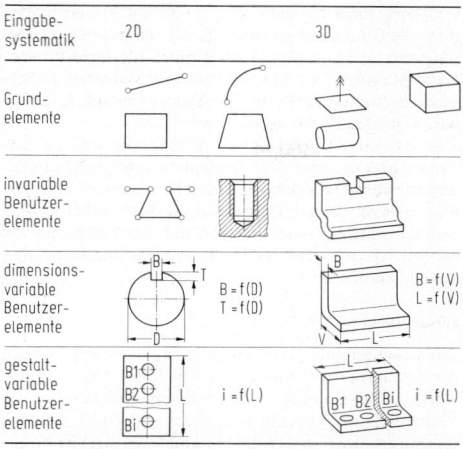

Eingabe-systematik	2D		3D	
Grund-elemente				
invariable Benutzer-elemente				
dimensions-variable Benutzer-elemente		B = f(D) T = f(D)		B = f(V) L = f(V)
gestalt-variable Benutzer-elemente	B1 B2 Bi	i = f(L)	B1 B2 Bi	i = f(L)

Bild 26. Erforderliche Elemente zur Bauteilbeschreibung [85]. 2D (zweidimensional), 3D (dreidimensional)

Modellierungverfahren	Modellierungsoperationen	Operator
definierend	Vereinigung	∪
	Differenz	\
	Durchschnitt	∩
	Komplement	—
	kartesisches Produkt	×
modifizierend	Lineartransformation	
	Runden, Fasen	
	Spiegeln	

Bild 27. Operationen geometrischer Modellierungsverfahren

licher Art, Komplexität und Herkunft aus: Der *Benutzer*, der Funktionen aufruft und Daten eingibt, die *Algorithmen*, die Daten wandeln und neu generieren und der *Modelldatenspeicher*, der Daten zur Verfügung stellt. Dieser Vorgang wird als *Kommunikation* bezeichnet. Die abwechselnde Eingabe von Benutzerwünschen und die Reaktion des Systems durch Ausgabe der Ergebnisse am Bildschirm (Systemecho) wird als *Dialog* bezeichnet. **Bild 28** zeigt unterschiedliche Gestaltungsformen des Dialogs. Bewährt hat sich die *Menütechnik*, die sowohl beim system- als auch beim benutzergeführten Dialog und in einer Mischform möglich ist [95].

Modellierungs- und Kommunikationsverfahren, auch als Benutzerschnittstelle bezeichnet, sind Basis für die Benutzerfreundlichkeit eines CAD-Systems und sollen nach ergonomischen Gesichtspunkten gestaltet sein [133].

Eine Konstruktionslösung (das rechnerinterne Modell) muß hinsichtlich ihres Verhaltens unter Betriebsbedingungen oder anderen Kriterien z.B. Herstellungskosten, Montierbarkeit, Wartungsfreundlichkeit usw. überprüft werden. Hierfür existieren Berechnungs- und Simulationsverfahren.

Berechnungs- und Simulationsverfahren

Berechnungsverfahren haben zum Ziel, Zahlenwerte vorher unbekannter Größen zu bestimmen. Bei Berechnungsverfahren unterscheidet man zwischen Prozessen, die sich durch mathematische Formeln ausdrücken lassen und Rechenprozessen, die sich nicht klar mit der üblichen mathematischen Symbolik beschreiben lassen, in deren Algorithmus also Worte der Umgangssprache enthalten sein müssen. Zwei Beispiele [71] sollen dies erläutern:

Beispiel 1: Eine Funktion sei definiert durch:

$$f(x) = \begin{cases} 2 & \text{für } x \leq 0, \\ x^2 + 2 & \text{für } 0 < x < 1, \\ 2x + 1 & \text{für } x \geq 1. \end{cases}$$

Durch ein Programm soll für einen beliebig vorgegebenen Wert x der zugehörige Funktionswert $f(x)$ berechnet werden. **Bild 29**

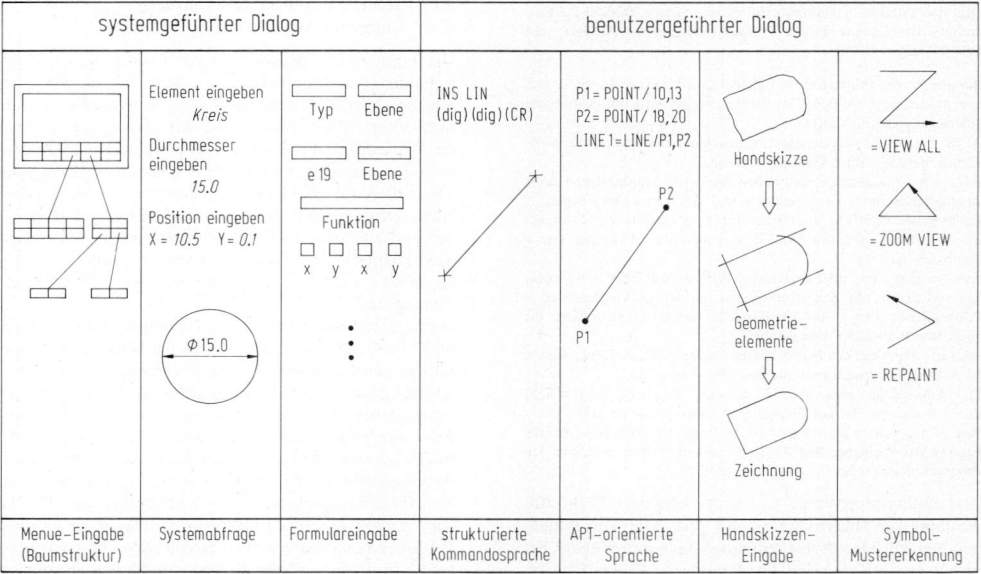

Bild 28. CAD-Kommunikationstechniken

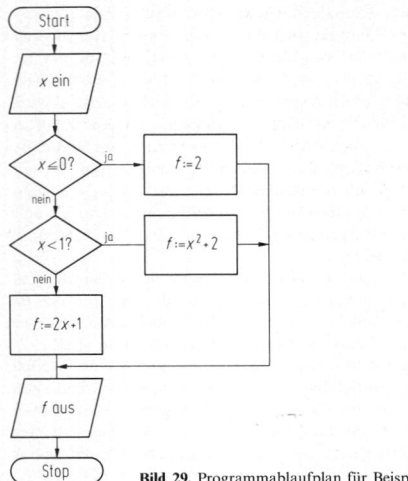

Bild 29. Programmablaufplan für Beispiel 1 [71]

```
'begin' 'real' x,f ;
    inreal(1,x) ;
    'if' x 'not'greater' 0
        'then' f : = 2
        'else' 'if' x 'less' 1
            'then' f : = x × x +2
            'else' f : = 2 × x +1 ;
    outreal(3,f)
'end'
```

a

```
        READ (1,10) X
        IF(X)1,1,2
    1   F = 2
        GOTO 5
    2   IF(X-1)3,4,4
    3   F = X*X + 2
        GOTO 5
    4   F = 2*X+1
    5   WRITE (3,11) F
        STOP
   10   FORMAT ( E12.5)
   11   FORMAT (1X,E12.5)
        END
```

b

Bild 30. Programmieranweisungen für Beispiel 1 [71]. **a** mit Programmiersprache ALGOL; **b** mit Programmiersprache FORTRAN

zeigt den Programmablaufplan für diese Aufgabe, **Bild 30** die Programme der Lösung in den Programmiersprachen ALGOL und FORTRAN.

Beispiel 2: Alle Primzahlen zwischen 1 und 10000 sollen berechnet und ausgedruckt werden. Das Suchverfahren wird durch folgende Überlegung eingeschränkt:

Außer 2 gibt es keine geraden Primzahlen. Es ist also nicht erforderlich, gerade Zahlen k zu untersuchen.

Falls in einer ungeraden natürlichen Zahl k ein ganzzahliger Faktor j enthalten ist, muß j ungerade sein und zwischen 3 und k liegen.

Es brauchen nicht alle ungeraden Zahlen j, sondern nur Primzahlen zwischen 3 und k als mögliche ganzzahlige Faktoren von k untersucht werden.

Es wird eine Liste aller ungeraden Zahlen von 3 bis 9999 angelegt und daraus alle Zahlen gestrichen, die sich als Vielfaches einer Primzahl zwischen 1 und 100 darstellen lassen. Dann müssen die gesuchten Primzahlen übrigbleiben.

Als Liste dient hier das Feld p, dessen ungeradzahlige Komponenten zu Anfang des Programms alle den Wert 1 erhalten.

Das Ausstreichen einer Zahl k, die nicht Primzahl ist, geschieht durch Nullsetzen der entsprechenden Feldkomponente $p(k)$.

Bild 31 zeigt einen groben und feinen Programmablaufplan für die Lösung der Aufgabe, **Bild 32** die Programme der Lösung in den Programmiersprachen ALGOL und FORTRAN.

Berechnungsprogramme finden in vielfältiger Form Anwendung zur Nachrechnung und Auslegung von Bauteilen. Nur mit Datenverarbeitungsanlagen anwendbare Berechnungsmethoden sind die Methode der Finiten Elemente (FEM), sowie Randintegralgleichungsmethode (BEM,

Boundary Element Method) [72, 76] (s. C8) und mathematische Optimierungsmethoden z.B. die nichtlineare Optimierung nach der Zufallsstichproben-Methode (Monte-Carlo-Methode), der Methode des systematischen Durchsuchens (Gauss-Seidelsche Methode), und der Gradienten-Methode [73, 74, 75].

Zur *Simulation* werden die in Y 3.2.5 aufgeführten Verfahren benutzt oder eine Simulation erfolgt im graphischen Dialog. Dabei können durch Benutzen der Transformationsfunktionen Lageänderungen von Bilddarstellungen durchgeführt oder durch Parameteränderungen im Modell verschiedene Modellzustände am Bildschirm dargestellt werden.

Lösungsfindung

Zur Lösungsfindung werden bekannte Suchverfahren auf der Grundlage von Sachmerkmalen (DIN 4000), Schlagworten (Deskriptoren), Klassifizierungsnummern u.a. in Verbindung mit Datenbanksystemen verwendet. Nachteil dieser Verfahren ist, daß die Merkmale der Lösung bereits bekannt sein müssen, um danach suchen zu können.

Neue Verfahren benutzen Funktionen von *deklarativen* Programmiersprachen und damit entwickelten wissensbasierten Systemen (Expertensysteme). In der Wissensbasis eines Expertensystems sind Lösungsmuster, Fakten und Konstruktionsregeln gespeichert. Durch Angabe einer Problemstellung kann ein Expertensystem Lösungsvorschläge ausgeben, wobei der Lösungsweg durch eine Erklärungskomponente dargestellt wird.

Derzeit werden unterschiedliche Entwicklungsrichtungen verfolgt [105]; *Kopplung* von wissensbasierten Systemkomponenten mit vorhandenen CAD-System; *Integration* von wissensbasierten Konstruktionsmodulen in vorhandene CAD-Systeme in einem Systemkonzept; *einheitliches Konzept* zur wissensbasierten Produktentwicklung. Bekannte DV-Systeme werden für sog. Konfigurationsprobleme oder in Verbindung mit Baukasten- bzw. Variantenkonstruktionssystemen eingesetzt [120]. Für Neukonstruktionen gibt es vielfältige Lösungsansätze und Prototypen vorwiegend aus dem Universitätsbereich.

3.3.2 Rechnerunterstützte Arbeitsplanung
(CAP, Computer Aided Planning)

Der Einsatz von DV-Systemen zur Erzeugung von Teilefertigung- und Montageanweisungen wird mit CAP bezeichnet. Hierbei handelt es sich im wesentlichen um die rechnerunterstützte Planung der Arbeitsvorgänge und deren Reihenfolge, die Auswahl von Verfahren und Betriebsmitteln zur Erzeugung der Objekte sowie der Erstellung von Daten für die Steuerung der Betriebsmittel [129]. Niedergelegt werden deren Informationen in Arbeitsplänen und NC-Steuerlochstreifen (oder anderen Datenspeichern). Unterschieden wird zwischen *Fertigungs-* und *Montageplänen*. Methoden zur automatischen Arbeitsplanerstellung sind:

a) Die Speicherung von manuell erstellten Arbeitsplänen, und zwar vollständig, d.h. alle Daten eines Arbeitsplans sind gespeichert, oder mit Textidentifizierung, d.h. die Arbeitsgangdaten werden zentral gespeichert. Der Bezug zu einem Arbeitsplan wird durch einen Verweis (Textidentifizierung) hergestellt (Reduktion der Datenmenge).

b) Die Speicherung eines Algorithmus zum Erzeugen von Arbeitsplänen. Im Fall b wird unterschieden zwischen einer *Ähnlichkeitsplanung* (Variantenplanung) und *Neuplanung*. Grundlage der Ähnlichkeitsplanung ist im Fall von Fertigungsplänen eine *Klasse* geometrisch und fertigungstechnisch ähnlicher Teile. Fertigungstechnisch ähnlich bedeutet, daß die Arbeitsgangfolge gleich oder mit geringen

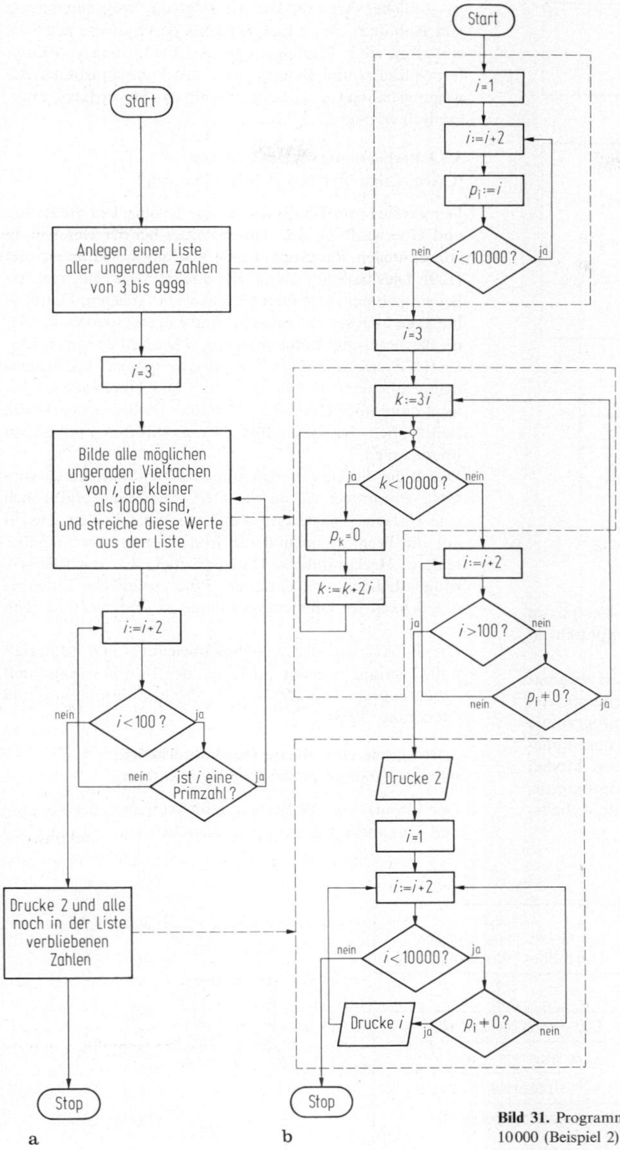

Start

Anlegen einer Liste aller ungeraden Zahlen von 3 bis 9999

$i=3$

Bilde alle möglichen ungeraden Vielfachen von i, die kleiner als 10000 sind, und streiche diese Werte aus der Liste

$i:=i+2$

$i<100$?   nein / ja

ist i eine Primzahl?   nein

Drucke 2 und alle noch in der Liste verbliebenen Zahlen

Stop

a

Start

$i=1$

$i:=i+2$

$p_i:=i$

$i<10000$?   nein / ja

$i=3$

$k:=3i$

$k<10000$?   ja / nein

$p_k=0$

$k:=k+2i$

$i:=i+2$

$i>100$?   ja / nein

$p_i \neq 0$?   nein / ja

Drucke 2

$i=1$

$i:=i+2$

$i<10000$?   nein / ja

Drucke i ja

$p_i \neq 0$?   nein

Stop

b

```
'begin' 'comment' primzahlen bis 10000;
  'integer' i,k ;
  'integer' 'array' p [1:10000] ;
  'for' i := 3 'step' 2 'until' 9999 'do'
    p[i] := 1 ;
  'for' i := 3 'step' 2 'until' 99 'do'
    'if' p[i] 'not equal' 0 'then'
      'for' k := 3×i 'step' 2×i 'until' 10000
        'do' p[k] := 0 ;
  outinteger (3, 2) ;
  'for' i := 3 'step' 2 'until' 9999 'do'
    'if' p[i] 'not equal' 0 'then'
      outinteger (3, i)
a  'end'
```

```
C    PRIMZAHLEN BIS 10000
     INTEGER P (10000)
     DO 10 I = 3, 9999, 2
10   P(I) = 1
     DO 40 I = 3, 99, 2
     IF (P(I)) 20, 40, 20
20   J = 2*I
     J1 = 3*I
     DO 30 K = J1, 10000, J
30   P(K) = 0
40   CONTINUE
     P(1) = 2
     K = 1
     DO 60 I = 3, 9999, 2
     IF (P(I)) 50, 60, 50
50   K = K + 1
     P(K) = 1
60   CONTINUE
     WRITE (3, 70) (P(I), I = 1, K)
     STOP
70   FORMAT (1 X, 10 I7)
b    END
```

Bild 32. Programmieranweisungen für Beispiel 2 [71]. **a** mit ALGOL; **b** mit FORTRAN

Bild 31. Programmablaufplan zur Berechnung der Primzahlen von 1 bis 10000 (Beispiel 2) [71]. **a** grob; **b** fein

Abweichungen ähnlich, d.h. festgelegt ist. Die Algorithmen für das Bestimmen von Rohteilabmessungen, Rohteilgewicht, Auswahl alternativer Fertigungsverfahren, Stückzeitberechnung werden in einem *Standardarbeitsplan* zusammengefaßt. Für die Erstellung eines neuen Arbeitsplans wird am Bildschirm die Maske des Ähnlichkeitsteils aufgerufen und im Dialog die aktuellen Werte der Variablen eingegeben. Vom Rechner wird der gesamte Arbeitsplan automatisch erzeugt.

Bei der Neuplanung müssen alle Daten des Arbeitsplans durch Algorithmen erzeugt werden. In Form eines Dialogs werden die Planungsaufgabe (Geometrie und Technologie des Fertigteils) sowie die Auftragsdaten (Stückzahl) beschrieben. **Bild 33** zeigt den Aufbau eines Programmsystems zur Neuplanung. Besonders schwierig ist

die automatische Bestimmung der Arbeitsgänge und deren Reihenfolge. Daher wird diese Aufgabe oft im Dialog durch den Arbeitsplaner gelöst. Neuere Lösungen benutzen hierfür Expertensysteme [120].

Zur Erstellung der Daten für die Steuerung der Betriebsmittel werden Programmiersysteme meist auf der Basis der beschriebenen Programmiersprachen der Produktionstechnik verwendet. Nach der Art der Programmierung wird unterschieden zwischen einer *Werkstattprogrammierung*, direkt an der Maschinensteuerung bzw. maschinennah an einem Programmierplatz, und einer *Programmierung in der Arbeitsplanung*. Für die Programmierung an der Maschinensteuerung ist diese neben der üblichen Tastatur häufig mit einem graphischen Bildschirm ausgestattet. Hierdurch ist es möglich durch Verwendung gra-

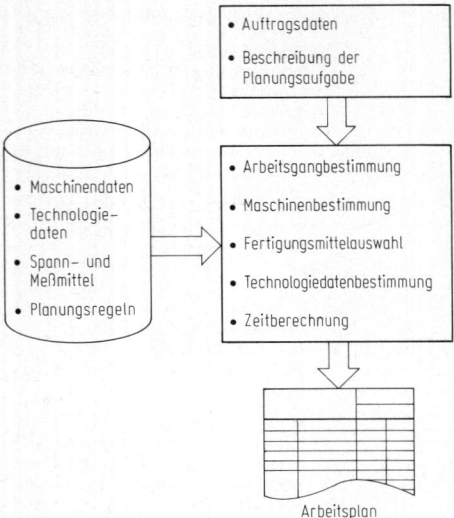

Bild 33. Aufbau eines Programmsystems zur Neuplanung

phischer Elemente alle Daten einfach und fehlerfrei im Dialog einzugeben und den Arbeitsablauf graphisch zu simulieren.

Eine andere Art der Programmierung von Werkzeugmaschinen und Robotern erfolgt durch die Verwendung von CAD-Systemen. Hierbei werden die Methodenprogramme eines CAD-Systems um Programmodule zur Programmierung ergänzt. Sie nutzen alle im rechnerinternen Modell gespeicherten Daten der Makro- und Mikrogeometrie, eine erneute Beschreibung des Fertigteils entfällt. Arbeitsabläufe lassen sich graphisch simulieren.

In ähnlicher Art und Weise erfolgt die Programmierung von Robotern. Auch hier werden CAD-Systeme zur Spezifikation einer Montageszene, der Ermittlung von Greiferpositionen und Bewegungen, von kollisionsfreien Bewegungsbahnen usw. benutzt und die Steuerdaten automatisch erzeugt (s. T 7.6).

3.3.3 Rechnerunterstütztes Fertigen
(CAM, Computer Aided Manufacturing)

Der Einsatz von DV-Systemen zur technischen Steuerung und Überwachung der Betriebsmittel bei der Herstellung von Bauteilen, Baugruppen usw. wird mit CAM bezeichnet [129]. Dies bezieht sich auf die direkte Steuerung von Arbeitsmaschinen, verfahrenstechnischen Anlagen, Handhabungsgeräten sowie Transport und Lagersystemen. Einzelne Betriebsmittel können zu sog. *Flexiblen Fertigungszellen* (FFZ) oder *Flexiblen Fertigungssystemen* (FFS) zusammengefaßt werden. Die Steuerung und Überwachung erfolgt dann über DNC-Prozeßrechner (Zellenrechner) bzw. Leitrechner, die die in **Bild 34** aufgeführten Funktionen übernehmen.

Durch die direkte Übertragung von NC-Steuerdaten vom DNC-Prozeßrechner an die CNC-Steuerung ergibt sich eine einfache Programmverwaltung, ein schneller Zugriff auf die Programme und die Reduzierung von Eingabefehlern. Herkömmliche Datenspeicher, wie Lochstreifen, Magnetbänder usw. entfallen. Eine zusätzliche Eingabemöglichkeit für Quellenprogramme ist jedoch erforderlich (s. T 2).

Die Funktionen der Maschinenbelegung und Materialflußsteuerung basieren auf Daten der Terminplanung und -steuerung als Teilaufgaben der Produktionsplanung und -steuerung (PPS).

3.3.4 Rechnerunterstützte Qualitätssicherung
(CAQ, Computer Aided Quality Assurance)

Der Einsatz von DV-Systemen für Aufgaben der Planung und Durchführung der Qualitätssicherung wird mit CAQ

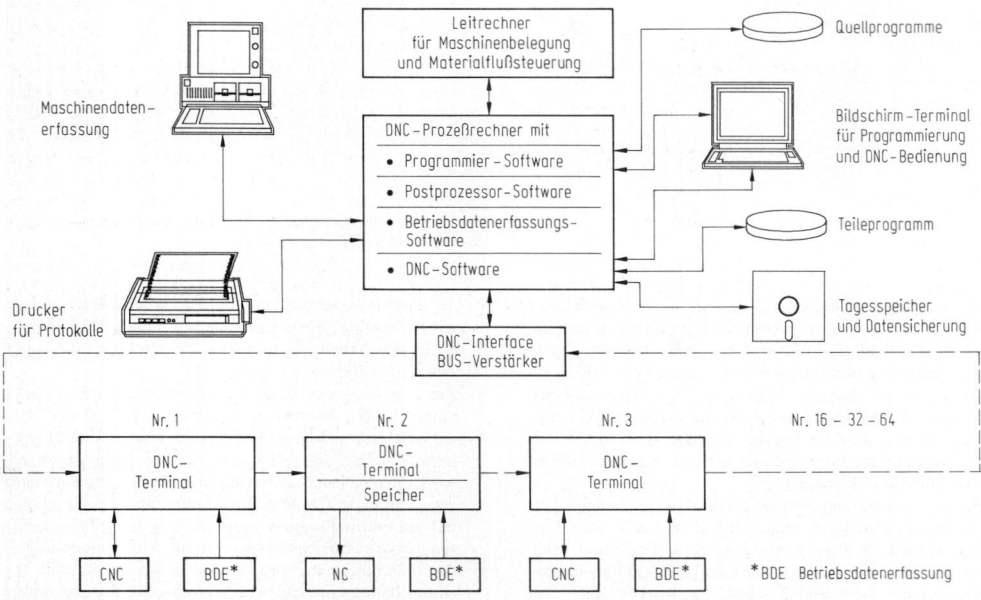

Bild 34. DNC-Systemkomponenten (NC-Verlag)

bezeichnet [129]. Der Begriff Qualität wird dabei auf den gesamten Lebenszyklusweg eines Produktes angewandt. Die Produktqualität wird gesichert durch die Qualität der Tätigkeiten bei der Produktentstehung. Die Anwendung von DV-Systemen ist daher weit gespannt und umfaßt sowohl die Erstellung von Prüfplänen, Prüfprogrammen sowie Kontrollwerten und deren Überwachung mit den zur Durchführung benötigten rechnerunterstützten Meß- und Prüfverfahren, als auch dem Vergleich von Konstruktionslösungen mit den in der Anforderungsliste gegebenen Vorgaben (s. S 7.3).

3.3.5 Rechnerintegrierte Produktherstellung
CIM, Computer Integrated Manufacturing

Der Einsatz von DV-Systemen in allen mit der Produktherstellung direkt befaßten Unternehmensbereichen wird mit CIM bezeichnet. Hierbei soll die informationstechnische Verbindung der technischen und organisatorischen Funktionen dieser Bereiche (als Integration bzw. Kopplung bezeichnet) erreicht werden. CIM umfaßt daher das Zusammenwirken von CAD, CAP, CAM, CAQ und PPS [129]. Für die Integration aller Funktionen eines Unternehmens, d.h. neben den technischen auch der kaufmännischen Funktionen, wird der Begriff „Rechnerintegrierte Fabrik" (engl.: CAI, Computer Assisted Industry) vorgeschlagen [139]. Die Integration kann in unterschiedlicher Tiefe erfolgen (*vertikale Integration*), d.h. CAD und CAP oder CAP, CAM und PPS usw. (man spricht in solchen Fällen auch von Prozeßketten) und unterschiedlicher Breite (*horizontale Durchdringung* in einzelnen Bereichen), d.h. Anzahl der CAD-Arbeitsplätze bezogen auf die Anzahl der konventionellen Arbeitsplätze, nur Zeichnungserstellung (Modellierung), oder auch Berechnung und Lösungsfindung mit CAD. Die informationstechnische Verbindung wird zunehmend auch auf Lieferanten und Kunden eines Unternehmens ausgedehnt.

CIM beschreibt ein Fernziel, das durch eine strategische Planung zu erreichen ist. Das bedeutet, daß das DV-System als sogenanntes „*offenes System*" gestaltet sein muß, in das je nach Bedarf weitere Rechner und Programmsysteme eingefügt oder ersetzt werden können [135 bis 137].

Die Verbindung zwischen Rechnern kann off-line über digitale Datenträger (Magnetband, Disketten, Bildplatte) oder on-line über Datenleitungen in Form von Rechnernetzen erfolgen.

Ein Rechnernetz (Netzwerk) wird unter folgenden Zielsetzungen betrieben [138]: *Datenverbund:* Zugriff auf räumlich voneinander getrennte Datenbestände; *Lastverbund:* Entlastung von momentan überlasteten Rechnern durch Übertragung von Aufgaben auf andere, momentan nur schwach belastete Rechner; *Funktionsverbund:* Erweiterung der Funktionen eines Rechners durch Mitbenutzung der Funktionen anderer zum Netz gehörender Rechner; *Leistungsverbund:* Kopplung von mehreren Rechnern zur Bearbeitung eines aufwendigen Problems als Erweiterung des Multiprozessorprinzips; *Verfügbarkeitsverbund:* Steigerung der Zuverlässigkeit des Rechnersystems.

Bei der Vernetzung von Rechnern und rechnergesteuerten Systemen unterscheidet man zwischen:
– *Lokale Netzwerke* (LAN, Local Area Network);
– *Weitverkehrsnetzwerke* (WAN, Wide Area Network).
Ein *lokales Netzwerk* ist ein Datenkommunikationssystem, das die Kommunikation zwischen mehreren unabhängigen Geräten ermöglicht. Es unterscheidet sich von anderen Datennetzen dadurch, daß die Kommunikation auf ein in der Ausdehnung begrenztes Gebiet, beispielsweise ein Gebäude oder den Bereich eines Unternehmens, be-

schränkt ist und befindet sich im Besitz und Gebrauch einer einzelnen Organisation. *Weitverkehrsnetzwerke* sind überregional angelegt und sind auf dem Gebiet der Bundesrepublik Deutschland auf die Dienste der Bundespost beschränkt.

LAN werden nach folgenden Merkmalen unterschieden [134]: Übertragungsmedium, Netzwerktopologie, Übertragungssystem, Vermittlungstechnik und Zugriffsverfahren.

Die physikalische Realisierung eines Netzwerkes erfolgt durch folgende Übertragungsmedien: verdrillte Kupferleiter (preiswert, niedrige Übertragungsgeschwindigkeiten, bei Abschirmung bis zu 10 Mbit/s), Koaxialkabel (hohe Übertragungsgeschwindigkeiten bis zu 50 Mbit/s, Aufteilung in mehrere logische Kanäle möglich) und Lichtwellenleiter (hohe Übertragungsgeschwindigkeiten bis zu einigen hundert Mbit/s, nicht anfällig gegen elektrische oder magnetische Störungen, Notwendigkeit von aktiven Teilnehmern, Abhören der Leitung nicht möglich).

Durch die Netzwerktopologie wird der Weg der Datenpakete im Netz festgelegt. Es wird unterschieden zwischen: *Sternstruktur; Ringstruktur; Busstruktur* und *Baumstruktur*. Die Topologie beeinflußt die Leistung und Stabilität eines Netzwerkes. Als Übertragungssysteme werden die Basisbandübertragung und die Breitbandübertragung eingesetzt.

Bei der *Basisbandtechnik* wird von einem logischen Kanal auf dem Trägermedium ausgegangen. Die Daten werden direkt ohne Umwandlung in das Netz eingespeist. Zur Steuerung des Datendurchsatzes wird das *Zeitmultiplexverfahren* angewandt. Die zu übermittelnden Daten werden in Pakete aufgeteilt und in einer für jeden Teilnehmer festgelegten Zeitscheibe gesendet. Durch Berücksichtigung der Sendebereitschaft einzelner Teilnehmer kann die Effizienz des Netzes gesteigert werden. Ein Nachteil der Basisbandübertragung ist die relativ geringe Bandbreite, die für einige Anwendungen (z.B. Videoübertragung, Sprachübertragung) nicht ausreichend ist.

Bei der *Breitbandübertragung* erstreckt sich das Frequenzspektrum bis zu 350 MHz. Dieser Frequenzbereich wird nicht als Ganzes benutzt, sondern in logische Kanäle aufgeteilt. Die Frequenzen der Kanäle werden so gewählt, daß sie sich gegenseitig nicht stören.

Zum Einbringen der Daten in das Netz wird das *Frequenzmultiplexverfahren* angewendet. Um Daten gleichzeitig über verschiedene Kanäle transportieren zu können, müssen die Daten an den jeweiligen Kanal angepaßt werden. Hierzu verwendete Verfahren sind: Frequenzmodulation, Amplitudenmodulation und Phasenmodulation. Bei Vermittlungstechniken wird unterschieden zwischen Kanalvermittlung (Circuit Switching) und Paketvermittlung (Packet Switching).

Bei der *Kanalvermittlung* wird die Leitung für die Kommunikation zwischen zwei Teilnehmern vollständig reserviert.

Bei der *Paketvermittlung* werden die Daten beim Sender in Pakete aufgeteilt und mit Informationen über Absender, Empfänger, Paketnummer etc. versehen. Die Pakete „suchen" sich den Weg zum Empfänger durch das Netz selbst.

Unter *Zugriffsverfahren* versteht man Protokolle, die den Zugriff auf das Netz und einen reibungslosen Verkehr im Netz regeln. Wichtige standardisierte Zugriffsverfahren sind: *CSMA/CD* (Carrier Sense Multiple Access with Collision Detection), *Token Ring* und *Token Bus*.

Beim Verfahren CSMA/CD (auch als ETHERNET-Zugangsverfahren bekannt) hat jeder Teilnehmer das Recht zu senden. Eine sendewillige Station hört die Leitung ab, ob sie belegt ist, ist diese nicht belegt, sendet sie. Beginnen zwei Stationen gleichzeitig zu senden, kann es zur Kollision kommen. Da die Stationen bei diesem Verfahren auch ihre eigene Nachricht abhören, erkennen sie die Kollision und senden ein Unterbrechungssignal. Alle Stationen stellen die Sendung ein. Nach einer zufällig ermittelten Zeit versuchen sie wieder zu senden. Für Echtzeitanwendungen ist dieses Verfahren nicht geeignet, da keine Aussage über die maximale Wartezeit gemacht werden kann.

Beim Verfahren Token Ring ist der Token („Berechtigung") ein Übertragungsrecht in Gestalt eines für die normale Datenübertragung nicht zulässigen Bitmuster. Im Token-Ring-Protokoll ist festgelegt, welche Station bei Inbetriebnahme des Netzwerkes einen Token erzeugen muß. Der Datenfluß ist gerichtet. Der Token passiert eine Station nach der anderen. Eine übertragungswillige Station darf den Token in den Zustand „belegt" verändern und einen Datensatz beigeben. Die in der Zieladresse eingetragene Station kopiert den Datensatz, läßt den Token aber unverändert. Bei Erreichen der Sendestation quittiert diese und gibt den Token frei [140].

Beim Token Bus werden die Stationen nicht sequentiell angesprochen, sondern alle lesen gleichzeitig die Nachricht. Es wird ein logischer Ring gebildet, in dem jeder Teilnehmer seine logischen Vorgänger und Nachfolger kennt.

Als Basis für die Standardisierung von LAN wird das von der ISO hierarchisch gegliederte *OSI-Referenzmodell* (OSI: Open Systems Interconnection), daß sich aus 7 *Schichten* zusammensetzt verwendet. Die Grundidee ist: Erfüllt ein Hersteller alle 7 Schichten des Referenzmodells, so können seine Geräte mit Fremdfabrikaten, die diesen Standard ebenfalls erfüllen, kommunizieren [141].

Bild 35 stellt die 7 Schichten des OSI-Referenzmodells dar. Das Übertragungsmedium und die Anwenderfunktionen sind nicht Bestandteil der Standardisierung. Aufgaben der Schichten sind: *Schicht 1:* Herstellen der rein physikalischen Verbindung zur Bitübertragung. *Schicht 2:* Sichern der Übertragung auf den einzelnen Teilstrecken, Bitübertragungsfehler werden erkannt und behoben. *Schicht 3:* Festlegen des Verbindungsweges, Auf- und Abbau der Verbindung auf den Teilstrecken der Übertragung und Verknüpfung der Teilstrecken. *Schicht 4:* Kontrollieren des vollständigen Datentransfers zwischen zwei Teilnehmern. *Schicht 5:* Regeln des Ablaufs der Kommunikation. *Schicht 6:* Anpassen unterschiedlicher Formen der Informationsdarstellung. *Schicht 7:* Regeln der technischen Randbedingungen für die Anwendungsprogramme der Benutzer.

Dieses Referenzmodell hat grundlegende Bedeutung für die Strukturierung der komplexen Kommunikationsvorgänge in offenen DV-Systemen. Trotzdem spielen firmenspezifische Netzwerke, oft auch als homogene Netzwerke bezeichnet, immer noch eine große Rolle. Verbreitete Netzwerke sind: SNA (System Netwerk Architecture), DECnet, SINEC, MAP (Manufacturing Automation Protocol) [142], TOP (Technical & Office Protocol) [140]. Diese Netze verwenden zum Teil das OSI-Referenzmodell, einzelne Schichten daraus oder sie lehnen sich daran an.

Ein Netzwerk kann aus verschiedenartigen Teilnetzen zusammengesetzt sein. Dazu stehen unterschiedliche Verbindungselemente zur Verfügung, deren Einsatz von der Kompatibilität der eingesetzten Protokolle auf den einzelnen Schichten der zu verbindenden Teilnetze abhängt. Dies sind: *Repeater;* sie werden zur Erweiterung des physikalischen Wirkungsbereiches eines Netzes eingesetzt. *Bridges;* sie verbinden zwei Teilnetze, die sich bis zur Schicht 2 unterscheiden können. *Router;* die zur Verbindung von Teilnetzen, die in der Schicht 3 und den darunterliegenden Schichten unterschiedliche Protokolle haben. *Gateways;* sie verbinden Teilnetze unterschiedlicher Hersteller. Ein Beispiel für ein lokales Netzwerk zeigt **Bild 36**.

Die Kommunikation von Anwendungsprogrammen kann auf unterschiedliche Arten erfolgen [140]. Eine relativ einfache Kopplung erfolgt über eine *formatierte Datei.* Das Dateiformat muß dann an der Kommunikation beteiligten Programmen bekannt sein. Eine weitere Möglichkeit bieten *Konvertierungsprogramme.* Die Datenstruktur eines Programmes A wird in die Datenstruktur des Programmes B umgewandelt. Bei N Anwendungsprogrammen und einem Datenaustausch in jeweils beiden Richtungen sind $N(N-1)$ Konvertierungsprogramme (Wandlungsprogramme/Prozessoren) erforderlich. Durch eine Standardisierung des Dateiformats kann die Zahl der Konver-

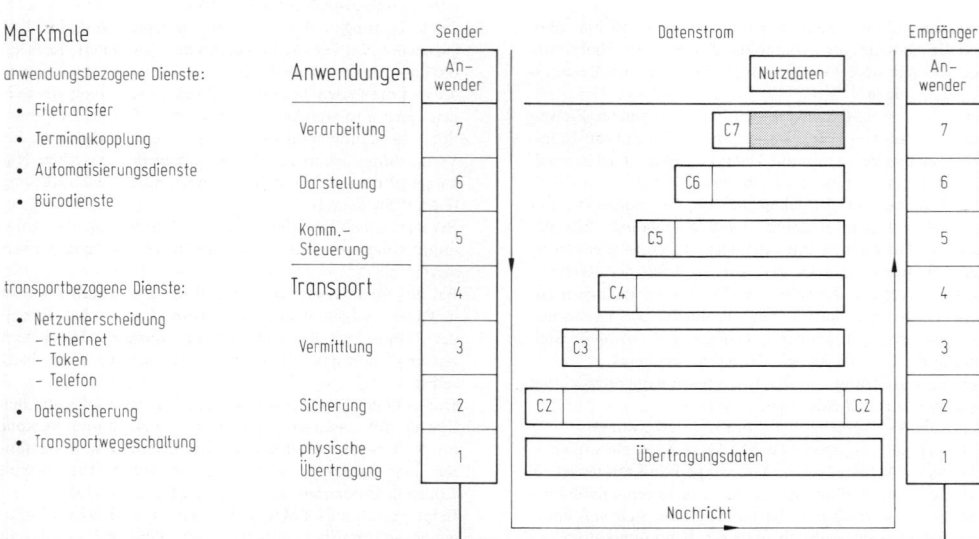

Merkmale		Sender	Datenstrom		Empfänger
anwendungsbezogene Dienste:	**Anwendungen**	An-wender		Nutzdaten	An-wender
• Filetransfer					
• Terminalkopplung	Verarbeitung	7		C7	7
• Automatisierungsdienste					
• Bürodienste	Darstellung	6		C6	6
	Komm.-Steuerung	5		C5	5
transportbezogene Dienste:	**Transport**	4		C4	4
• Netzunterscheidung — Ethernet — Token — Telefon	Vermittlung	3		C3	3
• Datensicherung	Sicherung	2		C2 ... C2	2
• Transportwegeschaltung	physische Übertragung	1		Übertragungsdaten	1

Nachricht

physikalische Verbindung: Netz

Bild 35. Aufbau des ISO-OSI-Schichtenmodells (Siemens, München)

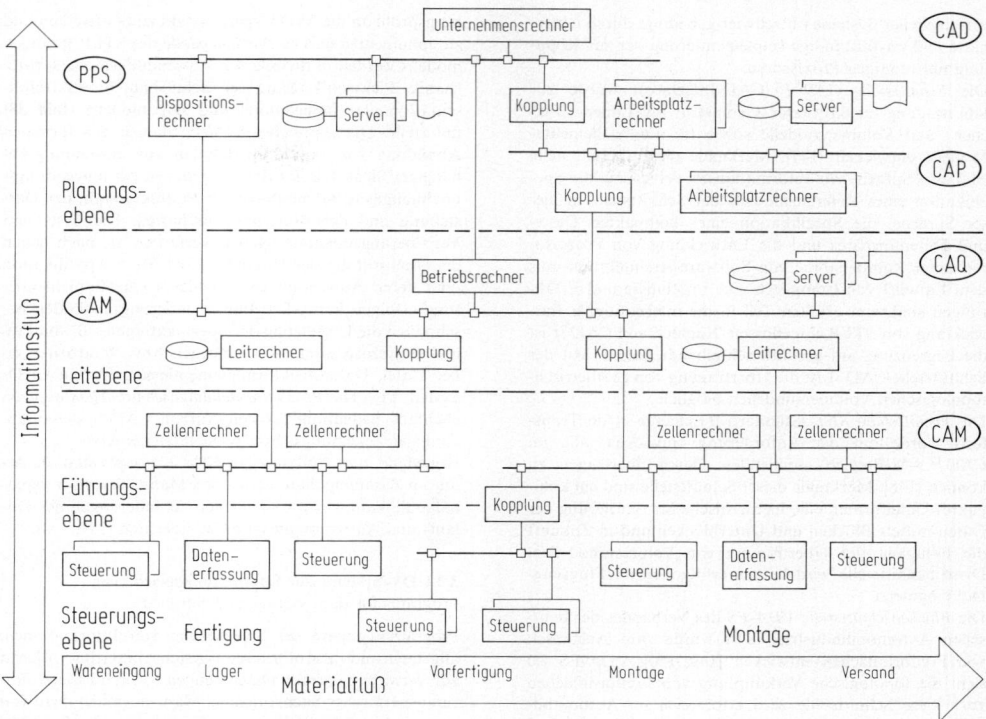

Bild 36. DV-Struktur mit lokalen Netzen als CIM-Basis

tierungsprogramme auf $2N$ bei $N > 3$ reduziert werden. Für jedes Anwendungsprogramm werden je ein Pre- und Postprozessor zum Dateiaustausch in beiden Richtungen benötigt, **Bild 37**.

In einem CIM-System werden die auszutauschenden Daten allgemein als *Produktmodelldaten* bezeichnet. *Produktmodelle* umfassen sowohl einzelne Bauteile als auch Baugruppen mit ihrer Gestalt, Anordnung, Abmessung und bildlichen Darstellung. Die beteiligten CA...-Systeme unterscheiden sich üblicherweise durch unterschiedliche Konzeptionen der rechnerinternen Modelle bzw. unterschied-

liche Modellelemente [143]. Liegen die Modellinformationen in Form generativer Modelle vor, so ist für den Modelldatenaustausch eine Programmschnittstelle erforderlich. Anwendungsfälle sind z.B. Norm- und Variantenteile.

Zur Definition und Normung von Schnittstellen für spezielle Anwendungen sind auf nationaler Ebene verschiedener Länder eine Reihe von Aktivitäten gestartet worden. Dies führte zur Spezifikation mehrerer Schnittstellen. Zur Vereinheitlichung und Harmonisierung dieser Schnittstellen wurden auf europäischer und weltweiter Ebene Projekte initiiert, mit dem Ziel einer umfassenden Schnittstelle [144, 145].

Derzeit eingesetzte Schnittstellen erlauben die Übertragung von geometrischen Daten, technischen Zeichnungen und anwendungsbezogenen Repräsentationen, wie z.B. Schemata für elektrotechnische und pneumatische Anwendungen [143].

Die Schnittstelle IGES (Initial Graphics Exchange Specification), die ursprünglich zur Übertragung von strukturierten Zeichnungsinformationen konzipiert wurde, dient in der Version 4.0 zur Übertragung von Produktinformationen, die entweder in Form von Zeichnungen oder auch in Form strukturierter, geometrischer Modelle vorliegen können [146]. *Geometrische Modelle* sind Kanten-, Flächen- und Volumenmodelle, wobei letztere als *Verknüpfungsmodelle* (CSG=Constructive Solids Geometry) dargestellt werden, oder *Finite-Element-Netze*. Die Beschreibung von Flächen kann sowohl analytisch als auch approximativ durch Freiformflächen 3. Grades erfolgen. In IGES werden die zur Strukturierung notwendigen Informationseinheiten in „entities" definiert. Eine Referenzstruktur wird nicht vorgegeben. Hieraus resultieren gewisse Implementierungsspielräume. Aus diesem Grund ist eine Kopplung

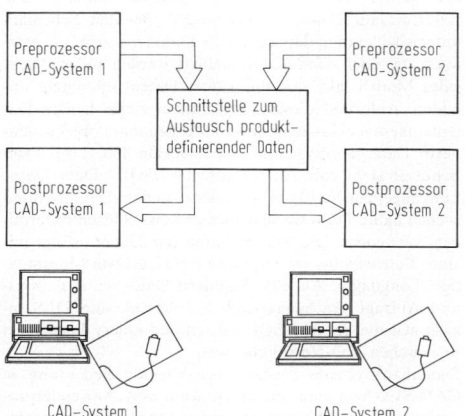

Bild 37. Modellaustausch zwischen CAD-Systemen

Y

verschiedener Systeme oft schwierig, bedingt durch fehlerhafte und unvollständige Implementierung der zur Kopplung notwendigen Prozessoren.

Die *Schnittstelle CAD*I* (CAD-Interfaces) wurde zur Übertragung strukturierter Geometrie für Linien-, Flächen- und Volumenmodelle sowie für Finite-Elemente-Modelle entwickelt [147]. Merkmale dieser Schnittstelle sind eine Sprache zur Informationsmodellierung, die Spezifikation eines Referenzmodells der Schnittstelle in dieser Sprache, die Spezifikation eines kompakten Datei- und Datenformates und die Entwicklung von Prozessoren unter Zuhilfenahme von Software-Architekturen aus dem Entwurf von Compilern. Die Ergebnisse und Erfahrungen sind zum größten Teil in die internationale Entwicklung von STEP eingeflossen. Nachteil von CAD*I ist die Begrenzung auf gestaltbeschreibende Daten. Mit der Schnittstelle CAD*I ist die Übertragung von geometrisch-topologischen Volumenmodellen möglich.

Die *Schnittstelle SET* (Standard d'Echange et de Transfert) wurde mit der Anforderung entwickelt, alle im CAD/CAM-Bereich anfallenden Daten übertragen zu können [148]. Merkmale dieser Schnittstelle sind ein kompaktes Dateiformat, eine hierarchische Strukturierung der Daten mittels Blöcken und Unterblöcken und in Zukunft die Fähigkeit der Übertragung von Volumenmodellen. Diese Schnittstelle wird bereits erfolgreich im Flugzeugbau eingesetzt.

Die *Flächenschnittstelle VDA-FS* des Verbandes der deutschen Automobilindustrie VDA wurde zum Austausch von Freiformflächen entwickelt [149, 150]. VDA-FS 2.0 sieht die topologische Verknüpfung von Freiformflächen vor. Diese Schnittstelle wird erfolgreich im Automobilbau eingesetzt, da einerseits durch die auf Freiformflächen begrenzte Spezifikation eine leichte Implementierung erreicht werden kann und andererseits keine Beschränkung der Ordnung der Kurven und Flächen spezifiziert ist. Die VDA-FS beschränkt sich auf Gestaltsdaten.

Die *Schnittstelle PDES* (Product Data Exchange Specification) wurde als nationales Entwicklungsprojekt der USA zur Übertragung aller Daten des Produktionsprozesses und des Produktlebenszyklusses unabhängig vom Produkttyp initiiert. Die Ergebnisse dieses Projektes fließen direkt in die internationalen STEP-Entwicklungen ein [151].

Die *Schnittstelle EDIF* (Electronic Design Interchange Format) dient zum Austausch produktdefinierender Daten elektronischer Produkte. Sie umfaßt Daten für den logischen bis zum physikalischen Entwurf integrierter Schaltungen und Leiterplatten [152, 153] und erlaubt dabei insbesondere die Übertragung von Bausteinbibliotheken, Design-Regeln, Prozeß- und Layoutdaten.

Zur Beschreibung von Normteilen und Kaufteilen dient die *Sachmerkmalleistensystematik* nach DIN 4000. Die Bereitstellung CAD-systemgerechter Sachmerkmale für Norm- und Zukaufteile ermöglicht der Normentwurf DIN V4001 (CAD-Normteiledatei). Die Bereitstellung der Erzeugungslogik für die rechnerinterne Darstellung von 2D- bzw. 3D-Liniengeometrien für Norm- und Zukaufteile in CAD-Systemen ist Gegenstand der VDA-Programmschnittstelle VDAPS (DIN V 66 304) [143].

Die *Schnittstelle STEP* (Standard for the Exchange of Product Model Data) ist die Bezeichnung einer Internationalen Norm (ISO) in die alle bisherigen Normvorschläge für den Produktmodelldatenaustausch einfließen sollen [154 bis 156]. Die STEP-Entwicklung sieht fünf Bereiche vor: Referenzmodell und Spezifikationswerkzeuge, Partialmodelle des Produktmodells, Anwendungsprotokolle, Test- und Verifizierungsmethoden sowie Implementierungsmethoden. Die *Referenzmodelle* dienen dazu das Anforderungsprofil an die Modellspezifikation zu beschreiben und zu dokumentieren. Die *Partialmodelle* des STEP-Produktmodells werden in die Klassen Anwendungsmodelle (Mechanik, Elektronik, Bauwesen/Schiffsbau, Produktrepräsentation und Berechnung) und Basismodelle (**Bild 38**) unterteilt. Die *Anwendungsmodelle* dienen der formalen Abbildung von Produktmerkmalen aus anwendungsabhängiger Sicht. Die *Basismodelle* dienen der anwendungsunabhängigen Beschreibung der Produktgestalt, der Darstellung und der Materialeigenschaften. Die Test- und Verifizierungsmethoden geben Verfahren an, nach denen die Überprüfung der Umsetzung der Modellspezifikation oder deren Anwendungsprotokolle in eine Implementierung erfolgen kann. Die Implementierungsmethoden beschreiben die Umsetzung der Spezifikationen z.B. von Pre- und Postprozessoren zum Erzeugen bzw. Verarbeiten einer Datei, Datenstrukturimplementierung für ein CAD-System usw. Die *Produktmodelldatenschnittstellen* besitzen ebenfalls Bedeutung für den Aufbau CAD-Systemunabhängiger Zeichnungs- bzw. Modelldatenarchive.

Begleitend zum Aufbau eines CIM-Konzepts sind die damit im Zusammenhang stehenden Maßnahmen zur Personalqualifikation sowie möglicher Veränderungen der Ablauf- und Aufbauorganisation zu beachten [157, 158].

3.3.6 DV-Systeme zur Informationsspeicherung
Programs for data storage and retrieval

Programmsysteme zur Speicherung von Informationen, allgemein auch als Informationssysteme bezeichnet, dienen zur Verwaltung großer Datenmengen sowie zur Durchführung spezifischer Suchvorgänge. Man verwendet dazu von verschiedenen Herstellern angebotene *Datenbanksysteme*. Sie lassen sich unabhängig von bestimmten Dokumentationsaufgaben, wie z.B. *Literaturdokumentation, Berichtswesen, Stücklistenwesen* universell verwenden. Datenbanksysteme (DBS) beruhen dabei auf unterschiedlichen *Datenmodellen* [114, 115]. Waren in den 60er Jahren DBS durch hierarchische Datenmodelle geprägt, z.B. das DBS-IMS [83, 84], so basieren heutige Systeme auf einem Netzwerk, z.B. UDS, oder seit Beginn der 80er Jahre auf einem relationalen Datenmodell [82], z.B. SQL/DS und DB2, ORACLE, RDB oder INGRES. Daneben wurden eine Vielzahl von DBS für Personal Computer (PC), z.B. dBase IV, die sich besonders für kleinere Anwendungen eignen, entwickelt.

Einem *Datenbankverwalter* obliegt die Beschreibung der Daten und ihrer Beziehungen zueinander in einem Schema. Er benutzt dazu eine *Datendefinitionssprache* (DDL = Data Definition Language). Bei den Schemata unterscheidet man danach, ob die Daten *hierarchisch, netzwerkartig* oder *relational* modelliert werden. Nicht jedes Modell läßt sich mit jedem Datenbanksystem abbilden. Aufgrund dieses Tatbestandes zielen neuere Datenbankentwicklungen darauf ab sogenannte objektorientierte Datenbanksysteme zu entwickeln [80, 116]. Dem Benutzer steht eine Anfragesprache (DQL = Data Query Language) zur Verfügung, mit der er in dem Datenbestand suchen kann. Dazu werden vorzugsweise Bildschirmterminals verwendet. Die Manipulation der Daten erfolgt mit einer *Datenmanipulationssprache* (DML = Data Manipulation Language). Als eine Standard-Datenmanipulations- und Abfragesprache hat sich bei den meisten DBS inzwischen die Sprache SQL (Structured Query Language) (inzwischen ISO-Norm) etabliert.

Datenbanksysteme besitzen zunehmende Bedeutung in CAD-Systemen und zur Integration von Anwenderprogrammen beispielsweise mehrerer Abteilungen eines Industrieunternehmens [80, 81].

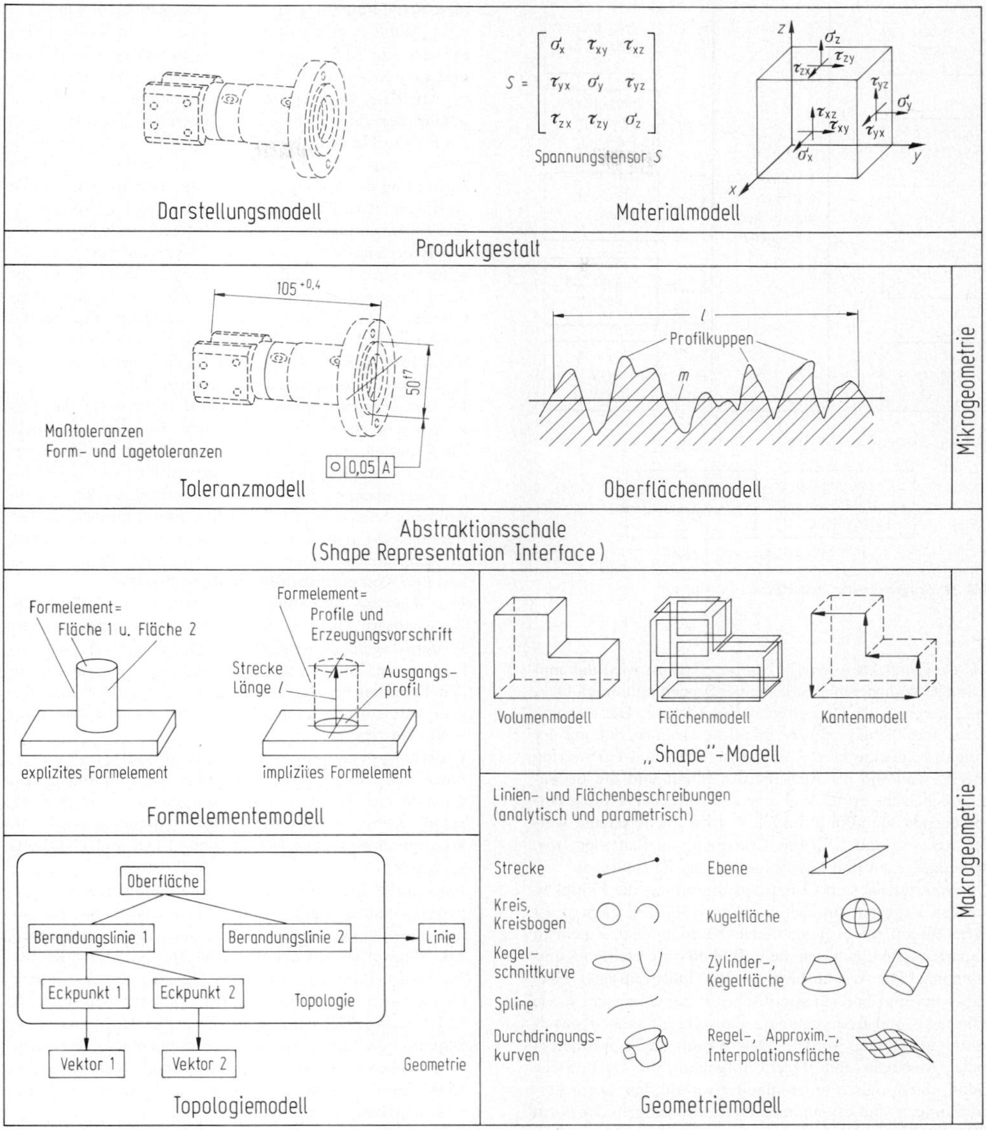

Darstellungsmodell

$$S = \begin{bmatrix} \sigma_x & \tau_{xy} & \tau_{xz} \\ \tau_{yx} & \sigma_y & \tau_{yz} \\ \tau_{zx} & \tau_{zy} & \sigma_z \end{bmatrix}$$

Spannungstensor S

Materialmodell

Produktgestalt

$105^{+0.4}$

50^{17}

Maßtoleranzen
Form- und Lagetoleranzen

$\boxed{\circ\ 0{,}05\ A}$

Toleranzmodell

l

Profilkuppen

m

Oberflächenmodell

Mikrogeometrie

**Abstraktionsschale
(Shape Representation Interface)**

Formelement =
Fläche 1 u. Fläche 2

explizites Formelement

Formelement =
Profile und
Erzeugungsvorschrift

Strecke
Länge l

Ausgangs-
profil

impliziies Formelement

Formelementemodell

Volumenmodell   Flächenmodell   Kantenmodell

„Shape"-Modell

Linien- und Flächenbeschreibungen
(analytisch und parametrisch)

Strecke		Ebene	
Kreis, Kreisbogen		Kugelfläche	
Kegel- schnittkurve		Zylinder-, Kegelfläche	
Spline			
Durchdringungs- kurven		Regel-, Approxim.-, Interpolationsfläche	

Oberfläche

Berandungslinie 1   Berandungslinie 2   Linie

Eckpunkt 1   Eckpunkt 2   Topologie

Vektor 1   Vektor 2   Geometrie

Topologiemodell

Geometriemodell

Makrogeometrie

Bild 38. Basismodell in STEP

3.3.7 Künstliche Intelligenz und Expertensysteme
Artificial intelligence and expert systems

Als *Künstliche Intelligenz* (KI, englisch: Artifical Intelligence, AI) wird die Fähigkeit bezeichnet, in einem Digitalrechner vorhandenes Wissen sinnvoll einzusetzen um mit vorhandenen Operationen ein Ziel zu erreichen [117]. Der Begriff „Künstliche Intelligenz" ist dabei nicht vergleichbar mit der menschlichen Intelligenz. Es wird jedoch versucht, intelligentes menschliches Verhalten durch einen Rechner zu simulieren. **Bild 39** zeigt verschiedene Teilgebiete der KI.
Roboter mit künstlicher Intelligenz besitzen Fähigkeiten zur zielgerichteten Ausführung von Operationen bei teil-

weiser Unkenntnis der Umwelt. Benötigt werden dazu Identifikationsverfahren zum Erkennen der Umgebung, sowie Steuerungs- und Entscheidungsstrategien zum Ausführen von Handlungsabläufen [118].
Natürlich-sprachliche Systeme sind sprachverstehende Systeme für eine gesprochene Sprache [119]. Mögliche Anwendungsgebiete sind: Dialogsysteme bei Expertensystemen, Erstellen und Abfragen von Datenbanken, Programmieren in natürlicher Sprache, automatische Übersetzung, linguistische Textverarbeitung (automatische Rechtschreibkorrektur, Erstellen von Zusammenfassungen, automatisches Textstellenauffinden und Textgenerieren), automatische Theorembeweise sowie kombinierte Sprachund Grafiksysteme.

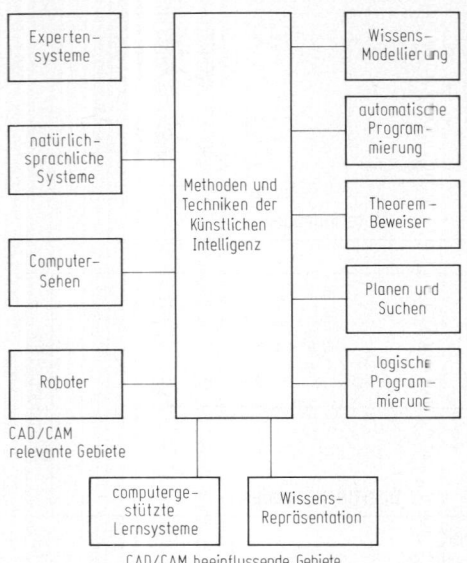

Bild 39. Teilgebiete der „Künstlichen Intelligenz"

Als *Computersehen* (engl.: Computervision) wird das maschinelle Wahrnehmen allgemeiner Szenen und deren Deutung durch einen Digitalrechner bezeichnet. Die Arbeitsweise eines Sichtsystems ist im allgemeinen so, daß auf der Eingabeseite eine Menge von Helligkeits- und Farbwerten anfällt, während als Ausgabe der Inhalt und die Bedeutung der Szene erfaßt und eine der Aufgabenstellung entsprechende Handlung ausgelöst wird. Sichtsysteme werden z.B. verwendet für das Erkennen von Bauteilen bzw. Montageszenen und das Erkennen von Zeichnungen.
Expertensysteme sind Computerprogramme, die Fähigkeiten von Experten simulieren sollen [120]. Ein Experte ist dabei ein auf einem engen Gebiet Sachkundiger. Zu einem Expertensystem gehören die in **Bild 40** dargestellten Komponenten. Die Wissensbasis enthält fallspezifisches Faktenwissen und bereichsspezifisches Expertenwissen, sowie Zwischen- und Endergebnisse, die während einer Konsultation hergeleitet werden. Das Wissen ist in Form formaler Aussagen und Regeln aufgebaut, die symbolische Quantitäten logisch untereinander verknüpfen. Diese Verknüpfungen sind oft einfache Produktionsregeln der Form „Wenn folgende Vorbedingungen erfüllt sind, dann gelten

diese Schlußfolgerungen" [121]. Aussagen werden in Form von „Frames" gemacht. Ein *Frame* ist ein Erwartungsrahmen zur Aufnahme und Abspeicherung von Wissen und besteht aus einer Reihe von „*Slots*", die verschiedene Attribute des Objektes repräsentieren. Ein Slot wird beschrieben durch Namen, Wertebereich, „Default-Wert" (eine plausible Annahme über den Wert, sofern er nicht bekannt ist) und Prozeduren, die z.B. Methoden über die Ermittlung des Wertes angeben und vorschreiben, welche Aktionen auszuführen sind, wenn der Wert bekannt ist.
Die *Problemlösungskomponente* (Inferenzstrategie) wendet das Expertenwissen an, um die Lösung auf eine vom Benutzer eingegebene Aufgabenstellung zu lösen. Sie ist der Kern eines Expertensystemes. Es gibt verschiedene Inferenzstrategien, die einzeln oder kombiniert angewendet werden, z.B. Vorwärts- bzw. Rückwärtsverkettung („Forward- bzw. Backward-Reasoning"), Phaseneinteilung, Etablish-Refine, Constraint-Propagation [120].
Die *Erklärungskomponente* macht dem Benutzer die Vorgehensweise des Systems transparent. Sie sollte nicht allein für Experten aufgebaut sein, sondern auch für Benutzer, die die Plausibilität der Lösung überprüfen wollen. Die *Interviewkomponente* ist als benutzergeführter oder systemgeführter Dialog oder in einer Mischform ausgeführt. Die Benutzerschnittstelle ist in Form hierarchischer Menüs, Bildschirmmasken oder anderer von CAD-Systemen bekannten Kommunikationsverfahren gestaltet.
Die *Wissenserwerbskomponente* dient zum Aufbau der Wissensbasis. Dazu ist im allgemeinen ein sogenannter Wissens-Ingenieur (engl. Knowledge-Engineer) erforderlich, der mit dem Entwicklungswerkzeug vertraut ist und den Experten bei der Formulierung der Fakten und Regeln unterstützt. Automatische Lernverfahren sind noch wenig entwickelt.
Expertensysteme werden auch in Form sog. „Shells" angeboten. Sie enthalten die Problemlösungskomponente zusammen mit den drei Dialogkomponenten von **Bild 40**, jedoch keine Wissensbasis (leeres Expertensystem). Als Programmiersprachen werden meist LISP und PROLOG verwendet.
Eine grobe Einteilung der Anwendungsgebiete von Expertensystemen ergibt [120]: *Diagnoseprobleme*, bei denen aus teils gegebenen, teils zu suchenden Symptomen, z.B. Meßwerten, ein bekanntes Muster wiederzuerkennen ist; *Design-Probleme*, bei denen Objekte gesucht werden, für die bestimmte Anforderungen vorgegeben sind, z.B. LSI-Design [122]; *Planungsprobleme*, bei denen nach einer Sequenz von Aktionen gesucht wird, um einen Zielzustand zu erreichen (z.B. Arbeitsplanerstellung); *Simulationsprobleme*, bei denen die vollständige Auswirkung von Ereignissen vorhergesagt werden soll.
Beispiele für Expertensysteme s. [159 bis 161].

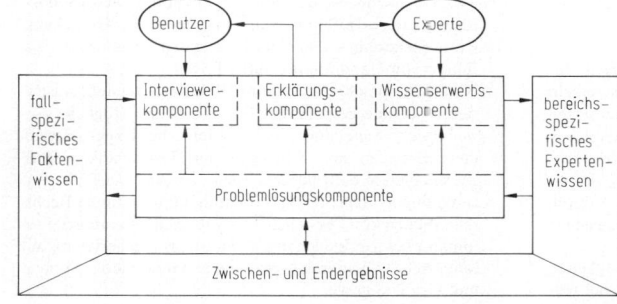

Bild 40. Struktur eines Expertensystems

4 Anhang Y: Diagramme und Tabellen
Appendix Y: Diagrams and tables

Anh. Y3 Tabelle 1. Schaltsymbole der Digitaltechnik (Auswahl aus DIN 40700 Teil 22)

Allgemeine Symbole (besondere Kennzeichen)

Neu	Alt	Erklärung
		Schaltsymbol für Verknüpfungsglieder
		Negation, Umkehrung des Signales am Ausgang
		Negation, Umkehrung des Signales am Eingang
		dynamischer, taktflankengesteuerter Eingang mit Auslösung durch eine "positive" Flanke an C
		dynamischer, taktflankengesteuerter Eingang mit Auslösung durch eine "negative" Flanke an C
		Sperreingang (Inhibit-Schaltung)
		nicht binäre (digitale) Ein- oder Ausgänge. Z.B. Eingangsspannung (analoger Schwellwert) eines Schmitt-Triggers
		Zusammenfassung mehrerer Eingänge für eine Schaltfunktion (z.B. UND mit 4 Eingängen)
		Ausgänge mit entgegengesetzter Phasenlage der Information Q* zu Q um 180° gedreht. Für Q* oft auch Q̄
		Schiebeeingang-Schieberichtung vorwärts
		Schiebeeingang-Schieberichtung rückwärts
		Zähleingang-Zählrichtung vorwärts
		Zähleingang-Zählrichtung rückwärts
		Adressen-Eingang
		retardierter Ausgang. Zustandswechsel von Q erfolgt erst, wenn das steuernde Eingangssignal (z.B.e) in sein Ruhezustd. zurückgekehrt ist.
		Bezeichnungen (einzeln) für Flipflop-Eingänge R,S,C,T,J,K

Generatoren und Triggerschaltungen

Neue Norm	Alte Norm	Erklärung
		Schmitt-Trigger
		Monoflop
	3s	Monoflop (Ausgangssignaldauer 3s) oft auch Zeitangabe "t"
		astabiler Multivibrator
		Verzögerungsglied mit der Zeit "t"

Verknüpfungen

Neue Norm	Alte Norm	Erklärung
		Digitale Trennstufe - Puffer- - Leistungsstufe-
		Inverter - Negator- statt ▷ auch 1
		Inverter - Negation am Eingang- statt ▷ auch 1
		UND-Verknüpfung - AND-
		NAND
		ODER-Verknüpfung OR
		NOR
		EXOR (Exklusiv ODER)
		EX-NOR (Exklusiv-NOR)

Anh. Y3 Tabelle 2. Sinnbilder für Datenflußpläne (DIN 66001)

Sinnbild	Erläuterung
	Bearbeiten, allgemein, insbesondere soweit in den folgenden 7 Sinnbildern nicht erfaßt
	Ausführen einer Hilfsfunktion mit einem maschinellen Hilfsmittel, z.B. manuelle Datenerfassung, nicht unter Kontrolle einer Datenverarbeitungsanlage
	Eingreifen von Hand ohne maschinelle Hilfsmittel, z.B. manuelles Listenführen oder Wechseln eines Magnetbandes
	Eingeben von Hand in die Datenverarbeitungsanlage, z.B. Eintasten des Tagesdatums
	Mischen von Dateien (z.B. Kundenstammkartei mit Neuzugängen)
	Trennen von Dateien (z.B. Kundenstammkartei und Abgänge)
	Mischen mit gleichzeitigem Trennen
	Sortieren
	Datenträger, allgemein, insbesondere soweit in den folgenden 10 Sinnbildern nicht erfaßt
	Datenträger, gesteuert vom Leitwerk der Datenverarbeitungsanlage
	Datenträger, nicht gesteuert vom Leitwerk der Datenverarbeitungsanlage, z.B. Ziehkartei
	Schriftstück
	Lochkarte
	Lochstreifen
	Magnetband
	Trommelspeicher
	Plattenspeicher
	Matrixspeicher, z.B. Kernspeicher
	Anzeige, optisch oder akustisch
$\longrightarrow$	Flußlinie der Verarbeitung
$\longrightarrow\!\!\!\!\rightarrow$	Transportlinie des Datenträgers
	Datenübertragungslinie
O	Übergangsstelle, gleiche Bezeichnung zusammengehöriger Stellen, zur Verbindung getrennter Flußlinien
--[	Bemerkung, kann an jedes andere Sinnbild angefügt werden

Anh. Y3 Tabelle 3. Sinnbilder für Programmablaufpläne (DIN 66001)

Sinnbild	Erläuterung
	Operation, allgemein, insbesondere soweit in folgenden 4 Sinnbildern nicht erfaßt
	Verzweigung, Stelle im Ablaufplan an der, unter Beachtung einer Bedingung, eine unter mehreren möglichen Fortsetzungen eingeschlagen werden muß
	Aufruf eines Unterprogramms; dieses Unterprogramm wird normalerweise in einem weiteren Ablaufplan beschrieben sein
	Programmodifikation, z.B. Stellen von programmierten Schaltern, das Ändern von Indexregister oder das Modifizieren des Programms selbst (nicht empfehlenswert)
	Operation von Hand, im allgemeinen mit einem Warten verbunden
	Eingabe, Ausgabe
—	Ablauflinie, Vorzugsrichtungen von oben nach unten und von links nach rechts; Pfeilspitze zum nächstfolgenden Sinnbild möglich, bei Abweichung von den Vorzugsrichtungen erforderlich
	Zusammenführung, gleiche Fortsetzung von verschiedenen Stellen im Ablaufplan her
O	Übergangsstelle, gleiche Bezeichnung zusammengehöriger Stellen zur Verbindung getrennter Ablauflinien
	Grenzstelle, d.h. Anfang und Ende des Ablaufs, aber auch Programmunterbrechung
	Synchronisation bei Parallelbetrieb, insbesondere in den drei folgenden Fällen:
	Aufspaltung bei Parallelbetrieb
	Sammlung bei Parallelbetrieb
	Synchronisationsschnitt
--[	Bemerkung, kann an jedes andere Sinnbild angefügt werden

5 Spezielle Literatur
Special bibliography

zu Y 1 Einführung und Y 2 Analogrechnertechnik

[1] *Steinbuch, K.; Weber, W.* (Hrsg.): Taschenbuch der Informatik, Bd.1: Grundlagen der technischen Informatik. Berlin: Springer 1974. – [2] *Adler, H.; Neihold, G.:* Elektronische Analog- und Hybridrechner. Berlin: VEB Deutscher Verlag der Wissenschaften 1974. – [3] *Gieseler, H.:* Analog- und Hybridsimulation. Stuttgart: Berliner Union, Kohlhammer 1976. – [4] *Bauer, F.L.; Goos, G.:* Informatik I. Eine einführende Übersicht. Erster Teil. Sammlung Informatik. 3. Aufl. Heidelb. Taschenb. Bd.80. Berlin: Springer 1982. – [5] *Jessen, E.:* Architektur digitaler Rechenanlagen. Sammlung Informatik. Berlin: Springer 1975. – [6] *Mahrenholz, O.:* Analogrechnen im Maschinenbau und Mechanik. Mannheim: Bibl. Inst. 1968.

zu Y 3 Digitalrechnertechnik

[1] *Giloi, W.K.:* Rechnerarchitektur. Heidelb. Taschenb. Bd.208. Berlin: Springer 1981. – [2] *Martin, T.:* Prozeßdatenverarbeitung. Berlin: Elitera 1976. – [3] *Kuck, D.J.:* The structure of computers and computations. New York: Wiley 1978. – [4] *Rembold, U. (Hrsg.):* Einführung in die Informatik für Ingenieure und Naturwissenschaftler. München: Hanser 1987. – [5] *Lange, W., et al.:* Mathematische Grundlagen in der Datenverarbeitung. Frankfurt a.M.: Deutsch 1977. – [6] *Zuse, K.:* Rechnen im Dualsystem. Bad Hersfeld: Zuse KG 1950. – [7] *Anderson, S.F., et al:* The IBM-System 360 Model 91 floating point execution unit. IBM J. Res. Dev. 11 (1967) Nr.1. – [8] *Kulisch, U.W.; Miranker, W.L.:* The arithmetic of the digitalcomputer: A new approach. SIAM Review 28 (1986) Nr.1. – [9] *Kaufmann, H.:* Daten-Speicher 3, München: Oldenbourg 1973. – [10] *Bauer, F.L.; Goos, G.:* Informatik I u. II – Eine einführende Übersicht, 3. Aufl. Heidelb. Taschenb. Bd.80 u. 91. Berlin: Springer 1982, 1984. – [11] *Steinbuch, K.; Weber, W.* (Hrsg.): Taschenbuch der Informatik, Bd.2 u. 3. Berlin: Springer 1974. – [12] *Newman, W.M.; Sproul, R.F.:* Principles of interactive computer graphics. New York: McGraw-Hill 1979. – [13] *Hörbst:* Technische Aspekte der Kommunikation in CAD-Systemen. In: *Gnatz, R.; Samelson, K.* (Hrsg.): Methoden der Informatik für Rechnergestütztes Entwerfen und Konstruieren. Informatik-Fachberichte Bd.11. Berlin: Springer 1977. – [14] *Bo, K.:* Hardware for computer graphics and computer aided design. In: *Encarnacao, J.* (Ed.): Computer aided design modelling, systems engineering, CAD-Systems. Lecture Notes in Computer Science Vol. 89. Berlin: Springer 1980. – [15] *Kaebelmann, E.-F., et al.:* Aufbau, Funktion und Anwendung automatischer Zeichenmaschinen. ZwF 72 (1977) 239–251. – [16] *Vassilakopoulos, V.:* Hardwarekonfigurationen für CAD-Prozesse. München: Hanser 1979. – [17] *Gillessen, R.:* Graphische Datenverarbeitung im Konstruktions- und Entwicklungsbereich – gezeigt am Einsatz eines Digitalisierungsgerätes im Maschinenbau. Diss. RW TH Aachen 1978. – [18] *Siegert, H.-J.:* Betriebssysteme: Eine Einführung. München: Oldenbourg 1989. – [19] *Caspers, P.G.:* Aufbau von Betriebssystemen. Berlin: de Gruyter 1974. – [20] *VDI-Richtlinie 2214:* Datenverarbeitung in der Konstruktion – Programmentwicklung. Düsseldorf: VDI-Verlag 1980. – [21] *Nicolet, F.L.* (Hrsg.): Informatik für Ingenieure. Berlin: Springer 1980. – [22] *Maurer, H.:* Theoretische Grundlagen der Programmiersprachen. Mannheim: Bibl. Inst. 1977. – [23] *Giloi, W.K.:* Interactive computer graphics. Englewood Cliffs, N.J.: Prentice-Hall 1978. – [24] *Ewald, R.H.; Fryer, R.* (Eds.): Final report of the GSPC state-of-the-art subcommittee. Computer-Graphics 12 (1978). –

[25] *Pyle, J.C., et al.:* Computing with real-time systems, Vol. 1 and 2. Transscripta Books 1972. – [26] *Knuth, D.E.:* The art of computer programming, Vol. 1: Fundamental algorithms. London: Addison-Wesley 1976. – [27] *Henry, W.R.:* Hierarchical structure for data management. IBM Systems 8 (1969). – [28] *Naur, P., et al.:* Report on the algorithmic language ALGOL 60. Commun. ACM 6 (1960) 1–17. – [29] *Hill, I.D.; Meek, B.L.* (Eds.): Programming language standardisation. Chichester: Ellis Harwood 1980. – [30] *Wijngarden, A., et al.:* Report on the algorithmic language ALGOL 68. Num. Meth. 14 (1969) 79–218. – [31] *Alefeld, G.; Herzberger, J.; Mayer, O.:* Einführung in das Programmieren mit ALGOL 60. Mannheim: Bibl. Inst. 1972. – [32] *Kaucher, E., et al.:* Höhere Programmiersprachen ALGOL, FORTRAN, PASCAL. Mannheim: Bibl. Inst. 1978. – [33] *Marty, R.:* Methodik der Programmierung in PASCAL. Berlin: Springer 1983. – [34] *Kaucher, E.; Klatte, R.; Ullrich, C.:* Programmiersprachen im Griff – PASCAL. Zürich: Bibliographisches Institut 1987. – [35] *Rehbein, H.:* Basic – leicht gemacht. Düsseldorf: VDI-Verlag 1972. – [36] *Fuller, W.R.:* FORTRAN Programming. Berlin: Springer 1977. – [37] *Rehbein, H.:* FORTRAN IV – leicht gemacht. Düsseldorf: VDI-Verlag 1972. – [38] *Brainard, W.:* FORTRAN. Commun. ACM 21 (1978) 806–820. – [39] *Schlappert, H.:* Deutsche Syntax einer englischen COBOL-Fassung. Elektronische Rechenanlagen 9 (1967). – [40] *Jensen, K.; Wirth, N.:* PASCAL – User manual and report, 2nd ed., 2nd Reprint. Berlin: Springer 1978. – [41] *Beech, D.:* A structural view of PL/I. Comp. Survey 2 (1970). [42] PL/I language specification. IBM GY 33-6003. – [43] *Kussl, V.:* Datenverarbeitung mit PL/I. Düsseldorf: VDI-Verlag 1971. – [44] Official definition of Coral 66. Inter-Establishment Committee on Computer Application (1970). – [45] RTL/2 language specification. SPL (1974). – [46] ISO/TC97/SC 5/NG 1 Papers N45 and N72. – [47] *Ichbiah, J.D., et al.:* Prelimary Ada reference manual. SIGPLAN Not. 14, No. 6, Part A (1979). – [48] *Kiviat, P.J.; Villanuera, R.; Markowitz, H.M:* The Simscript II programming language. Englewood Cliffs, N.J.: Prentice Hall 1968. – [49] *Fennell, H.-J.:* Simulation und die Simulationssprachen SIMSCRIPT und GPSS II. Elektronische Datenverarbeitung 7 (1965) 130–140. – [50] *Dahl, O.-J.; Myhrhaug, B.; Nygaard, K.:* Simula 67 common base language. Oslo 1968. – [51] Introduction to part programming APT. IIT Res. Institute Chicago, 1969. – [52] *Simon, W.:* Die Numerische Steuerung von Werkzeugmaschinen. München: Hanser 1970. – [53] Sprachbeschreibung EXAPT 1. Verein zur Förderung des EXAPT-Programmiersystems e.V., Aachen. – [54] Sprachbeschreibung EXAPT 2. Verein zur Förderung des EXAPT-Programmiersystems e.V., Aachen. – [55] Sprachbeschreibung EXAPT 3. Verein zur Förderung des EXAPT-Programmiersystems e.V., Aachen. – [56] *Goldner, H.H.:* Programmierplätze und Programmierverfahren zur maschinellen NC-Programmierung. ZwF 75 (1980). – [57] *Sutherland, I.E.:* Sketchpad: a man-machine graphical communication system. SJCC, Spartan Books 1963. – [58] *Michener, J.; van Dam, A.:* A functional overview of the core system with glossary. Comp. Survey 10 (4) 1978. – [59] *Foley, J.D.; van Dam, A.:* Fundamentals of interactive Computer Graphies. Reading, Mass.: Addison-Wesley 1982. – [60] *Encarnacáo, J.; Straßer, W.* (Hrsg.): Geräteunabhängige graphische Systeme. München: Oldenbourg 1981. – [61] *Newman, W.M.; Sproul, R.F.:* Grundzüge der interaktiven Computergrafik. McGraw-Hill 1986. – [62] *Eckert, R., et al.:* Graphische Datenverarbeitung: Entwicklungen auf dem Weg zur Standardisierung. Informatik-Spektrum 3 (1980). –

[63] *DIN ISO 7942*: Informationsverarbeitung, Graphisches Kernsystem (GKS), Funktionale Beschreibung. Berlin: Beuth 1985. – [64] *Goldberg, A.*: Smalltalk – 80 The Interactive Programming Environment. Reading, Mass.: Addison – Wesley 1984. – [65] *Kernighan, B.; Ritchie, D.*: Programmieren in C. München: Hanser 1983. – [66] *Schnupp, P.; Floyd, C.*: Software. Berlin: de Gruyter 1976. – [67] *Gewald, K.; Haake, G.; Pfadler, W.*: Software Engineering. München: Oldenbourg 1979. – [68] *Buttler et al.*: Methoden der Wirtschaftlichkeitsberechnung für die Datenverarbeitung München: Verlag Moderne Industrie 1972. – [69] *Kiesow, H.*: Voraussetzung, Nutzen und Grenzen wirtschaftlichen Computer-Einsatzes in der Konstruktion. VDI-Bericht 261. Düsseldorf: VDI-Verlag 1976. – [70] *Grabowski, H., et al.*: Auswahl und Einführung von schlüsselfertigen CAD-Systemen. Fortschr. Betriebsführung und Ind. Engineering 1980. – [71] *Krauss, F.*: Programmiertechnik – kurz und bündig. Eine vergleichende Beschreibung der Programmiersprachen ALGOL und FORTRAN mit einer Einführung in die Arbeitsweise digitaler Rechenanlagen. Würzburg: Vogel 1971. – [72] *Zienkiewicz*: Methoden der finiten Elemente. München: Hanser 1975. – [73] *Collatz, L.; Wetterling, W.*: Optimierungsaufgaben, 2. Aufl. Heidelb. Taschenb. Bd. 15. Berlin: Springer 1971. – [74] *Steinchen, W.*: Rechnerunterstützte Verfahren zum Entwerfen. Konstruktion 26 (1974). – [75] *Kanarachos, A.*: Zur Anwendung von Parameteroptimierungsverfahren in der rechnerunterstützten Konstruktion. Konstruktion 31 (1979). – [76] *Fredriksson, B.; Mackerle, J.*: Structural mechanics finite element computer programs. Dep. of Mech. Eng., Linköping Inst. of Technology, Linköping, Sweden 1977. – [77] *Schmidt, B.*: GPSS-FORTRAN, Version II, 2. Aufl. Informatik-Fachberichte Bd. 6. Berlin: Springer 1978. – [78] *Gordon, G.*: Systemsimulation. München: Oldenbourg 1977. – [79] *Musielak, H.; Stössel, M.*: Vergleich von Simulationssprachen. Elektronische Rechenanlagen 21 (1979). – [80] *Encarnação, J.L.; Lockemann, P.C.* (Eds.): Engineering Databases. Berlin: Springer 1990. [81] *Fischer, W.E.*: Datenbanksystem für CAD-Arbeitsplätze. Berlin: Springer 1983. [82] *Korth, H.F.; Silberschatz, A.*: Database System Concepts. New York: McGraw-Hill 1986. – [83] Storage and Information Retrieval System. IBM Deutschland. – [84] CODASYL. A survey of generalized data base management systems. Techn. Report 1969. – [85] *Spur, G.*: Rechnerunterstützte Zeichnungserstellung und Arbeitsplanung. München: Hanser 1980. – [86] *Heiob, W.*: Einsatz dialogorientierter Entscheidungstabellentechnik in der Angebots- und Auftragsbearbeitung. Düsseldorf: VDI-Verlag 1982. – [87] *Philipps, C.*: Doppelplus für C, Einführung in C++. Microcomp. – Z. (1989) Nr. 12 u. (1990) Nr. 2. [88] *Pyle, I.C.*: Die Programmiersprache ADA. München: Hanser 1981. [89] *Clocksin, W.F.; Mellish, Ch.S.*: Programming in Prolog. Berlin: Springer 1981. [90] *Winston, P.H.*: LISP. Reading, Mass.: Addison-Wesley 1984. – [91] *Kappatsch et al.*: PEARL. München: Oldenbourg 1979. – [92] *Brooks, P.A.*: LISP-Programmieren in Common Lisp. München: Oldenbourg 1987. – [93] *Beitz, W.*: Anforderungen der Konstruktionspraxis an die CAD-Technologie. ZwF 74 (1979) 9. – [94] *Requicha, A.A.; Voelker, H.B.*: Solid modeling. IEEE Computer Graphics and Applications 2 (1982). – [95] *Boyse, J.W.; Gilchrist, J.E.*: Interactive modeling in design and analysis of solids. IEEE Computer Graphics and Applications 2 (1982). – [96] *Scheifler, R.; Gettis, J.*: The X window system. ACM Trans. Graphics (1986). – [97] *Pascoe, G.A.*: Elements of object oriented programming. Byte 1986. – [98] *EUKLID*: Ein internationales CAD/CAM-System. Handline FIDES-Treuhand-Vereinigung. Zürich 1981. –

[99] *Spur, G.; Krause, F.-L.*: CAD-Technik. München: C. Hanser 1984. – [100] *Enderle, G.; Kansy, K.; Pfaff, G.; Prester, F.-J.*: Die Funktionen des Graphischen Kernsystems. Informatik-Spektrum, H. 6, 1983. – [101] *Enderle, G.*: Graphics Systems – Graphical Standards-GKS in Product Data Interfaces in CAD/CAM-Applications. Berlin: Springer 1985. – [102] *Brown, M.D.*: Understanding PHIGS. The Hierarchical Computer Graphics Standard Template. San Diego: Megatek Corporation 1985. – [103] *ISO/IEC/DIS 9592-1*: Programmers Hierarchical Interactive Systems (PHIGS) – Part 1: Functional description, Draft International Standard. Genf: ISO 1987. – [104] *Hopgood, F.R.A., et al.*: Methodology of window management. Berlin: Springer 1986. – [105] *Krause, F.-L.; Lehmann, C.M.*: Erweiterung des rechnerunterstützten Konstruierens durch Wissensverarbeitung. In: Expertensysteme in Entwicklung und Konstruktion. VDI-Berichte 775 (1989). – [106] *Lozano-Perez, T.*: Robot programming. Proceedings of the IEEE. New York 1983. – [107] *Stow, A.; Schumacher, H.*: Programming methods for industrial robots. IFIP Working Conference on Off-line-programming for industrial robots. Stuttgart 1986. – [108] *Raab, H.H.*: Handbuch Industrieroboter. Braunschweig: Vieweg 1986. – [109] *Mujtaba, S.M.*: Current status of the AL manipulator programming system. Proc. 10th International Symposium Ind. Robots. Mailand 1980. – [110] *Weck, M.; Eversheim, W.*: ROBEX-An off-line programming system for industrial robots. Proc. 11th/SIR. Tokyo 1981. – [111] *Rathmill, K.* (Ed.): Robotik Assembly. Berlin: Springer 1985. – [112] *Kreutzer, W.*: System Simulations-Programming styles and languages. Sydney: Addison-Wesley Publ. 1986. – [113] *Schmidt, B.*: GPSS-FORTRAN, Version 3. Informatik Fachberichte 85. Berlin: Springer 1984. – [114] *Vossen, G.*: Datenmodelle, Datenbanksprachen und Datenbankmanagement-Systeme. Sydney: Addison-Wesley 1987. – [115] *Lockemann, P.C.; Schmidt, J.W.*: Datenbankhandbuch. Berlin: Springer 1987. – [116] *Eberlein, W.*: CAD-Datenbanksysteme – Architektur technischer Datenbanken für integrierte Ingenieursysteme. Berlin: Springer 1984. – [117] *Fischer, G.*: Künstliche Intelligenz (KI) – Zielsetzungen für die Zukunft. Technische Rundschau 1984. – [118] *Levi, P.; Rembold, U.*: Künstliche Intelligenz-Ansätze für die Robotik. Technische Rundschau 1985. – [119] *Fähnrich, K.P.; Hann, K.H.; Rigoll, G.*: Maschinelle Sprachverarbeitung; Sprachausgabe, Speechfilling. Proc. Online '84 (1984). – [120] *Puppe, F.*: Expertensysteme. Berlin: Springer 1988. – [121] *Davis, R.; King, I.*: An overview on production systems. Machine Intelligence (1978). – [122] *Aquesbi, A., et al.*: An expert system for computer aided mechanical design. Information Processing 83 (1983) 121–125. – [123] *Adamczyk, P.; Ernst, G.*: Makro-Anwendung in EXAPT; Nutzung der Gruppentechnologien zur rationellen NC-Teilprogrammierung. Metallbearbeitung 76 (1982). – [124] APT PART PROGRAMMING MANVAL. ITT Research Institute Chicago 1964. – [125] Catalog of Simulationssoftware. Simulation (1987). – [126] *Domann, P.; Meyer, V.; Weng-Beckmann, U.*: Entwicklungstrends bei UNIX und im UNIX-Umfeld. Informatik-Spektrum (1988). – [127] *Kief, H.*: NC-Handbuch-Verlag Michelstadt 1986. – [128] *Encarnacao, J.; Straßer, W.*: Computer Graphics; Gerätetechnik, Programmierung und Anwendung graphischer Systeme. München: Oldenbourger Verlag 1988. – [129] *N.N.*: Integrierter EDV-Einsatz in der Produktion (CIM); Begriffe, Definitionen, Funktionszuordnungen. AWF Ausschuß für wirtschaftliche Fertigung. Eichhorn 1985. – [130] *Seiler, W.*: Technische Modellierungs- und Kommunikationsverfahren für das Konzipieren und Gestalten auf der Basis der Modellintegra-

Y

tion. Düsseldorf: VDI-Verlag 1985. – [131] *Grätz, J.-F.:* Handbuch der 3 D-CAD-Technik. München: Siemens AG 1989. – [132] *Mäntylä, M.:* An introduction to solid modeling. Computer Science Press (1988). – [133] *Lay, K.; Hase, B.; Nachreiner:* Software-Ergonomie für CAD-Benutzerschnittstellen. CAD/CAM-Report (1989). – [134] *Walke, B.:* Lokale Netze – eine neue Technologie für die digitale Nachrichtenübermittlung. Informationstechnik Lit (1986) 2. – [135] *Neip, G.:* Unternehmensstrategie für die Einführung von CAD/CAM/CIM. CIM-Management (1985) 4, 32–36. – [136] *Bariff, M.; Goldhar, J.D.:* Implications of computer integrated manufacturing for corporate strategy, capital budgeting and information management. In: Shi-Kuo Chang: Languages for automation. New York: Plenum Press 1985. – [137] *Bocker, H.J.; et al.:* The factory of tomorrow: Challengen of the future. Management International Review (1986) 3, 36–49. – [138] *Kauffels, F.-J.:* Lokale Netze. Köln: Verlagsgesellschaft R. Müller 1986. – [139] *Waller, S.:* Die automatisierte Fabrik. VDI-Z. 125 (1983) 20, 838–842. – [140] *Scholz, B.:* CIM-Schnittstellen-Konzepte, Standards und Probleme der Verknüpfungen von Systemkomponenten der rechnerintegrierten Produktion. München: Oldenbourg 1988. – [141] *Hales, H.L.:* The importance of standards. In: *Savage, Ch.M.:* A program guide for CIM-implementation. CASA of SME. Michigan: Dearborn 1985. – [142] *Dieterle, G.:* MAP – ein Kommunikationsstandard von General Motors für die automatisierte Fertigung. CIM Management (1986) 3. – [143] *Grabowski, H.; Anderl, R.:* Produktdatenaustausch und CAD-Normteile. Ehningen: expert-Verlag 1990. – [144] *DIN* (Hrsg.): Normung von Schnittstellen für die rechnerintegrierte Produktion (CIM); Standortbestimmung und Handlungsbedarf. DIN-Fachbericht Nr. 15. Berlin: Beuth 1987. – [145] *DIN* (Hrsg.): Schnittstellen der rechnerintegrierten Produktion (CIM); CAD und CAD/NC-Verfahrenskette. DIN-Fachbericht Nr. 20. Berlin: Beuth 1989. – [146] Initial Graphics Exchange Specification (IGES) Version 4.0, US Department of Commerce, National Bureau of Standards 1988. – [147] *Schlechtendahl, E.G.* (Ed.): Specification of a CAD*I neutral file for CAD geometry, Version 3.3, Research Report Vol. 1. Berlin: Springer 1988. – [148] *AFNOR:* Automation Industrielle Representation externe des données de définition de produits, Specification du standard d'échangé et de transfert (SET), Version 85-08, Z68-300. Association française de normatisation 1988. – [149] *DIN 66301:* Schnittstelle zum Austausch von Freiformflächen. Berlin: Beuth 1985. – [150] *Mund, A.:* VDA-Flächenschnittstelle, Version 2.0, VDA-Arbeitskreis CAD/CAM: Frankfurt a.M.: VDMA/VDA 1987. – [151] The content, plan and schedule for the flint version of the product data exchange specification (PDES). IGES-paper 1985. – [152] *Abel, E.:* EDIF – Ein Standard in der Mikroelektronik. J.E.I.S. Zeitung (1988) 1. – [153] *Angerine, W.:* An introduction to EDIF. Semicustom Design Guide (1987). – [154] Standard for the exchange of product model data. ISO-Draft Propersal PD 10303 (1989). – [155] *Grabowski, H.; Anderl, R.; Schilli, B.; Schmitt, M.:* STEP-Entwicklung einer Schnittstelle zum Produktmodelldatenaustausch. VDI-Z (1989) 9. – [156] *Grabowski, H.; Anderl, R.; Schmitt, M.:* Das Produktmodellkonzept von STEP. VDI-Z. (1989) 12. – [157] *Schäfer, H.:* CAD/CAM-Planung langfristiger Gesamtkonzeptionen. Düsseldorf: VDI-Verlag 1990. – [158] *Eidenmüller, B.:* Auswirkungen von CIM auf Ablauf- und Aufbauorganisation im Produktionsbereich, VDI-Berichte 611. Düsseldorf: VDI-Verlag 1986. – [159] *Brown, D.C.; Chandrasekaran, B.:* Knowledge based control for a mechanical design expert system. IEEE Computer 19 (1986) 92–100. – [160] *Mittal, S.; Dym, C.L.; Morjaria, M.:* PRIDE: An expert system for the design of paper handling systems. IEEE Computer 19 (1986) 102–114. – [161] *Reynier, M.; Fouet, J.M.:* Automated design of crancases: the CARTER system. CAD 16 (1984) 308–313.

Y

Z Allgemeine Tabellen. General tables

K.H. Küttner, Berlin

Tabelle 1. Physikalische Konstanten

Gravitationskonstante	$G = 6,6720 \cdot 10^{-11}$ N m^2/kg^2	Lichtgeschwindigkeit im Vakuum	$c = 2,9979 \cdot 10^8$ m/s
Normalfallbeschleunigung	$g_n = 9,8067$ m/s^2	Planck-Wirkungsquantum	$h = 6,626 \cdot 10^{-34}$ J s
Gaskonstante	$R = 8314,41$ J/(kmol K)	Wellenwiderstand des Vakuums	$\Gamma = 376,731$ Ω
molares Normvolumen	$V_m = 22,414$ m^3/kmol	Stefan-Boltzmann-Strahlungskonstante	$\sigma = 5,6703 \cdot 10^{-8}$ W/(m^2 K^4)
Avogadro-Konstante	$N_A = 6,0221 \cdot 10^{26}$ kmol^{-1}	Planck-Strahlungskonstanten	$c_1 = 3,741 \cdot 10^{-16}$ W m^2
			$c_2 = 1,438 \cdot 10^{-2}$ m K
Loschmidt-Konstante	$N_L = 2,6868 \cdot 10^{25}$ m^{-3}	Wien-Konstante	$K = 2,8978 \cdot 10^{-3}$ m K
Boltzmann-Konstante	$k = 1,3807 \cdot 10^{-23}$ J/K	Rydberg-Konstante	$R = 1,09737 \cdot 10^7$ m^{-1}
elektrische Feldkonstante	$\varepsilon_0 = 8,8542 \cdot 10^{-12}$ F/m	Ruhmasse des Elektrons	$m_e = 9,109 \cdot 10^{-31}$ kg
magnetische Feldkonstante	$\mu_0 = 1,2566 \cdot 10^{-6}$ H/m	Elektronenradius	$r_e = 2,8178 \cdot 10^{-15}$ m
elektrische Elementarladung	$e = 1,6022 \cdot 10^{-19}$ C	atomare Masseneinheit	$u = 1,6606 \cdot 10^{-27}$ kg
Faraday-Konstante	$F = 9,6485 \cdot 10^7$ C/kmol		

Tabelle 2. Einheitensysteme: SI- (MKS-), CGS-, m kp s- und f p s-System (englische Namen s. **Tab. 6**)

	SI (MKS)	CGS	m kp s	f p s
Länge	m	cm	m	ft
Zeit	s	s	s	s
Masse	kg	g	kp s^2/m = Hyl	lb
Kraft	kg m/s^2 = N	g cm/s^2 = dyn	kp^a)	pdl = 0,031081 lbf^b)
Arbeit	kg m^2/s^2 = N m = J	g cm^2/s^2 = erg	kp m = kcal/427	lbf ft = 1,2850 btu
Druck	kg/(m s^2) = N/m^2 = Pa	g/(cm s^2)	kp/m^2 = 10^{-4} at	lb/ft^2
Dichte	kg/m^3	g/cm^3	kp s^2/m^4	lb/ft^3
Leistung	kg m^2/s^3 = J/s = W	g cm^3/s	kp m/s = PS/75	ft lb/s
				= 1,8182 · 10^{-3} hp
Massenträgheitsmoment	kg m^2	g cm^2	kp m s^2	lb ft^2
Viskosität				
kinematisch	m^2/s	cm^2/s	m^2/s = 10^4 St	ft^2/s
dynamisch	kg/(m s) = Pa s	g/(cm s) = P	kp s/m^2 = 98,1 P	lb/(ft s)
spezif. Wärmekapazität	m^2/(s^2 K) = J/(kg K)	cm^2/(s^2 °C) = erg/(g °C)	kcal/(kp °C)	btu/(lb deg F)
Wärmeleitfähigkeit	kg m/(s^3 K) = W/(m K)	g cm/(s^3 K)	kcal/(m h °C)	btu/(ft h deg F)
Wärmeübergangs-(durchgangs)koeffizient	kg/(s^3 K) = W/(m^2 K)	g/(s^3 K)	kcal/(m^2 h °C)	btu/(ft^2 h deg F)

^{a}) Früher auch kg. ^{b}) Für lbf auch lb.

Die Basisgrößen des SI-Systems sind: Meter, Kilogramm, Sekunde, Ampere, Kelvin, Mol und Candela.

Tabelle 3. Die wichtigsten Einheiten im SI- (MKS-) und m kp s-System und ihre Umrechnung. (Beim SI-System stehen die kohärenten Grundeinheiten ganz links)

	SI (MKS)	m kp s	Umrechnung m kp s in SI
Masse	kg	kp s^2/m = Hyl	1 kp s^2/m = 9,81 kg
Kraft	kg m/s^2 = N	kp^a)	1 kp = 9,81 kg m/s^2
Dichte	kg/m^3	kp s^2/m^4	1 kp s^2/m^4 = 9,81 kg/m^3
Wichte	kg/(m s)^2 = N/m^3	kp/m^3	1 kp/m^3 = 9,81 N/m^3
Druck	kg/(m s^2) = N/m^2 = Pa	kp/m^2	1 kp/m^2 = 9,81 N/m^2
	bar = 10^5 N/m^2	at = 10^4 kp/m^2 = kp/cm^2	1 at = 0,981 bar
		760 Torr = 1,033 at	1 Torr = 1,333 mbar
		1 m WS = 0,1 at	1 m WS = 0,0981 bar
Spannung	N/mm^2 = 10^2 N/cm^2	1 kp/mm^2 = 10^6 kp/m^2	1 kp/mm^2 = 9,81 N/mm^2
	N/cm^2 = 10^4 Pa		
Massenträgheitsmoment	kg m^2	kp m s^2	1 kp m s^2 = 9,81 kg m^2
Drehmoment	kg m^2/s^2 = N m	kp m	1 kp m = 9,81 N m
Arbeit	kg m^2/s^2 = N m = J	kp m	1 kp m = 9,81 J
	= W s	1 PS h = 2,7 · 10^5 kp m	1 PS h = 0,7355 kW h
Wärme	kWh = 3600 kJ	1 kcal = 427 kp m	1 kcal = 4186,8 J
		1 PS h = 632,3 kcal	
		1 kW h = 860 kcal	1 PS h = 2647,4 kJ
Leistung	kg m^2/s^3 = W	1 PS = 75 kp m/s	1 kp m/s = 9,81 W
		1 kW = 102 kp m/s	1 PS = 0,7355 kW
Wärmekapazität	m^2/(s^2 K) = J/(kg K)	kcal/(kp °C)	1 kcal/(kp °C) = 4186,8 J/(kg K)
Wärmeleitzahl	kg m/(s^3 K) = J/(m s K)	kcal/(h m °C)	1 kcal/(h m °C) = 1,163 W/(m K)
	= W/(m K)		
Wärmeübergangs-(durchgangs)koeffizient	kg/(s^3 K) = J/(m^2 s K)	kcal/(h m^2 °C)	1 kcal/(h m^2 °C) = 1,163 W/(m^2 K)
	= W/(m^2 K)		
Viskosität			
kinematisch	m^2/s	1 St^b)	1 St = 10^{-4} m^2/s = 1 cm^2/s
dynamisch	kg/(m s) = Pa s	kp h/m^2 = 0,36 kp s/cm^2	1 kp s/m^2 = 9,81 kg/(m s)
		= 3,5316 · 10^5 P	1 P = 0,1 Pa s

^{a}) Früher erst kg dann kg*. ^{b}) Für $v > 0,6$ cm^2/s^2 = 60 s/St, $v \approx °$E 7,575 in c St $\approx °$E 0,07575 in cm^2/s.

Tabelle 4. Umrechnung der wichtigsten Einheiten des f p s- in das SI-System (englische Namen s. **Tab. 6**)

	f p s	SI (MKS)
Länge	$1 \text{ ft} = \frac{1}{3} \text{ yd} = 12 \text{ in}$	$1 \text{ ft} = 0{,}3048 \text{ m}; \ 1 \text{ mi} = 1609{,}34 \text{ m}$
Fläche	$1 \text{ ft}^2 = 144 \text{ in}^2$	$1 \text{ ft}^2 = 0{,}092903 \text{ m}^2$
Volumen	$1 \text{ ft}^3 = 1728 \text{ in}^3 = 6{,}22882 \text{ gal(UK)}$	$1 \text{ ft}^3 = 0{,}0283169 \text{ m}^3$
	$1 \text{ gal(US)} = 0{,}83268 \text{ gal(UK)}$	$1 \text{ bu(US)} = 35{,}2393 \text{ l}; \ 1 \text{ bbl(US)} = 115{,}627 \text{ l}$
Geschwindigkeit	1 ft/s	$1 \text{ ft/s} = 0{,}3048 \text{ m/s}$
	$1 \text{ knot} = 1{,}150785 \text{ mile/h} = 1{,}6877 \text{ ft/s}$	
Beschleunigung	1 ft/s^2	$1 \text{ ft/s}^2 = 0{,}3048 \text{ m/s}^2$
Masse	$1 \text{ lb} = \text{cwt/112}; \ 1 \text{ sh tn} = 2000 \text{ lb}$	$1 \text{ lb} = 0{,}453592 \text{ kg}$
	$1 \text{ slug} = 32{,}174 \text{ lb}; \ 1 \text{ ln tn} = 2240 \text{ lb}$	$1 \text{ slug} = 14{,}5939 \text{ kg}$
Kraft	1 lbf	$1 \text{ lbf} = 4{,}44822 \text{ N}$
	$1 \text{ pdl} = 0{,}031081 \text{ lbf}$	$1 \text{ pdl} = 0{,}138255 \text{ N}$
Arbeit	$1 \text{ ft lb} = 0{,}323832 \text{ cal}_{\text{IT}}$	$1 \text{ ft lb} = 1{,}35582 \text{ J}$
	$1 \text{ btu} = 252 \text{ cal}_{\text{IT}} = 778{,}21 \text{ ft lb}$	$1 \text{ btu} = 1{,}05506 \text{ kJ}$
Druck	$1 \text{ lb/ft}^2 = 6{,}9444 \cdot 10^{-3} \text{ lb/in}^2$	$1 \text{ lb/ft}^2 = 47{,}88 \text{ N/m}^2$
	$1 \text{ lb/in}^2 = 0{,}068046 \text{ atm}$	$1 \text{ lb/in}^2 = 6894{,}76 \text{ N/m}^2$
	$1 \text{ atm} = 29{,}92 \text{ in Hg} = 33{,}90 \text{ ft water}$	$1 \text{ atm} = 1{,}01325 \text{ bar}$
Dichte	$1 \text{ lb/ft}^3 = 5{,}78704 \cdot 10^{-4} \text{ lb/in}^3$	$1 \text{ lb/ft}^3 = 16{,}0185 \text{ kg/m}^3$
	$1 \text{ lb/gal} = 6{,}22882 \text{ lb/ft}^3$	$1 \text{ lb/gal} = 99{,}7633 \text{ kg/m}^3$
Temperatur	$32 \text{ degF} = 0 \,°\text{C} \quad 212 \text{ degF} = 100 \,°\text{C}$	$1 \text{ degF} = 0{,}5556 \,°\text{C}$
Leistung	$1 \text{ ft lb/s} = 1{,}8182 \cdot 10^{-3} \text{ hp}$	$1 \text{ ft lb/s} = 1{,}35582 \text{ W}$
–	$= 1{,}28505 \cdot 10^{-3} \text{ btu/s}$	
spezif. Wärmekapazität	1 btu/(lb deg F)	$1 \text{ btu/(lb deg F)} = 4{,}1868 \text{ kJ/(kg K)}$
Wärmeleitzahl	$1 \text{ btu/(ft h deg F)}$	$1 \text{ btu/(ft h deg F)} = 1{,}7306 \text{ W/(m K)}$
Wärmeübergangs-(durchgangs)koeffizient	$1 \text{ btu/(ft}^2 \text{ h deg F)}$	$1 \text{ btu/(ft}^2 \text{ h deg F)} = 5{,}6778 \text{ W/(m}^2 \text{ K)}$
Viskosität		
kinematisch	$1 \text{ ft}^2/\text{s}$	$1 \text{ ft}^2/\text{s} = 0{,}092903 \text{ m}^2/\text{s}$
dynamisch	1 lb/(ft s)	$1 \text{ lb/(ft s)} = 1{,}48816 \text{ kg/(m s)}$

Tabelle 5. Überschlagswerte zur Umrechnung vom m kp s- in das SI-System

$1 \text{ kp} \approx 1 \text{ da N}$	$1 \text{ at} \approx 1 \text{ bar}$	$1 \text{ kp m} \approx 1 \text{ da J}$
$1 \text{ kp/cm} \approx 1 \text{ N/mm}$	$1 \text{ PS} \approx 0{,}75 \text{ kW}$	
$1 \text{ mm WS} \approx 0{,}1 \text{ mbar}$	$1 \text{ kcal} \approx 4{,}2 \text{ kJ}$	

Tabelle 6. Namen und Abkürzungen englischer Einheiten

atm $\triangleq$	atmosphere		in $\triangleq$	inch	
bbl $\triangleq$	barrel		lb $\triangleq$	pound	
btu $\triangleq$	British termal unit		lbf $\triangleq$	pound force	
bu $\triangleq$	bushel		ln tn $\triangleq$	long ton	
cwt $\triangleq$	hundredweight		m $\triangleq$	mile	
cal $\triangleq$	calorie		pdl $\triangleq$	poundel	
deg F $\triangleq$	degree Fahrenheit		sh tn $\triangleq$	short ton	
ft $\triangleq$	foot		yd $\triangleq$	yard	
gal $\triangleq$	gallon		UK $\triangleq$	United Kingdom	
hp $\triangleq$	horsepower		US $\triangleq$	United States of America	

in/s $\triangleq$ inch per second; in^2 $\triangleq$ square inch; in^3 $\triangleq$ cubic inch
f p s-system $\triangleq$ foot pound second-system

Tabelle 7. Vorsätze für Einheiten

Zehnerpotenz	Vorsatz	Vorsatzzeichen
10^{18}	Exa	E
10^{15}	Peta	P
10^{12}	Tera	T
10^9	Giga	G
10^6	Mega	M
10^3	Kilo	k
10^2	Hekto	h
10	Deka	da
10^{-1}	Dezi	d
10^{-2}	Zenti	c
10^{-3}	Milli	m
10^{-6}	Mikro	μ
10^{-9}	Nano	n
10^{-12}	Piko	p
10^{-15}	Femto	f
10^{-18}	Atto	a

Tabelle 8. Römisches Zahlensystem

$I \triangleq 1 \ V \triangleq 5 \ X \triangleq 10 \ L \triangleq 50 \ C \triangleq 100 \ D \triangleq 500 \ M \triangleq 1000$

1	I	10	X	100	C
2	II	20	XX	200	CC
3	III	30	XXX	300	CCC
4	IV	40	XL	400	CD
5	V	50	L	500	D
6	VI	60	LX	600	DC
7	VII	70	LXX	700	DCC
8	VIII	80	LXXX	800	DCCC
9	IX	90	XC	900	CM

Schreibweise von links beginnend, die Zahlen werden addiert. Steht eine kleinere Zahl vor einer größeren, so wird diese hiervon subtrahiert.

V, L und D werden nur einmal geschrieben,
I, X und C können bis zu dreimal vorkommen

Beispiele
1496	MCDXCVI	1673	MDCLXXIII
1891	MDCCCXCI	1981	MCMLXXXI

Tabelle 9. Große Zahlenwerte

Quadrilliarde	10^{27}	Billion	10^{12}
Quadrillion	10^{24}	Milliarde	10^9
Trillion	10^{18}	Million	10^6
Billiarde	10^{15}		

in den USA: Quadrillion 10^{15}; Trillion 10^{12}; Billion 10^9

Elektrotechnische Größen und ihre Einheiten s. **Anh. V 1 Tab. 1**

Tabelle 10. Grundbegriffe und Grundgrößen der Kernphysik

Lichtgeschwindigkeit	$c_0 = 2{,}998 \cdot 10^8$ m/s	Ruhemassen	M = Molmasse
Avogadrosche Zahl	$N_A = 6{,}0221 \cdot 10^{26}$ 1/kmol	Elektron $m_{e0} = 9{,}110 \quad 10^{-31}$ kg	λ = Zerfallskonstante
Elementarladung des Elektrons	$e = 1{,}6022 \cdot 10^{-19}$ C	Proton $m_{p0} = 1{,}6606 \quad 10^{-27}$ kg	
		Neutron $m_{n0} = 1{,}675 \quad 10^{-27}$ kg	

Bezeichnung	Definition	Einheit	Gesetz	Bemerkungen
atomare Masse	als Einheit gilt die relative Masse des Nuklids C_{12}	$u = 1{,}6603 \cdot 10^{-27}$ kg	$u = m_{C12}/M_{C12} = 1/N_A$	Atomzahl für 1 g $^{226}_{88}$Ra
	Atomzahl		$N = \dfrac{m}{M} N_A$	$N = \dfrac{10^{-3}\,\text{kg}}{226\,\text{kg/kmol}} \cdot 6{,}0221 \cdot 10^{26}$ 1/kmol $= 2{,}665 \cdot 10^{21}$
Halbwerts-zeit	Zeit für den Zerfall der Hälfte der ursprünglich vorhandenen Atome	s, min, d, a	$T_{1/2} = \ln 2/\lambda$	$^{238}_{92}$U $\;T_{1/2} = 4{,}5 \cdot 10^9\,a\;$ γ- und α-Strahlung $^{3}_{1}$H $\;T_{1/2} = 2{,}3a\;$ β-Strahlung
atomare Energie	als Einheit gilt die Energie, die ein Elektron beim Durchlaufen der Spannung 1 V aufnimmt	Elektronenvolt $1\,\text{eV} = 1{,}6022 \cdot 10^{-19}$ J	$W = eU$	s. Kernspaltung des Urans
Elektronen-masse	aus der Äquivalenz von Energie und Masse nach Einstein	$1\,\text{MeV} \mathrel{\hat=} 1{,}782 \cdot 10^{-33}$ g	$m = \dfrac{E}{c_0^2}$ $m = \dfrac{m_0}{\sqrt{1-(c/c_0)^2}}$	$m \mathrel{\hat=} \dfrac{E}{c_0^2} = \dfrac{1{,}6022 \cdot 10^{-19}\,\text{J}}{(2{,}998 \cdot 10^8\,\text{m/s})^2}$ $= 1{,}782 \cdot 10^{-33}$ g
Energiedosis	pro Masseneinheit des durch-strahlten Stoffes absorbierte Energie	Gray $1\,\text{Gy} = 1$ J/kg	$D = W/m$	
Äquivalent-dosis	Maß der biologischen Strahleinwirkung die von einer γ-Strahlung von 10^{-2} Sv im menschlichen Körper absorbierte Energie	Sievert $1\,\text{Sv} = 1$ J/kg	$H = DQ_F$	Röntgen-, β-, $_{-1}^{0}e$-, $_{+1}^{0}e$-Strahlen Qualitätsfaktor Q_F thermische Neutronen 3 Alpha-Strahlen 10 Schwere-Rückstoßkerne 30 zulässige Werte[a])
Aktivität	Maß der Intensität einer radioaktiven Strahlung Anzahl der Zerfallsakte pro Zeiteinheit	Becquerel $1\,\text{Bq} = 1/\text{s}$	A	
Wirkungs-querschnitt	Maß für die Ausbeute bei Kernreaktionen Gedachter Querschnitt der bestrahlten Atome	m^2	σ	Kernreaktionen Spaltung (fission) σ_f Einfang (absorption) σ_a Streuung (scattering) σ_s

[a]) Dosisgrenzwerte lt. Strahlenschutzverordnung StrlSchV. vom 1. 4. 1977 für eine Person:
allgemeine Bevölkerung 30 mrem/a=0,3 mSv/a, berufliches Personal 5 rem/a = 50 mSv/a.

Erläuterungen zur Tabelle:

$^{A}_{Z}$Ke   Ke=Kern, Z = Kernladungs- bzw. Protonzahl,
   A = Massenzahl, $N = A{-}Z$ Neutronenzahl

Kernspaltung des Urans:

$$^{235}_{92}\text{U} + {}^{1}_{0}n \;\rightarrow\; {}^{89}_{36}\text{Kr} + {}^{144}_{56}\text{Ba} + 3\,{}^{1}_{0}n + 200\;\text{MeV}$$

Energie aus 1 g Uran:

$$Q = \frac{m}{M} N_A W$$
$$= \frac{1\,\text{g} \cdot 6{,}0221 \cdot 10^{23}\,\text{1/mol} \cdot 200\,\text{MeV} \cdot 1{,}6022 \cdot 10^{-13}\,\text{Ws/MeV}}{235\,\text{g/mol} \cdot 3600\,\text{s/h}}$$
$$= 22810\;\text{kWh.}$$

Isotope sind verschiedene Nuklide des gleichen chemischen Elements. Ihre Kerne enthalten also die gleiche Protonenzahl, unterscheiden sich aber durch die Massenzahl,

z.B. $^{12}_{6}$C, $^{13}_{6}$C, $^{14}_{6}$C und $^{234}_{92}$U, $^{235}_{92}$U, $^{238}_{92}$U.

Ein Nuklid ist ein Kern mit bestimmter Protonen- und Neutronenzahl,

Arten der Strahlung:

α-Teilchen	$^{4}_{2}\alpha$ Kerne des Heliumatoms
β-Teilchen	Elektronen bzw. Positronen
γ-Strahlen	Kurzwellige, energiereiche, durchdringende elektromagnetische Strahlung bei der sich weder die Kernladungs- noch die Massenzahl des strahlenden Kerns ändert
Neutronen $^{1}_{0}n$	Positronen $^{0}_{+1}e$ Elektronen $^{0}_{-1}e$

Tabelle 11. Ältere Einheiten der Kerntechnik und ihre Umrechnung

Größe	Name	Umrechnung
Aktivität	Curie	$1\,\text{Ci} = 3{,}7 \cdot 10^{10}$ 1/s[a])
Energiedosis	radiation absorbed dose	$1\,\text{rad} = 10^{-2}$ J/kg
Äquivalent-dosis	Röntgen-equivalent man	$1\,\text{rem} = 10^{-2}$ J/kg $= 10^{-2}$ Sv
Wirkungs-querschnitt	Barn	$1\,\text{b} = 10^{-28}\,\text{m}^2$

[a]) 1 Ci entspricht der Aktivität von 1 g Radium.

Tabelle 13. Ältere Einheiten der Lichttechnik und ihre Umrechnung

Größe	Name	Umrechnung
Lichtstärke	Hefnerkerze neue Kerze	1 HK = 0,903 cd 1 NK = 1 cd
Leuchtdichte	Stilb Apostilb	$1\,\text{sb} = 1\,\text{cd/cm}^2 = 10^4\,\text{cd/m}^2$ $1\,\text{asb} = 1/(10^4\,\pi)\,\text{sb} = (1/\pi)\text{cd/m}^2$
Beleuchtungs-stärke	Phot	$1\,\text{phot} = 1\,\text{lm/cm}^2 = 10^4$ lx

Z

Tabelle 12. Grundgrößen der Lichttechnik

Größe	Definition	Einheit	Gesetz	Bemerkungen, Anhaltswerte	
Lichtstrom	von einer Lichtquelle nach allen Richtungen ausgestrahlte Energie	Lumen lm	$\phi = dQ/dt$	Lichtmenge pro Zeiteinheit	
Lichtstärke	Intensität der Lichtstrahlung innerhalb des elementaren Raumwinkels[a])	Candela cd = lm/sr	$I = d\phi/d\omega$	Stearinkerze Glühlampe 40 W	$\approx$ 1 cd 35 cd
	1 cd ist die Strahlung eines schwarzen Körpers senkrecht zu seiner Oberfläche $(1/(6 \cdot 10^6)\, \text{m}^2$ bei 2042,5 K (erstarrendes Platin) und 1,0133 bar	SI-Grund- Einheit			
Beleuchtungs- stärke	Verhältnis des senkrecht auf eine Fläche auftreffenden Lichtstromes zu dieser Fläche	Lux lx lx = lm/m²	$E = \phi/A = I\omega/A$ $= I/r^2$	Sonnenlicht Sommer Wohnräume Vollmondnacht mondlose Nacht	10^5 lx 10...150 lx 0,2 lx $3 \cdot 10^{-4}$ lx
Leuchtdichte	Lichtstärke pro Einheit der leuchtenden Fläche	cd/m²		Vollmond Kerze Glühlampe Sonne	2500 cd/m² 7500 cd/m² $2 \cdot 10^7$ cd/m² $2,2 \cdot 10^9$ cd/m²
Lichtausbeute	Lichtstrom pro Einheit der elektrischen Leistung	lm/W	$\eta = \phi/P$	Leuchtröhre Lampe 1000 W Lampe 40 W	44 lm/W 19 lm/W 11 lm/W
Lichtmenge	Produkt aus Lichtstrom und der Zeitdauer der Strahlung	lm·s	$Q = \int \phi\, dt$		

[a]) Die Einheit Steradiant (sr) gilt für den Raumwinkel, bei dem das Verhältnis der Fläche einer Kugelkappe zum Quadrat ihres Radius gleich 1 ist. Diese Einheit darf durch 1 ersetzt werden. Ist α der Öffnungswinkel des Kegels der Kugelkappe mit der Oberfläche $A = 2\pi r h$ nach **A 4 Tab. 5**, so folgt mit ihrer Höhe $h = r[1 - \cos(\alpha/2)] = 2r\sin^2(\alpha/4)$ für den Raumwinkel $\omega = A/r^2 = 4\pi\sin^2(\alpha/4)$. Speziell gilt: $\omega = 1$ sr bei $\alpha = 4\arcsin(0,5/\sqrt{\pi}) = 65,54°$, Kugel $\alpha = 360°$ und $\omega = 4\pi$ sr, für $\alpha = 120°$ ist $\omega = \pi$ sr.

Tabelle 14. Die wichtigsten Schadstoffe und ihre Kennwerte

	Chem. Formel	MAK- Wert ppm	Relative Dichte Luft = 1	Siede- punkt °C	Dampf- druck[a]) mbar	Flamm- punkt	Explosions- grenzen[b]) untere	obere	Zünd- temp. °C	H, S- Werte	Kemler- zahl	Gefahren- bez.
							Vol%					
Aceton	C_3H_6O	1000	2,01	56,5	233	< −20	2,5	13,0	540		33	F
Ammoniak R 717[c])	NH_3	50	0,59	− 33,4	8,7		15,4	33,6	630		268	T
Benzol	C_6H_6	canc	2,7	80,1	101	− 11	1,2	8,0	555	H	33	F, T, R39
Bleitetraethyl	$C_8H_{20}Pb$	0,01	11,2	198,9	0,2	80	1,8		−	H	663	T, R (Körp)
Chlorbenzol	C_6H_5Cl	50	3,89	131,7	11,7	28	1,3	11,1	590		30	X_n
Chlorpikrin	CCl_3NO_2	0,1	5,68	111,9	25,3						−	T, R (Körp)
Chlorwasserstoff	HCl	5,0	1,26	− 85,0	43,4						286	C, R (Körp)
Dichlordifluor- methan R 12[c])	CF_2Cl_2	1000	4,18	− 29,8	5,3						20	
Dichlorfluor- methan R 21[c])	$CHFCl_2$	10	3,56	8,92	1,6						20	X_n
Ethanol	C_2H_6O	1000	1,59	78,3	59,0	12,0	3,5	15,0	425		33	F
Kohlenoxid	CO	30	0,97	− 191,5	−		11,0	77,0	605			F, T
Kohlendioxid	CO_2	5000	1,52	− 78,5	58,4						20	
Nikotin	$C_{10}H_{14}N_2$	0,07	5,6	125	0,53		0,7	4,0	240	H		T, R (Körp)
Propan	C_3H_8	1000	1,52	− 44,5	8,5		2,1	9,5	470		23	F
Quecksilber	Hg	0,01	6,93	356,7	0,00163							T
Schwefel- kohlenstoff	CS_2	10	2,63	46,4	400	< −20	1,0	60	102	H	336	F, T
Schwefel- wasserstoff	H_2S	10	1,18	− 60,4	18,3		4,3	45,5	270			F, T
Stickstoffdioxid	NO_2	5	1,59	21,1	960						265	T
Trichlorfluor- methan R 11[c])	$CFCl_3$	1000	4,75	24,9	889							

[a]) Bei 20 °C.   [b]) Bei 1,0133 bar 20 °C.
[c]) R 11, R 12, R 21 und R 717 sind Bezeichnungen für Kältemittel nach DIN 8962.

Erläuterungen: Siehe nächste Seite.

Erläuterungen zur Schadstofftabelle

Besondere Wirkungsfaktoren. Siehe Mitteilung XXV der Senatskommission zur Prüfung gesundheitsschädlicher Arbeitsstoffe vom
16. 6. 1989.

H   Hautresorption, schnelles Durchdringen der Haut, Vergif-
     tungsgefahr größer als beim Einatmen

S   Auslösung allergischer Reaktionen (Entzündungen) individu-
     ell sehr verschieden

Gefahrenbezeichnungen. Nach der Arbeitsstoffverordnung (Arb-
StoffV) vom 11. 2. 1982.

E   explosionsgefährlich

O   brandfördernd   C   ätzend

F   leicht entzündlich X_n gesundheitsschädlich

T   giftig (toxisch) X_i reizend

Besondere Hinweise:

R 39 ernste Gefahr eines irreversiblen Schadens
R 40 Möglichkeit eines irreversiblen Schadens
R (Körp) umfaßt Hautschäden: Reizung, Giftigkeit und Verätzung
R 24, R 27, R 34, R 35 und R 38

Kemler-Zahl. Sie befindet sich auf der orangenen Warntafel der
Transportgefäße. Die erste Ziffer bezeichnet die Hauptgefahr, die
zweite und dritte Ziffer zusätzliche Gefahren

Erste Ziffer

2 Gas   6 giftiger Stoff
3 entzündbare Flüssigkeit   7 ätzender Stoff
4 entzündbarer fester Stoff   0 ohne Bedeutung
5 entzündend wirkender Stoff
  bzw. organisches Peroxid

Zweite und dritte Ziffer

1 Explosion   6 Giftigkeit
2 Entweichen von Gas   8 Ätzbarkeit
3 Entzündbarkeit   9 Gefahr einer heftigen
5 oxidierende Eigenschaften   Reaktion durch Selbstzer-
                                 setzung oder Polymerisation
                               0 ohne Bedeutung

MAK-Wert. Die maximale Arbeitsplatzkonzentration (MAK) eines
Stoffes in der Luft (Index L) beeinträchtigt nach den derzeitigen
Erkenntnissen bei einer Einwirkung von acht Stunden die menschliche Gesundheit nicht. Die Konzentration wird als x_m in ppm oder
ml/m³ oder als C in mg/m³ beim Zustand 1,0133 bar 20 °C angegeben. Dann folgt

$$C = x_m \rho_L = x_m \frac{M p_L}{(MR)T_L} = x_m M / V_m$$

mit dem Molvolumen

$$V_m = \frac{(MR)T_L}{p_L} = \frac{8315 \frac{Nm}{kmol\,K} \cdot 293\,K}{1,0133 \cdot 10^5\,N/m^2} = 24,04\,m^3/kmol.$$

TRK-Wert. Technische Richtkonzentration (TRK) für cancerogene
(krebserregende) Stoffe, z.B.

Benzol C_6H_6 5 ppm,   Arsenwasserstoff AsH_3 0,2 mg/m³,
Asbeststaub 2,0 mg/m³,   Hydrazin N_2H_4 0,1 ppm,
Beryllium Be 0,005 mg/m³   Venylchlorid C_2H_3Cl 2 ppm.

BAT-Wert. Biologische Arbeitstofftoleranz (BAT) für die zulässige
Quantität eines Arbeitsstoffes im Menschen (z.B. im Blut) für

Aluminium   200 µg/dl,   Kohlenmonoxid CO 5%,
Blei Pb   30 bis 70 µg/l, Methanol CH_3OH 30 mg/l,
Cadmium Cd   1,5 µg/l,   Styrol   2 g/l
Quecksilber Hg 5 µg/l,   Toluol CH_5—CH_3 170 µg/dl.

Besondere Arbeitsstoffe. Hierfür können wegen der stark schwankenden chemischen Zusammensetzung oft keine Richtwerte erstellt
werden z.B.

Benzin, Produkte der Pyrolyse (Zersetzung durch Hitze), Auspuff-
gase, gebrauchte Motorenöle und Kühlschmieröle.
Mineralöl 5 mg/m³ und Terpentinöl: MAK = 100 ml/m³ als Anhalt.

Stäube. Sie sind disperse (feine) Verteilungen fester Stoffe in Gasen,
die durch mechanische Prozesse (z.B. Schleifen) oder durch Auf-
wirbelung entstehen und durch die Atmung in den Körper eindringen. Hier gelangen sie je nach Teilchengröße in den Nasenrachen-
raum, in die Bronchien bzw. in die Alveolen (Lungenbläschen).

Funktionsbestimmende Kenngrößen ist der aerodynamische Durchmesser (aD). Für ein beliebiges Teilchen ist er der Durchmesser einer
Kugel der Dichte 1 g/cm³ mit der gleichen Sinkgeschwindigkeit in
ruhender bzw. laminar strömender Luft.
Gesamtstaub ist der Anteil des Staubes, der eingeatmet werden
kann. Er wird bei einer Ansauggeschwindigkit von 1,25 m/s gemessen und ist der Bezug für den MAK-Wert. Feinstaub dringt bis in
die Alveolen ein. Der Durchlaßgrad des Vorabscheiders beträgt für
Feinstaubteilchen mit dem aerodynamischen Durchmesser 1,5 µm
95%, 3,5 µm 75%, 5 µm 50% und 7,1 µm 0%. Fibrogene Stäube
verursachen Staublungenerkrankungen wie Asbestose und Silikose.
So beträgt der MAK-Wert für Quarz 0,15 mg/m³, bei Feinstaub
für Asbest ist der TRK-Wert 0,05 mg/m³. Inerte Stäube wirken
weder toxisch noch fibrogen. Zum Schutz der Atemwege beträgt ihr
MAK-Wert 6,0 mg/m³ für Feinstaub.

Sättigungskonzentration. Sie ist die Masse eines Stoffes, die eine Volumeneinheit der Luft (Index L) bei dessen Sättigungszustand also
beim Verdampfungsdruck p_S und der Temperatur T_S aufnimmt

$$C_S = M \rho_S = \frac{M p_S}{(MR)T_S} = \frac{M p_S T_L}{V_m p_L T_S}.$$

Relative Dichte. Sie ist das Verhältnis der Dichte eines Stoffes zur
Luftdichte

$$\delta = \rho / \rho_L = M / M_L.$$

Für die Luft gilt $M_L = 28,96$ g/mol und $\rho_L = 1,205$ kg/m³ bei 1,0133
bar 20 °C.

Beispiel: Chlorbenzol C_6H_5Cl. Nach **Tab. 14** ist der Dampfdruck
$p_S = 11,7$ mbar bei 20 °C und MAK 50 ppm.
Molmasse: Nach **Tab. 15** ist

$$M = \left(6 \cdot 12,01 + \frac{5}{2} 2,016 + 35,45\right) g/mol = 112,5\ g/mol.$$

Dichte:

$$\rho = \frac{Mp}{(MR)T} = \frac{112,5\ g/mol \cdot 1,0133 \cdot 10^5\ N/m^2}{8,315\ Nm/(mol\,K) \cdot 293\,K} = 4679\ g/m^3.$$

MAK-Wert:

$$C = X_m \rho = 50 \cdot 10^{-6}\ m^3/m^3 \cdot 4679\ g/m^3 \cdot 10^3\ mg/g = 234\ mg/m^3.$$

Sättigungskonzentration:

$$C_S = \frac{M p_S}{(MR)T_S} = \frac{112,5\ g/mol \cdot 11,7 \cdot 10^2\ N/m^2}{8,315\ Nm/(mol\,K) \cdot 293\,K} = 54,03\ g/m^3.$$

Relative Dichte:

$$\delta = M/M_L = \rho/\rho_L = \frac{112,5\ g/mol}{28,96\ g/mol} = \frac{4,679\ kg/m^3}{1,205\ kg/m^3} = 3,88.$$

Quellen und Gesetze zur Tab. 14: Bundes Immisionschutzgesetz
BImSchG vom 15. 3. 1974.   Verordnung über gefährliche Arbeitsstoffe ArbStoffV. vom 11. 2. 1982.   Technische Regeln für gefährliche Arbeitsstoffe TRgA. vom 2.83.   TRgA 900 Mitteilung XXII
der Senatskommission zur Prüfung gesundheitsschädlicher Arbeitsstoffe. EWG-Richtlinie 67/548.   Auer-Technikum 9 (1979).
Hommel, G.: Handbuch der gefährlichen Güter, 3. Lieferung, 4.
Lieferung. Berlin: Springer 1978, 1980.

Z

Tabelle 15. Periodisches System der Elemente mit Ordnungszahl, Symbol, Namen und relativer Atommasse.
[] Atommasse des stabilsten Isotops;   H und N: Haupt- und Nebengruppe;   * Lanthaniden ** Aktiniden

Periode	1. Gruppe H	1. Gruppe N	2. Gruppe H	2. Gruppe N	3. Gruppe H	3. Gruppe N	4. Gruppe H	4. Gruppe N	5. Gruppe H	5. Gruppe N	6. Gruppe H	6. Gruppe N	7. Gruppe H	7. Gruppe N	8. Gruppe H	8. Gruppe N
1.	1 **H** Wasserstoff 1,008														2 **He** Helium 4,003	
2.	3 **Li** Lithium 6,941		4 **Be** Beryllium 9,012		5 **B** Bor 10,81		6 **C** Kohlenstoff 12,01		7 **N** Stickstoff 14,01		8 **O** Sauerstoff 16,00		9 **F** Fluor 19,00		10 **Ne** Neon 20,18	
3.	11 **Na** Natrium 22,99		12 **Mg** Magnesium 24,31		13 **Al** Aluminium 26,98		14 **Si** Silizium 28,09		15 **P** Phosphor 30,97		16 **S** Schwefel 32,06		17 **Cl** Chlor 35,45		18 **Ar** Argon 39,95	
4.	19 **K** Kalium 39,10	29 **Cu** Kupfer 63,55	20 **Ca** Kalzium 40,08	30 **Zn** Zink 65,38	31 **Ga** Gallium 69,72	21 **Sc** Skandium 44,96	32 **Ge** Germanium 72,59	22 **Ti** Titan 47,90	33 **As** Arsen 74,92	23 **V** Vanadium 50,94	34 **Se** Selen 78,96	24 **Cr** Chrom 52,00	35 **Br** Brom 79,90	25 **Mn** Mangan 54,94	36 **Kr** Krypton 83,80	26 **Fe** Eisen 55,85 / 27 **Co** Kobalt 58,93 / 28 **Ni** Nickel 58,70
5.	37 **Rb** Rubidium 85,47	47 **Ag** Silber 107,9	38 **Sr** Strontium 87,62	48 **Cd** Kadmium 112,4	49 **In** Indium 114,8	39 **Y** Yttrium 88,91	50 **Sn** Zinn 118,7	40 **Zr** Zirkonium 91,22	51 **Sb** Antimon 121,8	41 **Nb** Niob 92,91	52 **Te** Tellur 127,6	42 **Mo** Molybdän 95,94	53 **J** Jod 126,9	43 **Tc** Technetium [97]	54 **Xe** Xenon 131,3	44 **Ru** Ruthenium 101,1 / 45 **Rh** Rhodium 102,9 / 46 **Pd** Palladium 106,4
6.	55 **Cs** Cäsium 132,9	79 **Au** Gold 197,0	56 **Ba** Barium 137,3	80 **Hg** Quecksilber 200,6	81 **Tl** Thallium 204,4	57 **La** Lanthan 138,9	82 **Pb** Blei 207,2 *	72 **Hf** Hafnium 178,5	83 **Bi** Wismut 209,0	73 **Ta** Tantal 180,9	84 **Po** Polonium [209]	74 **W** Wolfram 183,9	85 **At** Astat [210]	75 **Re** Rhenium 186,2	86 **Rn** Radon [222]	76 **Os** Osmium 190,2 / 77 **Ir** Iridium 192,2 / 78 **Pt** Platin 195,1
7.	87 **Fr** Francium [223]		88 **Ra** Radium [226]			89 **Ac** Aktinium [227]	* *	104 **Ku** Kurtschatovium [260]		105 [261]		106 [263]				

*	58 **Ce** Cer 140,1	59 **Pr** Praseodym 140,9	60 **Nd** Neodym 144,2	61 **Pm** Promethium [145]	62 **Sm** Samarium 150,4	63 **Eu** Europium 152,0	64 **Gd** Gadolinium 157,3	65 **Tb** Terbium 158,9	66 **Dy** Dysprosium 162,5	67 **Ho** Holmium 164,9	68 **Er** Erbium 167,3	69 **Tm** Thulium 168,9	70 **Yb** Ytterbium 173,0	71 **Lu** Lutetium 175,0
* *	90 **Th** Thorium 232,0	91 **Pa** Protaktinium [231]	92 **U** Uran 238,0	93 **Np** Neptunium [237]	94 **Pu** Plutonium [244]	95 **Am** Americium [243]	96 **Cm** Curium [247]	97 **Bk** Berkelium [247]	98 **Cf** Kalifornium [251]	99 **Es** Einsteinium [254]	100 **Fm** Fermium [257]	101 **Md** Mendelevium [258]	102 **No** Nobelium [259]	103 **Lr** Lawrencium [260]

Tabelle 16. Wichtige chemische Verbindungen (s. auch **Tab. 14**)

Gewerbliche Bezeichnung	Chemische Benennung	Formel
Acetylen	Acetylen	C_2H_2
Alaun	Kaliumaluminiumsulfat	$KAl(SO_4)_2 \cdot 12H_2O$
Ammoniak	Ammoniak	NH_3
Asbest	Asbest	$3MgO \cdot 2SiO_2 \cdot 2H_2O$
Ätzkali	Kaliumhydroxid	KOH
Ätzkalk	Calciumhydroxid	$Ca(OH)_2$
Ätznatron	Natriumhydroxid	$NaOH$
Bauxit	Tonerdehydrat	$Al_2O_3 \cdot 2H_2O$
Bittersalz	Magnesiumsulfat	$MgSO_4 \cdot 7H_2O$
Bleiglätte	Bleioxid	PbO
Bleimennige	Bleimennige	Pb_3O_4
Bleiweiß	basisches Bleicarbonat	$Pb(OH)_2 \cdot 2PbCO_3$
Blutlaugensalz, gelbes	Kaliumferrocyanid	$K_4Fe(CN)_6$
Blutlaugensalz, rotes	Kaliumferricyanid	$K_3Fe(CN)_6$
Borax	Natriumtetraborat	$Na_2B_4O_7 \cdot 10H_2O$
Borsäure	Borsäure	H_3BO_2
Braunstein	Mangandioxid	MnO_2
Bromsilber	Silberbromid	$AgBr$
Buna	Butadien	$CH_2{=}CH{-}CH{=}CH_2$
Calciumcarbid	Calciumcarbid	CaC_2
Chilesalpeter	Natriumnitrat	$NaNO_3$
Chlorcalcium	Chlorcalcium	$CaCl_2 \cdot 6H_2O$
Chlorkalk	Chlorkalk	$CaCl(OCl)$
Cyankali	Kaliumcyanid	KCN
Dolomit	Calciummagnesiumcarbonat	$CaMg(CO_3)_2$
Eisenoxid	Eisenoxid	Fe_2O_3
Eisenvitriol	Ferrosulfat	$FeSO_4 \cdot 7H_2O$
Essig	Essigsäure	$C_2H_4O_2$
Ethanol	Acetaldehyd	$CH_3{-}CHO$
Ethylether	Ethylether	$(C_2H_5)_2O$
Flüssiggas	Propan + Butan	$CH_4 + C_4H_{10}$
Gips	schwefelsaures Calcium	$CaSO_4 \cdot 2H_2O$
Glaubersalz	Natriumsulfat	Na_2SO_4
Glycerin	Glycerin	$C_3H_8O_3$
Grubengas	Methan	CH_4
Hartporzellan	Steatit	$3MgO \cdot 4SiO_2 \cdot H_2O$
Hostalen	Polyethylen	$CH_2{=}CH_2$
Kalilauge	Ätzkali in wäßriger Lösung	KOH
Kalk, gebrannter	Calciumoxid	CaO
–, gelöschter	s. Ätzkalk	
–, phosphorsaurer	Calciumphosphat	$Ca_3(PO_4)_2$

Gewerbliche Bezeichnung	Chemische Benennung	Formel
Kalkstein	Calciumcarbonat	$CaCO_3$
calzinierte Soda	Natriumcarbonat, wasserfrei	Na_2CO_3
Karborund	Siliciumcarbid	SiC
Kochsalz	Chlornatrium	$NaCl$
Korund (Schmirgel)	Aluminiumoxid	Al_2O_3
Kreide	Calciumcarbonat	$CaCO_3$
Kupfervitriol	Kupfersulfat	$CuSO_4 \cdot 5H_2O$
Lötwasser	wäßrige Zinkchlorid-Lösung	$ZnCl_2$
Magnesia	Magnesiumoxid	MgO
Mennige	s. Bleimennige	
Mullit	Silikatkeramik	$3Al_2O_3 \cdot 2SiO_2$
Natron, doppelkohlensaures	Natriumbicarbonat	$NaHCO_3$
Natronlauge	Ätznatron in wäßriger Lösung	$NaOH$
Phosphorsaurer Kalk	Calciumorthophosphat	$Ca_3(PO_4)_2$
Polierrot	Ferrioxid	Fe_2O_3
Porzellanton	Kaolin	$Al_2O_3 \cdot 2SiO_2 \cdot 2H_2O$
Pottasche	kohlensaures Kalium	K_2CO_3
Rost	Eisenoxidhydrat	$Fe(OH)_2$
Salmiak	Chlorammonium	NH_4Cl
Salmiakgeist	Ammoniak	NH_3
Salzsäure	Chlorwasserstoffsäure	HCl
Schamotte	Siliciumdioxid	SiO_2
Scheidewasser	Salpetersäure	HNO_4
Schwefelsäure	Schwefelsäure	H_2SO_4
Schwefelwasserstoff	Schwefelwasserstoff	H_2S
Schweflige Säure	Schwefeldioxid	SO_2
Soda, kristallines	kohlensaures Natrium	Na_2CO_3
Styropor	Polystyrol	$C_6H_5{-}CH{=}CH_2$
Teflon, Hostaflon	Polytetrafluorethylen	$C_2F_2{=}CF_2$
Tetra	Tetrachlorkohlenstoff	CCl_4
TNT	Trinitrotoluol	$CH_3{-}(NO_2)_3$
Tonerde	Aluminiumoxid	Al_2O_3
Tri	Trichlorethylen	C_2HCl_3
Vitriolöl	konzentrierte Schwefelsäure	H_2SO_4
Wasserglas	kieselsaures Natrium oder Kalium	Na_2SiO_4 od. Na_2SiO_2 / K_4SiO_4 od. K_2SiO_3
Zink, salzsaures	Zinkchlorid	$ZnCl_2$
Zinnchlorid, Chlorzinn	Zinnchlorid	$SnCl_4$
Zinnober	Mercurisulfid	HgS

Literatur: *Landolt-Börnstein*: Zahlenwerte und Funktionen aus Physik, Chemie, Astronomie, Geophysik und Technik, 6. Aufl. Bd. 2, Teil 1 bis 4. Berlin: Springer 1971; 1960, 1962, 1964; 1956; 1961. *Latscha, H.P.; Klein, H.A.*: Anorganische Chemie. Chemie-Basiswissen I. 2. Aufl. Heidelb. Taschenb. Bd. 193. Berlin: Springer 1984. *Latscha, H.P.; Klein, H.A.*: Organische Chemie. Chemie-Basiswissen II. Heidelb. Taschenb. 211. Berlin: Springer 1982. *Latscha, H.P.; Klein, H.A.*: Analytische Chemie. Chemie-Basiswissen III. Heidelb. Taschenb. Bd. 230. Berlin: Springer 1984. *Wittenberger, W.*: Rechnen in der Chemie, 11. Aufl. Berlin: Springer 1983

Z

Tabelle 17. Die wichtigsten Größen der Schalltechnik

a_0	Amplitude	A	Fläche	P	Leistung	κ	Isentropenexponent
f	Frequenz	E	Elastizitätsmodul	R	Gaskonstante	v	Poisson-Zahl
		G	Gleitmodul	T	abs. Temperatur	ρ	Dichte
						χ	Kompressibilität

Größe	Definition		Gesetz	Einheit	Bereiche, Anhaltswerte	
Schall-geschwindigkeit	feste Stoffe					
	Longitudinalwellen in großen Körpern		$c_L = \sqrt{\dfrac{2G(1-v)}{\rho(1-2v)}}$	m/s	$1000\dots5000$ m/s	
	Transversalwellen in großen Körpern		$c_T = \sqrt{G/\rho}$		$500\dots3500$ m/s	
	Dehnwellen in Stäben		$c_D = \sqrt{E/\rho}$		Gummi	50 m/s
					Stahl	5000 m/s
	Flüssigkeiten		$c = \sqrt{\chi/\rho}$		Wasser	1485 m/s
	Gase		$c = \sqrt{\kappa RT}$		Luft	331 m/s } 1 bar
					Wasserstoff	1280 m/s } 0 °C
Schallschnelle	Wechselgeschwindigkeit der schwingenden Teilchen		$u = a_0\,\omega$ $= 2\pi a_0 f$	m/s	$5\cdot10^{-8}\dots1$ m/s	
Schalldruck	statischer und dynamischer Druck bei elastischen Medien		p	N/m² µbar	$10^{-4}\dots10^2$ N/m²	
					Hörschwelle	$=2\cdot10^{-5}$ N/m²
					Klavier	0,2 N/m²
					Sirene	35 N/m²
Schalleistung	Schallenergie pro Zeiteinheit, die durch eine bestimmte Fläche geht		P	W	$10^{-12}\dots10^5$ W	
					Hörschwelle	$=10^{-12}$ W
					Stimme	$\sim10^{-3}$ W
					Sirene	$\sim10^3$ W
Schallintensität, Schallstärke	Schalleistung pro Flächeneinheit		$I = P/A$ $= p^2/(c\,\rho)$	W/m²	$10^{-11}\dots10^3$ W/m²	
					Hörschwelle	10^{-12} W/m²
Schallpegel	logarithmisches Maß für den Schalldruck		$L = 10\lg(P/P_0)$ $= 10\lg(I/I_0)$ $= 20\lg(p/p_0)$	Bel B, dB	$0\dots140$ dB $P_0 = 10^{-12}$ W $I_0 = 10^{-12}$ W/m² $p_0 = 2\cdot10^{-5}$ N/m²	
Lautstärke	Maß der subjektiven Empfindung der Schallintensität für das Ohr		s. **O 3 Bild 1** bei 1000 Hz $\varLambda = 10\lg(I/I_0)$	phon	$0\dots130$ phon	
					Hörschwelle	0 phon
					Unterhaltung	50 phon
					Schmerzgrenze	130 phon
Schallabsorptions-grad	Maß für die Umwandlung der Schallenergie in Wärme durch Reibung Index a und r auftreffend und reflektierend		$\alpha = (P_a - P_r)/P_r$ $= (p_a^2 - p_r^2)/p_r^2$	1	für 500 Hz	
					Beton	0,01
					Glas	0,03
					Schlackenwolle	0,36
Schalldämmaß	logarithmisches Maß für die Luftschall-dämmung einer Wand, Index 1 davor, Index 2 dahinter		$R = 10\lg(I_1/I_2)$	dB	Stahlblech 1 mm	29 dB
akustischer Wirkungsgrad	Verhältnis der akustischen zur mechanischen Leistung		$\eta = P_{aku}/P_{mech}$	1	s. **Tab. 18**	

Tabelle 18. Angenäherte akustische Wirkungsgrade

Δp	Pressung	P_{aku}	akustische Leistung	$\eta = P_{aku}/P_{mech}$
Ma	Machzahl	P_{mech}	mechanische Leistung	

Sirene		Dieselmotor	
mit Anpassungstrichter	$(3\dots7)\,10^{-1}$	Motorenblock bei 800 min⁻¹	$4,0\cdot10^{-7}$
ohne Anpassungstrichter	$1,0\cdot10^{-2}$	Motorenblock bei 3000 min⁻¹	$5,0\cdot10^{-6}$
rotierende Scheibe	$2,5\cdot10^{-1}$	Auspuff mit Abgasturbine	$1,0\cdot10^{-4}$
mit Überschallgeschwindigkeit			
Schmidt-Rohr	$2,0\cdot10^{-2}$	Getriebe	
Ventilator Optimalpunkt		Sonderklasse	$3,0\cdot10^{-8}$
$\Delta p < 2,5$ mbar	$1,0\cdot10^{-6}$	geräuscharm	$2,0\cdot10^{-7}$
$\Delta p > 2,5$ mbar	$4,0\cdot10^{-8}\,\Delta p$	normal	$1,0\cdot10^{-6}$
Ausströmgeräusche		schlecht	$3,0\cdot10^{-6}$
$Ma < 0,3$	$8(10^{-6}\dots10^{-5})\,Ma^3$	Elektromotor	
$0,4 < Ma < 1,0$	$1,0\cdot10^{-4}\,Ma^5$	geräuscharm	$2,0\cdot10^{-8}$
$Ma > 2,0$	$2,0\cdot10^{-3}$	normal	$2,0\cdot10^{-7}$
Propellerflugzeug	$5,0\cdot10^{-3}$	Elektrodynamischer Lautsprecher	$5,0\cdot10^{-2}$
2700 kW im Stand			
Motorrad 250 cm³	$1,0\cdot10^{-3}$	Menschliche Stimme	$5,0\cdot10^{-4}$
ohne Auspuff			
Kleingasturbine		Schiffsschraube, Wasserschall	
Ansaugen	$1,0\cdot10^{-4}$	ohne Kavitation	$10^{-9}\dots10^{-8}$
Auspuff	$1,0\cdot10^{-5}$	mit Kavitation	$1,0\cdot10^{-7}$
Gehäuse	$1,0\cdot10^{-6}$	Orgel	$10^{-3}\dots10^{-2}$

Z

Tabelle 19. Immissionsrichtwerte nach der „Technischen Anleitung zum Schutz gegen Lärm" TA-Lärm (1968), s. auch VDI 2058 Bl. 1

reines Gewerbe- und Industriegebiet	70 dB(A)[a]	
	tagsüber	nachts
vorwiegend gewerbliches Gebiet	65 dB(A)	50 dB(A)
Mischgebiet	60 dB(A)	45 dB(A)
vorwiegend Wohngebiet	55 dB(A)	40 dB(A)
reines Wohngebiet	50 dB(A)	35 dB(A)
Kurgebiet usw.	45 dB(A)	35 dB(A)
Wohnungen in baulicher Verbindung mit einer Anlage	40 dB(A)	30 dB(A)

[a]) Gemäß „Unfallverhütungsvorschrift Lärm" UVV-Lärm (s. VDI 2058 Bl. 2) maximal zulässiger *Beurteilungspegel* am *Arbeitsplatz*: 90 dB(A).

Tabelle 20. Umrechnung von dB in Druck- oder Leistungs-(Druck-quadrat-)verhältnisse und umgekehrt

dB	p/p_0	p^2/p_0^2	dB	p/p_0	p^2/p_0^2	dB	p/p_0	p^2/p_0^2
0	1,000	1,000	0	1,000	1,000	0	1,000	1,000
0,1	1,012	1,023	1	1,122	1,259	10	3,162	10
0,2	1,023	1,047	2	1,259	1,585	20	10,00	10^2
0,3	1,035	1,072	3	1,413	1,995	30	31,62	10^3
0,4	1,047	1,096	4	1,585	2,512	40	100,0	10^4
0,5	1,059	1,122	5	1,778	3,162	50	316,2	10^5
0,6	1,072	1,148	6	1,995	3,981	60	1000	10^6
0,7	1,084	1,175	7	2,239	5,012	70	3162	10^7
0,8	1,096	1,202	8	2,512	6,310	80	10000	10^8
0,9	1,109	1,230	9	2,818	7,943	90	31620	10^9
1,0	1,122	1,259	10	3,162	10,000	100	100000	10^{10}

Beispiel: Druck- und Leistungsverhältnis für $L=92,5$ dB? Es gilt

$$L = 20 \text{ dB lg} \frac{p}{p_0} = 10 \text{ dB lg} \frac{p^2}{p_0^2} = 92,5 \text{ dB}.$$ Das Druckverhältnis ist danach $p/p_0 = 10^{92,5\,\text{dB}/20\,\text{dB}} = 10^{90/20} \cdot 10^{2/20} \cdot 10^{0,5/20}$. Hiernach folgt aus der **Tab.** 20 für 90; 2 und 0,5 dB der Wert $p/p_0 = 31\,620 \cdot 1,259 \cdot 1,06 = 4,216 \cdot 10^4$. Für das Leistungsverhältnis gilt $P/P_0 = p^2/p_0^2 = 10^{92,5\,\text{dB}/10\,\text{dB}} = 10^{90/10} \cdot 10^{2/10} \cdot 10^{0,5/10}$. Nach

Tabelle 21. Alphabete

deutsches Alphabet			griechisches Alphabet			
𝔄	a	a	A	α	a	Alpha
𝔅	b	b	B	β	b	Beta
ℭ	c	c	Γ	γ	g	Gamma
𝔇	d	d	Δ	δ	d	Delta
𝔈	e	e	E	ε	e	Epsilon
𝔉	f	f	Z	ζ	z	Zeta
𝔊	g	g	H	η	e	Eta
ℌ	h	h	Θ	ϑ	th	Theta
ℑ	i	i	I	ι	j	Jota
𝔍	j	j	K	κ	k	Kappa
𝔎	k	k	Λ	λ	l	Lambda
𝔏	l	l	M	μ	m	My
𝔐	m	m	N	ν	n	Ny
𝔑	n	n	Ξ	ξ	x	Ksi
𝔒	o	o	O	o	o	Omikron
𝔓	p	p	Π	π	p	Pi
𝔔	q	q	P	ρ	r	Rho
𝔑	r	r	Σ	σ	s	Sigma
𝔖	s	s	T	τ	t	Tau
𝔗	t	t	Y	υ	y	Ypsilon
𝔘	u	u	Φ	φ	ph	Phi
𝔙	v	v	X	χ	ch	Chi
𝔚	w	w	Ψ	ψ	ps	Psi
𝔛	x	x	Ω	ω	o	Omega
𝔜	y	y				
ℨ	z	z				

der **Tab.** 20 ergibt sich entsprechend: $p^2/p_0^2 = 10^9 \cdot 1,585 \cdot 1,122 = 1,78 \cdot 10^9$.

„Pegeladdition" $L_\text{ges} = 10 \text{ lg}(\Sigma \ 10^{L_i/10\,\text{dB}}) \text{ dB}$.

Beispiel: Addition der Pegel $L = 93$; 90; 88; 88; 85 und 82 dB! Nach der oben aufgeführten Gleichung ist:

$$\begin{aligned}
L_\text{ges} &= 10 \text{ lg}(10^{9,3} + 10^{9,0} + 10^{8,8} + 10^{8,8} + 10^{8,5} + 10^{8,2}) \text{ dB} \\
&= 10 \text{ lg}[10^8(20 + 10 + 2 \cdot 6,3 + 3,1 + 1,6)] \text{ dB} \\
&= 10 \text{ lg}(47,3 \cdot 10^8) \text{ dB} \\
&= 96,7 \text{ dB}.
\end{aligned}$$

Pegelerhöhung um 6 dB bewirkt doppelten Schalldruck bzw. vierfache Schalleistung.

Quelle zu den Tab. 17, 18 und 20: Heckl, M.; Müller, H.A. (Hrsg.): Taschenbuch der Technischen Akustik. Berlin: Springer 1975.

Tabelle 22. Einige deutsche Buchstabenwörter (Akronyme) (s. auch Z „Bezugsquellen für Technische Regelwerke")

Akronym	Bedeutung
a) Grundlagen	
BEM	Boundary-Elemente-Methode
FCKW	Fluor-Chlor-Kohlenwasserstoff
FEM	Finite-Elemente-Methode
MSR	Messen, Steuern, Regeln
PTFE	Polytetrafluorethylen
PVC	Polyvenylchlorid
REM	Rasterelektronenmikroskop
SAM	Sensorsystem für Automation und Meßtechnik
b) Maschinenbau und Fertigung	
ABS	Antiblockiersystem
ASU	Abgas-Sonderuntersuchung
ATL	Abgas-Turboaufladung
BBA	Betriebsbremsanlage
BTE	Betriebsdatenerfassung
FFS	Flexible Fertigungsysteme
FIS	Fachinformationssystem
HKM	Hubkolbenmotor
HKZ	Hochspannungskondensatorzündung
NKW	Nutzkraftwagen
PPS	Produktionsplanung und -steuerung
PTR	Pumpe-Turbine-Reaktionsglied (Föttinger-Getriebe)
RKM	Rotations-Kolbenmotor
TL	Turbo-Luftstrahl (Gasturbinentriebwerk)
WEK	Windenergie-Konvertor
c) Elektronik	
ADU	Analog-Digital-Umsetzer
ARI	Autofahrer-Radio-Information (Verkehrsfunk)
Btx	Bildschirmtext
BIGFON	breitbandig integriertes Glasfaser-Ortsnetz
DAU	Digital-Analog-Umsetzer
DMS	Dehnmeßstreifen
FM	Frequenzmodulation
GKS	Graphisches Kernsystem
IDV	Individuelle Datenverarbeitung
IOP	Integrierter Operationsverstärker
RDS	Radio-Datensystem
SPS	Speicherprogrammierbare Steuerung
VKA	Vielkanalanalysator

Tabelle 23. Gebräuchliche englische Buchstabenwörter (Akronyme) und Grundbegriffe

a) Electronic data processing. Elektronische Datenverarbeitung

Akronym	Bedeutung	Erläuterung	Akronym	Bedeutung	Erläuterung
ADC	Analog to digital converter (digitiser)	Analog-Digital (A/D)-Wandler	MPU	Microprocessor unit	Mikroprozessoreinheit
ALU	Arithmetic and logic unit	Einheit zur Verknüpfung arithmetischer und logischer Operationen	NC	Numerical control	numerische Steuerung der Werkzeugmaschinen
BPI	Bit per inch	Maßeinheit der Schreibdichte (max. 6250 Zeichen pro Zoll auf Magnetband)	OCR	Optical character recognition	optische Zeichen-erkennung
	Bus	Schaltkreis zum Daten- und Signaltransport	PCC	Process control computer	Prozeßrechner
CA	Computer aided (Systems)	computerunterstützte (Systeme)	PL	Programming languages	Programmiersprachen s. Y 3.2.5 und T 2.4
CAD	design	Konstruktion	ADA	Augusta Ada Byron (Eigenname)	für Prozeßautomatisierung
CAE	engineering	Entwicklung	ALGOL	Algorithmic language	für Wissenschaft
CAI	instruction	Information	APL	A programming language	für Dialogregie
CAM	manufacturing	Herstellung			
CAP	planning	Arbeitsvorbereitung	ASCII	American standard code for information and interchanging	für Mikro- und Personalcomputer
CAT	testing	Prüfung bzw. Kontrolle			
	Character matrix	Zeichenmatrix	ASSEMBLER		maschinenorientiert
CIM	Computer integrated manufacturing	Zusammenfassung der CA-Anwendungen	BASIC	Beginners all purpose symbolic instruction code	für Anfänger
COM	Computer output on microfilm	Rechnerausgabe auf Mikrofilm	COBOL	Common business oriented language	für Buchhalter und Kaufleute
CPS	Characters per second (Baud)	Übertragungsgeschwindigkeit der Informationen (1 Baud = 1 Signal/s)	FORTRAN	Formula translator	für Wissenschaft
			LISP	List processing language	für Zeichenketten (nicht numerisch)
CPU	Central processing unit	Zentraleinheit mit Rechen- und Steuerwerk	PASCAL		grundlegendes System für Prozeßdaten-verarbeitung und Automatisierung
CRT	Cathode ray tube	Kathodenstrahlröhre für Text und Graphik			
CT	Computer tomography	Bildaufnahmen in der Medizin	PEARL	Process- and experiment automation realtime language	
	Cursor	Bildschirmpositions-anzeiger	PL/I	Programming language I	für Mathematik
DMA	Direct memory access	direkte Datenein- und -ausgabe	ROBEX	Roboter exapt	für Industrieroboter
DS	Data security	Datensicherung	PPS		Produktplanung und Steuerung
DVST	Direct video storage tube	Speicherbildschirm	RAM	Random access memory	Schreib-Lesespeicher mit wahlfreiem Zugriff s. Y 3.1.4
IC	Integrated circuit	integrierter Schaltkreis			
IGES	Initial graphics exchange specification	Schnittstelle für den Austausch von CAD-Systemen	ROM	Read only memory	Festwertspeicher mit freier Adressierung
	Joy stick	Steuerhebel	PROM	Programmable read only memory	Programmierbarer Festwertspeicher
LCD	Liquid crystal display	Flüssigkeitskristall-anzeige	RPN	Reversed polish notation	umgekehrte polnische Notation (auch UPN) Eingabe: Zahl, Zeichen
LED	Light emitting diode Light pen	Lumineszenzdiode Lichtgriffel	SCAN	Scanning	Abtasten, Lesen
LSB	Last significant bit	kleinstwertiges rechtsstehendes Bit	STDM	Synchronous time division multiplexing	synchrones Zeitmultiplexverfahren, jedes Terminal erhält eine bestimmte Zeitspanne zugeteilt
	Memory storage Master slave	Speicherung Master (Hauptcomputer) bedient alle peripheren Einheiten, beide den gemeinsamen Hauptspeicher			
			TSD	Touch sensitive devices Trucking cross	Eingabegerät mit Fingerbedienung Zeichenkreuz
MODEM	Modulator, demodulator	Modulator, Demodulator Bauteil zur Schnittstellenanpassung an verschiedene Übertragungssysteme	VDT	Video display terminal	Datensichtgerät
			VRS	Voice recognition system	Spracherkennungssystem

b) Electronics and communication. Elektronik und Nachrichtentechnik

Akronym	Bedeutung	Erläuterung
AFC	Automatic frequency control	automatische Scharfab- stimmung eines Senders
BOSP	Business Office System Planning	Planung der Büroautomation
CD	Compact disk	berührungslos durch La- ser abgetastete Platte
	Chip	Halbleiterplättchen mit integrierter Schaltung
DAC	Digital to analog converter	Digital-Analog- Wandler
EFTS	Electronic Funds Transfer System	Elektronischer Zahlungsverkehr
ESOC	European space operations center	Europäische Raumfahrtzentrale
FET	Field effect transistor	Feldeffekttransistor
FREQ	**Frequencies**	Frequenzen
UHF	Ultra high frequencies	ultrahohe Frequenzen 300...3000 MHz Fernsehen
VHF	Very high frequencies	Höchstfrequenzen 30...300 MHz UHF, VHF Fernsehen FM (UKW) Radio 87,5...104 MHz
HF	High frequencies	Hochfrequenzen 3...30 MHz Kurzwelle Radio 11...49-Meterband
MF	Medium frequencies	Mittelfrequenzen 0,3...3 MHz Radio Mittelwelle
LF	Low frequencies	Niederfrequenzen 30...300 kHz Radio Langwelle
HFO	High frequency oscillator	Hochfrequenzoszillator
HDTV	High Definition Television	Hochzeilen-Fernsehen
HIFI	High fidelity	hohe Wiedergabetreue
INTELSAT	International telecom- munications satellite organisation	Organisation zur Vergabe von Satellitenkanälen
LASER	Light amplification by stimulated emission of radiation	Verstärker für elektro- magnetische Wellen im Bereich des sichtbaren Lichts
LDR	Light dependent resistor	Fotowiderstand (lichtabhängig)
MASER	Microwave amplifica- tion by stimulated emission of radiation	Verstärker für Mikro- wellen
MCL	Music composition language	Sprache für Kompositionen
MOD	**Modulation**	Modulation
ASK	Amplitude shift keying	Amplituden-Modul.
PAM	Pulse amplitude mod.	Puls-Amplitud.- Modul.
PCM	Pulse code mod.	Puls-Code-Modul.
PFM	Pulse frequency mod.	Puls-Frequenz-Modul.

Akronym	Bedeutung	Erläuterung
MOS	Metal oxide semi- conductor	Metalloxid-Halbleiter
NR	Noise reduction	Rauschunterdrückung
DOLBY	Erfindername	bei hohen Frequenzen
HIGHCOM	**High** fidelity **com-** pander	für breites Frequenz- band
OCR	Optical character recog- nition	Zeichenerkennung (Lesen von Schrift)
PAL	Phase altering line	Farbbildübertragung durch Phasenumschal- tung von Zeile zu Zeile
PCB	Printed circuit board	gedruckte Schaltung auf einer Platine
RADAR	Radio detecting and ranging Receiver	Ortung mit reflektierten Funkwellen Radioempfangsteil mit Verstärker
RMS	Root mean square	Effektivwert
SDR	Strain dependent resistor	Dehnmeßstreifen
SECAM	Séquentielle couleur à mémoire	zeitlich aufeinanderfol- gende Farbbildübertra- gung mit Speicherung
SONAR	Sound navigation and ranging	Ortung mit Schallwellen
TDMA	Time division multiple acces	Zugriff im Zeitmultiplex
TELEFAX	Telefacsimile exchange	Fernkopieren
TELEX	Teleprinter exchange service	Fernschreiben
THERMISTOR	Thermal sensitive **resistor**	temperaturabhängiger Widerstand
NTC	Negative temperature coefficient	mit der Temperatur fallend (Heißleiter)
PTC	Positive temperature coefficient	mit der Temperatur steigend (Kaltleiter)
THYRISTOR	Thyratron transistor	steuerbares Halbleiterventil
TL	Transistor logic	Transistor Logik
DTL	Diode transistor logic	m. Diode u. Transist.
ECL	Emitter coupled logic	gekoppelt mit Emitter
TTL	Transistor-transistor logic	Transistor-Transistor
TRIAC	Triode alternating current semiconductor switch Tuner	Wechselstrom-Zweirich- tungs-Thyristordiode Radioempfangteil
VARISTOR	**Variable resistor**	spannungsabhängiger Widerstand
VCA	Voltage controlled amplifier	spannungsgesteuerter Verstärker
VHS	Video home system	Videorecorder- Kassetten-System
	Videotext	Text-Informationsdienst im Fernsehen

Z

Literatur: *Brinkmann, K.H.: Schmidt, R.:* Wörterbuch zur Datentechnik, 2. Aufl. Wiesbaden: Brandstetter 1979. *Darcy, L.; Boston, L.:* Webster's New World Dictionary of Computer Terms. Bergisch Gladbach: Lübbe 1983. *Freyer, U.:* Elektronik, Abkürzungen von A bis Z. München: Franzis 1983. *Schneider, H.J.* (Hrsg.): Lexikon der Informatik und Datenverarbeitung, 2. Aufl. München: Oldenbourg 1986.

Eine Auswahl der wichtigsten technischen Zeitschriften

a) Grundlagen der Technik (Mathematik, Physik, Chemie)

Angewandte Chemie: Herausgegeben von der Gesellschaft Deutscher Chemiker. Weinheim: VCH.
Archiv der Mathematik (AM). Basel: Birkhäuser.
Chemie Ingenieur Technik. Weinheim: VCH.
Chemie-Technik (CT): Verfahrenstechnik, chemische Apparatur, Betriebs- und Laborpraxis. Heidelberg: Hüthig.
Forschung: (Mitteilungen der DFG). Weinheim: VCH.
Forschung im Ingenieurwesen: Düsseldorf: VDI.
Ingenieur-Archiv: Herausgegeben in Zusammenarbeit mit der Gesellschaft für Angewandte Mathematik und Mechanik (GAMM). Berlin: Springer.
Mathematische Zeitschrift. Berlin: Springer.
Numerische Mathematik (engl.). Berlin: Springer.
Zeitschrift für angewandte Mathematik und Mechanik (ZAMM): Ingenieurwissenschaftliche Forschungsarbeiten. Berlin Ost: Akademie-Verlag.
Zeitschrift für angewandte Mathematik und Physik (ZAMP). Basel: Birkhäuser.

b) Maschinenbautechnische Fachbebiete

b1. Allgemeines, Normung, Werkstoffe

DIN Mitteilungen + elektronorm: Zentralorgan der deutschen Normung. Berlin: Beuth.
DIN-Anzeiger für technische Regeln. Berlin: Beuth.
Experiments in Fluids: Experimental Methods and their Applications to Fluid Flow. Berlin: Springer.
Ingenieur Werkstoffe: Werkstoffanwendung, Konstruktion, Qualitätssicherung. Düsseldorf: VDI.
Journal of Materials Engineering (JOME), published in cooperation with ASM INTERNATIONAL. New York: Springer.
Kunststoffe (German, Plastics): Organ deutscher Kunststoff-Fachverbände. München: Hanser.
Material-Prüfung: Amtliches Organ der Bundesanstalt für Materialforschung und Prüfung (BAM). München: Hanser.
Umwelt: Zeitschrift des Vereins Deutscher Ingenieure für Immissionsschutz Abfall und Gewässerschutz. Düsseldorf: VDI.
VDI-Zeitschrift: Zeitschrift des Vereins Deutscher Ingenieure für Maschinenbau und Metallbearbeitung. Düsseldorf: VDI.

b2. Maschinenbau und Konstruktion

ABB: ASEA BROWN-BOVERI-Technik. Baden: Schweiz, ABB Marketing-Services.
antriebstechnik: Zeitschrift für Maschinen, Getriebe und Antriebselemente. Mainz: Krausskopf.
Automobiltechnische Zeitschrift (ATZ) für Konstruktion, Entwicklung und Fertigung. Stuttgart: Franckh.
Brennstoff-Wärme-Kraft (BWK): Herausgegeben vom VDI-Ausschuß für Wärme- und Kraftwirtschaft und der Vereinigung technischer Überwachungsvereine. Düsseldorf: VDI.
Das Gas- und Wasserfach: Zeitschrift des DVGW Deutscher Verein des Gas- und Wasserfaches. München: Oldenbourg.
Die Kältetechnik und Klimatechnik. Stuttgart: Gentner.
Drucklufttechnik. Mainz: Krausskopf.
Feinwerktechnik und Meßtechnik (F&M): Organ der VDI/VDE Gesellschaft Feinwerktechnik. München: Hanser.
fluid: (Zeitschrift für Hydraulik, Pneumatik und Zubehör). Landsberg: Moderne Industrie.
fördern und heben: Organ der VDI/AWF Fachgruppe Förderwesen. Mainz: Krausskopf.
Klima, Kälte, Heizung (KI): Zeitschrift für technische Gebäudeausrüstung. Karlsruhe: Müller.
Konstruktion (KON): Zeitschrift für Konstruktion und Entwicklung im Maschinen-, Apparate- und Gerätebau. Organ der VDI-Gesellschaft Entwicklung, Konstruktion, Vertrieb (VDI-EKV). Berlin: Springer.
Maschinenbautechnik: Wissenschaftlich technische Zeitschrift für Forschung, Entwicklung und Konstruktion. Berlin Ost: VEB Technik.
Motortechnische Zeitschrift (MTZ): Technisch-wissenschaftliche Zeitschrift für den Verbrennungsmotor und die Gasturbine. Stuttgart: Franckh.
ölhydraulik und pneumatik: Zeitschrift für Fluidmechanik. Mainz: Krausskopf.
Research in Engineering Design. New York: Springer.
Siemens Forschungs- und Entwicklungsberichte: Zeitschrift der zentralen Forschung und Entwicklung der Siemens AG. Berlin: Springer.
Technisches Messen (tm): Organ der NAMUR Normenarbeitsgemeinschaft für Meß- und Regelungstechnik in der chemischen Industrie. München: Oldenbourg.
Tribologie und Schmierungstechnik: Organ der Gesellschaft für Tribologie. Hannover: Vincenz.
Verfahrenstechnik (vt): Zeitschrift für Planung, Bau und Betrieb von Apparaten und Anlagen. Mainz: Krausskopf.
Wärme- und Stoffübertragung. Berlin: Springer.
Wärmetechnik: Internationales Fachorgan für Feuerungs- und Haustechnik. Stuttgart: Gentner.

b3. Fertigung und Betrieb

Arbeitsvorbereitung (AV): Zeitschrift für rechnergestützte Planung, Steuerung und Automatisierung. München: Hanser.
Betriebstechnik: Gräfeling: Resch.
Gießerei: Zeitschrift für das gesamte Gießereiwesen. Düsseldorf: Gießerei Verlag.
Methods and Models of Operations Research (Zor): Zeitschrift für Operations Research. Berlin: Springer.
Qualität und Zuverlässigkeit (QZ): Zeitschrift für industrielle Qualitätssicherung. München: Hanser.
REFA Nachrichten. Nachrichten des Verbandes für Arbeitsstudien und Betriebsorganisation. Berlin: Beuth.
Robotersysteme: Zeitschrift für Informationstechnologie und Handhabungstechnik. Berlin: Springer.
Staub, Reinhaltung der Luft: Herausgeber: Berufsgenossenschaftliches Institut für Arbeitssicherheit (BIA). Berlin: Springer.
Werkstatt und Betrieb: Fachzeitschrift für Maschinenbau, Konstruktion und Fertigung. München: Hanser.
Werkstatttechnik (wt): Zeitschrift für industrielle Fertigung. Organ der VDI-Gesellschaft Produktionstechnik (ADB). Berlin: Springer.
Zeitschrift für Lärmbekämpfung: Herausgegeben vom Deutschen Arbeitsring für Lärmbekämpfung. Berlin: Springer.
Zeitschrift für Operations Research (Unternehmensforschung): Serie A: Theorie. Serie B: Praxis. Heidelberg: Physika Verlag.
Zeitschrift für wirtschaftliche Fertigung und Automatisierung (ZWF): Organ der CAD Fachgruppe in der Gesellschaft für Informatik. München: Hanser.

c) Elektrotechnik und Elektronik

Archiv für Elektrotechnik: Im Einvernehmen mit dem Verband Deutscher Elektrotechniker VDE. Berlin: Springer.

Elektrische Energietechnik (eet): Fachzeitschrift für Anlagen und Ausrüstung der Energie und Betriebstechnik. Heidelberg: Hüthig.

Elektrizitätswirtschaft: Zeitschrift der Vereinigung Deutscher Elektrizitätswerke. Frankfurt: Verlag der Elektrizitätswerke.

Elektronik: Organ für die Anwendung der Elektronik in Industrie, Wissenschaft und Verkehrswesen. München: Franzis.

Elektrotechnik: Ausg. A: Elektrische Ausrüstung und Stromversorgung. Ausg. B: Automatisierung und Industrieelektronik. Würzburg: Vogel.

Elektronik und Informatik e&i: Zeitschrift des Österreichischen Verbandes für Elektronik. Wien: Springer.

Elektrotechnische Zeitschrift (etz): Organ des VDE und der Energietechnischen Gesellschaft ETG im VDE. Berlin: VDE-Verlag.

Energie und Automation: Zeitschrift des Unternehmensbereichs für Energie und Automation der Siemens AG. Erlangen: Mencke, Blaesing.

Laser+Optoelektronik: Fachzeitschrift für Laser, Elektronik und Strahlentechnik. Stuttgart: AT-Verlag.

d) Automatisierung und Informatik

Angewandte Informatorik: Fachberichte über programmgesteuerte Maschinen und ihre Anwendung. Wiesbaden: Vieweg.

Automatisierungstechnik (at) mit automatisierungstechnischer Praxis (atp): Organ der VDI/VDE-Gesellschaft Meß- und Regeltechnik. München: Oldenbourg.

Cad, Cam-Report: Heidelberg: Dressler.

Computational Mechanics: Solids, Fluids Transport Phenomena, Multi Body Dynamics and Varionational Methods. Berlin: Springer.

Datenschutz und Datensicherung. Wiesbaden: Vieweg.

Engineering with Computers: An International Journal for Computer-aided Mechanical and Structural Engineering. New York: Springer.

Informatik Forschung und Entwicklung: Berlin: Springer.

Informatik-Spektrum: Organ der Gesellschaft für Informatik e.V. Berlin: Springer.

Informationstechnik/Computer, Systeme, Anwendungen. München: Oldenbourg.

und-oder-nor: Zeitschrift für Industrieelektronik und Steuerungstechnik. Mainz: Krausskopf.

Quellen: Deutschsprachige Zeitschriften: BRD, DDR, Österreich, Schweiz. Verlag der Schillerbuchhandlung Hans Banger, Köln, Ausgabe 1989, 33. Jahrgang. – DOMA Datenbank für deutsche und internationale Fachliteratur des Maschinenbaus und der angrenzenden Gebiete. Frankfurt: Fachinformationszentrum Technik.

Bezugsquellen für Technische Regelwerke, die in den Textteilen und in den Anhängen auszugsweise als Hinweise enthalten sind.

Beuth-Verlag GmbH, Burggrafenstr. 4–10, 1000 Berlin 30:
- DIN-Normen und -Publikationen (Deutsches Institut für Normung)
- LN-Normen (Luft- und Raumfahrt-Normen; Deutsches Institut für Normung)
- VDI-Richtlinien und -Handbücher (Verein Deutscher Ingenieure)
- VDMA-Einheitsblätter (Verein Deutscher Maschinenbau-Anstalten)
- REFA-Publikationen (Verband für Arbeitsstudien und Betriebsorganisation)
- AWF-Publikationen (Ausschuß für wirtschaftliche Fertigung)
- DGQ-Publikationen (Deutsche Gesellschaft für Qualität)
- RKW-Schriftenreihen (Rationalisierungskuratorium der Deutschen Wirtschaft)
- DVS-Schriftenreihen (Deutscher Verband für Schweißtechnik)
- DVGW-Publikationen (Deutscher Verein des Gas- und Wasserfaches)
- DSTV-Publikationen (Deutscher Stahlbau-Verband)
- RAL-Publikationen (Ausschuß für Lieferbedingungen und Gütesicherung)
- GfT-Arbeitsblätter (Gesellschaft für Tribologie)
- VdTÜV-Publikationen (Vereinigung der Technischen Überwachungsvereine)
- VDA-Blätter (Verband der Automobilindustrie)
- AD-Merkblätter (Arbeitsgemeinschaft Druckbehälter im VdTÜV)

- Technische Regeln Druckgase (VdTÜV)
- TRD-Technische Regeln für Dampfkessel (Deutscher Dampfkessel- und Druckgefäßausschuß DDA im VdTÜV)

C. Heymanns Verlag KG, Gereonstr. 18–32, 5000 Köln 1:
- Arbeitsstättenrichtlinien (Bundesminister für Arbeit und Sozialordnung)
- Sicherheitstechnische Regeln des KTA (Kerntechnischer Ausschuß)
- Technische Regeln Druckbehälter (VdTÜV)
- Technische Regeln für Aufzüge (VdTÜV)
- Technische Regeln für Gashochdruckleitungen (VdTÜV)
- Technische Regeln für gefährliche Arbeitsstoffe (Bundesanstalt für Arbeitsschutz und Unfallforschung)
- Technische Regeln für brennbare Flüssigkeiten (TRbF) (Bundesminister für Arbeit und Sozialordnung BMA)
- VBG-Vorschriften des Hauptverbandes der gewerblichen Berufsgenossenschaften

Maximilian-Verlag, Postfach 23 52, 4900 Herford:
- VdTÜV-Merkblätter und -Werkstoffbehälter (Vereinigung der Technischen Überwachungs-Vereine)

Verlag Stahleisen mbH, Postfach 82 29, 4000 Düsseldorf 1:
- Stahl-Eisen-Prüfblätter (SEP) (Verein Deutscher Eisenhüttenleute VDEh)
- Stahl-Eisen-Werkstoffblätter (SEW) (Verein Deutscher Eisenhüttenleute VDEh)

VDE-Verlag GmbH, Bismarckstr. 33, 1000 Berlin 12:
- VDE-Bestimmungen (Verband Deutscher Elektrotechniker)

VDG-DOK, Postfach 82 25, 4000 Düsseldorf 1:
- VDG-Merkblätter (Verein Deutscher Gießereifachleute)

Deutsches Informationszentrum für technische Regeln
(DITR) im DIN Deutsches Institut für Normung, Burggrafenstr. 4–10, 1000 Berlin 30:
- Dokumentennachweis für in Deutschland zu beachtende technische Regeln

Die wichtigsten ausländischen Normen und ihre Bezugs-
quellen

Auslandsabteilung des Beuth-Verlages,
Burggrafenstr. 4–10, 1000 Berlin 30:
- ANSI   American National Stanford Institution
- ASTM   American Society for Testing and
             Materials
- API   American Petroleum Institute
- BSI   British Standard Institution
- CEN   Comité Européen de Normalisation
- CENELEC   Comité Européen de Normalisation
             Electrotechniques
- GOST   USSR-Standards
- IEC   International Electrotechnical
             Commission
- ISO   International Organization
             for Standardisation
- NF   Normes Françaises
- NEN   Niederländische Normen
- ÖNORM   Österreichische Normen
- SAE   Society of Automotive Engineers
- SNV   Schweizerischer Normenverband
- UNI   Unificazione Nazionale Italiana

Gebr. Petermann, Kurfürstenstr. 111, 1000 Berlin 30:
- TGL   DDR-Standards (früher: Technische
             Normen, Gütevorschriften und Liefer-
             bedingungen)
- RGW   Normen des Rates für Gegenseitige Wirt-
  Standards schaftshilfe

AGMA, American Gear Manufacturers Association, 1901
North Fort Myer Drive, Arlington, Virginia 22209,
USA:
- AGMA-Standards (American Gear Manufacturers As-
  sociation)

Anmerkung: DIN ISO bzw. DIN IEC sind Deutsche Normen, in denen Normen bzw. Empfehlungen der ISO bzw.
der IEC übernommen wurden.
DIN EN ist eine Europäische Norm, deren deutsche Fassung den Status einer Deutschen Norm erhalten hat.

Sachverzeichnis und Informationen aus der Industrie

Der DUBBEL als umfassendes Lehr- und Nachschlagewerk für den Maschinen-, Apparate- und Anlagenbau enthält seit jeher eine Vielzahl von Hinweisen auf Produkte und vor allem Produktkomponenten der Industrie in Form von Werkbildern und technischen Angaben. Mit diesen sollen dem Leser in Ergänzung der grundlegenden Zusammenhänge einige konstruktive und verfahrenstechnische Realisierungen der Industriepraxis gezeigt werden, die dem Studenten einen ersten Einstieg in die Praxis eines Fachgebiets, dem tätigen Ingenieur Anregungen zur Lösung seiner Aufgaben geben sollen.

Die in das Sachverzeichnis mit Anzeigen integrierten weiteren *Informationen aus der Industrie* sollen darüber hinaus beiden Lesergruppen die Möglichkeit geben, sich schnell einen Überblick über renommierte Unternehmen zu verschaffen, die zu den führenden Herstellern der im DUBBEL behandelten Produkte und Komponenten gehören. Dabei ist es schon aus Umfangsgründen nicht möglich, ein auch nur nahezu vollständiges Spektrum der hierzu gehörenden Unternehmen und Branchen zu veröffentlichen, was einem Hersteller-Verzeichnis gleichkäme.

Diese Erweiterung des DUBBEL hat neben dem Bedürfnis zu einer noch breiteren Fachinformation einen weiteren Aspekt. Eine begrenzte Anzahl von Anzeigen soll dazu beitragen, den Kaufpreis einigermaßen stabil zu halten, damit der DUBBEL als Lehrbuch für den Ingenieurnachwuchs trotz der ständigen Kostenerhöhungen erschwinglich bleibt.

Die Herausgeber

Bayer –
der richtige Partner für

Technische Thermoplaste

**Apec HT
(hochwärmeformbeständiges PC)**
Gegenüber Apec weist Apec HT Verbesserungen in Fließfähigkeit, Transparenz, Eigenfarbe und UV-Stabilität (geringere Vergilbung) auf. Die Kerbschlagzähigkeit ist verringert. Erhöhte Formbeständigkeitstemperatur 160 bis 205 °C (bis 238 °C in der Entwicklung); flammgeschützte und glasfaserverstärkte Einstellungen.

Bayblend (PC + ABS); (PC + ASA)
Günstige Kombination der mechanischen und thermischen Eigenschaften; besonders hervorzuheben sind Wärmeformbeständigkeit (zwischen ABS und PC), hohe Zähigkeit und Kältezähigkeit, Steifigkeit, Dimensionsstabilität, Standard- und leichtfließende Typen, flammgeschützte Typen, glasfaserverstärkte Einstellungen und Produkte zur Herstellung von Strukturschäumen.

®Durethan (PA)
A – Typenreihe (PA 66)
B – Typenreihe (PA 6)
C – Typenreihe (Co-PA)
T – Typ (PA amorph)
Hohe Steifigkeit und Härte; gute Schlagzähigkeit; hohe dynamische Belastbarkeit; abrieb- und verschleißfest; gute Wärmeformbeständigkeit und Kälteschlagzähigkeit; beständig gegen viele Chemikalien (z. B. Benzin und Benzol); hervorragende Verarbeitungseigenschaften; glasfaserverstärkte und glaskugel- bzw. mineralgefüllte Typen sowie polymer- und elastomermodifizierte Qualitäten.

®Makrolon (PC)
Polycarbonat mit hoher Festigkeit, Schlagzähigkeit und guter Wärme-

formbeständigkeit; vorzügliche elektrische und dielektrische Eigenschaften; flammgeschützt lieferbar; physiologisch unbedenklich; ausgezeichnete Lichtdurchlässigkeit der transparenten Typen; glasfaserverstärkte Einstellungen; Schaum- und Extrusionstypen; Spritzgießspezifikationen mit sehr guten Fließeigenschaften.

®Novodur (ABS)
Bevorzugter Werkstoff für Gehäuse und Abdeckungen mit guter Zähigkeit, Festigkeit, Steifigkeit und Chemikalienbeständigkeit, mit ausgezeichneter Oberflächenqualität; problemlose Verarbeitung. Umfangreiche Typenpalette an Standardtypen, Einstellungen mit erhöhter Wärmeformbeständigkeit, glasfaserstärkte und flammgeschützte Typen sowie Spezialtypen für die chemogalvanische Metallisierung und Extrusion.

®Pocan (PBT, PBT mod.)
Poly(butylenterephthalat) mit hoher Wärmeformbeständigkeit, Steifigkeit, Härte und Abriebfestigkeit; gute Dimensionsstabilität, Chemikalien- und Spannungsrißbeständigkeit; ausgezeichnete Gleiteigenschaften; on-line decklackierfähig; flammgeschützt lieferbar; glasfaserstärkte sowie glaskugel- bzw. mineralgefüllte Einstellungen.

®Tedur (PPS)
Poly(phenylensulfid), glasfaser- bzw. glasfaser-/mineralverstärkt; sehr hohe Formbeständigkeitstemperatur (bis 260 °C) und Dauergebrauchstemperatur (bis 240 °C); sehr hohe Steifigkeit und Härte; Flammwidrigkeit (ohne Zusatz von Flammschutzmitteln); Chemikalienbeständigkeit; sehr gute Verarbeit-

barkeit durch äußerst leichte Fließfähigkeit.

Thermoplastisches Polyurethan

®Desmopan (TPU)
Thermoplastisches Polyurethan, das die Lücke zwischen Gummi und Kunststoff schließt; Härteeinstellungen von 80 Shore A bis über 70 Shore D; hohe Abrieb-, Einreiß- und Weiterreißfestigkeit; hohes Rückstellvermögen; gute mechanische und akustische Dämpfung; weichmacherfrei; einfärbbar; gute Beständigkeit gegen mineralische Öle und Fette; mikrobenfeste Spezialtypen.

Gußpolyamid

®Gußpolyamid (PA 6 G)
Gußpolyamid ist die Bezeichnung für ein extrem hochmolekulares, hochkristallines Polyamid 6. Die Bayer AG liefert Rohstoffe wie Caprolactam, Katalysator NL neu, geeignete Aktivatoren sowie das erforderliche verfahrenstechnische Know-how. Das Gußpolyamid wird von Verarbeitern selbst hergestellt und vermarktet.

**Bayer AG
Geschäftsbereich Kunststoffe
D-5090 Leverkusen**

KU5273a

ACE Industrie-Stoßdämpfer

Produktprogramm:

Selbsteinstellende Industrie-Stoßdämpfer

Einstellbare Industrie-Stoßdämpfer

Vorschub-Ölbremsen

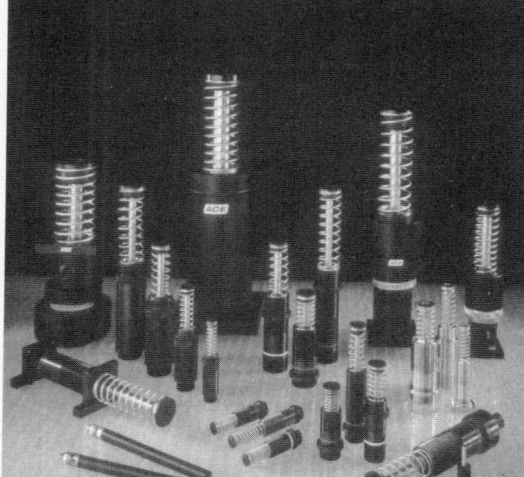

Anwendung

Überall, wo produziert und transportiert wird, sind Massen in Bewegung, welche in den Endlagen gestoppt werden müssen.

Diese Massen beinhalten eine mit dem Quadrat der Geschwindigkeit wachsende kinetische Energie.

Beim Abbremsen dieser Massen treten Kräfte auf, die sich mit dem Energieinhalt erhöhen.

Um diese Kräfte für die Maschine so gering wie möglich zu halten, muß die Energie der bewegten Masse auf einer bestimmten Strecke linear abgebaut werden.

Das bedeutet eine gleichbleibende lineare Verzögerung, gleichzeitig die kürzestmögliche Bremszeit und die kleinstmögliche Bremskraft.

Diese Forderungen erfüllt hundertprozentig der ACE Industrie-Stoßdämpfer.

Service

Technischer Außendienst.

Berechnungsprogramm zur Auslegung von Industrie-Stoßdämpfern.

Vorführwagen mit praktischen Einsatzbeispielen (besonders für Schulen zu empfehlen).

Der ACE-Katalog. Auf 44 Seiten finden Sie alles über die Stoßdämpfertechnik (Dieser Katalog, er enthält eine einzigartige Formelsammlung, wird Schulen in größeren Stückzahlen zur Verfügung gestellt.).

ACE-Stoßdämpfer GmbH
Herzogstraße 28
Postfach 31 61
D-4018 Langenfeld
Telefon: 0 21 73 / 2 30 38
Telefax: 0 21 73 / 2 48 14
Telex: 8 515 685

Sachverzeichnis

Die Seitenangaben sind auf die Teile bezogen. Sie enthalten also den Buchstaben des Teiles und die betreffende Seitenzahl.

S

Antriebstechnik der Spitzenklasse.
Lückenlos von 0,3 kW bis 50 MW

Antriebsaufgaben wirtschaftlich lösen – auch im Automatisierungsverbund; mit allen Vorteilen moderner Technologie, die ein umfangreiches Leistungsspektrum im GS- und DS-Bereich zu bieten hat. Vom Standardantrieb bis zur hochdynamischen Antriebstechnik bei Ein- und Mehrmotoreneinsatz.

Die AEG Antriebspalette ist lückenlos von 0,3 kW bis 50 MW, vom Seriengerät bis zum Produkt für die Anlagentechnik.

Die Gerätereihe für GS-Antriebe umfaßt:

Kleinstgeräte Microsemi sowie das Kompaktgeräteprogramm Minisemi für Ein- und Mehrquadrantenbetrieb · Einbaugeräte Midisemi mit den Vorzügen der größeren Flexibilität beim Anlagenbau · Schrankgerätereihe Maxisemi und Semiduktortechnik 100 für große Leistungen und hohe Anschlußspannungen.

Für Drehstrom- und Servoantriebe liefern wir:

Transistor-Pulsumrichter Microverter und Modulverter mit konstanter Zwischenkreisspannung zur Drehzahlverstellung von Drehstrom-Normmotoren kleiner Leistung · GTO-Pulsumrichter Miniverter und Maxiverter für mittlere Leistungen I-Umrichter Monoverter für Ein- und Vierquadrantenbetrieb bis zu größten Leistungen · Stromrichter für BL-Motoren sowie Direktumrichter, beide zur Speisung von Drehstrommotoren bis in den derzeitigen Grenzleistungsbereich · Servoantriebe mit Transistor-Pulsumrichter zur hochdynamischen Drehzahlverstellung von permanent erregten Drehstrommotoren.

AEG Aktiengesellschaft · Antriebstechnik
Culemeyerstraße 1 · D-1000 Berlin 48
Telefon (0 30) 74 96-26 20

A 95. debis 1635

AEG

Warum die schnelle Lösung aus dem Regal?

Individuelle Lösungen für individuelle Antriebe.

Anwendungstechnik

Der Einsatz von Antriebsriemen erfordert oftmals umfangreiche und komplizierte Computerberechnungen, die unsere Abteilung „Anwendungstechnik" für Kunden durchführt.

Besonders angesehen sind unsere in der Anwendungstechnik speziell geschulten Beratungs- und Verkaufsingenieure, die Ihnen als Konstrukteuren von Antrieben für Maschinen, Motoren und Geräte wertvolle Arbeitshilfen geben.

Keilriemen · Kraftbänder · Rippenbänder · Zahnflachriemen · Rundriemen · Keilriemenscheiben · Zahnscheiben · Ketten

Wir sorgen weltweit für Bewegung!

Weitere Informationen über unser Produktionsprogramm senden wir Ihnen auf Anforderung gern zu:

Arntz-Optibelt-KG
Corveyer Allee 15 · Postfach 10 03 64 · D-3470 Höxter
Tel. 0 52 71/62-1 · Telex 9 31 723 · Fax 0 52 71/3 74 52

optibelt

S

S

$\boxed{\text{S}}$

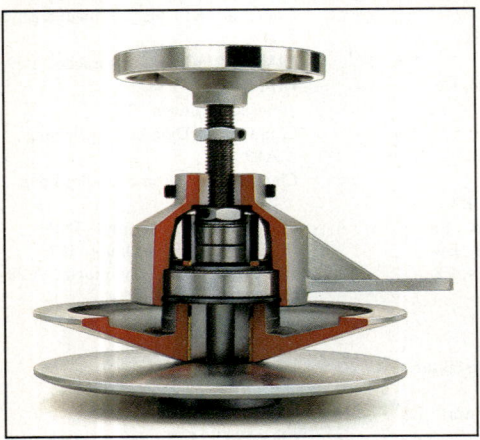

Über

Welle-Nabe-Verbindungen

entscheiden Sie, der Konstrukteur.

Aber mit dem System auch über Ihre Kosten und den Produktwert!

BIKON-Technik GmbH entwickelt seit 1972 neue Spannsysteme zum spielfreien Verbinden von Welle und Nabe. Die Kräfte werden kraftschlüssig übertragen.

Erkenntnisse daraus:
Spannsysteme, aus wenigen Teilen bestehend, ermöglichen gute, garantierbare Rundlaufgenauigkeit. Kleine, im selbsthemmenden Bereich liegende Winkel bewirken gleichmäßigen Radialspannungsverlauf und geringe Randspannung (Kerbwirkung). Um systembedingte Kerbwirkung, die zu Rissen und Wellenbrüchen führt, zu reduzieren, müssen bei gleichem Biegemoment dickere Wellendurchmesser gewählt werden. Nicht selbstzentrierende Spannsysteme erfordern enge Vorzentrierungen zwischen Welle und Nabe. Rostbildung kann (auch bei zu geringer Pressung an den Rändern) die Demontage erheblich erschweren. Winkel im nicht selbsthemmenden Bereich bewirken geringe Nutzung der Schraubenvorspannkraft wie auch Neigung zum Setzen der Verbindung. Auch auf system-/betriebsbedingtes Abrosten der kraftübertragenden Kontaktflächen (Ausfall der Verbindung) muß geachtet werden!

Kegel-Spannsysteme gehen auf den Kegel-Pressverband, mit radial nur einem Wirkflächenpaar zurück. Mehr sind in der Regel nicht erforderlich und führen zu hohen Kosten. Sowohl beim Spannsystem selbst, als auch bei den zu fügenden Bauteilen; die bei nicht selbstzentrierenden Spannsystemen unnötig breit – beispielsweise durch Anschweißen von Naben – ausgeführt werden müssen. Die Bearbeitung mehrerer schmaler Teile in einer Aufspannung ist dadurch nicht möglich.

BIKON®-LOCK

| Spannbuchsen | Spannsatz | DBP 3343446 EUP 0143999 | Spannsätze |

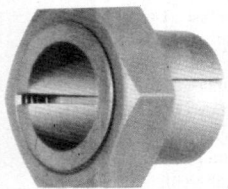  

NEU

BIKON 2006

DOBIKON 1012/DOBIKON 1015

Für Wellen von 6 bis 55 mm.

Zentral mit einer Mutter spann- und lösbar. Schnelle Montage und Demontage. Hohe übertragbare Kräfte. Guter Rundlauf!

Selbstzentrierend.

Zwei schmale Teile werden toleranzunabhängig, spielfrei befestigt. Durch große Biegesteifigkeit leichtere Konstruktionen!

Für Wellen von 25 bis 800 mm. Selbstzentrierend. Hohe Kräfte werden spielfrei übertragen. Geringe Kerbfaktoren.

Auswahl aus heute 22 Produkten

Unser Know-How, Ihr Vorteil

Sie sparen Kosten;
denn Gutes wird durch Besseres ersetzt.

Ob Ihre technisch-wirtschaftliche Lösung mit einem Außen-, Innen- oder Zwischen-Spannsystem, oder einer Kombination derselben, oder anderen Systemen erreicht werden kann, können wir Ihnen aus dem Fundus 17jähriger Entwicklung und mehr als 70 Patenten vermitteln.

® **BIKON-Technik GmbH**

Im Wiesengrund 6 · D-4048 Grevenbroich 12 · Tel. (0 21 82) 90 06
Telex 08 517 237 biko · Telefax (0 21 82) 6 07 78

Bitte fordern Sie die Mappe "BIKON Engineering" an!

S

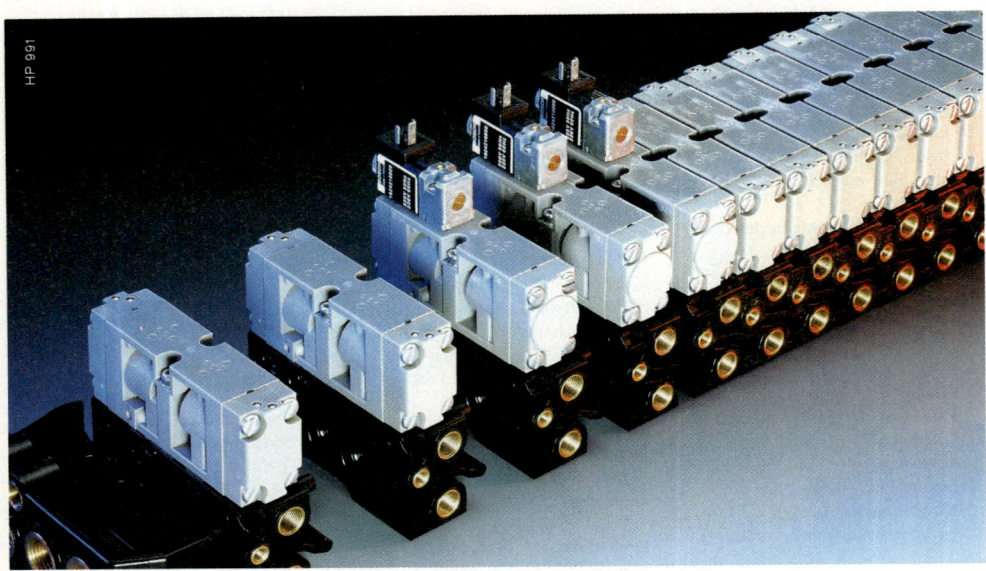

S

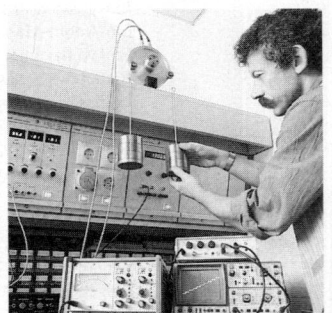

E ine Verdreifachung der
Umsätze in den achtziger
Jahren. Und mehr als
7.000 zufriedene Kunden
aus über 50 Branchen.
Dieser Erfolg ist unsere beste
Referenz. Unser Erfolgsrezept?
Mehr als 45.000 verschiedene
Dichtungs- und Führungsele-
mente sowie ständige Produkt-
innovationen bei erstklassiger
Qualität und außergewöhn-
lichen Serviceleistungen.

Busak+Luyken
DICHTUNGEN

BUSAK + LUYKEN DICHTUNGEN GMBH & CO, Handwerkstraße 5-7, D-7000 Stuttgart 80, Telefon (0711) 78 64-0

S

CYCLO

S

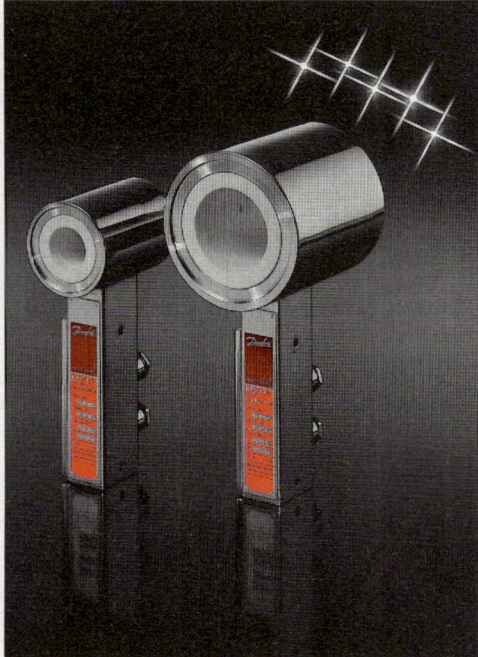
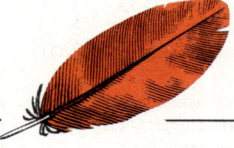

S

S

Shell Qualität.

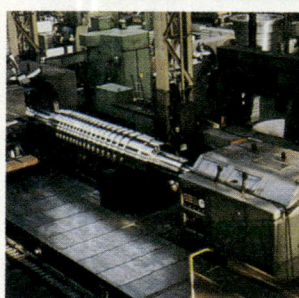  

Schmierstoffe für alle(s).

 **Shell.**
Weil die Anforderungen an Schmierstoffe wachsen.

S

STAR Präzision in Bewegung

Die Deutsche Star GmbH bietet das breiteste und technologisch führende Programm von Komponenten der linearen Bewegungstechnik, insbesondere für den Maschinenbau und die Automation. STAR hat Produktionsstätten in Schweinfurt (Stammsitz) und Volkach. Hinzu kommen produzierende Tochtergesellschaften in Frankreich, der Republik Irland und den USA. Von den rund 1800 Mitarbeitern sind 50 % Facharbeiter. Das 1904 gegründete und heute zur MANNESMANN REXROTH-Gruppe gehörende Unternehmen verfügt über ein weltweit anerkanntes Know-how, das in Jahrzehnten aus der eigenen Entwicklungsarbeit und einem qualifizierten Werkzeugbau gewachsen ist. Auf modernsten CNC-gesteuerten Fertigungsanlagen produziert STAR – vielfach nach eigenen Patenten –

Kugelbüchsen und Stahlwellen, Baueinheiten für Linearführungen, Schienenführungen, Präzisions-Kugelgewindetriebe sowie einbaufertige Schlitten, Tische und Module als Zuführeinheiten. Kugelrollen für die Fördertechnik, Kugelhalter, Toleranzringe, technische Teile aus Stahl und Kunststoff runden das vielfältige Programm ab. Dabei ist STAR „klein" genug, um individuelle Kundenwünsche zu realisieren und groß genug, um kostengünstige Lösungen in Serie zu liefern. 6 werkseigene Verkaufsniederlassungen sorgen im Inland für fachgerechten, kundennahen Service. Über 50 Auslandsvertretungen betreuen den Weltmarkt.

STAR – innovativ, zukunftsweisend.

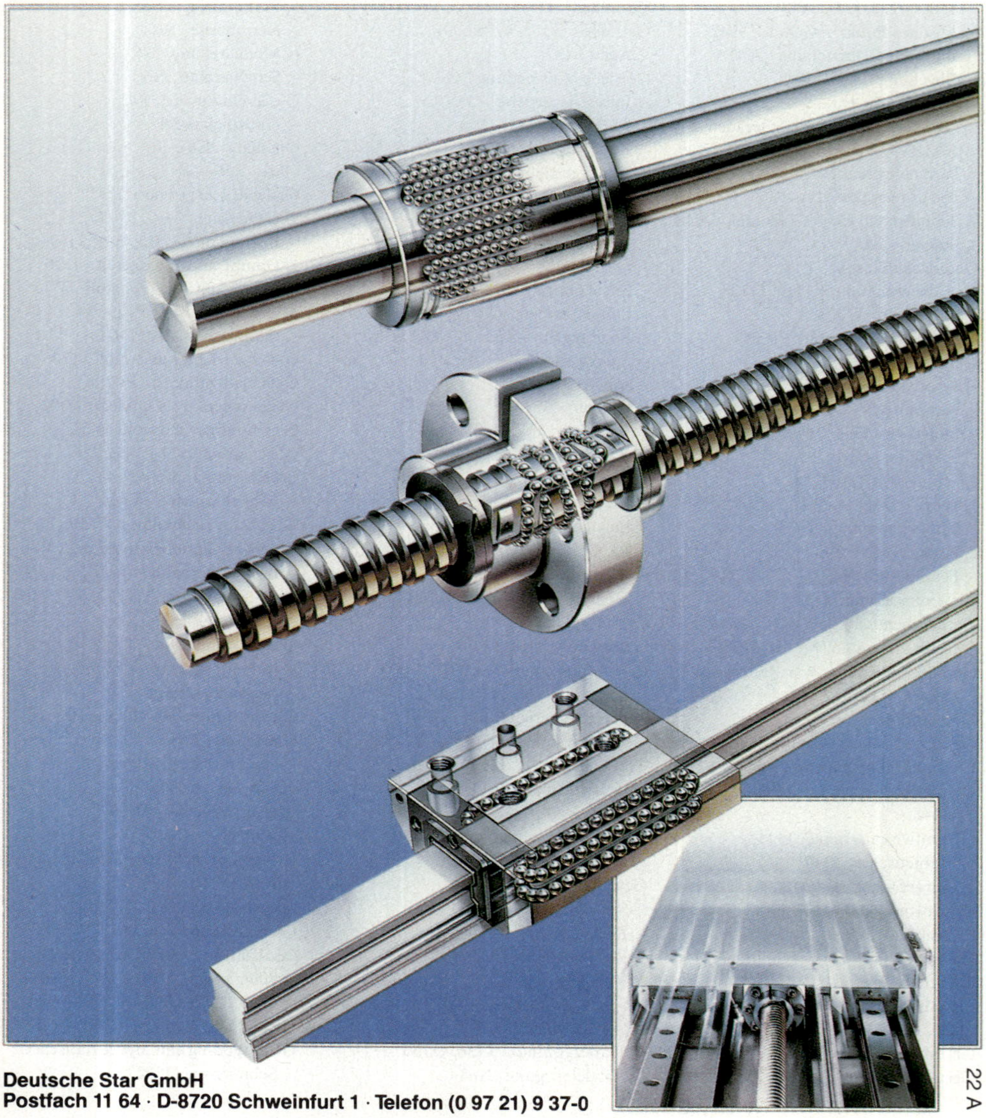

Deutsche Star GmbH
Postfach 11 64 · D-8720 Schweinfurt 1 · Telefon (0 97 21) 9 37-0

22 A

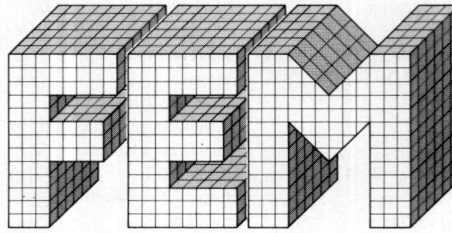

K. Knothe, H. Wessels

Finite Elemente

Eine Einführung für Ingenieure

1991. XII, 448 S. 283 Abb. Brosch. DM 48,–
ISBN 3-540-53696-5

Inhaltsübersicht: Einleitung. – Differentialglei-
chungsformulierungen für Probleme der Struktur-
mechanik. – Das Prinzip der virtuellen Verrückungen und das Prinzip vom Minimum der potentiellen Energie. – Verfahren der finiten Elemente für
Scheibentragwerke und Fachwerke. – Umsetzung
des Verfahrens zu einem Finite-Elemente-
Programm. – Zur Klassifikation von Elementen
und Ansatzfunktionen. – Ansatzfunktionen für
Elemente vom Scheibentyp. – Numerische
Probleme. – Finite Elemente für Balken und Platten. – Theorie 2. Ordnung, Stabilität, Schwingungen. – Ein Verfahren der finiten Elemente für
ebene Rahmentragwerke. – Ein kombiniertes
Verfahren für rotationssymmetrische Flächentragwerke. – Anhang. – Symbole und Bezeichnungen. –
Literatur. – Sachverzeichnis.

U. Meißner, A. Menzel

Die Methode
der finiten Elemente

Eine Einführung in die Grundlagen

1989. 305 S. 145 Abb. Brosch. DM 58,–
ISBN 3-540-50162-2

Das Buch ist entstanden aus einem Kurs des
„Weiterbildenden Studiums Bauingenieurwesen
(WBBau)" der Universität Hannover, das sich an
praktizierende Ingenieure wendet. Daraus ergibt
sich auch die praxisnahe Darstellung ohne Aufgabe
der mathematischen Exaktheit und ohne
Einschränkung der Allgemeinheit der theoretischen Grundlagen. Das Buch wendet sich an Ingenieure in der Praxis und an Studenten an Technischen Universitäten und Fachhochschulen. Es
eignet sich besonders gut zum Selbststudium.

D. Marsal

Finite Differenzen
und Elemente

*Numerische Lösung von Variationsproblemen
und partiellen Differentialgleichungen*

1989. XVII, 300 S. 64 Abb. Brosch. DM 58,–
ISBN 3-540-50192-4

Das vorliegende Werk ist ein Lehr- und Arbeitsbuch für den Selbstunterricht, für die Rechenpraxis
und für Übungen. Es richtet sich an jeden Interessierten, mag er Physiker oder Ingenieur, Analytiker
oder Numeriker, Chemiker oder Geowissenschaft-
ler sein, mag er große oder geringe Vorkenntnisse
besitzen.

F. Hartmann

Methode der Randelemente

*Boundary Elements in der Mechanik
auf dem PC*

1987. IX, 378 S. 159 Abb. Brosch. DM 98,–
ISBN 3-540-17336-6

Das Buch enthält zahlreiche Beispiele; häufige
Vergleiche mit finiten Elementen und Verweise auf
die elementare Mechanik helfen dem in der Praxis
stehenden Ingenieur. Zu dem Buch werden drei
Programme zur Lösung von Membran-, Scheiben-
und Plattenproblemen für IBM-PC (640 K) und
kompatible PC angeboten.

K.-J. Bathe

Finite-Elemente-Methoden

*Matrizen und lineare Algebra, die Methode
der finiten Elemente, Lösung von Gleichgewichtsbedingungen und Bewegungsgleichungen*

Übersetzt aus dem
Englischen von
P. Zimmermann

1. Aufl. 1986.
Ber. Nachdr.
1990. XVI,
820 S. 182 Abb.
Geb. DM 108,–
ISBN
3-540-15602-X

Springer-Verlag
Berlin
Heidelberg
New York
London
Paris
Tokyo
Hong Kong
Barcelona
Budapest

S

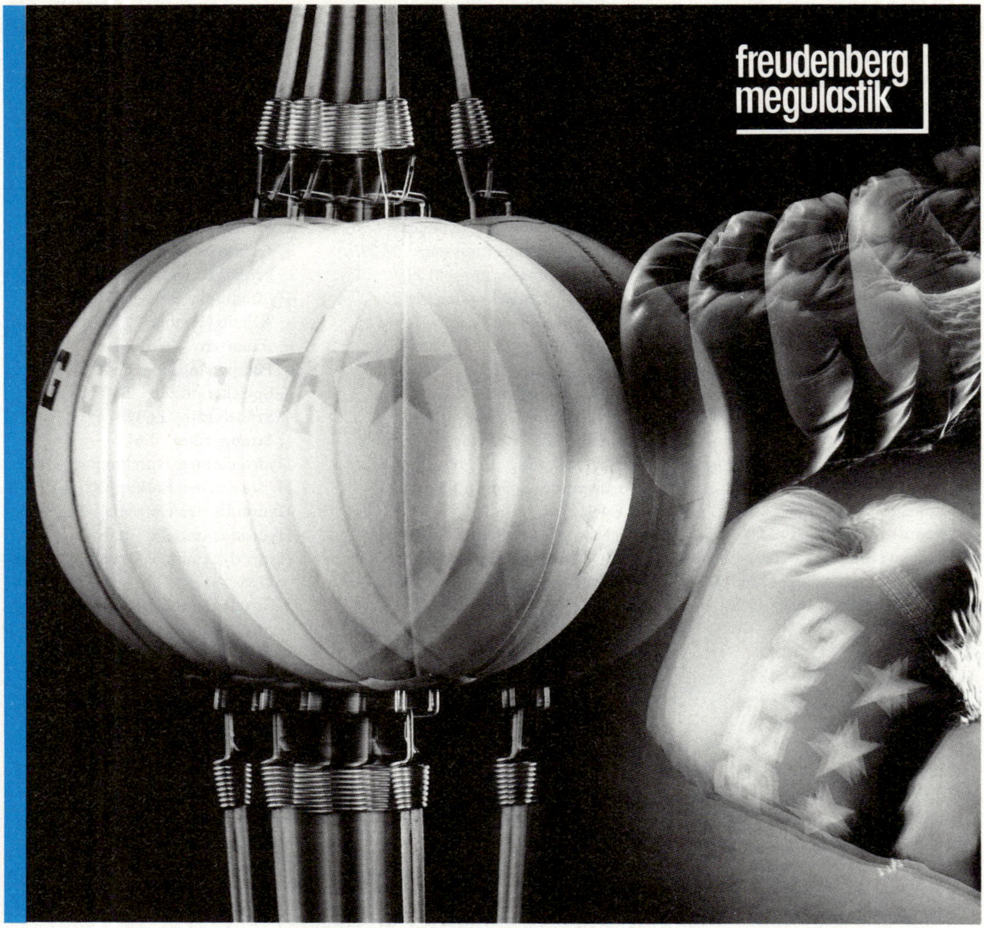

S

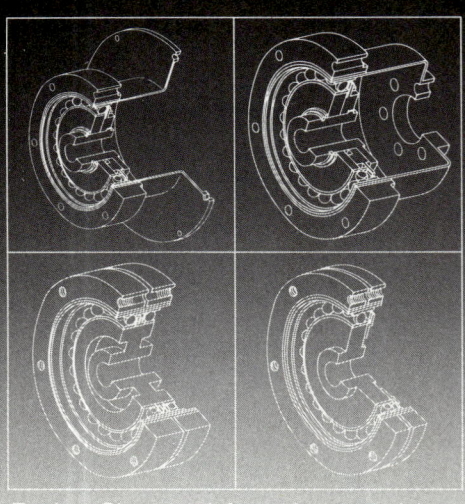

S

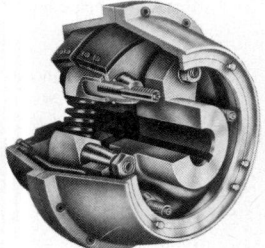
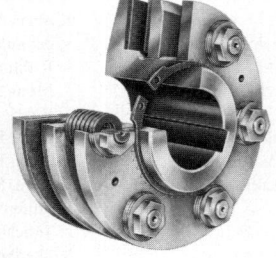

S

...oder so

Sie können natürlich alle möglichen Anstrengungen unternehmen, damit Ihre Rundtischlagerung läuft. Einigermaßen tragfähig, genügend steif und hinreichend schnell. Mit viel Montageaufwand. Und das ist teuer.

Oder so: Sie nehmen unser neues Axial-Schrägkugellager ZKLDF. Ein hochpräziser Schnelläufer mit hoher Tragfähigkeit und Steifigkeit. Definiert vorgespannt. Einfach anschrauben, fertig. Ohne zusätzliche Einstellarbeiten. Eine wirtschaftliche Lösung.

Mit unserem ZKLDF haben wir ein Rundtischlager mit bisher nicht erreichten Leistungsdaten entwickelt. Bei der Fertigung schleifen wir im µm-Bereich. Und weil wir so genau vorgehen, wird unser ZKLDF sogar in Meßmaschinen eingesetzt.

Ist das nicht Grund genug, sich ausführlich darüber zu informieren? Fragen Sie uns.

Ihr Entwicklungspartner.

**INA Wälzlager Schaeffler KG
D-8522 Herzogenaurach**

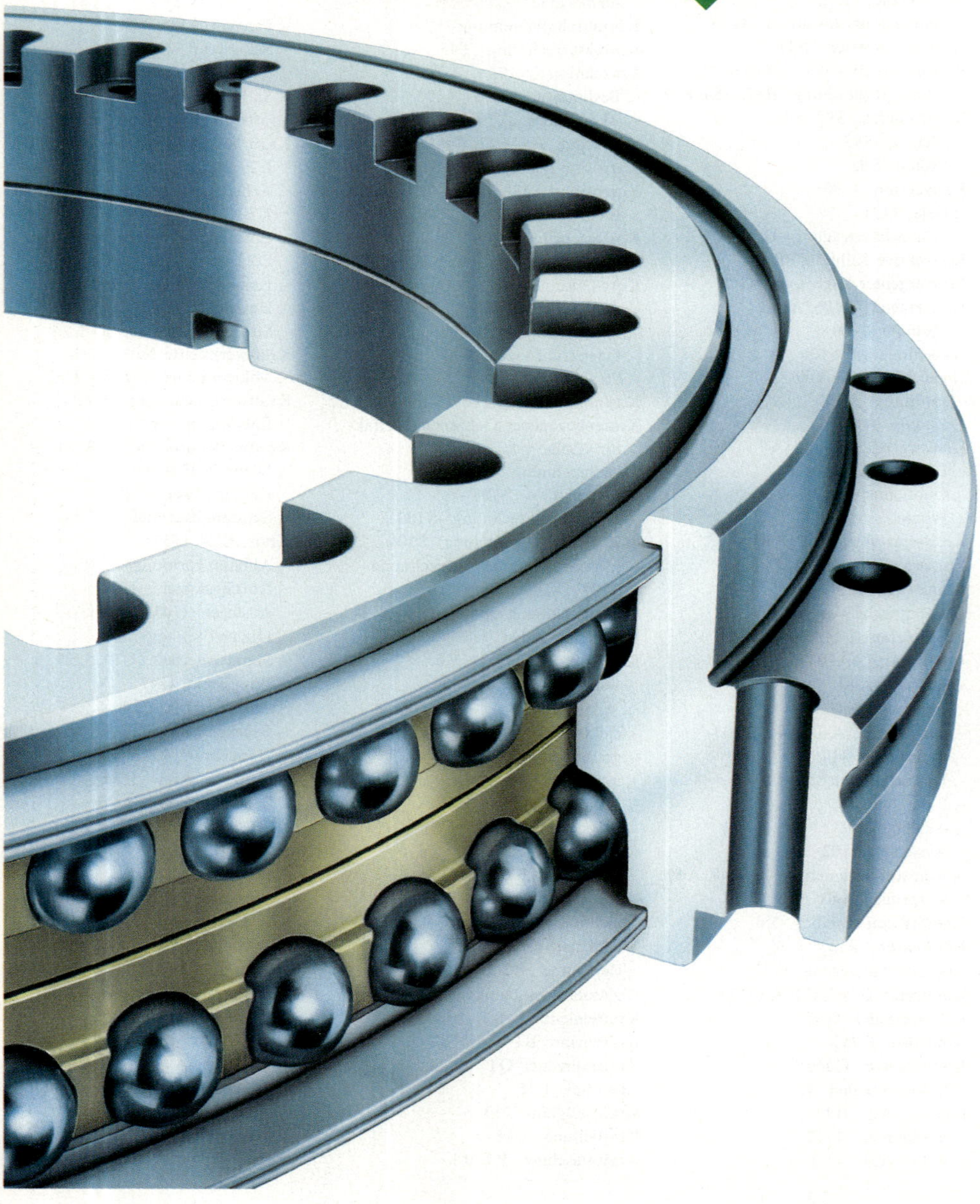

Wir erfüllen
hochgeschraubte
Forderungen.

Zum Beispiel von der Automobilindustrie. Das Erkennen des Problems, die Fähigkeit, mit speziellem Know-how für jeden Anwendungsfall die verbindungstechnisch beste und kostengünstigste Lösung zu entwickeln und in gleichbleibend hoher Qualität zu fertigen – das ist KAMAX.

Mit der Leistungsstärke von 4 Werken und der Geschwindigkeit intelligenter Datenfernübertragung sind wir eng mit der Industrie verbunden. Ein Sicherheitsfaktor seit über 50 Jahren.

KAMAX hochfeste Verbindungselemente.
KAMAX. Wir halten Verbindung.

KAMAX-WERKE
Rudolf-Kellermann
GmbH & Co. KG
Postfach 1460
3360 Osterode
Tel. 0 55 22/315-0
Teletex 55 22 63
Fax 0 55 22 / 64 42

S

Fachwissen in Buchform entspricht dem Stand
der Technik zur Zeit der Drucklegung.
Die dynamische Ergänzung heißt
Fachzeitschrift und hier besonders

Konstruktion

Zeitschrift für Konstruktion
und Entwicklung im Maschinen-,
Apparate- und Gerätebau

Sachgerechte, auf heutige Informations-
bedürfnisse abgestimmte Beiträge aus
Forschung und Praxis aktualisieren
Monat für Monat das Fachwissen des
Lesers. **Konstruktion** – Organ der
VDI-Gesellschaft Entwicklung Konstruktion
Vertrieb (VDI-EKV) – berichtet kompakt und
lesefreundlich über Entwicklungen und
Erkenntnisse und zwar von der Produktidee bis
hin zu den Fertigungsunterlagen.
Konstruktionselemente, Schwingungstechnik,
Festigkeitsberechnung und Werkstoffwahl,
Getriebe- und Antriebstechnik, Konstruktions-
methodik und CAD, Meßtechnik, Hydraulik
und Pneumatik, Steuerungen und Regelungen,
Normung und Dokumentation stehen beispiel-
haft für das breite Themenspektrum der
Konstruktion. Sie unterstützt den Ingenieur bei
der Lösung seiner Aufgaben – praxisbezogen,
fachlich fundiert und seit Jahrzehnten als
maßgebliches Informationsmedium geschätzt.

Übrigens: Der dynamische Aspekt der Informa-
tionsvermittlung hindert die meisten Leser
nicht, **Konstruktion** lange Zeit aufzubewahren –
schwarz auf weiß, jederzeit und immer wieder
verfügbar – wie den **Dubbel**.

Mehr Informationen und kostenlose Probeheft
erhalten Sie bei Ihrem Buchhändler oder vom
Springer-Verlag, Wissenschaftliche Information,
Postfach 10 52 80, W-6900 Heidelberg.

Herausgeber: W. Beitz, Berlin

Schriftleitung: B. Küffer, Berlin

Beirat: H. Christ, Friedrichs-
hafen; W. Heinrich, Dresden;
F. Jarchow, Bochum; K. H. Kloos,
Darmstadt; J. Klose, Dresden;
F. Kramer, Ennepetal; K. Luck,
Dresden; H. Mertens, Berlin;
G. Pahl, Darmstadt; H. Peeken,
Aachen; E. Schnelle, Rastatt;
H. Siekmann, Berlin;
H.-J. Warnecke, Stuttgart

Springer-Verlag
Berlin
Heidelberg
New York
London
Paris
Tokyo
Hong Kong
Barcelona
Budapest

S

Wer nur darauf wartet, was die Zukunft bringt, hat keine.

Aktiv die Zukunft angehen: Das verlangt heute
verantwortungsvolles Handeln, sorgfältigen Umgang mit Ressourcen,
zukunftsorientierte Technologien, die intelligente Problemlösungen bieten –
in diesem Sinn arbeitet Linde mit all seinen Arbeitsgebieten.

Linde erzielt mit über 28.000 Mitarbeitern in 4 Werksgruppen und
mehr als 70 Konzerngesellschaften im In- und Ausland einen Umsatz
von über 6,8 Mrd. DM.

S

S

     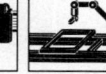

S

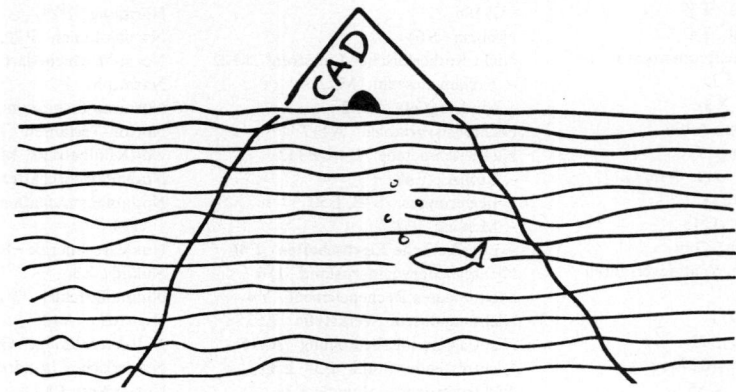

"Ach ? in CAD wollen Sie einsteigen, aber klar doch, das machen wir doch, da tauchen überhaupt keine Probleme auf, da sind Sie bei uns richtiger als richtig, hahaha."

Sicher wäre dies nicht gerade der ideale Partner für Ihren CAD-Einstieg. Schließlich investieren Sie nicht nur so zum Spaß. Was Sie brauchen, ist ein erfahrener, verläßlicher Partner mit Voraussetzungen, wie wir sie bieten:

Als erfolgreichster deutscher AutoCAD-Distributor haben wir in den letzten 6 Jahren weit über 10.000 Auto-CAD-Pakete installiert - ein Erfahrungs-Horizont, der die beste Basis auch für Ihre CAD-Anwendung bietet.

Unsere fünf Geschäftsstellen im Bundesgebiet, unsere kostenlosen Hotlines, unser umfassendes Seminarprogramm und unsere regelmäßigen Kundeninfos sorgen dafür, daß Sie von diesen Erfahrungen optimal profitieren.

Und weil eine gute CAD-Einführung außer Beratung, Information und Schulung auch viel Branchen- und Hardware-Know-How erfordert, vertreiben wir AutoCAD über ein Netz sorgsam ausgewählter Vertriebspartner - jeder mit einer Menge CAD- und Branchen-Erfahrung. Damit weder Ihre individuellen Wünsche noch die Betreuung vor Ort zu kurz kommen.

Sprechen Sie mit uns oder mit unseren Vertriebspartnern.

Mit uns bringt AUTOCAD® noch mehr.

Mensch und Maschine

Mensch und Maschine GmbH, Stefanusstraße 6, 8032 Gräfelfing, Tel. 089/85489-0, Fax 089/851438

S

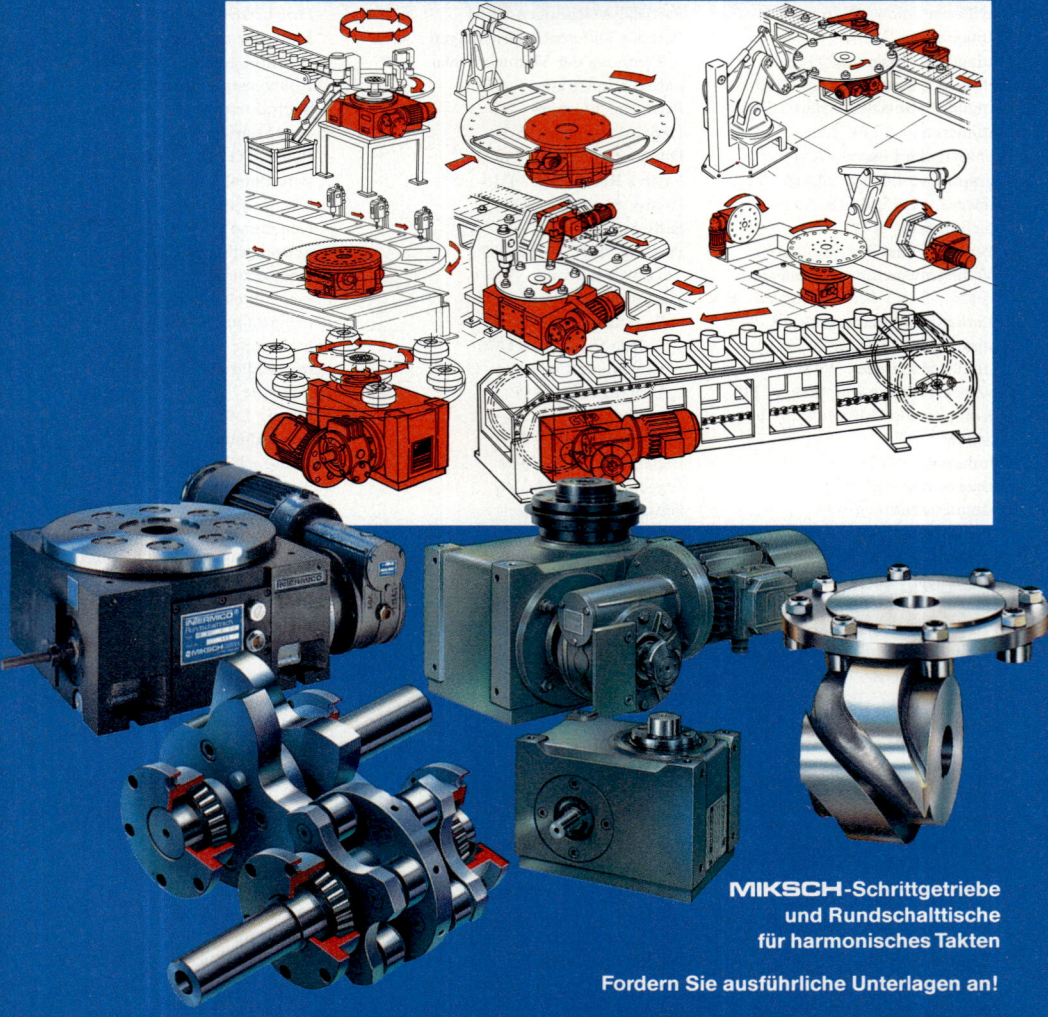

S

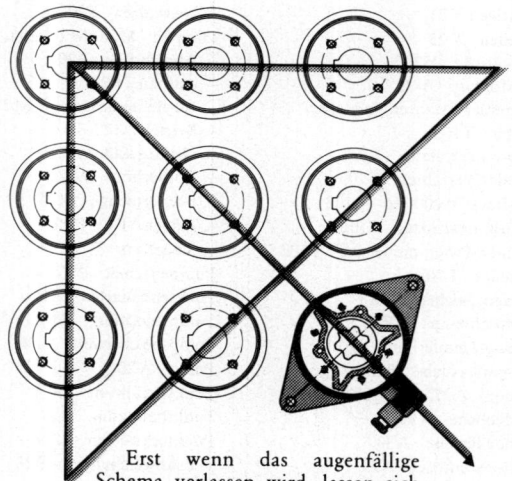

S

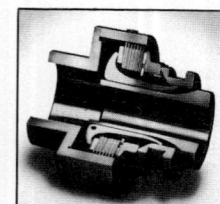

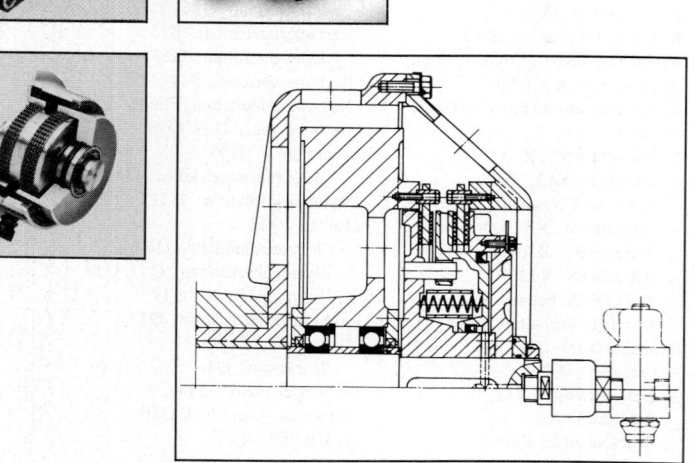

S

P.I.V.-Antriebstechnik.
Qualität ist unser Programm.

Kegelradgetriebe, Getriebemotoren, Sondergetriebe für spezifische Anwendungen.

Die Erfahrung

In den P.I.V.-Antriebskomponenten stecken jahrzehntelange Erfahrung aus über 40 Industriezweigen und neue, innovative Ideen. Unsere modernen Fertigungsverfahren garantieren höchste Präzision und beste Qualität. Vorteile, die besonders dann zählen, wenn Sie auf Zuverlässigkeit und Wirtschaftlichkeit Wert legen. Bei komplexen Antriebsproblemen bietet Ihnen P.I.V.-Engineering zusätzlich die Möglichkeit individueller Beratung, Konstruktion und Realisierung.

Das Programm

Mechanisch stufenlose Getriebe. Umschlingungsgetriebe mit Stahlketten, Wälzgetriebe mit Stellbereichen bis unendlich, Feinstregelgetriebe, hochmoderne CVT-Fahrzeuggetriebe für verkehrsgünstiges und umweltfreundliches Fahren, Wellengeneratoren zur Bordstromversorgung auf Schiffen.

Stufengetriebe. Mehrstufige Stirnrad-, Kegelstirnrad-, Schnecken- und

Kupplungen. Drehsteife Ganzstahlkupplungen, drehelastische Kupplungen, Anlauf- und Überlastkupplungen sowie hydrodynamische Sicherheitskupplungen.

Leistungs- und Regelungselektronik. Frequenzumrichter, Sanftanlaufgeräte, Stromrichter, Dreipunktregler, Meßwertaufnehmer, Schlupfüberwachung.

P.I.V. Antrieb Werner Reimers
Bad Homburg

P.I.V. Antrieb Werner Reimers GmbH & Co. KG. · Industriestraße 3 · D-6380 Bad Homburg 1
Telefon (0 6172) 102-0 · Telex 4-15154 · Teletex: 617294 · Telefax (0 6172) 10 23 81

S

Eine Idee setzt sich durch...
stufenlos einstellbare
Kugelrollgetriebe

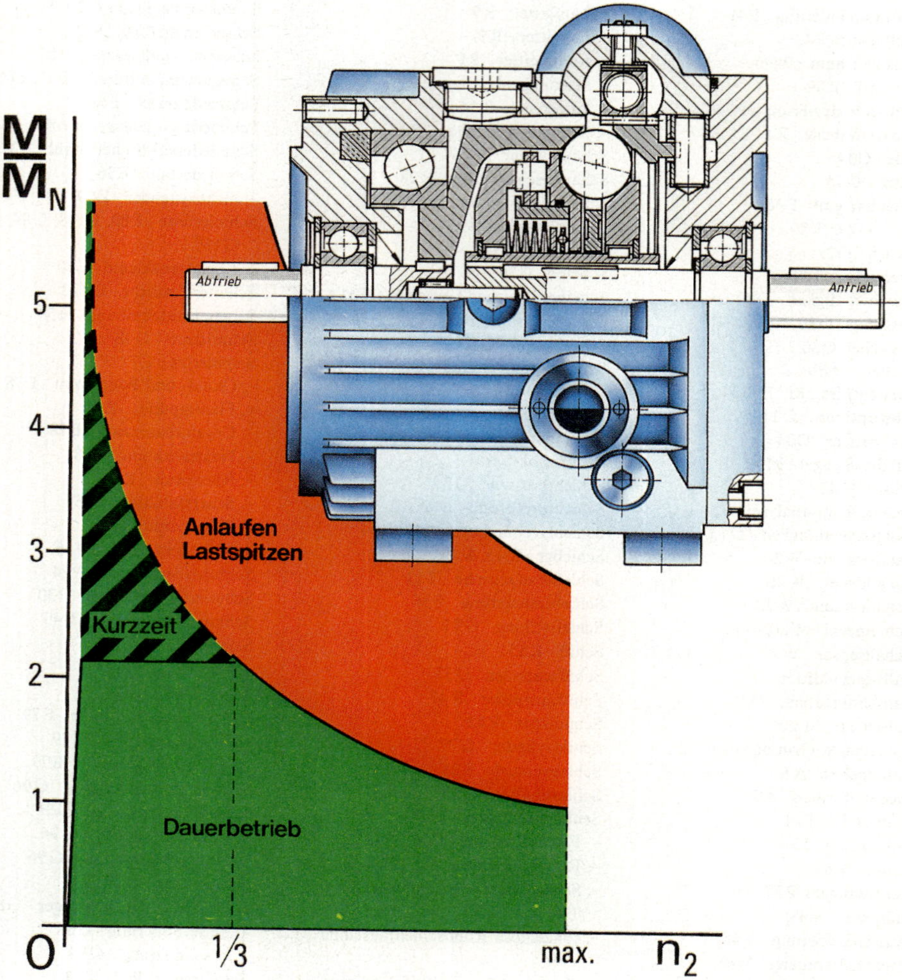

S

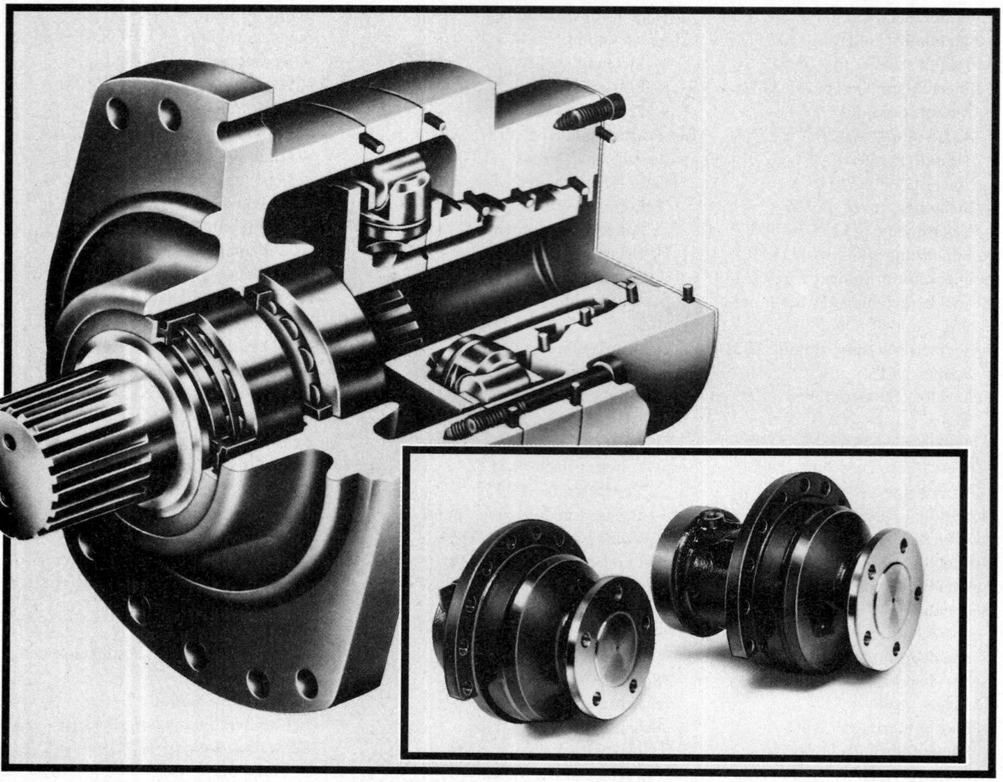

S

Reibungsfedern RINGFEDER®

Hohe Federarbeit bei geringem Gewicht
durch die vollständige Federwerkstoffausnutzung bei gleichmäßiger Spannungsverteilung.

Hohe Arbeitsaufnahme und geringe Baumaße
durch einen unübertroffenen Gestaltnutzwert.

Lineare Kennlinie
führt zu niedrigeren Stoßkräften, die von der Konstruktion aufzunehmen sind.

Überlastsicher
durch sich in Endstellung berührende Innenringe und somit sich selbst schützend.

Variable Kennlinie
weil durch Ringtyp- und Elementzahländerung jede Federsteifigkeit erzeugt werden kann.

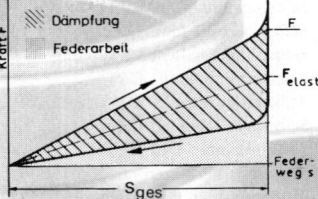

Unabhängig von der Belastungsgeschwindigkeit
und somit volle Arbeitsaufnahme sowohl bei statischer als auch dynamischer Belastung.

Temperaturunabhängigkeit
des Diagramms innerhalb der durch den Schmierstoff vorgegebenen Grenzen.

Reproduzierbarkeit
der Kennlinie über die gesamte Lebensdauer.

Hohe Reibungsdämpfung
weil bis zu 70% der eingeleiteten Energie in Wärme umgewandelt werden.

Lange Lebensdauer
zum wartungsfreien Betrieb ohne Nachschmierung.

Im Allgemeinen Maschinenbau setzt man Reibungsfedern RINGFEDER® ein, wenn Puffer hohe Bewegungsenergien dämpfen sollen, oder wenn Federn für große Kräfte bei relativ geringen Abmessungen benötigt werden.

Als Ringfederelement bezeichnet man eine wirksame Kegelfläche, d. h. einen halben Innen- und einen halben Außenring. Die abgebildete Feder besteht also aus 4 Elementen.

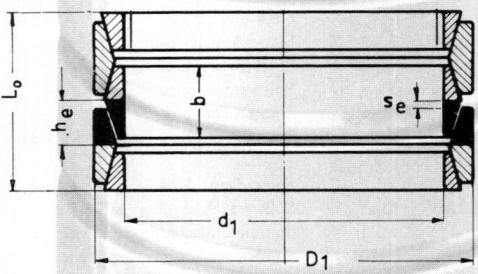

Auszug aus dem Lieferprogramm:

Typ	Diagramm			Abmessungen			
	F	s_e	W_e	h_e	D_1	d_1	b
	kN	mm	J	mm	mm	mm	mm
1201	5	0,4	1,0	2,2	18,1	14,4	3,6
1202	9	0,6	2,7	3,1	25,0	20,8	5,0
1203	14	0,8	5,6	4,0	32,0	27,0	6,4
1204	20	0,9	9,0	4,7	38,0	31,7	7,6
1205	26	1,0	13,0	5,2	42,2	34,6	8,4
1206	34	1,1	18,7	5,9	48,2	39,4	9,6
1207	40	1,3	26,0	6,8	55,0	46,0	11,0
1208	54	1,4	37,8	7,7	63,0	51,9	12,6
1209	65	1,6	52,0	8,6	70,0	58,2	14,0
1310	83	1,8	75,0	9,8	80,0	67,0	16,0
1311	100	2,0	100,0	11,0	90,0	75,5	18,0
1312	125	2,2	138,0	12,2	100,0	84,0	20,0
1313	160	2,6	208,0	15,0	130,0	111,5	24,8
1314	200	2,6	260,0	15,0	124,0	102,0	24,8
1315	250	3,0	375,0	17,0	140,0	116,0	28,0
1316	320	3,4	544,0	20,0	166,0	134,0	32,0
1317	510	3,9	995,0	22,4	198,0	162,0	37,0
1318	590	4,4	1300,0	23,4	196,0	154,0	38,0
1319	720	4,4	1584,0	26,4	220,0	174,0	44,0
1320	860	4,8	2064,0	25,8	262,0	208,0	42,0
1221	1000	5,8	2900,0	35,8	300,0	250,0	60,0
1222	1200	6,2	3720,0	38,2	320,0	263,0	64,0
1223	1400	6,6	4620,0	41,6	350,0	288,0	70,0
1224	1800	7,6	6840,0	47,6	400,0	330,0	80,0

Eine aus e-Elementen bestehende Reibungsfeder RINGFEDER® erlaubt einen Federweg $s_{ges} = e \cdot s_e$ bei einer ungespannten Länge $L_0 = e \cdot h_e$ mit einer Arbeitsaufnahme $W = e \cdot W_e$, wobei sich die Endkraft F mit der Elementzahl e nicht ändert.

s_e = Federweg für 1 Element
h_e = Höhe (ungespannt) für 1 Element
D_1/d_1 = Außen-, Innendurchmesser
b = Ringbreite
W_e = Arbeitsaufnahme für 1 Element

Fordern Sie bitte den Hauptkatalog mit ausführlichen Hinweisen für den Konstrukteur an.

RINGFEDER GMBH
Duisburger Straße 145
D-4150 Krefeld 11
Telefon 0 2151/45 01
Telex 853846 ringf d
Fax 3/a (0 2151) 4 50-214

s. auch Fachteil G, Seite 52

S

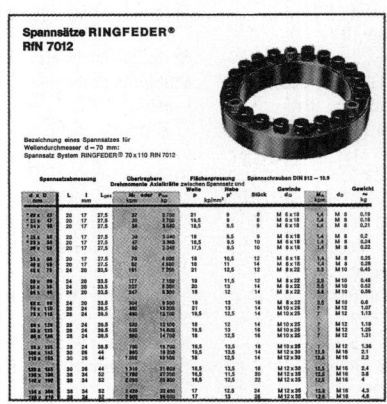

S

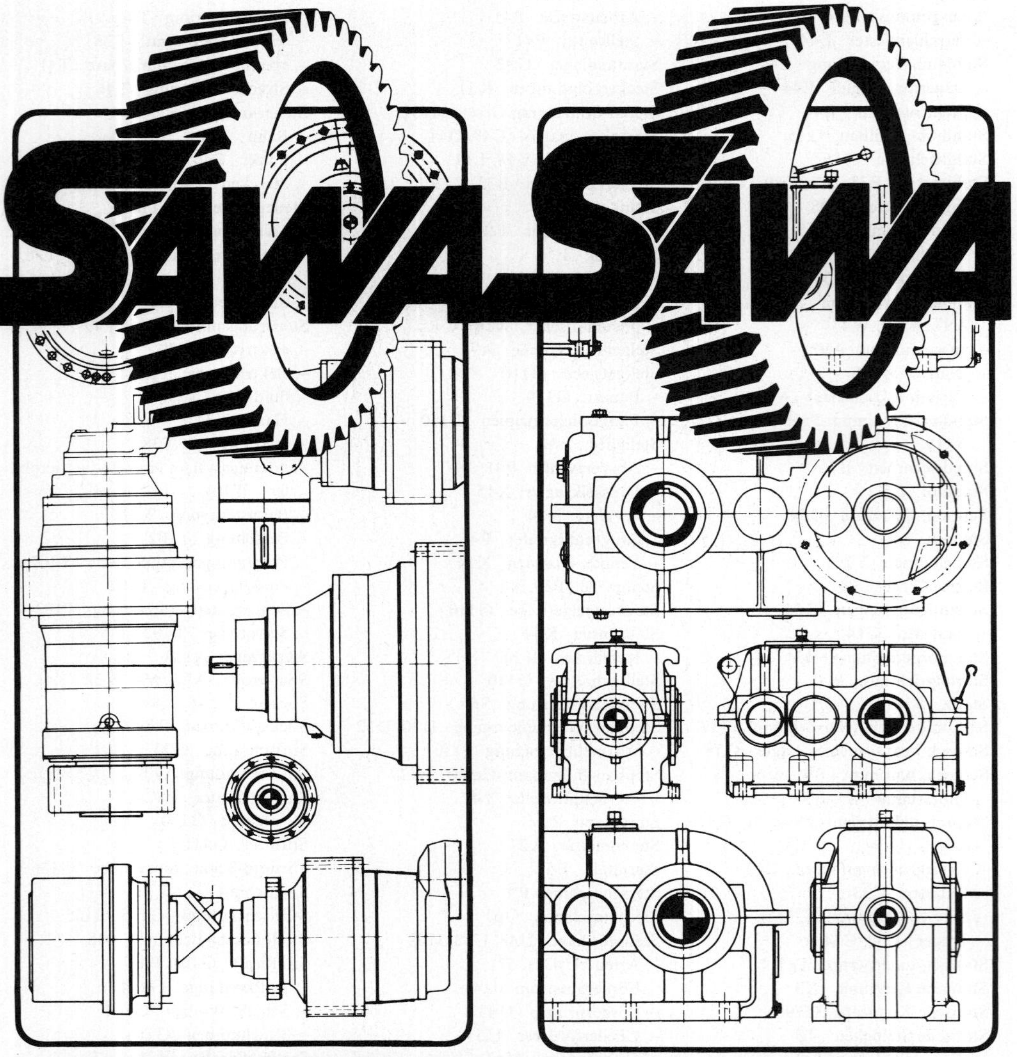

S

Manchmal machen wir sogar ein Tor zum Himmel auf.

Ob Sie von Beruf nach fernen Galaxien forschen oder aus Liebhaberei nach den Sternen Ausschau halten: Die Chancen stehen gut, daß es SEW-Antriebe sind, die das schwere Schiebedach einer Sternwarte zurückgleiten lassen und damit den Blick in's All freigeben.

Innovative Antriebstechnik hat SEW zum Marktführer auf internationaler Ebene gemacht. Das „Schiebedach zum All" ist nur ein Beispiel: Überall, wo etwas bewegt wird, kann man auf uns zählen.

Antriebe von SEW. Nicht nur für Sternstunden.

S

Compact Strip Production setzt sich durch

CSP-Technologie:

Industriell bewährt · flexibel · energiesparend

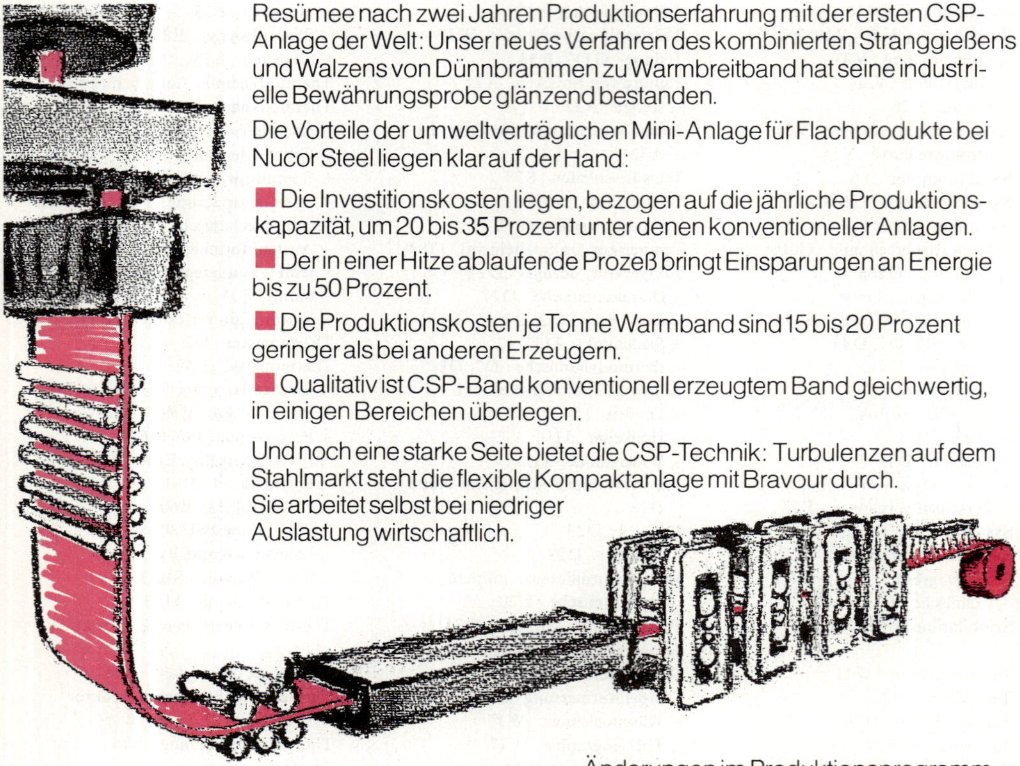

Resümee nach zwei Jahren Produktionserfahrung mit der ersten CSP-Anlage der Welt: Unser neues Verfahren des kombinierten Stranggießens und Walzens von Dünnbrammen zu Warmbreitband hat seine industrielle Bewährungsprobe glänzend bestanden.

Die Vorteile der umweltverträglichen Mini-Anlage für Flachprodukte bei Nucor Steel liegen klar auf der Hand:

■ Die Investitionskosten liegen, bezogen auf die jährliche Produktionskapazität, um 20 bis 35 Prozent unter denen konventioneller Anlagen.

■ Der in einer Hitze ablaufende Prozeß bringt Einsparungen an Energie bis zu 50 Prozent.

■ Die Produktionskosten je Tonne Warmband sind 15 bis 20 Prozent geringer als bei anderen Erzeugern.

■ Qualitativ ist CSP-Band konventionell erzeugtem Band gleichwertig, in einigen Bereichen überlegen.

Und noch eine starke Seite bietet die CSP-Technik: Turbulenzen auf dem Stahlmarkt steht die flexible Kompaktanlage mit Bravour durch. Sie arbeitet selbst bei niedriger Auslastung wirtschaftlich.

Änderungen im Produktionsprogramm erfordern ein Minimum an materiellem und personellem Aufwand.

Das sind Ergebnisse, die sich herumsprechen. So sind derzeit zwei Anlagen für die USA in Bau, eine weitere ist für Taiwan geplant.

CSP — eine innovative Technik der Warmbanderzeugung mit vielen Einsatzmöglichkeiten bei Neubau- und Modernisierungsprojekten.

SMS Schloemann-Siemag Aktiengesellschaft

Postfach 230229, 4000 Düsseldorf 1
Postfach 4120, 5912 Hilchenbach
Telefon (0211) 8814449, Telefax 8814902

Führend durch Technik

S

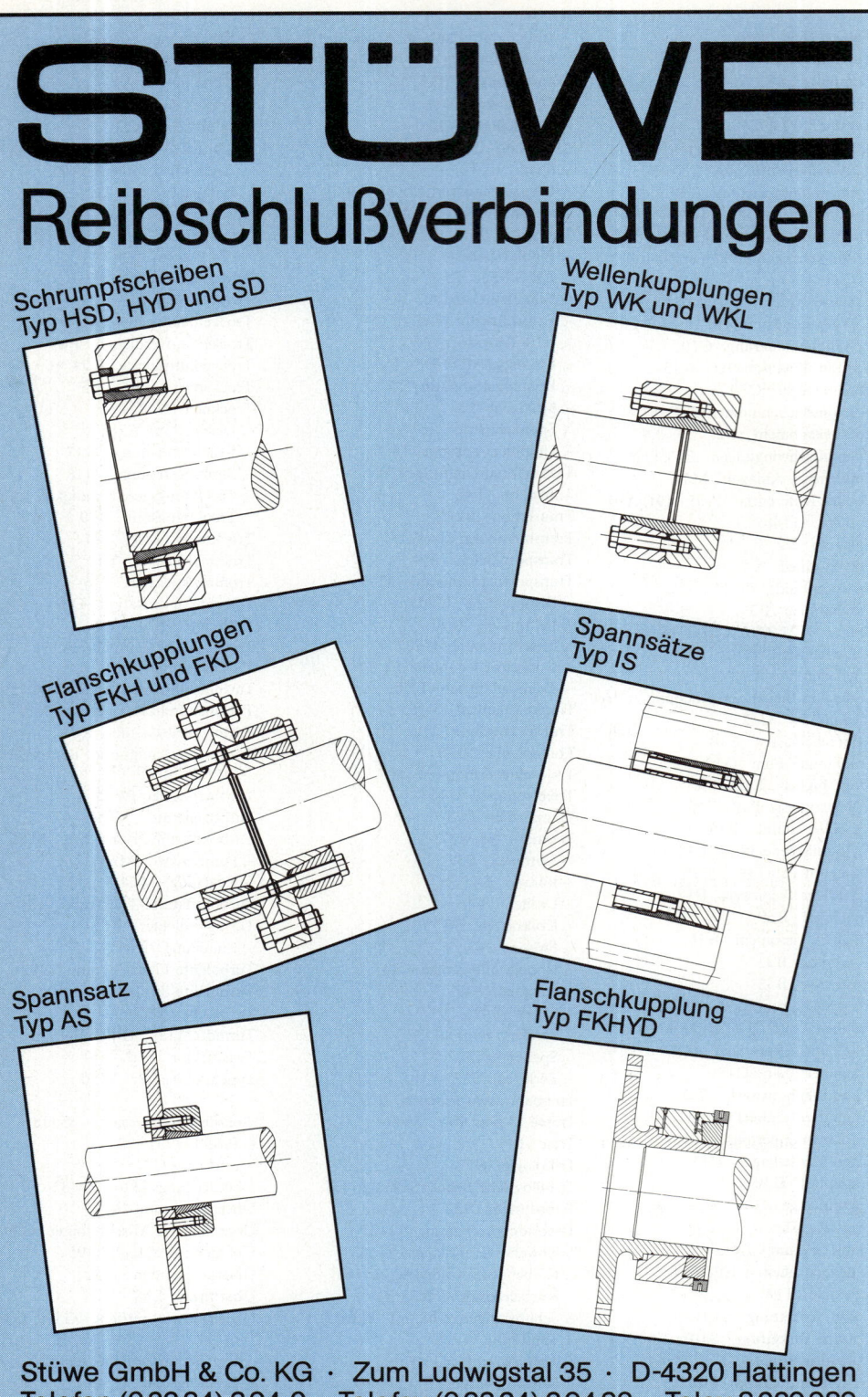

Um präzise zu sein – THK

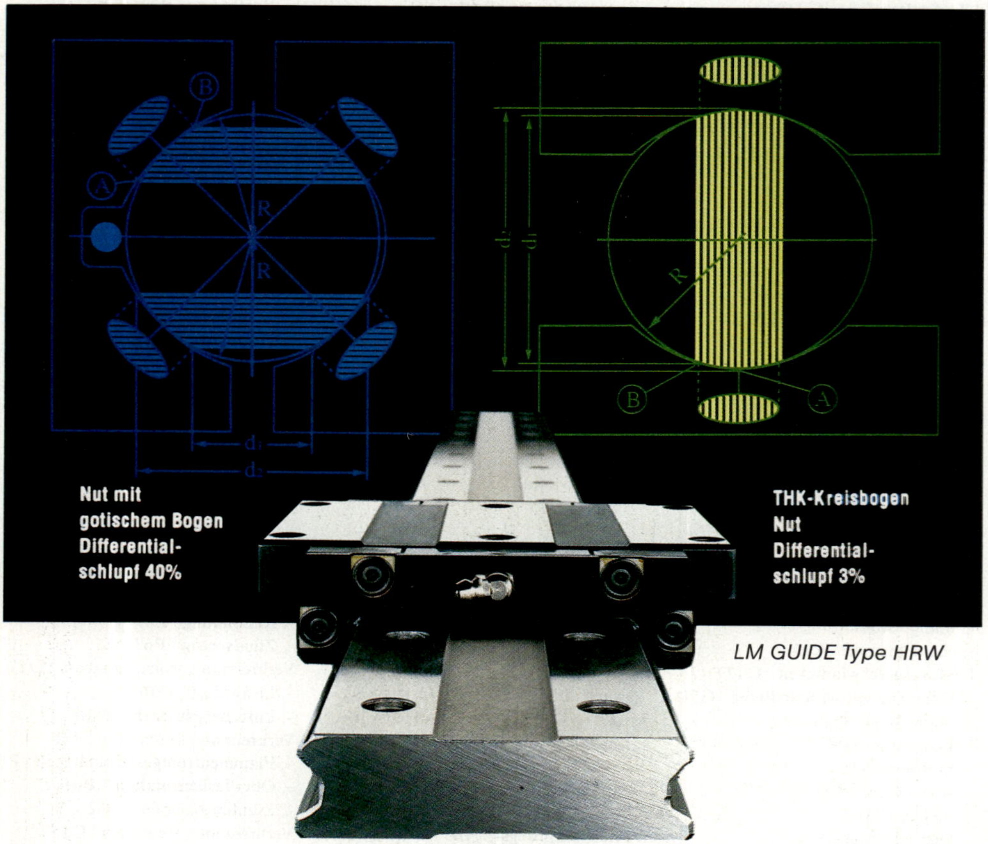

Nut mit
gotischem Bogen
Differential-
schlupf 40%

THK-Kreisbogen
Nut
Differential-
schlupf 3%

LM GUIDE Type HRW

Zehn Argumente, die für THK Linear-Führungssysteme sprechen:

1 *hohe Laufgenauigkeit in allen Richtungen*

2 *hohe Positioniergenauigkeit*

3 *geringer linearer Verschiebewiderstand*

4 *hohe Steifigkeit in allen Richtungen*

5 *hohe Lebensdauer*

6 *überlegener Hochgeschwindigkeitseinsatz*

7 *hohe Dauergenauigkeit*

8 *einfache Instandhaltung*

9 *entscheidende Möglichkeiten zur Verringerung der Gesamtkosten*

10 *Möglichkeiten zur Erhöhung des Arbeitssicherheitsstandards und der Wirtschaftlichkeit*

THK Linearführungssysteme sind aufgrund von Qualität und Know-how weltweit führend.

Nutzen Sie diese Vorteile, wir beraten Sie gern.

THK Europe G.m.b.H.

Bonner Straße 161
4000 Düsseldorf 13
Telefon: 02 11/7 96 03-0
Telefax: 02 11/79 31 88
Telex: 8 581360 THK d

THK SÜD
Dorfstraße 12
7613 Hausach
Telefon: 0 78 31/5 93
Telefax: 0 78 31/66 46

BERATUNG – VERTRIEB – AUSLIEFERUNGSLAGER

PLZ 1, 2, 3:
SNR WÄLZLAGER
DEUTSCHLAND GMBH
Friedrich-Hagemann-Str. 66
4800 Bielefeld 17
Telefon: 05 21/9 24 00 - 0
Telefax: 05 21/9 24 00 90
Telex: 9 32 370

PLZ 4, 5:
INDUNORM GmbH
Industrie-Normteile
Keniastraße 12
4100 Duisburg 29 (Großenbaum)
Telefon: 02 03/76 91-0
Telefax: 02 03/7 69 11 91
Telex: 8 55 355 Indud

PLZ 6, 7, 8:
NADELLA
Wälzlager GmbH
Tränkestraße 7
7000 Stuttgart 70
Postfach 70 03 24
Telefon: 0711/720 63-0
Telefax: 0711/720 63 25
Telex: 7 255 034

THK
The Mark of Linear Motion

S

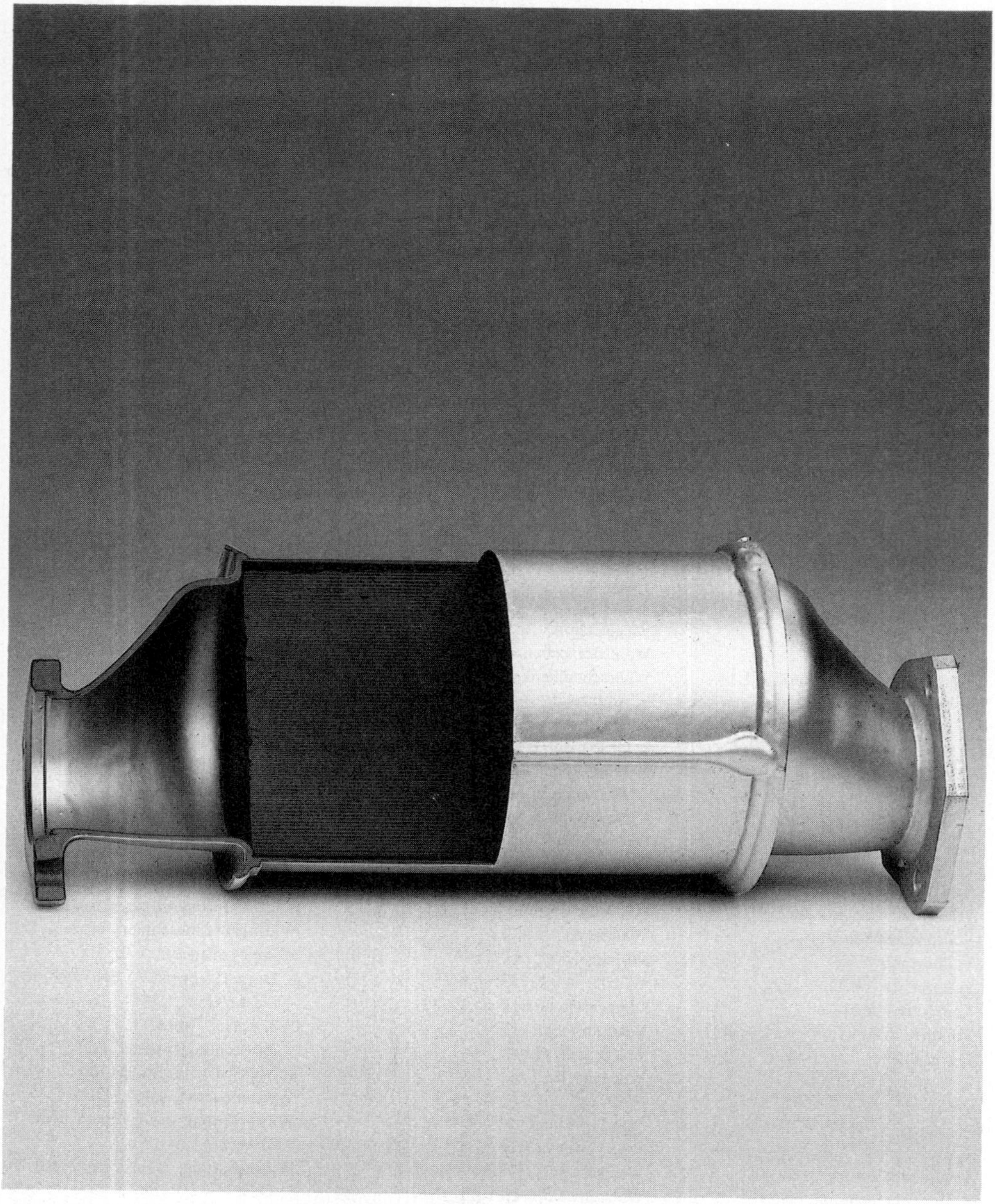

Seien Sie schneller als das Gesetz.

Wenn Ihnen die Umwelt am Herzen liegt, dann sollten Sie etwas dafür tun.

Die Möglichkeit haben Sie. Unsere Otto-Industriemotoren zum Beispiel können sowohl mit geregeltem als auch mit ungeregeltem Katalysator betrieben werden.

Das bedeutet eine Schadstoffreduzierung bis zu ca. 90%.

Werte, für die es sich lohnt zu investieren. Auch wenn der Gesetzgeber sie im Augenblick noch nicht vorschreibt.

Übrigens bieten wir eine Kat-Diesel-Version an, die sich durch geringe Rauchentwicklung, reduzierte Kohlenwasserstoffemissionen, niedrigen Kohlenmonoxid-Gehalt und deutliche Verringerung der polyzyklischen aromatischen Kohlenwasserstoffe (PAH) auszeichnet.

Somit steht Ihrerseits einer umweltschonenden Entscheidung nichts im Wege. Sprechen Sie mit uns.

Sofern Sie schneller als das Gesetz sein wollen.

Wenn Sie genauere Informationen benötigen, dann schreiben Sie uns oder rufen ganz einfach an. Wir beraten Sie gern.

Volkswagen AG, Industriemotoren, Postfach, 3180 Wolfsburg 1, Telefon 05361-927165.

**Volkswagen Industriemotoren.
Der Antrieb für Ihre Ideen.**

S

S

H. Czichos (Hrsg.)

HÜTTE

Die Grundlagen der Ingenieurwissenschaften

Im Auftrag des Wissenschaftlichen Ausschusses des
Akademischen Vereins Hütte e.V., Berlin

29., völlig neubearb. Aufl. 1989. Korr. Nachdruck 1990.
XLV, 1407 S. 1586 Abb. Geb. DM 98,– ISBN 3-540-19077-5

Inhaltsübersicht: Mathematik und Statistik. – Physik. – Chemie. –
Werkstoffe. – Technische Mechanik: Mechanik fester Körper,
Strömungsmechanik. – Technische Thermodynamik. – Elektro-
technik: Netzwerke, Felder, Energietechnik, Nachrichtentechnik,
Elektronik. – Meßtechnik. – Regelungs- und Steuerungstechnik. –
Technische Informatik: Digitale Systeme, Rechnerorganisation,
Programmierung. – Entwicklung und Konstruktion. – Normung. –
Recht. – Patentwesen. – Betriebswirtschaft.

Aus den Besprechungen: „Die 'Hütte' einen Klassiker der Technik
zu nennen wäre sicher berechtigt – würde aber dessen Aktualität
nicht gerecht werden. Generationen von Studenten, Ingenieuren,
Technikern – allen, die mit Technik beruflich oder wie auch
immer zu tun hatten, war sie ein treues, fast unersetzliches Nachschlagewerk. Daß es auch in Zukunft so bleiben wird, dafür haben
Herausgeber und 24 Autoren alles zusammengetragen und
auf den aktuellsten Stand gebracht, was 'die Grundlagen der
Ingenieurwissenschaften' ausmachen. Der Maschinenbauer in der Getriebeentwicklung etwa,
der längst vergessen hat, was er im Studium über Regelungstechnik gelernt
hat, wird genauso eine zuverlässige Antwort finden, wie der Funkamateur, der
sich die Fundamente der Hochfrequenz-
technik erarbeiten möchte. Kurzum:
Ein Standardwerk der Technik, das demjenigen, der verständliche, prägnante
Erklärungen sucht, eine ganze Bibliothek ersetzen kann."
VDI-Nachrichten

Springer-Verlag
Berlin
Heidelberg
New York
London
Paris
Tokyo
Hong Kong
Barcelona
Budapest

S